Theoretische Physik

Matthias Bartelmann · Björn Feuerbacher ·
Timm Krüger · Dieter Lüst · Anton Rebhan ·
Andreas Wipf

Theoretische Physik

Mit mathematischen Beiträgen von Florian Modler und Martin Kreh

Matthias Bartelmann
Institut für Theoretische Astrophysik
Universität Heidelberg
Heidelberg, Deutschland

Björn Feuerbacher
Heidenheim, Deutschland

Timm Krüger
School of Engineering
University of Edinburgh
Edinburgh, Großbritannien

Dieter Lüst
Department für Physik
Ludwig-Maximilians Universität München
München, Deutschland

Anton Rebhan
Institut für Theoretische Physik
Technische Universität Wien
Wien, Österreich

Andreas Wipf
Theoretisch-Physikalisches-Institut
Friedrich-Schiller-Universität Jena
Jena, Deutschland

ISBN 978-3-642-54617-4 ISBN 978-3-642-54618-1 (eBook)
DOI 10.1007/978-3-642-54618-1

Die Deutsche Nationalbibliothek verzeichnet diese Publikation in der Deutschen Nationalbibliografie; detaillierte bibliografische Daten sind im Internet über http://dnb.d-nb.de abrufbar.

Springer Spektrum

Planung und Lektorat: Dr. Vera Spillner, Bianca Alton
Redaktion: Regine Zimmerschied
Zeichnungen: Dr. Kristin Riebe
Einbandentwurf: deblik Berlin, nach einem Entwurf von Kristin Riebe
Einbandabbildung: von longstreet.typepad.com
Projektkoordination: Detlef Mädje

Gedruckt auf säurefreiem und chlorfrei gebleichtem Papier.

Springer Spektrum ist eine Marke von Springer DE. Springer DE ist Teil der Fachverlagsgruppe Springer Science+Business Media
www.springer-spektrum.de

Vorwort und einleitende Bemerkungen

Dieses Buch unternimmt den Versuch, die Grundlagen der theoretischen Physik in einem Band darzustellen, wie sie in den Bachelor- und Masterstudiengängen an Universitäten in Deutschland, Österreich und der Schweiz gelehrt werden. In vier großen Teilen führt es ein in die klassische Mechanik, die Elektrodynamik, die Quantenmechanik sowie in die Thermodynamik und die statistische Physik. Dabei stehen diese Teile nicht nebeneinander, sondern sind durch zahlreiche Querverweise aufeinander bezogen, sodass die inneren Verstrebungen zwischen den Säulen der theoretischen Physik sichtbar werden. Erheblich erleichtert durch die weitestgehend einheitliche Notation wird so ein zusammenhängender Überblick über die Grundlagen der theoretischen Physik vermittelt.

Zahlreiche Beispiele, fast 700 Verständnisfragen, Vertiefungen, mathematische Ergänzungen und weiterführende Überlegungen reichern den Text an und sind grafisch ansprechend abgesetzt. Über 500 genau auf den Text abgestimmte Abbildungen verdeutlichen die Darstellung. Mehr als 300 Übungsaufgaben mit kommentierten Lösungen bieten sich für ein intensives Selbststudium an.

Über die theoretische Physik im Allgemeinen und dieses Lehrbuch

Physik ist eine Erfahrungswissenschaft, die Vorgänge in der (meist unbelebten) Natur zu quantifizieren und auf Gesetzmäßigkeiten zurückzuführen sucht. Theoretische Physik strebt nach der Einheit hinter der Vielfalt, nach möglichst fundamentalen Gesetzen, die den zahlreichen Erfahrungstatsachen zugrunde liegen.

Die moderne Physik hat sich dennoch zu einer fast unüberschaubaren Wissenschaft entwickelt. Wie in praktisch jedem Wissenschaftszweig überblickt ein einzelner Physiker nur noch einen beschränkten Teil des Wissensgebiets in einem Maße, wie es der Stand der Forschung gebieten würde, und dies trifft auch auf die theoretische Physik zu.

Mit diesem Buch möchten wir eine breite Grundlage für das Studium der theoretischen Physik schaffen, die für die meisten einführenden und weiterführenden Vorlesungen ausreichend ist. Es umfasst mehr, als in einer viersemestrigen Vorlesungsreihe zur theoretischen Physik behandelt werden kann. Durch eine Gliederung in Haupttext, farbige Merkkästen, vertiefende Kästen und Kästen zum mathematischen Hintergrund, eingestreute Selbsttests in kurzen Abständen, abgesetzte Beispiele und viele Aufgaben mit ausführlichen Lösungen soll dieses Buch aber ebenso ein Lehrbuch wie ein Arbeitsbuch darstellen. Darüber hinaus werden Ausblicke in einige Bereiche der theoretischen Physik gegeben, die nicht Teil des traditionellen Kanons von Einführungsvorlesungen in die theoretische Physik sind.

Die Struktur dieses Lehrbuches orientiert sich an diesem traditionellen Kanon, wie er an vielen Universitäten geboten wird. Das Buch beginnt mit der klassischen Mechanik, setzt fort mit Elektrodynamik und spezieller Relativitätstheorie und verlässt die klassische Physik im dritten Teil mit einer umfassenden Einführung in die nichtrelativistische Quantenphysik. Der vierte und letzte Teil behandelt zunächst die von der mikroskopischen Physik weitgehend unabhängige Thermodynamik, bevor deren Grundlage in der statistischen Mechanik inklusive statistischer Quantenmechanik erarbeitet wird.

Die Gesetze der theoretischen Physik, die dabei formuliert werden, nehmen die Gestalt mathematischer Gleichungen an, in denen die mathematischen Symbole semantisch an die Stelle physikalischer

Größen treten. Die dafür benötigte Mathematik wird dabei parallel zur Physik entwickelt, so wie es sich auch in der Geschichte der Mathematik und Physik weitgehend zugetragen hat. Dies ersetzt nicht die separate Ausbildung in Mathematikvorlesungen, soll aber mit einem Fokus auf das Wesentliche eine schnelle Orientierung erleichtern.

Die in Teil I behandelte klassische Mechanik benötigt für die Formulierung ihrer Aufgabenstellung *Vektorräume* und *Differenzialoperatoren*. Besonderer Wert wurde auf die Beschreibung beschleunigter Bezugssysteme gelegt, da dies in der Literatur häufig unzureichend behandelt wird. Erhaltungssätze, die mit *Symmetrien* verbunden sind, spielen eine entscheidende Rolle, die für die gesamte übrige theoretische Physik von grundlegender Bedeutung sind. Der *Lagrange-* und *Hamilton-Formalismus* der klassischen Mechanik und seine *funktionale* Methodik stellt auch eine bedeutende mathematische Grundlage für alle weiteren Entwicklungen, Feldtheorien wie der Elektrodynamik, der Quantentheorie sowie der Thermodynamik dar. Wellenphänomene, die vor allem in der Elektrodynamik und Quantenmechanik eine zentrale Rolle spielen, werden bereits in Teil I eingeführt und anhand einiger mechanischer Phänomene diskutiert. Dabei wird auch von den Fourier-Reihen Gebrauch gemacht. Teil I beinhaltet einige Themen, die häufig nicht in Einführungskursen der klassischen Mechanik vorgestellt werden. Dazu gehören Gezeitenkräfte, das reduzierte Dreikörperproblem sowie die Grundlagen der Fluiddynamik. Diese Abschnitte sind optional, liefern aber wertvolle Einblicke in weiterführende Themen.

Bereits in Teil I wird die Erweiterung der Newton'schen Mechanik durch die spezielle Relativitätstheorie Einsteins behandelt, die traditionellerweise erst im Anschluss an die Elektrodynamik systematisch entwickelt wird. Hier erlaubt dieses Lehrbuch zwei Vorgangsweisen: Die spezielle Relativitätstheorie kann noch vor der Elektrodynamik im Rahmen der Mechanik ausführlich studiert werden, aber ebenso ist es möglich, diese Kapitel in die Elektrodynamik zu integrieren und an den Anfang von Kap. 18 zu stellen, in dem mit einer relativistischen Formulierung der Maxwell'schen Elektrodynamik fortgefahren wird.

Die Elektrodynamik in Teil II beginnt mit einer nichtrelativistischen Formulierung, wie sie für die meisten Anwendungen auch naheliegender ist. Anders als in vielen Lehrbüchern zur Elektrodynamik üblich werden aber bereits im ersten Kapitel von Teil II alle Grundgleichungen der Elektrodynamik eingeführt und diskutiert, einschließlich der Energie- und Impulserhaltungssätze der Elektrodynamik, die erkennen lassen, wie bedeutsam der revolutionär neue Feldbegriff von Faraday und Maxwell ist. Tatsächlich errang dieser in der Folge in der fundamentalen theoretischen Physik eine immer wichtigere Rolle. Gleichzeitig machte es eine Weiterentwicklung des mathematischen Apparats erforderlich. Dementsprechend werden in Teil II *Vektoranalysis*, *partielle Differenzialgleichungen* und *verallgemeinerte Funktionen* eingeführt. Die weiteren Kapitel widmen sich der Entwicklung der spezifischen Problemstellungen und Lösungsmethoden der Elektrodynamik. Der historischen Entwicklung folgend werden zunächst die Lösungsmethoden der Elektrostatik vorgestellt, die sich ursprünglich aus der noch als Fernwirkungstheorie verstandenen Newton'schen Gravitationstheorie entwickelt hatten. Daran schließt sich ein Kapitel an, in dem mehrere weitere grundlegende mathematische Methoden wie die *Funktionentheorie* und *vollständige Funktionensysteme* eingeführt werden. Die ebenfalls darin behandelte Multipolentwicklung bildet in der Folge die Grundlage für die phänomenologische Elektrodynamik in Anwesenheit von Materie. Diese beginnt mit elektro- und magnetostatischen Phänomenen und wird schrittweise auf dynamische Situationen ausgedehnt. Die allgemeine Ausbreitung von Wellen und optische Phänomene im Besonderen werden in zwei getrennten Kapiteln besprochen, da Letzteres nicht immer Teil einer Vorlesung über Elektrodynamik ist.

Nach diesen Kapiteln und vor der Behandlung des Problems der Abstrahlung von elektromagnetischen Wellen widmet sich ein eigenes Kapitel der relativistischen Formulierung der Elektrodynamik. Dieses beginnt mit einem Repetitorium der speziellen Relativitätstheorie, die schon am Ende von Teil I in zwei Kapiteln – eines zur Kinematik und eines zur relativistischen Mechanik – behandelt wurde. Die relativistische Formulierung der Elektrodynamik lässt erkennen, dass Magnetismus ein spezifisch relativistisches Phänomen ist, und erlaubt in seiner vierdimensionalen Formulierung eine elegante Darstellung aller Grundgleichungen. In einem abschließenden, optionalen Abschnitt zur relativistischen Elektrodynamik in Materie wird dies auch auf die phänomenologische Elektrodynamik ausgedehnt, was über das übliche Niveau einer Einführungsvorlesung hinausgeht, aber wertvolle tiefere Einblicke liefert. In dem darauf folgenden Kapitel wird schließlich die Abstrahlung von Wellen besprochen. Das letzte Kapitel von Teil II enthält eine Diskussion des *Lagrange-* und *Hamilton-Formalismus* in der

Elektrodynamik. Dieses schließt mit einem Ausblick, in dem das allgemeine Konzept der *Eichfeldtheorien* und seine Bedeutung für die Physik fundamentaler Wechselwirkungen besprochen werden.

Teil III verlässt die klassische Physik und wendet sich der nichtrelativistischen Quantenmechanik zu. Anhand von ernsthaften Problemen der klassischen Physik wird die Notwendigkeit für eine neue Mechanik – eine Quantenmechanik – begründet. Viele Konzepte der klassischen Physik, wie z. B. der Zustand eines physikalischen Systems oder dessen beobachtbare Größen, gewinnen in der Quantenmechanik eine neue Bedeutung. Im Schrödinger'schen Zugang stehen die Wellenfunktion, deren zeitliche Entwicklung und die mit ihrer Hilfe berechneten Erwartungswerte von Observablen im Vordergrund. Im Gegensatz zur klassischen Mechanik ist die Quantenmechanik eine lineare Theorie – Wellenfunktionen können überlagert werden und interferieren. Anstelle des Phasenraumes der klassischen Mechanik tritt ein linearer Hilbert-Raum. Der mathematische Formalismus der Quantenmechanik, d. h. Eigenschaften von Hilbert-Räumen und linearen Operatoren auf Hilbert-Räumen, werden in Teil III ausgiebig besprochen. Die Quantenmechanik, so wie sie von den meisten Physikern interpretiert wird, ist nicht deterministisch. Dies kommt bei den wichtigen Unbestimmtheitsrelationen, z. B. für Ort und Impuls eines Teilchens, oder beim quantenmechanischen Messprozess ganz klar zum Ausdruck.

Einen großen Raum nimmt in Teil III die Untersuchung von einfachen Systemen ein, z. B. von eindimensionlen Potenzialproblemen, dem harmonischen Oszillator und dem Wasserstoffatom. Man findet darunter auch optionale Themen, wie kohärente Zustände, Bandstrukturen in periodischen Systemen oder die algebraische Lösung des Wasserstoffatoms. Das Wechselspiel zwischen Symmetrien und Erhaltungssätzen spielt in der Quantenmechanik eine noch größere Rolle als in der klassischen Physik und wird deshalb ausführlich vorgestellt. Der Elektronenspin mit seinen doch etwas ungewöhnlichen Eigenschaften wird aus gutem Grund behutsam eingeführt, und einige mit dem Spin verbundene Effekte werden sorgfältig diskutiert. Auch Näherungsmethoden zur Behandlung komplexer Quantensysteme, und insbesondere Mehrteilchensysteme, sind ein wichtiger Bestandteil von Teil III. Die gewonnenen Resultate über Systeme mit identischen Teilchen sind von großem Nutzen bei der Untersuchung von ultrakalten Quantengasen in Teil IV. Man findet hier auch weiterführende optionale Themen, z. B. die Hartree-Fock-Näherung. Im abschließenden Kapitel wird die für die Untersuchung von mikroskopischen Strukturen in Festkörper-, Kern- und Teilchenphysik wichtige Streutheorie behandelt.

Teil IV geht in fünf Schritten durch die Thermodynamik und die statistische Physik. Zunächst wird die Thermodynamik phänomenologisch als diejenige Theorie der Physik eingeführt, die den Energieaustausch und den Verlauf von Ausgleichsprozessen zwischen physikalischen Systemen mit sehr vielen Freiheitsgraden beschreibt. Drei Hauptsätze bilden das Fundament dieser Theorie: Sie postulieren die Existenz der Temperatur als einer Zustandsgröße, die Energieerhaltung und die Zunahme der Entropie bei spontanen Ausgleichsprozessen. Die wesentlichen Aussagen der Thermodynamik werden zwar häufig am Beispiel des idealen Gases verdeutlicht, gelten aber wegen ihrer Allgemeinheit weit darüber hinaus und umfassen das Verhalten beliebiger physikalischer Systeme, sofern diese sehr viele Freiheitsgrade haben.

Im zweiten Schritt wird die Thermodynamik erneut begründet, diesmal aber ausgehend von statistischen Überlegungen statt von der makroskopischen Phänomenologie der Wärme. Dieser Zugang führt die gesamte Thermodynamik auf Wahrscheinlichkeitsaussagen im Zustandsraum zurück, wobei sich der Phasenraum der klassischen Mechanik ebenso wie der Hilbert-Raum der Quantenmechanik für die Konstruktion des Zustandsraumes eignen. Viele ganz verschiedenartige Erscheinungen lassen sich damit bereits verstehen und begründen. Das dritte Kapitel von Teil IV widmet sich im Wesentlichen verschiedenen Anwendungen der Aussagen, die in den beiden ersten Kapiteln gewonnen wurden.

Im vierten Schritt werden Zustandssummen eingeführt, um die unterschiedlichen Beschreibungsweisen thermodynamischer Systeme durch verschiedene Ensembles formal zu vereinheitlichen. Wesentliche, aber ganz diverse Aussagen wie der Gleichverteilungssatz, das Massenwirkungsgesetz bei chemischen Reaktionen und Phasenübergänge in einfachen magnetischen Systemen werden so auf eine einheitliche formale Behandlung zurückgeführt.

Der fünfte Schritt führt schließlich in die statische Physik von Quantensystemen, ersetzt den Zustandsraum der klassischen Physik durch denjenigen der Quantenmechanik, führt die nötigen quantentheoretischen Operationen ein und kehrt dann zu dem im Wesentlichen unveränderten Apparat der statistischen Physik zurück. Die Anwendungen des bereits bekannten, aber nun auf eine quantenmechanische Basis gestellten Formalismus auf Fermi- und Bose-Gase führen zur Bose-Einstein-Kondensation, zum Planck'schen Strahlungsgesetz und zur Wärmekapazität von Festkörpern und münden schließlich in eine weiterführende Betrachtung zum Aufbau weißer Zwergsterne.

Weiterführende Lehrbücher

Mechanik

Budo, A.: Theoretische Mechanik. Wiley (1990) – älteres aber sehr gutes und erschöpfendes Standardwerk zur klassischen Mechanik. Vorbild für viele spätere Lehrbücher über Mechanik. Neuere Entwicklungen, z. B. aus der analytischen Mechanik, werden natürlich nicht behandelt.

Goldstein, H., Poole, C.P., Safko, J.L.: Klassische Mechanik. Wiley (2006) – wie Budo ein Klassiker; umfangreich und gründlich mit Schwerpunkt auf Theorie sowie dem Lagrange- und Hamilton-Formalismus. In den neuen Auflagen findet man auch eine Einführung in die Chaostheorie.

Kuypers, F.: (2010) Klassische Mechanik. Wiley (2010) – didaktisch sehr gute Darstellung der Mechanik mit verständlichen Erklärungen und schönen Anwendungen sowie einer großen Anzahl von Aufgaben und Lösungen. Man findet hier eine ausführliche Behandlung der Lagrange'schen und Hamilton'schen Dynamik.

Scheck, F.: Mechanik. Von den Newtonschen Gesetzen zum deterministischen Chaos. Springer (1992) – zeitgemäße und mathematisch anspruchsvollere Behandlung der klassischen Mechanik. Im Text und in den Übungsaufgaben werden sehr viele Probleme der klassischen Mechanik behandelt.

Elektrodynamik und Relativitätstheorie

Becker, R., Sauter, F.: Theorie der Elektrizität, Band 1: Einführung in die Maxwellsche Theorie, Elektronentheorie, Relativitätstheorie. Teubner (1973) – älteres, aber sehr gutes und umfassendes Standardwerk zur Elektrodynamik.

Griffiths, D.J.: Elektrodynamik: Eine Einführung. Pearson (2011) – sehr pädagogische Einführung in die Elektrodynamik und Relativitätstheorie mit ausführlichen Erklärungen der physikalischen Konzepte sowie von vielen Subtilitäten, die in anderen Lehrbüchern oft implizit bleiben.

Jackson, J.D.: Klassische Elektrodynamik. De Gruyter (2013) – Standardwerk, das eine sehr umfassende Darstellung der theoretischen Elektrodynamik bietet, mit vielen exakt gelösten Aufgabenstellungen.

Purcell, E.M.: Elektrizität und Magnetismus. Vieweg (1989) – zweiter Teil des inzwischen vergriffenen Berkeley-Physikkurses, der eine der didaktisch besten elementaren Einführungen in die Elektrodynamik darstellt, mit äußerst vielen hilfreichen Illustrationen.

Römer, H., Forger, M.: Elementare Feldtheorie. Elektrodynamik, Hydrodynamik, Spezielle Relativitätstheorie. Wiley-VCH (1993) – als Buch vergriffen, aber online frei erhältlich unter http://www.freidok.uni-freiburg.de/volltexte/405/. Eine sehr empfehlenswerte gründliche Einführung in die Feldtheorie, die mit elementarer Hydrodynamik beginnt, um im Anschluss die Konzepte der Elektrodynamik greifbarer zu machen.

Quantenmechanik

Cohen-Tannoudji, C., Diu, B., Laloë, F.: Quantenmechanik Teil I und Teil II. De Gruyter (1999) – eine kompetente und beinahe lückenlose Darstellung der Quantenmechanik mit vielen Erklärungen in zwei

Bänden. Hier findet man auch sorgfältige Begründungen, die man in anderen Büchern oft vergeblich sucht.

Gasiorowicz, S.: Quantenphysik. Oldenbourg (2012) – gut verständliche und sorgfältige Darlegung der Quantenmechanik mit hilfreichen Übungsaufgaben. Ähnlich strukturiert wie Teil III des vorliegenden Buches.

Griffiths, D.J.: Quantenmechanik. Pearson (2012) – schöne, elementare und detaillierte Einführung in die nichtrelativistische Quantenmechanik mit vielen Übungsaufgaben.

Münster, G.: Quantentheorie. De Gruyter (2010)– kompakte Darstellung der Quantenmechanik. Hier findet man auch eine schöne Einführung in die Pfadintegralmethode.

Straumann, N. (2012) Quantenmechanik. Springer – die begrifflichen und mathematischen Grundlagen der Quantenmechanik werden hier gründlich und elegant entwickelt. Auch die wichtigen Symmetrieüberlegungen werden klar herausgearbeitet. Empfehlenswert ist das Buch insbesondere für mathematisch interessierte Studenten.

Weinberg, S.: Lectures on Quantum Mechanics. CUP (2012) – sehr erhellende, präzise und klare Darstellung der Quantenmechanik von einem Nobelpreisträger. Hier findet man auch eine ausführliche Diskussion von Interpretationsfragen. Die Notation ist stellenweise leider etwas gewöhnungsbedürftig.

Thermodynamik und statistische Physik

Huang, K.: Introduction to Statistical Physics. CRC Press (2010) – interessante Darstellung, die phänomenologische und statistische Thermodynamik weitgehend parallel entwickelt.

Kittel, C., Krömer, H.: Thermodynamik. Oldenbourg (2013) – anregend insbesondere wegen seiner stellenweise unkonventionellen Perspektive.

Reif, F.: Statistische Physik und Theorie der Wärme. De Gruyter (1987) – eine von grundlegenden statistischen Überlegungen ausgehende Einführung in die Thermodynamik und die statistische Physik.

Stierstadt, K.: Thermodynamik. Von der Mikrophysik zur Makrophysik. Springer (2010) – interessant vor allem wegen der besonders sorgfältigen Einführung grundlegender Begriffe der Thermodynamik.

Straumann, N.: Thermodynamik. Springer (1986) – eine knappe, dennoch umfassende, mathematisch fundierte Darstellung der phänomenologischen Thermodynamik.

Buchreihen zur theoretischen Physik

Neben den genannten Lehrbüchern existieren mehrere Lehrbuchreihen, die den gesamten Stoff der theoretischen Physikvorlesungen abdecken. Davon sind folgende deutschsprachigen Reihen zum Einstieg in die theoretische Physik oder zu einer Vertiefung der Kenntnisse geeignet:

- Fließbach, T.: Lehrbücher zur Theoretischen Physik (Springer Spektrum)
- Greiner, W.: Theoretische Physik (Harri Deutsch)
- Landau, L.D., Lifschitz, E.M.: Lehrbuch der Theoretischen Physik (Harri Deutsch)
- Nolting, W.: Grundkurs Theoretische Physik (Springer)
- Rebhan, E.: Theoretische Physik (Spektrum)
- Reineker, P., Schulz, M., Schulz, B.M.: Theoretische Physik (Wiley-VCH)
- Schwabl, F.: Lehrbücher zur Theoretischen Physik (Springer)

Mathematische Methoden der theoretischen Physik

Die speziellen mathematischen Methoden der theoretischen Physik werden im vorliegenden Buch parallel zum physikalischen Stoff entwickelt, zum Teil im Haupttext und zum Teil in ergänzenden Kästen zum mathematischen Hintergrund. Diese fassen das Wesentliche zusammen, ersetzen aber nicht vollwertige mathematische Vorlesungen und entsprechende Lehrbücher. Ein mathematisches Lehrbuch, das in seinen didaktischen Elementen ganz ähnlich strukturiert ist wie dieses und sich speziell an die Bedürfnisse von Ingenieuren und Naturwissenschaftlern richtet, ist:

Arens T. et al. (2012) Mathematik. Springer Spektrum

Darüber hinaus sehr empfehlenswert:

Großmann S. (2012) Mathematischer Einführungskurs für die Physik. Vieweg-Teubner – eine bewährte, übersichtliche, gut verständliche Einführung in eine Vielzahl mathematischer Methoden, die in der Physik angewandt werden.

Jänich K. (1995) Analysis für Physiker und Ingenieure. Funktionentheorie, Differentialgleichungen, Spezielle Funktionen. Springer – eine wirklich lebendige Darstellung der speziellen mathematischen Methoden der theoretischen Physik mit einer gründlichen Einführung in die komplexe Funktionentheorie und zahlreichen gelungenen Illustrationen des Autors.

Dank

Dieses Buch ist das Ergebnis der gemeinsamen, intensiven Anstrengung vieler Menschen, denen die Autoren zu großem Dank verpflichtet sind. Ganz besonders möchte Anton Rebhan seinen Kollegen Dr. Dietrich Grau und Dr. Helmut Nowotny sowie seiner Frau und Mitphysikerin Dr. Ulrike Kraemmer für umfangreiches kritisches Korrekturlesen und wertvolle Hinweise zu den Kapiteln über spezielle Relativitätstheorie und Elektrodynamik danken. Andreas Wipf dankt Frau Johanna Mader und seiner Frau Ingrid Wipf für eine kritische Durchsicht der Kapitel über Quantenmechanik sowie Studenten seiner Vorlesungen in Jena, die Vorschläge zur besseren Darstellung des Stoffes in Teil III machten und viele nützliche Hinweise gaben. Matthias Bartelmann bedankt sich herzlich bei seinen Mitarbeitern und vielen engagierten Studenten seiner Vorlesungen, die durch kritische Fragen und klärende Diskussionen wesentlich dazu beigetragen haben, Teil IV zu verbessern.

Bedanken möchten wir uns auch bei Herrn Prof. Stephan Wagner von der Landessternwarte Heidelberg für die freundliche Überlassung von Materialien zum Astronomie-Praktikum der Sternwarte, Herrn Prof. Bernd Thaller von der Universität Graz für die Erstellung des dem Teil III vorangestellten Bildes, Herrn Prof. Rudolf Grimm vom Institut für Experimentalphysik der Universität Innsbruck für die Überlassung des Bildes zu Beginn von Kap. 22 „Wellenmechanik", Prof. Alexander Szameit von der Friedrich-Schiller-Universität Jena für die Bereitstellung des Bildes zu Beginn des Kap. 25 „Zeitentwicklung" und Ruth Bartelmann für das Porträt des Maxwell'schen Dämons bei der Arbeit, das im Kap. 34 „Statistische Begründung der Thermodynamik" erscheint.

Zu ganz großem Dank sind wir Frau Dr. Kristin Riebe verpflichtet, die mit großem Engagement, Kompetenz und Ideenreichtum die Grafiken dieses Buches gestaltete. Drs. Martin Kreh, Florian Modler und Michael Kuss halfen bei der Erstellung der mathematischen Einschübe und Christoph Kommer beim wissenschaftlichen Lektorat. Frau Bianca Alton vom Verlag Springer Spektrum stellte ihre große Erfahrung zur Verfügung. Nicht zuletzt danken wir besonders herzlich Frau Dr. Vera Spillner, die uns zu diesem Projekt zusammengeführt und mit unermüdlichem Enthusiasmus, großer Kreativität, hilfreichen Ideen und inspirierenden Diskussionen angetrieben und motiviert hat. Ohne sie wäre dieses Buch nicht zustande gekommen.

Heidelberg 2014

Matthias Bartelmann, Björn Feuerbacher, Timm Krüger, Dieter Lüst, Anton Rebhan & Andreas Wipf

Inhaltsverzeichnis

Teil II Elektrodynamik

Verzeichnis der mathematischen Hintergründe

Die Autoren

Matthias Bartelmann ist seit 2003 Professor für theoretische Astrophysik an der Universität Heidelberg. Sein besonderes Interesse gilt der Kosmologie und der Entstehung kosmischer Strukturen. Für seine Vorlesungen zu verschiedenen Gebieten der theoretischen Physik und Astrophysik erhielt er 2008 den Lehrpreis seiner Fakultät.

Björn Feuerbacher hat in Heidelberg Physik studiert und dort am Institut für Theoretische Physik über ein Thema der Quantenfeldtheorie promoviert. Nach einer PostDoc-Stelle in der theoretischen Chemie arbeitet er seit 2007 als Lehrer für Mathematik und Physik an der Friedrich-Fischer-Schule in Schweinfurt, einer beruflichen Oberschule.

Timm Krüger hat in Bielefeld und Heidelberg Physik studiert und seine Doktorarbeit am Max-Planck-Institut für Eisenforschung in Düsseldorf geschrieben. Seit 2013 forscht er als Chancellor's Fellow an der Universität von Edinburgh. Er ist vor allem an der Rheologie komplexer Flüssigkeiten und der Modellierung und Simulation von Blutströmungen interessiert.

Dieter Lüst ist seit 2004 Professor für mathematische Physik an der Ludwig-Maximilians-Universität in München und dort Direktor am Max-Planck-Institut für Physik. Davor war er von 1993 bis 2004 Professor für Theoretische Physik an der Humboldt-Universität zu Berlin. Sein besonderes Interesse gilt der Stringtheorie.

Anton Rebhan war als Wissenschaftler mehrere Jahre an den Forschungszentren CERN (Genf) und DESY (Hamburg) tätig und ist seit 2008 Professor für theoretische Physik an der Technischen Universität Wien und Leiter der Arbeitsgruppe fundamentale Wechselwirkungen. Seine Forschungsschwerpunkte sind Quantenfeldtheorie und Theorie des Quark-Gluon-Plasmas. Seit 2014 leitet er zudem eine Graduiertenschule zur theoretischen und experimentellen Teilchenphysik.

Andreas Wipf forschte am Dublin Institute for Advanced Studies, Los Alamos National Laboratory, Max-Planck-Institut für Physik und an der ETH-Zürich und ist seit 1995 Professor für Quantentheorie an der Friedrich-Schiller-Universität in Jena. Er ist Direktor des Theoretisch-Physikalischen Instituts und Sprecher eines Graduiertenkollegs zur Gravitation, Quantenfeldtheorie und Mathematischen Physik. Diesen Forschungsgebieten gilt auch sein besonderes Interesse.

Mechanik

Teil I

Inhaltsverzeichnis

Die Newton'schen Axiome

Was bedeutet „klassische Mechanik"?

Wie lauten die Newton'schen Axiome?

Was ist ein Inertialsystem?

Wie löst man einfache Bewegungsgleichungen?

Was sind konservative Kräfte?

Was besagt der Energieerhaltungssatz?

M. Bartelmann et al., *Theoretische Physik*, DOI 10.1007/978-3-642-54618-1_1, © Springer-Verlag Berlin Heidelberg 2015

Das vorliegende Kapitel liefert eine Einführung in die grundlegenden Konzepte der klassischen, nichtrelativistischen Mechanik. Ein wichtiges Fundament dieser Theorie ist das physikalische Verständnis der Begriffe „Raum" und „Zeit", „Körper" und „Masse", „Kraft" und „Inertialsystem". Auf der Basis dieser Größen werden wir die Newton'schen Axiome kennenlernen und erarbeiten. Sie bestimmen, auf welchen Bahnkurven sich Punktmassen bewegen. Zusätzlich werden wir zahlreiche mathematische Begriffe definieren und Techniken kennenlernen, die ein tieferes Verständnis der Mechanik überhaupt erst ermöglichen.

1.1 Definitionen und Grundlagen

In diesem Abschnitt finden Sie eine kurze historische Einführung in die klassische Mechanik. Anschließend werden wir zentrale physikalische und mathematische Größen einführen sowie das Relativitätsprinzip der klassischen Mechanik vorstellen.

Eine kurze historische Einführung in die klassische Mechanik

Im Studium der theoretischen Physik beginnt man in den meisten Fällen mit der Mechanik. Das ist sinnvoll, da sie die älteste der theoretischen Physikdisziplinen darstellt und sich die grundlegenden physikalischen Begriffe in der Mechanik einführen und auf andere Theorien übertragen lassen. Darüber hinaus ist die theoretische Mechanik auch die anschaulichste Disziplin, da sie überwiegend Alltagsphänomene beschreibt. Historisch bauen viele andere Physikdisziplinen auf der klassischen Mechanik auf (z. B. die Quantenmechanik und die statistische Mechanik). Ursprünglich wurde sogar versucht, sämtliche Naturbeobachtungen im Rahmen der Mechanik zu verstehen (*mechanisches Weltbild*). Obwohl dies letztlich nicht möglich ist, spielt die Mechanik noch immer eine fundamentale Rolle in der Physik; sie kann als allgemeine Grundlage der Physik angesehen werden.

Die geschichtliche Entwicklung der Mechanik könnte ein eigenes Buch füllen. Hier sollen nur die grundlegendsten Meilensteine zusammengefasst und die wichtigsten Personen genannt werden. *Archimedes* (287–212 v. Chr.) formulierte die sogenannten Hebelgesetze und das nach ihm benannte Prinzip. Rund 1700 Jahre später wurden die Planetenbahnen von *Nikolaus Kopernikus* (1473–1543) und *Tycho Brahe* (1546–1601) studiert. *Johannes Kepler* (1571–1630) gelang es, diese Beobachtungen im Rahmen des heliozentrischen Weltbildes zu verstehen. *Galileo Galilei* (1564–1642) leistete mit seinen Fallversuchen und Pendelexperimenten wichtige Beiträge zur Mechanik. Ebenso formulierte er das nach ihm benannte Relativitätsprinzip.

Der wohl wichtigste Physiker in der Geschichte der Mechanik war *Isaac Newton* (1643–1727). So formulierte er nicht nur die fundamentalen Axiome der Mechanik, er entwickelte auch parallel zu *Gottfried Wilhelm Leibniz* (1646–1716) die Differenzial- und Integralrechnung und kombinierte Keplers und Galileis Erkenntnisse, was auf die Beschreibung der Schwerkraft führte. Nach Newton wurde die Mechanik zur *analytischen* Mechanik weiterentwickelt. *Johann Bernoulli* (1667–1748) löste damit das Problem der Brachistochrone (dies ist die Kurve, auf der eine Punktmasse reibungsfrei am schnellsten von einem Punkt zu einem anderen fällt; sie wird in Aufgabe 5.5 besprochen), was die Entwicklung der Variationsrechnung einläutete. Auch weitere Mitglieder der Bernoulli-Familie lieferten wichtige Beiträge zur Mathematik und Physik.

Für die Entwicklung der analytischen Mechanik war auch *Leonhard Euler* (1707–1783) entscheidend mitverantwortlich. Nach ihm wurden zahlreiche Gleichungen benannt, die in der Variationsrechnung, der Hydrodynamik und der Kreiselbewegung fundamentale Bedeutung besitzen. *Jean-Baptiste le Rond d'Alembert* (1717–1783) legte die Grundsteine für die Kontinuumsmechanik. *Joseph-Louis Lagrange* (1736–1813) begründete den Lagrange-Formalismus, dem eine wesentliche Rolle in diesem Buch zukommt. Die Hamilton'sche Mechanik, die von *William Rowan Hamilton* (1805–1865) ausgearbeitet wurde, ist heute in der Quantenmechanik unverzichtbar. Die moderne Betrachtungsweise von Symmetrien und Erhaltungsgrößen wurde von *Amalie Emmy Noether* (1882–1935) entwickelt. Schließlich entwickelte *Albert Einstein* (1879–1955) die spezielle und allgemeine Relativitätstheorie fast im Alleingang.

In Teil I wird zunächst die klassische Mechanik behandelt. Sie beinhaltet sowohl die Newton'sche als auch die Lagrange'sche, die Hamilton'sche sowie die relativistische Mechanik. Die Quantenmechanik jedoch wird als nichtklassisch bezeichnet. Ihr ist Teil III gewidmet.

Die theoretische Mechanik beschreibt die Gesetze, nach denen sich Massen unter dem Einfluss von Kräften mit der Zeit im Raum bewegen. Kräfte sind dabei die Ursache der Bewegung und mathematisch und physikalisch noch genauer zu definieren. Die Analyse der klassischen Mechanik führt zu Begriffen und Methoden, die sich durch die gesamte theoretische Physik ziehen und vor allem für die Quantenmechanik und Quantenfeldtheorie außerordentlich fruchtbar sind.

Die klassische Punktmechanik, mit der wir uns zuerst beschäftigen werden, kennt dabei eine Vierheit von Objekten: Körper, Kräfte, Raum und Zeit. Die modernen Theorien für eine Vereinheitlichung der Physik werden später fundamental an diesen Begriffen einsetzen. Die Feldtheorie, geschichtlich zuerst die Elektrodynamik, wird dazu Kräfte und den Raum miteinander verbinden, die spezielle Relativitätstheorie dann Raum und Zeit, und die allgemeine Relativitätstheorie schließlich verknüpft Körper mit der Raum-Zeit-Struktur.

Der Gültigkeitsbereich der klassischen Mechanik

Um physikalische Systeme verstehen zu können, müssen häufig Vereinfachungen und Idealisierungen vorgenommen werden.

Dabei versucht man, für das Problem wichtige und unwichtige Effekte voneinander zu trennen. Eine dafür wesentliche mathematische Methode ist die sogenannte *Taylor-Entwicklung*, die im Laufe dieses Kapitels erläutert wird. Erst durch dieses Vorgehen wird es überhaupt möglich, Theorien und Naturgesetze zu formulieren. Unser erstes Beispiel für dieses Vorgehen ist die Approximation von ausgedehnten Körpern durch Punktmassen. Hierbei werden die räumliche Ausdehnung und mögliche innere Freiheitsgrade der Objekte vernachlässigt. So gelten die Newton'schen Gesetze beispielsweise zunächst auch nur für Punktmassen. Die Auswirkungen der Ausdehnung der Objekte kann allerdings später durch zusätzliche Gleichungen beschrieben werden.

In der klassischen Mechanik werden Körper als Punkte bestimmter Masse, sogenannte *Punktmassen*, beschrieben. Ihre Ausdehnung ist dabei klein gegenüber den Dimensionen des Gesamtsystems. Die Begriffe „klein" und „groß" sind hier als relative Bezugsangaben zu verstehen. So ist beispielsweise die Erde im Vergleich zu einer Raumstation, die sie umkreist, groß. Relativ zur Ausdehnung der Sonne oder sogar der Milchstraße ist die Erde jedoch klein.

Eine Punktmasse wird allein durch ihre Masse m und ihren Ort $\boldsymbol{x}(t)$ zur Zeit t beschrieben. Ausgedehnte starre Körper können dann als Systeme von Punktmassen aufgefasst werden, deren Abstände untereinander konstant sind. Punktmassen sind Idealisierungen, da sämtliche Alltagsgegenstände eine Ausdehnung besitzen. Andererseits können beispielsweise einige Elementarteilchen wie Elektronen doch als Punktmassen angesehen werden, da es experimentell bisher nicht gelungen ist, eine innere Struktur von Elektronen zu beobachten. Die obere Grenze für den Elektronenradius liegt bei weniger als 10^{-18} m.

Der physikalische Raum, in dem sich die klassische Mechanik abspielt, ist ein kontinuierlicher, dreidimensionaler *Vektorraum* (siehe „Mathematischer Hintergrund" 1.1). Dieser Raum ist flach, also nicht gekrümmt, d. h., dass die Summe der Innenwinkel eines Dreiecks stets 180° beträgt. Beispiele für gekrümmte zweidimensionale Räume sind die Oberflächen einer Kugel oder eines Sattels.

Im Rahmen der klassischen Mechanik sind die Eigenschaften des Raumes unabhängig von der Existenz von Körpern und deren Bewegung. Die Lage von Körpern wird stets relativ zu anderen Körpern, den *Bezugssystemen*, angegeben. Ein häufig anzutreffendes Bezugssystem ist das sogenannte *Laborsystem*, das durch die Wände desjenigen Labors definiert ist, in dem Experimente durchgeführt werden. Wir werden später darauf zurückkommen, welche Bezugssysteme am geeignetsten sind, um physikalische Gesetze zu formulieren.

Im Allgemeinen gelten die Annahmen der *Homogenität* und *Isotropie* des Raumes, d. h., ein Bezugssystem kann beliebig (aber zeitunabhängig) verschoben und gedreht werden. Typischerweise wird ein *kartesisches Koordinatensystem* für das Bezugssystem gewählt (siehe „Mathematischen Hintergrund" 1.2 und darauf aufbauend den „Mathematischen Hintergrund" 1.3).

Die Zeit ist in der nichtrelativistischen Mechanik ein absoluter, kontinuierlicher und unabhängiger Parameter. Das heißt unter anderem, dass sich jedem *Ereignis* ein eindeutiger Zeitpunkt t zuordnen lässt und sich alle Ereignisse eindeutig zueinander anordnen lassen (ein Ereignis kann somit gleichzeitig, früher oder später als ein anderes Ereignis eintreten). Es wird im Rahmen der Newton'schen Mechanik postuliert, dass es eine für alle Bezugssysteme universelle Zeit gibt. Von dieser Hypothese muss man in der speziellen Relativitätstheorie abrücken.

Der Nullpunkt der Zeit ist im Allgemeinen frei wählbar. Letzteres wird als *Homogenität der Zeit* bezeichnet. Um Zeiten zu messen, benötigt man nicht zuletzt periodische Vorgänge (z. B. die Tageslänge, die Schwingungsdauer eines Pendels oder einer Lichtwelle).

Kräfte wirken in der nichtrelativistischen Mechanik instantan, d. h. von ihrer Wirkung wird angenommen, dass sie sich mit einer unendlichen Geschwindigkeit ausbreitet; Ursache und Wirkung einer Kraft ereignen sich also gleichzeitig.

Die klassische, nichtrelativistische Mechanik ist gültig in alltäglichen Dingen, bei denen

- Geschwindigkeiten klein gegenüber der Lichtgeschwindigkeit sind,
- Abstände groß gegenüber Atomdurchmessern sind,
- Abstände klein gegenüber kosmologischen Ausdehnungen sind,
- Massen hinreichend klein sind.

Die spezielle Relativitätstheorie wird sich als eine Erweiterung der Newton'schen Mechanik erweisen, in der Geschwindigkeiten nicht auf Werte beschränkt sind, die klein gegenüber der Lichtgeschwindigkeit sind. Sie wird in Kap. 9 diskutiert. Im Rahmen der allgemeinen Relativitätstheorie, die in diesem Buch nicht behandelt wird, werden sowohl kosmologische Abstände als auch beliebig große Massen, die den Raum krümmen, betrachtet. Systeme, bei denen die Abstände in der Größenordnung von Atomdurchmessern liegen, werden durch die Quantenmechanik in Teil III beschrieben.

Einführung der mechanischen Grundgrößen

Die Gleichungen der klassischen Mechanik lassen sich mithilfe der linearen Algebra formulieren. Zu diesem Zweck führen wir hier alle für den Anfang relevanten Größen ein und beginnen mit dem *Ortsvektor* $\boldsymbol{x}$. Ein Ortsvektor $\boldsymbol{x}$ einer Punktmasse m beschreibt ihre Position im Raum relativ zu einem Koordinatensystem. Ausgedehnte Körper werden zusätzlich durch ihre Orientierung relativ zu den Achsen des Koordinatensystems charakterisiert. Sie werden in Kap. 4 behandelt. Die grundlegenden Konzepte der klassischen Mechanik lassen sich jedoch anhand von Punktmassen veranschaulichen, bevor der Schritt zu ausgedehnten Objekten unternommen wird.

1.1 Mathematischer Hintergrund: Vektorräume

Auf den ersten Blick haben die Menge der Verschiebungen im $\mathbb{R}^3$, die Menge der Polynome einer Veränderlichen mit rationalen Koeffizienten vom Grad kleiner gleich n und die Menge der Paare von reellen Zahlen nicht viel gemeinsam. Tatsächlich jedoch handelt es sich bei allen dreien um *Vektorräume*, denn man kann die Elemente dieser Mengen addieren und vervielfachen, und dabei gelten gewisse Regeln, z. B. das Kommutativ- und Assoziativgesetz. Um den Begriff „Vektorraum" allgemein fassen zu können, müssen wir zuerst die relevanten Eigenschaften der reellen Zahlen formulieren.

Definition Körper Eine Menge $\mathbb{K}$ ist ein *Körper*, wenn es

- eine *Addition* $\mathbb{K} \times \mathbb{K} \to \mathbb{K}$, $(x, y) \mapsto x + y$ gibt, sodass $\mathbb{K} \setminus \{0\}$ bezüglich der Addition eine additive abelsche Gruppe ist (Gruppen werden im „Mathematischen Hintergrund" 2.4 vertieft.):
  - *Assoziativgesetz:* Es gilt $x + (y + z) = (x + y) + z$ für alle $x, y, z \in \mathbb{K}$.
  - *Existenz des neutralen Elements:* Es gibt ein Element $0 \in \mathbb{K}$, sodass für alle $x \in \mathbb{K}$ gilt $x + 0 = x$.
  - *Existenz des Inversen:* Zu jedem Element $x \in \mathbb{K}$ gibt es ein inverses Element $-x$ mit $x + (-x) = 0$.
  - *Kommutativgesetz:* Für alle $x, y \in \mathbb{K}$ gilt $x+y = y+x$.
- eine *Multiplikation* $\mathbb{K} \times \mathbb{K} \to \mathbb{K}$, $(x, y) \mapsto xy$ gibt, sodass $\mathbb{K} \setminus \{0\}$ bezüglich der Multiplikation eine multiplikative abelsche Gruppe ist:
  - *Assoziativgesetz:* Es gilt $x(yz) = (xy)z$ für alle $x, y, z \in \mathbb{K}$.
  - *Existenz des neutralen Elements:* Es gibt ein Element $1 \in \mathbb{K}$, sodass für alle $1 \in \mathbb{K}$ gilt $1x = x$.
  - *Existenz des Inversen:* Zu jedem Element $0 \neq x \in \mathbb{K}$ gibt es ein inverses Element x^{-1} mit $x(x^{-1}) = 1$.
  - *Kommutativgesetz:* Für alle $x, y \in \mathbb{K}$ gilt $xy = yx$.
- das *Distributivgesetz* erfüllt ist: Es gilt $x(y + z) = xy + xz$ für alle $x, y, z \in \mathbb{K}$.

Die Gruppen $(\mathbb{K}, +)$ bzw. $(\mathbb{K} \setminus \{0\}, \cdot)$ nennt man *abelsch* (nach dem norwegischen Mathematiker *Niels Henrik Abel*, 1802–1829), da die Gruppen das Kommutativgesetz erfüllen. Beispiele für Körper sind die rationalen Zahlen $\mathbb{Q}$ und die reellen Zahlen $\mathbb{R}$. Die Menge der rationalen Funktionen einer Veränderlichen mit reellen Koeffizienten $\mathbb{R}(X)$ bildet ebenfalls einen Körper. Es gibt auch endliche Körper, z. B. die Restklassen modulo 7.

In der Physik werden die Elemente eines Körpers als *Skalare* bezeichnet. Es handelt sich dabei praktisch immer um reelle und komplexe Zahlen ($\mathbb{R}$ und $\mathbb{C}$). Zu komplexen Zahlen siehe Kap. 6.

Nachdem wir den Begriff „Körper" definiert haben, können wir den Begriff *Vektorraum* präzisieren. Dieser enthält Elemente, sogenannte *Vektoren*, die sich addieren und mit Elementen des Körpers vervielfachen lassen.

Definition Vektorraum Eine Menge V ist ein Vektorraum über einem Körper $\mathbb{K}$, wenn

- es eine *Addition* $V \times V \to V$: $(x, y) \mapsto x + y$ gibt, sodass $(V, +)$ eine abelsche Gruppe ist;
- es eine *skalare Multiplikation* $\mathbb{K} \times V$: $(\lambda, x) \mapsto \lambda x$ gibt mit den Eigenschaften
  - $\lambda(x + y) = \lambda x + \lambda y$,
  - $(\lambda + \mu)x = \lambda x + \mu x$,
  - $(\lambda\mu)x = \lambda(\mu x)$,
  - $1x = x$

  für alle $\lambda, \mu \in \mathbb{K}$ und $x, y \in V$.

Die Anforderungen an die skalare Multiplikation stellen dabei nur sicher, dass die skalare Multiplikation im Vektorraum und die Multiplikation innerhalb des Körpers zueinander kompatibel sind. Die Untersuchung von Vektorräumen ist Gegenstand der *linearen Algebra*. Wichtige Ergebnisse sind:

Existenz einer Basis Es gibt Vektoren $\{b_1, b_2, \ldots\} \subset V$, sodass sich jeder Vektor $v \in V$ eindeutig als (endliche) Linearkombination $\sum_i \lambda_i b_i$ schreiben lässt.

Dimension eines Vektorraumes Alle Basen eines Vektorraumes sind gleich mächtig, d. h., zwischen beliebigen zwei Basen B_1 und B_2 eines Vektorraumes V gibt es eine bijektive (d. h. umkehrbare) Abbildung $B_1 \to B_2$. Besteht eine Basis eines Vektorraumes V nur aus endlich vielen Elementen, dann haben alle Basen von V die gleiche Länge. Diese Länge bezeichnet man als *Dimension* von V.

Koordinaten eines Vektors Ist $\{e_1, e_2, \ldots, e_n\}$ eine Basis des n-dimensionalen Vektorraumes V, kann man jeden Vektor $v \in V$ eindeutig schreiben als $v = x_1e_1 + x_2e_2 + \ldots + x_ne_n$. Das n-Tupel

$$\begin{pmatrix} x_1 \\ x_2 \\ \vdots \\ x_n \end{pmatrix}$$

nennt man die Koordinaten von v bezüglich der Basis $\{e_1, e_2, \ldots, e_n\}$ und notiert diese als Spaltenvektoren. Um Platz zu sparen, werden in diesem Buch die Koordinatenvektoren auch als transponierte Zeilenvektoren $(x_1, x_2, \ldots, x_n)^\top$ notiert.

Die Koordinaten eines Vektors hängen von der Wahl der Basis ab. So hat z. B. das Polynom $f(X) = 1 + 2X + 3X^2$ bezüglich der Basis $\{1, X, X^2\}$ die Koordinaten $\left(\begin{smallmatrix}1\\2\\3\end{smallmatrix}\right)$ und bezüglich der Basis $\{1, 1 + X, 1 + X + X^2\}$ die Koordinaten $\left(\begin{smallmatrix}-1\\-1\\3\end{smallmatrix}\right)$.

Literatur

- Jänich, K.: Lineare Algebra. 10. Aufl., Springer (2004)
- Modler, F., Kreh, M.: Tutorium Analysis 1 und Lineare Algebra 1. 3. Aufl., SpringerSpektrum (2014)

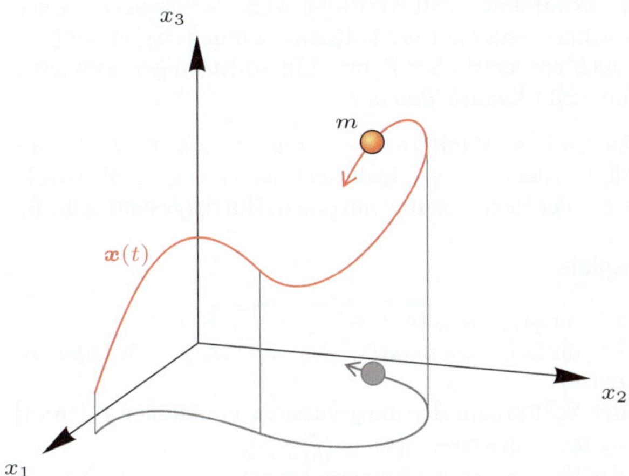

Abb. 1.1 Die Bahnkurve $\boldsymbol{x}(t)$ einer Punktmasse m (hier zusammen mit ihrer Projektion auf die x_1-x_2-Ebene dargestellt) umfasst die zusammenhängende Menge aller Punkte, die m im Laufe der Zeit durchläuft

Im gesamten Buch werden Vektoren im dreidimensionalen Vektorraum $\mathbb{R}^3$ fett gedruckt. In der Regel werden Vektoren als Spaltenvektoren dargestellt, z. B.

$$\boldsymbol{x} = \begin{pmatrix} x_1 \\ x_2 \\ x_3 \end{pmatrix} \quad \text{oder} \quad \boldsymbol{x} = \begin{pmatrix} x \\ y \\ z \end{pmatrix}. \tag{1.1}$$

Die entsprechenden Zeilenvektoren nennt man transponiert. Sie werden in der Form $\boldsymbol{x}^\top = (x_1, x_2, x_3)$ geschrieben. Eine mathematische Einführung in Vektorräume und die Darstellung eines Vektors in einem Koordinatensystem finden Sie im „Mathematischen Hintergrund" 1.1.

Vektorräume spielen in der Physik eine zentrale Rolle. Mit ihrer Hilfe lassen sich alle Größen beschreiben, deren Linearkombinationen wieder einen Vektor ergeben. Man begegnet Vektoren über die Mechanik hinaus in praktisch allen physikalischen Disziplinen. In Aufgabe 1.1 wird die Vektorrechnung vertieft.

Die *Bahnkurve* $\boldsymbol{x}(t)$ einer Punktmasse ist die zentrale Größe in der Mechanik von Punktmassen. Sie gibt an, wie sich ihre Koordinaten im gewählten Bezugssystem mit der Zeit t ändern. Die Bahnkurve enthält alle Raumpunkte, welche die Punktmasse im Laufe der Zeit durchläuft. Dies ist in Abb. 1.1 dargestellt. In Kap. 2 werden wir detailliert untersuchen, wie die Koordinaten einer Punktmasse von der Wahl des Koordinatensystems abhängen und wie man zwischen verschiedenen Koordinatensystemen transformieren kann.

Unter der *Geschwindigkeit* einer Punktmasse versteht man die Änderung ihres Ortes mit der Zeit. Hierzu vergleicht man die Position der Punktmasse zu verschiedenen Zeiten t und $t + \Delta t$ und betrachtet den Grenzwert

$$\frac{\mathrm{d}\boldsymbol{x}(t)}{\mathrm{d}t} := \lim_{\Delta t \to 0} \frac{\boldsymbol{x}(t + \Delta t) - \boldsymbol{x}(t)}{\Delta t}. \tag{1.2}$$

Dies ist die *Zeitableitung* des Ortes nach der Zeit (siehe auch „Mathematischer Hintergrund" 1.7). Die Geschwindigkeit einer Punktmasse ist dann definiert als

$$\boldsymbol{v}(t) = \frac{\mathrm{d}\boldsymbol{x}(t)}{\mathrm{d}t} =: \dot{\boldsymbol{x}}(t). \tag{1.3}$$

Generell bezeichnet ein Punkt über einem Funktionssymbol die Zeitableitung dieser Funktion. Die Anzahl der Punkte gibt die Ordnung der Zeitableitung an: Ein Punkt steht für die erste Ableitung, zwei Punkte für die zweite usw.

Die Ableitung einer vektorwertigen Funktion wird berechnet, indem die Ableitung jeder einzelnen Komponente bestimmt wird, z. B.

$$\dot{\boldsymbol{x}}(t) = \begin{pmatrix} \dot{x}_1(t) \\ \dot{x}_2(t) \\ \dot{x}_3(t) \end{pmatrix}. \tag{1.4}$$

Achtung Streng genommen gilt diese Definition der Geschwindigkeit (1.3) nur in nicht rotierenden kartesischen Koordinatensystemen, da man zwischen einem Vektor und seiner Darstellung in einem Koordinatensystem unterscheiden muss. Um der Übersicht in diesem Kapitel Vorrang vor Vollständigkeit zu geben, werden die entsprechenden Verallgemeinerungen erst in Kap. 2 diskutiert. ◀

Die *Beschleunigung* einer Punktmasse schließlich ist die Änderung ihrer Geschwindigkeit mit der Zeit,

$$\boldsymbol{a}(t) = \frac{\mathrm{d}\boldsymbol{v}(t)}{\mathrm{d}t} = \frac{\mathrm{d}^2\boldsymbol{x}(t)}{\mathrm{d}t^2} =: \ddot{\boldsymbol{x}}(t), \tag{1.5}$$

und somit die zweite Zeitableitung des Ortes.

Das klassische Relativitätsprinzip

Das *Relativitätsprinzip* besagt, dass zwei mit konstanter Geschwindigkeit relativ zueinander bewegte Koordinatensysteme äquivalent sind, d. h., keines dieser beiden Systeme ist irgendwie vor dem anderen ausgezeichnet. Durch eine Messung lässt sich folglich nicht entscheiden, ob ein gegebenes System ruht oder sich mit konstanter Geschwindigkeit bewegt. Nur die relative Geschwindigkeit zweier Systeme ist messbar.

1.2 Mathematischer Hintergrund: Metrische und normierte Räume

Metrische und normierte Räume werden eingeführt, um den Abstandsbegriff zwischen Punkten im $\mathbb{R}^3$ auf beliebige Mengen zu verallgemeinern. Dies geht wie folgt:

Definition Metrik Eine *Metrik* auf einer Menge X ist eine Abbildung $d : X \times X \to \mathbb{R}$ mit den Eigenschaften

- $d(x, y) \geq 0$, $d(x, y) = 0 \Leftrightarrow x = y$ *(Definitheit)*
- $d(x, y) = d(y, x)$ *(Symmetrie)*
- $d(x, z) \leq d(x, y) + d(y, z)$ *(Dreiecksungleichung)*

für beliebige $x, y \in X$. Die Dreiecksungleichung besagt anschaulich nichts anderes, als dass jeder Umweg von x nach z über y länger ist als der direkte Weg von x nach z. Eine Menge X mit einer Metrik d wird als *metrischer Raum* bezeichnet.

Mithilfe der Metrik kann der aus $\mathbb{R}$ bekannte Konvergenzbegriff auf X übertragen werden: Eine Punktfolge (x_n) aus X *konvergiert* gegen $x \in X$, wenn die Folgenglieder irgendwann beliebig nahe bei x liegen, d. h. wenn es zu jedem $\varepsilon > 0$ ein $n_\varepsilon \in \mathbb{N}$ gibt, sodass $d(x_i, x) < \varepsilon$ für alle $i \geq n_\varepsilon$ gilt.

Auch der Begriff einer Cauchy-Folge lässt sich aus $\mathbb{R}$ übertragen: Eine Folge (x_n) aus X heißt *Cauchy-Folge*, wenn die Folgenglieder irgendwann beliebig nahe beieinander liegen, d. h. wenn es zu jedem $\varepsilon > 0$ ein $n_\varepsilon \in \mathbb{N}$ gibt, sodass $d(x_i, x_j) < \varepsilon$ für alle $i, j \geq n_\varepsilon$ gilt. Hat der metrische Raum die Eigenschaft, dass jede Cauchy-Folge konvergiert, so nennt man den Raum *vollständig*.

Definition Norm Sei V ein reeller oder komplexer Vektorraum über $\mathbb{K}$ (d. h. über $\mathbb{K} = \mathbb{R}$ oder $\mathbb{K} = \mathbb{C}$). (Komplexe Zahlen werden in Kap. 6 besprochen.) Eine *Norm* auf V ist eine Abbildung $\|\cdot\| : V \to \mathbb{R}$, $v \mapsto \|v\|$ mit

- $\|x\| \geq 0$, $\|x\| = 0 \Leftrightarrow x = 0$ *(Definitheit)*
- $\|\lambda x\| = |\lambda| \, \|x\|$ *(Homogenität)*
- $\|x + y\| \leq \|x\| + \|y\|$ *(Dreiecksungleichung)*

für alle $x, y \in V$ und $\lambda \in \mathbb{K}$.

Ein Vektorraum V mit Norm $\|\cdot\|$ wird als *normierter Raum* bezeichnet. Jeder normierte Raum ist durch $d(x, y) := \|x - y\|$ auch ein metrischer Raum. Ein vollständiger normierter Raum heißt *Banach-Raum*.

Vektoren $v \in V$ mit $\|v\| = 1$ nennt man *Einheitsvektoren* bezüglich der Norm $\|\cdot\|$. In diesem Buch werden Einheitsvektoren in der Regel fett und mit einem Hut dargestellt, z. B. $\hat{\boldsymbol{v}}$.

Beispiele

- $\mathbb{R}^n$ mit $\|x\|_k := \sqrt[k]{|x_1|^k + |x_2|^k + \ldots + |x_n|^k}$
- $\mathbb{R}^n$ mit $\|x\|_\infty := \max(|x_1|, |x_2|, \ldots, |x_n|)$ *(Maximumsnorm)*
- der Vektorraum der integrierbaren Funktionen $f : [0, 1] \to \mathbb{R}$ mit der Norm $\|f\| := \int_0^1 |f(x)| \, \mathrm{d}x$
- der Vektorraum der beschränkten Funktionen $f : I \to \mathbb{R}$ auf einem Intervall $I \subseteq \mathbb{R}$ mit der *Supremumsnorm* $\|f\|_\infty := \sup\{f(x) \mid x \in I\}$ (das Supremum einer nach oben beschränkten nichtleeren Menge $M \subseteq \mathbb{R}$ ist die kleinste obere Schranke aller Elemente von M)

Die euklidische Norm $\|\cdot\|_2$ im $\mathbb{R}^n$ entspricht genau der Länge des durch die Komponenten $(x_1, x_2, \ldots, x_n)$ beschriebenen Verschiebepfeiles. Außerdem ist $\|x\|_\infty = \lim_{k\to\infty} \|x\|_k$.

Äquivalenz von Normen In einem Vektorraum kann es mehrere verschiedene Normen geben (siehe obige Beispiele). In endlich-dimensionalen Vektorräumen sind allerdings alle Normen äquivalent und führen auf den gleichen Konvergenzbegriff.

Sämtliche physikalischen Gesetze, die im Rahmen der klassischen Mechanik aufgestellt und abgeleitet werden, liefern daher identische Resultate in allen Bezugssystemen, die sich relativ zueinander mit einer konstanten Geschwindigkeit bewegen. Dies kann man sich folgendermaßen veranschaulichen: Sitzt man im Zug und beobachtet durch das Fenster einen anderen Zug und physikalische Phänomene in seinem Inneren, so kann man daraus nicht ableiten, ob der eigene Zug vorwärts oder der andere rückwärts fährt. Nur die Relativgeschwindigkeit der Züge ist direkt bestimmbar, wenn man nicht zusätzlich die Gleise oder die Landschaft beobachtet (und damit ein weiteres Bezugssystem heranzieht).

Im Gegensatz zu Geschwindigkeiten sind Beschleunigungen jedoch stets messbar. Wir werden in Kürze sehen, dass sie eng mit Kräften verknüpft sind, welche diese Beschleunigungen erzeugen.

1.2 Die Newton'schen Axiome

Dieser Abschnitt beschäftigt sich mit den Newton'schen Axiomen, welche die Grundlage der klassischen Mechanik bilden. Sie können als fundamentale Naturgesetze innerhalb eines bestimmten, in der Einleitung beschriebenen Geltungsbereichs angesehen werden. Weiterhin werden Inertialsysteme definiert, in denen die Grundgleichungen der Mechanik eine besonders einfache Form annehmen. Der Begriff des Inertialsystems ist eng mit dem der Kräfte und Beschleunigungen verbunden, was

1.3 Mathematischer Hintergrund: Skalarprodukt, euklidische Räume

Das Skalarprodukt von Vektoren im $\mathbb{R}^n$ ist schon aus der Schule bekannt. Es gilt nun, dieses Konzept auf Vektorräume zu verallgemeinern.

Definition Skalarprodukt Sei V ein Vektorraum über dem Körper $\mathbb{K}$. Ein *Skalarprodukt* ist eine Abbildung $V \times V \to \mathbb{K}$ (wobei wir hier nur die Körper $\mathbb{K} = \mathbb{R}$ oder $\mathbb{K} = \mathbb{C}$ betrachten; wer mit den komplexen Zahlen noch nichts anfangen kann, kann sich hier immer $\mathbb{K} = \mathbb{R}$ vorstellen), $(x, y) \mapsto \langle x, y\rangle$ mit den Eigenschaften

- $\langle \lambda x_1 + \mu x_2, y_1\rangle = \bar{\lambda}\langle x_1, y_1\rangle + \bar{\mu}\langle x_2, y_1\rangle$ (*Bilinearität*)
  $\langle x_1, \lambda y_1 + \mu y_2\rangle = \lambda\langle x_1, y_1\rangle + \mu\langle x_1, y_2\rangle$
- $\langle x, x\rangle \geq 0$, $\langle x, x\rangle = 0 \Leftrightarrow x = 0$ (*Definitheit*)

für alle $x, x_1, x_2, y_1, y_2 \in V$ und $\lambda, \mu \in \mathbb{K}$. Hierbei bezeichnet $\bar{\mu}$ das komplex Konjugierte zu μ. Im Falle $\mathbb{K} = \mathbb{R}$ kann die komplexe Konjugation weggelassen werden.

Bei Vektoren $\boldsymbol{x}, \boldsymbol{y} \in \mathbb{R}^3$ wird in diesem Buch für das Skalarprodukt auch die Schreibweise $\boldsymbol{x} \cdot \boldsymbol{y}$ verwendet. Man spricht häufig auch vom *inneren Produkt*.

Definition euklidischer Raum Ein Vektorraum über $\mathbb{R}$ mit Skalarprodukt heißt *euklidischer Raum*.

Jeder euklidische Raum ist durch $\|v\| := (\langle v, v\rangle)^{1/2}$ auch ein normierter Raum. In euklidischen Räumen sind die Einheitsvektoren genau die Vektoren mit $\langle v, v\rangle = 1$.

Im Folgenden sei V endlich-dimensional. Aufgrund der Bilinearität des Skalarprodukts kann man den Wert von $\langle x, y\rangle$ berechnen, wenn alle Skalarprodukte $\langle e_i, e_j\rangle$ zwischen den Vektoren einer Basis $\{e_1, e_2, \ldots, e_n\}$ und die Koordinaten von x und y bezüglich dieser Basis bekannt sind. Für $x = \sum_i x_i e_i$ und $y = \sum_j y_j e_j$ ergibt sich $\langle x, y\rangle = \sum_{i,j} x_i y_j \langle e_i, e_j\rangle$.

Orthogonalität von Vektoren Zwei Vektoren x und y in V heißen orthogonal (bezüglich des Skalarprodukts $\langle\cdot,\cdot\rangle$), wenn $\langle x, y\rangle = 0$ ist. Eine Basis von V, bei der verschiedene Basisvektoren zueinander orthogonal sind, also $\langle e_i, e_j\rangle = 0$ für alle $i \neq j$ gilt, nennt man *Orthogonalbasis* von V. Für eine Orthogonalbasis vereinfacht sich das Skalarprodukt zwischen x und y zu $\langle x, y\rangle = \sum_i x_i y_i \langle e_i, e_i\rangle$. Gilt jetzt auch noch $\langle e_i, e_i\rangle = 1$ für alle i, sind also alle Basisvektoren Einheitsvektoren, so spricht man von einer *Orthonormalbasis* von V. Bezüglich einer Orthonormalbasis kann das Skalarprodukt zweier Vektoren einfach aus den Koordinaten der Vektoren berechnet werden: $\langle x, y\rangle = \sum_i x_i y_i$.

Ausgehend von einer beliebigen Basis von V kann man in endlich vielen Schritten eine Orthonormalbasis von V finden (Gram-Schmidt'sches Orthogonalisierungsverfahren).

Geometrische Bedeutung Im $\mathbb{R}^3$ bezüglich der Standardbasis (kartesische Koordinaten) gilt $\boldsymbol{x}\cdot\boldsymbol{y} = |\boldsymbol{x}||\boldsymbol{y}|\cos\alpha$, wobei α der zwischen $\boldsymbol{x}$ und $\boldsymbol{y}$ eingeschlossene Winkel ist. Dies rechtfertigt auch die Verwendung des Begriffs *orthogonal* für $\boldsymbol{x}\cdot\boldsymbol{y} = 0$, denn nur in diesem Fall stehen die Vektoren $\boldsymbol{x}$ und $\boldsymbol{y}$ im $\mathbb{R}^3$ genau senkrecht aufeinander. Ist $\hat{\boldsymbol{y}}$ ein Einheitsvektor, dann ist im $\mathbb{R}^3$ das Skalarprodukt $\boldsymbol{x}\cdot\hat{\boldsymbol{y}}$ genau gleich der Länge der Projektion von $\boldsymbol{x}$ auf $\hat{\boldsymbol{y}}$. Ist $\{e_1, e_2, \ldots, e_n\}$ eine Orthogonalbasis von V, dann können die Koordinaten von x mithilfe des Skalarprodukts berechnet werden: $x_i = \langle x, e_i\rangle$. Auch hier sind die Skalarprodukte gleich den Projektionen von x auf e_i.

wiederum eine Diskussion der Masse erfordert. Im Anschluss wird das Konzept des Gravitationsfeldes eingeführt. Abschließend werden die physikalischen Einheiten vorgestellt, die zur Quantifizierung mechanischer Systeme verwendet werden.

Das erste Newton'sche Axiom

Das *erste Newton'sche Axiom* wird auch *Trägheitsgesetz* oder *Lex Prima* genannt.

Erstes Newton'sches Axiom

Jeder Körper beharrt in seinem Zustand der Ruhe oder gleichförmigen geradlinigen Bewegung, wenn er nicht durch einwirkende Kräfte gezwungen wird, seinen Zustand zu ändern.

Durch dieses Axiom wird das Beharrungsvermögen des Körpers, seine *Trägheit*, postuliert. Weiterhin definiert man als Bewegungsgröße das Produkt aus Masse m und Geschwindigkeit $\boldsymbol{v}$ als den *Impuls*

$$\boldsymbol{p} = m\boldsymbol{v}. \tag{1.6}$$

Somit besagt das Trägheitsgesetz, dass der Impuls erhalten ist,

$$\boldsymbol{p} = \text{const}, \tag{1.7}$$

wenn Kräfte abwesend sind. Die Begriffe „Masse" und „Kraft" verwenden wir hier zunächst rein intuitiv, sie müssen noch definiert werden. Die Masse m, die im Bewegungsgesetz auftritt, sei hier jedoch als die *träge Masse* eingeführt, auf die wir in Kürze zurückkommen werden.

Das zweite Newton'sche Axiom

Das *zweite Newton'sche Axiom* wird auch als *Bewegungsgesetz* oder *Lex Secunda* bezeichnet.

Zweites Newton'sches Axiom

Die Änderung der Bewegung ist der Einwirkung der bewegenden Kraft proportional und geschieht nach der Richtung derjenigen geraden Linie, nach welcher jene Kraft wirkt.

In mathematischer Form lautet es

$$\dot{\boldsymbol{p}} = \boldsymbol{F}, \tag{1.8}$$

wobei der Impuls $\boldsymbol{p}$ die Bewegungsgröße ist. Für eine zeitlich konstante Masse gilt wegen (1.6)

$$m\ddot{\boldsymbol{x}} = \boldsymbol{F}. \tag{1.9}$$

Unter der Trägheit einer Masse versteht man also den Widerstand gegen eine Beschleunigung: je größer die träge Masse m, desto kleiner die Beschleunigung $\ddot{\boldsymbol{x}}$ für eine gegebene Kraft $\boldsymbol{F}$.

Kräfte werden definiert, indem man Messvorschriften angibt, die z. B. eine unbekannte mit einer bekannten Kraft vergleichen. Die Gravitationskraft wird dabei häufig als Referenzkraft verwendet.

Im Allgemeinen sind Kräfte Funktionen von Ort und Geschwindigkeit. Wir wollen hier annehmen, dass sie nur von momentanen Größen und nicht von Eigenschaften des Systems in der Vergangenheit abhängen. Die Lorentz-Kraft, die auf ein geladenes Teilchen im Magnetfeld wirkt, ist beispielsweise geschwindigkeitsabhängig. Sie wird in Teil II gründlich behandelt, wird aber auch bereits in Aufgabe 1.4 ein erstes Mal untersucht. Reibungskräfte sind ebenfalls von der Geschwindigkeit abhängig. Auf sie wird in Abschn. 1.3 wieder eingegangen. Beispiele für geschwindigkeitsunabhängige Kräfte sind die Gravitations- und die Coulomb-Kraft, die beide proportional zum inversen Abstandsquadrat sind. Diese beiden Kräfte wirken außerdem entlang des Abstandsvektors,

$$\boldsymbol{F}_{12} \parallel \pm (\boldsymbol{x}_1 - \boldsymbol{x}_2), \tag{1.10}$$

wobei $\boldsymbol{x}_1$ und $\boldsymbol{x}_2$ die Positionen der beiden wechselwirkenden Punktmassen sind. Kräfte, welche diese Eigenschaft besitzen, nennt man *Zentralkräfte*. Wir werden in Kürze auf die Gravitationskraft zwischen zwei Punktmassen zurückkommen.

Man erkennt, dass Bewegungsgleichungen in der Regel zweite Ableitungen des Ortes nach der Zeit beinhalten und somit Differenzialgleichungen sind (siehe „Mathematischer Hintergrund" 1.4 und 1.5). Im Allgemeinen führen die Gleichungen der Mechanik für N Teilchen auf $3N$ Differenzialgleichungen zweiter Ordnung. Der Faktor 3 rührt daher, dass jedes Punktteilchen drei *Freiheitsgrade* besitzt, jeweils einen für die Bewegung entlang jeder Raumrichtung. Die Anzahl der Freiheitsgrade entspricht folglich der Anzahl der unabhängigen Parameter, die ein System beschreiben. Unterliegt ein System *Zwangsbedingungen* (z. B. die eingeschränkte Bewegung auf einer Tischplatte), so ist die Zahl der Freiheitsgrade reduziert. Wir werden uns in Kap. 5 ausführlich mit diesem Thema beschäftigen. Im Folgenden gehen wir aber zunächst davon aus, dass keine Zwangsbedingungen existieren.

Das zweite Newton'sche Axiom kann über den axiomatischen Status hinaus als Naturgesetz aufgefasst werden, da es aus empirischen Beobachtungen abgeleitet wurde und Vorhersagen erlaubt. Es ist somit das Grundgesetz der Mechanik.

Offensichtlich ist das erste Newton'sche Axiom ein Spezialfall des zweiten: Für eine konstante Masse ändert sich die Geschwindigkeit nicht, wenn keine Kraft auf die Punktmasse wirkt. Allerdings ist es möglich, dass sich eine Masse zeitlich ändert, was auf die Gleichung

$$\dot{m}\dot{\boldsymbol{x}} + m\ddot{\boldsymbol{x}} = \boldsymbol{F} \tag{1.11}$$

führt. Dieser Fall wird in Abschn. 1.3 anhand der Raketengleichung diskutiert. In den meisten mechanischen Problemen ist die Masse jedoch konstant und $\dot{m} = 0$.

Das dritte Newton'sche Axiom

Das *dritte Newton'sche Axiom* charakterisiert die Wechselwirkung zweier Punktmassen.

Drittes Newton'sches Axiom

Die Wirkung ist stets der Gegenwirkung gleich, d. h., die Wirkungen zweier Körper aufeinander sind stets betragsgleich, aber von entgegengesetzter Richtung.

Dieses *Reaktionsgesetz* oder *Lex Tertia* ist insbesondere in seiner prägnanten Form *actio = reactio* bekannt. Mathematisch formuliert lautet es

$$\boldsymbol{F}_{12} = -\boldsymbol{F}_{21}, \tag{1.12}$$

wobei $\boldsymbol{F}_{12}$ die Kraft ist, die von einer zweiten Punktmasse auf die erste ausgeübt wird. Entsprechend ist $\boldsymbol{F}_{21}$ die Kraft, welche die zweite Punktmasse durch die erste erfährt. Hierbei spielt es keine Rolle, durch welchen physikalischen Mechanismus die Kräfte $\boldsymbol{F}_{12}$ und $\boldsymbol{F}_{21}$ erzeugt werden. Das dritte Newton'sche Axiom ist in Abb. 1.2 dargestellt.

Achtung In der Literatur wird die Indexreihenfolge der Kräfte häufig genau anders herum notiert. Der Vorteil der hier gewählten Schreibweise ist, dass der erste Index (der am nächsten am Kraftsymbol steht) die betrachtete Punktmasse angibt. ◄

Abb. 1.2 Wirft eine im Boot sitzende Person ein Fass nach rechts, so wirkt während des Wurfes eine Kraft $+\boldsymbol{F}$ auf das Fass, während die Person die Kraft $-\boldsymbol{F}$ erfährt. Dies ist eine direkte Folge des dritten Newton'schen Axioms in (1.12). Dadurch wird das Boot nach links beschleunigt

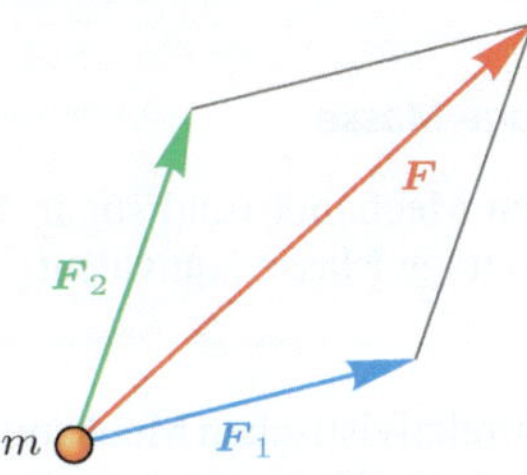

Abb. 1.3 Die Gesamtkraft $\boldsymbol{F}$ auf eine Punktmasse m ist die Superposition der beiden Einzelkräfte $\boldsymbol{F}_1$ und $\boldsymbol{F}_2$. Diese Aussage gilt für beliebig viele Einzelkräfte, wird hier aber aus Gründen der Übersichtlichkeit nur für zwei Kräfte gezeigt

Das vierte Newton'sche Axiom

Es gibt eine wichtige Erweiterung zu den Newton'schen Axiomen. Von Newton selbst als Zusatz formuliert, bezeichnet man den folgenden Zusammenhang heute häufig als *Lex Quarta*.

Viertes Newton'sches Axiom

Wirken auf einen Punkt mehrere Kräfte, so addieren sich diese vektoriell zu einer resultierenden Kraft auf.

Dieses *Superpositionsprinzip* ist tatsächlich von entscheidender Bedeutung für die Mechanik und die gesamte Physik. In mathematischer Schreibweise lautet es

$$\boldsymbol{F} = \sum_{i=1}^{N} \boldsymbol{F}_i, \tag{1.13}$$

wobei die N Kräfte $\boldsymbol{F}_i$ auf eine Punktmasse wirken und zu einer resultierenden Kraft $\boldsymbol{F}$ aufaddiert werden können (Abb. 1.3).

Achtung In der klassischen Mechanik werden Mehrkörperkräfte (z. B. $\boldsymbol{F}_{123}$ oder $\boldsymbol{F}_{1234}$) ausgeschlossen. Stattdessen wird angenommen, dass alle Kräfte in einem mechanischen System als lineare Überlagerung von Zweikörperkräften der Form $\boldsymbol{F}_{12}$ gebildet werden können. Dies gilt z. B. nicht mehr, wenn Effekte der allgemeinen Relativitätstheorie ins Spiel kommen. ◀

Inertialsysteme und ihre Bedeutung für die klassische Mechanik

Koordinatensysteme lassen sich aus mathematischer Sicht beliebig wählen. Physikalisch gesehen stellt sich jedoch die Frage, ob es eine Klasse von Koordinatensystemen gibt, die gegenüber anderen ausgezeichnet sind. Offenbar macht es physikalisch einen Unterschied, ob die Bahnkurve einer Punktmasse in einem Bezugssystem betrachtet wird, das sich mit ihm bewegt, oder in einem Bezugssystem, das sich relativ dazu bewegt. Dies führt auf den Begriff der *Inertialsysteme*. Ein Inertialsystem ist ein solches Bezugssystem, in dem das erste Newton'sche Axiom gilt, in dem sich also ein kräftefreier Körper geradlinig-gleichförmig bewegt. Man bezeichnet Bezugssysteme dann als Inertialsysteme, wenn sie sich mit einer geradlinigen und konstanten Geschwindigkeit gegenüber den Fixsternen bewegen.

Inertialsysteme

Inertialsysteme sind Bezugssysteme, in denen sich ein kräftefreier Körper geradlinig-gleichförmig bewegt.

Ein Beispiel für ein Bezugssystem, in dem das erste Newton'sche Axiom in der Form (1.7) nicht gilt, ist eine rotierende Scheibe. Auf ihr kann eine Punktmasse nur dann in Ruhe bleiben, wenn sie durch eine Kraft festgehalten wird. Es ist zu betonen, dass Naturgesetze im Allgemeinen und das zweite Newton'sche Axiom im Speziellen auch in Nichtinertialsystemen formuliert werden können, dabei aber in der Regel komplexer sind. Eine entsprechende Erweiterung der Bewegungsgleichungen (1.9) auf beschleunigte und krummlinige (d. h. nichtkartesische) Bezugssysteme wird in Kap. 2 besprochen.

Frage 1

Überlegen Sie sich, warum ein Flugzeug während des Fluges näherungsweise als Inertialsystem aufgefasst werden kann, nicht jedoch während Start und Landung.

Das Zusammenspiel von Inertialsystemen, Kräften und dem ersten Newton'schen Axiom weist auf ein Dilemma hin, das bereits von Newton erkannt wurde: Die Definitionen von Kräften und Inertialsystemen sind zyklisch verbunden. Erst wenn ein Inertialsystem eingeführt wurde, kann man Kräfte sinnvoll definieren, da vorher nicht klar ist, ob eine nicht geradlinig-gleichförmige Bewegung auf eine Kraft oder darauf zurückzuführen ist, dass das Bezugssystem kein Inertialsystem ist. Andererseits kann man Inertialsysteme nicht definieren, ohne auf Kräfte Bezug zu nehmen, weil sie als Bezugssysteme definiert sind, in denen sich kräftefreie Körper geradlinig-gleichförmig bewegen.

Da Kräfte nicht ohne Klarheit über Inertialsysteme und Inertialsysteme nicht ohne Klarheit über Kräfte definiert werden können, wird diese Problematik häufig schlicht verschwiegen und ignoriert. Es ist jedoch möglich, die zyklische Argumentation durch Näherungen zu umgehen. Die Erdoberfläche, die jedem Menschen als Laborsystem geläufig ist, ist streng genommen kein Inertialsystem, da sie sich relativ zu den Fixsternen dreht. Jedoch sind die damit verbundenen Effekte in der Regel so klein, dass sie im Alltag kaum eine Rolle spielen. In solchen Fällen kann man die Erdoberfläche als Inertialsystem ansehen. Ausnahmen sind beispielsweise tropische Wirbelstürme, die erst durch die Erddrehung entstehen können. Solche Wirbelstürme werden durch die Erddrehung beeinflusst, da ihre Ausdehnung nicht mehr klein gegenüber dem Erdradius ist. Wir kommen in Kap. 2 darauf zurück. Streng genommen bilden auch die Fixsterne kein Inertialsystem, da Galaxien rotieren. Ein vollständiger Umlauf dauert aber viele Millionen Jahre und kann für alle alltäglichen Phänomene getrost vernachlässigt werden.

Schwere und träge Massen

Der trägen Masse sind wir bereits im Zusammenhang mit dem ersten Newton'schen Axiom (1.6) begegnet. Sie ist die Eigenschaft eines Körpers, sich einer Beschleunigung durch eine Kraft zu widersetzen, und sie ist in allen Bezugssystemen identisch. Je größer also die träge Masse m eines Körpers ist, desto kleiner fällt die Beschleunigung $\boldsymbol{a}$ bei einer gegebenen Kraft $\boldsymbol{F}$ aus. Träge Massen lassen sich auf verschiedene Arten bestimmen. Das offensichtliche Verfahren ist, die Beschleunigung unter der Wirkung einer bekannten Kraft zu messen. Durch Stoßexperimente zweier Körper lässt sich die unbekannte träge Masse des einen Körpers bestimmen, wenn diejenige des anderen gegeben ist. Dabei muss die Kraft, welche die Körper während des Stoßes aufeinander ausüben, nicht bekannt sein.

Die *schwere Masse* hingegen wird über die Gravitationskraft definiert, die eine Masse m_1 auf eine zweite Masse m_2 ausübt:

$$\boldsymbol{F}_{21} = -\frac{Gm_1m_2}{r^2}\frac{\boldsymbol{r}}{r} = -\frac{Gm_1m_2}{r^2}\hat{\boldsymbol{e}}_r. \tag{1.14}$$

Hierbei ist $\boldsymbol{r} := \boldsymbol{x}_2 - \boldsymbol{x}_1$ der Vektor, der von der Punktmasse m_1 zu m_2 zeigt, r ist seine Länge und $\hat{\boldsymbol{e}}_r$ ist der Einheitsvektor entlang des Vektors $\boldsymbol{r}$. Die Größe G ist die *Gravitationskonstante*. Die schwere Masse eines Körpers kann durch Wägen bestimmt werden, indem man die durch die Erde verursachte Gravitationskraft auf diesen Körper misst und mit der Kraft vergleicht, die auf einen Körper mit bekannter schwerer Masse wirkt. Dies ist auch der Grund, warum im alltäglichen Sprachgebrauch Massen fälschlicherweise durch Gewichte (Kräfte) gleichgesetzt werden („... wiegt ein Kilo").

Das empirische *Galilei'sche Fallgesetz* besagt, dass alle Körper im Gravitationsfeld der Erde gleich schnell fallen, also gleich stark beschleunigt werden, wenn Reibung vernachlässigt wird. Aus dieser Beobachtung lässt sich ableiten, dass schwere und träge Massen proportional sind.

Frage 2

Machen Sie sich klar, dass aus dem zweiten Newton'schen Axiom und dem Galilei'schen Fallgesetz direkt folgt, dass träge und schwere Massen proportional sein müssen.

Wie wir in Kürze sehen werden, kann die Proportionalität von träger und schwerer Masse durch eine geeignete Wahl der Gravitationskonstanten G in eine Gleichheit überführt werden. Im Folgenden wird daher generell nicht mehr zwischen träger und schwerer Masse unterschieden. Die Äquivalenz von schwerer und träger Masse ist im Rahmen der klassischen Mechanik nicht erklärbar, bildet allerdings eine wichtige Voraussetzung für die allgemeine Relativitätstheorie und findet dort eine natürliche Erklärung.

Schwere und träge Masse

In der klassischen Mechanik (und sogar darüber hinaus) sind schwere und träge Masse äquivalent.

Im Rahmen der nichtrelativistischen Mechanik ist ferner die Gesamtmasse in einem abgeschlossenen System erhalten. Sie kann weder erzeugt noch vernichtet werden. Allerdings kann Masse von einem Teilsystem in ein anderes übertragen werden. So ist zwar die Masse einer Rakete nicht erhalten, aber die Gesamtmasse der Rakete und des ausgestoßenen Treibstoffs sind konstant.

Das Gravitationsfeld

In (1.14) wurde die Gravitationskraft zwischen zwei Punktmassen m_1 und m_2 an den Orten $\boldsymbol{x}_1$ und $\boldsymbol{x}_2$ eingeführt:

$$\boldsymbol{F}_{21}(\boldsymbol{x}_2 - \boldsymbol{x}_1) = -\frac{Gm_1m_2}{|\boldsymbol{x}_2 - \boldsymbol{x}_1|^2}\frac{\boldsymbol{x}_2 - \boldsymbol{x}_1}{|\boldsymbol{x}_2 - \boldsymbol{x}_1|}. \tag{1.15}$$

Diese Gleichung lässt sich auch in anderer Weise interpretieren, indem sie in der Form

$$\boldsymbol{F}_{21}(\boldsymbol{x}_2 - \boldsymbol{x}_1) = m_2\boldsymbol{g}_1(\boldsymbol{x}_2) \tag{1.16}$$

geschrieben wird. Hierbei ist

$$\boldsymbol{g}_1(\boldsymbol{x}) = -\frac{Gm_1}{|\boldsymbol{x} - \boldsymbol{x}_1|^2}\frac{\boldsymbol{x} - \boldsymbol{x}_1}{|\boldsymbol{x} - \boldsymbol{x}_1|} \tag{1.17}$$

das *Gravitationsfeld*, das von der Punktmasse m_1 am Ort $\boldsymbol{x}$ erzeugt wird. Dieses Feld wird von der Punktmasse m_2 am Ort $\boldsymbol{x}_2$ wahrgenommen. Obwohl mathematisch gleichwertig, unterscheiden sich beide Betrachtungsweisen physikalisch grundlegend:

- Im Kraft-Bild existiert die Kraft $\boldsymbol{F}_{21}(\boldsymbol{x}_2 - \boldsymbol{x}_1)$ nur dann, wenn zwei Punktmassen m_1 und m_2 im Abstand $|\boldsymbol{x}_1 - \boldsymbol{x}_2|$ gravitativ wechselwirken.
- Das Gravitationsfeld $\boldsymbol{g}_1(\boldsymbol{x})$ ist jedoch auch in Abwesenheit der Punktmasse m_2 definiert, und zwar an jedem Punkt im Raum. Befindet sich nun m_2 am Ort $\boldsymbol{x}_2$, so führt dies auf eine Anziehungskraft, die $\boldsymbol{F}_{21}(\boldsymbol{x}_2 - \boldsymbol{x}_1)$ entspricht.

In der Physik, insbesondere bei der Beschreibung der Elementarteilchen, ist der Begriff der *Kopplung* sehr wichtig. Man sagt, dass bestimmte Größen (z. B. Masse oder Ladung) an ein Feld koppeln (z. B. an das Gravitations- oder elektromagnetische Feld). Kopplungskonstanten geben dann die Stärke der Wechselwirkung an. Es ist sinnvoll, in diesem Bild zu denken, da gewisse Teilchen bestimmte Felder nicht wahrnehmen bzw. nicht an sie ankoppeln. Ein Beispiel ist eine ungeladene Punktmasse im elektromagnetischen Feld.

Frage 3

Man mache sich klar, dass die Gravitationskraft $\boldsymbol{F}_{21}(\boldsymbol{x}_2 - \boldsymbol{x}_1)$ gleichwertig in den Formen $\boldsymbol{F}_{21} = m_2\boldsymbol{g}_1(\boldsymbol{x}_2)$ und $\boldsymbol{F}_{12} = m_1\boldsymbol{g}_2(\boldsymbol{x}_1)$ geschrieben werden kann.

Das physikalische Konzept von Feldern spielt in der theoretischen Physik eine zentrale Rolle, wird aber in der klassischen Mechanik noch nicht benötigt. Es wird daher erst in Teil II ausführlich besprochen. Dort wird sich schließlich herausstellen, dass ein physikalisches Feld wesentlich mehr als eine mathematische Hilfsgröße darstellt.

Die Einheiten der mechanischen Größen

Die Gültigkeit des zweiten Newton'schen Axioms (1.9) setzt eine geeignete Wahl der *Einheiten* von Masse, Beschleunigung und Kraft voraus. Dies kann man sich anhand der Gleichung

$$\dot{\boldsymbol{p}} = \gamma \boldsymbol{F} \tag{1.18}$$

klarmachen, wobei γ eine Konstante ist. Dieses allgemeiner gehaltene zweite Newton'sche Axiom sagt aus, dass Impulsänderung und Kraft proportional sind, wobei γ die entsprechende Proportionalitätskonstante ist. Nun lassen sich die Einheiten so wählen, dass $\gamma = 1$ wird und das bekannte zweite Newton'sche Axiom in Erscheinung tritt.

Am häufigsten werden in der Physik die *SI-Einheiten* (Système international d'unités) oder die *CGS-Einheiten* (Centimetre Gram Second) verwendet. Für mechanische Systeme werden dabei stets drei *Grundeinheiten* benötigt, von denen andere Einheiten abgeleitet werden. Die wichtigsten mechanischen Größen und ihre SI- und CGS-Einheiten sind in Tab. 1.1 aufgelistet.

Obwohl es in der klassischen Mechanik vier Grundgrößen gibt (Masse, Raum, Zeit, Kraft), werden nur drei Einheiten benötigt.

Tab. 1.1 Wichtige mechanische Größen und ihre SI- und CGS-Einheiten. Die Einheiten für Länge, Zeit und Masse sind die Grundeinheiten, alle anderen sind abgeleitete Einheiten. In Abschn. 11.3 werden die Einheiten der Elektrodynamik aufgelistet

Größe	SI-Einheit	CGS-Einheit
Länge	m	cm
Zeit	s	s
Masse	kg	g
Geschw.	$\mathrm{m\,s^{-1}}$	$\mathrm{cm\,s^{-1}}$
Beschl.	$\mathrm{m\,s^{-2}}$	$\mathrm{Gal = cm\,s^{-2}}$ (Gal)
Kraft	$\mathrm{N = kg\,m\,s^{-2}}$ (Newton)	$\mathrm{dyn = g\,cm\,s^{-2}}$ (Dyn)
Energie	$\mathrm{J = N\,m}$ (Joule)	$\mathrm{erg = dyn\,cm}$ (Erg)
Leistung	$\mathrm{W = J\,s^{-1}}$ (Watt)	$\mathrm{erg\,s^{-1}}$

Der Grund ist das zweite Newton'sche Axiom in (1.9), das Masse, Raum und Zeit (in Form der zweiten Ableitung des Ortes nach der Zeit) und die Kraft in Relation setzt. Die vier Grundgrößen sind daher nicht unabhängig voneinander.

Genau wie für die Impulsänderung und Kraft im zweiten Newton'schen Axiom lässt sich die Proportionalität von schwerer und träger Masse in eine Gleichheit umwandeln. Hierfür ist es nötig, die Gravitationskonstante G entsprechend zu definieren. Zur Veranschaulichung gehen wir von der Kraft aus, die eine Masse m_1 auf eine Masse m_2 ausübt (1.14). Die Masse der Erde sei m_2, und eine Testmasse mit $m_1 = 1\,\mathrm{kg}$ befinde sich auf der Erdoberfläche und somit etwa 6378 km vom Zentrum der Erde entfernt, $r = 6378\,\mathrm{km}$. Durch eine Messung wird festgestellt, dass eine Gravitationskraft von $F = 9.81\,\mathrm{N}$ auf m_1 wirkt. Die Gravitationskraft in (1.14) beschleunigt m_1, sodass aus dem zweiten Newton'schen Axiom

$$m_1^{\mathrm{t}} a_1 = \frac{G m_1^{\mathrm{s}} m_2^{\mathrm{s}}}{r^2} \tag{1.19}$$

folgt. Hier wird explizit zwischen trägen (m^{t}) und schweren Massen (m^{s}) unterschieden. Nimmt man Proportionalität von schwerer und träger Masse an,

$$m^{\mathrm{s}} = \beta m^{\mathrm{t}}, \tag{1.20}$$

schreibt man

$$a_1 = \frac{G \beta m_2^{\mathrm{s}}}{r^2}. \tag{1.21}$$

Durch Absorption von β in die Gravitationskonstante kann eine Gleichheit von schwerer und träger Masse erzielt werden.

Bei bekanntem Erdradius kann auf diese Weise übrigens nur das Produkt von Erdmasse und Gravitationskonstante gemessen werden. Die Bestimmung der Erdmasse ist nur möglich, wenn die Gravitationskonstante in unabhängigen Experimenten bestimmt wird, z. B. durch die Gravitationskraft zwischen zwei Kugeln bekannter Masse (Cavendish-Experiment).

Teil I

1.3 Eindimensionale Bewegung im homogenen Schwerefeld

Nachdem wir nun zentrale mathematische Größen und die Newton'schen Axiome eingeführt haben, liegt der Fokus dieses Abschnitts auf der Lösung einiger einfacher mechanischer Probleme. Die eindimensionale Bewegung einer einzelnen Punktmasse unter dem Einfluss eines homogenen Schwerefeldes wird anhand von einigen Beispielen untersucht. Dazu gehören der freie Fall und der Fall mit Reibung. Weiterhin wird die Raketengleichung hergeleitet und für einen Spezialfall gelöst. Da es sich bei den Bewegungsgleichungen um Differenzialgleichungen handelt, werden diese mathematisch genauer beleuchtet und einige Lösungsverfahren vorgestellt.

Vorbemerkungen zur Lösung mechanischer Probleme

Das Schema zur Lösung von mechanischen Problemen lässt sich generell in drei Schritte unterteilen:

1. Zu Beginn werden die *Bewegungsgleichungen* aufgestellt, die das mechanische Problem beschreiben. Dies sind in der Regel Differenzialgleichungen zweiter Ordnung in der Zeit.
2. Die Bewegungsgleichungen werden mithilfe *mathematischer Methoden* gelöst. Der Aufwand hängt dabei stark von den Details (Anzahl der Punktmassen, Art der Kräfte usw.) ab. Einige mechanische Probleme können analytisch exakt gelöst werden, die meisten jedoch nur näherungsweise. In manchen Fällen müssen die Gleichungen numerisch, d. h. mithilfe von Computern gelöst werden. In jedem Fall sind Anfangsbedingungen (in Form von Integrationskonstanten) zu spezifizieren.
3. Das Auffinden von *Erhaltungsgrößen* vereinfacht die anschließende Diskussion der Lösungen erheblich. In der Tat ist die Identifikation von erhaltenen Größen (z. B. Energie oder Impuls) ein zentraler Aspekt der gesamten theoretischen Physik. Dies wird im Verlauf dieses Buches vielfach deutlich werden.

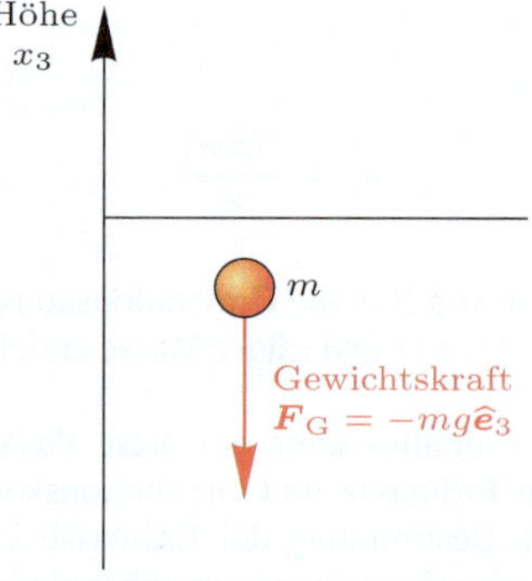

Abb. 1.4 Beim freien Fall wirkt lediglich die Gewichtskraft $\boldsymbol{F}_\mathrm{G} = -mg\hat{\boldsymbol{e}}_3$ auf die Punktmasse m. Es genügt daher eine Diskussion der x_3-Koordinate

Man unterscheidet dabei in der Mechanik die Begriffe *Kinematik* und *Dynamik*. Die Kinematik befasst sich lediglich mit der Untersuchung der Beschleunigung, Geschwindigkeit und Bahnkurve von Massen, ohne nach den wirkenden Kräften zu fragen. Im Gegensatz dazu beschreibt die Dynamik außerdem, welche Kräfte auf die Massen wirken und welche Mechanismen dafür verantwortlich sind.

Im Folgenden wird die Bewegung einer Punktmasse unter dem Einfluss einer homogenen Gravitationskraft untersucht.

Der freie Fall aus geringer Höhe

Der einfachste, nichttriviale Spezialfall für ein äußeres Kraftfeld ist ein homogenes Kraftfeld:

$$\boldsymbol{F}(\boldsymbol{x}) = \text{const.} \tag{1.22}$$

Dies ist beispielsweise eine gute Näherung für das Gravitationsfeld der Erde nahe ihrer Oberfläche, solange die Punktmasse sich in einem Raumvolumen bewegt, dessen Höhe h und seitliche Ausdehnung l klein im Vergleich zum Erdradius sind, d. h. $h, l \ll R_\mathrm{Erde}$. In diesem Fall kann das Kraftfeld durch

$$\boldsymbol{F}_\mathrm{G} = -mg\,\hat{\boldsymbol{e}}_3 \tag{1.23}$$

beschrieben werden, wobei $\hat{\boldsymbol{e}}_3$ der Einheitsvektor in x_3-Richtung („nach oben") ist, wie in Abb. 1.4 illustriert. Da die Gravitationskraft tatsächlich nach unten wirkt (also in negative x_3-Richtung), ist ein Minuszeichen zu berücksichtigen. Die Größe g ist die Erdbeschleunigung. Ihr Wert ist nicht überall auf der Erdoberfläche gleich. Aufgrund der leichten Abweichung der Erde von der Kugelform und der stärkeren Zentrifugalkraft am Äquator (Kap. 2) variiert g um einige Promille um den Wert $g = 9{,}80665\,\mathrm{m\,s^{-2}}$, der typischerweise als Referenz verwendet wird (*Normalbeschleunigung*).

Gleichung (1.23) führt direkt auf die Bewegungsgleichung

$$m\ddot{\boldsymbol{x}} = -mg\,\hat{\boldsymbol{e}}_3. \tag{1.24}$$

Dies ist eine gewöhnliche, lineare Differenzialgleichung zweiter Ordnung (siehe „Mathematischer Hintergrund" 1.4).

Verwendet man die Geschwindigkeit, $\boldsymbol{v} = \dot{\boldsymbol{x}}$, so erhält man zwei Differenzialgleichungen erster Ordnung:

$$\dot{\boldsymbol{v}} = -g\,\hat{\boldsymbol{e}}_3, \quad \dot{\boldsymbol{x}} = \boldsymbol{v}. \tag{1.25}$$

Diese beiden Gleichungen sind äquivalent zu der ursprünglichen Bewegungsgleichung (1.24).

Es fällt zunächst auf, dass die x_1- und x_2-Komponenten der ersten Gleichung in (1.25) wegen $\dot{v}_1 = \dot{v}_2 = 0$ homogen sind. Nur

1.4 Mathematischer Hintergrund: Differenzialgleichungen

Differenzialgleichungen (DGLs) sind Gleichungen zwischen Funktionen und deren Ableitungen. Dies bedeutet, dass die gesuchte Lösung einer DGL bzw. eines Systems von DGLs aus einer bzw. mehreren Funktionen besteht, die die DGL erfüllen, und zwar nicht nur für vereinzelte Argumente, sondern im gesamten Definitionsbereich der Lösungsfunktion(en).

Eine DGL heißt *gewöhnlich*, wenn die Funktionen in der DGL nur von einer Veränderlichen abhängen. Hängen die Funktionen in der DGL von mehreren Veränderlichen ab, enthält also die DGL partielle Ableitungen, so spricht man von einer *partiellen* DGL. Beispiele für gewöhnliche und partielle DGLs sind jeweils

$$\frac{\mathrm{d}f(x)}{\mathrm{d}x} = f(x) \quad \text{und} \quad \frac{\partial g(x,t)}{\partial t} = -\frac{\partial^2 g(x,t)}{\partial x^2}.$$

Partielle Ableitungen werden im Kasten „Vertiefung: Vollständiges Differenzial" genauer besprochen. Unter der *Ordnung* einer DGL versteht man den Grad der höchsten auftretenden Ableitung in der DGL. Die Suche nach Lösungen einer DGL mit vorgegebenen Werten der Lösungsfunktion und deren Ableitungen in einem Punkt bezeichnet man als *Anfangswertproblem*.

Im Folgenden wird die häufige Notation $y'(x)$ für die Ableitung von y nach x verwendet (siehe auch den „Mathematischen Hintergrund" 1.7)

Das wichtigste Ergebnis zur Existenz und Eindeutigkeit von Lösungen eines Anfangswertproblems ist der *Satz von Picard-Lindelöf*: Das Anfangswertproblem $y'(x) = f\big(x, y(x)\big), y(x_0) = y_0$ mit $y : \mathbb{R} \mapsto \mathbb{R}^n, f : \mathbb{R} \to \mathbb{R}^n$ und $y_0 \in \mathbb{R}^n$ ist lokal eindeutig lösbar (d. h., es gibt eine Umgebung $[t_0-\varepsilon, t_0+\varepsilon]$, in der die Lösung eindeutig ist), wenn f in x stetig und in y lokal Lipschitz-stetig (steigungsbeschränkt) ist, d. h., zu jedem (x, y) gibt es eine Umgebung U um (x, y), sodass für alle $(\xi, y_1), (\xi, y_2) \in U$, $y_1 \neq y_2$ die Steigung $\frac{|f(\xi,y_2)-f(\xi,y_1)|}{|y_2-y_1|}$ beschränkt ist.

Beweisidee Man konstruiert eine Folge (g_n) von Näherungslösungen $g_n : \mathbb{R}^n \to \mathbb{R}^n$ ausgehend von $g_0(x) = y_0$ über $g'_{n+1}(x) = f\big(x, g_n(x)\big)$ und $g_n(x_0) = y_0$. Unter Verwendung der Stetigkeitsbedingungen an f kann man zeigen, dass die Folge (g_n) gegen eine Lösungsfunktion konvergiert. Auch die Eindeutigkeit der Lösung kann aus den Stetigkeitsbedingungen von f gefolgert werden.

Einige Lösungsverfahren für DGLs werden im „Mathematischen Hintergrund" 6.3 vorgestellt.

Literatur

- Walter, W.: Gewöhnliche Differenzialgleichungen: Eine Einführung. 7. Aufl., Springer (2000)
- Modler, F., Kreh, M.: Tutorium Analysis 2 und Lineare Algebra 2. 2. Aufl., Spektrum (2012)

die Gleichung für die x_3-Komponente ist inhomogen, $\dot{v}_3 = -g$. (Homogen heißt eine Differenzialgleichung, wenn keine additiven konstanten Terme auftreten; ansonsten ist sie inhomogen.) Ihre Lösung folgt sofort durch Integration:

$$v_3 = -gt + C_1. \tag{1.26}$$

Die Integrationskonstante C_1 ist offenbar die Geschwindigkeit v_3 zur Zeit $t = 0$, also $C_1 = v_3(t = 0) = v_{3,0}$. Eine weitere Integration liefert

$$x_3 = -\frac{1}{2}gt^2 + v_{3,0}t + C_2. \tag{1.27}$$

Demnach ist die zweite Integrationskonstante C_2 die x_3-Position der Punktmasse zur Zeit $t = 0$: $C_2 = x_3(t = 0) = x_{3,0}$.

Frage 4

Überprüfen Sie, dass die Lösungen der Bewegungsgleichungen für die x_1- und x_2-Komponenten entsprechend $x_i = v_i t + x_{i,0}$ $(i = 1, 2)$ lauten und somit eine Bewegung mit konstanter Geschwindigkeit innerhalb der x_1-x_2-Ebene beschreiben.

Man sagt auch, dass die Bewegungen entlang der drei Raumrichtungen entkoppelt sind, da die Bewegung der Punktmasse in eine beliebige Richtung keinen Einfluss auf die Bewegung in eine der beiden übrigen Richtungen hat. Im Folgenden beschränken wir uns daher auf die Beschreibung der reinen Fallbewegung, d. h. auf die Bewegung der Punktmasse entlang der x_3-Achse. Hierbei unterschlagen wir zur Vereinfachung den Index 3 in der Geschwindigkeit und schreiben v anstatt v_3. Außerdem notieren wir z anstelle von x_3.

Zur Zeit $t = 0$ befinde sich die Punktmasse bei $z_0 = h > 0$ mit Geschwindigkeit $v_0 = 0$. Die Lösung der Bewegungsgleichung lautet dann

$$z = -\frac{1}{2}gt^2 + h. \tag{1.28}$$

Die Punktmasse benötigt daher die Zeit

$$t = \sqrt{\frac{2h}{g}}, \tag{1.29}$$

um den Erdboden bei $z = 0$ zu erreichen. Daher wird diese Zeit auch als *Fallzeit* bezeichnet. Im Moment des Aufschlags ist die

1.5 Mathematischer Hintergrund: Differenzialgleichungen Lösungsverfahren

Es gibt kein festes Lösungsverfahren, mit dem man beliebige Differenzialgleichungen (DGLs) lösen kann. Manchmal hilft ein geschickter Lösungsansatz, oder eine Lösung kann erraten werden. Folgende „Kochrezepte" sind beim Lösen von DGLs nützlich.

Trennung der Veränderlichen für $y'(t) = f(t)g(y(t))$ Um das Anfangswertproblem (AWP)

$$y'(t) = f(t)g(y(t))$$

mit $f, g : \mathbb{R} \to \mathbb{R}$ stetig, $y(t_0) = y_0$ und $g(y_0) \neq 0$ lokal zu lösen, dividieren wir zunächst durch $g(y(t))$. Dies ist zulässig, da g und y stetig sind und deshalb wegen $g(y(t_0)) = g(y_0) \neq 0$ auch $g(y(t)) \neq 0$ in einer Umgebung U von t_0 gilt. In ganz U hat $g(y(t))$ ferner das gleiche Vorzeichen. Danach integrieren wir von t_0 bis t und erhalten

$$\int_{t_0}^{t} \frac{y'(\tau)}{g(y(\tau))}\,\mathrm{d}\tau = \int_{t_0}^{t} f(\tau)\,\mathrm{d}\tau,$$

was aufgrund des Hauptsatzes der Differenzial- und Integralrechnung zur vorigen Gleichung äquivalent ist. Mithilfe der Kettenregel lässt sich die linke Seite umformen, sodass wir

$$\int_{y_0}^{y(t)} \frac{\mathrm{d}\upsilon}{g(\upsilon)} = \int_{t_0}^{t} f(\tau)\,\mathrm{d}\tau \quad \text{bzw.} \quad H\big(y(t)\big) = \int_{t_0}^{t} f(\tau)\,\mathrm{d}\tau$$

mit $H(z) = \int_{y_0}^{z} \frac{\mathrm{d}\upsilon}{g(\upsilon)}$ erhalten. Da g in ganz U das gleiche Vorzeichen hat, ist H streng monoton wachsend bzw. fallend und besitzt in U eine Umkehrfunktion H^{-1}. Somit ist $y(t) = H^{-1}\big(\int_{t_0}^{t} f(\tau)\,\mathrm{d}\tau\big)$ eine Lösung des AWP. Die erfolgten Umformungsschritte lassen sich sehr leicht merken, wenn man die Ableitung $y'(t)$ als Differenzialquotient $\mathrm{d}y/\mathrm{d}t$ schreibt, dann formal mit dem Differenzial $\mathrm{d}t$ multipliziert und die Variablen trennt („alles mit y nach links, alles mit t nach rechts"), danach integriert und schließlich das Ganze nach $y(t)$ auflöst.

Substitution bei $y'(t) = f\big(at + by(t) + c\big)$ Die DGL

$$y'(t) = f\,(at + by(t) + c)$$

mit $b \neq 0$ geht nach Substitution von $g(t) = at + by(t) + c$ wegen $g'(t) = a + by'(t)$ über in

$$g'(t) = a + bf(g(t)),$$

welche durch Trennung der Veränderlichen gelöst werden kann.

Substitution bei $y'(t) = f(y(t)/t)$ Eine DGL der Form

$$y'(t) = f\left(\frac{y(t)}{t}\right)$$

geht nach der Substitution $g(t) = y(t)/t$ über in

$$g'(t) = \frac{f(g(t)) - g(t)}{t}.$$

Diese DGL kann anschließend durch Trennung der Variablen gelöst werden.

Lineare DGL $y^{(n)}(t) + \sum_{\nu=0}^{n-1} a_\nu(t) y^{(\nu)}(t) = f(t)$ Die Lösungsverfahren für lineare DGLs ($y^{(n)}(t)$ ist die n-te Ableitung von y nach t) werden im „Mathematischen Hintergrund" 6.3 beleuchtet.

Numerische Verfahren Selbst wenn ein AWP eindeutig lösbar ist, bedeutet dies noch lange nicht, dass man die Lösung explizit angeben kann. Für viele Fragen (z. B. Wettervorhersage oder „In welcher Entfernung passiert ein Meteorit die Erde?") spielt es auch gar keine Rolle, ob die Lösung einer DGL bzw. eines Systems von DGLs explizit oder nur implizit angegeben werden kann. Tatsächlich interessiert nur die näherungsweise Berechnung von bestimmten Werten von $y(t), y'(t), \ldots$ mit ausreichender Genauigkeit. Hierzu gibt es zahlreiche numerische Verfahren, deren Beschreibung allerdings den Umfang dieses mathematischen Hintergrunds oder des Buches sprengen würde.

Literatur

- Walter, W.: Gewöhnliche Differenzialgleichungen: Eine Einführung. 7. Aufl., Springer (2000)
- Modler, F., Kreh, M.: Tutorium Analysis 2 und Lineare Algebra 2. 2. Aufl., Spektrum (2012)

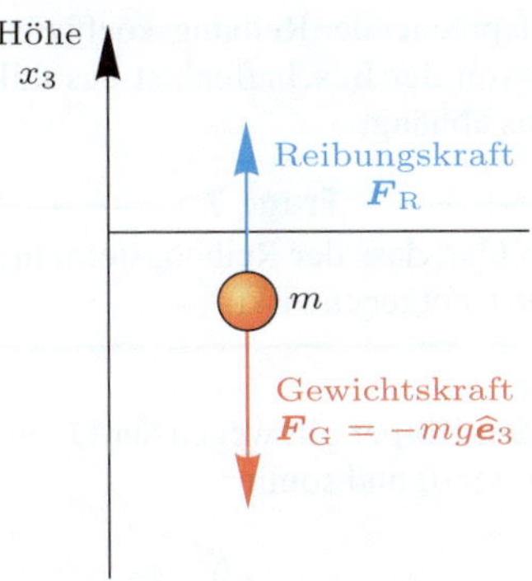

Abb. 1.5 Fällt ein Körper mit Masse m in einem Medium (z. B. in einer Flüssigkeit oder der Atmosphäre), muss zusätzlich zur Gewichtskraft $\boldsymbol{F}_\mathrm{G} = -mg\,\hat{\boldsymbol{e}}_3$ eine Reibungskraft $\boldsymbol{F}_\mathrm{R}$ berücksichtigt werden

Fallgeschwindigkeit

$$v = -gt = -g\sqrt{\frac{2h}{g}} = -\sqrt{2gh}. \tag{1.30}$$

Der verwandte, sogenannte *schiefe Wurf* wird in Aufgabe 1.2 behandelt.

Wir haben gesehen, dass für die vollständige Lösung einer Differenzialgleichung zweiter Ordnung zwei Integrationskonstanten benötigt werden. In dem hier besprochenen Beispiel handelt es sich um eine Differenzialgleichung in der Zeit, womit die Integrationskonstanten den Anfangsbedingungen (der Anfangshöhe und der Anfangsgeschwindigkeit) entsprechen.

Lösung der Bewegungsgleichungen

Für die vollständige Lösung der Bewegungsgleichungen einer Punktmasse entlang einer Achse benötigt man zwei Integrationskonstanten. Dies können beispielsweise die Anfangsbedingungen für Ort und Geschwindigkeit sein.

Der Fall mit Stokes'scher Reibung

Der freie Fall kann idealerweise nur im Vakuum stattfinden, wo keine Reibung stattfindet. Beim Fall in der Atmosphäre oder unter Wasser treten Reibungskräfte auf, die erweiterte Bewegungsgleichungen erfordern. Dies ist in Abb. 1.5 dargestellt.

Bewegt sich ein Körper mit Geschwindigkeit $\boldsymbol{v}$ in einem zähen, d. h. *viskosen* Medium, wirkt ihm eine Reibungskraft entgegen,

$$\boldsymbol{F}_\mathrm{R} = -K\boldsymbol{v}, \tag{1.31}$$

die proportional zur Geschwindigkeit des Körpers im Medium ist. Eine solche lineare Reibung nennt man *Stokes'sche Reibung*. Sie wirkt stets der Bewegung entgegen und führt zu einer Abbremsung. Dabei ist K ein Reibungskoeffizient, der von den Eigenschaften des Mediums und der Form des Körpers abhängt. Ein Beispiel ist der Fall eines Steines in einem Gefäß mit Sirup.

Wir beschränken uns für das nächste Beispiel wieder auf eine Bewegung entlang der x_3-Achse und bezeichnen die Geschwindigkeit und den Ort wie schon zuvor mit v und z. Die Bewegungsgleichung für die Bewegung entlang der z-Achse lautet dann

$$m\ddot{z} = m\dot{v} = -mg - Kv. \tag{1.32}$$

Gleichung (1.32) lässt sich durch *Separation der Variablen* lösen:

$$\int \frac{\mathrm{d}v}{1 + \frac{K}{mg}v} = -g\int \mathrm{d}t. \tag{1.33}$$

(Siehe hierzu auch den „Mathematischen Hintergrund" 1.5.) Die Lösung lautet

$$\frac{mg}{K}\ln\left(1 + \frac{Kv}{mg}\right) = -gt + C_1 \tag{1.34}$$

mit einer Integrationskonstanten C_1. Die Fallgeschwindigkeit ist somit

$$v = \frac{mg}{K}\left[\exp\left(\frac{K(C_1 - gt)}{mg}\right) - 1\right]. \tag{1.35}$$

Nach sehr langer Zeit, für $t \to \infty$, nähert sich v der Endgeschwindigkeit

$$v_\mathrm{E} = -\frac{mg}{K} < 0 \tag{1.36}$$

an, sodass die Lösung in der Form

$$v = -|v_\mathrm{E}|\left[1 - \exp\left(\frac{C_1 - gt}{|v_\mathrm{E}|}\right)\right] \tag{1.37}$$

geschrieben werden kann.

Frage 5

Machen Sie sich den Zusammenhang zwischen (1.35), (1.36) und (1.37) im Grenzfall $t \to \infty$ klar.

Es ist geschickter, die Integrationskonstante C_1 durch die Anfangsgeschwindigkeit $v_0 = v(t = 0)$ zu ersetzen. Offensichtlich gilt

$$v_0 = |v_\mathrm{E}|\left(\exp\frac{C_1}{|v_\mathrm{E}|} - 1\right) \tag{1.38}$$

und damit

$$v = (v_0 + |v_\mathrm{E}|)\exp\left(-\frac{gt}{|v_\mathrm{E}|}\right) - |v_\mathrm{E}|. \tag{1.39}$$

Die Lösung für die Geschwindigkeit in (1.39) ist gleichzeitig eine Differenzialgleichung erster Ordnung für die Höhe z,

$$\dot{z} = (v_0 + |v_\mathrm{E}|)\exp\left(-\frac{gt}{|v_\mathrm{E}|}\right) - |v_\mathrm{E}|, \tag{1.40}$$

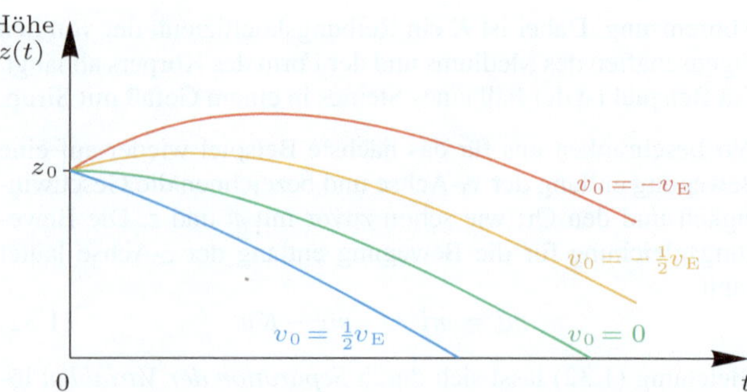

Abb. 1.6 Fallkurven $z(t)$ entsprechend (1.43) für Stokes'sche Reibung und verschiedene Anfangsgeschwindigkeiten v_0. Die Endgeschwindigkeit ist v_E

deren Lösung

$$z = C_2 - |v_E|t - (v_0 + |v_E|)\frac{|v_E|}{g}\exp\left(-\frac{gt}{|v_E|}\right) \tag{1.41}$$

lautet. Die zweite Integrationskonstante C_2 kann dann durch die Position $z_0 = z(t = 0)$ ausgedrückt werden:

$$C_2 = z_0 + (v_0 + |v_E|)\frac{|v_E|}{g}. \tag{1.42}$$

Die Lösung kann also in der Form

$$z = z_0 - |v_E|t + (v_0 + |v_E|)\frac{|v_E|}{g}\left[1 - \exp\left(-\frac{gt}{|v_E|}\right)\right] \tag{1.43}$$

geschrieben werden. Nach sehr langer Zeit, wenn die Geschwindigkeit $v \approx v_E$ erfüllt, nimmt z linear mit der Zeit ab, da der Exponentialterm vernachlässigbar wird:

$$z \to z_0 - |v_E|t + (v_0 + |v_E|)\frac{|v_E|}{g}. \tag{1.44}$$

Abbildung 1.6 zeigt einige Beispielkurven für $z(t)$ für verschiedene Anfangsgeschwindigkeiten.

Frage 6

Die Endgeschwindigkeit v_E lässt sich auch einfacher bestimmen. Man leite sie aus (1.32) und der Annahme her, dass im Endzustand $\dot{v} = 0$ gilt.

In Aufgabe 1.3 kommen wir auf die Stokes'sche Reibung zurück.

Der Fall mit Luftwiderstand

Fällt der Körper sehr schnell oder ist die Dichte des Mediums klein, so nimmt die Reibung quadratisch mit der Geschwindigkeit zu,

$$m\ddot{z} = -mg - K'v|v|, \tag{1.45}$$

wobei K' ein entsprechender Reibungskoeffizient ist, der genau wie K in (1.31) von der Beschaffenheit des fallenden Körpers und des Mediums abhängt.

Frage 7

Machen Sie sich klar, dass der Reibungsterm in (1.45) stets der Geschwindigkeit v entgegenwirkt.

Für einen fallenden Körper gilt wegen der Orientierung der Koordinatenachsen $v < 0$ und somit

$$\ddot{z} = -g + \frac{K'}{m}v^2. \tag{1.46}$$

Ähnlich wie im Falle Stokes'scher Reibung (1.36) wird

$$v_E^2 = \frac{mg}{K'} \tag{1.47}$$

definiert. Wir wählen die negative Lösung, $v_E < 0$, da die Punktmasse schließlich nach unten fällt. Aus der ursprünglichen Bewegungsgleichung (1.45) folgt bereits, dass v_E die asymptotische Endgeschwindigkeit des Körpers ist. Die Trennung der Variablen führt auf

$$\frac{\mathrm{d}v}{1 - (v/v_E)^2} = -g\,\mathrm{d}t, \tag{1.48}$$

was durch eine Partialbruchzerlegung in die Form

$$\int \frac{\mathrm{d}v}{2}\left(\frac{1}{1 - v/v_E} + \frac{1}{1 + v/v_E}\right) = -g\int \mathrm{d}t \tag{1.49}$$

gebracht werden kann. Die Lösung dieser Differenzialgleichung lautet

$$-\frac{v_E}{2}\ln\frac{v_E - v}{v_E + v} = -gt + C_1. \tag{1.50}$$

Frage 8

Überprüfen Sie die Gültigkeit der Partialbruchzerlegung $2/(1 - x^2) = 1/(1 - x) + 1/(1 + x)$ und den Schritt von (1.48) nach (1.49). Zeigen Sie ferner, dass (1.50) tatsächlich eine Lösung von (1.49) ist.

Wir wählen die Integrationskonstante so, dass $v = v_0$ bei $t = 0$ gilt:

$$C_1 = -\frac{v_E}{2}\ln\frac{v_E - v_0}{v_E + v_0}. \tag{1.51}$$

Nach einer algebraischen Umformung folgt

$$v = v_E\frac{|v_E| - v_0 - (|v_E| + v_0)\exp(-2gt/|v_E|)}{|v_E| - v_0 + (|v_E| + v_0)\exp(-2gt/|v_E|)}. \tag{1.52}$$

Für sehr große Zeiten, $t \to \infty$, fallen die Exponentialterme weg, und die Geschwindigkeit nähert sich der asymptotischen Endgeschwindigkeit: $v \to v_E$.

Die durchfallene Höhe wird durch eine weitere Integration aus

$$z - z_0 = \int_{t_0}^{t} v(t')\,dt' \tag{1.53}$$

bestimmt. Um das Integral zu lösen, substituieren wir

$$a := \frac{|v_E| + v_0}{|v_E| - v_0} \quad \text{und} \quad s := \frac{2gt}{|v_E|}. \tag{1.54}$$

Der zurückgelegte Weg ist dann

$$z - z_0 = -\frac{v_E^2}{2g}\int_{s_0}^{s} \frac{1 - a\exp(-s')}{1 + a\exp(-s')}\,ds', \tag{1.55}$$

was sich zu

$$z - z_0 = -\frac{v_E^2}{2g}\left[s' + 2\ln\left(1 + a\exp(-s')\right)\right]_{s_0}^{s} \tag{1.56}$$

integrieren lässt. Wir wählen $t_0 = 0$ und somit $s_0 = 0$ und setzen die Definitionen von a und s wieder ein. Das Endergebnis ist

$$\begin{aligned} z &= z_0 - |v_E|t - \frac{v_E^2}{g}\ln\alpha \quad \text{mit} \\ \alpha &= \frac{1}{2}\left[1 - \frac{v_0}{|v_E|} + \left(1 + \frac{v_0}{|v_E|}\right)\exp\left(-\frac{2gt}{|v_E|}\right)\right]. \end{aligned} \tag{1.57}$$

Nach einer hinreichend langen Zeit, $t \gg |v_E|/g$, und für $v_0 = 0$ ist der asymptotische Verlauf

$$z \to z_0 - |v_E|t + \frac{v_E^2}{g}\ln 2. \tag{1.58}$$

Im Gegensatz dazu haben wir für die Stokes'sche Reibung in (1.44) gesehen, dass für $v_0 = 0$

$$z \to z_0 - |v_E|t + \frac{v_E^2}{g} \tag{1.59}$$

gilt. Wegen $\ln 2 < 1$ ist die durchfallene Höhe bei Luftwiderstand kleiner als bei Stokes'scher Reibung. Dieser Vergleich gilt allerdings nur, wenn die beiden Endgeschwindigkeiten identisch sind, was im Allgemeinen nicht der Fall ist.

Die Herleitung der Raketengleichung

Wir sind nun so weit, dass wir uns mit einer Gleichung beschäftigen können, in der die Masse keine Konstante mehr ist. Eine Rakete wird durch den Rückstoß des von ihr ausgestoßenen Materials beschleunigt (Abb. 1.7). Dabei nimmt die Masse m der Rakete kontinuierlich ab. Somit ist die Rakete die einzige Anwendung im nichtrelativistischen Abschnitt von Teil I, bei der die Masse nicht konstant ist. Es ist aber erneut zu betonen, dass die Gesamtmasse der Rakete und des ausgestoßenen Materials erhalten ist.

Abb. 1.7 Start des GOES-N-Satelliten an Bord einer Boeing-Delta-IV-Rakete (© NASA)

Im Folgenden wird angenommen, dass eine Rakete im homogenen Gravitationsfeld senkrecht nach oben beschleunigt wird und Luftwiderstand vernachlässigbar ist. Im Bezugssystem der Rakete wird der verbrannte Treibstoff dann mit einer Geschwindigkeit Δu nach unten ausgestoßen. In einem kleinen Zeitintervall dt verliert die Rakete somit eine Masse dm. Damit ändert sich der Impuls der Rakete in diesem Zeitintervall aufgrund des Ausstoßes um

$$dp_a = dm\,\Delta u. \tag{1.60}$$

Im homogenen Gravitationsfeld wird die Rakete zusätzlich nach unten beschleunigt, wobei die entsprechende Impulsänderung

$$dp_g = -mg\,dt \tag{1.61}$$

ist. Die Geschwindigkeit der Rakete ändert sich dadurch um

$$dv = \frac{dp_a + dp_g}{m}. \tag{1.62}$$

Generell nennt man eine Impulsänderung Δp durch eine wirkende Kraft F über eine Zeitspanne Δt den *Kraftstoß*:

$$\Delta p = \int_{t}^{t+\Delta t} F(t')\,dt'. \tag{1.63}$$

Die Bewegungsgleichung für die Rakete lautet also insgesamt

$$dv = \frac{dm}{m}\Delta u - g\,dt. \tag{1.64}$$

Die allgemeine Lösung erhält man durch eine einfache Integration. Sie lautet

$$v(t) - v_0 = \Delta u \ln\left(\frac{m(t)}{m_0}\right) - gt, \tag{1.65}$$

wobei $v_0 = v(0)$ und $m_0 = m(0)$ die Anfangsgeschwindigkeit und Anfangsmasse der Rakete sind. Die Geschwindigkeit der Rakete ist eindeutig bestimmt, sobald die Massenfunktion $m(t)$ bekannt ist. Dann lässt sich auch $x(t)$ durch eine weitere Integration bestimmen.

1.4 Energiesatz in einer Dimension

Die eindimensionale Bewegung im homogenen Schwerefeld aus Abschn. 1.3 wird hier nun auf allgemeinere Kraftfelder in zunächst einer Dimension erweitert. Dabei wird der Begriff der Energie einer Punktmasse eingeführt. Es wird gezeigt, dass die Energie unter bestimmten Umständen erhalten ist; dabei kommen wir auch auf dissipative Kräfte zu sprechen, die in der Regel zu einer Energieabnahme führen. Der Energieerhaltungssatz vereinfacht das Lösen der Bewegungsgleichung. Dies wird anhand des harmonischen Oszillators – als Beispiel einer periodischen Bewegung – verdeutlicht.

Der freie Fall aus großer Höhe

Fällt eine Punktmasse m, bei vernachlässigter Reibung, im Gravitationsfeld der Erde über eine Strecke, die nicht klein im Vergleich zum Erdradius ist, so sieht die Punktmasse im Laufe des Fallens ein zunehmendes Gravitationsfeld im Abstand r zum Erdmittelpunkt (siehe (1.14)):

$$\boldsymbol{F}_\mathrm{G} = -\frac{GMm}{r^2}\hat{\boldsymbol{e}}_r. \qquad (1.66)$$

Hierbei ist anzumerken, dass (1.66) gültig ist, obwohl die Erde nicht als Punktmasse approximiert werden kann. Wir werden in Aufgabe 2.7 sehen, dass für radialsymmetrische Massenverteilungen die Näherung einer Punktmasse und das entsprechende Kraftgesetz (1.66) tatsächlich gelten, wenn man sich auf das Gravitationsfeld außerhalb der Massenverteilung (d. h. oberhalb der Erdoberfläche) beschränkt. Wir werden weiterhin finden, dass das Gravitationsfeld im Inneren der Erde eine andere Form annimmt, die an dieser Stelle jedoch keine Rolle spielt.

Für die weitere Beschreibung ist es nicht nötig, die Gravitationskonstante G und die Erdmasse M getrennt zu behandeln. Stattdessen ist es sinnvoller, die Größe $\alpha := GM$ einzuführen. Die Bewegungsgleichung der Punktmasse entlang des Vektors $\hat{\boldsymbol{e}}_r$ ist nun

$$m\ddot{r} = -\frac{\alpha m}{r^2}. \qquad (1.67)$$

Wir beschränken uns hier auf eine radiale, d. h. eindimensionale Bewegung mit $\boldsymbol{v} = v\hat{\boldsymbol{e}}_r = \dot{r}\hat{\boldsymbol{e}}_r$. Weiterhin ist zu betonen, dass an dieser Stelle der Einfluss der Bewegung der Testmasse m auf die Bewegung der Erde vernachlässigt wird. In Wirklichkeit aber wird auch die große Punktmasse M von der kleinen Punktmasse m angezogen, was zu einer kleinen, aber endlichen Beschleunigung von M führt. Eine allgemeine Diskussion ohne diese Einschränkungen wird in Kap. 3 nachgeholt.

Um die Bewegungsgleichung für den radialen Fall im Gravitationsfeld zu lösen, wird die Bewegungsgleichung der Punktmasse (1.67) zunächst mit der Geschwindigkeit $\dot{r}$ multipliziert:

$$m\dot{r}\ddot{r} = -\frac{\alpha m\dot{r}}{r^2}. \qquad (1.68)$$

Dies führt direkt auf

$$\frac{m}{2}\frac{\mathrm{d}}{\mathrm{d}t}\dot{r}^2 = \alpha m\frac{\mathrm{d}}{\mathrm{d}t}\frac{1}{r}. \qquad (1.69)$$

Die Zeitableitungen werden nun auf der linken Seite gesammelt, und eine einmalige Zeitintegration liefert sofort

$$m\left(\frac{1}{2}\dot{r}^2 - \frac{\alpha}{r}\right) =: E = T + V = \text{const.} \qquad (1.70)$$

Die Größe E wird als *Energie* bezeichnet. Sie ist wegen (1.70) zeitlich konstant; es gilt also Energieerhaltung. Der erste Term,

$$T = \frac{1}{2}m\dot{r}^2, \qquad (1.71)$$

ist die *kinetische Energie* und der zweite Term,

$$V = -\frac{\alpha m}{r}, \qquad (1.72)$$

die *potenzielle Energie* der Punktmasse m im Gravitationsfeld. Energie ist eine Größe, die in der gesamten Physik eine fundamentale Rolle spielt. Sie ist ein Maß für die Fähigkeit eines Systems, Körper entgegenwirkender Kräfte zu bewegen und somit *Arbeit* zu verrichten (Arbeit wird später in (1.86) definiert). Die kinetische Energie T entspricht derjenigen Arbeit, die benötigt wird, die Punktmasse m aus der Ruhe auf die Geschwindigkeit $\dot{r}$ zu beschleunigen. Sie ist somit eng mit der Trägheitskraft $m\ddot{r}$ der Punktmasse m verknüpft. Die potenzielle Energie V allerdings wird durch äußere Kraftfelder bestimmt. Wir werden in Kürze genauer über Arbeit und Energie sprechen.

Die Fallgeschwindigkeit v lässt sich somit als Funktion des Abstands r angeben. Es ist im Allgemeinen nicht möglich, eine geschlossene Gleichung für v als Funktion der Zeit t zu erhalten. Für die meisten Anwendungen ist dies auch gar nicht erforderlich, und man begnügt sich damit, $v(r)$ zu bestimmen.

Fluchtgeschwindigkeit

Gleichung (1.70) besagt, dass sich die Energie einer Punktmasse im Gravitationsfeld der Erde nicht ändern darf: $E(t) = E_0 = \text{const.}$ Hier ist E_0 die Energie, die durch die Anfangsbedingungen des Problems gegeben ist,

$$E_0 = \frac{1}{2}mv_0^2 - \frac{\alpha m}{r_0}, \qquad (1.73)$$

wobei $v_0 = \dot{r}(t=0)$ und $r_0 = r(t=0)$ sind. Angenommen, die Punktmasse m ruht anfangs im Unendlichen, $r_0 = \infty$ und $v_0 = 0$, so ist $E_0 = E(t) = 0$ und damit

$$\frac{1}{2}mv^2 = \frac{\alpha m}{r} = \frac{GMm}{r} = \frac{gR_{\text{Erde}}^2 m}{r}. \tag{1.74}$$

Die letzte Identität folgt aus der Tatsache, dass die Gravitationsfelder $-mg$ aus (1.23) und $-GMm/r^2$ aus (1.66) an der Erdoberfläche identisch sein müssen:

$$-mg = -\frac{GMm}{R_{\text{Erde}}^2}. \tag{1.75}$$

Fällt nun eine Punktmasse aus dem Unendlichen auf die Erdoberfläche bei $r = R_{\text{Erde}}$, so ist die Geschwindigkeit beim Aufschlag

$$v_\infty = \sqrt{2gR_{\text{Erde}}} = 11{,}2\,\text{km}\,\text{s}^{-1}. \tag{1.76}$$

Diese Geschwindigkeit nennt man im Umkehrschluss auch die *Fluchtgeschwindigkeit* von der Erde, denn ein Körper muss an der Erdoberfläche mindestens diese Geschwindigkeit besitzen, um das Gravitationsfeld der Erde verlassen zu können.

Angenommen, eine Punktmasse m startet bei $t = 0$ auf der Erdoberfläche mit einer nach oben gerichteten Geschwindigkeit v_0. Ist $v_0 \geq v_\infty$, so ist $E \geq 0$, und die Punktmasse wird stets eine positive Geschwindigkeit behalten und somit nicht auf die Erde zurückfallen. Ist die Geschwindigkeit beim Start kleiner, $v_0 < v_\infty$, so ist $E < 0$, und die Punktmasse wird an einem Punkt $r < \infty$ zunächst zur Ruhe kommen, $\dot{r} = 0$, und direkt danach wieder auf die Erde zurückfallen. Der Grund ist, dass die kinetische Energie T nicht negativ werden kann, da sie positiv-semidefinit ist. Dies ist in Abb. 1.8 anschaulich dargestellt. ◀

Frage 9

Wie groß ist die Gravitationsbeschleunigung auf der Jupiteroberfläche im Vergleich zur Beschleunigung auf der Erdoberfläche, wenn die Masse von Jupiter 318 Erdmassen und sein Radius 10,9 Erdradien entspricht? Nutzen Sie dazu (1.75) aus.

Der Energieerhaltungssatz in einer Dimension

Mit (1.70) haben wir bereits die Energieerhaltung für den eindimensionalen, freien Fall im Gravitationsfeld aus großer Höhe gefunden. Wir werden diese Aussage nun zunächst im eindimensionalen Raum verallgemeinern. Die Energieerhaltung für

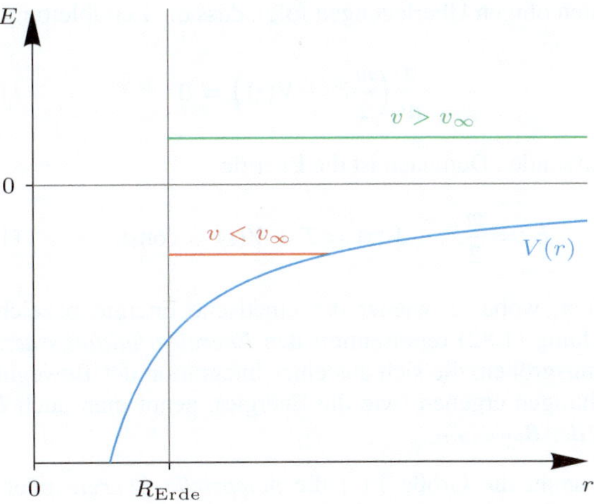

Abb. 1.8 Startet eine Punktmasse auf der Erdoberfläche bei einem Radius $r = R_{\text{Erde}}$ mit einer Geschwindigkeit v, so kann sie das Gravitationsfeld der Erde verlassen, wenn $v > v_\infty$ und damit die Energie positiv ist: $E > 0$. In diesem Fall besitzt die Punktmasse noch einen Geschwindigkeitsüberschuss im Unendlichen, da dort das Potenzial verschwindet, $V = 0$, und demnach die kinetische Energie T positiv bleibt. Ist $E < 0$, so gilt $v < v_\infty$, und die Punktmasse kann das Potenzial nicht überwinden, da an einem endlichen Abstand $T = 0$ wird und die Punktmasse zur Ruhe kommt. Dieser Punkt kann zeichnerisch bestimmt werden

die Bewegung in drei Dimensionen wird in Abschn. 1.6 diskutiert.

Die Bewegungsgleichung für eine Punktmasse m unter dem Einfluss einer ortsabhängigen Kraft $F(z)$ lautet

$$m\ddot{z} = F(z). \tag{1.77}$$

Definiert man eine Funktion $V(z)$ mit der Eigenschaft

$$-\frac{\mathrm{d}V(z)}{\mathrm{d}t} = -\frac{\mathrm{d}V(z)}{\mathrm{d}z}\dot{z} = F(z)\dot{z} \tag{1.78}$$

bzw.

$$F(z) = -\frac{\mathrm{d}V(z)}{\mathrm{d}z}, \tag{1.79}$$

so kann (1.77) nach Multiplikation mit $\dot{z}$ in der Form

$$\frac{m}{2}\frac{\mathrm{d}}{\mathrm{d}t}\dot{z}^2 = -\frac{\mathrm{d}V(z)}{\mathrm{d}t} \tag{1.80}$$

geschrieben werden. Offensichtlich ist dabei

$$V(z) := -\int_{z_0}^{z} F(z')\,\mathrm{d}z'. \tag{1.81}$$

Frage 10

Man zeige, dass die untere Integrationsgrenze z_0 in (1.81) frei gewählt werden kann. Überlegen Sie dabei, dass bei der Kraftberechnung nach z und nicht nach z_0 abgeleitet wird.

Aus den obigen Überlegungen folgt, dass die Zeitableitung

$$\frac{\mathrm{d}}{\mathrm{d}t}\left(\frac{m}{2}\dot{z}^2 + V(z)\right) = 0 \tag{1.82}$$

verschwindet. Demnach ist die Energie

$$E := \frac{m}{2}\dot{z}^2 + V(z) = T + V(z) = \text{const} \tag{1.83}$$

erhalten, wobei T wieder die kinetische Energie bezeichnet. Gleichung (1.82) repräsentiert den *Energieerhaltungssatz*. Erhaltungsgrößen, die sich aus einer Integration der Bewegungsgleichungen ergeben (wie die Energie), nennt man auch *Integrale der Bewegung*.

Man nennt die Größe $V(z)$ die *potenzielle Energie* oder das *Potenzial* zur Kraft $F(z)$. Es kann für eindimensionale Probleme stets über das Integral (1.81) aus der Kraft $F(z)$ berechnet werden, solange diese nur vom Ort z abhängt. Für allgemeine geschwindigkeits- und zeitabhängige Kräfte lässt sich dagegen kein Potenzial definieren. Da z_0 in (1.81) beliebig ist, ist das Potenzial nur bis auf eine Konstante bestimmt. Dies wird häufig ausgenutzt, um die Gesamtenergie auf einen bestimmten Wert zu setzen (z. B. $E = 0$).

Energieerhaltungssatz in einer Dimension

Ist die Kraft $F(z)$ nur eine Funktion des Ortes, so kann in einer Dimension durch (1.81) stets ein Potenzial $V(z)$ definiert werden. Die Energie ist dann erhalten.

Zeitunabhängigkeit des Potenzials

Angenommen, die Kraft und das Potenzial hängen außer von der Koordinate z noch explizit von der Zeit t ab, d. h. $V = V(z,t)$. Ausgehend von (1.78) kann man zeigen, dass die Kraft dann nicht in der Form $F(z,t) = -\mathrm{d}V(z,t)/\mathrm{d}z$ geschrieben werden kann. Dazu muss man die *vollständige Ableitung*

$$\frac{\mathrm{d}V(z,t)}{\mathrm{d}t} = \frac{\partial V(z,t)}{\partial z}\frac{\mathrm{d}z(t)}{\mathrm{d}t} + \frac{\partial V(z,t)}{\partial t} \tag{1.84}$$

berechnen. Hier wird berücksichtigt, dass V eine Funktion mehrerer Veränderlicher ist (in diesem Fall ist $z(t)$ eine Funktion von t). Man nennt die Größe

$$\mathrm{d}V(z,t) = \frac{\partial V(z,t)}{\partial z}\mathrm{d}z + \frac{\partial V(z,t)}{\partial t}\mathrm{d}t \tag{1.85}$$

das vollständige Differenzial von V (siehe auch den Kasten „Vertiefung: Vollständiges Differenzial"). Der Term $\partial V(z,t)/\partial t$ in (1.84) verhindert, dass man $F(z,t) = -\mathrm{d}V(z,t)/\mathrm{d}z$ schreiben kann. ◄

Wird eine Punktmasse m in einem Kraftfeld $F(z)$ von Punkt z_a nach z_b bewegt, so wird dabei die sogenannte *Arbeit*

$$W := \int_{z_a}^{z_b} F(z')\,\mathrm{d}z' = -\left(V(z_b) - V(z_a)\right) \tag{1.86}$$

vom Kraftfeld am Teilchen verrichtet. Für $W > 0$, „fällt" die Punktmasse im Potenzial. Die dabei verrichtete Arbeit wird in kinetische Energie umgesetzt. Ist dagegen $W < 0$, so wird kinetische Energie in potenzielle Energie umgewandelt, und die Punktmasse wird abgebremst. Während dieser Vorgänge bleibt $T + V$ stets konstant. Unter der *Leistung*

$$P := \frac{\mathrm{d}W}{\mathrm{d}t} = F(z)\dot{z} \tag{1.87}$$

versteht man die Rate, mit der Arbeit verrichtet wird.

Dissipation von Energie in mechanischen Systemen

Geschwindigkeitsabhängige Kräfte, z. B. Reibungskräfte, lassen sich nicht in der Form $F = -\mathrm{d}V/\mathrm{d}z$ schreiben. Die Energie $E = T + V$ ist dann im Allgemeinen nicht erhalten. In solchen Fällen spricht man von *dissipativen Kräften*. Eine Kraft lässt sich stets als Summe einer nichtdissipativen und einer dissipativen Kraft schreiben:

$$F = F_{\mathrm{nd}}(z) + F_{\mathrm{d}}(z, \dot{z}, t), \tag{1.88}$$

wobei wir annehmen, dass die dissipative Kraft von Ort, Geschwindigkeit und Zeit abhängt und dass $F_{\mathrm{nd}}(z) = -\mathrm{d}V(z)/\mathrm{d}z$ gilt. Es folgt dann direkt die Erweiterung des Energieerhaltungssatzes in (1.82):

$$\frac{\mathrm{d}}{\mathrm{d}t}\left(\frac{m}{2}\dot{z}^2 + V(z)\right) = F_{\mathrm{d}}\dot{z}. \tag{1.89}$$

Frage 11

Man überprüfe, dass (1.89) aus (1.88) folgt.

Die rechte Seite von (1.89) ist die Leistung, die durch die dissipative Kraft an der Punktmasse verrichtet wird. Ist diese Leistung positiv, nimmt die Energie zu. Eine negative Leistung wird häufig *Verlustleistung* genannt. Reibungskräfte führen immer zu einer Energieabnahme. Man sagt auch, die Energie wird dissipiert, was bedeutet, dass sie letztlich in Wärme umgewandelt wird.

Achtung Wärme ist ebenfalls eine Form der Energie. So lässt sich ein allgemeinerer Energieerhaltungssatz formulieren, der die Wärmeenergie berücksichtigt. Dies ist jedoch Aufgabe der statistischen Mechanik in Teil IV. Der Grund ist, dass die klassische Mechanik im Wesentlichen eine makroskopische Theorie,

Vertiefung: Vollständiges Differenzial

In vielen Fällen hängt eine Funktion f nicht nur von einer Veränderlichen ab. Ist $f = f(x, y)$, so nennt man

$$df = \frac{\partial f}{\partial x}dx + \frac{\partial f}{\partial y}dy$$

das *vollständige Differenzial* von f. Dies kann ohne Probleme auf beliebig viele Veränderliche erweitert werden. Die Terme $\partial f/\partial x$ nennt man *partielle Ableitungen*, bei denen alle Veränderlichen außer x bei der Ableitung festgehalten (d. h. als Konstanten behandelt) werden. Anschaulich bedeutet das vollständige Differenzial, dass alle Veränderlichen zur Variation von f beitragen.

In der Physik tritt häufig der Fall auf, dass eine Funktion vom Ortsvektor $\boldsymbol{x}(t) = (x_1(t), x_2(t), x_3(t))^\top$ und der Zeit t abhängt: $f = f(\boldsymbol{x}(t), t)$. Dabei ist der Ortsvektor selbst zeitabhängig. Man nennt eine Funktion des Raumes, also eine Funktion aller drei Ortskoordinaten, ein *Feld*. Dann ist das vollständige Differenzial

$$df = \frac{\partial f}{\partial x_1}dx_1 + \frac{\partial f}{\partial x_2}dx_2 + \frac{\partial f}{\partial x_3}dx_3 + \frac{\partial f}{\partial t}dt$$

und die *vollständige Zeitableitung*

$$\dot{f} = \frac{df}{dt} = \frac{\partial f}{\partial x_1}\frac{dx_1}{dt} + \frac{\partial f}{\partial x_2}\frac{dx_2}{dt} + \frac{\partial f}{\partial x_3}\frac{dx_3}{dt} + \frac{\partial f}{\partial t}.$$

Ist $f = f(\boldsymbol{x}(t), t)$, so sagt man, f ist *explizit zeitabhängig*, da f für festgehaltenes $\boldsymbol{x}$ immer noch eine Funktion von t ist. Hingegen hängt $f = f(\boldsymbol{x}(t))$ nur *implizit* von der Zeit ab, da die Zeitabhängigkeit nur über die Bahnkurve $\boldsymbol{x}(t)$ in f eingeht.

Wärme aber ein mikroskopisches Konzept ist. Wärme ist eng mit der „inneren Energie" von Körpern verknüpft, die wir in der klassischen Mechanik nicht behandeln. In Abschn. 33.4 kommen wir darauf zurück. ◀

Periodische Bewegungen für nichtdissipative Kräfte

Aus dem Energieerhaltungssatz in (1.82) lässt sich die Bahnkurve $z(t)$ implizit angeben, indem zunächst nach $\dot{z}$ aufgelöst wird:

$$\dot{z} = \pm\sqrt{\frac{2(E-V)}{m}}. \tag{1.90}$$

Diese Differenzialgleichung ist separabel, da die rechte Seite nur eine Funktion von z ist. Sie kann daher in der Form

$$f_1(t)\,dt = f_2(z)\,dz \tag{1.91}$$

geschrieben werden. Für die benötigte Zeit, um von z_0 nach z zu gelangen, folgt sofort

$$t - t_0 = \pm\int_{z_0}^{z} \frac{dz'}{\sqrt{2(E-V)/m}}. \tag{1.92}$$

Wie bereits zuvor erläutert, darf sich die Punktmasse dabei offensichtlich nur in Bereichen bewegen, für die $E - V \geq 0$ ist, da die kinetische Energie, $T = E - V = m\dot{z}^2/2$, quadratisch und somit positiv-semidefinit ist. Punkte, für welche die kinetische Energie verschwindet, $T = 0$, bezeichnet man als *Umkehrpunkte*. Je nach Form des Potenzials $V(z)$ und dem Wert der Gesamtenergie kann es beliebig viele Umkehrpunkte geben. Dies ist in Abb. 1.9 dargestellt. Man spricht dann von einer gebundenen Bahn, wenn sich die Punktmasse nur zwischen zwei Umkehrpunkten, z_1 und z_2, bewegen kann.

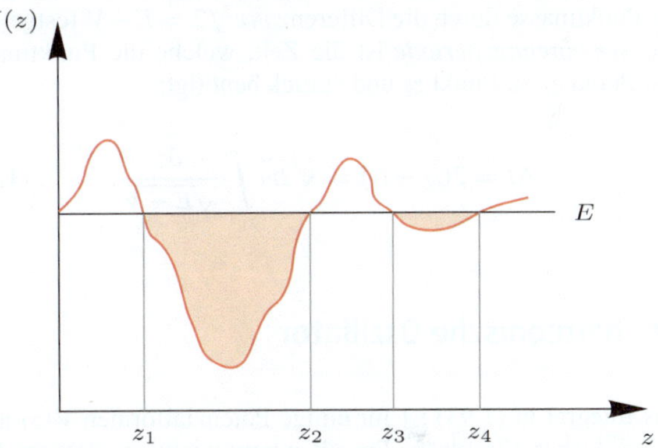

Abb. 1.9 Beispiel einer eindimensionalen Potenziallandschaft $V(z)$, die zusammen mit der Energie E vier Umkehrpunkte definiert. Die Bewegung einer Punktmasse ist auf die eingefärbten Bereiche beschränkt, für die $E \geq V(z)$ gilt. Eine Punktmasse im Bereich zwischen z_1 und z_2 kann nicht in den Bereich zwischen z_3 und z_4 gelangen, da seine Energie nicht ausreicht, die Barriere dazwischen zu überwinden. Stattdessen führt sie eine periodische Schwingung zwischen den Umkehrpunkten z_1 und z_2 aus

In der klassischen Mechanik kann eine Punktmasse keine Barrieren überspringen, für die $V > E$ gilt. In der Quantenmechanik hingegen besteht eine endliche Wahrscheinlichkeit, dass ein Teilchen eine solche Potenzialbarriere überwindet. Dieses sogenannte Tunneln wird in Teil III diskutiert.

Ist die Bewegung einer Punktmasse m auf den Bereich zwischen zwei Umkehrpunkten beschränkt, so ist sie periodisch: Beim Er-

Teil I

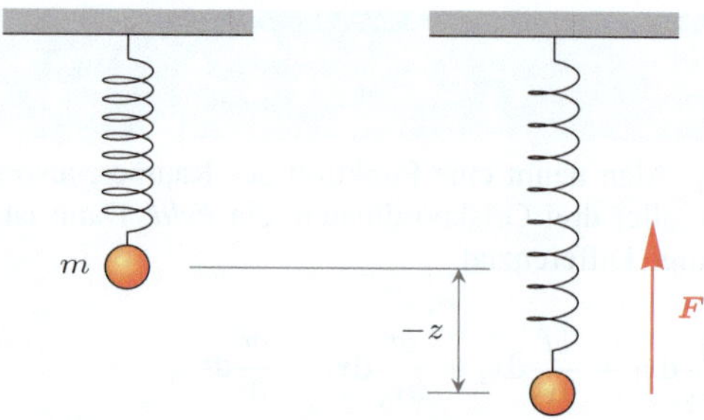

Abb. 1.10 Ist der Oszillator um $-z$ nach unten ausgelenkt, wirkt die Rückstellkraft F nach oben. Die Gravitationskraft für den senkrecht aufgestellten Federoszillator führt lediglich zu einer Verschiebung der Schwingung entlang der z-Achse und ändert ihre Schwingungsdauer nicht

reichen des ersten Umkehrpunktes, z_1, ändert die Punktmasse ihre Richtung und bewegt sich bis zum Umkehrpunkt z_2, wo sie abermals ihre Richtung wechselt und im Anschluss wieder zum Punkt z_1 gelangt. Die beiden Vorzeichen in (1.90) drücken aus, dass die Punktmasse in diesem Bereich in beide Richtungen laufen kann. Während dieser Bewegung ist die Geschwindigkeit der Punktmasse durch die Differenz $mv^2/2 = E - V$ festgelegt. Die *Schwingungsperiode* ist die Zeit, welche die Punktmasse von Punkt z_1 zu Punkt z_2 und zurück benötigt:

$$\Delta t = 2(t_2 - t_1) = \sqrt{2m} \int_{z_1}^{z_2} \frac{\mathrm{d}z}{\sqrt{E - V}}. \tag{1.93}$$

Der harmonische Oszillator

Das Integral in (1.93) ist für einige Potenzialformen $V(z)$ analytisch lösbar. Ein für die Physik extrem wichtiges Potenzial ist das des *harmonischen Oszillators*:

$$V(z) = \frac{k}{2} z^2 + V_0. \tag{1.94}$$

Der Begriff „harmonisch" bedeutet, dass sich die Lösung durch Sinus- und Kosinusfunktionen ausdrücken lässt. Der harmonische Oszillator wird in Kap. 6 noch gründlicher untersucht werden. Das Potenzial aus (1.94) führt auf die in z lineare Kraft

$$F(z) = -kz \tag{1.95}$$

mit der *Federkonstanten* k. Zur Vereinfachung wählen wir $V_0 = 0$. Die Auslenkung wird dabei relativ zur Ruhelage angegeben, in der sich die Punktmasse befindet, wenn sie nicht schwingt. Dieser Punkt entspricht dem Minimum des Potenzials $V(z)$. Ein Beispiel für einen harmonischen Oszillator ist in Abb. 1.10 gezeigt.

Definiert man

$$\omega_0 := \sqrt{\frac{k}{m}}, \tag{1.96}$$

so ist die Gesamtenergie des Oszillators

$$E = \frac{m}{2} \left(\dot{z}^2 + \omega_0^2 z^2 \right). \tag{1.97}$$

Für $E > 0$ existieren stets zwei Umkehrpunkte, welche die Gleichung

$$E = \frac{m}{2} \omega_0^2 z_{1,2}^2 \tag{1.98}$$

erfüllen und daher durch

$$z_{1,2} = \pm \sqrt{\frac{2E}{m\omega_0^2}} \tag{1.99}$$

gegeben sind.

Die Bedeutung von ω_0 wird klar, wenn man die Schwingungsperiode berechnet. Einsetzen des harmonischen Oszillatorpotenzials (1.94) und der Energie am Umkehrpunkt (1.98) in die Gleichung für die Schwingungsperiode (1.93) ergibt nach kurzer Umformung und unter Berücksichtigung von $z_2 = -z_1 > 0$

$$\Delta t = \frac{2}{\omega_0} \int_{-z_2}^{z_2} \frac{\mathrm{d}z}{\sqrt{z_2^2 - z^2}} = \frac{2\pi}{\omega_0}. \tag{1.100}$$

Das Integral kann in einer Integrationstabelle nachgeschlagen oder nach Substitution mit $y = z/z_2$ mit der Stammfunktion $\arcsin(y)$ berechnet werden. Offensichtlich ist ω_0 die *Oszillationsfrequenz*.

Frage 12

Man überprüfe, dass die angegebene Stammfunktion $\arcsin(y)$ mit ihrer Ableitung $\mathrm{d}\arcsin(y)/\mathrm{d}y = 1/\sqrt{1-y^2}$ auf das angegebene Ergebnis führt.

Aus (1.95) folgt

$$m\ddot{z} = -kz \tag{1.101}$$

für die Bewegungsgleichung des harmonischen Oszillators. Die allgemeine Lösung ist

$$z(t) = A\cos(\omega_0 t - \phi_0). \tag{1.102}$$

Hier ist $A \geq 0$ die *Amplitude* der Schwingung, und ϕ_0 ist ein Phasenwinkel, der durch die Anfangsbedingungen festgelegt wird. Man kann diese Lösung durch direkte Integration von (1.92) erhalten, indem man

$$\arcsin(y) - \arcsin(a) = \int_a^y \frac{\mathrm{d}y'}{\sqrt{1 - y'^2}} \tag{1.103}$$

ausnutzt. Es ist dem interessierten Leser überlassen, dieses Ergebnis zu überprüfen (man findet dabei, dass die Amplitude A durch die Energie E bestimmt wird). In Aufgabe 1.7 wird ein alternativer Weg verfolgt, um zu diesem Ergebnis zu kommen.

Frage 13

Wirkt zusätzlich eine Gravitationskraft der Form $-mg$, z. B. wenn der Oszillator wie in Abb. 1.10 senkrecht aufgestellt ist, so lässt sich eine neue Koordinate $\tilde{z} = z - h$ einführen, wobei h die Verschiebung der Ruhelage unter dem Einfluss der Gravitation ist. Man zeige, dass $h = mg/k$ gilt. Weiterhin mache man sich klar, dass (1.102) ihre Gültigkeit behält und dass insbesondere ω_0 unverändert bleibt, wenn z durch $\tilde{z}$ ersetzt wird.

1.5 Bewegung in drei Dimensionen

In diesem Abschnitt wird die Kinematik einer Punktmasse in drei Dimensionen diskutiert. Neben dem Konzept der Bahnkurven, Tangential-, Normalenvektoren und Bogenlänge werden weiterhin das Drehmoment und der Drehimpuls eingeführt. Dazu benötigt man das Kreuzprodukt zweier Vektoren, das sich mit dem Levi-Civita-Symbol darstellen lässt. Es wird gezeigt, wie sich Kurvenintegrale ausführen lassen. Dieser Abschnitt dient vor allem als Vorbereitung auf Abschn. 1.6, in dem die Energieerhaltung in drei Dimensionen behandelt wird.

Bahnkurven in drei Dimensionen

Wie bereits in Abschn. 1.1 beschrieben, ist der dreidimensionale Ortsvektor $\boldsymbol{x}$ einer Punktmasse im Allgemeinen eine Funktion der Zeit t, $\boldsymbol{x} = \boldsymbol{x}(t)$. Als Bahnkurve bezeichnet man die Menge der Punkte, die während einer Zeit $\Delta t = t_2 - t_1$ von der Punktmasse durchlaufen werden. In drei Dimensionen lässt sich die Bahnkurve durch ihre drei kartesischen Komponenten

$$\boldsymbol{x}(t) = \begin{pmatrix} x_1(t) \\ x_2(t) \\ x_3(t) \end{pmatrix} \tag{1.104}$$

darstellen. Beispiele sind eine Kreisbahn in der x_1-x_2-Ebene mit Radius R,

$$\boldsymbol{x}_\mathrm{K}(t) = \begin{pmatrix} R\cos\varphi(t) \\ R\sin\varphi(t) \\ 0 \end{pmatrix}, \tag{1.105}$$

oder eine Schraubenlinie längs der x_3-Achse mit Radius R,

$$\boldsymbol{x}_\mathrm{S}(t) = \begin{pmatrix} R\cos\varphi(t) \\ R\sin\varphi(t) \\ x_3(t) \end{pmatrix}, \tag{1.106}$$

wie sie in Abb. 1.11 dargestellt ist.

Frage 14

Man vergewissere sich, dass der Radius der Kreisbahn in (1.105) tatsächlich R ist, indem man den Betrag von $\boldsymbol{x}_\mathrm{K}(t)$ bestimmt. Berechnen Sie ferner aus $\boldsymbol{x}_\mathrm{K}(t)$ in (1.105) die Bahngeschwindigkeit und Beschleunigung. Die Lösung finden Sie im anschließenden Beispiel.

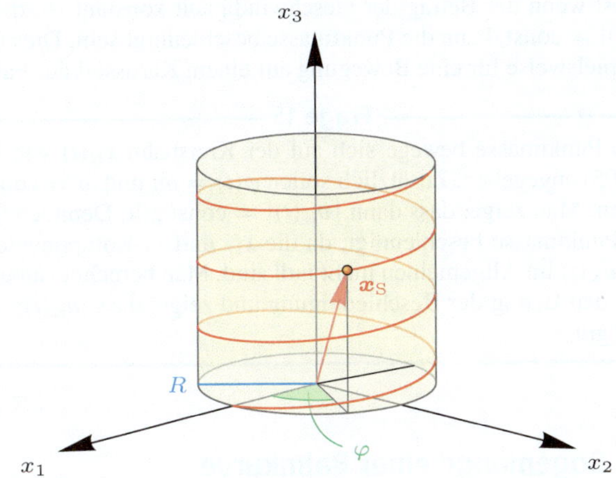

Abb. 1.11 Die Schraubenlinie mit Radius R erfüllt (1.106) mit $\varphi(t) = \omega t$ und $x_3(t) = v_3 t$, wobei ω und v_3 Konstanten sind. Der Winkel φ ist definiert als der Winkel zwischen der Projektion von $\boldsymbol{x}_\mathrm{s}$ auf die x_1-x_2-Ebene und der x_1-Achse

Bahngeschwindigkeit und -beschleunigung

Die obigen Beispiele führen durch einmalige Zeitableitung auf die Bahngeschwindigkeiten

$$\begin{aligned} \boldsymbol{v}_\mathrm{K}(t) &= \begin{pmatrix} -\dot{\varphi}R\sin\varphi(t) \\ \dot{\varphi}R\cos\varphi(t) \\ 0 \end{pmatrix}, \\ \boldsymbol{v}_\mathrm{S}(t) &= \begin{pmatrix} -\dot{\varphi}R\sin\varphi(t) \\ \dot{\varphi}R\cos\varphi(t) \\ \dot{x}_3(t) \end{pmatrix}. \end{aligned} \tag{1.107}$$

Durch eine weitere Zeitableitung erhält man die Beschleunigungen

$$\begin{aligned} \boldsymbol{a}_\mathrm{K}(t) &= \begin{pmatrix} -\ddot{\varphi}R\sin\varphi(t) - \dot{\varphi}^2R\cos\varphi(t) \\ \ddot{\varphi}R\cos\varphi(t) - \dot{\varphi}^2R\sin\varphi(t) \\ 0 \end{pmatrix}, \\ \boldsymbol{a}_\mathrm{S}(t) &= \begin{pmatrix} -\ddot{\varphi}R\sin\varphi(t) - \dot{\varphi}^2R\cos\varphi(t) \\ \ddot{\varphi}R\cos\varphi(t) - \dot{\varphi}^2R\sin\varphi(t) \\ \ddot{x}_3(t) \end{pmatrix}. \end{aligned} \tag{1.108}$$

◀

Eine Punktmasse ist genau dann beschleunigt, wenn mindestens eine Komponente ihres Beschleunigungsvektors $\boldsymbol{a}(t)$ von Null verschieden ist bzw. wenn mindestens eine Komponente ihres Geschwindigkeitsvektors $\boldsymbol{v}(t)$ sich mit der Zeit ändert.

Selbst wenn der Betrag der Geschwindigkeit konstant ist, d. h. $|\boldsymbol{v}(t)| = \text{const}$, kann die Punktmasse beschleunigt sein. Dies ist beispielsweise für eine Bewegung auf einem Karussell der Fall.

Frage 15

Eine Punktmasse bewege sich auf der Kreisbahn $\boldsymbol{x}_\text{K}(t)$ wie in (1.105) angegeben. Zusätzlich sollen $\varphi(t) = \omega t$ und $\omega = \text{const}$ gelten. Man zeige, dass dann $|\boldsymbol{v}_\text{K}(t)| = \text{const}$ gilt. Dennoch ist die Punktmasse beschleunigt, da die x_1- und x_2-Komponenten von $\boldsymbol{a}_\text{K}(t)$ im Allgemeinen nicht null sind. Man berechne außerdem den Betrag der Beschleunigung und zeige, dass $|\boldsymbol{a}_\text{K}(t)| = \omega^2 R$ gilt.

Die Bogenlänge einer Bahnkurve

Bewegt sich eine Punktmasse auf einer Bahnkurve $\boldsymbol{x}(t)$, so überstreicht sie in der infinitesimalen Zeit $\mathrm{d}t$ einen infinitesimalen Abschnitt der Bahnkurve. Die *Bogenlänge* dieses Abschnitts ist

$$\mathrm{d}s = |\mathrm{d}\boldsymbol{x}(t)| = \left|\frac{\mathrm{d}\boldsymbol{x}}{\mathrm{d}t}\right| \mathrm{d}t = |\boldsymbol{v}(t)|\,\mathrm{d}t. \tag{1.109}$$

In einer endlichen Zeit zwischen t_1 und t_2 (bzw. zwischen den Punkten $\boldsymbol{x}_1 = \boldsymbol{x}(t_1)$ und $\boldsymbol{x}_2 = \boldsymbol{x}(t_2)$) ist die durchlaufene Bogenlänge daher

$$s_{12} = \int_{t_1}^{t_2} |\boldsymbol{v}(t)|\,\mathrm{d}t. \tag{1.110}$$

In vielen Fällen ist zwar die Form der Bahnkurve bekannt, aber nicht die Geschwindigkeit, mit der sie durchlaufen wird. Ein Beispiel dafür sind die Gleise einer Achterbahn, welche die Gesamtlänge der Strecke definieren, unabhängig davon, wie schnell die Achterbahn letztlich über die Gleise fährt. In diesem Fall bietet sich die Bogenlänge s als Bahnparameter an, um die Gesamtlänge zu berechnen. Dafür muss die Bahnkurve in die Form $\boldsymbol{x}(s)$ anstelle von $\boldsymbol{x}(t)$ gebracht werden. Ein *Bahnparameter* dient zur Parametrisierung der Bahnkurve. Er kann, muss aber nicht zwangsläufig der Zeit t oder der Bogenlänge s entsprechen. Wir nehmen an, dass der Zusammenhang $s(t)$ zwischen Bogenlänge und Zeit eine monoton wachsende Funktion ist. Dann lässt sich die Bogenlänge auf zwei Arten berechnen:

$$s_{12} = \int_{t_1}^{t_2} \left|\frac{\mathrm{d}\boldsymbol{x}(t)}{\mathrm{d}t}\right| \mathrm{d}t = \int_{s_1}^{s_2} \left|\frac{\mathrm{d}\boldsymbol{x}(s)}{\mathrm{d}s}\right| \mathrm{d}s, \tag{1.111}$$

wobei $s_1 = s(t_1)$ und $s_2 = s(t_2)$ gelten.

Als Beispiel betrachte man erneut die Kreisbahn in (1.105). Man erkennt leicht, dass es sich um eine Kreisbahn handelt, selbst wenn die Funktion $\varphi(t)$ unbekannt ist. So führt die Umparametrisierung $\varphi(t) = s/R$ auf eine Bahnkurve $\boldsymbol{x}_\text{K}(s)$. Der Einfachheit halber soll hier angenommen werden, dass die Punktmasse auf der Bahnkurve nicht die Umlaufrichtung wechselt. In anderen Worten soll φ eine beliebige, aber monoton zunehmende Funktion der Zeit t sein.

Tangential- und Normalenvektoren von Bahnkurven

Der *Tangentialvektor* einer Bahnkurve ist die Ableitung der Bahnkurve nach der Bogenlänge:

$$\boldsymbol{\tau} := \frac{\mathrm{d}\boldsymbol{x}}{\mathrm{d}s}. \tag{1.112}$$

Aufgrund von (1.109) und der Gleichung

$$\mathrm{d}s = \left|\frac{\mathrm{d}\boldsymbol{x}}{\mathrm{d}s}\right| \mathrm{d}s \tag{1.113}$$

ist der Tangentialvektor ein Einheitsvektor: $|\boldsymbol{\tau}| = 1$.

Der *Hauptnormalenvektor* ist definiert als die normierte Änderung des Tangentialvektors:

$$\boldsymbol{n}_\text{H} := \frac{\mathrm{d}\boldsymbol{\tau}}{\mathrm{d}s} \left|\frac{\mathrm{d}\boldsymbol{\tau}}{\mathrm{d}s}\right|^{-1}. \tag{1.114}$$

Wegen

$$\boldsymbol{\tau}^2 = 1 \quad \Longrightarrow \quad \frac{\mathrm{d}}{\mathrm{d}s}\boldsymbol{\tau}^2 = 2\boldsymbol{\tau} \cdot \frac{\mathrm{d}\boldsymbol{\tau}}{\mathrm{d}s} = 0 \tag{1.115}$$

steht $\boldsymbol{n}_\text{H}$ senkrecht auf $\boldsymbol{\tau}$. Es lässt sich ein dritter Vektor definieren, der senkrecht auf $\boldsymbol{\tau}$ und $\boldsymbol{n}_\text{H}$ steht. Dieser Vektor,

$$\boldsymbol{n}_\text{B} := \boldsymbol{\tau} \times \boldsymbol{n}_\text{H}, \tag{1.116}$$

wird als *Binormalenvektor* bezeichnet. Man nennt das in (1.116) auftretende Produkt das *Vektorprodukt* oder *Kreuzprodukt* zweier Vektoren. Seine Eigenschaften werden im „Mathematischen Hintergrund" 1.6 erläutert (siehe auch Aufgabe 1.1). Damit lässt sich die k-te Komponente von $\boldsymbol{n}_\text{B}$ auch als

$$n_{\text{B},k} = \varepsilon_{ijk}\tau_i n_{\text{H},j} \tag{1.117}$$

schreiben, wobei ε_{ijk} das *Levi-Civita-Symbol* ist und die *Einstein'sche Summenkonvention* verwendet wurde, also über alle doppelt auftretenden Indizes summiert wird. Die Ebene, die durch $\boldsymbol{\tau}$ und $\boldsymbol{n}_\text{H}$ aufgespannt wird, nennt man *Schmiegeebene*, da die Bahnkurve sich lokal in dieser Ebene befindet (Abb. 1.12).

Wir werden nun sehen, dass der Hauptnormalenvektor $\boldsymbol{n}_\text{H}$ die Krümmung der Bahnkurve beschreibt. Die Kreisbahn aus (1.105) lässt sich in die Form

$$\boldsymbol{x}_\text{K}(s) = R \begin{pmatrix} \cos(s/R) \\ \sin(s/R) \\ 0 \end{pmatrix} \tag{1.118}$$

bringen. Der Tangentialvektor ist dann

$$\boldsymbol{\tau} = \frac{\mathrm{d}\boldsymbol{x}_\text{K}(s)}{\mathrm{d}s} = \begin{pmatrix} -\sin(s/R) \\ \cos(s/R) \\ 0 \end{pmatrix}. \tag{1.119}$$

Aus ihm folgt sofort

$$\frac{\mathrm{d}\boldsymbol{\tau}}{\mathrm{d}s} = -\frac{1}{R} \begin{pmatrix} \cos(s/R) \\ \sin(s/R) \\ 0 \end{pmatrix}, \quad \left|\frac{\mathrm{d}\boldsymbol{\tau}}{\mathrm{d}s}\right| = \frac{1}{R} \tag{1.120}$$

1.6 Mathematischer Hintergrund: Vektorprodukt und Levi-Civita-Symbol

Im $\mathbb{R}^3$ kann man zu je zwei Vektoren einen dritten, zu diesen beiden orthogonalen Vektor bestimmen. Dies macht das Vektorprodukt, das noch weitere schöne geometrische Eigenschaften besitzt.

Definition Vektorprodukt Sei $\{e_1, e_2, e_3\}$ eine rechtshändige Orthonormalbasis von $\mathbb{R}^3$ (zeigt der Daumen der *rechten* Hand in Richtung von e_1, der Zeigefinger in Richtung von e_2, dann zeigt der Mittelfinger nach e_3). Ferner seien $\boldsymbol{x}$ und $\boldsymbol{y}$ Vektoren im $\mathbb{R}^3$, deren Koordinaten bezüglich $\{e_1, e_2, e_3\}$ gegeben sind durch $\boldsymbol{x} = (x_1, x_2, x_3)^\top$ bzw. $\boldsymbol{y} = (y_1, y_2, y_3)^\top$. Unter dem *Vektorprodukt* $\boldsymbol{x} \times \boldsymbol{y}$ versteht man dann den Vektor

$$\boldsymbol{x} \times \boldsymbol{y} := \begin{pmatrix} x_2y_3 - x_3y_2 \\ x_3y_1 - x_1y_3 \\ x_1y_2 - x_2y_1 \end{pmatrix}.$$

Das Vektorprodukt (also die Abbildung $\mathbb{R}^3 \times \mathbb{R}^3 \to \mathbb{R}^3$, $(\boldsymbol{x}, \boldsymbol{y}) \mapsto \boldsymbol{x} \times \boldsymbol{y}$) ist bilinear, d. h.

$$(\lambda \boldsymbol{x}_1 + \mu \boldsymbol{x}_2) \times \boldsymbol{y}_1 = \lambda(\boldsymbol{x}_1 \times \boldsymbol{y}_1) + \mu(\boldsymbol{x}_2 \times \boldsymbol{y}_1),$$
$$\boldsymbol{x}_1 \times (\lambda \boldsymbol{y}_1 + \mu \boldsymbol{y}_2) = \lambda(\boldsymbol{x}_1 \times \boldsymbol{y}_1) + \mu(\boldsymbol{x}_1 \times \boldsymbol{y}_2),$$

und antisymmetrisch, d. h. $\boldsymbol{x} \times \boldsymbol{y} = -\boldsymbol{y} \times \boldsymbol{x}$. Häufig wird dieses Produkt auch als ein *äußeres Produkt* bezeichnet (im Gegensatz zum Skalarprodukt, das ein inneres Produkt ist).

Levi-Civita-Symbol Die Definition des Vektorprodukts lässt sich elegant formulieren, wenn das *Levi-Civita-Symbol* ε_{ijk} verwendet wird, das für $i, j, k \in \{1, 2, 3\}$ definiert ist durch

$$\begin{aligned} +1 &= \varepsilon_{123} = \varepsilon_{231} = \varepsilon_{312}, \\ -1 &= \varepsilon_{132} = \varepsilon_{321} = \varepsilon_{213}, \\ 0 & \qquad \text{sonst.} \end{aligned}$$

Die k-te Koordinate von $\boldsymbol{x} \times \boldsymbol{y}$ schreibt sich dann als

$$(\boldsymbol{x} \times \boldsymbol{y})_k = \sum_{i=1}^{3} \sum_{j=1}^{3} \varepsilon_{ijk} x_i y_j,$$

und für das Vektorprodukt $\boldsymbol{x} \times \boldsymbol{y}$ ergibt sich die Darstellung

$$\boldsymbol{x} \times \boldsymbol{y} = \sum_{i=1}^{3} \sum_{j=1}^{3} \sum_{k=1}^{3} \varepsilon_{ijk} x_i y_j e_k,$$

die unter Verwendung der *Einstein'schen Summenkonvention* kurz geschrieben wird als

$$\boldsymbol{x} \times \boldsymbol{y} = \varepsilon_{ijk} x_i y_j e_k.$$

Es wird dabei über doppelt auftretende Indizes summiert, ohne dies explizit anzugeben. Mathematisch ist das Levi-Civita-Symbol bei verschiedenen i, j, k gleich dem Vorzeichen der Permutation $(i\,j\,k)$, d. h. $+1$, falls $(i\,j\,k)$ durch eine gerade Anzahl von Vertauschungen (Transpositionen) wieder in $(1\,2\,3)$ überführt werden kann, und -1, falls dies nur durch eine ungerade Anzahl Vertauschungen möglich ist, bzw. null für nicht paarweise verschiedene i, j, k (mit dieser Definition kann ε_{ijk} auch auf mehr als drei Indizes verallgemeinert werden). Permutationen werden im „Mathematischen Hintergrund" 2.2 genauer besprochen.

Rechenregeln für das Levi-Civita-Symbol Für Summen von Produkten von Levi-Civita-Symbolen gelten folgende Rechenregeln (die Regeln ergeben sich leicht aus der Tatsache, dass das Levi-Civita-Symbol nur für verschiedene Indizes nicht verschwindet):

- $\varepsilon_{ijk}\varepsilon_{imn} = \delta_{jm}\delta_{kn} - \delta_{jn}\delta_{km}$,
- $\varepsilon_{ijk}\varepsilon_{ijn} = 2\delta_{kn}$,
- $\varepsilon_{ijk}\varepsilon_{ijk} = 6$.

Dabei ist δ_{ij} das *Kronecker-Symbol*, das definiert ist durch

$$\delta_{ij} := \begin{cases} 0, & \text{falls } i \neq j \\ 1, & \text{falls } i = j \end{cases}.$$

Rechenregeln für das Vektorprodukt Unter Verwendung der oben angegebenen Regeln kann man zeigen, dass

- $\boldsymbol{x} \times \boldsymbol{x} = 0$,
- $e_i \times e_j = \varepsilon_{ijk} e_k$,
- $\boldsymbol{x} \times (\boldsymbol{y} \times \boldsymbol{z}) + \boldsymbol{y} \times (\boldsymbol{z} \times \boldsymbol{x}) + \boldsymbol{z} \times (\boldsymbol{x} \times \boldsymbol{y}) = 0$ (*Jacobi-Identität*)

für alle $\boldsymbol{x}, \boldsymbol{y}, \boldsymbol{z} \in \mathbb{R}^3$ gilt. Außerdem ist die *Graßmann-Identität* sehr nützlich, die man sich am besten durch die „bac-minus-cab-Regel" merken kann: $\boldsymbol{a} \times (\boldsymbol{b} \times \boldsymbol{c}) = \boldsymbol{b}(\boldsymbol{a} \cdot \boldsymbol{c}) - \boldsymbol{c}(\boldsymbol{a} \cdot \boldsymbol{b})$.

Geometrische Eigenschaften Schließlich sollte noch erwähnt werden, dass das Vektorprodukt einige wichtige geometrische Eigenschaften hat:

- Das Produkt $\boldsymbol{x} \times \boldsymbol{y}$ steht senkrecht auf $\boldsymbol{x}$ und $\boldsymbol{y}$, d. h.

  $$\boldsymbol{x} \cdot (\boldsymbol{x} \times \boldsymbol{y}) = \boldsymbol{y} \cdot (\boldsymbol{x} \times \boldsymbol{y}) = 0.$$

- Die Vektoren $(\boldsymbol{x}, \boldsymbol{y}, \boldsymbol{x} \times \boldsymbol{y})$ bilden ein Rechtshandsystem.
- Der Betrag von $\boldsymbol{x} \times \boldsymbol{y}$ ist gleich der Fläche des durch $\boldsymbol{x}$ und $\boldsymbol{y}$ aufgespannten Parallelogramms, also

  $$|\boldsymbol{x} \times \boldsymbol{y}| = |\boldsymbol{x}||\boldsymbol{y}| \sin\theta,$$

  wobei θ der von $\boldsymbol{x}$ und $\boldsymbol{y}$ eingeschlossene Winkel ist.
- Der Betrag des *Spatprodukts* $(\boldsymbol{x} \times \boldsymbol{y}) \cdot \boldsymbol{z}$ ist gleich dem Volumen des von $\boldsymbol{x}$, $\boldsymbol{y}$ und $\boldsymbol{z}$ aufgespannten Spats. Daher stellt das Levi-Civita-Symbol ein *orientiertes Einheitsvolumen* dar: $\varepsilon_{ijk} = (e_i \times e_j) \cdot e_k$.

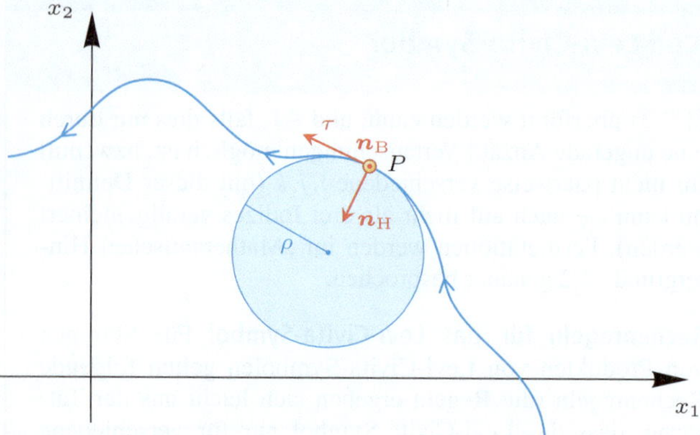

Abb. 1.12 An einem Punkt P einer Bahnkurve lassen sich der Tangentialvektor $\boldsymbol{\tau}$, der Hauptnormalenvektor $\boldsymbol{n}_\mathrm{H}$ sowie der Binormalenvektor $\boldsymbol{n}_\mathrm{B}$ (senkrecht aus der Papierebene hinaus) definieren. Der lokale Krümmungsradius ρ entspricht dem Radius eines Kreises, der am Punkt P die Bahnkurve approximiert

und somit

$$\boldsymbol{n}_\mathrm{H} = -\begin{pmatrix}\cos(s/R)\\ \sin(s/R)\\ 0\end{pmatrix}. \tag{1.121}$$

Frage 16

Zeigen Sie, dass der entsprechende Binormalenvektor $\boldsymbol{n}_\mathrm{B} = (0,0,1)^\top$ lautet.

Aufgrund der Identität

$$\left|\frac{\mathrm{d}\boldsymbol{\tau}}{\mathrm{d}s}\right| = \frac{1}{R} \tag{1.122}$$

für einen Kreis nennt man die Größe

$$\rho := \left|\frac{\mathrm{d}\boldsymbol{\tau}}{\mathrm{d}s}\right|^{-1} \tag{1.123}$$

den *lokalen Krümmungsradius* der Bahnkurve. Er entspricht dem Radius des Kreises, der lokal die Form der Bahnkurve beschreibt. Dies wird aus Abb. 1.12 deutlich. Ist die Bahnkurve lokal gerade, so ist $\boldsymbol{\tau} = \text{const}$ und $\rho = \infty$.

In der Anwendung werden die Geschwindigkeit und die Beschleunigung häufig in ihre tangentialen und normalen Anteile zerlegt. Die Geschwindigkeit ist immer tangential zur Bahnkurve:

$$\boldsymbol{v}(t) = \frac{\mathrm{d}\boldsymbol{x}(t)}{\mathrm{d}t} = \frac{\mathrm{d}\boldsymbol{x}}{\mathrm{d}s}\frac{\mathrm{d}s}{\mathrm{d}t} = |\boldsymbol{v}(t)|\boldsymbol{\tau}. \tag{1.124}$$

Mit der Schreibweise $v = |\boldsymbol{v}|$ findet man für die Beschleunigung

$$\boldsymbol{a}(t) = \frac{\mathrm{d}\boldsymbol{v}(t)}{\mathrm{d}t} = \frac{\mathrm{d}}{\mathrm{d}t}v\boldsymbol{\tau} = \dot{v}\boldsymbol{\tau} + v\frac{\mathrm{d}\boldsymbol{\tau}}{\mathrm{d}s}\frac{\mathrm{d}s}{\mathrm{d}t} = \dot{v}\boldsymbol{\tau} + \frac{v^2}{\rho}\boldsymbol{n}_\mathrm{H}. \tag{1.125}$$

Der Anteil der Beschleunigung entlang $\boldsymbol{n}_\mathrm{H}$ verändert nicht den Betrag der Bahngeschwindigkeit v, jedoch ihre Richtung $\boldsymbol{\tau}$. Diese Beschleunigungskomponente heißt *Radialbeschleunigung* mit Betrag v^2/ρ, die in Kap. 2 wieder auftauchen wird. Sie macht sich deutlich bemerkbar, wenn man im Auto in eine Kurve oder in einer Achterbahn fährt.

Frage 17

Schleudert man einen Eimer Wasser mit ausreichender Geschwindigkeit im Kreis (mit der Drehachse parallel zum Erdboden), so schwappt kein Wasser hinaus. Ist die Geschwindigkeit jedoch zu klein, wird man nass. Was ist die Bedingung dafür, dass das Wasser im Eimer bleibt, wenn der Eimer am höchsten Punkt seiner Bahn ist?

Drehmoment und Drehimpuls von Punktmassen

Wirkt eine Kraft $\boldsymbol{F}$ auf eine Punktmasse m am Ort $\boldsymbol{x}$, so definiert man das Moment der Kraft bezüglich des Koordinatenursprungs durch

$$\boldsymbol{M} := \boldsymbol{x} \times \boldsymbol{F}. \tag{1.126}$$

Dieses sogenannte *Drehmoment* steht senkrecht auf der Ebene, die durch die Vektoren $\boldsymbol{x}$ und $\boldsymbol{F}$ aufgespannt wird.

Frage 18

Man mache sich mittels der Definition des Kreuzprodukts klar, dass das Moment $\boldsymbol{M}$ verschwindet, wenn der Richtungsvektor $\boldsymbol{x}$ und die Kraft $\boldsymbol{F}$ parallel bzw. antiparallel ausgerichtet sind.

Der *Drehimpuls* wird ähnlich wie das Drehmoment definiert, allerdings mit dem Impuls $\boldsymbol{p}$ anstelle der Kraft $\boldsymbol{F} = \dot{\boldsymbol{p}}$:

$$\boldsymbol{L} := \boldsymbol{x} \times \boldsymbol{p} = \boldsymbol{x} \times (m\boldsymbol{v}). \tag{1.127}$$

Der Drehimpuls steht senkrecht auf der Ebene, die durch $\boldsymbol{x}$ und $\boldsymbol{v}$ definiert wird (Abb. 1.13). Bewegt sich die Punktmasse direkt auf den Ursprung zu oder entfernt sie sich in entgegengesetzter Richtung, d. h. $\boldsymbol{x} \parallel \boldsymbol{v}$, so verschwindet der Drehimpuls: $\boldsymbol{L} = 0$. Wegen $\dot{\boldsymbol{x}} = \boldsymbol{v}$ und $\boldsymbol{p} = m\boldsymbol{v}$ ist seine Zeitableitung durch

$$\frac{\mathrm{d}\boldsymbol{L}}{\mathrm{d}t} = \dot{\boldsymbol{x}} \times \boldsymbol{p} + \boldsymbol{x} \times \dot{\boldsymbol{p}} = \boldsymbol{x} \times \boldsymbol{F} = \boldsymbol{M} \tag{1.128}$$

gegeben. Der *Drehimpulssatz* lautet somit

$$\dot{\boldsymbol{L}} = \boldsymbol{M}. \tag{1.129}$$

Drehimpulserhaltung

Der Drehimpuls einer Punktmasse ist genau dann erhalten, wenn keine Drehmomente auf diese Punktmasse wirken.

Wir werden in Kap. 4 sehen, dass der Drehimpuls eine wichtige Größe zur Beschreibung von rotierenden Körpern ist.

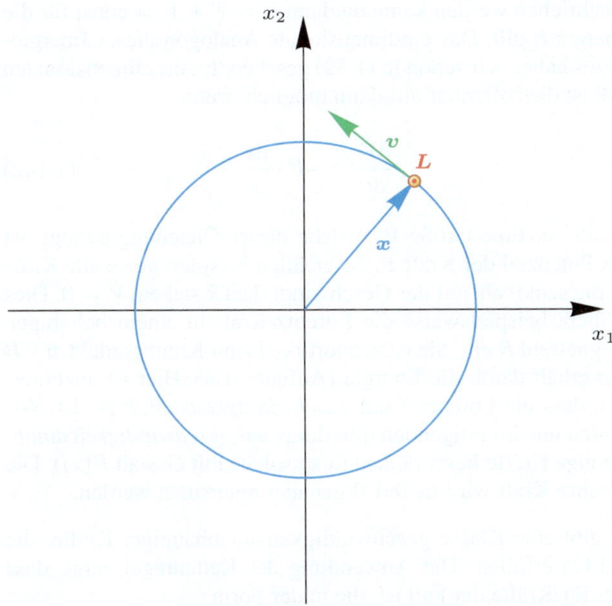

Abb. 1.13 Der Drehimpuls $\boldsymbol{L}$ für eine Punktmasse mit momentaner Geschwindigkeit $\boldsymbol{v}$ und Position $\boldsymbol{x}$ steht senkrecht auf $\boldsymbol{v}$ und $\boldsymbol{x}$. Das Symbol ⊙ bedeutet, dass ein Vektor aus der Papierebene hinaus zeigt. Im Gegensatz dazu verwendet man ⊗, um Vektoren darzustellen, die in die Papierebene hinein zeigen

Kurvenintegrale

Das Ergebnis aus Abschn. 1.4 war, dass die Energie in einem eindimensionalen System erhalten ist, wenn die Kraft als negative Ableitung eines Potenzials nach dem Ort dargestellt werden kann:

$$F(z) = -\frac{\mathrm{d}V(z)}{\mathrm{d}z} \quad \Longleftrightarrow \quad V(z) = -\int_{z_0}^{z} F(z')\,\mathrm{d}z'. \tag{1.130}$$

Der Anfangspunkt z_0 der Integration ist dabei beliebig. Es ist wünschenswert, eine ähnliche Aussage in drei Dimensionen zu formulieren. Hierbei ergibt sich allerdings die Frage, welcher Integrationsweg zwischen zwei Punkten im $\mathbb{R}^3$ gewählt werden muss. Im Gegensatz zu der Integration in (1.130), die entlang der reellen Achse stattfindet, kann im dreidimensionalen Raum prinzipiell eine unendliche Zahl von Wegen verfolgt werden (Abb. 1.14). Wir werden bald sehen, dass ein Potenzial $V(\boldsymbol{x})$ genau dann definiert werden kann, wenn die Integration von der Wahl des Weges unabhängig ist. Hierzu ist es sinnvoll, sich die Kurvenintegrale genauer anzusehen.

Es sei $\boldsymbol{F}(\boldsymbol{x})$ eine vektorwertige Funktion im dreidimensionalen Raum $\mathbb{R}^3$. Einer kleinen Verschiebung vom Punkt $\boldsymbol{x}$ nach $\boldsymbol{x} + \delta\boldsymbol{x}$ lässt sich der Skalar

$$\delta\Phi = \boldsymbol{F}(\boldsymbol{x}) \cdot \delta\boldsymbol{x} \tag{1.131}$$

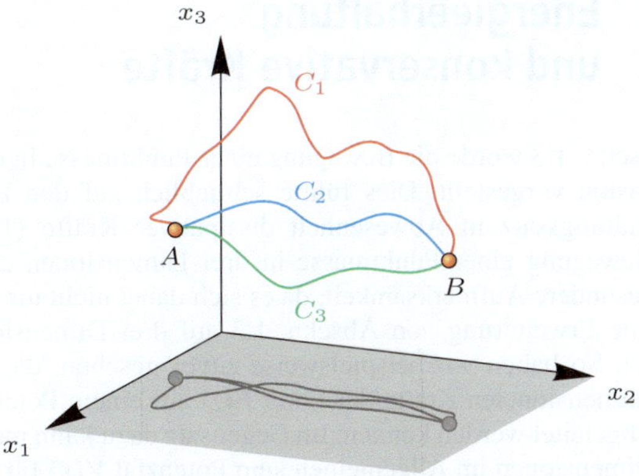

Abb. 1.14 Im dreidimensionalen Raum $\mathbb{R}^3$ gibt es generell unendlich viele Möglichkeiten, von Punkt A nach Punkt B zu gelangen. In dieser Abbildung sind drei Beispielwege und ihre Projektionen auf die x_1-x_2-Ebene dargestellt, um den dreidimensionalen Verlauf der Wege zu verdeutlichen

zuordnen. Ist $\boldsymbol{F}(\boldsymbol{x})$ beispielsweise eine Kraft, die auf eine Punktmasse wirkt, so entspricht dieses Skalarprodukt der Arbeit, die an der Punktmasse verrichtet werden muss, um sie um $\delta\boldsymbol{x}$ zu verschieben. Nun kann man sich eine Kurve C im Raum vorstellen, die aus lauter kleinen und kontinuierlichen Verschiebungen zusammengesetzt ist. Die Kurve werde durch den Kurvenparameter s beschrieben, der aus dem Intervall $I = [s_a, s_b]$ entnommen wird:

$$C : I \to \mathbb{R}^3, \quad s \mapsto \boldsymbol{x}(s). \tag{1.132}$$

Die Anfangs- und Endpunkte der Kurve C sind $\boldsymbol{x}_a = \boldsymbol{x}(s_a)$ und $\boldsymbol{x}_b = \boldsymbol{x}(s_b)$. Das Kurvenintegral über die Funktion $\boldsymbol{F}(\boldsymbol{x})$ entlang des Weges $\boldsymbol{x}(s)$ ist dann

$$\Phi = \int_{\boldsymbol{x}_a}^{\boldsymbol{x}_b} \boldsymbol{F}(\boldsymbol{x}) \cdot \mathrm{d}\boldsymbol{x}. \tag{1.133}$$

In dem speziellen Fall, dass die Anfangs- und Endpunkte identisch sind, $\boldsymbol{x}_a = \boldsymbol{x}_b$, nennt man die Kurve geschlossen und schreibt das *geschlossene Wegintegral*

$$\int_{\boldsymbol{x}_a}^{\boldsymbol{x}_b} \boldsymbol{F}(\boldsymbol{x}) \cdot \mathrm{d}\boldsymbol{x} = \oint_C \boldsymbol{F}(\boldsymbol{x}) \cdot \mathrm{d}\boldsymbol{x}. \tag{1.134}$$

Zur Berechnung des Kurvenintegrals entlang einer gegebenen Bahnkurve mit der Parametrisierung $\boldsymbol{x}(s)$ schreibt man

$$\int_{\boldsymbol{x}_a}^{\boldsymbol{x}_b} \boldsymbol{F}(\boldsymbol{x}) \cdot \mathrm{d}\boldsymbol{x} = \int_{s_a}^{s_b} \boldsymbol{F}(\boldsymbol{x}) \cdot \frac{\mathrm{d}\boldsymbol{x}}{\mathrm{d}s}\,\mathrm{d}s. \tag{1.135}$$

Hier wurde der Integrand in die eindimensionale Funktion $\boldsymbol{F}(\boldsymbol{x}) \cdot \mathrm{d}\boldsymbol{x}/\mathrm{d}s$ umgewandelt. Die Integration lässt sich daher wie gewohnt durchführen.

1.6 Energieerhaltung und konservative Kräfte

In Abschn. 1.3 wurde die Bewegung einer Punktmasse in einer Dimension vorgestellt. Dies führte schließlich auf den Energieerhaltungssatz in Abwesenheit dissipativer Kräfte (1.89). Die Bewegung einer Punktmasse in drei Dimensionen erfordert besondere Aufmerksamkeit, da es sich dabei nicht um eine einfache Erweiterung von Abschn. 1.3 auf drei Dimensionen handelt. So haben wir beispielsweise zuvor gesehen, dass alle eindimensionalen Kräfte der Form $F(z)$ aus einem Potenzial $V(z)$ abgeleitet werden können. Im Gegensatz dazu kann man in drei Dimensionen im Allgemeinen kein Potenzial $V(\boldsymbol{x})$ für eine beliebige Kraft $\boldsymbol{F}(\boldsymbol{x})$ angeben, selbst wenn diese geschwindigkeits- und zeitunabhängig ist. Es wird allerdings gezeigt, dass es eine Klasse von Kräften gibt, für die eine solche Relation existiert. Diese sogenannten *konservativen Kräfte* werden im Laufe dieses Abschnitts eingeführt und definiert. Dazu werden die Differenzialoperatoren (Gradient, Divergenz und Rotation) sowie der wichtige Satz von Stokes besprochen.

Der Energieerhaltungssatz in drei Dimensionen

Um den Energieerhaltungssatz in drei Dimensionen zu erhalten, gehen wir ähnlich wie in Abschn. 1.4 vor: Wir multiplizieren die Bewegungsgleichung einer Punktmasse,

$$m\ddot{\boldsymbol{x}} = \boldsymbol{F}, \tag{1.136}$$

mit $\dot{\boldsymbol{x}}$ und schreiben

$$\frac{\mathrm{d}}{\mathrm{d}t}\left(\frac{m}{2}\dot{\boldsymbol{x}}^2\right) = \boldsymbol{F}\cdot\frac{\mathrm{d}\boldsymbol{x}}{\mathrm{d}t}. \tag{1.137}$$

In Analogie zum eindimensionalen Fall definiert man die kinetische Energie als

$$T = \frac{m}{2}\dot{\boldsymbol{x}}^2 = \frac{\boldsymbol{p}^2}{2m}. \tag{1.138}$$

Die infinitesimale Änderung der kinetischen Energie ist die von der Kraft $\boldsymbol{F}$ längs des Wegelements $\mathrm{d}\boldsymbol{x}$ an der Punktmasse verrichtete Arbeit $\mathrm{d}W$:

$$\mathrm{d}\left(\frac{m}{2}\dot{\boldsymbol{x}}^2\right) = \boldsymbol{F}\cdot\mathrm{d}\boldsymbol{x} = \mathrm{d}W. \tag{1.139}$$

Die Leistung in drei Dimensionen wird aus

$$P = \frac{\mathrm{d}W}{\mathrm{d}t} = \boldsymbol{F}\cdot\dot{\boldsymbol{x}} \tag{1.140}$$

berechnet. Den eindimensionalen Fall haben wir bereits in (1.87) kennengelernt.

Die Bewegungsgleichung (1.137) beschreibt eine erhaltene Größe, wenn sie in der Form

$$\frac{\mathrm{d}T}{\mathrm{d}t} = -\frac{\mathrm{d}V}{\mathrm{d}t} \tag{1.141}$$

geschrieben werden kann, da dann $E = T + V = \text{const}$ für die Energie E gilt. Das eindimensionale Analogon dieses Energiesatzes haben wir schon in (1.82) gesehen. Im dreidimensionalen Fall ist dies offenbar nur dann möglich, wenn

$$\frac{\mathrm{d}V}{\mathrm{d}t} = -\boldsymbol{F}\cdot\frac{\mathrm{d}\boldsymbol{x}}{\mathrm{d}t} \tag{1.142}$$

erfüllt ist. Eine Größe V, welche dieser Gleichung genügt, ist das Potenzial der Kraft $\boldsymbol{F}$. So erfüllen beispielsweise alle Kräfte, die senkrecht auf der Geschwindigkeit $\dot{\boldsymbol{x}}$ stehen, $\dot{V} = 0$. Dies schließt beispielsweise die Lorentz-Kraft in einem beliebigen Magnetfeld $\boldsymbol{B}$ ein. Sie ist proportional zum Kreuzprodukt $\boldsymbol{v}\times\boldsymbol{B}$ und erhält damit die Energie (Aufgabe 1.4). Hier ist anzumerken, dass die Lorentz-Kraft *geschwindigkeitsabhängig* ist. Wir wollen uns im Folgenden allerdings auf *geschwindigkeitsunabhängige* Kräfte beschränken (also solche mit Gestalt $\boldsymbol{F}(\boldsymbol{x})$). Die Lorentz-Kraft wird in Teil II genauer untersucht werden.

Es gibt eine Klasse geschwindigkeitsunabhängiger Kräfte, die (1.142) erfüllen. Die Anwendung der Kettenregel zeigt, dass dies für Kräfte der Fall ist, die in der Form

$$\boldsymbol{F}(\boldsymbol{x}) = -\nabla V(\boldsymbol{x}) \tag{1.143}$$

geschrieben werden können. Hierbei bezeichnet ∇ (*Nabla-Operator*) den *Gradienten* in kartesischen Koordinaten, der im „Mathematischen Hintergrund" 1.7 eingeführt wird. Man rechnet somit nach, dass

$$\begin{aligned}\dot{V}(\boldsymbol{x}) &= \frac{\mathrm{d}V(\boldsymbol{x})}{\mathrm{d}t} = \frac{\partial V(\boldsymbol{x})}{\partial x_i}\frac{\mathrm{d}x_i(t)}{\mathrm{d}t} \\ &= (\nabla V(\boldsymbol{x}))\cdot\frac{\mathrm{d}\boldsymbol{x}(t)}{\mathrm{d}t} = -\boldsymbol{F}(\boldsymbol{x})\cdot\frac{\mathrm{d}\boldsymbol{x}(t)}{\mathrm{d}t}\end{aligned} \tag{1.144}$$

gilt. Es ist zu betonen, dass die Zeitabhängigkeit vollständig in $\boldsymbol{x}(t)$ enthalten ist; die Kraft $\boldsymbol{F}(\boldsymbol{x})$ und das Potenzial $V(\boldsymbol{x})$ sind somit nicht explizit zeitabhängig.

Achtung Der Gradient zeigt in die Richtung des steilsten Anstiegs des Potenzials. Das Konzept des Gradienten (und Nabla-Operators) ist in der Physik sehr wichtig und für viele Leser vermutlich neu. Es wird daher empfohlen, den „Mathematischen Hintergrund" 1.7 genau zu studieren und Aufgabe 1.5 zu bearbeiten. ◄

Kräfte der Form wie in (1.143) werden *Potenzialkräfte* oder *konservative Kräfte* genannt, da sie die Energie als Summe von kinetischer und potenzieller Energie erhalten und aus einem Potenzial abgeleitet werden können.

Konservative Kräfte

Konservative geschwindigkeitsunabhängige Kräfte $\boldsymbol{F}(\boldsymbol{x})$ lassen sich als Gradient eines skalaren Potenzials $V(\boldsymbol{x})$ darstellen.

1.7 Mathematischer Hintergrund: Differenzialoperatoren

Im $\mathbb{R}^n$, und besonders im $\mathbb{R}^3$, gibt es einige besondere Ableitungsoperatoren, die in der Physik oft benutzt werden. Diese wollen wir hier kurz erklären.

Ableitung und partielle Ableitung Eine skalare Funktion $f : \mathbb{R} \to \mathbb{R}$, $x \mapsto f(x)$ ist *differenzierbar* in x, wenn der Grenzwert

$$f'(x) = \frac{\mathrm{d}f}{\mathrm{d}x}(x) = \lim_{\varepsilon \to 0} \frac{f(x+\varepsilon) - f(x)}{\varepsilon}$$

existiert. Den Grenzwert bezeichnet man als *Ableitung* von f. Anschaulich beschreibt $f'(x_0)$ die Änderungsrate (Steigung) von f in der Nähe von x_0 (vorausgesetzt, dass f hinreichend glatt ist in einer Umgebung um x_0. Details siehe den „Mathematischen Hintergrund" 1.8).

Um das Änderungsverhalten skalarer Funktionen mehrerer Veränderlicher $g : \mathbb{R}^n \to \mathbb{R}, \boldsymbol{x} \mapsto g(\boldsymbol{x})$ zu untersuchen, lässt man alle Veränderlichen bis auf x_i konstant und betrachtet für festes $\boldsymbol{x}$ das Änderungsverhalten der durch $g_i(t) := g(\boldsymbol{x}+t\boldsymbol{e}_i)$ auf $\mathbb{R} \to \mathbb{R}$ definierten Funktion. Dies führt auf die *partielle Ableitung*

$$\frac{\partial g}{\partial x_i}(\boldsymbol{x}) = g_i'(0) = \lim_{\varepsilon \to 0} \frac{g(\boldsymbol{x} + \varepsilon \boldsymbol{e}_i) - g(\boldsymbol{x})}{\varepsilon}.$$

Die partielle Ableitung $\frac{\partial g}{\partial x_i}(\boldsymbol{x})$ ist also die Ableitung von g an der Stelle $\boldsymbol{x}$ in Richtung des Vektors $\boldsymbol{e}_i$. Statt $\frac{\partial}{\partial x_i}$ wird oft auch nur kurz ∂_i notiert.

Differenzialoperatoren Ein Differenzialoperator ist eine Abbildung, die einer Funktion eine (andere) Funktion zuordnet, die (partielle) Ableitung(en) der ursprünglichen Funktion enthält. Zum Beispiel ist die gewöhnliche Ableitung $\frac{\mathrm{d}}{\mathrm{d}x}$ ein Differenzialoperator, der einer differenzierbaren Funktion f ihre Ableitung $\frac{\mathrm{d}}{\mathrm{d}x}f = f'$ zuordnet.

Gradient Eine Funktion $\mathbb{R}^3 \to \mathbb{R}$ (der Gradient wird hier nur für $\mathbb{R}^3$ eingeführt; die Definition lässt sich aber problemlos auf $\mathbb{R}^n$ verallgemeinern) wird als *Skalarfeld* bezeichnet. Den Differenzialoperator, der einem Feld den Vektor der partiellen Ableitungen des Feldes zuordnet, bezeichnet man als *Gradienten* von f:

$$\mathbf{grad} f := \begin{pmatrix} \partial_1 f \\ \partial_2 f \\ \partial_3 f \end{pmatrix}.$$

In diesem Buch wird der Gradient als Spaltenvektor definiert. Vereinzelt wird der Gradient auch als Zeilenvektor eingeführt. Funktionen von $\mathbb{R}^3 \to \mathbb{R}^3$ werden als *Vektorfelder* bezeichnet. Der Gradient ist also ein Vektorfeld. Er zeigt in Richtung des stärksten Anstiegs des Skalarfeldes. Insbesondere steht der Gradient senkrecht auf Flächen, auf denen das Skalarfeld konstant ist.

Beispielsweise kann man die totale Zeitableitung einer Funktion $f(\boldsymbol{x}(t))$ mithilfe der Kettenregel als $\mathrm{d}f/\mathrm{d}t = (\nabla f) \cdot \dot{\boldsymbol{x}}$ schreiben.

Divergenz Unter der *Divergenz* eines Vektorfeldes $\boldsymbol{g}$ versteht man den Differenzialoperator, der dem Vektorfeld die Summe der i-ten partiellen Ableitung der i-ten Komponente, also einen Skalar, zuordnet:

$$\operatorname{div} \boldsymbol{g} := \operatorname{div} \begin{pmatrix} g_1 \\ g_2 \\ g_3 \end{pmatrix} = \sum_{i=1}^{3} \partial_i g_i.$$

Rotation Unter der *Rotation* eines Vektorfeldes versteht man den Differenzialoperator

$$\mathbf{rot}\, \boldsymbol{g} = \begin{pmatrix} \partial_2 g_3 - \partial_3 g_2 \\ \partial_3 g_1 - \partial_1 g_3 \\ \partial_1 g_2 - \partial_2 g_1 \end{pmatrix}.$$

Wie bei der Ableitung auch, bezeichnet man mit Gradient, Divergenz und Rotation nicht nur den Differenzialoperator selbst, sondern auch das Ergebnis seiner Anwendung.

Symbolische Schreibweise In der Physik ist es üblich, Gradient, Divergenz und Rotation mithilfe des *Nabla-Operators* auszudrücken. Dieser ist zunächst formal nur der Vektor der Symbole $\partial_1, \partial_2, \partial_3$, also

$$\nabla := \begin{pmatrix} \partial_1 \\ \partial_2 \\ \partial_3 \end{pmatrix}.$$

Beim formalen „Rechnen" mit dem Nabla-Operator fasst man Produkte des Symbols ∂_i mit einer Funktion f als Anwendung von ∂_i auf f auf. Dann lässt sich der Gradient von f formal als skalare Multiplikation zwischen ∇ und f schreiben, die Divergenz von g als Skalarprodukt zwischen ∇ und $\boldsymbol{g}$ und die Rotation von $\boldsymbol{g}$ als Vektorprodukt zwischen ∇ und $\boldsymbol{g}$, also

$$\mathbf{grad} f = \nabla f, \quad \operatorname{div} \boldsymbol{g} = \nabla \cdot \boldsymbol{g}, \quad \mathbf{rot}\, \boldsymbol{g} = \nabla \times \boldsymbol{g}.$$

Rechenregeln Sind f bzw. g Skalarfelder und $\boldsymbol{v}$ ein Vektorfeld, so gilt

$$\begin{aligned} \nabla(fg) &= f(\nabla g) + g(\nabla f), \\ \nabla \cdot (f\boldsymbol{v}) &= f(\nabla \cdot \boldsymbol{v}) + \boldsymbol{v} \cdot (\nabla f), \\ \nabla \times (f\boldsymbol{v}) &= (\nabla f) \times \boldsymbol{v} + f(\nabla \times \boldsymbol{v}). \end{aligned}$$

Diese sind leicht in Komponentenschreibweise nachzurechnen.

Es ist leicht zu sehen, dass die Kraft in (1.143) senkrecht auf *Äquipotenzialflächen* (Flächen mit konstantem Potenzial, $V =$ const) steht. Dazu betrachte man eine Verschiebung $\mathrm{d}\boldsymbol{x}$, die innerhalb einer Äquipotenzialfläche liegt:

$$0 = \mathrm{d}V = \nabla V \cdot \mathrm{d}\boldsymbol{x} = -\boldsymbol{F} \cdot \mathrm{d}\boldsymbol{x}. \tag{1.145}$$

An dieser Stelle bietet es sich auch an, die *Richtungsableitung* des Feldes $V(\boldsymbol{x})$ entlang des Vektors $\hat{\boldsymbol{n}}$ zu definieren:

$$\partial_{\hat{n}} V = \frac{\partial V}{\partial \hat{\boldsymbol{n}}} := \hat{\boldsymbol{n}} \cdot \nabla V. \tag{1.146}$$

Sie gibt die Steigung von V entlang des Vektors $\hat{\boldsymbol{n}}$ an. Liegt $\hat{\boldsymbol{n}}$ innerhalb einer Äquipotenzialfläche, d. h. ist

$$V(\boldsymbol{x}) - V(\boldsymbol{x} + \epsilon\hat{\boldsymbol{n}}) = 0 \tag{1.147}$$

für ein beliebiges infinitesimales ϵ, dann verschwindet die Richtungsableitung $\partial_{\hat{n}} V$.

Sind alle Kräfte, die auf die Punktmasse m wirken, konservativ, gilt der Energieerhaltungssatz:

$$E = T + V = \text{const.} \tag{1.148}$$

Energieerhaltung

Die Energie eines mechanischen Systems ist erhalten, wenn alle Kräfte konservativ sind.

Treten zusätzlich nichtkonservative (also dissipative) Kräfte $\boldsymbol{F}_\mathrm{d}$ auf, so lautet die Energiegleichung

$$\dot{E} = \boldsymbol{F}_\mathrm{d} \cdot \dot{\boldsymbol{x}}. \tag{1.149}$$

Beispiele für nichtkonservative Kräfte sind Reibungskräfte, die von der Geschwindigkeit abhängen. Geschwindigkeitsabhängige Kräfte sind im Allgemeinen dissipativ. Dies haben wir bereits in Abschn. 1.4 gesehen. Es gibt allerdings auch, wie bereits vorher angedeutet, Ausnahmen: Die *geschwindigkeitsabhängige* Lorentz-Kraft ist ebenfalls konservativ (erhält also die Energie). Es gibt jedoch auch Kräfte der Form $\boldsymbol{F}(\boldsymbol{x})$, die nichtkonservativ sind, wie in Aufgabe 1.5 gezeigt wird.

Wichtige Potenzialkräfte

Die wichtigsten Potenzialkräfte in der Mechanik sind die radialsymmetrischen *Zentralkräfte*,

$$\boldsymbol{F}(\boldsymbol{r}) = F(r)\frac{\boldsymbol{r}}{r} = F(r)\,\hat{\boldsymbol{e}}_r, \tag{1.150}$$

die nur vom Abstand r abhängen und stets entlang der Richtung von $\boldsymbol{r}$ wirken. Diese Kräfte können anziehend ($F(r) < 0$) oder abstoßend ($F(r) > 0$) sein. Das Potenzial lautet

$$V(r) - V(r_0) = -\int_{r_0}^{r} F(r')\,\mathrm{d}r', \tag{1.151}$$

wobei r_0 und somit $V(r_0)$ beliebig ist.

Es ist zu beachten, dass es auch nichtradialsymmetrische Zentralkräfte gibt, die zwar entlang des Vektors $\boldsymbol{r}$ wirken, aber nicht nur vom Abstand r abhängen. Im Gegensatz zu den radialsymmetrischen Zentralkräften in (1.150) können solche Kräfte nichtkonservativ sein. Eine wichtige Eigenschaft aller Zentralkräfte ist, dass sie den Drehimpuls $\boldsymbol{L}$ erhalten, da $\boldsymbol{F} \parallel \boldsymbol{r}$ und somit $\dot{\boldsymbol{L}} = \boldsymbol{M} = \boldsymbol{r} \times \boldsymbol{F} = 0$ gilt.

Frage 19

Man zeige mithilfe von (1.143), dass (1.151) auf (1.150) führt. Dabei kann man ausnutzen, dass $\nabla r = \boldsymbol{r}/r$ ist (Aufgabe 1.5).

Der dreidimensionale harmonische Oszillator ist ein Spezialfall einer radialsymmetrischen Zentralkraft. Er besitzt das Potenzial

$$V(r) = \frac{k}{2}r^2, \tag{1.152}$$

wie wir es bereits in (1.94) für den eindimensionalen Fall gesehen haben. Die Kraft in drei Dimensionen berechnet sich zu

$$\boldsymbol{F}(\boldsymbol{r}) = -\nabla V(r) = -k\boldsymbol{r} = -kr\,\hat{\boldsymbol{e}}_r. \tag{1.153}$$

Die Gravitationskraft

$$\boldsymbol{F}(\boldsymbol{r}) = -\frac{GMm}{r^2}\hat{\boldsymbol{e}}_r \tag{1.154}$$

ist ebenfalls eine radialsymmetrische Zentralkraft.

Frage 20

Berechnen Sie das Gravitationspotenzial aus der Gravitationskraft. Nutzen Sie dazu (1.151).

Sowohl der harmonische Oszillator als auch die Gravitation sind Spezialfälle der *Potenz-Potenziale*,

$$V(r) = \alpha\, r^\beta, \tag{1.155}$$

wobei α und β reelle Zahlen sind ($\beta = 2$ für das Oszillatorpotenzial und $\beta = -1$ für das Gravitationspotenzial).

1.8 Mathematischer Hintergrund: Taylor'scher Satz

Es ist oftmals sinnvoll, differenzierbare Funktionen als Potenzreihe oder als Polynom mit einem Fehlerterm zu schreiben. Dafür gibt es die sogenannte Taylor-Entwicklung.

Taylor-Polynome Sei I ein Intervall reeller Zahlen, $f : I \to \mathbb{R}$ eine mindestens $(n+1)$-mal differenzierbare Funktion und $a \in I$. Das r-te $(1 \leq r \leq n)$ *Taylor-Polynom* $T_r(x)$ ist das Polynom vom Grad r, das mit f in a im Funktionswert und den ersten r-Ableitungen übereinstimmt. Durch diese Forderungen ist das Polynom $T_r(x)$ eindeutig bestimmt.

Wie man leicht nachprüft, sind die Taylor-Polynome gegeben durch

$$\begin{aligned} T_0(x) &:= f(a) \\ T_1(x) &:= f(a) + f'(a)(x-a) \\ &\vdots \\ T_n(x) &:= \sum_{k=0}^{n} \frac{f^{(k)}(a)}{k!}(x-a)^k. \end{aligned}$$

Dabei bezeichnet $k! := k \cdot (k-1) \cdots 2 \cdot 1$ die *Fakultät* von k. Ergänzend ist $0! := 1$ definiert. Das erste Taylor-Polynom $T_1(x)$ ist genau die Tangente an f in a.

Restglied Wie gut lässt sich f durch ein Taylor-Polynom annähern? Für das Restglied $R_{n+1}(x) := f(x) - T_n(x)$ gilt

$$R_{n+1}(x) = \frac{1}{n!} \int_a^x (x-t)^n f^{(n+1)}(t)\,\mathrm{d}t. \qquad (1)$$

Dies ist die Aussage des *Taylor'schen Satzes*, den man über vollständige Induktion ausgehend vom Hauptsatz der Differenzial- und Integralrechnung beweisen kann.

Restgliedabschätzung Wenn die $(n+1)$-te Ableitung von f beschränkt ist in einer Umgebung U um a, dann folgt aus (1) die Abschätzung

$$|R_{n+1}(x)| \leq C \left|(x-a)^{n+1}\right| \quad \text{für } x \in U \qquad (2)$$

mit einer geeigneten Konstanten $C > 0$.

Landau-Notation Für eine Funktion $f : I \to \mathbb{R}$, $I \subseteq \mathbb{R}$ und $a \in I$ versteht man unter $O(f)$ die Menge aller Funktionen $g : I \to \mathbb{R}$, durch die f lokal in einer Umgebung U_g um a beschränkt werden kann. Dies sind also die Funktionen g, zu denen es eine Umgebung $U_g(a)$ um a gibt, sodass

$$|f(x)| \leq C\,|g(x)| \quad \text{für alle } x \in U_g(a)$$

gilt mit einer geeigneten Konstanten $C \in \mathbb{R}$. Bei der Schreibweise $O(g)$ wird, etwas unsauber, auf die Angabe von a verzichtet, da sich a immer aus dem Zusammenhang ergibt.

Im Falle $x \to a$ und $f \in O\left((x-a)^k\right)$ spricht man davon, dass f für $x \to a$ mindestens mit k-ter Ordnung abfällt. Gleichung (2) besagt also, dass das Restglied $R_{n+1}(x)$ für $x \to a$ mindestens mit $(n+1)$-ter Ordnung abfällt.

Die sehr gebräuchliche Schreibweise

$$f(x) = T_n(x) + O(x^{n+1}) \text{ für } x \to 0$$

ist so zu lesen, dass $O(x^{n+1})$ eine Funktion ist (die sich aus der Gleichung ergibt), die in der Menge $O(x^{n+1})$ enthalten ist. Die O-Notation kann man in analoger Weise auch für $x \to \infty$ einführen. Dann bedeutet $f \in O(g)$, dass f höchstens so stark ansteigt wie g.

Beispiele Verwendet man die Taylor-Polynome als Approximation, so erhält man für $x \to 0$ folgende Näherungen:

$$\begin{aligned} \frac{1}{\sqrt{1 \pm x}} &= 1 \mp \frac{x}{2} + O\left(x^2\right), \\ \cos(x) &= 1 - \frac{x^2}{2} + O\left(x^4\right), \\ \sin(x) &= x + O\left(x^3\right). \end{aligned}$$

Taylor-Reihen Wenn $f : \mathbb{R} \to \mathbb{R}$ unendlich oft differenzierbar ist, konvergiert dann die Folge der Taylor-Polynome $T_n(x)$, also die *Taylor-Reihe*

$$\sum_{k=0}^{\infty} \frac{f^{(k)}(a)}{k!}(x-a)^k\ ?$$

Wenn ja, konvergiert die Reihe nur für feste x in einer Umgebung U von a oder sogar gleichmäßig in U (d. h. bezüglich der Supremumsnorm $\|\cdot\|_\infty$)? Beides muss im Allgemeinen verneint werden. Selbst wenn die Taylor-Reihe einer Funktion konvergiert, konvergiert diese nicht zwangsläufig gegen die Funktion. Notwendig und hinreichend ist, dass $R_k(x)$ für $k \to \infty$ gleichmäßig gegen 0 konvergiert.

Taylor-Entwicklung für Funktionen $f : \mathbb{R}^n \to \mathbb{R}$ Existieren die partiellen Ableitungen bis zur zweiten Ordnung von $f : \mathbb{R}^n \to \mathbb{R}$, so gilt für $\boldsymbol{x} \to \boldsymbol{0}$

$$f(\boldsymbol{a} + \boldsymbol{x}) = (\operatorname{grad} f(\boldsymbol{a})) \cdot \boldsymbol{x} + O\left(|\boldsymbol{x}|^2\right),$$

wobei O offensichtlich auf Funktionen $\mathbb{R}^n \to \mathbb{R}$ verallgemeinert ist. Existieren auch die partiellen Ableitungen dritter Ordnung von f, dann gilt für $\boldsymbol{x} \to \boldsymbol{0}$

$$f(\boldsymbol{a} + \boldsymbol{x}) = (\operatorname{grad} f(\boldsymbol{a})) \cdot \boldsymbol{x} + \frac{1}{2}\boldsymbol{x} \cdot \left(H_f(\boldsymbol{a}) \cdot \boldsymbol{x}\right) + O\left(|\boldsymbol{x}|^3\right),$$

wobei die *Hesse-Matrix* H_f die $(n \times n)$-Matrix der zweiten partiellen Ableitungen ist, d. h.

$$(H_f)_{ij} := \partial_i \partial_j f.$$

Die Wegunabhängigkeit der Arbeit

In diesem Abschnitt werden die Eigenschaften der wichtigen konservativen Kraftfelder genauer untersucht. Wie bereits gezeigt, gilt für die Bewegung in einem konservativen Kraftfeld die Energieerhaltung.

Wir haben in Abb. 1.14 gesehen, dass sich im dreidimensionalen Raum prinzipiell verschiedene Wege zwischen zwei Punkten A und B wählen lassen. Bewegt man sich dabei durch ein Kraftfeld, wird Arbeit verrichtet. Es stellt sich die Frage, ob es Kraftfelder gibt, für welche die verrichtete Arbeit nicht davon abhängt, auf welchem Weg man sich von Punkt A zu Punkt B begibt. Es ist zu erwarten, dass für solche Systeme eine physikalische Beschreibung einfacher ist, da der gewählte Weg nicht definiert werden muss.

Wir nehmen an, dass das Kurvenintegral

$$\Phi(\boldsymbol{x}) = \int_{\boldsymbol{x}_0}^{\boldsymbol{x}} \boldsymbol{F}(\boldsymbol{x}') \cdot \mathrm{d}\boldsymbol{x}' \tag{1.156}$$

des Vektorfeldes $\boldsymbol{F}(\boldsymbol{x})$ wegunabhängig ist. Der Startpunkt $\boldsymbol{x}_0$ wird nun festgehalten. Verschiebt man dann die obere Integrationsgrenze um ein kleines Stück $\mathrm{d}\boldsymbol{x}$, so gilt

$$\Phi(\boldsymbol{x} + \mathrm{d}\boldsymbol{x}) - \Phi(\boldsymbol{x}) = \int_{\boldsymbol{x}}^{\boldsymbol{x}+\mathrm{d}\boldsymbol{x}} \boldsymbol{F}(\boldsymbol{x}') \cdot \mathrm{d}\boldsymbol{x}'. \tag{1.157}$$

Für eine infinitesimale Verschiebung kann man dies durch

$$\Phi(\boldsymbol{x} + \mathrm{d}\boldsymbol{x}) - \Phi(\boldsymbol{x}) = \nabla\Phi(\boldsymbol{x}) \cdot \mathrm{d}\boldsymbol{x} = \boldsymbol{F}(\boldsymbol{x}) \cdot \mathrm{d}\boldsymbol{x} \tag{1.158}$$

annähern (siehe „Mathematischer Hintergrund" 1.8). Somit muss $\boldsymbol{F}$ der Gradient des skalaren Feldes Φ sein: $\boldsymbol{F} = \nabla\Phi$. Ist umgekehrt $\boldsymbol{F} = \nabla\Phi$, so ist das Wegintegral wegunabhängig, denn

$$\int_{\boldsymbol{x}_a}^{\boldsymbol{x}_b} \nabla\Phi \cdot \mathrm{d}\boldsymbol{x} = \int_{\Phi(\boldsymbol{x}_a)}^{\Phi(\boldsymbol{x}_b)} \mathrm{d}\Phi = \Phi(\boldsymbol{x}_b) - \Phi(\boldsymbol{x}_a) \tag{1.159}$$

hängt nur noch von den Endpunkten der Kurve ab.

Wegunabhängigkeit und Gradientenfeld

Ein Kurvenintegral über ein Vektorfeld $\boldsymbol{F}(\boldsymbol{x})$ ist genau dann wegunabhängig, wenn es ein Skalarfeld Φ gibt, dessen Gradient $\boldsymbol{F}$ ist, d. h. $\boldsymbol{F}(\boldsymbol{x}) = \nabla\Phi(\boldsymbol{x})$.

Es stellt sich sofort die Frage, nach welchem Kriterium man entscheiden kann, ob $\boldsymbol{F}$ ein Gradientenfeld ist. Hier bietet sich die *Rotation* $\nabla \times \boldsymbol{F}$ des Feldes $\boldsymbol{F}$ an (siehe „Mathematischer Hintergrund" 1.7). Da die Rotation eines Gradienten identisch

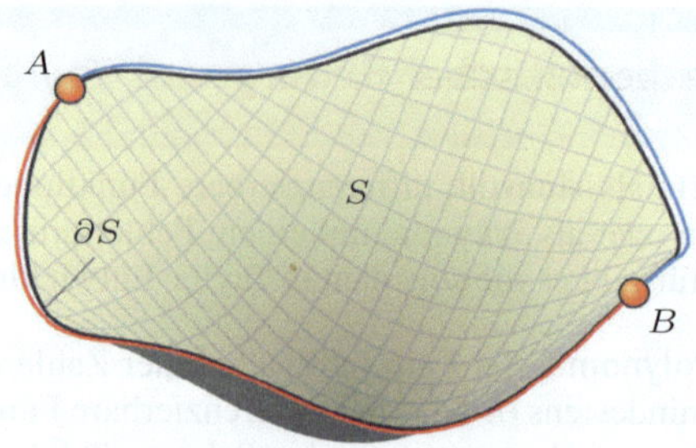

Abb. 1.15 Eine (gekrümmte) zweidimensionale Fläche S im dreidimensionalen Raum wird von einer Kurve ∂S begrenzt. Es gibt zwei Möglichkeiten, entlang ∂S von einem Punkt A zu einem anderen Punkt B zu gelangen (*rote* und *blaue* Pfade). Beide Pfade zusammen bilden eine geschlossene Kurve

verschwindet, $\nabla \times \nabla\Phi = 0$, gilt offenbar, dass $\nabla \times \boldsymbol{F} = 0$ ein notwendiges Kriterium ist. Aus $\boldsymbol{F} = \nabla\Phi$ folgt daher, dass $\nabla \times \boldsymbol{F} = 0$. Wir werden im Folgenden untersuchen, unter welchen Umständen die Umkehrung gilt, d. h. wann $\boldsymbol{F}$ ein Gradientenfeld ist, falls $\nabla \times \boldsymbol{F} = 0$ gilt.

Frage 21

Man mache sich klar, dass die Rotation eines Gradientenfeldes tatsächlich verschwindet. Hierzu ist es sinnvoll, das Kreuzprodukt $\nabla \times \nabla\Phi$ durch das Levi-Civita-Symbol ε_{ijk} darzustellen. Bei der Rechnung geht man davon aus, dass Ableitungen vertauschbar sind, z. B. $\partial_i\partial_j\Phi(\boldsymbol{x}) = \partial_j\partial_i\Phi(\boldsymbol{x})$.

Der Satz von Stokes

Der *Satz von Stokes* erlaubt es, ein geschlossenes Wegintegral über ein Vektorfeld $\boldsymbol{F}(\boldsymbol{x})$ durch das Flächenintegral über die Rotation von $\boldsymbol{F}$ auszudrücken:

$$\oint_{\partial S} \boldsymbol{F} \cdot \mathbf{d}\boldsymbol{s} = \int_S (\nabla \times \boldsymbol{F}) \cdot \mathbf{d}\boldsymbol{S}. \tag{1.160}$$

Hier ist S eine Fläche, die von einer Randkurve ∂S entlang $\mathbf{d}\boldsymbol{s}$ begrenzt wird (Abb. 1.15). Man nennt

$$\Gamma := \oint_{\partial S} \boldsymbol{F} \cdot \mathbf{d}\boldsymbol{s} \tag{1.161}$$

auch die *Zirkulation* oder *Wirbelstärke* des Vektorfeldes $\boldsymbol{F}(\boldsymbol{x})$ längs des geschlossenen Weges ∂S. Das infinitesimale Flächenelement $\mathbf{d}\boldsymbol{S}$ erfüllt

$$\mathbf{d}\boldsymbol{S} = \mathrm{d}S\,\hat{\boldsymbol{n}}, \tag{1.162}$$

wobei $\mathrm{d}S$ der Betrag des Flächenelements und $\hat{\boldsymbol{n}}$ ein Einheitsnormalenvektor ist, der lokal senkrecht auf der Fläche steht. Das Vorzeichen von $\hat{\boldsymbol{n}}$ wird über die Rechte-Hand-Regel bestimmt:

1.9 Mathematischer Hintergrund: Der Satz von Stokes

Der Satz von Stokes ist wohl der Höhepunkt in jedem Analysiszyklus. Man findet ihn in der Literatur in den verschiedensten Formen, wobei wir uns hier auf die physikalische Interpretation konzentrieren wollen. In der tiefsten und allgemeinen Form sagt der Satz von Stokes etwas über die Integration von Differenzialformen und verallgemeinert so den Hauptsatz der Differenzial- und Integralrechnung, der aus der Schule schon bekannt ist.

Wichtige Spezialfälle sind der klassische Satz von Stokes, der Gauß'sche Integralsatz und der Satz von Green, die alle in der Vektoranalysis behandelt werden.

Der klassische Satz von Stokes Eine Version (meistens wird diese so in einer Physikvorlesung gegeben) des Satzes von Stokes lautet wie folgt:

Sei $S \subset \mathbb{R}^3$ eine Fläche und ∂S ihre Randkurve (Abb. 1.15). Weiter sei das Vektorfeld $\boldsymbol{F} : \mathbb{R}^3 \to \mathbb{R}^3$ stetig differenzierbar. Dann gilt

$$\oint_{\partial S} \boldsymbol{F} \cdot \mathrm{d}\boldsymbol{s} = \int_S (\operatorname{rot} \boldsymbol{F}) \cdot \mathrm{d}\boldsymbol{S},$$

wobei die Randkurve ∂S die von S induzierte Orientierung trage, $\mathrm{d}\boldsymbol{s}$ das vektorielle Linienelement des Randes ∂S und $\mathrm{d}\boldsymbol{S}$ das vektorielle Flächenelement von S bezeichnet. Der Nutzen liegt vor allem darin, dass im Allgemeinen das Kurvenintegral einfacher als das Flächenintegral zu berechnen ist.

Physikalische Interpretation Die physikalische Interpretation (siehe Literatur) des Satzes von Stokes kann man sich folgendermaßen verdeutlichen. Dazu stellen wir uns vor, dass $\boldsymbol{F}$ ein Geschwindigkeitsfeld einer Flüssigkeitsströmung darstellt. Wie oben bemerkt, stellt $\boldsymbol{F} \cdot \mathrm{d}\boldsymbol{s}$ die tangentiale Komponente von $\boldsymbol{F}$ längs der Randkurve ∂S dar. Man kann daher das Integral darüber als eine Größe interpretieren, die angibt, wie sich die Vektoren von $\boldsymbol{F}$ entlang ∂S drehen. Wir unterscheiden dazu drei Fälle (Abb. 1.16), wenn wir die Randkurve ∂S im mathematisch positiven Sinne durchlaufen:

1. Es gilt $\oint_{\partial S} \boldsymbol{F} \cdot \mathbf{d}\boldsymbol{s} > 0$, wenn die Vektoren von $\boldsymbol{F}$ in Tangentialrichtung zu ∂S zeigen. Physikalisch bedeutet dies, dass sich die Flüssigkeit im mathematisch positiven Sinne dreht.
2. Wir haben $\oint_{\partial S} \boldsymbol{F} \cdot \mathbf{d}\boldsymbol{s} < 0$, falls die Vektoren von $\boldsymbol{F}$ entgegen der Richtung der Tangentialvektoren des Randes zeigen.
3. Es gilt natürlich $\oint_{\partial S} \boldsymbol{F} \cdot \mathbf{d}\boldsymbol{s} = 0$, wenn $\boldsymbol{F}$ senkrecht auf dem Rand ∂S steht. Physikalisch bedeutet dies, dass die Flüssigkeit nicht entlang des Randes rotiert.

Insgesamt stellt das Integral $\oint_{\partial S} \boldsymbol{F} \cdot \mathbf{d}\boldsymbol{s}$ damit die Gesamtrotation der Flüssigkeit im mathematischen positiven Sinne entlang ∂S dar. Daher kann dieses Integral auch als Zirkulation bzw. Wirbelstärke der Flüssigkeit gedeutet werden. Der Satz von Stokes sagt uns nun, dass die Wirbelstärke von $\boldsymbol{F}$ entlang der Randkurve ∂S gleich dem Integral der Normalkomponente der Rotation $\operatorname{rot} \boldsymbol{F}$ über der Fläche S ist.

Weitere Anwendungen Eine weitere Anwendung des allgemeinen Stokes'schen Satzes ist der sogenannte *Integralsatz von Gauß*, der vor allem in der Elektrodynamik eine außerordentlich wichtige Rolle spielt und dort noch wesentlich ausführlicher besprochen wird. Er soll hier bereits der Vollständigkeit halber notiert werden. Sei $V \subset \mathbb{R}^3$ ein Volumen und ∂V die geschlossene Fläche, die V berandet. Dann gilt für jedes stetig differenzierbare Vektorfeld $\boldsymbol{F} : \mathbb{R}^3 \to \mathbb{R}^3$

$$\oint_{\partial V} \boldsymbol{F} \cdot \mathbf{d}\boldsymbol{S} = \int_V \operatorname{div} \boldsymbol{F} \, \mathrm{d}V,$$

wobei die Randfläche ∂V nach außen orientiert ist (die Außenseite von ∂V gilt als positiv).

Literatur

- Arens, T., et al.: Mathematik. 2. Aufl., Spektrum Akademischer Verlag (2012)

Der Integrationspfad läuft im mathematisch positiven Sinn („gegen den Uhrzeigersinn") um den Normalenvektor. Für weitere Details wird auf den „Mathematischen Hintergrund" 1.9 verwiesen.

Aus dem Satz von Stokes folgt sofort die hinreichende Bedingung, die uns im vorherigen Abschnitt noch gefehlt hatte: Gilt $\nabla \times \boldsymbol{F} = 0$, so ist $\boldsymbol{F} = \nabla \Phi$. Dies kann man folgendermaßen sehen: Verschwindet die Rotation von $\boldsymbol{F}$, so ist gemäß (1.160)

$$\oint_{\partial S} \boldsymbol{F} \cdot \mathbf{d}\boldsymbol{s} = 0, \tag{1.163}$$

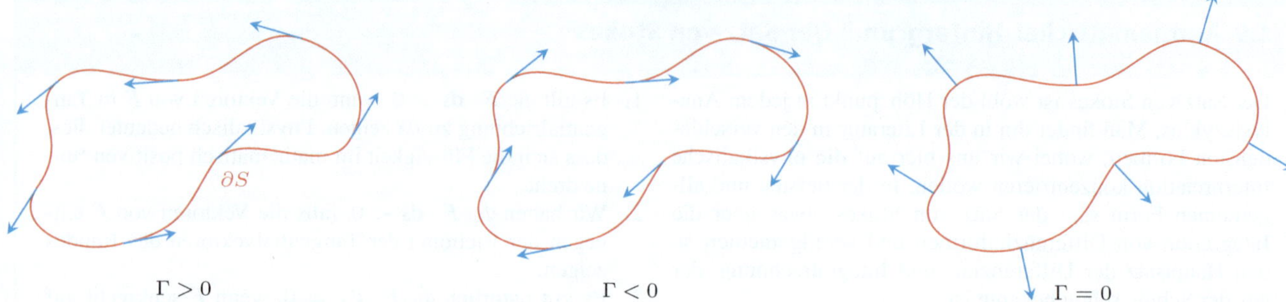

Abb. 1.16 Das Vorzeichen der Zirkulation $\Gamma = \oint_{\partial S} \boldsymbol{F} \cdot \mathbf{d}\boldsymbol{s}$ hängt von der Richtung des Vektorfeldes $\boldsymbol{F}$ (*blau*) auf dem Rand ∂S (*rot*) ab. Die Randkurve wird entlang $\mathbf{d}\boldsymbol{s}$ im mathematisch positiven Sinn (gegen den Uhrzeigersinn) durchlaufen

und das Wegintegral zwischen zwei Punkten A und B ist unabhängig vom gewählten Weg. Daher muss $\boldsymbol{F}$ ein Gradientenfeld sein.

Frage 22

Man mache sich klar, dass (1.163) zur Folge hat, dass das Wegintegral vom gewählten Weg unabhängig ist. Dazu zerlegt man wie in Abb. 1.15 ein beliebiges geschlossene Wegintegral in zwei Integrale, eins von Punkt A nach Punkt B, das andere auf einem anderen Weg wieder zurück.

Die hinreichende Bedingung $\nabla \times \boldsymbol{F} = 0 \implies \boldsymbol{F} = \nabla \Phi$ gilt nur dann, wenn $\boldsymbol{F}(\boldsymbol{x})$ überall längs des Integrationsweges definiert ist und keine Löcher hat, wie in Abb. 1.17 dargestellt. Mathematisch spricht man von einem *einfach zusammenhängenden Gebiet*: Ein Gebiet G heißt einfach zusammenhängend, wenn jede geschlossene Kurve in G stetig zu einem Punkt zusammengezogen werden kann, ohne das Gebiet zu verlassen.

Zusammenhang zwischen Wirbelfreiheit und Gradient

Felder $\boldsymbol{F}(\boldsymbol{x})$, die auf einem einfach zusammenhängenden Gebiet G definiert sind, haben genau dann ein Potenzial $V(\boldsymbol{x})$, wenn sie in G wirbelfrei (rotationsfrei) sind:

$$\nabla \times \boldsymbol{F} = 0 \iff \boldsymbol{F} = -\nabla V. \tag{1.164}$$

In Aufgabe 1.6 wird ein konkretes Beispiel gerechnet.

Die Berechnung des Potenzials aus einer konservativen Kraft

Während es verhältnismäßig einfach ist, eine Kraft $\boldsymbol{F}(\boldsymbol{x})$ mit (1.143) aus dem zugehörigen Potenzial $V(\boldsymbol{x})$ zu berechnen, ist die Umkehrung, also die Integration, anspruchsvoller. Zunächst

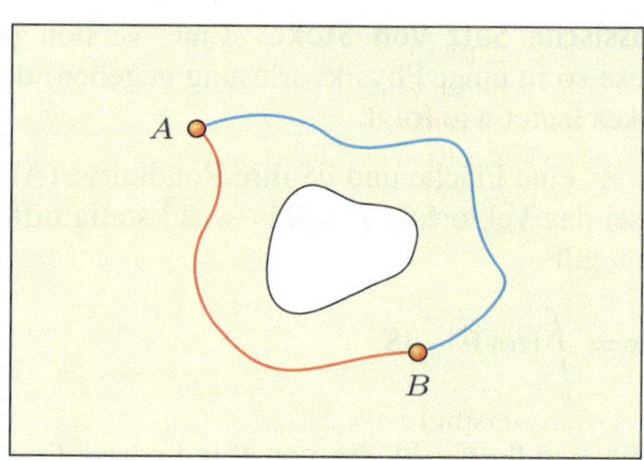

Abb. 1.17 Gibt es ein „Loch" in einem Vektorfeld $\boldsymbol{F}(\boldsymbol{x})$, so ist das Definitionsgebiet von $\boldsymbol{F} : \boldsymbol{x} \mapsto \boldsymbol{F}(\boldsymbol{x})$ nicht einfach zusammenhängend. Die beiden dargestellten Wege von Punkt A zu Punkt B müssen energetisch nicht gleichwertig sein, da sich beide Wege nicht kontinuierlich ineinander überführen lassen, ohne dabei durch das Loch zu laufen

schreibt man

$$\begin{aligned} \boldsymbol{F}(\boldsymbol{x}) &= -\nabla V(\boldsymbol{x}) \\ \implies V(\boldsymbol{x}) - V(\boldsymbol{x}_0) &= -\int_{\boldsymbol{x}_0}^{\boldsymbol{x}} \boldsymbol{F}(\boldsymbol{x}') \cdot \mathbf{d}\boldsymbol{x}'. \end{aligned} \tag{1.165}$$

Der Bezugspunkt $\boldsymbol{x}_0$ ist beliebig, da der Term $\nabla V(\boldsymbol{x}_0)$ verschwindet und die Kraft nicht beeinflusst. Das Potenzial V und die Energie E sind damit bis auf eine beliebige additive Konstante festgelegt.

Wir haben gesehen, dass der Integrationsweg von $\boldsymbol{x}_0$ nach $\boldsymbol{x}$ keine Rolle spielt, wenn $\boldsymbol{F}$ konservativ ist. Daher lässt sich das Integral in (1.165) lösen, indem ein Weg C gewählt wird, für den die Berechnung möglichst einfach wird. Dazu wählt man eine geeignete Parametrisierung $\boldsymbol{x}'(s)$ und schreibt

$$V(\boldsymbol{x}) - V(\boldsymbol{x}_0) = -\int_{s_0}^{s} \boldsymbol{F}(\boldsymbol{x}') \cdot \frac{\mathrm{d}\boldsymbol{x}'}{\mathrm{d}s}\, \mathrm{d}s, \tag{1.166}$$

wobei $\boldsymbol{x} = \boldsymbol{x}'(s)$ und $\boldsymbol{x}_0 = \boldsymbol{x}'(s_0)$ gilt. Dies wird in Aufgabe 1.6 vertieft.

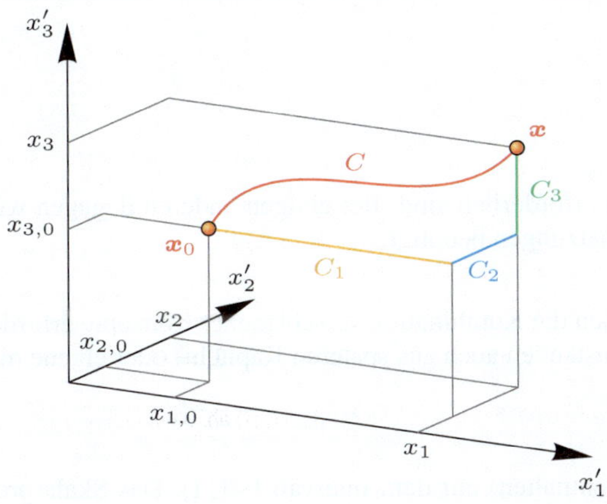

Abb. 1.18 Um das Potenzial $V(\boldsymbol{x})$ zu einer gegebenen konservativen Kraft $\boldsymbol{F}(\boldsymbol{x})$ zu berechnen, kann man einen beliebigen Integrationspfad von $\boldsymbol{x}_0$ nach $\boldsymbol{x}$ verfolgen. In diesem Fall wird zunächst entlang der x_1'-Achse integriert (Abschnitt C_1), im Anschluss entlang der x_2'-Achse (Abschnitt C_2) und schließlich entlang der x_3'-Achse (Abschnitt C_3)

Potenzial aus Kraft

Ein einfaches Beispiel ist eine abschnittsweise definierte Parametrisierung, bei der zunächst ein Weg entlang der x_1-Achse, daraufhin ein Weg entlang der x_2-Achse und abschließend ein Weg entlang der x_3-Achse gewählt wird. Dies ist in Abb. 1.18 dargestellt. In diesem Fall besteht C aus den drei miteinander verbundenen Abschnitten C_1, C_2 und C_3 mit

$$\frac{\mathrm{d}\boldsymbol{x}'}{\mathrm{d}s} = \begin{cases} (1,0,0)^\top & \text{auf } C_1 \\ (0,1,0)^\top & \text{auf } C_2 \\ (0,0,1)^\top & \text{auf } C_3 \end{cases}. \tag{1.167}$$

Gleichung (1.166) wird somit zu

$$V(\boldsymbol{x}) - V(\boldsymbol{x}_0) = -\int_{x_{1,0}}^{x_1} F_1(x_1', x_{2,0}, x_{3,0})\,\mathrm{d}x_1' \tag{1.168}$$

$$-\int_{x_{2,0}}^{x_2} F_2(x_1, x_2', x_{3,0})\,\mathrm{d}x_2'$$

$$-\int_{x_{3,0}}^{x_3} F_3(x_1, x_2, x_3')\,\mathrm{d}x_3'.$$

Da $\boldsymbol{F}$ voraussetzungsgemäß eine konservative Kraft ist, kann auch zunächst entlang der x_2- oder der x_3-Achse integriert werden. Es kann aber auch ein vollständig anderer Weg gewählt werden, etwa entlang eines Kreisbogens oder einer Geraden, die direkt von $\boldsymbol{x}_0$ nach $\boldsymbol{x}$ führt.

Konkret soll dies für das einfache Beispiel $\boldsymbol{F}(\boldsymbol{x}) = C\boldsymbol{x} = C(x_1, x_2, x_3)^\top$ mit einer Konstanten C gezeigt werden. Wir integrieren von einem Punkt $(a_1, a_2, a_3)^\top$ zu $(b_1, b_2, b_3)^\top$ und sehen

$$\begin{aligned} V(\boldsymbol{b}) - V(\boldsymbol{a}) \\ &= -C\int_{a_1}^{b_1} x_1'\,\mathrm{d}x_1' - C\int_{a_2}^{b_2} x_2'\,\mathrm{d}x_2' - C\int_{a_3}^{b_3} x_3'\,\mathrm{d}x_3' \\ &= \frac{C}{2}\left(a_1^2 - b_1^2 + a_2^2 - b_2^2 + a_3^2 - b_3^2\right) \\ &= C\frac{\boldsymbol{a}^2 - \boldsymbol{b}^2}{2}. \end{aligned} \tag{1.169}$$

Für die spezielle Wahl $\boldsymbol{b} = \boldsymbol{x}$ und $\boldsymbol{a} = (0,0,0)^\top$ bekommt man also

$$V(\boldsymbol{x}) = -\frac{C}{2}\boldsymbol{x}^2, \tag{1.170}$$

was wieder direkt auf

$$\boldsymbol{F}(\boldsymbol{x}) = -\nabla V(\boldsymbol{x}) = C\boldsymbol{x} \tag{1.171}$$

führt. ◀

Aufgaben

Gelegentlich enthalten die Aufgaben mehr Angaben, als für die Lösung erforderlich sind. Bei einigen anderen dagegen werden Daten aus dem Allgemeinwissen, aus anderen Quellen oder sinnvolle Schätzungen benötigt.

- • leichte Aufgaben mit wenigen Rechenschritten
- •• mittelschwere Aufgaben, die etwas Denkarbeit und unter Umständen die Kombination verschiedener Konzepte erfordern
- ••• anspruchsvolle Aufgaben, die fortgeschrittene Konzepte (unter Umständen auch aus späteren Kapiteln) oder eigene mathematische Modellbildung benötigen

1.1 •• Vektorrechnung Das Rechnen mit Vektoren, Skalar- und Vektorprodukten soll hier geübt werden.

(a) Wir betrachten n Vektoren v_i aus einem Vektorraum V. Man kann diese Vektoren verknüpfen, um die Linearkombination

$$v = \lambda_1 v_1 + \ldots + \lambda_n v_n \tag{1.172}$$

zu erhalten. Hier sind die n Größen λ_i Skalare. Die Menge aller dieser darstellbaren Vektoren v bildet einen Untervektorraum U von V. Man bezeichnet U als den von den v_i *aufgespannten* Untervektorraum $U = \text{span}(v_i)$. Man nennt die Vektoren v_i *linear unabhängig*, wenn die Gleichung

$$\lambda_1 v_1 + \ldots + \lambda_n v_n = 0 \tag{1.173}$$

nur dann erfüllt werden kann, wenn alle Skalare λ_i verschwinden: $\lambda_i = 0$. In diesem Fall lässt sich ein Vektor v als eindeutige Linearkombination der v_i darstellen, d. h., die λ_i sind für einen gegebenen Vektor v eindeutig.
Überprüfen Sie, welche der folgenden Sätze von Vektoren im $\mathbb{R}^3$ linear unabhängig sind:

$$\boldsymbol{v}_1 = \begin{pmatrix}1\\0\\0\end{pmatrix}, \quad \boldsymbol{v}_2 = \begin{pmatrix}0\\1\\0\end{pmatrix}, \quad \boldsymbol{v}_3 = \begin{pmatrix}0\\0\\1\end{pmatrix}; \tag{1.174}$$

$$\boldsymbol{v}_1 = \begin{pmatrix}1\\1\\1\end{pmatrix}, \quad \boldsymbol{v}_2 = \begin{pmatrix}1\\1\\0\end{pmatrix}, \quad \boldsymbol{v}_3 = \begin{pmatrix}1\\0\\0\end{pmatrix}; \tag{1.175}$$

$$\boldsymbol{v}_1 = \begin{pmatrix}-3\\2\\1\end{pmatrix}, \quad \boldsymbol{v}_2 = \begin{pmatrix}1\\2\\3\end{pmatrix}, \quad \boldsymbol{v}_3 = \begin{pmatrix}2\\-1\\-3\end{pmatrix}. \tag{1.176}$$

Was passiert, wenn im dritten Beispiel der dritte Vektor durch $\boldsymbol{v}_3 = (2, -4, -4)^\top$ ersetzt wird?

(b) Skalarprodukte können wesentlich allgemeiner definiert werden als das innere Produkt $\boldsymbol{x} \cdot \boldsymbol{y} = \sum_{i=1}^3 x_i y_i$ für Vektoren im $\mathbb{R}^3$ bezüglich einer Orthonormalbasis. Man betrachte beispielsweise den Vektorraum der Polynome vom Grad N (d. h., die Polynome dürfen höchstens Terme der Ordnung x^N enthalten) auf dem Intervall $[-1, 1]$. Das Skalarprodukt sei durch

$$\langle p, q\rangle = \int_{-1}^{1} p(x)q(x)\,\mathrm{d}x \tag{1.177}$$

definiert. Welche dieser drei Polynome sind im Sinne dieses Skalarprodukts zueinander orthogonal?

$$p(x) = x, \quad q(x) = x^2 - 2, \quad r(x) = x^3 + x. \tag{1.178}$$

Wie könnte man die Polynome normieren?

(c) Häufig benötigt man das *Spatprodukt*, das auch als *Mehrfachprodukt* bezeichnet wird:

$$(\boldsymbol{a} \times \boldsymbol{b}) \cdot \boldsymbol{c} = (\boldsymbol{b} \times \boldsymbol{c}) \cdot \boldsymbol{a} = (\boldsymbol{c} \times \boldsymbol{a}) \cdot \boldsymbol{b} = \varepsilon_{ijk} a_i b_j c_k. \tag{1.179}$$

Zeigen Sie, dass es verschwindet, wenn einer der Vektoren als Linearkombination der beiden anderen geschrieben werden kann. Dies ist dann der Fall, wenn alle drei Vektoren in einer Ebene liegen. Die drei Vektoren spannen dann einen Spat mit Volumen null auf.

(d) Zeigen Sie die *Lagrange-Identität*

$$(\boldsymbol{a} \times \boldsymbol{b}) \cdot (\boldsymbol{c} \times \boldsymbol{d}) = (\boldsymbol{a} \cdot \boldsymbol{c})(\boldsymbol{b} \cdot \boldsymbol{d}) - (\boldsymbol{a} \cdot \boldsymbol{d})(\boldsymbol{b} \cdot \boldsymbol{c}). \tag{1.180}$$

Verwenden Sie dazu die Levi-Civita- und Kronecker-Symbole.

1.2 •• Schiefer Wurf Ein Speerwerfer trainiert für einen Wettkampf. Er überlegt sich, dass es einen optimalen Abwurfwinkel geben muss, um die Reichweite zu maximieren. Dies ist offensichtlich: Wird der Speer waagerecht geworfen, fällt er nach kurzer Flugstrecke auf den Boden. Wirft man ihn fast senkrecht nach oben, ist das Ergebnis ebenfalls enttäuschend. Man bestimme die allgemeine Bahnkurve des reibungsfreien schiefen Wurfes in der x-z-Ebene, wobei die Gravitation in negative z-Richtung wirkt. Die Anfangsbedingungen für den Ort und die Geschwindigkeit sind $x(0) = x_0$, $z(0) = z_0$ und $v_x(0) = v_{x,0}$, $v_z(0) = v_{z,0}$.

(a) Man zeige, dass es sich um eine Parabelbahn (Wurfparabel) handelt. Wie hoch liegt der Scheitelpunkt? Wann wird er erreicht?

(b) Der Wurfwinkel zwischen Anfangsgeschwindigkeitsvektor und dem Boden (x-Achse) ist α. Stellen Sie zunächst jeweils einen Zusammenhang zwischen dem Betrag der Anfangsgeschwindigkeit, v_0, dem Wurfwinkel α und den Projektionen der Anfangsgeschwindigkeit auf die x- und z-Achsen, $v_{x,0}$ und $v_{z,0}$, auf.

(c) Leiten Sie eine Gleichung ab, die die Reichweite des Wurfes als Funktion der Anfangsgeschwindigkeit v_0 und des Wurfwinkels α beschreibt. Gehen Sie dabei davon aus, dass sowohl die Abwurf- als auch die Endhöhe z_0 sind. Für welchen Wurfwinkel wird die Reichweite bei festem v_0 maximal?

(d) Kann ein Fußballtorwart einen Fußball direkt ins gegnerische Tor schießen, wenn der Ball mit $v_0 = 100\,\mathrm{km\,h^{-1}}$ aus dem eigenen Torraum abgeschlagen wird? Ein Fußballfeld ist etwa 100 m lang. Reibungseffekte sollen vernachlässigt werden.

1.3 ••• Schiefer Wurf mit Stokes'scher Reibung Betrachten Sie den schiefen Wurf mit Stokes'scher Reibung (Reibungskoeffizient K). Die Bewegung erfolge in der x-z-Ebene, und die homogene Gravitationskraft zeige in negative z-Richtung. Die Anfangsbedingungen für den Ort und die Geschwindigkeit sind $x(0) = x_0$, $z(0) = z_0$ und $v_x(0) = v_{x,0}$, $v_z(0) = v_{z,0}$.

(a) Zeigen Sie, dass die Bewegungsgleichungen entkoppelt sind.

(b) Schreiben Sie die allgemeine Lösung der Bewegungsgleichungen für x und z auf. Orientieren Sie sich dabei an den Schritten, die auf (1.43) geführt haben. Für das weitere Vorgehen bietet es sich an, die Endgeschwindigkeit v_E *nicht* als Abkürzung einzuführen.

(c) Berechnen Sie die allgemeine Bahnkurve $z(x)$. Dazu muss die Zeit aus der Lösung $z(t)$ mithilfe von $x(t)$ eliminiert werden.

(d) Zeigen Sie, dass der Grenzfall $K = 0$ auf die Lösung für die Bahnkurve ohne Reibung aus Aufgabe 1.2 führt. *Achtung*: Es ist nicht möglich, einfach $K = 0$ zu setzen. Stattdessen muss der Logarithmus in $z(x)$ für kleine K entwickelt werden. Danach kann der Grenzfall $K \to 0$ durchgeführt werden. Nutzen Sie aus, dass $\ln(1 + x) \approx x - x^2/2$ gilt. Warum muss an dieser Stelle die zweite Ordnung der Taylor-Entwicklung ebenfalls mitgenommen werden?

1.4 •• Lorentz-Kraft Auf ein geladenes Teilchen (elektrische Ladung q) wirkt im elektrischen Feld $\boldsymbol{E}$ und magnetischen Feld $\boldsymbol{B}$ die Lorentz-Kraft (in SI-Einheiten)

$$\boldsymbol{F} = q\,(\boldsymbol{E} + \boldsymbol{v} \times \boldsymbol{B})\,. \tag{1.181}$$

Es soll die Bewegung in einem reinen Magnetfeld, das homogen und zeitunabhängig ist, untersucht werden. Hierzu wird das Koordinatensystem so gelegt, dass

$$\boldsymbol{B} = B\hat{\boldsymbol{e}}_z \tag{1.182}$$

gilt. Das elektrische Feld wird vernachlässigt: $\boldsymbol{E} = 0$.

(a) Zeigen Sie ohne weitere Rechnungen, dass der Betrag der Geschwindigkeit des Teilchens konstant ist und dass keine Arbeit am Teilchen verrichtet wird. Die Energie ist somit erhalten und die Kraft konservativ. Greifen Sie dazu auf die Ergebnisse zurück, die in Abschn. 1.5 und 1.6 erarbeitet wurden.

(b) Stellen Sie die Bewegungsgleichungen für das Teilchen auf. Die Anfangsbedingungen lauten $\boldsymbol{x}(t = 0) = 0$ und $\dot{\boldsymbol{x}}(t = 0) = (0, v_{y,0}, v_{z,0})^\top$. Die Lösung für die Bewegung entlang der z-Achse kann direkt hingeschrieben werden. Wie lautet sie?

(c) Wie lauten die Lösungen der Bewegungsgleichungen entlang der x- und y-Achsen? Um die beiden gekoppelten Gleichungen zu entkoppeln, integrieren Sie zunächst eine der beiden Bewegungsgleichungen und setzen Sie das Ergebnis in die andere ein.

(d) Wie lauten der Tangential- und der Hauptnormalenvektor der Bahnkurve? Bestimmen Sie den Krümmungsradius.

1.5 •• Differenzialoperatoren In dieser Aufgabe wird die Anwendung der Differenzialoperatoren vertieft.

(a) Berechnen Sie die Rotation einer allgemeinen radialsymmetrischen Zentralkraft:

$$\boldsymbol{F}(\boldsymbol{r}) = F(r)\frac{\boldsymbol{r}}{r}. \tag{1.183}$$

Verwenden Sie dazu $r^2 = x_1^2 + x_2^2 + x_3^2$. Es bietet sich an, die Rotation mithilfe des Levi-Civita-Symbols in Indexschreibweise zu bestimmen.

(b) Wie lautet die Rotation der Kraft

$$\boldsymbol{F}(\boldsymbol{r}) = \begin{pmatrix} -x_2/\varrho^2 \\ x_1/\varrho^2 \\ 0 \end{pmatrix} \tag{1.184}$$

mit $\varrho^2 = x_1^2 + x_2^2$? Verwenden Sie hier die Schreibweise

$$\nabla \times \boldsymbol{F}(\boldsymbol{r}) = \varepsilon_{ijk}\hat{\boldsymbol{e}}_i\partial_j F_k. \tag{1.185}$$

Berechnen Sie weiterhin das Kurvenintegral über die Kraft entlang des Weges

$$\boldsymbol{r}(\varphi) = R\begin{pmatrix} \cos\varphi \\ \sin\varphi \\ 0 \end{pmatrix}, \quad 0 \le \varphi \le 2\pi. \tag{1.186}$$

Was ist die Interpretation dieser Resultate?

(c) Gegeben sei ein Skalarfeld $g(\boldsymbol{x})$. Zeigen Sie, dass die Richtungsableitung entlang der Achse $\hat{\boldsymbol{e}}_j$, also $\partial_{\hat{\boldsymbol{e}}_j} g(\boldsymbol{x})$, identisch ist mit der partiellen Ableitung $\partial_j g(\boldsymbol{x})$.

(d) Zeigen Sie, dass die Divergenz eines Rotationsfeldes verschwindet:

$$\nabla \cdot (\nabla \times \boldsymbol{h}(\boldsymbol{x})) = 0, \tag{1.187}$$

wobei $\boldsymbol{h}(\boldsymbol{x})$ ein zweifach differenzierbares Vektorfeld ist.

(e) Man berechne die Rotation eines Rotationsfeldes: $\nabla \times (\nabla \times \boldsymbol{h}(\boldsymbol{x}))$. Stellen Sie das Ergebnis in Komponentenschreibweise dar.

1.6 •• Bewegung im Kraftfeld Es ist das Kraftfeld

$$\boldsymbol{F}(\boldsymbol{x}) = C \begin{pmatrix} k_1 x_1 x_2 \\ x_1^2 + k_2 x_3^2 \\ x_2 x_3 \end{pmatrix} \tag{1.188}$$

gegeben ($C > 0$ ist eine dimensionsbehaftete Konstante, sodass $\boldsymbol{F}$ die Einheit einer Kraft besitzt). Die Parameter k_1 und k_2 sind zunächst offen.

(a) Für welchen Wert von k_1 und k_2 besitzt diese Kraft ein Potenzial? Rechnen Sie im Folgenden mit diesen Werten weiter.
(b) Berechnen Sie die benötigte Arbeit, um eine Punktmasse m vom Ursprung zum Punkt $\boldsymbol{a} = (a_1, a_2, a_3)^\top$ zu befördern. Der gewählte Weg spielt dabei keine Rolle. Wählen Sie den direkten Weg entlang einer Geraden. Wann benötigt man für den Transport Energie, wann gewinnt man Energie?
(c) Wie lautet das Potenzial? Überprüfen Sie, dass es auf die korrekte Kraft führt.

1.7 ••• Harmonischer Oszillator Es wird die Lösung der Schwingungsgleichung (1.101) des harmonischen Oszillators gesucht:

$$\ddot{x} + \omega_0^2 x = 0, \quad \omega_0^2 = \frac{k}{m}. \tag{1.189}$$

(a) Machen Sie einen Potenzreihenansatz

$$x(t) = \sum_{j=0}^{\infty} c_j (\omega_0 t)^j \tag{1.190}$$

mit konstanten Koeffizienten c_j ($j = 1, \ldots, \infty$). Zeigen Sie, dass zwischen den Koeffizienten der folgende Zusammenhang besteht:

$$c_{j+2} = -\frac{c_j}{(j+2)(j+1)}. \tag{1.191}$$

Dies nennt man eine *Rekursionsgleichung* für die Koeffizienten c_j. Begründen Sie, warum c_0 und c_1 beliebig wählbar sind und wie dies zu interpretieren ist.

(b) Zeigen Sie, dass aus der Rekursionsgleichung die explizite Form

$$c_j = \begin{cases} (-1)^{j/2+1} \dfrac{c_0}{j!} & j \text{ gerade} \\ (-1)^{(j-1)/2} \dfrac{c_1}{j!} & j \text{ ungerade} \end{cases} \tag{1.192}$$

folgt.

(c) Bestimmen Sie die Taylor-Entwicklung der Funktionen $\cos(\omega_0 t)$ und $\sin(\omega_0 t)$ um $t = 0$ bis einschließlich des dritten nichtverschwindenden Terms. Wie lauten die Koeffizienten der Entwicklung? Was folgt daraus?
(d) Überprüfen Sie, dass $x_1(t) = \cos(\omega_0 t)$ und $x_2(t) = \sin(\omega_0 t)$ die Schwingungsgleichung lösen. Außerdem löst $A \cos(\omega_0 t - \phi_0)$ die Schwingungsgleichung, da es eine Linearkombination der sogenannten *Fundamentallösungen* $x_1(t)$ und $x_2(t)$ ist. Zeigen Sie dies durch Anwendung des Additionstheorems

$$\cos(\alpha \pm \beta) = \cos\alpha \cos\beta \mp \sin\alpha \sin\beta. \tag{1.193}$$

Ausführliche Lösungen zu den Aufgaben

1.1

(a) Die Vektoren in (1.174) sind linear unabhängig, da (1.173) nur für $\lambda_1 = \lambda_2 = \lambda_3 = 0$ erfüllt werden kann. Dies ist trivial zu sehen. Auch die Vektoren in (1.175) sind linear unabhängig. Um dies zu sehen, betrachtet man zunächst die x_3-Komponente. Sie kann nur dann verschwinden, wenn $\lambda_1 = 0$ ist. Die x_2-Komponente verschwindet nur, wenn dann auch $\lambda_2 = 0$ ist. Weiterhin muss auch $\lambda_1 = 0$ erfüllt sein. Für (1.176) muss man ein lineares Gleichungssystem lösen. Es lautet

$$\begin{aligned}-3\lambda_1 + 1\lambda_2 + 2\lambda_3 &= 0,\\ 2\lambda_1 + 2\lambda_2 - 1\lambda_3 &= 0,\\ \lambda_1 + 3\lambda_2 - 3\lambda_3 &= 0.\end{aligned} \tag{1.194}$$

Zunächst addieren wir Vielfache der zweiten Gleichung zur ersten und zur dritten, sodass jeweils λ_3 verschwindet, und betrachten die beiden resultierenden Gleichungen:

$$\begin{aligned}1\lambda_1 + 5\lambda_2 &= 0,\\ -5\lambda_1 - 3\lambda_2 &= 0.\end{aligned} \tag{1.195}$$

Wir addieren das Fünffache der ersten Gleichung zur zweiten und finden zunächst $\lambda_2 = 0$. Durch Einsetzen in die vorherigen Gleichungssysteme ergeben sich dann $\lambda_1 = 0$ und $\lambda_3 = 0$. Die Vektoren sind also ebenfalls linear unabhängig. Ersetzt man allerdings den dritten Vektor durch $\boldsymbol{v}_3 = (2, -4, -3)^\top$, ergibt sich statt (1.194) zunächst

$$\begin{aligned}-3\lambda_1 + 1\lambda_2 + 2\lambda_3 &= 0,\\ 2\lambda_1 + 2\lambda_2 - 4\lambda_3 &= 0,\\ \lambda_1 + 3\lambda_2 - 4\lambda_3 &= 0.\end{aligned} \tag{1.196}$$

Wir addieren diesmal Vielfache der dritten Gleichung, um in den beiden anderen λ_1 zu eliminieren:

$$\begin{aligned}10\lambda_2 - 10\lambda_3 &= 0,\\ -4\lambda_2 + 4\lambda_3 &= 0.\end{aligned} \tag{1.197}$$

Diese beiden Gleichungen sind Vielfache voneinander. Sie führen somit nur auf die Bedingung $\lambda_2 = \lambda_3$. Beide Skalare können beliebige, aber identische Werte annehmen. Die drei Vektoren sind in diesem Fall also nicht linear unabhängig.

(b) Die beiden Polynome $p(x)$ und $q(x)$ sind orthogonal, denn

$$\langle p, q\rangle = \int_{-1}^{1} \left(x^3 - 2x\right) \mathrm{d}x = \left[\frac{x^4}{4} - x^2\right]_{-1}^{1} = 0. \tag{1.198}$$

Dies hätte man auch direkt daran erkennen können, dass der Integrand eine ungerade Funktion von x ist, die Integrationsgrenzen aber symmetrisch sind. Allerdings sind $p(x)$ und $r(x)$ nicht orthogonal:

$$\begin{aligned}\langle p, r\rangle &= \int_{-1}^{1} \left(x^4 + x^2\right) \mathrm{d}x\\ &= \left[\frac{x^5}{5} - \frac{x^3}{3}\right]_{-1}^{1} = -\frac{4}{15}.\end{aligned} \tag{1.199}$$

Weiterhin findet man, dass wegen

$$\langle q, r\rangle = \int_{-1}^{1} \left(x^5 - x^3 - 2x\right) \mathrm{d}x = 0 \tag{1.200}$$

die beiden Polynome $q(x)$ und $r(x)$ orthogonal sind. Die Polynome lassen sich normieren, indem man beispielsweise

$$\langle p, p\rangle = \int_{-1}^{1} x^2 \,\mathrm{d}x = \frac{2}{3} \tag{1.201}$$

berechnet und entsprechend $\tilde{p}(x) := p(x)/\sqrt{2/3}$ als normiertes Polynom definiert.

(c) Ohne Einschränkung der Allgemeinheit können wir $\boldsymbol{c} = \lambda_1\boldsymbol{a} + \lambda_2\boldsymbol{b}$ schreiben. Das Spatprodukt lautet dann

$$(\boldsymbol{a} \times \boldsymbol{b}) \cdot \boldsymbol{c} = \lambda_1 \varepsilon_{ijk} a_i b_j a_k + \lambda_2 \varepsilon_{ijk} a_i b_j b_k. \tag{1.202}$$

In beiden Termen auf der rechte Seite haben wir das Produkt einer antisymmetrischen Größe (Levi-Civita-Symbol) und einer symmetrischen Größe ($a_i a_k$ bzw. $b_j b_k$) unter Vertauschung der Indizes $i \leftrightarrow j$ bzw. $j \leftrightarrow k$. Summiert man über alle Indizes, fallen alle Terme gegeneinander weg, denn

$$\begin{aligned}\varepsilon_{123} a_2 a_3 + \varepsilon_{132} a_3 a_2 &= (\varepsilon_{123} + \varepsilon_{132}) a_2 a_3\\ &= (1 - 1) a_2 a_3 = 0.\end{aligned} \tag{1.203}$$

(d) Die linke Seite von (1.180) schreiben wir zunächst in der Form

$$\varepsilon_{kij} a_i b_j \varepsilon_{kmn} c_m d_n = \varepsilon_{kij} \varepsilon_{kmn} a_i b_j c_m d_n. \tag{1.204}$$

Hier verwendet man die Identität

$$\varepsilon_{kij}\varepsilon_{kmn} = \delta_{im}\delta_{jn} - \delta_{in}\delta_{jm} \tag{1.205}$$

und erhält sofort

$$\begin{aligned}(\boldsymbol{a} \times \boldsymbol{b}) \cdot (\boldsymbol{c} \times \boldsymbol{d}) &= (\delta_{im}\delta_{jn} - \delta_{in}\delta_{jm}) a_i b_j c_m d_n\\ &= (\boldsymbol{a} \cdot \boldsymbol{c})(\boldsymbol{b} \cdot \boldsymbol{d}) - (\boldsymbol{a} \cdot \boldsymbol{d})(\boldsymbol{b} \cdot \boldsymbol{c}).\end{aligned} \tag{1.206}$$

1.2

(a) Die allgemeinen Lösungen der Bewegungsgleichungen für das beschriebene Problem sind (siehe (1.27))

$$x - x_0 = v_{x,0}t, \quad z - z_0 = v_{z,0}t - \frac{gt^2}{2}. \tag{1.207}$$

Die Bahnkurve erhält man, indem man t eliminiert:

$$z - z_0 = \frac{v_{z,0}}{v_{x,0}}(x - x_0) - \frac{g}{2v_{x,0}^2}(x - x_0)^2. \tag{1.208}$$

Diese ist offensichtlich eine nach unten geöffnete Parabel. Der Scheitelpunkt ist durch $\mathrm{d}z/\mathrm{d}x = 0$ definiert. Dies führt auf

$$x_\mathrm{S} - x_0 = \frac{v_{x,0}v_{z,0}}{g}, \tag{1.209}$$

wobei x_S die x-Koordinate des Scheitelpunktes ist. Eingesetzt in (1.208) folgt

$$z_\mathrm{S} - z_0 = \frac{v_{z,0}^2}{2g}. \tag{1.210}$$

Dies ist die maximale Wurfhöhe. Dieser Punkt wird nach der Zeit

$$t_\mathrm{S} = \frac{v_{z,0}}{g} \tag{1.211}$$

erreicht.

(b) Eine einfache geometrische Überlegung führt auf

$$v_0^2 = v_{x,0}^2 + v_{z,0}^2, \quad v_{x,0} = v_0 \cos\alpha, \quad v_{z,0} = v_0 \sin\alpha. \tag{1.212}$$

(c) Um herauszufinden, wie weit der Speer fliegt, setzen wir $z = z_0$. Dies führt auf zwei Lösungen. Die erste Lösung (Anfangsbedingung $x = x_0$) ist trivial. Die zweite lautet

$$\begin{aligned} x - x_0 &= \frac{2v_{x,0}v_{z,0}}{g} \\ &= \frac{2v_0^2}{g}\sin\alpha\cos\alpha = \frac{v_0^2}{g}\sin(2\alpha). \end{aligned} \tag{1.213}$$

Dies ist gerade die Weite des Wurfes. Sie wird offensichtlich für $\alpha = \pi/2$ maximal. Der Speer muss also genau diagonal geworfen werden, um für eine gegebene Anfangsgeschwindigkeit die größte Weite zu erreichen.

(d) Nein, dies ist nicht möglich. Die maximale Reichweite des Fluges ist bei $v_0 \approx 28\,\mathrm{m\,s^{-1}}$ und mit $g \approx 10\,\mathrm{m\,s^{-2}}$ ungefähr 78 m. Das Fußballfeld ist aber etwa 100 m lang. Selbstverständlich kann der Ball noch ins Tor rollen.

1.3

(a) Die Bewegungsgleichung in Vektorform lautet

$$m\ddot{\boldsymbol{x}} = -K\dot{\boldsymbol{x}} - m\boldsymbol{g}. \tag{1.214}$$

Für die beiden relevanten Komponenten lautet sie

$$m\ddot{x} = -K\dot{x}, \quad m\ddot{z} = -K\dot{z} - mg. \tag{1.215}$$

Die Bewegungsgleichungen sind also entkoppelt.

(b) Gleichung (1.43) beinhaltet bereits die Lösung der Bewegungsgleichung für z:

$$\begin{aligned} z - z_0 = &-\frac{mg}{K}t \\ &+ \left(v_{z,0} + \frac{mg}{K}\right)\frac{m}{K}\left[1 - \exp\left(-\frac{K}{m}t\right)\right]. \end{aligned} \tag{1.216}$$

Die Lösung für x erhält man, indem man $g = 0$ setzt und x durch z ersetzt:

$$x - x_0 = \frac{mv_{x,0}}{K}\left[1 - \exp\left(-\frac{K}{m}t\right)\right]. \tag{1.217}$$

(c) Man erkennt, dass die Zeit t in (1.216) an zwei Stellen vorkommt: einmal als linearer Term, das zweite Mal innerhalb der Exponentialfunktion. Da die Exponentialfunktionen in den Lösungen für $x(t)$ und $z(t)$ identisch sind, kann man zunächst

$$z - z_0 = -\frac{mg}{K}t + \left(v_{z,0} + \frac{mg}{K}\right)\frac{x - x_0}{v_{x,0}} \tag{1.218}$$

schreiben. Es verbleibt noch die Zeit im linearen Term. Hierzu lösen wir (1.217) nach t auf,

$$t = -\frac{m}{K}\ln\left[1 - \frac{K}{mv_{x,0}}(x - x_0)\right], \tag{1.219}$$

und setzen das Ergebnis in (1.218) ein:

$$\begin{aligned} z - z_0 = &\frac{m^2 g}{K^2}\ln\left[1 - \frac{K(x - x_0)}{mv_{x,0}}\right] \\ &+ \left(v_{z,0} + \frac{mg}{K}\right)\frac{x - x_0}{v_{x,0}}. \end{aligned} \tag{1.220}$$

(d) Wir wollen den Grenzfall $K \to 0$ untersuchen. Einsetzen von $K = 0$ führt auf Probleme, daher muss zunächst der Logarithmus entwickelt werden. Für $K \to 0$ ist die folgende Näherung gültig (indem man um $x = 0$ entwickelt):

$$\begin{aligned} &\ln\left[1 - \frac{K(x - x_0)}{mv_{x,0}}\right] \\ &\approx -\frac{K(x - x_0)}{mv_{x,0}} - \frac{K^2(x - x_0)^2}{2m^2 v_{x,0}^2}. \end{aligned} \tag{1.221}$$

Setzt man (1.221) in (1.220) ein, folgt sofort

$$z - z_0 = \frac{v_{z,0}}{v_{x,0}}(x - x_0) - \frac{g}{2v_{x,0}^2}(x - x_0)^2. \tag{1.222}$$

Dies ist genau (1.208), die schon beim schiefen Wurf ohne Reibung gefunden wurde. Da der Faktor vor dem Logarithmus in (1.220) K^2 im Nenner enthält, muss im Zähler mindestens bis zur zweiten Ordnung entwickelt werden, damit kein K im Nenner übrig bleibt. Würde man höhere Terme der Entwicklung des Logarithmus berücksichtigen, würden diese wegen $K \to 0$ keine Rolle spielen.

1.4

(a) Aus (1.181) folgt

$$\ddot{\boldsymbol{x}} = \frac{q}{m}\dot{\boldsymbol{x}} \times \boldsymbol{B}. \tag{1.223}$$

Somit steht der Beschleunigungsvektor stets senkrecht auf dem Geschwindigkeitsvektor. Es gibt keine Beschleunigungskomponente entlang der Bahnkurve bzw. entlang des Tangentialvektors $\boldsymbol{\tau}$. Wegen (1.124) und (1.125) bedeutet dies aber gerade, dass der Betrag der Bahngeschwindigkeit konstant ist. Gleichung (1.181) besagt weiterhin, dass die Kraft $\boldsymbol{F}$ und die Geschwindigkeit $\dot{\boldsymbol{x}}$ senkrecht aufeinander stehen. Ihr Skalarprodukt verschwindet somit. Wegen (1.149) ist die Energie erhalten. Es wird also keine Arbeit am Teilchen verrichtet.

(b) Zunächst ist das Kreuzprodukt auszuwerten. Mit

$$(\boldsymbol{v} \times \boldsymbol{B})_i = \varepsilon_{ijk} v_j B_k \tag{1.224}$$

und (1.182) folgt

$$\ddot{x} = \frac{qB}{m}\dot{y}, \quad \ddot{y} = -\frac{qB}{m}\dot{x}, \quad \ddot{z} = 0. \tag{1.225}$$

Unter Berücksichtigung der Anfangsbedingungen lautet die Lösung für die Bewegung entlang der z-Achse einfach

$$z = v_{z,0}t. \tag{1.226}$$

(c) Die Bewegungsgleichungen für x und y sind noch gekoppelt. Wir integrieren zunächst die Gleichung für x einmal nach der Zeit. Wegen $\dot{x}(t = 0) = 0$ und $y(t = 0) = 0$ folgt

$$\dot{x} = \frac{qB}{m}y. \tag{1.227}$$

Dieses Ergebnis kann in die Bewegungsgleichung für y eingesetzt werden:

$$\ddot{y} = -\omega_B^2 y. \tag{1.228}$$

Hier wurde

$$\omega_B := \frac{qB}{m} \tag{1.229}$$

als Abkürzung definiert. Man nennt ω_B die *Zyklotronfrequenz*. Die allgemeine Lösung von (1.228) kann in der Form

$$y = A_y \sin(\omega_B t - \phi_y) \tag{1.230}$$

geschrieben werden. Die beiden Integrationskonstanten ergeben sich aus den Anfangsbedingungen. Man kann schnell nachprüfen, dass $\phi_y = 0$ aus $y(t = 0) = 0$ folgt. Weiterhin ist $A_y = v_{y,0}/\omega_B$. Dies erkennt man, wenn man die erste Zeitableitung von (1.230) berechnet und mit der Anfangsbedingung $\dot{y}(t = 0) = v_{y,0}$ vergleicht. Der letzte Schritt ist die Integration von (1.227), in die zuvor (1.230) eingesetzt wird:

$$\begin{aligned} x &= -\frac{qB}{m\omega_B}A_y \cos(\omega_B t) + C_1 \\ &= -\frac{v_{y,0}}{\omega_B}\cos(\omega_B t) + C_1. \end{aligned} \tag{1.231}$$

Die Anfangsgeschwindigkeit $\dot{x}(t = 0) = 0$ ist automatisch erfüllt, da sie bereits für (1.227) verwendet wurde. Die letzte verbleibende Integrationskonstante, C_1, ergibt sich aus der letzten Forderung: $x(t = 0) = 0$. Die Lösung der Bewegungsgleichung lautet zusammengefasst

$$\begin{aligned} x &= \frac{v_{y,0}}{\omega_B}\left[1 - \cos(\omega_B t)\right], \\ y &= \frac{v_{y,0}}{\omega_B}\sin(\omega_B t), \\ z &= v_{z,0}t. \end{aligned} \tag{1.232}$$

Das Teilchen bewegt sich auf einer Schraubenlinie ähnlich zu der in Abb. 1.11. Der Unterschied hier ist, dass der Ursprung nicht auf der Achse der Schraubenlinie liegt. Er ist um $v_{y,0}/\omega_B$ entlang der x-Achse verschoben.

(d) Zunächst berechnen wir die Geschwindigkeit:

$$\dot{\boldsymbol{x}} = \begin{pmatrix} -v_{y,0}\sin(\omega_B t) \\ v_{y,0}\cos(\omega_B t) \\ v_{z,0} \end{pmatrix}. \tag{1.233}$$

Ihr Betrag ist $v := \sqrt{v_{y,0}^2 + v_{z,0}^2} = \text{const}$. Der Tangentialvektor erfüllt wegen (1.124)

$$\boldsymbol{\tau} = \frac{\dot{\boldsymbol{x}}}{|\dot{\boldsymbol{x}}|} = \frac{1}{v}\begin{pmatrix} -v_{y,0}\sin(\omega_B t) \\ v_{y,0}\cos(\omega_B t) \\ v_{z,0} \end{pmatrix}. \tag{1.234}$$

Der Bahnparameter und die Zeit sind demnach über

$$\frac{\mathrm{d}s}{\mathrm{d}t} = v \tag{1.235}$$

verbunden, da wegen der Definition des Tangentialvektors $|\boldsymbol{\tau}| = |\mathrm{d}\boldsymbol{x}/\mathrm{d}s| = 1$ erfüllt sein muss. Der Hauptnormalenvektor aus (1.114) ist

$$\begin{aligned} \boldsymbol{n}_\mathrm{H} &= \frac{\mathrm{d}\boldsymbol{\tau}}{\mathrm{d}s}\left|\frac{\mathrm{d}\boldsymbol{\tau}}{\mathrm{d}s}\right|^{-1} = \frac{\mathrm{d}\boldsymbol{\tau}}{\mathrm{d}t}\left|\frac{\mathrm{d}\boldsymbol{\tau}}{\mathrm{d}t}\right|^{-1} \\ &= \begin{pmatrix} \cos(\omega_B t) \\ -\sin(\omega_B t) \\ 0 \end{pmatrix}. \end{aligned} \tag{1.236}$$

Schließlich fehlt noch der Krümmungsradius, der wegen (1.123) den Wert

$$\rho = \left|\frac{\mathrm{d}\boldsymbol{\tau}}{\mathrm{d}s}\right|^{-1} = \left|\frac{\mathrm{d}\boldsymbol{\tau}}{\mathrm{d}t}\frac{\mathrm{d}t}{\mathrm{d}s}\right|^{-1} = \frac{v^2}{v_{y,0}\omega_B} = \frac{mv^2}{qv_{y,0}B} \tag{1.237}$$

annimmt.

1.5

(a) In Indexschreibweise lautet die Rotation des Kraftfeldes

$$\left(\nabla \times \left[F(r)\frac{\boldsymbol{r}}{r}\right]\right)_i = \varepsilon_{ijk}\nabla_j F(r)\frac{x_k}{r}. \tag{1.238}$$

Statt ∇_j könnte man genauso gut ∂_j schreiben; beide Terme sind identisch. Es ist unbedingt zu beachten, dass die Ableitung ∇_j auf alle Terme wirkt, die rechts von ihr stehen. Als Hilfsgleichung verwenden wir

$$\nabla_j r = \nabla_j\sqrt{x_1^2+x_2^2+x_3^2} = \frac{x_j}{\sqrt{x_1^2+x_2^2+x_3^2}} = \frac{x_j}{r}. \tag{1.239}$$

Wir wenden zunächst die Produktregel an und sehen, dass wir es mit drei Faktoren zu tun haben, die wir im Einzelnen untersuchen wollen:

$$\begin{aligned}\frac{x_k}{r}\nabla_j F(r) &= \frac{x_j x_k}{r^2}\frac{\mathrm{d}F(r)}{\mathrm{d}r},\\ \frac{F(r)}{r}\nabla_j x_k &= \frac{F(r)}{r}\delta_{jk},\\ F(r)x_k\nabla_j\frac{1}{r} &= -\frac{x_j x_k}{r^3}F(r).\end{aligned} \tag{1.240}$$

Bei der Summation über j und k treten die beiden Kombinationen $\varepsilon_{ijk}\delta_{jk}$ und $\varepsilon_{ijk}x_j x_k$ auf. Sowohl δ_{jk} als auch $x_j x_k$ sind symmetrisch unter Vertauschung der beiden Indizes, aber $\varepsilon_{ijk} = -\varepsilon_{ikj}$ ist antisymmetrisch. Bei der Summation fallen daher alle Terme mit $x_j x_k$ paarweise gegeneinander weg:

$$\varepsilon_{ijk}x_j x_k + \varepsilon_{ikj}x_k x_j = \varepsilon_{ijk}x_j x_k - \varepsilon_{ijk}x_j x_k = 0. \tag{1.241}$$

Die Kontraktion $\varepsilon_{ijk}\delta_{jk}$ verschwindet, da ε_{ijk} nur für $j \neq k$, δ_{jk} allerdings nur für $j = k$ ungleich null ist. Damit ist gezeigt, dass die Rotation von $\boldsymbol{F}(\boldsymbol{r})$ verschwindet.

(b) Man erkennt an der Form der Kraft, dass alle Ableitungen, die F_3 oder x_3 betreffen, verschwinden. Somit reduziert sich die Rotation direkt auf

$$\nabla \times \boldsymbol{F}(\boldsymbol{r}) = \hat{\boldsymbol{e}}_3\left(\frac{\partial F_2}{\partial x_1} - \frac{\partial F_1}{\partial x_2}\right). \tag{1.242}$$

Aus

$$\frac{\partial \varrho}{\partial x_1} = \frac{x_1}{\varrho}, \quad \frac{\partial \varrho}{\partial x_2} = \frac{x_2}{\varrho} \tag{1.243}$$

folgt weiterhin, dass sich die beiden verbleibenden Ableitungen in (1.242) gegenseitig aufheben. Somit ist auch hier das Kraftfeld rotationsfrei. Das Kurvenintegral lautet

$$\oint \boldsymbol{F}(\boldsymbol{r})\cdot\mathrm{d}\boldsymbol{r} = \int_0^{2\pi} \boldsymbol{F}(\boldsymbol{r}(\varphi))\cdot\frac{\mathrm{d}\boldsymbol{r}}{\mathrm{d}\varphi}\mathrm{d}\varphi. \tag{1.244}$$

Die Kraft muss als Funktion des Winkels φ geschrieben werden. Dies ist möglich, indem x_1 und x_2 durch die entsprechenden Ausdrücke in (1.186) ersetzt werden:

$$\boldsymbol{F}(\boldsymbol{r}(\varphi)) = \frac{1}{R}\begin{pmatrix}-\sin\varphi\\ \cos\varphi\\ 0\end{pmatrix}. \tag{1.245}$$

Gleichung (1.244) lautet dann

$$\oint \boldsymbol{F}(\boldsymbol{r})\cdot\mathrm{d}\boldsymbol{r} = \int_0^{2\pi}\left(\sin^2\varphi + \cos^2\varphi\right)\mathrm{d}\varphi = 2\pi \neq 0. \tag{1.246}$$

Wählt man einen Weg, der um den Pol bei $x_1 = x_2 = 0$ herumläuft, verschwindet das geschlossene Wegintegral nicht, obwohl die Rotation des Kraftfeldes null ist. Die Erklärung ist, dass das Kraftfeld nicht einfach zusammenhängend ist. In der Tat gibt es bei $x_1 = x_2 = 0$ eine Definitionslücke, die das beobachtete Verhalten erklärt.

(c) Die Richtungsableitung entlang einer Achse $\hat{\boldsymbol{n}}$ ist definert als

$$\partial_{\hat{\boldsymbol{n}}}g(\boldsymbol{x}) = \hat{\boldsymbol{n}}\cdot\nabla g(\boldsymbol{x}) = \hat{n}_i\partial_i g(\boldsymbol{x}). \tag{1.247}$$

Für $\hat{\boldsymbol{n}} = \hat{\boldsymbol{e}}_j$ ist offensichtlich $\hat{e}_{j,i}\partial_i = \delta_{ij}\partial_i = \partial_j$ und somit

$$\partial_{\hat{\boldsymbol{n}}_j}g(\boldsymbol{x}) = \partial_j g(\boldsymbol{x}), \tag{1.248}$$

was zu zeigen war.

(d) Wir schreiben die Divergenz in Komponenten und sortieren um:

$$\nabla\cdot(\nabla\times\boldsymbol{h}(\boldsymbol{x})) = \partial_i\epsilon_{ijk}\partial_j h_k = \epsilon_{ijk}\partial_i\partial_j h_k. \tag{1.249}$$

Dieser Ausdruck muss verschwinden, wenn die beiden Ableitungen vertauschbar sind, da über symmetrische $(\partial_i\partial_j)$ und antisymmetrische (ϵ_{ijk}) Terme summiert wird.

(e) Zunächst ist

$$\begin{aligned}\nabla\times(\nabla\times\boldsymbol{h}(\boldsymbol{x})) &= \epsilon_{ijk}\hat{\boldsymbol{e}}_i\partial_j\left(\epsilon_{klm}\partial_l h_m\right)\\ &= \epsilon_{ijk}\epsilon_{klm}\hat{\boldsymbol{e}}_i\partial_j\partial_l h_m.\end{aligned} \tag{1.250}$$

Hier nutzt man das bekannte Ergebnis

$$\epsilon_{ijk}\epsilon_{klm} = \epsilon_{kij}\epsilon_{klm} = \delta_{il}\delta_{jm} - \delta_{im}\delta_{jl} \tag{1.251}$$

aus. Es folgt

$$\begin{aligned}\nabla\times(\nabla\times\boldsymbol{h}(\boldsymbol{x})) &= \hat{\boldsymbol{e}}_l\partial_l\partial_m h_m - \hat{\boldsymbol{e}}_m\partial_l\partial_l h_m\\ &= \mathbf{grad}\,\mathrm{div}\,\boldsymbol{h} - (\partial_l\partial_l)\boldsymbol{h}.\end{aligned} \tag{1.252}$$

Der sogenannte *Laplace-Operator*

$$\Delta := \partial_l\partial_l \tag{1.253}$$

wird uns in Kap. 2 wieder begegnen.

1.6

(a) Wir berechnen die Rotation von $\boldsymbol{F}(\boldsymbol{x})$:

$$\begin{aligned}\nabla \times \boldsymbol{F} = \epsilon_{ijk}\hat{\boldsymbol{e}}_i\partial_j F_k &= C\begin{pmatrix} x_3 - 2k_2x_3 \\ 0 - 0 \\ 2x_1 - k_1x_1 \end{pmatrix} \\ &= C\begin{pmatrix} (1-2k_2)x_3 \\ 0 \\ (2-k_1)x_1 \end{pmatrix}.\end{aligned} \tag{1.254}$$

Die Rotation verschwindet für $k_1 = 2$ und $k_2 = \frac{1}{2}$. Da das Kraftfeld einfach zusammenhängend ist (es gibt keine Definitionslücken), muss es dann ein Potenzial $V(\boldsymbol{x})$ geben.

(b) Der einfachste Weg in kartesischen Koordinaten ist eine Gerade mit der Parametrisierung

$$\boldsymbol{x}(s) = s\boldsymbol{a}, \quad s \in [0, 1]. \tag{1.255}$$

Für $s = 0$ und $s = 1$ befindet man sich jeweils am Anfangspunkt (Ursprung O) und Endpunkt ($\boldsymbol{a}$). Selbstverständlich könnte man auch entlang der einzelnen Achsen integrieren oder irgendeinen anderen Weg verfolgen. Die geleistete Arbeit lautet

$$W = \int_O^{\boldsymbol{a}} \boldsymbol{F}(\boldsymbol{x}) \cdot \mathbf{d}\boldsymbol{x} = \int_0^1 \boldsymbol{F}(\boldsymbol{x}(s)) \frac{\mathbf{d}\boldsymbol{x}(s)}{\mathrm{d}s}\mathrm{d}s \tag{1.256}$$

mit der Ableitung $\mathbf{d}\boldsymbol{x}(s)/\mathrm{d}s = \boldsymbol{a}$. Da s die Integrationsvariable ist, müssen die Koordinaten $\boldsymbol{x}$ durch s ausgedrückt werden. Dies ist aber mit (1.255) bereits geschehen. Wir verwenden also $x_i = a_i s$ $(i = 1, 2, 3)$. Zu lösen ist somit das Integral

$$\begin{aligned} W &= C\int_0^1 \left[2a_1^2a_2 + \left(a_1^2a_2 + a_2a_3^2/2\right) + a_2a_3^2\right] s^2\,\mathrm{d}s \\ &= C\left(3a_1^2 + 3a_3^2/2\right)a_2 \int_0^1 s^2\,\mathrm{d}s \\ &= Ca_2\left(a_1^2 + a_3^2/2\right). \end{aligned} \tag{1.257}$$

Die geleistete Arbeit ist je nach Vorzeichen von a_2 positiv oder negativ. Ist $a_2 = 0$, wird gar keine Energie umgesetzt.

(c) Das Potenzial erhält man direkt aus (1.257). Dazu muss man sich überlegen, dass das Potenzial am Ort $\boldsymbol{x}$ die negative Arbeit ist, die man benötigt, um eine Punktmasse von einem Bezugspunkt nach $\boldsymbol{x}$ zu bewegen. Wählt man als Bezugspunkt den Ursprung und benennt $\boldsymbol{a}$ in $\boldsymbol{x}$ um, lautet das Potenzial

$$V(\boldsymbol{x}) = -Cx_2\left(x_1^2 + x_3^2/2\right). \tag{1.258}$$

Es soll zum Abschluss überprüft werden, ob sich die korrekte Kraft daraus ergibt:

$$\begin{aligned}\boldsymbol{F}(\boldsymbol{x}) = -\nabla V(\boldsymbol{x}) &= -\begin{pmatrix} \partial_1 V(\boldsymbol{x}) \\ \partial_2 V(\boldsymbol{x}) \\ \partial_3 V(\boldsymbol{x}) \end{pmatrix} \\ &= \begin{pmatrix} 2x_1x_2 \\ x_1^2 + x_3^2/2 \\ x_2x_3 \end{pmatrix}.\end{aligned} \tag{1.259}$$

Dies ist offensichtlich das richtige Ergebnis.

1.7

(a) Wir berechnen zunächst die zweite Zeitableitung der Potenzreihe:

$$\begin{aligned}\dot{x}(t) &= \sum_{j=1}^{\infty} j\omega_0 c_j (\omega_0 t)^{j-1}, \\ \ddot{x}(t) &= \sum_{j=2}^{\infty} j(j-1)\omega_0^2 c_j (\omega_0 t)^{j-2}.\end{aligned} \tag{1.260}$$

Es wurde dabei berücksichtigt, dass die Ableitung von t^0 verschwindet. In der zweiten Zeitableitung wird der Index verschoben, sodass die Summe wieder bei $j = 0$ beginnt:

$$\ddot{x}(t) = \sum_{j=0}^{\infty} (j+2)(j+1)\omega_0^2 c_{j+2}(\omega_0 t)^j. \tag{1.261}$$

Durch Einsetzen der Potenzreihe (1.190) in die Schwingungsgleichung (1.189) folgt

$$\sum_{j=0}^{\infty} \left[(j+2)(j+1)c_{j+2} + c_j\right](\omega_0 t)^i = 0. \tag{1.262}$$

Damit diese Gleichung zu allen Zeiten erfüllt werden kann, müssen alle Summanden einzeln verschwinden. Dies führt auf die Rekursionsgleichung

$$c_{j+2} = -\frac{c_j}{(j+2)(j+1)}. \tag{1.263}$$

Für bekanntes c_0 sind alle c_j mit geraden j gegeben. Genauso folgen aus bekanntem c_1 alle c_j mit ungeraden j. Somit sind nur c_0 und c_1 nicht festgelegt. Die Wahl dieser beiden Koeffizienten entspricht den beiden Anfangsbedingungen des Problems, da es sich um eine Differenzialgleichung zweiter Ordnung handelt.

(b) Die explizite Form soll nicht mit mathematischer Strenge gezeigt werden (man könnte sie jedoch mit vollständiger Induktion beweisen). Zunächst nehmen wir an, c_0 sei bekannt. Dann folgt sofort $c_2 = -c_0/(1 \cdot 2)$, daraus wiederum $c_4 = +c_0/(1 \cdot 2 \cdot 3 \cdot 4)$ usw. Offenbar wechselt das Vorzeichen von Iteration zu Iteration, und im Nenner steht der Term $j!$. Analog findet man den expliziten Ausdruck, wenn man mit c_1 beginnt. Die Exponenten in (1.192) stellen sicher, dass die Vorzeichen stimmen.

(c) Um die Taylor-Entwicklung von Sinus und Kosinus zu erhalten, müssen die ersten Ableitungen berechnet werden. Es ist

$$\begin{aligned}\frac{\mathrm{d}\cos(\omega_0 t)}{\mathrm{d}t} &= -\omega_0 \sin(\omega_0 t),\\ \frac{\mathrm{d}^2\cos(\omega_0 t)}{\mathrm{d}t^2} &= -\omega_0^2 \cos(\omega_0 t),\\ \frac{\mathrm{d}^3\cos(\omega_0 t)}{\mathrm{d}t^3} &= +\omega_0^3 \sin(\omega_0 t),\\ \frac{\mathrm{d}^4\cos(\omega_0 t)}{\mathrm{d}t^4} &= +\omega_0^4 \cos(\omega_0 t).\end{aligned} \tag{1.264}$$

Anwendung der Taylor'schen Formel liefert

$$\cos(\omega_0 t) = \frac{1}{0!}(\omega_0 t)^0 - \frac{1}{2!}(\omega_0 t)^2 + \frac{1}{4!}(\omega_0 t)^4 \mp \ldots \tag{1.265}$$

Für den Sinus findet man analog

$$\sin(\omega_0 t) = \frac{1}{1!}(\omega_0 t)^1 - \frac{1}{3!}(\omega_0 t)^3 + \frac{1}{5!}(\omega_0 t)^5 \mp \ldots \tag{1.266}$$

Tatsächlich entspricht die Reihenentwicklung des Kosinus genau der Entwicklung (1.190) für gerade j und die des Sinus der Entwicklung für ungerade j. Man kann daraus folgern, dass sowohl der Kosinus als auch der Sinus die Schwingungsgleichung lösen.

(d) Wegen

$$\begin{aligned}\ddot{x}_1(t) &= -\omega_0^2 \cos(\omega_0 t) = -\omega_0^2 x_1(t),\\ \ddot{x}_2(t) &= -\omega_0^2 \sin(\omega_0 t) = -\omega_0^2 x_2(t)\end{aligned} \tag{1.267}$$

sind sowohl $x_1(t)$ als auch $x_2(t)$ Lösungen der Schwingungsgleichung. Es ist noch zu zeigen, dass

$$A\cos(\omega_0 t - \phi_0) = A_1 \cos(\omega_0 t) + A_2 \sin(\omega_0 t) \tag{1.268}$$

gilt. Dabei folgen A und ϕ_0 aus A_1 und A_2. Als Anfangsbedingungen sind beide Paare gleichwertig. Das Additionstheorem (1.193) bedeutet im vorliegenden Fall

$$\begin{aligned}&A\cos(\omega_0 t - \phi_0)\\ &\quad = (A\cos\phi_0)\cos(\omega_0 t) + (A\sin\phi_0)\sin(\omega_0 t).\end{aligned} \tag{1.269}$$

Offensichtlich haben wir das Ziel mit $A_1 = A\cos\phi_0$ und $A_2 = A\sin\phi_0$ erreicht.

Antworten zu den Selbstfragen

Antwort 9 Die Beschleunigung ist etwa um einen Faktor 2,7 größer.

Antwort 17 Die Radialbeschleunigung muss größer sein als die Gravitationsbeschleunigung, damit die Flüssigkeit am höchsten Punkt gegen den Boden des Eimers gedrückt wird.

Literatur

Weiterführende Literatur

Abraham, R.: Foundations Of Mechanics. 2. Aufl., Westview Press (1994)

Cambridge Digital Library: Newton Papers. http://cudl.lib.cam.ac.uk/collections/newton (2013) Zugegriffen: 5. September 2013

Koordinatentransformationen und beschleunigte Bezugssysteme

2

Wie lassen sich Drehungen mathematisch beschreiben?

Was sind Galilei-Transformationen?

Wie lauten die Newton'schen Axiome in beschleunigten Bezugssystemen?

Was ist die Zentrifugalkraft?

Warum werden Kugelkoordinaten verwendet?

Die Untersuchung des Verhaltens eines physikalischen Systems unter einer Koordinatentransformation ist ein zentraler Punkt in der gesamten theoretischen Physik. Wird ein physikalisches System nach einer Koordinatentransformation durch dieselben Gleichungen beschrieben wie vorher, so heißt es symmetrisch unter dieser Transformation.

Symmetrien spielen in der Physik eine herausragende Rolle, was in Kap. 5 herausgearbeitet wird. Das Interesse an den Symmetrieeigenschaften physikalischer Systeme ist deswegen so wichtig, da Symmetrien in der Regel auf Erhaltungsgrößen führen. Beispiele hierfür sind die Energieerhaltung aufgrund der Zeittranslationsinvarianz (Symmetrie unter Verschiebung des Zeitnullpunktes) oder die Impulserhaltung aufgrund der Homogenität des Raumes (Symmetrie unter räumlichen Translationen). Wir werden darauf in Kap. 5 genauer eingehen.

In diesem Kapitel werden zahlreiche mathematische Werkzeuge eingeführt, um Koordinatentransformationen und beschleunigte Bezugssysteme beschreiben zu können. Dazu gehören z. B. die Drehmatrizen (Abschn. 2.1) sowie Zylinder- und Kugelkoordinaten (Abschn. 2.5). Des Weiteren wird ein Schwerpunkt auf die mit Koordinatentransformationen verbundene Physik gelegt. Beispielsweise lässt eine bestimmte Klasse von Koordinatentransformationen, den Galilei-Transformationen (Abschn. 2.2), die Newton'schen Bewegungsgleichungen invariant. Beschleunigte Bezugssysteme andererseits erfordern Erweiterungen der Bewegungsgleichungen, was letztlich auf die Zentrifugal- und Coriolis-Kräfte führt (Abschn. 2.3 und 2.4).

2.1 Drehungen von kartesischen Koordinatensystemen

Wir werden uns im Folgenden mit Drehungen von kartesischen Koordinatensystemen im dreidimensionalen Raum beschäftigen. Dabei wird im Normalfall nicht das betrachtete physikalische System selbst im Raum gedreht, sondern das beschreibende Koordinatensystem. Als Konsequenz aus diesen sogenannten passiven Drehungen ändern sich die Koordinaten des Ortes einer Punktmasse, nicht jedoch ihre Lage bezüglich des ursprünglichen Koordinatensystems. Drehungen von Vektoren lassen sich dabei durch orthogonale Matrizen darstellen, deren mathematische Eigenschaften vorgestellt werden. Schließlich werden die Transformationsgleichungen für Vektoren unter Drehungen abgeleitet.

Darstellung des Ortsvektors in einem Koordinatensystem

Es ist deutlich zu unterscheiden zwischen einem physikalischen Vektor (z. B. dem Ortsvektor $\mathfrak{x}$) und seiner *Darstellung* in einem gegebenen Koordinatensystem. Der Vektor $\mathfrak{x}$ kann durch seine Komponenten (x_1, x_2, x_3) bezüglich einer geeigneten Basis $(\hat{\boldsymbol{e}}_1, \hat{\boldsymbol{e}}_2, \hat{\boldsymbol{e}}_3)$ als

$$\mathfrak{x} = x_1\hat{\boldsymbol{e}}_1 + x_2\hat{\boldsymbol{e}}_2 + x_3\hat{\boldsymbol{e}}_3 \tag{2.1}$$

dargestellt werden. Oftmals werden dabei die drei Koordinaten in der Form

$$\boldsymbol{x} = (x_1, x_2, x_3)^\top = \begin{pmatrix} x_1 \\ x_2 \\ x_3 \end{pmatrix} \tag{2.2}$$

zusammengefasst. Mit dem *Koordinatenvektor* $\boldsymbol{x}$ lässt sich dann wie gewohnt rechnen. Man sagt auch, dass $\mathfrak{x}$ nach den Basisvektoren entwickelt wird. Die Koordinaten sind jeweils die Projektionen des Vektors $\mathfrak{x}$ auf die drei Koordinatenachsen entlang $\hat{\boldsymbol{e}}_i$, also $x_i = \mathfrak{x} \cdot \hat{\boldsymbol{e}}_i$ $(i = 1, 2, 3)$. Hierbei nehmen wir an, dass die Basisvektoren eine Orthonormalbasis bilden und somit $\hat{\boldsymbol{e}}_i \cdot \hat{\boldsymbol{e}}_j = \delta_{ij}$ erfüllen. Weiterhin sollen die $\hat{\boldsymbol{e}}_i$ ein *rechtshändiges Dreibein* bilden, d. h. $\hat{\boldsymbol{e}}_1 \times \hat{\boldsymbol{e}}_2 = \hat{\boldsymbol{e}}_3$, $\hat{\boldsymbol{e}}_2 \times \hat{\boldsymbol{e}}_3 = \hat{\boldsymbol{e}}_1$ und $\hat{\boldsymbol{e}}_3 \times \hat{\boldsymbol{e}}_1 = \hat{\boldsymbol{e}}_2$. Wir nennen physikalische Vektoren wie $\mathfrak{x}$ auch *abstrakte* Vektoren, da sie unabhängig von irgendeiner Wahl des Koordinatensystems sind.

Achtung Es ist unbedingt zu unterscheiden zwischen einem physikalischen Vektor $\mathfrak{x}$ und seiner Darstellung $\boldsymbol{x} = (x_1, x_2, x_3)^\top$ bezüglich einer gewählten Basis, d. h. eines festgelegten Koordinatensystems. Die Koordinaten (x_1, x_2, x_3) hängen von der Wahl der Basis ab, der Vektor $\mathfrak{x}$ ist allerdings völlig unabhängig von der Wahl irgendeiner Basis. Oftmals tritt Verwirrung auf, da $\boldsymbol{x}$ ebenfalls als Vektor bezeichnet wird. Dies liegt daran, dass es sich bei $\boldsymbol{x}$ um einen *mathematischen* Vektor handelt („Mathematischer Hintergrund 1.1"). In diesem Buch werden wir dennoch häufig auf die bequemere Formulierung ausweichen und $\boldsymbol{x}$ als den Ortsvektor bezeichnen, wenn keine Missverständnisse zu erwarten sind. In den wenigen Fällen, bei denen eine Unterscheidung zwischen $\mathfrak{x}$ und $\boldsymbol{x}$ notwendig ist, wird dies explizit betont. ◄

Frage 1

Machen Sie sich klar, dass die Darstellungen der drei Basisvektoren in ihrem eigenen Koordinatensystem stets $(1, 0, 0)^\top$, $(0, 1, 0)^\top$ und $(0, 0, 1)^\top$ lauten.

Physikalische Vorgänge sind unabhängig von der Wahl des Koordinatensystems, da Koordinatensysteme lediglich der Darstellung dienen, physikalische Prozesse aber nicht beeinflussen. Dies erlaubt das geschickte Auswählen eines Koordinatensystems, in welchem die resultierenden Gleichungen möglichst einfach werden. Ein Beispiel haben wir bereits in Abschn. 1.3 gesehen: Dort wurde das Koordinatensystem so gewählt, dass die Bewegung der Punktmasse entlang der z-Achse erfolgte. Genauso gut hätte man die Bewegung entlang der x-Achse oder innerhalb der y-z-Ebene definieren können.

Geht man von einem Koordinatensystem in ein anderes über, ohne das physikalische System als solches zu verändern, stellt sich die Frage nach den damit verbundenen Transformationsgleichungen für die Basisvektoren und die Koordinaten des

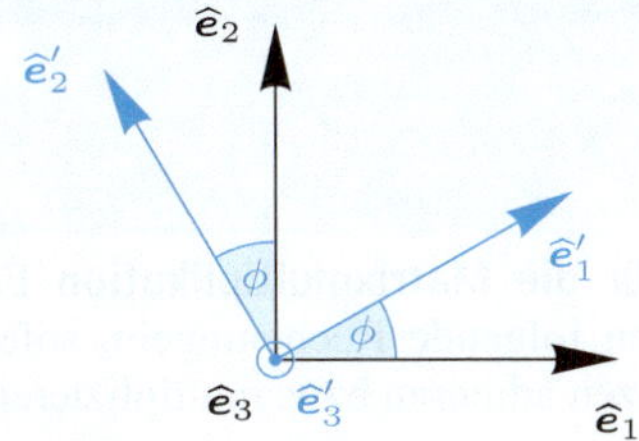

Abb. 2.1 Ein ungestrichenes Koordinatensystem (*schwarz*) wird um einen Winkel ϕ um die x_3-Achse gedreht und geht somit in ein neues, gestrichenes Koordinatensystem (*blau*) über

Ortsvektors. In diesem Kapitel werden wir uns daher mit den wichtigsten dieser Transformationen beschäftigen:

- zeitunabhängige und zeitabhängige Drehungen und Translationen von kartesischen Koordinatensystemen,
- Übergang von einem kartesischen zu einem nichtkartesischen Koordinatensystem, insbesondere zu Zylinder- und sphärischen Polarkoordinaten bzw. Kugelkoordinaten.

Es werden hierbei auch beschleunigte Koordinatensysteme und solche mit nichtkonstanten Basisvektoren zugelassen, was eine Modifizierung des zweiten Newton'schen Axioms erfordert.

Drehungen um eine Koordinatenachse

Stellen wir uns zunächst vor, dass ein vorher eingeführtes ungestrichenes Koordinatensystem S mit den kartesischen Basisvektoren $\hat{e}_1$, $\hat{e}_2$ und $\hat{e}_3$ um einen Winkel ϕ um die x_3-Achse gedreht wird, wobei der Ursprung nicht verschoben wird (Abb. 2.1). Dadurch gehen die beiden Basisvektoren $\hat{e}_1$ und $\hat{e}_2$ in neue Basisvektoren $\hat{e}'_1$ und $\hat{e}'_2$ über. Das neue gestrichene Koordinatensystem S' ist ebenfalls kartesisch. Offenbar ist der Winkel zwischen $\hat{e}_1$ und $\hat{e}'_1$ sowie zwischen $\hat{e}_2$ und $\hat{e}'_2$ gerade der Winkel ϕ, während der Basisvektor $\hat{e}_3$ unverändert bleibt:

$$\hat{e}'_1 \cdot \hat{e}_1 = \cos\phi, \quad \hat{e}'_2 \cdot \hat{e}_2 = \cos\phi, \quad \hat{e}'_3 \cdot \hat{e}_3 = 1. \tag{2.3}$$

Diese Größen werden *Richtungskosinus* genannt.

Aus Abb. 2.1 erkennt man, dass zwischen $\hat{e}_1$ und $\hat{e}'_2$ der Winkel $\pi/2 + \phi$ und zwischen $\hat{e}_2$ und $\hat{e}'_1$ der Winkel $\pi/2 - \phi$ ist:

$$\begin{aligned} \hat{e}'_2 \cdot \hat{e}_1 &= \cos(\pi/2 + \phi) = -\sin\phi, \\ \hat{e}'_1 \cdot \hat{e}_2 &= \cos(\pi/2 - \phi) = \sin\phi. \end{aligned} \tag{2.4}$$

Da $\hat{e}_3 = \hat{e}'_3$ ist, verschwinden alle übrigen Skalarprodukte $a_{ij} := \hat{e}'_i \cdot \hat{e}_j$ $(i, j = 1, 2, 3)$. Zusammengefasst lauten die 3×3 Zahlen a_{ij}

$$\begin{aligned} a_{11} &= \cos\phi, & a_{12} &= \sin\phi, & a_{13} &= 0, \\ a_{21} &= -\sin\phi, & a_{22} &= \cos\phi, & a_{23} &= 0, \\ a_{31} &= 0, & a_{32} &= 0, & a_{33} &= 1. \end{aligned} \tag{2.5}$$

Die neuen Basisvektoren lassen sich somit aus den alten berechnen:

$$\begin{aligned} \hat{e}'_1 &= \cos\phi\, \hat{e}_1 + \sin\phi\, \hat{e}_2, \\ \hat{e}'_2 &= -\sin\phi\, \hat{e}_1 + \cos\phi\, \hat{e}_2, \\ \hat{e}'_3 &= \hat{e}_3. \end{aligned} \tag{2.6}$$

Allgemein gilt

$$\begin{aligned} \hat{e}'_i &= (\hat{e}'_i \cdot \hat{e}_1)\hat{e}_1 + (\hat{e}'_i \cdot \hat{e}_2)\hat{e}_2 + (\hat{e}'_i \cdot \hat{e}_3)\hat{e}_3 \\ &= a_{i1}\hat{e}_1 + a_{i2}\hat{e}_2 + a_{i3}\hat{e}_3. \end{aligned} \tag{2.7}$$

Die entsprechende Umkehrung ist

$$\begin{aligned} \hat{e}_i &= (\hat{e}_i \cdot \hat{e}'_1)\hat{e}'_1 + (\hat{e}_i \cdot \hat{e}'_2)\hat{e}'_2 + (\hat{e}_i \cdot \hat{e}'_3)\hat{e}'_3 \\ &= a_{1i}\hat{e}'_1 + a_{2i}\hat{e}'_2 + a_{3i}\hat{e}'_3. \end{aligned} \tag{2.8}$$

Frage 2

Man überprüfe die Gültigkeit von (2.6) anhand von Abb. 2.1 bzw. Gleichung (2.5).

Wie bereits betont, handelt es sich bei der oben diskutierten Koordinatentransformation um eine Drehung des Koordinatensystems, wobei das physikalische System selbst unverändert bleibt. In diesem Zusammenhang spricht man von *passiven Drehungen*. Dreht man im Gegensatz dazu das physikalische System in einem festen Koordinatensystem, bezeichnet man dies als *aktive Drehung*. Mathematisch sind beide Vorgänge äquivalent, physikalisch aber streng zu unterscheiden, da für eine aktive Drehung in der Regel Kräfte benötigt werden (und auch nicht immer möglich sind, z. B. bei Spiegelungen).

Passive Koordinatentransformation

Passive Koordinatentransformationen entsprechen dem Wechsel von einem Koordinatensystem zu einem anderen. Sie haben keine Auswirkung auf physikalische Größen, ändern aber in der Regel ihre Darstellung.

Darstellung von Drehungen durch Matrizen

Die 3×3 Zahlen a_{ij} aus (2.5) lassen sich durch das rechteckige Zahlenschema einer *quadratischen Matrix* darstellen:

$$\boldsymbol{A} = (a_{ij}) = \begin{pmatrix} \cos\phi & \sin\phi & 0 \\ -\sin\phi & \cos\phi & 0 \\ 0 & 0 & 1 \end{pmatrix}. \tag{2.9}$$

Matrizen und ihre grundlegenden Rechenregeln werden im „Mathematischen Hintergrund" 2.1 besprochen. Die Matrix $\boldsymbol{A}$

2.1 Mathematischer Hintergrund: Matrizen I Definition und grundlegende Rechenregeln

In der Mathematik und der Physik sind lineare Abbildungen zwischen Vektorräumen von großer Bedeutung. Im Falle des $\mathbb{R}^3$ sind dies beispielsweise Drehungen oder Spiegelungen. Solche linearen Abbildungen lassen sich mithilfe von Matrizen beschreiben.

Matrizen *Matrizen* (singular: Matrix) sind Zahlenschemata aus $M \times N$ Zahlen eines Körpers K, die in M Zeilen und N Spalten angeordnet sind:

$$A = \begin{pmatrix} a_{11} & a_{12} & \cdots & a_{1N} \\ a_{21} & a_{22} & \cdots & a_{2N} \\ \vdots & \vdots & \ddots & \vdots \\ a_{M1} & a_{M2} & \cdots & a_{MN} \end{pmatrix} =: (a_{ij}).$$

Die Zahlen a_{ij} heißen *Matrixelemente*. Eine Matrix mit M Zeilen und N Spalten nennt man auch $M \times N$-Matrix. Jeder linearen Abbildung kann man (nachdem in den betreffenden Vektorräumen eine Basis gewählt wurde) genau eine Matrix zuordnen, und umgekehrt definiert jede Matrix (bei fester Basis) eine eindeutige lineare Abbildung. Eine spezielle Matrix ist die *Einheitsmatrix*

$$\boldsymbol{I} = (a_{ij}) \quad \text{mit} \quad a_{ij} = \delta_{ij}.$$

Diese Matrix beschreibt die Identitätsabbildung.

Vektorraum der Matrizen Die $M \times N$-Matrizen bilden selbst wieder einen Vektorraum $\mathcal{M}_{MN}$ über K, wenn man die Addition und die Multiplikation mit Skalaren elementweise definiert:

$$\begin{aligned} + :\mathcal{M}_{MN} \times \mathcal{M}_{MN} &\to \mathcal{M}_{MN}, \quad (\boldsymbol{A}, \boldsymbol{B}) \mapsto (a_{ij} + b_{ij}), \\ \cdot :K \times \mathcal{M}_{MN} &\to \mathcal{M}_{MN}, \quad (\lambda, \boldsymbol{A}) \mapsto (\lambda a_{ij}). \end{aligned}$$

Man kann nur Matrizen addieren, bei denen sowohl die Zeilen- als auch die Spaltenanzahl übereinstimmt.

Matrixmultiplikation Man definiert eine *Matrixmultiplikation* so, dass man $L \times M$-Matrizen mit $M \times N$-Matrizen multiplizieren kann, um $L \times N$-Matrizen zu erhalten:

$$\mathcal{M}_{LM} \times \mathcal{M}_{MN} \to \mathcal{M}_{LN}, \quad (\boldsymbol{A}, \boldsymbol{B}) \mapsto \boldsymbol{AB} = (a_{ij}b_{jk}).$$

Hier sind $1 \le i \le L$, $1 \le j \le M$ und $1 \le k \le N$. Die Summation über doppelte Indizes (hier über j von 1 bis M) wird implizit vorausgesetzt, d. h.

$$a_{ij}b_{jk} := \sum_{j=1}^{M} a_{ij}b_{jk}.$$

Das Matrixprodukt ist gerade so definiert, dass das Produkt zweier Matrizen der Verkettung der zugehörigen linearen Abbildungen entspricht. Hierbei ist es wichtig, dass man zwei Matrizen nur dann multiplizieren kann, wenn die erste Matrix genauso viele Spalten wie die zweite Matrix Zeilen hat.

Rechenregeln für die Matrixmultiplikation Für das Matrixprodukt gelten folgende Rechenregeln, sofern man die beteiligten Matrizen addieren bzw. multiplizieren kann:

- $(\boldsymbol{AB})\boldsymbol{C} = \boldsymbol{A}(\boldsymbol{BC})$ (Assoziativgesetz)
- $(\boldsymbol{A} + \boldsymbol{B})\boldsymbol{C} = \boldsymbol{AC} + \boldsymbol{BC}$ (rechtes Distributivgesetz)
- $\boldsymbol{A}(\boldsymbol{B} + \boldsymbol{C}) = \boldsymbol{AB} + \boldsymbol{AC}$ (linkes Distributivgesetz)
- $\boldsymbol{AI} = \boldsymbol{IA} = \boldsymbol{A}$ (Identitätsabbildung)

Im Allgemeinen gilt jedoch $\boldsymbol{AB} \neq \boldsymbol{BA}$.

Matrix-Vektor-Multiplikation Indem man die Koordinatendarstellungen von Spaltenvektoren aus N-dimensionalen Vektorräumen V_N als $N \times 1$-Matrizen auffasst, ist damit auch eine Multiplikation von $M \times N$-Matrizen mit N-dimensionalen Spaltenvektoren definiert, deren Ergebnis ein Vektor aus einem M-dimensionalen Vektorraum V_M ist:

$$\mathcal{M}_{MN} \times V_N \to V_M, \quad (\boldsymbol{A}, \boldsymbol{v}) \mapsto (a_{ij}v_j),$$

wobei $1 \le i \le M$ und $1 \le j \le N$ sind. Ebenso kann man Zeilenvektoren aus V_N als $1 \times N$-Matrizen auffassen und sie von rechts mit $N \times M$-Matrizen multiplizieren, um M-dimensionale Zeilenvektoren zu erhalten:

$$V_N \times \mathcal{M}_{NM} \to V_M, \quad (\boldsymbol{v}, \boldsymbol{A}) \mapsto (v_i a_{ij}).$$

Man schreibt die Multiplikationen auch kurz in der Form $\boldsymbol{Av}$ und $\boldsymbol{v}^\top \boldsymbol{A}$.

Transponierte Die *Transponierte* einer Matrix wird definiert, indem man die beiden Indizes und damit Zeilen und Spalten vertauscht:

$$\boldsymbol{A}^\top = (a_{ij})^\top = (a_{ji}).$$

Somit gilt dann

$$\boldsymbol{v}^\top \boldsymbol{A} = v_i a_{ij} = a_{ji}^\top v_i = \boldsymbol{A}^\top \boldsymbol{v}.$$

Es gelten die folgenden Rechenregeln:

- $(\boldsymbol{AB})^\top = (a_{ij}b_{jk})^\top = (a_{kj}b_{ji}) = (a_{jk}^\top b_{ij}^\top) = \boldsymbol{B}^\top \boldsymbol{A}^\top$,
- $(\boldsymbol{A} + \boldsymbol{B})^\top = \boldsymbol{A}^\top + \boldsymbol{B}^\top$,
- $(\boldsymbol{A}^\top)^\top = \boldsymbol{A}$,
- $\boldsymbol{I}^\top = \boldsymbol{I}$.

Literatur

- Modler, F., Kreh, M.: Tutorium Analysis 1 und Lineare Algebra 1. 3. Aufl., Springer Spektrum (2014)
- Bosch, S.: Lineare Algebra. 4. Aufl., Springer (2007)

ist die *Drehmatrix*, welche die in Abb. 2.1 beschriebene Drehung vermittelt. Für eine allgemeine Transformation zwischen beliebigen kartesischen Koordinatensystemen gilt

$$A = \begin{pmatrix} \hat{e}'_1 \cdot \hat{e}_1 & \hat{e}'_1 \cdot \hat{e}_2 & \hat{e}'_1 \cdot \hat{e}_3 \\ \hat{e}'_2 \cdot \hat{e}_1 & \hat{e}'_2 \cdot \hat{e}_2 & \hat{e}'_2 \cdot \hat{e}_3 \\ \hat{e}'_3 \cdot \hat{e}_1 & \hat{e}'_3 \cdot \hat{e}_2 & \hat{e}'_3 \cdot \hat{e}_3 \end{pmatrix} \tag{2.10}$$

oder in Kurzform $a_{ij} = \hat{e}'_i \cdot \hat{e}_j$. Solche Matrizen sind *orthogonale Matrizen*, die im „Mathematischen Hintergrund" 2.2 definiert werden und für die $A^\top A = I$ gilt, wobei $I = (\delta_{ij})$ die Einheitsmatrix ist. Als Konvention für die Schreibweise legen wir fest, dass Matrizen durch Großbuchstaben, die Matrixelemente jedoch durch Kleinbuchstaben notiert werden, z. B. $A = (a_{ij})$ oder $R = (r_{kl})$.

Frage 3

Man mache sich klar, warum nur quadratische Matrizen für Drehungen von Koordinatensystemen infrage kommen.

Sukzessive Drehungen

Im Folgenden wollen wir Drehmatrizen mit R (wie Rotation) bezeichnen. Sie bilden eine mathematische Untergruppe (siehe den „Mathematischen Hintergrund" 2.4) der allgemeineren orthogonalen Matrizen. Da sich Drehungen durch quadratische Matrizen ausdrücken lassen, können nacheinander ausgeführte mehrfache Drehungen eines Bezugssystems mithilfe der Matrixmultiplikation formuliert werden. Eine solche mehrfache Rotation ist in vielen Bereichen der theoretischen Physik von großer Bedeutung. Wird ein Koordinatensystem nacheinander durch N Rotationen $R_1, \ldots, R_N$ gedreht, so ist dies äquivalent zu einer Drehung mit der Matrix

$$R = R_N R_{N-1} \ldots R_2 R_1 . \tag{2.11}$$

Die Reihenfolge der R_i ist dabei derart, dass dasjenige R_i, das als Erstes auf einen Vektor wirken soll, ganz rechts und somit unmittelbar „vor" dem Vektor steht (und folglich zuerst multipliziert wird).

Achtung Die Matrixmultiplikation ist im Allgemeinen nicht kommutativ, das Ergebnis hängt von der Reihenfolge der Multiplikation ab. Physikalisch bedeutet dies, dass das Ergebnis aufeinanderfolgender Drehungen im Raum von deren Reihenfolge abhängt (Abb. 2.2). ◂

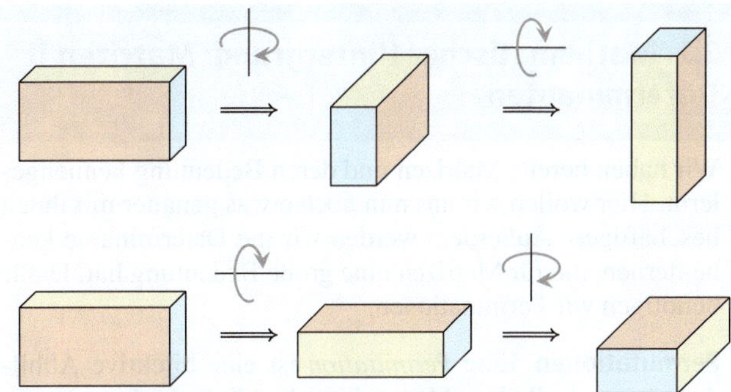

Abb. 2.2 Bei aufeinanderfolgenden Drehungen spielt die Reihenfolge der Einzeldrehungen eine Rolle. Im *oberen Beispiel* wird ein Quader um zwei zueinander senkrechte Achsen gedreht. Vertauscht man die Reihenfolge, ist das Resultat unterschiedlich (*unteres Beispiel*)

Reihenfolge von Drehungen

Betrachten wir zwei Drehungen, die erste um einen Winkel ϕ um die $\hat{e}_3$-Achse, die zweite um einen Winkel ψ um die ursprüngliche $\hat{e}_2$-Achse. Die beiden Drehmatrizen lauten

$$R_1 = \begin{pmatrix} \cos\phi & \sin\phi & 0 \\ -\sin\phi & \cos\phi & 0 \\ 0 & 0 & 1 \end{pmatrix}, \quad R_2 = \begin{pmatrix} \cos\psi & 0 & \sin\psi \\ 0 & 1 & 0 \\ -\sin\psi & 0 & \cos\psi \end{pmatrix}. \tag{2.12}$$

Wendet man die Regeln der Matrixmultiplikation an, findet man für die resultierende Drehmatrix

$$R = R_2 R_1 = \begin{pmatrix} \cos\phi\cos\psi & \sin\phi\cos\psi & \sin\psi \\ -\sin\phi & \cos\phi & 0 \\ -\cos\phi\sin\psi & -\sin\phi\sin\psi & \cos\psi \end{pmatrix}. \tag{2.13}$$

Im Gegensatz dazu würde eine Drehung vermittelt durch R_2 gefolgt von R_1 auf die Drehmatrix

$$R_1 R_2 = \begin{pmatrix} \cos\phi\cos\psi & \sin\phi & \cos\phi\sin\psi \\ -\sin\phi\cos\psi & \cos\phi & -\sin\phi\sin\psi \\ -\sin\psi & 0 & \cos\psi \end{pmatrix} \tag{2.14}$$

führen. Offensichtlich sind beide Ergebnisse unterschiedlich. ◂

Frage 4

Rechnen Sie die beiden Produkte in (2.13) und (2.14) komponentenweise nach, wobei Sie die Regeln der Matrixmultiplikation verwenden.

In Kap. 4 werden wir sehen, dass eine räumliche Drehung um eine beliebige Achse stets durch drei sukzessive Drehungen um

2.2 Mathematischer Hintergrund: Matrizen II Determinanten

Wir haben bereits Matrizen und deren Bedeutung kennengelernt. Hier wollen wir uns nun noch etwas genauer mit ihnen beschäftigen. Außerdem werden wir die Determinante kennenlernen, die für Matrizen eine große Bedeutung hat. Dafür benötigen wir Permutationen.

Permutationen Eine *Permutation* ist eine bijektive Abbildung einer endlichen Menge in sich selbst. Anders gesagt, vertauscht (permutiert) eine Permutation nur die Reihenfolge der Elemente einer Menge. Meist werden Permutationen auf einer endlichen Indexmenge (d. h. einer endlichen Menge von Zahlen $\{1, \ldots, N\}$) betrachtet. Die Menge dieser Permutationen bezeichnet man dann mit S_N.

Findet eine gerade Anzahl von Vertauschungen (von je zwei Elementen) statt, so nennt man die Permutation *gerade*, ansonsten *ungerade*. Entsprechend ist für eine Permutation π das *Signum* $\operatorname{sgn}(\pi)$ definiert als 1, wenn π gerade ist, und als -1, wenn π ungerade ist. Da die Indizes $\{1, \ldots, N\}$ auf $N \cdot (N-1) \cdots 1 = N!$ verschiedene Arten permutiert werden können, enthält S_N genau $N!$ Elemente. Davon sind genau $N!/2$ gerade.

Determinante Die *Determinante* einer Matrix $\boldsymbol{A} = (a_{ij}) \in \mathcal{M}_{NN}$ ist definiert als

$$\det(\boldsymbol{A}) := \sum_{\pi \in S_N} \operatorname{sgn}(\pi) a_{1\pi(1)} a_{2\pi(2)} \cdots a_{N\pi(N)}.$$

Statt $\det(\boldsymbol{A})$ schreibt man auch $|\boldsymbol{A}|$. Die Determinante ist nur für quadratische Matrizen definiert. Für $N = 2$ lautet die obige Formel

$$\det(\boldsymbol{A}) = a_{11}a_{22} - a_{12}a_{21}$$

und für $N = 3$

$$\begin{aligned}\det(\boldsymbol{A}) &= (a_{11}a_{22}a_{33} + a_{12}a_{23}a_{31} + a_{13}a_{21}a_{32}) \\ &\quad - (a_{12}a_{21}a_{33} + a_{11}a_{23}a_{32} + a_{13}a_{22}a_{31}) \\ &= \varepsilon_{ijk} a_{1i} a_{2j} a_{3k}.\end{aligned}$$

Diese Formel nennt man auch *Regel von Sarrus*, die man sich folgendermaßen grafisch vorstellen kann:

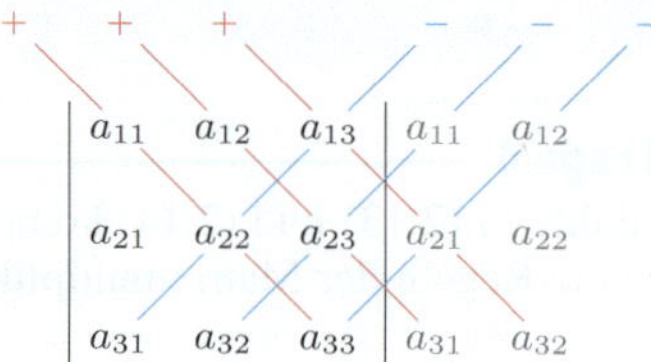

Man kann sich merken, dass die Produkte der Hauptdiagonalen (von links oben nach rechts unten) minus der Produkte der Nebendiagonalen (von rechts oben nach links unten) genommen werden.

Normalerweise wird die Determinante etwas anders definiert und die obige Formel daraus gefolgert. Für uns werden die obige Definition und die folgenden Rechenregeln (die im Wesentlichen alle Details der „richtigen" Definition der Determinante enthalten) jedoch ausreichen.

Rechenregeln für die Determinante

- $\det(\boldsymbol{AB}) = \det(\boldsymbol{A})\det(\boldsymbol{B})$
- $\det(\boldsymbol{A}^\top) = \det(\boldsymbol{A})$
- $\det(\lambda \boldsymbol{A}) = \lambda^N \det(\boldsymbol{A})$
- sind in $\boldsymbol{A}$ zwei Zeilen oder Spalten linear abhängig, so ist $\det(\boldsymbol{A}) = 0$
- $\det(\boldsymbol{I}) = 1$

Orthonormale Transformationen Mit Matrizen lassen sich Koordinatentransformationen beschreiben, die eine alte Basis $\hat{\boldsymbol{e}}_i$ in eine neue $\hat{\boldsymbol{e}}'_i$ überführen. Besonders wichtig sind Transformationen für Orthonormalbasen, d. h. für Basen, für die $\langle \hat{\boldsymbol{e}}_i, \hat{\boldsymbol{e}}_j \rangle = \delta_{ij}$ bzw. $\langle \hat{\boldsymbol{e}}'_i, \hat{\boldsymbol{e}}'_j \rangle = \delta_{ij}$ gilt. Ist $\boldsymbol{A} = (a_{ij})$ eine solche Matrix, so muss

$$\delta_{ij} = \langle a_{ik}\hat{\boldsymbol{e}}_k, a_{jl}\hat{\boldsymbol{e}}_l \rangle = a_{ik}a_{jl}\delta_{kl} = a_{ik}a_{jk} = a_{ik}a^\top_{kj},$$

also

$$\boldsymbol{A}\boldsymbol{A}^\top = \boldsymbol{I} = \boldsymbol{A}^\top \boldsymbol{A},$$

gelten. Eine solche Matrix heißt *orthogonal*, während man die Transformation *orthonormal* nennt. Wegen der Rechenregeln für Determinanten gilt

$$1 = \det(\boldsymbol{I}) = \det(\boldsymbol{A}\boldsymbol{A}^\top) = \det(\boldsymbol{A})\det(\boldsymbol{A}^\top) = (\det(\boldsymbol{A}))^2,$$

also $\det(\boldsymbol{A}) = \pm 1$. Ist $\det(\boldsymbol{A}) = 1$, nennt man die orthonormale Transformation *eigentlich*, ansonsten *uneigentlich*.

Anschaulich gibt die Determinante einer Transformationsmatrix an, wie sich das orientierte Volumen eines Körpers unter dieser Transformation ändert. Insbesondere lassen orthogonale Transformationen das Volumen höchstens bis auf das Vorzeichen invariant.

Literatur

- Modler, F., Kreh, M.: Tutorium Analysis 1 und Lineare Algebra 1. 3. Aufl., Spektrum (2014)
- Bosch, S.: Lineare Algebra. 4. Aufl., Springer (2007)

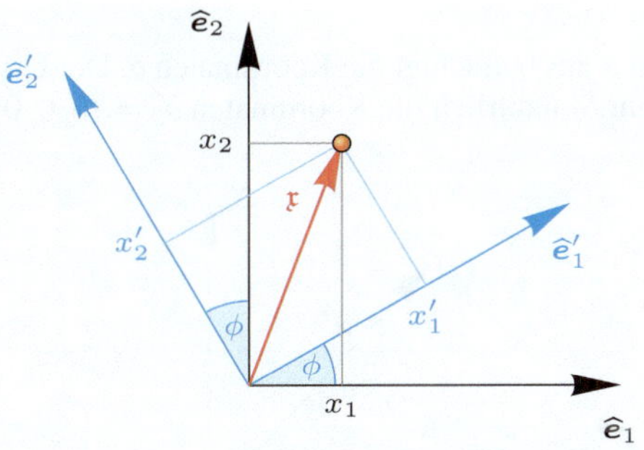

Abb. 2.3 Darstellung einer passiven Drehung, bei der das ungestrichene Koordinatensystem (*schwarz*) durch eine Drehung um die x_3-Achse in das gestrichene Koordinatensystem (*blau*) überführt wird. Der Vektor $\mathfrak{x}$ wird davon nicht berührt, allerdings hängt seine Darstellung vom Koordinatensystem ab, wie man an den Projektionen auf die entsprechenden Koordinatenachsen erkennen kann

die drei Koordinatenachsen dargestellt werden kann. Drehungen im dreidimensionalen Raum lassen sich daher durch drei unabhängige Drehwinkel beschreiben.

Transformation des Ortsvektors unter Drehungen

Wir wollen nun untersuchen, wie sich die Darstellung des Ortsvektors $\mathfrak{x}$ ändert, wenn das Koordinatensystem gedreht wird. Eine Punktmasse befinde sich am Ort mit den Koordinaten $\boldsymbol{x}$. Abhängig von der Wahl des Koordinatensystems hat dieser Ort verschiedene Darstellungen. Wir schreiben die Darstellungen vor und nach der Drehung als $\boldsymbol{x} = (x_1, x_2, x_3)^\top$ bzw. $\boldsymbol{x}' = (x'_1, x'_2, x'_3)^\top$. Die Drehung ist in Abb. 2.3 illustriert. Wir wissen, dass für die Koordinaten des Ortes in den beiden Koordinatensystemen

$$x_i = \mathfrak{x} \cdot \hat{\boldsymbol{e}}_i \quad \text{bzw.} \quad x'_i = \mathfrak{x} \cdot \hat{\boldsymbol{e}}'_i \tag{2.15}$$

gilt. Weiterhin sind

$$\mathfrak{x} = x_1\hat{\boldsymbol{e}}_1 + x_2\hat{\boldsymbol{e}}_2 + x_3\hat{\boldsymbol{e}}_3 \quad \text{und} \quad \mathfrak{x} = x'_1\hat{\boldsymbol{e}}'_1 + x'_2\hat{\boldsymbol{e}}'_2 + x'_3\hat{\boldsymbol{e}}'_3 \tag{2.16}$$

gegeben. Dies führt direkt auf

$$\begin{aligned} x'_i &= (x_1\hat{\boldsymbol{e}}_1 + x_2\hat{\boldsymbol{e}}_2 + x_3\hat{\boldsymbol{e}}_3) \cdot \hat{\boldsymbol{e}}'_i \\ &= x_j\hat{\boldsymbol{e}}_j \cdot \hat{\boldsymbol{e}}'_i = x_j\hat{\boldsymbol{e}}'_i \cdot \hat{\boldsymbol{e}}_j = r_{ij}x_j, \end{aligned} \tag{2.17}$$

wobei die Matrix $\boldsymbol{R}$ durch (2.10) definiert ist. Hier und im Folgenden wird über doppelt auftretende Indizes summiert, ohne das Summenzeichen explizit anzugeben (*Einstein'sche Summenkonvention*):

$$r_{ij}x_j := \sum_{j=1}^{3} r_{ij}x_j. \tag{2.18}$$

Offensichtlich erhält man die neuen Koordinaten des Ortsvektors durch Anwendung der Matrix $\boldsymbol{R}$ auf die alten Koordinaten. In Kurzform können wir auch

$$\boldsymbol{x}' = \boldsymbol{R}\boldsymbol{x}. \tag{2.19}$$

schreiben.

Achtung Ausdrücke der Form $r_{ij}a_ib_j$ oder $r_{ij}r_{kj}$ sind Abkürzungen (und nichts anderes als das) für die längeren Schreibweisen $\sum_{i,j} r_{ij}a_ib_j$ oder $\sum_j r_{ij}r_{kj}$. Dabei wird stets über doppelt auftretende Indizes summiert. Einzelne Indizes müssen auf beiden Seiten einer Gleichung auftreten, z. B. $a_ib_j = r_{ij}c_kd_k$ oder $a_ib_j = r_{ik}c_jd_k$. Gleichungen wie $a_ib_i = c_i$, $r_{ij} = d_k$ oder $a_ib_j = r_{ik}c_id_k$ sind nicht korrekt! Indizes können also entweder einfach vorkommen, müssen dann aber auf beiden Seiten einer Gleichung stehen oder auf einer oder beiden Seiten doppelt. Dann wird über sie summiert. Zum Beispiel sind die Gleichungen $a_ib_i = c_jd_j$ und $a_kb_k = c_kd_k$ beide gültig und sogar gleichwertig. Indizes dürfen nicht häufiger als zweimal auf einer Seite einer Gleichung vorkommen, da stets paarweise summiert wird. Summationsindizes können also im Rahmen der oben genannten Regeln umbenannt werden. ◀

Transformation der Darstellung des Ortsvektors unter passiven Drehungen

Der Koordinatenvektor des Ortes transformiert unter passiven Drehungen vermittelt durch die Matrix $\boldsymbol{R}$ wie

$$\boldsymbol{x}' = \boldsymbol{R}\boldsymbol{x}. \tag{2.20}$$

Frage 5

Machen Sie sich anhand des Beispiels in Gleichung (2.9) und Abb. 2.3 klar, dass die Drehmatrix $\boldsymbol{R}$ verwendet wird, um die neue Darstellung des Ortsvektors zu finden.

Drehung

Wir betrachten den Vektor mit der ursprünglichen Darstellung $\boldsymbol{x} = (x_1, x_2, x_3)^\top = (1, 1, 1)^\top$. Die Drehung, die durch die Matrix $\boldsymbol{R}$ in (2.9) vermittelt wird, führt auf die Darstellung

$$\boldsymbol{x}' = \begin{pmatrix} x'_1 \\ x'_2 \\ x'_3 \end{pmatrix} = \boldsymbol{R}\begin{pmatrix} 1 \\ 1 \\ 1 \end{pmatrix} = \begin{pmatrix} \cos\phi + \sin\phi \\ \cos\phi - \sin\phi \\ 1 \end{pmatrix}. \tag{2.21}$$

◀

Bei einer *aktiven* Transformation wird ein physikalischer Vektor $\mathfrak{x}$ mit der Darstellung $\boldsymbol{x} = (x_1, x_2, x_3)^\top$ in ein und demselben

Koordinatensystem gedreht, sodass sich ein *anderer* physikalischer Vektor $\underset{\sim}{x}'$ mit der Darstellung $\boldsymbol{x}' = (x_1', x_2', x_3')^\top$ ergibt. Hier gilt ebenfalls (2.19); dies ist jedoch anders zu interpretieren, da die Basisvektoren von der Transformation nicht betroffen sind. Wie bereits erwähnt ist für solch eine Drehung eine Kraft nötig; sie ist daher von einer passiven Transformation zu unterscheiden.

Passive und aktive Drehungen

Möchte man die Rückseite einer auf dem Tisch stehenden Vase betrachten, kann man um den Tisch herum gehen. Dies entspricht einer passiven Transformation, da sich die Vase nicht dreht, das Bezugssystem (festgelegt durch die Blickrichtung) schon. Die andere Möglichkeit ist, die Vase zu nehmen und umzudrehen. Dabei ändert sich das Bezugssystem nicht, aber die Vase wird im Raum gedreht. Mathematisch werden beide Vorgänge durch dieselbe Drehung beschrieben, physikalisch kann es jedoch Unterschiede geben: So könnte beispielsweise der Lichteinfall von der Richtung abhängen, sodass man die Rückseite der Vase im einen Fall gut, im anderen nur schlecht sehen kann. Außerdem muss eine aktive Drehung jeweils genau entgegengesetzt zu einer passiven sein, damit man dasselbe Ergebnis erhält. ◂

In Aufgabe 2.1 wird gezeigt, dass Winkel zwischen Vektoren und Längen (Beträge) von Vektoren invariant unter orthogonalen Transformationen sind.

Gebundene und ungebundene Vektoren, Transformation des Geschwindigkeitsvektors

Man unterscheidet zwischen *gebundenen* und *ungebundenen* Vektoren. Der Ort einer Punktmasse wird durch einen gebundenen Vektor beschrieben, da der Ort von der Wahl des Koordinatenursprungs abhängt. Man sagt, dass der Ortsvektor an den Ursprung gebunden ist. Ein ungebundener Vektor ist dagegen von der Lage des Ursprungs unabhängig. Solche Vektoren sind *Verschiebungsvektoren*, die z. B. die Differenz von zwei Ortsvektoren und somit eine Verschiebung beschreiben. Häufig nennt man ungebundene Vektoren schlicht *Vektoren* und gebundene Vektoren Elemente eines *affinen Raumes*.

Um dies besser zu verstehen, betrachten wir ein Beispiel.

Verschiebungsvektoren und Drehungen

Zwei Koordinatensysteme, S und S', seien durch eine Translation gegeneinander verschoben, die Achsen aber nicht gegeneinander gedreht (Abb. 2.4). Der Ursprung O' des gestrichenen Systems S' habe vom ungestrichenen System S aus betrachtet die Koordinaten $\boldsymbol{b}$. Der Ursprung O' hat in S' natürlich die Koordinaten $\boldsymbol{b}' = (0, 0, 0)^\top$.

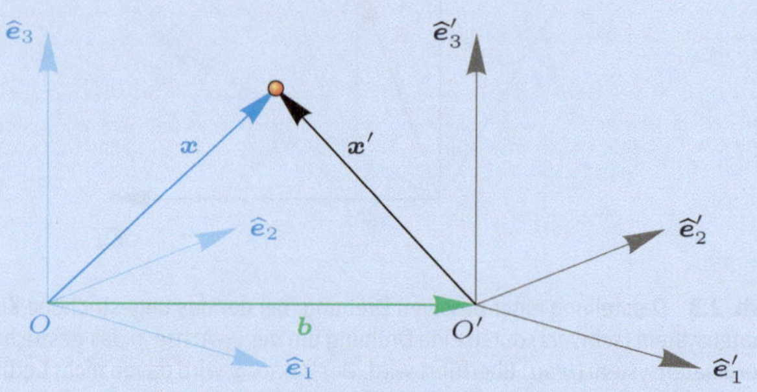

Abb. 2.4 Transformation zwischen kartesischen Koordinatensystemen. Der Ursprung des gestrichenen Koordinatensystems S' befindet sich vom ungestrichenen Koordinatensystem S aus betrachtet am Ort $\boldsymbol{b}$. Eine Punktmasse hat in S die Ortskoordinaten $\boldsymbol{x}$ (*blau*), in S' $\boldsymbol{x}'$ (*schwarz*)

Wird der Ort einer Punktmasse beschrieben, so lauten die Koordinaten in S zunächst $\boldsymbol{x}$. Ein Beobachter in S' gibt dagegen die Koordinaten $\boldsymbol{x}' = \boldsymbol{x} - \boldsymbol{b}$ für dieselbe Punktmasse an. Legt man nun eine zweite Punktmasse genau in den Ursprung O' und fragt nach dem Verschiebungsvektor $\boldsymbol{d}$, der beide Punktmassen verbindet, so lautet dieser Vektor $\boldsymbol{d} = \boldsymbol{x} - \boldsymbol{b}$ bzw. $\boldsymbol{d}' = \boldsymbol{x}' - \boldsymbol{b}' = \boldsymbol{x}'$. Man sieht sofort, dass dann $\boldsymbol{d} = \boldsymbol{d}'$ gilt, wohingegen $\boldsymbol{x} \neq \boldsymbol{x}'$ ist. Somit ist $\boldsymbol{x}$ ein Beispiel für einen gebundenen, $\boldsymbol{d}$ für einen ungebundenen Vektor. Allgemein kann man sagen, dass ungebundene Vektoren ihre Darstellung unter *Translationen* des Koordinatensystems nicht ändern. ◂

Nehmen wir nun an, dass S' gegenüber S zuerst verschoben und dann gedreht ist. Die Verschiebung des Ursprungs sei durch den Vektor $\boldsymbol{b}$, die Rotation durch die Drehmatrix $\boldsymbol{R}$ beschrieben. Sowohl $\boldsymbol{b}$ als auch $\boldsymbol{R}$ seien zeitunabhängig. In diesem Fall gilt für den Ort einer Punktmasse

$$\boldsymbol{x}' = \boldsymbol{R}(\boldsymbol{x} - \boldsymbol{b}), \tag{2.22}$$

da $\boldsymbol{b}' = 0$ ist. Für den Verschiebungsvektor $\boldsymbol{d} = \boldsymbol{x} - \boldsymbol{b}$ gilt dagegen

$$\boldsymbol{d}' = \boldsymbol{R}\boldsymbol{d}. \tag{2.23}$$

Gebundene und ungebundene Vektoren transformieren sich daher unterschiedlich.

Transformation der Darstellung des Ortsvektors unter passiven Rotationen und Translationen

Der Ortsvektor ist ein an den Ursprung gebundener Vektor. Nur Differenzen von Ortsvektoren, $\boldsymbol{d} = \boldsymbol{x} - \boldsymbol{b}$, transformieren sich wie

$$\boldsymbol{d}' = \boldsymbol{R}\boldsymbol{d}. \tag{2.24}$$

Solche Größen nennt man im physikalischen Sinne Vektoren.

Frage 6

Machen Sie sich die Gültigkeit von (2.22) zeichnerisch klar.

Fragt man nach dem Transformationsverhalten des Geschwindigkeitsvektors der Punktmasse, so sieht man direkt, dass

$$\dot{\boldsymbol{x}}' = \boldsymbol{R}\dot{\boldsymbol{x}} \tag{2.25}$$

gilt. Geschwindigkeiten transformieren unter Drehungen daher wie ungebundene Vektoren. Eine gleichzeitige Verschiebung des Ursprungs spielt dabei keine Rolle.

Frage 7

Überprüfen Sie das Ergebnis in (2.25), indem sie von (2.22) ausgehen und $\dot{\boldsymbol{b}} = 0$ und $\dot{\boldsymbol{R}} = 0$ verwenden.

Wir werden auf das Transformationsverhalten von $\dot{\boldsymbol{x}}$ bei allgemeinen zeitabhängigen Verschiebungen und Drehungen in Abschn. 2.3 zurückkommen.

Transformation des Drehimpulses unter Drehungen, polare und axiale Vektoren

Der Drehimpuls $\boldsymbol{L} = \boldsymbol{x} \times \boldsymbol{p}$ einer Punktmasse am Ort $\boldsymbol{x}$ mit Impuls $\boldsymbol{p}$ lautet in Komponentenschreibweise

$$L_i = \varepsilon_{ijk} x_j p_k. \tag{2.26}$$

Wir betrachten erneut eine durch eine Rotation $\boldsymbol{R}$ vermittelte Transformation vom ungestrichenen System S zum gestrichenen System S'. Zur Vereinfachung seien beide Koordinatensysteme nicht gegeneinander verschoben. In S' lautet der Drehimpuls

$$L'_i = \varepsilon_{ijk} x'_j p'_k = \varepsilon_{ijk} (r_{jl} x_l)(r_{km} p_m) = \varepsilon_{ijk} r_{jl} r_{km} x_l p_m. \tag{2.27}$$

Die Orthogonalität der Drehmatrix, $\boldsymbol{R}\boldsymbol{R}^\top = \boldsymbol{I}$ oder $r_{pq} r_{iq} = \delta_{pi}$, lässt sich ausnutzen, um das Matrixprodukt umzuschreiben:

$$\varepsilon_{ijk} r_{jl} r_{km} = \varepsilon_{pjk} \delta_{pi} r_{jl} r_{km} = \varepsilon_{pjk} (r_{pq} r_{iq}) r_{jl} r_{km}. \tag{2.28}$$

Wie im „Mathematischen Hintergrund" 2.2 und 2.3 erläutert wird, erfüllen 3×3-Matrizen die Relation

$$\det(\boldsymbol{A}) = \varepsilon_{ijk} a_{1i} a_{2j} a_{3k}. \tag{2.29}$$

Hier ist $\det(\boldsymbol{A})$ die *Determinante* der Matrix $\boldsymbol{A} = (a_{ij})$. Allgemeiner lässt sich der folgende Zusammenhang zeigen (Riley et al. 2006):

$$\varepsilon_{pjk} a_{pq} a_{jl} a_{km} = \det(\boldsymbol{A}) \varepsilon_{qlm}. \tag{2.30}$$

Dies wiederum führt mit der Drehmatrix $\boldsymbol{R}$ statt $\boldsymbol{A}$ auf

$$\varepsilon_{pjk} r_{pq} r_{jl} r_{km} r_{iq} = \det(\boldsymbol{R}) \varepsilon_{qlm} r_{iq}. \tag{2.31}$$

Es folgt sofort der transformierte Drehimpuls

$$L'_i = \det(\boldsymbol{R}) r_{iq} (\varepsilon_{qlm} r_l p_m) = \det(\boldsymbol{R}) r_{iq} L_q \tag{2.32}$$

bzw.

$$\boldsymbol{L}' = \det(\boldsymbol{R}) \boldsymbol{R}\boldsymbol{L} \tag{2.33}$$

in Vektorform.

Im Gegensatz zu Geschwindigkeiten bzw. Impulsen, die entsprechend $\boldsymbol{p}' = \boldsymbol{R}\boldsymbol{p}$ transformieren, tritt beim Drehimpuls ein zusätzlicher Faktor $\det(\boldsymbol{R})$ auf. Dies ist typisch für Größen, in deren Definitionen das Levi-Civita-Symbol auftaucht. Der Drehimpuls ändert daher sein Vorzeichen, wenn die Matrix $\boldsymbol{R}$ eine uneigentliche Transformation mit $\det(\boldsymbol{R}) = -1$ ist. Beispiele hierfür sind Spiegelungen oder das paarweise Vertauschen von Koordinatenachsen. Eigentliche Drehungen sind dagegen stets durch $\det(\boldsymbol{R}) = +1$ ausgezeichnet.

Spiegelung

Die Matrix

$$\boldsymbol{A} = \begin{pmatrix} 1 & 0 & 0 \\ 0 & 1 & 0 \\ 0 & 0 & -1 \end{pmatrix} \tag{2.34}$$

vermittelt eine Spiegelung an der x_1-x_2-Ebene, d. h., die Koordinaten $\boldsymbol{x}$ des Ortsvektors werden folgendermaßen transformiert: $(x_1, x_2, x_3)^\top \rightarrow (x_1, x_2, -x_3)^\top$. Offensichtlich ist $\det(\boldsymbol{A}) = -1$. Es handelt sich also um eine uneigentliche orthogonale Matrix. Die neuen Basisvektoren sind wegen

$$\hat{\boldsymbol{e}}_i \times \hat{\boldsymbol{e}}_j = -\epsilon_{ijk} \hat{\boldsymbol{e}}_k \tag{2.35}$$

nicht mehr rechtshändig, sondern *linkshändig*. Man sagt auch, dass die *Helizität* vertauscht wurde. ◄

2.2 Galilei-Transformationen

In Abschn. 2.1 wurden einige mathematischen Grundlagen für Koordinatentransformationen (insbesondere Drehungen) bereitgestellt. Diese Ergebnisse werden nun ausgenutzt, um physikalische Aussagen treffen zu können. Das Verhalten von physikalischen Systemen unter Transformationen ist von fundamentaler Bedeutung für die theoretische Physik. Dies gilt vor allem, wenn Systeme unter gewissen Transformationen invariant, d. h. symmetrisch sind. Wie in Kap. 5 diskutiert wird, führen Symmetrien

Vertiefung: Transformationsverhalten von Vektoren
Polare und axiale Vektoren

Man unterscheidet physikalische Vektoren entsprechend des Verhaltens ihrer Darstellungen unter orthogonalen Transformationen $\boldsymbol{R}$, die sie von einem ungestrichenen in ein gestrichenes Koordinatensystem überführen. Transformiert ein Darstellungsvektor wie der Impuls,

$$\boldsymbol{p}' = \boldsymbol{R}\boldsymbol{p},$$

d. h. unabhängig von $\det(\boldsymbol{R})$, so ist diese Größe ein *polarer Vektor*. Transformiert ein Darstellungsvektor wie der Drehimpuls,

$$\boldsymbol{L}' = \det(\boldsymbol{R})\,\boldsymbol{R}\boldsymbol{L},$$

ändert er also bei einer uneigentlichen Transformation das Vorzeichen, so ist diese Größe ein *axialer Vektor*. Allgemein ist das Kreuzprodukt zweier polarer Vektoren ein axialer Vektor. Das Skalarprodukt zweier polarer Vektoren ist ein Skalar, der unter uneigentlichen Transformationen invariant ist. Das Produkt eines skalaren und eines polaren Vektors, z. B. $\boldsymbol{p} \cdot \boldsymbol{L}$, ist ein *Pseudoskalar*, der sein Vorzeichen ändert, wenn $\det(\boldsymbol{R}) = -1$ ist. Die physikalischen Begriffe der polaren und axialen Vektoren sind von der mathematischen Definition eines Vektors zu unterscheiden.

in der Regel auf Erhaltungsgrößen, deren Kenntnis das Lösen physikalischer Probleme stark vereinfacht. In diesem Abschnitt werden wir sehen, dass die Newton'schen Axiome invariant unter einer gewissen Klasse von Koordinatentransformationen sind. Diese werden als Galilei-Transformationen bezeichnet. Sie überführen Inertialsysteme ineinander. Anhand der Galilei-Transformationen werden einige Grundlagen der mathematischen Gruppen erläutert, die in der theoretischen Physik eine wichtige Rolle spielen.

Kovarianz des ersten Newton'schen Axioms unter Galilei-Transformationen

Wir haben in Abschn. 1.2 gelernt, dass das erste Newton'sche Axiom in allen Inertialsystemen gültig ist: Sind Kräfte abwesend, bewegen sich Punktmassen gleichförmig-geradlinig. Dieses Prinzip besagt, dass alle Inertialsysteme im Hinblick auf die Newton'schen Axiome gleichwertig sind. Weiterhin bedeutet dies, dass die Bewegungsgleichungen *kovariant*, d. h. forminvariant, sein müssen, wenn eine Transformation von einem Inertialsystem in ein anderes durchgeführt wird. Kein Inertialsystem kann sich gegenüber einem anderen auszeichnen. Genauso darf sich die Form der Bewegungsgleichungen in keinem Inertialsystem von der in einem anderen Inertialsystem unterscheiden. Diese Aussagen sollen im weiteren Verlauf näher beleuchtet werden.

Wir untersuchen nun, welchen Einfluss Koordinatentransformationen auf die Bewegungsgleichungen einer Punktmasse haben. Das Ausgangssystem sei ein Inertialsystem S mit Ursprung O und den Basisvektoren $\hat{\boldsymbol{e}}_i$. Das neue System sei S' mit Ursprung O' und Basisvektoren $\hat{\boldsymbol{e}}'_i$. Zusätzlich zu Transformationen, vermittelt durch orthogonale Matrizen $\boldsymbol{R}$, erlauben wir räumliche und zeitliche Translationen. Der Ursprung O' von S' liege von S aus betrachtet an einem beliebigen Ort $\boldsymbol{b}$ (Abb. 2.5). Offensichtlich sind die Koordinaten eines Punktes in S und S' wegen

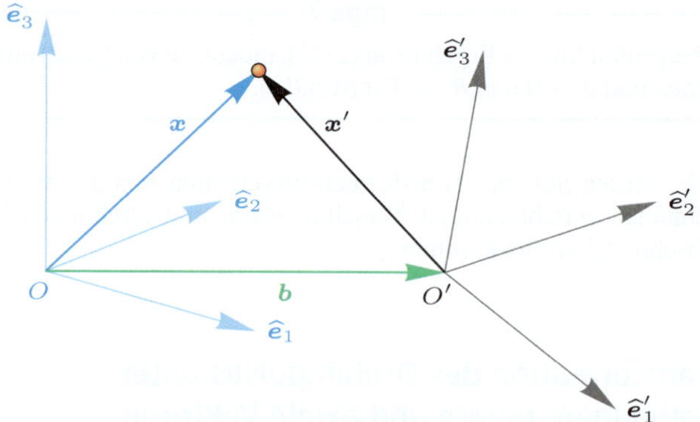

Abb. 2.5 Transformation zwischen kartesischen Koordinatensystemen. Der Ursprung des gestrichenen Koordinatensystems S' befindet sich vom ungestrichenen Koordinatensystem S aus betrachtet am Ort $\boldsymbol{b}$. Zusätzlich sind die Koordinatenachsen von S' und S gegeneinander gedreht. Eine Punktmasse hat in S die Ortskoordinaten $\boldsymbol{x}$ (*blau*), in S' $\boldsymbol{x}'$ (*schwarz*)

$\boldsymbol{R}^{-1} = \boldsymbol{R}^\top$ in der Form

$$\boldsymbol{x} = \boldsymbol{b} + \boldsymbol{R}^\top \boldsymbol{x}', \quad \boldsymbol{x}' = \boldsymbol{R}(\boldsymbol{x} - \boldsymbol{b}) \tag{2.36}$$

miteinander verbunden.

Im Rahmen der Newton'schen Mechanik ist die Zeit ein externer Parameter, dessen Verlauf nicht von der Bewegung von Punktmassen im physikalischen System abhängt. Allerdings kann der Zeitnullpunkt beliebig gewählt werden. Wir schreiben daher die Relation zwischen den Zeiten t und t' in S und S' in der Form

$$t' = t - t_0, \tag{2.37}$$

d. h., es gebe eine konstante zeitliche Verschiebung. Daraus folgt das Differenzial

$$\mathrm{d}t' = \mathrm{d}t. \tag{2.38}$$

Somit hängen Zeitableitungen nicht von der Wahl von t_0 ab.

2.3 Mathematischer Hintergrund: Matrizen III Matrixinversion und Rechenregeln für Determinanten

Hier wollen wir nun noch einige Hilfsmittel zur Berechnung von Determinanten bzw. inversen Matrizen bereitstellen. Ein Hilfsmittel dafür werden Unterdeterminanten sein.

Existenz der inversen Matrix Man nennt eine Matrix $\boldsymbol{A}$ *invertierbar*, wenn es eine Matrix $\boldsymbol{B}$ gibt, sodass

$$\boldsymbol{AB} = \boldsymbol{BA} = \boldsymbol{I}$$

gilt. In diesem Fall nennt man $\boldsymbol{B}$ die *inverse Matrix* und schreibt dafür $\boldsymbol{A}^{-1}$. Nicht jede Matrix besitzt eine Inverse. Eine Inverse existiert aber genau dann, wenn $\det(\boldsymbol{A}) \neq 0$. Eine solche Matrix nennt man auch *regulär*. Eine nichtreguläre Matrix heißt auch *singulär*.

Betrachtet man wieder die linearen Abbildungen, die durch eine Matrix beschrieben werden, so ist eine Matrix genau dann invertierbar, wenn die zugehörige lineare Abbildung invertierbar ist, und die inverse Matrix beschreibt gerade die Umkehrabbildung.

Rechenregeln für inverse Matrizen

- $\det(\boldsymbol{A}^{-1}) = (\det(\boldsymbol{A}))^{-1}$
- $(\boldsymbol{A}^{-1})^{-1} = \boldsymbol{A}$
- sind $\boldsymbol{A}$ und $\boldsymbol{B}$ invertierbar, so ist auch $\boldsymbol{AB}$ invertierbar, und es gilt $(\boldsymbol{AB})^{-1} = \boldsymbol{B}^{-1}\boldsymbol{A}^{-1}$
- $(\boldsymbol{A}^\top)^{-1} = (\boldsymbol{A}^{-1})^\top$
- ist $\boldsymbol{A}$ orthogonal, so gilt $\boldsymbol{A}^{-1} = \boldsymbol{A}^\top$

Unterdeterminanten Ist A eine $N \times N$-Matrix, so schreiben wir $\boldsymbol{A}_{ij}$ für die Matrix, die man aus A erhält, wenn man die i-te Zeile und die j-te Spalte streicht. Da dies dann wieder eine quadratische Matrix ist, können wir hiervon die Determinante berechnen. Wir schreiben

$$A^{(ij)} = \det(\boldsymbol{A}_{ij})$$

und nennen dies *Unterdeterminante* oder *Minor*.

Laplace'scher Entwicklungssatz Der *Laplace'sche Entwicklungssatz* ist eine Möglichkeit, Determinanten zu berechnen. Diese Methode ist besonders dann geeignet, wenn die Matrix viele Nullen enthält. Es gilt

$$\det \boldsymbol{A} = \sum_{j=1}^{N} (-1)^{i+j} a_{ij} A^{(ij)} ,$$

wobei a_{ij} die Matrixelemente von $\boldsymbol{A}$ sind. Dies kann man sich so vorstellen, dass man eine Zeile auswählt (am besten eine, in der es viele Nullen gibt) und sich dann jedes Element in dieser Zeile nimmt, das nicht null ist. Für jedes solche Element berechnet man den Wert der Unterdeterminante (z. B. wieder durch die Laplace-Entwicklung). Die berechneten Werte summiert man dann gewichtet mit den a_{ij} und entsprechenden Vorzeichen auf. Das Ganze funktioniert auch mit Spalten statt Zeilen.

Das Vorzeichen kann man sich nach folgendem Schachbrettmuster merken:

$$\begin{pmatrix} + & - & + & \cdots \\ - & + & - & \cdots \\ + & - & + & \cdots \\ \vdots & \vdots & \vdots & \ddots \end{pmatrix}$$

Cramer'sche Regel Die *Cramer'sche Regel* ist ein Schema zum Lösen von linearen Gleichungssystemen. Mit ihrer Hilfe kann man eine Formel herleiten, die zur Berechnung der Matrixelemente der inversen Matrix dient. Es gilt

$$\boldsymbol{A}^{-1} = \boldsymbol{B} = (b_{ij}) \quad \text{mit} \quad b_{ij} = \frac{(-1)^{i+j} A^{(ji)}}{\det(\boldsymbol{A})} .$$

Die Cramer'sche Regel erfordert viel Rechenaufwand, deshalb lohnt sie sich nur für kleine Matrizen. Für $N = 2$ lautet die Regel

$$\begin{pmatrix} a_{11} & a_{12} \\ a_{21} & a_{22} \end{pmatrix}^{-1} = \frac{1}{a_{11}a_{22} - a_{12}a_{21}} \begin{pmatrix} a_{22} & -a_{12} \\ -a_{21} & a_{11} \end{pmatrix} .$$

Hier werden also in der Matrix die Diagonalelemente vertauscht; bei den beiden anderen wird das Vorzeichen geändert und am Schluss durch die Determinante geteilt.

Literatur

- Modler, F., Kreh, M.: Tutorium Analysis 1 und Lineare Algebra 1. 3. Aufl., Spektrum (2014)
- Bosch, S.: Lineare Algebra. 4. Aufl., Springer (2007)

Es stellt sich nun die Frage, welchen Einfluss die oben eingeführten Transformationen auf die Bewegungsgleichungen einer Punktmasse haben. In S lautet das erste Newton'sche Axiom $m\ddot{\boldsymbol{x}} = 0$. Die ersten beiden Zeitableitungen von $\boldsymbol{x}'$ haben wegen (2.36) die allgemeine Form

$$\begin{aligned} \dot{\boldsymbol{x}}' &= \boldsymbol{R}(\dot{\boldsymbol{x}} - \dot{\boldsymbol{b}}) + \dot{\boldsymbol{R}}(\boldsymbol{x} - \boldsymbol{b}), \\ \ddot{\boldsymbol{x}}' &= \boldsymbol{R}(\ddot{\boldsymbol{x}} - \ddot{\boldsymbol{b}}) + 2\dot{\boldsymbol{R}}(\dot{\boldsymbol{x}} - \dot{\boldsymbol{b}}) + \ddot{\boldsymbol{R}}(\boldsymbol{x} - \boldsymbol{b}). \end{aligned} \tag{2.39}$$

An diesen Gleichungen lässt sich das Prinzip der Forminvarianz (Kovarianz) illustrieren. Im Gegensatz zu $\ddot{\boldsymbol{x}} = 0$ (erstes Newton'sches Axiom in Inertialsystemen) treten in (2.39) eine Reihe von Zusatztermen auf, sodass die Gleichungen nicht die gleiche Form haben. Allerdings erkennt man, dass das erste Newton'sche Axiom in S' zu $\ddot{\boldsymbol{x}}' = 0$ wird, wenn $\boldsymbol{R}$ konstant ist und $\ddot{\boldsymbol{b}} = 0$ gilt bzw. $\dot{\boldsymbol{b}}$ konstant ist. Dies bedeutet, dass eine Koordinatentransformation mit $\boldsymbol{R} = \text{const}$, $\boldsymbol{b} = \boldsymbol{v}_0 t + \boldsymbol{b}_0$ ($\boldsymbol{v}_0 = \text{const}$, $\boldsymbol{b}_0 = \text{const}$) und $t_0 = \text{const}$ von einem Inertialsystem auf ein anderes Inertialsystem führt, in dem das erste Newton'sche Axiom ebenfalls gültig ist. In diesem Fall sind die Bewegungsgleichungen also kovariant. Inertialsysteme können daher

- durch eine konstante orthogonale Matrix $\boldsymbol{R}$ auseinander hervorgehen (drei Parameter),
- um einen konstanten Vektor $\boldsymbol{b}_0$ verschoben sein (drei Parameter),
- sich mit konstanter Geschwindigkeit $\boldsymbol{v}_0$ relativ zueinander bewegen (drei Parameter) und
- verschiedene Zeitnullpunkte besitzen (ein Parameter).

Transformationen, welche diese Eigenschaften besitzen, nennt man *Galilei-Transformationen*.

Allgemeine Galilei-Transformation

Eine eigentliche Galilei-Transformation zwischen zwei Inertialsystemen überführt die Darstellung des Ortsvektors $\boldsymbol{x}$ und der Zeit t in

$$\boldsymbol{x}' = \boldsymbol{R}(\boldsymbol{x} - \boldsymbol{v}_0 t - \boldsymbol{b}_0), \quad t' = t - t_0. \tag{2.40}$$

Die Drehmatrix $\boldsymbol{R}$, Relativgeschwindigkeit $\boldsymbol{v}_0$, Verschiebung $\boldsymbol{b}_0$ und Verschiebung t_0 der Zeitnullpunkte sind konstant.

Ist S' gegenüber S beschleunigt, d. h. sind $\boldsymbol{R}$ oder $\dot{\boldsymbol{b}}$ nicht konstant, so treten Zusatzterme auf, welche die Kovarianz aufheben. Diese Zusatzterme sind bereits in (2.39) enthalten. Eine gründliche Diskussion wird allerdings erst in Abschn. 2.3 und 2.4 erfolgen, was schließlich auf die sogenannten Scheinkräfte führen wird.

Kovarianz des ersten Newton'schen Axioms unter Galilei-Transformationen

Das erste Newton'sche Axiom ändert seine Form unter Galilei-Transformationen nicht. Dies ist äquivalent zu einem Übergang von einem zu einem anderen Inertialsystem. Sind zwei Koordinatensysteme gegeneinander beschleunigt, treten Zusatzterme auf, und das erste Newton'sche Axiom ist nicht mehr kovariant.

Achtung Obwohl $\boldsymbol{R}$ eine allgemeine orthogonale Matrix sein kann, beschränkt man sich bei der Diskussion von Galilei-Transformationen häufig auf Drehmatrizen, die eine Untergruppe der orthogonalen Matrizen bilden und sich durch $\det(\boldsymbol{R}) = +1$ auszeichnen. ◂

Frage 8

Machen Sie sich klar, dass die Geschwindigkeit unter Galilei-Transformationen gemäß $\dot{\boldsymbol{x}}' = \boldsymbol{R}(\dot{\boldsymbol{x}} - \dot{\boldsymbol{b}})$ transformiert.

Kovarianz des zweiten Newton'schen Axioms unter Galilei-Transformationen

Im weiteren Verlauf beschränken wir uns auf Galilei-Transformationen und werfen einen Blick auf das zweite Newton'sche Axiom:

$$m\ddot{\boldsymbol{x}} = \boldsymbol{F}(t, \boldsymbol{x}, \dot{\boldsymbol{x}}). \tag{2.41}$$

Hier ist $\boldsymbol{F}$ eine Kraft, die zur Zeit t auf die Punktmasse m wirkt, welche sich am Ort $\boldsymbol{x}$ befindet und sich mit der Geschwindigkeit $\dot{\boldsymbol{x}}$ bewegt. Wird eine Galilei-Transformation auf (2.41) angewendet, nimmt sie die Form

$$m\ddot{\boldsymbol{x}}' = \boldsymbol{F}'(t', \boldsymbol{x}', \dot{\boldsymbol{x}}') \tag{2.42}$$

an, wobei offensichtlich

$$\boldsymbol{F}'(t', \boldsymbol{x}', \dot{\boldsymbol{x}}') = \boldsymbol{R}\boldsymbol{F}(t, \boldsymbol{x}, \dot{\boldsymbol{x}}) \tag{2.43}$$

gilt. Obwohl $\boldsymbol{F}$ und $\boldsymbol{F}'$ im Allgemeinen unterschiedliche Funktionen der Koordinaten sind, bleibt die Form des zweiten Newton'schen Axioms invariant unter Galilei-Transformationen, d. h., es treten keine Zusatzterme auf. Das zweite Newton'sche Axiom ist somit ebenfalls kovariant unter Galilei-Transformationen. Physikalisch sind die beiden Beschreibungen in (2.41) und (2.42) völlig gleichwertig, da es sich lediglich um eine passive Koordinatentransformation handelt. Insbesondere sind die Ausdrücke $\boldsymbol{F}$ und $\boldsymbol{F}'$ nur zwei verschiedene Darstellungen in den Koordinatensystemen S und S' für *dieselbe* physikalische Kraft.

Auswirkung einer Drehung auf eine Kraft

Zur Veranschaulichung betrachten wir ein Inertialsystem S, in dem sich die Punktmasse m am Ort $\boldsymbol{x} = r\hat{\boldsymbol{e}}_1$ befindet, wobei r der Abstand zum Ursprung ist. Auf die Punktmasse wirke eine Kraft $\boldsymbol{F}(\boldsymbol{x}) = F\hat{\boldsymbol{e}}_2$. Nun stellen wir uns ein anderes Inertialsystem S' vor, das nur durch eine Rotation $\boldsymbol{R}$ um 90° um die $\hat{\boldsymbol{e}}_3$-Achse aus S hervorgeht (Abb. 2.6).

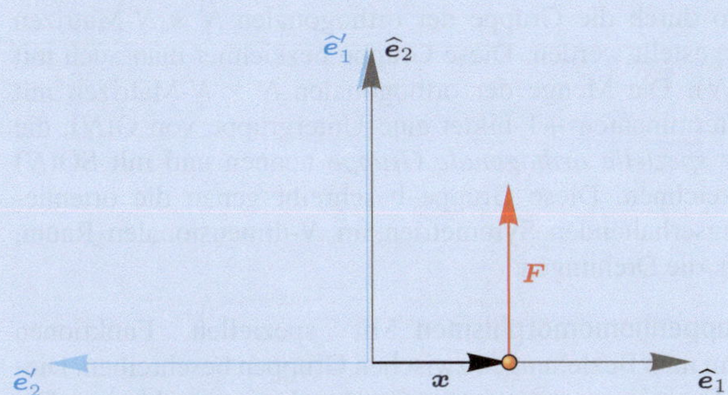

Abb. 2.6 Eine Punktmasse befindet sich vom ungestrichenen Koordinatensystem (*schwarz*) aus gesehen am Ort $\boldsymbol{x} = r\hat{\boldsymbol{e}}_1$, vom gestrichenen (*blau*) aus betrachtet bei $-r\hat{\boldsymbol{e}}'_2$. Auf sie wirkt eine Kraft $\boldsymbol{F}$ in Richtung $\hat{\boldsymbol{e}}_2$ bzw. $\boldsymbol{F}'$ in Richtung $\hat{\boldsymbol{e}}'_1$. Physikalisch sind beide Betrachtungen völlig äquivalent

In S' lauten die Koordinaten der Punktmasse $\boldsymbol{x}' = \boldsymbol{R}\boldsymbol{x} = -r\hat{\boldsymbol{e}}'_2$, und die Kraft ist $\boldsymbol{F}'(\boldsymbol{x}') = \boldsymbol{R}\boldsymbol{F}(\boldsymbol{x}) = F\hat{\boldsymbol{e}}'_1$. Offensichtlich wirkt die Kraft in S am Ort $\boldsymbol{x}$, in S' aber am Ort $\boldsymbol{x}'$, was physikalisch gleichwertig ist. ◀

Kovarianz der Newton'schen Axiome unter Galilei-Transformationen

Das zweite Newton'sche Axiom ist unter Galilei-Transformationen kovariant. Die Newton'schen Bewegungsgleichungen ändern ihre Form beim Übergang zwischen Inertialsystemen nicht.

Galilei-Transformationen als mathematische Gruppe

Unter Galilei-Transformationen versteht man alle Transformationen, die durch konstante orthogonale Transformationen, Verschiebungen, Relativgeschwindigkeiten und Zeittranslationen charakterisiert sind. Hier beschränken wir uns auf eigentliche orthogonale Transformationen mit $\det(\boldsymbol{R}) = +1$. Spiegelungen sind somit ausgeschlossen.

Galilei-Transformationen sind im Rahmen der Newton'schen Mechanik diejenigen Transformationen, die Inertialsysteme ineinander überführen und die Newton'schen Axiome invariant lassen. Wir werden in Kap. 9 sehen, dass sich diese Situation ändert, wenn relativistische Effekte ($|\boldsymbol{v}_0|$ nicht klein gegenüber der Lichtgeschwindigkeit) berücksichtigt werden. Stattdessen werden dort die Lorentz- bzw. Poincaré-Transformationen eingeführt, die im Grenzfall kleiner Relativgeschwindigkeiten wieder in die Galilei-Transformationen übergehen.

Mathematisch bilden die Galilei-Transformationen eine Gruppe (siehe „Mathematischer Hintergrund" 2.4). Insbesondere gibt es eine triviale Transformation, die das Inertialsystem unverändert lässt,

$$\boldsymbol{R} = \boldsymbol{I}, \quad \boldsymbol{v}_0 = 0, \quad \boldsymbol{b}_0 = 0, \quad t_0 = 0, \tag{2.44}$$

und zu jeder Galilei-Transformation gibt es eine inverse Transformation. Zwei aufeinanderfolgende Galilei-Transformationen bilden wieder eine Galilei-Transformation (Aufgabe 2.2). Die für die theoretische Physik wichtige *SO(3)-Drehgruppe* (das S in SO(3) bedeutet, dass spezielle orthogonale Matizen, nämlich jene mit $\det(\boldsymbol{R}) = +1$ betrachtet werden) beinhaltet alle Drehungen im dreidimensionalen Raum um den Ursprung und ist somit eine Untergruppe der Galilei-Gruppe.

Frage 9

Überlegen Sie sich, warum die Galilei-Gruppe keine abelsche, d. h. keine kommutative Gruppe sein kann. Der Schlüssel liegt in den mathematischen Eigenschaften der Drehmatrizen (Abschn. 2.1).

2.3 Beschleunigte Bezugssysteme

In Abschn. 2.2 haben wir gesehen, dass die Bewegungsgleichungen unter Galilei-Transformationen, also Transformationen zwischen Inertialsystemen, invariant sind. In diesem Abschnitt gehen wir noch einen Schritt weiter und beschäftigen uns mit der Frage, welche Konsequenzen der Übergang zu einem beschleunigten Koordinatensystem aufwirft. Insbesondere linear beschleunigte und rotierende Bezugssysteme sind hier von Interesse, da sie in der Physik häufig anzutreffen sind. Das Ziel dieses Abschnitts ist es, das Transformationsverhalten von Orts-, Geschwindigkeits- und Beschleunigungsvektoren zu verstehen, was in Abschn. 2.4 schließlich auf die sogenannten Scheinkräfte führen wird.

Definition der Koordinatentransformation

Wir betrachten nun zeitabhängige Verschiebungen $\boldsymbol{b}(t)$ und Matrizen $\boldsymbol{R}(t)$. Dabei folgen wir den Konventionen in Abschn. 2.2 und beginnen mit den Gleichungen in (2.39), die wir hier nochmals wiederholen:

$$\begin{aligned} \dot{\boldsymbol{x}}' &= \boldsymbol{R}(\dot{\boldsymbol{x}} - \dot{\boldsymbol{b}}) + \dot{\boldsymbol{R}}(\boldsymbol{x} - \boldsymbol{b}), \\ \ddot{\boldsymbol{x}}' &= \boldsymbol{R}(\ddot{\boldsymbol{x}} - \ddot{\boldsymbol{b}}) + 2\dot{\boldsymbol{R}}(\dot{\boldsymbol{x}} - \dot{\boldsymbol{b}}) + \ddot{\boldsymbol{R}}(\boldsymbol{x} - \boldsymbol{b}). \end{aligned} \tag{2.45}$$

Die gegenseitige Lage der beiden Bezugssysteme wurde bereits in Abb. 2.5 gezeigt.

2.4 Mathematischer Hintergrund: Gruppen
Einführung in die Gruppentheorie

Wir wollen kurz auf grundlegende algebraische Strukturen eingehen, die für die theoretische Physik extrem wichtig sind: die Gruppen.

Gruppe Eine *Gruppe* ist eine Menge G zusammen mit einer Verknüpfung $\circ$, sodass gilt:

- $\circ$ ist assoziativ, d. h. für alle $a, b, c \in G$ gilt
  $$a \circ (b \circ c) = (a \circ b) \circ c.$$
- Es gibt ein neutrales Element e, sodass für alle $a \in G$ gilt
  $$e \circ a = a \circ e.$$
- Zu jedem $a \in G$ gibt es ein inverses Element, das wir mit a^{-1} bezeichnen und für das gilt
  $$a^{-1} \circ a = a \circ a^{-1} = e.$$

Man nennt die Gruppe G *kommutativ* oder *abelsch*, wenn außerdem

$$a \circ b = b \circ a$$

ist. Man schreibt dann für die Gruppe auch $(G, \circ)$.

Beispiele Gruppen haben wir schon viele kennengelernt. So ist jeder Vektorraum zusammen mit der Vektorraumaddition eine Gruppe. Weitere Gruppen sind z. B. $(\mathbb{Z}, +)$, $(\mathbb{R}, +)$, $(\mathbb{C}, +)$ oder $(\mathbb{R}\backslash\{0\}, \cdot)$.

Gruppen treten außerdem häufig bei Symmetriebetrachtungen auf; so bilden beispielsweise die Symmetrien (d. h. Drehungen, Verschiebungen und Spiegelungen) der Ebene oder des dreidimensionalen Raumes eine Gruppe, wobei die Verknüpfung hier die Hintereinanderausführung ist. Auch die wichtigen Galilei- und Lorentz-Transformationen bilden jeweils eine Gruppe.

Man unterscheidet außerdem zwischen *diskreten* und *kontinuierlichen* Gruppen. Ein Beispiel für erstere ist die Menge der Spiegelungen an einer Koordinatenachse. Kontinuierliche Gruppen hängen von einem oder mehreren kontinuierlichen Parametern ab. Ein Beispiel hierfür ist die Menge der Drehungen in der Ebene. Diese hängt von einem Parameter, nämlich dem Drehwinkel, ab.

Orthogonale Gruppe Eine besonders wichtige Gruppe ist die Gruppe der Symmetrien im N-dimensionalen euklidischen Raum. An dieser Stelle wollen wir uns auf Drehungen und Spiegelungen beschränken, also keine Verschiebungen betrachten. Symmetrien haben die Eigenschaft, dass sie Längen und Winkel erhalten. Für jede orthogonale Matrix $\boldsymbol{R}$ gilt nämlich

$$\langle \boldsymbol{R}x, \boldsymbol{R}y \rangle = x^\top \boldsymbol{R}^\top \boldsymbol{R} y = x^\top y = \langle x, y \rangle,$$

und dies bedeutet gerade, dass orthogonale Matrizen Längen und Winkel erhalten. Die Gruppe der Symmetrien kann also durch die Gruppe der orthogonalen $N \times N$-Matrizen dargestellt werden. Diese Gruppe bezeichnet man auch mit $\mathrm{O}(N)$. Die Menge der orthogonalen $N \times N$-Matrizen mit Determinanten $+1$ bildet eine Untergruppe von $\mathrm{O}(N)$, die wir *spezielle orthogonale Gruppe* nennen und mit $\mathrm{SO}(N)$ bezeichnen. Diese Gruppe beschreibt genau die orientierungserhaltenden Symmetrien im N-dimensionalen Raum, d. h. die Drehungen.

Gruppenhomomorphismen Mit speziellen Funktionen kann man Beziehungen zwischen Gruppen beschreiben. Diese Funktionen nennt man *Gruppenhomomorphismen*. Ein Gruppenhomomorphismus ist eine Abbildung $f : G_1 \to G_2$ zwischen zwei Gruppen G_1 und G_2, die

$$f(a \circ b) = f(a) \circ f(b)$$

für alle $a, b \in G_1$ erfüllt. Hierbei müssen die beiden Verknüpfungen nicht unbedingt dieselben sein. Ein Beispiel für einen Gruppenhomomorphismus ist z. B. die Determinantenfunktion

$$\det : \mathrm{O}(N) \to \{\pm 1\}.$$

Darstellungen von Gruppen Es ist wichtig, zwischen Gruppen und Darstellungen von Gruppen zu unterscheiden. Die Menge der Drehungen ist z. B. eine Gruppe, für die man zunächst einmal keine Matrizen benötigt. Wählt man nun eine feste Basis (d. h. ein Koordinatensystem), so lässt sich diese Gruppe durch $N \times N$-Matrizen darstellen. Wählt man eine andere Basis, so wird dieselbe Drehung durch eine andere Matrix dargestellt. Eine Gruppe besitzt also im Allgemeinen mehrere Darstellungen. Per Definition ist eine *Darstellung* ein Gruppenhomomorphismus von der betrachteten Gruppe G in die Menge der $N \times N$-Matrizen.

Wählt man für eine Gruppe eine feste Darstellung, so kann man die Gruppenoperationen (z. B. die Drehung eines Vektors um einen festen Winkel) als Matrix-Vektor-Multiplikation schreiben.

Literatur

- Modler, F., Kreh, M.: Tutorium Analysis 1 und Lineare Algebra 1. 3. Aufl., Spektrum (2014)
- Artin, M.: Algebra. Birkhäuser (1990)

Das ungestrichene System sei ein Inertialsystem S mit Basisvektoren $\hat{e}_i$. Weiterhin führen wir das gestrichene und im Allgemeinen beschleunigte Bezugssystem $\mathcal{B}$ mit Basisvektoren $\hat{e}'_i(t)$ ein. Da $\mathcal{B}$ rotieren kann, sind seine Basisvektoren in der Regel zeitabhängig. Wir werden ausschließlich passive Transformationen betrachten, durch die lediglich das Koordinatensystem gewechselt wird. Weiterhin wollen wir annehmen, dass es sich bei $\boldsymbol{R}$ um eine Drehmatrix handelt, da diese in der Physik am wichtigsten ist. Der Vektor $\boldsymbol{b}$ beschreibt die Lage des Ursprungs des Systems $\mathcal{B}$ von S aus gesehen, $\boldsymbol{x}$ ist der Ort einer Punktmasse m. Sowohl $\boldsymbol{b}(t)$ als auch $\boldsymbol{R}(t)$ sind vorgegebene Funktionen der Zeit, wobei wir zur Vereinfachung den Ursprung der Zeit unverändert lassen, $t' = t$, was keine Einschränkung darstellt.

Wir haben in Abschn. 2.2 bereits erkannt, dass zeitabhängige Transformationen zu Zusatztermen führen, welche die Kovarianz der Newton'schen Axiome verletzen. Diese Zusatzterme sind letztlich die Ursache für die Zentrifugal- und die Coriolis-Kraft in rotierenden Bezugssystemen, wie wir in Abschn. 2.4 sehen werden.

Linear beschleunigte Bezugssysteme

Wir beginnen mit dem einfachen Fall, dass $\mathcal{B}$ im Vergleich zu S lediglich linear beschleunigt ist. Die Zeitableitung der Transformationsmatrix verschwindet folglich: $\dot{\boldsymbol{R}} = 0$. Dennoch erlauben wir weiterhin eine konstante Drehung, d. h., $\boldsymbol{R}$ muss nicht zwangsläufig der Einheitsmatrix entsprechen. In diesem Fall lauten die Geschwindigkeit und Beschleunigung einer Punktmasse in $\mathcal{B}$

$$\dot{\boldsymbol{x}}' = \boldsymbol{R}(\dot{\boldsymbol{x}} - \dot{\boldsymbol{b}}), \quad \ddot{\boldsymbol{x}}' = \boldsymbol{R}(\ddot{\boldsymbol{x}} - \ddot{\boldsymbol{b}}). \tag{2.46}$$

Für $\ddot{\boldsymbol{b}} = 0$ werden die Beschleunigungen in S und $\mathcal{B}$ nur durch eine einfache Drehung ineinander überführt, und die Transformation ist eine Galilei-Transformation. Ansonsten muss die relative Beschleunigung von $\mathcal{B}$ zu S ebenfalls berücksichtigt werden. Diese Beschleunigung erlebt man ständig im Alltag, z. B. wenn das Auto oder der Zug, in dem man sitzt, auf gerader Strecke beschleunigt oder verzögert und man in den Sitz gedrückt oder aus diesem gehoben wird. In diesem Fall entspricht S der Erdoberfläche und $\mathcal{B}$ dem Koordinatensystem, das durch die Wände des Fahrzeugs definiert ist. Sind die Koordinatensysteme nicht gegeneinander gedreht, lauten die Transformationsgleichungen für Geschwindigkeit und Beschleunigung einfach

$$\dot{\boldsymbol{x}}' = \dot{\boldsymbol{x}} - \dot{\boldsymbol{b}}, \quad \ddot{\boldsymbol{x}}' = \ddot{\boldsymbol{x}} - \ddot{\boldsymbol{b}}. \tag{2.47}$$

Fahrstuhl

Betrachten wir den freien Fall eines Fahrstuhls. Das Koordinatensystem $\mathcal{B}$ sei durch die Wände des Fahrstuhls definiert. Der Ursprung $\boldsymbol{b}$ könnte sich zum Beispiel am Boden des Fahrstuhls befinden. Ein Beobachter im Fahrstuhl befinde sich am Ort $\boldsymbol{x}$.

Im freien Fall werden der Beobachter und der Fahrstuhl mit der Erdbeschleunigung beschleunigt, wenn sie aus S beobachtet werden, d. h. $\ddot{\boldsymbol{x}} = \boldsymbol{g}$ und $\ddot{\boldsymbol{b}} = \boldsymbol{g}$. Im Koordinatensystem des Fahrstuhls ist der Beobachter somit unbeschleunigt, da $\ddot{\boldsymbol{x}}' = 0$ folgt. Der Beobachter ist im Fahrstuhl daher schwerelos, da sich hier die Scheinkraft in $\mathcal{B}$ und die Schwerkraft verursacht durch die Erdanziehung gerade aufheben. Dies ist der Ansatzpunkt für die allgemeine Relativitätstheorie. Einstein fragte sich, ob die Schwerkraft nicht generell als Scheinkraft angesehen werden könne, was ihn schließlich darauf brachte, diese mit Raumkrümmung in Verbindung zu bringen. Der freie Fall wird in der Forschung häufig verwendet, um ein schwereloses System zu simulieren. Beispiele hierfür sind Falltürme oder Parabelflüge (Abb. 2.7).

Abb. 2.7 Parabelflug einer DC-9. Das Flugzeug beschleunigt zunächst nach oben und geht danach in einen Trägheitsflug ohne Schub über. Die Flugbahn beschreibt dabei eine Parabel, und das Flugzeug befindet sich für etwa 20 s nahezu im freien Fall (lediglich Reibungskräfte werden vom Piloten durch die Triebwerke ausgeglichen). In dieser Zeit können Experimente in Schwerelosigkeit durchgeführt werden (© NASA) ◀

Rotierende Bezugssysteme

Nun nehmen wir an, dass sich beide Bezugssysteme beliebig gegeneinander drehen können. Das System S ist nach wie vor ein Inertialsystem. Wir konzentrieren uns zunächst auf das Transformationsverhalten des Verschiebungsvektors $\boldsymbol{d} := \boldsymbol{x} - \boldsymbol{b}$. Er kann später ohne Einschränkung wieder durch $\boldsymbol{x} - \boldsymbol{b}$ ersetzt werden.

Aufgrund der Eigenschaften der Drehmatrix, $\boldsymbol{R}\boldsymbol{R}^\top = \boldsymbol{I}$, können wir die erste Zeitableitung in (2.45) in der Form

$$\dot{\boldsymbol{d}}' = \boldsymbol{R}\dot{\boldsymbol{d}} + (\boldsymbol{R}\boldsymbol{R}^\top)\dot{\boldsymbol{R}}\boldsymbol{d} = \boldsymbol{R}\left[\dot{\boldsymbol{d}} + (\boldsymbol{R}^\top\dot{\boldsymbol{R}})\boldsymbol{d}\right] \tag{2.48}$$

schreiben. Wegen $\boldsymbol{R}^\top\boldsymbol{R} = \boldsymbol{I}$ ist weiterhin

$$\boldsymbol{R}^\top\dot{\boldsymbol{R}} + \dot{\boldsymbol{R}}^\top\boldsymbol{R} = 0 \quad\Longrightarrow\quad \boldsymbol{R}^\top\dot{\boldsymbol{R}} + (\boldsymbol{R}^\top\dot{\boldsymbol{R}})^\top = 0. \tag{2.49}$$

Man sieht daran, dass die Matrix $\boldsymbol{B} := \boldsymbol{R}^\top\dot{\boldsymbol{R}}$ ihr Vorzeichen wechselt, wenn man sie transponiert. Solche Matrizen heißen *schiefsymmetrisch*. In drei Dimensionen gilt für sie

$$\boldsymbol{B} = \begin{pmatrix} b_{11} & b_{12} & b_{13} \\ b_{21} & b_{22} & b_{23} \\ b_{31} & b_{32} & b_{33} \end{pmatrix} = -\begin{pmatrix} b_{11} & b_{21} & b_{31} \\ b_{12} & b_{22} & b_{32} \\ b_{13} & b_{23} & b_{33} \end{pmatrix} \tag{2.50}$$

oder in Kurzform $b_{ij} = -b_{ji}$. Die Diagonalelemente müssen verschwinden: $b_{11} = -b_{11} = 0$ usw. Aus diesem Grund kann eine schiefsymmetrische 3×3-Matrix nur drei unabhängige Komponenten enthalten.

Frage 10

Begründen Sie, dass eine symmetrische 3×3-Matrix im Allgemeinen sechs unabhängige Komponenten hat.

Durch eine zunächst willkürliche Definition kann man eine schiefsymmetrische Matrix als

$$\boldsymbol{B} = \begin{pmatrix} 0 & \omega_3 & -\omega_2 \\ -\omega_3 & 0 & \omega_1 \\ \omega_2 & -\omega_1 & 0 \end{pmatrix} \tag{2.51}$$

schreiben. Die Bedeutung von $\boldsymbol{\omega} := (\omega_1, \omega_2, \omega_3)^\top$ wird in Kürze klar werden. Mithilfe des Levi-Civita-Symbols kann die Matrix auch in der Form

$$b_{ij} = r_{ki}\dot{r}_{kj} = \epsilon_{ijk}\omega_k \tag{2.52}$$

dargestellt werden.

Frage 11

Zeigen Sie mithilfe der Identität $\epsilon_{ijk}\epsilon_{ijl} = 2\delta_{kl}$, dass aus (2.52) der Zusammenhang

$$\omega_l = \frac{1}{2}\epsilon_{ijl}b_{ij} \tag{2.53}$$

folgt.

Gleichung (2.48) und (2.52) führen somit auf

$$\dot{\boldsymbol{d}}' = \boldsymbol{R}\left(\dot{\boldsymbol{d}} - \boldsymbol{\omega} \times \boldsymbol{d}\right). \tag{2.54}$$

Dieses wichtige Zwischenergebnis besagt, dass die Zeitableitung eines polaren Vektors in einem rotierenden Bezugssystem (d. h. für $\dot{\boldsymbol{R}} \neq 0$) einen Zusatzterm aufweist, der über den naiv zu erwartenden Term $\boldsymbol{R}\dot{\boldsymbol{d}}$ hinausgeht. Der Grund ist die Zeitabhängigkeit der Basisvektoren $\hat{\boldsymbol{e}}'_i$ von $\mathcal{B}$, die ebenfalls einen Beitrag zu $\dot{\boldsymbol{d}}'$ leisten. Wie wir in Kürze sehen werden, enthält dieser Zusatzterm Informationen über die Rotation von $\mathcal{B}$. Bevor wir uns weiter mit dem Transformationsverhalten von $\dot{\boldsymbol{d}}$ und $\ddot{\boldsymbol{d}}$ beschäftigen, wollen wir uns die Größe $\boldsymbol{\omega}$ genauer ansehen.

Physikalische Bedeutung von ω

Um zu verstehen, welche Bedeutung $\boldsymbol{\omega}$ hat, untersuchen wir eine Drehung zwischen einem Zeitpunkt t_0 und einem infinitesimal späteren Zeitpunkt $t_0 + \mathrm{d}t$, die durch die Drehmatrix

$$\begin{aligned} \boldsymbol{R}(t_0 + \mathrm{d}t) &= \boldsymbol{R}(t_0) + \dot{\boldsymbol{R}}(t_0)\,\mathrm{d}t \\ &= \boldsymbol{R}(t_0)\left(\boldsymbol{I} + \boldsymbol{R}^\top(t_0)\dot{\boldsymbol{R}}(t_0)\,\mathrm{d}t\right) \end{aligned} \tag{2.55}$$

ausgedrückt wird. Der erste Schritt folgt aus der Taylor-Entwicklung bis zur ersten Ordnung in $\mathrm{d}t$. Man spricht in diesem Zusammenhang auch von einer *infinitesimalen Drehung*. Aus der Definition von $\boldsymbol{\omega}$ in (2.52) folgt

$$r_{ik}(t_0 + \mathrm{d}t) = r_{ij}(t_0)\left(\delta_{jk} + \epsilon_{jkl}\omega_l(t_0)\,\mathrm{d}t\right). \tag{2.56}$$

Die Koordinatenachsen seien so orientiert, dass $\boldsymbol{\omega}$ zur Zeit t_0 in $\hat{\boldsymbol{e}}_3$-Richtung zeigt: $\boldsymbol{\omega}(t_0) = (0, 0, \omega(t_0))^\top$. Weiterhin seien die gestrichenen und ungestrichenen Achsen bei t_0 identisch: $\hat{\boldsymbol{e}}'_i(t_0) = \hat{\boldsymbol{e}}_i$ $(i = 1, 2, 3)$. Dann ist $\boldsymbol{R}(t_0) = \boldsymbol{R}^\top(t_0) = \boldsymbol{I}$, d. h., $\boldsymbol{R}$ entspricht zur Zeit t_0 der Identität. Daher gilt

$$\dot{r}_{ik}(t_0) = \frac{r_{ik}(t_0 + \mathrm{d}t) - r_{ik}(t_0)}{\mathrm{d}t} = \epsilon_{ikl}\omega_l(t_0). \tag{2.57}$$

Es folgt somit

$$\boldsymbol{R}^\top(t_0)\dot{\boldsymbol{R}}(t_0) = \begin{pmatrix} 0 & \omega(t_0) & 0 \\ -\omega(t_0) & 0 & 0 \\ 0 & 0 & 0 \end{pmatrix} \tag{2.58}$$

und schließlich

$$\boldsymbol{R}(t_0 + \mathrm{d}t) = \begin{pmatrix} 1 & \omega(t_0)\,\mathrm{d}t & 0 \\ -\omega(t_0)\,\mathrm{d}t & 1 & 0 \\ 0 & 0 & 1 \end{pmatrix}. \tag{2.59}$$

Frage 12

Überprüfen Sie die obige Argumentation und das Ergebnis in (2.59).

Gleichung (2.59) entspricht einer infinitesimalen Drehung um die $\hat{\boldsymbol{e}}_3$-Achse um den Winkel $\mathrm{d}\phi = \omega\,\mathrm{d}t$ (was man durch einen Blick auf die Taylor-Entwicklung des Sinus und Kosinus erkennt). Deswegen wird $\boldsymbol{\omega}$ als der Vektor der momentanen

Winkelgeschwindigkeit bezeichnet. Seine Richtung gibt die Orientierung der momentanen Drehachse an. Häufig wird der Drehwinkel auch in Vektorform geschrieben:

$$\mathrm{d}\boldsymbol{\phi} := \boldsymbol{\omega}\,\mathrm{d}t. \tag{2.60}$$

Achtung Die hier vorgeführten Rechnungen sind nur für infinitesimale Drehungen gültig. Eine Darstellung der Drehungen wie in (2.60) könnte dazu verleiten, aufeinanderfolgende Drehungen als Vektoraddition von $\boldsymbol{\phi}_1, \boldsymbol{\phi}_2$ etc. zu schreiben. Dies ist allerdings falsch, wie wir in Abb. 2.2 gesehen haben: Drehungen kommutieren im Gegensatz zur Vektoraddition im Allgemeinen nicht. Im Kasten „Vertiefung: Infinitesimale Transformationen" werden wir nochmals darauf zurückkommen. ◂

Zusammenhang zwischen zeitabhängigen Drehmatrizen und Winkelgeschwindigkeit

Ist die Drehmatrix $\boldsymbol{R}$ zwischen einem Inertialsystem S und einem beschleunigten System $\mathcal{B}$ zeitabhängig, so wird die momentane Winkelgeschwindigkeit $\boldsymbol{\omega}$ von $\mathcal{B}$ aus dem Produkt $\boldsymbol{B} = \boldsymbol{R}^\top \dot{\boldsymbol{R}}$ bestimmt:

$$b_{ij} = r_{ki}\dot{r}_{kj} = \epsilon_{ijk}\omega_k, \quad \omega_l = \frac{1}{2}\epsilon_{ijl}b_{ij}. \tag{2.61}$$

In einer infinitesimalen Zeit $\mathrm{d}t$ dreht sich $\mathcal{B}$ dabei um einen Winkel

$$\mathrm{d}\boldsymbol{\phi} = \boldsymbol{\omega}\,\mathrm{d}t \tag{2.62}$$

um die Achse $\boldsymbol{\omega}$.

Drehung um feste Achse

Zur Veranschaulichung betrachten wir erneut das Beispiel aus (2.9) mit einer Drehung um die $\hat{\boldsymbol{e}}_3$-Achse um den zeitabhängigen Winkel $\phi = \omega t$:

$$\boldsymbol{R}(t) = \begin{pmatrix} \cos(\omega t) & \sin(\omega t) & 0 \\ -\sin(\omega t) & \cos(\omega t) & 0 \\ 0 & 0 & 1 \end{pmatrix}. \tag{2.63}$$

Man findet sofort

$$\dot{\boldsymbol{R}}(t) = \omega \begin{pmatrix} -\sin(\omega t) & \cos(\omega t) & 0 \\ -\cos(\omega t) & -\sin(\omega t) & 0 \\ 0 & 0 & 0 \end{pmatrix} \tag{2.64}$$

und

$$\boldsymbol{R}^\top(t) = \begin{pmatrix} \cos(\omega t) & -\sin(\omega t) & 0 \\ \sin(\omega t) & \cos(\omega t) & 0 \\ 0 & 0 & 1 \end{pmatrix}. \tag{2.65}$$

Eine einfache Rechnung führt auf

$$\begin{aligned} \boldsymbol{R}^\top(t)\dot{\boldsymbol{R}}(t) &= \begin{pmatrix} 0 & \omega & 0 \\ -\omega & 0 & 0 \\ 0 & 0 & 0 \end{pmatrix} \\ \Longrightarrow \quad \boldsymbol{\omega} &= \begin{pmatrix} 0 \\ 0 \\ \omega \end{pmatrix}. \end{aligned} \tag{2.66}$$

Dieses Beispiel ist auch gültig, wenn die Drehung nicht infinitesimal ist. Der Grund ist, dass stets um dieselbe Achse gedreht wird. Es ist anschaulich klar, dass sukzessive, also aufeinanderfolgende Drehungen um dieselbe Achse kommutieren. ◂

Achtung $\boldsymbol{\omega}$ ist die Drehachse, wie sie im ungestrichenen Koordinatensystem erscheint. Im gestrichenen Koordinatensystem ist die Orientierung der Drehachse im Allgemeinen verschieden, was wir in Kürze zeigen werden. Dies kann man beispielsweise daran sehen, dass die Rotationsachse der Erde, welche die Richtung von $\boldsymbol{\omega}$ definiert, nur an den Polen senkrecht auf der Erdoberfläche steht. Am Äquator ist die Erdachse dagegen parallel zur Erdoberfläche. ◂

Transformationsverhalten der Winkelgeschwindigkeit

Um zu untersuchen, wie sich die Winkelgeschwindigkeit $\boldsymbol{\omega}$ unter Koordinatentransformationen verhält, betrachten wir (2.53) in einem ungestrichenen und einem gestrichenen Koordinatensystem:

$$\omega_l = \frac{1}{2}\epsilon_{ijl}b_{ij}, \quad \omega'_l = \frac{1}{2}\epsilon_{ijl}b'_{ij}. \tag{2.67}$$

Die Frage ist, wie ω'_l mit ω_l zusammenhängt.

Aus der linearen Algebra wissen wir, dass

$$\boldsymbol{B}' = \boldsymbol{R}\boldsymbol{B}\boldsymbol{R}^\top \quad \text{bzw.} \quad b'_{ij} = r_{im}b_{mn}r_{jn} \tag{2.68}$$

gilt, wobei $\boldsymbol{R}$ die Drehmatrix ist, die das ungestrichene in das gestrichene Koordinatensystem überführt. Wir schreiben

$$\omega'_l = \frac{1}{2}\epsilon_{ijl}r_{im}r_{jn}b_{mn} \tag{2.69}$$

und wegen (2.52)

$$\omega'_l = \frac{1}{2}\epsilon_{ijl}r_{im}r_{jn}\epsilon_{kmn}\omega_k. \tag{2.70}$$

Vertiefung: Infinitesimale Transformationen

Wir haben in Abb. 2.2 gesehen, dass die Reihenfolge von sukzessiven *endlichen* Drehungen wichtig ist: Endliche Drehungen sind im Allgemeinen nicht kommutativ. Der Begriff der *infinitesimalen Transformationen* ist in vielen Bereichen der Physik sehr wichtig, insbesondere in der Quantenmechanik und in der Feldtheorie. Wir beschränken uns hier auf eine infinitesimale Drehung. Gleichung (2.36) wird zu

$$\boldsymbol{x}' = \boldsymbol{R}\boldsymbol{x} \quad \text{mit} \quad \boldsymbol{R} = \boldsymbol{I} + \mathbf{d}\boldsymbol{R}.$$

Wegen $\boldsymbol{R}^\top \boldsymbol{R} = \boldsymbol{I}$ ist

$$(\boldsymbol{I} + \mathbf{d}\boldsymbol{R})^\top (\boldsymbol{I} + \mathbf{d}\boldsymbol{R}) = \boldsymbol{I} \quad \Longrightarrow \quad \mathbf{d}\boldsymbol{R}^\top + \mathbf{d}\boldsymbol{R} = 0.$$

Da $\mathbf{d}\boldsymbol{R}$ eine infinitesimale Größe ist, können quadratische Terme vernachlässigt werden. Deshalb müssen infinitesimale Drehmatrizen $\mathbf{d}\boldsymbol{R}$ stets schiefsymmetrisch sein. Analog zu (2.52) können wir

$$\mathrm{d}r_{ij} = \epsilon_{ijk}\mathrm{d}\phi_k$$

schreiben, wobei $\mathrm{d}\phi_k$ die infinitesimalen Drehwinkel um die Achse $\mathbf{d}\boldsymbol{\phi}$ sind. Allgemein definieren die Elemente jeder schiefsymmetrischen 3×3-Matrix einen Pseudovektor. Für die Änderung des Ortes gilt dann

$$\mathbf{d}\boldsymbol{x} = \boldsymbol{x}' - \boldsymbol{x} = \mathbf{d}\boldsymbol{R}\boldsymbol{x} = \boldsymbol{x} \times \mathbf{d}\boldsymbol{\phi}.$$

Zwei aufeinanderfolgende infinitesimale Transformationen erfüllen

$$(\boldsymbol{I} + \mathbf{d}\boldsymbol{R}_1)(\boldsymbol{I} + \mathbf{d}\boldsymbol{R}_2) = \boldsymbol{I} + \mathbf{d}\boldsymbol{R}_1 + \mathbf{d}\boldsymbol{R}_2.$$

Im Gegensatz zu endlichen Drehungen spielt hier die Reihenfolge keine Rolle. Auf diese Weise kann man auch direkt zeigen, dass die Inverse von $\boldsymbol{R} = \boldsymbol{I} + \mathbf{d}\boldsymbol{R}$ gerade $\boldsymbol{I} - \mathbf{d}\boldsymbol{R}$ ist. Drehmatrizen sind eine Untergruppe der orthogonalen Matrizen, die $\det(\boldsymbol{R}) = +1$ erfüllen. Es ist bereits intuitiv klar und hier offensichtlich, dass es nur infinitesimale Drehungen, aber keine infinitesimale Spiegelungen geben kann, denn für Spiegelungen ist $\boldsymbol{x}' - \boldsymbol{x}$ keine infinitesimale Größe.

Weiterhin gilt wegen $\delta_{pl} = r_{pq}r_{lq}$ und (2.30)

$$\begin{aligned}
\frac{1}{2}\epsilon_{ijl}r_{im}r_{jn}\epsilon_{kmn} &= \frac{1}{2}\epsilon_{ijp}r_{im}r_{jn}r_{pq}r_{lq}\epsilon_{kmn} \\
&= \frac{1}{2}\epsilon_{mnq}\epsilon_{kmn}\det(\boldsymbol{R})r_{lq} \\
&= \delta_{qk}\det(\boldsymbol{R})r_{lq} = \det(\boldsymbol{R})r_{lk}.
\end{aligned} \tag{2.71}$$

Dies führt schließlich auf das Transformationsverhalten von $\boldsymbol{\omega}$.

Transformationsverhalten der Winkelgeschwindigkeit

Die Winkelgeschwindigkeit $\boldsymbol{\omega}$ ist wie der Drehimpuls $\boldsymbol{L}$ ein axialer Vektor und transformiert unter orthogonalen Transformationen $\boldsymbol{R}$ wie

$$\boldsymbol{\omega}' = \det(\boldsymbol{R})\boldsymbol{R}\boldsymbol{\omega}. \tag{2.72}$$

Man hätte sich bereits im Vorfeld denken können, dass die Winkelgeschwindigkeit $\boldsymbol{\omega}$ ein axialer Vektor ist, da das Levi-Civita-Symbol bei seiner Definition auftaucht.

Zeitableitungen in rotierenden Bezugssystemen

Wir haben in (2.54) gesehen, dass Zeitableitungen von polaren Vektoren einen Zusatzterm erhalten, wenn sie in rotierenden Bezugssystemen betrachtet werden. Für die zweite Zeitableitung folgt

$$\ddot{\boldsymbol{d}}' = \boldsymbol{R}\left[\ddot{\boldsymbol{d}} - \dot{\boldsymbol{\omega}} \times \boldsymbol{d} - \boldsymbol{\omega} \times \dot{\boldsymbol{d}} - \boldsymbol{\omega} \times \left(\dot{\boldsymbol{d}} - \boldsymbol{\omega} \times \boldsymbol{d}\right)\right]. \tag{2.73}$$

Hier wurde berücksichtigt, dass $\boldsymbol{\omega}$ durchaus selbst eine Funktion der Zeit sein kann.

Frage 13

Machen Sie sich klar, dass (2.73) direkt aufgeschrieben werden kann, wenn man die Argumentation wiederholt, die zur Herleitung von (2.54) verwendet wurde.

Gleichung (2.23), (2.54) und (2.73) sind die allgemeinen Transformationsgleichungen für einen polaren Vektor und seine ersten beiden Zeitableitungen von einem Inertialsystem S zu einem rotierenden Bezugssystem $\mathcal{B}$. In vielen Fällen ist es allerdings sinnvoller, den umgekehrten Weg zu gehen: Man möchte die Zeitableitungen in S durch Größen im gestrichenen System $\mathcal{B}$ ausdrücken.

Transformationsverhalten eines polaren Vektors und seiner Zeitableitungen

Transformiert man einen polaren Vektor $\boldsymbol{d}'$ mittels einer orthogonalen Transformation $\boldsymbol{R}$ von einem rotierenden System zurück in ein Inertialsystem, so lauten die Transformationsgleichungen für $\boldsymbol{d}$ und seine ersten beiden Zeitableitungen

$$d = R^\top d', \tag{2.74}$$

$$\dot{d} = R^\top \left(\dot{d}' + \omega' \times d'\right),$$

$$\ddot{d} = R^\top [\ddot{d}' + \dot{\omega}' \times d' + \omega' \times \dot{d}' + \omega' \times (\dot{d}' + \omega' \times d')].$$

Dies wird in Aufgabe 2.3 gezeigt.

Da $d(t) = x(t) - b(t)$ geschrieben werden kann, wobei $x(t)$ der Ortsvektor einer Punktmasse und $b(t)$ ein Referenzpunkt (z. B. der Ursprung von $\mathcal{B}$) ist, sind die entsprechenden Transformationsgleichungen für $x(t)$ ebenfalls bekannt, wenn $b(t)$ gegeben ist.

Die zweite Zeitableitung in (2.74) ist der Schlüssel, um die Scheinkräfte in rotierenden Bezugssystemen zu berechnen. Dies wird im folgenden Abschnitt geschehen.

2.4 Kräfte in rotierenden Bezugssystemen

Die Bewegung von rotierenden Objekten (z. B. Kreiseln) und von Punktmassen in rotierenden Bezugssystemen (z. B. auf der Erdoberfläche) spielt eine wichtige Rolle in der Physik. So wird beispielsweise das Klima entscheidend durch die Rotation der Erde beeinflusst. Tropische Stürme wie Hurrikane oder Taifune könnten nicht entstehen, wenn die Erde nicht rotieren würde.

Das zweite Newton'sche Axiom gilt in seiner bisher bekannten Form in (2.41) nur in Inertialsystemen, also in unbeschleunigten Bezugssystemen. Es kann auch in Nichtinertialsystemen formuliert werden, wobei es jedoch seine Kovarianz verliert und zusätzliche Terme berücksichtigt werden müssen. Im Folgenden werden die Bewegungsgleichungen in rotierenden Bezugssystemen am Beispiel der rotierenden Erde diskutiert. Dies ist jedoch keine Einschränkung der Allgemeinheit, da die Erde durch jedes andere rotierende Objekt ersetzt werden kann. Die Rechnungen zeigen, dass in rotierenden Bezugssystemen Scheinkräfte, insbesondere die Zentrifugal- und die Coriolis-Kraft, auftreten.

Aufstellen der Bewegungsgleichungen

Wir wählen zunächst ein ungestrichenes kartesisches Inertialsystem S, in dessen Ursprung O der Mittelpunkt der rotierenden Erde liegt. Die Koordinaten dieses Punktes im ungestrichenen System sind $b = (0, 0, 0)^\top$. Ein gestrichenes, ebenfalls kartesisches Koordinatensystem $\mathcal{B}$ sei mit einem Punkt c an der Oberfläche der Erde verbunden. Dabei soll c den Ursprung O' von $\mathcal{B}$ bilden, d. h., die Koordinaten im gestrichenen System

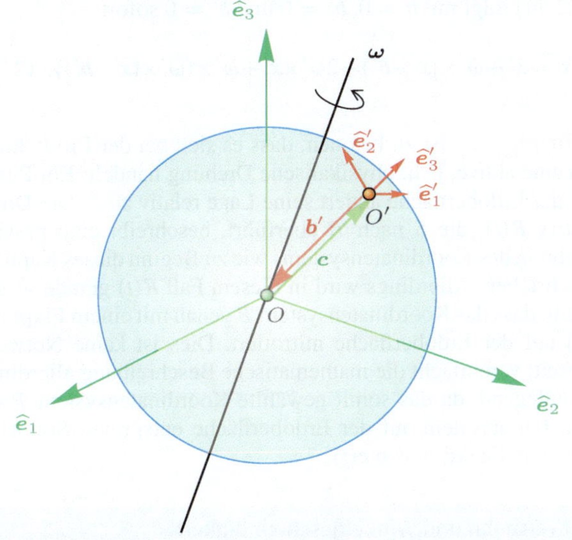

Abb. 2.8 Darstellung der Koordinatensysteme S (in dem sich die Erde dreht) und $\mathcal{B}$ (das sich mit einem Punkt c auf der Erdoberfläche mitbewegt). Der Erdmittelpunkt befindet sich im Ursprung O des Inertialsystems S, der Punkt c bildet den Ursprung O' des beschleunigten Bezugssystems $\mathcal{B}$. Die Erde dreht sich um eine beliebige Achse mit Winkelgeschwindigkeit ω

sind $c' = (0, 0, 0)^\top$. Somit rotiert $\mathcal{B}$ zusammen mit dem Punkt c relativ zu S. Die Erdrotation wird in S durch die Winkelgeschwindigkeit ω beschrieben, die in (2.52) definiert wurde. Das Koordinatensystem $\mathcal{B}$ sei weiterhin so definiert, dass die Achse $\hat{e}_3'$ senkrecht von der Erdoberfläche weg zeigt. Dies hat zur Folge, dass der Erdmittelpunkt von $\mathcal{B}$ aus gesehen stets am festen Ort $b' = -|b'|\,\hat{e}_3'$ liegt und $\dot{b}' = \ddot{b}' = 0$ gilt. Die Koordinatensysteme S und $\mathcal{B}$ und die Drehachse ω sind in Abb. 2.8 dargestellt.

Frage 14

Machen Sie sich klar, dass die beiden Vektoren c, der in S von O nach O' zeigt, und b', der in $\mathcal{B}$ von O' nach O zeigt, die gleiche Länge haben: $|b'| = |c|$. Überlegen Sie sich weiterhin, dass b' in $\mathcal{B}$ fest, c in S aber eine Funktion der Zeit ist.

In diesem Abschnitt werden alle Vektoren in $\mathcal{B}$ konsequent als gestrichene Größen geschrieben. Obwohl dies im ersten Moment als umständlich erscheinen mag, so ist dies doch von großem Vorteil: Es ist stets auf einen Blick zu erkennen, welche Vektoren in welchem der beiden Koordinatensysteme (S und $\mathcal{B}$) gemeint sind. Dadurch werden von Anfang an Doppeldeutigkeiten vermieden.

Im Folgenden betrachten wir das Transformationsverhalten eines ungebundenen Vektors $d = x - b$, wobei x der beliebige Ort einer Punktmasse ist. Somit ist d die relative Lage der Punktmasse zum Erdmittelpunkt von S aus gesehen und d' derselbe Vektor von $\mathcal{B}$ aus gesehen. Aus der zweiten Zeitableitung von d

in (2.74) folgt mit $\boldsymbol{b} = 0$, $\dot{\boldsymbol{b}}' = 0$ und $\ddot{\boldsymbol{b}}' = 0$ sofort

$$\boldsymbol{R}\ddot{\boldsymbol{x}} = \ddot{\boldsymbol{x}}' + \dot{\boldsymbol{\omega}}' \times (\boldsymbol{x}' - \boldsymbol{b}') + 2\boldsymbol{\omega}' \times \dot{\boldsymbol{x}}' + \boldsymbol{\omega}' \times (\boldsymbol{\omega}' \times (\boldsymbol{x}' - \boldsymbol{b}')). \quad (2.75)$$

Achtung Es ist zu betonen, dass es sich bei der Erddrehung um eine aktive, d. h. physikalische Drehung handelt: Ein Punkt auf der Erdoberfläche ändert seine Lage relativ zu S. Die Drehmatrix $\boldsymbol{R}(t)$, die S nach $\mathcal{B}$ überführt, beschreibt eine passive Drehung des Koordinatensystems wie zu Beginn dieses Kapitels beschrieben. Allerdings wird in diesem Fall $\boldsymbol{R}(t)$ gerade so gewählt, dass das Koordinatensystem $\mathcal{B}$ genau mit einem Fixpunkt $\boldsymbol{c}(t)$ auf der Erdoberfläche mitrotiert. Dies ist keine Notwendigkeit, vereinfacht die mathematische Beschreibung allerdings grundlegend, da das somit gewählte Koordinatensystem $\mathcal{B}$ einem Laborsystem auf der Erdoberfläche entspricht. Somit ist $\boldsymbol{R}(t)$ eine Funktion von $\boldsymbol{c}(t)$. ◂

Kreisbahn und Winkelgeschwindigkeit

Wir wollen untersuchen, mit welcher Geschwindigkeit sich ein Punkt auf der Erdoberfläche von S aus betrachtet bewegt, wenn sich die Erde mit der Winkelgeschwindigkeit $\boldsymbol{\omega}$ dreht. Ausgehend von (2.54) fordern wir zunächst $\dot{\boldsymbol{d}}' = 0$, da sich der Punkt auf der Erdoberfläche befinden soll und somit in $\mathcal{B}$ ruht. Es folgt sofort

$$\dot{\boldsymbol{d}} = \boldsymbol{\omega} \times \boldsymbol{d}. \quad (2.76)$$

Legt man zur Vereinfachung die Ursprünge von S und $\mathcal{B}$ in den Erdmittelpunkt, ist $\boldsymbol{b} = \boldsymbol{b}' = 0$ und

$$\dot{\boldsymbol{x}} = \boldsymbol{\omega} \times \boldsymbol{x}. \quad (2.77)$$

Diese wichtige Gleichung wird in der Mechanik häufig verwendet: Die momentane Bahngeschwindigkeit $\dot{\boldsymbol{x}}$ einer Punktmasse kann direkt aus dem Abstandsvektor $\boldsymbol{x}$ zum Drehzentrum und der Winkelgeschwindigkeit $\boldsymbol{\omega}$ berechnet werden. Bewegt sich die Punktmasse mit konstanter Winkelgeschwindigkeit auf einer Kreisbahn, finden wir das korrekte Ergebnis

$$V = \frac{2\pi r}{T} = \frac{U}{T} \quad (2.78)$$

für die Bahngeschwindigkeit, wobei r und U Radius und Umfang der Bahn und T die Umlaufdauer sind. ◂

Gleichung (2.75) beschreibt die Beschleunigung $\ddot{\boldsymbol{x}}'$ einer Punktmasse im erdfesten System $\mathcal{B}$. Fasst man $m\ddot{\boldsymbol{x}}$, also die Beschleunigung der Punktmasse in S, als eine externe Kraft $\boldsymbol{F}_{\text{ext}} = m\ddot{\boldsymbol{x}}$, auf, so lautet die Bewegungsgleichung in $\mathcal{B}$

$$\begin{aligned} \boldsymbol{F}'_{\text{ext}} = m\ddot{\boldsymbol{x}}' + m\dot{\boldsymbol{\omega}}' \times (\boldsymbol{x}' - \boldsymbol{b}') + 2m\boldsymbol{\omega}' \times \dot{\boldsymbol{x}}' \\ + m\boldsymbol{\omega}' \times \left[\boldsymbol{\omega}' \times (\boldsymbol{x}' - \boldsymbol{b}')\right], \end{aligned} \quad (2.79)$$

wobei $\boldsymbol{F}'_{\text{ext}} = \boldsymbol{R}\boldsymbol{F}_{\text{ext}}$ die gedrehte Kraft in $\mathcal{B}$ ist (siehe (2.43)). Wir schreiben die Gleichung noch um, indem wir allein den Term $m\ddot{\boldsymbol{x}}'$ auf eine Seite der Gleichung bringen.

Scheinkräfte in rotierenden Bezugssystemen

Auf eine Punktmasse am Ort $\boldsymbol{x}'$ in einem mit $\boldsymbol{\omega}'$ rotierenden Bezugssystem $\mathcal{B}$ wirken äußere Kräfte und Scheinkräfte. Die Bewegungsgleichung für eine Punktmasse in $\mathcal{B}$ lautet

$$\begin{aligned} m\ddot{\boldsymbol{x}}' = \boldsymbol{F}'_{\text{ext}} - m\dot{\boldsymbol{\omega}}' \times (\boldsymbol{x}' - \boldsymbol{b}') - 2m\boldsymbol{\omega}' \times \dot{\boldsymbol{x}}' \\ - m\boldsymbol{\omega}' \times \left[\boldsymbol{\omega}' \times (\boldsymbol{x}' - \boldsymbol{b}')\right]. \end{aligned} \quad (2.80)$$

Der Vektor $\boldsymbol{b}'$ zeigt vom Ursprung von $\mathcal{B}$ zum Drehzentrum.

Gleichung (2.80) ist die Verallgemeinerung des zweiten Newton'schen Axioms auf rotierende Bezugssysteme und reduziert sich für $\boldsymbol{\omega}' = 0$ auf seine ursprüngliche Form in Inertialsystemen (2.41). Offenbar ist ein in S kräftefreies Teilchen in $\mathcal{B}$ beschleunigt. Man nennt die drei übrigen Terme in (2.80) *Scheinkräfte*, die in Kürze genauer untersucht werden. Der Begriff *Schein*kraft kommt daher, dass sie für einen Beobachter im Inertialsystem nicht auftritt und daher scheinbar nicht existiert.

Scheinkräfte sind reale Kräfte, die durch die Transformation in ein beschleunigtes Bezugssystem auftreten und ihren physikalischen Ursprung in der Trägheitskraft $-m\ddot{\boldsymbol{x}}$ haben. Das Auftreten von Scheinkräften zeigt an, dass ein Bezugssystem kein Inertialsystem ist. Alle Scheinkräfte sind proportional zur trägen Masse, während die Schwerkraft proportional zur schweren Masse ist. Wie bereits in Kap. 1 erwähnt, fordert Einsteins Äquivalenzprinzip der allgemeinen Relativitätstheorie, dass schwere und träge Massen äquivalent sind.

Hierdurch wird deutlich, dass die Gesetze der Mechanik in rotierenden Bezugssystemen zwar formulierbar, aber in der Regel deutlich aufwendiger zu lösen sind, da die Koordinatenachsen selbst zeitabhängig werden. Dennoch hat es für viele Anwendungen Vorteile, die Bewegungsgleichungen in rotierenden Bezugssystemen zu diskutieren, da die Gleichungen dort unter Umständen eine einfachere Form annehmen können. Dies werden wir in Kap. 4 noch ausnutzen.

Klassifikation der Scheinkräfte

Die Scheinkräfte in (2.80) haben drei Beiträge:

1. Die Kraft $-m\dot{\boldsymbol{\omega}}' \times (\boldsymbol{x}' - \boldsymbol{b}')$ taucht nur auf, wenn die Winkelgeschwindigkeit $\boldsymbol{\omega}'$ sich in $\mathcal{B}$ ändert. Die Rotation der Erde wird in guter Näherung durch $\boldsymbol{\omega}' = \text{const}$ und $\boldsymbol{\omega} = \text{const}$ beschrieben. Ausnahmen bilden die Präzession und die Polschwankungen. Erstere beschreibt eine Änderung von $\boldsymbol{\omega}$ im

Inertialsystem, letztere eine Änderung von $\boldsymbol{\omega}'$ im erdfesten System. Im weiteren Verlauf dieses Abschnitts nehmen wir an, dass $\boldsymbol{\omega}'$ konstant ist.

2. Der Term
$$\boldsymbol{F}'_{\mathrm{C}} := -2m\boldsymbol{\omega}' \times \dot{\boldsymbol{x}}' \tag{2.81}$$
heißt *Coriolis-Kraft* (nach dem französischen Mathematiker und Physiker *Gaspard Gustave de Coriolis*, 1792–1843) und führt zu seitlichen Ablenkungen von sich bewegenden Punktmassen in $\mathcal{B}$. Diese Kraft steht senkrecht auf $\boldsymbol{\omega}'$ und $\dot{\boldsymbol{x}}'$ und verschwindet für Bewegungen parallel zur Drehachse $\boldsymbol{\omega}'$.
3. Der dritte Term ist die *Zentrifugalkraft*:
$$\boldsymbol{F}'_{\mathrm{Z}} := -m\boldsymbol{\omega}' \times \left[\boldsymbol{\omega}' \times (\boldsymbol{x}' - \boldsymbol{b}')\right]. \tag{2.82}$$

Bedeutung der Zentrifugalkraft und Erdabplattung

Die Zentrifugalkraft $\boldsymbol{F}'_{\mathrm{Z}}$ in (2.82) besteht aus zwei Beiträgen. Der zweite kann mit $\boldsymbol{b}' = -|\boldsymbol{b}'|\,\hat{\boldsymbol{e}}'_3$ und der Vektoridentität $\boldsymbol{a} \times (\boldsymbol{b} \times \boldsymbol{c}) = \boldsymbol{b}(\boldsymbol{a}\cdot\boldsymbol{c}) - \boldsymbol{c}(\boldsymbol{a}\cdot\boldsymbol{b})$ in die Form

$$\begin{aligned} m\boldsymbol{\omega}' \times (\boldsymbol{\omega}' \times \boldsymbol{b}') &= -m\left[(\boldsymbol{\omega}'\cdot\boldsymbol{\omega}')\boldsymbol{b}' - \boldsymbol{\omega}'(\boldsymbol{\omega}'\cdot\boldsymbol{b}')\right] \\ &= mb\omega^2\left[\hat{\boldsymbol{e}}'_3 - \frac{\boldsymbol{\omega}'(\boldsymbol{\omega}'\cdot\hat{\boldsymbol{e}}'_3)}{\omega^2}\right] \\ &= m\omega^2\boldsymbol{l}' \end{aligned} \tag{2.83}$$

gebracht werden, wobei $b = |\boldsymbol{b}'|$ und $\omega = |\boldsymbol{\omega}'|$ sind. Hierbei ist $\boldsymbol{l}'$ der senkrechte Abstand des Ursprungs O' von der Drehachse $\boldsymbol{\omega}'$ und erfüllt

$$l = |\boldsymbol{l}'| = b\sin\theta = b\cos\vartheta. \tag{2.84}$$

Die beiden Winkel θ und $\vartheta = \pi/2 - \theta$ werden in Abb. 2.9 definiert. Bei ϑ handelt es sich um die *geografische Breite*, die vom Äquator aus gemessen wird.

Offensichtlich zeigt $m\omega^2\boldsymbol{l}'$ stets senkrecht von der Drehachse fort und ist unabhängig von der Lage $\boldsymbol{x}'$ der Punktmasse in $\mathcal{B}$, aber proportional zu ihrer Masse m. Dieser Term lässt sich daher als effektiver Beitrag zur Erdbeschleunigung auffassen, indem man

$$\boldsymbol{g}'_{\mathrm{eff}} := \boldsymbol{g}' - \omega^2\boldsymbol{l}' \tag{2.85}$$

definiert. Da der Betrag von $\boldsymbol{l}'$ mit der geografischen Breite ϑ variiert, ist die effektive Erdbeschleunigung entlang der Erdoberfläche nicht konstant. Sie ist an den Polen am größten, da sie dort nicht durch die Zentrifugalkraft abgeschwächt wird. Am Äquator wirkt die maximale Zentrifugalkraft, und die effektive Erdanziehung ist kleiner.

Aufgrund der Zentrifugalbeschleunigung $\omega^2\boldsymbol{l}'$ hat die Erde eine leicht abgeplattete Form. Der Erdradius ist an den Polen kleiner als am Äquator. Der relative Unterschied beträgt nur rund 0,3 %,

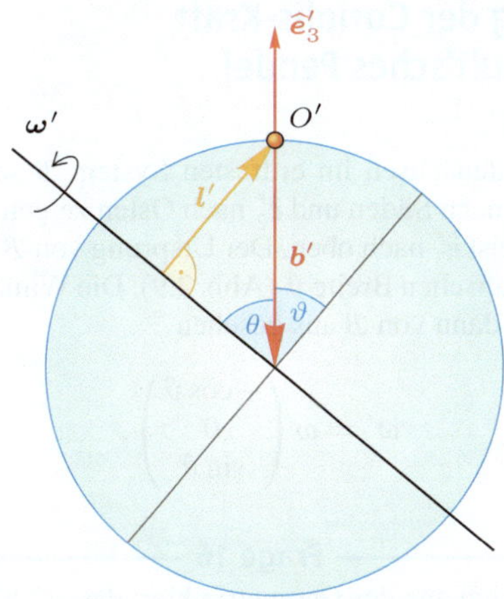

Abb. 2.9 Darstellung der Erddrehung, wie sie ein Beobachter am Punkt O' auf der Erdoberfläche sieht. Die Zentrifugalkraft ist entlang des Vektors $\boldsymbol{l}'$ gerichtet, der senkrecht von der Drehachse $\boldsymbol{\omega}'$ zum Ursprung O' von $\mathcal{B}$ zeigt. Somit weist die Richtung der Zentrifugalkraft stets von der Drehachse fort. Die geografische Breite ϑ misst den Winkel zwischen dem Ursprung von $\mathcal{B}$ und dem Äquator

ist aber für die Geodäsie, d. h. für die Vermessung der Erde, von entscheidender Wichtigkeit. Der Basisvektor $\hat{\boldsymbol{e}}'_3$ ist dann so definiert, dass $\boldsymbol{g}'_{\mathrm{eff}} = -g_{\mathrm{eff}}\,\hat{\boldsymbol{e}}'_3$ gilt. Es sei noch angemerkt, dass der Erdkörper nicht homogen ist (Berge, Erzvorkommen etc.). Dies führt zu einer *Schwereanomalie* an der Erdoberfläche, d. h. der lokalen Abweichung der Erdbeschleunigung vom erwarteten Mittelwert.

Frage 15

Überlegen Sie sich, dass $\boldsymbol{g}'_{\mathrm{eff}}$ im Allgemeinen nicht direkt zum Erdmittelpunkt zeigt. Für viele Anwendungen ist die damit verbundene Abweichung allerdings vernachlässigbar.

Der erste Term der Zentrifugalkraft in (2.82), $-m\boldsymbol{\omega}' \times (\boldsymbol{\omega}' \times \boldsymbol{x}')$, spielt nur eine Rolle, wenn sich die Punktmasse m nicht im Ursprung von $\mathcal{B}$ befindet. Ist $|\boldsymbol{x}'| \ll |\boldsymbol{b}'|$, d. h. der Abstand der Punktmasse zum Ursprung von $\mathcal{B}$, klein im Vergleich zum Erdradius, so kann dieser Term von $\boldsymbol{F}'_{\mathrm{Z}}$ gegenüber dem zweiten vernachlässigt werden, und es gilt in guter Näherung

$$\boldsymbol{F}'_{\mathrm{Z}} \approx m\boldsymbol{\omega}' \times (\boldsymbol{\omega}' \times \boldsymbol{b}') = m\omega^2\boldsymbol{l}'. \tag{2.86}$$

Dies ist in vielen Anwendungen der Fall.

Achtung Befindet sich die Punktmasse m weit oberhalb der Erdoberfläche, so legt man den Ursprung von $\mathcal{B}$ häufig nicht auf die Erdoberfläche, sondern direkt an den Ort der Punktmasse. Somit wird per Definition $\boldsymbol{x}' = (0,0,0)^\top$, und $|\boldsymbol{b}'|$ ist der Abstand der Punktmasse zum Erdmittelpunkt. Wir werden diese Wahl von $\mathcal{B}$ noch verwenden, um Satelliten auf Kreisbahnen zu beschreiben. ◀

Bedeutung der Coriolis-Kraft und Foucault'sches Pendel

Die Koordinatenachsen im erdfesten System $\mathcal{B}$ seien so definiert, dass $\hat{e}'_1$ nach Süden und $\hat{e}'_2$ nach Osten zeigen. Wie vorher festgelegt, weist $\hat{e}'_3$ nach oben. Der Ursprung von $\mathcal{B}$ befinde sich bei der geografischen Breite ϑ (Abb. 2.9). Die Winkelgeschwindigkeit lautet dann von $\mathcal{B}$ aus gesehen

$$\boldsymbol{\omega}' = \omega \begin{pmatrix} -\cos\vartheta \\ 0 \\ \sin\vartheta \end{pmatrix}. \tag{2.87}$$

Frage 16

Machen Sie sich aus der Geometrie klar, dass (2.87) die Drehachse der Erde in $\mathcal{B}$ beschreibt. Berücksichtigen Sie dabei, dass sich die Erde „nach Osten" dreht.

Die Winkelgeschwindigkeit lässt sich in Komponenten senkrecht und tangential zur Erdoberfläche zerlegen:

$$\boldsymbol{\omega}'_\perp = \begin{pmatrix} 0 \\ 0 \\ \omega\sin\vartheta \end{pmatrix}, \quad \boldsymbol{\omega}'_\parallel = \begin{pmatrix} -\omega\cos\vartheta \\ 0 \\ 0 \end{pmatrix}. \tag{2.88}$$

Folglich hat die Coriolis-Kraft in (2.81) zwei Komponenten:

$$\boldsymbol{F}'_\mathrm{C} = 2m(\dot{\boldsymbol{x}}' \times \boldsymbol{\omega}_\perp) + 2m(\dot{\boldsymbol{x}}' \times \boldsymbol{\omega}'_\parallel). \tag{2.89}$$

Der zweite Term führt bei einer Bewegung auf der Erdoberfläche zu einer aufwärts oder abwärts gerichteten Kraft und schwächt die Gravitationskraft ab oder verstärkt sie. Der erste Term führt bei einer Bewegung auf der Erdoberfläche zu einer seitlichen Ablenkung, auf der Nordhalbkugel stets nach rechts, auf der Südhalbkugel stets nach links relativ zur Richtung von $\dot{\boldsymbol{x}}'$. Diese seitlich gerichtete Kraft ist von wesentlicher Bedeutung für Stürme (Abb. 2.10), Meeresströmungen und Ballistik.

Frage 17

Naiv könnte man annehmen, dass sich Wirbelstürme auf der Nordhalbkugel im Uhrzeigersinn drehen, da dort Massen bei ihrer Bewegung nach rechts abgelenkt werden. Tatsächlich ist der Drehsinn jedoch genau anders herum. Begründen Sie dies. Dazu muss man wissen, dass Stürme durch Tiefdruckgebiete erzeugt werden. Luftmassen bewegen sich anfänglich radial in Richtung des niedrigeren Druckes im Zentrum und werden dabei durch die Coriolis-Kraft zu einer Rotation gezwungen.

Wir haben bereits in (2.85) gesehen, dass die Zentrifugalkraft in eine effektive Erdanziehungskraft absorbiert werden kann. Damit lautet die Bewegungsgleichung (2.80) in vereinfachter Form

$$m\ddot{\boldsymbol{x}}' + 2m\boldsymbol{\omega}' \times \dot{\boldsymbol{x}}' = \boldsymbol{F}', \tag{2.90}$$

wobei $\boldsymbol{F}'$ sowohl externe Kräfte (wie die Gravitation der Erde) als auch die Zentrifugalkraft enthält. Findet die Bewegung

Abb. 2.10 Der Hurrikan Isabel richtete im Jahre 2003 große Schäden im Nordatlantikraum an. Ohne die Drehung der Erde um ihre Achse und die damit verbundene Coriolis-Kraft könnten keine tropischen Wirbelstürme entstehen: Bewegt sich eine Luftmasse von einem Hochdruck- auf ein Tiefdruckgebiet zu, wird sie durch die Coriolis-Kraft seitlich abgelenkt. Auf der Nordhalbkugel führt dies zu einem Wirbel, der sich im Gegenuhrzeigersinn dreht (© NASA)

in der Ebene der Erdoberfläche statt, so lauten die relevanten Komponenten der Bewegungsgleichung

$$\begin{aligned} m\ddot{x}'_1 - 2m\omega\dot{x}'_2 \sin\vartheta &= F'_1, \\ m\ddot{x}'_2 + 2m\omega\dot{x}'_1 \sin\vartheta &= F'_2. \end{aligned} \tag{2.91}$$

Ist die Punktmasse m an einem langen Faden der Länge l aufgehängt und wirkt lediglich die Gravitationsbeschleunigung g_eff auf m, so sind die Kräfte durch

$$\begin{aligned} F'_1 &\approx -mg_\mathrm{eff}\delta x'_1/l, \\ F'_2 &\approx -mg_\mathrm{eff}\delta x'_2/l \end{aligned} \tag{2.92}$$

gegeben. Hier beschreiben $\delta x'_1$ und $\delta x'_2$ die seitliche Auslenkung der Masse entlang der $\hat{e}'_1$- und $\hat{e}'_2$-Achsen. Gleichung (2.91) und (2.92) bilden zusammen die Bewegungsgleichungen für das Foucault'sche Pendel (nach dem französischen Physiker *Jean Bernard Léon Foucault*, 1819–1868), dessen Pendelebene sich mit der Winkelgeschwindigkeit $\omega\sin\vartheta$ relativ zum Erdboden dreht (Abb. 2.11), wie wir in Kap. 6 sehen werden. Demnach beobachtet man am Äquator keine Drehung der Pendelebene, an den Polen ist sie jedoch maximal. Die Erde dreht sich sozusagen unter der Pendelebene hinweg, was man sich insbesondere an den Polen ($\vartheta = 90°$) leicht vorstellen kann.

Frage 18

Überprüfen Sie die Gültigkeit von (2.91) und (2.92).

Freier Fall auf rotierender Erde

Eine Punktmasse m wird zur Zeit $t = 0$ von der Höhe h über der Erdoberfläche fallen gelassen. Ihre Geschwindigkeit ist anfangs $\dot{\boldsymbol{x}}' = 0$. Würde sich die Erde nicht drehen, so würde, ein Fall

Abb. 2.11 Foucault-Pendel im Wissenschaftsmuseum in Valencia, Spanien. Die Coriolis-Kraft verursacht eine Drehung der Bahnebene des Pendels. Dadurch werden nach und nach die Stäbe auf dem Holzring umgeworfen (© Ciudad de las Artes y las Ciencias. Generalitat Valenciana)

aus geringer Höhe vorausgesetzt, die Masse mit der konstanten Erdbeschleunigung

$$\boldsymbol{g}' = \begin{pmatrix} 0 \\ 0 \\ -g \end{pmatrix} \tag{2.93}$$

nach unten (entlang der $\hat{\boldsymbol{e}}_3'$-Achse) beschleunigt werden. Wir nehmen an, dass die durch die Rotation der Erde verursachte Zentrifugalbeschleunigung bereits in eine effektive Erdbeschleunigung g_{eff} absorbieren würde. Die Coriolis-Kraft führt allerdings zu einer seitlichen Ablenkung der Punktmasse, und zwar stets nach Osten.

Dies kann man sich anschaulich so vorstellen, dass die Punktmasse an einem Punkt startet, der sich oberhalb der Erdoberfläche befindet und sich – in S betrachtet – daher schneller um den Erdmittelpunkt dreht als die Erdoberfläche. Diesen tangentialen Geschwindigkeitsüberschuss nimmt die Punktmasse aufgrund ihrer Trägheit mit, sodass sie – in $\mathcal{B}$ beobachtet – nach Osten, also in die Drehrichtung der Erde, abgelenkt wird (Abb. 2.12). Umgekehrt wird eine Rakete, die nach oben beschleunigt wird, nach Westen abgelenkt.

Somit erfährt die Punktmasse während des Falles eine Beschleunigung

$$\begin{pmatrix} \ddot{x}_1' \\ \ddot{x}_2' \\ \ddot{x}_3' \end{pmatrix} = -\begin{pmatrix} 0 \\ 2\dot{x}_3'\omega\cos\vartheta \\ g_{\text{eff}} \end{pmatrix}. \tag{2.94}$$

Achtung Zur Vereinfachung wurde hierbei vernachlässigt, dass die Beschleunigung der Punktmasse nach Osten und die damit verbundene Geschwindigkeit $\dot{x}_2'$ ebenfalls eine Coriolis-Kraft hervorruft. Warum können wir das machen? Der Grund ist, dass die Coriolis-Kraft F, die auf eine sich mit der Geschwindigkeit v bewegende Punktmasse wirkt, von der Größenordnung $F \sim v\omega$ ist. Die Winkelgeschwindigkeit ω der Erddrehung ist eine kleine Größe. Wird die Geschwindigkeit v selbst durch eine Coriolis-Kraft erzeugt (wie es hier bei der Bewegung nach Osten der Fall ist), so ist sie von der Größenordnung $F \sim \omega^2$, was gegenüber den anderen wirkenden Kräften (Gravitation, Coriolis-Kraft nach Osten) vernachlässigt werden kann. Dies ist ein typisches Beispiel für eine physikalische Vorgehensweise, bei der unwichtige von wichtigen Effekten getrennt werden. Nur so lassen sich die Gleichungen einfach (wenn auch nicht vollständig exakt) aufintegrieren. ◀

Zunächst lässt sich die x_3'-Komponente von (2.94) einmal nach der Zeit integrieren. Die Fallgeschwindigkeit

$$\dot{x}_3' = -g_{\text{eff}}\, t \tag{2.95}$$

wird in erster Näherung durch die Coriolis-Kraft nicht beeinflusst. Die Lösung dieser Gleichung ist

$$x_3'(t) = h - \frac{1}{2} g_{\text{eff}}\, t^2. \tag{2.96}$$

Hier wurden die Anfangsbedingungen $x_3'(0) = h$ und $\dot{x}_3'(0) = 0$ verwendet. Zur Vereinfachung führen wir mit $s := h - x_3'$ die durchfallene Strecke ein. Einsetzen von (2.95) in (2.94) führt auf die Bewegungsgleichung

$$\ddot{x}_2' = 2\omega g_{\text{eff}}\, t \cos\vartheta \tag{2.97}$$

und somit

$$x_2' = \frac{1}{3}\omega g_{\text{eff}}\, t^3 \cos\vartheta. \tag{2.98}$$

Die Anfangsbedingungen für x_2' sind $x_2'(0) = \dot{x}_2'(0) = 0$. Eliminiert man t zugunsten von s, findet man schließlich die östliche Ablenkung als Funktion der durchfallenen Strecke:

$$x_2' = \frac{2}{3}\omega\sqrt{\frac{2s^3}{g_{\text{eff}}}}\cos\vartheta. \tag{2.99}$$

Frage 19

Würde eine Masse von der Spitze des Burj Khalifa in Dubai ($h = 820\,\text{m}$, $\vartheta = 25°$) fallen gelassen, wäre die östliche Ablenkung am Erdboden unter Annahme von $g_{\text{eff}} = 9{,}8\,\text{m/s}^2$ und $\omega = 2\pi/86.400\,\text{s}$ etwa 46 cm. Rechnen Sie dies nach.

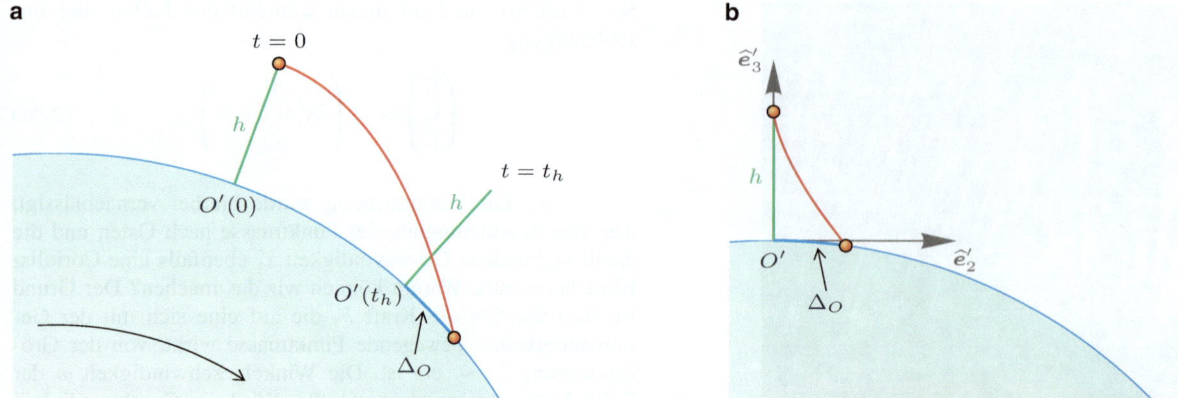

Abb. 2.12 Ein Objekt fällt auf der rotierenden Erde von einem Turm der Höhe h. In **a** ist die Bahnkurve dargestellt, wie sie im Inertialsystem erscheint. Da die Bahngeschwindigkeit auf dem Turm größer ist als auf der Erdoberfläche, kommt es zu einer Ostabweichung. Dieselbe Situation ist in **b** aus dem mitrotierenden Bezugssystem gezeigt

Satellit

Wir betrachten einen Satelliten der Masse m auf einer Kreisbahn um die Erde und wählen den Ursprung O' von $\mathcal{B}$ so, dass O' mit dem Ort des Satelliten zusammenfällt. Somit sind $\boldsymbol{x}' = 0$ und $\dot{\boldsymbol{x}}' = 0$, d. h., es gibt keine Coriolis-Kraft. Offensichtlich kann der Satellit nur auf der Kreisbahn verweilen, wenn keine Nettokraft in $\mathcal{B}$ auf ihn wirkt. Dies bedeutet, dass sich die Zentrifugal- und die Gravitationskraft stets genau aufheben müssen. Da beide Kräfte in radialer Richtung wirken, ist es ausreichend, den Betrag zu betrachten.

Achtung An dieser Stelle rotiert $\mathcal{B}$ zwar ebenfalls um die Erde, aber nicht mit einem Punkt, der an die Erdoberfläche gebunden ist. Der Satellit könnte prinzipiell in jede beliebige Richtung um die Erde kreisen, unabhängig von der Rotation der Erde. Dennoch bleibt (2.80) gültig, wobei $\boldsymbol{\omega}'$ durch die Winkelgeschwindigkeit des Satelliten um die Erde ersetzt werden muss. ◀

Die Gravitationskraft im Abstand r vom Erdmittelpunkt ist

$$F_G = -\frac{GMm}{r^2}. \tag{2.100}$$

Wie gewohnt sind G und M die Gravitationskonstante und die Erdmasse. Die Zentrifugalkraft lautet

$$F_Z = m\omega^2 r = m\frac{V^2}{r}, \tag{2.101}$$

wobei $V = \omega r$ die Bahngeschwindigkeit des Satelliten in S ist, was aus (2.77) folgt. Aus $F_G + F_Z = 0$ ergibt sich, dass ein Satellit die Bahngeschwindigkeit

$$V_K = \sqrt{\frac{GM}{r}} \tag{2.102}$$

aufweisen muss, damit er auf der Kreisbahn mit Radius r verweilt. Ist seine Geschwindigkeit kleiner, nähert er sich der Erde. Ist sie größer, entfernt er sich von ihr. Die Satellitenbahnen sind in Abb. 2.13 dargestellt.

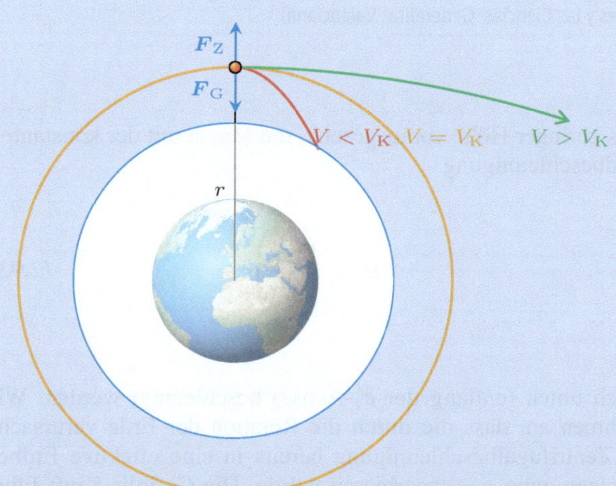

Abb. 2.13 Ein Satellit kann sich auf einer Kreisbahn mit Radius r um die Erde bewegen, wenn seine Bahngeschwindigkeit V gerade $V_K = \sqrt{GM/r}$ beträgt. In diesem Fall heben sich Zentrifugal- und Gravitationskraft auf. Die Drehachse $\boldsymbol{\omega}$ der Satellitenbahn zeigt senkrecht in die Papierebene hinein und hat nichts mit der Drehachse der Erde zu tun

Die entsprechenden Bewegungsgleichungen werden in Kap. 3 aufgestellt und gelöst. Es wird sich dabei herausstellen, dass die Kreisbahn nur eine von mehreren möglichen Satellitenbahnen ist. In Aufgabe 2.4 wird der geostationäre Satellit behandelt. ◀

2.5 Nichtkartesische Koordinatensysteme

In diesem Abschnitt werden weitere mathematische Grundlagen besprochen, die für die theoretische Physik von entscheidender Bedeutung sind: nichtkartesische Koordinatensysteme und ihre Auswirkungen auf die Differenzialoperatoren. Dabei liegt der Schwerpunkt vor allem auf den Zylinderkoordinaten und den sphärischen Polar- bzw. Kugelkoordinaten. Diese Koordinatenysteme werden gewöhnlich verwendet, wenn das zugrunde liegende physikalische Problem eine Zylinder- bzw. eine Kugelsymmetrie aufweist. In der Regel vereinfachen sich in diesen Fällen die Bewegungsgleichungen gegenüber den Gleichungen in ihrer kartesischen Form.

Krummlinige Koordinatensysteme

Kartesische Koordinatensysteme zeichnen sich dadurch aus, dass alle drei Basisvektoren paarweise orthogonal sind und nicht vom Ort abhängen. In solchen Koordinatensystemen lassen sich drei raumfeste Koordinatenebenen einführen, in denen jeweils eine Koordinate konstant ist (x_1 in der x_2-x_3-, x_2 in der x_1-x_3- und x_3 in der x_1-x_2-Ebene). In einer Vielzahl physikalischer Systeme sind jedoch physikalische Größen auf Flächen konstant, die zylinder- oder kugelförmig sind. Ein Beispiel ist das Gravitationsfeld einer Punktmasse: Dieses ist radialsymmetrisch und hängt nur vom Abstand zu der Punktmasse ab; es hat somit Kugelsymmetrie. Kartesische Koordinaten lassen sich dort für eine Beschreibung zwar verwenden, allerdings ist dies ungeschickt und mathematisch wesentlich aufwendiger.

Koordinatensysteme lassen sich in der folgenden Weise verallgemeinern: Wir stellen uns drei zunächst beliebige Scharen von Koordinatenflächen vor, die der Symmetrie des Problems angepasst sind. Auf jeder dieser Fläche sei ein Parameter q_i $(i = 1, 2, 3)$ konstant. Orte $\boldsymbol{x}$ im Raum werden dann dadurch angegeben, dass man drei Koordinatenflächen so wählt, dass sie sich in $\boldsymbol{x}$ schneiden, und die zu ihnen gehörenden Parameter (q_1, q_2, q_3) als Koordinaten verwendet. Die Einheitsnormalenvektoren der Koordinatenflächen werden als neue Basisvektoren $\hat{\boldsymbol{e}}'_i$ $(i = 1, 2, 3)$ verwendet. Obwohl diese für Zylinder- und Kugelkoordinaten paarweise orthogonal sind, muss dies nicht zwangsläufig der Fall sein. Im Allgemeinen sind die $\hat{\boldsymbol{e}}'_i$ Funktionen des Ortes.

Konstanz von räumlichen Abständen

Der Abstand zweier Punkte im Raum ist eine skalare physikalische Größe und darf daher nicht von dem gewählten Koordinatensystem abhängen. Man betrachte zwei infinitesimal voneinander getrennte Punkte im euklidischen Raum mit dem Abstandsvektor

$$\mathbf{d}\boldsymbol{s} = \mathrm{d}x_1\,\hat{\boldsymbol{e}}_1 + \mathrm{d}x_2\,\hat{\boldsymbol{e}}_2 + \mathrm{d}x_3\,\hat{\boldsymbol{e}}_3. \tag{2.103}$$

Hier sind die $\mathrm{d}x_i$ die Abstände entlang der drei Koordinatenachsen. Da das Koordinatensystem kartesisch ist und die Einheitsvektoren paarweise orthogonal sind, ist der quadratische Abstand $\mathrm{d}s^2$ über den Satz von Pythagoras gegeben:

$$\mathrm{d}s^2 = \mathrm{d}x_1^2 + \mathrm{d}x_2^2 + \mathrm{d}x_3^2. \tag{2.104}$$

Was passiert aber, wenn man in ein krummliniges Koordinatensystem übergeht? Nun müssen die drei Koordinaten x_i als Funktion der neuen Parameter q_j formuliert werden: $x_i = x_i(q_1, q_2, q_3)$. Hier und im restlichen Verlauf des Abschnitts beschränken wir uns auf orthogonale Koordinatensysteme, bei denen die Basisvektoren an jedem Punkt paarweise orthogonal sind, d. h. $\hat{\boldsymbol{e}}'_i \cdot \hat{\boldsymbol{e}}'_j = \delta_{ij}$. In solchen Fällen gilt lokal wieder der Satz von Pythagoras, und man kann sich überlegen, dass der quadratische Abstand die Form

$$\mathrm{d}s^2 = (h_1\,\mathrm{d}q_1)^2 + (h_2\,\mathrm{d}q_2)^2 + (h_3\,\mathrm{d}q_3)^2 \tag{2.105}$$

annimmt. Die drei Größen $h_i\,\mathrm{d}q_i$ spielen dabei die Rolle des Abstands entlang der drei neuen Koordinatenachsen $\hat{\boldsymbol{e}}'_i$. Es gilt

$$h_i^2 = \sum_{j=1}^{3} \left(\frac{\partial x_j}{\partial q_i}\right)^2 \quad (1 \le i \le 3), \tag{2.106}$$

was sich aus dem Kasten „Vertiefung: Die Metrik und ihre Bedeutung in der Physik" ergibt. Dies hat Auswirkungen auf die Formulierung des Gradienten einer Funktion in den neuen Koordinaten.

Gradient in allgemeinen Koordinatensystemen

Der Gradient einer skalaren Funktion f hängt von der Wahl des Koordinatensystems ab:

$$\begin{aligned}\nabla f &= \left(\hat{\boldsymbol{e}}_1 \frac{\partial}{\partial x_1} + \hat{\boldsymbol{e}}_2 \frac{\partial}{\partial x_2} + \hat{\boldsymbol{e}}_3 \frac{\partial}{\partial x_3}\right) f \\ &= \left(\frac{\hat{\boldsymbol{e}}'_1}{h_1}\frac{\partial}{\partial q_1} + \frac{\hat{\boldsymbol{e}}'_2}{h_2}\frac{\partial}{\partial q_2} + \frac{\hat{\boldsymbol{e}}'_3}{h_3}\frac{\partial}{\partial q_3}\right) f.\end{aligned} \tag{2.107}$$

Frage 20

Zeigen Sie, dass sich die rechte Seite von (2.107) im Spezialfall kartesischer Koordinaten auf die bekannte kartesische Form reduziert.

Zylinderkoordinaten

Als erstes konkretes Beispiel beginnen wir mit Koordinaten (q_1, q_2, q_3), die sich für Systeme mit Zylindersymmetrie eignen. Die ursprünglichen kartesischen Koordinaten seien (x_1, x_2, x_3). Wir legen den Ursprung auf die Symmetrieachse des physikalischen Systems. Die Symmetrieachse wird willkürlich als Koordinatenachse $\hat{\boldsymbol{e}}_3$ des alten kartesischen und $\hat{\boldsymbol{e}}_z$ des neuen Zylinderkoordinatensystems gewählt, d. h. $\hat{\boldsymbol{e}}_z = \hat{\boldsymbol{e}}_3$.

Vertiefung: Die Metrik und ihre Bedeutung in der Physik

Das Konzept des *metrischen Tensors* oder der *Metrik* spielt immer dann eine große Rolle in der Physik, wenn man es mit nichtkartesischen Räumen zu tun hat. Dies können gekrümmte Räume sein (die in der allgemeinen Relativitätstheorie behandelt werden) oder flache Räume mit krummlinigen Koordinaten (wie Kugel- oder Zylinderkoordinaten). Die Aufgabe der Metrik ist es, Längen- und Winkelberechnungen in dem entsprechenden Raum zur Verfügung zu stellen. Hier beschränken wir uns allerdings nur auf flache Räume.

Um besser zu verstehen, wie uns die Metrik hilft, betrachten wir das quadratische Wegelement in kartesischen Koordinaten $\boldsymbol{x}$:

$$\mathrm{d}s^2 = \delta_{ij}\,\mathrm{d}x_i\,\mathrm{d}x_j,$$

wobei δ_{ij} das Kronecker-Symbol ist und die Einstein'sche Summenkonvention verwendet wird. Für allgemeine Koordinatensysteme mit Koordinaten $q_i'(x_j)$ im flachen Raum schreibt man entsprechend

$$\mathrm{d}s^2 = g_{ij}\,\mathrm{d}q_i\,\mathrm{d}q_j.$$

Durch die Kettenregel kann man berechnen, wie die *Metrik* g_{ij} aussieht, denn das quadratische Wegelement $\mathrm{d}s^2$ ist in beiden Beschreibungen identisch (Längen hängen nicht von der Wahl der Koordinaten ab):

$$g_{ij}\,\mathrm{d}q_i\,\mathrm{d}q_j = g_{ij}\frac{\partial q_i}{\partial x_k}\mathrm{d}x_k\frac{\partial q_j}{\partial x_l}\mathrm{d}x_l \stackrel{!}{=} \delta_{kl}\,\mathrm{d}x_k\,\mathrm{d}x_l.$$

Also wird die Metrik durch die Transformation von x_i nach q_i definiert:

$$g_{ij}\frac{\partial q_i}{\partial x_k}\frac{\partial q_j}{\partial x_l} = \delta_{kl}.$$

Ist die Koordinatentransformation $q_i(x_j)$ umkehrbar, d. h., lässt sich $x_j(q_i)$ angeben, so lautet die Metrik

$$g_{ij} = \delta_{kl}\frac{\partial x_k}{\partial q_i}\frac{\partial x_l}{\partial q_j}.$$

Im dreidimensionalen Raum kann man g_{ij} offensichtlich durch 3×3 Komponenten angeben, und es gilt

$$g_{11} = h_1^2, \quad g_{22} = h_2^2, \quad g_{33} = h_3^2.$$

Die drei Größen h_i $(i = 1, 2, 3)$ sind in (2.106) definiert.

Für Kugelkoordinaten lauten die nicht verschwindenden Elemente von g_{ij} beispielsweise

$$g_{11} = g_{rr} = 1, \quad g_{22} = g_{\vartheta\vartheta} = r^2, \quad g_{33} = g_{\varphi\varphi} = r^2\sin^2\vartheta.$$

Die Metrik ist somit im Allgemeinen selbst koordinatenabhängig. Darum kann das Wegelement nur in differenzieller Form angegeben werden. Um eine endliche Strecke zwischen zwei Punkten A und B zu berechnen, muss entlang eines spezifizierten Weges integriert werden:

$$\begin{aligned} s_{12} &= \int_A^B \mathrm{d}s = \int_A^B \sqrt{g_{ij}(q_i)\,\mathrm{d}q_i\,\mathrm{d}q_j} \\ &= \int_{t_A}^{t_B} \sqrt{g_{ij}[q_i(t)]\dot{q}_i(t)\dot{q}_j(t)}\,\mathrm{d}t. \end{aligned}$$

Im letzten Schritt wurde die Zeit als Bahnparameter verwendet.

Die entsprechenden planaren Koordinatenebenen (q_1-q_2-Ebenen) stehen dann senkrecht auf der Symmetrieachse und schneiden diese im Abstand $z := q_3$ vom Ursprung. Der Abstand eines Punktes in der q_1-q_2-Ebene vom Schnittpunkt dieser Ebene mit $\hat{\boldsymbol{e}}_3$ sei $\varrho := q_1$.

Die zweite Schar von Koordinatenflächen zeichnet sich durch die Konstanz von ϱ aus: Die q_2-q_3-Flächen sind jeweils durch alle Punkte definiert, die den Abstand ϱ von der Symmetrieachse haben. Somit haben diese Koordinatenflächen Zylinderform. Die dritte Schar von Koordinatenflächen erhalten wir, indem wir die x_1-x_3-Halbebene um den Winkel $\varphi := q_2$ um die $\hat{\boldsymbol{e}}_3$-Achse drehen. Die somit gewählten Koordinatenflächen sind in Abb. 2.14 dargestellt. Ihr gemeinsamer Schnittpunkt hat die Koordinaten $(q_1, q_2, q_3) = (\varrho, \varphi, z)$.

Die drei Koordinatenflächen sind jeweils durch die Konstanz eines Parameters definiert:

1. Zylinderflächen: $\varrho \in [0, \infty)$
2. gedrehte x_1-x_3-Halbebenen: $\varphi \in [0, 2\pi)$
3. x_1-x_2-Ebenen: $z \in (-\infty, +\infty)$

Die drei Einheitsnormalenvektoren der Koordinatenflächen bilden die Basis $\hat{\boldsymbol{e}}_\varrho$, $\hat{\boldsymbol{e}}_\varphi$ und $\hat{\boldsymbol{e}}_z$. Ihr Zusammenhang mit den kartesischen Einheitsvektoren lautet

$$\begin{aligned} \hat{\boldsymbol{e}}_\varrho &= \cos\varphi\,\hat{\boldsymbol{e}}_1 + \sin\varphi\,\hat{\boldsymbol{e}}_2, \\ \hat{\boldsymbol{e}}_\varphi &= \cos\varphi\,\hat{\boldsymbol{e}}_2 - \sin\varphi\,\hat{\boldsymbol{e}}_1, \\ \hat{\boldsymbol{e}}_z &= \hat{\boldsymbol{e}}_3. \end{aligned} \tag{2.108}$$

Hier wurde zur besseren Lesbarkeit auf gestrichene Einheitsvektoren verzichtet. Anhand der Indizes lassen sich die zylindrischen von den kartesischen Basisvektoren leicht unterscheiden.

Achtung Die Koordinatenachsen $\hat{\boldsymbol{e}}_\varrho$ und $\hat{\boldsymbol{e}}_\varphi$ in (2.108) hängen vom Ort ab. Dies hat Auswirkungen auf Ableitungen und

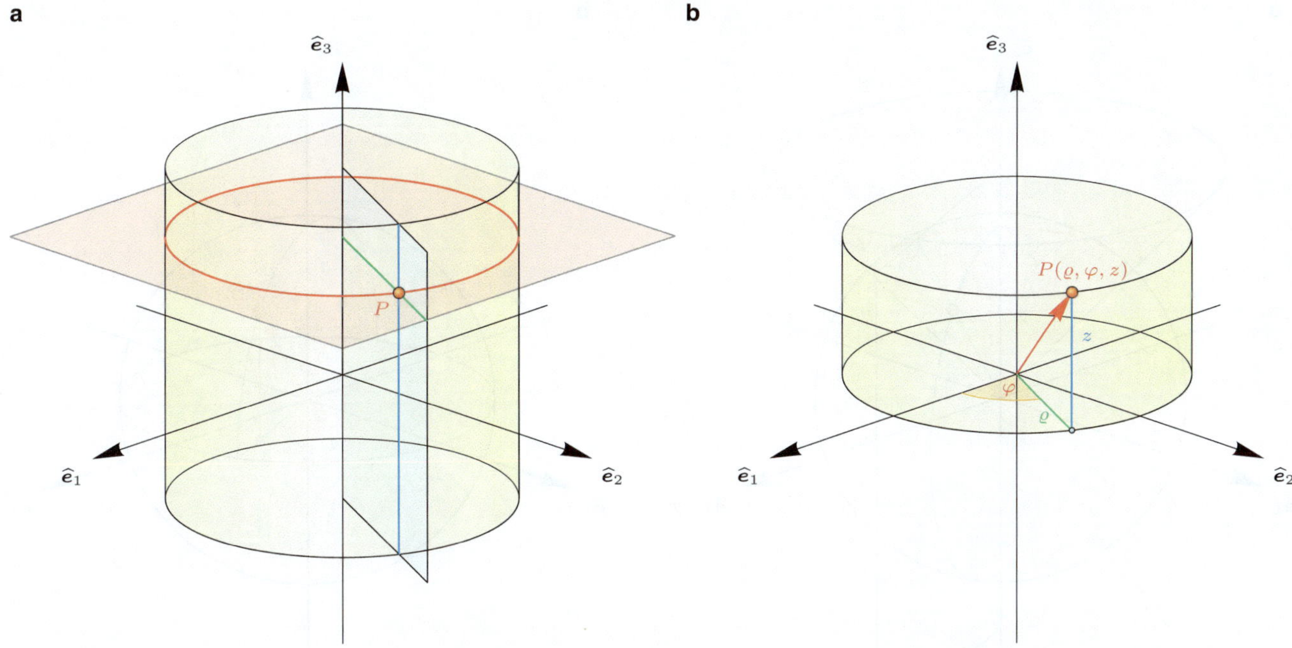

Abb. 2.14 Veranschaulichung und Definition der Zylinderkoordinaten. In **a** sind die Flächen konstanter Zylinderkoordinaten gezeigt (*gelb*: $\varrho = \text{const}$, *blau*: $\varphi = \text{const}$, *rot*: $z = \text{const}$). Jedes Tripel solcher Flächen schneidet sich in einem Punkt P, der durch die entsprechenden Werte (ϱ, φ, z) dargestellt wird. Die Relation (2.109) zwischen Zylinderkoordinaten und kartesischen Koordinaten lässt sich aus **b** ablesen

Differenzialoperatoren, wenn sie in Zylinderkoordinaten formuliert werden. Wir werden in Kürze darauf zurückkommen. ◂

Frage 21

Zeigen Sie, dass die drei Basisvektoren in (2.108) paarweise orthogonal sind.

Sind die Zylinderkoordinaten (ϱ, φ, z) eines Punktes bekannt, so lauten die entsprechenden kartesischen Koordinaten

$$x_1 = \varrho\cos\varphi, \quad x_2 = \varrho\sin\varphi, \quad x_3 = z. \tag{2.109}$$

Frage 22

Machen Sie sich die Gültigkeit von (2.108) und (2.109) anhand von Abb. 2.14 klar.

Aus (2.109) folgt mit (2.106)

$$\begin{aligned} h_\varrho^2 &= \cos^2\varphi + \sin^2\varphi = 1, \\ h_\varphi^2 &= \varrho^2\sin^2\varphi + \varrho^2\cos^2\varphi = \varrho^2, \\ h_z^2 &= 1. \end{aligned} \tag{2.110}$$

Das Wegelement lautet also

$$\begin{aligned} \mathbf{d}\boldsymbol{s} &= \hat{\boldsymbol{e}}_1\,\mathrm{d}x_1 + \hat{\boldsymbol{e}}_2\,\mathrm{d}x_2 + \hat{\boldsymbol{e}}_3\,\mathrm{d}x_3 \\ &= \hat{\boldsymbol{e}}_\varrho\,\mathrm{d}\varrho + \hat{\boldsymbol{e}}_\varphi\varrho\,\mathrm{d}\varphi + \hat{\boldsymbol{e}}_z\,\mathrm{d}z, \end{aligned} \tag{2.111}$$

und weiterhin gilt

$$\mathrm{d}s^2 = \mathbf{d}\boldsymbol{s}^2 = \mathrm{d}\varrho^2 + \varrho^2\,\mathrm{d}\varphi^2 + \mathrm{d}z^2, \tag{2.112}$$

was aus (2.105) und (2.106) folgt. Der Gradient (2.107) wird in Zylinderkoordinaten somit zu

$$\nabla f = \hat{\boldsymbol{e}}_\varrho\frac{\partial f}{\partial\varrho} + \hat{\boldsymbol{e}}_\varphi\frac{1}{\varrho}\frac{\partial f}{\partial\varphi} + \hat{\boldsymbol{e}}_z\frac{\partial f}{\partial z}. \tag{2.113}$$

Sphärische Polarkoordinaten

Ist ein physikalisches Problem kugelsymmetrisch, so bietet sich eine Beschreibung durch sphärische Polar- bzw. Kugelkoordinaten (q_1, q_2, q_3) an. Die ursprünglichen kartesischen Koordinaten sind wieder (x_1, x_2, x_3). Im ersten Schritt wird eine Schar von Kugelflächen mit Radius $r := q_1$ eingeführt, die konzentrisch um den Ursprung angeordnet sind. Nun wird $\hat{\boldsymbol{e}}_3$ als beliebige Polachse gewählt. Eine zweite Schar von planaren Koordinatenflächen ergibt sich aus einer Drehung der x_1-x_3-Halbebene um die Achse $\hat{\boldsymbol{e}}_3$ um den Winkel $\varphi := q_3$. Als dritte Schar von Koordinatenflächen wählt man Kegelflächen um die $\hat{\boldsymbol{e}}_3$-Achse mit Öffnungswinkel $\vartheta := q_2$. Eine entsprechende Darstellung findet man in Abb. 2.15. Der Flächenschnittpunkt hat die Koordinaten $(q_1, q_2, q_3) = (r, \vartheta, \varphi)$.

Wie bereits vorher bei den Zylinderkoordinaten sind die drei Koordinatenflächen jeweils durch die Konstanz eines Parameters definiert:

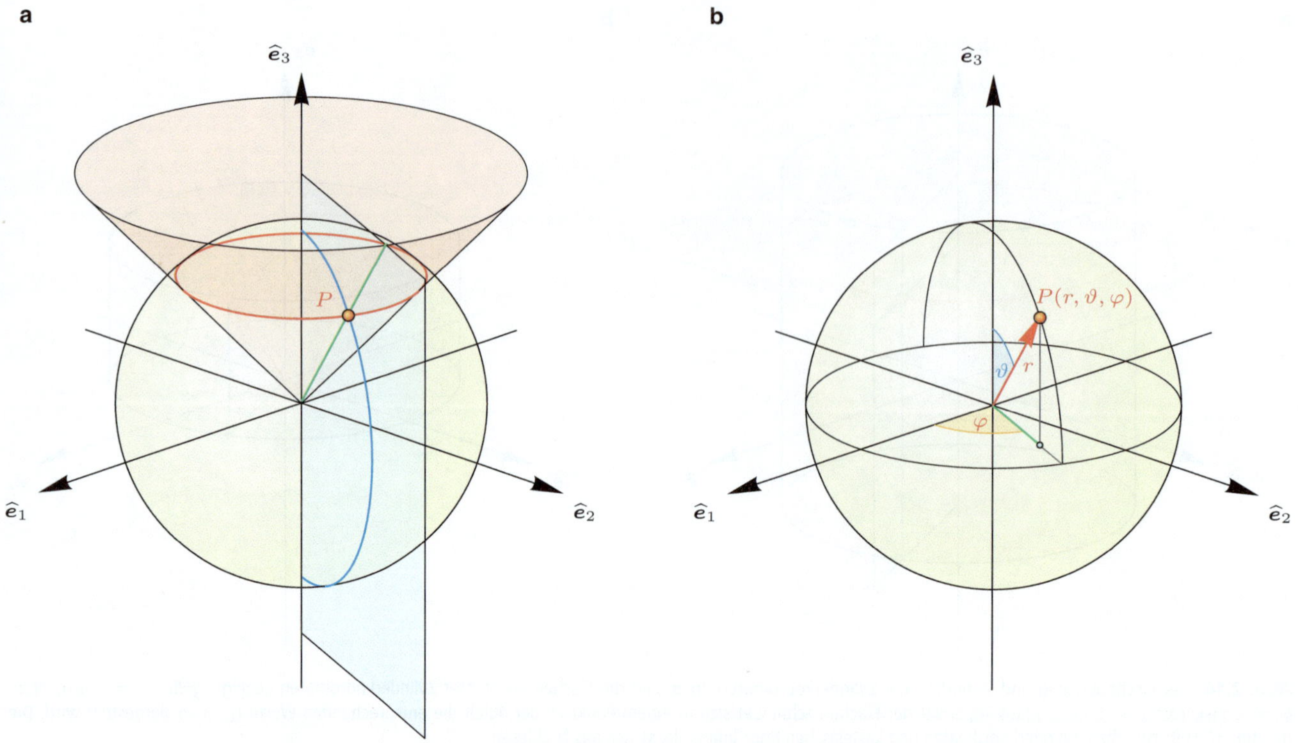

Abb. 2.15 Veranschaulichung und Definition der Kugelkoordinaten. In **a** sind die Flächen konstanter Kugelkoordinaten gezeigt (*gelb*: $r = \text{const}$, *rot*: $\vartheta = \text{const}$, *blau*: $\varphi = \text{const}$). Jedes Tripel solcher Flächen schneidet sich in einem Punkt P, der durch die entsprechenden Werte (r, ϑ, φ) dargestellt wird. Die Relation (2.115) zwischen Kugelkoordinaten und kartesischen Koordinaten lässt sich aus **b** ablesen

1. Kugelflächen: $r \in [0, \infty)$
2. Kegelflächen: $\vartheta \in [0, \pi)$
3. gedrehte x_1-x_3-Halbebenen: $\varphi \in [0, 2\pi)$

Man kann zeigen, dass die Einheitsnormalenvektoren über

$$\begin{aligned} \hat{e}_r &= \sin\vartheta\ \cos\varphi\,\hat{e}_1 + \sin\vartheta\ \sin\varphi\,\hat{e}_2 + \cos\vartheta\hat{e}_3, \\ \hat{e}_\vartheta &= \cos\vartheta\ \cos\varphi\,\hat{e}_1 + \cos\vartheta\ \sin\varphi\,\hat{e}_2 - \sin\vartheta\hat{e}_3, \\ \hat{e}_\varphi &= \cos\varphi\,\hat{e}_2 - \sin\varphi\,\hat{e}_1 \end{aligned} \tag{2.114}$$

mit den kartesischen Basisvektoren zusammenhängen.

Achtung Auch für die Kugelkoordinaten hängen die Koordinatenachsen in (2.114) vom Ort ab. ◀

Frage 23

Zeigen Sie, dass die drei Basisvektoren in (2.114) paarweise orthogonal sind.

Die Umrechnung von Kugelkoordinaten in kartesische Koordinaten erfolgt über

$$\begin{aligned} x_1 &= r\sin\vartheta\cos\varphi, \\ x_2 &= r\sin\vartheta\ \sin\varphi, \\ x_3 &= r\cos\vartheta, \end{aligned} \tag{2.115}$$

was aus Abb. 2.15 abgeleitet werden kann. Daraus folgt mit (2.106)

$$\begin{aligned} h_r^2 &= \cos^2\varphi\sin^2\vartheta + \sin^2\varphi\sin^2\vartheta + \cos^2\vartheta = 1, \\ h_\vartheta^2 &= r^2\cos^2\vartheta(\cos^2\varphi + \sin^2\varphi) + r^2\sin^2\vartheta = r^2, \\ h_\varphi^2 &= r^2\sin^2\vartheta(\sin^2\varphi + \cos^2\varphi) = r^2\sin^2\vartheta \end{aligned} \tag{2.116}$$

und für das Wegelement

$$\mathrm{d}s^2 = \mathrm{d}r^2 + r^2\,\mathrm{d}\vartheta^2 + r^2\sin^2\vartheta\,\mathrm{d}\varphi^2. \tag{2.117}$$

Der Gradient in sphärischen Polarkoordinaten lässt sich ausgehend von (2.107) daher in der Form

$$\nabla f = \hat{e}_r\frac{\partial f}{\partial r} + \hat{e}_\vartheta\frac{1}{r}\frac{\partial f}{\partial\vartheta} + \hat{e}_\varphi\frac{1}{r\sin\vartheta}\frac{\partial f}{\partial\varphi} \tag{2.118}$$

darstellen. Für den speziellen Fall, dass die Funktion f nur von r abhängt, $f = f(r)$, lautet der Gradient schlicht

$$\nabla f(r) = \hat{e}_r\frac{\mathrm{d}f(r)}{\mathrm{d}r}. \tag{2.119}$$

Ortsabhängigkeit der Einheitsnormalenvektoren

Wir haben bereits in (2.108) und (2.114) gesehen, dass – im Gegensatz zu kartesischen Koordinatensystemen – die Basisvektoren vom Ort abhängen können. Dies hat zur Folge, dass bei der Berechnung von Ableitungen berücksichtigt werden muss, dass die Basisvektoren nicht konstant sind.

Achtung Wie in Abschn. 2.3 und 2.4 diskutiert, ist die Zeitabhängigkeit der Basisvektoren in rotierenden Systemen der Grund für das Auftreten von Scheinkräften. Hier sprechen wir allerdings nicht von rotierenden kartesischen, sondern von nicht rotierenden nichtkartesischen Koordinatensystemen. ◄

Wir berechnen zunächst die Ableitungen der Basisvektoren der Zylinderkoordinaten. Man kann sich ausgehend von (2.108) leicht davon überzeugen, dass folgende Zusammenhänge gültig sind:

$$\begin{aligned} \frac{\partial \hat{\boldsymbol{e}}_\varrho}{\partial \varrho} &= 0, & \frac{\partial \hat{\boldsymbol{e}}_\varphi}{\partial \varrho} &= 0, & \frac{\partial \hat{\boldsymbol{e}}_z}{\partial \varrho} &= 0, \\ \frac{\partial \hat{\boldsymbol{e}}_\varrho}{\partial \varphi} &= \hat{\boldsymbol{e}}_\varphi, & \frac{\partial \hat{\boldsymbol{e}}_\varphi}{\partial \varphi} &= -\hat{\boldsymbol{e}}_\varrho, & \frac{\partial \hat{\boldsymbol{e}}_z}{\partial \varphi} &= 0, \\ \frac{\partial \hat{\boldsymbol{e}}_\varrho}{\partial z} &= 0, & \frac{\partial \hat{\boldsymbol{e}}_\varphi}{\partial z} &= 0, & \frac{\partial \hat{\boldsymbol{e}}_z}{\partial z} &= 0. \end{aligned} \tag{2.120}$$

Für die Geschwindigkeit einer Punktmasse gilt wegen (2.111) zunächst

$$\dot{\boldsymbol{x}} = \frac{\mathrm{d}\boldsymbol{s}}{\mathrm{d}t} = \dot{\varrho}\,\hat{\boldsymbol{e}}_\varrho + \varrho\dot{\varphi}\,\hat{\boldsymbol{e}}_\varphi + \dot{z}\,\hat{\boldsymbol{e}}_z. \tag{2.121}$$

Um die zweite Zeitableitung – also die Beschleunigung – zu erhalten, müssen die Zeitableitungen der Basisvektoren berücksichtigt werden. Dabei gilt wegen der Kettenregel beispielsweise

$$\frac{\mathrm{d}\hat{\boldsymbol{e}}_\varrho}{\mathrm{d}t} = \dot{\varrho}\frac{\partial \hat{\boldsymbol{e}}_\varrho}{\partial \varrho} + \dot{\varphi}\frac{\partial \hat{\boldsymbol{e}}_\varrho}{\partial \varphi} + \dot{z}\frac{\partial \hat{\boldsymbol{e}}_\varrho}{\partial z}. \tag{2.122}$$

Nutzt man die Ableitungen in (2.120) aus, so findet man nach kurzer Rechnung

$$\ddot{\boldsymbol{x}} = \left(\ddot{\varrho} - \varrho\dot{\varphi}^2\right)\hat{\boldsymbol{e}}_\varrho + \left(\varrho\ddot{\varphi} + 2\dot{\varrho}\dot{\varphi}\right)\hat{\boldsymbol{e}}_\varphi + \ddot{z}\,\hat{\boldsymbol{e}}_z. \tag{2.123}$$

Der entsprechende Ausdruck für Kugelkoordinaten wird in Aufgabe 2.5 hergeleitet.

Frage 24

Eine Punktmasse m bewegt sich in der Ebene $z = 0$ auf einer Kreisbahn mit konstantem Radius ϱ und konstanter Bahngeschwindigkeit $v = \omega\varrho = \dot{\varphi}\varrho$. Dann gilt wegen (2.123)

$$m\ddot{\boldsymbol{x}} = -m\varrho\dot{\varphi}^2\hat{\boldsymbol{e}}_\varrho. \tag{2.124}$$

Dies ist gerade die Kraft, welche die Masse auf der Kreisbahn hält, z. B. die Gravitations- oder die Spannkraft in einem Faden. Zeigen Sie, dass dies genau der negativen Zentrifugalkraft $m\varrho\omega^2\hat{\boldsymbol{e}}_\varrho$ entspricht, die man ausgehend von Abschn. 2.4 für diese Bewegung findet.

Auswirkungen auf die Differenzialoperatoren

Wir haben in (2.107) bereits gesehen, dass die Darstellung des Gradienten vom gewählten Koordinatensystem abhängt. Auch die Divergenz und Rotation eines Vektorfeldes haben eine andere Form, wenn das Koordinatensystem gewechselt wird (Großmann 2000). Wir betrachten einen abstrakten Vektor $\mathfrak{A}$ mit Komponenten (A_1, A_2, A_3) in kartesischen bzw. (A_1', A_2', A_3') in krummlinigen Koordinaten. Dann lautet die allgemeine Vorschrift für die Divergenz in krummlinigen orthogonalen Koordinaten

$$\begin{aligned} \operatorname{div}\mathfrak{A} &= \left(\frac{\hat{\boldsymbol{e}}_1'}{h_1}\frac{\partial}{\partial q_1} + \frac{\hat{\boldsymbol{e}}_2'}{h_2}\frac{\partial}{\partial q_2} + \frac{\hat{\boldsymbol{e}}_3'}{h_3}\frac{\partial}{\partial q_3}\right)\cdot\mathfrak{A} \\ &= \frac{1}{h_1h_2h_3}\left(\frac{\partial(h_2h_3A_1')}{\partial q_1} + \frac{\partial(h_1h_3A_2')}{\partial q_2} + \frac{\partial(h_1h_2A_3')}{\partial q_3}\right), \end{aligned} \tag{2.125}$$

wobei $\mathfrak{A}$ nach den paarweise orthogonalen Basisvektoren entwickelt wird:

$$\mathfrak{A} = A_1'\hat{\boldsymbol{e}}_1' + A_2'\hat{\boldsymbol{e}}_2' + A_3'\hat{\boldsymbol{e}}_3', \quad A_i' = \mathfrak{A}\cdot\hat{\boldsymbol{e}}_i' \quad (i = 1, 2, 3). \tag{2.126}$$

Wir führen an dieser Stelle die Rechnung, die auf die zweite Zeile in (2.125) führt, nicht vor. Es handelt sich dabei im Wesentlichen um Fleißarbeit ohne tieferen Einblick in die Physik des Problems. Der interessierte Leser kann gerne die Rechenschritte auf eigene Faust nachvollziehen.

Sowohl die drei Komponenten A_i' als auch die drei Basisvektoren $\hat{\boldsymbol{e}}_i'$ sind in der Regel eine Funktion der drei Koordinaten q_i. Mithilfe der Kettenregel müssen dann alle Ableitungen berücksichtigt werden, was im Gegensatz zu einer kartesischen Basis auf Zusatzterme der Form $\partial\hat{\boldsymbol{e}}_i'/\partial q_j$ führt, die für Zylinderkoordinaten bereits in (2.120) angegeben wurden.

Frage 25

Zeigen Sie, dass die Divergenz von $\mathfrak{A}$ in kartesischen Koordinaten

$$\operatorname{div}\mathfrak{A} = \frac{\partial A_1}{\partial x_1} + \frac{\partial A_2}{\partial x_2} + \frac{\partial A_3}{\partial x_3} \tag{2.127}$$

lautet. Gehen Sie dabei von (2.125) aus.

Die Divergenz in Kugelkoordinaten ist bei vielen Rechnungen in der Elektrodynamik wichtig.

Divergenz in Kugelkoordinaten

Für einen Vektor $\mathfrak{A}$ mit der Darstellung $(A_r, A_\vartheta, A_\varphi)$ in Kugelkoordinaten gilt

$$\begin{aligned} \operatorname{div}\mathfrak{A} = &\frac{1}{r^2}\frac{\partial(r^2A_r)}{\partial r} + \frac{1}{r\sin\vartheta}\frac{\partial(\sin\vartheta A_\vartheta)}{\partial\vartheta} \\ &+ \frac{1}{r\sin\vartheta}\frac{\partial A_\varphi}{\partial\varphi}. \end{aligned} \tag{2.128}$$

Die Rotation in nichtkartesischen Koordinatensystemen lautet allgemein

$$\begin{aligned}\mathbf{rot}\,\mathfrak{A} &= \left(\frac{\hat{\boldsymbol{e}}'_1}{h_1}\frac{\partial}{\partial q_1} + \frac{\hat{\boldsymbol{e}}'_2}{h_2}\frac{\partial}{\partial q_2} + \frac{\hat{\boldsymbol{e}}'_3}{h_3}\frac{\partial}{\partial q_3}\right) \times \mathfrak{A} \\ &= \frac{\hat{\boldsymbol{e}}'_1}{h_2 h_3}\left[\frac{\partial(h_3 A'_3)}{\partial q_2} - \frac{\partial(h_2 A'_2)}{\partial q_3}\right] \\ &\quad + \frac{\hat{\boldsymbol{e}}'_2}{h_1 h_3}\left[\frac{\partial(h_1 A'_1)}{\partial q_3} - \frac{\partial(h_3 A'_3)}{\partial q_1}\right] \\ &\quad + \frac{\hat{\boldsymbol{e}}'_3}{h_1 h_2}\left[\frac{\partial(h_2 A'_2)}{\partial q_1} - \frac{\partial(h_1 A'_1)}{\partial q_2}\right].\end{aligned} \tag{2.129}$$

Es gelten die gleichen Bemerkungen wie bei der Divergenz, insbesondere muss $\mathfrak{A}$ wie in (2.126) entwickelt werden.

Rotation in Kugelkoordinaten

Für einen Vektor $\mathfrak{A}$ mit der Darstellung $(A_r, A_\vartheta, A_\varphi)$ in Kugelkoordinaten gilt

$$\begin{aligned}\mathbf{rot}\,\mathfrak{A} &= \frac{\hat{\boldsymbol{e}}_r}{r\sin\vartheta}\left[\frac{\partial(\sin\vartheta A_\varphi)}{\partial\vartheta} - \frac{\partial A_\theta}{\partial\varphi}\right] \\ &\quad + \frac{\hat{\boldsymbol{e}}_\vartheta}{r}\left[\frac{1}{\sin\vartheta}\frac{\partial A_r}{\partial\varphi} - \frac{\partial(rA_\varphi)}{\partial r}\right] \\ &\quad + \frac{\hat{\boldsymbol{e}}_\varphi}{r}\left[\frac{\partial(rA_\vartheta)}{\partial r} - \frac{\partial A_r}{\partial\vartheta}\right].\end{aligned} \tag{2.130}$$

Man erkennt an (2.130) direkt, dass die Rotation einer radialsymmetrischen Zentralkraft verschwindet. Solch eine Kraft besitzt die Gestalt $F(r)\hat{\boldsymbol{e}}_r$. Da in (2.130) keine Ableitung von A_r nach r auftritt, muss in diesem Fall die Rotation stets null sein. Damit sind all diese Kraftfelder konservativ, was wir bereits in Kap. 1 gefunden haben.

Konkrete Berechnungen von Divergenz und Rotation können sehr langwierig sein. Dies sieht anders aus, wenn das Problem beispielsweise kugelsymmetrisch ist und alle ϑ- und φ-Abhängigkeiten verschwinden.

Der *Laplace-Operator* Δ ist für die theoretische Physik von entscheidender Bedeutung, da viele physikalische Gleichungen (insbesondere in Feldtheorien) zweite Ortsableitungen in der Form $\Delta f = \nabla^2 f = \nabla \cdot \nabla f$ enthalten. Der Laplace-Operator ist äquivalent zur Hintereinanderausführung von Gradient und Divergenz und kann daher mit den Gleichungen, die wir bis hierhin gefunden haben, für allgemeine Koordinatensysteme berechnet werden:

$$\begin{aligned}\Delta f &= \left(\frac{\hat{\boldsymbol{e}}'_1}{h_1}\frac{\partial}{\partial q_1} + \frac{\hat{\boldsymbol{e}}'_2}{h_2}\frac{\partial}{\partial q_2} + \frac{\hat{\boldsymbol{e}}'_3}{h_3}\frac{\partial}{\partial q_3}\right) \\ &\quad \cdot \left(\frac{\hat{\boldsymbol{e}}'_1}{h_1}\frac{\partial}{\partial q_1} + \frac{\hat{\boldsymbol{e}}'_2}{h_2}\frac{\partial}{\partial q_2} + \frac{\hat{\boldsymbol{e}}'_3}{h_3}\frac{\partial}{\partial q_3}\right) f \\ &= \frac{1}{h_1 h_2 h_3} \\ &\quad \cdot \left(\frac{\partial}{\partial q_1}\frac{h_2 h_3}{h_1}\frac{\partial}{\partial q_1} + \frac{\partial}{\partial q_2}\frac{h_1 h_3}{h_2}\frac{\partial}{\partial q_2} + \frac{\partial}{\partial q_3}\frac{h_1 h_2}{h_3}\frac{\partial}{\partial q_3}\right) f.\end{aligned} \tag{2.131}$$

Hier gelten erneut die Anmerkungen wie zu Divergenz und Rotation: Die Basisvektoren $\hat{\boldsymbol{e}}'_i$ hängen im Allgemeinen von den Koordinaten q_j ab, werden aber als paarweise orthogonal angenommen.

Frage 26

Zeigen Sie, dass der Laplace-Operator, angewandt auf eine skalare Funktion f in kartesischen Koordinaten,

$$\Delta f = \frac{\partial^2 f}{\partial x_1^2} + \frac{\partial^2 f}{\partial x_2^2} + \frac{\partial^2 f}{\partial x_3^2} \tag{2.132}$$

lautet. Gehen Sie dabei von (2.131) aus und nutzen Sie aus, dass die Basisvektoren konstant und paarweise orthogonal sind und vor die Ableitungen gezogen werden können.

Der Laplace-Operator in Kugelkoordinaten wird in Aufgabe 2.6 abgeleitet.

Laplace-Operator in Kugelkoordinaten

Der Laplace-Operator, angewandt auf eine skalare Funktion f, hat in Kugelkoordinaten die Gestalt

$$\begin{aligned}\Delta f &= \frac{1}{r^2}\frac{\partial}{\partial r}r^2\frac{\partial f}{\partial r} \\ &\quad + \frac{1}{r^2\sin\theta}\frac{\partial}{\partial\theta}\sin\theta\frac{\partial f}{\partial\theta} + \frac{1}{r^2\sin^2\theta}\frac{\partial^2 f}{\partial\varphi^2}.\end{aligned} \tag{2.133}$$

Häufig separiert man den Laplace-Operator in Kugelkoordinaten in der Form

$$\Delta f = \Delta_r f + \Delta_\Omega f, \tag{2.134}$$

wobei Δ_r die Radialableitungen und Δ_Ω alle Winkelableitungen enthält. Ist ein Problem kugelsymmetrisch, d. h., gibt es keine Winkelabhängigkeiten, reduziert sich (2.133) auf

$$\Delta f = \Delta_r f = \frac{1}{r^2}\frac{\partial}{\partial r}r^2\frac{\partial f}{\partial r}. \tag{2.135}$$

Eine konkrete Anwendung des Laplace-Operators wird in Aufgabe 2.7 diskutiert: Es ist dort das Gravitationsfeld innerhalb und außerhalb der Erde zu berechnen.

Aufgaben

Gelegentlich enthalten die Aufgaben mehr Angaben, als für die Lösung erforderlich sind. Bei einigen anderen dagegen werden Daten aus dem Allgemeinwissen, aus anderen Quellen oder sinnvolle Schätzungen benötigt.

- • leichte Aufgaben mit wenigen Rechenschritten
- •• mittelschwere Aufgaben, die etwas Denkarbeit und unter Umständen die Kombination verschiedener Konzepte erfordern
- ••• anspruchsvolle Aufgaben, die fortgeschrittene Konzepte (unter Umständen auch aus späteren Kapiteln) oder eigene mathematische Modellbildung benötigen

2.1 • Orthogonale Transformationen Zeigen Sie, dass Längen von Vektoren und Winkel zwischen Vektoren unter orthogonalen Transformationen invariant bleiben. Untersuchen Sie dazu, wie ein Skalarprodukt $\boldsymbol{a} \cdot \boldsymbol{b} = a_i b_i$ transformiert. Verwenden Sie hierbei die Einstein'sche Summenkonvention für doppelt auftretende Indizes.

2.2 •• Galilei-Transformation Es sind zwei Galilei-Transformationen $(\boldsymbol{R}, \boldsymbol{v}_0, \boldsymbol{b}_0, t_0)$ und $(\tilde{\boldsymbol{R}}, \tilde{\boldsymbol{v}}_0, \tilde{\boldsymbol{b}}_0, \tilde{t}_0)$ wie in (2.40) gegeben. Berechnen Sie diejenige Galilei-Transformation, die sich ergibt, wenn beide hintereinander ausgeführt werden. Bestimmen Sie ausgehend von diesem Ergebnis die Inverse einer allgemeinen Galilei-Transformation.

2.3 •• Umgekehrtes Transformationsverhalten von polaren Vektoren und ihren Zeitableitungen Zeigen Sie, dass die umgekehrten Transformationsgleichungen in (2.74) aus (2.23), (2.54) und (2.73) folgen. Fangen Sie dabei mit $\boldsymbol{d}$ und $\boldsymbol{d}'$ an und überlegen Sie sich dann den entsprechenden Zusammenhang für $\dot{\boldsymbol{d}}$ und $\dot{\boldsymbol{d}}'$.

2.4 ••• Geostationärer Orbit Satelliten im *geostationären* Orbit um die Erde befinden sich in einer kreisförmigen Umlaufbahn über dem Äquator und bewegen sich relativ zur Erdoberfläche nicht.

(a) Leiten Sie die Bedingung für einen geostationären Orbit ab und berechnen Sie den notwendigen Abstand des Satelliten von der Erdoberfläche. Die nötigen Parameter (z. B. Erdmasse) finden sich in der Literatur.

(b) Seit einigen Jahren wird die Möglichkeit diskutiert, einen *Orbitalaufzug* zu bauen. Dabei handelt es sich im Wesentlichen um ein Seil, das vom Äquator senkrecht nach oben läuft. Die Gravitations- und die Zentrifugalkraft, die insgesamt auf das Seil wirken, heben sich dabei auf. Das Seil ist sozusagen ein geostationärer Satellit, der allerdings nicht durch eine Punktmasse beschrieben werden kann. Man nehme an, dass das Seil pro Längeneinheit $\mathrm{d}r$ eine konstante Masse hat,

$$\mathrm{d}m = \mu\, \mathrm{d}r. \tag{2.136}$$

Stellen Sie eine Integralgleichung auf, die die Kräftebilanz des gesamten Seiles beschreibt. Führen Sie dazu einen zunächst unbekannten Radius r_S ein, der den Abstand des oberen Seilendes vom Erdmittelpunkt beschreibt. Wie groß ist r_S?

2.5 •• Beschleunigung in Kugelkoordinaten Berechnen Sie die Beschleunigung einer Punktmasse in Kugelkoordinaten. Orientieren Sie sich dabei an den Rechnungen, die auf die Beschleunigung in Zylinderkoordinaten (2.123) geführt haben.

2.6 •• Laplace-Operator in Kugelkoordinaten Berechnen Sie den Laplace-Operator (2.131) in Kugelkoordinaten und zeigen Sie somit (2.133). Hierfür sind Teilergebnisse von Aufgabe 2.5 nützlich.

2.7 ••• Gravitationsfeld der Erde Es ist das Gravitationsfeld $\phi(r) = V(r)/m$ (m ist eine kleine Testmasse) im Innen- und Außenraum der Erde zu berechnen. Wir nehmen hier an, dass das Problem kugelsymmetrisch ist. Verfolgen Sie dazu die beiden folgenden Ansätze unabhängig voneinander.

(a) Man kann zeigen (ohne Beweis an dieser Stelle), dass bei einer radialsymmetrischen Massenverteilung das Gravitationsfeld bei Radius r nur von der Masse abhängt, die sich innerhalb einer Kugel mit ebendiesem Radius r befindet. Es gilt dann

$$F_r = -\frac{\mathrm{d}}{\mathrm{d}r}\phi(r) = -\frac{GM_<(r)}{r^2}. \tag{2.137}$$

Dabei bezeichnet $M_<(r)$ die Masse, die sich innerhalb einer Kugel mit Radius r befindet, und F_r ist die radiale Komponente der Gravitationskraft, die zum Zentrum hin zeigt.

(b) In Teil II werden sogenannte Feldgleichungen diskutiert. Mit den dort besprochenen Hilfsmitteln lässt sich zeigen, dass der Zusammenhang

$$\Delta\phi(\boldsymbol{x}) = 4\pi G\rho(\boldsymbol{x}) \tag{2.138}$$

zwischen Massendichte $\rho(\boldsymbol{x})$ und Gravitationspotenzial $\phi(\boldsymbol{x})$ besteht. Aufgrund der Kugelsymmetrie bietet es sich an, den Laplace-Operator Δ in Kugelkoordinaten zu verwenden. Weiterhin gelten dann die Relationen $\rho(\boldsymbol{x}) = \rho(r)$ und $\phi(\boldsymbol{x}) = \phi(r)$.

Berechnen Sie sowohl aus (2.137) als auch aus (2.138) das Gravitationspotenzial $\phi(r)$. Berücksichtigen Sie dabei die geeigneten Randbedingungen, um die Differenzialgleichungen vollständig aufzuintegrieren. Zur Vereinfachung nehmen wir weiterhin an, dass die Massendichte der Erde konstant ist: $\rho(r) = \text{const.}$

Ausführliche Lösungen zu den Aufgaben

2.1 Es ist zunächst der Zusammenhang zwischen dem transformierten Skalarprodukt $a'_i b'_i$ und dem ursprünglichen Skalarprodukt $a_i b_i$ gesucht. Es sei $\boldsymbol{S}$ die Matrix, die eine orthogonale Transformation vom ungestrichenen in das gestrichene System darstellt. Dann gelten $a'_i = S_{ij} a_j$ und $b'_i = S_{ij} b_j$ und somit

$$a'_i b'_i = S_{ij} a_j S_{ik} b_k. \tag{2.139}$$

Hier muss das zweite Indexpaar j durch k ersetzt werden, da Summationsindizes nicht häufiger als zweimal auf einer Seite einer Gleichung auftreten dürfen. Orthogonale Transformationen erfüllen aber gerade $S_{ij} S_{ik} = \delta_{jk}$. Es folgt sofort

$$a'_i b'_i = a_j b_k \delta_{jk} = a_j b_j = a_i b_i. \tag{2.140}$$

Im letzten Schritt kann das Indexpaar j durch i ersetzt werden. Dies ist möglich, da über diese Indizes summiert wird und sie noch nicht auf dieser Seite der Gleichung verwendet werden. Es dürfen stets nur beide Indizes eines Indexpaares gleichzeitig durch ein anderes Indexpaar ersetzt werden.

Betrachtet man nun den Spezialfall $b_i = a_i$ und $b'_i = a'_i$, so folgt, dass die Länge eines Vektors invariant ist:

$$|\boldsymbol{a}'|^2 = a'_i a'_i = a_i a_i = |\boldsymbol{a}|^2. \tag{2.141}$$

Für den Winkel zwischen den Vektoren $\boldsymbol{a}$ und $\boldsymbol{b}$ gilt

$$\cos\theta = \frac{\boldsymbol{a} \cdot \boldsymbol{b}}{|\boldsymbol{a}||\boldsymbol{b}|}. \tag{2.142}$$

Da sowohl das Skalarprodukt im Zähler als auch die Beträge im Nenner invariant sind, muss auch $\cos\theta$ und damit der Winkel θ zwischen den Vektoren invariant sein. Eine orthogonale Transformation ist daher eine *winkeltreue* und *längentreue Transformation*.

2.2 Wir schreiben zunächst

$$\begin{aligned} \boldsymbol{x}' &= \boldsymbol{R}(\boldsymbol{x} - \boldsymbol{v}_0 t - \boldsymbol{b}_0), & t' &= t - t_0, \\ \boldsymbol{x}'' &= \tilde{\boldsymbol{R}}(\boldsymbol{x}' - \tilde{\boldsymbol{v}}_0 t' - \tilde{\boldsymbol{b}}_0), & t'' &= t' - \tilde{t}_0. \end{aligned} \tag{2.143}$$

Einsetzen von $\boldsymbol{x}'$ und t' in $\boldsymbol{x}''$ und t'' ergibt

$$\begin{aligned} \boldsymbol{x}'' &= \tilde{\boldsymbol{R}}\left[\boldsymbol{R}(\boldsymbol{x} - \boldsymbol{v}_0 t - \boldsymbol{b}_0) - \tilde{\boldsymbol{v}}_0(t - t_0) - \tilde{\boldsymbol{b}}_0\right], \\ t'' &= t - (t_0 + \tilde{t}_0). \end{aligned} \tag{2.144}$$

Dies vergleicht man mit einer dritten Galilei-Transformation,

$$\boldsymbol{x}'' = \bar{\boldsymbol{R}}(\boldsymbol{x} - \bar{\boldsymbol{v}}_0 t - \bar{\boldsymbol{b}}_0), \quad t'' = t - \bar{t}_0, \tag{2.145}$$

die direkt vom ungestrichenen zum doppelt gestrichenen System führt. Durch einen Vergleich findet man

$$\begin{aligned} \bar{\boldsymbol{R}} &= \tilde{\boldsymbol{R}}\boldsymbol{R}, \\ \bar{\boldsymbol{v}}_0 &= \boldsymbol{v}_0 + \boldsymbol{R}^\top \tilde{\boldsymbol{v}}_0, \\ \bar{\boldsymbol{b}}_0 &= \boldsymbol{b}_0 + \boldsymbol{R}^\top\left(\tilde{\boldsymbol{b}}_0 - \tilde{\boldsymbol{v}}_0 t_0\right), \\ \bar{t}_0 &= \tilde{t}_0 + t_0. \end{aligned} \tag{2.146}$$

Eine Galilei-Transformation gefolgt von ihrer Inverse muss als $(\boldsymbol{I}, 0, 0, 0)$ darstellbar sein. Dies führt zunächst auf

$$\tilde{\boldsymbol{R}} = \boldsymbol{R}^\top \quad \text{und} \quad \tilde{t}_0 = -t_0. \tag{2.147}$$

Weiterhin gilt

$$\tilde{\boldsymbol{v}}_0 = -\boldsymbol{R}\boldsymbol{v}_0 \tag{2.148}$$

und schließlich

$$\tilde{\boldsymbol{b}}_0 = -\boldsymbol{R}\left(\boldsymbol{v}_0 t_0 + \boldsymbol{b}_0\right). \tag{2.149}$$

2.3 Zunächst ist es trivial zu sehen, dass

$$\boldsymbol{d}' = \boldsymbol{R}\boldsymbol{d} \quad \Longrightarrow \quad \boldsymbol{d} = \boldsymbol{R}^\top \boldsymbol{d}' \tag{2.150}$$

gilt. Im zweiten Schritt soll

$$\begin{aligned} \dot{\boldsymbol{d}}' &= \boldsymbol{R}\left(\dot{\boldsymbol{d}} - \boldsymbol{\omega} \times \boldsymbol{d}\right) \\ \Longrightarrow \quad \dot{\boldsymbol{d}} &= \boldsymbol{R}^\top\left(\dot{\boldsymbol{d}}' + \boldsymbol{\omega}' \times \boldsymbol{d}'\right) \end{aligned} \tag{2.151}$$

gezeigt werden. Dies ist gleichbedeutend mit der Identität

$$\boldsymbol{\omega}' \times \boldsymbol{d}' = \boldsymbol{R}\left(\boldsymbol{\omega} \times \boldsymbol{d}\right), \tag{2.152}$$

deren Gültigkeit überprüft werden soll. Da $\boldsymbol{\omega} \times \boldsymbol{d}$ ein polarer Vektor ist (denn das Kreuzprodukt eines axialen und eines polaren Vektors ist wieder ein polarer Vektor), ist die Gültigkeit von (2.152) im Grunde schon gezeigt. Wir wollen dies aber an dieser Stelle explizit überprüfen. Dazu schreiben wir die rechte Seite von (2.152) in Komponentenform:

$$r_{ij}\epsilon_{jkl}\omega_k v_l = r_{ij} b_{lj} v_l = -r_{ij} b_{jl} v_l. \tag{2.153}$$

Hier wurden $\epsilon_{ijk}\omega_k = b_{ij}$ sowie $b_{ij} = -b_{ji}$ verwendet. An dieser Stelle kann die Identität in der Form $\delta_{lm} = r_{kl} r_{km}$ eingeführt werden:

$$r_{ij}\epsilon_{jkl}\omega_k v_l = -r_{ij} r_{kl} b_{jl} r_{km} v_m = -b'_{ik} v'_k. \tag{2.154}$$

Im letzten Schritt wurden die Transformationseigenschaften von b_{jl} und v_m unter orthogonalen Transformationen ausgenutzt. Schließlich ist

$$-b'_{ik} v'_k = -\epsilon_{ikl}\omega'_l v'_k = \epsilon_{ilk}\omega'_l v'_k, \tag{2.155}$$

was gerade die Komponentenschreibweise von $\boldsymbol{\omega}' \times \boldsymbol{d}'$ ist. Somit ist auch der Zusammenhang zwischen $\dot{\boldsymbol{d}}$ und $\dot{\boldsymbol{d}}'$ gezeigt. Die dritte Gleichung in (2.74) folgt wieder aus der Argumentation, dass jede weitere Zeitableitung durch wiederholtes Anwenden der zweiten Gleichung in (2.74) erhalten werden kann.

2.4

(a) Ein Satellit auf einer Kreisbahn ruht im korotierenden Bezugssystem und erfährt dort keine Kräfte. Dies bedeutet, dass sich die Gravitations- und die Zentrifugalkraft gerade aufheben müssen. Es gibt keine Coriolis-Kraft. Wie bereits in (2.102) gezeigt, lautet die Bahngeschwindigkeit des Satelliten

$$V = \sqrt{\frac{GM}{r}}. \tag{2.156}$$

Dabei ist r der Abstand des Satelliten zum Erd*mittelpunkt*. Die Bahngeschwindigkeit und die Winkelgeschwindigkeit des Satelliten erfüllen wegen (2.76)

$$V = \omega_{\mathrm{E}} r, \tag{2.157}$$

da $\boldsymbol{\omega}$ und $\boldsymbol{x}$ senkrecht aufeinander stehen. Somit ist der Radius der geostationären Satellitenbahn durch

$$r_{\mathrm{G}} = \sqrt[3]{\frac{GM}{\omega_{\mathrm{E}}^2}} \tag{2.158}$$

gegeben. Damit der Satellit geostationär ist, muss ω der Winkelgeschwindigkeit der Erde entsprechen. Der Wert ist $\omega_{\mathrm{E}} = 2\pi/86.400\,\mathrm{s}$. Die Gravitationskonstante und die Erdmasse sind $G = 6{,}67 \cdot 10^{-11}\,\mathrm{m^3\,kg\,s^{-2}}$ und $M = 5{,}97 \cdot 10^{24}\,\mathrm{kg}$. Somit ergibt sich ein Bahnradius von rund $r_{\mathrm{G}} = 42.160\,\mathrm{km}$. Zieht man den Erdradius ($r_{\mathrm{E}} = 6380\,\mathrm{km}$) ab, findet man den Abstand von der Erdoberfläche: $r_{\mathrm{G}} - r_{\mathrm{E}} = 35.780\,\mathrm{km}$.

(b) Das gesamte Seil ruht im korotierenden Bezugssystem. Zentrifugal- und Gravitationskräfte heben sich nicht an jedem Punkt des Seiles, sondern nur integriert über das gesamte Seil auf. Ein kleines Element des Seiles mit Abstand r zum Erdmittelpunkt erfährt die Kräfte

$$\mathrm{d}F_{\mathrm{G}} = \frac{GM\mu\,\mathrm{d}r}{r^2}, \quad \mathrm{d}F_{\mathrm{Z}} = \mu\omega_{\mathrm{E}}^2 r\,\mathrm{d}r. \tag{2.159}$$

Die Differenz der Kräfte ist

$$\mathrm{d}F_{\mathrm{Z}} - \mathrm{d}F_{\mathrm{G}} = \left(\omega_{\mathrm{E}}^2 - \frac{GM}{r^3}\right)\mu r\,\mathrm{d}r. \tag{2.160}$$

Wegen des Ergebnisses in der ersten Teilaufgabe sieht man, dass die Differenz negativ ist, wenn $r < r_{\mathrm{G}}$ ist. Für kleine Abstände werden die Seilelemente daher in Richtung Erdoberfläche beschleunigt. Für Seilelemente, die weiter von der Erde entfernt sind, überwiegt die Zentrifugalkraft: Sie werden nach außen beschleunigt. Aufgrund der Seilspannung hängen allerdings alle Seilelemente zusammen. Das Seil kann nur als Ganzes beschleunigt werden. Daraus ergibt sich als Bedingung für das Orbitalseil:

$$\int_{r_{\mathrm{E}}}^{r_{\mathrm{S}}} \left(\omega_{\mathrm{E}}^2 - \frac{GM}{r^3}\right)\mu r\,\mathrm{d}r = 0. \tag{2.161}$$

Nach ausgeführter Integration folgt

$$\begin{aligned} GM\left(\frac{1}{r_{\mathrm{E}}} - \frac{1}{r_{\mathrm{S}}}\right) &= \frac{1}{2}\omega_{\mathrm{E}}^2 (r_{\mathrm{S}} - r_{\mathrm{E}})^2 \\ \Longrightarrow \quad \frac{2GM}{\omega_{\mathrm{E}}^2} &= r_{\mathrm{E}} r_{\mathrm{S}} (r_{\mathrm{E}} - r_{\mathrm{S}}). \end{aligned} \tag{2.162}$$

Diese in r_{S} quadratische Gleichung kann direkt gelöst werden:

$$\begin{aligned} r_{\mathrm{S}} &= \frac{r_{\mathrm{E}}}{2} \pm \sqrt{\frac{r_{\mathrm{E}}^2}{4} + \frac{2GM}{\omega_{\mathrm{E}}^2 r_{\mathrm{E}}}} = \frac{r_{\mathrm{E}}}{2} \pm \sqrt{\frac{r_{\mathrm{E}}^2}{4} + \frac{2r_{\mathrm{G}}^3}{r_{\mathrm{E}}}} \\ &= r_{\mathrm{E}}\left(\frac{1}{2} \pm \sqrt{\frac{1}{4} + 2\left(\frac{r_{\mathrm{G}}}{r_{\mathrm{E}}}\right)^3}\right). \end{aligned} \tag{2.163}$$

Die negative Lösung ist ungültig, da $r_{\mathrm{S}} > r_{\mathrm{E}}$ sein muss. Wegen $r_{\mathrm{G}}/r_{\mathrm{E}} \approx 6{,}61$ ist der numerische Wert somit ungefähr $r_{\mathrm{S}} = 24{,}5 r_{\mathrm{E}} = 3{,}7 r_{\mathrm{G}} = 157.000\,\mathrm{km}$. Anstatt das Seil bis r_{S} zu verlängern, ist es auch denkbar, ein „hinreichend schweres Gegengewicht" an einem Punkt oberhalb von r_{G} am Seil zu befestigen. Dem Leser ist es überlassen auszurechnen, wie groß die „Gegenmasse" sein muss, damit das Seil insgesamt unbeschleunigt bleibt.

2.5 Das Wegelement für Kugelkoordinaten lautet, ähnlich wie (2.111):

$$\mathbf{ds} = \hat{\boldsymbol{e}}_r\,\mathrm{d}r + \hat{\boldsymbol{e}}_\vartheta\, r\,\mathrm{d}\vartheta + \hat{\boldsymbol{e}}_\varphi\, r\sin\vartheta\,\mathrm{d}\varphi. \tag{2.164}$$

Deswegen gilt zunächst für die Geschwindigkeit einer Punktmasse

$$\dot{\boldsymbol{x}} = \dot{r}\hat{\boldsymbol{e}}_r + r\dot{\vartheta}\,\hat{\boldsymbol{e}}_\vartheta + r\sin\vartheta\,\dot{\varphi}\,\hat{\boldsymbol{e}}_\varphi. \tag{2.165}$$

Es ist sinnvoll, im Folgenden die Ableitungen der Basisvektoren zu berechnen. Diese folgen aus (2.114):

$$\begin{aligned} \frac{\partial\hat{\boldsymbol{e}}_r}{\partial r} &= 0, & \frac{\partial\hat{\boldsymbol{e}}_\vartheta}{\partial r} &= 0, \\ \frac{\partial\hat{\boldsymbol{e}}_\varphi}{\partial r} &= 0, & \frac{\partial\hat{\boldsymbol{e}}_r}{\partial\vartheta} &= \hat{\boldsymbol{e}}_\vartheta, \\ \frac{\partial\hat{\boldsymbol{e}}_\vartheta}{\partial\vartheta} &= -\hat{\boldsymbol{e}}_r, & \frac{\partial\hat{\boldsymbol{e}}_\varphi}{\partial\vartheta} &= 0, \\ \frac{\partial\hat{\boldsymbol{e}}_r}{\partial\varphi} &= \sin\vartheta\,\hat{\boldsymbol{e}}_\varphi, & \frac{\partial\hat{\boldsymbol{e}}_\vartheta}{\partial\varphi} &= \cos\vartheta\,\hat{\boldsymbol{e}}_\varphi, \\ \frac{\partial\hat{\boldsymbol{e}}_\varphi}{\partial\varphi} &= -(\sin\vartheta\,\hat{\boldsymbol{e}}_r + \cos\vartheta\,\hat{\boldsymbol{e}}_\vartheta). \end{aligned} \tag{2.166}$$

Hieraus ergeben sich die Zeitableitungen der Basisvektoren. Für $\hat{\boldsymbol{e}}_r$ gilt

$$\frac{\mathrm{d}\hat{\boldsymbol{e}}_r}{\mathrm{d}t} = \dot{r}\frac{\partial \hat{\boldsymbol{e}}_r}{\partial r} + \dot{\vartheta}\frac{\partial \hat{\boldsymbol{e}}_r}{\partial \vartheta} + \dot{\varphi}\frac{\partial \hat{\boldsymbol{e}}_r}{\partial \varphi} = \dot{\vartheta}\,\hat{\boldsymbol{e}}_\vartheta + \dot{\varphi}\,\sin\vartheta\,\hat{\boldsymbol{e}}_\varphi. \tag{2.167}$$

Analog hat man

$$\begin{aligned}\frac{\mathrm{d}\hat{\boldsymbol{e}}_\vartheta}{\mathrm{d}t} &= -\dot{\vartheta}\,\hat{\boldsymbol{e}}_r + \dot{\varphi}\,\cos\vartheta\,\hat{\boldsymbol{e}}_\varphi,\\ \frac{\mathrm{d}\hat{\boldsymbol{e}}'_\varphi}{\mathrm{d}t} &= -\dot{\varphi}(\sin\vartheta\,\hat{\boldsymbol{e}}_r + \cos\vartheta\,\hat{\boldsymbol{e}}_\vartheta).\end{aligned} \tag{2.168}$$

Die Beschleunigung ist die Zeitableitung von (2.165):

$$\begin{aligned}\ddot{\boldsymbol{x}} = \ddot{r}\,\hat{\boldsymbol{e}}_r + \dot{r}\,\frac{\mathrm{d}\hat{\boldsymbol{e}}_r}{\mathrm{d}t} + \dot{r}\dot{\vartheta}\,\hat{\boldsymbol{e}}'_\vartheta + r\ddot{\vartheta}\,\hat{\boldsymbol{e}}_\vartheta + r\dot{\vartheta}\,\frac{\mathrm{d}\hat{\boldsymbol{e}}_\vartheta}{\mathrm{d}t}\\ + \dot{r}\,\sin\vartheta\,\dot{\varphi}\,\hat{\boldsymbol{e}}_\varphi + r\,\cos\vartheta\,\dot{\vartheta}\dot{\varphi}\,\hat{\boldsymbol{e}}_\varphi\\ + r\,\sin\vartheta\,\ddot{\varphi}\,\hat{\boldsymbol{e}}_\varphi + r\,\sin\vartheta\,\dot{\varphi}\,\frac{\mathrm{d}\hat{\boldsymbol{e}}_\varphi}{\mathrm{d}t}.\end{aligned} \tag{2.169}$$

Es müssen nun alle Zeitableitungen der Basisvektoren durch die entsprechenden Terme in (2.168) ersetzt werden. Eine etwas mühsame, aber unkomplizierte Sortierung nach den drei Basisvektoren liefert letztlich

$$\begin{aligned}\ddot{\boldsymbol{x}} = \hat{\boldsymbol{e}}_r\left[\ddot{r} - r\left(\dot{\vartheta}^2 + \sin^2\vartheta\,\dot{\varphi}^2\right)\right]\\ + \hat{\boldsymbol{e}}_\vartheta\left[2\dot{r}\dot{\vartheta} + r\left(\ddot{\vartheta} - \sin\vartheta\,\cos\vartheta\,\dot{\varphi}^2\right)\right]\\ + \hat{\boldsymbol{e}}_\varphi\left[(r\ddot{\varphi} + 2\dot{r}\dot{\varphi})\sin\vartheta + 2r\dot{\vartheta}\dot{\varphi}\,\cos\vartheta\right].\end{aligned} \tag{2.170}$$

Die Terme in (2.170), die nur erste Zeitableitungen erhalten, sind gerade die Coriolis- und die Zentrifugalbeschleunigungen. Dies kann man sich überlegen, wenn man die entsprechenden Kräfte in (2.80) in Kugelkoordinaten formuliert.

2.6 Für Kugelkoordinaten gilt aufgrund des Wegelements (2.117)

$$h_r = 1, \quad h_\vartheta = r, \quad h_\varphi = r\,\sin\vartheta. \tag{2.171}$$

Die Ableitungen der Basisvektoren sind in (2.166) zu finden. Wegen (2.131) sind insgesamt neun Terme zu berücksichtigen. Die Reihenfolge der Ableitungen in diesen Termen kann in der Regel nicht vertauscht werden, da die koordinatenabhängigen Basisvektoren dazwischenstehen. Es können jedoch teilweise Faktoren vor die Ableitungen gezogen werden. Zum Beispiel hängen sämtliche Basisvektoren nicht vom Radius r ab und können mit r-Ableitungen vertauscht werden.

Im Folgenden schauen wir uns alle Kombinationen an und vereinfachen zunächst so weit wie möglich. Man beachte, dass alle Basisvektoren senkrecht aufeinander stehen und Skalarprodukte verschiedener Basisvektoren somit identisch verschwinden. Um die Übersichtlichkeit zu verbessern, verzichten wir an dieser Stelle auf die Punkte, die das Skalarprodukt kennzeichnen.

Es ist weiterhin zu beachten, dass der Laplace-Operator auf Funktionen $f(r, \vartheta, \varphi)$ anzuwenden ist. Um dies zu berücksichtigen, schreiben wir eine beliebige Funktion f hin. Wir beginnen mit den Termen, bei denen links die r-Ableitung steht:

$$\begin{aligned}\frac{\hat{\boldsymbol{e}}_r}{h_r}\frac{\partial}{\partial r}\frac{\hat{\boldsymbol{e}}_r}{h_r}\frac{\partial}{\partial r}f &= \hat{\boldsymbol{e}}_r\frac{\partial}{\partial r}\hat{\boldsymbol{e}}_r\frac{\partial}{\partial r}f = \frac{\partial^2}{\partial r^2}f,\\ \frac{\hat{\boldsymbol{e}}_r}{h_r}\frac{\partial}{\partial r}\frac{\hat{\boldsymbol{e}}_\vartheta}{h_\vartheta}\frac{\partial}{\partial \vartheta}f &= \hat{\boldsymbol{e}}_r\frac{\partial}{\partial r}\frac{\hat{\boldsymbol{e}}_\vartheta}{r}\frac{\partial}{\partial \vartheta}f = 0,\\ \frac{\hat{\boldsymbol{e}}_r}{h_r}\frac{\partial}{\partial r}\frac{\hat{\boldsymbol{e}}_\varphi}{h_\varphi}\frac{\partial}{\partial \varphi}f &= \hat{\boldsymbol{e}}_r\frac{\partial}{\partial r}\frac{\hat{\boldsymbol{e}}_\varphi}{r\,\sin\vartheta}\frac{\partial}{\partial \varphi}f = 0.\end{aligned} \tag{2.172}$$

Nun betrachten wir die Terme, bei denen links die ϑ-Ableitung steht, und berücksichtigen dabei (2.166), in der die ϑ-Ableitungen der Basisvektoren abgelesen werden können:

$$\begin{aligned}\frac{\hat{\boldsymbol{e}}_\vartheta}{h_\vartheta}\frac{\partial}{\partial \vartheta}\frac{\hat{\boldsymbol{e}}_r}{h_r}\frac{\partial}{\partial r}f &= \frac{\hat{\boldsymbol{e}}_\vartheta}{r}\frac{\partial}{\partial \vartheta}\hat{\boldsymbol{e}}_r\frac{\partial}{\partial r}f = \frac{1}{r}\frac{\partial}{\partial r}f,\\ \frac{\hat{\boldsymbol{e}}_\vartheta}{h_\vartheta}\frac{\partial}{\partial \vartheta}\frac{\hat{\boldsymbol{e}}_\vartheta}{h_\vartheta}\frac{\partial}{\partial \vartheta}f &= \frac{\hat{\boldsymbol{e}}_\vartheta}{r}\frac{\partial}{\partial \vartheta}\frac{\hat{\boldsymbol{e}}_\vartheta}{r}\frac{\partial}{\partial \vartheta}f = \frac{1}{r^2}\frac{\partial^2}{\partial \vartheta^2}f,\\ \frac{\hat{\boldsymbol{e}}_\vartheta}{h_\vartheta}\frac{\partial}{\partial \vartheta}\frac{\hat{\boldsymbol{e}}_\varphi}{h_\varphi}\frac{\partial}{\partial \varphi}f &= \frac{\hat{\boldsymbol{e}}_\vartheta}{r}\frac{\partial}{\partial \vartheta}\frac{\hat{\boldsymbol{e}}_\varphi}{r\,\sin\vartheta}\frac{\partial}{\partial \varphi}f = 0.\end{aligned} \tag{2.173}$$

Es verbleiben noch die drei Terme, bei denen links die φ-Ableitungen stehen:

$$\begin{aligned}\frac{\hat{\boldsymbol{e}}_\varphi}{h_\varphi}\frac{\partial}{\partial \varphi}\frac{\hat{\boldsymbol{e}}_r}{h_r}\frac{\partial}{\partial r}f &= \frac{\hat{\boldsymbol{e}}_\varphi}{r\,\sin\vartheta}\frac{\partial}{\partial \varphi}\hat{\boldsymbol{e}}_r\frac{\partial}{\partial r}f = \frac{1}{r}\frac{\partial}{\partial r}f,\\ \frac{\hat{\boldsymbol{e}}_\varphi}{h_\varphi}\frac{\partial}{\partial \varphi}\frac{\hat{\boldsymbol{e}}_\vartheta}{h_\vartheta}\frac{\partial}{\partial \vartheta}f &= \frac{\hat{\boldsymbol{e}}_\varphi}{r\,\sin\vartheta}\frac{\partial}{\partial \varphi}\frac{\hat{\boldsymbol{e}}_\vartheta}{r}\frac{\partial}{\partial \vartheta}f = \frac{\cos\vartheta}{r^2\,\sin\vartheta}\frac{\partial}{\partial \vartheta}f,\\ \frac{\hat{\boldsymbol{e}}_\varphi}{h_\varphi}\frac{\partial}{\partial \varphi}\frac{\hat{\boldsymbol{e}}_\varphi}{h_\varphi}\frac{\partial}{\partial \varphi}f &= \frac{\hat{\boldsymbol{e}}_\varphi}{r\,\sin\vartheta}\frac{\partial}{\partial \varphi}\frac{\hat{\boldsymbol{e}}_\varphi}{r\,\sin\vartheta}\frac{\partial}{\partial \varphi}f = \frac{1}{r^2\,\sin^2\vartheta}\frac{\partial^2}{\partial \varphi^2}f.\end{aligned} \tag{2.174}$$

Die Rechnungen sind fast abgeschlossen. Man erkennt, dass keine gemischten Ableitungen auftreten. Der Grund ist, dass alle gemischten Ableitungen mit Skalarprodukten verschiedener Basisvektoren zusammenhängen und somit verschwinden müssen.

Abschließend fassen wir noch die Ableitungen zusammen. Die r-Ableitungen lauten in kombinierter Form

$$\left(\frac{\partial^2}{\partial r^2} + \frac{2}{r}\frac{\partial}{\partial r}\right)f = \frac{1}{r^2}\frac{\partial}{\partial r}r^2\frac{\partial}{\partial r}f, \tag{2.175}$$

wie man schnell überprüft. Analog gilt für die ϑ-Ableitungen

$$\left(\frac{1}{r^2}\frac{\partial^2}{\partial \vartheta^2} + \frac{\cos\vartheta}{r^2\,\sin\vartheta}\frac{\partial}{\partial \vartheta}\right)f = \frac{1}{r^2\,\sin\vartheta}\frac{\partial}{\partial \vartheta}\sin\vartheta\frac{\partial}{\partial \vartheta}f. \tag{2.176}$$

Da es nur einen Term mit φ-Ableitungen gibt, muss dort nichts zusammengefasst werden. Die drei verbleibenden Ableitungsterme ergeben das Endergebnis in (2.133).

2.7

(a) Zunächst überlege man sich, dass die Masse, die sich in einer Kugel mit Radius r und konstanter Massendichte ρ befindet, durch

$$M_<(r) = \frac{4\pi}{3}\rho r^3 \tag{2.177}$$

gegeben ist. Dies gilt, so lange man sich innerhalb der Erde befindet. Außerhalb ist in jeder Kugel mit Radius $r > R$ (R ist der Erdradius) $M_<(r) = M = 4\pi\rho R^3/3$. Wir integrieren also (2.137) zunächst vom Erdmittelpunkt bis zu einem Punkt $r < R$ und erhalten

$$\phi(r) = \frac{4\pi}{3}G\rho\int_0^r r'\,\mathrm{d}r' = \frac{2\pi}{3}G\rho r^2 + C_1 \tag{2.178}$$

mit einer Integrationskonstanten C_1. Im Außenraum, $r > R$, gilt offensichtlich

$$\phi(r) = \frac{4\pi}{3}G\rho R^3\int_R^r \frac{\mathrm{d}r'}{r'^2} = -\frac{GM}{r} + C_2 \tag{2.179}$$

mit einer weiteren Integrationskonstanten C_2, die wir beispielsweise als $C_2 = 0$ wählen können, indem wir verlangen, dass $\phi(r \to \infty) \to 0$ gilt. Es ist nur noch C_1 zu bestimmen. Dies ist möglich, indem man fordert, dass $\phi(r)$ an der Erdoberfläche stetig ist. Physikalisch bedeutet dies, dass eine Masse nicht plötzlich potenzielle Energie gewinnt oder verliert, wenn sie sich gerade durch die Erdoberfläche hindurch bewegt. Es folgt also

$$\frac{2\pi}{3}G\rho R^2 + C_1 = -\frac{GM}{R}, \tag{2.180}$$

was letztlich auf

$$C_1 = -\frac{3}{2}\frac{GM}{R} \tag{2.181}$$

führt. Die Lösung lautet also

$$\phi(r) = \begin{cases} \frac{1}{2}\frac{GM}{R}\left(\frac{r^2}{R^2} - 3\right) & r < R, \\ -\frac{GM}{r} & r \geq R. \end{cases} \tag{2.182}$$

Man kann schnell überprüfen, dass auch die Gravitationskraft (wie gefordert) stetig ist. Dazu leitet man $\phi(r)$ wieder nach r ab und vergleicht die beiden Terme in (2.182) bei $r = R$.

(b) Für ein kugelsymmetrisches Problem verschwinden sämtliche Winkelableitungen. Der Laplace-Operator kann deshalb in der Form

$$\Delta = \Delta_r = \frac{1}{r^2}\frac{\partial}{\partial r}r^2\frac{\partial}{\partial r} \tag{2.183}$$

geschrieben werden. Dies führt offensichtlich auf eine Differenzialgleichung zweiter Ordnung:

$$\frac{1}{r^2}\frac{\partial}{\partial r}r^2\frac{\partial}{\partial r}\phi(r) = 4\pi G\rho. \tag{2.184}$$

Im Innenraum der Erde ist die Massendichte ρ, außerhalb 0. Wir beschäftigen uns zunächst mit der Lösung für den Innenraum. Multiplikation mit r^2 und eine erste Integration führen auf

$$r^2\frac{\partial}{\partial r}\phi(r) = \frac{4\pi}{3}G\rho r^3 + C_1. \tag{2.185}$$

Offensichtlich bekommt man nach Division von r^2 und einer erneuten Integration

$$\phi(r) = \frac{2\pi}{3}G\rho r^2 - \frac{C_1}{r} + C_2. \tag{2.186}$$

Diese Lösung ist fast identisch zu der in (2.178); es existiert allerdings noch ein Term C_1/r. Die Integrationskostante C_1 muss verschwinden, damit die Lösung im Innenraum für $r \to 0$ regulär ist, also nicht divergiert. Somit ist im Innenraum

$$\phi(r) = \frac{2\pi}{3}G\rho r^2 + C_2, \quad r < R. \tag{2.187}$$

Im Außenraum gilt ebenfalls (2.186), allerdings muss dort $\rho = 0$ gesetzt werden. Außerdem nennen wir die Integrationskonstanten K_1 und K_2, um sie von C_1 und C_2 der Innenraumlösung zu unterscheiden. Die Integrationskonstante K_2 kann wieder gleich null gesetzt werden, damit $\phi(r \to \infty) \to 0$ geht. Es folgt also

$$\phi(r) = -\frac{K_1}{r}, \quad r > R. \tag{2.188}$$

Nun müssen noch C_2 und K_1 bestimmt werden. Aus der Bedingung, dass das Potenzial bei $r = R$ stetig differenzierbar ist, folgt zum einen

$$\frac{4\pi}{3}G\rho R = \frac{K_2}{R^2} \tag{2.189}$$

und zum anderen

$$\frac{2\pi}{3}G\rho R^2 + C_2 = -\frac{K_1}{R}. \tag{2.190}$$

Insgesamt führt dies wieder auf (2.182).

Literatur

Großmann, S.: Mathematischer Einführungskurs für die Physik. Teubner (2000)

Riley, K.F., Hobson, M.P., Bence, S.J.: Mathematical Methods For Physics And Engineering. Cambridge University Press (2006)

Systeme von Punktmassen 3

Was sind abgeschlossene Systeme?

Welche Größen sind im Zweikörperproblem erhalten?

Welche Arten von Planetenbahnen gibt es?

Welche Bedeutung hat Streuung für die Physik?

Ist das Dreikörperproblem allgemein lösbar?

Was ist die Ursache von Ebbe und Flut?

Was besagt der Virialsatz?

M. Bartelmann et al., *Theoretische Physik*, DOI 10.1007/978-3-642-54618-1_3, © Springer-Verlag Berlin Heidelberg 2015

Die beiden vorherigen Kapitel waren hauptsächlich der Ausarbeitung der physikalischen Grundlagen und der fundamentalen mathematischen Hilfsmittel gewidmet. In diesem Kapitel werden diese Methoden angewandt, um einige wichtige mechanische Systeme zu beschreiben und zu verstehen.

Abschnitt 3.1 beschäftigt sich mit der Erweiterung der Erhaltungssätze auf Systeme von Punktmassen. Der extrem wichtige Spezialfall zweier Punktmassen unter dem Einfluss einer radialsymmetrischen Zentralkraft wird in Abschn. 3.2 diskutiert. Aufbauend darauf folgt die Lösung der Bewegungsgleichungen des Kepler-Problems in Abschn. 3.3. Damit ist es möglich, die Planetenbahnen zu charakterisieren.

Eine weitere Anwendung von großer Bedeutung sind Stöße zweier Punktmassen und die Streuung von Teilchen. Diese Themen werden in Abschn. 3.4 untersucht.

Es folgen zwei Abschnitte, die häufig nicht in Mechaniklehrbüchern zu finden sind: das reduzierte Dreikörperproblem und die Gezeitenkräfte in Abschn. 3.5 und 3.6. Das Kapitel wird in Abschn. 3.7 mit dem Virialsatz abgeschlossen, der vor allem für die statistische Physik von zentraler Bedeutung ist.

Dieses Kapitel bildet eine wichtige Grundlage für die Quantenmechanik in Teil III, wie dort bei der Diskussion des Wasserstoffatoms und der quantenmechanischen Streuung noch deutlich werden wird.

Abb. 3.1 Der Kugelsternhaufen M11 (Wildentenhaufen) besteht aus fast 3000 Sternen, die gravitativ miteinander wechselwirken und dabei als Punktmassen betrachtet werden können (© NASA)

3.1 Allgemeine Aussagen und Erhaltungssätze

Viele mechanische Systeme lassen sich durch N wechselwirkende Punktmassen idealisieren. Dazu gehören beispielsweise die Planeten in unserem Sonnensystem oder Sterne in Kugelsternhaufen (Abb. 3.1). Oftmals ist N eine sehr große Zahl (einige Tausend für Kugelsternhaufen und viele 10^{23}, wenn man alle Moleküle in einem Kubikmeter Luft zählt). Auch für die spätere Diskussion starrer Körper in Kap. 4 ist das Studium eines Systems von Punktmassen hilfreich.

In diesem Abschnitt werden die Erhaltungssätze für Impuls, Drehimpuls und Energie auf solche Systeme verallgemeinert. Die Bewegungsgleichungen werden dabei allerdings nicht gelöst. Das Zweikörperproblem wird am Ende dieses Abschnitts als Spezialfall $N = 2$ eingeführt.

Innere und äußere Kräfte

Gegeben seien N Punktmassen m_i an den Orten $\boldsymbol{x}_i$ ($1 \le i \le N$). Im Folgenden werden Summationen stets über alle Teilchen im System verstanden, d. h. $\sum_i = \sum_{i=1}^N$, wenn nicht anders gekennzeichnet. Auf jede Punktmasse wirke eine Kraft $\boldsymbol{F}_i$, die in zwei Komponenten aufgeteilt werden kann:

1. *Innere Kräfte* sind Wechselwirkungskräfte, die paarweise zwischen den Punktmassen innerhalb des Systems wirken. Die Kraft, die m_i auf m_j ausübt, sei $\boldsymbol{F}_{ji}$.
2. Kräfte, die von außerhalb des Systems auf die Punktmassen wirken, nennt man *äußere Kräfte*. Dann erfährt jede Punktmasse m_i zusätzlich eine äußere Kraft $\boldsymbol{F}_i^{(a)}$. Dies kann z. B. die Gravitationskraft eines Körpers sein, der selbst nicht Teil des betrachteten Systems ist. Wirken keine äußeren Kräfte auf das System, so nennt man das System *isoliert*.

Die Bewegungsgleichung für die i-te Punktmasse lautet daher

$$m_i \ddot{\boldsymbol{x}}_i = \sum_{j \neq i} \boldsymbol{F}_{ij} + \boldsymbol{F}_i^{(a)}. \tag{3.1}$$

Der Fall $i = j$ wird in der Summe ignoriert, könnte aber aufgrund des dritten Newton'schen Axioms, $\boldsymbol{F}_{ij} = -\boldsymbol{F}_{ji}$, ebenso gut hinzugefügt werden, da $\boldsymbol{F}_{ii} = -\boldsymbol{F}_{ii} = 0$ gilt. Daraus folgt ebenfalls, dass sich alle inneren Kräfte aufheben:

$$\sum_i \sum_j \boldsymbol{F}_{ji} = \sum_{i,j} \boldsymbol{F}_{ji} = 0. \tag{3.2}$$

Frage 1

Machen Sie sich mithilfe des dritten Newton'schen Axioms klar, dass die Summe in (3.2) tatsächlich verschwindet. Teilen Sie dazu die Summe in zwei Teile auf, einen mit $i < j$ und einen mit $i > j$.

Bewegung des Schwerpunktes

Die *Gesamtmasse* des Systems ist

$$M := \sum_i m_i. \tag{3.3}$$

Der *Schwerpunkt* der Punktmassen wird dann als

$$\boldsymbol{X} := \frac{1}{M} \sum_i m_i \boldsymbol{x}_i \tag{3.4}$$

definiert. Summiert man nun (3.1) über sämtliche Punktmassen,

$$\sum_i m_i \ddot{\boldsymbol{x}}_i = \sum_i \boldsymbol{F}_i^{(\mathrm{a})}, \tag{3.5}$$

stellt man zunächst fest, dass die inneren Kräfte nicht zur Dynamik des Schwerpunktes beitragen. Der Schwerpunkt bewegt sich so, als wäre die gesamte Masse darin vereinigt. Es unterliegt nur dem Einfluss der Resultierenden aller äußeren Kräfte:

$$M\ddot{\boldsymbol{X}} = \sum_i \boldsymbol{F}_i^{(\mathrm{a})}. \tag{3.6}$$

Wirken keine äußeren Kräfte, $\boldsymbol{F}_i^{(\mathrm{a})} = 0$, oder, weniger streng gefordert, verschwindet lediglich ihre Summe, $\sum_i \boldsymbol{F}_i^{(\mathrm{a})} = 0$, so ist

$$M\ddot{\boldsymbol{X}} = 0, \tag{3.7}$$

und der Gesamtimpuls des Systems ist erhalten:

$$\boldsymbol{P} := M\dot{\boldsymbol{X}} = \sum_i m_i \dot{\boldsymbol{x}}_i = \sum_i \boldsymbol{p}_i = \mathrm{const.} \tag{3.8}$$

In diesem Fall bewegt sich sein Schwerpunkt geradlinig-gleichförmig entlang der Bahnkurve:

$$\boldsymbol{X}(t) = \boldsymbol{X}_0 + \frac{\boldsymbol{P}}{M}(t - t_0). \tag{3.9}$$

Impulserhaltung eines Systems von Punktmassen

Der *Impulssatz* eines Systems von Punktmassen lautet

$$\dot{\boldsymbol{P}} = \sum_i \boldsymbol{F}_i^{(\mathrm{a})} = \boldsymbol{F}^{(\mathrm{a})}. \tag{3.10}$$

Die Bewegung des Schwerpunktes wird nur durch äußere, nicht jedoch durch innere Kräfte beeinflusst. Verschwindet die Summe aller äußeren Kräfte, so ist der Gesamtimpuls erhalten, d. h., der Schwerpunkt bewegt sich geradlinig-gleichförmig.

Punktmassen sind daher als Idealisierungen für ausgedehnte Körper geeignet, wenn man sich für die innere Dynamik nicht interessiert. Dazu gehören beispielsweise thermische Schwingungen der Atome (Wärme).

Um eine Transformation in das *Schwerpunktsystem* durchzuführen, werden die alten Koordinaten $\boldsymbol{x}_i$ durch

$$\boldsymbol{x}_i' = \boldsymbol{x}_i - \boldsymbol{X} \tag{3.11}$$

ersetzt. In diesem Fall liegt der Schwerpunkt im Ursprung, denn

$$\sum_i m_i \boldsymbol{x}_i' = \sum_i m_i \boldsymbol{x}_i - M\boldsymbol{X} = 0. \tag{3.12}$$

Weiterhin verschwindet der Gesamtimpuls im Schwerpunktsystem, denn aus $\dot{\boldsymbol{x}}_i' = \dot{\boldsymbol{x}}_i - \dot{\boldsymbol{X}}$ folgt direkt

$$\boldsymbol{P}' := \sum_i m_i \dot{\boldsymbol{x}}_i' = 0. \tag{3.13}$$

Frage 2

Machen Sie sich klar, dass der Impuls im Schwerpunktsystem tatsächlich verschwindet.

Achtung Wir hatten bereits gesehen, dass der Gesamtimpuls des Systems erhalten ist, wenn keine äußeren Kräfte wirken. In diesem Fall ist das Schwerpunktsystem ein Inertialsystem. Für die meisten Anwendungen ist es dann sinnvoll, das Schwerpunktsystem zur Beschreibung zu verwenden. ◀

Drehimpuls und Drehimpulssatz

Bis auf die Einschränkung durch das dritte Newton'sche Axiom, $\boldsymbol{F}_{ij} = -\boldsymbol{F}_{ji}$, wurden die Wechselwirkungskräfte zwischen den Punktmassen des Systems bisher nicht näher festgelegt. Es soll nun weiterhin angenommen werden, dass die inneren Kräfte $\boldsymbol{F}_{ij}$ Zentralkräfte sind, die also entlang der Verbindungslinie zwischen m_i und m_j wirken. In diesem Fall hat man

$$\boldsymbol{F}_{ij} \times (\boldsymbol{x}_i - \boldsymbol{x}_j) = 0. \tag{3.14}$$

Dies gilt insbesondere für die Gravitationskraft zwischen zwei Punktmassen oder die Coulomb-Kraft zwischen zwei Punktladungen.

Der Gesamtdrehimpuls eines Systems von Punktmassen ist die Summe der Drehimpulse aller Punktmassen bezüglich des Koordinatenursprungs:

$$\boldsymbol{L} := \sum_i \boldsymbol{L}_i = \sum_i m_i \boldsymbol{x}_i \times \dot{\boldsymbol{x}}_i. \tag{3.15}$$

Teil I

Die zeitliche Änderung des Drehimpulses ist

$$\begin{aligned}\dot{\boldsymbol{L}} &= \sum_i m_i \underbrace{\dot{\boldsymbol{x}}_i \times \dot{\boldsymbol{x}}_i}_{=0} + \sum_i m_i \boldsymbol{x}_i \times \ddot{\boldsymbol{x}}_i \\ &= \sum_i \boldsymbol{x}_i \times \sum_j \boldsymbol{F}_{ij} + \sum_i \boldsymbol{x}_i \times \boldsymbol{F}_i^{(a)} \\ &= \frac{1}{2}\sum_{i,j}(\boldsymbol{x}_i \times \boldsymbol{F}_{ij} - \boldsymbol{x}_i \times \boldsymbol{F}_{ji}) + \sum_i \boldsymbol{x}_i \times \boldsymbol{F}_i^{(a)}.\end{aligned} \tag{3.16}$$

Im letzten Umformungsschritt wurde nur verwendet, dass $\boldsymbol{F}_{ij} = -\boldsymbol{F}_{ji}$ ist. Wir nutzen nun aus, dass über alle Punktmassen doppelt summiert wird: Es ist dann unerheblich, ob wir Indizes vertauschen, und mit der Hilfsgleichung

$$\sum_{i,j} \boldsymbol{x}_i \times \boldsymbol{F}_{ji} = \sum_{i,j} \boldsymbol{x}_j \times \boldsymbol{F}_{ij} \tag{3.17}$$

folgt

$$\begin{aligned}\dot{\boldsymbol{L}} &= \frac{1}{2}\sum_{i,j}(\boldsymbol{x}_i - \boldsymbol{x}_j) \times \boldsymbol{F}_{ij} + \sum_i \boldsymbol{x}_i \times \boldsymbol{F}_i^{(a)} \\ &= \sum_i \boldsymbol{x}_i \times \boldsymbol{F}_i^{(a)},\end{aligned} \tag{3.18}$$

da wir uns auf Zentralkräfte beschränkt haben. In diesem Fall tragen die inneren Kräfte nicht zur Drehimpulsbilanz bei. Der Term

$$\boldsymbol{M}^{(a)} := \sum_i \boldsymbol{M}_i^{(a)} = \sum_i \boldsymbol{x}_i \times \boldsymbol{F}_i^{(a)} \tag{3.19}$$

kann als das Gesamtdrehmoment der äußeren Kräfte bezüglich des Koordinatenursprungs identifiziert werden.

Drehimpulserhaltung eines Systems von Punktmassen

Der Drehimpulssatz eines Systems von Punktmassen, zwischen denen nur Zentralkräfte wirken, lautet

$$\dot{\boldsymbol{L}} = \sum_i \boldsymbol{M}_i^{(a)} = \boldsymbol{M}^{(a)}. \tag{3.20}$$

Der Gesamtdrehimpuls dieses Systems wird lediglich von den äußeren Kräften bzw. äußeren Drehmomenten beeinflusst. Verschwindet das Gesamtdrehmoment der äußeren Kräfte, so ist der Gesamtdrehimpuls des Systems erhalten.

Gleichung (3.20) wird für die Beschreibung der Rotation starrer Körper in Kap. 4 von entscheidender Bedeutung sein. In Abb. 3.2 ist ein (zugegebenermaßen etwas künstliches) Beispiel für ein nichtzentrales Kräftepaar illustriert, bei dem das Drehmoment nicht verschwindet (dazu bräuchte man Grundgleichungen, die nicht drehinvariant sind).

Durch Einsetzen von (3.11) in (3.15) lässt sich der Drehimpuls im Schwerpunktsystem, d. h. in den Koordinaten $\boldsymbol{x}_i'$,

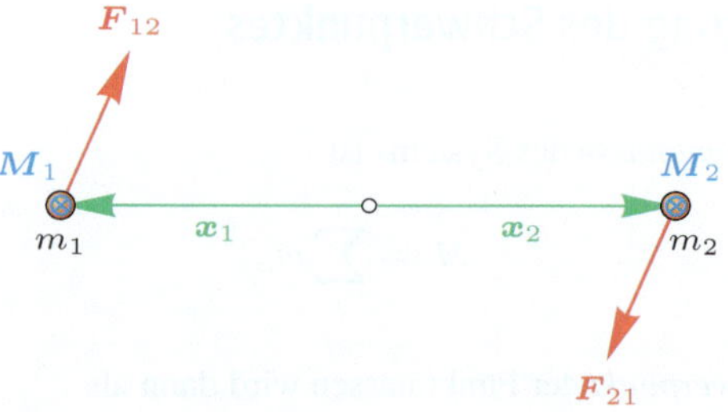

Abb. 3.2 Die Punktmassen m_1 und m_2 wechselwirken durch ein nichtzentrales Kräftepaar $\boldsymbol{F}_{21} = -\boldsymbol{F}_{12}$ (z. B. Lorentz-Kraft). Beide entsprechenden Drehmomente verschwinden nicht und zeigen in die Papierebene hinein. Der Drehimpuls ist wegen $\boldsymbol{M}_1 + \boldsymbol{M}_2 \neq 0$ somit nicht erhalten

ausdrücken:

$$\begin{aligned}\boldsymbol{L} &= \sum_i \boldsymbol{x}_i \times m_i \dot{\boldsymbol{r}}_i \\ &= \boldsymbol{X} \times M\dot{\boldsymbol{X}} + \boldsymbol{X} \times \sum_i m_i \dot{\boldsymbol{x}}_i' \\ &\quad + \sum_i m_i \boldsymbol{x}_i' \times \dot{\boldsymbol{X}} + \sum_i \boldsymbol{x}_i' \times m_i \dot{\boldsymbol{x}}_i'.\end{aligned} \tag{3.21}$$

Aufgrund von (3.12) verschwinden der zweite und der dritte Term. Demnach lässt sich der Drehimpuls als Summe des Drehimpulses des Schwerpunktes um den Ursprung und des gesamten inneren Drehimpulses schreiben:

$$\boldsymbol{L} = \boldsymbol{X} \times M\dot{\boldsymbol{X}} + \sum_i \boldsymbol{x}_i' \times m_i \dot{\boldsymbol{x}}_i'. \tag{3.22}$$

Energie, konservative und dissipative Kräfte

Um eine Aussage über die Energie des N-Teilchen-Systems machen zu können, verfahren wir ähnlich wie in (1.137): Die Bewegungsgleichungen der Punktmassen werden mit ihrer Geschwindigkeit multipliziert und aufsummiert:

$$\sum_i m_i \ddot{\boldsymbol{x}}_i \cdot \dot{\boldsymbol{x}}_i = \sum_i \boldsymbol{F}_i \cdot \dot{\boldsymbol{x}}_i. \tag{3.23}$$

Die linke Seite von (3.23) entspricht der zeitlichen Änderung der kinetischen Energie des Systems:

$$\sum_i m_i \ddot{\boldsymbol{x}}_i \cdot \dot{\boldsymbol{x}}_i = \frac{\mathrm{d}}{\mathrm{d}t}\left(\sum_i \frac{m_i}{2}\dot{\boldsymbol{x}}_i^2\right) = \frac{\mathrm{d}T}{\mathrm{d}t}. \tag{3.24}$$

Wir fordern nun, dass alle inneren Kräfte aus paarweisen Wechselwirkungspotenzialen V_{ij} abgeleitet werden können, die nur vom Abstand beider wechselwirkender Punktmassen abhängen:

$$\boldsymbol{F}_{ij} = -\nabla_i V_{ij}(|\boldsymbol{x}_i - \boldsymbol{x}_j|). \tag{3.25}$$

Hier wird nicht über i summiert. Diese Potenziale erfüllen $V_{ij} = V_{ji}$. Weiterhin fordern wir, dass Selbstwechselwirkungen ausgeschlossen sind, und setzen $V_{ii} = 0$. Hier und im Folgenden gilt die Vektorgleichung

$$\nabla_i := \frac{\partial}{\partial \boldsymbol{x}_i}. \tag{3.26}$$

Des Weiteren führen wir $\boldsymbol{x}_{ij} := \boldsymbol{x}_j - \boldsymbol{x}_i$ mit $x_{ij} = |\boldsymbol{x}_{ij}|$ als Abkürzung ein, sodass die Wechselwirkungspotenziale die Form $V_{ij}(x_{ij})$ bekommen. Solche Potenziale führen durch (3.25) auf Kräftepaare $\boldsymbol{F}_{ij}$ und $\boldsymbol{F}_{ji}$, die das dritte Newton'sche Axiom erfüllen und stets entlang der Verbindungslinie $\boldsymbol{x}_{ij}$ wirken, also Zentralkräfte sind.

Frage 3

Man überprüfe, dass Potenziale der Form $V_{ij}(x_{ij})$ tatsächlich auf Kräftepaare $\boldsymbol{F}_{ij}$ und $\boldsymbol{F}_{ji}$ führen, die das dritte Newton'sche Axiom und die Bedingung $\boldsymbol{F}_{ij} \times \boldsymbol{x}_{ij} = 0$ erfüllen. Gehen Sie dabei von (3.25) aus und verwenden Sie die Kettenregel. Erweiterung für Enthusiasten: Man konstruiere ein beliebiges Beispiel für ein Potenzial V_{ij}, das von $\boldsymbol{x}_i$ und $\boldsymbol{x}_j$ nicht nur in der Form $|\boldsymbol{x}_j - \boldsymbol{x}_i|$ abhängt, und vergewissere sich, dass die resultierenden Kräfte im Allgemeinen weder das dritte Newton'sche Axiom erfüllen noch Zentralkräfte sind.

Jedes Paar von Punktmassen trägt zu der potenziellen Energie einmalig durch den Anteil $V_{ij}(x_{ij})$ bei. Summiert man nun über die Potenziale in der Form $\sum_i \sum_j V_{ij}$, so wird jedes Paar von wechselwirkenden Punktteilchen doppelt gezählt, einmal als V_{ij} und einmal als V_{ji}. Um dies zu berücksichtigen, kann man entweder die Doppelsumme durch $\sum_{i=1}^{N} \sum_{j=1}^{i-1} V_{ij}$ einschränken oder zu $\sum_{i,j} V_{ij}/2$ abwandeln, da $V_{ij} = V_{ji}$ gilt.

Zusätzlich sollen auch die äußeren Kräfte Potenzialkräfte sein:

$$\boldsymbol{F}_i^{(\mathrm{a})} = -\nabla_i V_i^{(\mathrm{a})}(\boldsymbol{x}_i). \tag{3.27}$$

Somit lässt sich die gesamte potenzielle Energie als

$$V := \frac{1}{2} \sum_{i,j} V_{ij}(x_{ij}) + \sum_i V_i^{(\mathrm{a})}(\boldsymbol{x}_i) \tag{3.28}$$

definieren, d. h. als Superposition innerer Zweiteilchen- und äußerer Einteilchenpotenziale. Die rechte Seite von (3.23) ist wegen (3.25) und (3.27) somit

$$\begin{aligned} \sum_i \boldsymbol{F}_i \cdot \dot{\boldsymbol{x}}_i &= -\sum_i \left(\nabla_i \sum_j V_{ji}(x_{ij}) + \nabla_i V_i^{(\mathrm{a})}(\boldsymbol{x}_i) \right) \cdot \dot{\boldsymbol{x}}_i \\ &= -\frac{\mathrm{d}}{\mathrm{d}t} \left(\frac{1}{2} \sum_{i,j} V_{ji}(x_{ij}) + \sum_i V_i^{(\mathrm{a})}(\boldsymbol{x}_i) \right) \\ &= -\frac{\mathrm{d}V}{\mathrm{d}t}. \end{aligned} \tag{3.29}$$

Achtung Der Faktor $1/2$ taucht in der letzten Umformung auf, da die Ableitung

$$\frac{\mathrm{d}}{\mathrm{d}t} V_{ji}(x_{ij}) = \left(\nabla_i V_{ji}(x_{ij}) \right) \cdot \dot{\boldsymbol{x}}_i + \left(\nabla_j V_{ji}(x_{ij}) \right) \cdot \dot{\boldsymbol{x}}_j \tag{3.30}$$

aufgrund der Kettenregel zwei gleiche Beiträge besitzt. ◄

Fasst man die Zwischenergebnisse zusammen, findet man den Energiesatz in der Form

$$\frac{\mathrm{d}T}{\mathrm{d}t} + \frac{\mathrm{d}V}{\mathrm{d}t} = 0 \quad \text{oder} \quad E = T + V = \text{const.} \tag{3.31}$$

Alle in diesem Abschnitt betrachteten Kräfte wurden bisher als konservativ angenommen, was auf die Energieerhaltung in (3.31) führt. Der Energiesatz lässt sich jedoch auf Systeme erweitern, in denen dissipative Kräfte wirken. Hierfür ist es lediglich notwendig, die Kräfte in konservative und dissipative Anteile zu zerlegen:

$$\boldsymbol{F}_i = \boldsymbol{F}_i^{\mathrm{kons}} + \boldsymbol{F}_i^{\mathrm{diss}}. \tag{3.32}$$

Dabei ist es unerheblich, ob die dissipativen Anteile zu inneren oder äußeren Kräften gehören. Innere dissipative Kräfte müssen allerdings den Gesamtimpuls und Gesamtdrehimpuls invariant lassen, da die Grundgleichungen translations- und rotationsinvariant sind. Die Einführung von dissipativen Kräften führt direkt auf die modifizierte Energiegleichung, wobei T und V ihre alten Bedeutungen behalten.

Energieerhaltung in einem System von Punktmassen

Sind alle Kräfte konservativ, ist die Gesamtenergie in einem System aus N paarweise wechselwirkenden Punktmassen erhalten. Dissipative Kräfte können die Gesamtenergie ändern:

$$\frac{\mathrm{d}}{\mathrm{d}t}(T + V) = \sum_i \boldsymbol{F}_i^{\mathrm{diss}} \cdot \dot{\boldsymbol{x}}_i. \tag{3.33}$$

Die kinetische Energie einer Punktmasse hängt davon ab, in welchem Bezugssystem sie angegeben wird. Dies liegt daran, dass die kinetische Energie eine Funktion der Geschwindigkeit der Punktmasse und diese je nach Wahl des Bezugssystems unterschiedlich ist (Abb. 3.3). Mithilfe der Transformation in (3.11) lässt sich die kinetische Energie eines Systems von Punktmassen in einer anderen Form schreiben. Es lässt sich durch eine kurze Rechnung zeigen, dass

$$T = \sum_i \frac{m_i}{2} \dot{\boldsymbol{x}}_i^2 = \sum_i \frac{m_i}{2} (\dot{\boldsymbol{x}}_i' + \dot{\boldsymbol{X}})^2 = \frac{M}{2} \dot{\boldsymbol{X}}^2 + \sum_i \frac{m_i}{2} \dot{\boldsymbol{x}}_i'^2 \tag{3.34}$$

gilt. Die kinetische Energie in einem beliebigen Bezugssystem ist daher die Summe der kinetischen Energie der im Schwer-

Teil I

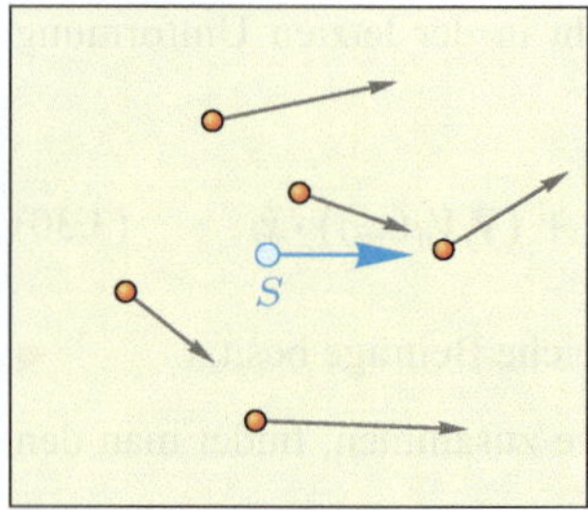

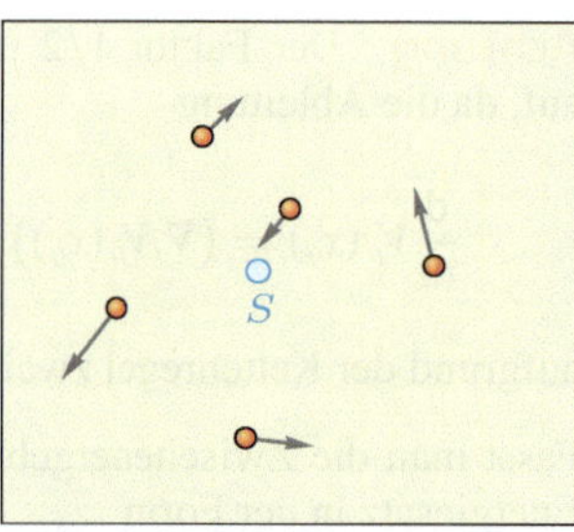

Abb. 3.3 Ein System von $N = 5$ Punktmassen in einem beliebigen Bezugssystem, in dem sich der Schwerpunkt S bewegt (*links*), und im Schwerpunktsystem, in dem der Schwerpunkt ruht (*rechts*). Im rechten Bild entsprechen die Pfeile den Geschwindigkeiten der Punktmassen relativ zum gemeinsamen Schwerpunkt. Im Gegensatz dazu zeigen die Pfeile im linken Bild die Überlagerung mit der Schwerpunktsgeschwindigkeit

punkt konzentrierten Gesamtmasse und der kinetischen Energie der Punktmassen im Schwerpunktsystem.

Frage 4

Zeigen Sie, dass die letzte Gleichheit in (3.34) tatsächlich gilt. Nutzen Sie dabei aus, dass der Gesamtimpuls im Schwerpunktsystem verschwindet (3.13).

Das Zweikörperproblem als Spezialfall

Im Folgenden werden die allgemeinen Aussagen über ein N-Teilchen-System auf den Spezialfall $N = 2$ angewandt. Die Lösung der Bewegungsgleichungen des Zweikörperproblems wird allerdings erst in Abschn. 3.3 anhand des Kepler-Problems als Spezialfall diskutiert.

Man betrachte ein System zweier wechselwirkender Punktmassen m_1 und m_2. Die Wechselwirkung sei durch ein Potenzial $V_{12}(r) = V_{21}(r) =: V(r)$ beschrieben, wobei $\boldsymbol{r} := \boldsymbol{x}_1 - \boldsymbol{x}_2$ als Abkürzung eingeführt wurde. Die Bewegungsgleichungen lauten

$$m_1\ddot{\boldsymbol{x}}_1 = -\nabla_1 V(r), \quad m_2\ddot{\boldsymbol{x}}_2 = -\nabla_2 V(r). \tag{3.35}$$

Der Ortsvektor des Schwerpunktes ist

$$\boldsymbol{X} = \frac{m_1\boldsymbol{x}_1 + m_2\boldsymbol{x}_2}{m_1 + m_2}. \tag{3.36}$$

Er bewegt sich geradlinig-gleichförmig, $M\ddot{\boldsymbol{X}} = 0$, wenn äußere Kräfte abwesend sind. Kombiniert man die beiden Bewegungsgleichungen, so folgt

$$\begin{aligned} m_1 m_2 \ddot{\boldsymbol{r}} &= -m_2\nabla_1 V(r) + m_1\nabla_2 V(r) \\ &= -(m_1 + m_2)\frac{\mathrm{d}V(r)}{\mathrm{d}r}\frac{\boldsymbol{r}}{r}. \end{aligned} \tag{3.37}$$

Frage 5

Zeigen Sie ausgehend von $\boldsymbol{r} = \boldsymbol{x}_1 - \boldsymbol{x}_2$, dass $\nabla_1 V(r) = -\nabla_2 V(r) = (\mathrm{d}V(r)/\mathrm{d}r)(\boldsymbol{r}/r)$ gilt und daraus (3.37) folgt.

Führt man anstelle der Massen m_1 und m_2 die *reduzierte Masse*

$$\mu := \frac{m_1 m_2}{m_1 + m_2} \quad \text{bzw.} \quad \frac{1}{\mu} = \frac{1}{m_1} + \frac{1}{m_2} \tag{3.38}$$

ein, so nimmt (3.37) die Form einer Bewegungsgleichung einer einzelnen Punktmasse in einem äußeren Potenzial V an:

$$\mu\ddot{\boldsymbol{r}} = -\frac{\mathrm{d}V(r)}{\mathrm{d}r}\frac{\boldsymbol{r}}{r}. \tag{3.39}$$

Sind die beiden Massen identisch, $m_1 = m_2 =: m$, ist $\mu = m/2$, und der Schwerpunkt liegt in der Mitte zwischen den Punktmassen. Von besonderer Bedeutung ist der Grenzfall $m_2 \gg m_1$, bei dem eine Masse sehr groß gegenüber der anderen ist. In diesem Fall ist $\mu \approx m_1$, und man kann in guter Näherung sagen, dass sich die Punktmasse m_1 um eine ruhende Punktmasse m_2 bewegt. Der Schwerpunkt liegt dabei in der Nähe der großen Punktmasse, $\boldsymbol{X} \approx \boldsymbol{x}_2$ (Abb. 3.4). Dies ist die nachträgliche Begründung dafür, dass wir in Abschn. 1.3 davon ausgegangen sind, dass die Wirkung einer kleinen Masse im freien Fall auf die Erde zu vernachlässigen und die Erde dabei ortsfest ist.

Das Bild einer ortsfesten großen Masse ist sehr hilfreich, da nur die Bewegung der kleinen Masse beschrieben werden muss. Allerdings führt diese Näherung dazu, dass der Gesamtimpuls nicht mehr erhalten ist, da die zweite Bewegungsgleichung in (3.35) durch $\dot{\boldsymbol{x}}_2 = 0$ ersetzt wird. Somit ist im Allgemeinen $m_1\ddot{\boldsymbol{x}}_1 + m_2\ddot{\boldsymbol{x}}_2 \neq 0$, d. h., das dritte Newton'sche Axiom wird verletzt, und der Gesamtimpuls der beiden Massen ist nicht erhalten. Tatsächlich ist der Impuls erhalten, denn die große Punktmasse m_2 wird in Wirklichkeit stets durch die kleine Punktmasse beschleunigt. Diese Beschleunigung ist allerdings um einen Faktor m_1/m_2 kleiner als die der kleinen Punktmasse m_1. In Aufgabe 3.1 wird gezeigt, dass die Energie erhalten ist, sogar wenn eine Masse festgehalten wird.

Näherungen sind in der theoretischen Physik unerlässlich, da sich die wenigsten Probleme exakt lösen lassen. Ihre Aufgabe ist es, unwichtige Effekte gegenüber wichtigen zu vernachlässigen. Dabei muss stets darauf geachtet werden, dass die Näherungen zulässig sind, also beispielsweise nicht das Problem so stark reduzieren, dass wichtige Effekte in der Beschreibung verloren gehen. Hier ist auch die endliche Genauigkeit zu erwähnen, der alle Messgrößen unterliegen. Als Beispiel betrachten wir das Urkilogramm in Paris, dessen Masse mit einer relativen Genauigkeit von etwa 10^{-8} angegeben werden kann. Der relative Unterschied der effektiven Masse des Urkilogramms in Bezug auf die Erde ($m_{\text{Erde}} \approx 6 \cdot 10^{24}$ kg) unterscheidet sich von der Masse des Urkilogramms jedoch nur um etwa 10^{-23} und ist somit nicht messbar. Erst bei Objekten ab etwa 10^{15} kg ist der Unterschied zwischen Masse und reduzierter Masse mit der Messgenauigkeit vergleichbar. Dies entspricht einem Wasserwürfel mit einer Kantenlänge von 10 km.

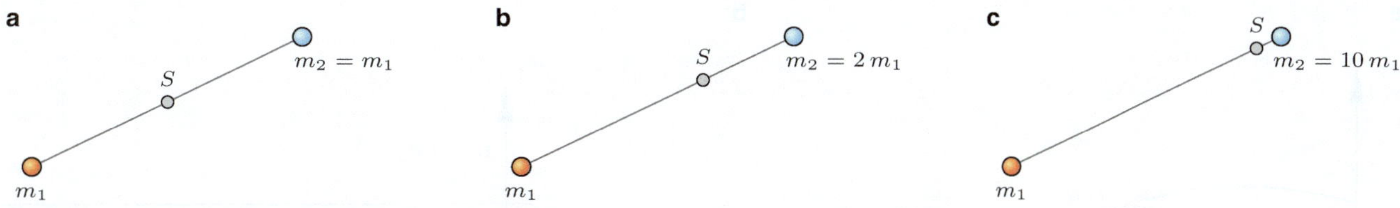

Abb. 3.4 Veranschaulichung der Schwerpunktslage für $N = 2$ Punktmassen verschiedener Masse. **a** Beide Massen sind gleich groß, $m_1 = m_2$, und der Schwerpunkt S liegt genau in der Mitte. Je größer die Masse m_2 im Vergleich zu m_1 wird, desto näher liegt der Schwerpunkt an der zweiten Punktmasse (**b** und **c**)

3.2 Das Zweikörper-Zentralkraftproblem

In Abschn. 3.1 wurden grundlegende Aussagen über Systeme von N wechselwirkenden Punktmassen getroffen, ohne die Bewegungsgleichungen zu lösen. Der Spezialfall $N = 2$ wurde dort bereits vorgestellt. Wir werden die Diskussion in diesem Abschnitt fortsetzen und zunächst allgemeine Aussagen über das Zweikörperproblem im Zentralkraftfeld treffen. Die Ergebnisse und physikalischen Inhalte sind von zentraler Bedeutung für die gesamte theoretische Physik, insbesondere für das Studium der Planetenbahnen (Abschn. 3.3), der Streuung (Abschn. 3.4), der Bremsstrahlung in der Elektrodynamik (Teil II) und des Wasserstoffatoms in der Quantenmechanik (Kap. 28).

Impulserhaltung und Separation der Bewegungsgleichungen

Wir betrachten zwei Punktmassen m_1 und m_2 mit reduzierter Masse μ (3.38). Die beiden Punktmassen befinden sich an den Orten $\boldsymbol{x}_1$ und $\boldsymbol{x}_2$, der gemeinsame Schwerpunkt (3.36) am Ort $\boldsymbol{X}$. Auf beide Punktmassen sollen nur die Wechselwirkungskräfte $\boldsymbol{F}_{12} = -\boldsymbol{F}_{21}$ wirken, die aus einem Wechselwirkungspotenzial $V(\boldsymbol{r}) = V_{12}(\boldsymbol{x}_1 - \boldsymbol{x}_2)$ mit $\boldsymbol{r} := \boldsymbol{x}_1 - \boldsymbol{x}_2$ ableitbar seien. Äußere Kräfte werden ausgeschlossen, d. h., das System sei isoliert. Dies bedeutet, dass wegen (3.9) der Gesamtimpuls erhalten ist und sich der gemeinsame Schwerpunkt geradlinig-gleichförmig bewegt. Die Schwerpunktsbewegung ist unabhängig von der Relativbewegung der beiden Punktmassen.

Letztere muss separat untersucht werden. Ihre Bestimmungsgleichung (3.39) ist

$$\mu\ddot{\boldsymbol{r}} = -\nabla V(\boldsymbol{r}). \tag{3.40}$$

Somit sind Schwerpunkts- und Relativbewegung separiert. Man kann (3.40) als Bewegungsgleichung für eine einzelne Punktmasse μ im äußeren Potenzial $V(\boldsymbol{r})$ interpretieren. Tatsächlich ergibt sich dieses Bild auch dann, wenn eine der beiden Punktmassen sehr viel größer als die andere ist, $m_2 \gg m_1$. In diesem Fall kann m_2 näherungsweise als ortsfest angesehen werden, und $\mu \approx m_1$. Gleichung (3.40) ist dagegen für beliebige Massenverhältnisse m_1/m_2 gültig.

Die Schwerpunktsbewegung ist mit (3.9) bereits gelöst. Das Ergebnis folgte direkt aus der Erhaltung des Gesamtimpulses, da das System isoliert ist. Die eigentliche Herausforderung ist es, die Lösung für die Relativbewegung von m_1 und m_2 in (3.40) zu finden. Ist schließlich die Lösung $\boldsymbol{r}(t)$ bekannt, können die Orte aus

$$\boldsymbol{x}_1 = \boldsymbol{X} + \frac{m_2}{m_1 + m_2}\boldsymbol{r}, \quad \boldsymbol{x}_2 = \boldsymbol{X} - \frac{m_1}{m_1 + m_2}\boldsymbol{r} \tag{3.41}$$

berechnet werden.

Da es sich bei den Bewegungsgleichungen für die Punktmassen m_1 und m_2 um insgesamt sechs Differenzialgleichungen zweiter Ordnung handelt (drei für $\boldsymbol{x}_1$ und drei für $\boldsymbol{x}_2$), sind zwölf Integrationskonstanten für die Lösung notwendig. Die ersten sechs wurden bereits mit $\boldsymbol{X}_0$ und $\boldsymbol{P} = \text{const}$ in (3.9) verwendet. Die übrigen sechs beziehen sich auf die Relativbewegung der beiden Punktmassen und können z. B. in der Form $\boldsymbol{r}(t_0)$ und $\dot{\boldsymbol{r}}(t_0)$ bereitgestellt werden. Wir werden jedoch in Kürze sehen, dass es Integrationskonstanten gibt, die besser für das vorliegende Problem geeignet sind.

Frage 6

Zeigen Sie die Gültigkeit von (3.41). Nutzen Sie dazu (3.4) und $\boldsymbol{r} = \boldsymbol{x}_1 - \boldsymbol{x}_2$ aus.

Impulserhaltung und Separation der Bewegungsgleichungen

Aus der Gesamtimpulserhaltung des Zweikörperproblems folgt direkt die Separation der Schwerpunkts- und der Relativbewegung. Es müssen nur noch drei anstatt sechs Differenzialgleichungen zweiter Ordnung gelöst werden.

Drehimpulserhaltung und zweites Kepler'sches Gesetz

Wir beschränken uns im Folgenden auf Potenziale der Form $V(r)$. Dies impliziert, dass die Kraft

$$\boldsymbol{F}(\boldsymbol{r}) = -\nabla V(r) = -\frac{\mathrm{d}V(r)}{\mathrm{d}r}\frac{\boldsymbol{r}}{r} = F(r)\frac{\boldsymbol{r}}{r} \tag{3.42}$$

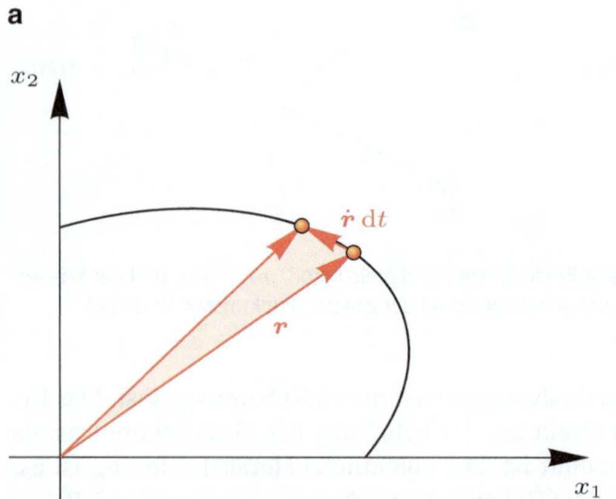

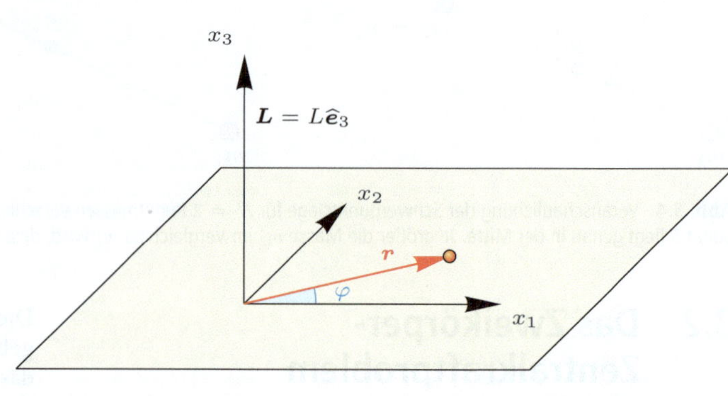

Abb. 3.5 **a** Der Fahrstrahl $\boldsymbol{r}$ überstreicht in einer infinitesimalen Zeit $\mathrm{d}t$ das infinitesimale Flächenelement $\mathbf{d}\boldsymbol{A} = \boldsymbol{r} \times \dot{\boldsymbol{r}}\,\mathrm{d}t/2$. Der Betrag $|\mathbf{d}\boldsymbol{A}|$ entspricht der *rot* markierten Fläche, die Richtung von $\mathbf{d}\boldsymbol{A}$ steht senkrecht auf $\boldsymbol{r}$ und $\mathrm{d}\dot{\boldsymbol{r}}$. **b** Die Bewegung findet vollständig in einer Ebene (*gelb*) statt. Das Koordinatensystem wird so gewählt, dass die x_3-Achse senkrecht auf dieser Ebene steht

eine Zentralkraft ist, die nur vom Abstand r, nicht aber von der Richtung abhängt. Der Drehimpuls $\boldsymbol{L}$ ist dann wegen (3.20) erhalten. Um den Drehimpuls der beiden Punktmassen m_1 und m_2 relativ zum Schwerpunkt $\boldsymbol{X}$ anzugeben, schreiben wir zunächst

$$\boldsymbol{L} = m_1(\boldsymbol{x}_1 - \boldsymbol{X}) \times (\dot{\boldsymbol{x}}_1 - \dot{\boldsymbol{X}}) + m_2(\boldsymbol{x}_2 - \boldsymbol{X}) \times (\dot{\boldsymbol{x}}_2 - \dot{\boldsymbol{X}}). \quad (3.43)$$

Wegen (3.38) und (3.41) ist

$$\begin{aligned} \boldsymbol{L} &= (\mu\boldsymbol{r}) \times \left(\frac{m_2}{m_1 + m_2}\dot{\boldsymbol{r}}\right) + (\mu\boldsymbol{r}) \times \left(\frac{m_1}{m_1 + m_2}\dot{\boldsymbol{r}}\right) \\ &= \mu\boldsymbol{r} \times \dot{\boldsymbol{r}}. \end{aligned} \quad (3.44)$$

Aufgrund der Drehimpulserhaltung zeigt $\boldsymbol{L} \neq 0$ stets in eine feste Richtung. Diese legt die *Bahnebene* fest:

$$\boldsymbol{r} \cdot \boldsymbol{L} = \boldsymbol{r} \cdot (\boldsymbol{r} \times \boldsymbol{p}) = \boldsymbol{p} \cdot (\boldsymbol{r} \times \boldsymbol{r}) = 0. \quad (3.45)$$

Wir wählen das Koordinatensystem so, dass $\boldsymbol{L} = L\hat{\boldsymbol{e}}_3$ und damit $L = L_3 = |\boldsymbol{L}|$ erfüllt ist. Somit liegt die Bahn in der x_1-x_2-Ebene.

Achtung Für $\boldsymbol{L} = 0$ erfolgt die Bewegung entlang einer Geraden, deren Richtung durch $\boldsymbol{r}$ festgelegt ist und die durch das Kraftzentrum läuft, da dann $\boldsymbol{r}$ und $\boldsymbol{v}$ parallel sind. ◀

Aus der Drehimpulserhaltung folgt bereits das zweite Kepler'sche Gesetz. Betrachten wir dazu die Bewegung in der Bahnebene genauer (Abb. 3.5). Im infinitesimalen Zeitintervall $\mathrm{d}t$ überstreicht der Ortsvektor $\boldsymbol{r}$ das Flächenelement

$$\mathbf{d}\boldsymbol{A} = \frac{1}{2}\boldsymbol{r} \times (\dot{\boldsymbol{r}}\,\mathrm{d}t). \quad (3.46)$$

Frage 7

Machen Sie sich mithilfe von Abb. 3.5 anschaulich klar, dass das Flächenelement durch (3.46) gegeben ist.

Wegen $\boldsymbol{L} = 2\mu\,\mathbf{d}\boldsymbol{A}/\mathrm{d}t$ folgt sofort das zweite Kepler'sche Gesetz.

Zweites Kepler'sches Gesetz

Der *Fahrstrahl* $\boldsymbol{r}$ überstreicht im Zentralkraftfeld in gleichen Zeiten gleiche Flächen. Die *Flächengeschwindigkeit*

$$\dot{\boldsymbol{A}} = \frac{1}{2}\boldsymbol{r} \times \dot{\boldsymbol{r}} \quad (3.47)$$

ist konstant.

Aufgrund der Symmetrie des Problems bieten sich Zylinderkoordinaten an. Wir wählen die Bahnebene $z = 0$ und schreiben den kartesischen Ortsvektor in der Form

$$\boldsymbol{r}(t) = \begin{pmatrix} x \\ y \\ z \end{pmatrix} = \varrho \begin{pmatrix} \cos\varphi \\ \sin\varphi \\ 0 \end{pmatrix}. \quad (3.48)$$

Offensichtlich lautet die Bahngeschwindigkeit

$$\dot{\boldsymbol{r}}(t) = \dot{\varrho} \begin{pmatrix} \cos\varphi \\ \sin\varphi \\ 0 \end{pmatrix} + \varrho\dot{\varphi} \begin{pmatrix} -\sin\varphi \\ \cos\varphi \\ 0 \end{pmatrix}. \quad (3.49)$$

Drehimpulserhaltung für Zentralkräfte

Der Drehimpuls ist im Zentralkraftfeld erhalten. Insbesondere findet die Bewegung in einer Ebene statt:

$$\boldsymbol{L} = \mu\varrho^2\dot{\varphi}\,\hat{\boldsymbol{e}}_3 \quad \Longrightarrow \quad |\boldsymbol{L}| = L = \mu\varrho^2|\dot{\varphi}|. \quad (3.50)$$

Frage 8

Überprüfen Sie die Gültigkeit von (3.50), indem Sie (3.48) und (3.49) in $\boldsymbol{L} = \mu \boldsymbol{r} \times \dot{\boldsymbol{r}}$ einsetzen.

Eigentlich sind drei Differenzialgleichungen zweiter Ordnung zu lösen, je eine für ϱ, φ und z. Die Bewegungsgleichung für z ist durch die Drehimpulserhaltung und die Wahl des Koordinatensystems bereits trivial gelöst: $z \equiv 0$. Dies entspricht wegen $\dot{z}(t = 0) = 0$ und $\ddot{z}(t = 0) = 0$ einer willkürlichen Festlegung von zwei Integrationskonstanten. Mit (3.50) haben wir weiterhin eine Bewegungsgleichung erster Ordnung für φ erhalten. Der Betrag L des Drehimpulses spielt dabei die Rolle einer weiteren Integrationskonstanten. Es bleiben somit noch drei Integrationskonstanten zu bestimmen.

Energieerhaltung und reduzierte Bewegungsgleichung

Wir haben in Abschn. 1.6 bereits gefunden, dass die Energie erhalten ist, wenn sich die Kräfte aus Potenzialen ableiten lassen:

$$E = T + V = \frac{1}{2}\mu \dot{\boldsymbol{r}}^2 + V(r) = \text{const.} \tag{3.51}$$

Ausgehend von (3.49) lässt sich die Energie in der Form

$$E = \frac{\mu}{2}\left(\dot{\varrho}^2 + \varrho^2 \dot{\varphi}^2\right) + V(r) = \text{const} \tag{3.52}$$

schreiben. Wegen $z = 0$ können wir im Folgenden auch ϱ durch r ersetzen.

Frage 9

Machen Sie sich klar, dass Zylinderkoordinaten für $z = 0$ und Kugelkoordinaten für $\vartheta = \pi/2$ gleichwertig sind und somit $\varrho = r$ gesetzt werden kann. Vergleichen Sie dazu (2.109) und (2.115).

Aufgrund der Drehimpulserhaltung in (3.50) kann die φ-Abhängigkeit durch eine reine r-Abhängigkeit ersetzt werden. Statt $\dot{\varphi}$ schreiben wir also $L/(\mu r^2)$ und

$$E = \frac{\mu}{2}\dot{r}^2 + \frac{L^2}{2\mu r^2} + V(r) = \text{const.} \tag{3.53}$$

Diese Gleichung kann als Bestimmungsgleichung für r verwendet werden und wird daher als *Radialgleichung* bezeichnet. Genau wie (3.50) ist sie nur noch eine Differenzialgleichung erster Ordnung. Die Energie E spielt dabei die Rolle einer weiteren Integrationskonstanten. Man erkennt, dass sowohl $L^2/(2\mu r^2)$ als auch $V(r)$ nur Funktionen von r sind. Daher werden beide Terme zum *effektiven Potenzial*

$$U(r) := V(r) + \frac{L^2}{2\mu r^2} \tag{3.54}$$

zusammengefasst. Der zweite Term heißt *Zentrifugalpotenzial*. Es ist abstoßend bzw. repulsiv, da die damit verbundene Kraft

$$\boldsymbol{F}_Z = -\nabla \frac{L^2}{2\mu r^2} = \frac{L^2}{\mu r^3}\frac{\boldsymbol{r}}{r} \tag{3.55}$$

stets von der Drehachse fortzeigt und als Zentrifugalkraft interpretiert werden kann.

Das bisherige Vorgehen ist ein Beispiel dafür, welche wichtige Rolle Symmetrien und Erhaltungsgrößen in der Physik spielen.

1. Aufgrund der Gesamtimpulserhaltung können die Bewegungsgleichungen separiert werden. Es sind nur noch drei statt sechs Differenzialgleichungen zweiter Ordnung zu lösen, und es sind nur noch sechs statt zwölf Integrationskonstanten zu bestimmen.
2. Die Winkelunabhängigkeit der Kraft führt auf eine weitere Erhaltungsgröße, den Drehimpuls $\boldsymbol{L}$. Dies entspricht drei weiteren Integrationskonstanten.
3. Aufgrund der Konstanz der Energie erhält man die Differenzialgleichung (3.53) erster Ordnung für r. Somit sind nur noch zwei Integrationen durchzuführen (eine für r, eine für φ) und zwei Integrationskonstanten zu bestimmen.

Selbstverständlich könnte man statt der Energie E und des Drehimpulses L andere, äquivalente Integrationskonstanten wählen. In der Quantenmechanik spielen die Energie und der Drehimpuls allerdings grundlegende Rollen, sodass es sich bereits hier anbietet, E und L zu verwenden.

Erhaltungsgrößen und Bewegungsgleichungen

Das Ausnutzen von Erhaltungsgrößen vereinfacht in der Regel das Lösen der Bewegungsgleichungen. Der erste Schritt bei der Analyse eines physikalischen Problems sollte daher das Identifizieren von Symmetrien und Erhaltungsgrößen sein.

Achtung In der Literatur werden Erhaltungsgrößen auch häufig *Integrale der Bewegung* genannt. Dies liegt daran, dass das Auffinden einer Erhaltungsgröße einer ersten Integration einer der Bewegungsgleichungen entspricht, wie wir in Kap. 5 sehen werden. ◄

Implizite Lösung der Bewegungsgleichungen, Bahnkurven

Die Radialgleichung (3.53) hat zusammen mit (3.54) die Form einer eindimensionalen Bewegungsgleichung in einem effektiven Potenzial. Ihre Lösung kann daher – wie in (1.92) – implizit angegeben werden:

$$t - t_0 = \int_{r_0}^{r} \frac{\mathrm{d}r'}{\sqrt{2(E - U(r'))/\mu}}. \tag{3.56}$$

Ist dieses Integral gelöst, folgt zunächst $r(t)$ durch Umkehrung, falls dies in analytisch geschlossener Form möglich ist. Ansonsten müssen die Gleichungen numerisch behandelt werden. Handelt es sich um eine periodische Funktion, beschränkt man sich bei der Umkehrung auf eine bzw. eine halbe Periode. Anschließend kann der Zeitverlauf des Winkels über

$$\varphi - \varphi_0 = \int_{t_0}^{t} \dot{\varphi}(t')\,\mathrm{d}t' = \frac{L}{\mu} \int_{t_0}^{t} \frac{\mathrm{d}t'}{r^2(t')} \tag{3.57}$$

erhalten werden. Hier sind r_0 und φ_0 nun schließlich die beiden letzten Integrationskonstanten. In Aufgabe 3.5 kommen wir auf das Problem zurück, dass sich der zeitliche Verlauf der Bahn im Allgemeinen nicht in geschlossener Form ausdrücken lässt.

In vielen Fällen ist man nicht unmittelbar daran interessiert, die Zeit als Bahnparameter zu verwenden. Anstatt $r(t)$ und $\varphi(t)$ zu bestimmen, steht dann eine Diskussion der *Bahnkurve* $r(\varphi)$ im Mittelpunkt der Bemühungen. Zum Beispiel erkennt man an der Gestalt von $r(\varphi)$, ob die Bahnkurve gebunden (endlich) oder ungebunden (unendlich) ist. In der Tat werden wir in Abschn. 3.3 eine Reihe möglicher Bahnkurven im Gravitationspotenzial finden, von denen einige gebunden und einige ungebunden sind. Die Bahnkurve lässt sich über

$$\frac{\mathrm{d}r}{\mathrm{d}\varphi} = \frac{\mathrm{d}r}{\mathrm{d}t}\frac{\mathrm{d}t}{\mathrm{d}\varphi} = \frac{\dot{r}}{\dot{\varphi}} = \frac{\sqrt{2\,(E - U(r))\,/\mu}}{L/(\mu r^2)} \tag{3.58}$$

berechnen.

Bahnkurve im Zentralkraftfeld

Ist das effektive Potenzial $U(r)$ bekannt, so lautet die Bahnkurve allgemein in impliziter Form

$$\varphi - \varphi_0 = L \int_{r_0}^{r} \frac{\mathrm{d}r'}{r'^2 \sqrt{2\mu\,(E - U(r'))}}. \tag{3.59}$$

Die erhaltene Energie E und der konstante Drehimpuls $\boldsymbol{L}$ sowie die Anfangsbedingungen r_0 und φ_0 bilden die sechs Integrationskonstanten und legen die Form und Orientierung der Bahnkurve fest.

Die gesamte Information steckt in der Gestalt des effektiven Potenzials $U(r)$ und den Werten der konstanten Parameter E und L. Formal ist somit das Zweikörperproblem für radialsymmetrische Zentralkräfte gelöst. Praktisch hängt es allerdings von dem Potenzial $V(r)$ ab, ob die Integrale ((3.56), (3.57) und (3.59))

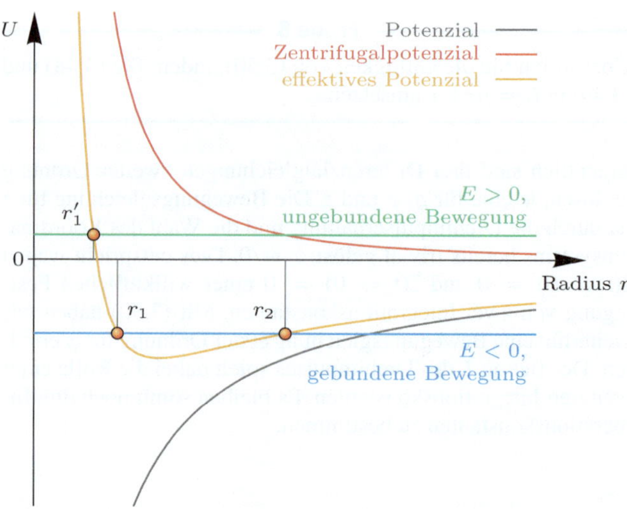

Abb. 3.6 Potenzial, Zentrifugalpotenzial und zugehöriges effektives Potenzial. Das Potenzial (*schwarz*) entspricht hier dem Gravitationspotenzial $\propto -1/r$. Für negative Energie (*blau*) sind gebundene Bewegungen zwischen r_1 und r_2 möglich. Für positive Energie (*grün*) gibt es nur einen Umkehrpunkt bei r_1' (Streuung)

überhaupt in analytischer Form angegeben werden können. Wir werden in Abschn. 3.3 sehen, dass dies beispielsweise für das Gravitationspotenzial der Fall ist. Die expliziten Lösungen werden dort angegeben und diskutiert.

Allgemeine Eigenschaften der Bahnkurven

Es lassen sich bereits allgemeine Aussagen über die Form der Bahnkurven machen, indem man sich die Gestalt und das Grenzverhalten ($r \to 0$ und $r \to \infty$) von $U(r)$ ansieht. In Abb. 3.6 ist ein Beispiel für ein effektives Potenzial $U(r)$ gezeigt. Eine Bewegung kann wegen (3.53) und $\dot{r}^2 \geq 0$ nur in solchen Bereichen stattfinden, für die $E \geq U(r)$ gilt. Die Differenz $E - U(r)$ gibt die kinetische Energie der radialen Bewegung und damit die radiale Geschwindigkeit an. Punkte r_u, für die $E = U(r_\mathrm{u})$ gilt, sind Umkehrpunkte (Abschn. 1.4). Dort ändert sich das Vorzeichen von $\dot{r}$ und somit die radiale Bewegungsrichtung.

Die folgenden allgemeinen Aussagen lassen sich anhand der Form von $U(r)$ treffen (Abb. 3.6):

- Ist die Bewegung in beide Richtungen durch Umkehrpunkte r_1 und r_2, die sogenannten *Apsiden*, beschränkt, $r_1 \leq r \leq r_2$, spricht man von *gebundenen* Bahnen. Die Punktmassen können niemals zusammenstoßen und nicht ins Unendliche davonlaufen. Planetenbahnen (Abschn. 3.3) sind Beispiele für gebundene Bahnen. Für den Spezialfall $r_1 = r = r_2$ findet man eine Kreisbahn, da dann stets $\dot{r} = 0$ gelten muss. In diesem Fall besitzt U ein lokales Minimum bei r, und die

Energie E entspricht genau dem Wert des Potenzials in seinem Minimum.

- Falls das Potenzial $V(r)$ nicht stärker als mit $-r^{-2}$ am Ursprung divergiert, gibt es aufgrund des Zentrifugalpotenzials für $L \neq 0$ stets einen Mindestabstand, den die beiden Punktmassen nicht unterschreiten können.
- Gibt es nur eine einzige Potenzialbarriere $r_1' < r$, laufen die Punktmassen bis zum Abstand r_1' aufeinander zu, wo sie ihre Richtung ändern und ins Unendliche davon laufen. Diese *ungebundene* Bewegung wird als *Streuung* bezeichnet und in Abschn. 3.4 ausführlich besprochen.
- Für $L = 0$ laufen beide Punktmassen entweder zentral voneinander fort oder aufeinander zu. Gibt es im zweiten Fall keine Potenzialbarriere, fallen beide Punktmassen aufeinander zu und stoßen schließlich zusammen.

In Aufgabe 3.2 wird gezeigt, dass

$$\mu\ddot{r} - \frac{L^2}{\mu r^3} = -\frac{\mathrm{d}V}{\mathrm{d}r} \tag{3.60}$$

die zu (3.53) entsprechende Bewegungsgleichung zweiter Ordnung für r ist. Weiterhin wird dort gezeigt, dass sich (3.60) in der Form

$$\frac{L^2u^2}{\mu}\left(\frac{\mathrm{d}^2u}{\mathrm{d}\varphi^2} + u\right) = -F(1/u) \tag{3.61}$$

schreiben lässt, wobei $u := 1/r$ und $F(r) = -\mathrm{d}V/\mathrm{d}r$ sind. Gleichung (3.61) kann für die Berechnung der Zentralkraft $F(r)$ herangezogen werden, wenn die Form der Bahnkurve $r(\varphi)$ bzw. $u(\varphi)$ bekannt ist. Umgekehrt kann die Bahnkurve $r(\varphi)$ aus dem Kraftgesetz $F(r)$ bestimmt werden. Da der Winkel φ nur in Form einer zweiten Ableitung in (3.61) vorkommt, ist diese Gleichung invariant unter der Substitution $\mathrm{d}\varphi \to -\mathrm{d}\varphi$ und somit symmetrisch gegenüber Spiegelungen an den Umkehrpunkten. Die gesamte Bahn kann daher durch wiederholte Spiegelung an den Umkehrpunkten gefunden werden.

Achtung Dies bedeutet, dass man anhand der Bahnform nicht entscheiden kann, in welcher Richtung sie durchlaufen wird. Umgekehrt heißt dies auch, dass die Bahn exakt entgegengesetzt durchlaufen würde, wenn in einem Moment $\dot{r}$ und $\dot{\varphi}$ ihr Vorzeichen wechseln würden. ◀

Geradlinige Bewegung

Für eine Bewegung entlang einer Geraden, die im Abstand p an einem Kraftzentrum vorbeiführt, gilt zunächst

$$\frac{p}{r} = \cos\varphi. \tag{3.62}$$

Hier wurde ohne Beschränkung der Allgemeinheit $x_1 = p = \text{const}$ gewählt. Der Winkel $\varphi = 0$ entspricht dem Punkt der größten Annäherung, d. h. $r(0) = p$. Man kann sich mit $u = 1/r$ sofort davon überzeugen, dass $\mathrm{d}^2u/\mathrm{d}\varphi^2 = -u$ gilt und wegen (3.61) somit $F(r) = 0$ sein muss. Dies ist offensichtlich korrekt: Bewegt sich eine Punktmasse in einem Inertialsystem auf einer Geraden, kann die Kraft höchstens entlang der Bewegungsrichtung wirken, nicht jedoch zu einem Punkt zeigen, der außerhalb der Bahnkurve liegt. ◀

Gleichung (3.59) besagt somit, dass nach einem vollen Umlauf (z. B. von $r_{\min}$ nach $r_{\max}$ und weiter nach $r_{\min}$) gerade der Winkel

$$\Delta\varphi = 2L\int_{r_{\min}}^{r_{\max}} \frac{\mathrm{d}r}{r^2\sqrt{2\mu(E - U(r))}} \tag{3.63}$$

vom Fahrstrahl überstrichen wird. Dies setzt selbstverständlich voraus, dass $r_{\max}$ existiert und die Bahn gebunden ist. Für Planetenbahnen nennt man $\Delta\varphi$ die *Periheldrehung*. Ist $\Delta\varphi$ ein rationales Vielfaches von 2π, d. h. ist $\Delta\varphi = 2\pi n/m$ mit $n, m \in \mathbb{N}$, so ist die Bahn nach m Umläufen geschlossen und periodisch. Wir werden in Abschn. 3.3 sehen, dass ideale Planetenbahnen $\Delta\varphi = 2\pi$ erfüllen und damit periodisch sind.

Achtung Eine endliche (d. h. gebundene) Bahn *kann* periodisch oder aperiodisch sein. Unendliche (d. h. ungebundene) Bahnen sind immer aperiodisch. ◀

3.3 Das Kepler-Problem

Wir haben in Abschn. 3.2 einige allgemeine Eigenschaften der Lösungen der Bewegungsgleichungen in einem Zentralpotenzial der Form $V(r)$ gefunden. Bisher wurde kein konkretes Potenzial $V(r)$ vorgegeben. Von besonderer Bedeutung für die Physik sind unter anderem die Potenziale $V(r) \propto 1/r$ (Gravitations- und Coulomb-Potenzial) und $V(r) \propto r^2$ (Oszillatorpotenzial). Auf harmonische Schwingungen im r^2-Potenzial werden wir in Kap. 6 gründlich eingehen. Im Folgenden wollen wir die Bahnkurven im $1/r$-Potenzial untersuchen. Dies führt schließlich auf die wichtigen Planeten- und Kometenbahnen, die als Kegelschnitte identifiziert werden können.

Umkehrpunkte der Bahnkurven im Gravitationsfeld

Wir betrachten die Bahnen von zwei Punktmassen (m_1 und m_2), die sich unter dem Einfluss der Gravitation gegenseitig umlaufen. Hierbei ist das Massenverhältnis m_1/m_2 beliebig. Es ist nicht nötig anzunehmen, dass eine der beiden Massen ortsfest und groß gegenüber der anderen ist.

Mit den Konventionen in Abschn. 3.2 lautet die Gravitationskraft

$$\boldsymbol{F}_\mathrm{G} := \boldsymbol{F}_{12} = -\boldsymbol{F}_{21} = -\frac{\alpha}{r^2}\frac{\boldsymbol{r}}{r}, \quad \alpha := Gm_1m_2 > 0. \quad (3.64)$$

Die Gravitationskraft $\boldsymbol{F}_\mathrm{G}$ ist stets attraktiv. Obwohl die Coulomb-Kraft $\boldsymbol{F}_\mathrm{C}$ zwischen zwei Ladungen q_1 und q_2 dieselbe Radiusabhängigkeit besitzt, kann sie attraktiv oder repulsiv sein. Haben beide Ladungen das gleiche Vorzeichen, ist $\alpha \propto -q_1q_2 < 0$ und $\boldsymbol{F}_\mathrm{C}$ demnach abstoßend. Da bei der Analyse in diesem Abschnitt das Vorzeichen von α nicht eingeschränkt ist, wird das Coulomb-Problem zweier Ladungen automatisch mitgelöst.

Das Gravitationspotenzial ist

$$V(r) = V(|\boldsymbol{x}_1 - \boldsymbol{x}_2|) = -\int \mathrm{d}r\, F(r) = -\frac{\alpha}{r} + V_\infty. \quad (3.65)$$

Die Konstante V_∞ ist beliebig, wird aber so gewählt, dass $V(r) \to 0$ für $r \to \infty$, d. h. $V_\infty = 0$. Das effektive Potenzial aus (3.54) lautet somit

$$U(r) = \frac{L^2}{2\mu r^2} - \frac{\alpha}{r}. \quad (3.66)$$

Die Umkehrpunkte r_u der Bewegung lassen sich aus der Radialgleichung (3.53) bestimmen, indem $\dot{r} = 0$ gesetzt wird:

$$E = \frac{\mu}{2}\dot{r}^2 + U(r) \quad \Longrightarrow \quad E = U(r_\mathrm{u}). \quad (3.67)$$

Auflösen nach r_u ergibt zunächst

$$r_\mathrm{u} = r_\pm = \frac{1}{2E}\left(-\alpha \pm \sqrt{\alpha^2 + \frac{2L^2E}{\mu}}\right). \quad (3.68)$$

Im Gravitationsfeld gibt es je nach Wert der Integrationskonstanten maximal zwei Abstände, die $\dot{r} = 0$ erfüllen, da die resultierende Gleichung quadratisch ist. An der Form von (3.68) erkennt man eine Reihe von Eigenschaften (siehe auch Abb. 3.6) für Potenziale mit $\alpha > 0$:

- Es gibt keinen Umkehrpunkt, wenn $\alpha^2 + 2L^2E/\mu$ negativ wird, was nur bei hinreichend niedriger Energie passieren kann, $E < -\mu\alpha^2/(2L^2)$. Dies entspricht dem Fall, dass E niedriger als der absolute Tiefpunkt von $U(r)$ liegt und somit nicht möglich ist, da $\dot{r}^2$ stets negativ wäre.
- Es gibt genau einen Umkehrpunkt, wenn $\alpha^2 + 2L^2E/\mu = 0$ gilt. In diesem Fall entspricht der Umkehrpunkt dem absoluten Tiefpunkt von $U(r)$. Entlang der gesamten Bahn ist dann $\dot{r} = 0$; es handelt sich also um eine gebundene Kreisbahn.
- Für $E > 0$ und $L^2 > 0$ ist r_- stets negativ und r_+ stets positiv. Da der Abstand r nur positive Werte annehmen kann, entspricht dies dem Fall, dass es nur einen Umkehrpunkt bei r_+ gibt. Die Bewegung ist dann auf Bereiche $r \geq r_+$ eingeschränkt. Bei kleineren Abständen ist $U(r) > E$, und das Zentrifugalpotenzial verhindert eine weitere Annäherung der beiden Massen. Diese Bewegung ist ungebunden und wird als Streuung bezeichnet.
- Der Spezialfall $L = 0$ (keine Drehung, $\dot{\varphi} = 0$) entspricht einem direkten Fall der beiden Massen aufeinander. Es gibt dann keinen Umkehrpunkt bei endlichen Abständen und kein Zentrifugalpotenzial, das ein Aufeinandertreffen von m_1 und m_2 verhindern würde. Dies ist eine unphysikalische Situation, da das Potenzial $V(r)$ bei $r = 0$ singulär ist. In Wirklichkeit sind die Massen m_1 und m_2 stets ausgedehnt, sodass sie aufeinanderprallen würden, wenn der Mittelpunktsabstand r noch endlich ist.
- In allen anderen Fällen ist $E < 0$ und die Bewegung zwischen zwei Umkehrpunkten gebunden, $r_+ \geq r \geq r_-$.

Qualitative physikalische Aussagen

In vielen Fällen lassen sich qualitative physikalische Aussagen treffen, ohne die Bewegungsgleichungen direkt zu lösen. Dazu ist es hilfreich, sich die Struktur der Gleichungen und gegebenenfalls Grenzfälle zu betrachten.

Handelt es sich um die Bewegung von Planeten oder Kometen um die Sonne, nennt man den sonnennächsten Punkt einer Bahn *Perihel*, den sonnenfernsten *Aphel* (von *helios*, „Sonne"). Bei einer Bewegung um die Erde (z. B. durch einen Satelliten oder den Mond) spricht man von *Perigäum* und *Apogäum* (von *gaia*, „Erde"). Allgemein spricht man von *Apoapsis* und *Periapsis*.

Frage 10

Wie lautet der funktionale Zusammenhang des Verhältnisses der Bahngeschwindigkeiten an Perihel und Aphel und des Verhältnisses von Perihel- und Aphelabstand?

Lösung der Bewegungsgleichung

Die allgemeine Gleichung (3.59) für die Bahnkurve nimmt für das Gravitationspotenzial die Form

$$\varphi - \varphi_0 = L\int_{r_0}^{r} \frac{\mathrm{d}r'}{r'^2\sqrt{2\mu\left(E + \frac{\alpha}{r'} - \frac{L^2}{2\mu r'^2}\right)}} \quad (3.69)$$

an. Um diese Gleichung zu lösen, substituieren wir

$$u := \frac{1}{r}, \quad \mathrm{d}u = -\frac{\mathrm{d}r}{r^2}, \quad (3.70)$$

was auf die Form

$$\varphi - \varphi_0 = -\int_{u_0}^{u} \frac{\mathrm{d}u'}{\sqrt{\frac{2\mu E}{L^2} + \frac{2\mu\alpha}{L^2}u' - u'^2}} \tag{3.71}$$

führt. Der Term unter der Wurzel lässt sich mithilfe der quadratischen Ergänzung umformen:

$$\begin{aligned}\frac{2\mu E}{L^2} + \frac{2\mu\alpha}{L^2}u' - u'^2 &= \left[\frac{2\mu E}{L^2} + \left(\frac{\mu\alpha}{L^2}\right)^2\right] - \left(u' - \frac{\mu\alpha}{L^2}\right)^2 \\ &= C - (u' - u'_c)^2,\end{aligned} \tag{3.72}$$

wobei C und u'_c Konstanten sind. Somit lautet die Bahnkurve in impliziter Form

$$\varphi - \varphi_0 = -\int_{u_0}^{u} \frac{\mathrm{d}u'}{\sqrt{C - (u' - u'_c)^2}}. \tag{3.73}$$

Dieses Integral kann elementar gelöst werden, da

$$\frac{\mathrm{d}}{\mathrm{d}x}\arcsin(x) = \frac{1}{\sqrt{1 - x^2}} \tag{3.74}$$

gilt. Die allgemeine Lösung für die Bahnkurve des Kepler-Problems lautet daher

$$\varphi - \varphi'_0 = -\arcsin\frac{u - u'_c}{\sqrt{C}} = -\arcsin\frac{u - \frac{\mu\alpha}{L^2}}{\sqrt{\frac{2\mu E}{L^2} + \left(\frac{\mu\alpha}{L^2}\right)^2}}. \tag{3.75}$$

Die Konstante φ'_0 enthält φ_0 und die Konstante der letzten Integration.

Frage 11

Überprüfen Sie alle Rechenschritte, die auf (3.75) führen.

Die Lösung liegt noch in einer unpraktischen Form vor. Aus diesem Grund werden zwei konstante Parameter definiert: die *Exzentrizität*

$$\varepsilon := \sqrt{\frac{2L^2E}{\mu\alpha^2} + 1} \geq 0 \tag{3.76}$$

und der *Bahnparameter*

$$p := \frac{L^2}{\mu\alpha} \geq 0 \quad (\alpha > 0). \tag{3.77}$$

Die Bedeutung dieser beiden Größen wird in Kürze deutlich werden. Man rechnet schnell nach, dass die Bahnkurve somit die Form

$$\varphi - \varphi'_0 = -\arcsin\frac{pu - 1}{\varepsilon} \tag{3.78}$$

annimmt. Wir sind an der Bahnkurve in der Form $r(\varphi)$ interessiert und finden zunächst

$$r(\varphi) = \frac{p}{1 + \varepsilon\,\sin(\varphi'_0 - \varphi)}. \tag{3.79}$$

Um die Lösung in eine Form zu bringen, die gewöhnlich in der Literatur zu finden ist, ersetzen wir den Term $\sin(\varphi'_0 - \varphi)$ durch $\cos(\varphi - \varphi_\mathrm{p})$, wobei $\varphi_\mathrm{p} = \varphi'_0 - \pi/2$ ist und $\cos x = \cos(-x)$ ausgenutzt wird.

Allgemeine Bahnkurve im Gravitationspotenzial

Die Bahnkurve im Gravitationspotenzial lautet allgemein

$$r(\varphi) = \frac{p}{1 + \varepsilon\,\cos(\varphi - \varphi_\mathrm{p})}, \tag{3.80}$$

wobei p der Bahnparameter, ε die Exzentrizität und φ_p eine weitere Integrationskonstante ist.

In Aufgabe 3.5 betrachten wir die Probleme, die sich ergeben, wenn man an der zeitlichen Lösung $r(t)$ interessiert ist. Diese kann nämlich – im Gegensatz zur Bahnkurve $r(\varphi)$ – nicht in geschlossener Form angegeben werden.

Frage 12

Man vergewissere sich ausgehend von (3.80), dass $\varphi = \varphi_\mathrm{p}$ der größten Annäherung der beiden Massen m_1 und m_2 entspricht. Dies erklärt auch die Notation: p für Perihelwinkel.

Achtung Von den vier Integrationskonstanten, die für die Lösung der Bewegungsgleichungen für r und φ nötig sind, findet man in (3.80) nur drei in der Form p, ε und φ_p. Die vierte tritt nicht in Erscheinung, da sie dem Anfangspunkt auf der Bahnkurve zur Zeit t_0 entsprechen würde. Die Bahnkurve selbst enthält allerdings keine Information über den zeitlichen Verlauf. Erst wenn die Lösungen in der Form $r(t)$ oder $\varphi(t)$ angegeben werden sollen, muss entweder $r(t_0)$ oder $\varphi(t_0)$ spezifiziert werden. Beide Möglichkeiten sind wegen $r(t_0) = r(\varphi(t_0))$ äquivalent. ◀

Mathematisch handelt sich sich bei (3.80) um einen *Kegelschnitt* mit der Exzentrizität ε und einem Brennpunkt im Ursprung. Die Kegelschnitte werden in Abb. 3.7 klassifiziert. Im Folgenden werden die verschiedenen Bahnkurven genauer diskutiert.

Kreis- und Ellipsenbahnen

Die einfachste Bahnkurve erhält man für $\varepsilon = 0$:

$$r(\varphi) = p. \tag{3.81}$$

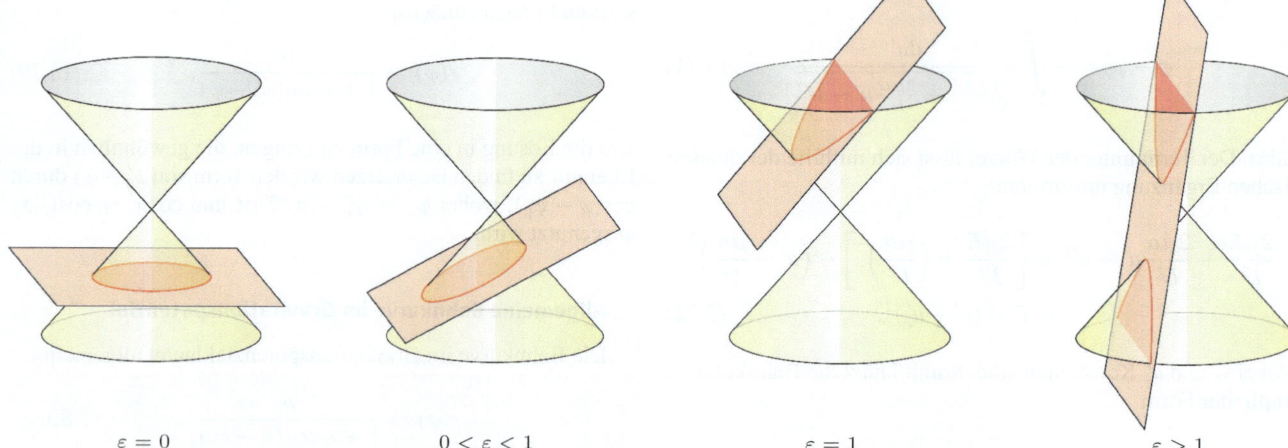

Abb. 3.7 Veranschaulichung der Kegelschnitte. Von links nach rechts: Kreis ($\varepsilon = 0$), Ellipse ($0 < \varepsilon < 1$), Parabel ($\varepsilon = 1$) und Hyperbel ($\varepsilon > 1$) lassen sich durch geeignete Schnitte eines Doppelkegels mit einer Ebene konstruieren. Der Neigungswinkel der Ebene nimmt von links nach rechts zu. Für einen Kreis ist die Ebene senkrecht zur Symmetrieachse des Kegels. Im Falle einer Parabel ist der Neigungswinkel der Ebene identisch zum Öffnungswinkel des Kegels. Nur für größere Winkel können beide Kegel gleichzeitig geschnitten werden, was auf eine Hyperbel führt

Wegen der Konstanz von p entspricht dies offensichtlich einer Kreisbahn. In diesem Fall ist die Energie (siehe (3.76) und (3.77))

$$E = -\frac{\mu\alpha^2}{2L^2} = -\frac{\alpha}{2p}. \tag{3.82}$$

Im weiteren Verlauf dieses Abschnitts beschränken wir uns auf Potenziale mit $\alpha > 0$.

Da sich das effektive Potenzial für $r \to \infty$ wie $U(r) \to 0$ verhält, können Bahnen nur gebunden sein, wenn $E < 0$ gilt. Dies entspricht der Bedingung $\varepsilon < 1$, wie aus (3.76) zu erkennen ist. Dies sieht man ebenfalls an der Form der Bahnkurve in (3.80): Für $\varepsilon < 1$ ist der Nenner stets positiv und $r(\varphi)$ damit endlich.

Wir werden nun zeigen, dass der Fall $\varepsilon < 1$ tatsächlich eine ellipsenförmige Bahn beschreibt. Eine Ellipse ist die Menge aller Punkte in einer Ebene, die $r + r' = 2a = \text{const}$ erfüllen, wobei r und r' die Abstände zu den beiden sogenannten *Brennpunkten* sind (Abb. 3.8). Die Größe a ist die *große Halbachse* der Ellipse. Die *kleine Halbachse* ist $b = \sqrt{a^2 - f^2}$, wobei f der Abstand eines Brennpunktes zum Mittelpunkt ist. Die Brennweite f wird auch häufig als *lineare Exzentrizität* e bezeichnet.

Man definiert die *numerische Exzentrizität* einer Ellipse als

$$\begin{aligned} \varepsilon &:= \frac{f}{a} = \frac{\sqrt{a^2 - b^2}}{a} = \sqrt{1 - \frac{b^2}{a^2}} \\ \Longrightarrow \quad \frac{b}{a} &= \sqrt{1 - \varepsilon^2}. \end{aligned} \tag{3.83}$$

Die Exzentrizität ist ein Maß für die Abweichung von der Kreisform und auf das Intervall $[0, 1)$ beschränkt. Im Grenzfall $\varepsilon = 0$ findet man wieder einen Kreis. Ein Kreis ist daher eine spezielle

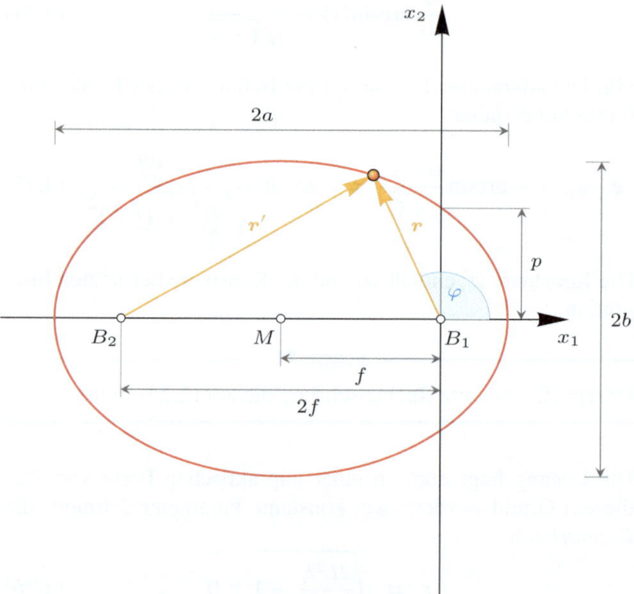

Abb. 3.8 Zur Definition einer Ellipse. Jeder Punkt auf einer Ellipse hat von den beiden Brennpunkten B_1 und B_2 den gleichen Gesamtabstand ($|\boldsymbol{r}| + |\boldsymbol{r}'|$). Der Abstand eines Brennpunktes vom Mittelpunkt M ist f, die große und kleine Halbachse sind a und b. In diesem Fall ist das Koordinatensystem so gewählt, dass die Brennpunkte auf der x_1-Achse liegen und B_1 den Ursprung bildet

Ellipse. Definiert man $f\hat{\boldsymbol{e}}_1$ als den Vektor, der vom Mittelpunkt der Ellipse zum Brennpunkt B_1 zeigt, so gilt

$$\boldsymbol{r} - \boldsymbol{r}' = -2f\hat{\boldsymbol{e}}_1 \quad \Longrightarrow \quad r'^2 = r^2 + 4f^2 + 4fr\cos\varphi. \tag{3.84}$$

Wegen $r + r' = 2a$ ist weiterhin

$$r'^2 = (2a - r)^2 = 4a^2 + r^2 - 4ar. \qquad (3.85)$$

Kombiniert man (3.84) und (3.85), um r' zu eliminieren, findet man zunächst

$$4r(f\cos\varphi + a) = 4(a^2 - f^2). \qquad (3.86)$$

Aufgelöst nach r hat man

$$r = \frac{a^2 - f^2}{f\cos\varphi + a} = \frac{a(1-\varepsilon^2)}{1 + \varepsilon\cos\varphi}. \qquad (3.87)$$

Im letzten Schritt wurde $f = \varepsilon a$ eingesetzt. Identifiziert man nun den Bahnparameter als $p = a(1 - \varepsilon^2)$, findet man die Bahnkurve in (3.80) wieder. Wir können daraus direkt das erste Kepler'sche Gesetz ableiten.

Das erste Kepler'sche Gesetz

Die Planeten bewegen sich auf Ellipsenbahnen, in deren einem Brennpunkt die Sonne steht.

Frage 13

Zeigen Sie ausgehend von (3.80), dass der Bahnparameter p dem Abstand $r(\pi/2)$ entspricht, wenn man das in Abb. 3.8 definierte Koordinatensystem zugrunde legt. In diesem Fall steht der Vektor $\boldsymbol{r}$ senkrecht auf $\hat{\boldsymbol{e}}_1$. Machen Sie sich anhand derselben Gleichung klar, dass der Winkel zwischen $r_{\min}$ und $r_{\max}$ gerade π ist. Überlegen Sie sich dazu, welche Werte φ annehmen muss, damit r minimal und maximal wird. Die Ellipsenbahn ist nach einem vollen Umlauf geschlossen.

Wegen (3.76) ist die Energie im Falle einer Ellipsenbahn

$$E = -\frac{\mu\alpha^2}{2L^2}(1-\varepsilon^2) = -\frac{\mu\alpha^2 p}{2L^2 a} = -\frac{\alpha}{2a} < 0. \qquad (3.88)$$

Wir wollen nun noch untersuchen, wie lang die Umlaufdauer auf der Ellipsenbahn ist. Aus dem Flächensatz $\dot{A} = L/(2\mu) =$ const folgt

$$A = \frac{L}{2\mu}T, \qquad (3.89)$$

wobei A die Fläche der Ellipse und T die Umlaufdauer ist: Während eines Umlaufs wird die Ellipse einmal vollständig überstrichen. Andererseits ist die Fläche einer Ellipse durch $A = \pi ab$ gegeben. Wegen

$$b = a\sqrt{1-\varepsilon^2} = \sqrt{ap} = \sqrt{\frac{L^2 a}{\mu\alpha}} \qquad (3.90)$$

kann man die Ellipsenfläche auch in der Form

$$A = \pi L\sqrt{\frac{a^3}{\mu\alpha}} = \frac{L}{2\mu}T \qquad (3.91)$$

schreiben.

Das dritte Kepler'sche Gesetz

Die Quadrate der Umlaufzeiten der Planeten verhalten sich wie die Kuben ihrer großen Bahnhalbachsen:

$$T^2 = \frac{4\pi^2\mu}{\alpha}a^3. \qquad (3.92)$$

Der Term $4\pi^2\mu/\alpha$ ist dabei näherungsweise eine Konstante.

Interessanterweise wurden die Kepler'schen Gesetze – aufbauend auf astronomischen Beobachtungsdaten – bereits in den Jahren 1609 und 1618 postuliert. Dies war lange bevor die Newton'sche Mechanik (1687) veröffentlicht und somit nachträglich die mathematische Grundlage für die Kepler'schen Gesetze geschaffen wurde.

Frage 14

Zeigen Sie, dass der Term μ/α in (3.92) für alle Planeten des Sonnensystems näherungsweise $1/(Gm_2)$ entspricht. Nehmen Sie dabei an, dass die Sonnenmasse groß gegenüber den Planetenmassen ist, $m_2 \gg m_1$.

Streng genommen ist der Proportionalitätsfaktor zwischen T^2 und a^3 somit keine konstante Größe. Für die meisten Anwendungen kann diese Abweichung allerdings vernachlässigt werden.

Achtung Das erste und dritte Kepler'sche Gesetz sind nur für anziehende Potenziale $V(r) \propto 1/r$ (z. B. Gravitationspotenzial) gültig. Das zweite Kepler'sche Gesetz ist jedoch für alle Potenziale mit Drehimpulserhaltung erfüllt (d. h. beliebige $V(r)$). ◄

Parabel- und Hyperbelbahnen

Betrachten wir zunächst den speziellen Fall $\varepsilon = 1$, für den aus (3.76) $E = 0$ folgt. An der Bahnkurve

$$r(\varphi) = \frac{p}{1 + \cos\varphi} \qquad (3.93)$$

erkennt man, dass der Radius für $\varphi = \pm\pi$ divergiert: Die Bahn ist ungebunden. Mathematisch entspricht diese Bahnkurve einer Parabel. Eine Parabel ist die Menge aller Punkte in einer Ebene,

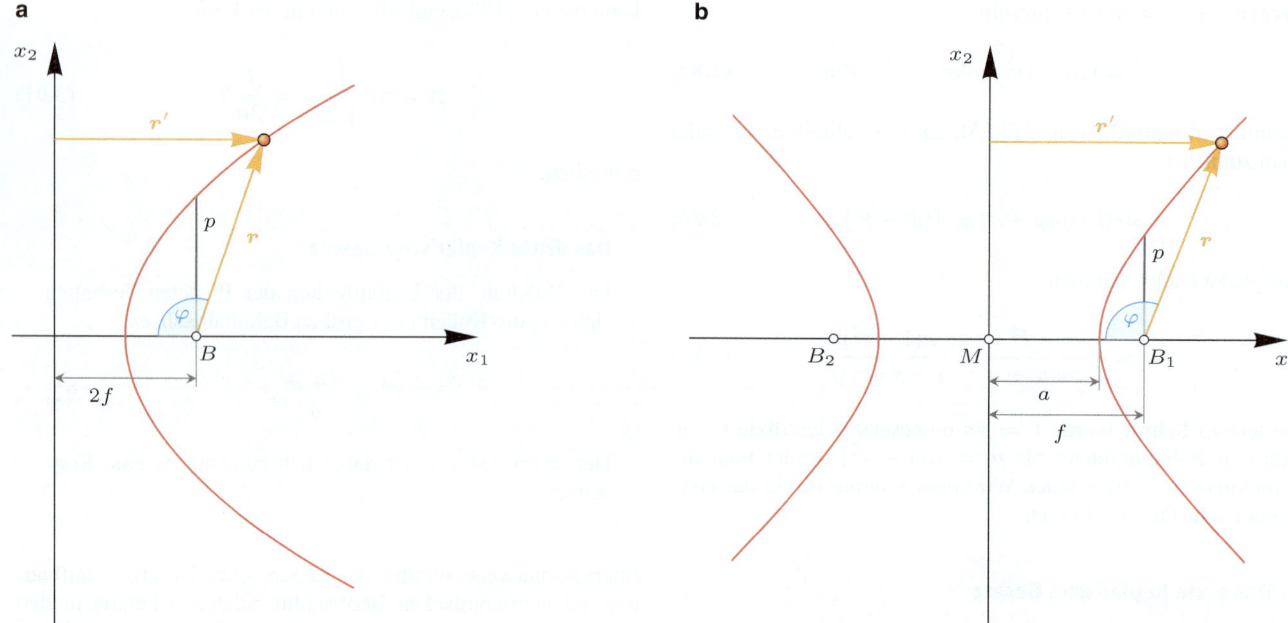

Abb. 3.9 Zur Definition einer Parabel (**a**) und Hyperbel (**b**). Jeder Punkt auf einer Parabel hat zum Brennpunkt B und der Leitlinie (x_2-Achse) den gleichen Abstand ($|\boldsymbol{r}| = |\boldsymbol{r}'|$). Die Länge f entspricht dem Abstand vom Brennpunkt zum Scheitelpunkt der Parabel bzw. dem Abstand zwischen Scheitelpunkt und Leitlinie. Bei einer Hyperbel ist für jeden Punkt die Differenz der Abstände zu einem Brennpunkt und der Leitlinie eine Konstante. Eine Hyperbel besteht aus zwei getrennten Ästen, einer mit Brennpunkt B_1, der andere mit Brennpunkt B_2. Beide gehen durch eine Spiegelung an der Leitlinie (x_2-Achse) ineinander über. Man beachte die Definition des Winkels φ für eine Parabel und Hyperbel einerseits und für eine Ellipse (Abb. 3.8) andererseits. In allen Fällen entspricht $\varphi = 0$ dem kleinsten Abstand zum Brennpunkt

die zu dem Brennpunkt und der Leitlinie den gleichen Abstand haben (Abb. 3.9). Aus dieser Abbildung erkennt man, dass

$$r = 2f - r\cos\varphi \quad \Longrightarrow \quad r = \frac{2f}{1 + \cos\varphi} \tag{3.94}$$

gilt. In diesem Fall sind der Abstand des Brennpunktes von der Leitlinie und der Bahnparameter über $p = 2f$ verknüpft.

Der letzte verbleibende Fall ist $\varepsilon > 1$ und damit $E > 0$. Dies entspricht einem der beiden Äste einer Hyperbel. Hier divergiert der Abstand r, wenn $1 + \varepsilon\cos\varphi = 0$ wird:

$$\varphi_\infty = \arccos\left(-\frac{1}{\varepsilon}\right) > \frac{\pi}{2}. \tag{3.95}$$

Winkel, die auf negative Abstände führen, sind auszuschließen, da stets $r \geq 0$ erfüllt sein muss. Daher ist die Bewegung auf Winkel $|\varphi| \leq \varphi_\infty$ eingeschränkt. Diese Art der Bewegung nennt man *Streuung* (Abschn. 3.4), da die Punktmassen aus dem Unendlichen kommend wechselwirken und daraufhin mit einem Streuwinkel $2\varphi_\infty$ zurück ins Unendliche laufen.

Eine Hyperbel ist die Menge aller Punkte in einer Ebene, die von zwei Brennpunkten die Abstände r' und r besitzen und für die $r' - r = 2a = \text{const}$ gilt (Abb. 3.9). Ein ähnliches Vorgehen wie bei der Ellipsengleichung führt schließlich auf

$$r = \frac{p}{1 + \varepsilon\cos\varphi}, \tag{3.96}$$

wobei $\varepsilon = f/a$ die Exzentrizität und $p = a(\varepsilon^2 - 1)$ der Bahnparameter einer Hyperbel sind.

Frage 15

Der interessierte Leser darf die Rechnung, die auf das Zwischenergebnis $p = a(\varepsilon^2 - 1)$ führt, nachvollziehen. Dazu verwende man die Definitionen und Konventionen für eine Hyperbel in Abb. 3.9 und orientiere sich an der entsprechenden Rechnung für eine Ellipse.

Achtung Ist das $1/r$-Potenzial abstoßend, z. B. für zwei identische Ladungen, ist $\alpha < 0$. Man erkennt sofort, dass die Exzentrizität ε der Bahn unabhängig vom Vorzeichen ist, der Stoßparameter p wird allerdings negativ. Aus (3.80) folgt dann, dass es Werte für φ geben muss, für die $1 + \varepsilon\cos\varphi$ negativ ist, da stets $r \geq 0$ erfüllt sein muss. Somit können für das abstoßende Potenzial nur Bahnen mit $\varepsilon > 1$ und damit keine gebundenen Bahnen existieren. ◀

Genau wie die Kreisbahn findet man die Parabelbahn nur für einen exakt eingestellten Energiewert ($E = -\alpha/(2p)$ für einen

Kreis und $E = 0$ für eine Parabel). In der Realität beobachtet man in der Regel Ellipsenbahnen bei gebundenen und Hyperbelbahnen bei ungebundenen Himmelskörpern.

Periheldrehung

Gleichung (3.80) besagt, dass bei einem vollen Umlauf auf einer Ellipsenbahn ($\varepsilon < 1$) im Gravitationspotenzial die Bahn geschlossen ist. Das Perihel befindet sich immer am gleichen Ort. Dies gilt nicht, wenn das Potenzial von der $1/r$-Form abweicht. In Wirklichkeit gibt es viele Ursachen für geringfügige Korrekturen dieses Potenzials: Einfluss der übrigen Planeten, Abweichung der Sonnenform von der Kugelgestalt, relativistische Effekte. Dies ist besonders bei Merkur zu sehen, dessen Perihel sich pro Erdjahr um 5,74 Bogensekunden verschiebt. Merkur ist der sonnennächste und schnellste Planet und erfährt somit die stärksten Bahnstörungen.

Ist die Störung klein, kann man

$$V(r) = V_0(r) + \delta V(r), \quad \delta V \ll V_0 \tag{3.97}$$

schreiben, d. h., man schreibt das Potenzial als Summe des ungestörten Potenzials und einer kleinen Korrektur. Für das Kepler-Problem ist $V_0(r) = -\alpha/r$. In Aufgabe 3.3 wird gezeigt, dass die durch die *Störung* verursachte zusätzliche Periheldrehung nach einem vollen Umlauf

$$\delta\varphi = \frac{\partial}{\partial L}\left(\frac{2\mu}{L}\int_0^{\pi} r^2 \delta V(r)\,\mathrm{d}\varphi\right) \tag{3.98}$$

ist. Zur Berechnung von (3.98) muss zunächst das Störpotenzial $\delta V(r)$ spezifiziert und das Integral unter Berücksichtigung von $r = r(\varphi)$ gelöst werden. Hierzu verwendet man die ungestörte Bahnkurve, d. h. diejenige, die sich aus dem Potenzial $V_0(r)$ ergibt.

Der Grund ist, dass $\delta V(r)$ bereits eine kleine Größe ist. Würde man statt $r(\varphi)$ die gestörte Bahnkurve $r(\varphi) + \delta r(\varphi)$ verwenden, würde man mit $\delta r(\varphi)$ eine weitere kleine Korrektur einbringen, die letztlich von zweiter Ordnung in δ und damit vernachlässigbar ist. Im Allgemeinen hängt die Bahnkurve und damit das Integral von L ab, sodass im letzten Schritt die Ableitung nach L durchgeführt werden kann. Dies wird anhand eines einfachen Beispiels in Aufgabe 3.3 durchgeführt.

3.4 Elastische Stöße und Streuung

Stöße von zwei Teilchen und die Streuung von Teilchen an sogenannten Targets spielen eine große Rolle in der Physik. Es zeigt sich, dass allein aufgrund der allgemeinen Impuls- und Energieerhaltung wichtige Aussagen über Stöße getroffen werden können, die sogar in der Quantenmechanik ihre Gültigkeit behalten.

Bei der Streuung werden die einfallenden Teilchen um einen Winkel, den Streuwinkel, abgelenkt. Wir werden sehen, dass der Streuwinkel eng mit dem Wechselwirkungspotenzial zusammenhängt. Dabei kommt der Wirkungsquerschnitt der Wechselwirkung ins Spiel.

In Experimenten lassen sich durch die Vermessung der Streuwinkel und des Wirkungsquerschnitts Aussagen über die Art der Wechselwirkung zwischen den Teilchen treffen. Dies wurde zwischen 1909 und 1913 von Rutherford zuerst mit der Streuung von Heliumkernen an einer Goldfolie durchgeführt. Dies führte auf das Rutherford'sche Atommodell: Die gesamte positive Ladung des Atomkerns ist in einem sehr kleinen Volumen im Zentrum konzentriert.

Elastischer Stoß zwischen zwei Teilchen

Wir untersuchen das Verhalten zweier Teilchen (z. B. zweier Elementarteilchen oder Himmelskörper), die, aus dem Unendlichen kommend, miteinander wechselwirken und danach wieder ins Unendliche fortlaufen. Die Wechselwirkung sei *elastisch*, d. h., die mechanische Energie wird nicht in andere Energieformen wie Verformung oder Wärme umgewandelt: Die Summe aus kinetischer und potenzieller Energie ist erhalten. Der Energieerhaltungssatz ist – zusammen mit dem Impulserhaltungssatz – der zentrale Ausgangspunkt für diesen Abschnitt. Selbstverständlich setzen wir auch stillschweigend voraus, dass die Massen der beiden Teilchen sich nicht ändern. Man bezeichnet die Masse, den Impuls und die Energie auch als *Kollisionsinvarianten* oder *Stoßinvarianten*. In Kap. 10 wird die inelastische Streuung behandelt, wo diese Voraussetzungen nicht mehr erfüllt sind.

Die beiden Teilchen haben die Massen m_1 und m_2 und Geschwindigkeiten $\boldsymbol{v}_{\mathrm{i},1}$ und $\boldsymbol{v}_{\mathrm{i},2}$ vor dem Stoß und $\boldsymbol{v}_{\mathrm{f},1}$ und $\boldsymbol{v}_{\mathrm{f},2}$ nach dem Stoß (i für initial und f für final, wie in der Physik üblich). Die Wechselwirkung habe die Eigenschaft, dass im Unendlichen keine Kraft zwischen den beiden Teilchen wirkt. Dies ist beispielsweise für gravitative Wechselwirkungen der Fall, da die Kraft mit $1/r^2$ für $r \to \infty$ gegen null geht. Wir gehen davon aus, dass die beiden Teilchen zusammen ein isoliertes System bilden und die Wechselwirkung dem dritten Newton'schen Axiom gehorcht. Dann ist der Gesamtimpuls erhalten:

$$m_1 \boldsymbol{v}_{\mathrm{i},1} + m_2 \boldsymbol{v}_{\mathrm{i},2} = m_1 \boldsymbol{v}_{\mathrm{f},1} + m_2 \boldsymbol{v}_{\mathrm{f},2}. \tag{3.99}$$

Aufgrund der bereits verlangten Energieerhaltung gilt weiterhin

$$\frac{m_1}{2}\boldsymbol{v}_{\mathrm{i},1}^2 + \frac{m_2}{2}\boldsymbol{v}_{\mathrm{i},2}^2 = \frac{m_1}{2}\boldsymbol{v}_{\mathrm{f},1}^2 + \frac{m_2}{2}\boldsymbol{v}_{\mathrm{f},2}^2. \tag{3.100}$$

Eine potenzielle Energie im Unendlichen ist unerheblich, da sie vor und nach dem Stoß gleich ist und nicht in die Bilanzgleichung eingeht. Außerdem lässt sich die Integrationskonstante

Teil I

Vertiefung: Laplace-Runge-Lenz-Vektor Zusammenhang mit Abwesenheit der Periheldrehung

Eng verbunden mit dem idealen Kepler-Problem (d. h. ohne Periheldrehung) ist der sogenannte *Laplace-Runge-Lenz-Vektor* (nach dem französischen Mathematiker und Physiker *Pierre-Simon Laplace*, 1749–1827, dem deutschen Mathematiker *Carl Runge*, 1856–1927 und dem deutschen Physiker *Wilhelm Lenz*, 1888–1957). Er ist definiert als (Goldstein 1975, 1976)

$$\boldsymbol{Q} := \frac{1}{\alpha}(\dot{\boldsymbol{r}} \times \boldsymbol{L}) - \frac{\boldsymbol{r}}{r}$$

und hat folgende Eigenschaften (siehe Aufgabe 3.4):

- Der Vektor $\boldsymbol{Q}$ erfüllt im $1/r$-Potenzial $\dot{\boldsymbol{Q}} = 0$ und ist dort somit eine Erhaltungsgröße.
- Sein Betrag entspricht der Exzentrizität, $|\boldsymbol{Q}| = \varepsilon$.
- Er liegt in der Bahnebene und zeigt vom Ursprung zum Perihel bzw. Perigäum.

Dies bedeutet vor allem, dass es im Newton'schen Gravitationspotenzial keine Periheldrehung gibt, da sonst $\boldsymbol{Q}$ dort nicht erhalten wäre. Dazu muss man anmerken, dass im Rahmen der allgemeinen Relativitätstheorie sehr wohl eine Periheldrehung existiert, die nichts mit *äußeren* Störeffekten zu tun hat, sondern durch die Raumkrümmung verursacht wird, welche die beiden sich umkreisenden Massen erzeugen.

Achtung Gelegentlich wird $\boldsymbol{Q}$ in der Literatur mit einem abweichenden konstanten Vorfaktor definiert. Bis auf seinen Betrag ändert dies nichts an seinen Eigenschaften. Andere Autoren bezeichnen den Vektor mit $\boldsymbol{\Lambda}$. ◄

Literatur

- Goldstein, H.: Prehistory of the "Runge-Lenz" Vector. Am. J. Phys. **43**, 737 (1975)
- Goldstein, H.: More on the Prehistory of the Laplace or Runge-Lenz Vector. Am. J. Phys. **44**, 1123 (1976)

der potenziellen Energie stets so wählen, dass $V(\boldsymbol{r}) = V(\boldsymbol{x}_1 - \boldsymbol{x}_2) \to 0$ für $|\boldsymbol{r}| \to \infty$ erfüllt ist. Bereits mit diesen sehr allgemeinen Erhaltungssätzen lassen sich wichtige Aussagen treffen.

Die Untersuchung vereinfacht sich, wenn sie im Schwerpunktsystem S' durchgeführt wird (mit einem Strich gekennzeichnet). Die Orte der beiden Teilchen ($i = 1, 2$) und des Schwerpunktes sind

$$\boldsymbol{x}'_i(t) = \boldsymbol{x}_i(t) - \boldsymbol{X}(t), \quad \boldsymbol{X}(t) = \frac{m_1\boldsymbol{x}_1(t) + m_2\boldsymbol{x}_2(t)}{m_1 + m_2}. \tag{3.101}$$

Per Definition ist $\boldsymbol{X}' = 0$. Wegen der Impulserhaltung ist das Schwerpunktsystem ein Inertialsystem, und die Geschwindigkeiten und Beschleunigungen transformieren sich wie

$$\dot{\boldsymbol{x}}_i = \dot{\boldsymbol{x}}'_i + \dot{\boldsymbol{X}}, \quad \ddot{\boldsymbol{x}}_i = \ddot{\boldsymbol{x}}'_i = -\nabla'_i V(\boldsymbol{x}'_1 - \boldsymbol{x}'_2). \tag{3.102}$$

Die Erhaltungssätze aus (3.99) und (3.100) lauten im Schwerpunktsystem

$$\begin{aligned} m_1\boldsymbol{v}'_{\mathrm{i},1} + m_2\boldsymbol{v}'_{\mathrm{i},2} &= m_1\boldsymbol{v}'_{\mathrm{f},1} + m_2\boldsymbol{v}'_{\mathrm{f},2} = 0, \\ \frac{m_1}{2}\boldsymbol{v}'^2_{\mathrm{i},1} + \frac{m_2}{2}\boldsymbol{v}'^2_{\mathrm{i},2} &= \frac{m_1}{2}\boldsymbol{v}'^2_{\mathrm{f},1} + \frac{m_2}{2}\boldsymbol{v}'^2_{\mathrm{f},2}. \end{aligned} \tag{3.103}$$

Aus der Impulserhaltung folgt sofort $m_1\boldsymbol{v}'_{\mathrm{i},1} = -m_2\boldsymbol{v}'_{\mathrm{i},2}$ und $m_1\boldsymbol{v}'_{\mathrm{f},1} = -m_2\boldsymbol{v}'_{\mathrm{f},2}$. Der Winkel zwischen Einfalls- und Ausfallsrichtung ist der *Streuwinkel* ϑ' (Abb. 3.10):

$$\cos\vartheta' = \frac{\boldsymbol{v}'_{\mathrm{i},1} \cdot \boldsymbol{v}'_{\mathrm{f},1}}{|\boldsymbol{v}'_{\mathrm{i},1}|\,|\boldsymbol{v}'_{\mathrm{f},1}|} = \frac{\boldsymbol{v}'_{\mathrm{i},2} \cdot \boldsymbol{v}'_{\mathrm{f},2}}{|\boldsymbol{v}'_{\mathrm{i},2}|\,|\boldsymbol{v}'_{\mathrm{i},2}|}. \tag{3.104}$$

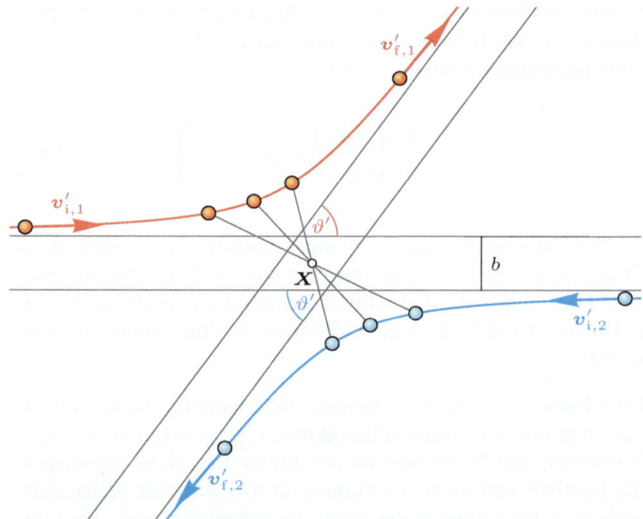

Abb. 3.10 Beispiel der Streuung im Schwerpunktsystem S' für zwei identische Massen ($m_1 = m_2$). Beide Bahnkurven sind zu jedem Zeitpunkt punktsymmetrisch zum Schwerpunkt $\boldsymbol{X}$. Durch die Streuung werden die beiden Punktmassen um denselben Streuwinkel ϑ' abgelenkt. Die Gleichheit der Streuwinkel gilt für jedes beliebige Massenverhältnis m_1/m_2. Die Asymptoten der Bahnkurven sind ebenfalls eingezeichnet. Den asymptotischen Abstand b der Bahnkurven beider Punktmassen nennt man Stoßparameter

Achtung Der Streuwinkel ist im Schwerpunktsystem S' für beide Teilchen gleich, da der Gesamtimpuls dort verschwindet. Dies ist in einem beliebigen Inertialsystem allerdings nicht der Fall. ◄

a

b

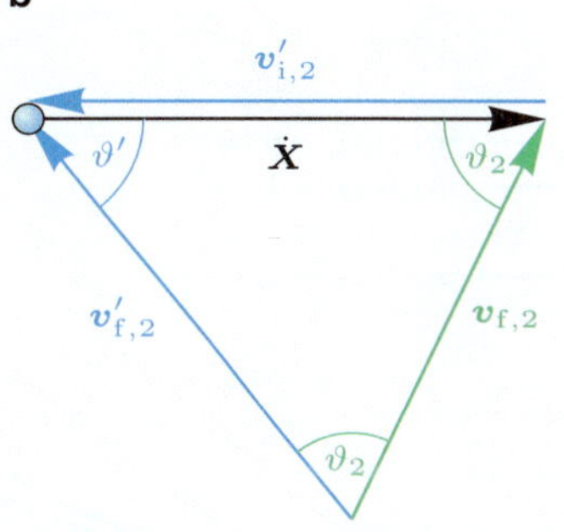

Abb. 3.11 Zum Transformationsverhalten der Streuwinkel ϑ_1 und ϑ_2 im Laborsystem S und ϑ' im Schwerpunktsystem S'. In **a** wird dargestellt, wie der Streuwinkel ϑ_1 durch die Schwerpunktsgeschwindigkeit $\dot{X}$ beeinflusst wird. Das Dreieck, das in **b** durch die Vektoren $\boldsymbol{v}'_{f,2}$, $\boldsymbol{v}_{f,2}$ und $\boldsymbol{v}'_{i,2}$ bzw. $\dot{X}$ gebildet wird, ist gleichschenklig, da $|\boldsymbol{v}'_{f,2}| = |\boldsymbol{v}'_{i,2}|$ gilt

Frage 16

Zeigen Sie durch geeignete Kombination der Gleichungen in (3.103), dass folgende Eigenschaften gelten:

$$|\boldsymbol{v}'_{i,1}| = |\boldsymbol{v}'_{f,1}|, \quad |\boldsymbol{v}'_{i,2}| = |\boldsymbol{v}'_{f,2}|. \tag{3.105}$$

Die Beträge der Geschwindigkeiten im Schwerpunktsystem S' vor und nach dem Stoß sind also gleich.

Transformation der Streuwinkel vom Schwerpunkt- ins Laborsystem

Ohne genauere Aussagen über die Form des Potenzials $V(\boldsymbol{x}_1 - \boldsymbol{x}_2)$ zu machen, ist es nicht möglich, den Streuwinkel ϑ' zu berechnen. Bevor wir dies jedoch unternehmen, wollen wir noch untersuchen, wie sich der Streuwinkel beim Übergang in das *Laborsystem* S transformiert. Das Laborsystem ist jenes Koordinatensystem, in dem m_2 anfangs ruht. Der Gesamtimpuls verschwindet daher nicht, und wir werden sehen, dass die Streuwinkel der beiden Teilchen nicht identisch sind und in der Regel nicht dem Schwerpunktstreuwinkel ϑ' entsprechen. Die Relevanz der Streuwinkeltransformation vom Schwerpunkt- ins Laborsystem ist direkt ersichtlich: Häufig werden in Experimenten Teilchen auf ruhende *Targets* geschossen. Es ist daher von großer Bedeutung, die Beobachtungen in beiden Bezugssystemen miteinander in Relation zu bringen.

Ruht die Masse m_2 in S vor dem Stoß, $\boldsymbol{v}_{i,2} = 0$, bewegt sich der Schwerpunkt von m_1 und m_2 gemäß

$$\dot{\boldsymbol{X}} = \frac{m_1}{M}\boldsymbol{v}_{i,1}, \tag{3.106}$$

wobei $M = m_1 + m_2$ die Gesamtmasse ist. Daraus folgt sofort, dass die Geschwindigkeit von m_1 im Schwerpunktsystem S' vor dem Stoß

$$\boldsymbol{v}'_{i,1} = \boldsymbol{v}_{i,1} - \dot{\boldsymbol{X}} = \frac{m_2}{M}\boldsymbol{v}_{i,1} \tag{3.107}$$

ist. Nach dem Stoß ist die Geschwindigkeit von m_1 im Laborsystem S

$$\boldsymbol{v}_{f,1} = \boldsymbol{v}'_{f,1} + \dot{\boldsymbol{X}} = \boldsymbol{v}'_{f,1} + \frac{m_1}{M}\boldsymbol{v}_{i,1}. \tag{3.108}$$

Aus Abb. 3.11 erkennt man die Relationen zwischen den Streuwinkeln in S und S':

$$\begin{aligned} v_{f,1}\sin\vartheta_1 &= v'_{f,1}\sin\vartheta', \\ v_{f,1}\cos\vartheta_1 &= v'_{f,1}\cos\vartheta' + \frac{m_1}{M}v_{i,1}, \end{aligned} \tag{3.109}$$

wobei (3.106) benutzt und mit ϑ_1 der Streuwinkel von m_1 im Laborsystem eingeführt wurde. Diese Gleichungen beinhalten die Geschwindigkeiten in beiden Koordinatensystemen. Darum gehen wir einen Schritt weiter und schreiben mit (3.105) und (3.107) den Tangens des Streuwinkels in S:

$$\begin{aligned} \tan\vartheta_1 = \frac{\sin\vartheta_1}{\cos\vartheta_1} &= \frac{v'_{f,1}\sin\vartheta'}{v'_{f,1}\cos\vartheta' + \frac{m_1}{M}v_{i,1}} \\ &= \frac{\sin\vartheta'}{\cos\vartheta' + \frac{m_1}{m_2}}. \end{aligned} \tag{3.110}$$

Frage 17

Überprüfen Sie das Endergebnis in (3.110).

Gleichung (3.110) erlaubt es, nur mit Kenntnis des Massenverhältnisses m_1/m_2, den Streuwinkel für m_1 zwischen Labor- und Schwerpunktsystem umzurechnen. Aus Abb. 3.12 liest man die folgenden Eigenschaften der Transformation ab:

- Ist $m_1 \ll m_2$, sind beide Streuwinkel praktisch identisch, $\vartheta_1 \approx \vartheta'$.
- Für $m_1 \geq m_2$ beobachtet man im Laborsystem keine Rückwärtsstreuung mehr, da $\vartheta_1 \leq \pi/2$ gilt. Der maximal erreichbare Streuwinkel ϑ_1 nimmt ab, wenn das Massenverhältnis m_1/m_2 weiter erhöht wird. Die Kurve $\vartheta_1(\vartheta')$ ist dann nicht mehr monoton.

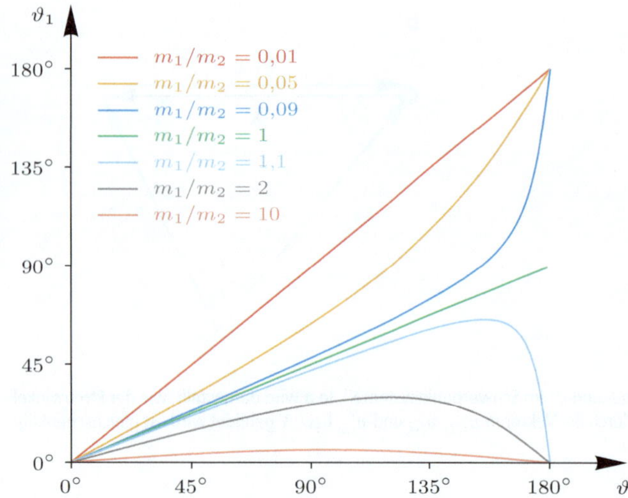

Abb. 3.12 Funktionaler Zusammenhang zwischen den Streuwinkeln ϑ' im Schwerpunktsystem S' und ϑ_1 im Laborsystem S. Wegen (3.110) hängt $\vartheta_1(\vartheta')$ vom Massenverhältnis m_1/m_2 ab

Nun suchen wir noch den Streuwinkel ϑ_2 in S. Die Geschwindigkeit der Masse m_2 in S ist anfangs $\boldsymbol{v}_{\mathrm{i},2} = 0$. In S' gilt daher

$$\boldsymbol{v}'_{\mathrm{i},2} = -\dot{\boldsymbol{X}} = -\frac{m_1}{M}\boldsymbol{v}_{\mathrm{i},1}. \tag{3.111}$$

In Abb. 3.11 bilden die drei Vektoren $\boldsymbol{v}_{\mathrm{f},2}$, $\boldsymbol{v}'_{\mathrm{f},2}$ und $\dot{\boldsymbol{X}}$ ein Dreieck, da $\boldsymbol{v}_{\mathrm{f},2} = \boldsymbol{v}'_{\mathrm{f},2} + \dot{\boldsymbol{X}}$ gilt. Weiterhin ist wegen (3.105) $|\boldsymbol{v}'_{\mathrm{i},2}| = |\boldsymbol{v}'_{\mathrm{f},2}|$. Die Vektoren $\boldsymbol{v}'_{\mathrm{i},2}$, $\boldsymbol{v}'_{\mathrm{f},2}$ und $\dot{\boldsymbol{X}}$ sind also gleich lang, weshalb das Dreieck gleichschenklig ist. Der Winkel zwischen $\boldsymbol{v}_{\mathrm{f},2}$ und $\dot{\boldsymbol{X}}$ ist der gesuchte Winkel ϑ_2. Wegen der Gleichschenkligkeit des Dreiecks gilt dies ebenfalls für den Winkel zwischen $\boldsymbol{v}_{\mathrm{f},2}$ und $\boldsymbol{v}'_{\mathrm{f},2}$. Der dritte verbleibende Winkel im Dreieck ist ϑ', da $-\dot{\boldsymbol{X}} = \boldsymbol{v}'_{\mathrm{i},2}$ gilt. Aus der bekannten Winkelsumme im Dreieck folgt

$$\vartheta_2 = \frac{\pi - \vartheta'}{2}. \tag{3.112}$$

Energieübertrag bei elastischer Streuung im Laborsystem

Da die Geschwindigkeiten der beiden Teilchen laut (3.105) in S' vor und nach dem Stoß identisch sind, sind auch die kinetischen Energien gleich:

$$T'_{\mathrm{f},1} = T'_{\mathrm{i},1}, \quad T'_{\mathrm{f},2} = T'_{\mathrm{i},1}. \tag{3.113}$$

Diese Aussage ist jedoch nicht in S gültig. Dort kommt es zu einem Energieübertrag zwischen den beiden Teilchen.

Wir gehen wieder davon aus, dass $\boldsymbol{v}_{\mathrm{i},2} = 0$ ist. Dann gilt wegen (3.106)

$$\begin{aligned} \boldsymbol{v}^2_{\mathrm{f},1} &= \left(\boldsymbol{v}'_{\mathrm{f},1} + \dot{\boldsymbol{X}}\right)^2 = \left(\boldsymbol{v}'_{\mathrm{f},1} + \frac{m_1}{M}\boldsymbol{v}_{\mathrm{i},1}\right)^2 \\ &= \boldsymbol{v}'^2_{\mathrm{f},1} + \frac{2m_1}{M}|\boldsymbol{v}'_{\mathrm{f},1}||\boldsymbol{v}_{\mathrm{i},1}|\cos\vartheta' + \frac{m_1^2}{M^2}\boldsymbol{v}^2_{\mathrm{i},1}. \end{aligned} \tag{3.114}$$

Die Energieerhaltung verlangt, wie bereits erwähnt,

$$\begin{aligned} \boldsymbol{v}'^2_{\mathrm{f},1} &= \boldsymbol{v}'^2_{\mathrm{i},1} = \left(\boldsymbol{v}_{\mathrm{i},1} - \dot{\boldsymbol{X}}\right)^2 \\ &= \left(\boldsymbol{v}_{\mathrm{i},1} - \frac{m_1}{M}\boldsymbol{v}_{\mathrm{i},1}\right)^2 = \boldsymbol{v}^2_{\mathrm{i},1}\left(1 - \frac{m_1}{M}\right)^2. \end{aligned} \tag{3.115}$$

Kombiniert man (3.114) und (3.115), folgt

$$\begin{aligned} \boldsymbol{v}^2_{\mathrm{f},1} &= \boldsymbol{v}^2_{\mathrm{i},1}\left[\left(1 - \frac{m_1}{M}\right)^2 + \frac{2m_1}{M}\left(1 - \frac{m_1}{M}\right)\cos\vartheta' + \frac{m_1^2}{M^2}\right] \\ &= \boldsymbol{v}^2_{\mathrm{i},1}\left[1 + 2\frac{m_1}{M}\left(1 - \frac{m_1}{M}\right)(\cos\vartheta' - 1)\right]. \end{aligned} \tag{3.116}$$

Energieübertrag bei elastischer Streuung im Laborsystem

Die relative Änderung der kinetischen Energie eines im Laborsystem gestreuten Teilchens der Masse m_1 ist

$$\frac{T_{\mathrm{f},1} - T_{\mathrm{i},1}}{T_{\mathrm{i},1}} = 2\frac{m_1}{M}\left(1 - \frac{m_1}{M}\right)(\cos\vartheta' - 1) \le 0 \tag{3.117}$$

mit $M = m_1 + m_2$. Für alle Streuwinkel $\vartheta' > 0$ verliert das Teilchen kinetische Energie, die auf das zweite Teilchen übertragen wird. Der Streuwinkel ϑ' im Schwerpunktsystem kann formal mithilfe von (3.110) in den Streuwinkel im Laborsystem überführt werden.

Frage 18

Unter bestimmten Umständen kann es passieren, dass m_1 in S seine gesamte kinetische Energie an m_2 abgibt: m_1 ruht dann nach dem Stoß, $T_{\mathrm{f},1} = 0$. Machen Sie sich zunächst anschaulich klar, dass dies nur für $\vartheta' = \pi$ möglich ist. Zeigen Sie dann anhand von (3.117), dass ein Massenverhältnis $m_1/m_2 = 1$ notwendig ist, um $T_{\mathrm{f},1} = 0$ zu erreichen. Das Ergebnis erklärt die Funktionsweise des Newton'schen Pendels (Abb. 3.13).

Fly-by-Manöver

In der Raumfahrt ist das sogenannte *Fly-by-* oder *Swing-by-Manöver* eine wichtige Anwendung der elastischen Streuung. Dabei wird eine Raumsonde an einem Planeten gestreut, um Betrag und Richtung der Geschwindigkeit zu ändern. Der Planet erfährt aufgrund seiner großen

Anwendung: Neutronenstreuung in Kernreaktoren Wahl des Moderators

Werden Neutronen in einem Kernreaktor an Atomen elastisch gestreut, übertragen sie kinetische Energie an die Targetatome und werden dadurch abgebremst. Der Vorfaktor $y(1-y)$ mit $y := m_1/M$ in (3.117) wird maximal, wenn $y = 1/2$ bzw. $m_1 = M/2$ und somit $m_1 = m_2$ ist. Die effizienteste Abbremsung eines Neutrons wird daher mit einem Target der gleichen Masse erreicht. Dieser Effekt ist für den Betrieb von Kernreaktoren von großer Bedeutung: Da langsame Neutronen mit einer viel höheren Wahrscheinlichkeit zu einer Kernspaltung führen als schnelle, müssen die schnelleren zunächst abgebremst (*moderiert*) werden. Dazu eignen sich am besten Moderatoren mit einem geringen Atomgewicht. Hierbei muss zusätzlich berücksichtigt werden, dass der Moderator keine Neutronen einfangen soll, da diese sonst der Kettenreaktion entzogen werden. Häufig verwendete Moderatoren sind Deuterium (ein Wasserstoffisotop mit einem Neutron und einem Proton im Kern) oder Kohlenstoff in Form von Grafit.

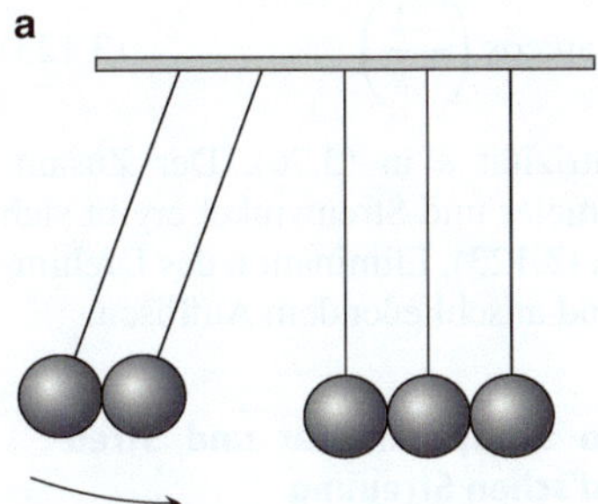

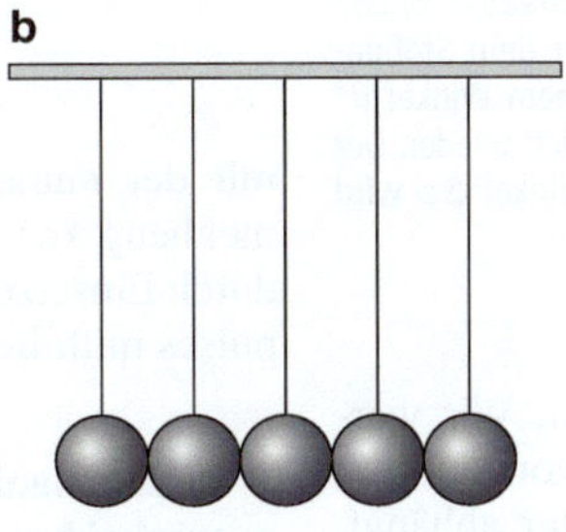

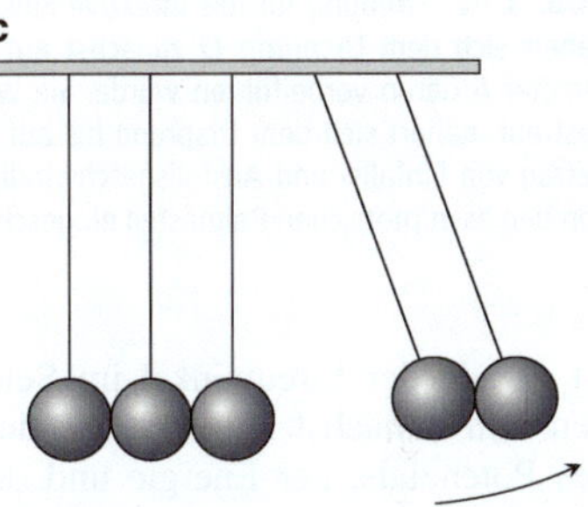

Abb. 3.13 Funktionsweise des Newton'schen Pendels. Lenkt man die beiden linken Kugeln aus und lässt sie los (**a**), stoßen sie mit den übrigen drei Kugeln zusammen, welche anfangs in Ruhe waren (**b**). Energie und Impuls können nur dann gleichzeitig erhalten werden, wenn die beiden rechten Kugeln nach dem Stoß die Schwingung fortsetzen und die übrigen ruhen (**c**). Die Aussage ist auch dann gültig, wenn anfangs eine, drei oder vier Kugeln ausgelenkt werden

Masse dabei keine messbare Geschwindigkeitsänderung. Der „Trick" bei diesem Manöver ist, dass die kinetische Energie der Raumsonde zwar im Schwerpunktsystem vor und nach dem Stoß gleich ist, nicht aber im Bezugssystem der Sonne. Somit lassen sich Raumsonden mit einem geringen Treibstoffbedarf relativ zur Sonne beschleunigen, was beispielsweise die Voyager-Missionen zur Erkundung des äußeren Sonnensystems ermöglichte. ◄

Stoßparameter und Streuwinkel

Bis zu diesem Punkt wurde nur die Kinematik der Streuung untersucht. Die bisherige Diskussion ist für sämtliche Potenziale der Form $V(\boldsymbol{x}_2 - \boldsymbol{x}_1)$, die im Unendlichen verschwinden, gültig und hat zu sehr allgemeinen Ergebnissen geführt. Als Folge davon ist die Betrachtung des Streuwinkels bis zu diesem Punkt rein qualitativ. Für die praktische Anwendung ist es jedoch wichtig zu wissen, wie viele Teilchen eines einfallenden Teilchenstrahles durch ein Target unter einem bestimmten Winkel gestreut werden. Um dieses Ziel zu erreichen, gehen wir schrittweise vor. Zunächst stellen wir einen Zusammenhang her zwischen dem Streuwinkel und den Bedingungen, unter denen ein Teilchen gestreut wird. Entscheidend dafür sind insbesondere die Form des Wechselwirkungspotenzials, die Energie und der Drehimpuls des einfallenden Teilchens.

Man stelle sich ein Teilchen der Masse m_1 vor, das aus dem Unendlichen kommend durch ein Target der Masse m_2 gestreut wird. Wir können die Situation durch das äquivalente Einteilchenproblem mit reduzierter Masse μ im Schwerpunktsystem beschreiben. Da das Potenzial im Unendlichen verschwinden soll, kann die erhaltene Energie in der Form

$$E = \frac{\mu}{2} v_\infty^2 > 0 \tag{3.118}$$

geschrieben werden. Hier ist v_∞ die Relativgeschwindigkeit im Unendlichen. Wir beschränken uns nun auf radialsymmetrische Zentralkräfte (d. h. auf Potenziale der Form $V(r)$), sodass der Betrag des Drehimpulses,

$$L = b\mu v_\infty \geq 0, \tag{3.119}$$

erhalten ist. Die Größe b ist der *Stoßparameter*, der Mindestabstand, mit dem m_1 das Target m_2 passieren würde, wenn es keine Wechselwirkung zwischen beiden gäbe (Abb. 3.14). Die Relativbewegung von m_1 und m_2 ist aufgrund der Annahmen ungebunden, und μ wird unter einem Winkel ϑ' gestreut. Dies

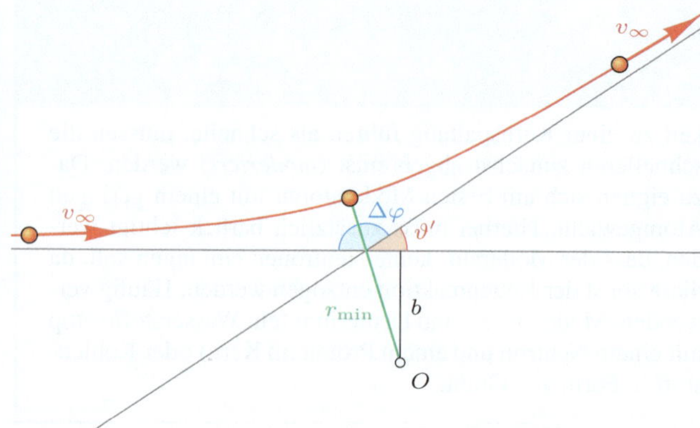

Abb. 3.14 Streuung für das effektive Einkörperproblem. Die effektive Masse nähert sich dem Ursprung O zunächst auf einer Bahn, die mit dem Stoßparameter b daran vorbeiführen würde. Sie wird jedoch unter einem Winkel ϑ' gestreut, nähert sich dem Ursprung bis auf $r_{\min}$ und entfernt sich wieder. Der Betrag von Einfalls- und Ausfallsgeschwindigkeit ist v_∞. Der Winkel $\Delta\varphi$ wird von den asymptotischen Bahnästen eingeschlossen

ist gerade der Streuwinkel im Schwerpunktsystem. Wir werden nun zunächst zeigen, dass der Streuwinkel von der Art des Potenzials, der Energie und dem Stoßparameter abhängt. Gleichung (3.59) beschreibt die allgemeine Bahnkurve im radialsymmetrischen Zentralkraftfeld. Da die Bahnkurve symmetrisch bei Spiegelung am Umkehrpunkt (hier: Mindestabstand) ist, gilt

$$\Delta\varphi = 2L \int\limits_{r_{\min}}^{\infty} \frac{\mathrm{d}r'}{r'^2\sqrt{2\mu\,(E-U(r'))}}. \tag{3.120}$$

Dies entspricht auch (3.63), wenn $r_{\max} = \infty$ gesetzt wird. Die Größe $\Delta\varphi$ ist der Winkel zwischen den asymptotischen Einfall- und Ausfallästen der Bahnkurve.

Frage 19

Überlegen Sie sich, dass der Mindestabstand $r_{\min}$ aus der Bedingung $\mathrm{d}r/\mathrm{d}\varphi = 0$ folgt, was wegen (3.58) direkt auf $E = U(r_{\min})$ führt. Diese Ergebnisse haben wir bereits in Abschn. 3.2 gefunden. Der Mindestabstand ist eindeutig durch das effektive Potenzial und die Energie bestimmt.

Der Drehimpuls kann als Funktion von b und E geschrieben werden:

$$L = b\sqrt{2\mu E}. \tag{3.121}$$

Der Streuwinkel ist $\vartheta' = \pi - \Delta\varphi$ (Abb. 3.14), sodass schließlich

$$\vartheta' = \pi - 2b \int\limits_{r_{\min}}^{\infty} \frac{\mathrm{d}r'}{r'^2\sqrt{(1-b^2/r'^2-V(r')/E)}} \tag{3.122}$$

gilt, wobei $U(r) = V(r) + L^2/(2\mu r^2)$ eingesetzt wurde. Wenn das Potenzial $V(r)$ und die Energie E bekannt sind, ist der Streuwinkel nur eine Funktion des Stoßparameters b. Umgekehrt lässt sich auf das Wechselwirkungspotenzial schließen, wenn man den Streuwinkel als Funktion des Stoßparameters misst.

Wie bei der Bestimmung der Bahnkurven hängt es auch hier von der funktionalen Form von $V(r)$ ab, ob der Streuwinkel ϑ' analytisch berechnet werden kann.

Die Streuung eines Teilchens im Gravitations- bzw. Coulomb-Potenzial nennt man *Rutherford'sche Streuung* (nach dem neuseeländischen Physiker *Ernest Rutherford*, 1871–1937). Dort lässt sich ein einfacher funktionaler Zusammenhang zwischen Stoßparameter und Streuwinkel in geschlossener Form angeben. Aus der Hyperbelbahn (3.80) des Kepler-Problems folgt

$$\Delta\varphi = 2\arccos\left(-\frac{1}{\varepsilon}\right) \tag{3.123}$$

mit der numerischen Exzentrizität ε in (3.76). Der Zusammenhang zwischen Stoßparameter und Streuwinkel ergibt sich durch Einsetzen von (3.76) in (3.123), Elimination des Drehimpulses mithilfe von (3.119) und anschließendem Auflösen.

Zusammenhang zwischen Stoßparameter und Streuwinkel bei der Rutherford'schen Streuung

Wird ein Teilchen im Gravitations- bzw. Coulomb-Potenzial gestreut, lautet die geschlossene Form für den Zusammenhang zwischen Stoßparameter und Streuwinkel im Schwerpunktsystem

$$b^2 = \left(\frac{1}{\sin^2(\vartheta'/2)} - 1\right)\frac{\alpha^2}{4E^2}. \tag{3.124}$$

Frage 20

Überzeugen Sie sich von dem Ergebnis in (3.124). Ersetzen Sie dazu den auftretenden Kosinus durch den Sinus, indem Sie $\vartheta' = \pi - \Delta\varphi$ und $\sin x = \cos(x - \pi/2)$ ausnutzen. Zeigen Sie weiterhin, dass es für b^2 keine Rolle spielt, ob das Potenzial anziehend oder abstoßend ist. *Tipp*: Überprüfen Sie, welche Folgen die Transformation $\alpha \to -\alpha$ hat.

Differenzieller und totaler Wirkungsquerschnitt

Wir stellen uns nun einen parallelen Strahl von Teilchen mit einer konstanten und homogenen Teilchenstromdichte

$$I = \frac{N}{\Delta t\,\Delta f} \tag{3.125}$$

vor, d. h., pro Zeiteinheit Δt laufen N Teilchen durch eine Fläche Δf hindurch. Jedes Teilchen habe die Energie E (3.118).

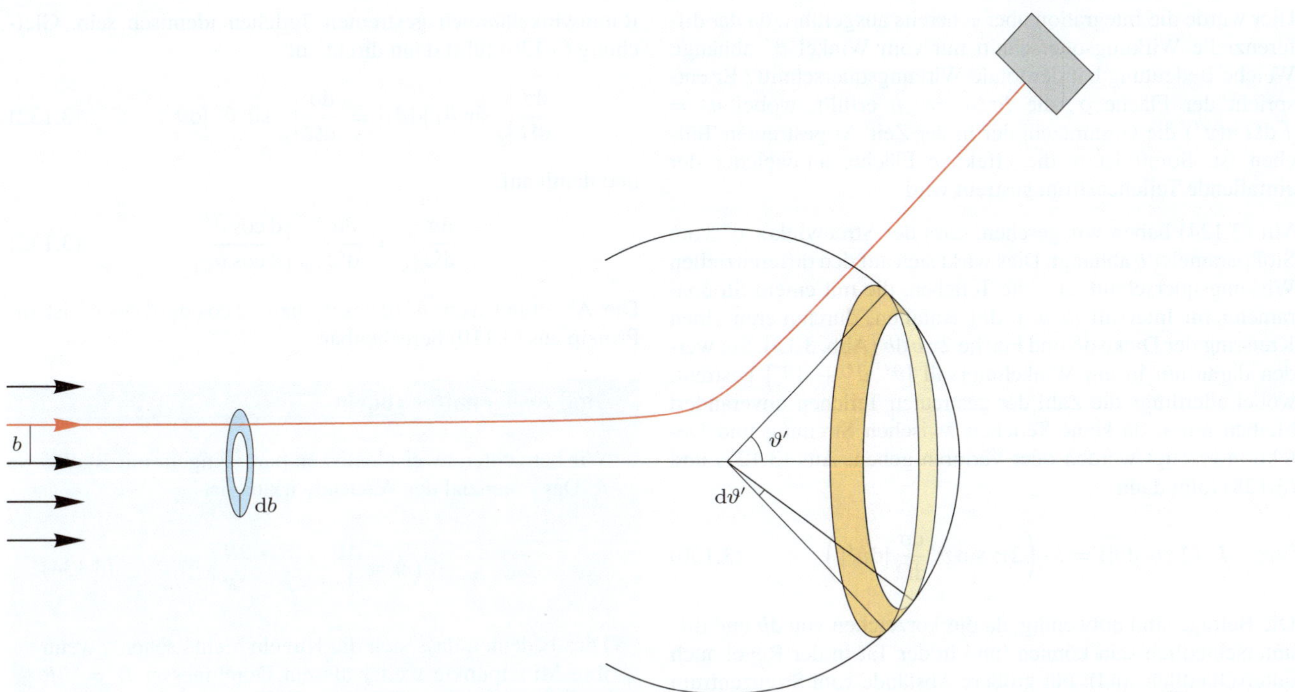

Abb. 3.15 Skizze eines Streuexperiments. Teilchen mit Stoßparameter b werden durch ein Target gestreut und anschließend unter einem Streuwinkel ϑ' mit einem Detektor nachgewiesen. Idealerweise befindet sich der Detektor in einem sehr großen Abstand vom Streuzentrum (hier ist der Abstand nicht maßstäblich eingezeichnet)

Als Koordinatensystem wählen wir Zylinderkoordinaten mit der Symmetrieachse entlang der Einfallsrichtung des Strahles. Wir nehmen an, dass die Teilchen nicht miteinander wechselwirken. Der Strahl sei auf eine Folie gerichtet, in der sich eine große Anzahl von Targets befinde. Die Folie sei allerdings so dünn, dass man annehmen kann, dass jedes einfallende Teilchen höchstens an einem Target gestreut wird. Die Teilchen werden dann statistisch unter verschiedenen Winkeln ϑ' gestreut.

Wir legen für die Wechselwirkung mit dem Target ein Potenzial der Form $V(r)$ zugrunde. Daher ist die Streuung unabhängig vom Azimutwinkel φ. Ein Detektor befinde sich im Abstand r vom Streuzentrum und im Winkel ϑ' zum Teilchentrom. Er habe eine infinitesimale Fläche $\mathrm{d}f$ (Abb. 3.15). Die Oberfläche einer Kugel mit Radius r ist $4\pi r^2$. Der Detektor deckt also einen Bruchteil

$$\frac{\mathrm{d}\Omega}{\Omega} = \frac{\mathrm{d}f}{4\pi r^2} \tag{3.126}$$

des gesamten Raumwinkels 4π ab. Das Raumwinkelelement $\mathrm{d}\Omega$ lässt sich dann in der Form

$$\mathrm{d}\Omega = \mathrm{d}\varphi\, \sin\vartheta'\, \mathrm{d}\vartheta' = \frac{\mathrm{d}f}{r^2} \tag{3.127}$$

schreiben.

Frage 21

Man rechne $\Omega = \int \mathrm{d}\Omega = \int_0^{2\pi} \mathrm{d}\varphi \int_0^{\pi} \sin\vartheta'\, \mathrm{d}\vartheta' = 4\pi$ nach.

Es ist einleuchtend, dass der Detektor pro Zeiteinheit Δt eine Zahl $n(\vartheta')$ von Teilchen nachweist, die sowohl proportional zum einfallenden Teilchenstrom I als auch zur Detektorfläche $\mathrm{d}\Omega$ ist. Der entsprechende Proportionalitätsfaktor lautet

$$\frac{\mathrm{d}\sigma}{\mathrm{d}\Omega} := \frac{n(\vartheta')}{I\Delta t\, \mathrm{d}\Omega} \tag{3.128}$$

und wird *differenzieller Wirkungsquerschnitt* genannt.

Frage 22

Der Name Wirkungs*querschnitt* liegt darin begründet, dass $\mathrm{d}\sigma/\mathrm{d}\Omega$ die Dimension einer Fläche hat. Überzeugen Sie sich davon.

Im Experiment lässt sich $n(\vartheta')$ als Funktion des Streuwinkels vermessen. Dies erlaubt Rückschlüsse auf die Art des streuenden Potenzials, da der differenzielle Wirkungsquerschnitt und das Potenzial eng miteinander verbunden sind, wie wir in Kürze sehen werden.

Der *totale Wirkungsquerschnitt* ist das Raumwinkelintegral des differenziellen Wirkungsquerschnitts:

$$\sigma = \int \mathrm{d}\Omega \frac{\mathrm{d}\sigma}{\mathrm{d}\Omega} = 2\pi \int_0^{\pi} \mathrm{d}\vartheta'\, \sin\vartheta' \frac{\mathrm{d}\sigma}{\mathrm{d}\Omega}. \tag{3.129}$$

Hier wurde die Integration über φ bereits ausgeführt, da der differenzielle Wirkungsquerschnitt nur vom Winkel ϑ' abhängt. Welche Bedeutung hat der totale Wirkungsquerschnitt? Er entspricht der Fläche σ, die $I\sigma\Delta t = n$ erfüllt, wobei $n = \int d\Omega\, n(\vartheta')$ die Gesamtzahl der in der Zeit Δt gestreuten Teilchen ist. Somit ist σ die effektive Fläche, an welcher der einfallende Teilchenstrom gestreut wird.

Mit (3.124) haben wir gesehen, dass der Streuwinkel ϑ' vom Stoßparameter b abhängt. Dies wirkt sich auf den differenziellen Wirkungsquerschnitt aus. Die Teilchen, die mit einem Stoßparameter im Intervall $[b, b + db]$ einfallen, durchqueren einen Kreisring der Dicke db und Fläche $2\pi b\, db$ (Abb. 3.15). Sie werden daraufhin in ein Winkelintervall $[\vartheta', \vartheta' + d\vartheta']$ gestreut, wobei allerdings die Zahl der gestreuten Teilchen unverändert bleiben muss, da keine Teilchen zwischen Streuung und Detektion erzeugt werden oder verloren gehen. Aus (3.127) und (3.128) folgt dann

$$I \cdot (2\pi b\,|db|) = I \cdot \left(2\pi \sin\vartheta' \frac{d\sigma}{d\Omega} |d\vartheta'|\right). \tag{3.130}$$

Die Beträge sind notwendig, da die Vorzeichen von db und $d\vartheta'$ unterschiedlich sein können (und in der Tat in der Regel auch unterschiedlich sind): Für größere Abstände vom Streuzentrum nimmt der Streuwinkel gewöhnlich ab, da die Wechselwirkung schwächer wird.

Zusammenhang zwischen differenziellem Wirkungsquerschnitt und dem Stoßparameter

Der differenzielle Wirkungsquerschnitt hängt mit dem Stoßparameter und dem Streuwinkel im Schwerpunktsystem zusammen:

$$\frac{d\sigma}{d\Omega} = \frac{b(\vartheta')}{\sin\vartheta'} \left|\frac{db(\vartheta')}{d\vartheta'}\right| = \frac{1}{2\sin\vartheta'} \left|\frac{db^2(\vartheta')}{d\vartheta'}\right|. \tag{3.131}$$

Der Zusammenhang $b(\vartheta')$ für ein gegebenes Potenzial $V(r)$ kann aus (3.122) abgeleitet werden.

Achtung Es ist anschaulicher, sich vorzustellen, dass der Streuwinkel ϑ' eine Funktion des Stoßparameters ist, $\vartheta' = \vartheta'(b)$, und nicht umgekehrt. Mathematisch sind beide Betrachtungsweisen völlig äquivalent. Man beachte jedoch, dass die Funktion $\vartheta'(b)$ eindeutig ist, $b(\vartheta')$ aber nicht unbedingt: Ein Teilchen, das mit Stoßparameter b einfällt, wird in eine eindeutige Richtung ϑ' gestreut. Teilchen mit verschiedenen Stoßparametern b können im Prinzip allerdings in gleiche Richtungen ϑ' gestreut werden. In diesem Fall ist $b(\vartheta')$ mathematisch gesehen keine Funktion mehr, sondern eine *Relation*. ◄

Streuexperimente werden häufig im Laborsystem durchgeführt, in dem m_2 vor dem Stoß ruht. Insbesondere bewegt sich der Detektor nicht mit dem Schwerpunkt von m_1 und m_2 mit. Daher müssen die Streuwinkel ϑ' in ϑ_1 umgerechnet werden. In beiden Bezugssystemen (S und S') muss die Anzahl der in einen Raumwinkelbereich gestreuten Teilchen identisch sein. Gleichung (3.130) führt dann direkt auf

$$\left.\frac{d\sigma}{d\Omega}\right|_S \sin\vartheta_1\,|d\vartheta_1| = \left.\frac{d\sigma}{d\Omega}\right|_{S'} \sin\vartheta'\,|d\vartheta'| \tag{3.132}$$

und damit auf

$$\left.\frac{d\sigma}{d\Omega}\right|_S = \left.\frac{d\sigma}{d\Omega}\right|_{S'} \left|\frac{d\cos\vartheta'}{d\cos\vartheta_1}\right|. \tag{3.133}$$

Die Ableitung $d\cos\vartheta'/d\cos\vartheta_1$ bzw. $d\cos\vartheta_1/d\cos\vartheta'$ ist im Prinzip aus (3.110) berechenbar.

Stoß zweier harter Kugeln

Wir betrachten zwei identische harte Kugeln mit Radius R. Das Potenzial der Wechselwirkung ist

$$V(r) = \begin{cases} 0 & r > 2R \\ \infty & r \leq 2R \end{cases}. \tag{3.134}$$

Dies bedeutet, dass sich die Kugeln nicht „sehen", wenn ihre Mittelpunkte weiter als ein Durchmesser $D = 2R$ voneinander entfernt sind. Ein Überlappen der Kugeln ist verboten, was durch ein unendliches Potenzial ausgedrückt wird. Die Kugeln wechselwirken also genau in dem Moment, in dem $r = D$ erfüllt ist. Der Streuwinkel im Schwerpunktsystem folgt aus (3.122) (siehe dazu die Rechnung, die auf (3.75) geführt hat):

$$\begin{aligned} \vartheta' &= \pi - 2\int_D^\infty \frac{b\,dr'}{r'^2\sqrt{(1 - b^2/r'^2)}} \\ &= \pi - 2\arcsin\left(\frac{b}{D}\right). \end{aligned} \tag{3.135}$$

Es folgt der Stoßparameter als Funktion des Streuwinkels:

$$b = D\cos(\vartheta'/2) \quad (b \leq D). \tag{3.136}$$

Hier ist zu beachten, dass alle Stoßparameter $b > D$ zu keiner Streuuung führen und damit $\vartheta' = 0$ zur Folge haben. Darum beschränken wir uns im Folgenden nur auf den Bereich $b \leq D$. Der differenzielle Wirkungsquerschnitt (3.131) hängt wegen

$$\frac{d\sigma}{d\Omega} = \frac{D\cos(\vartheta'/2)}{\sin\vartheta'} \frac{D}{2}\sin(\vartheta'/2) = \frac{D^2}{4} \tag{3.137}$$

nicht vom Streuwinkel ab; man sagt, der Wirkungsquerschnitt ist *isotrop*. Im letzten Schritt wurde die Identität

$$\cos(\vartheta'/2)\sin(\vartheta'/2) = \frac{\sin\vartheta'}{2} \tag{3.138}$$

Anwendung: Rutherford'sche Experimente Entwicklung des Rutherford'schen Atommodells

Historisch wurden im Jahr 1909 zuerst Heliumkerne der Kernladungszahl $Z_1 = 2$ an einer dünnen Goldfolie mit $Z_2 = 79$ gestreut. Das Coulomb-Potenzial lautet dann $V(r) = Z_1 Z_2 e^2/r$, wobei e die Elementarladung ist. Im Gegensatz zum Gravitationspotenzial ist α negativ und das Potenzial repulsiv. Die Experimente bestätigten letztlich den 1911 berechneten Wirkungsquerschnitt und damit das Rutherford'sche Atommodell. Es besagt, dass der Atomkern nur ein sehr kleines Raumvolumen im Vergleich zur elektronischen Atomhülle einnimmt. Die Wechselwirkung der Heliumkerne mit den Goldelektronen spielt kaum eine Rolle, da ihr Massenverhältnis etwa 7 500 ist und der damit verbundene Energieverlust der Heliumkerne vernachlässigt werden kann. Da andererseits das Massenverhältnis m_1/m_2 von Helium- und Goldkernen etwa $1/50$ ist, ist $\vartheta' \approx \vartheta_1$ und die Streuquerschnitte in Schwerpunkt- und Laborsystem sind praktisch identisch.

verwendet. Wir integrieren mit (3.129) noch über alle Streuwinkel, um den gesamten Wirkungsquerschnitt zu erhalten:

$$\sigma = 2\pi \int_0^\pi \mathrm{d}\vartheta' \, \sin\vartheta' \frac{\mathrm{d}\sigma}{\mathrm{d}\Omega} = \pi D^2. \tag{3.139}$$

Dies entspricht der Querschnittsfläche einer Kugel mit Radius $D = 2R$, was man sich leicht veranschaulichen kann. ◀

Anwendung auf das Coulomb-Potenzial: Rutherford'scher Wirkungsquerschnitt

Das Coulomb-Potenzial $V(r) = -\alpha/r$ führt zunächst mit (3.124) auf einen geschlossenen (eindeutigen) Ausdruck für $b^2(\vartheta')$, der direkt nach ϑ' abgeleitet werden kann:

$$\left|\frac{\mathrm{d}b^2(\vartheta')}{\mathrm{d}\vartheta'}\right| = \frac{\alpha^2}{4E^2}\frac{\cos(\vartheta'/2)}{\sin^3(\vartheta'/2)} = \frac{\alpha^2}{8E^2}\frac{\sin\vartheta'}{\sin^4(\vartheta'/2)}. \tag{3.140}$$

Die letzte Gleichheit ist wieder wegen (3.138) offensichtlich. Es folgt sofort der differenzielle Wirkungsquerschnitt aus (3.131).

Rutherford'scher Wirkungsquerschnitt

Für das Coulomb-Potenzial, $V(r) = -\alpha/r$, ergibt sich der differenzielle Wirkungsquerschnitt im Schwerpunktsystem zu

$$\frac{\mathrm{d}\sigma}{\mathrm{d}\Omega} = \left(\frac{\alpha}{4E}\right)^2 \frac{1}{\sin^4(\vartheta'/2)}. \tag{3.141}$$

Dieses klassische Ergebnis stimmt mit dem überein, was im Rahmen der Quantenmechanik gefunden wird (Teil III).

Der totale Wirkungsquerschnitt in (3.129) für das Coulomb-Potenzial ist

$$\sigma = 2\pi \left(\frac{\alpha}{4E}\right)^2 \int_0^\pi \frac{\mathrm{d}\vartheta' \, \sin\vartheta'}{\sin^4(\vartheta'/2)} = \infty. \tag{3.142}$$

Er ist unendlich! Der Grund ist, dass das Coulomb-Potenzial ein langreichweitiges Potenzial ist, das auch in beliebiger Entfernung noch Teilchen streut, wenn auch unter sehr kleinen Streuwinkeln. Dies erkennt man daran, dass der Rutherford'sche Wirkungsquerschnitt für $\vartheta' \to 0$ divergiert. In der Realität schirmen Elektronen die Ladung des Atomkerns ab. Von außen betrachtet ist das Atom neutral, und der Streuquerschnitt bleibt endlich. Sehr grob geschätzt ist er dann von der Größenordnung der Querschnittsfläche eines Atoms, $\sigma \sim (10^{-10}\,\mathrm{m})^2$.

Frage 23

Für kleine Winkel ϑ' kann man $\sin\vartheta' \approx \vartheta'$ schreiben. Machen Sie sich damit klar, dass der totale Wirkungsquerschnitt in (3.142) divergiert.

3.5 Das reduzierte Dreikörperproblem

Wir haben in Abschn. 3.3 gefunden, dass die Bewegungsgleichungen des Zweikörperproblems im Gravitationsfeld exakt gelöst werden können. Das Zweikörperproblem ist allerdings eine Idealisierung und für einige Anwendungen, die eine hohe Genauigkeit erfordern, nicht geeignet. So hat beispielsweise der Mond einen Einfluss auf das Zweikörpersystem Sonne–Erde. Doch bereits für drei Körper sind die Bewegungsgleichungen im Gravitationsfeld nicht mehr allgemein integrierbar. In diesem Abschnitt diskutieren wir einen Spezialfall des Dreikörperproblems, der trotz seiner einschränkenden Annahmen von großer Wichtigkeit für das Verständnis der Mechanik des Sonnensystems ist.

Vertiefung: Lösung des N-Körperproblems Perturbative und numerische Zugänge

Das N-Körperproblem ist für $N > 2$ nicht allgemein in analytischer Form lösbar. Für praktische Anwendungen bieten sich verschiedene Möglichkeiten an:

- Bei der perturbativen bzw. störungstheoretischen Methode nimmt man an, dass das Problem als Zweikörpersystem angesehen werden kann, wobei der Einfluss einer dritten oder mehrerer anderer Massen in Form von Störungen in die Rechnungen eingeht. So lässt sich das Zweikörperpotenzial V_2 z. B. durch $V = V_2 + \delta V$ ersetzen, wobei δV eine kleine Störung darstellt, $\delta V \ll V_2$. Auf diese Weise lassen sich die Einflüsse der anderen Planeten auf die Erdbahn abschätzen. Ebenso kann diese Methode verwendet werden, um relativistische Effekte oder die Abweichung der Sonne von der Kugelgestalt zu berücksichtigen.
- Die perturbative Methode ist nur dann zuverlässig, wenn Störungen klein sind. In anderen Fällen, wenn beispielsweise mehrere vergleichbare Massen im System vorkommen, bieten sich numerische Verfahren an (Dehnen & Read 2011). Hier werden z. B. die exakten Bewegungsgleichungen zeitlich diskretisiert und abschnittsweise aufintegriert.

Literatur

- Dehnen, W., Read, J.I.: N-body simulations of gravitational dynamics. Eur. Phys. J. Plus **126**, 55 (2011)

Definition des Spezialfalles und Aufstellung der Bewegungsgleichungen

Das Dreikörperproblem kann nicht in allgemeiner Form gelöst werden. Näherungslösungen sind allerdings möglich, z. B. wenn man annimmt, dass eine der drei Punktmassen klein gegenüber den anderen beiden ist ($m_3 \ll m_1, m_2$) und dass sich m_1 und m_2 auf Kreisbahnen umeinander bewegen. Dabei wird m_3 als Testmasse betrachtet, die keinen Einfluss auf die Bewegung von m_1 und m_2 nimmt und sich in der Bahnebene von m_1 und m_2 bewegt. Diese Situation wird häufig näherungsweise im Sonnensystem angetroffen, wenn z. B. Asteroiden dem Einfluss der Schwerefelder von Sonne und Jupiter unterliegen.

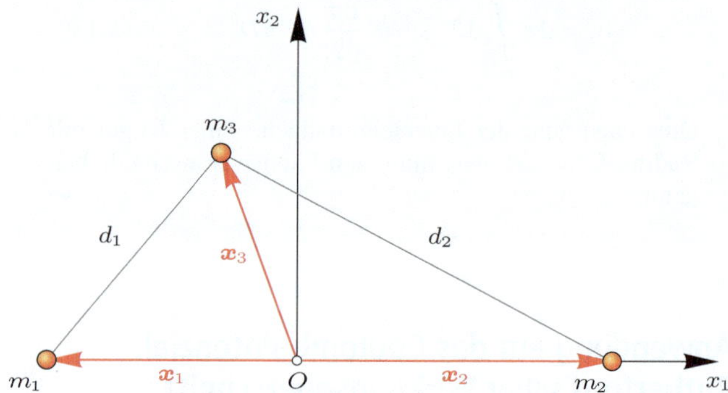

Abb. 3.16 Geometrie des reduzierten Dreikörperproblems. Die beiden Punktmassen m_1 und m_2 befinden sich auf der x_1-Achse mit ihrem Schwerpunkt im Ursprung O. Eine dritte Masse m_3 befindet sich in der x_1-x_2-Ebene mit den Abständen d_1 und d_2 zu m_1 und m_2

Das eingeführte Koordinatensystem soll den Ursprung O im gemeinsamen Schwerpunkt von m_1 und m_2 haben und mit ihrem Verbindungsvektor mitrotieren, sodass m_1 und m_2 ortsfest sind (Abb. 3.16). Man spricht daher auch von einem *gleichläufigen* oder *synodischen* Koordinatensystem. Die x_1-Achse zeige von m_1 zu m_2, deren Abstand d ist. Zur Vereinfachung definieren wir

$$q := \frac{m_1}{m_1 + m_2} < 1 \quad \text{und} \quad 1 - q := \frac{m_2}{m_1 + m_2} < 1. \tag{3.143}$$

Die Koordinaten der beiden Punktmassen m_1 und m_2 sind somit

$$\boldsymbol{x}^{(1)} = \begin{pmatrix} x_1^{(1)} \\ x_2^{(1)} \\ x_3^{(1)} \end{pmatrix} = \begin{pmatrix} (q-1)d \\ 0 \\ 0 \end{pmatrix}, \quad \boldsymbol{x}^{(2)} = \begin{pmatrix} x_1^{(2)} \\ x_2^{(2)} \\ x_3^{(2)} \end{pmatrix} = \begin{pmatrix} qd \\ 0 \\ 0 \end{pmatrix}. \tag{3.144}$$

Die Umlaufzeit von m_1 und m_2 lässt sich sofort aus dem dritten Kepler'schen Gesetz in (3.92) bestimmen, wobei $a = d$ entspricht und die reduzierte Masse μ durch m_1 und m_2 definiert wird:

$$T^2 = \frac{4\pi^2 d^3}{G(m_1 + m_2)}. \tag{3.145}$$

Da sich m_1 und m_2 auf Kreisbahnen bewegen, ist die Winkelgeschwindigkeit

$$\boldsymbol{\omega} = \begin{pmatrix} 0 \\ 0 \\ \omega \end{pmatrix}, \quad \omega = \frac{2\pi}{T} = \sqrt{\frac{G(m_1 + m_2)}{d^3}} \tag{3.146}$$

konstant. Hier haben wir die x_3-Achse so gewählt, dass $\boldsymbol{\omega} = \omega\,\hat{\boldsymbol{e}}_3$ gilt. Dies ist offensichtlich möglich, da $\boldsymbol{\omega}$ senkrecht auf der Bahnebene und damit senkrecht auf der x_1-Achse steht. Folglich ist $\boldsymbol{x} = (x_1, x_2, 0)^\top$ der Koordinatenvektor von m_3 (wir lassen für die Koordinaten von m_3 den hochgestellten Index (3) aus Übersichtsgründen weg). Die Abstände von m_3 zu m_1 und m_2

seien jeweils d_1 und d_2:

$$\begin{aligned} d_1 &= \sqrt{(x_1 - (q-1)d)^2 + x_2^2}, \\ d_2 &= \sqrt{(x_1 - qd)^2 + x_2^2}. \end{aligned} \tag{3.147}$$

Da das Koordinatensystem rotiert, müssen Zentrifugal- und Coriolis-Kräfte berücksichtigt werden, die auf die Punktmasse m_3 wirken. Die Winkelgeschwindigkeit ist konstant, sodass Terme mit $\dot{\boldsymbol{\omega}}$ verschwinden. Weiterhin liegt der Ursprung des Koordinatensystems auf der Drehachse, und man findet $\boldsymbol{b}' = 0$ in (2.80). Die resultierende Bewegungsgleichung für m_3 lautet demnach

$$\ddot{\boldsymbol{x}} + 2\boldsymbol{\omega} \times \dot{\boldsymbol{x}} + \boldsymbol{\omega} \times (\boldsymbol{\omega} \times \boldsymbol{x}) + \nabla\phi(\boldsymbol{x}) = 0. \tag{3.148}$$

Hier wurde das Potenzial

$$\phi(\boldsymbol{x}) := \frac{V(\boldsymbol{x})}{m_3} \tag{3.149}$$

eingeführt, wobei

$$V(\boldsymbol{x}) = -\frac{Gm_1m_3}{d_1} - \frac{Gm_2m_3}{d_2} \tag{3.150}$$

die potenzielle Energie der Testmasse m_3 in den Gravitationsfeldern der Massen m_1 und m_2 ist. Die Kreuzprodukte in (3.148) ergeben

$$\boldsymbol{\omega} \times \dot{\boldsymbol{x}} = \begin{pmatrix} -\omega\dot{x}_2 \\ \omega\dot{x}_1 \\ 0 \end{pmatrix}, \quad \boldsymbol{\omega} \times (\boldsymbol{\omega} \times \boldsymbol{x}) = \begin{pmatrix} -\omega^2 x_1 \\ -\omega^2 x_2 \\ 0 \end{pmatrix}. \tag{3.151}$$

Führt man das effektive Potenzial

$$U(\boldsymbol{x}) := \phi(\boldsymbol{x}) - \frac{\omega^2}{2}\left(x_1^2 + x_2^2\right) \tag{3.152}$$

ein, lassen sich die Bewegungsgleichungen (3.148) in der Form

$$\ddot{x}_1 - 2\omega\dot{x}_2 = -\frac{\partial U}{\partial x_1}, \quad \ddot{x}_2 + 2\omega\dot{x}_1 = -\frac{\partial U}{\partial x_2} \tag{3.153}$$

schreiben.

Das effektive Potenzial lässt sich mithilfe von (3.146) auch umformulieren:

$$\frac{U(\boldsymbol{x})}{G} = -\frac{m_1}{d_1(x_1,x_2)} - \frac{m_2}{d_2(x_1,x_2)} - \frac{m_1+m_2}{2d^3}\left(x_1^2 + x_2^2\right). \tag{3.154}$$

Frage 24

Überprüfen Sie, dass ϕ und U nur Funktionen von x_1 und x_2 sind und zeigen Sie die Gültigkeit von (3.153) und (3.154).

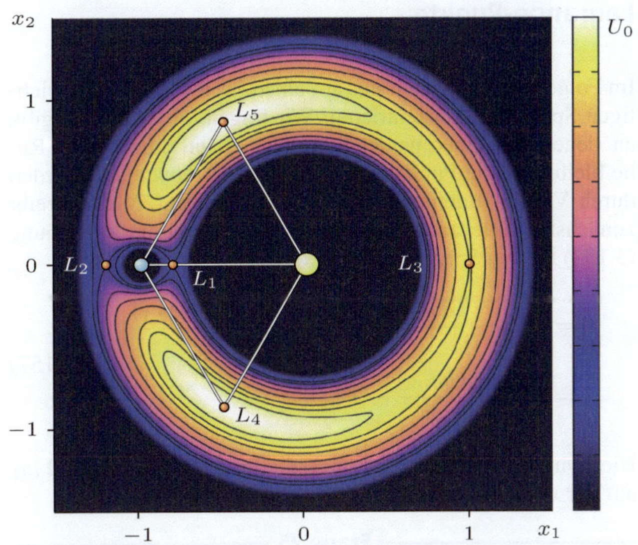

Abb. 3.17 Darstellung des effektiven Potenzials aus (3.154) für $m_2/m_1 = 40$ in der x_1-x_2-Ebene. Bereiche gleicher Farbe entsprechen gleichem effektiven Potenzial. Die Lagrange-Punkte L_4 und L_5 befinden sich in den Maxima (*weiß*, U_0) des effektiven Potenzials. Sie bilden mit den beiden Massen m_1 und m_2 zwei gleichseitige Dreiecke. Einige Äquipotenziallinien sind in *Schwarz* eingezeichnet. Sie entsprechen den Hill-Kurven für bestimmte Werte der Jacobi-Konstanten C

Hill-Kurve

Anstatt die Bewegungsgleichungen zu lösen, betrachten wir das effektive Potenzial genauer. Multipliziert man die erste Gleichung in (3.153) mit $\dot{x}_1$, die zweite mit $\dot{x}_2$ und addiert beide, so überprüft man schnell, dass

$$\frac{\mathrm{d}}{\mathrm{d}t}\left[\frac{1}{2}\left(\dot{x}_1^2 + \dot{x}_2^2\right) + U\right] = 0 \tag{3.155}$$

ist. Die somit erhaltene Größe

$$\begin{aligned} C &:= -2U - \left(\dot{x}_1^2 + \dot{x}_2^2\right) \\ &= \omega^2\left(x_1^2 + x_2^2\right) - 2V - \left(\dot{x}_1^2 + \dot{x}_2^2\right) = \text{const} \end{aligned} \tag{3.156}$$

ist die *Jacobi-Konstante*, das einzig bekannte Integral des reduzierten Dreikörperproblems.

Die Bewegung von m_3 ist offensichtlich auf solche Bereiche beschränkt, in denen $C + 2U \leq 0$ erfüllt ist, da $\dot{x}_1^2 + \dot{x}_2^2 \geq 0$ gilt. Die sogenannte *Hill-Kurve* ist die Menge aller Punkte, die $U(\boldsymbol{x}) = -C/2$ erfüllen. Sie definiert die Grenze des für die Punktmasse m_3 zugänglichen Bereichs (Abb. 3.17).

Lagrange-Punkte

Im Folgenden wollen wir uns auf einen für die Raumfahrt wichtigen Spezialfall konzentrieren: Wir fragen, ob es Punkte gibt, an denen die Punktmasse m_3 relativ zu m_1 und m_2 in Ruhe bleibt. Solche Punkte heißen *Lagrange-Punkte* und werden durch $\nabla U = 0$ definiert, was aus (3.153) folgt. Man schreibt zunächst die relevanten Komponenten der Bewegungsgleichung (3.153) für den Spezialfall $\ddot{x}_1 = \ddot{x}_2 = \dot{x}_1 = \dot{x}_2 = 0$:

$$\begin{aligned} 0 &= \omega^2 x_1 - \frac{Gm_1(x_1 - x_{1,1})}{d_1^3} - \frac{Gm_2(x_1 - x_{2,1})}{d_2^3}, \\ 0 &= \omega^2 x_2 - \frac{Gm_1 x_2}{d_1^3} - \frac{Gm_2 x_2}{d_2^3}. \end{aligned} \tag{3.157}$$

Hier wurde verwendet, dass sich die Punktmassen m_1 und m_2 auf der x_1-Achse befinden.

Frage 25

Überprüfen Sie das Ergebnis in (3.157), indem Sie ∇U berechnen. Dazu ist es notwendig, d_1 und d_2 mithilfe der Kettenregel nach x_1 bzw. x_2 abzuleiten.

Nimmt man zunächst an, dass $x_2 = 0$ gilt, ist die zweite Gleichung in (3.157) trivial erfüllt. Die Untersuchung reduziert sich somit auf eine Kurvendiskussion des effektiven Potenzials U entlang der x_1-Achse. Man kann zeigen, dass es drei Lagrange-Punkte (L_1, L_2, L_3) auf der x_1-Achse gibt. Alle drei entsprechen einem lokalen Maximum von $U(x_1)$ und instabilen Gleichgewichtspunkten. Die Reihenfolge der Lagrange-Punkte ist im Sonne-Erde-System folgendermaßen definiert (Abb. 3.17):

- L_1 liegt auf der Verbindungslinie zwischen Sonne und Erde.
- L_2 befindet sich von der Sonne aus gesehen hinter der Erde.
- L_3 befindet sich von der Erde aus gesehen hinter der Sonne.

L_2 wurde bisher mehrfach zur Stationierung von Weltraumobservatorien (z. B. WMAP, Planck, Herschel) genutzt, da dieser Punkt durch die Erde von Sonnenstrahlung abgeschirmt ist. Umgekehrt bietet sich L_1 als Punkt zur Sonnenobservation an. Aufgrund der Instabilität von $L_{1,2,3}$ müssen dort positionierte Satelliten gelegentliche Bahnkorrekturen durchführen.

Es gibt noch zwei weitere Lagrange-Punkte für $x_2 \neq 0$. In diesem Fall kann die zweite Gleichung in (3.157) mit x_1/x_2 multipliziert und von der ersten Gleichung abgezogen werden. Dies führt zunächst auf

$$\frac{Gm_1 x_{1,1}}{d_1^3} + \frac{Gm_2 x_{2,1}}{d_2^3} = 0 \tag{3.158}$$

und wegen (3.143) und (3.5) auf

$$d_1 = d_2 = d. \tag{3.159}$$

Die beiden damit definierten Punkte L_4 und L_5 bilden mit den Punktmassen m_1 und m_2 zwei gleichseitige Dreiecke (Abb. 3.17). Man kann zeigen, dass diese Lagrange-Punkte – trotz der lokalen Hochpunkte des effektiven Potenzials – stabil sind, wenn die beiden Massen m_1 und m_2 hinreichend unterschiedlich sind (m_1/m_2 bzw. $m_2/m_1 \gtrsim 25$, wie es beispielsweise beim Sonne-Jupiter-System der Fall ist). Der Grund ist, dass die Coriolis-Kraft bei der Stabilitätsanalyse berücksichtigt werden muss. In der Tat beobachtet man eine Vielzahl von Asteroiden, die in der Nähe der Punkte L_4 und L_5 Jupiter im festen Abstand voraus- bzw. hinterherlaufen. Sie werden als *Trojaner* bezeichnet. Vor Kurzem wurde sogar ein Trojaner der Erde entdeckt.

Frage 26

Zeigen Sie: Die Lagrange-Punkte L_4 und L_5 befinden sich an den Orten

$$l_{4,5} = \frac{d}{2}\begin{pmatrix} 2q-1 \\ \pm\sqrt{3} \\ 0 \end{pmatrix}. \tag{3.160}$$

3.6 Gezeitenkräfte

Mit Gezeiten sind im alltäglichen Sprachgebrauch Ebbe und Flut gemeint. Physikalisch werden diese zeitlich wiederkehrenden Effekte dadurch erklärt, dass die Gravitationsfelder von Mond und Sonne auf verschiedene Punkte der Erdoberfläche unterschiedlich stark wirken. Dies ist eine direkte Folge der räumlichen Ausdehnung der Erde. In idealisierten Systemen von Punktmassen treten Gezeitenkräfte nicht auf. Dieser Abschnitt liefert einen Überblick über die Ursache der Gezeitenkräfte und ihre Konsequenz für die Erde im Speziellen und Himmelskörper im Allgemeinen.

Allgemeine Herleitung der Gezeitenkräfte

Zur Vereinfachung nehmen wir einen kugelförmig ausgedehnten Körper mit Radius R_1 und Masse m_1 und einen punktförmigen Körper der Masse m_2 an. Beide Körper sollen sich im Abstand $d \gg R_1$ umkreisen. Die Gültigkeit der Diskussion in Abschn. 3.2 und 3.3 wird durch die Ausdehnung des ersten Körpers in erster Näherung nicht beeinträchtigt. Der Grund ist, dass der ausgedehnte Körper m_1 als Grenzfall eines N-Teilchensystems betrachtet werden kann, dessen innere Dynamik keine Rolle spielt (Abschn. 3.1). Die Dynamik von m_1 kann daher durch eine im Schwerpunkt von m_1 konzentrierte Punktmasse ersetzt werden. Entscheidend ist hier die Einschränkung, dass die innere Dynamik von m_1 tatsächlich vernachlässigt werden kann. Wir werden noch sehen, dass die Gezeitenkräfte zu einer inneren Dynamik führen können, was sich wiederum auf die Bahn von m_1 und m_2 umeinander auswirkt.

Wie bereits in Abschn. 3.5 wählen wir ein Koordinatensystem, das sich mit m_1 und m_2 mitdreht, sodass die Orte $\boldsymbol{x}_1$ und $\boldsymbol{x}_2$ von

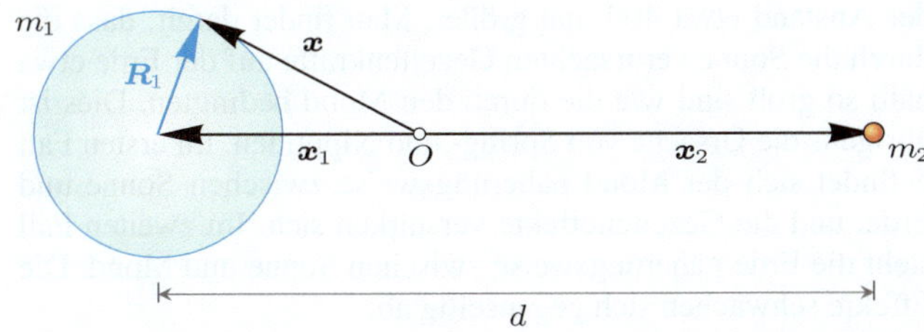

Abb. 3.18 Schematische Darstellung der Entstehung der Gezeitenkräfte. Ein ausgedehnter Körper mit Masse m_1 und Radius R_1 befindet sich im Abstand d von einer Gravitationsquelle m_2. Beide Massen haben den gemeinsamen Schwerpunkt im Ursprung O. Verschiedene Punkte $\boldsymbol{x}$ an der Oberfläche des Körpers m_1 haben unterschiedliche Abstände zu m_2 und spüren damit verschiedene Gravitationsbeschleunigungen. Dies führt auf die Gezeitenkräfte

m_1 und m_2 fest sind (siehe (3.5)). Die Punktmasse m_2 erzeugt ein Gravitationspotenzial, das an einem Ort $\boldsymbol{x} \neq \boldsymbol{x}_2$ die Stärke

$$\phi(\boldsymbol{x}) = -\frac{Gm_2}{|\boldsymbol{x} - \boldsymbol{x}_2|} \tag{3.161}$$

hat. Die potenzielle Energie einer Testmasse m am Ort $\boldsymbol{x}$ in diesem Potenzial ist dann einfach $V(\boldsymbol{x}) = m\phi(\boldsymbol{x})$. Die entsprechende Gravitationskraft, die auf die Testmasse m am Ort $\boldsymbol{x}$ wirkt, ist

$$\boldsymbol{F}(\boldsymbol{x}) = -m\nabla\phi(\boldsymbol{x}). \tag{3.162}$$

Wenn man nun berücksichtigt, dass der Körper m_1 ausgedehnt ist, so werden zwei Testmassen an verschiedenen Punkten der Oberfläche oder im Inneren von m_1 allgemein unterschiedliche Gravitationskräfte erfahren, da die Abstände zu m_2 nicht identisch sind (Abb. 3.18).

Im Folgenden nehmen wir die Kraft $\boldsymbol{F}(\boldsymbol{x}_1)$ auf eine Testmasse im Schwerpunkt $\boldsymbol{x}_1$ von m_1 als Referenz. Für kleine Abstände $\boldsymbol{\delta x}$ von $\boldsymbol{x}_1$ lautet die Kraft am Ort $\boldsymbol{x}_1 + \boldsymbol{\delta x}$ dann in erster Näherung

$$\boldsymbol{F}(\boldsymbol{x}_1 + \boldsymbol{\delta x}) = \boldsymbol{F}(\boldsymbol{x}_1) + (\boldsymbol{\delta x} \cdot \nabla)\boldsymbol{F}(\boldsymbol{x}_1). \tag{3.163}$$

Dies sind die ersten beiden Terme einer Taylor-Entwicklung der vektorwertigen Funktion $\boldsymbol{F}(\boldsymbol{x})$, ausgewertet am Ort $\boldsymbol{x}_1$. Weiterhin wissen wir aber aus (3.162), dass die Kraft selbst als Gradient des Potenzials $\phi(\boldsymbol{x})$ geschrieben werden kann. Eingesetzt und in Komponentenschreibweise formuliert lautet das Ergebnis dann

$$F_i(\boldsymbol{x}_1 + \boldsymbol{\delta x}) = F_i(\boldsymbol{x}_1) - m\,\mathrm{d}x_j\,\partial_j\partial_i\phi(\boldsymbol{x}_1). \tag{3.164}$$

Den Term

$$\phi_{ij} := \partial_i\partial_j\phi = \frac{\partial^2\phi}{\partial x_i\,\partial x_j} \tag{3.165}$$

nennt man die *Hesse-Matrix* (nach dem deutschen Mathematiker *Otto Hesse*, 1811–1874) der Funktion $\phi(\boldsymbol{x})$. Wir nehmen hier an, dass $\phi(\boldsymbol{x})$ zweimal differenzierbar ist und die Ableitungen vertauscht werden können, d. h. $\partial_i\partial_j\phi = \partial_j\partial_i\phi$. In kartesischen Koordinaten lautet die Matrix ausgeschrieben

$$\boldsymbol{\phi} = \begin{pmatrix} \frac{\partial^2\phi}{\partial x_1^2} & \frac{\partial^2\phi}{\partial x_1\partial x_2} & \frac{\partial^2\phi}{\partial x_1\partial x_3} \\ \frac{\partial^2\phi}{\partial x_2\partial x_1} & \frac{\partial^2\phi}{\partial x_2^2} & \frac{\partial^2\phi}{\partial x_2\partial x_3} \\ \frac{\partial^2\phi}{\partial x_3\partial x_1} & \frac{\partial^2\phi}{\partial x_3\partial x_2} & \frac{\partial^2\phi}{\partial x_3^2} \end{pmatrix}. \tag{3.166}$$

Da der Term ϕ_{ij} für eine Relativkraft (Gezeitenkraft) an den Orten $\boldsymbol{x}_1$ und $\boldsymbol{x}_1 + \boldsymbol{\delta x}$ verantwortlich ist, nennt man diese Größe auch *Gezeitentensor*. Tensoren und ihre mathematischen Eigenschaften werden in Kap. 4 besprochen. Der zweite Term auf der rechten Seite von (3.164) ist die Gezeitenkraft am Ort $\boldsymbol{x}_1 + \boldsymbol{\delta x}$ relativ zum Ort $\boldsymbol{x}_1$. Die zweiten Ableitungen des Gravitationspotenzials und die damit verbundenen Gezeitenkräfte spielen in der allgemeinen Relativitätstheorie im Zusammenhang mit der Raumkrümmung eine zentrale Rolle.

Man beachte, dass das Potenzial $\phi(\boldsymbol{x})$ den Einfluss beliebig vieler Gravitationszentren beinhalten kann (Abschn. 3.5). Mit (3.164) lassen sich z. B. die durch Mond, Sonne und andere Planeten verursachten Gezeitenkräfte auf der Erde berechnen. Da es sich um die führenden Terme einer Taylor-Entwicklung handelt, ist die Gültigkeit dieser Gleichung auf Fälle beschränkt, für die $\boldsymbol{\delta x}$ klein ist gegenüber den Abständen zu allen Massenzentren.

Gezeitenkräfte

Wir wollen nun den speziellen Fall betrachten, dass $\boldsymbol{x}_1 + \boldsymbol{\delta x}$ auf der Oberfläche von m_1 liegt und genau m_2 zugewandt ist, d. h. $\boldsymbol{\delta x} \parallel \boldsymbol{r}$, wobei $\boldsymbol{r} = \boldsymbol{x}_2 - \boldsymbol{x}_1$. Es ist direkt offensichtlich, dass die durch m_2 verursachten Gravitationskräfte an den Orten $\boldsymbol{x}_1$ und $\boldsymbol{x}_1 + \boldsymbol{\delta x}$ parallel sind und in Richtung $\boldsymbol{r}$ zeigen (Abb. 3.18). Die auf eine Testmasse m wirkende Gravitationskraft an diesen beiden Orten ist

$$\boldsymbol{F}(\boldsymbol{x}_1) = \frac{Gmm_2}{d^2}\frac{\boldsymbol{r}}{|\boldsymbol{r}|}, \quad \boldsymbol{F}(\boldsymbol{x}_1 + \boldsymbol{\delta x}) = \frac{Gmm_2}{(d - R_1)^2}\frac{\boldsymbol{r}}{|\boldsymbol{r}|}, \tag{3.167}$$

da $R_1 = |\boldsymbol{\delta x}|$ der Radius der ausgedehnten Masse m_1 ist. Nun gilt weiterhin

$$\frac{1}{(d \pm R_1)^2} = \frac{(1 \pm R_1/d)^{-2}}{d^2} \approx \frac{1}{d^2}\left(1 \mp \frac{2R_1}{d}\right) \tag{3.168}$$

für kleine Verhältnisse R_1/d, was bereits angenommen wurde. Es ist nun ein leichter Schritt, die Gezeitenkraft an dem einem Kraftzentrum zugewandten Oberflächenpunkt zu berechnen:

$$\boldsymbol{F}(\boldsymbol{x}_1 + \boldsymbol{\delta x}) - \boldsymbol{F}(\boldsymbol{x}_1) \approx \frac{2Gmm_2R_1}{d^3}\frac{\boldsymbol{r}}{|\boldsymbol{r}|}. \tag{3.169}$$

Sie fällt mit der dritten Potenz des Abstands d und damit wesentlich schneller als die Gravitationskraft selbst ab und weist in Richtung des Kraftzentrums am Ort $\boldsymbol{x}_2$. ◀

Achtung Im Allgemeinen zeigt die Gezeitenkraft nicht in Richtung des Kraftzentrums, da ϕ_{ij} eine tensorielle Größe ist. ◀

Frage 27

Man zeige ausgehend von den Rechnungen im Beispielkasten, dass die Gezeitenkraft auf der von m_2 abgewandten Seite in erster Näherung vom Betrag her auf dasselbe Ergebnis wie (3.169) führt. Allerdings ist die Richtung der Kraft entgegengesetzt. Man verwende dazu den Punkt $\boldsymbol{x}_1 + \boldsymbol{\delta x}' = \boldsymbol{x}_1 - \boldsymbol{\delta x}$ und berücksichtige, dass (3.168) bereits für beide Vorzeichen aufgeschrieben wurde.

Einfluss der Gezeiten auf das Erde-Mond-System

Die Erde rotiert mit einer etwa 30-mal größeren Winkelgeschwindigkeit um ihre eigene Achse, als sich Erde und Mond um ihren gemeinsamen Schwerpunkt drehen. Testmassen, die sich mit der Erdoberfläche mitdrehen, durchlaufen daher im Laufe der Zeit verschiedene Punkte im Mondgravitationsfeld. Da die Erde kein perfekt starrer Körper ist (Kap. 4), kommt es somit zu zeitabhängigen Verformungen des Planeten. Diese erkennt man besonders gut auf den Meeren, wo sich Ebbe und Flut ausbilden. Aber auch die Landmassen heben und senken sich um bis zu 50 cm am Äquator.

Diese Verformungen führen allerdings zu Reibungseffekten (*Gezeitenreibung*), d. h. zu einer Umwandlung von kinetischer Energie in Wärme. Als Konsequenz wird die Erdrotation permanent abgebremst. Dieser Effekt ist für uns nicht direkt wahrnehmbar, weil die Tageslänge nur um rund 20 s pro Million Jahre zunimmt. Da Erde und Mond in erster Näherung ein isoliertes System darstellen, muss der gemeinsame Drehimpuls von Erde und Mond erhalten sein. Nimmt nun aber der Drehimpuls der Erdrotation ab, muss der Drehimpuls des Mondes um die Erde um den gleichen Betrag zunehmen. Das dazu erforderliche Drehmoment stammt von den Gezeitenkräften. Dies führt dazu, dass sich der Abstand zwischen Erde und Mond stetig vergrößert, gegenwärtig um fast 4 cm pro Jahr.

Dieser Prozess wird so lange fortschreiten, bis die Rotation der Erde und die Drehung von Erde und Mond um ihren gemeinsamen Schwerpunkt die gleiche Winkelgeschwindigkeit annehmen. Erst dann verschwindet die Gezeitenreibung auf der Erde. Dies ist übrigens für den Mond längst eingetreten: Die Rotation des Mondes ist gebunden. Aus diesem Grund sieht man von der Erde aus (näherungsweise) nur eine Seite des Mondes. In der Tat kann man zeigen, dass der kleinere der beiden Körper zuerst in eine gebundene Rotation übergeht.

Frage 28

Man schätze mithilfe von (3.169) die relative Stärke der durch Sonne und Mond verursachten Gezeitenkräfte ab. Dazu reicht es aus, die Massen- und Abstandsverhältnisse zu kennen: Die Masse der Sonne ist etwa $3 \cdot 10^7$-mal größer als die des Mondes, der Abstand etwa 400-mal größer. Man findet damit, dass die durch die Sonne verursachten Gezeitenkräfte auf der Erde etwa halb so groß sind wie die durch den Mond bedingten. Dies ist übrigens die Ursache von Spring- und Nipptiden. Im ersten Fall befindet sich der Mond näherungsweise zwischen Sonne und Erde, und die Gezeiteneffekte verstärken sich. Im zweiten Fall steht die Erde näherungsweise zwischen Sonne und Mond. Die Effekte schwächen sich gegenseitig ab.

Stabilität von Planeten, Roche-Grenze

Wir haben in (3.169) gesehen, dass die Gezeitenkräfte größer werden, wenn sich Objekte (z. B. Planeten) einander annähern, da dann d kleiner wird. Man kann sich anschaulich vorstellen, dass unterhalb eines bestimmten Abstands die Gezeitenkräfte so groß werden, dass eines der Objekte zerrissen wird. Dieses Verhalten ist für das Entstehen von Planetensystemen von großer Bedeutung. Nimmt man an, dass ein Planet oder Asteroid nur durch Gravitationskräfte zusammengehalten wird, so nennt man den Grenzabstand *Roche-Grenze* (nach dem französischen Astronomen und Mathematiker *Édouard Albert Roche*, 1820–1883). Eine Sonne kann keine Planeten bzw. ein Planet keine Monde innerhalb der Roche-Grenze haben.

Um die Roche-Grenze abzuschätzen, betrachten wir eine Testmasse m auf der zu m_2 gerichteten Oberfläche von m_1. Auf sie wirkt eine Gezeitenkraft mit Betrag $2Gmm_2R_1/d^3$. Sie wirkt in Richtung der Masse m_2. Andererseits wird die Testmasse von m_1 selbst angezogen. Der Betrag dieser Kraft ist Gmm_1/R_1^2. Wird der Planet bzw. Mond oder Asteroid m_1 nur durch Gravitationskräfte zusammengehalten, so wird er zerfallen, wenn

$$\frac{2Gmm_2R_1}{d^3} > \frac{Gmm_1}{R_1^2} \quad \Longrightarrow \quad d < d_\mathrm{R} := \left(\frac{2m_2}{m_1}\right)^{1/3} R_1 \tag{3.170}$$

ist. Man beachte, dass die Roche-Grenze d_R keine Eigenschaft von m_2 allein ist. Vielmehr spielen auch die Größe und Masse von m_1 eine wichtige Rolle. Diese Abschätzung ist nicht gültig, wenn die Objekte im Inneren durch andere Kräfte als Gravitation zusammengehalten werden, z. B. Raumsonden (Atombindungen, also elektromagnetische Kräfte).

Frage 29

Häufig wird die Roche-Grenze in Vielfachen der Ausdehnung der Masse m_2 angegeben. Die beiden Objekte sollen die Radien R_1 und R_2 besitzen. Die konstanten Massendichten seien ρ_1 und ρ_2. Die Massen sind dann $m_1 = \frac{4}{3}\pi\rho_1R_1^3$ und $m_2 = \frac{4}{3}\pi\rho_1R_2^3$, wobei R_2 der Radius von m_2 ist. Zeigen Sie, dass in diesem Fall die Roche-Grenze in der Gestalt

$$\frac{d_\mathrm{R}}{R_2} = \left(\frac{2\rho_2}{\rho_1}\right)^{1/3} \tag{3.171}$$

geschrieben werden kann. Rechnen Sie damit nach, dass für das Erde-Mond-System ($\rho_\mathrm{Erde}/\rho_\mathrm{Mond} = \rho_2/\rho_1 \approx 5/3$) die Roche-Grenze in etwa 1,5 Erdradien entspricht.

3.7 Mechanische Ähnlichkeit und der Virialsatz

In Abschn. 3.2 wurden allgemeine Aussagen über die Bewegung in Zentralkraftpotenzialen getroffen. Dazu wurden die Bewegungsgleichungen und die Gestalt der effektiven Potenziale untersucht. Es ist aber auch möglich, wichtige und sehr allgemeine Aussagen über mechanische Systeme zu treffen, ohne überhaupt die Gestalt der Bahnkurven zu analysieren. Oftmals genügt es bereits, sich das Skalierungsverhalten des Potenzials anzusehen. Weiterhin wird der Virialsatz abgeleitet, der allgemeine Aussagen über das statistische Verhalten mechanischer Systeme erlaubt. Dieser Abschnitt kann beim ersten Lesen übersprungen werden, da er konzeptionell anspruchsvoller ist und häufig nicht im Rahmen einer Einführungsvorlesung behandelt wird.

Mechanische Ähnlichkeit

Wir definieren: Eine Funktion $f(\lambda x_1, \dots, \lambda x_N)$ heißt *homogen* vom Grad k, wenn sie die Eigenschaft

$$f(\lambda x_1, \dots, \lambda x_N) = \lambda^k f(x_1, \dots, x_N) \tag{3.172}$$

besitzt. Zum Beispiel betrachten wir ein vom Grad k homogenes Potenzial

$$V(a\boldsymbol{x}) = a^k V(\boldsymbol{x}). \tag{3.173}$$

Wir skalieren nun den Ortsvektor und die Zeit wie

$$\boldsymbol{x} \to a\boldsymbol{x}, \quad t \to bt. \tag{3.174}$$

Somit folgt für die Geschwindigkeit und Beschleunigung

$$\dot{\boldsymbol{x}} = \frac{\mathrm{d}\boldsymbol{x}}{\mathrm{d}t} \to \frac{a}{b}\dot{\boldsymbol{x}}, \quad \ddot{\boldsymbol{x}} = \frac{\mathrm{d}^2\boldsymbol{x}}{\mathrm{d}t^2} \to \frac{a}{b^2}\ddot{\boldsymbol{x}}. \tag{3.175}$$

Der Gradient skaliert wie

$$\nabla = \frac{\mathrm{d}}{\mathrm{d}\boldsymbol{x}} \to \frac{1}{a}\nabla. \tag{3.176}$$

Die Bewegungsgleichung einer Punktmasse im konservativen Kraftfeld wird somit zu

$$m\ddot{\boldsymbol{x}} = -\nabla V(\boldsymbol{x}) \to m\frac{a}{b^2}\ddot{\boldsymbol{x}} = -\frac{a^k}{a}\nabla V(\boldsymbol{x}). \tag{3.177}$$

Sie bleibt daher unverändert, wenn

$$\frac{a}{b^2} = a^{k-1} \quad \Longrightarrow \quad b = a^{1-k/2} \tag{3.178}$$

gewählt wird.

Welche physikalische Aussage steckt hinter diesen Rechnungen? Wenn $V(\boldsymbol{x})$ homogen vom Grad k in $\boldsymbol{x}$ ist, dann lassen die Bewegungsgleichungen *Ähnlichkeitstransformationen* zu, welche die Form der Bewegungsgleichungen invariant lassen: Stellen wir uns eine beliebige Bahnkurve vor. Man betrachte nun eine andere Bahnkurve, die sich von der ersten nur durch eine Umskalierung der Abmessungen unterscheidet (Abb. 3.19).

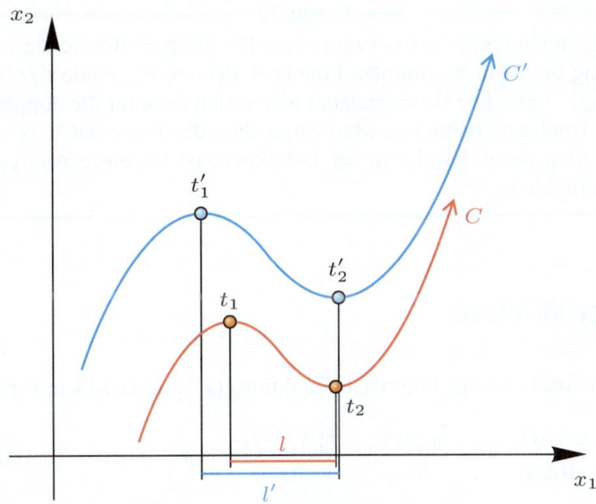

Abb. 3.19 Skizze einer Ähnlichkeitstransformation von Bahnkurven. Die beiden Bahnkurven C und C' unterscheiden sich nur durch ihre Längenskalen (l für C und l' für C') und die damit verbundenen Zeitskalen ($t = t_2 - t_1$ und $t' = t'_2 - t'_1$). Das Verhältnis der Skalen wird durch (3.179) beschrieben, wenn das Potenzial homogen vom Grad k ist

Hier soll l'/l das Verhältnis der Bahnausdehnungen sein, wobei l die Ausdehnung der ersten und l' die Ausdehnung der zweiten Bahnkurve ist. Dann sind die Bewegungsgleichungen identisch, wenn man gleichzeitig die Zeitachse um einen Faktor b wie in (3.178) umskaliert. Die benötigte Zeit zwischen entsprechenden Bahnpunkten verhält sich dann wie

$$\frac{t'}{t} = \left(\frac{l'}{l}\right)^{1-k/2}. \tag{3.179}$$

Dies kann zum Beispiel die Zeit für einen vollen Umlauf sein, falls die Bahnkurve periodisch ist. Überlegungen dieser Art spielen in der Physik eine extrem wichtige Rolle. Da sie recht abstrakt sind, sollen sie kurz an einigen Beispielen verdeutlicht werden.

Einige Potenziale

- Der harmonische Oszillator hat das Potenzial $V(r) \propto r^2$ mit $k = 2$. Daraus folgt sofort, dass $t'/t = 1$ ist. Seine Schwingungsdauer ist daher unabhängig von der Amplitude.
- Im homogenen Gravitationsfeld sind $V(x_3) \propto x_3$ und $k = 1$. Daher ist $t'/t = (l'/l)^{1/2}$. Die Quadrate der Fallzeiten verhalten sich wie die Anfangshöhen.
- Für das Kepler-Problem ist $V(r) \propto r^{-1}$ mit $k = -1$. Es folgt daraus sofort das dritte Kepler'sche Gesetz, $t'/t = (l'/l)^{3/2}$. ◀

Teil I

Frage 30

Angenommen, es ist bekannt, dass für die periodische Bewegung in einem bestimmten Potenzial $V(r) \propto r^k$ gerade $t'/t = (l'/l)^{-1}$ gilt. Die Periodendauer würde sich dann für die doppelte Amplitude halbieren. Man zeige, dass das Potenzial $V \propto r^4$ erfüllen muss. Die Form der Bahnkurve ist für diese Analyse unerheblich.

Der Virialsatz

Für eine beliebige homogene Funktion $f(\boldsymbol{x})$ vom Grad k in $\boldsymbol{x}$ gilt

$$\frac{\mathrm{d}f(a\boldsymbol{x})}{\mathrm{d}(a\boldsymbol{x})} \cdot \boldsymbol{x} = \frac{\partial f(a\boldsymbol{x})}{\partial a} = \frac{\partial\left[a^k f(\boldsymbol{x})\right]}{\partial a} = ka^{k-1}f(\boldsymbol{x}). \quad (3.180)$$

Da diese Gleichung insbesondere für $a = 1$ gültig ist, folgt das *Euler-Theorem über homogene Funktionen*:

$$\boldsymbol{x} \cdot \nabla f(\boldsymbol{x}) = kf(\boldsymbol{x}). \quad (3.181)$$

Frage 31

Man überprüfe die Richtigkeit von (3.181) an dem einfachen eindimensionalen Beispiel $f(x) = cx^k$, wobei $\boldsymbol{x}$ durch x und ∇ durch die Ableitung nach x ersetzt wird.

Betrachten wir nun ein System von Punktmassen m_i an den Orten $\boldsymbol{x}_i$. Die kinetische Energie $T = \sum_i T_i$ ist homogen von Grad 2 in den Geschwindigkeiten $\dot{\boldsymbol{x}}_i$. Man kann sich schnell davon überzeugen, dass für ein System von Punktmassen

$$\sum_i \dot{\boldsymbol{x}}_i \cdot \frac{\partial T}{\partial \dot{\boldsymbol{x}}_i} = 2T \quad (3.182)$$

gilt. Mit dem Impuls $\boldsymbol{p}_i = m_i\dot{\boldsymbol{x}}_i$ folgt weiterhin $\partial T/\partial\dot{\boldsymbol{x}}_i = \boldsymbol{p}_i$ und

$$2T = \sum_i \dot{\boldsymbol{x}}_i \cdot \boldsymbol{p}_i = \frac{\mathrm{d}}{\mathrm{d}t}\sum_i (\boldsymbol{p}_i \cdot \boldsymbol{x}_i) - \sum_i \dot{\boldsymbol{p}}_i \cdot \boldsymbol{x}_i. \quad (3.183)$$

Im Folgenden wollen wir das über die Zeit gemittelte, statistische Verhalten der Bewegung genauer untersuchen. Dazu definieren wir zunächst

$$G := \sum_i \boldsymbol{p}_i \cdot \boldsymbol{x}_i. \quad (3.184)$$

Erfolgt die Bewegung stets im Endlichen, so ist G beschränkt, $G_{\min} \le G \le G_{\max}$. Damit ist leicht einzusehen, dass

$$\begin{aligned}\left\langle \frac{\mathrm{d}G}{\mathrm{d}t} \right\rangle_t &:= \lim_{\Delta t\to\infty} \frac{1}{\Delta t}\int_0^{\Delta t} \frac{\mathrm{d}G}{\mathrm{d}t}\,\mathrm{d}t \\ &= \lim_{\Delta t\to\infty} \frac{G(\Delta t) - G(0)}{\Delta t} = 0\end{aligned} \quad (3.185)$$

wird, wobei $\langle\ldots\rangle_t$ den Zeitmittelwert einer Größe beschreibt. Damit verschwindet der erste Term auf der rechten Seite von (3.183). Weiterhin wissen wir, dass $\dot{\boldsymbol{p}}_i = \boldsymbol{F}_i$ die Kraft ist, die auf die Punktmasse m_i wirkt. Man nennt die Größe $\left\langle \sum_i \boldsymbol{F}_i \cdot \boldsymbol{x}_i \right\rangle_t$ das *Virial*. Wir haben somit den *Virialsatz* gefunden.

Virialsatz

Ist die Bewegung eines Systems von Punktmassen endlich, dann gilt bei hinreichend langer Zeitmittelung der folgende Zusammenhang zwischen der mittleren kinetischen Energie und dem Virial:

$$\langle T\rangle_t = -\frac{1}{2}\left\langle \sum_i \boldsymbol{F}_i \cdot \boldsymbol{x}_i \right\rangle_t. \quad (3.186)$$

Achtung Für periodische Bewegungen reicht es aus, über eine Periode T zu mitteln, da $G(T) = G(0)$ gilt. Für nichtperiodische Bewegungen ist es in der Regel nicht möglich, den Zeitmittelwert über einen unendlichen Zeitraum zu betrachten. Allerdings wird der zweite Term in (3.183) beliebig klein, wenn man Δt nur groß genug wählt. ◀

Betrachten wir nun eine einzelne Punktmasse in einem externen Potenzial $V(\boldsymbol{x})$, das homogen vom Grad k in $\boldsymbol{x}$ sein soll. Wegen $\boldsymbol{F} = -\nabla V$ und (3.181) kann man den Virialsatz in der Form

$$\langle T\rangle_t = \frac{k}{2}\langle V(\boldsymbol{x})\rangle_t. \quad (3.187)$$

schreiben.

Virialsatz für Oszillator und Kepler-Problem

Für den harmonischen Oszillator und das gebundene Kepler-Problem sind die Bahnkurven periodisch. Im ersten Fall ist $k = 2$ und damit $\langle T\rangle_t = \langle V\rangle_t$. Die mittlere kinetische und potenzielle Energie des harmonischen Oszillators sind gleich. Dieses Ergebnis spielt in der Quantenmechanik und der Thermodynamik eine sehr wichtige Rolle. Im zweiten Beispiel ist $k = -1$ und $\langle T\rangle_t = -\langle V\rangle_t/2$, was vor allem in der Astrophysik eine große Bedeutung hat. ◀

Frage 32

Man zeige, dass der Virialsatz in (3.187) die Form

$$\langle T\rangle_t = \frac{k}{k+2}\langle E\rangle_t \quad (3.188)$$

annimmt, wobei $E = T + V$ die Gesamtenergie ist.

Teil I

Aufgaben

Gelegentlich enthalten die Aufgaben mehr Angaben, als für die Lösung erforderlich sind. Bei einigen anderen dagegen werden Daten aus dem Allgemeinwissen, aus anderen Quellen oder sinnvolle Schätzungen benötigt.

- • leichte Aufgaben mit wenigen Rechenschritten
- •• mittelschwere Aufgaben, die etwas Denkarbeit und unter Umständen die Kombination verschiedener Konzepte erfordern
- ••• anspruchsvolle Aufgaben, die fortgeschrittene Konzepte (unter Umständen auch aus späteren Kapiteln) oder eigene mathematische Modellbildung benötigen

3.1 • Energieerhaltung Man zeige, dass die Energie des Zweikörpersystems erhalten ist, selbst wenn man annimmt, dass die Punktmasse m_2 stets ruht: $\dot{\boldsymbol{x}}_2 = 0$. Das Wechselwirkungspotenzial $V = V(r) = V(|\boldsymbol{x}_1 - \boldsymbol{x}_2|)$ hängt dann nur von der Position $\boldsymbol{x}_1$ ab, da $\boldsymbol{x}_2$ fest ist. Man beginne mit der Auswertung von $\mathrm{d}V/\mathrm{d}t$ und zeige, dass die Summe von potenzieller und kinetischer Energie konstant ist.

3.2 ••• Radialgleichung

(a) Überprüfen Sie, dass (3.60),

$$\mu\ddot{r} - \frac{L^2}{\mu r^3} = -\frac{\mathrm{d}V}{\mathrm{d}r}, \tag{3.189}$$

auf (3.53) führt:

$$E = \frac{\mu}{2}\dot{r}^2 + \frac{L^2}{2\mu r^2} + V(r) = \text{const.} \tag{3.190}$$

(b) Leiten Sie (3.61),

$$\frac{L^2 u^2}{\mu}\left(\frac{\mathrm{d}^2 u}{\mathrm{d}\varphi^2} + u\right) = -F(1/u), \tag{3.191}$$

her, wobei $u(\varphi) = 1/r(\varphi)$ ist.

(c) Verwenden Sie (3.191) für die weitere Rechnung. Die Bahnkurve des reduzierten Zweikörperproblems sei

$$r(\varphi) = a\cos(3\varphi) \tag{3.192}$$

mit einer Konstanten $a > 0$. Zeigen Sie, dass die entsprechende Zentralkraft die Form

$$F(r) = \frac{2L^2}{\mu}\left(\frac{4}{r^3} - \frac{9a^2}{r^5}\right) \tag{3.193}$$

haben muss. In welchem Winkelbereich kann die Bewegung nur stattfinden?

3.3 ••• Periheldrehung

(a) Man zeige, dass die durch eine Störung verursachte Periheldrehung $\delta\varphi$ durch (3.98) gegeben ist. Beginnen Sie mit (3.63) und schreiben Sie die rechte Seite dieser Gleichung zunächst als Ableitung nach dem Betrag des Drehimpulses L, wodurch die Wurzel aus dem Nenner in den Zähler geschoben wird. Entwickeln Sie dann das Potenzial in der Form $V(r) = V_0(r) + \delta V(r)$ und nehmen Sie dabei an, dass δV klein gegenüber allen vorherrschenden Energien ist. Im letzten Schritt wird die Integrationsvariable r mithilfe der Bahnkurve $\varphi(r)$ in φ überführt.

(b) Berechnen Sie die Periheldrehung $\delta\varphi$ für das Störpotenzial $\delta V(r) = \beta/r^2$.

3.4 •• Laplace-Runge-Lenz-Vektor Zeigen Sie die folgenden Eigenschaften des Laplace-Runge-Lenz-Vektors (Abschn. 3.3)

$$\boldsymbol{Q} = \frac{1}{\alpha}(\dot{\boldsymbol{r}} \times \boldsymbol{L}) - \frac{\boldsymbol{r}}{r} \tag{3.194}$$

im Gravitationspotenzial $V(r) = -\alpha/r$:

(a) Es gilt $\dot{\boldsymbol{Q}} = 0$.

(b) Der Vektor $\boldsymbol{Q}$ liegt in der Bahnebene und zeigt vom Ursprung zum Perihel bzw. Perigäum. Der Betrag ist $|\boldsymbol{Q}| = \varepsilon$. Berechnen Sie dazu $\boldsymbol{r} \cdot \boldsymbol{Q} = rQ\cos\varphi$.

3.5 •• Exzentrische Anomalie Gleichung (3.56) ist die formale Lösung der Radialgleichung $t(r)$. Sie gibt diejenige Zeit an, zu der sich die beiden Punktmassen im Abstand r voneinander befinden. Für das Kepler-Problem erhält man mit $t(r = r_0) = 0$

$$t(r) = \pm\sqrt{\frac{\mu}{2\alpha}} \int_{r_0}^{r} \frac{r'\,\mathrm{d}r'}{\sqrt{r' - \frac{r'^2}{2a} - \frac{a(1-\varepsilon^2)}{2}}}. \tag{3.195}$$

Das positive Vorzeichen ist zu verwenden, wenn sich die beiden Massen voneinander entfernen ($\mathrm{d}r' > 0$), das negative, wenn sie sich annähern ($\mathrm{d}r' < 0$). Obwohl sich dieses Integral elementar aufintegrieren lässt, kann die Lösung nicht in eine geschlossene Form $r(t)$ gebracht werden. Dies bedeutet, dass der Abstand r zu einer gegebenen Zeit t nicht unmittelbar angegeben werden kann. Ebenso kann $\varphi(t)$ nicht explizit aufgeschrieben werden.

Mithilfe der *exzentrischen Anomalie* ψ, die über

$$r = a(1 - \varepsilon\cos\psi) \tag{3.196}$$

definiert ist, wird das oben genannte Problem teilweise gelöst.

(a) Zeigen Sie, dass der Polarwinkel φ und die exzentrische Anomalie ψ die folgende Relation erfüllen:

$$\cos\varphi = \frac{\cos\psi - \varepsilon}{1 - \varepsilon\cos\psi}. \tag{3.197}$$

Setzen Sie dazu in (3.80) $\varphi_\mathrm{p} = 0$, was einer speziellen Wahl der Anfangsbedingungen entspricht.

(b) Zeigen Sie, dass der Bruch auf der rechten Seite von (3.197) für $\varepsilon < 1$ (Ellipsenbahnen) nur Werte zwischen -1 und $+1$ annehmen kann. Demnach sind alle Werte $0 \leq \psi \leq 2\pi$ erlaubt. Zeigen Sie weiterhin, dass $\varphi = \psi$ für $\psi = 0$ und $\psi = \pi$ gilt. Aufgrund der Stetigkeit und des Zwischenwertsatzes folgt dann, dass ψ alle Werte zwischen 0 und 2π annehmen kann.

(c) Zeigen Sie ausgehend von (3.195) und (3.196) den Zusammenhang

$$t(\psi) = \sqrt{\frac{\mu a^3}{\alpha}} \int\limits_0^\psi (1 - \varepsilon\cos\psi')\,\mathrm{d}\psi'. \tag{3.198}$$

(d) Leiten Sie die *Kepler'sche Gleichung*

$$\omega t = \psi - \varepsilon\sin\psi \tag{3.199}$$

ab. Diese Gleichung erlaubt für gegebene Zeit t eine verhältnismäßig leichte numerische Berechnung von ψ, was mithilfe von (3.196) auf den gesuchten Radius r zur Zeit t führt.

3.6 •• Streuung Gegeben sei ein Potenzial $V(r) = -\beta/r^2$.

(a) Berechnen Sie mithilfe von (3.61) die Bahnkurve und zeigen Sie, dass sie in der Form

$$r(\varphi) = \frac{p}{\cos(\gamma\varphi)} \tag{3.200}$$

geschrieben werden kann. Wie lautet der Ausdruck für γ? Welche Einschränkungen für das Potenzial ergeben sich daraus? Zeigen Sie, dass keine gebundenen Bahnen möglich sind und bestimmen Sie den Streuwinkel im Schwerpunktsystem.

(b) Berechnen Sie den Zusammenhang $b^2(\vartheta')$ und schließlich den differenziellen Wirkungsquerschnitt. Beachten Sie dazu, für welche Winkel r divergiert.

Abbildung 3.20 zeigt einige Bahnkurven für verschiedene Parameter γ.

3.7 ••• Streuung unter kleinen Winkeln Es soll der Streuwinkel ϑ_1 für die Streuung einer Punktmasse m_1 unter kleinen Winkeln berechnet werden. In diesem Grenzfall wird angenommen, dass ϑ_1 sehr klein ist, z. B. weil der Stoßparameter einen großen Wert annimmt. Dabei kann man die Rückwirkung von m_1 auf $m_2 \to \infty$ vernachlässigen: Laborsystem und Schwerpunktsystem sind annähernd äquivalent. Die Punktmasse m_1 falle parallel zur x-Achse ein. Nach der Streuung ist der Betrag der Geschwindigkeit $v_\mathrm{f} = v_\infty$ und die Geschwindigkeit entlang der y-Achse

$$v_{\mathrm{f},y} = v_\mathrm{f}\sin\vartheta_1 = v_\infty\sin\vartheta_1 \approx v_\infty\vartheta_1. \tag{3.201}$$

(a) Berechnen Sie den Streuwinkel ϑ_1 in Abhängigkeit vom Stoßparameter, indem Sie von

$$m_1 v_{\mathrm{f},y} = \int\limits_{-\infty}^{+\infty} F_y\,\mathrm{d}t \tag{3.202}$$

ausgehen, wobei $F_y = -\partial V/\partial y$ diejenige Kraftkomponente entlang der y-Achse ist, die m_1 durch m_2 erfährt. Das Potenzial sei von der Form $V(r)$. Das Integral in (3.202) soll entlang des ungestörten (also geradlinigen) Weges ausgewertet werden, da F_y und somit ϑ_1 klein sind. Das Ergebnis lautet

$$\vartheta_1 = -\frac{2b}{m_1 v_\infty^2} \int\limits_b^\infty \frac{\mathrm{d}V}{\mathrm{d}r} \frac{\mathrm{d}r}{\sqrt{r^2 - b^2}}. \tag{3.203}$$

(b) Zeigen Sie, dass – laut des Ergebnisses aus Teilaufgabe (a) – ein Lichtstrahl im Gravitationsfeld um den Winkel

$$\vartheta_1 = \frac{2Gm_2}{c^2 b} \tag{3.204}$$

abgelenkt wird, wobei c die Lichtgeschwindigkeit ist. Im Rahmen der allgemeinen Relativitätstheorie wird gezeigt, dass die tatsächliche Lichtablenkung doppelt so groß ist wie diese nichtrelativistische Abschätzung vorhersagt.

Teil I

Ausführliche Lösungen zu den Aufgaben

3.1 Die Zeitableitung der potenziellen Energie ist

$$\frac{\mathrm{d}V}{\mathrm{d}t} = \nabla_1 V \cdot \dot{\boldsymbol{x}}_1 + \nabla_2 V \cdot \dot{\boldsymbol{x}}_2 = \nabla_1 V \cdot \dot{\boldsymbol{x}}_1, \tag{3.205}$$

da die Punktmasse m_2 ortsfest ist. Wegen

$$\nabla_1 V = -\boldsymbol{F}_1 = -m_1 \ddot{\boldsymbol{x}}_1 \tag{3.206}$$

gilt

$$0 = \frac{\mathrm{d}V}{\mathrm{d}t} + m_1 \ddot{\boldsymbol{x}}_1 \cdot \dot{\boldsymbol{x}}_1 = \frac{\mathrm{d}V}{\mathrm{d}t} + \frac{\mathrm{d}}{\mathrm{d}t}\left(\frac{m_1}{2}\dot{\boldsymbol{x}}_1\right) = \frac{\mathrm{d}}{\mathrm{d}t}(V+T). \tag{3.207}$$

Hier wurde die kinetische Energie $T = m_1\dot{\boldsymbol{x}}_1^2/2$ eingeführt. Die Punktmasse m_2 trägt nicht dazu bei, da ihre Geschwindigkeit null ist. Wegen $E = T + V$ ist die Energie offensichtlich erhalten.

3.2

(a) Das Vorgehen ist zunächst identisch zu dem, das bereits aus (1.137) bekannt ist. Man multipliziert (3.189) mit $\dot{r}$ und sortiert die Differenziale um:

$$\begin{aligned} \mu\dot{r}\ddot{r} - \frac{L^2}{\mu}\frac{\dot{r}}{r^3} &= -\frac{\mathrm{d}V}{\mathrm{d}r}\dot{r} \\ \Longrightarrow \quad \frac{\mathrm{d}}{\mathrm{d}t}\frac{\mu}{2}\dot{r}^2 + \frac{\mathrm{d}}{\mathrm{d}t}\frac{L^2}{2\mu r^2} &= -\frac{\mathrm{d}V}{\mathrm{d}t}. \end{aligned} \tag{3.208}$$

Integriert man nach der Zeit, findet man, dass

$$E = \frac{\mu}{2}\dot{r}^2 + \frac{L^2}{2\mu r^2} + V(r) \tag{3.209}$$

eine Konstante ist, die man als Energie identifiziert.

(b) Führt man $u = 1/r$ ein, gilt

$$\frac{\mathrm{d}u}{\mathrm{d}r} = -\frac{1}{r^2} = -u^2. \tag{3.210}$$

Wegen (3.50) kann die Zeitableitung durch eine Winkelableitung ersetzt werden:

$$\frac{\mathrm{d}}{\mathrm{d}t} = \frac{L}{\mu r^2}\frac{\mathrm{d}}{\mathrm{d}\varphi} = \frac{Lu^2}{\mu}\frac{\mathrm{d}}{\mathrm{d}\varphi}. \tag{3.211}$$

Es ist die zweite Zeitableitung von r zu berechnen:

$$\ddot{r} = \frac{\mathrm{d}}{\mathrm{d}t}\frac{\mathrm{d}r}{\mathrm{d}t} = \frac{Lu^2}{\mu}\frac{\mathrm{d}}{\mathrm{d}\varphi}\left(\frac{Lu^2}{\mu}\frac{\mathrm{d}}{\mathrm{d}\varphi}\frac{1}{u}\right) = -\frac{L^2u^2}{\mu^2}\frac{\mathrm{d}^2u}{\mathrm{d}\varphi^2}. \tag{3.212}$$

Im letzten Schritt wurde $\mathrm{d}(1/u) = -\mathrm{d}u/u^2$ verwendet. Setzt man dieses Zwischenergebnis und $\mathrm{d}V/\mathrm{d}r = -F(r) = -F(1/u)$ in (3.189) ein, folgt (3.191).

(c) Für die weitere Rechnung schreibt man zuerst

$$u(\varphi) = \frac{1}{a\cos(3\varphi)} \tag{3.213}$$

und berechnet die zweite Ableitung:

$$\begin{aligned} \frac{\mathrm{d}u(\varphi)}{\mathrm{d}\varphi} &= \frac{3}{a}\frac{\sin(3\varphi)}{\cos^2(3\varphi)}, \\ \frac{\mathrm{d}^2u(\varphi)}{\mathrm{d}\varphi^2} &= \frac{3}{a}\left(3\frac{\cos(3\varphi)}{\cos^2(3\varphi)} + 6\frac{\sin^2(3\varphi)}{\cos^3(3\varphi)}\right) \\ &= \frac{3}{a}\left(6\frac{\cos^2(3\varphi)+\sin^2(3\varphi)}{\cos^3(3\varphi)} - \frac{3}{\cos(3\varphi)}\right) \\ &= \frac{3}{a}\left(6a^3u^3 - 3au\right). \end{aligned} \tag{3.214}$$

Eingesetzt in (3.61) ergibt sich

$$\begin{aligned} F(1/u) &= -\frac{L^2u^2}{\mu}\left(\frac{3}{a}\left(6a^3u^3 - 3au\right) + u\right) \\ &= -\frac{L^2}{\mu}\left(18a^2u^5 - 8u^3\right) \\ &= \frac{2L^2}{\mu}\left(4u^3 - 9a^2u^5\right). \end{aligned} \tag{3.215}$$

Dies führt auf das gesuchte Endergebnis. Da der Radius immer positiv sein muss, folgt aus der Definition des Kosinus $-\pi/2 < 3\varphi < \pi/2$ bzw. $|\varphi| < \pi/6$. Der Fall $r = 0$ würde einer unphysikalischen Singularität mit unendlicher Geschwindigkeit entsprechen, da $V(0) = -\infty$ ist.

3.3

(a) Gleichung (3.63) kann direkt als Ableitung nach dem Betrag des Drehimpulses geschrieben werden:

$$\begin{aligned} \Delta\varphi &= 2L\int_{r_{\min}}^{r_{\max}} \frac{\mathrm{d}r}{r^2\sqrt{2\mu(E-V(r)) - L^2/r^2}} \\ &= -2\frac{\partial}{\partial L}\int_{r_{\min}}^{r_{\max}} \mathrm{d}r\,\sqrt{2\mu(E-V(r)) - L^2/r^2}. \end{aligned} \tag{3.216}$$

Mit dem Ansatz $V(r) = V_0(r) + \delta V(r)$ folgt zunächst

$$\begin{aligned} &\sqrt{2\mu(E-V) - \frac{L^2}{r^2}} \\ &\quad = \sqrt{\left(2\mu(E-V_0) - \frac{L^2}{r^2}\right)\left(1 - \frac{\delta V}{(E-V_0) - \frac{L^2}{2\mu r^2}}\right)}. \end{aligned} \tag{3.217}$$

Die r-Abhängigkeiten werden aus Gründen der Übersichtlichkeit nicht explizit angegeben. Der Bruch mit δV ist klein gegenüber 1, da δV eine hinreichend kleine Störung sein soll. Die Näherung $\sqrt{1-x} = (1-x)^{1/2} \approx 1 - x/2$ führt dann auf

$$\sqrt{\left(2\mu(E-V_0) - \frac{L^2}{r^2}\right)}\left(1 - \frac{\delta V}{2(E-V_0) - \frac{L^2}{\mu r^2}}\right). \tag{3.218}$$

Wir wissen, dass die Periheldrehung $\delta\varphi$ für $\delta V = 0$ verschwindet, da dies dem ungestörten Fall entspricht. Eine Abweichung davon kann also nur vom Bruch mit δV erzeugt werden:

$$\begin{aligned}\delta\varphi &= 2\frac{\partial}{\partial L}\int_{r_{\min}}^{r_{\max}} \mathrm{d}r\,\delta V \frac{\sqrt{\left(2\mu(E-V_0) - \frac{L^2}{r^2}\right)}}{2(E-V_0) - \frac{L^2}{\mu r^2}} \\ &= 2\mu\frac{\partial}{\partial L}\int_{r_{\min}}^{r_{\max}} \frac{\mathrm{d}r\,\delta V}{\sqrt{2\mu(E-V_0) - \frac{L^2}{r^2}}} \\ &= 2\mu\frac{\partial}{\partial L}\int_0^{\pi} \frac{\mathrm{d}\varphi\, r^2\delta V}{L}.\end{aligned} \tag{3.219}$$

Im letzten Schritt wurde (3.58) verwendet, um die r-Integration in eine φ-Integration umzuwandeln. Dabei ist auf die Integrationsgrenzen zu achten: Bei der größten Annäherung ist $\varphi = 0$, beim größten Abstand $\varphi = \pi$. Außerdem wurde das volle Potenzial V durch den führenden Term V_0 ersetzt, da der Integrand bereits von der Ordnung δV ist.
Es folgt also das Endergebnis mit explizit ausgeschriebener funktionaler Abhängigkeit:

$$\delta\varphi = \frac{\partial}{\partial L}\left(\frac{2\mu}{L}\int_0^{\pi} r^2(\varphi)\,\delta V(r[\varphi])\,\mathrm{d}\varphi\right). \tag{3.220}$$

Es ist so zu interpretieren, dass das Störpotenzial in der Form $\delta V(r)$ vorgegeben wird, ebenso die Bahnkurve $r(\varphi)$, die sich aus dem ungestörten Potenzial $V_0(r)$ ergeben würde. Der Integrand ist dann eine reine Funktion von φ, die prinzipiell aufintegriert werden kann. Hängt das Ergebnis noch von L ab, muss dies bei der Ableitung nach L berücksichtigt werden.

(b) Am einfachsten ist die Berechnung für das Störpotenzial $\delta V = \beta/r^2$. In diesem Fall ist die Integration trivial, und das Ergebnis lautet

$$\delta\varphi = \frac{\partial}{\partial L}\left(\frac{2\mu}{L}\int_0^{\pi}\beta\,\mathrm{d}\varphi\right) = \frac{\partial}{\partial L}\left(\frac{2\pi\beta\mu}{L}\right) = -\frac{2\pi\beta\mu}{L^2}. \tag{3.221}$$

3.4

(a) Die Zeitableitung lautet

$$\dot{\boldsymbol{Q}} = \frac{1}{\alpha}\left(\ddot{\boldsymbol{r}}\times\boldsymbol{L} + \dot{\boldsymbol{r}}\times\dot{\boldsymbol{L}}\right) - \frac{\dot{\boldsymbol{r}}}{r} + \frac{\boldsymbol{r}}{r^2}\dot{r}. \tag{3.222}$$

Wegen $m\ddot{\boldsymbol{r}} = -\alpha\boldsymbol{r}/r^3$ im Gravitationspotenzial und der dortigen Drehimpulserhaltung gilt

$$\dot{\boldsymbol{Q}} = -\frac{\boldsymbol{r}\times\boldsymbol{L}}{mr^3} - \frac{\dot{\boldsymbol{r}}}{r} + \frac{\boldsymbol{r}}{r^2}\dot{r} = -\frac{\boldsymbol{r}\times(\boldsymbol{r}\times\dot{\boldsymbol{r}})}{r^3} - \frac{\dot{\boldsymbol{r}}}{r} + \frac{\boldsymbol{r}}{r^2}\dot{r}. \tag{3.223}$$

Das doppelte Kreuzprodukt kann wie gewohnt umgeschrieben werden und ergibt

$$\boldsymbol{r}\times(\boldsymbol{r}\times\dot{\boldsymbol{r}}) = \boldsymbol{r}(\boldsymbol{r}\cdot\dot{\boldsymbol{r}}) - \dot{\boldsymbol{r}}r^2. \tag{3.224}$$

Weiterhin gilt

$$\frac{\boldsymbol{r}}{r^2}\dot{r} = \frac{\boldsymbol{r}}{2r^3}\frac{\mathrm{d}r^2}{\mathrm{d}t} = \frac{\boldsymbol{r}}{2r^3}\frac{\mathrm{d}\boldsymbol{r}^2}{\mathrm{d}t} = \frac{\boldsymbol{r}(\boldsymbol{r}\cdot\dot{\boldsymbol{r}})}{r^3}. \tag{3.225}$$

Setzt man alle Zwischenergebnisse in (3.222) ein, ergibt sich $\dot{\boldsymbol{Q}} = 0$.

(b) Der Vektor $\boldsymbol{Q}$ liegt in der Bahnebene, da

$$\boldsymbol{L}\cdot\boldsymbol{Q} = \frac{1}{\alpha}\boldsymbol{L}\cdot(\dot{\boldsymbol{r}}\times\boldsymbol{L}) - \frac{1}{r}\boldsymbol{L}\cdot\boldsymbol{r} = 0 \tag{3.226}$$

gilt. Hierbei sei an $\boldsymbol{L} = \boldsymbol{r}\times\boldsymbol{p}$ erinnert. Wir fahren fort mit der Berechnung von

$$\boldsymbol{r}\cdot\boldsymbol{Q} = \frac{\boldsymbol{r}\cdot(\dot{\boldsymbol{r}}\times\boldsymbol{L})}{\alpha} - r. \tag{3.227}$$

Das Spatprodukt kann durch zyklische Permutation umgeformt werden:

$$\boldsymbol{r}\cdot(\dot{\boldsymbol{r}}\times\boldsymbol{L}) = \boldsymbol{L}\cdot(\boldsymbol{r}\times\dot{\boldsymbol{r}}) = \frac{L^2}{\mu}. \tag{3.228}$$

Somit hat man

$$\boldsymbol{r}\cdot\boldsymbol{Q} = \frac{L^2}{\alpha\mu} - r = rQ\cos\varphi. \tag{3.229}$$

Eine einfache Umformung führt auf

$$r = \frac{L^2/(\alpha\mu)}{1 + Q\cos\varphi} = \frac{p}{1 + Q\cos\varphi}. \tag{3.230}$$

Dies entspricht offenbar der Bahnkurve, wenn man $Q = \varepsilon$ identifiziert und $\boldsymbol{Q}$ in Richtung des Perihels zeigt. Denn nur dann ist $\varphi_{\mathrm{p}} = 0$ in (3.80).

3.5

(a) Wir schreiben (3.196) mit $p = a(1-\varepsilon^2)$ zunächst als

$$r = \frac{p(1-\varepsilon\cos\psi)}{1-\varepsilon^2} \tag{3.231}$$

und vergleichen dies mit (3.80):

$$r = \frac{p}{1+\varepsilon\cos\varphi}. \tag{3.232}$$

Eliminierung von r durch Gleichsetzen und Auflösen nach $\cos\varphi$ führt auf das gesuchte Ergebnis (3.197).

(b) Wir zeigen, dass der Zahlenwert des Bruches auf der rechten Seite von (3.197) für alle ψ im Intervall $[-1,+1]$ liegt. Aus der zu überprüfenden Ungleichung

$$1 \geq \frac{\cos\psi-\varepsilon}{1-\varepsilon\cos\psi} \tag{3.233}$$

folgt wegen $1-\varepsilon\cos\psi > 0$ nach kurzer Umformung

$$\cos\psi \leq 1. \tag{3.234}$$

Ausgehend von

$$-1 \leq \frac{\cos\psi-\varepsilon}{1-\varepsilon\cos\psi} \tag{3.235}$$

folgt analog

$$\cos\psi \geq -1. \tag{3.236}$$

Dies bedeutet, dass der Bruch in der Tat durch -1 und $+1$ beschränkt ist, egal welchen Wert ψ annimmt. Somit sind alle Werte zwischen 0 und 2π für ψ erlaubt. Für $\psi = 0$ folgt $\cos\varphi = 1$, also $\varphi = 0$. Weiterhin führt $\psi = \pi$ auf $\cos\varphi = -1$ bzw. $\varphi = \pi$. Tatsächlich laufen φ und ψ bei einem vollen Umlauf beide von 0 bis 2π.

(c) In das Integral (3.195) wird (3.196) eingesetzt; dabei ist

$$\mathrm{d}r' = a\varepsilon\sin\psi'\,\mathrm{d}\psi' \tag{3.237}$$

zu berücksichtigen. Es folgt zunächst

$$t = \pm\sqrt{\frac{\mu a^3}{2\alpha}}\int\limits_{\psi_0}^{\psi}\frac{(1-\varepsilon\cos\psi')\varepsilon\sin\psi'\,\mathrm{d}\psi'}{\sqrt{(1-\varepsilon\cos\psi')-\frac{(1-\varepsilon\cos\psi')^2}{2}-\frac{(1-\varepsilon^2)}{2}}}. \tag{3.238}$$

Der Nenner im Integral lässt sich vereinfachen zu

$$\sqrt{\frac{1}{2}\varepsilon^2\left(1-\cos^2\psi'\right)} = \sqrt{\frac{1}{2}}\varepsilon\left|\sin\psi'\right|. \tag{3.239}$$

Der Sinus kann gekürzt werden. Da die Vorzeichen von $\mathrm{d}r'$ und $\sin\psi'/|\sin\psi'|$ stets gleich sind, fällt dabei auch das $\pm$ fort. Das Ergebnis lautet dann

$$t = \sqrt{\frac{\mu a^3}{\alpha}}\int\limits_0^{\psi}(1-\varepsilon\cos\psi')\,\mathrm{d}\psi'. \tag{3.240}$$

Es wurde dabei noch $t(\psi=0)=0$ verwendet.

(d) Die Kepler'sche Gleichung (3.199) folgt sofort durch Integration:

$$\sqrt{\frac{\alpha}{\mu a^3}}t = \psi - \varepsilon\sin\psi. \tag{3.241}$$

Hier muss nur noch das dritte Kepler'sche Gesetz (3.92)

$$\omega^2 = \frac{\alpha}{\mu a^3} \tag{3.242}$$

verwendet werden.

3.6

(a) Die Kraft, die sich aus dem Potenzial ergibt, ist

$$F(r) = -\frac{\mathrm{d}V}{\mathrm{d}r} = -\frac{\beta}{r^3} \quad\Longrightarrow\quad F(1/u) = -\beta u^3. \tag{3.243}$$

Gleichung (3.61) kann dann durch einfache Umformung als

$$\frac{\mathrm{d}^2u}{\mathrm{d}\varphi^2} = -\left(1-\frac{\mu\beta}{L^2}\right)u \tag{3.244}$$

geschrieben werden. Wir definieren

$$\gamma^2 := 1-\frac{\mu\beta}{L^2} \tag{3.245}$$

und sehen, dass die resultierende Differenzialgleichung auf eine Sinusfunktion führt:

$$u(\varphi) = A\,\sin(\gamma(\varphi-\varphi_0)). \tag{3.246}$$

Die beiden Integrationskonstanten sind die Amplitude A und ein Phasenwinkel φ_0. Offensichtlich ist γ nur dann reell, wenn $\gamma^2 \geq 0$ ist. Daher muss $\beta \leq L^2/\mu$ gelten. Der Koeffizient β kann auch einen beliebigen negativen Wert annehmen. Dann ist das Potenzial $V(r)$ wie das Zentrifugalpotenzial abstoßend. Selbstverständlich kann auch $\beta > L^2/\mu$ erfüllt sein, allerdings kann die Bahngleichung dann nicht mehr als eine Sinusfunktion geschrieben werden. Stattdessen handelt es sich um eine Exponentialfunktion:

$$u(\varphi) = A\,\exp(\pm\gamma'(\varphi-\varphi_0)), \quad \gamma'^2 := \frac{\mu\beta}{L^2}-1. \tag{3.247}$$

Diesen zweiten Fall wollen wir nicht weiter betrachten. Wegen $\sin x = \cos(x-\pi/2)$ kann φ_0 so gewählt werden, dass schließlich

$$r(\varphi) = \frac{p}{\cos(\gamma\varphi)} \tag{3.248}$$

gilt, wobei $p = 1/A$ substituiert wurde.

Eine gebundene Bewegung ist nur dann möglich, wenn der Radius r nicht divergiert. Die Bahnkurve divergiert jedoch für alle Werte $p \neq 0$ und $\gamma \neq 0$. Der Fall $\gamma = 0$ entspricht $r = p$, und das Zentrifugalpotenzial und $V(r)$ heben sich an jedem Punkt genau auf. Dies führt auf eine Kreisbahn, die jedoch nicht stabil ist, da das effektive Potenzial dort kein Minimum aufweist. Für $p = 0$ folgt $r = 0$, was aus physikalischen Gründen ausgeschlossen werden soll. Somit ist keine gebundene Bewegung möglich.

Teil I

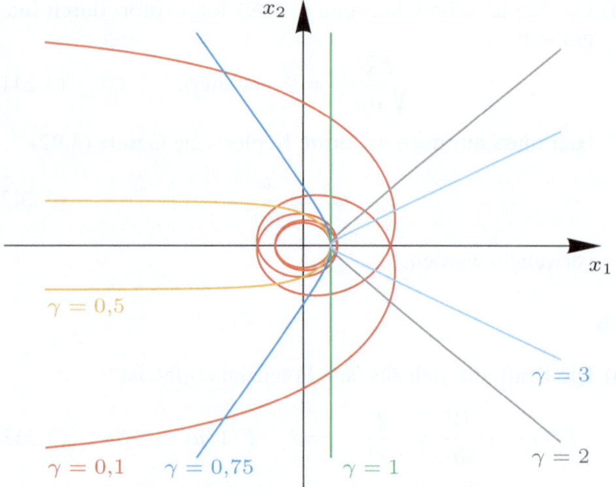

Abb. 3.20 Verschiedene Bahnkurven im $1/r^2$-Potenzial. Die Kurven entsprechen verschiedenen Werten für den Parameter γ aus (3.245). Die Punkte größter Annäherung liegen auf der x_1-Achse und haben den Abstand p zum Ursprung. In dieser Abbildung sind alle Bahnparameter p identisch. Man erkennt, dass sich die Massen mehrfach umlaufen können (*rot*) oder gar keine Streuung auftreten kann (*grün*). Für $\gamma < 1$ ist die Wechselwirkung attraktiv, jedoch lässt sich keine stabile gebundene Bahn finden

(b) Der Streuwinkel ergibt sich aus der Bedingung, dass der Radius für $\gamma\varphi = \pm\pi/2$ divergiert. Es folgt $\Delta\varphi = \pi/\gamma$. Der Streuwinkel ist $\vartheta' = \pi - \Delta\varphi = \pi(1 - 1/\gamma)$. Interessanterweise kann der Streuwinkel für $\gamma < 1$ (was $\beta > 0$ und einem anziehenden Potenzial $V(r)$ entspricht) beliebig negativ werden. In diesem Fall hat die Bahnkurve die Eigenschaft, dass sich m_1 und m_2 während der Bewegung mehrfach gegenseitig umlaufen, bevor sie sich wieder voneinander trennen (Abb. 3.20). Ersetzt man γ durch die Definition in (3.245), L durch den Stoßparameter $b = L/(\mu v_\infty)$ und verwendet man die Energie $E = \mu v_\infty^2/2$, führt dies zunächst auf

$$\frac{\vartheta'}{\pi} = 1 - \frac{1}{\sqrt{1 - \frac{\beta}{2b^2 E}}}. \tag{3.249}$$

Diese Gleichung kann nach b^2 aufgelöst werden:

$$b^2 = \frac{\beta/(2E)}{1 - \frac{1}{(1-\vartheta'/\pi)^2}}. \tag{3.250}$$

Den Wirkungsquerschnitt (3.131) erhält man durch Differenziation:

$$\begin{aligned}\frac{\mathrm{d}\sigma}{\mathrm{d}\Omega} &= \frac{1}{2\sin\vartheta'}\left|\frac{\mathrm{d}b^2}{\mathrm{d}\vartheta'}\right| \\ &= \frac{\beta}{2\pi E\sin(\pi\theta)}\frac{1}{\left|(1-\theta)^3\left(1-\frac{1}{(1-\theta)^2}\right)^2\right|} \\ &= \frac{\beta}{2\pi E\sin(\pi\theta)}\frac{|1-\theta|}{\theta^2(\theta-2)^2}\end{aligned} \tag{3.251}$$

mit $\theta := \vartheta'/\pi$.

3.7

(a) Die streuende Masse m_2 befinde sich im Ursprung, und die Bewegung von m_1 finde in der x-y-Ebene statt. Der Stoßparameter ist b. Gleichung (3.202) kann in folgender Form geschrieben werden:

$$\begin{aligned}m_1 v_{\mathrm{f},y} &= \int_{-\infty}^{+\infty} F_y\,\mathrm{d}t = -\int_{-\infty}^{+\infty}\frac{\partial V}{\partial y}\mathrm{d}t \\ &= -\int_{-\infty}^{+\infty}\frac{\mathrm{d}V}{\mathrm{d}r}\frac{\partial r}{\partial y}\mathrm{d}t.\end{aligned} \tag{3.252}$$

Wegen $z = 0$ ist $r = \sqrt{x^2+y^2}$, und es gilt $\partial r/\partial y = y/r$. Weiterhin kann man $\mathrm{d}t$ durch $\mathrm{d}x/v_\infty$ ersetzen, da die Geschwindigkeit von m_1 entlang der x-Achse in erster Näherung konstant und daher stets v_∞ ist. Außerdem kann man $y = b = \text{const}$ annehmen, da ϑ_1 klein ist. Man findet somit

$$m_1 v_{\mathrm{f},y} = -\frac{2b}{v_\infty}\int_0^\infty \frac{\mathrm{d}V}{\mathrm{d}r}\frac{\mathrm{d}x}{r}. \tag{3.253}$$

Hier wurde ausgenutzt, dass die Beiträge der Intervalle $(-\infty, 0]$ und $[0, +\infty)$ identisch sind. Die x-Integration kann durch eine r-Integration ersetzt werden: Da $r^2 = x^2 + b^2$ ist, gilt $r\,\mathrm{d}r = x\,\mathrm{d}x$ und schließlich

$$\vartheta_1 = -\frac{2b}{m_1 v_\infty^2}\int_b^\infty \frac{\mathrm{d}V}{\mathrm{d}r}\frac{\mathrm{d}r}{\sqrt{r^2-b^2}}, \tag{3.254}$$

was die gesuchte Gleichung (3.203) ist. Man beachte die untere Grenze der Integration, die nun b anstatt 0 ist.

(b) Das Gravitationspotenzial lautet

$$V(r) = -\frac{Gm_1m_2}{r}. \tag{3.255}$$

Nimmt man an, dass ein Lichtstrahl aus einem Strom von Teilchen der Geschwindigkeit $v_\infty = c$ besteht, lautet der Streuwinkel im Laborsystem

$$\begin{aligned}\vartheta_1 &= \frac{2Gm_2b}{c^2}\int_b^\infty \frac{\mathrm{d}r}{r^2\sqrt{r^2-b^2}} \\ &= \frac{2Gm_2b}{c^2}\left.\frac{\sqrt{r^2-b^2}}{b^2r}\right|_b^\infty = \frac{2Gm_2}{c^2b}.\end{aligned} \tag{3.256}$$

Im Rahmen der allgemeinen Relativitätstheorie wird konsistent gezeigt, dass ein Lichtstrahl tatsächlich durch ein Gravitationsfeld abgelenkt wird. Allerdings ist die Lichtablenkung doppelt so groß, wie das Ergebnis in (3.256) voraussagt.

Antworten zu den Selbstfragen

Antwort 10 Die Verhältnisse sind umgekehrt proportional. Dies lässt sich direkt aus dem zweiten Kepler'schen Gesetz ableiten, da an Perihel und Aphel $\boldsymbol{r}$ und $\dot{\boldsymbol{r}}$ orthogonal sind.

Literatur

Weiterführende Literatur

Cornish, N.J.: The Lagrangian Points (1998), http://map.gsfc.nasa.gov/media/ContentMedia/lagrange.pdf. Zugegriffen: 5. September 2013

Starre Körper

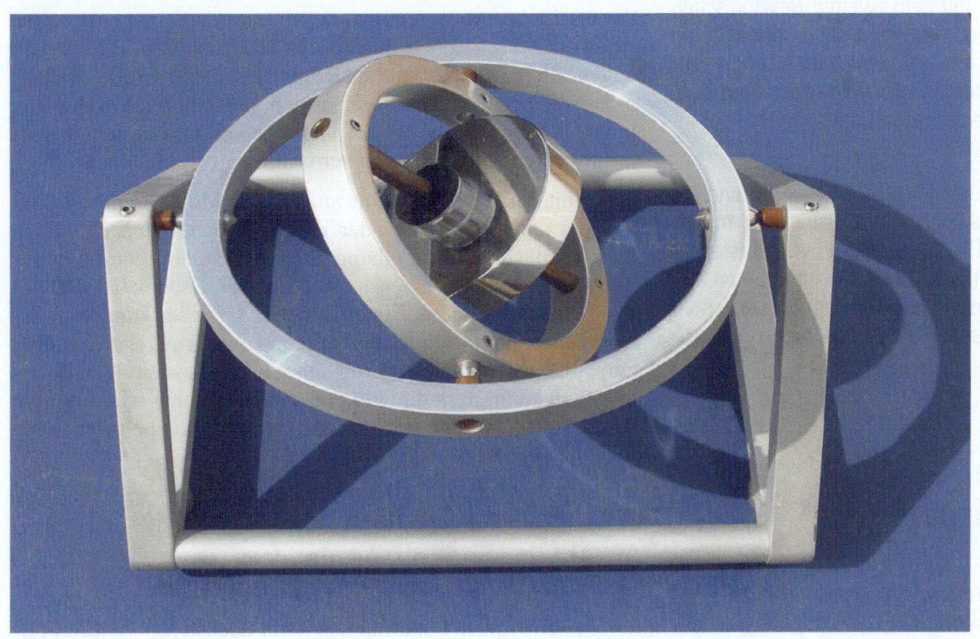

Was ist ein starrer Körper?

Was ist der Trägheitstensor?

Warum kann man den Trägheitstensor diagonalisieren?

Wie berechnet man Volumenintegrale?

Wie lauten die Bewegungsgleichungen eines starren Körpers?

Wie stark kann ein Kreisel torkeln?

M. Bartelmann et al., *Theoretische Physik*, DOI 10.1007/978-3-642-54618-1_4, © Springer-Verlag Berlin Heidelberg 2015

Starre Körper sind ausgedehnte Objekte ohne innere Freiheitsgrade, die für viele Bereiche der Physik ein wichtiges Modell darstellen. Die in Kap. 2 diskutierten orthogonalen Transformationen führten auf mathematische Gleichungen für die Änderungsgeschwindigkeit eines Vektors in rotierenden Bezugssystemen. Die dort erlernten Methoden werden hier verwendet, um die Dynamik starrer Körper zu beschreiben.

Wir werden sehen, dass die Bewegungsgleichungen starrer Körper zwar eine formale Ähnlichkeit mit dem zweiten Newton'schen Gesetz für Punktmassen aufweisen. Doch sind diese sogenannten Euler-Gleichungen aufgrund des darin auftauchenden Trägheitstensors anspruchsvoller und erlauben eine Vielzahl von Lösungen (z. B. für den symmetrischen oder schweren Kreisel), die teilweise der Intuition zu widersprechen scheinen.

Im Laufe des Kapitels werden Volumenintegrale, Tensoren und die Diagonalisierung von Matrizen diskutiert, die allesamt extrem hilfreiche mathematische Werkzeuge für die gesamte Physik darstellen. Das Gebiet der Kreisel ist sehr weitläufig und kann im Rahmen dieses Lehrbuches nur einführend besprochen werden. So verzichten wir beispielsweise auf eine Diskussion der Dynamik nichtsymmetrischer Kreisel.

4.1 Freiheitsgrade des starren Körpers

Nach der Definition des starren Körpers werden seine Freiheitsgrade und Koordinaten diskutiert. Es wird gezeigt, dass man genau sechs Koordinaten benötigt, um Lage und Orientierung eines freien starren Körpers eindeutig festzulegen. Dies können beispielsweise seine drei Schwerpunktskoordinaten und drei Drehwinkel sein. Anschließend werden die meistverwendeten Euler'schen Winkel eingeführt.

Definition und Gültigkeitsbereich eines starren Körpers

Ein *starrer Körper* ist ein Objekt, das aus N Punktmassen m_a besteht, die alle einen zeitlich konstanten Abstand zueinander besitzen, $r_{ab} = |\boldsymbol{x}_a(t) - \boldsymbol{x}_b(t)| = \text{const}$ $(a, b = 1, \ldots, N)$. Es handelt sich dabei um einen Spezialfall der N-Teilchen-Systeme in Abschn. 3.1. Insbesondere sind Gesamtmasse M und Schwerpunkt $\boldsymbol{X}$ durch (3.3) und (3.4) gegeben.

Beim starren Körper sind die Wechselwirkungspotenziale so, dass die Abstände r_{ab} allesamt konstant gehalten werden. Die genaue Form dieser Potenziale wird für die Diskussion des starren Körpers allerdings nicht benötigt, da sie nicht an der Dynamik beteiligt sind und nur die konstanten Abstände garantieren. Stattdessen ist es sinnvoller, von *Zwangsbedingungen* zu sprechen, auf die wir in Kürze zurückkommen.

Genau wie eine Punktmasse ist das Konzept eines starren Körpers eine Idealisierung. So wie eine Punktmasse in der täglichen Erfahrungswelt nicht vorkommt, gibt es in der Realität auch keine perfekt starren Körper. Dies wird klar, wenn man sich einen Stab vorstellt. Stößt man an dem einen Ende gegen den Stab, so würde sich jeder seiner Punkte instantan in Bewegung setzen, da die Abstände ja jederzeit konstant sein müssen. Dies steht allerdings im Widerspruch zur speziellen Relativitätstheorie, die besagt, dass sich keine Information schneller ausbreiten kann als das Licht. Außerdem würde ein starrer Körper unendlich große Kräfte zwischen den Molekülen erfordern. Tatsächlich zeigen alle scheinbar starren Körper elastische Eigenschaften: Unter äußeren Einflüssen verformen sie sich, auch wenn diese Verformung häufig für den Menschen nicht wahrnehmbar ist und in vielen Anwendungen vernachlässigt werden kann.

Es kommt auf die Situation an, ob das Modell eines starren Körpers angemessen ist oder nicht. Es bietet sich allerdings als vereinfachte Beschreibung für viele Systeme an, z. B. für die rotierende Erde, einen Kreisel auf der Tischplatte oder ein physikalisches Pendel. Einen Eimer mit Wasser kann man dagegen nicht als starren Körper ansehen. Als Faustregel gilt, dass starre Körper dann eine gute Näherung sind, wenn man davon ausgehen kann, dass die wirkenden Kräfte keine oder nur eine vernachlässigbare innere Dynamik anregen (wie beispielsweise die Deformation des Körpers).

Anzahl der Freiheitsgrade

Ein System von N Punktmassen kann höchstens $f = 3N$ Freiheitsgrade besitzen (z. B. drei Ortskomponenten in der Form $\boldsymbol{x}_a(t)$ für jede Punktmasse). Durch innere Zwangsbedingungen, z. B. $|\boldsymbol{x}_a(t) - \boldsymbol{x}_b(t)| = \text{const}$, wird deren Anzahl reduziert. Im starren Körper gibt es offensichtlich eine große Anzahl von solchen Zwangsbedingungen. Doch wie viele Freiheitsgrade bzw. voneinander unabhängige Koordinaten bleiben übrig? Für einen starren Körper gibt es stets $f = 6$ Freiheitsgrade, wenn er nicht zusätzlich äußeren Zwängen unterworfen ist. Ein äußerer Zwang liegt beispielsweise bei einem Kreisel auf einer Tischplatte oder einem Jo-Jo an einer Schnur vor.

Man kann sich leicht überlegen, warum ein starrer Körper maximal sechs Freiheitsgrade haben kann. Eine einzelne Punktmasse m_1 hat drei Freiheitsgrade, z. B. ihre kartesischen Koordinaten $\boldsymbol{x}_1(t)$ in einem beliebigen Bezugssystem. Verbindet man eine zweite Punktmasse m_2 mit der ersten, kommen nicht drei, sondern nur zwei Freiheitsgrade hinzu, da der Abstand r_{12} konstant ist, was einer Zwangsbedingung entspricht. Eine dritte Punktmasse m_3 mit festem Abstand zu den beiden ersten (r_{13} und r_{23}) führt auf nur noch einen zusätzlichen Freiheitsgrad. Diese drei Punktmassen haben zusammen sechs Freiheitsgrade. Die Lage jeder weiteren Punktmasse ist aber durch Angabe ihrer Abstände zu drei anderen Punktmassen (bis auf das Vorzeichen) festgelegt, solange diese nicht alle auf einer Linie liegen. Die Anzahl der Freiheitsgrade kann somit nicht mehr erhöht werden (Abb. 4.1).

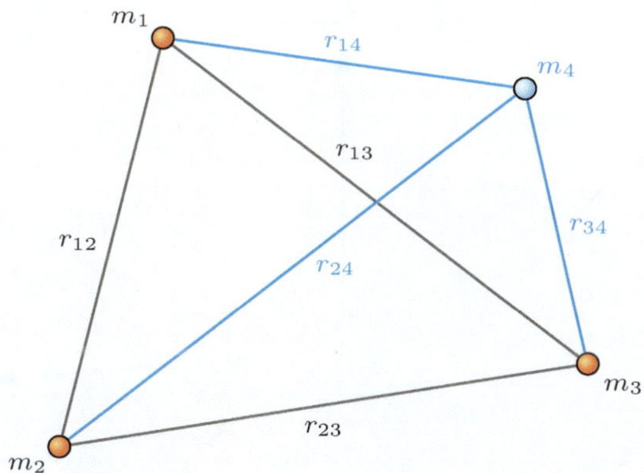

Abb. 4.1 Die Lage einer Punktmasse m_4 ist (bis auf das Vorzeichen) eindeutig festgelegt, wenn die drei Abstände r_{14}, r_{24} und r_{34} (*blaue Linien*) zu den drei Punktmassen m_1, m_2 und m_3 bekannt sind

Die sechs Freiheitsgrade eines starren Körpers werden in der Regel in der Form eines Punktes und dreier Winkel angegeben (Lage und Orientierung). Wird ein beliebiger Punkt eines starren Körpers im Raum festgehalten, ergeben sich drei weitere äußere Zwangsbedingungen. Man spricht dann von einem *Kreisel*. Hält man zusätzlich einen weiteren Punkt im Raum fest, bleibt nur noch ein Freiheitsgrad übrig, und der starre Körper ist ein *physikalisches Pendel*.

Achtung Da die Zahl der Freiheitsgrade von der Zahl der Punktmassen unabhängig ist, kann man auch den Grenzfall $N \to \infty$ und $m_a \to 0$ mit $M = \text{const}$ betrachten. Dies führt schließlich auf eine kontinuierliche Massenverteilung, auf die wir in Abschn. 4.5 erneut zu sprechen kommen. ◀

Koordinatensysteme

In diesem Kapitel werden verschiedene Koordinatensysteme benötigt. Da dies auf den ersten Blick verwirrend sein kann, gehen wir hier gründlich vor. Wir führen drei kartesische Koordinatensysteme ein:

1. Das erste, S, ist raumfest und ein Inertialsystem, also ein Laborsystem. Die Basisvektoren werden ungestrichen dargestellt, $\hat{\boldsymbol{e}}_i$ $(i = 1, 2, 3)$, und sind zeitunabhängig. Der Ursprung ist beliebig.
2. Das Schwerpunktsystem des starren Körpers, S', wird mit einem Strich bezeichnet. Der Ursprung liegt im Schwerpunkt des starren Körpers. Die Basisvektoren $\hat{\boldsymbol{e}}'_i$ sind stets parallel zu den $\hat{\boldsymbol{e}}_i$. S' ist kein Inertialsystem, wenn der Schwerpunkt des starren Körpers beschleunigt wird.
3. Das dritte System, S^*, sei so gewählt, dass alle Punkte des starren Körpers darin ruhen (Abb. 4.2). Die Basisvektoren werden mit einem Stern markiert und sind zeitabhängig, wenn der starre Körper rotiert: $\hat{\boldsymbol{e}}^*_i(t)$ (Beispiel Erddrehung in Abschn. 2.4). Die Wahl des Koordinatenursprungs und die genaue Orientierung der Achsen lassen wir zunächst offen.

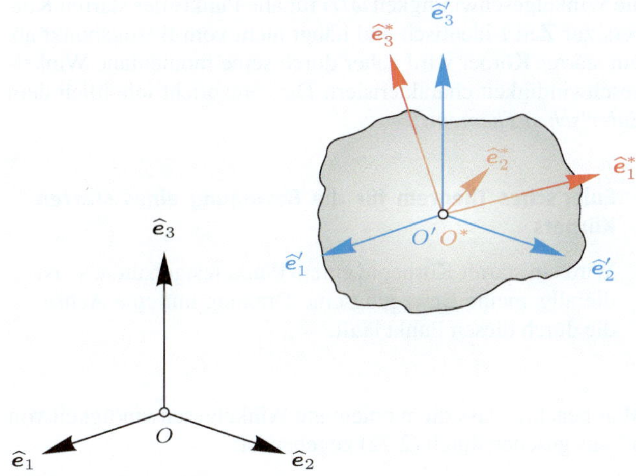

Abb. 4.2 Überblick der Koordinatensysteme, die zur Beschreibung des starren Körpers verwendet werden. Das Laborsystem (S, *schwarz*) ist raumfest und ein Inertialsystem. Das Schwerpunktsystem (S', *blau*) ist gegenüber S nicht gedreht, ist aber an den Schwerpunkt des starren Körpers gebunden. Das körperfeste System (S^*, *rot*) dreht sich mit dem starren Körper mit

Betrachten wir nun einen beliebigen Punkt des starren Körpers mit Koordinaten $\boldsymbol{x}_a(t)$ in S. Ein beliebiger anderer Bezugspunkt des starren Körpers befinde sich am Ort $\boldsymbol{x}_0(t)$. Dies kann, muss aber nicht der Schwerpunkt sein. Wir definieren den Verschiebungsvektor $\boldsymbol{d}_a(t) := \boldsymbol{x}_a(t) - \boldsymbol{x}_0(t)$ und erkennen sofort, dass sein Betrag konstant sein muss, $|\boldsymbol{d}_a(t)| = \text{const}$, da es sich um einen starren Körper handelt. In S^* sind $\boldsymbol{x}^*_a$, $\boldsymbol{x}^*_0$ und $\boldsymbol{d}^*_a$ offensichtlich konstant. In S hingegen ist

$$\dot{\boldsymbol{x}}_a(t) = \dot{\boldsymbol{x}}_0(t) + \dot{\boldsymbol{d}}_a(t) = \dot{\boldsymbol{x}}_0(t) + \boldsymbol{\Omega}(t) \times \boldsymbol{d}_a(t). \tag{4.1}$$

Die letzte Gleichheit gilt, da die zeitliche Änderung des Vektors $\boldsymbol{d}_a(t)$ nur seine Orientierung, nicht aber seine Länge betreffen kann. Die Änderung von $\boldsymbol{d}_a(t)$ steht daher senkrecht auf $\boldsymbol{d}_a(t)$ selbst. Dabei ist $\boldsymbol{\Omega}(t)$ ein Vektor, den es zu bestimmen gilt. Andererseits haben wir bereits (2.54) abgeleitet:

$$\dot{\boldsymbol{d}}^* = \boldsymbol{R}\left(\dot{\boldsymbol{d}} - \boldsymbol{\omega} \times \boldsymbol{d}\right). \tag{4.2}$$

Dies beschreibt das Transformationsverhalten der Zeitableitung eines Verschiebungsvektors $\boldsymbol{d}$, wenn man von einem kartesischen Inertialsystem zu einem beliebigen anderen kartesischen Koordinatensystem wechselt, das von S aus gesehen mit der Winkelgeschwindigkeit $\boldsymbol{\omega}$ rotiert. Dabei ist $\boldsymbol{R}$ die momentane Drehmatrix, welche die Basisvektoren der beiden Systeme ineinander überführt. Da in unserem Fall $\dot{\boldsymbol{d}}^* = 0$ ist, muss

$$\dot{\boldsymbol{d}}(t) = \boldsymbol{\omega}(t) \times \boldsymbol{d}(t) \tag{4.3}$$

gelten. Wir können also $\boldsymbol{\Omega}(t) = \boldsymbol{\omega}(t)$ als die momentane Winkelgeschwindigkeit desjenigen Bezugssystems interpretieren, in dem alle Punkte des starren Körpers ruhen. Da die Wahl der Punkte $\boldsymbol{x}_a(t)$ und $\boldsymbol{x}_0(t)$ bei diesen Überlegungen beliebig ist, ist die Winkelgeschwindigkeit $\boldsymbol{\omega}(t)$ für alle Punkte des starren Körpers zur Zeit t identisch und hängt nicht vom Bezugspunkt ab. Ein starrer Körper wird daher durch seine momentane Winkelgeschwindigkeit charakterisiert. Dies entspricht inhaltlich dem *Euler'schen Theorem*.

Euler'sches Theorem für die Bewegung eines starren Körpers

Wird ein starrer Körper in einem Punkt festgehalten, so ist die allgemeine Bewegung eine Drehung um eine Achse, die durch diesen Punkt läuft.

Man beachte, dass die momentane Winkelgeschwindigkeit von S^* aus gesehen durch (2.72) gegeben ist:

$$\boldsymbol{\omega}^*(t) = \boldsymbol{R}(t)\boldsymbol{\omega}(t). \quad (4.4)$$

Satz von Chasles

Wählt man in (4.1) $\boldsymbol{x}_0(t)$ als den Schwerpunkt des starren Körpers, sieht man, dass die Bewegung des starren Körpers als Summe einer Translation, $\dot{\boldsymbol{x}}_0(t)$, und einer Rotation um den Schwerpunkt, $\boldsymbol{\omega}(t) \times (\boldsymbol{x}_a(t) - \boldsymbol{x}_0(t))$, geschrieben werden kann. Diese Aussage ist auch als *Satz von Chasles* (nach dem französischen Mathematiker *Michel Chasles*, 1793–1880) bekannt. Als Ursprung von S^* verwendet man in der Regel den Schwerpunkt. Ist ein Punkt des starren Körpers fixiert, wird dieser normalerweise als Ursprung definiert.

Zwar sind Situationen denkbar, in denen die Schwerpunktsbewegung und Rotation gekoppelt sind. Solche Situationen werden hier nicht besprochen, und wir betrachten die Rotation unabhängig von der Schwerpunktsbewegung. Insbesondere ist wegen (3.10) und (3.20) die Änderung des Gesamtimpulses gleich der Summe aller äußeren Kräfte, und die Änderung des Gesamtdrehimpulses ist die Summe aller äußeren Drehmomente. Zur Erinnerung sei an die entsprechenden Ergebnisse in Abschn. 3.1 verwiesen.

Euler'sche Winkel als Rotationsfreiheitsgrade

Wir sind bisher davon ausgegangen, dass es irgendein körperfestes Bezugssystem S^* gibt, das durch eine Drehmatrix $\boldsymbol{R}(t)$ aus dem raumfesten System S hervorgeht (von einer möglichen Verschiebung der Ursprünge einmal abgesehen). S^* wurde allerdings nicht näher spezifiziert. Zur Beschreibung der Lage im Raum haben sich die drei *Euler-Winkel* ($\vartheta(t)$, $\varphi(t)$ und $\psi(t)$) besonders bewährt. Sie werden verwendet, um S (definiert durch $\hat{\boldsymbol{e}}_i$) in drei Schritten in S^* (definiert durch $\hat{\boldsymbol{e}}_i^*(t)$)

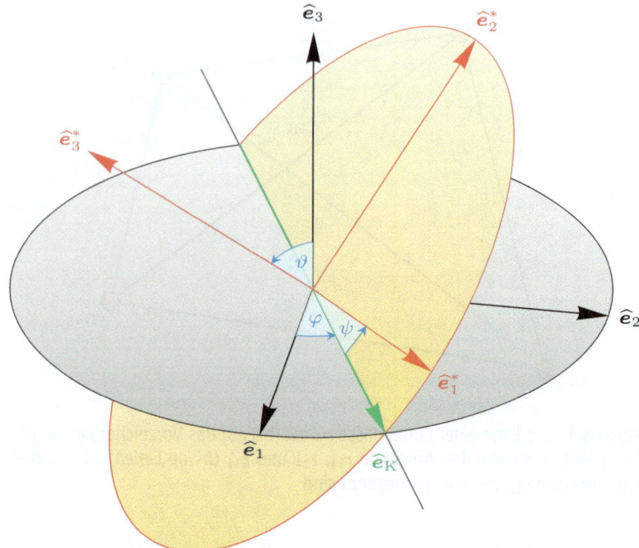

Abb. 4.3 Die relative Orientierung vom Laborsystem (S, *schwarz*) und körperfestem System (S^*, *rot*) wird durch die drei Euler-Winkel ϑ, φ und ψ beschrieben. Zur Vereinfachung wurden hier identische Ursprünge für S und S^* gewählt. Die Knotenlinie $\hat{\boldsymbol{e}}_K$ (*grün*) ist die Schnittlinie der $\hat{\boldsymbol{e}}_1$-$\hat{\boldsymbol{e}}_2$- (*schwarz*) und $\hat{\boldsymbol{e}}_1^*$-$\hat{\boldsymbol{e}}_2^*$-Ebenen (*gelb*)

zu überführen. Da die Euler-Winkel auf den ersten Blick wenig anschaulich sind, betrachten wir zunächst Abb. 4.3. Dort ist die sogenannte *Knotenlinie* $\hat{\boldsymbol{e}}_K$ definiert. Sie ist die Schnittlinie der $\hat{\boldsymbol{e}}_1$-$\hat{\boldsymbol{e}}_2$- und der momentanen $\hat{\boldsymbol{e}}_1^*(t)$-$\hat{\boldsymbol{e}}_2^*(t)$-Ebene. Damit ist ihre Richtung durch $\hat{\boldsymbol{e}}_K(t) = \hat{\boldsymbol{e}}_3 \times \hat{\boldsymbol{e}}_3^*(t)$ festgelegt. Aus Gründen der Übersichtlichkeit verzichten wir im weiteren Verlauf auf die explizite Angabe der Zeitabhängigkeiten.

Es kann zu der Situation kommen, dass $\hat{\boldsymbol{e}}_3$ und $\hat{\boldsymbol{e}}_3^*$ parallel sind. Dann ist die Knotenlinie nicht eindeutig definiert. Diese mathematische Singularität wird in praktischen Anwendungen umgangen, indem nicht die Euler'schen Winkel, sondern die sogenannten *Quaternionen* zur Darstellung verwendet werden, auf die wir hier jedoch nicht weiter eingehen.

Die drei Euler-Winkel sind folgendermaßen definiert (in der Literatur sind – je nach Konvention – allerdings abweichende Definitionen zu finden):

- Winkel zwischen $\hat{\boldsymbol{e}}_K$ und $\hat{\boldsymbol{e}}_1$: φ
- Winkel zwischen $\hat{\boldsymbol{e}}_3$ und $\hat{\boldsymbol{e}}_3^*$: ϑ
- Winkel zwischen $\hat{\boldsymbol{e}}_K$ und $\hat{\boldsymbol{e}}_1^*$: ψ

Mathematisch lassen sich die beiden Koordinatensysteme folgendermaßen ineinander überführen (siehe Abschn. 2.1):

1. Im ersten Schritt wird eine Drehung um $\hat{\boldsymbol{e}}_3$ um den Winkel φ durchgeführt. Die damit verbundene Drehmatrix lautet

$$\boldsymbol{R}_3(\varphi) = \begin{pmatrix} \cos\varphi & \sin\varphi & 0 \\ -\sin\varphi & \cos\varphi & 0 \\ 0 & 0 & 1 \end{pmatrix} \quad (4.5)$$

und führt auf ein Zwischensystem mit den Basisvektoren $\hat{\boldsymbol{e}}_i^{(\varphi)}$.

2. Im Anschluss wird um den Winkel ϑ um $\hat{\boldsymbol{e}}_1^{(\varphi)}$ gedreht. Die Drehmatrix

$$\boldsymbol{R}_1(\vartheta) = \begin{pmatrix} 1 & 0 & 0 \\ 0 & \cos\vartheta & \sin\vartheta \\ 0 & -\sin\vartheta & \cos\vartheta \end{pmatrix} \tag{4.6}$$

führt auf ein weiteres Zwischensystem mit den Basisvektoren $\hat{\boldsymbol{e}}_i^{(\vartheta)}$.

3. Im letzten Schritt erhält man das körperfeste Koordinatensystem mit den Basisvektoren $\hat{\boldsymbol{e}}_i^*$, indem um die Achse $\hat{\boldsymbol{e}}_3^{(\vartheta)}$ um den Winkel ψ gedreht wird. Die zugehörige Drehmatrix lautet

$$\boldsymbol{R}_3(\psi) = \begin{pmatrix} \cos\psi & \sin\psi & 0 \\ -\sin\psi & \cos\psi & 0 \\ 0 & 0 & 1 \end{pmatrix}. \tag{4.7}$$

Selbstverständlich lassen sich die drei Einzeldrehungen zu einer einzigen Operation

$$\boldsymbol{R} = \boldsymbol{R}_3(\psi)\boldsymbol{R}_1(\vartheta)\boldsymbol{R}_3(\varphi) \tag{4.8}$$

zusammenfassen. Man kann mit etwas Aufwand, aber simpler Rechenarbeit zeigen, dass

$$\boldsymbol{R} = \begin{pmatrix} \cos\varphi\cos\psi - \sin\varphi\cos\vartheta\sin\psi & \sin\varphi\cos\psi + \cos\varphi\cos\vartheta\sin\psi & \sin\vartheta\sin\psi \\ -\sin\varphi\cos\vartheta\cos\psi - \cos\varphi\sin\psi & \cos\varphi\cos\vartheta\cos\psi - \sin\varphi\sin\psi & \sin\vartheta\cos\psi \\ \sin\varphi\sin\vartheta & -\cos\varphi\sin\vartheta & \cos\vartheta \end{pmatrix} \tag{4.9}$$

gilt. Die Rücktransformation erfolgt mit der Matrix $\boldsymbol{R}^{-1} = \boldsymbol{R}^\top$, da $\boldsymbol{R}$ eine orthogonale Matrix ist. Somit gilt für einen ungebundenen Abstandsvektor mit den Koordinatendarstellungen $\boldsymbol{d}$ in S und $\boldsymbol{d}^*$ in S^*:

$$\boldsymbol{d}^* = \boldsymbol{R}\boldsymbol{d}, \quad \boldsymbol{d} = \boldsymbol{R}^{-1}\boldsymbol{d}^* \tag{4.10}$$

bzw.

$$d_i^* = r_{ij}d_j, \quad d_i = r_{ji}d_j^*. \tag{4.11}$$

Frage 1

Rechnen Sie (4.9) nach.

Weiterhin gilt wegen (2.10) die nützliche Relation

$$\hat{\boldsymbol{e}}_i^* \cdot \hat{\boldsymbol{e}}_j = r_{ij}. \tag{4.12}$$

Achtung Die Euler-Winkel werden in der Literatur gelegentlich abweichend definiert. So gibt es beispielsweise eine Konvention, bei der die zweite Drehung stattdessen um die $\hat{\boldsymbol{e}}_2^{(\varphi)}$-Achse ausgeführt wird. Dies ergibt letztlich eine andere Form der Drehmatrix $\boldsymbol{R}$. ◀

4.2 Kinetische Energie und Drehimpuls

Es werden die innere kinetische Energie und der innere Drehimpuls des starren Körpers berechnet. Dies führt auf die Definition des Trägheitstensors, der die charakteristische Größe eines rotierenden starren Körpers ist. Der Trägheitstensor wird physikalisch interpretiert. Seine mathematischen Eigenschaften werden anschließend in Abschn. 4.3 untersucht.

Kinetische Energie und Trägheitstensor

Um die kinetische Energie des starren Körpers anzugeben, beginnen wir mit (3.34):

$$T = T_\mathrm{S} + T'_\mathrm{R} = \frac{M}{2}\dot{\boldsymbol{X}}^2 + \sum_a \frac{m_a}{2}\dot{\boldsymbol{x}}_a'^2. \tag{4.13}$$

Der erste Term ist die kinetische Energie der Schwerpunktsbewegung im Inertialsystem S, der zweite die innere kinetische Energie im Schwerpunktsystem S', die als *Rotationsenergie* definiert wird. An dieser Stelle können wir wegen (4.3)

$$\dot{\boldsymbol{x}}'_a = \boldsymbol{\omega}' \times \boldsymbol{x}'_a \tag{4.14}$$

schreiben, wobei der Vektor $\boldsymbol{x}'_a$ vom Schwerpunkt $\boldsymbol{X}$ zur betrachteten Punktmasse m_a zeigt. Man beachte, dass sich S und S' per Definition nur durch die Wahl des Ursprungs unterscheiden. Die Koordinatenachsen sind nicht gegeneinander gedreht. Insbesondere gilt dann $\boldsymbol{\omega} = \boldsymbol{\omega}'$. Da die Winkelgeschwindigkeit $\boldsymbol{\omega}'$ für alle Punktmassen eines starren Körpers identisch ist, findet man durch Einsetzen von (4.14) in den zweiten Term von (4.13):

$$\begin{aligned} T'_\mathrm{R} &= \frac{1}{2}\sum_a m_a\left[(\boldsymbol{\omega}' \times \boldsymbol{x}'_a)\cdot(\boldsymbol{\omega}' \times \boldsymbol{x}'_a)\right] \\ &= \frac{1}{2}\sum_a m_a\left[\boldsymbol{\omega}'^2\boldsymbol{x}_a'^2 - (\boldsymbol{\omega}'\cdot\boldsymbol{x}'_a)^2\right]. \end{aligned} \tag{4.15}$$

Geht man in Komponentenschreibweise über, hat man

$$T'_\mathrm{R} = \frac{1}{2}\sum_a m_a\left[\omega'_i\omega'_i\boldsymbol{x}_a'^2 - \omega'_i x'_{a,i}\omega'_j x'_{a,j}\right]. \tag{4.16}$$

Nach einer kurzen Umformung sieht man:

$$T'_\mathrm{R} = \frac{1}{2}\omega'_i \sum_a m_a\left[\delta_{ij}\boldsymbol{x}_a'^2 - x'_{a,i}x'_{a,j}\right]\omega'_j =: \frac{1}{2}\omega'_i\Theta'_{ij}\omega'_j. \tag{4.17}$$

Frage 2

Führen Sie diese Umformung explizit durch.

Trägheitstensor

Die Größe $\boldsymbol{\Theta}'$ mit den neun Komponenten

$$\begin{aligned}\Theta'_{ij} :&= \sum_a m_a \left(\delta_{ij}\boldsymbol{x}_a'^2 - x'_{a,i}x'_{a,j}\right) \qquad (4.18)\\ &= \sum_a m_a \begin{pmatrix} x_{a,2}'^2 + x_{a,3}'^2 & -x'_{a,1}x'_{a,2} & -x'_{a,1}x'_{a,3} \\ -x'_{a,1}x'_{a,2} & x_{a,1}'^2 + x_{a,3}'^2 & -x'_{a,2}x'_{a,3} \\ -x'_{a,1}x'_{a,3} & -x'_{a,2}x'_{a,3} & x_{a,1}'^2 + x_{a,2}'^2 \end{pmatrix}\end{aligned}$$

ist der *Trägheitstensor* eines starren Körpers in seinem Schwerpunktsystem. Mit seiner Hilfe lässt sich die kinetische Energie (Rotationsenergie) des starren Körpers berechnen, wenn die Winkelgeschwindigkeit $\boldsymbol{\omega}'$ im Schwerpunktsystem bekannt ist:

$$T'_\mathrm{R} = \frac{1}{2}\omega'_i\Theta'_{ij}\omega'_j = \frac{1}{2}\boldsymbol{\omega}'^\top\boldsymbol{\Theta}'\boldsymbol{\omega}'. \qquad (4.19)$$

Der Trägheitstensor ist symmetrisch: $\Theta'_{ij} = \Theta'_{ji}$. Er besitzt daher nur sechs unabhängige Einträge. Diese wichtige Eigenschaft wird später noch eine große Rolle spielen.

Frage 3

Überprüfen Sie dies anhand von (4.18).

Im Folgenden werden wir uns zunächst weiter mit den physikalischen Eigenschaften des Trägheitstensors beschäftigen, bevor wir in Abschn. 4.3 Tensoren als mathematische Objekte definieren und beschreiben.

Physikalische Eigenschaften des Trägheitstensors

Betrachtet man die Struktur von (4.19), so sieht man, dass sie Ähnlichkeiten mit der kinetischen Energie $m\dot{\boldsymbol{x}}^2/2 = m\dot{x}_i\dot{x}_i/2$ einer Punktmasse hat. Die Geschwindigkeit $\dot{\boldsymbol{x}}$ wird durch die Winkelgeschwindigkeit $\boldsymbol{\omega}'$ und die Masse m durch die Komponenten Θ'_{ij} des Trägheitstensors ersetzt. Der *Trägheits*tensor übernimmt die Rolle der trägen Masse bei Drehbewegungen. Wir werden allerdings noch sehen, dass die Bewegungsgleichungen des starren Körpers schwieriger zu lösen sind als die einer Punktmasse.

Was bedeutet der Trägheitstensor anschaulich? Ähnlich wie die Masse verknüpft er die kinetische Energie mit der Geschwindigkeit (in diesem Fall: Rotations- oder Winkelgeschwindigkeit). Dabei spielt es allerdings eine Rolle, wie weit die Elemente des starren Körpers von der Drehachse entfernt sind. Der Trägheitstensor ist eine Größe, welche die Massenverteilung des starren Körpers charakterisiert. Allein dessen Masse reicht für solch eine Beschreibung nicht aus, da seine Form und Ausdehnung die Rotationsenergie beeinflussen. Es ist allerdings auf den ersten Blick erstaunlich, dass nur sechs Zahlen benötigt werden, um das Trägheitsverhalten eines rotierenden starren Körpers vollständig zu erfassen – ganz unabhängig davon, welch komplexe Gestalt er auch besitzt. Physikalisch liegt dies in der großen Anzahl der inneren Zwangsbedingungen begründet.

Die Diagonalelemente des Trägheitstensors nennt man *Trägheitsmomente*. Sie sind nichtnegativ, $\Theta'_{11}, \Theta'_{22}, \Theta'_{33} \geq 0$, und haben die Eigenschaft, dass kein Trägheitsmoment größer ist als die Summe der übrigen beiden. Dies wird in Aufgabe 4.1 gezeigt. Die Nebendiagonalelemente nennt man *Deviationsmomente* oder auch *Trägheitsprodukte*.

Trägheitstensor zweier verbundener Punktmassen

Das einfachste Beispiel für einen starren Körper ist ein System von zwei Punktmassen, die durch eine masselose Stange der Länge $2l$ verbunden sind. Die beiden Massen $m_1 = m_2 = M/2$ befinden sich an den Orten $(-l\cos\varphi, -l\sin\varphi, 0)^\top$ und $(l\cos\varphi, l\sin\varphi, 0)^\top$, sodass der Schwerpunkt im Ursprung liegt. Der Trägheitstensor lautet demnach

$$\begin{aligned}(\Theta'_{ij}) &= M\begin{pmatrix} l^2 - l^2\cos^2\varphi & -l^2\sin\varphi\cos\varphi & 0 \\ -l^2\sin\varphi\cos\varphi & l^2 - l^2\sin^2\varphi & 0 \\ 0 & 0 & l^2 \end{pmatrix}\\ &= Ml^2\begin{pmatrix} \sin^2\varphi & -\sin\varphi\cos\varphi & 0 \\ -\sin\varphi\cos\varphi & \cos^2\varphi & 0 \\ 0 & 0 & 1 \end{pmatrix}.\end{aligned} \qquad (4.20)$$

Offensichtlich gilt $\Theta'_{ij} = \Theta'_{ji}$. ◄

Frage 4

Führen Sie die Rechnung, die auf (4.20) führt, explizit aus.

In Abschn. 4.5 werden noch andere konkrete Berechnungen des Trägheitstensors vorgeführt.

Drehimpuls und Trägheitstensor

Genau wie die kinetische Energie lässt sich auch der Drehimpuls des starren Körpers mittels des Trägheitstensors ausdrücken. Gleichung (3.22),

$$\boldsymbol{L} = \boldsymbol{L}_\mathrm{S} + \boldsymbol{L}'_\mathrm{R} = \boldsymbol{X} \times M\dot{\boldsymbol{X}} + \sum_a \boldsymbol{x}'_a \times m_a\dot{\boldsymbol{x}}'_a, \qquad (4.21)$$

besagt, dass die Drehimpulsanteile von Schwerpunkt und der inneren Bewegung relativ zum Schwerpunkt separat betrachtet

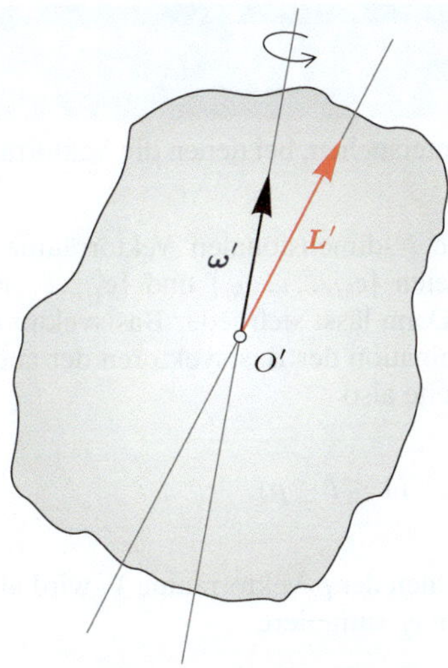

Abb. 4.4 Drehimpuls und Winkelgeschwindigkeit eines starren Körpers sind in der Regel nicht parallel. Hier sind die Vektoren $\boldsymbol{L}'$ und $\boldsymbol{\omega}'$ im Schwerpunktsystem S' dargestellt

werden können. Der Anteil der inneren Bewegung lässt sich wegen (4.14) in der Form

$$\boldsymbol{L}'_{\mathrm{R}} = \sum_a m_a \boldsymbol{x}'_a \times (\boldsymbol{\omega}' \times \boldsymbol{x}'_a) = \sum_a m_a \left[\boldsymbol{x}'^2_a \boldsymbol{\omega}' - \boldsymbol{x}'_a (\boldsymbol{x}'_a \cdot \boldsymbol{\omega}')\right] \tag{4.22}$$

schreiben. Dies führt schließlich auf

$$\boldsymbol{L}'_{\mathrm{R}} = \boldsymbol{\Theta}'\boldsymbol{\omega}'. \tag{4.23}$$

Frage 5

Zeigen Sie mithilfe der Indexschreibweise die Gültigkeit von (4.23).

Um die Bedeutung dieser Gleichung hervorzuheben, schreiben wir sie in Komponentenform aus:

$$\begin{aligned} L'_{\mathrm{R},1} &= \Theta'_{11}\omega'_1 + \Theta'_{12}\omega'_2 + \Theta'_{13}\omega'_3, \\ L'_{\mathrm{R},2} &= \Theta'_{21}\omega'_1 + \Theta'_{22}\omega'_2 + \Theta'_{23}\omega'_3, \\ L'_{\mathrm{R},3} &= \Theta'_{31}\omega'_1 + \Theta'_{32}\omega'_2 + \Theta'_{33}\omega'_3. \end{aligned} \tag{4.24}$$

Achtung Gleichung (4.24) besagt, dass Drehimpuls und Winkelgeschwindigkeit im Allgemeinen *nicht* parallel sind (Abb. 4.4), da $\boldsymbol{\Theta}'$ eine matrixwertige Größe ist und jede Komponente von $\boldsymbol{L}'_{\mathrm{R}}$ im Allgemeinen von *allen* Komponenten von $\boldsymbol{\omega}'$ abhängt. ◄

Es stellt sich hier die Frage, ob es ein Koordinatensystem gibt, in dem der Trägheitstensor diagonal ist, d. h. in dem alle Deviationsmomente verschwinden. In diesem Fall würden die Gleichungen in (4.24) stark vereinfacht werden. Man kann tatsächlich solch ein Koordinatensystem finden, wie wir später zeigen und ausnutzen werden.

Zwischen kinetischer Energie und Drehimpuls gilt schließlich der Zusammenhang

$$T'_{\mathrm{R}} = \frac{1}{2}\boldsymbol{L}'_{\mathrm{R}} \cdot \boldsymbol{\omega}', \tag{4.25}$$

wie man schnell anhand von (4.19) überprüft. Da T'_{R} immer positiv ist, muss der Winkel zwischen $\boldsymbol{L}'_{\mathrm{R}}$ und $\boldsymbol{\omega}'$ stets kleiner als 90° sein. Man beachte die Ähnlichkeit mit $T = \boldsymbol{p} \cdot \boldsymbol{v}/2$ für die kinetische Energie einer Punktmasse.

4.3 Tensoren

In diesem Abschnitt werden Tensoren als mathematische Objekte eingeführt. Sie spielen in der Physik eine grundlegende Rolle; der Trägheitstensor ist eines der wichtigsten Beispiele in der Mechanik. Tensoren lassen sich als multidimensionale Zahlenschemata darstellen. Wir kommen vor allem auf das Transformationsverhalten, das Produkt und die Kontraktion von Tensoren zu sprechen.

Tensoren in der Physik

Tensoren werden im „Mathematischen Hintergrund" 4.1 definiert. In diesem Abschnitt soll erläutert werden, wie Tensoren gewöhnlicherweise in der Physik eingesetzt werden und wie man praktisch mit ihnen rechnet. Wir beschränken uns dabei auf Tensoren, die auf Vektoren im N-dimensionalen euklidischen Raum $\mathbb{R}^N$ wirken.

Bei Tensoren der Stufe p bzw. vom Rang p handelt es sich um multilineare Abbildungen, die sich – nach Wahl einer Basis – als ein $N \times \ldots \times N$-Zahlenschema darstellen lassen. Wie wir in Kürze sehen werden, lassen sich Tensoren erster Stufe als Vektoren mit N Komponenten, Tensoren zweiter Stufe als $N \times N$-Matrizen darstellen usw. Wir beschränken uns im Folgenden zur besseren Anschaulichkeit auf Tensoren zweiter Stufe. Die Ergebnisse sind jedoch für Tensoren jeder Stufe gültig.

Wie findet man nun die Darstellung eines Tensors als $N \times N$-Matrix in der gegebenen Basis? Hierzu reicht es zu wissen, wie der Tensor auf die entsprechenden Basisvektoren $\hat{\boldsymbol{e}}_i$ wirkt. Für einen Tensor $T(\boldsymbol{a}, \boldsymbol{b}) \to \mathbb{R}$ definieren wir

$$T_{ij} := T(\hat{\boldsymbol{e}}_i, \hat{\boldsymbol{e}}_j) \quad (1 \le i, j \le N) \tag{4.26}$$

und nennen diese N^2 Größen die *Komponenten* des Tensors bezüglich der gewählten Basis. Da Tensoren multilinear sind, kann man die Wirkung des Tensors auf beliebige Vektoren dann in der Form

$$T(\boldsymbol{a}, \boldsymbol{b}) = T_{ij} a_i b_j \tag{4.27}$$

schreiben.

4.1 Mathematischer Hintergrund: Tensoren

Wir wollen uns nun mit Tensoren, einem für die Physik wichtigen Konzept, beschäftigen. Dabei werden wir jedoch Tensoren nicht (wie vielerorts üblich) als Größen mit bestimmtem Transformationsverhalten definieren, sondern die mathematische Definition über Multilinearformen nehmen, aus der das Transformationsverhalten folgt.

Multilinearformen Ist K ein Körper und sind $V_1, \ldots, V_p$ K-Vektorräume, so nennen wir eine Abbildung $\phi : V_1 \times \ldots \times V_p \to K$ *Multilinearform* oder *Tensor*, wenn sie in jedem Argument linear ist. Wir sind hier nur an dem Spezialfall $K = \mathbb{R}$ mit lauter identischen V_i interessiert. In diesem Fall schreibt man für den Raum der Multilinearformen auch $\otimes^p V^*$, und man nennt solche Tensoren p-Tensoren. $\otimes^p V^*$ ist selbst wieder ein reeller Vektorraum.

Man kann zeigen, dass der Raum $\otimes^p V^*$ die Dimension N^p hat, wenn V die Dimension N hat. Es gilt sogar noch mehr: $\otimes^p V^*$ ist isomorph (d. h., es existiert eine bijektive Abbildung, die mit der Vektorraumstrukur verträglich ist) zu $\mathbb{R}^{N^p}$. Dies gibt uns die Möglichkeit, nach Wahl von Basen von V p-Tensoren als „p-dimensionale Matrizen" darzustellen.

Beispiele Die einfachsten und geläufigsten Beispiele sind die Fälle $p = 1$ und $p = 2$. Im ersten Fall haben wir es mit einer aus der Mathematik bekannten Linearform zu tun, im zweiten mit einer Bilinearform. Skalarprodukte sind z. B. Bilinearformen. Außerdem ist das Levi-Civita-Symbol ε_{ijk} die Darstellung eines 3-Tensors und die Determinante von $N \times N$-Matrizen (wenn man diese als Multilinearform auf den Spalten auffasst) ein N-Tensor.

Darstellung Wählt man nun für den Vektorraum V p-mal eine Basis (wobei wir den i-ten Basisvektor des j-ten Vektorraumes mit e_{i_j} bezeichnen), so entspricht die Komponente $\phi_{i_1,\ldots,i_p}$ genau dem Wert $\phi(e_{i_1}, \ldots, e_{i_p})$. Ist V N-dimensional, so hat ein p-Tensor also N^p Komponenten. Ist ϕ ein Tensor, so bezeichnen wir seine Komponenten mit $\phi_{i_1,\ldots,i_p}$, wobei $1 \le i_j \le N$ für jedes $1 \le j \le p$.

Am wichtigsten ist dies für 2-Tensoren (d. h. Bilinearformen). Ist ϕ ein 2-Tensor und wählt man für den Vektorraum V eine Basis, so gibt es eine eindeutige Matrix $\boldsymbol{M}$, sodass für alle $\boldsymbol{x}, \boldsymbol{y} \in V$ gilt:

$$\phi(\boldsymbol{x}, \boldsymbol{y}) = \boldsymbol{x}^\top \boldsymbol{M} \boldsymbol{y}.$$

Für $p = 0$ haben wir dann 0-dimensionale Matrizen, also Skalare; für $p = 1$ erhalten wir 1-dimensionale Matrizen, also Vektoren.

Transformationsverhalten Wie schon bei den Vektoren untersucht, sind wir auch hier daran interessiert, wie sich die Darstellung eines Tensors ändert, wenn eine andere Basis gewählt wird. Dabei erinnern wir nochmals daran, dass wir hier nur Tensoren untersuchen, bei denen die Vektorräume V_i alle identisch sind.

Seien dafür die N-dimensionalen Vektorräume $V_1, \ldots, V_p$ gegeben und seien $\{e_{1_i}, \ldots, e_{N_i}\}$ und $\{e'_{1_i}, \ldots, e'_{N_i}\}$ jeweils Basen von V_i. Dann lässt sich jeder Basisvektor einer Basis als Linearkombination der Basisvektoren der anderen Basis darstellen, es gelte also

$$e'_{i_l} = \sum_{j_l=1}^{N} r_{i_l,j_l} e_{j_l} \quad (1 \le l \le p). \tag{1}$$

Für jeden einzelnen der p Vektorräume V_l wird also über die N Basisvektoren e_{j_l} summiert.

Wenden wir nun einen Tensor ϕ an, so erhalten wir mit dieser Transformation und aufgrund der Multilinearität von ϕ

$$\phi'_{i_1,\ldots,i_p} = \sum_{j_1} \cdots \sum_{j_p} r_{i_1,j_1} \cdots r_{i_p,j_p} \phi_{j_1,\ldots,j_p}. \tag{2}$$

Eine Herleitung dieser Gleichung für $p = 2$ (die sich auch auf höhere p verallgemeinern lässt) ist im Haupttext zu finden.

Beispiele Ist $p = 0$, so ist die Transformation in (1) von der Form $\lambda \mapsto r \cdot \lambda$ für alle $\lambda \in \mathbb{R}$ und $r = \pm 1$. Die Transformation eines 0-Tensors ist nach (2) dann $\phi' = r \cdot \phi$, d. h., der Tensor transformiert sich genauso wie ein Skalar. Für $p = 1$ erhalten wir aus (2)

$$\phi'_i = \sum_j r_{i,j} \phi_j.$$

1-Tensoren transformieren sich also wie Vektoren.

Tensorprodukt Sind ϕ und ψ Elemente von $\otimes^p V^*$ bzw. $\otimes^q V^*$, so definiert man das *Tensorprodukt* $\phi \otimes \psi$ durch

$$(\phi \otimes \psi)(\boldsymbol{v}_1, \ldots, \boldsymbol{v}_p, \boldsymbol{w}_1, \ldots, \boldsymbol{w}_q)$$
$$:= \phi(\boldsymbol{v}_1, \ldots, \boldsymbol{v}_p)\psi(\boldsymbol{w}_1, \ldots, \boldsymbol{w}_q).$$

Das Tensorprodukt hat folgende Eigenschaften (dabei seien ϕ, ψ und σ Tensoren und $\lambda_1, \lambda_2 \in \mathbb{R}$):

- Das Tensorprodukt ist distributiv, d. h., es gilt

$$(\lambda_1\phi_1 + \lambda_2\phi_2) \otimes \psi = \lambda_1\phi_1 \otimes \psi + \lambda_2\phi_2 \otimes \psi,$$
$$\phi \otimes (\lambda_1\psi_1 + \lambda_2\psi_2) = \lambda_1\phi \otimes \psi_1 + \lambda_2\phi \otimes \psi_2.$$

- Das Tensorprodukt ist assoziativ, d. h., es gilt

$$(\phi \otimes \psi) \otimes \sigma = \phi \otimes (\psi \otimes \sigma).$$

- Das Tensorprodukt ist im Allgemeinen nicht kommutativ.

Für den Fall $p = q = 1$ nennt man das Produkt auch *dyadisches Produkt*. Dieses wird im Haupttext näher besprochen.

Frage 6

Zeigen Sie die Gültigkeit von (4.27).

Allgemein kann man einen p-Tensor T im euklidischen Raum in der folgenden Form darstellen:

$$T(\boldsymbol{v}_1, \boldsymbol{v}_2, \ldots, \boldsymbol{v}_p) = T_{i_1 i_2 \ldots i_p} v_{1,i_1} v_{2,i_2} \cdots v_{p,i_p}, \tag{4.28}$$

wobei v_{j,i_j} die i_j-te Komponente von Vektor $\boldsymbol{v}_j$ ist. Die Abbildung T wirkt also auf p N-dimensionale Vektoren $\boldsymbol{v}_i$, und man summiert dabei über alle p auftretenden Indexpaare.

Matrizen als Darstellung von Tensoren

Wir halten fest, dass man wegen (4.26) und (4.27) Tensoren zweiter Stufe als Matrizen darstellen kann. Analog können Tensoren erster Stufe als Vektoren dargestellt werden.

Achtung Genau wie bei einem Vektor ist prinzipiell streng zwischen einem Tensor zweiter Stufe und seiner darstellenden Matrix zu unterscheiden. Es ist in der Physik dennoch häufig der Fall, dass diese Begriffe als Synonyme verwendet werden. Anstatt von der Trägheitsmatrix (d. h. von derjenigen Matrix, die den Trägheitstensor darstellt) zu sprechen, verzichtet man normalerweise auf diese Unterscheidung und spricht nur noch vom Trägheitstensor. Wir schließen uns hier dieser Konvention an, behalten aber im Hinterkopf, dass es einen konzeptionellen Unterschied zwischen Trägheitstensor und -matrix gibt. ◀

Skalarprodukt und Längenprojektion

Das Skalarprodukt im $\mathbb{R}^3$ kann als eine Tensoroperation verstanden werden. Wir betrachten einen 2-Tensor S, der den zwei Vektoren $\boldsymbol{a}$ und $\boldsymbol{b}$ ihr Skalarprodukt $\boldsymbol{a} \cdot \boldsymbol{b}$ zuordnet: $S(\boldsymbol{a}, \boldsymbol{b}) \mapsto \boldsymbol{a} \cdot \boldsymbol{b} \in \mathbb{R}$. Dies lässt sich auch in der Form

$$\boldsymbol{a} \cdot \boldsymbol{b} = \delta_{ij} a_i b_j \tag{4.29}$$

schreiben, wobei δ_{ij} das Kronecker-Symbol ist und über i und j summiert wird. Somit ist das Kronecker-Symbol die Darstellung des Skalarprodukt-Tensors S im gewählten Koordinatensystem.

Möchte man einen Vektor auf eine Koordinatenachse projizieren, so lässt sich dies ebenfalls als eine Tensoroperation auffassen. Sei $P_n(\boldsymbol{v}) \mapsto v_n \in \mathbb{R}$ beispielsweise derjenige 1-Tensor, welcher dem Vektor $\boldsymbol{v}$ seine projizierte Länge auf die Achse $\hat{\boldsymbol{n}}$, also $v_n = \hat{\boldsymbol{n}} \cdot \boldsymbol{v}$, zuordnet. Dann ist wegen

$$\hat{\boldsymbol{n}} \cdot \boldsymbol{v} = \hat{n}_i v_i \tag{4.30}$$

$\hat{n}_i$ gerade die entsprechende Darstellung dieses Tensors P_n im gewählten Koordinatensystem. ◀

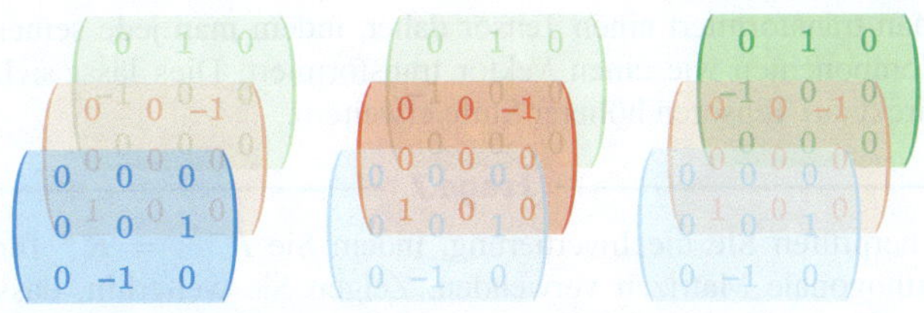

Abb. 4.5 Das Levi-Civita-Symbol ε_{ijk} ist die Darstellung eines Tensors der Stufe 3. Man kann ihn sich als mehrdimensionale Matrix vorstellen, die aus mehreren „Lagen" besteht (*blau, rot, grün*). Die ersten beiden Indizes von ε_{ijk} werden durch die Einträge einer zweidimensionalen Matrix erfasst, der dritte Index entspricht einer der drei Farben

3-Tensoren lassen sich nicht als Matrizen darstellen, aber man kann, wie in Abb. 4.5 gezeigt, ihre Komponenten in einem dreidimensionalen Schema anordnen.

Wir sehen nun, dass (4.18) die Darstellung eines Tensors ist. Der Trägheitstensor Θ' ordnet der Winkelgeschwindigkeit $\boldsymbol{\omega}'$ (neben einem Faktor $\frac{1}{2}$) die kinetische Energie T'_R zu:

$$T'_\mathrm{R} = \frac{1}{2}\Theta'(\boldsymbol{\omega}', \boldsymbol{\omega}') = \frac{1}{2}\boldsymbol{\omega}'^\top \boldsymbol{\Theta}' \boldsymbol{\omega}'. \tag{4.31}$$

Hier ist Θ' der eigentliche Tensor und $\boldsymbol{\Theta}'$ seine Matrixdarstellung.

Transformationsverhalten von Tensoren

Zunächst wollen wir über das Transformationsverhalten von Tensoren sprechen. Betrachten wir zwei kartesische Koordinatensysteme S und S' mit Basisvektoren $(\hat{\boldsymbol{e}}_i)$ und $(\hat{\boldsymbol{e}}'_j)$. Die Komponenten eines Vektors, der in beiden Systemen dargestellt wird, transformieren gemäß

$$v'_i = r_{ij} v_j, \tag{4.32}$$

wobei $\boldsymbol{R} = (r_{ij})$ diejenige orthogonale Matrix ist, die S in S' überführt. Wie lautet nun eine Tensordarstellung in S', wenn sie in S bekannt ist? Zunächst ist

$$T'(\boldsymbol{v}', \boldsymbol{w}') = T'(\boldsymbol{R}\boldsymbol{v}, \boldsymbol{R}\boldsymbol{w}). \tag{4.33}$$

In Darstellungsform lautet dies

$$T'_{ij} v'_i w'_j = T'_{ij} r_{ik} v_k r_{jl} w_l = T_{kl} v_k w_l \tag{4.34}$$

bzw.

$$\boldsymbol{v}'^\top \boldsymbol{T}' \boldsymbol{w}' = \boldsymbol{v}^\top \boldsymbol{T} \boldsymbol{w}. \tag{4.35}$$

Wir fordern diese Gleichung, da es sich bei dem Ergebnis einer Tensorabbildung um einen Skalar aus $\mathbb{R}$ handelt, der in jedem Koordinatensystem identisch sein muss. Da die Wahl der Vektoren $\boldsymbol{v}$ und $\boldsymbol{w}$ beliebig ist, kann man den Zusammenhang

$$T'_{ij} r_{ik} r_{jl} = T_{kl} \tag{4.36}$$

ablesen. Durch Invertierung folgt

$$T'_{ij} = r_{ik} r_{jl} T_{kl}. \tag{4.37}$$

Man transformiert einen Tensor daher, indem man jede seiner Komponenten wie einen Vektor transformiert. Dies lässt sich direkt auf Tensoren höherer Stufe erweitern.

Frage 7

Überprüfen Sie die Invertierung, indem Sie $\boldsymbol{R}^{-1} = \boldsymbol{R}^\top$ für orthogonale Matrizen verwenden. Zeigen Sie weiterhin, dass das Kronecker-Symbol, das auch als Darstellung des *Einheitstensors* bezeichnet wird, invariant unter orthogonalen Transformationen ist. Erinnern Sie sich dabei an die Invarianz des Skalarprodukts unter orthogonalen Transformationen.

Wir wollen noch explizit das Transformationsverhalten des Trägheitstensors überprüfen. Dazu betrachten wir den Übergang von S' in ein anderes, durch einen Doppelstrich bezeichnetes kartesisches Koordinatensystem S'', das gegenüber S und S' gedreht ist. Die Drehung werde durch eine orthogonale Matrix $\boldsymbol{R}' = (r'_{ij})$ dargestellt:

$$r'_{ik}r'_{jk} = r'_{ik}r'_{jl}\delta_{kl} = \delta_{ij}. \tag{4.38}$$

Wir wissen bereits, dass das Skalarprodukt unter solchen Transformationen invariant ist, d. h. $\boldsymbol{x}_a'^2 = \boldsymbol{x}_a'^2$. Als Konsequenz gilt

$$\Theta''_{ij} = \sum_a m_a \left[r'_{ik}r'_{jl}\delta_{kl}\boldsymbol{x}_a'^2 - r'_{ik}r'_{jl}x'_{a,k}x'_{a,l}\right] = r'_{ik}r'_{jl}\Theta'_{kl}. \tag{4.39}$$

Der Trägheitstensor $\boldsymbol{\Theta}'$ transformiert also genau so, wie man es von einem Tensor zweiter Stufe erwartet.

Tensorprodukt, Dyaden und Kontraktion

Weiterhin ist es wichtig, über das sogenannte *Tensorprodukt* Bescheid zu wissen. Man kann Tensoren T_1 und T_2 der Stufen p_1 und p_2 miteinander verbinden, um einen Tensor T der Stufe $p = p_1 + p_2$ zu erhalten. Dies ist im „Mathematischen Hintergrund" 4.1 erläutert.

Betrachten wir dazu ein für die Physik wichtiges Beispiel. Wir gehen aus von zwei Vektoren $\boldsymbol{v}$ und $\boldsymbol{w}$ als jeweilige Darstellung eines Tensors erster Stufe (v und w). Man kann nun aufgrund der Multilinearität die Darstellung des Tensors $T = v \otimes w$ erhalten:

$$T_{ij} = v_i w_j. \tag{4.40}$$

Das Tensorprodukt zweier 1-Tensoren nennt man auch *dyadisches Produkt* oder kurz *Dyade*. Es ist in der Regel nicht kommutativ, da im Allgemeinen $T_{ij} \neq T_{ji}$ ist.

Man kann auch Tensoren *kontrahieren*, indem man jeweils paarweise über Indizes ihrer Darstellung summiert. Hat man es beispielsweise mit der Darstellung eines Tensors dritter Stufe, T_{ijk}, zu tun, so sind

$$u_i = T_{ijj} \quad \text{oder} \quad v_i = T_{jij} \quad \text{oder} \quad w_i = T_{jji} \tag{4.41}$$

Darstellungen von Tensoren erster Stufe. Allgemein gilt, dass die Kontraktion eines p-Tensors ebenfalls ein Tensor ist, allerdings mit Ordnung $p - 2$.

Dyadisches Produkt

Das dyadische Produkt zweier Vektoren $\boldsymbol{a} = (a_i)$ und $\boldsymbol{b} = (b_j)$ wird auch häufig in der Vektorform

$$\boldsymbol{a} \circ \boldsymbol{b} := (a_i b_j) = a_i b_j \hat{\boldsymbol{e}}_i \hat{\boldsymbol{e}}_j \tag{4.42}$$

geschrieben. Stellt man sich $\boldsymbol{a}$ und $\boldsymbol{b}$ als Spaltenvektoren (und demnach $\boldsymbol{a} \circ \boldsymbol{b}$ als Matrix) vor, so entspricht $\boldsymbol{a} \circ \boldsymbol{b}$ genau $\boldsymbol{a}\boldsymbol{b}^\top$.

Wir zeigen, dass für drei Vektoren $\boldsymbol{a}$, $\boldsymbol{b}$ und $\boldsymbol{c}$ die Identitäten

$$(\boldsymbol{a} \circ \boldsymbol{b})\boldsymbol{c} = \boldsymbol{a}(\boldsymbol{b} \cdot \boldsymbol{c}) \quad \text{und} \quad \boldsymbol{c}^\top(\boldsymbol{a} \circ \boldsymbol{b}) = \boldsymbol{b}(\boldsymbol{a} \cdot \boldsymbol{c}) \tag{4.43}$$

gelten. Auf den linken Seiten ist jeweils das Matrixprodukt auszuführen, d. h., $(\boldsymbol{a} \circ \boldsymbol{b})$ wird wie eine gewöhnliche Matrix mit dem Vektor $\boldsymbol{c}$ multipliziert. Dazu gehen wir in Komponentenschreibweise über. Die erste Gleichung lautet

$$(a_i b_j)c_j = a_i(b_j c_j) = a_i(\boldsymbol{b} \cdot \boldsymbol{c}). \tag{4.44}$$

Analog lässt sich die zweite Gleichung überprüfen:

$$c_i(a_i b_j) = (c_i a_i)b_j = b_j(\boldsymbol{a} \cdot \boldsymbol{c}). \tag{4.45}$$

Gelegentlich benutzt man auch ein anderes Symbol für die vollständige Kontraktion $a_{ij}b_{ij}$ zweier Matrizen $\boldsymbol{A} = (a_{ij})$ und $\boldsymbol{B} = (b_{ij})$:

$$\boldsymbol{A} : \boldsymbol{B} := a_{ij}b_{ij}. \tag{4.46}$$

Die vollständige Kontraktion ist von der Matrixmultiplikation $\boldsymbol{AB}$ bzw. $a_{ij}b_{jk}$ zu unterscheiden! Letztere ergibt wieder eine Matrix. Analog zur Matrixkontraktion schreibt man auch für dyadische Produkte

$$\begin{aligned}(\boldsymbol{a} \circ \boldsymbol{b}) : (\boldsymbol{c} \circ \boldsymbol{d}) &= (a_i b_j)(c_i d_j) \\ &= (a_i c_i)(b_j d_j) = (\boldsymbol{a} \cdot \boldsymbol{c})(\boldsymbol{b} \cdot \boldsymbol{d})\end{aligned} \tag{4.47}$$

oder für Kontraktionen von Matrizen und dyadischen Produkten

$$\boldsymbol{A} : (\boldsymbol{b} \circ \boldsymbol{c}) = a_{ij}b_i c_j. \tag{4.48}$$

◄

Die *Spur* eines Tensors T zweiter Stufe ist definiert als die Spur seiner Darstellungsmatrix $\boldsymbol{T}$

$$\mathrm{Sp}(T) = \mathrm{Sp}(\boldsymbol{T}) = T_{ii}. \tag{4.49}$$

Sie ist eine Kontraktion und entspricht der Summe der Diagonalelemente.

Matrixmultiplikation und Kontraktion

Das Matrixprodukt $\boldsymbol{C} = \boldsymbol{AB} = (a_{ij}b_{jk}) = (c_{ik})$ lässt sich auch anders ausdrücken. Dazu bildet man zunächst das Produkt der beiden Matrizen:

$$\boldsymbol{D} = \boldsymbol{A} \circ \boldsymbol{B} = (a_{ij}b_{kl}) = (d_{ijkl}). \tag{4.50}$$

Dies ist die Darstellung eines Tensors vierter Stufe. Im Anschluss kontrahiert man die beiden mittleren Indizes:

$$(d_{ijjl}) = (a_{ij}b_{jl}) = (c_{il}) = \boldsymbol{C}. \tag{4.51}$$

◄

Forminvarianz

Tensor- und Vektorgleichungen wie (4.41), (4.49) oder (4.51) sind forminvariant unter orthogonalen Transformationen. So gilt beispielsweise die Form von (4.19) in allen Inertialsystemen. Wie wir bereits in Kap. 2 gesehen haben, spielt Forminvarianz bzw. Kovarianz eine zentrale Rolle in der theoretischen Physik.

4.4 Trägheitstensor und Trägheitsmomente

Für viele praktische Anwendungen (z. B. Rad auf Achse) benötigt man das Trägheitsmoment eines Körpers bezüglich einer gegebenen Drehachse. Der Steiner'sche Satz setzt die Trägheitstensoren eines starren Körpers in zueinander verschobenen Koordinatensystemen in Relation. Der Trägheitstensor kann durch eine geeignete Koordinatentransformation, die sogenannte Hauptachsentransformation, in Diagonalform gebracht werden. Es zeigt sich, dass in solch einem Koordinatensystem die Gleichungen für die kinetische Energie und den Drehimpuls besonders einfach werden. Die für die Diagonalisierung notwendigen mathematischen Konzepte der Eigenwerte und Eigenvektoren werden erläutert und an Beispielen vertieft.

Vorbemerkungen zum gewählten Koordinatensystem

Wir haben in (4.39) bereits gesehen, wie die Matrixdarstellung des Trägheitstensors unter Drehungen transformiert. Die funktionale Form von (4.19) bleibt davon unberührt. Tatsächlich lässt sich der Trägheitstensor in jedem Koordinatensystem wie in (4.19) berechnen, wenn die $\boldsymbol{x}'_a$ entsprechend durch die Ortsvektoren in dem gewählten Koordinatensystem ersetzt werden. Dies gilt auch für beschleunigte Bezugssysteme, auch wenn der Schwerpunkt und der Koordinatenursprung nicht zusammenfallen. Es ist leicht einzusehen, dass dabei die Tensorelemente im Allgemeinen andere Werte annehmen.

Die Komponenten der Trägheitsmatrix eines starren Körpers können zeitabhängig sein. Dies ist dann der Fall, wenn sich der starre Körper im gewählten Bezugssystem dreht. Beispielsweise kann der Winkel φ in (4.20) von der Zeit abhängen. Dies ist ein entscheidender Unterschied zur Masse eines Körpers, die – in der nichtrelativistischen Mechanik – nicht von der Wahl des Bezugssystems abhängt und zeitunabhängig ist.

Frage 8

Machen Sie sich klar, dass die Komponenten der Trägheitsmatrix zeitabhängig sein können.

Trägheitsmoment für Drehung um eine Achse

Für viele Anwendungen ist die Orientierung der Drehachse relativ zum starren Körper fest. Dies gilt z. B. für einen Autoreifen oder ein Windrad. Es stellt sich die Frage, ob zur Beschreibung solcher Objekte der gesamte Trägheitstensor bekannt sein muss. Um dies zu beantworten, nehmen wir an, dass die Drehung um eine Achse mit Einheitsnormalenvektor $\hat{\boldsymbol{n}} = \text{const}$ stattfindet. Wir führen die Untersuchung im raumfesten System S durch, könnten dies aber genauso gut im körperfesten S^* tun. Den Ursprung O legen wir auf die Drehachse. Es gilt $\boldsymbol{\omega} = \omega\,\hat{\boldsymbol{n}}$. In diesem Fall lautet die kinetische Energie der Drehung aus (4.19)

$$T_\mathrm{R} = \frac{1}{2}\hat{n}_i\Theta_{ij}\hat{n}_j\omega^2 =: \frac{1}{2}\Theta_n\omega^2. \tag{4.52}$$

Hier ist

$$\Theta_n \equiv \hat{n}_i\Theta_{ij}\hat{n}_j = \hat{\boldsymbol{n}}^\top\boldsymbol{\Theta}\hat{\boldsymbol{n}} = \sum_a m_a\left[\boldsymbol{x}_a^2 - (\boldsymbol{x}_a\cdot\hat{\boldsymbol{n}})^2\right] \tag{4.53}$$

das *Trägheitsmoment bezüglich der Drehachse* $\hat{\boldsymbol{n}}$.

Frage 9

Rechnen Sie die Projektion des Trägheitstensors auf die Drehachse nach.

Aus Abb. 4.6 erkennt man, dass

$$l_a^2 = \boldsymbol{x}_a^2 - (\boldsymbol{x}_a\cdot\hat{\boldsymbol{n}})^2 \tag{4.54}$$

der quadratische Abstand der Punktemasse m_a am Ort $\boldsymbol{x}_a$ von der Drehachse $\hat{\boldsymbol{n}}$ ist. Vereinfacht kann das Trägheitsmoment dann in der Form

$$\Theta_n = \sum_a m_a l_a^2 \tag{4.55}$$

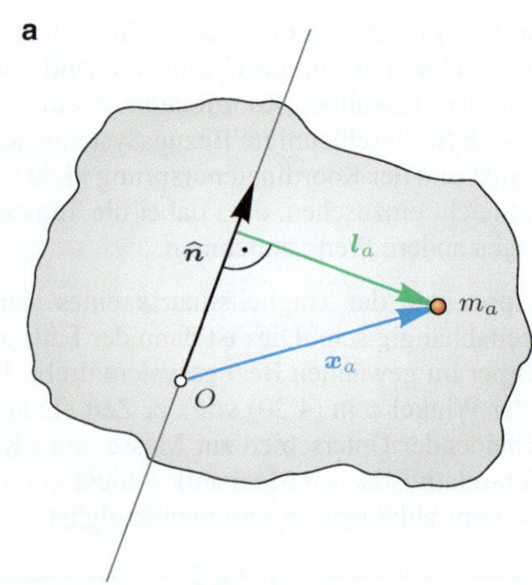

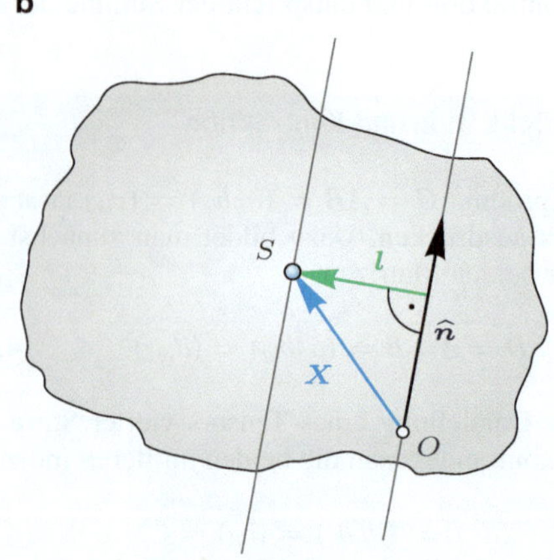

Abb. 4.6 **a** Ein Massenelement m_a am Ort $\boldsymbol{x}_a$ hat einen Abstandsvektor $\boldsymbol{l}_a$ zur Drehachse $\hat{\boldsymbol{n}}$. **b** Der Steiner'sche Satz beschreibt, wie sich der Trägheitstensor ändert, wenn der Koordinatenursprung verschoben wird. Hier ist S der Schwerpunkt und O der gewählte Ursprung des raumfesten Systems

geschrieben werden. Verfährt man so mit dem Drehimpuls in (4.23), findet man analog

$$L_{\mathrm{R},n} = \Theta_n \omega, \tag{4.56}$$

wobei $L_{\mathrm{R},n} = \boldsymbol{L}_{\mathrm{R}} \cdot \hat{\boldsymbol{n}}$ die Projektion des Drehimpulses auf die Drehachse ist.

Frage 10

Überprüfen Sie, dass die Diagonalelemente des Trägheitstensors Θ_{ij} die Trägheitsmomente bezüglich der Koordinatenachsen $(\hat{\boldsymbol{e}}_i)$ sind.

Trägheitsmoment für die Drehung um eine Achse

Für die Drehung um eine feste Achse $\hat{\boldsymbol{n}}$ reicht es, das Trägheitsmoment

$$\Theta_n = \sum_a m_a \left[\boldsymbol{x}_a^2 - (\boldsymbol{x}_a \cdot \hat{\boldsymbol{n}})^2\right] = \sum_a m_a l_a^2 \tag{4.57}$$

zu kennen, wobei l_a der Abstand von m_a zur Drehachse ist. Ist die Drehachse bezüglich des starren Körpers eine Funktion der Zeit, kann das Trägheitsmoment ebenfalls zeitabhängig sein.

Steiner'scher Satz

Bisher haben wir stillschweigend ignoriert, welche Konsequenzen sich ergeben, wenn der Schwerpunkt eines starren Körpers nicht im Koordinatenursprung liegt. Um dies zu untersuchen, nehmen wir an, dass der Schwerpunkt S sich am Ort $\boldsymbol{X}$ befindet. Der Trägheitstensor bezüglich des Ursprungs O ist dann

$$\begin{aligned}\Theta_{ij} &= \sum_a m_a \left(\boldsymbol{x}_a^2 \delta_{ij} - x_{a,i} x_{a,j}\right) \\ &= \sum_a m_a \left[\left(\boldsymbol{X} + \boldsymbol{x}_a'\right)^2 \delta_{ij} - \left(X_i + x_{a,i}'\right)\left(X_j + x_{a,j}'\right)\right],\end{aligned} \tag{4.58}$$

wobei die Schwerpunktskoordinaten wieder durch einen Strich bezeichnet werden. Es ist leicht zu sehen, dass beim Ausmultiplizieren sämtliche Terme der Form $\sum_a x_{a,i}'$ wegen der Definition des Schwerpunktes verschwinden.

Frage 11

Überprüfen Sie diese Aussage.

Es bleibt daher nur der folgende Ausdruck übrig:

$$\Theta_{ij} = \sum_a m_a \left(\boldsymbol{x}_a'^2 \delta_{ij} - x_{a,i}' x_{a,j}'\right) + M\left(\boldsymbol{X}^2 \delta_{ij} - X_i X_j\right). \tag{4.59}$$

Der erste Term liefert gerade den Trägheitstensor $\boldsymbol{\Theta}'$ im Schwerpunktsystem. Im zweiten Term wurde $\sum_a m_a = M$ ausgenutzt. Gleichung (4.59) ist die Transformationsgleichung für den Trägheitstensor bei Verschiebung des Koordinatenursprungs. Wir definieren weiterhin

$$l^2 = \boldsymbol{X}^2 - (\boldsymbol{X} \cdot \hat{\boldsymbol{n}})^2 \tag{4.60}$$

als den quadratischen Abstand des Schwerpunktes von der Drehachse $\hat{\boldsymbol{n}}$. Dann ist das Gesamtdrehmoment bezüglich dieser Drehachse (Abb. 4.6)

$$\Theta_n = \Theta_n' + M l^2. \tag{4.61}$$

Steiner'scher Satz

Der Steiner'sche Satz (nach dem Schweizer Mathematiker *Jakob Steiner*, 1796–1863) besagt: Das Trägheitsmoment eines starren Körpers mit der Masse M um eine beliebige Drehachse im Abstand l von seinem Schwerpunkt ist gleich dem Trägheitsmoment um die parallele Drehachse, die durch den Schwerpunkt verläuft, plus Ml^2.

Der Steiner'sche Satz erlaubt eine Zerlegung des Trägheitsmoments. Dies ist insbesondere bei der Berechnung von Trägheitsmomenten aus einfachen Formen zusammengesetzter Objekte hilfreich. Hierbei ist zu betonen, dass die Definition des Trägheitstensors additiv ist. Der Trägheitstensor eines starren Körpers ist somit die Summe der Trägheitstensoren seiner Teile bezüglich des gleichen Ursprungs.

Achtung Für einen freien starren Körper verwendet man in der Regel den Schwerpunkt als Koordinatenursprung, da dann die kinetische Energie und der Drehimpuls in jeweils zwei separate Anteile zerfallen (Schwerpunktsbeitrag und Beitrag relativ zum Schwerpunkt; siehe (4.13) und (4.21)). Ist der starre Körper in einem Punkt fixiert (d. h., darf sich der starre Körper nur so bewegen, dass der besagte Punkt ortsfest ist), so dient dieser Punkt normalerweise als Koordinatenursprung, und der Steiner'sche Satz findet Verwendung. ◀

Frage 12

Überlegen Sie sich, dass das Trägheitsmoment Θ_n bezüglich einer Achse $\hat{\boldsymbol{n}}$ minimal wird, wenn diese durch den Schwerpunkt läuft.

Diagonalform des Trägheitstensors

Wir haben gesehen, dass die Komponenten des Trägheitstensors zeitabhängig sein können. Wählt man allerdings ein mit dem starren Körper korotierendes Koordinatensystem, tritt die Zeitabhängigkeit nicht auf. Dennoch ist das Koordinatensystem durch diese Wahl noch nicht eindeutig festgelegt, denn die Ausrichtung der Achsen relativ zum starren Körper ist zunächst beliebig.

Der Trägheitstensor hat lauter reelle Einträge und ist symmetrisch, $\Theta_{ij} = \Theta_{ji}$. In der linearen Algebra wird gezeigt (siehe auch den „Mathematischen Hintergrund" 4.2), dass man unter diesen Umständen ein Koordinatensystem finden kann, in dem der Trägheitstensor Diagonalform annimmt. Hier und im Folgenden bezeichnet der Stern Größen in demjenigen körperfesten Koordinatensytem S^*, in dem der Trägheitstensor diagonal ist:

$$\boldsymbol{\Theta}^* = \begin{pmatrix} \Theta_1 & 0 & 0 \\ 0 & \Theta_2 & 0 \\ 0 & 0 & \Theta_3 \end{pmatrix}. \tag{4.62}$$

Die drei Einträge Θ_1, Θ_2 und Θ_3 sind dann reell; sie werden *Eigenwerte* der Matrix $\boldsymbol{\Theta}$ genannt. Man überführt den Trägheitstensor $\boldsymbol{\Theta}$ durch eine *Ähnlichkeitstransformation* in Diagonalform, d. h.

$$\boldsymbol{\Theta}^* = \boldsymbol{R}^\top \boldsymbol{\Theta} \boldsymbol{R} \quad \text{oder} \quad \Theta^*_{ij} = r_{ki} r_{lj} \Theta_{kl}, \tag{4.63}$$

wobei $\boldsymbol{R}$ eine geeignete orthogonale Matrix ist. Letztlich handelt es sich bei (4.63) um eine durch $\boldsymbol{R}$ vermittelte Drehung des Koordinatensystems.

Achtung Eine allgemeine Ähnlichkeitstransformation erfordert keine orthogonale, sondern nur eine invertierbare Matrix. Da wir aber in der Physik in der Regel an längen- und winkeltreuen Koordinatentransformationen interessiert sind, beschränken wir uns auf orthogonale Matrizen. ◀

Die Koordinatenachsen, bezüglich derer die Matrix diagonal ist, bezeichnet man als *Hauptträgheitsachsen* oder *Hauptachsen*. Die Trägheitsmomente bezüglich der Hauptachsen, also die Eigenwerte des Trägheitstensors, bezeichnet man als *Hauptträgheitsmomente*.

Diagonalform des Trägheitstensors

Da der Trägheitstensor als reellwertige, symmetrische Matrix zweiter Ordnung dargestellt werden kann, hat der Trägheitstensor stets drei reelle Eigenwerte, die Hauptträgheitsmomente. Es gibt ein Koordinatensystem, in dem der Trägheitstensor diagonal ist. Man nennt diejenige Transformation, die auf das Diagonalsystem führt, *Hauptachsentransformation*.

Doch welchen praktischen Vorteil bietet die Diagonalisierung des Trägheitstensors? Wie wird sie erreicht? Und welche physikalische Bedeutung hat sie? Diesen Fragen wollen wir uns im folgenden Abschnitt widmen.

Diagonalisierung von Matrizen

Die Frage nach dem praktischen Vorteil der Diagonalisierung lässt sich leicht beantworten, indem man sich die Ausdrücke (4.19) und (4.23) für die kinetische Energie und den Drehimpuls im Diagonalsystem anschaut:

$$T^*_\mathrm{R} = \frac{1}{2}\Theta_1 \omega_1^{*2} + \frac{1}{2}\Theta_2 \omega_2^{*2} + \frac{1}{2}\Theta_3 \omega_3^{*2}, \tag{4.64}$$

$$L^*_{\mathrm{R},1} = \Theta_1 \omega_1^*, \quad L^*_{\mathrm{R},2} = \Theta_2 \omega_2^*, \quad L^*_{\mathrm{R},3} = \Theta_3 \omega_3^*. \tag{4.65}$$

Insbesondere der Ausdruck für die Komponenten des Drehimpulses wird wesentlich vereinfacht, da $L^*_{\mathrm{R},1}$ nun nur von ω_1^* usw. abhängt. Drehimpuls und Winkelgeschwindigkeit sind parallel, wenn die Drehung um eine der drei Hauptachsen erfolgt.

4.2 Mathematischer Hintergrund: Diagonalisierbarkeit

Einführung Wir wissen, dass lineare Abbildungen bezüglich verschiedener Basen unterschiedliche Matrixdarstellungen haben. Nun stellen wir uns die Frage, ob wir eine Basis finden können, für die diese Form möglichst einfach ist. Die einfachste Gestalt ist die einer Diagonalmatrix, denn dann können wir das Ergebnis der linearen Abbildung (d. h. der Matrix-Vektor-Multiplikation) sofort hinschreiben:

$$\begin{pmatrix} a_1 & & 0 \\ & \ddots & \\ 0 & & a_N \end{pmatrix} \cdot \begin{pmatrix} v_1 \\ \vdots \\ v_N \end{pmatrix} = \begin{pmatrix} a_1 v_1 \\ \vdots \\ a_N v_N \end{pmatrix}.$$

Wir identifizieren hier lineare Abbildungen mit ihren zugehörigen Matrizen und umgekehrt.

Eigenwerte und Eigenvektoren Ist ϕ eine lineare Abbildung eines K-Vektorraumes V in sich selbst, dann heißt $\lambda \in K$ *Eigenwert* von ϕ, wenn es ein $\boldsymbol{v} \in V \backslash \{\boldsymbol{0}\}$ gibt mit $\phi(\boldsymbol{v}) = \lambda \boldsymbol{v}$. Jedes $\boldsymbol{v} \in V \backslash \{\boldsymbol{0}\}$, für das die Gleichung $\phi(\boldsymbol{v}) = \lambda \boldsymbol{v}$ gilt, heißt *Eigenvektor* von ϕ zum Eigenwert λ. Für Matrizen $\boldsymbol{A}$ lautet die entsprechende Gleichung dann $\boldsymbol{A}\boldsymbol{v} = \lambda \boldsymbol{v}$. Anschaulich bedeutet dies, dass ϕ nur die Länge, nicht aber die Richtung eines Eigenvektors ändert.

Nicht jede lineare Abbildung hat Eigenvektoren. Betrachten wir z. B. eine Drehung im $\mathbb{R}^2$ um 90°. Es gibt keinen Vektor, bei dem sich nur die Länge ändert, also hat diese Abbildung keine Eigenvektoren. Hier muss man jedoch aufpassen: Betrachtet man dieselbe Abbildung im $\mathbb{C}^2$, so gibt es Eigenvektoren.

Zu einem Eigenwert kann es mehrere linear unabhängige Eigenvektoren geben (Beispiel: Einheitsmatrix). Gibt es genau m linear unabhängige Eigenvektoren zu einem Eigenwert, so heißt dieser Eigenwert m-fach *entartet*.

Diagonalisierbarkeit Eine lineare Abbildung ϕ eines K-Vektorraumes V in sich selbst heißt *diagonalisierbar*, wenn es eine Basis von V gibt, die aus lauter Eigenvektoren von ϕ besteht.

Eine Matrix $\boldsymbol{A}$ ist genau dann diagonalisierbar, wenn es eine invertierbare Matrix $\boldsymbol{S}$ gibt, sodass

$$\boldsymbol{S}^{-1}\boldsymbol{A}\boldsymbol{S} = \boldsymbol{D}$$

gilt, wobei $\boldsymbol{D}$ eine Diagonalmatrix ist. In diesem Fall stehen in der Diagonale von $\boldsymbol{D}$ genau die Eigenwerte von $\boldsymbol{A}$, und in den Spalten der Matrix $\boldsymbol{S}$ stehen die zugehörigen Eigenvektoren von $\boldsymbol{A}$ zum jeweiligen Eigenwert. Man spricht hier von einer *Ähnlichkeitstransformation* und sagt, dass $\boldsymbol{A}$ und $\boldsymbol{D}$ zueinander ähnliche Matrizen sind.

Da nicht jede Matrix Eigenvektoren hat, ist auch nicht jede Matrix diagonalisierbar. Auch wenn eine Matrix Eigenwerte hat, so ist sie nicht zwingend diagonalisierbar. Zum Beispiel hat die Matrix

$$\boldsymbol{A} = \begin{pmatrix} 1 & 1 & 0 \\ 0 & 1 & 0 \\ 0 & 0 & 2 \end{pmatrix}$$

die Eigenwerte 1 und 2, ist aber nicht diagonalisierbar.

Hat eine $N \times N$-Matrix N verschiedene Eigenvektoren, so ist sie auf jeden Fall diagonalisierbar. Dieses Kriterium ist aber nur hinreichend und nicht notwendig. Zum Beispiel hat die Einheitsmatrix nur den Eigenwert 1, ist aber diagonalisierbar (denn sie ist ja in Diagonalform).

Ein wichtiges Resultat ist, dass jede symmetrische Matrix $\boldsymbol{A}$ mit reellen Einträgen diagonalisierbar ist. In diesem Fall ist die Matrix $\boldsymbol{S}$ orthogonal, und die Eigenwerte von $\boldsymbol{A}$ sind alle reell.

Charakteristisches Polynom Es ist im Allgemeinen recht mühsam, die Eigenwerte einer Matrix zu bestimmen. Dafür verwendet man üblicherweise das charakteristische Polynom.

Ist $\boldsymbol{A}$ eine $N \times N$-Matrix, so nennen wir

$$P_A(\lambda) = \det(\lambda \boldsymbol{I} - \boldsymbol{A})$$

das *charakteristische Polynom* von $\boldsymbol{A}$. Betrachtet man eine Matrix bezüglich einer anderen Basis, so erhält man dasselbe charakteristische Polynom.

Für eine Matrix ist nun λ genau dann ein Eigenwert, wenn es Nullstelle des charakteristischen Polynoms ist.

Beispiel: Drehungen im $\mathbb{R}^2$ Wir betrachten als Beispiel eine Drehung um den Winkel $\varphi \in [0, 2\pi)$ im $\mathbb{R}^2$:

$$\boldsymbol{A}_\varphi = \begin{pmatrix} \cos\varphi & -\sin\varphi \\ \sin\varphi & \cos\varphi \end{pmatrix}.$$

Anschaulich kann es nur Eigenvektoren für $\varphi = 0$ (identische Abbildung) oder $\varphi = \pi$ (jedem Vektor $\boldsymbol{v}$ wird gerade $-\boldsymbol{v}$ zugeordnet) geben. Das charakteristische Polynom ist

$$P_{A_\varphi}(\lambda) = (\lambda - \cos\varphi)^2 + \sin\varphi^2 = \lambda^2 - 2\lambda\cos\varphi + 1$$

und besitzt die Nullstellen $\lambda_{1,2} = \cos\varphi \pm \sqrt{\cos^2\varphi - 1}$. Das Polynom hat also nur dann reelle Nullstellen, wenn $\cos\varphi = \pm 1$. Dies gilt wie erwartet dann, wenn $\varphi = 0$ oder $\varphi = \pi$. In dem Fall liegt $\boldsymbol{A}x_\varphi$ bereits in Diagonalform mit zweifach entarteten Eigenwerten vor.

Literatur

- Modler, F., Kreh, M.: Tutorium Analysis 1 und Lineare Algebra 1. 3. Aufl., SpringerSpektrum (2014)
- Fischer, G: Lineare Algebra. 15. Aufl., Vieweg (2005)

Frage 13

Zeigen Sie (4.64) und (4.65), indem Sie von den allgemeinen Ausdrücken in (4.19) und (4.23) ausgehen und den diagonalen Trägheitstensor aus (4.62) verwenden.

Das Rechnen mit dem diagonalisierten Trägheitstensor bietet in erster Linie Rechenvereinfachungen im Vergleich zu einem nichtdiagonalen Trägheitstensor. Physikalisch sind beide Wege aber völlig äquivalent, da man dieselben Gleichungen nur in verschiedenen Koordinatensystemen betrachtet. Dies wurde bereits in Kap. 2 im Zusammenhang mit den passiven Koordinatentransformationen erläutert.

Doch wie findet man nun das Koordinatensystem S^*, in dem der Trägheitstensor diagonal ist? Dazu greift man auf Methoden aus der linearen Algebra zurück. Im „Mathematischen Hintergrund" 4.2 werden Eigenwerte und Eigenvektoren einer quadratischen Matrix eingeführt: Man nennt λ einen Eigenwert und $\boldsymbol{v}$ den zugehörigen Eigenvektor einer diagonalisierbaren Matrix $\boldsymbol{A}$, wenn

$$\boldsymbol{A}\boldsymbol{v} = \lambda\boldsymbol{v} \quad \Longleftrightarrow \quad (\boldsymbol{A} - \lambda\boldsymbol{I})\,\boldsymbol{v} = 0 \tag{4.66}$$

erfüllt ist. Aus der linearen Algebra ist bekannt, dass die Diagonalelemente einer diagonalen Matrix den Eigenwerten entsprechen. Kennt man daher alle Eigenwerte einer diagonalisierbaren $N \times N$-Matrix $\boldsymbol{A}$, so kann man direkt

$$\boldsymbol{A}^* = \mathrm{diag}(\lambda_1, \ldots, \lambda_N) \tag{4.67}$$

aufschreiben. Die Spalten der zugehörigen Transformationsmatrix $\boldsymbol{R}$, die mittels $\boldsymbol{A}^* = \boldsymbol{R}^\top\boldsymbol{A}\boldsymbol{R}$ die Matrix $\boldsymbol{A}$ in ihre Diagonalform $\boldsymbol{A}^*$ überführt, sind gerade die den Eigenwerten λ_i zugehörigen Eigenvektoren $\boldsymbol{v}_i$. Die Diagonalform $\boldsymbol{\Theta}^*$ des Trägheitstensors lässt sich also direkt aufschreiben, wenn die drei Eigenwerte (d. h. Hauptträgheitsmomente Θ_i) bekannt sind. Ist man zusätzlich an dem speziellen Koordinatensystem interessiert, in dem der Trägheitstensor diagonal ist, muss man außerdem die Eigenvektoren (d. h. die Hauptachsen) kennen.

Dies führt uns nun auf die wichtige Frage, wie man zum einen die Eigenwerte und zum anderen die Eigenvektoren konkret erhält. Offenbar ist der Nullvektor $\boldsymbol{0} = (0, 0, 0)^\top$ stets Eigenvektor, da $\boldsymbol{A}\boldsymbol{0} = \lambda\boldsymbol{0}$ immer erfüllt ist. Wir suchen daher nach nichttrivialen Eigenvektoren, also solchen, die nicht null sind. Die Eigenwerte lassen sich dann ausgehend von der sogenannten *Eigenwertgleichung* (gelegentlich auch *Säkulargleichung* genannt) bestimmen:

$$\det(\lambda\boldsymbol{I} - \boldsymbol{A}) = 0. \tag{4.68}$$

Hier wird ausgenutzt, dass (4.66) nur dann nichttriviale Lösungen für $\boldsymbol{v}$ haben kann, wenn die Determinante der Matrix $(\boldsymbol{A} - \lambda\boldsymbol{I})$ verschwindet.

Jeder Eigenwert λ einer diagonalisierbaren Matrix $\boldsymbol{A}$ erfüllt (4.68) und ist somit Nullstelle des charakteristischen Polynoms $\det(\boldsymbol{A} - \lambda\boldsymbol{I})$ (siehe „Mathematischen Hintergrund" 4.2). Der Trägheitstensor $\boldsymbol{\Theta}$ wird durch eine 3×3-Matrix dargestellt und führt somit auf ein Polynom dritter Ordnung in λ. Gemäß dem Fundamentalsatz der Algebra hat ein charakteristisches Polynom der Ordnung N stets N Lösungen, die jedoch komplex sein können (komplexe Zahlen werden in Kap. 6 diskutiert). Jedoch sind die Eigenwerte symmetrischer Matrizen stets reell. Aufgrund seiner Symmetrie hat $\boldsymbol{\Theta}$ also immer drei reelle Eigenwerte Θ_i (wie es für alle physikalischen Beobachtungsgrößen gefordert wird).

Die Eigenwerte von $\boldsymbol{\Theta}$ können *entartet* sein. Entweder sind alle Eigenwerte Θ_i unterschiedlich (keine Entartung), oder zwei oder sogar drei Eigenwerte sind identisch (Entartung). Dies wird durch ein Beispiel klar:

Trägheitsmomente zweier Punktmassen

In (4.20) haben wir bereits einen nichtdiagonalen Trägheitstensor gefunden. Nach einer kurzen Rechnung findet man das charakteristische Polynom

$$\det(\Theta\boldsymbol{I} - \boldsymbol{\Theta}) = \left(\Theta - Ml^2\right)\left(\Theta^2 - \Theta Ml^2\right) \tag{4.69}$$

als Bestimmungsgleichung für die drei Hauptträgheitsmomente Θ_i.

Überprüfen Sie (4.69).

Es müssen nun alle drei Lösungen der Gleichung

$$\Theta\left(\Theta - Ml^2\right)^2 = 0 \tag{4.70}$$

bestimmt werden. Offensichtlich sind die Eigenwerte $\Theta_1 = \Theta_2 = Ml^2$ und $\Theta_3 = 0$. Somit lautet der diagonalisierte Trägheitstensor

$$\boldsymbol{\Theta}^* = Ml^2 \begin{pmatrix} 1 & 0 & 0 \\ 0 & 1 & 0 \\ 0 & 0 & 0 \end{pmatrix}. \tag{4.71}$$

Der Eigenwert Ml^2 ist zweifach entartet. Dies liegt daran, dass es eine Symmetrieachse gibt. Dies ist die Achse, auf der beide Punktmassen liegen. Die Existenz von Symmetrieachsen ist stets ein Indikator für entartete Eigenwerte des Trägheitstensors. Weiterhin ist einer der Eigenwerte null, da alle Massenelemente bezüglich der Symmetrieachse den Abstand null besitzen und das entsprechende Trägheitsmoment verschwindet. Dies kann bei realen dreidimensional ausgedehnten Objekten niemals der Fall sein. ◄

Ist ein Eigenwert λ bekannt, lässt sich der entsprechende Eigenvektor $\boldsymbol{v}$ ausgehend von

$$(\boldsymbol{A} - \lambda\boldsymbol{I})\,\boldsymbol{v} = 0 \tag{4.72}$$

berechnen. In drei Dimensionen erhält man ausgeschrieben drei Gleichungen für die Komponenten des Vektors $\boldsymbol{v}$:

$$\begin{aligned} (a_{11} - \lambda)v_1 + a_{12}v_2 + a_{13}v_3 &= 0, \\ a_{21}v_1 + (a_{22} - \lambda)v_2 + a_{23}v_3 &= 0, \\ a_{31}v_1 + a_{32}v_2 + (a_{33} - \lambda)v_3 &= 0. \end{aligned} \tag{4.73}$$

Es ist nun ein Vektor $\boldsymbol{v} = (v_1, v_2, v_3)^\top$ zu finden, der alle drei Gleichungen simultan erfüllt. Eigenvektoren sind allgemein nur bis auf ihre Länge festgelegt.

Frage 14

Zeigen Sie, dass der Vektor $\alpha\boldsymbol{v}$ (mit einer beliebigen Zahl α) ein Eigenvektor der Matrix $\boldsymbol{A}$ mit Eigenwert λ ist, falls $\boldsymbol{v}$ ein Eigenvektor von $\boldsymbol{A}$ mit demselben Eigenwert ist.

Die Eigenvektoren zu unterschiedlichen Eigenwerten sind paarweise orthogonal (Aufgabe 4.2). Sind Eigenwerte jedoch entartet, sind die entsprechenden Eigenvektoren nicht automatisch paarweise orthogonal. Allerdings können Eigenvektoren stets paarweise orthogonal gewählt werden, wie das folgende Beispiel zeigt. Dies wird in Kap. 23 wieder aufgegriffen.

Hauptachsen zweier Punktmassen

Wir führen das Auffinden der Eigenvektoren anhand von (4.20) und den bekannten Eigenwerten aus (4.71) vor. Wir beginnen mit dem nichtentarteten Eigenwert: Für $\Theta_3 = 0$ folgt

$$\begin{aligned} \left(\sin^2\varphi - 0\right) v_x - \sin\varphi\, \cos\varphi v_y &= 0, \\ -\sin\varphi\, \cos\varphi v_x + \left(\cos^2\varphi - 0\right) v_y &= 0, \\ (1 - 0)v_z &= 0. \end{aligned} \tag{4.74}$$

Die ersten beiden Gleichungen sind für $\sin\varphi \neq 0$ und $\cos\varphi \neq 0$ identisch und lauten $v_x \sin\varphi - v_y \cos\varphi = 0$. Die dritte besagt, dass $v_z = 0$ sein muss. Offensichtlich erfüllt der Vektor

$$\boldsymbol{v}_3 = \begin{pmatrix} \cos\varphi \\ \sin\varphi \\ 0 \end{pmatrix} \tag{4.75}$$

alle Anforderungen. Der zum Eigenwert Θ_3 gehörige Eigenvektor $\boldsymbol{v}_3$ entspricht somit erwartungsgemäß gerade derjenigen Achse, die durch die Lage der beiden Punktmassen definiert ist.

Für den entarteten Eigenwert $\Theta_1 = \Theta_2 = Ml^2$ ergibt sich die folgende Situation:

$$\begin{aligned} \left(\sin^2\varphi - 1\right) v_1 - \sin\varphi\, \cos\varphi v_2 &= 0, \\ -\sin\varphi\, \cos\varphi v_1 + \left(\cos^2\varphi - 1\right) v_2 &= 0, \\ (1 - 1)v_3 &= 0. \end{aligned} \tag{4.76}$$

Wieder sind die ersten beiden Gleichungen identisch und lauten $v_x \cos\varphi - v_y \sin\varphi = 0$. Die dritte Gleichung ist stets gültig; die Komponente v_z ist damit nicht eingeschränkt und kann beliebig gewählt werden. Da der Eigenwert zweifach entartet ist, sind zwei Vektoren $\boldsymbol{v}_1$ und $\boldsymbol{v}_2$ so zu konstruieren, dass sie zum einen (4.76) erfüllen und zum anderen zum ersten gefundenen Eigenvektor $\boldsymbol{v}_3$ paarweise orthogonal sind. Hierzu wählen wir einen ersten Vektor $\boldsymbol{v}_1$, der senkrecht auf $\boldsymbol{v}_3$ steht und (4.76) erfüllt. Dies ist beispielsweise der Vektor

$$\boldsymbol{v}_1 = \begin{pmatrix} 0 \\ 0 \\ 1 \end{pmatrix}. \tag{4.77}$$

Der verbleibende Vektor muss senkrecht auf den beiden ersten stehen. Man findet ihn beispielsweise über das Kreuzprodukt

$$\boldsymbol{v}_2 = \boldsymbol{v}_3 \times \boldsymbol{v}_1 = \begin{pmatrix} \sin\varphi \\ -\cos\varphi \\ 0 \end{pmatrix}. \tag{4.78}$$

Insgesamt sind nun alle Forderungen erfüllt. Genauso gut hätte man auch mit einem anderen Vektor $\boldsymbol{v}_2$ beginnen können, der senkrecht auf $\boldsymbol{v}_3$ steht. ◄

Man kann starre Körper anhand der Entartung ihrer Hauptträgheitsmomente unterscheiden. Hat der Trägheitstensor drei gleiche Eigenwerte, spricht man von einem *Kugelkreisel*, da diese Eigenschaft auch für eine Kugel gilt (Abschn. 4.5). Sind nur zwei Eigenwerte identisch, nennt man den starren Körper einen *symmetrischen Kreisel*. Im Gegensatz dazu hat man es mit einem *unsymmetrischen Kreisel* zu tun, wenn alle Hauptträgheitsmomente unterschiedlich sind.

Vorgehen zum Auffinden des diagonalisierten Trägheitstensors

1. Berechnen Sie den Trägheitstensor mit (4.19).
2. Stellen Sie die Eigenwertgleichung (4.68) auf und lösen Sie diese.
3. Falls benötigt oder erwünscht, können die Hauptachsen mittels (4.73) bestimmt werden. Sind Eigenwerte entartet, müssen die entsprechenden Eigenvektoren so gewählt werden, dass alle drei paarweise orthogonal sind.

Achtung Für viele einfache starre Körper sind bereits am Anfang die Symmetrieachsen offensichtlich. Diese Achsen sollten als Koordinatenachsen definiert werden. Der Trägheitstensor ist dann automatisch diagonal, wie wir noch am Beispiel eines Quaders in (4.90) sehen werden. ◄

Der Trägheitstensor ist immer diagonal, wenn alle drei Eigenwerte identisch sind. Zum einen ist dann jede Achse eine Symmetrieachse. Zum anderen ist der Trägheitstensor ein Vielfaches der Einheitsmatrix, die unter orthogonalen Transformationen immer diagonal bleibt, $\boldsymbol{R}^\top \boldsymbol{I}\boldsymbol{R} = \boldsymbol{I}$. Somit gibt es kein Koordinatensystem, in dem solch ein Trägheitstensor nicht diagonal ist.

Sind die drei Eigenwerte Θ_k und normierten Eigenvektoren $\hat{\boldsymbol{v}}_k$ ($k = 1, 2, 3$) des Trägheitstensors in einem Koordinatensystem bekannt, kann er in der Form

$$\Theta_{ij} = \sum_{k=1}^{3} \hat{v}_{k,i}\Theta_k \hat{v}_{k,j} \tag{4.79}$$

dargestellt werden. Ist das gewählte Koordinatensystem gerade das Hauptachsensystem (d. h. gilt $\hat{\boldsymbol{v}}_k = \hat{\boldsymbol{e}}_k$), so folgt hieraus (4.62).

4.5 Kontinuierliche Massenverteilungen

Für kontinuierliche Massenverteilungen wird die Summation über Punktmassen durch eine Integration über Massenelemente ersetzt. Die dazu benötigten Volumenintegrale werden eingeführt. Um solche Integrationen in krummlinigen Koordinatensystemen durchführen zu können, benötigt man die sogenannte Jacobi-Determinante. Es werden die Trägheitstensoren einiger einfacher Massenverteilungen berechnet.

Übergang zu einer kontinuierlichen Massenverteilung

Bisher wurden nur diskrete Systeme mit N Punktmassen m_a betrachtet. In Kap. 3 wurden zwar bereits ausgedehnte Körper verwendet, ihre Zusammensetzung und der Einfluss auf das Rotationsverhalten jedoch nicht näher untersucht. Wie berechnet man nun den Trägheitstensor für solch ein kontinuierliches Objekt? Es ist unpraktisch, ihn sich als Ansammlung von N Punktmassen vorzustellen, die gegenseitig feste Abstände haben. Man mache sich beispielsweise klar, dass allein ein faustgroßer Stein aus etwa 10^{24} Atomen besteht. In solchen Fällen führt man einen Grenzübergang $N \to \infty$, $m_a \to 0$ durch, sodass die Gesamtmasse M konstant bleibt. Der starre Körper besteht dann aus lauter infinitesimalen Massen- bzw. Volumenelementen am Ort $\boldsymbol{r}$ mit Masse

$$\mathrm{d}m = \mu(\boldsymbol{x})\,\mathrm{d}V, \tag{4.80}$$

wobei $\mu(\boldsymbol{x})$ die Massendichte am Ort $\boldsymbol{x}$ und $\mathrm{d}V$ ein infinitesimales Volumenelement ist.

Im einfachsten Fall ist die Massendichte im gesamten Körper konstant; sie kann generell aber variieren (wie z. B. beim Erdkörper). Die Summation wird durch ein *Volumenintegral* ersetzt, hier am Beispiel der Gesamtmasse verdeutlicht:

$$M = \sum_a m_a \to \iiint \mathrm{d}x_1\,\mathrm{d}x_2\,\mathrm{d}x_3\,\mu(\boldsymbol{x}) =: \int \mathrm{d}V\,\mu(\boldsymbol{x}). \tag{4.81}$$

Die Integrationsgrenzen sind dabei so zu wählen, dass sie dem Rand des Körpers entsprechen. Wie solch eine Integration konkret durchgeführt werden kann, werden wir in Kürze an einem Beispiel vorführen. Vorher notieren wir jedoch noch die Definition des Trägheitstensors für eine kontinuierliche Massenverteilung.

Trägheitstensor einer kontinuierlichen Massenverteilung

Die Komponenten des Trägheitstensors für eine kontinuierliche Massenverteilung $\mu(\boldsymbol{x})$ lauten

$$\Theta_{ij} = \int \mathrm{d}V\,\mu(\boldsymbol{x})\left(\boldsymbol{x}^2\delta_{ij} - x_i x_j\right). \tag{4.82}$$

Frage 15

Überlegen Sie sich, dass (4.82) aus (4.18) folgt, wenn man den in (4.81) dargestellten Übergang als Vorlage verwendet. Der Ortsvektor $\boldsymbol{x}$ mit den drei Komponenten x_i ist dabei die Integrationsvariable.

Achtung Alle Ergebnisse, die für einen aus diskreten Punktmassen zusammengesetzten starren Körper gelten, können ohne Einschränkung auf einen kontinuierlichen starren Körper übertragen werden, da sie für eine beliebige Anzahl N und daher auch für $N \to \infty$ gelten. ◀

Volumen und Trägheitstensor eines Quaders

Im Allgemeinen haben Volumenintegrale die Form

$$I = \iiint \mathrm{d}x_1\,\mathrm{d}x_2\,\mathrm{d}x_3\,f(x_1, x_2, x_3). \tag{4.83}$$

Die skalare Funktion f kann auch durch vektor- oder tensorwertige Funktionen ersetzt werden; die Integration ist dann für jede Komponente einzeln auszuführen. Ein wichtiger Aspekt bei der Integration ist die korrekte Handhabung der Integrationsgrenzen.

Betrachten wir zunächst das einfache Beispiel eines homogenen Quaders, dessen Volumen wir berechnen wollen. Der Quader habe die Kantenlängen a, b und c und sei entlang der Achsen $\hat{\boldsymbol{e}}_1$, $\hat{\boldsymbol{e}}_2$ und $\hat{\boldsymbol{e}}_3$ ausgerichtet. Der Mittelpunkt liege im Ursprung. Dann läuft die x_1-Integration über das Intervall $[-a/2, +a/2]$

und analog für die beiden übrigen Achsen. Das Volumen erhält man für $f(\boldsymbol{x}) = 1$ innerhalb des Quaders:

$$V = \int \mathrm{d}V = \int_{-a/2}^{+a/2} \mathrm{d}x_1 \int_{-b/2}^{+b/2} \mathrm{d}x_2 \int_{-c/2}^{+c/2} \mathrm{d}x_3. \tag{4.84}$$

Hier wurde ausgenutzt, dass man ein Mehrfachintegral als ein Produkt von Einfachintegralen schreiben kann. In diesem Fall sind die Integrationen voneinander unabhängig, und man kann z. B. zuerst die Integration über x_3 ausführen:

$$\int_{-c/2}^{+c/2} \mathrm{d}x_3 = c. \tag{4.85}$$

Die beiden übrigen Integrationen ergeben b und a, und das Volumen ist – wenig überraschend – $V = abc$.

Für den Trägheitstensor eines homogenen Quaders setzt man $f(\boldsymbol{x}) = \mu(\boldsymbol{x})(\boldsymbol{x}^2\delta_{ij} - x_ix_j)$, wobei $\mu(\boldsymbol{x}) = \mu = \text{const}$ ist. Wir beginnen mit der Komponente Θ_{11} des Trägheitstensors und schreiben wegen $\boldsymbol{x}^2 = x_1^2 + x_2^2 + x_3^2$:

$$\Theta_{11} = \mu \int_{-a/2}^{+a/2} \mathrm{d}x_1 \int_{-b/2}^{+b/2} \mathrm{d}x_2 \int_{-c/2}^{+c/2} \mathrm{d}x_3 \left(x_2^2 + x_3^2\right). \tag{4.86}$$

Die x_1-Integration ist trivial und ergibt einen Faktor a. Die x_2-Integration liefert den Faktor $(b^3/12 + x_3^2 b)$. Dieser Faktor wird durch die noch fehlende x_3-Integration zu $(b^3c/12 + bc^3/12)$. Verwendet man das Volumen $V = abc$ und die Gesamtmasse $M = \mu V$, ergibt sich somit

$$\Theta_{11} = \frac{1}{12} M \left(b^2 + c^2\right). \tag{4.87}$$

Frage 16

Machen Sie sich klar, dass wegen Symmetrieüberlegungen die beiden restlichen Diagonalelemente

$$\Theta_{22} = \frac{1}{12} M \left(a^2 + c^2\right), \quad \Theta_{33} = \frac{1}{12} M \left(a^2 + b^2\right) \tag{4.88}$$

lauten müssen.

Wir berechnen noch das Deviationsmoment

$$\Theta_{12} = -\mu \int_{-a/2}^{+a/2} \mathrm{d}x_1 \int_{-b/2}^{+b/2} \mathrm{d}x_2 \int_{-c/2}^{+c/2} \mathrm{d}x_3\, x_1 x_2. \tag{4.89}$$

Man sieht schnell, dass sowohl die x_1- als auch die x_2-Integration auf einen Faktor null führen, da x_1 bzw. x_2 ungerade Funktionen sind. Somit ist $\Theta_{12} = 0$. Eine ähnliche Argumentation wie bei den Trägheitsmomenten führt auf das Ergebnis,

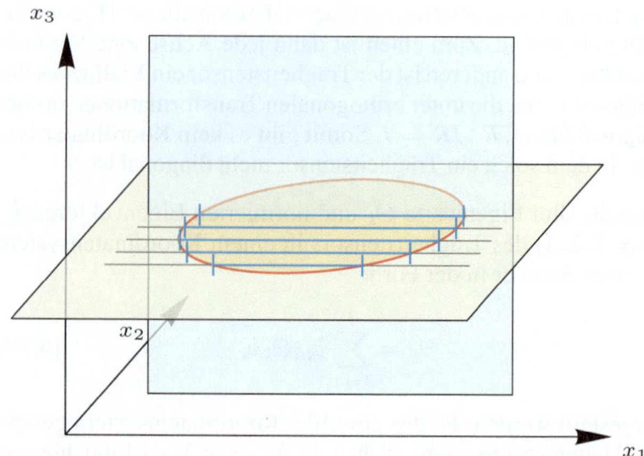

Abb. 4.7 Zur Integration des Kugelvolumens in kartesischen Koordinaten. Für einen festgehaltenen Wert x_3 (*gelbe Ebene*) erhält man einen Kreis (*rot*) als Schnittkurve von Ebene und Kugel (*zur besseren Übersicht nicht dargestellt*). Man erkennt, dass die Grenzen für die x_1-Integration (*blaue Striche*) vom gewählten Wert x_2 (*blaue Ebene und parallele graue Linien*) abhängen. Der Radius des Schnittkreises wiederum hängt von der Wahl von x_3 ab. Somit sind die Integrationsgrenzen nicht unabhängig und müssen parametrisiert werden

dass alle anderen Deviationsmomente ebenfalls verschwinden. Der gesamte Trägheitstensor des Quaders lautet damit

$$(\Theta_{ij}) = \frac{M}{12} \begin{pmatrix} b^2 + c^2 & 0 & 0 \\ 0 & a^2 + c^2 & 0 \\ 0 & 0 & a^2 + b^2 \end{pmatrix}. \tag{4.90}$$

Achtung Gleichung (4.90) gilt nur für das gewählte Achsensystem. Ist der Quader nicht parallel zu den Koordinatenachsen ausgerichtet oder liegt der Schwerpunkt nicht im Ursprung, ist der Trägheitstensor verschieden. Die Deviationsmomente sind dann nicht zwangsläufig null (sie sind sogar in den meisten Fällen ungleich null). ◀

Volumen einer Kugel in kartesischen Koordinaten

Schwieriger wird es, wenn das Volumen einer Kugel mit Radius R und Mittelpunkt M im Ursprung O bestimmt werden soll. In diesem Fall sind die Integrationsgrenzen nämlich voneinander abhängig, da der Innenbereich der Kugel durch

$$\sqrt{x_1^2 + x_2^2 + x_3^2} \leq R \tag{4.91}$$

definiert ist (Abb. 4.7). Angenommen, x_1 und x_2 sind bereits gegeben, dann kann x_3 nur zwischen $-(R^2 - x_1^2 - x_2^2)^{1/2}$ und $+(R^2 - x_1^2 - x_2^2)^{1/2}$ liegen. Ist x_1 vorgegeben, muss x_2 aus dem

Intervall $[-(R^2-x_1^2)^{1/2}, +(R^2-x_1^2)^{1/2}]$ stammen. Wir berechnen zunächst das x_3-Integral:

$$\int\limits_{-\sqrt{R^2-x_1^2-x_2^2}}^{+\sqrt{R^2-x_1^2-x_2^2}} \mathrm{d}x_3 = 2\sqrt{R^2 - x_1^2 - x_2^2}. \tag{4.92}$$

Bei der x_2-Integration muss dieses Ergebnis berücksichtigt werden:

$$\begin{aligned} 2 &\int\limits_{-\sqrt{R^2-x_1^2}}^{+\sqrt{R^2-x_1^2}} \sqrt{R^2 - x_1^2 - x_2^2}\,\mathrm{d}x_2 \\ &= \left[x_2\sqrt{R'^2 - x_2^2} + R'^2 \arcsin\frac{x_2}{\sqrt{R'^2}}\right]_{-\sqrt{R'^2}}^{+\sqrt{R'^2}} \\ &= \pi R'^2 = \pi\left(R^2 - x_1^2\right). \end{aligned} \tag{4.93}$$

Im zweiten Schritt wurde zur Vereinfachung $R'^2 := R^2 - x_1^2$ als Abkürzung verwendet. Dies ist kein Problem, da x_2 die Integrationsvariable ist und R und x_1 diesbezüglich Konstanten sind.

Frage 17

Rechnen Sie (4.93) nach. Suchen Sie dazu gegebenenfalls nach einer geeigneten Stammfunktion in der mathematischen Literatur.

Nun muss noch die x_1-Integration ausgeführt werden:

$$\pi\int\limits_{-R}^{+R}\left(R^2 - x_1^2\right)\mathrm{d}x_1 = \pi\left[R^2 x_1 - \frac{x_1^3}{3}\right]_{-R}^{+R} = \frac{4\pi}{3}R^3. \tag{4.94}$$

Dies lässt sich anschaulich interpretieren: Das Volumen der Kugel ergibt sich als unendliche Summe über Kreiszylinder mit jeweiligem Radius $R^2 - x_1^2$. Auch dieses Ergebnis war zu erwarten. Allerdings überrascht die Komplexität der Rechnung. Die Ursache dafür ist, dass kartesische Koordinaten für kugelsymmetrische Probleme schlecht geeignet sind. Zwar lässt sich das Ergebnis berechnen, doch ist der Aufwand unverhältnismäßig groß. Im Folgenden wird eine angepasste Methode vorgestellt, mit der sich Rechnungen dieser Art erheblich vereinfachen lassen.

Koordinatentransformationen und die Jacobi-Determinante

Es hat sich bereits in Abschn. 2.5 herausgestellt, dass an das gegebene Problem angepasste Koordinaten Berechnungen erheblich vereinfachen können. Beispielsweise sollten für kugelsymmetrische Systeme in der Regel Kugelkoordinaten verwendet werden. Es stellt sich die Frage, ob dieses Vorgehen nicht auch bei der Volumenintegration hilfreich ist. Und tatsächlich ist dies der Fall.

Betrachten wir wie in Abschn. 2.5 einen Satz allgemeiner Koordinaten $q_i(x_j)$, die von den kartesischen Koordinaten x_j abhängen. Ihre totale Ableitung lautet

$$\mathrm{d}q_i = \frac{\partial q_i}{\partial x_j}\mathrm{d}x_j = \left(\partial_{x_j} q_i\right)\mathrm{d}x_j. \tag{4.95}$$

Es gilt die Einstein'sche Summenkonvention, und die Terme $\partial_{x_j} q_i$ bilden die Komponenten der Matrix $\bar{\boldsymbol{J}} = (\bar{J}_{ij}) = (\partial_{x_j} q_i)$, sodass

$$\mathrm{d}\boldsymbol{q} = \bar{\boldsymbol{J}}\,\mathrm{d}\boldsymbol{x} \tag{4.96}$$

gilt. Ist diese Matrix invertierbar, d. h., gilt $\det(\bar{\boldsymbol{J}}) \neq 0$, folgt mit $\boldsymbol{J} := \bar{\boldsymbol{J}}^{-1} = (J_{ij}) = (\partial_{q_j} x_i)$

$$\mathrm{d}\boldsymbol{x} = \boldsymbol{J}\,\mathrm{d}\boldsymbol{q}. \tag{4.97}$$

Jacobi-Matrix

Die durch

$$J_{ij} := \partial_{q_j} x_i \tag{4.98}$$

definierte Matrix einer Koordinatentransformation $q_i(x_j)$ mit Umkehrung $x_i(q_j)$ heißt *Jacobi-Matrix* der Koordinatentransformation. Häufig schreibt man auch

$$\boldsymbol{J} = \frac{\partial(x_1, x_2, x_3)}{\partial(q_1, q_2, q_3)}. \tag{4.99}$$

Frage 18

Die Berechnung einer Jacobi-Matrix lässt sich am einfachen Beispiel der Zylinderkoordinaten in (2.109) veranschaulichen. Man zeige, dass das Ergebnis

$$\boldsymbol{J} = \begin{pmatrix} \cos\varphi & -\varrho\sin\varphi & 0 \\ \sin\varphi & \varrho\cos\varphi & 0 \\ 0 & 0 & 1 \end{pmatrix} \tag{4.100}$$

ist. Verwenden Sie dazu $q_1 = \varrho$, $q_2 = \varphi$ und $q_3 = z$.

Wie kann man dieses Zwischenergebnis ausnutzen, um die Volumenintegration zu vereinfachen? Hierzu drückt man das kartesische Volumenelement $\mathrm{d}V = \mathrm{d}x_1\,\mathrm{d}x_2\,\mathrm{d}x_3$ mithilfe der Differenziale $\mathrm{d}q_i$ aus. Wir greifen dazu auf den *Transformationssatz* aus der höheren Analysis zurück (Arens et al. 2012).

Volumenelemente unter Koordinatentransformationen, Jacobi-Determinante

Beim Übergang von kartesischen Koordinaten x_i zu allgemeinen Koordinaten q_j erfüllt das Volumenelement

$$\mathrm{d}V = \mathrm{d}x_1\,\mathrm{d}x_2\,\mathrm{d}x_3 = \det(\boldsymbol{J})\,\mathrm{d}q_1\,\mathrm{d}q_2\,\mathrm{d}q_3, \tag{4.101}$$

wobei $\boldsymbol{J}$ die zugehörige Jacobi-Matrix ist. Die Größe $\det(\boldsymbol{J})$ nennt man die *Jacobi-Determinante* oder *Funktionaldeterminante* mit der häufigen Schreibweise

$$\det(\boldsymbol{J}) = \det\left(\frac{\partial x_i}{\partial q_j}\right). \tag{4.102}$$

Aus (4.101) folgt sofort für das Volumenintegral einer Funktion $f(\boldsymbol{x})$:

$$\begin{aligned}\int f(\boldsymbol{x})\,\mathrm{d}V &= \iiint f(\boldsymbol{x})\,\mathrm{d}x_1\,\mathrm{d}x_2\,\mathrm{d}x_3\\ &= \iiint f[\boldsymbol{x}(\boldsymbol{q})]\,\det(\boldsymbol{J}(\boldsymbol{q}))\,\mathrm{d}q_1\,\mathrm{d}q_2\,\mathrm{d}q_3.\end{aligned} \tag{4.103}$$

Jacobi-Determinante für Kugelkoordinaten

Wir berechnen nun das Volumen einer Kugel mit Radius R in sphärischen Polarkoordinaten. Aus (2.115) folgt zunächst die Jacobi-Matrix

$$\boldsymbol{J} = \begin{pmatrix} \sin\vartheta\,\cos\varphi & r\cos\vartheta\,\cos\varphi & -r\sin\vartheta\,\sin\varphi \\ \sin\vartheta\,\sin\varphi & r\cos\vartheta\,\sin\varphi & r\sin\vartheta\,\cos\varphi \\ \cos\vartheta & -r\sin\vartheta & 0 \end{pmatrix}, \tag{4.104}$$

was man schnell durch partielles Ableiten überprüft. Die zugehörige Jacobi-Determinante ist

$$\det(\boldsymbol{J}) = r^2\sin\vartheta. \tag{4.105}$$

Somit lautet das Volumenintegral

$$\begin{aligned} V = \int \mathrm{d}V &= \int_0^R \mathrm{d}r \int_0^\pi \mathrm{d}\vartheta \int_0^{2\pi} d\varphi\, r^2 \sin\vartheta \\ &= \frac{2\pi}{3}R^3 \int_0^\pi \sin\vartheta\,\mathrm{d}\vartheta = \frac{4\pi}{3}R^3. \end{aligned} \tag{4.106}$$

Offensichtlich ist diese Rechnung wesentlich einfacher als die für kartesischen Koordinaten. ◄

Frage 19

Zeigen Sie ausgehend von (4.100), dass die Jacobi-Determinante für Zylinderkoordinaten $\det(\boldsymbol{J}) = \varrho$ lautet. Veranschaulichen Sie sich dies grafisch und berechnen Sie damit auch das Volumen eines Zylinders.

Jacobi-Determinanten für Zylinder- und Kugelkoordinaten

Die Jacobi-Determinanten für Zylinder- und Kugelkoordinaten braucht man selbstverständlich nur einmal auszurechnen. Die Ergebnisse

$$\det(\boldsymbol{J}) = \varrho \tag{4.107}$$

für Zylinderkoordinaten und

$$\det(\boldsymbol{J}) = r^2\sin\vartheta \tag{4.108}$$

für Kugelkoordinaten kann man dann für alle entsprechenden Rechnungen direkt verwenden.

Trägheitstensor einer Kugel

Betrachten wir nun den für viele physikalische und ingenieurtechnische Anwendungen wichtigen Fall einer Kugel mit Radius R und konstanter Massendichte $\mu(\boldsymbol{x}) = \mu = \text{const}$ für $r \leq R$. Zunächst ist es sofort ersichtlich, dass die Gesamtmasse

$$M = \frac{4\pi}{3}\mu R^3 \tag{4.109}$$

ist. In Kugelkoordinaten lauten die Komponenten des Trägheitstensors aus (4.82)

$$\Theta_{ij} = \int_0^R \mathrm{d}r \int_0^\pi \mathrm{d}\vartheta \int_0^{2\pi} \mathrm{d}\varphi\,\mu\left(r^2\delta_{ij} - x_i x_j\right) r^2\sin\vartheta. \tag{4.110}$$

Eine Kugel ist ein Körper hoher Symmetrie. Keine Achse ist ausgezeichnet. Dies bedeutet, dass alle drei Trägheitsmomente identisch sein müssen, $\Theta_{11} = \Theta_{22} = \Theta_{33}$. Dasselbe gilt auch für alle Deviationsmomente, d. h. $\Theta_{12} = \Theta_{23}$ usw.

Wir wollen zunächst explizit zeigen, dass die Nebendiagonalelemente verschwinden, und betrachten dazu Θ_{12}. Es ist

$$\Theta_{12} = -\mu \int_0^R \mathrm{d}r \int_0^\pi \mathrm{d}\vartheta \int_0^{2\pi} \mathrm{d}\varphi\, r^4 \sin^3\vartheta\,\cos\varphi\,\sin\varphi. \tag{4.111}$$

Die Stammfunktion von $\cos\varphi\,\sin\varphi$ ist $(\sin^2\varphi)/2$. Da $\sin(0) = \sin(2\pi) = 0$ gilt, verschwindet der gesamte Ausdruck für Θ_{12}. Eine ähnliche Rechnung gilt für die restlichen Deviationsmomente.

Es verbleibt nur noch die Berechnung für eines der Diagonalelemente des Trägheitstensors. Da der Ausdruck für x_3 am

Tab. 4.1 Trägheitsmomente bezüglich ihrer Hauptsymmetrieachse (und damit auch bezüglich ihres Schwerpunktes) einiger einfacher Objekte mit Gesamtmasse M. Die Trägheitsmomente von Kugel- und Zylinderschale erhält man, indem man eine kleinere Kugel bzw. einen kleineren Zylinder im Innenraum abzieht (Additivität von Trägheitsmomenten)

Objekt	Trägheitsmoment
Kugel (Radius R)	$2MR^2/5$
Kugelschale (Radien $R_1 < R_2$)	$2M(R_2^2 - R_1^2)/5$
Hohlkugel (Radius R)	$2MR^2/3$
Zylinder (Radius R)	$MR^2/2$
Zylinderschale (Radien $R_1 < R_2$)	$M(R_2^2 - R_1^2)/2$
Hohlzylinder (Radius R)	MR^2
Quader entlang a-Achse (Seiten a, b, c)	$M(b^2 + c^2)/12$
Kegel (Basisradius R)	$3MR^2/10$

einfachsten ist, berechnen wir Θ_{33}:

$$\Theta_{33} = \mu \int_0^R \mathrm{d}r \int_0^\pi \mathrm{d}\vartheta \int_0^{2\pi} \mathrm{d}\varphi \, \left(1 - \cos^2\vartheta\right) r^4 \sin\vartheta. \tag{4.112}$$

Wir führen zunächst die r- und φ-Integrationen aus und erhalten für diese Integrale $2\pi R^5/5$. Weiterhin ist

$$\begin{aligned} &\int_0^\pi \mathrm{d}\vartheta \, \left(1 - \cos^2\vartheta\right) \sin\vartheta \\ &= \int_{-1}^{+1} \mathrm{d}\cos\vartheta \, \left(1 - \cos^2\vartheta\right) = \frac{4}{3}. \end{aligned} \tag{4.113}$$

Frage 20

Überprüfen Sie die Rechnung in (4.113), indem Sie $u = \cos\vartheta$ substituieren (was ein häufiger Trick ist). Als Zwischenergebnis findet man, dass $\mathrm{d}\cos\vartheta = \mathrm{d}u = -\sin\vartheta\,\mathrm{d}\vartheta$ gilt.

Fügt man alle Zwischenergebnisse zusammen, erhält man das wichtige Ergebnis

$$(\Theta_{ij}) = \frac{2}{5}MR^2 \begin{pmatrix} 1 & 0 & 0 \\ 0 & 1 & 0 \\ 0 & 0 & 1 \end{pmatrix} = \frac{2}{5}MR^2 \boldsymbol{I} \tag{4.114}$$

für den Trägheitstensor einer Kugel. Hier wurde die Gesamtmasse der Kugel aus (4.109) verwendet.

In Aufgabe 4.3 werden einige weitere Trägheitstensoren einfacher Objekte berechnet. In Tab. 4.1 sind die Trägheitsmomente einiger wichtiger Objekte bezüglich ihrer Hauptsymmetrieachse zusammengefasst.

4.6 Bewegungsgleichungen des starren Körpers

Ausgehend von der Drehmomentgleichung werden die allgemeinen Bewegungsgleichungen für die Rotation des starren Körpers abgeleitet. Im körperfesten System nehmen diese Gleichungen die einfachste Form an, da dort der Trägheitstensor konstant ist. Dies führt auf die Euler-Gleichungen. Anschließend wird die Winkelgeschwindigkeit durch die Zeitableitung der Euler-Winkel ausgedrückt.

Euler-Gleichungen für die Rotation eines starren Körpers

Es wurde bereits gefunden, dass die Translations- und die Rotationsbewegung des starren Körpers in den meisten Fällen getrennt beschrieben werden können. Im Folgenden interessieren wir uns nur für die Rotation. Die Änderung des Drehimpulses im raumfesten System S entspricht laut (3.20) dem gesamten äußeren Drehmoment:

$$\boldsymbol{M}^{(\mathrm{a})} = \dot{\boldsymbol{L}}. \tag{4.115}$$

Diese Gleichung gilt sowohl für einen frei beweglichen Kreisel (ohne Stützpunkt) als auch für einen Kreisel, der in einem beliebigen Punkt gelagert ist. Der Drehimpuls und das Drehmoment sind dann bezüglich des gestützten Punktes anzugeben, ansonsten bezüglich des Schwerpunktes. Zur Vereinfachung lassen wir den Index des Drehmoments fort und drücken den Drehimpuls durch den Trägheitstensor und die Winkelgeschwindigkeit aus:

$$\boldsymbol{M} = \frac{\mathrm{d}}{\mathrm{d}t}\left(\boldsymbol{\Theta}\boldsymbol{\omega}\right). \tag{4.116}$$

Dies sind die Bewegungsgleichungen für die Rotation eines starren Körpers in kompakter (aber für viele konkrete Rechnungen unpraktischer) Form.

Frage 21

Machen Sie sich klar, dass der Trägheitstensor $\boldsymbol{\Theta}$ in (4.116) wie $\boldsymbol{M}$ und $\boldsymbol{L}$ ebenfalls bezüglich eines möglichen Stützpunktes definiert sein muss.

Gleichung (4.116) nimmt in S ausgeschrieben eine eher ungünstige Form an, da der Trägheitstensor dort allgemein eine Funktion der Zeit ist. Stattdessen nutzt man aus, dass der Trägheitstensor im körperfesten System S^* konstant ist. Die Zeitableitung wirkt dann nur auf die Winkelgeschwindigkeit. Wir wollen (4.116) daher in S^* formulieren, wobei wir annehmen, dass beide Ursprünge zusammenfallen (ansonsten lässt sich der Steiner'sche Satz anwenden). Es gilt dann wegen (2.74)

$$\boldsymbol{R}^\top \boldsymbol{M}^* = \boldsymbol{R}^\top \left(\dot{\boldsymbol{L}}^* + \boldsymbol{\omega}^* \times \boldsymbol{L}^*\right). \tag{4.117}$$

Hier ist $\boldsymbol{R}$ die Drehmatrix (4.9), die S in S^* überführt. Multiplikation mit $\boldsymbol{R}$ von links führt auf

$$\boldsymbol{M}^* = \dot{\boldsymbol{L}}^* + \boldsymbol{\omega}^* \times \boldsymbol{L}^* \qquad (4.118)$$

Es ist zu beachten, dass $\boldsymbol{L}^*$ auch für $\boldsymbol{M}^* = 0$ im Allgemeinen nicht erhalten ist, da S^* kein Inertialsystem ist.

Euler-Gleichungen für die Rotation eines starren Körpers

Die Bewegungsgleichungen für die Rotation eines starren Körpers im körperfesten System lauten

$$\boldsymbol{M}^* = \boldsymbol{\Theta}^* \dot{\boldsymbol{\omega}}^* + \boldsymbol{\omega}^* \times \left(\boldsymbol{\Theta}^* \boldsymbol{\omega}^*\right). \qquad (4.119)$$

Sie entsprechen den Newton'schen Bewegungsgleichungen für die Translation einer Punktmasse.

Die Komponentenform von (4.119) erfüllt im Hauptachsensystem

$$\begin{aligned} M_1^* &= \Theta_1 \dot{\omega}_1^* + \omega_2^* \omega_3^* (\Theta_3 - \Theta_2), \\ M_2^* &= \Theta_2 \dot{\omega}_2^* + \omega_1^* \omega_3^* (\Theta_1 - \Theta_3), \\ M_3^* &= \Theta_3 \dot{\omega}_3^* + \omega_1^* \omega_2^* (\Theta_2 - \Theta_1). \end{aligned} \qquad (4.120)$$

Eine Beschreibung in einem anderen körperfesten System ist zwar möglich, aber mathematisch wesentlich aufwendiger, da der Trägheitstensor dort nicht diagonal ist und Zusatzterme berücksichtigt werden müssen.

Frage 22

Zeigen Sie (4.120).

Die Formulierung in S^* hat allerdings den Nachteil, dass alle äußeren Drehmomente $\boldsymbol{M}$, die in der Regel in S gegeben sind, zunächst in S^* (in Form von $\boldsymbol{M}^*$) umgerechnet werden müssen.

In Aufgabe 4.5 werden die Euler-Gleichungen verwendet, um die Bewegung des physikalischen Pendels zu beschreiben.

Bewegungsgleichungen mit Euler-Winkeln

Die Winkelgeschwindigkeit lässt sich durch die Euler-Winkel ausdrücken. Dazu überlegen wir uns, welche Rolle die Euler-Winkel bei der Drehung des starren Körpers spielen. So haben wir in Abschn. 4.1 gesehen, dass φ für eine Drehung um $\hat{\boldsymbol{e}}_3$, ϑ für eine Drehung um $\hat{\boldsymbol{e}}_\mathrm{K}$ (Knotenlinie) und ψ für eine Drehung um $\hat{\boldsymbol{e}}_3^*$ zuständig ist. Die drei Euler-Winkel sind unabhängige Koordinaten, d. h., eine beliebige infinitesimale Drehung lässt sich eindeutig durch eine Hintereinanderausführung von Einzeldrehungen $\hat{\boldsymbol{e}}_3\,\mathrm{d}\varphi$, $\hat{\boldsymbol{e}}_\mathrm{K}\,\mathrm{d}\vartheta$ und $\hat{\boldsymbol{e}}_3^*\,\mathrm{d}\psi$ ausdrücken. Somit ist die *instantane* Winkelgeschwindigkeit die Superposition dieser Einzeldrehungen um diese Achsen, also

$$\mathfrak{w}(t) = \dot{\varphi}(t)\,\hat{\boldsymbol{e}}_3 + \dot{\vartheta}(t)\,\hat{\boldsymbol{e}}_\mathrm{K}(t) + \dot{\psi}(t)\,\hat{\boldsymbol{e}}_3^*(t). \qquad (4.121)$$

Es sei daran erinnert, dass $\mathfrak{w}$ der abstrakte (physikalische) Vektor der Winkelgeschwindigkeit ist und dass es sich bei $\mathfrak{w}\,\mathrm{d}t$ um eine infinitesimale Drehung handelt. Wir erinnern uns an Abschn. 2.3, wo betont wurde, dass infinitesimale Drehungen aufgrund ihrer Linearisierung stets superponiert werden können, endliche Drehungen jedoch nicht.

Um die Komponenten der Winkelgeschwindigkeit in S bzw. S^* zu erhalten, muss $\mathfrak{w}$ auf die entsprechenden Koordinatenachsen projiziert werden. Wir beginnen mit S^*. Dazu müssen wir

$$\omega_i^* = \mathfrak{w} \cdot \hat{\boldsymbol{e}}_i^* \qquad (4.122)$$

berechnen, wobei $\mathfrak{w}$ durch (4.121) gegeben ist. Hierzu müssen wir die Vektoren $\hat{\boldsymbol{e}}_3$ und $\hat{\boldsymbol{e}}_\mathrm{K}$ als Linearkombination der $\hat{\boldsymbol{e}}_i^*$ schreiben. Aus Abb. 4.3 sieht man zunächst, dass die Knotenlinie

$$\hat{\boldsymbol{e}}_\mathrm{K} = \cos\psi\,\hat{\boldsymbol{e}}_1^* - \sin\psi\,\hat{\boldsymbol{e}}_2^* \qquad (4.123)$$

erfüllt. Aus (4.12) folgt $\hat{\boldsymbol{e}}_i^* \cdot \hat{\boldsymbol{e}}_3 = r_{i3}$. Die Entwicklungskoeffizienten liest man aus (4.9) ab:

$$\hat{\boldsymbol{e}}_3 = \sin\psi\sin\vartheta\,\hat{\boldsymbol{e}}_1^* + \cos\psi\sin\vartheta\,\hat{\boldsymbol{e}}_2^* + \cos\vartheta\,\hat{\boldsymbol{e}}_3^*. \qquad (4.124)$$

Die Projektionen sind nun leicht durchzuführen, und man findet

$$\begin{pmatrix} \omega_1^* \\ \omega_2^* \\ \omega_3^* \end{pmatrix} = \dot{\varphi} \begin{pmatrix} \sin\psi\sin\vartheta \\ \cos\psi\sin\vartheta \\ \cos\vartheta \end{pmatrix} + \dot{\vartheta} \begin{pmatrix} \cos\psi \\ -\sin\psi \\ 0 \end{pmatrix} + \dot{\psi} \begin{pmatrix} 0 \\ 0 \\ 1 \end{pmatrix} \qquad (4.125)$$

für die Komponenten in S^*. In Aufgabe 4.6 wird gezeigt, dass die Winkelgeschwindigkeit in S die Komponenten

$$\begin{pmatrix} \omega_1 \\ \omega_2 \\ \omega_3 \end{pmatrix} = \dot{\varphi} \begin{pmatrix} 0 \\ 0 \\ 1 \end{pmatrix} + \dot{\vartheta} \begin{pmatrix} \cos\varphi \\ \sin\varphi \\ 0 \end{pmatrix} + \dot{\psi} \begin{pmatrix} \sin\varphi\sin\vartheta \\ -\cos\varphi\sin\vartheta \\ \cos\vartheta \end{pmatrix} \qquad (4.126)$$

besitzt.

Setzt man (4.125) in (4.120) ein, erhält man die Bewegungsgleichungen des starren Körpers ausgedrückt durch die Euler-Winkel. Es handelt sich dabei um drei gewöhnliche Differenzialgleichungen zweiter Ordnung für die drei Winkelkoordinaten φ, ϑ und ψ.

Frage 23

Wir benötigen diese Bewegungsgleichungen nicht, aber sie können als Übung abgeleitet werden.

Die kinetische Energie der Rotation eines starren Körpers ergibt sich durch Einsetzen von (4.125) in (4.64). Für den für uns wichtigen Spezialfall eines symmetrischen Kreisels ($\Theta = \Theta_1 = \Theta_2$) erhält man

$$T_R = \frac{\Theta}{2}\left(\dot{\vartheta}^2 + \dot{\varphi}^2 \sin^2 \vartheta\right) + \frac{\Theta_3}{2}\left(\dot{\psi} + \dot{\varphi}\cos\vartheta\right)^2. \quad (4.127)$$

Frage 24

Überprüfen Sie die Gültigkeit von (4.127).

Das Herunterrollen eines Zylinders auf einer schiefen Ebene (was ebenfalls die Kenntnis der Trägheitsmomente erfordert) wird in Aufgabe 4.4 behandelt.

4.7 Rotation des Kreisels

Das Lösen der Bewegungsgleichungen eines Kreisels ist im Allgemeinen sehr aufwendig. Es gibt allerdings einige verhältnismäßig einfache Fälle, die in diesem Abschnitt diskutiert werden. Dies sind die freien Rotationen um jeweils eine der Hauptachsen einschließlich einer Stabilitätsanalyse und die freie Rotation eines symmetrischen Kreisels. An diesen Beispielen lassen sich bereits die wesentlichen Eigenschaften der Kreiselbewegung verdeutlichen, ohne die Mathematik zu sehr zu strapazieren. Dazu gehört die Präzession, die in der Astronomie eine Rolle spielt.

Weiterhin wird die Rotation eines schweren symmetrischen Kreisels im homogenen Gravitationsfeld angesprochen. Auf eine allgemeine Diskussion unsymmetrischer Kreisel verzichten wir an dieser Stelle. Sie ist für eine Einführung nicht geeignet und wird in Fachbüchern oder -artikeln behandelt (z. B. Klein & Sommerfeld 1965; Gebelein 1932).

Stabilität der Rotation des kräftefreien Kreisels um seine Hauptachsen

Hier und im Folgenden konzentrieren wir uns auf die Untersuchung der Rotation. Wir nehmen an, dass die Translationsbewegung entweder entkoppelt oder der Kreisel an einem Punkt unterstützt ist. Beide Fälle führen auf die gleichen Bewegungsgleichungen.

Es gibt drei triviale Lösungen für die Rotation eines kräftefreien Kreisels ($\boldsymbol{M}^* = 0$). Offensichtlich erlauben die Bewegungsgleichungen in (4.120) die drei Lösungen

$$\omega_1^* = \text{const}, \quad \omega_2^* = \omega_3^* = 0 \quad (4.128)$$

und zyklisch permutiert. Dies entspricht jeweils einer reinen Drehung um eine der Hauptachsen. In der Realität wird eine Kreiselrotation niemals exakt um eine der Hauptachsen erfolgen.

Wir werden nun sehen, dass eine dieser Lösungen instabil sein kann. Stellvertretend für die beiden anderen Lösungen betrachten wir eine Rotation, die näherungsweise um $\hat{\boldsymbol{e}}_1^*$ erfolgt. Die Winkelgeschwindigkeit lautet also $(\omega_1^*, \omega_2^*, \omega_3^*)^\top$ mit $\omega_2^* \ll \omega_1^*$ und $\omega_3^* \ll \omega_1^*$. Aus der ersten Gleichung in (4.120) folgt dann, dass die Änderung von ω_1^* klein ist, da sie proportional zu ω_2^* und ω_3^* ist, die beide kleine Größen sind. Wir vernachlässigen alle Terme, die quadratisch in einer kleinen Größe sind. Dies entspricht einer Linearisierung der Bewegungsgleichungen, d. h. einer Taylor-Entwicklung, die nach der linearen Ordnung abgebrochen wird. Man kann daher davon ausgehen, dass die Drehachse für eine gewisse Zeit fast parallel zur ersten Hauptachse ausgerichtet bleibt. Ob die durch ω_2^* und ω_3^* definierte „Störung" der Drehachse klein bleibt oder anwächst, entscheidet schließlich darüber, was mit der Drehachse geschehen wird. Dies kann man an den übrigen beiden Bewegungsgleichungen erkennen.

Man kann für $\boldsymbol{M}^* = 0$ die zweite und dritte Gleichung in (4.120) durch einmaliges Ableiten zu

$$\ddot{\omega}_2^* = -\Omega^2 \omega_2^* \quad (4.129)$$

kombinieren (analog ist auch ein Ausdruck für ω_3^* möglich).

Frage 25

Zeigen Sie (4.129). Nehmen Sie dabei an, dass $\dot{\omega}_1^*$ vernachlässigbar klein ist, was anfangs der Fall ist. Es gilt dabei

$$\Omega^2 = \frac{(\Theta_1 - \Theta_3)(\Theta_1 - \Theta_2)}{\Theta_2 \Theta_3} \omega_1^{*2}. \quad (4.130)$$

Die Lösung von (4.129) ist eine Oszillation, wenn Ω^2 positiv ist (siehe (1.102)). In diesem Fall ist die Störung periodisch und die Bewegung des starren Körpers stabil. Man kann sich leicht davon überzeugen, dass $\Omega^2 > 0$ erfüllt ist, falls Θ_1 das größte oder das kleinste Trägheitsmoment ist. Ist hingegen Θ_1 das mittlere Trägheitsmoment, so ist $\Omega^2 < 0$, und die Lösung von (4.129) ist eine Exponentialfunktion der Form $\omega_2^* = A_+ e^{+|\Omega|t} + A_- e^{-|\Omega|t}$. Dies wird im Allgemeinen zu einer exponentiell wachsenden Störung führen, sodass die Bewegung letztlich instabil ist. Man kann dies leicht mit einem Buch (besser nicht mit diesem!) ausprobieren, das man mit einem Drall in die Luft wirft.

Stabilität der Rotation eines kräftefreien Kreisels

Die Rotation eines kräftefreien Kreisels ist stabil, wenn sie um die Hauptachse mit dem kleinsten oder größten Trägheitsmoment erfolgt. Im anderen Fall ist die Bewegung instabil.

Stabilitätsanalysen dieser Art sind sehr wichtig; man findet sie häufig in der Physik. Dabei werden die Bewegungsgleichungen zunächst vereinfacht (z. B. linearisiert) und näherungsweise gelöst. Auf diese Weise lassen sich physikalische Systeme besser verstehen, selbst wenn ihre Bewegungsgleichungen nicht vollständig gelöst werden können.

Achtung Es ist dabei zu beachten, dass die Näherungslösungen nur anfangs gültig sind, solange die Linearisierungsannahmen gerechtfertigt sind. ◄

Der kräftefreie symmetrische Kreisel

Die einfachste nichttriviale Lösung der Euler-Gleichungen erhält man für einen kräftefreien symmetrischen starren Körper. Im körperfesten System S^* folgt aus (4.120) wegen $\boldsymbol{M}^* = 0$ und mit der Wahl $\Theta = \Theta_1 = \Theta_2$ (Symmetrieachse $\hat{\boldsymbol{e}}_3^*$):

$$\begin{aligned} \Theta\dot{\omega}_1^* &= \omega_2^*\omega_3^*(\Theta - \Theta_3), \\ \Theta\dot{\omega}_2^* &= \omega_1^*\omega_3^*(\Theta_3 - \Theta), \\ \Theta_3\dot{\omega}_3^* &= 0. \end{aligned} \tag{4.131}$$

Man nennt die Symmetrieachse $\hat{\boldsymbol{e}}_3^*$ auch die *Figurenachse* eines symmetrischen Kreisels.

Zunächst stellen wir fest, dass ω_3^* eine Konstante ist. Ähnlich wie bei der Argumentation, die auf (4.129) geführt hat, findet man hier

$$\ddot{\omega}_1^* = -\left(\frac{\Theta - \Theta_3}{\Theta}\omega_3^*\right)^2 \omega_1^* \tag{4.132}$$

und einen analogen Ausdruck für ω_2^*. Dies führt offensichtlich auf eine harmonische Schwingung mit Kreisfrequenz

$$\Omega = \frac{\Theta - \Theta_3}{\Theta}\omega_3^*. \tag{4.133}$$

Die allgemeine Lösung lautet

$$\omega_1^* = \omega_\perp^* \sin(\Omega t + \phi_0) \tag{4.134}$$

mit den Anfangsbedingungen $\omega_\perp^*$ (Amplitude) und ϕ_0 (Phasenwinkel). Je nach Vorzeichen von Ω erfolgt die Drehung in die eine oder andere Richtung. Die Bewegung der Figurenachse eines kräftefreien symmetrischen Kreisels ist also immer stabil.

Frage 26

Zeigen Sie, indem Sie (4.134) in (4.131) einsetzen, dass

$$\omega_2^* = \omega_\perp^* \cos(\Omega t + \phi_0) \tag{4.135}$$

gilt.

Es folgt direkt, dass die Winkelgeschwindigkeit dem Betrag nach konstant ist:

$$\boldsymbol{\omega}^{*2} = \omega_1^{*2} + \omega_2^{*2} + \omega_3^{*2} = \omega_\perp^{*2} + \omega_3^{*2} = \text{const.} \tag{4.136}$$

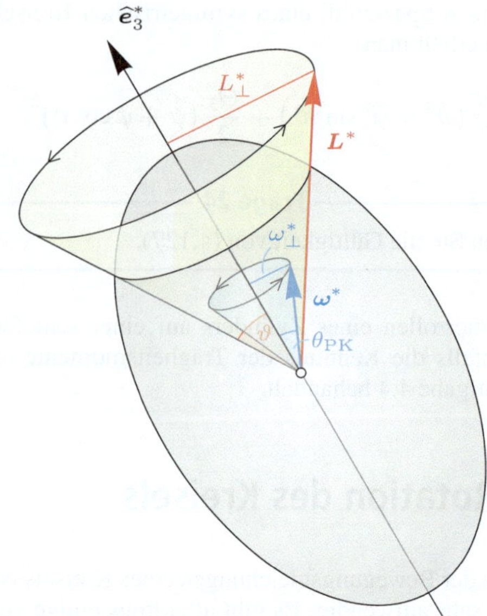

Abb. 4.8 Im körperfesten System des kräftefreien symmetrischen Kreisels präzedieren sowohl der Drehimpuls $\boldsymbol{L}^*$ als auch die Winkelgeschwindigkeit $\boldsymbol{\omega}^*$ um die Figurenachse $\hat{\boldsymbol{e}}_3^*$. Der durch $\boldsymbol{\omega}^*$ gebildete Kegel ist der Polkegel, der durch $\boldsymbol{L}^*$ gebildete Kegel der Präzessionskegel. Beide haben in der Regel verschiedene Öffnungswinkel

Allerdings *präzediert* der Vektor der Winkelgeschwindigkeit $\boldsymbol{\omega}^*$ in S^* mit der Frequenz Ω um $\hat{\boldsymbol{e}}_3^*$ (Abb. 4.8), d. h., $\boldsymbol{\omega}^*$ dreht sich auf einem Kegel, dem sogenannten *Polkegel* oder auch *Gangpolkegel*, um die Figurenachse. Hier ist $\omega_\perp^*$ der konstante Betrag des Anteils der Winkelgeschwindigkeit, der senkrecht auf der Figurenachse steht. Wir wählen nun S^* so, dass $\phi_0 = 0$ ist. Dies ist aufgrund der Symmetrie des Kreisels (Invarianz unter Drehungen in der $\hat{\boldsymbol{e}}_1^*$-$\hat{\boldsymbol{e}}_2^*$-Ebene) stets möglich.

Frage 27

Machen Sie sich anhand von Abb. 4.8 klar, dass der Öffnungswinkel des Polkegels durch

$$\theta_{PK} = \arctan\frac{\omega_\perp^*}{\omega_3^*} \tag{4.137}$$

gegeben ist.

Der Drehimpuls in S^* erfüllt $L_i^* = \Theta_i\omega_i^*$ für jede seiner drei Komponenten i. Somit präzediert der Drehimpuls ebenfalls in S^* um die Figurenachse, und zwar mit der gleichen Frequenz Ω wie die Winkelgeschwindigkeit. Der Betrag des Drehimpulses ist

$$L^{*2} = L_1^{*2} + L_2^{*2} + L_3^{*2} = \Theta^2\omega_\perp^{*2} + \Theta_3^2\omega_3^{*2}. \tag{4.138}$$

Der Winkel ϑ ist gerade der Winkel zwischen Drehimpuls und der Figurenachse. Wir wissen, dass der Drehimpuls in S^* um $\hat{\boldsymbol{e}}_3^*$

präzediert, also muss ϑ konstant sein bzw. $\dot{\vartheta} = 0$. Aus Abb. 4.8 folgt

$$\vartheta = \arctan \frac{L_\perp^*}{L_3^*} = \arctan \frac{\Theta\omega_\perp^*}{\Theta_3\omega_3^*}, \tag{4.139}$$

wobei $L_\perp^*$ der Anteil des Drehimpulses ist, der senkrecht auf der Figurenachse steht. Der Euler-Winkel ϑ definiert somit den Öffnungswinkel des sogenannten *Präzessionskegels*. Die Winkel, die $\boldsymbol{\omega}^*$ und $\boldsymbol{L}^*$ jeweils mit der $\hat{\boldsymbol{e}}_3^*$-Achse einschließen (θ_{PK} und ϑ), sind nicht identisch, was man an einem Vergleich von (4.137) und (4.139) erkennt.

Bis zu diesem Punkt haben wir untersucht, wie sich die Drehachse in S^* verhält. Doch wie sieht die Kreiselbewegung vom raumfesten System S aus gesehen aus? In S ist der Drehimpuls $\boldsymbol{L}$ eine Erhaltungsgröße, nicht jedoch die Winkelgeschwindigkeit $\boldsymbol{\omega}$. Wir beginnen zunächst mit der willkürlichen Festlegung, dass der Drehimpulsvektor des Kreisels entlang $\hat{\boldsymbol{e}}_3$ zeigt, also $\boldsymbol{L} = L\hat{\boldsymbol{e}}_3 = \text{const}$.

Frage 28

Machen Sie sich klar, dass aus $\boldsymbol{L} = \text{const}$ wegen $\boldsymbol{L} = \boldsymbol{\Theta}\boldsymbol{\omega}$ im Allgemeinen $\boldsymbol{\omega} \neq \text{const}$ folgt.

Es bleibt noch die Zeitabhängigkeit der beiden übrigen Euler'schen Winkel zu bestimmen. Ausgehend von (4.125) und $\dot{\vartheta} = 0$ sieht man zunächst

$$\begin{pmatrix} \omega_1^* \\ \omega_2^* \\ \omega_3^* \end{pmatrix} = \dot{\varphi} \begin{pmatrix} \sin\psi \sin\vartheta \\ \cos\psi \sin\vartheta \\ \cos\vartheta \end{pmatrix} + \dot{\psi} \begin{pmatrix} 0 \\ 0 \\ 1 \end{pmatrix} = \begin{pmatrix} \omega_\perp^* \sin(\Omega t) \\ \omega_\perp^* \cos(\Omega t) \\ \text{const} \end{pmatrix}. \tag{4.140}$$

Die ersten beiden Komponenten dieser Gleichung können wegen der Konstanz von ϑ nur dann zu jedem Zeitpunkt erfüllt sein, wenn

$$\psi = \Omega t \quad \Longrightarrow \quad \dot{\psi} = \Omega = \text{const} \tag{4.141}$$

und

$$\dot{\varphi} = \frac{\omega_\perp^*}{\sin\vartheta} = \text{const} \tag{4.142}$$

sind. Damit ist auch die Gleichung für die dritte Komponente automatisch erfüllt.

Frage 29

Zeigen Sie mithilfe von (4.139), dass man (4.142) in der Form

$$\varphi(t) = \Omega' t + \varphi_0 \tag{4.143}$$

schreiben kann, wobei

$$\Omega' = \frac{\Theta_3\omega_3^*}{\Theta\cos\vartheta} \tag{4.144}$$

gilt. Nutzen Sie dabei $\tan\vartheta = \sin\vartheta / \cos\vartheta$ aus.

Euler-Winkel des kräftefreien symmetrischen Kreisels

Ein kräftefreier symmetrischer Kreisel erlaubt die Lösung

$$\vartheta(t) = \vartheta_0, \quad \psi(t) = \Omega t + \psi_0, \quad \varphi(t) = \Omega' t + \varphi_0 \tag{4.145}$$

für die Euler-Winkel.

In Aufgabe 4.6 wird außerdem gezeigt, dass

$$\Omega' = \frac{L}{\Theta} \tag{4.146}$$

ist, wobei $L = |\boldsymbol{L}|$ der Betrag des Drehimpulses ist.

Aus Abb. 4.3 erkennt man, dass sich die Knotenlinie $\hat{\boldsymbol{e}}_K$ mit einer festen Frequenz $\dot{\varphi} = \Omega'$ in der durch $\hat{\boldsymbol{e}}_1$ und $\hat{\boldsymbol{e}}_2$ aufgespannten Ebene und damit um $\hat{\boldsymbol{e}}_3$ dreht. Wegen $\hat{\boldsymbol{e}}_K(t) = \hat{\boldsymbol{e}}_3 \times \hat{\boldsymbol{e}}_3^*(t)$ muss sich daher $\hat{\boldsymbol{e}}_3^*$ mit derselben Frequenz Ω' um $\hat{\boldsymbol{e}}_3$ auf dem Präzessionskegel bewegen.

Präzession der Figurenachse im raumfesten System

Die Figurenachse (Symmetrieachse) des kräftefreien Kreisels präzediert im raumfesten System S mit der Frequenz

$$\Omega' = \frac{\Theta_3\omega_3^*}{\Theta\cos\vartheta} = \frac{L}{\Theta} \tag{4.147}$$

um die Drehimpulsachse.

Dies ist scheinbar ein Widerspruch zu dem vorherigen Ergebnis, dass sich der Drehimpuls in S^* (parallel zu $\hat{\boldsymbol{e}}_3$) mit der Frequenz Ω (und nicht Ω'!) um die Figurenachse (parallel zu $\hat{\boldsymbol{e}}_3^*$) dreht. Tatsächlich sind beide Ergebnisse korrekt. Dies wird in Aufgabe 4.6 noch genauer betrachtet.

Abschließend stellen wir fest, dass in S der Vektor der Winkelgeschwindigkeit um die Drehimpulsachse ($\hat{\boldsymbol{e}}_3$-Achse) präzediert und sich dabei auf dem *Spurkegel* (auch *Rastpolkegel* genannt) bewegt. Aus (4.126) kann man ablesen, dass diese Präzession mit der Frequenz $\dot{\varphi} = \Omega'$ erfolgt und dass der Öffnungswinkel

$$\theta_{SK} = \arctan \frac{\dot{\psi}\sin\vartheta}{\dot{\varphi} + \dot{\psi}\cos\vartheta} = \arctan \frac{\Omega\sin\vartheta}{\Omega' + \Omega\cos\vartheta} \tag{4.148}$$

ist. Die gefundenen Präzessionenbewegungen sind in Tab. 4.2 zusammengefasst und in Abb. 4.9 grafisch dargestellt.

Erde als Kreisel: Polbewegung

Die Erde kann in erster Näherung als ein leicht abgeplatteter, kräftefreier symmetrischer Kreisel betrachtet

Tab. 4.2 Zusammenfassung der Präzessionsbewegungen des kräftefreien symmetrischen Kreisels. Jede Präzession beschreibt die Bewegung einer Achse auf einem Kegel mit gegebenem Öffnungswinkel um eine andere Achse mit einer festen Frequenz. Der Drehimpuls zeigt in Richtung von $\hat{e}_3$, die Figurenachse in Richtung von $\hat{e}_3^*$. Das Koordinatensystem (S oder S^*) gibt an, in welchem System diese Präzession beobachtet wird

Beschreibung	Winkel	Achsen	Frequenz	System
Präzessionskegel	ϑ	$\hat{e}_3^*$ um $\hat{e}_3$	Ω'	S
Präzessionskegel	ϑ	$\hat{e}_3$ um $\hat{e}_3^*$	Ω	S^*
Polkegel	θ_{PK}	$\boldsymbol{\omega}^*$ um $\hat{e}_3^*$	Ω	S^*
Spurkegel	θ_{SK}	$\boldsymbol{\omega}$ um $\hat{e}_3$	Ω'	S

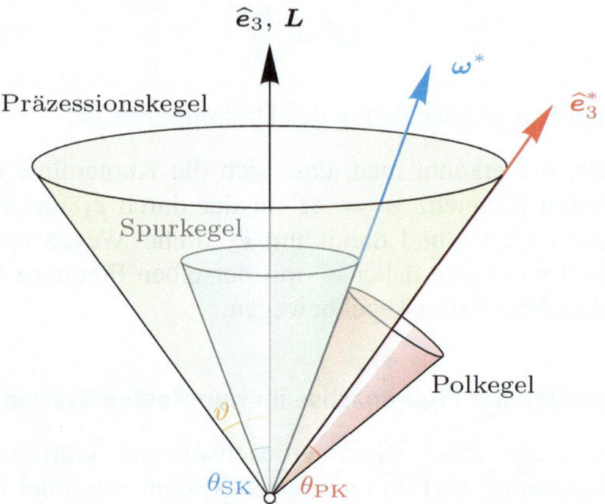

Abb. 4.9 Übersicht der Präzessionsbewegungen des kräftefreien symmetrischen Kreisels. Die Figurenachse $\hat{e}_3^*$ präzediert auf dem Präzessionskegel mit Öffnungswinkel ϑ um die Drehimpulsachse $\hat{e}_3$. Im raumfesten System S präzediert außerdem die Achse der Winkelgeschwindigkeit auf dem Spurkegel mit Öffnungswinkel θ_{SK} um die Drehimpulsachse. Gleichzeitig präzediert sie im körperfesten System S^* auf dem Polkegel mit Öffnungswinkel θ_{PK} um die Figurenachse. Anschaulich rollt der Polkegel auf dem Spurkegel ab, wobei die Kontaktlinie beider Kegel gerade der Achse der Winkelgeschwindigkeit entspricht

werden ($\Theta < \Theta_3$). Aus Messungen ist bekannt, dass

$$\frac{\Theta - \Theta_3}{\Theta} \approx -\frac{1}{300} \tag{4.149}$$

gilt. Damit lässt sich mithilfe von (4.133) die Präzessionsfrequenz der Drehachse im erdfesten System berechnen, wenn diese nicht mit der Figurenachse zusammenfällt, was aufgrund diverser Störungen im Ausmaß von einigen Zehntel Bogensekunden tatsächlich der Fall ist (wie man seit 1885 weiß). Offenbar sagt diese Abschätzung aus, dass sich die Drehachse alle 300 Tage einmal vollständig um die Figurenachse der Erde bewegt. In Wirklichkeit dauert es aber etwa 430 Tage. Dies ist die *Chandler-Periode* (nach dem US-amerikanischen Astronomen *Seth Carlo Chandler*, 1846–1913), die für moderne Navigationstechniken wichtig ist und darin begründet liegt, dass die Erde kein perfekter starrer Körper ist, sondern sich ihre Massenverteilung ständig ändert (z. B. durch Gezeiten oder geologische Aktivität).

Tatsächlich ist die Erde jedoch kein kräftefreier Kreisel. Letztlich üben Sonne und Mond auf die Erde Drehmomente aus. Dies führt zu einer seit der Antike bekannten Präzession der Erdachse, die wesentlich stärker als die hier beschriebene Polbewegung ist, aber eine deutlich längere Periode besitzt. Dies wird in Aufgabe 4.7 vertieft. ◀

Der schwere symmetrische Kreisel

Abschließend betrachten wir den sogenannten *Lagrange-Kreisel* (nach dem italienischen Mathematiker und Astronomen *Joseph-Louis Lagrange*, 1736–1813). Dies ist ein symmetrischer starrer Körper, der in einem Punkt auf seiner Symmetrieachse unterstützt ist und sich in einem homogenen Gravitationsfeld befindet. Er stellt ein einfaches, aber recht realitätsnahes Modell für den Kinderkreisel und den Kreiselkompass dar, der bei der Schiffsnavigation eine wichtige Rolle spielt. Im Allgemeinen sind die vollen Bewegungsgleichungen in (4.120) zu lösen, wobei das Drehmoment $\boldsymbol{M}^*$ zu spezifizieren ist.

Die Euler'schen Bewegungsgleichungen gelten im körperfesten System S^*. Äußere, im raumfesten System S bekannte Drehmomente müssen daher zunächst in S^* berechnet werden, um die Bewegungsgleichungen in (4.120) lösen zu können.

Beim schweren symmetrischen Kreisel gibt es drei Erhaltungsgrößen. Nutzt man diese aus, ist es gar nicht erforderlich, die Euler-Gleichungen selbst zu bemühen. Da eine vollständige Lösung des Problems auf elliptische Integrale führt, die an dieser Stelle nicht besprochen werden sollen, beschränken wir uns auf eine qualitative Diskussion der Bewegungsgleichungen.

Der Kreisel ist schematisch in Abb. 4.10 gezeigt. Als Ursprünge O und O^* von S und S^* verwenden wir den Unterstützungspunkt, der sich vom Schwerpunkt unterscheiden soll. Die Figurenachse sei wieder entlang $\hat{e}_3^*$ ausgerichtet. In S^* befindet sich der Schwerpunkt am Ort $\boldsymbol{X}^* = R\hat{e}_3^*$, in S am Ort $\boldsymbol{X}$. Die Trägheitsmomente $\Theta = \Theta_1 = \Theta_2$ und Θ_3 seien bezüglich des Unterstützungspunktes definiert (und weiterhin bezüglich S^*). Die Masse des Kreisels sei m.

Frage 30

Rufen Sie sich den Steiner'schen Satz in Erinnerung und überlegen Sie sich, wie die Trägheitsmomente bezüglich des Schwerpunktes aussehen.

Die Gravitationskraft zeige in S senkrecht nach unten:

$$\boldsymbol{F} = -mg\hat{e}_3. \tag{4.150}$$

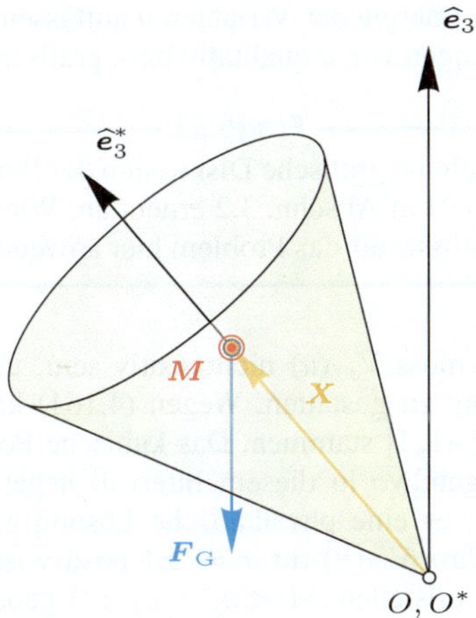

Abb. 4.10 Schwerer Kreisel betrachtet im Laborsystem S. Der schwere Kreisel ist an einem Punkt unterstützt, der sowohl dem Ursprung O von S als auch dem Ursprung O^* des körperfesten Systems S^* entspricht. Der Schwerpunkt befindet sich am Ort $\boldsymbol{X}$. Auf ihn wirkt die Gravitationskraft $\boldsymbol{F}_\text{G}$ entlang der negativen $\hat{e}_3$-Achse. Dies führt zu einem Drehmoment $\boldsymbol{M}$, das aus der Papierebene hinauszeigt. Die Figurenachse des Kreisels ist $\hat{e}_3^*$

Daraus ergibt sich das Drehmoment

$$\boldsymbol{M} = \boldsymbol{X} \times \boldsymbol{F} = -mgR\,\hat{\boldsymbol{e}}_3^* \times \hat{\boldsymbol{e}}_3. \tag{4.151}$$

Das Drehmoment steht somit senkrecht auf der Figurenachse und der Wirkungsrichtung der Gravitationskraft. Offensichtlich sind dann die Projektionen

$$L_3 = \mathfrak{L} \cdot \hat{\boldsymbol{e}}_3 \quad \text{und} \quad L_3^* = \mathfrak{L} \cdot \hat{\boldsymbol{e}}_3^* \tag{4.152}$$

konstant, wobei $\mathfrak{L}$ der abstrakte Drehimpulsvektor ist. Wir haben also zwei Konstanten der Bewegung gefunden. Da das homogene Gravitationsfeld konservativ ist, ist auch die Gesamtenergie E des Kreisels konstant. Sie ist die Summe aus kinetischer und potenzieller Energie. Die potenzielle Energie ist

$$V = mg\,\hat{\boldsymbol{e}}_3 \cdot \boldsymbol{X} = mgR\,\hat{\boldsymbol{e}}_3 \cdot \hat{\boldsymbol{e}}_3^*. \tag{4.153}$$

Die kinetische Energie lautet

$$T = \frac{1}{2}\Theta\left(\omega_1^{*2} + \omega_2^{*2}\right) + \frac{1}{2}\Theta_3\omega_3^{*2}. \tag{4.154}$$

Erhaltungsgrößen des schweren Kreisels

Für einen unterstützten symmetrischen Kreisel im homogenen Schwerefeld findet man drei Erhaltungsgrößen: die Projektion des Drehimpulses auf die Figurenachse und auf die Achse, entlang der das Schwerefeld wirkt, sowie die Gesamtenergie.

Achtung Der aufmerksame Leser könnte hier fragen, ob wir den Beitrag der Schwerpunktsbewegung vergessen haben. Dies ist nicht der Fall, da die kinetische Energie, die in der Rotation steckt, bezüglich des ruhenden Unterstützungspunktes angegeben wurde. Offensichtlich kann dies nur korrekt sein, wenn der Trägheitstensor bezüglich dieses Punktes verwendet wird. Genau das hatten wir am Anfang allerdings verlangt. ◂

Wir geben nun die drei gefundenen Erhaltungsgrößen als Funktion der Euler-Winkel an. Gleichung (4.125) führt direkt auf

$$L_3^* = \Theta_3\omega_3^* = \Theta_3\left(\dot{\varphi}\cos\vartheta + \dot{\psi}\right) = \text{const.} \tag{4.155}$$

Für die Komponente L_3 des Drehimpulses in S findet man zunächst wegen (4.12)

$$L_3 = \hat{\boldsymbol{e}}_3 \cdot \mathfrak{L} = \hat{\boldsymbol{e}}_3 \cdot \hat{\boldsymbol{e}}_i^* L_i^* = r_{i3}L_i^*. \tag{4.156}$$

Dies lässt sich umschreiben in

$$\begin{aligned} L_3 &= \Theta\left(r_{13}\omega_1^* + r_{23}\omega_2^*\right) + \Theta_3 r_{33}\omega_3^* \\ &= \Theta(r_{13}\omega_1^* + r_{23}\omega_2^* + r_{33}\omega_3^*) + (\Theta_3 - \Theta)r_{33}\omega_3^* \\ &= \Theta\omega_3 + (\Theta_3 - \Theta)r_{33}\omega_3^* = \Theta\omega_3 + (\Theta_3 - \Theta)\omega_3^*\cos\vartheta. \end{aligned} \tag{4.157}$$

In der dritten Zeile wurde $r_{ij}\boldsymbol{\omega}_i^* = \omega_j$, d. h. $\boldsymbol{R}^{-1}\boldsymbol{\omega}^* = \boldsymbol{\omega}$, und im letzten Schritt $r_{33} = \cos\vartheta$ ausgenutzt. Es lassen sich schließlich noch ω_3 und ω_3^* mit (4.125), (4.126) und (4.155) ersetzen:

$$L_3 = \Theta\dot{\varphi}\sin^2\vartheta + L_3^*\cos\vartheta = \text{const.} \tag{4.158}$$

Frage 31

Rechnen Sie alle Schritte nach, die auf (4.158) führen.

Die Energie ist wegen (4.127) und $\hat{\boldsymbol{e}}_3 \cdot \hat{\boldsymbol{e}}_3^* = \cos\vartheta$

$$\begin{aligned} E = \frac{\Theta}{2}\left(\dot{\vartheta}^2 + \dot{\varphi}^2\sin^2\vartheta\right) + \frac{\Theta_3}{2}\left(\dot{\psi} + \dot{\varphi}\cos\vartheta\right)^2 + mgR\cos\vartheta \\ = \text{const.} \end{aligned} \tag{4.159}$$

Man kann sowohl $\dot{\varphi}$ als auch $\dot{\psi}$ aus der Energie eliminieren und durch die konstanten Drehimpulse ersetzen. Dies führt auf die Differenzialgleichung

$$E = \frac{\Theta}{2}\dot{\vartheta}^2 + \frac{(L_3 - L_3^*\cos\vartheta)^2}{2\Theta\sin^2\vartheta} + \frac{L_3^{*2}}{2\Theta_3} + mgR\cos\vartheta \tag{4.160}$$

erster Ordnung für ϑ. Hier bietet sich eine Substitution mit

$$u = \cos\vartheta \tag{4.161}$$

an. Man erhält die Differenzialgleichung

$$\dot{u}^2 + V_\text{eff}(u) = 0 \tag{4.162}$$

mit

$$\begin{aligned} V_\text{eff}(u) &= \frac{2}{\Theta}\left(\frac{L_3^{*2}}{2\Theta_3} + mgRu - E\right)(1 - u^2) + \left(\frac{L_3 - L_3^*u}{\Theta}\right)^2 \\ &= (C_1 + C_2u)\left(1 - u^2\right) + (C_3 - C_4u)^2, \end{aligned} \tag{4.163}$$

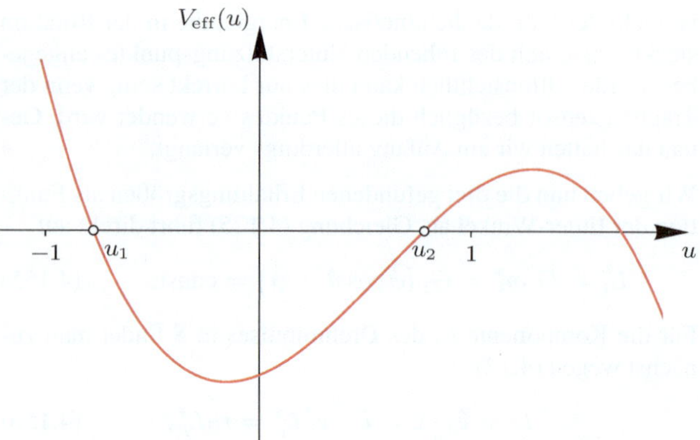

Abb. 4.11 Die Funktion $V_{\text{eff}}(u)$ für die Bewegung des schweren symmetrischen Kreisels ist im Intervall $-1 < u_1 \leq u_2 < 1$ negativ. Die Figurenachse kann sich nur im Bereich $u_1 \leq \cos\vartheta \leq u_2$ aufhalten; sie oszilliert zwischen diesen beiden Umkehrpunkten (Nutation)

wobei die vier Größen $C_1, \ldots, C_4$ Konstanten sind. Die implizite Lösung von (4.162) lässt sich sofort hinschreiben:

$$t - t_0 = \int\limits_{u_0}^{u} \frac{\mathrm{d}u'}{\sqrt{(C_1 + C_2u')(u'^2 - 1) - (C_3 - C_4u')^2}}. \quad (4.164)$$

Eine allgemeine analytische Untersuchung führt auf die sogenannten elliptischen Integrale (die auftreten, da $V_{\text{eff}}(u)$ ein Polynom dritter Ordnung in u ist). Wir wollen an dieser Stelle darauf verzichten. Allerdings erinnern wir uns, dass wir bereits (z. B. in Abschn. 3.2) Gleichungen der Form (4.162) betrachtet haben. Man kann $\dot{u}^2$ als die kinetische Energie und $V_{\text{eff}}(u)$ als die potenzielle Energie der Variablen u auffassen und die möglichen Bewegungen von u qualitativ bzw. grafisch untersuchen.

Frage 32

Schauen Sie sich die grafische Diskussion der Bewegung im effektiven Potenzial in Abschn. 3.2 erneut an. Wie kann man die dortigen Ergebnisse auf das Problem hier anwenden?

Offensichtlich muss $V_{\text{eff}}(u)$ nichtpositiv sein, um eine physikalische Lösung zu gestatten. Wegen (4.161) kann u nur aus dem Intervall $[-1, 1]$ stammen. Das kubische Polynom $V_{\text{eff}}(u)$ muss daher irgendwo in diesem Intervall negative Werte annehmen, damit es eine physikalische Lösung gibt. Weiterhin erkennt man, dass $V_{\text{eff}}(u)$ für $u = \pm 1$ positiv ist. Daher muss es dann zwei Nullstellen $-1 < u_1 \leq u_2 < 1$ geben. Die Bewegung des Systems ist auf das Intervall $[u_1, u_2]$ beschränkt. Die dritte Nullstelle erfüllt $u_3 > 1$ und ist für uns nicht von Interesse. Die Funktion $V_{\text{eff}}(u)$ ist in Abb. 4.11 qualitativ dargestellt. Sind die Werte u_1 und u_2 verschieden, pendelt die Figurenachse zwischen $\vartheta_1 = \arccos u_1$ und $\vartheta_2 = \arccos u_2$ hin und her. Diese Bewegung nennt man *Nutation* des schweren Kreisels.

Legt man eine gedachte Einheitskugel um den Kreisel, so wird sie an einem Punkt, dem *Durchstoßpunkt*, von der Figurenachse durchstoßen (Abb. 4.12). Seine Lage auf der Einheitskugel wird durch die Winkel ϑ und φ festgelegt. Die Kurve, die der Durchstoßpunkt im Laufe der Zeit durchläuft, ist der *Locus der Figurenachse*. Man nennt die Bewegung von φ die *Präzession des schweren Kreisels*. Im Allgemeinen ist die Bewegung des schweren Kreisels eine Überlagerung von Präzession und Nutation. Aus (4.158) folgt die Bewegungsgleichung

$$\dot{\varphi} = \frac{L_3 - L_3^* \cos\vartheta}{\Theta \sin^2\vartheta}. \quad (4.165)$$

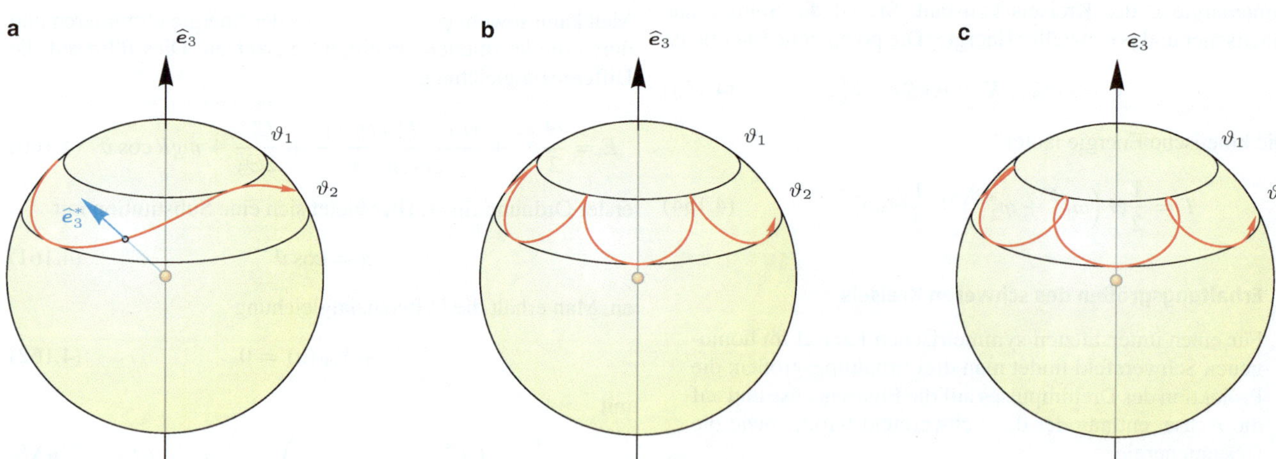

Abb. 4.12 Nutation des schweren symmetrischen Kreisels. Der Schnittpunkt der Figurenachse $\hat{e}_3^*$ (*blau*) mit der Einheitskugel um den Unterstützungspunkt (*gelb*) bewegt sich im Laufe der Zeit und bildet den Locus (*rot*). Je nach Wahl der Anfangsbedingungen sind verschiedene Bewegungsformen möglich. Die Winkelgeschwindigkeit $\dot{\varphi}$ ändert ihr Vorzeichen in **a** nicht. In **b** verschwindet $\dot{\varphi}$ für $\vartheta = \vartheta_1$. In **c** ändert $\dot{\varphi}$ das Vorzeichen während der Nutation

Wir definieren $u_L := L_3/L_3^* = \cos\vartheta_L$ und haben damit

$$\dot{\varphi} = \frac{L_3^*}{\Theta \sin^2\vartheta}(\cos\theta_L - \cos\theta). \tag{4.166}$$

Nun unterscheiden wir drei Fälle:

1. $\vartheta_L < \vartheta_1 < \vartheta_2$ oder $\vartheta_1 < \vartheta_2 < \vartheta_L$: Hier ändert sich das Vorzeichen von $\dot{\varphi}$ niemals, und der Locus bewegt sich gemäß Abb. 4.12a.
2. $\vartheta_L = \vartheta_1$ oder $\vartheta_L = \vartheta_2$: Dies führt auf eine Bewegung wie in Abb. 4.12b, bei der periodisch $\dot{\vartheta}$ und $\dot{\varphi}$ gleichzeitig verschwinden.
3. $\vartheta_1 < \vartheta_L < \vartheta_2$: In diesem Fall ändert $\dot{\varphi}$ während der Nutation das Vorzeichen. Der Locus hat dann eine ähnliche Gestalt wir in Abb. 4.12c.

Die Anfangsbedingungen lassen sich so wählen, dass $u_1 = u_2$ gilt. Dann sind ϑ und $\dot{\varphi}$ beide konstant, und man spricht von *regulärer Präzession*. In Aufgabe 4.7 wird untersucht, welchen Einfluss die durch Sonne und Mond verursachten Drehmomente auf die Erdachse haben.

Man könnte naiv erwarten, dass der Kreisel aufgrund der Gravitation umfällt. Dies kann aber wegen der Drehimpulserhaltung nicht geschehen. Ein schwerer Kreisel, der im Idealfall keinen Reibungskräften ausgesetzt ist, fällt niemals um. Stattdessen weicht die Figurenachse seitlich aus, und es kommt zur Präzession.

Die Dynamik von ψ ist weniger wichtig, da sie nur die Rotation des Kreisels um seine eigene Achse beschreibt und keinen Einfluss auf den Locus nimmt. Falls gewünscht, folgt die Bewegung von ψ aus (4.155) und (4.158).

Frage 33

Man hätte statt des hier vorgestellten Lösungsweges direkt die Euler-Gleichungen aufintegrieren können. Warum ist dies nicht zu empfehlen?

Aufgaben

Gelegentlich enthalten die Aufgaben mehr Angaben, als für die Lösung erforderlich sind. Bei einigen anderen dagegen werden Daten aus dem Allgemeinwissen, aus anderen Quellen oder sinnvolle Schätzungen benötigt.

- • leichte Aufgaben mit wenigen Rechenschritten
- •• mittelschwere Aufgaben, die etwas Denkarbeit und unter Umständen die Kombination verschiedener Konzepte erfordern
- ••• anspruchsvolle Aufgaben, die fortgeschrittene Konzepte (unter Umständen auch aus späteren Kapiteln) oder eigene mathematische Modellbildung benötigen

4.1 • Eigenschaften des Trägheitstensors Man zeige, dass ein beliebiger Trägheitstensor folgende Eigenschaften besitzt:

(a) Alle Trägheitsmomente (Diagonalelemente) sind nichtnegativ.
(b) Kein Trägheitsmoment ist größer als die Summe der übrigen beiden.

Lösungshinweis: Am besten verwendet man zur Lösung der Aufgabe entweder (4.18) oder (4.82).

4.2 • Orthogonalität der Eigenvektoren Zeigen Sie, dass die Eigenvektoren zu nichtentarteten (ungleichen) Eigenwerten einer symmetrischen Matrix $\boldsymbol{A}$ orthogonal sind.

Lösungshinweis: Zeigen Sie zunächst, dass für zwei Eigenvektoren $\boldsymbol{v}_1$ und $\boldsymbol{v}_2$ immer $(\boldsymbol{A}\boldsymbol{v}_1)\cdot\boldsymbol{v}_2 = (\boldsymbol{A}\boldsymbol{v}_2)\cdot\boldsymbol{v}_1$ gilt. Weitere Eigenschaften von symmetrischen Matrizen werden in Kap. 23 besprochen.

4.3 •• Berechnung von Trägheitstensoren Um die Anwendung von Volumenintegralen zu vertiefen, bietet es sich an, die Trägheitstensoren einiger einfacher Objekte mit homogener Massendichte zu bestimmen. Berechnen Sie den Trägheitstensor bezüglich des Schwerpunktes für

(a) eine Kugelschale mit Radius R (Masse M verteilt auf der unendlich dünnen Kugeloberfläche),
(b) einen Zylinder mit Höhe H und Radius R,
(c) einen Hohlzylinder mit Höhe H und Radius R (Masse M verteilt auf der unendlich dünnen Mantelfäche),
(d) einen Kreiskegel mit Höhe H und Basisradius R.

Für welches Verhältnis H/R handelt es sich bei den letzten drei Beispielen um Kugelkreisel?

Lösungshinweis: Verwenden Sie jeweils das auf das Problem angepasste Koordinatensystem. Zur Behandlung der Kugelschale und des Hohlzylinders ist es ratsam, die Massendichte durch eine Oberflächenmassendichte $\sigma(\boldsymbol{x}) = \text{const}$ zu ersetzen. In der Integration ist dann statt des Volumenintegrals ein Oberflächenintegral bei konstantem Radius R zu berechnen. Legen Sie für die Berechnung des Kegels den Ursprung zunächst in die Spitze des Kegels. Sie dürfen weiterhin verwenden, dass der Schwerpunkt des Kegels von der Spitze ($z = 0$) aus gesehen bei $z = 3H/4$ liegt.

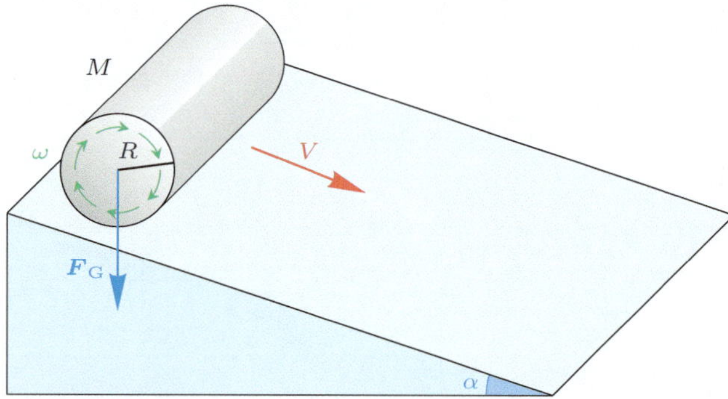

Abb. 4.13 Ein Zylinder (Radius R und Masse M) rollt unter dem Einfluss der Gravitationskraft $\boldsymbol{F}_\mathrm{G}$ eine schiefe Ebene mit Neigung α hinunter. Dabei bewegt sich sein Schwerpunkt mit Geschwindigkeit V, und der Mantel dreht sich mit Winkelgeschwindigkeit $\boldsymbol{\omega}$

4.4 •• Rollender Zylinder Ein anfänglich ruhender Zylinder rolle eine schiefe Ebene hinunter (Abb. 4.13). Seine Drehachse sei dabei exakt quer zur Neigung ausgerichtet. Der Neigungswinkel der Ebene ist α. Der Zylinder hat eine homogene Dichte, Masse M und Radius R.

(a) Wenn man annimmt, dass der Zylinder rollt und nicht gleitet, welche Relation gilt dann zwischen der Geschwindigkeit V, mit der sich der Schwerpunkt bewegt, und der Winkelgeschwindigkeit ω des Zylinders um den Schwerpunkt?
(b) Bestimmen Sie die kinetische Energie des Zylinders, die sich aus der Translations- und Rotationsenergie ergibt.
(c) Wie groß ist die Komponente der nach unten zeigenden Gravitationskraft $|\boldsymbol{F}_\mathrm{G}| = Mg$ entlang der schiefen Ebene?
(d) Wie stark wird der Schwerpunkt des Zylinders entlang der schiefen Ebene beschleunigt? Nutzen Sie dazu die Energieerhaltung aus. Interpretieren Sie Ihr Ergebnis.

Lösungshinweis: Das Trägheitsmoment des Zylinders bezüglich seiner Symmetrieachse ist $MR^2/2$.

4.5 •• Physikalisches Pendel Im Gegensatz zu einem *mathematischen Pendel* (Punktmasse an masselosem Stab oder Schnur) beschreibt ein *physikalisches Pendel* einen ausgedehnten starren Körper, der an einem Punkt fixiert ist und nur um eine vorgegebene Achse schwingen kann (Abb. 4.14). Man stelle sich einen beliebigen starren Körper mit Trägheitstensor $\boldsymbol{\Theta}$

bezüglich seines Schwerpunktes vor. Der Fixpunkt liege im Ursprung O des raumfesten Systems S, und der Schwerpunkt befinde sich am Ort $\boldsymbol{X}(t)$. Die Drehachse sei $\hat{\boldsymbol{e}}_2$ in S. Es wirke die Schwerkraft $\boldsymbol{F}_\text{G} = -Mg\,\hat{\boldsymbol{e}}_3$, wobei M die Gesamtmasse des starren Körpers ist. Der Winkel zwischen $-\hat{\boldsymbol{e}}_3$ und $\boldsymbol{X}$ ist α, sodass $\alpha = 0$ der Ruhelage entspricht.

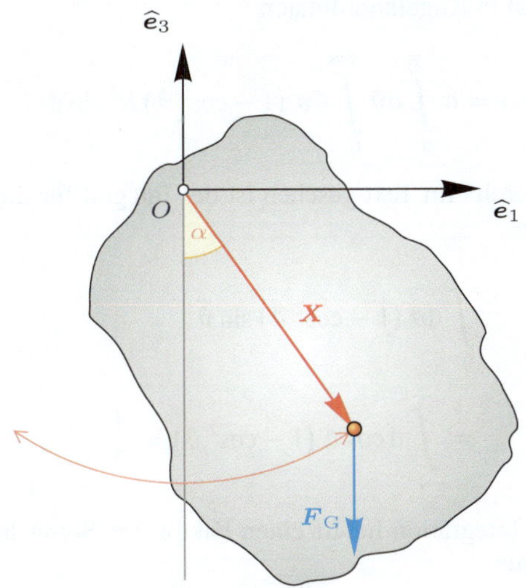

Abb. 4.14 Physikalisches Pendel aus dem Laborsystem S beobachtet. Das Pendel ist an einem Punkt O (Ursprung von S) aufgehängt, der Schwerpunkt befindet sich am Ort $\boldsymbol{X}$. Durch die Gravitationskraft $\boldsymbol{F}_\text{G}$ kommt es zu einer Schwingung in der $\hat{e}_1$-$\hat{e}_3$-Ebene

(a) Wie groß ist das Trägheitsmoment des starren Körpers bezüglich der Drehachse und des Fixpunktes?
(b) Wie lautet die Drehmomentgleichung in diesem Fall?
(c) Lösen Sie die Bewegungsgleichung unter der Annahme, dass der Winkel α klein ist und deshalb die auftretende trigonometrische Funktion linearisiert werden kann.
(d) Würde es die Schwingungsdauer beeinflussen, wenn der starre Körper durch einen anderen starren Körper aus einem anderen Material ersetzt wird, der jedoch exakt dieselbe Form besitzt? Nehmen Sie dabei an, dass die jeweiligen Körper homogen sind.

4.6 ••• Kräftefreier symmetrischer Kreisel Die Rotation des kräftefreien symmetrischen Kreisels soll genauer untersucht werden.

(a) Entwickeln Sie die Figurenachse $\hat{\boldsymbol{e}}_3^*$ nach den Basisvektoren $\hat{\boldsymbol{e}}_i$ im raumfesten System S und die Drehimpulsachse $\hat{\boldsymbol{e}}_3$ nach den Basisvektoren $\hat{\boldsymbol{e}}_i^*$ im körperfesten System S^*. Verwenden Sie dazu die Transformationsmatrix $\boldsymbol{R}$ in (4.9).
(b) Zeigen Sie, dass sowohl $\hat{\boldsymbol{e}}_3^*$ in S als auch $\hat{\boldsymbol{e}}_3$ in S^* präzediert, und geben Sie jeweils die Präzessionsfrequenz an. Beachten Sie dabei die Lösung der Euler-Winkel in (4.145).
(c) Begründen Sie anhand der Struktur der Matrix $\boldsymbol{R}$, dass beide Frequenzen nicht identisch sind. Wie groß ist ihr Verhältnis? Wie lautet die Bedingung, dass beide Frequenzen identisch sind?
(d) Scheinbar kann die Frequenz Ω' beliebig groß werden, wenn $\cos\vartheta \to 0$. Zeigen Sie, dass $\Omega' = L/\Theta$ ist, und begründen Sie damit, warum Ω' stets endlich bleibt.
(e) Mit den erhaltenen Zwischenergebnissen ist es relativ leicht, die Gültigkeit von (4.126) zu zeigen: Berechnen Sie die Komponenten der Winkelgeschwindigkeit $\boldsymbol{\omega}$ in S. Gehen Sie dabei von (4.121) aus.

4.7 •• Erde als schwerer Kreisel Hätte die Erde eine perfekt kugelförmige (d. h. isotrope) Massenverteilung, so könnten weder Mond noch Sonne ein Drehmoment auf die Erde ausüben. Allerdings ist die Erde ein abgeflachtes Ellipsoid mit

$$\Delta\Theta = \Theta - \Theta_3 > 0, \qquad \frac{\Delta\Theta}{\Theta} \approx \frac{1}{300}. \tag{4.167}$$

Die Erde erfährt daher Drehmomente aufgrund der Gravitationskräfte von Sonne und Mond. Diese lassen sich näherungsweise durch

$$\boldsymbol{M}_i = \frac{3GM_i}{2d_i^3}\cos\vartheta_0\,\Delta\Theta(\hat{\boldsymbol{e}}_3^* \times \hat{\boldsymbol{e}}_3) \tag{4.168}$$

beschreiben. Das ungestrichene Inertialsystem sei das des Sonnensystems. Der Index i steht für „Sonne" oder „Mond". Der Winkel $\vartheta_0 = 23{,}5°$ ist die Neigung der Erdachse bezüglich ihrer Umlaufebene um die Sonne, in welcher sich in guter Näherung auch der Mond befindet. Die restlichen Größen sind die Gravitationskonstante G, die Abstände d_i zu Sonne bzw. Mond sowie die Massen M_i von Sonne bzw. Mond. Wir nehmen hier an, dass die Figurenachse der Erde mit der Drehimpulsachse zusammenfällt, d. h.

$$\boldsymbol{L} = L\hat{\boldsymbol{e}}_3^*. \tag{4.169}$$

Der Richtungsvektor $\hat{\boldsymbol{e}}_3$ steht senkrecht auf der Umlaufebene; somit ist ϑ_0 auch der Winkel zwischen $\hat{\boldsymbol{e}}_3$ und $\hat{\boldsymbol{e}}_3^*$.

(a) Zeigen Sie, dass die beiden Drehmomente (4.168) den Betrag des Drehimpulses der Erde nicht beeinflussen.
(b) Zeigen Sie

$$L_3 = \boldsymbol{L}\cdot\hat{\boldsymbol{e}}_3 = L\cos\vartheta_0 = \text{const.} \tag{4.170}$$

Da aus der ersten Teilaufgabe $L = \text{const}$ folgt, muss der Neigungswinkel ϑ_0 ebenfalls konstant sein.
(c) Wir wollen nun untersuchen, wie schnell die Figurenachse der Erde im Raum (d. h. im ungestrichenen Inertialsystem) präzediert. Finden Sie dazu einen Ausdruck für $\mathbf{d}\hat{\boldsymbol{e}}_3^*/\mathrm{d}t$ und bringen Sie ihn in die Form

$$\frac{\mathbf{d}\hat{\boldsymbol{e}}_3^*}{\mathrm{d}t} = \boldsymbol{\omega}_\text{P} \times \hat{\boldsymbol{e}}_3^*. \tag{4.171}$$

Hier ist $\boldsymbol{\omega}_\text{P}$ gerade die gesuchte Präzessionsfrequenz der Erdachse aufgrund der Drehmomente, die von Sonne und Mond erzeugt werden. Bestimmen Sie den funktionalen Ausdruck für $\boldsymbol{\omega}_\text{P}$. Ermitteln Sie die Beiträge von Sonne und Mond einzeln. Vergleichen Sie Ihre Ergebnisse qualitativ mit den Gezeitenkräften in Abschn. 3.6.
(d) Welcher numerische Wert von $\omega_\text{P} = |\boldsymbol{\omega}_\text{P}|$ ergibt sich dadurch?

Teil I

Ausführliche Lösungen zu den Aufgaben

4.1 Für die Lösung benutzen wir (4.82), was die Gültigkeit nicht einschränkt.

(a) Wir berechnen

$$\begin{aligned}\Theta_{11} &= \int \mathrm{d}V\,\mu(\boldsymbol{x})\left(x_1^2+x_2^2+x_3^2-x_1^2\right)\\ &= \int \mathrm{d}V\,\mu(\boldsymbol{x})\left(x_2^2+x_3^2\right),\\ \Theta_{22} &= \int \mathrm{d}V\,\mu(\boldsymbol{x})\left(x_1^2+x_3^2\right),\\ \Theta_{33} &= \int \mathrm{d}V\,\mu(\boldsymbol{x})\left(x_1^2+x_2^2\right).\end{aligned} \tag{4.172}$$

Offensichtlich müssen die Trägheitsmomente positiv sein, da alle x_i^2 und $\mu(\boldsymbol{x})$ stets positiv sind.

(b) Mit dem Teilergebnis aus der ersten Aufgabe findet man

$$\Theta_{11}+\Theta_{22} = \int \mathrm{d}V\,\mu(\boldsymbol{x})\left(x_1^2+x_2^2+2x_3^2\right) \geq \Theta_{33}. \tag{4.173}$$

Dieses Ergebnis ist ohne Einschränkung auf die anderen Trägheitsmomente übertragbar.

4.2 Wir betrachten eine symmetrische Matrix $\boldsymbol{A}$ und zwei ihrer Eigenwerte ($\lambda_1 \neq \lambda_2$) und dazugehörigen Eigenvektoren ($\boldsymbol{v}_1$, $\boldsymbol{v}_2$). Es gilt

$$\begin{aligned}\boldsymbol{A}\boldsymbol{v}_1 &= \lambda_1\boldsymbol{v}_1,\\ \boldsymbol{A}\boldsymbol{v}_2 &= \lambda_2\boldsymbol{v}_2.\end{aligned} \tag{4.174}$$

Wir multiplizieren nun die erste Gleichung mit $\boldsymbol{v}_2$ und die zweite mit $\boldsymbol{v}_1$ und berechnen die Differenz der resultierenden Gleichungen. Dabei nutzen wir aus, dass die Matrix symmetrisch ist, d. h.

$$(\boldsymbol{A}\boldsymbol{v}_1)\cdot\boldsymbol{v}_2 = A_{\alpha\beta}v_{1,\beta}v_{2,\alpha} = A_{\beta\alpha}v_{2,\alpha}v_{1,\beta} = (\boldsymbol{A}\boldsymbol{v}_2)\cdot\boldsymbol{v}_1. \tag{4.175}$$

Es folgt

$$0 = \lambda_1\boldsymbol{v}_1\cdot\boldsymbol{v}_2 - \lambda_2\boldsymbol{v}_2\cdot\boldsymbol{v}_1 = (\lambda_1-\lambda_2)\boldsymbol{v}_1\cdot\boldsymbol{v}_2. \tag{4.176}$$

Da die Eigenwerte nicht entartet sind, müssen die Eigenvektoren orthogonal sein.

4.3

(a) Wie bei einer Kugel sind auch bei einer Kugelschale die Deviationsmomente allesamt null. Aufgrund der Symmetrie ist es außerdem nur notwendig, eines der Trägheitsmomente zu bestimmen; die beiden restlichen sind identisch. Wir berechnen erneut die Komponente Θ_{33}. Da die gesamte Masse auf eine Kugelschale mit Radius R konzentriert ist, lautet das Integral in Kugelkoordinaten

$$\Theta_{33} = \sigma\int_0^{\pi}\mathrm{d}\vartheta\int_0^{2\pi}\mathrm{d}\varphi\,\left(1-\cos^2\vartheta\right)R^4\sin\vartheta. \tag{4.177}$$

Wie bereits im Text gesehen ist das Integral für die ϑ-Integration

$$\begin{aligned}&\int_0^{\pi}\mathrm{d}\vartheta\,\left(1-\cos^2\vartheta\right)\sin\vartheta\\ &= \int_{-1}^{+1}\mathrm{d}\cos\vartheta\,\left(1-\cos^2\vartheta\right) = \frac{4}{3}.\end{aligned} \tag{4.178}$$

Die φ-Integration liefert einen Faktor 2π. Somit lautet das Ergebnis

$$\Theta_{33} = \frac{8\pi}{3}\sigma R^4 = \frac{2}{3}MR^2. \tag{4.179}$$

Im letzten Schritt wurde ausgenutzt, dass die Gesamtmasse M auf einer Kugelschale mit Oberfläche $4\pi R^2$ verteilt ist:

$$M = 4\pi\sigma R^2. \tag{4.180}$$

Die Trägheitsmomente einer Kugelschale sind also um einen Faktor $5/3$ größer als die einer Vollkugel mit gleichen M und R. Der Grund ist, dass bei der Kugelschale die Massenelemente im Mittel weiter vom Mittelpunkt entfernt sind.

(b) Für einen Zylinder bieten sich Zylinderkoordinaten an. Legt man den Ursprung in den Schwerpunkt und die z- bzw. x_3-Achse entlang der Zylinderachse, verschwinden alle Deviationsmomente. Dies liegt daran, dass diese Koordinatenwahl bereits den Hauptachsen angepasst ist. Wir verzichten daher auf eine Berechnung der Deviationsmomente; der interessierte Leser kann dies aber gerne überprüfen. Aufgrund der Symmetrie sind zwei Trägheitsmomente identisch, $\Theta_{11} = \Theta_{22}$. Das dritte, Θ_{33}, wird sich im Allgemeinen davon unterscheiden. Wir beginnen mit der Berechnung von Θ_{11}:

$$\Theta_{11} = \mu\int_0^R\mathrm{d}\varrho\int_0^{2\pi}\mathrm{d}\varphi\int_{-H/2}^{H/2}\mathrm{d}z\,\varrho\left(\varrho^2\sin^2\varphi+z^2\right). \tag{4.181}$$

Hier wurde die Jacobi-Determinante der Zylinder-Koordinaten verwendet ($\det(\boldsymbol{J}) = \varrho$). Wir führen zunächst die ϱ-Integration durch:

$$\Theta_{11} = \mu\int_0^{2\pi}\mathrm{d}\varphi\int_{-H/2}^{H/2}\mathrm{d}z\,\left(\frac{1}{4}R^4\sin^2\varphi+\frac{1}{2}z^2R^2\right). \tag{4.182}$$

Die z-Integration liefert

$$\Theta_{11} = \mu \int_0^{2\pi} \mathrm{d}\varphi \left(\frac{1}{4} R^4 H \sin^2 \varphi + \frac{1}{24} R^2 H^3 \right). \tag{4.183}$$

Eine Stammfunktion von $\sin^2 \varphi$ ist $(\varphi - \sin\varphi \cos\varphi)/2$. Der zweite Term darin trägt nicht zum Integral bei, da er sowohl für $\varphi = 0$ als auch für $\varphi = 2\pi$ verschwindet. Daher ist

$$\begin{aligned} \Theta_{11} &= \mu \left(\frac{\pi}{4} R^4 H + \frac{\pi}{12} R^2 H^3 \right) \\ &= M \left(\frac{1}{4} R^2 + \frac{1}{12} H^2 \right), \end{aligned} \tag{4.184}$$

wobei $M = \pi\mu R^2 H$ für die Zylindermasse eingesetzt wurde. Für das dritte Trägheitsmoment gilt

$$\begin{aligned} \Theta_{33} &= \mu \int_0^R \mathrm{d}\varrho \int_0^{2\pi} \mathrm{d}\varphi \int_{-H/2}^{H/2} \mathrm{d}z\, \varrho^3 \\ &= \frac{\pi}{2} \mu R^4 H = \frac{1}{2} M R^2. \end{aligned} \tag{4.185}$$

Offensichtlich ist ein Zylinder ein Kugelkreisel ($\Theta_{11} = \Theta_{33}$), wenn $H^2 = 3R^2$ erfüllt ist.

(c) Die Berechnung für einen Hohlzylinder erfordert erneut eine Oberflächenmassendichte. Für das erste Trägheitsmoment gilt

$$\Theta_{11} = \sigma \int_0^{2\pi} \mathrm{d}\varphi \int_{-H/2}^{H/2} \mathrm{d}z\, R \left(R^2 \sin^2 \varphi + z^2 \right). \tag{4.186}$$

Die z-Integration führt auf

$$\Theta_{11} = \sigma \int_0^{2\pi} \mathrm{d}\varphi\, R \left(R^2 H \sin^2 \varphi + \frac{1}{12} H^3 \right), \tag{4.187}$$

die φ-Integration auf

$$\Theta_{11} = \sigma R \left(\pi R^2 H + \frac{\pi}{6} H^3 \right) = M \left(\frac{1}{2} R^2 + \frac{1}{12} H^2 \right). \tag{4.188}$$

Die Gesamtmasse ist hierbei $M = 2\pi\sigma R H$. Das dritte Trägheitsmoment ist

$$\Theta_{33} = \sigma \int_0^{2\pi} \mathrm{d}\varphi \int_{-H/2}^{H/2} \mathrm{d}z\, R^3 = 2\pi\sigma R^3 H = M R^2. \tag{4.189}$$

Ein Hohlzylinder mit $H^2 = 6R^2$ ist demnach ein Kugelkreisel.

(d) Um den Trägheitstensor eines Kreiskegels zu berechnen, muss man zunächst ein wenig nachdenken. Offenbar haben wir kein Koordinatensystem kennengelernt, das der Kegelform direkt angepasst ist. Allerdings kann man mit relativ wenig Aufwand und Zylinderkoordinaten das Problem lösen. Hierzu legt man den Ursprung zunächst in die Spitze des Kegels und denkt ihn sich sozusagen auf den Kopf gestellt. Dann ist die Höhe eine Funktion des Radius bzw. umgekehrt. In diesem Fall parametrisieren wir den Radius als

$$R(z) = \frac{R}{H} z. \tag{4.190}$$

Man sieht daran sofort, dass am Boden des Zylinders ($z = H$) der Radius $\varrho = R$ erreicht wird. Ansonsten ist die Berechnung ähnlich wie beim Zylinder, allerdings sind die Grenzen der z-Integration andere:

$$\Theta_{11} = \mu \int_0^H \mathrm{d}z \int_0^{R(z)} \mathrm{d}\varrho \int_0^{2\pi} \mathrm{d}\varphi\, \varrho \left(\varrho^2 \sin^2 \varphi + z^2 \right). \tag{4.191}$$

Wir führen wie gewohnt die ϱ- und φ-Integrationen durch:

$$\Theta_{11} = \mu \int_0^H \mathrm{d}z \left(\frac{\pi}{4} R^4(z) + \pi z^2 R^2(z) \right). \tag{4.192}$$

Nun setzen wir die Parametrisierung für $R(z)$ ein und finden zunächst

$$\Theta_{11} = \mu \int_0^H \mathrm{d}z \left(\frac{\pi}{4} \frac{R^4}{H^4} z^4 + \pi \frac{R^2}{H^2} z^4 \right). \tag{4.193}$$

Das Endergebnis lautet

$$\Theta_{11} = \mu \left(\frac{\pi}{20} R^4 H + \frac{\pi}{5} R^2 H^3 \right). \tag{4.194}$$

Mit der Gesamtmasse $M = \pi\mu R^2 H/3$ folgt schließlich

$$\Theta_{11} = \frac{3}{5} M \left(\frac{1}{4} R^2 + H^2 \right). \tag{4.195}$$

Analog ist

$$\Theta_{33} = \mu \int_0^H \mathrm{d}z \int_0^{R(z)} \mathrm{d}\varrho \int_0^{2\pi} \mathrm{d}\varphi\, \varrho^3 = \frac{\pi}{2} \mu \int_0^H \mathrm{d}z\, R^4(z). \tag{4.196}$$

Dies führt auf

$$\Theta_{33} = \frac{\pi}{2} \mu \int_0^H \mathrm{d}z\, \frac{R^4}{H^4} z^4 = \frac{\pi}{10} \mu R^4 H = \frac{3}{10} M R^2. \tag{4.197}$$

Man beachte, dass der Trägheitstensor bezüglich der Spitze und nicht des Schwerpunktes berechnet wurde. Mit dem Steiner'schen Satz lässt sich der Trägheitstensor bezüglich des Schwerpunktes angeben. Da der Schwerpunkt genau wie die Spitze ebenfalls auf der x_3-Achse liegt, ändert sich das Trägheitsmoment Θ_{33} dabei nicht. Der Schwerpunkt eines Kegels liegt von der Spitze ($z = 0$) aus gesehen bei $z = 3H/4$. Daher muss Θ_{11} um den Term $9MH^2/16$ verkleinert werden. Dies führt auf

$$\Theta_{11} = \frac{3}{20}M\left(R^2 + \frac{1}{4}H^2\right). \tag{4.198}$$

Für $H = 2R$ ist ein Kreiskegel ein Kugelkreisel.

4.4

(a) Der Zylinderschwerpunkt legt in einem infinitesimalen Zeitintervall die Strecke $\mathrm{d}s = V\,\mathrm{d}t$ zurück. Dies muss gleichzeitig der abgerollten Bogenlänge entsprechen. In der gleichen Zeit muss er sich um einen Winkel $\mathrm{d}\varphi = \omega\,\mathrm{d}t$ drehen. Winkel und Bogenlänge sind über $\mathrm{d}s = R\,\mathrm{d}\varphi$ verknüpft. Daher folgt

$$V = R\omega. \tag{4.199}$$

(b) Die kinetische Energie der Translation ist

$$T_\mathrm{S} = \frac{1}{2}MV^2. \tag{4.200}$$

Für die Rotation gilt

$$T_\mathrm{R} = \frac{1}{2}\Theta\omega^2, \tag{4.201}$$

wobei Θ das Trägheitsmoment bezüglich des Schwerpunktes für eine Drehung um die Symmetrieachse ist. Aus der vorherigen Aufgabe bzw. aus der Literatur wissen wir, dass

$$\Theta = \frac{1}{2}MR^2 \tag{4.202}$$

ist. Insgesamt gilt also

$$T = \frac{1}{2}MV^2 + \frac{1}{4}MR^2\omega^2 = \frac{3}{4}MV^2. \tag{4.203}$$

Der Zylinder hat daher eine um den Faktor $3/2$ höhere kinetische Energie als eine Punktmasse M mit der gleichen Geschwindigkeit V.

(c) Die auf den Zylinder wirkende Kraft lässt sich in zwei Anteile zerlegen. Eine Komponente wirkt senkrecht auf die schiefe Ebene und trägt nicht zur Beschleunigung bei. Die andere wirkt parallel zur schiefen Ebene. Dies führt auf eine Kraft

$$F = -Mg\sin\alpha. \tag{4.204}$$

(d) Unter Vernachlässigung von Reibungskräften entspricht die Abnahme der potenziellen Energie beim Herabrollen gerade der Zunahme der kinetischen Energie. Der Potenzialnullpunkt kann beliebig verschoben werden, sodass wir

$$0 = E = \frac{3}{4}MV^2 + Mgh \tag{4.205}$$

für die Energie E schreiben können, wobei $h < 0$ die Höhe des Schwerpunktes bezüglich der Anfangslage ist. Aufgrund der Geometrie ist die zurückgelegte Strecke entlang der Ebene

$$s = \frac{h}{\sin\alpha}. \tag{4.206}$$

Dabei gilt außerdem

$$v = \dot{s} < 0 \tag{4.207}$$

und somit

$$\frac{3}{4}\dot{s}^2 + gs\sin\alpha = 0. \tag{4.208}$$

Einmaliges Ableiten nach der Zeit ergibt

$$\frac{3}{2}\dot{s}\ddot{s} = -g\dot{s}\sin\alpha \tag{4.209}$$

und schließlich

$$\ddot{s} = -\frac{2}{3}\sin\alpha g < 0. \tag{4.210}$$

Die Beschleunigung ist dem Betrage nach aus zwei Gründen geringer als die beim freien Fall: Zum einen wirkt aufgrund der schiefen Ebene nur ein Teil der Gewichtskraft entlang der Ebene. Andererseits beansprucht die Drehbewegung einen Teil der kinetischen Energie, welcher der Schwerpunktsbewegung fehlt.

4.5

(a) Zunächst berechnen wir das Trägheitsmoment bezüglich der Drehachse $\hat{\boldsymbol{e}}_2$. Offensichtlich ist

$$\Theta_{\hat{e}_2} = \hat{\boldsymbol{e}}_2^\top \boldsymbol{\Theta}\hat{\boldsymbol{e}}_2. \tag{4.211}$$

Der Steiner'sche Satz erlaubt die Berechnung des Trägheitsmoments bezüglich des Fixpunktes,

$$\Theta_\mathrm{F} = \Theta_{\hat{e}_2} + MR^2, \tag{4.212}$$

wobei $R = |\boldsymbol{X}|$ ist. Das Trägheitsmoment Θ_F ist in S konstant, da R^2 konstant ist.

(b) Das wirkende Drehmoment ist

$$\boldsymbol{M} = \boldsymbol{R} \times \boldsymbol{F}_\mathrm{G} = -Mg\boldsymbol{R} \times \hat{\boldsymbol{e}}_3 = -MgR\sin\alpha\,\hat{\boldsymbol{e}}_2. \tag{4.213}$$

Die relevante Komponente der Drehmomentgleichung lautet dann

$$-MgR\sin\alpha = \frac{\mathrm{d}}{\mathrm{d}t}\left(\Theta_\mathrm{F}\omega_2\right). \tag{4.214}$$

Wir nutzen aus, dass Θ_F konstant ist, und identifizieren $\dot{\omega}_2 = \ddot{\alpha}$. Damit folgt schließlich

$$-MgR\sin\alpha = \Theta_F\ddot{\alpha}. \tag{4.215}$$

(c) Für kleine Winkel α ist

$$\sin\alpha \approx \alpha \tag{4.216}$$

eine gute Näherung. Damit erhält man die Bewegungsgleichung eines harmonischen Oszillators,

$$\ddot{\alpha} = -\Omega^2\alpha \tag{4.217}$$

mit

$$\Omega^2 = \frac{MgR}{\Theta_F}. \tag{4.218}$$

Die Lösung ist

$$\alpha(t) = \hat{\alpha}\sin(\Omega t + \phi_0)\,. \tag{4.219}$$

Die Integrationskonstanten (maximale Auslenkung $\hat{\alpha}$ und Phasenwinkel ϕ_0) sind aus den Anfangsbedingungen zu bestimmen.

(d) Ω (und damit auch die Schwingungsdauer) würde unverändert bleiben, da das Trägheitsmoment proportional zur Gesamtmasse ist, $\Theta_F \propto M$.

4.6

(a) Wir beginnen mit (4.12), was auf unser Problem angewandt

$$\hat{\boldsymbol{e}}_i^* \cdot \hat{\boldsymbol{e}}_3 = r_{i3} \quad \text{und} \quad \hat{\boldsymbol{e}}_3^* \cdot \hat{\boldsymbol{e}}_j = r_{3j} \tag{4.220}$$

ergibt. Dies bedeutet, dass die Entwicklungskoeffizienten von $\hat{\boldsymbol{e}}_3$ in der Basis von S^* gerade durch die drei Matrixelemente r_{i3} gegeben sind. Daher kann man die Entwicklung

$$\hat{\boldsymbol{e}}_3 = \sin\vartheta\sin\psi\,\hat{\boldsymbol{e}}_1^* + \sin\vartheta\cos\psi\,\hat{\boldsymbol{e}}_2^* + \cos\vartheta\,\hat{\boldsymbol{e}}_3^* \tag{4.221}$$

direkt aus der Matrix $\boldsymbol{R}$ ablesen. Analog findet man

$$\hat{\boldsymbol{e}}_3^* = \sin\varphi\sin\vartheta\,\hat{\boldsymbol{e}}_1 - \cos\varphi\sin\vartheta\,\hat{\boldsymbol{e}}_2 + \cos\vartheta\,\hat{\boldsymbol{e}}_3. \tag{4.222}$$

Diese Gleichungen sind für Kreisel aller Art gültig, da bisher keinerlei Annahmen gemacht wurden.

(b) Für den kräftefreien symmetrischen Kreisel ist insbesondere ϑ eine Konstante. Dies bedeutet, dass die Zeitabhängigkeit von $\hat{\boldsymbol{e}}_3$ in S^* und von $\hat{\boldsymbol{e}}_3^*$ in S nur in ψ bzw. φ enthalten ist. Hier wissen wir, dass $\dot{\psi}$ und $\dot{\varphi}$ Konstanten sind. Wir hatten im Text

$$\dot{\psi} = \Omega = \frac{\Theta - \Theta_3}{\Theta}\omega_3^*, \quad \dot{\varphi} = \Omega' = \frac{\Theta_3\omega_3^*}{\Theta\cos\vartheta} \tag{4.223}$$

gefunden. Anhand von (4.221) und (4.222) sieht man somit, dass die Projektionen von $\hat{\boldsymbol{e}}_3^*$ auf $\hat{\boldsymbol{e}}_3$ und von $\hat{\boldsymbol{e}}_3$ auf $\hat{\boldsymbol{e}}_3^*$ konstant sind. Doch $\hat{\boldsymbol{e}}_3^*$ führt in der $\hat{\boldsymbol{e}}_1$-$\hat{\boldsymbol{e}}_2$-Ebene eine Oszillation mit Frequenz $\dot{\varphi} = \Omega'$ aus, denn es gilt $\varphi = \Omega' t + \varphi_0$. Gleichzeitig oszilliert $\hat{\boldsymbol{e}}_3$ in der $\hat{\boldsymbol{e}}_1^*$-$\hat{\boldsymbol{e}}_2^*$-Ebene mit Frequenz $\dot{\psi} = \Omega$, da überdies $\psi = \Omega t + \psi_0$ erfüllt ist. Es ist dabei allerdings zu beachten, dass beide Oszillationen gegenläufig sind, da in (4.222) ein Minuszeichen auftritt.

(c) Offensichtlich unterscheiden sich die beiden Oszillationsfrequenzen $\dot{\psi}$ und $\dot{\varphi}$ dem Betrag nach. Dies liegt daran, dass die Matrix $\boldsymbol{R}$ nicht symmetrisch ist. Im einen Fall wird die dritte Zeile, im anderen die dritte Spalte für die Transformation verwendet. Das Verhältnis der beiden Frequenzen lautet

$$\frac{\dot{\psi}}{\dot{\varphi}} = \frac{\Theta - \Theta_3}{\Theta_3}\cos\vartheta. \tag{4.224}$$

Je nach der Art des Kreisels (*oblat*, $\Theta < \Theta_3$, oder *prolat*, $\Theta > \Theta_3$) und der Neigung ϑ der Figurenachse zur Drehimpulsachse kann der Quotient beliebige positive oder negative Werte annehmen. Beide Frequenzen sind dem Betrag nach identisch, wenn

$$\cos\vartheta = \frac{\Theta_3}{\Theta - \Theta_3} \tag{4.225}$$

gilt.

(d) Die Frequenz Ω' lässt sich in der Form

$$\Omega' = \frac{L_3^*}{\Theta\cos\vartheta} \tag{4.226}$$

schreiben. Der Drehimpuls ist entlang $\hat{\boldsymbol{e}}_3$ ausgerichtet, $\boldsymbol{L} = L\hat{\boldsymbol{e}}_3$. Der Grenzfall $\cos\vartheta \to 0$ entspricht $\vartheta \to 90°$. Andererseits folgt aus (4.221), dass die Projektion von $\boldsymbol{L}$ auf die Figurenachse $\hat{\boldsymbol{e}}_3^*$ ebenfalls $\cos\vartheta$ ist:

$$L_3^* = \boldsymbol{L} \cdot \hat{\boldsymbol{e}}_3^* = L\cos\vartheta \tag{4.227}$$

Somit ist

$$\Omega' = \frac{L}{\Theta} \tag{4.228}$$

völlig unabhängig vom Winkel ϑ zwischen Figurenachse und Drehimpuls.

(e) Die Winkelgeschwindigkeit erfüllt

$$\boldsymbol{\omega} = \dot{\varphi}\,\hat{\boldsymbol{e}}_3 + \dot{\vartheta}\,\hat{\boldsymbol{e}}_K + \dot{\psi}\,\hat{\boldsymbol{e}}_3^*. \tag{4.229}$$

Um ihre Komponenten in S zu berechnen, muss sie auf die Vektoren $\hat{\boldsymbol{e}}_i$ projiziert werden. Der erste Term in (4.229) ist trivial. Der letzte wurde bereits in (4.222) bestimmt. Die Knotenlinie lässt sich direkt aus Abb. 4.3 zu

$$\hat{\boldsymbol{e}}_K = \cos\varphi\,\hat{\boldsymbol{e}}_1 + \sin\varphi\,\hat{\boldsymbol{e}}_2 \tag{4.230}$$

ablesen. Nach einer kurzen Sortierung folgt das Endergebnis

$$\begin{pmatrix}\omega_1\\ \omega_2\\ \omega_3\end{pmatrix} = \dot{\varphi}\begin{pmatrix}0\\0\\1\end{pmatrix} + \dot{\vartheta}\begin{pmatrix}\cos\varphi\\ \sin\varphi\\ 0\end{pmatrix} + \dot{\psi}\begin{pmatrix}\sin\varphi\sin\vartheta\\ -\cos\varphi\sin\vartheta\\ \cos\vartheta\end{pmatrix}. \tag{4.231}$$

4.7

(a) Die Änderung des Drehimpulses aufgrund des Drehmoments von Sonne oder Mond lautet

$$\frac{\mathrm{d}\boldsymbol{L}}{\mathrm{d}t} = \boldsymbol{M}_{\text{Sonne}} + \boldsymbol{M}_{\text{Mond}}. \tag{4.232}$$

Multipliziert man diese Gleichung mit $\boldsymbol{L}$, so erhalten wir

$$\frac{1}{2}\frac{\mathrm{d}(\boldsymbol{L}\cdot\boldsymbol{L})}{\mathrm{d}t} = L(\boldsymbol{M}_{\text{Sonne}} + \boldsymbol{M}_{\text{Mond}})\cdot\hat{\boldsymbol{e}}_3^* = 0, \tag{4.233}$$

denn das Kreuzprodukt im Drehmoment steht senkrecht auf $\hat{\boldsymbol{e}}_3^*$. Es kann sich also nur die Richtung von $\boldsymbol{L}$ ändern.

(b) Multiplikation von (4.232) mit $\hat{\boldsymbol{e}}_3$ ergibt

$$\frac{\mathrm{d}(\boldsymbol{L}\cdot\hat{\boldsymbol{e}}_3)}{\mathrm{d}t} = (\boldsymbol{M}_{\text{Sonne}} + \boldsymbol{M}_{\text{Mond}})\cdot\hat{\boldsymbol{e}}_3 = 0. \tag{4.234}$$

Der Richtungsvektor $\hat{\boldsymbol{e}}_3$ lässt sich in die Zeitableitung ziehen, da er konstant ist (das ungestrichene System ist in guter Näherung ein Inertialsystem). Das Skalarprodukt mit den Drehmomenten verschwindet, da diese senkrecht auf $\hat{\boldsymbol{e}}_3$ stehen. Somit muss $L_3 = \boldsymbol{L}\cdot\hat{\boldsymbol{e}}_3$ konstant sein.

(c) Ausgehend von (4.232) findet man zunächst mithilfe von (4.169):

$$\frac{\mathrm{d}(L\hat{\boldsymbol{e}}_3^*)}{\mathrm{d}t} = -\sum_i \frac{3GM_i}{2d_i^3}\cos\vartheta_0\Delta\Theta(\hat{\boldsymbol{e}}_3\times\hat{\boldsymbol{e}}_3^*), \tag{4.235}$$

wobei über die Beiträge von Sonne und Mond summiert wird. Es ist nun leicht, die Präzessionsfrequenz durch einen Vergleich aufzuschreiben:

$$\begin{aligned}\boldsymbol{\omega}_{\mathrm{P}} &= -\frac{1}{L}\sum_i \frac{3GM_i}{2d_i^3}\cos\vartheta_0\Delta\Theta\hat{\boldsymbol{e}}_3\\ &= -\sum_i \frac{3GM_i}{2d_i^3}\cos\vartheta_0\frac{\Delta\Theta}{\Theta\omega}\hat{\boldsymbol{e}}_3.\end{aligned} \tag{4.236}$$

Im letzten Schritt wurde

$$L = \Theta\omega \tag{4.237}$$

ausgenutzt, wobei ω die Winkelgeschwindigkeit der Erdrotation ist.

(d) Mit den bekannten bzw. in der Literatur zu findenden Werten

$$\begin{aligned}\frac{\Delta\Theta}{\Theta} &= \frac{1}{300},\\ \cos\vartheta_0 &= 0{,}917,\\ G &= 6{,}67\cdot 10^{-11}\,\mathrm{m^3\,kg^{-1}\,s^{-2}},\\ M_{\text{Sonne}} &= 1{,}99\cdot 10^{30}\,\mathrm{kg},\\ M_{\text{Mond}} &= 7{,}35\cdot 10^{22}\,\mathrm{kg},\\ d_{\text{Sonne}} &= 1{,}50\cdot 10^{11}\,\mathrm{m},\\ d_{\text{Mond}} &= 3{,}84\cdot 10^{8}\,\mathrm{m},\\ \omega &= \frac{2\pi}{86400\,\mathrm{s}}\end{aligned} \tag{4.238}$$

berechnet man, dass die durch Sonne und Mond verursachten Präzessionsfrequenzen

$$\begin{aligned}\omega_{\mathrm{P,Sonne}} &= 2{,}48\cdot 10^{-12}\,\mathrm{s^{-1}},\\ \omega_{\mathrm{P,Mond}} &= 5{,}46\cdot 10^{-12}\,\mathrm{s^{-1}}\end{aligned} \tag{4.239}$$

sind. Der Beitrag des Mondes zur Präzession ist etwa doppelt so groß wie derjenige der Sonne.

Dies ist übrigens qualitativ dasselbe Ergebnis, das wir bereits bei der Abschätzung der Gezeitenkräfte in Abschn. 3.6 gefunden haben. Der Grund ist, dass sowohl die Gezeitenkräfte als auch die Drehmomente auf die Erde proportional zu M_i/d_i^3 sind und $(M_{\text{Mond}}/d_{\text{Mond}}^3)/(M_{\text{Sonne}}/d_{\text{Sonne}}^3) \approx 2{,}2$ gilt.

Insgesamt ergibt sich

$$\omega_{\mathrm{P}} = 7{,}94\cdot 10^{-12}\,\mathrm{s^{-1}} \tag{4.240}$$

und damit eine Präzessionsperiode

$$T_{\mathrm{P}} = \frac{2\pi}{\omega_{\mathrm{P}}} = 25.100\,\text{Jahre}. \tag{4.241}$$

Dieses Ergebnis liegt sehr nahe an dem durch astronomische Beobachtungen ermittelten Wert von 25.800 Jahren.

Antworten zu den Selbstfragen

Antwort 30 Θ_3 bleibt unverändert, und Θ_1 und Θ_2 (mit $\Theta_1 = \Theta_2$) sind im Schwerpunktsystem jeweils um mR^2 kleiner.

Antwort 33 Die Euler-Gleichungen sind drei Differenzialgleichungen zweiter Ordnung. Die drei Erhaltungssätze im obigen Beispiel führen jedoch auf drei Differenzialgleichungen erster Ordnung. Diese sind mathematisch wesentlich leichter zu behandeln.

Literatur

Arens, T., Hettlich, F., Karpfinger, C., Kockelkorn, U., Lichtenegger, K., Stachel H.: Mathematik. 2. Aufl., Spektrum Akademischer Verlag, Heidelberg (2012)

Weiterführende Literatur

Goldstein, H.: Klassische Mechanik. Akademische Verlagsgesellschaft, Wiesbaden (1981)

Lagrange-Formalismus und Variationsrechnung

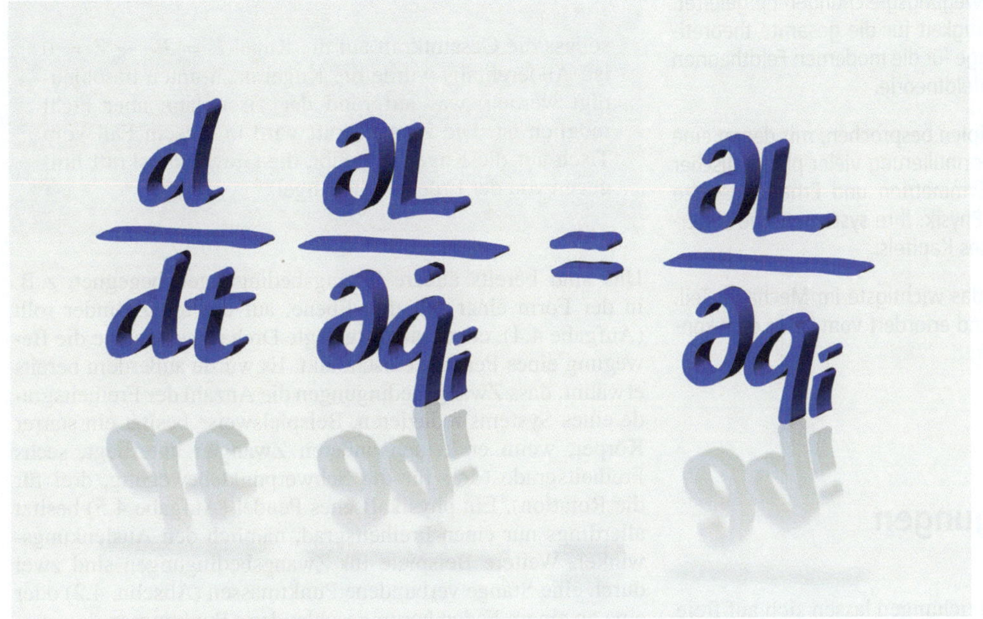

Was sind Zwangskräfte?

Wie löst man die Bewegungsgleichungen unter Zwangsbedingungen?

Welche Bedeutung haben generalisierte Koordinaten?

Was sind die Vorteile des Lagrange-Formalismus?

Was sind Variationsprinzipien, und welche Bedeutung haben sie für die Mechanik?

Welcher Zusammenhang besteht zwischen Symmetrien und Erhaltungsgrößen?

M. Bartelmann et al., *Theoretische Physik*, DOI 10.1007/978-3-642-54618-1_5, © Springer-Verlag Berlin Heidelberg 2015

In alltäglichen Situationen sind die Newton'schen Bewegungsgleichungen in ihrer bisherigen Form praktisch unbrauchbar, denn sogenannte Zwangsbedingungen (z. B. Bewegung auf einer schiefen Ebene) führen auf zunächst unbekannte Zwangskräfte, die nicht ohne Weiteres in den Bewegungsgleichungen berücksichtigt werden können. In diesem Kapitel werden Methoden entwickelt, diese Zwangsbedingungen mathematisch zu behandeln. Dies führt zunächst auf Erweiterungen der Newton'schen Gleichungen. Im Anschluss wird mit den Lagrange-Gleichungen eine koordinatenunabhängige Formulierung der Bewegungsgleichungen hergeleitet. Sie sind von entscheidender Wichtigkeit für die gesamte theoretische Physik und bilden die Grundlage für die modernen Feldtheorien wie Elektrodynamik oder Quantenfeldtheorie.

Weiterhin werden Variationsprinzipien besprochen, mit denen eine äußerst kompakte und elegante Formulierung vieler physikalischer Gesetze erreicht werden kann. Symmetrien und Erhaltungssätze spielen eine zentrale Rolle in der Physik. Ihre systematische Untersuchung bildet den Abschluss dieses Kapitels.

Das vorliegende Kapitel ist wohl das wichtigste im Mechanik-Teil. Es ist auch das anspruchsvollste und erfordert vom Leser eine konzentrierte Mitarbeit und viel Übung.

5.1 Systeme mit Zwangsbedingungen

Die Newton'schen Bewegungsgleichungen lassen sich auf freie Punktmassen oder Punktmassen unter dem Einfluss bekannter Kräfte anwenden. Häufig unterliegen mechanische Systeme aber sogenannten Zwangsbedingungen, die nicht direkt in Form von äußeren Kräften formuliert werden können. Beispiele hierfür sind die Bewegung einer Kugel auf einer schiefen Ebene oder ein Pendel, das sich nur innerhalb einer Koordinatenebene bewegen kann. Dieser Abschnitt liefert eine Einführung in die Formulierung von Zwangsbedingungen. Anhand eines Beispiels (sphärisches Pendel) wird vorgeführt, wie sich die Bewegungsgleichungen in Anwesenheit von Zwangsbedingungen prinzipiell aufstellen und lösen lassen.

Zwangsbedingungen

In Kap. 4 wurden starre Körper diskutiert, deren innere Massenelemente durch innere *Zwangsbedingungen* (oder auch *Nebenbedingungen*) paarweise konstante Abstände besitzen. Die mathematische Form dieser Zwangsbedingungen wurde bisher allerdings nicht näher spezifiziert. Dies soll im Folgenden nachgeholt werden. Zwangsbedingungen treten in der Bewegungsgleichung in der Form von zunächst unbekannten *Zwangskräften* $\boldsymbol{Z}$ auf, welche die Bewegung einschränken.

Kugel auf Tisch

Eine unter dem Einfluss der Schwerkraft ($\boldsymbol{F}_\mathrm{G} = -mg\hat{\boldsymbol{e}}_3$), aber auf einem waagerechten Tisch rollende Kugel ist ein Beispiel für ein System mit einer Zwangsbedingung ($x_3 = \text{const}$). Die Zwangskraft wirkt in diesem Fall der Gravitationskraft entgegen,

$$\boldsymbol{Z} = -\boldsymbol{F}_\mathrm{G}, \tag{5.1}$$

sodass die Gesamtkraft auf die Kugel $\boldsymbol{F} = \boldsymbol{F}_\mathrm{G} + \boldsymbol{Z} = 0$ ist. Anderenfalls würde die Kugel nach unten beschleunigt werden, was aufgrund der Tischplatte aber nicht möglich ist. Die Zwangskraft wird in diesem Fall vom Tisch auf die Kugel ausgeübt, die Gravitationskraft hingegen von der Erde auf die Kugel. ◀

Uns sind bereits äußere Zwangsbedingungen begegnet, z. B. in der Form einer schiefen Ebene, auf der ein Zylinder rollt (Aufgabe 4.4), oder eine festgelegte Drehachse, welche die Bewegung eines Pendels einschränkt. Es wurde außerdem bereits erwähnt, dass Zwangsbedingungen die Anzahl der Freiheitsgrade eines Systems reduzieren. Beispielsweise besitzt ein starrer Körper, wenn er keinen äußeren Zwängen unterliegt, sechs Freiheitsgrade (drei für die Schwerpunktsbewegung, drei für die Rotation). Ein physikalisches Pendel (Aufgabe 4.5) besitzt allerdings nur einen Freiheitsgrad, nämlich den Auslenkungswinkel. Weitere Beispiele für Zwangsbedingungen sind zwei durch eine Stange verbundene Punktmassen (Abschn. 4.2) oder eine an einem Faden herumgeschleuderte Punktmasse.

Ohne Zwangsbedingungen hat ein System mit N Punktmassen $F = 3N$ Freiheitsgrade: Jede der N Punktmassen wird durch einen dreidimensionalen kartesischen Koordinatenvektor $\boldsymbol{x}_i$ dargestellt. Mathematisch werden Freiheitsgrade durch *unabhängige* Parameter beschrieben, die zur vollständigen Charakterisierung der Lage des Systems notwendig sind. Zwangsbedingungen führen Abhängigkeiten dieser Parameter ein, sodass die Anzahl der unabhängigen Parameter abnimmt. So ist die Forderung, dass zwei Punktmassen einen konstanten Abstand l_{12} haben, eine Zwangsbedingung $|\boldsymbol{x}_1 - \boldsymbol{x}_2| = l_{12} = \text{const}$, und es bleiben nur fünf von sechs Freiheitsgraden übrig.

Doch wie lassen sich Zwangsbedingungen nun mathematisch formulieren?

Holonome Zwangsbedingungen

In vielen Fällen lassen sich Zwangsbedingungen in der Form

$$f_a(t, \boldsymbol{x}_1, \dots, \boldsymbol{x}_N) = 0 \quad (1 \leq a \leq r) \tag{5.2}$$

schreiben, wobei r die Anzahl der Zwangsbedingungen ist. Man nennt Zwangsbedingungen der Form (5.2) *holonom*.

Wir verlangen, dass die holonomen Zwangsbedingungen mindestens zweimal differenzierbare Funktionen der N Koordinatenvektoren $\boldsymbol{x}_i$ sind. Die Anzahl der Freiheitsgrade bei r Zwangsbedingungen ist

$$F = 3N - r. \tag{5.3}$$

Frage 1

Zeigen Sie, dass die zuvor erwähnte Zwangsbedingung eines festen Abstands zweier Punktmassen als

$$f = (\boldsymbol{x}_1 - \boldsymbol{x}_2)^2 - l_{12}^2 = 0 \tag{5.4}$$

notiert werden kann. Diese Funktion ist problemlos differenzierbar.

Bewegung auf Ebene und Kugel

Ist die Bewegung einer Punktmasse auf eine Ebene mit Normalenvektor $\hat{\boldsymbol{n}}$ eingeschränkt, so lautet die Zwangsbedingung

$$f = \boldsymbol{x} \cdot \hat{\boldsymbol{n}} = 0. \tag{5.5}$$

Hier wurde angenommen, dass der Koordinatenursprung in der Ebene liegt. Kann sich eine Punktmasse nur auf der Oberfläche einer Kugel mit Radius R bewegen, kann die Zwangsbedingung als

$$f = \boldsymbol{x}^2 - R^2 = 0 \tag{5.6}$$

formuliert werden, wenn der Ursprung im Kugelmittelpunkt liegt. ◄

Frage 2

Machen Sie sich klar, dass keine Freiheitsgrade mehr übrig bleiben, wenn $r = 3N$ ist. In diesem Fall ist das System vollständig durch die Zwangsbedingungen bestimmt, und es findet keine Dynamik mehr statt.

Nichtholonome, rheonome und skleronome Zwangsbedingungen

Alle Zwangsbedingungen, die sich nicht in der Form (5.2) schreiben lassen, heißen *nichtholonom*. Dazu gehören insbesondere (aber nicht ausschließlich) Zwangsbedingungen, die sich nur als Ungleichung formulieren lassen.

Man unterscheidet außerdem zeitabhängige bzw. *rheonome* und zeitunabhängige bzw. *skleronome* Zwangsbedingungen. Diese Begriffe stammen aus dem Griechischen (*rheos*: fließend, *skleros*: starr).

Beispielsweise wird die Bewegung einer Punktmasse im Inneren einer Hohlkugel durch die nichtholonome Zwangsbedingung

$$\boldsymbol{x}^2 - R^2 \le 0 \tag{5.7}$$

beschrieben. Im Folgenden werden überwiegend holonome Zwangsbedingungen diskutiert.

Achtung Durch die Zwangsbedingungen sind nicht nur die Koordinaten eingeschränkt. Auch die Anfangsbedingungen, die zur Lösung mechanischer Probleme nötig sind, müssen mit den Zwangsbedingungen vereinbar sein. Dies wird in Kürze an einem Beispiel verdeutlicht. ◄

Verallgemeinerte Koordinaten

Im weiteren Verlauf dieses Kapitels soll überwiegend auf die Vektorschreibweise $\boldsymbol{x}_i$ verzichtet werden. Anstatt über N Vektoren $\boldsymbol{x}_i$ zu sprechen, schreiben wir vorzugsweise x_i $(1 \le i \le 3N)$. Dies ändert nichts am physikalischen Inhalt, reduziert aber die Anzahl der Indizes, die verwendet werden müssen.

Die $3N$ Koordinaten x_i eines Systems von Punktmassen spannen einen $3N$-dimensionalen Parameterraum auf. Zwangsbedingungen verhindern, dass alle Punkte dieses Raumes erreicht werden können. Der *Konfigurationsraum* ist jener Teil des $3N$-dimensionalen Raumes, der von den Koordinaten der N Punktmassen erreicht werden kann. Man spricht hier von einer $(3N - r)$-dimensionalen *Untermannigfaltigkeit* (Forster 2012), die durch die r Zwangsbedingungen definiert wird.

Mannigfaltigkeiten werden im „Mathematischen Hintergrund" 5.1 erläutert. Das komplette Verständnis des Konzepts ist an dieser Stelle nicht erforderlich, wird aber in vielen anderen Bereichen der Physik (insbesondere bei der Behandlung von Lie-Gruppen im „Mathematischen Hintergrund" 27.1 und in der allgemeinen Relativitätstheorie) benötigt.

Kugelschale und Torus

Der Konfigurationsraum einer einzelnen freien Punktmasse ist der dreidimensionale reelle Raum $\mathbb{R}^3$. Durch die Zwangsbedingung $\boldsymbol{x}^2 - R^2 = 0$ wird eine Kugelschale als zweidimensionale Untermannigfaltigkeit definiert. Ein weiteres Beispiel ist eine Torusoberfläche im dreidimensionalen Raum wie in Abb. 5.2 gezeigt.

Man kann die Torusoberfläche durch die holonome Bedingung

$$\begin{aligned} f = {} & \left(R^2 - r^2\right)^2 + 2R^2\left(x_3^2 - x_1^2 - x_2^2\right) \\ & - 2r^2\left(x_1^2 + x_2^2 + x_3^2\right) + \left(x_1^2 + x_2^2 + x_3^2\right)^2 \\ = {} & 0 \end{aligned} \tag{5.8}$$

ausdrücken.

5.1 Mathematischer Hintergrund: Mannigfaltigkeiten
Eine Verallgemeinerung euklidischer Räume

Mannigfaltigkeiten treten in der Physik meistens dann auf, wenn in irgendeiner Weise gekrümmte Flächen oder gekrümmte Räume betrachtet werden. Insbesondere in der allgemeinen Relativitätstheorie treten Mannigfaltigkeiten ganz natürlich auf und sind dort auch unumgänglich. Lose gesprochen, handelt es sich bei einer n-dimensionalen *Mannigfaltigkeit* M um einen Raum, der nur lokal so aussieht wie ein n-dimensionaler euklidischer Raum, global aber gekrümmt sein kann.

Um mit Mannigfaltigkeiten physikalisch umgehen zu können, müssen sie genügend zusammenhängend und glatt sein. Mathematisch präzisiert man diese Eigenschaften auf die folgende Weise.

Zunächst fordert man, dass die Mannigfaltigkeit ein *topologischer Raum* mit einer höchstens abzählbaren Basis sein soll. Das bedeutet, dass eine Mannigfaltigkeit M mit einem System aus höchstens abzählbar vielen offenen Teilmengen $T_i \subset M$ ausgestattet ist, deren Durchschnitte und Vereinigungen selbst alle wieder offene Teilmengen von M sind. Entscheidend ist hier, dass die Teilmengen *offen* sind. Durch diese zunächst sehr abstrakt wirkende Forderung erreicht man, dass Abbildungen von M in den $\mathbb{R}^n$ stetig sind.

Weiterhin verlangt man, dass sich zwei beliebige Punkte in M mit offenen Teilmengen von M umgeben lassen, die nicht überlappen. Damit erfüllt ein solcher topologischer Raum das Hausdorff'sche Trennungsaxiom und wird auch *topologischer Hausdorff-Raum* genannt. Damit ist die Mannigfaltigkeit für physikalische Anwendungen genügend zusammenhängend.

Nun bleibt noch zu klären, was es bedeuten soll, dass eine Mannigfaltigkeit lokal wie ein n-dimensionaler euklidischer Raum „aussehen" soll. Dazu wird festgelegt, dass es zu jedem Punkt der Mannigfaltigkeit eine offene Umgebung gibt, die durch eine bijektive, stetige Abbildung mit ebenfalls stetiger Umkehrabbildung in eine offene Teilmenge des $\mathbb{R}^n$ abgebildet werden kann. Eine solche Abbildung heißt *Homöomorphismus*.

Zusammenfassend definiert man eine n-dimensionale Mannigfaltigkeit also als einen topologischen Hausdorff-Raum mit endlicher Basis der Topologie, der lokal homöomorph zum $\mathbb{R}^n$ ist.

Sei nun $D \subset M$ und h ein Homöomorphismus, der D in $U \subset \mathbb{R}^n$ abbildet,

$$h : D \to U\,, \quad p \mapsto h(p) = (x_1, \ldots, x_n)\,,$$

wobei D und U offen seien. Der Homöomorphismus h ordnet demnach jedem Punkt $p \in D$ ein n-Tupel reeller Zahlen aus U zu. Er wird als *Karte* bezeichnet und definiert ein lokales Koordinatensystem auf der offenen Teilmenge D.

Eine Menge von Karten $\{h_i\}$ bildet einen *Atlas* der Mannigfaltigkeit, wenn die Definitionsbereiche D_i der Karten die Mannigfaltigkeit vollständig überdecken. Sei ein solcher Atlas gegeben und seien ferner zwei teilweise überlappende Definitionsbereiche D_i und D_j herausgegriffen, die von den Karten h_i und h_j auf offene Teilmengen U_i und U_j des $\mathbb{R}^n$ abgebildet werden. Dann heißt die Abbildung $h_j \circ h_i^{-1}$ *Kartenwechsel* auf der Schnittmenge der Definitionsbereiche $D_i \cap D_j$. Er entspricht einem Wechsel des Koordinatensystems. Da es sich bei einem Kartenwechsel um eine Abbildung aus dem $\mathbb{R}^n$ in den $\mathbb{R}^n$ handelt, ist aus der reellen Analysis bekannt, was Differenzierbarkeit bedeutet. Wenn alle Kartenwechsel eines Atlas differenzierbar sind, heißt der Atlas selbst differenzierbar. Eine Mannigfaltigkeit heißt differenzierbar, wenn sie mit einem differenzierbaren Atlas ausgestattet ist.

Das vielleicht nächstliegende Beispiel einer zweidimensionalen Mannigfaltigkeit ist die Oberfläche einer Kugel, die 2-Sphäre $\mathbb{S}^2$. In einer hinreichend kleinen Umgebung jedes Punktes kann sie homöomorph in den $\mathbb{R}^2$ abgebildet werden, wie jede Landkarte der Erdoberfläche belegt. Auf einer Halbkugel lässt sich beispielsweise eine Karte dadurch einführen, dass alle Punkte der Halbkugel längs ihrer Polachse auf die Tangentialebene an den Pol projiziert werden (Abb. 5.1). Sechs solcher Karten, salopp gesprochen je eine für die obere, untere, vordere, hintere, rechte und linke Halbkugel, bilden zusammen einen differenzierbaren Atlas der 2-Sphäre.

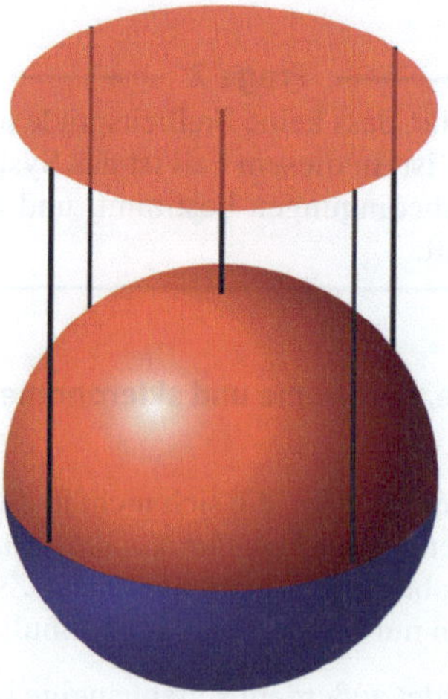

Abb. 5.1 Ein Beispiel für eine Mannigfaltigkeit ist die Kugeloberfläche in zwei Dimensionen. Hier ist eine Karte angedeutet, welche die obere Halbkugel auf eine Tangentialebene an den Nordpol der Kugel projiziert

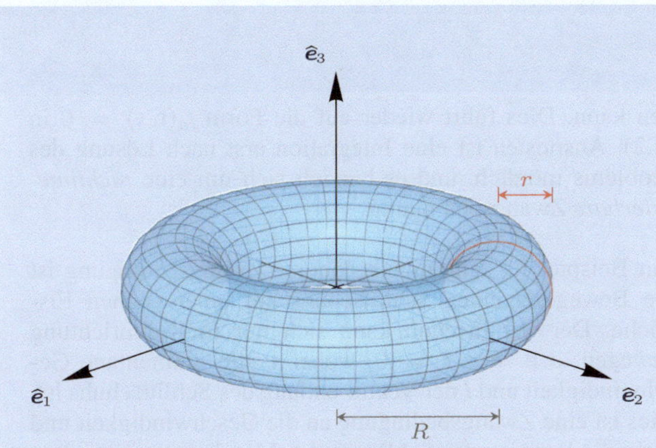

Abb. 5.2 Eine Torusoberfläche ist ein Beispiel für eine zweidimensionale Untermannigfaltigkeit im dreidimensionalen Raum. Die beiden Radien r und R definieren die Gestalt des Torus ◄

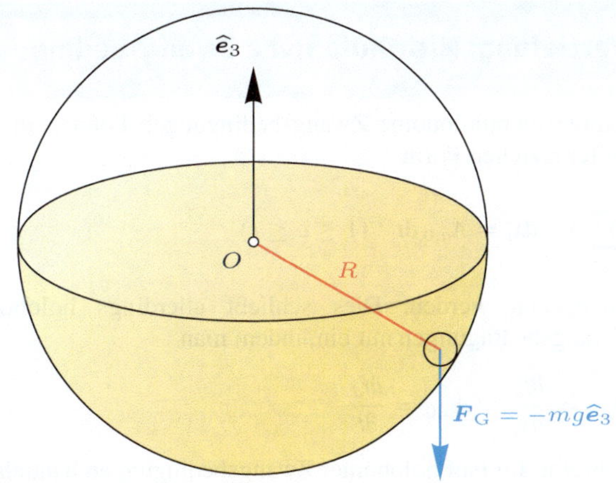

Abb. 5.3 Das sphärische Pendel kann man sich als eine Punktmasse vorstellen, die zu einem Aufhängepunkt (Ursprung O) den konstanten Abstand R besitzt. Das Pendel kann unter dem Einfluss der Schwerkraft schwingen

Verallgemeinerte Koordinaten

Anstelle der $3N$ abhängigen Parameter x_i kann man $F = 3N - r$ unabhängige Parameter q_j $(1 \leq j \leq F)$ definieren, die nicht durch die Zwangsbedingungen eingeschränkt werden. Diese werden als neue, *verallgemeinerte Koordinaten* verwendet. Man spricht auch von *generalisierten Koordinaten*.

Sind die r Zwangsbedingungen holonom, lassen sich die Punkte in Konfigurationen wie folgt

$$x_i = x_i(t, q_1, \ldots, q_F) \quad (1 \leq i \leq 3N) \tag{5.9}$$

darstellen, d. h., die $3N$ Parameter x_i sind Funktionen der F Parameter q_j. Im Fall von zeitabhängigen Zwangsbedingungen hängen die x_i nicht nur implizit über die q_j, sondern auch noch zusätzlich direkt von t ab, was durch das erste Argument ausgedrückt wird.

Bewegung auf einer Kugeloberfläche

Für die Bewegung auf einer Kugeloberfläche mit Radius R lauten die drei kartesischen Koordinaten einer Punktmasse

$$\begin{aligned} x_1 &= R \sin\vartheta \cos\varphi, \\ x_2 &= R \sin\vartheta \sin\varphi, \\ x_3 &= R \cos\vartheta. \end{aligned} \tag{5.10}$$

Da R konstant ist, gilt $x_i = x_i(\vartheta, \varphi)$, und die beiden unabhängigen Parameter können als $q_1 = \vartheta \in [0, \pi)$ und $q_2 = \varphi \in [0, 2\pi)$ repräsentiert werden. Offensichtlich werden q_1 und q_2 nicht durch die Zwangsbedingung eingeschränkt. Sie eignen sich daher als generalisierte Koordinaten für das Problem. ◄

Achtung In der Regel lassen sich die generalisierten Koordinaten nicht zu Vektoren wie $\boldsymbol{x}_i$ zusammenfassen. Man behandelt dann die $3N - r$ generalisierten Koordinaten wie skalare Größen. ◄

Wir führen die symbolische Abkürzung x für die Menge aller Parameter x_i sowie q für die Menge aller Parameter q_j ein. Wir schreiben daher in Kurzform $x = x(q)$. Die verallgemeinerten Koordinaten werden noch eine wichtige Rolle spielen.

Das sphärische Pendel

Anhand des *sphärischen Pendels* lässt sich die Problematik der Zwangsbedingungen und Zwangskräfte sowie eines Lösungsverfahrens anschaulich darstellen. Beim sphärischen Pendel handelt es sich um eine Punktmasse m, die sich unter dem Einfluss der Schwerkraft $\boldsymbol{F}_G = m\boldsymbol{g} = -mg\hat{\boldsymbol{e}}_3$ auf der Oberfläche einer Kugel mit Radius R bewegt (Abb. 5.3). Man kann sich beispielsweise vorstellen, dass die Punktmasse an einer masselosen Stange der Länge R befestigt ist oder sich in einer halbkugelförmigen Schüssel befindet. Der Ursprung O liege im Mittelpunkt der Kugel, daher lautet die holonome Zwangsbedingung

$$f(\boldsymbol{x}(t)) = \boldsymbol{x}^2(t) - R^2 = 0. \tag{5.11}$$

Hier wurde berücksichtigt, dass die Bahnkurve $\boldsymbol{x}(t)$ eine Funktion der Zeit ist. Da die Zeitabhängigkeit nur implizit über die Bahnkurve $\boldsymbol{x}(t)$ in (5.11) eingeht, handelt es sich um eine skleronome Zwangsbedingung. Eine rheonome Zwangsbedingung läge beispielsweise vor, wenn der Kugelradius bzw. die Stangenlänge selbst eine Funktion der Zeit wäre, also $R = R(t)$. Dies wird in Aufgabe 5.4 aufgegriffen.

Vertiefung: Nichtholonome Zwangsbedingungen

Einige nichtholonome Zwangsbedingungen können in der differenziellen Form

$$\sum_{i=1}^{3N} A_{a,i}\,\mathrm{d}x_i = A_{a,0}\,\mathrm{d}t \quad (1 \le a \le r)$$

angegeben werden. Dies schließt allerdings holonome Zwangsbedingungen mit ein, indem man

$$A_{a,i} = \frac{\partial f_a}{\partial x_i}, \quad A_{a,0} = \frac{\partial f_a}{\partial t}$$

schreibt. Im Fall holonomer Zwangsbedingungen handelt es sich um ein totales Differenzial, das direkt aufintegriert werden kann. Dies führt wieder auf die Form $f_a(t,x) = 0$ in (5.2). Ansonsten ist eine Integration erst nach Lösung des Problems möglich, und es handelt sich um eine *nichtintegrierbare* Zwangsbedingung.

Ein Beispiel für eine nichtholonome Zwangsbedingung ist die Bewegung eines Schlittschuhs auf einer ebenen Eisfläche. Der Schlittschuh kann sich nur in Kufenrichtung bewegen, d. h. $\boldsymbol{v} \times \boldsymbol{l} = 0$, wobei $\boldsymbol{v}$ die momentane Geschwindigkeit und $\boldsymbol{l}$ der Vektor entlang des Schlittschuhs ist. Dies ist eine Zwangsbedingung an die Geschwindigkeit und nicht die Position des Schlittschuhs. Man kann zeigen, dass sie nichtintegrierbar und damit nichtholonom ist.

Im Folgenden schreiben wir die Zeitabhängigkeiten nicht mehr explizit an. Die ersten beiden Zeitableitungen der Zwangsbedingung lauten

$$\dot{f}(\boldsymbol{x}) = 2\boldsymbol{x}\cdot\dot{\boldsymbol{x}} = 0, \quad \ddot{f}(\boldsymbol{x}) = 2\dot{\boldsymbol{x}}^2 + 2\boldsymbol{x}\cdot\ddot{\boldsymbol{x}} = 0. \tag{5.12}$$

Da die Zwangsbedingungen zu allen Zeiten gelten, erfüllen die Anfangsbedingungen

$$\boldsymbol{x}_0^2 - R^2 = 0, \quad \boldsymbol{x}_0\cdot\boldsymbol{v}_0 = 0, \tag{5.13}$$

wobei $\boldsymbol{v} = \dot{\boldsymbol{x}}$ die Geschwindigkeit ist. Wir wissen, dass die Bewegung einer freien Punktmasse durch drei Differenzialgleichungen zweiter Ordnung beschrieben wird, deren vollständige Integration sechs Parameter (z. B. in Form von Anfangsbedingungen) benötigt. Wegen (5.13) bleiben davon allerdings nur vier unabhängige übrig.

Frage 3

Überlegen Sie sich anhand von (5.13), dass die Anfangsgeschwindigkeit $\boldsymbol{v}_0$ tangential zur Kugeloberfläche verläuft.

Offensichtlich steht die Zwangsbedingung (5.11) im Widerspruch zur Lösung der Newton'schen Bewegungsgleichung einer Punktmasse im Schwerefeld:

$$\boldsymbol{x}(t) = \frac{1}{2}\boldsymbol{g}t^2 + \boldsymbol{v}_0 t + \boldsymbol{x}_0. \tag{5.14}$$

Wir müssen daher eine Zwangskraft $\boldsymbol{Z}$ einführen, um die Bewegungsgleichung mit der Zwangsbedingung kompatibel zu machen; wir schreiben

$$m\ddot{\boldsymbol{x}} = m\boldsymbol{g} + \boldsymbol{Z}. \tag{5.15}$$

Diese Zwangskraft kann nur von der Stange bzw. von der Schüssel auf die Punktmasse ausgeübt werden und muss entlang der Stange wirken. Da wir allerdings noch nicht wissen, welchen Betrag die Zwangskraft hat, notieren wir

$$\boldsymbol{Z} = 2\lambda\boldsymbol{x}. \tag{5.16}$$

Man nennt den Proportionalitätsfaktor λ einen *Lagrange-Multiplikator*. Der Grund für den zusätzlichen Faktor 2 wird später erläutert. Wir werden nun sehen, dass $\lambda = \lambda(t,\boldsymbol{x},\dot{\boldsymbol{x}})$ eine unbekannte Funktion ist, die so zu bestimmen ist, dass (5.15), also

$$m\ddot{\boldsymbol{x}} = m\boldsymbol{g} + 2\lambda\boldsymbol{x}, \tag{5.17}$$

mit den Zwangsbedingungen vereinbar ist.

Frage 4

An dieser Stelle kann man sich bereits überlegen, dass λ negativ sein muss. Fragen Sie sich dazu, in welche Richtung die Zwangskraft zeigen muss, um die Punktmasse auf der Kugeloberfläche zu halten.

Um den Lagrange-Multiplikator zu finden, multiplizieren wir die Bewegungsgleichung skalar mit $\boldsymbol{x}$:

$$m\boldsymbol{x}\cdot\ddot{\boldsymbol{x}} = m\boldsymbol{x}\cdot\boldsymbol{g} + 2\lambda\boldsymbol{x}^2. \tag{5.18}$$

Wegen (5.12) und $\boldsymbol{x}^2 = R^2$ können wir

$$-m\dot{\boldsymbol{x}}^2 = m\boldsymbol{x}\cdot\boldsymbol{g} + 2\lambda R^2 \tag{5.19}$$

schreiben. Schließlich erhält man

$$2\lambda = -\frac{m}{R^2}\left(\dot{\boldsymbol{x}}^2 + \boldsymbol{x}\cdot\boldsymbol{g}\right), \tag{5.20}$$

weswegen die Zwangskraft

$$\boldsymbol{Z} = -\frac{m}{R^2}\left(\dot{\boldsymbol{x}}^2 + \boldsymbol{x}\cdot\boldsymbol{g}\right)\boldsymbol{x} \tag{5.21}$$

lautet. Wie ist dies zu interpretieren? Die Zwangskraft kompensiert zum einen die Komponente $m(\boldsymbol{g} \cdot \hat{\boldsymbol{e}}_r)\hat{\boldsymbol{e}}_r$ der Schwerkraft in Stangenrichtung. Außerdem wirkt sie der Zentrifugalkraft $m\dot{\boldsymbol{x}}^2\hat{\boldsymbol{r}}/R$ entgegen. Selbstverständlich ist genau dies notwendig, um die Punktmasse auf der Kugeloberfläche zu halten.

Zwangskräfte

Wir sehen, dass hier die Zwangskraft, wie auch in allgemeineren Fällen, vom momentanen Bewegungszustand (z. B. der Geschwindigkeit) abhängt. Da dieser bei der Formulierung des Problems in der Regel unbekannt ist, lassen sich die Newton'schen Bewegungsgleichungen in Anwesenheit von Zwangsbedingungen nicht direkt in herkömmlicher Weise lösen.

Wir wollen noch untersuchen, ob die Zwangskraft Arbeit am System verrichtet. Offenbar zeigt die Zwangskraft immer in radialer Richtung, während eine Bewegung, $\mathbf{d}\boldsymbol{x} = \boldsymbol{v}\,\mathrm{d}t$, nur tangential zur Kugeloberfläche möglich ist, d. h.

$$A_Z = \boldsymbol{Z} \cdot \mathbf{d}\boldsymbol{x} = 0. \tag{5.22}$$

Tatsächlich ist es eine Eigenschaft der skleronomen Zwangskräfte, dass sie keine Arbeit am System verrichten. Wir werden in Kürze wieder darauf zurückkommen.

Abschließend können wir noch die resultierende Bewegungsgleichung ohne Lagrange-Multiplikator angeben:

$$\ddot{\boldsymbol{x}} = \boldsymbol{g} - \frac{1}{R^2}\left(\dot{\boldsymbol{x}}^2 + \boldsymbol{x} \cdot \boldsymbol{g}\right)\boldsymbol{x}. \tag{5.23}$$

Diese Gleichung kann noch vereinfacht werden, indem die Energieerhaltung berücksichtigt wird. Dies wird dem interessierten Leser überlassen.

5.2 Lagrange-Gleichungen erster Art

Es wird im Folgenden ein allgemeiner Formalismus hergeleitet, mit dem sich mechanische Systeme in Anwesenheit von holonomen Zwangskräften beschreiben lassen. Das Ergebnis sind die Lagrange-Gleichungen erster Art. Diese Formulierung erlaubt eine Berechnung der Zwangskräfte, die dann physikalisch interpretiert werden können. Es wird weiterhin die Energieerhaltung in Anwesenheit von Zwangskräften untersucht.

Zwangskräfte und Lagrange-Multiplikatoren

Im vorherigen Abschnitt haben wir anhand eines Spezialfalls gesehen, wie wir mithilfe eines Lagrange-Multiplikators die Zwangskraft berechnen können. Wir wollen uns nun überlegen, wie dies bei allgemeinen Problemen bewerkstelligt werden kann.

Eine Zwangsbedingung für eine Punktmasse in der Form $f(t,\boldsymbol{x}) = 0$ lässt sich geometrisch interpretieren: Sie definiert eine (zeitabhängige) Fläche im Raum, auf der sich die Punktmasse bewegen kann. Entlang dieser Fläche ist f identisch null und somit konstant. Darum muss der Gradient $\nabla f(t,\boldsymbol{x})$ senkrecht auf der Fläche stehen. Andererseits kann die Zwangskraft $\boldsymbol{Z}$ nur senkrecht zu $f(t,\boldsymbol{x}) = 0$ sein, da sie die Tangentialbewegung nicht beeinflussen darf. Allgemein können wir also

$$\boldsymbol{Z} = \lambda\nabla f \tag{5.24}$$

schreiben. Dies ist der zentrale Punkt, der die Berücksichtigung von Zwangsbedingungen in den Bewegungsgleichungen ermöglicht. Im Falle des sphärischen Pendels erhalten wir wegen (5.11)

$$\boldsymbol{Z} = \lambda\nabla f = 2\lambda\boldsymbol{x}, \tag{5.25}$$

was identisch mit (5.16) ist. Dies erklärt auch, warum zuvor noch ein Faktor 2 eingeführt wurde.

Lagrange-Gleichungen erster Art für eine Punktmasse unter dem Einfluss einer Zwangsbedingung

Gibt es eine holonome Zwangsbedingung

$$f(t,\boldsymbol{x}) = 0, \tag{5.26}$$

so führt dies auf eine Zwangskraft

$$\boldsymbol{Z} = \lambda\nabla f \tag{5.27}$$

mit einem Lagrange-Multiplikator λ. Die *Lagrange-Gleichungen erster Art* lauten dann

$$m\ddot{\boldsymbol{x}} = \boldsymbol{F} + \lambda\nabla f \tag{5.28}$$

mit der angewandten Kraft $\boldsymbol{F}$ aus den Newton'schen Bewegungsgleichungen.

Die Lagrange-Gleichungen erster Ordnung sind eine Erweiterung der Newton'schen Bewegungsgleichungen. Sie ermöglichen die Berücksichtigung von a priori unbekannten Zwangskräften, die aus geometrischen Zwangsbedingungen hervorgehen. Gibt es N Punktmassen und $r < 3N$ unabhängige Zwangsbedingungen $f_a(t,x)$, wird jede einzelne durch einen eigenen Lagrange-Multiplikator λ_a beschrieben. Die einzelnen Zwangskräfte können superponiert werden, sodass die Menge aller Zwangskräfte

$$\boldsymbol{Z}_i = \sum_{a=1}^{r} \lambda_a \nabla_i f_a \quad (1 \le i \le N) \tag{5.29}$$

lauten. Hier ist ∇_i der Gradient bezüglich der Koordinaten der i-ten Punktmasse. Gehen wir wieder zur komponentenweisen Darstellung über, schreiben wir stattdessen

$$Z_i = \sum_{a=1}^{r} \lambda_a \frac{\partial f_a}{\partial x_i} \quad (1 \le i \le 3N). \tag{5.30}$$

Lagrange-Gleichungen erster Art für Systeme von Punktmassen

Für ein System von N Punktmassen unter dem Einfluss von r unabhängigen holonomen Zwangsbedingungen $f_a(t, \boldsymbol{x}_1, \dots, \boldsymbol{x}_N)$ lauten die Lagrange-Gleichungen erster Art

$$m_i \ddot{\boldsymbol{x}}_i = \boldsymbol{F}_i + \sum_{a=1}^{r} \lambda_a \nabla_i f_a \quad (1 \le i \le N) \tag{5.31}$$

bzw.

$$m_i \ddot{x}_i = F_i + \sum_{a=1}^{r} \lambda_a \frac{\partial f_a}{\partial x_i} \quad (1 \le i \le 3N) \tag{5.32}$$

in der komponentenweisen Darstellung.

Es handelt sich bei den Lagrange-Gleichungen erster Art um $3N$ Bewegungsgleichungen zweiter Ordnung sowie r Zwangsbedingungen in Form von algebraischen Gleichungen. Sind die entsprechenden Anfangsbedingungen und die angewandten Kräfte $\boldsymbol{F}_i$ bekannt, können damit im Prinzip die r Lagrange-Multiplikatoren λ_a und die N Bahnkurven $\boldsymbol{x}_i$ berechnet werden.

Man unterscheidet *äußere* und *innere Zwangsbedingungen*. Äußere führen auf Zwangskräfte, die nur auf einzelne Punktmassen wirken. Innere hingegen führen Zwangskräfte zwischen Paaren von Punktmassen ein. Beispiele sind $\boldsymbol{x}_1^2 - R^2 = 0$ für eine äußere und $(\boldsymbol{x}_1 - \boldsymbol{x}_2)^2 - l_{12}^2 = 0$ für eine innere Zwangsbedingung. Letztere entspricht zwei Punktmassen an einer Stange. Als weiteres Beispiel kann wieder der starre Körper herangezogen werden, für den alle Punktmassen paarweise konstante Abstände besitzen. Aufgrund der normalerweise großen Zahl der Punktmassen im starren Körper wird anstelle der Lagrange-Gleichungen erster Art jedoch der Formalismus aus Kap. 4 bevorzugt.

Energiesatz in Anwesenheit von Zwangsbedingungen

Nachdem nun besprochen wurde, wie Zwangsbedingungen in den Newton'schen Bewegungsgleichungen berücksichtigt werden können, untersuchen wir den Energiesatz in solch einem System. Zunächst nehmen wir an, dass alle angewandten Kräfte $\boldsymbol{F}_i$ aus einem Potenzial abgeleitet werden können:

$$\boldsymbol{F}_i = -\nabla_i V. \tag{5.33}$$

Wir unterscheiden hier nicht zwischen äußeren und inneren Kräften, da dies für die Diskussion an dieser Stelle belanglos ist. Wie aus Abschn. 3.1 bekannt, gilt zunächst in Abwesenheit von Reibungs- und Zwangskräften

$$\frac{\mathrm{d}}{\mathrm{d}t}(T + V) = 0, \tag{5.34}$$

wobei T die kinetische Energie ist. Nun müssen wir allerdings zusätzlich noch den Einfluss der Zwangskräfte $\boldsymbol{Z}_i$ betrachten. Wiederholt man unter Berücksichtigung der Zwangskräfte die Rechnungen, die auf (3.33) geführt haben, taucht zunächst ein Zusatzterm

$$\sum_{i=1}^{N} \boldsymbol{Z}_i \cdot \dot{\boldsymbol{x}}_i = \sum_{a=1}^{r} \sum_{i=1}^{N} \lambda_a (\nabla_i f_a) \cdot \dot{\boldsymbol{x}}_i \tag{5.35}$$

auf. Die Nebenbedingungen erfüllen $f_a = 0$, daher muss auch ihre totale Zeitableitung verschwinden:

$$0 = \frac{\mathrm{d}f_a}{\mathrm{d}t} = \sum_{i=1}^{N} (\nabla_i f_a) \cdot \dot{\boldsymbol{x}}_i + \frac{\partial f_a}{\partial t}. \tag{5.36}$$

An dieser Stelle erlauben wir auch rheonome holonome Zwangsbedingungen. Dies wird an einem Beispiel in Aufgabe 5.4 verdeutlicht. Gleichung (5.35) und (5.36) führen schließlich auf den Energiesatz unter Berücksichtigung von Zwangsbedingungen.

Energiesatz unter Berücksichtigung von Zwangsbedingungen

Sind die angewandten Kräfte $\boldsymbol{F}_i$ konservativ, lautet der Energiesatz in Anwesenheit von holonomen Zwangsbedingungen

$$\frac{\mathrm{d}}{\mathrm{d}t}(T + V) = -\sum_{a=1}^{r} \lambda_a \frac{\partial f_a}{\partial t}. \tag{5.37}$$

Die Energie ist erhalten, wenn die Zwangsbedingungen skleronom sind, d. h. ihre partiellen Zeitableitungen verschwinden.

Frage 5

Überprüfen Sie die Rechenschritte, die auf den Energiesatz (5.37) führen.

Vertiefung: Virtuelle Verrückungen und das d'Alembert'sche Prinzip

Historisch spielten die von d'Alembert eingeführten *virtuellen Verrückungen* eine wichtige Rolle. Diesen Zugang verfolgen wir hier zwar nicht, er soll aber der Vollständigkeit halber kurz vorgestellt werden.

Eine virtuelle Verrückung $\delta \boldsymbol{x}_i$ der Punktmasse m_i ist eine nichtreale Verschiebung bei fester Zeit t, die mit den Zwangsbedingungen f_a zur Zeit t verträglich ist. So kann beispielsweise eine virtuelle Verrückung beim sphärischen Pendel nur tangential zur Kugeloberfläche erfolgen. Wir schreiben

$$\begin{aligned} 0 &= f_a(\boldsymbol{x}_1 + \delta \boldsymbol{x}_1, \ldots, \boldsymbol{x}_N + \delta \boldsymbol{x}_N) \\ &= f_a(\boldsymbol{x}_1, \ldots, \boldsymbol{x}_N) + \sum_{i=1}^{N} (\nabla_i f_a) \cdot \delta \boldsymbol{x}_i. \end{aligned}$$

Wegen $f_a(\boldsymbol{x}_1, \ldots, \boldsymbol{x}_N) = 0$ folgt zunächst $\sum_i (\nabla_i f_a) \cdot \delta \boldsymbol{x}_i = 0$. Die virtuellen Verrückungen stehen also senkrecht auf den durch f_a festgelegten Oberflächen. Wir multiplizieren mit λ_a, summieren über alle r Zwangsbedingungen und schreiben wegen (5.29)

$$\sum_{a=1}^{r} \sum_{i=1}^{N} \lambda_a (\nabla_i f_a) \cdot \delta \boldsymbol{x}_i = \sum_{i=1}^{N} \boldsymbol{Z}_i \cdot \delta \boldsymbol{x}_i = 0.$$

Die Zwangskräfte leisten also keine Arbeit bei virtuellen Verrückungen. Dies wird als das *d'Alembert'sche Prinzip* bezeichnet. Aus $m_i \ddot{\boldsymbol{x}}_i = \boldsymbol{F}_i + \boldsymbol{Z}_i$ folgt dann direkt

$$\sum_{i=1}^{N} (\boldsymbol{F}_i - m_i \ddot{\boldsymbol{x}}_i) \cdot \delta \boldsymbol{x}_i = 0.$$

Die Zwangskräfte treten in dieser Formulierung nicht mehr explizit auf; sie sind allerdings indirekt enthalten, da die virtuellen Verrückungen nicht unabhängig voneinander sind. Wir sehen, dass die Summe der angewandten Kräfte $\boldsymbol{F}_i$ und der Trägheitskräfte $-m_i \ddot{\boldsymbol{x}}_i$ unter virtuellen Verrückungen keine Arbeit leisten. Dies trifft wegen (5.37) bei realen Verrückungen $\mathbf{d}\boldsymbol{x}_i$ nur auf skleronome Zwangsbedingungen zu.

Als Beispiel betrachten wir zwei Massen, die durch einen starren Stab miteinander verbunden sind. Es gibt daher eine Zwangsbedingung $(\boldsymbol{x}_1 - \boldsymbol{x}_2)^2 - l_{12}^2 = 0$ mit einem Lagrange-Multiplikator λ. Die beiden Massen können offenbar beliebig mit $\delta \boldsymbol{x}_1$ und $\delta \boldsymbol{x}_2$ verrückt werden, solange die Differenz $\delta \boldsymbol{x}_1 - \delta \boldsymbol{x}_2$ keine Komponente entlang des Stabes hat, denn der Stab muss auch unter virtuellen Verrückungen gleich lang bleiben. Also ist

$$(\boldsymbol{x}_1 - \boldsymbol{x}_2) \cdot (\delta \boldsymbol{x}_1 - \delta \boldsymbol{x}_2) = 0.$$

Andererseits erfüllen die Zwangskräfte das dritte Newton'sche Axiom, $\boldsymbol{Z}_1 = -\boldsymbol{Z}_2$, und sie wirken entlang des Stabes. Damit muss

$$\boldsymbol{Z}_1 \cdot (\delta \boldsymbol{x}_1 - \delta \boldsymbol{x}_2) = \boldsymbol{Z}_1 \cdot \delta \boldsymbol{x}_1 + \boldsymbol{Z}_2 \cdot \delta \boldsymbol{x}_2 = 0$$

gelten.

Allgemeines Lösungsverfahren durch Eliminierung der Lagrange-Multiplikatoren

Anhand des Beispiels des sphärischen Pendels haben wir bereits gesehen, wie sich der Lagrange-Multiplikator und die damit verbundene Zwangskraft berechnen lassen. Nun wollen wir ein allgemeines Lösungsverfahren der Bewegungsgleichungen in Anwesenheit holonomer Zwangsbedingungen angeben, in dessen Verlauf die Lagrange-Multiplikatoren eliminiert werden. Für nichtholonome Zwangsbedingungen lässt sich kein generelles Verfahren angeben.

Der erste Schritt nach der Aufstellung der Bewegungsgleichungen (5.31) und der r holonomen Zwangsbedingungen $f_a(t, x) = 0$ ist die Berechnung der zweiten Zeitableitung aller Zwangsbedingungen. Ausgehend von

$$0 = \dot{f}_a = \sum_{i=1}^{3N} \frac{\partial f_a}{\partial x_i} \dot{x}_i + \frac{\partial f_a}{\partial t} \tag{5.38}$$

erhält man demnach die r Gleichungen

$$0 = \ddot{f}_a = \sum_{i=1}^{3N} \frac{\partial f_a}{\partial x_i} \ddot{x}_i - g_a(t, x, \dot{x}), \tag{5.39}$$

welche die Beschleunigungen $\ddot{x}_i$ nur linear enthalten. Die Größen g_a fassen pauschal alle übrigen Terme zusammen, die bei den Ableitungen durch die Kettenregel entstehen.

Achtung Der Punkt über einer Größe, die neben der Zeit noch von anderen Größen abhängt, bezeichnet in der Regel die *vollständige* und nicht die *partielle* Zeitableitung, sofern es nicht anders definiert wird. ◀

Frage 6

Überlegen Sie sich, dass die Terme g_a nur von der Zeit t sowie den Orten x_i und Geschwindigkeiten $\dot{x}_i$ abhängen. Sie enthalten jedoch nicht die Beschleunigungen $\ddot{x}_i$. Wie sehen die g_a aus?

Durch Einsetzen der Bewegungsgleichungen (5.32) in (5.39) lassen sich alle Beschleunigungen eliminieren:

$$\sum_{i=1}^{3N} \frac{1}{m_i} \frac{\partial f_a}{\partial x_i} \sum_{b=1}^{r} \lambda_b \frac{f_b}{\partial x_i} = g_a - \sum_{i=1}^{3N} \frac{1}{m_i} \frac{\partial f_a}{\partial x_i} F_i. \tag{5.40}$$

Dies ist ein lineares, inhomogenes Gleichungssystem mit r Gleichungen für die r Lagrange-Multiplikatoren. Die Koeffizienten der λ_b hängen dabei nicht mehr von den Beschleunigungen $\ddot{x}_i$ ab. Die Lösung dieses Gleichungssystems sind die Lagrange-Multiplikatoren in der Gestalt

$$\lambda_a = \lambda_a(t, x, \dot{x}) \quad (1 \leq a \leq r). \tag{5.41}$$

Die gefundenen λ_a können dann in die Bewegungsgleichungen (5.32) eingesetzt werden:

$$m_i \ddot{x}_i = F_i + \sum_{a=1}^{r} \lambda_a(t, x, \dot{x}) \frac{\partial f_a}{\partial x_i} \quad (1 \leq i \leq 3N). \tag{5.42}$$

Diese Gleichungen werden mit den üblichen Methoden gelöst, denen wir im Verlauf des Buches bereits begegnet sind. Insbesondere wird dieses Vorgehen durch das Auffinden von Erhaltungsgrößen (z. B. der Energie oder des Drehimpulses) vereinfacht. Es muss allerdings beachtet werden, dass die Anfangsbedingungen zur Zeit t_0 mit den Zwangsbedingungen verträglich sein müssen:

$$0 = f_a(t, x)\big|_{t=t_0}, \quad 0 = \dot{f}_a(t, x, \dot{x})\big|_{t=t_0}. \tag{5.43}$$

Sind die Bewegungsgleichungen gelöst, d. h. alle Bahnkurven bekannt, lassen sich die Lagrange-Multiplikatoren (5.41) in expliziter Form angeben. Falls gewünscht, können weiterhin die Zwangskräfte mithilfe von (5.29) berechnet und anschließend physikalisch interpretiert werden.

Frage 7

Nachdem nun das allgemeine Lösungsverfahren bekannt ist, schauen Sie sich das sphärische Pendel in Abschn. 5.1 unter diesen Gesichtspunkten erneut an.

Beispiel: Punktmassen auf einer Kreuzschiene

Zum Abschluss der Lagrange-Gleichungen erster Art betrachten wir ein konkretes Beispiel mit vollständigem Lösungsweg. Ein weiteres Beispiel ist in Aufgabe 5.1 zu finden.

Wir stellen uns zwei sich kreuzende Schienen wie in Abb. 5.4 vor. Die Punktmasse m_1 kann sich nur entlang der x-Achse, die Punktmasse m_2 nur entlang der z-Achse bewegen. Beide Massen sind durch einen masselosen starren Stab der Länge L verbunden. Es wirkt weiterhin die Schwerebeschleunigung g entlang der negativen z-Achse.

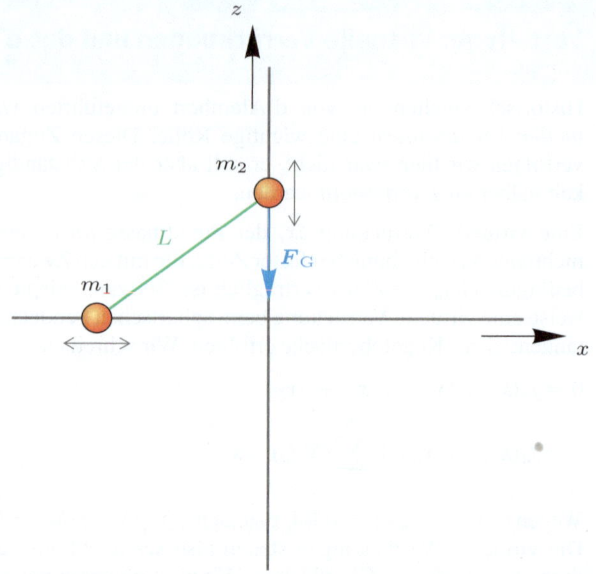

Abb. 5.4 Zwei Punktmassen können sich zusammen auf einer Kreuzschiene bewegen. Ihr Abstand L wird dabei festgehalten. Zusätzlich wirkt die Gravitationskraft $\boldsymbol{F}_\mathrm{G}$

Insgesamt gibt es die fünf Zwangsbedingungen

$$\begin{aligned} f_1 &= x_1^2 + z_2^2 - L^2 = 0, \\ f_2 &= x_2 = 0, \quad f_3 = z_1 = 0, \\ f_4 &= y_1 = 0, \quad f_5 = y_2 = 0. \end{aligned} \tag{5.44}$$

Dies würde auf fünf Lagrange-Multiplikatoren und ein lineares Gleichungssystem mit fünf Unbekannten führen. Offensichtlich ist die Bewegung auf die x-z-Ebene eingeschränkt. Man kann das System daher von vornherein in zwei Dimensionen formulieren und benötigt dann nur noch drei Zwangsbedingungen.

Die beiden Zwangsbedingungen f_4 und f_5 führen auf

$$\begin{aligned} \dot{f}_4 &= \dot{y}_1 = 0, \quad \ddot{f}_4 = \ddot{y}_1 = 0, \\ \dot{f}_5 &= \dot{y}_2 = 0, \quad \ddot{f}_5 = \ddot{y}_2 = 0. \end{aligned} \tag{5.45}$$

Es gibt daher keine Dynamik entlang der y-Achse. Etwaige Kräfte in y-Richtung werden vollständig durch die entsprechenden Zwangskräfte kompensiert.

Einschränkung der Bewegung auf eine Koordinatenebene

Wird die Bewegung des gesamten Systems auf eine Koordinatenebene beschränkt, so lässt sich das System direkt im zweidimensionalen Raum formulieren. Dies reduziert die Anzahl der Zwangsbedingungen und Lagrange-Multiplikatoren. Dies gilt entsprechend auch, wenn die Bewegung auf eine einzige Koordinatenachse eingeschränkt wird.

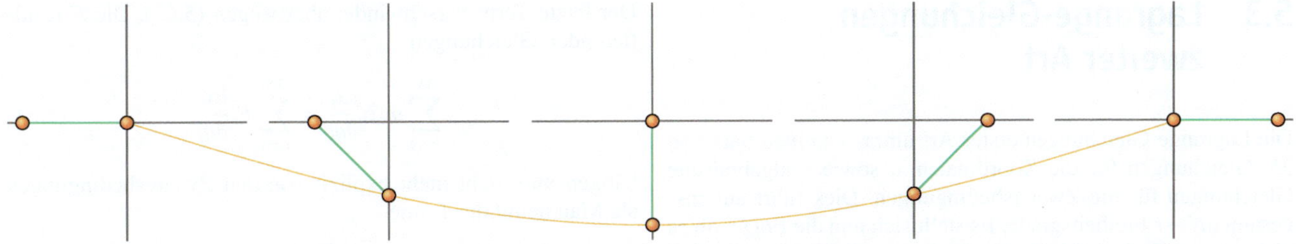

Abb. 5.5 Löst man die Bewegungsgleichungen für die Kreuzschiene ohne Gravitation und für zwei gleiche Massen, findet man eine einfache Bewegungsform: Beide Massen schwingen um den Mittelpunkt, die eine waagerecht, die andere senkrecht. Die Bildsequenz entspricht dem zeitlichen Verlauf. Beide Schwingungen sind um 90° phasenverschoben, und der Abstand der Punktmassen bleibt stets konstant

Wir fahren daher nur mit den Zwangsbedingungen f_1 bis f_3 fort und beschränken uns auf die vier Koordinaten x_1, z_1 sowie x_2 und z_2. Nur ein Freiheitsgrad kann übrig bleiben.

Die Ableitungen der Zwangsbedingungen nach den Koordinaten, die nicht identisch verschwinden, lauten

$$\frac{\partial f_1}{\partial x_1} = 2x_1, \quad \frac{\partial f_1}{\partial z_2} = 2z_2, \quad \frac{\partial f_2}{\partial x_2} = 1, \quad \frac{\partial f_3}{\partial z_1} = 1. \tag{5.46}$$

Wir erhalten die vier Bewegungsgleichungen (5.32)

$$\begin{aligned} m_1\ddot{x}_1 &= 2\lambda_1 x_1, \quad m_1\ddot{z}_1 = -m_1 g + \lambda_3, \\ m_2\ddot{x}_2 &= \lambda_2, \quad m_2\ddot{z}_2 = -m_2 g + 2\lambda_1 z_2. \end{aligned} \tag{5.47}$$

Hier wurde die Gravitationskraft berücksichtigt. Die zweiten Zeitableitungen der Zwangsbedingungen lauten

$$\begin{aligned} 0 &= \ddot{f}_1 = 2\left(\dot{x}_1^2 + x_1\ddot{x}_1 + \dot{z}_2^2 + z_2\ddot{z}_2\right), \\ 0 &= \ddot{f}_2 = \ddot{x}_2, \\ 0 &= \ddot{f}_3 = \ddot{z}_1, \end{aligned} \tag{5.48}$$

in die wir die Bewegungsgleichungen (5.47) einsetzen. Das resultierende Gleichungssystem ist diagonal, und man kann jede Gleichung direkt nach einem der Lagrange-Multiplikatoren auflösen:

$$\lambda_1 = -\frac{\dot{x}_1^2 + \dot{z}_2^2 - z_2 g}{2\left(x_1^2/m_1 + z_2^2/m_2\right)}, \quad \lambda_2 = 0, \quad \lambda_3 = m_1 g. \tag{5.49}$$

Einsetzen der Lagrange-Multiplikatoren in (5.47) führt auf

$$\begin{aligned} m_1\ddot{x}_1 &= -\frac{\dot{x}_1^2 + \dot{z}_2^2 - z_2 g}{x_1^2/m_1 + z_2^2/m_2} x_1, \quad m_1\ddot{z}_1 = 0, \\ m_2\ddot{x}_2 &= 0, \quad m_2\ddot{z}_2 = -\frac{\dot{x}_1^2 + \dot{z}_2^2 - z_2 g}{x_1^2/m_1 + z_2^2/m_2} z_2 - m_2 g. \end{aligned} \tag{5.50}$$

Die Gleichungen für z_1 und x_2 führen mit den Anfangsbedingungen auf die bereits bekannten Ergebnisse

$$z_1 = 0, \quad x_2 = 0. \tag{5.51}$$

Die beiden übrigen Gleichungen lösen wir nur für den Spezialfall $m_1 = m_2 = m$ und $g = 0$ (d. h. in Abwesenheit von Gravitation):

$$m\ddot{x}_1 = -\frac{2E}{L^2} x_1, \quad m\ddot{z}_2 = -\frac{2E}{L^2} z_2. \tag{5.52}$$

Hier wurde $f_1 = 0$, also $x_1^2 + z_2^2 = L^2$ ausgenutzt. Weiterhin wurde berücksichtigt, dass die Energie

$$E = \frac{m}{2}\left(\dot{x}_1^2 + \dot{z}_2^2\right) \tag{5.53}$$

erhalten ist, da die Zwangsbedingungen skleronom sind. Die Bewegungsgleichungen führen beide auf harmonische Schwingungen

$$x_1 = A_1 \cos(\omega t - \phi_1), \quad z_2 = A_2 \cos(\omega t - \phi_2) \tag{5.54}$$

mit der Frequenz

$$\omega^2 = \frac{2E}{mL^2}. \tag{5.55}$$

Die Zwangsbedingung f_1 verlangt

$$A_1^2 \cos^2(\omega t - \phi_1) + A_2^2 \cos^2(\omega t - \phi_2) = L^2 = \text{const}, \tag{5.56}$$

die linke Seite der Gleichung muss also konstant sein. Dies kann nur für $A_1^2 = A_2^2 = L^2$ und $\phi_2 = \phi_1 \pm 90°$ erfüllt werden, da

$$\begin{aligned} &\cos^2(\omega t - \phi_1) + \cos^2\left(\omega t - \phi_1 \pm 90°\right) \\ &= \cos^2(\omega t - \phi_1) + \sin^2(\omega t - \phi_1) = 1 \end{aligned} \tag{5.57}$$

gilt. Beide Punktmassen schwingen daher mit einer gegenseitigen Phasenverschiebung von 90° und einer Amplitude L um den Ursprung. Dies ist in Abb. 5.5 dargestellt. Für diesen Spezialfall ist nur ein Lagrange-Multiplikator ungleich null:

$$\lambda_1 = -\frac{E}{L^2}. \tag{5.58}$$

Dies führt auf die Zwangskräfte

$$Z_{x,1} = -\frac{2E}{L^2} x_1, \quad Z_{z,2} = -\frac{2E}{L^2} z_2, \tag{5.59}$$

die man auch direkt aus (5.52) ablesen kann, da keine angewandten Kräfte auf die beiden Punktmassen wirken. Die Zwangskräfte sind gerade die für die Schwingung verantwortlichen Rückstellkräfte.

Teil I

5.3 Lagrange-Gleichungen zweiter Art

Die Lagrange-Gleichungen erster Art umfassen einen Satz von $3N$ Gleichungen für die Koordinaten x_i sowie r algebraische Gleichungen für die Zwangsbedingungen. Dies führt auf insgesamt $3N - r$ Freiheitsgrade. Es stellt sich nun die Frage, ob es nicht eine einfachere Möglichkeit gibt, nur die Bewegungsgleichungen der unabhängigen Freiheitsgrade direkt aufzustellen. Dies ist insbesondere dann von Vorteil, wenn man an den Lagrange-Multiplikatoren und Zwangskräften gar nicht interessiert ist. Tatsächlich kann man dies erreichen, indem man von vornherein generalisierte (und damit unabhängige) Koordinaten einführt, was schließlich auf die Lagrange-Gleichungen zweiter Art führt.

Einführung der generalisierten Koordinaten und Eliminierung der Zwangsbedingungen

Die F generalisierten Koordinaten und die $3N$ kartesischen Koordinaten erfüllen den Zusammenhang

$$x_i = x_i(t, q_1, \dots, q_F) \quad (1 \le i \le 3N). \tag{5.60}$$

Die Unabhängigkeit der Zwangsbedingungen von den generalisierten Koordinaten kann mathematisch als

$$\frac{\partial f_a}{\partial q_j} = 0 \tag{5.61}$$

geschrieben werden. Aufgrund der Kettenregel wird dies zu

$$\sum_{i=1}^{3N} \frac{\partial f_a}{\partial x_i}\frac{\partial x_i}{\partial q_j} = 0. \tag{5.62}$$

Frage 8

Überlegen Sie sich, dass die Zwangsbedingungen f_a unabhängig von den generalisierten Koordinaten q_j sein müssen. Ansonsten wären die q_j durch diese Zwangsbedingungen eingeschränkt und damit voneinander abhängig, was genau der Definition der generalisierten Koordinaten widerspricht.

Im nächsten Schritt multiplizieren wir die Lagrange-Gleichungen erster Art mit den partiellen Ableitungen $\partial x_i/\partial q_j$ und summieren über i:

$$\sum_{i=1}^{3N} m_i\ddot{x}_i\frac{\partial x_i}{\partial q_j} = \sum_{i=1}^{3N} F_i\frac{\partial x_i}{\partial q_j} + \sum_{a=1}^{r}\lambda_a\sum_{i=1}^{3N}\frac{\partial f_a}{\partial x_i}\frac{\partial x_i}{\partial q_j}. \tag{5.63}$$

Der letzte Term verschwindet aber wegen (5.62). Die F resultierenden Gleichungen

$$\sum_{i=1}^{3N} m_i\ddot{x}_i\frac{\partial x_i}{\partial q_j} = \sum_{i=1}^{3N} F_i\frac{\partial x_i}{\partial q_j} \tag{5.64}$$

hängen nun nicht mehr explizit von den Zwangsbedingungen ab. Man nennt die Terme

$$Q_j := \sum_{i=1}^{3N} F_i\frac{\partial x_i}{\partial q_j} \tag{5.65}$$

die *generalisierten Kräfte*, da sie für die generalisierten Koordinaten q_j eine ähnliche Rolle spielen wie die Kräfte F_i für die kartesischen Koordinaten x_i.

Achtung An dieser Stelle wurden die holonomen Zwangsbedingungen bereits verwertet: Obwohl sie nicht direkt in den Rechnungen auftreten, sind sie durch eine geeignete Wahl der generalisierten Koordinaten berücksichtigt worden. Als Ergebnis erhält man nun F (anstatt $3N$) Gleichungen der Form (5.64) für F unabhängige Koordinaten. Die Zwangskräfte treten also überhaupt nicht mehr auf. Die eigentliche problemabhängige Aufgabe besteht darin, F geeignete, generalisierte (d. h. unabhängige) Koordinaten q_j zu finden. ◀

Herleitung der Lagrange-Gleichungen zweiter Art

Die F Gleichungen (5.64) liegen noch in einer unpraktischen Form vor. Wir schreiben zunächst die linke Seite um:

$$m_i\ddot{x}_i\frac{\partial x_i}{\partial q_j} = \frac{\mathrm{d}}{\mathrm{d}t}\left(m_i\dot{x}_i\frac{\partial x_i}{\partial q_j}\right) - m_i\dot{x}_i\frac{\mathrm{d}}{\mathrm{d}t}\frac{\partial x_i}{\partial q_j}. \tag{5.66}$$

Die Zeitableitung im zweiten Term auf der rechten Seite von (5.66) lässt sich durch Vertauschen der partiellen Ableitungen umformen:

$$\begin{aligned}\frac{\mathrm{d}}{\mathrm{d}t}\frac{\partial x_i}{\partial q_j} &= \sum_{k=1}^{F}\frac{\partial^2 x_i}{\partial q_k\partial q_j}\dot{q}_k + \frac{\partial^2 x_i}{\partial t\partial q_j} \\ &= \frac{\partial}{\partial q_j}\left(\sum_{k=1}^{F}\frac{\partial x_i}{\partial q_k}\dot{q}_k + \frac{\partial x_i}{\partial t}\right) = \frac{\partial \dot{x}_i}{\partial q_j}.\end{aligned} \tag{5.67}$$

Im letzten Schritt wurde

$$\dot{x}_i = \sum_{j=1}^{F}\frac{\partial x_i}{\partial q_j}\dot{q}_j + \frac{\partial x_i}{\partial t} \tag{5.68}$$

ausgenutzt, was auch auf den Zusammenhang

$$\frac{\partial \dot{x}_i}{\partial \dot{q}_j} = \frac{\partial x_i}{\partial q_j} \tag{5.69}$$

führt, denn die kartesischen Koordinaten x_i hängen nur von den q_j, nicht aber von ihren Ableitungen $\dot{q}_j$ ab. Man nennt die $\dot{q}_j$ auch die *generalisierten Geschwindigkeiten*. Die Zwischenergebnisse aus (5.67) und (5.69) werden in (5.66) eingesetzt:

$$m_i \ddot{x}_i \frac{\partial x_i}{\partial q_j} = \frac{\mathrm{d}}{\mathrm{d}t}\left(m_i \dot{x}_i \frac{\partial \dot{x}_i}{\partial \dot{q}_j}\right) - m_i \dot{x}_i \frac{\partial \dot{x}_i}{\partial q_j}. \tag{5.70}$$

Nun verwenden wir die kinetische Energie

$$T = \frac{1}{2}\sum_{i=1}^{3N} m_i \dot{x}_i^2 \tag{5.71}$$

und schreiben damit

$$\sum_{i=1}^{3N} m_i \ddot{x}_i \frac{\partial x_i}{\partial q_j} = \frac{\mathrm{d}}{\mathrm{d}t}\frac{\partial T}{\partial \dot{q}_j} - \frac{\partial T}{\partial q_j}. \tag{5.72}$$

Wegen (5.64) und (5.65) erhalten wir schließlich die Lagrange-Gleichungen zweiter Art.

Lagrange-Gleichungen zweiter Art

Für holonome Zwangsbedingungen lauten die Bewegungsgleichungen der generalisierten Koordinaten

$$\frac{\mathrm{d}}{\mathrm{d}t}\frac{\partial T}{\partial \dot{q}_j} - \frac{\partial T}{\partial q_j} = Q_j, \quad (1 \le j \le F). \tag{5.73}$$

Achtung Es wurden bisher keinerlei Bedingungen an die generalisierten Kräfte Q_j gestellt. So können diese konservative und auch dissipative Anteile enthalten. Wir kommen in Kürze darauf zurück. ◂

Bevor die Lagrange-Gleichungen zweiter Art angewandt werden können, muss man sich überlegen, wie die kinetische Energie T, die eigentlich eine Funktion der Geschwindigkeiten $\dot{x}_i$ ist, durch die q_j und $\dot{q}_j$ ausgedrückt werden kann. Wegen (5.60) gilt

$$\dot{x}_i = \dot{x}_i(t, q_1, \ldots, q_F, \dot{q}_1, \ldots \dot{q}_F) \quad (1 \le i \le 3N), \tag{5.74}$$

d. h., die Zeitableitungen der kartesischen Koordinaten sind im Allgemeinen Funktionen der generalisierten Koordinaten und ihrer Zeitableitungen. Ist dieser Zusammenhang bekannt, können die Ableitungen in (5.73) berechnet werden. Um zwischen beiden Formulierungen zu unterscheiden, schreibt man häufig auch $T(\dot{x})$ bzw. $T(t, q, \dot{q})$. Obwohl beide Funktionen mathematisch unterschiedlich sind, ist die physikalische Größe, die kinetische Energie, dieselbe.

Kugelkoordinaten

In (5.10) wurden bereits generalisierte Koordinaten für die Bewegung einer Punktmasse auf einer Kugeloberfläche angegeben. Da der Kugelradius R konstant und keine generalisierte Koordinate ist, gilt

$$\begin{aligned} \dot{x}_1 &= R\dot{\vartheta}\cos\vartheta\cos\varphi - R\dot{\varphi}\sin\vartheta\sin\varphi, \\ \dot{x}_2 &= R\dot{\vartheta}\cos\vartheta\sin\varphi + R\dot{\varphi}\sin\vartheta\cos\varphi, \\ \dot{x}_3 &= -R\dot{\vartheta}\sin\vartheta. \end{aligned} \tag{5.75}$$

Durch Einsetzen und eine einfache Rechnung überzeugt man sich davon, dass

$$T = \frac{1}{2}m_i \sum_{i=1}^{3} \dot{x}_i^2 = \frac{mR^2}{2}\left(\dot{\vartheta}^2 + \dot{\varphi}^2 \sin^2\vartheta\right) \tag{5.76}$$

gilt.

Zeigen Sie dies.

Dies ist die kinetische Energie für die Bewegung einer Punktmasse in Kugelkoordinaten für festen Radius R. Die beiden Lagrange-Gleichungen zweiter Art lauten somit

$$\begin{aligned} mR^2 \frac{\mathrm{d}}{\mathrm{d}t}\dot{\vartheta} &= Q_\vartheta, \\ mR^2\left[\frac{\mathrm{d}}{\mathrm{d}t}\left(\dot{\varphi}\sin^2\varphi\right) - \dot{\varphi}^2\cos\varphi\sin\varphi\right] &= Q_\varphi. \end{aligned} \tag{5.77}$$

Diese beiden Bewegungsgleichungen für ϑ und φ sind für gegebene generalisierte Kräfte Q_ϑ und Q_φ zu lösen. Sind die Kräfte nur in kartesischer Form bekannt, kann man die Q_j mit (5.65) berechnen. Man beachte, dass die Zwangsbedingung (Bewegung auf der Kugeloberfläche) nur bei der Wahl der generalisierten Koordinaten eingegangen ist, nicht aber bei den expliziten Rechnungen.

Die allgemeine Bewegung in Kugelkoordinaten wird in Aufgabe 5.3 besprochen. ◂

Lagrange-Funktion für konservative Kräfte

Wir spalten die Kräfte F_i nun in zwei Anteile auf: einen konservativen, $F_i^{(\mathrm{k})}$, und einen dissipativen, $F_i^{(\mathrm{d})}$ (siehe Abschn. 1.6). Analog schreiben wir

$$Q_j^{(\mathrm{k})} = \sum_{i=1}^{3N} F_i^{(\mathrm{k})}\frac{\partial x_i}{\partial q_j}, \quad Q_j^{(\mathrm{d})} = \sum_{i=1}^{3N} F_i^{(\mathrm{d})}\frac{\partial x_i}{\partial q_j}. \tag{5.78}$$

Die konservativen Kräfte lassen sich aus einem Potenzial ableiten:

$$F_i^{(\mathrm{k})} = -\frac{\partial V(t, x)}{\partial x_i}. \tag{5.79}$$

Wir finden somit

$$Q_j^{(k)} = -\sum_{i=1}^{3N} \frac{\partial V(t,x)}{\partial x_i} \frac{\partial x_i}{\partial q_j} = -\frac{\partial V(t,x(t,q))}{\partial q_j}. \qquad (5.80)$$

Dies verdeutlicht, warum wir die Q_j anfangs als generalisierte Kräfte bezeichnet haben.

Die Lagrange-Gleichungen zweiter Art lassen sich nun umformulieren. Wir definieren die *Lagrange-Funktion*

$$L := T - V = T(t,q,\dot{q}) - V(t,q) \qquad (5.81)$$

und schreiben

$$\frac{\mathrm{d}}{\mathrm{d}t}\frac{\partial L}{\partial \dot{q}_j} - \frac{\partial L}{\partial q_j} = Q_j^{(\mathrm{d})}. \qquad (5.82)$$

Dies ist möglich, da das Potenzial V nicht von den generalisierten Geschwindigkeiten $\dot{q}$ abhängt. Beschränkt man sich auf konservative Systeme, findet man die wichtigen Lagrange-Gleichungen zweiter Art für konservative Systeme.

Lagrange-Gleichungen zweiter Art für konservative Systeme

Für konservative Systeme mit holonomen Zwangsbedingungen lauten die Bewegungsgleichungen der generalisierten Koordinaten

$$\frac{\mathrm{d}}{\mathrm{d}t}\frac{\partial L}{\partial \dot{q}_j} - \frac{\partial L}{\partial q_j} = 0 \quad (1 \le j \le F). \qquad (5.83)$$

Hier ist

$$L(t,q,\dot{q}) := T(t,q,\dot{q}) - V(t,q) \qquad (5.84)$$

die Lagrange-Funktion des Systems.

Man nennt (5.83) auch kurz die *Lagrange-Gleichungen* (oder Euler-Lagrange-Gleichungen, wie später noch begründet wird).

Bei den Lagrange-Gleichungen handelt es sich um F Differenzialgleichungen zweiter Ordnung, zu deren vollständiger Lösung $2F$ Integrationskonstanten (z. B. in Form von Anfangsbedingungen) benötigt werden.

Der Lagrange-Formalismus, der im Wesentlichen aus dem Konzept der generalisierten Koordinaten und den Bewegungsgleichungen (5.83) besteht, stellt einen entscheidenden Schritt in der Entwicklung der Mechanik im Speziellen und der gesamten theoretischen Physik im Allgemeinen dar und ist daraus nicht mehr wegzudenken. Dies wird sich noch in den weiteren Teilen dieses Buches (vor allem in Kap. 20) zeigen.

Während die Newton'schen Gesetze für kartesische Koordinaten formuliert wurden, ist der Lagrange-Formalismus koordinatenunabhängig: Die Wahl der generalisierten Koordinaten ist beliebig, so lange sie mit den Zwangsbedingungen vereinbar ist.

Wie später noch erarbeitet wird, ergeben sich aus dem Lagrange-Formalismus die Erhaltungsgrößen eines Systems in natürlicher Weise. Ein weiterer Vorteil ist, dass es sich bei der Lagrange-Funktion um eine skalare Größe handelt, die in der Regel leichter als die vektoriellen Kraftgleichungen aufgestellt werden kann.

Newton'sche Bewegungsgleichungen

Generalisierte Koordinaten können natürlich auch für Systeme ohne Zwangsbedingungen verwendet werden. In diesem Fall entspricht die Anzahl der generalisierten Koordinaten q_j der Anzahl der ursprünglichen kartesischen Koordinaten x_i.

Als einfachstes Beispiel betrachten wir die kartesischen Koordinaten $q_j = x_j$ einer Punktmasse m. Die kinetische Energie und das Potenzial lauten

$$T = \frac{1}{2}m\sum_{i=1}^{3}\dot{x}_i^2, \quad V = V(x). \qquad (5.85)$$

Dies führt wegen (5.81) und (5.83) direkt auf die bekannten Newton'schen Bewegungsgleichungen

$$m\ddot{x}_i = -\frac{\partial V}{\partial x_i} \quad (1 \le i \le 3), \qquad (5.86)$$

die selbstverständlich im allgemeineren Lagrange-Formalismus enthalten sind. Diese Aussage lässt sich leicht auf Systeme von Punktmassen ausweiten. ◀

Eine weitere Anwendung der Lagrange-Gleichungen ohne Zwangsbedingungen ist das Aufstellen der Bewegungsgleichungen in nichtkartesischen Koordinaten. So können die Bewegungsgleichungen in Kugelkoordinaten mit nur wenigen Rechenschritten aus (5.83) hergeleitet werden. Dies wird in Aufgabe 5.3 an einem Beispiel durchgeführt.

Die Anwendung des Lagrange-Formalismus auf eine Punktladung im elektromagnetischen Feld wird in der Literatur vielfach bereits in der Mechanik vorgestellt. Wir verschieben diese Diskussion stattdessen auf Abschn. 20.1.

Zyklische Koordinaten und generalisierte Impulse

Kanonisch konjugierter Impuls als Erhaltungsgröße

Man bezeichnet

$$p_j := \frac{\partial L}{\partial \dot{q}_j} \qquad (5.87)$$

als den *generalisierten Impuls* zur Koordinate q_j oder auch den *kanonisch konjugierten Impuls*. Der Name „Impuls" ist gerechtfertigt, wie sich später noch zeigen wird.

Dieser erlaubt oft eine rasche Identifizierung von Erhaltungsgrößen des betrachteten Systems: Eine Koordinate q_j heißt *zyklisch*, wenn die Lagrange-Funktion nicht von ihr abhängt. In diesem Fall lautet die entsprechende Bewegungsgleichung (5.83) einfach

$$\frac{\mathrm{d}}{\mathrm{d}t}\frac{\partial L}{\partial \dot{q}_j} = \dot{p}_j = 0. \tag{5.88}$$

Dies bedeutet, dass der kanonische Impuls p_j eine Erhaltungsgröße ist.

Ist eine generalisierte Koordinate q_j zyklisch, so ist ihr konjugierter Impuls p_j eine Erhaltungsgröße. Jede zyklische Koordinate führt daher auf einen Erhaltungssatz, was einer ersten Integration der Bewegungsgleichung entspricht.

Unabhängigkeit von einer Koordinate bedeutet Symmetrie bezüglich Verschiebungen, Drehungen usw.; also deutet sich hier ein Zusammenhang zwischen Symmetrien und Erhaltungssätzen an. Dies vereinfacht die mathematische Behandlung der Bewegungsgleichungen wesentlich.

Die generalisierten Koordinaten sollten nach Möglichkeit so gewählt werden, dass möglichst viele von ihnen zyklisch sind. Verallgemeinerte Koordinaten werden daher geschickterweise so gewählt, dass sie der Symmetrie des Problems angepasst sind.

Die Lagrange-Gleichungen nehmen eine anschauliche Form an, falls die kinetische Energie nicht von q_i abhängt. Dann ist $-\partial L/\partial q_i$ die Ableitung der potenziellen Energie nach der generalisierten Koordinate q_i, d. h. die generalisierte Kraft Q_i. Da $\partial L/\partial \dot{q}_i$ weiterhin der generalisierte Impuls p_i ist, drücken die Lagrange-Gleichungen letztlich „nur" das zweite Newton'sche Axiom in verallgemeinerten Koordinaten aus: $\dot{p}_i = Q_i$.

Frage 9

Überlegen Sie sich die Form der Lagrange-Funktion einer freien Punktmasse in kartesischen Koordinaten. Sind die Koordinaten x_i zyklisch? Welche Konsequenz hat dies für die verbundenen Impulse

$$p_i = \frac{\partial L}{\partial \dot{x}_i} = m\dot{x}_i? \tag{5.89}$$

Ohne Beweis halten wir noch einen nützlichen Zusammenhang fest. Handelt es sich bei q_j um eine Winkelkoordinate, die eine Drehung um die Achse $\hat{\boldsymbol{n}}$ beschreibt, so ist der dazu konjugierte Impuls p_j gerade der Drehimpuls um diese Achse. Ist also eine Winkelkoordinate zyklisch, ist der damit verbundene Drehimpuls erhalten. Wir werden dies in Kürze am Beispiel des schweren Kreisels sehen.

Energieerhaltung

Im vorherigen Abschnitt wurde gezeigt, dass erhaltene konjugierte Impulse direkt von der Lagrange-Funktion abgelesen werden können. Gilt dies auch für die Energie? In der Tat kann man der Lagrange-Funktion direkt ansehen, ob die Energie erhalten ist. Dies soll im Folgenden gezeigt werden. Wir werden sehen, dass die Energieerhaltung eng mit der Invarianz unter Zeitverschiebungen verknüpft ist.

Wir untersuchen zunächst die Zeitableitung der Lagrange-Funktion:

$$\frac{\mathrm{d}L}{\mathrm{d}t} = \sum_i \left(\frac{\partial L}{\partial q_i}\frac{\mathrm{d}q_i}{\mathrm{d}t} + \frac{\partial L}{\partial \dot{q}_i}\frac{\mathrm{d}\dot{q}_i}{\mathrm{d}t}\right) + \frac{\partial L}{\partial t}. \tag{5.90}$$

Sind nun alle Kräfte im System konservativ, d. h. kann man alle Kräfte aus einem Potenzial V ableiten, so gelten die Bewegungsgleichungen (5.83):

$$\frac{\partial L}{\partial q_i} = \frac{\mathrm{d}}{\mathrm{d}t}\frac{\partial L}{\partial \dot{q}_i}. \tag{5.91}$$

Man kann daher

$$\begin{aligned}\frac{\mathrm{d}L}{\mathrm{d}t} &= \sum_i \left(\dot{q}_i\frac{\mathrm{d}}{\mathrm{d}t}\frac{\partial L}{\partial \dot{q}_i} + \frac{\partial L}{\partial \dot{q}_i}\frac{\mathrm{d}\dot{q}_i}{\mathrm{d}t}\right) + \frac{\partial L}{\partial t}\\ &= \frac{\mathrm{d}}{\mathrm{d}t}\sum_i \dot{q}_i\frac{\partial L}{\partial \dot{q}_i} + \frac{\partial L}{\partial t}\end{aligned} \tag{5.92}$$

oder auch

$$\frac{\partial L}{\partial t} = \frac{\mathrm{d}}{\mathrm{d}t}\left(L - \sum_i \dot{q}_i\frac{\partial L}{\partial \dot{q}_i}\right) \tag{5.93}$$

schreiben.

Wir beschränken uns nun auf Systeme, deren Lagrange-Funktion nicht explizit von der Zeit abhängt, $\partial L/\partial t = 0$. Dies sind Systeme, deren holonome Zwangsbedingungen skleronom sind. Eine Zeitverschiebung $t \to t + t_0$ lässt die Lagrange-Funktion dann invariant. Solche Systeme heißen *zeitlich homogen* (ein Fadenpendel mit variabler Fadenlänge beispielsweise würde auf einen nichtverschwindenden Term $\partial L/\partial t$ führen; Aufgabe 5.3).

Offensichtlich folgt dann

$$\frac{\mathrm{d}}{\mathrm{d}t}\left(\sum_i \dot{q}_i\frac{\partial L}{\partial \dot{q}_i} - L\right) = 0, \tag{5.94}$$

und die Größe

$$H := \sum_i \dot{q}_i\frac{\partial L}{\partial \dot{q}_i} - L \tag{5.95}$$

ist eine Erhaltungsgröße, falls $\partial L/\partial t = 0$ ist. Die Größe H ist die sogenannte *Hamilton-Funktion*. In Kap. 7 kommen wir ausführlicher auf sie zu sprechen. Nun soll aber noch gezeigt werden, dass H der Gesamtenergie des Systems entspricht.

Für geschwindigkeitsunabhängige Systeme, also Systeme mit $\partial V/\partial \dot{q}_i = 0$, die wir hier betrachten, ist

$$p_i = \frac{\partial L}{\partial \dot{q}_i} = \frac{\partial T}{\partial \dot{q}_i}. \tag{5.96}$$

An dieser Stelle müssen wir einen kleinen Exkurs vornehmen und uns die Struktur der kinetischen Energie T genauer anschauen. Wir hatten bereits gesehen, dass die Zwangsbedingungen in der Gestalt (5.60) formuliert werden können. Dies führte auf die Geschwindigkeiten (5.68). Die partielle Zeitableitung $\partial x_i/\partial t$ verschwindet dort nur dann nicht, wenn die Zwangsbedingungen rheonom sind, also explizit von der Zeit abhängen. Wir beschränken uns nun auf skleronome Zwangsbedingungen, für die dann

$$\dot{x}_i = \sum_{j=1}^{F} \frac{\partial x_i}{\partial q_j}\dot{q}_j \tag{5.97}$$

erfüllt ist. Die kinetische Energie lautet damit

$$T = \frac{1}{2}\sum_i m_i \dot{x}_i^2 = \frac{1}{2}\sum_i m_i \left(\sum_{j=1}^{F} \frac{\partial x_i}{\partial q_j}\dot{q}_j\right)^2. \tag{5.98}$$

Die kinetische Energie ist somit eine homogene quadratische Funktion der generalisierten Geschwindigkeiten $\dot{q}_j$, wenn alle Zwangsbedingungen skleronom sind. Hier kann man das Euler-Theorem über homogene Funktion (3.181) anwenden. Es führt auf die Identität

$$\sum_i \dot{q}_i \frac{\partial T}{\partial \dot{q}_i} = 2T. \tag{5.99}$$

Frage 10

Frischen Sie Ihre Erinnerungen an das Euler-Theorem auf und überlegen Sie sich, wie es auf (5.99) führt.

Die Hamilton-Funktion erfüllt somit

$$H = 2T - L = 2T - (T - V) = T + V = E; \tag{5.100}$$

sie entspricht der Gesamtenergie des Systems.

Hamilton-Funktion und Gesamtenergie

Die Hamilton-Funktion

$$H = \sum_i \dot{q}_i \frac{\partial L}{\partial \dot{q}_i} - L \tag{5.101}$$

ist gleich der erhaltenen Gesamtenergie des Systems, wenn die folgenden Bedingungen erfüllt sind:

- Das System ist konservativ; alle Kräfte lassen sich aus V ableiten.
- Das Potenzial V ist geschwindigkeitsunabhängig.
- Alle Zwangsbedingungen sind skleronom.

Schwerer symmetrischer Kreisel

Der schwere symmetrische Kreisel ist ein Beispiel für ein System, dessen Bewegung unter Verwendung des Lagrange-Formalismus einfacher studiert werden kann als der Zugang, der in Abschn. 4.7 verfolgt wurde.

Wir erinnern uns, dass ein Kreisel mit einem festen Unterstützungspunkt noch drei Rotationsfreiheitsgrade besitzt. Die Euler-Winkel eignen sich in diesem Fall für die benötigten generalisierten Koordinaten, d. h., wir schreiben $(q_1, q_2, q_3) = (\vartheta, \varphi, \psi)$.

Die Energie des schweren symmetrischen Kreisels wurde bereits in (4.159) als Funktion der Euler-Winkel angegeben. Man kann also direkt die Lagrange-Funktion $L = T - V$ hinschreiben:

$$\begin{aligned} L = {} & \frac{\Theta}{2}\left(\dot{\vartheta}^2 + \dot{\varphi}^2 \sin^2\vartheta\right) + \frac{\Theta_3}{2}\left(\dot{\psi} + \dot{\varphi}\cos\vartheta\right)^2 \\ & - MgR\cos\vartheta. \end{aligned} \tag{5.102}$$

Hierbei sind Θ und Θ_3 die Hauptträgheitsmomente bezüglich des Stützpunktes, und R ist der Abstand des Schwerpunktes vom Stützpunkt. Man sieht sofort, dass sowohl φ als auch ψ zyklische Koordinaten sind. Ihre konjugierten Impulse,

$$\begin{aligned} p_\varphi &= \Theta\dot{\varphi}\sin^2\vartheta + \Theta_3\cos\vartheta(\dot{\psi} + \dot{\varphi}\cos\vartheta), \\ p_\psi &= \Theta_3(\dot{\psi} + \dot{\varphi}\cos\vartheta), \end{aligned} \tag{5.103}$$

sind somit erhalten. Wegen (4.155) und (4.158) können wir p_ψ als L_3^* und p_φ als L_3 identifizieren. Die erhaltenen konjugierten Impulse entsprechen daher den Projektionen des Drehimpulses auf die Figurenachse und auf die Wirkungsachse der Gravitationskraft. Weiterhin sehen wir, dass die Lagrange-Funktion nicht explizit von der Zeit abhängt, weswegen die Energie $E = T + V$ erhalten ist:

$$\begin{aligned} E = {} & \frac{\Theta}{2}\left(\dot{\vartheta}^2 + \dot{\varphi}^2 \sin^2\vartheta\right) + \frac{\Theta_3}{2}\left(\dot{\psi} + \dot{\varphi}\cos\vartheta\right)^2 \\ & + MgR\cos\vartheta = \text{const.} \end{aligned} \tag{5.104}$$

Die drei Erhaltungsgrößen des schweren symmetrischen Kreisels lassen sich also direkt an der Lagrange-Funktion ablesen.

Die Lagrange-Gleichungen des schweren symmetrischen Kreisels wurden hier gar nicht benötigt, da die drei Erhaltungsgrößen (E, p_ψ und p_φ) auf drei einfachere Gleichungen geführt haben. Es bleibt dem interessierten Leser überlassen, die entsprechenden Lagrange-Gleichungen als Übung abzuleiten. ◀

5.4 Beispiele zur Anwendung des Lagrange-Formalismus

Dieser Abschnitt enthält einige Anwendungen des Lagrange-Formalismus, die vom Identifizieren der Zwangsbedingungen bis hin zum (näherungsweisen) Lösen der Bewegungsgleichungen reichen. Nach den ersten recht theoretischen und abstrakten Abschnitten wird hier das explizite Rechnen geübt. Weitere Beispiele finden sich in Aufgabe 5.1 und 5.2.

Schiefe Ebene

Die schiefe Ebene ist ein häufig verwendetes und sehr einfaches Beispiel zur Anwendung des Lagrange-Formalismus. Man betrachte eine Punktmasse m, die unter dem Einfluss der Gravitationskraft ($\boldsymbol{F}_\mathrm{G} = -mg\hat{\boldsymbol{e}}_3$) reibungsfrei auf einer Ebene gleiten kann. Der Normalenvektor der Ebene sei $\hat{\boldsymbol{n}} = (\sin\alpha, 0, \cos\alpha)^\top$ und damit um einen Winkel α gegen die Senkrechte ($\hat{\boldsymbol{e}}_3$) gekippt. Außerdem soll der Ursprung in der Ebene liegen. Wie lauten die Bewegungsgleichungen der Punktmasse auf dieser Ebene?

Man könnte natürlich den klassischen Weg gehen und die Bewegungsgleichungen für (x_1, x_2, x_3) aufstellen. Hier wollen wir aber mit x_2 und d angepasste Koordinaten einführen. Neben der kartesischen Koordinate x_2 verwenden wir d als diejenige Koordinate, die in der Ebene liegt und senkrecht zu x_2 verläuft:

$$\hat{\boldsymbol{e}}_d = -\hat{\boldsymbol{e}}_1 \cos\alpha + \hat{\boldsymbol{e}}_3 \sin\alpha = (-\cos\alpha, 0, \sin\alpha)^\top. \quad (5.105)$$

Die Koordinaten hängen über

$$x_1 = -d\cos\alpha, \quad x_3 = d\sin\alpha, \quad d^2 = x_1^2 + x_3^2 \quad (5.106)$$

miteinander zusammen. Die beiden kartesischen Koordinaten x_1 und x_3 sind wegen $x_3/x_1 = -\tan\alpha$ nicht unabhängig. Die kinetische Energie ist offensichtlich

$$T = \frac{m}{2}\left(\dot{x}_2^2 + \dot{d}^2\right), \quad (5.107)$$

und die potenzielle Energie der Punktmasse im Gravitationsfeld, ausgedrückt durch d, lautet

$$V = mgx_3 = mgd\sin\alpha. \quad (5.108)$$

Die Lagrange-Funktion ist somit

$$L = \frac{m}{2}\left(\dot{x}_2^2 + \dot{d}^2\right) - mgd\sin\alpha. \quad (5.109)$$

Frage 11

Überprüfen Sie diese Überlegungen und Rechenschritte.

Wir haben es mit zwei Freiheitsgraden zu tun und erhalten zwei Lagrange-Gleichungen. Über

$$\frac{\partial L}{\partial x_2} = 0, \quad \frac{\mathrm{d}}{\mathrm{d}t}\frac{\partial L}{\partial \dot{x}_2} = m\ddot{x}_2 \quad (5.110)$$

und

$$\frac{\partial L}{\partial d} = -mg\sin\alpha, \quad \frac{\mathrm{d}}{\mathrm{d}t}\frac{\partial L}{\partial \dot{d}} = m\ddot{d} \quad (5.111)$$

folgen also die Bewegungsgleichungen

$$\ddot{x}_2 = 0, \quad \ddot{d} = -g\sin\alpha. \quad (5.112)$$

Die Gleichung für x_2 war zu erwarten, da die Projektion der Gravitationsbeschleunigung auf die x_2-Achse null ist. Allerdings gibt es, je nach Wert von α, einen Anteil der Gravitationsbeschleunigung, der entlang der d-Achse zeigt. Mithilfe von (5.106) kann man bei Bedarf wieder auf die drei ursprünglichen (und abhängigen) Koordinaten zurücktransformieren.

Rollpendel

Das *Rollpendel* (Abb. 5.6) besteht aus einer Masse m_1, die sich nur entlang der x-Achse auf einer Schiene reibungsfrei bewegen kann, sowie einer Masse m_2, die sich nur in der x-z-Ebene bewegen darf und dabei einen festen Abstand R zur Masse m_1 besitzen soll. Zusätzlich wirkt die homogene Schwerebeschleunigung g entlang der negativen z-Achse. Die vier holonomen Zwangsbedingungen lauten also

$$y_1 = 0, \quad y_2 = 0, \quad z_1 = 0 \quad (5.113)$$

und

$$(x_1 - x_2)^2 + z_2^2 - R^2 = 0. \quad (5.114)$$

Sie führen auf $F = 2$ Freiheitsgrade. Wir wählen die beiden generalisierten Koordinaten $q_1 = x_1$ und $q_2 = \varphi$ (wie in Abb. 5.6 definiert). Weiterhin gilt

$$x_2 = x_1 + R\sin\varphi, \quad z_2 = R\cos\varphi \quad (5.115)$$

für die abhängigen Koordinaten von m_2.

Die kinetische Energie ist

$$\begin{aligned} T &= \frac{1}{2}m_1\dot{x}_1^2 + \frac{1}{2}m_2\left(\dot{x}_2^2 + \dot{z}_2^2\right) \\ &= \frac{m_1 + m_2}{2}\dot{x}_1^2 + \frac{m_2}{2}\left(R^2\dot{\varphi}^2 + 2R\dot{x}_1\dot{\varphi}\cos\varphi\right), \end{aligned} \quad (5.116)$$

Übersicht: Lagrange-Formalismus
Zusammenfassung der Schritte zur Problemlösung

Im Lagrange-Formalismus kann der typische Lösungsweg für ein Problem mit konservativen Kräften folgendermaßen zusammengefasst werden:

1. Überlegen Sie sich für ein gegebenes System mit N Punktmassen, dass die r holonomen Zwangsbedingungen holonom sind. Dies führt auf $F = 3N - r$ Freiheitsgrade. Die funktionale Form $f_a(x)$ der Zwangsbedingungen muss dabei gar nicht bekannt sein.
2. Suchen Sie F generalisierte Koordinaten q_j, die nicht durch die Zwangsbedingungen eingeschränkt sind. Die ursprünglichen kartesischen Koordinaten erfüllen dabei
$$x_i(t, q_1, \ldots, q_F) \quad (1 \leq i \leq 3N).$$
3. Stellen Sie die Lagrange-Funktion
$$L(t, q, \dot{q}) = T(t, q, \dot{q}) - V(t, q)$$
auf.
4. Suchen Sie nach zyklischen Koordinaten. Für sie sind die damit verbundenen generalisierten Impulse
$$p_j = \frac{\partial L}{\partial \dot{q}_j}$$
erhalten.
5. Verwenden Sie für die nichtzyklischen Koordinaten die Lagrange-Gleichungen
$$\frac{\mathrm{d}}{\mathrm{d}t}\frac{\partial L}{\partial \dot{q}_j} - \frac{\partial L}{\partial q_j} = 0,$$
um die Bewegungsgleichungen zu erhalten.
6. Lösen Sie die resultierenden Bewegungsgleichungen und diskutieren Sie gegebenenfalls die Ergebnisse.

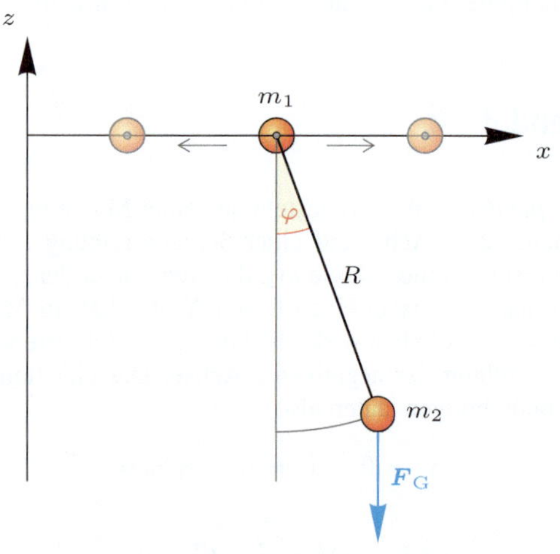

Abb. 5.6 Beim Rollpendel kann die Masse m_1 reibungsfrei auf einer Schiene rollen. Eine zweite Masse m_2 ist daran mit einem masselosen Stab der Länge R befestigt und kann unter dem Einfluss der Schwerkraft schwingen

die potenzielle Energie

$$V = -m_2 gR\cos\varphi. \tag{5.117}$$

Die Lagrange-Funktion lautet

$$L = \frac{1}{2}(m_1 + m_2)\dot{x}_1^2 + \frac{1}{2}m_2\left(R^2\dot{\varphi}^2 + 2R\dot{x}_1\dot{\varphi}\cos\varphi\right) + m_2 gR\cos\varphi. \tag{5.118}$$

Es gibt mit x_1 eine zyklische Variable. Der damit verbundene erhaltene Impuls,

$$p_1 = \frac{\partial L}{\partial \dot{x}_1} = (m_1 + m_2)\dot{x}_1 + m_2 R\dot{\varphi}\cos\varphi = \text{const}, \tag{5.119}$$

entspricht dem Gesamtimpuls entlang der x-Achse. Wir nutzen diese Erhaltungsgröße aus und lösen zunächst nach $\dot{x}_1$ auf, wobei wir $M := m_1 + m_2$ verwenden:

$$\dot{x}_1 = \frac{p_1}{M} - \frac{m_2}{M}R\dot{\varphi}\cos\varphi. \tag{5.120}$$

Diese Gleichung kann direkt aufintegriert werden:

$$x_1(t) - x_1(0) = \frac{p_1}{M}t - \frac{m_2}{M}R\left[\sin\varphi(t) - \sin\varphi(0)\right]. \tag{5.121}$$

Offensichtlich muss noch eine Aussage über die Zeitabhängigkeit $\varphi(t)$ getroffen werden. Dazu schreiben wir die entsprechende Lagrange-Gleichung auf. Nach kurzer Rechnung findet man

$$R\ddot{\varphi} + \ddot{x}_1\cos\varphi + g\sin\varphi = 0. \tag{5.122}$$

Frage 12

Verwenden Sie die Lagrange-Gleichung, um diese Bewegungsgleichung für φ zu erhalten.

Dies kann für kleine Auslenkungen vereinfacht werden, indem man

$$\cos\varphi \approx 1, \quad \sin\varphi \approx \varphi \tag{5.123}$$

und damit

$$R\ddot{\varphi} + \ddot{x}_1 + g\varphi = 0 \tag{5.124}$$

schreibt. Wir eliminieren $\ddot{x}_1$ aus der Bewegungsgleichung für φ, indem wir (5.120) einmal nach der Zeit ableiten, nachdem wir die Näherung (5.123) verwendet haben. Dies führt wegen

$$\ddot{x}_1 \approx -\frac{m_2}{M} R\ddot{\varphi} \tag{5.125}$$

auf

$$\ddot{\varphi} \approx -\frac{g}{R}\frac{M}{m_1}\varphi. \tag{5.126}$$

Bei (5.126) handelt es sich um eine harmonische Schwingungsgleichung, die zu

$$\varphi(t) = A \sin(\omega t - \phi_0), \quad \omega^2 = \frac{g}{R}\frac{M}{m_1} \tag{5.127}$$

aufintegriert werden kann, wobei A und ϕ_0 die Amplitude und ein Phasenwinkel sind, die durch die Anfangsbedingungen festgelegt sind. Damit ist auch die Zeitabhängigkeit von x_1 in (5.121) gegeben.

Frage 13

Überlegen Sie sich, dass die zwei Freiheitsgrade des Problems mit vier Anfangsbedingungen für p_1 und $x(0)$ sowie A und ϕ_0 versehen sind.

Sind alle vier Anfangsbedingungen bekannt, sind die beiden Bewegungsgleichungen vollständig gelöst, jedenfalls solange die Näherung (5.123) erfüllt ist. Andernfalls ist das Problem nicht analytisch, wohl aber mit numerischen Methoden lösbar.

Mit der zusätzlichen Zwangsbedingung $x_1 = \text{const}$ reduziert sich das Rollpendelproblem auf das einfache Stangenpendel. In diesem Fall gibt es mit φ nur eine generalisierte Koordinate und keine zyklische Koordinate. Interessierte Leser können diesen Spezialfall schnell ableiten, indem x_1 in der Lagrange-Funktion als konstant behandelt wird.

Doppeltes Jo-Jo mit Reibung

Wie in Abb. 5.7 dargestellt, stellen wir uns ein Jo-Jo (Masse M und Trägheitsmoment Θ bezüglich der Drehachse) vor, das an einem Faden abrollt. Der Faden ist an einem Punkt oberhalb des Jo-Jos befestigt und mit einem Radius R um das Jo-Jo gewickelt. Das Jo-Jo ist so gebaut, dass ein zweiter Faden an ihm befestigt ist, an welchem eine Punktmasse m hängt. Dieser zweite Faden ist mit einem Radius r um das Jo-Jo gewickelt. Rollt das Jo-Jo vom oberen Faden ab, so wickelt sich gleichzeitig der untere Faden ab.

Der Drehwinkel ψ des Jo-Jos ist so definiert, dass er beim Abrollen anwächst. Wir legen den Koordinatenursprung in den Aufhängepunkt des oberen Fadens. Die x_3-Achse zeigt nach oben; die Gravitationsbeschleunigung erfüllt demnach $\boldsymbol{g} = -g\hat{\boldsymbol{e}}_3$. Alle linearen Bewegungen können nur entlang der x_3-Achse stattfinden. Wir verwenden daher jeweils die Koordinaten z und Z sowie die Geschwindigkeiten $\dot{z}$ und $\dot{Z}$ für die Punktmasse und das Jo-Jo. Weiterhin befindet sich die Punktmasse m in einem Behälter mit Wasser, sodass m eine dissipative Reibungskraft

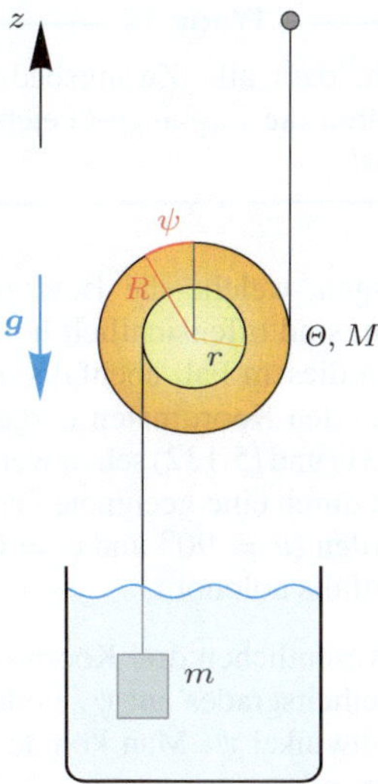

Abb. 5.7 Das doppelte Jo-Jo besteht aus einem starren Körper (Masse M, Trägheitsmoment Θ), das unter dem Einfluss der Schwerkraft von einem Faden abrollt. Gleichzeitig rollt ein weiterer Faden mit einer Masse m ab, die in einem Gefäß mit Wasser eingetaucht und damit einer Reibungskraft unterworfen ist

$$F^{(d)} = -K\dot{z} \tag{5.128}$$

erfährt (siehe (1.31)) beim Fall mit Stokes'scher Reibung).

Achtung Man beachte, dass (5.128) keine Zwangsbedingung darstellt, da sie nicht die Unabhängigkeit der Koordinaten einschränkt. ◂

Zunächst überlegt man sich, wie viele Freiheitsgrade das System ohne Zwangsbedingungen hätte und wie viele Zwangsbedingungen zu berücksichtigen sind. Das Jo-Jo als starrer Körper hat ursprünglich sechs, die Punktmasse drei Freiheitsgrade. Die folgenden Zwangsbedingungen sind zu berücksichtigen (in Klammern steht die Anzahl der damit verbundenen unabhängigen Zwangsbedingungen):

- Schwerpunktsbewegung des Jo-Jos entlang einer Achse (2),
- feste Rotationsachse des Jo-Jos (2),
- Abrollbedingung für das Jo-Jo (1),
- Bewegung der Punktmasse entlang einer Achse (2),
- Abrollbedingung für Punktmasse (1).

Es gibt acht Zwangsbedingungen und damit nur einen Freiheitsgrad.

Frage 14

Überlegen Sie sich, dass alle Zwangsbedingungen holonom sind. Ansonsten wären die Lagrange-Gleichungen zweiter Art gar nicht anwendbar!

Die vier Bedingungen, welche die Bewegungen auf die x_3-Achse einschränken, sind offensichtlich holonom. Die Abrollbedingungen sind in diesem Fall ebenfalls holonom, da sie als Relationen zwischen den Koordinaten dargestellt werden können, wie wir in (5.131) und (5.132) sehen werden. Die Fixierung der Drehachse kann durch eine geeignete Festlegung der Euler-Winkel erreicht werden ($\vartheta = 90°$ und $\varphi = 0°$; siehe Abb. 4.3) und ist deshalb ebenfalls holonom.

Es bieten sich im Wesentlichen drei Koordinaten zur Beschreibung des letzten Freiheitsgrades an: ψ, z oder Z. Wir entscheiden uns für den Rollwinkel ψ. Man könnte alternativ eine der anderen beiden verwenden.

Es müssen nun die gesamte kinetische und potenzielle Energie als Funktion von ψ und $\dot{\psi}$ aufgeschrieben werden. Die Reibungskraft der Punktmasse wird als generalisierte, dissipative Kraft $Q_\psi^{(d)}$ (5.78) berücksichtigt.

Die kinetische Energie des Jo-Jos besteht aus einem Schwerpunkts- und einem Rotationsanteil. Der konservative Anteil der Kräfte, die Gewichtskraft, kann in Form eines Potenzials berücksichtigt werden. Wir schreiben

$$T_M = \frac{1}{2}M\dot{Z}^2 + \frac{1}{2}\Theta\dot{\psi}^2, \quad V_M = MgZ. \tag{5.129}$$

Für die Punktmasse gilt

$$T_m = \frac{1}{2}m\dot{z}^2, \quad V_m = mgz. \tag{5.130}$$

Es sind nun Z, z sowie $\dot{Z}$ und $\dot{z}$ zu eliminieren und durch ψ und $\dot{\psi}$ zu ersetzen. Man kann sich leicht überlegen, dass für das Jo-Jo

$$Z = Z_0 - R\psi \tag{5.131}$$

gilt, denn es bewegt sich beim Abrollen nach unten. Hier ist Z_0 eine konstante Referenzhöhe, die in den Bewegungsgleichungen nicht auftreten wird. Es ist zu beachten, dass ψ beliebige reelle Werte annehmen kann und nicht auf das Intervall $[0, 2\pi)$ eingeschränkt ist.

Für die Punktmasse gilt

$$z = z_0 - R\psi - r\psi, \tag{5.132}$$

denn die Bewegung der Punktmasse wird durch das Abrollen beider Fäden beeinflusst. Analog verwenden wir eine konstante Referenzhöhe z_0. Da die Radien R und r konstant sind, folgt

$$\dot{Z} = -R\dot{\psi}, \quad \dot{z} = -(R+r)\dot{\psi}. \tag{5.133}$$

Man findet schnell die Lagrange-Funktion, in der nur noch ψ und $\dot{\psi}$ auftreten:

$$\begin{aligned} L &= T_M + T_m - V_M - V_m \\ &= \frac{1}{2}\left[MR^2 + \Theta + m(R+r)^2\right]\dot{\psi}^2 \\ &\quad + g[MR + m(R+r)]\psi - C \\ &= \frac{1}{2}\mu_1\dot{\psi}^2 + \mu_2 g\psi - C. \end{aligned} \tag{5.134}$$

Die Konstante C hängt von Z_0 und z_0 ab und fällt beim Ableiten der Lagrange-Funktion weg. Dies entspricht der freien Wahl des Referenzpunktes der potenziellen Energie. Es wurden weiterhin die Abkürzungen μ_1 und μ_2 eingeführt. Gleichung (5.134) hat dieselbe Form wie die Lagrange-Funktion einer Punktmasse im freien Fall.

Frage 15

Überlegen Sie sich, dass die Lagrange-Funktion für eine frei fallende Punktmasse als

$$L = \frac{1}{2}m\dot{z}^2 + mgz \tag{5.135}$$

geschrieben werden kann.

Wir erwarten daher ein qualitativ ähnliches Verhalten für ψ in (5.134) und z in (5.135), allerdings sind die Koeffizienten μ_1 und μ_2 im Falle des Doppeljojos nicht identisch.

Die Bewegungsgleichung für das Jo-Jo folgt aus (5.82):

$$\mu_1\ddot{\psi} - \mu_2 g = Q_\psi^{(d)}. \tag{5.136}$$

Es muss noch die generalisierte Reibungskraft aufgestellt werden. Die Reibungskraft (5.128) wirkt nur auf die Punktmasse m und nur in x_3-Richtung. Daher gibt es lediglich den Beitrag

$$F_z^{(d)} = -K\dot{z}. \tag{5.137}$$

Wegen (5.78) gilt

$$Q_\psi^{(d)} = F_z^{(d)}\frac{\partial z}{\partial \psi} = -K(R+r)^2\dot{\psi}. \tag{5.138}$$

Schließlich lautet die Bewegungsgleichung

$$\mu_1\ddot{\psi} - \mu_2 g = -\mu_3 K\dot{\psi}, \tag{5.139}$$

wobei $\mu_3 = (R+r)^2$ als weitere Abkürzung eingeführt wurde. Gleichung (5.139) ist mit dem Ausdruck (1.32) der Stokes'schen Reibung zu vergleichen. Ist (5.139) gelöst, können die Bewegungen von z und Z aus (5.131) und (5.132) gewonnen werden. Es handelt sich bei (5.139) um eine lineare, inhomogene Differenzialgleichung erster Ordnung in $\dot{\psi}$. Hier bietet sich der Ansatz

$$\dot{\psi} = \omega_\infty\left[1 - e^{-\lambda(t-t_0)}\right] \tag{5.140}$$

an. $\omega_\infty = \dot{\psi}|_{t\to\infty}$ ist die Endwinkelgeschwindigkeit, und λ ist ein Parameter, der vom Reibungskoeffizienten K abhängt. Dieser Ansatz beruht auf den beiden Annahmen, dass zu Beginn ($t = t_0$) das System in Ruhe ist und der Endzustand $\dot{\psi} = \omega_\infty$ asymptotisch erreicht wird.

Frage 16

Zeigen Sie, dass der Ansatz (5.140) auf die Gleichung

$$(\mu_3 K\omega_\infty - \mu_2 g) + \omega_\infty (\mu_1\lambda - \mu_3 K)\,\mathrm{e}^{-\lambda(t-t_0)} = 0 \tag{5.141}$$

führt.

Damit diese Gleichung zu allen Zeiten t erfüllt ist, müssen

$$\mu_3 K\omega_\infty - \mu_2 g = 0 \tag{5.142}$$

und

$$\mu_1\lambda - \mu_3 K = 0 \tag{5.143}$$

separat gelten. Die erste Gleichung führt auf die Endwinkelgeschwindigkeit

$$\omega_\infty = \frac{\mu_2 g}{\mu_3 K} = \frac{(MR + mR + mr)g}{(R+r)^2 K}, \tag{5.144}$$

die zweite auf den noch fehlenden Parameter

$$\lambda = \frac{\mu_3 K}{\mu_1} = \frac{(R+r)^2 K}{MR^2 + \Theta + (R+r)^2}. \tag{5.145}$$

Es ist trivial, (5.140) noch einmal aufzuintegrieren. Dies erfordert noch eine Anfangsbedingung für den Winkel. Somit ist das Problem des doppelten Jo-Jos mit Reibung exakt und vollständig gelöst.

Rotierende Bezugssysteme

In Kap. 2 wurden die Bewegungsgleichungen einer Punktmasse in rotierenden Bezugssystemen aufgestellt. Wir können dies jedoch mithilfe des Lagrange-Formalismus mit weniger Aufwand durchführen. Man erinnere sich dabei an (2.74):

$$\dot{\boldsymbol{x}} = \boldsymbol{R}^\top \left[\dot{\boldsymbol{x}}' + \boldsymbol{\omega}' \times \left(\boldsymbol{x}' - \boldsymbol{b}'\right)\right]. \tag{5.146}$$

Diese Gleichung verknüpft die Geschwindigkeit $\dot{\boldsymbol{x}}$ in einem Inertialsystem (ungestrichen) mit der Geschwindigkeit $\dot{\boldsymbol{x}}'$ in einem dazu mit $\boldsymbol{\omega}'$ rotierenden System (gestrichen).

Frage 17

Rufen Sie sich die Bedeutung der restlichen Symbole in Erinnerung.

Im Inertialsystem formuliert lautet die Lagrange-Funktion

$$L(\boldsymbol{x}, \dot{\boldsymbol{x}}) = \frac{1}{2} m\dot{\boldsymbol{x}}^2 - V(\boldsymbol{x}). \tag{5.147}$$

Wir wollen allerdings die Bewegungsgleichungen für die gestrichenen Koordinaten aufstellen. Dazu müssen $\boldsymbol{x}$ und $\dot{\boldsymbol{x}}$ durch Ort und Geschwindigkeit im gestrichenen System ($\boldsymbol{x}'$ und $\dot{\boldsymbol{x}}'$) ersetzt werden. Die Lagrange-Funktion lautet dann (Striche bezeichnen hier keine Ableitungen, sondern lediglich das gewählte Koordinatensystem)

$$\begin{aligned} L'(\boldsymbol{x}', \dot{\boldsymbol{x}}') &= \frac{1}{2} m \left[\dot{\boldsymbol{x}}' + \boldsymbol{\omega}' \times \left(\boldsymbol{x}' - \boldsymbol{b}'\right)\right]^2 - V(\boldsymbol{x}') \\ &= \frac{m}{2}\dot{\boldsymbol{x}}'^2 + m\dot{\boldsymbol{x}}' \cdot \left[\boldsymbol{\omega}' \times \left(\boldsymbol{x}' - \boldsymbol{b}'\right)\right] \\ &\quad + \frac{m}{2}\left[\boldsymbol{\omega}' \times \left(\boldsymbol{x}' - \boldsymbol{b}'\right)\right]^2 - V'(\boldsymbol{x}'). \end{aligned} \tag{5.148}$$

Es ist wieder zu beachten, dass die Lagrange-Funktionen $L(\boldsymbol{x}, \dot{\boldsymbol{x}})$ und $L'(\boldsymbol{x}', \dot{\boldsymbol{x}}')$ sowie die Potenziale $V(\boldsymbol{x})$ und $V'(\boldsymbol{x}')$ zwar jeweils dieselbe Größe beschreiben, aber im Allgemeinen unterschiedliche Funktionen ihrer Argumente sind. Die genaue Form des Potenzials spielt hier keine Rolle. Die Winkelgeschwindigkeit $\boldsymbol{\omega}'$ und die Verschiebung $\boldsymbol{b}'$ sind vorgegeben und verhalten sich bei der Differenziation nach $\boldsymbol{x}'$ und $\dot{\boldsymbol{x}}'$ wie Konstanten.

Die Ableitung nach den Koordinaten lautet

$$\frac{\mathrm{d}L'}{\mathrm{d}\boldsymbol{x}'} = m\dot{\boldsymbol{x}}' \times \boldsymbol{\omega}' + m\left[\boldsymbol{\omega}' \times \left(\boldsymbol{x}' - \boldsymbol{b}'\right)\right] \times \boldsymbol{\omega}' - \frac{\mathrm{d}V'(\boldsymbol{x}')}{\mathrm{d}\boldsymbol{x}'}. \tag{5.149}$$

Frage 18

Überprüfen Sie dies mithilfe der Komponentenschreibweise.

Weiterhin ist

$$\frac{\partial L'}{\partial \dot{\boldsymbol{x}}'} = m\dot{\boldsymbol{x}}' + m\boldsymbol{\omega}' \times \left(\boldsymbol{x}' - \boldsymbol{b}'\right). \tag{5.150}$$

Wir berechnen noch

$$\frac{\mathrm{d}}{\mathrm{d}t}\frac{\partial L'}{\partial \dot{\boldsymbol{x}}'} = m\ddot{\boldsymbol{x}}' + m\dot{\boldsymbol{\omega}}' \times \left(\boldsymbol{x}' - \boldsymbol{b}'\right) + m\boldsymbol{\omega}' \times \dot{\boldsymbol{x}}', \tag{5.151}$$

wobei wir $\dot{\boldsymbol{b}}' = 0$ angenommen haben (Ausschluss einer relativen linearen Geschwindigkeit zwischen den Bezugssystemen). Die Bewegungsgleichung (5.83) lautet dann

$$\begin{aligned} -\frac{\mathrm{d}V'(\boldsymbol{x}')}{\mathrm{d}\boldsymbol{x}'} &= m\ddot{\boldsymbol{x}}' + m\dot{\boldsymbol{\omega}}' \times \left(\boldsymbol{x}' - \boldsymbol{b}'\right) + 2m\boldsymbol{\omega}' \times \dot{\boldsymbol{x}}' \\ &\quad + m\boldsymbol{\omega}' \times \left[\boldsymbol{\omega}' \times \left(\boldsymbol{x}' - \boldsymbol{b}'\right)\right] \end{aligned} \tag{5.152}$$

und entspricht somit genau der Lösung (2.79), die wir bereits gefunden haben.

Dieses Beispiel zeigt die Mächtigkeit des Lagrange-Formalismus. Auch bei Problemen ohne Zwangsbedingungen ist er extrem nützlich, wie hier bei Koordinatentransformationen. Der Übergang von kartesischen Koordinaten zu Kugelkoordinaten wird in Aufgabe 5.3 durchgeführt.

Teil I

5.5 Variationsrechnung

In diesem Abschnitt werden die Grundlagen der Variationsrechnung diskutiert. Mit ihrer Hilfe lassen sich Integralprinzipien, wie das Fermat'sche oder das Hamilton'sche Prinzip formulieren. Wir werden sehen, dass sich aus dem Hamilton'schen Prinzip die Bewegungsgleichungen der Mechanik ableiten lassen. Dazu wird die sogenannte Wirkung als das Zeitintegral der Lagrange-Funktion eingeführt. Die Wirkung ist in vielen Bereichen der Physik von zentraler Bedeutung (siehe auch Kap. 20). Aufgrund seiner Kompaktheit und Eleganz ist das Hamilton'sche Prinzip von großer Bedeutung für die Physik. Anschließend wird gezeigt, wie sich die Variationsrechnung auf Probleme mit Nebenbedingungen anwenden lässt.

Mathematische Grundlagen und physikalische Bedeutung

Die Newton'schen Bewegungsgleichungen und die Lagrange-Gleichungen sind Differenzialgleichungen. Ist der Zustand eines Systems zu einer gegebenen Zeit t bekannt, so kann man daraus den Zustand zur Zeit $t + \mathrm{d}t$ berechnen. Im Idealfall lässt sich die gesamte Bahnkurve des Systems durch Integration der Bewegungsgleichungen in geschlossener Form angeben. Dieser Zugang kann als *Differenzialprinzip* bezeichnet werden.

Es ist allerdings möglich, die Bewegungsgleichungen aus einem Prinzip abzuleiten, das die gesamte Bahnkurve – und nicht einen infinitesimalen Abschnitt – als Grundlage nimmt. Hier spricht man auch von dem *Integralprinzip*. Was hat es mit dieser Aussage auf sich?

Um dies genauer zu verstehen, müssen wir ein wenig ausholen und einige mathematische Grundlagen bereitstellen. Im Rahmen der Differenzialrechnung ist es eine leichte Übung, *stationäre Punkte* einer Funktion $y(x)$ zu finden: Diese Punkte erfüllen $\mathrm{d}y/\mathrm{d}x|_{x=a} = 0$. Dabei kann es sich um ein Maximum, Minimum oder einen Sattelpunkt handeln. Die *Variationsrechnung* hingegen macht es sich zur Aufgabe, Funktionen $y(x)$ zu finden, die ein bestimmtes Integral über eine Funktion dieser Funktion extremal machen. Funktionen von Funktionen nennt man *Funktionale* (siehe „Mathematischen Hintergrund" 5.2). Dies führt auf die *Extremalprinzipien*, die in der Physik eine wichtige Rolle spielen.

Fermat'sches Prinzip

Ein eingängiges Beispiel für ein Extremalprinzip kommt aus der geometrischen Optik: Das *Fermat'sche Prinzip* besagt, dass längs eines tatsächlich realisierten Lichtstrahles die Lichtlaufzeit extremal wird. Betrachten wir zwei Halbräume mit unterschiedlichen Brechungsindizes n_1 (links) und n_2 (rechts), wie in Abb. 5.8 dargestellt.

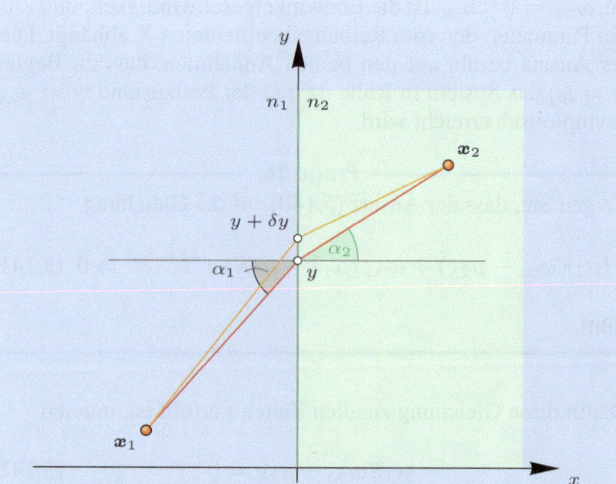

Abb. 5.8 Zur Lichtbrechung: Das Licht wählt denjenigen Weg, der die gesamte Laufzeit zwischen zwei Punkten minimiert. Dies führt auf das Brechungsgesetz

Der Lichtstrahl laufe von einem Punkt $\boldsymbol{x}_1$ im linken zu einem Punkt $\boldsymbol{x}_2$ im rechten Halbraum, wobei wir zur Vereinfachung $z = 0$ setzen. In beiden Halbräumen folgt das Licht jeweils einer Geraden. Der Übergang zwischen den Halbräumen findet per Definition im Punkt $(0, y, 0)$ statt. Die gesamte Lichtlaufzeit ist

$$\tau = \frac{n_1}{c}\sqrt{x_1^2 + (y - y_1)^2} + \frac{n_2}{c}\sqrt{x_2^2 + (y_2 - y)^2}. \quad (5.153)$$

Die Vakuumlichtgeschwindigkeit c ist in den Halbräumen jeweils um den Faktor n_1 bzw. n_2 vermindert. Das Fermat'sche Prinzip lautet

$$\delta\tau = 0, \quad (5.154)$$

denn die Lichtlaufzeit soll extremal (in diesem Fall minimal) sein. Eine Störung von τ entspricht einer kleinen Verschiebung δy. Die Anfangs- und Endpunkte $\boldsymbol{x}_1$ und $\boldsymbol{x}_2$ bleiben unverändert. Es folgt

$$\delta\tau = \frac{\mathrm{d}\tau}{\mathrm{d}y}\delta y = 0 \quad (5.155)$$

und somit

$$\frac{n_1}{c}\frac{y - y_1}{\sqrt{x_1^2 + (y - y_1)^2}} = \frac{n_2}{c}\frac{y_2 - y}{\sqrt{x_1^2 + (y_2 - y)^2}}. \quad (5.156)$$

Dies lässt sich durch die Winkel der Lichtstrahlen darstellen (Abb. 5.8). Man findet mit

$$n_1 \sin\alpha_1 = n_2 \sin\alpha_2 \quad (5.157)$$

das *Brechungsgesetz*. ◀

5.2 Mathematischer Hintergrund: Funktionale

Die Variationsrechnung verallgemeinert die Extremwertbestimmung von „gewöhnlichen" Funktionen: Sie fragt nämlich nach stationären Punkten (Maximum, Minimum, Sattelpunkt) von sogenannten *Funktionalen*. Wir müssen daher zunächst verstehen, was Funktionale sind. Ein Funktional ist grob gesprochen eine Funktion auf Funktionen.

Definition Genauer sei V ein K-Vektorraum ($K \in \{\mathbb{R}, \mathbb{C}\}$). Dann ist ein Funktional T eine Abbildung

$$T : V \to K.$$

Man unterscheidet zwischen *linearen* und *nichtlinearen Funktionalen*, wobei in der Literatur mit einem Funktional oft ein lineares Funktional gemeint ist. Ein lineares Funktional ist eine lineare Abbildung. Dabei ist die Menge der linearen Funktionale wieder ein Vektorraum über K, da man für $T_1, T_2 \in V$ und $\alpha \in K$

$$(T_1 + T_2)(x) := T_1(x) + T_2(x) \quad \text{und} \quad (\alpha T_1)(x) := \alpha(T_1(x))$$

definieren kann. Entsprechend heißt ein Funktional, das die obigen Eigenschaften nicht erfüllt, nichtlinear.

Beispiele

- Die *Dirac-Distribution* (Distributionen werden in Kap. 11 genauer betrachtet) ist ein erstes einfaches Beispiel für ein Funktional. Dazu sei V der Vektorraum aller Funktionen der Form $\mathbb{R} \to \mathbb{R}$. Dann definiert

  $$\delta : V \to \mathbb{R}, \quad f \mapsto \delta[f] = f(0)$$

  ein lineares Funktional, d. h., der Funktion f wird ihr Wert an der Stelle 0 zugewiesen. Von der Dirac-Distribution wird in der theoretischen Physik reger Gebrauch gemacht. Sie wird in Kap. 11 gründlich diskutiert.
- Ein weiteres Beispiel sind die bestimmten Integrale der auf dem Intervall $[a, b] \in \mathbb{R}$ stetigen Funktionen $C^0([a, b], \mathbb{R})$. Betrachten wir konkret die bekannten Integralregeln

  $$\int_a^b f_1(x)\,\mathrm{d}x + \int_a^b f_2(x)\,\mathrm{d}x = \int_a^b (f_1(x) + f_2(x))\,\mathrm{d}x$$

  und

  $$\alpha \int_a^b f(x) = \int_a^b (\alpha f(x))\,\mathrm{d}x,$$

  so sehen wir, dass das durch die Integration definierte Funktional $I : C^0([a, b], \mathbb{R}) \to \mathbb{R}$ linear ist.
- Anders verhält es sich bei dem *Bogenlängenfunktional*. Es sei $\gamma : [a, b] \to \mathbb{R}^3$ eine stetig differenzierbare Kurve im $\mathbb{R}^3$. Dann definiert die Abbildung

  $$L : C^1([a, b], \mathbb{R}^3) \to \mathbb{R}, \quad \gamma \mapsto L(\gamma) = \int_a^b ||\dot{\gamma}(s)||\,\mathrm{d}s$$

  ebenfalls ein Funktional, das die Bogenlänge der Kurve im Intervall $[a, b]$ ergibt. Da die Norm $||\dot{\gamma}(s)||$ wegen $||\dot{\gamma}_1(s)|| + ||\dot{\gamma}_2(s)|| \geq ||\dot{\gamma}_1(s) + \dot{\gamma}_2(s)||$ i. A. nicht linear ist, handelt es sich um ein nichtlineares Funktional.

Literatur

- Arens, T., et al.: *Mathematik*. 2. Aufl., Spektrum Akademischer Verlag, 2012

In diesem Abschnitt wird das folgende von Euler aufgeworfene Problem sehr wichtig werden: Man finde diejenige Funktion $y(x)$, für die das Integral

$$F[y] = \int_{x_0}^{x_1} f(x, y, y')\,\mathrm{d}x \tag{5.158}$$

extremal ist. Ob es sich um ein Maximum, ein Minimum oder einen Sattelpunkt handelt, hängt vom gegebenen Problem ab und muss gegebenenfalls zusätzlich untersucht werden. Hier und im weiteren Verlauf ist $y' := \mathrm{d}y/\mathrm{d}x$ die Ableitung von $y(x)$ nach x. Des Weiteren ist f eine vorgegebene skalare Funktion der Funktion $y(x)$, ihrer Ableitung $y'(x)$ sowie des unabhängigen Parameters x. Die Endpunkte x_0 und x_1 sind vorgegeben, ebenso die Werte $y(x_0)$ und $y(x_1)$.

Man kann sich leicht vorstellen, dass das Integral F von der Gestalt von $y(x)$ abhängt. Wir nehmen nun an, dass F für eine Funktion $y(x)$ extremal ist. Wodurch unterscheiden sich jedoch alle anderen möglichen Funktionen $\tilde{y}(x)$ von $y(x)$?

Funktionale

Wir betrachten als Beispiel die Funktion $y(x) = x^2$ im Intervall $[0, 1]$. Wir wählen $f(x, y, y') = y - y'x$, was auf das Funktional

$$F[y] = \int_0^1 \left[y(x) - y'(x)x\right] dx = \int_0^1 \left(x^2 - 2x^2\right) dx$$
$$= -\frac{x^3}{3}\bigg|_0^1 = -\frac{1}{3} \tag{5.159}$$

führt. Nehmen wir nun eine weitere Funktion $\tilde{y}(x) = x$, die $\tilde{y}(0) = y(0)$ und $\tilde{y}(1) = y(1)$ erfüllt.

Überprüfen Sie, dass dies $F[\tilde{y}] = 0$ ergibt.

Offensichtlich ergeben beide Funktionen unterschiedliche Integrale. ◀

Historisch wurde die Variationsrechnung im Jahre 1696 durch den Schweizer Mathematiker *Johann Bernoulli* (1667–1748) begründet, der das Problem der *Brachistochrone* löste. Dabei ging es darum, diejenige Kurve zu finden, auf der sich eine Punktmasse reibungsfrei am schnellsten von einem Punkt zu einem anderen bewegt (Aufgabe 5.5).

So wie man bei Funktionen extremale Punkte durch die Betrachtung von Tangenten diskutieren kann, betrachten wir nun eine infinitesimale Störung um die gesuchte Funktion y. Dazu führen wir eine weitere Funktion $\tilde{y}$ ein, die sich für alle $x \in [x_0, x_1]$ nur um eine infinitesimale Funktion δy von y unterscheidet (Abb. 5.9):

$$\tilde{y}(x) = y(x) + \delta y(x). \tag{5.160}$$

Dabei muss $\delta y(x_0) = \delta y(x_1) = 0$ erfüllen, da die Endpunkte festgehalten werden. Genau wie $y(x)$ soll $\delta y(x)$ differenzierbar sein. Die *Variation* von f ist dann definiert als

$$\begin{aligned}\delta f &= f(x, \tilde{y}, \tilde{y}') - f(x, y, y') \\ &= f(x, y + \delta y, y' + \delta y') - f(x, y, y').\end{aligned} \tag{5.161}$$

Man vergleicht also $f(x, y, y')$ mit $f(x, \tilde{y}, \tilde{y}')$ bei gleichen Werten x, sodass $\delta x = 0$ gilt. Es lässt sich leicht zeigen, dass die Ableitung nach x und die Variation δ vertauschen:

$$\delta\left(\frac{dy}{dx}\right) = \frac{d(y + \delta y)}{dx} - \frac{d(y)}{dx} = \frac{d(\delta y)}{dx}. \tag{5.162}$$

Aufgrund der Kettenregel kann man die Variation (5.161) auch in der Form

$$\delta f = \frac{\partial f}{\partial y}\delta y + \frac{\partial f}{\partial y'}\delta\left(\frac{dy}{dx}\right) \tag{5.163}$$

schreiben.

Der entscheidende Gedanke ist nun, dass für $y(x)$ das Integral extremal (stationär) ist, wenn das Integral längs $y(x)$ in erster

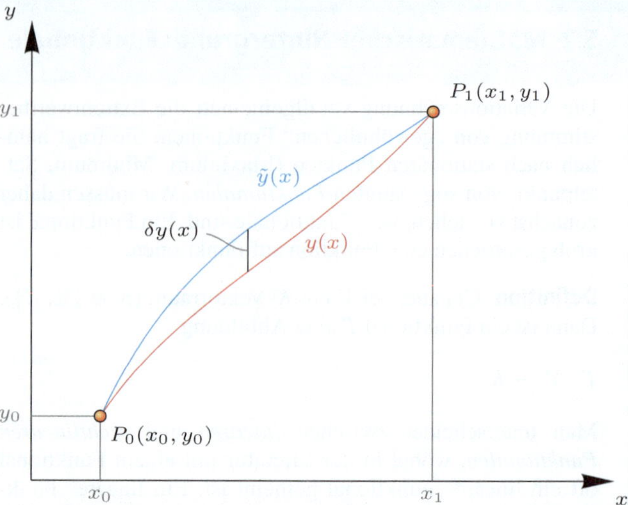

Abb. 5.9 Eine kleine Störung $\delta y(x)$ führt von $y(x)$ auf eine alternative Funktion. Die beiden Endpunkte $P_0(x_0, y_0)$ und $P_1(x_1, y_1)$ bleiben dabei fest

Näherung gleich demjenigen längs $\tilde{y}(x) = y(x) + \delta y(x)$ ist. Mathematisch schreiben wir

$$0 = \delta F = \int_{x_0}^{x_1} \delta f \, dx = \int_{x_0}^{x_1} \left[\frac{\partial f}{\partial y}\delta y + \frac{\partial f}{\partial y'}\frac{d(\delta y)}{dx}\right] dx, \tag{5.164}$$

wobei (5.162) verwendet wurde. Mithilfe einer partiellen Integration lässt sich der zweite Summand umformen. Man schreibt

$$\int_{x_0}^{x_1} \frac{\partial f}{\partial y'}\frac{d(\delta y)}{dx} dx = \frac{\partial f}{\partial y'}\delta y\bigg|_{x_0}^{x_1} - \int_{x_0}^{x_1} \left(\frac{d}{dx}\frac{\partial f}{\partial y'}\right)\delta y \, dx \tag{5.165}$$

und sieht, dass der Randterm verschwindet, da $\delta y(x_0) = \delta y(x_1) = 0$ gilt.

Frage 19

Vergewissern Sie sich, dass Sie die partielle Integration verstanden haben.

Daher muss also

$$0 = \delta F = \int_{x_0}^{x_1} \left[\frac{\partial f}{\partial y} - \frac{d}{dx}\frac{\partial f}{\partial y'}\right]\delta y(x) \, dx \tag{5.166}$$

gelten, wenn F stationär ist. Wir haben nun fast das Ziel erreicht. Es wurden bislang keinerlei Anforderungen an die Variation $\delta y(x)$ gestellt (abgesehen davon, dass sie infinitesimal sein soll). Das Ergebnis in (5.166) muss also für alle infinitesimalen Variationen gelten. Daher muss der Integrand selbst verschwinden.

Euler-Gleichung der Variationsrechnung

Das Integral

$$F[y] = \int_{x_0}^{x_1} f(x, y, y')\,\mathrm{d}x \qquad (5.167)$$

wird bei festgehaltenen Randpunkten $y(x_0)$ und $y(x_1)$ extremal, wenn die Funktion $y(x)$ die *Euler-Gleichung*

$$\frac{\mathrm{d}}{\mathrm{d}x}\frac{\partial f}{\partial y'} - \frac{\partial f}{\partial y} = 0 \qquad (5.168)$$

erfüllt. Diese Gleichung ist also die notwendige Bedingung an $y(x)$. Eine Funktion $y(x)$, die (5.168) erfüllt, heißt *Extremale*.

Die Euler-Gleichung ist eine Differenzialgleichung zweiter Ordnung, die linear in y'' ist (dies folgt aus der Kettenregel, wenn f in (5.168) höchstens von der ersten Ableitung y' abhängt, da die Ableitung nach x dann eine innere Ableitung y'' erzeugt, die nur linear vorkommt). Um sie zu lösen, sind zwei Integrationskonstanten notwendig. Dies können entweder die Endpunkte $y(x_0)$ und $y(x_1)$ sein oder aber die „Anfangsbedingungen" $y(x_0)$ und $y'(x_0)$. Denkbar sind auch andere unabhängige Kombinationen wie $y(x_0)$ und $y'(x_1)$. Mathematisch sind diese Zugänge äquivalent. Es hängt vom physikalischen Problem ab, welche Randbedingungen vorgegeben werden.

Kürzeste Verbindung zweier Punkte

Wie verläuft die kürzeste Verbindung zweier Punkte $\boldsymbol{x}_0$ und $\boldsymbol{x}_1$ im Raum? Wir werden bei der folgenden Rechnung keine Überraschung erleben: Es handelt sich selbstverständlich um eine Gerade.

Dazu müssen wir zunächst das Wegintegral zwischen den beiden festen Endpunkten $\boldsymbol{x}_0$ und $\boldsymbol{x}_1$ formulieren. Zur Vereinfachung legen wir die beiden Punkte (und die gesamte Kurve) in die x-y-Ebene und schreiben zunächst das Wegelement

$$\mathrm{d}s = \sqrt{\mathrm{d}x^2 + \mathrm{d}y^2}. \qquad (5.169)$$

Die Länge einer Kurve zwischen $\boldsymbol{x}_0$ und $\boldsymbol{x}_1$ ist

$$l = \int_{s_0}^{s_1} \mathrm{d}s = \int_{x(s_0)}^{x(s_1)} \sqrt{1 + \left(\frac{\mathrm{d}y}{\mathrm{d}x}\right)^2}\,\mathrm{d}x. \qquad (5.170)$$

Da die Länge minimal sein soll, fordern wir $\delta l = 0$. Weiterhin lässt sich die Funktion

$$f(y') = \sqrt{1 + y'^2} = \sqrt{1 + \left(\frac{\mathrm{d}y}{\mathrm{d}x}\right)^2} \qquad (5.171)$$

einführen. Offensichtlich lässt sich dann die Euler-Gleichung (5.168) anwenden:

$$\frac{\mathrm{d}}{\mathrm{d}x}\frac{\partial f}{\partial y'} - \frac{\partial f}{\partial y} = 0. \qquad (5.172)$$

Da f nicht von y, sondern nur von y' abhängt, folgt

$$\frac{\mathrm{d}}{\mathrm{d}x}\frac{y'}{\sqrt{1 + y'^2}} = 0 \quad \Longrightarrow \quad \frac{y'}{\sqrt{1 + y'^2}} = \text{const.} \qquad (5.173)$$

Diese Gleichung ist nur für $y' = m = \text{const}$ erfüllbar und führt auf die Lösung

$$y = mx + c. \qquad (5.174)$$

Dies ist die Gleichung einer Geraden in der x-y-Ebene mit Steigung m. Die Steigung und die Integrationskonstante c sind so zu bestimmen, dass die Gerade durch die beiden Punkte $\boldsymbol{x}_0$ und $\boldsymbol{x}_1$ läuft.

Streng genommen müsste man noch zeigen, dass die Gerade tatsächlich auf eine *minimale* und nicht bloß eine *extremale* Länge führt.

In Aufgabe 5.6 wird die kürzeste Verbindung zwischen zwei Punkten auf der Kugeloberfläche bestimmt. ◄

Frage 20

Schauen Sie sich erneut das Fermat'sche Prinzip an und denken Sie sich die Laufzeit des Lichtes als eine Funktion $\tau(y)$. Die Anwendung der Euler-Gleichung (5.168) mit $f(y) = \tau(y)$ führt dann sofort auf (5.156).

Die Variationsrechnung wird in Aufgabe 5.5 verwendet, um die Brachistochrone zu finden, also diejenige Kurve, auf der eine Punktmasse im Gravitationsfeld am schnellsten reibungsfrei gleitet.

Verallgemeinerung der Euler-Gleichung auf mehrere abhängige Variablen

Für viele Probleme reicht es aus, die Variation mit nur einer abhängigen Funktion $y(x)$ durchzuführen. Wir werden allerdings in Kürze eine Erweiterung auf beliebig viele abhängige Funktionen $y_i(x)$ $(1 \le i \le N)$ benötigen.

Das Integral (5.158) lautet dann zunächst

$$F[y_1, \ldots, y_N] = \int_{x_0}^{x_1} f\left(x, y_1, \ldots, y_N, y_1' \ldots y_N'\right)\mathrm{d}x \qquad (5.175)$$

Vertiefung: Variationsrechnung
Praktische Rechenvereinfachung für die Stationaritätsbedingung

In (5.160) wurde die Variation der Funktion $y(x)$ eingeführt. Im Allgemeinen ist die Variationsrechnung mit Funktionalen schwieriger zu handhaben als die Kurvendiskussion einer Funktion. Der Grund ist, dass das Argument eines Funktionals eine Funktion ist – und keine einfache Zahl.

Hier werden im Prinzip dieselben Rechnungen wie im Haupttext durchgeführt, allerdings mathematisch stringenter als dort.

Für unsere Zwecke lässt sich eine formale Vereinfachung anwenden, bei der das Funktional in eine Funktion umgewandelt werden kann. Betrachten wir dazu ein Funktional

$$F[y] = \int_{x_0}^{x_1} f(x, y, y')\, \mathrm{d}x.$$

Gesucht ist diejenige Funktion $y(x)$, die $F[y]$ für feste Endpunkte $y(x_0)$ und $y(x_1)$ stationär macht. Der Strich steht hier und im Folgenden für die Ableitung nach x.

Nun schreiben wir, ausgehend von (5.160):

$$y(x, \epsilon) := y(x) + \delta y(x, \epsilon) = y(x, 0) + \epsilon v(x).$$

Wir parametrisieren die Variation von $y(x)$ also mit einem Parameter ϵ und führen eine beliebige Funktion $v(x)$ ein, deren Gestalt hier keine Rolle spielt. Es wird lediglich verlangt, dass sie bei x_0 und x_1 verschwindet. Die Funktion $y(x) = y(x, 0)$ ist noch unbekannt; wir wissen allerdings, dass sie sich für $\epsilon = 0$ aus $y(x, \epsilon)$ ergibt. Wir halten in Gedanken $y(x)$ und $v(x)$ fest und definieren nun die *Funktion*

$$F(\epsilon) := F[y + \epsilon v],$$

die dann nur noch von ϵ abhängt. Entscheidend ist nun, dass die Funktion $F(\epsilon)$ für $\epsilon = 0$ einen stationären Punkt hat, denn für $\epsilon = 0$ ergibt sich die Funktion $y(x)$, von der wir wissen, dass sie das Funktional stationär macht. Die Stationaritätsbedingung lautet nun

$$\left.\frac{\mathrm{d}F}{\mathrm{d}\epsilon}\right|_{\epsilon=0} = 0$$

und kann mit den üblichen Methoden der Differenzialrechnung behandelt werden. Dies soll im Folgenden ausgenutzt werden.

Unter der *Variation* von F versteht man nun den Ausdruck

$$\delta F = \left.\frac{\mathrm{d}F}{\mathrm{d}\epsilon}\right|_{\epsilon=0} \mathrm{d}\epsilon.$$

Analog ist

$$\delta y = \left.\frac{\partial y}{\partial \epsilon}\right|_{\epsilon=0} \mathrm{d}\epsilon$$

die Variation von y.

Kommen wir nun zurück zum Problem der unbekannten Funktion $y(x)$. Zunächst ist

$$0 = \left.\frac{\mathrm{d}F}{\mathrm{d}\epsilon}\right|_{\epsilon=0} = \int_{x_0}^{x_1} \left(\frac{\partial f}{\partial y}\frac{\partial y}{\partial \epsilon} + \frac{\partial f}{\partial y'}\frac{\partial y'}{\partial \epsilon}\right) \mathrm{d}x.$$

Mithilfe der üblichen partiellen Integration und der Bedingung, dass die Variation von y an den Rändern verschwindet, folgt

$$0 = \left.\frac{\mathrm{d}F}{\mathrm{d}\epsilon}\right|_{\epsilon=0} = \int_{x_0}^{x_1} \left(\frac{\partial f}{\partial y} - \frac{\mathrm{d}}{\mathrm{d}x}\frac{\partial f}{\partial y'}\right) \frac{\partial y}{\partial \epsilon} \mathrm{d}x.$$

Multipliziert man beide Seiten mit $\mathrm{d}\epsilon$ und betrachtet den Grenzfall $\epsilon = 0$, erhalten wir offensichtlich die Gleichung

$$0 = \delta F = \int_{x_0}^{x_1} \left(\frac{\partial f}{\partial y} - \frac{\mathrm{d}}{\mathrm{d}x}\frac{\partial f}{\partial y'}\right) \delta y \,\mathrm{d}x,$$

in der ϵ nicht mehr auftritt. An dieser Stelle kommt die Beliebigkeit der Variation δy bzw. von v ins Spiel: Die Variation von F kann nur dann allgemein verschwinden, wenn der Ausdruck in den Klammern null ist. Dies führt wieder unmittelbar auf die Euler-Gleichung (5.168) für $y(x)$ – analog zu dem im Haupttext vorgestellten Vorgehen.

---

oder in Kurzform wieder

$$F[y] = \int_{x_0}^{x_1} f(x, y, y')\, \mathrm{d}x, \tag{5.176}$$

wobei wir y und y' stellvertretend für alle y_i und y_i' schreiben. Wir nehmen hier nun schon vorweg, dass in der Mechanik die y_i und y_i' später durch die voneinander unabhängigen, generalisierten Koordinaten q_i und ihre Zeitableitungen $\dot{q}_i$ sowie x durch die Zeit t ersetzt werden. Die Anzahl N der von x bzw. t abhängigen

Parametern entspricht dann gerade der Anzahl der Freiheitsgrade des Systems.

Gesucht ist nun der Satz von Funktionen $y_i(x)$ $(1 \leq i \leq N)$, für die das Funktional $F[y]$ mit den festen Randbedingungen $y_i(x_0) = y_{i,0}$ und $y_i(x_1) = y_{i,1}$ stationär wird. Die Variation δf lautet in diesem Fall

$$\begin{aligned}\delta f &= \frac{\partial f}{\partial y_1}\delta y_1 + \ldots + \frac{\partial f}{\partial y_N}\delta y_N + \frac{\partial f}{\partial y_1'}\delta y_1' + \ldots + \frac{\partial f}{\partial y_N'}\delta y_N' \\ &= \sum_i \left(\frac{\partial f}{\partial y_i}\delta y_i + \frac{\partial f}{\partial y_i'}\delta y_i' \right).\end{aligned} \tag{5.177}$$

Sie muss erneut

$$0 = \delta F = \int_{x_0}^{x_1} \delta f \,\mathrm{d}x \tag{5.178}$$

erfüllen. Es ist nun wieder eine partielle Integration durchzuführen, diesmal allerdings für N Terme. Die Berechnung ist jedoch vollständig analog zum vorherigen Fall mit nur einer abhängigen Variablen, da für jeden Term die Randterme aufgrund der festen Randbedingungen verschwinden. Dies führt zunächst auf

$$0 = \delta F = \int_{x_0}^{x_1} \sum_i \left(\frac{\partial f}{\partial y_i} - \frac{\mathrm{d}}{\mathrm{d}x}\frac{\partial f}{\partial y_i'} \right) \delta y_i(x)\,\mathrm{d}x. \tag{5.179}$$

Frage 21

Zeigen Sie, aufbauend auf der partiellen Integration für eine einzelne abhängige Funktion $y(x)$, dass (5.178) auf (5.179) führt.

Da die Variationen $\delta y_i(x)$ erneut beliebig wählbar sind, folgen die Euler-Gleichungen für mehrere abhängige Variablen.

Euler-Gleichungen für mehrere abhängige Variablen

Gibt es N abhängige Variablen $y_i(x)$, so lautet die Erweiterung von (5.168):

$$\frac{\mathrm{d}}{\mathrm{d}x}\frac{\partial f}{\partial y_i'} - \frac{\partial f}{\partial y_i} = 0 \quad (1 \leq i \leq N). \tag{5.180}$$

Es sind also N partielle Differenzialgleichungen zweiter Ordnung unter Berücksichtigung der $2N$ Randbedingungen $y_i(x_0) = y_{i,0}$ und $y_i(x_1) = y_{i,1}$ zu lösen.

Das Hamilton'sche Prinzip der stationären Wirkung

Nach diesem mathematischen Exkurs kommen wir zurück zur Mechanik. Wir stellen uns zunächst ein mechanisches System mit F Freiheitsgraden und den generalisierten Koordinaten $q = (q_1, \ldots, q_F)$ vor. Es soll daran erinnert werden, dass der durch alle Parameter q aufgespannte Raum *Konfigurationsraum* genannt wird. Jeder mögliche Systemzustand q entspricht genau *einem* Punkt in diesem Konfigurationsraum, der als $\mathbb{R}^F$ dargestellt werden kann. Der Konfigurationsraum ist in der Regel kein Vektorraum, wie man sich am Beispiel der Euler-Winkel schnell klarmachen kann.

Kreisel im Konfigurationsraum

Ein freier Kreisel hat sechs Freiheitsgrade, z. B. drei Schwerpunkts- und drei Orientierungskoordinaten, $\boldsymbol{X}$ und ϑ, φ, ψ. Man kann diese sechs Koordinaten als die generalisierten Koordinaten verwenden: $q = (q_1, \ldots, q_6) = (X_1, X_2, X_3, \vartheta, \varphi, \psi)$. Alle erdenklichen Konfigurationen dieses Kreisels werden durch genau einen Punkt q in einem sechsdimensionalen Konfigurationsraum beschrieben. ◀

Die Zeitentwicklung dieses Systems wird dann durch eine Kurve $q(t)$ im Konfigurationsraum beschrieben, wobei die Zeit ein geeigneter Bahnparameter ist. Man nennt $q(t)$ die Bahn des Systems. Im Folgenden soll die Bahn zwischen zwei festen Zeitpunkten t_0 und t_1 betrachtet werden.

Der Konfigurationsraum $\mathbb{R}^F$ entspricht im Allgemeinen *nicht* dem euklidischen Raum $\mathbb{R}^3$, sondern kann eine Mannigfaltigkeit sein. Es gibt jedoch Ausnahmen, wie beispielsweise eine Punktmasse, deren drei kartesische Koordinaten $\boldsymbol{x}$ als generalisierte Koordinaten $q = (x_1, x_2, x_3)$ verwendet werden.

Angenommen, die Bewegungsgleichungen eines konservativen Systems können aus einer Lagrange-Funktion $L(t, q, \dot{q})$ hergeleitet werden. Dies führt (bei gegebenen Anfangsbedingungen) auf eine Bahn $q(t)$. Wir wollen uns im Folgenden auf ein beliebiges Zeitintervall $t_0 \leq t \leq t_1$ konzentrieren. Wodurch unterscheidet sich diese Bahnkurve von allen anderen Bahnkurven $\tilde{q}(t)$, welche die Punkte $q(t_0)$ und $q(t_1)$ verbinden, in Wirklichkeit aber nicht beobachtet werden? Dazu führt man zunächst die sogenannte *Wirkung* als Funktional

$$S[q] := \int_{t_0}^{t_1} L(t, q, \dot{q})\,\mathrm{d}t \tag{5.181}$$

ein. Sie ist nichts weiter als das Zeitintegral der Lagrange-Funktion entlang der tatsächlichen Bahn $q(t)$. Die physikalische Einheit der Wirkung ist Energie mal Zeit. Man erkennt sofort die Äquivalenz mit (5.176). Mithilfe der Wirkung lässt sich nun ein Integralprinzip postulieren.

Hamilton'sches Prinzip der stationären Wirkung

Entlang der tatsächlichen Bahn $q(t)$ zwischen den Zeiten t_0 und t_1 wird die Wirkung (5.181) extremal. Es gilt also

$$0 = \delta S = \int_{t_0}^{t_1} \delta L(t, q, \dot{q})\,\mathrm{d}t \tag{5.182}$$

Teil I

Vertiefung: Variationsrechnung
Höhere Ableitungen und mehrere unabhängige Parameter

Bei bestimmten Problemen nimmt das zu variierende Integral die Gestalt

$$F[y] = \int_{x_0}^{x_1} f(x, y, y', y'')\,\mathrm{d}x$$

an (beispielsweise bei der Balkenbiegung, die wir hier allerdings nicht besprechen). Auch hier sollen an den Randpunkten die Werte von y, aber auch die von y' festgehalten werden. Man kann dann durch zweifache partielle Integration zeigen, dass die entsprechenden Euler-Gleichungen

$$\frac{\mathrm{d}^2}{\mathrm{d}x^2}\frac{\partial f}{\partial y_i''} - \frac{\mathrm{d}}{\mathrm{d}x}\frac{\partial f}{\partial y_i'} + \frac{\partial f}{\partial y_i} = 0 \quad (1 \le i \le N)$$

lauten und somit Differenzialgleichungen vierter Ordnung sind. Es sind also weitere Randbedingungen zu spezifizieren, um die Gleichungen lösen zu können.

Was passiert, wenn man n unabhängige Parameter x_j zu berücksichtigen hat? In diesem Fall ist

$$F[y] = \int_{x_{1,0}}^{x_{1,1}} \mathrm{d}x_1 \ldots \int_{x_{n,0}}^{x_{n,1}} \mathrm{d}x_n f\left(x_1, \ldots, x_n, y, \frac{\partial y}{\partial x_1}, \ldots, \frac{\partial y}{\partial x_n}\right).$$

Wieder werden festgehaltene Randpunkte $y(x_{0,1}, \ldots, x_{0,n})$ und $y(x_{1,1}, \ldots, x_{1,n})$ betrachtet. Die resultierenden Euler-Gleichungen lauten

$$\sum_{j=1}^{n} \frac{\partial}{\partial x_j}\frac{\partial f}{\partial(\partial y_i/\partial x_j)} - \frac{\partial f}{\partial y_i} = 0 \quad (1 \le i \le N).$$

Anwendungen mit mehreren unabhängigen Parametern findet man vor allem in Feldtheorien.

für eine infinitesimale Variation der Wirkung. Diese Aussage wird auch als das *Wirkungsprinzip* oder *Prinzip der stationären Wirkung* bezeichnet.

Das Wirkungsprinzip ist sehr abstrakt und hat auf den ersten Blick mit den Bewegungsgleichungen der Mechanik nichts zu tun. Tatsächlich aber ist die Wichtigkeit des Wirkungsprinzips für die theoretische Physik nicht hoch genug einzustufen. So wird im Anschluss gezeigt, wie sich die Lagrange-Gleichungen zweiter Art aus (5.182) herleiten lassen.

Achtung Da in den meisten mechanischen Problemen die Wirkung entlang der tatsächlichen Bahn minimal wird, spricht man auch vom *Prinzip der kleinsten Wirkung*. Da aber nicht in allen Fällen die Wirkung minimal ist, handelt es sich um eine sprachliche Ungenauigkeit, und man sollte besser vom Prinzip der extremalen Wirkung sprechen. ◂

Herleitung der Lagrange-Gleichungen aus dem Hamilton'schen Prinzip

Im Grunde wurde mit der Bereitstellung von (5.180) bereits alles gesagt, was nötig ist, um die Lagrange-Gleichungen zweiter Art aus dem Hamilton'schen Prinzip abzuleiten. Dazu muss man lediglich erkennen, dass die Funktion $f(x, y, y')$ durch die Lagrange-Funktion $L(t, q, \dot{q})$ ersetzt wird. Die Wirkung $S[q]$ übernimmt die Rolle des Funktionals $F[y]$. Der unabhängige Parameter x wird zur Zeit t. Es ist zu beachten, dass die Anfangs- und Endpunkte der Bahn, also $q(t_0)$ und $q(t_1)$, wieder festgehalten werden. Das Ergebnis lautet also

$$\frac{\mathrm{d}}{\mathrm{d}t}\frac{\partial L}{\partial \dot{q}_i} - \frac{\partial L}{\partial q_i} = 0 \quad (1 \le i \le F) \tag{5.183}$$

für die F generalisierten Koordinaten $q_i(t)$. Diese Gleichungen nennt man daher auch die *Euler-Lagrange-Gleichungen*.

Äquivalenz von Hamilton'schem Prinzip und Lagrange-Gleichungen

Alle Rechenschritte, die vom Hamilton'schen Prinzip auf (5.183) führen, sind umkehrbar. Daher sind das Hamilton'sche Prinzip (5.182) und die Euler-Lagrange-Gleichungen (5.183) äquivalent.

Warum ist das Hamilton'sche Prinzip nun so wichtig? In Abschn. 5.3 wurden die Lagrange-Gleichungen aus den Newton'schen Axiomen hergeleitet. Die Newton'schen Axiome haben allerdings den großen Nachteil, dass sie nicht invariant unter Koordinatentransformationen sind, die keine Galilei-Transformationen sind. So gelten die Newton'schen Axiome in ihrer ursprünglichen Form beispielsweise nicht in Kugelkoordinaten oder beschleunigten Bezugssystemen; die Lagrange-Gleichungen sind von dieser Einschränkung nicht betroffen. Das Hamilton'sche Prinzip stellt die Bewegungsgleichungen und damit die Dynamik auf ein tieferes Fundament.

Wir werden weiterhin in Kap. 20 sehen, dass das Wirkungsprinzip äußerst fruchtbar für die Formulierung von Feldtheorien ist.

Tatsächlich lässt sich das Variationsprinzip in fast allen Bereichen der theoretischen Physik anwenden, um verallgemeinerte Bewegungsgleichungen zu erhalten. Dies zeigt letztlich, dass viele Gebiete der Physik in ihrer zugrunde liegenden Struktur sehr ähnlich sind, selbst wenn völlig unterschiedliche Systeme betrachtet werden (wie z. B. Punktmassen, elektromagnetische Felder und Kosmologie). Die Wirkung S spielt insbesondere eine wichtige Rolle in der Quantenmechanik. Dies kommt bei der Pfadintegralquantisierung eines physikalischen Systems (Abschn. 25.5) besonders klar zum Ausdruck.

Das Hamilton'sche Prinzip führt im Gegensatz zum Lagrange-Formalismus nicht zu einer weiteren Vereinfachung von konkreten Berechnungen der Bewegungsgleichungen. Vielmehr ist es ein fundamentales Prinzip, das koordinatenunabhängig ist. Es bietet eine äußerst elegante und kompakte Formulierung der mechanischen Gesetze.

Berücksichtigung von isoperimetrischen und holonomen Nebenbedingungen

Bisher wurde nur die Variationsrechnung ohne Nebenbedingungen vorgestellt. Dieses Werkzeug stößt allerdings schnell an seine Grenzen. Betrachten wir dazu folgende Problemstellung: Eine Konservenfabrik möchte die Kosten reduzieren. Schnell kommt man auf die Idee, die Materialmenge für die Konserven zu verringern, also ihre Oberfläche zu minimieren. Offensichtlich ist die Oberfläche minimal, wenn die Konserve sehr klein wird. Dies ist allerdings eine unbrauchbare Lösung, da das Konservenvolumen dabei ebenfalls abnimmt. Mathematisch muss man stattdessen fragen: Wie lässt sich die Oberfläche einer Konservendose *bei konstantem Volumen* minimieren? Dies führt auf *isoperimetrische Nebenbedingungen*, bei denen ein Integral (in diesem Fall das Volumen) bei der Variation festgehalten wird.

Eine andere typische Problemstellung ist, den kürzesten Weg auf einer bestimmten Oberfläche zu finden. Der kürzeste Abstand zwischen zwei Punkten ist, wie wir bereits gefunden hatten, eine Gerade. Allerdings können Flugzeuge nie ihren Zielflughafen direkt ansteuern, da sie sonst durch die Erde hindurch fliegen müssten. Diese und ähnliche Probleme lassen sich unter Berücksichtigung von *holonomen Nebenbedingungen* lösen. Eine kürzeste Verbindung entlang einer vorgegebenen Fläche nennt man *Geodäte* oder *geodätische Linie*. Sie spielen in der allgemeinen Relativitätstheorie (die gekrümmte Räume beschreibt) eine fundamentale Rolle.

Anstatt die technischen Herleitungen im Detail vorzuführen, wollen wir uns in diesem Abschnitt auf die Ergebnisse konzentrieren, um einen Geschmack davon zu vermitteln, wie realistische Probleme behandelt werden können. Für eine gründlichere Herleitung soll auf die Literatur verwiesen werden (Fließbach 2015).

Betrachten wir zunächst isoperimetrische Probleme. Gesucht sind diejenigen Kurven $y_i(x)$ $(1 \leq i \leq N)$, die das Funktional (5.176) extremal machen, wobei aber gleichzeitig r Nebenbedingungen

$$F_j = \int_{x_0}^{x_1} f_j(x, y, y')\,\mathrm{d}x = C_j = \text{const} \quad (1 \leq j \leq r) \tag{5.184}$$

erfüllt sein sollen. Hier ist darauf zu achten, dass für das Funktional F als auch für alle Nebenbedingungen F_j dieselben Integrationsgrenzen (x_0 und x_1) zu verwenden sind. Man kann dann zeigen, dass das Funktional

$$F^* := F - \sum_{j=1}^{r} \lambda_j F_j \tag{5.185}$$

ebenfalls stationär ist, wobei r konstante Lagrange-Multiplikatoren eingeführt wurden. Daraus lassen sich die Euler-Gleichungen für isoperimetrische Nebenbedingungen ableiten.

Euler-Gleichungen für isoperimetrische Nebenbedingungen

Die N Funktionen $y_i(x)$ lassen sich aus

$$\frac{\mathrm{d}}{\mathrm{d}x}\frac{\partial f^*}{\partial y_i'} - \frac{\partial f^*}{\partial y_i} = 0 \quad (1 \leq i \leq N) \tag{5.186}$$

bestimmen, wobei

$$f^* := f - \sum_{j=1}^{r} \lambda_j f_j \tag{5.187}$$

ist.

Wir haben es mit N Differenzialgleichungen zweiter Ordnung zu tun, die mit den $2N$ Randbedingungen $y_i(x_0)$ und $y_i(x_1)$ gelöst werden können. Es treten dabei noch die r Lagrange-Multiplikatoren auf, die sich mithilfe der Nebenbedingungen eliminieren lassen.

Größte eingeschlossene Fläche

Ein klassisches Beispiel ist das Auffinden derjenigen geschlossenen Kurve $r(\varphi)$ in einer Ebene, die – bei festem Umfang – die größte Fläche einschließt. Es ist also die Fläche

$$A = \frac{1}{2}\int_0^{2\pi} r^2(\varphi)\,\mathrm{d}\varphi \tag{5.188}$$

zu maximieren, wobei der Umfang

$$U = \int_{\partial A} \sqrt{\mathrm{d}x^2 + \mathrm{d}y^2} = \int_0^{2\pi} \sqrt{r^2 + r'^2}\,\mathrm{d}\varphi \tag{5.189}$$

mit $r' = \mathrm{d}r/\mathrm{d}\varphi$ konstant ist. Es ist

$$f^* = \frac{r^2}{2} - \lambda\sqrt{r^2 + r'^2}, \tag{5.190}$$

Teil I

was auf die Euler-Gleichung

$$\frac{\mathrm{d}}{\mathrm{d}\varphi}\left(\frac{\lambda r'}{\sqrt{r^2+r'^2}}\right)+\left(r-\frac{\lambda r}{\sqrt{r^2+r'^2}}\right)=0 \quad (5.191)$$

führt. Nach einer kurzen Rechnung folgt daraus

$$\frac{1}{\lambda}=\frac{r^2-2r'^2-r''r}{(r^2+r'^2)^{3/2}}=\text{const.} \quad (5.192)$$

Diese Differenzialgleichung wird unter anderem von $r = \lambda = \text{const}$ gelöst, wie man durch Einsetzen schnell sieht. Es handelt sich also um einen Kreis mit Radius λ. Man kann mithilfe von (1.123) und ein wenig Geduld auch direkt zeigen, dass der linke Ausdruck in (5.192) die (hier konstante) Krümmung der Kurve $r(\varphi)$ in Polarkoordinaten beschreibt. ◄

Im Gegensatz zu isoperimetrischen Nebenbedingungen lassen sich holonome Nebenbedingungen (Abb. 5.10) folgendermaßen berücksichtigen: Erneut soll das Funktional (5.176) extremal werden. Diesmal sollen allerdings $r < N$ holonome Nebenbedingungen

$$f_j(x,y)=0 \quad (1\le j\le r) \quad (5.193)$$

vorliegen. Für diese Situation lassen sich die Euler-Gleichungen für holonome Nebenbedingungen herleiten.

Euler-Gleichungen für holonome Nebenbedingungen

Die N Funktionen $y_i(x)$ lassen sich aus

$$\frac{\mathrm{d}}{\mathrm{d}x}\frac{\partial f}{\partial y_i'}-\frac{\partial f}{\partial y_i}=-\sum_{j=1}^{r}\lambda_j(x)\frac{\partial f_j}{\partial y_i} \quad (1\le i\le N) \quad (5.194)$$

bestimmen.

Erneut hat man es mit N Differenzialgleichungen zweiter Ordnung zu tun. Die r Lagrange-Multiplikatoren $\lambda_j(x)$, die nun Funktionen des Parameters x sein dürfen, lassen sich aus den Nebenbedingungen bestimmen.

Man kann sich anschaulich klarmachen, warum für holonome Nebenbedingungen – im Gegensatz zu den isoperimetrischen Nebenbedingungen – die Lagrange-Multiplikatoren Funktionen von x sein können. Isoperimetrische Nebenbedingungen sind Integralbedingungen: Es muss lediglich ein gegebenes Integral über ein Intervall erfüllt sein. Holonome Nebenbedingungen sind wesentlich stärker, denn sie erzwingen an jedem Ort x eine Nebenbedingung.

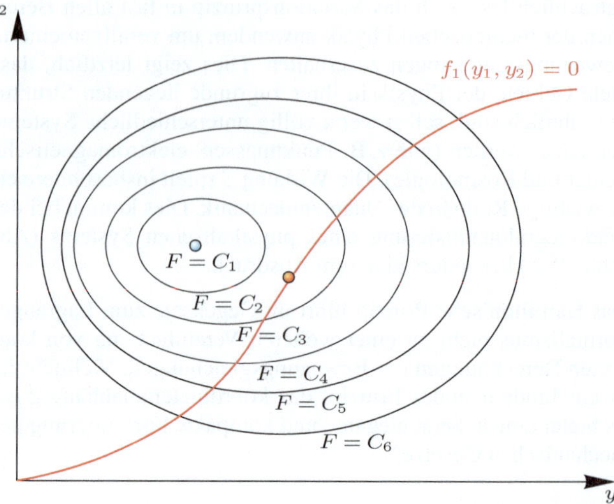

Abb. 5.10 In diesem Beispiel soll $F(y_1, y_2)$ unter der Nebenbedingung $f_1(y_1, y_2) = 0$ minimiert werden (holonome Nebenbedingung). Das absolute Minimum von F ist als *blauer Punkt* markiert. Die *schwarzen Linien* entsprechen „Höhenlinien" mit konstanten Werten für F, wobei $C_1 < C_2 < \ldots < C_6$ ist. Die Nebenbedingung f_1 entspricht einer Kurve in der y_1-y_2-Ebene. Der *rote Punkt* ist dann das Minimum von F auf der Kurve f_1

Im Grunde lassen sich die holonomen Nebenbedingungen von Anfang an umgehen, indem man unabhängige Koordinaten wählt, die an das Problem angepasst sind (siehe dazu auch Aufgabe 5.3 und 5.6). Isoperimetrische Nebenbedingungen können allerdings nicht als holonome Nebenbedingungen geschrieben werden; sie lassen sich also nicht durch geschickte Koordinatenwahl absorbieren, denn die Lagrange-Gleichungen zweiter Art sind nur mit holonomen Nebenbedingungen kompatibel.

Aus (5.194) folgen unmittelbar die Lagrange-Gleichungen erster Art (5.32), wenn die folgenden Bedingungen erfüllt sind: Die abhängigen Parameter y_i beschreiben kartesische Koordinaten x_i, der unabhängige Parameter x ist die Zeit t, und die Lagrange-Funktion lautet

$$L=\sum_i \frac{m_i}{2}\dot{x}_i^2 - V(t,x). \quad (5.195)$$

Frage 22

Überprüfen Sie diese Aussage.

5.6 Symmetrien und Erhaltungssätze

Symmetrien spielen in der Physik eine grundlegende Rolle. In diesem Abschnitt wird gezeigt, dass Symmetrien – Transformationen, welche die Dynamik invariant lassen – auf Erhaltungsgrößen führen. Zyklische Koordinaten sind nur ein einfaches

Beispiel dafür. Diese Überlegungen führen auf das wesentlich allgemeinere Noether-Theorem, das jeder kontinuierlichen Symmetrie einen Erhaltungssatz zuordnet. Dabei kommen wir wieder auf die Galilei-Transformationen zu sprechen; es wird gezeigt, dass sie eng mit der Homogenität von Raum und Zeit sowie der Isotropie des Raumes verflochten sind.

Unbestimmtheit der Lagrange-Funktion und Galilei-Invarianz

Die Lagrange-Funktion ist nicht eindeutig: Es können beliebig viele Lagrange-Funktionen angegeben werden, die auf dieselben Bewegungsgleichungen führen. Hier beschränken wir uns allerdings auf den Spezialfall, dass zur Lagrange-Funktion eine totale Zeitableitung addiert wird. Man betrachte dazu eine beliebige Funktion $f(t, q)$ und die Transformation

$$L \to L' = L + \frac{\mathrm{d}f(t,q)}{\mathrm{d}t}. \tag{5.196}$$

Am schnellsten sieht man, dass der Zusatzterm keinen Einfluss auf die Bewegungsgleichungen hat, indem man das Hamilton'sche Prinzip (5.182) anwendet. Die Wirkung wird nur durch eine Konstante geändert,

$$S \to S' = S + f(q(t_1), t_1) - f(q(t_0), t_0), \tag{5.197}$$

welche bei der Variation keine Rolle spielt. Die Lagrange-Funktionen L und L' führen daher auf ununterscheidbare Bewegungsgleichungen.

Freiheit in der Wahl der Lagrange-Funktion

Die Bewegungsgleichungen bleiben invariant, wenn zu der Lagrange-Funktion die totale Zeitableitung einer Funktion $f(t, q)$ addiert wird.

Die Invarianz der Bewegungsgleichungen unter der Transformation (5.196) lässt sich auch direkt, aber mit ein wenig mehr Aufwand zeigen (Aufgabe 5.7).

Achtung Diese Unbestimmtheit der Lagrange-Funktion wird gelegentlich als Eichinvarianz der klassischen Mechanik bezeichnet, ist aber von der Eichinvarianz, wie sie in Feldtheorien eine bedeutende Rolle spielt (siehe Kap. 11 und 20) zu unterscheiden. Im Falle der Eichinvarianz von Feldtheorien geht es um eine Redundanz der dynamischen Variablen, während auch in Feldtheorien ohne Eichinvarianz eine analoge Unbestimmtheit der Lagrange-Funktion vorliegt. ◄

Frage 23

Zeigen Sie, dass die Bewegungsgleichungen auch invariant bleiben, wenn man die gesamte Lagrange-Funktion mit einer Konstanten multipliziert. Diese Art von Invarianz interessiert uns im Folgenden jedoch nicht.

Wir werden in Kap. 7 außerdem noch sehen, dass die Lagrange-Gleichungen ihre Form (5.83) behalten, wenn man von einem Satz generalisierter Koordinaten zu einem anderen wechselt, $q_i \to Q_i(t, q)$.

In Abschn. 2.2 wurden die Galilei-Transformationen diskutiert. Sie beschreiben den Übergang zwischen beliebigen Inertialsystemen, in denen dasselbe physikalische System beobachtet wird. Es handelt sich also um passive Koordinatentransformationen. Wir wissen bereits, dass unter Galilei-Transformationen die Newton'schen Bewegungsgleichungen invariant bleiben. Dies führt auf die Frage, was mit der Lagrange-Funktion geschieht, wenn die Koordinaten einer solchen Transformation unterworfen werden.

Dazu betrachten wir ein System mit N Punktmassen, deren Bewegungsgleichungen sich aus einer Lagrange-Funktion $L(t, \boldsymbol{x}, \dot{\boldsymbol{x}})$ ableiten lassen. Wir haben bereits gesehen, dass eine allgemeine Galilei-Transformation von einem ungestrichenen zu einem gestrichenen Inertialsystem durch (2.36) und (2.37),

$$\boldsymbol{x}' = \boldsymbol{R}(\boldsymbol{x} - \boldsymbol{b}), \quad t' = t - t_0, \tag{5.198}$$

beschrieben wird. Sie enthält eine Verschiebung des Zeitnullpunktes um $t_0 = \text{const}$ sowie des Koordinatenursprungs um $\boldsymbol{b}$ (mit $\dot{\boldsymbol{b}} = \text{const}$) und eine Drehung der Koordinatenachsen (mit Drehmatrix $\boldsymbol{R} = \text{const}$). Eine zeitabhängige Drehmatrix würde auf Scheinkräfte und damit modifizierte Bewegungsgleichungen führen. Aus dem gleichen Grund muss $\dot{\boldsymbol{b}}$ konstant sein. Eine konstante Verschiebung des Zeitnullpunktes wirkt sich nicht auf Zeitableitungen aus.

Die Lagrange-Funktion im gestrichenen Inertialsystem lautet, ausgedrückt durch die ungestrichenen Koordinaten:

$$\begin{aligned} L(t', \boldsymbol{x}', \dot{\boldsymbol{x}}') &= \frac{1}{2} \sum_i m_i \dot{\boldsymbol{x}}_i'^2 - V'(\boldsymbol{x}') \\ &= \frac{1}{2} \sum_i m_i \dot{\boldsymbol{x}}_i^2 - V(\boldsymbol{x}(\boldsymbol{x}')) \\ &\quad + \dot{\boldsymbol{b}} \cdot \sum_i m_i \dot{\boldsymbol{x}}_i + \frac{\dot{\boldsymbol{b}}^2}{2} \sum_i m_i \\ &= L(t, \boldsymbol{x}, \dot{\boldsymbol{x}}) + \dot{\boldsymbol{b}} \cdot \sum_i m_i \dot{\boldsymbol{x}}_i + \frac{\dot{\boldsymbol{b}}^2}{2} \sum_i m_i. \end{aligned} \tag{5.199}$$

Hier ist $V'(\boldsymbol{x}')$ eine anderen Funktion als $V(\boldsymbol{x})$, die aber dasselbe Potenzial beschreibt.

Frage 24

Führen Sie diese Rechnung explizit durch. Arbeiten Sie dazu am besten mit der Indexschreibweise.

Man sieht, dass die Transformation Zusatzterme in L erzeugt. Wir zeigen nun, dass es eine Funktion f gibt, deren totale Zeitableitung die Form der Zusatzterme in (5.199) annimmt:

$$\begin{aligned}\frac{\mathrm{d}f(t,\boldsymbol{x})}{\mathrm{d}t} &= \sum_i \dot{\boldsymbol{x}}_i \cdot \frac{\partial f(t,\boldsymbol{x})}{\partial \boldsymbol{x}_i} + \frac{\partial f(t,\boldsymbol{x})}{\partial t} \\ &= \dot{\boldsymbol{b}} \cdot \sum_i m_i \dot{\boldsymbol{x}}_i + \frac{\dot{\boldsymbol{b}}^2}{2} \sum_i m_i.\end{aligned} \tag{5.200}$$

Offensichtlich erfüllt

$$f(t,\boldsymbol{x}) = \dot{\boldsymbol{b}} \cdot \sum_i m_i \boldsymbol{x}_i + \frac{\dot{\boldsymbol{b}}^2 t}{2} \sum_i m_i \tag{5.201}$$

diese Gleichung, wobei benutzt wurde, dass $\dot{\boldsymbol{b}}$ konstant ist.

Frage 25

Überprüfen Sie dies.

Für $\dot{\boldsymbol{b}} = 0$ sind sowohl die Bewegungsgleichungen als auch die Lagrange-Funktion selbst invariant unter Galilei-Transformationen. Ist $\dot{\boldsymbol{b}} \neq 0$, d. h. sind beide Inertialsysteme relativ zueinander bewegt, bleibt die Lagrange-Funktion nicht invariant. Allerdings können die Zusatzterme als totale Zeitableitung geschrieben werden. Wir kommen am Ende dieses Kapitels nochmals auf diesen Punkt zurück.

Das Noether-Theorem

Wir kommen nun zu einer allgemeineren Betrachtung von Symmetrien und Erhaltungsgrößen. Dieser Abschnitt ist konzeptionell und technisch anspruchsvoller als die vorherigen. Er kann beim ersten Lesen übersprungen werden.

Es wurde bereits in Abschn. 5.3 gefunden, dass zyklische Koordinaten auf erhaltene konjugierte Impulse führen. Anders formuliert bedeutet diese Aussage: Ist die Lagrange-Funktion (und damit die Wirkung) eines mechanischen Systems unter der Verschiebung einer Koordinate q_i invariant, so ist der zugehörige konjugierte Impuls p_i erhalten. In diesem Fall ist q_i zyklisch, tritt also in der Lagrange-Funktion überhaupt nicht auf. Dies kann auch durch

$$q_i \to q_i' = q_i + \epsilon \quad \Longrightarrow \quad \frac{\mathrm{d}L}{\mathrm{d}\epsilon} = 0 \tag{5.202}$$

ausgedrückt werden. Dabei ist ϵ ein kontinuierlicher Parameter. Ist q_i zyklisch, muss die Lagrange-Funktion auch unabhängig von ϵ sein; daher muss die Ableitung in (5.202) verschwinden. In anderen Worten: Die Lagrange-Funktion ist invariant unter der Transformation (5.202), egal welchen Wert ϵ auch annimmt. Man spricht hier von einer kontinuierlichen *Symmetrie* der Lagrange-Funktion.

Im Alltag wird der Begriff „Symmetrie" meist in Bezug auf Spiegelungen verwendet. Physikalisch und mathematisch bedeutet er, dass ein System unter einer bestimmten Transformation (Spiegelung, Drehung, Verschiebung, Vertauschung von Variablen usw.) sich nicht ändert.

Frage 26

Denken Sie über Symmetrien nach. Ein Quadrat ist symmetrisch unter Drehungen um einen Winkel, der ein ganzzahliges Vielfaches von 90° ist. Dies ist eine *diskrete Symmetrie*. Ein Kreis kann um jeden beliebig kleinen Winkel gedreht werden und ändert sich dabei nicht. Dies ist eine *kontinuierliche Symmetrie*. Machen Sie sich klar, dass Spiegelsymmetrien in einer Koordinate (wie z. B. bei einer Gitarre) immer diskret sind und man nicht kontinuierlich spiegeln kann. Denken Sie dabei an die Determinante der entsprechenden Transformationen.

Der Ansatz in (5.202) wird nun verallgemeinert. Betrachten wir eine *infinitesimale Transformation*

$$q_i \to q_i' = q_i + \epsilon \tilde{q}_i(t,q,\dot{q}), \quad t \to t' = t + \epsilon \tilde{t}(t,q,\dot{q}). \tag{5.203}$$

Hier ist ϵ erneut ein kontinuierlicher, aber infinitesimaler Parameter. Die endlichen Größen $\tilde{q}_i$ und $\tilde{t}$ dürfen selbst Funktionen der Koordinaten, Geschwindigkeiten und der Zeit sein. Die Produkte $\epsilon\tilde{q}_i$ und $\epsilon\tilde{t}$ sind insgesamt wieder infinitesimale Größen. Höhere Terme in ϵ können vernachlässigt werden. Für $\epsilon = 0$ ist die Transformation die Identität.

Die Bewegungsgleichungen bleiben dann invariant, wenn sich die Wirkung S unter dieser Transformation höchstens um eine Konstante ändert:

$$\int_{t_0'}^{t_1'} \mathrm{d}t'\, L\left(t', q', \frac{\mathrm{d}q'}{\mathrm{d}t'}\right) = \int_{t_0}^{t_1} \mathrm{d}t\, L(t,q,\dot{q}) + \epsilon \int_{t_0}^{t_1} \mathrm{d}t\, \frac{\mathrm{d}f}{\mathrm{d}t}. \tag{5.204}$$

Da die Transformation (5.203) infinitesimal ist, muss auch der zweite Term auf der rechten Seite von (5.204) infinitesimal sein. Genau wie $\tilde{q}_i$ und $\tilde{t}$ ist f endlich, das Produkt ϵf aber infinitesimal. Hier und im Folgenden bedeuten Punkte die Ableitung nach t; die Ableitung nach t' wird explizit aufgeschrieben, um Verwechslungen zu vermeiden.

Unser Ziel ist es nun, die Invarianzbedingung (5.204) so umzuformen, dass wir eine klare Aussage daraus herleiten können. Zunächst lässt sich das erste Integral in (5.204) umformen:

$$\int_{t_0'}^{t_1'} \mathrm{d}t'\, L\left(t', q', \frac{\mathrm{d}q'}{\mathrm{d}t'}\right) = \int_{t_0}^{t_1} \mathrm{d}t\, L\left(t', q', \frac{\mathrm{d}q'}{\mathrm{d}t'}\right) \frac{\mathrm{d}t'}{\mathrm{d}t}. \tag{5.205}$$

Die Invarianzbedingung (5.204) verlangt dann für die Integranden

$$\epsilon \frac{\mathrm{d}f}{\mathrm{d}t} = L\left(t', q', \frac{\mathrm{d}q'}{\mathrm{d}t'}\right)\dot{t}' - L(t,q,\dot{q}), \tag{5.206}$$

da die Zeitpunkte t_0 und t_1 beliebig sind.

Man kann die transformierte Lagrange-Funktion mit ϵ als Entwicklungsparameter um $\epsilon = 0$ entwickeln:

$$\begin{aligned}&L\left(t', q', \frac{\mathrm{d}q'}{\mathrm{d}t'}\right)\dot{t}' \\ &\quad = L(t,q,\dot{q}) + \epsilon \frac{\mathrm{d}}{\mathrm{d}\epsilon}\left[L\left(t', q', \frac{\mathrm{d}q'}{\mathrm{d}t'}\right)\dot{t}'\right]\Bigg|_{\epsilon=0}.\end{aligned} \tag{5.207}$$

Es wurde dabei ausgenutzt, dass $L(t', q', \mathrm{d}q'/\mathrm{d}t')\,\dot{t}'|_{\epsilon=0} = L(t, q, \dot{q})$ ist. Setzt man (5.207) in (5.206) ein, findet man die neue Invarianzbedingung.

Invarianzbedingung

Die Bewegungsgleichungen sind dann unter einer infinitesimalen Transformation (5.203) invariant, wenn

$$\frac{\mathrm{d}}{\mathrm{d}\epsilon}\left[L\left(t', q', \frac{\mathrm{d}q'}{\mathrm{d}t'}\right)\dot{t}'\right]\bigg|_{\epsilon=0} = \frac{\mathrm{d}f}{\mathrm{d}t} \tag{5.208}$$

für eine beliebige Funktion f gilt.

Praktisch bedeutet dies, dass für eine gegebene Lagrange-Funktion und eine gegebene Transformation (5.203) überprüft werden muss, ob der Term auf der linken Seite von (5.208) als totale Zeitableitung einer Funktion f geschrieben werden kann. Ist dies nicht der Fall, sind die Bewegungsgleichungen nicht invariant. Verschwindet die rechte Seite von (5.208), so ist die Wirkung selbst invariant.

Es fehlt noch ein wichtiger Zusammenhang: Da zyklische Koordinaten auf erhaltene Impulse führen, stellt sich die Frage, ob eine Symmetrie der Form (5.208) nicht auch mit einer entsprechenden Erhaltungsgröße zusammenhängt. Dies ist tatsächlich der Fall, und es wird im Folgenden hergeleitet, wie diese Erhaltungsgröße direkt berechnet werden kann.

Um (5.208) weiter umzuformen, benötigen wir einige Hilfsgleichungen. Zum einen gilt

$$\dot{q}_i' = \dot{q}_i + \epsilon\dot{\tilde{q}}_i, \quad \dot{t}' = \dot{t} + \epsilon\dot{\tilde{t}} = 1 + \epsilon\dot{\tilde{t}}. \tag{5.209}$$

Daraus folgt

$$\begin{aligned}\frac{\mathrm{d}q_i'}{\mathrm{d}t'} &= \frac{\mathrm{d}t}{\mathrm{d}t'}\dot{q}_i' = \frac{\dot{q}_i + \epsilon\dot{\tilde{q}}_i}{1 + \epsilon\dot{\tilde{t}}} = \left(1 - \epsilon\dot{\tilde{t}}\right)\left(\dot{q}_i + \epsilon\dot{\tilde{q}}_i\right) \\ &= \dot{q}_i + \epsilon\dot{\tilde{q}}_i - \dot{q}_i\epsilon\dot{\tilde{t}}.\end{aligned} \tag{5.210}$$

Die letzten beiden Umformungen sind zulässig, da ϵ infinitesimal ist. Wir schreiben (5.208) als

$$\begin{aligned}\frac{\mathrm{d}f}{\mathrm{d}t} &= \frac{\mathrm{d}}{\mathrm{d}\epsilon}\left[L\left(t + \epsilon\tilde{t}, q + \epsilon\tilde{q}, \dot{q} + \epsilon\dot{\tilde{q}} - \epsilon\dot{q}\dot{\tilde{t}}\right)\left(1 + \epsilon\dot{\tilde{t}}\right)\right]\bigg|_{\epsilon=0} \\ &= \sum_i \frac{\partial L}{\partial(q_i + \epsilon\tilde{q}_i)}\tilde{q}_i\left(1 + \epsilon\dot{\tilde{t}}\right)\bigg|_{\epsilon=0} \\ &\quad + \sum_i \frac{\partial L}{\partial\left(\dot{q}_i + \epsilon\dot{\tilde{q}}_i - \epsilon\dot{q}_i\dot{\tilde{t}}\right)}\left(\dot{\tilde{q}}_i - \dot{q}_i\dot{\tilde{t}}\right)\left(1 + \epsilon\dot{\tilde{t}}\right)\bigg|_{\epsilon=0} \\ &\quad + \frac{\partial L}{\partial(t + \epsilon\tilde{t})}\tilde{t}\left(1 + \epsilon\dot{\tilde{t}}\right)\bigg|_{\epsilon=0} + L\dot{\tilde{t}}\Big|_{\epsilon=0}.\end{aligned} \tag{5.211}$$

Hier wurden bisher nur die Kettenregel und die Produktregel verwendet. Weiterhin ist

$$\begin{aligned}\frac{\mathrm{d}f}{\mathrm{d}t} &= \sum_i \frac{\partial L}{\partial q_i}\tilde{q}_i + \sum_i \frac{\partial L}{\partial\dot{q}_i}\left(\dot{\tilde{q}}_i - \dot{q}_i\dot{\tilde{t}}\right) + \frac{\partial L}{\partial t}\tilde{t} + L\dot{\tilde{t}} \\ &= \sum_i\left(\frac{\partial L}{\partial q_i}\tilde{q}_i + \frac{\partial L}{\partial\dot{q}_i}\dot{\tilde{q}}_i\right) + \left(L - \sum_i \frac{\partial L}{\partial\dot{q}_i}\dot{q}_i\right)\dot{\tilde{t}} + \frac{\partial L}{\partial t}\tilde{t}.\end{aligned} \tag{5.212}$$

Im ersten Schritt wurde $\epsilon = 0$ ausgeführt, im zweiten wurden die Terme sortiert. Es ist zu beachten, dass die Lagrange-Funktion nun wieder eine Funktion $L(t, q, \dot{q})$ ist und somit das ursprüngliche, nichttransformierte System beschreibt. Insbesondere bedeutet dies, dass die Lagrange-Gleichungen (5.83) und das damit hergeleitete Ergebnis (5.93) verwendet werden können, um mit der Umformung fortzufahren:

$$\begin{aligned}\frac{\mathrm{d}f}{\mathrm{d}t} &= \frac{\mathrm{d}}{\mathrm{d}t}\sum_i \frac{\partial L}{\partial\dot{q}_i}\tilde{q}_i + \left(L - \sum_i \frac{\partial L}{\partial\dot{q}_i}\dot{q}_i\right)\dot{\tilde{t}} + \frac{\partial L}{\partial t}\tilde{t} \\ &= \frac{\mathrm{d}}{\mathrm{d}t}\left[\sum_i \frac{\partial L}{\partial\dot{q}_i}\tilde{q}_i + \left(L - \sum_i \frac{\partial L}{\partial\dot{q}_i}\dot{q}_i\right)\tilde{t}\right].\end{aligned} \tag{5.213}$$

Frage 27

Rechnen Sie (5.213) nach, indem Sie alle Zwischenschritte überprüfen.

Wir haben nun das Ziel erreicht: Die linke und die rechte Seite von (5.213) sind totale Zeitableitungen. Ihre Differenz hat daher eine verschwindende totale Zeitableitung und stellt somit eine erhaltene Größe dar.

Noether-Theorem

Sind die Bewegungsgleichungen unter der infinitesimalen Koordinatentransformation (5.203) invariant, d. h. gilt (5.208), so ist die Größe

$$I(t, q, \dot{q}) = \sum_i \frac{\partial L}{\partial\dot{q}_i}\tilde{q}_i + \left(L - \sum_i \frac{\partial L}{\partial\dot{q}_i}\dot{q}_i\right)\tilde{t} - f \tag{5.214}$$

eine Erhaltungsgröße. Dies bedeutet: Zu jeder infinitesimalen Transformation, welche die Wirkung höchstens um eine Konstante ändert, gibt es eine Erhaltungsgröße.

Man verwendet zunächst (5.208), um zu überprüfen, ob eine kontinuierliche Symmetrie vorliegt. Dabei erhält man automatisch die Funktion f. Die damit verbundene Erhaltungsgröße lässt sich dann mithilfe von (5.214) bestimmen.

Achtung Diskrete Symmetrien wie Spiegelungen können mit dieser Methode nicht erfasst werden. ◀

Energieerhaltung aus Symmetrie

Welche Erhaltungsgröße folgt aus einer Invarianz unter konstanter Verschiebung des Zeitnullpunktes? Hierzu betrachtet man eine infinitesimale Transformation (5.203) mit $\tilde{q}_i = 0$. Eine infinitesimale Verschiebung der Zeitkoordinate ist durch $\tilde{t} = \text{const}$ gegeben. Es gilt zunächst $\mathrm{d}L/\mathrm{d}\epsilon = 0$ und $\mathrm{d}t'/\mathrm{d}\epsilon = \dot{\tilde{t}} = 0$. Aus (5.208) folgt dann $\mathrm{d}f/\mathrm{d}t = 0$, d. h., f ist eine Konstante, die keine Rolle spielt und gleich null gesetzt werden kann. Das Noether-Theorem (5.214) besagt dann, dass

$$H = \sum_i \frac{\partial L}{\partial \dot{q}_i}\dot{q}_i - L \tag{5.215}$$

erhalten ist. Dies ist gerade die Gesamtenergie des Systems, siehe (5.95). ◀

Zeittranslationsinvarianz und Energieerhaltung

Ist die Wirkung invariant unter einer konstanten Verschiebung des Zeitnullpunktes, so ist die Gesamtenergie des Systems erhalten.

Frage 28

Eine zyklische Koordinate q_i ist ein Spezialfall mit der Transformation $q_i' = q_i + \epsilon$, $t' = t$, d. h. $\tilde{q}_i = \text{const}$ und $\tilde{t} = 0$. Alle anderen Koordinaten q_j bleiben unverändert, $\tilde{q}_j = 0$ $(j \neq i)$. Zeigen Sie, dass die entsprechende Invariante dann der zu q_i konjugierte Impuls ist:

$$I(t, q, \dot{q}) = \frac{\partial L}{\partial \dot{q}_i} = p_i. \tag{5.216}$$

Verfahren Sie dabei ähnlich wie im vorherigen Beispiel.

In Aufgabe 5.8 wird der Zusammenhang zwischen der Isotropie des Raumes und der Drehimpulserhaltung hergeleitet.

Isotropie und Homogenität des Raumes, Homogenität der Zeit, Relativitätsprinzip

Dieser sehr theoretische Abschnitt wird nun mit einigen wichtigen Aussagen über Symmetrien in physikalischen Systemen abgeschlossen.

Es ist streng zu unterscheiden zwischen offenen und abgeschlossenen Systemen. Offene Systeme sind z. B. solche, bei denen äußere Kräfte (wie Gravitation) oder Zwangskräfte auf Teile des Systems wirken. Es wird dabei allerdings nicht danach gefragt, welche Effekte dies auf die Teile außerhalb des physikalischen Systems hat.

Betrachten wir beispielsweise eine Masse, die mit einem Faden an einem Nagel an der Zimmerdecke befestigt ist. Dies ist nichts weiter als das sphärische Pendel (Abschn. 5.1). Wir haben gelernt, wie man die Lagrange-Funktion für die unter dem Einfluss der Schwerkraft schwingende Masse aufstellen und die Bewegungsgleichungen ableiten kann. Doch wird dabei der Nagel, die Wand, ja alles andere im Universum ignoriert.

Durch die Position des Nagels und die Richtung der Gravitationskraft sind ein Punkt und eine Richtung ausgezeichnet. Man findet schnell, dass keine Komponente des Impulses der Masse erhalten ist. Allerdings sind der Drehimpuls um die senkrechte Achse (Richtung der Gravitationskraft) und die Energie erhalten. Dies hängt mit den Symmetrieeigenschaften der Lagrange-Funktion zusammen.

Stellen wir uns nun ein *abgeschlossenes* System von N Punktmassen vor, auf das keine äußeren Kräfte irgendeiner Art wirken. Alle inneren Kräfte sollen durch nicht näher bestimmte Paarwechselwirkungen beschrieben werden können. Dies soll ebenfalls für mögliche Zwangskräfte gelten. Die Lagrange-Funktion lautet dann, in kartesischen Koordinaten formuliert:

$$L(\boldsymbol{x}, \dot{\boldsymbol{x}}) = \frac{1}{2}\sum_i m_i \dot{\boldsymbol{x}}_i^2 - \frac{1}{2}\sum_{j\neq i} V_{ij}(|\boldsymbol{x}_i - \boldsymbol{x}_j|). \tag{5.217}$$

Welche allgemeinen Erhaltungsgrößen ergeben sich daraus?

Zunächst sieht man, dass L nicht explizit von der Zeit t abhängt. Die Lagrange-Funktion beschreibt also ein System, das invariant unter Zeitverschiebungen ist. In diesem Zusammenhang spricht man von der *Homogenität der Zeit*: Es spielt keine Rolle, wann das System betrachtet wird. Es ergibt sich immer die gleiche Dynamik, unabhängig davon ob diese gestern, heute oder morgen studiert wird. Wir haben bereits gesehen, dass dies auf die Energieerhaltung führt.

Eine Verschiebung aller N Punktmassen um einen Vektor $\epsilon\boldsymbol{b}$, d. h. $\boldsymbol{x}_i \to \boldsymbol{x}_i + \epsilon\boldsymbol{b}$ mit $\boldsymbol{b} = \text{const}$, ändert weder die Geschwindigkeiten $\dot{\boldsymbol{x}}_i$ noch die relativen Abstände $|\boldsymbol{x}_i - \boldsymbol{x}_j|$. Daher ist L unter solch einer Verschiebung invariant. Das Noether-Theorem (5.214) besagt dann, dass die Größe

$$I = \sum_i \frac{\partial L}{\partial \dot{\boldsymbol{x}}_i}\cdot\boldsymbol{b} = \sum_i \boldsymbol{p}_i\cdot\boldsymbol{b} = \boldsymbol{P}\cdot\boldsymbol{b} \tag{5.218}$$

erhalten ist. Hier ist $\boldsymbol{p}_i$ der Impuls der Punktmasse m_i und $\boldsymbol{P}$ der Gesamtimpuls des Systems. Da die Invarianz für jede beliebige Verschiebung $\boldsymbol{b}$ gilt, muss $\boldsymbol{P}$ selbst eine Erhaltungsgröße sein. Man nennt diese Unabhängigkeit von räumlichen Verschiebungen die *Homogenität des Raumes*: Das System als Ganzes kann beliebig verschoben werden. Die Dynamik des Systems ist unabhängig davon, an welchem Ort sie stattfindet. Dies ist selbstverständlich nur für abgeschlossene Systeme der Fall. Beispielsweise herrscht auf dem Mond ein anderes Gravitationsfeld als auf der Erde. Fallexperimente gehen deshalb an beiden Orten unterschiedlich aus. Allerdings sind solche Systeme offen, da die Gravitation dann eine äußere Kraft ist.

Eine ähnliche Argumentation gilt für Drehungen des gesamten Systems. Die Drehung soll durch eine beliebige Drehmatrix $\boldsymbol{R}$

beschrieben werden. Wir wissen bereits, dass Beträge und Abstände unter Drehungen invariant sind, d. h., Drehungen haben auf die Terme $\dot{\boldsymbol{x}}_i^2$ und $|\boldsymbol{x}_i - \boldsymbol{x}_j|$ keinen Einfluss. Es muss also eine Erhaltungsgröße mit solch einer Drehung verbunden sein. In Aufgabe 5.8 wird gezeigt, dass dann der Gesamtdrehimpuls $\boldsymbol{L}$ erhalten ist. Diese Invarianz unter Drehungen ist die *Isotropie des Raumes*. Für ein abgeschlossenes System spielt also seine Orientierung keine Rolle. Für Fallexperimente gilt dies nicht, da mit der Gravitationskraft eine Richtung ausgezeichnet ist.

Achtung Ist ein System nur invariant unter Verschiebung in eine bestimmte Richtung $\boldsymbol{b}_0$, so ist nur der Impuls in ebendieser Richtung erhalten. Genauso ist nur der Drehimpuls um eine bestimmte Achse $\hat{\boldsymbol{n}}_0$ erhalten, falls das System nur invariant gegenüber Drehungen um ebendiese Achse ist. Dies entspricht jeweils dem Fall, dass nur eine generalisierte Koordinate (und nicht drei) zyklisch ist. ◀

Frage 29

Ein Elektron befinde sich in einem (unendlich ausgedehnten) Plattenkondensator. Die elektrischen Feldlinien stehen dabei senkrecht auf den Platten. Welche Erhaltungsgröße ergibt sich hieraus für das Elektron?

Es gibt mit dem Relativitätsprinzip noch eine weitere Symmetrie, die auf eine Erhaltungsgröße führt. In Abschn. 2.2 wurden die Galilei-Transformationen diskutiert. Sie beschreiben den Übergang zwischen beliebigen Inertialsystemen; dabei bleiben die Newton'schen Bewegungsgleichungen invariant. Allerdings handelt es sich dabei um passive Koordinatentransformationen, bei denen das physikalische System unverändert bleibt, aber das Koordinatensystem transformiert wird.

An dieser Stelle fragen wir allerdings nach aktiven Transformationen, d. h. nach einer Translation oder Drehung des eigentlichen Systems innerhalb desselben Koordinatensystems. Welche Auswirkungen hat es nun, wenn wir das System in einen Zustand versetzen, bei dem sich jede Punktmasse m_i mit einer konstanten Relativgeschwindigkeit $\dot{\boldsymbol{b}}$ bezüglich ihrer ursprünglichen Position bewegt?

Dazu betrachten wir die Änderung, welche die Ersetzung $t \to t' = t, \boldsymbol{x}_i \to \boldsymbol{x}_i + \epsilon\dot{\boldsymbol{b}}t$ und $\dot{\boldsymbol{x}}_i \to \dot{\boldsymbol{x}}_i + \epsilon\dot{\boldsymbol{b}}$ in der Lagrange-Funktion verursacht. Die Lagrange-Funktion wird zu

$$\begin{aligned} L(t, \boldsymbol{x}, \dot{\boldsymbol{x}}) = {} & \frac{1}{2}\sum_i m_i \dot{\boldsymbol{x}}_i^2 - \frac{1}{2}\sum_{j \neq i} V_{ij}(|\boldsymbol{x}_i - \boldsymbol{x}_j|) \\ & + \epsilon\dot{\boldsymbol{b}} \cdot \sum_i m_i \dot{\boldsymbol{x}}_i + \frac{\epsilon^2 \dot{\boldsymbol{b}}^2}{2}\sum_i m_i . \end{aligned} \tag{5.219}$$

Es ist nun die Ableitung (5.208) zu berechnen. Dies führt auf

$$\frac{\mathrm{d}f}{\mathrm{d}t} = \dot{\boldsymbol{b}} \cdot \sum_i m_i \dot{\boldsymbol{x}}_i = \frac{\mathrm{d}}{\mathrm{d}t}\left(\dot{\boldsymbol{b}} \cdot \sum_i m_i \boldsymbol{x}_i\right), \tag{5.220}$$

wobei verwendet wurde, dass $\dot{\boldsymbol{b}}$ konstant ist. Dies bedeutet, dass wir eine Symmetrie gefunden haben, unter der zwar nicht die Wirkung, wohl aber die Bewegungsgleichungen invariant bleiben. Verwendet man die Gesamtmasse M und die Lage des Schwerpunktes $\boldsymbol{X}$, so hat man zunächst

$$f = M\boldsymbol{X} \cdot \dot{\boldsymbol{b}}. \tag{5.221}$$

Wir berechnen die damit verbundene Erhaltungsgröße aus dem Noether-Theorem (5.214). Dazu benötigen wir noch den Term

$$\sum_i \frac{\partial L}{\partial \dot{\boldsymbol{x}}_i}\dot{\boldsymbol{b}}t = \sum_i m_i \dot{\boldsymbol{x}}_i \cdot \dot{\boldsymbol{b}}t = M\dot{\boldsymbol{X}} \cdot \dot{\boldsymbol{b}}t. \tag{5.222}$$

Demnach muss

$$I = M\dot{\boldsymbol{X}} \cdot \dot{\boldsymbol{b}}t - M\boldsymbol{X} \cdot \dot{\boldsymbol{b}} = M\left(\dot{\boldsymbol{X}}t - \boldsymbol{X}\right) \cdot \dot{\boldsymbol{b}} \tag{5.223}$$

die gesuchte Erhaltungsgröße sein. Da $\dot{\boldsymbol{b}}$ beliebig gewählt werden kann, besagt dieser Erhaltungssatz nichts anderes, als dass sich der Schwerpunkt geradlinig-gleichförmig bewegt. Dies entspricht dem bekannten Äquivalenzprinzip: Die Bewegungsgleichungen der Mechanik sind invariant unter Transformationen zwischen Inertialsystemen, die konstante Relativgeschwindigkeiten mit einschließen.

Isotropie und Homogenität des Raumes, Homogenität der Zeit, Relativitätsprinzip

Für abgeschlossene physikalische Systeme mit einer Lagrange-Funktion der Form (5.217) gelten die folgenden vier wichtigen Prinzipien, die man umgekehrt benutzen kann, um die erhaltenen Größen zu definieren:

- *Homogenität der Zeit:* Die Bewegungsgleichungen sind invariant unter einer willkürlichen Verschiebung des Zeitnullpunktes. Man definiert allgemein die Energie als diejenige erhaltene Größe, die sich aus der Homogenität der Zeit ergibt.
- *Homogenität des Raumes:* Eine willkürliche Verschiebung aller Punktmassen hat keinen Einfluss auf die Bewegungsgleichungen. Man definiert allgemein den Gesamtimpuls als diejenige erhaltene Größe, die sich aus der Homogenität des Raumes ergibt.
- *Isotropie des Raumes:* Auch unter willkürlichen Drehungen des Systems bleiben die Bewegungsgleichungen invariant. Es ist keine Richtung ausgezeichnet. Allgemein wird der Gesamtdrehimpuls als diejenige Erhaltungsgröße definiert, die sich aus der Isotropie des Raumes ergibt.
- *Relativitätsprinzip:* Die Bewegungsgleichungen sind invariant unter Transformationen, bei denen der Schwerpunkt mit einer konstanten Geschwindigkeit $\dot{\boldsymbol{b}}$ bewegt wird.

Frage 30

Man vergleiche diese zehn Symmetrien und Erhaltungsgrößen mit den Parametern einer allgemeinen Galilei-Transformation.

Teil I

Aufgaben

Gelegentlich enthalten die Aufgaben mehr Angaben, als für die Lösung erforderlich sind. Bei einigen anderen dagegen werden Daten aus dem Allgemeinwissen, aus anderen Quellen oder sinnvolle Schätzungen benötigt.

- • leichte Aufgaben mit wenigen Rechenschritten
- •• mittelschwere Aufgaben, die etwas Denkarbeit und unter Umständen die Kombination verschiedener Konzepte erfordern
- ••• anspruchsvolle Aufgaben, die fortgeschrittene Konzepte (unter Umständen auch aus späteren Kapiteln) oder eigene mathematische Modellbildung benötigen

5.1 •• Perle auf rotierendem Stab Eine Perle gleite reibungsfrei und ohne angewandte Kräfte auf einem Stab, der sich in der x-y-Ebene mit konstanter Winkelgeschwindigkeit ω um den Ursprung dreht.

(a) Stellen Sie die Bewegungsgleichung mithilfe der Lagrange-Gleichungen erster Art auf. Lösen Sie die Bewegungsgleichung. Führen Sie die Rechnungen in Zylinderkoordinaten durch. Wie lautet die Zwangskraft? Welche Bedeutung hat sie? Ist die Energie erhalten?

(b) Verwenden Sie die Lagrange-Gleichungen zweiter Art für dasselbe Problem, um die Bewegungsgleichungen aufzustellen. Wie sieht es mit der Energieerhaltung aus?

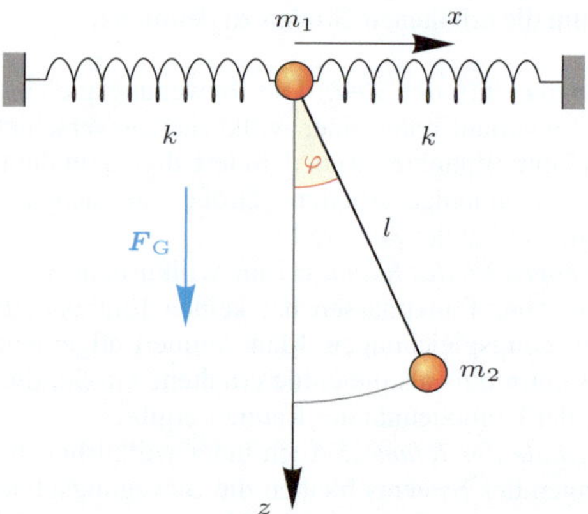

Abb. 5.11 Die Massen m_1 und m_2 sind durch einen Stab der Länge l verbunden. Während m_1 über zwei Federn mit Federkostanten k an den Wänden befestigt ist, kann m_2 an m_1 unter dem Einfluss der Gravitationskraft $\boldsymbol{F}_G$ schwingen

5.2 •• Pendel an Federn Eine Punktmasse m_1 ist wie in Abb. 5.11 durch zwei Federn an zwei Wänden befestigt. Die Ruhelänge der Federn entspricht gerade dem Fall, dass m_1 sich in der Mitte zwischen den Wänden befindet. Beide Federn haben die gleiche Federkonstante k, d. h., die Rückstellkraft ist jeweils dem Betrag nach $|F| = k|x|$. Die Punktmasse m_1 darf sich nur waagerecht (entlang der x-Achse) bewegen. Es ist eine weitere Punktmasse m_2 mit einem masselosen Stab der Länge l an m_1 befestigt. Die zweite Punktmasse kann in der x-z-Ebene unter dem Einfluss der homogenen Schwerkraft $\boldsymbol{F}_G = -m_2 g \hat{\boldsymbol{e}}_z$ schwingen. Der Auslenkungswinkel des Pendels ist φ.

(a) Wählen Sie geeignete verallgemeinerte Koordinaten und stellen Sie die Lagrange-Funktion auf.

(b) Leiten Sie die Bewegungsgleichungen ab.

(c) Nehmen Sie nun an, dass der Auslenkungswinkel φ klein ist. Zeigen Sie, dass sich beide Bewegungsgleichungen jeweils in der Form

$$a\ddot{q} + bq = f(q', \dot{q}', \ddot{q}') \tag{5.224}$$

schreiben lassen. Hier sind a und b konstante Koeffizienten, q ist die eine und q' die andere verallgemeinerte Koordinate. Beide Bewegungsgleichungen beschreiben eine erzwungene Schwingung. Dies wird in Kap. 6 genauer diskutiert.

5.3 •• Bewegungsgleichungen in Kugelkoordinaten aus dem Lagrange-Formalismus

(a) Stellen Sie die Bewegungsgleichungen einer Punktmasse in Kugelkoordinaten auf. Nutzen Sie dazu den Lagrange-Formalismus. Das Potenzial soll dabei eine allgemeine Funktion $V(r, \vartheta, \varphi)$ sein.

(b) Eine Punktmasse bewege sich in einem radialsymmetrischen Potenzial $V(r)$. Allerdings ist ihre Bewegung durch eine Zwangsbedingung nur auf einer Kegeloberfläche mit Öffnungswinkel $\vartheta = \vartheta_0$ möglich. Stellen Sie die Bewegungsgleichungen für dieses Problem auf. Zeigen Sie, dass die Radialgleichung in der Form

$$m\ddot{r} = -\frac{\partial V_{\text{eff}}}{\partial r} \tag{5.225}$$

geschrieben werden kann. Wie lautet das effektive Potenzial V_{eff}? Für welchen Wert ϑ_0 ergibt sich das Zweikörper-Zentralkraftproblem aus Abschn. 3.2 als Spezialfall?

(c) Überlegen Sie sich den Fall, dass die Zwangsbedingung nicht zu einer Bewegung auf einem Kegel führt, sondern zu einer Bewegung auf einer Ebene mit $\varphi = \varphi_0$. Stellen Sie die Bewegungsgleichungen auf und lösen Sie sie für die kräftefreie Bewegung in der Form $r(\vartheta)$. Welche Gestalt hat die resultierende Bahnkurve? (Diese letzte Frage lässt sich auch direkt durch Nachdenken beantworten.)

Lösungshinweis: Die gesuchten Lagrange-Gleichungen lauten

$$\begin{aligned}\frac{\mathrm{d}}{\mathrm{d}t}(m\dot{r}) - mr\left(\dot{\vartheta}^2 + \dot{\varphi}^2 \sin^2\vartheta\right) &= -\frac{\partial V}{\partial r},\\ \frac{\mathrm{d}}{\mathrm{d}t}\left(mr^2\dot{\vartheta}\right) - mr^2\dot{\varphi}^2 \sin\vartheta\cos\vartheta &= -\frac{\partial V}{\partial \vartheta},\\ \frac{\mathrm{d}}{\mathrm{d}t}\left(mr^2\dot{\varphi}\sin^2\vartheta\right) &= -\frac{\partial V}{\partial \varphi}.\end{aligned} \quad (5.226)$$

5.4 • Pendel mit variabler Fadenlänge Erweitern Sie das Problem des sphärischen Pendels in Abb. 5.3 in folgender Weise: Die Fadenlänge sei eine vorgegebener Funktion der Zeit, $R = R(t)$.

(a) Wie lautet die Lagrange-Funktion in Kugelkoordinaten? Nutzen Sie dazu die Ergebnisse aus Aufgabe 5.3. Was ist bei der Aufstellung der Bewegungsgleichungen zu beachten (denken Sie dabei an die Anzahl der Freiheitsgrade)? Wie lauten die Bewegungsgleichungen?
(b) Zeigen Sie, dass die Hamilton-Funktion nicht der Energie entspricht. Was ist die Ursache? Zeigen Sie, dass die Energie erhalten ist, wenn $R(t)$ konstant ist. Wie lautet die Änderung der Energie mit der Zeit?

5.5 ••• Brachistochrone Finden Sie die Kurve $y(x)$, entlang der eine Punktmasse im homogenen Gravitationsfeld reibungsfrei am schnellsten von einem Punkt $(x_0, 0)$ zu einem Punkt (x_1, y_1) mit $x_1 \neq x_0$ und $y_1 > 0$ gleitet. Dabei stellt $y(x)$ eine Zwangsbedingung dar. Die y-Achse zeigt hier ebenso wie die Gravitationskraft nach unten.

Die Punktmasse soll zu Beginn bei $y = 0$ ruhen. Die resultierende Kurve nennt man *Brachistochrone*. Gehen Sie von der Energieerhaltung aus: Die Zunahme der kinetischen Energie entspricht der durchfallenen Potenzialdifferenz:

$$mgy = \frac{m}{2}v^2 = \frac{m}{2}\left(\dot{x}^2 + \dot{y}^2\right). \quad (5.227)$$

Stellen Sie zunächst einen Ausdruck für die benötigte Zeit auf und formen Sie ihn so um, dass er die Gestalt (5.158) annimmt. Stellen Sie die Differenzialgleichung für $y(x)$ auf.

Lösungshinweis: Die umständlich lange Rechnung ausgehend von der Euler-Gleichung lässt sich umgehen, wenn man nach Erhaltungsgrößen Ausschau hält.

Überprüfen Sie anschließend, dass die Differenzialgleichung durch die Parametrisierung

$$x(\alpha) = x_0 + C(\alpha - \sin\alpha), \quad y(\alpha) = C(1 - \cos\alpha) \quad (5.228)$$

gelöst werden kann, wobei α der Bahnparameter und C eine geeignet zu wählende Konstante ist. Die damit beschriebene Kurve ist eine *Zykloide* (Abb. 5.12a). Überlegen Sie sich, wie Sie den Parameter C für gegebene Anfangs- und Endpunkte bestimmen können.

5.6 •• Kürzeste Verbindung auf Kugeloberfläche Was ist die kürzeste Verbindung zwischen zwei Punkten auf einer Kugeloberfläche mit Radius R? Hier könnte man das Verfahren der holonomen Nebenbedingungen in Kugelkoordinaten verwenden, um die gesuchte Kurve auf $r - R = 0$ einzuschränken. Dies führt allerdings zu aufwendigen Rechnungen. Einfacher ist es, direkt eine Parametrisierung auf der Kugeloberfläche zu verwenden.

(a) Wie lautet das Linienelement $\mathrm{d}s$ auf der Kugeloberfläche?
(b) Stellen Sie die Euler-Gleichung für die gesuchte Funktion $\varphi(\vartheta)$ auf. Zeigen Sie, dass

$$\varphi = C_1 - \arcsin(C_2 \cot\vartheta) \quad (5.229)$$

diese Differenzialgleichung löst (C_1 und C_2 sind Integrationskonstanten).
(c) Schreiben Sie die Lösung (5.229) in kartesischen Koordinaten. Verwenden Sie dazu das trigonometrische Additionstheorem $\sin(\alpha - \beta) = \sin\alpha\cos\beta - \cos\alpha\sin\beta$. Interpretieren Sie das Ergebnis.

5.7 • Unbestimmtheit der Lagrange-Funktion Zeigen Sie durch Einsetzen in die Euler-Lagrange-Gleichung, dass eine Eichtransformation

$$L'(t, q, \dot{q}) = L(t, q, \dot{q}) + \frac{\mathrm{d}f(t, q)}{\mathrm{d}t} \quad (5.230)$$

keinen Einfluss auf die Bewegungsgleichungen hat. Hier reicht es aus, nur eine generalisierte Koordinate q zu berücksichtigen. Das Ergebnis lässt sich direkt auf mehrere generalisierte Koordinaten verallgemeinern.

5.8 •• Isotropie des Raumes und Drehimpulserhaltung Im Text wurde gezeigt, dass die Lagrange-Funktion (5.217) invariant ist, wenn alle Punktmassen mit derselben beliebigen Drehmatrix $\boldsymbol{R}$ um den Ursprung gedreht werden. Schreiben Sie diese Drehung in Form einer infinitesimalen Transformation (5.203) auf. Verwenden Sie dazu infinitesimale Drehungen, wie sie in Abschn. 2.3 eingeführt wurden. Benutzen Sie die Indexschreibweise, anstatt mit Vektoren zu arbeiten. Welches Ergebnis liefert (5.208)? Wie lautet die damit verbundene Erhaltungsgröße?

Ausführliche Lösungen zu den Aufgaben

5.1

(a) Die Perle kann sich nur entlang des Stabes bewegen; sie besitzt also nur einen Freiheitsgrad. Die beiden Zwangsbedingungen lauten

$$f_1 = \varphi - \omega t = 0, \quad f_2 = z = 0. \tag{5.231}$$

Hier ist φ der Polarwinkel in der x-y-Ebene. Es ist für das Endergebnis unerheblich, ob die Rechnungen in Zylinder- oder kartesischen Koordinaten durchgeführt werden; Zylinderkoordinaten sind aber aufgrund der Rotationssymmetrie einfacher. Da die Bewegung vollständig in einer Ebene stattfindet, kann das äquivalente zweidimensionale Problem behandelt werden. Es ist daher nur eine Zwangsbedingung mit einem Lagrange-Multiplikator λ nötig:

$$m\ddot{\boldsymbol{x}} = \lambda \nabla f, \quad z = 0. \tag{5.232}$$

Der Gradient in Zylinderkoodinaten lautet wegen der Unabhängigkeit von z und (2.113):

$$\nabla f = \hat{\boldsymbol{e}}_\varrho \frac{\partial f}{\partial \varrho} + \hat{\boldsymbol{e}}_\varphi \frac{1}{\varrho}\frac{\partial f}{\partial \varphi}. \tag{5.233}$$

Der Ortsvektor liegt in der x-y-Ebene und zeigt in radiale Richtung. Daher kann er als

$$\boldsymbol{x} = \varrho \hat{\boldsymbol{e}}_\varrho \tag{5.234}$$

geschrieben werden. Glücklicherweise wurde die Beschleunigung in Zylinderkoordinaten bereits in (2.123) angegeben. Wegen $z = 0$ ist zunächst

$$\ddot{\boldsymbol{x}} = \left(\ddot{\varrho} - \varrho\dot{\varphi}^2\right)\hat{\boldsymbol{e}}_\varrho + \left(\varrho\ddot{\varphi} + 2\dot{\varrho}\dot{\varphi}\right)\hat{\boldsymbol{e}}_\varphi. \tag{5.235}$$

Die Koeffizienten der Basisvektoren $\hat{\boldsymbol{e}}_\varrho$ und $\hat{\boldsymbol{e}}_\varphi$ müssen die Bewegungsgleichung erfüllen. Dies führt auf das Zwischenergebnis

$$m\ddot{\varrho} - m\varrho\dot{\varphi}^2 = \lambda\frac{\partial f}{\partial \varrho}, \quad m\varrho\ddot{\varphi} + 2m\dot{\varrho}\dot{\varphi} = \frac{\lambda}{\varrho}\frac{\partial f}{\partial \varphi}. \tag{5.236}$$

Offensichtlich ist $\partial f/\partial \varrho = 0$ und $\partial f/\partial \varphi = 1$. Die zweite Zeitableitung der Zwangsbedingung lautet

$$\ddot{f} = \ddot{\varphi} = 0 \tag{5.237}$$

und führt nach Einsetzen in (5.236) auf

$$\lambda = 2m\varrho\dot{\varrho}\dot{\varphi}. \tag{5.238}$$

Die resultierenden Bewegungsgleichungen sind also

$$m\ddot{\varrho} - m\varrho\dot{\varphi}^2 = 0, \quad m\varrho\ddot{\varphi} = 0. \tag{5.239}$$

Hier sind wir einen kleinen Umweg gegangen, um das Schema zum allgemeinen Lösen der Lagrange-Gleichungen erster Art einzuhalten. Wegen $\varphi = \omega t$ mit konstantem ω hätte man aber auch direkt $\ddot{\varphi} = 0$ hinschreiben können. Die Zeitableitung $\dot{\varphi} = \omega$ ist also konstant. Dies liefert die endgültige Form der Bewegungsgleichung für ϱ:

$$\ddot{\varrho} = \omega^2 \varrho. \tag{5.240}$$

Nehmen wir an, dass $\varrho \neq 0$ erfüllt ist, so lautet die allgemeine Lösung

$$\varrho(t) = \varrho_+ \mathrm{e}^{+\omega t} + \varrho_- \mathrm{e}^{-\omega t}. \tag{5.241}$$

Wie zu erwarten gibt es für die Bewegung von ϱ zwei Integrationskonstanten, die durch die Anfangsbedingungen gegeben sind. Die Perle wird sich langfristig immer nach außen bewegen, wenn nicht gerade $\varrho_+ = 0$ gilt.
Die Zwangskraft lautet

$$\boldsymbol{Z} = \lambda \nabla f = 2m\dot{\varrho}\omega\hat{\boldsymbol{e}}_\varphi. \tag{5.242}$$

Dies ist die Kraft, welche die Perle auf dem Stab hält; sie entspricht *nicht* der Zentrifugalkraft. Da sich die Perle frei in radialer Richtung bewegen kann, wird die Zentrifugalkraft durch keine Zwangskraft kompensiert.
Die Energiegleichung (5.37) führt wegen $V = 0$ auf

$$\frac{\mathrm{d}T}{\mathrm{d}t} = -\lambda\frac{\partial f}{\partial t} = 2m\varrho\dot{\varrho}\dot{\varphi}\omega = 2m\varrho\dot{\varrho}\omega^2. \tag{5.243}$$

Die Energie nimmt daher stark zu, wenn sich die Perle radial nach außen bewegt.

(b) Die Lagrange-Funktion lautet wegen $V = 0$ in Zylinderkoordinaten

$$L = T = \frac{m}{2}\left(\dot{\varrho}^2 + \varrho^2\omega^2\right). \tag{5.244}$$

Es gibt nur einen Freiheitsgrad und mit ϱ nur eine verallgemeinerte Koordinate. Die Bewegungsgleichung kann direkt hingeschrieben werden:

$$m\ddot{\varrho} = m\varrho\omega^2. \tag{5.245}$$

Dies entspricht bereits (5.240) aus dem ersten Aufgabenteil. Die Lösung der Bewegungsgleichung muss selbstverständlich nicht wiederholt werden.
Wie sieht es aber mit der Energieerhaltung im Formalismus der Lagrange-Gleichungen zweiter Art aus? Hier soll

an (5.101) erinnert werden. Da die Zwangsbedingung $f = \varphi - \omega t = 0$ nicht skleronom ist,

$$\frac{\partial f}{\partial t} = -\omega \neq 0, \tag{5.246}$$

entspricht die Hamilton-Funktion nicht der Energie. Dennoch ist die Hamilton-Funktion (5.101) eine Erhaltungsgröße, da die Lagrange-Funktion nicht explizit von der Zeit t abhängt. Wir haben im ersten Aufgabenteil schon gesehen, dass die Energie nicht erhalten wird, da die Zwangskraft Arbeit am System leistet.

5.2

(a) Wir wählen die Koordinaten so, dass die Punktmasse m_1 im Gleichgewicht $x = 0$ und $z = 0$ erfüllt. Die y-Koordinate spielt hier für beide Punktmassen keine Rolle. Es gibt mit x und φ zwei Freiheitsgrade. Die Koordinaten der beiden Punktmassen lauten

$$\boldsymbol{x}_1 = \begin{pmatrix} x \\ 0 \end{pmatrix}, \quad \boldsymbol{x}_2 = \begin{pmatrix} x + l\sin\varphi \\ -l\cos\varphi \end{pmatrix}. \tag{5.247}$$

Daraus ergeben sich die Geschwindigkeiten

$$\dot{\boldsymbol{x}}_1 = \begin{pmatrix} \dot{x} \\ 0 \end{pmatrix}, \quad \dot{\boldsymbol{x}}_2 = \begin{pmatrix} \dot{x} + l\dot{\varphi}\cos\varphi \\ l\dot{\varphi}\sin\varphi \end{pmatrix}. \tag{5.248}$$

Die kinetische Energie lautet

$$T = \frac{m_1}{2}\dot{x}^2 + \frac{m_2}{2}\left(\dot{x}^2 + l^2\dot{\varphi}^2 + 2l\dot{x}\dot{\varphi}\cos\varphi\right). \tag{5.249}$$

Die Auslenkung x der ersten Punktmasse hängt mit der in den Federn gespeicherten potenziellen Enregie zusammen:

$$V_1 = \frac{k}{2}(-x)^2 + \frac{k}{2}x^2 = kx^2. \tag{5.250}$$

Die zweite Punktmasse bewegt sich im homogenen Schwerefeld und hat die potenzielle Energie

$$V_2 = -m_2 g l\cos\varphi. \tag{5.251}$$

Es ergibt sich die Lagrange-Funktion

$$L = \frac{m_1 + m_2}{2}\dot{x}^2 + \frac{m_2}{2}l^2\dot{\varphi}^2 + m_2 l(\dot{x}\dot{\varphi} + g)\cos\varphi - kx^2. \tag{5.252}$$

(b) Aus der Lagrange-Funktion (5.252) folgen die Bewegungsgleichungen

$$\frac{\mathrm{d}}{\mathrm{d}t}\left[(m_1 + m_2)\dot{x} + m_2 l\dot{\varphi}\cos\varphi\right] + 2kx = 0 \tag{5.253}$$

und

$$\frac{\mathrm{d}}{\mathrm{d}t}\left[m_2 l^2\dot{\varphi} + m_2 l\dot{x}\cos\varphi\right] + m_2 l(\dot{x}\dot{\varphi} + g)\sin\varphi = 0. \tag{5.254}$$

Nach Ausführung der Zeitableitung verbleiben die Gleichungen

$$(m_1 + m_2)\ddot{x} + m_2 l\ddot{\varphi}\cos\varphi - m_2 l\dot{\varphi}^2\sin\varphi + 2kx = 0 \tag{5.255}$$

und

$$l\ddot{\varphi} + \ddot{x}\cos\varphi + g\sin\varphi = 0. \tag{5.256}$$

(c) Kleine Winkel bedeuten, dass die trigonometrischen Funktionen entwickelt werden können:

$$\sin\varphi \approx \varphi, \quad \cos\varphi \approx 1. \tag{5.257}$$

Die Bewegungsgleichung für x nimmt dann die folgende Form an:

$$(m_1 + m_2)\ddot{x} + 2kx = m_2 l\left(\dot{\varphi}^2\varphi - \ddot{\varphi}\right). \tag{5.258}$$

Entsprechend erhält man für φ

$$l\ddot{\varphi} + g\varphi = -\ddot{x}. \tag{5.259}$$

Beide Gleichungen haben die Form (5.224). Die Bewegungsgleichungen sind nicht einfach zu lösen, da sie eng miteinander gekoppelt sind: Die Argumente auf den rechten Seiten von (5.258) und (5.259) erhalten jeweils die andere Koordinate, (5.258) sogar den nichtlinearen Term $\dot{\varphi}^2\varphi$.

5.3

(a) Die Koordinaten der Punktmasse in Kugelkoordinaten lauten gemäß (2.115)

$$\begin{aligned} x_1 &= r\sin\vartheta\cos\varphi, \\ x_2 &= r\sin\vartheta\sin\varphi, \\ x_3 &= r\cos\vartheta. \end{aligned} \tag{5.260}$$

Es gibt keine Zwangsbedingungen; es müssen also alle drei Koordinaten (r, ϑ, φ) berücksichtigt werden. Um die kinetische Energie T in Kugelkoordinaten zu erhalten, müssen die ersten Zeitableitungen bestimmt werden. Dabei hängen sowohl r, ϑ als auch φ von der Zeit ab. Das Ergebnis ist

$$\begin{aligned} \dot{x}_1 &= \dot{r}\sin\vartheta\cos\varphi + r\dot{\vartheta}\cos\vartheta\cos\varphi - r\dot{\varphi}\sin\vartheta\sin\varphi, \\ \dot{x}_2 &= \dot{r}\sin\vartheta\sin\varphi + r\dot{\vartheta}\cos\vartheta\sin\varphi + r\dot{\varphi}\sin\vartheta\cos\varphi, \\ \dot{x}_3 &= \dot{r}\cos\vartheta - r\dot{\vartheta}\sin\vartheta. \end{aligned} \tag{5.261}$$

Die kinetische Energie lautet

$$\begin{aligned} T &= \frac{m}{2}\left(\dot{x}_1^2 + \dot{x}_2^2 + \dot{x}_3^2\right) \\ &= \frac{m}{2}\left[\dot{r}^2 + r^2\left(\dot{\vartheta}^2 + \dot{\varphi}^2\sin^2\vartheta\right)\right]. \end{aligned} \tag{5.262}$$

Der Umformungsschritt besteht vor allem aus Fleißarbeit und mehrfacher Anwendung der Identität

$\sin^2 x + \cos^2 x = 1$, bereitet aber keine konzeptionellen Schwierigkeiten. Man erkennt, dass keine gemischten Terme wie $\dot{r}\dot{\vartheta}$ oder $\dot{\vartheta}\dot{\varphi}$ auftreten.

Die Lagrange-Gleichungen für r, ϑ und φ sind

$$\begin{aligned} \frac{\mathrm{d}}{\mathrm{d}t}(m\dot{r}) - mr\left(\dot{\vartheta}^2 + \dot{\varphi}^2 \sin^2\vartheta\right) &= -\frac{\partial V}{\partial r}, \\ \frac{\mathrm{d}}{\mathrm{d}t}\left(mr^2\dot{\vartheta}\right) - mr^2\dot{\varphi}^2 \sin\vartheta\cos\vartheta &= -\frac{\partial V}{\partial \vartheta}, \\ \frac{\mathrm{d}}{\mathrm{d}t}\left(mr^2\dot{\varphi}\sin^2\vartheta\right) &= -\frac{\partial V}{\partial \varphi}. \end{aligned} \tag{5.263}$$

Diese Berechnung ist wesentlich einfacher, als den ursprünglichen Weg über zeitabhängige Basisvektoren (Abschn. 2.5) zu gehen.

(b) Die Zwangsbedingung ist holonom und lautet

$$f = \vartheta - \vartheta_0 = 0. \tag{5.264}$$

Glücklicherweise ist sie mit den Kugelkoordinaten verträglich. Deswegen gibt es nur noch zwei unabhängige Parameter: den Radius r und den Azimutwinkel φ. Da ϑ nicht mehr zu den generalisierten Koordinaten gehört, sind einfach alle Terme $\dot{\vartheta}$ aus der Lagrange-Funktion zu streichen, und ϑ ist durch die Konstante ϑ_0 zu ersetzen. Dies führt auf

$$L = \frac{m}{2}\left(\dot{r}^2 + r^2\dot{\varphi}^2\sin^2\vartheta_0\right) - V(r). \tag{5.265}$$

Die Bewegungsgleichungen lauten demnach

$$\begin{aligned} \frac{\mathrm{d}}{\mathrm{d}t}(m\dot{r}) - mr\left(\dot{\varphi}^2\sin^2\vartheta_0\right) &= -\frac{\partial V}{\partial r}, \\ \frac{\mathrm{d}}{\mathrm{d}t}\left(mr^2\dot{\varphi}\sin^2\vartheta_0\right) &= 0. \end{aligned} \tag{5.266}$$

Der konjugierte Impuls $p_\varphi = mr^2\dot{\varphi}\sin^2\vartheta_0$ (hier also der Drehimpuls) ist erhalten und kann verwendet werden, um $\dot{\varphi}$ aus der Bewegungsgleichung für r zu eliminieren:

$$m\ddot{r} - \frac{p_\varphi^2}{mr^3\sin^2\vartheta_0} = -\frac{\partial V}{\partial r}. \tag{5.267}$$

Wir schreiben diese Gleichung als

$$m\ddot{r} = -\frac{\partial V_{\mathrm{eff}}}{\partial r} \tag{5.268}$$

mit dem effektiven Potenzial

$$V_{\mathrm{eff}} = V(r) + \frac{p_\varphi^2}{2mr^2\sin^2\vartheta_0}. \tag{5.269}$$

Für $\vartheta_0 = 90°$ reduzieren sich die Gleichungen genau auf diejenigen in Abschn. 3.2. Die Bewegungsgleichungen sind bis auf konstante Vorfaktoren identisch zu denen, die in Abschn. 3.2 diskutiert wurden. Daher unterscheiden sich die Lösungsverfahren nicht von denen, die in Kap. 3 besprochen wurden.

(c) Für die Zwangsbedingung

$$f = \varphi - \varphi_0 = 0 \tag{5.270}$$

und die kräftefreie Bewegung ist die Lagrange-Funktion

$$L = T = \frac{m}{2}\left(\dot{r}^2 + r^2\dot{\vartheta}^2\right). \tag{5.271}$$

Hier sind r und ϑ die beiden unabhängigen Koordinaten. Entsprechend findet man schnell die Bewegungsgleichungen

$$\begin{aligned} \frac{\mathrm{d}}{\mathrm{d}t}(m\dot{r}) - mr\dot{\vartheta}^2 &= 0, \\ \frac{\mathrm{d}}{\mathrm{d}t}\left(mr^2\dot{\vartheta}\right) &= 0. \end{aligned} \tag{5.272}$$

Hier ist ϑ zyklisch und der konjugierte Impuls $p_\vartheta = mr^2\dot{\vartheta}$ erhalten. Die Radialgleichung vereinfacht sich zu

$$m\ddot{r} = -\frac{\mathrm{d}}{\mathrm{d}r}\frac{p_\vartheta^2}{2mr^2}. \tag{5.273}$$

Nach Multiplikation mit $\dot{r} = \mathrm{d}r/\mathrm{d}t$ lässt sich dies zu

$$\frac{m}{2}\dot{r}^2 = -\frac{p_\vartheta^2}{2mr^2} + C \tag{5.274}$$

aufintegrieren. Dies ist genau die Radialgleichung (3.53) für $V = 0$ bzw. (3.66) für $\alpha = 0$. Es ist nur φ durch ϑ zu ersetzen. Die Lösung ist daher mit (3.75) schon bekannt:

$$\vartheta - \vartheta_0' = -\arcsin\frac{p_\vartheta/r}{\sqrt{2mC}}. \tag{5.275}$$

Hier ist ϑ_0' eine zweite Integrationskonstante. Leicht umgeformt lautet die allgemeine Lösung also

$$r\cos(\vartheta - \vartheta_p) = \frac{p_\vartheta}{\sqrt{2mC}}, \tag{5.276}$$

wobei ϑ_p der Winkel ist, bei dem die Punktmasse den kleinsten Abstand vom Ursprung besitzt. Anhand von Abb. 2.15 sieht man, dass (5.276) eine Gerade in Kugelkoordinaten beschreibt. Sie liegt in der Ebene, die durch $\varphi = \varphi_0$ festgelegt ist, und läuft im Abstand $p_\vartheta/\sqrt{2mC}$ am Ursprung vorbei. Dass es sich um eine Gerade handelt, liegt auf der Hand: Die kräftefreie Bewegung einer Punktmasse in einer Ebene kann nur entlang einer Geraden erfolgen.

5.4

(a) Es kann zunächst direkt die Lagrange-Funktion in Kugelkoordinaten aufgeschrieben werden:

$$\begin{aligned} L &= T - V \\ &= \frac{m}{2}\left[\dot{R}^2 + R^2\left(\dot{\vartheta}^2 + \dot{\varphi}^2\sin^2\vartheta\right)\right] - mgr\cos\vartheta. \end{aligned} \tag{5.277}$$

Bei der Aufstellung der Bewegungsgleichung ist zu beachten, dass nur ϑ und φ Freiheitsgrade sind. Es gibt daher nur zwei Lagrange-Gleichungen. Obwohl der Radius und seine Zeitableitung in der Lagrange-Funktion auftreten, handelt es sich dabei um eine vorgegebene Funktion ohne Freiheit. Die Bewegungsgleichungen lauten

$$mR^2\ddot{\vartheta} + 2mR\dot{R}\dot{\vartheta} = mR^2\dot{\varphi}^2 \sin\vartheta \cos\vartheta + mgR\sin\vartheta \quad (5.278)$$

und

$$\begin{aligned} mR^2\ddot{\varphi}\sin^2\vartheta &+ 2mR^2\dot{\varphi}\dot{\vartheta}\sin\vartheta\cos\vartheta \\ &+ 2mR\dot{R}\dot{\varphi}\sin^2\vartheta = 0. \end{aligned} \quad (5.279)$$

(b) Die Energie lautet

$$\begin{aligned} E &= T + V \\ &= \frac{m}{2}\left[\dot{R}^2 + R^2\left(\dot{\vartheta}^2 + \dot{\varphi}^2\sin^2\vartheta\right)\right] + mgR\cos\vartheta. \end{aligned} \quad (5.280)$$

Im Gegensatz dazu berechnet sich die Hamilton-Funktion aus (5.95):

$$\begin{aligned} H &= \dot{\vartheta}\frac{\partial L}{\partial\dot{\vartheta}} + \dot{\varphi}\frac{\partial L}{\partial\dot{\varphi}} - L \\ &= mR^2\dot{\vartheta}^2 + mR^2\dot{\varphi}^2\sin^2\vartheta - (T - V) \\ &= T - m\dot{R}^2 + V = E - m\dot{R}^2. \end{aligned} \quad (5.281)$$

Die Hamilton-Funktion unterscheidet sich von der Energie, da die Zwangsbedingung $r - R(t) = 0$ rheonom ist. Es ist die Zeitableitung der Energie gesucht:

$$\begin{aligned} \frac{dE}{dt} &= m\left[\dot{R}\ddot{R} + mR\dot{R}\left(\dot{\vartheta}^2 + \dot{\varphi}^2\sin^2\vartheta\right)\right] \\ &+ mR^2\left(\dot{\vartheta}\ddot{\vartheta} + \dot{\varphi}\ddot{\varphi}\sin^2\vartheta + \dot{\varphi}^2\dot{\vartheta}\sin\vartheta\cos\vartheta\right) \\ &+ mg(\dot{R}\cos\vartheta - R\dot{\vartheta}\sin\vartheta). \end{aligned} \quad (5.282)$$

Durch Ausnutzen der Bewegungsgleichungen lassen sich die zweiten Ableitungen $\ddot{\vartheta}$ und $\ddot{\varphi}$ eliminieren; der Ausdruck reduziert sich nach kurzer Rechnung auf

$$\frac{dE}{dt} = m\dot{R}\left(\ddot{R} + g\cos\vartheta - R\dot{\vartheta}^2 - R\dot{\varphi}\sin^2\vartheta\right). \quad (5.283)$$

Ist die Fadenlänge R konstant, so ist $\dot{R} = 0$; dies führt auf den Spezialfall einer skleronomen Zwangsbedingung mit Energieerhaltung. Die Hamilton-Funktion entspricht dann der Energie.

5.5 Die benötigte Zeit ist

$$\tau = \int_{s_0}^{s_1} \frac{ds}{v}, \quad (5.284)$$

wobei s der Bahnparameter ist. Er erfüllt

$$ds = \sqrt{dx^2 + dy^2} = dx\sqrt{1 + y'^2}. \quad (5.285)$$

Die Bahngeschwindigkeit ist

$$v = \sqrt{2gy}. \quad (5.286)$$

Folglich lautet das zu minimierende Integral

$$\tau = \int_{x_0}^{x_1} dx \sqrt{\frac{1 + y'^2}{2gy}}. \quad (5.287)$$

Die „Lagrange-Funktion" des Problems,

$$L = \sqrt{\frac{1 + y'^2}{2gy}}, \quad (5.288)$$

hängt nicht vom Parameter x ab. Dieser ist analog zur Zeit t. Somit muss die „Energie"

$$E = y'\frac{\partial L}{\partial y'} - L \quad (5.289)$$

erhalten sein. Dies ist eine Differenzialgleichung erster Ordnung, die anstelle der Euler-Gleichung verwendet werden kann. Eine kurze Rechnung führt auf

$$E\sqrt{2g} = -\frac{1}{\sqrt{y(1 + y'^2)}} = \text{const}. \quad (5.290)$$

Separiert man die Veränderlichen, lautet die Differenzialgleichung schließlich

$$dx = \frac{dy}{\sqrt{2C/y - 1}} \quad (5.291)$$

mit $C = 1/(4gE^2)$.

Wir berechnen die Ableitungen der Parametrisierung (5.228):

$$\frac{dx}{d\alpha} = C(1 - \cos\alpha), \quad \frac{dy}{d\alpha} = C\sin\alpha. \quad (5.292)$$

Dies führt auf

$$\frac{dy}{dx} = \frac{\sin\alpha}{1 - \cos\alpha}. \quad (5.293)$$

Andererseits ist

$$\frac{dy}{dx} = \sqrt{\frac{2C}{y} - 1} = \sqrt{\frac{2}{1 - \cos\alpha} - 1}. \quad (5.294)$$

Man kann nun durch eine kurze Umformung (auf einen Bruchstrich bringen, dann mit $1-\cos\alpha$ erweitern) zeigen, dass (5.293) und (5.294) äquivalent sind.

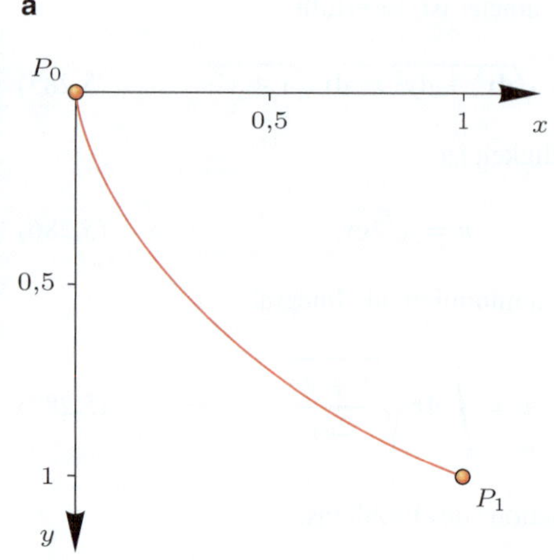

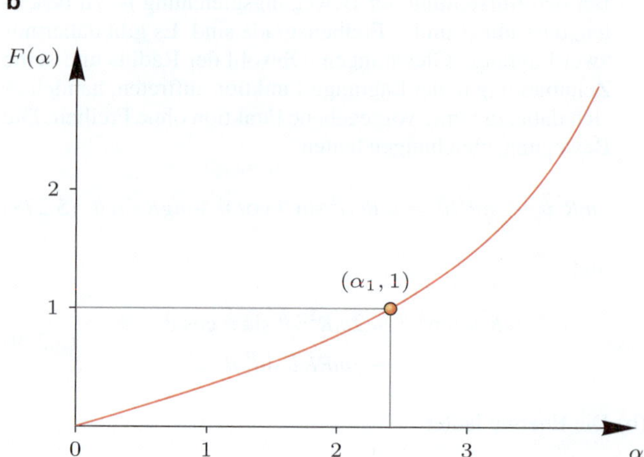

Abb. 5.12 Die Brachistochrone in **a** ist die Kurve, auf der eine Punktmasse reibungsfrei am schnellsten vom Punkt P_0 nach P_1 gleitet. Hier wurde der Endpunkt $(1,1)^\top$ willkürlich gewählt. Die Funktion $F(\alpha)$ in **b** wird benötigt, um die Gestalt der Brachistochrone festzulegen. Für einen gegebenen Wert $F(\alpha_1)$ (die gewählten Punkte P_0 und P_1 führen auf $F(\alpha_1) = 1$) lässt sich der Parameter α_1 ablesen oder numerisch berechnen

Um die Zykloide für zwei gegebene Punkte $(x_0, 0)$ und (x_1, y_1) zu bestimmen, muss C so gewählt werden, dass die Kurve durch beide Punkte läuft. Man sieht direkt, dass der Anfangspunkt $\alpha = 0$ entspricht. Der Endpunkt erfüllt wegen (5.228)

$$\frac{x_1(\alpha_1) - x_0(0)}{y(\alpha_1) - y(0)} = \frac{\alpha_1 - \sin\alpha_1}{1 - \cos\alpha_1} =: F(\alpha_1). \tag{5.295}$$

Hier ist α_1 der Wert des Bahnparameters, für den die Kurve den Endpunkt (x_1, y_1) erreicht. Die linke Seite von (5.295) ist bekannt, wenn die Punkte gegeben sind. Die Funktion $F(\alpha)$ ist im Intervall $[0, 2\pi)$ streng monoton steigend und kann numerisch invertiert werden, um α_1 zu bestimmen (Abb. 5.12b). Der Wert für C ist dann aus (5.228),

$$C = \frac{1 - \cos\alpha_1}{y_1}, \tag{5.296}$$

zu berechnen.

5.6

(a) Das Linienelement in Kugelkoordinaten (2.117) ist

$$\mathrm{d}s = \sqrt{\mathrm{d}r^2 + r^2\,\mathrm{d}\vartheta^2 + r^2\sin^2\vartheta\,\mathrm{d}\varphi^2}. \tag{5.297}$$

Beschränkt man sich auf die Kugeloberfläche, so ist $\mathrm{d}r = 0$. Außerdem ist unser Ziel, eine Parametrisierung $\varphi(\vartheta)$ mit $\varphi' = \mathrm{d}\varphi/\mathrm{d}\vartheta$ zu erhalten:

$$\mathrm{d}s = R\sqrt{1 + \varphi'^2\sin^2\vartheta}\,\mathrm{d}\vartheta. \tag{5.298}$$

(b) Die resultierende Euler-Gleichung ist

$$\frac{\mathrm{d}}{\mathrm{d}\vartheta}\frac{\varphi'\sin^2\vartheta}{\left(1 + \varphi'^2\sin^2\vartheta\right)^{1/2}} = 0. \tag{5.299}$$

Demnach muss

$$\frac{\varphi'\sin^2\vartheta}{\left(1 + \varphi'^2\sin^2\vartheta\right)^{1/2}} = K \tag{5.300}$$

eine Konstante sein.
Es werden folgende Ableitungen benötigt:

$$\frac{\mathrm{d}}{\mathrm{d}x}\arcsin x = \frac{1}{\sqrt{1 - x^2}}, \quad \frac{\mathrm{d}}{\mathrm{d}x}\cot x = -\frac{1}{\sin^2 x}. \tag{5.301}$$

Daher ist

$$\varphi' = \frac{C_2}{\sin^2\vartheta}\frac{1}{\sqrt{1 - C_2^2\cot^2\vartheta}}. \tag{5.302}$$

Durch Einsetzen in (5.300) und elementares Umformen erhält man zunächst

$$\begin{aligned} K &= \frac{C_2\frac{1}{\sqrt{1 - C_2^2\cot^2\vartheta}}}{\sqrt{1 + \frac{C_2^2}{\sin^2\vartheta}\frac{1}{1 - C_2^2\cot^2\vartheta}}} \\ &= C_2\sqrt{\frac{\sin^2\vartheta}{\sin^2\vartheta - C_2^2\cos^2\vartheta + C_2^2}}. \end{aligned} \tag{5.303}$$

Eine weitere kurze Rechnung führt auf

$$K = \frac{C_2}{\sqrt{1 + C_2^2}}. \tag{5.304}$$

Da sowohl K als auch C_2 Konstanten sind, löst (5.229) tatsächlich die Euler-Gleichung.

(c) Die Lösung (5.229) schreiben wir als

$$RC_2\cot\vartheta = R\sin(C_1 - \varphi) \tag{5.305}$$

bzw.

$$\begin{aligned} RC_2 \cos\vartheta &= R\sin(C_1-\varphi)\sin\vartheta \\ &= R\sin\vartheta\,(\sin C_1\cos\varphi - \cos C_1\sin\varphi)\,. \end{aligned} \quad (5.306)$$

In kartesischen Koordinaten lautet dies

$$\begin{pmatrix} \sin C_1 \\ -\cos C_1 \\ -C_2 \end{pmatrix} \cdot \begin{pmatrix} R\sin\vartheta\cos\varphi \\ R\sin\vartheta\sin\varphi \\ 0 \end{pmatrix} = 0. \quad (5.307)$$

Es handelt sich dabei um die Schnittgleichung einer Ebene mit Normalenvektor $\boldsymbol{n} = (\sin C_1, -\cos C_1, -C_2)^\top$ mit einer Kugel mit Radius R und Mittelpunkt im Ursprung. Die Ebene $\boldsymbol{n}\cdot\boldsymbol{x} = 0$ läuft durch den Ursprung. Daher handelt es sich bei den Schnitten um Großkreise. Die kürzeste Verbindung zweier Punkte auf der Kugeloberfläche ist also ein Segment desjenigen Großkreises, auf dem die Punkte liegen.

5.7 Die Euler-Lagrange-Gleichung lautet

$$\frac{\mathrm{d}}{\mathrm{d}t}\frac{\partial L}{\partial \dot q} - \frac{\partial L}{\partial q} = 0. \quad (5.308)$$

Durch die Funktion $f(t,q)$ werden die Beiträge

$$\frac{\mathrm{d}}{\mathrm{d}t}\frac{\partial}{\partial \dot q}\frac{\mathrm{d}f(t,q)}{\mathrm{d}t} - \frac{\partial}{\partial q}\frac{\mathrm{d}f(t,q)}{\mathrm{d}t} \stackrel{?}{=} 0 \quad (5.309)$$

hinzugefügt. Es ist zu untersuchen, ob sie tatsächlich verschwinden. Zunächst ist

$$\frac{\mathrm{d}f(t,q)}{\mathrm{d}t} = \frac{\partial f(t,q)}{\partial q}\dot q + \frac{\partial f(t,q)}{\partial t}. \quad (5.310)$$

Der erste Beitrag in (5.309) lautet damit

$$\frac{\mathrm{d}}{\mathrm{d}t}\frac{\partial}{\partial \dot q}\frac{\mathrm{d}f(t,q)}{\mathrm{d}t} = \frac{\mathrm{d}}{\mathrm{d}t}\frac{\partial f(t,q)}{\partial q} = \frac{\partial^2 f(t,q)}{\partial q^2}\dot q + \frac{\partial^2 f(t,q)}{\partial t\partial q}, \quad (5.311)$$

der zweite ist

$$\frac{\partial}{\partial q}\frac{\mathrm{d}f(t,q)}{\mathrm{d}t} = \frac{\partial^2 f(t,q)}{\partial q^2}\dot q + \frac{\partial^2 f(t,q)}{\partial q\partial t}. \quad (5.312)$$

Sind die Ableitungen vertauschbar, heben sich die Terme paarweise auf, und die Bewegungsgleichungen sind tatsächlich invariant.

5.8 Um Verwechslungen zu vermeiden, verwenden wir die Indizes i,j,k für die Koordinaten und a,b für Punktmassen. Die i-te Komponente des Ortsvektors der Punktmasse a ist $x_{a,i}$. Die Transformation $x'_{a,i} = r_{ij}x_{a,j}$ muss zunächst in die Form $x'_{a,i} = x_{a,i} + \epsilon\tilde{x}_{a,i}$ gebracht werden. Für eine infinitesimale Drehung gilt

$$r_{ij} = \delta_{ij} + \varepsilon_{ijk}\mathrm{d}\phi_k = \delta_{ij} + \varepsilon_{ijk}\epsilon\phi n_k. \quad (5.313)$$

Dabei ist $\mathrm{d}\phi_k$ ein infinitesimaler Drehwinkel, und $\boldsymbol{\phi}$ zeigt in Richtung der Drehachse $\hat{\boldsymbol{n}}$. Alternativ können wir dafür $\epsilon\phi n_k$ schreiben, wobei ϵ infinitesimal und der konstante Winkel ϕ endlich ist. Das Levi-Civita-Symbol ε_{ijk} und der infinitesimale Parameter ϵ sind dabei streng voneinander zu unterscheiden. Ein Vergleich zeigt

$$\tilde{x}_{a,i} = \varepsilon_{ijk}\phi n_k x_{a,j}, \quad (5.314)$$

d. h., die Änderung von $x_{a,i}$ hängt von $x_{a,j}$ ab. Dies ist bei Drehungen nicht anders zu erwarten. Wegen $\tilde{t} = 0$ und $t' = t$ folgt zunächst

$$\dot{\tilde{x}}_{a,i} = \varepsilon_{ijk}\phi n_k \dot{x}_{a,j}. \quad (5.315)$$

Die folgende Rechnung dient lediglich der Übung, liefert aber keine neuen Erkenntnisse: Wir berechnen nun

$$\dot{x}'_{a,i}\dot{x}'_{a,i} = \dot{x}_{a,i}\dot{x}_{a,i} + 2\epsilon\varepsilon_{ijk}\dot{x}_{a,i}\dot{x}_{a,j}\phi n_k, \quad (5.316)$$

wobei die Einstein'sche Summenkonvention die Summation über i,j,k impliziert und der ϵ^2-Term vernachlässigt wurde. Wegen der Eigenschaften des Levi-Civita-Symbols ist $\varepsilon_{ijk}\dot{x}_{a,i}\dot{x}_{a,j} = 0$ und somit $\dot{\boldsymbol{x}}_a'^2 = \dot{\boldsymbol{x}}_a^2$.

Ganz analog findet man, dass $|\boldsymbol{x}_a - \boldsymbol{x}_b|$ invariant ist. Somit tritt ϵ in der Lagrange-Funktion überhaupt nicht auf:

$$\frac{\mathrm{d}}{\mathrm{d}\epsilon}\left[L\left(t', q', \frac{\mathrm{d}q'}{\mathrm{d}t'}\right)\dot{t}'\right]\bigg|_{\epsilon=0} = 0. \quad (5.317)$$

Wir haben eine Symmetrie gefunden.

Mit dem Noether-Theorem (5.214) lässt sich die zugehörige Erhaltungsgröße bestimmen. Wegen $\tilde{t} = 0$ und $f = 0$ folgt

$$\begin{aligned} I &= \sum_a \frac{\partial L}{\partial \dot{x}_{a,i}}\tilde{x}_{a,i} = \sum_a p_{a,i}\varepsilon_{ijk}\phi n_k x_{a,j} \\ &= \varepsilon_{ijk}n_k \sum_a p_{a,i}x_{a,j} = -\hat{\boldsymbol{n}}\cdot\boldsymbol{L}. \end{aligned} \quad (5.318)$$

Es ist also die Projektion des Gesamtdrehimpulses $\boldsymbol{L}$ auf die Achse $\hat{\boldsymbol{n}}$ erhalten. Da $\hat{\boldsymbol{n}}$ aber beliebig ist, ist der Drehimpuls $\boldsymbol{L}$ selbst eine Erhaltungsgröße.

Antworten zu den Selbstfragen

Antwort 26 Drehungen haben stets Determinante $+1$, Spiegelungen -1.

Antwort 29 Da das System invariant unter Translationen parallel zu den Platten ist, ist die parallele Impulskomponente erhalten. Die Impulskomponente entlang des Feldes ist allerdings nicht erhalten, da das Feld das Elektron in diese Richtung beschleunigt bzw. weil das System in dieser Richtung nicht invariant unter Verschiebungen ist.

Literatur

Fließbach, T.: Mechanik: Lehrbuch zur Theoretischen Physik I. SpringerSpektrum, Wiesbaden (2015)

Forster, O.: Analysis 3: Maß- und Integrationstheorie, Integralsätze im $\mathbb{R}^n$ und Anwendungen (Aufbaukurs Mathematik). SpringerSpektrum, Wiesbaden (2012)

Weiterführende Literatur

Goldstein, H.: Klassische Mechanik. Akademische Verlagsgesellschaft, Wiesbaden (1981)

Schwingungen

Was sind kleine Schwingungen, und warum sind sie so wichtig?

Wie werden schwingende Systeme durch Dämpfung beeinflusst?

Was ist Resonanz, und wann spielt sie eine Rolle?

Wie beschreibt man Systeme gekoppelter Oszillatoren?

Bei welchen Systemen sind Schwingungen wichtig?

M. Bartelmann et al., *Theoretische Physik*, DOI 10.1007/978-3-642-54618-1_6, © Springer-Verlag Berlin Heidelberg 2015

Dieses Kapitel beschäftigt sich genauer mit den für die Physik extrem wichtigen harmonischen Schwingungen. Sie sind deshalb von so grundlegender Bedeutung, da sich fast alle Kräfte lokal linearisieren lassen. Harmonische Schwingungen spielen beispielsweise auch in der Akustik und der Spektroskopie eine große Rolle.

In Abschn. 6.1 werden freie Schwingungen eines Systems mit nur einem einzigen Freiheitsgrad gründlicher untersucht. Die Erweiterung auf ein System mit Dissipation wird in Abschn. 6.2 besprochen. Von außen erzwungene Schwingungen werden anschließend in Abschn. 6.3 diskutiert. Dabei ist die sogenannte Resonanz ein wichtiger Effekt. In Abschn. 6.4 kommen wir auf Systeme zu sprechen, bei denen mehrere gekoppelte Freiheitsgrade gleichzeitig schwingen können. Dies erlaubt die Berechnung einiger realistischer Systeme mit vielen Freiheitsgraden (Abschn. 6.5).

6.1 Freie Schwingungen

In diesem Abschnitt beschränken wir uns auf Systeme mit einem einzigen Freiheitsgrad. Dies kann beispielsweise die Auslenkung eines Fadenpendels sein, bei der die generalisierte Koordinate der Auslenkungswinkel ist. Es kann sich aber auch um die Auslenkung eines Federpendels handeln, die als kartesische Koordinate gewählt werden kann. In jedem Fall soll es mit Ausnahme einer konservativen Rückstellkraft keine weiteren Kräfte geben. Insbesondere werden Reibungskräfte und äußere treibende Kräfte erst in späteren Abschnitten berücksichtigt. Wir werden feststellen, dass die komplexen Zahlen zur Beschreibung harmonischer Schwingungen sehr nützlich sind.

Allgemeine Bewegungsgleichung und Gleichgewicht

Für einen einzigen Freiheitsgrad q in Abwesenheit dissipativer Kräfte lautet die Lagrange-Funktion allgemein

$$L = T(q, \dot{q}) - V(q). \tag{6.1}$$

Hat man es nur mit einer Punktmasse m und einem Freiheitsgrad q zu tun und sind alle eventuell auftretenden Zwangsbedingungen skleronom (zeitunabhängig), lautet die kinetische Energie (5.98)

$$T(q, \dot{q}) = \frac{1}{2} m h(q) \dot{q}^2. \tag{6.2}$$

Hier ist $h(q) > 0$ eine reine Funktion der generalisierten Koordinate q, nicht jedoch ihrer Ableitung $\dot{q}$.

Frage 1

Zeigen Sie, dass (6.2) aus (5.98) folgt und dass $h(q) > 0$ ist.

Ob die Bewegungsgleichung

$$\frac{\mathrm{d}}{\mathrm{d}t}\frac{\partial L}{\partial \dot{q}} = \frac{\partial L}{\partial q} \quad \Longrightarrow \quad m\frac{\mathrm{d}}{\mathrm{d}t} h(q)\dot{q} = \frac{m\dot{q}^2}{2}\frac{\mathrm{d}h}{\mathrm{d}q} - \frac{\mathrm{d}V}{\mathrm{d}q} \tag{6.3}$$

analytisch lösbar ist und wie ihre Lösung aussieht, hängt von der Gestalt der Funktion $h(q)$ und der potenziellen Energie $V(q)$ ab.

Frage 2

In Abschn. 1.4 wurde der harmonische Oszillator mit Potenzial (1.94) behandelt. Welche Funktionen $h(q)$ und $V(q)$ entsprechen einem harmonischen Oszillator? Erinnern Sie sich auch, dass die Bewegungsgleichung des harmonischen Oszillators mit (1.102) analytisch gelöst werden kann.

Man sagt, dass das System im Gleichgewicht ist, wenn die Gesamtkraft verschwindet. Dies bedeutet, dass sich die Punktmasse an einem stationären Punkt q_0 des Potenzials befinden muss, an dem $\mathrm{d}V/\mathrm{d}q|_{q=q_0} = 0$ gilt.

Mechanisches Gleichgewicht

Eine Punktmasse befindet sich im *Gleichgewicht* am stationären Ort q_0, wenn die Summe aller auf sie wirkenden generalisierten Kräfte verschwindet:

$$Q = -\left.\frac{\mathrm{d}V}{\mathrm{d}q}\right|_{q=q_0} = 0. \tag{6.4}$$

Dieser stationäre Punkt kann ein Minimum, ein Maximum oder ein Sattelpunkt des Potenzials sein (Abb. 6.1). Im ersten Fall ist das Gleichgewicht stabil, da eine kleine Auslenkung auf eine Kraft führt, welche die Punktmasse zurück zum stationären Punkt treibt. In den beiden anderen Fällen ist das Gleichgewicht instabil: Eine Auslenkung führt auf eine Kraft, welche die Punktmasse weg vom stationären Punkt beschleunigt. Man kann sich dies gut an einem Ball vorstellen, der in einer Mulde bzw. auf einem Hügel liegt und leicht angestoßen wird.

Entwicklung der kinetischen Energie und des Potenzials

Die Funktion $h(q)$ und das Potenzial $V(q)$ können im Allgemeinen alle möglichen Gestalten annehmen. In vielen Fällen ist jedoch die folgende Situation relevant: Das Potenzial besitzt ein lokales Minimum bei q_0, und die Auslenkung aus dem stabilen Gleichgewicht, $x := q - q_0$, ist klein. Man kann dann $h(x)$ und $V(x)$ um $x = 0$ bzw. $q = q_0$ entwickeln und Terme höherer Ordnung in x vernachlässigen (eigentlich sind $h(x)$, $V(x)$ und $h(q)$, $V(q)$ jeweils unterschiedliche Funktionen ihrer Argumente, beschreiben aber die gleiche Physik). Wir werden sehen, dass die Entwicklung letztlich auf eine Bewegungsgleichung

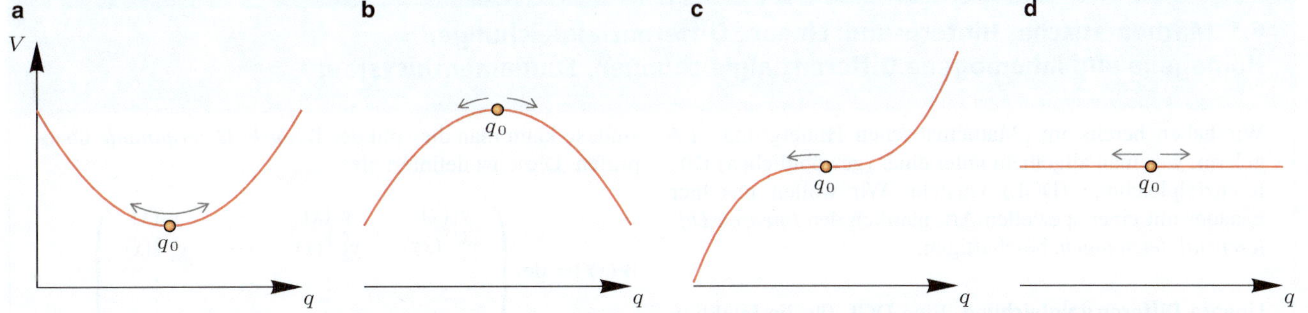

Abb. 6.1 Mögliche stationäre Punkte eines Potenzials $V(q)$. **a** Ein Minimum bei q_0 bildet ein *stabiles Gleichgewicht*, bei dem Auslenkungen auf Rückstellkräfte führen. **b** Das Gleichgewicht ist instabil, wenn es sich um ein Maximum handelt, da Auslenkungen in jede Richtung auf Kräfte führen, welche die Auslenkung vergrößern. **c** Sattelpunkte führen ebenfalls auf instabile Gleichgewichte. Nicht alle Auslenkungen führen auf Rückstellkräfte. **d** Hängt das Potenzial gar nicht von q ab, ist das Gleichgewicht *indifferent*. Es treten keine Kräfte beim Auslenken auf

einer harmonischen Schwingung führt, die wesentlich leichter zu handhaben ist als die allgemeine Bewegungsgleichung (6.3). Man spricht deshalb auch von *kleinen Schwingungen*, da die vereinfachte Bewegungsgleichung nur für kleine Auslenkungen x gültig ist.

Wir entwickeln das Potenzial um das Minimum bei $x = 0$ und schreiben:

$$V(x) = V(0) + \left.\frac{\mathrm{d}V(x)}{\mathrm{d}x}\right|_{x=0} x + \frac{1}{2}\left.\frac{\mathrm{d}^2V(x)}{\mathrm{d}x^2}\right|_{x=0} x^2 + \sum_{n=3}^{\infty} \frac{1}{n!}\left.\frac{\mathrm{d}^nV(x)}{\mathrm{d}x^n}\right|_{x=0} x^n. \tag{6.5}$$

Der erste Term auf der rechten Seite ist der konstante Wert des Potenzials im Minimum. Er spielt in den Bewegungsgleichungen keine Rolle. Der zweite Term ist der lineare Beitrag der Entwicklung und verschwindet per Konstruktion, da das Potenzial um sein Minimum entwickelt wird. Beschränkt man sich auf kleine Schwingungen, ist x klein, und Terme höherer Ordnung in x können vernachlässigt werden. In vielen Anwendungen spielt nur der quadratische Term eine wichtige Rolle, und alle Terme x^n mit $n \geq 3$ werden ignoriert. Dies führt offensichtlich auf das Potenzial einer harmonischen Schwingung.

Achtung Selbstverständlich kann nicht in allen Situationen davon ausgegangen werden, dass die Auslenkungen klein sind. Dann muss man entweder das Potenzial $V(q)$ vollständig berücksichtigen oder aber weitere Terme der Entwicklung mitnehmen. Schwingungen, bei denen höhere Terme von x eingehen, sind *anharmonisch*, da sie nicht durch einfache Sinus- oder Kosinusfunktionen beschrieben werden können. ◀

Es ist noch die kinetische Energie zu entwickeln. Hier ist

$$T(x, \dot{x}) = \frac{m\dot{x}^2}{2}\left[h(0) + \sum_{n=1}^{\infty} \frac{1}{n!}\left.\frac{\mathrm{d}^nh(x)}{\mathrm{d}x^n}\right|_{x=0} x^n\right]. \tag{6.6}$$

Da der Vorfaktor bereits von zweiter Ordnung in $\dot{x}$ ist, muss aus der Reihenentwicklung in der Klammer nur der konstante Beitrag $h(0)$ berücksichtigt werden. Kombinationen wie $\dot{x}^2 x$ sind bereits von höherer Ordnung und können vernachlässigt werden. Die Voraussetzung hier ist, dass $\dot{x}$ und x beide von derselben Ordnung sind.

Frage 3

Überlegen Sie sich, dass $\dot{x}$ und x von der gleichen Ordnung sind. Dazu betrachte man die Lösung (1.102) der harmonischen Schwingung und berechne die erste Zeitableitung: Die maximale Geschwindigkeit ist proportional zur Auslenkung, $\dot{x} \propto x$.

Im Grenzfall kleiner Schwingungen lautet die Lagrange-Funktion also

$$L = T(\dot{x}) - V(x) = \frac{1}{2}\tilde{m}\dot{x}^2 - \frac{1}{2}\tilde{V}x^2, \tag{6.7}$$

wobei die Konstanten $\tilde{m} := mh(0)$ und $\tilde{V} := \mathrm{d}^2V(x)/\mathrm{d}x^2\big|_{x=0}$ zur Abkürzung eingeführt wurden.

Frage 4

Überlegen Sie sich, dass $\tilde{V}$ positiv sein muss, wenn das Potenzial bei q_0 ein Minimum besitzt.

Eigenfrequenz der freien kleinen Schwingung

Aus (6.7) folgt die Bewegungsgleichung für die freie kleine Schwingung eines einzelnen Freiheitsgrads:

$$\ddot{x} + \omega_0^2 x = 0. \tag{6.8}$$

Wir haben dabei

$$\omega_0 := \sqrt{\frac{\tilde{V}}{\tilde{m}}} \tag{6.9}$$

definiert. Man kann ohne Einschränkung der Allgemeinheit fordern, dass $\omega_0 > 0$ ist.

Teil I

6.1 Mathematischer Hintergrund: Lineare Differenzialgleichungen Homogene und inhomogene Differenzialgleichungen, Fundamentalsystem

Wir haben bereits im „Mathematischen Hintergrund" 1.4 gelernt, was man allgemein unter einer (gewöhnlichen) Differenzialgleichung (DGL) versteht. Wir wollen uns hier genauer mit einer speziellen Art, nämlich den *linearen Differenzialgleichungen*, beschäftigen.

Lineare Differenzialgleichung Eine DGL für die Funktion $y(x)$ heißt *linear*, wenn $y(x)$ und all ihre Ableitungen höchstens linear vorkommen:

$$C_n(x)y^{(n)}(x) + \cdots + C_1(x)y^{(1)}(x) + C_0(x)y(x) = f(x).$$

$y^{(n)}(x)$ bezeichnet die n-te Ableitung von $y(x)$ nach x. Alle $C_i(x), y(x)$ und $f(x)$ sind reellwertige Funktionen. Ist $y^{(n)}(x)$ die höchste auftretende Ableitung, so ist die DGL von n-ter Ordnung. Die Gleichung heißt *homogen*, falls $f(x) = 0$, und ansonsten *inhomogen*. Man spricht von einer DGL mit *konstanten Koeffizienten*, wenn alle C_i nicht von x abhängen und somit Konstanten sind.

Betrachtet man vektorwertige Funktionen $\boldsymbol{y}(x)$ und $\boldsymbol{f}(x)$ mit Werten in $\mathbb{R}^k$, so hat die Gleichung die Form

$$\boldsymbol{C}_n(x)\boldsymbol{y}^{(n)}(x) + \cdots + \boldsymbol{C}_1(x)\boldsymbol{y}^{(1)}(x) + \boldsymbol{C}_0(x)\boldsymbol{y}(x) = \boldsymbol{f}(x),$$

wobei die $\boldsymbol{C}_i(x)$ matrixwertige Funktionen sind (d. h., für jedes x ist $\boldsymbol{C}_i(x)$ eine quadratische $k \times k$-Matrix). Diese Gleichung kann man auch als ein System von k reellwertigen eindimensionalen Gleichungen ansehen. Deswegen spricht man hier auch von einem *Differenzialgleichungssystem*.

Die Lösung $y(x)$ einer DGL muss nicht auf ganz $\mathbb{R}$ definiert sein, selbst wenn die vorkommenden Funktionen $C_i(x)$ und $f(x)$ auf ganz $\mathbb{R}$ definiert sind. Wir bezeichnen im Folgenden mit I das Intervall (das auch ganz $\mathbb{R}$ sein kann), auf dem Lösungen der DGL definiert sind.

Lösungsraum im homogenen Fall Ist eine DGL n-ter Ordnung homogen und sind $y_1(x)$ und $y_2(x)$ zwei ihrer Lösungen, so ist für alle $a_1, a_2 \in \mathbb{R}$ auch die Linearkombination $a_1y_1(x) + a_2y_2(x)$ eine Lösung, d. h., die Lösungen bilden einen reellen Vektorraum. Dieser hat die Dimension n, es gibt also n linear unabhängige Lösungen. Dabei sind Funktionen $g_i(x)$ linear unabhängig, wenn aus $\sum_{i=1}^n a_i g_i(x) = 0$ für alle $x \in I$ schon $a_i = 0$ für alle i folgt. Eine Basis des Lösungsraumes, d. h. n linear unabhängige Lösungen, bezeichnet man auch als *Fundamentalsystem*. Jede der n Lösungen ist dann eine *Fundamentallösung*.

Wronski-Determinante Wenn man herausfinden möchte, ob n Lösungen $y_i(x)$ einer linearen DGL linear unabhängig sind, so kann man dies mit der *Wronski-Determinante* überprüfen. Diese ist definiert als

$$W(x) := \det \begin{pmatrix} y_1(x) & y_2(x) & \cdots & y_n(x) \\ y_1^{(1)}(x) & y_2^{(1)}(x) & \cdots & y_n^{(1)}(x) \\ \vdots & \vdots & \ddots & \vdots \\ y_1^{(n-1)}(x) & y_2^{(n-1)}(x) & \cdots & y_n^{(n-1)}(x) \end{pmatrix}.$$

Gilt nun $W(x) \neq 0$ für ein $x \in I$, so sind die Funktionen $y_i(x)$ linear unabhängig. Die Umkehrung gilt jedoch nicht, d. h., aus $W(x) = 0$ für alle $x \in I$ folgt nicht die lineare Abhängigkeit.

Im Falle einer linearen DGL zweiter Ordnung ist also der Term $W(x) = y_1(x)y_2'(x) - y_2(x)y_1'(x)$ zu überprüfen.

Lösung der inhomogenen Gleichung Die allgemeine Lösung einer inhomogenen linearen DGL erhält man durch Addition der allgemeinen Lösung der dazugehörigen homogenen Gleichung zu einer speziellen Lösung der inhomogenen Gleichung (auch *partikuläre Lösung* $y_p(x)$ genannt). Die allgemeine Lösung hat also die Form

$$y(x) = \sum_{i=1}^{n} a_i(x)y_i(x) + y_p(x),$$

wobei a_i reelle Zahlen sind und die $y_i(x)$ ein Fundamentalsystem der homogenen Gleichung bilden.

Eindeutigkeit von Lösungen DGL der Ordnung n haben n linear unabhängige Lösungen; es gibt also insbesondere keine eindeutige Lösung. Will man eine eindeutige Lösung erhalten, so muss man weitere Bedingungen an die DGL stellen. Dies wird üblicherweise in der Form von *Anfangs(wert)bedingungen* getan. Dabei gibt man beispielsweise für einen Wert x_0 im Lösungsintervall I die Anfangswerte $y^{(k)}(x_0)$ für $k = 0, \ldots, n-1$ vor. Durch Vorgabe dieser n unabhängigen Bedingungen erhält man eine eindeutige Lösung im n-dimensionalen Lösungsraum. Diese kann man berechnen, indem man die Anfangswerte in die allgemeine Lösung der DGL einsetzt und das entstehende Gleichungssystem löst.

Ein einfaches Beispiel ist die Schwingungsgleichung

$$C_2y''(x) + C_0y(x) = 0.$$

Da dies eine homogene lineare DGL zweiter Ordnung ist, gibt es ein Fundamentalsystem mit zwei unabhängigen Lösungen. Diese sind z. B. $y_1(x) = \sin(\sqrt{C_0/C_2}x)$ und $y_2(x) = \cos(\sqrt{C_0/C_2}x)$. Die allgemeine Lösung hat die Form $y(x) = a_1y_1(x) + a_2y_2(x)$. Erst durch Angabe zweier Anfangswerte werden a_1 und a_2 festgelegt; die Lösung wird dann eindeutig.

Fadenpendel

Betrachten wir erneut das mathematische Fadenpendel der Masse m und Länge l, das sich nur in der x-z-Ebene bewegen kann. Die Gravitationskraft zeigt in die negative z-Richtung. Der einzige Freiheitsgrad ist der Auslenkungswinkel ϕ aus der Ruhelage (Gleichgewicht). Für die kinetische und die potenzielle Energie gilt

$$T = \frac{1}{2}ml^2\dot{\phi}^2, \quad V = -mgl\cos\phi. \tag{6.10}$$

Die kinetische Energie muss nicht entwickelt werden, da T nicht von ϕ abhängt. Wegen $\cos\phi \approx 1 - \phi^2/2$ folgt jedoch für das Potenzial

$$V \approx \frac{1}{2}mgl\phi^2. \tag{6.11}$$

Der konstante Term wurde dabei bereits ignoriert. Mit $\tilde{m} = ml^2$ und $\tilde{V} = mgl$ folgt das bekannte Ergebnis

$$\omega_0 = \sqrt{\frac{\tilde{V}}{\tilde{m}}} = \sqrt{\frac{g}{l}}. \tag{6.12}$$

Analog kann man das physikalische Pendel diskutieren, das bereits in Aufgabe 4.5 untersucht wurde. ◄

Bei (6.8) handelt es sich um eine gewöhnliche lineare homogene Differenzialgleichung (DGL) zweiter Ordnung mit konstanten Koeffizienten („Mathematischer Hintergrund" 6.1). Um sie zu lösen, benötigt man ein Fundamentalsystem aus zwei linear unabhängigen Lösungen $x_1(t)$ und $x_2(t)$. Wir wissen bereits, dass (1.102) die allgemeine Lösung dieser DGL ist. Wie schon in Aufgabe 1.7 gezeigt, kann man (1.102) alternativ als Linearkombination der beiden fundamentalen Lösungen $\sin(\omega_0 t)$ und $\cos(\omega_0 t)$ ausdrücken:

$$x(t) = a_1 \sin(\omega_0 t) + a_2 \cos(\omega_0 t). \tag{6.13}$$

Man kann mithilfe der Wronski-Determinante schnell zeigen, dass die beiden Fundamentallösungen linear unabhängig sind („Mathematischer Hintergrund" 6.1):

$$\begin{aligned} W &= \begin{vmatrix} x_1(t) & x_2(t) \\ \dot{x}_1(t) & \dot{x}_2(t) \end{vmatrix} \\ &= \begin{vmatrix} \sin(\omega_0 t) & \cos(\omega_0 t) \\ \omega_0\cos(\omega_0 t) & -\omega_0\sin(\omega_0 t) \end{vmatrix} = -\omega_0 \neq 0. \end{aligned} \tag{6.14}$$

Die Anfangsbedingungen legen die Werte der beiden Konstanten a_1 und a_2 fest. Sind die Anfangsauslenkung $x_0 = x(t=0)$ und die Anfangsgeschwindigkeit $v_0 = \dot{x}(t=0)$ gegeben, folgt durch Einsetzen (siehe „Mathematischen Hintergrund" 6.3)

$$a_1 = \frac{v_0}{\omega_0}, \quad a_2 = x_0. \tag{6.15}$$

Die *Kreisfrequenz* ω_0 ist die *Eigenfrequenz* der harmonischen Schwingung, die nur durch die Eigenschaften des Systems (Masse und Form des Potenzials), nicht aber durch die Anfangsbedingungen bestimmt ist. (Streng genommen ist die Eigenfrequenz zwar $f_0 = \omega_0/(2\pi)$, doch wird diese Unterscheidung im physikalischen Sprachgebrauch häufig unterschlagen.)

Kepler-Problem

Zur Anwendung betrachten wir nochmals das Kepler-Problem aus Abschn. 3.3. Wir wissen bereits, dass die radiale Bewegung durch (3.66) und (3.67) beschrieben wird. Man kann dies so interpretieren: Der Freiheitsgrad r hat eine kinetische Energie

$$T(\dot{r}) = \frac{\mu}{2}\dot{r}^2 \tag{6.16}$$

und bewegt sich in einem Potenzial

$$V(r) = \frac{L^2}{2\mu r^2} - \frac{\alpha}{r}, \tag{6.17}$$

wobei L der Drehimpuls der Punktmasse (und nicht die Lagrange-Funktion) ist.

Achtung Beim Kepler-Problem gibt es mehr als nur einen Freiheitsgrad. Allerdings ist die Bewegung des Freiheitsgrades r von denen der anderen entkoppelt. Seine Bewegungsgleichung kann also als die eines Systems mit nur einem Freiheitsgrad angesehen werden. Dabei ist der Drehimpuls L eine von außen vorgegebene Konstante. ◄

Bewegt sich die Punktmasse nahezu auf einer Kreisbahn, kann die radiale Bewegung durch eine kleine Schwingung approximiert werden. Dies ist möglich, da das Potenzial $V(r)$ ein Minimum hat, dessen Lage r_0 gerade dem Radius der Kreisbahn entspricht.

Frage 5

Wie lautet die Bedingung, dass das Kepler-Problem eine kreisförmige Bahn erlaubt? In diesem Fall ist der Gleichgewichtsradius

$$r_0 = \frac{L^2}{\mu\alpha}. \tag{6.18}$$

Berechnen Sie diesen, indem Sie nach stationären Punkten von $V(r)$ suchen.

Wir erlauben nun nur kleine Abweichungen von diesem Radius und schreiben

$$x = r - r_0 = r - \frac{L^2}{\mu\alpha}. \tag{6.19}$$

Teil I

6.2 Mathematischer Hintergrund: Komplexe Zahlen Definition und Rechenregeln

Durch die Einführung von negativen Zahlen wurde es ermöglicht, Lösungen für beliebige lineare Gleichungen angeben zu können. Quadratische Gleichungen wie $x^2 = -1$ haben dagegen keine Lösung über den reellen Zahlen. Die komplexen Zahlen wurden im 16. Jahrhundert von dem italienischen Mathematiker *Gerolamo Cardano* (1501–1576) eingeführt, als er merkte, dass er kubische Gleichungen lösen konnte, indem er mit fiktiven Lösungen von über den reellen Zahlen unlösbaren quadratischen Gleichungen weiterrechnete. Leonhard Euler führte dazu im 18. Jahrhundert die *imaginäre Einheit* i ein, dessen Quadrat -1 ist, also $\mathrm{i}^2 = -1$.

Definition Eine komplexe Zahl wird definiert als eine Zahl der Form $z = x + \mathrm{i}\,y \in \mathbb{C}$ mit $x, y \in \mathbb{R}$. Zwei komplexe Zahlen $z_{1,2} = x_{1,2} + \mathrm{i}\,y_{1,2}$ lassen sich dann folgendermaßen addieren und multiplizieren:

$$\begin{aligned} z_1 + z_2 &= (x_1 + x_2) + \mathrm{i}\,(y_1 + y_2), \\ z_1 \cdot z_2 &= x_1x_2 + \mathrm{i}\,(x_1y_2 + x_2y_1) + \mathrm{i}^2 y_1y_2 \\ &= (x_1x_2 - y_1y_2) + \mathrm{i}\,(x_1y_2 + x_2y_1). \end{aligned}$$

Algebraische Abgeschlossenheit Die große Bedeutung der komplexen Zahlen liegt nun unter anderem darin begründet, dass jede algebraische Gleichung vom Grad größer null über den komplexen Zahlen eine Lösung besitzt (Fundamentalsatz der Algebra).

Körpereigenschaften $\mathbb{C}$ ist mit den obigen Operationen ein Körper mit null $0 + \mathrm{i}\,0$ und eins $1 + \mathrm{i}\,0$:

$$\begin{aligned} (x + \mathrm{i}\,y) + (0 + \mathrm{i}\,0) &= (x + 0) + \mathrm{i}\,(y + 0) = x + \mathrm{i}\,y, \\ (x + \mathrm{i}\,y) \cdot (1 + \mathrm{i}\,0) &= (x \cdot 1 - y \cdot 0) + \mathrm{i}\,(x \cdot 0 + y \cdot 1) \\ &= x + \mathrm{i}\,y. \end{aligned}$$

Das multiplikative Inverse $z^{-1} = z' = x' + \mathrm{i}\,y'$ zu einer komplexen Zahl $z = x + \mathrm{i}\,y$ erhalten wir, indem wir

$$(x + \mathrm{i}\,y) \cdot (x' + \mathrm{i}\,y') = (xx' - yy') + \mathrm{i}\,(xy' + yx') = 1 + \mathrm{i}\,0$$

lösen, was $xx' - yy' = 1$ und $xy' + yx' = 0$ bzw. $x' = x/(x^2 + y^2)$ und $y' = -y/(x^2 + y^2)$ erfordert und für $z \neq 0$ definiert ist.

Komplexe Konjugation und Division Die *komplex konjugierte Zahl* z^* einer komplexen Zahl $z = x + \mathrm{i}\,y$ erhält man durch Multiplikation ihres Imaginärteils mit -1: $z^* = x - \mathrm{i}\,y$. Es gilt dann

$$|z|^2 := zz^* = z^*z = x^2 + y^2 \in \mathbb{R}.$$

Dieses *Betragsquadrat* von z lässt sich ausnutzen, um die Division zweier komplexer Zahlen zu definieren, indem man sie auf die Division durch eine reelle Zahl reduziert:

$$\frac{z_1}{z_2} = \frac{z_1z_2^*}{z_2z_2^*} = \frac{(x_1 + \mathrm{i}\,y_1)(x_2 - \mathrm{i}\,y_2)}{x_2^2 + y_2^2}.$$

Darstellungen Jede komplexe Zahl lässt sich eindeutig als Punkt in einer zweidimensionalen Zahlenebene (*Gauß'sche Zahlenebene*; Abb. 6.2) mit Koordinaten (x, y) interpretieren. Man nennt x den *Realteil* und y den *Imaginärteil*. Die Addition zweier komplexer Zahlen entspricht dann der Vektoraddition in der Gauß'schen Zahlenebene. Dabei ist der Betrag einer komplexen Zahl der Abstand $r = |z|$ dieses Punktes vom Ursprung.

In Aufgabe 6.1 wird gezeigt, dass man die komplexe Exponentialfunktion als

$$\mathrm{e}^{\mathrm{i}\varphi} = \cos\varphi + \mathrm{i}\,\sin\varphi, \quad \varphi \in \mathbb{R}$$

schreiben kann. Diese sogenannte *Euler'sche Formel* ist extrem hilfreich und wird in der Physik häufig eingesetzt. Daraus ergibt sich der wichtige, in Abb. 6.2 illustrierte Zusammenhang

$$z = x + \mathrm{i}\,y = r(\cos\varphi + \mathrm{i}\,\sin\varphi) = r\mathrm{e}^{\mathrm{i}\varphi}.$$

Hier ist φ eine reelle Phase, die $\tan\varphi = y/x$ erfüllt.

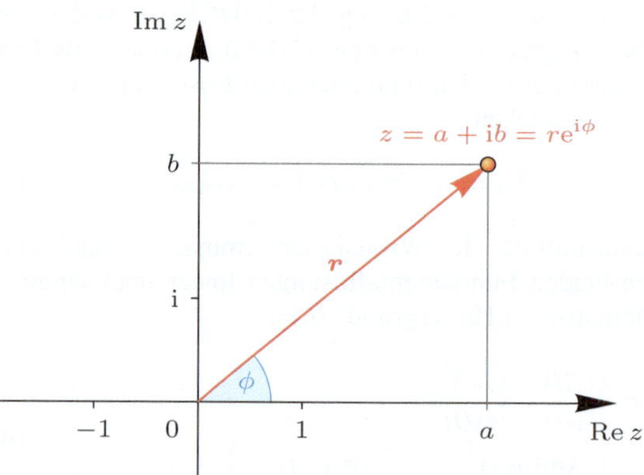

Abb. 6.2 Jede komplexe Zahl $z = x + \mathrm{i}\,y$ lässt sich als Punkt in der komplexen Zahlenebene mit Koordinaten (x, y) darstellen. In der Polardarstellung ordnet man der komplexen Zahl das eindeutige Tupel (r, φ), d. h. Betrag (Abstand vom Ursprung) und Phase (Winkel zur reellen Achse) zu: $z = r\mathrm{e}^{\mathrm{i}\varphi}$. Beide Darstellungen sind äquivalent

Somit lassen sich die Kosinus- und Sinusfunktionen durch die komplexe Exponentialfunktion ausdrücken:

$$\cos x = \frac{e^{ix} + e^{-ix}}{2}, \quad \sin x = \frac{e^{ix} - e^{-ix}}{2i}.$$

Diese Identitäten erlauben es, häufig verwendete Beziehungen der trigonometrischen Funktionen bequem abzuleiten (Aufgabe 6.1).

Literatur

- Arens, T., et al.: Mathematik. 2. Aufl., Spektrum Akademischer Verlag (2012)
- Freitag, E., Busam, R.: Funktionentheorie 1. 4. Aufl., Springer Verlag (2006)

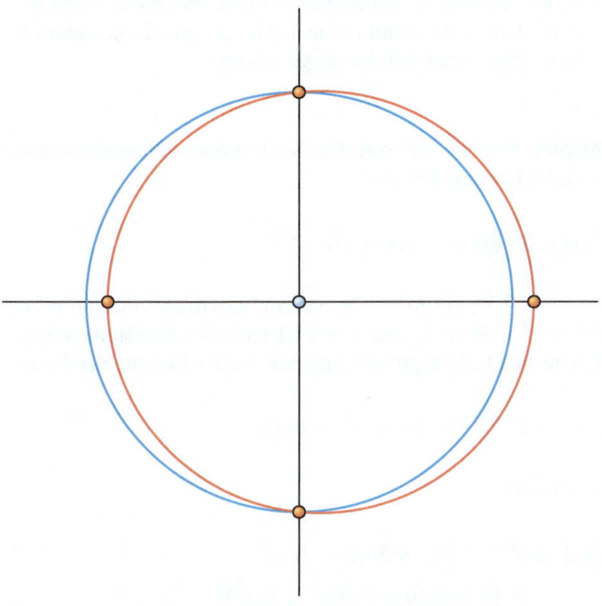

Abb. 6.3 Gebundene Kepler-Bahnen, die nur geringfügig von der Kreisbahn (*blau*) abweichen, lassen sich wegen (6.22) als radiale Schwingung (*rot*) um die Kreisbahn auffassen. Dabei ist die Oszillationsperiode exakt identisch mit der Umlaufdauer, und die Bahn ist nach einem Umlauf geschlossen. Die *roten Punkte* markieren die Orte, an denen das Argument des Kosinus die Werte 0, $\pi/2$, π und $3\pi/2$ annimmt

Damit ist es möglich, $V(x)$ zu formulieren. Wir berechnen die zweite Ableitung

$$\begin{aligned} \left.\frac{d^2V(x)}{dx^2}\right|_{x=0} x^2 &= \left[3\frac{L^2}{\mu r^4} - 2\frac{\alpha}{r^3}\right]\Bigg|_{x=0} x^2 \\ &= \left[\frac{3L^2}{\mu\left(\frac{L^2}{\mu\alpha}\right)^4} - \frac{2\alpha}{\left(\frac{L^2}{\mu\alpha}\right)^3}\right] x^2 = \alpha\left(\frac{\mu\alpha}{L^2}\right)^3 x^2. \end{aligned} \tag{6.20}$$

Damit finden wir für die radiale Schwingung die Frequenz

$$\omega_0 = \sqrt{\frac{\tilde{V}}{\tilde{m}}} = \sqrt{\frac{\alpha}{\mu}\left(\frac{\mu\alpha}{L^2}\right)^3} = \frac{\mu\alpha^2}{L^3}. \tag{6.21}$$

Die Bahngleichung lautet

$$r(\varphi) = r_0 + \delta r \cos(\omega_0 t - \delta_0) \tag{6.22}$$

mit Amplitude $\delta r \ll r_0$ und Phasenverschiebung δ_0, die beide aus den Anfangsbedingungen folgen. Andererseits lautet das dritte Kepler'sche Gesetz für die Umlauffrequenz

$$\omega_U = \sqrt{\frac{\alpha}{\mu r_0^3}}, \tag{6.23}$$

wobei die große Halbachse a durch den Radius r_0 ersetzt wurde, da die Bewegung näherungsweise auf einer Kreisbahn erfolgen soll. Wir nutzen noch die Relation (6.18) zwischen Radius und Drehimpuls aus und finden nach kurzer Rechnung für das Verhältnis der Frequenzen

$$\frac{\omega_0}{\omega_U} = 1. \tag{6.24}$$

Was bedeutet dies? Ist die Schwingung für die radiale Bewegung klein, dauert sie genauso lang wie ein Umlauf (Abb. 6.3). Dies ist in Übereinstimmung mit der allgemeinen Lösung des Kepler-Problems, die auch gültig ist, wenn die radiale Bewegung keine kleine Schwingung mehr ist: Im Allgemeinen sind die gebundenen Bahnen Ellipsenbahnen. Pro Umlauf gibt es genau ein Perihel und ein Aphel, und das Perihel ist fest. Dies entspricht exakt einer radialen Schwingung pro Umlauf.

In Aufgabe 6.2 wird dies auf beliebige Potenzpotenziale verallgemeinert.

Darstellung harmonischer Schwingungen mit komplexen Zahlen

Schwingungen lassen sich mithilfe der komplexen Zahlen („Mathematischer Hintergrund" 6.2) elegant beschreiben. Dazu multiplizieren wir (6.8) mit $2\dot{x}$ und schreiben

$$2\dot{x}\ddot{x} + 2\omega_0^2\dot{x}x = 0 \implies \frac{d\dot{x}^2}{dt} + \omega_0^2\frac{dx^2}{dt} = 0. \tag{6.25}$$

Eine erste Integration führt auf

$$\dot{x}^2 = -\omega_0^2 x^2 \implies \frac{\dot{x}}{x} = \pm i\omega_0, \tag{6.26}$$

6.3 Mathematischer Hintergrund: Lineare Differenzialgleichungen Lösungsstrategien

Im „Mathematischen Hintergrund" 6.1 wurden lineare Differenzialgleichungen (DGL) definiert. Hier beschäftigen wir uns damit, wie man einige Klassen solcher Gleichungen lösen kann.

Lösungsansätze Es gibt kein Lösungsverfahren, das man für jede lineare DGL anwenden kann. Für relativ einfache Formen gibt es aber Lösungsverfahren, von denen wir hier zwei vorstellen wollen:

- *Exponentialansatz:* (*Euler-Ansatz*) Haben wir es mit einer linearen DGL mit konstanten Koeffizienten und einer exponentiellen Inhomogenität, d. h. einer DGL der Form

$$y^{(n)}(x) + c_{n-1}y^{(n-1)}(x) + \cdots + c_0 y(x) = \mathrm{e}^{(a+\mathrm{i}b)x}\left(a_l x^l + \cdots + a_1 x + a_0\right)$$

mit $c_i, a_i \in \mathbb{C}$ und $a, b \in \mathbb{R}$, zu tun, so kann man den Exponentialansatz benutzen, der auf Euler zurückgeht. Wir betrachten das sogenannte *charakteristische Polynom* der DGL, das durch

$$p(t) := t^n + c_{n-1}t^{n-1} + \cdots + c_0$$

gegeben ist. Bezeichnet dann m die *Nullstellenordnung* von p in $a + \mathrm{i}b$, d. h.

$$m = \min\left\{k \in \mathbb{N}_0 : p^{(k)}(a + \mathrm{i}b) \neq 0\right\},$$

so gibt es eine partikuläre Lösung der Form

$$y_\mathrm{p}(x) = \mathrm{e}^{(a+b\mathrm{i})x}\sum_{j=m}^{m+l} b_j x^j$$

mit $b_j \in \mathbb{C}$. Dieser Ansatz funktioniert auch, wenn $a + \mathrm{i}\,b$ keine Nullstelle von p ist; in diesem Fall ist $m = 0$. Die Koeffizienten b_j lassen sich berechnen, indem man die partikuläre Lösung in die DGL einsetzt, Koeffizienten vergleicht und das resultierende lineare Gleichungssystem löst.

- *Variation der Konstanten:* Hat die DGL die Form

$$y'(x) + c(x)y(x) = f(x), \quad y(x_0) = y_0,$$

d. h., handelt es sich um eine lineare DGL erster Ordnung mit einer Anfangswertbedingung, so ist die Lösung gegeben durch

$$y(x) = \left[\int_{x_0}^{x} \mathrm{e}^{\int_{x_0}^{t} c(s)\,\mathrm{d}s} f(t)\,\mathrm{d}t + y_0\right] \mathrm{e}^{-\int_{x_0}^{x} c(s)\,\mathrm{d}s}.$$

Diese Methode hat ihren Namen daher, dass die Lösung der homogenen Gleichung (d. h. für $f = 0$) gegeben ist durch $y(x) = K \cdot \exp\left(-\int_{x_0}^{x} c(s)\,\mathrm{d}s\right)$ mit einer Konstanten K. Im inhomogenen Fall variiert man nun diese Konstante K, d. h., man erlaubt eine x-Abhängigkeit und schreibt $K(x)$. Dies führt auf die obige Lösung.

Beispiel Wir wollen mithilfe des Exponentialansatzes eine spezielle Lösung der DGL

$$y''(x) - 2y'(x) + 2y(x) = x^2\mathrm{e}^{(1+\mathrm{i})x}$$

mit $l = 2$ bestimmen. Das charakteristische Polynom ist $p(t) = t^2 - 2t + 2$, und $1 + \mathrm{i}$ ist einfache Nullstelle von p (d. h. $\mathrm{m} = 1$). Also gibt es eine partikuläre Lösung der Form

$$y_\mathrm{p}(x) = \mathrm{e}^{(1+\mathrm{i})x}\left(b_1 x + b_2 x^2 + b_3 x^3\right).$$

Es gilt dann

$$y_\mathrm{p}'(x) = \mathrm{e}^{(1+\mathrm{i})x}\left[b_1 + 2b_2 x + 3b_3 x^2 + (1+\mathrm{i})\left(b_1 x + b_2 x^2 + b_3 x^3\right)\right]$$

und

$$y_\mathrm{p}''(x) = \mathrm{e}^{(1+\mathrm{i})x}\left[2b_2 + 6b_3 x + 2(1+\mathrm{i})\left(b_1 + 2b_2 x + 3b_3 x^2\right) + (1+\mathrm{i})^2\left(b_1 x + b_2 x^2 + b_3 x^3\right)\right].$$

Setzt man nun $y_\mathrm{p}(x)$ und die beiden Ableitungen in die ursprüngliche DGL ein, so erhält man die Gleichung

$$\mathrm{e}^{(1+\mathrm{i})x}\left[(2b_2 + 2b_1\mathrm{i}) + (6b_3 + 4b_2\mathrm{i})x + (6b_3\mathrm{i})x^2\right] = x^2\mathrm{e}^{(1+\mathrm{i})x}.$$

Durch Koeffizientenvergleich ergibt sich das lineare Gleichungssystem

$$2b_2 + 2b_1\mathrm{i} = 0, \quad 6b_3 + 4b_2\mathrm{i} = 0, \quad 6b_3\mathrm{i} = 1.$$

Die eindeutige Lösung dieses Gleichungssystems ist $b_1 = \mathrm{i}/4$, $b_2 = 1/4$, $b_3 = -\mathrm{i}/6$, eine spezielle Lösung ist also gegeben durch

$$y_\mathrm{p}(x) = \left(\frac{\mathrm{i}}{4}x + \frac{1}{4}x^2 - \frac{\mathrm{i}}{6}x^3\right)\mathrm{e}^{(1+\mathrm{i})x}.$$

wobei die imaginäre Einheit i (mit $i^2 = -1$) verwendet wurde. Wir ignorieren hier Integrationskonstanten, um die einfachst mögliche Lösung zu finden.

Man kann nun eine zweite Integration durchführen. Mit

$$\frac{\dot{x}}{x} = \frac{\mathrm{d}\ln x}{\mathrm{d}t} = \pm\mathrm{i}\omega_0 \tag{6.27}$$

folgt

$$x(t) = \mathrm{e}^{\pm\mathrm{i}\omega_0 t}, \tag{6.28}$$

wobei wir erneut eine mögliche Integrationskonstante ignoriert haben. Die allgemeine Lösung lautet

$$x(t) = A\mathrm{e}^{\pm\mathrm{i}(\omega_0 t - \phi)} \tag{6.29}$$

mit den reellen Konstanten A (Amplitude) und ϕ (Phasenverschiebung).

Achtung Da physikalische Größen stets reell sind, kann die komplexe Lösung in der Form (6.28) nicht die physikalische Lösung sein. Allerdings sind sowohl der Real- als auch der Imaginärteil von (6.28) reelle Größen, welche die beiden Fundamentallösungen ergeben. ◀

Es gilt

$$\begin{aligned} x_1 &= \operatorname{Im} x = \operatorname{Im}\left(\mathrm{e}^{\pm\mathrm{i}\omega_0 t}\right) = \sin\left(\pm\omega_0 t\right), \\ x_2 &= \operatorname{Re} x = \operatorname{Re}\left(\mathrm{e}^{\pm\mathrm{i}\omega_0 t}\right) = \cos\left(\pm\omega_0 t\right). \end{aligned} \tag{6.30}$$

Die verschiedenen Vorzeichen ergeben keine neuen Lösungen: Beim Kosinus führen beide wegen $\cos(+\phi) = \cos(-\phi)$ auf dasselbe Ergebnis, beim Sinus wegen $\sin(+\phi) = -\sin(-\phi)$ lediglich auf einen Vorfaktor, der sowieso frei wählbar ist. Für die Rechnungen bieten sich wegen (6.30) komplexe Zahlen an; bei der Interpretation der Lösung müssen Real- und Imaginärteil allerdings separat untersucht werden. In Aufgabe 6.1 wird das Rechnen mit komplexen Zahlen vertieft.

6.2 Gedämpfte Schwingungen

Bis zu diesem Punkt wurden die freien kleinen Schwingungen eines einzelnen Freiheitsgrades untersucht. In vielen Anwendungen treten jedoch dissipative Kräfte auf, die zu einer Dämpfung der Schwingung führen. In diesem Abschnitt wird der Einfluss einer linearen Dämpfung untersucht. Man unterscheidet die drei Fälle der schwachen, starken und kritischen Dämpfung. Weiterhin wird mithilfe der erarbeiteten Methoden die Lösung der Bewegungsgleichungen des Foucault'schen Pendels gefunden, die bereits in Abschn. 2.4 aufgestellt wurden.

Lineare Reibungskraft

Die Bewegung des Freiheitsgrades q soll gedämpft sein. Die dabei auftretende Reibungskraft lässt sich wie in (5.82) in der Lagrange-Gleichung für q berücksichtigen. Wir nehmen an, dass die generalisierte dissipative Kraft linear in $\dot{q}$ ist (siehe auch Stokes'sche Reibung in Abschn. 1.3). Anstatt jedoch wieder beim Lagrange-Formalismus für q zu starten, gehen wir von der Näherung (6.8) aus und addieren eine in $\dot{x}$ lineare Reibungskraft:

$$\ddot{x} + 2\lambda\dot{x} + \omega_0^2 x = 0. \tag{6.31}$$

Der Reibungskoeffizient $\lambda > 0$ ist vorgegeben.

Reibungsterme, die quadratisch in $\dot{x}$ sind, machen die mathematische Behandlung wesentlich komplizierter, da die Bewegungsgleichung dann nichtlinear ist. Wir beschränken uns auf den einfacheren, linearen Fall, der oftmals eine gute Beschreibung der Realität darstellt (beispielsweise die Reibung eines Pendels in einem Wassergefäß).

Es ist zu beachten, dass λ dieselbe Einheit besitzt wie ω_0, nämlich s^{-1}. Damit kann $1/\lambda$ als die Zeitspanne interpretiert werden, nach der die Oszillation stark abgedämpft ist.

Lösung mit komplexen Zahlen

Genau wie bei (6.8) handelt es sich bei (6.31) um eine gewöhnliche lineare homogene DGL zweiter Ordnung. Es werden wieder zwei linear unabhängige Lösungen benötigt, deren Linearkombination die vollständige Lösung bildet. Für derartige Probleme kann man stets den auf Euler zurückgehenden Exponentialansatz

$$z(t) = \mathrm{e}^{\mathrm{i}\omega t} \in \mathbb{C}, \quad \omega \in \mathbb{C} \tag{6.32}$$

machen („Mathematischer Hintergrund" 6.3). Mithilfe der komplexen Zahlen kann die allgemeine Lösung schnell erhalten werden. Dazu schreiben wir zunächst

$$\ddot{z} + 2\lambda\dot{z} + \omega_0^2 z = 0, \quad z \in \mathbb{C}, \tag{6.33}$$

da bei einer komplexen Lösung z auch Real- $x_1(t) = \operatorname{Re} z$ und Imaginärteil $x_2(t) = \operatorname{Im} z$ jeweils Lösungen sind.

Die komplexe Bewegungsgleichung lautet

$$\left(-\omega^2 + 2\mathrm{i}\omega\lambda + \omega_0^2\right)\mathrm{e}^{\mathrm{i}\omega t} = 0. \tag{6.34}$$

Frage 6

Zeigen Sie dies, indem Sie die Zeitableitungen der Ansatzfunktion berechnen.

Die Bewegungsgleichung ist für alle Zeiten t zu erfüllen, was nur möglich ist, wenn der zeitunabhängige Term in der Klammer identisch verschwindet:

$$-\omega^2 + 2\mathrm{i}\lambda\omega + \omega_0^2 = 0. \tag{6.35}$$

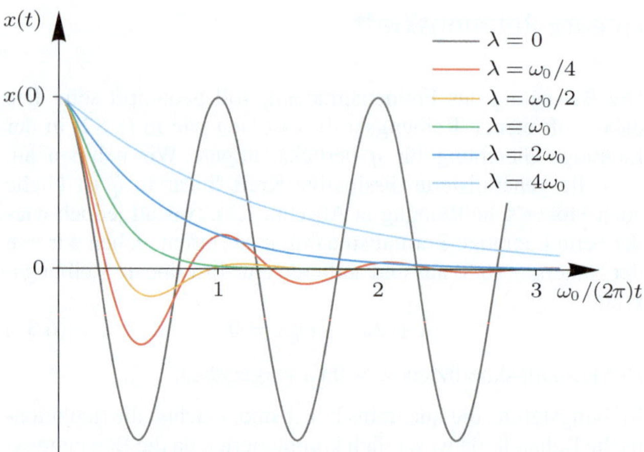

Abb. 6.4 Bahnkurven für verschiedene Dämpfungskoeffizienten λ. Alle Bahnkurven haben die Anfangsbedingungen $\dot{x}(0) = 0$. Die ungedämpfte Schwingung, $\lambda = 0$, hat die Oszillationsfrequenz ω_0. Für $\lambda < \omega_0$ ist die Dämpfung schwach, und die Frequenz ist kleiner als ω_0. Der Spezialfall $\lambda = \omega_0$ entspricht der kritischen Dämpfung. Größere Dämpfungskoeffizienten führen auf starke Dämpfung, bei der es – wie bei der kritischen Dämpfung – keine Oszillation mehr gibt

Es soll daran erinnert werden, dass λ und ω_0 die ursprünglichen Eigenschaften des Systems sind und ω bisher nicht bekannt ist. Man kann die in ω quadratische Gleichung (6.35) nach ω auflösen und findet die beiden Lösungen

$$\omega_\pm = \mathrm{i}\lambda \pm \sqrt{(\mathrm{i}\lambda)^2 + \omega_0^2} = \mathrm{i}\lambda \pm \sqrt{\omega_0^2 - \lambda^2} = \mathrm{i}\lambda \pm \tilde{\omega}. \tag{6.36}$$

Zur Abkürzung wurde die Größe

$$\tilde{\omega} := \sqrt{\omega_0^2 - \lambda^2} \tag{6.37}$$

eingeführt. Da das Argument der Wurzel in (6.37) negativ, positiv oder null sein kann, müssen wir eine Fallunterscheidung durchführen.

Schwache Dämpfung

Man nennt die Dämpfung schwach, wenn $\lambda < \omega_0$ ist. Das Argument der Wurzel in (6.37) ist dann positiv, und $\tilde{\omega}$ ist reell. Ohne Beschränkung der Allgemeinheit können wir $\tilde{\omega} > 0$ annehmen. Dies führt auf die Lösung

$$z_\pm(t) = \mathrm{e}^{-\lambda t}\mathrm{e}^{\pm\mathrm{i}\tilde{\omega}t}. \tag{6.38}$$

Aus dem Real- und Imaginärteil ergeben sich zwei linear unabhängige, reelle Lösungen:

$$x_1(t) = \mathrm{e}^{-\lambda t}\cos(\tilde{\omega}t), \quad x_2(t) = \mathrm{e}^{-\lambda t}\sin(\tilde{\omega}t). \tag{6.39}$$

Die allgemeine Lösung ist eine Linearkombination.

Allgemeine Lösung des schwach gedämpften Oszillators

Die Auslenkung des schwach gedämpften Oszillators ($\lambda < \omega_0$) ist

$$\begin{aligned} x(t) &= \mathrm{e}^{-\lambda t}\left[a_1 \sin(\tilde{\omega}t) + a_2\cos(\tilde{\omega}t)\right] \\ &= \tilde{A}\mathrm{e}^{-\lambda t}\cos\left(\tilde{\omega}t - \tilde{\delta}\right) \end{aligned} \tag{6.40}$$

mit $\tilde{\omega} = \sqrt{\omega_0^2 - \lambda^2}$.

Man sieht, dass die schwache Dämpfung zu einer Schwingung führt, deren Amplitude exponentiell abklingt. Nach der Zeit $t = 1/\lambda$ ist aufgrund der Reibungskraft die Amplitude auf $\mathrm{e}^{-1} \approx 0{,}37$ des Anfangswertes abgefallen. Man nennt die Zeit $1/\lambda$ auch die *Relaxationszeit* der Schwingung. Die Schwingungsfrequenz $\tilde{\omega}$ ist gegenüber der Eigenfrequenz ω_0 reduziert: $\tilde{\omega} < \omega_0$. Die beiden Integrationskonstanten (entweder als a_1 und a_2 oder als $\tilde{A}$ und $\tilde{\delta}$) werden durch die Anfangsbedingungen bestimmt. Typische Lösungen $x(t)$ sind in Abb. 6.4 gezeigt.

Starke Dämpfung

Von starker Dämpfung spricht man, wenn $\lambda > \omega_0$ ist. In diesem Fall ist $\tilde{\omega}$ imaginär:

$$\tilde{\omega} = \mathrm{i}\sqrt{\lambda^2 - \omega_0^2} = \mathrm{i}\bar{\omega}, \quad \bar{\omega} \in \mathbb{R}. \tag{6.41}$$

Die allgemeine Lösung ist

$$x(t) = a_1\mathrm{e}^{-(\lambda+\bar{\omega})t} + a_2\mathrm{e}^{-(\lambda-\bar{\omega})t}. \tag{6.42}$$

Somit gibt es keine Oszillation, und die Bewegung klingt exponentiell ab, wie in Abb. 6.4 dargestellt. Die beiden Integrationskonstanten a_1 und a_2 werden wieder durch die Anfangsbedingungen festgelegt.

Kritische Dämpfung

Der Spezialfall $\lambda = \omega_0$ trennt die schwache und die starke Dämpfung. Dies bedeutet, dass wir nur noch eine Fundamentallösung

$$x_1(t) = \mathrm{e}^{-\lambda t} \tag{6.43}$$

kennen, da $\tilde{\omega} = 0$ ist. Wir benötigen allerdings eine zweite Fundamentallösung, um die DGL (6.31) allgemein zu lösen (siehe „Mathematischen Hintergrund" 6.1). In solchen Situationen lässt sich die *d'Alembert-Reduktion* anwenden: Hat man eine lineare DGL n-ter Ordnung und kennt eine Fundamentallösung $x_1(t)$, so kann man durch den Ansatz

$$x_2(t) = f(t)x_1(t) \tag{6.44}$$

das Problem auf eine DGL $(n-1)$-ter Ordnung reduzieren. In unserem Fall führt dies zunächst auf

$$\left(\ddot{f}x_1 + 2\dot{f}\dot{x}_1 + f\ddot{x}_1\right) + 2\lambda\left(\dot{f}x_1 + f\dot{x}_1\right) + \omega_0^2 f x_1 = 0. \tag{6.45}$$

Frage 7

Überprüfen Sie die Gültigkeit dieser Gleichung.

Da aber laut Bedingung

$$\ddot{x}_1 + 2\lambda\dot{x}_1 + \omega_0^2 x_1 = 0 \tag{6.46}$$

gilt und außerdem aus (6.43) folgt, dass $\dot{x} = -\lambda x$ ist, bleibt $\ddot{f} = 0$. Dies wird durch $f = t$ gelöst. Die zweite Fundamentallösung lautet also

$$x_2 = t\mathrm{e}^{-\lambda t}. \tag{6.47}$$

Tatsächlich kann man immer einen Ansatz der Art (6.44) probieren. Ob man damit auf eine handhabbare Bestimmungsgleichung für $f(t)$ stößt, ist eine ganz andere Frage. In diesem Fall führt dieser Ansatz jedenfalls zum Erfolg.

Frage 8

Überprüfen Sie mithilfe der Wronski-Determinante, dass x_1 und x_2 linear unabhängig sind.

Der sogenannte *aperiodische Grenzfall* hat dann die allgemeine Lösung

$$x(t) = (a_1 + a_2 t)\,\mathrm{e}^{-\lambda t} \tag{6.48}$$

mit den Integrationskonstanten a_1 und a_2 (Abb. 6.4). In Aufgabe 6.4 wird gezeigt, wie man dies auch durch den Grenzfall $\tilde{\omega} \to 0$ aus (6.40) erhalten kann.

Foucault'sches Pendel

In Abschn. 2.4 wurden die Bewegungsgleichungen des Foucault'schen Pendels abgeleitet, aber noch nicht gelöst. Dies wollen wir an dieser Stelle nachholen. Gleichung (2.91) und (2.92) können in der Form

$$\begin{aligned} \ddot{x} - 2\Omega'\dot{y} + \omega_0^2 x &= 0, \\ \ddot{y} + 2\Omega'\dot{x} + \omega_0^2 y &= 0 \end{aligned} \tag{6.49}$$

geschrieben werden (wobei wir vereinfachend bloß x und y verwenden). Hier ist

$$\omega_0 = \sqrt{\frac{g_{\mathrm{eff}}}{l}} \tag{6.50}$$

die Eigenfrequenz des Pendels mit Fadenlänge l im homogenen Schwerefeld mit effektiver Beschleunigung g_{eff}. Zur Abkürzung wurde $\Omega' = \Omega\sin\vartheta$ eingeführt. Für die Winkelgeschwindigkeit der Erde schreiben wir hier Ω (anstatt ω wie in Abschn. 2.4), und ϑ ist die geografische Breite. Wir kombinieren beide Gleichungen in (6.49), indem die zweite mit i multipliziert und zur ersten addiert wird:

$$\ddot{z} + 2\mathrm{i}\Omega'\dot{z} + \omega_0^2 z = 0, \quad z = x + \mathrm{i}y. \tag{6.51}$$

Gleichung (6.51) hat die Form einer gedämpften Schwingung mit imaginärer Dämpfung $\lambda = \mathrm{i}\Omega'$.

Überlegen Sie sich, dass die „Dämpfung" schwach ist. Dazu vergleicht man die typische Schwingungsdauer eines Pendels (einige Sekunden) mit der Rotationsperiode der Erde (fast 10^5 Sekunden). Also ist $\Omega' \ll \omega_0$ und $\tilde{\omega} \approx \omega_0$.

Die Lösung der Bewegungsgleichung (6.49) ist bereits bekannt:

$$z(t) = \mathrm{e}^{-\mathrm{i}\Omega' t}\mathrm{e}^{\pm\mathrm{i}\omega_0 t}. \tag{6.52}$$

Hier ist allerdings zu beachten, dass der Term $\exp(-\mathrm{i}\Omega' t)$ wegen des imaginären Exponenten keine Dämpfung beschreibt, sondern eine weitere Oszillation mit der Frequenz Ω', denn $|\exp(-\mathrm{i}\Omega' t)| = 1$. Wir schreiben (6.52) um:

$$x(t) + \mathrm{i}y(t) = \mathrm{e}^{-\mathrm{i}\Omega' t}\left(x_0(t) + \mathrm{i}y_0(t)\right). \tag{6.53}$$

Dabei wurden mit $x_0(t)$ und $y_0(t)$ die Lösungen, die man für $\Omega' = 0$ erhalten würde, verwendet.

Zeigen Sie, dass man (6.53) in der Matrixform

$$\begin{pmatrix} x(t) \\ y(t) \end{pmatrix} = \begin{pmatrix} \cos(\Omega' t) & \sin(\Omega' t) \\ -\sin(\Omega' t) & \cos(\Omega' t) \end{pmatrix} \cdot \begin{pmatrix} x_0(t) \\ y_0(t) \end{pmatrix} \tag{6.54}$$

schreiben kann. Berechnen Sie dazu jeweils den Real- und Imaginärteil von (6.53).

Die Matrix in (6.54) beschreibt offensichtlich eine Drehung in der x-y-Ebene. Die Drehfrequenz $\Omega' = \Omega\sin\vartheta$ hängt dabei von der geografischen Breite ϑ ab. Am Äquator verschwindet sie vollständig, und die Schwingungsebene des Pendels ist für einen erdgebundenen Beobachter fest. ◄

Teil I

6.3 Erzwungene Schwingungen und Resonanz

Bisher wurden nur Schwingungen untersucht, die sich für ein System ergeben, das einmalig ausgelenkt und dann sich selbst überlassen wird. Hier betrachten wir nun das Verhalten eines schwingenden Freiheitsgrades, der kontinuierlich von außen angeregt wird.

Hat die Anregung eine sinusförmige Zeitabhängigkeit, findet man Resonanzverhalten: Die Amplitude der Schwingung hängt stark von der Frequenz der Anregung ab und wird in einem schmalen Frequenzbereich maximal.

Resonanzen sind für die gesamte Physik wichtig: Die natürliche Breite von Spektrallinien lässt sich verstehen, wenn man einen einfachen Resonanzeffekt zugrunde legt. In der Kern- und Elementarteilchenphysik spielen Resonanzen fundamentale Rollen. Für die Bauphysik ist das Verständnis von Resonanzeffekten entscheidend, da der Wind als äußere Anregung wirkt und Gebäude in Schwingungen versetzen kann. Auch aus der Akustik und Elektrotechnik sind Resonanzen nicht wegzudenken.

Allgemeine Lösung für periodischen Antrieb

Sei x die Koordinate eines Freiheitsgrades. Dieser soll nun eine äußere periodische Kraft

$$F_e(t) = \tilde{m}c\cos(\omega t) \tag{6.55}$$

erfahren, sodass die Bewegungsgleichung

$$\ddot{x} + 2\lambda\dot{x} + \omega_0^2 x = c\cos(\omega t) \tag{6.56}$$

lautet. Es wird erneut ein Lösungsansatz in der komplexen Zahlenebene verwendet, daher schreiben wir zunächst

$$\ddot{z} + 2\lambda\dot{z} + \omega_0^2 z = c\mathrm{e}^{\mathrm{i}\omega t}. \tag{6.57}$$

Aus $z(t) \in \mathbb{C}$ ist später die reelle Lösung $x(t) = \operatorname{Re} z(t)$ zu bestimmen. Im Gegensatz zu (6.31) handelt es sich bei (6.57) um eine gewöhnliche *inhomogene* lineare DGL zweiter Ordnung. Zu ihrer vollständigen Lösung benötigt man die allgemeine Lösung der zugehörigen homogenen Gleichung und eine partikuläre Lösung der inhomogenen Gleichung (siehe „Mathematischen Hintergrund" 6.1). Die homogene Lösung ist mit (6.38) bereits bekannt:

$$z_h(t) = \mathrm{e}^{-\lambda t}\mathrm{e}^{\pm\mathrm{i}\tilde{\omega}t}. \tag{6.58}$$

Wie erhalten wir nun eine partikuläre Lösung? Erneut versuchen wir den Euler-Ansatz (siehe „Mathematischen Hintergrund" 6.3)

$$z_p(t) = z_0\mathrm{e}^{\mathrm{i}\omega t}, \quad z_0 = \text{const.} \tag{6.59}$$

Man beachte, dass die Winkelgeschwindigkeit ω im Exponenten derjenigen der äußeren Kraft F_e entspricht. Im Allgemeinen ist $\omega \neq \omega_0$ und $\omega \neq \tilde{\omega}$ (Gleichung (6.9) und (6.37)).

Es ist nun also die Amplitude z_0 zu bestimmen. Einsetzen von (6.59) in (6.57) ergibt zunächst

$$\left(-\omega^2 + 2\mathrm{i}\lambda\omega + \omega_0^2\right) z_0 = c, \tag{6.60}$$

was sich leicht nach z_0 auflösen lässt:

$$z_0 = \frac{c}{\omega_0^2 - \omega^2 + 2\mathrm{i}\lambda\omega}. \tag{6.61}$$

Für $\lambda \neq 0$ ist z_0 offensichtlich eine komplexe Zahl. Unser Ziel ist es jetzt, z_0 in die Polardarstellung

$$z_0 = A\mathrm{e}^{-\mathrm{i}\delta} = |z_0|\mathrm{e}^{-\mathrm{i}\delta} \tag{6.62}$$

zu überführen (das Minuszeichen wird eingeführt, um am Ende auf eine gebräuchliche Darstellung zu kommen). Es ist dazu am einfachsten, zunächst die Form

$$z_0 = \operatorname{Re} z_0 + \mathrm{i}\operatorname{Im} z_0 \tag{6.63}$$

zu erhalten.

Frage 9

Zeigen Sie, dass sich

$$\begin{aligned}\operatorname{Re} z_0 &= \frac{c\left(\omega_0^2 - \omega^2\right)}{\left(\omega_0^2 - \omega^2\right)^2 + 4\lambda^2\omega^2},\\ \operatorname{Im} z_0 &= \frac{-2c\omega\lambda}{\left(\omega_0^2 - \omega^2\right)^2 + 4\lambda^2\omega^2}\end{aligned} \tag{6.64}$$

ergibt. Dabei ist c reell, da die äußere Kraft F_e eine physikalische (und damit reelle) Größe ist.

Es ist nun eine arithmetische Übung, die Amplitude A und die Phase δ zu bestimmen:

$$\begin{aligned}A(\omega) &= \sqrt{\operatorname{Re}^2 z_0 + \operatorname{Im}^2 z_0} = \frac{c}{\sqrt{\left(\omega_0^2 - \omega^2\right)^2 + 4\lambda^2\omega^2}},\\ \tan\delta(\omega) &= -\frac{\operatorname{Im} z_0}{\operatorname{Re} z_0} = \frac{2\lambda\omega}{\omega_0^2 - \omega^2}.\end{aligned} \tag{6.65}$$

Wir haben mit

$$x_p(t) = \operatorname{Re} z_p(t) = A(\omega)\cos(\omega t - \delta(\omega)) \tag{6.66}$$

eine partikuläre Lösung von (6.56) gefunden. Die allgemeine Lösung von (6.56) für $\lambda < \omega_0$ ist also

$$x(t) = A(\omega)\cos(\omega t - \delta(\omega)) + \tilde{A}\mathrm{e}^{-\lambda t}\cos(\tilde{\omega}t - \tilde{\delta}). \tag{6.67}$$

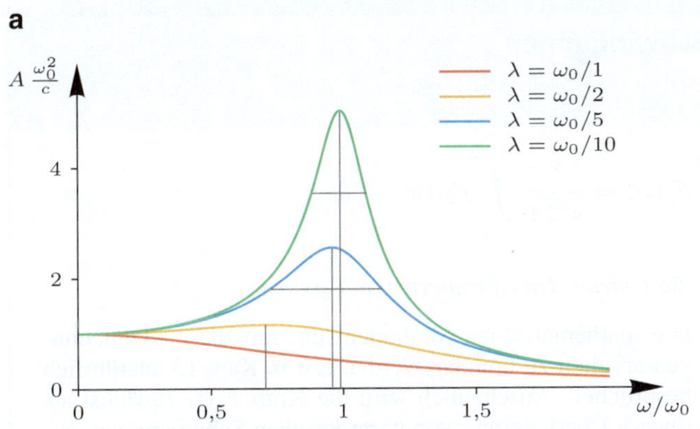

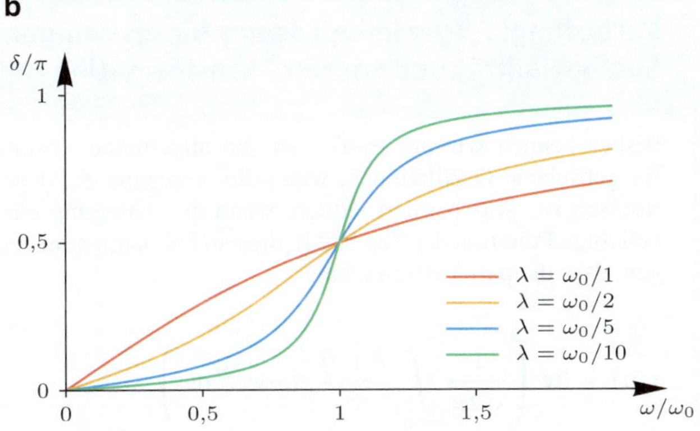

Abb. 6.5 Amplitude (**a**) und Phasenverschiebung (**b**) der Schwingung mit periodischem Antrieb. Für schwache Dämpfung, $\lambda \ll \omega_0$, besitzt die Amplitude ein ausgeprägtes Maximum mit Breite $\Gamma \approx 2\lambda$ nahe der Eigenfrequenz ω_0. Die Phasenverschiebung δ gibt an, wie stark die Schwingung relativ zur Anregung verzögert ist. Für $\omega = \omega_0$ schwingt der Oszillator genau mit 90° Phasenverschiebung, unabhängig von der Dämpfung λ

Die Amplitude $A(\omega)$ und Phasenverschiebung $\delta(\omega)$ hängen von der äußeren Anregungsfrequenz ω ab und sind durch (6.65) festgelegt. Mit $\tilde{A}$ und $\tilde{\delta}$ stehen zwei Integrationskonstanten zur Verfügung, die durch die Anfangsbedingungen bestimmt werden.

Für große Zeiten, $t \gg 1/\lambda$, bleibt aufgrund der Dämpfung $\exp(-\lambda t)$ nur die partikuläre Lösung übrig. Nach einer *Einschwingung* schwingt der Oszillator also mit derselben Frequenz wie die äußere Kraft, und der Schwingungszustand hängt nicht mehr von den Anfangsbedingungen $\tilde{A}$ und $\tilde{\delta}$ ab. Die Phase ist im eingeschwungenen Zustand gegenüber der Anregung um $\delta(\omega)$ verschoben.

Während des Einschwingens kann es zu einer *Schwebung* kommen, da (6.67) für $t \ll 1/\lambda$ aus zwei Schwingungsanteilen mit Frequenzen $\tilde{\omega}$ und ω besteht. Wir kommen in Aufgabe 6.3 auf Schwebungen zurück.

Resonanz und Halbwertsbreite

Für gegebene Eigenfrequenz ω_0 und Dämpfung λ ist die Amplitude $A(\omega)$ in (6.65) eine Funktion der Anregungsfrequenz ω. In Abb. 6.5 sind einige Funktionen $A(\omega)$ dargestellt. Man erkennt das typische *Resonanzverhalten*: Die Kurvenschar $A(\omega)$ besitzt ein Maximum

$$A_{\max} = \frac{c}{2\lambda\sqrt{\omega_0^2 - \lambda^2}} \tag{6.68}$$

bei der Anregungsfrequenz

$$\omega_{\max} = \sqrt{\omega_0^2 - 2\lambda^2}, \tag{6.69}$$

der sogenannten *Resonanzfrequenz*.

Frage 10

Zeigen Sie (6.68) und (6.69), indem Sie von $\mathrm{d}A(\omega)/\mathrm{d}\omega = 0$ ausgehen.

Man definiert die *Halbwertsbreite* Γ der Resonanz durch die Bedingung

$$A^2(\omega_\pm) = \frac{1}{2}A_{\max}^2, \tag{6.70}$$

d. h., man bestimmt die beiden Werte $\omega_\pm$, die (6.70) erfüllen, und berechnet

$$\Gamma := \omega_+ - \omega_-. \tag{6.71}$$

Nach kurzer Rechnung findet man

$$\omega_\pm^2 = \omega_{\max}^2 \pm 2\lambda\sqrt{\omega_0^2 - \lambda^2}. \tag{6.72}$$

Zwei Halbwertsbreiten sind ebenfalls in Abb. 6.5 eingezeichnet. In (6.70) verwendet man das Quadrat der Amplitude, da die Intensität einer Schwingung (d. h. die mit der Schwingung verbundenen Energie) proportional zum Amplitudenquadrat ist.

Frage 11

Rechnen Sie (6.72) nach.

Für sehr große Anregungsfrequenzen, $\omega \to \infty$, wird wegen $A \to 0$ die Schwingungsanregung sehr klein. Dies liegt an der Trägheit des Oszillators, der auf die hohe Anregungsfrequenz nicht mehr reagieren kann. Außerdem sehen wir, dass für $\omega \to 0$ gerade $A \to c/\omega_0^2 = \tilde{m}c/\tilde{V} = F_{\max}/\tilde{V}$ folgt. Die Amplitude des schwingenden Systems wird dann also direkt durch die Amplitude der Kraft bestimmt.

Genau wie die Amplitude $A(\omega)$ ist auch die Phasenverschiebung $\delta(\omega)$ für gegebene Eigenfrequenz ω_0 und Dämpfung λ eine Funktion der Anregungsfrequenz ω. In Abb. 6.5 sind einige Kurven der Schar $\delta(\omega)$ gezeigt. Die Phasenverschiebung

Teil I

Vertiefung: Allgemeine Lösung für erzwungene Schwingungen Suszeptibilität und Fourier-Transformation

Bisher kennen wir mit (6.67) nur die allgemeine Lösung für getriebene Oszillationen, wenn die Anregung $F_e(t)$ periodisch ist. Was passiert jedoch, wenn die Anregung eine beliebige Funktion der Zeit ist? In diesem Fall kann man zeigen, dass die partikuläre Lösung

$$x_p(t) = \mathrm{Re}\left(\frac{1}{\sqrt{2\pi}}\int_{-\infty}^{+\infty}\frac{\tilde{F}_e(\omega)}{\tilde{m}}\chi(\omega)e^{i\omega t}\,d\omega\right)$$

lautet, wobei

$$\chi(\omega) = \frac{1}{\omega_0^2 - \omega^2 + 2i\lambda\omega}$$

die sogenannte *Suszeptibilität* (siehe auch (6.61)) und

$$\tilde{F}_e(\omega) = \frac{1}{\sqrt{2\pi}}\int_{-\infty}^{+\infty} F_e(t)e^{-i\omega t}\,dt$$

die *Fourier-Transformierte* von $F_e(t)$ ist.

Die mathematischen Methoden, um mit diesen Gleichungen arbeiten zu können, werden erst in Kap. 13 ausführlich besprochen. Anschaulich wird die Kraft $F_e(t)$ zunächst als lineare Überlagerung von harmonischen Schwingungen geschrieben; dies ist gerade die Idee hinter der Fourier-Transformation. Die Funktion $\tilde{F}_e(\omega)$ gibt dann an, wie stark der Anteil der Schwingung $e^{i\omega t}$ mit Frequenz ω zu $F_e(t)$ beiträgt. Da die Schwingungsgleichung eine lineare DGL ist, können Lösungen linear überlagert werden; in diesem Fall wird die Überlagerung durch Integration über alle ω-Beiträge erreicht.

ist eine monoton ansteigende Funktion von ω und nähert sich in den Grenzfällen $\omega \to 0$ und $\omega \to \infty$ jeweils den Werten $\delta \to 0$ und $\delta \to \pi$ an. Wird das System gerade mit der Eigenfrequenz ω_0 angeregt, ist die Phasenverschiebung stets $\pi/2$ und damit unabhängig von λ.

Eine positive Phasenverschiebung bedeutet, dass die Schwingung der Anregung „hinterher läuft". Bei sehr kleinen Anregungsfrequenzen $\omega \to 0$ ist die Phasenverschiebung δ klein, und die Schwingung folgt der Anregung fast instantan. Bei hohen Anregungsfrequenzen ist die Phasenverschiebung $\delta \approx \pi$, und die Schwingung ist gegenphasig zur Anregung.

Es ist noch erwähnenswert, dass es auch *parametrische Resonanz* gibt, bei der nicht ein inhomogener Term (d. h. eine Kraft) in der Gleichung auftaucht, sondern ein Systemparameter zeitabhängig gemacht wird (z. B. eine Oszillation der Länge eines Fadenpendels).

Schwache Dämpfung

Im Grenzfall schwacher Dämpfung, $\lambda \ll \omega_0$, vereinfachen sich die Resonanzgleichungen. Zunächst gilt

$$A_{max} \approx \frac{c}{2\lambda\omega_0}, \qquad \omega_{max} \approx \omega_0 - \frac{\lambda^2}{\omega_0} \approx \omega_0, \tag{6.73}$$

d. h., die Resonanzfrequenz ist nur geringfügig kleiner als die Eigenfrequenz ω_0. Wegen $\lambda \ll \omega_0$ ist $A_{max} \gg c/\omega_0^2 = A(\omega = 0)$.

Man kann den Ausdruck (6.72) für die Halbwertsbreite Γ entwickeln und findet nach kurzer Rechnung

$$\omega_\pm \approx \omega_{max} \pm \lambda \tag{6.74}$$

und somit

$$\Gamma \approx 2\lambda. \tag{6.75}$$

Frage 12

Entwickeln Sie $\omega_\pm$ in (6.72), indem Sie ausnutzen, dass λ/ω_0 eine kleine Größe ist.

Somit wird der Resonanzbereich des Oszillators bei schwacher Dämpfung sehr schmal.

Achtung Man darf nicht vergessen, dass wir im Allgemeinfall noch immer kleine Schwingungen betrachten, bei denen nur die führende Ordnung in x bzw. $\dot{x}$ mitgenommen wird. Resonanzen bei schwacher Dämpfung führen allerdings auf sehr große Amplituden, bei denen die Näherung einer kleinen Schwingung unter Umständen nicht mehr gültig ist. Eine exakte Lösung ist daher stark problemspezifisch und kann wesentlich aufwendiger sein als das hier vorgestellte Vorgehen. ◀

Energieumsatz

Aufgrund der Reibungskraft

$$F_R = -2\lambda\tilde{m}\dot{x} \tag{6.76}$$

geht dem mechanischen System Energie in Form von Wärme verloren. Es soll nun bestimmt werden, wie viel Energie im eingeschwungenen Zustand pro Periode dissipiert wird und entsprechend auch wieder von außen zugeführt werden muss. Dazu muss die Verlustleistung $P = F_R\dot{x}$ über eine Periode gemittelt werden, indem zuvor für $\dot{x}$ die Zeitableitung der partikulären Lösung (6.66) eingesetzt wird:

$$\begin{aligned}\langle P\rangle &= -\langle 2\lambda\tilde{m}\dot{x}^2\rangle = -2\lambda\tilde{m}A^2(\omega)\omega^2\langle\sin^2(\omega t-\delta)\rangle \\ &= -\lambda\tilde{m}A^2(\omega)\omega^2.\end{aligned} \tag{6.77}$$

Es wurde dabei ausgenutzt, dass der über eine Periode gemittelte Wert von $\sin^2(\omega t)$ gerade $\frac{1}{2}$ ergibt. Wegen $A(\omega)$ ist die dissipierte Leistung stark von der Anregungsfrequenz ω abhängig.

Frage 13

Zeigen Sie, dass $\langle\sin^2(\omega t)\rangle = \frac{1}{2}$ ist, wenn über eine Periode gemittelt wird.

In der Praxis können Resonanzeffekte vor allem bei schwacher Dämpfung verheerende Auswirkungen haben. So sind in der Vergangenheit mehrere Brücken durch *Resonanzkatastrophen* (verursacht durch Wind oder im Gleichschritt marschierende Soldaten) eingestürzt. Einigen Menschen wird nachgesagt, dass sie ein Weinglas durch ihre Stimme zum Zerspringen bringen können. Dies ist jedoch schon aufgrund der geringen Anregungsleistung der menschlichen Stimme nicht möglich. Eine wichtige Maßnahme gegen Resonanzkatastrophen ist die Vergrößerung der Dämpfung λ.

6.4 Kleine Schwingungen gekoppelter Systeme

Häufig hat man es in realistischen Anwendungen mit Systemen F gekoppelter Freiheitsgrade zu tun. Es sind dann die Bewegungsgleichungen der Freiheitsgrade simultan zu lösen. Dies erfordert im Allgemeinen ein stark vom Problem abhängiges Vorgehen. Befindet sich das System allerdings in einem Zustand nahe des Gleichgewichts, lässt sich ein relativ einfacher Formalismus ableiten, mit dem sich die Bewegungsgleichungen dieser Systeme lösen lassen. In diesem Abschnitt wird gezeigt, wie sich die Bewegungsgleichungen entkoppeln lassen, indem geeignete Koordinaten (Normalkoordinaten) eingeführt werden. Als Ergebnis erhält man F einfache Schwingungsgleichungen, eine für jede Normalkoordinate. Die Lösungen der entkoppelten Gleichungen sind aus Abschn. 6.1 bereits bekannt.

Bewegungsgleichungen

Als Verallgemeinerung von (6.1) betrachten wir nun ein gekoppeltes System von F Freiheitsgraden mit Koordinaten q_i $(1 \le i \le F)$. In Anwesenheit von r holonomen Zwangsbedingungen ist $F = 3N - r$. Dämpfungseffekte berücksichtigen wir nicht, da sie im Allgemeinen zu sehr aufwendigen Rechnungen führen. Äußere Kräfte, die nicht im betrachteten Potenzial enthalten sind, werden zunächst ignoriert, aber in Aufgabe 6.7 hinzugefügt. Ein einfaches Beispiel sind die sechs Freiheitsgrade zweier Punktmassen m_1 und m_2, die durch eine elastische Feder miteinander verbunden sind.

Alle Kräfte sollen aus einem Potenzial $V(q)$ ableitbar sein, wobei wieder q stellvertretend für alle F generalisierten Koordinaten q_i geschrieben wird.

Das Potenzial $V(q)$ ist nun eine mehrdimensionale Abbildung $\mathbb{R}^F \to \mathbb{R}$. Das System ist dann im Gleichgewicht am Punkt $q_0 = (q_{1,0}, \dots, q_{F,0})$, wenn alle F generalisierten Kräfte verschwinden:

$$Q_i = \left.\frac{\partial V}{\partial q_i}\right|_{q=q_0} = 0 \quad (1 \le i \le F). \tag{6.78}$$

Genau wie in (6.5) wird das Potenzial um dieses Gleichgewicht entwickelt und nur der in den Koordinaten $\xi_i := q_i - q_{i,0}$ quadratische Term mitgenommen:

$$V(\xi) \approx \frac{1}{2}\sum_{i,j=1}^{F}\left.\frac{\partial^2 V}{\partial\xi_i\partial\xi_j}\right|_{\xi=0}\xi_i\xi_j = \frac{1}{2}\sum_{i,j=1}^{F} V_{ij}\xi_i\xi_j. \tag{6.79}$$

Man beachte, dass $\dot{\xi}_i = \dot{q}_i$ wegen $q_{i,0} = \text{const}$ gilt.

Das Potenzial V wird in der Regel Terme beinhalten, die der Kopplung zweier Freiheitsgrade entsprechen. Eine häufige Form ist $\propto (\xi_i - \xi_j)^2$ (*elastische Kopplung*). Wirken äußere Kräfte, kommen auch Terme $\propto \xi_i^2$ vor. Dies werden wir später noch sehen.

Frage 14

Schauen Sie sich erneut die allgemeine Taylor-Entwicklung für mehrdimensionale Funktionen $V(\xi) = V(\xi_1, \dots, \xi_F)$ an und vergewissern Sie sich, dass (6.79) die Verallgemeinerung des quadratischen Terms in (6.5) ist.

Auch die kinetische Energie wird wie in (6.6) entwickelt. Man findet

$$T \approx \frac{1}{2}\sum_{i,j=1}^{F} T_{ij}\dot{\xi}_i\dot{\xi}_j. \tag{6.80}$$

Die Elemente T_{ij} ergeben sich aus der kinetischen Energie. Hat man es insgesamt mit N Punktmassen mit kartesischen Koordinaten $\boldsymbol{x}_k$ zu tun, dann ist wegen (5.98):

$$T_{ij} := \sum_{k=1}^{N} m_k\left.\left(\frac{\partial\boldsymbol{x}_k}{\partial q_i}\cdot\frac{\partial\boldsymbol{x}_k}{\partial q_j}\right)\right|_{\xi=0}. \tag{6.81}$$

Die F^2 Größen T_{ij} sind konstant.

Teil I

Anwendung: Spektrallinien
Zusammenhang mit angeregten Elektronenschwingungen

Elektronen in der Atomhülle, die von einer einfallenden elektromagnetischen Welle angeregt werden, können als schwingende Dipole beschrieben werden. Das anregende elektrische Feld soll eine ebene, monochromatische Welle sein:

$$E(t) = E_0 \cos(\omega t).$$

Die auf das Elektron mit Ladung q und Masse m wirkende Lorentz-Kraft ist

$$F_e(t) = m\ddot{x} = qE(t) = qE_0 \cos(\omega t).$$

Zusätzlich führt das Elektron eine durch den Atomkern bedingte harmonische Schwingung mit der Eigenfrequenz ω_0 aus.

Beschleunigte Ladungen strahlen sogenannte Bremsstrahlung ab; sie verlieren also Energie, und die Schwingung ist gedämpft. In Kap. 19 wird gezeigt, dass der Dämpfungskoeffizient

$$\lambda = \frac{q^2\omega_0^2}{3mc^3}$$

ist, wobei c die Lichtgeschwindigkeit ist. Die Elektronenladung wird hier in cgs-Einheiten angegeben: $q = 4{,}8 \cdot 10^{-10}\,\mathrm{g}^{1/2}\,\mathrm{cm}^{3/2}\,\mathrm{s}^{-1}$. Demzufolge ist die Resonanzkurve

$$A(\omega) = \frac{qE_0/m}{\sqrt{\left(\omega_0^2 - \omega^2\right)^2 + 4\lambda^2\omega^2}}.$$

Wird das Elektron durch elektromagnetische Strahlung mit kontinuierlichem Spektrum beleuchtet, absorbiert es Anteile dieser Strahlung. Es entsteht eine *Absorptionslinie* mit einem Profil $A^2(\omega)$. Dieses wird als *Lorentz-Profil* bezeichnet. Wegen $\lambda \ll \omega_0$ ist die Dämpfung schwach, und die *natürliche Linienbreite* ist

$$\Gamma = 2\lambda = \frac{2q^2\omega_0^2}{3mc^3}.$$

Typische Breiten von Spektrallinien sind $\Gamma \approx 10^8\,\mathrm{s}^{-1}$. Dies ist mit dem Frequenzbereich des sichtbaren Lichtes zu vergleichen, der sich von $3{,}7 \cdot 10^{13}\,\mathrm{s}^{-1}$ (rot) bis $7{,}5 \cdot 10^{13}\,\mathrm{s}^{-1}$ (blau) erstreckt. Eine Spektrallinie ist also etwa eine Million mal schmaler als der sichtbare elektromagnetische Spektralbereich. Abbildung 6.6 zeigt das *Emissionsspektrum* einer Leuchtstofflampe.

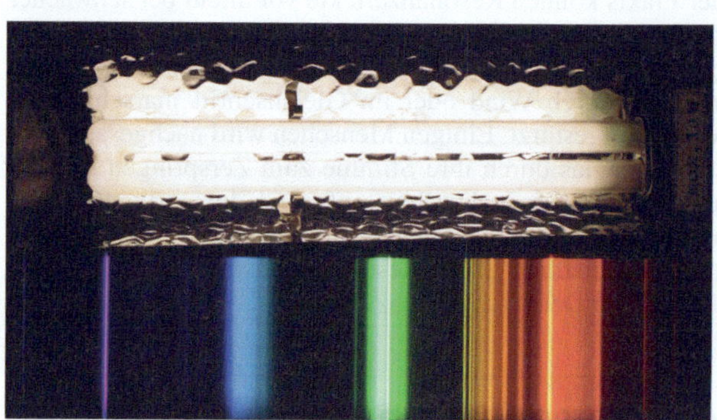

Abb. 6.6 Emissionsspektrum des Lichtes einer Leuchtstofflampe. Ein Emissionsspektrum entsteht dadurch, dass eine Lichtquelle nur Licht bestimmter Frequenzen emittiert. Im Gegensatz dazu wird ein Absorptionsspektrum erzeugt, indem Licht mit einer kontinuierlichen Frequenzverteilung durch ein optisches Medium läuft, das bestimmte Frequenzen absorbiert (© Sheevar)

Die Lagrange-Funktion lautet

$$L = T - V = \frac{1}{2}\sum_{i,j=1}^{F} T_{ij}\dot{\xi}_i\dot{\xi}_j - \frac{1}{2}\sum_{i,j=1}^{F} V_{ij}\xi_i\xi_j. \tag{6.82}$$

Bei V und T handelt es sich um *quadratische Formen*. Beide können durch symmetrische $F \times F$-Matrizen dargestellt werden. Wir definieren

$$\boldsymbol{T} := \begin{pmatrix} T_{11} & \cdots & T_{1F} \\ \vdots & & \vdots \\ T_{F1} & \cdots & T_{FF} \end{pmatrix}, \quad \boldsymbol{V} := \begin{pmatrix} V_{11} & \cdots & V_{1F} \\ \vdots & & \vdots \\ V_{F1} & \cdots & V_{FF} \end{pmatrix}. \tag{6.83}$$

Die Symmetrie von $\boldsymbol{T}$ und $\boldsymbol{V}$, also $\boldsymbol{T}^\top = \boldsymbol{T}$ und $\boldsymbol{V}^\top = \boldsymbol{V}$, ergibt sich offensichtlich direkt aus ihren Definitionen.

Wegen $\boldsymbol{T} = \mathrm{const}$ folgen mit dem Koordinatenvektor $\boldsymbol{\xi} := (\xi_1, \ldots, \xi_F)^\top$ aus (6.82) die Bewegungsgleichungen in Matrixform:

$$\boldsymbol{T}\ddot{\boldsymbol{\xi}} + \boldsymbol{V}\boldsymbol{\xi} = 0. \tag{6.84}$$

Es handelt sich dabei um ein gekoppeltes System von F linearen und homogenen DGL zweiter Ordnung und mit konstanten Koeffizienten. Gleichung (6.84) ist die Verallgemeinerung der harmonischen Schwingungsgleichung (6.8) auf mehrere Freiheitsgrade.

Die kinetische Energie kann niemals negativ werden. Daher muss für beliebige $\dot{\boldsymbol{\xi}}$ der Zusammenhang $\dot{\boldsymbol{\xi}}^\top \boldsymbol{T}\dot{\boldsymbol{\xi}} \geq 0$ gelten.

Frage 15

Zeigen Sie, dass dies hier gilt, indem Sie sich zunächst überlegen, dass

$$\dot{\boldsymbol{\xi}}^\top \boldsymbol{T}\dot{\boldsymbol{\xi}} = \sum_{k=1}^{N} m_k \left(\sum_{i=1}^{F} \frac{\partial \boldsymbol{x}_k}{\partial q_i} \dot{q}_i \right)^2 \tag{6.85}$$

erfüllt ist.

Die Matrix $\boldsymbol{T}$ muss also positiv-semidefinit sein. Im Rahmen der quadratischen Näherung muss die kinetische Energie $T > 0$ erfüllen, wenn mindestens eine Geschwindigkeit $\dot{\xi}_i \neq 0$ ist. Wenn wir den trivialen Fall ignorieren, in dem alle $\dot{\xi}_i$ null sind, muss die Matrix $\boldsymbol{T}$ daher sogar positiv-definit sein.

Einführung von Normalkoordinaten und Diagonalisierung der Matrizen

Die Gestalt der Matrizen $\boldsymbol{T}$ und $\boldsymbol{V}$ hängt von der Problemstellung ab. Im Allgemeinen werden die Bewegungsgleichungen verschiedener Freiheitsgrade allerdings gekoppelt sein, d. h., die Bewegungsgleichung für ξ_i enthält generell andere ξ_j und $\ddot{\xi}_j$. Dies ist dann der Fall, wenn $\boldsymbol{T}$ und $\boldsymbol{V}$ nicht diagonal sind.

Wir werden in Kürze sehen, dass sich die Bewegungsgleichungen dank ihrer Linearität entkoppeln lassen. Dazu müssen F sogenannte *Normalkoordinaten* $\xi'_i(\xi_1, \dots, \xi_F)$ eingeführt werden; es ist also eine Koordinatentransformation notwendig. Als Ergebnis erhält man F Bewegungsgleichungen für jeweils eine Normalkoordinate, die nicht von den $F-1$ anderen Normalkoordinaten abhängen. Normalkoordinaten beschreiben somit die Eigenschwingungen bzw. *Eigenmoden* des Systems. Solch ein Gleichungssystem ist wesentlich einfacher zu untersuchen und zu interpretieren als ein gekoppeltes System.

Das Ziel ist es, die beiden Matrizen $\boldsymbol{T}$ und $\boldsymbol{V}$ simultan zu diagonalisieren, denn dann sind die Bewegungsgleichungen (6.84) entkoppelt. Wir werden nun zunächst $\boldsymbol{T}$ diagonalisieren und anschließend zeigen, dass durch eine geschickte Wahl der Koordinatentransformation gleichzeitig $\boldsymbol{V}$ diagonalisiert werden kann. Für die folgenden Rechnungen werden einige Ergebnisse der linearen Algebra benötigt.

Auch in der Quantenmechanik spielt die simultane Diagonalisierung von Matrizen eine entscheidende Rolle, wie in Teil III noch deutlich werden wird.

Aus der linearen Algebra ist bekannt, dass sich jede symmetrische reelle Matrix diagonalisieren lässt und alle Eigenwerte reell sind. Daher gilt

$$\boldsymbol{T} = \boldsymbol{R}^\top \boldsymbol{D}\boldsymbol{R} \tag{6.86}$$

mit einer orthogonalen Matrix $\boldsymbol{R}$ und der diagonalen Matrix $\boldsymbol{D} = \mathrm{diag}(t_1, \dots, t_F)$. Aufgrund der Positiv-Definitheit von $\boldsymbol{T}$ sind alle F Zahlen t_i positiv. Wir definieren nun die Matrix

$$\boldsymbol{B}' := \mathrm{diag}\left(\sqrt{t_1}, \dots, \sqrt{t_F}\right)\boldsymbol{R} \tag{6.87}$$

und schreiben damit

$$\boldsymbol{T} = \boldsymbol{B}'^\top \boldsymbol{B}'. \tag{6.88}$$

Frage 16

Überlegen Sie sich, dass

$$(\det)\boldsymbol{B}' > 0 \tag{6.89}$$

ist (dies gilt jedenfalls dann, wenn $(\det)\boldsymbol{R} = +1$ erfüllt ist, worauf wir uns hier beschränken wollen).

Wir werden bald ausnutzen, dass die Matrix $\boldsymbol{B}'$ nur bis auf eine orthogonale Transformation $\boldsymbol{S}$ festgelegt ist, denn die Matrix

$$\boldsymbol{B} \equiv \boldsymbol{S}\boldsymbol{B}' \tag{6.90}$$

erfüllt ebenfalls

$$\boldsymbol{T} = \boldsymbol{B}^\top \boldsymbol{B}, \tag{6.91}$$

wie man schnell nachrechnet. Wir führen nun die *Normalkoordinaten* $\boldsymbol{\xi}'$ als Linearkombination der ursprünglichen Koordinaten $\boldsymbol{\xi}$ ein:

$$\boldsymbol{\xi}' := \boldsymbol{B}\boldsymbol{\xi}. \tag{6.92}$$

Wegen $(\det)\boldsymbol{B} \neq 0$ ist die Koordinatentransformation invertierbar:

$$\boldsymbol{\xi} = \boldsymbol{A}\boldsymbol{\xi}', \quad \boldsymbol{A} = \boldsymbol{B}^{-1}. \tag{6.93}$$

Frage 17

Zeigen Sie, dass sich die kinetische Energie $T = \dot{\boldsymbol{\xi}}^\top \boldsymbol{T}\dot{\boldsymbol{\xi}}/2$ in der Form

$$T = \frac{1}{2}\dot{\boldsymbol{\xi}}'^\top \dot{\boldsymbol{\xi}}' \tag{6.94}$$

schreiben lässt.

Die potenzielle Energie lautet, ausgedrückt durch die Normalkoordinaten $\boldsymbol{\xi}'$:

$$V = \frac{1}{2}\boldsymbol{\xi}^\top \boldsymbol{V}\boldsymbol{\xi} = \frac{1}{2}\boldsymbol{\xi}'^\top \boldsymbol{A}^\top \boldsymbol{V}\boldsymbol{A}\boldsymbol{\xi}'. \tag{6.95}$$

Bisher wurde die Freiheit der Wahl von $\boldsymbol{S}$ nicht ausgenutzt. Mit

$$\boldsymbol{B} \equiv \boldsymbol{S}\boldsymbol{B}' \quad \Longrightarrow \quad \boldsymbol{A} = \boldsymbol{B}^{-1} = \boldsymbol{B}'^{-1}\boldsymbol{S}^{-1} =: \boldsymbol{A}'\boldsymbol{S}^\top \tag{6.96}$$

lässt sich daher (wegen $\boldsymbol{S}^{-1} = \boldsymbol{S}^\top$) die Matrix $\boldsymbol{A}'$ definieren und es gilt:

$$\boldsymbol{A}^\top \boldsymbol{V}\boldsymbol{A} = \boldsymbol{S}\left(\boldsymbol{A}'^\top \boldsymbol{V}\boldsymbol{A}'\right)\boldsymbol{S}^\top. \tag{6.97}$$

Der eingeklammerte Term ist eine symmetrische und daher diagonalisierbare Matrix. Man kann nun die Transformation $\boldsymbol{S}$ so wählen, dass sie den eingeklammerten Term in (6.97) diagonalisiert und somit

$$\boldsymbol{A}^\top \boldsymbol{V}\boldsymbol{A} = \mathrm{diag}(\lambda_1, \dots, \lambda_F) \tag{6.98}$$

ist.

Teil I

Da alle Eigenwerte t_i positiv sind, sind alle $\sqrt{t_i}$ reell. Daher sind auch die Matrizen $\boldsymbol{A}, \boldsymbol{A}', \boldsymbol{B}$ und $\boldsymbol{B}'$ reell. Weiterhin ist die Matrix $\boldsymbol{V}$ symmetrisch, und all ihre Eigenwerte λ_i sind ebenfalls reell (aber nicht zwangsläufig positiv).

Zusammengefasst lauten die kinetische und potenzielle Energie

$$T = \frac{1}{2}\sum_{i=1}^{F} \dot{\xi}_i'^2, \quad V = \frac{1}{2}\sum_{i=1}^{F} \lambda_i \xi_i'^2, \tag{6.99}$$

wenn sie durch die Normalkoordinaten ausgedrückt werden. Die F entkoppelten Bewegungsgleichungen für die unabhängigen Koordinaten ξ_i' lauten schließlich

$$\ddot{\xi}_i' + \lambda_i \xi_i' = 0 \quad (1 \le i \le F). \tag{6.100}$$

Die Bewegungsgleichung für ξ_i' ist unabhängig von allen anderen Normalkoordinaten ξ_j' und ihren Ableitungen $\ddot{\xi}_j'$. Die F Zahlen λ_i sind eng verknüpft mit den Eigenwerten der Matrix $\boldsymbol{V}$. Ein Vergleich mit (6.8) zeigt, dass λ_i die quadratische Eigenfrequenz der Koordinate ξ_i' ist:

$$\lambda_i =: \omega_{i,0}^2. \tag{6.101}$$

Im Gegensatz zu den t_i kann man allgemein nichts über die Vorzeichen der λ_i sagen. Sie hängen vom Potenzial $V(q)$ ab. Insbesondere kann λ_i negativ und die entsprechende Eigenfrequenz imaginär sein. Wir kommen später wieder darauf zurück. Vorher soll allerdings noch beantwortet werden, wie man die hier beschriebene Diagonalisierung praktisch durchführt und wie die Normalkoordinaten erhalten werden können.

Bestimmung der Normalkoordinaten

Um das Problem zu diagonalisieren und aus den Koordinaten $\boldsymbol{\xi}$ die Normalkoordinaten $\boldsymbol{\xi}'$ zu erhalten, benötigt man die F Eigenwerte λ_i und die Matrix $\boldsymbol{B}$ bzw. $\boldsymbol{A} = \boldsymbol{B}^{-1}$. Es wird nun ein Verfahren vorgestellt, wie man beides gewinnen kann.

Zunächst gehen wir von (6.98) aus und schreiben wegen $\boldsymbol{B}^\top = (\boldsymbol{A}^\top)^{-1}$, $\boldsymbol{B}^\top = \boldsymbol{B}^\top\boldsymbol{B}\boldsymbol{B}^{-1}$ und $\boldsymbol{B}^\top\boldsymbol{B} = \boldsymbol{T}$:

$$\boldsymbol{VA} = \boldsymbol{B}^\top \operatorname{diag}(\lambda_1, \ldots, \lambda_F) = \boldsymbol{TA} \operatorname{diag}(\lambda_1, \ldots, \lambda_F). \tag{6.102}$$

Frage 18

Vollziehen Sie diese Zwischenschritte nach.

Die gesuchte reelle Matrix $\boldsymbol{A}$ wird in F Spaltenvektoren $\boldsymbol{a}_i$ zerlegt:

$$\boldsymbol{A} = (\boldsymbol{a}_1, \ldots, \boldsymbol{a}_F), \quad \boldsymbol{a}_i = \begin{pmatrix} a_{1i} \\ \vdots \\ a_{Fi} \end{pmatrix}, \tag{6.103}$$

wobei die a_{ij} die Matrixelemente von $\boldsymbol{A}$ sind. Es folgt mit (6.102) und (6.103) die Eigenwertgleichung

$$\boldsymbol{V}\boldsymbol{a}_i = \lambda_i \boldsymbol{T}\boldsymbol{a}_i \quad (1 \le i \le F). \tag{6.104}$$

Es ist zu beachten, dass $\boldsymbol{a}_i$ kein 3-, sondern ein F-Tupel ist und damit im Allgemeinen keinen kartesischen Vektor darstellt.

Achtung Im Gegensatz zu den Eigenwertgleichungen, die uns bisher begegnet sind, ist hier die Einheitsmatrix durch die Matrix $\boldsymbol{T}$ ersetzt worden. Man sagt, $\boldsymbol{T}$ ist der *metrische Tensor* des Eigenwertproblems. Alle Sätze über das gewöhnliche Eigenwertproblem sind vollständig auf das vorliegende Eigenwertproblem übertragbar, wobei $\boldsymbol{T}$ die Rolle der Einheitsmatrix übernimmt. Die mathematischen Methoden sind dabei identisch zu denen, die bei der Diagonalisierung des Trägheitstensors in Kap. 4 besprochen wurden, wobei hier die Matrizen F-dimensional sind. ◄

Um die F Eigenvektoren $\boldsymbol{a}_i$ zu bestimmen, ist zunächst die charakteristische Gleichung

$$\det(\boldsymbol{V} - \lambda\boldsymbol{T}) = 0 \tag{6.105}$$

zu lösen. Als Ergebnis erhält man die F reellen Eigenwerte λ_i, die teilweise oder vollständig entartet sein können. Für nichtentartete Eigenwerte sind die zugehörigen Eigenvektoren $\boldsymbol{a}_i$ automatisch orthonormal bezüglich der Matrix $\boldsymbol{T}$:

$$\boldsymbol{A}^\top\boldsymbol{TA} = \boldsymbol{A}^\top\boldsymbol{B}^\top\boldsymbol{BA} = \boldsymbol{I}_F \quad \Longrightarrow \quad \boldsymbol{a}_i^\top\boldsymbol{T}\boldsymbol{a}_j = \delta_{ij}. \tag{6.106}$$

Hier ist $\boldsymbol{I}_F$ die $F \times F$-Einheitsmatrix. Sind Eigenwerte entartet, so sind die entsprechenden Eigenvektoren so zu wählen, dass sie paarweise orthonormal sind. Gleichung (6.106) beschreibt eine *verallgemeinerte Orthonormalitätsrelation*.

Allgemeine Lösung und Stabilität

Die Diskussion der F Gleichungen (6.100) ist vollständig analog zu der in Abschn. 6.1. Insbesondere kann man den komplexen Ansatz $\exp(\mathrm{i}\omega_i t)$ mit $\omega_i^2 = \lambda_i$ für die Lösung von (6.100) verfolgen und anschließend die allgemeine Lösung als Linearkombination der Real- und Imaginärteile konstruieren. Man unterscheidet dabei die folgenden Fälle:

1. Sind alle Eigenwerte $\lambda_i > 0$, dann sind alle Eigenfrequenzen $\omega_{i,0} = \sqrt{\lambda_i}$ reell und alle Lösungen harmonische Schwingungen,

$$\xi_i'(t) = C_i \cos(\omega_{i,0}t - \delta_i), \tag{6.107}$$

mit reellen Integrationskonstanten C_i und δ_i. In diesem Fall besitzt das Potenzial $V(q)$ in q_0 ein striktes Minimum, d. h., für jede kleine Auslenkung δq aus dem Gleichgewicht ist $V(q_0 + \delta q) > V(q_0)$, und das System ist stabil (Abb. 6.7).

Übersicht: Lösung der gekoppelten Bewegungsgleichungen

Zusammenfassend geht man folgendermaßen vor:

1. Stellen Sie für das vorliegende Problem die Matrizen $\boldsymbol{T}$ und $\boldsymbol{V}$ auf.
2. Finden Sie die Lösungen der charakteristischen Gleichung $\det(\boldsymbol{V} - \lambda \boldsymbol{T}) = 0$. Somit sind die F Eigenwerte λ_i bekannt.
3. Bestimmen Sie die F Eigenvektoren $\boldsymbol{a}_i$, die $\boldsymbol{V}\boldsymbol{a}_i = \lambda_i \boldsymbol{T}\boldsymbol{a}_i$ erfüllen und der Orthonormalitätsrelation $\boldsymbol{a}_i^\top \boldsymbol{T}\boldsymbol{a}_j = \delta_{ij}$ genügen. Dies führt auf die Transformationsmatrix $\boldsymbol{A}$.
4. Falls gewünscht, lassen sich die Normalkoordinaten über $\boldsymbol{\xi} = \boldsymbol{A}\boldsymbol{\xi}'$ bestimmen.

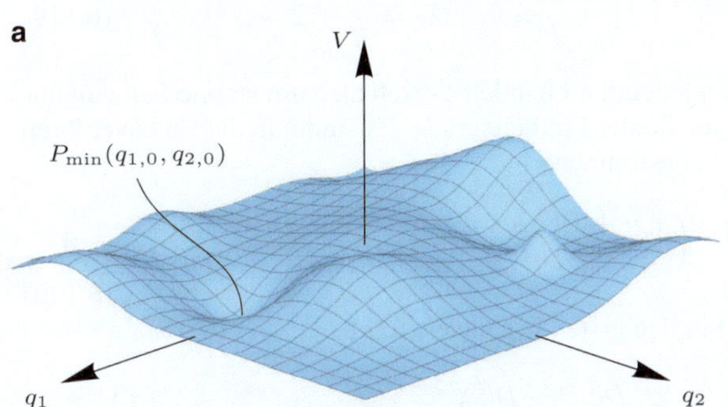

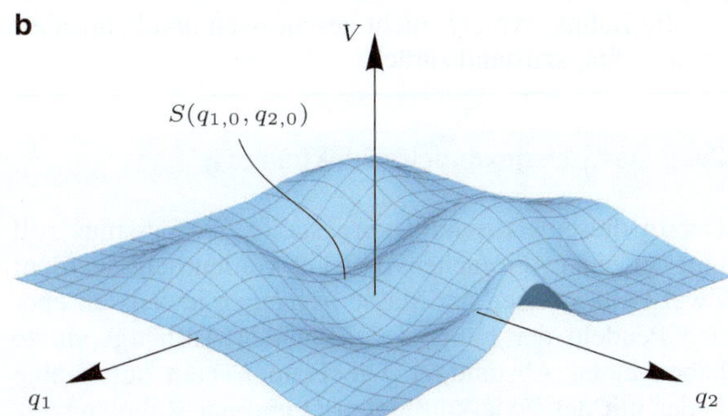

Abb. 6.7 Stabilität von Gleichgewichten am Beispiel $F = 2$. (**a**) Der Punkt $P_{\min}(q_{1,0}, q_{2,0})$ ist ein lokales Minimum der Potenziallandschaft $V(q_1, q_2)$. Das Gleichgewicht ist sowohl für q_1 als auch für q_2 stabil. (**b**) Der Punkt $S(q_{1,0}, q_{2,0})$ ist ein Sattelpunkt, der für q_1 ein lokales Minimum, für q_2 aber ein lokales Maximum darstellt. So ist zwar das Gleichgewicht von q_1 stabil, nicht aber das für q_2

Die allgemeine Lösung der Bewegungsgleichungen für das Gesamtsystem ist dann die lineare Überlagerung

$$\boldsymbol{\xi}(t) = \sum_{i=1}^{F} \boldsymbol{a}_i \xi_i'(t) = \sum_{i=1}^{F} \boldsymbol{a}_i C_i \cos(\omega_{i,0} t - \delta_i). \quad (6.108)$$

Man nennt die Eigenfrequenzen $\omega_{i,0}$ auch *Normalfrequenzen*.

2. Ist mindestens ein Eigenwert $\lambda_i \leq 0$, dann kann ξ_i' im Rahmen der harmonischen Näherung unbegrenzt wachsen. Insbesondere kann es für $\lambda_i < 0$ zum exponentiellen Wachstum von ξ_i' kommen:

$$\xi_i' \propto e^{\pm\sqrt{|\lambda_i|}t}. \quad (6.109)$$

Für $\lambda_i < 0$ ist das System also instabil, da keine kleine Schwingungen um den vermeintlichen Gleichgewichtspunkt möglich sind. Für eine genauere Analyse solcher Systeme müssen allerdings Terme höherer Ordnung hinzugezogen werden, was auf äußerst problemspezifische Rechnungen führt. Für $\lambda_i = 0$ löst

$$\xi_i' = \xi_{i,0}' + \dot{\xi}_{i,0}' t, \quad \xi_{i,0}', \dot{\xi}_{i,0}' = \text{const} \quad (6.110)$$

die Bewegungsgleichung. Diese Situation wird als *indifferentes Gleichgewicht* bezeichnet, da das Potenzial entlang ξ_i' konstant ist und mit einer Auslenkung von ξ_i' keine Kraft verbunden ist. Wir werden in Abschn. 6.5 noch sehen, dass dieser Fall typisch für Systeme ist, die keinen äußeren Kräften unterworfen sind und deren Schwerpunkt sich mit konstanter Geschwindigkeit bewegen kann (Impulserhaltung des Schwerpunktes).

Die Integrationskonstanten C_i und δ_i lassen sich folgendermaßen bestimmen: Zur Zeit $t = 0$ ist

$$\boldsymbol{\xi}_0 = \sum_{i=1}^{F} \boldsymbol{a}_i C_i \cos\delta_i, \quad \dot{\boldsymbol{\xi}}_0 = \sum_{i=1}^{F} \boldsymbol{a}_i C_i \omega_{i,0} \sin\delta_i. \quad (6.111)$$

Aus der Orthonormalität der Eigenvektoren $\boldsymbol{a}_i$ bezüglich der Matrix $\boldsymbol{T}$ folgt

$$\boldsymbol{a}_i^\top \boldsymbol{T}\boldsymbol{\xi}_0 = C_i \cos\delta_i, \quad \boldsymbol{a}_i^\top \boldsymbol{T}\dot{\boldsymbol{\xi}}_0 = C_i \omega_{i,0} \sin\delta_i. \quad (6.112)$$

Dies erlaubt die Berechnung der gesuchten Integrationskonstanten.

Man spricht von *Normalschwingungen* oder *Eigenschwingungen*, wenn nur genau eine Normalkoordinate angeregt ist:

$$\boldsymbol{\xi}(t) = \boldsymbol{a}_i C_i \cos(\omega_{i,0} t - \delta_i), \quad C_j = 0 \quad (j \neq i). \quad (6.113)$$

Im Allgemeinen ist die Lösung (6.108) eine lineare Superposition von Normalschwingungen. Die Vektoren $\boldsymbol{a}_i$ geben die relativen Amplituden der Eigenschwingungen der gekoppelten Punktmassen für die i-te Eigenmode an. Insbesondere bedeutet $\boldsymbol{a}_i \propto (1, 1, \dots, 1)^\top$, dass die Amplituden aller Punktmassen für die i-te Eigenmode gleich sind.

In Aufgabe 6.7 wird gezeigt, wie sich äußere Kräfte, die nicht in V enthalten sind, in den Formalismus der Normalkoordinaten einbinden lassen.

Frage 19

Überlegen Sie sich, dass die Bahnkurve $\boldsymbol{\xi}(t)$ im F-dimensionalen Parameterraum periodisch ist, wenn alle F Eigenfrequenzen $\omega_{i,0}$ in einem rationalen Verhältnis zueinander stehen. Ansonsten ist die Bahnkurve $\boldsymbol{\xi}(t)$ nicht geschlossen und kehrt niemals in ihren Anfangszustand zurück.

Zwei elastisch gekoppelte Punktmassen

Der in diesem Abschnitt vorgestellte Formalismus soll hier an einem einfachen Beispiel verdeutlicht werden: Zwei Punktmassen der Masse m hängen jeweils an ebenen Pendeln der Länge l. Die beiden Aufhängepunkte haben einen Abstand x_0. Die Pendel seien durch eine Feder mit der Federkonstanten D und der Ruhelänge x_0 miteinander gekoppelt. Beide Pendel sollen nur in der gemeinsamen Ebene schwingen können. Somit gibt es mit den beiden Auslenkungswinkeln φ_1 und φ_2 nur zwei Freiheitsgrade. Die kinetische Energie ist

$$T = \frac{ml^2}{2}\left(\dot{\varphi}_1^2 + \dot{\varphi}_2^2\right). \tag{6.114}$$

Beiträge zur potenziellen Energie kommen vom homogenen Schwerefeld und der Feder:

$$\begin{aligned} V &= -mgl(\cos\varphi_1 + \cos\varphi_2) \\ &\quad + \frac{D}{2}\left[\sqrt{(x_1 - x_2)^2 + (y_1 - y_2)^2} - x_0\right]^2. \end{aligned} \tag{6.115}$$

Sind die Auslenkungen klein, können die Auslenkungen y_1 und y_2 gegenüber x_1 und x_2 vernachlässigt werden. Weiterhin verwenden wir die Näherungen $x_1 = l\sin\varphi_1 \approx l\varphi_1$, $x_2 \approx x_0 + l\varphi_2$ und $\cos\varphi_{1,2} \approx 1 - \varphi_{1,2}^2/2$. Ignoriert man den konstanten Term, lautet die potenzielle Energie

$$V \approx \frac{mgl}{2}\left(\varphi_1^2 + \varphi_2^2\right) + \frac{Dl^2}{2}\left(\varphi_1 - \varphi_2\right)^2. \tag{6.116}$$

Der Gravitationsbeitrag entspricht einem äußeren Potenzial, der Federbeitrag einer Kopplung der Freiheitsgrade (Wechselwirkung, innere Kräfte). Wir notieren die beiden Matrizen

$$\begin{aligned} \boldsymbol{T} &= ml^2\begin{pmatrix} 1 & 0 \\ 0 & 1 \end{pmatrix}, \\ \boldsymbol{V} &= mgl\begin{pmatrix} 1 & 0 \\ 0 & 1 \end{pmatrix} + Dl^2\begin{pmatrix} 1 & -1 \\ -1 & 1 \end{pmatrix}. \end{aligned} \tag{6.117}$$

Hier ist zu beachten, dass $\boldsymbol{V}$ symmetrisch formuliert werden muss. Dazu haben wir den Mischterm $\propto \varphi_1\varphi_2$ durch zwei dividiert und ihn auf die beiden Nebendiagonalelemente verteilt.

Die charakteristische Gleichung $\det(\boldsymbol{V} - \lambda\boldsymbol{T}) = 0$ lautet

$$l^2\left[(mg + Dl - ml\lambda)^2 - D^2l^2\right] = 0, \tag{6.118}$$

und die beiden Lösungen sind

$$\lambda_1 = \frac{g}{l} > 0, \quad \lambda_2 = \frac{g}{l} + 2\frac{D}{m} > 0. \tag{6.119}$$

In jedem Fall handelt es sich also um stabile Schwingungen beider Freiheitsgrade. Es sind nun die Eigenvektoren zu bestimmen:

$$\begin{pmatrix} mgl + Dl^2 - \lambda_i ml^2 & -Dl^2 \\ -Dl^2 & mgl + Dl^2 - \lambda_i ml^2 \end{pmatrix}\boldsymbol{a}_i = \boldsymbol{0}. \tag{6.120}$$

Für den ersten Eigenwert folgt

$$\begin{pmatrix} Dl^2 & -Dl^2 \\ -Dl^2 & Dl^2 \end{pmatrix}\boldsymbol{a}_1 = \boldsymbol{0} \quad\Longrightarrow\quad \boldsymbol{a}_1 \propto \begin{pmatrix} 1 \\ 1 \end{pmatrix}. \tag{6.121}$$

Der zweite Eigenwert führt auf

$$\begin{pmatrix} -Dl^2 & -Dl^2 \\ -Dl^2 & -Dl^2 \end{pmatrix}\boldsymbol{a}_2 = \boldsymbol{0} \quad\Longrightarrow\quad \boldsymbol{a}_2 \propto \begin{pmatrix} 1 \\ -1 \end{pmatrix}. \tag{6.122}$$

Es sollen noch beide Eigenvektoren bezüglich $\boldsymbol{T}$ normiert werden, d. h., wir fordern $\boldsymbol{a}_i^\top\boldsymbol{T}\boldsymbol{a}_j = \delta_{ij}$. Zunächst sieht man schnell, dass $\boldsymbol{a}_1$ und $\boldsymbol{a}_2$ bezüglich $\boldsymbol{T}$ orthogonal zueinander sind. Dies muss so sein, da die beiden Eigenwerte nicht entartet sind. Die noch fehlende Normierung führt auf

$$\boldsymbol{a}_1 = \frac{1}{\sqrt{2ml^2}}\begin{pmatrix} 1 \\ 1 \end{pmatrix}, \quad \boldsymbol{a}_2 = \frac{1}{\sqrt{2ml^2}}\begin{pmatrix} 1 \\ -1 \end{pmatrix}. \tag{6.123}$$

Dies entspricht im Wesentlichen (bis auf Vorfaktoren) einer Zerlegung in Schwerpunkts- und Relativkoordinaten der beiden Punktmassen. Die beiden Normalschwingungen haben die folgenden Bedeutungen:

1. Die beiden Punktmassen schwingen gleichphasig ($\boldsymbol{a}_1$), d. h. $\dot{x}_1 = \dot{x}_2$.
2. Die beiden Punktmassen schwingen gegenphasig ($\boldsymbol{a}_2$), d. h. $\dot{x}_1 = -\dot{x}_2$.

Beide Normalschwingungen haben mit $\omega_{1,0} = \sqrt{\lambda_1}$ und $\omega_{2,0} = \sqrt{\lambda_2}$ verschiedene Eigenfrequenzen. Dies liegt daran, dass die Feder bei der gleichphasigen Normalschwingung keine Rolle spielt und die Rückstellkraft (d. h. diejenige Kraft, die der Auslenkung entgegenwirkt) nur aufgrund der Gravitation zustande kommt. Bei der gegenphasigen Normalschwingung wird die Feder gedehnt und gestaucht, und die Federkonstante D geht in die Schwingungsfrequenz ein. Die allgemeine Lösung $\boldsymbol{x}(t) = (x_1(t), x_2(t))^\top$ ist eine lineare Überlagerung dieser Schwingungen,

$$\begin{aligned}\boldsymbol{x}(t) &= \boldsymbol{a}_1 C_1 \cos(\omega_{1,0} t - \delta_1) \\ &\quad + \boldsymbol{a}_2 C_2 \cos(\omega_{2,0} t - \delta_2),\end{aligned} \tag{6.124}$$

und die Amplituden und Phasenverschiebungen der beiden Normalschwingungen sind durch die (hier nicht gegebenen) Anfangsbedingungen festgelegt. In Aufgabe 6.3 wird gezeigt, dass bei gekoppelten Pendeln Schwebungen auftreten können. ◀

6.5 Anwendungen gekoppelter Oszillatoren

Abschnitt 6.4 ist recht theoretisch, liefert aber wesentliche Einblicke in die mathematischen Methoden der Physik. Um diese Erfahrung auf praktische Probleme anzuwenden, betrachten wir zwei Beispielsysteme, die für die Physik und Technik sehr wichtig sind: die Schwingungen eines linearen dreiatomigen Moleküls und die lineare Kette als Modell eines eindimensionalen Kristalls. Die hier erarbeiteten Ergebnisse spielen eine große Rolle in der Spektroskopie und der Festkörperphysik.

Schwingungen eines linearen, dreiatomigen Moleküls

Eine wichtige Anwendung gekoppelter Oszillatoren ist das lineare, dreiatomige Molekül (Abb. 6.8). Das Molekül sei symmetrisch: Ein zentrales Atom der Masse M befinde sich am Ort x_2 zwischen zwei Atomen der Masse m an den Orten x_1 und x_3. Beide äußeren Atome sollen mit dem zentralen Atom wechselwirken. Dieses Modell ist beispielsweise eine Näherung für das Kohlendioxidmolekül, nicht jedoch für das nichtlineare Wassermolekül.

Die Wechselwirkung kann durch eine harmonische Kraft mit Federkonstante D und Gleichgewichtslänge ℓ approximiert werden. Zur Vereinfachung erlauben wir nur Schwingungen entlang der Molekülachse (x-Achse).

Zunächst sind die dynamischen Matrizen $\boldsymbol{T}$ und $\boldsymbol{V}$ aufzustellen. Dazu bestimmen wir die kinetische und potenzielle Energie:

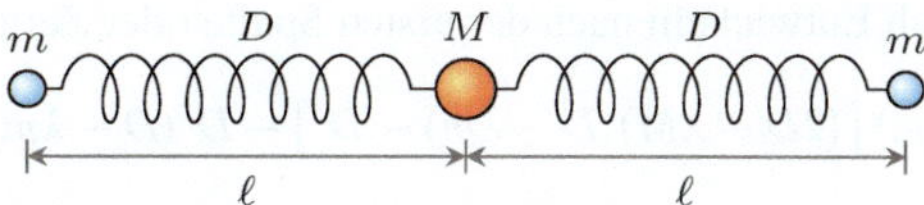

Abb. 6.8 Modell des hier betrachteten linearen dreiatomigen Moleküls

$$\begin{aligned}T &= \frac{m}{2}\left(\dot{x}_1^2 + \dot{x}_3^2\right) + \frac{M}{2}\dot{x}_2^2, \\ V &= \frac{D}{2}\left[(x_2 - x_1 - \ell)^2 + (x_3 - x_2 - \ell)^2\right].\end{aligned} \tag{6.125}$$

Alle Terme sind bereits höchstens quadratisch in den Koordinaten und ihren Ableitungen; T und V müssen also nicht entwickelt werden.

Für $x_2 - x_1 = \ell$ und $x_3 - x_2 = \ell$ besteht Gleichgewicht. Offensichtlich ist das Problem translationsinvariant: Wird das gesamte Molekül entlang der x-Achse verschoben, ändert sich die Lagrange-Funktion $L = T - V$ nicht. Das Noether-Theorem besagt hier demnach, dass der Gesamtimpuls entlang der x-Achse erhalten ist. Dies wird uns später bei der Diskussion der Eigenwerte wieder begegnen. Außerdem ist wegen der Zeitunabhängigkeit von L die Energie erhalten.

Frage 20

Vergewissern Sie sich, dass für $x_2 - x_1 = \ell$ und $x_3 - x_2 = \ell$ Gleichgewicht besteht.

Es bietet sich an, auf einen anderen Koordinatensatz ξ_i zu wechseln, der die Auslenkung aus den Gleichgewichtslagen beschreibt:

$$\xi_1 = x_1 + \ell, \quad \xi_2 = x_2, \quad \xi_3 = x_3 - \ell. \tag{6.126}$$

Daraus ergeben sich die Energieterme

$$\begin{aligned}T &= \frac{1}{2}\left(m\dot{\xi}_1^2 + M\dot{\xi}_2^2 + m\dot{\xi}_3^2\right), \\ V &= \frac{D}{2}\left[(\xi_2 - \xi_1)^2 + (\xi_3 - \xi_2)^2\right].\end{aligned} \tag{6.127}$$

Die Matrizen $\boldsymbol{T}$ und $\boldsymbol{V}$ können direkt abgelesen werden:

$$\boldsymbol{T} = \begin{pmatrix} m & 0 & 0 \\ 0 & M & 0 \\ 0 & 0 & m \end{pmatrix}, \quad \boldsymbol{V} = \begin{pmatrix} D & -D & 0 \\ -D & 2D & -D \\ 0 & -D & D \end{pmatrix}. \tag{6.128}$$

Die Nebendiagonalelemente von $\boldsymbol{V}$ beschreiben die Potenzialkopplung der Koordinaten. Zum Beispiel erkennt man an der Matrix, dass ξ_1 und ξ_3 nicht miteinander gekoppelt sind, da die 13- und 31-Komponenten null sind.

Der zweite Schritt ist die Bestimmung der drei Eigenwerte λ_i. Die charakteristische Gleichung $\det(\boldsymbol{V} - \lambda\boldsymbol{T}) = 0$ lautet

$$\det\begin{pmatrix} D - \lambda m & -D & 0 \\ -D & 2D - \lambda M & -D \\ 0 & -D & D - \lambda m \end{pmatrix} = 0 \tag{6.129}$$

oder durch Entwickeln nach der ersten Spalte oder Zeile

$$(D - \lambda m)\left[(2D - \lambda M)(D - \lambda m) - D^2\right] - D^2(D - \lambda m) = 0. \tag{6.130}$$

Die erste Lösung findet man sofort durch Ausklammern:

$$\lambda_1 = \frac{D}{m} > 0. \tag{6.131}$$

Die übrige Gleichung ist

$$\begin{aligned} &(2D - \lambda M)(D - \lambda m) - 2D^2 = 0 \\ \Longrightarrow\ &\lambda(\lambda Mm - MD - 2mD) = 0 \end{aligned} \tag{6.132}$$

und wird durch

$$\lambda_2 = \left(\frac{D}{m} + \frac{2D}{M}\right) > 0 \tag{6.133}$$

und

$$\lambda_3 = 0 \tag{6.134}$$

gelöst. Zwei Eigenwerte sind positiv und führen auf Eigenschwingungen. Der andere ist null und hängt mit der Translationssymmetrie des Systems zusammen. Die Eigenfrequenzen sind

$$\omega_{1,0} = \sqrt{\frac{D}{m}}, \quad \omega_{2,0} = \sqrt{\frac{D}{m}\left(1 + \frac{2m}{M}\right)}, \quad \omega_{3,0} = 0. \tag{6.135}$$

Im dritten Schritt sind die drei Eigenvektoren $\boldsymbol{a}_i$ zu berechnen. Sie erlauben die physikalische Interpretation der Eigenschwingungen. Wir beginnen mit dem ersten Eigenwert und schreiben

$$\begin{pmatrix} 0 & -D & 0 \\ -D & D(2 - M/m) & -D \\ 0 & -D & 0 \end{pmatrix} \begin{pmatrix} a_{11} \\ a_{12} \\ a_{13} \end{pmatrix} = 0. \tag{6.136}$$

Es folgt $a_{12} = 0$ und $a_{13} = -a_{11}$. Der Eigenvektor $\boldsymbol{a}_1$ ist somit bis auf einen Faktor festgelegt. Aus der Orthonormalitätsrelation $\boldsymbol{a}_1^\top \boldsymbol{T} \boldsymbol{a}_1 = 1$ erhalten wir

$$\boldsymbol{a}_1 = \frac{1}{\sqrt{2m}} \begin{pmatrix} 1 \\ 0 \\ -1 \end{pmatrix}. \tag{6.137}$$

Aus dem zweiten Eigenwert folgt

$$\begin{pmatrix} -D\frac{2m}{M} & -D & 0 \\ -D & -D\frac{M}{m} & -D \\ 0 & -D & -D\frac{2m}{M} \end{pmatrix} \begin{pmatrix} a_{21} \\ a_{22} \\ a_{23} \end{pmatrix} = 0. \tag{6.138}$$

Dies verlangt $a_{21} = a_{23}$ und $a_{22} = -2a_{21}m/M$. Schließlich lautet der zweite normierte Eigenvektor

$$\boldsymbol{a}_2 = \sqrt{\frac{M}{2m(2m + M)}} \begin{pmatrix} 1 \\ -2m/M \\ 1 \end{pmatrix}. \tag{6.139}$$

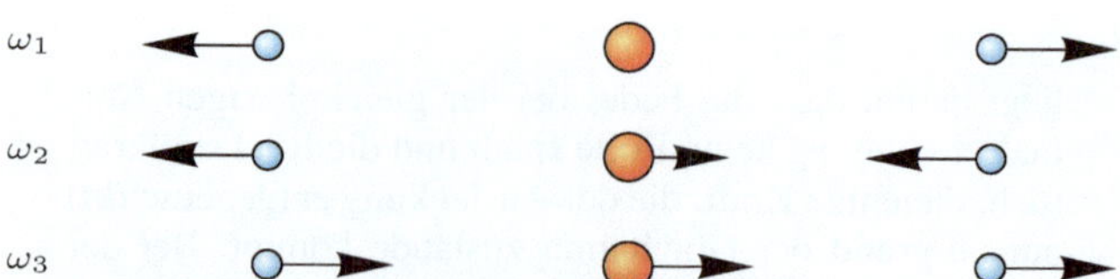

Abb. 6.9 Gezeigt sind die drei möglichen Eigenmoden des linearen dreiatomigen Moleküls (ω_1: gegenphasige Schwingung der beiden kleinen Massen; ω_2: gegenphasige Schwingung der großen Masse gegenüber den beiden gleichphasig schwingenden kleinen Massen; ω_3: Translation des gesamten Moleküls)

Frage 21

Rechnen Sie die Normierung explizit nach.

Der dritte Eigenwert ergibt zunächst das Gleichungssystem

$$\begin{pmatrix} D & -D & 0 \\ -D & 2D & -D \\ 0 & -D & D \end{pmatrix} \begin{pmatrix} a_{31} \\ a_{32} \\ a_{33} \end{pmatrix} = 0. \tag{6.140}$$

Es erfordert $a_{31} = a_{32} = a_{33}$. Die Orthonormalitätsrelation führt anschließend auf

$$\boldsymbol{a}_3 = \frac{1}{\sqrt{2m + M}} \begin{pmatrix} 1 \\ 1 \\ 1 \end{pmatrix}. \tag{6.141}$$

Welche physikalische Bedeutung haben die drei Eigenvektoren? Der Vektor $\boldsymbol{a}_1$ entspricht einer gegenphasigen Schwingung der beiden äußeren Atome. Das mittlere ruht dabei. Dies sieht man an dem Vektor $(1, 0, -1)^\top$, der die Schwingungsamplituden beschreibt: Die Amplitude des mittleren Oszillators ist null, die anderen sind vom Betrag gleich, aber entgegengesetzt. Die Eigenschwingung $\boldsymbol{a}_2$ beschreibt eine Bewegung, bei der das mittlere Atom gegenphasig gegen die beiden äußeren gleichphasig schwingenden Atome schwingt. Der Eigenwert $\lambda_3 = 0$ führt auf eine Bewegung, bei der sich alle Atome mit gleicher Geschwindigkeit entlang der x-Achse bewegen. Darin zeigt sich gerade die Gesamtimpulserhaltung entlang der x-Achse.

Frage 22

Machen Sie sich klar, dass wegen $\lambda_3 = 0$ keine Schwingung, sondern eine Translation vorliegt. Die Geschwindigkeiten der Punktmassen sind dann proportional zu den Einträgen des Vektors $\boldsymbol{a}_3$ (und in diesem Fall somit alle gleich).

In diesem System gibt es daher zwei Schwingungs- und einen Translationsfreiheitsgrad (und nicht drei Schwingungsfreiheitsgrade). Abbildung 6.9 veranschaulicht die drei Eigenmoden. Die allgemeine Lösung ist

$$\begin{aligned} \boldsymbol{\xi}(t) = {} & \boldsymbol{a}_1 C_1 \cos(\omega_{1,0}t - \delta_1) + \boldsymbol{a}_2 C_2 \cos(\omega_{2,0}t - \delta_2) \\ & + \boldsymbol{a}_3(\xi_{3,0} + \dot{\xi}_{3,0}t) \end{aligned} \tag{6.142}$$

mit den sechs Integrationskonstanten C_1, C_2, δ_1, δ_2, $\xi_{3,0}$, $\dot{\xi}_{3,0}$.

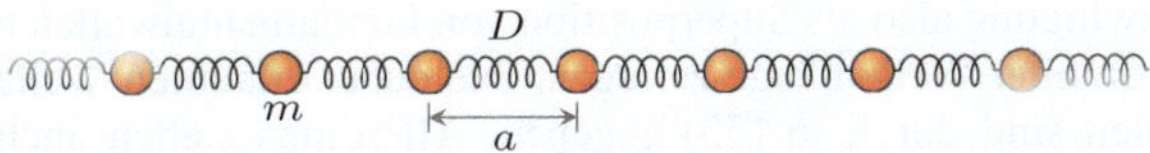

Abb. 6.10 Die lineare Kette besteht aus lauter identischen Punktmassen mit Masse m und Gleichgewichtsabstand a. Alle Punktmassen sind über jeweils eine Feder der Stärke D mit den beiden nächsten Nachbarn verbunden

Frage 23

Zeigen Sie, dass jede der drei Normalschwingungen (und damit auch jede beliebige Überlagerung) die Impulserhaltung erfüllt. Berechnen Sie dazu den Impuls

$$p_x = m\dot{x}_1 + M\dot{x}_2 + m\dot{x}_3, \tag{6.143}$$

der sich durch Einsetzen der jeweiligen Lösungen $\boldsymbol{a}_i$ $(1 \le i \le 3)$ ergibt.

Weitere Beispiele gekoppelter Oszillatoren werden in Aufgabe 6.5 und 6.6 behandelt.

Lineare Kette

Zum Abschluss betrachten wir ein für die Festkörperphysik wichtiges Modell: die lineare Kette als Approximation eines eindimensionalen Kristalls (Abb. 6.10).

Im Gleichgewicht befinden sich lauter identische Punktmassen m_j an den Orten

$$x_j = aj \quad (j \in \mathbb{Z}). \tag{6.144}$$

Hier ist a der *Gitterabstand*, d. h. der Gleichgewichtsabstand benachbarter Punktmassen. Jede Punktmasse ist mit ihren beiden Nachbarn durch jeweils eine Feder mit Elastizitätskonstante D verbunden. Die Auslenkung aus der Ruhelage der Punktmasse j ist ξ_j. Damit folgt für die kinetische und die potenzielle Energie

$$T = \frac{m}{2}\sum_j \dot{\xi}_j^2, \quad V = \frac{D}{2}\sum_j \left(\xi_{j+1} - \xi_j\right)^2. \tag{6.145}$$

Frage 24

Zeigen Sie, ausgehend von den Lagrange-Gleichungen, dass die Bewegungsgleichung für ξ_j

$$m\ddot{\xi}_j = -D\left[\left(\xi_j - \xi_{j+1}\right) + \left(\xi_j - \xi_{j-1}\right)\right] \tag{6.146}$$

lautet. Dabei ist zu berücksichtigen, dass jede Koordinate ξ_j in zwei Summanden des Potenzials vorkommt.

Mit (6.146) haben wir ein gekoppeltes System von Oszillatoren vorliegen. Wir werden nun in zwei Schritten die Gleichungen entkoppeln. Im ersten lösen wir die Zeitabhängigkeit der Oszillatoren. Mit dem zweiten Schritt werden die verbleibenden Gleichungen entkoppelt. Wir stellen also nicht die Matrizen $\boldsymbol{V}$ und $\boldsymbol{T}$ auf, wie wir es bisher getan haben.

Wir beginnen mit dem Ansatz

$$\xi_j = \mathrm{Re}\left(A_j \mathrm{e}^{-\mathrm{i}\omega t}\right), \tag{6.147}$$

wobei ω identisch für alle Oszillatoren ist. Über die komplexen Amplituden A_j der individuellen Oszillatoren wird an dieser Stelle noch nichts gesagt. Wir erlauben jedoch, dass sie für jeden Oszillator verschieden sein können. Daraus ergibt sich folgendes System von zeitunabhängigen komplexen Gleichungen:

$$m\omega^2 A_j = D\left(2A_j - A_{j+1} - A_{j-1}\right). \tag{6.148}$$

Sind die A_j erst bestimmt, liefert der Realteil (6.147) die Bahnkurven der Oszillatoren.

Offensichtlich sind die Gleichungen (6.148) noch gekoppelt. Der nächste Schritt besteht also darin, zu „raten", wie A_j mit $A_{j\pm 1}$ zusammenhängt. Der einfachste Ansatz lautet

$$A_{j+1} = cA_j \quad \Longrightarrow \quad A_j = c^j A_0, \tag{6.149}$$

wobei c ein komplexer, aber konstanter Faktor ist, der selbst nicht von j abhängt. Somit bekommt man entkoppelte Gleichungen der Gestalt

$$m\omega^2 = D\left(2 - c - c^{-1}\right). \tag{6.150}$$

Ohne weitere Angaben können wir nicht fortfahren. Es fehlen nun *Randbedingungen*, die das Gleichungssystem schließen. Eine solche Randbedingung (*periodische Randbedingung*) soll im Folgenden vorgerechnet werden; die Randbedingung *eingespannter Enden* wird in Aufgabe 6.8 behandelt.

Periodische Randbedingungen werden häufig in der Festkörperphysik oder der Fluiddynamik, aber auch in anderen Disziplinen der Physik verwendet. Im vorliegenden Fall bedeuten sie mathematisch notiert

$$\xi_{j+N} = \xi_j. \tag{6.151}$$

Hier ist N eine natürliche Zahl (die in der Anwendung hinreichend groß sein muss), die angibt, nach wie vielen Punktmassen das System sich periodisch wiederholt. Dies bedeutet wegen (6.149)

$$c^N = 1 \quad \Longrightarrow \quad c = \mathrm{e}^{2\pi\mathrm{i}n/N} \quad (n \in \mathbb{Z}). \tag{6.152}$$

Da sich das System nach N Punktmassen wiederholt, schränkt man n normalerweise auf das Intervall $[-N/2, +N/2]$ ein.

Man definiert die *Wellenzahl* für dieses Problem,

$$k := \frac{2\pi n}{aN}, \tag{6.153}$$

und schreibt alternativ:

$$c = \mathrm{e}^{\mathrm{i}ka}. \tag{6.154}$$

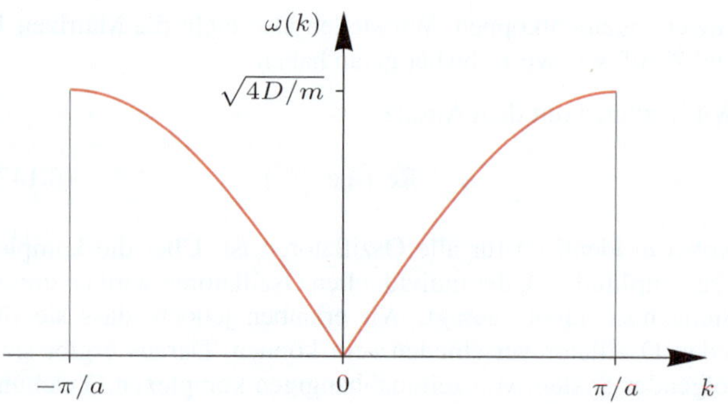

Abb. 6.11 Dispersionsrelation der longitudinal schwingenden linearen Kette. Für große Wellenlängen (kleine Wellenzahlen k) ist das Verhalten linear. Ist die Wellenlänge in der Nähe der Gitterkonstanten a, flacht $\omega(k)$ ab und erreicht schließlich den Wert $\sqrt{4D/m}$

Die Wellenzahl kann wegen $n \in \mathbb{Z}$ nur diskrete Werte und k nur Werte zwischen $\pm\pi/a$ annehmen. Gleichung (6.154) beschreibt eine *Welle* (siehe unten) entlang der Kette. Sie hat die Wellenlänge

$$\lambda = \frac{2\pi}{k} \quad \Longrightarrow \quad c = \mathrm{e}^{2\pi \mathrm{i} a/\lambda}. \tag{6.155}$$

Aus (6.153) folgt, dass die „Kettenlänge" aN ein ganzzahliges Vielfaches der Wellenlänge λ ist:

$$\lambda = \frac{aN}{n}. \tag{6.156}$$

Dies ist eine direkte Folge der angesetzten Periodizität.

Insgesamt erhalten wir als Lösung

$$\xi_j = \mathrm{Re}\left(A\mathrm{e}^{\mathrm{i}(kaj-\omega t)}\right), \tag{6.157}$$

wobei willkürlich $A = A_0$ verwendet wurde. (Man könnte auch jede andere Punktmasse als Referenz verwenden und die j-Verschiebung durch eine Phase in der Exponentialfunktion berücksichtigen.)

Die Exponentialfunktion beschreibt eine Welle. Für eine festgehaltene Punktmasse j bedeutet eine Welle eine Oszillation in der Zeit mit Frequenz ω. Betrachtet man im Gegensatz dazu das Gesamtsystem zu einer festen Zeit t, hat man es mit einer räumlich ausgedehnten Welle mit Wellenzahl k zu tun.

Aufgrund der Linearität der Bewegungsgleichung (6.146) sind Linearkombinationen von Lösungen (6.157) mit verschiedenen k und ω wieder Lösungen. Man kann eine allgemeine Schwingung also als Superposition von Fundamentalwellen mit bestimmter Wellenlänge zerlegen. Die dabei erlaubten Wellenzahlen sind durch (6.153) gegeben. Allerdings stehen auch k und ω in enger Beziehung. Wie wir sofort sehen werden, können k und ω nicht unabhängig voneinander gewählt werden.

Gleichung (6.150) nimmt zunächst die Form

$$m\omega^2 = D\left(2 - \mathrm{e}^{\mathrm{i}ka} - \mathrm{e}^{-\mathrm{i}ka}\right) \tag{6.158}$$

an. Diese Gleichung heißt *Dispersionsrelation* und legt fest, wie sich die Frequenz ω in Abhängigkeit von der Wellenzahl k verhält. Nach kurzer Rechnung findet man

$$\omega(k) = \sqrt{\frac{4D}{m}}\left|\sin\frac{ka}{2}\right|. \tag{6.159}$$

Dieser Zusammenhang ist in Abb. 6.11 grafisch gezeigt.

Frage 25

Zeigen Sie (6.159), indem Sie die Identitäten $\cos x = (\mathrm{e}^{\mathrm{i}x} + \mathrm{e}^{-\mathrm{i}x})/2$ und $1 - \cos x = 2\sin^2(x/2)$ verwenden.

Wegen $n \in \mathbb{Z}$ erlaubt man hier negative und positive k. Je nach Vorzeichen läuft die Welle entweder nach rechts oder nach links. Für $|ka| \ll 1$ (d. h. $\lambda \gg a$) lässt sich die Dispersionsrelation linearisieren:

$$\omega \approx \sqrt{\frac{D}{m}}\,|ka|\,. \tag{6.160}$$

In diesem Grenzfall „sieht" die Welle das Gitter nicht, da der Abstand benachbarter Punktmassen sehr viel kleiner als die Wellenlänge ist, und die Frequenz ω ist proportional zur Wellenzahl k. Je größer k wird (d. h., je kleiner λ wird), desto mehr weicht die Dispersionsrelation von einem linearen Verhalten ab.

Frage 26

Überlegen Sie sich, dass es eine kleinste sinnvolle Wellenlänge gibt. Sie werden finden, dass die kleinste Wellenlänge $2a$ ist. Dies entspricht genau dem Fall, dass alle geraden Punktmassen gegenphasig zu allen ungeraden Punktmassen schwingen.

Wellen, die – wie in diesem Beispiel – entlang ihrer Ausbreitungsrichtung schwingen, nennt man *Longitudinalschwingungen*. Beispiele dafür sind Schallwellen in Luft und Wasser. Für elastische Materialien (im Wesentlichen Festkörper) sind auch *Transversalwellen* möglich, bei der die Oszillationen rechtwinklig zur Ausbreitungsrichtung stattfinden. Wir kommen in Kap. 8 darauf zurück.

Aufgaben

Gelegentlich enthalten die Aufgaben mehr Angaben, als für die Lösung erforderlich sind. Bei einigen anderen dagegen werden Daten aus dem Allgemeinwissen, aus anderen Quellen oder sinnvolle Schätzungen benötigt.

- • leichte Aufgaben mit wenigen Rechenschritten
- •• mittelschwere Aufgaben, die etwas Denkarbeit und unter Umständen die Kombination verschiedener Konzepte erfordern
- ••• anspruchsvolle Aufgaben, die fortgeschrittene Konzepte (unter Umständen auch aus späteren Kapiteln) oder eigene mathematische Modellbildung benötigen

6.1 •• Die Euler'sche Formel Es soll das Rechnen mit den komplexen Zahlen geübt werden.

(a) Schreiben Sie die Taylor-Reihe (siehe „Mathematischen Hintergrund" 1.8) der Exponentialfunktion e^x $(x \in \mathbb{R})$ um $x = 0$ auf und ersetzen Sie danach x durch das komplexe Argument ix. Sortieren Sie die Reihe nach reellen und imaginären Termen. Zeigen Sie damit, dass

$$e^{ix} = \cos x + i \sin x \tag{6.161}$$

gilt und damit

$$\cos x = \frac{e^{ix} + e^{-ix}}{2}, \quad \sin x = \frac{e^{ix} - e^{-ix}}{2i}. \tag{6.162}$$

(b) Zeigen Sie die Identität

$$\cos x \cos y = \frac{\cos(x+y) + \cos(x-y)}{2} \tag{6.163}$$

mithilfe der komplexen Exponentialfunktion.

6.2 •• Potenzpotenziale Das radiale Schwingungsverhalten einer Punktmasse im Kepler-Potenzial (siehe (6.17)) wird hier auf beliebige Potenzpotenziale verallgemeinert. Gegeben sei das kugelsymmetrische Potenzial

$$V(r) = \alpha r^{\beta} \tag{6.164}$$

mit zunächst beliebigen reellen Parametern α und β.

(a) Wie lautet das effektive Potenzial $U(r)$, das in (3.54) definiert wurde? Unter welchen Umständen existiert für dieses Potenzial eine stabile Gleichgewichtslage r_0?

(b) Entwickeln Sie das effektive Potenzial um seine Gleichgewichtslage für die in Teilaufgabe (a) ermittelten möglichen Werte der Parameter. Verwenden Sie dazu die Variable $x = r - r_0$ und gehen Sie bis zur zweiten Ordnung in x. Zeigen Sie, dass sich das Ergebnis in der Gestalt

$$U(x) = \frac{1}{2} \frac{(\beta + 2)L^2}{\mu r_0^4} x^2 \tag{6.165}$$

schreiben lässt.

(c) Wie lautet die Oszillationsfrequenz der Punktmasse in dem Potenzial (6.165)? Drücken Sie die Umlauffrequenz ebenfalls durch L, μ und r_0 aus. Bestimmen Sie das Verhältnis dieser Frequenzen und zeigen Sie, dass es lediglich von β abhängt. Was bedeutet das Ergebnis für das Potenzial eines harmonischen Oszillators $(\beta = 2)$?

6.3 •• Schwebung Gleichung (6.124) beschreibt die Bewegung eines Doppelpendels.

(a) Betrachten Sie die Anfangsbedingungen, bei denen das erste Pendel maximal ausgelenkt ist und das zweite sich am tiefsten Punkt befindet. Die Anfangsgeschwindigkeiten beider Pendel seien null. Wie lauten dann die Bahnkurven für die beiden Pendel?

(b) Die Bahnkurven liegen noch als Überlagerung zweier Kosinusfunktionen vor. Formen Sie jeweils die Summe in ein Produkt von trigonometrischen Funktionen um.

(c) Die resultierenden Gleichungen beschreiben eine *Schwebung*. Setzen Sie dazu die Oszillationsfrequenzen ein und gehen Sie vom Fall einer schwachen Kopplung der Oszillatoren aus $(D/m \ll g/l)$. Skizzieren Sie die Bewegungen der beiden Massen.

(d) Was bedeutet diese Bewegung für die Energiebilanz?

Lösungshinweis:

(b) Verwenden Sie geeignete trigonometrische Additionstheoreme.

6.4 •• Kritische Dämpfung Es ist die zweite Fundamentallösung (6.47) für die kritische Dämpfung,

$$x_2 = t e^{-\lambda t}, \tag{6.166}$$

als Grenzfall aus der schwachen Dämpfung abzuleiten. Betrachten Sie dazu die allgemeine Lösung (6.40) der schwachen Dämpfung:

$$x(t) = e^{-\lambda t} \left[C_1 \sin(\tilde{\omega} t) + C_2 \cos(\tilde{\omega} t) \right]. \tag{6.167}$$

Wählen Sie die Anfangsbedingungen $x(0) = 0$ und $\dot{x}(0) = v_0$. Wie lautet die Bahnkurve? Führen Sie den Grenzfall $\tilde{\omega} \to 0$ durch und zeigen Sie damit (6.166).

Lösungshinweis: Denken Sie an die Regel von L'Hospital aus der Analysis.

6.5 ••• Drehbar gekoppelte Oszillatoren Zwei Punktmassen m sind mit einer masselosen Stange der Länge L miteinander verbunden (Abb. 6.12). Beide Massen sind außerdem noch über eine Feder (Federkonstante D, Gleichgewichtslänge l) an je einer Wand befestigt. Der Abstand der Wände ist H, und die Fixpunkte der Federn sind auf der x-Achse an den Orten $x_\pm = \pm H/2$. Die Massen dürfen sich so bewegen, dass sich ihr gemeinsamer Mittelpunkt entlang der x-Achse, aber nicht entlang der y-Achse verschieben kann. Außerdem ist die Stange in der x-y-Ebene drehbar. Gravitationskräfte sind zu vernachlässigen.

(a) Führen Sie x und φ als unabhängige generalisierte Koordinaten ein, wobei x die Verschiebung der Stange entlang der x-Achse und φ der Drehwinkel der Stange ist. Im Gleichgewicht soll $x = 0$ und $\varphi = 0$ gelten. Wie lauten die kinetische und die potenzielle Energie des Systems?
(b) Entwickeln Sie beide Energien, sodass sie höchstens quadratisch in den Koordinaten x und φ sind. Zeigen Sie, dass dann gilt:

$$V \approx \frac{D}{2}\left[2x^2 + LH\left(\frac{1}{2} - \frac{l}{H-L}\right)\varphi^2\right]. \tag{6.168}$$

(c) Zeigen Sie, dass die Gleichgewichtskonfiguration $(x, \varphi) = (0, 0)$ nur dann stabil ist, wenn $l < (H - L)/2$ gilt. Wie ist dies anschaulich zu begründen?
(d) Stellen Sie die Matrizen T_{ij} und V_{ij} auf. Bestimmen Sie die Eigenwerte und Eigenvektoren des Problems. Letztere müssen nicht normiert werden. Welche physikalische Bedeutung haben die Normalkoordinaten?

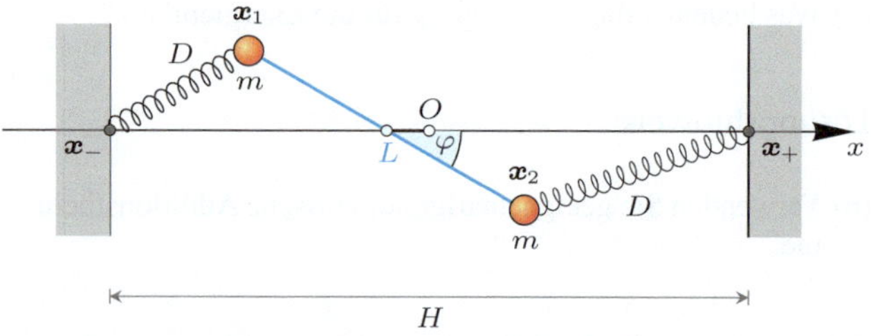

Abb. 6.12 Gekoppelte Oszillatoren. Zwei Punktmassen m sind über eine masselose Stange der Länge L verbunden. Die beiden Punktmassen sind über Federn der Stärke D an den Wänden befestigt. Das Pendel hat einen Rotationsfreiheitsgrad φ (in der x-y-Ebene) und einen Translationsfreiheitsgrad x bezüglich des Ursprungs O

Lösungshinweis: Entwicklen Sie bei der potenziellen Energie zuerst die Terme innerhalb der Wurzeln, dann die Wurzeln selbst.

6.6 •• Kreisförmig gekoppelte Oszillatoren Man betrachte drei identische Punktmassen m, die sich auf einem Kreisring mit Radius R bewegen können (dies entspricht einer linearen Kette mit periodischen Randbedingungen). Jede Masse ist jeweils mit ihren beiden Nachbarn durch identische Federn mit Federkonstante D gekoppelt. Nehmen Sie für das Potenzial einer Feder, welche die Masen m_i und m_j verbindet, die Form

$$V = \frac{D}{2}(\phi_i - \phi_j)^2 \tag{6.169}$$

an, wobei die drei Freiheitsgrade ϕ_i die Winkel der Punktmassen bezüglich eines beliebigen Referenzpunktes auf dem Kreis sind.

Stellen Sie die dynamischen Matrizen $\boldsymbol{T}$ und $\boldsymbol{V}$ auf und lösen Sie das dadurch definierte Eigenwertproblem. Berechnen Sie die drei Eigenvektoren (sie müssen nicht normiert werden) und interpretieren Sie das Ergebnis.

Lösungshinweis: Um die charakteristische Gleichung zu lösen, sollten Sie zuvor das charakteristische Polynom faktorisieren.

6.7 • Kräfte auf gekoppelte Oszillatoren Bei der Diskussion kleiner Schwingungen gekoppelter Systeme in Abschn. 6.4 wurden bisher nur Kräfte berücksichtigt, die sich aus dem gegebenen Potenzial ableiten lassen. Angenommen jeder Freiheitsgrad ξ_i erfährt zusätzlich eine generalisierte äußere Kraft Q_i (egal, ob aus einem Potenzial ableitbar oder nicht), wie gehen diese dann in die entkoppelten Gleichungen für die Normalkoordinaten ξ_i' ein? Verwenden Sie dazu die Matrizen $\boldsymbol{A}$ und $\boldsymbol{B}$ aus (6.93).

6.8 • Lineare Kette mit eingespannten Enden Im Gegensatz zur linearen Kette mit periodischen Randbedingungen in Abschn. 6.5 betrachten wir eine Kette der Länge $N + 2$ mit zwei eingespannten Enden. Dies bedeutet, dass

$$A_0 = A_{N+1} = 0 \tag{6.170}$$

gilt. Welche Schwingungsform hat dies zur Folge?

Lösungshinweis: Verfolgen Sie statt (6.149) den Ansatz

$$A_j = c^j A_+ + c^{-j} A_- \quad (A_+, A_- \neq 0) \tag{6.171}$$

mit Konstanten A_+ und A_- und schreiben Sie c in der Form e^{ika}.

Ausführliche Lösungen zu den Aufgaben

6.1

(a) Die Taylor-Reihe der Exponentialfunktion lautet

$$e^x = \sum_{j=0}^{\infty} \frac{x^j}{j!}. \tag{6.172}$$

Ersetzt man x durch ix, sind alle ungeraden Potenzen von ix imaginär und alle geraden Potenzen reell. Daher ist

$$e^{ix} = \sum_{j=0}^{\infty} \frac{(ix)^j}{j!} = \sum_{j=0}^{\infty} \frac{(ix)^{2j}}{(2j)!} + \sum_{j=0}^{\infty} \frac{(ix)^{2j+1}}{(2j+1)!}, \tag{6.173}$$

wobei die erste Summe reell, die zweite imaginär ist. Ein Vergleich mit Aufgabe 1.7 zeigt, dass diese beiden Summen gerade den Entwicklungen von Kosinus und Sinus entsprechen:

$$\begin{aligned} \sum_{j=0}^{\infty} \frac{(ix)^{2j}}{(2j)!} &= \sum_{j=0}^{\infty} \frac{(-1)^j x^{2j}}{(2j)!} = \cos x, \\ \sum_{j=0}^{\infty} \frac{(ix)^{2j+1}}{(2j+1)!} &= \sum_{j=0}^{\infty} \frac{i(-1)^j x^{2j+1}}{(2j+1)!} = i \sin x. \end{aligned} \tag{6.174}$$

Daraus folgt (6.161). Um (6.162) zu zeigen, nutzen wir aus, dass $\cos x$ symmetrisch, $\sin x$ antisymmetrisch unter der Spiegelung $x \to -x$ ist. Wir schreiben zunächst

$$e^{-ix} = \cos x - i \sin x \tag{6.175}$$

und sehen dann unmittelbar:

$$e^{ix} + e^{-ix} = 2\cos x, \quad e^{ix} - e^{-ix} = 2i \sin x. \tag{6.176}$$

Auflösen nach $\cos x$ bzw. $\sin x$ führt auf (6.162).

(b) Um (6.163) abzuleiten, schreibt man den Kosinus zunächst mithilfe der komplexen Exponentialfunktion (6.162):

$$\begin{aligned} \cos x \cos y &= \frac{e^{ix} + e^{-ix}}{2} \frac{e^{iy} + e^{-iy}}{2} \\ &= \frac{e^{i(x+y)} + e^{-i(x+y)}}{4} + \frac{e^{i(x-y)} + e^{-i(x-y)}}{4} \\ &= \frac{\cos(x+y) + \cos(x-y)}{2}. \end{aligned} \tag{6.177}$$

Durch einfaches Umsortieren folgt also die Behauptung.

6.2

(a) Das effektive Potenzial für radialsymmetrische Probleme mit Drehimpulserhaltung lautet hier

$$U(r) = \alpha r^\beta + \frac{L^2}{2\mu r^2}, \tag{6.178}$$

wobei L der konstante Bahndrehimpuls und μ die reduzierte Masse ist.
Ein stabiles Gleichgewicht existiert, wenn $U(r)$ ein lokales Minimum besitzt. Wir berechnen die erste Ableitung:

$$U'(r) = \alpha\beta r^{\beta-1} - \frac{L^2}{\mu r^3}. \tag{6.179}$$

Aus $U'(r_0) = 0$ folgt die Lage möglicher Extrema:

$$r_0^{\beta+2} = \frac{L^2}{\alpha\beta\mu}. \tag{6.180}$$

Wir fordern also neben $\alpha \neq 0$ und $\beta \neq 0$ (was auf verschwindende oder konstante Potenziale führen würde) noch $\alpha\beta > 0$, da r_0 positiv sein soll. Die zweite Ableitung lautet

$$U''(r) = \alpha\beta(\beta-1)r^{\beta-2} + \frac{3L^2}{\mu r^4}. \tag{6.181}$$

Existiert ein lokales Minimum, so muss $U''(r_0) > 0$ gelten:

$$\alpha\beta(\beta-1)r_0^{\beta+2} + \frac{3L^2}{\mu} > 0 \quad \Longrightarrow \quad \beta > -2. \tag{6.182}$$

Im letzten Schritt wurde (6.180) verwendet. Sowohl für das Kepler- bzw. Coulomb-Potenzial ($\beta = -1$) als auch das harmonische Oszillatorpotenzial ($\beta = 2$) findet man also stabile Gleichgewichte (jedenfalls dann, wenn $\alpha\beta > 0$ erfüllt ist).

(b) Die Entwicklung bis zur zweiten Ordnung lautet

$$U(r_0 + r) = U(r_0) + U'(r_0)x + \frac{1}{2}U''(r_0)x^2. \tag{6.183}$$

Den konstanten Term unterschlagen wir, da er die Dynamik nicht beeinflusst. Die erste Ordnung verschwindet, da r_0 die Gleichgewichtslage ist. Es verbleibt

$$U(x) = \frac{1}{2}\frac{(\beta+2)L^2}{\mu r_0^4}x^2. \tag{6.184}$$

Aus Gründen der Übersicht ersetzen wir nicht den Term r_0^4 im Nenner. Dies wäre mithilfe von (6.180) aber problemlos möglich.

(c) Wir wissen, dass für ein quadratisches Potenzial der Form $V(x) = Dx^2/2$ die Oszillationsfrequenz gerade durch $\omega^2 = D/m$ gegeben ist, wobei m die Masse des Oszillators ist. Auf das vorliegende Problem angewandt erhält man analog

$$\omega = \sqrt{\beta + 2}\frac{L}{\mu r_0^2}. \tag{6.185}$$

Die Umlauffrequenz ist

$$\omega_U = \frac{2\pi}{T} = \frac{v}{r_0}, \tag{6.186}$$

wobei wir in guter Näherung annehmen können, dass die Bahngeschwindigkeit v konstant ist, wenn x klein ist. Es ist

$$v = \frac{L}{\mu r_0}; \tag{6.187}$$

also gilt

$$\omega_U = \frac{L}{\mu r_0^2}. \tag{6.188}$$

Somit ist das Verhältnis der Frequenzen

$$\frac{\omega}{\omega_U} = \sqrt{\beta + 2}. \tag{6.189}$$

Für $\beta = -1$ hatten wir in (6.24) bereits $\omega/\omega_U = 1$ gefunden. Der harmonische Oszillator führt mit $\beta = 2$ stattdessen auf $\omega/\omega_U = 2$, d. h., man beobachtet zwei radiale Schwingungen pro Umlauf.

6.3

(a) Aus (6.124) folgen die Geschwindigkeiten

$$\dot{\boldsymbol{x}} = -\boldsymbol{a}_1\omega_1 C_1 \sin(\omega_1 t - \delta_1) - \boldsymbol{a}_2\omega_2 C_2 \sin(\omega_2 t - \delta_2), \tag{6.190}$$

wobei wir zur Abkürzung $\omega_1 = \omega_{1,0}$ und $\omega_2 = \omega_{2,0}$ schreiben. Der Vektor $\boldsymbol{x}$ fasst dabei die beiden Freiheitsgrade x_1 und x_2 zusammen, die in diesem Fall den Auslenkungswinkeln der beiden Pendel entspricht. Damit die Geschwindigkeiten bei $t = 0$ verschwinden, muss zunächst $\delta_1 = 0$ und $\delta_2 = 0$ gelten. Weiterhin soll die Anfangsposition der ersten Masse A, die der zweiten Masse 0 sein. Mithilfe von (6.123) ist

$$\begin{aligned} x_1(0) &= \frac{1}{l\sqrt{2m}}C_1 + \frac{1}{l\sqrt{2m}}C_2 = A, \\ x_2(0) &= \frac{1}{l\sqrt{2m}}C_1 - \frac{1}{l\sqrt{2m}}C_2 = 0. \end{aligned} \tag{6.191}$$

Es muss also $C_1 = C_2$ gelten und schließlich

$$C_1 = \sqrt{\frac{m}{2}}lA. \tag{6.192}$$

(b) Die Bahnkurven der beiden Massen lauten

$$\begin{aligned} x_1 &= \frac{A}{2}\left[\cos(\omega_1 t) + \cos(\omega_2 t)\right] \\ &= A\cos\left(\frac{\omega_2 - \omega_1}{2}t\right)\cos\left(\frac{\omega_2 + \omega_1}{2}t\right), \\ x_2 &= \frac{A}{2}\left[\cos(\omega_1 t) - \cos(\omega_2 t)\right] \\ &= A\sin\left(\frac{\omega_2 - \omega_1}{2}t\right)\sin\left(\frac{\omega_2 + \omega_1}{2}t\right). \end{aligned} \tag{6.193}$$

Für die Umformungen wurden

$$\cos x + \cos y = 2\cos\frac{x+y}{2}\cos\frac{x-y}{2} \tag{6.194}$$

und

$$\cos x - \cos y = 2\sin\frac{x+y}{2}\sin\frac{x-y}{2} \tag{6.195}$$

verwendet. Man sieht bereits, dass sowohl die Summe als auch die Differenz der Oszillationsfrequenzen wichtige Rollen spielen.

(c) Die Oszillationsfrequenzen (6.119) sind

$$\begin{aligned} \omega_1 &= \sqrt{\frac{g}{l}}, \\ \omega_2 &= \sqrt{\frac{g}{l} + 2\frac{D}{m}} \approx \sqrt{\frac{g}{l}}\left(1 + \frac{Dl}{mg}\right), \end{aligned} \tag{6.196}$$

wenn $Dl \ll mg$ ist. Somit ist die Differenz

$$\omega_2 - \omega_1 \approx \sqrt{\frac{l}{g}}\frac{D}{m} \tag{6.197}$$

sehr viel kleiner als die Summe

$$\omega_2 + \omega_1 \approx 2\sqrt{\frac{g}{l}}. \tag{6.198}$$

Die Bewegungen von x_1 und x_2 sind folgendermaßen charakterisiert: Die Pendel schwingen mit einer Frequenz $\omega_2 + \omega_1$, wobei die Schwingungsamplitude durch eine langsame Oszillation mit $\omega_2 - \omega_1$ moduliert ist. Dies ist in Abb. 6.13 an einem Beispiel dargestellt.

(d) Die beiden Pendel tauschen im Laufe der Zeit Energie miteinander aus. Zu Beginn ist die Schwingungsamplitude des ersten Pendels maximal, die des zweiten null. Der Energieaustausch ist periodisch. Nach der Zeit $\pi/[2(\omega_2 - \omega_1)]$ ist die Energie vollständig auf das zweite Pendel übergegangen.

6.4 Mit den Anfangsbedingungen $x(0) = 0$ und $\dot{x}(0) = v_0$ folgen aus (6.167) die Konstanten C_1 und C_2:

$$C_1 = \frac{v_0}{\tilde{\omega}}, \quad C_2 = 0. \tag{6.199}$$

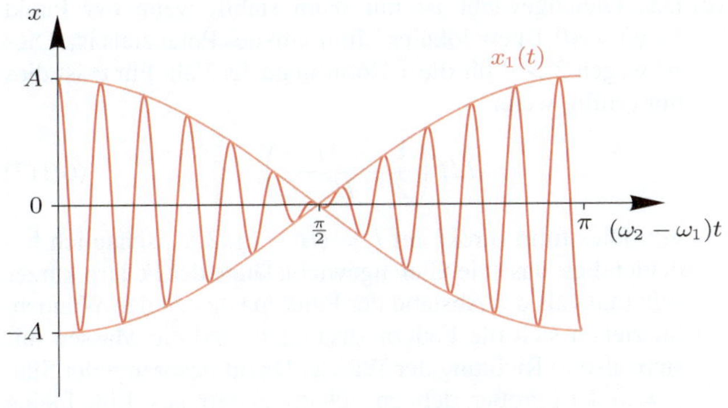

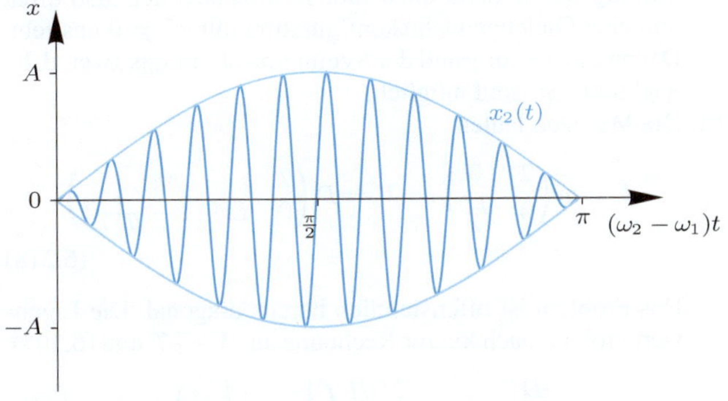

Abb. 6.13 Auslenkungen der ersten (*rot, oben*) und der zweiten (*blau, unten*) der beiden gekoppelten Punktmassen aus Aufgabe 6.3. Während die Schwingung selbst mit hoher Frequenz stattfindet, ändert sich die Amplitude derart, dass langsam zunächst Energie vom ersten auf das zweite Pendel und später wieder auf das erste Pendel übertragen wird

Somit lautet die Bahnkurve

$$x(t) = v_0 t e^{-\lambda_t} \frac{\sin(\tilde{\omega}t)}{\tilde{\omega}t}, \tag{6.200}$$

wobei mit t erweitert wurde. Der Grenzfall $\tilde{\omega} \to 0$ lässt sich mit der *Regel von L'Hospital* leicht durchführen:

$$\begin{aligned} \lim_{\tilde{\omega}\to 0} \frac{\sin(\tilde{\omega}t)}{\tilde{\omega}t} &= \lim_{\tilde{\omega}\to 0} \frac{\mathrm{d}\sin(\tilde{\omega}t)/\mathrm{d}(\tilde{\omega}t)}{\mathrm{d}(\tilde{\omega}t)/\mathrm{d}(\tilde{\omega}t)} \\ &= \lim_{\tilde{\omega}\to 0} \cos(\tilde{\omega}t) = 1. \end{aligned} \tag{6.201}$$

Für $\tilde{\omega} \to 0$ ist also

$$x(t) = v_0 t e^{-\lambda_t} \tag{6.202}$$

und somit (6.166) eine Fundamentallösung.

6.5

(a) Die kinetische Energie in kartesischen Koordinaten lautet

$$T = \frac{m}{2}\left(\dot{\boldsymbol{x}}_1^2 + \dot{\boldsymbol{x}}_2^2\right). \tag{6.203}$$

Für die potenzielle Energie findet man

$$V = \frac{D}{2}\left[(|\boldsymbol{x}_1 - \boldsymbol{x}_-| - l)^2 + (|\boldsymbol{x}_2 - \boldsymbol{x}_+| - l)^2\right]. \tag{6.204}$$

Die Koordinaten der Punktmassen sind

$$\begin{aligned} \boldsymbol{x}_1 &= \begin{pmatrix} x_1 \\ y_1 \end{pmatrix} = \begin{pmatrix} x - \frac{L}{2}\cos\varphi \\ \frac{L}{2}\sin\varphi \end{pmatrix}, \\ \boldsymbol{x}_2 &= \begin{pmatrix} x_2 \\ y_2 \end{pmatrix} = \begin{pmatrix} x + \frac{L}{2}\cos\varphi \\ -\frac{L}{2}\sin\varphi \end{pmatrix}. \end{aligned} \tag{6.205}$$

Die Koordinaten der Fixpunkte der Federn sind

$$\boldsymbol{x}_\pm = \begin{pmatrix} \pm\frac{H}{2} \\ 0 \end{pmatrix}. \tag{6.206}$$

Die kinetische Energie, ausgedrückt durch x und φ, erhält man nach kurzer Rechnung:

$$T = \frac{m}{2}\left(2\dot{x}^2 + \frac{L^2}{2}\dot{\varphi}^2\right). \tag{6.207}$$

Der erste Term ist der Beitrag der Schwerpunktbewegung, der zweite ist der Beitrag durch die Ablenkung der Punktmassen von der x-Achse weg. Die potenzielle Energie erfordert mehr Aufwand:

$$\begin{aligned} V &= \frac{D}{2}\left(\sqrt{x^2 + xH - L\left(\frac{H}{2} + x\right)\cos\varphi + \frac{L^2 + H^2}{4}} - l\right)^2 \\ &+ \frac{D}{2} \\ &\cdot \left(\sqrt{x^2 - xH - L\left(\frac{H}{2} - x\right)\cos\varphi + \frac{L^2 + H^2}{4}} - l\right)^2. \end{aligned} \tag{6.208}$$

(b) Die kinetische Energie ist bereits in der gewünschten Form. Sie muss nicht entwickelt werden. Die potenzielle Energie lässt sich in mehreren Schritten vereinfachen. Innerhalb der Wurzel dürfen die Koordinaten höchstens quadratisch vorkommen, da wir uns auf eine kleine Schwingung beschränken. Man kann daher den Kosinus durch $1 - \varphi^2/2$ ersetzen. Die Terme $x\varphi^2$ können vernachlässigt werden. Die restlichen Terme lassen sich sortieren und zusammenfassen. Durch mehrfache Anwendung der binomischen Formeln folgt

$$\begin{aligned} V &\approx \frac{D}{2}\left(\sqrt{\left(x + \frac{H-L}{2}\right)^2 + \frac{LH}{4}\varphi^2} - l\right)^2 \\ &+ \frac{D}{2}\left(\sqrt{\left(x + \frac{L-H}{2}\right)^2 + \frac{LH}{4}\varphi^2} - l\right)^2. \end{aligned} \tag{6.209}$$

Wir müssen nun die Wurzeln entwickeln. Zur Abkürzung schreiben wir

$$\alpha = \sqrt{\left(x + \frac{H-L}{2}\right)^2 + \frac{LH}{4}\varphi^2},$$
$$\beta = \sqrt{\left(x + \frac{L-H}{2}\right)^2 + \frac{LH}{4}\varphi^2}. \tag{6.210}$$

Zunächst ist

$$\begin{aligned} V &\approx \frac{D}{2}\left(\alpha^2 + \beta^2 + 2l^2 - 2l(\alpha + \beta)\right) \\ &= \frac{D}{2}\left(2x^2 + \frac{(H-L)^2}{2} + \frac{LH}{2}\varphi^2 + 2l^2 - 2l(\alpha+\beta)\right). \end{aligned} \tag{6.211}$$

Hier sind – mit Ausnahme von α und β – bereits alle Terme entweder konstant oder quadratisch in den Koordinaten. Wir müssen daher noch α und β entwickeln. Da sich beide nur durch ein Vorzeichen unterscheiden, betrachten wir im Folgenden erst nur α. Um die zweiten Ableitungen zu berechnen, notieren wir zunächst die ersten Ableitungen:

$$\frac{\partial\alpha}{\partial x} = \left(x + \frac{H-L}{2}\right)\frac{1}{\alpha}, \quad \frac{\partial\alpha}{\partial\varphi} = \frac{LH}{4}\varphi\frac{1}{\alpha}. \tag{6.212}$$

Daraus folgen die zweiten Ableitungen

$$\begin{aligned} \frac{\partial^2\alpha}{\partial x\partial x} &= \frac{1}{\alpha} - \left(x + \frac{H-L}{2}\right)^2\frac{1}{\alpha^3}, \\ \frac{\partial^2\alpha}{\partial\varphi\partial\varphi} &= \frac{LH}{4}\frac{1}{\alpha} - \left(\frac{LH}{4}\varphi\right)^2\frac{1}{\alpha^3}, \\ \frac{\partial^2\alpha}{\partial x\partial\varphi} = \frac{\partial^2\alpha}{\partial\varphi\partial x} &= -\left(x + \frac{H-L}{2}\right)\frac{LH}{4}\varphi\frac{1}{\alpha^3}. \end{aligned} \tag{6.213}$$

Sie sind für $(x, \varphi) = (0, 0)$ auszuwerten. Mit

$$\alpha(x = 0, \varphi = 0) = \frac{|H-L|}{2} \tag{6.214}$$

folgt

$$\begin{aligned} \left.\frac{\partial^2\alpha}{\partial x\partial x}\right|_0 &= 0, \\ \left.\frac{\partial^2\alpha}{\partial\varphi\partial\varphi}\right|_0 &= \frac{1}{2}\frac{LH}{H-L}, \\ \left.\frac{\partial^2\alpha}{\partial x\partial\varphi}\right|_0 = \left.\frac{\partial^2\alpha}{\partial\varphi\partial x}\right|_0 &= 0. \end{aligned} \tag{6.215}$$

Man kann sich leicht davon überzeugen, dass für β dieselben Ergebnisse wie (6.215) folgen. Damit ist das Potenzial, wenn konstante Terme vernachlässigt werden:

$$V \approx \frac{D}{2}\left[2x^2 + LH\left(\frac{1}{2} - \frac{l}{H-L}\right)\varphi^2\right]. \tag{6.216}$$

Dies ist die gesuchte Näherung (6.168).

(c) Das Gleichgewicht ist nur dann stabil, wenn der Punkt $(x, \varphi) = (0, 0)$ ein lokales Minimum des Potenzials ist. Dies ist wegen $2 > 0$ für die x-Koordinate der Fall. Für φ ist dies nur erfüllt, wenn

$$LH\left(\frac{1}{2} - \frac{l}{H-L}\right) > 0 \tag{6.217}$$

gilt. Dies führt direkt auf $l < (H-L)/2$. Anschaulich bedeutet dies, dass die Gleichgewichtslänge der Federn kürzer sein muss als der Abstand der Punktmassen zu den Wänden. So ziehen sich die Federn zusammen und die Massen mit sich, also in Richtung der Wände. Damit bevorzugt der Stab $\varphi = 0$. Ist l größer, dehnen sich die Federn aus. Eine kleine Störung würde dann dazu führen, dass sich der Stab dreht und eine Gleichgewichtskonfiguration mit $\varphi' \neq 0$ anstrebt. Davon gibt es aufgrund der Symmetrie allerdings zwei, d. h., $+\varphi'$ und $-\varphi'$ sind möglich.

(d) Die Matrizen lauten

$$\boldsymbol{T} = m\begin{pmatrix} 2 & 0 \\ 0 & \frac{L^2}{2} \end{pmatrix}, \quad \boldsymbol{V} = D\begin{pmatrix} 2 & 0 \\ 0 & LH\left(\frac{1}{2} - \frac{l}{H-L}\right) \end{pmatrix}. \tag{6.218}$$

Das Problem ist offensichtlich bereits diagonal. Die Eigenwerte folgen nach kurzer Rechnung aus $\boldsymbol{V} - \lambda\boldsymbol{T}$ und (6.105):

$$\lambda_1 = \frac{D}{m}, \quad \lambda_2 = \frac{2DH}{mL}\left(\frac{1}{2} - \frac{l}{H-L}\right). \tag{6.219}$$

Die (nichtnormierten) Eigenvektoren sind offenbar $(1, 0)^\top$ und $(0, 1)^\top$. Der erste beschreibt die Schwingung des Stabes entlang der x-Achse, der zweite die Rotationsoszillation um die neutrale Orientierung $\varphi = 0$. Anzumerken ist noch, dass der zweite Eigenwert verschwindet, wenn die Ruhelänge der Federn genau $l = (H-L)/2$ ist. Anschaulich bedeutet dies, dass dann eine Winkelauslenkung keine Rückstellkraft erzeugt, da – gemäß der Enwicklung bis zur zweiten Ordnung – die Federlänge dabei unverändert bleibt.

6.6 Die kinetische und potenzielle Energie lauten einfach

$$\begin{aligned} T &= \frac{mR^2}{2}\left(\dot\phi_1^2 + \dot\phi_2^2 + \dot\phi_3^2\right), \\ V &= \frac{D}{2}\left[(\phi_1 - \phi_2)^2 + (\phi_2 - \phi_3)^2 + (\phi_3 - \phi_1)^2\right]. \end{aligned} \tag{6.220}$$

Beide müssen nicht entwickelt werden, und die entsprechenden Matrizen sind

$$\boldsymbol{T} = mR^2\begin{pmatrix} 1 & 0 & 0 \\ 0 & 1 & 0 \\ 0 & 0 & 1 \end{pmatrix}, \quad \boldsymbol{V} = D\begin{pmatrix} 2 & -1 & -1 \\ -1 & 2 & -1 \\ -1 & -1 & 2 \end{pmatrix}. \tag{6.221}$$

Die Eigenwertgleichung lautet demnach

$$\det(\boldsymbol{V} - \lambda\boldsymbol{T}) = \begin{vmatrix} 2D - \lambda mR^2 & -D & -D \\ -D & 2D - \lambda mR^2 & -D \\ -D & -D & 2D - \lambda mR^2 \end{vmatrix}. \tag{6.222}$$

Zur Vereinfachung definieren wir $A := 2D - \lambda m R^2$ und berechnen die Determinante (mit einer Entwicklung nach der ersten Spalte bzw. Zeile)

$$\begin{aligned}\det(\boldsymbol{V} - \lambda \boldsymbol{T}) &= \begin{vmatrix} A & -D & -D \\ -D & A & -D \\ -D & -D & A \end{vmatrix} \\ &= A(A^2 - D^2) + D(-AD - D^2) - D(D^2 + AD) \\ &= (A + D)\left[A(A - D) - 2D^2\right]. \end{aligned} \tag{6.223}$$

Alternativ hätte man die Regel von Sarrus (siehe „Mathematischen Hintergrund" 2.2) verwenden können. Im letzten Schritt wurde die dritte binomische Formel $A^2 - D^2 = (A + D)(A - D)$ ausgenutzt und der gemeinsame Faktor $(A + D)$ ausgeklammert. Die erste Lösung von $\det(\boldsymbol{V} - \lambda \boldsymbol{T}) = 0$ sieht man sofort:

$$A_1 = -D. \tag{6.224}$$

Die beiden anderen folgen nach kurzer Rechnung aus der verbleibenden quadratischen Gleichung:

$$A_2 = -D, \quad A_3 = 2D. \tag{6.225}$$

Es muss nun noch die Lösung für die Eigenwerte λ gefunden werden. Sie erhält man aus $A = 2D - \lambda m R^2$:

$$\lambda_{1,2} = \frac{3D}{mR^2}, \quad \lambda_3 = 0. \tag{6.226}$$

Wir haben es also mit zwei entarteten und einem verschwindenden Eigenwert zu tun.

Beginnen wir mit λ_3. Die Eigenwertgleichung ist dann

$$D \begin{pmatrix} 2 & -1 & -1 \\ -1 & 2 & -1 \\ -1 & -1 & 2 \end{pmatrix} \begin{pmatrix} a_{31} \\ a_{32} \\ a_{33} \end{pmatrix} = \begin{pmatrix} 0 \\ 0 \\ 0 \end{pmatrix}. \tag{6.227}$$

Diese Vektorgleichung wird durch Vielfache von $\boldsymbol{a}_3 = (1, 1, 1)^\top$ gelöst, was der gleichförmigen Drehung aller Punktmassen entlang des Kreisrings entspricht. Dabei drehen sich alle Punktmassen mit derselben Geschwindigkeit in dieselbe Richtung. Es handelt sich um eine Translationsmode und keine Schwingungsmode.

Für $\lambda_{1,2}$ ergibt sich die Situation

$$D \begin{pmatrix} -1 & -1 & -1 \\ -1 & -1 & -1 \\ -1 & -1 & -1 \end{pmatrix} \begin{pmatrix} a_{11} \\ a_{12} \\ a_{13} \end{pmatrix} = \begin{pmatrix} 0 \\ 0 \\ 0 \end{pmatrix} \tag{6.228}$$

und entsprechend für $\boldsymbol{a}_2$. Aufgrund der Entartung sind nun zwei bezüglich $\boldsymbol{T}$ orthogonale Vektoren $\boldsymbol{a}_1$ und $\boldsymbol{a}_2$ zu konstruieren. Wir beginnen willkürlich mit $\boldsymbol{a}_1 = (1, -1, 0)^\top$, was offensichtlich der Eigenwertgleichung genügt.

Da $\boldsymbol{T}$ ein Vielfaches der Einheitsmatrix ist, entspricht die Orthogonalitätsbedingung der üblichen im kartesischen Raum. Man überprüft leicht, dass $\boldsymbol{a}_2 = (1, 1, -2)^\top$ sowohl die Eigenwertgleichung erfüllt als auch orthogonal auf $\boldsymbol{a}_1$ steht.

Die Mode $\boldsymbol{a}_1$ entspricht einer ruhenden dritten Punktmasse, während die beiden übrigen mit identischer Amplitude gegeneinander schwingen. Dagegen schwingen in der Mode $\boldsymbol{a}_2$ die beiden ersten Punktmassen zusammen gegen die dritte, deren Amplitude doppelt so groß ist. Die Lösungen sind symmetrisch unter paarweiser Vertauschung beliebiger Punktmassen.

6.7 Wir schreiben zur besseren Übersicht zunächst die Ausgangsgleichungen (6.84)

$$\boldsymbol{T}\ddot{\boldsymbol{\xi}} + \boldsymbol{V}\boldsymbol{\xi} = \boldsymbol{Q} \tag{6.229}$$

mit $\boldsymbol{Q} = (Q_1, \ldots, Q_F)^\top$ und die Zielgleichungen (6.100)

$$\ddot{\xi}'_i + \lambda_i \xi'_i = Q'_i \quad (1 \le i \le F), \tag{6.230}$$

wobei die Q'_i zu identifizieren sind. Multiplikation von (6.229) mit $\boldsymbol{A}^\top$ von links führt wegen $\boldsymbol{T} = \boldsymbol{B}^\top \boldsymbol{B}$ und $\boldsymbol{A} = \boldsymbol{B}^{-1}$ auf

$$\boldsymbol{B}\ddot{\boldsymbol{\xi}} + \boldsymbol{A}^\top \boldsymbol{V}\boldsymbol{\xi} = \boldsymbol{A}^\top \boldsymbol{Q}. \tag{6.231}$$

Wir ersetzen nun die alten Koordinaten durch die Normalkoordinaten und verwenden dafür $\boldsymbol{\xi} = \boldsymbol{A}\boldsymbol{\xi}'$:

$$\ddot{\boldsymbol{\xi}}' + \boldsymbol{A}^\top \boldsymbol{V}\boldsymbol{A}\boldsymbol{\xi}' = \boldsymbol{A}^\top \boldsymbol{Q}. \tag{6.232}$$

Wegen $\boldsymbol{A}^\top \boldsymbol{V}\boldsymbol{A} = \mathrm{diag}(\lambda_1, \ldots, \lambda_F)$ folgt sofort

$$\ddot{\xi}'_i + \lambda_i \xi'_i = \sum_{j=1}^{f} A_{ji} Q_j \quad (1 \le i \le F). \tag{6.233}$$

Damit haben wir den Zusammenhang zwischen $\boldsymbol{Q}$ und $\boldsymbol{Q}'$ gefunden:

$$\boldsymbol{Q}' = \boldsymbol{A}^\top \boldsymbol{Q}, \quad \boldsymbol{Q} = \boldsymbol{B}^\top \boldsymbol{Q}'. \tag{6.234}$$

Die Kräfte, die auf die Normalkoordinaten $\boldsymbol{\xi}'$ wirken, sind Linearkombinationen (vermittelt durch $\boldsymbol{A}$) der Kräfte, die auf die Freiheitsgrade $\boldsymbol{\xi}$ ausgeübt werden. Die F entkoppelten Gleichungen (6.233) können mit den bekannten Methoden gelöst werden.

6.8 Zunächst wendet man den Ansatz (6.171) auf A_0 und A_{N+1} an:

$$A_0 = A_+ + A_- = 0, \quad A_{N+1} = c^{N+1} A_+ + c^{-(N+1)} A_- = 0. \tag{6.235}$$

Hieraus folgt neben $A = A_+ = -A_-$ die Bedingung

$$c^{2(N+1)} = 1 \quad \Longrightarrow \quad c = \mathrm{e}^{\pi \mathrm{i} n/(N+1)} \quad (n \in \mathbb{Z}). \tag{6.236}$$

Die Wellenzahl ist in diesem Fall

$$k = \frac{\pi n}{(N + 1)a} \quad (n \in \mathbb{Z}). \tag{6.237}$$

Es gibt jeweils unendlich viele Wellenzahlen k, die auf dieselbe Welle führen. Ohne Einschränkung der Allgemeinheit fordern wir daher $0 \leq n < N + 1$. Aus (6.171) folgt

$$A_j = A\left(\mathrm{e}^{\mathrm{i}kaj} - \mathrm{e}^{-\mathrm{i}kaj}\right) = 2\mathrm{i}A\sin(kaj). \tag{6.238}$$

Dies entspricht einer stehenden Welle mit je einem Knoten an jedem Ende der Kette. Die allgemeine Lösung ist eine Überlagerung dieser Wellen, wobei k aus (6.237) gewählt werden muss. In Kap. 8 kommen wir darauf im Detail zu sprechen.

Hamilton-Formalismus

Welche Bedeutung hat die Hamilton-Funktion in der Physik?

Warum sind die kanonischen Gleichungen äquivalent zu den Lagrange-Gleichungen?

Welche Eigenschaften haben kanonische Transformationen?

Was hat die Hamilton-Jacobi-Theorie der klassischen Mechanik mit der Quantenmechanik zu tun?

M. Bartelmann et al., *Theoretische Physik*, DOI 10.1007/978-3-642-54618-1_7, © Springer-Verlag Berlin Heidelberg 2015

Bereits in Abschn. 5.3 wurde die *Hamilton-Funktion* eingeführt; sie spielte bisher aber keine zentrale Rolle in der Mechanik. Dies ändert sich hier nun grundlegend. Es wird in Abschn. 7.1 gezeigt, dass man – auf der Hamilton-Funktion aufbauend – einen weiteren Zugang zu mechanischen Problemen einschlagen kann, der sich vom Aufstellen der Newton'schen Bewegungsgleichungen und auch vom Lagrange-Formalismus unterscheidet. Als Ergebnis finden wir die kanonischen Bewegungsgleichungen.

Wir werden in Abschn. 7.2 sehen, dass Koordinaten und Impulse in der Hamilton'schen Mechanik gleichberechtigt sind und sogar ineinander transformiert werden können. Die sogenannten kanonischen Transformationen erlauben eine Vereinfachung der Bewegungsgleichungen.

Obwohl die hier vorgeführten Methoden keine wesentlichen rechnerischen Vereinfachungen für das Lösen mechanischer Probleme mit sich bringen, so ist dieses Kapitel doch von entscheidender Bedeutung für die weiteren Teile dieses Buches. Insbesondere die Quantenmechanik baut auf der Hamilton-Jacobi-Theorie auf, die in Abschn. 7.3 angesprochen wird. Auch die statistische Physik und die Theorie chaotischer Systeme profitieren von einer Formulierung ausgehend vom Hamilton-Formalismus.

Wie die Hamilton-Funktion die Entwicklung physikalischer Systeme im sogenannten Phasenraum bestimmt, wird im Kasten „Vertiefung: Phasenfluss und Liouville'scher Satz" in Abschn. 34.1 wieder aufgegriffen.

7.1 Hamilton-Funktion und kanonische Gleichungen

In diesem Abschnitt wird eine Einführung in den Hamilton-Formalismus gegeben. Anstelle der Lagrange-Funktion steht die Hamilton-Funktion im Mittelpunkt. Sie kann mittels einer Legendre-Transformation aus der Lagrange-Funktion gewonnen werden. Die zu den Lagrange-Gleichungen äquivalenten kanonischen Gleichungen lassen sich mithilfe der Poisson-Klammern in kompakter Form schreiben. Die Quantenmechanik baut in großen Teilen auf dieser Struktur auf.

Wiederholung der Grundlagen des Lagrange-Formalismus

Betrachten wir wieder ein System mit f Freiheitsgraden. Alle eventuell herrschenden Zwangsbedingungen sollen holonom sein, sodass sich eine Lagrange-Funktion L definieren lässt. Wir haben gesehen, dass sich Probleme dieser Art im Allgemeinen elegant mithilfe der Lagrange-Gleichungen

$$\frac{\mathrm{d}}{\mathrm{d}t}\frac{\partial L}{\partial \dot{q}_i} - \frac{\partial L}{\partial q_i} = 0 \quad (1 \le i \le f) \tag{7.1}$$

beschreiben lassen, wobei die f Parameter q_i geeignete generalisierte Koordinaten sind, mit deren Hilfe alle holonomen Zwangsbedingungen eliminiert wurden. Die Gleichungen in (7.1) sind f Differenzialgleichungen zweiter Ordnung, deren vollständige Lösung $2f$ Integrationsvariablen (z. B. in Form von Anfangsbedingungen) erfordert. Im Lagrange-Formalismus betrachtet man den f-dimensionalen *Konfigurationsraum*, der von den f verallgemeinerten Koordinaten q_i aufgespannt wird, sowie die f verallgemeinerten Geschwindigkeiten $\dot{q}_i$.

Die *verallgemeinerten Impulse*, *generalisierten Impulse* oder *kanonisch konjugierten Impulse* sind bei gegebener Lagrange-Funktion L definiert als (Gleichung (5.87))

$$p_i := \frac{\partial L}{\partial \dot{q}_i}. \tag{7.2}$$

Man beachte, dass p_i im Allgemeinen nicht die Dimension eines Impulses besitzt. Allerdings hat das Produkt $q_i p_i$ stets die Dimension einer Wirkung (Energie mal Zeit), was sich unmittelbar an (7.2) ablesen lässt.

Die kanonischen Gleichungen

Im Hamilton-Formalismus werden die Geschwindigkeiten $\dot{q}_i$ durch die Impulse p_i ersetzt. Dazu wird die aus (7.2) folgende Relation umgekehrt:

$$p_i = p_i(t, q, \dot{q}) \quad \Longrightarrow \quad \dot{q}_i = \dot{q}_i(t, q, p). \tag{7.3}$$

Wir verstehen unter q, $\dot{q}$ und p wieder die Kurzform für alle q_i, $\dot{q}_i$ und p_i $(1 \le i \le f)$.

Achtung Ist die Funktion $p_i = p_i(\dot{q}_i)$ nicht monoton, so muss man p_i als abschnittsweise monotone Funktion definieren und dann in jedem Abschnitt separat umkehren. In vielen Fällen ist aber L quadratisch in $\dot{q}_i$ und somit p_i linear in $\dot{q}_i$, sodass die Umkehrung keine Schwierigkeiten bereitet. ◂

Man verwendet anschließend die $2f$ Werte $(q,p) = (q_1, \ldots, q_f, p_1, \ldots, p_f)$ als Zustandsparameter des Systems.

Phasenraum

Den von den $2f$ Parametern q und p aufgespannten Raum nennt man *Phasenraum*. Jeder Bewegungszustand des Systems entspricht genau einem Punkt im Phasenraum $\mathbb{R}^{2f}$. Entsprechend lässt sich jeder Kurve im Phasenraum (auch *Trajektorie* genannt) eine Bahn im Konfigurationsraum $\mathbb{R}^f$ zuordnen.

Harmonischer Oszillator

Die Lagrange-Funktion des harmonischen Oszillators mit einem kartesischen Freiheitsgrad lautet

$$L(t,x,\dot{x}) = \frac{m}{2}\dot{x}^2 - \frac{k}{2}x^2 = \frac{m}{2}\left(\dot{x}^2 - \omega_0^2 x^2\right). \qquad (7.4)$$

Man berechnet zunächst den zu x kanonisch konjugierten Impuls

$$p = \frac{\partial L}{\partial \dot{x}} = m\dot{x}. \qquad (7.5)$$

Die allgemeine Lösung der Bewegungsgleichung des harmonischen Oszillators ist bereits bekannt. Zusammengefasst für Koordinate und Impuls lautet sie

$$\begin{pmatrix} x \\ p \end{pmatrix} = A \begin{pmatrix} \cos(\omega_0 t - \phi_0) \\ -m\omega_0 \sin(\omega_0 t - \phi_0) \end{pmatrix}, \qquad (7.6)$$

wobei der Phasenwinkel ϕ_0 wie auch die Amplitude A durch die Anfangsbedingungen festgelegt wird. Das Ergebnis ist eine Ellipse im Phasenraum (Abb. 7.1).

Machen Sie sich klar, dass (7.6) tatsächlich eine Ellipse mit Halbachsen A und $m\omega_0 A$ beschreibt.

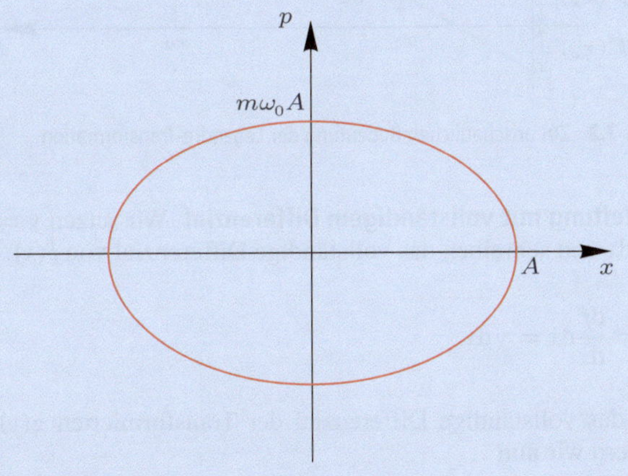

Abb. 7.1 Phasenraumtrajektorie des ungedämpften, freien harmonischen Oszillators mit Schwingungsamplitude A und Impulsamplitude $m\omega_0 A$. Die Trajektorie ist geschlossen und läuft – je nach Anfangsbedingung – im Uhrzeiger- oder Gegenuhrzeigersinn ◄

Da die Lagrange-Gleichungen in (7.1) Ableitungen nach $\dot{q}$ beinhalten, stellt sich die Frage, wie die Bewegungsgleichungen lauten, wenn das System durch (q,p) anstatt durch $(q,\dot{q})$ beschrieben wird. Hier kommt die Hamilton-Funktion (5.95) zu Hilfe. Sie lautet

$$H(t,q,p) = \sum_{i=1}^{f} \dot{q}_i p_i - L(t,q,\dot{q}), \quad \dot{q}_i = \dot{q}_i(t,q,p). \qquad (7.7)$$

Dies ist so zu verstehen, dass zwar formal $\dot{q}$ und p gleichzeitig in H auftreten, die Geschwindigkeiten $\dot{q}$ aber über $\dot{q}_i = \dot{q}_i(t,q,p)$ eliminiert werden. Bei dem Übergang (7.7) von L nach H hat man es mit einer sogenannten *Legendre-Transformation* zu tun. Ihre Bedeutung und grundlegenden mathematischen Eigenschaften werden im „Mathematischen Hintergrund" 7.1 näher beleuchtet.

Aufgrund ihrer Abhängigkeit von t, q und p ist das totale Differenzial der Hamilton-Funktion H

$$\mathrm{d}H = \sum_i \left(\frac{\partial H}{\partial q_i}\mathrm{d}q_i + \frac{\partial H}{\partial p_i}\mathrm{d}p_i \right) + \frac{\partial H}{\partial t}\mathrm{d}t. \qquad (7.8)$$

Andererseits folgt aus (7.7) zunächst

$$\mathrm{d}H = \sum_i \left(p_i\,\mathrm{d}\dot{q}_i + \dot{q}_i\,\mathrm{d}p_i - \frac{\partial L}{\partial q_i}\mathrm{d}q_i - \frac{\partial L}{\partial \dot{q}_i}\mathrm{d}\dot{q}_i \right) - \frac{\partial L}{\partial t}\mathrm{d}t. \qquad (7.9)$$

An dieser Stelle kann der konjugierte Impuls (7.2) verwendet werden, und die beiden Terme mit $\mathrm{d}\dot{q}_i$ heben sich gegenseitig auf. Übrig bleibt

$$\mathrm{d}H = \sum_i \left(\dot{q}_i\,\mathrm{d}p_i - \frac{\partial L}{\partial q_i}\mathrm{d}q_i \right) - \frac{\partial L}{\partial t}\mathrm{d}t. \qquad (7.10)$$

Vergleicht man (7.10) mit (7.8), folgen die Ableitungen

$$\frac{\partial H}{\partial p_i} = \dot{q}_i, \quad \frac{\partial H}{\partial q_i} = -\frac{\partial L}{\partial q_i}, \quad \frac{\partial H}{\partial t} = -\frac{\partial L}{\partial t}. \qquad (7.11)$$

Frage 1

Machen Sie sich mithilfe der Lagrange-Gleichungen in (7.1) klar, dass

$$\dot{p}_i = \frac{\mathrm{d}}{\mathrm{d}t}\frac{\partial L}{\partial \dot{q}_i} = \frac{\partial L}{\partial q_i} \qquad (7.12)$$

gilt.

Schließlich erhält man die Hamilton'schen kanonischen Gleichungen.

Hamilton'sche kanonische Gleichungen

$$\frac{\partial H}{\partial p_i} = \dot{q}_i, \quad \frac{\partial H}{\partial q_i} = -\dot{p}_i \quad (1 \le i \le f) \qquad (7.13)$$

Achtung Wir sehen, dass die kanonischen Gleichungen in (7.13) sehr symmetrisch sind. Vertauscht man Ort und Impuls,

Teil I

7.1 Mathematischer Hintergrund: Legendre-Transformationen Grundlagen und anschauliche Bedeutung

Die *Legendre-Transformation* ist ein grundlegendes Werkzeug zur Funktionentransformation und findet zahlreiche Anwendungen in der Theorie der Differenzialgleichungen und der Variationsrechnung.

Idee und anschauliche Interpretation Betrachten wir eine strikt konvexe und stetig differenzierbare Funktion $f : I \subset \mathbb{R} \to \mathbb{R}$ in einer Variablen (eine strikt konvexe Funktion zeichnet sich dadurch aus, dass ihre Ableitung streng monoton wachsend ist). Der Graph von $f(x)$ ist als Menge von Punkten $(x, f(x))$ gegeben. Alternativ kann man sich den Graphen einer konvexen Funktion als die Einhüllende aller ihrer Tangenten vorstellen, wie es in Abb. 7.2 angedeutet ist.

Ziel der Legendre-Transformation ist es nun, $f(x)$ durch die einhüllenden Tangenten – und nicht durch $f(x)$ selbst – zu beschreiben. Dazu führt man eine Funktion $g(y)$ ein, wobei $y(x) := f'(x)$ gerade die Steigung von $f(x)$ bei x und $g(y)$ noch zu bestimmen ist. Letztlich eliminiert man also die Variable x zugunsten von y, d. h. durch die Ableitung von f nach x.

In der Physik erlaubt dies wegen $p = \partial L/\partial \dot{q}$ die Ersetzung der Geschwindigkeit $\dot{q}$ in der Lagrange-Funktion $L(\dot{q})$ durch den entsprechenden konjugierten Impuls p in der Hamilton-Funktion $H(p)$. In Abschn. 35.1 wird die Legendre-Transformation außerdem ausgenutzt, um verschiedene thermodynamische Potenziale zu definieren. Allerdings besitzen die in der Thermodynamik auftretenden Funktionen häufig keine strikt monoton steigenden Ableitungen mehr, und man muss das Konzept der Legendre-Transformation erweitern, während die kinetische Energie $T(\dot{q})$ in der Mechanik praktisch immer eine konvexe Funktion ist.

Durchführung Die *Legendre-Transformierte* der Funktion $f(x)$ ist eine Funktion $g(y)$, die gegeben ist durch

$$g(y) := yx(y) - f(x(y))$$

mit $y(x) = f'(x)$. Die Rücktransformierte ist wieder

$$f(x) = xy(x) - g(y(x))$$

mit $x(y) = g'(y)$, wie in Aufgabe 7.2 gezeigt wird.

Beispiel Wir betrachten die Funktion $f(x) = x^2$. Wegen $y(x) = f'(x) = 2x$ ist $x(y) = y/2$. Somit lautet die Legendre-Transformierte von $f(x)$

$$g(y) = y\frac{y}{2} - f(x(y)) = \frac{y^2}{2} - \frac{y^2}{4} = \frac{y^2}{4}.$$

In diesem Spezialfall ist auch die Legendre-Transformierte eine Parabel. Weiterhin ist dann bei der Rücktransformation $x(y) = g'(y) = y/2$ und somit $y(x) = 2x$. Man findet also sofort die ursprüngliche Funktion $f(x) = 2x^2 - x^2 = x^2$.

Legendre-Transformation und Tangentensteigung Die Legendre-Transformierte ordnet der Steigung einer jeden Tangente an $f(x)$ deren (negativen) y-Achsenabschnitt zu (Abb. 7.2): Die Funktionsvorschrift einer Tangente $t(x)$ an eine Funktion $f(x)$ im Punkt $(x_0, f(x_0))$ mit Steigung $m = f'(x_0)$ und y-Achsenabschnitt b ist

$$t(x) = mx + b \quad \Longrightarrow \quad t(x_0) = f(x_0) = mx_0 + b.$$

Andererseits lautet die Legendre-Transformierte von $f(x)$ gerade $g[f'(x)] = f'(x)x - f(x)$ und speziell bei $x = x_0$: $g(m) = mx_0 - f(x_0)$. Durch Elimination von $f(x_0)$ (erreicht durch die Kombination der Gleichungen für $g(m)$ und $t(x_0)$) folgt sofort die Behauptung $g(m) = g[f'(x_0)] = -b$.

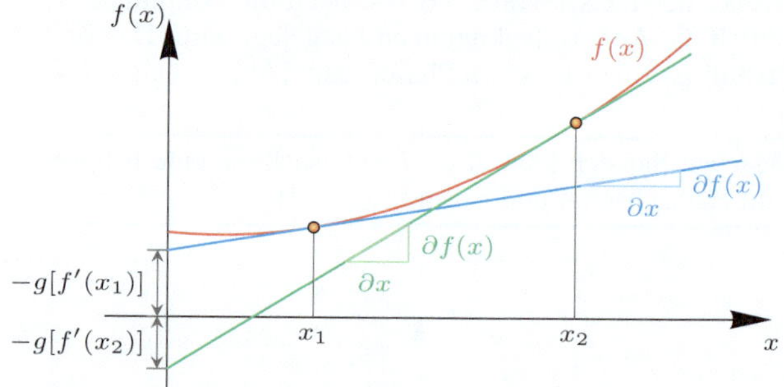

Abb. 7.2 Zur anschaulichen Bedeutung der Legendre-Transformation

Herleitung mit vollständigem Differenzial Wir setzen $y = \mathrm{d}f/\mathrm{d}x$ und schreiben das vollständige Differenzial von $f(x)$:

$$\mathrm{d}f = \frac{\mathrm{d}f}{\mathrm{d}x}\mathrm{d}x = y\,\mathrm{d}x.$$

Für das vollständige Differenzial der Transformierten $g(y)$ fordern wir nun

$$\mathrm{d}g = \frac{\mathrm{d}g}{\mathrm{d}y}\mathrm{d}y \stackrel{!}{=} x\,\mathrm{d}y.$$

Weiterhin ist $\mathrm{d}(xy) = y\,\mathrm{d}x + x\,\mathrm{d}y$, und ein Vergleich liefert sofort $\mathrm{d}g = \mathrm{d}(xy - f)$, was nach einer Integration dann die Legendre-Transformation $g(y) = yx(y) - f(x(y))$ liefert.

Je nach Zweckmäßigkeit kann man auch $\mathrm{d}g = -x\,\mathrm{d}y$ verlangen, was auf die Transformation $g(y) = f(x(y)) - yx(y)$ führt. Die Rücktransformierte lautet dann trotzdem wieder $f(x)$. Mathematisch spielt das Vorzeichen bei der Legendre-Transformation keine Rolle.

Mehrere Parameter Hängt eine Funktion f von mehreren unabhängigen Parametern $x_1, \ldots, x_n$ ab, so kann man jeden einzelnen Parameter x_i durch $\partial f / \partial x_i$ ersetzen, indem man jeweils eine Legendre-Transformation mit partiellen Ableitungen durchführt.

Literatur

- Zia, R.K.P. et al.: Making sense of the Legendre transform. Am. J. Phys. **77**, 614 (2009)

ändert sich nur das Vorzeichen. Wir werden noch sehen, dass die Unterscheidung zwischen Ort und Impuls im Hamilton-Formalismus verschwimmt. ◂

Das in nur der Hälfte der Gleichungen auftretende Minuszeichen führt zu einer sogenannten *symplektischen Struktur* der Hamilton'schen Gleichungen auf dem Phasenraum. Dies ist für die Liouville'sche Gleichung in der statistischen Physik von großer Bedeutung (Abschn. 34.1).

Bei den kanonischen Gleichungen handelt es sich im Gegensatz zu den Lagrange-Gleichungen um $2f$ Differenzialgleichungen erster Ordnung. Beide Gleichungssysteme sind jedoch äquivalent. Eine vollständige Lösung der kanonischen Gleichungen ist möglich, wenn zu einer Zeit sämtliche Orte und Impulse bekannt sind; dies sind gerade $2f$ Anfangsbedingungen und entspricht einem wohldefinierten Punkt im Phasenraum. Ist also ein Punkt im Phasenraum gegeben, folgt daraus die Bewegung im Phasenraum zu allen Zeiten.

Harmonischer Oszillator

Aus der Lagrange-Funktion des harmonischen Oszillators (7.4) und dem kanonisch konjugierten Impuls (7.5) folgt die Hamilton-Funktion

$$H(x,p) = \dot{x}p - L(x,\dot{x}) = \frac{p^2}{2m} + \frac{m}{2}\omega_0^2 x^2. \tag{7.14}$$

Für $H = E = \text{const}$ ist dies genau eine Ellipse im Phasenraum.

Die Hamilton'schen Gleichungen sind

$$\dot{x} = \frac{p}{m}, \quad \dot{p} = -m\omega_0^2 x. \tag{7.15}$$

Während die erste Gleichung nichts anderes ist als die Definition des Impulses, ist die zweite die Bewegungsgleichung. Dieses Beispiel mag hier trivial erscheinen, ist aber für das weitere Verständnis hilfreich. ◂

Frage 2

Nehmen Sie die Lagrange-Funktion einer Punktmasse im dreidimensionalen kartesischen Raum unter Einfluss konservativer Kräfte. Zeigen Sie, dass die Hamilton-Funktion

$$H(\boldsymbol{x},\boldsymbol{p}) = \frac{\boldsymbol{p}^2}{2m} + V(\boldsymbol{x}) \tag{7.16}$$

lautet und somit mit der Energie übereinstimmt. Die kanonischen Gleichungen lauten erwartungsgemäß

$$\dot{\boldsymbol{x}} = \frac{\boldsymbol{p}}{m}, \quad \dot{\boldsymbol{p}} = -\nabla V(\boldsymbol{x}). \tag{7.17}$$

In Aufgabe 7.1 werden die kanonischen Gleichungen für eine Punktmasse in Kugelkoordinaten für ein Zentralkraftfeld aufgestellt. Die Hamilton-Funktion und die kanonischen Gleichungen einer Punktladung im elektromagnetischen Feld werden erst in Kap. 20 diskutiert.

Vorteile des Hamilton-Formalismus

Warum ist es sinnvoll, statt f Differenzialgleichungen zweiter Ordnung $2f$ Differenzialgleichungen erster Ordnung zu betrachten? Wie bereits erwähnt, ist der Hamilton-Formalismus eine fruchtbare Grundlage für die Untersuchung chaotischer Systeme (wie im Abschnitt „So geht's weiter" am Ende des Kapitels beleuchtet) und die Quantenmechanik direkt im Hamilton-Formalismus verwurzelt.

Es gibt noch einen weiteren Vorteil. Wegen (7.11) vereinfachen zyklische Variablen (Abschn. 5.3) nicht nur im Lagrange-, sondern auch im Hamilton-Formalismus das Lösen der Bewegungsgleichungen. Zunächst erkennt man, dass eine Koordinate genau dann in H zyklisch ist, wenn sie in L zyklisch ist. Die Vereinfachung ist im Hamilton-Formalismus allerdings noch weitreichender, denn jede zyklische Koordinate q_i eliminiert eine der $2f$ Gleichungen in (7.13), nämlich

$$\frac{\partial H}{\partial q_i} = -\dot{p}_i = 0. \tag{7.18}$$

Da p_i somit erhalten ist (d. h. keine Veränderliche mehr ist) und H nicht mehr von q_i abhängt, kann H als eine Funktion der restlichen $f - 2$ Koordinaten und Impulse angesehen werden, was die weitere Diskussion vereinfacht. Im Idealfall sind alle Koordinaten zyklisch. Dann sind wegen $\dot{p}_i = 0$ alle konjugierten Impulse erhalten, und H ist (wenn überhaupt) nur noch eine Funktion der Zeit t.

Bedeutung der Hamilton-Funktion

Die Hamilton-Funktion wurde bereits in (5.95) eingeführt. Allerdings wurde dort der Übergang von $\dot{q}$ nach p noch nicht vollzogen. Wir wissen, dass die Hamilton-Funktion H der Energie E entspricht (oder genauer: dass die Hamilton-Funktion, ausgewertet am Ort und mit dem Impuls einer Punktmasse, der Energie der Punktmasse entspricht), wenn alle herrschenden Zwangsbedingungen skleronom sind. Ein Gegenbeispiel hatten wir in Aufgabe 5.4 gesehen: Dort wurde explizit gezeigt, dass die rheonome Zwangsbedingung auf $H \neq E$ führt.

Wegen (7.11) ist die Hamilton-Funktion H genau dann explizit zeitabhängig, wenn dies auch für die Lagrange-Funktion gilt – unabhängig davon, ob H der Energie entspricht oder nicht. Außerdem gilt wegen der kanonischen Gleichungen

$$\frac{\mathrm{d}H}{\mathrm{d}t} = \sum_i \left(\frac{\partial H}{\partial q_i}\dot{q}_i + \frac{\partial H}{\partial p_i}\dot{p}_i \right) + \frac{\partial H}{\partial t} = \frac{\partial H}{\partial t}. \tag{7.19}$$

Jede Zeitabhängigkeit von H ist also vollständig durch die partielle Ableitung erfasst; darum ist H eine Erhaltungsgröße, wenn L nicht explizit von der Zeit abhängt (siehe Noether-Theorem in Abschn. 5.6).

Für den Fall, dass H der Energie E enspricht, ist zu betonen, dass H eine Funktion der Koordinaten q und kanonischen Impulse p ist, während die Energie stattdessen häufig als Funktion von q und $\dot{q}$ geschrieben wird.

Frage 3

Für den Fall, dass mindestens eine Zwangsbedingung rheonom ist, L und H aber keine explizite Funktionen der Zeit sind, so ist H zwar erhalten, entspricht aber nicht der Energie. Interessierte Leser sind dazu eingeladen, einen solchen Fall zu konstruieren.

Achtung Entspricht die Hamilton-Funktion H der Gesamtenergie E, dann kann H prinzipiell direkt aufgeschrieben werden, indem E durch die generalisierten Koordinaten q und Impulse p ausgedrückt wird, solange letztere bekannt sind. In Kap. 20 werden wir Situationen begegnen, in denen die kanonischen Impulse nicht den „kinetischen" Impulsen entsprechen, die man aus der Mechanik kennt. In solchen Fällen kommt man nicht umhin, die kanonischen Impulse zunächst aus der Lagrange-Funktion L herzuleiten, was letztlich bedeutet, dass man erst L aufstellt und anschließend mithilfe der berechneten kanonischen Impulse mittels einer Legendre-Transformation auf H transformieren muss. ◄

Zeitentwicklung und Poisson-Klammern

Wir definieren eine *Observable* F als eine physikalische Größe eines Systems, die vollständig durch die Koordinaten, Impulse und die Zeit bestimmt ist:

$$F = F(t, q, p). \tag{7.20}$$

Die einfachsten Beispiele für Observablen sind die Orte q_i und Impulse p_i oder die Energie in der Form $H(t, q, p)$ sowie der Drehimpuls.

Wir fragen nun: Was kann man über die Zeitentwicklung einer Observablen sagen, wenn die Hamilton-Funktion des Systems bekannt ist? Diese Fragestellung wird später in der Quantenmechanik von grundlegender Wichtigkeit sein. Dazu schreiben wir die totale Zeitableitung

$$\begin{aligned} \frac{\mathrm{d}F}{\mathrm{d}t} &= \sum_i \left(\frac{\partial F}{\partial q_i}\dot{q}_i + \frac{\partial F}{\partial p_i}\dot{p}_i \right) + \frac{\partial F}{\partial t} \\ &= \sum_i \left(\frac{\partial F}{\partial q_i}\frac{\partial H}{\partial p_i} - \frac{\partial F}{\partial p_i}\frac{\partial H}{\partial q_i} \right) + \frac{\partial F}{\partial t}, \end{aligned} \tag{7.21}$$

wobei die kanonischen Gleichungen in (7.13) ausgenutzt wurden. Zur Abkürzung führt man die *Poisson-Klammer* ein.

Poisson-Klammer

Sind zwei Observablen F und G gegeben, so lautet die Poisson-Klammer (benannt nach dem französischen Mathematiker und Physiker *Siméon Denis Poisson*, 1781–1840)

$$\{F, G\} := \sum_i \left(\frac{\partial F}{\partial q_i}\frac{\partial G}{\partial p_i} - \frac{\partial F}{\partial p_i}\frac{\partial G}{\partial q_i} \right). \tag{7.22}$$

Folglich kann die Zeitentwicklung einer Observablen in der kompakten Gestalt

$$\frac{\mathrm{d}F}{\mathrm{d}t} = \{F, H\} + \frac{\partial F}{\partial t} \tag{7.23}$$

geschrieben werden.

Poisson-Klammer und Erhaltungsgrößen

Verschwindet die Poisson-Klammer einer Observablen F mit der Hamilton-Funktion H und ist F nicht explizit zeitabhängig, d. h. $\partial F/\partial t = 0$, so ist F ein Integral der Bewegung, also eine Erhaltungsgröße. Diese Schlussfolgerung gilt auch in die andere Richtung.

Energieerhaltung

Wegen der offensichtlichen Identität $\{H, H\} = 0$ ist für $F = H$

$$\frac{\mathrm{d}H}{\mathrm{d}t} = \frac{\partial H}{\partial t}, \tag{7.24}$$

was wir schon vorher gesehen haben. Ist H nun nicht explizit zeitabhängig, muss H eine Erhaltungsgröße sein. ◄

Übersicht: Rechenregeln für Poisson-Klammern

Für die Poisson-Klammern gelten die unten aufgeführten Rechenregeln. Dazu betrachten wir die Observablen A, B und C sowie eine reelle Zahl λ:

- $\{A,B\} = -\{B,A\} \Longrightarrow \{A,A\} = 0$ (Antikommutativität)
- $\{A, B+C\} = \{A,B\} + \{A,C\}$ (Distributivgesetz)
- $\{A, \lambda B\} = \{\lambda A, B\} = \lambda\{A,B\}$
- $\{A, BC\} = B\{A,C\} + C\{A,B\}$ (Produktregel)
- $\{\{A,B\},C\} + \{\{B,C\},A\} + \{\{C,A\},B\} = 0$ (Jacobi-Identität)

Frage 4

Zur Veranschaulichung bietet es sich an, die kanonischen Gleichungen als Spezialfall von (7.23) zu schreiben. Nutzen Sie dazu

$$\frac{\partial q_i}{\partial q_j} = \delta_{ij}, \quad \frac{\partial q_i}{\partial p_j} = 0, \quad \frac{\partial p_i}{\partial q_j} = 0, \quad \frac{\partial p_i}{\partial p_j} = \delta_{ij} \tag{7.25}$$

aus und berechnen Sie $\{q_i, H\}$ und $\{p_i, H\}$. *Achtung: Hier werden die q_i, p_i und t als unabhängige Parameter verwendet, d. h. $\partial q_i/\partial t = 0$ und $\partial p_i/\partial t = 0$.*

Die wichtigsten Rechenregeln der Poisson-Klammern sind im Kasten „Übersicht: Rechenregeln für Poisson-Klammern" zusammengefasst.

Frage 5

Leiten Sie die Rechenregeln der Poisson-Klammern aus ihrer Definition ab (Jacobi-Identität für besonders Fleißige). Zeigen Sie außerdem die wichtigen Relationen

$$\{q_i, q_j\} = 0, \quad \{p_i, p_j\} = 0, \quad \{q_i, p_j\} = \delta_{ij}, \tag{7.26}$$

die auch *fundamentale Poisson-Klammern* genannt werden.

Des Weiteren wird in Aufgabe 7.3 gezeigt, dass die Komponenten des Drehimpulses in kartesischen Koordinaten, also $L_i = \varepsilon_{ijk} x_j p_k$, der Relation

$$\{L_i, L_j\} = \varepsilon_{ijk} L_k \tag{7.27}$$

genügen.

Achtung In der Quantenmechanik werden die Poisson-Klammern durch die wichtigen *Kommutatoren* ersetzt (Kap. 23). Sie geben an, ob zwei quantenmechanische Operatoren vertauschbar sind (d. h. ob die Reihenfolge ihrer Anwendung auf einen quantenmechanischen Zustand eine Rolle spielt). ◀

7.2 Kanonische Transformationen

Die kanonischen Gleichungen werden – ähnlich wie die Lagrange-Gleichungen – aus einem Variationsprinzip abgeleitet. Bisher wurde in den meisten Anwendungen mit einem konkreten Satz generalisierter Koordinaten und Impulse gerechnet. Es wird nun gezeigt, dass es eine Klasse von Phasenraumtransformationen (d. h. einem Übergang zu neuen generalisierten Koordinaten und Impulsen) gibt, unter denen die kanonischen Gleichungen invariant sind. Dies führt auf die sogenannten erzeugenden Funktionen dieser Transformationen. Kanonische Transformationen können eingesetzt werden, um die Bewegungsgleichungen zu vereinfachen.

Ableitung der kanonischen Gleichungen aus dem Wirkungsprinzip

Die kanonischen Gleichungen in (7.13) wurden in Abschn. 7.1 durch einen Vergleich der totalen Differenziale der Hamilton- und Lagrange-Funktionen abgeleitet. Beide Mechanismen sind also gleichwertig. Häufig findet man in der Literatur einen äquivalenten Zugang: Es lassen sich die kanonischen Gleichungen direkt aus dem Wirkungsprinzip ableiten.

Frage 6

Rufen Sie sich die Variationsverfahren aus Abschn. 5.5 in Erinnerung.

Dazu betrachten wir erneut die Wirkung als Zeitintegral der Lagrange-Funktion:

$$S = \int_{t_0}^{t_1} L(t, q, \dot{q})\,\mathrm{d}t = \int_{t_0}^{t_1} \left[\sum_i \dot{q}_i p_i - H(t, q, p)\right] \mathrm{d}t. \tag{7.28}$$

Ihre Variation bei festgehaltener Zeit ist

$$\delta S = \sum_i \int_{t_0}^{t_1} \left[p_i \delta\dot{q}_i + \dot{q}_i \delta p_i - \frac{\partial H}{\partial q_i}\delta q_i - \frac{\partial H}{\partial p_i}\delta p_i\right] \mathrm{d}t. \tag{7.29}$$

Offensichtlich erhält man durch eine partielle Integration des ersten Terms

$$\sum_i \int_{t_0}^{t_1} p_i \delta\dot{q}_i\,\mathrm{d}t = \sum_i p_i \delta q_i\Big|_{t_0}^{t_1} - \sum_i \int_{t_0}^{t_1} \dot{p}_i \delta q_i\,\mathrm{d}t. \tag{7.30}$$

Da die Variation mit festen Endpunkten durchgeführt wird, muss δq_i bei $t = t_0$ und $t = t_1$ verschwinden. Darum lässt sich die Variation in folgender Form schreiben:

$$\delta S = \sum_i \int_{t_0}^{t_1} \left[\left(\dot{q}_i - \frac{\partial H}{\partial p_i} \right) \delta p_i - \left(\dot{p}_i + \frac{\partial H}{\partial q_i} \right) \delta q_i \right] \mathrm{d}t. \quad (7.31)$$

Verlangt man wieder, dass die Variation δS für die tatsächliche Bahnkurve verschwindet, und nimmt man an, dass sämtliche Variationen δp_i und δq_i beliebig sind, müssen die Terme in den runden Klammern verschwinden. Dies führt aber gerade auf die kanonischen Gleichungen. Die Herleitung ist vollständig umkehrbar, daher folgt die Äquivalenz des Wirkungsprinzips und der kanonischen Gleichungen.

Äquivalenz des Wirkungsprinzips und der kanonischen Gleichungen

Das Prinzip $\delta S = 0$ ist äquivalent zu den kanonischen Gleichungen (7.13), welche die Bewegung im Phasenraum beschreiben.

Hier wurde verwendet, dass die generalisierten Koordinaten und Impulse unabhängige Größen sind. Somit hat man es mit $2f$ unabhängigen Parametern zu tun, was letztlich auf $2f$ Bewegungsgleichungen *erster* Ordnung führt. Bei der Ableitung der Lagrange-Gleichungen aus dem Wirkungsprinzip wurde nur die Unabhängigkeit der f Koordinaten verlangt, was f Differenzialgleichungen *zweiter* Ordnung zur Folge hatte. Im Hamilton-Formalismus führt dies auf die eher unanschauliche Tatsache, dass die generalisierten Impulse p gleichberechtigt zu den generalisierten Koordinaten q sind. Man erkennt dies schon an der Form der kanonischen Gleichungen in (7.13), die bis auf ein Vorzeichen symmetrisch unter der Vertauschung $q \leftrightarrow p$ sind.

Forminvarianz der Lagrange-Gleichungen

Bevor wir zu den eigentlichen kanonischen Transformationen kommen, machen wir einen kleinen Exkurs zurück zum Lagrange-Formalismus. Wir erinnern uns, dass – im Gegensatz zu den Newton'schen Bewegungsgleichungen – ein wesentlicher Vorteil die Koordinatenunabhängigkeit der Lagrange-Gleichungen ist. Dies wurde bisher nicht explizit gezeigt.

Wir nehmen an, dass die Lagrange-Gleichungen

$$\frac{\mathrm{d}}{\mathrm{d}t} \frac{\partial L}{\partial \dot{q}_i} - \frac{\partial L}{\partial q_i} = 0 \quad (1 \leq i \leq f) \quad (7.32)$$

für einen bestimmten Koordinatensatz $q = (q_1, \ldots, q_f)$ gelten. Führt man nun f neue Koordinaten $Q = (Q_1, \ldots, Q_f)$ mit $Q = Q(t, q)$ ein (man nennt Transformationen der Gestalt $Q = Q(t, q)$ *Punkttransformationen*, da sie nur auf die Koordinaten wirken), gelten die f Gleichungen

$$\frac{\mathrm{d}}{\mathrm{d}t} \frac{\partial L}{\partial \dot{Q}_i} - \frac{\partial L}{\partial Q_i} = 0. \quad (7.33)$$

Dies ist in der Tat immer der Fall; sie sind sogar gleichwertig, wenn wir fordern, dass die Abbildung auch umkehrbar ist, was nun gezeigt werden soll.

Zunächst ist

$$\dot{q}_i = \sum_j \frac{\partial q_i}{\partial Q_j} \dot{Q}_j + \frac{\partial q_i}{\partial t}. \quad (7.34)$$

Man kann daher direkt

$$\frac{\partial \dot{q}_i}{\partial \dot{Q}_j} = \frac{\partial q_i}{\partial Q_j} \quad (7.35)$$

ablesen. Ausgedrückt durch die neuen Koordinaten lautet die Lagrange-Funktion

$$L'(t, Q, \dot{Q}) = L(t, q(t, Q), \dot{q}(t, Q, \dot{Q})). \quad (7.36)$$

Es soll betont werden, dass beide Lagrange-Funktionen zwar dasselbe physikalische System beschreiben, im Allgemeinen aber unterscheidliche Funktionen ihrer Argumente sein werden. Man kann die folgenden Ableitungen leicht nachrechnen:

$$\begin{aligned} \frac{\partial L'}{\partial Q_j} &= \sum_i \left[\frac{\partial L}{\partial q_i} \frac{\partial q_i}{\partial Q_j} + \frac{\partial L}{\partial \dot{q}_i} \frac{\partial \dot{q}_i}{\partial Q_j} \right], \\ \frac{\partial L'}{\partial \dot{Q}_j} &= \sum_i \frac{\partial L}{\partial \dot{q}_i} \frac{\partial \dot{q}_i}{\partial \dot{Q}_j} = \sum_i \frac{\partial L}{\partial \dot{q}_i} \frac{\partial q_i}{\partial Q_j}, \\ \frac{\mathrm{d}}{\mathrm{d}t} \frac{\partial L'}{\partial \dot{Q}_j} &= \sum_i \left[\left(\frac{\mathrm{d}}{\mathrm{d}t} \frac{\partial L}{\partial \dot{q}_i} \right) \frac{\partial q_i}{\partial Q_j} + \frac{\partial L}{\partial \dot{q}_i} \frac{\partial \dot{q}_i}{\partial Q_j} \right]. \end{aligned} \quad (7.37)$$

Diese Zwischenergebnisse lassen sich zusammenfassen zu

$$\frac{\mathrm{d}}{\mathrm{d}t} \frac{\partial L'}{\partial \dot{Q}_j} - \frac{\partial L'}{\partial Q_j} = \sum_i \left(\frac{\mathrm{d}}{\mathrm{d}t} \frac{\partial L}{\partial \dot{q}_i} - \frac{\partial L}{\partial q_i} \right) \frac{\partial q_i}{\partial Q_j} = 0. \quad (7.38)$$

Im letzten Schritt wurde die Gültigkeit von (7.32) ausgenutzt. Hier erkennt man, dass die Lagrange-Gleichungen tatsächlich ebenso für die Koordinaten Q gelten, wenn sie für q gültig sind.

Wir stellen die Forderung der Umkehrbarkeit der Abbildung, d. h., die Rücktransformation $q = q(t, Q)$ soll existieren. Dies ist dann möglich, wenn die Funktionaldeterminante $\det(\partial Q_j / \partial q_i) \neq 0$ erfüllt. Wir verzichten hier auf einen Beweis dieses Zusammenhangs. Ist also die Punkttransformation umkehrbar, so kann (7.38) direkt invertiert werden, und die Aussage ist auch in die Rückrichtung korrekt: Aus Gleichung (7.32) folgt (7.33) und umgekehrt. Somit sind die Lagrange-Gleichungen invariant unter Punkttransformationen.

Kanonische Transformationen

Es wurde eben gezeigt, dass die Lagrange-Gleichungen invariant unter Punkttransformationen $Q = Q(t, q)$ sind. Im Hamilton-Formalismus kann man allerdings noch viel weiter gehen. Da wir bereits gesehen haben, dass Koordinaten und Impulse ähnliche Rollen spielen und gleichberechtigt sind, liegt es auf der Hand, auch Transformationen

$$Q = Q(t, q, p), \quad P = P(t, q, p) \tag{7.39}$$

mit neuen Koordinaten Q und Impulsen P zuzulassen.

Man kann berechtigterweise fragen, ob dies nur eine theoretische Spielerei oder eine praktische Vereinfachung zu erwarten ist. Tatsächlich können Transformationen der Art (7.39) ausgenutzt werden, um möglichst viele zyklische Koordinaten zu erhalten, was wiederum das Lösen der Bewegungsgleichungen wesentlich erleichtern kann. Dies ist die Hauptmotivation für die Diskussion der kanonischen Transformationen. Wir kommen in Aufgabe 7.7 darauf zurück.

Wir schränken alle möglichen Transformationen (7.39) jedoch durch die Forderung ein, dass die Form der kanonischen Gleichungen erhalten sein soll, d. h., es soll

$$\dot{Q}_j = \frac{\partial H'}{\partial P_j}, \quad \dot{P}_j = -\frac{\partial H'}{\partial Q_j} \tag{7.40}$$

gelten, wobei $H'(t, Q, P)$ eine noch zu bestimmende Funktion ist, welche die Rolle der Hamilton-Funktion $H(t, q, p)$ übernimmt.

Kanonische Transformationen

Unter *kanonischen Transformationen* versteht man Transformationen in (7.39), welche die Form der kanonischen Gleichungen invariant lassen und somit (7.40) erfüllen, wobei $H'(t, Q, P)$ eine geeignete Funktion ist.

Da die Bewegungsgleichungen invariant bleiben sollen, kann sich die Wirkung S beim Übergang $(q, p) \to (Q, P)$ nur um eine Konstante ändern:

$$S = S' + \int_{t_0}^{t_1} \frac{\mathrm{d}F}{\mathrm{d}t}\,\mathrm{d}t = S' + [F(t_1) - F(t_0)]. \tag{7.41}$$

Diese Argumentation ist uns bereits in Kap. 5 mehrfach begegnet. Hier bedeutet dies

$$\begin{aligned} &\sum_i p_i \dot{q}_i - H(t, q, p) \\ &= \sum_i P_i \dot{Q}_i - H'(t, Q, P) + \frac{\mathrm{d}F(t, q, p, Q, P)}{\mathrm{d}t}, \end{aligned} \tag{7.42}$$

wobei F zunächst eine Funktion von allen alten und neuen Koordinaten und Impulsen sowie der Zeit sein kann. Es ist dabei aber zu beachten, dass wegen der Transformationsvorschrift (7.39) die alten und neuen Koordinaten und Impulse nicht unabhängig sind. Von den $4f$ Größen (q, p) und (Q, P) sind nur $2f$ unabhängig. Es ist eine Frage der Zweckmäßigkeit, welche der Parameter man als unabhängige Größen wählt. Beispielsweise kann man sich für die alten (q, p) oder die neuen Parameter (Q, P) oder aber für Mischungen davon, wie (q, P) oder (Q, p), entscheiden.

Erzeugende

Man nennt die Funktion F *Erzeugende der kanonischen Transformation* (meist nur kurz *Erzeugende*) und bezeichnet sie, je nach der Wahl der unabhängigen Parameter, als

$$\begin{aligned} &F_1(t, q, Q), \quad F_2(t, q, P), \quad F_3(t, p, Q), \\ &F_4(t, p, P), \quad F_5(t, q, p), \quad F_6(t, Q, P). \end{aligned} \tag{7.43}$$

Die Indexreihenfolge kann sich in anderen Mechanikbüchern davon unterscheiden, was allerdings nichts am physikalischen Inhalt ändert. Zunächst einmal erkennen wir, dass die Funktion F beliebig ist, solange sie differenzierbar ist, denn wir setzen nur voraus, dass die vollständige Zeitableitung $\mathrm{d}F/\mathrm{d}t$ existiert. Dies garantiert automatisch die Invarianz der Bewegungsgleichungen.

Frage 7

Überlegen Sie sich, dass Punkttransformationen $Q(t, q)$ nicht durch $F_1(t, q, Q)$ vermittelt werden können. Denken Sie dabei daran, welche der $4f$ Parameter (q, p) und (Q, P) voneinander abhängig sind. Punkttransformationen werden in Aufgabe 7.4 noch genauer behandelt.

Bis zu diesem Punkt ist nichts Physikalisches geschehen, und es stellen sich sofort mehrere Fragen: Wie hängt die Erzeugende F mit der gewünschten Transformation (7.39) zusammen? Wie lautet, für eine gegebene Funktion F, die neue Funktion $H'(t, Q, P)$, welche die Rolle der Hamilton-Funktion übernimmt? Dazu betrachten wir zunächst eine Transformation mit $F_1(t, q, Q)$.

Das Differenzial der Wirkung (7.42) lässt sich schreiben als

$$\sum_i (p_i\,\mathrm{d}q_i - P_i\,\mathrm{d}Q_i) + \left(H' - H\right)\mathrm{d}t = \mathrm{d}F_1(t, q, Q). \tag{7.44}$$

Da wir hier q und Q als die unabhängigen Parameter der Transformation wählen, ist zunächst

$$\mathrm{d}F_1(t, q, Q) = \sum_i \left(\frac{\partial F_1}{\partial q_i}\mathrm{d}q_i + \frac{\partial F_1}{\partial Q_i}\mathrm{d}Q_i\right) + \frac{\partial F_1}{\partial t}\mathrm{d}t. \tag{7.45}$$

Vergleicht man die Koeffizienten in (7.44) und (7.45), folgen die drei Identitäten

$$p_i = \frac{\partial F_1}{\partial q_i}, \quad P_i = -\frac{\partial F_1}{\partial Q_i}, \quad H' = H + \frac{\partial F_1}{\partial t}. \tag{7.46}$$

Die neue Hamilton-Funktion H' muss noch als Funktion der neuen Parameter (Q, P) ausgedrückt werden. Dazu müssen die Transformationsgleichungen in (7.39) bekannt sein. Sie folgen aus den ersten beiden Gleichungen in (7.46).

Nun wird auch klar, warum die Funktion F Erzeugende heißt: Durch ihre Wahl werden die Transformationsgleichungen in (7.39) und die neue Hamilton-Funktion H' festgelegt. Allerdings müssen die Rechnungen für die anderen Erzeugenden in (7.43) wiederholt werden, um die zu (7.46) analogen Transformationsgleichungen zu bestimmen. Zusammengefasst lauten die entsprechenden Gleichungen

$$\begin{aligned} p_i &= \frac{\partial F_2(t,q,P)}{\partial q_i}, \quad & Q_i &= \frac{\partial F_2(t,q,P)}{\partial P_i}, \\ q_i &= -\frac{\partial F_3(t,p,Q)}{\partial p_i}, \quad & P_i &= -\frac{\partial F_3(t,p,Q)}{\partial Q_i}, \\ q_i &= -\frac{\partial F_4(t,p,P)}{\partial p_i}, \quad & Q_i &= \frac{\partial F_4(t,p,P)}{\partial P_i}. \end{aligned} \tag{7.47}$$

Die Anwendung der Erzeugenden $F_5(t,q,p)$ und $F_6(t,Q,P)$ führt in der Regel auf aufwendige Rechnungen. Diese Fälle sollen hier nicht behandelt werden.

Vertauschung von Orten und Impulsen

Eines der einfachsten konkreten Beispiele ist die Wahl

$$F_1 = \sum_i q_i Q_i. \tag{7.48}$$

Dies führt wegen (7.46) auf

$$p_i = Q_i, \quad P_i = -q_i \tag{7.49}$$

und entspricht somit (bis auf ein Vorzeichen) einer Vertauschung der Koordinaten und Impulse! Es wird hier einmal mehr deutlich, dass Orte und Impulse im Hamilton-Formalismus gleichwertig sind. Die neue Hamilton-Funktion H' lässt sich bei bekanntem H direkt angeben, indem die Transformationsgleichungen in (7.49) ausgenutzt werden und die partielle Ableitung $\partial F_1/\partial t$ addiert wird (solange sie – wie in diesem Beispiel – nicht verschwindet). ◀

Die neue Hamilton-Funktion H' ergibt sich – wie in (7.46) – stets aus der alten Funktion H plus der partiellen Zeitableitung der entsprechenden Erzeugenden. Die Gleichungen für F_2 werden in Aufgabe 7.5 abgeleitet (der interessierte Leser wird dazu motiviert, auch die beiden übrigen Gleichungssätze nachzurechnen).

Ist die Erzeugende zeitunabhängig, erhält man H' direkt aus H, indem die Parameter (q,p) entsprechend der Rücktransformationen $q(Q,P)$ und $p(Q,P)$ durch (Q,P) ersetzt werden. In den Aufgaben 7.4 und 7.7 wird das Rechnen mit den Erzeugenden vertieft; unter anderem wird in Aufgabe 7.4 gezeigt, dass alle Punkttransformationen kanonisch sind, solange die Transformationsgleichung $Q(t,q)$ differenzierbar ist.

Bestimmung der Transformationsgleichungen

Um die Transformationsgleichungen in (7.39) für eine gegebene Erzeugende zu erhalten, betrachten wir ein etwas komplizierteres Beispiel. Nehmen wir die Erzeugende

$$F_2(q,P) = P\,[\ln(-P/q) - 1] \tag{7.50}$$

für ein System mit einem Freiheitsgrad. Man berechnet zunächst

$$Q = \frac{\partial F_2}{\partial P} = \ln(-P/q), \tag{7.51}$$

was man direkt nach

$$q(Q,P) = -P\mathrm{e}^{-Q} \tag{7.52}$$

auflösen kann. Somit ist die erste Transformationsgleichung bekannt. Der alte Impuls erfüllt zunächst

$$p = \frac{\partial F_2}{\partial q} = -\frac{P}{q}. \tag{7.53}$$

Hier kann man das bekannte Ergebnis für q einsetzen und bekommt die zweite Transformationsgleichung

$$p(Q) = \mathrm{e}^{Q}. \tag{7.54}$$

Die Umkehrtransformation lautet

$$Q(p) = \ln p, \quad P(q,p) = -qp. \tag{7.55}$$

Da F_2 zeitunabhängig ist, kann man

$$H'(Q,P) = H[q(Q,P), p(Q)] \tag{7.56}$$

bei bekannter Hamilton-Funktion $H(q,p)$ direkt hinschreiben. Ob dies letztlich auf Bewegungsgleichungen führt, die einfacher zu lösen sind, hängt von den expliziten funktionalen Formen von $H'(Q,P)$ sowie $H(q,p)$ ab. ◀

Frage 8

Überzeugen Sie sich davon, dass

$$F_2(t,q,P) = \sum_i q_i P_i \tag{7.57}$$

die identische Transformation mit $Q_i = q_i$ und $P_i = p_i$ erzeugt.

Praktisch kann man beliebige Erzeugende hinschreiben und ausprobieren, ob die dadurch vermittelten Transformationen Vorteile mit sich bringen. Beispielsweise wird in Aufgabe 7.7 eine Transformation durchgeführt, mit deren Hilfe sich das Problem des harmonischen Oszillators auf alternative (und instruktive) Weise lösen lässt.

In Wirklichkeit ist das Auffinden einer Erzeugenden generell nicht einfacher als das direkte Lösen des Problems in den ursprünglichen Koordinaten; es wird also lediglich der Rechenaufwand verschoben. Daher bieten sich die kanonischen Transformationen nicht für Alltagsprobleme an.

Die Bedeutung der kanonischen Transformationen ist vielmehr, das theoretische Verständnis der Mechanik zu erweitern und auf die Hamilton-Jacobi-Theorie vorzubereiten, die in Abschn. 7.3 kurz vorgestellt wird. Dort sprechen wir auch die sogenannten Winkel- und Wirkungsvariablen an, die eine wichtige Anwendung der kanonischen Transformationen sind und in der Geschichte der theoretischen Physik eine nicht unwichtige Rolle gespielt haben.

Schwerpunktskoordinaten

Um zu illustrieren, dass eine bekannte Erzeugende ein Problem vereinfachen kann, betrachten wir zwei Punktmassen m_1 und m_2 in einer Dimension mit Gesamtmasse $M = m_1 + m_2$ und die Erzeugende

$$F_2(x_1, x_2, P_1, P_2) = \frac{m_1 x_1 + m_2 x_2}{M} P_1 + (x_1 - x_2) P_2, \tag{7.58}$$

wobei wir mit $x_i = q_i$ verdeutlichen, dass kartesische Koordinaten verwendet werden.

Wie lauten nun die neuen Koordinaten X_i und die Impulse P_i? Zunächst ist

$$X_1 = \frac{\partial F_2}{\partial P_1} = \frac{m_1 x_1 + m_2 x_2}{M}, \quad X_2 = \frac{\partial F_2}{\partial P_2} = x_1 - x_2. \tag{7.59}$$

Dies sind gerade die Schwerpunkts- und Relativkoordinaten. Außerdem ist

$$p_1 = \frac{\partial F_2}{\partial x_1} = \frac{m_1}{M} P_1 + P_2, \quad p_2 = \frac{\partial F_2}{\partial x_2} = \frac{m_2}{M} P_1 - P_2. \tag{7.60}$$

Aus diesen Gleichungen lassen sich sofort die neuen Impulse bestimmen:

$$P_1 = p_1 + p_2, \quad P_2 = \frac{m_2 p_1 - m_1 p_2}{M}. \tag{7.61}$$

Wir haben es hier mit Schwerpunkts- und „Relativimpuls" zu tun.

Dies vereinfacht offensichtlich die Beschreibung für isolierte Systeme, da dort der Gesamtimpuls P_1 erhalten und X_1 zyklisch ist (Kap. 3 und 5).

Der aufmerksame Leser erkennt, dass es sich hier „nur" um eine Punkttransformation handelt. Dieses Beispiel erfordert also gar nicht die volle Mächtigkeit der kanonischen Transformationen und zeigt, dass kanonische Transformationen vielmehr dem theoretischen Verständnis dienen. ◀

Invarianz der Poisson-Klammern

Wir wissen nun, wie man eine kanonische Transformation durchführt, wenn die Erzeugende bekannt ist. Wie kann man nun aber entscheiden, ob bereits definierte Transformationsgleichungen eine kanonische Transformation beschreiben?

In den vorhergehenden Abschnitten wurde über kanonische Transformationen gesprochen. Dabei wird von einem generalisierten Koordinatensatz (q, p) auf einen anderen (Q, P) gewechselt. Wie verhalten sich dabei die Poisson-Klammern? Zunächst schreiben wir (7.22) explizit als

$$\begin{aligned} \{F, G\}_{q,p} &= \sum_i \left(\frac{\partial F}{\partial q_i} \frac{\partial G}{\partial p_i} - \frac{\partial F}{\partial p_i} \frac{\partial G}{\partial q_i} \right), \\ \{F, G\}_{Q,P} &= \sum_i \left(\frac{\partial F}{\partial Q_i} \frac{\partial G}{\partial P_i} - \frac{\partial F}{\partial P_i} \frac{\partial G}{\partial Q_i} \right), \end{aligned} \tag{7.62}$$

um zwischen beiden Koordinatensätzen unterscheiden zu können; F und G sind dabei, je nach Wahl der Koordinaten, Funktionen $F(t, q, p)$ und $G(t, q, p)$ bzw. $F(t, Q, P)$ und $G(t, Q, P)$. $F(t, q, p)$ und $F(t, Q, P)$ sind – genau wie $G(t, q, p)$ und $G(t, Q, P)$ – unterschiedliche Funktionen ihrer Argumente; man müsste streng genommen zwischen ihnen unterscheiden, was wir aus Übersichtsgründen unterschlagen.

Man kann nun zeigen, dass die folgenden Zusammenhänge und Aussagen gelten:

1. Eine Transformation ist genau dann kanonisch, wenn die fundamentalen Poisson-Klammern invariant sind. Dies ist eine sehr praktische Aussage: Für eine vorgegebene, von den kanonischen Variablen (q, p) ausgehende Transformation $Q(q, p)$, $P(q, p)$ genügt es also zu überprüfen, ob die Relationen

   $$\{Q_i, Q_j\}_{q,p} = 0, \quad \{P_i, P_j\}_{q,p} = 0, \quad \{Q_i, P_j\}_{q,p} = \delta_{ij} \tag{7.63}$$

   erfüllt sind. Dies wird in Aufgabe 7.6 an einem Beispiel vorgeführt.
2. Die Poisson-Klammern sind invariant unter kanonischen Transformationen, d. h., das Ergebnis hängt nicht davon ab, welcher Satz kanonischer Variablen zur Auswertung verwendet wird:

   $$\{F, G\}_{q,p} = \{F, G\}_{Q,P}. \tag{7.64}$$

   Insbesondere sind die fundamentalen Poisson-Klammern in (7.26) invariant.

Es soll an dieser Stelle auf einen Beweis der beiden obigen Aussagen verzichtet werden. Interessierte Leser finden im Mechanik-Lehrbuch von Goldstein (1981) eine sorgfältige und umfassende Darstellung, die für unsere Zwecke jedoch zu eingehend und ausführlich ist.

Teil I

Vertiefung: Zusammenhang zwischen den Erzeugenden

In Aufgabe 7.5 wird folgender Zusammenhang gezeigt: Erzeugen $F_1(t,q,Q)$ und $F_2(t,q,P)$ dieselbe kanonische Transformation, d. h. führen beide auf dieselben Beziehungen $Q_i(t,q,p)$ und $P_i(t,q,p)$, so gilt

$$F_2(t,q,P) = F_1(t,q,Q) + \sum_i Q_i P_i(t,q,Q)$$
$$= F_1(t,q,Q) - \sum_i Q_i \frac{\partial F_1(t,q,Q)}{\partial Q_i}.$$

Wir stellen also fest, dass die Erzeugende F_2 die Legendre-Transformierte von F_1 ist, wobei auf der rechten Seite noch $Q_i(t,q,P)$ eingesetzt werden muss. Dies zeigt, wie die (q,Q)-Abhängigkeit durch eine (q,P)-Abhängigkeit ersetzt werden kann.

Frage 9

Als konkretes Beispiel können Sie sich davon überzeugen, dass

$$F_1(q,Q) = qe^Q$$

und

$$F_2(q,P) = P\left[\ln(-P/q) - 1\right]$$

auf dieselben Transformationsgleichungen führen und gleichzeitig die obige Gleichung für $F_2(t,q,P)$ erfüllt ist. Nutzen Sie dazu die Ergebnisse aus, die wir bereits aus (7.50) abgeleitet haben.

Ohne Beweis halten wir weiterhin fest, dass sich analog auch $F_3(t,p,Q)$ und $F_4(t,p,P)$ als Legendre-Transformierte von $F_1(t,q,Q)$ schreiben lassen, solange sie dieselbe kanonische Transformation erzeugen:

$$F_3(t,p,Q) = F_1(t,q,Q) - \sum_i q_i p_i,$$
$$= F_1(t,q,Q) - \sum_i q_i \frac{\partial F_1}{\partial q_i},$$
$$F_4(t,p,P) = F_1(t,q,Q) - \sum_i (q_i p_i - Q_i P_i)$$
$$= F_1(t,q,Q) - \sum_i \left(q_i \frac{\partial F_1}{\partial q_i} + Q_i \frac{\partial F_1}{\partial Q_i}\right).$$

Beim Übergang $F_1 \to F_4$ muss eine doppelte Legendre-Transformation verwendet werden, um sowohl den Übergang $q \to p$ als auch $Q \to P$ vorzunehmen.

Welche Implikation hat dies? Man kann sich – je nach praktischem Nutzen – aussuchen, welche Erzeugende man für eine kanonische Transformation verwendet. Kennt man F_1 für eine gegebene Transformation, lassen sich alle anderen Erzeugenden berechnen. Durch Auflösen kann man (mit einigen Ausnahmen) von jeder Erzeugenden zu jeder anderen wechseln. Dies funktioniert nicht immer, da beispielsweise Punkttransformationen nicht durch die Erzeugende $F_1(t,q,Q)$ beschrieben werden können.

Abschließend soll nochmals betont werden, dass alle Transformationen, die sich aus Erzeugenden ableiten lassen, automatisch kanonisch sind. Für eine gegebene Erzeugende lassen sich also die neuen *kanonischen* Koordinaten bestimmen.

7.3 Grundlagen der Hamilton-Jacobi-Theorie

Die Hamilton-Jacobi-Theorie ist wohl einer der Höhepunkte der Erkenntnisse, die aus der klassischen Mechanik abgeleitet wurden. Die Grundidee dieser Theorie ist es, eine Erzeugende zu finden, welche die Hamilton-Funktion auf null transformiert. Aus dieser Erzeugenden, die auch Wirkungsfunktion oder Prinzipalfunktion genannt wird, lassen sich dann die Bewegungsgleichungen ableiten, die zu den kanonischen Gleichungen äquivalent sind. Der entscheidende Punkt ist, dass diese Betrachtungsweise einen direkten Übergang zur geometrischen Optik und der Quantenmechanik erlaubt (Abschn. 17.3 und 31.3). In letzterer ist die Prinzipalfunktion eng mit der Wellenfunktion verknüpft. Dieser Abschnitt enthält eine kurze Einführung, ohne zu sehr in mathematische Details abzugleiten.

Transformation auf Ruhe, Hamilton-Jacobi-Gleichung

Wir haben gesehen, dass man mithilfe von kanonischen Transformationen die alten Koordinaten und Impulse durch neue ersetzen kann. Dabei wird auch die Hamilton-Funktion transformiert.

Im Folgenden beschränken wir uns auf die Erzeugende $F_2(t,q,P)$ mit

$$p_j = \frac{\partial F_2}{\partial q_j}, \quad Q_j = \frac{\partial F_2}{\partial P_j}. \tag{7.65}$$

Vertiefung: Winkel- und Wirkungsvariable Bedeutung für die Physik

Zur Beschreibung periodischer Systeme (d. h., die q_i sollen periodische Funktionen bzw. die Bahnkurven wie in Abb. 7.1 geschlossen sein) haben sich die sogenannten *Winkelvariablen* $\theta_i := Q_i$ und ihr kanonisch konjugierten Impulse, die *Wirkungsvariablen* $J_i := P_i$, als sehr nützlich erwiesen. Der Name „Winkelvariable" zeigt bereits die geometrische Bedeutung dieser Variable in periodischen Systemen: Dort handelt es sich bei den θ_i um Winkel. Der Begriff „Wirkungsvariable" ist gerechtfertigt, da ihre Definition

$$J_i = \oint p_i \, \mathrm{d}q_i$$

starke Ähnlichkeit mit der Wirkung hat (Goldstein 1981).

Ausgehend von der Definition von J_i zeigt sich, dass die transformierte Hamilton-Funktion nur noch eine Funktion der Wirkungsvariablen ist: $H' = H'(J)$. Die Winkelvariablen sind dann alle zyklisch und alle Wirkungsvariablen erhalten

$$J_i = \text{const}.$$

In diesem Fall sind die Bewegungsgleichungen für die θ_i trivial zu lösen:

$$\theta_i(t) = \omega_i t + \theta_i(0).$$

Hier wurde

$$\omega_i := \dot{\theta}_i = \text{const}$$

gesetzt.

Die charakteristische Funktion W aus (7.76) ist gerade die für die Transformation benötigte Erzeugende. In Aufgabe 7.7 wird ein Beispiel gezeigt.

Historisch waren Winkel- und Wirkungsvariablen wichtig für die Entwicklung der Quantenmechanik. Beispielsweise lässt sich das Bohr'sche Atommodell mithilfe dieses Ansatzes lösen, indem das Integral $\oint p_i \, \mathrm{d}q_i$ quantisiert wird (Abschn. 31.3).

Existiert ein Satz von Winkel- und Wirkungsvariablen, so lassen sich die entsprechenden Bewegungsgleichungen direkt integrieren, da sie linear sind. Solche Systeme heißen dann *integrabel* bzw. *lösbar*.

Integrable Systeme nehmen in der physikalischen Literatur einen breiten Raum ein; sie sind aber insofern sehr speziell, als sie eine maximale Zahl an Erhaltungsgrößen besitzen, nämlich die Wirkungsvariablen. Insbesondere bei Systemen mit vielen Freiheitsgraden ist dies aber eine recht wirklichkeitsferne Situation.

Nichtintegrable Systeme (wie beispielsweise das allgemeine Dreikörperproblem) zeichnen sich dadurch aus, dass man nicht *global* (d. h. entlang der gesamten Bahnkurve) auf Winkel- und Wirkungsvariablen transformieren kann, da es weniger als f Erhaltungsgrößen gibt. Allerdings kann man immer *lokal*, also in einer Umgebung eines Punktes im Phasenraum, auf Variablen analog zu den Winkel- und Wirkungsvariablen transformieren. Nichtintegrable Systeme neigen zu chaotischem Verhalten, d. h., eine kleine Variation der Anfangsbedingungen führt zu stark unterschiedlichen Phasenraumtrajektorien bzw. Bahnkurven (z. B. ein Billardspiel). Die Untersuchung solcher nichtintegrabler Systeme ist Gegenstand der *Chaosforschung*.

Literatur

- Goldstein, H.: *Klassische Mechanik*. Akademische Verlagsgesellschaft, 1981

Sowohl die Koordinatensätze (q, p) als auch (Q, P) sind kanonisch. Die Hamilton-Funktion erfüllt

$$H'(t, Q, P) = H(t, q, p) + \frac{\partial F_2}{\partial t}. \tag{7.66}$$

Wir fragen nun: Wie lautet diejenige Erzeugende $S(t, q, P) := F_2(t, q, P)$, für welche die transformierte Hamilton-Funktion H' identisch verschwindet? Dies führt wegen (7.65) und (7.66) unmittelbar auf die Hamilton-Jacobi-Gleichung.

Hamilton-Jacobi-Gleichung

Eine Erzeugende $S(t, q, P)$, welche die *Hamilton-Jacobi-Gleichung*

$$H\left(t, q, \frac{\partial S}{\partial q}\right) + \frac{\partial S}{\partial t} = 0 \tag{7.67}$$

erfüllt, führt auf $H' = 0$. Gleichung (7.67) ist die Bestimmungsgleichung für $S(t, q, P)$.

Bei (7.67) handelt es sich um eine Differenzialgleichung erster Ordnung in den f Koordinaten q_i und der Zeit t. Man bezeichnet ihre Lösung $S(t, q, P)$ auch als *Prinzipalfunktion* oder – wie noch deutlich werden wird – *Wirkungsfunktion*.

Die mit $S(t, q, P)$ verbundene Transformation nennt man auch eine *Transformation auf Ruhe*, da die Hamilton-Funktion H' verschwindet und die neuen Variablen (Q, P) keine Dynamik besitzen: Aus den kanonischen Gleichungen für H' folgt nämlich sofort, dass

$$Q_i = \text{const}, \quad P_i = \text{const} \quad (1 \leq i \leq f) \tag{7.68}$$

erfüllt ist.

Was hat man durch solch eine Transformation auf Ruhe gewonnen? Warum ist sie interessant? Tatsächlich lassen sich die Bewegungsgleichungen der Mechanik lösen, indem man die Hamilton-Jacobi-Gleichung löst.

Wir wollen an dieser Stelle nicht im Detail erläutern, wie man aus (7.67) die Dynamik des Systems erhält; dies würde zu weit führen. Das Vorgehen soll aber kurz umrissen werden. Der erste Schritt besteht darin, aus (7.67) die Funktion $S(t, q, P)$ zu ermitteln. Dabei kann man die f erhaltenen Impulse $a_i := P_i = \text{const}$ als unbeteiligte Parameter ausnutzen. Man erhält somit zunächst eine Funktion $S(t, q, a)$, zu der außerdem eine beliebige Konstante hinzuaddiert werden kann.

Frage 10

Überlegen Sie sich, dass solch eine Konstante nicht in (7.67) auftreten kann.

Die Impulse p_i ergeben sich dann aus (7.65). Anschließend nutzt man

$$b_i := Q_i = \frac{\partial S(t, q, a)}{\partial a_i} = \text{const} \tag{7.69}$$

aus. Als Ergebnis hat man ein System von f Gleichungen für die f Koordinaten q_i mit $2f$ Konstanten a_i und b_i. Dies lässt sich formal nach

$$q_i = q_i(t, b, a) \quad (1 \leq i \leq f) \tag{7.70}$$

auflösen, was schließlich die Lösung der Bewegungsgleichungen darstellt. Die Konstanten a_i und b_i sind dann gerade die benötigten $2f$ Anfangsbedingungen des Problems.

Anschaulich sorgt die Transformation $Q(t, q, p), P(t, q, p)$ dafür, dass die Koordinaten und Impulse zu einer Zeit $t > t_0$ auf ihre Werte zur Zeit t_0 transformiert werden, da die $Q_i = b_i$ und $P_i = a_i$ konstant sind und damit zu allen Zeiten ihren Anfangswerten entsprechen. In der Quantenmechanik spielt beispielsweise das sogenannte Heisenberg-Bild (Kap. 25) eine wichtige Rolle, in dem die Zeitabhängigkeit vollständig von den quantenmechanischen Zuständen auf die Operatoren abgewälzt wird.

Wirkungsfunktion und Wirkung

Um zu verstehen, welche Bedeutung die Prinzipalfunktion S hat, berechnen wir ihre Zeitableitung. Sie lautet

$$\frac{\mathrm{d}S(t, q, a)}{\mathrm{d}t} = \sum_i \frac{\partial S}{\partial q_i}\dot{q}_i + \frac{\partial S}{\partial t}. \tag{7.71}$$

Hier wurde verwendet, dass die a_i konstant sind. Weiterhin sind mit (7.65) und (7.67) die übrigen partiellen Ableitungen bekannt. Es folgt

$$\frac{\mathrm{d}S(t, q, a)}{\mathrm{d}t} = \sum_i p_i\dot{q}_i - H = L. \tag{7.72}$$

Die Zeitableitung von S entspricht also gerade der Lagrange-Funktion des Systems. Eine formale Integration ist trivial:

$$S(t, q, a) = \int L\,\mathrm{d}t + \text{const}. \tag{7.73}$$

Bis auf eine unbedeutende Konstante ist die Prinzipalfunktion S (entlang der Bahnkurve $q(t)$ integriert) also die Wirkung des Systems. Dies rechtfertigt die alternative Bezeichnung *Wirkungsfunktion*. Die Prinzipalfunktion darf allerdings nicht direkt mit der Wirkung des Systems gleichgesetzt werden.

Frage 11

Rufen Sie sich die Definition der Wirkung in Kap. 5 in Erinnerung.

Achtung Man könnte meinen, dass man bloß die Lagrange-Funktion L nach der Zeit integrieren müsste, um die gesuchte Wirkungsfunktion $S(t, q, P)$ zu erhalten. Damit wäre die Dynamik des Systems also praktisch bekannt und das Problem gelöst. Dies funktioniert allerdings nicht, da die Integration entlang der tatsächlichen Bahnkurve zu erfolgen hat. Diese ist jedoch zu Beginn gar nicht bekannt. Tatsächlich sind in der Wirkung, wie sie in Kap. 5 definiert wurde, die beiden Endpunkte der Bahn fest, während in der Prinzipalfunktion die Endpunkte variabel sind. Man beachte vor allem die Gleichungen

$$\frac{\partial S(t, q, P)}{\partial q_i} = p_i, \quad \frac{\partial S(t, q, P)}{\partial t} = -H(t, q, P), \tag{7.74}$$

welche die partiellen Ableitungen der Wirkung mit den Impulsen und der Energie des Systems verknüpfen. Dies wird insbesondere von Landau und Lifshitz (1969, Abschnitt 43) deutlich herausgearbeitet. ◀

Zeitunabhängige Hamilton-Jacobi-Gleichung

Die Prinzipalfunktion $S(t, q, a)$ ist generell explizit zeitabhängig. In vielen Fällen ist die Hamilton-Funktion jedoch erhalten und hängt nicht explizit von der Zeit ab:

$$H = H(q, p). \tag{7.75}$$

Dann ist es möglich, eine Separation durchzuführen, bei der die Zeitabhängigkeit abgespalten wird:

$$S(t, q, a) = W(q, a) - a_0 t. \tag{7.76}$$

Hier ist a_0 eine noch näher zu spezifizierende Größe. Dies führt auf eine vereinfachte Hamilton-Jacobi-Gleichung, die nicht mehr von der Zeit abhängt.

Zeitunabhängige Hamilton-Jacobi-Gleichung

Die *zeitunabhängige Hamilton-Jacobi-Gleichung* lautet

$$H(q, \partial W/\partial q) = a_0. \tag{7.77}$$

Frage 12

Zeigen Sie, wie (7.77) mit dem gewählten Ansatz (7.76) aus (7.67) folgt.

Wir sehen also, dass a_0 gerade der konstante Wert der Hamilton-Funktion ist. Entspricht die Hamilton-Funktion der Energie (dies muss nicht zwangsläufig der Fall sein), so ist offensichtlich

$$a_0 = E \tag{7.78}$$

die erhaltene Gesamtenergie des Systems.

Die zeitunabhängige Hamilton-Jacobi-Gleichung ist nun eine Bestimmungsgleichung für die konstante Funktion $W(q, a)$. Sie wird *charakteristische Funktion* genannt und spielt in der Quantenmechanik (22.3) eine gewisse Rolle.

Es ist stark problemabhängig, wie aufwendig das Lösen von (7.77), d. h. das Auffinden von $W(q, a)$, ist. Man kann kein Standardverfahren dafür angeben. Hier wollen wir lediglich ein einfaches Beispiel zeigen.

Freie Punktmasse

Eine freie Punktmasse in drei Dimensionen besitzt die Lagrange- und Hamilton-Funktionen

$$L = \frac{m}{2}\dot{\boldsymbol{x}}^2, \quad H = \frac{1}{2m}\boldsymbol{p}^2, \tag{7.79}$$

wenn wir von kartesischen Koordinaten $\boldsymbol{x}$ ausgehen. Der Impuls ist

$$\boldsymbol{p} = m\dot{\boldsymbol{x}}. \tag{7.80}$$

Da H zeitunabhängig ist und der Energie entspricht, kann die zeitunabhängige Hamilton-Jacobi-Gleichung (7.77) ausgenutzt werden. Sie lautet hier

$$\frac{1}{2m}\left[\left(\frac{\partial W}{\partial x_1}\right)^2 + \left(\frac{\partial W}{\partial x_2}\right)^2 + \left(\frac{\partial W}{\partial x_3}\right)^2\right] = E \tag{7.81}$$

mit konstanter Energie E.

Anstatt diese Gleichung direkt zu lösen, probieren wir den Ansatz

$$W(x, a) = \boldsymbol{x} \cdot \boldsymbol{a} \tag{7.82}$$

für die charakteristische Funktion. Durch Einsetzen finden wir, dass

$$E = \frac{\boldsymbol{a}^2}{2m} \tag{7.83}$$

erfüllt sein muss. Die Prinzipalfunktion lautet also

$$S(t, x, a) = \boldsymbol{x} \cdot \boldsymbol{a} - \frac{\boldsymbol{a}^2}{2m}t. \tag{7.84}$$

Die konjugierten Impulse erfüllen

$$p_i = \frac{\partial S}{\partial x_i} = a_i = P_i = \text{const.} \tag{7.85}$$

Durch die kanonische Transformation werden die Impulse also nicht verändert.

Von Interesse sind die Bahnkurven. Dazu berechnen wir zunächst die konstanten Terme

$$b_i = \frac{\partial S}{\partial a_i} = x_i - \frac{a_i}{m}t = \text{const.} \tag{7.86}$$

Man erhält durch Auflösen sofort die Bahnkurven

$$\boldsymbol{x}(t, b, a) = \boldsymbol{b} + \frac{\boldsymbol{a}}{m}t. \tag{7.87}$$

Hier ist $\boldsymbol{b}$ der Anfangsort, d. h. $\boldsymbol{x}(t = 0)$, und $\boldsymbol{a} = \boldsymbol{p}$ der erhaltene Impuls. Die sechs Konstanten $\boldsymbol{b}$ und $\boldsymbol{a}$ sind also die benötigten Anfangsbedingungen. ◀

Allgemein kann man sagen, dass nur solche Probleme mit vertretbarem Aufwand durch den hier vorgestellten Formalismus zu lösen sind, die „entkoppelt" werden können. Entkoppeln bedeutet hier, dass man die Koordinaten des Problems so wählen kann, dass die Hamilton-Funktion die Gestalt

$$H(q, p) = \sum_i H_i(q_i, p_i) \tag{7.88}$$

annimmt, wobei i über alle Freiheitsgrade läuft. Sie ist dann die Summe lauter Funktionen, die jeweils nur von einer Koordinate und ihrem konjugierten Impuls abhängen. Dann ist auch ein analoger Separationsansatz für die charakteristische Funktion möglich, der das Lösungsverfahren entscheidend vereinfacht.

Anwendung: Wellenmechanik
Zusammenhang mit geometrischer Optik und Quantenmechanik

Wir beschränken uns hier auf eine einzelne Punktmasse m in kartesischen Koordinaten $\boldsymbol{x}$. Dann lautet die Hamilton-Jacobi-Gleichung (7.67)

$$H(t, q, \nabla S) + \frac{\partial S}{\partial t} = 0.$$

Der konjugierte Impuls $\boldsymbol{p} = \nabla S$ ist der Gradient der Prinzipalfunktion S. Er steht somit senkrecht auf Flächen mit konstantem S. Wir nehmen weiterhin an, dass die Energie E erhalten ist und der Hamilton-Funktion entspricht. Somit separieren wir die Prinzipalfunktion gemäß

$$S(t, \boldsymbol{x}) = W(\boldsymbol{x}) - Et.$$

Die Hamilton-Funktion hat die Form

$$H(\boldsymbol{x}, \boldsymbol{p}) = \frac{\boldsymbol{p}^2}{2m} + V(\boldsymbol{x})$$

mit einem Potenzial $V(\boldsymbol{x})$.

Flächen mit konstantem S wandern mit der Zeit durch den Raum und entsprechen zu einer gegebenen festen Zeit gerade den Flächen mit konstantem W. Die Trajektorie der Punktmasse steht dabei stets senkrecht auf den Niveauflächen. Dies erinnert stark an die Ausbreitung von Wellenfronten. In Abschn. 17.3 und 22.3 greifen wir diese Idee wieder auf. In der Quantenmechanik wird die Prinzipalfunktion näherungsweise zur Phase der Wellenfunktion ψ. Dort ist dann die klassische Mechanik ein wohldefinierter Grenzfall der Quantenmechanik (und zwar derjenige, den man durch die Grenzbetrachtung $S/h \to \infty$ findet, wobei h die Planck'sche Konstante ist).

Der Zusammenhang mit der geometrischen Optik wird deutlich, wenn man die Geschwindigkeit berechnet, mit der sich die Wellenfronten ausbreiten. Dazu vergleicht man den Abstand $\mathrm{d}s$ zweier Niveauflächen zu infinitesimal unterschiedlichen Zeiten t und $t + \mathrm{d}t$. Man kann zeigen, dass die charakteristische Funktion $W(\boldsymbol{x})$ dabei den Zusammenhang

$$|\nabla W| = \frac{\mathrm{d}W}{\mathrm{d}s}$$

erfüllt und die lokale Wellengeschwindigkeit durch

$$u(\boldsymbol{x}) := \frac{\mathrm{d}s(\boldsymbol{x})}{\mathrm{d}t} = \frac{E}{\sqrt{2m(E - V(\boldsymbol{x}))}} = \frac{E}{|\nabla W(\boldsymbol{x})|}$$

gegeben ist. Sie hängt über das Potenzial vom Ort ab. In der geometrischen Optik ist die Ausbreitungsgeschwindigkeit von Licht analog

$$u(\boldsymbol{x}) = \frac{c}{n(\boldsymbol{x})}.$$

Hier ist c die Lichtgeschwindigkeit und $n(\boldsymbol{x})$ der Brechungsindex, der ebenfalls eine Funktion des Ortes ist. Der Brechungsindex $n(\boldsymbol{x})$ ist also eng mit dem Gradienten der charakteristischen Funktion $W(\boldsymbol{x})$ verbunden.

So geht's weiter

Determinismus und Chaos

Lässt sich das Verhalten der Natur eindeutig aus einer universellen, fundamentalen Theorie herleiten? Der von dieser Frage implizierte Determinismus in der klassischen Physik wurde schon vom französischen Wissenschaftler Pierre-Simon Laplace mathematisch untersucht. Für Laplace war die Welt vollständig determiniert: Würde man nur die Anfangsbedingungen und die Bewegungsgesetze der klassischen Physik genau kennen, so ließe sich jeder zukünftige Zustand des Universums aus den mathematischen Differenzialgleichungen genau berechnen. Auf diese Weise wäre es nach Laplace also zumindest im Prinzip möglich, ein in diesem Zusammenhang oft als Laplace'scher Dämon bezeichnetes Wesen zu postulieren, das alles vorhersagt, was geschehen wird und alles erklärt, was jemals geschehen ist. Dass es in der Praxis jedoch unmöglich sein könnte, diese so determinierte Zukunft eindeutig vorherzusagen, war auch schon Laplace bewusst, da es beispielsweise in einem System von vielen Freiheitsgraden empirisch nicht möglich ist, alle Anfangsbedingungen genau zu bestimmen. Diese Einsicht zeigt sich auch in den Ergebnissen der Chaosforschung: Schlägt ein Schmetterling in China mit den Flügeln, kann man daraus nicht das Wetter in Europa berechnen, wenngleich ein Zusammenhang zwischen beiden Ereignissen bestehen kann.

Abb. 7.3 Der Baum des Pythagoras

Die Chaosforschung befasst sich mit dynamischen, nichtlinearen Systemen, deren jeweiliges Verhalten sehr empfindlich von den gewählten Anfangsbedingungen abhängt. Dies mag einerseits in Systemen mit vielen Freiheitsgraden der Fall sein, andererseits jedoch auch in solchen mit wenigen Freiheitsgraden. Dort hat man es dann wie im Falle der schwingenden Atwood'schen Maschine oder des Doppelpendels mit komplexen, gekoppelten, nichtlinearen Bewegungsgleichungen zu tun, welche nur noch numerisch lösbar sind. Das Verhalten der chaotischen Systeme erscheint auf lange Zeiten gesehen als irregulär und ungeordnet. Dennoch können sich nach einiger Zeit bestimmte Muster bilden, die durch universelle Konstanten gegeben sind. Ein typisches Verhalten von chaotischen Systemen ist die *Bifurkation* zusammen mit der Selbstreproduktion von bestimmten Formen, die allein gesehen nicht regulär sind, sich aber immer wiederholen. Ein schönes Beispiel hierfür ist der *Baum des Pythagoras* (Abb. 7.3), dessen kleiner werdende Verästelungen immer wieder die Form der vorherigen Struktur reproduzieren.

Wie genau können wir uns diesem Begriff des Chaos nähern? Schon bei der alltäglichen Beobachtung der vielfältigen Vorgänge in der Natur sehen wir, dass bereits die klassische Physik eine immense Fülle von Möglichkeiten für uns bereithält. Auch hier können wir unter Umständen nicht alles berechnen – was sich allein daraus ergibt, dass man es oft mit komplexen Systemen zu tun hat, die aus sehr vielen einzelnen Teilchen bestehen. Diese Feststellung mag zunächst trivial klingen, sie ist jedoch sehr wichtig im Hinblick auf das bessere Verständnis der fundamentalen Gesetze der Natur und deren Bedeutung.

Ein Spiel, das sehr gut die Problematik verdeutlicht, ist Mikado, welches aus einer großen Anzahl gleichartiger, lediglich verschieden markierter Stäbchen besteht. Diese werden, nachdem sie gebündelt und mit der Hand festgehalten werden, plötzlich losgelassen und verteilen sich dann in großer Unordnung über die Tischoberfläche. Die Ausgangslage ist dabei offensichtlich immer die gleiche: Vor dem Loslassen sind alle Mikadostäbchen parallel und gleich ausgerichtet. Es ist aber praktisch unmöglich, dass sie sich, nachdem sie die Hand verlassen haben, immer gleich über den Tisch verteilen. Trotz scheinbar gleicher Anfangsbedingungen sieht jedes Spiel vollkommen anders aus, und dabei gibt es eine immense Anzahl von Mustern, welche die Mikadostäbchen auf dem Tisch bilden können. Obwohl es sich um klassische Physik handelt, durch welche die Stäbchen beschreibbar sind, sind diese Muster schwer von uns vorherzusagen und auch schwer zu berechnen, obwohl die zugrunde liegenden Gleichungen sehr einfach sind und wir im Prinzip alle Informationen besitzen, um die Lage der einzelnen Mikadostäbchen berechnen zu können.

Betrachten wir im Gegensatz dazu beim Billard den Lauf der Billardkugel, dann können wir mit etwas Geschick und Übung sehr gut vorausbestimmen und auch berechnen, wie sich die Kugel verhalten wird. Stößt eine Billardkugel an den Rand des Billardtisches, so ist der Ausfallswinkel (in Abwesenheit eines Spins der Kugel) immer gleich dem Einfallswinkel, und der Stoß der Billardkugeln untereinander folgt ähnlich einfachen Gesetzmäßigkeiten, nämlich des elastischen Stoßes mit Impuls- und Energierhaltung.

Was unterscheidet nun Mikadostäbchen von Billardkugeln? Warum verhalten sich nun die einen und die andern augenscheinlich ganz unterschiedlich, obwohl beide doch den gleichen physikalischen Gesetzen folgen? Ein Grund für die Unvorhersagbarkeit beim Mikadospiel ist die große Zahl der Stäbchen. Es ist deshalb nämlich nicht möglich, vor dem Fallenlassen der Stäbchen immer die gleichen Anfangsbedingungen herzustellen. Schon das leichteste Zittern in der Hand oder ein geringfügiges Abweichen in der Ausgangskonfiguration hat einen dramatischen Effekt auf die Endkonfiguration: Alle diese Fluktuationen am Anfang werden durch die Vielzahl der Stäbchen enorm verstärkt. Trotz grundsätzlicher Beschreibung durch eine deterministische Theorie kann man daher keine eindeutige Vorhersage treffen.

Im Gegensatz dazu folgt die Bahn einer einzelnen Billardkugel immer einem eindeutigen und vorhersagbaren Weg, wenn wir die Billardkugel immer gleich anstoßen und somit in diesem Fall keine Fluktuation besteht. Solche physikalischen Systeme mit einer großen Anzahl von beteiligten Körpern und eventuell auch mit fluktuierenden Anfangsbedingungen lassen sich am besten mit den Methoden der Statistik behandeln.

Wir sehen nun, wie leicht deterministische Theorien übergehen in eine statistische Beschreibung. So ist die klassische Mechanik zusammen mit der Gravitationstheorie von Newton eine vollkommen deterministische Theorie, die bei vorgegebenen Anfangsbedingungen eindeutige Vorhersagen über die Bahn von Planeten oder anderen Körpern ermöglicht. Die Reproduzierbarkeit der Anfangsbedingungen ist jedoch bei einem Experiment in Rahmen der klassischen Physik eine wichtige Voraussetzung, um ein eindeutiges Ergebnis zu erhalten.

Wenn allerdings ein physikalisches System aus einer großen Anzahl von Körpern besteht, dann wird es immer schwieriger, gleiche Anfangsbedingungen für alle beteiligten Teilchen herzustellen und die Berechnungen konkret und analytisch durchzuführen. In diesem Fall kann man statistische Aussagen über den Endzustand treffen, wobei oft auch die analytischen Berechnungen durch aufwendige Simulationen an Computern ersetzt werden müssen. Es gibt auch Vielteilchensysteme, die nunmehr ein ungeordnetes Verhalten aufweisen und Gegenstand der sogenannten Chaosforschung sind.

Nehmen wir nun an, dass die Billardkugeln nicht abgebremst werden, sondern idealerweise unendlich lange rollen können, und verfolgen wir ferner die Bahnen der Billardkugeln über einen sehr großen Zeitraum hinweg. Dann sehen wir, dass, obwohl die Bahnen der Billardkugeln deterministisch vorherbestimmt sind, wir doch ein Vielteilchensystem dadurch simulieren können, indem wir die Anfangsbedingungen, mit der wir die Billardkugel anstoßen, immer wieder verändern. Das ungeordnete, *chaotische* Verhalten von bestimmten Systemen kann man sich daher auch anhand des Billardspiels verdeutlichen.

Schauen wir uns dies noch einmal etwas genauer an: Wir betrachten dafür einen rechteckigen oder auch einen kreisförmigen Billardtisch (Abb. 7.4). Wie wir wissen, wird die Billardkugel am Rand des Tisches so reflektiert, dass Einfalls- und Ausfallswinkel genau übereinstimmen. Auf dem rechteckigen oder auf dem kreisförmigen Tisch sehen die Trajektorien der Billardkugel sehr geordnet und gleichmäßig aus. Hier liegt also kein chaotisches System vor. Dies ändert sich, wenn wir einen stadionförmigen Billardtisch betrachten. Dies ist das sogenannte chaotische Billard oder auch, benannt nach dem russischen Mathematiker *Yakov Sinai* (*1935), das *Sinai-Billard*. Hier verlaufen die Trajektorien der Billardkugeln nicht mehr gleichmäßig, sondern ungeordnet, oder wie man sagt, chaotisch. Man kann dabei die Länge der geraden Seiten im stadionförmigen Billardtisch als den Parameter ansehen, der das Chaos bestimmt. Ist dieser Parameter gleich null, dann gibt es kein Chaos. Ist der Parameter allerdings nur um einen kleinen Betrag von Null verschieden, dann setzt das chaotische Verhalten ein.

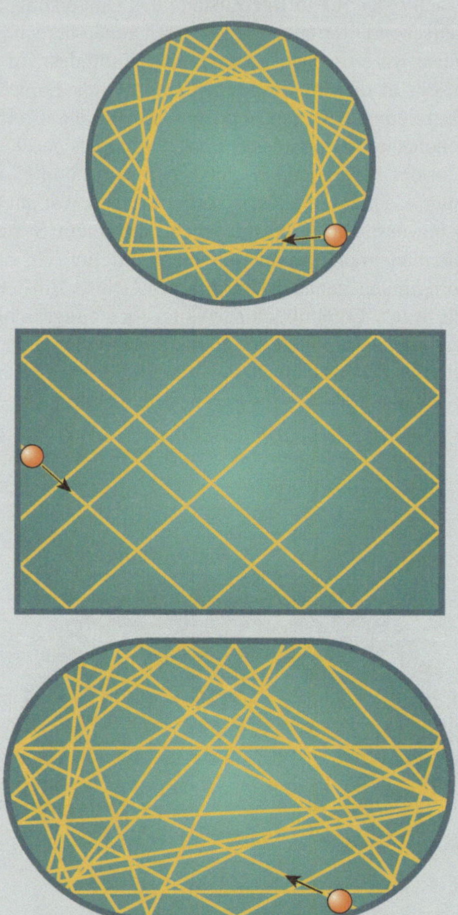

Abb. 7.4 Drei verschiedene Billardtische

Ein weiteres konkretes System, das ein interessantes chaotisches Verhalten an den Tag legt, ist das demografische Modell der Population einer bestimmten Tierart. Das Anwachsen bzw. das Absterben der betrachteten Population hängt von zwei Faktoren ab: Durch die Fortpflanzung der Tiere vermehrt sich die Population proportional zur Anzahl der schon vorhandenen Tiere im Folgejahr um einen bestimmten Faktor. Andererseits verringert sich die Population der Tiere durch Verhungern, und zwar jährlich in Abhängigkeit von der Differenz zwischen ihrer aktuelle Größe und einer maximal möglichen Größe. (Die maximale Anzahl ist durch das verfügbare Nahrungsangebot begrenzt.)

Ohne auf die genauen Details einzugehen, lässt sich nun das Anwachsen oder auch das Abnehmen der Population in Abhängigkeit von einem bestimmten Parameter r berechnen, der sowohl die Fortpflanzungsrate als auch die Verhungerungsrate berücksichtigt. Wir können uns jetzt fragen, wie der asymptotische Populationswert x (x misst die Anzahl der Tiere nach vielen Jahren im Verhältnis zum maximal möglichen Wert, liegt also immer zwischen 0 und 1) von einer bestimmten, vorgegebenen Anfangspopulation abhängt. Strebt die Population immer gegen einen einzigen Häufungspunkt x, oder gibt es mehrere solche Häufungspunkte, je nachdem wie viele Tiere am Anfang vorhanden sind?

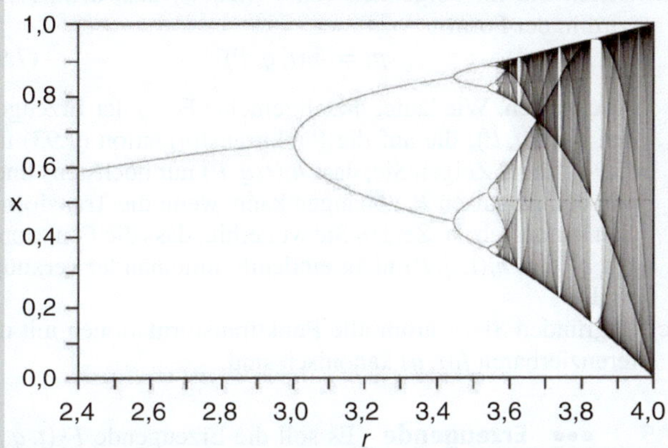

Abb. 7.5 Das Populationsdiagramm, das die asymptotische (relative) Anzahl x einer bestimmten Tierpopulation nach vielen Jahren darstellt. Auf der x-Achse ist der Parameter r aufgetragen, der das Verhältnis der Fortpflanzungsrate zur Verhungerungsrate der Tiere bestimmt. Für größer werdendes r verdoppelt sich die Anzahl der möglichen, asymptotischen Häufungswerte, wobei ab $r \simeq 3,57$ das chaotische Verhalten einsetzt: Die Werte der verschiedenen Häufungspunkte variieren vollkommen unregelmäßig

Die mathematischen Berechnungen in diesem Modell führen zu einem sehr interessanten Ergebnis: Mit r zwischen 0 und 1 stirbt die Population auf jeden Fall, alle Tiere verhungern schließlich, und man erhält also $x = 0$. Ab dem Wert $r = 1$ steigt die asymptotische Population kontinuierlich an, und, egal ob man am Anfang viele oder wenige Tiere hat, ist der asymptotische Populationswert x unabhängig von der gewählten Anfangspopulation. Hier liegt also genau ein Häufungspunkt vor. Ab einem bestimmten Parameterwert r ändert sich aber dieses Verhalten (Abb. 7.5). Nun beobachtet man, dass sich für den wachsenden Parameter r die Anzahl der Häufungspunkte in der asymptotischen Populationsanzahl x immer bei einem bestimmten r-Wert verdoppelt.

Dies ist die sogenannte *Periodenverdopplung* oder auch *Bifurkation*; der Abstand zwischen den Werten für r, bei denen sich die Anzahl der Häufungspunkte in der asymptotischen Population ändert, heißt Bifurkationsintervall. Für kleine r-Werte bewirken kleine Änderungen der Anfangswerte dabei normalerweise keine Änderung der Endpopulation. So führt im Falle von zwei Häufungspunkten eine relativ kleine Anfangspopulation auf den kleineren der beiden x-Werte und eine große Anfangspopulation auf den größeren x-Wert. In diesem Bereich ist das Verhalten der Population also noch regelmäßig.

Ab einem Wert $r \simeq 3{,}57$ stellt sich aber schlagartig das Chaos ein: Die Folge springt zwischen nun instabilen Häufungspunkten hin und her, schon winzige Änderungen der Anfangspopulation resultieren in unterschiedlichsten Werten für x, eine Eigenschaft des Chaos. Es gibt aber eine interessante Eigenschaft in diesem Populationsmodell: Das Längenverhältnis zweier aufeinanderfolgender Bifurkationsintervalle nähert sich einer fundamentalen Konstante, der *Feigenbaum-Konstante* δ, die den Wert $\delta \simeq 4{,}669$ annimmt. Dieser Zahlenwert von δ wurde zuerst im Jahre 1977 von den Physikern *Siegfried Großmann* und *Stefan Thomae* publiziert. *Mitchell Feigenbaum* entdeckte dann im Jahre 1978 die Universalität dieser Konstante, denn sie bestimmt das chaotische Verhalten in vielen dynamischen Systemen mit Bifurkation, wie z. B. auch beim Wetter.

Aufgaben

Gelegentlich enthalten die Aufgaben mehr Angaben, als für die Lösung erforderlich sind. Bei einigen anderen dagegen werden Daten aus dem Allgemeinwissen, aus anderen Quellen oder sinnvolle Schätzungen benötigt.

- • leichte Aufgaben mit wenigen Rechenschritten
- •• mittelschwere Aufgaben, die etwas Denkarbeit und unter Umständen die Kombination verschiedener Konzepte erfordern
- ••• anspruchsvolle Aufgaben, die fortgeschrittene Konzepte (unter Umständen auch aus späteren Kapiteln) oder eigene mathematische Modellbildung benötigen

7.1 •• Zentralpotenzial Betrachten Sie eine Punktmasse m im Zentralpotenzial $V(r)$.

(a) Wie lautet die zugehörige Hamilton-Funktion in Kugelkoordinaten? Verwenden Sie dazu gegebenenfalls bekannte Teilergebnisse aus Kap. 5.
(b) Gibt es zyklische Koordinaten? Wie lauten die kanonischen Gleichungen?
(c) Lösen Sie die Bewegungsgleichungen für ϑ und φ. Benutzen Sie die Anfangsbedingung $\vartheta = \pi/2$ (dies entspricht einer geeigneten Wahl der Kugelkoordinaten).
(d) Zeigen Sie, dass die verbleibende Gleichung für r der Radialgleichung des Zentralkraftproblems entspricht.

7.2 • Inverse der Legendre-Transformation Die Legendre-Transformierte einer konvexen Funktion $f(x)$ lautet (siehe „Mathematischen Hintergrund" 7.1)

$$g(y) = yx(y) - f(x(y)), \tag{7.89}$$

wobei

$$y(x) = f'(x) \tag{7.90}$$

ist. Zeigen Sie, dass die Rücktransformation auf die Variable x wieder auf die Funktion $f(x)$ führt. Somit ist auch bewiesen, dass bei Legendre-Transformationen keine Information der ursprünglichen Funktion $f(x)$ verloren geht.

7.3 •• Poisson-Klammern und Drehimpuls Berechnen Sie für den Drehimpuls einer Punktmasse in kartesischen Koordinaten

$$L_i = \varepsilon_{ijk} x_j p_k \tag{7.91}$$

die Poisson-Klammern (in den konjugierten Variablen x und p) $\{L_j, L_k\}$ (was auf (7.27) führt) und $\{\boldsymbol{L}^2, L_k\}$.

7.4 •• Punkttransformation Eine Punkttransformation wird durch

$$Q_i = f_i(t, q) \tag{7.92}$$

beschrieben. Über die Transformation der Impulse wird dabei keine Aussage getroffen; man kann aber davon ausgehen, dass sie allgemein

$$P_i = g_i(t, q, p) \tag{7.93}$$

lautet.

(a) Warum kann eine Punkttransformation nicht durch $F_1(t, q, Q)$ erzeugt werden?
(b) Gehen Sie im Folgenden von $F_2(t, q, P)$ aus, d. h., (7.93) wird in der Form

$$p_i = h_i(t, q, P) \tag{7.94}$$

geschrieben. Wie lautet die allgemeine Form der Erzeugenden $F_2(t, q, P)$, die auf die Punkttransformation (7.93) und (7.94) führt? Zeigen Sie, dass $h_i(t, q, P)$ nur höchstens linear von den Impulsen P_i abhängen kann, wenn die Transformation kanonisch ist. Zeigen Sie weiterhin, dass die Funktionen $f_i(t, q)$ und $h_i(t, q, P)$ nicht eindeutig miteinander verknüpft sind.
(c) Begründen Sie, warum alle Punkttransformationen mit differenzierbaren $f_i(t, q)$ kanonisch sind.

7.5 ••• Erzeugende Es soll die Erzeugende $F_2(t, q, P)$ genauer untersucht werden.

(a) Leiten Sie die Transformationsgleichung (7.47) für $F_2(t, q, P)$ ab. Gehen Sie dabei von

$$\sum_i (p_i \, \mathrm{d}q_i - P_i \, \mathrm{d}Q_i) + \big(H' - H\big) \, \mathrm{d}t = \mathrm{d}F_2'(t, q, P) \tag{7.95}$$

aus, wobei $F_2'(t, q, P)$ wie F_2 von den unabhängigen Größen (q, P) abhängt. Drücken Sie die $\mathrm{d}Q_i$ durch die Differenziale $\mathrm{d}q_j$ und $\mathrm{d}P_j$ aus. Zeigen Sie, dass die Relation

$$F_2'(t, q, P) + \sum_j Q_j(t, q, P) P_j = F_2(t, q, P) \tag{7.96}$$

zwischen F_2' und F_2 bestehen muss. Wie lautet die neue Hamilton-Funktion H'?
(b) Zeigen Sie damit, dass $F_1(t, q, Q)$ und $F_2(t, q, P)$ durch eine Legendre-Transformation ineinander überführt werden können, wenn beide *dieselbe* kanonische Transformation erzeugen.

7.6 •• Ebene Polarkoordinaten Die ebenen Polarkoordinaten sind definiert durch

$$x = r \cos\varphi, \quad y = r \sin\varphi. \tag{7.97}$$

(a) Zeigen Sie mithilfe der Lagrange-Gleichungen, dass die zu den Koordinaten (r, φ) konjugierten Impulse für eine freie Punktmasse

$$p_r = m\dot{r}, \quad p_\varphi = mr^2\dot{\varphi} \tag{7.98}$$

sind. Wie lauten die Hamilton'schen Gleichungen?

(b) Wie lauten die kartesischen Impulse $p_x = m\dot{x}$ und $p_y = m\dot{y}$, ausgedrückt durch (r, φ) und (p_r, p_φ)?

(c) Berechnen Sie alle fundamentalen Poisson-Klammern $\{A, B\}_{r,\varphi,p_r,p_\varphi}$, wobei für A und B die kartesischen Koordinaten und Impulse einzusetzen sind. Zeigen Sie, dass die Transformation von kartesischen zu Polarkoordinaten kanonisch ist (man könnte auch die Poisson-Klammern bezüglich der kartesischen Koordinaten berechnen, dies ist jedoch schwieriger). Warum kann man auch direkt ohne die Berechnung der fundamentalen Poisson-Klammern sagen, dass die Transformation kanonisch ist?

(d) Überprüfen Sie, dass die Erzeugende

$$F_3(r, \varphi, p_x, p_y) = -r(p_x \cos\varphi + p_y \sin\varphi) \tag{7.99}$$

diese Transformation erzeugt.

7.7 •• Harmonischer Oszillator und kanonische Transformation Wir betrachten den eindimensionalen, ungedämpften und freien harmonischen Oszillator mit Masse m und Kraftkonstante k. Im Text wurde bereits gezeigt, dass die Hamilton-Funktion

$$H = \frac{p^2}{2m} + \frac{k}{2}q^2 = \frac{p^2}{2m} + \frac{m\omega^2}{2}q^2 \tag{7.100}$$

lautet.

(a) Verwenden Sie die Erzeugende

$$F_1(q, Q) = \frac{m\omega}{2}q^2 \cot Q \tag{7.101}$$

und bestimmen Sie die Transformationsgleichungen für den Übergang zu den neuen Koordinaten (Q, P), d. h. $q(Q, P)$, $p(Q, P)$ und $Q(q, p)$, $P(q, p)$. Verwenden Sie dazu die Relation

$$\sin(\operatorname{arccot} x) = \cos(\arctan x) = \frac{1}{\sqrt{1 + x^2}}. \tag{7.102}$$

Wie lautet die Hamilton-Funktion $H'(Q, P)$? Zeigen Sie damit, dass Q eine zyklische Variable und P damit erhalten ist (d. h., Q ist eine Winkel- und P eine Wirkungsvariable).

(b) Was bedeutet das Ergebnis für Q? Wie lautet die Bewegungsgleichung für Q? Lösen Sie sie allgemein und geben Sie damit schließlich die Lösung für $q(t)$ an.

Teil I

Ausführliche Lösungen zu den Aufgaben

7.1

(a) Wir beginnen mit der Bestimmung der Lagrange-Funktion in Kugelkoordinaten. Die kinetische Energie T für Kugelkoordinaten wurde bereits in Aufgabe 5.3 bestimmt:

$$T = \frac{m}{2}\left[\dot{r}^2 + r^2\left(\dot{\vartheta}^2 + \dot{\varphi}^2\sin^2\vartheta\right)\right]. \tag{7.103}$$

Demnach ist die Lagrange-Funktion

$$L = T - V = \frac{m}{2}\left[\dot{r}^2 + r^2\left(\dot{\vartheta}^2 + \dot{\varphi}^2\sin^2\vartheta\right)\right] - V(r). \tag{7.104}$$

Die konjugierten Impulse sind

$$\begin{aligned} p_r &= \frac{\partial L}{\partial \dot{r}} = m\dot{r}, \\ p_\vartheta &= \frac{\partial L}{\partial \dot{\vartheta}} = mr^2\dot{\vartheta}, \\ p_\varphi &= \frac{\partial L}{\partial \dot{\varphi}} = mr^2\sin^2\vartheta\,\dot{\varphi}. \end{aligned} \tag{7.105}$$

Wir erhalten die Hamilton-Funktion durch Anwendung der Legendre-Transformation

$$H = \dot{r}p_r + \dot{\vartheta}p_\vartheta + \dot{\varphi}p_\varphi - L \tag{7.106}$$

und des anschließenden Übergangs $(\dot{r}, \dot{\vartheta}, \dot{\varphi}) \to (p_r, p_\vartheta, p_\varphi)$. Dazu verwenden wir

$$\dot{r} = \frac{p_r}{m}, \quad \dot{\vartheta} = \frac{p_\vartheta}{mr^2}, \quad \dot{\varphi} = \frac{p_\varphi}{mr^2\sin^2\vartheta}. \tag{7.107}$$

Man kann sich schnell vergewissern, dass das Ergebnis

$$H = T + V = \frac{p_r^2}{2m} + \frac{p_\vartheta^2}{2mr^2} + \frac{p_\varphi^2}{2mr^2\sin^2\vartheta} + V(r) \tag{7.108}$$

lautet.

(b) Der Winkel φ ist zyklisch und führt damit auf

$$\dot{p}_\varphi = -\frac{\partial H}{\partial \varphi} = 0. \tag{7.109}$$

Die kanonischen Gleichungen für r lauten

$$\dot{r} = \frac{\partial H}{\partial p_r} = \frac{p_r}{m} \tag{7.110}$$

und

$$\dot{p}_r = -\frac{\partial H}{\partial r} = \frac{1}{mr^3}\left(p_\vartheta^2 + \frac{p_\varphi^2}{\sin^2\vartheta}\right) - \frac{\mathrm{d}V}{\mathrm{d}r}. \tag{7.111}$$

Die erste entspricht der Definition des kanonischen Impulses p_r und liefert keine neue Information. Dies verhält sich bei den entsprechenden Gleichungen für ϑ und φ genauso. Wir schreiben daher nur noch die dynamische Gleichung, also die Zeitableitung des Impulses von ϑ, auf:

$$\dot{p}_\vartheta = -\frac{\partial H}{\partial \vartheta} = \frac{p_\varphi^2}{mr^2\sin^3\vartheta}\cos\vartheta. \tag{7.112}$$

(c) Wir nehmen an, dass $\vartheta_0 = \pi/2$ ist. Daher ist zur Zeit $t = 0$ gerade $\cos\vartheta = 0$ und $\dot{p}_\vartheta = 0$. Dies bedeutet aber wegen (7.107), dass zu Beginn auch $\dot{\vartheta} = 0$ ist. Tatsächlich löst $\vartheta_0 = \pi/2$ die Differenzialgleichung (7.112); ϑ bleibt also konstant:

$$\vartheta(t) = \vartheta_0 = \pi/2 = \text{const.} \tag{7.113}$$

Die Bewegungsgleichung für φ ist trivial gelöst, da φ zyklisch ist:

$$p_\varphi = p_{\varphi,0} = \text{const.} \tag{7.114}$$

Dies führt mit dem Ergebnis für ϑ auf den bekannten Flächensatz

$$\dot{\varphi} = \frac{p_{\varphi,0}}{mr^2}, \tag{7.115}$$

wobei $p_{\varphi,0}$ der konstante Drehimpuls der Punktmasse ist. Vergleichen Sie diese Ergebnisse mit der Diskussion des Zentralkraftproblems in Abschn. 3.2.

(d) Die dynamische Gleichung für r nimmt nun die vereinfachte Form

$$m\ddot{r} = \frac{p_{\varphi,0}^2}{mr^3} - \frac{\mathrm{d}V}{\mathrm{d}r} \tag{7.116}$$

an. Dies entspricht gerade dem Ausdruck in (3.60). Es ist nur zu beachten, dass dort μ (statt m) die reduzierte Masse ist.

Wir sehen also, dass der Hamilton-Formalismus einen alternativen Weg zum Auffinden der Bewegungsgleichungen erlaubt.

7.2 In jedem Fall muss die Rücktransformation

$$h(x) = xy(x) - g(y(x)) \tag{7.117}$$

mit einer zu bestimmenden Funktion $h(x)$ erfüllen. Wir setzen einfach (7.89) in (7.117) ein:

$$h(x) = xy(x) - y(x)x(y(x)) + f(x(y(x))). \tag{7.118}$$

Hier ist zu beachten, dass $x(y(x)) = x$ gilt; also ist

$$h(x) = xy(x) - y(x)x + f(x). \tag{7.119}$$

Es folgt sofort, dass $h(x) \equiv f(x)$ ist, was zu zeigen war.

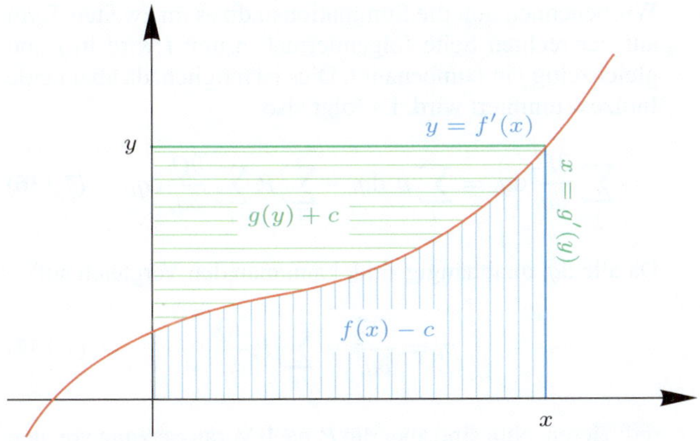

Abb. 7.6 Geometrischer Beweis dafür, dass die Legendre-Transformation ihr eigenes Inverses ist (Skarke 2013)

Ein geometrisch augenfälliger Beweis für die Tatsache, dass die Legendre-Transformation ihr eigenes Inverses ist, ergibt sich durch die geometrische Interpretation der monton ansteigenden Funktion $y(x) = f'(x)$ und ihrer Umkehrung $x(y)$ in Abb. 7.6, bei der angenommen wurde, dass x und $f'(x)$ gleichzeitig positiv sind. Die Fläche unterhalb des Funktionsgraphen ist bis auf eine Integrationskonstante die ursprüngliche Funktion $f(x)$. Um 90° gedreht kann der Funktionsgraph als $x = g'(y)$ gelesen werden, wobei bis auf eine Konstante $g(y)$ die Fläche darunter ist. Die Summe der beiden Flächen ist offenbar xy,

$$f(x) + g(y) = xy, \quad y = f'(x) \text{ bzw. } x = g'(y), \tag{7.120}$$

was gerade der Definition der Legendre-Transformation entspricht. Diese Argumentation kann leicht auf die Fälle negativer x und/oder negativer $f'(x)$ verallgemeinert werden (Skarke 2013).

7.3 Die Definition der Poisson-Klammern (7.22) ist

$$\{F, G\} := \sum_{i=1}^{f} \left(\frac{\partial F}{\partial x_i} \frac{\partial G}{\partial p_i} - \frac{\partial F}{\partial p_i} \frac{\partial G}{\partial x_i} \right). \tag{7.121}$$

Für $F = L_i$ und $G = L_j$ findet man

$$\begin{aligned} \{L_j, L_k\} &= \sum_i \left(\frac{\partial(\varepsilon_{jlm} x_l p_m)}{\partial x_i} \frac{\partial(\varepsilon_{knr} x_n p_r)}{\partial p_i} \right. \\ &\quad \left. - \frac{\partial(\varepsilon_{jlm} x_l p_m)}{\partial p_i} \frac{\partial(\partial \varepsilon_{knr} x_n p_r)}{\partial x_i} \right) \\ &= \sum_i \left(\varepsilon_{jlm} \delta_{il} p_m \varepsilon_{knr} x_n \delta_{ir} - \varepsilon_{jlm} x_l \delta_{im} \varepsilon_{knr} \delta_{in} p_r \right). \end{aligned} \tag{7.122}$$

Bis hierhin wurden nur die Ableitungen berechnet. Es muss beachtet werden, dass über alle doppelt auftretenden Indizes summiert wird. Nur für den Index i wurde das Summenzeichen explizit hingeschrieben, da es aus der Definition der Poisson-Klammern stammt. Im Folgenden wird die Summation über i, l und m ausgeführt:

$$\begin{aligned} \{L_j, L_k\} &= \varepsilon_{jrm} \varepsilon_{knr} p_m x_n - \varepsilon_{jln} \varepsilon_{knr} x_l p_r \\ &= \varepsilon_{rmj} \varepsilon_{rkn} p_m x_n - \varepsilon_{njl} \varepsilon_{nrk} x_l p_r \\ &= (\delta_{km} \delta_{jn} - \delta_{mn} \delta_{jk}) p_m x_n - (\delta_{jr} \delta_{kl} - \delta_{jk} \delta_{lr}) x_l p_r \\ &= p_k x_j - x_k p_j \\ &= \varepsilon_{jkl} L_l. \end{aligned} \tag{7.123}$$

Den letzten Schritt überprüft man mithilfe der Definition des Drehimpulses (7.91).

Für die zweite zu bestimmende Poisson-Klammer sieht man zunächst

$$\{\boldsymbol{L}^2, L_k\} = \{L_j L_j, L_k\}, \tag{7.124}$$

wobei über j summiert wird. Hier kann man die Produktregel

$$\{A, BC\} = B\{A, C\} + C\{A, B\} \tag{7.125}$$

ausnutzen:

$$\{L_j L_j, L_k\} = 2L_j\{L_j, L_k\}. \tag{7.126}$$

Wir sind damit schon fast fertig, denn man kann das Ergebnis (7.123) verwenden:

$$\{L_j L_j, L_k\} = 2L_j \varepsilon_{jkl} L_l. \tag{7.127}$$

Es wird über j und l summiert. Das Produkt $L_j L_l$ ist symmetrisch, das Levi-Civita-Symbol ε_{jkl} aber antisymmetrisch unter der Vertauschung $j \leftrightarrow l$. Daher ist das Ergebnis null:

$$\{\boldsymbol{L}^2, L_k\} = 0. \tag{7.128}$$

Die Ergebnisse (7.123) und (7.128) spielen in der Quantenmechanik eine wichtige Rolle. Dort werden die Poisson-Klammern durch die sogenannten *Kommutatoren* ersetzt.

7.4

(a) Eine Punkttransformation bedeutet, dass die neuen Koordinaten Q_i von den alten q_i abhängen. Da die Erzeugende F_1 aber die Unabhängigkeit von q_i und Q_i voraussetzt, würde dies zu einem Widerspruch führen.

(b) Verwendet man $F_2(t, q, P)$, so gilt zunächst

$$Q_i = \frac{\partial F_2(t, q, P)}{\partial P_i} = f_i(t, q). \tag{7.129}$$

Diese Gleichung kann aufintegriert werden zu

$$F_2(t, q, P) = \sum_i \int f_i(t, q) \, \mathrm{d}P_i = \sum_i f_i(t, q) P_i + C(t, q). \tag{7.130}$$

Dies bedarf einiger Kommentare. Zum einen muss über i summiert werden, da über alle P_i, die voneinander unabhängig sind, zu integrieren ist. Dies entspricht dem Vorgehen, das Potenzial aus einem konservativen Kraftfeld in kartesischen Koordinaten zu berechnen: Dort muss über alle drei kartesische Koordinaten integriert werden (Abschn. 1.6). Da die Funktionen f_i nicht von den P_i abhängen, kann die Integration direkt ausgeführt werden. Dabei tritt im Allgemeinen eine von P_i unabhängige „Integrationskonstante" auf, die jedoch von allen q_i und der Zeit abhängen kann: $C(t,q)$. Schließlich muss noch

$$\begin{aligned} p_i(t,q,P) &= \frac{\partial F_2}{\partial q_i} = \frac{\partial}{\partial q_i}\left(\sum_j f_j(t,q)P_j + C(t,q)\right) \\ &= h_i(t,q,P) \end{aligned} \tag{7.131}$$

gelten. Da die Impulse P_i in F_2 nur höchstens linear auftreten, gilt dies auch für h_i. Die Funktionen $f_i(t,q)$ und $h_i(t,q,P)$ sind also eng, aber nicht eindeutig miteinander verknüpft: Die Wahl von $C(t,q)$ ist beliebig (die Funktion muss jedoch differenzierbar sein).

(c) Es sind genau dann alle Punkttransformationen kanonisch, wenn alle Funktionen $f_i(t,q)$ mit kanonischen Transformationen vereinbar sind. Allerdings wird die Wahl von f_i nur dadurch eingeschränkt, dass $f_i(t,q)$ differenzierbar ist, damit die p_i berechnet werden können. Ansonsten ist $f_i(t,q)$ beliebig.

7.5

(a) Das Differenzial von F_2' ist

$$\mathrm{d}F_2'(t,q,P) = \sum_i\left(\frac{\partial F_2'}{\partial q_i}\mathrm{d}q_i + \frac{\partial F_2'}{\partial P_i}\mathrm{d}P_i\right) + \frac{\partial F_2'}{\partial t}\mathrm{d}t. \tag{7.132}$$

Andererseits kennen wir das Differenzial (7.95). Offensichtlich können die Differenziale noch nicht miteinander verglichen werden, da in (7.132) $\mathrm{d}P_i$, in (7.95) aber $\mathrm{d}Q_i$ auftritt. Da die q_i und P_i die unabhängigen Größen sind, können wir allerdings

$$\mathrm{d}Q_i(t,q,P) = \sum_j\left(\frac{\partial Q_i}{\partial q_j}\mathrm{d}q_j + \frac{\partial Q_i}{\partial P_j}\mathrm{d}P_j\right) + \frac{\partial Q_i}{\partial t}\mathrm{d}t \tag{7.133}$$

schreiben. Setzt man (7.133) in (7.95) ein, folgt

$$\begin{aligned} \mathrm{d}F_2'(t,q,P) = &\sum_i\left(p_i\,\mathrm{d}q_i - P_i\sum_j\frac{\partial Q_i}{\partial q_j}\mathrm{d}q_j\right) \\ &-\sum_i P_i\sum_j\frac{\partial Q_i}{\partial P_j}\mathrm{d}P_j \\ &-\sum_i P_i\frac{\partial Q_i}{\partial t}\mathrm{d}t + \left(H'-H\right)\mathrm{d}t. \end{aligned} \tag{7.134}$$

Dies ist mit (7.132) zu vergleichen. Aufgrund der Unabhängigkeit der Differenziale gilt zunächst

$$\sum_i\frac{\partial F_2'}{\partial q_i}\mathrm{d}q_i = \sum_i\left(p_i\,\mathrm{d}q_i - P_i\sum_j\frac{\partial Q_i}{\partial q_j}\mathrm{d}q_j\right). \tag{7.135}$$

Wir benennen nun die Summationsindizes im zweiten Term auf der rechten Seite folgendermaßen um: i wird in j und gleichzeitig j in i umbenannt. Dies ist möglich, da über beide Indizes summiert wird. Es folgt also

$$\sum_i\frac{\partial F_2'}{\partial q_i}\mathrm{d}q_i = \sum_i p_i\,\mathrm{d}q_i - \sum_j P_j\sum_i\frac{\partial Q_j}{\partial q_i}\mathrm{d}q_i. \tag{7.136}$$

Da alle $\mathrm{d}q_i$ unabhängig sind, kann man den Vergleich auf

$$p_i = \frac{\partial F_2'}{\partial q_i} + \sum_j P_j\frac{\partial Q_j}{\partial q_i} \tag{7.137}$$

reduzieren. Nun sind aber die P_j nach Voraussetzung von den q_i unabhängig; man kann also

$$p_i = \frac{\partial}{\partial q_i}\left(F_2' + \sum_j Q_jP_j\right) = \frac{\partial F_2}{\partial q_i} \tag{7.138}$$

schreiben, was die erste zu zeigende Gleichung ist.

Der Vergleich der Koeffizienten der $\mathrm{d}P_i$ führt auf

$$\frac{\partial F_2'}{\partial P_i} = -\sum_j P_j\frac{\partial Q_j}{\partial P_i}. \tag{7.139}$$

Dies kann wegen $\partial P_j/\partial P_i = \delta_{ij}$ umgeschrieben werden in

$$0 = \frac{\partial}{\partial P_i}\left(F_2' + \sum_j Q_jP_j\right) - Q_i \tag{7.140}$$

und schließlich in die gewünschte Form

$$Q_i = \frac{\partial F_2}{\partial P_i}. \tag{7.141}$$

Es ist nur noch der Zusammenhang für die Hamilton-Funktionen H und H' zu zeigen. Ein Vergleich des Zeitdifferenzials führt auf

$$\frac{\partial F_2'}{\partial t} = -\sum_i P_i\frac{\partial Q_i}{\partial t} + \left(H'-H\right) \tag{7.142}$$

oder, da die P_i und t unabhängig sind,

$$H' = H + \frac{\partial}{\partial t}\left(F_2' + \sum_i Q_iP_i\right) = H + \frac{\partial F_2}{\partial t}. \tag{7.143}$$

(b) Wir haben gesehen, dass

$$F_2(t,q,P) = F_2'(t,q,P) + \sum_j Q_jP_j \tag{7.144}$$

gilt. Vergleicht man (7.44) und (7.95) und verlangt, dass man es mit derselben kanonischen Transformation zu tun hat, so sieht man, dass $F_1(t,q,Q)$ und $F_2'(t,q,P)$ identische Größen sind, allerdings ausgedrückt durch verschiedene unabhängige Koordinaten. Somit ist

$$\begin{aligned} F_2(t,q,P) &= F_1(t,q,Q) + \sum_i Q_i P_i(t,q,Q) \\ &= F_1(t,q,Q) - \sum_i Q_i \frac{\partial F_1(t,q,Q)}{\partial Q_i}, \end{aligned} \tag{7.145}$$

d. h., die Erzeugenden F_1 und F_2, welche dieselbe kanonische Transformation erzeugen, gehen durch eine Legendre-Transformation ineinander über (wobei eine noch mögliche Konstante ignoriert wurde).

7.6

(a) Die Geschwindigkeiten sind

$$\dot{x} = \dot{r}\cos\varphi - r\dot{\varphi}\sin\varphi, \quad \dot{y} = \dot{r}\sin\varphi + r\dot{\varphi}\cos\varphi. \tag{7.146}$$

Daraus folgt die kinetische Energie bzw. Lagrange-Funktion

$$L = T = \frac{m}{2}\left(\dot{r}^2 + r^2\dot{\varphi}^2\right). \tag{7.147}$$

Die generalisierten Impulse lauten entsprechend

$$p_r = \frac{\partial L}{\partial \dot{r}} = m\dot{r}, \quad p_\varphi = \frac{\partial L}{\partial \dot{\varphi}} = mr^2\dot{\varphi}. \tag{7.148}$$

Die Hamilton-Funktion ist

$$H = \dot{r}p_r + \dot{\varphi}p_\varphi - L = \frac{1}{2}\left(\frac{p_r^2}{m} + \frac{p_\varphi^2}{mr^2}\right). \tag{7.149}$$

Aus ihr folgen die Hamilton'schen Gleichungen

$$\begin{aligned} \dot{r} &= \frac{\partial H}{\partial p_r} = \frac{p_r}{m}, \quad \dot{\varphi} = \frac{\partial H}{\partial p_\varphi} = \frac{p_\varphi}{mr^2}, \\ \dot{p}_r &= -\frac{\partial H}{\partial r} = \frac{p_\varphi^2}{mr^3} \quad \dot{p}_\varphi = -\frac{\partial H}{\partial \varphi} = 0. \end{aligned} \tag{7.150}$$

Da φ zyklisch ist, ist p_φ erhalten. Diese Gleichungen können mit den Gleichungen des Zentralkraftproblems in Abschn. 3.2 verglichen werden.

(b) Durch Einsetzen von (7.148) in (7.146) folgt

$$\begin{aligned} p_x &= m\dot{x} = p_r\cos\varphi - \frac{p_\varphi}{r}\sin\varphi, \\ p_y &= m\dot{y} = p_r\sin\varphi + \frac{p_\varphi}{r}\cos\varphi. \end{aligned} \tag{7.151}$$

Somit sind die kartesischen Koordinaten (x,y) und Impulse (p_x,p_y) als Funktion der Polarkoordinaten (r,φ) und der entsprechenden Impulse (p_r,p_φ) bekannt.

(c) Man erkennt bereits, dass es sich um eine Punkttransformation handelt, da x und y nur von r und φ abhängen. Wir erwarten also, dass die Transformation kanonisch ist. Außerdem sind deswegen alle Ableitungen von x und y nach p_r und p_φ null, was die Berechnung der fundamentalen Poisson-Klammern beschleunigt. Tatsächlich findet man dadurch schnell, dass die Poisson-Klammer $\{x,y\}_{r,\varphi,p_r,p_\varphi}$ identisch verschwindet. Wegen der Definition der Poisson-Klammern sind auch $\{x,x\}_{r,\varphi,p_r,p_\varphi}$ und $\{y,y\}_{r,\varphi,p_r,p_\varphi}$ sowie $\{p_x,p_x\}_{r,\varphi,p_r,p_\varphi}$ und $\{p_y,p_y\}_{r,\varphi,p_r,p_\varphi}$ null. Wir verzichten im Folgenden zur besseren Übersicht auf den Index der Poisson-Klammern. Es ist noch

$$\begin{aligned} \{p_x,p_y\} &= \frac{\partial p_x}{\partial r}\frac{\partial p_y}{\partial p_r} + \frac{\partial p_x}{\partial \varphi}\frac{\partial p_y}{\partial p_\varphi} - \frac{\partial p_x}{\partial p_r}\frac{\partial p_y}{\partial r} - \frac{\partial p_x}{\partial p_\varphi}\frac{\partial p_y}{\partial \varphi} \\ &= \frac{p_\varphi}{r^2}\sin^2\varphi + \left(-p_r\sin\varphi - \frac{p_\varphi}{r}\cos\varphi\right)\frac{\cos\varphi}{r} \\ &\quad + \frac{p_\varphi}{r^2}\cos^2\varphi + \frac{1}{r}\sin\varphi\left(p_r\cos\varphi - \frac{p_\varphi}{r}\sin\varphi\right) \\ &= 0. \end{aligned} \tag{7.152}$$

Wir berechnen die verbleibenden Poisson-Klammern,

$$\begin{aligned} \{x,p_x\} &= \cos^2\varphi + \sin^2\varphi = 1, \\ \{y,p_y\} &= \sin^2\varphi + \cos^2\varphi = 1, \end{aligned} \tag{7.153}$$

sowie

$$\begin{aligned} \{x,p_y\} &= \cos\varphi\sin\varphi - \sin\varphi\cos\varphi = 0, \\ \{y,p_x\} &= \sin\varphi\cos\varphi - \cos\varphi\sin\varphi = 0. \end{aligned} \tag{7.154}$$

Damit ist gezeigt, dass die Transformation tatsächlich kanonisch ist.

(d) Aus der Erzeugenden F_3 (7.99) lassen sich die folgenden Gleichungen ableiten:

$$\begin{aligned} p_r &= -\frac{\partial F_3}{\partial r} = p_x\cos\varphi + p_y\sin\varphi, \\ p_\varphi &= -\frac{\partial F_3}{\partial \varphi} = -p_x r\sin\varphi + p_y r\cos\varphi, \\ x &= -\frac{\partial F_3}{\partial p_x} = r\cos\varphi, \\ y &= -\frac{\partial F_3}{\partial p_y} = r\sin\varphi. \end{aligned} \tag{7.155}$$

Die letzten beiden Gleichungen sind offensichtlich die bereits bekannten Transformationsgleichungen für die Orte. Die ersten beiden lassen sich nach p_x und p_y auflösen, was unmittelbar auf (7.151) führt.

7.7

(a) Zunächst ist

$$p = \frac{\partial F_1(q,Q)}{\partial q} = m\omega q\cot Q. \tag{7.156}$$

Der transformierte Impuls lautet wegen $\mathrm{d}\cot x/\mathrm{d}x = -1/\sin^2 x$

$$P = -\frac{\partial F_1(q,Q)}{\partial Q} = \frac{m\omega}{2}\frac{q^2}{\sin^2 Q}. \quad (7.157)$$

Man kann sofort die folgenden Transformationsgleichungen ablesen:

$$Q(q,p) = \operatorname{arccot}\left(\frac{1}{m\omega}\frac{p}{q}\right) \quad (7.158)$$

und

$$|q(Q,P)| = \sqrt{\frac{2P}{m\omega}}|\sin Q|. \quad (7.159)$$

Durch Einsetzen von (7.159) in (7.156) findet man die dritte Gleichung:

$$p(Q,P) = \sqrt{2m\omega P}\cos Q. \quad (7.160)$$

Es verbleibt noch die Relation für $P(q,p)$. Sie folgt aus (7.157) und (7.158). Mithilfe von (7.102) bekommt man

$$P(q,p) = \frac{m\omega}{2}q^2 + \frac{p^2}{2m\omega}. \quad (7.161)$$

Man erkennt bereits, dass

$$P = \frac{E}{\omega} \quad (7.162)$$

ist. Wir wollen allerdings formal die Hamilton-Funktion $H'(Q,P)$ berechnen, um dies zu zeigen. Setzt man in $H(q,p)$ die Transformationsgleichungen $q(Q,P)$ und $p(Q,P)$ ein, folgt

$$H'(Q,P) = \omega P\cos^2 Q + \omega P\sin^2 Q = \omega P. \quad (7.163)$$

(b) Die neue Koordinate Q ist zyklisch und der generalisierte Impuls P erhalten. Da P bis auf einen konstanten Vorfaktor der Energie entspricht, ist auch die Energie erhalten. Die Bewegungsgleichung für Q lautet

$$\dot{Q} = \frac{\partial H'(Q,P)}{\partial P} = \omega = \text{const.} \quad (7.164)$$

Die Lösung ist daher

$$Q = \omega t + Q_0 \quad (7.165)$$

mit einer geeignet zu wählenden Konstanten Q_0. Dieses Ergebnis wird in (7.159) eingesetzt, wobei wir noch Q_0 in $-\phi$ umbenennen. Das Ergebnis ist die wohlbekannte Lösung

$$q(t) = \sqrt{\frac{2E}{m\omega^2}}\sin(\omega t - \phi). \quad (7.166)$$

Der Term vor dem Sinus ist gerade die Amplitude und ϕ die Phasenverschiebung der Schwingung.

Obwohl die Bewegungsgleichung des harmonischen Oszillators einfacher bestimmt werden kann, ist dieses Beispiel doch sehr instruktiv. Insbesondere erkennt man, dass durch eine geeignete kanonische Transformation die Anzahl der zyklischen Koordinaten erhöht werden kann. In diesem Fall gibt es sogar keine nichtzyklische Koordinate mehr; man hat es also mit Winkel- und Wirkungsvariablen zu tun. Es wird weiterhin deutlich, dass die generalisierten Koordinaten und Impulse mit den kartesischen Koordinaten und Newton'schen Impulsen im Allgemeinen nichts mehr zu tun haben.

Literatur

Goldstein, H.: Klassische Mechanik. Akademische Verlagsgesellschaft, Wiesbaden (1981)

Landau, L.D., Lifshitz, E.M.: Mechanics. Pergamon Press, Oxford (1969)

Skarke, H.: Why is the Legendre transformation its own inverse? Am. J. Phys. **81**, 554–555 (2013)

Literatur

Goldstein, H.: Klassische Mechanik. Akademische Verlagsgesellschaft, Wiesbaden (1981)

Landau, L.D., Lifschitz, E.M.: Mechanics. Pergamon Press, Oxford (1969)

Skerke, H.: Why is the Legendre transformation its own inverse? Am. J. Phys. 81, 554–557 (2013)

Kontinuumsmechanik

Was ist ein elastisches Kontinuum?

Was versteht man unter einem Feld?

Wie lassen sich periodische Vorgänge allgemein beschreiben?

Was ist eine mechanische Spannung?

Was ist der Unterschied zwischen Festkörpern und Fluiden?

Welche Bedeutung hat Reibung in Fluiden?

M. Bartelmann et al., *Theoretische Physik*, DOI 10.1007/978-3-642-54618-1_8, © Springer-Verlag Berlin Heidelberg 2015

Bisher haben wir uns entweder mit der Dynamik von Punktmassen oder von starren Körpern beschäftigt. Die dabei gelernten Methoden und Verfahren reichen für viele physikalische Anwendungen aus. In sehr vielen Problemen hat man es allerdings mit Systemen zu tun, die sich am zweckmäßigsten durch ein nichtstarres Kontinuum beschreiben lassen. Beispiele sind Flüssigkeiten und Gase (zusammengefasst auch als Fluide bezeichnet) oder elastische Festkörper wie Gummibänder oder Gitarrensaiten.

Wir werden hier untersuchen, wie sich verformbare Kontinua mathematisch beschreiben lassen und welche physikalischen Konsequenzen sich daraus ergeben. Zunächst wird der Kontinuumslimes durchgeführt. Dies erfordert die Einführung von sogenannten Feldern, die in der Elektrodynamik (Teil II) eine fundamentale Rolle spielen werden. Die einfachsten Beispiele sind die lineare Kette und die schwingende Saite in Abschn. 8.1 und 8.2.

Als mathematischer Exkurs werden die sogenannten Fourier-Reihen in Abschn. 8.3 diskutiert. Sie stellen ein wichtiges Hilfsmittel für viele Probleme in der Physik dar, z. B. für schwingende Kontinua.

Nach einer kurzer Einführung in den Lagrange-Formalismus für Felder in Abschn. 8.4 beschäftigen wir uns mit den Grundlagen der Elastizitätstheorie (Abschn. 8.5). Dabei taucht auch der sogenannte Spannungstensor auf, der in Feldtheorien eine bedeutende Rolle spielt.

Abschließend werden die Grundlagen der Fluiddynamik vorgestellt. Wir beginnen mit einer Einführung in die Physik idealer Fluide (Abschn. 8.6), deren innere Reibung vernachlässigt wird. In Abschn. 8.7 wird diese Vereinfachung wieder aufgehoben und die sogenannte Viskosität eingeführt. Dies führt auf die wichtigen Navier-Stokes-Gleichungen.

Das vorliegende Kapitel behandelt Probleme, die von einigen Dozenten in Vorlesungen der theoretischen Mechanik behandelt werden. Doch wohl keine einführende Mechanik-Vorlesung ist so umfangreich, dass sie all diese Punkte abdecken kann. Dieses Kapitel richtet sich vor allem an neugierige und fortgeschrittene Studenten. Da viele weiterführende Themen wie Elastizitätstheorie oder Fluiddynamik ihre Wurzeln in der Mechanik haben, bietet es sich an, die Grundideen und Ansätze dieser Themen hier den Lesern vorzustellen. Dabei werden teilweise Begriffe und Hilfsmittel verwendet, die später vor allem in der Elektrodynamik wieder auftauchen (z. B. Felder, Oberflächenintegrale, die Kontinuitätsgleichung, der Spannungstensor). Eine Lektüre dieses Kapitels ist daher nicht nur eine Ergänzung der Mechanik, sondern vereinfacht auch das Verständnis des Stoffes in späteren Semestern.

8.1 Lineare Kette und Übergang zum Kontinuum

Wie schon beim starren Körper in Kap. 4 werden hier Systeme behandelt, die eine sehr große Anzahl von Punktmassen beinhalten. Eine explizite Beschreibung der Dynamik all dieser Freiheitsgrade ist unpraktisch, wenn nicht sogar unmöglich.

Beim starren Körper wurde angenommen, dass die paarweisen Abstände der elementaren Punktmassen alle konstant sind. Dies führte schließlich auf die Definition des Trägheitstensors und auf die Euler'schen Bewegungsgleichungen für starre Körper. Hier erlauben wir nun eine relative Bewegung benachbarter Punktmassen im Rahmen einer elastischen Wechselwirkung.

Zunächst werden die resultierenden kontinuierlichen Bewegungsgleichungen für ein eindimensionales System abgeleitet. Dazu wird der Young'sche Elastizitätsmodul als Materialeigenschaft eingeführt. Außerdem finden wir Wellenlösungen für das elastische Band.

Lineare Kette

Wir beginnen mit einem der einfachsten elastischen Systeme in einer Dimension: die lineare Kette, die uns bereits in Abschn. 6.5 begegnet ist. Dazu betrachten wir $N+1$ Punktmassen m, die sich im Gleichgewichtszustand an den Orten

$$x_i = ia_0 \quad (0 \le i \le N) \tag{8.1}$$

befinden (Abb. 6.10). Hier ist a_0 der Gleichgewichtsabstand benachbarter Punktmassen. Alle Punktmassen sollen sich nur entlang der x-Achse bewegen dürfen; ihre Auslenkungen aus der Gleichgewichtslage seien q_i. Zwischen benachbarten Punktmassen sollen lineare (d. h. harmonische) Kräfte wirken.

Wir können uns also lauter identische Federn mit Kraftkonstanten D zwischen benachbarten Punktmassen vorstellen. Dies schränkt die Gültigkeit auf kleine Auslenkungen ein, wie bereits in Kap. 6 diskutiert. Allerdings lassen sich damit bereits eine Vielzahl von physikalischen Effekten erklären. Nichtlineare Wechselwirkungen würden den Umfang dieser Einführung sprengen.

Frage 1

Schauen Sie sich erneut den Abschnitt über die lineare Kette in Kap. 6 an.

Die Kettenenden seien offen, d. h., die Punktmassen 0 und N haben nur einen Nachbarn. Die kinetische und die potenzielle Energie lauten dann

$$T = \frac{m}{2}\sum_{i=0}^{N}\dot{q}_i^2, \quad V = \frac{D}{2}\sum_{i=1}^{N}(q_i - q_{i-1})^2. \tag{8.2}$$

Beachten Sie, dass die beiden Summen unterschiedliche Grenzen haben. Dies liegt daran, dass es bei $N+1$ Punktmassen N wechselwirkende Paare gibt, die zur potenziellen Energie beitragen.

Die Lagrange-Funktion ist wie gewohnt

$$L = T - V = \frac{m}{2}\sum_{i=0}^{N}\dot{q}_i^2 - \frac{D}{2}\sum_{i=1}^{N}(q_i - q_{i-1})^2. \tag{8.3}$$

Offenbar ist die Energie $E = T + V$ erhalten, da L nicht explizit von der Zeit abhängt. Dies charakterisiert einen *elastischen Körper*.

Elastischer Körper

Einen Körper, dessen Punktmassen durch konservative Kräfte wechselwirken, nennt man elastisch. Die Gesamtenergie ergibt sich aus der kinetischen und der Wechselwirkungsenergie. Wird ein elastischer Körper verformt, so wird die zur Verformung benötigte Arbeit als elastische (potenzielle) Energie gespeichert und kann wieder vollständig in kinetische Energie umgewandelt werden (wobei der Körper in seine Ursprungsgestalt zurückkehrt). Reibungskräfte treten in einem idealen elastischen Körper nicht auf.

Die Bewegungsgleichungen für alle Punktmassen lassen sich aus der Lagrange-Funktion ableiten:

$$\begin{aligned} m\ddot{q}_0 - D(q_1 - q_0) &= 0, \\ m\ddot{q}_i + D(q_i - q_{i-1}) - D(q_{i+1} - q_i) &= 0 \quad (0 < i < N), \\ m\ddot{q}_N + D(q_N - q_{N-1}) &= 0. \end{aligned} \tag{8.4}$$

Wie bereits erwähnt, spielen die Punktmassen mit $i = 0$ und $i = N$ eine Sonderrolle, da sie an den Enden der Kette liegen.

Äußere Kräfte

Wir gehen nun einen Schritt weiter und lassen noch eine konstante äußere Kraft $-F$ auf die linke Punktmasse ($i = 0$) und eine entgegengesetzt wirkende Kraft $+F$ auf die rechte Punktmasse ($i = N$) wirken. Dadurch bleibt das System insgesamt unbeschleunigt, doch die Dynamik der Punktmassen verändert sich, wie wir in Kürze sehen werden. Ist $F > 0$, ziehen die Kräfte das System auseinander. Man sagt, es wirkt eine *Zugspannung*. Ist dagegen $F < 0$, so wird das System komprimiert, und man spricht von einer *Druckspannung*.

Durch die Anwesenheit der Kraft F bleiben fast alle Bewegungsgleichungen unverändert, nur die für die Punktmassen 0 und N müssen modifiziert werden:

$$\begin{aligned} m\ddot{q}_0 - D(q_1 - q_0) + F &= 0, \\ m\ddot{q}_N + D(q_N - q_{N-1}) - F &= 0. \end{aligned} \tag{8.5}$$

Frage 2

Vergewissern Sie sich, dass die Bewegungsgleichungen in (8.5) korrekt sind. Modifizieren Sie dazu die Lagrange-Funktion, indem Sie dort Terme proportional zu Fq_0 bzw. Fq_N berücksichtigen. Es gibt also zwei zusätzliche Potenzialanteile, die gerade der Bewegung von der linken und der rechten Masse in einem konstanten äußeren Kraftfeld entsprechen.

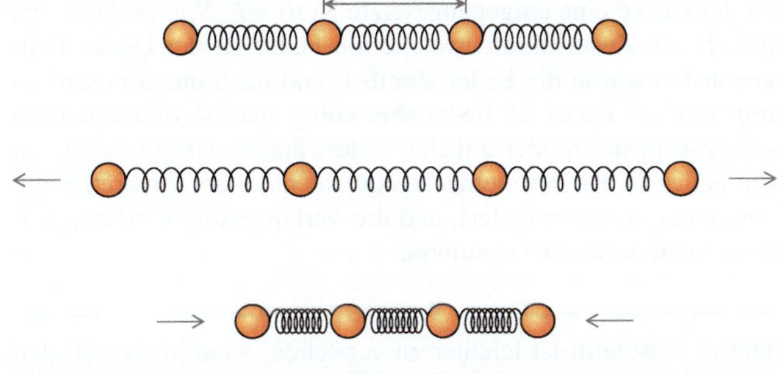

Abb. 8.1 Ohne äußere Kräfte beträgt der Gleichgewichtsabstand benachbarter Punktmassen der Kette a_0 (*oben*). Ziehen Kräfte, die nur an den beiden äußeren Punktmassen angreifen, die Kette auseinander, verlängern sich alle Federn im Gleichgewicht um denselben Betrag (*Mitte*). Dasselbe gilt für eine Kompression (*unten*)

Wir fragen nun nach der Gleichgewichtsbedingung unter dem Einfluss der Kraft F. Das System ist vollständig im Gleichgewicht, wenn alle Beschleunigungen verschwinden, d. h., wenn $\ddot{q}_i = 0$ für alle i gilt. Da unter dem Einfluss von Kräften die Orte, an denen sich die Punktmassen im Gleichgewicht befinden, verändern können (man denke an eine Masse an einer Feder, die unter dem Einfluss der Schwerpunkt tiefer hängt), hat man es folglich mit *neuen* Gleichgewichtslagen zu tun. Es folgt zum einen

$$q_1 - q_0 = \frac{F}{D}, \quad q_N - q_{N-1} = \frac{F}{D} \tag{8.6}$$

und zum anderen

$$q_i - q_{i-1} = q_{i+1} - q_i \quad (0 < i < N). \tag{8.7}$$

Man kann sich nun leicht davon überzeugen, dass (8.6) und (8.7) die Bedingungen

$$q_i - q_{i-1} = \frac{F}{D} \quad (0 < i \le N) \tag{8.8}$$

verlangen. Dies bedeutet, dass alle Federn sich um den gleichen Betrag F/D verlängern bzw. verkürzen (Abb. 8.1). Unter dem Einfluss der Kraft F wird also der Gleichgewichtsabstand jeder einzelnen Feder der Kette zu

$$a = a_0 + \frac{F}{D}. \tag{8.9}$$

Achtung Der aufmerksame Leser könnte hier fragen, ob das Ergebnis nicht um einen Faktor 2 daneben liegt. Da nämlich die Kräfte $\pm F$ links und rechts angreifen, wirkt auf jede Feder die Gesamtkraft $2F$, und somit müsste die Feder um den Betrag $2F/D$ gestreckt bzw. gestaucht werden. Dies ist allerdings eine falsche Schlussfolgerung, die man sich leicht anhand des folgenden Beispiels überlegen kann. Wir stellen uns vor, dass eine Masse m an einer Feder mit Federkonstante D hängt, die an der Zimmerdecke befestigt ist. Auf m wirkt dann die Gravitationskraft $F = mg$, was auf eine Federverlängerung um den Betrag

F/D führt. Allerdings wirkt nun auf den Fixpunkt der Feder an der Decke eine entgegengesetzte Kraft $-F$. Warum? Dies ist gerade die Zwangskraft, welche die Feder an der Decke hält; ansonsten würde die Feder abreißen und nach unten beschleunigt werden. Da es der Feder aber völlig egal ist, ob es sich um eine Zwangskraft oder um eine andere äußere Kraft handelt, ist die Feder an der Zimmerdecke äquivalent zu der linearen Kette (mit einer einzigen Feder), und die Verlängerung wird durch F (und nicht durch $2F$) bestimmt. ◀

Frage 3

Dieser Abschnitt ist leichter zu verstehen, wenn man sich den Fall $N = 2$ mit einer einzigen Feder vorstellt. Dann wirken die beiden Kräfte $\pm F$ direkt auf die alleinigen beiden Massen. Schauen Sie sich die obigen Rechnungen unter diesem Gesichtspunkt erneut an.

Young'scher Elastizitätsmodul und Übergang zum Kontinuum

Durch die äußere Kraft F wird die Gesamtlänge der Kette ℓ um einen Betrag

$$\Delta\ell = N\frac{F}{D} \tag{8.10}$$

verändert. Die Ruhelänge der Kette ist

$$\ell = Na_0. \tag{8.11}$$

Somit ist die *relative* Längenänderung

$$\frac{\Delta\ell}{\ell} = \frac{NF}{NDa_0} = \frac{F}{Da_0} = \frac{F}{Y}, \tag{8.12}$$

wobei wir mit

$$Y := Da_0 \tag{8.13}$$

den *Elastizitätsmodul* Y definiert haben. Er bestimmt in der linearen Näherung die Dehnung bzw. Stauchung der Kette bedingt durch die äußere Kraft F. Der Elastizitätsmodul ist eine reine *Materialeigenschaft* der Kette. Je größer Y ist, desto steifer ist die Kette, und desto weniger wird sie durch eine äußere Kraft beeinflusst. Im Grenzfall $Y \to \infty$ hat man es wieder mit einem starren Körper zu tun.

Frage 4

Der Elastizitätsmodul hat die Dimension einer Kraft. Er entspricht derjenigen Kraft, bei der die Feder um ihre eigene Länge gedehnt bzw. gestaucht werden würde. Überlegen Sie sich, warum wir deswegen stets $F \ll Y$ verlangen.

An dieser Stelle soll der Übergang zum Kontinuum vorgenommen werden. Praktisch bedeutet dies, dass eine einzelne Feder sehr kurz im Vergleich zur Kette ist. Man führt also den Übergang $a_0 \to 0$ derart durch, dass die Gesamtlänge $\ell = Na_0$, der Elastizitätsmodul $Y = Da_0$ und die Kettenmasse $M = Nm$ konstant bleiben. Dies ist möglich, indem man die *lineare Massendichte*

$$\rho := \frac{M}{\ell} = \frac{m}{a_0} \tag{8.14}$$

und den Elastizitätsmodul Y festhält (weswegen auch $m \to 0$ geht).

Dies führt auf eine wichtige Änderung in der mathematischen Beschreibung: Die bisher diskreten Auslenkungen $q_i(t)$ werden zu einer kontinuierlichen *Feldfunktion* $q(t, x)$ (in vielen Lehrbüchern wird eine andere Reihenfolge der Argumente verwendet; wir schreiben aus Gründen der Konsistenz mit späteren Kapiteln zuerst das Zeitargument). Man ordnet also jedem Raumpunkt x entlang der Kette eine kontinuierliche Auslenkung zu.

Feld

In der Physik versteht man unter einem Feld eine Größe, die eine Funktion des Ortes ist (z. B. eine Funktion von $\boldsymbol{r}$ in drei Dimensionen). Zusätzlich kann ein Feld zeitabhängig sein. Felder können skalar-, vektor- oder tensorwertig sein. So ist beispielsweise die Temperaturkarte der Wettervorhersage ein Skalarfeld, da die Temperatur eine skalare Größe ist: $T(\boldsymbol{r})$. Ein Geschwindigkeitsfeld $\boldsymbol{u}(\boldsymbol{r})$ hingegen ist eine vektorwertige Größe und wird beispielsweise verwendet, um die Strömung einer Flüssigkeit am Ort $\boldsymbol{r}$ zu beschreiben.

Tensorfelder sind weniger anschaulich, spielen aber in der theoretischen Physik eine große Rolle. Der Spannungstensor eines elastischen Körpers oder einer Flüssigkeit ist ein Beispiel. Wir kommen später im Kapitel darauf zurück.

Wie kann man sich nun eine kontinuierliche Verformung $q(t, x)$ vorstellen? Hierzu denke man sich zunächst die nichtdeformierte Kette als kontinuierliches Material. Man ordnet nun jedem Raumpunkt eine Markierung zu, die sich – von einem raumfesten Koordinatensystem aus betrachtet – lokal mit der Kette mitbewegt, wenn diese deformiert wird. Eine Markierung, die sich im unverformten Zustand am Ort x befunden hat, verschiebt sich bei einer Verformung im Allgemeinen an einen anderen Ort x'. Die Differenz $q = x' - x$ ordnet man dann dem *ursprünglichen* Referenzort x zu. Da die Verformung zeitabhängig sein kann, schreiben wir letztlich also $q(t, x)$, was bedeutet, dass sich die Markierung zur Zeit t am Ort $x'(t) = x + q(t, x)$ befindet.

Setzt man nun voraus, dass die Verformung $q(x)$ eine hinreichend glatte Funktion ist, so kann man die Auslenkungen der benachbarten Punktmassen durch eine Taylor-Entwicklung beschreiben:

$$\begin{aligned} q_{i\pm 1}(t) &\to q(t, x \pm a_0) \\ &= q(t, x) \pm a_0 \left.\frac{\partial q}{\partial x}\right|_{(t,x)} + \frac{a_0^2}{2} \left.\frac{\partial^2 q}{\partial x^2}\right|_{(t,x)} + \ldots . \end{aligned} \tag{8.15}$$

Selbstverständlich ist es mit diesen Definitionen nicht getan, denn man ist an einer kontinuierlichen Beschreibung der *Dynamik* interessiert. Dazu muss man sich ansehen, was mit den Bewegungsgleichungen geschieht, wenn der Kontinuumslimes durchgeführt wird. Hierbei gibt es zwei Möglichkeiten: Zum einen können wir die für das diskrete System bekannten Bewegungsgleichungen direkt kontinuierlich formulieren. Der elegantere Weg ist allerdings ein anderer: Zunächst kann man die Lagrange-Funktion in ein *Lagrange-Funktional* der Verschiebungsfunktion $q(t,x)$ umwandeln und anschließend daraus die Bewegungsgleichungen ableiten.

Wir wollen hier zunächst den ersten Weg bestreiten, da er einfacher ist. In Abschn. 8.4 holen wir schließlich den Kontinuumsübergang der Lagrange-Funktion nach. Es wird dort unter anderem gezeigt, dass sich daraus dieselben Bewegungsgleichungen ergeben.

Wir konzentrieren uns zunächst auf denjenigen Fall, bei dem keine äußeren Kräfte wirken (Kräfte werden in Abschn. 8.2 und Aufgabe 8.1 berücksichtigt). Für die Punktmassen, die nicht am Rand liegen, gilt wegen (8.4)

$$m\ddot{q}_i - D(q_{i+1} - 2q_i + q_{i-1}) = 0 \quad (0 < i < N). \tag{8.16}$$

Mithilfe der Kontinuumsnotation erhalten wir

$$\begin{aligned} &\frac{q_{i+1} - 2q_i + q_{i-1}}{a_0^2} \\ &\to \frac{[q(x+a_0) - q(x)] - [q(x) - q(x-a_0)]}{a_0^2}, \end{aligned} \tag{8.17}$$

wobei wir nun die diskreten Punktmassen durch eine kontinuierliche Verteilung ersetzt haben. Der Term auf der rechten Seite kann im Kontinuumslimes $a_0 \to 0$ als Differenzenquotient der ersten Ableitungen angesehen werden:

$$\begin{aligned} &\frac{\frac{q(x+a_0)-q(x)}{a_0} - \frac{q(x)-q(x-a_0)}{a_0}}{a_0} \\ &= \frac{\left.\frac{\partial q}{\partial x}\right|_x - \left.\frac{\partial q}{\partial x}\right|_{x-a_0}}{a_0} = \left.\frac{\partial^2 q}{\partial x^2}\right|_x. \end{aligned} \tag{8.18}$$

Wir haben es also mit der zweiten Ableitung von q nach x zu tun. Ersetzt man nun die linke Seite von (8.17) durch die zweite Ableitung, so ergeben sich die Bewegungsgleichungen im Kontinuumslimes.

Kräftefreie Bewegungsgleichung des elastischen Bandes

Die Bewegungsgleichung des Bandes (d. h. der kontinuierlichen Kette) lautet in Abwesenheit von äußeren Kräften

$$\rho \frac{\partial^2 q(t,x)}{\partial t^2} - Y \frac{\partial^2 q(t,x)}{\partial x^2} = 0. \tag{8.19}$$

Es handelt sich hierbei um eine *lineare partielle Differenzialgleichung zweiter Ordnung* für die Funktion $q(t,x)$, die auf dem Intervall $[0,\ell]$ definiert ist.

Frage 5

Zeigen Sie (8.19), indem Sie die Definitionen der Massendichte ρ und des Elastizitätsmoduls Y ausnutzen.

In der Kontinuumsmechanik werden also die Bewegungsgleichungen für Punktmassen durch partielle Differenzialgleichungen für Felder ersetzt. Wie in vielen anderen Bereichen der Physik ist diese *Feldgleichung* linear und erlaubt Wellenlösungen. Feldgleichungen werden uns in diesem Buch noch häufig begegnen. Zu den besonders wichtigen Beispielen gehören die Maxwell-Gleichungen der Elektrodynamik (Teil II) und die Schrödinger-Gleichung der Quantenmechanik (Teil III).

Zum Lösen von (8.19) sind im Allgemeinen Randbedingungen erforderlich, d. h., es sind Bedingungen an $q(t,x)$ an den Orten $x = 0$ und $x = \ell$ zu stellen. Dies wird in Abschn. 8.2 und Aufgabe 8.1 ausgeführt. Nun wollen wir allerdings erst das unendliche Band betrachten, das ohne Randbedingungen auskommt.

Die d'Alembert'sche Gleichung

Wir beginnen mit einer mathematischen Untersuchung der Schwingungsgleichung (8.19). Dazu schreiben wir sie zunächst in der Gestalt

$$\left(\frac{\partial^2}{\partial t^2} - v^2 \frac{\partial^2}{\partial x^2}\right) q(t,x) = 0. \tag{8.20}$$

Zur Abkürzung wurde

$$v := \sqrt{\frac{Y}{\rho}} \tag{8.21}$$

mit der Dimension einer Geschwindigkeit eingeführt. Die physikalische Bedeutung von v wird in Kürze deutlich werden. Der Term in der Klammer ist ein Differenzialoperator, der auf die Funktion $q(t,x)$ wirkt. Offenbar sind all diejenigen Funktionen Lösungen der Schwingungsgleichung, die der Differenzialoperator auf null abbildet. Wir fragen nun nach der allgemeinen Klasse von Lösungen $q(t,x)$.

D'Alembert schlug 1747 einen eleganten Lösungsweg vor. Dazu werden der Ort x und die Zeit t durch zwei neue Variablen ξ und η ersetzt:

$$\begin{aligned} &\xi := x + vt, \quad \eta := x - vt \\ \Longrightarrow\quad &x = \frac{\xi + \eta}{2}, \quad t = \frac{\xi - \eta}{2v}. \end{aligned} \tag{8.22}$$

Frage 6

Zeigen Sie, dass die Orts- und Zeitableitungen dann als

$$\frac{\partial}{\partial x} = \frac{\partial}{\partial \xi} + \frac{\partial}{\partial \eta}, \quad \frac{\partial}{\partial t} = v\left(\frac{\partial}{\partial \xi} - \frac{\partial}{\partial \eta}\right) \tag{8.23}$$

geschrieben werden können. Verwenden Sie dazu die Kettenregel

$$\frac{\partial q}{\partial x} = \left(\frac{\partial \xi}{\partial x}\frac{\partial}{\partial \xi} + \frac{\partial \eta}{\partial x}\frac{\partial}{\partial \eta}\right) q \tag{8.24}$$

und den entsprechenden Zusammenhang für die Zeitableitung.

Der Differenzialoperator in (8.20) wird somit zu

$$\begin{aligned}\frac{\partial^2}{\partial t^2} - v^2\frac{\partial^2}{\partial x^2} &= v^2\left(\frac{\partial}{\partial \xi} - \frac{\partial}{\partial \eta}\right)^2 - v^2\left(\frac{\partial}{\partial \xi} + \frac{\partial}{\partial \eta}\right)^2 \\ &= -4v^2\frac{\partial}{\partial \xi}\frac{\partial}{\partial \eta}.\end{aligned} \tag{8.25}$$

d'Alembert'sche Schwingungsgleichung

Mit den in (8.22) eingeführten Parametern ξ und η nimmt die Schwingungsgleichung (8.20) die einfache Form

$$\frac{\partial^2 q}{\partial \xi \partial \eta} = 0 \tag{8.26}$$

an.

D'Alembert zeigte, dass jede Funktion der Form

$$q(\xi, \eta) = g(\xi) + h(\eta) \tag{8.27}$$

mit zwei beliebigen differenzierbaren Funktionen $g(\xi)$ und $h(\eta)$ die allgemeine Lösung der d'Alembert-Gleichung ist. Dieses Ergebnis erhält man direkt, indem man (8.26) einmal nach ξ und einmal nach η integriert.

Frage 7

Überprüfen Sie, dass (8.27) die d'Alembert-Gleichung löst. Warum spielt eine additive Konstante keine Rolle?

Was bedeutet dies nun physikalisch? Wir transformieren dazu zurück auf die Parameter x und t und finden, dass

$$q(t, x) = g(x + vt) + h(x - vt) \tag{8.28}$$

die Gestalt der allgemeinen Lösung ist. Die beiden Funktionen g und h beschreiben Wellen, die sich in positive bzw. negative Richtung bewegen (Abb. 8.2).

Analog zu $g(x + vt)$ beschreibt $h(x - vt)$ eine in positive Richtung laufende Welle. Sind die räumlichen Funktionen $g(x)$ und $h(x)$ zu einer Zeit t festgelegt, so behalten beide Funktionen ihre Gestalt (genauer: ihren Graphen); sie verschieben sich lediglich mit der Zeit in verschiedene Richtungen nach links bzw. nach rechts. Die Geschwindigkeit dieser Ausbreitung ist gerade durch v gegeben. Damit ist v die *Wellengeschwindigkeit*.

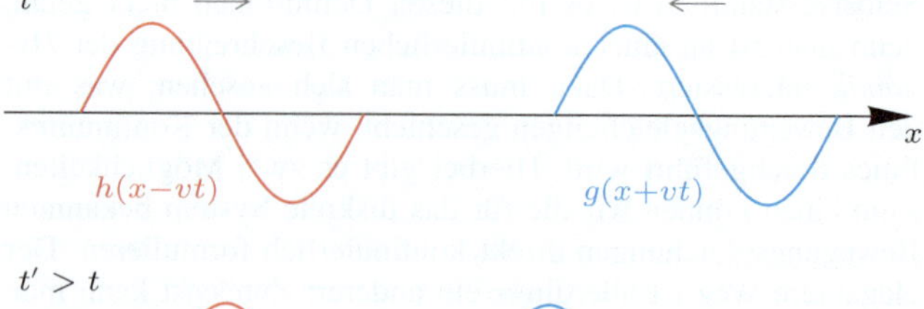

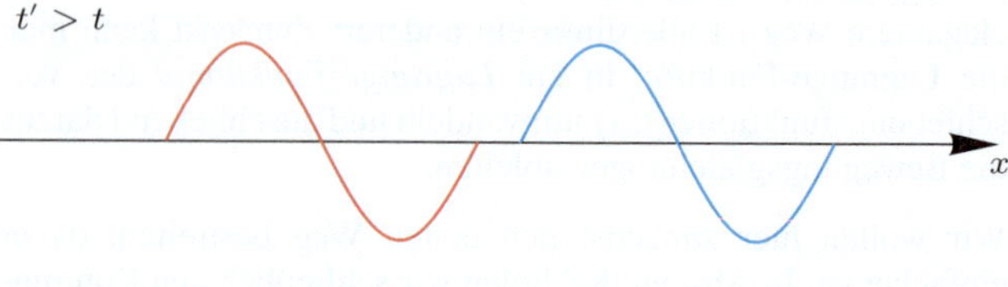

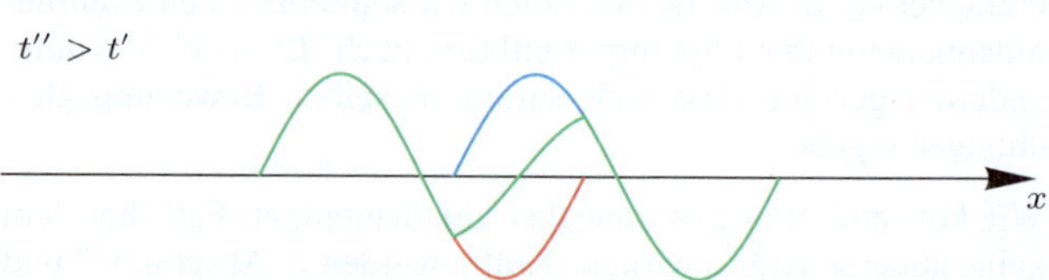

Abb. 8.2 Die beiden Wellen $h(x - vt)$ (*rot*) und $g(x + vt)$ (*blau*) propagieren mit der Zeit nach rechts bzw. links, ohne ihre Gestalt zu verändern (*oben und Mitte*). Überlappen sie (*unten*), so ist die resultierende Auslenkung (*grün*) einfach die Summe von h und g

Achtung Der Begriff „Welle" umfasst hier Funktionen, die beliebig geformt sein dürfen, aber mit der korrekten Geschwindigkeit v laufen müssen. Sinusfunktionen der Form $A\sin(k(x \pm vt))$ sind daher nur spezielle Lösungen. ◄

Unendliches Band

Wir stellen uns ein unendlich ausgedehntes elastisches Band vor, das sich durch die Schwingungsgleichung (8.20) beschreiben lässt. Zu Beginn seien die Auslenkung und ihre Änderungsgeschwindigkeit überall bekannt:

$$q(t = 0, x) = q_0(x), \quad \dot{q}(t = 0, x) = \dot{q}_0(x). \tag{8.29}$$

Wie lautet nun die Auslenkung zu einer beliebigen Zeit? Gesucht ist also die Lösung für $q(t, x)$ zu allen Zeiten.

Dazu gehen wir den Umweg über die d'Alembert-Parameter ξ und η. Aus den Anfangsbedingungen und den Definitionen von g und h folgt für $t = 0$ zunächst

$$\begin{aligned} g(x) + h(x) &= q_0(x), \\ v\left[g'(x) - h'(x)\right] &= \dot{q}_0(x). \end{aligned} \tag{8.30}$$

Der Strich steht dabei für die Ableitung nach dem Argument von g bzw. h. Wir möchten als Erstes die Lösungen für $g(x + vt)$ und $h(x - vt)$ finden. Dazu integrieren wir die zweite Gleichung in (8.30):

$$v[g(x) - h(x)] = \int_{x_0}^{x} \dot{q}_0(x')\,\mathrm{d}x' + C, \qquad (8.31)$$

wobei C eine Integrationskonstante ist. Dieses Zwischenergebnis lässt sich durch eine Addition bzw. Subtraktion mit der ersten Gleichung in (8.30) kombinieren:

$$\begin{aligned} g(x) &= \frac{q_0(x)}{2} + \frac{1}{2v}\left[\int_{x_0}^{x} \dot{q}_0(x')\,\mathrm{d}x' + C\right], \\ h(x) &= \frac{q_0(x)}{2} - \frac{1}{2v}\left[\int_{x_0}^{x} \dot{q}_0(x')\,\mathrm{d}x' + C\right]. \end{aligned} \qquad (8.32)$$

Somit ist der Anfangszustand, ausgedrückt durch g und h, bekannt. Da wir aber wissen, dass die Zeitentwicklung von g und h lediglich darin besteht, dass die Funktionen entlang der x-Achse laufen, können wir direkt das Ergebnis $q(t, x)$ zu *allen* Zeiten notieren. Dazu muss bloß das Argument von g durch $x + vt$ und das von h durch $x - vt$ ersetzt werden:

$$\begin{aligned} q(t,x) &= g(x+vt) + h(x-vt) \\ &= \frac{1}{2}[q_0(x+vt) + q_0(x-vt)] \\ &\quad + \frac{1}{2v}\left(\int_{x_0}^{x+vt} \dot{q}_0(x')\,\mathrm{d}x' + C\right) \\ &\quad - \frac{1}{2v}\left(\int_{x_0}^{x-vt} \dot{q}_0(x')\,\mathrm{d}x' + C\right) \\ &= \frac{1}{2}[q_0(x+vt) + q_0(x-vt)] \\ &\quad + \frac{1}{2v}\int_{x-vt}^{x+vt} \dot{q}_0(x')\,\mathrm{d}x'. \end{aligned} \qquad (8.33)$$

Man erkennt, dass ein Raumpunkt x zur Zeit t nur durch anfängliche ($t = 0$) Störungen im Raumbereich $[x - vt, x + vt]$ beeinflusst wird. Daran sieht man erneut, dass sich die Wellen mit der Geschwindigkeit v ausbreiten.

Es wird außerdem deutlich, dass man zu Beginn sowohl den Auslenkungszustand $q_0(x)$ als auch seine Änderungsgeschwindigkeit $\dot{q}_0(x)$ kennen muss, um die Lösung in (8.33) eindeutig festzulegen. Der Grund ist, dass die Schwingungsgleichung (8.20) eine partielle Differenzialgleichung *zweiter* Ordnung in der Zeit ist. Wir haben somit ein *Anfangswertproblem* gelöst. ◄

8.2 Schwingende Saite

Die Bewegungsgleichung für das lineare Band wird nun auf den Fall einer dreidimensional schwingenden Saite verallgemeinert. Wir lösen die Bewegungsgleichung für eine eingespannte Saite, d. h. eine Saite mit festgehaltenen Enden. Wir werden sehen, dass sich transversale und longitudinale Schwingungen in der Saite mit unterschiedlicher Geschwindigkeit ausbreiten. Die Ergebnisse bieten auch einen Einblick in die Funktionsweise von Musikinstrumenten.

Aufstellung der Bewegungsgleichung

Kommen wir nun zu einem interessanten Beispiel aus dem Alltag: die Saite mit fest eingespannten Enden. Der Unterschied zum linearen Band ist, dass die Elemente der Saite in alle drei Raumrichtungen schwingen können. Wir verlangen allerdings, dass die ruhende Saite entlang der x-Achse verläuft. Erneut beginnen wir mit einer diskreten Formulierung; den Übergang zum Kontinuum führen wir durch, nachdem wir die diskreten Bewegungsgleichungen aufgestellt haben.

Die $N + 1$ Punktmassen m der Saite befinden sich im Gleichgewicht an den Orten

$$\boldsymbol{x}_i = ai\hat{\boldsymbol{e}}_x \quad (0 \le 1 \le N). \qquad (8.34)$$

Hier ist a der Gleichgewichtsabstand benachbarter Punkte unter dem Einfluss der Einspannung, d. h. $a > a_0$. Die eingespannte Saite ist also länger als das freie Band:

$$\ell' := Na > Na_0 = \ell. \qquad (8.35)$$

Die Auslenkungen $\boldsymbol{q}_i(t)$ definieren wir nun bezüglich der eingespannten Ruhelagen in (8.34). Wie bereits erwähnt, können die $\boldsymbol{q}_i(t)$ in eine beliebige Richtung zeigen; sie sind nicht auf die x-Achse beschränkt (Abb. 8.3).

Aufgrund der eingespannten Enden sind die folgenden beiden Bedingungen zu allen Zeiten erfüllt:

$$\boldsymbol{q}_0(t) = \boldsymbol{q}_N(t) = \boldsymbol{0}. \qquad (8.36)$$

In Abschn. 8.1 wurde erläutert, dass sich eine Vorspannung durch eine äußere Kraft F auf die beiden äußeren Punktmassen erreichen lässt. In diesem Fall ist diese Kraft eine unbekannte Zwangskraft; wir wissen nur, dass sie die Randbedingungen in (8.36) erzeugt.

Die potenzielle Energie soll nur aus harmonischen Termen bestehen:

$$V = \frac{D}{2}\sum_{i=1}^{N}\left(|(\boldsymbol{x}_i + \boldsymbol{q}_i) - (\boldsymbol{x}_{i-1} + \boldsymbol{q}_{i-1})| - a_0\right)^2. \qquad (8.37)$$

Hier ist zu beachten, dass das globale Minimum der potenziellen Energie nur erreicht wird, wenn alle Federn die Länge a_0

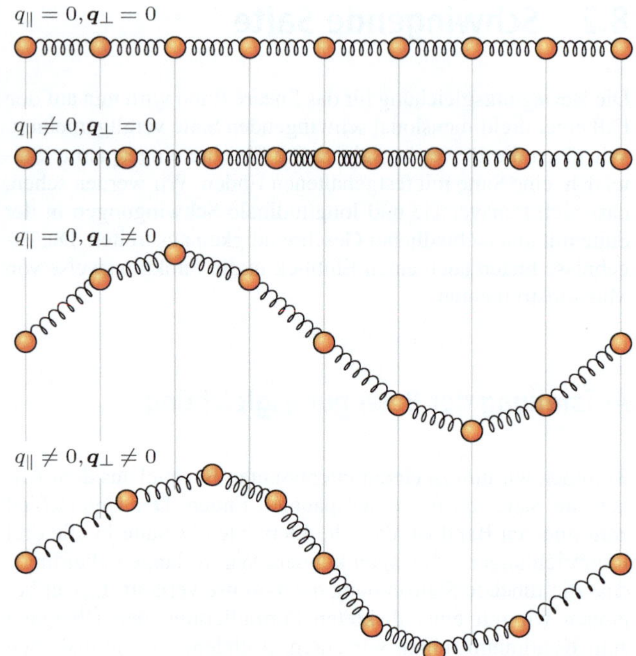

Abb. 8.3 Eine eingespannte Kette bzw. Saite kann prinzipiell in alle Richtungen schwingen. In der *oberen Abbildung* ist die Kette im undeformierten Zustand gezeigt. Die *beiden mittleren Abbildungen* illustrieren eine reine Longitudinal- bzw. Transversalverformung. Eine allgemeine Verformung ist in der *unteren Abbildung* gezeigt. Die *senkrechten grauen Linien* deuten die longitudinalen Ruhelagen der Punktmassen an

besitzen. Dies ist wegen der Vorspannung allerdings nicht möglich, da mindestens immer eine Feder länger als a_0 sein muss.

Frage 8

Überlegen Sie sich, dass eine Druckspannung, also $a_0 > a$ bzw. $F < 0$, auf eine instabile Situation führen würde.

Im Folgenden soll der Ausdruck für die potenzielle Energie vereinfacht werden. Dazu sind einige Entwicklungen und Abschätzungen notwendig. Wir betrachten die Beträge in der potenziellen Energie genauer:

$$\begin{aligned} &|\boldsymbol{x}_i - \boldsymbol{x}_{i-1} + \boldsymbol{q}_i - \boldsymbol{q}_{i-1}| \\ &= |a\hat{\boldsymbol{e}}_x + \boldsymbol{q}_i - \boldsymbol{q}_{i-1}| \\ &= \sqrt{a^2 + 2a(\boldsymbol{q}_i - \boldsymbol{q}_{i-1}) \cdot \hat{\boldsymbol{e}}_x + (\boldsymbol{q}_i - \boldsymbol{q}_{i-1})^2} \\ &= \sqrt{\left[a + \left(q_{i,\|} - q_{i-1,\|}\right)\right]^2 + \left(\boldsymbol{q}_{i,\perp} - \boldsymbol{q}_{i-1,\perp}\right)^2}. \end{aligned} \tag{8.38}$$

Hier wurde die Auslenkung in einen Anteil parallel zur x-Achse (longitudinaler Anteil) und einen orthogonalen bzw. transversalen Anteil zerlegt:

$$\boldsymbol{q}_i = q_{i,\|}\hat{\boldsymbol{e}}_x + \boldsymbol{q}_{i,\perp}, \quad \boldsymbol{q}_{i,\perp} = \begin{pmatrix} 0 \\ q_{i,y} \\ q_{i,z} \end{pmatrix}. \tag{8.39}$$

Nimmt man nun an, dass die relativen transversalen Auslenkungen zwischen zwei benachbarten Punktmassen klein sind gegenüber dem Abstand a, d. h.

$$\left(\boldsymbol{q}_{i,\perp} - \boldsymbol{q}_{i-1,\perp}\right)^2 \ll \left[a + \left(q_{i,\|} - q_{i-1,\|}\right)\right]^2, \tag{8.40}$$

so kann man die Wurzel bis zur zweiten Ordnung in $\boldsymbol{q}$ entwickeln und findet

$$\begin{aligned} &|\boldsymbol{x}_i - \boldsymbol{x}_{i-1} + \boldsymbol{q}_i - \boldsymbol{q}_{i-1}| \\ &\approx a + (q_{i,\|} - q_{i-1,\|}) + \frac{1}{2a}(\boldsymbol{q}_{i,\perp} - \boldsymbol{q}_{i-1,\perp})^2. \end{aligned} \tag{8.41}$$

Dabei wurde neben $\sqrt{1+x} \approx 1 + x/2$ für $x \ll 1$ noch ausgenutzt, dass im Nenner $a + (q_{i,\|} - q_{i-1,\|}) \approx a$ ersetzt werden kann, da auch die longitudinalen Auslenkungen klein sein sollen. Insgesamt folgt nun

$$\begin{aligned} &(|(\boldsymbol{x}_i + \boldsymbol{q}_i) - (\boldsymbol{x}_{i-1} + \boldsymbol{q}_{i-1})| - a_0)^2 \\ &\approx (a - a_0)^2 + 2(a - a_0)(q_{i,\|} - q_{i-1,\|}) \\ &\quad + (q_{i,\|} - q_{i-1,\|})^2 + \frac{a - a_0}{a}(\boldsymbol{q}_{i,\perp} - \boldsymbol{q}_{i-1,\perp})^2, \end{aligned} \tag{8.42}$$

wobei alle Terme mit höherer als zweiter Ordnung in $\boldsymbol{q}$ vernachlässigt wurden.

Frage 9

Gehen Sie durch die Teilschritte, die auf (8.42) geführt haben. Überprüfen Sie die Näherungen, indem Sie sich danach fragen, welche Terme führend und welche vernachlässigbar sind.

Erinnern wir uns daran, was wir eigentlich erreichen wollen. Wir müssen (8.42) über i summieren, um die potenzielle Energie und anschließend die Bewegungsgleichungen zu erhalten. Die Konstante $(a - a_0)^2$ fällt beim Aufstellen der Bewegungsgleichungen fort; dieser Term kann also direkt gestrichen werden. Da wir außerdem verlangt haben, dass die Saite fest eingespannt ist und somit $\boldsymbol{q}_0 = \boldsymbol{q}_N = 0$ gilt, muss

$$\sum_{i=1}^{N} (q_{i,\|} - q_{i-1,\|}) = 0 \tag{8.43}$$

sein, wie man schnell beweisen kann. Dieser Term trägt also auch nicht zur Dynamik bei. Weiterhin schreiben wir

$$\frac{a - a_0}{a} \approx \frac{a - a_0}{a_0} = \frac{\Delta \ell}{\ell} = \frac{F}{Da_0} = \frac{F}{Y}. \tag{8.44}$$

Hier ist F diejenige Kraft, die zur Vorspannung benötigt wird (Abschn. 8.1), und man kann a im Nenner durch a_0 ersetzen, wenn die Vorspannung klein ist: $F \ll Y$.

Die Lagrange-Funktion lautet mit den oben durchgeführten Vereinfachungen schließlich

$$\begin{aligned} L = &\frac{m}{2} \sum_{i=1}^{N-1} \left(\dot{q}_{i,\|}^2 + \dot{\boldsymbol{q}}_{i,\perp}^2\right) \\ &- \frac{a_0}{2} \sum_{i=1}^{N} \left[Y \frac{(q_{i,\|} - q_{i-1,\|})^2}{a_0^2} + F \frac{(\boldsymbol{q}_{i,\perp} - \boldsymbol{q}_{i-1,\perp})^2}{a_0^2}\right]. \end{aligned} \tag{8.45}$$

Wir sehen, dass die longitudinalen und transversalen Terme nicht gemischt sind, d. h., sie enthalten keine Produkte der Art $q_{i,\parallel} q_{i,\perp}$. Die Bewegungsgleichungen für die $q_{i,\parallel}$ und die $\boldsymbol{q}_{i,\perp}$ sind also entkoppelt. Dies ist eine Folge der vorgenommenen Vereinfachungen. Höhere, hier vernachlässigte Terme der potenziellen Energie sind gemischt, sodass die Bewegungsgleichungen eigentlich gekoppelt sind. Allerdings ist diese Kopplung so schwach, dass wir sie hier getrost unterschlagen können.

Die Bewegungsgleichungen für die Punktmassen $0 < i < N$ sind analog zu (8.16). Sie folgen direkt aus der Lagrange-Funktion (8.45) und lauten

$$\begin{aligned} m\ddot{q}_{i,\parallel} - \frac{Y}{a_0}\left(q_{i+1,\parallel} - 2q_{i,\parallel} + q_{i-1,\parallel}\right) &= 0, \\ m\ddot{\boldsymbol{q}}_{i,\perp} - \frac{F}{a_0}\left(\boldsymbol{q}_{i+1,\perp} - 2\boldsymbol{q}_{i,\perp} + \boldsymbol{q}_{i-1,\perp}\right) &= 0. \end{aligned} \tag{8.46}$$

Was bedeutet dies? Der Elastizitätsmodul Y ist für die Rückstellkraft in x-Richtung verantwortlich. Dies haben wir bereits in Abschn. 8.1 gesehen. Zusätzlich haben wir hier einen Term gefunden, der die Rückstellkraft in der y-z-Ebene beschreibt und durch die Vorspannung F erzeugt wird. Eine lose eingespannte Saite mit $F = 0$ kann also nicht in der y-z-Ebene schwingen, da es (in erster Näherung) keine entsprechende Rückstellkraft gibt.

Frage 10

Vergewissern Sie sich, dass die Bewegungsgleichungen der diskreten linearen Kette in Abschn. 8.1 aus (8.46) folgen, wenn man nur Auslenkungen entlang der x-Achse gestattet. Die lineare Kette ist also nichts weiter als ein Spezialfall der (noch diskreten) Saite.

Es fehlt noch der Kontinuumslimes. Hier ist nichts Neues zu sagen. Man erhält ihn analog zu dem in Abschn. 8.1 vorgestellten Verfahren.

Kräftefreie kontinuierliche Bewegungsgleichung der schwingenden Saite

Die Bewegungsgleichungen der kontinuierlichen, kräftefrei schwingenden Saite lauten

$$\begin{aligned} \rho\frac{\partial^2 q_\parallel(t,x)}{\partial t^2} - Y\frac{\partial^2 q_\parallel(t,x)}{\partial x^2} &= 0, \\ \rho\frac{\partial^2 \boldsymbol{q}_\perp(t,x)}{\partial t^2} - F\frac{\partial^2 \boldsymbol{q}_\perp(t,x)}{\partial x^2} &= \boldsymbol{0}. \end{aligned} \tag{8.47}$$

Sie ist auf dem Intervall $(0, \ell')$ definiert.

Wir sehen, dass mit

$$v_\parallel := \sqrt{\frac{Y}{\rho}}, \quad v_\perp := \sqrt{\frac{F}{\rho}} \tag{8.48}$$

die Ausbreitungsgeschwindigkeiten der longitudinalen und transversalen Wellen im Allgemeinen unterschiedlich sind.

Transversal schwingende Saite

Es soll nun untersucht werden, wie eine eingespannte, transversal ausgelenkte Saite schwingt. Wir beschränken uns zur Vereinfachung auf eine Schwingung entlang der y-Achse, was wegen der Symmetrie in der y-z-Ebene keine Einschränkung ist. Es ist also die partielle Differenzialgleichung

$$\frac{\partial^2 q(t,x)}{\partial t^2} - v_\perp^2 \frac{\partial^2 q(t,x)}{\partial x^2} = 0 \tag{8.49}$$

mit den Randbedingungen

$$q(t,0) = q(t,\ell') = 0 \tag{8.50}$$

zu lösen, wobei wir zur Vereinfachung $q(t,x)$ statt $q_y(t,x)$ schreiben.

Randbedingungen der Art (8.50), bei denen die Funktion an einem bestimmten Ort einen bestimmten Wert annehmen muss, nennt man *Dirichlet'sche Randbedingungen*. Weiterhin gibt es *Neumann'sche Randbedingungen*, die eine Forderung an die Ableitung der Funktion stellen. In Aufgabe 8.1 werden wir einer Neumann'schen Randbedingung begegnen. Weiterhin wird in Kap. 12 und 26 noch mehr über diese Randbedingungen gesagt.

Wir werden hier nicht den Ansatz von d'Alembert verfolgen. Stattdessen schlagen wir einen anderen Weg ein, der auf die Fourier-Reihen führt, was in Kürze deutlich werden wird.

Für die lineare Kette in (6.147) wurden die Orts- und Zeitabhängigkeiten abgespalten, indem für alle Oszillatoren dieselbe Zeitabhängigkeit angesetzt wurde. Analog schreiben wir hier

$$q(t,x) = f(x)g(t). \tag{8.51}$$

(Separationsansätze wie dieser werden in Kap. 16 detailliert besprochen.) Dies ergibt unmittelbar

$$f\frac{\mathrm{d}^2 g}{\mathrm{d}t^2} - v_\perp^2 g\frac{\mathrm{d}^2 f}{\mathrm{d}x^2} = 0 \quad\Longrightarrow\quad \frac{1}{g}\frac{\mathrm{d}^2 g}{\mathrm{d}t^2} = \frac{v_\perp^2}{f}\frac{\mathrm{d}^2 f}{\mathrm{d}x^2}. \tag{8.52}$$

Die linke Seite hängt nur noch von der Zeit t, die rechte nur noch vom Ort x ab. Damit die Gleichung zu allen Zeiten und an allen Orten im Intervall $(0, \ell')$ erfüllt ist, müssen beide Seiten der Gleichung einer Konstanten $-c$ entsprechen (das Minuszeichen dient nur der Zweckmäßigkeit). Dies führt auf die zwei Bestimmungsgleichungen

$$\frac{\mathrm{d}^2 g}{\mathrm{d}t^2} = -cg, \quad \frac{\mathrm{d}^2 f}{\mathrm{d}x^2} = -\frac{cf}{v_\perp^2}. \tag{8.53}$$

Frage 11

Überlegen Sie sich, dass $c > 0$ sein muss, damit die Lösung nicht exponentiell anwächst. Man hat es also mit zwei Schwingungsgleichungen zu tun. Zeigen Sie weiterhin, dass die

Konstante c die Dimension einer quadratischen Kreisfrequenz haben muss.

Führt man $\omega := \sqrt{c}$ ein, so lauten die Lösungen von (8.53)

$$g(t) = A_g \cos(\omega t - \phi_g), \quad f(x) = A_f \sin\left(\frac{\omega}{v_\perp} x - \phi_f\right). \quad (8.54)$$

Es ergeben sich also vier Integrationskonstanten: zwei Amplituden (A_f und A_g) und zwei Phasen (ϕ_f und ϕ_g). Für das Produkt $f(x)g(t)$ kann man allerdings die beiden Konstanten A_f und A_g zu $A_f A_g$ zusammenfassen.

Die eigentlich interessanten Ergebnisse erhält man erst, wenn die Randbedingungen berücksichtigt werden. Um $q(t, 0) = 0$ und $q(t, \ell') = 0$ zu erfüllen, könnte man $A_f = 0$ fordern. Dies führt allerdings auf den trivialen Fall einer ruhenden Saite und soll nicht weiterverfolgt werden. Für $A_f \neq 0$ folgt

$$\phi_f = 0, \quad \frac{\omega}{v_\perp} \ell' = n\pi \quad (n \in \mathbb{N}). \quad (8.55)$$

Die Kreisfrequenz kann daher nur die diskreten Werte

$$\omega_n = n\pi \frac{v_\perp}{\ell'} \quad (n \in \mathbb{N}) \quad (8.56)$$

annehmen. Das Auftreten einer „Quantisierung" (hier mit „Quantenzahl" n) durch die Anwesenheit von Randbedingungen finden wir auch in der Quantenmechanik wieder. Dies wird in Teil III gründlich untersucht.

Die *Wellenlänge* λ ergibt sich aus dem Argument der Funktion $f(x)$, indem man diese als $f(x) = A_f \sin(2\pi x/\lambda - \phi_f)$ schreibt; sie kann ebenfalls nur diskrete Werte annehmen:

$$\lambda_n = \frac{2\pi}{\omega_n} v_\perp = \frac{2\ell'}{n} \quad (n \in \mathbb{N}). \quad (8.57)$$

Dies ist in Abb. 8.4 illustriert. Damit verbunden ist die sogenannte *Wellenzahl*

$$k_n = \frac{2\pi}{\lambda_n} = \frac{n\pi}{\ell'} \quad (n \in \mathbb{N}). \quad (8.58)$$

Bei Musikinstrumenten wie Geigen oder Gitarren nennt man die Lösung mit $n = 1$ den *Grundton*. Höhere n ergeben die *Obertöne*. Die Lösung für $q(t, x)$ für ein gegebenes n ist schließlich

$$q^{(n)}(t, x) = C_n \cos(\omega_n t - \phi_n) \sin(k_n x) \quad (8.59)$$

mit Amplituden C_n und Phasen ϕ_n. Es handelt sich um *stehende Wellen* mit *Knoten* bei $x = 0$ und $x = \ell'$, also Punkten, bei denen die Auslenkung zu allen Zeiten verschwindet.

Die Differenzialgleichung (8.49) ist linear und homogen. Man kann daher Lösungen beliebig superponieren.

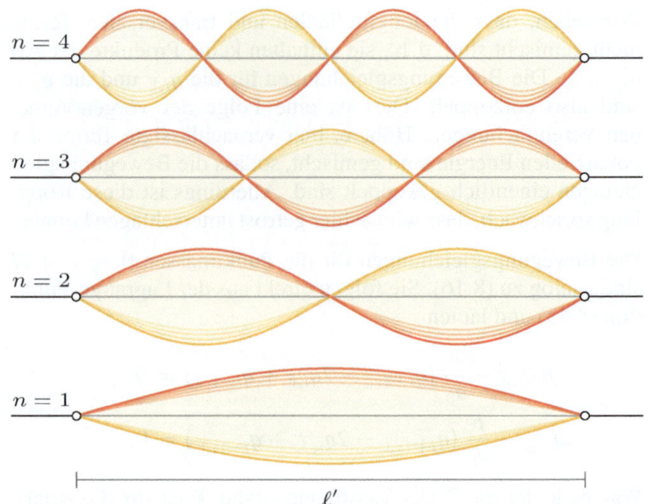

Abb. 8.4 Eine eingespannte Saite der Länge ℓ' erlaubt stehende Wellen mit diskreten Wellenlängen (8.57), hier gezeigt für $n = 1, 2, 3, 4$. Die Anzahl der Knoten ist $n + 1$

Allgemeine Lösung der schwingenden Saite

Die allgemeine Lösung der Bewegungsgleichung (8.49) für die schwingende Saite ist

$$q(t, x) = \sum_{n=1}^{\infty} c_n \cos(\omega_n t - \phi_n) \sin(k_n x) \quad (8.60)$$

mit reellen Koeffizienten c_n und diskreten Frequenzen

$$\omega_n = \sqrt{\frac{F}{\rho}} k_n. \quad (8.61)$$

Die noch unbekannten Konstanten c_n und ϕ_n (von denen es im Prinzip unendlich viele gibt) lassen sich aus den Anfangsbedingungen $q(0, x)$ und $\dot{q}(0, x)$ bestimmen. Dies ist das sogenannte *Anfangswertproblem* und führt auf eine *Fourier-Reihe* bezüglich des Ortes x:

$$q(0, x) = \sum_{n=1}^{\infty} c_n \cos\phi_n \sin(k_n x) \quad (8.62)$$

bzw.

$$\dot{q}(0, x) = \sum_{n=1}^{\infty} c_n \omega_n \sin\phi_n \sin(k_n x). \quad (8.63)$$

Fourier-Reihen und das Vorgehen zur Bestimmung der c_n und ϕ_n werden in Abschn. 8.3 diskutiert.

Frage 12

Überlegen Sie sich, dass man ganz analoge Aussagen für die longitudinal schwingende Saite erhält, wenn man lediglich F durch Y und damit $v_\perp$ durch $v_\parallel$ ersetzt.

8.3 Fourier-Reihen

Nach den ersten beiden überwiegend physikalisch geprägten Abschnitten machen wir hier einen mathematischen Exkurs. Bisher wurden nur harmonische Schwingungen untersucht, d. h. Schwingungen, deren Zeitentwicklung durch eine einfache Sinusfunktion darstellbar sind. Die meisten periodischen Vorgänge in Natur und Technik sind aber keine harmonischen Schwingungen (z. B. Töne von Musikinstrumenten oder das Anschieben einer Schaukel). Es wird gezeigt, dass sich periodische Vorgänge allgemein als lineare Überlagerung harmonischer Schwingungen darstellen lassen. Dies führt auf die Fourier-Reihen, die gründlich diskutiert werden.

Allgemeiner Formalismus

Wir beginnen diesen Abschnitt mit der Beobachtung, dass sich nicht nur die Funktionen $g(t) = \cos(\omega t)$ und $h(t) = \sin(\omega t)$ jeweils nach der Periode $T = 2\pi/\omega$ wiederholen, sondern auch alle Sinus- und Kosinusfunktionen, deren Frequenzen ganzzahlige Vielfache davon sind, also allgemein

$$g_j(t) := \cos(j\omega t) \quad \text{und} \quad h_j(t) := \sin(j\omega t) \quad (j \in \mathbb{N}). \tag{8.64}$$

Außerdem gilt dies auch für die konstanten Funktionen. Da die konstanten Funktionen wie die Kosinusfunktionen gerade sind und man sie auch als Funktionen betrachten kann, deren Frequenz das Nullfache von ω ist, schreibt man für sie g_0. Weiter unten werden wir sehen, dass die Wahl $g_0(t) = 1/\sqrt{2}$ am günstigsten für die weiteren Rechnungen ist. Außerdem wählen wir $h_0(t) = 0$.

Die Feldgleichung für die schwingende Saite (8.47) ist – wie die meisten Feldgleichungen in der Physik – linear. Daher liegt es nahe, einen beliebigen periodischen Vorgang als (unendliche) Linearkombination der Funktionen $g_j(t)$ und $h_j(t)$ darzustellen.

Fourier-Reihe

Funktionen der Periode $T = 2\pi/\omega$ lassen sich durch eine *Fourier-Reihe* darstellen:

$$\begin{aligned} f(t) &= \sum_{j=0}^{\infty} \left[a_j g_j(t) + b_j h_j(t)\right] \\ &= \frac{a_0}{\sqrt{2}} + \sum_{j=1}^{\infty} \left[a_j \cos(j\omega t) + b_j \sin(j\omega t)\right]. \end{aligned} \tag{8.65}$$

Die Menge der Koeffizienten $\{a_j, b_j\}$ (bzw. ihre Beträge, also die Amplituden der Teilschwingungen) nennt man das *Fourier-Spektrum* der Funktion. Die Berechnung des Spektrums wird oft auch als *Fourier-Analyse* der Funktion bezeichnet, das Zusammensetzen der Funktion aus den einzelnen harmonischen Schwingungen als *Fourier-Synthese*. Einige mathematische Eigenschaften von Funktionenfolgen und -reihen werden im „Mathematischen Hintergrund“ 8.1 besprochen.

In Anwendungen physikalischer Systeme verwendet man natürlich nicht die komplette unendliche Summe (8.65), sondern nur einige Summanden, also eine Partialsumme der Reihe mit den ersten n Summanden:

$$f_n(t) = \frac{a_0}{\sqrt{2}} + \sum_{j=1}^{n} \left[a_j \cos(j\omega t) + b_j \sin(j\omega t)\right]. \tag{8.66}$$

Um die bisher unbekannten Koeffizienten a_j und b_j zu bestimmen, benutzt man folgende Beziehungen zwischen den Funktionen, die für alle $i, j \in \mathbb{N}$ gelten und die man leicht nachrechnen kann:

$$\begin{aligned} \int_c^{c+T} g_i(t) g_j(t)\,\mathrm{d}t &= \frac{T}{2}\delta_{ij}, \\ \int_c^{c+T} h_i(t) h_j(t)\,\mathrm{d}t &= \frac{T}{2}\delta_{ij}, \\ \int_c^{c+T} g_i(t) h_j(t)\,\mathrm{d}t &= 0. \end{aligned} \tag{8.67}$$

Der Wert für c ist aufgrund der Periodizität beliebig und wird in der Regel so gewählt, dass die Rechnung möglichst einfach wird. Man sagt auch, dass die Funktionen g_j und h_j ein *bi-orthogonales Funktionensystem* bilden. Dieses Konzept wird in Kap. 13 ausführlich diskutiert.

Mithilfe der Beziehungen (8.67) lassen sich die Koeffizienten a_j und b_j bestimmen.

Fourier-Koeffizienten

Die Fourier-Koeffizienten einer periodischen Funktion $f(t)$ können über

$$\begin{aligned} a_j &= \frac{2}{T} \int_c^{c+T} f(t) g_j(t)\,\mathrm{d}t, \\ b_j &= \frac{2}{T} \int_c^{c+T} f(t) h_j(t)\,\mathrm{d}t \end{aligned} \tag{8.68}$$

berechnet werden.

8.1 Mathematischer Hintergrund: Funktionenfolgen und Funktionenreihen Punktweise und gleichförmige Konvergenz

Definition Eine Folge von Funktionen nennen wir *Funktionenfolge*. Wir schreiben $(f_n)_{n\in\mathbb{N}}$, wobei f_n Funktionen sind.

Beispiel Ein einfaches Beispiel einer Funktionenfolge ist $f_n : x \mapsto x^n$, wobei n die natürlichen Zahlen durchläuft. Die Folgenglieder lauten demnach $f_1 = x, f_2 = x^2, f_3 = x^3$ usw.

Konvergenz Wir unterscheiden zwischen *punktweiser* und *gleichmäßiger Konvergenz* von Funktionenfolgen. Es sei dazu X eine nichtleere Menge und $n \in \mathbb{N}$. Die Funktionenfolge $(f_n)_{n\in\mathbb{N}}$ heißt punktweise konvergent gegen f, wenn für jedes feste $x \in X$ die Folge $(f_n(x))_{n\in\mathbb{N}}$ gegen $f(x)$ konvergiert, d. h.:

$$\forall\varepsilon > 0\ \forall x \in X\ \exists n_0 \in \mathbb{N}\ \forall n \geq n_0 : \ |f_n(x) - f(x)| \leq \varepsilon.$$

Die Funktionenfolge $(f_n)_{n\in\mathbb{N}}$ heißt gleichmäßig konvergent gegen f, wenn das n_0 in der Definition der punktweise konvergenten Funktionenfolge nicht von x abhängt, also wenn gilt:

$$\forall\varepsilon > 0\ \exists n_0 \in \mathbb{N}\ \forall x \in X\ \forall n \geq n_0 : \ |f_n(x) - f(x)| \leq \varepsilon.$$

Dies bedeutet anschaulich, dass die Funktionenfolge für alle x „gleich schnell" konvergiert.

Diskussion der Konvergenzkriterien Ist eine Funktionenfolge $(f_n)_{n\in\mathbb{N}}$ gleichmäßig konvergent, so hat dies entscheidende Vorteile, da gewisse Grenzbeziehungen vertauscht werden dürfen:

- Konvergiert eine Funktionenfolge $(f_n)_{n\in\mathbb{N}}$ stetiger Funktionen gleichmäßig gegen eine Funktion f, so ist diese wieder stetig.
- Wenn die Folge differenzierbarer Funktionen $(f_n)_{n\in\mathbb{N}}$ gleichmäßig gegen f konvergiert und die Ableitungen f_n' gleichmäßig konvergieren, so gilt $\lim_{n\to\infty} f_n' = f'$.
- Der gleichmäßige Grenzwert Riemann-integrierbarer Funktionen ist Riemann-integrierbar, und es gilt:

$$\lim_{n\to\infty} \int_a^b f_n(x)\,\mathrm{d}x = \int_a^b \lim_{n\to\infty} f_n(x)\,\mathrm{d}x = \int_a^b f(x)\,\mathrm{d}x.$$

Beispiel Im Gegensatz zum gleichmäßigen Limes stetiger Funktionen muss der punktweise Limes nicht unbedingt wieder stetig sein. Wir betrachten dazu die durch $f_n : x \mapsto x^n$ auf dem Intervall $[0, 1]$ definierte Funktionenfolge $(f_n)_{n\in\mathbb{N}}$. Sie konvergiert punktweise gegen 0, falls $x \in [0, 1)$, und gegen 1, falls $x = 1$, denn $1^n \to 1$ und $x^n \to 0$ für $0 \leq x < 1$. Diese Grenzfunktion ist aber nicht mehr stetig.

Funktionenreihen Betrachtet man die *Partialsumme*

$$S_n(x) = \sum_{k=1}^{n} f_k(x)$$

als Summe der ersten n Glieder einer Funktionenfolge $(f_k)_{k\in\mathbb{N}}$, so ist eine *Funktionenreihe* gerade die Folge dieser Partialsummen, also $(S_n)_{n\in\mathbb{N}}$.

Fourier-Reihe Im Folgenden führen wir einige Aussagen über die gleichmäßige Konvergenz von *Fourier-Reihen* an, die in (8.65) definiert wurden:

- Sei f eine 2π-periodische Funktion. Dann konvergiert die Fourier-Reihe von f punktweise gegen f.
- Ist f sogar stetig differenzierbar, dann konvergiert die Fourier-Reihe gleichmäßig gegen f.
- Ist f quadratintegrabel, d. h. $\int |f(t)|^2\,\mathrm{d}t < \infty$, so konvergiert die Fourier-Reihe punktweise fast überall. (Die Stellen, an denen die Reihe nicht konvergiert, sind die im Text erwähnten Unter- und Überschwinger.) Deshalb gilt für $n \to \infty$:

$$\int_c^{c+2\pi} |f(t) - f_n(t)|^2\,\mathrm{d}t \to 0.$$

  Man spricht von der *Konvergenz im quadratischen Mittel*. Dies ist der *Satz von Carleson*.

Wir halten fest:

- Gleichmäßige Konvergenz impliziert Konvergenz im quadratischen Mittel.
- Aus der Konvergenz im quadratischen Mittel folgt nicht die punktweise Konvergenz.

Literatur

- Modler, F., Kreh, M.: Tutorium Analysis 1 und Lineare Algebra 1. 3. Aufl., SpringerSpektrum (2014)

Vertiefung: Historische Entwicklung der Fourier-Reihen

Die ersten Fourier-Reihen wurden schon im 18. Jahrhundert von Euler, Lagrange und anderen aufgestellt. Doch erst 1822 behauptete *Jean Baptiste Joseph Fourier* (französischer Mathematiker und Physiker, 1768–1830) in seinem Werk *Théorie analytique de la chaleur* (*Analytische Theorie der Wärme*), dass eine solche Reihenentwicklung für alle periodischen Funktionen möglich wäre, ohne dies allerdings zu beweisen. Die Behauptung wurde von den führenden Mathematikern damals dementsprechend zunächst abgelehnt.

In den folgenden Jahrzehnten wurden dann auch Gegenbeispiele gefunden, bei denen die Fourier-Reihe nicht im üblichen Sinne konvergiert (ein Beispiel dafür werden wir im Haupttext sehen). Erst 1966 fand der schwedische Mathematiker *Lennart Carleson* (*1928) durch eine geeignete Erweiterung des Konvergenzbegriffs einen Beweis dafür, dass die Fourier-Reihe in gewissem Sinne tatsächlich für alle periodischen Funktionen konvergiert (siehe „Mathematischen Hintergrund" 8.1).

Literatur

- Fourier, J.B.J.: *Théorie analytique de la chaleur*. Firmin Didot, 1822

Frage 13

Zeigen Sie, dass die obige Wahl $g_0(t) = 1/\sqrt{2}$ es ermöglicht, in (8.67) und (8.68) einheitliche Formeln für alle j anzugeben, statt den Fall $j = 0$ getrennt zu behandeln.

Achtung Bei den Vorfaktoren sind auch verschiedene andere Konventionen üblich: Manche Autoren definieren die Funktionen beispielsweise als $g_0(t) = 1/\sqrt{T}$, $g_j(t) = \sqrt{2/T}\cos(j\omega t)$ und $h_j(t) = \sqrt{2/T}\sin(j\omega t)$, da die Funktionen dadurch nicht nur orthogonal, sondern zusätzlich normiert sind (weshalb sie insbesondere in der Quantenmechanik gerne benutzt werden). Die Gleichungen in (8.68) für die Berechnung der Koeffizienten und die Orthogonalitätsgleichungen in (8.67) ändern sich dann entsprechend. ◂

Mit (8.68) ist auch das Anfangswertproblem in (8.62) und (8.63) lösbar. Dazu muss man erkennen, dass wir es hier mit einer Fourier-Reihe in der Zeit t, in Abschn. 8.2 aber mit einer Fourier-Reihe im Ort x zu tun haben. Mathematisch sind beide Fälle aber äquivalent. Man muss die Fourier-Analyse sowohl für $q(0,x)$ als auch für $\dot{q}(0,x)$ durchführen und erhält so Ausdrücke für $c_n \cos\phi_n$ und $c_n\omega_n \sin\phi_n$. Daraus lassen sich die konstanten Phasen ϕ_n bestimmen. Aufgrund der Randbedingungen der eingespannten Saite verschwinden alle Kosinusbeiträge der Fourier-Reihe.

Dreiecksschwingung

Bei Streichinstrumenten hat die Intensität I eines Tones näherungsweise den in Abb. 8.5 gezeigten zeitlichen Verlauf. Beschränken wir uns zunächst auf den einfachen Fall, dass die Periode genau $T = 2\pi$ ist und die Amplitude $\pi/2$, so wird die Intensität durch den Term

$$I(t) = \begin{cases} t & \left(-\frac{\pi}{2} \le t < +\frac{\pi}{2}\right) \\ \pi - t & \left(+\frac{\pi}{2} \le t < +\frac{3\pi}{2}\right) \end{cases} \tag{8.69}$$

beschrieben und periodisch fortgesetzt, also $I(t+2\pi n) = I(t)$ für alle $n \in \mathbb{Z}$.

Diese Funktion ist ungerade; deshalb verschwinden alle Koeffizienten a_j, da die Kosinusfunktionen alle gerade sind (wähle hier $c = 0$):

$$a_j = \frac{1}{\pi}\int\limits_0^{2\pi} I(t)\cos(jt)\,\mathrm{d}t = 0. \tag{8.70}$$

Zur Berechnung der Koeffizienten b_j ist die Wahl $c = -\pi/2$ günstiger:

$$b_j = \frac{1}{\pi}\int\limits_{-\pi/2}^{\pi/2} t\sin(jt)\,\mathrm{d}t + \int\limits_{\pi/2}^{3\pi/2} (\pi - t)\sin(jt)\,\mathrm{d}t. \tag{8.71}$$

Beide Integrale sind mittels partieller Integration leicht auszuwerten. Daraus ergibt sich

$$b_j = \frac{4}{\pi j^2}\sin\left(\frac{\pi j}{2}\right) = \begin{cases} 0 & (j\,\text{gerade}) \\ \frac{4}{\pi j^2}\cdot(-1)^{(j-1)/2} & (j\,\text{ungerade}) \end{cases}. \tag{8.72}$$

Damit hat man als Näherungen für $I(t)$ folgende Partialsummen der Fourier-Reihe:

$$\begin{aligned} I_1(t) &= \frac{4}{\pi}\sin(t), \\ I_3(t) &= \frac{4}{\pi}\sin(t) - \frac{4}{9\pi}\sin(3t), \\ I_5(t) &= \frac{4}{\pi}\sin(t) - \frac{4}{9\pi}\sin(3t) + \frac{4}{25\pi}\sin(5t). \end{aligned} \tag{8.73}$$

Diese drei Näherungsfunktionen sind in Abb. 8.5 zusammen mit $I(t)$ dargestellt.

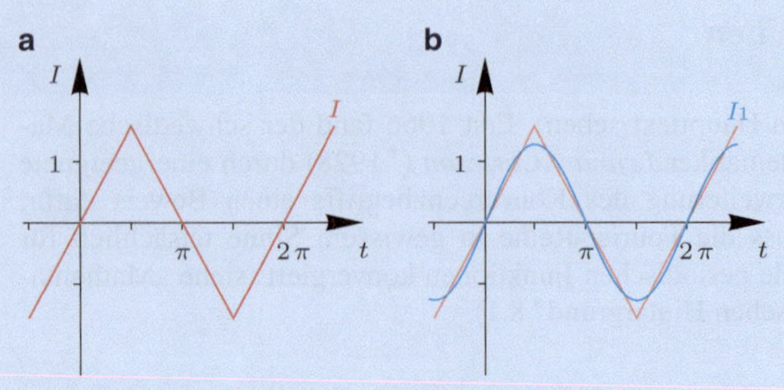

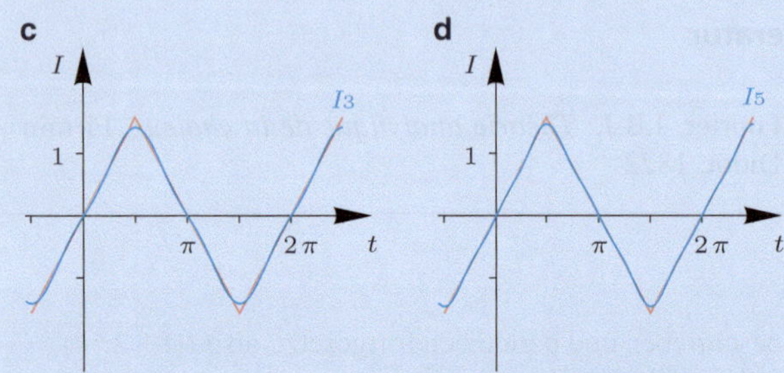

Abb. 8.5 Die periodische Dreiecksschwingung (*rot*) aus (8.69) lässt sich bereits durch die ersten Partialsummen in (8.73) ihrer Fourier-Reihe (gezeigt sind I_1, I_3 und I_5) gut annähern

Wie man sieht, konvergiert die Fourier-Reihe hier schnell, und schon niedrige Partialsummen stellen eine gute Näherung dar. In Abb. 8.6 ist das zugehörige Spektrum zu sehen.

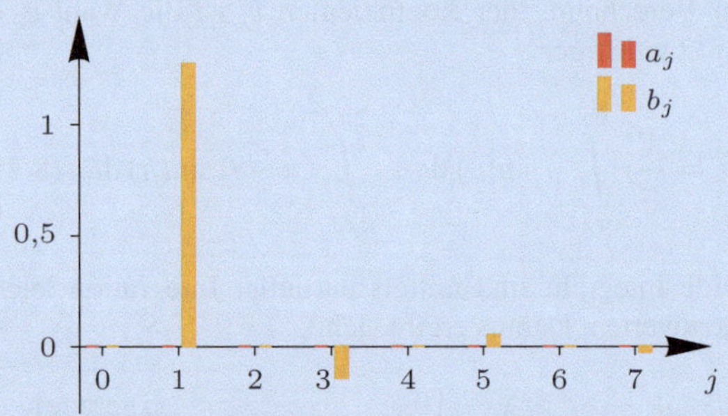

Abb. 8.6 Fourier-Spektrum der Dreiecksschwingung (8.69). Gezeigt sind die Koeffizienten der ersten sieben Teilschwingungen (Kosinusschwingungen in *Rot*, Sinusschwingungen in *Orange*). In diesem Beispiel sind alle Kosinusbeiträge null

◄

Schaukel anschieben

Eine Schaukel schiebt man normalerweise nur in der Viertelperiode an, in der sie sich auf einer der beiden Seiten gerade nach unten bewegt. Beschreibt man die Schaukelbewegung durch $x(t) = x_0 \sin(\omega t)$, so wirkt nur während des zweiten Viertels der Periode eine Kraft auf die Schaukel. Der Einfachheit halber nehmen wir dafür eine konstante Kraft $\hat{F}$ an. Im Intervall $0 \leq t \leq T$ gilt also

$$F(t) = \begin{cases} \hat{F} & \left(\frac{T}{4} \leq t \leq \frac{T}{2}\right) \\ 0 & \text{(sonst)} \end{cases} \tag{8.74}$$

und periodisch fortgesetzt, d. h. $F(t+nT) = F(t)$ für alle $n \in \mathbb{Z}$ (Abb. 8.11).

Da diese Funktion weder gerade noch ungerade ist, ergeben sich hier für beide Sorten von Fourier-Koeffizienten im Allgemeinen Werte ungleich null:

$$a_0 = \frac{2}{T}\int_0^T F(t)\frac{1}{\sqrt{2}}\,\mathrm{d}t = \frac{\sqrt{2}}{T}\int_{T/4}^{T/2} \hat{F}\,\mathrm{d}t = \frac{\hat{F}}{2\sqrt{2}}, \tag{8.75}$$

$$\begin{aligned} a_j &= \frac{2}{T}\int_0^T F(t)\cos(j\omega t)\,\mathrm{d}t = \frac{2\hat{F}}{T}\int_{T/4}^{T/2} \cos(j\omega t)\,\mathrm{d}t \\ &= \frac{\hat{F}}{j\pi}\left[\sin(j\pi) - \sin\left(j\frac{\pi}{2}\right)\right] \\ &= \begin{cases} 0 & (j \text{ gerade}) \\ -\frac{\hat{F}}{j\pi}\cdot(-1)^{(j-1)/2} & (j \text{ ungerade}) \end{cases}, \end{aligned} \tag{8.76}$$

$$\begin{aligned} b_j &= \frac{2}{T}\int_0^T F(t)\sin(j\omega t)\,\mathrm{d}t = \frac{2\hat{F}}{T}\int_{T/4}^{T/2} \sin(j\omega t)\,\mathrm{d}t \\ &= -\frac{\hat{F}}{j\pi}\left[\cos(j\pi) - \cos\left(j\frac{\pi}{2}\right)\right] \\ &= \begin{cases} -\frac{\hat{F}}{j\pi}\cdot\left(1-(-1)^{j/2}\right) & (j \text{ gerade}) \\ \frac{\hat{F}}{j\pi} & (j \text{ ungerade}) \end{cases}. \end{aligned} \tag{8.77}$$

Die ersten Partialsummen lauten also

$$\begin{aligned} F_0(t) &= \frac{\hat{F}}{4}, \\ F_1(t) &= \hat{F}\left(\frac{1}{4} - \frac{1}{\pi}\cos(\omega t) + \frac{1}{\pi}\sin(\omega t)\right), \\ F_2(t) &= \hat{F}\left(\frac{1}{4} - \frac{1}{\pi}\cos(\omega t) + \frac{1}{\pi}\sin(\omega t) - \frac{1}{\pi}\sin(2\omega t)\right), \\ F_3(t) &= \hat{F}\left(\frac{1}{4} - \frac{1}{\pi}\cos(\omega t) + \frac{1}{\pi}\sin(\omega t) - \frac{1}{\pi}\sin(2\omega t)\right. \\ &\quad \left. + \frac{1}{3\pi}\cos(3\omega t) + \frac{1}{3\pi}\sin(3\omega t)\right). \end{aligned} \tag{8.78}$$

Anwendung: Musikinstrumente
Realistische Intensitätsverteilungen und ihre Fourier-Spektren

Die Dreiecksschwingung wurde als stark vereinfachte Intensitätsverteilung eines Musikinstruments verwendet. Im Folgenden werden einige reale Beispiele der Schallintensitäten von Musikinstrumenten gezeigt. Es ergeben sich hier nicht nur einzelne Spitzen bei festen Frequenzen, sondern leicht verbreiterte Intensitätsverteilungen.

Dies liegt einerseits daran, dass reale Töne nie streng periodisch sind, andererseits aber auch an numerischen Fehlern der verwendeten Algorithmen zur Fourier-Analyse.

Die hier gezeigten Beispiele (Abb. 8.7 bis 8.10) wurden von Schülern der 10. bis 12. Klasse im Rahmen einer Sommerschule der Humboldt-Universität Berlin erstellt (Kramer & Warmuth 2010).

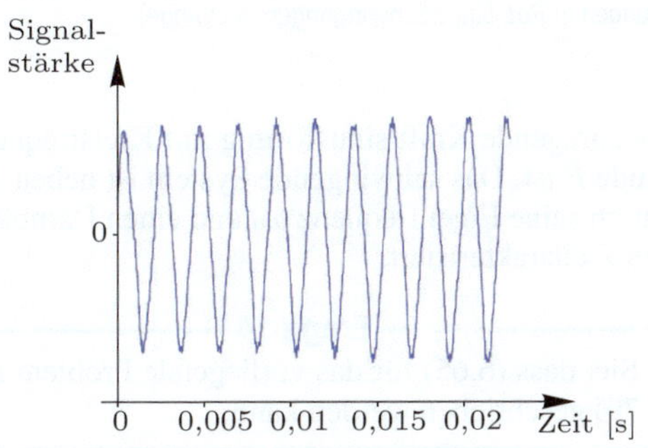

Abb. 8.7 Signalstärke einer Flöte

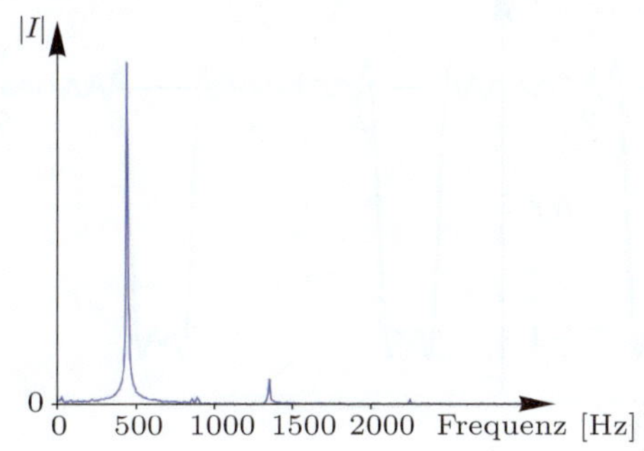

Abb. 8.9 Fourier-Spektrum der Flöte

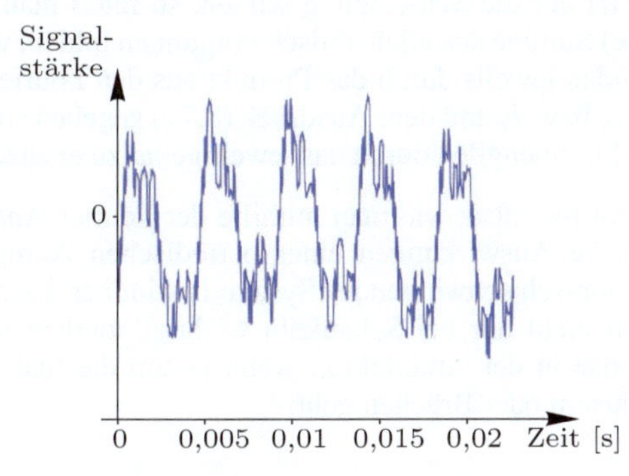

Abb. 8.8 Signalstärke einer Violine

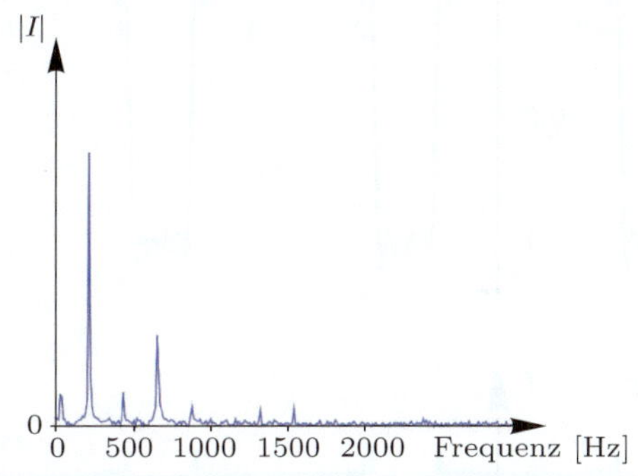

Abb. 8.10 Fourier-Spektrum der Violine

Die Näherungskurven für die Partialsummen bis zu $j = 10$ bzw. 20 bzw. 30 sind in Abb. 8.11 zusammen mit $F(t)$ dargestellt. Abbildung 8.12 zeigt das Spektrum.

Wie man anhand des zweiten Beispiels sieht, konvergieren hier die Partialsummen deutlich schlechter als für die Dreiecksschwingung. Vor allem an den Stellen $t = T/4$ und $t = T/2$, an denen $F(t)$ unstetig ist, ergeben sich deutliche Abweichungen der Partialsummen zur Funktion, gegen die sie konvergieren sollen. Man spricht hier auch von *Über-* bzw. *Unterschwingern*. Es zeigt sich, dass diese Abweichungen auch für beliebige hohe Partialsummen nicht verschwinden. In welchem Sinne die Fourier-Reihe dennoch gegen $F(t)$ konvergiert, wird im „Mathematischen Hintergrund" 8.1 erläutert. Dieses Verhalten der Fourier-Reihe ist typisch bei Funktionen mit Sprungstellen und wird als *Gibbs'sches Phänomen* bezeichnet.

Die oben erhaltene Fourier-Darstellung der Kraft kann man nun schließlich verwenden, um die Auslenkung der Schaukel zu bestimmen. Die Amplitude eines mit ω harmonisch angetriebenen schwingenden Systems (was eine Schaukel für nicht zu große Auslenkungen in guter Näherung ist) haben wir in (6.65) berechnet. Übertragen auf das vorliegende System mit Auslen-

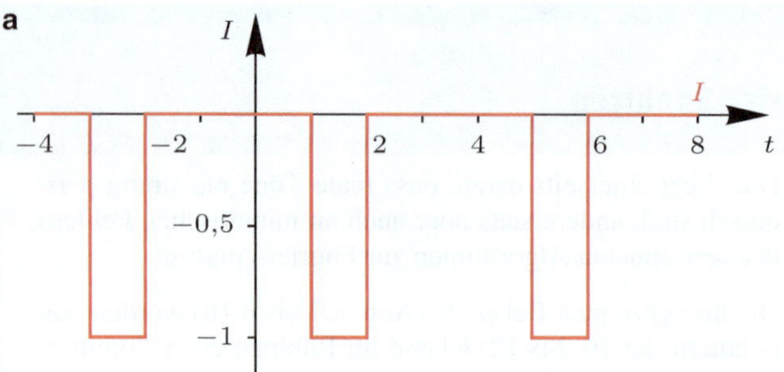

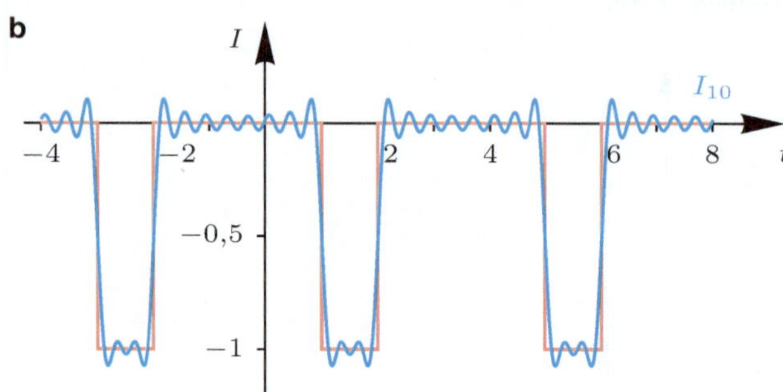

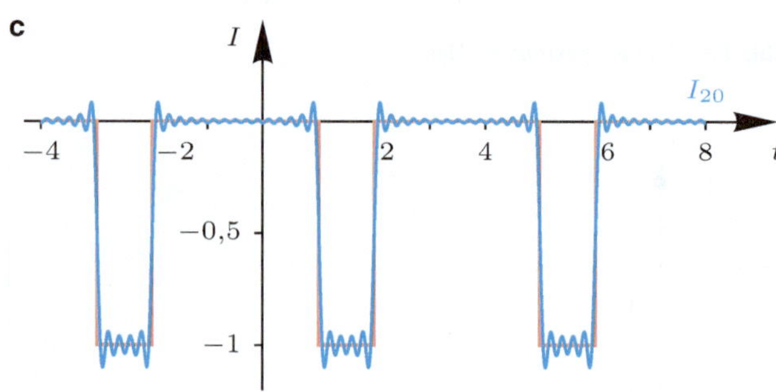

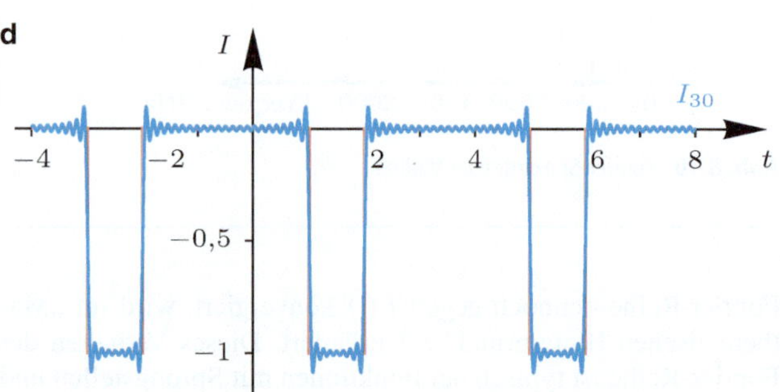

Abb. 8.11 Eine periodische Kraft $F(t)$ (*rot*) und die Annäherungen durch die Partialsummen ihrer Fourier-Reihe (F_{10}, F_{20}, F_{30}). Man erkennt deutlich die Über- und Unterschwinger in der Nähe der Unstetigkeiten von $F(t)$

kungsamplitude $\hat{x}$ und Masse m gilt

$$\hat{x} = \frac{\hat{F}/m}{\sqrt{\left(\omega_0^2 - \omega^2\right)^2 + 4\lambda^2\omega^2}}, \tag{8.79}$$

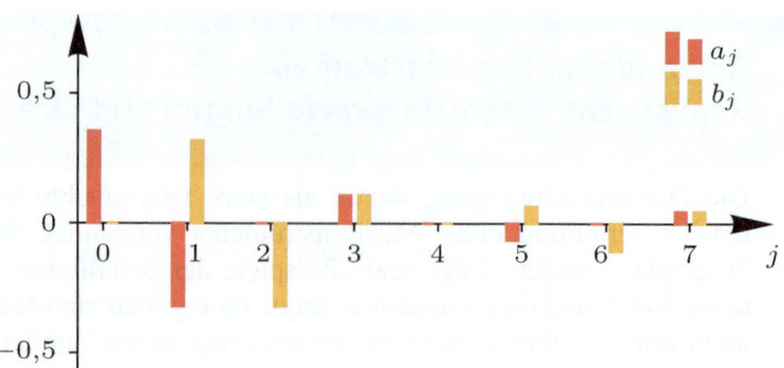

Abb. 8.12 Fourier-Spektrum der untersuchten periodischen Kraft $F(t)$ (8.74). Gezeigt sind die Koeffizienten der ersten sieben Teilschwingungen (Kosinus-Schwingungen in *Rot*, Sinus-Schwingungen in *Orange*)

falls die anregende Kraft sinusförmig mit Kreisfrequenz ω und Amplitude $\hat{F}$ ist. Das schwingende System ist neben der Masse noch durch seine Eigenfrequenz ω_0 und einen Dämpfungskoeffizienten λ charakterisiert.

Frage 14

Zeigen Sie, dass (6.65) für das vorliegende Problem in der Gestalt (8.79) geschrieben werden kann.

Will man die gesamte Auswirkung der hier Fourier-analysierten Kraft $F(t)$ auf die Schwingung wissen, so muss man die (unendliche) Summe aus allen Teilschwingungen bilden, wobei die Amplituden jeweils durch das Produkt aus den Fourier-Koeffizienten a_j bzw. b_j und dem Ausdruck (8.79) gegeben sind und ω je nach Summenglied durch das jeweilige $j\omega$ zu ersetzen ist.

Man sieht hier also, wie man mithilfe der Fourier-Analyse allgemein die Auswirkungen einer periodischen Anregung auf ein harmonisch schwingendes System bestimmen kann. Das ist natürlich nicht nur bei Schaukeln wichtig, sondern auch beispielsweise in der Architektur, wenn es um die Stabilität von Hochhäusern oder Brücken geht.

Alternative Darstellungen der Fourier-Reihen

Neben der Darstellung (8.65) sind noch andere möglich. So erlaubt es die Beziehung

$$\cos(j\omega t - \phi_j) = \cos(j\omega t)\cos\phi_j + \sin(j\omega t)\sin\phi_j, \tag{8.80}$$

jede Linearkombination von Sinus und Kosinus gleicher Frequenz auch als verschobene Kosinus- oder Sinusfunktion darzustellen und umgekehrt. Daher kann man Fourier-Reihen auch in der sogenannten *Amplituden-Phasen-Darstellung* schreiben:

$$f(t) = \sum_{j=0}^{\infty} A_j \cos(j\omega t - \phi_j). \tag{8.81}$$

Eine weitere Möglichkeit ist es, Sinus und Kosinus mittels komplexer Exponentialfunktionen auszudrücken (siehe „Mathematischen Hintergrund“ 6.2):

$$\begin{aligned} \cos(j\omega t) &= \frac{e^{ij\omega t} + e^{-ij\omega t}}{2}, \\ \sin(j\omega t) &= \frac{e^{ij\omega t} - e^{-ij\omega t}}{2i}. \end{aligned} \tag{8.82}$$

Dies führt auf die sogenannte *Exponentialdarstellung* der Fourier-Reihe,

$$f(t) = \sum_{j=-\infty}^{+\infty} c_j e^{ij\omega t}, \tag{8.83}$$

in der wegen der obigen Zusammenhänge nun auch negative Frequenzen auftreten. Die Koeffizienten berechnet man dann folgendermaßen:

$$c_j = \frac{1}{T} \int_c^{c+T} f(t) e^{-ij\omega t}\, dt. \tag{8.84}$$

Diese Darstellung ist häufig einfacher, da Integrale mit Exponentialfunktionen oft leichter zu berechnen sind als Integrale mit trigonometrischen Funktionen (siehe hierzu auch Kap. 13).

8.4 Lagrange-Formalismus für Felder

Dieser Abschnitt liefert eine kurze Einführung in den Lagrange-Formalismus für Felder. Durch den Übergang zum Kontinuum wird die Lagrange-Funktion eines diskreten Systems zu einem Lagrange-Funktional der betrachteten Felder. Dieses Funktional kann als Integral einer Lagrange-Dichte aufgefasst werden. Ausgehend vom Hamilton'schen Prinzip lassen sich daraus Lagrange-Gleichungen als Bewegungsgleichungen für die Felder ableiten. Dabei lassen sich auch äußere Kräfte berücksichtigen. Abschließend werden die abgeleiteten Gleichungen auf drei Raumdimensionen verallgemeinert.

Lagrange-Funktional und Lagrange-Dichte

In Abschn. 8.1 wurde bereits erwähnt, dass sich die Bewegungsgleichungen des Kontinuums ebenfalls aus einer geeigneten Lagrange-Funktion ableiten lassen. Aus Übersichtsgründen haben wir uns bisher nicht mit dem Lagrange-Formalismus für Felder beschäftigt. Dies soll nun in Grundzügen nachgeholt werden.

Wir beginnen der Einfachheit halber in einer räumlichen Dimension mit der Lagrange-Funktion der linearen Kette ohne äußere Kräfte und führen zunächst dafür den Kontinuumslimes durch. Im diskreten Fall haben wir (8.3):

$$L = \frac{m}{2} \sum_{i=0}^{N} \dot{q}_i^2 - \frac{D}{2} \sum_{i=1}^{N} (q_i - q_{i-1})^2. \tag{8.85}$$

Die Summe läuft über alle Punktmassen in der Kette.

Der Grenzfall kann genauso einfach durchgeführt werden wie für die Bewegungsgleichung in Abschn. 8.1: Es ist $q_i(t)$ durch $q(t,x)$ zu ersetzen; weiterhin führen wir die Massendichte $\rho = m/a_0$ und den Elastizitätsmodul $Y = Da_0$ ein. Der Differenzenquotient wird wieder zur ersten Ortsableitung:

$$\frac{q_i(t) - q_{i-1}(t)}{a_0} \to \frac{\partial q(t,x)}{\partial x}. \tag{8.86}$$

Da wir nun über unendlich viele infinitesimale Massenelemente summieren, ersetzen wir die Summe durch ein Integral:

$$a_0 \sum_i \to \int_I dx. \tag{8.87}$$

Hier ist I das Ortsintervall, das der Kettenausdehnung entspricht, also beispielsweise $I = [0, \ell]$. Es folgt

$$L[q] = \int_I dx \left[\frac{\rho}{2} \left(\frac{\partial q(t,x)}{\partial t} \right)^2 - \frac{Y}{2} \left(\frac{\partial q(t,x)}{\partial x} \right)^2 \right]. \tag{8.88}$$

Frage 15

Vollziehen Sie den Übergang zum Kontinuum nach und überprüfen Sie damit (8.88).

Achtung Offensichtlich haben wir es nun nicht mehr mit einer Lagrange-Funktion, sondern mit einem *Lagrange-Funktional* zu tun (siehe „Mathematischen Hintergrund“ 5.2). ◀

Den Integranden in (8.88) nennt man *Lagrange-Dichte* $\mathcal{L}$. Dieser Name ist plausibel, da sich das Lagrange-Funktional über

$$L = \int_I dx\, \mathcal{L}(x) \tag{8.89}$$

berechnen lässt. Im Gegensatz zu $L[q]$ ist die Lagrange-Dichte eine Funktion. Zur Erinnerung soll gesagt werden, dass Funktionale Funktionen auf Zahlen abbilden, während Funktionen von Funktionen wieder Funktionen sind.

Die Lagrange-Dichte selbst ist (wie die Lagrange-Funktion) keine eindeutig bestimmte, messbare Größe, doch ist sie meist der Ausgangspunkt für Feldtheorien. Dies wird vor allem mit der Lagrange-Dichte des elektrodynamischen Feldes in Kap. 20 deutlich werden.

Wir sehen, dass sowohl die Zeit- als auch die Ortsableitung von $q(t,x)$ in das Lagrange-Funktional eingehen. An dieser Stelle ist es nicht mehr direkt offensichtlich, wie sich die Bewegungsgleichungen aus dem Lagrange-Funktional bzw. der Lagrange-Dichte ableiten lassen. Dies soll nun untersucht werden.

Ableitung der Bewegungsgleichungen aus dem Lagrange-Funktional

Bisher kannten wir nur Situationen für diskrete Systeme mit einer Lagrange-Funktion als Funktion von (generalisierten) Koordinaten und ihren ersten Zeitableitungen. Die Anzahl der Freiheitsgrade war dabei stets endlich, und wir erhielten eine Lagrange-Gleichung für jeden Freiheitsgrad. Hier haben wir es mit einem kontinuierlichen Feld und seinen Zeit- und Ortsableitungen zu tun. Die Anzahl der Freiheitsgrade ist jetzt unendlich, da die Felder an jedem Ort x definiert sind. Wie kann man nun die Bewegungsgleichungen für diese Felder erhalten? Sie folgen – wie schon in Kap. 5 gesehen – aus einem Variationsprinzip.

Gesucht ist die Bewegungsgleichung für ein Feld $q(t,x)$. Wir nehmen an, dass sowohl $q(t,x)$ selbst als auch die beiden Ableitungen $\dot{q}(t,x) = \partial q(t,x)/\partial t$ und $q'(t,x) = \partial q(t,x)/\partial x$ in L auftreten dürfen (wobei q' – im Gegensatz zu $\dot{q}$ – schon bekannt ist, wenn $q(x)$ zu einer *festen Zeit* gegeben ist): $L = L(t,q,\dot{q})$. Die Wirkung lautet

$$S = \int_{t_0}^{t_1} \mathrm{d}t\, L = \int_{t_0}^{t_1} \mathrm{d}t \int_I \mathrm{d}x\, \mathcal{L}. \tag{8.90}$$

Erneut verlangen wir, dass die Variation der Wirkung für festes t_0 und t_1 verschwinden soll; wir gehen also vom Hamilton'schen Prinzip aus. Dazu ist es nötig zu fordern, dass die Variation von $q(t,x)$ zu den Zeiten t_0 und t_1 an jedem Ort $x \in I$ null ist. Weiterhin soll die Variation zu allen Zeiten an den räumlichen Endpunkten verschwinden (hier: bei $x = 0$ und $x = \ell$).

Es sei $\delta q(t,x)$ die Variation von $q(t,x)$. Dann sind die Variationen der Ableitungen durch

$$\delta\dot{q} = \frac{\partial(\delta q)}{\partial t} \quad \text{und} \quad \delta q' = \frac{\partial(\delta q)}{\partial x} \tag{8.91}$$

gegeben (siehe (5.162)). Für die Variation der Wirkung folgt

$$\delta S = \int_{t_0}^{t_1} \mathrm{d}t \int_I \mathrm{d}x \left[\frac{\partial\mathcal{L}}{\partial q}\delta q + \frac{\partial\mathcal{L}}{\partial\dot{q}}\delta\dot{q} + \frac{\partial\mathcal{L}}{\partial q'}\delta q'\right], \tag{8.92}$$

wobei wir aus Platzgründen die Zeit- und Ortsabhängigkeiten von $q(t,x)$ nicht explizit aufgeschrieben haben.

Wie sind nun die Terme $\partial\mathcal{L}/\partial q$ usw. zu verstehen? Dazu betrachten wir q, $\dot{q}$ und q' als unabhängige Variablen. Konkret bedeutet dies, dass speziell die Lagrange-Dichte in (8.88) die folgenden Zusammenhänge erfüllt:

$$\begin{aligned} \frac{\partial\mathcal{L}}{\partial q(t,x)} &= 0, \\ \frac{\partial\mathcal{L}}{\partial\dot{q}(t,x)} &= \rho\dot{q}(t,x), \\ \frac{\partial\mathcal{L}}{\partial q'(t,x)} &= -Yq'(t,x). \end{aligned} \tag{8.93}$$

Offensichtlich sind diese Ausdrücke wieder Funktionen von x und t.

Die Variation (8.92) kann mithilfe von (8.91) umgeschrieben werden:

$$\delta S = \int_{t_0}^{t_1} \mathrm{d}t \int_I \mathrm{d}x \left[\frac{\partial\mathcal{L}}{\partial q}\delta q + \frac{\partial\mathcal{L}}{\partial\dot{q}}\frac{\partial}{\partial t}\delta q + \frac{\partial\mathcal{L}}{\partial q'}\frac{\partial}{\partial x}\delta q\right]. \tag{8.94}$$

Wir können nun zwei partielle Integrationen durchführen: die erste für den mittleren Term bezüglich der Zeit, die zweite für den rechten Term bezüglich des Ortes. Wir finden zunächst:

$$\int_{t_0}^{t_1} \mathrm{d}t \int_I \mathrm{d}x\, \frac{\partial\mathcal{L}}{\partial\dot{q}}\frac{\partial}{\partial t}\delta q = -\int_{t_0}^{t_1} \mathrm{d}t \int_I \mathrm{d}x\, \delta q \frac{\partial}{\partial t}\frac{\partial\mathcal{L}}{\partial\dot{q}}. \tag{8.95}$$

Die Randterme haben wir gar nicht erst aufgeschrieben; sie tragen nicht bei, da die Variation δq zu den Zeiten t_0 und t_1 verschwinden soll. Es ist zu beachten, dass $\partial\mathcal{L}/\partial\dot{q}$ wieder eine Funktion von Ort und Zeit ist und wir daher die hier auftretende Zeitableitung ausführen können.

Für die zweite partielle Integration folgt analog

$$\int_{t_0}^{t_1} \mathrm{d}t \int_I \mathrm{d}x\, \frac{\partial\mathcal{L}}{\partial q'}\frac{\partial}{\partial x}\delta q = -\int_{t_0}^{t_1} \mathrm{d}t \int_I \mathrm{d}x\, \delta q \frac{\partial}{\partial x}\frac{\partial\mathcal{L}}{\partial q'}. \tag{8.96}$$

Auch hier trägt der Oberflächenterm (in diesem Fall besteht er nur aus den beiden Randpunkten des Intervalls) nicht bei, da die Variation $\delta q(t,x)$ am Rand des betrachteten Ortsintervalls I ebenfalls verschwinden soll.

Bringen wir nun alle Teilergebnisse zusammen, folgt für die Variation der Wirkung schließlich

$$\delta S = \int_{t_0}^{t_1} \mathrm{d}t \int_I \mathrm{d}x \left[\frac{\partial\mathcal{L}}{\partial q} - \frac{\partial}{\partial t}\frac{\partial\mathcal{L}}{\partial\dot{q}} - \frac{\partial}{\partial x}\frac{\partial\mathcal{L}}{\partial q'}\right]\delta q. \tag{8.97}$$

Frage 16

Rechnen Sie die Schritte nach, die auf (8.97) führen.

Nun nutzen wir noch aus, dass die Variation $\delta q(t,x)$ beliebig ist (außer dass sie am zeitlichen und örtlichen Rand verschwinden soll). Somit muss die eckige Klammer selbst verschwinden, und es folgt die Lagrange-Gleichung für das Feld $q(t,x)$.

Lagrange-Gleichung für eindimensionales Feld

Die Lagrange-Gleichung für das eindimensionale Feld $q(t,x)$ lautet

$$\frac{\partial\mathcal{L}}{\partial q} - \frac{\partial}{\partial t}\frac{\partial\mathcal{L}}{\partial\dot{q}} - \frac{\partial}{\partial x}\frac{\partial\mathcal{L}}{\partial q'} = 0, \tag{8.98}$$

wobei die Lagrange-Dichte $\mathcal{L}$ neben $q(t,x)$ noch von den beiden Ableitungen $\dot{q}(t,x)$ und $q'(t,x)$ abhängen darf.

Achtung Wir sehen, dass wir nur eine einzige Lagrange-Gleichung erhalten, obwohl wir mit $q(t, x)$ unendlich viele Freiheitsgrade betrachten (da x kontinuierlich ist). Wie ist dies zu verstehen? Gleichung (8.98) ist eine partielle Differenzialgleichung in t *und* x und liefert daher sozusagen für jedes x eine Bewegungsgleichung. ◀

Frage 17

Zeigen Sie, dass die bereits bekannte Bewegungsgleichung (8.19) mithilfe der Lagrange-Gleichung (8.98) aus der Lagrange-Dichte in (8.88) folgt.

Äußere Kräfte

Wirken auf die Massenelemente der linearen Kette noch äußere Kräfte, so addiert man einen entsprechenden Term zu der Lagrange-Dichte:

$$\mathcal{L} = \frac{\rho}{2}\left(\frac{\partial q(t,x)}{\partial t}\right)^2 - \frac{Y}{2}\left(\frac{\partial q(t,x)}{\partial x}\right)^2 + f(t,x)q(t,x). \tag{8.99}$$

Hier ist $f(t, x)$ die Kraftdichte am Ort x, also eine Kraft pro Längeneinheit. Die Gesamtkraft auf die Kette ist

$$F(t) = \int_I \mathrm{d}x f(t,x). \tag{8.100}$$

Unter dem Einfluss dieser Kraftdichte nehmen die Bewegungsgleichungen die modifizierte Form

$$\rho\frac{\partial^2 q(t,x)}{\partial t^2} - Y\frac{\partial^2 q(t,x)}{\partial x^2} = f(t,x) \tag{8.101}$$

an.

Frage 18

Zeigen Sie dies mithilfe der Lagrange-Gleichung.

Beim Lösen von (8.101) werden äußere Kräfte in der Regel als Funktionen von Ort und Zeit vorgegeben.

In vielen Fällen hat man es mit der Gravitationskraft zu tun, die auf alle Massenelemente wirkt. Es gibt aber auch viele Situationen, in denen Kräfte nur an der Oberfläche eines elastischen Körpers angreifen – in diesem Fall an den Endpunkten der linearen Kette. Dies sind beispielsweise Zug- oder Druckkräfte durch Einspannen. Wir kommen später wieder darauf zurück.

Verallgemeinerung auf drei räumliche Dimensionen

Für die meisten realistischen Anwendungen ist eine eindimensionale Feldfunktion für die Verformung eines elastischen Materials offensichtlich wenig geeignet. Wir geben daher noch die Erweiterungen der linearen Kette auf ein dreidimensionales elastisches System an. Dazu gehen wir von einem vektorwertigen Feld $\boldsymbol{q}(t, \boldsymbol{r})$ aus, da ein dreidimensionaler elastischer Körper in der Regel in alle Richtungen deformiert werden kann. Die Koordinaten $\boldsymbol{r}$ und die Verformung $\boldsymbol{q}$ sollen kartesische Größen sein. Das Lagrange-Funktional lautet dann

$$L = \int_V \mathrm{d}^3 r \left[\frac{\rho}{2}\dot{\boldsymbol{q}}^2(t,\boldsymbol{r}) - \mathcal{V}(\boldsymbol{q}, \nabla \circ \boldsymbol{q})\right], \tag{8.102}$$

wobei ρ nun die Massendichte im Bezug auf das Volumen ist. Die Integration ist über das gesamte Volumen V des elastischen Körpers auszuführen.

In (8.102) wurde die *potenzielle Energiedichte* $\mathcal{V}(\boldsymbol{q}, \nabla \circ \boldsymbol{q})$ eingeführt. Sie setzt sich in der Regel aus zwei Anteilen zusammen:

$$\mathcal{V}(\boldsymbol{q}, \nabla \circ \boldsymbol{q}) = \mathcal{V}^{(a)}(t, \boldsymbol{q}) + \mathcal{V}^{(i)}(\nabla \circ \boldsymbol{q}). \tag{8.103}$$

Der erste beschreibt den Einfluss äußerer Kräfte. Ähnlich wie in (8.99) schreiben wir nun im dreidimensionalen Raum:

$$\mathcal{V}^{(a)}(t, \boldsymbol{q}) = -\boldsymbol{f}(t,\boldsymbol{r}) \cdot \boldsymbol{q}(t,\boldsymbol{r}). \tag{8.104}$$

Achtung Streng genommen handelt es sich hierbei um kein Potenzial, da wir eine Zeitabhängigkeit erlauben, die zu einer Verletzung der Energieerhaltung führen kann. Der Einfachheit halber schließen wir diesen Term aber in die Definition von V ein. ◀

Der zweite Potenzialbeitrag stammt von der inneren Verformung des Körpers. Im eindimensionalen Fall haben wir dafür

$$\mathcal{V}^{(i)} = \frac{Y}{2}\left(\frac{\partial q(t,x)}{\partial x}\right)^2 \tag{8.105}$$

geschrieben. Im dreidimensionalen Fall muss der Gradient ∇ statt der einfachen Ortsableitung $\partial/\partial x$ verwendet werden. Die innere Energie hängt also nicht von der Verformung $\boldsymbol{q}$ selbst ab, sondern nur von ihrem Gradienten. Beachten Sie dabei, dass bereits in (8.4) nur die Differenzen der q_i in die potenzielle Energie eingegangen sind.

Da $\boldsymbol{q}$ bereits ein Vektor ist, ist der Gradient $\nabla \circ \boldsymbol{q} = (\partial_i q_j)$ ein Tensor zweiter Stufe und hat die Komponenten

$$\boldsymbol{\eta} = (\eta_{ij}) := (\partial_i q_j) = \begin{pmatrix} \partial_x q_x & \partial_x q_y & \partial_x q_z \\ \partial_y q_x & \partial_y q_y & \partial_y q_z \\ \partial_z q_x & \partial_z q_y & \partial_z q_z \end{pmatrix}. \tag{8.106}$$

Der Gradient eines Vektors $\boldsymbol{q}$ ist also nichts anderes als das Tensorprodukt des Nabla-Operators ∇ und $\boldsymbol{q}$ (hier explizit als dyadisches Produkt geschrieben; Abschn. 4.3) und entspricht somit der Jacobi-Matrix von $\boldsymbol{q}$.

Achtung Der Gradient eines Vektors ist unbedingt von der Divergenz zu unterscheiden. Beim ersten handelt es sich um einen Tensor zweiter Stufe, beim zweiten um einen Skalar, da in div $\boldsymbol{q} = \nabla \cdot \boldsymbol{q} = \partial_i q_i$ über den Index summiert wird. Wir schreiben daher zur Verdeutlichung $\nabla \circ \boldsymbol{q}$ anstatt der häufig verwendeten Form $\nabla \boldsymbol{q}$. ◂

Frage 19

Stellen Sie sich einen elastischen Körper ohne äußere Kräfte vor. Überlegen Sie sich, dass eine homogene Verschiebung $\boldsymbol{q}$ für alle Massenelemente die potenzielle Energie nicht ändert. Dazu muss man sich überlegen, wie die innere Verformung aussieht, wenn $\boldsymbol{q}$ homogen ist.

In Abschn. 8.5 wird besprochen, welche funktionale Form die potenzielle Energiedichte $\mathcal{V}^{(i)}(\boldsymbol{\eta})$ für einen dreidimensionalen elastischen Körper annimmt.

Wir beenden diesen Abschnitt mit den Lagrange-Gleichungen in drei Dimensionen.

Lagrange-Gleichung für dreidimensionales Feld

Die Lagrange-Gleichungen für das dreidimensionale Feld $\boldsymbol{q}(t, \boldsymbol{r})$ lauten

$$\frac{\partial \mathcal{L}}{\partial q_i} - \frac{\partial}{\partial t}\frac{\partial \mathcal{L}}{\partial \dot{q}_i} - \frac{\partial}{\partial r_j}\frac{\partial \mathcal{L}}{\partial(\partial_j q_i)} = 0 \quad (i = x, y, z). \tag{8.107}$$

Hier ist über j zu summieren. Wir sehen, dass man eine partielle Differenzialgleichung für jede Komponente des Feldes erhält. Hat man es mit einem Skalarfeld zu tun, z. B. $T(t, \boldsymbol{r})$, so ist in (8.107) bloß q_i durch T zu ersetzen, und es gibt nur eine Lagrange-Gleichung. Es ist zu beachten, dass der Lagrange-Formalismus für Felder viel mächtiger und allgemeiner ist, als es hier erscheinen mag. Vor allem in der Elektrodynamik spielt er eine zentrale Rolle (Kap. 20).

Frage 20

Überlegen Sie sich, analog zum Vorgehen, das auf die eindimensionale Lagrange-Gleichung geführt hat, wie man (8.107) erhalten kann.

8.5 Grundlagen der Elastizitätstheorie

In diesem Abschnitt wird eine kurze Einführung in die lineare Elastizitätstheorie gegeben. Dazu wird der Elastizitätstensor eingeführt, der die elastischen Eigenschaften des betrachteten Materials vollständig beschreibt. Weiterhin wird neben dem Verzerrungstensor noch der Spannungstensor definiert, der eine wichtige Größe in Feldtheorien ist und in seiner allgemeinen Gestalt in vielen Bereichen der Physik auftritt.

Innere potenzielle Energie und Elastizitätstensor

Welche funktionale Form hat der Beitrag der inneren potenziellen Energiedichte $\mathcal{V}^{(i)}(\boldsymbol{\eta})$, die in der Lagrange-Dichte (8.102) eingeführt wurde? Diese Funktion hängt stark davon ab, welche molekularen Wechselwirkungen im elastischen Medium vorherrschen. Allerdings erinnern wir uns hier an die kleinen Schwingungen in Kap. 6 und die Entwicklung der potenziellen Energie in (6.5). Egal wie kompliziert die elastische Energie auch aussehen mag, für kleine Verformungen lässt sich immer eine „gutartige" Näherung finden, die konkrete Rechnungen ermöglicht.

Zunächst gehen wir davon aus, dass der Gradient der Verformung, $\boldsymbol{\eta} = \nabla \circ \boldsymbol{q}$, hinreichend klein ist, sodass wir eine Taylor-Entwicklung durchführen können. Wir entwickeln um den undeformierten Zustand, also $\boldsymbol{\eta} = 0$, bis hin zur zweiten Ordnung in $\boldsymbol{\eta}$:

$$\mathcal{V}^{(i)}(\boldsymbol{\eta}) \approx \mathcal{V}^{(i)}(0) + \left.\frac{\partial \mathcal{V}^{(i)}}{\partial \eta_{ij}}\right|_0 \eta_{ij} + \frac{1}{2}\left.\frac{\partial^2 \mathcal{V}^{(i)}}{\partial \eta_{ij}\partial \eta_{kl}}\right|_0 \eta_{ij}\eta_{kl}. \tag{8.108}$$

Hier ist vor allem zu beachten, dass die Entwicklung im dreidimensionalen Raum durchzuführen ist und über alle Paare von Indizes summiert werden muss. Die Entwicklung ist ansonsten aber vollständig analog zu dem Vorgehen in (6.5).

Der konstante Term $\mathcal{V}^{(i)}(0)$ in (8.108) spielt hier keine Rolle. Da wir um den Gleichgewichtszustand $\boldsymbol{\eta} = 0$ entwickelt haben, in dem die Energie ein Minimum besitzen soll, verschwindet die erste Ordnung der Entwicklung. Es verbleibt lediglich der Term zweiter Ordnung:

$$\mathcal{V}^{(i)}(\boldsymbol{\eta}) \approx \frac{1}{2}\left.\frac{\partial^2 \mathcal{V}^{(i)}}{\partial \eta_{ij}\partial \eta_{kl}}\right|_0 \eta_{ij}\eta_{kl} =: \frac{1}{2} C_{ijkl}\eta_{ij}\eta_{kl}. \tag{8.109}$$

Die Größe C_{ijkl} ist vollständig durch die (unter Umständen ortsabhängigen) Materialeigenschaften festgelegt, die wir hier – wie beispielsweise eine Federkonstante – als gegeben ansehen können. Man nennt sie den *Elastizitätstensor*. Er wird im Kasten „Vertiefung: Elastizitätstensor" näher charakterisiert.

Verzerrungstensor

Wir betrachten die möglichen Verformungen eines elastischen Körpers noch etwas genauer. Häufig wird der Gradient der Verformung in zwei Anteile zerlegt:

$$\partial_i q_j = \eta_{ij} = \epsilon_{ij} + \omega_{ij}. \tag{8.110}$$

Man unterscheidet den symmetrischen *Verzerrungstensor* (häufig auch *Scherungstensor* genannt)

$$\epsilon_{ij} := \frac{1}{2}\left(\eta_{ij} + \eta_{ji}\right) = \epsilon_{ji} \tag{8.111}$$

Vertiefung: Elastizitätstensor Vereinfachung durch Symmetriebeziehungen

Die elastischen Konstanten C_{ijkl} bilden den Elastizitätstensor vierter Stufe mit insgesamt $3^4 = 81$ Komponenten. Man hat es hier mit einem Tensor vierter Stufe zu tun, da er aus dem quadratischen Entwicklungsterm bezüglich des Gradienten der Verformungen stammt, der wiederum durch einen Tensor zweiter Stufe beschrieben wird.

Der Elastizitätstensor erfüllt allerdings eine Reihe von Symmetriebeziehungen, welche die Anzahl der unabhängigen Komponenten stark reduzieren. In Einführungsbüchern der Elastizitätstheorie (Sadd 2009) wird gezeigt, dass die Bedingungen

$$C_{ijkl} = C_{jikl}, \quad C_{ijkl} = C_{ijlk}, \quad C_{ijkl} = C_{klij}$$

gelten, die „nur" 21 unabhängige Komponenten übrig lassen.

Außerdem kann man in vielen Fällen in guter Näherung Materialien als homogen und isotrop betrachten. Die Homogenität hat zur Folge, dass der Elastizitätstensor nicht vom Ort abhängt, was das Lösen der Bewegungsgleichungen stark vereinfacht. Durch die Isotropie bleiben schließlich nur noch *zwei* unabhängige Parameter übrig. Man schreibt den Elastizitätstensor dann häufig in der einfachen Form

$$C_{ijkl} = \lambda\delta_{ij}\delta_{kl} + \mu\left(\delta_{ik}\delta_{jl} + \delta_{il}\delta_{jk}\right).$$

Man nennt λ und μ die erste und zweite *Lamé-Konstante*. Die erste, λ, beschreibt, wie sich das Material verhält, wenn es komprimiert wird. Die zweite, μ, wird auch häufig als *Schermodul* oder *Schubmodul G* bezeichnet und charakterisiert das Verhalten des Materials unter Scherung. Der Elastizitätsmodul aus (8.13), der dort nur für ein eindimensionales Medium definiert wurde, wird für dreidimensionale Materialien durch den *Young'schen Elastizitätsmodul*

$$E = \frac{\mu(3\lambda + 2\mu)}{\lambda + \mu}$$

ersetzt, der die Dimension eines Drucks besitzt. Die beiden Lamé-Konstanten lassen sich bestimmen, indem Materialproben verformt und die dabei benötigten Kräfte gemessen werden.

Es ist zu beachten, dass der Elastizitätstensor nur lineare, also kleine Verformungsgradienten beschreibt. Außerdem berücksichtigt diese einfache Theorie nicht die *Plastizität*. Dabei handelt es sich um irreversible Verformungen, die durch Umwandlung von mechanischer Energie in Wärme entstehen. Ganze Wissenschaftszweige, vor allem im Ingenieurswesen, beschäftigen sich mit nichtlinearen, nichthomogenen oder plastischen Materialeigenschaften. Die Automobilindustrie – um nur ein Anwendungsfeld zu nennen – ist bestrebt, leichtere, festere und günstigere Materialien für Karosserien zu entwickeln.

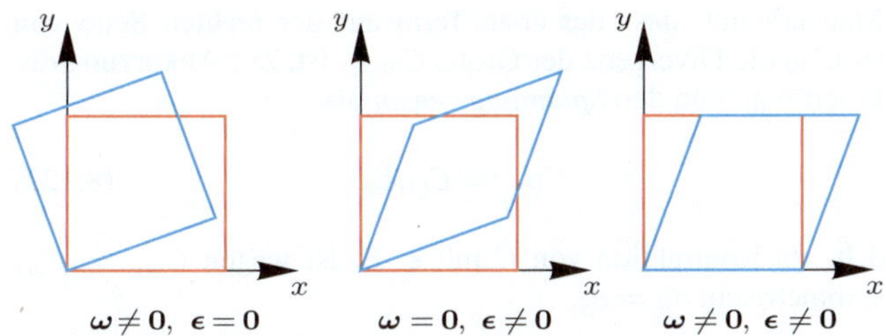

Abb. 8.13 Durch die Zerlegung (8.110) werden Drehungen und Verzerrungen voneinander getrennt. Allgemeine Verformungen (*rechts*) lassen sich als Überlagerung einer reinen Drehung (*links*) und einer reinen Verzerrung (*Mitte*) darstellen

und den antisymmetrischen *Drehungstensor*

$$\omega_{ij} := \frac{1}{2}\left(\eta_{ij} - \eta_{ji}\right) = -\omega_{ji}. \tag{8.112}$$

Während $\boldsymbol{\omega}(t, \boldsymbol{r})$ die Drehung eines lokalen Elements des Körpers beschreibt, die Winkel und Längen invariant lässt (Aufgabe 8.6), erfasst $\boldsymbol{\epsilon}(t, \boldsymbol{r})$ eine tatsächliche Verzerrung am Ort $\boldsymbol{r}$ (Abb. 8.13).

Nur die Verzerrung $\boldsymbol{\epsilon}$ geht in die potenzielle Energie ein, da eine reine Drehung eines Massenelements nicht zur inneren Energie beiträgt. Dies wird in Aufgabe 8.6 genauer diskutiert.

Scherung

Eine der einfachsten Verformungen ist eine *Scherung*: Ein elastischer Quader sei in der x-z-Ebene geschert (Abb. 8.14). Dabei werden die Massenelemente entlang der x-Achse verschoben, und man kann zunächst

$$\boldsymbol{q}(t, \boldsymbol{x}) = q_x(z)\hat{\boldsymbol{e}}_x \tag{8.113}$$

schreiben, d. h., die Verformung hängt von der Lage z der Massenelemente ab, nicht jedoch von x oder y; außerdem sei die Verformung statisch, also zeitunabhängig. Die Scherung soll linear in z sein:

$$q_x(z) = \frac{\Delta L}{H} z. \tag{8.114}$$

Teil I

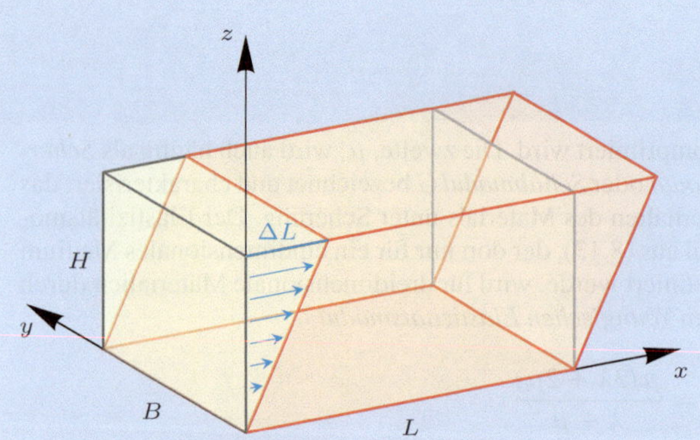

Abb. 8.14 Zur Scherung eines Quaders in der x-z-Ebene. Die Scherung wird durch das Verhältnis $\Delta L/H = \text{const}$ definiert

Dann ist

$$\eta_{zx} = \frac{\mathrm{d}q_x}{\mathrm{d}z} = \frac{\Delta L}{H} = \text{const} \tag{8.115}$$

die einzige nicht verschwindende Komponente des Deformationsgradienten $\boldsymbol{\eta}$. Wir erhalten also

$$\boldsymbol{\eta} = \begin{pmatrix} 0 & 0 & 0 \\ 0 & 0 & 0 \\ \eta_{zx} & 0 & 0 \end{pmatrix} \\ \Longrightarrow \quad \boldsymbol{\epsilon} = \frac{1}{2}\begin{pmatrix} 0 & 0 & \eta_{zx} \\ 0 & 0 & 0 \\ \eta_{zx} & 0 & 0 \end{pmatrix}. \tag{8.116}$$

Wir kommen in Aufgabe 8.7 nochmals auf die Scherung zurück. ◀

Bewegungsgleichungen und Spannungstensor

Eine grundlegende Größe in der Elastizitätstheorie ist der sogenannte *Spannungstensor*, der in den Bewegungsgleichungen auftritt. Diese stellen wir zunächst in einem Beispiel auf. Dazu wenden wir die Lagrange-Gleichungen auf die Lagrange-Dichte des elastischen Mediums an.

Bewegungsgleichungen des elastischen Mediums

Wir betrachten nun die konkrete Lagrange-Dichte

$$\mathcal{L} = \frac{\rho}{2}\dot{\boldsymbol{q}}^2 - \mathcal{V}(\boldsymbol{q}, \boldsymbol{\eta}) = \frac{\rho}{2}\dot{q}_i\dot{q}_i - \frac{1}{2}C_{ijkl}\eta_{ij}\eta_{kl} + f_i q_i, \tag{8.117}$$

wobei $\boldsymbol{q}$, $\boldsymbol{\eta}$ und $\boldsymbol{f}$ im Allgemeinen Funktionen von Ort und Zeit sind. Die Bewegungsgleichungen leiten wir mithilfe der Lagrange-Gleichungen (8.107) ab.

Es folgt

$$\frac{\partial \mathcal{L}}{\partial q_m} = f_m, \quad \frac{\partial \mathcal{L}}{\partial \dot{q}_m} = \rho \dot{q}_m, \quad \frac{\partial \mathcal{L}}{\partial \eta_{mn}} = -C_{mnkl}\eta_{kl}. \tag{8.118}$$

Die letzte Gleichung gilt wegen

$$\frac{\partial \eta_{kl}}{\partial \eta_{mn}} = \delta_{mk}\delta_{nl}, \tag{8.119}$$

da alle Elemente von $\boldsymbol{\eta}$ unabhängig sind.

Die Bewegungsgleichungen des linearen elastischen Mediums lauten also

$$\rho \ddot{q}_m = \partial_n (C_{mnkl}\eta_{kl}) + f_m, \tag{8.120}$$

können aber noch in der Form

$$\rho \ddot{q}_m = \partial_n (C_{mnkl}\epsilon_{kl}) + f_m \tag{8.121}$$

geschrieben werden, da wir gesehen haben, dass nur der Anteil $\boldsymbol{\epsilon}$ zur Energie beiträgt. ◀

Frage 21

Überprüfen Sie explizit die Rechnungen, die auf (8.121) führen. Arbeiten Sie dabei mit der Index-Notation und nutzen Sie (8.110) sowie die Symmetrieeigenschaften des Elastizitätstensors aus.

Man erkennt, dass der erste Term auf der rechten Seite von (8.121) die Divergenz der Größe $C_{ijkl}\epsilon_{kl}$ ist. Zur Abkürzung definiert man nun den *Spannungstensor* als

$$\sigma_{ij} := C_{ijkl}\epsilon_{kl}, \tag{8.122}$$

d. h. als Kontraktion von $\boldsymbol{C}$ mit $\boldsymbol{\epsilon}$. Er ist wegen $C_{ijkl} = C_{jikl}$ symmetrisch: $\sigma_{ij} = \sigma_{ji}$.

Bewegungsgleichung des elastischen Mediums

Ein elastisches Medium erfüllt die Bewegungsgleichungen

$$\rho \ddot{q}_i = \partial_j \sigma_{ij} + f_i \tag{8.123}$$

bzw. in Vektornotation formuliert:

$$\rho \ddot{\boldsymbol{q}} = \mathbf{div}\, \boldsymbol{\sigma} + \boldsymbol{f}. \tag{8.124}$$

Hier ist $\boldsymbol{\sigma}$ der Spannungstensor und $\mathbf{div}\, \boldsymbol{\sigma} = (\partial_j \sigma_{ij})$ seine Divergenz (die in diesem Fall vektorwertig ist und daher fett geschrieben wird).

Während die *Kinematik* eines elastischen Materials durch seine Verzerrungen $\boldsymbol{\epsilon}$ beschrieben wird, benötigt man den Spannungstensor $\boldsymbol{\sigma}$ für die *Dynamik*. An dieser Stelle sind einige Erklärungen notwendig.

Interpretation des Spannungstensors

Welche anschauliche Bedeutung hat (8.123) bzw. (8.124)? Die Massenelemente des elastischen Körpers werden durch äußere Kräfte $\boldsymbol{f}$ oder durch eine Inhomogenität der inneren *Spannungen* $\boldsymbol{\sigma}$ beschleunigt. Dass äußere Kräfte zu einer Beschleunigung führen, ist wenig überraschend, doch es muss erläutert werden, welche Bedeutung der Spannungstensor und seine Divergenz $\mathbf{div}\,\boldsymbol{\sigma}$ bzw. $\partial_j \sigma_{ij}$ haben.

In der Kontinuumsmechanik lassen sich Kräfte generell in zwei Kategorien unterteilen: *Volumenkräfte* und *Oberflächen-* bzw. *Kontaktkräfte*. Zu den Volumenkräften zählt beispielsweise die Gravitation. Sie kann direkt als ein Term $\boldsymbol{f} = \rho \boldsymbol{g}$ in (8.124) berücksichtigt werden. Wir werden in Kürze sehen, dass mechanische Spannungen nichts weiter sind als Kräfte, die auf Flächen wirken. Dies zeigt eine enge Verwandtschaft von Spannungen und Druck, wie wir in Abschn. 8.6 noch sehen werden.

Die Flächen, auf welche diese Spannungen wirken, können äußere Flächen, also Oberflächen, von Objekten sein. Innere Spannungen hingegen lassen sich als Kräfte interpretieren, die auf (imaginäre, d. h. gedachte) Flächen wirken, die im Inneren eines Körpers verlaufen.

Stellen wir uns einen unbeschleunigten, aber deformierten elastischen Körper vor. Dieser wird wegen $\ddot{\boldsymbol{q}} = 0$ also durch die Gleichung

$$0 = \mathbf{div}\,\boldsymbol{\sigma} + \boldsymbol{f} \tag{8.125}$$

beschrieben. Man spricht dann auch von der *Statik*. Aus der Newton'schen Mechanik wissen wir, dass unbeschleunigte Punktmassen insgesamt keine Kraft erfahren. Dies muss hier genauso für jedes beliebige Volumenelement gelten. Somit sieht man bereits, dass es sich bei $\mathbf{div}\,\boldsymbol{\sigma}$ um eine innere Kraft handeln muss, die vom Verzerrungszustand $\boldsymbol{\epsilon}$ abhängt und gerade die äußere Kraft $\boldsymbol{f}$ kompensiert. Die Verzerrung $\boldsymbol{\epsilon}$ des statischen elastischen Körpers stellt sich also über (8.122) so ein, dass (8.125) erfüllt wird.

Frage 22

Wesentlich aufwendiger wird die Betrachtung, wenn der elastische Körper nicht mehr im Gleichgewicht ist. Dann ist im Allgemeinen $\ddot{\boldsymbol{q}} \neq 0$. Machen Sie sich klar, dass die Spannungsinhomogenitäten $\mathbf{div}\,\boldsymbol{\sigma}$ in diesem Fall die Volumenkräfte nicht mehr ausgleichen.

Betrachten wir nun ein Volumen V, in dem die Kraftdichte $\boldsymbol{f}$ wirkt. Dann können wir

$$\iiint_V (\mathbf{div}\,\boldsymbol{\sigma})\,\mathrm{d}V = -\iiint_V \boldsymbol{f}\,\mathrm{d}V \tag{8.126}$$

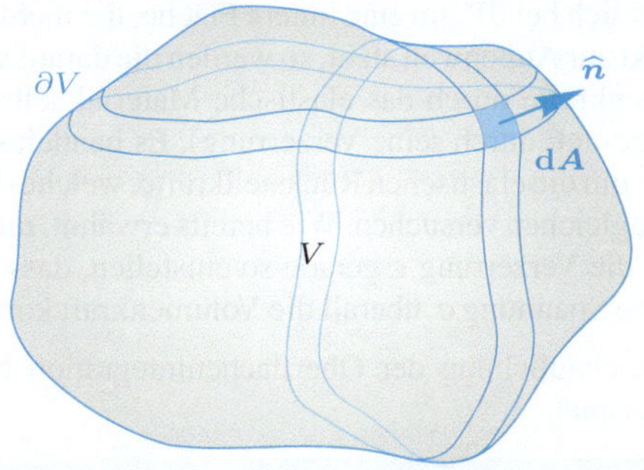

Abb. 8.15 Ein Volumen V wird von seiner Oberfläche ∂V eingeschlossen. Die Oberfläche besteht aus infinitesimalen Flächenelementen $\mathbf{d}\boldsymbol{A} = \mathrm{d}A\,\hat{\boldsymbol{n}}$, wobei der Einheitsnormalenvektor $\hat{\boldsymbol{n}}$ stets nach außen zeigt

schreiben. Es soll nun der Term auf der linken Seite so umgeformt werden, dass wir $\boldsymbol{\sigma}$ anschaulich interpretieren können. An dieser Stelle kommt der *Integralsatz von Gauß* ins Spiel, der erst im „Mathematischen Hintergrund" 11.3 gründlich besprochen wird (siehe hierzu auch den „Mathematischen Hintergrund" 1.9).

Der Satz von Gauß erlaubt es, Volumenintegrale einer Divergenz in ein Oberflächenintegral umzuformen:

$$\iiint_V (\partial_j v_j)\,\mathrm{d}V = \oint\!\!\!\oint_{\partial V} v_j\,\mathrm{d}A_j. \tag{8.127}$$

Hier ist $\boldsymbol{v} = (v_j)$ ein Vektorfeld und $\mathbf{d}\boldsymbol{A} = (\mathrm{d}A_j)$ das orientierte Flächenelement derjenigen Oberfläche ∂V, die das Volumen V einschließt (Abb. 8.15). Die Richtung $\hat{\boldsymbol{n}}$ von $\mathbf{d}\boldsymbol{A} = \mathrm{d}A\,\hat{\boldsymbol{n}}$ zeigt dabei senkrecht zur lokalen Oberfläche nach außen (d. h. fort vom eingeschlossenen Volumen); $\hat{\boldsymbol{n}}$ hängt also vom Ort ab.

Gleichung (8.127) lässt sich auf Tensorfelder beliebiger Stufe verallgemeinern, hier dargestellt für einen Tensor zweiter Ordnung:

$$\iiint_V (\partial_j \sigma_{ij})\,\mathrm{d}V = \oint\!\!\!\oint_{\partial V} \sigma_{ij}\,\mathrm{d}A_j. \tag{8.128}$$

Wir erkennen, dass (8.128) die Komponentenschreibweise von

$$\iiint_V (\mathbf{div}\,\boldsymbol{\sigma})\,\mathrm{d}V = \oint\!\!\!\oint_{\partial V} \boldsymbol{\sigma}\,\mathbf{d}\boldsymbol{A} \tag{8.129}$$

und dass die linke Seite gerade der Ausdruck auf der linken Seite von (8.126) ist. Daraus folgt unmittelbar

$$\oint\!\!\!\oint_{\partial V} \boldsymbol{\sigma}\,\mathbf{d}\boldsymbol{A} = -\iiint_V \boldsymbol{f}\,\mathrm{d}V. \tag{8.130}$$

Dies ist der Schlüssel zur Interpretation des Spannungstensors: Das Oberflächenintegral des Spannungstensors auf der linken Seite von (8.130) kompensiert in der Statik gerade die negative Volumenkraft. Damit kann $\boldsymbol{\sigma}$ als ein Maß für die Kraft pro Fläche, die an der Oberfläche ∂V angreift, interpretiert werden.

Handelt es sich bei ∂V um eine innere Fläche, die nicht im direkten Kontakt zur Außenwelt steht, so werden die darauf wirkenden Oberflächenkräfte durch das elastische Material selbst erzeugt (genauer gesagt: durch seine Verzerrung). Es handelt sich dabei sozusagen um die elastischen Rückstellkräfte, welche die Verzerrung auszugleichen versuchen. Wie bereits erwähnt, muss sich in der Statik die Verzerrung $\boldsymbol{\epsilon}$ gerade so einstellen, dass die damit verbundene Spannung $\boldsymbol{\sigma}$ überall die Volumenkraft kompensiert.

Zur Veranschaulichung der Oberflächenintegration betrachten wir ein Beispiel.

Oberflächenintegral in kartesischen Koordinaten

Es soll das Oberflächenintegral eines Vektorfeldes $\boldsymbol{v}(\boldsymbol{r})$ auf einem Würfel mit Kantenlänge a und Mittelpunkt im Ursprung berechnet werden. Das Integral lautet zunächst

$$I = \oiint_{\partial V} \boldsymbol{v} \cdot \mathbf{d}\boldsymbol{A} = \oiint_{\partial V} \boldsymbol{v} \cdot \hat{\boldsymbol{n}}\, \mathrm{d}A. \tag{8.131}$$

Die Oberfläche eines Würfels besteht aus sechs einzelnen Flächen; wir greifen uns davon zunächst willkürlich eine heraus (und zwar die Fläche bei $x = +a/2$):

$$I_{+x} = \int_{-a/2}^{+a/2} \mathrm{d}y \int_{-a/2}^{+a/2} \mathrm{d}z\, \boldsymbol{v}(+a/2, y, z) \cdot \hat{\boldsymbol{e}}_x\, \mathrm{d}A. \tag{8.132}$$

Der Normalenvektor $\hat{\boldsymbol{n}}$ zeigt stets senkrecht nach außen.

In diesem Beispiel ist die betrachtete Fläche eben, sodass der Normalenvektor über die gesamte Fläche A_{+x} konstant ist und $\hat{\boldsymbol{n}} = \hat{\boldsymbol{e}}_x$ gilt (für die Fläche A_{-x} bei $x = -a/2$ gilt entsprechend $\hat{\boldsymbol{n}} = -\hat{\boldsymbol{e}}_x$). Man betrachtet also das Vektorfeld $\boldsymbol{v}$ auf der angegebenen Fläche und projiziert es auf den dortigen Vektor $\hat{\boldsymbol{n}}$. Der resultierende Ausdruck wird dann integriert.

Wählen wir beispielsweise das konkrete Feld

$$\boldsymbol{v}(\boldsymbol{r}) = \begin{pmatrix} x \\ y \\ -2z \end{pmatrix}, \tag{8.133}$$

dessen Divergenz $\partial_x x + \partial_y y - 2\partial_z z = 0$ ist. Bei $x = +a/2$ ist

$$\boldsymbol{v}(+a/2, y, z) \cdot \hat{\boldsymbol{e}}_x = \begin{pmatrix} a/2 \\ y \\ -2z \end{pmatrix} \cdot \hat{\boldsymbol{e}}_x = \frac{a}{2}. \tag{8.134}$$

Die übrigen fünf entsprechenden Ausdrücke lauten

$$\begin{aligned} -\boldsymbol{v}(-a/2, y, z) \cdot \hat{\boldsymbol{e}}_x &= \frac{a}{2}, \\ \boldsymbol{v}(x, +a/2, z) \cdot \hat{\boldsymbol{e}}_y &= \frac{a}{2}, \\ -\boldsymbol{v}(x, -a/2, z) \cdot \hat{\boldsymbol{e}}_y &= \frac{a}{2}, \\ \boldsymbol{v}(x, y, +a/2) \cdot \hat{\boldsymbol{e}}_z &= -a, \\ -\boldsymbol{v}(x, y, -a/2) \cdot \hat{\boldsymbol{e}}_z &= -a. \end{aligned} \tag{8.135}$$

Somit sind alle sechs Integranden innerhalb ihrer Integrationsgrenzen konstant, und das gesamte Oberflächenintegral lautet einfach

$$I = \left(\frac{a}{2} + \frac{a}{2} + \frac{a}{2} + \frac{a}{2} - a - a\right) A = 0, \tag{8.136}$$

wobei $A = a^2$ die Fläche jeder Seite ist – in Übereinstimmung mit dem Gauß'schen Satz und der verschwindenden Divergenz. ◀

Weitere Beispiele zur Berechnung von Oberflächenintegralen werden in Aufgabe 11.4 im Rahmen der Maxwell'schen Gleichungen besprochen.

Wie hängt nun die Spannung mit der Oberflächenkraft zusammen? Die durch eine Spannung $\boldsymbol{\sigma}$ verursachte infinitesimale Kraft $\mathbf{d}\boldsymbol{F}$, die auf ein kleines Flächenelement $\mathbf{d}\boldsymbol{A} = \mathrm{d}A\, \hat{\boldsymbol{n}}$ wirkt, ist durch

$$\mathbf{d}\boldsymbol{F} = \boldsymbol{\sigma}\, \mathbf{d}\boldsymbol{A} = \mathrm{d}A\, \boldsymbol{\sigma}\hat{\boldsymbol{n}} \quad \text{bzw.} \quad \mathrm{d}F_i = \mathrm{d}A\, \sigma_{ij}\hat{n}_j \tag{8.137}$$

gegeben. Dies erklärt auch, warum wir beispielsweise von einem gespannten Faden sprechen: Durch eine äußere Kontaktkraft wird eine innere Spannung $\boldsymbol{\sigma}$ erzeugt, die der von außen auferlegten Spannung entgegenwirkt.

Achtung Die Kraft $\mathbf{d}\boldsymbol{F}$ muss nicht zwangsläufig in dieselbe Richtung zeigen wie $\hat{\boldsymbol{n}}$, da $\boldsymbol{\sigma}$ ein Tensor zweiter Stufe ist. Insbesondere kann die Kraft für eine endliche Spannung unter Umständen sogar verschwinden, wenn $\hat{\boldsymbol{n}}$ entsprechend gewählt wird. ◀

Frage 23

Denken Sie sich einen Spannungstensor, für den nur die Elemente σ_{ij} $(i, j = x, y)$ nicht verschwinden. Berechnen Sie die Kraft auf ein Flächenelement mit Normalenvektor $\hat{\boldsymbol{n}} = \hat{\boldsymbol{e}}_z$. Was sehen Sie?

Spannungstensor

Im Gegensatz zu einer Volumenkraft wie der Gravitation beschreibt der Spannungstensor $\boldsymbol{\sigma}$ Flächenkräfte: Auf ein orientiertes Flächenelement $\mathbf{d}\boldsymbol{A}$ wirkt die Kraft

$$\mathbf{d}\boldsymbol{F} = \boldsymbol{\sigma}\, \mathbf{d}\boldsymbol{A}. \tag{8.138}$$

In Abb. 8.16 ist ein Beispiel für eine Kraftverteilung in einem infinitesimalen Volumenelement $\mathrm{d}V$ gezeigt. Aus Gründen der Anschaulichkeit betrachten wir nur ein zweidimensionales Problem in der x-y-Ebene. Auf den vier Seiten des Quadrats sind Spannungstensoren $\boldsymbol{\sigma}_{\pm x}$ und $\boldsymbol{\sigma}_{\pm y}$ definiert, die über die Normalenvektoren $\pm\hat{\boldsymbol{e}}_x$ und $\pm\hat{\boldsymbol{e}}_y$ und (8.138) in Flächenkräften $\mathbf{d}\boldsymbol{F}_{\pm x}$ und $\mathbf{d}\boldsymbol{F}_{\pm y}$ resultieren. In der Statik müssen diese gerade eine mögliche Volumenkraft $\boldsymbol{f}\, \mathrm{d}V$ kompensieren.

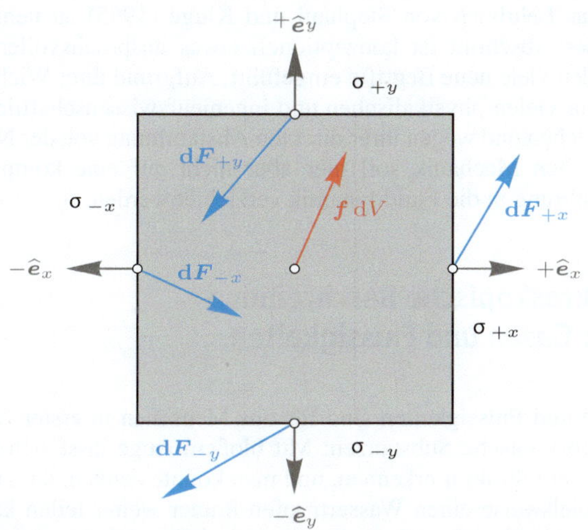

Abb. 8.16 Ein Volumenelement (hier zur besseren Übersicht nur in zwei Dimensionen dargestellt) kann eine Volumenkraft $f\,dV$ (*rot*) und Oberflächenkräfte (*blau*) erfahren. Auf jeder Seite sei eine konstante Spannung $\boldsymbol{\sigma}$ definiert, die über den Normalenvektor auf eine entsprechende Flächenkraft führt, die allgemein nicht parallel zum Normalenvektor ist. In diesem Fall ist die Summe aller Kräfte gerade null, sodass (8.125) gilt

Es muss noch erläutert werden, warum nur Inhomogenitäten des Spannungstensors (ausgedrückt durch seine Divergenz) in die Bewegungsgleichung eingehen und nicht $\boldsymbol{\sigma}$ selbst. Dies soll am Beispiel der Spannung in einem hängenden Faden veranschaulicht werden. Der Spannungstensor für die Scherung in (8.116) wird in Aufgabe 8.7 bestimmt.

Faden im Gravitationsfeld

Stellen wir uns einen statischen Faden mit Querschnittsfläche A vor, der von der Decke herabhängt (Abb. 8.17). Durch die Gravitation $\boldsymbol{g} = -g\hat{\boldsymbol{e}}_z$ wirkt eine äußere Kraft auf den Faden, und es wird sich ein Spannungszustand einstellen, sodass (8.125) gilt. Die Spannungen $\boldsymbol{\sigma}$ im Faden müssen also

$$\partial_j\sigma_{xj} = 0, \quad \partial_j\sigma_{yj} = 0, \quad \partial_j\sigma_{zj} = \rho g \tag{8.139}$$

erfüllen. Für den Faden heißt dies, dass er trotz der Gravitationskraft nicht beschleunigt wird, da an jedem Punkt des Fadens die Gravitation durch die Divergenz des Spannungstensors genau ausgeglichen wird.

Wir können hier in guter Näherung annehmen, dass die Spannung sich über die Querschnittsfläche des Fadens nicht ändert. Dies bedeutet, dass Ableitungen von $\boldsymbol{\sigma}$ nach x und y alle verschwinden. Es verbleibt

$$\partial_z\sigma_{xz} = 0, \quad \partial_z\sigma_{yz} = 0, \quad \partial_z\sigma_{zz} = \rho g. \tag{8.140}$$

Diese Gleichungen kann man direkt aufintegrieren:

$$\sigma_{xz} = C_{xz}, \quad \sigma_{yz} = C_{yz}, \quad \sigma_{zz} = C_{zz} + \rho g z. \tag{8.141}$$

Hier sind die C_{ij} Konstanten, die in der Bewegungsgleichung keine Rolle spielen. Über die anderen Komponenten des Spannungstensors können wir keine Aussage treffen. Entscheidend ist jedoch der zweite Term von σ_{zz}: Die Größe $\rho g z$ beschreibt gerade die Inhomogenität der Spannung, die nötig ist, um die Gravitationskraft zu kompensieren.

Um besser zu verstehen, wie nun die Divergenz der Spannung die Rolle einer Kraft übernimmt, legen wir in Gedanken zwei Ebenen durch den Faden: die erste, $\boldsymbol{A}'$, bei z', die zweite, $\boldsymbol{A}''$, bei $z'' = z' + dz$. Diese beiden Flächen grenzen ein kleines Fadenvolumen $dV = A\,dz$ ein. Es zeigen sowohl $\boldsymbol{A}'$ als auch $\boldsymbol{A}''$ von dem eingeschlossenen Volumenelement fort, wie in Abb. 8.17 gezeigt.

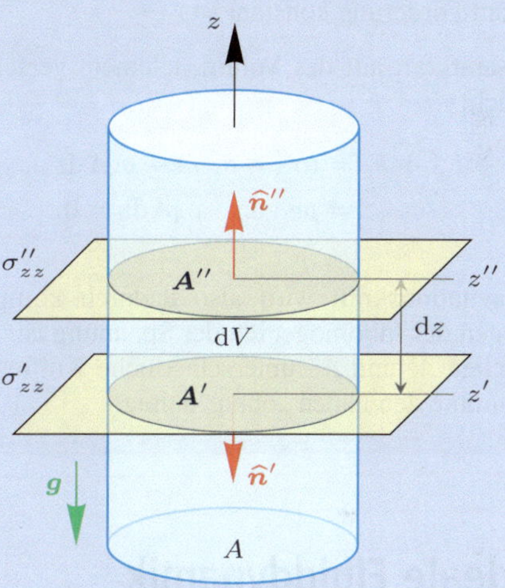

Abb. 8.17 Faden im Gravitationsfeld. Wegen der Gravitationsbeschleunigung $\boldsymbol{g}$ sind die Spannungen σ'_{zz} und σ''_{zz} auf den Querschnittsflächen A' und A'' nicht gleich

$$\boldsymbol{A}' = A\,\hat{\boldsymbol{n}}' = -A\hat{\boldsymbol{e}}_z, \quad \boldsymbol{A}'' = A\,\hat{\boldsymbol{n}}'' = +A\hat{\boldsymbol{e}}_z. \tag{8.142}$$

Die Gravitationskraft, die auf das Volumen dV wirkt, ist

$$F_z = -\rho g\,dV = -\rho g A\,dz. \tag{8.143}$$

Nun soll untersucht werden, welche Kraft durch die Spannung auf dieses Volumenelement wirkt und ob sie die Gravitationskraft tatsächlich genau kompensiert. Die Spannungen am Ort der beiden imaginären Flächen sind

$$\sigma'_{zz} = \rho g z', \quad \sigma''_{zz} = \rho g z'' > \sigma'_{zz}, \tag{8.144}$$

wobei wir die Konstante C_{zz} gleich null gesetzt haben.

Nun können wir zunächst die Kräfte ausrechnen, die durch die Spannungen an den Flächen A' und A'' erzeugt werden. Diese Kräfte müssen entlang der z-Achse wirken. Auf die Ebene A' wirkt die Kraft

$$F'_z = \sigma'_{zz} A'_z = -\sigma'_{zz} A, \tag{8.145}$$

während die auf die zweite Ebene A'' wirkende Kraft

$$F''_z = \sigma''_{zz} A''_z = \sigma''_{zz} A \tag{8.146}$$

ist. Neben der Gravitationskraft wirken auf das Volumenelement also die beiden Oberflächenkräfte F'_z und F''_z. Zusammen ergeben diese die Kraft

$$F'_z + F''_z = (\sigma''_{zz} - \sigma'_{zz})A. \tag{8.147}$$

Die Mantelfläche trägt nicht bei, da ihr Normalenvektor innerhalb der x-y-Ebene liegt, in welcher der Spannungstensor laut Forderung konstant ist.

Die Gesamtkraft auf das Volumenelement verschwindet tatsächlich:

$$\begin{aligned} F'_z + F''_z + F_z &= (\sigma''_{zz} - \sigma'_{zz})A - \rho g A \,\mathrm{d}z \\ &= \rho g A \,\mathrm{d}z - \rho g A \,\mathrm{d}z = 0. \end{aligned} \tag{8.148}$$

Die Gravitationskraft wird also dadurch kompensiert, dass wegen der Inhomogenität der Spannung auf die beiden Flächen A' und A'' unterschiedliche Kräfte wirken, deren Summe den Faden „oben" halten. ◀

8.6 Ideale Fluiddynamik

Wir haben in Abschn. 8.5 elastische Medien besprochen. In unserem Alltag gibt es aber noch eine völlig unterschiedliche Klasse von Stoffen: Flüssigkeiten und Gase (zusammen auch als Fluide bezeichnet). Wir leiten die Feldgleichungen für Fluide ab und unterscheiden dabei zwischen kompressiblen und inkompressiblen Fluiden.

Hier beschäftigen wir uns zunächst mit den sogenannten idealen Fluiden, bei denen innere Reibungseffekte vernachlässigt werden und Wärmetransport keine Rolle spielt. Als Ergebnis erhalten wir die Kontinuitätsgleichung sowie die Euler-Gleichung für Fluide. Diese Feldgleichungen der Fluiddynamik werden für einige einfache Spezialfälle gelöst. Nichtideale Fluide, bei denen die Viskosität eine wichtige Rolle spielt, werden erst in Abschn. 8.7 angesprochen.

Dieser Abschnitt richtet sich vor allem an interessierte und motivierte Studenten, da der Stoff in der Regel nicht in Mechanik-Vorlesungen behandelt wird – als Ausnahme ist beispielsweise das Lehrbuch von Stephani und Kluge (1995) zu nennen. Dieser Abschnitt ist konzeptionell etwas anspruchsvoller; es werden viele neue Begriffe eingeführt. Aufgrund ihrer Wichtigkeit in vielen physikalischen und ingenieurswissenschaftlichen Bereichen und wegen ihrer direkten Abstammung von der Newton'schen Mechanik soll hier aber nicht auf eine kompakte Einführung in die Fluiddynamik verzichtet werden.

Makroskopische Beschreibung von Gasen und Flüssigkeiten

Gase und Flüssigkeiten sind für uns Menschen in erster Linie makroskopische Substanzen: Mit bloßem Auge lässt sich keine innere Struktur erkennen, und man könnte denken, dass man beispielsweise einen Wassertropfen immer weiter teilen kann. In Wirklichkeit bestehen aber Gase und Flüssigkeiten wie fast alle Materie auf der Erde aus Atomen und Molekülen. Ein Liter Wasser beinhaltet etwa 10^{24} Wassermoleküle; es ist daher absolut unpraktisch, Wasser im Alltag als Molekülwolke beschreiben zu wollen.

Glücklicherweise kann man mithilfe der Methoden der statischen Physik (Teil IV) zeigen, dass sich Systeme mit sehr vielen Teilchen durch einige wenige „effektive" Größen beschreiben lassen, wenn man sich nicht für die Bewegung der einzelnen Moleküle interessieren kann oder will.

Gase und Flüssigkeiten, die zusammengefasst auch als *Fluide* bezeichnet werden, werden in erster Linie durch fünf Felder beschrieben, wenn man die Temperatur zunächst außen vorlässt: Geschwindigkeit $\boldsymbol{u}(t, \boldsymbol{r})$ (ein Vektorfeld oder entsprechend drei Skalarfelder $u_i(t, \boldsymbol{r})$), Massendichte $\rho(t, \boldsymbol{r})$ (im Folgenden kurz *Dichte*) und Druck $P(t, \boldsymbol{r})$. Das Geschwindigkeitsfeld gibt an, wie schnell die Flüssigkeit strömt. Die Dichte wurde bereits für das elastische Medium eingeführt. Der Druck ist konzeptionell schwieriger zu verstehen, ist aber salopp gesprochen die Kraft pro Fläche, mit der das Fluid gegen eine Wand *drückt*. Somit ist der Druck nichts weiter als ein Anteil des Spannungstensors (Abschn. 8.5). Wir kommen in Kürze wieder darauf zu sprechen.

Achtung Das elastische Medium wurde durch das Deformationsfeld $\boldsymbol{q}(t, \boldsymbol{r})$ beschrieben. Die Geschwindigkeit $\boldsymbol{u}(t, \boldsymbol{r})$ eines Massenelements ist gerade die partielle Zeitableitung der Deformation: $\boldsymbol{u} = \partial \boldsymbol{q} / \partial t$. ◀

Der Unterschied zwischen einem elastischen Medium und einem Fluid ist, dass Fluide keine elastischen Eigenschaften besitzen, d. h., ein „deformiertes" Fluid kehrt nicht in den Ausgangszustand zurück, wenn die Deformationsursache (z. B. eine äußere Kraft) abgeschaltet wird. Dies liegt an den Details der Molekülwechselwirkungen, die für Fluide und Festkörper unterschiedlich sind.

Zur makroskopischen Beschreibung eines Fluids denken wir uns den Raum in lauter kleine Würfel mit Kantenlänge ℓ und Mittelpunkten $\boldsymbol{r}_i$ aufgeteilt, die zum einen groß gegenüber einzelnen Molekülen mit typischem Abstand d sind (sodass man

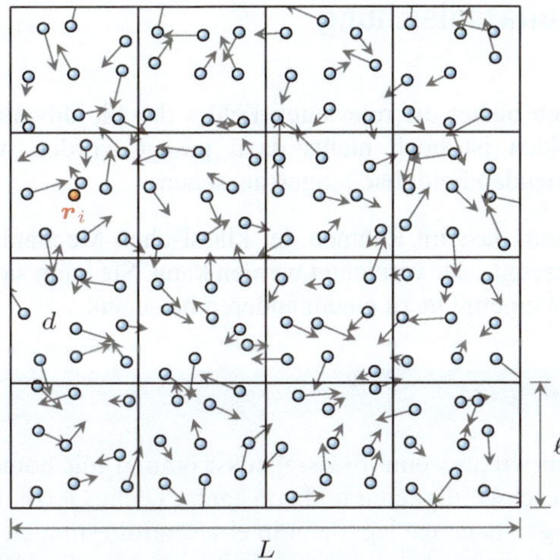

Abb. 8.18 Für den Kontinuumslimes wird ein Volumen mit Kantenlänge L in Untervolumina mit Kantenlänge ℓ aufgeteilt, wobei ℓ noch groß gegenüber dem mittleren Abstand der Moleküle sein soll. Die diskreten Koordinaten $\boldsymbol{r}_i$ dieser Untervolumina werden dann durch eine kontinuierliche Variable $\boldsymbol{r}$ ersetzt, was im Fall $\ell \ll L$ möglich ist

über viele Moleküle in einem Würfel mitteln kann), zum anderen aber klein gegenüber der Größe L des zu betrachtenden Systems (wie z. B. ein Eimer mit Wasser). Dies ist in Abb. 8.18 illustriert.

Frage 24

Es hat sich gezeigt, dass für die oben angedeutete Mittelung bereits kleine „Würfelchen" mit etwa 10^3 Molekülen hinreichend groß sind. Schätzen Sie ab, wie groß die Seitenlänge dieses Würfels dann für Wasser wäre.

In diesem Fall können wir jedem dieser Würfel eine mittlere Geschwindigkeit $\bar{\boldsymbol{u}}(t, \boldsymbol{r}_i)$, Massendichte $\bar{\rho}(t, \boldsymbol{r}_i)$ und Druck $\bar{P}(t, \boldsymbol{r}_i)$ zuordnen. Im Grenzfall $L/\ell \to \infty$ und unter der Zusatzbedingung $\ell/d \gg 1$ kann man dann $\boldsymbol{u}(t, \boldsymbol{r})$, $\rho(t, \boldsymbol{r})$ und $P(t, \boldsymbol{r})$ als kontinuierliche Felder einführen.

Die statistische Physik beschäftigt sich beispielsweise mit der Frage, wie sich der Druck in solch einer Situation aus den molekularen Eigenschaften des Fluids ergibt. Wir wollen hier nicht im Detail darauf eingehen, werden den Druck aber nun mechanisch genauer definieren.

Mechanische Definition des Drucks

Mechanisch ist der *Druck* P^{m} auf eine kleine Fläche $\mathbf{d}\boldsymbol{A} = \mathrm{d}A\,\hat{\boldsymbol{n}}$ nichts weiter als der Betrag der Komponente einer Kraft $\mathbf{d}\boldsymbol{F}$, die senkrecht auf der Fläche steht (und damit parallel zu $\hat{\boldsymbol{n}}$ ist):

$$P^{\mathrm{m}} := \frac{|\mathbf{d}\boldsymbol{F}_\perp|}{\mathrm{d}A} = \frac{|(\mathbf{d}\boldsymbol{F} \cdot \hat{\boldsymbol{n}})\hat{\boldsymbol{n}}|}{\mathrm{d}A}. \tag{8.149}$$

Dabei muss es sich bei $\mathrm{d}A$ nicht um einen Teil der Begrenzung eines Gefäßes handeln; man kann auch die Kraft auf eine gedachte Fläche in einem Material berechnen, so, wie wir es bereits beim Spannungstensor des elastischen Mediums in Abschn. 8.5 gesehen haben. Hier ist allerdings zu beachten, dass eine Fläche im Inneren eines Materials zwei Seiten hat (eine in Richtung von $\hat{\boldsymbol{n}}$, eine in Richtung von $-\hat{\boldsymbol{n}}$). Daher wirken im Allgemeinen Kräfte von beiden Seiten auf die Fläche. Ist der Druck auf beiden Seiten identisch, so heben sich die beiden Kräfte, die auf jeweils eine Seite der Fläche wirken, gegenseitig auf, und die Fläche erfährt keine Gesamtkraft. Wir erkennen also, dass wir nur dann eine Nettokraft erwarten können, wenn der Druck nicht konstant ist, wie wir später noch sehen werden.

Tatsächlich ist der Druck P Teil des Spannungstensors und wird in Fluiden leicht abweichend definiert: Es handelt sich dort um den (negativen) isotropen Anteil des Spannungstensors $\boldsymbol{\sigma}$, der folgendermaßen über die Spur definiert ist:

$$P = -\frac{\mathrm{Sp}(\boldsymbol{\sigma})}{3} = -\frac{\sigma_{ii}}{3}. \tag{8.150}$$

Somit lässt sich der Spannungstensor auch als

$$\boldsymbol{\sigma} = -P\boldsymbol{I} + \boldsymbol{\sigma}' \tag{8.151}$$

schreiben, wobei $\boldsymbol{I}$ die Einheitsmatrix und $\boldsymbol{\sigma}'$ der spurfreie Anteil des Spannungstensors ist.

Der mechanische Druck P^{m} und der auf dem Spannungstensor basierende Druck P sind nur identisch, wenn man P^{m} in (8.149) über alle Orientierungen $\hat{\boldsymbol{n}}$ mittelt. Um das zu sehen, setzen wir (8.151) in (8.138) ein und finden

$$\mathbf{d}\boldsymbol{F} = -P\mathbf{d}\boldsymbol{A} + \boldsymbol{\sigma}'\,\mathbf{d}\boldsymbol{A}. \tag{8.152}$$

Multiplikation mit $\mathbf{d}\boldsymbol{A}/\mathrm{d}A^2$ führt unmittelbar auf

$$P^{\mathrm{m}} = \left|-P + (\boldsymbol{\sigma}'\hat{\boldsymbol{n}}) \cdot \hat{\boldsymbol{n}}\right|. \tag{8.153}$$

Frage 25

Überprüfen Sie diese Rechnung.

Offensichtlich sind P^{m} und P im Allgemeinen nicht identisch, da der Term $\sigma'_{ij}\hat{n}_i\hat{n}_j$ nicht zwangsläufig verschwindet. Mittelt man allerdings über alle Orientierungen von $\hat{\boldsymbol{n}}$, so gilt

$$\langle \hat{n}_i \hat{n}_j \rangle = \frac{1}{4\pi} \iint \mathrm{d}\Omega\, \hat{n}_i(\vartheta, \varphi)\hat{n}_j(\vartheta, \varphi) = \frac{\delta_{ij}}{3}, \tag{8.154}$$

und man erhält (im Mittel) $\sigma'_{ij}\delta_{ij} = \sigma'_{ii} = 0$, da $\boldsymbol{\sigma}'$ laut Konstruktion spurfrei ist.

Frage 26

Das Ergebnis in (8.154) kann man zeigen, indem die Integration in Kugelkoordinaten durchgeführt wird, wobei

$$\hat{\boldsymbol{n}} = \begin{pmatrix} \sin\vartheta\cos\varphi \\ \sin\vartheta\sin\varphi \\ \cos\vartheta \end{pmatrix} \tag{8.155}$$

zu verwenden ist. Fleißige Leser können dies explizit nachrechnen.

Teil I

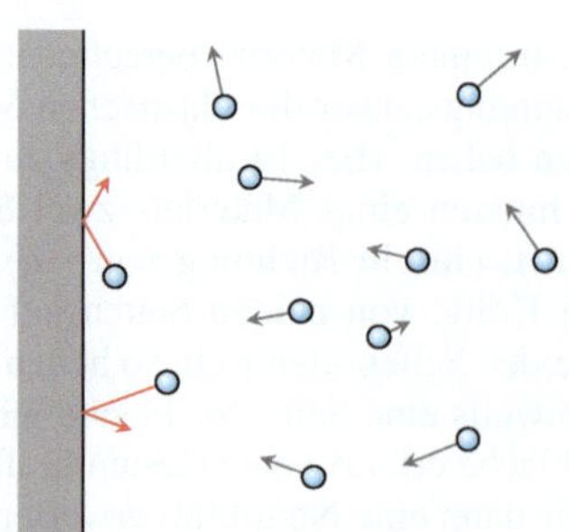

Abb. 8.19 Ein in einem Behälter eingeschlossenes Fluid übt einen Druck auf das Gefäß aus. Der Druck ist der mittlere Impulsübertrag pro Zeit und Fläche, wenn Moleküle an der Wand reflektiert werden (die Geschwindigkeitsvektoren der Moleküle sind als *Pfeile* dargestellt)

Die Drücke P^{m} und P sind also gleichwertig in dem Sinne, dass P der orientierungsgemittelte mechanische Druck an einem Punkt im Fluid ist. Insbesondere ist der Druck P in einem oben erwähnten Würfel mit Kantenlänge ℓ dann der Mittelwert der Drücke, die auf jede der sechs Würfelseiten wirken.

Es gibt verschiedene Ursachen von Drücken in der Physik. In Fluiden wird der Druck durch die Eigenbewegung der Moleküle erzeugt, die sich ständig mit endlichen Geschwindigkeiten bewegen und dabei gegen die Gefäßwände stoßen, selbst wenn das Fluid augenscheinlich ruht (Abb. 8.19).

An dieser Stelle reicht es zu sagen, dass dieser *thermodynamische Druck* proportional zum Quadrat der mittleren Geschwindigkeit $\langle \boldsymbol{v}^2 \rangle$ der Moleküle und somit proportional zur Temperatur T des Fluids ist. Dies hängt mit dem sogenannten *Gleichverteilungssatz* zusammen, der in der statischen Physik besprochen wird (Abschn. 36.2). Hier fragen wir nicht weiter nach den mikroskopischen Ursachen, sondern sehen den Druck als zusätzliches Skalarfeld $P(t, \boldsymbol{r})$ an, das bei der makroskopischen Beschreibung nicht vernachlässigt werden darf.

Luftdruck

An der Erdoberfläche herrscht ein Luftdruck von durchschnittlich rund 10^5 Pa (Pascal bzw. Newton pro Quadratmeter). Dies entspricht der Gewichtskraft von 10^4 kg, also 10 t, auf 1 m^2! Wir spüren davon nichts, da in unserem Körper derselbe Druck herrscht und dem Luftdruck entgegenwirkt. Allerdings nimmt beim Tauchen der Wasserdruck etwa alle 10 m um weitere 10^5 Pa zu, was man vor allem in den Ohren spürt.

Dieser Druckanstieg wird durch die nach unten zunehmende Gewichtskraft erzeugt, mit der die Luft- bzw. Wassersäule auf dem darunterliegenden Wasser lastet. Dies wird später in einem Beispiel vorgerechnet.

In Abschn. 33.5 wird mehr über den Druck und seine physikalischen Einheiten gesagt. ◄

Kontinuitätsgleichung

Es wurden bisher die relevanten Felder der Fluiddynamik definiert, doch ist noch nichts dazu gesagt worden, wie die entsprechenden Feldgleichungen aussehen.

Wir wissen, dass im Rahmen der klassischen Mechanik keine Masse erzeugt oder vernichtet werden kann. Sie kann sich allerdings von einem Ort zu einem anderen bewegen.

Massenstrom

Stellen wir uns eine Flüssigkeitsströmung mit homogener Geschwindigkeit $\boldsymbol{u}$ und konstanter Dichte ρ vor. Eine Flüssigkeitsmenge legt dann in einer infinitesimalen Zeit $\mathrm{d}t$ die Strecke $\mathbf{d}\boldsymbol{s} = \boldsymbol{u}\,\mathrm{d}t = u\hat{\boldsymbol{n}}\,\mathrm{d}t$ zurück. Betrachten wir eine gedachte infinitesimale Fläche, die so orientiert ist, dass die Flüssigkeit senkrecht hindurchströmt (Abb. 8.20): $\mathbf{d}\boldsymbol{A} = \mathrm{d}A\,\hat{\boldsymbol{n}}$.

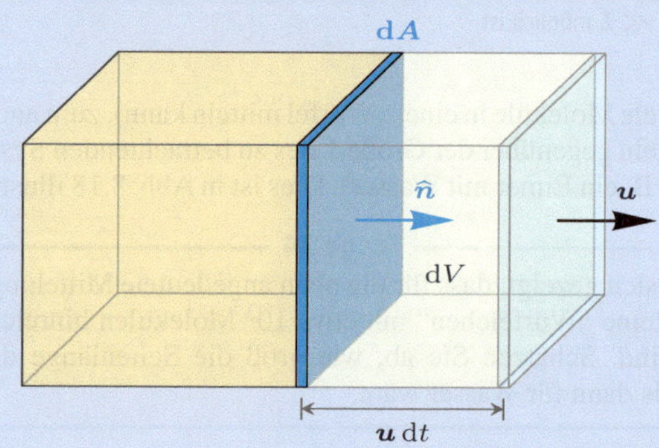

Abb. 8.20 Zur Veranschaulichung des Massenflusses j

Dann ist in dieser Zeit durch diese Fläche ein Flüssigkeitsvolumen

$$\mathrm{d}V = \mathbf{d}\boldsymbol{s} \cdot \mathbf{d}\boldsymbol{A} = \mathrm{d}t\,\mathrm{d}A\,\boldsymbol{u} \cdot \hat{\boldsymbol{n}} = \mathrm{d}t\,\mathrm{d}A\,u \qquad (8.156)$$

geströmt. Die damit verbundene Masse ist

$$\mathrm{d}m = \rho\,\mathrm{d}V = \rho\,\mathrm{d}t\,\mathrm{d}A\,u, \qquad (8.157)$$

und die Masse, die pro Zeit durch diese Fläche fließt, ist

$$j := \frac{\mathrm{d}m}{\mathrm{d}t\,\mathrm{d}A} = \rho u, \qquad (8.158)$$

was wir als *Massenstrom* oder *Massenfluss* definieren. Da der Massenstrom aber eine gerichtete Größe ist, schreibt man allgemein

$$\boldsymbol{j} := \rho \boldsymbol{u}. \qquad (8.159)$$

◄

Die Definition (8.159) ist auch gültig, wenn das Geschwindigkeitsfeld und die Dichte Funktionen von Zeit und Ort sind.

Massenstromdichte

Die Massenstromdichte lässt sich an jedem Ort allgemein als

$$\boldsymbol{j}(t,\boldsymbol{r}) = \rho(t,\boldsymbol{r})\boldsymbol{u}(t,\boldsymbol{r}) \tag{8.160}$$

schreiben. Sie gibt an, wie viel Masse sich pro Zeiteinheit durch eine bestimmte Querschnittsfläche in eine bestimmte Richtung bewegt.

Wir betrachten ein beliebiges, aber zeitlich konstantes Volumen V mit geschlossener Oberfläche ∂V. Die Masse, die sich in diesem Volumen befindet, ist $M = \iiint_V \rho \, \mathrm{d}V$. Sie kann sich zeitlich ändern, genau dann, wenn gleichzeitig ein entsprechender Massenbeitrag in Form von $\boldsymbol{j}$ entweder durch die Oberfläche ∂V ab- oder einfließt. Angenommen, die Masse ändert sich in der Zeit $\mathrm{d}t$ um $\mathrm{d}M$, so muss

$$\dot{M} = \frac{\mathrm{d}M}{\mathrm{d}t} = \iiint_V \frac{\partial \rho}{\partial t} \, \mathrm{d}V = -\oint\!\!\!\oint_{\partial V} \boldsymbol{j} \cdot \hat{\boldsymbol{n}} \, \mathrm{d}A \tag{8.161}$$

sein, wobei $\mathbf{d}\boldsymbol{A} = \mathrm{d}A\,\hat{\boldsymbol{n}}$ das nach außen zeigende Flächenelement ist. Die Zeitableitung kann in das Integral gezogen werden, da die Integrationsgrenzen als konstant gefordert wurden.

Frage 27

Vergewissern Sie sich, dass das Vorzeichen in (8.161) korrekt ist. Stellen Sie sich dazu eine Situation vor, in welcher der Strom $\boldsymbol{j}$ überall nach außen zeigt, und fragen Sie nach den Vorzeichen von $\boldsymbol{j} \cdot \hat{\boldsymbol{n}}$ und $\dot{M}$.

Wie in Abschn. 8.5 brauchen wir nun wieder den Satz von Gauß, um Oberflächen- und Volumenintegrale ineinander zu überführen. Diesmal soll allerdings das Oberflächenintegral in (8.161) in ein Volumenintegral einer Divergenz umgeformt werden. Hier lautet der Satz

$$\oint\!\!\!\oint_{\partial V} \boldsymbol{j} \cdot \mathbf{d}\boldsymbol{A} = \iiint \operatorname{div} \boldsymbol{j} \, \mathrm{d}V. \tag{8.162}$$

In Komponentenschreibweise lautet die Divergenz einfach $\operatorname{div} \boldsymbol{j} = \partial_k j_k$. Anschaulich gibt sie an, wie viel mehr Fluid aus einem Punkt heraus- als hineinfließt (Abb. 8.21).

Mithilfe des Gauß'schen Satzes (8.162) folgt

$$\iiint_V \left(\frac{\partial \rho}{\partial t} + \operatorname{div} \boldsymbol{j} \right) \mathrm{d}V = 0. \tag{8.163}$$

Allerdings ist das betrachtete Volumen beliebig, sodass der Integrand selbst verschwinden muss.

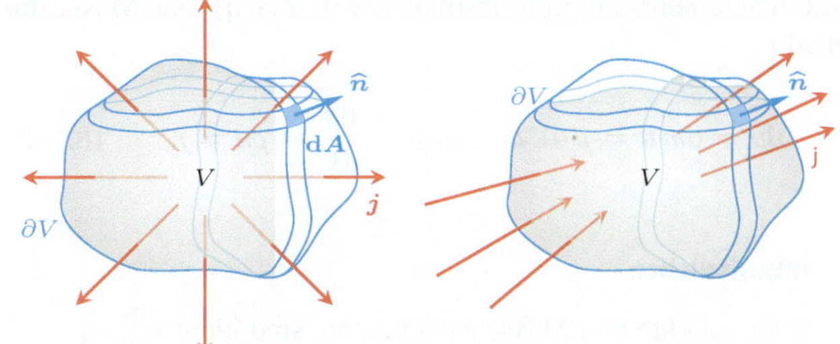

Abb. 8.21 Die Divergenz eines Vektorfeldes gibt an, wie viel Fluss aus einem Punkt heraustritt. Im *linken* Beispiel ist die Divergenz im Volumen V positiv, da ein Nettofluss $\oint_{\partial V} \boldsymbol{j} \cdot \mathbf{d}\boldsymbol{A} > 0$ vorliegt. Im *rechten* Beispiel verschwindet die Divergenz, da der einlaufende vom auslaufenden Fluss kompensiert wird

Kontinuitätsgleichung

Die Massenerhaltung von Fluiden lässt sich durch die lokale Bilanzgleichung

$$\frac{\partial \rho}{\partial t} = -\operatorname{div} \boldsymbol{j} \quad \text{bzw.} \quad \frac{\partial \rho}{\partial t} = -\operatorname{div}(\rho \boldsymbol{u}) \tag{8.164}$$

ausdrücken, die an jedem Ort $\boldsymbol{r}$ und zu jeder Zeit t gilt. Es handelt sich also um eine in ρ und $\boldsymbol{u}$ lineare partielle Differenzialgleichung erster Ordnung.

Bilanzgleichungen der Form (8.164) sind sehr wichtig in der Physik und kommen in Feldtheorien häufig vor: Auf der linken Seite steht die partielle Zeitableitung der Dichte einer erhaltenen Größe und auf der rechten die Divergenz des zugehörigen Stromes. Gleichung (8.164) ist also ein Beispiel für einen *differenziellen Erhaltungssatz*. Dies wird in Teil II und III noch deutlicher herausgearbeitet. Anschaulich bedeutet (8.164), dass alles, was nicht an einem Ort bleibt, von diesem Ort wegfließen muss.

Wir haben mit der Kontinuitätsgleichung (8.164) als Bilanzgleichung die erste Feldgleichung gefunden, welche die Dynamik von Fluiden beschreibt. In Aufgabe 8.8 wird sie anhand eines Beispiels vertieft.

Euler-Gleichung

Neben der Massenerhaltung gilt in der Mechanik außerdem noch die Impulserhaltung: In einem abgeschlossenen System, d. h. in Abwesenheit äußerer Kräfte, ist der Impuls konstant. Man kann sich also direkt fragen, ob es nicht eine zu (8.164) äquivalente Differenzialgleichung für den Impuls gibt. Dies ist tatsächlich der Fall.

Zunächst erkennen wir, dass die *Impulsdichte* nichts weiter ist als die Massenstromdichte $\boldsymbol{j}$, denn der Impulsbeitrag $\mathbf{d}\boldsymbol{p}$ eines

Massenelements mit infinitesimalen Volumen $\mathrm{d}V$ und Masse $\mathrm{d}m$ erfüllt

$$\mathbf{d}\boldsymbol{p} = \mathrm{d}m\,\boldsymbol{u} = \rho\,\mathrm{d}V\,\boldsymbol{u} \quad\Longrightarrow\quad \frac{\mathbf{d}\boldsymbol{p}}{\mathrm{d}V} = \rho\boldsymbol{u} = \boldsymbol{j}. \tag{8.165}$$

Impulsdichte

Impulsdichte und Massenstromdichte sind identisch.

Als Nächstes führen wir mit der *Impulsstromdichte* $\boldsymbol{M}$ diejenige Größe ein, die sich zur Impulsdichte so verhält wie die Massenstromdichte $\boldsymbol{j}$ zur Dichte ρ. Wir erhalten sie einfach, indem wir die Impulsdichte mit $\boldsymbol{u}$ multiplizieren:

$$\boldsymbol{M} := \boldsymbol{j} \circ \boldsymbol{u} = \rho\boldsymbol{u} \circ \boldsymbol{u}, \quad M_{kl} = \rho u_k u_l. \tag{8.166}$$

Man erkennt, dass es sich dabei um einen symmetrischen Tensor zweiter Stufe handelt; es ist somit unbedingt darauf zu achten, dass $\boldsymbol{M}$ nicht das Skalarprodukt von $\boldsymbol{j}$ und $\boldsymbol{u}$ ist, sondern das Tensorprodukt.

Der Vorgang des Mitbewegtwerdens durch ein Strömungsfeld heißt *Advektion*; wir haben es also mit einer Advektion des Impulses (gelegentlich, vor allem in der Meterologie, auch als *Konvektion des Impulses* bezeichnet) zu tun.

Frage 28

Machen Sie sich den Zusammenhang zwischen (8.166) und (8.160) klar. Die Stromdichte $\boldsymbol{j}$ beschreibt die Advektion der Masse.

Die Impulsstromdichte $\boldsymbol{M}$ beschreibt, wie die Impulsdichtekomponente j_k entlang von $\hat{\boldsymbol{e}} = \boldsymbol{u}_l/|\boldsymbol{u}|$ strömt. Dies ist schwieriger vorstellbar als der Transport der Massendichte. Es hilft hier, sich die drei Komponenten j_k als einzelne Skalarfelder zu denken; dann ist $\boldsymbol{M}$ bloß eine Zusammenfassung der drei Ströme $j_k\boldsymbol{u}$.

Mithilfe von $\boldsymbol{M}$ lässt sich der Impuls $\mathbf{d}\boldsymbol{p}$ berechnen, der pro Zeit $\mathrm{d}t$ durch eine orientierte Fläche $\mathbf{d}\boldsymbol{A}$ transportiert wird:

$$\mathbf{d}\boldsymbol{p} = \boldsymbol{M}\,\mathbf{d}\boldsymbol{A}\,\mathrm{d}t \quad \text{oder} \quad \mathrm{d}p_k = M_{kl}\,\mathrm{d}A_l\,\mathrm{d}t. \tag{8.167}$$

Da $\boldsymbol{M}$ ein Tensor ist, sind $\mathbf{d}\boldsymbol{p}$ und $\mathbf{d}\boldsymbol{A}$ in der Regel nicht parallel, d. h., es kann beispielsweise Impuls entlang der x-Achse in Richtung von $\hat{\boldsymbol{e}}_y$ strömen. Dies macht man sich am besten anhand eines Beispiels klar.

Impulstransport

Kommen wir zurück zum bereits vorgestellten Beispiel einer homogenen Strömung mit $\boldsymbol{u}$ = const: Nehmen wir zunächst an, dass die Flüssigkeit entlang der x-Achse fließt. Dann ist $\boldsymbol{u} = u\hat{\boldsymbol{e}}_x$ und

$$\boldsymbol{M} = \rho\boldsymbol{u} \circ \boldsymbol{u} = \rho \begin{pmatrix} u^2 & 0 & 0 \\ 0 & 0 & 0 \\ 0 & 0 & 0 \end{pmatrix}, \tag{8.168}$$

und nur M_{xx} verschwindet nicht. Dies bedeutet, dass lediglich die x-Komponente der Impulsdichte entlang von $\hat{\boldsymbol{e}}_x$ strömt. ◄

Frage 29

Wie lautet die Matrix $\boldsymbol{M}$, wenn man die Strömung (oder das Koordinatensystem) so dreht, dass $\boldsymbol{u} = u_x\hat{\boldsymbol{e}}_x + u_y\hat{\boldsymbol{e}}_y$ gilt? Zeigen Sie, dass dann ein Teil der Impulsdichte ρu_x entlang $\hat{\boldsymbol{e}}_y$ und ein Teil der Impulsdichte ρu_y entlang $\hat{\boldsymbol{e}}_x$ transportiert wird. Dies macht deutlich, warum $\boldsymbol{M}$ ein Tensor (und nicht bloß ein Skalar) sein muss.

Um nun die zu (8.164) äquivalente lokale Bilanzgleichung für die Impulsdichte zu erhalten, ersetzen wir einfach ρ in (8.164) durch $\boldsymbol{j} = \rho\boldsymbol{u}$ und schreiben zunächst:

$$\frac{\partial(\rho\boldsymbol{u})}{\partial t} = -\mathbf{div}\,(\rho\boldsymbol{u} \circ \boldsymbol{u}) \quad\Longleftrightarrow\quad \frac{\partial(\rho u_i)}{\partial t} = -\partial_j(\rho u_i u_j). \tag{8.169}$$

Hier ist wieder zu beachten, dass die Divergenz eines Tensors zweiter Stufe ein Vektor ist.

Wie ist (8.169) zu verstehen? Auf der linken Seite steht die zeitliche Änderung der Impulsdichte. Ändert sich die Impulsdichte an einem Ort, so muss ein entsprechender Impulsbetrag ein- oder abfließen. Dies wird gerade durch den Term auf der rechten Seite, also die Divergenz von $\boldsymbol{M}$, beschrieben, ganz analog zu der Dichte in der Kontinuitätsgleichung.

Allerdings ist diese Gleichung noch nicht vollständig, da es weitere Mechanismen gibt, die eine Impulsänderung verursachen. Der erste solche Beitrag stammt von äußeren Kräften. Wir führen mit $\boldsymbol{f}(t,\boldsymbol{r})$ eine Kraftdichte (Kraft pro Volumen) ein, die auf die Flüssigkeit wirken kann. Diese ist vollständig analog zu der Kraftdichte in (8.124). Es handelt sich dabei in der Regel um die Gravitation; es können aber bei bestimmten (geladenen) Flüssigkeiten auch elektromagnetische Kräfte sein. Eine von außen vorgegebene Kraftdichte $\boldsymbol{f}(t,\boldsymbol{r})$ führt auf eine Beschleunigung zur Zeit t am Ort $\boldsymbol{r}$ und somit zu einer weiteren Änderung der Impulsdichte. Wir schreiben daher vorläufig für die Impulsänderung:

$$\frac{\partial(\rho\boldsymbol{u})}{\partial t} = -\mathbf{div}\,(\rho\boldsymbol{u} \circ \boldsymbol{u}) + \boldsymbol{f}. \tag{8.170}$$

Wir sind fast am Ziel, doch muss nun noch der Druck P berücksichtigt werden. Es wurde bereits diskutiert, dass der Druck den isotropen Anteil des Spannungstensors $\boldsymbol{\sigma}$ ausmacht. In der idealen Fluiddynamik gibt es keinen spurfreien Anteil der Spannung, d. h., der in (8.151) definierte Anteil $\boldsymbol{\sigma}'$ verschwindet hier, und man kann zunächst

$$\sigma = -P\boldsymbol{I} \tag{8.171}$$

schreiben.

Wir wissen, dass nicht der Spannungstensor selbst, sondern nur seine Divergenz in die Bewegungsgleichung eingeht. Es ist

$$\mathbf{div}\,\sigma = \mathbf{div}\,(-P\boldsymbol{I}) = -\mathbf{grad}\,P. \tag{8.172}$$

Es tritt also der *Druckgradient* in der Impulsgleichung auf.

Frage 30

Zeigen Sie diese Identität mithilfe der Indexschreibweise.

Somit finden wir schließlich die *Euler-Gleichung* für *ideale Fluide*, bei denen innere Reibungseffekte und somit die Viskosität vernachlässigt werden.

Euler-Gleichung für ideale Fluide

Die Impulsdichte $\rho\boldsymbol{u}$ genügt der Euler-Gleichung

$$\frac{\partial(\rho\boldsymbol{u})}{\partial t} = -\mathbf{div}\,(\rho\boldsymbol{u} \circ \boldsymbol{u}) - \mathbf{grad}\,P + \boldsymbol{f} \tag{8.173}$$

an jedem Ort $\boldsymbol{r}$ und zu jeder Zeit t. Dies sind drei *nicht*lineare partielle Differenzialgleichungen.

Diese drei Gleichungen (eine für jede Komponente von $\boldsymbol{u}$) bilden zusätzlich zur Kontinuitätsgleichung (8.164) weitere Feldgleichungen zur Beschreibung von idealen Fluiden. Da wir mit ρ, $\boldsymbol{u}$ und P aber fünf Felder haben, benötigen wir auch noch eine fünfte Feldgleichung, um Fluide vollständig charakterisieren zu können. Wir kommen in Kürze darauf zurück.

Achtung Eigentlich müssen auch noch die Energieerhaltung und der Wärmetransport in den Fluiden berücksichtigt werden. Dies führt mit der Energiedichte auf ein weiteres Feld und mit der Energiegleichung auf eine weitere partielle Differenzialgleichung. Die Diskussion der Energieerhaltung in Fluiden ist aber erst dann sinnvoll, wenn die Grundlagen der Thermodynamik bereits behandelt und die Begriffe „Temperatur" und „Entropie" definiert wurden. Dies wird erst in Teil IV geschehen. Es lässt sich allerdings bereits sehr viel über Fluiddynamik sagen, ohne die Energieerhaltung zu berücksichtigen (tatsächlich sind für ideale Fluide die Impulsgleichung und die Energiegleichung bis auf einen Faktor identisch und damit redundant). ◄

Tabelle 8.1 fasst die beiden erhaltenen Größen Masse und Impuls mit ihren Dichten, Strömen und Erhaltungssätzen zusammen.

Tab. 8.1 Vergleich von erhaltenen Größen in der Fluiddynamik sowie ihren Dichten, Strömen und Erhaltungssätzen. Der Gesamtimpuls ist nur erhalten, wenn keine äußere Kräfte wirken

Größe	Dichte	Strom	Erhaltungssatz
Masse	ρ	$\boldsymbol{j} = \rho\boldsymbol{u}$	Kontinuitätsgleichung (8.164)
Impuls	$\rho\boldsymbol{u}$	$\boldsymbol{M} = \rho\boldsymbol{u} \circ \boldsymbol{u}$	Euler-Gleichung (8.173)

Zustandsgleichung

Es fehlt an dieser Stelle noch eine Gleichung für die Dichte ρ. Gase ändern beispielsweise ihre Dichte mit dem Druck, dem sie ausgesetzt sind. Ein *ideales Gas*, das in einem Volumen V eingesperrt ist, erfüllt bei konstanter Temperatur

$$PV = \text{const.} \tag{8.174}$$

Es ist also $\rho \propto P$, da $\rho \propto 1/V$ gilt. Ideale Gase werden im Rahmen der statischen Physik in Teil IV gründlich behandelt (Abschn. 35.3). Gase sind *kompressible* Fluide, deren Dichte vom Druck abhängt. Im Allgemeinen muss man also eine *Zustandsgleichung* $\rho(P)$ angeben, welche die letzte verbleibende Gleichung ist, die wir zur Beschreibung von idealen Fluiden benötigen.

Wasser ist ein Beispiel für eine praktisch *inkompressible* Flüssigkeit, d. h., die Dichte von Wasser ist in sehr guter Näherung und für alle praktischen Anwendungen stets konstant, auch wenn sich der Druck stark ändert: $\rho = \text{const}$. Die Dichte ist also zeit- und ortsunabhängig und kann vor alle Ableitungen gezogen werden.

Wir sehen, dass es verschiedene Fluide gibt, die sich stark in ihrer Zustandsgleichung unterscheiden. Die funktionale Form $\rho(P)$ wird durch die mikroskopische Natur der Fluide festgelegt; dies zu untersuchen, ist Aufgabe der statistischen Physik, auf die wir hier nicht näher eingehen wollen.

Für inkompressible Fluide vereinfachen sich die bisher gefundenen Feldgleichungen.

Dynamik idealer, inkompressibler Fluide

Die Feldgleichungen idealer, inkompressibler Fluide lauten

$$\begin{aligned} 0 &= \operatorname{div}\boldsymbol{u}, \\ \rho\frac{\partial\boldsymbol{u}}{\partial t} &= -\rho\,\mathbf{div}\,(\boldsymbol{u} \circ \boldsymbol{u}) - \mathbf{grad}\,P + \boldsymbol{f}, \end{aligned} \tag{8.175}$$

wobei $\rho = \text{const}$ die Zustandsgleichung ist.

Frage 31

Leiten Sie (8.175) aus (8.164) und (8.173) ab. Zeigen Sie weiterhin die Äquivalenz

$$\mathbf{div}\,(\boldsymbol{u} \circ \boldsymbol{u}) = (\boldsymbol{u} \cdot \nabla)\boldsymbol{u}, \tag{8.176}$$

die für inkompressible Flüssigkeiten gilt. Dazu betrachtet man am besten die Gleichung in Komponentenschreibweise und zeigt dann

$$\partial_j(u_i u_j) = u_j \partial_j u_i. \tag{8.177}$$

Man nennt die erste Gleichung in (8.175) auch die *Divergenzfreiheit* des Geschwindigkeitsfeldes, die sich als inkompressibler Spezialfall aus der Kontinuitätsgleichung ergibt. Sie ist wesentlich einfacher als die Kontinuitätsgleichung, da sie keine Zeitableitung mehr enthält.

Wassersäule im Gravitationsfeld

Wir betrachten ein sehr einfaches Beispiel: eine ruhende Wassersäule (Dichte ρ_w) im Gravitationsfeld. Dann ist $\boldsymbol{u} = 0$ und $\boldsymbol{f} = \rho_\mathrm{w}\boldsymbol{g}$. Bei $\boldsymbol{u} = 0$ spricht man auch von der *Hydrostatik*. Die Kontinuitätsgleichung ist trivial erfüllt, und die Euler-Gleichung wird zu

$$\mathbf{grad}\, P = \rho_\mathrm{w}\boldsymbol{g}, \tag{8.178}$$

d. h., der Druck nimmt nach unten (also in Richtung von $\boldsymbol{g}$) zu, um die Gravitationskraft auszugleichen. Wählen wir das Koordinatensystem so, dass $\boldsymbol{g} = -g\hat{\boldsymbol{e}}_z$ gilt, dann ist die Lösung für den Druck einfach

$$P = P_0 - \rho_\mathrm{w} g z, \tag{8.179}$$

da Wasser inkompressibel und ρ_w somit konstant ist. Die Integrationskonstante P_0 beschreibt den Druck bei $z = 0$. Auf der Erdoberfläche ist $\rho_\mathrm{w} g \approx 10^4\,\mathrm{N\,m^{-3}}$, weswegen der Druck pro Meter zusätzlicher Wassertiefe um etwa 10^4 Pa zunimmt. ◀

In Aufgabe 8.9 wird eine weitere Lösung der Euler-Gleichung berechnet. Außerdem erlaubt die Euler-Gleichung Schallwellen, die im Kasten „Vertiefung: Schallwellen und Schallgeschwindigkeit" in Abschn. 35.3 diskutiert werden.

Vollständige Zeitableitung und ihre Bedeutung

Häufig schreibt man die inkompressible Euler-Gleichung in der Gestalt

$$\rho\frac{\partial \boldsymbol{u}}{\partial t} + \rho(\boldsymbol{u}\cdot\nabla)\boldsymbol{u} = -\mathbf{grad}\, P + \boldsymbol{f}. \tag{8.180}$$

Dies kann wegen $\boldsymbol{u} = \boldsymbol{u}(t, \boldsymbol{r})$ mithilfe der Kettenregel

$$\frac{\mathbf{d}\boldsymbol{u}}{\mathrm{d}t} = \frac{\partial \boldsymbol{u}}{\partial t} + \left(\frac{\mathbf{d}\boldsymbol{r}}{\mathrm{d}t}\cdot\nabla\right)\boldsymbol{u} = \frac{\partial \boldsymbol{u}}{\partial t} + (\boldsymbol{u}\cdot\nabla)\boldsymbol{u} \tag{8.181}$$

auch kompakter als

$$\rho\frac{\mathbf{d}\boldsymbol{u}}{\mathrm{d}t} = -\mathbf{grad}\, P + \boldsymbol{f} \tag{8.182}$$

formuliert werden.

Man nennt die vollständige Ableitung $\mathbf{d}\boldsymbol{u}/\mathrm{d}t$ auch die *konvektive* oder *substanzielle* Ableitung der Geschwindigkeit. Ihr erster Beitrag, $\partial\boldsymbol{u}/\partial t$, erfasst nur die zeitliche Änderung an einem festen Punkt im Raum. Aber $(\boldsymbol{u}\cdot\nabla)\boldsymbol{u}$ beschreibt die Änderung, die sich aufgrund der Bewegung zusammen mit der Flüssigkeit ergibt, da die Geschwindigkeit in der Regel an verschiedenen Orten verschiedene Werte hat.

Wasserfall

Wir betrachten dazu als Beispiel einen Wasserfall, von dem wir zur Vereinfachung annehmen, dass sein Strömungsfeld *stationär*, also nur eine Funktion des Ortes, ist: $\boldsymbol{u}(\boldsymbol{r})$. Dies bedeutet, dass das Wasser an einem festen Punkt stets mit derselben Geschwindigkeit strömt. Dies impliziert sofort $\partial\boldsymbol{u}/\partial t = 0$. Lässt man jedoch ein kleines Boot auf dem Wasser treiben (Abb. 8.22), so wird dieses beim Sturz im Wasserfall seine Geschwindigkeit vergrößern; es wird also zusammen mit dem Wasser beschleunigt. Diese Geschwindigkeitsänderung wird gerade durch $(\boldsymbol{u}\cdot\nabla)\boldsymbol{u}$ beschrieben.

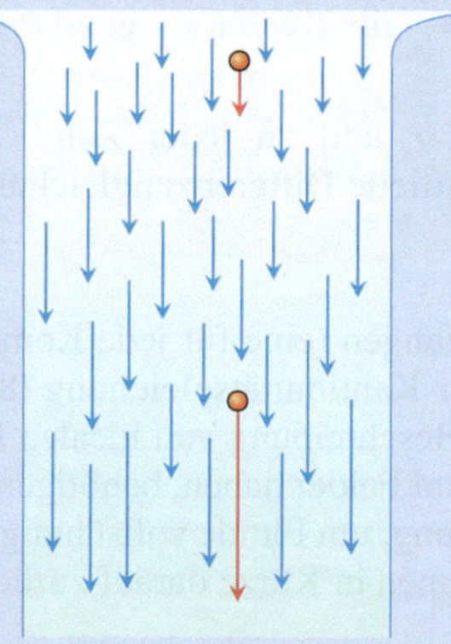

Abb. 8.22 In einem Wasserfall kann man in erster Näherung annehmen, dass das Strömungsfeld stationär ist. Dennoch wird das Wasser bzw. eine mitbewegte Masse wie ein kleines Boot während des Falls beschleunigt. Die *Pfeile* geben Richtung und Betrag der Geschwindigkeit an

◀

Frage 32

Unter welchen Umständen gilt $\partial\boldsymbol{u}/\partial t \neq 0$ und gleichzeitig $(\boldsymbol{u}\cdot\nabla)\boldsymbol{u} = 0$?

In ihrer Form (8.182) erkennt man am besten, dass die Euler-Gleichung eine Verallgemeinerung des zweiten Newton'schen

Axioms $\dot{\boldsymbol{p}} = \boldsymbol{F}$ ist. Dabei wird der Impuls $\boldsymbol{p}$ durch seine Dichte $\boldsymbol{j} = \rho \boldsymbol{u}$ und die Kraft $\boldsymbol{F}$ durch ihre Dichte $\boldsymbol{f}$ ersetzt. Der Druckgradient kann als zusätzlicher Kraftbeitrag angesehen werden, der mit den Methoden der Thermodynamik begründet werden kann. Man hätte die inkompressible Euler-Gleichung auch direkt ausgehend vom zweiten Newton'schen Axiom aufstellen können; wir sind jedoch einen anderen Weg gegangen, um an die Spannungen der Kontinua anzuschließen.

Cauchy-Gleichung

Die allgemeinste Impulsgleichung, die man für ein nichtrelativistisches Kontinuum angeben kann, ist die *Cauchy-Gleichung*. Sie lautet

$$\frac{\mathrm{d}\boldsymbol{j}}{\mathrm{d}t} = \mathbf{div}\,\boldsymbol{\sigma} + \boldsymbol{f}. \tag{8.183}$$

Hier wird nicht näher spezifiziert, welche Form der Spannungstensor $\boldsymbol{\sigma}$ hat; es wird lediglich verlangt, dass die Impulsdichte sich durch äußere Kräfte oder Inhomogenitäten der Spannungen ändert – unabhängig davon, welche funktionale Form der Spannungstensor besitzt. Für elastische Stoffe beinhaltet er einen elastischen Term (z. B. $C_{ijkl}\epsilon_{kl}$). Ideale Fluide erfüllen dagegen $\boldsymbol{\sigma} = -P\boldsymbol{I}$. Für viskose Flüssigkeiten, die nun besprochen werden, ergibt sich noch ein Zusatzterm.

8.7 Viskosität und Navier-Stokes-Gleichung

In realen Fluiden finden innere Reibungsprozesse statt. Dieser Effekt bildet – neben dem advektiven Transport – einen zusätzlichen Mechanismus für den Impulstransport. Die Euler-Gleichung muss daher um einen entsprechenden Term erweitert werden, der die sogenannte Viskosität (d. h. die Zähigkeit eines Fluids) beinhaltet. Die sich daraus ergebenden Navier-Stokes-Gleichungen sind von entscheidender Bedeutung in vielen Bereichen der Physik sowie des Ingenieurswesens.

Dieser Abschnitt kann nur eine grundlegende Einführung in der Physik nichtidealer Fluide liefern. Es wird die funktionale Form des Viskositätsterms des Spannungstensors bzw. der Navier-Stokes-Gleichung abgeleitet und mit dem sogenannten Poiseuille-Fluss eine analytische Lösung der Navier-Stokes-Gleichungen bestimmt.

Viskosität

Ideale Fluide, wie sie in Abschn. 8.6 eingeführt wurden, gibt es in Wirklichkeit nicht. Tatsächlich finden in allen Fluiden Reibungsprozesse statt, die dazu führen, dass kinetische Energie in Wärme umgewandelt wird. In diesem Abschnitt soll eine Erweiterung der Euler-Gleichung (8.173) diskutiert werden, welche die sogenannte Viskosität eines Fluids berücksichtigt.

Viskosität ist jedem aus dem Alltag geläufig: Man kann in Wasser nicht so schnell laufen wie in der Luft, und Honig tropft nur sehr langsam von einem Löffel auf das Brötchen. Beide Effekte rühren daher, dass Fluide eine innere Reibung erfahren, wenn sie fließen. Für Honig ist sie sehr viel größer als für Wasser oder gar für Luft.

Aufgrund eines zusätzlichen Impulstransportmechanismus (der durch die endliche freie Weglänge der Moleküle verursacht wird) kommt es zu Viskosität. Dies bedeutet, dass man die viskosen Effekte durch einen additiven Zusatzterm in der Euler-Gleichung (8.173) bzw. einen Beitrag zum Spannungstensor der Flüssigkeit berücksichtigen muss.

Ableitung des viskosen Reibungsterms

Um die viskose Reibung in die Euler-Gleichung einzubauen, müssen wir uns überlegen, welche Eigenschaften sie erfüllt. Es gibt zwar rigorose Methoden, um den Reibungsterm aus den mikroskopischen Eigenschaften der Fluide abzuleiten, doch ist dies an dieser Stelle zu aufwendig – solche Ableitungen werden in Büchern über die kinetische Theorie der Gase durchgeführt, was wiederum ein gutes Verständnis der statistischen Physik voraussetzt (Hänel 2004). Tatsächlich lässt sich aber der viskose Zusatzterm relativ leicht durch physikalische Überlegungen konstruieren, was für unsere Zwecke völlig ausreicht und in vielen Büchern über Fluiddynamik ähnlich gehandhabt wird (Landau & Lifshitz 1991).

Aus Kap. 1 wissen wir, dass Reibungskräfte mit Relativgeschwindigkeiten zusammenhängen: Bewegt sich beispielsweise eine Masse in einem Wasserbehälter, so ist die Stokes'sche Reibungskraft proportional zur Geschwindigkeit der Masse relativ zum umgebenden Wasser. Wir wollen also auch hier verlangen, dass die viskose Reibung ebenfalls proportional zu einer Geschwindigkeitsdifferenz ist. Doch was bedeutet Geschwindigkeitsdifferenz in einer Flüssigkeit?

Wir stellen uns zunächst zwei Flüssigkeitsschichten vor, die sich parallel zueinander bewegen (Abb. 8.23). Die obere habe die Geschwindigkeit u_+, die untere $u_- \neq u_+$. Beide Schichten haben die Dicke h, sodass man sagen kann, dass die Geschwindigkeitsdifferenz $\delta u := u_+ - u_-$ über einen Abstand h auftritt. Wir nehmen nun an, dass eine in δu lineare Reibungskraft

$$F_+ = -\eta \frac{A\delta u}{h} = -F \tag{8.184}$$

auf die obere Flüssigkeitsschicht und eine betragsmäßig gleiche Reibungskraft

$$F_- = +\eta \frac{A\delta u}{h} = +F \tag{8.185}$$

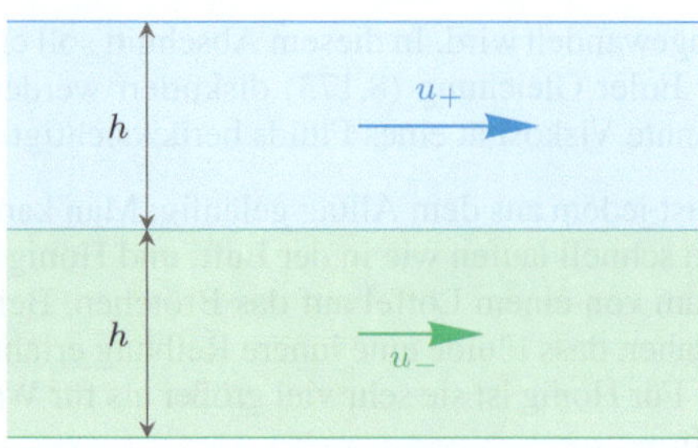

Abb. 8.23 Bewegen sich zwei Flüssigkeitsschichten mit unterschiedlichen Geschwindigkeiten parallel zueinander, so führt dies in einer viskosen Flüssigkeit zu Reibungskräften zwischen diesen Schichten

auf die untere Flüssigkeitsschicht wirkt. Dabei ist die Richtung von $F_\pm$ (anti)parallel zu $u_\mp$.

Weiterhin soll A die Kontaktfläche der beiden Schichten und η eine Konstante sein, um die wir uns später kümmern werden. Es ist anschaulich klar, dass die Gesamtkraft proportional zur Fläche A sein muss, da eine doppelte Fläche (und damit eine doppelte Flüssigkeitsmenge) zu einer doppelten Reibungskraft führt.

Dass die Dicke h im Nenner auftreten muss, kann man sich so vorstellen: Teilt man die beiden Schichten in insgesamt vier Schichten der Dicke $h/2$ mit relativen Geschwindigkeitsdifferenzen $\delta u/2$ auf, so soll das gleiche Ergebnis herauskommen; daher sollte $F \propto \delta u/h$ gelten. Wir nehmen zur Vereinfachung weiterhin an, dass wir es mit einer inkompressiblen Flüssigkeit zu tun haben und die Dichte ρ überall konstant ist.

Frage 33

Machen Sie sich klar, dass der Ansatz (8.184) für die Reibungskraft den Gesamtimpuls der Flüssigkeit erhält. Zeigen Sie außerdem, dass die Reibungskraft dafür sorgt, dass sich die Geschwindigkeiten der beiden Schichten einander angleichen.

Durch die Reibungskraft wirkt auf ein Flächenelement dA zwischen den Schichten die Spannung

$$\sigma_\eta = \frac{\mathrm{d}F}{\mathrm{d}A} = \eta\frac{\delta u}{h}. \tag{8.186}$$

Wir führen nun den Grenzfall $h \to 0$ durch und verlangen, dass das Geschwindigkeitsfeld stetig ist. Aus der Differenz δu wird dann du, und die *viskose Spannung* ist

$$\sigma_\eta = \frac{\mathrm{d}F}{\mathrm{d}A} = \eta\frac{\mathrm{d}u}{\mathrm{d}h}. \tag{8.187}$$

Achtung Die viskose Spannung sieht zwar ähnlich aus wie der Druck, der ebenfalls als Kraft pro Fläche definiert ist. Allerdings wirkt eine Druckkraft stets senkrecht auf eine Fläche, während die Reibungskraft hier parallel zur Fläche wirkt. Man nennt diese Spannung daher auch häufig eine *Scherspannung*. Solch eine Spannung haben wir bereits in Abb. 8.14 gesehen: Die dort dargestellte Verzerrung wird durch eine Kraft in x-Richtung erreicht, die parallel zur x-y-Ebene wirkt. ◄

Normal- und Scherspannungen

Presst man seine Hand senkrecht auf eine Tischplatte, so ist dies – wie der Druck – ein Beispiel für eine Normalspannung. Fährt man nun aber mit der Hand parallel zur Oberfläche über die Platte, so spürt man eine Reibungskraft. Dies ist ein Beispiel für eine Scherspannung, bei der die Kraft parallel anstatt senkrecht zur Angriffsfläche wirkt. ◄

Die Proportionalitätskonstante η in (8.187) nennen wir nun *Viskosität*. Sie ist eine Materialeigenschaft und legt fest, wie stark die innere Reibung ist.

Der Gesamtimpuls bleibt unter dem Einfluss der Reibungskraft (8.184) erhalten. Demnach wird aufgrund der Viskosität lediglich Impuls von Bereichen mit viel Impuls an Regionen mit weniger Impuls verteilt. Dieser Impulstransportmechanismus findet vollständig ohne Massentransport statt, d. h., die beiden oben betrachteten Flüssigkeitsschichten tauschen keine Masse aus. Man spricht auch von einer *Impulsdiffusion*, doch dies soll nur am Rande erwähnt werden.

Interpretation der Viskosität

Die Viskosität ist in erster Linie nichts weiter als eine materialspezifische Proportionalitätsgröße, mit der man von einem Geschwindigkeitsgradienten du/dh zu der damit verbundenen Scherspannung σ_η gelangt. Man nennt η auch häufig etwas präziser *dynamische Viskosität* und zerlegt sie über

$$\eta = \rho\nu \tag{8.188}$$

in zwei Faktoren, um die Dichteabhängigkeit abzuspalten (normalerweise ist η proportional zu ρ). Hier ist ν die *kinematische Viskosität*. Die Einheit von η ist Pa s. Entsprechend ist die Einheit von ν durch $\mathrm{m}^2\,\mathrm{s}^{-1}$ gegeben.

Die Viskositäten der meisten Fluide lassen sich in Tabellen in der Literatur finden. Sie hängen von der Temperatur ab, was ein Hinweis auf ihren thermodynamischen Ursprung ist. Bei Raumtemperatur ist die Viskosität von Wasser (in SI-Einheiten) etwa 0,001 Pa s, Blut ist etwa viermal und Honig 4000-mal viskoser. Dagegen ist die Viskosität von Luft etwa 50-mal geringer als die von Wasser.

Man kann die Viskosität experimentell messen, indem man beispielsweise eine Flüssigkeit einer bekannten Scherspannung aussetzt und den dabei auftretenden Geschwindigkeitsgradienten misst.

Navier-Stokes-Gleichung

Nun wollen wir noch zum dreidimensionalen Fall übergehen und die entsprechenden Feldgleichungen formulieren. In (8.187) ist u durch $\boldsymbol{u}$ zu ersetzen und die Ableitung nach h durch den Gradienten $\boldsymbol{\nabla}$. Wir wissen, dass der Spannungstensor ein Tensor zweiter Stufe ist. Dies führt auf den viskosen Spannungstensor für ein beliebiges Geschwindigkeitsfeld, den man zusätzlich noch symmetrisiert: Der antisymmetrische Anteil $\eta(\partial_i u_j - \partial_j u_i)$ spielt keine Rolle, da er wie in (8.112) nur eine reibungsfreie Drehung beschreibt; er tritt in den Feldgleichungen nicht auf.

Viskoser Spannungstensor

Für ein beliebiges Strömungsfeld $\boldsymbol{u}(t,\boldsymbol{r})$ lautet der Beitrag der viskosen Reibung zum Spannungstensor

$$\boldsymbol{\sigma}_\eta = \eta\left(\mathbf{grad}\,\boldsymbol{u} + (\mathbf{grad}\,\boldsymbol{u})^\top\right) \tag{8.189}$$

bzw.

$$\sigma_{\eta,ij} = \eta\left(\partial_i u_j + \partial_j u_i\right). \tag{8.190}$$

Da, wie bereits gesehen, nur die Divergenz des Spannungstensors in die Euler-Gleichung eingeht, muss man $\mathbf{div}\,\boldsymbol{\sigma}_\eta$ bzw. $\partial_j \sigma_{\eta,ij}$ zur rechten Seite von (8.173) addieren.

Navier-Stokes-Gleichung für inkompressible Flüssigkeit

Für eine inkompressible Flüssigkeit ($\rho = \text{const}$) lautet die Impulsgleichung statt (8.182)

$$\rho\frac{\mathrm{d}\boldsymbol{u}}{\mathrm{d}t} = -\mathbf{grad}\,P + \eta\Delta\boldsymbol{u} + \boldsymbol{f}. \tag{8.191}$$

Sie wird auch *inkompressible Navier-Stokes-Gleichung* genannt (nach dem französischen Mathematiker und Physiker *Claude Louis Marie Henri Navier*, 1785–1836, und dem irischen Mathematiker und Physiker *Sir George Gabriel Stokes*, 1819–1903).

Frage 34

Zeigen Sie mithilfe der Inkompressibilität der Flüssigkeit, dass

$$\mathbf{div}\,\boldsymbol{\sigma}_\eta = \eta\Delta\boldsymbol{u} \tag{8.192}$$

gilt (wenn man annimmt, dass η nicht vom Ort abhängt, was für homogene Fluide der Fall ist). Gehen Sie dafür von der Komponentenschreibweise aus und verwenden Sie die Definition des Laplace-Operators

$$\Delta\boldsymbol{u} = \frac{\partial^2\boldsymbol{u}}{\partial x^2} + \frac{\partial^2\boldsymbol{u}}{\partial y^2} + \frac{\partial^2\boldsymbol{u}}{\partial z^2} = \partial_i\partial_i\boldsymbol{u}, \tag{8.193}$$

der bereits im „Mathematischen Hintergrund" 1.7 eingeführt wurde.

Die Navier-Stokes-Gleichung ist wesentlich realistischer für alltägliche Probleme als die Euler-Gleichung, da alle Flüssigkeiten viskos sind.

Zur Veranschaulichung berechnen wir eine der einfachsten Lösungen, welche die Navier-Stokes-Gleichung erlaubt.

Poiseuille-Fluss

Wir betrachten zwei unendlich ausgedehnte Platten parallel zur x-y-Ebene mit Abstand $2D$ (Abb. 8.24). Wir denken uns den Zwischenraum mit einer viskosen Flüssigkeit (Viskosität η, Dichte ρ) gefüllt. Durch einen konstanten Druckgradienten entlang der (negativen) x-Achse wird eine Strömung erzeugt. Gravitation wird vernachlässigt. Diese Konfiguration nennt man *ebenen Poiseuille-Fluss* (nach dem französischen Physiker *Jean Louis Léonard Marie Poiseuille*, 1797–1869). Er lässt sich analytisch lösen, wie nun gezeigt wird.

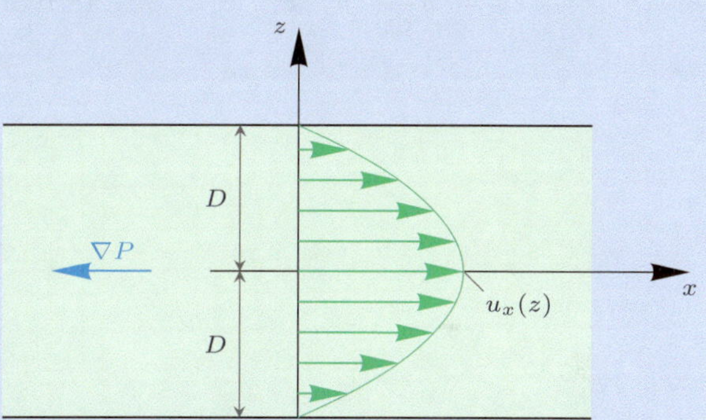

Abb. 8.24 Der ebene Poiseuille-Fluss ist die Strömung, die sich durch einen konstanten Druckgradienten zwischen zwei parallelen Platten ergibt

Um die Navier-Stokes-Gleichungen lösen zu können, brauchen wir im Allgemeinen Rand- und Anfangsbedingungen. Die Randbedingungen sind derart, dass die Flüssigkeit an den Platten ruht, also $\boldsymbol{u}(z = \pm D) = \mathbf{0}$. Diese Randbedingung (auch *Haftbedingung* genannt) gilt an fast allen Kontaktflächen und ist experimentell sehr gut bestätigt.

Für den Poiseuille-Fluss sind die Anfangsbedingungen nicht wichtig, da sich nach einer gewissen Zeit (für nicht zu schnelle Strömungen; siehe Abschnitt „So geht's weiter" am Ende dieses Kapitels) ein stationärer Zustand einstellt, der durch $\partial\boldsymbol{u}/\partial t = 0$ ausgezeichnet ist. Wir fragen hier nur nach diesem stationären Zustand.

Es verbleibt die stationäre Navier-Stokes-Gleichung zu lösen:

$$\rho(\boldsymbol{u} \cdot \nabla)\boldsymbol{u} = -\textbf{grad}\, P + \eta \Delta \boldsymbol{u}, \tag{8.194}$$

wobei der Druck $P = P_0 - P'x$ vorgegeben ist. Der konstante Druckgradient lautet damit

$$\textbf{grad}\, P = -\begin{pmatrix} P' \\ 0 \\ 0 \end{pmatrix} = \text{const.} \tag{8.195}$$

Aufgrund der Symmetrie kann die Strömung dann nur entlang der x-Achse fließen: $\boldsymbol{u} = (u_x, 0, 0)^\top$. Außerdem wird die Geschwindigkeit u_x von z, wegen der Symmetrie aber nicht von x oder y abhängen. Daraus folgt, dass der Term $(\boldsymbol{u} \cdot \nabla)\boldsymbol{u}$ verschwindet.

Rechnen Sie dies ausgehend von $u_x = u_x(z)$ explizit nach.

Damit lautet die relevante Komponente der Impulsgleichung

$$\eta \frac{\mathrm{d}^2 u_x}{\mathrm{d}z^2} = -P'. \tag{8.196}$$

Die allgemeine Lösung dieser Gleichung ist nach zweimaliger Integration schnell gefunden:

$$u_x = -\frac{P'}{2\eta} z^2 + C_1 z + C_2. \tag{8.197}$$

Man muss nun die Randbedingungen ausnutzen, um die beiden Integrationskonstanten festzulegen. Aus $u_x(z = \pm D) = 0$ folgt nach kurzer Rechnung

$$u_x(z) = \frac{P'}{2\eta}\left(D^2 - z^2\right) \quad (-D \leq z \leq +D). \tag{8.198}$$

Die Flüssigkeit fließt daher in positive x-Richtung und somit entgegen dem Druckgradienten, also von einem Gebiet mit höherem zu einem Gebiet mit niedrigerem Druck. Das Geschwindigkeitsprofil $u_x(z)$ ist parabolisch und ebenfalls in Abb. 8.24 gezeigt.

Führen Sie die Integration und die Rechnung zur Bestimmung der Integrationskonstanten explizit durch. Zeigen Sie außerdem, dass die Kontinuitätsgleichung erfüllt ist.

Der Poiseuille-Fluss in einem Rohr mit rundem Querschnitt wird in Aufgabe 8.10 berechnet. ◄

So geht's weiter

Fluiddynamik in Physik und Technik

Die Navier-Stokes-Gleichungen spielen fast überall dort eine wichtige Rolle, wo die Beschreibung von Fluiden berücksichtigt werden muss. Dazu gehören Wettervorhersage, Blutfluss, chemische Industrie, Luft- und Raumfahrt oder Sternentwicklung – um nur einige wenige Beispiele zu nennen.

Aufgrund ihrer Nichtlinearität (die Geschwindigkeit kommt quadratisch vor) und da es sich bei ihnen um partielle Differenzialgleichungen handelt, sind die Navier-Stokes-Gleichungen generell nur sehr schwer zu lösen. Hinzu kommen die benötigten Rand- und Anfangsbedingungen, die bei realistischen Problemen beliebig kompliziert werden können. Je komplexer die betrachtete Geometrie ist, desto aufwendiger wird die Lösung des Problems. Beispiele sind Ozeanströmungen entlang einer Küste oder die Strömung in veränderlichen Geometrien (z. B. Suspensionen, d. h. Flüssigkeiten mit suspendierten Teilchen, deren Oberflächen sowohl komplexe Randbedingungen für die Flüssigkeit darstellen, die aber auch durch die umgebende Flüssigkeit mitbewegt werden). In vielen Fluiden kommt es zudem zu chemischen Reaktionen (*reaktiven Strömungen*), die sowohl durch die Strömung beeinflusst werden als auch auf diese zurückwirken.

Häufig kommen noch weitere Komplikationen hinzu: Beispielsweise gibt es kompressible Fluide (die weitere Terme in der Navier-Stokes-Gleichung erfordern) oder Fluide mit veränderlicher bzw. inhomogener Viskosität.

In diesem Ausblick soll nur auf drei Punkte eingegangen werden: Turbulenz, Oberflächenspannung und numerische Lösungsansätze. Das Gebiet der Fluiddynamik ist jedoch viel umfangreicher und hat in der aktuellen Forschung nichts von seiner ursprünglichen Faszination verloren.

Turbulenz

Die Navier-Stokes-Gleichungen gestatten turbulente Lösungen. *Turbulenz* bedeutet, dass im Strömungsfeld scheinbar willkürliche und stark zeitabhängige Strukturen auftreten, die sich analytisch nur sehr schwer beschreiben lassen. Prominente Alltagsbeispiele sind das Mischen von Kaffee und Milch oder Luftwirbel, die durch Wind erzeugt werden.

Um zu verstehen, wann Turbulenz auftritt, schreiben wir (8.191) in dimensionsloser Form:

$$\frac{\partial \tilde{\boldsymbol{u}}}{\partial \tilde{t}} + (\tilde{\boldsymbol{u}} \cdot \tilde{\nabla})\tilde{\boldsymbol{u}} = -\tilde{\nabla}\tilde{P} + \frac{1}{\mathrm{Re}}\tilde{\Delta}\tilde{\boldsymbol{u}} + \tilde{\boldsymbol{f}}. \tag{8.199}$$

Dies lässt sich durch die folgenden Ersetzungen erreichen (sämtliche mit einer Tilde versehenen Größen sind dimensionslos):

$$\tilde{\boldsymbol{u}} = \frac{\boldsymbol{u}}{u_c}, \quad \tilde{\boldsymbol{r}} = \frac{\boldsymbol{r}}{\ell_c}, \quad \tilde{t} = \frac{t}{\ell_c/u_c}, \quad \tilde{P} = \frac{P}{\rho u_c^2}, \quad \tilde{\boldsymbol{f}} = \frac{\boldsymbol{f}}{u_c^2/\ell_c}, \tag{8.200}$$

wobei u_c und ℓ_c eine typische Geschwindigkeit und Länge des betrachteten Systems sind und sich die Differenzialoperatoren entsprechend wie $\tilde{\nabla} = \ell_c \nabla$ und $\tilde{\Delta} = \ell_c^2 \Delta$ verhalten. Außerdem wurde die dimensionslose *Reynolds-Zahl* (benannt nach dem britischen Physiker *Osborne Reynolds*, 1842–1912, der diese bereits durch Stokes eingeführte Zahl populär machte)

$$\mathrm{Re} := \frac{\rho u_c \ell_c}{\eta} \tag{8.201}$$

definiert.

Für das bereits angesprochene Beispiel wählt man typischerweise den Durchmesser der Kaffeetasse für ℓ_c und die Geschwindigkeit des Löffels für u_c. Man kann sich sehr leicht vorstellen, dass verschiedene physikalische Systeme auf völlig unterschiedliche Reynolds-Zahlen führen. Die folgende Tabelle gibt einen kurzen Überblick:

System	ℓ_c	u_c	Re
schwimmende Bakterien	1 μm	10 μm/s	10^{-5}
Blutfluss in Kapillargefäßen	10 μm	1 mm/s	10^{-2}
Blutfluss in Aorta	1 cm	10 cm/s	10^3
schwimmender Mensch	1 m	1 m/s	10^6
Passagierflugzeug	10 m	200 m/s	10^8

Eine physikalisch wichtige Folgerung der dimensionslosen Gleichung (8.199) ist das *Ähnlichkeitsgesetz* der Navier-Stokes-Gleichung. Es besagt, dass sich alle Strömungen mit gleicher Geometrie (d. h. gleichen Anfangs- und Randbedingungen) und gleicher Reynolds-Zahl ähnlich verhalten, egal welche physikalischen Werte ρ, u_c, ℓ_c und η im Detail annehmen. Beispielsweise lässt sich die in Abb. 8.25 gezeigte Wirbelstraße (die dort auf der Skala von vielen Kilometern existiert) auch im Labor auf der Zentimeterskala erzeugen. Dies ist für das Testen der Aerodynamik von Fahr- und Flugzeugen wichtig, die im Windkanal anhand von Miniaturmodellen untersucht werden kann.

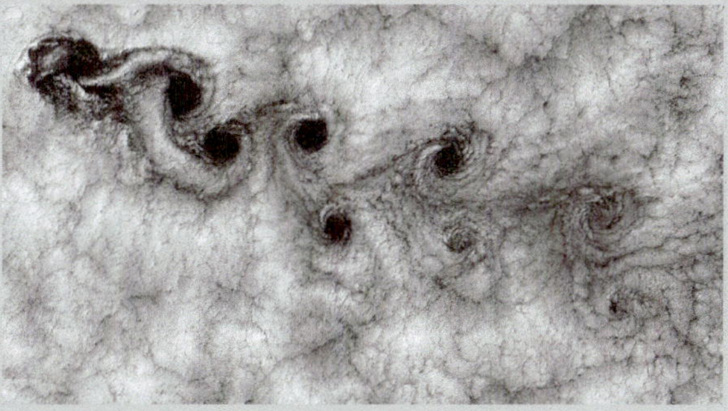

Abb. 8.25 Eine *Kármán'sche Wirbelstraße* (nach dem österreichischem Physiker *Theodore von Kármán*, 1881–1963) in der Nähe der Insel Robinsón Crusoe (Chile), aufgenommen von Landsat 7 am 15. September 1999. Die Wirbelstraße wird durch einen Berg verursacht, der die Luftströmung stört. Die Wirbelstraße selbst ist noch nicht turbulent, da das Wirbelmuster regelmäßig ist. Wirbelstraßen können schon ab $\mathrm{Re} \approx 50$ entstehen, wohingegen „echte" Turbulenz erst ab $\mathrm{Re} \approx 1000$ auftritt

Turbulenz tritt auf, wenn die Reynolds-Zahl hinreichend groß (und damit die viskose Reibung relativ unwichtig) ist. Da die kinetische Energie der Strömung so nur langsam in Wärme umgewandelt wird, verbleibt sie lange in der Strömung; es bilden sich dann häufig Wirbel wie in Abb. 8.25 gezeigt.

Der Grenzbereich zwischen *laminarer* (d. h. nichtturbulenter) und turbulenter Strömung liegt im Bereich um $\mathrm{Re} \approx 10^3$, ist aber stark problemspezifisch.

Turbulente Strömungen haben die Eigenschaft, dass größere Wirbel nach und nach in kleinere zerfallen. Dieser Prozess findet so lange statt, bis die kleinsten Wirbel aufgrund von viskoser Dissipation verschwinden, d. h., ihre kinetische Energie wird letztlich in Wärme umgewandelt. Dass dies nur in den kleineren Wirbeln geschieht, erkennt man an der Definition der Reynolds-Zahl: Die *lokale* Reynolds-Zahl (definiert durch die Wirbelgröße und -geschwindigkeit) ist bei kleineren Wirbeln wesentlich kleiner, sodass dort die viskose Reibung wichtig wird. Die Längenskala, unterhalb der Wirbel durch Dissipation zerfallen, nennt man *Mikroskala von Kolmogorow* (der russische Mathematiker *Andrei Nikolajewitsch Kolmogorow*, 1903–1987, leistete wegweisende Beiträge zur Theorie der Turbulenz).

Da Turbulenz vor allem bei der Wettervorhersage und in industriellen Produktionsprozessen eine große Rolle spielt, ist ihr Verständnis von großer Wichtigkeit. Ausgesprochen schwierig wird die Beschreibung turbulenter Systeme aufgrund der großen Spanne der relevanten Längenskalen. Die größte Skala ist selbstverständlich die Systemgröße selbst. Die kleinste relevante Skala ist gerade die Kolmogorow-Länge. In vielen Systemen trennen diese beiden Skalen viele Größenordnungen.

Oberflächenspannung

Die Navier-Stokes-Gleichungen (8.191) beschreiben zunächst nur eine einzelne Fluidphase (verschiedene Fluidphasen sind beispielsweise Wasser und Luft oder Wasser und Öl). Hat man es mit mehreren Phasen zu tun, so müssen zusätzliche Gleichungen bzw. Terme berücksichtigt werden, die das Verhalten der Grenzflächen zwischen diesen Phasen beschreiben.

Ist Wasser (oder ein anderes Fluid) in Kontakt mit einem zweiten Fluid, so spielt die molekulare Wechselwirkung zwischen diesen Phasen eine wichtige Rolle. Beispielsweise wechselwirken zwei Wassermoleküle ganz anders miteinander als zwei Stickstoffmoleküle der Luft oder ein Wasser- und ein Stickstoffmolekül. Je nach Art dieser Wechselwirkungen kann sich eine sogenannte *Oberflächenspannung* zwischen den beiden Phasen ergeben.

Wassermoleküle ziehen sich aufgrund ihrer Dipolwechselwirkung gegenseitig stark an. Es ist daher energetisch günstiger, wenn ein gegebenes Wasservolumen (z. B. ein Tropfen in Luft) eine minimale Oberfläche hat, sodass eine möglichst geringe Anzahl von Wassermolekülen weniger Nachbarn vorfindet als diejenigen Moleküle, die sich im Inneren des Volumens befinden. Dies ist der Grund, warum kleinere Wassertropfen mit einem Durchmesser von bis zu wenigen Millimetern kugelförmig sind. Größere Tropfen unterliegen dem Einfluss der Schwerkraft und werden daher verformt. Dies kann man beispielsweise bei einem tropfenden Wasserhahn beobachten.

Mechanisch kann man die Oberflächenspannung folgendermaßen verstehen: Stoßen sich zwei Fluide aufgrund ihrer molekularen Eigenschaften ab (z. B. Öl und Wasser), so ist es energetisch ungünstig, die Grenzfläche zwischen diesen beiden Phasen zu vergrößern. Es kostet also eine Energie ΔE, um die Grenzfläche um eine Fläche ΔA zu erhöhen. Die Oberflächenspannung ist gerade das Verhältnis

$$\gamma = \frac{\Delta E}{\Delta A} \tag{8.202}$$

und damit eine Art Grenzflächenenergiedichte. Umgekehrt bedeutet dies, dass eine existierende Grenzfläche einer äußeren (nicht zu großen) Kraft entgegenwirken kann, indem sich die Grenzfläche verformt und eine zusätzliche Gegenspannung erzeugt. Dies erlaubt es einem Wasserläufer, auf einer Wasseroberfläche zu laufen, ohne diese zu durchdringen (Abb. 8.26).

Abb. 8.26 Ein Wasserläufer kann aufgrund der Oberflächenspannung auf einer Wasseroberfläche (Grenzfläche zwischen Wasser und Luft) laufen, ohne dabei unterzugehen

Es ist wichtig zu betonen, dass die Oberflächenspannung keine Eigenschaft *eines* Fluids ist, sondern stets zwei nicht mischbare Fluide charakterisiert. Mischbare Fluide (z. B. Alkohol und Wasser) bilden keine Grenzfläche, da ihre molekularen Wechselwirkungen ähnlich sind und keine makroskopische Abstoßung resultiert. Folglich gibt es keine Oberflächenspannung zwischen mischbaren Fluiden. Diese Effekte sind temperaturabhängig; so gibt es Fluide, die in bestimmten Temperaturintervallen mischbar und in anderen nicht mischbar sind.

Die Oberflächenspannung zwischen Luft und Wasser beträgt bei 20 °C etwa 0,073 J/m^2. Damit lässt sich abschätzen, für welche Ausdehnungen Wassertropfen durch Oberflächenspannung (und nicht durch Gravitation) dominiert werden. Hierzu betrachtet man einen Wassertropfen mit Radius r, Oberfläche A und Volumen V. Die Kraft, mit der die Oberflächenspannung den Wassertropfen zusammenhält, ist von der Ordnung

$$F_\gamma = \frac{\gamma}{r}A = 4\pi\gamma r. \tag{8.203}$$

Dagegen wirkt insgesamt eine Gravitationskraft

$$F_g = \rho g V = \frac{4\pi}{3}\rho g r^3 \tag{8.204}$$

auf den Tropfen. Also haben wir

$$F_\gamma > F_g \quad \Longrightarrow \quad \gamma > \frac{\rho g r^2}{3} \quad \Longrightarrow \quad r_\gamma < \sqrt{\frac{\gamma}{\rho g}} \sim 3\,\text{mm}. \tag{8.205}$$

Im letzten Schritt wurde der numerische Faktor $\sqrt{3} \sim 1$ ignoriert. Man nennt r_γ die *Kapillarlänge* von Wasser. Wir sehen, dass Oberflächenspannungen nur für kleine Ausdehnungen (kleiner als wenige Millimeter) wichtig sind und demnach nur Insekten, nicht aber Säugetiere, über Wasser laufen können.

Noch interessanter wird es, wenn zwei nicht mischbare Fluide mit einem Festkörper in Kontakt kommen (Abb. 8.27). Dort hat man es dann mit drei verschiedenen Oberflächenspannungen zu tun (γ_{1f} zwischen Fluid 1 und Festkörper, γ_{2f} zwischen Fluid 2 und Festkörper sowie γ_{12} zwischen Fluid 1 und Fluid 2). Je nach Verhältnis dieser drei Oberflächenspannungen ergibt sich ein anderer *Kontaktwinkel* der Fluid-Fluid-Grenzfläche an der Oberfläche des Festkörpers.

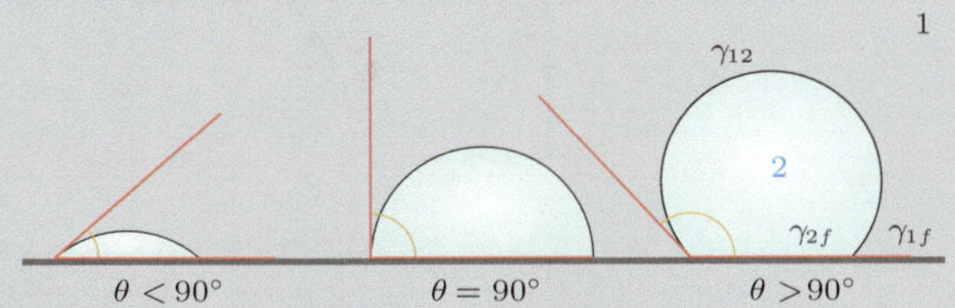

Abb. 8.27 Der Kontaktwinkel θ wird durch die Steigung der Tangente an die Fluid-Fluid-Oberfläche am gemeinsamen Kontaktpunkt aller drei Phasen definiert und ist eine Funktion der drei Oberflächenspannungen γ_{12}, γ_{1f} und γ_{2f}

Der Kontaktwinkel ist über die *Young-Laplace-Gleichung* (nach dem englischen Physiker *Thomas Young*, 1773–1829, und Pierre-Simon Laplace) festgelegt:

$$\cos\theta = \frac{\gamma_{1f} - \gamma_{2f}}{\gamma_{12}}. \tag{8.206}$$

Diese Gleichung lässt sich unmittelbar aus der Forderung eines mechanischen Kräftegleichgewichts ableiten.

Am häufigsten findet man die Situation, dass die beiden Fluide gerade Wasser und Luft sind. Dann spricht man bei $\theta < 90°$ von *hydrophilen* und bei $\theta > 90°$ von *hydrophoben* Oberflächen. Von besonderem Interesse sind *superhydrophobe* Materialien mit einem Kontaktwinkel $> 150°$ (*Lotuseffekt*; Abb. 8.28). An diesen perlt Wasser ab und transportiert mögliche Verschmutzungen fort; solche Materialien sind also potenziell selbstreinigend.

Abb. 8.28 Der Kontaktwinkel von Wassertropfen auf einem Lotusblatt ist mit etwa 150° sehr groß. Das Wasser perlt daher ab und kann das Blatt nicht benetzen

Numerische Lösungsansätze

In den meisten Fällen werden die Navier-Stokes-Gleichungen numerisch, also mithilfe von Computeralgorithmen, gelöst.

Es gibt eine Vielzahl klassischer CFD-Werkzeuge (Computational Fluid Dynamics), die mittlerweile extrem ausgereift sind. Dazu gehören die *Finite-Differenzen-* und *Finite-Volumen-Methoden*, aber auch *Finite-Elemente-* und *Spektralmethoden*. In den vergangenen 20 Jahren wurden allerdings eine ganze Reihe weitere Methoden entwickelt, die als Navier-Stokes-Löser verwendet werden können, obwohl sie nicht direkt auf einer Diskretisierung der Navier-Stokes-Gleichungen aufbauen. Beispiele sind die *Lattice-Boltzmann-* oder *Dissipative-Particle-Dynamics-Methode*.

Eine Gemeinsamkeit der meisten dieser Methoden ist die notwendige Diskretisierung des Raumes und der Zeit. Der einfachste (aber nicht immer der sinnvollste und effizienteste) Zugang ist es, den Raum durch ein orthogonales und regelmäßiges Gitter mit Gitterkonstante Δx zu beschreiben sowie die Zeit in äquidistante Zeitschritte der Länge Δt zu unterteilen. Die Gleichungen werden dann nur an diskreten Orten und zu diskreten Zeiten gelöst.

Dies soll kurz anhand der Finite-Differenzen-Methode illustriert werden. Um die Ableitung von $u(x)$ an einem Gitterpunkt x_i mit Nachbarn $x_{i\pm1}$ im Abstand Δx zu bestimmen, berechnet man in erster Näherung

$$u'(x_i) \approx \frac{u(x_{i+1}) - u(x_{i-1})}{2\Delta x}. \tag{8.207}$$

Entsprechend kann die zweite Ableitung folgendermaßen angenähert werden (siehe auch (8.18)):

$$u''(x_i) \approx \frac{u(x_{i-1}) - 2u(x_i) + u(x_{i+1})}{(\Delta x)^2}. \tag{8.208}$$

Das Voranschreiten in der Zeit stellt eine andere Herausforderung dar. Die einfachste Zeitintegration stellt das *explizite Euler-Verfahren* dar. Für die Geschwindigkeit an einem gegebenen Punkt im Raum gilt dann (mit $t_{j+1} = t_j + \Delta t$)

$$u(t_{j+1}) = u(t_j) + \dot{u}(t_j)\Delta t, \tag{8.209}$$

wobei die zeitliche Änderung $\dot{u}(t_j)$ bekannt sein muss. Dieses Verfahren ist relativ ungenau; es gibt aber eine große Palette verfeinerter Algorithmen wie die sogenannten Runge-Kutta-Verfahren.

Literatur

- Davidson, P. A.: *Turbulence: An Introduction for Scientists and Engineers*. Oxford University Press, 2004
- Ferziger, J. H, Peric, M., Leonard, A.: *Computational Methods for Fluid Dynamics*. 3. Aufl., Springer Verlag, 2002
- Oertel, H. Jr. et al.: *Prandtl – Führer durch die Strömungslehre: Grundlagen und Phänomene*. 13. Aufl., Springer Verlag, 2012
- Succi, S.: *The Lattice Boltzmann Equation: For Fluid Dynamics and Beyond*. Oxford University Press, 2001

Aufgaben

Gelegentlich enthalten die Aufgaben mehr Angaben, als für die Lösung erforderlich sind. Bei einigen anderen dagegen werden Daten aus dem Allgemeinwissen, aus anderen Quellen oder sinnvolle Schätzungen benötigt.

- • leichte Aufgaben mit wenigen Rechenschritten
- •• mittelschwere Aufgaben, die etwas Denkarbeit und unter Umständen die Kombination verschiedener Konzepte erfordern
- ••• anspruchsvolle Aufgaben, die fortgeschrittene Konzepte (unter Umständen auch aus späteren Kapiteln) oder eigene mathematische Modellbildung benötigen

8.1 • Randbedingungen für das elastische Band Am Beispiel der eingespannten Saite wurde in Abschn. 8.2 gezeigt, wie sich Dirichlet'sche Randbedingungen, also z. B. $q(t,0) = q(t,\ell) = 0$, berücksichtigen lassen. In dieser Aufgabe sollen die Neumann'schen Randbedingungen betrachtet werden. Wir verlangen hier, dass das Band aus Abschn. 8.1 am Rand einer Kraft F ausgesetzt ist. Es ist aber im Vorfeld nicht klar, wie die Verformung $q(t,x)$ bei $x = 0$ und $x = \ell$ aussieht.

(a) Zeigen Sie, dass (8.5) im Kontinuumslimes die Form

$$\rho \left.\frac{\partial^2 q}{\partial t^2}\right|_{x=\ell} + \frac{Y}{a_0}\left.\frac{\partial q}{\partial x}\right|_{x=\ell} = \frac{F}{a_0} \tag{8.210}$$

annimmt. Eine entsprechende Gleichung gilt auch an der Stelle $x = 0$.

(b) Leiten Sie einen Zusammenhang ab, der verhindert, dass (8.210) im Grenzfall $a_0 \to 0$ divergiert. Zeigen Sie damit, dass die äußere Kraft am Rand eine Bedingung an die erste Ortsableitung von q stellt (und nicht an die Funktion q selbst). Damit handelt es sich um eine Neumann'sche Randbedingung.

8.2 • Schwingende Membran Wir betrachten eine zweidimensionale elastische Membran in der x-y-Ebene, die bei $x = 0$ und $x = \ell_x$ sowie bei $y = 0$ und $y = \ell_y$ eingespannt ist. Gesucht ist die allgemeine Lösung $q_z(t,x,y)$ für die Auslenkung der Membran entlang der z-Achse. Dies könnte beispielsweise das einfache Modell einer rechteckigen Trommel sein. Man kann die Bewegungsgleichung der schwingenden Saite (8.47) verallgemeinern und findet für die Membran ganz analog

$$\ddot{q}_z - v_\perp^2 \left(\frac{\partial^2 q_z}{\partial x^2} + \frac{\partial^2 q_z}{\partial y^2}\right) = 0. \tag{8.211}$$

Die Wellengeschwindigkeit erfüllt

$$v_\perp = \sqrt{\frac{\tau}{\rho}}, \tag{8.212}$$

wobei ρ die Massendichte bezogen auf die Fläche ist und die Spannung τ die zur Kraft F in (8.47) analoge Größe. Die Spannung hat die Bedeutung einer Kraft pro Länge, d. h., pro eingespannter Einheitslänge wirkt die Kraft τ auf den Rand der Membran. Die Gesamtkraft, die bei $x = 0$ bzw. $x = \ell_x$ die Membran einspannt, ist also $-\tau\ell_y$ bzw. $+\tau\ell_y$. Entsprechend wird bei $y = 0$ bzw. $y = \ell_y$ die Membran gerade mit $-\tau\ell_x$ bzw. $+\tau\ell_x$ festgehalten. Ansonsten sei die Membran kräftefrei.

Zeigen Sie, dass die Funktion

$$q_z(t,x,y) = f(t)g(x)h(y) \tag{8.213}$$

mit

$$\begin{aligned} f(t) &= C_f \sin(\omega t - \phi_f), \\ g(x) &= C_g \sin(k_x x - \phi_g), \\ h(y) &= C_h \sin(k_y y - \phi_h) \end{aligned} \tag{8.214}$$

die Differenzialgleichung (8.211) löst. Wie muss dazu ω als Funktion von k_x und k_y gewählt werden? Wie sind die Integrationskonstanten zu wählen, damit die Randbedingungen erfüllt sind? Zeigen Sie dann, dass die allgemeine Lösung durch eine Fourier-Reihe in x und y gegeben ist.

Lösungshinweis: Bedenken Sie bei der Konstruktion der allgemeinen Lösung, dass die Schwingungsgleichung (8.211) linear und homogen ist.

8.3 • Fourier-Reihe für (un)gerade Funktionen Zeigen Sie, dass bei geraden Funktionen alle Koeffizienten b_j der Fourier-Reihe gleich null sind, bei ungeraden Funktionen alle Koeffizienten a_j.

Lösungshinweis: Wählen Sie c geeignet.

8.4 •• Sägezahnkurve Stellen Sie die Funktion $f(t) = t$ für $0 \le t < 1$ (und periodisch fortgesetzt) als Fourier-Reihe dar.

Lösungshinweis: Die Funktion f ist weder gerade noch ungerade. Durch eine Verschiebung nach unten erhält man jedoch eine ungerade Funktion.

8.5 • Darstellungen der Fourier-Reihe Ermitteln Sie die Zusammenhänge zwischen den Koeffizienten a_j, b_j der Fourier-Reihe mit Sinus- und Kosinusfunktionen einerseits und den Koeffizienten c_j der Fourier-Reihe in der Exponential-Darstellung andererseits.

8.6 • Drehungstensor Es soll gezeigt werden, dass der Tensor ω_{ij} aus (8.112) eine Drehung beschreibt und daher nicht zu Verformungsenergie des elastischen Körpers beiträgt. Zur Vereinfachung betrachten wir ein infinitesimales Flächenelement in zwei Dimensionen, das von zwei (nicht notwendigerweise orthogonalen) Vektoren $\mathbf{d}\boldsymbol{a}$ und $\mathbf{d}\boldsymbol{b}$ aufgespannt wird. Nun betrachten wir dasselbe Flächenelement im verformten Zustand mit

$$\begin{aligned} \mathrm{d}a_i' &= \mathrm{d}a_i + \eta_{ij}\,\mathrm{d}a_j = (\delta_{ij} + \eta_{ij})\,\mathrm{d}a_j, \\ \mathrm{d}b_i' &= \mathrm{d}b_i + \eta_{ij}\,\mathrm{d}b_j = (\delta_{ij} + \eta_{ij})\,\mathrm{d}b_j, \end{aligned} \tag{8.215}$$

wobei $\boldsymbol{\eta} = (\eta_{ij}) = (\partial_i q_j)$ den Verformungszustand des Flächenelements charakterisiert.

Zeigen Sie, dass das Flächenelement lediglich gedreht (und nicht verzerrt) wird, genau dann, wenn $\eta_{ij} = \omega_{ij}$ ist.

Lösungshinweis: Überprüfen Sie dazu, unter welchen Umständen die Bedingung $\mathrm{d}a_i'\,\mathrm{d}b_i' = \mathrm{d}a_i\,\mathrm{d}b_i$ erfüllt ist, d. h., wann Längen- und Winkelinvarianz vorherrschen (Invarianz des Skalarprodukts).

8.7 •• Spannungstensor für elastisches Medium

(a) Bestimmen Sie den Spannungstensor (8.122) für das elastische Medium mit dem Elastizitätstensor

$$C_{ijkl} = \lambda\delta_{ij}\delta_{kl} + \mu\left(\delta_{ik}\delta_{jl} + \delta_{il}\delta_{jk}\right). \tag{8.216}$$

Das Ergebnis ist das *isotrope Hooke'sche Gesetz* als kontinuierliche Erweiterung der eindimensionalen Federgleichung

$$F = Dq(x) = D(x - x_0). \tag{8.217}$$

(b) Wie lautet der Spannungstensor für die Verzerrung

$$\boldsymbol{\epsilon} = \frac{1}{2}\begin{pmatrix} 0 & 0 & \eta_{zx} \\ 0 & 0 & 0 \\ \eta_{zx} & 0 & 0 \end{pmatrix}, \tag{8.218}$$

die in (8.116) gefunden wurde?

(c) Berechnen Sie die äußere Kraft $\boldsymbol{F}$, die an der Oberseite des in Abb. 8.14 gezeigten Quaders angreifen muss, damit sich im statischen Fall der in Teilaufgabe (b) gefundene Spannungstensor ergibt. In welche Richtung wirkt die Kraft? Dies erlaubt die Bestimmung des Schermoduls μ, wenn bei bekannter Kraft $\boldsymbol{F}$ die resultierende Scherung η_{zx} gemessen wird.

8.8 •• Fluss im Rohr mit variabler Querschnittsfläche Eine inkompressible Flüssigkeit (d. h. ρ = const und $\operatorname{div}\boldsymbol{u} = 0$) fließe durch ein Rohr mit einer variablen Querschnittsfläche. Welcher Zusammenhang besteht zwischen der mittleren Geschwindigkeit der Flüssigkeit auf einer beliebigen ebenen Querschnittsfläche und dem Flächeninhalt dieser Querschnittsfläche? Gehen Sie dabei vom Gauß'schen Satz aus.

Lösungshinweis: Die genaue Gestalt des Geschwindigkeitsfeldes ist unerheblich. Es ist nur wichtig anzunehmen, dass an der Rohrinnenwand die Geschwindigkeit der Flüssigkeit überall verschwindet.

8.9 •• Rotierende Flüssigkeit Betrachten Sie einen unendlich langen Zylinder mit Radius R, der mit einer inkompressiblen Flüssigkeit gefüllt ist. Dieser Zylinder wird mit konstanter Winkelgeschwindigkeit $\boldsymbol{\omega} = \omega\hat{\boldsymbol{e}}_z$ um seine Symmetrieachse gedreht, die durch den Ursprung verläuft. Gravitation soll vernachlässigt werden. Es kann angenommen werden, dass sich die Flüssigkeit mit dem Zylinder dreht und sich in einem stationären Zustand befindet.

(a) Wie lautet das stationäre Geschwindigkeitsfeld $\boldsymbol{u}(\varrho,\varphi)$ für $\varrho = x^2 + y^2 < R$ (φ ist der Polarwinkel)?
(b) Zeigen Sie, dass die Kontinuitätsgleichung erfüllt ist.
(c) Bestimmen Sie den Druck $P(\varrho)$ so, dass die Euler-Gleichung erfüllt wird. Welche anschauliche Rolle spielt der Druck hier?

Lösungshinweis: Aufgrund der Symmetrie entlang der z-Achse kann das äquivalente zweidimensionale Problem in der x-y-Ebene behandelt werden. Verwenden Sie die Zylinderkoordinaten aus Abschn. 2.5. Die Divergenz in Zylinderkoordinaten lautet

$$\operatorname{div}\boldsymbol{u} = \frac{1}{\varrho}\frac{\partial(\varrho u_\varrho)}{\partial\varrho} + \frac{1}{\varrho}\frac{\partial u_\varphi}{\partial\varphi} + \frac{\partial u_z}{\partial z} \tag{8.219}$$

mit

$$\boldsymbol{u} = u_\varrho\begin{pmatrix}\cos\varphi \\ \sin\varphi \\ 0\end{pmatrix} + u_\varphi\begin{pmatrix}-\sin\varphi \\ \cos\varphi \\ 0\end{pmatrix} + u_z\begin{pmatrix}0 \\ 0 \\ 1\end{pmatrix}. \tag{8.220}$$

Achten Sie darauf, dass sowohl die radiale Koordinate ϱ als auch die Dichte ρ in den Rechnungen auftreten.

8.10 ••• Poiseuille-Fluss in Rohr Betrachten Sie ein Rohr mit kreisförmigem Querschnitt (Radius R) entlang der z-Achse. Ein Druckgradient $\mathbf{grad}\,P = (0, 0, -P')^\top$ = const treibt eine imkompressible Strömung an, von der angenommen werden kann, dass sie stationär ist. Leiten Sie ausgehend von den Navier-Stokes-Gleichungen und unter der Annahme, dass die Geschwindigkeit an der Oberfläche des Rohres verschwindet, das Geschwindigkeitsfeld $\boldsymbol{u}(\varrho)$ ab.

Berechnen Sie außerdem den Volumenstrom durch eine Querschnittsfläche des Rohres.

Lösungshinweis: Verwenden Sie Zylinderkoordinaten und den entsprechenden Laplace-Operator

$$\Delta f(\varrho,\varphi,z) = \frac{1}{\varrho}\frac{\partial}{\partial\varrho}\left(\varrho\frac{\partial f}{\partial\varrho}\right) + \frac{1}{\varrho^2}\frac{\partial^2 f}{\partial\varphi^2} + \frac{\partial^2 f}{\partial z^2}. \tag{8.221}$$

Nutzen Sie außerdem die Symmetrieüberlegungen aus, die bereits in Abschn. 8.7 für den planaren Poiseuille-Fluss verwendet wurden.

Fordern Sie bei der Integration, dass $\boldsymbol{u}$ für $\varrho \to 0$ nicht divergieren soll.

Ausführliche Lösungen zu den Aufgaben

8.1

(a) Ausgehend von

$$m\ddot{q}_N + k(q_N - q_{N-1}) - F = 0 \tag{8.222}$$

folgt mit den Definitionen von Massendichte und Young-Modulus zunächst

$$\rho\ddot{q}_N + \frac{Y}{a_0}\frac{q_N - q_{N-1}}{a_0} = \frac{F}{a_0}. \tag{8.223}$$

Im Grenzfall $a_0 \to 0$ ersetzen wir $q_i(t)$ durch $q(t,x)$, wobei $q_N(t)$ gerade $q(t,\ell)$ entspricht und der Differenzenquotient zur ersten Ableitung von $q(t,x)$ nach x wird. Da das Band hier nur bei $x = \ell$ betrachtet wird, erhält man damit bereits (8.210).

(b) Damit (8.210) im Kontinuumslimes $a_0 \to 0$ nicht divergiert, schreiben wir zunächst

$$\rho \left.\frac{\partial^2 q}{\partial t^2}\right|_{x=\ell} + \frac{1}{a_0}\left(Y \left.\frac{\partial q}{\partial x}\right|_{x=\ell} - F\right) = 0 \tag{8.224}$$

und verlangen, dass der umklammerte Ausdruck verschwinden muss. Somit lautet die Randbedingung

$$\left.\frac{\partial q}{\partial x}\right|_{x=\ell} = \frac{F}{Y}. \tag{8.225}$$

Dies bedeutet, dass die an einem Ende angreifende Kraft eine Bedingung an die erste Ableitung von $q(x)$ am Rand stellt. Ein völlig analoger Ausdruck folgt für $x = 0$.

8.2 Der Ansatz (8.213), eingesetzt in (8.211), führt allgemein auf

$$\ddot{f}gh - v_\perp^2(fg''h + fgh'') = 0. \tag{8.226}$$

Speziell gilt hier

$$\ddot{f} = -\omega^2 f, \quad g'' = -k_x^2 g, \quad h'' = -k_y^2 h. \tag{8.227}$$

Es folgt also

$$-\omega^2 fgh + v_\perp^2\left(k_x^2 + k_y^2\right)fgh = 0, \tag{8.228}$$

was für

$$\omega^2 = v_\perp^2\left(k_x^2 + k_y^2\right) \tag{8.229}$$

erfüllt ist.

Nun erfordern die Randbedingungen, dass $g(0) = g(\ell_x) = 0$ und $h(0) = h(\ell_y) = 0$ ist. Dies wird durch $\phi_g = \phi_h = 0$ erfüllt sowie durch die Bedingungen

$$k_x = \frac{\pi n_x}{\ell_x}, \quad k_y = \frac{\pi n_y}{\ell_y} \quad (n_x, n_y \in \mathbb{N}). \tag{8.230}$$

Somit lautet eine Lösung

$$q_z^{(n_x,n_y)}(t,x,y) = C_{n_x,n_y}\sin(\omega t - \phi_{n_x,n_y})\sin(k_x x)\sin(k_y y) \tag{8.231}$$

mit $C_{n_x,n_y} = C_f C_g C_h$ für einen gegebenen Satz (n_x, n_y) und der Nebenbedingung (8.229).

Da die Ausgangsgleichung (8.211) linear und homogen ist, erhält man die allgemeine Lösung durch eine beliebige Linearkombination der Lösungen (8.231) für verschiedene (n_x, n_y):

$$q_z(t,x,y) = \sum_{n_x=1}^{\infty}\sum_{n_y=1}^{\infty} q_z^{(n_x,n_y)}(t,x,y). \tag{8.232}$$

Dies ist aber nichts anderes als eine Fourier-Reihe in x und y, die nur Sinusbeiträge beinhaltet. Die C_{n_x,n_y} und ϕ_{n_x,n_y} sind Integrationskonstanten. Einige der Eigenmoden sind in Abb. 8.29 gezeigt.

8.3 Für eine gerade Funktion f gilt $f(t) = f(-t)$. Die Koeffizienten berechnet man mit der Wahl $c = -T/2$ über

$$b_j = \frac{2}{T}\int_{-T/2}^{T/2} f(t)\sin(j\omega t)\,\mathrm{d}t. \tag{8.233}$$

Mit der Substitution $t' = -t$ wird dies zu

$$\begin{aligned} b_j &= \frac{2}{T}\int_{T/2}^{-T/2} f(-t')\sin(-j\omega t')(-\mathrm{d}t') \\ &= \frac{2}{T}\int_{T/2}^{-T/2} f(t')\sin(j\omega t')\,\mathrm{d}t', \end{aligned} \tag{8.234}$$

wobei ausgenutzt wurde, dass f gerade und die Sinusfunktionen ungerade sind.

Vertauscht man die Integrationsgrenzen, dann folgt sofort

$$b_j = -\frac{2}{T}\int_{-T/2}^{T/2} f(t')\sin(j\omega t')\,\mathrm{d}t' \tag{8.235}$$

und deswegen $b_j = -b_j$ und folglich $b_j = 0$. Völlig äquivalent zeigt man die andere Behauptung.

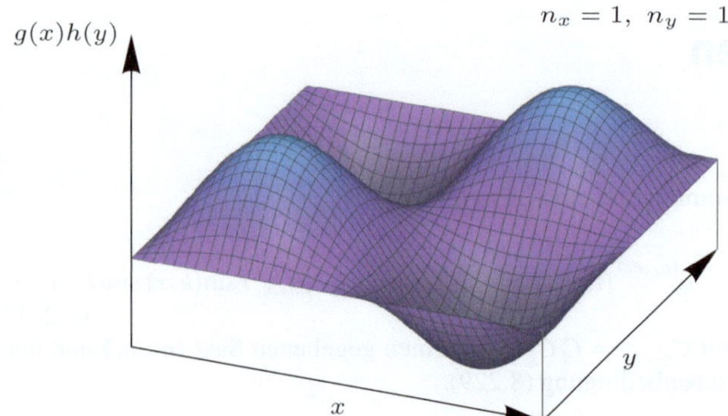

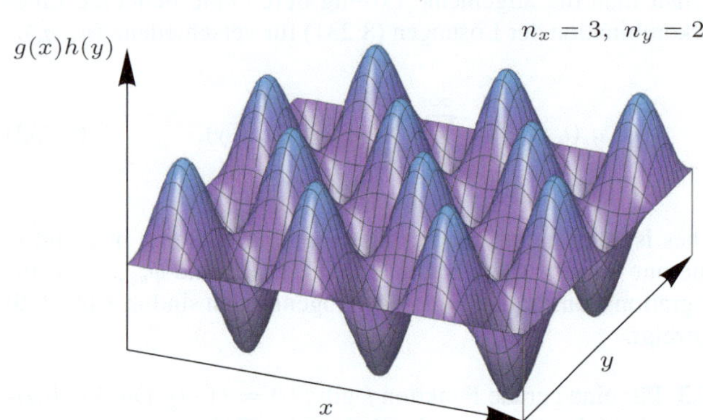

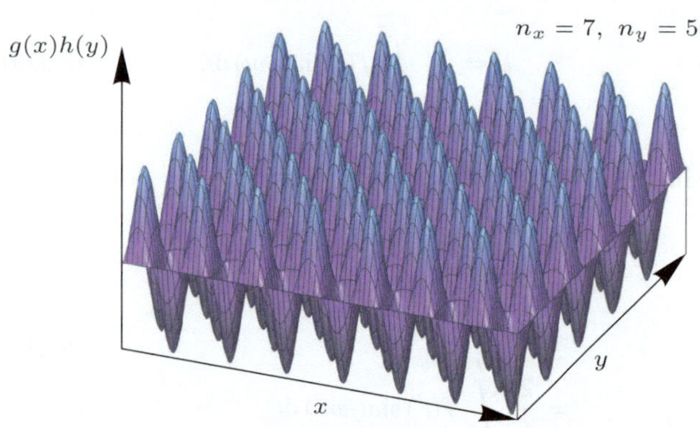

Abb. 8.29 Einige Eigenmoden der rechteckigen Membran (von *oben* nach *unten*: $n_x = 1$ und $n_y = 1$, $n_x = 3$ und $n_x = 2$, $n_x = 7$ und $n_x = 5$)

8.4 Die Funktion $\bar{f}(t) = t - 1/2$ (und periodisch fortgesetzt) ist ungerade, also hat man sofort $\bar{a}_j = 0$ für alle j und damit $a_0/\sqrt{2} = 1/2$ und $a_j = 0$ für $j > 0$. Die restlichen Koeffizienten sind

$$b_j = \frac{2}{1}\int_0^1 t\sin(2\pi jt)\,\mathrm{d}t. \tag{8.236}$$

Mittels partieller Integration erhält man leicht $b_j = -1/(j\pi)$, also insgesamt die Fourier-Reihe

$$f(t) = \frac{1}{2} - \frac{1}{\pi}\sum_{j=1}^{\infty}\frac{\sin(2\pi jt)}{j}. \tag{8.237}$$

8.5 Schreibt man

$$\begin{aligned} &a_j\cos(j\omega t) + b_j\sin(j\omega t) \\ &= \left(\frac{a_j}{2} + \frac{b_j}{2\mathrm{i}}\right)\mathrm{e}^{\mathrm{i}j\omega t} + \left(\frac{a_j}{2} - \frac{b_j}{2\mathrm{i}}\right)\mathrm{e}^{-\mathrm{i}j\omega t} \end{aligned} \tag{8.238}$$

und benutzt, dass dies gleich dem Summenglied $c_j\exp(\mathrm{i}j\omega t) + c_{-j}\exp(-\mathrm{i}j\omega t)$ sein muss, so erhält man für $j > 0$ sofort

$$c_j = \frac{a_j - \mathrm{i}b_j}{2} \quad \text{und} \quad c_{-j} = \frac{a_j + \mathrm{i}b_j}{2}. \tag{8.239}$$

Im Fall $j = 0$ folgt dagegen

$$c_0 = \frac{a_0}{\sqrt{2}}. \tag{8.240}$$

In der anderen Richtung hat man also

$$a_j = c_j + c_{-j} \quad \text{und} \quad b_j = \mathrm{i}(c_j - c_{-j}). \tag{8.241}$$

8.6 Wir berechnen das Skalarprodukt der Vektoren $\mathbf{d}\boldsymbol{a}'$ und $\mathbf{d}\boldsymbol{b}'$:

$$\begin{aligned} \mathbf{d}\boldsymbol{a}'\cdot\mathbf{d}\boldsymbol{b}' &= \mathrm{d}a_i'\,\mathrm{d}b_i' = (\delta_{ij} + \eta_{ij})(\delta_{ik} + \eta_{ik})\,\mathrm{d}a_j\,\mathrm{d}b_k \\ &= (\delta_{kj} + \eta_{kj} + \eta_{jk} + \eta_{ij}\eta_{ik})\,\mathrm{d}a_j\,\mathrm{d}b_k. \end{aligned} \tag{8.242}$$

Da die Verformung η_{ij} klein sein soll, kann der in $\boldsymbol{\eta}$ quadratische Term vernachlässigt werden. Es verbleibt also

$$\mathbf{d}\boldsymbol{a}'\cdot\mathbf{d}\boldsymbol{b}' = \mathbf{d}\boldsymbol{a}\cdot\mathbf{d}\boldsymbol{b} + (\eta_{kj} + \eta_{jk})\,\mathrm{d}a_j\,\mathrm{d}b_k. \tag{8.243}$$

Vom trivialen Fall $\boldsymbol{\eta} = 0$ abgesehen, kann $\mathbf{d}\boldsymbol{a}'\cdot\mathbf{d}\boldsymbol{b}' = \mathbf{d}\boldsymbol{a}\cdot\mathbf{d}\boldsymbol{b}$ nur genau dann verschwinden, wenn

$$\eta_{kj} = -\eta_{jk} \tag{8.244}$$

erfüllt ist, d. h. wenn $\boldsymbol{\eta}$ antisymmetrisch und somit $\eta_{ij} = \omega_{ij}$ ist. Damit ist gezeigt, dass die Transformation $\boldsymbol{\eta} = \boldsymbol{\omega}$ das Flächenelement lediglich dreht und nicht verzerrt.

8.7

(a) Der Spannungstensor ist definiert als

$$\sigma_{ij} = C_{ijkl}\epsilon_{kl}. \tag{8.245}$$

Wir multiplizieren also (8.216) mit ϵ_{kl} und vereinfachen. Der erste Term ergibt

$$\lambda\delta_{ij}\delta_{kl}\epsilon_{kl} = \lambda\delta_{ij}\epsilon_{kk}. \tag{8.246}$$

Dies ist also proportional zur Spur ϵ_{kk} des Verzerrungstensors. Der zweite Term lautet

$$\mu\left(\delta_{ik}\delta_{jl} + \delta_{il}\delta_{jk}\right)\epsilon_{kl} = \mu\left(\epsilon_{ij} + \epsilon_{ji}\right). \tag{8.247}$$

Zusammengefasst und wegen der Symmetrie des Verzerrungstensors erhalten wir

$$\sigma_{ij} = \lambda\epsilon_{kk}\delta_{ij} + 2\mu\epsilon_{ij}. \tag{8.248}$$

Diese Gleichung erlaubt es, direkt die Spannung für einen gegebenen Verzerrungszustand auszurechnen.

(b) Zunächst sehen wir, dass die Spur der Verzerrung (8.218) verschwindet ($\epsilon_{kk} = 0$); daher ist der Spannungstensor einfach

$$\sigma_{ij} = 2\mu\epsilon_{ij} = \mu\eta_{zx}(\delta_{iz}\delta_{jx} + \delta_{ix}\delta_{jz}) \tag{8.249}$$

bzw.

$$\boldsymbol{\sigma} = \mu\eta_{zx}\begin{pmatrix} 0 & 0 & 1 \\ 0 & 0 & 0 \\ 1 & 0 & 0 \end{pmatrix}. \tag{8.250}$$

(c) Die Oberflächenkraft, die notwendig ist, um die Verzerrung (8.218) bzw. Spannung (8.250) zu erreichen, ergibt sich aus

$$\boldsymbol{F} = \boldsymbol{\sigma}\boldsymbol{A}, \tag{8.251}$$

wobei $\boldsymbol{A} = A\hat{\boldsymbol{e}}_z$ die orientierte Fläche der Oberseite des Quaders ist. Wegen $\hat{\boldsymbol{e}}_z = (0, 0, 1)^\top$ findet man sofort

$$\boldsymbol{F} = \begin{pmatrix} A\mu\eta_{zx} \\ 0 \\ 0 \end{pmatrix}. \tag{8.252}$$

8.8 Eine inkompressible Flüssigkeit erfüllt $\operatorname{div}\boldsymbol{j} = \rho\operatorname{div}\boldsymbol{u} = 0$. Der Satz von Gauß in (8.162) besagt dann:

$$\oint\!\!\!\oint_{\partial V} \boldsymbol{u}\cdot\mathbf{d}\boldsymbol{A} = \iiint \operatorname{div}\boldsymbol{u}\,\mathrm{d}V = 0. \tag{8.253}$$

Als Integrationsvolumen wählen wir den Innenraum des Rohres (einschließlich seiner inneren Oberfläche), begrenzt durch zwei ebene und zueinander parallele Flächen. Wir zerlegen die dadurch definierte geschlossene Integrationsoberfläche nun in drei Teile: die beiden ebenen Querschnittsflächen (A_1 und A_2) und die Rohrinnenwand. Entsprechend der Annahme trägt die Rohrinnenwand nicht zum Integral bei, da dort überall $\boldsymbol{u} = 0$ gilt. Die beiden betrachteten ebenen Flächen sind antiparallel zueinander, da das Flächenelement $\mathbf{d}\boldsymbol{A}$ überall nach außen zeigt. Die erste Fläche hat demnach einen Normalenvektor $\hat{\boldsymbol{n}} = \text{const}$, die zweite entsprechend $-\hat{\boldsymbol{n}} = \text{const}$. Es verbleibt

$$\iint_{A_1} \boldsymbol{u}\cdot\hat{\boldsymbol{n}}\,\mathrm{d}A = \iint_{A_2} \boldsymbol{u}\cdot\hat{\boldsymbol{n}}\,\mathrm{d}A. \tag{8.254}$$

Mit der Projektion $u_n = \boldsymbol{u}\cdot\hat{\boldsymbol{n}}$ der Geschwindigkeit auf die Flächennormale $\hat{\boldsymbol{n}}$ gilt in kompakter Form

$$\iint_{A_1} u_n\,\mathrm{d}A = \iint_{A_2} u_n\,\mathrm{d}A. \tag{8.255}$$

Nun ist aber

$$\bar{u}_n^{(1)} = \frac{\iint_{A_1} u_n\,\mathrm{d}A}{A_1} \tag{8.256}$$

die mittlere (projizierte) Geschwindigkeit der Flüssigkeit auf der ersten Fläche $A_1 = \iint_{A_1}\mathrm{d}A$ (eine analoge Aussage gilt für die zweite Fläche), und wir schreiben demnach

$$A_1\bar{u}_n^{(1)} = A_2\bar{u}_n^{(2)}. \tag{8.257}$$

Dies bedeutet, dass das Produkt aus Querschnittsfläche und mittlerer Geschwindigkeit für alle gleichzeitig betrachteten Querschnittsflächen identisch ist, denn die Wahl der beiden Flächen war beliebig. Die Flüssigkeit muss also in einem engeren Abschnitt schneller fließen.

8.9

(a) Der Geschwindigkeitsvektor muss überall in der x-y-Ebene liegen. Bei einer Rotation $\boldsymbol{\omega} = \omega\hat{\boldsymbol{e}}_z$ lautet das rotierende Geschwindigkeitsfeld

$$\boldsymbol{u}(\varrho,\varphi) = \omega\varrho\begin{pmatrix} -\sin\varphi \\ \cos\varphi \\ 0 \end{pmatrix} = \omega\varrho\hat{\boldsymbol{e}}_\varphi. \tag{8.258}$$

(b) Die Kontinuitätsgleichung für eine inkompressible Flüssigkeit lautet einfach $\operatorname{div}\boldsymbol{u} = 0$, wobei hier die Divergenz in Zylinderkoordinaten verwendet werden muss. Da nur $u_\varphi = \omega\varrho$ als Funktion von ϱ auftritt, folgt direkt, dass die Divergenz verschwindet. Die Kontinuitätsgleichung ist also erfüllt.

(c) Da keine Volumenkraft vorliegt und das Problem statisch ist, bleibt von der inkompressiblen Euler-Gleichung (8.175) lediglich

$$\rho\,\mathbf{div}(\boldsymbol{u}\circ\boldsymbol{u}) = -\mathbf{grad}\,P \tag{8.259}$$

übrig. Dies kann wegen der Divergenzfreiheit in folgender Form in Koordinatendarstellung geschrieben werden:

$$\rho u_i\partial_i u_j = -\partial_j P. \tag{8.260}$$

Es ist also zunächst der Gradient der Geschwindigkeit, $\mathbf{grad}\,\boldsymbol{u}$, zu berechnen. Mithilfe von (2.113) lässt sich dies in Zylinderkoordinaten leicht durchführen:

$$\mathbf{grad}\,\boldsymbol{u} = \hat{\boldsymbol{e}}_\varrho\circ\frac{\partial\boldsymbol{u}}{\partial\varrho} + \hat{\boldsymbol{e}}_\varphi\circ\frac{1}{\varrho}\frac{\partial\boldsymbol{u}}{\partial\varphi} + \hat{\boldsymbol{e}}_z\circ\frac{\partial\boldsymbol{u}}{\partial z}. \tag{8.261}$$

Hier bleibt wegen (8.258) lediglich

$$\mathbf{grad}\,\boldsymbol{u} = \hat{\boldsymbol{e}}_\varrho\circ\hat{\boldsymbol{e}}_\varphi\frac{\partial(\omega\varrho)}{\partial\varrho} + \omega\hat{\boldsymbol{e}}_\varphi\circ\frac{\partial\hat{\boldsymbol{e}}_\varphi}{\partial\varphi} \tag{8.262}$$

übrig, wobei noch $\partial\hat{\boldsymbol{e}}_\varphi/\partial\varphi = -\hat{\boldsymbol{e}}_\varrho$ gilt. Wir erhalten also

$$\mathbf{grad}\,\boldsymbol{u} = \omega\,(\hat{\boldsymbol{e}}_\varrho \circ \hat{\boldsymbol{e}}_\varphi - \hat{\boldsymbol{e}}_\varphi \circ \hat{\boldsymbol{e}}_\varrho) \neq 0, \tag{8.263}$$

da die Reihenfolge der beiden Vektoren $\hat{\boldsymbol{e}}_\varrho$ und $\hat{\boldsymbol{e}}_\varphi$ nicht einfach vertauscht werden darf. Von links mit $\boldsymbol{u}^\top$ multipliziert ergibt sich

$$\begin{aligned}(u_i\partial_i u_j) &= \boldsymbol{u}^\top(\mathbf{grad}\,\boldsymbol{u})\\ &= \omega^2\varrho\hat{\boldsymbol{e}}_\varphi^\top\,(\hat{\boldsymbol{e}}_\varrho \circ \hat{\boldsymbol{e}}_\varphi - \hat{\boldsymbol{e}}_\varphi \circ \hat{\boldsymbol{e}}_\varrho) = -\omega^2\varrho\hat{\boldsymbol{e}}_\varrho.\end{aligned} \tag{8.264}$$

Der Druck lässt sich dann über

$$\mathbf{grad}\,P = \rho\omega^2\varrho\hat{\boldsymbol{e}}_\varrho \tag{8.265}$$

bestimmen. Daraus lässt sich ablesen, dass der Druck nur eine radiale Abhängigkeit haben kann:

$$P = \frac{\rho\omega^2}{2}\varrho^2, \tag{8.266}$$

wobei eine beliebige und unwichtige Konstante ignoriert wurde. Der Gradient des Druckes ergibt genau diejenige Kraft, welche die Flüssigkeit auf der stationären Kreisbahn hält; es handelt sich dabei also um die der Zentrifugalkraft entgegenwirkende Kraft.

8.10 Im stationären Zustand lautet die Navier-Stokes-Gleichung

$$(\boldsymbol{u}\cdot\nabla)\boldsymbol{u} = -\mathbf{grad}\,P + \eta\Delta\boldsymbol{u}. \tag{8.267}$$

Aufgrund der Symmetrie kann die Strömung nur in z-Richtung fließen, und das Geschwindigkeitsfeld kann nur vom Abstand ϱ zur Mittelachse abhängen. Der Gradient von $\boldsymbol{u}$ ist somit senkrecht zu $\boldsymbol{u}$ selbst, sodass $(\boldsymbol{u}\cdot\nabla)\boldsymbol{u} = 0$ ist. Es verbleibt daher nur die z-Komponente der Navier-Stokes-Gleichung:

$$\eta\Delta u_z = -P'. \tag{8.268}$$

Es ist nun zu beachten, dass die Integration in Zylinderkoordinaten durchzuführen ist.

Da wir annehmen, dass u_z nur von ϱ abhängt, können die Ableitungen nach φ und z ignoriert werden. Das Problem lautet also

$$\frac{1}{\varrho}\frac{\partial}{\partial\varrho}\left(\varrho\frac{\partial u_z}{\partial\varrho}\right) = -\frac{P'}{\eta}. \tag{8.269}$$

Wir multiplizieren mit ϱ und integrieren:

$$\varrho\frac{\partial u_z}{\partial\varrho} = -\frac{P'}{2\eta}\varrho^2 + C_1. \tag{8.270}$$

Nun dividieren wir diese Gleichung durch ϱ und integrieren erneut:

$$u_z = -\frac{P'}{4\eta}\varrho^2 + C_1\ln\varrho + C_2. \tag{8.271}$$

Die beiden Integrationskonstanten C_1 und C_2 sind nun so zu bestimmen, dass $u_z(R) = 0$ ist. Dies ist allerdings nur eine Bedingung an zwei Konstanten. Wir sehen außerdem, dass der Term $\ln\varrho$ für $\varrho\to 0$ divergiert. Dies darf allerdings nicht sein, da das Strömungsfeld im gesamten Rohrinnenraum regulär sein soll. Es muss also $C_1 = 0$ erfüllt sein. Die verbleibende Konstante C_2 wählen wir dann so, dass die Randbedingung erfüllt ist:

$$u_z(\varrho = R) = 0 \quad\Longrightarrow\quad C_2 = \frac{P'}{4\eta}R^2. \tag{8.272}$$

Insgesamt lautet die Lösung also

$$u_z = \frac{P'}{4\eta}\left(R^2 - \varrho^2\right) \quad (\varrho \le R). \tag{8.273}$$

Auch in einem Rohr mit kreisförmigem Querschnitt ist das Geschwindigkeitsfeld parabolisch, allerdings in der Radiuskoordinate ϱ. Außerdem unterscheiden sich die Vorfaktoren hier und in (8.198) um einen Faktor 2.

Die Gesamtmenge (d. h. das Gesamtvolumen) an Flüssigkeit, die pro Zeiteinheit durch eine Querschnittsfläche des Rohres fließt, ist

$$I = \int u_z\,\mathrm{d}A = \int_0^{2\pi}\mathrm{d}\varphi\int_0^R u_z\varrho\,\mathrm{d}\varrho. \tag{8.274}$$

Beide Integrationen sind trivial ausführbar. Die Winkelintegration ergibt lediglich einen Faktor 2π. Das verbleibende Integral lautet

$$\begin{aligned}\int_0^R u_z\varrho\,\mathrm{d}\varrho &= \frac{P'}{4\eta}\int_0^R\left(R^2\varrho - \varrho^3\right)\mathrm{d}\varrho\\ &= \frac{P'}{4\eta}\left(R^4/2 - R^4/4\right) = \frac{P'R^4}{16\eta}.\end{aligned} \tag{8.275}$$

Der Gesamtfluss ist also

$$I = \frac{\pi P'R^4}{8\eta}. \tag{8.276}$$

Dieses letzte Ergebnis wird auch als *Hagen-Poiseuille-Gesetz* bezeichnet (nach dem deutschen Ingenieur *Gotthilf Heinrich Ludwig Hagen*, 1797–1884). Es ist von großer Bedeutung für die Hydraulik und technische Anwendungen.

Antworten zu den Selbstfragen

Antwort 19 Ist $\boldsymbol{q}$ im gesamten Körper identisch, so ist er per Definition nicht verformt, sondern nur verschoben; eine bloße Verschiebung des Körpers in Abwesenheit äußerer Kräfte ändert aber nicht seine potenzielle Energie.

Antwort 23 Die Kraft ist null.

Antwort 24 Der typische Molekülabstand ist von der Größenordnung 10^{-9} m; mit einer linearen Ausdehnung von zehn Molekülen ergibt dies eine Kantenlänge von etwa 10 nm.

Antwort 32 Jedes Strömungsfeld mit $\boldsymbol{u} = \boldsymbol{u}(t)$ erfüllt diese Forderung. Dies ist aber wesentlich schwieriger zu realisieren als ein stationäres Feld $\boldsymbol{u}(\boldsymbol{r})$.

Literatur

Hänel, D.: Molekulare Gasdynamik: Einführung in die kinetische Theorie der Gase und Lattice-Boltzmann-Methoden. Springer, Berlin (2004)

Kramer, J., Warmuth, E.: Sommerschule „Lust auf Mathematik“ (2010), http://didaktik.mathematik.hu-_berlin.de/files/bericht_1_11.pdf. Zugegriffen: 5. September 2013

Landau, L., Lifschitz, E.: Lehrbuch der theoretischen Physik, 10 Bde., Bd. 6, Hydrodynamik. Harri Deutsch, Frankfurt (1991)

Sadd, M.H.: Elasticity: Theory, Applications, and Numerics. Academic Press, Amsterdam (2009)

Stephani, H., Kluge, G.: Theoretische Mechanik: Grundlagen und Übungen. Spektrum Akademischer Verlag, Heidelberg (1995)

Spezielle Relativitätstheorie

Warum verlangt die Konstanz der Lichtgeschwindigkeit die Relativität der Zeit?

Ist die Lorentz-Kontraktion wirklich oder scheinbar?

Welche Geometrie hat das vierdimensionale Raum-Zeit-Kontinuum?

Was sind Vergangenheit, Gegenwart und Zukunft in der Relativitätstheorie?

Was bräuchte es für den Bau einer Zeitmaschine?

M. Bartelmann et al., *Theoretische Physik*, DOI 10.1007/978-3-642-54618-1_9, © Springer-Verlag Berlin Heidelberg 2015

Dass sich physikalische Wirkungen nie schneller als mit Lichtgeschwindigkeit ausbreiten, ist heutzutage allgemein bekannt, obwohl es im Alltagsleben und auch für einen Großteil der Experimentalphysik keine bedeutende Rolle spielt. Aber allein die Tatsache der Existenz einer absoluten Grenzgeschwindigkeit unterminiert die Grundlage, auf der die Newton'sche Mechanik aufgebaut wurde, denn in dieser haben nur Beschleunigungen eine absolute Bedeutung, während Geschwindigkeiten relativ und damit beliebig sind.

Da das Licht selbst ein elektrodynamisches Phänomen ist, wird die spezielle Relativitätstheorie, in der die Lichtgeschwindigkeit paradoxerweise eine absolute Bedeutung bekommt, üblicherweise erst in einem fortgeschrittenen Stadium von Elektrodynamik-Vorlesungen behandelt. In diesem Buch wird die Relativitätstheorie dementsprechend auch erst in Kap. 18 dazu herangezogen, die Elektrodynamik von einer höheren Warte aus zu betrachten. Das Studium des vorliegenden und des nächsten Kapitels kann daher auch auf diesen Zeitpunkt verschoben werden. Alternativ kann aber auch ganz ohne die Elektrodynamik bereits jetzt die relativistische Kinematik und (im folgenden Kapitel) die relativistische Mechanik studiert werden.

Abb. 9.1 Albert Einstein (1879–1955) (mit freundlicher Genehmigung der Russischen Akademie der Wissenschaften)

Albert Einstein (1879–1955; Abb. 9.1) hatte 1905 als junger Patentamtsbeamter in seiner Arbeit „Zur Elektrodynamik bewegter Körper" (Einstein 1905) nicht so sehr die Elektrodynamik, sondern vielmehr die Newton'sche Mechanik revolutioniert, auch wenn das zur damaligen Zeit keine praktischen Auswirkungen hatte. In der Newton'schen Mechanik gibt es wegen der Gleichberechtigung aller Inertialsysteme keinen absoluten Raum, aber sehr wohl eine absolute Zeit. Schon vor Einstein hatten Physiker und insbesondere der französische Mathematiker *Henri Poincaré* (1854–1912) erkannt, dass es in der Elektrodynamik Sinn ergibt, beobachterabhängige Zeitkoordinaten einzuführen, aber vor einer Aufgabe des Konzepts einer absoluten Zeit waren alle zurückgeschreckt.

Einstein durchschlug nicht nur den gordischen Knoten des Äthers der Elektrodynamik, sondern insbesondere den der Newton'schen Zeit. Nur dadurch kann das Relativitätsprinzip der Mechanik, nämlich die Äquivalenz aller Inertialsysteme, mit der Existenz einer absoluten Grenzgeschwindigkeit in Einklang gebracht werden. Die dafür erforderliche Modifikation der Galilei-Transformationen war auch schon in der Elektrodynamik aufgefunden und in ihrer endgültigen Form zuvor von Poincaré nach dem niederländische Physiker *Hendrik Lorentz* (1853–1923) als Lorentz-Transformation bezeichnet und veröffentlicht worden.

In Einsteins spezieller Relativitätstheorie sind sowohl Raum als auch Zeit relative Begriffe, und dieser Schritt erwies sich als ungemein fruchtbar. Insbesondere wurde es notwendig, die Newton'sche Gravitationstheorie mit einer endlichen Ausbreitungsgeschwindigkeit von physikalischen Wirkungen in Einklang zu bringen. Dies führte zu einer noch gewaltigeren Revolution unserer Vorstellungen von Raum und Zeit, die Einstein im November 1915 in Gestalt der allgemeinen Relativitätstheorie zuwege brachte. Diese kann in diesem Buch leider nicht entwickelt werden; wir werden aber gelegentlich auf sie stoßen, da einige experimentelle Tests der speziellen Relativitätstheorie auch Effekte der allgemeinen Relativitätstheorie involvieren. Ebenso wie die spezielle Relativitätstheorie die Newton'sche Physik nicht überflüssig macht, sondern als Grenzfall weiterhin enthält, so stellt auch die spezielle Relativitätstheorie ein weiterhin gültiges Gebäude dar, solange die Krümmung von Raum und Zeit, die in der allgemeinen Relativitätstheorie hinzukommt, vernachlässigbar ist.

Bevor wir uns im nächsten Kapitel einer relativistischen Formulierung der Mechanik zuwenden, muss die kinematische Grundlage, die bisher durch das Galilei'sche Relativitätsprinzip bereitgestellt wurde, neu erarbeitet werden. Abschitt 9.1 behandelt die empirischen Grundlagen für das neue Relativitätsprinzip Einsteins, das zur Aufgabe des Begriffs einer absoluten Zeit führt. An die Stelle der Galilei-Transformationen treten dabei die Lorentz-Transformationen, die in Abschn. 9.2 besprochen werden. Statt eines dreidimensionalen euklidischen Raumes und einer absoluten Zeit bildet nun ein vierdimensionales Raum-Zeit-Kontinuum die Arena der Physik, der sogenannte Minkowski-Raum, benannt nach Einsteins Mathematiklehrer am Polytechnikum in Zürich, *Hermann Minkowski* (1864–1909), dem die moderne Formulierung der speziellen Relativitätstheorie zu verdanken ist. Mithilfe der sogenannten Minkowski-Diagramme werden wir in Abschn. 9.3 die paradox anmutenden Effekte der speziellen Relativitätstheorie studieren und die kausale Struktur, die in der Minkowski-Welt die Physik bestimmt, diskutieren. In Abschn. 9.4 wird als neues Werkzeug der Viererformalismus eingeführt, in dem die Dreiervektoren des vertrauten euklidischen Raumes zu Vierergrößen in einen pseudoeuklidischen Raum verallgemeinert werden.

9.1 Anfang und Ende der Äther-Vorstellung

Endlichkeit der Lichtgeschwindigkeit

Ob sich Licht mit endlicher oder unendlicher Geschwindigkeit ausbreitet, war von der Antike bis ins 16. Jahrhundert eine umstrittene Frage. Die aristotelische Naturphilosophie ging von einer unendlichen Geschwindigkeit aus, und dies wurde auch von *Johannes Kepler* (1571–1630) und *René Descartes* (1596–1650) für wahr gehalten. *Galileo Galilei* (1564–1641) war vermutlich der Erste, der diese Frage experimentell entscheiden wollte, und stellte dazu Versuche mit Signallaternen an, die auf weit entfernten Hügeln von Gehilfen bedient wurden. Unter Einrechnung der menschlichen Reaktionszeit konnte er damit immerhin nachweisen, dass die Lichtgeschwindigkeit zumindest höher als ein paar Kilometer pro Sekunde sein müsse.

Ein klarer Beleg für die Endlichkeit der Lichtgeschwindigkeit wurde 1676 vom dänischen Astronomen *Ole Rømer* (1644–1710) durch Beobachtung des Jupitermondes Io geliefert. Io umkreist den Jupiter in einer annähernd kreisförmigen Bahn mit einer Umlaufzeit von ungefähr 42,5 Stunden, und Bedeckungen von Io durch Jupiter lassen sich präzise vorhersagen. Abhängig davon, ob sich die Erde bei ihrem Umlauf um die Sonne auf derselben Seite wie Jupiter oder entgegengesetzt befindet, kommt es aber zu Unterschieden im Zeitplan im Ausmaß von etwa 20 Minuten, die Rømer als zusätzliche Lichtlaufzeit durch den Durchmesser der Erdbahn identifizierte. Damit konnte die Lichtgeschwindigkeit in der richtigen Größenordnung geschätzt werden.

Eine schon recht genaue Bestimmung der Lichtgeschwindigkeit lieferte der englische Geistliche und Astronom *James Bradley* (1693–1762) im Jahre 1728 durch die richtige Interpretation der von ihm entdeckten *Aberration* des Sternenlichtes. Fixsterne, die sich im Zenit befinden, beschreiben während eines Jahres kreisförmige Bewegungen im Bogensekundenbereich, die daher kommen, dass sich die Erde mit etwa $v_E \approx 30$ km/s senkrecht zur Lichtausbreitung bewegt, sodass das Licht nicht mehr genau senkrecht von oben zu kommen scheint. Dies ist insbesondere in der Newton'schen Korpuskeltheorie der Lichtausbreitung naheliegend. So wie Regen schräg von vorne zu kommen scheint, wenn man sich darin vorwärts bewegt, erhalten Lichtstrahlen eine Neigung mit einem kleinen Winkel $\tan\alpha = v_E/c$. Da Bradley die Bahngeschwindigkeit der Erde hinreichend gut kannte, konnte er die Lichtgeschwindigkeit schon mit Prozentgenauigkeit berechnen.

Die erste terrestrische Messung der Lichtgeschwindigkeit gelang 1849 dem französischen Physiker *Hippolyte Fizeau* (1819–1896) mit einer stark verbesserten Version der frühen Experimente Galileis. Der entfernte Gehilfe wurde dabei durch einen Spiegel ersetzt und der Signalgeber durch ein sich schnell drehendes Zahnrad, mit dem sowohl das Licht gepulst ausgesandt als auch das reflektierte Licht selektiv detektiert wurde.

Der Äther

Insbesondere die Wellentheorie des Lichtes, die von dem niederländischen Astronomen, Mathematiker und Physiker *Christiaan Huygens* (1629–1695) begründet wurde, legte die Existenz eines Mediums nahe, das sowohl feste Materie wie den ansonsten leeren Raum des Weltalls durchdringt, den *Äther* (nach dem griechischen Wort für den blauen Himmel), in dem sich Licht so ausbreitet wie Schall in Luft. Aristoteles hatte den ursprünglich rein mythologisch verstandenen Äther als fünftes Element (Quintessenz) den klassischen Elementen Platons hinzugefügt, das unveränderlich und ohne die Eigenschaften der übrigen Materie die sich ewig drehenden himmlischen Sphären ausfüllt.

Während Huygens sich das Licht noch als Longitudinalwelle im Äther vorstellte, ging der französische Physiker *Augustin Jean Fresnel* (1788–1827), der viel zur Entwicklung der Wellentheorie und Optik beitrug, von der Vorstellung eines elastischen Festkörpers aus, in dem sich Licht als Transversalwelle isotrop ausbreitet. Fresnel leitete 1818 aus der Vorstellung eines Äthers und der Notwendigkeit, diesen mit der veränderten Lichtgeschwindigkeit c/n in transparenten Medien mit Brechungsindex $n > 1$ in Einklang zu bringen, sogar eine Vorhersage für die teilweise Mitführung des Äthers in bewegter Materie her, aufgrund dessen die Lichtgeschwindigkeit dann

$$\frac{c}{n} + \left(1 - \frac{1}{n^2}\right) v \equiv \frac{c}{n} + \eta\, v$$

betragen solle, wobei v die Geschwindigkeit des Mediums ist. Der dabei auftretende *Fresnel'sche Mitführungskoeffizient* $\eta < 1$ wurde 1851 von Fizeau tatsächlich experimentell nachgewiesen, blieb aber rätselhaft, nicht zuletzt weil der Brechungsindex frequenzabhängig ist. Damit müsste für jede Farbe des Lichtes eine separate Komponente des Äthers existieren, die unterschiedlich stark von bewegter Materie mitgeführt werden sollte, was der Vorstellung eines universellen Äthers überhaupt nicht entsprach. (Die endgültige Erklärung dieses Phänomens liefert die relativistischen Elektrodynamik, wie in Abschn. 18.6 gezeigt werden wird.)

Mangels Alternativen hielten die Physiker des 19. Jahrhunderts an der Vorstellung eines Äthers fest, und es wurde in verschiedenen Experimenten versucht, den Äther und das von ihm ausgezeichnete Inertialsystem aufzuspüren. Apparaturen, die sich gegenüber dem Äther bewegen, sollten eine gewisse Richtungsabhängigkeit der Lichtgeschwindigkeit feststellen. Da sich die Erde mit etwa $10^{-4}\,c$ um die Sonne bewegt, sollte es entsprechende Abweichungen für erdgebundene Experimente geben, sofern der Äther nicht in der Umgebung der Erde von dieser mitgeführt wird. Gegen diese Möglichkeit spricht allerdings die erwähnte Aberration des Sternenlichtes. Licht, das in Richtung der Erdbewegung ausgesandt wird, sollte sich somit aufgrund des Gegenwindes, den der Äther liefert, ein wenig verlangsamt, in der anderen Richtung entsprechend schneller ausbreiten.

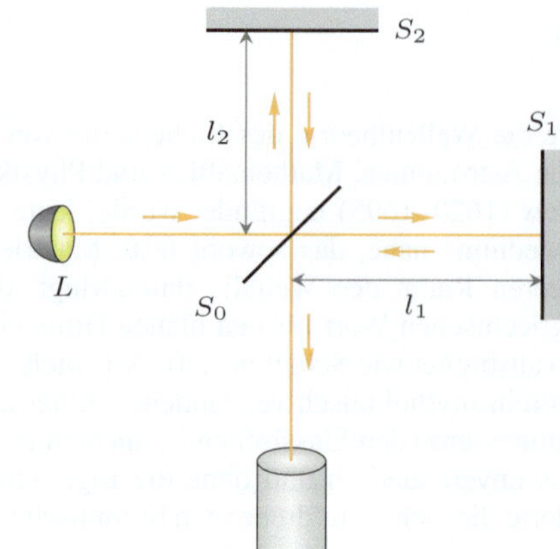

Abb. 9.2 Prinzipieller Aufbau eines Michelson-Interferometers

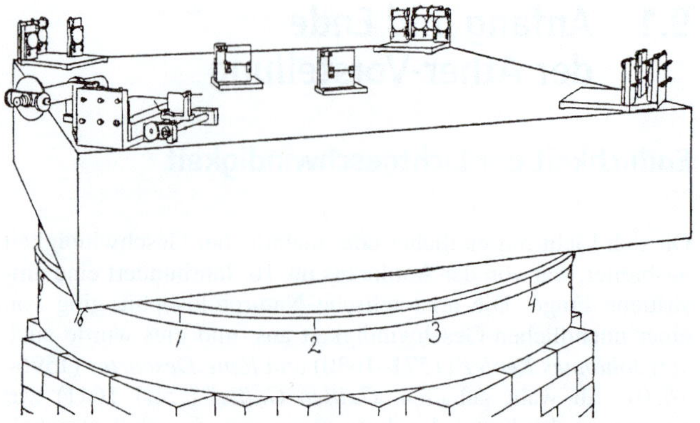

Abb. 9.3 Aufbau des Michelson-Morley-Experiments aus dem Jahr 1887, bei dem jeder Strahlengang dreifach gespiegelt wurde. In der *Mitte* befindet sich neben dem halbversilberten Spiegel noch ein Glaselement, das dafür sorgt, dass beide Strahlengänge durch dieselbe Menge an Glas geführt werden. Die Apparatur ist auf flüssigem Quecksilber drehbar gelagert, um möglichst erschütterungsfrei gedreht werden zu können

Michelson-Morley-Experiment

Das erste aussagekräftige Experiment zur Messung dieser sogenannten Ätherdrift wurde 1887 in Cleveland, Ohio, von dem amerikanischen Physiker *Albert Michelson* (1852–1931) zusammen mit dem amerikanischen Chemiker *Edward Morley* (1838–1923) durchgeführt. Schon 1881 hatte Michelson ein Interferometer zu diesem Zweck konstruiert und damit in Potsdam experimentiert, aber die Empfindlichkeit war nicht hoch genug, um den negativen Ausgang signifikant zu machen.

In einem *Michelson-Interferometer* (Abb. 9.2) wird ein monochromatischer Lichtstrahl mittels eines halbversilberten Spiegels in zwei Teilstrahlen aufgespalten, die auf zwei rechtwinklig zueinander stehenden Wegen laufen, bevor sie in einem Beobachtungsfernrohr wieder zusammengeführt werden. In diesem entstehen dann Interferenzmuster, die sich ändern, sobald die Laufzeitdifferenz des Lichtes in den zwei Strahlengängen leicht geändert wird. Im Michelson-Morley-Experiment wurde das gesamte Interferometer drehbar gelagert, um den „Ätherwind" aus unterschiedlichen Richtungen wirken zu lassen. Außerdem wurden die beiden Strahlengänge mehrfach gespiegelt, um die effektive Länge des Interferometers auf etwa 20 m zu erhöhen (Abb. 9.3), wodurch die Empfindlichkeit des Interferometers um eine Größenordnung gegenüber dem ersten Experiment von Michelson verbessert werden konnte.

Wir wollen nun für das in Abb. 9.2 skizzierte Interferometer die Laufzeitunterschiede bestimmen, die sich für unterschiedliche Orientierungen gegenüber dem angenommenen Ätherwind ergeben. Nehmen wir dazu zunächst an, dass sich das Interferometer mit einer Geschwindigkeit v entlang des Interferometerarmes mit Länge l_1 gegenüber dem Ruhesystem des Äthers bewegt. In letzterem ist die Lichtgeschwindigkeit durch c gegeben und in allen Richtungen gleich (Abb. 9.4). Bezüglich dieses Inertialsystems läuft aber der Spiegel S_1 dem Licht davon, und zwar um die Strecke $\Delta l_1^{\text{hin}} = v\,t_1^{\text{hin}}$, wobei t_1^{hin} die durch Δl_1^{hin}

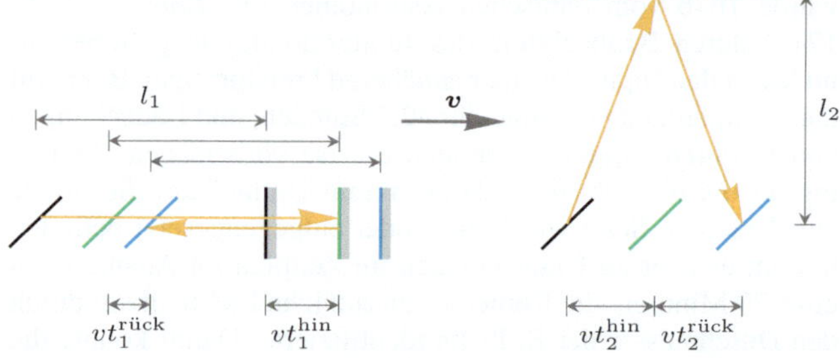

Abb. 9.4 Lichtbahnen im Michelson-Interferometer, das sich gegenüber dem Ruhesystem des Äthers mit Geschwindigkeit v nach rechts bewegt, *links* für den Interferometerarm 1, *rechts* für Arm 2

verlängerte Laufzeit zum Spiegel S_1 ist:

$$t_1^{\text{hin}} = \frac{l_1 + \Delta l_1^{\text{hin}}}{c}, \quad \Delta l_1^{\text{hin}} = v\,t_1^{\text{hin}} \implies t_1^{\text{hin}} = \frac{l_1}{c - v}. \tag{9.1}$$

Für den Rückweg braucht das Licht umgekehrt um $\Delta l_1^{\text{rück}} = v\,t_1^{\text{rück}}$ weniger Weg zurückzulegen und damit weniger Zeit:

$$t_1^{\text{rück}} = \frac{l_1 - \Delta l_1^{\text{rück}}}{c}, \quad \Delta l_1^{\text{rück}} = v\,t_1^{\text{rück}} \implies t_1^{\text{rück}} = \frac{l_1}{c + v}. \tag{9.2}$$

Auf dem Hinweg ist also die Lichtgeschwindigkeit um v reduziert, auf dem Rückweg um denselben Betrag erhöht. Diese Effekte heben sich aber nicht ganz auf: Zusammen ergibt dies für den Strahlengang entlang des Interferometerarmes 1 die Zeit

$$t_1 = t_1^{\text{hin}} + t_1^{\text{rück}} = \frac{2l_1}{c}\frac{1}{1 - v^2/c^2}, \tag{9.3}$$

in der sich die Beiträge erster Ordnung in v/c kompensieren und nur ein Effekt der Ordnung v^2/c^2 übrig bleibt. Allerdings gibt es auch im zweiten Arm einen Effekt, an den Michelson bei seinem ersten Experiment nicht gedacht hatte und der diese Laufzeitänderung noch etwas weiter reduziert. Die Seitwärtsbewegung verlängert den Weg des Lichtes aus Sicht des Äthersystems, weil es die Hypothenuse eines rechtwinkligen Dreiecks mit Katheten l_2 und $\Delta l_2^{\text{hin}} = v\, t_2^{\text{hin}}$ bildet, sodass

$$t_2^{\text{hin}} = \frac{1}{c}\sqrt{l_2^2 + (\Delta l_2^{\text{hin}})^2}, \quad t_2^{\text{hin}} = \frac{l_2}{\sqrt{c^2 - v^2}} = t_2^{\text{rück}} \tag{9.4}$$

und daher

$$t_2 = t_2^{\text{hin}} + t_2^{\text{rück}} = \frac{2l_2}{c}\frac{1}{\sqrt{1 - v^2/c^2}} \tag{9.5}$$

ist.

Wegen

$$\frac{1}{1 - v^2/c^2} = 1 + \frac{v^2}{c^2} + O\left(\frac{v^4}{c^4}\right), \tag{9.6}$$

$$\frac{1}{\sqrt{1 - v^2/c^2}} = 1 + \frac{1}{2}\frac{v^2}{c^2} + O\left(\frac{v^4}{c^4}\right) \tag{9.7}$$

halbiert sich für $l = l_1 \approx l_2$ der Laufzeitunterschied auf den beiden Strahlengängen, bleibt aber von der Ordnung v^2/c^2.

Beim Michelson-Morley-Experiment wurden diese Laufzeitunterschiede auf Veränderungen bei geänderter Orientierung bezüglich der Bewegung der Erde untersucht. Bei einer kompletten Drehung des Interferometers sollte $\boldsymbol{v}$ zwischendurch einmal entlang Arm 1 und einmal entlang Arm 2 orientiert sein. Im ersteren Fall müsste der Laufzeitunterschied

$$t_1 - t_2 = \frac{2l_1}{c}\frac{1}{1 - v^2/c^2} - \frac{2l_2}{c}\frac{1}{\sqrt{1 - v^2/c^2}} \tag{9.8}$$

betragen und nach einer Drehung, die Arm 2 in die Richtung von $\boldsymbol{v}$ zeigen lässt:

$$\bar{t}_1 - \bar{t}_2 = \frac{2l_1}{c}\frac{1}{\sqrt{1 - v^2/c^2}} - \frac{2l_2}{c}\frac{1}{1 - v^2/c^2}, \tag{9.9}$$

sodass mit $l = l_1 \approx l_2$ und $v \ll c$ ein Effekt von

$$\Delta t = |(t_1 - t_2) - (\bar{t}_1 - \bar{t}_2)| \approx \frac{2l}{c}\frac{v^2}{c^2} \tag{9.10}$$

erzielbar sein sollte. Die von Michelson und Morley gemessenen Laufzeitunterschiede waren aber innerhalb der Messgenauigkeiten mit null verträglich, obwohl die Empfindlichkeit der Apparatur mehr als ausreichend war. In Abb. 9.5 sind die Messergebnisse mit einem Achtel des erwarteten Wertes verglichen, der sich ergibt, wenn für v die Orbitalgeschwindigkeit der Erde (etwa 30 km/s) um die Sonne eingesetzt wird. (Ein fast 100-mal so großer Effekt wäre übrigens zu erwarten, wenn die Geschwindigkeit eingesetzt wird, mit der das Sonnensystem um das Zentrum der Milchstraße läuft.)

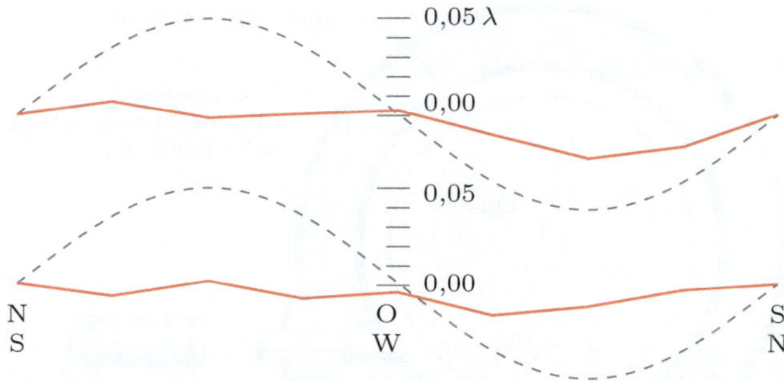

Abb. 9.5 Die von Michelson und Morley 1887 gemessenen Verschiebungen der Interferenzmuster in Einheiten der Wellenlänge λ bei einer Drehung des Interferometers (*rote Linie*) um 180° im Vergleich zu einem Achtel der zu erwartenden Werte (*gestrichelte Linie*), wenn v durch die Orbitalgeschwindigkeit der Erde um die Sonne gegeben ist. Das *obere* Ergebnis gehört zu Beobachtungen zur Mittagszeit, das *untere* zur Abendzeit

Längenkontraktions- und Zeitdilatationshypothesen

Als Erklärung für den negativen Ausgang des Michelson-Morley-Experiments schlugen 1889 der irische Physiker *George Fitzgerald* (1851–1901) und 1892 der niederländische Physiker *Hendrik Lorentz* (1853–1923) vor, dass jeder Körper bei einer Bewegung gegenüber dem Äther um einen Faktor $\sqrt{1 - v^2/c^2}$ verkürzt würde. Eine Motivation für diese Längenkontraktionshypothese war das 1888 von dem britischen Physiker und Mathematiker *Oliver Heaviside* gefundene Ergebnis, dass in der Elektrodynamik bewegte Ladungen entsprechend gestauchte Ellipsoide als Äquipotenzialflächen haben (wie wir in Kap. 18 noch sehen werden). Wenn alle Materie durch elektrodynamische Kräfte zusammengehalten wird, ist diese Hypothese also gar nicht so weit hergeholt.

Mit der Längenkontraktionshypothese ist (9.8) folgendermaßen zu modifizieren:

$$\begin{aligned} t_1 - t_2 &= \frac{2[l_1^{\text{Ruhe}}\sqrt{1 - v^2/c^2}]}{c}\frac{1}{1 - v^2/c^2} - \frac{2l_2^{\text{Ruhe}}}{c}\frac{1}{\sqrt{1 - v^2/c^2}} \\ &= \frac{2[l_1^{\text{Ruhe}} - l_2^{\text{Ruhe}}]}{c}\frac{1}{\sqrt{1 - v^2/c^2}} = \bar{t}_1 - \bar{t}_2. \end{aligned} \tag{9.11}$$

Damit wird die Ätherdrift im Michelson-Morley-Experiment praktisch unbeobachtbar, da eine Drehung der Apparatur zu keinen Laufzeitunterschieden führt. Effekte könnten sich nur durch eine Änderung des Betrags von v ergeben, wenn beispielsweise das Sonnensystem als Ganzes gegenüber dem Äther in Bewegung ist und sich die Bahngeschwindigkeit der Erde im Lauf des Jahres einmal zur Geschwindigkeit der Sonne addiert und ein halbes Jahr später entgegengerichtet ist.

Lorentz, der irische Physiker *Joseph Larmor* (1857–1942) und der französische Mathematiker *Henri Poincaré* (1854–1912) stießen aber in der Folge auf die von Poincaré nach Ersterem

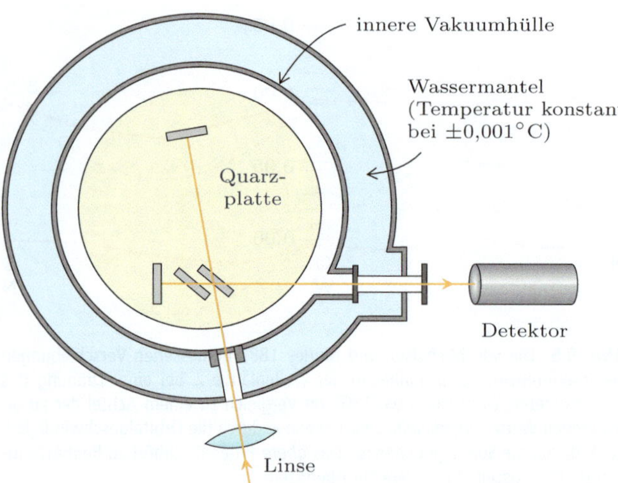

Abb. 9.6 Aufbau des Kennedy-Thorndike-Experiments aus dem Jahr 1932

benannte *Lorentz-Transformation*, bei der neben räumlichen Abständen auch Zeitintervalle vom Bewegungszustand gegenüber dem Äther abhängig wurden. Demzufolge sollten Prozesse im bewegten System um einen Faktor $\sqrt{1-v^2/c^2}$ langsamer ablaufen, effektiv beschrieben durch eine *lokale Zeit*; damit sollte die Ätherdrift komplett unbeobachtbar werden:

$$\begin{aligned}[t_1 - t_2]^{\text{Äther}} &= \frac{1}{\sqrt{1-v^2/c^2}}[t_1 - t_2]^{\text{lokal}} \\ &= \frac{2[l_1^{\text{Ruhe}} - l_2^{\text{Ruhe}}]}{c}\frac{1}{\sqrt{1-v^2/c^2}},\end{aligned} \tag{9.12}$$

woraus folgt:

$$[t_1 - t_2]^{\text{lokal}} = \frac{2(l_1^{\text{Ruhe}} - l_2^{\text{Ruhe}})}{c}. \tag{9.13}$$

Eine experimentelle Bestätigung, dass auch der Betrag von v keinen Einfluss auf die Laufzeitunterschiede hat, gelang erst viel später, 1932, in einem Experiment von R. J. Kennedy und E. M. Thorndike (Abb. 9.6). In diesem wurde eine Variante des Michelson-Interferometers verwendet, mit ungleich langen Interferometerarmen, starr auf einer thermisch isolierten Quarzplatte montiert, sodass es über mehrere Monate stabile Beobachtungen zuließ.

Einstein'sches Relativitätsprinzip

Mit der Invarianz aller elektrodynamischen Phänomene unter der von Lorentz und Larmor gefundenen Transformation, die 1905 von Poincaré nachgewiesen wurde, war der Äther unbeobachtbar geworden. Poincaré formulierte dies noch vor Einstein sogar als Prinzip der Relativität und der Unmöglichkeit, eine absolute Bewegung experimentell festzustellen (Poincaré 1905). Dennoch hielt Poincaré wie zuvor Lorentz an der Vorstellung eines Äthers fest, der – wenn auch unbeobachtbar – den absoluten Raum und die absolute Zeit definieren sollte.

Einstein, der die Arbeiten von Lorentz kannte, kam unabhängig von Poincaré zu demselben Schluss, war aber radikaler in seinem Denken und verzichtete komplett auf die Vorstellung eines Äthers und einer damit verbundenen absoluten Zeit. 1905 formulierte er in einer von drei bahnbrechenden Arbeiten (Einstein 1905) seine spezielle Relativitätstheorie mit einem einschneidenden Zusatz zum klassischen Relativitätsprinzip.

Postulate der speziellen Relativitätstheorie

Relativitätsprinzip In allen zueinander gleichförmig bewegten Bezugssystemen (Inertialsystemen) laufen physikalische Vorgänge bei gleichen Bedingungen gleich ab.
Konstanz der Lichtgeschwindigkeit In allen Inertialsystemen ist die Lichtgeschwindigkeit im Vakuum (unabhängig vom Bewegungszustand der Quellen) gleich groß.

Die Konstanz der Lichtgeschwindigkeit ist im Widerspruch zur Galilei-Invarianz der Newton'schen Mechanik, die wir in Kap. 2 diskutiert haben. Diese kann also nur näherungsweise gültig sein, solange alle Geschwindigkeiten klein gegenüber der Lichtgeschwindigkeit sind, und ist durch eine *relativistische Mechanik* zu ersetzen.

Für Einstein war das berühmte Michelson-Morley-Experiment übrigens nicht ausschlaggebend. Er war bereits durch das Fizeau'sche Mitführungsexperiment davon überzeugt, dass die Vorstellung eines universellen Äthers unhaltbar war (man musste ja für jede Farbe einen eigenen Äther annehmen), und konnte später nicht mehr sagen, ob er 1905 vom Michelson-Morley-Experiment überhaupt wusste (Holton 1969; Fölsing 1999). Das Michelson-Morley-Experiment war allerdings für Lorentz ein Schlüsselexperiment, und dessen von Einstein als ungenügend empfundene Hypothesen bereiteten den Weg für die spezielle Relativitätstheorie. Lorentz zollte Einsteins Relativitätstheorie später jeden Respekt, auch wenn er selbst weiterhin der Äthervorstellung nicht abschwören wollte. Michelson, der 1907 den Nobelpreis für sein Interferometer und die damit verbundenen neuen messtechnischen Möglichkeiten erhielt, bedauerte dagegen zeitlebens seinen Beitrag zum „Monstrum" der Relativitätstheorie.

Relativität der Gleichzeitigkeit

Der radikale Schritt Einsteins bestand darin, die Konstanz der Vakuumlichtgeschwindigkeit in allen Inertialsystemen zu einem Axiom zu erheben, sodass es nicht mehr nur um elektromagnetische Phänomene ging, sondern um die Grundlage der gesamten Physik. Insbesondere musste die bisherige Vorstellung einer

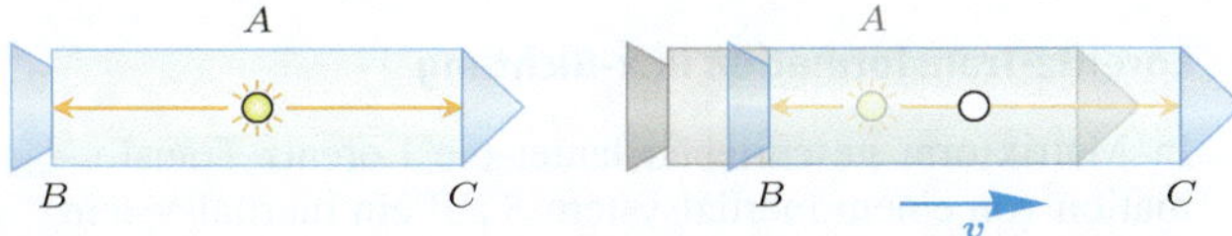

Abb. 9.7 Wird in der Mitte einer Rakete ein Licht eingeschaltet (Ereignis A), so werden die gegenüberliegenden Wände für einen Beobachter, der in demselben Inertialsystem ruht, gleichzeitig erhellt (Ereignisse B und C). Bewegt sich die Rakete gegenüber dem Beobachter, dann können B und C für diesen wegen der Konstanz der Lichtgeschwindigkeit nicht mehr gleichzeitig sein, da das Licht für ihn unterschiedliche Strecken zurückzulegen hat. (Wegen der Lorentz-Kontraktion ist die bewegte Rakete auch noch kürzer für diesen Beobachter, was aber keinen Unterschied für die Asymmetrie macht, die die Gleichzeitigkeit von B und C aufhebt.)

absoluten Zeit aufgegeben werden, die in der Newton'schen Mechanik unabhängig vom Bezugssystem für jeden Beobachter gleich verrinnt und deshalb in den Galilei-Transformationen (2.40) bis auf eine mögliche Verschiebung des Zeitnullpunktes unverändert bleibt.

Das Relativitätsprinzip und die Konstanz der Lichtgeschwindigkeit sind aber mit einer absoluten Zeit unvereinbar, wie leicht einzusehen ist. Nehmen wir als ein Beispiel eine gleichförmig bewegte Rakete, in der exakt in der Mitte eine Lichtquelle eingeschaltet wird. Für alle Beobachter im Inertialsystem der Rakete wird die vordere und hintere Wand der Rakete gleichzeitig erhellt (Abb. 9.7). Wird dies aber aus dem Inertialsystem einer anderen Rakete, die sich mit großer Geschwindigkeit gegenüber der ersten bewegt, beobachtet, ergibt sich ein anderes Bild. Auch in diesem Inertialsystem breitet sich das Licht in alle Richtungen mit der gleichen Geschwindigkeit aus, aber die vordere und hintere Wand der ersten Rakete bewegt sich nun vom Punkt, wo das Licht seinen Ursprung hat, weg bzw. auf ihn zu. Das Licht muss daher in der einen Richtung eine längere und in der anderen eine kürzere Strecke durchlaufen, sodass für das bewegte Inertialsystem die vordere und die hintere Wand in der ersten Rakete nicht mehr gleichzeitig erhellt werden. Wenn sich die Rakete gegenüber dem zweiten Inertialsystem nach vorne bewegt, wird die hintere Wand zuerst erhellt, ansonsten ist die zeitliche Reihenfolge gerade vertauscht.

Es ist nicht verwunderlich, dass vor Einstein kein Physiker an der absoluten Zeit rütteln wollte, schon gar nicht an Begriffen wie „Gleichzeitigkeit" und „zeitliche Abfolgen", denn eine saubere Trennung von Vergangenheit und Zukunft ist unabdingbar für Kausalität und Berechenbarkeit. Es wird auch nur dann zu keinem Problem, wenn es keine Möglichkeit gibt, die Lichtgeschwindigkeit zu überschreiten (was in der Newton'schen Mechanik mit den Galilei-Transformationen aber möglich wäre).

Frage 1

Erweitern Sie das Gedankenexperiment mit den zueinander bewegten Raketen um ein mit Überlichtgeschwindigkeit von einer Wand zur anderen fliegendes Insekt, und überlegen Sie sich, dass es zugleich in einem Inertialsystem vorwärts in der Zeit und im anderen rückwärts in der Zeit reisend erscheinen könnte.

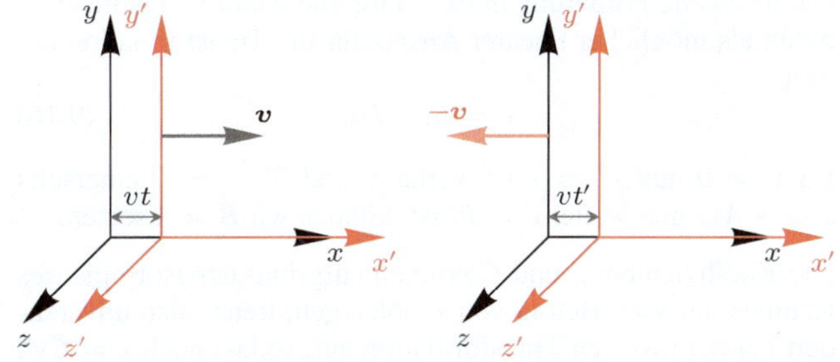

Abb. 9.8 Standardkoordinatenwahl für die Transformation zwischen zwei Inertialsystemen, die sich mit Geschwindigkeit v zueinander bewegen. Bei $t = t' = 0$ sollen sie ihren gemeinsamen Koordinatenursprung haben, die x- und x'-Achsen sollen parallel zu v sein, und es soll keine Drehung um letztere im Spiel sein

9.2 Lorentz-Transformationen

Wir wollen nun unter Aufgabe einer absoluten Zeit die Transformationsgleichungen zwischen zwei Inertialsystemen S und S' herleiten, die sich mit einer Geschwindigkeit $v < c$ zueinander bewegen, und zwar so, dass das Postulat der Konstanz der Lichtgeschwindigkeit respektiert wird. Als Standardkoordinatenwahl werden wir in beiden Systemen kartesische Koordinaten verwenden, die zum Zeitpunkt $t = t' = 0$ einen gemeinsamen Koordinatenursprung haben und die so orientiert sind, dass sich das System S' entlang der positiven x-Achse von S bewegt. Es soll auch keine Drehung im Spiel sein, sodass die Ebenen $y = 0$ und $z = 0$ den Ebenen $y' = 0$ und $z' = 0$ entsprechen (Abb. 9.8).

Mit Galilei-Transformationen entspräche dies (2.40) mit $\boldsymbol{R} = \boldsymbol{I}$, $\boldsymbol{b}_0 = \boldsymbol{0}$ und $t_0 = 0$, nämlich $x' = x - vt$, $y' = y$, $z' = z$, $t' = t$, und dies sollte im Grenzfall $c \to \infty$ auch bei den relativistischen Transformationsgleichungen wieder herauskommen. (Für Galilei-Transformationen hatte man übrigens vor Einstein keinen eigenen Namen. Diese erschienen einfach zu selbstverständlich. Erst 1909 führte der österreichische Physiker und Philosoph *Philipp Frank*, 1884–1966, diese Bezeichnung ein.)

Für die Suche nach verallgemeinerten, relativistischen Transformationsgleichungen können wir uns auf lineare Transformationen beschränken, denn ansonsten würden gerade gleichförmig durchlaufene (und damit kräftefreie) Teilchenbahnen in S nicht auf solche in S' abgebildet werden. Mit den Forderungen

$$\begin{aligned} x' = 0 &\iff x = vt, \\ x = 0 &\iff x' = -vt', \\ y' = 0 &\iff y = 0, \\ z' = 0 &\iff z = 0, \end{aligned} \tag{9.14}$$

die jeweils für alle nicht beteiligten Koordinaten zu erfüllen sind, ist diese lineare Transformation weiter eingeschränkt auf

$$x' = A(x - vt), \quad y' = Cy, \quad z' = \tilde{C}z. \tag{9.15}$$

Da die zweite Forderung in (9.14) für alle y und z zu gelten hat, bleibt als möglicher linearer Ansatz für die Transformation der Zeit

$$t' = Bt - Dx. \tag{9.16}$$

Da $x = 0$ nun $x' = -vt'$ verlangt und für $x = 0$ einerseits $x' = -Avt$ und weiter $t' = Bt$ ist, können wir $B = A$ setzen.

Die Koeffizienten C und $\tilde{C}$ können aufgrund der Isotropie des Raumes nur vom Betrag von v abhängen, treten also unverändert bei der inversen Transformation auf, sodass auch $y = Cy'$, $z = \tilde{C}z'$ und damit $C^2 = \tilde{C}^2 = 1$ sein muss. Wenn wir $C = -1$ und $\tilde{C} = -1$ ausschließen, was einer bloßen Spiegelung von y bzw. z entsprechen würde, können wir schon einmal

$$y' = y, \quad z' = z \tag{9.17}$$

setzen.

Aufgrund der postulierten Konstanz der Lichtgeschwindigkeit müssen die restlichen Koeffizienten nun so beschaffen sein, dass eine (notwendigerweise isotrope) Lichtausbreitung in S einer solchen in S' entspricht. Betrachten wir dazu eine Kugelwelle, die im Koordinatenursprung bei $t = t' = 0$ emittiert wird. In S ist diese durch

$$x^2 + y^2 + z^2 = c^2t^2 \tag{9.18}$$

gegeben und in S' durch

$$\begin{aligned} x'^2 + y'^2 + z'^2 &= c^2t'^2 \\ &= A^2(x^2 - 2xvt + v^2t^2) + y^2 + z^2 \\ &= c^2(A^2t^2 - 2ADtx + D^2x^2). \end{aligned} \tag{9.19}$$

Übereinstimmung mit (9.18) wird erreicht durch

$$A = B = \frac{1}{\sqrt{1 - v^2/c^2}}, \quad D = \frac{v}{c^2}A, \tag{9.20}$$

wobei wir die positive Wurzel wählen, damit für $v = 0$ die Transformation zur Identität wird (und nicht zu einer noch möglichen Spiegelung von x und t).

Frage 2

Rechnen Sie dies nach!

Im Grenzfall $c \to \infty$ ist offensichtlich $A = B = 1$ und $D = 0$, und alles reduziert sich auf die einfachen Galilei-Transformationen. Nur in diesem Fall hat die Zeit bis auf Verschiebungen des Zeitnullpunktes eine absolute Bedeutung. Wie wir schon aus dem Relativitätsprinzip gefolgert haben, muss eine endliche invariante Geschwindigkeit c zu einer nichttrivialen Transformation der Zeitkoordinate führen.

Bevor wir weitere Konsequenzen diskutieren, werden wir zunächst unseren Formalismus zur Umrechnung zwischen Inertialsystemen den neuen Gegebenheiten anpassen und die Transformationsgleichungen in Matrixnotation zusammenfassen.

Lorentz-Transformation in x-Richtung

In Matrixform geschrieben lautet die Lorentz-Transformation von einem Inertialsystem S auf ein Inertialsystem S', das sich gegenüber S mit Geschwindigkeit $v = \beta\, c$ in positiver x-Richtung bewegt:

$$\begin{pmatrix} ct' \\ x' \\ y' \\ z' \end{pmatrix} = \underbrace{\begin{pmatrix} \gamma & -\beta\gamma & 0 & 0 \\ -\beta\gamma & \gamma & 0 & 0 \\ 0 & 0 & 1 & 0 \\ 0 & 0 & 0 & 1 \end{pmatrix}}_{\mathbf{\Lambda}(v)} \begin{pmatrix} ct \\ x \\ y \\ z \end{pmatrix}, \tag{9.21}$$

mit den gebräuchlichen Abkürzungen

$$\beta := \frac{v}{c}, \quad \gamma := \frac{1}{\sqrt{1 - \beta^2}}. \tag{9.22}$$

Die inverse Transformation zu dieser „Standard-Lorentz-Transformation" ist durch $v \to -v$ bzw. $\beta \to -\beta$ gegeben, $\mathbf{\Lambda}^{-1}(v) = \mathbf{\Lambda}(-v)$, also

$$\begin{pmatrix} ct \\ x \\ y \\ z \end{pmatrix} = \begin{pmatrix} \gamma & \beta\gamma & 0 & 0 \\ \beta\gamma & \gamma & 0 & 0 \\ 0 & 0 & 1 & 0 \\ 0 & 0 & 0 & 1 \end{pmatrix} \begin{pmatrix} ct' \\ x' \\ y' \\ z' \end{pmatrix}. \tag{9.23}$$

Frage 3

Verifizieren Sie durch Ausmultiplizieren dieser Matrizen, dass sie tatsächlich zueinander invers sind! Zeigen Sie außerdem:

$$\det \mathbf{\Lambda}(v) = 1. \tag{9.24}$$

In obiger symmetrischer Form publizierte Poincaré diese Transformation 1905 wenige Wochen, bevor Einstein seine Arbeit zur speziellen Relativitätstheorie einreichte, und nannte sie Lorentz-Transformation (Poincaré 1905). Diese Transformation wurde von Lorentz 1892 in einer Form aufgestellt, die bei der Transformation der Zeitvariablen Fehler der Ordnung v^2/c^2 zuließ. Erstmals komplett formulierte sie Larmor 1897. Eine Version, die sich nur durch eine Skalentransformation davon unterscheidet, wurde übrigens bereits 1887 vom Göttinger Physiker *Woldemar Voigt* (1850–1919) bei der Analyse der Wellengleichung gefunden (Voigt 1887), war ihrer Zeit aber zu weit voraus, um voll verstanden zu werden, und blieb unbeachtet. (*Skalentransformation* bedeutet hier, dass alle Längen- und Zeiteinheiten um einen gemeinsamen Faktor verändert werden. Die Physik ist im Allgemeinen nicht invariant unter Skalentransformationen, die Wellengleichung dagegen schon.)

Lorentz- und Poincaré-Gruppe

Poincaré zeigte auch bereits 1905, dass die Lorentz-Transformationen für beliebig orientierte Geschwindigkeiten $\boldsymbol{v}$ mit

Vertiefung: Lorentz-Transformation als imaginäre Drehung Geschwindigkeit und Rapidität

Wie Poincaré schon 1905 bemerkte, geht die Lorentz-Transformation in eine gewöhnliche Drehung über, wenn die Zeit rein imaginär gewählt wird, $ct = \mathrm{i}x_4$. Eine Drehung in der x-x_4-Ebene kann durch eine Matrix

$$\begin{pmatrix} x' \\ x'_4 \end{pmatrix} = \begin{pmatrix} \cos\varphi & \sin\varphi \\ -\sin\varphi & \cos\varphi \end{pmatrix} \begin{pmatrix} x \\ x_4 \end{pmatrix}$$

dargestellt werden. Mit $\xi = \mathrm{i}\varphi$, $\cos\varphi = \cosh\xi$, $\mathrm{i}\sin\varphi = \sinh\xi$ erhält man

$$\begin{pmatrix} ct' \\ x' \end{pmatrix} = \begin{pmatrix} \cosh\xi & -\sinh\xi \\ -\sinh\xi & \cosh\xi \end{pmatrix} \begin{pmatrix} ct \\ x \end{pmatrix} = \begin{pmatrix} \gamma & -\beta\gamma \\ -\beta\gamma & \gamma \end{pmatrix} \begin{pmatrix} ct \\ x \end{pmatrix}$$

mit der Identifikation

$$\beta \equiv \frac{v}{c} = \tanh\xi, \quad \gamma = \cosh\xi.$$

Die neue Variable (Abb. 9.9)

$$\xi = \operatorname{artanh}\beta \equiv \frac{1}{2}\ln\frac{1+\beta}{1-\beta}$$

wird *Rapidität* (*rapidity*) genannt und hat einen Wertebereich, der im Gegensatz zu $\beta \in (-1, 1)$ von $-\infty$ bis $+\infty$ reicht. Diese Variable wird häufig in der Hochenergiephysik verwendet, wo Geschwindigkeiten sehr nahe bei c vorkommen und daher β eine unpraktische Größe darstellt. Besonders nützlich ist darüber hinaus, dass im Gegensatz zu β die Rapidität ξ eine additive Größe ist. So wie sich Drehwinkel einfach addieren, wenn immer um die gleiche Achse gedreht wird, so addieren sich bei Geschwindigkeitstransformationen in ein und derselben Richtung die entsprechenden Werte von ξ. Das relativistische Additionstheorem für gleichgerichtete Geschwindigkeiten (9.31) wird mit $\beta = \tanh\xi_1$, $\beta_{w'} = \tanh\xi_2$ und $\beta_w = \tanh\xi_3$ schlicht (Aufgabe 9.5):

$$\xi_1 + \xi_2 = \xi_3.$$

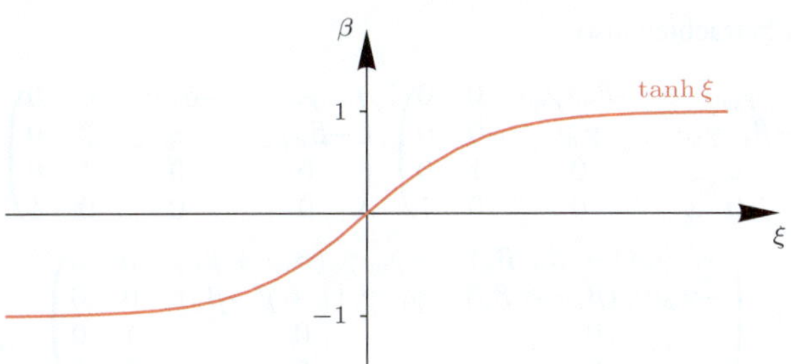

Abb. 9.9 Die Geschwindigkeit $\beta = v/c$ als Funktion der Rapiditätsvariablen ξ: $\beta = \tanh\xi$

$|v| < c$ zusammen mit den räumlichen Drehungen eine mathematische Gruppe bilden. Die Lorentz-Transformationen unter Ausschluss von Drehungen werden im Folgenden gelegentlich als „reine Geschwindigkeitstransformationen" bezeichnet (in der englischsprachigen Literatur wird dafür der Ausdruck *Lorentz boost* verwendet). Die gesamte *Lorentz-Gruppe* verallgemeinert die orthogonale Gruppe der dreidimensionalen Drehungen auf vierdimensionale Transformationen, welche die quadratische Form

$$s^2 := c^2t^2 - x^2 - y^2 - z^2 \tag{9.25}$$

invariant lassen. In obiger Herleitung der Lorentz-Transformationen haben wir bei dem Vergleich von (9.18) und (9.19) primär gefordert, dass $s^2 = 0$ auf $s'^2 = 0$ führt. Da wir aber mit $y' = y$ und $z' = z$ dafür gesorgt haben, dass eine zusätzliche Reskalierung aller Koordinaten ausgeschlossen wurde, haben wir tatsächlich die Invarianz von s^2 verwendet. (Verlangt man nur die Invarianz von $s^2 = 0$, so führt dies auf die größere Gruppe der *konformen Transformationen*; die Physik ist darunter aber nur in Ausnahmefällen invariant.)

Die dreidimensionalen Drehungen sind diejenigen Lorentz-Transformationen, bei denen separat $x^2 + y^2 + z^2$ und die Zeit t invariant bleiben. Sie sind also durch Matrizen

$$\boldsymbol{\Lambda}(\boldsymbol{R}) = \begin{pmatrix} 1 & \mathbf{0}^\top \\ \mathbf{0} & \boldsymbol{R} \end{pmatrix} \tag{9.26}$$

dargestellt, wobei $\boldsymbol{R}$ eine orthogonale Matrix ($\boldsymbol{R}^\top = \boldsymbol{R}^{-1}$) ist.

Die räumlichen Drehungen bilden eine Untergruppe: Zwei beliebige Drehungen hintereinander ausgeführt ergeben wieder eine Drehung. Für beliebige Geschwindigkeitstransformationen gilt dies nicht unbedingt, das Resultat kann eine Kombination einer Geschwindigkeitstransformation mit einer Drehung sein (siehe hierzu den Abschnitt „So geht's weiter" am Ende dieses Kapitels).

Werden zwei Geschwindigkeitstransformationen mit gleichgerichteten Relativgeschwindigkeiten hintereinander ausgeführt, ist das Ergebnis wieder eine reine Geschwindigkeitstransformation. Allerdings addieren sich Geschwindigkeiten nicht länger einfach.

Betrachten wir dazu drei Inertialsysteme, S, S' und S''. S' soll sich wieder mit Geschwindigkeit v in positive x-Richtung bezüglich S bewegen. Bezüglich S' soll sich das dritte System S''

mit Geschwindigkeit w' bewegen, ebenfalls in positive x-Richtung:

$$S \xrightarrow{\Lambda(v)} S' \xrightarrow{\Lambda(w')} S''.$$

Wir wollen nun wissen, mit welcher Geschwindigkeit w sich S'' bezüglich des Ausgangssystems S bewegt:

$$S \xrightarrow{\Lambda(w)} S''.$$

Für die Transformationsmatrizen bedeutet dies

$$\Lambda(\boldsymbol{w}')\,\Lambda(\boldsymbol{v}) = \Lambda(\boldsymbol{w}). \tag{9.27}$$

Frage 4

Begründen Sie, warum hier $\Lambda(\boldsymbol{v})$ rechts von $\Lambda(\boldsymbol{w}')$ steht (auch wenn das für die folgende Rechnung nicht wichtig ist).

Wir betrachten also

$$\begin{pmatrix} \gamma_{w'} & -\beta_{w'}\gamma_{w'} & 0 & 0 \\ -\beta_{w'}\gamma_{w'} & \gamma_{w'} & 0 & 0 \\ 0 & 0 & 1 & 0 \\ 0 & 0 & 0 & 1 \end{pmatrix} \begin{pmatrix} \gamma_v & -\beta_v\gamma_v & 0 & 0 \\ -\beta_v\gamma_v & \gamma_v & 0 & 0 \\ 0 & 0 & 1 & 0 \\ 0 & 0 & 0 & 1 \end{pmatrix}$$
$$= \begin{pmatrix} \gamma_{w'}\gamma_v(1+\beta_{w'}\beta_v) & -\gamma_{w'}\gamma_v(\beta_{w'}+\beta_v) & 0 & 0 \\ -\gamma_{w'}\gamma_v(\beta_{w'}+\beta_v) & \gamma_{w'}\gamma_v(1+\beta_{w'}\beta_v) & 0 & 0 \\ 0 & 0 & 1 & 0 \\ 0 & 0 & 0 & 1 \end{pmatrix}$$
$$\stackrel{!}{=} \begin{pmatrix} \gamma_w & -\beta_w\gamma_w & 0 & 0 \\ -\beta_w\gamma_w & \gamma_w & 0 & 0 \\ 0 & 0 & 1 & 0 \\ 0 & 0 & 0 & 1 \end{pmatrix}. \tag{9.28}$$

Ein Vergleich der letzten beiden Matrizen ergibt

$$\gamma_{w'}\gamma_v(1+\beta_{w'}\beta_v) = \gamma_w\,, \qquad \gamma_{w'}\gamma_v(\beta_{w'}+\beta_v) = \beta_w\gamma_w\,, \tag{9.29}$$

woraus bei Division dieser beiden Gleichungen

$$\beta_w = \frac{\beta_{w'}+\beta_v}{1+\beta_{w'}\beta_v} \tag{9.30}$$

bzw.

$$w = \frac{w'+v}{1+w'v/c^2} \tag{9.31}$$

folgt. Wir sehen, dass es unmöglich ist, durch die Addition von zwei Geschwindigkeiten, die beide kleiner als c sind, die Lichtgeschwindigkeit zu überschreiten. So ergibt im Extremfall $w' = v = c$ ebenfalls $w = (c+c)/2 = c$. (Das Additionstheorem für beliebige, nicht gleichgerichtete Geschwindigkeiten werden wir in Abschn. 9.4 herleiten.)

Die gesamte Gruppe der Lorentz-Transformationen, die Drehungen und Geschwindigkeitstransformationen beinhaltet, ist durch sechs kontinuierlich veränderliche Größen parametrisiert: die drei Komponenten eines Geschwindigkeitsvektors $\boldsymbol{v}$ und die drei Parameter, die eine zusätzliche Drehung festlegen (z. B. die drei Euler-Winkel). Eine allgemeine Lorentz-Transformationsmatrix, die über diese Parameter kontinuierlich mit der Einheitsmatrix verbunden ist, lässt sich immer durch das Produkt von zwei Drehungen und der Standard-Lorentz-Transformation (9.21) in x-Richtung darstellen:

$$\boldsymbol{\Lambda} = \begin{pmatrix} 1 & \boldsymbol{0}^\top \\ \boldsymbol{0} & \boldsymbol{R}_2 \end{pmatrix} \begin{pmatrix} \gamma & -\beta\gamma & 0 & 0 \\ -\beta\gamma & \gamma & 0 & 0 \\ 0 & 0 & 1 & 0 \\ 0 & 0 & 0 & 1 \end{pmatrix} \begin{pmatrix} 1 & \boldsymbol{0}^\top \\ \boldsymbol{0} & \boldsymbol{R}_1 \end{pmatrix}, \tag{9.32}$$

wobei die erste Drehmatrix das Koordinatensystem von S so dreht, dass der Geschwindigkeitsvektor $\boldsymbol{v}$, mit dem sich S' bezüglich S bewegt, in positive x-Richtung zeigt. Ist $v = 0$, so kombinieren sich die beiden Drehungen natürlich auf eine einzige Drehmatrix.

Eine reine Geschwindigkeitstransformation ergibt sich für $\boldsymbol{R}_2 = \boldsymbol{R}_1^{-1} = \boldsymbol{R}_1^\top$. Diese hat dann die Form

$$\begin{pmatrix} \gamma & -\gamma\boldsymbol{v}^\top/c \\ -\gamma\boldsymbol{v}/c & \boldsymbol{I} + (\gamma-1)\frac{\boldsymbol{v}\boldsymbol{v}^\top}{v^2} \end{pmatrix} \tag{9.33}$$

und ist im Gegensatz zur allgemeinsten Lorentz-Transformationsmatrix symmetrisch. Um das Ergebnis (9.33) einzusehen, genügt es, sich davon zu überzeugen, dass dies für $\boldsymbol{v} = (v,0,0)^\top$ gerade die Standard-Lorentz-Transformation (9.21) gibt und dass Drehmatrizen $\boldsymbol{R}_1$ und $\boldsymbol{R}_2 = \boldsymbol{R}_1^\top$ die Spalten- und Zeilenvektoren $\boldsymbol{v}^\top$ und $\boldsymbol{v}$ in eine beliebige Richtung drehen.

Frage 5

Zeigen Sie anhand von (9.33), dass zwei reine Geschwindigkeitstransformationen hintereinander ausgeführt im Allgemeinen keine reine Geschwindigkeitstransformation ergeben können, weil die resultierende Matrix nicht mehr symmetrisch ist, wenn die Geschwindigkeitsvektoren $\boldsymbol{v}_1$ und $\boldsymbol{v}_2$ in unterschiedliche Richtungen zeigen.

Zwei reine Geschwindigkeitstransformationen hintereinander ausgeführt ergeben eine reine Geschwindigkeitstransformation in einer Richtung, die in der von $\boldsymbol{v}_1$ und $\boldsymbol{v}_2$ aufgespannten Ebene liegt, kombiniert mit einer Drehung, wobei die Drehachse sowie die Größe der Drehung durch den axialen Vektor $\boldsymbol{v}_1 \times \boldsymbol{v}_2$ bestimmt sind. Explizite allgemeine Formeln dafür sind etwas unübersichtlich (Sexl & Urbantke 1992); in Aufgabe 9.7 wird der Fall, dass eine der beiden Geschwindigkeiten klein ist, behandelt, was ausreicht, um den in der Atomphysik wichtigen Effekt der *Thomas-Präzession* herzuleiten, der am Ende des Kapitels im Abschnitt „So geht's weiter" diskutiert wird.

Zusätzlich zu diesen Transformationen gibt es noch drei diskrete Operationen, die (9.25) unverändert lassen: *Zeitspiegelung* (T), räumliche Spiegelung (P), auch *Paritätstransformation* genannt, und die Kombination von beiden (PT) mit Transformationsmatrizen:

$$\boldsymbol{\Lambda}(T) = \begin{pmatrix} -1 & \boldsymbol{0}^\top \\ \boldsymbol{0} & \boldsymbol{I} \end{pmatrix}, \quad \boldsymbol{\Lambda}(P) = \begin{pmatrix} 1 & \boldsymbol{0}^\top \\ \boldsymbol{0} & -\boldsymbol{I} \end{pmatrix}, \quad \boldsymbol{\Lambda}(PT) = -\boldsymbol{I}_4. \tag{9.34}$$

Vertiefung: Komponenten der Lorentz-Gruppe Diskrete Symmetrien und deren Verletzung in der Teilchenphysik

Wären alle Vorzeichen in der quadratischen Form s^2 in (9.25) gleich, hätten wir einfach orthogonale Transformationen in vier Dimensionen vorliegen, was gruppentheoretisch als O(4) notiert würde (siehe auch den „Mathematischen Hintergrund" 27.1). Weil s^2 nicht mehr positiv definit ist, spricht man von *pseudoorthogonalen* Transformationen. Die Lorentz-Gruppe ist speziell die pseudoorthogonale Gruppe O(3,1), wobei das Zahlenpaar die Vorzeichenstruktur in s^2 angibt und ein globaler Vorzeichenwechsel keinen Unterschied macht: O(1,3) und O(3,1) sind identische Gruppen.

Die Lorentz-Transformationen, bei denen keine zeitlichen oder räumlichen Spiegelungen inkludiert sind, heißen *eigentliche orthochrone* (zeitrichtige) Lorentz-Transformationen.

Die Bezeichnung „eigentlich" bezieht sich dabei auf die Eigenschaft $\det \boldsymbol{\Lambda} = 1$ (siehe „Mathematischen Hintergrund" 2.2), was auch von $\boldsymbol{\Lambda}(PT)$ erfüllt wird. Gruppentheoretisch wird dies SO(3,1) notiert, wobei „S" für „speziell", in diesem Zusammenhang ein Synonym für „eigentlich", steht.

Bezeichnen wir orthochrone und nichtorthochrone Transformationen mit einem oberen Index $\uparrow$ bzw. $\downarrow$ und die möglichen Werte der Determinante ± 1 mit einem unteren Index $\pm$, so können wir zusammenfassend die Lorentz-Gruppe in vier disjunkte Komponenten zerlegen:

$$\mathcal{L} \equiv \mathrm{O}(3,1) = \underbrace{\mathcal{L}_+^\uparrow \cup \mathcal{L}_+^\downarrow}_{\mathrm{SO}(3,1)} \cup \mathcal{L}_-^\uparrow \cup \mathcal{L}_-^\downarrow .$$

Die Komponente $\mathcal{L}_+^\uparrow = \mathrm{SO}(3,1)^\uparrow$ beinhaltet die Identität und wird daher auch als Komponente der Einheit bezeichnet. Sie bildet eine zusammenhängende *Mannigfaltigkeit* (siehe den „Mathematischen Hintergrund" 5.1), weil ihre Elemente durch eine kontinuierliche Variation von Parametern ineinander übergeführt werden können. Die anderen Zusammenhangskomponenten sind als Mannigfaltigkeit betrachtet Kopien, die sich durch Kombination aller Elemente der Lie-Gruppe $\mathcal{L}_+^\uparrow$ mit den diskreten Operationen T, P und PT ergeben:

$$\mathcal{L}_-^\uparrow = P\mathcal{L}_+^\uparrow, \quad \mathcal{L}_-^\downarrow = T\mathcal{L}_+^\uparrow, \quad \mathcal{L}_+^\downarrow = PT\mathcal{L}_+^\uparrow .$$

(Für eine ausführlichere Diskussion des Begriffs „Lie-Gruppe" siehe den „Mathematischen Hintergrund" 27.1.)

Die spezielle Relativitätstheorie und darauf aufbauende Theorien bis hin zu relativistischen Quantenfeldtheorien verlangen in Wirklichkeit nur Invarianz der Naturgesetze unter der Gruppe $\mathcal{L}_+^\uparrow$. Tatsächlich hat man in der Teilchenphysik sowohl *Paritätsverletzung* als auch Verletzung der Zeitspiegelungsinvarianz in den fundamentalen Wechselwirkungen, die mit der sogenannten *schwachen Kernkraft* zusammenhängen, gefunden. (Die Verletzung der Zeitspiegelungsinvarianz ergibt sich dabei indirekt aus einer Verletzung der kombinierten Symmetrie von Raumspiegelung (P) und Austausch von Teilchen mit ihren Antiteilchen (C für *charge conjuction* oder Ladungskonjugationssymmetrie), was als *CP-Verletzung* bezeichnet wird.)

Die Paritätsverletzung der schwachen Kernkraft war 1956 von den chinesisch-stämmigen amerikanischen theoretischen Physikern *Tsung-Dao Lee* (*1926) und *Chen-Ning Yang* (*1922) postuliert und 1957 von der chinesisch-amerikanischen Physikerin *Chien-Shiung Wu* (1912–1997) experimentell nachgewiesen worden. Die CP-Verletzung ist im Vergleich zur Paritätsverletzung ein noch subtilerer Effekt. Entdeckt wurde sie (völlig überraschend) 1964 von den amerikanischen Physikern *James Cronin* (*1931) und *Val Fitch* (*1923) im Zerfall von neutralen K-Mesonen (auch Kaonen genannt). Erst viel später, 2001, wurde sie auch bei weiteren Elementarteilchen, den sogenannten B-Mesonen, durch das amerikanische BaBar- und das japanische BELLE-Experiment (Abb. 9.10) nachgewiesen. Die CP-Verletzung hängt eng mit der noch völlig ungeklärten Frage zusammen, warum unser Universum so viel mehr Materie als Antimaterie enthält.

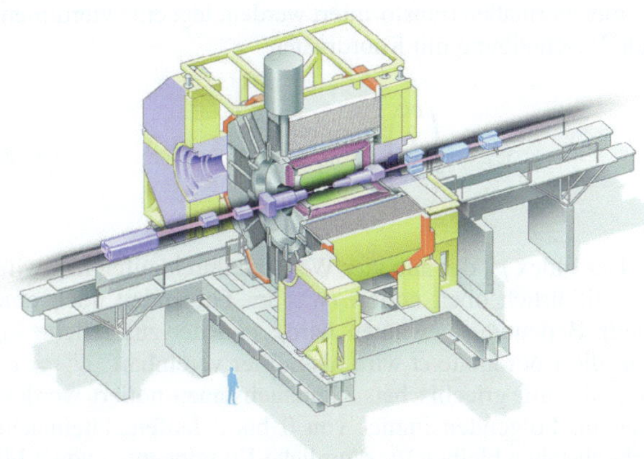

Abb. 9.10 Schema des BELLE-Experiments am japanischen Teilchenbeschleunigerzentrum KEK in Tsukuba, mit dem die CP-Verletzung bei B-Mesonen untersucht wird

Literatur

- Sexl, R. U., Urbantke, H. K.: *Relativität, Gruppen, Teilchen*. Springer Verlag, 1992
- Griffiths, D.: *Introduction to Elementary Particles*. 2. Aufl., Wiley-VCH, 2008

Jede dieser Transformationen ergibt nur Sinn als passive Transformation der Koordinaten, d. h., sie können im Gegensatz zu den Drehungen und Geschwindigkeitstransformationen nicht durch eine aktive Veränderung des Inertialsystems selbst induziert werden. (Für mathematische und auch physikalische Implikationen siehe den Kasten „Vertiefung: Komponenten der Lorentz-Gruppe".)

Lässt man zusätzlich zu diesen Lorentz-Transformationen auch noch eine Verschiebung des Koordinatenursprungs zu,

$$\begin{pmatrix} ct' \\ x' \\ y' \\ z' \end{pmatrix} = \mathbf{\Lambda} \left[\begin{pmatrix} ct \\ x \\ y \\ z \end{pmatrix} - \begin{pmatrix} ct_0 \\ x_0 \\ y_0 \\ z_0 \end{pmatrix} \right], \tag{9.35}$$

so spricht man von der (zehnparametrigen) *Poincaré-Gruppe*. Diese verallgemeinert die Gruppe der Galilei-Transformationen, bei der wir ja auch Verschiebungen des Koordinatenursprungs und des Zeitnullpunktes zugelassen haben. Im Folgenden werden wir aber der Einfachheit halber immer den Koordinatenursprung und Zeitnullpunkt für unterschiedliche Inertialsysteme zusammenfallen lassen.

9.3 Minkowski-Raum

Die symmetrische Struktur der Lorentz-Transformationsmatrix (9.21), bei der Raum- und Zeitkoordinaten, letztere multipliziert mit c, gleichermaßen transformiert werden, legt eine vierdimensionale Beschreibung mit Koordinaten

$$x^\mu = \begin{pmatrix} ct \\ x \\ y \\ z \end{pmatrix}, \quad \mu \in \{0, 1, 2, 3\} \tag{9.36}$$

nahe. Der Index μ, der nun vier Werte zu durchlaufen hat, wird dabei willkürlich oben notiert (was im Folgenden noch eine spezielle Bedeutung gewinnen wird), und der zusätzliche Index für die Koordinate ct wird als nullter vereinbart: $x^0 := ct$. Indizes, die mit griechischen Kleinbuchstaben notiert werden, werden im Folgenden immer von 0 bis 3 laufen; lateinische Kleinbuchstaben bleiben für räumliche Komponenten von 1 bis 3 reserviert.

Achtung Die nun hochgestellten Indizes dürfen natürlich nicht mit Exponenten verwechselt werden. Ob es sich in einem konkreten Fall um obere Indizes oder Exponenten handelt, wird sich immer eindeutig aus dem Zusammenhang ergeben. ◀

Ein Punkt des vierdimensionalen Raum-Zeit-Kontinuums, der in einem Bezugssystem durch die Koordinaten x^μ beschrieben wird, wird als *Ereignis* bezeichnet. Das gesamte Raum-Zeit-Kontinuum bildet den *Minkowski-Raum*, benannt nach dem deutschen Mathematiker *Hermann Minkowski* (1864–1909), der 1908 eine konsequent vierdimensionale Formulierung der

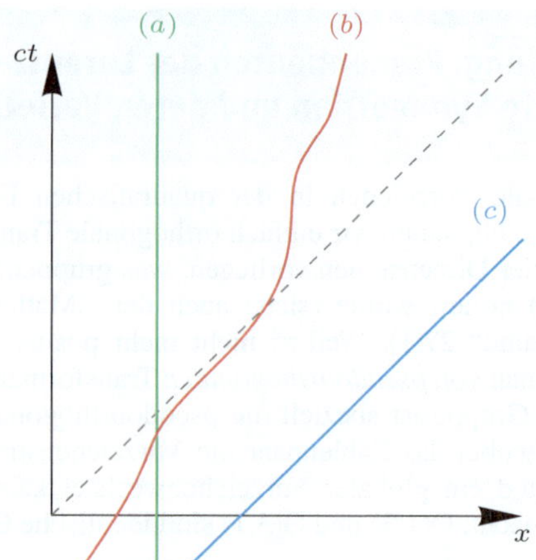

Abb. 9.11 Minkowski-Diagramm mit Weltlinien für ein ruhendes Teilchen (a), ein ungleichförmig bewegtes Teilchen, dessen Geschwindigkeit überall unter der Lichtgeschwindigkeit bleibt (b), und ein Photon, das sich mit Lichtgeschwindigkeit nach rechts bewegt (c)

speziellen Relativitätstheorie Einsteins entwickelte. Minkowski (1909), der am Polytechnikum in Zürich Ende der 1890er Jahre Einsteins Lehrer gewesen war, stellte seinen vierdimensionalen Raum in einem Vortrag in Köln 1908 mit den pathetischen Worten vor: „Von Stund an sollen Raum für sich und Zeit für sich völlig zu Schatten herabsinken und nur noch eine Art Union der beiden soll Selbständigkeit bewahren."

Im Minkowski-Raum wird ein ausdehnungsloses Punktteilchen durch eine eindimensionale *Weltlinie* dargestellt, die seine gesamte Geschichte wiedergibt. Wenn man auf die Darstellung von zumindest einer räumlichen Dimension verzichten kann, lassen sich die Prozesse im Minkowski-Raum durch *Minkowski-Diagramme* wiedergeben, die für die Diskussion und Auflösung der scheinbaren Paradoxa der speziellen Relativitätstheorie äußerst hilfreich sind. In diesen werden traditionellerweise die zeitartige Koordinate eines Inertialsystems S, ct, als vertikale Achse und ein bis maximal zwei räumliche Koordinaten durch horizontale Achsen dargestellt. Eine physikalisch mögliche Weltlinie eines Teilchens mit Masse ist dann eine Linie, die überall eine Steigung von mindestens 45° hat. Ist die Linie vertikal, dann ruht das Teilchen gerade im betrachteten Inertialsystem. Lichtsignale (quantentheoretisch masselose *Photonen*) haben im Vakuum Weltlinien, die mit exakt 45° verlaufen (Abb. 9.11).

Geometrische Darstellung der Lorentz-Transformation in einem Minkowski-Diagramm

In einem Minkowski-Diagramm können wir auch übersichtlich darstellen, mit welchen Koordinaten ein gegenüber S bewegtes Inertialsystem S' die Ereignisse parametrisiert, die in S mit obigem rechtwinkligen Koordinatensystem dargestellt werden.

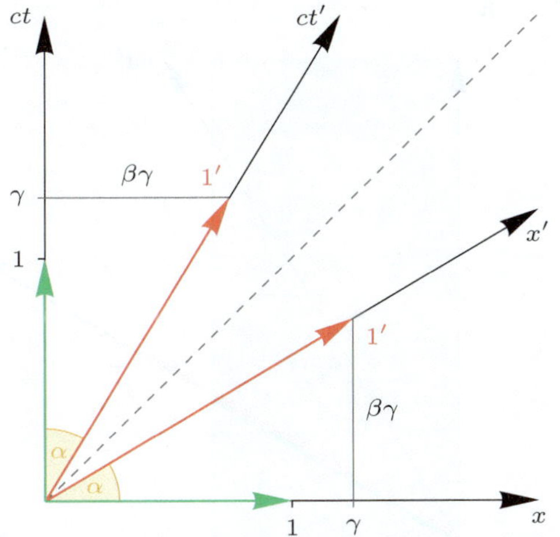

Abb. 9.12 Geometrische Darstellung der Lorentz-Transformation in einem Minkowski-Diagramm (gezeichnet für den Wert $\beta = 3/5 = 0{,}6$, bei dem auch γ eine rationale Zahl ist, nämlich $\gamma = 5/4 = 1{,}25$)

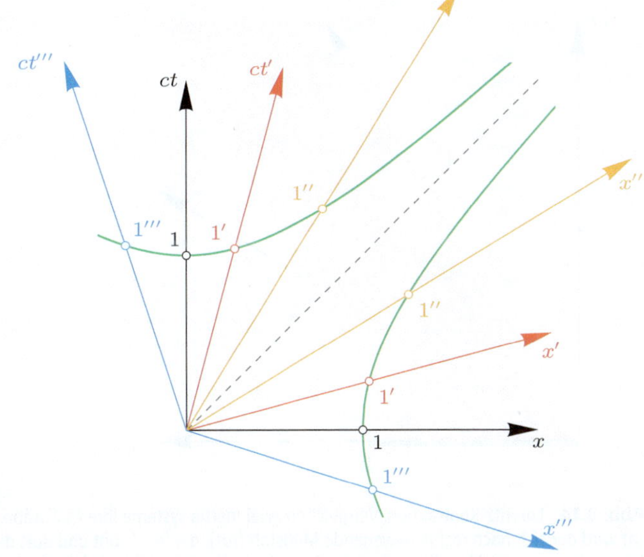

Abb. 9.13 Die räumlichen und zeitartigen Einheitsvektoren von verschiedenen Inertialsystemen S', S'', ... liegen im Minkowski-Diagramm von S auf Einheitshyperbeln

Dazu beschränken wir uns auf die Koordinaten ct und x und stellen die Linien, die zu $ct' = 0$ und $x' = 0$ gehören, in den ungestrichenen Koordinaten dar. Die inverse Lorentz-Transformation (9.23) ergibt

$$\begin{aligned}\begin{pmatrix} ct \\ x \end{pmatrix} &= \begin{pmatrix} \gamma & \beta\gamma \\ \beta\gamma & \gamma \end{pmatrix}\begin{pmatrix} ct' \\ x' \end{pmatrix} \\ &= \begin{pmatrix} \gamma & \beta\gamma \\ \beta\gamma & \gamma \end{pmatrix}\begin{pmatrix} 1 \\ 0 \end{pmatrix} ct' + \begin{pmatrix} \gamma & \beta\gamma \\ \beta\gamma & \gamma \end{pmatrix}\begin{pmatrix} 0 \\ 1 \end{pmatrix} x' \\ &= \begin{pmatrix} \gamma \\ \beta\gamma \end{pmatrix} ct' + \begin{pmatrix} \beta\gamma \\ \gamma \end{pmatrix} x'.\end{aligned} \tag{9.37}$$

Der räumliche Koordinatenursprung $x' = 0$ (also die ct'-Achse) stellt sich klarerweise als gerade Linie dar mit Neigung $\tan\alpha = \beta \equiv v/c$ gegenüber der ct-Achse, die das Weg-Zeit-Diagramm des sich nach rechts bewegenden Systems wiedergibt. Neu (gegenüber Galilei-Transformationen) ist hier, dass zu einer Einheit von ct' der Wert $\gamma > 1$ in der Koordinate ct gehört (Abb. 9.12).

Noch ungewohnter ist freilich, dass die Linie $ct' = 0$ (die x'-Achse) gegenüber der x-Achse geneigt ist, ebenfalls mit $\tan\alpha = \beta$, was zur Folge hat, dass abhängig von der Entfernung vom Koordinatenursprung die Zeitangabe $t' = 0$ zu buchstäblich allen möglichen Werten von t gehört.

Das Koordinatensystem von S' stellt sich also gegenüber dem von S als schiefwinklig heraus. Linien mit konstantem Wert ct' sind immer parallel zur x'-Achse, genauso wie alle Linien mit festem x' dieselbe Neigung wie die ct'-Achse haben.

Da per Konstruktion $x^2 - c^2t^2 = x'^2 - c^2t'^2$ ist, liegen für beliebige Werte der Geschwindigkeit die räumlichen und zeitartigen Einheitsvektoren auf einer Hyperbel (Abb. 9.13), die räumlichen auf einem Ast der Einheitshyperbel $x'^2 - c^2t'^2 = 1$ und die zeitartigen auf $x'^2 - c^2t'^2 = -1$ (mit einer beliebigen Maßeinheit für die Länge).

Frage 6

Skizzieren Sie nun analog zu Abb. 9.12 ein Minkowski-Diagramm für das Bezugssystem S' mit rechtwinkligen Koordinatenachsen ct' und x', in dem die Koordinatenachsen von S dargestellt sind.

Längenkontraktion

Um die physikalische Bedeutung der veränderten Einheiten auf den Koordinatenachsen des bewegten Systems S' zu verstehen, müssen wir uns darüber Klarheit verschaffen, was Längen- und Zeitmessungen in den verschiedenen Inertialsystemen konkret bedeuten.

Längen- und Zeitintervalle zwischen zwei Raumzeitpunkten transformieren sich, wenn wir uns auf Geschwindigkeitstransformationen in x-Richtung beschränken, gemäß

$$c\,\Delta t' = \gamma(c\,\Delta t - \beta\Delta x), \quad c\,\Delta t = \gamma(c\,\Delta t' + \beta\Delta x'), \tag{9.38}$$

$$\Delta x' = \gamma(\Delta x - \beta\,c\,\Delta t), \quad \Delta x = \gamma(\Delta x' + \beta\,c\,\Delta t'). \tag{9.39}$$

Betrachten wir zunächst Längenmessungen. Im Ruhesystem gibt es dazu keine Mehrdeutigkeit, aber bei einem bewegten Maßstab muss natürlich darauf geachtet werden, dass die Positionen der beiden Enden zum gleichen Zeitpunkt aufgezeichnet

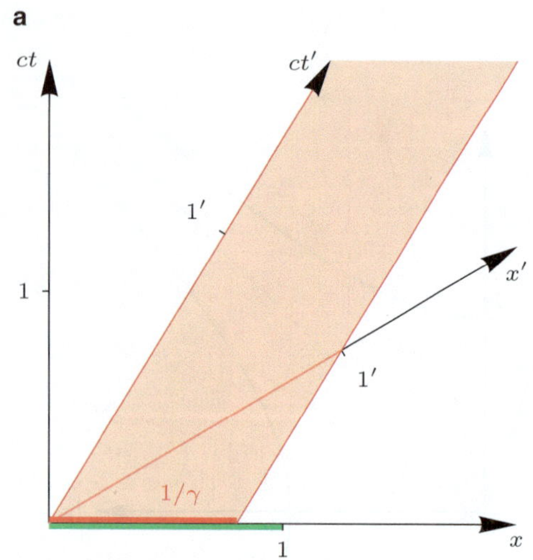

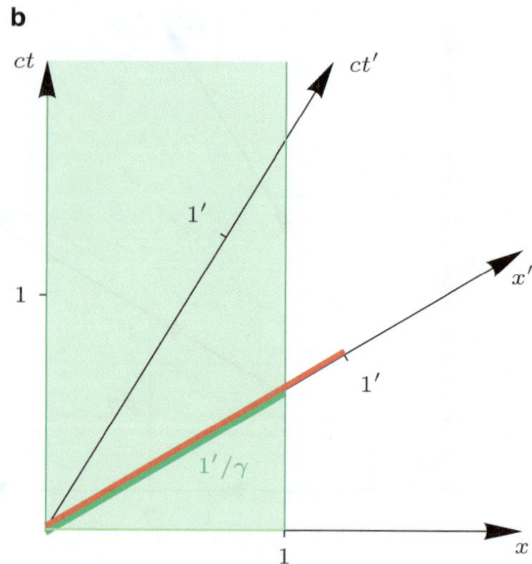

Abb. 9.14 Lorentz-Kontraktion. Vergleichen zwei Inertialsysteme ihre Maßstäbe, so erweist sich in jedem der Maßstab des anderen verkürzt. Im linken Diagramm (**a**) wird der sich nach rechts bewegende Maßstab (*rot*), der in S' ruht und dort die Länge 1 hat, in S zum Zeitpunkt $t = 0$ durch Vergleich mit dem dort ruhenden (*grün*) gemessen und hat die Länge $1/\gamma$. Im rechten Diagramm (**b**) wird der in S ruhende Maßstab analog in S' gemessen. Hier findet die Messung bei $t' = 0$ statt, und er ist wiederum verkürzt. Wie man sieht, sind die Ereignispunkte, zu denen die jeweiligen Messungen stattfinden, nicht identisch

werden. Dazu benötigt man im Prinzip mehrere Beobachter, die über den Raum verteilt sind und synchronisierte Uhren besitzen, es sei denn, ein einzelner Beobachter sorgt dafür, dass er bei visuellen Beobachtungen präzise die Laufzeit des Lichtes herausrechnet.

Ruht ein Maßstab der Länge L_0 in S', dann füllt er dort das Intervall $\Delta x' = L_0$ für beliebige $\Delta t'$ aus. Bei der Messung in S muss aber $\Delta t = 0$ verlangt werden, denn dort ist er in Bewegung. Die linke Relation in (9.39) ergibt damit

$$L = \Delta x\Big|_{\Delta t=0} = \Delta x'/\gamma = L_0/\gamma < L_0. \tag{9.40}$$

Der bewegte Maßstab erweist sich daher um den Faktor $1/\gamma = \sqrt{1-\beta^2}$ verkürzt.

Dasselbe ergibt sich bei vertauschten Rollen. Ruht der Maßstab in S, gilt dort $\Delta x = L_0$ für beliebige Δt. Die Messung vom bewegten System S' aus verlangt nun $\Delta t' = 0$. Jetzt kann die rechte Relation in (9.39) verwendet werden, und diese führt auf

$$L = \Delta x'\Big|_{\Delta t'=0} = \Delta x/\gamma = L_0/\gamma < L_0. \tag{9.41}$$

Beim Vergleich ihrer Maßstäbe kommen Beobachter in S und S' also jeweils zu dem Schluss, dass der des anderen verkürzt ist. Es liegt hier aber überhaupt kein Widerspruch vor, denn wegen der Relativität der Zeit gehören zu den jeweiligen Messungen unterschiedliche Ereignispaare, wie man sich am besten anhand eines Minkowski-Diagramms vor Augen führt.

Betrachten wir dazu zwei Einheitsmaßstäbe, die jeweils in S und S' ruhen und entlang der x- bzw. x'-Achse die Strecke vom Koordinatenursprung bis 1 bzw. $1'$ ausfüllen und vom jeweils anderen System aus gemessen werden. Die Weltlinien von Anfang und Ende der Maßstäbe sind jeweils die Koordinatenachsen ct und ct' und dazu parallele Linien durch 1 bzw. $1'$. Bei einer vergleichenden Messung in S wird bei $t = 0$ und bei einer in S' bei $t' = 0$ gemessen. Die Enden der Maßstäbe werden also in diesen beiden Fällen bei unterschiedlichen Raumzeitpunkten betrachtet (Abb. 9.14). In beiden Fällen ergibt sich, dass bezüglich des jeweils ruhenden Maßstabes der bewegte Maßstab verkürzt ist.

Zeitdilatation

Betrachten wir nun Zeitmessungen mit zueinander bewegten Uhren. In jedem Inertialsystem sollen über den Raum verteilt Uhren vorliegen, die in diesem System ruhen und bezüglich dieses Systems synchronisiert sind.

Ruht eine Uhr in S' und bewegt sich daher gegenüber S, so muss ihre Zeitangabe $\Delta T_0 = \Delta t'$ entlang ihrer Flugbahn (gegeben durch $\Delta x' = 0$) mit den Uhren von S verglichen werden. Die rechte Relation in (9.38) ergibt damit

$$\Delta T = \Delta t\Big|_{\Delta x'=0} = \gamma \Delta T_0 > \Delta T_0. \tag{9.42}$$

Die bewegte Uhr geht also langsamer als die Uhren von S.

Frage 7

Rechnen Sie nach, dass dieselbe Schlussfolgerung für in S ruhende Uhren gilt, wenn sie mit denen von S' verglichen werden!

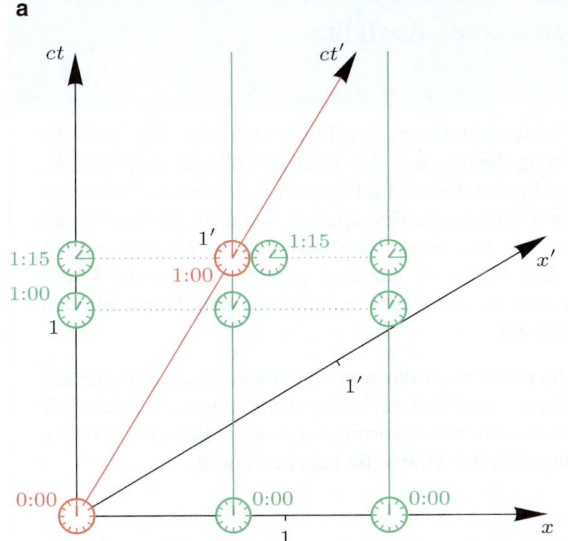

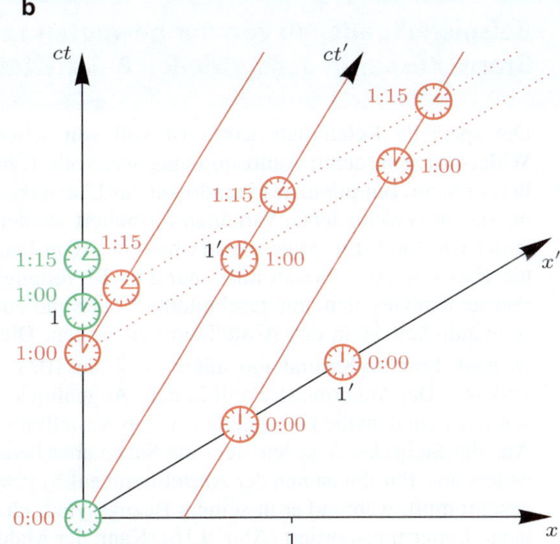

Abb. 9.15 Zeitdilatation. (**a**) Eine in S' ruhende Uhr (*rot*) wird mit den Uhren (*grün*) von S verglichen. (**b**) Die umgekehrte Situation

Wieder lässt sich am besten anhand eines Minkowski-Diagramms zeigen, dass hier kein Widerspruch vorliegt, weil unterschiedliche Raumzeitpunkte im Spiel sind (Abb. 9.15).

„Lebensdauerverlängerung" für Elementarteilchen

Eine eindrucksvolle Bestätigung der relativistischen Zeitdilatation wird durch die kosmische Strahlung geliefert und die von ihr in den oberen Schichten der Atmosphäre erzeugten kurzlebigen *Myonen*. Diese 1936 entdeckten Elementarteilchen haben in ihrem Ruhesystem eine Lebensdauer von ungefähr $\tau \approx 2{,}2\,\mu\text{s}$, mit der sie nach dem exponentiellen Gesetz $\mathrm{e}^{-t/\tau}$ zerfallen. Sie werden typischerweise in etwa 10 km Höhe in Kernreaktionen als Zerfallsprodukte der noch kurzlebigeren *Pionen* erzeugt und haben Geschwindigkeiten von über $0{,}99c$.

Ihre charakteristische Reichweite wäre ohne Berücksichtigung der Zeitdilatation etwa $2{,}2 \cdot 10^{-6}\,\text{s} \cdot 3 \cdot 10^{8}\,\text{m/s} \approx 660\,\text{m}$, und somit sollte auf der Erdoberfläche ihr Fluss um einen Faktor $\mathrm{e}^{-10.000/660} \approx 3 \cdot 10^{-7}$ reduziert sein. Tatsächlich erreicht etwa ein Drittel der Myonen die Erdoberfläche, weil sie bei β über 0,99 um einen Faktor γ von 7 und mehr langlebiger werden. Schon bei $\gamma = 7$ ergibt sich eine Reduktion um nur mehr $\mathrm{e}^{-(10.000/660)/7} \approx 0{,}1$. Die Zeitdilatation ist hier also alles andere als ein kleiner Effekt; der Myonenfluss auf der Erdoberfläche wird durch sie um das Millionenfache angehoben!

Die Verlängerung der Lebensdauer instabiler Elementarteilchen mit relativistischen Geschwindigkeiten wird auch routinemäßig in Teilchenphysikexperimenten beobachtet und muss bei deren Analyse berücksichtigt werden. Sie hilft auch oft, Zerfallsketten von Elementarteilchen besser auflösen zu können, weil sie durch die Zeitdilatation gedehnt und damit vergrößert werden. ◄

Kausalität

Wie wir gesehen haben, ist Gleichzeitigkeit in der speziellen Relativitätstheorie eine Eigenschaft eines Paares von Ereignissen, die vom Bezugssystem abhängt. Jedes Inertialsystem kann ohne Bezug auf andere Systeme seine Uhren an unterschiedlichen Orten $\boldsymbol{x}_A$ und $\boldsymbol{x}_B$ sinnvoll synchronisieren, indem verlangt wird, dass zur gleichen Koordinatenzeit ausgesandte Lichtsignale gleichzeitig bei einem Beobachter in der Mitte zwischen den beiden Orten bei $(\boldsymbol{x}_A + \boldsymbol{x}_B)/2$ eintreffen. Wegen der Konstanz der Lichtgeschwindigkeit synchronisiert aber jedes Inertialsystem seine Uhren damit anders. Auf diese Weise lässt sich zu einem Paar von gleichzeitigen Ereignissen in einem System immer eines finden, in dem Ereignis A früher als B stattfindet, und auch eines, in dem dies genau umgekehrt der Fall ist.

Über eines können sich aber alle Beobachter einig sein: Wenn es ein System gibt, in dem A und B gleichzeitig sind, so ist die Größe

$$\Delta s^2 = c^2\,\Delta t^2 - \Delta x^2 - \Delta y^2 - \Delta z^2 \qquad (9.43)$$

mit $\Delta x^\mu = x_B^\mu - x_A^\mu$ immer negativ. Diese Größe bleibt ja unter Lorentz-Transformationen unverändert, und laut Voraussetzung verschwindet $\Delta t = t_B - t_A$ in einem Inertialsystem.

Beispiel: Paradoxon von der bewegten Leiter und dem zu kleinen Abstellraum
Starre Körper in der speziellen Relativitätstheorie

Die spezielle Relativitätstheorie ist voll von scheinbaren Widersprüchen, deren Auflösung aber wertvolle Einsichten liefern kann. Ein populäres Paradoxon zur Längenkontraktion, das in verschiedenen Varianten formuliert werden kann, lautet wie folgt: Ein Malermeister hat eine 10 m lange Leiter, aber sein Abstellraum misst nur 8 m. Er verlangt daher von seinem Gesellen, mit geschulterter Leiter und einer Geschwindigkeit $\frac{3}{5}c$ in den Abstellraum zu rennen. Die Leiter ist dank Lorentz-Kontraktion mit $\gamma = \frac{5}{4}$ auf $10/\gamma = 8\,\text{m}$ verkürzt. Der Malermeister will in dem Augenblick die Tür schließen, in dem die Leiter gerade in den Abstellraum passt. Aus der Sicht des Gesellen sieht die Sache aber bedenklich anders aus. Für ihn ist nun der Abstellraum auf $8/\gamma = 6{,}4\,\text{m}$ geschrumpft, während er in seinem Bezugssytem eine 10 m lange Leiter transportiert (Abb. 9.16). Kann der Malermeister wirklich die Tür hinter ihm schließen?

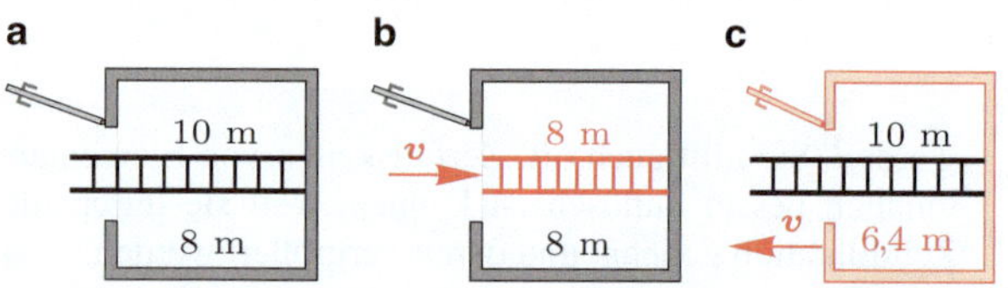

Abb. 9.16 (**a**) Eine 10 m lange Leiter und ein Abstellraum mit einer Länge von 8 m. (**b**) Die mit $\gamma^{-1} = \frac{4}{5}$ Lorentz-kontrahierte Leiter scheint im Bezugssystem des Abstellraumes in diesen zu passen. (**c**) Im Bezugssystem der Leiter ist ein mit $\gamma^{-1} = \frac{4}{5}$ Lorentz-kontrahierter Abstellraum erst recht zu klein

Vom Standpunkt des Malermeisters und dem Ruhesystem des Abstellraumes ist tatsächlich klar, dass die Leiter hineinpasst. Gleichzeitiges Messen des vorderen und hinteren Endes ergibt eine Lorentz-kontrahierte Länge. Die Frage ist vielmehr, was passiert, nachdem er die Tür geschlossen hat. Das vordere Ende der Leiter stößt hier an die Wand des Abstellraumes und kommt abrupt zum Stillstand. Das hintere Ende läuft aber unvermindert weiter, während der Meister die Tür hinter dem Gesellen schließt, denn die physikalische Auswirkung davon, dass das vordere Ende gestoppt wurde, kann sich höchstens mit Lichtgeschwindigkeit ausbreiten, in Form einer Stoßwelle. Erst später kommt die Stoßwelle am hinteren Ende an, die dabei womöglich die Leiter komplett zerstört hat. Wenn sie elastisch genug ist, kann die Leiter auch einfach Richtung Tür expandieren und dann vielleicht diese zerstören.

Jedenfalls passiert all das erst eine Weile, nachdem die Tür geschlossen wurde und das hintere Ende sogar ein Stück weit in den Abstellraum vorgedrungen ist. Seine Bahnkurve ist bis zum Eintreffen der Stoßwelle gegeben durch

$$x_\text{E} = \frac{3}{5}ct,$$

wenn im Bezugssystem des Abstellraumes die Tür bei $x = 0$ angenommen ist und $t = 0$ als der Zeitpunkt, zu dem die Tür geschlossen werden konnte. Die Stoßwelle läuft ab $t = 0$ von $x = 8$ m zu kleineren Werten von x. Mit Lichtgeschwindigkeit gibt das

$$x_\text{S} = 8\,\text{m} - ct.$$

Die Stoßwelle trifft auf das hintere Ende bei $x_\text{E} = x_\text{S}$, woraus $ct = 5\text{m}$ und $x_\text{E} = 3\text{m}$ folgt. Das heißt, dass der Malermeister auch noch die Tür schließen hätte können, wenn der Abstellraum bloß 5 m groß gewesen wäre!

Frage 8

Zeichnen Sie ein Minkowski-Diagramm, das die Geschehnisse wiedergibt! (Die Werte von β und γ sind hier genauso gewählt wie in Abb. 9.12.)

Was dieses Paradoxon und seine Auflösung lehrt, ist, dass es in der speziellen Relativitätstheorie *keine starren Körper* geben kann. Wird ein Körper an einem Ende beschleunigt, dann folgt der Rest nie instantan.

Gibt es umgekehrt ein Inertialsystem, in dem A und B am selben Ort stattfinden, aber $t_B > t_A$ ist, dann sind sich alle Beobachter darüber einig, dass $\Delta s^2 > 0$ ist, und das bedeutet weiter, dass auch für alle anderen Beobachter Ereignis B in der Zukunft von A liegt.

Wir können demnach Vergangenheit und Zukunft eines Ereignisses A dadurch charakterisieren, dass $\Delta s^2 > 0$ ist, und $\Delta t < 0$ bzw. $\Delta t > 0$. Man nennt dann die Ereignisse *zeitartig* getrennt. Ist $\Delta s^2 < 0$, spricht man von *raumartiger* Trennung. In diesem Fall gibt es immer ein Inertialsystem, in dem das Ereignispaar gleichzeitig ist. Für den Beobachter am Referenzereignis A definiert dies gleichsam eine ausgedehnte *Gegenwart* (oder auch *absolutes Anderswo*, da es im umgekehrten Fall einer zeitartigen Trennung immer ein System gibt, in dem die zwei Ereignisse am gleichen Ort stattfinden).

$\Delta s^2 = 0$ charakterisiert Ereignisse, die mit A durch Austausch von Signalen mit Lichtgeschwindigkeit verbunden werden können, und definiert damit den *Lichtkegel* über A. Diese Ereignisse sind dann *lichtartig* zueinander. Je nach Vorzeichen von Δt liegt B auf dem *Vorwärts-* oder *Rückwärtslichtkegel*. In Abb. 9.19 ist dies für den Fall dargestellt, dass Ereignis A mit dem Koordinatenursprung zusammenfällt.

Vertiefung: (Un-)Sichtbarkeit der Lorentz-Kontraktion
Wie wirklich ist die Lorentz-Kontraktion?

Lorentz-Kontraktion wie auch Zeitdilation sind Aussagen darüber, was ein relativ zu einem Objekt bewegter Beobachter misst. Da Geschwindigkeiten keine absolute Bedeutung haben, passiert einem Lorentz-kontrahierten Objekt selbst natürlich nichts; in seinem Ruhesystem ist es immer gleich lang. Dennoch ist die Lorentz-Kontraktion ein objektives Phänomen, das durch die Messprozedur eindeutig feststeht: Wird in einem Inertialsystem ein dazu bewegtes Objekt zu einem in diesem System wohldefinierten Zeitpunkt vermessen, stellt es sich als in Bewegungsrichtung verkürzt heraus.

Wird aber ein bewegtes Objekt von einem einzelnen Beobachter, der ja nicht gleichzeitig an mehreren Orten sein kann, angesehen, dann sind dafür auch noch die Laufzeiten des Lichtes in Rechnung zu stellen, die bei einem ausgedehnten Objekt bei Bewegungen nahe der Lichtgeschwindigkeit nicht vernachlässigbar sind. Dies kann sogar, wie wir sehen werden, dazu führen, dass die Lorentz-Kontraktion gar nicht als solche *sichtbar* wird. Eigenartigerweise dauerte es bis 1959, bis dies durch voneinander unabhängige Arbeiten der Physiker *Roger Penrose* (*1931) und *James Terrell* systematisch untersucht wurde (Penrose 1959; Terrell 1959). (In einer weitgehend unbekannt gebliebenen Publikation hatte allerdings der österreichische Physiker *Anton Lampa* (1868–1938) die optische Manifestation der Lorentz-Kontraktion schon 1924 richtig behandelt; Lampa 1924.)

Eine besonders einfache, wenn auch nicht ganz realistische optische Beobachtungsform ist die einer fotografischen Aufnahme mittels einer Parallelstrahlenprojektion. Werden bei einem Schnappschuss zu einem Zeitpunkt nur die exakt parallel auf eine Fotoplatte eintreffenden Strahlen registriert, so entsteht ein lebensgroßes Abbild.

Betrachten wir als Beispiel einen Würfel mit Kantenlänge L_0, der sich mit Geschwindigkeit v parallel zu einer solchen Fotoplatte nach rechts bewegt (Abb. 9.17), so werden wegen der endlichen Laufzeit des Lichtes die hinteren und die vorderen Kanten bei unterschiedlichen Zeiten aufgenommen. Das Bild der hinteren, weiter entfernten Kanten kommt von einer Position des Würfels, die er um L_0/c früher hatte als die, bei der die der Fotoplatte nähere Seite registriert wird. Die linke hintere Kante wird dadurch auch nicht länger von der vorderen verdeckt und erscheint auf dem Foto um $L_0\, v/c$ nach links verschoben. Ist der Würfel durchscheinend, wird auch die rechte hintere Kante abgebildet und ist gegenüber der vorderen rechten Kante in gleicher Weise verschoben.

Gerade weil der Würfel in der Bewegungsrichtung auf L_0/γ Lorentz-kontrahiert ist, entsteht ein Abbild, das von einem gedrehten unverkürzten Würfel nicht unterschieden werden kann: Die beiden Faktoren v/c und $1/\gamma = \sqrt{1 - v^2/c^2}$ verhalten sich wie Sinus und Kosinus zueinander – setzen wir $v/c = \cos\alpha$, dann ist $1/\gamma = \sin\alpha$.

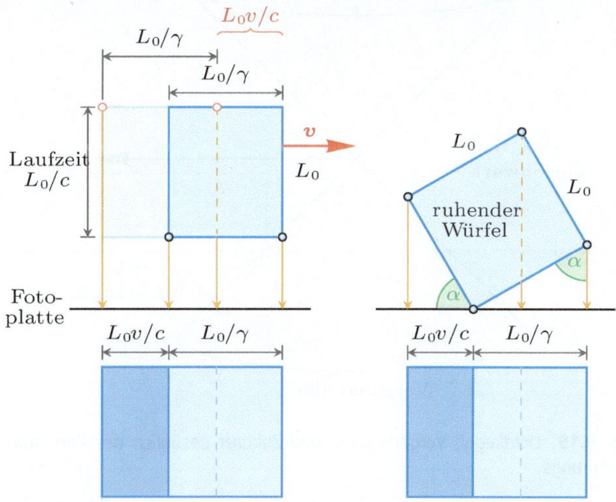

Abb. 9.17 Parallelstrahlenprojektion eines bewegten Würfels ($v = \frac{1}{2}c$) im Vergleich zu einem ruhenden, aber gedrehten Würfel. Im *linken Teilbild*, in dem ein bewegter Würfel fotografiert wird, sind die Abbilder der weiter entfernten Würfelkanten um das Produkt von Lichtlaufzeit L_0/c und Geschwindigkeit v so verschoben, dass auf der Fotoplatte exakt dasselbe Bild wie bei einem ruhenden Würfel entsteht, der um den Winkel $\alpha = \arccos(v/c)$ gedreht wurde (*rechtes Teilbild*)

Die Kombination von Lorentz-Kontraktion und Lichtlaufzeiten erscheint ganz allgemein bei Parallelstrahlenprojektion als reine Drehung, die *Penrose-Terrell-Drehung* genannt wird.

Bei realistischeren Beobachtungen mittels Zentralprojektion treten aber bei geringen Entfernungen zum Objekt perspektivische Verzerrungen auf, die in Abb. 9.18 für unterschiedliche Geschwindigkeiten dargestellt sind. In diesen Fällen nähert sich der visuelle Eindruck doch wieder dem eines in Längsrichtung verkürzten Würfels.

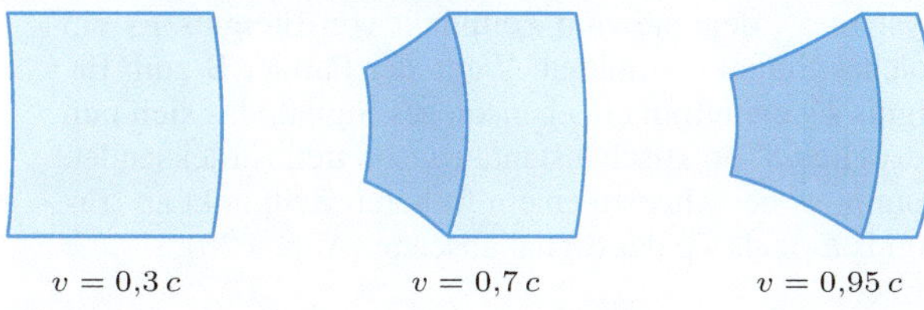

Abb. 9.18 Relativistisch bewegter Würfel aus geringer Entfernung (Zentralprojektion)

Eine Zusammenstellung einer Vielzahl an Animationen, die das Erscheinungsbild relativistisch bewegter Körper bis hin zu einer relativistischen Fahrt durch die Innenstadt von Tübingen zeigt, findet sich in Kraus & Borchers (2005).

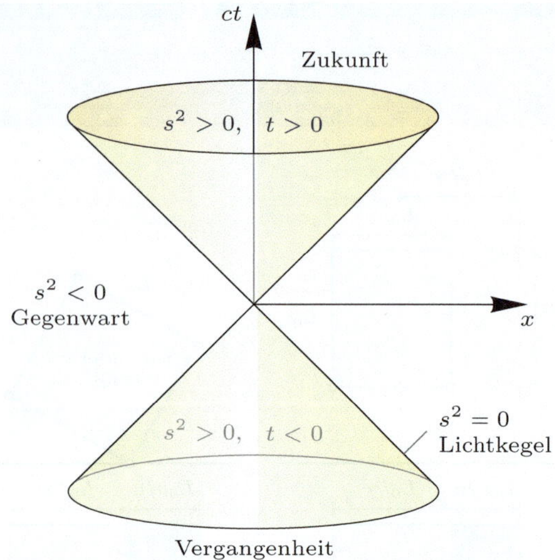

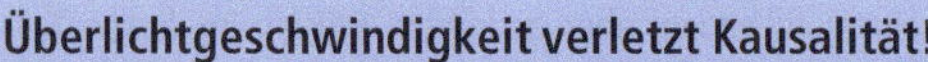

Abb. 9.19 Lichtkegel, Vergangenheit und Zukunft bezüglich des Koordinatenursprungs

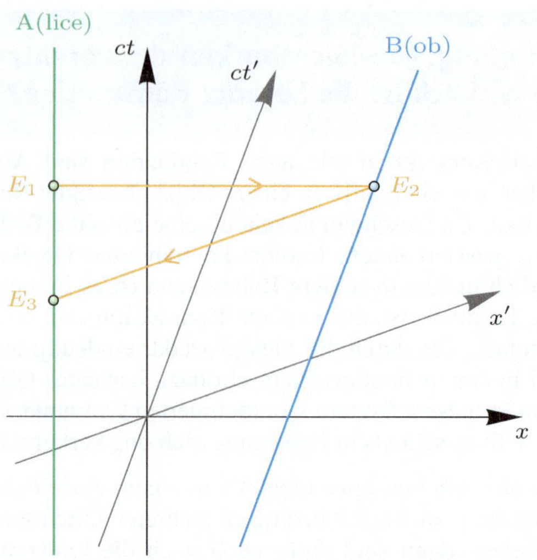

Abb. 9.20 Könnten Signale mit Überlichtgeschwindigkeit übertragen werden (hier der Einfachheit mit unendlicher Geschwindigkeit dargestellt), dann wäre eine Signalübertragung in die Vergangenheit möglich

Überlichtgeschwindigkeit verletzt Kausalität!

Anhand von Minkowski-Diagrammen kann man sich sofort davon überzeugen, dass man seine eigene Vergangenheit beeinflussen könnte, wenn es möglich wäre, physikalische Wirkungen mit Überlichtgeschwindigkeit auszuüben. (Hypothetische Teilchen, die sich mit Überlichtgeschwindigkeit bewegen, werden oft als *Tachyonen* bezeichnet.)

Nehmen wir der Einfachheit halber an, dass es möglich wäre, in einem Inertialsystem tachyonische Signale mit so großer Überlichtgeschwindigkeit auszusenden, dass sie im Minkowski-Diagramm als Linien erscheinen, die annähernd parallel zur zugehörigen x-Achse sind.

Eine in System S ruhende Physikerin A(lice) braucht für die Kausalitätsverletzung nur einen Partner B(ob) in einem sich mit großer Geschwindigkeit weg bewegenden System S', dem sie zum Zeitpunkt von Ereignis E_1 ein solches Signal übermittelt. Wenn der Partner B zum Ereignis E_2 daraufhin ein ebensolches Signal, das sich nun bezüglich S' praktisch instantan ausbreitet, zurücksendet, kommt es bei Alice zu einem früheren Zeitpunkt an (Ereignis E_3), als sie das Signal absetzte (Abb. 9.20). ◄

Minkowski-Wegelement und Eigenzeit

Weltlinien von Punktmassen verlaufen von jedem Inertialsystem aus betrachtet mit Geschwindigkeiten $|\mathrm{d}\boldsymbol{x}/\mathrm{d}t| < c$, sodass das Lorentz-invariante Wegelement

$$\mathrm{d}s^2 = c^2\mathrm{d}t^2 - \mathrm{d}x^2 - \mathrm{d}y^2 - \mathrm{d}z^2 = \mathrm{d}s'^2 \tag{9.44}$$

immer eine positive Größe ist. Betrachten wir ein Inertialsystem S', das zu einem gegebenen Zeitpunkt relativ zu S dieselbe Geschwindigkeit wie das Teilchen hat, sodass das Teilchen in diesem System gerade ruht, so gilt $\mathrm{d}s^2 = c^2\mathrm{d}t'^2$, und das infinitesimale Zeitintervall $\mathrm{d}t'$ stimmt mit dem infinitesimalen Zeitintervall $\mathrm{d}\tau$ der mitgeführten „inneren" Uhr des Teilchens überein. Dies definiert die *Eigenzeit* eines Punktteilchens, die bei allgemeiner, nicht gleichförmiger Bewegung mit keiner Koordinatenzeit eines Inertialsystems übereinstimmen wird. Weil $\mathrm{d}s^2$ aber in jedem Inertialsystem gleich ist, können wir das Eigenzeitintervall in den Koordinaten eines Inertialsystems als

$$\begin{aligned}\mathrm{d}\tau^2 = \mathrm{d}s^2/c^2 &= \mathrm{d}t^2\left(1 - \frac{\mathrm{d}x^2 + \mathrm{d}y^2 + \mathrm{d}z^2}{c^2\mathrm{d}t^2}\right)\\ &= \mathrm{d}t^2\left(1 - \frac{\boldsymbol{v}^2(t)}{c^2}\right)\end{aligned} \tag{9.45}$$

angeben. Dies ist gerade die schon diskutierte Zeitdilatation, nur jetzt für infinitesimale Zeitintervalle und mit einer Geschwindigkeit, die nicht notwendigerweise konstant sein muss. Damit können wir nun endliche Eigenzeitintervalle entlang einer beliebigen Weltlinie berechnen.

Eigenzeit für ein beliebig bewegtes Punktteilchen

Sind A und B Ereignisse auf einer Weltlinie, die in einem Inertialsystem durch eine Bahnkurve $\boldsymbol{x}(t)$ mit Geschwindigkeit $\boldsymbol{v}(t) = \mathrm{d}\boldsymbol{x}(t)/\mathrm{d}t$ gegeben ist, dann ist die Eigenzeit

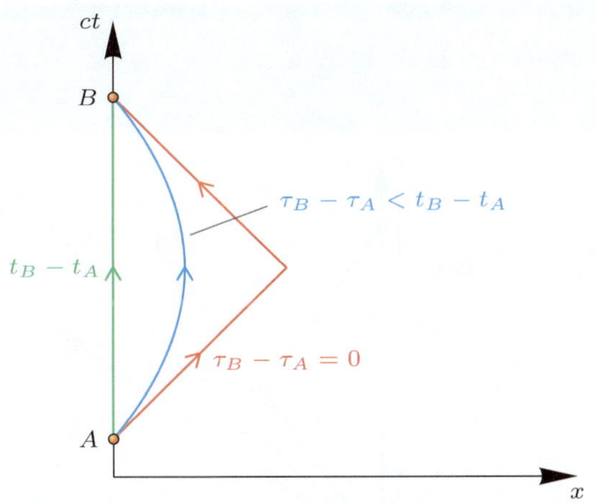

Abb. 9.21 Die Weltlinie, die zwei Ereignisse A und B durch eine Gerade verbindet (gleichförmige Bewegung), hat die maximale Zeitdifferenz. Jede andere Weltlinie hat eine kleinere Eigenzeit; bei einer Verbindung mit gestückelten lichtartigen Linien wird die Eigenzeit sogar null

zwischen A und B gegeben durch

$$\tau_B - \tau_A = \int_{\tau_A}^{\tau_B} \mathrm{d}\tau = \int_{t_A}^{t_B} \frac{\mathrm{d}t}{\gamma(v(t))} = \int_{t_A}^{t_B} \mathrm{d}t \sqrt{1 - \frac{v^2(t)}{c^2}} \le t_B - t_A. \tag{9.46}$$

Betrachten wir eine Weltlinie, die A und B durch eine gleichförmige Bewegung verbindet, dann definiert dies ein Inertialsystem. In diesem ist $v = 0$ und das Eigenzeitintervall durch die Koordinatenzeitdifferenz gegeben. Jede andere Weltlinie, die von A nach B führt, hat also eine kleinere Eigenzeit (Abb. 9.21). Die zeitlich *längste* Verbindung zwischen zwei Ereignissen ist also die gerade Weltlinie im Minkowski-Raum! Die anfallende Eigenzeit wird dagegen beliebig klein, wenn Umwege mit Geschwindigkeiten nahe der Lichtgeschwindigkeit gemacht werden.

Dies führt auf das viel zitierte sogenannte *Zwillingsparadoxon* der speziellen Relativitätstheorie: Unternimmt von einem Zwillingspaar einer eine Reise durch den Weltraum mit Geschwindigkeiten nahe der Lichtgeschwindigkeit, so kann er bei seiner Rückkehr den auf der Erde zurückgebliebenen Zwilling um ein Vielfaches gealtert vorfinden (oder schon längst nicht mehr am Leben). Ein Experiment dazu wurde tatsächlich mit Atomuhren von J. Hafele und R. Keating im Jahr 1971 mit einem gewöhnlichen Verkehrsflugzeug durchgeführt und 1975 von Physikern der University of Maryland wiederholt. Der gemessene Gangunterschied der reisenden und der auf der Erde belassenen Atomuhr entsprach mit Prozentgenaugkeit den Vorhersagen der Relativitätstheorie. Allerdings steuert hier, weil sich die beiden Atomuhren in unterschiedlichen Gravitationspotenzialen befinden, die allgemeine Relativitätstheorie mit der *Gravitationsrotverschiebung* einen entgegengesetzten und zehnmal größeren Effekt bei. Die Zeitdilation, die sich auf dem 15 Stunden währenden Flug auf 5,7 ns aufaddierte, konnte dabei aber dank der erzielten Genauigkeit exakt bestätigt werden.

Relativistische Effekte bei GPS

Seit 1994 werden diese Phänomene durch die Flotte der GPS-Satelliten zur geodätischen Positionsbestimmung quasi in Permanenz bestätigt. Diese Satelliten fliegen in 20.200 km Höhe mit einer Geschwindigkeit von etwa 14.000 km/h, was $\beta \sim 10^{-5}$ und $\gamma - 1 \approx 8 \cdot 10^{-11}$ entspricht. Die resultierende Zeitdilatation ist dabei um fast das Tausendfache höher als bei den historischen Experimenten mit Flugzeugen und beträgt $-7\,\mu$s pro Tag. Die Gravitationsrotverschiebung ist ebenfalls höher und trägt $+45\,\mu$s pro Tag bei. Die gesamte Zeitverschiebung ist also $+38\,\mu$s pro Tag oder +26 ns pro Minute. Das GPS-System braucht eine Genauigkeit von etwa 30 ns für eine Ortsauflösung von 10 m. Würden die relativistischen Effekte nicht korrigiert (was durch eine leichte Verstimmung der Frequenz der GPS-Atomuhren schon beim Start der Satelliten gemacht wird), ginge die Genauigkeit des GPS-Systems schon nach einer Minute verloren, und nach einem Tag wäre der Fehler bereits 12 km! ◀

9.4 Viererformalismus

Wir werden nun den Formalismus, den wir in Kap. 2 für Drehungen im dreidimensionalen euklidischen Raum entwickelt haben, auf den nichteuklidischen Minkowski-Raum verallgemeinern. Wie wir gesehen haben, sind Lorentz-Transformationen pseudoorthogonale Transformationen der Inertialsysteme, von denen aus Ereignisse, d. h. die Raumzeitpunkte des Minkowski-Raumes, durch vierdimensionale Koordinaten parametrisiert werden.

Wenn wir für alle Inertialsysteme den Koordinatenursprung gleich wählen, können wir einem Ereignis einen physikalischen Viererortsvektor $\mathfrak{x}$ zuordnen, der aber in verschiedenen Inertialsystemen durch verschiedene Koordinaten x^μ, $\mu = 0, \dots, 3$, beschrieben wird, weil in den verschiedenen Inertialsystemen verschiedene Basisvektoren ausgezeichnet wurden:

$$\mathfrak{x} = x^\mu \mathfrak{e}_\mu \equiv \sum_{\mu=0}^{3} x^\mu \mathfrak{e}_\mu. \tag{9.47}$$

In diesem Ausdruck haben wir die Einstein'sche Summenkonvention auf den vierdimensionalen Fall erweitert, wobei wir

Teil I

Vertiefung: Zwillingsparadoxon
Worin besteht das Paradoxon?

Da die Zeitdilatation eine so vielfältig getestete Konsequenz der speziellen Relativitätstheorie darstellt, scheint es anachronistisch, beim Zwillingsparadoxon überhaupt noch von einem Paradoxon zu sprechen. Die Geometrie des Minkowski-Raumes und der daraus folgende Eigenzeit-Begriff ist nun einmal nichteuklidisch und gerade so, dass die scheinbar kürzeste Verbindung über eine Gerade im Minkowski-Raum die längste Eigenzeit darstellt.

Dass die spezielle Relativitätstheorie bei entsprechend hoher Geschwindigkeit Zeitreisen in die Zukunft erlaubt, stellt auch kein Paradoxon in Hinblick auf Kausalität dar, denn zurück geht es leider nicht.

Dennoch ist es instruktiv, das Zwillingsparadoxon durch folgende Zuspitzung zu einem Paradoxon zu machen: Wie die Definition von Eigenzeitintervallen in (9.46) zeigt, spielen für die Reise in die Zukunft nicht die notwendigen Beschleunigungsphasen des „Raketenzwillings" eine Rolle, sondern nur, dass er möglichst lange mit möglichst hoher Geschwindigkeit unterwegs ist. Er kann sich also nach kurzer Beschleunigungsphase lange Zeit von der Erde weg bewegen und danach nach ebenso kurzer entgegengesetzter Beschleunigungsphase wieder zur Erde zurück bewegen. Damit befindet er sich praktisch dauernd in einem Inertialsystem, und somit sollte der Raketenzwilling eigentlich seinerseits dauernd eine langsamer vergehende Zeit beim auf der Erde zurückgebliebenen Zwilling feststellen können.

Während der Wegflugphase (I), die im wegfliegenden Inertialsystem S' die Zeit $\Delta\tau_{\mathrm{R}}/2$ dauert, vergeht im dazu relativ mit entgegengesetzter Geschwindigkeit bewegten Erdsystem S die Zeit $\Delta\tau_{\mathrm{E}}^{(\mathrm{I})} = \sqrt{1 - v^2/c^2}\,\Delta\tau_{\mathrm{R}}/2$, für die Rückflugphase (II) gilt genau das Gleiche. Zusammenaddiert ist

$$\Delta\tau_{\mathrm{E}}^{(\mathrm{I})} + \Delta\tau_{\mathrm{E}}^{(\mathrm{II})} = \sqrt{1 - v^2/c^2}\,\Delta\tau_{\mathrm{R}} < \Delta\tau_{\mathrm{R}}.$$

Wie passt das damit zusammen, dass der Raketenzwilling den Erdzwilling bei der Rückkehr dann doch schneller gealtert vorfindet?

Der Grund, warum es nicht erlaubt ist, Ergebnisse aus unterschiedlichen Inertialsystemen zu stückeln, liegt darin, dass sie unterschiedliche Gleichzeitigkeitsbegriffe haben. Das Umkehrereignis U des Raketenzwillings ist zu unterschiedlichen Ereignissen im Erdsystem gleichzeitig, je nachdem ob es im weg fliegenden oder zurück fliegenden Inertialsystem betrachtet wird, wie sich am besten in einem Minkowski-Diagramm darstellen lässt:

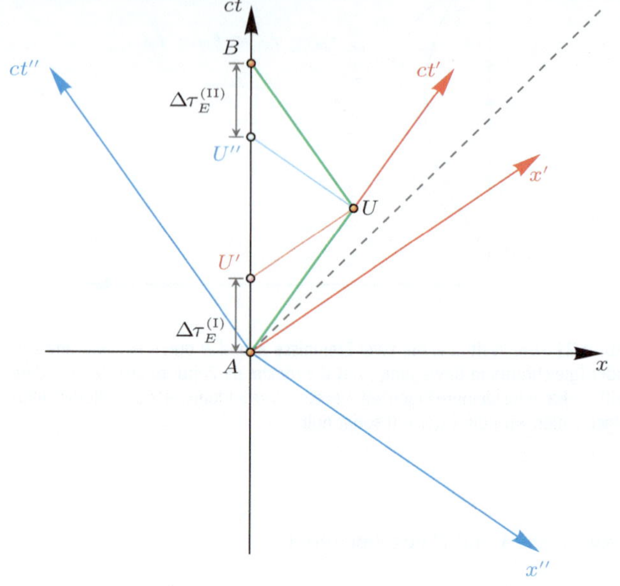

Die Zeit des Erdzwillings setzt sich demnach aus

$$\Delta\tau_{\mathrm{E}} = \Delta\tau_{\mathrm{E}}(A, U') + \Delta\tau_{\mathrm{E}}(U', U'') + \Delta\tau_{\mathrm{E}}(U'', B)$$

zusammen, wobei A und B die Ereignisse Abflug und Rückkehr bezeichnen. $\Delta\tau_{\mathrm{E}}(A, U')$ und $\Delta\tau_{\mathrm{E}}(U'', B)$ sind die oben mit $\Delta\tau_{\mathrm{E}}^{(\mathrm{I})}$ bzw. $\Delta\tau_{\mathrm{E}}^{(\mathrm{II})}$ bezeichneten Zeitintervalle. $\Delta\tau_{\mathrm{E}}(U', U'')$ ist dafür verantwortlich, dass in Summe $\Delta\tau_{\mathrm{E}}$ doch die größere Zeit ist, $\Delta\tau_{\mathrm{E}} = \Delta\tau_{\mathrm{R}}/\sqrt{1 - v^2/c^2}$.

Die obigen Betrachtungen gehen von der Gleichzeitigkeit definiert durch bezugssystemabhängig synchronisierte Uhren aus, während für Beobachtungen mit Licht oder Fernsehübertragung noch die Laufzeit eines Signals in Rechnung zu stellen ist. Im Minkowski-Diagramm kann man die daraus resultierende scheinbare Gleichzeitigkeit aber bequem ablesen, da lichtschnelle Signale durch 45°-Linien dargestellt werden (während Gleichzeitigkeit bezüglich eines Inertialsystems durch Parallelität zu den räumlichen Richtungen definiert ist). Damit lässt sich aus obigem Diagramm ablesen, dass der Raketenzwilling bis zum Umkehrpunkt alle Ereignisse auf der Erde in einer Zeitlupe wahrnimmt, die noch stärker ist, als es durch die Zeitdilation definiert wäre, denn es kommt noch die immer länger werdende Lichtlaufzeit dazu. Das Ereignis, das er am Umkehrpunkt auf der Erde mitverfolgen kann, liegt noch vor U'. Während der Rückflugphase sieht der Raketenzwilling dagegen alles in einem entsprechend gesteigerten Zeitraffer ablaufen.

zusätzlich vereinbaren, dass beim Indexpaar immer ein Index unten und einer oben zu stehen hat.

Dementsprechend schreiben wir Lorentz-Transformationen als

$$x'^{\mu} = \Lambda^{\mu}{}_{\nu}\, x^{\nu}, \tag{9.48}$$

wobei der untere Index bei $\Lambda^{\mu}{}_{\nu}$ nach rechts gerückt ist, damit klar ist, welcher der erste und welcher der zweite Index der Matrix ist. Da nur die Koordinaten andere sind, der physikalische Vektor aber eine invariante Bedeutung hat,

$$\mathfrak{x} = x^{\mu}\mathrm{e}_{\mu} = x'^{\mu}\mathrm{e}'_{\mu} = \Lambda^{\mu}{}_{\nu}\, x^{\nu}\mathrm{e}'_{\mu}, \tag{9.49}$$

folgt für die Basisvektoren

$$\mathrm{e}_{\nu} = \Lambda^{\mu}{}_{\nu}\, \mathrm{e}'_{\mu}. \tag{9.50}$$

Lassen wir zusätzlich Verschiebungen des Koordinatenursprungs zu, so haben wir es mit den allgemeineren Poincaré-Transformationen zu tun:

$$x'^{\mu} = \Lambda^{\mu}{}_{\nu}\,(x^{\nu} - b^{\nu}), \tag{9.51}$$

wobei b^{ν} die Verschiebung des Zeitnullpunktes und die Verschiebung des räumlichen Koordinatenursprungs zusammenfasst. In diesem Fall transformieren aber Koordinatendifferenzen und Koordinatendifferenziale weiterhin homogen:

$$\Delta x'^{\mu} = \Lambda^{\mu}{}_{\nu}\,\Delta x^{\nu}, \quad \mathrm{d}x'^{\mu} = \Lambda^{\mu}{}_{\nu}\,\mathrm{d}x^{\nu}. \tag{9.52}$$

Dieses Transformationsverhalten stellt den Prototyp für *Vierervektoren* dar.

Transformationsverhalten eines Vierervektors

$\mathfrak{a} = a^{\mu}\mathrm{e}_{\mu}$ ist ein Vierervektor mit *kontravarianten Komponenten* a^{μ}, wenn letztere bei einer Poincaré-Transformation (9.51) gemäß

$$a'^{\mu} = \Lambda^{\mu}{}_{\nu}\, a^{\nu} \tag{9.53}$$

transformieren.

Die Bezeichnung „kontravariant" erinnert daran, dass diese Komponenten entgegengesetzt zu den Basisvektoren transformieren.

Minkowski-Metrik

Die Lorentz- bzw. Poincaré-Transformationen sind dadurch charakterisiert, dass sie das Wegelement $\mathrm{d}s^2$ in (9.44) invariant lassen. Dies definiert eine metrische Fundamentalform des Minkowski-Raumes,

$$\mathrm{d}s^2 = \eta_{\mu\nu}\mathrm{d}x^{\mu}\mathrm{d}x^{\nu}, \tag{9.54}$$

die *Minkowski-Metrik* genannt wird:

$$(\eta_{\mu\nu}) = \begin{pmatrix} 1 & 0 & 0 & 0 \\ 0 & -1 & 0 & 0 \\ 0 & 0 & -1 & 0 \\ 0 & 0 & 0 & -1 \end{pmatrix}. \tag{9.55}$$

Achtung Die Minkowski-Metrik wird in der Literatur etwa gleich häufig auch als Diagonalmatrix mit Einträgen $-, +, +, +$ definiert. In der Teilchenphysik wird meist (aber nicht immer) die Metriksignatur (9.55) bevorzugt, in der allgemeinen Relativitätstheorie meist (aber auch nicht immer) die Signatur mit überwiegend positiven Vorzeichen. ◀

Die Invarianz von

$$\mathrm{d}s^2 = \eta_{\mu\nu}\mathrm{d}x^{\mu}\mathrm{d}x^{\nu} = \eta_{\mu\nu}\mathrm{d}x'^{\mu}\mathrm{d}x'^{\nu} = \eta_{\mu\nu}\Lambda^{\mu}{}_{\rho}\Lambda^{\nu}{}_{\sigma}\mathrm{d}x^{\rho}\mathrm{d}x^{\sigma} \tag{9.56}$$

charakterisiert damit Lorentz-Transformationen durch die Relation

$$\eta_{\mu\nu}\Lambda^{\mu}{}_{\rho}\Lambda^{\nu}{}_{\sigma} = \eta_{\rho\sigma}. \tag{9.57}$$

Frage 9

Vollziehen Sie dies nach.

Der Minkowski-Raum ist damit ein metrischer Raum (siehe den „Mathematischen Hintergrund" 1.2), allerdings mit der Verallgemeinerung, dass die metrische Fundamentalform nicht positiv definit ist. Der mit dieser Metrik definierte „Abstand" kann null sein, auch wenn die Raumzeitpunkte getrennt sind, nämlich wenn diese durch Lichtstrahlen miteinander verbunden werden können.

Durch diese Metrik haben wir eine (nicht positiv definite) Norm für Vierervektoren eingeführt, speziell für Ortsdifferenzenvektoren,

$$\Delta s^2 = \langle \Delta\mathfrak{x}, \Delta\mathfrak{x}\rangle = \Delta x^{\mu}\Delta x^{\nu}\underbrace{\langle \mathrm{e}_{\mu}, \mathrm{e}_{\nu}\rangle}_{\eta_{\mu\nu}}, \tag{9.58}$$

und damit auch schon ein Lorentz-invariantes Skalarprodukt für beliebige Vierervektoren $\mathfrak{a}$, $\mathfrak{b}$:

$$\langle \mathfrak{a}, \mathfrak{b}\rangle = a^{\mu}b^{\nu}\eta_{\mu\nu}. \tag{9.59}$$

Unabhängig von der Existenz einer invarianten Metrik, mit der wir dieses Skalarprodukt definieren konnten, existiert zu jedem Vektorraum ein *dualer Vektorraum*. Es ist dies einfach der Raum der linearen Abbildungen des Vektorraumes in den zugrunde gelegten Zahlenkörper, hier die reellen Zahlen (siehe den „Mathematischen Hintergrund" 9.1). Eine Basis für den dualen Vektorraum können wir durch

$$\mathrm{e}^{\mu}(\mathrm{e}_{\nu}) = \delta^{\mu}_{\nu} \tag{9.60}$$

9.1 Mathematischer Hintergrund: Dualraum

Bei der Betrachtung von Vektorräumen sind immer wieder Abbildungen wichtig, die linear sind. Eine besondere Rolle spielen solche lineare Abbildungen, die in den Grundkörper abbilden. Damit wollen wir uns hier kurz beschäftigen.

Definition Sei K ein Körper (z. B. $K = \mathbb{R}$) und V ein endlich dimensionaler K-Vektorraum (z. B. $V = \mathbb{R}^n$). Dann nennen wir eine lineare Abbildung $\varphi : V \to K$ eine *Linearform*. Die Menge aller Linearformen bezeichnen wir mit V^*.
Eine Linearform ist also eine Abbildung der Form

$$(x_1, x_2, \ldots, x_n) \mapsto a_1x_1 + a_2x_2 + \ldots + a_nx_n$$

für gewisse Konstanten $a_1, a_2, \ldots, a_n \in K$. Der Dualraum $(K^n)^*$ kann also mit dem Raum aller $(1 \times n)$-Matrizen, d. h. Zeilenvektoren der Länge n, identifiziert werden. Die zu $a := (a_1, \ldots, a_n)$ gehörige Linearform φ_a ist

$$\varphi_a(x) = ax = \sum_{k=1}^{n} a_k x_k \ \forall x \in V.$$

Zum Beispiel ist $\varphi : \mathbb{R}^3 \to \mathbb{R}, \varphi(x, y, z) := 3x + y + 4z$ eine Linearform, der dazugehörige Zeilenvektor ist $(3, 1, 4)$. Der Dualraum $(\mathbb{R}^3)^*$ besteht nun aus der Menge aller solcher Linearformen $\varphi : \mathbb{R}^3 \to \mathbb{R}$.

Dualraum als Vektorraum Sind φ, ψ zwei Linearformen und $\alpha \in K$, so kann man die Summe $\varphi + \psi$ sowie das skalare Produkt $\alpha\varphi$ durch

$$(\varphi + \psi)(x) := \varphi(x) + \psi(x), \quad (\alpha\varphi)(x) = \alpha\varphi(x) \quad \forall x \in V$$

definieren. Mit diesen Verknüpfungen wird der Dualraum V^* selbst zu einem Vektorraum. Dieser Vektorraum hat wieder dieselbe Dimension wie V und ist deswegen isomorph zu V.

Duale Basis Wir hatten weiter oben bereits Linearformen mit Vektoren identifiziert. Dies wollen wir nun kurz präzisieren.

Da der Dualraum ein Vektorraum ist, können wir dort natürlich eine Basis finden. Hierfür gibt es eine besonders günstige Wahl. Ist im Vektorraum V eine Basis $(v_1, v_2, \ldots, v_n)$ gewählt, so definieren wir $v_i^* \in V^*$ durch

$$v_i^*(v_j) = \begin{Bmatrix} 1, & i = j \\ 0, & i \neq j \end{Bmatrix}.$$

Dann ist $(v_1^*, v_2^*, \ldots, v_n^*)$ eine Basis von V^*. Wir nennen diese die *duale Basis*.

Damit wird nun auch die Identifikation von Linearformen als Vektoren klar: Bezüglich der dualen Basis sind die Vektorkomponenten φ_j der Linearform φ gerade die Werte $\varphi(v_j)$. Schreibt man nämlich φ in der dualen Basis als $\varphi = \sum_{i=1}^{n} \varphi_i v_i^*$, so ist

$$\varphi(v_j) = \sum_{i=1}^{n} \varphi_i v_i^*(v_j) = \varphi_j.$$

Betrachten wir den Vektorraum K^n zusammen mit der Standardbasis $(e_1, \ldots, e_n)$, so ist die duale Basis gegeben durch $(e_1^*, \ldots, e_n^*)$, wobei

$$e_i^* = (0, \ldots, 0, 1, 0, \ldots, 0)$$

und die 1 jeweils an der i-ten Stelle steht.

Dualität bei Skalarprodukträumen Gibt es auf dem Vektorraum V ein Skalarprodukt, so ist für jedes feste $w \in V$ die Abbildung

$$v \mapsto \langle w, v \rangle$$

linear, also ein Element des Dualraumes V^*. Ist nun umgekehrt φ eine Linearform, so gibt es immer einen Vektor $w \in V$ (dessen Komponenten von den Komponenten der Linearform φ abhängen), sodass $\varphi(v) = \langle w, v \rangle$ für alle $v \in V$ gilt. Mit anderen Worten: Jede Linearform lässt sich durch ein Skalarprodukt darstellen.

In diesem Fall lässt sich eine Isomorphie zwischen Vektorraum und Dualraum sehr einfach darstellen, nämlich durch

$$f : V \to V^*, \quad v \mapsto \langle \cdot, v \rangle.$$

Der Dualraum im Unendlichdimensionalen In den späteren Kapiteln werden unendlichdimensionale Vektorräume (z. B. Funktionenräume) öfters eine wichtige Rolle spielen, insbesondere in Teil III.

Ist V ein unendlichdimensionaler Vektorraum, so verlangt man für Elemente des Dualraumes zusätzlich die Stetigkeit und schreibt dann für den Dualraum V'. Zum Beispiel ist in einem Hilbert-Raum $\mathcal{H}$ (definiert in Abschn. 23.1) für jedes feste $y \in \mathcal{H}$ die Abbildung

$$x \mapsto \langle x, y \rangle$$

eine stetige lineare Abbildung, also ein Element von $\mathcal{H}'$. Für allgemeine unendlich dimensionale Vektorräume ist der Dualraum V' nun nicht mehr unbedingt isomorph zum zugrunde liegenden Vektorraum V. Für Hilbert-Räume gilt die Isomorphie jedoch. Genauer sagt der Darstellungssatz von Fréchet-Riesz, dass es zu jedem Element $f \in \mathcal{H}'$ (also zu jeder stetigen, linearen Abbildung $f : \mathcal{H} \to \mathbb{R}$ bzw. $f : \mathcal{H} \to \mathbb{C}$) genau ein $y \in \mathcal{H}$ gibt, sodass für alle $x \in \mathcal{H}$ gilt:

$$f(x) = \langle x, y \rangle.$$

Literatur

- Modler, F., Kreh, M.: Tutorium Analysis 1 und Lineare Algebra 1. 3. Aufl., SpringerSpektrum (2014)
- Arens et. al.: Mathematik. 2. Aufl., Spektrum Akademischer Verlag (2012)

definieren, wobei die e^μ mit oberem Index diese duale Basis darstellen und δ^μ_ν das vierdimensionale Kronecker-Symbol ist:

$$\delta^\mu_\nu = \begin{cases} 1 & \mu = \nu \\ 0 & \mu \neq \nu \end{cases}. \tag{9.61}$$

Die Metrik erlaubt es nun aber, die dualen Basisvektoren mit den ursprünglichen in Beziehung zu setzen. Multiplizieren wir (9.60) mit $\eta_{\lambda\mu}$, so ergibt sich

$$\eta_{\lambda\mu} e^\mu(e_\nu) = \eta_{\lambda\nu}, \tag{9.62}$$

was dasselbe liefert wie das Skalarprodukt $\langle e_\lambda, e_\nu \rangle$. Wir können also

$$e_\lambda = \eta_{\lambda\mu} e^\mu \tag{9.63}$$

identifizieren.

Definieren wir die inverse Metrik $\eta^{\mu\lambda}$ durch

$$\eta^{\mu\lambda}\eta_{\lambda\nu} = \delta^\mu_\nu, \tag{9.64}$$

können wir (9.63) auch nach den dualen Größen auflösen:

$$e^\mu = \eta^{\mu\lambda} e_\lambda. \tag{9.65}$$

Die inverse Metrik ist hier zwar numerisch mit (9.55) identisch,

$$(\eta^{\mu\nu}) = \begin{pmatrix} 1 & 0 & 0 & 0 \\ 0 & -1 & 0 & 0 \\ 0 & 0 & -1 & 0 \\ 0 & 0 & 0 & -1 \end{pmatrix}, \tag{9.66}$$

ist aber konzeptionell von $\eta_{\mu\nu}$ zu unterscheiden. Hätten wir nämlich krummlinige Koordinaten verwendet, was im räumlichen Teil nicht ungewöhnlich wäre, hätte die Metrik nicht zu sich selbst invers sein können.

Mit den dualen Basisvektoren (9.65) können wir nun allgemein Vierervektoren alternativ in dualer Basis und damit mit *kovarianten Komponenten* schreiben:

$$\mathfrak{a} = a^\mu e_\mu = a_\nu e^\nu, \tag{9.67}$$

wobei die kovarianten Komponenten durch einen unteren Index notiert werden, der, wie man sagt, mit der Metrik nach unten gezogen wird:

$$a_\nu = \eta_{\nu\mu} a^\mu, \tag{9.68}$$

wodurch sich ein Unterschied im Vorzeichen in den räumlichen Komponenten ergibt: $a_0 = a^0, a_1 = -a^1, a_2 = -a^2, a_3 = -a^3$.

Die kovarianten Komponenten haben das entgegengesetzte Transformationsverhalten zu den kontravarianten, weil sie wie die Basisvektoren e_μ in (9.50) transformieren. Dieses lässt sich mit Indexziehen auch in folgende Form bringen:

$$a'_\mu = \eta_{\mu\nu} a'^\nu = \eta_{\mu\nu} \Lambda^\nu{}_\lambda\, a^\lambda = \underbrace{\eta_{\mu\nu} \Lambda^\nu{}_\lambda\, \eta^{\lambda\rho}}_{\Lambda_\mu{}^\rho} a_\rho. \tag{9.69}$$

Die hierbei entstandene Matrix $\Lambda_\mu{}^\rho$ erfüllt

$$\Lambda_\mu{}^\rho \Lambda^\mu{}_\sigma = \delta^\rho_\sigma. \tag{9.70}$$

Frage 10

Verifizieren Sie diese Aussage, indem Sie (9.57) auf beiden Seiten mit einer inversen Metrik multiplizieren.

Die zweifach unterschiedliche Indexposition hat zur Folge, dass es zu einem Vorzeichenwechsel kommt, wenn davon ein Index zeitlich und einer räumlich ist. Für die Lorentz-Transformation, die zu einer reinen Geschwindigkeitstransformation in x-Richtung gehört, bedeutet dies

$$\begin{aligned} (\Lambda^\mu{}_\nu) &= \begin{pmatrix} \gamma & -\beta\gamma & 0 & 0 \\ -\beta\gamma & \gamma & 0 & 0 \\ 0 & 0 & 1 & 0 \\ 0 & 0 & 0 & 1 \end{pmatrix}, \\ (\Lambda_\mu{}^\nu) &= \begin{pmatrix} \gamma & +\beta\gamma & 0 & 0 \\ +\beta\gamma & \gamma & 0 & 0 \\ 0 & 0 & 1 & 0 \\ 0 & 0 & 0 & 1 \end{pmatrix}. \end{aligned} \tag{9.71}$$

Wie es sein muss, erhält man die inverse Matrix durch Änderung des Vorzeichens bei der Geschwindigkeit β. Bei einer reinen Drehung

$$(\Lambda^\mu{}_\nu(\boldsymbol{R})) = \begin{pmatrix} 1 & \boldsymbol{0}^\top \\ \boldsymbol{0} & \boldsymbol{R} \end{pmatrix}$$

ändert sich dagegen nichts; hier gibt ja auch schon die transponierte Matrix das Inverse (man beachte die Transposition, die in (9.70) im Spiel ist!).

Neben Vierervektoren können wir nun ganz analog auch *Vierertensoren* beliebiger Stufe definieren. Zum Beispiel transformieren die Komponenten eines Tensors zweiter Stufe entsprechend der Indexposition:

$$t'_{\mu\nu} = \Lambda_\mu{}^\sigma\, \Lambda_\nu{}^\tau\, t_{\sigma\tau}, \quad t'^{\mu\nu} = \Lambda^\mu{}_\sigma\, \Lambda^\nu{}_\tau\, t^{\sigma\tau}, \tag{9.72}$$

wobei Indizes mit der Minkowski-Metrik von ko- zu kontravariant verändert werden können: $t^{\sigma\tau} = \eta^{\sigma\mu}\eta^{\tau\nu} t_{\mu\nu}$. Als Spezialfall haben wir bereits die Minkowski-Metrik kennengelernt, die sich dadurch auszeichnet, ein invarianter Tensor zu sein:

$$\eta'_{\mu\nu} = \Lambda_\mu{}^\sigma\, \Lambda_\nu{}^\tau\, \eta_{\sigma\tau} = \eta_{\mu\nu}. \tag{9.73}$$

Frage 11

Überzeugen Sie sich anhand der Definition der invarianten Metrik, dass auch die Indizes der Minkowski-Metrik durch die Metrik von ko- zu kontravariant umgewandelt werden können, wobei das Kronecker-Symbol δ^μ_ν als gemischt ko- und kontravariante Darstellung der Minkowski-Metrik aufgefasst werden kann.

Werden dagegen Indizes „abgesättigt", weil über sie unter Verwendung der Minkowski-Metrik summiert wird, reduziert sich die Stufe eines Tensors. So transformiert das Produkt $a^\mu b^\nu$ von zwei Vierervektoren als Tensor zweiter Stufe, die Kontraktion

$$a \cdot b = \eta_{\mu\nu} a^\mu b^\nu = a^0 b^0 - a^i b^i \tag{9.74}$$

ist dagegen ein Lorentz-Skalar, d. h. eine Invariante unter Lorentz-Transformationen. Genauso gut lässt sich dies als $a_\nu b^\nu = a_0 b^0 + a_i b^i$ oder $a^\mu b_\mu = a^0 b_0 + a^i b_i$ anschreiben, wobei nicht vergessen werden darf, dass Heben oder Senken eines räumlichen Index einen Vorzeichenwechsel bedeutet.

Achtung Wenn hier wie in der einschlägigen Literatur verkürzend von ko- oder kontravarianten Vektoren oder Tensoren und deren Transformationsverhalten die Rede ist, sind eigentlich die *Komponenten* der Vektoren bzw. Tensoren gemeint. (Physikalische Vektoren wie in (9.47) sowie physikalische Tensoren haben eine von Koordinatensystemen unabhängige Bedeutung.) ◀

Vierergeschwindigkeit und -beschleunigung

Das einzige konkrete Beispiel für einen Vierervektor in der obigen Darlegung war der Viererortsvektor bzw. Differenzen davon und die infinitesimalen Differenziale $\mathrm{d}x^\mu$. (Ein weiteres wichtiges Beispiel wird in Aufgabe 9.8 vorgestellt: der Vierergradient, der ab Kap. 18 sehr wichtig werden wird.)

Ist eine Weltlinie eines Punktteilchens gegeben, können wir weitere Vierervektoren betrachten. Eine solche Weltlinie ist gegeben durch eine Linie $x^\mu = x^\mu(t)$, wobei t ein geeigneter Kurvenparameter ist. Weil eine physikalisch realisierbare Weltlinie aber überall zeitartig ist, d. h. $\mathrm{d}s^2 = \eta_{\mu\nu}\mathrm{d}x^\mu \mathrm{d}x^\nu > 0$, ist in jedem Inertialsystem die jeweilige Koordinatenzeit ein geeigneter Parameter.

In einem gegebenen Inertialsystem ist $\mathrm{d}\boldsymbol{x}(t)/\mathrm{d}t = \boldsymbol{v}(t)$ die Geschwindigkeit des Punktteilchens zum Zeitpunkt t. Weil die Zeit nichttrivial transformiert, ist allerdings $\mathrm{d}x^\mu(t)/\mathrm{d}t$ kein Vierervektor. Dieses Manko lässt sich aber beheben, indem $\mathrm{d}t$ durch das Eigenzeitdifferenzial $\mathrm{d}\tau = \sqrt{\mathrm{d}s^2}/c$ ersetzt wird, denn letzteres ist ein Lorentz-Skalar.

Vierergeschwindigkeit

Die *Vierergeschwindigkeit* ist durch

$$u^\mu = \frac{\mathrm{d}x^\mu}{\mathrm{d}\tau} = \frac{\mathrm{d}x^\mu}{\mathrm{d}t}\frac{\mathrm{d}t}{\mathrm{d}\tau} \tag{9.75}$$

definiert. Sie hängt wegen $\mathrm{d}t/\mathrm{d}\tau = \gamma(v)$ mit der Dreiergeschwindigkeit $\boldsymbol{v}$ gemäß

$$u^\mu = \gamma(v)\begin{pmatrix} c \\ \boldsymbol{v} \end{pmatrix} \tag{9.76}$$

zusammen.

Aus dem Vierervektor u^μ können wir durch Quadrieren mit der Minkowski-Metrik einen Lorentz-Skalar bilden, der die Dimension einer Geschwindigkeit zum Quadrat hat. Es gilt

$$u^2 \equiv u_\mu u^\mu = c^2, \tag{9.77}$$

in Übereinstimmung mit der Tatsache, dass in der Relativitätstheorie c invariant unter Lorentz-Transformationen ist.

Frage 12

Rechnen Sie $u^2 = c^2$ nach!

Da die Operation $\mathrm{d}/\mathrm{d}\tau$ eine Lorentz-invariante Bedeutung hat, können wir durch eine Differenziation von u^μ einen weiteren Vierervektor definieren, der die gewöhnliche Beschleunigung verallgemeinert, die *Viererbeschleunigung*

$$a^\mu = \frac{\mathrm{d}u^\mu}{\mathrm{d}\tau} = \frac{\mathrm{d}^2 x^\mu}{\mathrm{d}\tau^2}. \tag{9.78}$$

Aus $u_\mu u^\mu = c^2$ folgt durch Differenziation

$$u_\mu a^\mu = 0, \tag{9.79}$$

d. h., die Viererbeschleunigung ist im Sinne der Minkowski-Geometrie überall orthogonal auf die Vierergeschwindigkeit. Im Gegensatz zu letzterer ist die Viererbeschleunigung ein raumartiger Vierervektor. Das Viererquadrat von a^μ ist wieder eine Lorentz-invariante Größe. Um sie zu berechnen, genügt es, dies in einem Inertialsystem zu tun; die Lorentz-Invarianz stellt sicher, dass das Ergebnis für alle Inertialsysteme gilt. Betrachten wir ein Inertialsystem, in dem zu einem gegebenen Zeitpunkt $\boldsymbol{v}(t) = 0$ ist. Berechnen wir nun in diesem System

$$a^\mu = \frac{\mathrm{d}u^\mu}{\mathrm{d}\tau} = \gamma\frac{\mathrm{d}u^\mu}{\mathrm{d}t} = \gamma\frac{\mathrm{d}}{\mathrm{d}t}\gamma(v)\begin{pmatrix} c \\ \boldsymbol{v} \end{pmatrix}, \tag{9.80}$$

dann ist $\gamma = 1$ und wegen

$$\frac{\mathrm{d}\gamma}{\mathrm{d}t} = \frac{1}{c^2}\gamma^3\,\boldsymbol{v}\cdot\boldsymbol{a}, \quad \boldsymbol{a} \equiv \frac{\mathrm{d}\boldsymbol{v}}{\mathrm{d}t} \tag{9.81}$$

auch $\mathrm{d}\gamma/\mathrm{d}t = 0$, wenn $\boldsymbol{v}(t) = 0$ ist. Bezeichnen wir mit $\tilde{\boldsymbol{a}}$ die Dreierbeschleunigung im momentanen Ruhesystem des Teilchens, so folgt in diesem $a^\mu = (0, \tilde{\boldsymbol{a}})^\top$ und daher in jedem System $a^\mu a_\mu = -(\tilde{\boldsymbol{a}})^2$. Das invariante Viererquadrat der Viererbeschleunigung ist also (für jeden Zeitpunkt) durch den Betrag der gewöhnlichen Beschleunigung im momentanen Ruhesystem gegeben. (Der allgemeine Zusammenhang von Dreier- und Viererbeschleunigung wird in Aufgabe 9.6 ausgearbeitet.)

Herleitung des allgemeinen Geschwindigkeitsadditionstheorems

Das Transformationsverhalten von Dreiergeschwindigkeiten unter Lorentz-Transformationen beinhaltet das relativistische Geschwindigkeitsadditionstheorem, das wir für parallele Geschwindigkeiten in (9.31) hergeleitet hatten.

Betrachten wir nun eine Vierergeschwindigkeit $u^\mu = \gamma(w)(c, \boldsymbol{w})^\top$ mit beliebig orientierter Dreiergeschwindigkeit $\boldsymbol{w}$ und machen eine Standard-Lorentz-Transformation in positiver x-Richtung mit Geschwindigkeit v, dann können wir die transformierte Geschwindigkeit einfach aus

$$u'^\mu(\boldsymbol{w}') = \Lambda(\boldsymbol{v})^\mu{}_\nu\, u^\nu(\boldsymbol{w}) \tag{9.82}$$

extrahieren. Komponentenweise angeschrieben lautet dies

$$u'^0 = \gamma(v)\left(u^0 - \frac{v}{c}u^1\right) \Longrightarrow \gamma(w') = \gamma(v)\gamma(w)\left(1 - \frac{vw_x}{c^2}\right), \tag{9.83}$$

$$u'^1 = \gamma(v)\left(u^1 - \frac{v}{c}u^0\right) \Longrightarrow \gamma(w')w'_x = \gamma(v)\gamma(w)(w_x - v), \tag{9.84}$$

$$u'^{2,3} = u^{2,3} \Longrightarrow \gamma(w')w'_{y,z} = \gamma(w)w_{y,z}. \tag{9.85}$$

Division der letzten beiden Gleichungen jeweils durch die erste liefert

$$\begin{aligned} w'_x &= \frac{w_x - v}{1 - vw_x/c^2}, \\ w'_{y,z} &= \frac{1}{\gamma(v)}\frac{w_{y,z}}{1 - vw_x/c^2} \end{aligned} \tag{9.86}$$

oder andersherum

$$\begin{aligned} w_x &= \frac{w'_x + v}{1 + vw'_x/c^2}, \\ w_{y,z} &= \frac{1}{\gamma(v)}\frac{w'_{y,z}}{1 + vw'_x/c^2}, \end{aligned} \tag{9.87}$$

in Verallgemeinerung von (9.31), wo $\boldsymbol{w}$ und $\boldsymbol{w}'$ nur Komponenten in x-Richtung hatten.

Frage 13

Betrachten Sie den Fall $w'_x = 0$ und machen Sie sich das Ergebnis als Effekt der Zeitdilatation plausibel. (Denken Sie daran, dass Distanzen in transversaler Richtung nicht Lorentz-kontrahiert werden.)

Für die Beträge der Geschwindigkeiten gilt nun, wie man nachrechnen kann:

$$\frac{w^2}{c^2} = 1 - \frac{(1 - w'^2/c^2)(1 - v^2/c^2)}{(1 + \boldsymbol{v}\cdot\boldsymbol{w}'/c^2)^2}. \tag{9.88}$$

Daraus geht wieder hervor, dass die Lichtgeschwindigkeit nicht erreicht werden kann, wenn w' und v kleiner als c sind.

So geht's weiter

Thomas-Präzession: Die Relativität von Richtungen

Das Produkt von zwei Lorentz-Transformationen, die reine Geschwindigkeitstransformationen sind, ist nur dann wieder eine reine Geschwindigkeitstransformation, wenn die dabei involvierten Geschwindigkeiten $\boldsymbol{v}_1$ und $\boldsymbol{v}_2$ parallel sind. Andernfalls ist immer auch eine Drehung des räumlichen Koordinatensystems im Spiel.

Betrachtet man von einem Inertialsystem aus eine allgemeine, nicht gleichförmige Bewegung eines Objekts, das in seinem Eigensystem eine Richtung auszeichnet, wie z. B. einen Kreiselkompass oder ein Elementarteilchen mit Spin (Abschn. 21.6), dann ändert sich diese Richtung vom Inertialsystem aus betrachtet, auch wenn im Eigensystem des Objekts keine Drehmomente im Spiel sind.

Betrachten wir beispielsweise zwei Raketen, die Kreiselkompasse mitführen und die anfangs in einem gemeinsamen Inertialsystem sind. Beschleunigt eine dieser Raketen zuerst auf Geschwindigkeit $\boldsymbol{v}_1$ und danach auf eine zusätzliche Geschwindigkeit $\boldsymbol{v}_2 \nparallel \boldsymbol{v}_1$, dann hat sich ihr Kreiselkompass gegenüber der zweiten Rakete verdreht, wenn diese durch eine einzige lineare Beschleunigung in das neue Inertialsystem überwechselt. Das ist ein rein relativistischer Effekt, der in der Newton'schen Mechanik keine Entsprechung hat.

Wird nun ein Objekt auf einer ständig beschleunigten Bahnkurve bewegt, z. B. auf einer Kreisbahn, dann ändert sich, von einem Inertialsystem aus betrachtet, das mitgeführte räumliche Koordinatensystem (definiert durch Kreiselkompass oder Spin) kontinuierlich. Dieser ausschließlich kinematische Effekt heißt *Thomas-Präzession* nach dem englischen Physiker *Llewellyn Hilleth Thomas* (1903–1992). Die Bedingung an das mitgeführte Koordinatensystem eines beschleunigten Objekts, nämlich dass dieses aus seiner Perspektive rotationsfrei gehalten wird und aus einer kontinuierlichen Abfolge von reinen Geschwindigkeitstransformationen besteht, heißt *Fermi-Walker-Transport*, benannt nach dem italienischen Physiker *Enrico Fermi* (1901–1954) und dem britischen Mathematiker und Kosmologen *Arthur Geoffrey Walker* (1909–2001).

Betrachten wir nun von einem Laborsystem S aus die Flugbahn eines Objekts mit Spin (Elektron oder Kreiselkompass), dann können wir zu jedem Zeitpunkt t, zu dem sich das Objekt mit Geschwindigkeit $\boldsymbol{v}(t)$ bewegt, mit einer reinen Geschwindigkeitstransformation $\Lambda(\boldsymbol{v}(t))$ in das momentane Ruhesystem des Objekts übergehen und dadurch das räumliche Koordinatensystem des vom Objekt mitgeführten Systems mit dem des Laborsystems vergleichen. Bezeichnen wir mit $\mathcal{B}(t)$ das aus der Sicht des beschleunigten Objekts rotationsfrei gehaltene Koordinatensystem, dann können wir es zu einem Zeitpunkt t gleich ausrichten wie ein Inertialsystem S', das mit dem Laborsystem durch eine reine Geschwindigkeitstransformation $\Lambda(\boldsymbol{v})$ verknüpft ist. Zu einem infinitesimal späteren Zeitpunkt $t + \mathrm{d}t$ hat das Objekt aus Sicht des Laborsystems die Geschwindigkeit $\boldsymbol{v} + \mathrm{d}\boldsymbol{v}$, aber $\mathcal{B}(t)$ hat nun eine andere räumliche Orientierung als das System S'', das durch $\Lambda(\boldsymbol{v} + \mathrm{d}\boldsymbol{v})$ mit dem Laborsystem rotationsfrei verknüpft ist. Die Systeme $\mathcal{B}(t)$ und $\mathcal{B}(t + \mathrm{d}t)$ unterscheiden sich definitionsgemäß um eine reine Geschwindigkeitstransformation $\Lambda(\mathrm{d}\boldsymbol{v}')$, während S' und S'' durch

$$\Lambda(\boldsymbol{v} + \mathrm{d}\boldsymbol{v})\, \Lambda^{-1}(\boldsymbol{v}) = \Lambda(\boldsymbol{R})\, \Lambda(\mathrm{d}\boldsymbol{v}') \tag{9.89}$$

verknüpft sind, wie das Diagramm in Abb. 9.22 zeigt.

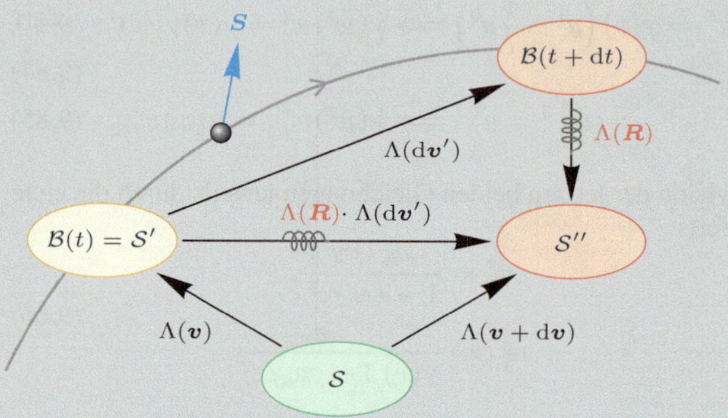

Abb. 9.22 Ein Objekt, das dadurch beschleunigt wird, dass Kräfte nur auf den Schwerpunkt wirken, wird durch ein Bezugssystem $\mathcal{B}(t)$ beschrieben, das über eine kontinuierliche Abfolge von reinen Geschwindigkeitstransformationen definiert ist. In diesem ändern sich durch mitgeführte Kreiselkompasse oder Spins definierte Richtungen nicht. Von einem festen Laborsystem S aus betrachtet sind momentane Inertialsysteme S und S'' des beschleunigt bewegten Objekts, die dieselbe räumliche Orientierung wie das Laborsystem haben, mit diesem durch reine Geschwindigkeitstransformationen (hier $\Lambda(\boldsymbol{v})$ bzw. $\Lambda(\boldsymbol{v} + \mathrm{d}\boldsymbol{v})$) verknüpft. Wird $\mathcal{B}(t) = S'$ gewählt, so unterscheidet sich zu einem infinitesimal späteren Zeitpunkt $\mathcal{B}(t + \mathrm{d}t)$ von S'' im Allgemeinen um eine infinitesimale Drehung

Hierbei ist

$$\mathrm{d}\boldsymbol{v}' = \gamma \mathrm{d}\boldsymbol{v} + \gamma(\gamma - 1)\frac{\boldsymbol{v} \cdot \mathrm{d}\boldsymbol{v}}{v^2}\boldsymbol{v}, \tag{9.90}$$

in Übereinstimmung mit dem allgemeinen relativistischen Additionstheorem für Geschwindigkeiten, während die (infinitesimale) Drehmatrix durch

$$\boldsymbol{R} = \boldsymbol{I} + \mathbf{d}\boldsymbol{R} = \boldsymbol{I} + \frac{(\gamma - 1)}{v^2}(\boldsymbol{v}\, \mathrm{d}\boldsymbol{v}^\top - \mathrm{d}\boldsymbol{v}\, \boldsymbol{v}^\top) \tag{9.91}$$

gegeben ist, wie in Aufgabe 9.7 gezeigt wird. Schreibt man

$$\boldsymbol{x}'' = \boldsymbol{R}\boldsymbol{x}' = \boldsymbol{x}' + \boldsymbol{x}' \times \mathbf{d}\boldsymbol{\phi}, \tag{9.92}$$

dann ist der infinitesimale Drehvektor

$$\mathbf{d}\boldsymbol{\phi} = \frac{(\gamma - 1)}{v^2}\boldsymbol{v} \times \mathrm{d}\boldsymbol{v}. \tag{9.93}$$

Vom mitgeführten System aus betrachtet unterscheidet sich S'' von $\mathcal{B}(t+\mathrm{d}t)$ nur durch eine passive Koordinatentransformation $\Lambda(\mathbf{d}\boldsymbol{R})$. Aus der Sicht des Laborsystems S hat sich das mitgeführte System $\mathcal{B}$ zusammen mit einem damit verbundenen Spinvektor $\boldsymbol{S}$ aber um $\Lambda^{-1}(\mathbf{d}\boldsymbol{R})$ aktiv gedreht:

$$\mathrm{d}\boldsymbol{S} = \boldsymbol{S} \times \mathbf{d}\boldsymbol{\phi} = -\mathbf{d}\boldsymbol{\phi} \times \boldsymbol{S}. \tag{9.94}$$

Dieser präzediert also gemäß

$$\frac{\mathrm{d}\boldsymbol{S}}{\mathrm{d}t} = -\frac{\mathbf{d}\boldsymbol{\phi}}{\mathrm{d}t} \times \boldsymbol{S} = \boldsymbol{\Omega} \times \boldsymbol{S} \tag{9.95}$$

mit einer Winkelgeschwindigkeit

$$\boldsymbol{\Omega} = -\frac{(\gamma-1)}{v^2}\boldsymbol{v} \times \frac{\mathrm{d}\boldsymbol{v}}{\mathrm{d}t} = -\frac{(\gamma-1)}{v^2}\boldsymbol{v} \times \boldsymbol{a}, \tag{9.96}$$

die durch die momentane Geschwindigkeit und Beschleunigung bestimmt ist. Ist $v \ll c$, dann ist dies wegen $\gamma - 1 \approx \frac{1}{2}\frac{v^2}{c^2}$ näherungsweise

$$\boldsymbol{\Omega} \approx -\frac{1}{2c^2}\boldsymbol{v} \times \boldsymbol{a}. \tag{9.97}$$

Man beachte, dass $\boldsymbol{\Omega}$ abhängig von der Relativgeschwindigkeit des Beobachters in S ist. In einem momentanen Ruhesystem ist insbesondere die Geschwindigkeit $\boldsymbol{v} = 0$, und der Spinvektor präzediert gerade nicht. Durchläuft ein Objekt eine geschlossene Bahn und kommt in das Ausgangssystem zurück, dann kommt es aber zu einer eindeutig definierten Verdrehung des Spinvektors, die davon abhängt, wie groß die Beschleunigung entlang der Bahnkurve war.

Abb. 9.23 Der 2004 gestartete NASA-Satellit Gravity Probe B, der 2011 die allgemein-relativistischen Effekte der geodätischen Präzession (6,6 Bogensekunden pro Jahr) sowie den Lense-Thirring-Effekt (39 Millibogensekunden pro Jahr) mit einer Genauigkeit von 0,01 % bzw. 1 % bestätigen konnte. Dazu führte dieser Satellit vier aus schnell rotierenden supraleitenden Kugeln bestehende Gyroskope mit (© NASA/MSFC)

Mit diesem relativistischen Effekt der Thomas-Präzession konnte 1927 Thomas einen Widerspruch beseitigen, der sich in der nichtrelativistischen Quantenmechanik bei der Berechnung der Feinstruktur von Atomen ergeben hatte: Ein Elektron, das sich in einem radialsymmetrischen Potenzial $V(r) = -Ze/r$ um den Atomkern bewegt, wird durch die Kraft $m\boldsymbol{a} = -V'(r)\boldsymbol{e}_r = -\boldsymbol{r}V'(r)/r$ auf seiner Bahn gehalten. Der Spin des Elektrons, das sich in guter Näherung nichtrelativistisch bewegt, erfährt damit eine Präzession der Gestalt

$$\boldsymbol{\Omega} = \frac{1}{2c^2}\frac{\boldsymbol{v} \times \boldsymbol{r}}{mr}V'(r) = -\frac{1}{2m^2c^2}\boldsymbol{L}\frac{V'(r)}{r}, \tag{9.98}$$

wobei $\boldsymbol{L} = \boldsymbol{r} \times (m\boldsymbol{v})$ der Bahndrehimpuls des Elektrons ist. Dies gibt eine Korrektur zur Spin-Bahn-Wechselwirkungsenergie des Elektrons, die sich aus der magnetischen Wechselwirkung von Bahndrehimpuls und Spin in der nichtrelativistischen Quantenmechanik ergibt (wie in Abschn. 29.3 hergeleitet werden wird). Bemerkenswerterweise haben dieser dynamische Beitrag und der rein kinematische der Thomas-Präzession dieselbe Form, wobei letzterer den Effekt um einen Faktor $\frac{1}{2}$ vermindert. Dieser Korrekturfaktor $\frac{1}{2}$ wird in der Quantenmechanik auch *Thomas-Faktor* genannt.

Geodätische Präzession und Lense-Thirring-Effekt

Ein analoger Effekt existiert auch im Gravitationsfeld, zu dessen Berechnung aber die allgemeine Relativitätstheorie herangezogen werden muss. Dieser Effekt, der *geodätische Präzession* genannt wird, wurde schon 1916 von dem niederländischen Astronomen *Willem de Sitter* (1872–1934) berechnet, also elf Jahre vor dem speziell-relativistischen der Thomas-Präzession (und weniger als ein Jahr nach Aufstellung der allgemeinen Relativitätstheorie). Der allgemein-relativistische Effekt hat wieder die Form (9.98), wobei nun $V(r)$ das Gravitationspotenzial darstellt, ist aber sogar um einen Faktor 3 größer, denn er setzt sich aus einer „gravi-magnetischen" Spin-Bahn-Kopplung zusammen, die exakt analog zur Thomas-Präzession ist, und einem doppelt so großen weiteren Beitrag von der Raumkrümmung. Für Satelliten auf einem erdnahen Orbit beträgt diese geodätische Präzession einige Bogensekunden pro Jahr.

Zusätzlich dazu gibt es den noch subtileren, 1918 von *Josef Lense* (österreichischer Mathematiker, 1890–1985) und *Hans Thirring* (österreichischer Physiker, 1888–1976) gefundenen und nach ihnen benannten Effekt des *frame dragging*, der von der Rotation der Erde selbst hervorgerufen wird. Ein massiver rotierender Körper krümmt demnach nicht nur die Raumzeit, sondern verdrillt sie auch etwas, was zu einer weiteren Präzession führt, die als „gravi-magnetische" Spin-Spin-Wechselwirkung angesehen werden kann. Für Erdsatelliten macht der Lense-Thirring-Effekt nur etwa 40 Millibogensekunden pro Jahr aus, kann von der geodätischen Präzession aber unterschieden werden, weil er im Allgemeinen eine andere räumliche Drehachse hat. Beide Effekte konnten 2011 von dem 2004 gestarteten Satelliten Gravity Probe B (Abb. 9.23) mit hoher Genauigkeit bestätigt werden. (Für eine hervorragende Diskussion dieser Effekte und ihre Bedeutung für die allgemeine Relativitätstheorie siehe Overduin 2008.)

Aufgaben

Gelegentlich enthalten die Aufgaben mehr Angaben, als für die Lösung erforderlich sind. Bei einigen anderen dagegen werden Daten aus dem Allgemeinwissen, aus anderen Quellen oder sinnvolle Schätzungen benötigt.

- • leichte Aufgaben mit wenigen Rechenschritten
- •• mittelschwere Aufgaben, die etwas Denkarbeit und unter Umständen die Kombination verschiedener Konzepte erfordern
- ••• anspruchsvolle Aufgaben, die fortgeschrittene Konzepte (unter Umständen auch aus späteren Kapiteln) oder eigene mathematische Modellbildung benötigen

9.1 •• Vorbeiflug von Teilchen an Stab In einem Inertialsystem S bewege sich ein Stab der Ruhelänge L_0 mit der Geschwindigkeit v in seiner Längsrichtung. Mit entgegengesetzt gleicher Geschwindigkeit fliege ein Punktteilchen auf den Stab zu und an ihm vorbei.

(a) Wie lange dauert der Vorbeiflug im Inertialsystem S?
(b) Wie lange im Ruhesystem S' des Stabes?
(c) Wie lange im Ruhesystem S'' des Punktteilchens?

Für welchen Fall ist das Ergebnis maximal bzw. minimal?

Empfehlenswerte Zusatzaufgabe: Fertigen Sie Minkowski-Diagramme dazu an.

Lösungshinweis: Definieren Sie sorgfältig die zwei Ereignisse, die zum Zusammentreffen von Teilchen und Anfangs- bzw. Endpunkt des Stabes gehören, und führen Sie die notwendigen Lorentz-Transformationenen durch. Kontrollieren Sie Ihr Ergebnis durch eine alternative Berechnung mit der Formel für relativistische Geschwindigkeitsaddition.

9.2 • Zeitdilatation durch Erdrotation „Man schließt daraus, daß eine am Erdäquator befindliche Unruhuhr um einen sehr kleinen Betrag langsamer laufen muß als eine genau gleich beschaffene, sonst gleichen Bedingungen unterworfene, an einem Erdpole befindliche Uhr" schrieb Einstein (1905) in seiner Arbeit „Zur Elektrodynamik bewegter Körper". Schätzen Sie den Effekt ab, wenn vernachlässigt wird, dass die Erdoberfläche am Pol und am Äquator unterschiedliches Gravitationspotenzial hat und man eigentlich die Gravitationsrotverschiebung in die Rechnung einbeziehen müsste. Wie groß ist der Effekt nach einem Tag?

9.3 •• Bell'sches Raumschiffparadoxon Der nordirische Physiker *John S. Bell* (1928–1990), bekannt durch die nach ihm benannten Ungleichungen, die in der Interpretation der Quantenmechanik eine bedeutende Rolle spielen (Kap. 24), berichtet in seinem Buch (Bell 1987), dass er mit folgendem Paradoxon sogar seine Physikerkollegen am CERN verblüffen konnte und dass eine Mehrheit davon zunächst spontan für die falsche Lösung votierte.

Man betrachte zwei identische Raketen, die entlang der x-Achse in ihrem gemeinsamen Ruhesystem S einen Abstand L_0 haben, über den sie durch einen fragilen, nicht dehnbaren Faden miteinander verbunden sind. Zum Zeitpunkt $t = 0$ sollen sie exakt gleichzeitig starten und durch einen identischen Beschleunigungsvorgang in x-Richtung auf eine bestimmte Geschwindigkeit v gebracht werden. Vom Inertialsystem S, in dem sie gestartet sind, aus betrachtet, halten die beiden Raketen immer den gleichen Abstand, während der mitgeführte Faden, der die Raketen verbindet, auf eine Länge $L = L_0/\gamma(v)$ Lorentz-kontrahiert wird. Wenn der Faden nicht dehnbar ist, sollte er reißen. Kann das sein? Im Bezugssystem der beiden Raketen ist natürlich keine Lorentz-Kontraktion vorhanden. Reißt nun der Faden, oder reißt er nicht?

Lösungshinweis: Stellen Sie die Ereignisse in einem Minkowski-Diagramm dar. Nehmen Sie an, dass die Beschleunigungsphase selbst vernachlässigbar kurz ist und sich danach beide Raketen mit gleicher Geschwindigkeit in positive x-Richtung bewegen. Die Frage kann dann ohne Rechnung beantwortet werden.

9.4 ••• Relativistischer Zaubertrick mit Stab und Lochplatte Ein zerbrechlicher Stab und eine massive Lochplatte werden im Laborsystem S eines Trickkünstlers wie in Abb. 9.24 skizziert auf zueinander rechtwinkligen Bahnen mit relativistischer Geschwindigkeit aufeinander geschossen. Die Länge des Stabes und der Durchmesser des Loches sind in Ruhe gleich, sodass der Stab gerade nicht durch das runde Loch geschoben werden kann, wenn er parallel zur Platte liegt (solange seine Enden nicht zum Loch passend abgerundet werden). Bei relativistischer Bewegung des Stabes in seiner Längsrichtung wird der Stab aber Lorentz-kontrahiert (bei z. B. $v_x/c = \sqrt{3/4}$ und $\gamma(v_x) = 2$ gerade auf die Hälfte) und sollte bequem und unbeschadet durch die Lochplatte durchgehen, die bei ihrer Bewegung in Richtung senkrecht zur Platte (mit Geschwindigkeit v_y, die nicht unbedingt relativistisch sein muss) nur in ihrer Dicke Lorentz-kontrahiert wird und sonst ihre Form beibehält.

Aus der Sicht des Ruhesystems des Stabes sieht dies aber unmöglich aus, denn hier sollte die Lochplatte, die sich nun auf schräger Bahn auf den Stab zu bewegt, in der Längsrichtung Lorentz-kontrahiert sein, sodass der Stab schon gar nicht durchpasst. Eine Kollision scheint zu drohen, bei der die Enden des Stabes massiv geköpft werden.

Lösen Sie dieses Paradoxon auf, indem Sie die Trajektorien der Endpunkte des Stabes und der Randpunktes des Loches in der xy-Ebene in beiden Inertialsystemen analysieren.

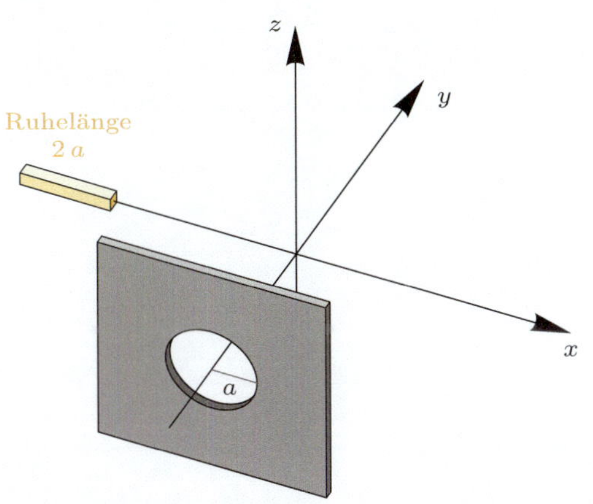

Abb. 9.24 Ein Stab mit Ruhelänge $2a$ sei im Laborsystem S entlang der x-Richtung positioniert, eine Platte mit einem Loch mit Radius a senkrecht zur y-Achse. Dann werden beide in Bewegung versetzt, sodass sie sich zum Zeitpunkt $t = 0$ im Koordinatenursprung überlappen. Wenn beide in Ruhe sind, soll der Stab gerade nicht in das Loch passen, da der Stab eckig und das Loch rund ist. Mit relativistischer Geschwindigkeit, z. B. mit $\gamma = 2$, aufeinander geschossen, ist aber der Stab im Laborsystem Lorentz-kontrahiert und das Loch nicht, er sollte also bequem durch das Loch passen. Im Ruhesystem des Stabes kommt die Lochplatte auf schräger Bahn auf den Stab zu, wobei das Loch nun in der Längsrichtung Lorentz-kontrahiert sein und damit der Stab nicht mehr durchpassen können sollte. Was passiert wirklich?

9.5 •• Additivität von Rapidität Im Kasten „Vertiefung: Lorentz-Transformation als imaginäre Drehung" wurde als alternatives Maß für Geschwindigkeit die *Rapidität* ξ eingeführt,

$$\beta \equiv \frac{v}{c} = \tanh \xi, \quad \gamma = \cosh \xi. \tag{9.99}$$

Während der Wertebereich von β in Lorentz-Transformationen durch $-1 < \beta < 1$ beschränkt ist, hat man $-\infty < \xi < \infty$.

Zeigen Sie, dass bei der Kombination von Lorentz-Transformationen mit gleichgerichteten Geschwindigkeiten $\boldsymbol{v}_1 \parallel \boldsymbol{v}_2$ die zugehörigen Rapiditäten ξ_1, ξ_2 einfach addiert werden:

$$\xi_3 = \xi_2 + \xi_1. \tag{9.100}$$

Lösungshinweis: Verwenden Sie die Darstellung der hyperbolischen Funktionen durch Exponentialfunktionen, um deren Additionstheoreme herzuleiten.

9.6 • Zusammenhang Dreier- und Viererbeschleunigung Berechnen Sie die Dreierkomponenten der Viererbeschleunigung (9.78).

9.7 ••• Thomas-Präzession Da sich das Produkt von zwei nicht gleichgerichteten reinen Geschwindigkeitstransformationen von einer reinen Geschwindigkeitsaddition mit relativistisch addierten Geschwindigkeiten dadurch unterscheidet, dass noch eine räumliche Drehung im Spiel ist, erfährt das räumliche Koordinatensystem, das von einem beschleunigt bewegten Teilchen mitgeführt wird, bezüglich eines festen Inertialsystems eine kontinuierliche Drehung, die am Ende dieses Kapitels im Abschnitt „So geht's weiter" besprochene Thomas-Präzession.

Dazu sollen die Koordinatensysteme von momentanen Ruhesystemen entlang der Bahnkurve des Teilchens zu infinitesimal unterschiedlichen Zeitpunkten verglichen werden, zu denen das Teilchen bezüglich eines Laborsystems S die Geschwindigkeit $\boldsymbol{v}$ (System S') bzw. $\boldsymbol{v} + \mathrm{d}\boldsymbol{v}$ (System S'') hat. Vom Laborsystem S sollen sich S' und S'' nur um reine Geschwindigkeitstransformationen $\Lambda(\boldsymbol{v})$ bzw. $\Lambda(\boldsymbol{v} + \mathrm{d}\boldsymbol{v})$ unterscheiden und somit dieselbe räumliche Orientierung wie das Laborsystems haben.

Vom rotationsfrei mitgeführten Eigensystem des Teilchens aus betrachtet, unterscheiden sich aber S' und S'' um eine zusätzliche Drehung von einer reinen Geschwindigkeitstransformation $\Lambda(\mathrm{d}\boldsymbol{v}')$.

Um diese zu bestimmen, berechne man das Produkt

$$\Lambda(\boldsymbol{v} + \mathrm{d}\boldsymbol{v})\, \Lambda^{-1}(\boldsymbol{v}), \tag{9.101}$$

um das sich aus der Perspektive des Laborsystems die Koordinatensysteme S' und S'' von einer reinen Geschwindigkeitstransformation unterscheiden (siehe Abb. 9.22). Man zeige, dass zusätzlich zur reinen Geschwindigkeitstransformation $\Lambda(\mathrm{d}\boldsymbol{v}')$ mit

$$\mathrm{d}\boldsymbol{v}' = \gamma\, \mathrm{d}\boldsymbol{v} + \gamma(\gamma - 1)\frac{\boldsymbol{v} \cdot \mathrm{d}\boldsymbol{v}}{v^2}\boldsymbol{v} \tag{9.102}$$

eine infinitesimale räumlichen Drehung mit Drehmatrix

$$\boldsymbol{R} = \boldsymbol{I} + \mathbf{d}\boldsymbol{R} = \boldsymbol{I} + \frac{(\gamma - 1)}{v^2}(\boldsymbol{v}\, \mathrm{d}\boldsymbol{v}^\top - \mathrm{d}\boldsymbol{v}\, \boldsymbol{v}^\top) \tag{9.103}$$

auftritt.

Lösungshinweis: Überlegen Sie sich dafür, welche Struktur die Transformationsmatrix bei einer Zusammensetzung von einer infinitesimalen Geschwindigkeitstransformation und einer infinitesimalen Drehung hat.

9.8 •• Vierergradient Ein Beispiel für einen Vierervektor, der natürlicherweise mit kovarianten Komponenten definiert wird, ist der später (ab Kap. 18) noch sehr wichtig werdende *Vierergradient*

$$\partial_\mu := \frac{\partial}{\partial x^\mu} = \begin{pmatrix} \frac{1}{c}\partial_t \\ \boldsymbol{\nabla} \end{pmatrix}. \tag{9.104}$$

(a) Zeigen Sie, dass dieser unter einer Lorentz-Transformation entsprechend

$$\partial'_\nu = \Lambda_\nu{}^\mu \partial_\mu \tag{9.105}$$

transformiert, also entgegengesetzt zu $x'^\mu = \Lambda^\mu{}_\nu x^\nu$.

(b) Berechnen Sie damit

$$\partial_\mu x^\rho \tag{9.106}$$

und

$$\partial_\mu s^2 = \partial_\mu \left(\eta_{\rho\sigma} x^\rho x^\sigma\right) \tag{9.107}$$

und zeigen Sie, dass die Ergebnisse unter homogenen Lorentz-Transformationen entsprechend ihrer Indexstellung transformieren.

Lösungen zu den Aufgaben

9.1 (a) $\Delta t = \frac{L_0}{2v}\sqrt{1-\beta^2}$; (b) $\Delta t' = \frac{L_0}{2v}(1+\beta^2)$; (c) $\Delta t'' = \frac{L_0}{2v}(1-\beta^2)$. Somit ist $\Delta t' > \Delta t > \Delta t''$.

9.2 $\gamma - 1 \approx 1{,}2 \cdot 10^{-12}$. Pro Tag etwa 0,1 µs.

9.6 $(a^\nu) = \gamma^2(v)\left(\gamma^2(v)\frac{\boldsymbol{v}\cdot\boldsymbol{a}}{c}, \boldsymbol{a} + \gamma^2(v)\frac{(\boldsymbol{v}\cdot\boldsymbol{a})\boldsymbol{v}}{c^2}\right)^\top$

Ausführliche Lösungen zu den Aufgaben

9.1 Nehmen wir an, dass sich der Stab entlang der x-Achse nach rechts bewegt und sich zum Zeitpunkt $t = 0$ das linke Ende des Stabes bei $x = 0$ und das rechte bei $x = L$ befindet. (L ist damit definiert als die Länge des bewegten Stabes in S.) Bezeichnen wir die x-Koordinate des rechten bzw. linken Endes mit $x_\pm$, dann wird die Bewegung des Stabes in S durch

$$x_- = vt, \quad x_+ = L + vt \tag{9.108}$$

beschrieben. Das Punktteilchen bewege sich in negative x-Richtung und treffe zum Zeitpunkt $t = 0$ gerade auf das vordere (rechte) Ende bei $x = L$. Seine Bewegung wird dann beschrieben durch

$$x_P = L - vt. \tag{9.109}$$

Die Ereignisse E_1 und E_2, die dadurch definiert sind, dass das Teilchen gerade mit dem vorderen bzw. hinteren Ende gleichauf ist, sind in S somit parametrisiert durch

$$\begin{aligned} E_1(x_+ = x_P): &\quad t = 0,\ x = L; \\ E_2(x_- = x_P): &\quad t = \frac{L}{2v},\ x = L/2. \end{aligned} \tag{9.110}$$

Davon ausgehend betrachten wir nun die Situation in den drei Bezugssystemen:

(a) In S ist das Zeitintervall einfach von der Koordinatenzeit t abzulesen. Wegen der Lorentz-Kontraktion ist $L = L_0/\gamma = L_0\sqrt{1-\beta^2}$; die Zeit für den Vorbeiflug ist also

$$\Delta t = \frac{L}{2v} = \frac{L_0}{2v}\sqrt{1-\beta^2}. \tag{9.111}$$

(b) Das Bezugssystem S', in dem der Stab ruht, bewegt sich in positive x-Richtung. Lorentz-Transformation der Intervalle $\Delta t = L/(2v)$, $\Delta x = -L/2$ (Koordinaten von E_2 minus Koordinaten von E_1) ergibt

$$\begin{aligned} c\Delta t' &= \gamma\, c\Delta t - \beta\gamma\Delta x \\ &= \gamma \frac{L}{2v}(c + v\beta) = c\frac{L_0}{2v}\left(1+\beta^2\right). \end{aligned} \tag{9.112}$$

Betrachten wir alternativ die Geschwindigkeit des Teilchens im Ruhesystem des Stabes, so ist diese durch die relativistische Addition von zwei gleich großen Geschwindigkeiten mit Betrag v gegeben, mit dem Ergebnis

$$v' = \frac{v+v}{1+v^2/c^2}. \tag{9.113}$$

In S' dauert der Vorbeiflug entlang der Ruhelänge des Stabes damit

$$\Delta t' = \frac{L_0}{v'} = \frac{L_0}{2v}\left(1+\beta^2\right), \tag{9.114}$$

in Übereinstimmung mit (9.112).

(c) Für das Ruhesystem des Teilchens S'' ist eine Lorentz-Transformation analog zu (9.112), aber mit umgekehrter Geschwindigkeit durchzuführen, mit dem Ergebnis

$$\begin{aligned} c\Delta t'' &= \gamma\, c\Delta t + \beta\gamma\Delta x \\ &= \gamma \frac{L}{2v}(c - v\beta) = c\frac{L_0}{2v}\left(1-\beta^2\right). \end{aligned} \tag{9.115}$$

Für die direkte Berechnung über Geschwindigkeit und Länge des Stabes ist die nun unterschiedliche Lorentz-Kontraktion des Stabes zu berücksichtigen. Die Geschwindigkeit des Stabes in S'' hat analog zu Teilaufgabe (b) den Betrag

$$v'' = \frac{2v}{1+\beta^2}. \tag{9.116}$$

Damit ist

$$\begin{aligned} L'' &= L_0\sqrt{1-\frac{v''^2}{c^2}} = L_0\sqrt{1-\frac{4\beta^2}{(1+\beta^2)^2}} \\ &= L_0\sqrt{\frac{(1+\beta^2)^2-4\beta^2}{(1+\beta^2)^2}} = L_0\frac{1-\beta^2}{1+\beta^2}. \end{aligned} \tag{9.117}$$

Daraus folgt

$$\Delta t'' = \frac{L''}{v''} = \frac{L_0}{2v}\left(1-\beta^2\right), \tag{9.118}$$

in Übereinstimmung mit (9.115).

Der Vorbeiflug dauert also in allen drei Bezugssystemen unterschiedlich lang; am kürzesten ist er im Bezugssystem des Teilchens, am längsten im Bezugssystem des Stabes, $\Delta t' > \Delta t > \Delta t''$.

9.2 Der Äquatorumfang beträgt ziemlich genau 40.000 km, der Tag hat 86.400 s, damit bewegt man sich am Äquator mit etwa 460 m/s, und die Abweichung des γ-Faktors von 1 ist

$$\gamma - 1 = \frac{1}{\sqrt{1-v^2/c^2}} - 1 \approx \frac{1}{2}\frac{v^2}{c^2} \approx 1{,}2\cdot 10^{-12}. \tag{9.119}$$

Pro Tag kämen etwa 0,1 µs zusammen, also ein mit heutigen Atomuhren sehr leicht messbarer Effekt.

Was Einstein 1905 verständlicherweise nicht in Rechnung stellte, ist aber, dass wegen der Erdabplattung das reine Gravitationspotenzial der Erde (d. h. ohne Zentrifugalpotenzial) an den Polen der Erde stärker negativ ist als am Äquator, sodass hier die Gravitationsrotverschiebung nicht vernachlässigt werden kann,

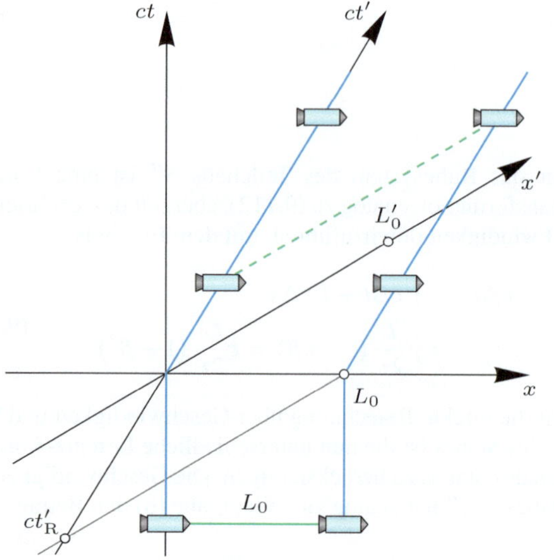

Abb. 9.25 Bell'sches Raumschiffparadoxon. Zwei Raketen, die über einen undehnbaren Faden der Länge L_0 miteinander verbunden sind, starten gleichzeitig zum Zeitpunkt $t = 0$ und werden auf gleiche Geschwindigkeit in positive x-Richtung gebracht. Reißt der Faden, der zwischen den Raketen gespannt wurde, aufgrund der Lorentz-Kontraktion?

die mit umgekehrten Vorzeichen beiträgt. Die Erdabplattung ist nun gerade so, dass sich Unterschiede im Gravitationspotenzial und dem Zentrifugalpotenzial die Waage halten, was zur Folge hat, dass sich Gravitationsrotverschiebung und Zeitdilatation in der betrachteten Ordnung kompensieren (Cocke 1966). Um am Pol auf gleichem Gravitationspotenzial wie am Äquator auf Meeresniveau zu sein, sodass obiges Resultat doch herauskäme, müsste man sich dort etwa 10 km oberhalb des Meeresspiegel befinden. (Zum Vergleich: Die Erdabplattung macht etwa 20 km Unterschied im Radius aus.)

9.3 Der Faden muss reißen, denn die Lorentz-Kontraktion in S ist ein objektives Phänomen. Die Frage ist also, wie sich das Reißen des Fadens im Bezugssystem der bewegten Raketen darstellt.

Wie bei eigentlich allen Paradoxa der speziellen Relativitätstheorie liegt der Schlüssel im Begriff der Gleichzeitigkeit. Gleichzeitigkeit im System des Startsystems S ist eine klar definierte und intuitiv einsichtige Angelegenheit. Dass die Raketen gleichzeitig starten, braucht entweder perfekt synchronisierte Uhren, oder das Startsignal wird von einem Punkt aus den Raketen übermittelt, der sich im gleichen Abstand von den beiden Raketen befindet.

Vom Bezugssystem der bewegten Raketen aus betrachtet bedeutet Gleichzeitigkeit allerdings etwas grundsätzlich anderes. Wie das Minkowski-Diagramm (Abb. 9.25) zeigt, sind von diesem Bezugssystem aus betrachtet die Zeiten, zu denen die beiden Raketen gestartet sind, nicht gleich. Ist der Startzeitpunkt der hinteren (linken) Rakete $t = t' = 0$, dann ist der Startzeitpunkt der vorderen (rechten) Raketen bei $t' = t'_R < 0$ (Abb. 9.25).

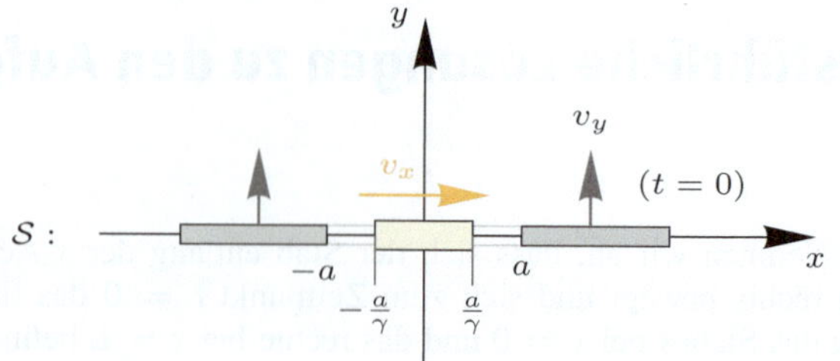

Abb. 9.26 Zusammentreffen von Stab und Lochplatte aus Abb. 9.24 aus der Sicht des Laborsystems S. Mit $\gamma = 2$ ist der Stab in Längsrichtung auf die Hälfte reduziert und passt bequem durch das Loch der mit v_y senkrecht dazu bewegten Platte

In diesem Bezugssystem ist der Faden einfach deshalb gerissen, weil die vordere Rakete früher gestartet ist.

Zu diesem Paradoxon gibt es übrigens eine ausgedehnte und teilweise kontroverse Literatur (Petkov 2009).

9.4 Im Laborsystem ist die Situation klar, der Stab wird auf Länge $2a/\gamma$ kontrahiert und passt durch das Loch (hinreichend dünne Platte und hinreichend dünner Stab vorausgesetzt bzw. ein v_y, das nicht allzu niedrig ist). Die Trajektorien von Platte und Stab in der xy-Ebene sind in Abb. 9.26 skizziert.

Im Ruhesystem S' des Stabes sind die Trajektorien der rechten und linken Randpunkte des Loches entscheidend. Schreiben wir diese im Laborsystem S als

$$x^\mu_\pm(t) = (ct, \boldsymbol{l}_\pm(t))^\top = \left(ct, \pm a, v_y t, 0\right)^\top , \qquad (9.120)$$

wobei der Index $\pm$ den rechten bzw. linken Randpunkt des Loches bezeichnet, dann ergeben sich die Trajektorien im System S' durch eine Standard-Lorentz-Transformation mit Geschwindigkeit $v \equiv v_x$:

$$\begin{aligned} x'^\mu_\pm(t') &= (ct'_\pm, \boldsymbol{l}'_\pm)^\top \\ &= \left(c\gamma\left[t - \frac{v}{c^2}(\pm a)\right], \gamma(\pm a - vt), v_y t, 0\right)^\top . \end{aligned} \qquad (9.121)$$

Um die Trajektorien in S' darzustellen, muss in diesem Ergebnis noch t zugunsten von $t' = \gamma[t - \frac{v}{c^2}(\pm a)]$ eliminiert werden:

$$t = \frac{1}{\gamma}t' \pm \frac{va}{c^2}. \qquad (9.122)$$

Damit bekommen wir für die räumlichen Koordinaten

$$\begin{aligned} \boldsymbol{l}'_\pm(t') &= \left(\gamma\left[\pm a - \frac{v}{\gamma}t' - \frac{v^2}{c^2}(\pm a)\right], v_y\left[\frac{1}{\gamma}t' \pm \frac{va}{c^2}\right], 0\right)^\top \\ &= \left(\pm\frac{a}{\gamma} - vt', v_y\left[\frac{1}{\gamma}t' \pm \frac{va}{c^2}\right], 0\right)^\top , \end{aligned} \qquad (9.123)$$

grafisch dargestellt in Abb. 9.27 für $\gamma = 2$ und $v_y = v/2$.

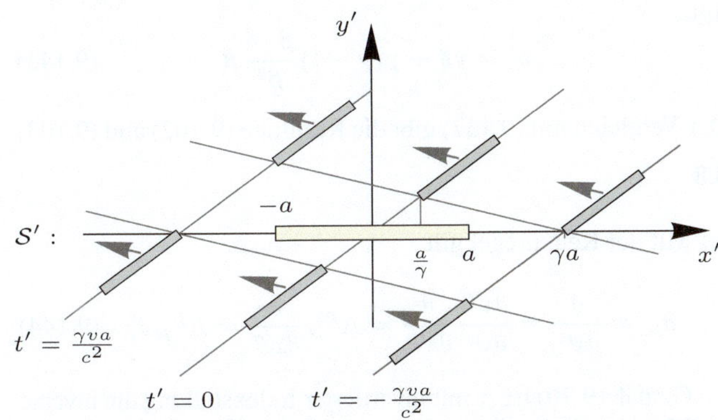

Abb. 9.27 Zusammentreffen von Stab und Lochplatte aus Abb. 9.24 aus der Sicht des Stabes. Hier bewegt sich die Platte mit $v'_x = -v$ auf den Stab zu, mit etwas reduzierter vertikaler Geschwindigkeit $v'_y = v_y/\gamma$ aufgrund der Zeitdilatation. Die horizontale Ausdehnung des Loches ist nun auf $2\frac{a}{\gamma}$ Lorentz-kontrahiert, aber es kommt zu keiner Kollision, weil die Platte nicht mehr parallel zum Stab ist, sondern gerade so gedreht, dass das vordere und hintere Ende die horizontale Achse bei $\pm\gamma a$ kreuzen, in Übereinstimmung mit den relativen Abständen im Laborsystem (aber nun nicht mehr zu gleichen Zeiten)

Zum Zeitpunkt $t' = 0$, an dem die Mittelpunkte von Loch und Stab zusammenfallen, ist

$$l'_{\pm}(0) = \left(\pm\frac{a}{\gamma}, \pm a\frac{v_y\, v}{c^2}, 0\right)^{\top}. \tag{9.124}$$

Die x'-Koordinaten der Randpunkte des Loches sind also tatsächlich auf ihren durch die Lorentz-Kontraktion zu erwartenden Positionen, aber gleichzeitig sind die zugehörigen y'-Komponenten ungleich null – eine Kollision findet nicht statt, weil die Platte in S' gedreht ist!

Die beiden Randpunkte kreuzen die x'-Achse zu unterschiedlichen Zeiten,

$$(l'_{\pm})_y = 0 \;\Rightarrow\; t'_{\pm} = \mp\frac{\gamma\, v\, a}{c^2}, \tag{9.125}$$

an den Stellen

$$(l'_{\pm})_x(t'_{\pm}) = \pm a\left(\frac{1}{\gamma} + \frac{v^2}{c^2}\gamma\right) = \pm a\gamma. \tag{9.126}$$

Damit sind die Verhältnisse der x'-Abstände bei $y' = 0$ wieder dieselben wie schon im Laborsystem festgestellt: Die Randpunkte des Loches kreuzen die x'-Achse um einen Faktor γ von den Stabenden entfernt. Dass sie dies zu unterschiedlichen Zeiten $t'_{\pm}$ tun, hängt mit der Drehung zusammen, die somit als Konsequenz des veränderten Gleichzeitigkeitsbegriffs in S' verstanden werden kann. (Zur Relativität von Richtungen siehe auch den Abschnitt „So geht's weiter" in diesem Kapitel.)

9.5 Schreiben wir die Lorentz-Transformation nur in den beteiligten Koordinaten als

$$\begin{pmatrix} \gamma & -\beta\gamma \\ -\beta\gamma & \gamma \end{pmatrix} = \begin{pmatrix} \cosh\xi & -\sinh\xi \\ -\sinh\xi & \cosh\xi \end{pmatrix}, \tag{9.127}$$

dann ergibt sich für zwei hintereinander ausgeführte Transformationen mit Geschwindigkeiten v_1 und v_2 mit den Abkürzungen $\mathrm{ch}_{1,2} := \cosh\xi_{1,2}$ und $\mathrm{sh}_{1,2} := \sinh\xi_{1,2}$:

$$\begin{aligned}&\begin{pmatrix} \mathrm{ch}_2 & -\mathrm{sh}_2 \\ -\mathrm{sh}_2 & \mathrm{ch}_2 \end{pmatrix}\begin{pmatrix} \mathrm{ch}_1 & -\mathrm{sh}_1 \\ -\mathrm{sh}_1 & \mathrm{ch}_1 \end{pmatrix}\\ &= \begin{pmatrix} \mathrm{ch}_2\,\mathrm{ch}_1 + \mathrm{sh}_2\,\mathrm{sh}_1 & -(\mathrm{ch}_2\,\mathrm{sh}_1 + \mathrm{sh}_2\,\mathrm{ch}_1) \\ -(\mathrm{ch}_2\,\mathrm{sh}_1 + \mathrm{sh}_2\,\mathrm{ch}_1) & \mathrm{ch}_2\,\mathrm{ch}_1 + \mathrm{sh}_2\,\mathrm{sh}_1 \end{pmatrix}\\ &= \begin{pmatrix} \mathrm{ch}_3 & -\mathrm{sh}_3 \\ -\mathrm{sh}_3 & \mathrm{ch}_3 \end{pmatrix}.\end{aligned} \tag{9.128}$$

Mit der expliziten Darstellung durch e-Funktionen

$$\cosh\xi = \frac{\mathrm{e}^{\xi} + \mathrm{e}^{-\xi}}{2}, \quad \sinh\xi = \frac{\mathrm{e}^{\xi} - \mathrm{e}^{-\xi}}{2} \tag{9.129}$$

zeigt man leicht die Additionstheoreme für die Hyperbelfunktionen

$$\cosh(\xi_2 + \xi_1) = \cosh\xi_2\cosh\xi_1 + \sinh\xi_2\sinh\xi_1, \tag{9.130}$$

$$\sinh(\xi_2 + \xi_1) = \cosh\xi_2\sinh\xi_1 + \sinh\xi_2\cosh\xi_1, \tag{9.131}$$

und somit $\xi_3 = \xi_2 + \xi_1$.

9.6 Mit $\boldsymbol{a} = \mathrm{d}\boldsymbol{v}/\mathrm{d}t$ ist

$$\begin{aligned}a^{\mu} &= \frac{\mathrm{d}}{\mathrm{d}\tau}u^{\mu} = \gamma\frac{\mathrm{d}}{\mathrm{d}t}u^{\mu}\\ &= \gamma\frac{\mathrm{d}}{\mathrm{d}t}\gamma\begin{pmatrix} c \\ \boldsymbol{v} \end{pmatrix} = \gamma\left(\frac{\mathrm{d}}{\mathrm{d}t}\gamma\right)\begin{pmatrix} c \\ \boldsymbol{v} \end{pmatrix} + \gamma^2\begin{pmatrix} 0 \\ \boldsymbol{a} \end{pmatrix}.\end{aligned} \tag{9.132}$$

Die Ableitung des γ-Faktors gibt dabei

$$\begin{aligned}\frac{\mathrm{d}}{\mathrm{d}t}\gamma &= \frac{\mathrm{d}}{\mathrm{d}t}\left(1 - \frac{v^2}{c^2}\right)^{-1/2}\\ &= \left(-\frac{1}{2}\right)\left(1 - \frac{v^2}{c^2}\right)^{-3/2}\frac{-2\boldsymbol{v}\cdot\boldsymbol{a}}{c^2} = \frac{\gamma^3\boldsymbol{v}\cdot\boldsymbol{a}}{c^2}.\end{aligned} \tag{9.133}$$

Damit ist

$$(a^{\nu}) = \gamma^2(v)\left(\gamma^2(v)\frac{\boldsymbol{v}\cdot\boldsymbol{a}}{c}, \boldsymbol{a} + \gamma^2(v)\frac{(\boldsymbol{v}\cdot\boldsymbol{a})\boldsymbol{v}}{c^2}\right)^{\top}. \tag{9.134}$$

9.7 Eine infinitesimale Geschwindigkeitstransformation hat die Form

$$\Lambda(\mathrm{d}\boldsymbol{v}') = \boldsymbol{I} + \begin{pmatrix} 0 & -\mathrm{d}\boldsymbol{v}'^{\top}/c \\ -\mathrm{d}\boldsymbol{v}'/c & \boldsymbol{0} \end{pmatrix}, \tag{9.135}$$

da $\gamma = 1 + O(\mathrm{d}v'^2)$ ist, und eine infinitesimale Drehung

$$\Lambda(\boldsymbol{R}) = \boldsymbol{I} + \begin{pmatrix} 0 & \boldsymbol{0}^{\top} \\ \boldsymbol{0} & \mathbf{d}\boldsymbol{R} \end{pmatrix}, \tag{9.136}$$

wobei die räumliche Matrix $\mathbf{d}\boldsymbol{R}$ antisymmetrisch ist (siehe Abschn. 2.1).

Die Zusammensetzung dieser beiden Transformationen ergibt

$$\Lambda(\boldsymbol{R})\Lambda(\mathrm{d}\boldsymbol{v}') = \boldsymbol{I} + \begin{pmatrix} 0 & -\mathrm{d}\boldsymbol{v}'^{\top}/c \\ -\mathrm{d}\boldsymbol{v}'/c & \mathbf{d}\boldsymbol{R} \end{pmatrix}, \qquad (9.137)$$

wobei es in dieser Ordnung nicht auf die Reihenfolge ankommt; die beiden infinitesimalen Matrizen werden einfach addiert.

Um keine Faktoren c schreiben zu müssen, definieren wir im Folgenden neben $\boldsymbol{\beta} = \boldsymbol{v}/c$ ein infinitesimales $\boldsymbol{\delta} := \mathrm{d}\boldsymbol{v}/c$.

Zu berechnen ist bis zur Ordnung $\boldsymbol{\delta}$

$$\Lambda(\boldsymbol{\beta}+\boldsymbol{\delta})\,\Lambda^{-1}(\boldsymbol{\beta}) = \boldsymbol{I} + \left(\boldsymbol{\delta}\cdot\frac{\partial}{\partial\boldsymbol{\beta}}\Lambda(\boldsymbol{\beta})\right)\Lambda^{-1}(\boldsymbol{\beta}). \qquad (9.138)$$

Eine reine Geschwindigkeitstransformation in beliebiger Richtung ist gemäß (9.33) gegeben durch

$$\Lambda(\boldsymbol{\beta}) = \begin{pmatrix} \gamma & -\gamma\boldsymbol{\beta}^{\top} \\ -\gamma\boldsymbol{\beta} & \boldsymbol{I} + (\gamma-1)\dfrac{\boldsymbol{\beta}\,\boldsymbol{\beta}^{\top}}{\beta^2} \end{pmatrix}. \qquad (9.139)$$

Wegen

$$\boldsymbol{\delta}\cdot\frac{\partial}{\partial\boldsymbol{\beta}}\gamma(\beta) = \gamma^3\,\boldsymbol{\beta}\cdot\boldsymbol{\delta} \qquad (9.140)$$

(siehe (9.133)) ergibt sich

$$\begin{aligned} \delta\Lambda &:= \boldsymbol{\delta}\cdot\frac{\partial}{\partial\boldsymbol{\beta}}\Lambda(\boldsymbol{\beta}) \\ &= \begin{pmatrix} \gamma^3\,\boldsymbol{\beta}\cdot\boldsymbol{\delta} & -\gamma^3\,\boldsymbol{\beta}\cdot\boldsymbol{\delta}\,\boldsymbol{\beta}^{\top} - \gamma\,\boldsymbol{\delta}^{\top} \\ -\gamma^3\,\boldsymbol{\beta}\cdot\boldsymbol{\delta}\,\boldsymbol{\beta} - \gamma\,\boldsymbol{\delta} & \boldsymbol{M} \end{pmatrix} \end{aligned} \qquad (9.141)$$

mit

$$\boldsymbol{M} = \left[\gamma^3\,\boldsymbol{\beta}\cdot\boldsymbol{\delta} - (\gamma-1)\frac{2\boldsymbol{\beta}\cdot\boldsymbol{\delta}}{\beta^2}\right]\frac{\boldsymbol{\beta}\,\boldsymbol{\beta}^{\top}}{\beta^2} + (\gamma-1)\frac{\boldsymbol{\beta}\,\boldsymbol{\delta}^{\top} + \boldsymbol{\delta}\,\boldsymbol{\beta}^{\top}}{\beta^2}.$$

Unter Verwendung der Identität $\gamma^2(1-\beta^2) = 1$ findet man schließlich nach sorgfältiger Rechnung

$$\delta\Lambda\,\Lambda^{-1}(\boldsymbol{\beta}) = \delta\Lambda\,\Lambda(-\boldsymbol{\beta}) = \begin{pmatrix} 0 & -\boldsymbol{\delta}'^{\top} \\ -\boldsymbol{\delta}' & (\gamma-1)\dfrac{\boldsymbol{\beta}\,\boldsymbol{\delta}^{\top} - \boldsymbol{\delta}\,\boldsymbol{\beta}^{\top}}{\beta^2} \end{pmatrix} \qquad (9.142)$$

mit

$$\boldsymbol{\delta}' = \gamma\boldsymbol{\delta} + \gamma(\gamma-1)\frac{\boldsymbol{\beta}\cdot\boldsymbol{\delta}}{\beta^2}\boldsymbol{\beta}. \qquad (9.143)$$

Der Vergleich mit (9.137) gibt die Resultate (9.102) und (9.103)

9.8

(a) Mit der Kettenregel gilt

$$\partial_\mu \equiv \frac{\partial}{\partial x^\mu} = \frac{\partial x'^\rho}{\partial x^\mu}\frac{\partial}{\partial x'^\rho} = \Lambda^\rho{}_\mu\frac{\partial}{\partial x'^\rho} = \Lambda^\rho{}_\mu\partial'_\rho. \qquad (9.144)$$

Gemäß (9.70) ist Λ mit invertierter Indexstellung die inverse Matrix, mit der ∂'_ν extrahiert werden kann:

$$\Lambda_\nu{}^\mu\partial_\mu = \Lambda_\nu{}^\mu\Lambda^\rho{}_\mu\partial'_\rho = \delta^\rho_\nu\partial'_\rho = \partial'_\nu. \qquad (9.145)$$

(b)

$$\partial_\mu x^\rho \equiv \frac{\partial}{\partial x^\mu}x^\rho = \delta^\rho_\mu, \qquad (9.146)$$

da $\delta^\rho_\mu = 1$ für $\rho = \mu$ und sonst null ist. Entsprechend der Indexstellung mit einem oberen und einem unteren Index transformiert die linke Seite unter Lorentz-Transformationen gemäß

$$\Lambda_\alpha{}^\mu\,\Lambda^\beta{}_\rho(\partial_\mu x^\rho) = (\Lambda_\alpha{}^\mu\partial_\mu)(\Lambda^\beta{}_\rho x^\rho) = \partial'_\alpha x'^\beta, \qquad (9.147)$$

während das Kronecker-Delta auf der rechten Seite ein invarianter Tensor ist, denn mit (9.70) ist

$$\delta'^\beta_\alpha = \Lambda_\alpha{}^\mu\,\Lambda^\beta{}_\rho\delta^\rho_\mu = \Lambda_\alpha{}^\mu\,\Lambda^\beta{}_\mu = \delta^\beta_\alpha. \qquad (9.148)$$

Im zweiten zu berechnenden Ausdruck $\partial_\mu s^2$ ist s^2 ein Lorentz-Skalar, das Ergebnis muss also ein Lorentz-Vektor sein, der sich gemäß seiner Index-Stellung transformiert. Nach der Produktregel ist

$$\begin{aligned} \partial_\mu s^2 = \partial_\mu\left(\eta_{\rho\sigma}x^\rho x^\sigma\right) &= \eta_{\rho\sigma}\delta^\rho_\mu x^\sigma + \eta_{\rho\sigma}x^\rho\delta^\sigma_\mu \\ &= \eta_{\mu\sigma}x^\sigma + \eta_{\rho\mu}x^\rho = 2x_\mu. \end{aligned} \qquad (9.149)$$

Mit unterem Index transformiert $x'_\mu = \Lambda_\mu{}^\nu x_\nu$ wie ∂_μ (wovon man sich auch leicht am Beispiel einer Standard-Lorentz-Transformation überzeugt, in der gleichzeitig der räumliche Vektor $\boldsymbol{x}$ in x_μ und der Geschwindigkeitsvektor $\boldsymbol{v}$ in $\Lambda_\mu{}^\nu$ ein negatives Vorzeichen bekommen).

Literatur

Bell, J.: How to teach special relativity. In: Speakable and Unspeakable in Quantum Mechanics. Cambridge University Press, Cambridge (1987)

Cocke, W. J.: Relativistic Corrections for Terrestrial Clock Synchronization, Phys. Rev. Lett. **16**, 662–664 (1966)

Einstein, A.: *Zur Elektrodynamik bewegter Körper*, Annalen der Physik **17**, 891 (1905); on-line: http://wikilivres.ca/wiki/Zur_Elektrodynamik_bewegter_Körper

Fölsing, A.: *Albert Einstein*. Suhrkamp, Frankfurt am Main (1999)

Holton, G.: Einstein and the "Crucial" Experiment, Am. J. Phys. **37**, 968 (1969)

Kraus U., Borchers M.: Fast lichtschnell durch die Stadt, Physik in unserer Zeit, Heft 2/2005, S. 64-69. Online: http://www.tempolimit-_lichtgeschwindigkeit.de

Lampa A.: Wie erscheint nach der Relativitätstheorie ein bewegter Stab einem ruhenden Beobachter? Zeitschrift für Physik **27**, 138–148 (1924)

Minkowski, H.: Raum und Zeit, Jahresberichte der Deutschen Mathematiker- Vereinigung, Leipzig (1909). Online: http://de.wikisource.org/wiki/Raum_und_Zeit_(Minkowski)

Overduin, J.: Spacetime and Spin, http://einstein.stanford.edu/SPACETIME/spacetime4.html. Zugegriffen: 24. August 2013.

Penrose, R.: The Apparent Shape of a Relativistically Moving Sphere. Math. Proc. Cambridge Phil. Soc. **55**, 137–139 (1959)

Petkov, V.: Accelerating spaceships paradox and physical meaning of length contraction, arXiv:0903.5128, in: V. Petkov, Relativity and the Nature of Spacetime. Springer, Berlin (2009)

Poincaré, H., *Sur la dynamique de l'électron*, Comptes Rendus **140**, 1504–1508 (1905); erweiterte Version in: Rendiconti del Circolo matematico Rendiconti del Circolo di Palermo **21**, 129–176 (1906) - on-line: http://fr.wikisource.org/wiki/Sur_la_dynamique_de_l'_électron_(juillet)

Sexl R.U., Urbantke, H.K.: Relativität, Gruppen, Teilchen. Springer, Wien (1992)

Terrell J.: Invisibility of the Lorentz Contraction. Physical Review **116**, 1041–1045 (1959)

Voigt, W.: *Über das Doppler'sche Princip*, Nachrichten von der Königl. Gesellschaft der Wissenschaften und der Georg-Augusts-Universität zu Göttingen, Nr. 8, 41–51 (1887), on-line http://de.wikisource.org/wiki/Ueber_das_Doppler'_sche_Princip

Relativistische Mechanik 10

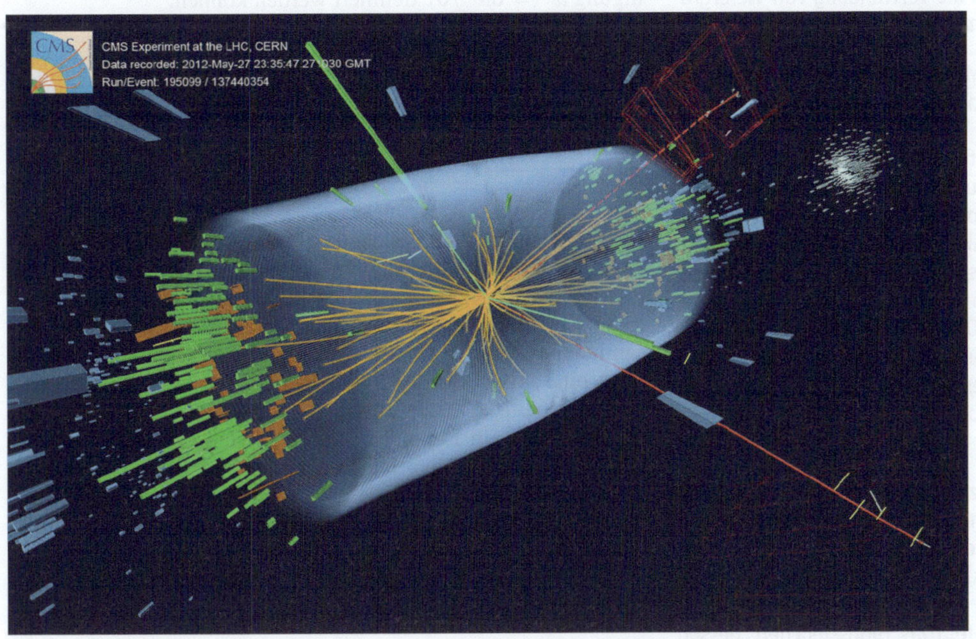

Was wird in der relativistischen Mechanik aus den Newton'schen Axiomen?

Woraus folgt die berühmte Gleichung $E = mc^2$?

Was ist Masse?

Wie kann neue Materie erzeugt werden?

M. Bartelmann et al., *Theoretische Physik*, DOI 10.1007/978-3-642-54618-1_10, © Springer-Verlag Berlin Heidelberg 2015

Wie wir in Kap. 9 gesehen haben, wird in der speziellen Relativitätstheorie der dreidimensionale euklidische Raum der Newton'schen Mechanik mit einer unabhängig definierten absoluten Zeit durch den vierdimensionalen Minkowski-Raum ersetzt. Die Zeit spielt zwar weiterhin eine besondere Rolle, aber Gleichzeitigkeit ist nun ähnlich relativ wie schon vor der Relativitätstheorie die Aussage, zwei separate Ereignisse fänden am selben Ort statt. Dem Einstein'schen Relativitätsprinzip und der Geometrie des Minkowski-Raumes wird man am besten durch die Verwendung von Vierergrößen anstelle der gewohnten dreidimensionalen Vektoren gerecht.

In diesem Kapitel, in dem die relativistische Mechanik begründet werden soll, werden wir daher in Abschn. 10.1 zuerst den Impuls eines Punktteilchens zu einer Vierergröße machen und damit in Abschn. 10.2 das zweite Newton'sche Axiom (Kraft als zeitliche Änderung des Impulses) neu formulieren. Dabei wird sich herausstellen, dass Energie und Impuls ähnlich zu kombinieren sind wie Zeit- und Raumkoordinaten. Als besonders folgenreicher neuer Aspekt stellt sich dabei heraus, dass die Masse nicht länger eine erhaltene Größe ist, sondern Energie in Masse und umgekehrt umgewandelt werden kann. Ohne auf die dafür notwendigen Wechselwirkungen eingehen zu müssen, werden in Abschn. 10.3 zunächst relativistische Streuprozesse diskutiert, bei denen Massen erhalten bleiben, und danach solche, bei denen Materie erzeugt oder vernichtet wird.

Das Eröffnungsbild dieses Kapitels zeigt die Produktion von zahlreichen Elementarteilchen bei einer hochenergetischen Kollision von zwei Protonen im Large Hadron Collider des CERN (der im Eröffnungsbild von Kap. 9 zu sehen ist), wobei in diesem konkreten Ereignis aus den Zerfallsprodukten auf das lange gesuchte Higgs-Teilchen geschlossen werden konnte. (Das Higgs-Teilchen, dessen Entdeckung im Juli 2012 bekannt gegeben wurde, ist gemäß dem Standardmodell der Teilchenphysik verantwortlich dafür, dass Elementarteilchen wie Elektronen oder Quarks überhaupt eine Masse tragen.)

10.1 Punktteilchen, Ruhemasse und Viererimpuls

In Kap. 9 haben wir gesehen, dass es in der speziellen Relativitätstheorie keine starren Körper geben kann. Ausdehnungslose Punktteilchen machen jedoch in dieser Hinsicht keine prinzipiellen Schwierigkeiten.

Achtung Gewisse fundamentale Schwierigkeiten machen allerdings die mit Punktteilchen verknüpften Felder, nämlich wenn sie elektrische Ladung tragen und, allgemeiner, wenn man das Gravitationsfeld einbezieht, das sie selbst erzeugen, auch wenn letzteres für Elementarteilchen praktisch völlig vernachlässigbar ist. Diese Felder werden am Ort des Punktteilchens unendlich und führen notwendigerweise dazu, dass man bei hinreichend kleinen Abständen an die Grenzen der klassischen Physik stößt. ◀

Betrachten wir den einfachsten Fall eines strukturlosen freien Punktteilchens (ohne den bei Elementarteilchen noch möglichen Spin, den intrinsischen Drehimpuls), dann ist sein Bewegungszustand vollständig durch eine Weltlinie $x^\mu(t)$ beschrieben, welche die gesamte Geschichte dieses Teilchens wiedergibt. Dieser Weltlinie ist in Lorentz-invarianter Weise eine Eigenzeit τ zugeordnet, über die die Vierervektoren der Vierergeschwindigkeit $u^\mu = \mathrm{d}x^\mu/\mathrm{d}\tau$ und der Viererbeschleunigung $a^\mu = \mathrm{d}u^\mu/\mathrm{d}\tau$ definiert werden können.

Frage 1

Rufen Sie sich (ohne gleich nachzuschlagen) den Zusammenhang von Koordinaten- und Eigenzeit und damit von Vierer- und Dreiergeschwindigkeit in Erinnerung.

Ein elementares Punktteilchen ist durch seine *invariante Masse* charakterisiert, die dadurch definiert ist, dass man sie im (momentanen) Ruhesystem des Teilchens misst. Man nennt diese so definierte Masse deshalb auch *Ruhemasse*. Für zusammengesetzte Objekte wie Raketen macht es natürlich auch Sinn, eine zeitlich veränderliche Ruhemasse zu betrachten (siehe Aufgabe 10.2). Die auf diese Weise definierte Masse ist offensichtlich ein Lorentz-Skalar, d. h. eine Größe, die für jedes Bezugssystem dieselbe Bedeutung hat: Jeder Beobachter übernimmt einfach den im Ruhesystem bestimmten Wert. Weil das Produkt aus einem Vierervektor mit einer invarianten Größe wieder einen Vierervektor darstellt, kann ein Lorentz-kovarianter Viererimpuls einfach durch das Produkt von Ruhemasse und Vierergeschwindigkeit definiert werden.

Viererimpuls

Der Viererimpuls eines Punktteilchens mit Ruhemasse m ist definiert durch

$$p^\mu := m u^\mu. \tag{10.1}$$

In einem gegebenen Inertialsystem, in dem das Punktteilchen die Dreiergeschwindigkeit $\boldsymbol{v}(t)$ hat, ist

$$p^\mu = \begin{pmatrix} p^0 \\ \boldsymbol{p} \end{pmatrix} = m\gamma(v) \begin{pmatrix} c \\ \boldsymbol{v} \end{pmatrix}. \tag{10.2}$$

Der Dreierimpuls ist damit durch

$$\boldsymbol{p} = m\gamma(v)\,\boldsymbol{v} \tag{10.3}$$

gegeben. Dies stimmt mit der nichtrelativistischen Definition eines Impulses überein, wenn man eine geschwindigkeitsabhängige Masse $m(v) = \gamma(v)\,m$ einführt (in der älteren Literatur auch *relativistische Masse* genannt). Im Folgenden wird in Übereinstimmung mit den heutigen Gepflogenheiten m aber immer die Ruhemasse $m = m(0)$ bezeichnen.

Da das Betragsquadrat der Vierergeschwindigkeit durch $u^\mu u_\mu = \eta_{\mu\nu} u^\mu u^\nu = c^2$ gegeben ist, folgt für den Viererimpuls

$$p^\mu p_\mu = (p^0)^2 - \boldsymbol{p}^2 = m^2 c^2. \tag{10.4}$$

Die Nullkomponente ist damit durch $p^0 = +\sqrt{m^2c^2 + \boldsymbol{p}^2}$ gegeben (positiv, weil in (10.2) m, γ und c alles positive Größen sind). Ihre physikalische Bedeutung wird im Folgenden klar werden, wenn wir die relativistische Verallgemeinerung der Newton'schen Bewegungsgleichung betrachten.

10.2 Relativistische Bewegungsgleichungen

Viererkraft

So wie in der Newton'schen Bewegungsgleichung eine unter Galilei-Transformationen passend transformierende („Galilei-Kovariante") vektorielle Kraft durch

$$\boldsymbol{F} = \frac{\mathrm{d}\boldsymbol{p}}{\mathrm{d}t} \tag{10.5}$$

definiert wird, kann auch eine Lorentz-kovariante Kraft durch Verwendung der entsprechenden Vierergrößen definiert werden.

Viererkraft

Eine Lorentz-kovariante Viererkraft ist durch die Ableitung des Viererimpulses nach der Lorentz-invarianten Eigenzeit gegeben:

$$F^\mu := \frac{\mathrm{d}p^\mu}{\mathrm{d}\tau}. \tag{10.6}$$

Achtung Lorentz-Kovarianz bzw. das Attribut Lorentz-kovariant bedeuten hier lediglich, dass sich alle Vierergrößen entsprechend ihrer Indexstruktur transformieren; die F^μ sind eigentlich kontravariante Komponenten, aber wir könnten diese Gleichung genauso gut mit unteren, kovarianten Komponenten anschreiben. Die zugehörigen physikalischen (abstrakten) Vektoren haben dagegen eine völlig invariante Bedeutung. ◀

Wir können nun für ein gegebenes Inertialsystem mit seiner Koordinatenzeit t die Definition der Newton-Kraft (10.5) beibehalten und darin $\boldsymbol{p}$ als den relativistischen Dreierimpuls einsetzen. Wegen

$$\frac{\mathrm{d}}{\mathrm{d}\tau} = \frac{\mathrm{d}t}{\mathrm{d}\tau}\frac{\mathrm{d}}{\mathrm{d}t} = \gamma(v)\frac{\mathrm{d}}{\mathrm{d}t}$$

sind die räumlichen Komponenten von F^μ aber nun durch $\gamma \boldsymbol{F}$ gegeben.

Zusammenhang von Viererkraft und Newton-Kraft

Bezeichnet in einem gegebenen Inertialsystem $\boldsymbol{F}$ weiterhin die gewöhnliche Zeitableitung des (relativistischen) Impulses $\boldsymbol{p}$, dann gilt

$$F^\mu = \begin{pmatrix} F^0 \\ F^m \end{pmatrix} = \begin{pmatrix} F^0 \\ \gamma \boldsymbol{F} \end{pmatrix}. \tag{10.7}$$

Achtung Ganz ähnlich wie bei der Vierergeschwindigkeit enthalten die räumlichen Komponenten nicht einfach die entsprechende Dreiergröße, sondern es ist noch ein γ-Faktor im Spiel. Bei der Vierergeschwindigkeit hatten wir dies durch die Notation mit unterschiedlichen Buchstaben (u^μ und $\boldsymbol{v}$) berücksichtigt. Bei der Kraft ist aber darauf zu achten, ob es sich um die räumlichen Komponenten einer Vierergröße oder die Dreierkomponenten handelt, $F^m = \gamma(\boldsymbol{F})_m$! Ebenso ist bei der Viererbeschleunigung $a^m \neq (\boldsymbol{a})_m$. Diese beiden Größen werden allerdings eine Ausnahme bilden. Dennoch muss man auch bei anderen Vierergrößen achtgeben, wenn räumliche Komponenten betrachtet werden. So ist beim Viererimpuls zwar $p^m = (\boldsymbol{p})_m$, aber $p_m = \eta_{m\nu} p^\nu = -(\boldsymbol{p})_m$ bringt ein anderes Vorzeichen ins Spiel. ◀

Bei Objekten wie Punktteilchen, deren Masse zeitunabhängig ist, folgt für die Viererkraft aus (10.6) weiterhin, dass Kraft durch Masse mal Beschleunigung gegeben ist,

$$F^\mu = m\,\frac{\mathrm{d}u^\mu}{\mathrm{d}\tau} = m\,a^\mu, \tag{10.8}$$

aber nicht länger für die Dreiergrößen. Mit dem Zusammenhang von Vierer- und Dreierbeschleunigung, der in Aufgabe 9.6 ausgerechnet wurde, gilt dies nur im momentanen Ruhesystem des Teilchens, in dem $\boldsymbol{v} = 0$ ist. In einem allgemeinen Bezugssystem, gegenüber dem sich das Teilchen mit Geschwindigkeit $\boldsymbol{v}(t)$ bewegt, ist

$$\boldsymbol{F} = m\gamma(v)\,\boldsymbol{a} + m\gamma^3(v)\,\frac{\boldsymbol{v}\cdot\boldsymbol{a}}{c^2}\,\boldsymbol{v}. \tag{10.9}$$

Die relativistische Trägheitskraft zeigt also nicht notwendigerweise in dieselbe Richtung wie die Beschleunigung $\boldsymbol{a} = \mathrm{d}\boldsymbol{v}/\mathrm{d}t$. Dies ist nur sichergestellt, wenn entweder $\boldsymbol{v} \parallel \boldsymbol{a}$ oder $\boldsymbol{v} \perp \boldsymbol{a}$ ist.

Frage 2

Überlegen Sie sich, dass aber eine Kraft, die immer in eine fixe räumliche Richtung zeigt, ein anfänglich ruhendes Teilchen in eine lineare beschleunigte Bewegung (d. h. entlang einer Geraden) versetzt.

Teil I

Hyperbolische Bewegung

Betrachten wir nun den Fall, dass ein Teilchen durch eine konstante Kraft beschleunigt wird,

$$\boldsymbol{F} = \frac{\mathrm{d}\boldsymbol{p}}{\mathrm{d}t} = \mathrm{const}, \tag{10.10}$$

was zumindest für beschränkte Raumbereiche durch ein konstantes elektrisches Feld oder ein Gravitationsfeld physikalisch realisierbar ist.

Bei konstanter Masse bedeutet konstante Newton-Kraft bezüglich eines Inertialsystems auch konstante Kraft bzw. Beschleunigung im Eigensystem des Teilchens, denn die Lorentz-kovariante Definition

$$m\,a^\mu = m\frac{\mathrm{d}}{\mathrm{d}\tau}u^\mu = m\frac{\mathrm{d}}{\mathrm{d}\tau}\gamma\begin{pmatrix} c \\ \boldsymbol{v}\end{pmatrix} = F^\mu = \begin{pmatrix} F^0 \\ \gamma\boldsymbol{F}\end{pmatrix} \tag{10.11}$$

reduziert sich in einem Inertialsystem, bezüglich dessen das Teilchen instantan in Ruhe ist, wegen $\gamma = 1$ und $\partial_t\gamma \propto \boldsymbol{a}\cdot\boldsymbol{v} = 0$ wieder auf (10.10). Das Teilchen erfährt also in seinem Eigensystem (das kein Inertialsystem ist) eine konstante Beschleunigung $\tilde{a} = |\boldsymbol{F}|/m$. In einem festen Inertialsystem kann die Dreierbeschleunigung dagegen keine Konstante sein, weil sonst die Geschwindigkeit linear mit der Koordinatenzeit wachsen müsste und irgendwann die Lichtgeschwindigkeit übersteigen würde.

Nehmen wir an, dass das Teilchen in einem Inertialsystem zum Zeitpunkt $t = 0$ im Ursprung ruht und in positiver x-Richtung beschleunigt wird, dann folgt aus der Bewegungsgleichung

$$m\frac{\mathrm{d}}{\mathrm{d}t}\left(\gamma(v)\,v\right) = m\tilde{a}. \tag{10.12}$$

Die Masse fällt aus dieser Gleichung heraus. Diese beschreibt daher auch eine Rakete, deren Masse bei der Beschleunigung allmählich abnimmt, aber bei der die Eigenbeschleunigung $\tilde{a}$ konstant gehalten wird (was einer abnehmenden Kraft entspricht).

Mit konstantem $\tilde{a}$ kann diese Gleichung trivial integriert werden:

$$\gamma(v)\,v = \frac{v}{\sqrt{1 - v^2/c^2}} = \tilde{a}\,t. \tag{10.13}$$

Aufgelöst nach v,

$$v = \frac{\mathrm{d}x}{\mathrm{d}t} = \frac{\tilde{a}\,t}{\sqrt{1 + \tilde{a}^2t^2/c^2}}, \tag{10.14}$$

und nochmals integriert ergibt

$$x(t) = \frac{c^2}{\tilde{a}}\left(\sqrt{1 + \frac{\tilde{a}^2\,t^2}{c^2}} - 1\right). \tag{10.15}$$

Diese Gleichung beschreibt eine Hyperbel mit einer lichtartigen Asymptote, die bei $c^2/\tilde{a}$ die ct-Achse schneidet (Abb. 10.1).

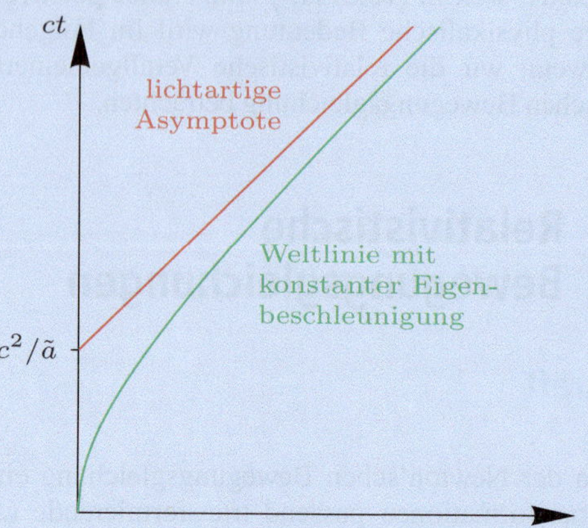

Abb. 10.1 Hyperbolische Bewegung

Überzeugen Sie sich, dass das Resultat (10.15) für kleine Zeiten mit dem nichtrelativistischen Ergebnis $x(t) = (\tilde{a}/2)t^2$ übereinstimmt, das dagegen eine Parabel darstellt.

Wird ein Punktteilchen in alle Ewigkeit konstant beschleunigt, kann es ab dem Zeitpunkt $t = c/\tilde{a}$ auch nicht mehr von einem Photon eingeholt werden, das ihm mit Lichtgeschwindigkeit nachläuft. Für ein solches Punktteilchen existiert daher ein *Ereignishorizont* – ein entsprechender Beobachter ist von der Kenntnis aller Ereignisse jenseits eines Horizonts ausgeschlossen (in diesem Beispiel *Rindler-Horizont* genannt, nach dem theoretischen Physiker *Wolfgang Rindler*, *1924). Während in diesem Beispiel der Ereignishorizont keine globale Bedeutung hat, spielen Ereignishorizonte in der allgemeinen Relativitätstheorie eine fundamentale Rolle, da sie die kausale Struktur der gesamten Raumzeit bestimmen.

Die Eigenzeit entlang der hyperbolischen Weltlinie wird in Aufgabe 10.1 berechnet und ergibt sich als

$$\tau = \frac{c}{\tilde{a}}\,\mathrm{arsinh}\,\frac{\tilde{a}\,t}{c} < t. \tag{10.16}$$

Mit $\mathrm{arsinh}\,z \equiv \ln\left(z + \sqrt{z^2+1}\right)$ sieht man, dass τ für große Zeiten nur logarithmisch mit t anwächst (während für kleine Zeiten mit $\mathrm{arsinh}\,z = z + O(z^2)$ natürlich $\tau \approx t$ folgt). ◀

Relativistische Energie

Wie wir in (9.79) gefunden haben, ist die Viererbeschleunigung im Sinne der Minkowski-Metrik orthogonal zur Vierergeschwindigkeit. Für ein Punktteilchen folgt aus (10.8) daher

$$0 = m a^\mu u_\mu = F^\mu u_\mu = \gamma \left(c F^0 - \gamma \boldsymbol{F} \cdot \boldsymbol{v} \right), \tag{10.17}$$

woraus sich die Bedeutung von $F^0 \equiv \mathrm{d}p^0/\mathrm{d}\tau$ ablesen lässt:

$$F^0 = \frac{\gamma}{c} \boldsymbol{F} \cdot \boldsymbol{v} = \frac{\gamma}{c} \boldsymbol{F} \cdot \frac{\mathrm{d}\boldsymbol{x}}{\mathrm{d}t} = \frac{\gamma}{c} \frac{\boldsymbol{F} \cdot \mathrm{d}\boldsymbol{x}}{\mathrm{d}t} = \frac{\gamma}{c} \frac{\mathrm{d}W}{\mathrm{d}t} = \frac{\mathrm{d}}{\mathrm{d}\tau} \frac{W}{c}, \tag{10.18}$$

wobei $\mathrm{d}W$ die Arbeit ist, die bei einer infinitesimalen Verschiebung $\mathrm{d}\boldsymbol{x}$ von der Kraft $\boldsymbol{F}$ geleistet wird. Da gemäß (10.2) $p^0 \equiv \gamma m c$ ist, gilt

$$\frac{\mathrm{d}}{\mathrm{d}\tau} W = \frac{\mathrm{d}}{\mathrm{d}\tau} (c p^0) = \frac{\mathrm{d}}{\mathrm{d}\tau} \left(\gamma(v) m c^2 \right). \tag{10.19}$$

Wir können also abgesehen von einer beliebigen additiven Konstanten cp^0 als *relativistische Energie* identifizieren: Wurde ein anfänglich freies Teilchen eine Zeit lang durch äußere Kräfte beschleunigt, dann hat sich die Größe cp^0 um die geleistete Arbeit verändert.

Relativistische Energie

Die relativistische Energie eines (freien) Punktteilchens ist definiert durch

$$E = \gamma(v) m c^2. \tag{10.20}$$

Auch einer ruhenden Masse wird somit eine Energie zugeordnet; man spricht daher von einer *Äquivalenz von Masse und Energie*.

Achtung Die ursprünglich von Einstein angegebene berühmte Relation $E = mc^2$ bezieht sich auf die geschwindigkeitsabhängige Masse $m(v)$. Gerade wegen dieses direkten Zusammenhangs verzichtet man in der neueren Literatur aber auf den Begriff einer geschwindigkeitsabhängigen Masse und bezieht sich gleich auf die Energie. Der Begriff der Masse kann dann für die invariante Ruhemasse reserviert werden. ◀

Gleichung (10.4) gibt den relativistischen Zusammenhang von Teilchenenergie und Teilchenimpuls an.

Relativistische Energie-Impuls-Beziehung

$$(p^0)^2 - \boldsymbol{p}^2 \equiv \frac{E^2}{c^2} - \boldsymbol{p}^2 = m^2 c^2 \tag{10.21}$$

Diese Relation behält ihre Gültigkeit auch für *masselose Teilchen*, wobei die Identifikation von $\boldsymbol{p} = \gamma m \boldsymbol{v}$ fallen gelassen wird. Masselose Teilchen haben $|\boldsymbol{v}| = c$ und $|\boldsymbol{p}| = E/c$; sie werden durch einen lichtartigen Vierervektor ($p^\mu p_\mu = 0$) charakterisiert.

Das wichtigste Beispiel für masselose Teilchen sind die in der Quantenmechanik definierten Lichtquanten, die *Photonen*. Wie in Kap. 21 begründet wird, sind Energie und Impuls von Photonen durch das Planck'sche Wirkungsquantum h mit Frequenz ν und Wellenlänge λ von Licht verknüpft:

$$E = |\boldsymbol{p}|\, c = h\nu = \frac{hc}{\lambda}. \tag{10.22}$$

Für *massive* Punktteilchen haben wir dagegen den Zusammenhang

$$E = \sqrt{m^2 c^4 + \boldsymbol{p}^2 c^2} = m c^2 \sqrt{1 + \frac{\boldsymbol{p}^2}{m^2 c^2}}, \tag{10.23}$$

der für $v \ll c$ nach Potenzen von $\boldsymbol{p}^2/(m^2c^2)$ entwickelt werden kann:

$$\begin{aligned} E &= m c^2 \left(1 + \frac{1}{2} \frac{\boldsymbol{p}^2}{m^2 c^2} - \frac{1}{8} \frac{(\boldsymbol{p}^2)^2}{m^4 c^4} + \dots \right) \\ &= m c^2 + \frac{\boldsymbol{p}^2}{2m} - \frac{(\boldsymbol{p}^2)^2}{8 m^3 c^2} + \dots \end{aligned} \tag{10.24}$$

Der zweite Term in dieser Entwicklung ist gerade die nichtrelativistische kinetische Energie, die weiteren Terme sind die relativistische Korrekturen dazu:

$$E = m c^2 + T. \tag{10.25}$$

Achtung Die gängige Bezeichnung „massives" Punktteilchen soll nicht ausdrücken, dass ein Teilchen ungewöhnlich große Masse besäße, sondern nur, dass die Masse für einen bedeutenden Teil der Gesamtenergie verantwortlich ist. Wenn die Energie sehr viel größer als die Ruheenergie mc^2 ist, kann dagegen die Masse in niedrigster Ordnung vernachlässigt werden, und man hat $E \approx |\boldsymbol{p}|\, c$. In diesem *ultrarelativistischen* Grenzfall können massebehaftete Punktteilchen also näherungsweise wie masselose Teilchen behandelt werden. ◀

Konservatives Kraftfeld

Ist ein Teilchen nicht frei, sondern einer Kraft ausgesetzt, die sich in einem Bezugssystem als Gradient eines zeitunabhängigen Potenzials $V(\boldsymbol{x})$ darstellen lässt, $\boldsymbol{F} = -\nabla V$, dann ist

$$\mathrm{d}W = \boldsymbol{F} \cdot \mathrm{d}\boldsymbol{x} = -\nabla V \cdot \mathrm{d}\boldsymbol{x} = -\mathrm{d}V. \tag{10.26}$$

Mit $dW = d(\gamma mc^2)$ folgt, dass die Kombination

$$\gamma\, m c^2 + V = m c^2 + T + V = E \qquad (10.27)$$

in einem konservativen Kraftfeld eine Konstante der Bewegung ist. Da V selbst nur bis auf eine Konstante bestimmt ist, ist E nicht eindeutig bestimmt. Ist das Kraftfeld allerdings räumlich konzentriert und verschwindet für große Abstände, kann man V asymptotisch als null vereinbaren, sodass E dort mit der Definition der relativistischen Energie für freie Teilchen übereinstimmt.

Elektronenvolt als Einheit für Energie und Masse

Eine in der nichtrelativistischen Quantenmechanik gelegentlich verwendete Einheit für die Energie ist die Änderung der potenziellen Energie, die ein Elektron beim Durchqueren einer Potenzialdifferenz von 1 V erfährt. Diese Energieeinheit wird *Elektronenvolt* oder *Elektronvolt* genannt; die Umrechnung in die SI-Einheit Joule ist dabei

$$1\,\text{eV} \approx 1{,}602 \cdot 10^{-19}\,\text{J}. \qquad (10.28)$$

Photonen des sichtbaren Lichtes haben Energien zwischen 1,6 und 3,3 eV.

Aufgrund der Äquivalenz von Energie und Masse kann man das Elektronenvolt auch zur Angabe von Ruhemassen verwenden. Die Masse eines Elektrons ist z. B.

$$m_{\text{Elektron}} \approx 0{,}511\,\text{MeV}/c^2, \qquad (10.29)$$

die Masse eines Protons

$$m_{\text{Proton}} \approx 0{,}938\,272\,\text{GeV}/c^2. \qquad (10.30)$$

Das Giga-Elektronenvolt (GeV, also 10^9 eV) hat sich in der modernen Teilchenphysik als gängige Einheit für die Angabe von Energien durchgesetzt. Für Massen und Impulse wird GeV/c^2 bzw. GeV/c verwendet. ◄

10.3 Relativistische Teilchenstöße

In Abwesenheit von Kräften ist der Viererimpuls eines Teilchens erhalten. Für mehrere nicht wechselwirkende Teilchen kann man den *Gesamtviererimpuls*

$$p^\mu = \sum_A p_A^\mu \qquad (10.31)$$

definieren, der ebenso erhalten ist, wobei der Index A die Teilchen durchnummeriert.

Wirken Kräfte nur zwischen den einzelnen Teilchen, dann bleibt der Gesamtviererimpuls erhalten, auch wenn die einzelnen p_A^μ zeitabhängig werden. Die Erhaltung von Gesamtenergie und Gesamtimpuls eines abgeschlossenen Systems von wechselwirkenden Teilchen ist, wie wir in Kap. 5 gesehen haben, eine Konsequenz der Homogenität von Zeit und Raum.

Wechselwirkungen zwischen Teilchen sind typischerweise konzentriert auf kleine Raumzeitgebiete, nämlich wenn sich die Teilchen hinreichend nahe kommen.

Achtung Dies ist insbesondere für Kernkräfte der Fall. Bei langreichweitigen Kräften wie der Coulomb-Kraft ist die Annahme, dass Wechselwirkungen räumlich begrenzt sind, streng genommen nicht richtig, wie in Abschn. 32.4 noch diskutiert werden wird. Wir werden hier daher einfach annehmen, dass auf größeren Abständen Coulomb-Kräfte abgeschirmt werden. ◄

Für eine überschaubare Zahl von Teilchen kann man diese Prozesse dadurch beschreiben, dass vor einem Wechselwirkungsereignis ein Satz $\{A\}$ von Teilchen mit Impulsen p_A^μ vorliegt und nachher ein eventuell unterschiedlicher Satz $\{A'\}$ mit Impulsen $p_{A'}^\mu$. In Abwesenheit äußerer Kräfte gilt dann

$$p_{\text{vorher}}^\mu = p_{\text{nachher}}^\mu = p^\mu = \sum_A p_A^\mu = \sum_{A'} p_{A'}^\mu. \qquad (10.32)$$

Bleiben die Teilchen bei einem solchen Stoß als solche erhalten, ohne dass sich abgesehen vom Viererimpuls etwas an ihnen ändert (wie die Masse bei Elementarteilchen oder der innere Aufbau bei zusammengesetzten Objekten), dann spricht man von einem *elastischen Stoß* oder einer *elastischer Streuung*. In allen anderen Fällen hat man es mit einem *inelastischen Stoß* zu tun.

Wir haben elastische Stöße und Streuung bereits in Abschn. 3.4 in der nichtrelativistischen Mechanik behandelt, sogar unter Einbeziehung von Gravitations- oder Coulomb-Potenzialen. Ebenso wie im nichtrelativistischen Fall lassen sich aber auch ohne die detaillierte Kenntnis der speziellen Wechselwirkungen allgemeine Aussagen über die mögliche Kinematik von Streuprozessen treffen, nämlich durch die Analyse der Konsequenzen der Energie-Impuls-Erhaltung. Ein wesentlicher Unterschied von relativistischen Teilchenstößen zum nichtrelativistischen Fall ist nun, dass Masse im Allgemeinen keine weitere Erhaltungsgröße ist; in der Relativitätstheorie ist dies nur bei elastischen Stoßprozessen gegeben.

Beispiele für elastische Stöße sind Kollisionen von Billardkugeln, wenn die geringfügige Erwärmung beim Stoß vernachlässigt wird. Wird bei einem Stoß in nicht vernachlässigbarem Ausmaß kinetische Energie in Wärme umgewandelt, so gilt weiterhin die Erhaltung des Gesamtviererimpulses, aber die Teilchen haben dann wegen der Äquivalenz von Energie und Masse ein klein wenig unterschiedliche Ruhemassen. Ein drastischeres Beispiel für einen inelastischen Stoß ist, wenn Billardkugeln auseinanderbrechen oder wenn Objekte bei einem Stoß aneinanderkleben bleiben und somit ein neues zusammengesetztes Objekt bilden. In der nichtrelativistischen Mechanik wären auch hier die Summen der Ruhemassen erhalten. Bei Kollisionen von Elementarteilchen können dagegen überhaupt neue Teilchen entstehen oder auch einlaufende komplett vernichtet werden;

dabei kann Energie in Masse oder umgekehrt umgewandelt werden.

Wie schon in Abschn. 3.4 kann die Analyse von Streuprozessen oft stark vereinfacht werden, wenn diese in speziellen Bezugssystemen betrachtet werden. Im nichtrelativistischen Fall ergeben sich die dafür notwendigen Transformationen von Energie und Impuls aus dem einfachen Additionsgesetz von Geschwindigkeiten. In der Relativitätstheorie sind Energie und Impuls aber Komponenten eines Vierervektors, die dabei einer Lorentz-Transformation unterworfen sind.

Schwerpunktsystem

Ein Inertialsystem, in dem der Gesamtdreierimpuls verschwindet, definiert das *Schwerpunktsystem* (SPS).

Frage 3

Überlegen Sie sich, dass ein Gesamtviererimpuls, der sich aus lauter zeit- oder lichtartigen Vierervektoren ($p_A^\mu p_{A\mu} = m_A^2 c^2 \geq 0$) zusammensetzt, zeitartig ist, sodass sich das Schwerpunktsystem gegenüber anderen Inertialsystemen mit Unterlichtgeschwindigkeit bewegt. Ein lichtartiger Gesamtviererimpuls tritt nur auf, wenn ausschließlich lichtartige Vierervektoren mit gleichgerichteten Dreierimpulsen addiert werden, was offenbar keinem Stoßprozess entspricht.

(Die Antwort liefert die Dreiecksungleichung für die Addition von räumlichen Vektoren.)

In einem System mit einem Gesamtdreierimpuls $\boldsymbol{p}$ mit $|\boldsymbol{p}| < p^0 = E/c$ kann zuerst durch Drehung des Koordinatensystems $\boldsymbol{p} = |\boldsymbol{p}|\hat{\boldsymbol{e}}_x$ erreicht werden und dann durch die Standard-Lorentz-Transformation (9.21) in positiver x-Richtung $\boldsymbol{p}_{\text{SPS}} = 0$ durch

$$p^1_{\text{SPS}} = \gamma p^1 - \beta\gamma p^0 = 0 \quad \text{mit } \beta = \frac{p^1}{p^0} = \frac{|\boldsymbol{p}|}{E/c}. \tag{10.33}$$

Letzteres bestimmt die Schwerpunktgeschwindigkeit im ursprünglichen Inertialsystem als

$$v_{\text{SPS}} = \frac{|\boldsymbol{p}|}{E/c^2}. \tag{10.34}$$

Das Quadrat des Gesamtviererimpulses ist eine Lorentz-Invariante und definiert die *invariante Schwerpunktmasse* M:

$$p^\mu p_\mu = \frac{E^2}{c^2} - \boldsymbol{p}^2 =: M^2c^2. \tag{10.35}$$

Im Schwerpunktsystem ist

$$p^\mu_{\text{SPS}} = \begin{pmatrix} Mc \\ \boldsymbol{0} \end{pmatrix}. \tag{10.36}$$

Elastischer Stoß zweier Teilchen im Schwerpunktsystem

Betrachten wir den elastischen Stoß zweier Teilchen mit Ruhemassen m_A und m_B im Schwerpunktsystem, so können wir vor dem Stoß schreiben

$$p_A^\mu = \begin{pmatrix} E_A/c \\ \boldsymbol{p}_A \end{pmatrix}, \qquad p_B^\mu = \begin{pmatrix} E_B/c \\ -\boldsymbol{p}_A \end{pmatrix} \tag{10.37}$$

mit den Viererquadraten

$$\frac{E_A^2}{c^2} - \boldsymbol{p}_A^2 = m_A^2 c^2, \qquad \frac{E_B^2}{c^2} - \boldsymbol{p}_A^2 = m_B^2 c^2 \tag{10.38}$$

und nach dem Stoß

$$p_{A'}^\mu = \begin{pmatrix} E_{A'}/c \\ \boldsymbol{p}_{A'} \end{pmatrix}, \qquad p_{B'}^\mu = \begin{pmatrix} E_{B'}/c \\ -\boldsymbol{p}_{A'} \end{pmatrix} \tag{10.39}$$

mit

$$\frac{E_{A'}^2}{c^2} - \boldsymbol{p}_{A'}^2 = m_A^2 c^2, \qquad \frac{E_{B'}^2}{c^2} - \boldsymbol{p}_{A'}^2 = m_B^2 c^2. \tag{10.40}$$

In der Gesamtviererimpulsbilanz (10.32) sind die räumlichen Komponenten damit vorher und nachher null, sodass als einzige Relation die Gesamtenergieerhaltung verbleibt:

$$E_A + E_B = E_{A'} + E_{B'}. \tag{10.41}$$

Aus (10.38) und (10.40) folgt

$$m_A^2 c^4 - m_B^2 c^4 = E_A^2 - E_B^2 = E_{A'}^2 - E_{B'}^2. \tag{10.42}$$

Division dieser Gleichung durch die vorhergehende gibt wegen $E_A^2 - E_B^2 = (E_A + E_B)(E_A - E_B)$

$$E_A - E_B = E_{A'} - E_{B'}, \tag{10.43}$$

was zusammen mit (10.41) schließlich auf

$$E_A = E_{A'}, \quad E_B = E_{B'} \tag{10.44}$$

führt. Das heißt, im Schwerpunktsystem bleiben bei einem elastischen Stoß die Energien der beiden Teilchen separat erhalten. Wegen der Energie-Impuls-Relationen (10.38) und (10.40) bedeutet dies auch, dass die Beträge der Dreierimpulse unverändert bleiben:

$$|\boldsymbol{p}_A| = |\boldsymbol{p}_{A'}|, \quad |\boldsymbol{p}_B| = |\boldsymbol{p}_{B'}|. \tag{10.45}$$

Der elastische Stoß wird somit im Wesentlichen durch einen Streuwinkel ϑ beschrieben (Abb. 10.2).

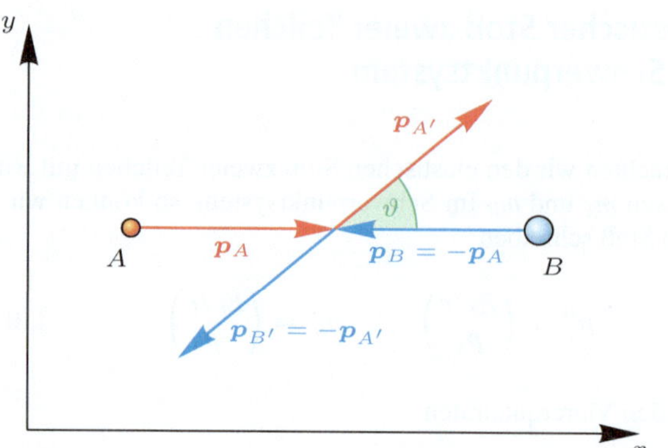

Abb. 10.2 Elastischer Stoß von zwei Teilchen im Schwerpunktsystem

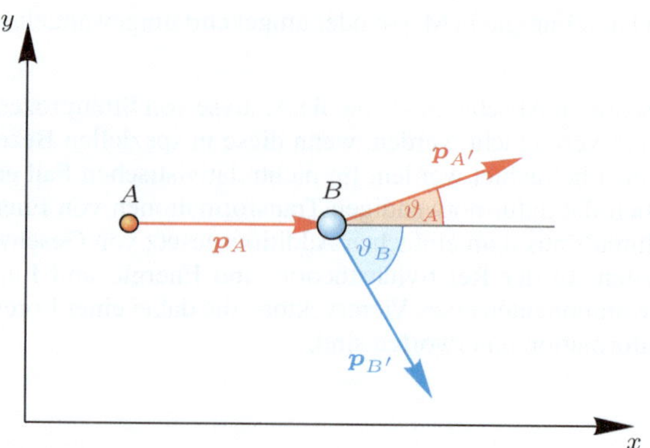

Abb. 10.3 Elastischer Stoß von zwei Teilchen im Laborsystem

Elastischer Stoß zweier Teilchen allgemein und im Laborsystem

Obige Ergebnisse für die Viererimpulse im Schwerpunktsystem können durch Lorentz-Transformationen in beliebige Inertialsysteme übersetzt werden. Da Lorentz-Skalare aber dabei unverändert bleiben, ist es rechnerisch vorteilhaft, wann immer möglich die Ergebnisse durch solche auszudrücken. Das zentrale Ergebnis des elastischen Stoßes zweier Teilchen ist (im Schwerpunktsystem) die Erhaltung der individuellen Energien

$$E_A^{\mathrm{SPS}} = E_{A'}^{\mathrm{SPS}}, \quad E_B^{\mathrm{SPS}} = E_{B'}^{\mathrm{SPS}}.$$

Dies sind die Nullkomponenten der Vierervektoren, aber im Schwerpunktsystem ergeben sich diese Relationen bis auf einen gemeinsamen Faktor M auch durch Kontraktion der Vierervektoren mit dem Schwerpunktimpuls (10.36):

$$p_A^\mu p_\mu = p_{A'}^\mu p_\mu, \quad p_B^\mu p_\mu = p_{B'}^\mu p_\mu. \tag{10.46}$$

Die Größen in diesen Gleichungen sind Lorentz-invariante Skalare. In dieser Form kann das Ergebnis, das im Schwerpunktsystem gewonnen wurde, direkt in einem beliebigen Inertialsystem verwertet werden.

Als ein wichtiges Beispiel betrachten wir den elastischen Stoß, bei dem ein gegenüber S bewegtes Teilchen A auf ein in S ruhendes Teilchen B (das „Target") trifft. Das zugehörige Inertialsystem S wird oft als *Laborsystem* bezeichnet, weil dies vor der Entwicklung von modernen Teilchenbeschleunigern, die zwei Strahlen von Teilchen aufeinander schießen können, die typische Situation bei Streuexperimenten darstellte.

Vor dem Stoß haben wir somit die Viererimpulsvektoren nun in der Form

$$p_A^\mu = \left(\frac{E_A}{c}, p_A, 0, 0\right)^\top, \quad p_B^\mu = (m_B\, c, \mathbf{0})^\top \tag{10.47}$$

mit $E_A^2/c^2 - p_A^2 = m_A^2\, c^2$ vorliegen. Der Gesamtviererimpuls ist

$$p^\mu = p_A^\mu + p_B^\mu = \left(\frac{E_A + m_B\, c^2}{c}, p_A, 0, 0\right)^\top = p_{A'}^\mu + p_{B'}^\mu. \tag{10.48}$$

Wählen wir das Koordinatensystem so, dass der Streuprozess in der xy-Ebene stattfindet, so können wir die Viererimpulse der beiden Teilchen nach dem Stoß durch Einführen zweier unterschiedlicher Winkel bezüglich der Kollisionsachse parametrisieren (Abb. 10.3):

$$\begin{aligned} p_{A'}^\mu &= \left(\frac{E_{A'}}{c}, p_{A'} \cos\vartheta_A, p_{A'} \sin\vartheta_A, 0\right)^\top, \\ p_{B'}^\mu &= \left(\frac{E_{B'}}{c}, p_{B'} \cos\vartheta_B, -p_{B'} \sin\vartheta_B, 0\right)^\top \end{aligned} \tag{10.49}$$

mit

$$m_A^2\, c^2 = \frac{E_{A'}^2}{c^2} - p_{A'}^2, \quad m_B^2\, c^2 = \frac{E_{B'}^2}{c^2} - p_{B'}^2. \tag{10.50}$$

Aus der invarianten Relation $p_A^\mu p_\mu = p_{A'}^\mu p_\mu$ folgt damit

$$\begin{aligned} &E_A\left(E_A + m_B c^2\right) - c^2 p_A^2 \\ &\quad = E_{A'}\left(E_A + m_B c^2\right) - c^2 p_A p_{A'} \cos\vartheta_A, \end{aligned} \tag{10.51}$$

woraus sich mit $p_{A'} = \sqrt{E_{A'}^2/c^2 - m_A^2\, c^2}$ die Energie $E_{A'}$ bzw. der Impuls $p_{A'}$ als Funktion von ϑ_A bestimmen lässt. Analog gibt $p_B^\mu p_\mu = p_{B'}^\mu p_\mu$ im Laborsystem

$$\begin{aligned} &m_B\, c^2\left(E_A + m_B c^2\right) \\ &\quad = E_{B'}\left(E_A + m_B c^2\right) - c^2 p_A p_{B'} \cos\vartheta_B \end{aligned} \tag{10.52}$$

und damit $E_{B'}$ als Funktion von ϑ_B. Der Zusammenhang von ϑ_B und ϑ_A kann schließlich aus der y-Komponente von $p_A^\mu + p_B^\mu = p_{A'}^\mu + p_{B'}^\mu$ gewonnen werden, was auf die Relation

$$p_{A'}(\vartheta_A) \sin\vartheta_A = p_{B'}(\vartheta_B) \sin\vartheta_B \tag{10.53}$$

führt.

Spezialfall Compton-Streuung

Die obigen Formeln vereinfachen sich, wenn das einfallende Teilchen A masselos ist, sodass in (10.51) $cp_A = E_A$ und $cp_{A'} = E_{A'}$ gesetzt werden kann:

$$E_A m_B c^2 = E_{A'} \left(E_A + m_B c^2\right) - E_A E_{A'} \cos\vartheta_A. \quad (10.54)$$

Division durch $E_A E_{A'} m_B c^2$ ergibt

$$\frac{1}{E_{A'}} = \frac{1}{E_A} + \frac{1}{m_B c^2}(1 - \cos\vartheta_A), \quad (10.55)$$

wobei alternativ $1 - \cos\vartheta_A = 2\sin^2(\vartheta_A/2)$ geschrieben werden kann.

Eine wichtige Anwendung dieses Falles ist die *Compton-Streuung* von Photonen an Elektronen, die in Kap. 21 näher besprochen werden wird (siehe Abb. 21.7). Da wie erwähnt die Energie von Photonen proportional zur Frequenz und damit die inverse Energie proportional zur Wellenlänge ist, beschreibt die Gleichung (10.55) die Zunahme der Wellenlänge von an Elektronen gestreuten Photonen. ◄

Hat das einlaufende Teilchen A mehr Masse als das ursprünglich ruhende Teilchen B, dann hat es auch nach dem Stoß eine Impulskomponente in Vorwärtsrichtung und daher einen Streuwinkel $\vartheta_A < \pi/2$. Dieser Umstand ist qualitativ der gleiche wie in der nichtrelativistischen Mechanik (Abb. 3.12; mit ϑ_1 anstelle von ϑ_A), allerdings ist der Zusammenhang der Streuwinkel in Schwerpunkt- und Laborsystem, der nichtrelativistisch durch (3.110) gegeben ist, nun etwas komplizierter. Der maximale Winkel, um den das schwerere Teilchen A gestreut werden kann, ist, wie in Aufgabe 10.3 gezeigt wird, gegeben durch

$$\sin\vartheta_A^{\max} = \frac{m_B}{m_A} \quad \text{für } m_A > m_B. \quad (10.56)$$

Bemerkenswerterweise hängt dieses Ergebnis nur von den Massen ab, und nicht davon, wie hoch die Energie des einlaufenden Teilchens ist. Es stimmt daher mit dem Ergebnis überein, das sich in der nichtrelativistischen Mechanik für den maximalen Streuwinkel ergibt.

Inelastische Prozesse

Wie schon betont, ist in der Relativitätstheorie die Ruhemasse im Allgemeinen keine erhaltene Größe. Betrachten wir z. B. im Schwerpunktsystem zwei identische massive Teilchen die jeweils mit einer Geschwindigkeit v aufeinander zu fliegen und ein einziges Teilchen bilden, weil sie irgendwie aneinanderkleben bleiben. Die einlaufenden Teilchen haben dann jeweils die Energie $E = \gamma(v)\, m c^2$, das einzelne dabei entstehende Teilchen muss aber wegen der Impulserhaltung in Ruhe sein, und seine Energie ist dabei wegen Energieerhaltung

$$E = M c^2 = 2\gamma(v)\, m c^2 = \frac{2m}{\sqrt{1 - v^2/c^2}} c^2 > (2m)\, c^2. \quad (10.57)$$

In diesem Fall wird also kinetische Energie in Ruhemasse umgewandelt. Sind diese Teilchen Materieklumpen, dann wurde die kinetische Energie in innere, z. B. thermische, Energie umgewandelt, die gemäß der Relativitätstheorie zur Ruhemasse gerechnet werden muss und tatsächlich ebenso der Gravitation unterworfen ist wie schwere Masse. Diese Effekte sind aber für makroskopische Körper, für die die Lichtgeschwindigkeit praktisch unerreichbar ist, vollkommen vernachlässigbar, da sie von der Ordnung $(v/c)^2$ sind. Findet eine Umwandlung von Masse in Energie in nennenswertem Ausmaß statt, spricht man von einem *Massendefekt* (siehe hierzu Kasten „Anwendung: Massendefekt und Umwandlung von Masse in Energie").

Für Elementarteilchen sind Umwandlungen von Energie in Masse und umgekehrt aber von zentraler Bedeutung. Die meisten Elementarteilchen sind instabil und zerfallen unter Umwandlung von Ruhemasse in kinetische Energie in andere Teilchen. Deren Masse muss in Summe kleiner sein als die Ausgangsmasse, andernfalls könnten mangels kinetischer Energie die Zerfallsprodukte nicht auseinanderstreben, und der Zerfall würde gar nicht stattfinden.

Betrachten wir dazu ein konkretes Beispiel, in dem ein instabiles Elementarteilchen in zwei andere zerfällt (oft sind auch mehr als zwei Zerfallsprodukte im Spiel wie beim Zerfall des Neutrons, das in ein Proton, ein Elektron und ein Antineutrino zerfällt).

Zerfall eines Pions

Das in der Kernphysik eine zentrale Rolle spielende positiv oder negativ geladene *Pion* $\pi^\pm$ zerfällt in ein (ebenfalls instabiles, aber deutlich langlebigeres) leichteres Myon $\mu^\pm$ mit etwa $\frac{3}{4}$ der Masse eines Pions und ein fast masseloses *Myon-Neutrino* ν_μ bzw. Myon-Antineutrino $\bar{\nu}_\mu$. (Lange Zeit nahm man sogar an, dass Neutrinos exakt masselos sind. Wie man inzwischen weiß, haben sie eine extrem kleine, aber nicht verschwindende Masse.) Welche Energie und welche Geschwindigkeit hat ein beim Zerfall eines ruhenden Pions entstehendes Myon?

Bezeichnen wir Energien, Impulse und Massen von Pionen, Myonen und Neutrinos mit Indizes π, μ, ν (die nun nicht mit Lorentz-Indizes verwechselt werden dürfen), dann lautet die Energieerhaltung

$$E_{\text{vorher}} = m_\pi c^2 = E_{\text{nachher}} = E_\mu + E_\nu. \quad (10.58)$$

Das praktisch masselose Neutrino hat $E_\nu = |\boldsymbol{p}_\nu|\, c$. Aufgrund der Impulserhaltung ist

$$|\boldsymbol{p}_\nu|\, c = |\boldsymbol{p}_\mu|\, c = \sqrt{E_\mu^2 - m_\mu^2 c^4}. \quad (10.59)$$

Teil I

Anwendung: Massendefekt und Umwandlung von Masse in Energie

Mit der Einstein'schen Äquivalenz von Energie und Masse ist das Ganze eines gebundenen Systems leichter als die Summe seiner Teile.

Wird bei einer chemischen Reaktion Energie bei der Bildung eines Bindungszustands frei, dann ist dieser sogenannte Massendefekt vernachlässigbar klein. Zum Beispiel hat er bei der Bildung von Wasserstoff durch

$$p + e \to H + 13{,}6\,\text{eV}$$

die Größenordnung $\sim 10\,\text{eV}/1\,\text{GeV} = 10^{-8}$; bei schwereren Molekülen und geringerer Bindungsenergie ist das Verhältnis noch geringer.

Bedeutendere Massendefekte bis fast 1 % treten bei den Bindungsenergien in Atomkernen auf, mit einem Maximum von etwa 8,8 MeV pro Nukleon bei Eisen und Nickel. Bei der Kernspaltung werden die Unterschiede in den Bindungsenergien bei schwereren Elementen ausgenützt und somit typischerweise nur 0,01–0,1 % der Masse in Energie umgesetzt; bei der Kernfusion, z. B.

$$^2\text{H} + {}^3\text{H} \to {}^4\text{He} + \text{n} + 17{,}6\,\text{MeV},$$

erreicht man etwas bessere Verhältnisse von etwa 0,5 %. Im Vergleich zu chemischen Reaktionen sind die freigesetzten Energien pro Masse auf alle Fälle gewaltig (Abb. 10.4).

Abb. 10.4 Explosion der ersten Wasserstoffbombe mit 10,4 Megatonnen TNT-Äquivalent am 1. November 1952 auf der pazifischen Insel Elugelab, die dabei vollständig zerstört wurde (© NNSA)

Die größten Bindungsenergien und damit die größten Massendefekte treten aber durch die gravitative Wechselwirkung in der Astrophysik auf. Bei der Bildung von Sternen werden so bis zu 40 % der Ruhemasse in Energie umgewandelt und abgestrahlt. Einmal gebildet ist allerdings die Kernfusion dafür verantwortlich, dass ein Stern über Milliarden von Jahren am Leuchten gehalten werden kann, auch wenn dabei nur noch einige Promille der Masse in Energie umgesetzt werden.

Die maximale Umwandlung von Masse in Energie geschieht natürlich bei der vollständigen Zerstrahlung von Materie durch Annihilation mit Antimaterie, nur ist Antimaterie sehr rar.

Ein in vieler Hinsicht interessanter Fall wäre hier der hypothetische Zerfall eines Protons

$$p^+ \to \pi^0 + e^+ + 846{,}8\,\text{MeV},$$

wie er von gewissen Theorien jenseits des Standardmodells der Teilchenphysik vorhergesagt wird und nach dem – bisher allerdings vergeblich – gefahndet wird (Abb. 10.5). Falls solche Prozesse tatsächlich möglich sind, dann nur mit Halbwertszeiten jenseits von 10^{34} Jahren, d. h. um Faktoren 10^{24} oder mehr über dem Alter des Universums von etwa 14 Milliarden Jahren. Solche Theorien sagen aber auch die Existenz von magnetischen Monopolen vorher, die als Katalysator für den Protonzerfall wirken können. Sollten jemals magnetische Monopole gefunden werden, könnte dies im Prinzip auch Energiegewinnung in unvorstellbarem Ausmaß ermöglichen.

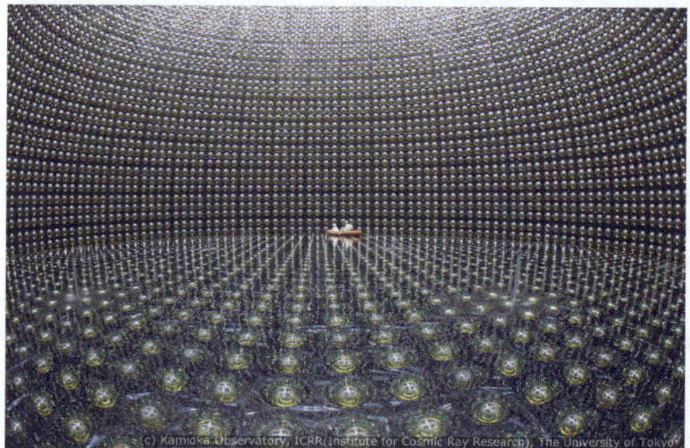

Abb. 10.5 Das unterirdische Experiment Superkamiokande in Japan in einer Mine unter dem Berg Kamioka. Abgeschirmt von kosmischer Strahlung wurde in einem Detektor mit 50.000 t ultrareinem Wasser mithilfe von über 11.000 Photodetektoren und dem Tscherenkow-Effekt Ausschau nach Protonzerfällen gehalten und die aktuelle untere Schranke für die Lebensdauer von Protonen bestimmt. Dieses Experiment entdeckte stattdessen 1998 das Phänomen der Neutrinooszillation, bei der die von der Sonne in Kernreaktionen ausgestrahlten Neutrinos ihre Identität ändern. Das Bild zeigt die Befüllung des mit Photomultipliern ausgekleideten Detektortanks mit Wasser und Wissenschaftler in einem Boot darin (© Kamioka Observatory, ICRR (Institute for Cosmic Ray Research), The University of Tokyo)

Eingesetzt in die Energiebilanz ergibt dies

$$m_\pi c^2 - E_\mu = E_\nu = |\boldsymbol{p}_\nu| c = \sqrt{E_\mu^2 - m_\mu^2 c^4}. \quad (10.60)$$

Daraus folgt

$$E_\mu = \frac{m_\pi^2 + m_\mu^2}{2m_\pi} c^2 \quad (10.61)$$

und mit $p = \gamma m v$ und $E = \gamma m c^2$

$$v_\mu = \frac{|\boldsymbol{p}_\mu|}{E_\mu / c^2} = \frac{m_\pi^2 - m_\mu^2}{m_\pi^2 + m_\mu^2} c \approx \frac{7}{25} c \approx 0{,}28c \quad (10.62)$$

für $m_\mu \approx \frac{3}{4} m_\pi$.

Es ist auch interessant, sich anzusehen, wie sich die verfügbaren Energien aufteilen. Die in kinetische Energie umgewandelte Ruhemasse ist durch $T = m_\pi c^2 - m_\mu c^2 \approx \frac{1}{4} m_\pi c^2$ gegeben. Der Anteil, der auf das Neutrino entfällt, ist

$$T_\nu = |\boldsymbol{p}_\nu| c = \frac{m_\pi^2 - m_\mu^2}{2m_\pi} c^2 \approx \frac{7}{8} \cdot \frac{1}{4} m_\pi c^2; \quad (10.63)$$

dieses trägt also den Großteil der kinetischen Energie davon. Da aber auf das Myon die restliche Ruhemasse $\approx \frac{3}{4} m_\pi c^2$ entfällt, ist dessen Gesamtenergie insgesamt höher. ◀

Der geringfügig kompliziertere Fall, wo ein massives Teilchen in zwei massive Teilchen zerfällt, wird in Aufgabe 10.8 behandelt.

Da Energie und Masse in vielfältiger Weise ineinander umgewandelt werden können, kann man sich auch fragen, ob ein masseloses Teilchen wie das Photon bei hinreichend hoher Energie in andere, massebehaftete Teilchen zerfallen kann, z. B. in ein Elektron-Positron-Paar. Diese Frage kann man sofort negativ beantworten, da dann ja auch umgekehrt die Paarvernichtung eines Elektron-Positron-Paares in ein einzelnes Photon möglich sein müsste. Im Schwerpunktsystem ist das aber offenbar nicht möglich, denn dies würde einen verschwindenden Gesamtdreierimpuls verlangen, der auf das einzelne Photon entfiele.

Kann ein hochenergetisches Photon zerfallen?

Man kann dies auch durch direkte Rechnung in einem Inertialsystem entscheiden, in dem ein hochenergetisches Photon den Impuls $\boldsymbol{p}$ und damit die Energie $E = |\boldsymbol{p}| c$ trägt. Der hypothetische Zerfall eines Photons in zwei gleich schwere Teilchen A' und B' hat die Viererimpulsbilanz

$$\begin{pmatrix} E/c \\ \boldsymbol{p} \end{pmatrix} = \begin{pmatrix} E_{A'}/c \\ \boldsymbol{p}_{A'} \end{pmatrix} + \begin{pmatrix} E_{B'}/c \\ \boldsymbol{p}_{B'} \end{pmatrix} \quad (10.64)$$

mit Energie-Impuls-Relationen

$$\frac{E^2}{c^2} - \boldsymbol{p}^2 = 0, \quad \frac{E_{A'}^2}{c^2} - \boldsymbol{p}_{A'}^2 = m^2 c^2 = \frac{E_{B'}^2}{c^2} - \boldsymbol{p}_{B'}^2. \quad (10.65)$$

Die erste Relation, welche die Masselosigkeit des Photons ausdrückt, führt auf

$$\begin{aligned} 0 &= (E_{A'} + E_{B'})^2 - c^2 (\boldsymbol{p}_{A'} + \boldsymbol{p}_{B'})^2 \\ &= 2 m^2 c^4 + 2 c^2 \\ &\quad \cdot \left(\sqrt{p_{A'}^2 + m^2 c^2} \sqrt{p_{B'}^2 + m^2 c^2} - \boldsymbol{p}_{A'} \cdot \boldsymbol{p}_{B'} \right). \end{aligned} \quad (10.66)$$

Wegen $\boldsymbol{p}_{A'} \cdot \boldsymbol{p}_{B'} \leq p_{A'} p_{B'}$ ist aber der Ausdruck in der letzten Klammer größer als null, diese Gleichung hat also keine Lösung. ◀

Kinematisch möglich sind dagegen Prozesse wie $e^- + e^+ \to 2\gamma$ (Elektron-Positron-Paarvernichtung in zwei Photonen), aber auch die Erzeugung von Elektron-Positron-Paaren durch ein hochenergetisches Photon (γ-Quant) in Materie, wo die Anwesenheit von Materie die Gesamtviererimpulserhaltung ermöglicht ($\gamma + X \to X + e^- + e^+$, auch *Gamma-Konversion* genannt). Aus dem gleichen Grund ist es nicht möglich, dass ein freies Elektron spontan ein Photon emittiert ($e^- \to e^- + \gamma$), während dieser Prozess in Anwesenheit von Materie durchaus vorkommt, z. B. bei der *Tscherenkow-Strahlung* (oft der englischen Transliteration folgend Cherenkov-Strahlung geschrieben, benannt nach dem russischen Physiker *Pawel A. Tscherenkow*, 1904–1990). Diese tritt immer auf, wenn sich Teilchen mit einer Geschwindigkeit durch ein Medium bewegen, welche die reduzierte Lichtgeschwindigkeit in diesem Medium übersteigt (siehe Kasten „Anwendung: Tscherenkow-Strahlung").

Teilchenerzeugung durch inelastische Stöße

Eine notwendige Bedingung für die Paarerzeugung von massiven Teilchen ist, dass genügend kinetische Energie dafür zur Verfügung steht. Im Schwerpunktsystem steht die gesamte kinetische Energie zur Disposition. Wird tatsächlich die gesamte kinetische Energie in Masse umgewandelt, dann ruht die auf diese Weise erzeugte Masse. Im Laborsystem ist dies nicht möglich, weil aufgrund der Gesamtdreierimpulserhaltung nach dem Stoß der Schwerpunkt weiterhin in Bewegung sein muss, wenn auch mit verringerter Geschwindigkeit, da ja zusätzliche Masse erzeugt wurde. Ein historisch bedeutsames Problem ist beispielsweise die Erzeugung von Antiprotonen durch die Kollision von Protonen im Laborsystem. Die Physiker *Emilio Segrè* (1905–1989) und *Owen Chamberlain* (1920–2006) wiesen 1955 die Existenz von Antiprotonen nach, indem sie am Lawrence Berkeley National Laboratory Materie mit Protonen beschossen, die gerade energiereich genug für die Erzeugung von Proton-Antiproton-Paaren waren.

Vertiefung: Die Mandelstam-Variablen 2→2-Prozesse

Für elastische und inelastische relativistische Kollisionsprozesse in der Teilchenphysik, bei der zwei einlaufende Teilchen in zwei (eventuell andere) auslaufende Teilchen übergehen, werden die Lorentz-invarianten Mandelstam-Variablen

$$\begin{aligned} s &:= (p_1 + p_2)^2 = (p_3 + p_4)^2 \\ &= m_1^2c^2 + 2E_1E_2/c^2 - 2\boldsymbol{p}_1 \cdot \boldsymbol{p}_2 + m_2^2c^2, \\ t &:= (p_1 - p_3)^2 = (p_2 - p_4)^2 \\ &= m_1^2c^2 - 2E_1E_3/c^2 + 2\boldsymbol{p}_1 \cdot \boldsymbol{p}_3 + m_3^2c^2, \\ u &:= (p_1 - p_4)^2 = (p_2 - p_3)^2 \\ &= m_1^2c^2 - 2E_1E_4/c^2 + 2\boldsymbol{p}_1 \cdot \boldsymbol{p}_4 + m_4^2c^2 \end{aligned}$$

definiert (benannt nach dem theoretischen Physiker *Stanley Mandelstam*, *1928), wobei die zwei einlaufenden Teilchen mit 1 und 2 und die auslaufenden mit 3 und 4 indiziert sind. Neben den Massenparametern sind dies die bezugssystemunabhängigen Größen, mit denen 2→2-Prozesse beschrieben werden können, wobei nur zwei davon unabhängig sind: Wie man mit der Impulserhaltung $p_1^\mu + p_2^\mu = p_3^\mu + p_4^\mu$ leicht nachrechnen kann (Aufgabe 10.6), gilt

$$s + t + u = (m_1^2 + m_2^2 + m_3^2 + m_4^2)\,c^2.$$

Elastische Streuung liegt für $m_3 = m_1$ und $m_4 = m_2$ vor; im Fall von inelastischer 2→2-Streuung spricht man auch von *quasielastischer* Streuung.

Die Größe s ist durch die Schwerpunktsenergie gegeben:

$$s = (E_{\text{SPS}}/c)^2,$$

und es hat sich in der Hochenergiephysik inzwischen $\sqrt{s}$ als Synonym für die Schwerpunktsenergie etabliert, sodass viele experimentelle Teilchenphysikpublikationen schon im Titel angeben, bei welchem Wert $\sqrt{s}$ Daten genommen wurden. (In der Teilchenphysik werden üblicherweise Einheiten verwendet, bei denen $c = 1$ ist.)

Die zweite unabhängige Größe t (oder auch u) charakterisiert den Impulsübertrag und damit den Streuwinkel zwischen einlaufendem Teilchen 1 und auslaufendem Teilchen 3 (bzw. 4).

In Aufgabe 10.7 werden Formeln hergeleitet, mit denen die Parameter von Schwerpunkt- und Laborsystemen durch die Mandelstam-Variablen ausgedrückt werden und damit auch bequem ineinander umgerechnet werden können.

Schwellenenergie für Antiprotonenerzeugung

Im Schwerpunktsystem ist die minimal notwendige Energie dadurch bestimmt, dass nach der Kollision von zwei Protonen vier Teilchen mit der gleichen Ruhemasse $m = m_{\text{Proton}}$ ohne kinetische Energie vorhanden sind. Der Gesamtviererimpuls nach dem Stoß lautet im Schwerpunktsystem demnach

$$p^\mu_{\text{SPS,nachher}} = \begin{pmatrix} 4\,m\,c \\ \mathbf{0} \end{pmatrix}. \tag{10.67}$$

Das Lorentz-invariante Quadrat davon,

$$p^\mu_{\text{SPS,nachher}}\, p_{\mu\,\text{SPS,nachher}} = 16m^2\,c^2, \tag{10.68}$$

ist im Laborsystem dasselbe und wegen der Gesamtimpulserhaltung gegeben durch

$$p^\mu_{\text{LS,vorher}}\, p_{\mu\,\text{LS,vorher}} = 16m^2\,c^2. \tag{10.69}$$

Im Laborsystem ist nun

$$p^\mu_{\text{LS,vorher}} = \begin{pmatrix} E_A/c \\ \boldsymbol{p}_A \end{pmatrix} + \begin{pmatrix} m\,c \\ \mathbf{0} \end{pmatrix} \tag{10.70}$$

mit $E_A^2/c^2 - \boldsymbol{p}_A^2 = m^2\,c^2$. Daraus folgt

$$\left(\frac{E_A}{c} + mc\right)^2 - \boldsymbol{p}_A^2 = 2E_A m + 2m^2\,c^2 = 16m^2\,c^2$$
$$\Rightarrow \quad E_A = 7\,m\,c^2, \tag{10.71}$$

was zu einem Gammafaktor $\gamma(v) = 7$ und einer Geschwindigkeit von $\sqrt{\frac{48}{49}}\,c \approx 0{,}9897\,c$ gehört. Die kinetische Energie des einlaufenden Protons ist damit

$$T = E_A - m\,c^2 = 6\,m\,c^2. \tag{10.72}$$

$7\,m\,c^2 \approx 6{,}6$ GeV ist tatsächlich in etwa die Energie des Protonenstrahles, der von Segrè und Chamberlain bei der Suche nach Antiprotonen eingesetzt wurde (6,3 GeV). Da von ihnen Kupferkerne beschossen wurden und die Protonen und Neutronen darin (im Vergleich zu diesen Energien schwach, aber dennoch) gebunden sind, ist hier die Schwellenenergie für die Antiprotonenerzeugung geringfügig niedriger (siehe hierzu auch Aufgabe 10.4).

Hätte man nur in Rechnung gestellt, wie viel Energie die Ruhemassen von einem zusätzlichen Teilchenpaar kosten, hätte man auf eine kinetische Energie T von $2m\,c^2$ für das einlaufende Teilchen geschlossen. Die tatsächlich notwendige kinetische Energie ist aber das Dreifache. ◄

Anwendung: Tscherenkow-Strahlung
Wenn geladene Teilchen schneller als das Licht sind

Durch rein kinematische Überlegungen, d. h., ohne Näheres über die dahinter stehenden Wechselwirkungen (die Dynamik) zu wissen, lassen sich oft schon prinzipielle Aussagen über die Möglichkeit von gewissen Prozessen treffen. Ein solches Beispiel war die Schlussfolgerung aus (10.66), dass ein noch so energiereiches Photon nicht spontan in massive Teilchen zerfallen kann. Ganz ähnlich folgt, dass ein freies geladenes Teilchen nicht spontan ein masseloses Photon emittieren kann.

Dies ist allerdings nicht mehr gegeben, wenn der Viererimpuls des Photons paradoxerweise nicht mehr lichtartig ist, d. h. ein Viererquadrat ungleich null hat. Während auf fundamentaler Ebene Photonen immer masselos sind und einen lichtartigen Viererimpuls haben, führt, wie in Kap. 16 gezeigt wird, die Lichtausbreitung in transparenter Materie auf Wellenlängen, die gegenüber dem Vakuum durch Division durch einen Brechungsindex $n > 1$ verkleinert sind ($\lambda = \frac{c}{n}\nu^{-1}$). Auf Lichtquanten umgemünzt, ergibt dies effektiv raumartige Viererimpulse (siehe (10.22))

$$p^{\mu}_{\text{Ph}} = \begin{pmatrix} \dfrac{h\nu}{c} \\ \dfrac{h}{\lambda}\hat{\boldsymbol{e}} \end{pmatrix} = \frac{h\nu}{c}\begin{pmatrix} 1 \\ n\,\hat{\boldsymbol{e}} \end{pmatrix},$$

wobei $\hat{\boldsymbol{e}}$ die Ausbreitungsrichtung des Lichtquants ist und der Brechungsindex n von der Frequenz ν abhängt. Insbesondere geht n für große Werte von ν und damit für Photonenenergien $E = h\nu$ jenseits des optischen Spektrums gegen 1.

Mit dieser Information kann die Emission eines Lichtquants in transparenter Materie über die relativistische Energie-Impuls-Erhaltung diskutiert werden. Ist $p^{\mu}_{A} = (E_A/c, \boldsymbol{p}_A)^{\top}$ der Viererimpuls eines massiven hochenergetischen Teilchens mit $p^2_A = m^2c^2$, das nach Emission eines Photons den Viererimpuls $p^{\mu}_{A'} = p^{\mu}_{A} - p^{\mu}_{\text{Ph}}$ mit unveränderter Masse $p^2_{A'} = m^2c^2$ haben soll, dann folgt aus letzterem

$$\begin{aligned} p^2_{A'} &= m^2c^2 = p^2_A - 2p_A \cdot p_{\text{Ph}} + p^2_{\text{Ph}} \\ \Rightarrow 0 &= \frac{h\nu}{c}\left(-2\frac{E_A}{c} + 2|\boldsymbol{p}_A|\,n\cos\vartheta + \frac{h\nu}{c}(1-n^2)\right), \end{aligned}$$

wobei ϑ der Winkel zwischen Photonimpuls und $\boldsymbol{p}_A$ ist:

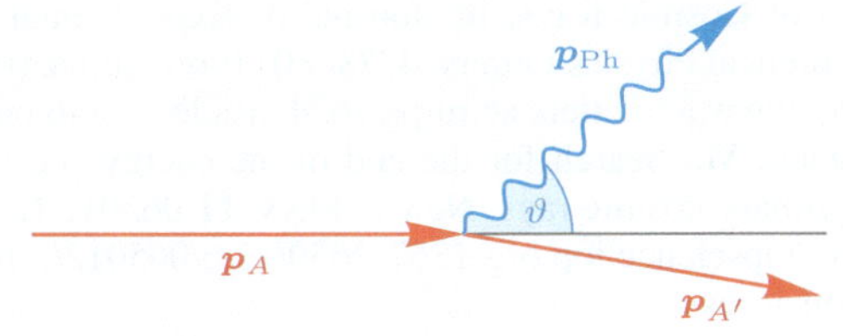

Für $n = 1$ kann diese Gleichung wegen $|p_A| < E_A/c$ nie erfüllt werden – ein freies Teilchen kann kein masseloses Photon emittieren.

Für $n > 1$ rückt dies aber in den Bereich des Möglichen. Hier kann der letzte Term in der Klammer vernachlässigt werden, denn damit $n \neq 1$ ist, darf die Photonenenergie nicht viel größer als einige Elektronenvolt sein, während schon die Ruhemasse der leichtesten geladenen Teilchen, der Elektronen, 511 keV$/c^2$ beträgt. Es gilt also $h\nu \ll E_A$ für alle $n \neq 1$. Wir bekommen damit das einfache Kriterium

$$\cos\vartheta = \frac{E_A/c}{|\boldsymbol{p}_A|}\frac{1}{n} = \frac{1}{\beta_A\, n}.$$

Abstrahlung ist kinematisch erlaubt, wenn $\beta_A \geq \frac{1}{n}$ oder $v_A \geq \frac{c}{n} = c'$ ist, wobei c' die Lichtgeschwindigkeit im Medium ist. In diesem Fall können Photonen auf einem nach vorwärts gerichteten Kegel mit dem Öffnungswinkel ϑ emittiert werden.

Dies ist ganz analog zum Überschallkegel, der auftritt, wenn sich ein Flugobjekt schneller als der Schall bewegt. Bewegen sich geladene Teilchen in einem Medium schneller als die Lichtgeschwindigkeit in diesem Medium, kommt es zur Tscherenkow-Strahlung. Diese tritt z. B. in Abklingbecken von Kernreaktoren auf, wo sie durch schnelle Elektronen im Wasser hervorgerufen wird. In der Teilchenphysik kann der Tscherenkow-Effekt zum Nachweis von hochenergetischen Teilchen genutzt werden. In der Astroteilchenphysik werden sogenannte Tscherenkow-Teleskope dafür eingesetzt, die von hochenergetischer kosmischer Strahlung in der Atmosphäre hervorgerufenen Teilchenschauer und damit verbundenen Tscherenkow-Blitze zu beobachten.

Abb. 10.6 Das Tscherenkow-Teleskop MAGIC (Major Atmospheric Gamma-Ray Imaging Cherenkov) in über 2200 m Höhe auf der Kanarischen Insel La Palma, das extrem hochenergetische kosmische Gammastrahlung indirekt über die in der Atmosphäre entstehenden Tscherenkow-Lichtblitze der ausgelösten elektromagnetischen Elektron-Positron-Schauer detektiert (Max-Planck-Institut für Physik – MAGIC, © R. Wagner)

Anwendung: Ultrahochenergetische kosmische Strahlung (UHECR) ... ... und deren oberes Ende: Der Greisen-Zatsepin-Kuzmin-Cutoff

Das Energiespektrum der primären kosmischen Strahlung, die hauptsächlich aus Protonen und Heliumkernen besteht, wurde seit dem Ende des Zweiten Weltkrieges mit immer ausgedehnteren Detektoren vermessen. Bei den höchsten Energien müssen hier indirekte Methoden eingesetzt werden wie die Vermessung der Teilchenschauer, die in der Atmosphäre erzeugt werden, oder die Beobachtung des von solchen Schauern erzeugten Fluoreszenzlichtes (an den Stickstoffmolekülen der Atmosphäre).

Man nimmt an, dass der ultrahochenergetische Teil des Spektrums, oberhalb von 10^{17} eV $= 10^5$ TeV, extragalaktischen Ursprungs ist und damit Distanzen im Bereich von Millionen bis Milliarden Lichtjahren zu überbrücken hat. Schon 1962 wurden Ereignisse beobachtet, die zu einer Primärenergie von 10^{20} eV (10^8 TeV) gehören sollten, wobei bei diesen Energien der Fluss der kosmischen Strahlung schon extrem niedrig ist: ein Teilchen pro Quadratkilometer pro Jahrhundert, d. h., man muss entsprechend große Ausschnitte der Erdatmosphäre beobachten, um zu quantitativen Aussagen zu kommen.

1966 stellten der amerikanische Physiker *Kenneth Greisen* (1908–2007) und unabhängig davon die russischen Physiker *Georgi T. Sazepin* (englische Transliteration Zatsepin, 1917–2010) und *Wadim A. Kuzmin* (*1937) die Vermutung auf, dass es praktisch keine kosmische Strahlung mit Energien jenseits von 10^{20} eV gäbe. Der kosmische Mikrowellenhintergrund, der das Nachleuchten des Urknalles darstellt (siehe Kasten „Anwendung: Kosmische Hintergrundstrahlung" in Abschn. 21.2) und ein Photonengas mit einer Dichte von etwa 400 Photonen pro Kubikzentimeter bildet, sollte nämlich für Protonen mit Energien oberhalb von 10^{20} eV undurchdringlich werden, wenn diese kosmische Distanzen zu durchqueren haben. Dieser sogenannte *GZK-Cutoff* ergibt sich aus einer inelastischen Kollision von Protonen mit Photonen, bei denen ein sogenanntes Δ-Baryon erzeugt wird, das danach in ein Proton und ein neutrales Pion zerfällt,

$$\mathrm{p}^+ + \gamma \to \Delta^+ \to \mathrm{p}^+ + \pi^0.$$

Bei dieser Reaktion verliert ein Proton einen Teil seiner kinetischen Energie (durchschnittlich 20 %; siehe Aufgabe 10.9). Hat es danach noch immer hinreichend viel Energie, kann sich dieser Prozess wiederholen, bis es unter die Schwellenenergie für diesen Prozess fällt. Diese Schwellenenergie kann überschlagsmäßig leicht berechnet werden, wenn man weiß, dass die Photonen eine mittlere Energie von $E_\gamma \approx 0{,}6$ meV haben und die Masse des Δ^+-Baryons (auch Δ-Resonanz genannt) bei $\approx 1{,}232\ \mathrm{GeV}/c^2$ liegt, während die Protonmasse laut (10.30) $m_\mathrm{p} \approx 0{,}938\ \mathrm{GeV}/c^2$ beträgt. Die Schwerpunktsenergie für die Kollision eines Protons mit einem Photon ist durch

$$E_\mathrm{SPS}^2/c^2 = (p_\mathrm{p}^\mu + p_\gamma^\mu)(p_{\mathrm{p}\,\mu} + p_{\gamma\,\mu}) = m_\mathrm{p}^2 c^2 + 2p_\mathrm{p}^\mu p_{\gamma\,\mu}$$

gegeben. Bei einer Frontalkollision ist der Protonenimpuls dem Photonenimpuls entgegengerichtet, $\boldsymbol{p}_\mathrm{p} \cdot \boldsymbol{p}_\gamma = -|\boldsymbol{p}_\mathrm{p}||\boldsymbol{p}_\gamma|$ mit $|\boldsymbol{p}_\gamma| = E_\gamma/c$ und, weil das Proton ultrarelativistisch ist, ist $|\boldsymbol{p}_\mathrm{p}| \approx E_\mathrm{p}/c$. Damit ergibt sich die Schwellenergie E_p aus

$$m_\Delta^2 c^2 = m_\mathrm{p}^2 c^2 + 4E_\mathrm{p}E_\gamma/c^2 \;\Rightarrow\; E_\mathrm{p} \approx 2{,}5 \cdot 10^{20}\ \mathrm{eV}.$$

(Eine genauere Rechnung, welche die thermische Verteilung der Photonenenergie berücksichtigt, sowie die Tatsache, dass die Δ-Resonanz keine scharfe Masse, sondern eine Massenverteilung hat, führt auf eine etwas niedrigere Schwelle von $0{,}6 \cdot 10^{20}$ eV.)

Dieser GZK-Cutoff wurde erstmals 2008 durch das High Resolution Fly's Eye Experiment (HiRes) in der Wüste von Utah nachgewiesen, nachdem ein früheres Experiment keinen Cutoff zu sehen schien. Inzwischen hat aber das Pierre-Auger-Observatorium in Argentinien die Ergebnisse von HiRes bestätigen können.

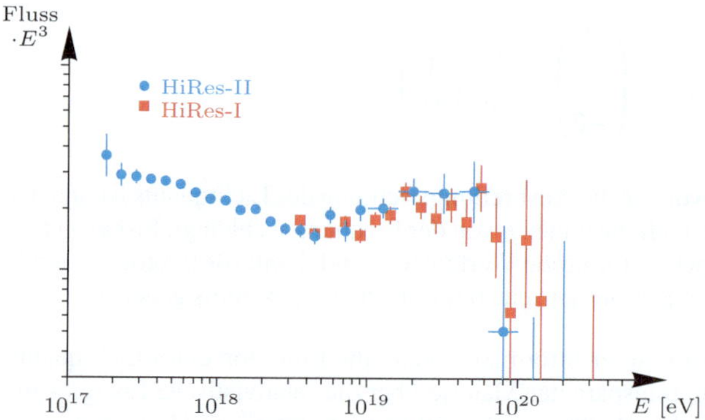

Abb. 10.7 Das Energiespektrum des Flusses an ultrahochenergetischer kosmischer Strahlung bei Energien oberhalb von 10^{17} eV in einem doppelt logarithmischen Plot, wobei die stark abfallende Verteilung mit E^3 multipliziert wurde (absolute Größe hier nicht näher spezifiziert)

Literatur

- Greisen, K.: End to the Cosmic-Ray Spectrum? Physical Review Letters **16**, 748–750 (1966)
- Zatsepin, G. T., Kuz'min, V. A.: Upper Limit of the Spectrum of Cosmic Rays. In: Journal of Experimental and Theoretical Physics Letters. **4**, 78–80 (1966) online (frei): http://www.jetpletters.ac.ru/ps/1624/article_24846.pdf
- Nagano, M.: Search for the end of the energy spectrum of primary cosmic rays. New J. Phys. **11** 065012 (2009) http://iopscience.iop.org/1367-2630/11/6/065012/fulltext/ (open access)

Abb. 10.8 Fotomontage aus LHC-Beschleuniger und seiner unterirdischen Ausdehnung bei Genf (© 2005 CERN, Fabienne Marcastel)

Moderne Teilchenbeschleuniger arbeiten in der Hochenergiephysik, wo man nach neuen immer schwereren Teilchen sucht, daher mit Collidern, bei denen zwei Strahlen aufeinander geschossen werden, um im Wesentlichen die gesamte aufgewandte Energie zur Teilchenerzeugung zur Verfügung zu haben.

Hier werden *ultrarelativistische* Energien erreicht, bei denen die Energie $E = \gamma m c^2 \gg m c^2$ ist, mit Gammafaktoren von mehreren Tausend am Large Hadron Collider (LHC) des Europäischen Teilchenphysiklabors CERN bei Genf (Abb. 10.8). Bei diesen Energien wird die Energie, die zur Ruhemasse eines Protons gehört, vernachlässigbar. Berechnen wir zum Vergleich die Energie, die man im Laborsystem für ultrarelativistische Energien aufzuwenden hätte, so ergibt sich aus (10.71)

$$E_{\text{SPS}}^2/c^2 = p^{\mu} p_{\mu} = 2E_A m + 2m^2 c^2 \approx 2E_A m, \tag{10.73}$$

d. h., die Schwerpunktsenergie nimmt nur wie $\sqrt{2E_A mc^2}$ mit der Strahlenergie E_A zu, während bei einem Collider $2E_A$ bereitgestellt werden. Für die Maximalenergie von 14 TeV ($\approx$ $15.000\,m c^2$), für die das LHC ausgerichtet wurde, wäre bei einem festen Target die mit Beschleunigern unerreichbar hohe Energie von etwa 10^5 TeV erforderlich.

Dermaßen hohe und noch höhere Energien kommen aber in der kosmischen Strahlung (hauptsächlich in Form von Protonen) vor, die uns von Quellen außerhalb unserer Galaxie erreichen. Deren Entstehungsmechanismus ist noch weitgehend ungeklärt; man nimmt an, dass sie z. B. von der Umgebung von ultramassiven Schwarzen Löchern im Zentrum von aktiven Galaxien wie Quasaren stammen (siehe Kasten „Anwendung: Ultrahochenergetische kosmische Strahlung").

Aufgaben

Gelegentlich enthalten die Aufgaben mehr Angaben, als für die Lösung erforderlich sind. Bei einigen anderen dagegen werden Daten aus dem Allgemeinwissen, aus anderen Quellen oder sinnvolle Schätzungen benötigt.

- • leichte Aufgaben mit wenigen Rechenschritten
- •• mittelschwere Aufgaben, die etwas Denkarbeit und unter Umständen die Kombination verschiedener Konzepte erfordern
- ••• anspruchsvolle Aufgaben, die fortgeschrittene Konzepte (unter Umständen auch aus späteren Kapiteln) oder eigene mathematische Modellbildung benötigen

10.1 •• Eigenzeit der hyperbolischen Bewegung und interstellare Reisen

(a) Leiten Sie für die hyperbolische Bewegung, d. h. eine Weltlinie mit konstanter Eigenbeschleunigung $\tilde{a}$, den Zusammenhang (10.16) zwischen Eigen- und Koordinatenzeit sowie geschlossene Ausdrücke für den Zusammenhang von zurückgelegter Strecke x und Eigenzeit τ her.

(b) Berechnen Sie damit, wie viel Zeit eine Reise zum nächstgelegenen Stern (Alpha Centauri, 4,2 Lichtjahre Entfernung) bzw. zum Zentrum der Milchstraße (etwa 27.000 Lichtjahre) brauchen würde, wenn man eine Rakete zur Verfügung hat, die eine komfortable konstante Beschleunigung in der Höhe der Erdbeschleunigung von $1\,g \approx 9{,}81\,\mathrm{m/s^2}$ bereitstellt. Nach halber Strecke soll die Rakete um 180° drehen, sodass die Abbremsung ebenfalls mit konstanter negativer Beschleunigung von $1\,g$ erfolgt. Vergleichen Sie die Eigenzeit des Reisenden mit der Zeit der Startrampe.

Lösungshinweis: Verwenden Sie die Ergebnisse (10.14) und (10.15).

10.2 •• Relativistische Raketengleichung Eine Rakete werde dadurch angetrieben, dass bezüglich ihres momentanen Ruhesystems kontinuierlich Masse mit einer konstanten Geschwindigkeit w ausgestoßen wird.

(a) Welche Endgeschwindigkeit erreicht sie im Inertialsystem S der Startrampe, wenn sie ihren Vorrat an Brennstoff aufgebraucht und ihre Ruhemasse von anfänglich m_0 auf m abgenommen hat?

(b) Mit welcher Rate muss Masse ausgestoßen werden, damit die Beschleunigung im momentanen Ruhesystem konstant ist? Wie nimmt in diesem Fall die Masse als Funktion der Eigenzeit der Rakete ab?

Lösungshinweis: Betrachten Sie zunächst ein Objekt mit Ruhemasse m, das sich in zwei Objekte mit Ruhemassen m_1 und m_2 teilt, die sich bezüglich des Schwerpunktsystems mit den Geschwindigkeiten v_1 und v_2 voneinander weg bewegen, und spezialisieren Sie dann auf ein infinitesimales $m_2 = |\mathrm{d}m|$ mit $v_2 = w$. Zur Aufstellung der Raketengleichung sind die erhaltenen Beziehungen ins ursprüngliche Ruhesystem zu transformieren.

10.3 •• Maximaler Ablenkungswinkel im Laborsystem, wenn ein schweres Teilchen auf ein leichteres stößt Berechnen Sie den maximalen Streuwinkel ϑ_A, den eine Masse m_A nach Kollision mit einer ursprünglich ruhenden leichteren Masse m_B im Laborsystem annehmen kann. Bestimmen Sie dafür über eine explizite Lorentz-Transformation wie ϑ_A mit dem Streuwinkel im Schwerpunktsystem, ϑ, der ja nicht eingeschränkt ist, zusammenhängt, und bestimmen Sie daraus den maximalen Wert.

10.4 • Inelastische Kollision von Protonen und Kupferkernen Im Text wurde gezeigt, dass im Laborsystem bei der inelastischen Streuung von Protonen an Protonen das einlaufende Proton eine Energie von über $7\,mc^2$ haben muss, damit Antiprotonen erzeugt werden können. Bei der Entdeckung des Antiprotons wurde ein Protonenstrahl mit $6{,}7\,mc^2 = 6{,}3$ GeV auf ein Kupfertarget (Atommasse ca. 63 Protonmassen) geschossen. Berechnen Sie die Schwellenenergie für Antiprotonenerzeugung unter der Annahme, dass die Nukleonen im Target fest gebunden sind (was sie bezüglich der hier eingesetzten Energien aber nicht sind).

10.5 • Energievorrat und Lebensdauer der Sonne Wie im Kasten „Anwendung: Massendefekt und Umwandlung von Masse in Energie" vermerkt, wird bei der Kernfusion etwa 0,5 % der Masse in Energie umgewandelt. Schätzen Sie damit ab, wie viel Energie unsere Sonne, die eine Masse von etwa $2 \cdot 10^{30}$ kg besitzt, im Laufe ihrer Existenz abstrahlen kann, und daraus die maximale Lebensdauer, wenn Sie verwenden, dass auf der Erde etwa $1500\,\mathrm{W/m^2}$ an Energie empfangen wird, wobei die Erde ungefähr 150 Millionen km von der Sonne entfernt ist.

10.6 • Mandelstam-Variable Man zeige, dass die im Kasten „Vertiefung: Die Mandelstam-Variablen" besprochenen Größen

$$\begin{aligned} s &= (p_1 + p_2)^2 = (p_3 + p_4)^2, \\ t &= (p_1 - p_3)^2 = (p_2 - p_4)^2, \\ u &= (p_1 - p_4)^2 = (p_2 - p_3)^2 \end{aligned} \tag{10.74}$$

für einen elastischen oder inelastischen 2→2-Prozess mit Viererimpulsen

$$p_1^\mu + p_2^\mu = p_3^\mu + p_4^\mu \tag{10.75}$$

linear abhängig sind und

$$s + t + u = (m_1^2 + m_2^2 + m_3^2 + m_4^2)\, c^2 \tag{10.76}$$

erfüllen. Die durch die Viererimpulse p_i^μ beschriebenen Teilchen $i = 1, \ldots, 4$ sollen dabei beliebige Ruhemassen m_i haben.

10.7 •• Umrechnung zwischen Schwerpunkt- und Laborsystem mit Mandelstam-Variablen Zeigen Sie folgende Beziehungen zwischen den in (10.74) definierten Mandelstam-Variablen für relativistische 2→2-Prozesse und den Werten von Energie und Impuls, wobei

$$\begin{aligned}\lambda(a,b,c) &:= a^2 + b^2 + c^2 - 2ab - 2ac - 2bc \\ &\equiv a^2 - 2a(b+c) + (b-c)^2 \\ &\equiv \left[a - \left(\sqrt{b} + \sqrt{c}\right)^2\right]\left[a - \left(\sqrt{b} - \sqrt{c}\right)^2\right]\end{aligned} \tag{10.77}$$

die sogenannte Dreiecks- oder Källén-Funktion (benannt nach dem schwedischen theoretischen Physiker *Gunnar Källén*, 1926–1968) ist:

(a) im Schwerpunktsystem:

$$\boldsymbol{p}_1^2 = \boldsymbol{p}_2^2 = \frac{1}{4s}\lambda(s, m_1^2c^2, m_2^2c^2), \tag{10.78}$$

$$\boldsymbol{p}_3^2 = \boldsymbol{p}_4^2 = \frac{1}{4s}\lambda(s, m_3^2c^2, m_4^2c^2), \tag{10.79}$$

$$E_1/c = \frac{s + (m_1^2 - m_2^2)c^2}{2\sqrt{s}}, \tag{10.80}$$

$$E_2/c = \frac{s + (m_2^2 - m_1^2)c^2}{2\sqrt{s}}, \tag{10.81}$$

$$E_3/c = \frac{s + (m_3^2 - m_4^2)c^2}{2\sqrt{s}}, \tag{10.82}$$

$$E_4/c = \frac{s + (m_4^2 - m_3^2)c^2}{2\sqrt{s}}; \tag{10.83}$$

(b) im Laborsystem ($\boldsymbol{p}_2 = 0$):

$$\boldsymbol{p}_1^2 = \frac{1}{4m_2^2c^2}\lambda(s, m_1^2c^2, m_2^2c^2), \tag{10.84}$$

$$E_1 = \frac{s - (m_1^2 + m_2^2)c^2}{2m_2}, \tag{10.85}$$

$$E_2 = m_2\, c^2, \tag{10.86}$$

$$E_3 = \frac{(m_2^2 + m_3^2)c^2 - u}{2m_2}, \tag{10.87}$$

$$E_4 = \frac{(m_2^2 + m_4^2)c^2 - t}{2m_2}. \tag{10.88}$$

Insbesondere folgt aus dem Vergleich von (10.78) und (10.84) die einfache Umrechnungsformel

$$m_2 c\, |\boldsymbol{p}_1|_{\text{LS}} = \sqrt{s}\, |\boldsymbol{p}_1|_{\text{SPS}}. \tag{10.89}$$

Man beachte auch, dass die Streuwinkel in der Variablen t bzw. u enthalten sind. Die Energien im Schwerpunktsystem sind daher unabhängig von Streuwinkeln, wohingegen im Laborsystem E_3 und E_4 von diesen abhängen.

10.8 • Zerfall eines massiven Teilchens in zwei massive Tochterteilchen Berechnen Sie, wie sich im Schwerpunktsystem beim Zerfall eines massiven Teilchens mit Masse M die verfügbare Energie auf zwei Teilchen aufteilt, wenn diese die Massen m_A bzw. m_B besitzen.

Lösungshinweis: Lösen Sie nicht wie beim Zerfall des Pions die Energieerhaltungsgleichung direkt, sondern betrachten Sie dafür die Lorentz-Invarianten $p_A^2 := p_A^\mu p_{A\mu}$ und $p_B^2 := p_B^\mu p_{B\mu}$ und setzen Sie in diese die Energie-Impuls-Erhaltung ein. Dies vereinfacht die Rechnung merklich.

10.9 ••• Energieverlust von ultrahochenergetischen Protonen bei Kollision mit Photonen des kosmischen Mikrowellenhintergrunds Im Kasten „Anwendung: Ultrahochenergetische kosmische Strahlung" wurde diskutiert, dass der inelastische Prozess $\mathrm{p}^+ + \gamma \to \Delta^+ \to \mathrm{p}^+ + \pi^0$ für Protonen mit Energien $\gtrsim 10^8$ TeV und Photonen aus der kosmischen Hintergrundstrahlung dazu führt, dass die Protonen so lange Energie verlieren, bis sie unter die zugehörige Schwellenenergie fallen.

Schätzen Sie den durchschnittlichen Energieverlust eines solchen Protons bei einer derartigen Kollision ab, indem Sie den minimalen und den maximalen Energieverlust berechnen, der auftritt, wenn das Δ^+-Baryon im Schwerpunktsystem das sekundäre Proton in bzw. gegen die Richtung des einlaufenden Protons emittiert. Für den Prozess $\mathrm{p}^+ + \gamma \to \Delta^+$ soll angenommen werden, dass die Energie gerade zur Entstehung eines Δ^+-Baryons ausreicht.

Berechnen Sie dazu die Energieaufteilungen für die Prozesse $\mathrm{p}^+ + \gamma \to \Delta^+$ und $\Delta^+ \to \mathrm{p}^+ + \pi^0$ mit den Formeln aus Aufgabe 10.8 ($m_{\Delta^+} = 1{,}232\,\text{GeV}/c^2$, $m_\mathrm{p} = 0{,}938\,\text{GeV}/c^2$, $m_{\pi^0} = 0{,}135\,\text{GeV}/c^2$) und transformieren Sie diese in das ursprüngliche Inertialsystem, in dem das Proton anfangs eine Energie von etwa 10^{11} GeV hatte.

Lösungshinweis: Nutzen Sie aus, dass sich die in (9.99) eingeführte Rapidität $\xi = \operatorname{arcosh} \gamma(v)$ bei Lorentz-Transformationen in einer festen Richtung additiv verhält.

10.10 •• Rapidität und Pseudorapidität in der Teilchenphysik In Teilchenkollisionen ist eine direkt zugängliche Observable der Winkel ϑ, unter dem ein gestreutes oder neu erzeugtes Teilchen gegenüber der Strahlachse in den Detektor fliegt. In der Teilchenphysik wird dieser üblicherweise durch die äquivalente Größe der *Pseudorapidität*, definiert durch

$$\eta := -\ln\left(\tan\frac{\vartheta}{2}\right), \tag{10.90}$$

angegeben (Abb. 10.9).

Unter Rapidität versteht man in der Teilchenphysik dagegen die in (9.99) eingeführte Rapidität artanh (v/c), aber eingeschränkt auf die longitudinale Komponente der Geschwindigkeit $v_\parallel/c = p_\parallel c/E$:

$$y := \operatorname{artanh} \frac{p_\parallel c}{E}. \qquad (10.91)$$

Zeigen Sie, dass

(a) im Hochenergielimes $\gamma \gg 1$ die Pseudorapidität in die longitudinale Rapidität y übergeht;
(b) sich die Rapidität y unter Lorentz-Transformationen mit Geschwindigkeit $v = \beta c$ in longitudinaler Richtung gemäß

$$y' = y - \operatorname{artanh} \beta \qquad (10.92)$$

transformiert.

Lösungshinweis: Drücken Sie zuerst η durch Impulskomponenten $p_\parallel = |\boldsymbol{p}| \cos\vartheta$ und $p_\perp = |\boldsymbol{p}| \sin\vartheta$ aus. Verwenden Sie dazu die Identität

$$\tan \frac{\vartheta}{2} = \sqrt{\frac{1-\cos\vartheta}{1+\cos\vartheta}}. \qquad (10.93)$$

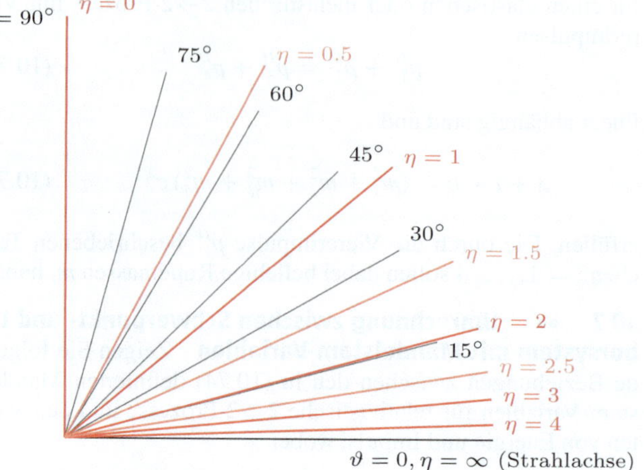

Abb. 10.9 Zusammenhang von Streuwinkel und Pseudorapidität

Lösungen zu den Aufgaben

10.1 (b) Rakete: 3,5 bzw. 19,8 Jahre; Erde: 5,8 bzw 27.002 Jahre

10.2

$$\frac{v}{c} = \frac{1-(m/m_0)^{2w/c}}{1+(m/m_0)^{2w/c}} \tag{10.94}$$

Bei konstanter Beschleunigung a ist $m(\tau) = m_0\,\mathrm{e}^{-a\tau/w}$.

10.3 $\sin\vartheta_A^{\max} = m_B/m_A$.

10.4 $E_A \approx 3{,}06\,m\,c^2$.

10.5 Ungefähr $67 \cdot 10^9$ Jahre.

10.8

$$\begin{aligned} E_A/c^2 &= \frac{M^2+m_A^2-m_B^2}{2M}, \\ E_B/c^2 &= \frac{M^2+m_B^2-m_A^2}{2M}. \end{aligned} \tag{10.95}$$

10.9 Der minimale und maximale Energieverlust beträgt 3 % bzw. 40 %.

Ausführliche Lösungen zu den Aufgaben

10.1

(a) Die Eigenzeit entlang der hyperbolischen Weltlinie folgt mit (10.14) aus

$$d\tau = dt\sqrt{1-\frac{v^2}{c^2}} = \frac{dt}{\sqrt{1+\tilde{a}^2t^2/c^2}} \tag{10.96}$$

durch einfache Integration:

$$\tau = \frac{c}{\tilde{a}}\,\text{arsinh}\,\frac{\tilde{a}\,t}{c}. \tag{10.97}$$

Kombiniert mit (10.15) ergibt sich der Zusammenhang

$$x(\tau) = \frac{c^2}{\tilde{a}}\left(\cosh\frac{\tilde{a}\tau}{c}-1\right) \tag{10.98}$$

bzw.

$$\tau(x) = \frac{c}{\tilde{a}}\text{arcosh}\left(\frac{\tilde{a}x}{c^2}+1\right). \tag{10.99}$$

(b) Mit $c \approx 2{,}998 \cdot 10^8\,\text{m/s}$, 1 Jahr (y) $\approx 3{,}156 \cdot 10^7$ s, 1 Lichtjahr (ly) $\approx 9{,}46 \cdot 10^{15}$ m, $\tilde{a} = 9{,}81\,\text{m/s}^2$ ergibt sich die Eigenzeit für die beiden Reisen zu

$$\begin{aligned}\Delta\tau_1 &= 2\,\tau(2{,}1\,\text{ly}) \approx 3{,}5\,\text{y},\\ \Delta\tau_2 &= 2\,\tau(13.500\,\text{ly}) \approx 19{,}8\,\text{y}.\end{aligned} \tag{10.100}$$

Beide Reisedauern sind kürzer als die Lichtlaufzeit im Inertialsystem der Startrampe, die zweite ist sogar weniger als ein Tausendstel davon! Die Zeit, die während dieser Reise auf der Erde vergeht, ist natürlich größer:

$$\Delta t_1 \approx 5{,}8\,\text{y}, \qquad \Delta t_2 \approx 27.002\,\text{y}. \tag{10.101}$$

Mit den Ergebnissen aus Aufgabe 10.2 lässt sich berechnen, welche Massen Raketen mindestens haben müssten, mit denen solche Reisen im Prinzip möglich wären. Dies ist dem Leser überlassen.

10.2 Energie-Impuls-Erhaltung für die Aufspaltung $m \to m_1 + m_2$ ergibt im momentanen Ruhesystem von m

$$\begin{pmatrix} mc \\ \mathbf{0}\end{pmatrix} = \gamma_1 m_1 \begin{pmatrix} c \\ \mathbf{v}_1\end{pmatrix} + \gamma_2 m_2 \begin{pmatrix} c \\ \mathbf{v}_2\end{pmatrix}, \tag{10.102}$$

also

$$\begin{aligned} m &= m_1\gamma_1 + m_2\gamma_2, \quad \gamma_1 m_1 v_1 = \gamma_2 m_2 v_2,\\ \Rightarrow m &= m_1\gamma_1\left(1+\frac{v_1}{v_2}\right).\end{aligned} \tag{10.103}$$

Identifizieren wir m mit der Raketenmasse im momentanen Inertialsystem $\tilde{S}$ und $m_2 = |\mathrm{d}m|$ mit dem infinitesimalen Massenausstoß mit Geschwindigkeit $v_2 = w$, dann ist $v_1 = \mathrm{d}\tilde{v}$ die erzielte infinitesimale Geschwindigkeit. Der Faktor γ_1 in (10.103) ist dabei 1 bis auf Beiträge von höherer Ordnung, und man bekommt für die Massenänderung der Rakete

$$\frac{\mathrm{d}m}{m} = -\frac{|\mathrm{d}m|}{m} = -\frac{\mathrm{d}\tilde{v}}{w}. \tag{10.104}$$

Bewegt sich S mit Geschwindigkeit $v = v(m)$, dann folgt aus der relativistischen Geschwindigkeitsaddition

$$\begin{aligned} v + \mathrm{d}v &= \frac{v+\mathrm{d}\tilde{v}}{1+v\,\mathrm{d}\tilde{v}/c^2}\\ \Rightarrow \mathrm{d}v &= (v+\mathrm{d}\tilde{v})\left(1-v\,\mathrm{d}\tilde{v}/c^2\right) - v + O(\mathrm{d}\tilde{v}^2)\\ &= \mathrm{d}\tilde{v}\left(1-v^2/c^2\right) + O(\mathrm{d}\tilde{v}^2).\end{aligned} \tag{10.105}$$

Umgeschrieben auf die Veränderung der Ruhemasse (die eine Lorentz-Invariante darstellt) ergibt dies mit (10.104)

$$\frac{\mathrm{d}v/c}{1-v^2/c^2} = -\frac{w}{c}\frac{\mathrm{d}m}{m} \tag{10.106}$$

und auf-integriert

$$\frac{1}{2}\ln\frac{1+v/c}{1-v/c} = -\frac{w}{c}\ln m + \text{const}, \tag{10.107}$$

wobei die Integrationskonstante dadurch fixiert ist, dass im Inertialsystem S die Geschwindigkeit für $m = m_0$ null ist. Damit ergibt sich

$$\frac{1+v/c}{1-v/c} = \left(\frac{m(v)}{m_0}\right)^{-2w/c}. \tag{10.108}$$

Dies ist eine lineare Gleichung in v/c mit der Lösung (10.94).

Teilaufgabe (b) ergibt sich aus (10.104) dividert durch das Eigenzeitdifferenzial $\mathrm{d}\tau$. Die Beschleunigung im momentanen Ruhesystem ist $a = \mathrm{d}\tilde{v}/\mathrm{d}\tau$. Soll diese konstant gehalten werden, ist

$$\frac{\mathrm{d}m}{\mathrm{d}\tau} = -\frac{a}{w}m(\tau) \tag{10.109}$$

mit der Lösung

$$m(\tau) = m_0\mathrm{e}^{-a\tau/w}. \tag{10.110}$$

Da bei konstanter Beschleunigung die Bewegung hyperbolisch ist, kann mit (10.16) unmittelbar auf die Koordinatenzeit der Startrampe umgerechnet werden.

10.3 Bezeichnen wir den Betrag der gegengleichen einlaufenden Impulse $\mathbf{p}_B = -\mathbf{p}_A$ im Schwerpunktsystem mit p und die zugehörigen Energien $E_{A,B}/c = \sqrt{p^2 + m_{A,B}^2 c^2}$, dann ist die Geschwindigkeit, mit der sich Teilchen B im Schwerpunktsystem bewegt, gegeben durch $\beta = p\,c/E_B$. Ist die Kollisionsachse die x-Achse, so führt eine Standard-Lorentz-Transformation in negativer x-Richtung auf das Laborsystem, in dem Teilchen B ruht. Der Viererimpuls von Teilchen A nach dem Stoß transformiert sich vom Schwerpunkt- ins Laborsystem gemäß

$$\begin{aligned}(p_{A'}^{\mu})_{\text{LS}} &= \begin{pmatrix} \gamma & \gamma\beta & 0 & 0 \\ \gamma\beta & \gamma & 0 & 0 \\ 0 & 0 & 1 & 0 \\ 0 & 0 & 0 & 1 \end{pmatrix} \begin{pmatrix} E_A/c \\ p\cos\vartheta \\ p\sin\vartheta \\ 0 \end{pmatrix} \\ &= \begin{pmatrix} \dots \\ (E_A + E_B\cos\vartheta)p/m_B c^2 \\ p\sin\vartheta \\ 0 \end{pmatrix}\end{aligned} \tag{10.111}$$

mit $\gamma = E_B/m_B c^2$, $\gamma\beta = p/m_B c$. Das Verhältnis von y- und x-Komponente gibt

$$\tan\vartheta_A = \frac{m_B c^2 \sin\vartheta}{E_A + E_B \cos\vartheta}. \tag{10.112}$$

Für $m_B < m_A$ ist $E_B < E_A$, und der Nenner hat keine Nullstelle, wenn ϑ zwischen 0 und π variiert, sodass $\vartheta_A < \pi/2$ bleibt und auch für $\vartheta \to \pi$ wieder auf null geht. Dies bedeutet, dass das einlaufende Teilchen A nicht zurückgestreut werden kann, sondern immer einen Impuls in positiver x-Richtung behält. Der maximale Winkel ϑ_A ergibt sich aus

$$\frac{\mathrm{d}}{\mathrm{d}\vartheta}\tan\vartheta_A = \frac{m_B c^2(E_B + E_A\cos\vartheta)}{(E_A + E_B\cos\vartheta)^2} = 0 \tag{10.113}$$

für $\cos\vartheta = -E_B/E_A$. In (10.112) eingesetzt ergibt dies

$$\tan\vartheta_A^{\max} = \frac{m_B c^2}{\sqrt{E_A^2 - E_B^2}} = \frac{m_B/m_A}{\sqrt{1 - m_B^2/m_A^2}} \tag{10.114}$$

bzw. $\sin\vartheta_A^{\max} = m_B/m_A$.

10.4 Aus

$$\begin{aligned} p^{\mu}_{\text{LS,vorher}} &= \begin{pmatrix} E_A/c \\ \boldsymbol{p}_A \end{pmatrix} + \begin{pmatrix} 63\,m\,c \\ \boldsymbol{0} \end{pmatrix}, \\ p^{\mu}_{\text{SPS,nachher}} &= \begin{pmatrix} (3+63)\,m\,c \\ \boldsymbol{0} \end{pmatrix} \end{aligned} \tag{10.115}$$

folgt nach Gleichsetzen der vom Bezugssystem unabhängigen Viererquadrate

$$\begin{aligned} &\left(\frac{E_A}{c} + 63mc\right)^2 - \boldsymbol{p}_A^2 \\ &= 2\cdot 63 E_A m + (63^2+1)m^2c^2 = 66^2 m^2 c^2 \\ &\Rightarrow E_A = \frac{193}{63}\,m\,c^2 \approx 3{,}06\,m\,c^2 \end{aligned} \tag{10.116}$$

bzw.

$$T = E_A - m\,c^2 = 2{,}06\,m\,c^2. \tag{10.117}$$

Wären Kupferkerne bei diesen Energien unzerstörbar, würden demnach nur 3 % der kinetischen Energie mehr nötig sein, als die Ruheenergie eines Proton-Antiproton-Paares darstellt.

10.5 Ein Massendefekt von 0,5 % der Masse der Sonne entspricht einer Energiemenge von

$$0{,}5\cdot 10^{-2}\cdot 2\cdot 10^{30}\,\text{kg}\cdot c^2 \approx 9\cdot 10^{44}\,\text{Ws}. \tag{10.118}$$

Dies ist der geschätzte Energievorrat, der nach Entstehung der Sonne zur Abstrahlung zur Verfügung steht.

Die Leistung der Sonne ist gegeben durch die Oberfläche einer Kugel mit Radius 150 Millionen Kilometer multipliziert mit 1500 W/m^2:

$$4\pi(1{,}5\cdot 10^{11}\,\text{m})^2\cdot 1500\,\text{W/m}^2 \approx 4\cdot 10^{26}\,\text{W}. \tag{10.119}$$

Dies reicht für etwa $2{,}1\cdot 10^{18}$ s oder etwa $67\cdot 10^9$ Jahre, wenn sie gleichmäßig strahlt. Die von Astrophysikern errechnete Brenndauer unserer Sonne, bis sie das Endstadium eines weißen Zwerges erreicht, liegt tatsächlich unter diesem Wert – bei etwa 12,5 Milliarden Jahren.

10.6 Mit $p_i^2 = m^2 c^2$ ergibt Ausmultiplikation der definierenden Gleichungen

$$\begin{aligned} s + t + u &= m_1^2 c^2 + 2p_1\cdot p_2 + m_2^2 c^2 \\ &\quad + m_1^2 c^2 - 2p_1\cdot p_3 + m_3^2 c^2 \\ &\quad + m_1^2 c^2 - 2p_1\cdot p_4 + m_4^2 c^2 \\ &= \sum_{i=1}^4 m_i^2 c^2 + 2m_1^2 c^2 + 2p_1\cdot \underbrace{(p_2 - p_3 - p_4)}_{-p_1} \\ &= \sum_{i=1}^4 m_i^2 c^2. \end{aligned} \tag{10.120}$$

10.7

(a) Im Schwerpunktsystem ist $\boldsymbol{p}_1 = -\boldsymbol{p}_2$ und $\boldsymbol{p}_3 = -\boldsymbol{p}_4$. Damit ist

$$\begin{aligned} s &= (p_1 + p_2)^2 = (E_1/c + E_2/c)^2 \\ &= (E_1^2 + E_2^2 + 2E_1E_2)/c^2, \end{aligned} \tag{10.121}$$

und mit $E_i/c = \sqrt{\boldsymbol{p}_i^2 + m_i^2 c^2}$ folgt

$$s - 2\boldsymbol{p}_1^2 - (m_1^2 + m_2^2)c^2 = 2E_1E_2/c^2. \tag{10.122}$$

Nach dem Quadrieren dieser Gleichung fallen die Terme proportional zu $(\boldsymbol{p}_1^2)^2$ heraus, und man erhält

$$s^2 - 4s\boldsymbol{p}_1^2 - 2s(m_1^2 + m_2^2)c^2 + (m_1^2 + m_2^2)^2 c^4 - 4m_1^2 m_2^2 c^4 = 0 \tag{10.123}$$

oder

$$\begin{aligned} 4s\boldsymbol{p}_1^2 &= s^2 - 2s(m_1^2 + m_2^2)c^2 + (m_1^2 - m_2^2)^2c^4 \\ &= \lambda(s, m_1^2c^2, m_2^2c^2), \end{aligned} \tag{10.124}$$

woraus (10.78) folgt. Daraus lässt sich nun die Energie über

$$\begin{aligned} E_1^2/c^2 = \boldsymbol{p}_1^2 + m_1^2c^2 &= \frac{\lambda(s, m_1^2c^2, m_2^2c^2) + 4s\,m_1^2c^2}{4s} \\ &= \frac{[s + (m_1^2 - m_2^2)c^2]^2}{4s} \end{aligned} \tag{10.125}$$

berechnen.

Ganz analog folgen die restlichen Relationen im Schwerpunktsystem.

(b) Im Laborsystem ist $p_2^\mu = (m_2c, \mathbf{0})^\top$, wodurch sich alle Mandelstam-Variablen unmittelbar durch die Energien ausdrücken lassen:

$$\begin{aligned} s &= (p_1 + p_2)^2 = m_1^2c^2 + 2E_1m_2 + m_2^2c^2, \\ t &= (p_2 - p_4)^2 = m_2^2c^2 - 2m_2E_4 + m_4^2c^2, \\ u &= (p_2 - p_3)^2 = m_2^2c^2 - 2m_2E_3 + m_3^2c^2. \end{aligned} \tag{10.126}$$

Daraus ergeben sich unmittelbar die angegebenen Ausdrücke für die Energien E_i.

Die zugehörigen Impulse folgen aus der Energie-Impuls-Beziehung $\boldsymbol{p}_i^2 = E_i^2/c^2 - m_i^2c^2$, im Speziellen

$$\begin{aligned} \boldsymbol{p}_1^2 &= \frac{[s - (m_1^2 + m_2^2)c^2]^2 - 4m_2^2c^2(m_1^2c^2)}{4m_2^2c^2} \\ &= \frac{1}{4m_2^2c^2}\lambda(s, m_1^2c^2, m_2^2c^2). \end{aligned} \tag{10.127}$$

10.8 Im Schwerpunktsystem ist $p^\mu = (Mc, \mathbf{0}) = p_A^\mu + p_B^\mu$. Die Energie-Impuls-Relation $p_B^2 = m_B^2c^2$ kann damit geschrieben werden als

$$\begin{aligned} m_B^2c^2 &= (p - p_A)^2 = p^2 - 2p \cdot p_A + p_A^2 \\ &= M^2c^2 - 2ME_A + m_A^2c^2, \end{aligned} \tag{10.128}$$

woraus

$$E_A/c^2 = \frac{M^2 + m_A^2 - m_B^2}{2M} \tag{10.129}$$

folgt. Analog erhält man

$$E_B/c^2 = \frac{M^2 + m_B^2 - m_A^2}{2M}. \tag{10.130}$$

Die Summe davon ist offensichtlich $(E_A + E_B)/c^2 = M$, was gerade die Energieerhaltungsgleichung darstellt. Deren direkte Lösung würde aber die Berechnung von $\boldsymbol{p}_A^2 = \boldsymbol{p}_B^2$ aus einer Gleichung mit Wurzelausdrücken erfordern.

10.9 Die Schwerpunktsenergie $m_{\Delta^+}c^2$ teilt sich gemäß (10.95) bei $\mathrm{p}^+ + \gamma \to \Delta^+$ entsprechend

$$\begin{aligned} E_\mathrm{p} &= \frac{1{,}232^2 + 0{,}938^2}{2 \cdot 1{,}232}\,\mathrm{GeV} = 0{,}973\,\mathrm{GeV}, \\ E_\gamma &= \frac{1{,}232^2 - 0{,}938^2}{2 \cdot 1{,}232}\,\mathrm{GeV} = 0{,}259\,\mathrm{GeV} \end{aligned} \tag{10.131}$$

und bei $\Delta^+ \to p^+ + \pi^0$ entsprechend

$$\begin{aligned} E_\mathrm{p} &= \frac{1{,}232^2 + 0{,}938^2 - 0{,}135^2}{2 \cdot 1{,}232}\,\mathrm{GeV} = 0{,}966\,\mathrm{GeV}, \\ E_{\pi^0} &= \frac{1{,}232^2 + 0{,}135^2 - 0{,}938^2}{2 \cdot 1{,}232}\,\mathrm{GeV} = 0{,}266\,\mathrm{GeV} \end{aligned} \tag{10.132}$$

auf.

Die Rapidität des Protons beträgt im ersteren Fall $\xi_1 = \operatorname{arcosh}(E_\mathrm{p}/m_\mathrm{p}c^2) = \operatorname{arcosh}(0{,}973/0{,}938) = 0{,}273$, im letzteren $\xi_2 = \operatorname{arcosh}(0{,}966/0{,}938) = 0{,}242$. Wird das sekundäre Proton in Richtung des primären emittiert, ist die Änderung der Rapidität $\Delta\xi_1 = -0{,}03$, bei entgegengesetzter Richtung $\Delta\xi_2 = -0{,}515$.

Bei sehr hohen kinetischen Energien und $\xi \gg 1$ gilt

$$\frac{E}{mc^2} = \gamma = \cosh\xi \approx \frac{1}{2}\mathrm{e}^\xi. \tag{10.133}$$

Die berechneten Verschiebungen von $\Delta\xi$ bedeuten eine Multiplikation mit den Faktoren

$$\mathrm{e}^{\Delta\xi_1} \approx 0{,}97, \quad \mathrm{e}^{\Delta\xi_2} \approx 0{,}60 \tag{10.134}$$

und somit Energieverluste zwischen 3 % und 40 %. (Hier ist der genaue Wert von ξ nicht wesentlich, solange $\xi \gg 1$ ist. Für $E_\mathrm{p} \sim 10^{11}$ GeV ist $\xi \sim 26$ und daher mehr als hinreichend groß.)

10.10

(a) Mit

$$\tan\frac{\vartheta}{2} = \sqrt{\frac{1 - \cos\vartheta}{1 + \cos\vartheta}} = \sqrt{\frac{|\boldsymbol{p}| - p_\parallel}{|\boldsymbol{p}| + p_\parallel}} \tag{10.135}$$

ist

$$\eta = -\ln\left(\tan\frac{\vartheta}{2}\right) = \frac{1}{2}\ln\frac{|\boldsymbol{p}| + p_\parallel}{|\boldsymbol{p}| - p_\parallel} = \operatorname{artanh}\frac{p_\parallel}{|\boldsymbol{p}|}. \tag{10.136}$$

Für $\gamma = E/(mc^2) = \sqrt{\boldsymbol{p}^2 + m^2c^2}/(mc) \gg 1$ ist $\boldsymbol{p}^2 \gg m^2c^2$ und $E \approx |\boldsymbol{p}|c$. Die longitudinale Rapidität wird daher

$$y = \operatorname{artanh}\frac{p_\parallel c}{E} \approx \operatorname{artanh}\frac{p_\parallel}{|\boldsymbol{p}|} = \eta \quad (\gamma \gg 1). \tag{10.137}$$

(b) Unter einer Lorentz-Transformation mit Geschwindigkeit $c\beta$ in longitudinaler Richtung transformieren Energie und Impuls als Vierervektor entsprechend

$$\begin{aligned} E' &= \gamma E - \beta\gamma p_{\|}\, c, \\ p'_{\|} &= \gamma p_{\|} - \beta\gamma E/c, \\ p'_{\perp} &= p_{\perp}. \end{aligned} \tag{10.138}$$

Damit ist

$$\begin{aligned} y' &= \frac{1}{2}\ln\frac{E' + p'_{\|}c}{E' - p'_{\|}c} = \frac{1}{2}\ln\frac{\gamma E - \beta\gamma p_{\|}\, c + \gamma p_{\|}\, c - \beta\gamma E}{\gamma E - \beta\gamma p_{\|}\, c - \gamma p_{\|}\, c + \beta\gamma E} \\ &= \frac{1}{2}\ln\frac{(1-\beta)(E + p_{\|}c)}{(1+\beta)(E - p_{\|}c)} = y - \frac{1}{2}\ln\frac{(1+\beta)}{(1-\beta)} \\ &= y - \operatorname{artanh}\beta. \end{aligned} \tag{10.139}$$

Literatur

Weiterführende Literatur

Byckling E., Kajantie K.: Particle Kinematics. Wiley, New York (1973)

Elektrodynamik

Teil II

Inhaltsverzeichnis

Die Maxwell-Gleichungen 11

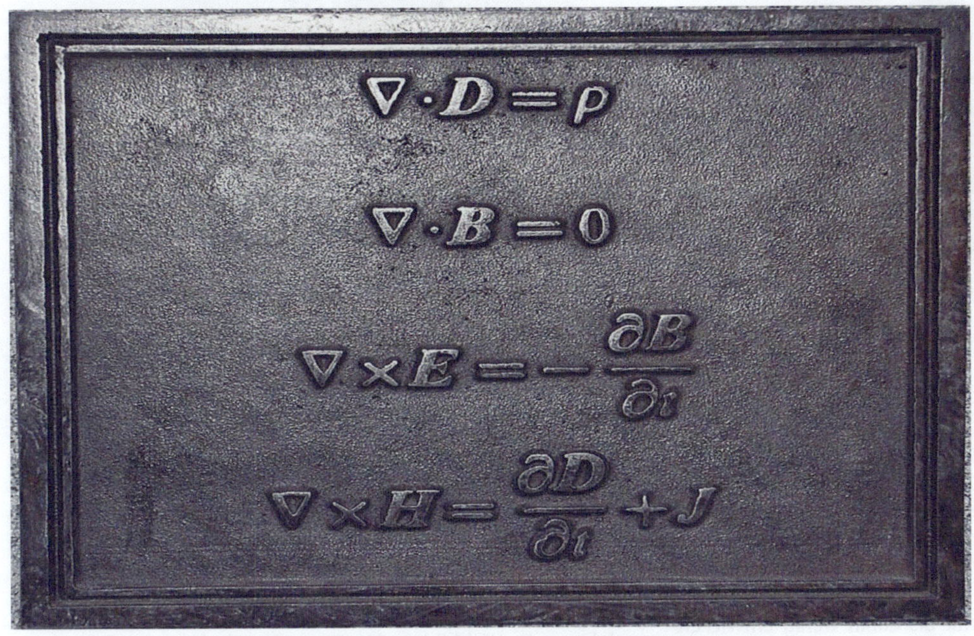

Was unterscheidet magnetische von elektrischen Feldern?

Was beinhaltet der Feldbegriff?

Wie hängen Elektrizität und Magnetismus zusammen?

Warum sprengten die Maxwell-Gleichungen die nichtrelativistische Physik?

Kann man Feldern sowohl Energie als auch Impuls zuschreiben?

Wozu braucht man Potenziale?

M. Bartelmann et al., *Theoretische Physik*, DOI 10.1007/978-3-642-54618-1_11, © Springer-Verlag Berlin Heidelberg 2015

Abb. 11.1 Michael Faraday (1791–1867), © nickolae – Fotolia.com

Abb. 11.2 James Clerk Maxwell (1831–1879), © nickolae – Fotolia.com

Die Elektrodynamik, die fundamentale Theorie, die elektrische und magnetische Felder miteinander untrennbar verknüpft, ist mit ihren vielfältigen Anwendungen aus unserer Zivilisation heutzutage nicht mehr wegzudenken. Bis zum Anfang des 19. Jahrhunderts kannte die Physik aber nur eine qualitative Phänomenologie von nicht miteinander in Beziehung gebrachten Erscheinungen von Elektrizität und Magnetismus. Dieses Gebiet war bis dahin wenig entwickelt und entsprechend wenig attraktiv für die theoretische Physik, jedenfalls im Vergleich zur klassischen Mechanik, die zu dieser Zeit bereits weitgehend ihre mathematische Vollendung erfuhr.

Ein entscheidender Entwicklungsschub fand in der ersten Hälfte des 19. Jahrhunderts statt, nachdem 1820 der dänische Physiker *Hans Christian Oersted* (1777–1851) entdeckt hatte, dass elektrische Ströme Magnetfelder hervorrufen. *Michael Faraday* (1791–1867, Abb. 11.1) suchte und fand 1831 die umgekehrte Verbindung, nämlich dass veränderliche Magnetfelder Ströme verursachen können. Das von Faraday geprägte intuitive Bild von raumfüllenden Kraftlinien wurde vom schottischen Physiker *James Clerk Maxwell* (1831–1879, Abb. 11.2) aufgegriffen und 1855 in eine mathematisch konsistente Formulierung gebracht, die er in mehreren Veröffentlichungen ausarbeitete (Maxwell 1873). Darin wurde insbesondere eine Wellentheorie entwickelt, die eine Vereinigung von Optik und Elektrodynamik nahelegte. Der experimentelle Beweis wurde 1886 von *Heinrich Hertz* (1857–1894) durch die Entdeckung der elektromagnetischen Wellen geliefert.

Dies führte zu ungeahnten technischen Entwicklungen, insbesondere der elektrischen Energieversorgung und der Nachrichtenübertragung durch Radiowellen. Noch 1850 hatte sich Faraday vom damaligen britischen Schatzkanzler die Frage gefallen lassen müssen, was denn der praktische Wert dieser ganzen Forschung sei, worauf Faraday schlagfertig und mit nicht zu überbietendem prophetischen Weitblick antwortete: „One day, Sir, you may tax it."

Als für die theoretische Physik besonders bedeutsam erwies sich in der Folge der Begriff raumfüllender Felder, der langsam, aber sicher zu einem Paradigmenwechsel führte, auch wenn die Mechanik noch lange das Weltbild der Physiker prägte und man zunächst noch nach mechanischen Modellen für die Maxwell'sche Theorie suchte. Letztlich stellten sich aber die früheren Begriffe wie starre Körper, Fernwirkungen, und auch die absolute Zeit der Newton'schen Mechanik als unhaltbar für die Fundamente der Physik heraus.

In diesem Kapitel werden wir die Aufstellung der fundamentalen Maxwell-Gleichungen induktiv, d. h. von den empirischen, experimentellen Grundtatsachen ausgehend, nachvollziehen. Sobald die Maxwell-Gleichungen und die Kräfte auf Ladungsträger als fundamentale Naturgesetze niedergeschrieben sind, wobei als technisches Detail die dabei eingesetzten Maßsysteme zu diskutieren sind (Abschn. 11.3), werden wir bereits in Abschn. 11.4 zu den Energie- und Impulserhaltungssätzen der Elektrodynamik vordringen, in denen die Felder neben den Trägern elektrischer Ladung als fundamentale und weitgehend gleichberechtigte Entitäten in Erscheinung treten. Die Lösungsmethoden und vielfältigen Anwendungen der Elektrodynamik werden dann Gegenstand der folgenden Kapitel sein. Dafür werden neben den elektrischen und magnetischen Feldern am Ende dieses Kapitel in Abschn. 11.5 bereits die elektrodynamischen Potenziale eingeführt, die zunächst als rein mathematische Hilfsfelder auftreten, aber letztlich eine wesentliche Grundlage für die modernere Physik bis hin zur Quantenfeldtheorie bilden.

In Kap. 12 werden konkrete Lösungsmethoden zuerst in der Elektrostatik diskutiert, bevor in einem mathematischen Einschub (Kap. 13) wichtiges theoretisches Rüstzeug entwickelt wird, das sich auch für die Quantenmechanik als unverzichtbar erweisen wird. Wir dehnen dann, was für Anwendungen sehr wichtig ist, die fundamentalen Maxwell-Gleichungen schrittweise zu phänomenologischen aus, in denen Polarisationseffekte von makroskopischer Materie berücksichtigt und durch zusätzliche Felder beschrieben werden. Dies wird zunächst für den elektrostatischen Fall in Kap. 14 durchgeführt und dann in Kap. 15 nach der Behandlung der Magnetostatik auf die gesamte Elektrodynamik ausgedehnt. Die Ausbreitung elektromagnetischer Wellen und die Optik sind Gegenstand von Kap. 16 und 17. Dies führt uns wieder zum fundamentalen Charakter der Elektrodynamik zurück: Sie ist eine Feldtheorie, die den Gesetzen der speziellen Relativitätstheorie unterworfen ist. Mithilfe des Viererformalismus des Minkowski-Raumes bringen wir in Kap. 18 die Grundgleichungen in eine Form, die den relativistischen Charakter manifest macht. Dieser ist eng mit der kausalen Struktur verknüpft, die in Kap. 19 über die Abstrahlung elektromagnetischer Wellen eine zentrale Rolle spielt. Schließlich wird in Kap. 20 der elegante Lagrange-Formalismus der Mechanik aus Abschn. 5.3 so erweitert, dass die relativistische Elektrodynamik darin Platz findet.

11.1 Aufstellung der fundamentalen Maxwell-Gleichungen

In dem vorliegenden Kapitel geht es zunächst darum, die fundamentalen Maxwell-Gleichungen aufzustellen und zu diskutieren, was sie auf der Ebene von Ladungsträgern im Vakuum besagen – vorerst ohne die Komplikation von den in der Praxis fast immer präsenten Eigenschaften von elektrisch neutraler Materie wie Polarisierbarkeit, Para- und Diamagnetismus.

Der Historie folgend beginnen wir mit der Elektrostatik und entwickeln den Feldbegriff, den wir in Teil I schon kurz in Form des Gravitationsfeldes kennengelernt hatten, weiter, wobei die Verallgemeinerung auf den zeitabhängigen (dynamischen) Fall zur Erkenntnis führt, dass magnetische und elektrische Felder untrennbar zusammenhängen.

Vom Coulomb'schen Gesetz zur elektrischen Feldstärke

Im Gegensatz zur Gravitationskraft gibt es bei der Elektrizität sowohl anziehende als auch abstoßende Kräfte. Gleichartiges stößt sich nun ab, während es für anziehende Kräfte unterschiedliche Ladungen braucht, wie *Charles Dufay* (1698–1739) im Jahr 1733 als Erster erkannte. Dass wie bei der Gravitation die Kräfte invers proportional zum Quadrat des Abstands

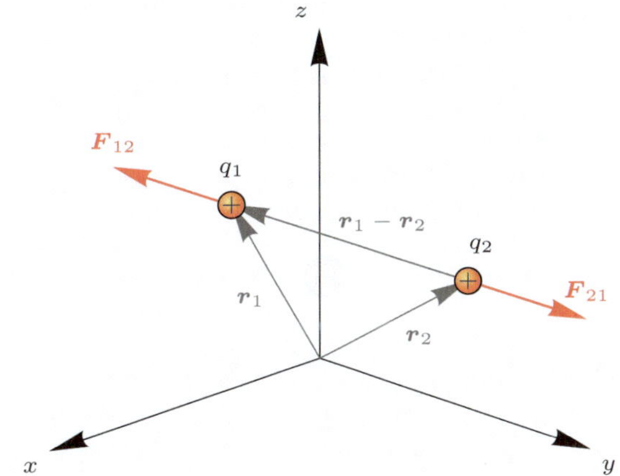

Abb. 11.3 Coulomb-Kraft: Zwei gleichartige Ladungen stoßen sich ab, mit gegengleichen Kräften ($\boldsymbol{F}_{21} = -\boldsymbol{F}_{12}$), die invers proportional zum Quadrat der Entfernung sind

sind, hatte *Joseph Priestley* (1733–1804) bereits 1767 aus Experimenten mit geladenen Hohlkugeln geschlossen (in der Folge von *Henry Cavendish*, 1731–1810, verfeinert), was schließlich *Charles-Augustin de Coulomb* (1736–1806) um 1785 direkt mittels einer Drehwaage verifizierte. Dieses nun nach Coulomb benannte Gesetz wurde in der neueren Physik experimentell auf allen Längenskalen von der Atomphysik bis zur Astrophysik bestätigt.

Analog zur Gravitationskraft zwischen zwei Punktmassen, (siehe (1.14)), aber mit einem anderen Vorzeichen, ergibt sich mit einer positiven Proportionalitätskonstanten k die Kraft $\boldsymbol{F}_{12}$ auf eine Punktladung q_1 am Ort $\boldsymbol{r}_1$, hervorgerufen durch eine Punktladung q_2, die am Ort $\boldsymbol{r}_2$ fixiert ist, durch (Abb. 11.3)

$$\boldsymbol{F}_{12} = k\frac{q_1 q_2}{|\boldsymbol{r}_1 - \boldsymbol{r}_2|^2}\,\hat{\boldsymbol{e}}_{12}, \quad \hat{\boldsymbol{e}}_{12} = \frac{\boldsymbol{r}_1 - \boldsymbol{r}_2}{|\boldsymbol{r}_1 - \boldsymbol{r}_2|}. \tag{11.1}$$

Die Konstante k hängt vom verwendeten Maßsystem ab und legt implizit die Einheiten fest, in denen Ladungen q angegeben werden. Wir werden in der Folge noch weitere, zunächst unbestimmte Proportionalitätskonstanten einführen und in Abschn. 11.3 die verschiedenen in der Physik und Technik gebräuchlichen Maßsysteme vergleichen.

Eine weitere experimentelle Grundtatsache, die zum Coulomb-Gesetz gehört, ist das *Superpositionsprinzip*: Wenn weitere Ladungen $q_3, \ldots, q_N$ vorhanden sind, ergibt sich die Kraft auf die Ladung q_1 durch die (vektorielle) Summe der Zweikörperkräfte:

$$\boldsymbol{F}_1 = \sum_{i=2}^{N} \boldsymbol{F}_{1i} = k\,q_1 \sum_{i=2}^{N} q_i \frac{\boldsymbol{r}_1 - \boldsymbol{r}_i}{|\boldsymbol{r}_1 - \boldsymbol{r}_i|^3}. \tag{11.2}$$

Ebenso wie es möglich war, die Gravitationskraft über ein Gravitationsfeld zu beschreiben, das unabhängig vom physika-

Teil II

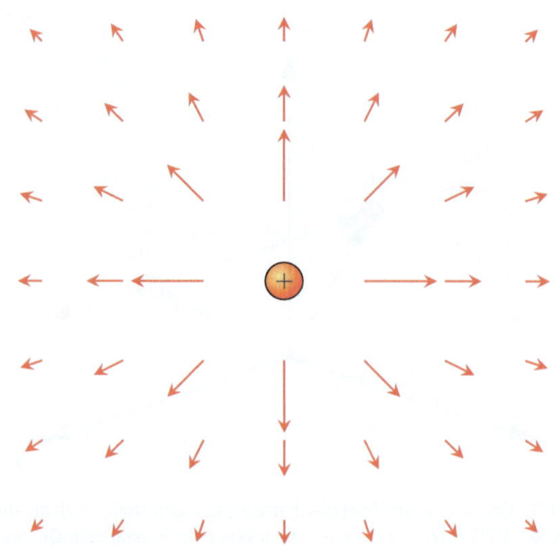

Abb. 11.4 Elektrisches Feld einer positiven Ladung

lischen Körper ist, mit dem es vermessen wird (siehe (1.17)), können wir die *elektrische Feldstärke* $\boldsymbol{E}(\boldsymbol{r})$ definieren als die Kraft pro Ladung, die auf eine punktförmige Testladung wirkt, wenn sie an die Stelle $\boldsymbol{r}$ gebracht wird und dabei die bereits vorhandenen Ladungen ortsfest bleiben (Abb. 11.4).

Wegen des linearen Zusammenhangs zwischen Kraft auf eine Testladung und Ladung der Testladung gilt

$$\boldsymbol{E}(\boldsymbol{r}) = \frac{\boldsymbol{F}(\boldsymbol{r})}{q} = k \sum_i q_i \frac{\boldsymbol{r} - \boldsymbol{r}_i}{|\boldsymbol{r} - \boldsymbol{r}_i|^3}. \tag{11.3}$$

Das elektrische Feld und seine Feldstärke $\boldsymbol{E}(\boldsymbol{r})$ erscheinen hier zunächst nur als eine Hilfsgröße für die eigentlich physikalisch relevante Größe der Kraft auf (Test-)Ladungen. Anstatt die vektorielle Summe von Fernkräften für jeden Ort neu zu berechnen, wird das Konzept eines raumfüllenden Feldes $\boldsymbol{E}(\boldsymbol{r})$ eingeführt und die Kraft lokal durch Multiplikation mit q bestimmt. Die tiefere Bedeutung des Feldbegriffs kommt aber daher, dass elektromagnetische Felder im dynamischen Fall auch von den Ladungsträgern getrennt werden und als Strahlung quasi ein Eigenleben führen können, wie sich im Weiteren noch herausstellen wird.

Die explizite Form des elektrischen Feldes für ein System von ruhenden Punktladungen (11.3) lässt sich unmittelbar auf eine kontinuierliche Ladungsverteilung (Ladungsdichte) $\rho(\boldsymbol{r}')$ verallgemeinern:

$$\boldsymbol{E}(\boldsymbol{r}) = k \int \mathrm{d}V' \rho(\boldsymbol{r}') \frac{\boldsymbol{r} - \boldsymbol{r}'}{|\boldsymbol{r} - \boldsymbol{r}'|^3}. \tag{11.4}$$

Das Integral stellt hier einfach die Aufsummation von allen Beiträgen der infinitesimalen Ladungen $\mathrm{d}V' \rho(\boldsymbol{r}')$ an den Stellen $\boldsymbol{r}'$ dar. Gleichung (11.4) ist somit nichts anderes als das Coulomb'sche Gesetz in einer Integraldarstellung.

Die Darstellung mit einer kontinuierlichen Ladungsverteilung $\rho(\boldsymbol{r})$ beinhaltet das Resultat (11.3) für den Fall von Punktladungen als den Grenzfall, wo diese Punktladungen q_i in kleinen Bereichen um die Punkte $\boldsymbol{r}_i$ konzentriert sind und dann die Ausdehnung dieser Bereiche verschwindend klein gemacht wird, während q_i unverändert bleibt. Weil in diesem Grenzfall die Ladungsdichte $\rho(\boldsymbol{r})$ an den Stellen $\boldsymbol{r}_i$ unendlich wird, während sie überall sonst verschwindet, ist diese nicht mehr durch eine gewöhnliche Funktion zu beschreiben, sondern durch eine *verallgemeinerte Funktion* oder *Distribution* (siehe den „Mathematischen Hintergrund" 11.1).

Dirac-Deltafunktion

Eine verallgemeinerte Funktion, die überall verschwindet, außer an einem Punkt, und die an diesem so singulär ist, dass das Integral darüber eins ergibt, ist von *Paul Dirac* (1902–1984) in die physikalische Literatur als „Deltafunktion" eingeführt worden, mit der Definition (in einer Variablen)

$$\delta(x) = 0 \quad \forall\, x \neq 0, \qquad \int \delta(x)\,\mathrm{d}x = 1. \tag{11.5}$$

Ist $f(x)$ eine Funktion, die an der Stelle $x = a$ stetig ist, gilt damit

$$\int f(x)\,\delta(x-a)\,\mathrm{d}x = f(a), \tag{11.6}$$

sofern der Integrationsbereich den Punkt $x = a$ enthält.

Auch (beliebig viele) Ableitungen der Dirac'schen Deltafunktion sind erlaubt und über partielle Integration definiert (solange die übrigen Funktionen unter dem Integral hinreichend oft differenzierbar sind), ohne dass Randterme zu berücksichtigen wären, z. B.

$$\int f(x)\,\delta'(x-a)\,\mathrm{d}x = -\int f'(x)\,\delta(x-a)\,\mathrm{d}x = -f'(a). \tag{11.7}$$

Diese sogenannte *Dirac'sche Deltafunktion* kann als Grenzfall von diversen stetigen Funktionen dargestellt werden. Beispiele sind

$$\lim_{\epsilon \to 0} \frac{1}{\epsilon\sqrt{\pi}} \mathrm{e}^{-x^2/\epsilon^2} = \delta(x), \tag{11.8}$$

$$\lim_{\epsilon \to 0} \frac{1}{\pi} \frac{\epsilon}{x^2 + \epsilon^2} = \delta(x). \tag{11.9}$$

Man kann aber auch unstetige Funktionen heranziehen, über die ja problemlos integriert werden kann. Insbesondere hat man mit

Vertiefung: Gültigkeitsbereich des Superpositionsprinzips

Das Superpositionsprinzip des Coulomb'schen Kraftgesetzes (11.2) ist ganz analog zu dem der Newton'schen Gravitationstheorie. Allerdings gilt dieses in der Einstein'schen Gravitationstheorie nicht mehr, sobald Gravitationseffekte so stark werden, dass die Newton'sche Theorie keine gute Näherung mehr darstellt, z. B. bei Schwarzen Löchern. In der klassischen Elektrodynamik, in der das Coulomb'sche Gesetz eingebettet ist, gilt das Superpositionsprinzip dagegen aufgrund der Linearität der Maxwell-Gleichungen exakt.

Erst beim Übergang zu einer Quanten(feld)theorie der Maxwell-Theorie, in der Quantenelektrodynamik, kommen hier im Prinzip Nichtlinearitäten ins Spiel. Es erfordert aber extrem starke elektromagnetische Felder, um diese direkt nachweisen zu können (implizit sind sie natürlich über die vielfältigen Effekte der Quantenelektrodynamik präsent). Ein bereits experimentell verifiziertes Beispiel ist hier die sogenannte *Delbrück-Streuung*, die Streuung von Photonen am Coulomb-Feld von Atomkernen mit großer Kernladungszahl. Photonen, die Quanten des elektromagnetischen Feldes, werden also durch starke elektrische Felder beeinflusst; das Superpositionsprinzip für die Felder ist damit verletzt.

Dass die klassische Elektrodynamik bei vorgegebenen Quellen eine lineare Theorie ist, in der das Superpositionsprinzip exakt gültig ist, stellt übrigens eine Ausnahme unter den bekannten Grundkräften dar. Neben der gravitationellen Wechselwirkung werden auch die starke und die schwache Kernkraft durch nichtlineare Feldtheorien beschrieben. Nichtlinearität in den fundamentalen Wechselwirkungen bedeutet, dass es zu Mehrkörperkräften kommt, die man in der klassischen Mechanik üblicherweise ausschließt. Insbesondere in der starken Kernkraft spielen Mehrkörperkräfte aufgrund der Stärke dieser Wechselwirkung eine wichtige Rolle.

der *Heaviside'schen Stufenfunktion*

$$\theta(x) = \begin{cases} 1 & \text{wenn } x > 0 \\ 0 & \text{wenn } x < 0 \end{cases} \quad (11.10)$$

folgende Darstellung:

$$\lim_{\epsilon \to 0} \frac{\theta(x+\epsilon) - \theta(x-\epsilon)}{2\epsilon} = \delta(x). \quad (11.11)$$

Die Dirac'sche Deltafunktion kann damit als Ableitung dieser eigentlich nicht differenzierbaren θ-Funktion aufgefasst werden.

Frage 1

Überzeugen Sie sich, dass die linke Seite von (11.11) mit kleiner werdendem ϵ zunehmend besser die Eigenschaften in der Definition (11.5) realisiert.

Abbildung 11.5 zeigt die zwei Beispiele (11.8) und (11.11) für δ-Folgen. Es gibt auch Darstellungen der Deltafunktion als Grenzwert einer Folge von Funktionen, die für $x \neq 0$ nicht gegen null konvergiert, wo aber das Integral über jedes Intervall, das $x = 0$ nicht enthält, verschwindet. Ein solches in der theoretischen Physik öfters auftretendes Beispiel ist

$$\lim_{\epsilon \to 0} \frac{1}{\pi} \frac{\sin(x/\epsilon)}{x} = \delta(x). \quad (11.12)$$

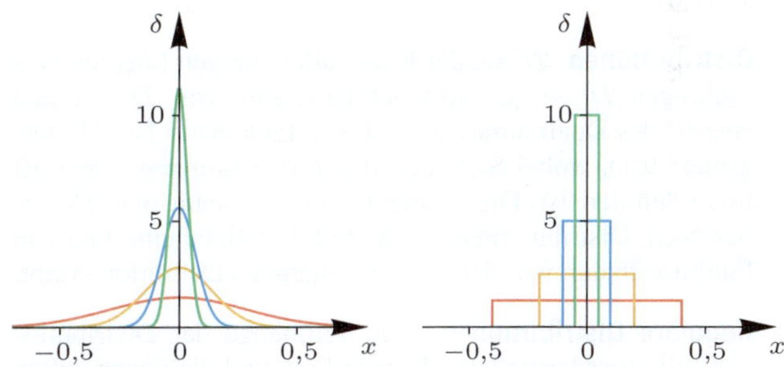

Abb. 11.5 Zwei Beispiele für die Darstellung der Dirac'schen Deltafunktion als Grenzwert von δ-Folgen (siehe (11.8) und (11.11))

Hier oszillieren die Funktionen für $x \neq 0$ und $\epsilon \to 0$ immer stärker um null. Das Lemma von Riemann-Lebesgue (Arens 2012) sorgt dann dafür, dass auch hier (11.6) realisiert wird.

Eine wichtige Eigenschaft der Deltafunktion ist (Aufgabe 11.6)

$$\delta(cx) = \frac{1}{|c|}\delta(x), \quad (11.13)$$

die sich für eine Funktion $g(x)$, die mehrere einfache Nullstellen bei $x = x_k$ hat, auf

$$\delta(g(x)) = \sum_k \frac{1}{|g'(x_k)|}\delta(x - x_k) \quad (11.14)$$

verallgemeinert.

11.1 Mathematischer Hintergrund: Distributionen

Distributionen sind ein wichtiger Begriff der Funktionalanalysis, da sie eine besondere Art eines Funktionals (Abschn. 5.5) definieren und Funktionen verallgemeinern (sie werden daher auch als *verallgemeinerte Funktionen* bezeichnet). Die Theorie der Distributionen erlaubt es insbesondere, Funktionen abzuleiten, die im klassischen Sinn nicht differenzierbar sind. Dazu betrachtet man zuerst Funktionenräume, die von besonders „gutartigen" Funktionen gebildet werden:

Raum der Testfunktionen mit kompaktem Träger Für diesen verwenden wir $C_0^\infty(\mathbb{R}^n)$, den linearen Raum aller Funktionen auf $\mathbb{R}^n$, die unendlich oft differenzierbar sind und einen kompakten Träger haben, d. h., sie sollen außerhalb einer kompakten Teilmenge des $\mathbb{R}^n$ identisch verschwinden. (Kompaktheit im $\mathbb{R}^n$ bedeutet, dass die Menge abgeschlossen und beschränkt ist.) Auf diesem Raum lässt sich ohne Schwierigkeiten ein Konvergenzbegriff für Funktionenfolgen definieren. Mit der entsprechenden Topologie ausgestattet bezeichnet man $C_0^\infty(\mathbb{R}^n)$ als den Testfunktionenraum $\mathcal{D}(\mathbb{R}^n)$.

Distributionen $\mathcal{D}'$ sei der Raum aller stetigen linearen Abbildungen $\mathcal{D} \to \mathbb{C}$, also der Dualraum von $\mathcal{D}$ (für den Begriff des Dualraumes siehe den „Mathematischen Hintergrund" 9.1), wobei Stetigkeit durch den Konvergenzbegriff in $\mathcal{D}$ definiert ist. Die Elemente von $\mathcal{D}'$ nennt man *Distributionen*. Distributionen stellen eine Verallgemeinerung von Funktionen dar, wie sich aus der folgenden Definition ergibt.

Reguläre Distributionen Eine Teilmenge der Distributionen mit einer besonderen Eigenschaft sind die sogenannten *regulären Distributionen*, die durch lokal integrierbare Funktionen $f \in L^1_{\text{loc}}(\mathbb{R}^n)$ erzeugt werden. Letzteres bedeutet, dass $f : \mathbb{R}^n \to \mathbb{C}$ auf jeder kompakten Teilmenge des $\mathbb{R}^n$ integrierbar ist. Dann ergibt sich durch

$$\psi_f(\varphi) = \int_{\mathbb{R}^n} f(x)\,\varphi(x)\,\mathrm{d}x, \qquad \varphi \in C_0^\infty(\mathbb{R}^n)$$

ein Funktional, das eine reguläre Distribution darstellt.

Als andere Schreibweise verwendet man auch oft $\psi_f(\varphi) = \langle f, \varphi\rangle$.

Ein wichtiges Beispiel für eine nichtreguläre Distribution ist die *Deltadistribution* δ_{x_0}, die einfach dadurch definiert ist, dass jeder Testfunktion ihr Funktionswert am Ort $x_0 \in \Omega$ zugewiesen wird:

$$\delta_{x_0} : \mathcal{D} \to \mathbb{C}, \; \delta_{x_0}(\varphi) = \varphi(x_0).$$

Dies ist offenbar eine stetige Abbildung auf dem Testfunktionenraum $\mathcal{D}$. Sie ist auch genau das, was die Physiker Dirac-Deltafunktion nennen und was alternativ als

$$\delta_{x_0}(\varphi) = \langle \delta_{x_0}, \varphi\rangle = \int \delta(x - x_0)\,\varphi(x)\,\mathrm{d}x = \varphi(x_0)$$

notiert wird. Die Schreibweise als Integral ist hierbei aber nur als Abbildungsvorschrift zu verstehen und nicht als Integral im üblichen (Lebesgue'schen) Sinn.

Der Schwartz-Raum und temperierte Distributionen Eine wichtige Erweiterung des Testfunktionenraumes stellt der von *Laurent Schwartz* (1915–2002) im Jahr 1947 eingeführte sogenannte *Schwartz-Raum* $\mathcal{S}(\mathbb{R}^n)$ der schnell fallenden Funktionen dar. Dieser besteht aus Funktionen, die unendlich oft differenzierbar sind, von denen aber nicht mehr verlangt wird, dass sie kompakten Träger haben, sondern nur dass sie zusammen mit all ihren Ableitungen schneller abfallen als jedes inverse Polynom. (Ein Beispiel dafür ist eine Gauß'sche Glockenkurve $f(x) = \exp(-x^2)$; siehe Abb. 13.1.)

Dieser Funktionenraum besitzt die Eigenschaft, dass jedes Produkt von zwei Elementen wieder ein Element des Schwartz-Raumes ist und dass Elemente beliebig mit Polynomen multipliziert und beliebig oft abgeleitet werden dürfen.

Die Elemente des Dualraumes des Schwartz-Raumes, also die stetigen linearen Abbildungen der Form $T : \mathcal{S}(\mathbb{R}^n) \to \mathbb{C}$, heißen *temperierte Distributionen*. Dieser Raum wird entsprechend als $\mathcal{S}'(\mathbb{R}^n)$ bezeichnet und stellt eine Einschränkung des Raumes der Distributionen dar, $\mathcal{S}'(\mathbb{R}^n) \subset \mathcal{D}'(\mathbb{R}^n)$.

Die oben erwähnte Deltadistribution ist ein Beispiel für eine temperierte Distribution, da sie auch auf $\mathcal{S}(\mathbb{R}^n)$ eine stetige lineare Abbildung darstellt.

Um eine Ladungsdichte $\rho(\boldsymbol{r})$ für Punktladungen anschreiben zu können, benötigen wir die Verallgemeinerung der Dirac-Deltafunktion auf mehrere Variablen. In kartesischen Koordinaten ist diese einfach durch

$$\delta(\boldsymbol{r} - \boldsymbol{r}_i) = \delta(x - x_i)\,\delta(y - y_i)\,\delta(z - z_i) \tag{11.15}$$

gegeben. Das elektrische Feld (11.3) für eine Zahl von Punktladungen q_i, ergibt sich aus der Integraldarstellung (11.4) damit durch

$$\rho(\boldsymbol{r}') = \sum_i q_i \delta(\boldsymbol{r}' - \boldsymbol{r}_i).$$

11.2 Mathematischer Hintergrund: Rechenregeln für Distributionen

Wir wollen hier die wichtigsten Rechenregeln für Distributionen darstellen und erinnern daran, dass der Testfunktionenraum $\mathcal{D}$ mengentheoretisch durch $C_0^\infty(\mathbb{R}^n)$, den Raum der unendlich oft differenzierbaren Funktionen mit kompaktem Träger, gegeben ist, und Distributionen die stetigen linearen Funktionale darauf sind (siehe den „Mathematischen Hintergrund" 11.1). Im Folgenden betrachten wir nur den Fall $n = 1$, wobei ähnliche Aussagen auch allgemein für $\mathbb{R}^n$ gelten.

Linearität Es seien $f, g \in \mathcal{D}'$ zwei Distributionen und $\varphi, \psi \in C_0^\infty(\mathbb{R})$. Dann gilt für alle $\lambda \in \mathbb{R}$

$$\begin{aligned}\langle f+g, \varphi\rangle &= \langle f, \varphi\rangle + \langle g, \varphi\rangle\,,\\ \langle f, \varphi+\psi\rangle &= \langle f, \varphi\rangle + \langle f, \psi\rangle\,,\\ \langle \lambda f, \varphi\rangle &= \langle f, \lambda\varphi\rangle = \lambda\,\langle f, \varphi\rangle\,.\end{aligned}$$

Skalierung und Translation Distributionen können skaliert und translatiert werden. Dazu betrachten wir zuerst reguläre Distributionen f, die durch lokal integrierbare Funktionen gegeben sind:

$$\langle f, \varphi\rangle = \int_{\mathbb{R}} f(t)\,\varphi(t)\,\mathrm{d}t.$$

Dann gilt für $c \in \mathbb{R}\setminus\{0\}$

$$\int_{\mathbb{R}} f(cs)\,\varphi(s)\,\mathrm{d}s = \frac{1}{|c|}\int_{\mathbb{R}} f(t)\,\varphi\left(\frac{t}{c}\right)\mathrm{d}t,$$

und für $a \in \mathbb{R}$ ergibt sich die Translationseigenschaft

$$\int_{\mathbb{R}} f(s-a)\,\varphi(s)\,\mathrm{d}s = \int_{\mathbb{R}} f(t)\,\varphi(t+a)\,\mathrm{d}t$$

für alle $\varphi \in C_0^\infty(\mathbb{R})$.

Nun sei f eine nichtreguläre Distribution. Dann definieren wir für die Skalierung mit $c \in \mathbb{R}\setminus\{0\}$

$$\langle f(c\cdot), \varphi\rangle := \frac{1}{|c|}\left\langle f, \varphi\left(\frac{\cdot}{c}\right)\right\rangle,$$

wobei der Punkt ein Platzhalter für das Argument darstellt. Für die Translation mit $a \in \mathbb{R}$ gilt

$$\langle f(\cdot - a), \varphi\rangle := \langle f, \varphi(\cdot + a)\rangle\,.$$

Ableitung Die Ableitung im *distributionellen Sinne* ist für $f \in \mathcal{D}'$ durch

$$\langle f', \varphi\rangle = -\langle f, \varphi'\rangle$$

gegeben. Da φ unendlich oft differenzierbar ist, sind damit auch beliebig hohe Ableitungen einer Distribution definiert.

Multiplikation mit einer Funktion Es sei $f \in \mathcal{D}'$ eine Distribution und $g \in C^\infty(\mathbb{R})$ eine unendlich oft stetig differenzierbare Funktion. Dann ist auch $g \cdot f \in \mathcal{D}'$, definiert durch

$$\langle gf, \varphi\rangle = \langle f, g\varphi\rangle \qquad \varphi \in C_0^\infty(\mathbb{R}).$$

Für die Ableitung im distributionellen Sinn gilt weiterhin die Produktregel

$$(gf)' = gf' + g'f.$$

Zu beachten ist allerdings, dass Produkte von Distributionen nicht immer definiert sind.

Literatur

- Arens, et al.: Mathematik. 2. Aufl., Spektrum Akademischer Verlag (2012)
- Walter, W.: Einführung in die Theorie der Distributionen. B. I. Wissenschaftsverlage (1994)

Mit dem Gauß'schen Integralsatz zum Gauß'schen Gesetz

In der Formulierung des Coulomb'schen Gesetzes ist die wesentliche Einschränkung enthalten, dass die Ladungsverteilung $\rho(\boldsymbol{r}')$ zeitlich unveränderlich ist. Ein zunächst äquivalentes, aber, wie sich herausstellt, allgemeiner gültiges Gesetz lässt sich mithilfe des Gauß'schen Satzes der Vektoranalysis auffinden.

Dazu definieren wir den *Fluss eines Vektorfeldes* $\boldsymbol{X}(\boldsymbol{r})$ durch eine Fläche F als das Flächenintegral

$$\Phi = \int_F \mathbf{d}\boldsymbol{f} \cdot \boldsymbol{X}(\boldsymbol{r}). \tag{11.16}$$

Hierbei ist das Flächenelement $\mathbf{d}\boldsymbol{f} = \boldsymbol{n}\,\mathrm{d}f$ das Produkt aus dem Betrag des Flächenelements mit seinem Einheitsnormalenvektor, der die Richtung vorgibt, bezüglich der der Fluss betrachtet

11.3 Mathematischer Hintergrund: Integralsätze der Vektoranalysis Satz von Gauß und Satz von Stokes

Alternative Definition der Divergenz eines Vektorfeldes und der Satz von Gauß Die *lokale Quellstärke* oder *Divergenz* eines stetig differenzierbaren Vektorfeldes $\boldsymbol{X}$ kann ohne Bezug auf Koordinaten auch definiert werden durch den Grenzwert eines Flussintegrals

$$\operatorname{div}\boldsymbol{X}(\boldsymbol{r}) = \lim_{V\to 0}\frac{1}{V}\oint_{\partial V}\mathbf{d}\boldsymbol{f}\cdot\boldsymbol{X},$$

wobei V ein Volumen und ∂V dessen Randfläche ist, das den Punkt $\boldsymbol{r}$ einschließt und sich im Limes $V \to 0$ auf diesen Punkt zusammenzieht (Volumen und Volumeninhalt der Einfachheit halber mit denselben Symbolen bezeichnet). Das vektorielle Oberflächenelement $\mathbf{d}\boldsymbol{f}$ zeigt dabei in den Außenraum des Volumens (siehe z. B. Arens 2012 für eine ausführliche Diskussion von Oberflächenintegralen). In kartesischen Koordinaten kann man anhand eines infinitesimalen Würfelvolumens leicht nachweisen, dass dies mit der Definition in Abschn. 1.6,

$$\operatorname{div}\boldsymbol{X}(\boldsymbol{r}) = \boldsymbol{\nabla}\cdot\boldsymbol{X} = \partial_i X_i$$

(mit Einstein'scher Summenkonvention), übereinstimmt.

Der Fluss des Vektorfeldes $\boldsymbol{X}$ durch die Randfläche eines ausgedehnten Volumens mit stückweise glattem Rand kann berechnet werden, indem das Volumen in eine Anzahl N von Volumina V_n mit Randflächen ∂V_n zerlegt,

$$\oint_{\partial V}\mathbf{d}\boldsymbol{f}\cdot\boldsymbol{X} = \sum_{n=1}^{N}\oint_{\partial V_n}\mathbf{d}\boldsymbol{f}_n\cdot\boldsymbol{X} = \sum_{n=1}^{N}V_n\left[\frac{1}{V_n}\oint_{\partial V_n}\mathbf{d}\boldsymbol{f}_n\cdot\boldsymbol{X}\right],$$

und der Limes $N \to \infty$, $V_n \to 0$ durchgeführt wird. Wegen der geforderten stetigen Differenzierbarkeit von $\boldsymbol{X}$ heben sich dabei alle Beiträge der Randflächen im Inneren des Volumens weg, da dort zu jedem Flächenelement einer Randfläche ein benachbartes mit entgegengesetztem Normalenvektor existiert (Abb. 11.6a). Der Mittelwertsatz der Integralrechnung rechtfertigt dann die Grenzwertbildung und führt schließlich auf den Satz von Gauß:

$$\oint_{\partial V}\mathbf{d}\boldsymbol{f}\cdot\boldsymbol{X} = \int_V \mathrm{d}V\operatorname{div}\boldsymbol{X}.$$

Alternative Definition der Rotation eines Vektorfeldes und der Satz von Stokes Die *lokale Wirbelstärke* oder *Rotation* eines stetig differenzierbaren Vektorfeldes $\boldsymbol{X}$ kann definiert werden über die Grenzwerte von geschlossenen Wegintegralen:

$$\boldsymbol{n}\cdot\mathbf{rot}\,\boldsymbol{X}(\boldsymbol{r}) = \lim_{F\to 0}\frac{1}{F}\oint_{\partial F}\mathbf{d}\boldsymbol{r}\cdot\boldsymbol{X},$$

wobei F eine Fläche mit geschlossener Randkurve ∂F ist, die den Punkt $\boldsymbol{r}$ einschließt und sich im Limes $F \to 0$ auf diesen zusammenzieht. Dabei ist in diesem Limes $\boldsymbol{n}$ die Flächennormale, die so orientiert ist, dass Umlaufsinn durch ∂F und $\boldsymbol{n}$ eine Rechtsschraube bilden (Abschn. 1.6). Um alle Komponenten der Rotation auf diese Weise zu definieren, muss der Limes in drei Dimensionen dreimal mit linear unabhängigen Flächennormalen durchgeführt werden. In kartesischen Koordinaten kann man anhand von infinitesimalen Rechtecken, die in den drei Koordinatenebenen liegen, leicht zeigen, dass diese Definition mit der aus Abschn. 1.6 übereinstimmt:

$$\mathbf{rot}\,\boldsymbol{X} = \boldsymbol{\nabla}\times\boldsymbol{X}, \qquad (\mathbf{rot}\,\boldsymbol{X})_i = \varepsilon_{ijk}\partial_j X_k.$$

Analog zur obigen Vorgangsweise kann die Zirkulation eines Vektorfeldes entlang der Randkurve einer ausgedehnten Fläche F durch eine Zerlegung in Teilflächen F_n berechnet werden:

$$\oint_{\partial F}\mathbf{d}\boldsymbol{r}\cdot\boldsymbol{X} = \sum_{n=1}^{N}F_n\left[\frac{1}{F_n}\oint_{\partial F_n}\mathbf{d}\boldsymbol{r}_n\cdot\boldsymbol{X}\right].$$

Die Beiträge von Randkurven ∂F_n, die im Inneren der Fläche verlaufen, heben sich hierbei weg, weil benachbarte $\mathbf{d}\boldsymbol{r}_n$ entgegengesetzt orientiert sind und $\boldsymbol{X}$ als stetig differenzierbar vorausgesetzt ist (Abb. 11.6b). Im Limes $N \to \infty$ und $F_n \to 0$ rechtfertigt der Mittelwertsatz der Integralrechnung den Satz von Stokes:

$$\oint_{\partial F}\mathbf{d}\boldsymbol{r}\cdot\boldsymbol{X} = \int_F \mathbf{d}\boldsymbol{f}\cdot\mathbf{rot}\,\boldsymbol{X}.$$

Durch den Übergang von gewöhnlichen Funktionen zu verallgemeinerten Funktionen, den Distributionen, kann schließlich die Beschränkung auf überall stetig differenzierbare Vektorfelder aufgehoben werden.

Weitere Verallgemeinerungen Der Differenzialoperator **rot**, der aus einem Vektorfeld wieder ein Vektorfeld macht, funktioniert in dieser Weise nur in drei Dimensionen, während die Divergenz und auch der Satz von Gauß ohne Weiteres in beliebige Dimensionen verallgemeinert werden können.

Tatsächlich ist aber der Satz von Stokes der allgemeinere und enthält den Satz von Gauß als Spezialfall. Dazu muss allerdings der Differenzialoperator **rot** durch eine antisymmetrisierte Ableitung ohne Verwendung des Levi-Civita-Symbols ersetzt werden. Dies führt in der modernen Formulierung der Differenzialgeometrie, die auf den Mathematiker *Élie Joseph Cartan* (1869–1951) zurückgeht, auf das Konzept der *äußeren Ableitung* von *Differenzialformen*, die im Wesentlichen antisymmetrische Tensorfelder darstellen. (Eine pädagogische Einführung in diesen sehr mächtigen und eleganten, wenn auch gewöhnungsbedürftigen Formalismus findet sich z. B. in Misner et al. 1973.)

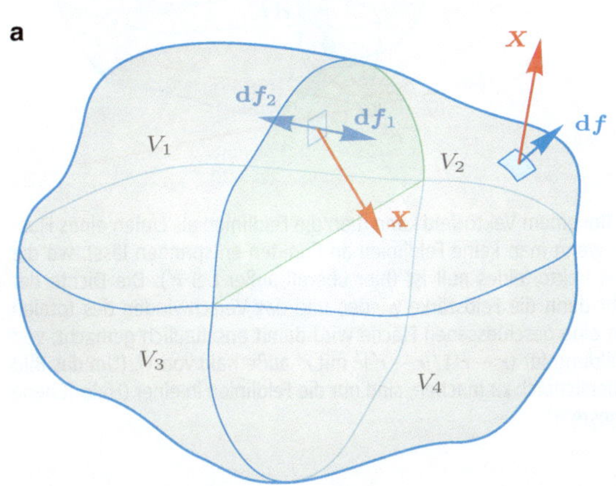

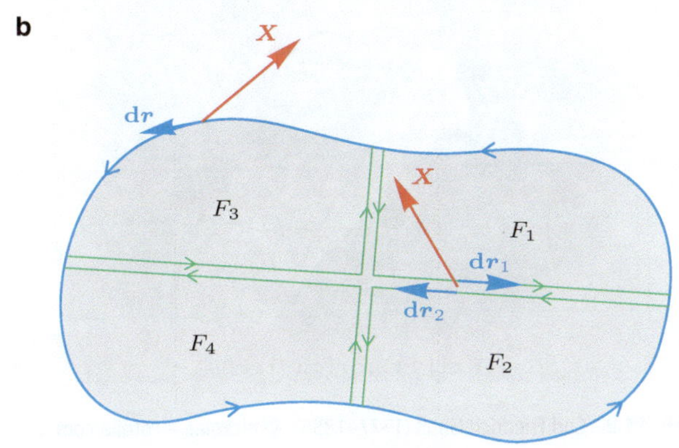

Abb. 11.6 Der Fluss durch die Oberfläche eines Volumens (**a**) und die Zirkulation eines Vektorfeldes um den Rand einer Fläche (**b**) kann zerlegt werden in die Beiträge von Teilvolumina V_i bzw. Teilflächen F_i. Die Beiträge von den Rändern im Inneren heben sich in beiden Fällen weg. Im Fall des Flusses eines Vektorfeldes haben die benachbarten vektoriellen Oberflächenelemente $\boldsymbol{df}_i$, und im Fall der Zirkulation die aneinandergrenzenden vektoriellen Wegelemente $\boldsymbol{dr}_i$ entgegengesetztes Vorzeichen

wird. Wenn ϑ der Winkel zwischen $\boldsymbol{X}(\boldsymbol{r})$ und $\boldsymbol{n}$ am Ort $\boldsymbol{r}$ ist, haben wir $\mathrm{d}\Phi = |\boldsymbol{X}|\cos(\vartheta)\,\mathrm{d}f$. Zeigt $\boldsymbol{X}$ in Richtung von $\boldsymbol{n}$, ist dieser Beitrag zum Fluss positiv, bei entgegengesetzter Richtung negativ, und wenn $\boldsymbol{X}$ parallel zur Fläche liegt und daher $\boldsymbol{n}\cdot\boldsymbol{X} = 0$ ist, verschwindet er.

Der *Gauß'sche Integralsatz* – oder auch *Satz von Gauß* (*Carl Friedrich Gauß*, 1777–1855; Abb. 11.8) erlaubt es, den Fluss eines Vektorfeldes durch eine geschlossene Oberfläche als ein Volumenintegral über die Divergenz des Vektorfeldes darzustellen (Abb. 11.7).

Gauß'scher Integralsatz (Divergenzsatz)

$$\oint_{\partial V} \boldsymbol{df}\cdot\boldsymbol{X}(\boldsymbol{r}) = \int_V \mathrm{d}V\,\mathrm{div}\,\boldsymbol{X}. \tag{11.17}$$

Hierbei ist V das von der Randfläche ∂V eingeschlossene Volumen.

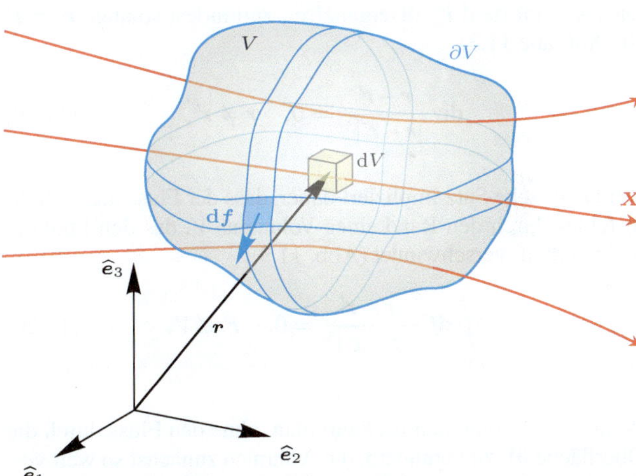

Abb. 11.7 Der Gauß'sche Integralsatz erlaubt es, den Fluss eines Vektorfeldes durch die Oberfläche ∂V eines Volumens V durch Aufintegration der lokalen Quellstärke (Divergenz) des Vektorfeldes zu berechnen

In kartesischen Koordinaten und Indexschreibweise lautet dieser Satz alternativ

$$\int_{\partial V} \mathrm{d}f_i\,(\ldots) = \int_V \mathrm{d}V\,\partial_i\,(\ldots)\,, \tag{11.18}$$

was klarmacht, dass in (11.17) anstelle eines Vektorfeldes $\boldsymbol{X}$ auch ein Tensorfeld auftreten kann (was wir später in diesem Kapitel, in (11.119), auch verwenden werden). In der Version (11.18) kann offenbar auch einfach eine skalare Funktion f

Abb. 11.8 Carl Friedrich Gauß (1777–1855), © nickolae – Fotolia.com

stehen, was der Möglichkeit entspricht, $X = fa$ mit einem beliebigen konstanten Vektor a anzusetzen und diesen beliebigen Vektor a auf beiden Seiten herauszukürzen.

Wir wenden diesen Satz nun auf das Vektorfeld $(r - r')/|r - r'|^3$ an, das im Coulomb'schen Gesetz die zentrale Rolle spielt. Dieses Vektorfeld ist divergenzfrei, zumindest solange $r \neq r'$ ist (Aufgabe 11.3):

$$\operatorname{div} \frac{r - r'}{|r - r'|^3} = 0, \quad r \neq r'. \tag{11.19}$$

Der Gauß'sche Satz impliziert daher, dass der Fluss dieses Vektorfeldes durch den Rand eines Volumens V, das den Punkt r' nicht enthält, verschwindet (Abb. 11.9):

$$\oint_{\partial V} df \cdot \frac{r - r'}{|r - r'|^3} = 0, \quad r' \notin V. \tag{11.20}$$

Wenn r' in V enthalten ist, kann man, ohne den Fluss durch die Oberfläche ∂V zu verändern, das Volumen zunächst so weit verformen, dass es eine perfekte Kugel mit r' als Mittelpunkt bildet (Abb. 11.10) – wegen (11.20) verschwinden die Beiträge der dabei entfernten Volumina. Auf der resultierenden Kugeloberfläche zeigt das betrachtete Vektorfeld dann strikt radial nach außen. Nach einer Ersetzung von $r - r' \to r$ ergibt sich für den Fluss des betrachteten Vektorfeldes in diesem Fall

$$\oint_{|r|=\text{const}} df \cdot \frac{\hat{e}_r}{|r|^2} = \int_{|r|=\text{const}} r^2 d\Omega\, \hat{e}_r \cdot \frac{\hat{e}_r}{|r|^2} = \int d\Omega = 4\pi. \tag{11.21}$$

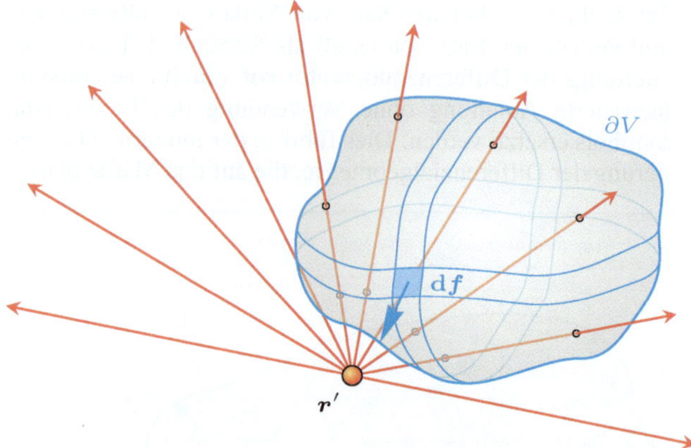

Abb. 11.9 Bei einem Vektorfeld kann man die Feldlinien als Linien eines Flusses ansehen, wenn man keine Feldlinien an Punkten entspringen lässt, wo die Divergenz des Vektorfeldes null ist (hier überall außer bei r'). Die Dichte der Feldlinien gibt dann die Feldstärke wieder, und das Verschwinden des totalen Flusses durch eine geschlossenen Fläche wird damit anschaulich gemacht, wie in dieser Abbildung für $(r - r')/|r - r'|^3$ mit r' außerhalb von V. (Um das Bild nicht zu unübersichtlich zu machen, sind nur die Feldlinien in einer (Halb-)Ebene durch r' dargestellt)

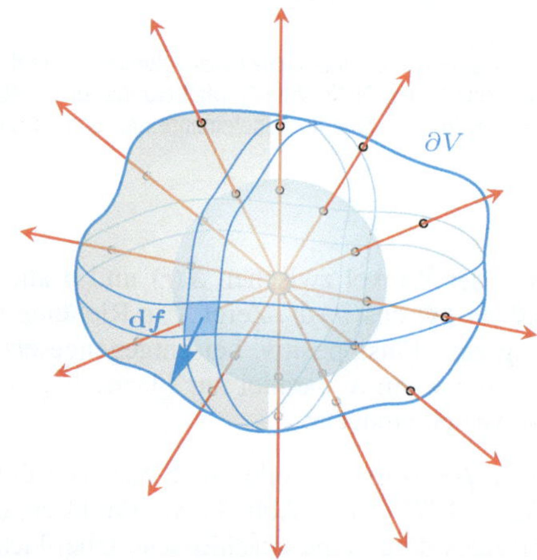

Abb. 11.10 Der Fluss des Vektorfeldes $(r - r')/|r - r'|^3$ durch eine geschlossene Oberfläche kann, wenn der singuläre Punkt r' im eingeschlossenen Volumen enthalten ist, auf den durch eine Kugel mit Mittelpunkt r' zurückgeführt werden

Frage 2

Vollziehen Sie diese Rechnung nach! Falls nötig, rekapitulieren Sie die Definition des Raumwinkelelements in (3.127) (siehe auch Aufgabe 11.4).

Zusammengefasst:

$$\oint_{\partial V} df \cdot \frac{r - r'}{|r - r'|^3} = \begin{cases} 4\pi & \text{wenn } r' \in V, \\ 0 & \text{wenn } r' \notin V. \end{cases} \tag{11.22}$$

Diese Formel kann nun dazu verwendet werden, den Fluss des elektrischen Feldes, das durch (11.4) gegeben ist, durch eine beliebige geschlossene Fläche ∂V zu berechnen:

$$\begin{aligned}\oint_{\partial V} \mathbf{d}\boldsymbol{f} \cdot \boldsymbol{E}(\boldsymbol{r}) &= k \oint_{\partial V} \mathbf{d}\boldsymbol{f} \cdot \int \mathrm{d}V' \rho(\boldsymbol{r}') \frac{\boldsymbol{r}-\boldsymbol{r}'}{|\boldsymbol{r}-\boldsymbol{r}'|^3} \\ &= k \int \mathrm{d}V' \rho(\boldsymbol{r}') \oint_{\partial V} \mathbf{d}\boldsymbol{f} \cdot \frac{\boldsymbol{r}-\boldsymbol{r}'}{|\boldsymbol{r}-\boldsymbol{r}'|^3} \\ &= 4\pi\, k \int_V \mathrm{d}V' \rho(\boldsymbol{r}') =: 4\pi\, k\, Q_V .\end{aligned} \tag{11.23}$$

Der elektrische Fluss durch die Oberfläche eines Volumens ist demnach durch die darin enthaltene Ladung Q_V gegeben.

Mittels des Gauß'schen Satzes kann nun auch die linke Seite als Volumenintegral geschrieben werden, $\oint_{\partial V} \mathbf{d}\boldsymbol{f} \cdot \boldsymbol{E}(\boldsymbol{r}) = \int_V \mathrm{d}V \operatorname{div} \boldsymbol{E}(\boldsymbol{r})$, und weil die Gleichung für beliebige Volumina gilt, können wir auf die Gleichheit der Integranden schließen:

$$\operatorname{div} \boldsymbol{E}(\boldsymbol{r}) = 4\pi\, k\, \rho(\boldsymbol{r}). \tag{11.24}$$

Wir haben damit gezeigt, dass (11.19) inklusive des singulären Punktes geschrieben werden kann als

$$\operatorname{div} \frac{\boldsymbol{r}-\boldsymbol{r}'}{|\boldsymbol{r}-\boldsymbol{r}'|^3} = 4\pi\, \delta(\boldsymbol{r}-\boldsymbol{r}'). \tag{11.25}$$

Frage 3

Schließen Sie mithilfe von (11.25) direkt von (11.4) auf (11.24)!

Das Vektorfeld $(\boldsymbol{r}-\boldsymbol{r}')/|\boldsymbol{r}-\boldsymbol{r}'|^3$ lässt sich wiederum als Gradientenfeld darstellen:

$$\begin{aligned}-\nabla \frac{1}{|\boldsymbol{r}-\boldsymbol{r}'|} &= -\nabla \left[(x-x')^2 + (y-y')^2 + (z-z')^2\right]^{-\frac{1}{2}} \\ &= \frac{1}{2} \left[(x-x')^2 + (y-y')^2 + (z-z')^2\right]^{-\frac{3}{2}} \\ &\quad \cdot 2 \begin{pmatrix} x-x' \\ y-y' \\ z-z' \end{pmatrix} \\ &= \frac{\boldsymbol{r}-\boldsymbol{r}'}{|\boldsymbol{r}-\boldsymbol{r}'|^3},\end{aligned} \tag{11.26}$$

und somit können wir (11.25) alternativ auch schreiben als

$$\Delta \frac{1}{|\boldsymbol{r}-\boldsymbol{r}'|} = -4\pi\, \delta(\boldsymbol{r}-\boldsymbol{r}') \tag{11.27}$$

mit dem (schon in Kap. 2 ausführlicher diskutierten) Laplace-Operator $\Delta = \nabla \cdot \nabla = \partial_i \partial_i$.

Die Integralrelation (11.23) und die äquivalente Differenzialgleichung (11.24) stellen die Integralform bzw. die Differenzialform des Gauß'schen Gesetzes dar, das wir zwar aus dem statischen Coulomb-Gesetz hergeleitet haben, das aber allgemeinere Gültigkeit hat: Es ist dies eine erste Maxwell-Gleichung, die unverändert auch in dynamischen, zeitabhängigen Situationen gilt. Dass dem so ist, wird erst bestätigt werden, wenn wir die Maxwell-Gleichungen in ihrer Gesamtheit betrachten und ihre Konsistenz überprüfen können.

Ein wesentlicher Unterschied von (11.24) gegenüber dem Coulomb'schen Gesetz ist der *lokale* Charakter. Das Coulomb'sche Gesetz stellt eine Fernbeziehung zwischen Ursache (der Ladungsverteilung) und Wirkung (dem Kraftfeld) dar; das Gauß'sche Gesetz verknüpft dagegen die lokal bestimmbaren Ableitungen des Feldes mit ihrer Quelle.

Erste Maxwell-Gleichung: Gauß'sches Gesetz

Das Gauß'sche Gesetz setzt den elektrischen Fluss durch eine geschlossene Oberfläche mit der eingeschlossenen Ladung in Beziehung und lautet in differenzieller Form

$$\operatorname{div} \boldsymbol{E}(t, \boldsymbol{r}) = 4\pi\, k\, \rho(t, \boldsymbol{r}). \tag{11.28}$$

Dies ist eine Maxwell-Gleichung, d. h. eine Feldgleichung der Elektrodynamik und im Gegensatz zum Coulomb'schen Gesetz nicht auf die Elektrostatik beschränkt. Das heißt, (11.23) gilt auch, wenn alle Größen zusätzlich von der Zeit t abhängen:

$$\begin{aligned}\oint_{\partial V} \mathbf{d}\boldsymbol{f} \cdot \boldsymbol{E}(t, \boldsymbol{r}) &= 4\pi\, k \int_V \mathrm{d}V' \rho(t, \boldsymbol{r}') \\ &\equiv 4\pi\, k\, Q_V(t).\end{aligned} \tag{11.29}$$

Abwesenheit von magnetischen Monopolen

Magnetische Phänomene waren anhand von magnetischen Mineralien seit der Antike bekannt und auch das Erdmagnetfeld wurde schon in der Antike zur Richtungsbestimmung verwendet. Wie der englische Arzt und Physiker *William Gilbert* (1544–1603) bereits im Jahr 1600 feststellte, scheint es keine magnetischen Ladungen zu geben, sondern nur magnetische Dipole mit untrennbaren Nord- und Südpolen. Aus dieser empirischen Tatsache ergibt sich unmittelbar eine Maxwell-Gleichung für Magnetfelder, die wie das Gauß'sche Gesetz im dynamischen (zeitabhängigen) Fall unverändert bleibt.

Zweite Maxwell-Gleichung

Die Abwesenheit magnetischer Monopole bedingt die zweite Maxwell-Gleichung

$$\operatorname{div} \boldsymbol{B}(t, \boldsymbol{r}) = 0. \tag{11.30}$$

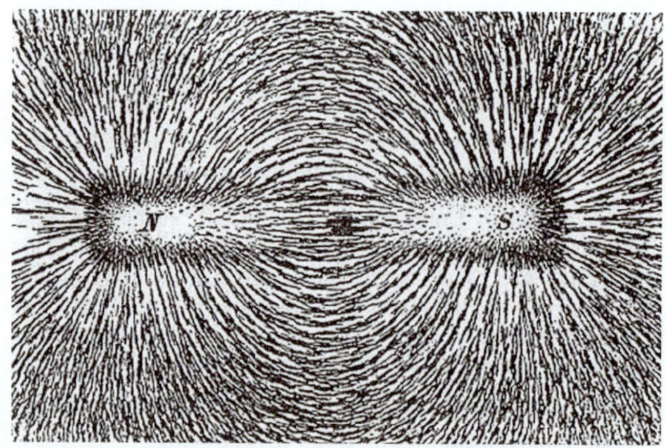

Abb. 11.11 Magnetfeldlinien, sichtbar gemacht durch Eisenfeilspäne, die magnetische Dipole bilden und sich entlang der Feldlinien ausrichten

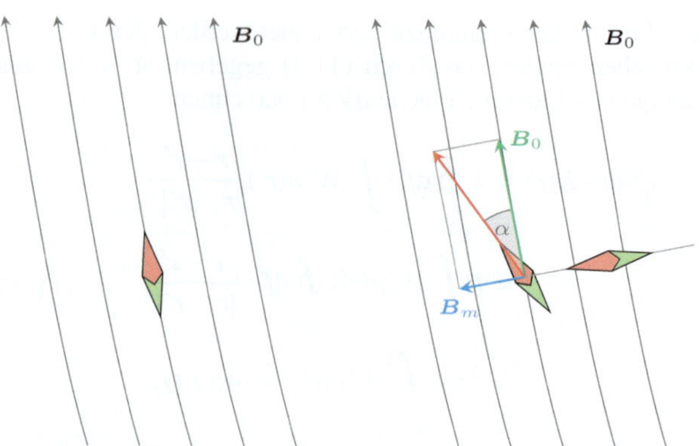

Abb. 11.12 Gauß'sche Methode zur Ausmessung von Magnetfeldern: Mit einer Magnetnadel kann zunächst die Richtung des Magnetfeldes $\boldsymbol{B}_0$ bestimmt und dann durch Überlagerung des Feldes $\boldsymbol{B}_m$ einer zweiten identischen Magnetnadel auf den Betrag $|\boldsymbol{B}_0|$ geschlossen werden

$\boldsymbol{B}$ ist die magnetische Feldstärke und wird auch *magnetische Flussdichte* oder *magnetische Induktion* genannt, insbesondere in der phänomenologischen Elektrodynamik, wo der Begriff magnetische Feldstärke historisch bedingt unglücklicherweise für das dort eingeführte $\boldsymbol{H}$-Feld reserviert wird.

Die Integralversion dazu lautet, dass der magnetische Fluss durch jede geschlossene Oberfläche verschwindet:

$$\oint_{\partial V} \mathrm{d}\boldsymbol{f} \cdot \boldsymbol{B}(t, \boldsymbol{r}) = 0 \quad \forall V. \tag{11.31}$$

Das Fehlen von magnetischen Testladungen (also Monopolen) macht das Ausmessen von Magnetfeldern nun wesentlich umständlicher als das von elektrischen Feldern.

Die Richtung von Magnetfeldern kann noch leicht dadurch bestimmt werden, dass in einem Magnetfeld auf Dipole ein Drehmoment wirkt, das diese parallel zum Feld ausrichtet (Abb. 11.11). Wenn $\boldsymbol{m}$ Stärke und Richtung eines magnetischen Dipols angibt, dann ist das Drehmoment in einem äußeren Magnetfeld $\boldsymbol{B}_0$ durch

$$\boldsymbol{N} = k_{2a}\boldsymbol{m} \times \boldsymbol{B}_0 \tag{11.32}$$

gegeben (hier und in späteren Kapiteln alternativ als $\boldsymbol{N}$ notiert, da $\boldsymbol{M}$ auch Magnetisierung bedeuten kann). Die Proportionalitätskonstante k_{2a} hängt wieder vom gewählten Maßsystem ab.

Über die leicht messbare Stärke des Drehmoments (z. B. durch das Schwingungsverhalten eines drehbaren Dipols mit bekanntem Trägheitsmoment) erfährt man offenbar nur etwas über das Produkt der Beträge von $\boldsymbol{m}$ und $\boldsymbol{B}_0$. Gauß, der sich auch mit der Vermessung des Erdmagnetfeldes beschäftigte, ersann eine Methode zur Vermessung von Magnetfeldern, wo dieses Problem durch die Verwendung eines zweiten, identischen magnetischen Dipols gelöst wird, wobei das Superpositionsprinzip für Magnetfelder ausgenützt wird. Zunächst lässt sich dank der vektoriellen Addition des noch unbekannten Magnetfeldes $\boldsymbol{B}_0$ und des Magnetfeldes des Dipols $\boldsymbol{B}_m$ experimentell leicht bestätigen, dass das Magnetfeld des Dipols in der Richtung von $\boldsymbol{m}$ mit der dritten Potenz des Abstands abnimmt:

$$\boldsymbol{B}_m = k_{2b}\frac{2}{r^3}\boldsymbol{m} \quad \text{für } \boldsymbol{r} \parallel \boldsymbol{m}, \tag{11.33}$$

wobei k_{2b} eine weitere maßsystemabhängige Konstante ist. (Genau genommen gilt dies nur für Abstände, die hinreichend groß im Vergleich zur Ausdehnung der Magnetnadel sind.)

Hat man nun mit einer Magnetnadel mit Stärke $\boldsymbol{m}$ die Richtung des zu bestimmenden Feldes $\boldsymbol{B}_0$ ermittelt, dann kann man die Stärke von $\boldsymbol{B}_0$ bestimmen, indem man senkrecht dazu in einem Abstand r eine zweite Magnetnadel anbringt und damit ein gestörtes Magnetfeld $\boldsymbol{B}_0 + \boldsymbol{B}_m$ erzeugt, das um einen Winkel α gedreht ist (angezeigt durch die erste Magnetnadel; Abb. 11.12). Dieser Winkel ist gegeben durch

$$\tan\alpha = \frac{|\boldsymbol{B}_m|}{|\boldsymbol{B}_0|} = k_{2b}\frac{2}{r^3}\frac{|\boldsymbol{m}|}{|\boldsymbol{B}_0|}, \tag{11.34}$$

wo im Gegensatz zu vorher der Quotient der Beträge von $\boldsymbol{m}$ und $\boldsymbol{B}_0$ eingeht. Die Kombination der beiden Messungen erlaubt dann beide Beträge zu bestimmen.

Magnetfelder und stationäre elektrische Ströme

Der Zusammenhang von magnetischen mit elektrischen Phänomenen wurde erst im 19. Jahrhundert entdeckt, nachdem es 1794 *Alessandro Volta* (1745–1827) mit seinen Volta'schen Säulen ermöglichte, stationäre elektrische Ströme herzustellen

Vertiefung: Magnetische Monopole

Etliche Theorien jenseits des Standardmodells der Elementarteilchenphysik sagen die Existenz von magnetischen Monopolen voraus, die aber so massereich sein sollen ($\sim 10^{14\cdots18}$fach schwerer als Protonen), dass sie in irdischen Teilchenbeschleunigern nicht produziert werden können, aber eventuell als Relikte des Urknalls im Universum vorkommen könnten. Mit supraleitenden Spulen kann nach ihnen Ausschau gehalten werden, und einmal wurde auch schon angeblich auf diese Weise ein magnetischer Monopol gesichtet (Cabrera 1982). Das fragliche Ereignis fand am Valentinstag 1982, den 14. Februar (um 14 Uhr lokaler Zeit) statt und wiederholte sich seither nicht.

Sollte jemals die Existenz von magnetischen Monopolen experimentell nachgewiesen werden können, wären die Maxwell-Gleichungen zu verallgemeinern – die zweite Maxwell-Gleichung (11.30) einfach durch Einführen einer magnetischen Ladungsdichte und das Faraday'sche Induktionsgesetz (11.50) durch einen magnetischen Verschiebungsstrom.

Dirac zeigte bereits 1931, dass die Existenz von magnetischen Monopolen in der Quantentheorie nur möglich ist, wenn die elektrische Ladung in der Natur quantisiert vorkommt, letztere Tatsache also elegant erklären würde. Elektrische und magnetische Ladungen zusammen müssen nämlich die Dirac'sche Quantisierungsbedingung

$$q_e q_m = \frac{\hbar c}{2} n, \quad n \in \mathbb{Z}$$

erfüllen (siehe dazu auch Aufgabe 11.14).

und mit diesen zu experimentieren. Im Juli 1820 veröffentlichte der dänische Physiker *Hans Christian Oersted* (1777–1851) seine Beobachtung, dass Magnetnadeln in der Nähe eines stromdurchflossenen Leiters abgelenkt werden, und erregte damit beträchtliches Aufsehen. Schon im Oktober desselben Jahres stellten *Jean-Baptiste Biot* (1774–1862) und *Félix Savart* (1791–1841) das nach ihnen benannte Gesetz auf, das von *Pierre-Simon Laplace* (1749–1827) kurz danach mathematisch präzisiert wurde. Wieder ist ein Superpositionsprinzip im Spiel, allerdings komplizierter als im Coulomb'schen Gesetz (und auch schwieriger nachzuweisen, weil Stromkreise naturgemäß ausgedehnte Gebilde sind).

Biot-Savart-Gesetz für stationäre Ströme

Der Magnetfeldbeitrag eines von einem zeitlich konstanten Strom I durchflossenen Leiterelements $\mathbf{d}\boldsymbol{l}$ im Abstand $\boldsymbol{r}$ vom Leiterelement beträgt (Abb. 11.13)

$$\mathbf{d}\boldsymbol{B} = k_3 \frac{I\,\mathbf{d}\boldsymbol{l} \times \boldsymbol{r}}{r^3}. \qquad (11.35)$$

Die Proportionalitätskonstante k_3 hängt wiederum vom gewählten Maßsystem ab (Abschn. 11.3).

Das Superpositionsprinzip ergibt damit für eine geschlossene (infinitesimal dünne) Leiterschleife $\mathcal{L}$

$$\boldsymbol{B}(\boldsymbol{r}) = k_3 \oint_{\mathcal{L}} \frac{I\mathbf{d}\boldsymbol{r}' \times (\boldsymbol{r} - \boldsymbol{r}')}{|\boldsymbol{r} - \boldsymbol{r}'|^3} \qquad (11.36)$$

und allgemeiner für eine stationäre räumliche Stromdichte $\boldsymbol{j}(\boldsymbol{r}')$

$$\boldsymbol{B}(\boldsymbol{r}) = k_3 \int \mathrm{d}V' \frac{\boldsymbol{j}(\boldsymbol{r}') \times (\boldsymbol{r} - \boldsymbol{r}')}{|\boldsymbol{r} - \boldsymbol{r}'|^3}. \qquad (11.37)$$

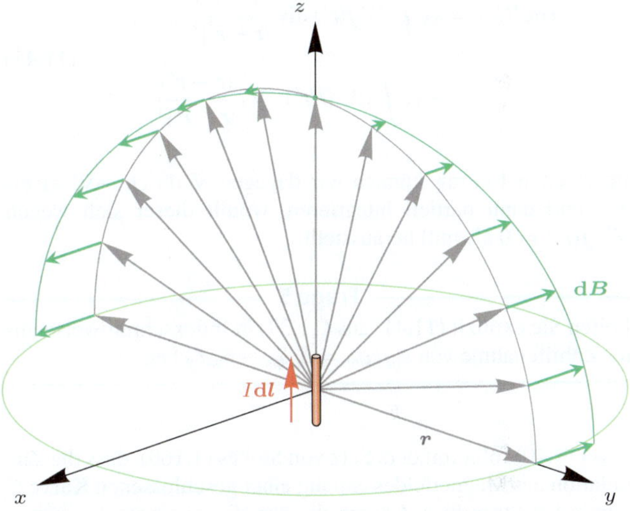

Abb. 11.13 Magnetfeldbeitrag eines infinitesimalen Stromelements $I\mathbf{d}\boldsymbol{l} \propto \hat{\boldsymbol{e}}_z$ in verschiedenen Richtungen bei konstantem Abstand. In der Abbildung variiert $\boldsymbol{r}$ bei konstantem $|\boldsymbol{r}|$ in der yz-Ebene. $\mathbf{d}\boldsymbol{B}$ steht senkrecht auf $\hat{\boldsymbol{e}}_r$ und $\hat{\boldsymbol{e}}_z$, mit Betrag $|\mathbf{d}\boldsymbol{B}| \propto \sin\vartheta$, wenn ϑ der Winkel zwischen $\hat{\boldsymbol{e}}_z$ und $\hat{\boldsymbol{e}}_r$ ist. Für andere Richtungen von $\boldsymbol{r}$ stelle man sich das Bild um die z-Achse rotiert vor

Frage 4

Wie kann $\boldsymbol{j}(\boldsymbol{r}')$ für infinitesimal dünne Leiter (z. B. entlang der z-Achse) mit Dirac-Deltafunktionen dargestellt werden?

Mit (11.26) und der Antisymmetrie des äußeren Produkts lässt sich (11.37) auch darstellen als

$$\boldsymbol{B}(\boldsymbol{r}) = k_3 \nabla \times \int \mathrm{d}V' \frac{\boldsymbol{j}(\boldsymbol{r}')}{|\boldsymbol{r} - \boldsymbol{r}'|}. \qquad (11.38)$$

Weil $\nabla \cdot (\nabla \times \boldsymbol{A}) = \operatorname{div} \mathbf{rot} \boldsymbol{A} \equiv 0$ gilt, ist damit gezeigt, dass das Biot-Savart-Gesetz mit $\operatorname{div} \boldsymbol{B} = 0$ konsistent ist.

Für stationäre Ströme, bei denen keine zeitlich veränderlichen Ladungsverteilungen im Spiel sind, müssen sich in jedem Raumgebiet V Zufluss und Abfluss aufheben, d. h., es muss $\oint_{\partial V} \mathbf{d}\boldsymbol{f} \cdot \boldsymbol{j} = 0$ gelten. Der Gauß'sche Satz impliziert daher $\int_V \mathrm{d}V \operatorname{div} \boldsymbol{j} = 0$, und weil dies für beliebige V gilt, folgt daraus

$$\operatorname{div} \boldsymbol{j} = 0 \quad \text{für stationäre Verhältnisse.} \tag{11.39}$$

Aus (11.37) lässt sich unter der Voraussetzung von $\operatorname{div} \boldsymbol{j} = 0$ der differenzielle Zusammenhang

$$\mathbf{rot} \boldsymbol{B}(\boldsymbol{r}) = 4\pi\, k_3 \boldsymbol{j}(\boldsymbol{r}) \tag{11.40}$$

herleiten: Mithilfe von (11.25) ergibt sich dies aus dem ersten Beitrag auf der rechten Seite von

$$\begin{aligned} \mathbf{rot} \boldsymbol{B}(\boldsymbol{r}) &= k_3 \int \mathrm{d}V' \boldsymbol{j}(\boldsymbol{r}') \operatorname{div} \frac{(\boldsymbol{r}-\boldsymbol{r}')}{|\boldsymbol{r}-\boldsymbol{r}'|^3} \\ &\quad - k_3 \int \mathrm{d}V' (\boldsymbol{j}(\boldsymbol{r}') \cdot \nabla) \frac{(\boldsymbol{r}-\boldsymbol{r}')}{|\boldsymbol{r}-\boldsymbol{r}'|^3}. \end{aligned} \tag{11.41}$$

Im zweiten Beitrag können wir dagegen ∇ durch $-\nabla'$ ersetzen und dann partiell integrieren, womit dieser sich wegen $\nabla' \cdot \boldsymbol{j}(\boldsymbol{r}') = 0$ als null herausstellt.

Frage 5

Leiten Sie explizit (11.41) aus (11.37) in Indexschreibweise unter Zuhilfenahme von $\varepsilon_{ijk}\varepsilon_{klm} = \delta_{il}\delta_{jm} - \delta_{im}\delta_{jl}$ her.

Aus (11.40) folgt mit dem Satz von Stokes (1.160), dass die Zirkulation des Magnetfeldes entlang einer geschlossenen Kurve C durch den Stromfluss I durch die von dieser eingeschlossenen Fläche bestimmt wird:

$$\oint_C \mathbf{d}\boldsymbol{r} \cdot \boldsymbol{B}(\boldsymbol{r}) = 4\pi\, k_3 I = 4\pi\, k_3 \int_F \mathbf{d}\boldsymbol{f} \cdot \boldsymbol{j}(\boldsymbol{r}), \tag{11.42}$$

wobei F eine beliebige von C berandete Fläche ist ($C = \partial F$). Dieser Zusammenhang heißt (zweites) *Ampère'sches Gesetz*, *Durchflutungsgesetz* oder auch *Oersted'sches Gesetz*. Anders als im Fall von elektrischen Feldstärken, wo der Übergang vom Coulomb-Gesetz zum Gauß'schen Gesetz schon die Verallgemeinerung von Statik zu Dynamik liefert, gelten sowohl das Biot-Savart'sche als auch das Oersted'sche Gesetz nur im stationären (zeitunabhängigen) Fall. Der Grund dafür ist, dass (11.40) $\operatorname{div} \mathbf{rot} \boldsymbol{B} \equiv 0$ verlangt, sodass die Stromdichte ebenfalls divergenzfrei sein muss, was aber im dynamischen Fall nicht mehr gegeben ist.

Zeitabhängigkeit, Kontinuitätsgleichung und Maxwell'scher Verschiebungsstrom

Wenn sich die elektrische Ladung in einem gegebenen Volumen V als Funktion der Zeit verändert, fließt wegen der Ladungserhaltung ein Nettostrom durch den Rand ∂V, und dies impliziert wegen des Gauß'schen Satzes eine nicht verschwindende Divergenz der Stromdichte:

$$\begin{aligned} I_{\partial V} &= -\frac{\mathrm{d}}{\mathrm{d}t} Q_V = -\frac{\mathrm{d}}{\mathrm{d}t} \int_V \mathrm{d}V \rho \\ &= \oint_{\partial V} \mathbf{d}\boldsymbol{f} \cdot \boldsymbol{j} = \int_V \mathrm{d}V \operatorname{div} \boldsymbol{j}. \end{aligned} \tag{11.43}$$

Da dies für beliebige V gilt, folgt allgemein die sogenannte Kontinuitätsgleichung.

Kontinuitätsgleichung

Die Erhaltung von elektrischer Ladung wird lokal durch den differenziellen Zusammenhang von Raumladungsdichte ρ und Stromdichte $\boldsymbol{j}$ gemäß

$$\operatorname{div} \boldsymbol{j} + \frac{\partial}{\partial t} \rho = 0 \tag{11.44}$$

beschrieben. Analoge Relationen lassen sich generell für Erhaltungsgrößen formulieren (z. B. für Masse durch Massendichte und Massenstromdichte) formulieren. Auch diese werden als Kontinuitätsgleichung bezeichnet.

Folglich ist bei veränderlichen Ladungsverteilungen die rechte Seite von (11.40) nicht mehr divergenzfrei und diese Gleichung inkonsistent.

Unter Zuhilfenahme der ersten Maxwell-Gleichung (11.24), die besagt, dass $\rho = (4\pi k)^{-1} \operatorname{div} \boldsymbol{E}$ gilt, kann aber auch im dynamischen Fall ein divergenzfreier effektiver Strom definiert werden:

$$\operatorname{div} \left(\boldsymbol{j} + \frac{1}{4\pi k} \frac{\partial}{\partial t} \boldsymbol{E} \right) = 0. \tag{11.45}$$

Maxwell gelangte 1855 zu dem nach ihm benannten Satz von in sich widerspruchsfreien Gleichungen, indem er eine entsprechend korrigierte Stromdichte als Quellterm von $\mathbf{rot} \boldsymbol{B}$ postulierte. Der Korrekturterm $(4\pi k)^{-1} \partial_t \boldsymbol{E}$ wird *Maxwell'scher Verschiebungsstrom* genannt. Abbildung 11.14 illustriert, wie sich elektrischer Strom und Verschiebungsstrom zu einem insgesamt divergenzfreien effektiven Strom kombinieren, wenn beispielsweise beim Aufladen eines Kondensators Ladungen akkumuliert werden.

Damit ergibt sich eine weitere Maxwell-Gleichung, die traditionell als vierte Maxwell-Gleichung bezeichnet wird.

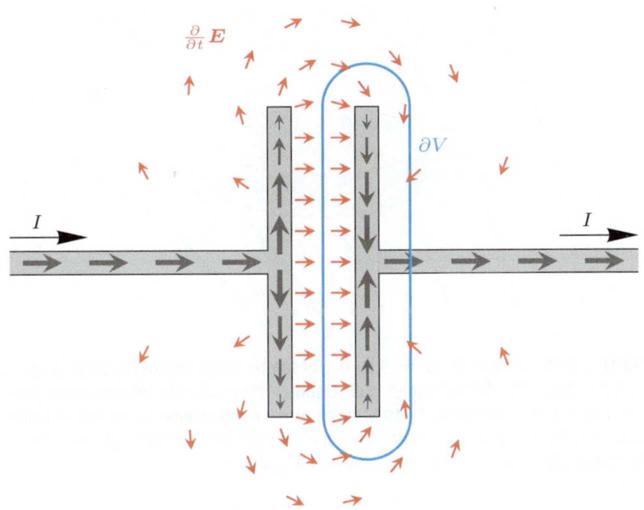

Abb. 11.14 Elektrischer Strom und Maxwell'scher Verschiebungsstrom beim Aufladen eines Kondensators. Im Gegensatz zum elektrischen Strom allein ist die Summe von $\boldsymbol{j}$ und $(4\pi k)^{-1}\partial_t \boldsymbol{E}$ divergenzfrei, der Gesamtfluss durch jede geschlossene Fläche ∂V also null

Vierte Maxwell-Gleichung: Das Ampère'sche Gesetz ergänzt um den Maxwell'schen Verschiebungsstrom

$$\mathbf{rot}\,\boldsymbol{B}(t,\boldsymbol{r}) = 4\pi\, k_3 \boldsymbol{j}(t,\boldsymbol{r}) + \frac{k_3}{k}\frac{\partial}{\partial t}\boldsymbol{E}(t,\boldsymbol{r}) \qquad (11.46)$$

Mit dem Satz von Stokes (1.160) lautet die Integralversion dazu

$$\oint_{\partial F} \mathbf{d}\boldsymbol{r}\cdot\boldsymbol{B} = 4\pi k_3 \int_F \mathbf{d}\boldsymbol{f}\cdot\boldsymbol{j} + \frac{k_3}{k}\frac{\mathrm{d}}{\mathrm{d}t}\int_F \mathbf{d}\boldsymbol{f}\cdot\boldsymbol{E}. \qquad (11.47)$$

Zusätzlich zum elektrischen Strom durch die Fläche F ist also die zeitliche Änderung des elektrischen Flusses durch diese verantwortlich für die Zirkulation des Magnetfeldes (manchmal auch magnetische Ringspannung genannt).

Faraday'sches Induktionsgesetz

Das *Faraday'sche Induktionsgesetz* verbindet umgekehrt Änderungen des magnetischen Flusses durch eine Leiterschleife mit der in dieser induzierten elektrischen Ringspannung (und einem dadurch hervorgerufenen elektrischen Strom):

$$\oint_{\mathcal{L}=\partial F} \mathbf{d}\boldsymbol{r}\cdot\boldsymbol{E} = -k_4\frac{\mathrm{d}}{\mathrm{d}t}\Phi_\mathrm{m} \equiv -k_4\frac{\mathrm{d}}{\mathrm{d}t}\int_F \mathbf{d}\boldsymbol{f}\cdot\boldsymbol{B}. \qquad (11.48)$$

Wegen des Stokes'schen Integralsatzes ist

$$\oint_{\mathcal{L}=\partial F} \mathbf{d}\boldsymbol{r}\cdot\boldsymbol{E} = \int_F \mathbf{d}\boldsymbol{f}\cdot\mathbf{rot}\,\boldsymbol{E}, \qquad (11.49)$$

und da dies für beliebige Leiterschleifen $\mathcal{L}$ und den von ihnen aufgespannten Flächen F gilt, führt dies auf die differenzielle Form des Induktionsgesetzes, die als dritte Maxwell-Gleichung bezeichnet wird.

Dritte Maxwell-Gleichung: Differenzielle Form des Induktionsgesetzes

$$\mathbf{rot}\,\boldsymbol{E}(t,\boldsymbol{r}) = -k_4\frac{\partial}{\partial t}\boldsymbol{B}(t,\boldsymbol{r}) \qquad (11.50)$$

Die (positive) Proportionalitätskonstante k_4 hängt wieder vom verwendeten Maßsystem ab (Abschn. 11.3). Das negative Vorzeichen auf den rechten Seiten von (11.48) und (11.50) hat zur Folge, dass der induzierte Strom und das von ihm hervorgerufene Magnetfeld der Änderung des magnetischen Flusses entgegenwirkt (*Lenz'sche Regel*).

Faraday entdeckte den Effekt der nach ihm benannten Induktion im Jahre 1831 bei einer bewussten Suche nach einem Pendant zum von Oersted entdeckten Phänomen, wo erstmals elektrische und magnetische Erscheinungen in Verbindung gebracht wurden und elektrische Ströme, also Veränderungen von elektrischen Ladungsverteilungen, zu magnetischen Auswirkungen führten. Er entwickelte dabei die Vorstellung von elektrischen und magnetischen Kraftlinien und gilt daher als der Pionier des Feldbegriffs, der von Maxwell schließlich mathematisch konsistent ausformuliert wurde.

Tatsächlich ist das Induktionsgesetz in der Form (11.50), in der Leiterschleifen nicht mehr vorkommen, eine rein feldtheoretische Aussage. Die Integralversion (11.48) ist dementsprechend auch für beliebige geschlossene Wege und die davon aufgespannten Flächen gültig.

Lorentz-Kraft

Von Biot und Savart und in der Folge von *André-Marie Ampère* (1775–1836) wurden die Kräfte, die Magnetfelder auf elektrische Ströme ausüben, systematisch untersucht und das *Ampère'sche Kraftgesetz* (auch *erstes Ampère'sches Gesetz*) aufgestellt: In einem statischen äußeren Magnetfeld $\boldsymbol{B}$ wirkt auf ein von einem Strom I durchflossenes Leiterelement $\mathbf{d}\boldsymbol{l}$ die Kraft

$$\mathbf{d}\boldsymbol{F} = k_4 I \mathbf{d}\boldsymbol{l}\times\boldsymbol{B}. \qquad (11.51)$$

Die hier auftretende Proportionalitätskonstante ist dieselbe wie im Faraday'schen Induktionsgesetz (11.48), wie wir im Folgenden bestätigen werden.

Die gesamte Kraft auf eine Leiterschleife $\mathcal{L}$ ergibt sich durch das Superpositionsprinzip als

$$F = k_4 \oint_{\mathcal{L}} I \mathbf{d}r' \times B(r') \tag{11.52}$$

und bei allgemeineren, räumlich ausgedehnten Stromdichten durch

$$F = k_4 \int \mathrm{d}V' j(r') \times B(r'). \tag{11.53}$$

In letzterem Ausdruck haben wir eine räumliche Kraftdichte vorliegen, die kombiniert mit der elektrischen Kraft auf eventuell vorhandenen Raumladungsdichten die sogenannte *Lorentz-Kraftdichte* definiert:

$$f_\mathrm{L}(t, r) = \rho E(t, r) + k_4 j(t, r) \times B(t, r). \tag{11.54}$$

Ein wichtiger Spezialfall ist eine bewegte Punktladung q mit Bahnkurve $x(t)$. Mithilfe von Dirac-Deltafunktionen können die Ladungs- und Stromdichten wie folgt angeschrieben werden:

$$\begin{aligned} \rho(t, r) &= q\,\delta(r - x(t)) && (11.55)\\ &\equiv q\,\delta(x - x(t))\,\delta(y - y(t))\,\delta(z - z(t)), \\ j(t, r) &= q\,v(t)\delta(r - x(t)) && (11.56) \end{aligned}$$

mit Momentangeschwindigkeit $v(t) = \mathrm{d}x(t)/\mathrm{d}t$. Die Integration über einen Raumbereich, der (nur) dieses Punktteilchen zu einem gegebenen Zeitpunkt enthält, liefert die *Lorentz-Kraft*

$$\begin{aligned} F(t) &= \int_{V \ni \{x(t)\}} \mathrm{d}V' f_\mathrm{L}(t, r') \\ &= q\,[E(t, x(t)) + k_4\,v(t) \times B(t, x(t))]\,. \end{aligned} \tag{11.57}$$

Hier werden die elektromagnetischen Felder am Ort des Punktteilchens ausgewertet, was nur dann sinnvoll ist, wenn das dort singuläre Eigenfeld ignoriert wird.

Wie schon angedeutet, hängt das Faraday'sche Induktionsgesetz mit der Lorentz-Kraft zusammen, auch wenn es als rein feldtheoretische Gleichung, für die keine Ladungsträger involviert sein müssen, eine eigenständige Gültigkeit hat.

Betrachten wir dazu einen Ring aus einem Metalldraht, der sich in einem reinen Magnetfeld bewegt, dann wirkt auf die Leitungselektronen die Kraft $q\,k_4\,v \times B$. Vom Standpunkt der Leitungselektronen, die in ihrem jeweiligen Ruhesystem natürlich $v = 0$ haben, kann diese Kraft aber nur als eine elektrische erscheinen, mit $E_\mathrm{ind} = k_4\,v \times B$, und für den gesamten Drahtring gilt

$$\oint_{\mathcal{L}} E_\mathrm{ind} \cdot \mathbf{d}r = k_4 \oint_{\mathcal{L}} (v \times B) \cdot \mathbf{d}r. \tag{11.58}$$

Im Laborsystem, in dem B gegeben ist, bewegt sich dieser Drahtring und überstreicht in der Zeit $\mathrm{d}t$ eine infinitesimale Mantelfläche $\mathrm{d}\mathcal{M}$ mit Oberflächenelement $\mathbf{d}f = \mathbf{d}r \times v\mathrm{d}t$

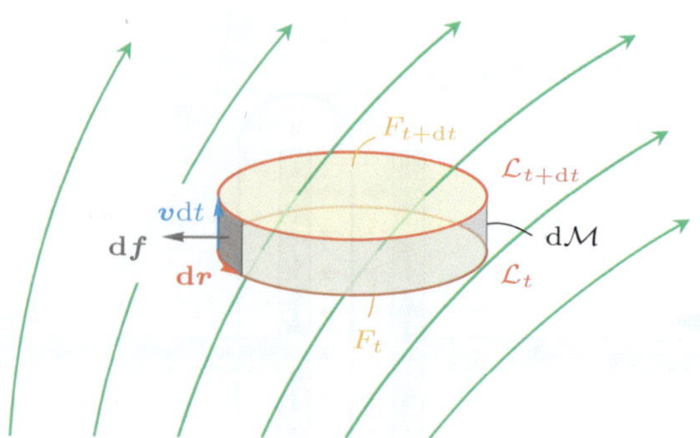

Abb. 11.15 Wegen $\operatorname{div} B = 0$ ist der gesamte magnetische Fluss durch eine geschlossene Oberfläche immer null. Dadurch lässt sich die infinitesimale Änderung des magnetischen Flusses durch eine Leiterschleife $\mathcal{L}_t$ gemäß (11.60) mit dem Fluss durch die bei der Verschiebung der Leiterschleife überstrichene infinitesimale Mantelfläche $\mathrm{d}\mathcal{M}$ in Beziehung setzen

(Abb. 11.15). Wir haben damit

$$\mathrm{d}t \oint_{\mathcal{L}} (v \times B) \cdot \mathbf{d}r = \oint_{\mathcal{L}} (\mathbf{d}r \times v\mathrm{d}t) \cdot B = \int_{\mathrm{d}\mathcal{M}} \mathbf{d}f \cdot B. \tag{11.59}$$

Wegen der Divergenzfreiheit von B ist aber der gesamte magnetische Fluss durch die geschlossene Fläche, die von den infinitesimal verschobenen Flächen des Drahtringes zusammen mit der infinitesimalen Mantelfläche aufgespannt wird, null:

$$\int_{\mathrm{d}\mathcal{M}} \mathbf{d}f \cdot B + \Phi_\mathrm{m}(F_{t+\mathrm{d}t}) - \Phi_\mathrm{m}(F_t) = 0 \tag{11.60}$$

mit $\partial F_t = \mathcal{L}_t$, und wir erhalten

$$\frac{\int_{\mathrm{d}\mathcal{M}} \mathbf{d}f \cdot B}{\mathrm{d}t} = -\frac{\mathrm{d}}{\mathrm{d}t} \Phi_\mathrm{m}(F_t). \tag{11.61}$$

Frage 6

Überzeugen Sie sich von der Richtigkeit der Vorzeichen im Ausdruck (11.60).

Dies ergibt schließlich

$$\oint_{\mathcal{L}} E_\mathrm{ind} \cdot \mathbf{d}r = -k_4 \frac{\mathrm{d}}{\mathrm{d}t} \Phi_\mathrm{m}(F_t) \tag{11.62}$$

als *Induktionsgesetz für bewegte Leiter* in einem gegebenen (reinen) Magnetfeld.

Dieser Effekt sollte aber nicht davon abhängen, ob sich der Leiter in einem inhomogenen Magnetfeld bewegt oder ob sich die dieses Feld erzeugenden Quellen bewegen. Für ruhende Leiterschleifen und veränderliche Magnetfelder bekommen wir diesen Effekt aber nur, wenn wir annehmen, dass veränderliche Magnetfelder ein elektrisches Feld bedingen, das nicht wirbelfrei ist und für beliebige geschlossene Kurven durch die Integralrelation (11.48) gegeben ist.

11.2 Die Lichtgeschwindigkeit in den Maxwell-Gleichungen

Die beim Aufstellen der Maxwell-Gleichungen unbestimmt gelassenen Proportionalitätskonstanten k, k_{2a}, k_{2b}, k_3 und k_4 sind nicht komplett voneinander unabhängig und damit nicht ganz willkürlich wählbar, denn es steckt in ihnen eine wesentliche physikalische Größe, die Lichtgeschwindigkeit.

Betrachten wir die Maxwell-Gleichungen im leeren Raum, in Abwesenheit von elektrischen Ladungen und Strömen,

$$\operatorname{div} \boldsymbol{E} = 0, \quad \operatorname{div} \boldsymbol{B} = 0, \tag{11.63}$$

$$\mathbf{rot}\, \boldsymbol{E} = -k_4 \frac{\partial}{\partial t} \boldsymbol{B}, \quad \mathbf{rot}\, \boldsymbol{B} = \frac{k_3}{k} \frac{\partial}{\partial t} \boldsymbol{E}, \tag{11.64}$$

dann können wir diese Differenzialgleichungen für $\boldsymbol{E}$ und $\boldsymbol{B}$ entkoppeln, indem wir von den letzten beiden Gleichungen noch einmal die Rotation bilden und die rechten Seiten mit der jeweils anderen Gleichung auswerten. Das führt auf den rechten Seiten zu Zeitableitungen zweiter Ordnung, während auf der linken Seite die Beziehung

$$\mathbf{rot}\,\mathbf{rot} = \mathbf{grad} \operatorname{div} - \Delta \tag{11.65}$$

verwendet werden kann (siehe hierzu auch Abschn. 11.5). Da im Vakuum die Divergenz beider Felder verschwindet, bleibt nur der Laplace-Operator Δ übrig, und wir finden für $\boldsymbol{E}$ (und gleichermaßen für $\boldsymbol{B}$) die Gleichung

$$\Delta \boldsymbol{E} = \frac{k_3 k_4}{k} \frac{\partial^2}{\partial t^2} \boldsymbol{E}. \tag{11.66}$$

Diese Gleichung ist eine *Wellengleichung*, und $k_3 k_4 / k$ hat offenbar die physikalische Dimension eines inversen Quadrats einer Geschwindigkeit, nämlich der Lichtgeschwindigkeit, mit der sich alle elektromagnetischen Wellen im Vakuum ausbreiten:

$$\frac{k_3 k_4}{k} = \frac{1}{c^2}. \tag{11.67}$$

Dass in der Kombination dieser in den Gleichungen des Elektromagnetismus auftretenden Konstanten unabhängig vom verwendeten Maßsystem gerade die Lichtgeschwindigkeit steckt, war schon 1857 *Wilhelm Weber* (1804–1891) und *Rudolf Kohlrausch* (1809–1858) aufgefallen, bevor Maxwell erkannte, dass in seinen Gleichungen die Wellenausbreitung von elektromagnetischen Feldern im Vakuum enthalten ist. Experimentell bestätigt wurde dies 1886, einige Jahre nach Maxwells frühem Tod, durch *Heinrich Hertz* (1857–1894). Die Ausbreitung elektromagnetischer Wellen und die Optik, die damit als Teilgebiet der Elektrodynamik erkannt wurde, werden wir in Kap. 16 und 17 weiter betrachten.

Das Auftreten der Lichtgeschwindigkeit in den Konstanten der Maxwell-Gleichungen bedeutet einen offensichtlichen Konflikt mit der üblichen Invarianz der Naturgesetze unter Galilei'schen Geschwindigkeitstransformationen, sofern nicht ein Bezugssystem aus physikalischen Gründen ausgezeichnet ist. Wie schon in Teil I in den Kapiteln zur speziellen Relativitätstheorie besprochen verliefen die Versuche, die Eigengeschwindigkeit des Äthers, dem physikalischen Medium, in dem diese Wellenausbreitung gedacht wurde, zu messen, allesamt negativ. Die Maxwell-Gleichungen sind nicht nur in einem Inertialsystem, in dem dieser Äther in Ruhe ist, gültig, sondern in jedem gleichförmig bewegten. Wir werden dies später systematisch diskutieren und die Maxwell-Gleichungen in Kap. 18 in eine Lorentz-kovariante Form bringen.

Der absolute, invariante Charakter der Lichtgeschwindigkeit im Vakuum wird in modernen metrischen Maßsystemen sogar dazu ausgenützt, die Längeneinheit Meter aus der Sekunde abzuleiten, indem c der genormte Wert 299 792 458 m/s zugewiesen wird. Die Beziehung (11.67) hat zur Folge, dass bei der Festlegung von Maßsystemen in der Elektrodynamik noch über zwei der drei Konstanten k, k_3, k_4 unabhängig verfügt werden kann.

Bei der Diskussion von magnetischen Dipolen haben wir zwei weitere Konstanten eingeführt, k_{2a} und k_{2b}, da auch Einheiten für magnetische Dipole festzulegen sind. Tatsächlich ist nur eine von diesen beiden Konstanten frei wählbar. Es lässt sich nämlich zeigen (Aufgabe 11.9), dass die Kombination

$$\frac{k\, k_{2b}}{k_3^2 k_{2a}} = c^2 \tag{11.68}$$

ist. (Die übrigen Faktoren in (11.32) und (11.33) wurden gerade so gewählt, dass hier keine zusätzlichen numerischen Faktoren auftreten.)

11.3 Maßsysteme

Um nicht weiter drei der fünf Proportionalitätskonstanten k, k_{2a}, k_{2b}, k_3 und k_4 mitschleppen zu müssen, werden wir ab dem nächsten Abschnitt ein spezielles Maßsystem verwenden und alle diese Konstanten geeignet fixieren. Zuvor sollen allerdings die in der physikalischen und technischen Literatur gebräuchlichen Maßsysteme kurz diskutiert werden.

Die verschiedenen historisch bedingten Maßsysteme unterscheiden sich in der Elektrodynamik leider stärker voneinander als die diversen Einheitensysteme in Geometrie und Mechanik. Zum Beispiel kann eine Masse in Gramm, Kilogramm oder Unzen angegeben werden, sie bleibt ein und dieselbe physikalische Größe; die Umrechnung der jeweiligen Maßzahl ist einfach eine dimensionslose Zahl.

In der Elektrodynamik werden in den unterschiedlichen Maßsystemen mit unterschiedlichen k_i aber die elektromagnetischen Größen unterschiedlich definiert und sollten eigentlich durch verschiedene Symbole unterschieden werden. So haben in manchen Systemen elektrische und magnetische Felder gleiche Dimension, während in anderen noch dimensionsbehaftete

Teil II

Tab. 11.1 Proportionalitätskonstanten in den verschiedenen Maßsystemen der Elektrodynamik

Maßsystem	k	k_{2a}	k_{2b}	k_3	k_4
esE (ESU)	1	c^2	1	$1/c^2$	1
emE (EMU)	c^2	1	1	1	1
Gauß	1	1	1	$1/c$	$1/c$
SI	$1/(4\pi\epsilon_0)$	$1/\mu_0$	$1/(4\pi)$	$\mu_0/(4\pi)$	1
Heaviside-Lorentz	$1/(4\pi)$	1	$1/(4\pi)$	$1/(4\pi c)$	$1/c$

Faktoren benötigt werden, um sie quantitativ vergleichen zu können. Wir werden im Folgenden die verschiedenen elektromagnetischen Größen in den unterschiedlichen Maßsystemen daher mit einem Etikett versehen, $\rho^{[MS]}, \boldsymbol{E}^{[MS]} \ldots$, wobei [MS] das jeweilige durch die Gesamtheit der k_i festgelegte Maßsystem bezeichnet.

CGS-Einheiten

Innerhalb des älteren CGS-Systems waren in der Vergangenheit eine Reihe von unterschiedlichen Systemen gebräuchlich.

Nur in alten Lehrbüchern zu finden sind das sogenannte elektrostatische CGS-Einheitensystem (esE oder ESU) und das elektromagnetische CGS-System (emE oder EMU). In diesen Systemen wird das Induktionsgesetz durch $k_4 = 1$ maximal vereinfacht und der gemäß (11.67) auftretende Faktor c^2 entweder aus der Definition der elektrischen Ladung oder aus der Definition der magnetischen Quellterme herausgehalten (Tab. 11.1).

Allerdings impliziert $k_4 = 1$ und damit $\mathbf{rot}\,\boldsymbol{E} = -\partial_t \boldsymbol{B}$, dass elektrische und magnetische Felder unterschiedliche Dimension tragen, denn die räumliche Ableitung hat inverse Längendimension und die zeitliche Ableitung inverse Zeitdimension. Verhältnisse von $\boldsymbol{E}$- und $\boldsymbol{B}$-Felder haben dann die Dimension einer Geschwindigkeit. Es ist daher symmetrischer, die ohnehin irgendwo in den Konstanten auftretende Lichtgeschwindigkeit in k_4 zu stecken und $k_4 = 1/c$ zu setzen. Diese Wahl wird im *Gauß'schen Maßsystem* getroffen, das auch „gemischtes CGS-System" genannt wird, weil einerseits wie im esE das Coulomb-Gesetz durch $k = 1$ einfachst möglich gehalten wird und andererseits wie im emE die magnetischen Größen durch $k_{2a} = k_{2b} = 1$ definiert werden.

Die Grundgleichungen der Elektrodynamik sind in diesem System sehr symmetrisch und daher in der Literatur zur theoretischen Physik weiterhin sehr verbreitet. Im Folgenden wird, wenn nicht anders angegeben, das Gauß'sche System verwendet werden.

Grundgleichungen im Gauß'schen System

$$\operatorname{div} \boldsymbol{E} = 4\pi\rho \tag{11.69}$$

$$\operatorname{div} \boldsymbol{B} = 0 \tag{11.70}$$

$$\mathbf{rot}\,\boldsymbol{E} = -\frac{1}{c}\frac{\partial}{\partial t}\boldsymbol{B} \tag{11.71}$$

$$\mathbf{rot}\,\boldsymbol{B} = \frac{4\pi}{c}\boldsymbol{j} + \frac{1}{c}\frac{\partial}{\partial t}\boldsymbol{E} \tag{11.72}$$

$$\boldsymbol{f}_\mathrm{L} = \rho\boldsymbol{E} + \frac{1}{c}\boldsymbol{j} \times \boldsymbol{B} \tag{11.73}$$

Im Gauß'schen System (wie in allen CGS-Systemen) werden keine neuen Grundeinheiten für elektrische Ladung oder Stromstärke oder auch die Feldstärken definiert, da alles durch die Einheiten der Mechanik bereits festgelegt werden kann. Das Coulomb'sche Gesetz bedingt, dass das Quadrat einer elektrischen Ladung die Dimension von Kraft mal Längenquadrat hat:

$$[Q]^2 = [F] \cdot [L]^2. \tag{11.74}$$

Und da Kraft die Dimension von Masse ($[M]$) mal Beschleunigung ($[L]/[T]^2$) hat, folgt für die Dimension der elektrischen Ladung

$$[Q] = [M]^{1/2}[L]^{3/2}[T]^{-1}. \tag{11.75}$$

(Die eckigen Klammern um Q, M, L und T bedeuten hier, dass wir uns nur für die physikalische Dimension interessieren, nicht für reine Zahlen, die, wie man sagt, dimensionslos sind.) Daher ist im CGS-System die Einheit für Ladung $\mathrm{g}^{1/2}\,\mathrm{cm}^{3/2}\,\mathrm{s}^{-1}$, und diese Kombination wird als Statcoulomb (statC) bezeichnet. 1 statC ist einfach die Ladungsmenge, die im Abstand von 1 cm von einer identischen Ladung die Kraft von $1\,\mathrm{dyn} = 1\,\mathrm{g\,cm\,s^{-2}}$ verursacht. Die Einheit für elektrische (und damit für magnetische) Feldstärke ist Kraft- pro Ladungseinheit, also dyn/statC; im Zusammenhang mit Magnetfeldern wird diese Einheit als Gauß (G) bezeichnet, und sie ist weiterhin eine gebräuchliche Einheit, die mit der SI-Einheit Tesla (T) relativ einfach per $1\,\mathrm{T} = 10^4\,\mathrm{G}$ zusammenhängt. Ganz ähnlich können alle anderen Einheiten der Elektrodynamik auf die der Mechanik zurückgeführt werden. Mit Ausnahme der Einheit Gauß sind aber die übrigen Einheiten des Gauß'schen Systems wie Statvolt (statV) und Statampere (statA) inzwischen unüblich und durch die des SI-Systems verdrängt worden. (Eine Umrechnungstabelle findet sich am Ende dieses Abschnitts.)

SI- bzw. MKSA-System

Auch im SI- bzw. MKSA-System werden die verschiedenen Einheiten der Elektrodynamik letztlich aus der Mechanik abgeleitet, allerdings wird dabei eine neue Grundeinheit postuliert, das Ampere (A), und dessen Definition in die Proportionalitätskonstanten k_i eingebaut.

In diesem Maßsystem wurde 1948 das Ampere als jene Strommenge definiert, die beim Durchgang durch zwei unendlich lange, parallele, geradlinige Drähte mit vernachlässigbar kleinem Querschnitt bei 1 m Abstand eine Kraft von $2 \cdot 10^{-7}$ N je Meter der Doppelleitung hervorruft.

Dabei bezieht man sich auf die aus den Grundgleichungen herleitbare Formel (Aufgabe 11.7)

$$F/l = k_3 k_4 \frac{2I_1 I_2}{d}, \qquad (11.76)$$

wobei I_1, I_2 die Stromstärken in idealisierten parallelen Leitern mit Abstand d sind. Wie in den älteren, unsymmetrischen CGS-Systemen wird im SI-System $k_4^{[SI]} = 1$ gewählt, d. h., man definiert

$$k_3^{[SI]} \equiv \frac{\mu_0}{4\pi} = 10^{-7}\,\mathrm{N/A^2}, \qquad (11.77)$$

wobei μ_0 die Permeabilitätskonstante des Vakuums genannt wird. Offensichtlich handelt es sich dabei aber um keine Naturkonstante, sondern um eine reine Konvention.

Wegen (11.67) ist k damit auf $k = c^2 k_3$ fixiert, und man definiert

$$k^{[SI]} = \frac{1}{4\pi\epsilon_0}, \quad \epsilon_0 \equiv \frac{1}{c^2\mu_0}; \qquad (11.78)$$

ϵ_0 ist die sogenannte Dielektrizitätskonstante des Vakuums.

Grundgleichungen im SI-System

$$\operatorname{div} \boldsymbol{E}^{[SI]} = \frac{1}{\epsilon_0}\rho^{[SI]} \qquad (11.79)$$

$$\operatorname{div} \boldsymbol{B}^{[SI]} = 0 \qquad (11.80)$$

$$\mathbf{rot}\, \boldsymbol{E}^{[SI]} = -\frac{\partial}{\partial t}\boldsymbol{B}^{[SI]} \qquad (11.81)$$

$$\mathbf{rot}\, \boldsymbol{B}^{[SI]} = \mu_0 \boldsymbol{j}^{[SI]} + \mu_0\epsilon_0 \frac{\partial}{\partial t}\boldsymbol{E}^{[SI]} \qquad (11.82)$$

$$\boldsymbol{f}_L = \rho^{[SI]}\boldsymbol{E}^{[SI]} + \boldsymbol{j}^{[SI]} \times \boldsymbol{B}^{[SI]} \qquad (11.83)$$

Hierbei ist $\mu_0\,\epsilon_0 \equiv 1/c^2$.

Diese Gleichungen lassen sich etwas übersichtlicher schreiben, wenn man bereits auf der Ebene der fundamentalen Maxwell-Gleichungen in den zwei Gleichungen, in denen die Quellen eingehen, die magnetische Feldstärke als $\boldsymbol{H}^{[SI]} = \mu_0^{-1}\boldsymbol{B}^{[SI]}$ und das sogenannte dielektrische Verschiebungsfeld $\boldsymbol{D}^{[SI]} = \epsilon_0 \boldsymbol{E}^{[SI]}$ einführt. (Im Gauß'schen System werden die Felder $\boldsymbol{D}$ und $\boldsymbol{H}$ dagegen erst in der phänomenologischen Beschreibung von Materie, in Kap. 14 und 15, eingeführt.)

Die Definition des magnetischen Moments wird im SI-System schließlich durch

$$k_{2a}^{[SI]} = \frac{1}{\mu_0}, \quad k_{2b}^{[SI]} = \frac{1}{4\pi} \qquad (11.84)$$

fixiert.

Heaviside-Lorentz-System

In der theoretischen Physik, speziell in der Teilchenphysik, ist eine Variante des Gauß'schen Systems sehr verbreitet, bei der wie im SI-System in den Maxwell-Gleichungen keine Faktoren 4π aufscheinen, aber kein ϵ_0 oder μ_0 eingeführt wird.

Grundgleichungen im Heaviside-Lorentz-System

$$\operatorname{div} \boldsymbol{E}^{[H]} = \rho^{[H]} \qquad (11.85)$$

$$\operatorname{div} \boldsymbol{B}^{[H]} = 0 \qquad (11.86)$$

$$\mathbf{rot}\, \boldsymbol{E}^{[H]} = -\frac{1}{c}\frac{\partial}{\partial t}\boldsymbol{B}^{[H]} \qquad (11.87)$$

$$\mathbf{rot}\, \boldsymbol{B}^{[H]} = \frac{1}{c}\boldsymbol{j}^{[H]} + \frac{1}{c}\frac{\partial}{\partial t}\boldsymbol{E}^{[H]} \qquad (11.88)$$

$$\boldsymbol{f}_L = \rho^{[H]}\boldsymbol{E}^{[H]} + \frac{1}{c}\boldsymbol{j}^{[H]} \times \boldsymbol{B}^{[H]} \qquad (11.89)$$

In der Teilchenphysik werden darüber hinaus gern *natürliche* anstelle der CGS-Einheiten verwendet. Hierbei wird $c = 1$ gesetzt, wodurch Längeneinheiten durch Zeiteinheiten definiert werden (ganz ähnlich wie in der Astronomie, wo das Lichtjahr eine gebräuchliche Längeneinheit ist). Allerdings kann man dies weitertreiben, und auch die Naturkonstante des Planck'schen Wirkungsquantums (siehe hierzu Kap. 21) $\hbar = 1$ setzen, womit Zeit- und Längeneinheiten durch inverse Energieeinheiten gegeben werden. In der Hochenergiephysik hat sich hierbei das Gigaelektronenvolt (GeV) als geläufige Einheit eingebürgert. 1 eV ist die Energie, die eine Elementarladung beim Durchqueren einer Potenzialdifferenz von 1 Volt gewinnt oder verliert; 1 GeV ist näherungsweise die Ruheenergie bzw. Ruhemasse eines Protons (wegen $c = 1$ sind auch Energie- und Masseneinheiten gleichgesetzt), und $1\,\mathrm{GeV}^{-1}$ entspricht näherungsweise 0,2 fm ($0{,}2 \times 10^{-15}$ m).

Umrechnungsvorschriften

Um Formeln aus dem Gauß'schen System in das SI-System oder das Heaviside-Lorentz-System umzuschreiben, genügt es, folgende Identifikationen zu machen (während Größen aus der Mechanik unberührt bleiben):

$$\boldsymbol{E} = \sqrt{4\pi\epsilon_0}\,\boldsymbol{E}^{[SI]} = \sqrt{4\pi}\,\boldsymbol{E}^{[H]}, \qquad (11.90)$$

$$\boldsymbol{B} = \sqrt{\frac{4\pi}{\mu_0}}\,\boldsymbol{B}^{[SI]} = \sqrt{4\pi}\,\boldsymbol{B}^{[H]}, \qquad (11.91)$$

$$\rho = \frac{1}{\sqrt{4\pi\epsilon_0}}\rho^{[SI]} = \frac{1}{\sqrt{4\pi}}\rho^{[H]}, \qquad (11.92)$$

$$\boldsymbol{j} = \frac{1}{\sqrt{4\pi\epsilon_0}}\boldsymbol{j}^{[SI]} = \frac{1}{\sqrt{4\pi}}\boldsymbol{j}^{[H]}, \qquad (11.93)$$

Vertiefung: Verschiedene Definitionen von Ampere

Die aus theoretischer Sicht etwas willkürliche Definition einer Grundeinheit Ampere rührt historisch daher, dass es ursprünglich (1881) als ein Zehntel des Abampere (abA) oder auch Biot (Bi), der Einheit der Stromstärke im emE-System, definiert worden war. In diesem System ist $k_3 k_4 = 1$, und das Abampere ist die Stromstärke, die gemäß (11.76) zu der Kraft von 2 dyn pro Zentimeter Leiterlänge bei 1 cm Abstand der parallelen Leiter gehört. (Während $1\,\text{abA} = 10\,\text{A}$ eine etwas große Stromeinheit darstellt, ist im Gauß'schen System das Statampere, für dessen Definition $k_3 k_4 = 1/c^2 \approx 10^{-21}\,(\text{cm/s})^{-2}$ ins Spiel kommt, die extrem winzige Strommenge von etwa 1/3 Nanoampere, die zur Kraft von $\approx 2 \cdot 10^{-21}$ dyn gehört.)

Aus praktischen Gründen hatte sich später eine Definition von Stromstärken und Ladungsmengen eingebürgert, die das sogenannte „internationale Ampere" über eine bestimmte Menge an elektrolytischer Abscheidung von Silber aus einer Silbernitratlösung festlegte, aber mit der Zeit nicht mehr mit hinreichender Genauigkeit mit der ursprünglichen Definition übereinstimmte. Mit der SI-Definition des sogenannten absoluten Ampere kehrte man 1948 zur ursprünglichen Definition zurück.

Aktuell wird allerdings eine neue SI-Definition diskutiert, die die Amperesekunde als ein bestimmtes Vielfaches der Elementarladung festschreibt. Damit wird im SI-System die Elementarladung den Status einer Naturkonstante verlieren und dieser Status stattdessen auf ϵ_0 bzw. μ_0 übergehen. Letztere werden dann nur mehr näherungsweise durch (11.77) und (11.78) gegeben und mit einem gewissen experimentellen Fehler behaftet sein.

$$m = \sqrt{\frac{\mu_0}{4\pi}}\, m^{[\text{SI}]} = \sqrt{\frac{1}{4\pi}}\, m^{[\text{H}]}. \tag{11.94}$$

Umgekehrt können damit leicht Formeln aus anderen Lehrbüchern, die das SI-System oder das Heaviside-Lorentz-System benutzen, in das hier verwendete Gauß'sche System umgerechnet werden. (Für die Umrechnung der diversen Einheiten zwischen Gauß'schem und SI-System siehe Kasten „Übersicht: Umrechnungstabelle".)

Im Folgenden werden wir uns auf das Gauß'sche Maßsystem beschränken. In diesem lauten die Maxwell-Gleichungen, nochmals alternativ mit ∇ angeschrieben,

$$\nabla \cdot \boldsymbol{E} = 4\pi\,\rho, \tag{11.95}$$

$$\nabla \times \boldsymbol{B} - \frac{1}{c}\partial_t \boldsymbol{E} = \frac{4\pi}{c}\boldsymbol{j}, \tag{11.96}$$

$$\nabla \cdot \boldsymbol{B} = 0, \tag{11.97}$$

$$\nabla \times \boldsymbol{E} + \frac{1}{c}\partial_t \boldsymbol{B} = 0, \tag{11.98}$$

wobei wir die beiden letzten Gleichungen, in denen keine Quellterme auftreten, als homogene Maxwell-Gleichungen und die beiden ersten als inhomogene bezeichnen werden. Vervollständigt werden sie durch Bewegungsgleichungen für die Träger von Ladungs- und Stromdichten, in denen die Lorentz-Kraftdichte

$$\boldsymbol{f}_\text{L} = \rho \boldsymbol{E} + \frac{1}{c}\boldsymbol{j} \times \boldsymbol{B} \tag{11.99}$$

eingeht.

Frage 7

Wie schreiben sich diese Gleichungen explizit in Indexschreibweise für kartesische Koordinaten (mit Summenkonvention)?

11.4 Energie- und Impulsbilanz

In einem dynamischen System beschrieben durch Bewegungsgleichungen für geladene Teilchen und Maxwell-Gleichungen für die elektromagnetischen Felder, die letztlich wieder von geladenen Teilchen herrühren, kann es zu einem regen Austausch von Energie und Impuls kommen. Wir werden nun zeigen, dass diese Erhaltungssätzen unterworfen sind und dass den Feldern dabei eine weitgehend eigenständige Rolle als Träger von Energie und Impuls zukommt.

Energiesatz der Elektrodynamik

Die mechanische Arbeit, die an einer Punktladung q am Ort $\boldsymbol{x}(t)$ während der infinitesimalen Zeit $\text{d}t$ durch elektromagnetische Felder geleistet wird, ist durch das Skalarprodukt von Lorentz-Kraft

$$\boldsymbol{F} = q\left(\boldsymbol{E} + \frac{\boldsymbol{v}}{c} \times \boldsymbol{B}\right)_{\boldsymbol{r}=\boldsymbol{x}(t)} \tag{11.100}$$

und der infinitesimalen Verschiebung $\mathbf{ds} = \boldsymbol{v}\,\text{d}t$ gegeben:

$$\text{d}W^\text{mech} = \boldsymbol{F} \cdot \mathbf{ds} = q\left(\boldsymbol{E} + \frac{\boldsymbol{v}}{c} \times \boldsymbol{B}\right) \cdot \boldsymbol{v}\,\text{d}t = q\boldsymbol{E} \cdot \boldsymbol{v}\,\text{d}t. \tag{11.101}$$

Wir ersehen daraus, dass das Magnetfeld keinen Beitrag liefert, weil die von ihm verursachten Kräfte immer senkrecht auf der momentanen Geschwindigkeit stehen.

Dieses Resultat für eine einzelne Punktladung können wir mit $\boldsymbol{j}(t,\boldsymbol{r}) = q\boldsymbol{v}(t)\delta(\boldsymbol{r} - \boldsymbol{x}(t))$ auch schreiben als

$$\frac{\text{d}W_V^\text{mech}}{\text{d}t} = \int_V \text{d}V\, \boldsymbol{j}(t,\boldsymbol{r}) \cdot \boldsymbol{E}(t,\boldsymbol{r}), \tag{11.102}$$

Übersicht: Umrechnungstabelle
Umrechnung zwischen Gauß'schem und SI-System

Größe	Symbol	1 SI Einheit entspricht	x	Gauß-Einheiten
Länge	l	1 Meter (m)	10^2	Zentimeter (cm)
Masse	m	1 Kilogramm (kg)	10^3	Gramm (g)
Zeit	t	1 Sekunde (s)	1	Sekunde (s)
Frequenz	$f, \nu, \omega/(2\pi)$	1 Hertz (Hz) ($= 1/\text{s}$)	1	Hertz (Hz)
Kraft	$\boldsymbol{F}$	1 Newton (N)	10^5	dyn
Arbeit, Energie	W, E	1 Joule (J)	10^7	erg
Energiedichte	w	1 Joule/m^3	10	erg/cm^3
Leistung	P	1 Watt (W)	10^7	erg/s
Drehmoment	M, N	1 N m	10^7	dyn cm
Größe	**Symbol**	**1 SI Einheit entspricht**	x	**Gauß-Einheiten**
elektrische Ladung	Q, q	1 Coulomb (C) ($=$ As)	$\tilde{3} \cdot 10^9$	statC ($\equiv \text{g}^{1/2}\,\text{cm}^{3/2}\,\text{s}^{-1}$)
elektrische Ladungsdichte	ρ	1 Coulomb/m^3	$\tilde{3} \cdot 10^3$	statC/cm^3
elektrisches Potenzial	ϕ, U	1 Volt (V) ($=$ W/A)	$\frac{1}{300}$	statV ($\equiv \text{g}^{1/2}\,\text{cm}^{1/2}\,\text{s}^{-1}$)
elektrische Feldstärke	$\boldsymbol{E}$	1 Volt/m	$\frac{1}{\tilde{3}} \cdot 10^{-4}$	statV/cm
elektrische Verschiebung	$\boldsymbol{D}$	1 Coulomb/m^2	$\tilde{3} \cdot 4\pi \cdot 10^5$	statV/cm
elektrische Polarisation	$\boldsymbol{P}$	1 Coulomb/m^2	$\tilde{3} \cdot 10^5$	statC/cm^2
elektrisches Dipolmoment	$\boldsymbol{p}$	1 Coulomb m	$\tilde{3} \cdot 10^{11}$	statC cm
elektrischer Fluss	Φ_e	1 A s	$\tilde{3} \cdot 4\pi \cdot 10^9$	statC
Größe	**Symbol**	**1 SI Einheit entspricht**	x	**Gauß-Einheiten**
elektrischer Strom	I	1 Ampere (A)	$\tilde{3} \cdot 10^9$	statA ($\equiv \text{g}^{1/2}\,\text{cm}^{3/2}\,\text{s}^{-2}$)
elektrische Stromdichte	$\boldsymbol{j}$	1 Ampere/m^2	$\tilde{3} \cdot 10^5$	statA/cm^2
magnetische Induktion	$\boldsymbol{B}$	1 Tesla (T) ($=$ Wb/m^2)	10^4	Gauß (G)
magnetische Feldstärke	$\boldsymbol{H}$	1 Ampere/m	$4\pi \cdot 10^{-3}$	Oersted (Oe)
Magnetisierung	$\boldsymbol{M}$	1 Ampere/m	10^{-3}	Oersted (Oe)
magnetisches Moment	$\boldsymbol{m}$	1 Ampere m^2	10^3	erg/G
magnetischer Fluss	Φ_m	1 Weber (Wb) ($=$ Vs)	10^8	Maxwell (Mx)
Größe	**Symbol**	**1 SI Einheit entspricht**	x	**Gauß-Einheiten**
elektrische Leitfähigkeit	σ	1 Siemens/m ($\equiv \Omega^{-1}$/m)	$\tilde{9} \cdot 10^9$	1/s
elektrischer Widerstand	R	1 Ohm (Ω) ($=$ V/A)	$\frac{1}{\tilde{9}} \cdot 10^{-11}$	s/cm
elektrische Kapazität	C	1 Farad (F) ($=$ As/V)	$\tilde{9} \cdot 10^{11}$	cm
Induktivität	L	1 Henry (H) ($=$ Vs/A)	$\frac{1}{\tilde{9}} \cdot 10^{-11}$	s^2/cm

$\tilde{3} := 2{,}99792458, \quad \tilde{9} := \tilde{3}^2$

sofern im Volumen V gerade dieses eine Punktteilchen zum betrachteten Zeitpunkt enthalten ist. Dank des Superpositionsprinzips ist der Ausdruck auf der rechten Seite aber allgemeiner gültig. Für beliebige Ladungs- und Stromverteilungen ρ und $\boldsymbol{j}$ lautet die *Leistungsdichte*

$$\partial_t w_\text{mech}(t, \boldsymbol{r}) = \boldsymbol{j}(t, \boldsymbol{r}) \cdot \boldsymbol{E}(t, \boldsymbol{r}), \tag{11.103}$$

wobei wir mit w_mech eine Dichte für die mit den Ladungs- und Stromverteilungen verbundene Energie eingeführt haben. (Arbeit bzw. Energie bezeichnen wir hier mit dem Symbol W anstatt mit A oder E, um Verwechslungen mit Vektorpotenzial und elektrischer Feldstärke zu vermeiden.)

Mithilfe der Maxwell-Gleichungen lässt sich diese Leistungsdichte rein durch elektromagnetische Feldgrößen ausdrücken. Dies erlaubt, wie wir gleich sehen werden, nach geeigneten Umformungen zu erkennen, worin die elektromagnetische Feldenergie besteht, die hier in mechanische Energie umgewandelt wird. (Da wir hier auf mikroskopischer Ebene arbeiten, haben wir nur mechanische Energie zu betrachten; auf makroskopischer Ebene erscheint diese oft in Form von thermischer Energie.)

Die inhomogene Maxwell-Gleichung (11.96) kann rückwärts gelesen werden als Gleichung für $\boldsymbol{j}$,

$$\boldsymbol{j} = \frac{c}{4\pi} \nabla \times \boldsymbol{B} - \frac{1}{4\pi} \partial_t \boldsymbol{E}, \tag{11.104}$$

und liefert multipliziert mit $\boldsymbol{E}$ einen Term, der wie die Leistungsdichte eine totale Zeitableitung darstellt:

$$-\frac{1}{4\pi} \boldsymbol{E} \cdot \partial_t \boldsymbol{E} = -\frac{1}{8\pi} \partial_t (\boldsymbol{E}^2). \tag{11.105}$$

Der weitere Term proportional zu $\boldsymbol{E}\cdot(\nabla\times\boldsymbol{B})$ enthält räumliche Ableitungen, auf eine totale räumliche Ableitung fehlt aber ein Term, wie folgende Rechnung in Indexnotation zeigt:

$$\begin{aligned} E_i\varepsilon_{ijk}\partial_j B_k &= \partial_j(E_i\varepsilon_{ijk}B_k) - (\partial_j E_i)\varepsilon_{ijk}B_k \\ &= -\partial_j(\varepsilon_{jik}E_iB_k) + B_k\varepsilon_{kji}\partial_j E_i. \end{aligned} \tag{11.106}$$

In Vektoranalysisnotation haben wir damit gezeigt, dass gilt:

$$\boldsymbol{E}\cdot(\nabla\times\boldsymbol{B}) = -\nabla\cdot(\boldsymbol{E}\times\boldsymbol{B}) + \boldsymbol{B}\cdot(\nabla\times\boldsymbol{E}). \tag{11.107}$$

Im letzten Term lässt sich aber die homogene Maxwell-Gleichung (11.98) verwenden, und dies liefert eine weitere totale Zeitableitung:

$$\boldsymbol{B}\cdot(\nabla\times\boldsymbol{E}) = -\frac{1}{c}\boldsymbol{B}\cdot(\partial_t\boldsymbol{B}) = -\frac{1}{c}\frac{1}{2}\partial_t(\boldsymbol{B}^2). \tag{11.108}$$

Mit allen Vorfaktoren bekommen wir damit $\boldsymbol{j}\cdot\boldsymbol{E}$ dargestellt als totale Raum- und Zeitableitungen von Größen, die nur aus den Feldstärken gebildet sind

$$\begin{aligned} \partial_t w_{\text{mech}} &= \boldsymbol{j}\cdot\boldsymbol{E} \\ &= -\nabla\cdot\left(\frac{c}{4\pi}\boldsymbol{E}\times\boldsymbol{B}\right) - \partial_t\left(\frac{1}{8\pi}(\boldsymbol{E}^2+\boldsymbol{B}^2)\right). \end{aligned} \tag{11.109}$$

Diese Gleichung hat die Form einer Kontinuitätsgleichung (ganz analog zu (11.44)),

$$\partial_t w + \nabla\cdot\boldsymbol{S} = 0 \quad \text{mit} \quad w = w_{\text{mech}} + w_{\text{em}}. \tag{11.110}$$

Diese legt nahe, neben der mechanischen Energiedichte w_{mech} eine Energiedichte und eine Energiestromdichte des elektromagnetischen Feldes zu definieren.

Energiedichte des elektromagnetischen Feldes

$$w_{\text{em}} = \frac{1}{8\pi}\left(\boldsymbol{E}^2+\boldsymbol{B}^2\right) \tag{11.111}$$

Energiestromdichte des elektromagnetischen Feldes

$$\boldsymbol{S} = \frac{c}{4\pi}\left(\boldsymbol{E}\times\boldsymbol{B}\right), \tag{11.112}$$

auch als *Poynting-Vektorfeld* bezeichnet (benannt nach dem britischen Physiker *John Henry Poynting*, 1852–1914).

Die Integration über ein Volumen V mit Rand ∂V unter Verwendung des Gauß'schen Satzes liefert eine Beziehung, die die Energiebilanz für dieses Volumen beschreibt.

Energie(erhaltungs)satz der Elektrodynamik

$$\frac{\mathrm{d}}{\mathrm{d}t}(W_V^{\text{mech}} + W_V^{\text{em}}) = -\oint_{\partial V} \mathrm{d}\boldsymbol{f}\cdot\boldsymbol{S} \tag{11.113}$$

Er besagt, dass die zeitliche Änderung der gesamten im Volumen V vorhandenen Energie (mechanische Energie und elektromagnetische Feldenergie) bestimmt ist durch einen durch das Poynting-Vektorfeld gegebenen Energiestrom durch die Oberfläche des Volumens.

Vorausgesetzt wird hierbei, dass das Volumen V so gewählt ist, dass zum betrachteten Zeitpunkt keine Ladungsträger dieses verlassen oder in dieses eintreten.

Impulssatz der Elektrodynamik

Ganz analog zum Energieerhaltungssatz kann man auch einen Impulssatz für die Elektrodynamik aufstellen. Die zeitliche Änderung des mechanischen Impulses $\boldsymbol{P}_V^{\text{mech}}$ aller in einem Volumen V vorhandenen Ladungsträger und Ströme ist durch das Volumenintegral über die Lorentz-Kraftdichte (11.54) gegeben:

$$\frac{\mathrm{d}}{\mathrm{d}t}\boldsymbol{P}_V^{\text{mech}} = \boldsymbol{F}_V^{\text{mech}} = \int_V \mathrm{d}V\left(\rho\boldsymbol{E} + \frac{1}{c}\boldsymbol{j}\times\boldsymbol{B}\right). \tag{11.114}$$

Wieder können die inhomogenen Maxwell-Gleichungen zuerst dazu verwendet werden, die Quellterme (diesmal sowohl $\boldsymbol{j}$ als auch ρ) durch die elektromagnetischen Feldstärken auszudrücken. In einem zweiten Schritt können die entstehenden Ausdrücke dann als totale räumliche und zeitliche Ableitungen dargestellt werden. Das Resultat ist (siehe Aufgabe 11.11 für die zugehörige Rechnung)

$$\begin{aligned} \left(\rho\boldsymbol{E} + \frac{1}{c}\boldsymbol{j}\times\boldsymbol{B}\right)_k &= -\partial_t\frac{1}{4\pi c}(\boldsymbol{E}\times\boldsymbol{B})_k \\ &+ \partial_i\frac{1}{4\pi}\left[E_iE_k + B_iB_k - \frac{1}{2}\delta_{ik}(\boldsymbol{E}^2+\boldsymbol{B}^2)\right]. \end{aligned} \tag{11.115}$$

Die Größe, die unter der Zeitableitung steht, repräsentiert die *Impulsdichte des elektromagnetischen Feldes* und gleicht bis auf einen Vorfaktor dem Poynting-Vektorfeld.

Impulsdichte des elektromagnetischen Feldes

$$\boldsymbol{g}^{\text{em}} = \frac{1}{4\pi c}(\boldsymbol{E}\times\boldsymbol{B}) = \frac{1}{c^2}\boldsymbol{S} \tag{11.116}$$

Über das Volumen integriert ergibt dies den darin enthaltenen Feldimpuls:

$$\boldsymbol{P}^{\text{em}} = \int_V \mathrm{d}V\,\boldsymbol{g}^{\text{em}}. \tag{11.117}$$

Der Term, der sich als totale räumliche Ableitung schreiben ließ, ist nun die Divergenz eines symmetrischen Tensors zweiter Stufe, der die Impuls*strom*dichte darstellt und *Maxwell'scher Spannungstensor* genannt wird:

$$T_{ik} = \frac{1}{4\pi}\left[E_iE_k + B_iB_k - \frac{1}{2}\delta_{ik}(\boldsymbol{E}^2 + \boldsymbol{B}^2)\right]. \qquad (11.118)$$

(Der Begriff „Spannung" ist hier in einem mechanischen und nicht elektrischen Sinn zu verstehen.) Die Integration von $\partial_i T_{ik}$ über ein Volumen V lässt sich mit dem Gauß'schen Satz, bei dem der zusätzliche Index k überhaupt keine Rolle spielt, wieder als ein Oberflächenintegral darstellen. Dies führt auf eine Bilanzgleichung für den gesamten in V enthaltenen Impuls, wenn wiederum angenommen wird, dass zum betrachteten Zeitpunkt keine Ladungsträger den Rand ∂V durchqueren.

Impuls(erhaltungs)satz der Elektrodynamik

$$\frac{\mathrm{d}}{\mathrm{d}t}\left(\boldsymbol{P}_V^{\mathrm{mech}} + \boldsymbol{P}_V^{\mathrm{em}}\right)_k = \oint_{\partial V} \mathrm{d}f_i\, T_{ik} \qquad (11.119)$$

Der Impulserhaltungssatz (11.119) stellt die zeitliche Änderung des Impulses in einem Volumen über den „Impulsfluss" durch den Rand dieses Volumens dar. Er erlaubt es, die gesamte auf ein Volumen V einwirkende Kraft als ein Integral über die Spannung (Kraft pro Fläche) auf dessen Oberfläche darzustellen. Je nach Richtung dieser Kraft bezüglich der Flächennormale (die immer nach außen zeigt) gibt es Beiträge, die Druck, Zug oder Scherspannungen entsprechen. Druck und Zug sind hier Kräfte, die entgegen bzw. in Richtung der Flächennormale wirken; Scherspannungen sind Kräfte orthogonal dazu, also tangential zur betrachteten Fläche (siehe hierzu auch Abschn. 8.5).

Frage 8

Lesen Sie aus (11.118) die Tatsache ab, dass eine (elektrische oder magnetische) Feldstärke entlang oder entgegen der Flächennormale immer Zug bedeutet, während tangentiale Felder immer zu Druck führen. (Das heißt, Feldlinien kann man sich gleichsam wie gespannte Gummibänder mit einer gewissen Dicke vorstellen, die bei seitlicher Kompression Gegendruck entwickeln.)

Energie- und Impulssatz demonstrieren die Tragweite des Feldbegriffs, der von Maxwell zu voller Reife gebracht wurde. Die elektromagnetischen Felder erscheinen als eigenständige physikalische Objekte, die mehr sind als Hilfsgrößen, mit denen über die Kräfte zwischen elektrischen Ladungen und Strömen Buch geführt wird. Wie wir später noch sehen werden, gibt es neben Feldern, die wie $1/r^2$ abfallen, auch noch Strahlungsanteile, bei denen $\boldsymbol{E}$ und $\boldsymbol{B}$ nur wie $1/r$ gehen, sodass auch im Limes unendlich großer Volumina V die Oberflächenbeiträge, die von Poynting-Vektor und Maxwell'schem Spannungstensor geliefert werden, im Allgemeinen nicht vernachlässigbar werden können.

Achtung Dafür, dass im elektromagnetischen Feld Impuls und Energieströme vorliegen, ist es nicht notwendig, dass dieses wie bei Strahlungsfeldern zeitlich veränderlich ist. Impuls- und Energiestromdichte sind beide proportional zu $\boldsymbol{E} \times \boldsymbol{B}$ und kommen ins Spiel, sobald gleichzeitig $\boldsymbol{E}$- und $\boldsymbol{B}$-Felder vorhanden sind, die nicht überall parallel sind. ◄

Feynman'sches Scheibenparadoxon

Auf einer drehbaren isolierenden Scheibe seien positiv geladene Partikel kreisförmig um eine supraleitende Spule angeordnet, in der ein konstanter Strom fließt (Abb. 11.16). Diese Anordnung hat keinen mechanischen Drehimpuls, zumindest wenn man sich für die Zwecke dieses Gedankenexperiments vorstellt, dass der Strom aus gegenläufigen Strömen von gleich schweren positiven und negativen Ladungsträgern gebildet wird. Wird nun der Stromfluss unterbrochen, weil z. B. eine Erhöhung der Umgebungstemperatur die Supraleitfähigkeit zerstört hat, dann folgt aus dem Faraday'schen Induktionsgesetz, dass entlang des Kreises, auf dem die Ladungen sitzen, ein tangentiales elektrisches Feld induziert wird. Dieses sollte die drehbare Scheibe zum Rotieren bringen können. Aber wie kann das mit der Drehimpulserhaltung in Einklang sein, wenn doch der anfängliche mechanische Drehimpuls null war (Feynman et al. 2005)?

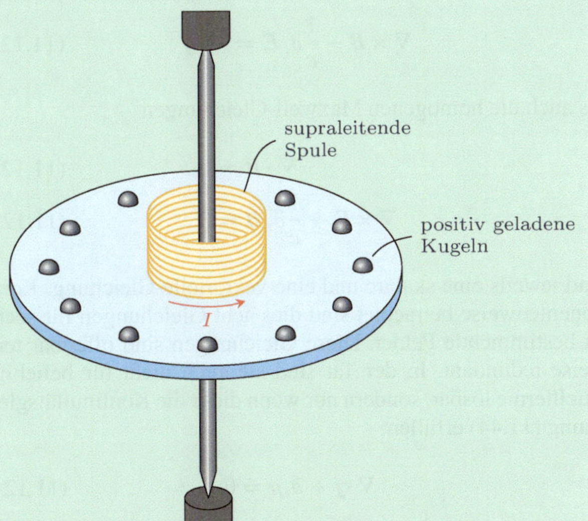

Abb. 11.16 Feynman'sches Scheibenparadoxon. Wird der Stromfluss in der supraleitenden Spule durch Erwärmung gestoppt, sollte aufgrund der Faraday'schen Induktion ein tangentiales elektrisches Feld induziert werden, das die Scheibe in Rotation versetzt. Oder widerspräche dies der Erhaltung des Drehimpulses, da anfangs kein mechanischer Drehimpuls vorhanden ist und die elektromagnetischen Größen allesamt stationär sind?

Die Auflösung dieses Rätsels liegt darin, dass im elektromagnetischen Feld ein Drehimpuls gespeichert ist, obwohl dieses rein statisch ist. Die Impulsdichte $\boldsymbol{g}^{\text{em}} = (\boldsymbol{E} \times \boldsymbol{B})/(4\pi c)$ verschwindet nicht, wenn nichtparallele $\boldsymbol{E}$- und $\boldsymbol{B}$-Felder vorhanden sind, und können wie hier eine *Drehimpulsdichte* $\boldsymbol{r} \times \boldsymbol{g}^{\text{em}}$ für das elektromagnetische Feld ergeben, die über den ganzen Raum aufintegriert ungleich null ist. (Für eine explizite Rechnung hierzu vgl. Ma 1986; für eine Variante dieses Paradoxons, die auf einfachere Rechnungen führt, vgl. Griffiths 2011, Kap. 8.2.4.) ◀

Teil II

11.5 Elektrodynamische Potenziale

Wir wenden uns nun wieder den Maxwell-Gleichungen selbst zu, mit dem Ziel, etwas über ihre konkrete Lösbarkeit auszusagen. Dies wird uns auf Hilfsgrößen führen, die nur bedingt physikalisch interpretierbar sind, aber dennoch eine erstaunlich fundamentale Rolle spielen (siehe hierzu Abschnitt „So geht's weiter" am Ende von Teil II).

Die Maxwell-Gleichungen sind ein System von (gekoppelten) partiellen Differenzialgleichungen erster Ordnung. Die inhomogenen Maxwell-Gleichungen

$$\nabla \cdot \boldsymbol{E} = 4\pi \rho, \tag{11.120}$$

$$\nabla \times \boldsymbol{B} - \frac{1}{c}\partial_t \boldsymbol{E} = \frac{4\pi}{c}\boldsymbol{j} \tag{11.121}$$

als auch die homogenen Maxwell-Gleichungen

$$\nabla \cdot \boldsymbol{B} = 0, \tag{11.122}$$

$$\nabla \times \boldsymbol{E} + \frac{1}{c}\partial_t \boldsymbol{B} = 0 \tag{11.123}$$

sind jeweils eine skalare und eine vektorielle Gleichung. Komponentenweise betrachtet sind dies acht Gleichungen für sechs zu bestimmende Felder. Diese Gleichungen sind offenbar teilweise redundant. In der Tat sind sie auch nicht für beliebige Quellterme lösbar, sondern nur wenn diese die Kontinuitätsgleichung (11.44) erfüllen:

$$\nabla \cdot \boldsymbol{j} + \partial_t \rho = 0. \tag{11.124}$$

Diese wurde ja bei der Einführung des Maxwell'schen Verschiebungsstromes verwendet.

Die homogenen Maxwell-Gleichungen können ganz allgemein dadurch gelöst werden, dass neue Felder, die Potenziale, eingeführt werden. Gleichung $\nabla \cdot \boldsymbol{B} = 0$ kann erfüllt werden, indem $\boldsymbol{B}$ als Rotation eines anderen Vektorfeldes, des *Vektorpotenzials* $\boldsymbol{A}$, geschrieben wird,

$$\boldsymbol{B} = \nabla \times \boldsymbol{A}, \tag{11.125}$$

weil allgemein gilt, dass die Divergenz eines Rotationsfeldes verschwindet:

$$\nabla \cdot (\nabla \times \boldsymbol{A}) \equiv 0. \tag{11.126}$$

Eingesetzt in (11.123) ergibt dies, dass folgende Rotation verschwinden muss:

$$\nabla \times \left(\boldsymbol{E} + \frac{1}{c}\partial_t \boldsymbol{A}\right) = 0. \tag{11.127}$$

Dies kann gelöst werden, indem der Ausdruck in der Klammer als Gradient eines *skalaren Potenzials* ϕ geschrieben wird:

$$\boldsymbol{E} = -\nabla\phi - \frac{1}{c}\partial_t \boldsymbol{A}, \tag{11.128}$$

weil außerdem allgemein gilt, dass die Rotation eines Gradientenfeldes verschwindet:

$$\nabla \times (\nabla\phi) \equiv 0. \tag{11.129}$$

Frage 9

Übersetzen Sie (11.126) und (11.129) in Indexschreibweise und überzeugen Sie sich dadurch von der Gültigkeit dieser Gleichungen! Erinnern Sie sich dabei an den Satz von Schwarz über die Vertauschbarkeit partieller Ableitungen.

Betrachtet man die beiden Terme auf der rechten Seite von (11.128), so erkennt man, dass die Potenziale ϕ und $\boldsymbol{A}$ gleiche physikalische Dimension haben, da sowohl ∇ als auch $\partial/\partial(ct)$ die Dimension einer inversen Länge haben.

Feldgleichungen der elektromagnetischen Potenziale

Durch Einsetzen von (11.125) und (11.128) in die Maxwell-Gleichungen ergeben sich partielle Differenzialgleichungen zweiter Ordnung. Gleichung (11.120) führt auf

$$\Delta\phi + \frac{1}{c}\partial_t \nabla \cdot \boldsymbol{A} = -4\pi\rho. \tag{11.130}$$

Für (11.121) benötigen wir die schon früher verwendete Beziehung (11.65), die wir nun etwas näher besprechen werden. In Indexnotation berechnet sich **rot rot** $\boldsymbol{A} = \nabla \times (\nabla \times \boldsymbol{A})$ wie folgt:

Mit freiem (äußeren) Index i haben wir $\varepsilon_{ijk}\partial_j(\varepsilon_{klm}\partial_l A_m)$ auszuwerten. Dabei können wir

$$\varepsilon_{ijk}\varepsilon_{klm} = \delta_{il}\delta_{jm} - \delta_{im}\delta_{jl}$$

verwenden. Der erste Term liefert $\partial_i\partial_j A_j$, der zweite $\partial_j\partial_j A_i = \Delta A_i$, also

$$\nabla \times (\nabla \times \boldsymbol{A}) = \nabla(\nabla \cdot \boldsymbol{A}) - \Delta\boldsymbol{A}. \qquad (11.131)$$

Achtung Diese Rechnung zeigt, dass wir nur in den hierbei verwendeten kartesischen Komponenten erwarten können, dass $(\Delta\boldsymbol{A})_i$ einfach ΔA_i ist. Würde $\boldsymbol{A}$ in anderen Komponenten angegeben, wäre das nicht der Fall. Wenn z. B. in Kugelkoordinaten gerechnet wird, ist es daher ratsam, weiterhin A_x, A_y, A_z zu verwenden und diese kartesischen Komponenten von Kugelkoordinaten abhängen zu lassen. Nur dann ist der Laplace-Operator der übliche skalare Operator, mit seiner bekannten Form in Kugelkoordinaten (2.134). Andernfalls müssten wir einen sogenannten Vektor-Laplace-Operator einführen, der die Komponenten von $A_r, A_\vartheta, A_\varphi$ mischt. ◀

Gleichung (11.121) liefert somit

$$\left(\Delta - \frac{1}{c^2}\partial_t^2\right)\boldsymbol{A} - \nabla\left(\nabla\cdot\boldsymbol{A} + \frac{1}{c}\partial_t\phi\right) = -\frac{4\pi}{c}\boldsymbol{j}. \qquad (11.132)$$

Mittels trivialer Addition und Subtraktion einer zweiten Zeitableitung von ϕ kann auch (11.130) in eine recht ähnliche Form gebracht werden:

$$\left(\Delta - \frac{1}{c^2}\partial_t^2\right)\phi + \frac{1}{c}\partial_t\left(\nabla\cdot\boldsymbol{A} + \frac{1}{c}\partial_t\phi\right) = -4\pi\rho. \qquad (11.133)$$

Eichinvarianz

Durch den Übergang zu den Potenzialen ϕ, $\boldsymbol{A}$ haben wir nur noch vier Feldkomponenten zu bestimmen, was der Anzahl an Komponenten in den verbleibenden inhomogenen Maxwell-Gleichungen entspricht. Dies ist für viele Anwendungen eine bedeutende Vereinfachung, und wir werden in den folgenden Kapiteln davon oft Gebrauch machen. Allerdings sind die vier Differenzialgleichungen (11.132) und (11.133) nicht ganz unabhängig. Wir haben ja noch die Kontinuitätsgleichung gegeben, und die entsprechende Kombination der linken Seiten von (11.132) und (11.133) verschwindet. Das bedeutet einerseits, dass ohne Erfüllung der Kontinuitätsgleichung diese Differenzialgleichungen nicht konsistent sind, und andererseits, dass die vier Feldkomponenten $\phi, \boldsymbol{A}$ eine gewisse Redundanz haben.

Tatsächlich ändern sich die elektromagnetischen Felder $\boldsymbol{E}$ und $\boldsymbol{B}$ nicht, wenn die Potenziale durch folgende *Eichtransformation* verändert werden:

$$\phi'(t,\boldsymbol{r}) = \phi(t,\boldsymbol{r}) + \frac{1}{c}\partial_t\Lambda(t,\boldsymbol{r}), \qquad (11.134)$$

$$\boldsymbol{A}'(t,\boldsymbol{r}) = \boldsymbol{A}(t,\boldsymbol{r}) - \nabla\Lambda(t,\boldsymbol{r}), \qquad (11.135)$$

wobei die *Eichfunktion* $\Lambda(t,\boldsymbol{r})$ beliebig ist.

Frage 10

Rechnen Sie explizit nach, dass die Feldstärken $\boldsymbol{E}$ und $\boldsymbol{B}$ unter Eichtransformationen invariant sind.

Die gewisse Freiheit, die sich durch die Möglichkeit von Eichtransformationen ergibt, lässt sich dazu benützen, Relationen zwischen den Potenzialen herzustellen, die die Bestimmungsgleichungen für die Potenziale vereinfachen. Da eine skalare Funktion $\Lambda(t,\boldsymbol{r})$ offen ist, kann man genau eine weitere skalare Bedingung auferlegen.

Lorenz-Eichung

In der sogenannten Lorenz-Eichung, die auf den dänischen Physiker *Ludvig Lorenz* (1829–1891) zurückgeht, verlangt man als zusätzliche Bedingung

$$\nabla\cdot\boldsymbol{A} + \frac{1}{c}\partial_t\phi = 0 \qquad (11.136)$$

und erreicht damit, dass die Differenzialgleichungen für die Potenziale, (11.132) und (11.133), voneinander entkoppeln. Diese vereinfachen sich damit zu separaten inhomogenen Wellengleichungen,

$$\Box\phi(t,\boldsymbol{r}) = 4\pi\rho(t,\boldsymbol{r}), \qquad (11.137)$$

$$\Box\boldsymbol{A}(t,\boldsymbol{r}) = \frac{4\pi}{c}\boldsymbol{j}(t,\boldsymbol{r}), \qquad (11.138)$$

mit dem sogenannten *d'Alembert-Operator* (auch Wellenoperator oder Quabla-Operator)

$$\Box := \frac{1}{c^2}\partial_t^2 - \Delta, \qquad (11.139)$$

der in Kap. 16 und 19 noch eingehender betrachtet werden wird.

Gleichung (11.136) eliminiert übrigens die Möglichkeit zu Eichtransformationen nicht vollständig; es bleibt eine Rest-Eichfreiheit mit Eichfunktionen Λ, die $\Box\Lambda = 0$ erfüllen (siehe Aufgabe 11.15).

Die Eichbedingung (11.136) wird oft als Lorentz-Eichung bezeichnet und damit fälschlicherweise dem bekannteren holländischen Physiker *Hendrik Lorentz* (1853–1928) zugeschrieben. Wie wir in Kap. 18 sehen werden, ist die Lorenz-Eichung zufälligerweise invariant unter Lorentz-Transformationen, sodass zumindest diesbezüglich die Bezeichnung als Lorentz-Eichung gerechtfertigt ist.

Coulomb-Eichung

Eine andere nützliche Eichung ist die sogenannte Coulomb- oder Strahlungseichung

$$\nabla\cdot\boldsymbol{A} = 0. \qquad (11.140)$$

Teil II

Übersicht: Grundgleichungen der Elektrodynamik

Zum Abschluss dieses Abschnitts fassen wir die Grundgleichungen der Elektrodynamik nochmals zusammen:

In dem in diesem Buch verwendeten Gauß'schen Maßsystem lauten die Maxwell-Gleichungen im Vakuum in differenzieller Form

$$\operatorname{div} \boldsymbol{E} = 4\pi\rho, \tag{11.141}$$

$$\operatorname{div} \boldsymbol{B} = 0, \tag{11.142}$$

$$\mathbf{rot}\,\boldsymbol{E} = -\frac{1}{c}\frac{\partial}{\partial t}\boldsymbol{B}, \tag{11.143}$$

$$\mathbf{rot}\,\boldsymbol{B} = \frac{4\pi}{c}\boldsymbol{j} + \frac{1}{c}\frac{\partial}{\partial t}\boldsymbol{E} \tag{11.144}$$

und in Integralversion

$$\oint_{\partial V} \mathrm{d}\boldsymbol{f}\cdot\boldsymbol{E} = 4\pi\int_V \mathrm{d}V\,\rho, \tag{11.145}$$

$$\oint_{\partial V} \mathrm{d}\boldsymbol{f}\cdot\boldsymbol{B} = 0, \tag{11.146}$$

$$\oint_{\partial F} \mathrm{d}\boldsymbol{r}\cdot\boldsymbol{E} = -\frac{1}{c}\frac{\mathrm{d}}{\mathrm{d}t}\Phi_{\mathrm{m}} \equiv -\frac{1}{c}\frac{\mathrm{d}}{\mathrm{d}t}\int_F \mathrm{d}\boldsymbol{f}\cdot\boldsymbol{B}, \tag{11.147}$$

$$\oint_{\partial F} \mathrm{d}\boldsymbol{r}\cdot\boldsymbol{B} = \frac{4\pi}{c}\int_F \mathrm{d}\boldsymbol{f}\cdot\boldsymbol{j} + \frac{1}{c}\frac{\mathrm{d}}{\mathrm{d}t}\int_F \mathrm{d}\boldsymbol{f}\cdot\boldsymbol{E}. \tag{11.148}$$

Damit die Maxwell-Gleichungen lösbar sind, müssen die Ladungs- und Stromdichten ρ bzw. $\boldsymbol{j}$ als „Integrabilitätsbedingung" die Kontinuitätsgleichung

$$\operatorname{div}\boldsymbol{j} + \frac{\partial}{\partial t}\rho = 0 \tag{11.149}$$

erfüllen, die ein Ausdruck der Ladungserhaltung ist: Die Ladung Q in einem Volumen V kann sich nur bei einem entsprechenden elektrischen Strom durch die Oberfläche ∂V ändern:

$$\begin{aligned} I_{\partial V} &= -\frac{\mathrm{d}}{\mathrm{d}t}Q_V = -\frac{\mathrm{d}}{\mathrm{d}t}\int_V \mathrm{d}V\,\rho \\ &= \oint_{\partial V} \mathrm{d}\boldsymbol{f}\cdot\boldsymbol{j} = \int_V \mathrm{d}V \operatorname{div}\boldsymbol{j}. \end{aligned} \tag{11.150}$$

In äußeren elektromagnetischen Feldern wirkt auf die Ladungs- und Stromverteilungen die Lorentz-Kraftdichte

$$\boldsymbol{f}_{\mathrm{L}} = \rho\boldsymbol{E} + \frac{1}{c}\boldsymbol{j}\times\boldsymbol{B}. \tag{11.151}$$

Auf materielle Körper mit Volumen V, in denen Ladungsträger gebunden sind, wirkt die Lorentz-Kraft

$$\boldsymbol{F} = \int_V \mathrm{d}V\boldsymbol{f}_{\mathrm{L}}. \tag{11.152}$$

Speziell für Punktteilchen mit Ladung q, Bahnkurve $\boldsymbol{x}(t)$ und Geschwindigkeit $\boldsymbol{v}(t)$ lautet die Lorentz-Kraft

$$\boldsymbol{F}(t) = q\left[\boldsymbol{E}(t,\boldsymbol{x}(t)) + \frac{\boldsymbol{v}(t)}{c}\times\boldsymbol{B}(t,\boldsymbol{x}(t))\right]. \tag{11.153}$$

Die Bewegungsgleichung für ein Punktteilchen ist per Definition gegeben durch

$$\frac{\mathrm{d}}{\mathrm{d}t}\boldsymbol{p}(t) = \boldsymbol{F}(t), \tag{11.154}$$

wobei $\boldsymbol{p}$ im Allgemeinen der relativistische Impuls (10.3) ist, der sich in der nichtrelativistischen Näherung auf $m\boldsymbol{v}$ reduziert.

Damit entkoppelt zumindest die Gleichung für ϕ von der für $\boldsymbol{A}$ und in ersterer treten zudem nur räumliche Ableitungen auf:

$$\Delta\phi(t,\boldsymbol{r}) = -4\pi\rho(t,\boldsymbol{r}). \tag{11.155}$$

Das heißt, man kann ϕ auch in zeitabhängigen Situationen durch die instantane Ladungsverteilung bestimmen und dabei auf die (noch zu besprechenden) Methoden der Elektrostatik zurückgreifen. Allerdings gibt dies nur einen Beitrag zum elektrischen Feld $\boldsymbol{E}$, den sogenannten Coulomb-Anteil. Für das gesamte $\boldsymbol{E}$-Feld wird gemäß (11.128) auch noch das Vektorpotenzial $\boldsymbol{A}$ benötigt, für das eine partielle Differenzialgleichung inklusive Zeitableitungen zu lösen ist. Bringt man die Terme mit ϕ, die über (11.155) bestimmt wurden, auf die rechte Seite, so erhält man eine inhomogene Wellengleichung mit modifizierter Stromdichte, die als *transversale Stromdichte* bezeichnet wird:

$$\Box\boldsymbol{A}(t,\boldsymbol{r}) = \frac{4\pi}{c}\left(\boldsymbol{j}(t,\boldsymbol{r}) - \frac{1}{4\pi}\nabla\partial_t\phi\right) =: \frac{4\pi}{c}\boldsymbol{j}_{\mathrm{T}}(t,\boldsymbol{r}). \tag{11.156}$$

Frage 11

Überzeugen Sie sich, dass in Übereinstimmung mit $\nabla\cdot\boldsymbol{A} = 0$ auch $\nabla\cdot\boldsymbol{j}_{\mathrm{T}} = 0$ gilt, sofern $\boldsymbol{j}$ die Kontinuitätsgleichung (11.44) erfüllt.

Neben Lorenz- und Coulomb-Eichung gibt es noch zahlreiche weitere Möglichkeiten, die Eichfreiheit zu fixieren; dies wird gelegentlich ausgenutzt, um konkrete Probleme geschickt zu vereinfachen. Beispiele sind die *axiale Eichung* $\boldsymbol{n} \cdot \boldsymbol{A} = 0$ mit einem konstanten Vektor $\boldsymbol{n}$ oder die *temporale Eichung* $\phi = 0$ (auch *Weyl-Eichung* genannt). Lorenz- und Coulomb-Eichung stellen aber die mit Abstand wichtigsten Eichungen dar.

Aufgaben

Gelegentlich enthalten die Aufgaben mehr Angaben, als für die Lösung erforderlich sind. Bei einigen anderen dagegen werden Daten aus dem Allgemeinwissen, aus anderen Quellen oder sinnvolle Schätzungen benötigt.

- • leichte Aufgaben mit wenigen Rechenschritten
- •• mittelschwere Aufgaben, die etwas Denkarbeit und unter Umständen die Kombination verschiedener Konzepte erfordern
- ••• anspruchsvolle Aufgaben, die fortgeschrittene Konzepte (unter Umständen auch aus späteren Kapiteln) oder eigene mathematische Modellbildung benötigen

11.1 • Elektrische Ladungseinheiten Im Gauß'schen Maßsystem ist die Einheit der Ladung, das Statcoulomb (statC oder auch esu) definiert als die Ladungsmenge, die zwischen zwei gleichen Punktladungen dieser Stärke im Abstand von 1 cm auf eine Kraft von 1 dyn $= 10^{-5}$ N führt. Welche Kraft üben zwei Ladungen von jeweils 1 Coulomb (1 Amperesekunde), der Ladungseinheit im SI-System, in einem Abstand von 1 m aufeinander aus? Wie vergleicht sich das mit dem Schub eines Spaceshuttles beim Start, der 34.677 kN beträgt?

11.2 •• Elektroskop Ein einfaches Gerät zur Messung von elektrischer Ladung ist ein Elektroskop. Die auf die beweglichen Metallteile aufgebrachte Ladung führt zu Abstoßung, die sich mit der Schwerkraft die Waage hält (Abb. 11.17).

Abb. 11.17 Ein Präzisionselektroskop anno 1908, bei dem bei einer elektrischen Aufladung ein Blättchen von der vertikalen Stange abgestoßen wird (Wikipedia, public domain)

Als eine Variante davon sollen zwei identische Metallkugeln mit Masse m dienen, die an einem gemeinsamen Punkt mit einem leitenden Faden der Länge L aufgehängt sind und die sich eine zentral aufgebrachte Gesamtladung Q symmetrisch teilen (Abb. 11.18). Leiten Sie eine Bestimmungsgleichung für den Winkel ϑ ab, bei dem sich eine Gleichgewichtslage ergibt. Welche Ladung führt bei $L = 10$ cm, $m = 10$ g und Erdbeschleunigung $g = 9{,}81$ m/s^2 auf einen Ausschlag von 45° (in CGS und in SI-Einheiten)?

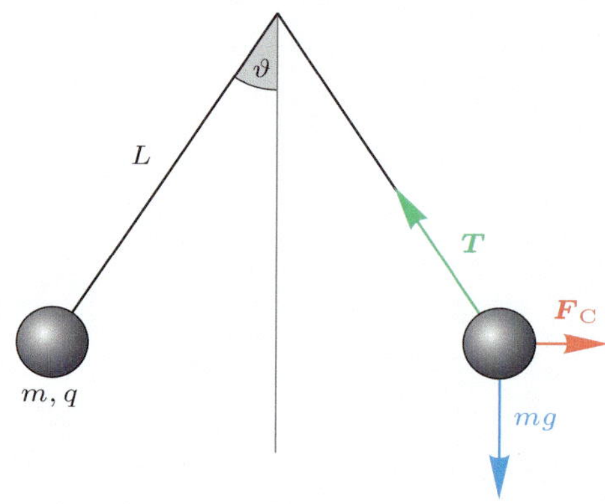

Abb. 11.18 Ein einfaches, symmetrisches Elektroskop – realisiert durch zwei identische Metallkugeln, die mit leitenden Drähten an einem gemeinsamen Punkt aufgehängt sind. Die zentral aufgebrachte Ladung verteilt sich auf die beiden Kugeln, $q = Q/2$, die sich durch die Coulomb-Kraft abstoßen, während die Schwerkraft dem entgegenwirkt

Lösungshinweis: Eine stabile Lage erfordert, dass die Kraft auf die Punktladungen $\boldsymbol{F}$ der Zugspannung $\boldsymbol{T}$ in den Aufhängungsdrähten das Gleichgewicht hält (Abb. 11.18).

11.3 • Divergenzfreiheit des Coulomb-Feldes abseits des Ursprungs Zeigen Sie (11.19):

$$\operatorname{div} \frac{\boldsymbol{r}-\boldsymbol{r}'}{|\boldsymbol{r}-\boldsymbol{r}'|^3} = 0, \quad \boldsymbol{r} \neq \boldsymbol{r}'$$

durch explizite Rechnung in Indexschreibweise.

11.4 •• Etüde in Oberflächenintegralen: Gauß'scher Satz für Kugel, Würfel und Zylinder Berechnen Sie für das Vektorfeld $\boldsymbol{X} = \boldsymbol{r}/r^3$, das zu einer Punktladung mit Stärke 1 im Ursprung gehört, den Fluss durch die Oberfläche von

(a) einer Kugel mit Radius R mit Mittelpunkt im Ursprung,

(b) einem Würfel mit Seitenflächen bei $x = \pm 1$, $y = \pm 1$ und $z = \pm 1$,
(c) einem Zylinder mit der z-Achse als Symmetrieachse, Radius 1 und $z \in [-1, 1]$,

und verifizieren Sie, dass das Resultat in allen drei Fällen 4π ist.

Lösungshinweis: Die auftretenden Integrale sind alle elementar, wenn auch nicht alle ganz trivial. Verwenden Sie bei Bedarf eine Formelsammlung dafür.

11.5 •• Fluss durch Kugeloberfläche mit Quelle an beliebigem Ort Legen wir das Koordinatensystem so, dass die z-Achse durch die beliebige Position einer Punktladung der Stärke 1 geht, sodass sie sich bei $z = d$ befindet, und berechnen wir den Fluss durch eine Kugeloberfläche um den Ursprung mit Radius R, so sollte das Ergebnis konstant 4π sein, solange $d < R$ ist, und für alle $d > R$ verschwinden. Verifizieren Sie dies durch direkte Rechnung!

Lösungshinweis: Verwenden Sie bei Bedarf eine Formelsammlung für das auftretende Integral und achten Sie auf Vorzeichen beim Vereinfachen von Wurzeln von quadratischen Ausdrücken.

11.6 • Deltafunktion mit reskaliertem Argument Zeigen Sie, dass für die Dirac'sche Deltafunktion

$$\delta(cx) = \frac{1}{|c|}\delta(x) \tag{11.157}$$

gilt.

Lösungshinweis: Betrachten Sie $\int_{-\infty}^{\infty} \mathrm{d}x f(x)\,\delta(cx)$.

11.7 •• Kraft zwischen parallelen Stromleitern Berechnen Sie die Kraft pro Längeneinheit, die zwei parallele unendlich lange stromführende Leiter mit vernachlässigbarem Querschnitt aufeinander ausüben (für beliebige Maßsysteme).

Lösungshinweis: Berechnen Sie zuerst das Magnetfeld eines einzelnen unendlich langen Drahtes und verwenden Sie dazu die Integralversion des Oersted'schen Gesetzes (11.42) und Rotationssymmetrie im Falle eines einzelnen Drahtes.

11.8 • Generator als Magnetometer Eine Methode, Magnetfelder auszumessen, ist über das Faraday'sche Induktionsgesetz (11.143) mithilfe von rotierenden Leiterschleifen (Abb. 11.19). Die induzierte Ringspannung $\oint \mathbf{d}\boldsymbol{r} \cdot \boldsymbol{E}$ verschwindet, wenn die Rotationsachse in Richtung des Magnetfeldes zeigt, und wird maximal senkrecht dazu. Welche Amplitude erreicht die Wechselspannung maximal für eine Spule mit $N = 1000$ Windungen und Querschnitt $F = 10\,\mathrm{cm}^2$ bei 10 Umdrehungen in der Sekunde im Erdmagnetfeld, wenn dieses 0,5 G stark ist? Kontrollieren Sie Ihre Rechnung, indem Sie einmal das SI-System und einmal das Gauß'sche Maßsystem verwenden.

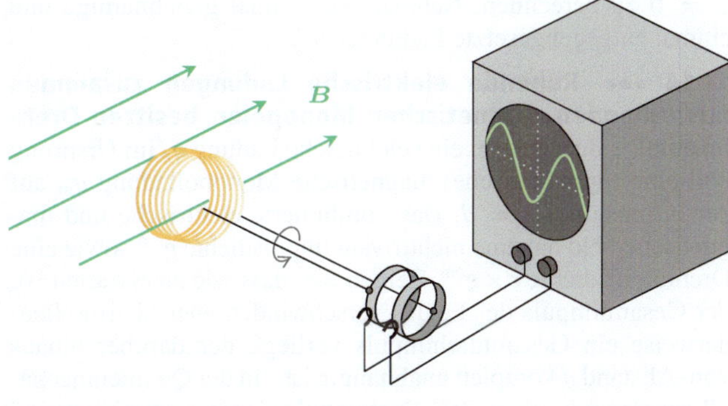

Abb. 11.19 Messung von Magnetfeldern durch die in einer rotierenden Spule induzierte Wechselspannung

Lösungshinweis: 1 statV $\approx$ 300 V.

11.9 •• Fundamentale Geschwindigkeit in den Grundgleichungen Bestimmen Sie in einem Maßsystem mit noch nicht festgelegten k_i die physikalische Dimension von Ladung $[Q]$, Stromstärke $[I]$, magnetischem Moment $[\mathcal{M}]$, elektrischer Feldstärke $[E]$ und magnetischer Feldstärke $[B]$ ausgedrückt durch die Dimensionen der k_i und die mechanischen Grundgrößen Masse, Länge und Zeit. Zeigen Sie damit, dass $k\,k_{2b}/(k_3^2 k_{2a})$ die Dimension einer Geschwindigkeit zum Quadrat hat.

Lösungshinweis: Verwenden Sie neben dem Coulomb-Kraftgesetz und den Gleichungen, in denen k_{2a} und k_{2b} eingeführt wurden, das Durchflutungsgesetz (11.42).

11.10 ••• Induktionsgesetz mit magnetischen Monopolen Wie wäre das Induktionsgesetz (11.143) abzuändern, wenn es magnetische Monopolladungsdichten gäbe, d. h. $\operatorname{div}\boldsymbol{B} = 4\pi\,\rho_\mathrm{m} \neq 0$?

11.11 •• Impulserhaltungssatz der Elektrodynamik Leiten Sie den Impulserhaltungssatz der Elektrodynamik (11.115) unter Verwendung der Indexschreibweise her.

11.12 • Spur des Maxwell'schen Spannungstensors Wie wir in Abschn. 11.4 gesehen haben, ist die Impulsdichte des elektromagnetischen Feldes direkt proportional zur Energieflussdichte (Poynting-Vektor). Außerdem gibt es noch einen weiteren engen Zusammenhang zwischen Energie und Impuls: Für den Maxwell'schen Spannungstensor (der ja die Impulsflussdichte beschreibt) gilt:

$$\mathrm{Sp}\,\mathbf{T} \equiv T_{ii} = w_\mathrm{em}. \tag{11.158}$$

Beweisen Sie diese Beziehung.

11.13 •• Coulomb-Kraft und Maxwell'scher Spannungstensor Bestätigen Sie die Richtigkeit des Impulserhaltungssatzes, indem Sie ihn dazu verwenden, die wohlbekannte Coulomb-Kraft, die zwei gleich große Ladungen bei $z = \pm a/2$ aufeinander ausüben, über das Oberflächenintegral des Maxwell'schen Spannungstensors entlang der Symmetrieebene

$z = 0$ zu berechnen. Nehmen Sie einmal gleichnamige und einmal entgegengesetzte Ladungen an.

11.14 ••• Ruhende elektrische Ladungen zusammen mit ruhenden magnetischen Monopolen besitzen Drehimpuls! Gegeben sei eine elektrische Ladung q_e im Ursprung und eine (hypothetische) magnetische Monopolladung q_m auf der z-Achse bei $z = d$. Das kombinierte elektrische und magnetische Feld hat eine nichttrivale Impulsdichte $\boldsymbol{g}^{\mathrm{em}}$ sowie eine Drehimpulsdichte $\boldsymbol{r} \times \boldsymbol{g}^{\mathrm{em}}$. Zeigen Sie, dass wie zu erwarten ist, der Gesamtimpuls des Feldes verschwindet, aber überraschenderweise ein Gesamtdrehimpuls vorliegt, der darüber hinaus vom Abstand d komplett unabhängig ist. (In der Quantenmechanik werden wir sehen, dass Drehimpulse immer quantisiert sind und ganzzahlige Vielfache von $\hbar/2$ sein müssen. Aus dieser Rechnung lässt sich damit die Dirac'sche Quantisierungsbedingung

$$q_e q_m = \frac{\hbar c}{2} n, \quad n \in \mathbb{Z} \qquad (11.159)$$

für elektrische und magnetische Monopolladungen ableiten, die Dirac 1931 auf ganz andere Weise fand. Diese impliziert, dass die Existenz eines einzigen magnetischen Monopols irgendwo im Universum die Quantisierung der elektrischen Ladungen erklären könnte.)

Lösungshinweis: Verwenden Sie Kugelkoordinaten und führen Sie zuerst die radiale Integration aus.

11.15 • Eichfixierung Rechnen Sie nach, dass die Lorenz-Eichung nach einer Eichtransformation erreicht wird, wenn darin die Eichfunktion Λ so gewählt wird, dass

$$-\Box\Lambda = \nabla \cdot \boldsymbol{A} + \frac{1}{c}\partial_t \phi \qquad (11.160)$$

gilt. Dies zeigt im Übrigen, dass die Eichfreiheit noch nicht komplett fixiert ist. Wenn die Lorenz-Eichbedingung erfüllt ist, kann man noch weitere Eichtransformationen durchführen mit Eichfunktionen Λ, die $\Box\Lambda = 0$ erfüllen.

Wie lauten die analogen Aussagen für die Coulomb-Eichung?

11.16 • Coulomb-Eichung Zeigen Sie, dass in der Coulomb-Eichung die beiden Anteile von $\boldsymbol{E}$ definiert durch

$$\boldsymbol{E} = -\nabla\phi - \frac{1}{c}\partial_t \boldsymbol{A} =: \boldsymbol{E}_\mathrm{C} + \boldsymbol{E}_\mathrm{T} \qquad (11.161)$$

eine Aufspaltung von $\boldsymbol{E}$ in einen wirbelfreien und einen divergenzfreien Anteil liefern:

$$\mathbf{rot}\,\boldsymbol{E}_\mathrm{C} = 0, \quad \mathrm{div}\,\boldsymbol{E}_\mathrm{T} = 0. \qquad (11.162)$$

($\boldsymbol{E}_\mathrm{C}$ wird dabei als Coulomb-Anteil, $\boldsymbol{E}_\mathrm{T}$ als transversaler Anteil bezeichnet.)

Lösungen zu den Aufgaben

11.1 $\approx 9 \cdot 10^9\,\mathrm{N} \approx 259$ Spaceshuttles beim Start.

11.2

$$\tan\vartheta\,\sin^2\vartheta = k\frac{Q^2}{16mgL^2} \qquad (11.163)$$

Daraus ergibt sich $\vartheta = \pi/4$ bei $Q = 0{,}934\,\mu\mathrm{C}$ oder 2801 statC.

11.7 Das Magnetfeld eines einzelnen unendlich langen Drahtes entlang der z-Achse, durch den ein Strom der Stärke I_1 fließt, ist in Zylinderkoordinaten gegeben durch

$$\boldsymbol{B} = k_3\frac{2I_1}{\varrho}\hat{\boldsymbol{e}}_\varphi. \qquad (11.164)$$

Die Kraft zwischen zwei Leitern ist gegeben durch (11.76).

11.8 3,14 mV

11.10

$$\mathbf{rot}\,\boldsymbol{E} = -\frac{4\pi}{c}\boldsymbol{j}_\mathrm{m} - \frac{1}{c}\frac{\partial}{\partial t}\boldsymbol{B} \qquad (11.165)$$

11.14 Der gesamte Drehimpuls dieser Konfiguration ist

$$\boldsymbol{L} = \frac{q_\mathrm{e}q_\mathrm{m}}{c}\hat{\boldsymbol{z}}.$$

11.15 In der Coulomb-Eichung ist $\Delta\Lambda = \nabla\cdot\boldsymbol{A}$ zu lösen. Dies bestimmt Λ bis auf Lösungen der homogenen Laplace-Gleichung $\Delta\Lambda = 0$.

Teil II

Ausführliche Lösungen zu den Aufgaben

11.1 Im SI-System lautet das Coulomb-Kraftgesetz

$$F = \frac{1}{4\pi\epsilon_0}\frac{q_1 q_2}{r^2}. \tag{11.166}$$

Mit (11.77) und (11.78) ergibt sich:

$$\begin{aligned}\frac{1}{4\pi\epsilon_0} &= \frac{c^2\mu_0}{4\pi} = c^2\,10^{-7}\,\frac{\mathrm{N}}{\mathrm{A}^2}\\ &\approx 9\cdot 10^{16}\,\frac{\mathrm{m}^2}{\mathrm{s}^2}\,10^{-7}\,\frac{\mathrm{N}}{\mathrm{A}^2} = 9\cdot 10^{9}\,\frac{\mathrm{m}^2\,\mathrm{N}}{\mathrm{C}^2}.\end{aligned} \tag{11.167}$$

Während 1 Amperesekunde für einen Akku eine sehr geringe Ladungsmenge darstellt, ist also 1 Coulomb als isolierte Ladung eine extrem große Ladungsmenge.

11.2 Die gesamte Kraft $\boldsymbol{F} = -\boldsymbol{T}$ setzt sich vektoriell aus aufeinander senkrecht stehender Schwerkraft und Coulomb-Kraft zusammen, deren Beträge gegeben sind durch

$$F_\mathrm{G} = mg = F\cos\vartheta, \quad F_\mathrm{C} = k\frac{(Q/2)^2}{(2L\sin\vartheta)^2} = F\sin\vartheta. \tag{11.168}$$

Der Quotient $F_\mathrm{C}/F_\mathrm{G}$ führt unmittelbar auf (11.163).

Bei einem Winkel von $\vartheta = \pi/4$ ist die linke Seite von (11.163) gleich $1/2$, und damit $Q = \sqrt{8mgL^2/k}$. In CGS-Einheiten, wo $k = 1$ ist, ist $g = 981\,\mathrm{cm/s^2}$ einzusetzen, sodass $Q = \sqrt{7.848.000} \approx 2801$ in statC resultiert. In SI-Einheiten ist (siehe (11.167)) numerisch $k \approx 9\cdot 10^9$. Die Zahlenwerte für die übrigen Größen sind $m = 0{,}01$, $g = 9{,}81$, $L = 0{,}1$, somit $Q \approx \sqrt{8{,}72\cdot 10^{-13}} \approx 0{,}934\cdot 10^{-6}\,\mathrm{C}$.

11.3 Wegen $\partial/\partial x_i = \partial/\partial(x_i - x_i')$ genügt es, $\partial_i(x_i/r^3) = 0$ für $r \neq 0$ zu überprüfen. Mit $r = \sqrt{x_j x_j}$ haben wir

$$\partial_i r = \frac{2x_j\delta_{ji}}{2r} = \frac{x_i}{r}, \tag{11.169}$$

in Vektornotation also

$$\nabla r = \hat{\boldsymbol{e}}_r. \tag{11.170}$$

Differenziation gemäß der Produktregel gibt damit

$$\partial_i\frac{x_i}{r^3} = \frac{\delta_{ii}}{r^3} - 3\frac{1}{r^4}\frac{x_i}{r}x_i.$$

Zu beachten ist, dass in $\delta_{ii} = 3$ implizit eine Summation steckt. Damit heben sich die beiden Beiträge auf der rechten Seite auf, jedenfalls solange der singuläre Punkt $r = 0$ ausgespart bleibt.

11.4 Zu berechnen ist jeweils das Oberflächenintegral

$$\oint_{\partial V}\mathbf{d}\boldsymbol{f}\cdot\boldsymbol{X} = \oint_{\partial V}\frac{\mathbf{d}\boldsymbol{f}\cdot\boldsymbol{r}}{r^3}. \tag{11.171}$$

(a) In Kugelkoordinaten ist auf der Kugel mit Radius R

$$\mathbf{d}\boldsymbol{f} = r^2\mathrm{d}\Omega\big|_{r=R}\,\hat{\boldsymbol{e}}_r, \quad \left.\frac{\hat{\boldsymbol{e}}_r\cdot\boldsymbol{r}}{r^3}\right|_{r=R} = \frac{1}{R^2} \tag{11.172}$$

und

$$\begin{aligned}\oint_{r=R}\frac{R^2\mathrm{d}\Omega}{R^2} &= \int_0^{2\pi}\mathrm{d}\varphi\int_0^{\pi}\sin\vartheta\,\mathrm{d}\vartheta\\ &= 2\pi\int_{-1}^{1}\mathrm{d}(\cos\vartheta) = 4\pi.\end{aligned} \tag{11.173}$$

(b) In kartesischen Koordinaten ist

$$\boldsymbol{X} = \frac{(x,y,z)^\top}{(x^2+y^2+z^2)^{3/2}}. \tag{11.174}$$

Weil das Feld symmetrisch um den Ursprung und der Mittelpunkt des Würfels ebenfalls im Ursprung ist, genügt es, den Beitrag einer Seitenfläche zu berechnen und dann mit 6 zu multiplizieren. Nehmen wir die obere Seitenfläche bei $z = 1$, dann ist

$$\mathbf{d}\boldsymbol{f} = \mathrm{d}x\mathrm{d}y\,\hat{\boldsymbol{e}}_z, \quad \hat{\boldsymbol{e}}_z\cdot\boldsymbol{X}\big|_{z=1} = \frac{1}{(x^2+y^2+1)^{3/2}} \tag{11.175}$$

und

$$\begin{aligned}\int_{-1}^{1}\mathrm{d}x\int_{-1}^{1}\mathrm{d}y\frac{1}{(x^2+y^2+1)^{3/2}} &= \int_{-1}^{1}\mathrm{d}y\frac{1}{y^2+1}\frac{2}{\sqrt{2+y^2}}\\ &= 2\arctan\left.\frac{y}{\sqrt{2+y^2}}\right|_{y=-1}^{1} = 4\arctan\frac{1}{\sqrt{3}} = \frac{2\pi}{3}.\end{aligned} \tag{11.176}$$

Mit 6 multipliziert ergibt dies wieder 4π.

(c) Beim Zylinder müssen zwei unterschiedliche Beiträge berechnet werden: die zwei Deckflächen und die Mantelfläche. Verwenden wir hier Zylinderkoordinaten $\varrho = \sqrt{x^2+y^2}$ und z, dann tritt auf der oberen Deckfläche bei $z = 1$ der gleiche Integrand wie in (11.176) auf, nur dass jetzt über einen Einheitskreis zu integrieren ist:

$$\begin{aligned}&\iint_{x^2+y^2\le 1}\frac{\mathrm{d}x\,\mathrm{d}y}{(x^2+y^2+1)^{3/2}}\\ &= 2\pi\int_0^1\varrho\,\mathrm{d}\varrho\frac{1}{(\varrho^2+1)^{3/2}}\\ &= -2\pi\left.\frac{1}{(\varrho^2+1)^{1/2}}\right|_0^1 = \pi(2-\sqrt{2}).\end{aligned} \tag{11.177}$$

Bei der unteren Deckfläche zeigt $\boldsymbol{df}$ in Richtung $-\hat{\boldsymbol{e}}_z$, aber auch die z-Komponente von $\boldsymbol{X}$ hat ein anderes Vorzeichen, sodass wieder dasselbe Ergebnis entsteht. Die beiden Deckflächen ergeben also zusammen $2\pi(2-\sqrt{2})$.
Auf der Mantelfläche ist $\boldsymbol{df} = \mathrm{d}\varphi \mathrm{d}z\,\hat{\boldsymbol{e}}_\varrho$. Die ϱ-Komponente von $\boldsymbol{X}$ ist

$$\hat{\boldsymbol{e}}_\varrho \cdot \boldsymbol{X} = \frac{\varrho}{(\varrho^2+z^2)^{3/2}}, \tag{11.178}$$

was nun bei $\varrho = 1$ auszuwerten und zu integrieren ist:

$$\int_0^{2\pi} \mathrm{d}\varphi \int_{-1}^{1} \mathrm{d}z \frac{1}{(1+z^2)^{3/2}} = 2\pi\sqrt{2}. \tag{11.179}$$

Deckflächen und Mantelflächen zusammen ergeben wieder $2\pi(2-\sqrt{2}) + 2\pi\sqrt{2} = 4\pi$.

11.5 Das Feld der Punktladung mit Stärke 1 ist nun gegeben durch

$$\frac{\boldsymbol{r} - d\hat{\boldsymbol{e}}_z}{|\boldsymbol{r} - d\hat{\boldsymbol{e}}_z|^3}. \tag{11.180}$$

Der Fluss durch die Kugeloberfläche mit Radius R ist damit in Kugelkoordinaten (mit $z = r\cos\vartheta$)

$$\begin{aligned}\oint_{r=R} \boldsymbol{df}\cdot\frac{\boldsymbol{r} - d\hat{\boldsymbol{e}}_z}{|\boldsymbol{r} - d\hat{\boldsymbol{e}}_z|^3} &= R^2 \oint_{r=R} \mathrm{d}\Omega\,\hat{\boldsymbol{e}}_r \cdot \frac{\boldsymbol{r} - d\hat{\boldsymbol{e}}_z}{|\boldsymbol{r} - d\hat{\boldsymbol{e}}_z|^3}\\ &= 2\pi R^2 \int_{-1}^{1} \mathrm{d}(\cos\vartheta)\frac{R - d\cos\vartheta}{(R^2 - 2dR\cos\vartheta + d^2)^{3/2}}\\ &= \frac{\pi}{d}\Bigg[(R^2-d^2)\left(\frac{1}{\sqrt{(R-d)^2}} - \frac{1}{\sqrt{(R+d)^2}}\right)\\ &\quad - \sqrt{(R-d)^2} + \sqrt{(R+d)^2}\Bigg].\end{aligned} \tag{11.181}$$

Mit $(R^2-d^2) = (R+d)(R-d)$ und $\sqrt{(R-d)^2} = |R-d|$ ergibt dies

$$\frac{\pi}{d}\left[(R+d)\,\mathrm{sgn}(R-d) - (R-d) - |R-d| + (R+d)\right], \tag{11.182}$$

wobei sgn(x) das Vorzeichen von x gibt. Für $d < R$ ist das Ergebnis damit $\frac{\pi}{d}4d = 4\pi$; für $d > R$ heben sich alle Terme weg.

11.6 Bei einer Variablensubstitution $cx = x'$, $\mathrm{d}x = \mathrm{d}x'/c$ ist zu beachten, dass die Integrationsgrenzen zu vertauschen sind, wenn $c < 0$ ist, sodass gilt:

$$\int_{-\infty}^{\infty} \mathrm{d}x f(x)\,\delta(cx) = \int_{-\infty}^{\infty} \frac{\mathrm{d}x'}{|c|} f(x'/c)\,\delta(x') = \frac{f(0)}{|c|}.$$

11.7 Die Integralversion des Oersted'schen Gesetzes (11.42) mit C ein Kreis mit Radius ϱ um einen unendlich langen Draht entlang der z-Achse, durch den ein Strom mit der Stärke I_1 fließt, liefert

$$2\pi\varrho B_\varphi = 4\pi\, k_3 I_1, \tag{11.183}$$

wobei wir aufgrund der Symmetrie annehmen können, dass B_φ entlang des Kreises konstant ist. Daraus folgt (11.164).

Die infinitesimale Version des Ampère'schen Kraftgesetzes (11.51) liefert damit für Leiterelemente $\boldsymbol{dl} \propto \hat{\boldsymbol{e}}_z$ mit Stromstärke I_2 und Abstand $\varrho = d$

$$\boldsymbol{dF} = k_4 I_2 \frac{2k_3}{d} I_1 \mathrm{d}l\,(\hat{\boldsymbol{e}}_z \times \hat{\boldsymbol{e}}_\varphi) = k_3 k_4 \frac{2I_1I_2}{d}(-\hat{\boldsymbol{e}}_\varrho)\,\mathrm{d}l. \tag{11.184}$$

Wegen der Konstanz in der z-Richtung folgt daraus eine anziehende Kraft mit der Stärke (11.76) pro Längeneinheit.

11.8 Wenn die Fläche so rotiert, dass sie immer wieder senkrecht zum Magnetfeld orientiert ist und damit maximal wird, ist der magnetische Fluss gegeben durch $\Phi_\mathrm{m} = NFB\cos(2\pi\nu t)$ mit $\nu = 10\ \mathrm{s}^{-1}$. In SI-Einheiten ist $B = 0{,}5 \cdot 10^{-4}$ Tesla und die Ringspannung $\oint \boldsymbol{dr}\cdot\boldsymbol{E} = -\partial_t\Phi_\mathrm{m} = NFB\,2\pi\nu\,\sin(2\pi\nu t)$. Im SI-System ist $F = 0{,}001\ \mathrm{m}^2$ und damit die Amplitude in Volt gleich $NFB\,2\pi\nu = \pi\cdot 10^{-3}$.

In Gauß'schen Einheiten ist $B = 0{,}5\,\mathrm{G}$ und $F = 10\,\mathrm{cm}^2$ einzusetzen und zusätzlich mit $k_4 = 1/c \approx 1/(3\cdot 10^{10})$ in CGS-Einheiten zu multiplizieren. Zur Umrechnung in V ist mit ≈ 300 zu multiplizieren. Um das Ergebnis gleich in V und nicht in statV zu bekommen, kann also $k_4 = 10^{-8}$ gesetzt werden.

11.9 Aus dem Coulomb-Gesetz (11.1) und (11.3) folgt

$$[F] = [kQ^2L^{-2}] = [Q][E], \tag{11.185}$$

also

$$[Q]^2 = [k^{-1}FL^2] = [k^{-1}ML^3T^{-2}] \tag{11.186}$$

und damit

$$[Q] = [k^{-1/2}M^{1/2}L^{3/2}T^{-1}], \tag{11.187}$$

$$[I] = [QT^{-1}], \tag{11.188}$$

$$\begin{aligned}[E] &= [FQ^{-1}] = [Q^{-1}MLT^{-2}]\\ &= [k^{1/2}M^{1/2}L^{-1/2}T^{-1}].\end{aligned} \tag{11.189}$$

Das Durchflutungsgesetz (11.42) setzt $[B]$ mit $[I]$ bzw. $[Q]$ in Beziehung:

$$\begin{aligned}[BL] &= [k_3 I] = [k_3 QT^{-1}]\\ &= [k^{-1/2}k_3M^{1/2}L^{3/2}T^{-2}],\end{aligned} \tag{11.190}$$

also

$$[B] = [k^{-1/2}k_3M^{1/2}L^{1/2}T^{-2}]. \tag{11.191}$$

Andererseits legt die Form eines magnetischen Dipolfeldes (11.33) $[B]$ durch $[\mathcal{M}]$ fest:

$$[B] = [k_{2b}\mathcal{M}L^{-3}], \tag{11.192}$$

und das Drehmoment (11.32) stellt eine weitere Beziehung zur Mechanik her:

$$[N] = [FL] = [k_{2a}\mathcal{M}B]. \tag{11.193}$$

Aus (11.192) folgt eine Möglichkeit, $[\mathcal{M}]$ darzustellen:

$$[\mathcal{M}] = [k^{-1/2}k_{2b}^{-1}k_3 M^{1/2}L^{7/2}T^{-2}], \tag{11.194}$$

während bei der Bildung des Quotienten von (11.192) und (11.193) diese Größe herausfällt:

$$[k_{2b}L^{-3}/(k_{2a}B)] = [BF^{-1}L^{-1}] = [BM^{-1}L^{-2}T^2]. \tag{11.195}$$

Damit bekommen wir

$$[k_{2b}/k_{2a}] = [B^2LM^{-1}T^2] = [k^{-1}k_3^2L^2T^{-2}], \tag{11.196}$$

was zu zeigen war.

11.10 Bildet man die Divergenz von (11.50) so erhält man die Forderung

$$0 \equiv \operatorname{div}(\mathbf{rot}\,\boldsymbol{E}) = -\frac{1}{c}\partial_t \operatorname{div}\boldsymbol{B}. \tag{11.197}$$

Mit $\operatorname{div}\boldsymbol{B} = 4\pi\,\rho_\text{m} \neq 0$ ist das nur verträglich, solange $\partial_t\rho_\text{m} = 0$ ist. Im allgemeinen Fall von zeitabhängigen ρ_m braucht es eine Kontinuitätsgleichung, die einer magnetischen Ladungserhaltung entspricht:

$$\partial_t\rho_\text{m} + \nabla\cdot\boldsymbol{j}_\text{m} = 0, \tag{11.198}$$

wobei $\boldsymbol{j}_\text{m}$ eine magnetische Stromdichte ist. Wir können also die rechte Seite von (11.197) wieder auf null bekommen, wenn wir (11.50) auf

$$\mathbf{rot}\,\boldsymbol{E} = -\frac{4\pi}{c}\boldsymbol{j}_\text{m} - \frac{1}{c}\frac{\partial}{\partial t}\boldsymbol{B}$$

verallgemeinern.

11.11 Verwenden der inhomogenen Maxwell-Gleichungen erlaubt es, die beiden Ausdrücke auf der linken Seite von (11.115) ausschließlich durch Feldstärken darzustellen:

$$(\rho\boldsymbol{E})_k = \frac{1}{4\pi}(\partial_m E_m)E_k, \tag{11.199}$$

$$\left(\frac{1}{c}\boldsymbol{j}\times\boldsymbol{B}\right)_k = \varepsilon_{kij}\frac{1}{4\pi}\left[\varepsilon_{imn}(\partial_m B_n) - \frac{1}{c}(\partial_t E_i)\right]B_j. \tag{11.200}$$

Ziel der Rechnung ist es, totale räumliche oder zeitliche Ableitungen zu bekommen. Beginnen wir mit den zeitlichen Ableitungen, so können wir den letzten Term schreiben als

$$(\partial_t E_i)B_j = \partial_t(E_iB_j) - E_i(\partial_t B_j)$$

und für die Zeitableitung von B_j das Induktionsgesetz einsetzen:

$$\frac{1}{c}\partial_t B_j = -\varepsilon_{jmn}\partial_m E_n.$$

Unter Verwendung von

$$\varepsilon_{kij}\varepsilon_{imn} = \delta_{im}\delta_{jn} - \delta_{in}\delta_{jm}$$

haben wir damit

$$\begin{aligned}\left(\rho\boldsymbol{E} + \frac{1}{c}\boldsymbol{j}\times\boldsymbol{B}\right)_k &= -\partial_t\frac{1}{4\pi c}(\boldsymbol{E}\times\boldsymbol{B})_k \\ &+ \frac{1}{4\pi}\left[(\partial_m E_m)E_k + E_m(\partial_m E_k) - (\partial_k E_m)E_m\right] \\ &+ \frac{1}{4\pi}\left[+B_m(\partial_m B_k) - (\partial_k B_m)B_m\right].\end{aligned}$$

Wegen $\operatorname{div}\boldsymbol{B} = \partial_m B_m = 0$ können alle räumlichen Ableitungen als totale geschrieben werden: $(\partial_k E_m)E_m = \frac{1}{2}\partial_k E^2$, $(\partial_m E_m)E_k + E_m(\partial_m E_k) = \partial_m(E_mE_k)$ usw. Abgesehen von einer Umbenennung der Summationsindizes ist dies identisch zu (11.115).

11.12

$$\begin{aligned}T_{ii} &= \delta_{ii}w_\text{em} - \frac{1}{4\pi}(E_iE_i + B_iB_i) \\ &= 3\,w_\text{em} - 2\frac{1}{8\pi}(\boldsymbol{E}^2 + \boldsymbol{B}^2) \\ &= 3\,w_\text{em} - 2\,w_\text{em} = w_\text{em}.\end{aligned}$$

11.13 Die Feldstärke, die zu einer Ladung q bei $z = -a/2$ und einer Ladung $\pm q$ bei $z = a/2$ gehört, ist auf $z = 0$ offensichtlich invariant unter Drehungen um die z-Achse. Entlang der x-Achse tragen die beiden Ladungen

$$\begin{aligned}\boldsymbol{E}(x,0,0) &= \frac{+q}{(x^2 + a^2/4)^{3/2}}\begin{pmatrix}x\\0\\a/2\end{pmatrix} \\ &+ \frac{\pm q}{(x^2 + a^2/4)^{3/2}}\begin{pmatrix}x\\0\\-a/2\end{pmatrix}\end{aligned} \tag{11.201}$$

bei. Für die beiden Fälle, Abstoßung und Anziehung, haben wir also

$$\boldsymbol{E}^{++}(x,0,0) = q\frac{2x}{(x^2 + a^2/4)^{3/2}}\hat{\boldsymbol{e}}_1, \tag{11.202}$$

$$\boldsymbol{E}^{+-}(x,0,0) = q\frac{a}{(x^2 + a^2/4)^{3/2}}\hat{\boldsymbol{e}}_3. \tag{11.203}$$

Die Kraft auf die Ladung bei $z = -a/2$ kann mit dem Impulserhaltungssatz (11.119) als Oberflächenintegral

$$(\boldsymbol{F}^\text{mech})_k = \oint_{\partial V} \mathrm{d}f_i T_{ik} \tag{11.204}$$

geschrieben werden, das den unteren Halbraum ($z < 0$) umschließt (der Beitrag $\boldsymbol{P}^\text{em}$ tritt nur auf, wenn gleichzeitig elektrische und magnetische Felder im Spiel sind). Die Beiträge zum Oberflächenintegral im Unendlichen verschwinden, und es bleibt ein Integral über die Ebene $z = 0$ mit $\mathrm{d}\boldsymbol{f} = \mathrm{d}x\,\mathrm{d}y\,\hat{\boldsymbol{e}}_3$. Die Kraft auf die Ladung im oberen Halbraum ergibt sich durch dasselbe Integral, aber mit $\mathrm{d}\boldsymbol{f} = \mathrm{d}x\,\mathrm{d}y\,(-\hat{\boldsymbol{e}}_3)$.

Vom Maxwell'schen Spannungstensor (11.118) werden nur die Komponenten T_{3k} benötigt:

$$T_{3k} = \frac{1}{4\pi}\left[E_3 E_k - \frac{1}{2}\delta_{3k}\boldsymbol{E}^2\right]. \tag{11.205}$$

Im Fall von (11.202) ist $E_3 = 0$, und wir haben nur einen Beitrag vom zweiten Term

$$T_{3k}^{++}(x,0,0) = -\frac{1}{8\pi}[\boldsymbol{E}^{++}(x,0,0)]^2\delta_{3k}, \tag{11.206}$$

während im Fall von (11.203) $E_k = |\boldsymbol{E}|\delta_{k3}$ gilt und der erste Beitrag zu T_{3k} durch den zweiten halbiert wird:

$$T_{3k}^{+-}(x,0,0) = +\frac{1}{8\pi}[\boldsymbol{E}^{+-}(x,0,0)]^2\delta_{3k}. \tag{11.207}$$

Damit haben wir schon verifiziert, dass die Kraft auf die Ladung im unteren Halbraum bei gleichnamigen Ladungen in die negative z-Richtung und bei entgegengesetzten Ladungen in die positive zeigt. Die Integrale über T_{33} können wir wegen der Invarianz bei Drehungen um die z-Achse in Polarkoordinaten auf der Ebene $z = 0$ unmittelbar schreiben als

$$\begin{aligned}&\iint \mathrm{d}x\,\mathrm{d}y\, T_{33}^{++}(x,y,0)\\ &= -\frac{q}{8\pi}\int_0^\infty 2\pi r\,\mathrm{d}r \frac{4r^2}{(r^2+a^2/4)^3} = -\frac{q^2}{a^2},\end{aligned} \tag{11.208}$$

wobei das Integral nach Substitution $r^2 \to s$ elementar ist, und

$$\begin{aligned}&\iint \mathrm{d}x\,\mathrm{d}y\, T_{33}^{+-}(x,y,0)\\ &= \frac{q}{8\pi}\int_0^\infty 2\pi r\,\mathrm{d}r \frac{a^2}{(r^2+a^2/4)^3} = +\frac{q^2}{a^2}.\end{aligned} \tag{11.209}$$

Das ist, wie zu zeigen war, der jeweils richtige Ausdruck für die Coulomb-Kraft.

11.14 Wegen der Drehsymmetrie um die z-Achse können wir uns auf $\varphi = 0$, also $y = 0$ beschränken, da die Integration über φ nur einen Faktor 2π besteuern wird. Für die Berechnung der äußeren Produkte ist es bequem, alle Vektoren in kartesischen Komponenten anzugeben und erst die Integrationen in Kugelkoordinaten durchzuführen. Die Felder der elektrischen und magnetischen Monopolladungen lauten in der xz-Ebene

$$\boldsymbol{E} = \frac{q_\mathrm{e}}{r^3}\begin{pmatrix}x\\0\\z\end{pmatrix}, \quad \boldsymbol{B} = \frac{q_\mathrm{m}}{((z-d)^2+x^2)^{3/2}}\begin{pmatrix}x\\0\\z-d\end{pmatrix} \tag{11.210}$$

mit $x = r\sin\vartheta$, $z = r\cos\vartheta$. Die Impulsdichte ist damit

$$\boldsymbol{g}^\mathrm{em} = \frac{1}{4\pi c}(\boldsymbol{E}\times\boldsymbol{B}) = \frac{q_\mathrm{e}q_\mathrm{m}}{4\pi c r^3((z-d)^2+x^2)^{3/2}}\begin{pmatrix}0\\xd\\0\end{pmatrix}. \tag{11.211}$$

Für positive x zeigt $\boldsymbol{g}^\mathrm{em}$ in positive y-Richtung; symmetrisch dazu für negative x in negative y-Richtung. Das Vektorfeld $\boldsymbol{g}^\mathrm{em}$ verläuft also im ganzen Raum im selben Rotationssinn um die z-Achse. Dies macht schon klar, dass der Gesamtimpuls des elektromagnetischen Feldes null ist, der Gesamtdrehimpuls aber nicht verschwindet.

Die Drehimpulsdichte des Feldes um einen Referenzpunkt $\boldsymbol{r}_0$ ist durch $(\boldsymbol{r}-\boldsymbol{r}_0)\times\boldsymbol{g}^\mathrm{em}$ gegeben. Diese Dichte hängt offenbar von $\boldsymbol{r}_0$ ab, aber weil der Gesamtimpuls verschwindet, ist das Integral darüber, der Gesamtdrehimpuls, unabhängig von $\boldsymbol{r}_0$. Wir können ihn daher ohne Beschränkung der Allgemeinheit bei $r = 0$ belassen. Die entsprechende Drehimpulsdichte lautet

$$\boldsymbol{r}\times\boldsymbol{g}^\mathrm{em} = \frac{q_\mathrm{e}q_\mathrm{m}d}{4\pi c r^3((z-d)^2+x^2)^{3/2}}\begin{pmatrix}-xz\\0\\x^2\end{pmatrix}. \tag{11.212}$$

Wegen der Antisymmetrie der x-Komponente unter $x \to -x$ ist nach Integration über den gesamten Raum $L_x = 0$, und nur die z-Komponente kann beitragen. Diese ist durch folgendes Integral gegeben:

$$L_z = 2\pi\int_{-1}^{1}\mathrm{d}(\cos\vartheta)\int_0^\infty r^2\,\mathrm{d}r\frac{q_\mathrm{e}q_\mathrm{m}dx^2}{4\pi c r^3((z-d)^2+x^2)^{3/2}}, \tag{11.213}$$

wiederum mit $x = r\sin\vartheta$, $z = r\cos\vartheta$. Mit Variablen $\bar{r} = r/d$ und $\cos\vartheta = \zeta$ lässt sich dies umschreiben auf

$$L_z = \frac{q_\mathrm{e}q_\mathrm{m}}{2c}\int_{-1}^{1}\mathrm{d}\zeta\,(1-\zeta^2)\int_0^\infty \mathrm{d}\bar{r}\frac{\bar{r}}{(\bar{r}^2-2\zeta\bar{r}+1)^{3/2}}, \tag{11.214}$$

womit gezeigt ist, dass $\boldsymbol{L}$ unabhängig von d ist. Es bleibt noch, die Integrale auszuwerten. Die $\bar{r}$-Integration ergibt $1/(1-\zeta)$, und die ζ-Integration damit

$$\int_{-1}^{1}\mathrm{d}\zeta\,\frac{1-\zeta^2}{1-\zeta} = \int_{-1}^{1}\mathrm{d}\zeta\,(1+\zeta) = 2,$$

also insgesamt $L_z = q_\mathrm{e}q_\mathrm{m}/c$.

11.15 Nach einer Eichtransformation

$$\phi'(t,\boldsymbol{r}) = \phi(t,\boldsymbol{r}) + \frac{1}{c}\partial_t\Lambda(t,\boldsymbol{r}), \tag{11.215}$$

$$\boldsymbol{A}'(t,\boldsymbol{r}) = \boldsymbol{A}(t,\boldsymbol{r}) - \nabla\Lambda(t,\boldsymbol{r}) \tag{11.216}$$

Teil II

sollen die neuen Potenziale in der Lorenz-Eichung $\nabla \cdot A' + \frac{1}{c}\partial_t \phi' = 0$ bzw. in der Coulomb-Eichung $\nabla \cdot A' = 0$ erfüllen. Im Fall der Lorenz-Eichung ergibt dies die Forderung

$$\begin{aligned} 0 &= \nabla \cdot A + \frac{1}{c}\partial_t \phi - \nabla^2 \Lambda + \frac{1}{c^2}\partial_t^2 \Lambda \\ &= \nabla \cdot A + \frac{1}{c}\partial_t \phi + \Box \Lambda, \end{aligned} \tag{11.217}$$

während im Fall der Coulomb-Eichung die zeitlichen Ableitungsterme fehlen und $\Box \to -\Delta$ zu ersetzen ist.

11.16 E_C ist ein Gradientenfeld, daher verschwindet die Rotation; $\operatorname{div} E_T = 0$ folgt aus $\nabla \cdot A = 0$ nach Vertauschen von ∇ und ∂_t, was natürlich die Voraussetzungen des Satzes von Schwarz benötigt, die im Regelfall gelten.

Literatur

Arens, T., et al.: Mathematik. 2. Aufl., Spektrum Akademischer Verlag (2012)

Cabrera, B.: First results from a superconductive detector for moving magnetic monopoles. Phys. Rev. Lett. **48**, 1378–1381 (1982)

Feynman, R., Leighton, R.B., Sands, M.: The Feynman Lectures on Physics, Bd. II, Benjamin Cummings, Pearson Education, Inc, USA (2005)

Griffiths, D.J.: Elektrodynamik. Pearson, München (2011)

Ma, T.-Z.E.: Field angular momentum in Feynman's disk paradox. Am. J. Phys. **54**, 949–950 (1986)

Maxwell, J.C.: A Treatise on Electricity and Magnetism. Macmillan, New York (1873). Online: https://en.wikisource.org/wiki/A_Treatise_on_Electricity_and_Magnetism Zugegriffen: 22. Juli 2014

Misner, C.W., Thorne, K.S., Wheeler, J.A.: Gravitation. Freeman, New York (1973)

Elektrostatik

12

Wie löst man elektrostatische Problemstellungen?

Wozu sind Green'sche Funktionen gut?

Wie kann man elektrische Felder abschirmen?

Wie viel Energie steckt in einem geladenen Kondensator?

Warum spüren wir das permanente elektrostatische Feld der Erde nicht?

Teil II

M. Bartelmann et al., *Theoretische Physik*, DOI 10.1007/978-3-642-54618-1_12, © Springer-Verlag Berlin Heidelberg 2015

Es war eine entscheidende intellektuelle Leistung der Physiker und Mathematiker des 19. Jahrhunderts, die elektrischen und magnetischen Phänomene in einer gemeinsamen Theorie, der Elektrodynamik, zu vereinigen und dabei dem Begriff von physikalischen Feldern zu einem Durchbruch zu verhelfen. Im Folgenden werden wir diese Vereinigung aber vorerst wieder aufheben, indem wir uns auf zeitunabhängige Probleme beschränken. Wenn Ladungen und Ströme zeitlich unveränderlich sind, zerfallen die Maxwell-Gleichungen in separate Gleichungen für elektrische und magnetische Felder, die unabhängig voneinander gelöst (und superponiert) werden können.

Die Gleichungen der Elektrostatik im Vakuum führen auf Problemstellungen, die denen der Newton'schen Gravitationstheorie ähnlich sind. Zusätzlich werden wir aber Randbedingungen an die elektrostatischen Felder diskutieren, insbesondere solche, die durch (perfekt) leitende Körper ins Spiel gebracht werden.

Die Methodik, mit der diese Fragestellungen behandelt werden können, ist die *Potenzialtheorie*, die ebenfalls im 19. Jahrhundert entwickelt wurde, insbesondere von den Mathematikern *George Green* (1793–1841) und *Carl Friedrich Gauß* (1777–1855).

12.1 Das elektrostatische Potenzial

Sind elektrische und magnetische Felder zeitunabhängig, weil alle elektrische Ladungen und eventuell stromführende Leiter räumlich festgehalten werden, sodass sie nicht unter dem Einfluss der Lorentz-Kraft zu dynamischen Problemstellungen führen, dann reduzieren sich die Maxwell-Gleichungen (11.141) bis (11.144) auf zwei Paare von rein räumlichen partiellen Differenzialgleichungen.

Feldgleichungen der Elektrostatik

$$\nabla \cdot \boldsymbol{E}(\boldsymbol{r}) = 4\pi\, \rho(\boldsymbol{r}) \tag{12.1}$$

$$\nabla \times \boldsymbol{E}(\boldsymbol{r}) = 0 \tag{12.2}$$

Feldgleichungen der Magnetostatik

$$\nabla \times \boldsymbol{B}(\boldsymbol{r}) = \frac{4\pi}{c}\boldsymbol{j}(\boldsymbol{r}) \tag{12.3}$$

$$\nabla \cdot \boldsymbol{B}(\boldsymbol{r}) = 0 \tag{12.4}$$

Frage 1

Elektrische Ströme werden durch elektrische Ladungen gebildet, die sich bewegen. Warum ist dies kein Widerspruch zu der Annahme von statischen Quellen?

Die Kontinuitätsgleichung $\nabla \cdot \boldsymbol{j} = -\partial_t \rho$ verlangt bei zeitunabhängigen Raumladungsdichten ρ, dass $\boldsymbol{j}$ divergenzfrei ist; entsprechende elektrische Ströme mit geschlossenen Stromlinien sind also mathematisch möglich. Physikalisch stellt dies natürlich eine Idealisierung dar, denn auf atomarer Ebene sind punktförmig konzentrierte Ladungsverteilungen im Spiel, und elektrische Ströme werden durch Bewegungen dieser Ladungsverteilungen gegeneinander gebildet. Auf makroskopischer Ebene können diese Ladungsverteilungen aber gut durch kontinuierliche approximiert werden, und solange der Fluss dieser Ladungsverteilungen stationär ist, sind die Raumladungsdichten zeitunabhängig (oder überhaupt null, wenn exakt entgegengesetzte Raumladungsdichten vorliegen).

Im statischen Fall entkoppeln also elektrische und magnetische Felder und können separat gelöst werden. Die Gleichungen der Magnetostatik werden wir in Abschn. 15.1 besprechen und uns hier auf die der Elektrostatik beschränken.

Um homogene Maxwell-Gleichungen zu lösen, haben wir in Abschn. 11.5 die elektrodynamischen Potenziale eingeführt. Für elektrostatische Felder brauchen wir davon nur das skalare Potenzial $\phi(\boldsymbol{r})$, das in diesem Zusammenhang als *elektrostatisches Potenzial* bezeichnet wird, und mit dem sich $\boldsymbol{E}$ als Gradientenfeld darstellt:

$$\boldsymbol{E}(\boldsymbol{r}) = -\nabla\phi(\boldsymbol{r}). \tag{12.5}$$

Da $\boldsymbol{E}$ die Kraft pro Ladung auf eine Testladung darstellt, haben wir es in der Elektrostatik mit einem konservativen Kraftfeld zu tun, und ϕ stellt auch im Sinne der Mechanik ein Potenzial dar, nämlich die potenzielle Energie einer Einheitsladung. Völlig analog zu (1.165) bekommen wir Potenzialdifferenzen als

$$\phi(\boldsymbol{r}) - \phi(\boldsymbol{r}_0) = U = -\int_{\boldsymbol{r}_0}^{\boldsymbol{r}} \boldsymbol{E}(\boldsymbol{r}') \cdot \mathrm{d}\boldsymbol{r}'. \tag{12.6}$$

Die Potenzialdifferenz zwischen den Punkten $\boldsymbol{r}$ und $\boldsymbol{r}_0$ wird auch als *elektrische Spannung U* bezeichnet. Die Arbeit, die geleistet werden muss, um eine Ladung q von $\boldsymbol{r}_0$ nach $\boldsymbol{r}$ zu verschieben, ist durch qU gegeben.

Abbildung 12.1 und 12.2 zeigen als Beispiel die elektrischen Feldlinien eines elektrischen Feldes, das von drei stationären Ladungen der Stärke q, $2q$ und $-3q$ ($q > 0$) hervorgerufen wird, sowie das zugehörige elektrostatische Potenzial.

Die verschwindende Rotation (12.2) stellt dabei sicher, dass das Wegintegral unabhängig vom Weg von $\boldsymbol{r}_0$ nach $\boldsymbol{r}$ ist. Insbesondere gilt, dass Ringspannungen, also elektrische Spannungen entlang von geschlossenen Pfaden, verschwinden:

$$\oint \boldsymbol{E} \cdot \mathrm{d}\boldsymbol{r} = 0. \tag{12.7}$$

Frage 2

Erinnern Sie sich: Wie lässt sich dieses Integral mit $\mathbf{rot}\,\boldsymbol{E}$ anschreiben?

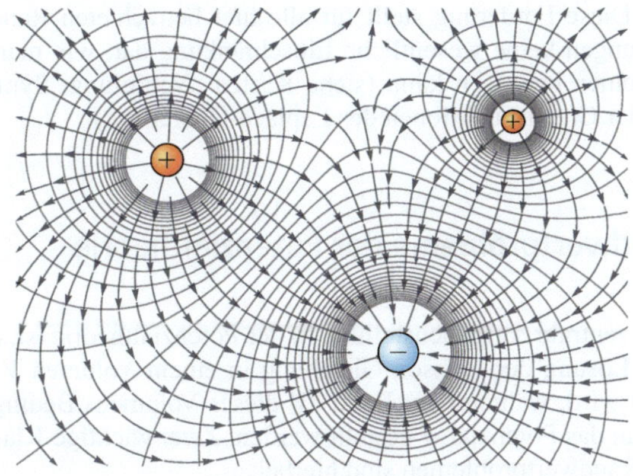

Abb. 12.1 Elektrisches Feld bei einer Konfiguration von drei elektrischen Ladungen, von denen zwei positiv und eine negativ ist, mit Stärken (*von oben nach unten*) q, $2q$ und $-3q$ sowie die Äquipotenziallinien des zugehörigen elektrostatischen Potenzials (alles nur in der Ebene, in der die drei Ladungen liegen). Dieses mit der MATHEMATICA-Routine `StreamPlot` erzeugte Bild gibt allerdings nur lokal die Feldlinienverteilung richtig wieder, denn strenggenommen sollten Feldlinien nur an Quellen entspringen oder enden, damit aus ihrer Dichte die Feldstärke abgelesen werden kann

Umgekehrt ist klar, dass diese Aussage nur in der Elektrostatik allgemein gültig ist. Gleichung (12.2) ist ja die statische Version des Induktionsgesetzes; bei zeitlich veränderlichen Magnetfeldern wird U wegabhängig und kann in diesem Fall nicht mehr als Potenzialdifferenz dargestellt werden. Die linke Seite von (12.7) kann dann ungleich null sein und wird auch (leicht irreführend) *elektromotorische Kraft* (EMK) genannt. In diesen Ausdruck für die Arbeit für eine Einheitsladung bei Verschiebung entlang eines geschlossenen Weges geht, wie wir in (11.101) gesehen haben, nur das elektrische Feld ein.

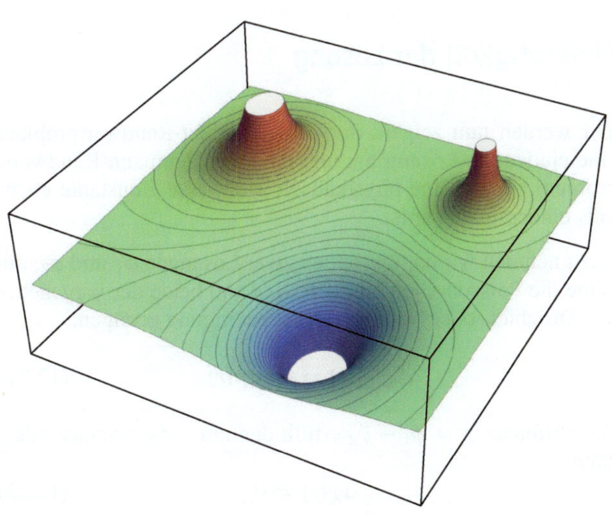

Abb. 12.2 Betrag des elektrostatisches Potenzials, das zu der Ladungskonfiguration von Abb. 12.1 gehört (in der Ebene, in der die drei Ladungen liegen)

Die Poisson-Gleichung

Eingesetzt in (12.1) ergibt (12.5) die sogenannte Poisson-Gleichung (benannt nach dem französischen Mathematiker und Physiker *Siméon Denis Poisson*, 1781–1840).

Poisson-Gleichung

$$\Delta\phi(\boldsymbol{r}) = -4\pi\,\rho(\boldsymbol{r}) \qquad (12.8)$$

Eine quellenfreie Poisson-Gleichung mit $\rho \equiv 0$, die homogene Poisson-Gleichung, wird auch kurz als *Laplace-Gleichung* bezeichnet; Lösungen der Laplace-Gleichung werden in der Mathematik als *harmonische Funktionen* bezeichnet.

Mit dem Coulomb'schen Gesetz, das uns das elektrische Feld von Punktladungen angibt, haben wir in (11.4) auch schon die allgemeine Lösung für eine kontinuierliche Ladungsverteilung (bestehend aus einem Kontinuum von infinitesimalen Punktladungen $\rho\,\mathrm{d}V$) angegeben:

$$\boldsymbol{E}(\boldsymbol{r}) = \int \mathrm{d}V'\rho(\boldsymbol{r}')\frac{\boldsymbol{r}-\boldsymbol{r}'}{|\boldsymbol{r}-\boldsymbol{r}'|^3}. \qquad (12.9)$$

(Die Konstante k in (11.4) ist für das von uns verwendete Gauß'sche Maßsystem nun eins gesetzt.)

Wie wir bereits für Magnetfelder in (11.37)–(11.38) ausgenutzt haben, lässt sich das Vektorfeld $(\boldsymbol{r}-\boldsymbol{r}')/|\boldsymbol{r}-\boldsymbol{r}'|^3$ gemäß (11.26) als Gradientenfeld darstellen,

$$\frac{\boldsymbol{r}-\boldsymbol{r}'}{|\boldsymbol{r}-\boldsymbol{r}'|^3} = -\nabla\frac{1}{|\boldsymbol{r}-\boldsymbol{r}'|}, \qquad (12.10)$$

und damit aus (12.9) und $\boldsymbol{E} = -\nabla\phi$ die entsprechende Lösung für ϕ ablesen,

$$\phi(\boldsymbol{r}) = \int \mathrm{d}V'\rho(\boldsymbol{r}')\frac{1}{|\boldsymbol{r}-\boldsymbol{r}'|}, \qquad (12.11)$$

wodurch sich ein etwas einfacheres Integral als in (12.9) ergibt. Es ist dies die allgemeine Lösung für den Fall, dass die Ladungsdichte im gesamten Raum $\mathbb{R}^3$ gegeben ist und *natürliche Randbedingungen* verlangt werden. Darunter versteht man die Forderung, dass das Potenzial und damit das elektrische Feld im Unendlichen ($r \to \infty$) verschwinden und keine Randbedingungen im Endlichen vorliegen. (Vorausgesetzt wird hier übrigens, dass das Integral in (12.11) existiert, und da in Wirklichkeit die Ladungsdichte ρ wegen der Existenz einer Elementarladung nicht beliebig klein gemacht werden kann, ohne zu verschwinden, bedeutet dies, dass die Ladungsverteilung endliche Ausdehnung hat.)

12.2 Green'sche Funktionen und Randwertprobleme

Die Funktion $1/|\boldsymbol{r}-\boldsymbol{r}'|$ im Integranden von (12.11) ist offenbar das Potenzial pro Ladung für eine Punktladung am Ort $\boldsymbol{r}'$. Sie erfüllt folgende Gleichung im Sinn von verallgemeinerten Funktionen:

$$\Delta \frac{1}{|\boldsymbol{r}-\boldsymbol{r}'|} = -4\pi\, \delta(\boldsymbol{r}-\boldsymbol{r}'), \tag{12.12}$$

wie sich auch aus Kombination der in Kap. 11 hergeleiteten Gleichung (11.25) mit (12.10) ergibt.

Frage 3

Verifizieren Sie damit unter Anwendung der Rechenregeln für die Dirac'sche Deltafunktion, dass (12.11) die Poisson-Gleichung (12.8) erfüllt!

Wir haben damit ein Beispiel für eine sogenannte *Green'sche Funktion* des Laplace-Operators vorliegen, die allgemeiner durch

$$\Delta G(\boldsymbol{r},\boldsymbol{r}') = -4\pi\, \delta(\boldsymbol{r}-\boldsymbol{r}') \tag{12.13}$$

definiert ist. Die Funktion $1/|\boldsymbol{r}-\boldsymbol{r}'|$ ist eine Partikulärlösung dieser Gleichung, mit der die Lösung (12.11) der Poisson-Gleichung für natürliche Randbedingungen als

$$\phi(\boldsymbol{r}) = \int \mathrm{d}V'\, G(\boldsymbol{r},\boldsymbol{r}')\rho(\boldsymbol{r}') \tag{12.14}$$

geschrieben werden kann. Lösungen der Poisson-Gleichung, die (bei gleichen Quellen) anderen Randbedingungen genügen, unterscheiden sich davon durch homogene Lösungen, d. h. Lösungen ohne Quellterm, mit anderen Worten also Lösungen der Laplace-Gleichung

$$\Delta\phi_{\text{hom}}(\boldsymbol{r}) = 0. \tag{12.15}$$

Ganz analog kann man die allgemeinste Green'sche Funktion als

$$G(\boldsymbol{r},\boldsymbol{r}') = \frac{1}{|\boldsymbol{r}-\boldsymbol{r}'|} + G_{\text{hom}}(\boldsymbol{r},\boldsymbol{r}') \tag{12.16}$$

schreiben, wobei $G_{\text{hom}}(\boldsymbol{r},\boldsymbol{r}')$ eine Lösung der Laplace-Gleichung bezüglich des ersten Arguments ist:

$$\Delta G_{\text{hom}}(\boldsymbol{r},\boldsymbol{r}') = 0. \tag{12.17}$$

Wir werden im Folgenden zusätzlich verlangen, dass $G_{\text{hom}}(\boldsymbol{r},\boldsymbol{r}')$ wie die Partikulärlösung $1/|\boldsymbol{r}-\boldsymbol{r}'|$ symmetrisch in $\boldsymbol{r}$ und $\boldsymbol{r}'$ ist, sodass

$$G(\boldsymbol{r},\boldsymbol{r}') = G(\boldsymbol{r}',\boldsymbol{r}) \tag{12.18}$$

gilt. Diese Forderung stellt für alle hier betrachteten Randbedingungen keine wesentliche Einschränkung dar, wie man im Einzelnen beweisen kann (siehe Kasten „Vertiefung: Symmetrie der Green-Funktionen des Laplace-Operators").

Randwertprobleme der Potenzialtheorie

Eine zentrale Aufgabenstellung in der Potenzialtheorie ist, dass eine Lösung der Poisson-Gleichung in einem Volumen V gesucht wird, während am Rand ∂V dieses Volumens Bedingungen an das Potenzial ϕ gestellt werden. Zwei wichtige Klassen von Randwertproblemen sind hierbei:

- *Dirichlet-Randwertprobleme* (nach dem deutschen Mathematiker Johann Peter Gustav Lejeune Dirichlet, 1805–1859): Auf dem Rand ∂V eines Volumens V ist der Wert des Potenzials vorgegeben:
$$\phi(\boldsymbol{r})|_{\boldsymbol{r}\in\partial V}\,. \tag{12.19}$$
- *Neumann-Randwertprobleme* (nach dem deutschen Mathematiker Carl Gottfried Neumann, 1832–1925): Auf dem Rand ∂V eines Volumens V ist die Normalableitung vorgegeben:
$$\left.\frac{\partial}{\partial n}\phi(\boldsymbol{r})\right|_{\boldsymbol{r}\in\partial V} = \boldsymbol{n}(\boldsymbol{r})\cdot\nabla\phi(\boldsymbol{r})\Big|_{\boldsymbol{r}\in\partial V}, \tag{12.20}$$
wobei $\boldsymbol{n}(\boldsymbol{r})$ die Flächennormale ist ($\mathbf{d}\boldsymbol{f} = \boldsymbol{n}(\boldsymbol{r})\mathrm{d}f$).

Randwertprobleme in der Elektrostatik sind meistens Dirichlet-Randwertprobleme; Neumann-Randbedingungen sind eher selten.

Eindeutigkeit der Lösung

Wir werden nun zeigen, dass das Dirichlet-Randwertproblem eine eindeutige Lösung hat und dass das Neumann-Randwertproblem bis auf eine physikalisch irrelevante Konstante ebenfalls eindeutig lösbar ist.

Dazu nehmen wir an, wir hätten zwei Lösungen ϕ_1 und ϕ_2, die beide die Poisson-Gleichung erfüllen und beide der vorgegebenen Dirichlet- oder Neumann-Randbedingung genügen:

$$\Delta\phi_{1,2}(\boldsymbol{r}) = -4\pi\rho(\boldsymbol{r}). \tag{12.21}$$

Die Differenz $\chi = \phi_1 - \phi_2$ erfüllt dann in V die Laplace-Gleichung

$$\Delta\chi(\boldsymbol{r}) = 0 \tag{12.22}$$

und am Rand ∂V entweder $\chi = 0$ (bei Dirichlet-Randbedingungen) oder $\partial_n\chi = 0$ (bei Neumann-Randbedingungen).

Vertiefung: Symmetrie der Green-Funktionen des Laplace-Operators

In der Elektrostatik sind die Green-Funktionen des Laplace-Operators für gewöhnlich symmetrisch unter Austausch ihrer Argumente, und wir haben uns in (12.18) für das Weitere auf solche beschränkt.

In Abschn. 19.1 werden wir auch Green'sche Funktionen für den Wellenoperator einführen, wo gerade die physikalisch interessanten Randbedingungen auf asymmetrische Green'sche Funktionen führen werden. Die Symmetrie (12.18) ist also keine von vornherein notwendige Eigenschaft einer Green-Funktion.

Im nächsten Kapitel (siehe (13.94)) und dann ausführlicher in Teil III werden wir das Konzept von selbstadjungierten Operatoren kennenlernen. Wie sich dort zeigt, haben selbstadjungierte Operatoren immer symmetrische Green-Funktionen. Ob nun ein Differenzialoperator selbstadjungiert ist, hängt entscheidend von den Randbedingungen ab. Um zu überprüfen, ob der Laplace-Operator bei gegebenen Randbedingungen auf ∂V selbstadjungiert ist, hat man zu prüfen, ob für alle Funktionen f und g, welche die betrachteten Randbedingungen an G_{D} erfüllen, durch partielle Integration

$$\int\limits_V \mathrm{d}V f \Delta g = \int\limits_V \mathrm{d}V g \Delta f$$

erreicht werden kann, ohne dass Randterme übrig bleiben, d. h., das Analogon zur rechten Seite von (12.26) verschwindet. Dies ist z. B. der Fall, wenn die Funktionen am Rand ∂V null sind, woraus geschlossen werden kann, dass die Dirichlet-Green-Funktion, welche die homogene Randbedingung (12.29) erfüllt, symmetrisch ist.

Auf diese Weise kann man auch zeigen, dass Green-Funktionen des Laplace-Operators symmetrisch bleiben, wenn etwas kompliziertere Randbedingungen gefordert werden wie im Fall von *Robin-Randbedingungen*, wo am Rand $(a\phi + b\partial_n\phi)$ mit Konstanten a und b vorgegeben wird (benannt nach dem französischen Mathematiker *V. Gustave Robin*, 1855–1897), oder abwechselnd Dirichlet- und Neumann-Randbedingungen auf komplementären Teilen des Randes. In all diesen Fällen kann man das entsprechende Randwertproblem durch (12.28) lösen, wofür eine symmetrische Green-Funktion gebraucht wird, die zudem die homogenen Randbedingungen erfüllt, damit im Oberflächenintegral nur bekannte (weil vorgegebene) Randbedingungen an ϕ eingehen.

Hat man nur irgendeine symmetrische Green-Funktion, dann ist zwar (12.28) weiterhin eine streng gültige Identität, aber sie ist unbrauchbar für das Auffinden einer Lösung des Randwertproblems.

Für eine beliebige Funktion $\chi(\boldsymbol{r})$ gilt

$$\int\limits_V \mathrm{d}V \left[(\nabla\chi)^2 + \chi\Delta\chi\right] = \oint\limits_{\partial V} \boldsymbol{\mathrm{d}f} \cdot \chi\nabla\chi, \tag{12.23}$$

was sich unmittelbar aus dem Gauß'schen Integralsatz (11.17) ergibt, wenn man dort $\boldsymbol{X} = \chi\nabla\chi$ einsetzt.

Frage 4

Rechnen Sie dies nach.

Für $\chi = \phi_1 - \phi_2$ verschwindet in (12.23) das Oberflächenintegral, weil am Rand entweder $\chi = 0$ (Dirichlet) oder $\boldsymbol{\mathrm{d}f}\cdot\nabla\chi = 0$ (Neumann) ist. Auf der linken Seite verschwindet der zweite Term unter dem Integral wegen (12.22), und es folgt

$$\int\limits_V \mathrm{d}V\,(\nabla\chi)^2 = 0. \tag{12.24}$$

Weil der Integrand hier aber eine überall positive Funktion ist, impliziert dies $\nabla\chi \equiv 0$, d. h., χ muss in V konstant sein. Bei Dirichlet-Randbedingungen ist aber am Rand $\chi = 0$ und daher $\chi \equiv 0$, d. h. $\phi_1 \equiv \phi_2$; bei Neumann-Randbedingungen unterscheiden sich ϕ_1 und ϕ_2 um eine nicht weiter eingeschränkte Konstante, die aber für die elektrischen Feldstärken irrelevant ist ($\boldsymbol{E}_1 \equiv \boldsymbol{E}_2$).

Dirichlet- und Neumann-Green-Funktionen

Zu Dirichlet- und Neumann-Randwertaufgaben kann man entsprechend angepasste Green'sche Funktionen definieren. Dazu verwenden wir wieder den Gauß'schen Integralsatz (11.17) und betrachten das Vektorfeld $\boldsymbol{X}(\boldsymbol{r}) = \varphi(\boldsymbol{r})\nabla\psi(\boldsymbol{r})$ mit beliebigen Funktionen $\varphi(\boldsymbol{r})$ und $\psi(\boldsymbol{r})$. Dies liefert den sogenannten *ersten Green'schen Satz*:

$$\begin{aligned}&\int\limits_V \mathrm{d}V' \left[\nabla'\varphi(\boldsymbol{r}')\cdot\nabla'\psi(\boldsymbol{r}') + \varphi(\boldsymbol{r}')\,\Delta'\psi(\boldsymbol{r}')\right]\\ &\quad= \oint\limits_{\partial V} \boldsymbol{\mathrm{d}f}'\cdot\varphi(\boldsymbol{r}')\nabla'\psi(\boldsymbol{r}').\end{aligned} \tag{12.25}$$

Vertauschen wir in dieser Gleichung die beliebigen Funktionen $\varphi(\boldsymbol{r})$ und $\psi(\boldsymbol{r})$ und subtrahieren das Ergebnis von (12.25), so fallen auf der linken Seite die Produkte von einfach abgeleiteten Funktionen heraus, und wir erhalten den *zweiten Green'schen Satz*:

$$\begin{aligned}&\int\limits_V \mathrm{d}V' \left[\varphi(\boldsymbol{r}')\Delta'\psi(\boldsymbol{r}') - \psi(\boldsymbol{r}')\Delta'\varphi(\boldsymbol{r}')\right]\\ &\quad= \oint\limits_{\partial V} \boldsymbol{\mathrm{d}f}'\cdot\left[\varphi(\boldsymbol{r}')\nabla'\psi(\boldsymbol{r}') - \psi(\boldsymbol{r}')\nabla'\varphi(\boldsymbol{r}')\right].\end{aligned} \tag{12.26}$$

Diese Identität wenden wir nun auf den Fall an, dass $\varphi(\boldsymbol{r}')$ die Lösung der Poisson-Gleichung (12.8) ist, $\varphi(\boldsymbol{r}') = \phi(\boldsymbol{r}')$; und für die zweite Funktion wählen wir $\psi(\boldsymbol{r}') = G(\boldsymbol{r}, \boldsymbol{r}')$, sodass nur über das zweite Argument integriert wird. Die linke Seite von (12.26) wird dann zu

$$\begin{aligned}&\int_V \mathrm{d}V' \left[\phi(\boldsymbol{r}')\Delta' G(\boldsymbol{r},\boldsymbol{r}') - G(\boldsymbol{r},\boldsymbol{r}')\Delta'\phi(\boldsymbol{r}')\right] \\ &= \int_V \mathrm{d}V' \left[-4\pi\,\phi(\boldsymbol{r}')\,\delta(\boldsymbol{r}-\boldsymbol{r}') + 4\pi\,G(\boldsymbol{r},\boldsymbol{r}')\,\rho(\boldsymbol{r}')\right] \qquad (12.27)\\ &= -4\pi\,\phi(\boldsymbol{r}) + 4\pi \int_V \mathrm{d}V'\,G(\boldsymbol{r},\boldsymbol{r}')\,\rho(\boldsymbol{r}'),\end{aligned}$$

wobei wir die Symmetrie (12.18) und die definierende Gleichung (12.13) für die Green'sche Funktion verwendet haben. Damit bekommen wir eine Gleichung, die $\phi(\boldsymbol{r})$ mit $\boldsymbol{r} \in V$ durch ein Volumenintegral und ein Oberflächenintegral darstellt:

$$\begin{aligned}\phi(\boldsymbol{r}) &= \int_V \mathrm{d}V'\,G(\boldsymbol{r},\boldsymbol{r}')\,\rho(\boldsymbol{r}') \\ &+ \frac{1}{4\pi}\oint_{\partial V} \mathrm{d}\boldsymbol{f}' \cdot \left[G(\boldsymbol{r},\boldsymbol{r}')\nabla'\phi(\boldsymbol{r}') - \phi(\boldsymbol{r}')\nabla' G(\boldsymbol{r},\boldsymbol{r}')\right].\end{aligned} \qquad (12.28)$$

In einer Dirichlet-Randwertaufgabe sind die Werte von ϕ auf ∂V vorgegeben, während die Normalableitung von ϕ erst nach dem Lösen dieser Aufgabe bekannt sein wird. Gleichung (12.28) kann daher nur dann zum Auffinden dieser Lösung verwendet werden, wenn eine Green'sche Funktion $G(\boldsymbol{r}, \boldsymbol{r}')$ vorliegt, die verschwindet, wenn $\boldsymbol{r}'$ auf ∂V liegt. Dies definiert die *Dirichlet-Green-Funktion* als Green'sche Funktion mit der Randbedingung

$$G_\mathrm{D}(\boldsymbol{r},\boldsymbol{r}') = 0 \quad \text{für } \boldsymbol{r}' \in \partial V. \qquad (12.29)$$

Damit bekommen wir bei gegebener Dirichlet-Green-Funktion eine Integraldarstellung der gesuchten Lösung.

Lösung der Dirichlet-Randwertaufgabe mit Dirichlet-Green-Funktion

$$\begin{aligned}\phi(\boldsymbol{r}) &= \int_V \mathrm{d}V'\,G_\mathrm{D}(\boldsymbol{r},\boldsymbol{r}')\,\rho(\boldsymbol{r}') \\ &- \frac{1}{4\pi}\oint_{\partial V} \mathrm{d}f'\,\phi(\boldsymbol{r}')\frac{\partial}{\partial n'}G_\mathrm{D}(\boldsymbol{r},\boldsymbol{r}')\end{aligned} \qquad (12.30)$$

Für Neumann-Randwertaufgaben benötigt man umgekehrt eine Formel, in der ϕ am Rand noch nicht bekannt sein muss. Nun kann man aber nicht erreichen, dass eine Green'sche Funktion auf einer geschlossenen Fläche verschwindende Normalableitung hat, denn mit dem Gauß'schen Satz ergibt sich wegen $\boldsymbol{r} \in V$ mit (12.13) und (12.18)

$$\oint_{\partial V} \mathrm{d}\boldsymbol{f}' \cdot \nabla' G(\boldsymbol{r},\boldsymbol{r}') = \int_V \mathrm{d}V'\,\Delta' G(\boldsymbol{r},\boldsymbol{r}') = -4\pi. \qquad (12.31)$$

Die Definition der *Neumann-Green-Funktion* ist daher stattdessen, dass die Normalableitung eine Konstante ist, die mit (12.31) verträglich ist:

$$\frac{\partial}{\partial n'}G_\mathrm{N}(\boldsymbol{r},\boldsymbol{r}') = -\frac{4\pi}{A} \quad \text{mit } A = \oint_{\partial V} \mathrm{d}f', \qquad (12.32)$$

worin A also der Flächeninhalt von ∂V ist. Das Oberflächenintegral über $\phi(\boldsymbol{r}')\partial_n G_\mathrm{N}(\boldsymbol{r}, \boldsymbol{r}')$ liefert dann nur eine von $\boldsymbol{r}$ unabhängige Größe, den Mittelwert von ϕ auf dem Rand ∂V. Da Neumann-Randwertaufgaben nur bis auf eine Konstante eindeutig lösbar sind, ist diese Konstante ohne Belang. Wir bekommen somit, sofern eine Neumann-Green-Funktion vorliegt, wiederum eine Integraldarstellung der Lösung des Randwertproblems.

Lösung der Neumann-Randwertaufgabe mit Neumann-Green-Funktion

$$\begin{aligned}\phi(\boldsymbol{r}) &= \int_V \mathrm{d}V'\,G_\mathrm{N}(\boldsymbol{r},\boldsymbol{r}')\,\rho(\boldsymbol{r}') + \langle\phi\rangle_{\partial V} \\ &+ \frac{1}{4\pi}\oint_{\partial V} \mathrm{d}f'\,G_\mathrm{N}(\boldsymbol{r},\boldsymbol{r}')\frac{\partial}{\partial n'}\phi(\boldsymbol{r}'),\end{aligned} \qquad (12.33)$$

wobei $\langle\phi\rangle_{\partial V}$ der frei wählbare Mittelwert von ϕ auf dem Rand ∂V ist.

Die Lösungen für die Dirichlet- und Neumann-Randwertaufgaben mithilfe von zugehörigen Green-Funktionen setzen natürlich voraus, dass letztere zur Verfügung stehen. Leider können diese nur für spezielle, besonders symmetrische Situationen analytisch konstruiert werden. Hat man aber z. B. eine Dirichlet-Randwertaufgabe auf einem Rand ∂V für die spezielle Randbedingung $\phi(\boldsymbol{r}') = 0$, $\boldsymbol{r}' \in \partial V$, für eine Punktladung q am Ort $\boldsymbol{r}''$ für alle $\boldsymbol{r}'' \in V$ einmal gelöst, kennt man damit aufgrund von (12.30) die zu ∂V gehörende Dirichlet-Greenfunktion:

$$G_\mathrm{D}(\boldsymbol{r},\boldsymbol{r}_q) = \frac{1}{q}\phi(\boldsymbol{r}), \qquad (12.34)$$

wobei $\phi(\boldsymbol{r})$ die gefundene Lösung mit q am Ort $\boldsymbol{r}_q$ ist.

Frage 5

Leiten Sie diese Bedeutung von G_D aus (12.30) ab, indem Sie in dieser Gleichung ρ für eine Punktladung spezialisieren und dabei die gegebene Randbedingung an ϕ beachten.

Gleichung (12.30) liefert dann sofort die Verallgemeinerung dieser speziellen Lösung für verschwindende Randwerte auf beliebige Dirichlet-Randwertaufgaben mit gleicher Geometrie ∂V.

Teil II

Anwendung: Faraday'scher Käfig

In einem komplett von einem Leiter umschlossenen Hohlraum, in dem keine Ladungen enthalten sind, ist das elektrische Feld genauso wie im Inneren eines Leiters null. Die innere Berandung bildet eine Äquipotenzialfläche, und die (eindeutige) Lösung dieser speziellen Dirichlet-Randwertaufgabe ist schlicht, dass das Potenzial im ganzen Innenraum konstant ist. Der Innenraum bildet dann einen sogenannten *Faraday'schen Käfig* (Abb. 12.3), der alle äußeren elektrischen Felder abschirmt.

Für praktische Zwecke muss die Leiteroberfläche nicht einmal perfekt geschlossen sein, solange man es mit zeitlich nicht zu schnell veränderlichen Feldern zu tun hat. Ein Käfig aus Draht reicht oft aus. Auch in einem Auto aus metallischem Blech ist man (trotz der Öffnungen in Form von Fenstern) sicher, wenn ein Blitz einschlagen sollte. Felder mit hinreichend großen Frequenzen und kleinen Wellenlängen können aber eindringen, sonst könnte man ja aus einem Drahtkäfig oder einem Auto nicht nach außen schauen.

Abb. 12.3 Um empfindliche Geräte von elektrischen Streufeldern abzuschirmen, werden Faraday'sche Käfige eingesetzt

12.3 Randbedingungen auf Leiteroberflächen

Eine einfache und in der Praxis besonders wichtige Randbedingung an elektrische Felder wird durch *elektrische Leiter* ins Spiel gebracht. In einem elektrischen Leiter sind elektrische Ladungen (konkret die *Leitungselektronen*) weitgehend frei beweglich, sodass elektrische Felder im Inneren eines Leiters sofort zu Bewegungen von diesen führen. Statische Verhältnisse liegen nur dann vor, wenn sich die Ladungsträger so weit umgruppiert haben, dass im Inneren eines Leiters keine elektrischen Felder mehr existieren, denn diese würden zu weiteren Ladungsverschiebungen führen.

Elektrostatik in Anwesenheit von Leitern

Im Inneren eines elektrischen Leiters mit (zusammenhängendem) Volumen V_{L} gilt bei zeitunabhängigen Situationen

$$\boldsymbol{E}(\boldsymbol{r}) \equiv 0 \;\Rightarrow\; \phi(\boldsymbol{r}) = \text{const. für } \boldsymbol{r} \in V_{\mathrm{L}}. \tag{12.35}$$

Feldfreiheit im Inneren eines Leiters bedeutet wegen der ersten Maxwell-Gleichung $\operatorname{div}\boldsymbol{E} = 4\pi\rho$, dass auch $\rho(\boldsymbol{r}) \equiv 0$ im Inneren des Leiters ist, d. h., die elektrische Ladung eines Leiters ist auf der Leiteroberfläche verteilt.

Leiteroberflächen sind damit *Äquipotenzialflächen*. Das Potenzial im Unendlichen kann normalerweise auf null gesetzt werden. Wenn dann für einen Leiter im Endlichen verlangt wird, dass sein Potenzial null ist, spricht man von einer *Erdung*, die sich physikalisch durch eine leitende Verbindung mit der ferneren Umgebung realisieren lässt, über die elektrische Ladung zu- oder abfließen kann. Das dazu nötige Erdungskabel selbst wird dabei meistens als vernachlässigbar für das elektrostatische Randwertproblem betrachtet. Das Potenzial eines isolierten Leiters ist dagegen frei veränderlich. Mehrere voneinander separierte Leiter können aber z. B. durch elektrische Batterien auf vorgegebenen Potenzialen gehalten werden.

Konstanz von ϕ auf einer Leiteroberfläche impliziert natürlich, dass die Tangentialableitungen davon verschwinden, und daher die Tangentialkomponenten der elektrischen Felder null sind. Diese würden ja ansonsten wieder Ströme im Leiter hervorrufen. Normalkomponenten von elektrischen Feldern sind aber möglich, weil man in der Elektrostatik annimmt, dass die Ladungsträger nur im Bereich des Leiters frei beweglich sind, dessen Oberfläche aber nicht verlassen können. (Wenn die Feldstärken so stark werden, dass tatsächlich Elektronen aus Leitern herausgerissen werden können, hat man es offenbar nicht mehr mit zeitunabhängigen Verhältnissen zu tun.)

Normalkomponenten der elektrischen Felder auf einer Leiteroberfläche ($E_n = \boldsymbol{n} \cdot \boldsymbol{E}$) geben direkt die dort vorhandene Oberflächenladung wieder, denn aus der Integralversion der ersten Maxwell-Gleichung (11.145) bekommen wir für ein kleines Volumen um einen Oberflächenbereich ΔF (Abb. 12.4)

$$\begin{aligned} \int\limits_{\Delta F} \mathrm{d}f\, E_n &= 4\pi \int\limits_{\Delta V} \mathrm{d}V\, \rho \\ \Rightarrow\; \Delta F\, E_n &= 4\pi\, \Delta Q \end{aligned} \tag{12.36}$$

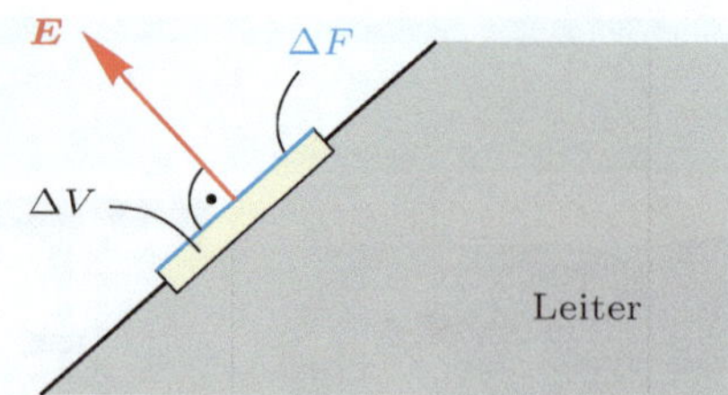

Abb. 12.4 Randbedingung an der Grenzfläche eines elektrischen Leiters: Die elektrische Feldstärke steht senkrecht auf die Oberfläche, während im Inneren des Leiters das elektrische Feld verschwindet. Anwendung des Gauß'schen Integralsatzes setzt den Fluss durch das infinitesimale Oberflächenelement ΔF und damit die elektrische Feldstärke in Beziehung zur Oberflächenladungsdichte (12.37)

und damit eine *Oberflächenladungsdichte* σ:

$$\sigma = \lim_{\Delta F \to 0} \frac{\Delta Q}{\Delta F} = \frac{1}{4\pi} E_n. \qquad (12.37)$$

Die Gesamtladung eines Leiters mit Oberfläche F ist damit gegeben durch das Oberflächenintegral

$$Q = \oint_F \mathrm{d}f \sigma = \frac{1}{4\pi} \oint_F \mathbf{d}\boldsymbol{f} \cdot \boldsymbol{E}. \qquad (12.38)$$

In elektrostatischen Randwertproblemen wird typischerweise entweder das Potenzial eines Leiters oder die Gesamtladung Q, die ein isolierter Leiter trägt, vorgegeben. Beides zusammen kann nicht vorgegeben werden, ebenso wenig die Oberflächenladungsdichte selbst, denn diese muss sich von selbst so einstellen, dass im Inneren des Leiters kein elektrisches Feld vorhanden ist.

Gemäß der oben eingeführten Terminologie hat man es jedenfalls mit Dirichlet-Randbedingungen zu tun, nämlich der Vorgabe von Äquipotenzialflächen. Sind statt Potenzialen Ladungen vorgegeben, sind die Randwerte von ϕ vorerst als Unbekannte einzuführen, die am Ende zu bestimmen sind.

12.4 Bildladungsmethode

Da im Inneren aller leitenden Körper das Feld komplett abgeschirmt ist, spielt sich die Elektrostatik in Anwesenheit von leitenden Körpern mit gesamtem Volumen V_L im verbleibenden Volumen $V = \mathbb{R}^3 \backslash V_\mathrm{L}$ ab. Am Rand ∂V, der im Fall von mehreren voneinander getrennten Leitern aus entsprechend vielen Teilen besteht, liegt dabei die Dirichlet-Randbedingung vor, dass das Potenzial jeweils konstant über die separaten Leiteroberflächen ist.

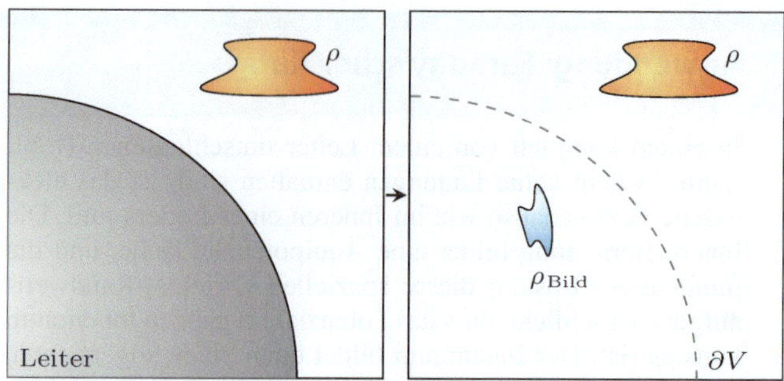

Abb. 12.5 Bildladungsmethode schematisch: Die Randwertaufgabe einer gegebenen Ladungsverteilung ρ (*rot*) in $V = \mathbb{R}^3 \backslash V_\mathrm{L}$ wird ersetzt durch eine im gesamten Raum $\mathbb{R}^3$, wobei eine fiktive Ladungsverteilung ρ_Bild (*blau*) in V_L so bestimmt wird, dass die gegebenen Randbedingungen auf ∂V (*gestrichelt*) erfüllt werden

Liegt in V eine Raumladungsdichte ρ vor, können wir die Lösung der Poisson-Gleichung allgemein schreiben als

$$\phi(\boldsymbol{r}) = \int_V \mathrm{d}V' \frac{\rho(\boldsymbol{r}')}{|\boldsymbol{r} - \boldsymbol{r}'|} + \phi_\mathrm{hom}(\boldsymbol{r}), \quad \Delta\phi_\mathrm{hom}(\boldsymbol{r}) = 0. \quad (12.39)$$

In der sogenannten *Bild-* oder *Spiegelladungsmethode* nützt man aus, dass $1/|\boldsymbol{r} - \boldsymbol{r}'|$ eine homogene Lösung in V ist, wenn $\boldsymbol{r}'$ außerhalb von V liegt. Man macht damit einen Ansatz

$$\phi_\mathrm{hom}(\boldsymbol{r}) = \phi_\mathrm{Bild}(\boldsymbol{r}) = \int_{\mathbb{R}^3 \backslash V} \mathrm{d}V' \frac{\rho_\mathrm{Bild}(\boldsymbol{r}')}{|\boldsymbol{r} - \boldsymbol{r}'|}, \quad \boldsymbol{r} \in V, \quad (12.40)$$

wobei $\rho_\mathrm{Bild}(\boldsymbol{r}')$ mit $\boldsymbol{r}' \notin V$ so zu bestimmen ist, dass ϕ die Randbedingung auf ∂V erfüllt.

Man ersetzt also durch diesen Ansatz das ursprüngliche Problem einer Ladungsverteilung im verbliebenen Volumen V mit Randbedingung auf ∂V durch eines, das im gesamten Raum formuliert wird, wobei im Leitervolumen V_L eine fiktive Raumladungsdichte so einzurichten ist, dass die Randbedingung auf der geschlossenen Fläche ∂V erfüllt wird (Abb. 12.5).

Erfolgsversprechend ist ein Bildladungsansatz typischerweise nur bei einfachen geometrischen Verhältnissen und einfachen Randbedingungen, wie z. B. von Leiteroberflächen. Wie wir anhand von konkreten Beispielen zeigen werden, können hier die nötigen Ansätze oft durch Symmetrieüberlegungen und Spiegelungen der Ladungsverteilungen an den Leiteroberflächen erraten werden (daher auch die alternative Bezeichnung als Spiegelladungsmethode).

In den elektrischen Leitern können, wie wir gesehen haben, in Wirklichkeit nur Oberflächenladungsdichten vorliegen. Diese sind nach erfolgreicher Lösung durch (12.37) bestimmt und haben per Konstruktion im freien Raum V denselben Effekt wie die fiktiven Bildladungen. Im Inneren des elektrischen Leiters sind die Verhältnisse natürlich drastisch andere: Die Oberflächenladungen bewirken, dass äußere elektrische Felder komplett abgeschirmt werden und Feldfreiheit herrscht.

Punktladung vor einer ebenen Leiteroberfläche

Als erstes Beispiel zur Bildladungsmethode betrachten wir eine Punktladung vor einer ebenen Leiteroberfläche, die wir uns unendlich ausgedehnt denken, sodass der Raum in zwei Hälften geteilt wird. In der einen Hälfte sollen eine Punktladung platziert und die Effekte der auf dem Leiter hervorgerufenen Oberflächenladung studiert werden. Wir können ohne Beschränkung der Allgemeinheit annehmen, dass dieser Halbraum durch $z > 0$ gegeben ist und die Leiteroberfläche bei $z = 0$ liegt. Die Punktladung q liege auf der z-Achse bei $z = +d$. Die Hälfte hinter dem Leiter, $z < 0$, ist feldfrei und könnte ebenso gut zur Gänze vom Leiter ausgefüllt sein. Der physikalisch interessierende Raum V ist daher der Halbraum $z > 0$, und in diesem ist die Poisson-Gleichung

$$\Delta\phi(\boldsymbol{r}) = -4\pi\, q\, \delta(\boldsymbol{r} - \boldsymbol{r}_q), \quad \boldsymbol{r}_q = (0, 0, d) \qquad (12.41)$$

zu lösen mit der Randbedingung

$$\phi(x, y, 0) = 0. \qquad (12.42)$$

Gemäß (12.39) hat die gesuchte Lösung im Halbraum $z > 0$ die Form

$$\phi(\boldsymbol{r}) = \frac{q}{|\boldsymbol{r} - \boldsymbol{r}_q|} + \phi_{\text{hom}}(\boldsymbol{r}), \quad \Delta\phi_{\text{hom}}(\boldsymbol{r}) = 0, \qquad (12.43)$$

und eine homogene Lösung in diesem Halbraum ergibt sich, wenn Bildladungen außerhalb davon, bei $z < 0$, angesetzt werden.

In diesem einfachen Fall ist die Lösung leicht zu erraten: Nimmt man an der gespiegelten Position $\boldsymbol{r}'_q = (0, 0, -d)$ eine Bildladung mit genau umgekehrter Stärke $q_{\text{Bild}} = -q$, dann ist das resultierende Potenzial

$$\phi(\boldsymbol{r}) = \frac{q}{|\boldsymbol{r} - \boldsymbol{r}_q|} - \frac{q}{|\boldsymbol{r} - \boldsymbol{r}'_q|} \qquad (12.44)$$

auf der gesamten Ebene $z = 0$ zwischen Ladung und Bildladung aus Symmetriegründen null und damit die Randbedingung erfüllt (Abb. 12.6). Dieses Ergebnis erklärt auch die alternative Bezeichnung von Bildladungen als *Spiegelladungen*.

Frage 6

Überprüfen Sie $\phi(x, y, 0) = 0$ durch eine explizite Auswertung von (12.44) in kartesischen Koordinaten mit $z = 0$.

Die elektrische Feldstärke erhält man (bei $z \geq 0$) aus $\boldsymbol{E} = -\nabla\phi$. Die influenzierte Oberflächenladungsdichte auf der Leiteroberfläche bei $z = 0$ ergibt sich gemäß (12.37) als

$$\sigma(x, y) = \frac{1}{4\pi} E_z(x, y, 0). \qquad (12.45)$$

In Abb. 12.7 ist diese als blaue Schicht auf der Leiteroberfläche mit einer Dicke proportional zu $|\sigma|$ dargestellt. Die gesamte auf der Leiterfläche induzierte Ladung ist $\int \mathrm{d}x\, \mathrm{d}y\, \sigma(x, y) = -q$, wie man nachrechnen kann (Aufgabe 12.4), und wird in unserem idealisierten Fall einer unendlich ausgedehnten Leiterebene aus dem Unendlichen herangeholt. (Diese bildet quasi ihre eigene Erdung.)

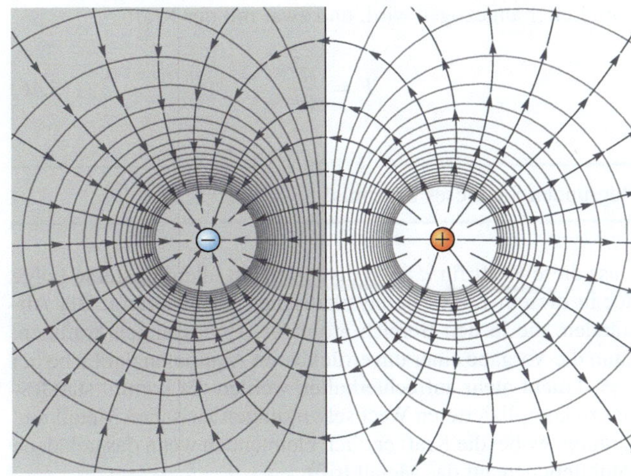

Abb. 12.6 Das Randwertproblem einer positiven Punktladung vor einer leitenden Ebene wird in der Bildladungsmethode durch Einführen einer fiktiven gegengleichen Ladung an der gespiegelten Position gelöst

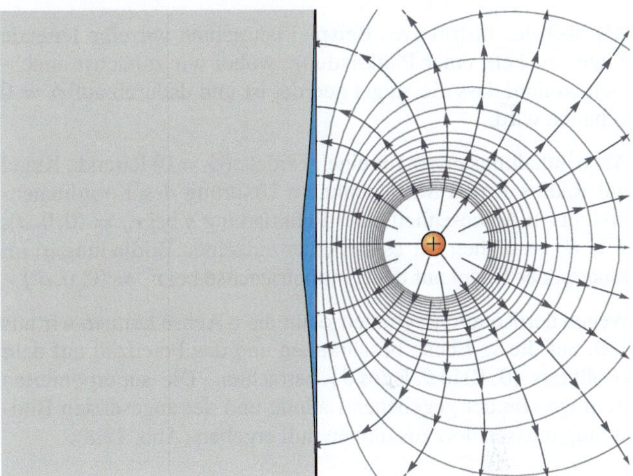

Abb. 12.7 Eine positive Punktladung vor einer leitenden Ebene influenziert eine negative Oberflächenladung, sodass diese Ebene eine Äquipotenzialfläche bildet, auf der die elektrische Feldstärke senkrecht steht. Die Oberflächenladungsdichte ist hier mit einer Dicke dargestellt, die ihrem Betrag entspricht. Bei einem idealen Leiter ist sie ausschließlich auf der Oberfläche lokalisiert

Dieser Effekt, dass eine elektrische Ladung in der Nähe eines ursprünglich ungeladenen Leiters auf dessen Oberfläche eine Ladung mit umgekehrter Polarität hervorruft, wird *elektrische Influenz* genannt. Dies führt dazu, dass die elektrische Ladung vom Leiter angezogen wird, und zwar mit der Kraft

$$F = \frac{q^2}{4d^2}. \tag{12.46}$$

Frage 7

Begründen Sie dieses Ergebnis!

Dass diese Kraft für $d \to 0$ divergiert, ist allerdings eine Folge der in diesem Limes unphysikalischen Idealisierung. Bei Abständen, die in den Bereich atomarer Abmessungen kommen, kann die Vorgabe einer unverrückbaren Äquipotenzialfläche bei $z = 0$ nicht mehr aufrechterhalten werden. Es kommt stattdessen zu komplizierteren Wechselwirkungen zwischen Metall und Ladung, wobei die Kraft endlich bleibt, auch wenn das geladene Punktteilchen auf das Metall trifft.

Punktladung vor einer leitenden Kugel

Als nächstes instruktives Beispiel betrachten wir eine leitende Kugel im Feld einer Punktladung, wobei wir zunächst annehmen wollen, dass die Kugel geerdet ist und dadurch auf $\phi = 0$ gehalten wird.

Als Bildladungsansatz für eine geerdete ($\phi = 0$) leitende Kugel mit Radius R und Mittelpunkt im Ursprung des Koordinatensystems in Anwesenheit einer Punktladung q bei $\boldsymbol{r}_q = (0, 0, d)$, $d > R$, versuchen wir es mit einer einzelnen Bildladung q' im Inneren der Kugel auf der Symmetrieachse bei $\boldsymbol{r}'_q = (0, 0, d')$.

Wegen der Rotationssymmetrie um die z-Achse können wir uns z. B. auf die yz-Ebene beschränken und das Potenzial auf dem Großkreis $(0, R\sin\vartheta, R\cos\vartheta)$ betrachten. Die superponierten Beiträge von der gegebenen Ladung und der angesetzten Bildladung müssen dort zusammen null ergeben (Abb. 12.8):

$$\begin{aligned} 0 &\overset{!}{=} \frac{q}{\sqrt{R^2s^2 + (d - Rc)^2}} + \frac{q'}{\sqrt{R^2s^2 + (Rc - d')^2}} \\ &= \frac{q}{\sqrt{R^2 + d^2 - 2dR\cos\vartheta}} + \frac{q'}{\sqrt{R^2 + d'^2 - 2d'R\cos\vartheta}} \\ &= \frac{q/\sqrt{2dR}}{\sqrt{\frac{R^2+d^2}{2dR} - \cos\vartheta}} + \frac{q'/\sqrt{2d'R}}{\sqrt{\frac{R^2+d'^2}{2d'R} - \cos\vartheta}}, \end{aligned} \tag{12.47}$$

wobei in der ersten Zeile $s = \sin\vartheta$ und $c = \cos\vartheta$ abgekürzt wurde.

Die beiden Beiträge müssen sich für alle Werte von ϑ wegheben. Wie die Umformung deutlich macht, ist das mit den beiden freien Parametern q' und d' tatsächlich zu erreichen, nämlich wenn

$$\frac{R^2 + d^2}{d} = \frac{R^2 + d'^2}{d'}, \quad \frac{q}{\sqrt{d}} = -\frac{q'}{\sqrt{d'}} \tag{12.48}$$

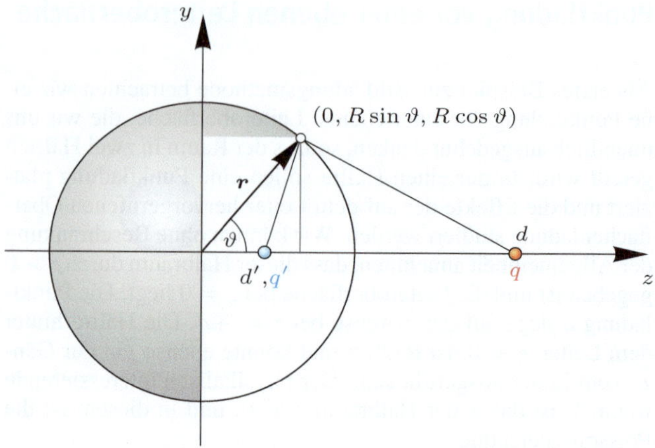

Abb. 12.8 Ansatz einer Bildladung für die leitende Kugel

gilt. Die erste Relation ist eine quadratische Gleichung für d',

$$d'^2 - \frac{R^2 + d^2}{d} d' + R^2 = 0, \tag{12.49}$$

mit den zwei Lösungen

$$\begin{aligned} d' &= \frac{1}{2d}\left[R^2 + d^2 \pm (R^2 - d^2)\right] \\ &= \begin{cases} R^2/d \\ d \end{cases}. \end{aligned} \tag{12.50}$$

Die zweite Lösung, $d' = d$ und damit $q' = -q$, eliminiert einfach die gegebene Ladung, verletzt aber die Vorgabe, dass die Bildladung im Inneren der Kugel liegen muss, damit außerhalb dieser die Poisson-Gleichung unverändert bleibt. Die erste Lösung $d' = R^2/d$ erfüllt dagegen $d' < R$ und liefert damit das physikalische Resultat. Die dazu benötigte Bildladung ist betragsmäßig kleiner als die reale Ladung und trägt umgekehrtes Vorzeichen:

$$q' = -q\sqrt{\frac{d'}{d}} = -q\frac{R}{d}. \tag{12.51}$$

q' ist die Gesamtladung der Kugel, die in Wirklichkeit auf der Kugeloberfläche verteilt vorliegt (Aufgabe 12.5) und über die Erdung auf die Kugel geholt werden konnte.

Für sehr kleine Abstände der Punktladung von der Kugeloberfläche, $d - R \ll R$, geht die Lösung in die einer Punktladung vor einer leitenden Ebene über und dementsprechend wird $q' \to -q$, wobei die Kraft auf die Ladung proportional zum Kehrwert des Quadrats zum Abstand von der Leiteroberfläche ist:

$$F \sim \frac{q^2}{4(d - R)^2} \quad \text{für } d \to R. \tag{12.52}$$

Für große Abstände $d \gg R$ der Punktladung nähert sich die Bildladung dem Mittelpunkt der Kugel, wobei ihre Stärke mit

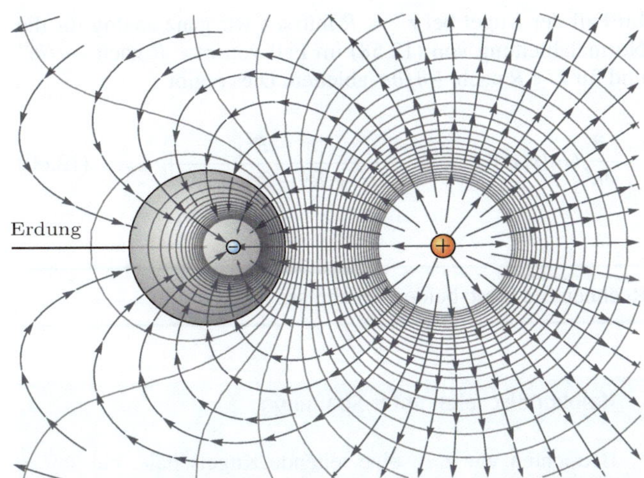

Abb. 12.9 Lösung der Randwertaufgabe einer Punktladung vor einer geerdeten leitenden Kugel mit Bildladungsmethode, wobei der Abstand der Punktladung beim Dreifachen des Kugelradius liegt. In Wirklichkeit ist der Raum im Inneren der Kugel feldfrei. Die Bildladungsmethode ersetzt die Ladungen auf der Oberfläche der Kugel durch eine fiktive Ladung im Inneren

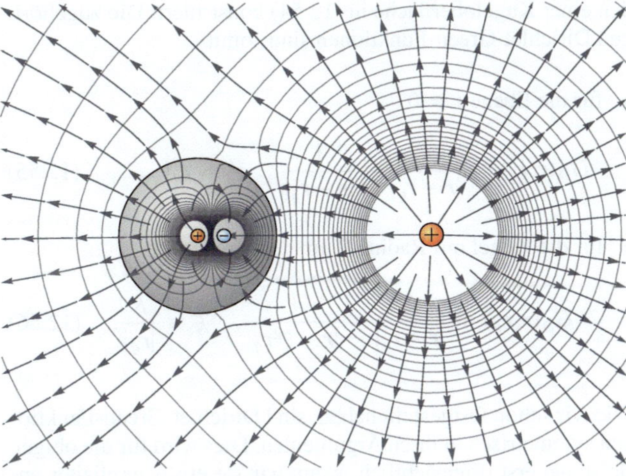

Abb. 12.10 Wie Abb. 12.9, aber für eine ungeladene isolierte Kugel

dem Kehrwert von d abnimmt. Dementsprechend fällt die anziehende Kraft der geerdeten Kugel auf die Punktladung gemäß

$$F \sim \frac{q^2 R}{d^3} \text{ für } d \gg R \tag{12.53}$$

ab.

Frage 8

Vollziehen Sie diese beiden Ergebnisse nach!

Zusammenfassend können wir das elektrostatische Potenzial im Außenraum einer geerdeten leitenden Kugel mit Radius R in Anwesenheit einer Punktladung q bei $\boldsymbol{r}_q$ allgemein schreiben als

$$\phi(\boldsymbol{r}) = \frac{q}{|\boldsymbol{r} - \boldsymbol{r}_q|} - \frac{\xi q}{|\boldsymbol{r} - \xi^2 \boldsymbol{r}_q|}, \quad \xi \equiv \frac{R}{|\boldsymbol{r}_q|}. \tag{12.54}$$

Äquipotenziallinien und elektrische Feldlinien sind in Abb. 12.9 für $\xi = 1/3$ illustriert.

Aufgrund des Superpositionsprinzips können wir auch leicht auf beliebige Ladungskonfigurationen vor der leitenden Kugel verallgemeinern. Dazu müssen wir nur für jede reelle Ladung eine nach dem selben Muster konstruierte Bildladung einführen.

Hätten wir aber in obigem Beispiel nicht vorgegeben, dass das Potenzial der Kugel null ist, sondern einen anderen Wert vorgegeben (physikalisch realisierbar durch eine Batterie, die in den Erdungsdraht eingeschaltet wird), so wäre unser Ansatz mit einer Bildladung pro reeller Punktladung gescheitert – (12.47) wäre nicht für alle ϑ erfüllbar gewesen.

Allerdings kann ausgehend von der Lösung mit Potenzial null auf der Kugeloberfläche leicht eine mit konstantem Potenzial ungleich null konstruiert werden. Dazu müssen wir lediglich eine weitere fiktive Ladung q'' in den Ursprung der Kugel setzen, denn diese addiert dann eine Konstante $V_0 = q''/R$ zum Potenzial auf der Kugeloberfläche bei $|\boldsymbol{r}| = R$.

Mit dieser allgemeineren Lösung können wir auch Aufgabenstellungen lösen, bei denen das Potenzial der Kugel nicht vorgegeben ist, sondern nur die Tatsache, dass die Kugeloberfläche eine Äquipotenzialfläche ist. Wenn die Kugel nicht geerdet, sondern ursprünglich ungeladen und isoliert ist, wenn die Punktladung in ihre Nähe gebracht wird, dann muss V_0 bzw. q'' so gewählt werden, dass die Gesamtladung der Kugel null bleibt. Das wird einfach durch $q'' = -q'$ erreicht. Abbildung 12.10 zeigt die entsprechende Modifikation für den in Abb. 12.9 gezeigten Fall. (Ganz analog ist der Fall zu lösen, wenn die isolierte leitende Kugel eine Ladung Q trägt. Dann muss $q'' = Q - q'$ gewählt werden.)

Frage 9

Lesen Sie aus obigen Feldlinienbildern ab, wo auf der Kugeloberfläche positive und wo negative Ladungen sitzen.

Dirichlet-Green-Funktion für Ebene und Kugel

In (12.34) haben wir festgehalten, wie aus der allgemeinen Lösung für das Potenzial einer Punktladung unter der Randbedingung $\phi = 0$ auf der geschlossenen Fläche ∂V die zu ∂V gehörende Dirichlet-Green-Funktion abgelesen werden kann: $G_\mathrm{D}(\boldsymbol{r}, \boldsymbol{r}_q) = \phi(\boldsymbol{r})/q$, wobei $\boldsymbol{r}_q$ die Position von q ist.

Mithilfe der Bildladungsmethode haben wir derartige Lösungen für den Fall einer unendlich ausgedehnten Ebene in (12.44) und den einer Kugeloberfläche in (12.54) konstruiert. Die zugehörigen Dirichlet-Green-Funktionen sind somit

- für die Ebene $z = 0$

$$G_\mathrm{D}(\boldsymbol{r},\boldsymbol{r}_q) = \frac{1}{|\boldsymbol{r}-\boldsymbol{r}_q|} - \frac{1}{|\boldsymbol{r}-\boldsymbol{r}'_q|}, \quad \boldsymbol{r}'_q = \boldsymbol{r}_q|_{z\to -z}\,, \tag{12.55}$$

- für die Kugel mit Radius R um den Ursprung

$$G_\mathrm{D}(\boldsymbol{r},\boldsymbol{r}_q) = \frac{1}{|\boldsymbol{r}-\boldsymbol{r}_q|} - \frac{\xi}{|\boldsymbol{r}-\xi^2\boldsymbol{r}_q|}, \quad \xi \equiv \frac{R}{|\boldsymbol{r}_q|}. \tag{12.56}$$

Wie wir schon festgestellt haben, sind Dirichlet-Green-Funktionen symmetrisch in ihren Argumenten. Dies wird für die obigen Beispiele erst offensichtlich, wenn wir sie etwas expliziter anschreiben:

- G_D für die Ebene $z = 0$

$$G_\mathrm{D}(\boldsymbol{r},\boldsymbol{r}') = \frac{1}{\sqrt{(x-x')^2+(y-y')^2+(z-z')^2}} - \frac{1}{\sqrt{(x-x')^2+(y-y')^2+(z+z')^2}}, \tag{12.57}$$

- G_D für die Kugel mit Radius R um den Ursprung

$$G_\mathrm{D}(\boldsymbol{r},\boldsymbol{r}') = \frac{1}{\sqrt{r^2+r'^2-2\boldsymbol{r}\cdot\boldsymbol{r}'}} - \frac{1}{\sqrt{r^2r'^2/R^2+R^2-2\boldsymbol{r}\cdot\boldsymbol{r}'}}. \tag{12.58}$$

Dirichlet-Green-Funktionen erlauben es mit (12.30), die allgemeinste Lösung für ein Dirichlet-Randwertproblem zu einer gegebenen Geometrie in Integralform darzustellen. Anders als in den obigen Beispielen können wir nun auch Fälle lösen, in denen die geschlossenen Flächen nicht mehr Äquipotenzialflächen sind.

In der allgemeinen Lösung (12.30) geht neben der Dirichlet-Green-Funktion auch deren Normalableitung am Rand ein, sobald dort Potenziale ungleich null vorgegeben werden.

Im Fall der Dirichlet-Green-Funktion für die Ebene $z' = 0$ zeigt für $z > 0$ ($z < 0$) die Flächennormale in negative (positive) z'-Richtung (sie zeigt immer vom betrachteten Volumen V weg). Dementsprechend erhalten wir für die Normalableitung von G_D aus (12.57)

$$\frac{\partial}{\partial n'}G_\mathrm{D}(\boldsymbol{r},\boldsymbol{r}')|_{z'=0} = \mp\frac{\partial}{\partial z'}G_\mathrm{D}(\boldsymbol{r},\boldsymbol{r}')|_{z'=0} = \frac{-2|z|}{[(x-x')^2+(y-y')^2+z^2]^{3/2}}. \tag{12.59}$$

Im Fall der Kugel bei $r' = R$ müssen wir ganz analog für die Normalableitung von (12.58) im Fall von $r > R$ nach $-\partial/\partial r'$ und für $r < R$ nach $+\partial/\partial r'$ ableiten. Dies ergibt

$$\frac{\partial}{\partial n'}G_\mathrm{D}(\boldsymbol{r},\boldsymbol{r}')|_{r'=R} = \frac{-|r^2-R^2|}{R(r^2+R^2-2\boldsymbol{r}\cdot\boldsymbol{r}')^{3/2}}|_{r'=R}. \tag{12.60}$$

Frage 10

Rechnen Sie diese beiden Ergebnisse nach!

Halbkugelschalen unter Spannung

Betrachten wir z. B. eine leitende Kugelschale, die am Äquator durchgeschnitten wurde und wo die beiden Hälften voneinander durch eine vernachlässigbar dünne Isolierung getrennt und auf Potenzial $+\phi_0$ bzw. $-\phi_0$ gebracht wurden.

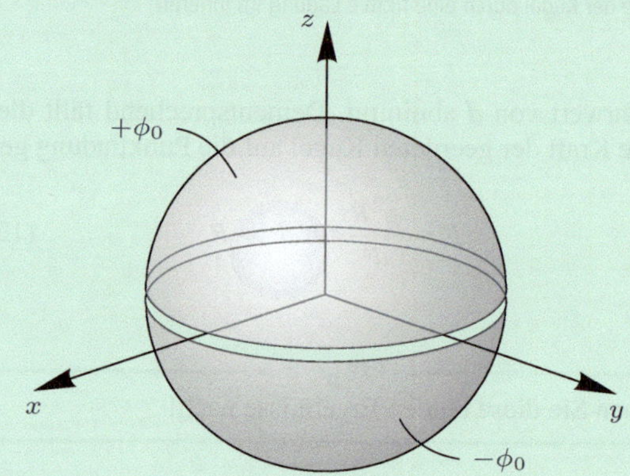

Wenn keine Raumladungsdichte vorliegt, ist die Lösung dieses Dirichlet-Randwertproblems (12.30) zufolge durch

$$\phi(\boldsymbol{r}) = \int \frac{\mathrm{d}\Omega'}{4\pi}\phi(R,\vartheta',\varphi')\frac{R|r^2-R^2|}{(r^2+R^2-2\boldsymbol{r}\cdot\boldsymbol{r}')^{3/2}} \tag{12.61}$$

gegeben, wobei wir (12.60) für die Normalableitung der Dirichlet-Green-Funktion verwendet haben. Hierbei ist $\boldsymbol{r}\cdot\boldsymbol{r}'$ für $|\boldsymbol{r}'| = r' = R$, aber für allgemeine Richtungen von $\boldsymbol{r}'$ (parametrisiert durch den Raumwinkel Ω') auszuwerten. In Kugelkoordinaten ergibt sich

$$\boldsymbol{r}\cdot\boldsymbol{r}' = rR[\cos\vartheta\cos\vartheta' + \sin\vartheta\sin\vartheta'\cos(\varphi-\varphi')]. \tag{12.62}$$

Mit der Randbedingung

$$\phi(R,\vartheta',\varphi') = \begin{cases} +\phi_0 & \text{für } 0 \le \vartheta' < \pi/2 \\ -\phi_0 & \text{für } \pi/2 \le \vartheta' \le \pi \end{cases} \tag{12.63}$$

führt dies auf

$$\phi(\boldsymbol{r}) = \frac{\phi_0}{4\pi}\int\limits_0^{2\pi}\mathrm{d}\varphi'\left[\int\limits_0^1\mathrm{d}\zeta - \int\limits_{-1}^0\mathrm{d}\zeta\right]\frac{R|r^2 - R^2|}{(r^2 + R^2 - 2\boldsymbol{r}\cdot\boldsymbol{r}')^{3/2}}, \tag{12.64}$$

wobei $\zeta \equiv \cos\vartheta'$ ist.

Für den speziellen Fall, dass $\boldsymbol{r}$ auf der z-Achse liegt, kann dieses Integral elementar ausgeführt werden. Dann wird nämlich $\boldsymbol{r}\cdot\boldsymbol{r}' = rR\zeta$, die φ'-Abhängigkeit des Integranden fällt weg, und das ζ-Integral ist von der Form

$$\int (A + B\,\zeta)^{-3/2}\mathrm{d}\zeta = \frac{-2}{B\sqrt{A + B\,\zeta}}. \tag{12.65}$$

Damit bekommen wir entlang der z-Achse

$$\phi(z) = \frac{\phi_0|z^2 - R^2|}{2z}\left[\frac{1}{|z - R|} + \frac{1}{|z + R|} - \frac{2}{\sqrt{z^2 + R^2}}\right]. \tag{12.66}$$

Für die anderen Richtungen von $\boldsymbol{r}$ kann das Integral (12.64) nicht in geschlossener Form ausgewertet werden. Mit Mathematiksoftwarepaketen wie Mathematica oder Maple ist die numerische Auswertung aber problemlos. Der folgende Plot (produziert mit Mathematica) zeigt das Potenzial in der xz-Ebene. Das Potenzial ist extremal auf den Halbkugeln (hier Halbkreise). Im Innenraum der Hohlkugel interpoliert das Potenzial stetig bis auf die Punkte, wo die Halbkugeln mit unterschiedlichem Potenzial aufeinander stoßen; im Außenraum fällt das Potenzial für große Abstände wie $1/r^2$ ab.

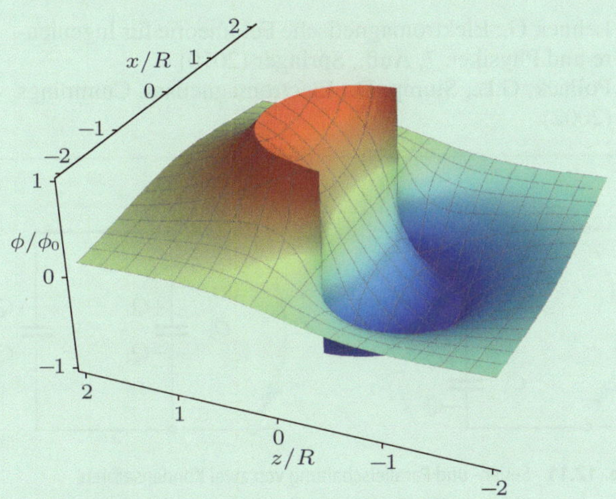

Auch wenn hier das Problem letztlich durch numerische Integration gelöst werden musste, ist zu betonen, dass das Auffinden einer Integraldarstellung nahezu so gut ist wie eine Lösung in geschlossener Form. Integrale können mit Computerunterstützung mit fast beliebiger Genauigkeit ausgewertet werden, während eine direkte numerische Lösung einer Dirichlet-Randwertaufgabe im dreidimensionalen Raum, noch dazu mit unstetigen Randwerten wie in diesem Beispiel, weitaus schwieriger wäre. ◄

12.5 Elektrische Kapazität

Betrachten wir den speziellen, aber oft vorkommenden Fall, dass alle elektrischen Ladungen auf einer Anzahl voneinander getrennter Leiteroberflächen $\partial V_j, j = 1, \ldots, N$, eingesperrt sind und keine Raumladungsdichten vorhanden sind. Auch wenn wir das zugehörige Dirichlet-Randwertproblem

$$\phi(\boldsymbol{r}) = \phi_j = \text{const für } \boldsymbol{r} \in \partial V_j \tag{12.67}$$

nur für die einfachsten Konfigurationen explizit lösen werden können, so erlaubt uns das Superpositionsprinzip einige wichtige Schlussfolgerungen bezüglich des Zusammenhangs von elektrostatischem Potenzial und den elektrischen Ladungen in einem derartigen System. Die Lösung zu (12.67) ist wegen des Superpositionsprinzips jedenfalls eine Linearkombination der Form

$$\phi(\boldsymbol{r}) = \sum_j \phi_j F_j(\boldsymbol{r}), \tag{12.68}$$

wobei $F_j(\boldsymbol{r})$ die Lösung der Laplace-Gleichung ist, bei der das Feld F_j auf $\partial_j V$ den Wert 1 und auf allen anderen Leiteroberflächen den Wert 0 annimmt. Damit können wir die Ladung Q_i auf der Leiteroberfläche ∂V_i ebenfalls als Linearkombination schreiben:

$$\begin{aligned} Q_i &= \frac{1}{4\pi}\oint\limits_{\partial V_i}\mathrm{d}f\,E_n = -\frac{1}{4\pi}\oint\limits_{\partial V_i}\mathrm{d}f\,\partial_n\phi \\ &= \sum_j\left[-\frac{1}{4\pi}\oint\limits_{\partial V_i}\mathrm{d}f\,\partial_n F_j\right]\phi_j \\ &=: \sum_j C_{ij}\phi_j, \end{aligned} \tag{12.69}$$

wobei wir verwendet haben, dass gemäß (12.37) die Oberflächenladungsdichte durch die Normalableitung von ϕ ausgedrückt werden kann. Die hier auftretenden Koeffizienten C_{ij} werden *Kapazitätskoeffizienten* genannt. Diese sind symmetrisch, $C_{ij} = C_{ji}$, wie in Aufgabe 12.7 gezeigt wird. Der Kapazitätskoeffizient C_{ij} gibt dabei an, wie viel Ladung der Leiter i trägt, wenn Leiter j eine Einheit an Potenzial trägt und alle anderen Leiter geerdet und daher auf Potenzial 0 sind.

Kapazitätskoeffizienten haben demnach die physikalische Dimension Ladung/Potenzial, was im Gauß'schen System gleich

Teil II

Vertiefung: Weitere Methoden zur Lösung von Dirichlet-Randwertproblemen

Zur Lösung der Laplace-Gleichung mit Dirichlet-Randbedingungen gibt es weitere analytische und numerische Methoden, die spezielle Eigenschaften von harmonischen Funktionen ausnützen (hier ohne die zugehörigen Beweise angeführt).

(a) *Variationsrechnung:* Harmonische Funktionen (Lösungen der Laplace-Gleichung) können dadurch charakterisiert werden, dass sie bei gegebenen Randbedingungen das Integral $\int_V \mathrm{d}V(\nabla\phi)^2$ minimieren. Wegen $\boldsymbol{E} = -\nabla\phi$ und (12.81) bedeutet dies physikalisch, dass die Lösung die Feldenergie minimiert. Man kann dies ausnützen, um Näherungslösungen zu finden, indem man eine hinreichend große Schar von Funktionen betrachtet, die alle die geforderten Randbedingungen erfüllen. Durch Variation der Parameter, von denen diese Funktionen abhängen, sucht man dann nach einer, mit der obiges Energie-Integral minimiert wird.

(b) *Relaxationsmethode:* Harmonische Funktionen können auch durch ihre *Mittelwerteigenschaft* charakterisiert werden. Sie sind gerade die Funktionen, für die gilt, dass der Funktionswert im Mittelpunkt einer Kugel gleich dem räumlichen Mittel über die Kugel ist. Dies kann zur Konstruktion von numerischen Näherungslösungen auf einem räumlichen Gitter verwendet werden, indem man eine grobe Interpolation der Randwerte sukzessiv dadurch verbessert, dass man bei jeder Iteration den Mittelwert über die Nachbarn eines Gitterpunktes bildet und diesen Wert als neuen Potenzialwert abspeichert. Diese Methode wird Relaxationsmethode genannt.

(c) Viele Potenzialprobleme, die nur von zwei Koordinaten abhängen, weil sie bezüglich der dritten translationsinvariant sind, können mit Methoden der komplexen Funktionentheorie extrem elegant gelöst werden, da Real- und Imaginärteil jeder analytischen Funktion von einer komplexen Variable eine harmonische Funktion darstellen (siehe den „Mathematischen Hintergrund" 13.1).

Zum Beispiel ist das Potenzial $\phi(x, y)$ eines zweidimensionalen Plattenkondensators mit $\phi(x, \pm b) = \pm\phi_0$ für $|y| \leq b$ einfach durch $\phi = \phi_0 y/b = (\phi_0/b)\,\mathrm{Im}\, z$ gegeben. Die Geraden senkrecht dazu, gegeben durch konstantes $\psi = (\phi_0/b)\,\mathrm{Re}\, z$, stellen die elektrischen Feldlinien dar. Mit komplexen Variablen $z = x + \mathrm{i}y$ und $u = \psi + \mathrm{i}\phi$ ist die zugrunde liegende analytische Funktion einfach die lineare Funktion $u = \frac{\phi_0}{b} z$. Analytische Funktionen $f(u)$ stellen sogenannte *konforme Abbildungen* dar und liefern die Lösungen von Dirichlet-Randwertaufgaben für Probleme, wo die Randwerte jetzt an anderen, geometrisch komplizierteren Orten angenommen werden. Abbildung 12.12 wurde auf diese Weise berechnet. Die Transformation, die aus einem unendlichen zweidimensionalen Plattenkondensator einen macht, der bei $x = \mathrm{Re}\, z = 0$ endet, ist

$$\frac{\phi_0}{b} z = u + \frac{\phi_0}{\pi}\left(e^{\pi u/\phi_0} + 1\right).$$

Bei festgehaltenem $\mathrm{Im}\, u = \phi$ gibt $z(\psi)$ eine Parameterstellung der Äquipotenzialflächen, während eine Variation von ϕ bei festem $\mathrm{Re}\, u = \psi$ die dazu überall normalen elektrischen Feldlinien gibt. Beides lässt sich leicht mit moderner Mathematiksoftware plotten.

Literatur

- Lehner, G.: Elektromagnetische Feldtheorie für Ingenieure und Physiker. 7. Aufl., Springer (2010)
- Pollack, G.L., Stump, D.: Electromagnetism. Cummings (2002)

einer Länge (cm) ist (siehe in der „Übersicht: Umrechnungstabelle" in Abschn. 11.3). Im SI-System ist die Einheit für Kapazitäten dagegen 1 C/V = 1 Farad (F), benannt nach Michael Faraday.

Bei zwei Leitern wird die *Kapazität C* im engeren Sinn dadurch definiert, dass man den Fall betrachtet, dass die Ladung auf den zwei Leitern gegengleich ist, $Q_1 = -Q_2 = Q$, und den Quotienten zur Potenzialdifferenz $U = \phi_1 - \phi_2$ bildet.

Kapazität von zwei Leitern

$$C = \frac{Q}{U} \tag{12.70}$$

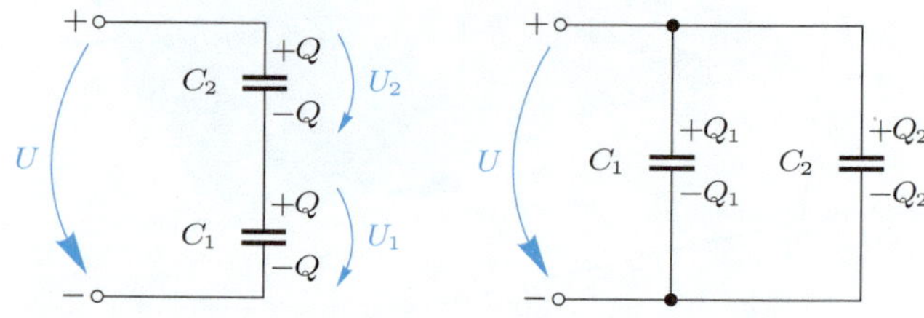

Abb. 12.11 Serien- und Parallelschaltung von zwei Kondensatoren

Das System aus zwei Leitern wird dann als *Kondensator* bezeichnet.

Aus (12.70) lässt sich unmittelbar folgern, wie sich Kapazitäten von Kondensatoren kombinieren, wenn sie wie in Abb. 12.11

hintereinander (in Reihe) oder parallel geschaltet werden. Bei Reihenschaltung addieren sich die Potenzialdifferenzen, während die Ladungen gleich sind. Daher addieren sich in diesem Fall die Kehrwerte der Kapazitäten:

$$\frac{1}{C_{\text{Reihe}}} = \frac{U}{Q} = \frac{U_1 + U_2}{Q} = \frac{1}{C_1} + \frac{1}{C_2}. \tag{12.71}$$

Werden sie dagegen parallel geschaltet, liegen an beiden die gleichen Spannungen, und die Ladungen des Gesamtsystems ergeben sich als die Summe der Ladungen auf den einzelnen Kondensatoren:

$$C_{\text{parallel}} = \frac{Q_1 + Q_2}{U} = C_1 + C_2. \tag{12.72}$$

Wenn das lineare Gleichungssystem (12.69) invertierbar ist, kann man die Kapazität C eines einzelnen Kondensators aus den C_{ij} des Systems von zwei Leitern durch Inversion dieser Matrix ausrechnen:

$$C = \frac{C_{11}C_{22} - C_{12}C_{21}}{C_{11} + C_{12} + C_{21} + C_{22}}. \tag{12.73}$$

Ist (wie in den folgenden zwei Beispielen) dieses Gleichungssystem entartet, weil z. B. für beliebige $\phi_{1,2}$ immer $Q_1 = -Q_2$ gilt, dann vereinfacht sich das Problem sogar, und man kann C schon aus einer der beiden Gleichungen ablesen.

Plattenkondensator

Betrachten wir einen *Plattenkondensator* mit Plattenabstand d und einer so großen Fläche A pro Platte, dass Randeffekte vernachlässigt werden können. Eine Platte sei bei $z = z_1$, die andere bei $z = z_2 = z_1 + d$ positioniert.

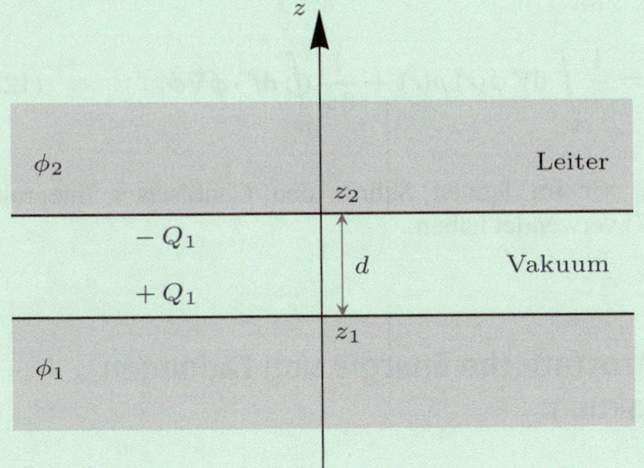

Die allgemeine Lösung setzt sich gemäß (12.67) aus Lösungen der Laplace-Gleichung zusammen, die jeweils 1 auf der einen und 0 auf der anderen Platte ergeben. Weil die Laplace-Gleichung zwei Differenziationen enthält, liefert eine lineare Interpolation offenbar die gesuchte Lösung:

$$F_1(z) = -\frac{z - z_2}{z_2 - z_1}, \quad F_2(z) = \frac{z - z_1}{z_2 - z_1}. \tag{12.74}$$

Die zu $\phi = \phi_1 F_1 + \phi_2 F_2$ gehörende elektrische Feldstärke zeigt in z-Richtung und lautet

$$E_z = \frac{\phi_1 - \phi_2}{z_2 - z_1} = \frac{\phi_1 - \phi_2}{d}. \tag{12.75}$$

Die Oberflächenladungsdichte ist damit $\sigma = E_z/(4\pi)$ und die Ladung auf den Platten

$$Q_1 = \frac{A}{4\pi d}(\phi_1 - \phi_2) = -Q_2. \tag{12.76}$$

Die Kapazitätskoeffizienten sind damit alle $\pm A/(4\pi d)$, und auch die Kapazität des Plattenkondensators kann direkt als

$$C = \frac{A}{4\pi d} \tag{12.77}$$

abgelesen werden. Diese Größen haben in unserem Gauß'schen Einheitensystem alle offensichtlich die Dimension einer Länge. Die Kapazität ist direkt proportional zur Plattenfläche des Plattenkondensators und nimmt mit kleiner werdendem Abstand der Platten rapide zu. (Bei zu kleinem d erreicht die Feldstärke schließlich einen Wert, der die Ladungsträger aus dem Leiter herausreißt; der Kondensator „schlägt durch".) ◀

Kugelkondensator

Ein *Kugelkondensator* besteht aus konzentrischen leitenden Kugelschalen, die bei $r = R_1$ für die innere und $r = R_2$ für die äußere Schale liegen sollen.

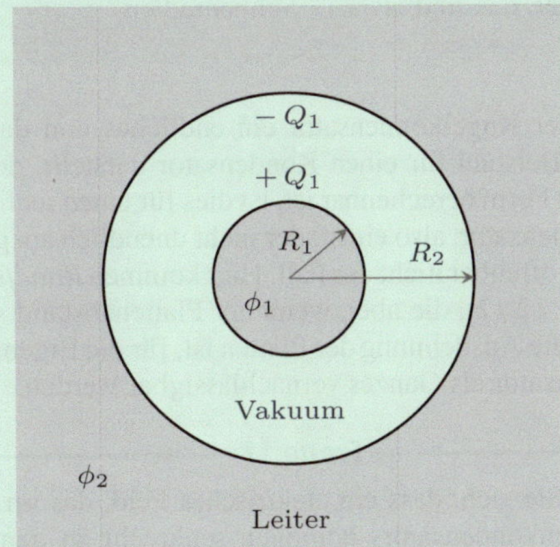

Für diesen können wir ebenso leicht die Kapazität ausrechnen, weil wir schon kugelsymmetrische Lösungen

Teil II

der Laplace-Gleichung kennen: Neben simplen Konstanten löst $1/r$ die Laplace-Gleichung außerhalb des Ursprungs, und wir benötigen eine Lösung ja nur zwischen den Kugelschalen. Die entsprechenden Funktionen $F_{1,2}$, die bei $r = R_{1,2}$ jeweils 1 sind und am anderen Rand null, lauten

$$F_1(r) = \frac{R_1}{R_2 - R_1}\left[\frac{R_2}{r} - 1\right],$$

$$F_2(r) = \frac{-R_2}{R_2 - R_1}\left[\frac{R_1}{r} - 1\right]. \qquad (12.78)$$

Das elektrische Feld ist nun radial ausgerichtet und Q_1 und Q_2 ergeben sich mit $\phi = \phi_1 F_1 + \phi_2 F_2$ und $E_r = -\partial_r \phi$ als

$$Q_1 = \frac{R_1 R_2}{R_2 - R_1}(\phi_1 - \phi_2) \qquad (12.79)$$

und $Q_2 = -Q_1$, weil für die äußere Schale die Normalkomponente $E_n = -E_r$ ist. Wieder haben alle Kapazitätskoeffizienten gleiche Beträge und die Kapazität des Kugelkondensators ist

$$C = \frac{R_1 R_2}{R_2 - R_1} = \left(\frac{1}{R_1} - \frac{1}{R_2}\right)^{-1}. \qquad (12.80)$$

Lässt man den äußeren Radius gegen unendlich gehen, findet man das einfache Resultat für die Kapazität einer leitenden Kugel (gegenüber dem Unendlichen) $C = R_1$.

Eine Kugel mit Radius 1 cm hat also im Gauß'schen Maßsystem einfach die Kapazität von 1 cm. In SI-Einheiten (siehe die Umrechnungstabelle in Abschn. 11.3) entspricht $C = 1$ cm einem Wert von $C^{[\mathrm{SI}]} \approx 1{,}11 \cdot 10^{-12}$ F oder 1,11 pF. Umgekehrt sieht man, dass 1 Farad eine enorme Kapazität darstellt: Eine (einzelne) Kugel mit einer solchen Kapazität hätte einen Radius von 9 Millionen Kilometer, das sind etwa 13 Sonnenradien. ◄

Während der Kugelkondensator ein endliches und damit realisierbares Beispiel für einen Kondensator darstellt, der in geschlossener Form berechenbar ist, ist dies für einen realistischen Plattenkondensator, also einen, der nicht unendlich ausgedehnte Platten hat, offenbar nicht der Fall. Hier kommen *Randfelder* ins Spiel (Abb. 12.12), die aber, wenn der Plattenabstand sehr viel kleiner als die Ausdehnung der Platten ist, für die Eigenschaften des Kondensator als Ganzes vernachlässigbar werden.

Frage 11

Überlegen Sie sich, dass ein elektrisches Feld, das im Inneren eines Plattenkondensators homogen senkrecht zu den Platten stehen und am Rand abrupt enden würde, kein wirbelfreies $\boldsymbol{E}$-Feld wäre. Betrachten Sie dafür z. B. die Zirkulation $\oint \mathbf{d}\boldsymbol{r} \cdot \boldsymbol{E}$ entlang des gestrichelten Weges in Abb. 12.12.

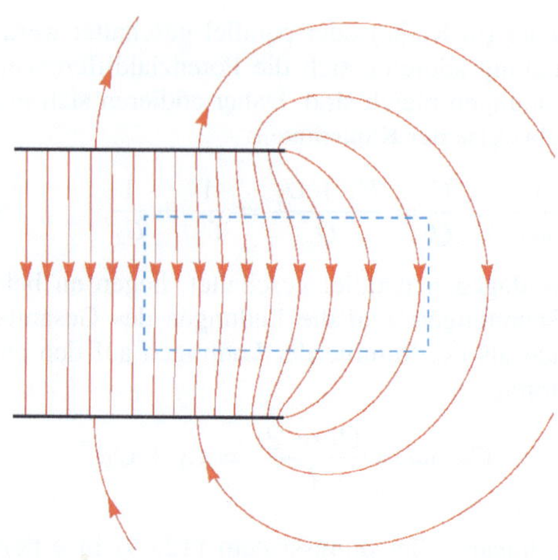

Abb. 12.12 Randfeld eines Plattenkondensators

12.6 Elektrostatische Energie

In (11.111) haben wir einen allgemein gültigen Ausdruck für die Energiedichte des elektromagnetischen Feldes hergeleitet. In der Elektrostatik reduziert sich dies auf $w_{\mathrm{em}} = \boldsymbol{E}^2/(8\pi)$, sodass die gesamte, in einem Volumen V vorhandene Energie durch

$$W_V = \frac{1}{8\pi}\int_V \mathrm{d}V\,\boldsymbol{E}^2 \qquad (12.81)$$

gegeben ist. Mit $\boldsymbol{E} = -\boldsymbol{\nabla}\phi$ und $\Delta\phi = -4\pi\rho$ können wir dies wie folgt umformen:

$$\begin{aligned} W_V &= \frac{1}{8\pi}\int_V \mathrm{d}V\,\boldsymbol{\nabla}\phi\cdot\boldsymbol{\nabla}\phi = \frac{1}{8\pi}\int_V \mathrm{d}V\,[\boldsymbol{\nabla}\cdot(\phi\boldsymbol{\nabla}\phi) - \phi\,\Delta\phi] \\ &= \frac{1}{2}\int_V \mathrm{d}V\,\phi(\boldsymbol{r})\,\rho(\boldsymbol{r}) + \frac{1}{8\pi}\oint_{\partial V} \mathbf{d}\boldsymbol{f}\cdot\phi\boldsymbol{\nabla}\phi, \end{aligned} \qquad (12.82)$$

wobei wir im letzten Schritt den Gauß'schen Integralsatz (11.17) verwendet haben.

Elektrostatische Energie von Ladungen im Vakuum

Betrachten wir zuerst den Fall einer Ladungsverteilung und das von ihr erzeugte elektrische Feld im gesamten Raum $V = \mathbb{R}^3$ bei natürlichen Randbedingungen, sodass das Oberflächenintegral in (12.82) verschwindet und wir für ϕ die allgemeine Lösung der Poisson-Gleichung bei natürlichen Randbedingungen, (12.11), einsetzen können. Die elektrostatische Gesamtenergie ist dann explizit durch die Ladungsverteilung ausgedrückt:

$$W = \frac{1}{2}\int \mathrm{d}V\,\phi(\boldsymbol{r})\,\rho(\boldsymbol{r}) = \frac{1}{2}\int \mathrm{d}V\mathrm{d}V'\,\frac{\rho(\boldsymbol{r})\,\rho(\boldsymbol{r}')}{|\boldsymbol{r}-\boldsymbol{r}'|}. \quad (12.83)$$

Im ersten Ausdruck verwundert vielleicht der Faktor $1/2$, denn die potenzielle Energie einer Ladung q am Ort $\boldsymbol{r}$ in einem gegebenen Potenzial $\phi(\boldsymbol{r})$ ist einfach $q\phi(\boldsymbol{r})$. Um dies besser zu verstehen, zerlegen wir $\rho(\boldsymbol{r})$ in Bestandteile $\rho_i(\boldsymbol{r})$ und schreiben

$$\rho(\boldsymbol{r}) = \sum_i \rho_i(\boldsymbol{r}). \quad (12.84)$$

Aufgrund des Superpositionsprinzips können wir auch

$$\phi(\boldsymbol{r}) = \sum_i \phi_i(\boldsymbol{r}), \quad \Delta\phi_i(\boldsymbol{r}) = -4\pi\rho_i(\boldsymbol{r}) \quad (12.85)$$

aufspalten. Damit bekommen wir für (12.83) eine Doppelsumme:

$$\begin{aligned} W &= \frac{1}{2}\sum_i\sum_j \int \mathrm{d}V\,\phi_i(\boldsymbol{r})\,\rho_j(\boldsymbol{r}) \\ &= \frac{1}{2}\sum_i \int \mathrm{d}V\,\phi_i(\boldsymbol{r})\,\rho_i(\boldsymbol{r}) + \sum_{i<j}\int \mathrm{d}V\,\phi_i(\boldsymbol{r})\,\rho_j(\boldsymbol{r}). \end{aligned} \quad (12.86)$$

Hierbei stellt der erste Beitrag in der zweiten Zeile die *Selbstenergien* und der zweite Beitrag die *Wechselwirkungsenergien* der verschiedenen Teile der Ladungsverteilung dar. Wegen der Symmetrie in letzterem,

$$\int \mathrm{d}V\,\phi_i(\boldsymbol{r})\,\rho_j(\boldsymbol{r}) = \int \mathrm{d}V\mathrm{d}V'\,\frac{\rho_i(\boldsymbol{r})\,\rho_j(\boldsymbol{r}')}{|\boldsymbol{r}-\boldsymbol{r}'|}, \quad (12.87)$$

konnten wir statt $\frac{1}{2}\sum_{i\neq j} = \frac{1}{2}\sum_{i<j} + \frac{1}{2}\sum_{i>j}$ im Wechselwirkungsanteil $\sum_{i<j}$ schreiben, und den Faktor $\frac{1}{2}$ weglassen. Damit sehen wir, dass der Vorfaktor $\frac{1}{2}$ in (12.83) gerade notwendig war, um die Wechselwirkung von einem ρ_j mit den übrigen Ladungen nicht doppelt zu zählen.

Wenn die Ladungsverteilung ρ nicht kontinuierlich ist, sondern eine Anzahl von Punktladungen durch eine Summe von Dirac-Delta-Funktionen darstellt, verliert der Selbstenergiebeitrag seinen Sinn – er wird schlicht unendlich. In diesem Fall behält man für die elektrostatische Energie nur den Wechselwirkungsanteil und ignoriert die unendliche Selbstenergie:

$$W^{\mathrm{ww}} = \sum_{i<j}\frac{q_i q_j}{|\boldsymbol{r}_i-\boldsymbol{r}_j|} = \frac{1}{2}\sum_{i\neq j}\frac{q_i q_j}{|\boldsymbol{r}_i-\boldsymbol{r}_j|}. \quad (12.88)$$

Im Gegensatz zum positiv definiten Ausdruck (12.81) kann W^{ww} sowohl positiv als auch negativ sein.

Schon in Kap. 11 waren wir mit einer solchen Schwierigkeit konfrontiert: Bei der Lorentz-Kraft auf Punktladungen mussten wir das Eigenfeld ausklammern, um keine Unendlichkeiten zu bekommen, während es für die Lorentz-Kraftdichte von kontinuierlichen Ladungsverteilungen keine Probleme gab. Für letztere muss auch bei den Energieausdrücken nichts abgezogen werden, denn solange die Integrale regulär sind, sind die Selbstenergiebeiträge von infinitesimalen Volumenelementen eben infinitesimal, d. h., sie verschwinden völlig, wenn sie punktuell betrachtet werden.

Wirkliche Punktladungen machen aber offenbar Probleme, wie im dynamischen Fall am Ende von Abschn. 18.4 nochmals diskutiert werden wird. Letzten Endes weisen diese Probleme über die klassische Elektrodynamik hinaus und können erst in der Quantenfeldtheorie beherrscht werden.

Selbstenergie einer dünnen Kugelschale

Betrachten wir die Energie, die in einer homogen geladenen infinitesimal dünnen Kugelschale mit Radius R und Gesamtladung Q steckt. Die Ladungsverteilung ist dann durch die Distribution

$$\rho(r,\vartheta,\varphi) = \frac{Q}{4\pi R^2}\delta(r-R) \quad (12.89)$$

gegeben. Obwohl diese Ladungsverteilung nicht kontinuierlich, sondern singulär ist, existiert damit das doppelte Volumenintegral in (12.83) und kann ohne Weiteres direkt ausgewertet werden (Aufgabe 12.8).

Am einfachsten berechnet sich die Feldenergie aber über die zugehörige Feldstärke und die Formel (12.81). Innerhalb der Kugelschale ist das elektrische Feld null und außerhalb durch

$$E_r(r) = \frac{Q}{r^2}, \quad r > R \quad (12.90)$$

gegeben. Damit ergibt sich

$$W = \frac{1}{8\pi}4\pi\int_R^\infty \frac{Q^2}{r^4}r^2\mathrm{d}r = \frac{Q^2}{2R}. \quad (12.91)$$

Dieser Ausdruck divergiert, wenn $R \to 0$ geht und die Ladungsverteilung diejenige einer Punktladung wird. Mit der Einstein'schen Äquivalenz von Energie und Masse (Kap. 10) sollte eine solche Ladungsverteilung unendliche Masse bedingen. Der Wert von R, bei dem die Selbstenergie einer Elementarladung $Q = e$ mit der Ruheenergie $m_e c^2$ eines Elektrons übereinstimmt, sodass die Masse eines Elektrons durch die elektrische Feldenergie erklärt werden könnte, ist

$$R = \frac{e^2}{2m_e c^2}. \quad (12.92)$$

Die charakteristische Länge $e^2/(m_e c^2) \approx 2{,}818 \cdot 10^{-13}$ cm wird als *klassischer Elektronenradius* bezeichnet (obwohl für das Modell einer Kugelschale diese Größe gerade den Elektronendurchmesser darstellt).

In der Teilchenphysik findet man allerdings keinen Hinweis auf eine derartige Ausdehnung von Elektronen; diese zeigen auch auf Längenskalen von der Ordnung 10^{-17}cm keine Abweichung von einer punktförmigen Ladungsverteilung. ◀

Energie von geladenen Leitersystemen

Beim Vorliegen von Randbedingungen im Endlichen, z. B. bei Dirichlet-Randwert-Aufgaben, sind für die Feldenergie in der Form (12.82) im Allgemeinen Volumen- und Oberflächenbeiträge im Spiel. Wenn wir wieder ein System von Leitern mit Ladungen ausschließlich auf diesen betrachten (Raumladungsdichte $\rho = 0$), vereinfacht sich (12.82) gemäß

$$W = \frac{1}{8\pi} \sum_i \oint_{\partial V_i} \mathbf{df} \cdot \phi \nabla \phi = \frac{1}{2} \sum_i \phi_i Q_i, \qquad (12.93)$$

da Leiter Äquipotenzialflächen darstellen und das Oberflächenintegral wie in (12.69) gerade die darauf befindliche Ladung ergibt. In (12.69) wurden letztere wiederum als Linearkombination der Potenziale dargestellt. Für die Energie von geladenen Leitersystemen ergibt sich damit eine quadratische Form in den Potenzialen.

Elektrostatische Energie eines Systems von geladenen Leitern

$$W = \frac{1}{2} \sum_i \phi_i Q_i = \frac{1}{2} \sum_{ij} \phi_i C_{ij} \phi_j \qquad (12.94)$$

Für den Spezialfall eines Kondensators mit $Q_1 = -Q_2 = Q$ und $U = \phi_1 - \phi_2$ folgt mit (12.70)

$$W = \frac{1}{2} C U^2 = \frac{Q^2}{2C}. \qquad (12.95)$$

Aufgaben

Gelegentlich enthalten die Aufgaben mehr Angaben, als für die Lösung erforderlich sind. Bei einigen anderen dagegen werden Daten aus dem Allgemeinwissen, aus anderen Quellen oder sinnvolle Schätzungen benötigt.

- • leichte Aufgaben mit wenigen Rechenschritten
- •• mittelschwere Aufgaben, die etwas Denkarbeit und unter Umständen die Kombination verschiedener Konzepte erfordern
- ••• anspruchsvolle Aufgaben, die fortgeschrittene Konzepte (unter Umständen auch aus späteren Kapiteln) oder eigene mathematische Modellbildung benötigen

12.1 • Symmetrie der Dirichlet-Green-Funktion Zeigen Sie, dass eine Green'sche Funktion des Laplace-Operators, die (12.13) und zusätzlich $G(\boldsymbol{r}, \boldsymbol{r}') = 0$ für $\boldsymbol{r} \in \partial V$ für ein Volumen V erfüllt, notwendigerweise symmetrisch ist und damit eine Dirichlet-Green-Funktion darstellt. Physikalisch gesprochen wird damit gezeigt, dass auch in Anwesenheit einer geerdeten Leiteroberfläche ein Beobachter das gleiche elektrostatische Potenzial einer im freien Raum platzierten Punktladung vorfindet, wenn er den Platz mit der Punktladung austauscht.

Lösungshinweis: Verwenden Sie den zweiten Green'schen Satz (12.26) mit $\varphi(\boldsymbol{r}') = G(\boldsymbol{r}', \boldsymbol{r}_1)$ und $\psi(\boldsymbol{r}') = G(\boldsymbol{r}', \boldsymbol{r}_2)$.

12.2 • Atmosphärische Elektrizität In der Erdatmosphäre gibt es neben starken und stark veränderlichen elektrischen Feldern bei Gewittern auch ein permanentes atmosphärisches elektrisches Feld bei Schönwetter, das senkrecht zur Erdoberfläche steht (nach unten gerichtet), mit einer mittleren Feldstärke von durchschnittlich etwa 130 V/m in SI-Einheiten. Entdeckt wurde dieses schon 1752 von *Louis Guillaume Le Monnier* (1717–1799) und seither von Meteorologen und Physikern ausgiebig studiert, aber erst um 1920 von dem Nobelpreisträger und Erfinder der Nebelkammer *C. R. T. Wilson* (1869–1959) als zu einem globalen elektrischen Stromkreis gehörig verstanden, der von der beständigen Gewittertätigkeit auf der Erde gespeist wird. Gewitter entladen Gewitterwolken, laden aber dabei die Erdoberfläche negativ und die leitenden Schichten der oberen Atmosphäre positiv auf (Abb. 12.13). Außerhalb von Gewittern fließt ein beständiger winziger Entladungsstrom von einigen pA/m^2, der der andauernden Aufladung durch die Gewitter das Gleichgewicht hält. (Eine lesenswerte Diskussion der komplexen zugrunde liegenden Physik – die immer noch nicht vollständig verstanden ist – findet sich bei Feynman et al. 2005, und eine aktuellere Diskussion z. B. bei Harrison 2004.)

Die Erdoberfläche kann in guter Näherung als Leiteroberfläche betrachtet werden. Welche Oberflächenladungsdichte herrscht demnach (bei Schönwetter) auf dieser (in SI-Einheiten)? Wievielen Elektronen pro Quadratmillimeter entspricht dies? Wie groß ist die gesamte Ladung der Erdoberfläche (gegengleich der in der Atmosphäre vorhandenen)?

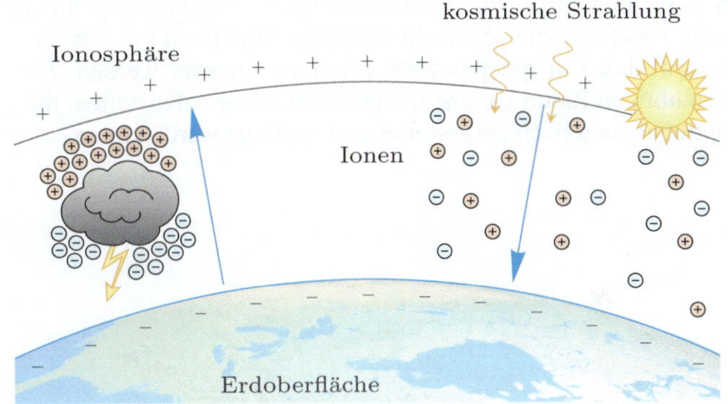

Abb. 12.13 Globaler atmosphärisch-elektrischer Stromkreis

Außerdem: Warum spüren wir die doch stattliche Schönwetterfeldstärke von etwa 130 V/m nicht, obwohl auf eine Körpergröße von 170 cm die bedrohlich hohe Spannung von 220 V kommen sollte? (Bei besonders ionenarmer Luft und damit besonders hohem spezifischen Widerstand derselben erreicht die Feldstärke sogar oft ein Vielfaches davon.)

Lösungshinweis: Um durchgehend in SI-Einheiten rechnen zu können, übersetzen Sie am besten (12.37) zuerst in dieses Maßsystem!

12.3 •• Geladene Halbkugelschale Eine dünne halbkugelförmige Schale mit Radius R trage eine homogene Oberflächenladungsdichte σ. Berechnen Sie das Potenzial entlang der Symmetrieachse! Überprüfen Sie Ihr Ergebnis, indem Sie das Potenzial im Kugelmittelpunkt ausrechnen, wofür keine Integrale zu lösen sind!

12.4 • Elektrische Influenz auf einer Ebene Berechnen Sie die Oberflächenladungsdichte (12.45), die eine Punktladung q im Abstand d vor einer Leiterhalbebene auf dieser influenziert, und verifizieren Sie, dass die Gesamtladung der Leiteroberfläche den Wert $-q$ hat.

Lösungshinweis: Das Integral für die Gesamtladung wird am besten in Polarkoordinaten ausgeführt.

12.5 •• Elektrische Influenz auf geerdeter Kugel Berechnen Sie die Ladungsverteilung auf der geerdeten leitenden Kugel mit Radius R im Feld einer Punktladung q im

Abstand d vom Mittelpunkt der Kugel. (Plotten Sie das Ergebnis auch mit Mathematiksoftware, wenn Sie solche zur Verfügung haben.) Überprüfen Sie das Ergebnis durch Integration über die Kugeloberfläche, das mit dem Wert der Bildladung übereinstimmen muss.

Lösungshinweis: Verwenden Sie die Bildladungslösung aus Abschn. 12.4.

12.6 ••• Potenzial über einer Metallscheibe mit elektrischer Spannung in geerdeter Ebene Bestimmen Sie das elektrostatische Potenzial oberhalb einer unendlich ausgedehnten leitenden geerdeten Ebene bei $z = 0$, in welche eine Metallscheibe mit Radius a eingefügt ist, die auf Potenzial $+U$ gehalten wird. Der notwendige isolierende Spalt zwischen Scheibe und geerdeter Ebene soll dabei vernachlässigbar klein sein. Das Potenzial senkrecht über dem Mittelpunkt der Scheibe soll dabei in geschlossener Form ausgewertet werden; für den übrigen Raum ist eine Integraldarstellung aufzustellen, die optional numerisch ausgewertet und geplottet werden kann.

Lösungshinweis: Lösen Sie dieses Problem mithilfe der Dirichlet-Green-Funktion für die Ebene und werten Sie die (elementare) Integration in radialer Richtung aus.

12.7 ••• Kapazitätskoeffizienten und Dirichlet-Green-Funktion Es sei G_D die Dirichlet-Green-Funktion zu einer Konfiguration von N elektrischen Leitern mit voneinander getrennten Oberflächen ∂V_j. Leiten Sie damit einen expliziten Ausdruck für die Kapazitätskoeffizienten C_{ij} in (12.69) her, der zeigt, dass diese symmetrisch sind, $C_{ij} = C_{ji}$, da G_D immer symmetrisch ist, wie explizit in Aufgabe 12.1 bewiesen wurde.

12.8 •• Selbstenergie einer geladenen Kugelschale Berechnen Sie die Selbstenergie einer homogen geladenen infinitesimal dünnen Kugelschale mit Ladungsverteilung (12.89) direkt über das doppelte Volumenintegral in (12.83).

Lösungshinweis: Verwenden Sie für die zwei Volumenintegrale Kugelkoordinaten und legen Sie die Polarachsen so, dass eines der Integrale ein triviales Raumwinkelintegral hat.

Lösungen zu den Aufgaben

12.2 $\sigma = \epsilon_0 E_n \approx 8{,}854 \cdot 10^{-12} \times (-130)\,\mathrm{C/m^2} = -1{,}15 \cdot 10^{-9}$ C/m^2, entspricht etwa 7000 Elektronen pro Quadratmillimeter. $Q_{\text{Erdoberfl.}} \approx 590.000\,\mathrm{C}$.

12.3

$$\phi(z) = 2\pi\sigma R \frac{\sqrt{R^2 + z^2} - |R - z|}{z}, \qquad \phi(0) = 2\pi\sigma R. \tag{12.96}$$

12.4 $\sigma = -qd/(2\pi r^3)$, wobei r die Distanz der Punktladung vom betrachteten Punkt auf der Leiteroberfläche ist.

12.5

$$\sigma = -\frac{q}{4\pi R^2} \frac{\xi(1 - \xi^2)}{(1 + \xi^2 - 2\xi\cos\vartheta)^{3/2}} \tag{12.97}$$

mit $\xi = R/d < 1$.

12.6 $\phi(0, 0, z) = U\left(1 - \frac{|z|}{\sqrt{a^2 + z^2}}\right)$

12.7

$$C_{ij} = -\frac{1}{(4\pi)^2} \oint_{\partial V_i} \mathbf{d}\boldsymbol{f} \cdot \nabla \oint_{\partial V_j} \mathbf{d}\boldsymbol{f}' \cdot \nabla' G_{\mathrm{D}}(\boldsymbol{r}, \boldsymbol{r}') \tag{12.98}$$

12.8 (12.91)

Ausführliche Lösungen zu den Aufgaben

12.1 Mit $\varphi(\boldsymbol{r}') = G(\boldsymbol{r}', \boldsymbol{r}_1)$ und $\psi(\boldsymbol{r}') = G(\boldsymbol{r}', \boldsymbol{r}_2)$ verschwindet mit der Voraussetzung $G(\boldsymbol{r}, \boldsymbol{r}') = 0$ für $\boldsymbol{r} \in \partial V$ die rechte Seite von (12.26), und man bekommt mit (12.13)

$$\int_V \mathrm{d}V' \left[G(\boldsymbol{r}', \boldsymbol{r}_1)\Delta' G(\boldsymbol{r}', \boldsymbol{r}_2) - G(\boldsymbol{r}', \boldsymbol{r}_2)\Delta' G(\boldsymbol{r}', \boldsymbol{r}_1)\right]$$
$$= -4\pi \int_V \mathrm{d}V' \left[G(\boldsymbol{r}', \boldsymbol{r}_1)\delta(\boldsymbol{r}' - \boldsymbol{r}_2) - G(\boldsymbol{r}', \boldsymbol{r}_2)\delta(\boldsymbol{r}' - \boldsymbol{r}_1)\right] = 0$$

und daher $G(\boldsymbol{r}_2, \boldsymbol{r}_1) - G(\boldsymbol{r}_1, \boldsymbol{r}_2) = 0$. G ist also symmetrisch in den Argumenten und erfüllt damit neben der vorausgesetzten Eigenschaft $G(\boldsymbol{r}, \boldsymbol{r}') = 0$ für $\boldsymbol{r} \in \partial V$ auch $G(\boldsymbol{r}', \boldsymbol{r}) = 0$ für $\boldsymbol{r}' \in \partial V$, was gemäß (12.29) die Dirichlet-Green-Funktion definiert.

(Neumann-Green-Funktionen sind nicht notwendigerweise symmetrisch, aber auch nicht eindeutig definiert. Es ist allerdings immer möglich, aus einer unsymmetrischen eine symmetrische zu machen. Für einen expliziten, konstruktiven Beweis siehe Kim & Jackson 1993.)

12.2 Wegen (11.90) und (11.92) wird aus (12.37) beim Übergang von Gauß'schem zu SI-System

$$\sigma^{[\mathrm{SI}]} = \epsilon_0 E_n^{[\mathrm{SI}]} \tag{12.99}$$

mit $\epsilon_0 \approx 8{,}854 \cdot 10^{-12}$ C/Vm. Die Dichte an Elektronen ergibt sich durch die Größe der Elementarladung, die näherungsweise $1{,}6 \cdot 10^{-19}$ C beträgt.

Der mittlere Erdradius $R_\oplus$ ist etwa 6370 km. Für die Gesamtladung $Q_{\text{Erdoberfl.}}$ ist $\sigma^{[\mathrm{SI}]}$ mit dem Betrag der Erdoberfläche $4\pi R_\oplus^2 \approx 5{,}1 \cdot 10^{14}\ \mathrm{m}^2$ zu multiplizieren.

Menschen, aber auch die meisten anderen Objekte auf der Erde sind (insbesondere im Vergleich zur Luft) relativ gute Leiter. Ihre Oberfläche bildet zusammen mit der Erdoberfläche eine Äquipotenzialfläche, sodass zwischen Scheitel und Sohle eines Menschen keine nennenswerten elektrischen Spannungen auftreten (Abb. 12.14).

12.3 Das Problem kann durch Integration von (12.11) gelöst werden, wobei das Integral nur über eine Hemisphäre ($\cos\vartheta' > 0$) bei $r' = R$ geht:

$$\phi(\boldsymbol{r}) = R^2\sigma \int_0^{2\pi} \mathrm{d}\varphi' \int_0^1 \mathrm{d}(\cos\vartheta') \frac{1}{|\boldsymbol{r} - \boldsymbol{r}'|}. \tag{12.100}$$

Entlang der z-Achse ist der Integrand φ-unabhängig, und man bekommt

$$\begin{aligned}\phi(z) &= 2\pi R^2\sigma \int_0^1 \mathrm{d}(\cos\vartheta') \frac{1}{\sqrt{R^2 + z^2 - 2Rz\cos\vartheta'}} \\ &= 2\pi R^2\sigma \frac{-1}{Rz} \sqrt{R^2 + z^2 - 2Rz\zeta}\,\Big|_{\zeta=0}^{1} \\ &= 2\pi\sigma R \frac{\sqrt{R^2 + z^2} - \sqrt{(R-z)^2}}{z} \\ &= 2\pi\sigma R \frac{\sqrt{R^2 + z^2} - |R - z|}{z}.\end{aligned} \tag{12.101}$$

Vom Kugelmittelpunkt bei $z = 0$ haben alle Ladungsbeiträge die Distanz R. Das Potenzial bei $z = 0$ ist daher $\phi(0) = Q/R$ mit $Q = \sigma(4\pi R^2)/2$. Dies stimmt mit dem Limes $z \to 0$ von (12.101) überein: $\phi(0) = 2\pi\sigma R$.

12.4 Das in (12.44) erhaltene Potenzial lautet in kartesischen Koordinaten

$$\phi(\boldsymbol{r}) = \frac{q}{\sqrt{x^2 + y^2 + (z-d)^2}} - \frac{q}{\sqrt{x^2 + y^2 + (z+d)^2}}. \tag{12.102}$$

Für (12.45) benötigen wir

$$\begin{aligned}E_z &= -\frac{\partial\phi}{\partial z} \\ &= \frac{q(z-d)}{[x^2 + y^2 + (z-d)^2]^{3/2}} - \frac{q(z+d)}{[x^2 + y^2 + (z+d)^2]^{3/2}}\end{aligned}$$

im Limes $z \to 0$. Dies gibt

$$\sigma(x, y) = \frac{-qd}{2\pi(x^2 + y^2 + d^2)^{3/2}} \equiv -\frac{qd}{2\pi r^3}. \tag{12.103}$$

Die Gesamtladung ergibt sich durch Integration über die Ebene $z = 0$:

$$\begin{aligned}Q &= \int \mathrm{d}x\mathrm{d}y\,\sigma = \int_0^{2\pi} \mathrm{d}\varphi \int_0^\infty \mathrm{d}\varrho\,\varrho \frac{-qd}{2\pi(\varrho^2 + d^2)^{3/2}} \\ &= \frac{qd}{\sqrt{\varrho^2 + d^2}}\Bigg|_0^\infty = -q.\end{aligned} \tag{12.104}$$

12.5 Auf der Kugeloberfläche ist

$$\sigma = -\frac{1}{4\pi} \frac{\partial\phi}{\partial r}\Big|_{r=R}. \tag{12.105}$$

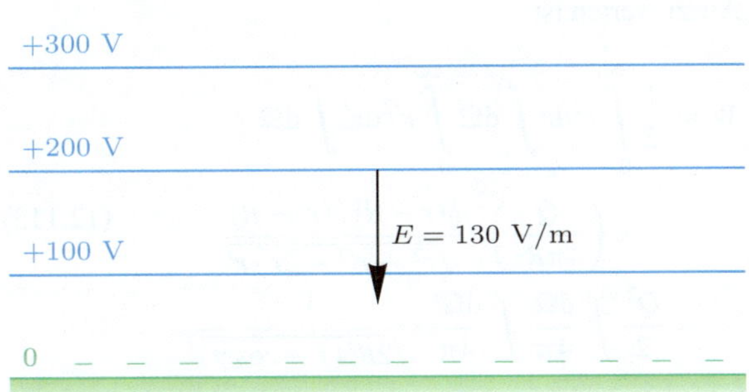

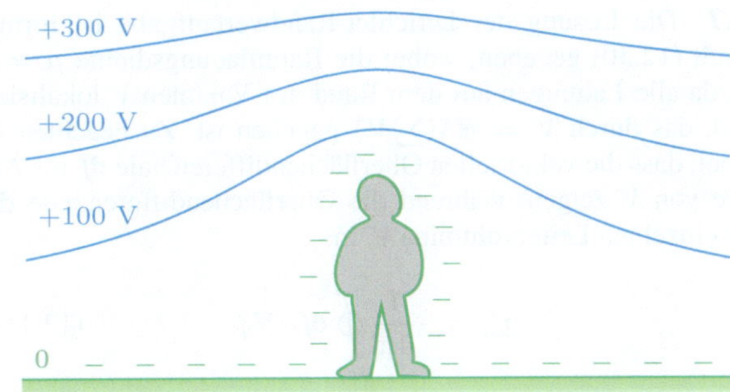

Abb. 12.14 Die Erdoberfläche bildet zusammen mit Objekten darauf eine Äquipotenzialfläche. Das permanente atmosphärische elektrische Feld bei Schönwetter wird dadurch deformiert

Teil II

Das Potenzial, das von Ladung und Bildladung zusammen erzeugt wird, ist in der Parametrisierung aus (12.47) für allgemeine r

$$\phi = \frac{q}{\sqrt{r^2 + d^2 - 2dr\cos\vartheta}} + \frac{q'}{\sqrt{r^2 + d'^2 - 2d'r\cos\vartheta}}. \tag{12.106}$$

Daraus ergibt sich

$$\begin{aligned} E_r\Big|_{r=R} &= -\frac{\partial\phi}{\partial r}\Big|_{r=R} \\ &= q\frac{R - d\cos\vartheta}{[R^2 + d^2 - 2dR\cos\vartheta]^{3/2}} + (q \to q', d \to d'). \end{aligned}$$

Nach Einsetzen von $q' = -qR/d$ und $d' = R^2/d$ findet man, dass sich der Kosinus im Zähler weghebt und sich das Ergebnis als

$$\sigma = \frac{1}{4\pi}E_r = \frac{1}{4\pi}\frac{qR}{[R^2 + d^2 - 2dR\cos\vartheta]^{3/2}}\left(1 - \frac{d^2}{R^2}\right) \tag{12.107}$$

schreiben lässt bzw. mit $\xi = R/d$ wie oben angegeben.

Die Ladung auf der Kugel ist damit

$$\begin{aligned} Q &= 2\pi R^2 \int_{-1}^{1} \mathrm{d}(\cos\vartheta)\sigma \\ &= -\frac{q}{2}\xi(1-\xi^2)\int_{-1}^{1} \mathrm{d}(\cos\vartheta)\frac{1}{(1+\xi^2 - 2\xi\cos\vartheta)^{3/2}} \\ &= -q\xi = q'. \end{aligned} \tag{12.108}$$

12.6 Aus der allgemeinen Lösung (12.30) mit $\rho = 0$ und dem Resultat für die Normalableitung der Dirichlet-Green-Funktion (12.59) folgt

$$\begin{aligned} \phi(x,y,z) &= U|z| \int_0^{2\pi} \frac{\mathrm{d}\varphi}{2\pi} \int_0^a \frac{R\mathrm{d}R}{(R^2 + \rho^2 - 2R\rho\cos\varphi + z^2)^{3/2}} \\ &= U|z| \int_0^{2\pi} \frac{\mathrm{d}\varphi}{2\pi} \frac{1}{z^2 + \rho^2\sin^2\varphi}\Bigg[\sqrt{\rho^2 + z^2} \\ &\quad - \frac{\rho^2 + z^2 - a\rho\cos\varphi}{\sqrt{a^2 + \rho^2 + z^2 - 2a\rho\cos\varphi}}\Bigg] \end{aligned} \tag{12.109}$$

mit $\rho = \sqrt{x^2 + y^2}$. Dieses Integral kann nicht in geschlossener Form ausgewertet werden; eine numerische Auswertung ist in Abb. 12.15 wiedergegeben. Für $\rho = 0$ wird aber das φ-Integral trivial, und wir erhalten

$$\phi(0,0,z) = U\left(1 - \frac{|z|}{\sqrt{a^2 + z^2}}\right). \tag{12.110}$$

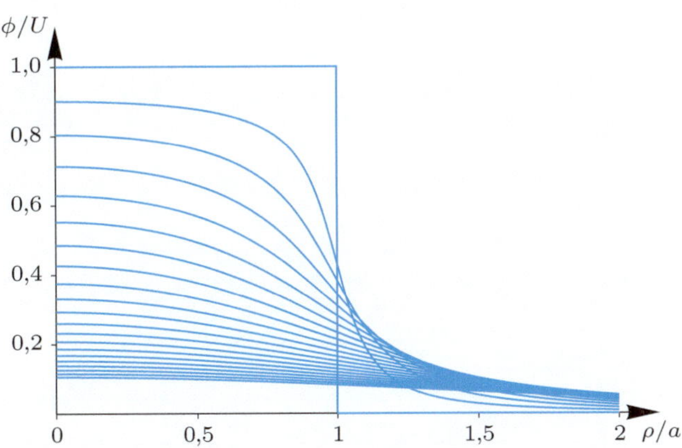

Abb. 12.15 Numerische Auswertung von ϕ in (12.109) als Funktion von ρ für zunehmende vertikale Abstände $z = 0 \ldots 2$ in 0,1-Schritten. Bei $z = 0$ ist das Potenzial stufenförmig, bei höheren Abständen dagegen glatt, wobei es für $\rho > a$ nichtmonotones Verhalten als Funktion von z aufweist

12.7 Die Lösung der Dirichlet-Randwertaufgabe ist formal durch (12.30) gegeben, wobei die Raumladungsdichte $\rho = 0$ ist, da alle Ladungen auf dem Rand des Volumen V lokalisiert sind, das durch $V = \mathbb{R}\backslash(\sum V_j)$ gegeben ist. Zu beachten ist dabei, dass die vektoriellen Oberflächendifferenziale $\mathbf{d}\boldsymbol{f}$ ins Äußere von V zeigen, während die Oberflächendifferenziale $\mathbf{d}\boldsymbol{f}_i$ der einzelnen Leitervolumina V_i in

$$Q_i = -\frac{1}{4\pi}\oint\limits_{\partial V_i} \mathbf{d}\boldsymbol{f}\cdot\nabla\phi \qquad (12.111)$$

von den Leitern weg orientiert sind. Unter Berücksichtigung des Vorzeichenwechsels bei der Einschränkung $\mathbf{d}\boldsymbol{f} \to -\mathbf{d}\boldsymbol{f}_i$ auf ∂V_i können wir mithilfe von (12.30) das Potenzial angegeben als

$$\phi(\boldsymbol{r}) = +\frac{1}{4\pi}\sum_i \phi_i \oint\limits_{\partial V_i} \mathbf{d}\boldsymbol{f}'\cdot\nabla G_{\mathrm{D}}(\boldsymbol{r},\boldsymbol{r}'), \qquad (12.112)$$

wobei wir $\phi(\boldsymbol{r}') = \phi_i$ auf ∂V_i verwendet und vor das Integral gezogen haben, da es auf einer Leiteroberfläche eine Konstante ist. Einsetzen von (12.112) in (12.111) erlaubt es, die C_{ij} gemäß $Q_i = \sum_j C_{ij}\phi_j$ abzulesen.

12.8 Auszuwerten ist

$$\begin{aligned} W &= \frac{1}{2}\int\limits_0^\infty r^2\mathrm{d}r\int \mathrm{d}\Omega \int\limits_0^\infty r'^2\mathrm{d}r'\int \mathrm{d}\Omega' \\ &\quad\times\left(\frac{Q}{4\pi R^2}\right)^2 \frac{\delta(r-R)\,\delta(r'-R)}{\sqrt{r^2+r'^2-2\boldsymbol{r}\cdot\boldsymbol{r}'}} \qquad (12.113)\\ &= \frac{Q^2}{2}\int\frac{\mathrm{d}\Omega}{4\pi}\int\frac{\mathrm{d}\Omega'}{4\pi}\frac{1}{\sqrt{2R^2(1-\cos\gamma)}}, \end{aligned}$$

wobei γ der Winkel zwischen den Richtungen Ω und Ω' ist. Da über alle Richtungen integriert wird, können wir für Ω' aber die Winkel ϑ' und φ' so einführen, dass die zweite Einheitskugel ihren Nordpol bei $\vartheta = 0$ hat. Damit können wir γ durch ϑ' ersetzen, das erste Raumwinkelintegral wird trivial, und wir bekommen

$$W = \frac{Q^2}{4\sqrt{2}R}\int\limits_{-1}^{1}\mathrm{d}(\cos\vartheta')\frac{1}{\sqrt{1-\cos\vartheta'}} = \frac{Q^2}{2R}. \qquad (12.114)$$

Wir sehen, dass in dieser Rechnung – im Gegensatz zu (12.91) – der Integrand für die Selbstenergie zwar singulär, aber integrabel ist.

Teil II

Literatur

Feynman, R., Leighton, R.B., Sands, M.: The Feynman Lectures on Physics, Bd. II, Kapitel 9. Benjamin Cummings, Pearson Education, Inc, USA (2005)

Harrison, R.G.: The global atmospheric electrical circuit and climate. Surv. Geophys. **25**, 441–484 (2004). Online: http://arxiv.org/abs/physics/0506077

Kim, K.-J., Jackson, J.D.: Proof that the Neumann Green's function in electrostatics can be symmetrized. Am. J. Phys. **61**, 1144–1146 (1993)

Vollständige Funktionensysteme: Fourier-Transformation und Multipolentwicklung

13

Teil II

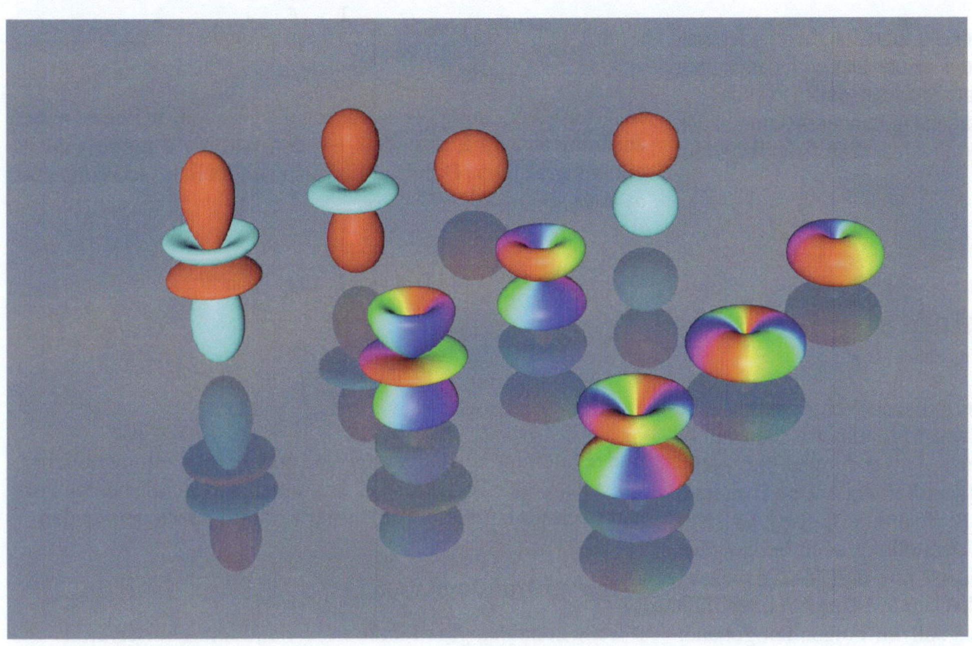

Wie kann das Konzept der Fourier-Reihen auch auf nicht periodische Funktionen erweitert werden?

Welche mathematischen Hintergründe stecken hinter einer Fourier-Reihe?

Wie kann das Potenzial einer Ladungsverteilung allgemein näherungsweise dargestellt werden?

Inwiefern ist das Konzept der vollständigen Funktionensysteme dafür hilfreich?

M. Bartelmann et al., *Theoretische Physik*, DOI 10.1007/978-3-642-54618-1_13,

Nach der Betrachtung der Grundgleichungen der Elektrodynamik und elektrostatischer Probleme in Kap. 11 und 12 werden wir nun einige mathematische Methoden kennenlernen, die nicht nur für die Elektrodynamik, sondern auch für viele andere Gebiete der theoretischen Physik große Bedeutung haben.

Wir bauen dafür zunächst auf den Fourier-Reihen auf, die wir in Abschn. 8.3 kennengelernt haben. Die Idee der Fourier-Reihen kann man auf mehrere Weisen verallgemeinern. Einerseits gelangt man so zum Fourier-Integral, das in Abschn. 13.1 diskutiert wird. Zur eigentlichen Berechnung dieser Integrale benötigt man häufig einiges Grundwissen aus der komplexen Funktionentheorie, die auch in vielen anderen Bereichen der theoretischen Physik grundlegend ist; dieses wird in Abschn. 13.2 dargestellt.

Eine andere mögliche Verallgemeinerung führt zur Theorie der vollständigen Funktionensysteme mit der in der Elektrodynamik sehr wichtigen Anwendung der Multipolentwicklung, die im Rest des Kapitels dargestellt wird. Die vollständigen Funktionensysteme bilden außerdem auch eine der wichtigsten theoretischen Grundlagen für die Quantenmechanik.

13.1 Das Fourier-Integral

Durch Fourier-Reihen können periodische Vorgänge als eine (unendliche) Linearkombination von trigonometrischen Funktionen dargestellt werden. Bei vielen Anwendungen (beispielsweise in der elektronischen Signalverarbeitung) treten aber auch nicht periodische Signale auf (z. B. Spannungspulse). Es stellt sich die Frage, ob eine ähnliche Darstellung auch bei solchen Signalen möglich ist. Die Antwort ist ja – der Trick dabei ist, ein solches Signal als einen periodischen Vorgang mit unendlich langer Periode zu betrachten. Dies soll im Folgenden genauer ausgeführt werden.

Allgemeiner Formalismus

Wir gehen aus von der Exponentialdarstellung (8.83) und (8.84) der Fourier-Reihe einer periodischen Funktion $f(t)$ mit Periode T und Kreisfrequenz $\omega = 2\pi/T$:

$$\begin{aligned} f(t) &= \sum_{j=-\infty}^{\infty} c_j \mathrm{e}^{\mathrm{i}j\omega t} \\ \text{mit} \quad c_j &= \frac{1}{T} \int_{-T/2}^{T/2} \mathrm{d}t\, f(t) \mathrm{e}^{-\mathrm{i}j\omega t}, \end{aligned} \tag{13.1}$$

hier speziell mit $c = T/2$ gewählt. In der ersten Gleichung erweitern wir zunächst die Summanden mit ω:

$$f(t) = \sum_{j=-\infty}^{\infty} \omega \frac{c_j}{\omega} \mathrm{e}^{\mathrm{i}j\omega t}. \tag{13.2}$$

Die Summe läuft hier über unendlich viele Frequenzen $\omega_j = j\omega$. Der Abstand der einzelnen Frequenzen ist dabei $\omega_{j+1} - \omega_j = \omega =: \Delta\omega$. Es ergibt sich also

$$\begin{aligned} f(t) &= \sum_{j=-\infty}^{\infty} \Delta\,\omega \tilde{f}(\omega_j) \mathrm{e}^{\mathrm{i}\omega_j t} \\ \text{mit} \quad \tilde{f}(\omega_j) &:= \frac{c_j}{\omega} = \frac{1}{2\pi} \int_{-T/2}^{T/2} \mathrm{d}t\, f(t) \mathrm{e}^{-\mathrm{i}\omega_j t}. \end{aligned} \tag{13.3}$$

Im Grenzübergang $T \to \infty$ rücken die Frequenzen immer näher zusammen; es gilt also $\Delta\omega \to \mathrm{d}\omega$, und die Summe geht in ein Integral über. Damit ergibt sich schließlich (schreibe statt ω_j kurz ω)

$$\begin{aligned} f(t) &= \int_{-\infty}^{\infty} \mathrm{d}\omega \tilde{f}(\omega) \mathrm{e}^{\mathrm{i}\omega t} \\ \text{mit} \quad \tilde{f}(\omega) &= \frac{1}{2\pi} \int_{-\infty}^{\infty} \mathrm{d}t\, f(t) \mathrm{e}^{-\mathrm{i}\omega t}. \end{aligned} \tag{13.4}$$

In der Literatur ist stattdessen eine andere Darstellung üblicher, bei welcher der Vorfaktor $1/2\pi$ symmetrisch auf die beiden Formeln verteilt ist; diese werden wir zukünftig auch verwenden.

Fourier-Transformation

Eine zeitabhängige Funktion $f(t)$ und ihre Fourier-Transformierte $\tilde{f}(\omega)$ sind folgendermaßen miteinander verknüpft:

$$\begin{aligned} f(t) &= \frac{1}{\sqrt{2\pi}} \int_{-\infty}^{\infty} \mathrm{d}\omega \tilde{f}(\omega) \mathrm{e}^{\mathrm{i}\omega t} \\ \text{mit} \quad \tilde{f}(\omega) &= \frac{1}{\sqrt{2\pi}} \int_{-\infty}^{\infty} \mathrm{d}t\, f(t) \mathrm{e}^{-\mathrm{i}\omega t}. \end{aligned} \tag{13.5}$$

Die Funktion $\tilde{f}(\omega)$ heißt die (kontinuierliche) *Fourier-Transformierte* der Funktion $f(t)$ – und entsprechend f die Fourier-Rücktransformierte von $\tilde{f}$. Auch hier spricht man oft von einer *Fourier-Analyse* der Funktion f. Einige wichtige Eigenschaften der Fourier-Transformation sind im Kasten „Übersicht: Wichtige Eigenschaften der Fourier-Transformation“ zusammengestellt.

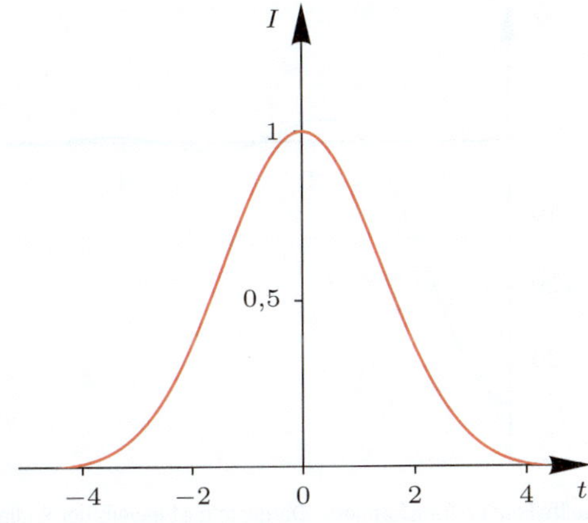

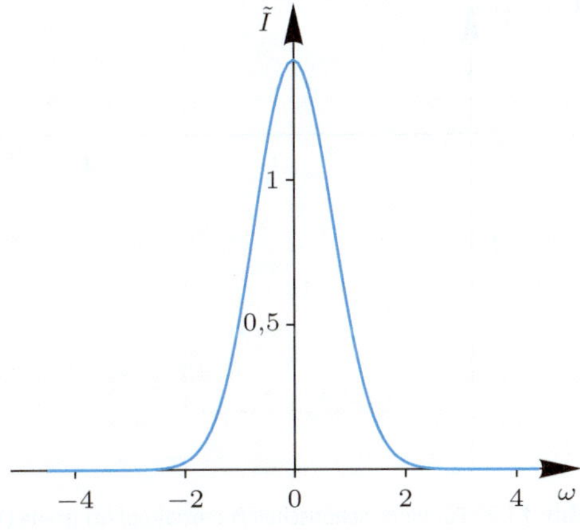

Abb. 13.1 Die Fourier-Transformierte $\tilde{I}(\omega)$ einer Gauß'schen Glockenkurve $I(t) = I_0 \mathrm{e}^{-t^2/\sigma^2}$ (**a**) ist wieder eine Gauß'sche Glockenkurve (**b**). Hier dargestellt sind speziell die Kurven für $\sigma = 2$ und $I_0 = 1$

Übersicht: Wichtige Eigenschaften der Fourier-Transformation

Ausgehend von der allgemeinen Definition (13.5) kann man viele allgemeine Aussagen über Fourier-Transformierte treffen:

- Linearität: $\widetilde{\alpha f + \beta g} = \alpha\tilde{f} + \beta\tilde{g}$
- Verschiebung: wenn $g(t) = f(t+a)$ ist, dann ist $\tilde{g}(\omega) = \mathrm{e}^{\mathrm{i}\omega a}\tilde{f}(\omega)$
- Komplexe Konjugation: $\widetilde{f^*}(\omega) = \tilde{f}(-\omega)$; Fourier-Transformierte von reellen Funktionen ($f = f^*$) sind also immer gerade Funktionen ($\tilde{f}(-\omega) = \tilde{f}(\omega)$)
- Ableitung entspricht Multiplikation mit Frequenz: $\widetilde{f'}(\omega) = \mathrm{i}\omega\tilde{f}(\omega)$
- Eine Multiplikation zweier Funktionen entspricht einem „Faltungsintegral": $\widetilde{(f\cdot g)}(\omega) = \frac{1}{\sqrt{2\pi}}\int_{-\infty}^{\infty}\mathrm{d}\omega'\,\tilde{g}(\omega')\tilde{f}(\omega-\omega')$
- Für quadratintegrable Funktionen (also Funktionen, bei denen das Integral über ihr (Betrags-)Quadrat endlich ist), gilt der *Satz von Plancherel*:

$$\int_{-\infty}^{\infty} \mathrm{d}t\,|f(t)|^2 = \int_{-\infty}^{\infty} \mathrm{d}\omega\,|\tilde{f}(\omega)|^2$$

(siehe dazu auch Kap. 22). Da die Energiedichte einer Welle ja im Allgemeinen durch das Quadrat der Amplitude gegeben ist, bedeutet dies anschaulich: Die gesamte Energie in einer Welle ist dieselbe, gleichgültig, ob man diese als Integral über die Zeit oder über die Frequenzkomponenten berechnet.

Gauß-Kurve

Eine Gauß'sche Glockenkurve (Abb. 13.1a) ist ein besonders einfaches Signal. Für die Intensität gilt dabei in Abhängigkeit von der Zeit:

$$I(t) = I_0\,\mathrm{e}^{-t^2/\sigma^2}. \tag{13.6}$$

Die Kurve hat also die „zeitliche Breite" $\Delta t = \sigma$.

Die Fourier-Transformierte ist dann

$$\tilde{I}(\omega) = \frac{1}{\sqrt{2\pi}}\int_{-\infty}^{\infty}\mathrm{d}t\,I_0\,\mathrm{e}^{-t^2/\sigma^2}\mathrm{e}^{-\mathrm{i}\omega t}. \tag{13.7}$$

Zunächst werden die beiden Exponenten zusammengefasst, und der Vorfaktor wird ausgeklammert:

$$\tilde{I}(\omega) = \frac{I_0}{\sqrt{2\pi}}\int_{-\infty}^{\infty}\mathrm{d}t\,\exp\left(-\frac{1}{\sigma^2}(t^2 + \mathrm{i}\omega\sigma^2 t)\right). \tag{13.8}$$

Quadratische Ergänzung im Exponenten führt auf

$$\tilde{I}(\omega) = \frac{I_0}{\sqrt{2\pi}}\int_{-\infty}^{\infty}\mathrm{d}t\,\exp\left(-\frac{1}{\sigma^2}\left(\left(t + \frac{\mathrm{i}\omega\sigma^2}{2}\right)^2 + \frac{\omega^2\sigma^4}{4}\right)\right). \tag{13.9}$$

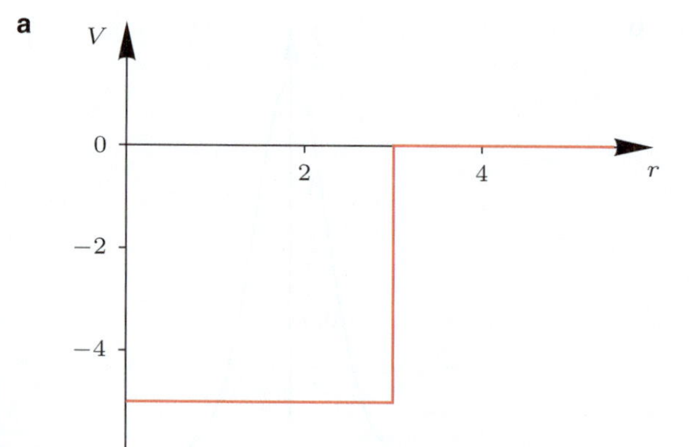

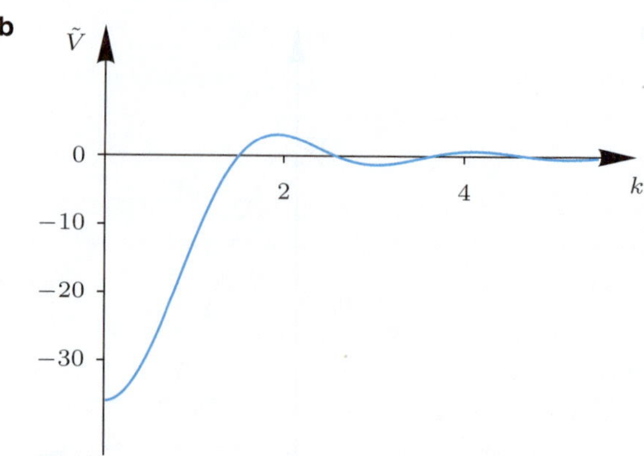

Abb. 13.2 Für einen sphärischen Potenzialtopf (**a**) (siehe (13.20)) ergibt sich die in (**b**) dargestellte Fourier-Transformierte. Dargestellt ist jeweils der Radialanteil, hier speziell für die Parameter $V_0 = 5$ und $R = 3$

Zieht man die konstanten Faktoren vor das Integral und substituiert

$$t' = \left(t + \frac{\mathrm{i}\omega\sigma^2}{2}\right)/\sigma, \tag{13.10}$$

so erhält man

$$\tilde{I}(\omega) = \frac{I_0\sigma}{\sqrt{2\pi}} \mathrm{e}^{-\sigma^2\omega^2/4} \int_{-\infty}^{\infty} \mathrm{d}t' \, \mathrm{e}^{-t'^2}. \tag{13.11}$$

Das übrige Integral ergibt einen Faktor $\sqrt{\pi}$ (siehe Formelsammlungen; eine Herleitung findet sich im Kasten „Vertiefung: Das uneigentliche Integral über die Gauß'sche Glockenkurve"). (Da t' komplex ist, müsste man hier eigentlich noch genauer argumentieren, dass das Integral überhaupt konvergiert. Dafür werden aber Methoden der komplexen Funktionentheorie benötigt, die an dieser Stelle nicht diskutiert werden sollen.)

Die Fourier-Transformierte einer Gauß-Kurve ist damit

$$\tilde{I}(\omega) = \frac{I_0\sigma}{\sqrt{2}} \mathrm{e}^{-\sigma^2\omega^2/4}, \tag{13.12}$$

also wieder eine Gauß-Kurve (Abb. 13.1b)! Die Breite dieser Kurve im „Frequenzraum" ist allerdings $\Delta\omega = 2/\sigma$, d. h., je schmäler das ursprüngliche Signal ist, desto breiter ist die Kurve seiner Fourier-Transformierten. ◀

Man kann zeigen, dass ein ähnlicher Zusammenhang wie hier bei der Gauß-Kurve allgemein zwischen jedem zeitlichen Signal und seiner Fourier-Transformierten besteht. Insbesondere ergibt sich

$$\Delta t \cdot \Delta\omega = 2; \tag{13.13}$$

dies wird auch in der Quantenmechanik noch eine große Rolle spielen (wo dann auch genau definiert wird, was man im allgemeinen Fall unter der Breite einer Kurve zu verstehen hat).

Wie in Kap. 11 besprochen wurde, kann man insbesondere die Deltafunktion als eine unendlich schmale, aber auch unendlich hohe, Gauß-Kurve betrachten. Ihre Fourier-Transformierte ergibt sich sehr einfach:

$$\tilde{\delta}_{t_0}(\omega) = \frac{1}{\sqrt{2\pi}} \int_{-\infty}^{\infty} \mathrm{d}t \, \delta(t - t_0) \, \mathrm{e}^{-\mathrm{i}\omega t} = \frac{\mathrm{e}^{-\mathrm{i}\omega t_0}}{\sqrt{2\pi}}, \tag{13.14}$$

also speziell für $t_0 = 0$ die konstante Funktion $\tilde{\delta}_0(\omega) = \tilde{\delta}(\omega) = 1/\sqrt{2\pi}$. Dieses Ergebnis erhält man auch durch einen geeigneten Grenzübergang: Die Fourier-Transformierte von

$$f(t) = \frac{1}{\sigma\sqrt{\pi}} \mathrm{e}^{-t^2/\sigma^2} \tag{13.15}$$

ist laut dem Ergebnis (13.12)

$$\tilde{f}(\omega) = \frac{1}{\sqrt{2\pi}} \mathrm{e}^{-\sigma^2\omega^2/4}. \tag{13.16}$$

Für $\sigma \to 0$ gilt $f(t) \to \delta(t)$, also folgt wieder

$$\tilde{\delta}(\omega) = \frac{1}{\sqrt{2\pi}}. \tag{13.17}$$

Mit (13.5) ergibt sich daraus schließlich der wichtige Zusammenhang

$$\delta(t - t_0) = \frac{1}{2\pi} \int_{-\infty}^{\infty} \mathrm{e}^{\mathrm{i}\omega(t-t_0)} \mathrm{d}\omega. \tag{13.18}$$

Räumliche Fourier-Transformierte

Eine weitere mögliche Verallgemeinerung ist es, auch für Funktionen des Raumes die Fourier-Transformierte zu berechnen.

Frage 1

Überlegen Sie sich, wie die entsprechende Darstellung für eine Funktion der drei Raumkoordinaten aussehen muss.

Vertiefung: Das uneigentliche Integral über die Gauß'sche Glockenkurve

Zu berechnen ist

$$\int_{-\infty}^{\infty} e^{-x^2} dx.$$

Statt dies direkt auszuwerten, betrachtet man zunächst das Quadrat dieses Ausdrucks:

$$\left(\int_{-\infty}^{\infty} e^{-x^2} dx\right)^2 = \left(\int_{-\infty}^{\infty} e^{-x^2} dx\right)\left(\int_{-\infty}^{\infty} e^{-x^2} dx\right).$$

Die beiden Integrale sind unabhängig voneinander, also kann man im zweiten Integral die Integrationsvariable auch umbenennen:

$$= \left(\int_{-\infty}^{\infty} e^{-x^2} dx\right)\left(\int_{-\infty}^{\infty} e^{-y^2} dy\right).$$

Diese beiden Integrale kann man nun wiederum zu einem doppelten Integral zusammenfassen, außerdem kann man die Exponentialfaktoren multiplizieren:

$$= \iint dx dy\, e^{-(x^2+y^2)}.$$

Es bleibt also das Integral einer Funktion von zwei Variablen über diese beiden Variablen, jeweils von $-\infty$ bis ∞. Dies kann man nun als ein Integral über die zweidimensionale Ebene auffassen. Statt der kartesischen Koordinaten x und y in dieser Ebene kann man aber genauso gut auch Polarkoordinaten r und φ verwenden. Man kann also schreiben:

$$= \int_0^{2\pi} d\varphi \int_0^{\infty} r dr\, e^{-r^2}.$$

Das Integral über φ ergibt sofort 2π, das Integral über r ist auch leicht auszuwerten (beispielsweise mittels der Substitution $z = r^2$) und ergibt $1/2$. Insgesamt ist also

$$\left(\int_{-\infty}^{\infty} e^{-x^2} dx\right)^2 = \pi.$$

Damit ist die im Text verwendete Formel bewiesen.

Die Zeitvariable t wird dabei durch die Ortsvariable x ersetzt und die Kreisfrequenz ω durch die Wellenzahl $k = 2\pi/\lambda$. Für eine Funktion aller drei Raumkoordinaten ist die Darstellung entsprechend:

$$f(\boldsymbol{r}) = \frac{1}{(\sqrt{2\pi})^3} \int_{-\infty}^{\infty} d^3k \tilde{f}(\boldsymbol{k}) e^{i\boldsymbol{k}\cdot\boldsymbol{r}}$$
$$\text{mit} \quad \tilde{f}(\boldsymbol{k}) = \frac{1}{(\sqrt{2\pi})^3} \int_{-\infty}^{\infty} d^3x f(\boldsymbol{r}) e^{-i\boldsymbol{k}\cdot\boldsymbol{r}}. \quad (13.19)$$

Sphärischer Potenzialtopf

Betrachten wir als Beispiel einen sogenannten sphärischen Potenzialtopf endlicher Tiefe V_0 und Radius R:

$$V(r) = \begin{cases} -V_0 & \text{für } r \leq R \\ 0 & \text{für } r > R \end{cases}. \quad (13.20)$$

Da das Potenzial sphärisch symmetrisch ist, bietet es sich an, für das räumliche Integral der Fourier-Transformation Kugelkoordinaten zu verwenden:

$$\tilde{V}(\boldsymbol{k}) = \frac{1}{(\sqrt{2\pi})^3} \int_0^{\infty} r^2 dr \int_{-1}^{1} d\cos\vartheta \int_0^{2\pi} d\varphi\, V(r) e^{-i\boldsymbol{k}\cdot\boldsymbol{r}}. \quad (13.21)$$

Legt man das Koordinatensystem zum Integrieren so, dass $\boldsymbol{k}$ in Richtung der z-Achse zeigt (was wegen der sphärischen Symmetrie immer möglich ist), so ist $\boldsymbol{k}\cdot\boldsymbol{r} = kr\cos\vartheta$, wobei $k = |\boldsymbol{k}|$ und $r = |\boldsymbol{r}|$. Man hat also

$$\tilde{V}(\boldsymbol{k}) = -\frac{V_0}{(\sqrt{2\pi})^3} \int_0^{R} r^2 dr \int_{-1}^{1} d\cos\vartheta \int_0^{2\pi} d\varphi\, e^{-ikr\cos\vartheta}. \quad (13.22)$$

Die beiden Winkelintegrale sind leicht auszuführen; man erhält

$$\tilde{V}(\boldsymbol{k}) = -\frac{V_0}{k\sqrt{2\pi}} \int_0^{R} r dr \frac{e^{-ikr} - e^{ikr}}{-i} \quad (13.23)$$
$$= -\frac{2V_0}{k\sqrt{2\pi}} \int_0^{R} r dr \sin(kr).$$

Teil II

Auch das Integral über den Radius ist nun leicht auszuwerten; das Endergebnis ist

$$\tilde{V}(\boldsymbol{k}) = \tilde{V}(k) = \frac{2V_0}{\sqrt{2\pi}} \frac{kR\cos(kR) - \sin(kR)}{k^3}. \quad (13.24)$$

Die Fourier-Transformierte ist also wie die ursprüngliche Funktion sphärisch symmetrisch; man kann zeigen, dass dieser Zusammenhang immer gilt (siehe Aufgabe 13.1). Beide Funktionen sind in Abb. 13.2 dargestellt. ◄

13.2 Integrale in der komplexen Ebene

Zur Berechnung von Fourier-Transformierten wird über komplexwertige Funktionen integriert; die Integrationsvariable ist aber immer noch reell. In vielen Fällen kann die Integration erleichtert (oder sogar erst ermöglicht) werden, indem man auch für die Integrationsvariable komplexe Zahlen zulässt. Im Folgenden wird zunächst diskutiert, worauf bei Integrationen in der komplexen Zahlenebene zu achten ist. Anschließend wird an einem Beispiel gezeigt, wie diese Methoden bei der Fourier-Transformation anwendbar sind.

Cauchy'scher Integralsatz

Ist die Integrationsvariable in einem Integral komplex, so ist zunächst zu beachten, dass von einem Punkt in der komplexen Ebene zu einem anderen integriert wird. Von einem Punkt zu einem anderen gibt es aber in der Ebene unendlich viele verschiedene Wege. Das Integral ist somit nur dann eindeutig definiert, wenn sein Wert vom gewählten Weg unabhängig ist. Hier soll zunächst untersucht werden, unter welchen Voraussetzungen dies der Fall ist. Dafür müssen wir aber erst einige wichtige Begriffe der (komplexen) Funktionentheorie kennenlernen.

Viele komplexwertigen Funktionen mit komplexen Argumenten, denen man als Physiker begegnet, sind sogenannte *holomorphe* Funktionen; das sind Funktionen, die in einem komplexen Gebiet überall differenzierbar sind. Äquivalent dazu ist bei komplexen Funktionen die (ältere) Bezeichnung *analytische* Funktionen; das sind Funktionen, die man (lokal) durch eine konvergente Potenzreihe darstellen kann. Dazu gehören beispielsweise alle Polynomfunktionen, Exponentialfunktionen und die trigonometrischen Funktionen. Hat eine Funktion dagegen isolierte Polstellen, so bezeichnet man sie als *meromorph*. Genauer wird dies in den „Mathematischen Hintergründen" 13.1 bis 13.3 erklärt.

Für die beiden Spezialfälle analytischer und meromorpher Funktionen ist die obige Frage nach der Wegunabhängigkeit von Integralen beantwortbar. Mit letzteren wird sich der nächste

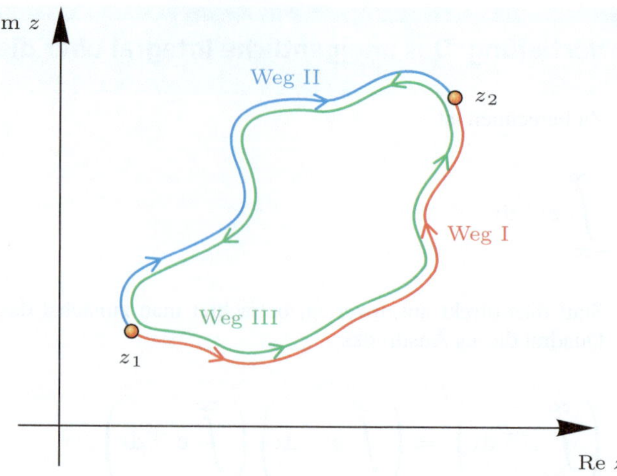

Abb. 13.3 Jeden Weg I zwischen zwei Punkten z_1 und z_2 der komplexen Ebene kann man auch darstellen als einen anderen Weg II plus einen geschlossenen Weg III

Abschnitt beschäftigen, für erstere gilt zunächst der Integralsatz von Cauchy (nach dem französischen Mathematiker *Augustin Louis Cauchy*, 1789–1857, der viele zentrale Beiträge zur Theorie der komplexen Funktionen leistete).

Cauchy'scher Integralsatz

Für jeden geschlossenen Weg, der ein Gebiet der komplexen Ebene einschließt, in dem eine Funktion f analytisch ist, gilt

$$\oint f(z)\,\mathrm{d}z = 0. \quad (13.25)$$

Das bedeutet aber, dass für Integrale über solche Funktionen der Wert vom gewählten Weg unabhängig ist, denn man kann jedes Integral entlang eines Weges in ein Integral über einen anderen Weg plus ein geschlossenes Wegintegral umschreiben (Abb. 13.3):

$$\begin{aligned}\int_{z_1}^{z_2} f(z)\,\mathrm{d}z_{\mathrm{I}} &= \int_{z_1}^{z_2} f(z)\,\mathrm{d}z_{\mathrm{II}} + \oint f(z)\,\mathrm{d}z_{\mathrm{III}} \\ &= \int_{z_1}^{z_2} f(z)\,\mathrm{d}z_{\mathrm{II}} + 0.\end{aligned} \quad (13.26)$$

Die Schreibweise $\mathrm{d}z_{\mathrm{I}}$ des Differenzials soll hier andeuten, dass entlang Weg I integriert wird; $\mathrm{d}z_{\mathrm{II}}$ und $\mathrm{d}z_{\mathrm{III}}$ entsprechend.

Ein analoges Ergebnis kennen wir schon von konservativen Kraftfeldern im dreidimensionalen Raum (Kap. 1): Ein Kraftfeld ist konservativ, wenn seine Rotation verschwindet (dies entspricht hier, dass f holomorph bzw. analytisch ist; siehe die Cauchy-Riemann'schen Differenzialgleichungen im „Mathematischen Hintergrund" 13.1!). Dann ist das Wegintegral der Kraft entlang jedes geschlossenen Weges gleich null, und der Wert jedes Wegintegrals von einem Punkt zu einem anderen ist unabhängig von der Wahl des Weges.

Einfaches Integral auf zwei Wegen

Das Integral

$$\int_{-1}^{1} z^2 \, \mathrm{d}z \tag{13.27}$$

soll berechnet werden.

Einerseits kann man die direkte Verbindungsstrecke zwischen den beiden Punkten der komplexen Ebene auf der reellen Achse als Integrationsweg verwenden (Abb. 13.4a):

$$\int_{-1}^{1} z^2 \, \mathrm{d}z = \int_{-1}^{1} x^2 \, \mathrm{d}x = \left[\frac{1}{3}x^3\right]_{-1}^{1} = \frac{2}{3}, \tag{13.28}$$

wobei x für den Realteil von z geschrieben wurde. Andererseits könnte man aber auch entlang eines Halbkreises integrieren (Abb. 13.4b):

$$\int_{-1}^{1} z^2 \, \mathrm{d}z = \int_{\pi}^{0} \mathrm{e}^{2\mathrm{i}\varphi} \mathrm{i}\mathrm{e}^{\mathrm{i}\varphi} \, \mathrm{d}\varphi = \left[\frac{1}{3\mathrm{i}}\mathrm{i}\mathrm{e}^{3\mathrm{i}\varphi}\right]_{\pi}^{0} = \frac{2}{3}, \tag{13.29}$$

wobei die Substitution $z = \mathrm{e}^{\mathrm{i}\varphi}$ verwendet wurde.

Da die Funktion $f(z) = z^2$ im betrachteten Gebiet (und sogar in ganz $\mathbb{C}$) analytisch ist, ergibt sich für beide Wege (und auch alle anderen) derselbe Wert des Integrals. ◄

Residuensatz

Oft muss man über meromorphe Funktionen, also Funktionen mit (isolierten) Polstellen, integrieren. Das geschlossene Wegintegral einer solchen Funktion um eine solche Polstelle verschwindet dann im Gegensatz zu analytischen Funktionen nicht mehr.

Hier benötigt man zunächst den Begriff des *Residuums* einer solchen Funktion $f(z)$ an einer Polstelle z_0:

$$\mathrm{Res}_{z_0} f(z) := \frac{1}{2\pi \mathrm{i}} \oint f(z) \, \mathrm{d}z, \tag{13.30}$$

wobei der geschlossene Integrationsweg genau die eine Polstelle z_0 einschließt. Für eine Polstelle erster Ordnung kann das Residuum aber auch einfacher berechnet werden.

Residuum an einer Polstelle erster Ordnung

Das Residuum einer meromorphen Funktion f, die bei z_0 einen Pol erster Ordnung hat, ist

$$\mathrm{Res}_{z_0} f(z) = \lim_{z \to z_0} (z - z_0) f(z). \tag{13.31}$$

Das Residuum eines Pols ist in gewissem Sinne ein Maß für seine „Stärke": Betrachtet man speziell eine einfache gebrochenrationale Funktion wie

$$f(z) = \frac{a}{z - z_0}, \tag{13.32}$$

so ist

$$\mathrm{Res}_{z_0} f(z) = \lim_{z \to z_0} (z - z_0) \frac{a}{z - z_0} = a. \tag{13.33}$$

(Allgemeiner ist das Residuum der Koeffizient des Summanden $1/(z - z_0)$ in einer Laurent-Reihenentwicklung an der Polstelle; siehe „Mathematischen Hintergrund" 13.3.)

Der Residuensatz macht analog zum Cauchy'schen Integralsatz eine Aussage über das Ergebnis eines geschlossenen Wegintegrals in der komplexen Ebene.

Residuensatz

Für jeden geschlossenen Weg, der ein Gebiet der komplexen Ebene einschließt, in dem eine meromorphe Funktion f nur isolierte Polstellen $z_1, \ldots, z_n$ hat, gilt

$$\oint f(z) \, \mathrm{d}z = 2\pi \mathrm{i} \sum_{j=1}^{n} \mathrm{Res}_{z_j} f(z). \tag{13.34}$$

Zu beachten ist außerdem, dass der Weg im mathematisch positiven Sinn und nur einmal zu durchlaufen ist; wird er im mathematisch negativen Sinn durchlaufen, so ändert sich allerdings nur das Vorzeichen des Integrals.

Frage 2

Machen Sie sich klar, dass das Ergebnis des Integrals unabhängig vom gewählten Weg ist, solange dieser nur alle Polstellen im mathematisch positiven Sinn einmal umschließt.

Auch hier gibt es wieder ein Analogon zu reellen Wegintegralen über Kraftfelder: Für das Magnetfeld gilt bekanntlich das Ampère'sche Gesetz

$$\oint \boldsymbol{B} \cdot \mathrm{d}\boldsymbol{s} = \frac{4\pi I}{c}, \tag{13.35}$$

d. h., das Integral der magnetischen Flussdichte entlang eines geschlossenes Weges ist proportional zu den eingeschlossenen

13.1 Mathematischer Hintergrund: Komplexe Funktionen I Definition von holomorphen Funktionen und die Cauchy-Riemann'schen Differenzialgleichungen

Bisher haben wir fast ausschließlich reellwertige Funktionen betrachtet. Wir werden uns jetzt fragen, wann wir Abbildungen der Form $f : G \subset \mathbb{C} \to \mathbb{C}$ (komplex) differenzierbar nennen, und sehen, dass die komplexe Differenzierbarkeit zwar genauso definiert ist wie im Reellen, aber dass die holomorphen Funktionen (das sind Funktionen, die überall komplex differenzierbar sind) schöne Eigenschaften besitzen, die für reelle Funktionen nicht gelten.

Gebiet und komplexe Funktionen Eine offene Teilmenge $G \subset \mathbb{C}$ heißt ein *Gebiet*, wenn G zusammenhängend ist, d. h. sind $U, V \subset G$ zwei offene, disjunkte Teilmengen mit $U \cup V = G$, so gilt entweder $U = \emptyset$ oder $V = \emptyset$.

Ein Beispiel für ein Gebiet ist die offene Kreisscheibe $\mathbb{D} = \{z \in \mathbb{C} : |z| < R\}$.

Eine *komplexe Funktion* ist einfach eine Funktion der Form $f : G \subset \mathbb{C} \to \mathbb{C}$.

Eine komplexe Funktion bildet also eine Teilmenge $G \subset \mathbb{C}$ in die komplexen Zahlen $\mathbb{C}$ ab. Somit ist für eine komplexe Zahl $z \in G \subset \mathbb{C}$ auch der Funktionswert $f(z) \in \mathbb{C}$ eine komplexe Zahl. Wir können daher mit $z = x + \mathrm{i} \cdot y$ auch $f(z)$ in Real- und Imaginärteil zerlegen. Wir erhalten dann zwei Funktionen $u, v : G \subset \mathbb{R}^2 \to \mathbb{R}^2$ (da $\mathbb{C} \equiv \mathbb{R}^2$) mit

$$f = u + \mathrm{i} \cdot v, \; f(z) = f(x + \mathrm{i} \cdot y) = u(x, y) + \mathrm{i} \cdot v(x, y).$$

Zusammenfassend: Zu einer komplexen Funktion f: $G \to \mathbb{C}$ gibt es immer eine reelle Darstellung $f(x, y) = (u(x, y), v(x, y))$ und eine komplexe Auffassung $f(z) = f(x + \mathrm{i} \cdot y) = u(x, y) + \mathrm{i} \cdot v(x, y)$. Dies entspricht auch unserer Vorstellung einer komplexen Zahl z, die wir in kartesischer Form $z = x + \mathrm{i} \cdot y$ oder als Zahlenpaar $z = (x, y)$ auf der Gauß'schen Zahlenebene schreiben können.

Holomorphe Funktionen Sei $G \subset \mathbb{C}$ ein Gebiet. Eine Funktion $f : G \to \mathbb{C}$ heißt in $z_0 \in G$ *komplex differenzierbar*, wenn

$$f'(z_0) := \lim_{z \to z_0} \frac{f(z) - f(z_0)}{z - z_0}$$

existiert. f heißt in G *holomorph*, wenn $f'(z)$ für alle $z \in G$ existiert.

Die holomorphen Funktionen im Komplexen sind quasi die glatten Funktionen im Reellen. Deshalb ist die komplexe Differenzierbarkeit auch gerade so definiert wie die reelle Differenzierbarkeit, und zwar mithilfe des Differenzenquotienten, wie man dies aus der Analysis kennt. Genauer: Von der Definition her sind holomorphe Funktionen zunächst nur differenzierbar und nicht glatt. Eine schöne Eigenschaft ist aber, dass einmal differenzierbar bei holomorphen Funktionen automatisch unendlich oft differenzierbar bedeutet.

Betrachten wir die reelle Auffassung einer komplexen Funktion, so erhalten wir die Jacobi-Matrix (das Differenzial) von f gerade durch

$$(Df)|_{z_0} = \begin{pmatrix} u_x(z_0) & u_y(z_0) \\ v_x(z_0) & v_y(z_0) \end{pmatrix}.$$

Insbesondere existieren also die ersten partiellen Ableitungen der Komponentenfunktionen u und v. Sind umgekehrt u und v partiell differenzierbar und sind die Ableitungen stetig, so ist auch f reell-differenzierbar, und es gilt

$$Df = \begin{pmatrix} u_x & u_y \\ v_x & v_y \end{pmatrix}. \tag{1}$$

Komplexe Struktur und Cauchy-Riemann'sche-Differenzialgleichungen Die lineare Abbildung J, gegeben durch

$$J := \begin{pmatrix} 0 & -1 \\ 1 & 0 \end{pmatrix},$$

die der Multiplikation mit i entspricht, heißt *komplexe Struktur*.

Multiplizieren wir die Matrix aus (1) mit der komplexen Struktur J und nutzen aus, dass dies sowohl von links als auch von rechts auf dasselbe Ergebnis führen sollte (da (1) eine komplexe Zahl darstellen soll), so erhalten wir gerade die sogenannten *Cauchy-Riemann'schen-Differenzialgleichungen*

$$\begin{aligned} \begin{pmatrix} u_y & -u_x \\ v_y & -v_x \end{pmatrix} &= \begin{pmatrix} u_x & u_y \\ v_x & v_y \end{pmatrix} \begin{pmatrix} 0 & -1 \\ 1 & 0 \end{pmatrix} \\ &= \begin{pmatrix} 0 & -1 \\ 1 & 0 \end{pmatrix} \begin{pmatrix} u_x & u_y \\ v_x & v_y \end{pmatrix} = \begin{pmatrix} -v_x & -v_y \\ u_x & u_y \end{pmatrix}, \end{aligned}$$

und so

$$u_x = v_y \quad \text{und} \quad u_y = -v_x.$$

Daraus folgt sofort, dass Real- und Imaginärteil analytischer Funktionen jeweils die Laplace-Gleichung erfüllen:

$$\Delta u = u_{xx} + u_{yy} = 0 \quad \text{und} \quad \Delta v = v_{xx} + v_{yy} = 0.$$

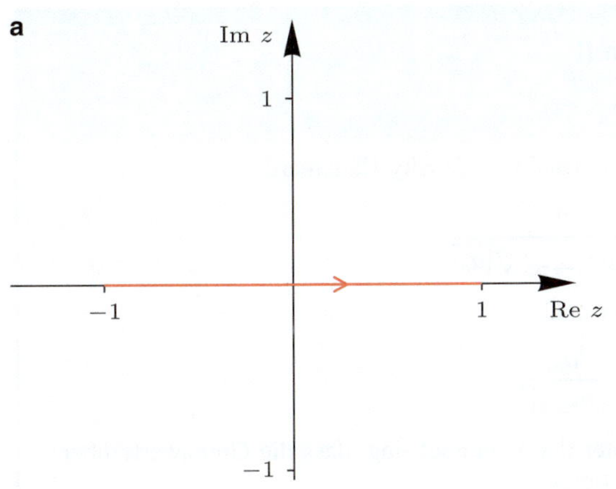

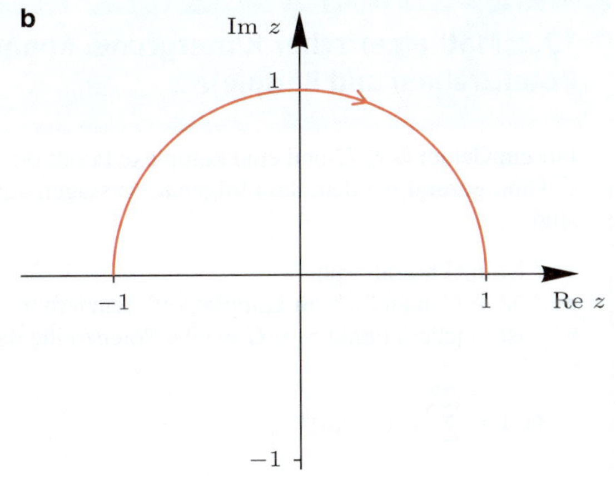

Abb. 13.4 Zur Berechnung des Integrals $\int_{-1}^{1} z^2 dz$ können verschiedene Integrationswege in der komplexen Ebene benutzt werden, z. B. (**a**) entlang der reellen Achse oder (**b**) auf einem Halbkreis in der oberen Halbebene

Strömen. Speziell für einen unendlich langen geraden Leiter hat man für den Betrag der Flussdichte

$$B(\rho) = \frac{2I}{c\rho}, \tag{13.36}$$

wobei ρ der Abstand zum Leiter ist. B hat also eine Polstelle erster Ordnung, und auch hier ist das Ergebnis des geschlossenen Wegintegrals ein Maß für die „Stärke" des Pols in B (das Ergebnis unterscheidet sich von dem aus dem Residuensatz letztlich nur durch einen hier fehlenden Faktor i).

Einfacher Pol im Ursprung

Betrachten wir als einfaches Beispiel zur Illustration des Residuensatzes die Funktion $f(z) = 1/z$, integriert auf dem Einheitskreis um den Ursprung (Abb. 13.5):

$$\oint \frac{1}{z}\,\mathrm{d}z = \int_0^{2\pi} \frac{1}{\mathrm{e}^{\mathrm{i}\varphi}}\mathrm{i}\mathrm{e}^{\mathrm{i}\varphi}\,\mathrm{d}\varphi = [\mathrm{i}\varphi]_0^{2\pi} = 2\pi\mathrm{i}. \tag{13.37}$$

Andererseits ist aber

$$\mathrm{Res}_0 \frac{1}{z} = 1, \tag{13.38}$$

also ergibt sich auch nach dem Residuensatz

$$\oint \frac{1}{z}\,\mathrm{d}z = 2\pi\mathrm{i}\,\mathrm{Res}_0 \frac{1}{z} = 2\pi\mathrm{i}. \tag{13.39}$$

Was hätte ein reiner Pol höherer Ordnung, $f(z) = 1/z^n$, n eine natürliche Zahl > 1, ergeben?

Für $f(z) = 1/z^n$ mit einer ganzen Zahl $n \neq 1$ hat man anstelle von (13.37)

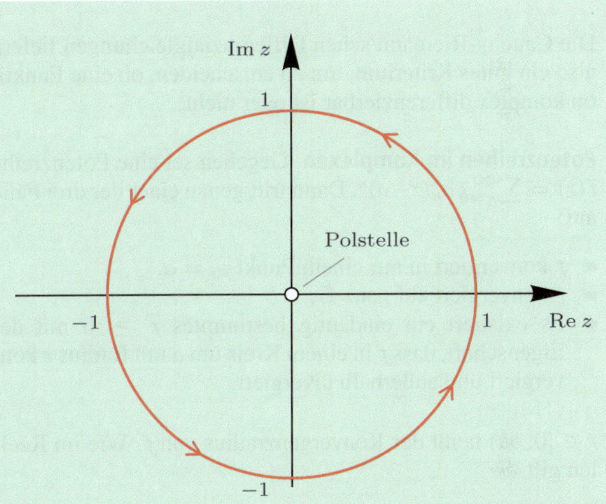

Abb. 13.5 Die Funktion $f(z) = 1/z$ hat im Ursprung eine Polstelle; sie wird hier entlang einem Einheitskreis um den Ursprung integriert

$$\int_0^{2\pi} \mathrm{i}\mathrm{e}^{\mathrm{i}(1-n)\varphi}\,\mathrm{d}\varphi = \frac{1}{(1-n)}\left[\mathrm{e}^{\mathrm{i}(1-n)\varphi}\right]_0^{2\pi} = 0, \tag{13.40}$$

da $\mathrm{e}^{\mathrm{i}(1-n)\varphi}$ eine periodische Funktion ist.

Es ist also nur der Fall $n = 1$, der hier aus der Reihe tanzt und für das Residuum verantwortlich ist. Tatsächlich ist gemäß der Definition des Residuums im „Mathematischen Hintergrund" 13.3

$$\mathrm{Res}_0 \frac{1}{z^n} = 0, \quad n \neq 1. \tag{13.41}$$

◀

13.2 Mathematischer Hintergrund: Komplexe Funktionen II Potenzreihen und Beispiele

Für ein Gebiet $G \subset \mathbb{C}$ und eine komplexe Funktion $f : G \to \mathbb{C}$ kann gezeigt werden, dass folgende Aussagen äquivalent sind:

- f ist in G holomorph.
- f ist in G unendlich oft komplex differenzierbar.
- f ist in jedem Punkt $z_0 \in G$ in eine Potenzreihe der Form

$$f(z) = \sum_{n=0}^{\infty} a_n (z - z_0)^n$$

  mit $a_n = \frac{f^{(n)}(z_0)}{n!}$ entwickelbar.
- f ist in G reell-differenzierbar, und es gelten in G die Cauchy-Riemann'schen Differenzialgleichungen.
- Jeder Punkt in G besitzt eine offene Umgebung, in der f eine Stammfunktion besitzt.

Die Cauchy-Riemann'schen Differenzialgleichungen liefern also ein gutes Kriterium, um zu entscheiden, ob eine Funktion komplex differenzierbar ist oder nicht.

Potenzreihen im Komplexen Gegeben sei eine Potenzreihe $f(z) = \sum_{n=0}^{\infty} a_n (z-a)^n$. Dann tritt genau einer der drei Fälle auf:

- f konvergiert in nur einem Punkt $z_0 = a$.
- f konvergiert auf ganz $\mathbb{C}$.
- Es existiert ein eindeutig bestimmtes $r \geq 0$ mit der Eigenschaft, dass f in einem Kreis um a mit Radius r konvergiert und außerhalb divergiert.

$r \in [0, \infty)$ heißt der Konvergenzradius von f. Wie im Reellen gilt

$$r := \sup_{a \in \mathbb{C}} \left\{ |z_0 - a| : \sum_{n=0}^{\infty} a_n (z_0 - a)^n \text{ ist konvergent} \right\}.$$

Auch die Formeln zur Berechnung von r sind genauso wie die in Analysis-Vorlesungen behandelten. Es gilt beispielsweise die Formel von Cauchy-Hadamard

$$r = \frac{1}{\limsup_{n\to\infty} \sqrt[n]{|a_n|}}$$

bzw. die Formel

$$r = \lim_{n\to\infty} \frac{|a_n|}{|a_{n+1}|},$$

immer unter der Voraussetzung, dass die Grenzwerte überhaupt existieren.

Beispiele

- Wir betrachten die Funktion $f(z) = z^3$. Dann ist natürlich $f'(z) = 3z^2$. Weiter errechnet man, dass $u(x, y) = x^3 - 3xy^2$ und $v(x, y) = 3x^2y - y^3$ und folglich

$$u_x(x, y) = 3x^2 - 3y^2 = v_y(x, y),$$
$$u_y(x, y) = -6xy = -v_x(x, y).$$

  Da die partiellen Ableitungen stetig sind, ist f reell-differenzierbar. Die Cauchy-Riemann'schen Differenzialgleichungen sind ebenfalls erfüllt, und daher ist f holomorph.
- Betrachte die Funktion $f(z) = \bar{z}$, die jeder komplexen Zahl ihr komplex Konjugiertes zuordnet. Dann gilt $f(z) = f(x + \mathrm{i} \cdot y) = x - \mathrm{i} \cdot y$ und somit $u(x, y) = x$ und $v(x, y) = -y$. Folglich erhalten wir

$$u_x(x, y) = -v_y(x, y) \quad \text{und} \quad u_y(x, y) = v_x(x, y).$$

  Damit sind die Cauchy-Riemann'schen Differenzialgleichungen nirgends erfüllt ($u_x = 1 \neq v_y = -1$) und f nirgends komplex differenzierbar.

Literatur

- Freitag, E., Busam, R.: Funktionentheorie 1. 4. Aufl., Springer (2006)

13.3 Mathematischer Hintergrund: Komplexe Funktionen III Singularitäten und meromorphe Funktionen

Wir haben bereits erfahren, wann man komplexe Funktionen differenzierbar nennt. Wir wollen nun Funktionen betrachten, die noch „fast" überall holomorph sind. Dazu sei $G \subset \mathbb{C}$ ein Gebiet.

Definition isolierte Singularitäten Ist $f\colon G \to \mathbb{C}$ eine holomorphe Funktion und $z_0 \in \mathbb{C}$, so heißt z_0 *isolierte Singularität* von f, wenn es ein $r > 0$ gibt, sodass

$$\{z \in \mathbb{C} : |z - z_0| < r\} \setminus \{z_0\} \subset G,$$

d. h., wenn es eine Umgebung von z_0 gibt, die ganz in G liegt, sodass f dort überall bis auf Ausnahme von z_0 holomorph ist. Man unterscheidet drei verschiedene Arten von isolierten Singularitäten:

- Eine isolierte Singularität heißt *hebbar*, wenn es eine holomorphe Funktion $g : G \cup \{z_0\} \to \mathbb{C}$ gibt, sodass g eingeschränkt auf G wieder f ist.
- Eine isolierte Singularität heißt *Pol*, wenn $\lim_{z \to z_0} |f(z)| \to \infty$.
- Eine isolierte Singularität heißt *wesentlich*, wenn sie weder hebbar noch Pol ist.

Eine hebbare Singularität ist also eine Singularität, die eigentlich gar keine ist, und ein Pol ist eine Singularität, bei der die Funktion betragsmäßig gegen ∞ geht. Wichtig ist jedoch, dass die Singularitäten isoliert liegen müssen, d. h. weder am Rand des Definitionsbereichs noch gehäuft auftreten dürfen.

Hat f an der Stelle z_0 einen Pol, so ist die Funktion $1/f$ in einer Umgebung von z_0 definiert, und es gilt $(1/f)(z_0) = 0$. Die *Ordnung* des Pols von f ist definiert als die Ordnung der Nullstelle von $1/f$. Dabei hat eine Funktion g an der Stelle z_0 genau dann eine Nullstelle der Ordnung n, wenn

$$g(z_0) = g'(z_0) = \cdots = g^{(n-1)}(z_0) = 0, \quad g^{(n)}(z_0) \neq 0.$$

- Die Funktion $f(z) = z/z$ hat bei $z_0 = 0$ eine durch $f(0) = 1$ hebbare Singularität.
- Die Funktion $f(z) = 1/z^n$ hat bei $z_0 = 0$ einen Pol n-ter Ordnung.
- Die Funktion $f(z) = \exp(1/z)$ hat bei $z_0 = 0$ eine wesentliche Singularität. Dabei ist die komplexe Exponentialfunktion exp wie im Reellen durch die Potenzreihenentwicklung erklärt.

Laurent-Reihen Da Funktionen mit isolierten Singularitäten „fast" überall holomorph sind, lassen sie sich auch „fast" als Potenzreihe darstellen.

Eine *Laurent-Reihe* ist eine Reihe der Form

$$L(z) = \sum_{n=-\infty}^{\infty} a_n (z - z_0)^n$$

$$:= \sum_{n=1}^{\infty} \frac{a_{-n}}{(z - z_0)^n} + \sum_{n=0}^{\infty} a_n (z - z_0)^n.$$

Die erste Summe auf der rechten Seite nennt man *Hauptteil*, die zweite nennt man *Nebenteil* der Laurent-Reihe. a_{-1} ist genau das im Text besprochene *Residuum* der Funktion bei z_0.

Eine Laurent-Reihe ist zunächst einmal einfach die formale Summe von zwei unendlichen Reihen, im Prinzip also eine Potenzreihe, die sowohl positive als auch negative Potenzen hat. In dem Fall, dass Haupt- und Nebenteil konvergieren, ist die Laurent-Reihe auch als Funktion definiert als Summe der Teile. Das Konvergenzgebiet ist in diesem Falle ein Kreisring.

Ist $f\colon G \to \mathbb{C}$ eine holomorphe Funktion mit einer isolierten Singularität in z_0, so ist f um z_0 in eine Laurent-Reihe entwickelbar.

Mit Laurent-Reihen kann man nun die Art der isolierten Singularität klassifizieren:

- z_0 ist genau dann hebbar, wenn der Hauptteil verschwindet.
- z_0 ist genau dann Pol n-ter Ordnung, wenn $a_{-n} \neq 0$ und $a_{-m} = 0$ für alle $m > n$.
- z_0 ist genau dann wesentlich, wenn der Hauptteil eine unendliche Summe ist.

Meromorphe Funktionen Dies sind Funktionen, die bis auf isolierte Singularitäten überall holomorph sind. Genauer nennt man eine Funktion f meromorph in G, wenn es eine Teilmenge $P(f) \subset G$ gibt, sodass gilt:

- Die Menge $P(f)$ besitzt keinen Häufungspunkt in G.
- f ist in $G \setminus P(f)$ holomorph, und jeder Punkt von $P(f)$ ist entweder hebbar oder ein Pol.

Beispiele

- Sind p und q Polynome, so ist $f(z) = p(z)/q(z)$ eine meromorphe Funktion.
- Ist $f \neq 0$ holomorph, so ist $1/f$ meromorph. Auch für meromorphes $f \neq 0$ ist $1/f$ meromorph.
- Die Funktion $\exp(1/z)$ ist nicht meromorph.

Literatur

- Freitag, E., Busam, R.: Funktionentheorie 1. 4. Aufl., Springer (2006)

In konkreten Anwendungen des Residuensatzes verwendet man oft Integrationswege, die „im Unendlichen" geschlossen sind.

Geschlossener Integrationsweg im Unendlichen

Um diese Methode zu verdeutlichen, betrachten wir als einfaches Beispiel das Integral

$$\int_{-\infty}^{\infty} \frac{1}{1+x^2}\,\mathrm{d}x. \tag{13.42}$$

Mittels der Substitution $x = \tan\xi$ kann man leicht zeigen, dass sich für den Wert dieses Integrals π ergibt.

Stattdessen kann man aber auch den Integranden als komplexe Funktion $f(z) = 1/(1+z^2) = 1/((z+\mathrm{i})(z-\mathrm{i}))$ mit den beiden Polstellen erster Ordnung $z_1 = \mathrm{i}$ und $z_2 = -\mathrm{i}$ ansehen. Wir betrachten zunächst nur das Integral

$$\int_{-R}^{R} \frac{1}{1+z^2}\,\mathrm{d}z. \tag{13.43}$$

Als Integrationsweg in der komplexen Ebene wählen wir dann einen Halbkreis (Hk) mit Radius $R > 1$ um den Ursprung, der oberhalb der reellen Achse verläuft. Dieser Integrationsweg hängt mit dem ursprünglichen Weg entlang der reellen Achse (rA) durch Addition eines geschlossenen Weges (gW) zusammen, der von $-R$ nach R und dann entlang des Halbkreises von R nach $-R$ zurückläuft (Abb. 13.6):

$$\int_{-R}^{R} \frac{1}{1+z^2}\,\mathrm{d}z_{\mathrm{rA}} = \int \frac{1}{1+z^2}\,\mathrm{d}z_{\mathrm{Hk}} + \oint \frac{1}{1+z^2}\,\mathrm{d}z_{\mathrm{gW}}. \tag{13.44}$$

Der geschlossene Weg enthält die Polstelle $z_1 = \mathrm{i}$; für das Residuum ergibt sich

$$\mathrm{Res}_{\mathrm{i}} \frac{1}{1+z^2} = \frac{1}{2\mathrm{i}}. \tag{13.45}$$

Nach dem Residuensatz liefert das geschlossene Wegintegral somit den Wert π. Im Halbkreisintegral kann man $z = R\mathrm{e}^{\mathrm{i}\varphi}$ substituieren. Insgesamt ergibt sich dann

$$\int_{-R}^{R} \frac{1}{1+z^2}\,\mathrm{d}z_{\mathrm{rA}} = \int_{0}^{\pi} \frac{\mathrm{i}R\mathrm{e}^{\mathrm{i}\varphi}}{1+R^2\mathrm{e}^{2\mathrm{i}\varphi}}\,\mathrm{d}\varphi + \pi. \tag{13.46}$$

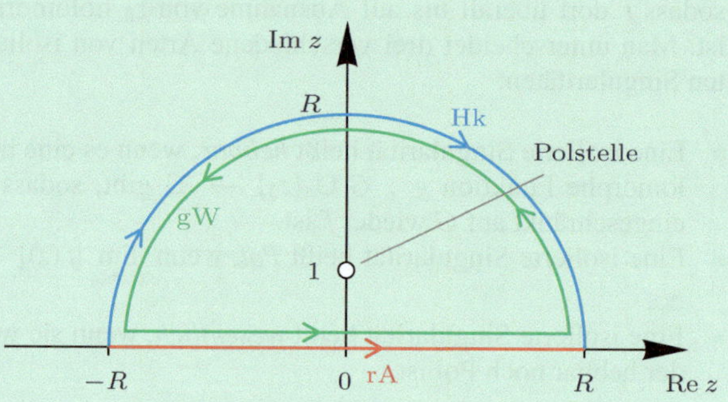

Abb. 13.6 Die Funktion $f(z) = 1/(1+z^2)$ kann entlang der reellen Achse (rA) oder entlang eines Halbkreises (Hk) mit Radius R in der oberen Halbebene integriert werden. Außerdem ist hier die Polstelle der Funktion bei $z = \mathrm{i}$ gezeigt, und ein geschlossener Integrationsweg (gW), sodass für die Wege rA = Hk + gW gilt

Schließlich führen wir den Limes $R \to \infty$ aus, betrachten also letztlich einen geschlossenen Integrationsweg, der aus der kompletten reellen Achse und einem Halbkreis „im Unendlichen" besteht. Der erste Summand geht in diesem Limes gegen null, und wir erhalten wieder das Ergebnis

$$\int_{-\infty}^{\infty} \frac{1}{1+x^2}\,\mathrm{d}x = \int_{-\infty}^{\infty} \frac{1}{1+z^2}\,\mathrm{d}z_{\mathrm{rA}} = \pi. \tag{13.47}$$

Statt eines Halbkreises oberhalb der reellen Achse hätte man hier auch einen unterhalb verwenden können. Der geschlossene Integrationsweg wäre dann allerdings im mathematisch negativen Sinn verlaufen, sodass man im Residuensatz ein zusätzliches Minuszeichen hätte verwenden müssen. Außerdem hätte das Residuum des Pols bei $z_2 = -\mathrm{i}$ zum Integral beigetragen statt das des Pols bei $z_1 = \mathrm{i}$. Insgesamt würde sich dadurch auch bei dieser Rechnung derselbe Wert π ergeben. ◄

Anwendung: Die Green'sche Funktion zum Laplace-Operator

Mithilfe der Fourier-Transformation und des Residuensatzes kann die Green'sche Funktion zum Laplace-Operator berechnet werden. Dies wurde zwar bereits im vorhergehenden Kapitel durchgeführt, jedoch werden wir hier Methoden kennenlernen, die auch in anderen Zusammenhängen nützlich sind. Insbesondere betrachten wir zunächst die allgemeinere Differenzialgleichung

$$(\Delta - k_0^2)\phi(\boldsymbol{r}) = -4\pi\rho(\boldsymbol{r}). \tag{13.48}$$

Dies ist die Differenzialgleichung für ein sogenanntes *Yukawa-Potenzial*, das in der Teilchenphysik eine große Rolle spielt. Für $k_0 = \mathrm{i}k$ ist dies außerdem eine (inhomogene) Form der sogenannten *Helmholtz-Gleichung*, die beispielsweise bei Abstrahlvorgängen (Abschn. 19.3) und in der Quantenmechanik (Kap. 32) wichtig ist.

Die Differenzialgleichung für die zugehörige Green'sche Funktion ist entsprechend

$$(\Delta - k_0^2)G(\boldsymbol{r} - \boldsymbol{r}') = -4\pi\delta(\boldsymbol{r} - \boldsymbol{r}'). \tag{13.49}$$

Im Limes $k_0 \to 0$ erhalten wir daraus die Green'sche Funktion zum Laplace-Operator.

Zunächst setzen wir in (13.48) auf beiden Seiten die Fourier-Transformierten ein und benutzen dabei das Ergebnis (13.18), auf drei Dimensionen verallgemeinert:

$$(\Delta - k_0^2)\int \frac{\mathrm{d}^3k}{\left(\sqrt{2\pi}\right)^3}\tilde{G}(\boldsymbol{k})\mathrm{e}^{\mathrm{i}\boldsymbol{k}\cdot(\boldsymbol{r}-\boldsymbol{r}')} = \frac{-4\pi}{(2\pi)^3}\int \mathrm{d}^3k\,\mathrm{e}^{\mathrm{i}\boldsymbol{k}\cdot(\boldsymbol{r}-\boldsymbol{r}')}. \tag{13.50}$$

Der Differenzialoperator wirkt nur auf den Exponentialfaktor, also kann die Ableitung sofort berechnet werden und ergibt einfach einen Faktor $-k^2$. Da die Integranden auf beiden Seiten gleich sein müssen, folgt:

$$\tilde{G}(\boldsymbol{k}) = \frac{4\pi}{\left(\sqrt{2\pi}\right)^3}\frac{1}{k^2 + k_0^2}. \tag{13.51}$$

Frage 3

Zeigen Sie dies.

Daraus erhalten wir nun durch Rücktransformation die Green'sche Funktion:

$$G(\boldsymbol{r} - \boldsymbol{r}') = \frac{4\pi}{(2\pi)^3}\int \mathrm{d}^3k\,\frac{1}{k^2 + k_0^2}\mathrm{e}^{\mathrm{i}\boldsymbol{k}\cdot(\boldsymbol{r}-\boldsymbol{r}')}. \tag{13.52}$$

Geht man zu Kugelkoordinaten im k-Raum über, so hat man

$$G(\boldsymbol{r} - \boldsymbol{r}') = \frac{4\pi}{(2\pi)^3}\int_0^\infty k^2\,\mathrm{d}k\int_{-1}^{1}\mathrm{d}\cos\vartheta\int_0^{2\pi}\mathrm{d}\varphi\,\frac{\mathrm{e}^{\mathrm{i}k\bar{r}\cos\vartheta}}{k^2 + k_0^2} \tag{13.53}$$

zu berechnen, wobei zur Abkürzung $\bar{r} = |\boldsymbol{r} - \boldsymbol{r}'|$ gesetzt wurde. Die Winkelintegrationen sind leicht ausführbar:

$$G(\boldsymbol{r} - \boldsymbol{r}') = \frac{1}{\pi\mathrm{i}\bar{r}}\int_0^\infty k\frac{\mathrm{e}^{\mathrm{i}k\bar{r}} - \mathrm{e}^{-\mathrm{i}k\bar{r}}}{k^2 + k_0^2}\,\mathrm{d}k. \tag{13.54}$$

Das Integral kann man nun zunächst aufteilen in

$$\int_0^\infty k\frac{\mathrm{e}^{\mathrm{i}k\bar{r}}}{k^2 + k_0^2}\,\mathrm{d}k - \int_0^\infty k\frac{\mathrm{e}^{-\mathrm{i}k\bar{r}}}{k^2 + k_0^2}\,\mathrm{d}k. \tag{13.55}$$

Geht man dann im zweiten Integral von k zu $-k$ über, so kann man beide Integrale wieder zusammenfassen und hat

$$G(\boldsymbol{r} - \boldsymbol{r}') = \frac{1}{\pi\mathrm{i}\bar{r}}\int_{-\infty}^{\infty}\frac{z\mathrm{e}^{\mathrm{i}z}}{z^2 + (k_0\bar{r})^2}\,\mathrm{d}z, \tag{13.56}$$

wobei außerdem $z = k\bar{r}$ substituiert wurde.

Der Integrand hat Pole in der komplexen Ebene bei $\pm\mathrm{i}k_0\bar{r}$, also kann das Integral ähnlich wie im Beispiel oben mithilfe des Residuensatzes ausgewertet werden. Wir schließen den Integrationsweg wieder durch einen Halbkreis „im Unendlichen". Im Beispiel oben ging der Beitrag dieses Halbkreises für $R \to \infty$ gegen null, egal, ob der Halbkreis ober- oder unterhalb der k-Achse geschlossen wurde. Dies ist hier anders: Im Zähler der Integranden steht die Exponentialfunktion $\mathrm{e}^{\mathrm{i}z} = \mathrm{e}^{\mathrm{i}\,\mathrm{Re}\,z - \mathrm{Im}\,z}$, für $\mathrm{Im}\,z \to -\infty$ (Halbkreis „im Unendlichen" in der unteren Halbebene) würde der Integrand also divergieren.

Deshalb muss der Halbkreis hier in der oberen Halbebene geschlossen werden. Für $R \to \infty$ gilt dann auch $\mathrm{Im}\,z \to \infty$; die Exponentialfunktion und damit der komplette Integrand gehen also gegen null, und das Integral über den Halbkreis liefert wieder keinen Beitrag. Es bleibt wieder nur das geschlossene Wegintegral (entlang der reellen Achse und über den Halbkreis „im Unendlichen" zurück; siehe Abb. 13.6) übrig:

$$G(\boldsymbol{r} - \boldsymbol{r}') = \frac{1}{\pi\mathrm{i}\bar{r}}\oint\frac{z\mathrm{e}^{\mathrm{i}z}}{z^2 + (k_0\bar{r})^2}\,\mathrm{d}z, \tag{13.57}$$

das nun mittels des Residuensatzes berechnet werden kann:

$$G(\boldsymbol{r} - \boldsymbol{r}') = \frac{2}{\bar{r}}\mathrm{Res}_{\mathrm{i}k_0\bar{r}}\frac{z\mathrm{e}^{\mathrm{i}z}}{z^2 + (k_0\bar{r})^2} \tag{13.58}$$

mit dem Residuum

$$\lim_{z\to\mathrm{i}k_0\bar{r}}(z - \mathrm{i}k_0\bar{r})\frac{z\mathrm{e}^{\mathrm{i}z}}{z^2 + (k_0\bar{r})^2} = \frac{\mathrm{e}^{-k_0\bar{r}}}{2}. \tag{13.59}$$

Frage 4

Rechnen Sie dies nach; faktorisieren Sie dafür zunächst den Nenner.

Schließlich bleibt nur

$$G(\boldsymbol{r} - \boldsymbol{r}') = \frac{\mathrm{e}^{-k_0\bar{r}}}{\bar{r}}, \tag{13.60}$$

was sich für $k_0 \to 0$ auf das bekannte Ergebnis

$$G(\boldsymbol{r}-\boldsymbol{r}') = \frac{1}{|\boldsymbol{r}-\boldsymbol{r}'|} \tag{13.61}$$

reduziert, wobei wieder $\bar{r} = |\boldsymbol{r}-\boldsymbol{r}'|$ eingesetzt wurde.

13.3 Vollständige Funktionensysteme

In Abschn. 13.1 haben wir eine Möglichkeit kennengelernt, das Konzept der Fourier-Reihen zu verallgemeinern: die Fourier-Integrale. Hier wird nun eine zweite Verallgemeinerung in eine andere Richtung betrachtet: Die Fourier-Reihe ist ein spezielles Beispiel für eine Entwicklung nach einem sogenannten vollständigen Funktionensystem. Dieser mathematische Hintergrund soll hier erläutert und die Idee an einem zweiten wichtigen Beispiel, den Legendre-Polynomen, nochmals demonstriert werden.

Die Fourier-Reihe als Entwicklung nach einem vollständigen Funktionensystem

Beginnen wir direkt mit der Definition des zentralen Begriffs.

Entwicklung nach einem vollständigen Funktionensystem

Ein System (im mathematischen Sinne eine Familie) f_k von Funktionen heißt *vollständig* auf einem Intervall I, wenn man alle Funktionen f, die auf I definiert (und quadratintegrabel; siehe unten) sind, danach entwickeln, d. h. als (unendliche) Linearkombination dieser Funktionen schreiben kann:

$$f(x) = \sum_j a_j f_j(x). \tag{13.62}$$

Als Beispiel dafür kennen wir schon die Fourier-Reihe, hier der Einfachheit halber zunächst nur für ungerade Funktionen:

$$f(t) = \sum_{j=0}^{\infty} b_j \sin(j\omega t). \tag{13.63}$$

Die Funktionen $h_j(t) = \sin(j\omega t)$ stellen also z. B. auf dem Intervall $I = [-T/2, T/2]$ (mit $T = 2\pi/\omega$) ein vollständiges System dar, nach dem man alle ungeraden Funktionen entwickeln kann, die bei $t = \pm T/2$ verschwinden. (*Anmerkung*: Bisher wurden Fourier-Reihen nur für periodische Funktionen benutzt, aber man kann prinzipiell auch Funktionen darstellen, die nur in einer Periode überhaupt definiert sind; die Darstellung stimmt dann allerdings nur innerhalb dieses Intervalls.)

Aus der Vektorrechnung kennen wir bereits eine Analogie zu einer solchen Darstellung einer Funktion – die Darstellung eines Vektors $\boldsymbol{v}$ bezüglich der Basisvektoren $\hat{\boldsymbol{e}}_j$ sieht prinzipiell genauso aus:

$$\boldsymbol{v} = \sum_j a_j \hat{\boldsymbol{e}}_j. \tag{13.64}$$

Verwendet man dabei speziell eine orthonormale Basis,

$$\hat{\boldsymbol{e}}_j \cdot \hat{\boldsymbol{e}}_k = \langle \hat{\boldsymbol{e}}_j, \hat{\boldsymbol{e}}_k \rangle = \sum_i (e_j)_i (e_k)_i = \delta_{jk}, \tag{13.65}$$

so kann man die Koeffizienten folgendermaßen berechnen:

$$a_j = \boldsymbol{v} \cdot \hat{\boldsymbol{e}}_j = \langle \boldsymbol{v}, \hat{\boldsymbol{e}}_j \rangle = \sum_k v_k (e_j)_k, \tag{13.66}$$

wobei der Summationsindex k die Komponenten der Vektoren durchnummeriert und wir die in der Mathematik übliche Schreibweise $\langle\cdot,\cdot\rangle$ für ein Skalarprodukt verwendet haben.

Vergleichen wir damit die Beziehungen zwischen Sinusfunktionen zu unterschiedlichen Werten von j und die Berechnung der Koeffizienten b_j:

$$\int_{-T/2}^{T/2} \sin(j\omega t)\sin(k\omega t)\,\mathrm{d}t = \frac{T}{2}\delta_{jk} \tag{13.67}$$

und

$$b_j = \frac{2}{T}\int_{-T/2}^{T/2} f(t)\sin(j\omega t)\,\mathrm{d}t. \tag{13.68}$$

Die Beziehungen für die Funktionen sehen denen für die Vektoren sehr ähnlich (bis auf Vorfaktoren $T/2$ bzw. $2/T$, die man aber durch Umskalieren der Funktionen $h_j(t)$ leicht loswerden könnte); im Prinzip werden nur Summen über Produkte von Vektorkomponenten durch Integrale über Produkte von Funktionswerten ersetzt.

Frage 5

Wie könnte man dementsprechend ein Skalarprodukt für Funktionen definieren?

Es liegt deshalb nahe, das Konzept des Skalarprodukts auf Funktionen zu erweitern.

Skalarprodukt für Funktionen

Für Funktionen f und g, die auf einem Intervall I definiert sind, definieren wir

$$\langle f, g\rangle := \int_I f^*(x) g(x)\,\mathrm{d}x. \tag{13.69}$$

Dabei ist zu beachten, dass dieses Skalarprodukt sinnvoll nur für sogenannte *quadratintegrable Funktionen* definiert ist, also Funktionen, für die das Integral

$$\int_I |f(x)|^2 \, dx < \infty \qquad (13.70)$$

ist; der Vektorraum dieser Funktionen wird mit $L^2(\mathbb{C})$ bezeichnet. Im Interesse der Allgemeinheit haben wir die Beziehungen hier direkt für komplexe Funktionen hingeschrieben; bei reellen Funktionen entfällt die komplexe Konjugation bzw. der Betrag. (*Anmerkung:* Außerdem kann das Skalarprodukt noch verallgemeinert werden, beispielsweise durch eine „Gewichtsfunktion"; siehe dazu Aufgabe 13.6.)

Mithilfe dieses Skalarprodukts kann man für die Koeffizienten nun kurz schreiben:

$$b_j = \frac{2}{T}\langle h_j, f\rangle, \qquad (13.71)$$

und die Beziehung zwischen verschiedenen Sinusfunktionen wird

$$\langle h_j, h_k\rangle = \frac{T}{2}\delta_{jk}. \qquad (13.72)$$

In diesem Sinne bilden die Sinusfunktionen ein *orthogonales Funktionensystem*. Die Kosinusfunktionen erfüllen eine äquivalente Orthogonalitätsrelation, außerdem sind alle Sinusfunktionen orthogonal zu allen Kosinusfunktionen – man hat bei den Fourier-Reihen also ein „doppelt orthogonales" oder eben *biorthogonales* Funktionensystem.

Häufig verwendet man ein *orthonormales Funktionensystem*, also ein System von Funktionen, die nicht nur orthogonal zueinander sind, sondern auch die Norm 1 haben.

Orthonormalitätsrelation für ein Funktionensystem

Ein Funktionensystem f_k heißt *orthonormal*, wenn gilt:

$$\langle f_j, f_k\rangle = \delta_{jk}. \qquad (13.73)$$

Damit können wir die Berechnung der Koeffizienten auch mittels des Skalarprodukts formulieren.

Berechnung der Koeffizienten bei einem orthonormalen Funktionensystem

Die Koeffizienten a_j für die Entwicklung einer Funktion f nach einem orthonormalen Funktionensystem f_j ergeben sich aus

$$a_j = \langle f_j, f\rangle. \qquad (13.74)$$

Letztlich kommt man dadurch auf die einfache Darstellung

$$f(x) = \sum_j \langle f_j, f\rangle f_j(x). \qquad (13.75)$$

Achtung Da das Skalarprodukt nur für quadratintegrable Funktionen definiert ist, folgt, dass auch nur solche Funktionen nach einem vollständigen System entwickelt werden können – wie oben bereits vorausgesetzt. Insbesondere für Deltafunktionen und harmonische Funktionen (mit $I = \mathbb{R}$) sollte dies eigentlich nicht möglich sein. Allerdings sind diese Funktionen temperierte Distributionen, für die ebenfalls ein Skalarprodukt sinnvoll definierbar ist (siehe den „Mathematischen Hintergrund" 11.1). Man gelangt so zum sogenannten *Gelfand'schen Raumtripel* (siehe dazu die mathematische Literatur). ◂

Die Vollständigkeitseigenschaft eines Funktionensystems wird oft auch anders dargestellt (dies ist beispielsweise in der Quantenmechanik wichtig; man spricht dann auch von einer *Zerlegung der Eins*).

Vollständigkeit eines Funktionensystems

Ein Funktionensystem f_j ist vollständig, wenn gilt:

$$\sum_j f_j^*(x')f_j(x) = \delta(x' - x). \qquad (13.76)$$

Diese Gleichung ist als eine Gleichung zwischen Distributionen zu verstehen: Beide Seiten sind auf Testfunktionen anzuwenden, d. h. beide Seiten müssen mit $f(x')$ multipliziert und über x' integriert werden. Unter Verwendung von (13.74) gelangt man dann wieder zurück zur gewohnten Darstellung (13.62).

Frage 6

Zeigen Sie dies.

Abschließend noch zwei Anmerkungen:

- Die Reihe (13.62) muss nicht im üblichen Sinne gegen die eigentliche Funktion $f(x)$ konvergieren, sondern nur im sogenannten „quadratischen Mittel", d. h., für die Partialsummen $f^{(n)}(x) := \sum_{j=0}^{n} a_j f_j(x)$ muss gelten:

$$\lim_{n\to\infty} \int_I |f(x) - f^{(n)}(x)|^2 \, dx \to 0. \qquad (13.77)$$

(Zur Konvergenz von Funktionenreihen siehe auch den „Mathematischen Hintergrund" 8.1.)

- Auch bei der kontinuierlichen Fourier-Transformation handelt es sich letztlich um eine Entwicklung nach einem vollständigen orthogonalen Funktionensystem. Weil das Funktionensystem aber in diesem Fall überabzählbar viele Funktionen enthält, steht dann in (13.62) statt einer Summe ein Integral.

Die Legendre-Polynome

Betrachten wir als zweites konkretes Beispiel neben der Fourier-Reihe die Entwicklung nach einem in der Physik oft benutzten orthogonalen Funktionensystem, den sogenannten *Legendre-Polynomen* (nach dem französischen Mathematiker *Adrien-Marie Legendre*, 1752–1833, der sie aber ursprünglich in einem anderen Zusammenhang einführte; siehe Abschn. 13.6).

Systeme von Polynomen zu verwenden, liegt nahe, da diese besonders einfache Funktionen sind. So ist beispielsweise auch die Taylor-Reihe letztlich eine Entwicklung nach einem System von Polynomen, in diesem Fall den einfachen Polynomen (bzw. eigentlich Monomen) x^k. Um die oben gefundene Beziehung (13.74) für die Berechnung der Koeffizienten verwenden zu können, benötigen wir aber speziell ein orthogonales System.

Für die Orthogonalitätsbeziehung zwischen Polynomen definieren wir zunächst ein passendes Skalarprodukt. Die allgemeine Form (13.69) wurde oben angegeben; es bleibt, das Intervall I zu wählen. Bei den Legendre-Polynomen ist $I = [-1; 1]$, außerdem sind sie reell. Man hat also

$$\langle f, g\rangle = \int_{-1}^{1} f(x)g(x)\,\mathrm{d}x. \tag{13.78}$$

Unser Ziel ist nun, das System x^k von Polynomen mithilfe dieses Skalarprodukts in ein orthogonales System umzuwandeln.

Erinnern Sie sich, wie man ein System von Vektoren orthogonalisiert, und überlegen Sie, wie man dies auf Funktionen anwenden kann.

Dies gelingt genauso wie bei Vektoren mittels des *Gram-Schmidt'schen Orthogonalisierungsverfahrens*: Wir gehen aus von den Polynomen $f_j(x) = x^j$. Als erstes Polynom p_0 wählen wir

$$p_0(x) = f_0(x) = x^0 = 1. \tag{13.79}$$

Ein zweites, dazu orthogonales Polynom p_1 erhalten wir folgendermaßen:

$$p_1(x) = f_1(x) - \frac{\langle p_0, f_1\rangle}{\langle p_0, p_0\rangle} p_0(x). \tag{13.80}$$

Anschaulich ist der zweite Summand der Anteil der Funktion f_1, der (im Sinne des Skalarprodukts zwischen Funktionen) parallel zur Funktion p_0 ist. Zieht man diesen Anteil von f_1 ab, so bleibt eine Funktion übrig, die orthogonal zu p_0 ist. Die konkrete Auswertung der Skalarprodukte ergibt

$$\langle p_0, f_1\rangle = \int_{-1}^{1} p_0(x) f_1(x)\,\mathrm{d}x = \int_{-1}^{1} x\,\mathrm{d}x = 0 \tag{13.81}$$

und

$$\langle p_0, p_0\rangle = \int_{-1}^{1} p_0(x) p_0(x)\,\mathrm{d}x = \int_{-1}^{1} \mathrm{d}x = 2, \tag{13.82}$$

also hat man hier einfach

$$p_1(x) = f_1(x) = x^1 = x. \tag{13.83}$$

Bei der Berechnung des nächsten Polynoms p_2 muss man nun die Anteile, die parallel zu p_0 und zu p_1 sind, subtrahieren:

$$p_2(x) = f_2(x) - \frac{\langle p_0, f_2\rangle}{\langle p_0, p_0\rangle} p_0(x) - \frac{\langle p_1, f_2\rangle}{\langle p_1, p_1\rangle} p_1(x), \tag{13.84}$$

wobei sich für die noch fehlenden Skalarprodukte Folgendes ergibt:

$$\begin{aligned} \langle p_0, f_2\rangle &= \frac{2}{3}, \\ \langle p_1, f_2\rangle &= 0, \\ \langle p_1, p_1\rangle &= \frac{2}{3}. \end{aligned} \tag{13.85}$$

Rechnen Sie dies nach.

Letztlich findet man also

$$p_2(x) = x^2 - \frac{1}{3}. \tag{13.86}$$

So kann man induktiv fortfahren; für das Polynom p_j hat man

$$p_j(x) = f_j(x) - \sum_{k=0}^{j-1} \frac{\langle p_k, f_j\rangle}{\langle p_k, p_k\rangle} p_k(x) \tag{13.87}$$

zu berechnen.

Will man nicht nur ein orthogonales, sondern sogar ein orthonormales System $\bar{p}_j$ von Polynomen, so muss man zusätzlich noch jede Funktion durch ihre Norm, also die Wurzel aus dem Skalarprodukt mit sich selbst, teilen:

$$\bar{p}_j(x) = \frac{p_j(x)}{\sqrt{\langle p_j, p_j \rangle}}. \tag{13.88}$$

Bei den Legendre-Polynomen P_j wird stattdessen üblicherweise die Bedingung gewählt, dass $P_j(1) = 1$ sein soll. Die ersten beiden Polynome p_0 und p_1 erfüllen diese Bedingung bereits, das dritte Polynom p_2 muss man aber umskalieren (wodurch sich an der Orthogonalität natürlich nichts ändert). Schließlich ergibt sich folgendes vollständige orthogonale System von Funktionen:

$$\begin{aligned} P_0(x) &= 1, \\ P_1(x) &= x, \\ P_2(x) &= \frac{1}{2}(3x^2 - 1), \\ P_3(x) &= \frac{1}{2}(5x^3 - 3x), \\ P_4(x) &= \frac{1}{8}(35x^4 - 30x^2 + 3), \\ \ldots &= \ldots \end{aligned} \tag{13.89}$$

Die Graphen dieser Funktionen sind in Abb. 13.7 dargestellt.

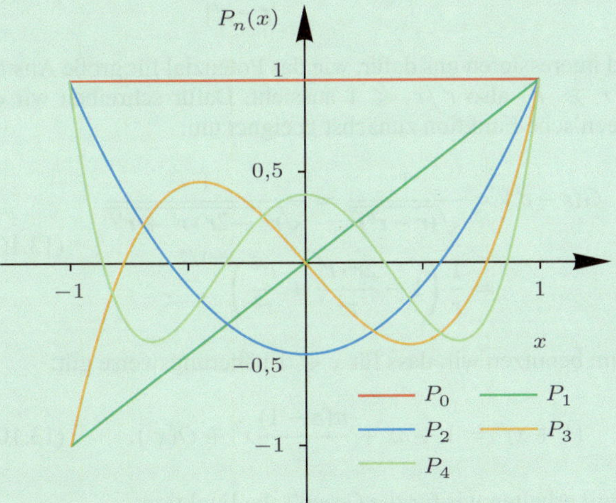

Abb. 13.7 Die Graphen der ersten fünf Legendre-Polynome (13.89). Die Normierungsbedingung $P_j(1) = 1$ und die Beziehung (13.90) sind deutlich erkennbar

Wie man an den Graphen sieht und auch allgemein beweisen kann, gilt

$$P_j(-1) = (-1)^j. \tag{13.90}$$

Mit der hier benutzten Normierung folgt (Aufgabe 32.3)

$$\int_{-1}^{1} P_j(x) P_k(x)\, \mathrm{d}x = \frac{2}{2j+1} \delta_{jk}. \tag{13.91}$$

Die Legendre-Polynome kann man übrigens auch direkt berechnen; es gilt die *Formel von Rodrigues* (nach dem französischer Mathematiker, Bankier und Sozialreformer *Olinde Rodrigues*, 1795–1851):

$$P_j(x) = \frac{1}{2^j j!} \frac{\mathrm{d}^j}{\mathrm{d}x^j} (x^2 - 1)^j, \tag{13.92}$$

die wir in Abschn. 27.6 beweisen werden. ◀

Orthogonale Funktionensysteme als Eigenfunktionen selbstadjungierter Differenzialoperatoren

Am Beispiel der Legendre-Polynome wurde gezeigt, wie man ein vollständiges orthogonales (oder orthonormales) Funktionensystem erhalten kann: Man definiert ein Skalarprodukt auf dem gewünschten Intervall, wählt dann ein beliebiges vollständiges Funktionensystem und führt dafür eine Gram-Schmidt-Orthogonalisierung durch (bzw. normiert die Funktionen anschließend noch).

Neben diesem Verfahren gibt es eine weitere Methode, die man wieder durch eine Analogie zur Vektorrechnung erhält: Aus der linearen Algebra ist bekannt, dass die Eigenvektoren einer symmetrischen bzw. hermiteschen Matrix A (also die Vektoren $\boldsymbol{v}$, für die $A\boldsymbol{v} = \lambda \boldsymbol{v}$ gilt, wobei λ eine konstante Zahl ist) eine orthogonale Basis bilden. Die Symmetrie bzw. Hermitezität der Matrix kann man direkt sehen ($A^\top = A$ bzw. $A^\dagger = A$), üblicherweise wird sie aber in der Mathematik über das Skalarprodukt definiert: Eine Matrix A heißt symmetrisch bzw. hermitesch, wenn für alle Vektoren $\boldsymbol{u}$ und $\boldsymbol{v}$

$$\langle \boldsymbol{u}, A\boldsymbol{v} \rangle = \langle A\boldsymbol{u}, \boldsymbol{v} \rangle \tag{13.93}$$

gilt, wobei das Skalarprodukt jeweils auf reellen bzw. komplexen Vektoren definiert ist.

Frage 7

Überlegen Sie sich, wie man diese Konzepte auf Differenzialoperatoren und Funktionen verallgemeinern kann.

Ein analoges Konzept gibt es auch beim Skalarprodukt zwischen Funktionen.

Selbstadjungierte Differenzialoperatoren

Ein Differenzialoperator D heißt *selbstadjungiert* bezüglich eines Skalarprodukts, wenn für alle Funktionen f und g, für die das Skalarprodukt definiert ist, gilt:

$$\langle f, Dg\rangle = \langle Df, g\rangle. \tag{13.94}$$

Eine Funktion f heißt *Eigenfunktion* zu einem Diffenzialoperator D zum Eigenwert λ, wenn

$$Df = \lambda f \tag{13.95}$$

gilt. Die Eigenfunktionen zu einem selbstadjungierten Differenzialoperator bilden immer ein vollständiges orthogonales Funktionensystem.

Dabei ist allerdings darauf zu achten, dass (13.94) im Allgemeinen nur gilt, wenn die entsprechenden Funktionen partiell integriert werden können und die Randterme dabei wegfallen.

Das Konzept der selbstadjungierten Operatoren wird später in der Quantenmechanik noch sehr wichtig werden (Kap. 23).

Wir illustrieren dies nochmals an den beiden behandelten Beispielen.

- Das bi-orthogonale System der Funktionen $g_j(t) = \cos(j\omega t)$ und $h_j(t) = \sin(j\omega t)$ besteht aus Eigenfunktionen zum Differenzialoperator $D = \mathrm{d}^2/\mathrm{d}t^2$ mit den Eigenwerten $\lambda_j = -j^2\omega^2$:

$$\begin{aligned}\frac{\mathrm{d}^2}{\mathrm{d}t^2}\cos(j\omega t) &= -j^2\omega^2\cos(j\omega t),\\ \frac{\mathrm{d}^2}{\mathrm{d}t^2}\sin(j\omega t) &= -j^2\omega^2\sin(j\omega t).\end{aligned} \tag{13.96}$$

  Hier treten zwei Gruppen von (linear unabhängigen) Eigenfunktionen auf, weil der Differenzialoperator von zweiter Ordnung ist.
- Die Legendre-Polynome P_j erfüllen die *Legendre'sche Differenzialgleichung*

$$(1-x^2)P_j''(x) - 2xP_j'(x) + j(j+1)P_j(x) = 0. \tag{13.97}$$

  Sie sind also Eigenfunktionen zum Differenzialoperator $D = (1-x^2)\,\mathrm{d}^2/\mathrm{d}x^2 - 2x\,\mathrm{d}/\mathrm{d}x$ mit Eigenwerten $\lambda_j = -j(j+1)$:

$$\left((1-x^2)\frac{\mathrm{d}^2}{\mathrm{d}x^2} - 2x\frac{\mathrm{d}}{\mathrm{d}x}\right)P_j(x) = -j(j+1)P_j(x). \tag{13.98}$$

  Auch hier gibt es eine zweite Gruppe von (linear unabhängigen) Eigenfunktionen, die sogenannten Legendre-Funktionen zweiter Art, die allerdings keine Polynome mehr sind und für $|x| \to \pm 1$ divergieren. Diese zweite Gruppe ist in der Physik von untergeordneter Bedeutung und soll deshalb hier nicht näher diskutiert werden (siehe aber Aufgabe 14.8).

13.4 Multipolentwicklung in kartesischen Koordinaten

Eine sehr wichtige Anwendung des Konzepts der Entwicklung nach einem vollständigen orthogonalen Funktionensystem ist die *Multipolentwicklung*. Die dabei auftretenden sogenannten *Kugelflächenfunktionen* sind beispielsweise auch in der Quantenmechanik unverzichtbar, wie wir in Kap. 27 sehen werden.

Physikalisch motiviert ist die Multipolentwicklung letztlich dadurch, dass man für eine beliebige Ladungsverteilung wissen will, wie sich das elektrische Potenzial bzw. das elektrische Feld für große Abstände zur Ladungsverteilung näherungsweise verhält. Dies werden wir in diesem Abschnitt zunächst in kartesischen Koordinaten betrachten; in den beiden darauf folgenden Abschnitten wird diese Frage dann in den (hier besonders praktischen) Kugelkoordinaten diskutiert.

Entwicklung der Green'schen Funktion

Wir gehen aus vom Zusammenhang zwischen Potenzial und Ladungsdichte

$$\phi(\boldsymbol{r}) = \int G(\boldsymbol{r}-\boldsymbol{r}')\rho(\boldsymbol{r}')\,\mathrm{d}V' \tag{13.99}$$

mit der Green'schen Funktion

$$G(\boldsymbol{r}-\boldsymbol{r}') = \frac{1}{|\boldsymbol{r}-\boldsymbol{r}'|} \tag{13.100}$$

und interessieren uns dafür, wie das Potenzial für große Abstände $r \gg r'$, also $r'/r \ll 1$ aussieht. Dafür schreiben wir die Green'sche Funktion zunächst geeignet um:

$$\begin{aligned}G(\boldsymbol{r}-\boldsymbol{r}') &= \frac{1}{\sqrt{(\boldsymbol{r}-\boldsymbol{r}')^2}} = \frac{1}{\sqrt{\boldsymbol{r}^2 - 2\boldsymbol{r}\cdot\boldsymbol{r}' + \boldsymbol{r}'^2}}\\ &= \frac{1}{r}\left(1 - \frac{2\boldsymbol{r}\cdot\boldsymbol{r}'}{r^2} + \frac{r'^2}{r^2}\right)^{-1/2}.\end{aligned} \tag{13.101}$$

Dann benutzen wir, dass für $x \ll 1$ näherungsweise gilt:

$$(1+x)^n = 1 + nx + \frac{n(n-1)}{2}x^2 + O(x^3). \tag{13.102}$$

Damit erhalten wir für die Green'sche Funktion:

$$\begin{aligned}G(\boldsymbol{r}-\boldsymbol{r}') &= \frac{1}{r}\left[1 + \frac{\boldsymbol{r}\cdot\boldsymbol{r}'}{r^2} - \frac{r'^2}{2r^2}\right.\\ &\quad\left. + \frac{3}{8}\left(-\frac{2\boldsymbol{r}\cdot\boldsymbol{r}'}{r^2} + \frac{r'^2}{r^2}\right)^2 + O\left(\left(\frac{r'}{r}\right)^3\right)\right]\\ &= \frac{1}{r} + \frac{\boldsymbol{r}\cdot\boldsymbol{r}'}{r^3} + \frac{3(\boldsymbol{r}\cdot\boldsymbol{r}')^2 - r^2r'^2}{2r^5} + O\left(\frac{r'^3}{r^4}\right).\end{aligned} \tag{13.103}$$

Frage 8

Vollziehen Sie diese Rechnung nach.

Den Zähler im dritten Bruch schreibt man nun folgendermaßen um:

$$\begin{aligned} 3(\boldsymbol{r}'\cdot\boldsymbol{r})^2 - r'^2r^2 &= 3\left(x_i'x_i\right)^2 - r'^2x_ix_i \\ &= 3x_i'x_ix_j'x_j - r'^2\delta_{ij}x_ix_j \\ &= (3x_i'x_j' - r'^2\delta_{ij})x_ix_j. \end{aligned} \tag{13.104}$$

Damit wird die Green'sche Funktion

$$G(\boldsymbol{r}-\boldsymbol{r}') = \frac{1}{r} + \frac{1}{r^2}\hat{\boldsymbol{r}}\cdot\boldsymbol{r}' + \frac{1}{2}\frac{(\hat{\boldsymbol{r}})_i(3x_i'x_j' - r'^2\delta_{ij})(\hat{\boldsymbol{r}})_j}{r^3} + \ldots \tag{13.105}$$

mit dem Einheitsvektor $\hat{\boldsymbol{r}}$ in radialer Richtung.

Dipol- und Quadrupolmomente

Den Ausdruck (13.105) setzen wir nun in (13.99) für das Potenzial ein. Es ergibt sich:

$$\begin{aligned} \phi(\boldsymbol{r}) &= \frac{1}{r}\int \rho(\boldsymbol{r}')\,\mathrm{d}V' + \frac{1}{r^2}\hat{\boldsymbol{r}}\cdot\int\rho(\boldsymbol{r}')\boldsymbol{r}'\,\mathrm{d}V' \\ &+ \frac{1}{2}\frac{1}{r^3}(\hat{\boldsymbol{r}})_i\int\rho(\boldsymbol{r}')(3x_i'x_j' - r'^2\delta_{ij})\,\mathrm{d}V'\,(\hat{\boldsymbol{r}})_j \\ &+ \ldots \end{aligned} \tag{13.106}$$

Das erste Integral erkennt man als die Gesamtladung q wieder. Für die anderen beiden Integrale führt man folgende Abkürzungen ein:

$$\boldsymbol{p} := \int \rho(\boldsymbol{r}')\boldsymbol{r}'\,\mathrm{d}V' \tag{13.107}$$

heißt das (elektrische) *Dipolmoment* der Ladungsverteilung; der Tensor zweiter Stufe $\boldsymbol{Q}$ mit den Komponenten

$$Q_{ij} := \int \rho(\boldsymbol{r}')(3x_i'x_j' - r'^2\delta_{ij})\,\mathrm{d}V', \tag{13.108}$$

also

$$\boldsymbol{Q} = \int \rho(\boldsymbol{r}')(3\boldsymbol{r}'\boldsymbol{r}'^\top - r'^2\boldsymbol{I})\,\mathrm{d}V', \tag{13.109}$$

heißt ihr *Quadrupolmoment*. Die Gesamtladung nennt man manchmal auch das *Monopolmoment*. Den Grund für diese Bezeichnungen werden wir später in Abschn. 13.6 erfahren. Mit diesen Abkürzungen hat man die kurze Darstellung

$$\phi(\boldsymbol{r}) = \frac{q}{r} + \frac{\hat{\boldsymbol{r}}\cdot\boldsymbol{p}}{r^2} + \frac{1}{2}\frac{\hat{\boldsymbol{r}}^\top\boldsymbol{Q}\hat{\boldsymbol{r}}}{r^3} + \ldots \tag{13.110}$$

Den ersten Term erkennt man als das Potenzial einer Punktladung (im Ursprung) wieder. Jeder der folgenden Terme fällt dann jeweils schneller mit dem Abstand zur Ladungsverteilung ab.

Zu beachten ist hier noch, dass man bei der Berechnung des Quadrupolmoments scheinbar neun Volumenintegrale auszuwerten hat. Aus der Definition (13.108) sieht man aber leicht, dass $\boldsymbol{Q}$ eine symmetrische Matrix mit Spur 0 ist; letztlich sind also nur fünf der Matrixelemente zu berechnen.

Achtung Abschließend sei darauf hingewiesen, dass manche Autoren das Quadrupolmoment anders definieren:

$$Q_{ij} := \int \rho(\boldsymbol{r}')\left(x_i'x_j' - \frac{1}{3}r'^2\delta_{ij}\right)\mathrm{d}V', \tag{13.111}$$

also im Vergleich mit unserer Definition noch einen Faktor $1/3$ hinein multiplizieren, und manchmal auch eine etwas andere Darstellung des Potenzials wählen: Da

$$\left(x_i'x_j' - \frac{1}{3}r'^2\delta_{ij}\right)r^2\delta_{ij} = 0 \tag{13.112}$$

gilt, wie man leicht nachrechnet, kann der Quadrupolanteil des Potenzials auch geschrieben werden als

$$\phi_Q(\boldsymbol{r}) = \frac{1}{2}\frac{1}{r^3}Q_{ij}\frac{3x_ix_j - r^2\delta_{ij}}{r^2}. \tag{13.113}$$

◀

Frage 9

Zeigen Sie dies.

Homogen geladenes Rotationsellipsoid

Atomkerne kann man oft in guter Näherung als homogen geladene Rotationsellipsoide ansehen. Will man das elektrische Potenzial eines Atomkerns näherungsweise berechnen, so muss man die Multipolmomente eines solchen Rotationsellipsoids kennen.

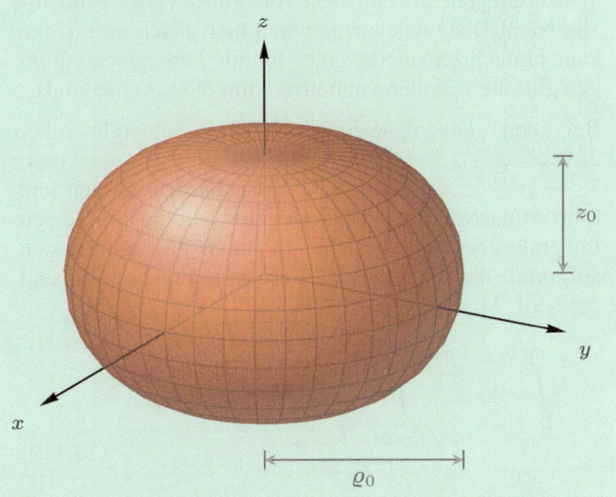

Abb. 13.8 Ein homogen geladenes Rotationsellipsoid (Radius ϱ_0, Höhe z_0) kann als gutes Modell für einen Atomkern dienen

Legen wir das Koordinatensystem so, dass die Rotationsachse die z-Achse ist, wird solch ein Ellipsoid (Halbachsen ϱ_0 und z_0; Abb. 13.8) beschrieben durch

$$\left(\frac{\varrho}{\varrho_0}\right)^2 + \left(\frac{z}{z_0}\right)^2 \leq 1, \tag{13.114}$$

wobei wir wegen der Symmetrie des Problems Zylinderkoordinaten ϱ, φ und z verwenden.

Man hat dann zunächst für die Gesamtladung:

$$q = \int_0^{\varrho_0} \varrho \, d\varrho \int_{-z_0\sqrt{1-(\varrho/\varrho_0)^2}}^{z_0\sqrt{1-(\varrho/\varrho_0)^2}} dz \int_0^{2\pi} d\varphi \, \rho_0, \tag{13.115}$$

wobei ρ_0 die (konstante) Ladungsdichte des Ellipsoids ist. Die Integrale sind alle leicht ausführbar; man erhält

$$q = \frac{4\pi}{3}\varrho_0^2 z_0 \rho_0 = V\rho_0, \tag{13.116}$$

wobei V das Volumen des Ellipsoids ist. Für das Dipolmoment erhält man

$$\boldsymbol{p} = \int_0^{\varrho_0} \varrho \, d\varrho \int_{-z_0\sqrt{1-(\varrho/\varrho_0)^2}}^{z_0\sqrt{1-(\varrho/\varrho_0)^2}} dz \int_0^{2\pi} d\varphi \, \rho_0 \begin{pmatrix} \varrho\cos\varphi \\ \varrho\sin\varphi \\ z \end{pmatrix}. \tag{13.117}$$

Aus Symmetriegründen verschwinden alle diese Integrale; man hat also

$$\boldsymbol{p} = 0. \tag{13.118}$$

Es bleiben die Matrixelemente von $\boldsymbol{Q}$ zu berechnen. Betrachte zunächst die Nicht-Diagonalelemente. Bei $Q_{12} = Q_{21}$ hat man ein Integral über $3\varrho^2 \sin\varphi\cos\varphi$ auszuwerten, bei $Q_{13} = Q_{31}$ über $3\varrho z\cos\varphi$ und schließlich bei $Q_{23} = Q_{32}$ über $3\varrho z\sin\varphi$. Man sieht leicht, dass die Winkelintegrale über all diese Ausdrücke verschwinden – alle Nicht-Diagonalelemente sind hier gleich null. (Man kann einfach zeigen, dass dies für alle Ladungsverteilungen gilt, die zylindersymmetrisch um die z-Achse sind).

Bei den Diagonalelementen sind Integrale über $3\varrho^2\cos^2\varphi - \varrho^2 - z^2$ bzw. $3\varrho^2\sin^2\varphi - \varrho^2 - z^2$ bzw. $3z^2 - \varrho^2 - z^2$ zu berechnen. Fasst man zusammen und führt zunächst die Winkelintegrale aus, so verbleiben Integrale über $\frac{1}{2}\varrho^2 - z^2$ (bei Q_{11} und Q_{22} ergeben sich aufgrund der Symmetrie dieselben Ergebnisse) und $2z^2 - \varrho^2$. Mit

$$\begin{aligned} \int_0^{\varrho_0} \varrho \, d\varrho \int_{-z_0\sqrt{1-(\varrho/\varrho_0)^2}}^{z_0\sqrt{1-(\varrho/\varrho_0)^2}} \varrho^2 \, dz &= \frac{4}{15} z_0 \varrho_0^4, \\ \int_0^{\varrho_0} \varrho d\varrho \int_{-z_0\sqrt{1-(\varrho/\varrho_0)^2}}^{z_0\sqrt{1-(\varrho/\varrho_0)^2}} z^2 \, dz &= \frac{2}{15} z_0^3 \varrho_0^2 \end{aligned} \tag{13.119}$$

ergibt sich schließlich

$$\begin{aligned} Q_{11} = Q_{22} &= \frac{4\pi}{15} z_0 \varrho_0^2 (\varrho_0^2 - z_0^2)\rho_0 = \frac{1}{5} q(\varrho_0^2 - z_0^2), \\ Q_{33} &= \frac{8\pi}{15} z_0 \varrho_0^2 (z_0^2 - \varrho_0^2)\rho_0 = -\frac{2}{5} q(\varrho_0^2 - z_0^2). \end{aligned} \tag{13.120}$$

Man hat also $Q_{11} = Q_{22} = -Q_{33}/2$, und die Spur von $\boldsymbol{Q}$ ist in der Tat null: $Q_{11} + Q_{22} + Q_{33} = 0$. Dies hätte man natürlich auch von vornherein verwenden können, um die Rechnung zu vereinfachen.

Schließlich ergibt sich für das elektrische Potenzial bis einschließlich des Quadrupolmoments

$$\phi(\varrho, z) = \frac{q}{\sqrt{\varrho^2 + z^2}} + \frac{q(\varrho_0^2 - z_0^2)(\varrho^2 - 2z^2)}{10\left(\sqrt{\varrho^2 + z^2}\right)^5} \tag{13.121}$$

bzw. in Kugelkoordinaten

$$\phi(r, \vartheta) = \frac{q}{r} + \frac{q(z_0^2 - \varrho_0^2)(3\cos^2\vartheta - 1)}{10r^3}. \tag{13.122}$$

Die Winkelabhängigkeit proportional zu $3\cos^2\vartheta - 1$ ist typisch für das Quadrupolpotenzial einer zur z-Achse rotationssymmetrischen Ladungsverteilung. Diese Winkelabhängigkeit ist in Abb. 13.9 dargestellt.

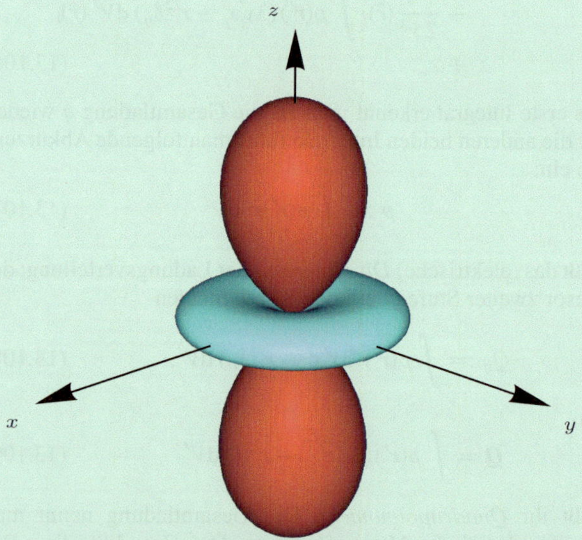

Abb. 13.9 Die Winkelabhängigkeit des Quadrupolanteils im skalaren Potenzial des Rotationsellipsoids aus Abb. 13.8. Die dargestellte Oberfläche gibt den Betrag von ϕ für einen festen Radius r in Abhängigkeit von den Winkeln ϑ und φ an: Für den Abstand eines Punktes P auf der Oberfläche, dessen Ortsvektor die Winkel ϑ und φ hat, zum Ursprung gilt jeweils $\overline{OP} = |\phi_Q(\vartheta, \varphi)|$, wobei ϕ_Q für den Quadrupolterm des Potenzials steht. Die Farbe gibt das Vorzeichen von ϕ_Q an: Wenn $z_0^2 > \varrho_0^2$ ist, so steht *rot* für positive Werte und *blau* für negative, im anderen Fall umgekehrt. (Siehe hierzu auch die Kugelflächenfunktion Y_{20} in Abb. 13.10!)

Für den Spezialfall einer homogen geladenen Kugel hat man $z_0 = \varrho_0$; der Beitrag des Quadrupolmoments verschwindet dann, und man hat nur den bekannten Beitrag der Gesamtladung (des Monopolmoments). ◄

Wechselwirkung einer Ladungsverteilung mit einem äußeren elektrischen Feld

Die potenzielle Energie W einer einzelnen (Punkt-)Ladung q am Ort $\boldsymbol{r}$ in einem gegebenen äußeren elektrischen Feld mit Potenzial ϕ ist bekanntlich

$$W = q\phi(\boldsymbol{r}). \tag{13.123}$$

Möchte man die potenzielle Energie einer vollständigen Ladungsverteilung angeben, so kann man diese in infinitesimale Stücke unterteilen und für jedes die potenzielle Energie einzeln berechnen:

$$\mathrm{d}W = \mathrm{d}q\,\phi(\boldsymbol{r}) = \rho(\boldsymbol{r})\,\mathrm{d}V\,\phi(\boldsymbol{r}). \tag{13.124}$$

Insgesamt ergibt sich

$$W = \int \mathrm{d}V\,\rho(\boldsymbol{r})\phi(\boldsymbol{r}). \tag{13.125}$$

Dieses Integral wird im Allgemeinen nur schwierig auszuwerten sein; es bietet sich somit wieder an, für das Potenzial eine Näherung zu verwenden. Wir werden sehen, dass auch hier letztlich die Multipolentwicklung nützlich sein wird.

Im Folgenden nehmen wir an, dass sich die Ladungsverteilung um den Ursprung befindet und sich das Potenzial im Bereich der Ladungsverteilung nur schwach ändert. Dann können wir eine Taylor-Entwicklung um den Ursprung durchführen:

$$\begin{aligned}\phi(\boldsymbol{r}) &= \phi(0) + \boldsymbol{r}\cdot\nabla\phi|_0 + \frac{1}{2}x_i x_j \left.\frac{\partial^2\phi}{\partial x_i\partial x_j}\right|_0 + \ldots\\ &= \phi(0) - \boldsymbol{r}\cdot\boldsymbol{E}(0) - \frac{1}{2}x_i x_j \left.\frac{\partial E_i}{\partial x_j}\right|_0 + \ldots\end{aligned} \tag{13.126}$$

Da es sich bei ϕ um ein äußeres Feld handeln soll, befinden sich seine Quellen nicht im Bereich der Ladungsverteilung; wir haben dort also sicher $\nabla\cdot\boldsymbol{E} = 0$. Deshalb können wir einen Term

$$\frac{r^2}{6}\nabla\cdot\boldsymbol{E} = \frac{r^2}{6}\frac{\partial E_i}{\partial x_j}\delta_{ij} \tag{13.127}$$

addieren und erhalten

$$\phi(\boldsymbol{r}) = \phi(0) - \boldsymbol{r}\cdot\boldsymbol{E}(0) - \frac{1}{6}(3x_i x_j - r^2\delta_{ij})\left.\frac{\partial E_i}{\partial x_j}\right|_0 + \ldots \tag{13.128}$$

Setzt man dies nun in (13.125) ein, so ergibt sich schließlich mittels der bekannten Definitionen von Monopol-, Dipol- und Quadrupolmomenten

$$W = q\phi(0) - \boldsymbol{p}\cdot\boldsymbol{E}(0) - \frac{1}{6}Q_{ij}\left.\frac{\partial E_i}{\partial x_j}\right|_0 + \ldots \tag{13.129}$$

Man sagt, der Monopol (die Gesamtladung) wechselwirkt mit dem oder „koppelt an" das Potenzial, der Dipol an das elektrische Feld und der Quadrupol an die Ableitung des elektrischen Feldes.

Wechselwirkung zweier Dipole

Für das Potenzial eines Dipols $\boldsymbol{p}_1$ gilt laut Abschn. 13.4

$$\phi(\boldsymbol{r}) = \frac{\hat{\boldsymbol{r}}\cdot\boldsymbol{p}_1}{r^2}. \tag{13.130}$$

Daraus berechnet man leicht das elektrische Feld zu

$$\boldsymbol{E}(\boldsymbol{r}) = \frac{3(\boldsymbol{p}_1\cdot\hat{\boldsymbol{r}})\hat{\boldsymbol{r}} - \boldsymbol{p}_1}{r^3}, \tag{13.131}$$

und die Wechselwirkungsenergie mit einem zweiten Dipol $\boldsymbol{p}_2$ ist

$$W = -\boldsymbol{p}_2\cdot\boldsymbol{E} = \frac{\boldsymbol{p}_1\cdot\boldsymbol{p}_2 - 3(\boldsymbol{p}_1\cdot\hat{\boldsymbol{r}})(\boldsymbol{p}_2\cdot\hat{\boldsymbol{r}})}{r^3}. \tag{13.132}$$

Rechnen Sie die Ausdrücke für das elektrische Feld und die Wechselwirkungsenergie explizit nach.

Die Wechselwirkungsenergie zweier Dipole hängt also nicht nur von ihrem Abstand ab, sondern auch davon, wie sie zueinander ausgerichtet sind. Außerdem fällt sie mit der dritten Potenz des Abstands ab (bei Monopolen ist es bekanntlich die erste Potenz). ◄

Außerdem kann man allgemein die Kraft betrachten, die auf eine Ladungsverteilung wirkt:

$$\boldsymbol{F} = \int \mathrm{d}V\,\rho(\boldsymbol{r})\boldsymbol{E}(\boldsymbol{r}). \tag{13.133}$$

Auch für das elektrische Feld kann man eine Taylor-Entwicklung um den Ursprung ansetzen:

$$\begin{aligned}\boldsymbol{E}(\boldsymbol{r}) &= \boldsymbol{E}(0) + (\boldsymbol{r}\cdot\nabla)\,\boldsymbol{E}|_0 + \frac{1}{2}x_i x_j\left.\frac{\partial^2\boldsymbol{E}}{\partial x_i\partial x_j}\right|_0 + \ldots\\ &= \boldsymbol{E}(0) + (\boldsymbol{r}\cdot\nabla)\,\boldsymbol{E}|_0\\ &\quad + \frac{1}{6}\left(3x_i x_j - r^2\delta_{ij}\right)\left.\frac{\partial^2\boldsymbol{E}}{\partial x_i\partial x_j}\right|_0 + \ldots,\end{aligned} \tag{13.134}$$

Teil II

wobei benutzt wurde, dass für das äußere Feld im Bereich der Ladungsverteilung

$$\Delta E = -\Delta \mathbf{grad}\, \Phi = -\mathbf{grad}\, \Delta\Phi = 0 \tag{13.135}$$

gilt. Eingesetzt in (13.133) hat man dann

$$F = qE(0) + (p\cdot\nabla)\,E|_0 + \frac{1}{6}Q_{ij}\left.\frac{\partial^2 E}{\partial x_i \partial x_j}\right|_0 + \ldots \tag{13.136}$$

Insbesondere folgt, dass auf Dipol- und Quadrupolmomente in homogenen elektrischen Feldern keine Kräfte wirken.

Dennoch können auf diese Drehmomente wirken, wie man aus derselben Taylor-Entwicklung sieht:

$$\begin{aligned} M &= \int \mathrm{d}V\,\rho(r)\,r\times E(r) \\ &= \int \mathrm{d}V\,\rho(r)\,r\times (E(0) + (r\cdot\nabla)\,E|_0 + \ldots)\,. \end{aligned} \tag{13.137}$$

Der erste Summand ergibt das Drehmoment auf einen Dipol:

$$M_{\text{Dipol}} = p\times E(0). \tag{13.138}$$

Im zweiten kann man zunächst in Komponenten schreiben:

$$(r\times(r\cdot\nabla)\,E)_l = \frac{1}{3}\varepsilon_{ijl} 3x_i x_k \frac{\partial E_j}{\partial x_k}. \tag{13.139}$$

Da in der Elektrostatik gilt

$$(\mathbf{rot}\,E)_l = \varepsilon_{ijl}\frac{\partial E_j}{\partial x_i} = 0, \tag{13.140}$$

folgt

$$(r\times(r\cdot\nabla)\,E)_l = \frac{1}{3}\varepsilon_{ijl}\left(3x_i x_k - r^2\delta_{ik}\right)\frac{\partial E_j}{\partial x_k}. \tag{13.141}$$

Damit ist

$$M_{\text{Quadrupol},l} = \frac{1}{3}\varepsilon_{ijl} Q_{ik}\left.\frac{\partial E_j}{\partial x_k}\right|_0, \tag{13.142}$$

also

$$M_{\text{Quadrupol}} = \frac{1}{3}(Q\nabla)\times E|_0\,. \tag{13.143}$$

13.5 Die Kugelflächenfunktionen

In Abschn. 13.4 haben wir gesehen, dass man das Potenzial außerhalb einer Ladungsverteilung in eine Reihe entwickeln kann, wobei die aufeinanderfolgenden Summanden immer stärker mit dem Abstand r zur Ladungsverteilung abfallen. Es liegt also nahe, von vornherein mit Kugelkoordinaten zu arbeiten.

Die Laplace-Gleichung in Kugelkoordinaten

Statt von (13.99) auszugehen und diesen Ausdruck in eine Reihe für $r \gg r'$ zu entwickeln, starten wir direkt von der Laplace-Gleichung

$$\Delta\phi(r) = 0, \tag{13.144}$$

die außerhalb der Ladungsverteilung ρ gilt, und lösen diese Gleichung in Kugelkoordinaten (der Laplace-Operator in Kugelkoordinaten wurde bereits in (2.133) gegeben):

$$\left(\Delta_r + \frac{1}{r^2}\Delta_\Omega\right)\phi(r,\vartheta,\varphi) = 0 \tag{13.145}$$

mit

$$\begin{aligned} \Delta_r &= \frac{1}{r}\frac{\partial^2}{\partial r^2}r = \frac{1}{r^2}\frac{\partial}{\partial r}r^2\frac{\partial}{\partial r}, \\ \Delta_\Omega &= \frac{1}{\sin\vartheta}\frac{\partial}{\partial\vartheta}\sin\vartheta\frac{\partial}{\partial\vartheta} + \frac{1}{\sin^2\vartheta}\frac{\partial^2}{\partial\varphi^2}. \end{aligned} \tag{13.146}$$

Diese partielle Differenzialgleichung lösen wir nun mit einem *Separationsansatz*, d. h., wir setzen die gesuchte Funktion $\phi(r,\vartheta,\varphi)$ als ein Produkt von zwei Funktionen R bzw. Y an, die jeweils nur von r bzw. ϑ und φ abhängen (siehe hierzu auch den „Mathematischen Hintergrund“ 13.4):

$$\phi(r,\vartheta,\varphi) = R(r)Y(\vartheta,\varphi). \tag{13.147}$$

Setzt man dies in die Laplace-Gleichung ein, so erhält man zunächst

$$(\Delta_r R(r))\,Y(\vartheta,\varphi) + \frac{1}{r^2}R(r)\,(\Delta_\Omega Y(\vartheta,\varphi)) = 0. \tag{13.148}$$

Nun bringt man alle Terme, die nur von r abhängen, auf eine Seite und alle anderen Terme auf die andere:

$$\frac{r^2\Delta_r R(r)}{R(r)} = -\frac{\Delta_\Omega Y(\vartheta,\varphi)}{Y(\vartheta,\varphi)}. \tag{13.149}$$

Beide Seiten können aber nur dann für alle Werte der Variablen gleich sein, wenn sie gleich einer Konstanten C sind:

$$\frac{r^2\Delta_r R(r)}{R(r)} = -\frac{\Delta_\Omega Y(\vartheta,\varphi)}{Y(\vartheta,\varphi)} = C, \tag{13.150}$$

also

$$\frac{\partial}{\partial r}r^2\frac{\partial}{\partial r}R(r) = C\,R(r) \quad\text{und}\quad \Delta_\Omega Y(\vartheta,\varphi) = -C\,Y(\vartheta,\varphi). \tag{13.151}$$

13.4 Mathematischer Hintergrund: Separationsansatz zum Lösen partieller Differenzialgleichungen

Für lineare Differenzialgleichungen der Form $D_x u(x,t) = D_t u(x,t)$, wobei D_x und D_t Differenzialoperatoren sind, die nur auf die Variablen x bzw. t wirken, gibt es einen speziellen Lösungsansatz, der in der Literatur als *Separationsansatz* bzw. *Bernoulli'scher Ansatz* bekannt ist.

Separationsansatz Dabei wird der Ansatz $u(x,t) = X(x)T(t)$ gemacht, und es ergibt sich insgesamt

$$(D_x X)T = X(D_t T) \Leftrightarrow \frac{D_x X(x)}{X(x)} = \frac{D_t T(t)}{T(t)}.$$

Hier muss natürlich $u \neq 0$ gelten. Jetzt sehen wir, dass beide Quotienten konstant sind und wir daher die Variablen x und t separieren können. Dies führt mit Trennung der Variablen auf eine Berechnung von Eigenwerten, genauer auf

$$D_x X = \lambda X \quad \text{und} \quad D_t T = \lambda T,$$

wobei λ die Separationskonstante bezeichnet.

Beispiele

- Wir betrachten die Wellengleichung

  $$\ddot{u}(x,t) - c^2 u''(x,t) = 0 \Leftrightarrow \ddot{u}(x,t) = c^2 u''(x,t)$$

  und verwenden den Separationsansatz $u(x,t) = X(x)T(t)$. Dies liefert die beiden gewöhnlichen Differenzialgleichungen

  $$\ddot{T} = \lambda T \quad \text{und} \quad c^2 X'' = \lambda X,$$

  die mit Standardmethoden gelöst werden können.
- Wir betrachten die Differenzialgleichung

  $$\dot{u} + xu' = 0 \Leftrightarrow \dot{u} = -xu'.$$

  Setzen wir wieder mit $u(x,t) = X(x)T(t)$ an, so erhalten wir sofort

  $$X\dot{T} + xX'T = 0,$$

  wobei jetzt eine Division durch $u = XT$

  $$\frac{\dot{T}}{T} = -\frac{xX'}{X}$$

  ergibt. Dies liefert die beiden Eigenwertprobleme

  $$\dot{T} = \lambda T \quad \text{und} \quad X' = -\frac{\lambda}{x} X,$$

  die mit Standardmethoden gelöst werden können.

Literatur

- Arens et al.: Mathematik. 2. Aufl., Spektrum Akademischer Verlag (2012)

Damit wurde die ursprüngliche partielle Differenzialgleichung in zwei Gleichungen für die beiden einzelnen Faktoren zerlegt („separiert"). Die erste Gleichung ist leicht lösbar; es gibt zwei (linear unabhängige) Gruppen von Lösungen:

$$R(r) = r^l \quad \text{und} \quad R(r) = \frac{1}{r^{l+1}}, \tag{13.152}$$

wobei $C = l(l+1)$ ist und l eine beliebige reelle Zahl.

Frage 10

Vollziehen Sie diese Rechnung nach und leiten Sie die Lösungen her.

Da wir uns im Außenraum der Ladungsverteilung befinden, sollte das Potenzial mit dem Abstand r abfallen; dafür ist natürlich nur die zweite Gruppe von Lösungen relevant. Die anderen Lösungen können allerdings je nach Randbedingungen durchaus auch sinnvoll sein.

Die winkelabhängigen Lösungsfunktionen

Die Differenzialgleichung für die Funktion Y wird nun

$$\Delta_\Omega Y_l(\vartheta,\varphi) = -l(l+1)Y_l(\vartheta,\varphi). \tag{13.153}$$

Gesucht sind somit die Eigenfunktionen zum Differenzialoperator Δ_Ω mit den Eigenwerten $-l(l+1)$.

Frage 11

Überlegen Sie sich, wie ein entsprechendes Skalarprodukt für (komplexe) Funktionen, die auf der Kugeloberfläche definiert sind, aussehen muss.

Definiert man für Funktionen, die auf der Kugeloberfläche quadratintegrabel sind, das Skalarprodukt

$$\langle f,g\rangle = \int \mathrm{d}\Omega\, f^*(\vartheta,\varphi)g(\vartheta,\varphi), \tag{13.154}$$

so kann man leicht zeigen, dass dieser Differenzialoperator selbstadjungiert ist. Seine Eigenfunktionen $Y_l(\vartheta, \varphi)$ bilden deshalb ein vollständiges orthogonales System, nach dem man alle diese Funktionen entwickeln kann. Man bezeichnet die Funktionen $Y_l(\vartheta, \varphi)$ als *Kugelflächenfunktionen* (*spherical harmonics*).

Um die Funktionen zu bestimmen, kann man einen weiteren Separationsansatz machen. Der Differenzialoperator für φ legt dabei den Exponentialansatz

$$Y_{lm}(\vartheta, \varphi) = X_{lm}(\vartheta)\mathrm{e}^{\mathrm{i}m\varphi} \tag{13.155}$$

nahe – mit einer zunächst beliebigen Zahl m, die der Eigenwert von Y_{lm} bezüglich dieses Differenzialoperators ist.

Frage 12

Warum muss m eine ganze Zahl sein?

Aus

$$Y_{lm}(\vartheta, 2\pi) = Y_{lm}(\vartheta, 0) \tag{13.156}$$

folgt, dass m eine ganze Zahl sein muss. Setzt man diesen Ansatz ein, so bleibt schließlich die Differenzialgleichung

$$\left(\frac{1}{\sin\vartheta}\frac{\partial}{\partial\vartheta}\sin\vartheta\frac{\partial}{\partial\vartheta} - \frac{m^2}{\sin^2\vartheta}\right)X_{lm}(\vartheta) = -l(l+1)X_{lm}(\vartheta) \tag{13.157}$$

zu lösen. Durch die Substitution $x = \cos\vartheta$ kann man sie umschreiben zu

$$\left(\frac{\mathrm{d}}{\mathrm{d}x}(1-x^2)\frac{\mathrm{d}}{\mathrm{d}x} - \frac{m^2}{1-x^2}\right)P_l^m(x) = -l(l+1)P_l^m(x) \tag{13.158}$$

mit $P_l^m(\cos\vartheta) = X_{lm}(\vartheta)$. Mithilfe der Produktregel kann der erste Differenzialoperator noch umgeformt werden, sodass man schließlich erhält:

$$\left((1-x^2)\frac{\mathrm{d}^2}{\mathrm{d}x^2} - 2x\frac{\mathrm{d}}{\mathrm{d}x} - \frac{m^2}{1-x^2}\right)P_l^m(x) = -l(l+1)P_l^m(x). \tag{13.159}$$

Frage 13

Zeigen Sie dies.

Speziell für $m = 0$ ist dies aber gerade die Legendre-Differenzialgleichung (13.97):

$$\left((1-x^2)\frac{\mathrm{d}^2}{\mathrm{d}x^2} - 2x\frac{\mathrm{d}}{\mathrm{d}x} + l(l+1)\right)P_l^0(x) = 0. \tag{13.160}$$

Die Funktionen P_l^0 sind also genau die Legendre-Polynome. Die Lösungen der allgemeinen Gleichung mit $m \neq 0$ werden

Tab. 13.1 Die ersten neun Kugelflächenfunktionen

	$l=0$	$l=1$	$l=2$
$m=-2$			$\sqrt{\frac{15}{32\pi}}\sin^2\vartheta\,\mathrm{e}^{-2\mathrm{i}\varphi}$
$m=-1$		$\sqrt{\frac{3}{8\pi}}\sin\vartheta\,\mathrm{e}^{-\mathrm{i}\varphi}$	$\sqrt{\frac{15}{8\pi}}\sin\vartheta\cos\vartheta\,\mathrm{e}^{-\mathrm{i}\varphi}$
$m=0$	$\sqrt{\frac{1}{4\pi}}$	$\sqrt{\frac{3}{4\pi}}\cos\vartheta$	$\sqrt{\frac{5}{16\pi}}(3\cos^2\vartheta-1)$
$m=1$		$-\sqrt{\frac{3}{8\pi}}\sin\vartheta\,\mathrm{e}^{\mathrm{i}\varphi}$	$-\sqrt{\frac{15}{8\pi}}\sin\vartheta\cos\vartheta\,\mathrm{e}^{\mathrm{i}\varphi}$
$m=2$			$\sqrt{\frac{15}{32\pi}}\sin^2\vartheta\,\mathrm{e}^{2\mathrm{i}\varphi}$

dementsprechend als *zugeordnete Legendre-Funktionen* (oft auch unrichtig als zugeordnete Legendre-Polynome) bezeichnet. Die detaillierte Herleitung dieser Funktionen soll hier aber nicht mehr gezeigt werden; in Abschn. 27.6 werden wir sehen, wie man sie explizit konstruieren kann.

Es stellt sich schließlich heraus, dass es Lösungen nur für $m = -l, -l+1, ..., 0, ..., l-1, l$ gibt (und damit l eine natürliche Zahl sein muss) und man diese beispielsweise folgendermaßen berechnen kann:

$$P_l^m(x) = (-1)^m(1-x^2)^{m/2}\frac{\mathrm{d}^m}{\mathrm{d}x^m}P_l^0(x) \tag{13.161}$$

für $m > 0$ und

$$P_l^{-m}(x) = (-1)^m\frac{(l-m)!}{(l+m)!}P_l^m(x). \tag{13.162}$$

Abschließend müssen die Funktionen Y_{lm} noch normiert werden.

Kugelflächenfunktionen

Für jede natürliche Zahl l und $m = -l, -l+1, ..., 0, ..., l-1, l$ sind die Funktionen

$$Y_{lm}(\vartheta, \varphi) = \sqrt{\frac{2l+1}{4\pi}\frac{(l-m)!}{(l+m)!}}P_l^m(\cos\vartheta)\mathrm{e}^{\mathrm{i}m\varphi} \tag{13.163}$$

Eigenfunktionen zum Winkelanteil des Laplace-Operators in Kugelkoordinaten.

Die Kugelflächenfunktionen findet man in der mathematischen Literatur tabelliert; in Tab. 13.1 sind die ersten neun beispielhaft angegeben.

In Abb. 13.10 sind einige der Kugelflächenfunktionen grafisch dargestellt (siehe auch das Eröffnungsbild dieses Kapitels).

Abschließend seien nochmals die grundlegenden Eigenschaften der Kugelflächenfunktionen zusammengestellt.

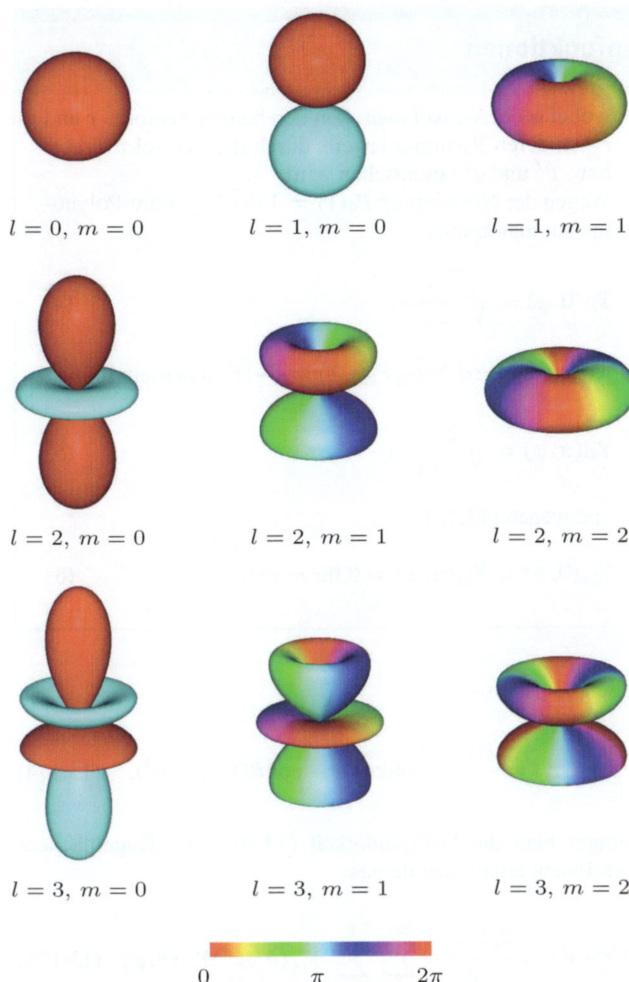

Abb. 13.10 Einige Kugelflächenfunktionen. Hier wurde wie in Abb. 13.9 eine Polardarstellung gewählt: Der Abstand eines Punktes P auf der Oberfläche zum Ursprung gibt jeweils den Betrag $|Y_{lm}(\vartheta, \varphi)|$ an. Die Y_{lm} sind (für $m \neq 0$) im Gegensatz zu ϕ in Abb. 13.9 aber komplexe Funktionen; ihre jeweilige Phase $\arg Y_{lm}(\vartheta, \varphi)$ an einem Punkt P ist *farblich codiert* dargestellt

Die Kugelflächenfunktionen als ein vollständiges orthonormales Funktionensystem

Wie bereits erwähnt, sind die Kugelflächenfunktionen orthonormal,

$$\int \mathrm{d}\Omega\, Y^*_{lm}(\vartheta, \varphi) Y_{l'm'}(\vartheta, \varphi) = \delta_{ll'}\delta_{mm'}, \tag{13.164}$$

und bilden ein vollständiges System:

$$\begin{aligned}\sum_{l=0}^{\infty}\sum_{m=-l}^{l} & Y^*_{lm}(\vartheta', \varphi') Y_{lm}(\vartheta, \varphi) \\ &= \delta(\cos\vartheta' - \cos\vartheta)\delta(\varphi' - \varphi).\end{aligned} \tag{13.165}$$

Man kann also jede Funktion, die von ϑ und φ abhängt, nach ihnen entwickeln:

$$f(\vartheta, \varphi) = \sum_{l=0}^{\infty}\sum_{m=-l}^{l} a_{lm} Y_{lm}(\vartheta, \varphi) \tag{13.166}$$

mit

$$a_{lm} = \int \mathrm{d}\Omega'\, Y^*_{lm}(\vartheta', \varphi') f(\vartheta', \varphi'). \tag{13.167}$$

Weitere oft benötigte Eigenschaften finden sich im Kasten „Vertiefung: Weitere Eigenschaften der Kugelflächenfunktionen".

Nun können wir allgemein angeben, wie Lösungen der Laplace-Gleichung in Kugelkoordinaten aussehen.

Lösungen der Laplace-Gleichung in Kugelkoordinaten

Jede Lösung der Laplace-Gleichung (13.144) kann in Kugelkoordinaten folgendermaßen geschrieben werden:

$$\phi(r, \vartheta, \varphi) = \sum_{l=0}^{\infty}\sum_{m=-l}^{l}\left[A_{lm} r^l + B_{lm}\frac{1}{r^{l+1}}\right] Y_{lm}(\vartheta, \varphi) \tag{13.168}$$

mit im Allgemeinen komplexen Konstanten A_{lm} und B_{lm}, die von den Randbedingungen abhängen.

Handelt es sich um zylindersymmetrische, d. h. von φ unabhängige Probleme, so vereinfacht sich dies zu

$$\phi(r, \vartheta) = \sum_{l=0}^{\infty}\left[A_l r^l + B_l\frac{1}{r^{l+1}}\right] P_l(\cos\vartheta). \tag{13.169}$$

13.6 Multipolentwicklung in Kugelkoordinaten

Nach dem im vorhergehenden Abschnitt Erarbeiteten können wir nun sagen, dass jede Lösung der Laplace-Gleichung, also das Potenzial im Außenraum einer Ladungsverteilung, folgendermaßen darstellbar ist (siehe (13.168) mit $A_{lm} = 0$):

$$\phi(r, \vartheta, \varphi) = \sum_{l=0}^{\infty}\sum_{m=-l}^{l}\frac{1}{r^{l+1}} B_{lm} Y_{lm}(\vartheta, \varphi). \tag{13.170}$$

Es bleibt, die Koeffizienten B_{lm} in Abhängigkeit von der Ladungsverteilung $\rho(\boldsymbol{r})$ zu bestimmen. Wie schon bei der Multipolentwicklung in kartesischen Koordinaten gehen wir auch hier von der Green'schen Funktion aus, da wir damit das Potenzial für jede beliebige Ladungsverteilung berechnen können.

Vertiefung: Weitere Eigenschaften der Kugelflächenfunktionen

- Der Zusammenhang zwischen einer Kugelflächenfunktion und ihrer komplex konjugierten ist durch

$$Y^*_{lm} = (-1)^m Y_{l,-m} \quad (1)$$

gegeben.

- Bei einer Punktspiegelung am Ursprung (Paritätstransformation $\boldsymbol{r} \to -\boldsymbol{r}$) gilt $\vartheta \to \pi - \vartheta$ und $\varphi \to \pi + \varphi$ und

$$Y_{lm}(\pi - \vartheta, \pi + \varphi) = (-1)^l Y_{lm}(\vartheta, \varphi). \quad (2)$$

- Führt man nur die Summe über m aus statt auch über l, so erhält man statt der Deltafunktionen in (13.165) wieder ein Legendre-Polynom:

$$P_l(\cos\alpha) = \frac{4\pi}{2l+1} \sum_{m=-l}^{l} Y^*_{lm}(\vartheta', \varphi') Y_{lm}(\vartheta, \varphi), \quad (3)$$

wobei α der Winkel zwischen den beiden Vektoren $\boldsymbol{r}$ und $\boldsymbol{r}'$ ist, deren Richtung jeweils durch die Winkel ϑ und φ bzw. ϑ' und φ' beschrieben wird.

- Wegen der Normierung $P_k(1) = 1$ der Legendre-Polynome hat man immer

$$Y_{l0}(0, \varphi) = \sqrt{\frac{2l+1}{4\pi}}, \quad (4)$$

wegen der Beziehung $P_k(-1) = (-1)^k$ außerdem immer

$$Y_{l0}(\pi, \varphi) = \sqrt{\frac{2l+1}{4\pi}}(-1)^l \quad (5)$$

und wegen (13.161)

$$Y_{lm}(0, \varphi) = Y_{lm}(\pi, \varphi) = 0 \text{ für } m \neq 0. \quad (6)$$

Entwicklung der Green'schen Funktion

Gesucht ist nun zunächst die Multipolentwicklung der Green'schen Funktion in Kugelkoordinaten:

$$\frac{1}{|\boldsymbol{r} - \boldsymbol{r}'|} = \sum_{l=0}^{\infty} \sum_{m=-l}^{l} G_{lm}(r, r', \vartheta', \varphi') Y_{lm}(\vartheta, \varphi). \quad (13.171)$$

Wir sind letztlich nur an der Abhängigkeit von den Koordinaten r, ϑ, φ interessiert, führen die Entwicklung also für diese ungestrichenen Koordinaten durch. Die Entwicklungskoeffizienten G_{lm} hängen deswegen nicht nur von r, sondern auch von allen gestrichenen Koordinaten ab.

Diese Koeffizienten G_{lm} nach der allgemeinen Gleichung (13.167) zu berechnen, wäre sehr schwierig. Wir wählen stattdessen einen anderen Weg: Die Green'sche Funktion erfüllt bekanntlich die Differenzialgleichung

$$\Delta \frac{1}{|\boldsymbol{r} - \boldsymbol{r}'|} = -4\pi\delta(\boldsymbol{r} - \boldsymbol{r}'). \quad (13.172)$$

Kennt man die Multipolentwicklung der Deltafunktion, so kann man die Multipolentwickung der Green'schen Funktion im Wesentlichen durch Lösen dieser Differenzialgleichung erhalten. Die Multipolentwicklung der Deltafunktion kann man aber leicht bestimmen: Für eine beliebige Funktion f muss immer

$$\begin{aligned} f(\boldsymbol{r}) &= \int \mathrm{d}V'\, \delta(\boldsymbol{r} - \boldsymbol{r}') f(\boldsymbol{r}') \\ &= \int \mathrm{d}r'\, \delta(r - r') \int \mathrm{d}\cos\vartheta'\, \delta(\cos\vartheta - \cos\vartheta') \\ &\quad \cdot \int \mathrm{d}\varphi'\, \delta(\varphi - \varphi') f(r', \vartheta', \varphi') \end{aligned} \quad (13.173)$$

gelten. Es ist also

$$\delta(\boldsymbol{r} - \boldsymbol{r}') = \frac{\delta(r - r')}{r'^2} \delta(\cos\vartheta - \cos\vartheta')\delta(\varphi - \varphi'). \quad (13.174)$$

Benutzt man die Vollständigkeit (13.165) der Kugelflächenfunktionen, erhält man daraus

$$\delta(\boldsymbol{r} - \boldsymbol{r}') = \frac{\delta(r - r')}{r^2} \sum_{l=0}^{\infty} \sum_{m=-l}^{l} Y^*_{lm}(\vartheta', \varphi') Y_{lm}(\vartheta, \varphi). \quad (13.175)$$

Hier wurde außerdem noch ausgenutzt, dass man wegen der Deltafunktion r' durch r ersetzen kann.

Setzt man dies und (13.171) in die Differenzialgleichung (13.172) ein und betrachtet jedes Summenglied einzeln, so folgt

$$\begin{aligned} &\Delta \left(G_{lm}(r, r', \vartheta', \varphi') Y_{lm}(\vartheta, \varphi)\right) \\ &\quad = -4\pi \frac{\delta(r - r')}{r^2} Y^*_{lm}(\vartheta', \varphi') Y_{lm}(\vartheta, \varphi). \end{aligned} \quad (13.176)$$

Spaltet man den Laplace-Operator wieder in den Radial- und den Winkelanteil auf und benutzt, dass die Kugelflächenfunktionen Eigenfunktionen zum Winkelanteil sind, so reduziert sich dies schließlich auf

$$\begin{aligned} &\left(\Delta_r - \frac{l(l+1)}{r^2}\right) G_{lm}(r, r', \vartheta', \varphi') \\ &\quad = -4\pi \frac{\delta(r - r')}{r^2} Y^*_{lm}(\vartheta', \varphi'). \end{aligned} \quad (13.177)$$

Frage 14

Vollziehen Sie die letzten beiden Zwischenschritte nach.

Das heißt, man kann schreiben

$$G_{lm}(r, r', \vartheta', \varphi') = g_l(r, r') Y^*_{lm}(\vartheta', \varphi'), \tag{13.178}$$

und die Funktionen g_l erfüllen dann die Differenzialgleichung

$$\begin{aligned}(r^2 \Delta_r - l(l+1))\, g_l(r, r') &\\ = \left(\frac{d}{dr} r^2 \frac{d}{dr} - l(l+1)\right) g_l(r, r') &\\ = -4\pi\delta(r - r'). &\end{aligned} \tag{13.179}$$

Wir setzen voraus, dass die Funktionen g_l stetig sind. Die Deltafunktion auf der rechten Seite der Differenzialgleichung führt aber dazu, dass sie bei $r = r'$ nicht differenzierbar sind, wie man folgendermaßen sieht: Zunächst integriert man die Differenzialgleichung (13.179) um $r = r'$:

$$\int_{r'-\epsilon}^{r'+\epsilon} \left(\frac{d}{dr} r^2 \frac{d}{dr} - l(l+1)\right) g_l(r, r')\, dr = -4\pi. \tag{13.180}$$

Wegen der Stetigkeit der g_l verschwindet das Integral über den zweiten Summanden, das über den ersten Summanden ist dagegen direkt ausführbar. Es bleibt

$$\left[\frac{d}{dr} g_l(r, r')\right]_{r=r'-\epsilon}^{r=r'+\epsilon} = -\frac{4\pi}{r'^2}, \tag{13.181}$$

womit die Behauptung gezeigt ist.

Für $r \neq r'$ reduziert sich die Differenzialgleichung (13.179) dagegen auf

$$r^2 \Delta_r g_l(r, r') = l(l+1) g_l(r, r') \tag{13.182}$$

mit den bereits bekannten Lösungen (13.152)

$$g_l(r, r') = r^l \quad \text{und} \quad g_l(r, r') = \frac{1}{r^{l+1}}. \tag{13.183}$$

Die erste Gruppe von Lösungen divergiert für $r \to \infty$, die zweite Gruppe für $r \to 0$. Die Green'sche Funktion $G(\mathbf{r} - \mathbf{r}')$ ist in beiden Fällen aber endlich (für festes $\mathbf{r}'$ geht sie im ersten Fall gegen null, im zweiten Fall gegen $1/r'$), also setzen sich die Funktionen g_l aus zwei Abschnitten zusammen: In einem Abschnitt gilt die erste Art von Lösung, im anderen Abschnitt die andere. Wie gezeigt sind die g_l für $r = r'$ nicht differenzierbar, also liegt die Grenze zwischen den beiden Abschnitten genau an dieser Stelle. Es gilt somit:

$$g_l(r, r') = \begin{cases} A_l(r') r^l & \text{für } r < r' \\ B_l(r') \frac{1}{r^{l+1}} & \text{für } r > r' \end{cases} \tag{13.184}$$

mit zunächst noch unbekannten Funktionen $A_l(r')$ und $B_l(r')$. Ein Zusammenhang zwischen diesen ergibt sich aus der Stetigkeit der g_l: Es muss gelten:

$$A_l(r') r'^l = B_l(r') r'^{-l-1}. \tag{13.185}$$

Setzt man nun

$$C_l = A_l(r') r'^{l+1} = B_l(r') r'^{-l} \tag{13.186}$$

und berücksichtigt, dass die Funktionen g_l die Dimension einer inversen Länge haben müssen, so folgt, dass die C_l Konstanten sind, die weder von r noch von r' abhängen.

Damit hat man die symmetrische Darstellung

$$g_l(r, r') = C_l \begin{cases} \dfrac{r^l}{r'^{l+1}} & \text{für } r < r' \\ \dfrac{r'^l}{r^{l+1}} & \text{für } r > r' \end{cases}. \tag{13.187}$$

Frage 15

Zeigen Sie dies.

Setzt man dies in (13.181) ein, so ergibt sich

$$C_l \left((-l-1)\frac{r'^l}{(r'+\epsilon)^{l+2}} - l\frac{(r'-\epsilon)^{l-1}}{r'^{l+1}}\right) = -\frac{4\pi}{r'^2} \tag{13.188}$$

bzw. für $\epsilon \to 0$

$$C_l \left(\frac{-l-1}{r'^2} - \frac{l}{r'^2}\right) = -\frac{4\pi}{r'^2} \tag{13.189}$$

und damit

$$C_l = \frac{4\pi}{2l+1}. \tag{13.190}$$

Führt man außerdem noch die Abkürzungen $r_< = \min(r, r')$ und $r_> = \max(r, r')$ ein, hat man letztlich

$$g_l(r, r') = \frac{4\pi}{2l+1} \frac{r_<^l}{r_>^{l+1}} \tag{13.191}$$

und damit für die gesuchte Multipolentwicklung der Green'schen Funktion

$$\frac{1}{|\mathbf{r} - \mathbf{r}'|} = \sum_{l=0}^{\infty} \sum_{m=-l}^{l} \frac{4\pi}{2l+1} \frac{r_<^l}{r_>^{l+1}} Y_{lm}(\vartheta, \varphi) Y^*_{lm}(\vartheta', \varphi'). \tag{13.192}$$

Schließlich kann man noch die Beziehung (3) aus dem Kasten „Vertiefung: Weitere Eigenschaften der Kugelflächenfunktionen" einsetzen; damit ergibt sich ein Ausdruck für die

Teil II

Green'sche Funktion, der besonders bei zylindersymmetrischen Problemen oft einfacher sein kann:

$$\frac{1}{|\boldsymbol{r}-\boldsymbol{r}'|} = \sum_{l=0}^{\infty} \frac{r_<^l}{r_>^{l+1}} P_l(\cos\alpha). \tag{13.193}$$

Dabei ist α wieder der Winkel zwischen den beiden Vektoren $\boldsymbol{r}$ und $\boldsymbol{r}'$.

(*Historische Anmerkung:* Als Legendre die Gravitationskraft von Ellipsoiden untersuchte, fand er für das Newton'sche Gravitationspotenzial genau solch eine Entwicklung – und führte dabei die heute nach ihm benannten Polynome ein.)

Teil II

Sphärische Multipolmomente

Wir setzen nun den Ausdruck (13.192) in die Gleichung für das Potenzial ein:

$$\begin{aligned}\phi(\boldsymbol{r}) = \sum_{l=0}^{\infty}\sum_{m=-l}^{l} \frac{4\pi}{2l+1} Y_{lm}(\vartheta,\varphi)\\ \int \mathrm{d}V'\,\rho(\boldsymbol{r}')\frac{r_<^l}{r_>^{l+1}} Y^*_{lm}(\vartheta',\varphi').\end{aligned} \tag{13.194}$$

Im Allgemeinen hat man endliche Ladungsverteilungen, d. h., es wird einen Radius r_0 geben, sodass $\rho(\boldsymbol{r}') = 0$ für $r' > r_0$ ist. Betrachtet man das Potenzial im Außenraum dieser Ladungsverteilung, so ist $r > r_0 \geq r'$, also $r_< = r'$ und $r_> = r$, und damit

$$\phi(\boldsymbol{r}) = \sum_{l,m} \frac{4\pi}{2l+1} \frac{Y_{lm}(\vartheta,\varphi)}{r^{l+1}} \int \mathrm{d}V'\,\rho(\boldsymbol{r}')r'^l Y^*_{lm}(\vartheta',\varphi'). \tag{13.195}$$

Dies ist die gesuchte Multipolentwicklung des Potenzials in Kugelkoordinaten.

Sphärische Multipolentwicklung

Definiert man durch

$$q_{lm} = \frac{4\pi}{2l+1}\int \mathrm{d}V'\,\rho(\boldsymbol{r}')r'^l Y^*_{lm}(\vartheta',\varphi') \tag{13.196}$$

die *sphärischen Multipolmomente* der Ladungsverteilung ρ, so ist die Multipolentwicklung des Potenzials ϕ gegeben durch

$$\phi(\boldsymbol{r}) = \sum_{l=0}^{\infty}\sum_{m=-l}^{l} \frac{1}{r^{l+1}} q_{lm} Y_{lm}(\vartheta,\varphi). \tag{13.197}$$

Achtung Auch hier gibt es wieder unterschiedliche Konventionen: Manche Autoren verwenden in der Definition der Multipolmomente die Kugelflächenfunktionen selbst statt ihrer komplex konjugierten, manche ziehen den Faktor $4\pi/(2l+1)$ aus der Definition heraus usw. ◄

Wir haben nun das Ziel erreicht: Das Potenzial im Außenraum einer Ladungsverteilung wurde nach Potenzen des Abstands entwickelt. Zur Berechnung des Summengliedes mit der Potenz $-(l+1)$ werden dabei jeweils $2l+1$ Multipolmomente benötigt. Analog zur Multipolentwicklung in kartesischen Koordinaten nennt man das Multipolmoment für $l = 0$ das Monopolmoment, die drei für $l = 1$ die Dipolmomente und die fünf für $l = 2$ die Quadrupolmomente.

Die Anzahl der Komponenten ist hier jeweils gleich wie bei der kartesischen Multipolentwicklung, und man kann auch Formeln aufstellen, mit denen man die einen in der anderen umrechnen kann (Aufgabe 13.13). Allerdings ist bei der Abzählung der Komponenten zu beachten, dass die sphärischen Multipolmomente eigentlich komplexe Größen sind. Aus der Definition (13.196) und den Eigenschaften der Kugelflächenfunktionen folgt aber, dass immer $q^*_{lm} = (-1)^m q_{l,-m}$ ist; deshalb hat man für jedes l letztlich doch nur $2l+1$ unabhängige reelle Größen.

Punktladungen auf der z-Achse

Wir betrachten drei Punktladungen auf der z-Achse, wobei zwei der Größe q sich bei $z = \pm a$ befinden, die dritte der Größe $-2q$ im Ursprung (Abb. 13.11).

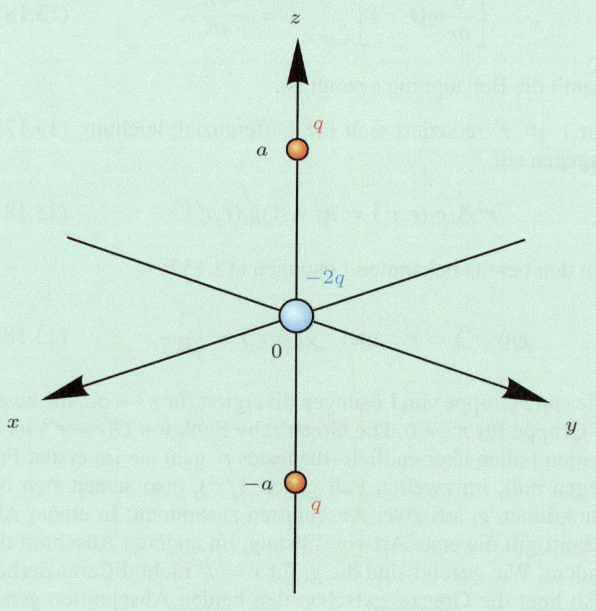

Abb. 13.11 Eine Ladungsverteilung aus drei Punktladungen auf der z-Achse: Im Ursprung befindet sich eine Punktladung der Stärke $-2q$, im Abstand a darüber und darunter jeweils eine der Stärke q

Vertiefung: Bezeichnung der Multipolmomente

Die Multipolmomente zum Index l sind jeweils nach der Potenz 2^l benannt:

- $l = 0$: Monopol, $2^0 = 1$
- $l = 1$: Dipol, $2^1 = 2$
- $l = 2$: Quadrupol, $2^2 = 4$
- $l = 3$: $2^3 = 8$, deshalb spricht man hier vom *Oktupol*

usw.

Diese Bezeichnungen haben folgenden Grund: Man braucht mindestens 2^l Punktladungen gleichen Betrags, um ein nichttriviales Multipolmoment der Ordnung l zu erhalten (siehe z. B. Wangsness 1986, S. 133ff). Nicht trivial bedeutet hier: Es gibt kein Koordinatensystem, in dem dieses Multipolmoment gleich null wäre. Hat man weniger Punktladungen, so können bei ungünstiger Wahl des Koordinatensystems zwar auch höhere Momente auftreten, es existiert dann jedoch immer mindestens ein Koordinatensystem, in dem sie verschwinden (siehe Aufgabe 13.7).

Das erste nicht verschwindende Multipolmoment ist immer von der Wahl des Koordinatensystems unabhängig, die höheren dagegen sind davon abhängig. Dies sieht man bereits am einfachen Beispiel einer Punktladung: Ihr Monopolmoment, also die Gesamtladung, ist unabhängig vom Koordinatensystem; ihr Dipolmoment hängt dagegen offensichtlich von der Wahl des Ursprungs ab.

Die Ladungsdichte ist also

$$\rho(\boldsymbol{r}) = q\delta(x)\delta(y)\left[\delta(z-a) + \delta(z+a) - 2\delta(z)\right] \tag{13.198}$$

bzw. in Kugelkoordinaten umgerechnet

$$\rho(\boldsymbol{r}) = \frac{q\delta(\varphi)}{r^2\sin\vartheta}\left[\delta(r-a)\delta(\vartheta) + \delta(r-a)\delta(\vartheta-\pi) - 2\delta(r)\delta(\vartheta)\right]. \tag{13.199}$$

Eingesetzt in (13.196) kann man die Integrationen sofort ausführen; der Fall $l = 0$ ist dabei aber zunächst getrennt zu betrachten. Man hat dann nur $m = 0$, also

$$\begin{aligned} q_{00} &= 4\pi q\left[Y_{00}^*(0,0) + Y_{00}^*(\pi,0) - 2Y_{00}^*(0,0)\right] \\ &= 0, \end{aligned} \tag{13.200}$$

da Y_{00} eine konstante Funktion ist. Das Monopolmoment dieser Ladungsverteilung verschwindet somit – wie man natürlich auch direkt sieht: Die Gesamtladung ist null.

Für $l \neq 0$ liefert der dritte Summand wegen der Deltafunktion in r dagegen keinen Beitrag, und man hat nur

$$q_{lm} = \frac{4\pi q a^l}{2l+1}\left[Y_{lm}^*(0,0) + Y_{lm}^*(\pi,0)\right]. \tag{13.201}$$

Benutzt man einige der allgemeinen Eigenschaften der Kugelflächenfunktionen (siehe den Kasten „Vertiefung: Weitere Eigenschaften der Kugelflächenfunktionen"), so ergibt sich sofort

$$q_{lm} = 0 \tag{13.202}$$

für $m \neq 0$ und

$$\begin{aligned} q_{l0} &= \sqrt{\frac{4\pi}{2l+1}}qa^l\left[1 + (-1)^l\right] \\ &= \begin{cases} 0 & \text{für ungerade } l \\ 2\sqrt{\frac{4\pi}{2l+1}}qa^l & \text{für gerade } l. \end{cases} \end{aligned} \tag{13.203}$$

Das erste nicht verschwindende Multipolmoment ist hier das Quadrupolmoment

$$q_{20} = \sqrt{\frac{16\pi}{5}}qa^2, \tag{13.204}$$

und für das Potenzial ergibt sich

$$\begin{aligned} \phi(\boldsymbol{r}) &= \frac{1}{r^3}q_{20}Y_{20}(\vartheta,\varphi) + O\left(\frac{qa^3}{r^4}\right) \\ &= \frac{qa^2}{r^3}(3\cos^2\vartheta - 1) + \frac{qa^2}{r^3}\cdot O\left(\frac{a}{r}\right). \end{aligned} \tag{13.205}$$

Somit hat man hier die gleiche Radius- und Winkelabhängigkeit wie beim Rotationsellipsoid in Abschn. 13.4. Ein reines Quadrupolfeld erhält man schließlich im Limes $a \to 0$ und $q \to \infty$, wobei qa^2 konstant gehalten wird. ◄

Aufgaben

Gelegentlich enthalten die Aufgaben mehr Angaben, als für die Lösung erforderlich sind. Bei einigen anderen dagegen werden Daten aus dem Allgemeinwissen, aus anderen Quellen oder sinnvolle Schätzungen benötigt.

- • leichte Aufgaben mit wenigen Rechenschritten
- •• mittelschwere Aufgaben, die etwas Denkarbeit und unter Umständen die Kombination verschiedener Konzepte erfordern
- ••• anspruchsvolle Aufgaben, die fortgeschrittene Konzepte (unter Umständen auch aus späteren Kapiteln) oder eigene mathematische Modellbildung benötigen

13.1 • Sphärisch symmetrische Fourier-Transformation Beweisen Sie: Wenn eine Funktion $f(\boldsymbol{r})$ sphärisch symmetrisch ist, dann gilt dies auch für ihre Fourier-Transformierte $\tilde{f}(\boldsymbol{k})$.

13.2 ••• Diskrete Fourier-Transformation Die Funktion $f_n(x)$ (n eine natürliche Zahl) habe den Wert 1 in $2n+1$ Intervallen der Breite x_0 und dem Abstand d und ansonsten den Wert 0, wobei der Funktionsgraph symmetrisch zur y-Achse sei (die Abbildung stellt diese Funktion speziell für $n = 3$ dar).

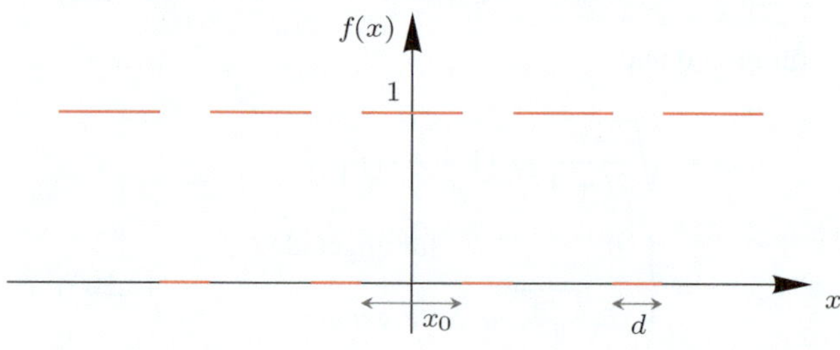

(a) Berechnen Sie die Fourier-Transformierte $\tilde{f}_n(k)$ und stellen Sie die Funktion $f_n(x)$ damit dar.

(b) Die Funktion $f(x) := \lim_{n\to\infty} f_n(x)$ ist periodisch („Gitter"), kann also durch eine Fourier-Reihe dargestellt werden. Ermitteln Sie diese Darstellung (mit Exponentialfunktionen als Basisfunktionen).

(c) Begründen Sie mittels Ihrer Ergebnisse aus Teilaufgabe (a) und (b), dass gilt:

$$\sum_{j=-\infty}^{\infty} \mathrm{e}^{\mathrm{i}jx} = 2\pi \sum_{m=-\infty}^{\infty} \delta(x - 2\pi m). \tag{13.206}$$

Dies ist ein diskretes Analogon zu (13.18.)

Lösungshinweis: (a) Verwenden Sie das Verhalten der Fourier-Transformation unter Verschiebungen aus dem Kasten „Übersicht: Wichtige Eigenschaften der Fourier-Transformation" in Abschn. 13.1.

13.3 • Cauchy'scher Integralsatz Berechnen Sie das Integral

$$\oint z\,\mathrm{d}z, \tag{13.207}$$

(a) indem Sie als Weg ein Quadrat der Seitenlänge $2a$ wählen, das symmetrisch zum Ursprung liegt und dessen Seiten parallel zu den Achsen liegen, und

(b) mittels des Cauchy'schen Integralsatzes.

13.4 • Residuensatz Berechnen Sie das Integral

$$\oint \frac{1}{z}\,\mathrm{d}z, \tag{13.208}$$

(a) indem Sie als Weg ein Quadrat der Seitenlänge $2a$ wählen, das symmetrisch zum Ursprung liegt und dessen Seiten parallel zu den Achsen liegen, und

(b) mittels des Residuensatzes.

13.5 •• Geschlossener Integrationsweg im Unendlichen Berechnen Sie das Integral

$$\int_{-\infty}^{\infty} \frac{1}{1+x^4}\,\mathrm{d}x \tag{13.209}$$

mithilfe eines „im Unendlichen" geschlossenen Integrationsweges in der komplexen Ebene.

13.6 •• Vollständiges Funktionensystem: Hermite-Polynome Gegeben sei die Menge von Funktionen

$$f_n(x) = x^n \mathrm{e}^{-x^2/2}, \tag{13.210}$$

wobei n alle natürlichen Zahlen durchlaufe. Ermitteln Sie für $n = 0, 1, 2, 3$ daraus orthonormierte Funktionen $h_n(x)$ bezüglich des Skalarprodukts

$$\langle f, g\rangle = \int_{-\infty}^{\infty} f(x)g(x)\,\mathrm{d}x. \tag{13.211}$$

Anmerkung: Stattdessen kann man das Skalarprodukt auch allgemeiner definieren mit einer sogenannten *Gewichtsfunktion* $\rho(x)$:

$$\langle f, g\rangle = \int_{-\infty}^{\infty} f(x)g(x)\rho(x)\,\mathrm{d}x. \tag{13.212}$$

Mit $\rho(x) = \mathrm{e}^{-x^2}$ sind dann die Polynome gesucht, die bezüglich dieses Skalarprodukts orthonormal sind („Hermite-Polynome"; diese sind in der Quantenmechanik wichtig).

13.7 • Multipolmomente und Wahl des Koordinatensystems Beweisen Sie:

(a) Ist die Gesamtladung einer Ladungsverteilung null, so ist ihr (kartesisches) Dipolmoment unabhängig von einer Verschiebung des Koordinatensystems.

(b) Sind die Gesamtladung und das Dipolmoment einer Ladungsverteilung null, so ist ihr (kartesisches) Quadrupolmoment unabhängig von einer Verschiebung des Koordinatensystems.

13.8 • Kartesische Multipolmomente: Ladungen im Quadrat Gegeben sei eine Ladungsverteilung aus vier Punktladungen vom Betrag q_0, die sich an den Ecken eines Quadrates der Seitenlänge $2a$ befinden, dessen Mittelpunkt der Ursprung ist und dessen Seiten parallel zu den Koordinatenachsen liegen. Das Vorzeichen der Punktladung sei positiv am Punkt (a, a) und wechsle von Ecke zu Ecke ab. Ermitteln Sie das elektrische Potenzial dieser Ladungsverteilung bis einschließlich des (kartesischen) Quadrupolmoments.

13.9 • Kartesische Multipolmomente: Quader In einem Quader mit Seitenlängen $2a$, $2b$ und $2c$, dessen Mittelpunkt der Ursprung ist und dessen Kanten parallel zu den Achsen liegen, sei die Ladungsdichte proportional zu z^n (n sei eine nicht negative ganze Zahl) und habe bei $z = c$ den Wert ρ_0, sei aber unabhängig von x und y. Ermitteln Sie die (kartesischen) Multipolmomente dieser Ladungsverteilung bis einschließlich des Quadrupolmoments.

Lösungshinweis: Unterscheiden Sie die beiden Fälle, dass n eine gerade bzw. eine ungerade Zahl ist.

13.10 •• Kartesische Multipolmomente: Pyramide Eine homogene Ladungsverteilung (Ladungsdichte ρ_0) habe die Form einer dreiseitigen Pyramide mit den Eckpunkten $O(0;0;0)$, $A(a;0;0)$, $B(0;b;0)$ und $C(0;0;c)$ (siehe Abbildung).

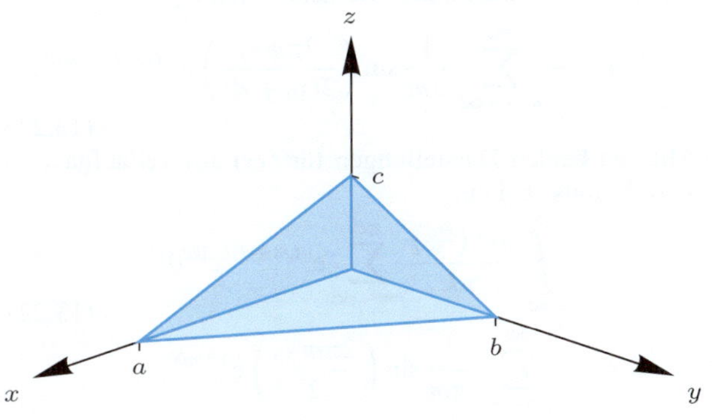

Ermitteln Sie die (kartesischen) Multipolmomente dieser Ladungsverteilung bis einschließlich des Quadrupolmoments. Was ergibt sich speziell für $a = b = c$?

13.11 • Sphärische Multipolmomente und Potenzial Beweisen Sie: Das elektrische Potenzial hat *genau dann* die Winkelabhängigkeit einer der Kugelflächenfunktionen, wenn dies auch für die Ladungsverteilung (mit derselben Kugelflächenfunktion) gilt.

Lösungshinweis: „Genau dann" bedeutet Äquivalenz beider Aussagen, es sind also beide Richtungen der Behauptung zu zeigen.

13.12 •• Vektorwertiges Oberflächenintegral Beweisen Sie folgende Formel, bei der über die Oberfläche einer Kugel mit Radius R um den Ursprung integriert wird, wobei der bei der Integration festgehaltene Ort $\boldsymbol{r}'$ innerhalb oder außerhalb der Kugel liegen kann:

$$\frac{3}{4\pi R^3} \oint_{r=R} \mathbf{d}\boldsymbol{f} \frac{1}{|\boldsymbol{r} - \boldsymbol{r}'|} = \frac{\boldsymbol{r}'}{[\max(r', R)]^3}. \tag{13.213}$$

Lösungshinweis: Verwenden Sie Kugelkoordinaten, bei denen die z-Achse in die Richtung von $\boldsymbol{r}'$ zeigt, und die Entwicklung von $1/|\boldsymbol{r} - \boldsymbol{r}'|$ nach Kugelflächenfunktionen oder Legendre-Polynomen.

13.13 • Sphärische und kartesische Multipolmomente Ermitteln Sie die Zusammenhänge zwischen den kartesischen und den sphärischen Multipolmomenten bis einschließlich des Quadrupolmoments.

Lösungshinweis: Benutzen Sie die expliziten Ausdrücke für die Kugelflächenfunktionen Y_{lm} bis zu $l = 2$.

13.14 ••• Sphärische Multipolmomente: Kreisscheibe Bei einer Ladungsverteilung sei die Ladungsdichte nur ungleich null in einer Kreisscheibe mit Radius r_0 in der x-y-Ebene um den Ursprung. In dieser Kreisscheibe habe die Flächenladungsdichte den Wert σ_0. Ermitteln Sie die sphärischen Multipolmomente dieser Ladungsverteilung.

Lösungshinweis: Benutzen Sie Eigenschaften der Kugelflächenfunktionen bzw. der (zugeordneten) Legendre-Funktionen aus diesem Kapitel und der mathematischen Literatur.

13.15 ••• Sphärische Multipolmomente: Kreislinie Eine Ladungsverteilung sei nur ungleich null auf einer Kreislinie mit Radius r_0 in der x-z-Ebene um den Ursprung. Die Kreislinie habe die Linienladungsdichte λ_0. Begründen Sie: Die sphärischen Multipolmomente dieser Ladungsverteilung verschwinden nur dann nicht, wenn l und m beide gerade Zahlen sind.

Lösungshinweis: Benutzen Sie Eigenschaften der Kugelflächenfunktionen bzw. der (zugeordneten) Legendre-Funktionen aus diesem Kapitel und der mathematischen Literatur.

Teil II

Ausführliche Lösungen zu den Aufgaben

13.1 Die räumliche Fourier-Transformierte ist

$$\begin{aligned}\tilde{f}(\boldsymbol{k}) &= \frac{1}{\left(\sqrt{2\pi}\right)^3}\int \mathrm{d}^3x f(\boldsymbol{r})\mathrm{e}^{\mathrm{i}\boldsymbol{k}\cdot\boldsymbol{r}} \\ &= \frac{1}{\left(\sqrt{2\pi}\right)^3}\int \mathrm{d}^3x f(r)\mathrm{e}^{\mathrm{i}kr\cos\alpha}\end{aligned} \tag{13.214}$$

für eine sphärisch symmetrische Funktion f, wobei $k = |\boldsymbol{k}|$ und $r = |\boldsymbol{r}|$ gesetzt wurde und α der Winkel zwischen diesen beiden Vektoren ist. Wegen der Symmetrie kann man das Koordinatensystem zur Integration aber immer so legen, dass α gleich dem Winkel ϑ von $\boldsymbol{r}$ zur z-Achse ist. Somit ist

$$\tilde{f}(\boldsymbol{k}) = \frac{1}{\left(\sqrt{2\pi}\right)^3}\int_0^\infty r^2\,\mathrm{d}r f(r)\int_0^{2\pi}\mathrm{d}\varphi\int_{-1}^{1}\mathrm{d}\cos\vartheta\;\mathrm{e}^{\mathrm{i}kr\cos\vartheta}. \tag{13.215}$$

Diesem Ausdruck sieht man bereits direkt an, dass er nur noch von $k = |\boldsymbol{k}|$ abhängt, aber nicht von der Orientierung von $\boldsymbol{k}$, also sphärisch symmetrisch ist. Man kann ihn allerdings noch weiter auswerten:

$$\begin{aligned}\tilde{f}(k) &= \frac{1}{\sqrt{2\pi}}\int_0^\infty r^2\,\mathrm{d}r f(r)\frac{\mathrm{e}^{\mathrm{i}kr}-\mathrm{e}^{-\mathrm{i}kr}}{\mathrm{i}kr} \\ &= \frac{2}{\sqrt{2\pi}k^3}\int_0^\infty x f\left(\frac{x}{k}\right)\sin x\,\mathrm{d}x,\end{aligned} \tag{13.216}$$

wobei noch $x = kr$ substituiert wurde.

13.2

(a) Definiert man zur Abkürzung

$$g(x) = \begin{cases} 1 & \text{für } -x_0/2 \le x \le x_0/2 \\ 0 & \text{sonst}\end{cases}, \tag{13.217}$$

so kann man schreiben:

$$f(x) = \sum_{j=-n}^{n} g(x - j(x_0+d)). \tag{13.218}$$

Berechnen wir zunächst die Fourier-Transformierte von g:

$$\tilde{g}(k) = \frac{1}{\sqrt{2\pi}}\int_{-x_0/2}^{x_0/2}\mathrm{e}^{-\mathrm{i}kx}\,\mathrm{d}x = -\sqrt{\frac{2}{\pi}}\frac{\sin\left(\frac{kx_0}{2}\right)}{k}. \tag{13.219}$$

Mithilfe der Regel für die Fourier-Transformierte einer verschobenen Funktion erhält man

$$\tilde{f}_n(k) = -\sum_{j=-n}^{n}\sqrt{\frac{2}{\pi}}\frac{\sin\left(\frac{kx_0}{2}\right)}{k}\mathrm{e}^{-\mathrm{i}j(x_0+d)k}. \tag{13.220}$$

Den konstanten Faktor kann man vor die Summe ziehen und bei der Summationsvariable das Vorzeichen vertauschen, ohne etwas an der Summe zu ändern:

$$\tilde{f}_n(k) = -\sqrt{\frac{2}{\pi}}\frac{\sin\left(\frac{kx_0}{2}\right)}{k}\sum_{j=-n}^{n}\mathrm{e}^{\mathrm{i}j(x_0+d)k}. \tag{13.221}$$

Damit ist also

$$f_n(x) = -\int_{-\infty}^{\infty}\frac{\sin\left(\frac{kx_0}{2}\right)}{\pi k}\sum_{j=-n}^{n}\mathrm{e}^{\mathrm{i}j(x_0+d)k}\mathrm{e}^{\mathrm{i}kx}\mathrm{d}k. \tag{13.222}$$

(b) In der Exponentialdarstellung der Fourier-Reihe ergeben sich die Koeffizienten laut (8.84) folgendermaßen:

$$c_m = \frac{1}{x_0+d}\int_{-x_0/2}^{x_0/2+d} f(x)\mathrm{e}^{-2\pi\mathrm{i}mx/(x_0+d)}\mathrm{d}x, \tag{13.223}$$

wobei hier $c = -x_0/2$ gewählt wurde und

$$\omega = \frac{2\pi}{T} = \frac{2\pi}{x_0+d} \tag{13.224}$$

ist. Da im gewählten Integrationsbereich $f(x)$ nur zwischen $-x_0/2$ und $x_0/2$ von null verschieden ist und dort den Wert 1 hat, haben wir

$$\begin{aligned}c_m &= \frac{1}{x_0+d}\int_{-x_0/2}^{x_0/2}\mathrm{e}^{-2\pi\mathrm{i}mx/(x_0+d)}\mathrm{d}x \\ &= -\frac{1}{\pi m}\sin\left(\frac{2\pi m x_0}{2(x_0+d)}\right)\end{aligned} \tag{13.225}$$

und mit (8.83) die Fourier-Reihendarstellung

$$f(x) = -\sum_{m=-\infty}^{\infty}\frac{1}{\pi m}\sin\left(\frac{2\pi m x_0}{2(x_0+d)}\right)\mathrm{e}^{2\pi\mathrm{i}mx/(x_0+d)}. \tag{13.226}$$

(c) Mit den beiden Darstellungen für $f(x)$ aus Teilaufgabe (a) und (b) muss gelten:

$$\begin{aligned}&-\int_{-\infty}^{\infty}\frac{\sin\left(\frac{kx_0}{2}\right)}{\pi k}\sum_{j=-\infty}^{\infty}\mathrm{e}^{\mathrm{i}j(x_0+d)k}\mathrm{e}^{\mathrm{i}kx}\mathrm{d}k \\ &= -\sum_{m=-\infty}^{\infty}\frac{1}{\pi m}\sin\left(\frac{2\pi m X_0}{2}\right)\mathrm{e}^{2\pi\mathrm{i}mX},\end{aligned} \tag{13.227}$$

wobei zur Abkürzung $X = x/(x_0+d)$ eingeführt wurde.

Multiplizieren wir nun beide Seiten mit $-\pi$ und ersetzen $k = k'/(x_0 + d)$. Dies führt auf

$$\begin{aligned}&\int_{-\infty}^{\infty} \frac{1}{k'} \sin\left(\frac{k'X_0}{2}\right) e^{ik'X} \left(\sum_{j=-\infty}^{\infty} e^{ijk'}\right) dk' \\ &= 2\pi \sum_{m=-\infty}^{\infty} \frac{1}{2\pi m} \sin\left(\frac{2\pi m X_0}{2}\right) e^{2\pi i m X}.\end{aligned} \quad (13.228)$$

Auf der rechten Seite der Gleichung wurde dabei noch ein Faktor 2π vor die Summe gezogen. Vergleicht man die beiden Seiten, so sieht man, dass vom Integral über k' nur eine Summe über die diskreten Werte $2\pi m$ übrig bleibt. Also gilt

$$\sum_{j=-\infty}^{\infty} e^{ijk'} = 2\pi \sum_{m=-\infty}^{\infty} \delta\left(k' - 2\pi m\right). \quad (13.229)$$

Dies war zu zeigen.

13.3

(a) Die vier Seiten des Quadrats (startend beim Punkt (a, a) der komplexen Ebene, im mathematisch positiven Sinn) sind beschrieben durch

$$\begin{aligned}&z = x + ia \quad \text{mit} \quad -a \le x \le a, \\ &z = -a + iy \quad \text{mit} \quad -a \le y \le a, \\ &z = x - ia \quad \text{mit} \quad -a \le x \le a, \\ &z = a + iy \quad \text{mit} \quad -a \le y \le a.\end{aligned} \quad (13.230)$$

Damit ist

$$\begin{aligned}\oint z\,dz &= \int_a^{-a} (x + ia)\,dx + \int_a^{-a} (-a + iy) i\,dy \\ &\quad + \int_{-a}^{a} (x - ia)\,dx + \int_{-a}^{a} (a + iy) i\,dy \\ &= -\int_{-a}^{a} (x + ia)\,dx - \int_{-a}^{a} (-a + iy) i\,dy \\ &\quad + \int_{-a}^{a} (x - ia)\,dx + \int_{-a}^{a} (a + iy) i\,dy \\ &= -2ia \int_{-a}^{a} dx + 2ia \int_{-a}^{a} dy = 0.\end{aligned} \quad (13.231)$$

(b) Der Cauchy'sche Integralsatz ergibt direkt

$$\oint z\,dz = 0, \quad (13.232)$$

da die Funktion $f(z) = z$ analytisch ist (innerhalb des Quadrats, aber natürlich auch in der ganzen komplexen Ebene).

13.4

(a) Mit derselben Parametrisierung des Integrals wie in der vorherigen Aufgabe ergibt sich

$$\begin{aligned}\oint \frac{1}{z}\,dz &= -\int_{-a}^{a} \frac{1}{x + ia}\,dx - \int_{-a}^{a} \frac{1}{-a + iy} i\,dy \\ &\quad + \int_{-a}^{a} \frac{1}{x - ia}\,dx + \int_{-a}^{a} \frac{1}{a + iy} i\,dy \\ &= \int_{-a}^{a} \frac{2ia}{x^2 + a^2}\,dx + \int_{-a}^{a} \frac{2ia}{y^2 + a^2}\,dy \\ &= 4i \int_{-1}^{1} \frac{du}{u^2 + 1},\end{aligned} \quad (13.233)$$

wobei $x = au$ bzw. $y = au$ substituiert wurde. Dieses Integral kann elementar ausgewertet werden:

$$4i \int_{-1}^{1} \frac{du}{u^2 + 1} = 4i \left[\arctan u\right]_{-1}^{1} = 2\pi i. \quad (13.234)$$

(b) Der Residuensatz ergibt

$$\oint \frac{1}{z}\,dz = 2\pi i \operatorname{Res}_0 \frac{1}{z} = 2\pi i, \quad (13.235)$$

da das Residuum an der einzigen Polstelle $z_1 = 0$ innerhalb des Quadrats gleich 1 ist.

13.5 Wie im Beispiel in Abschn. 13.2 wird zunächst das Integral entlang der reellen Achse von $-R$ bis R betrachtet und der Integrationsweg mit einem Halbkreis in der oberen Halbebene um den Ursprung geschlossen (alternativ kann auch ein Halbkreis in der unteren Halbebene benutzt werden, wobei dann aber auf das entgegengesetzte Vorzeichen zu achten ist):

$$\int_{-R}^{R} \frac{1}{1 + z^4}\,dz_{rA} = \int \frac{1}{1 + z^4}\,dz_{Hk} + \oint \frac{1}{1 + z^4}\,dz_{gW}. \quad (13.236)$$

Wiederum wie im Beispiel kann man leicht argumentieren, dass der Beitrag des Halbkreises für $R \to \infty$ gegen 0 geht. Es bleibt also wieder

$$\int_{-\infty}^{\infty} \frac{1}{1 + x^4}\,dx = \oint \frac{1}{1 + z^4}\,dz_{gW}. \quad (13.237)$$

Das Integral über den geschlossenen Weg wird mit dem Residuensatz ausgewertet. Der Integrand hat die Polstellen

$$\begin{aligned} z_1 &= e^{\pi i/4} = \frac{1}{\sqrt{2}}(1+i), \\ z_2 &= e^{3\pi i/4} = \frac{1}{\sqrt{2}}(-1+i), \\ z_3 &= e^{5\pi i/4} = \frac{1}{\sqrt{2}}(-1-i), \\ z_4 &= e^{7\pi i/4} = \frac{1}{\sqrt{2}}(1-i) \end{aligned} \quad (13.238)$$

und lässt sich damit schreiben als

$$\frac{1}{1+z^4} = \frac{1}{(z-z_1)(z-z_2)(z-z_3)(z-z_4)}. \quad (13.239)$$

Die Residuen der beiden Pole in der oberen Halbebene sind dann

$$\begin{aligned} \mathrm{Res}_{z_1}\frac{1}{1+z^4} &= \lim_{z\to z_1}\frac{z-z_1}{(z-z_1)(z-z_2)(z-z_3)(z-z_4)} \\ &= \frac{1}{(z_1-z_2)(z_1-z_3)(z_1-z_4)} \\ &= \frac{\sqrt{2}}{4i(1+i)}, \\ \mathrm{Res}_{z_2}\frac{1}{1+z^4} &= \frac{1}{(z_2-z_1)(z_2-z_3)(z_2-z_4)} \\ &= \frac{\sqrt{2}}{4i(1-i)}. \end{aligned} \quad (13.240)$$

Damit hat man

$$\begin{aligned} \int_{-\infty}^{\infty}\frac{1}{1+x^4}\,dx &= 2\pi i\left(\mathrm{Res}_{z_1}\frac{1}{1+z^4} + \mathrm{Res}_{z_2}\frac{1}{1+z^4}\right) \\ &= \frac{\sqrt{2}\pi}{2}\left(\frac{1}{1+i}+\frac{1}{1-i}\right) = \frac{\sqrt{2}\pi}{2}. \end{aligned} \quad (13.241)$$

13.6 Für die Berechnung der Integrale benötigt man die allgemeinen Formeln

$$\int_{-\infty}^{\infty} x^{2n+1}e^{-x^2}\,dx = 0 \quad (13.242)$$

(wegen Symmetrie) und

$$\int_{-\infty}^{\infty} x^{2n}e^{-x^2}\,dx = \frac{(2n-1)!!}{2^n}\sqrt{\pi}, \quad (13.243)$$

die man leicht in Formelsammlungen findet. Zunächst wird die Funktion f_0 normiert:

$$\langle f_0, f_0\rangle = \int_{-\infty}^{\infty} e^{-x^2}\,dx = \sqrt{\pi}, \quad (13.244)$$

also ist

$$h_0(x) = \sqrt{\frac{1}{\sqrt{\pi}}}e^{-x^2/2}. \quad (13.245)$$

Um h_1 zu erhalten, wird von f_1 zunächst wieder der Teil abgezogen, der parallel zu h_0 ist:

$$\bar{f}_1(x) = f_1(x) - \frac{\langle h_0, f_1\rangle}{\langle h_0, h_0\rangle}h_0(x) = f_1(x) - \langle h_0, f_1\rangle h_0(x), \quad (13.246)$$

da h_0 bereits normiert ist. Mit

$$\langle h_0, f_1\rangle \propto \int_{-\infty}^{\infty} xe^{-x^2}\,dx = 0 \quad (13.247)$$

ergibt sich

$$\bar{f}_1(x) = f_1(x) = xe^{-x^2/2}. \quad (13.248)$$

Auch diese Funktion wird normiert:

$$\langle \bar{f}_1, \bar{f}_1\rangle = \int_{-\infty}^{\infty} x^2e^{-x^2}\,dx = \frac{\sqrt{\pi}}{2}, \quad (13.249)$$

also

$$h_1(x) = \sqrt{\frac{2}{\sqrt{\pi}}}xe^{-x^2/2}. \quad (13.250)$$

Mit

$$\langle h_0, f_2\rangle = \frac{1}{\sqrt[4]{\pi}}\frac{\sqrt{\pi}}{2} = \frac{\sqrt[4]{\pi}}{2} \quad \text{und} \quad \langle h_1, f_2\rangle = 0 \quad (13.251)$$

erhält man

$$\bar{f}_2(x) = \left(x^2 - \frac{1}{2}\right)e^{-x^2/2} \quad (13.252)$$

und mit

$$\langle \bar{f}_2, \bar{f}_2\rangle = \int_{-\infty}^{\infty}\left(x^4 - x^2 + \frac{1}{4}\right)e^{-x^2}\,dx = \frac{\sqrt{\pi}}{2} \quad (13.253)$$

dann

$$h_2(x) = \sqrt{\frac{2}{\sqrt{\pi}}}\left(x^2 - \frac{1}{2}\right)e^{-x^2/2}. \quad (13.254)$$

Schließlich ergibt sich aus

$$\begin{aligned} \bar{f}_3(x) &= f_3(x) - \langle h_0, f_3\rangle h_0(x) \\ &\quad - \langle h_1, f_3\rangle h_1(x) - \langle h_2, f_3\rangle h_2(x) \end{aligned} \quad (13.255)$$

zunächst

$$\bar{f}_3(x) = \left(x^3 - \frac{3}{2}x\right)e^{-x^2/2} \quad (13.256)$$

und dann

$$h_3(x) = \frac{2}{\sqrt{3\sqrt{\pi}}}\left(x^3 - \frac{3}{2}x\right)e^{-x^2/2}. \quad (13.257)$$

13.7

(a) Das Dipolmoment ist

$$p = \int \mathrm{d}V\, \boldsymbol{r}\rho(\boldsymbol{r}). \quad (13.258)$$

Unter einer Verschiebung des Koordinatensystems um $\boldsymbol{r}_0$ hat man

$$\rho'(\boldsymbol{r}) = \rho(\boldsymbol{r} - \boldsymbol{r}_0) \quad (13.259)$$

und damit

$$\begin{aligned} \boldsymbol{p}' &= \int \mathrm{d}V\, \boldsymbol{r}\rho'(\boldsymbol{r}) = \int \mathrm{d}V\, \boldsymbol{r}\rho(\boldsymbol{r} - \boldsymbol{r}_0) \\ &= \int \mathrm{d}V'\, (\boldsymbol{r}' + \boldsymbol{r}_0)\rho(\boldsymbol{r}'), \end{aligned} \quad (13.260)$$

wobei $\boldsymbol{r}' = \boldsymbol{r} - \boldsymbol{r}_0$ gesetzt und $\mathrm{d}V = \mathrm{d}V'$ ausgenutzt wurde. Dies ergibt aber

$$\boldsymbol{p}' = \int \mathrm{d}V'\, \boldsymbol{r}'\rho(\boldsymbol{r}') + \boldsymbol{r}_0 \int \mathrm{d}V'\, \rho(\boldsymbol{r}') = \boldsymbol{p} + q\boldsymbol{r}_0. \quad (13.261)$$

Ist die Gesamtladung $q = 0$, so ist damit in der Tat $\boldsymbol{p} = \boldsymbol{p}'$.

(b) Die Komponenten des Quadrupolmoments sind

$$Q_{ij} = \int \rho(\boldsymbol{r}) \left(3x_i x_j - r^2\delta_{ij}\right) \mathrm{d}V. \quad (13.262)$$

Unter einer Verschiebung des Koordinatensystems erhält man wie eben

$$\begin{aligned} Q'_{ij} = \int \rho(\boldsymbol{r}')\Big(&3(x'_i + x_{0,i})(x'_j + x_{0,j}) \\ &- (\boldsymbol{r}' + \boldsymbol{r}_0)^2\delta_{ij}\Big)\, \mathrm{d}V'. \end{aligned} \quad (13.263)$$

Löst man die Klammern auf und integriert die Summanden einzeln, führt dies auf

$$\begin{aligned} Q'_{ij} = Q_{ij} &+ (3x_{0,i}p_j + 3p_i x_{0,j} - 2\boldsymbol{p}\cdot\boldsymbol{r}_0\delta_{ij}) \\ &+ (3x_{0,i}x_{0,j} - \boldsymbol{r}_0^2\delta_{ij})q. \end{aligned} \quad (13.264)$$

Verschwinden Gesamtladung q und Dipolmoment $\boldsymbol{p}$, so ist damit in der Tat $\boldsymbol{Q}' = \boldsymbol{Q}$.

13.8 Die Ladungsdichte ist

$$\begin{aligned} \rho(\boldsymbol{r}) = q_0\delta(z)\,[&\delta(x-a)\delta(y-a) - \delta(x+a)\delta(y-a) \\ &+ \delta(x+a)\delta(y+a) - \delta(x-a)\delta(y+a)]\,. \end{aligned} \quad (13.265)$$

Für das Monopolmoment, also die Gesamtladung, ergibt sich damit sofort das offensichtliche Ergebnis

$$q = \int \rho(\boldsymbol{r})\,\mathrm{d}V = q_0 - q_0 + q_0 - q_0 = 0. \quad (13.266)$$

Auch die x-Komponente des Dipolmoments verschwindet:

$$p_1 = \int x\rho(\boldsymbol{r})\,\mathrm{d}V = aq_0 - (-a)q_0 + (-a)q_0 - aq_0 = 0, \quad (13.267)$$

ebenso $p_2 = 0$. Wegen der Deltafunktion in z ist außerdem auch $p_3 = 0$. Für die Diagonalelemente des Quadrupoltensors hat man

$$\begin{aligned} Q_{11} &= \int \left(3x^2 - r^2\right)\rho(\boldsymbol{r})\,\mathrm{d}V \\ &= \int \left(2x^2 - y^2 - z^2\right)\rho(\boldsymbol{r})\,\mathrm{d}V, \\ Q_{22} &= \int \left(2y^2 - x^2 - z^2\right)\rho(\boldsymbol{r})\,\mathrm{d}V, \\ Q_{33} &= \int \left(2z^2 - x^2 - y^2\right)\rho(\boldsymbol{r})\,\mathrm{d}V. \end{aligned} \quad (13.268)$$

Wir berechnen zunächst

$$\int x^2\rho(\boldsymbol{r})\,\mathrm{d}V = \int y^2\rho(\boldsymbol{r})\,\mathrm{d}V = \int z^2\rho(\boldsymbol{r})\,\mathrm{d}V = 0 \quad (13.269)$$

(das letzte Integral ergibt sich wieder sofort wegen der Deltafunktion in z) und damit

$$Q_{11} = Q_{22} = Q_{33} = 0. \quad (13.270)$$

Aus dem gleichen Grund erhält man außerdem sofort

$$Q_{13} = Q_{23} = 0. \quad (13.271)$$

Letztlich bleiben als einzige nicht verschwindende Komponenten

$$Q_{12} = Q_{21} = \int 3xy\rho(\boldsymbol{r})\,\mathrm{d}V = 12a^2q_0. \quad (13.272)$$

Damit ist das elektrische Potenzial bis einschließlich des Quadrupolanteils

$$\begin{aligned} \phi(\boldsymbol{r}) &= \frac{1}{2r^5}(x,y,z)^\top \begin{pmatrix} 0 & 12a^2q_0 & 0 \\ 12a^2q_0 & 0 & 0 \\ 0 & 0 & 0 \end{pmatrix} \begin{pmatrix} x \\ y \\ z \end{pmatrix} \\ &= 12a^2q_0\frac{xy}{r^5} = 6a^2q_0\frac{\sin^2\vartheta\,\sin(2\varphi)}{r^3}. \end{aligned} \quad (13.273)$$

13.9 Die Ladungsdichte ist

$$\rho(\boldsymbol{r}) = \begin{cases} \rho_0\left(\frac{z}{c}\right)^n & \text{für } -a \le x \le a,\ -b \le y \le b, \\ & \quad -c \le z \le c \\ 0 & \text{sonst} \end{cases}. \quad (13.274)$$

Für die Gesamtladung erhält man zunächst

$$\begin{aligned} q &= \int \rho(\boldsymbol{r})\,\mathrm{d}V = 2a\cdot 2b\cdot\rho_0\cdot\frac{1}{c^n}\int_{-c}^{c} z^n\,\mathrm{d}z \\ &= \begin{cases} \frac{8abc\rho_0}{n+1} = \frac{V\rho_0}{n+1} & \text{für gerade } n \\ 0 & \text{für ungerade } n \end{cases}, \end{aligned} \quad (13.275)$$

wobei V das Volumen des Quaders ist.

Wegen der Unabhängigkeit der Ladungsdichte von x und y sind bei p_1 und p_2 die Integranden jeweils ungerade Funktionen in x bzw. y, und man erhält sofort

$$p_1 = p_2 = 0. \tag{13.276}$$

Bei p_3 ist wieder eine Fallunterscheidung nötig:

$$\begin{aligned} p_3 &= \int z\rho(\boldsymbol{r})\,\mathrm{d}V = 2a \cdot 2b \cdot \rho_0 \cdot \frac{1}{c^n} \int\limits_{-c}^{c} z^{n+1}\,\mathrm{d}z \\ &= \begin{cases} 0 & \text{für gerade } n \\ \frac{8abc^2\rho_0}{n+2} = \frac{V\rho_0 c}{n+2} & \text{für ungerade } n \end{cases}. \end{aligned} \tag{13.277}$$

Für die Komponenten des Quadrupoltensors hat man zunächst bei geraden n

$$\begin{aligned} \int x^2\rho(\boldsymbol{r})\,\mathrm{d}V &= \frac{V\rho_0 a^2}{3(n+1)} = \frac{qa^2}{3}, \\ \int y^2\rho(\boldsymbol{r})\,\mathrm{d}V &= \frac{qb^2}{3}, \\ \int z^2\rho(\boldsymbol{r})\,\mathrm{d}V &= \frac{V\rho_0 c^2}{n+3} = \frac{n+1}{n+3}qc^2 \end{aligned} \tag{13.278}$$

und damit

$$\begin{aligned} Q_{11} &= q\left[\frac{2a^2-b^2}{3} - \frac{n+1}{n+3}c^2\right], \\ Q_{22} &= q\left[\frac{2b^2-a^2}{3} - \frac{n+1}{n+3}c^2\right], \\ Q_{33} &= q\left[2\frac{n+1}{n+3}c^2 - \frac{a^2+b^2}{3}\right]. \end{aligned} \tag{13.279}$$

Bei ungeraden n ist dagegen

$$Q_{11} = Q_{22} = Q_{33} = 0. \tag{13.280}$$

Für die Nicht-Diagonalelemente ergibt sich

$$Q_{12} = Q_{13} = Q_{23} = 0 \tag{13.281}$$

für alle n, da immer Integranden auftreten, die ungerade in x bzw. in y sind.

Das elektrische Potenzial hat für gerade n also einen Monopol- und einen Quadrupolanteil, für ungerade n dagegen nur einen Dipolanteil.

13.10 Die hier auftretenden Integrale können alle folgendermaßen geschrieben werden:

$$\begin{aligned} \int \mathrm{d}V &= \int\limits_0^a \mathrm{d}x \int\limits_0^{b-\frac{b}{a}x} \mathrm{d}y \int\limits_0^{c-\frac{c}{a}x-\frac{c}{b}y} \mathrm{d}z \\ &= abc \int\limits_0^1 \mathrm{d}x' \int\limits_0^{1-x'} \mathrm{d}y' \int\limits_0^{1-x'-y'} \mathrm{d}z' \\ &= abc \int\limits_0^1 \mathrm{d}y' \int\limits_0^{1-y'} \mathrm{d}z' \int\limits_0^{1-y'-z'} \mathrm{d}x' \\ &= abc \int\limits_0^1 \mathrm{d}z' \int\limits_0^{1-z'} \mathrm{d}x' \int\limits_0^{1-z'-x'} \mathrm{d}y', \end{aligned} \tag{13.282}$$

wobei $x' = x/a$, $y' = y/b$ und $z' = z/c$ substituiert wurden und die letzten beiden Zusammenhänge aus Symmetriegründen gelten. Damit hat man zunächst für die Gesamtladung

$$\begin{aligned} q &= abc \int\limits_0^1 \mathrm{d}x' \int\limits_0^{1-x'} \mathrm{d}y' \int\limits_0^{1-x'-y'} \mathrm{d}z'\,\rho_0 \\ &= abc\rho_0 \int\limits_0^1 \mathrm{d}x' \int\limits_0^{1-x'} \mathrm{d}y'\,(1-x'-y') \\ &= abc\rho_0 \int\limits_0^1 \mathrm{d}x' \left((1-x')(1-x') - \frac{1}{2}(1-x')^2\right) \\ &= abc\rho_0 \int\limits_0^1 \mathrm{d}x'\,\frac{1}{2}(1-x')^2 = abc\rho_0 \cdot \frac{1}{6} = V\rho_0, \end{aligned} \tag{13.283}$$

wobei man das Volumen $V = abc/6$ der Pyramida auch elementargeometrisch berechnen kann.

Die x-Komponente des Dipolmoments ist entsprechend

$$\begin{aligned} p_1 &= abc \int\limits_0^1 \mathrm{d}x' \int\limits_0^{1-x'} \mathrm{d}y' \int\limits_0^{1-x'-y'} \mathrm{d}z'\,ax'\rho_0 \\ &= \frac{a^2bc\rho_0}{2} \int\limits_0^1 \mathrm{d}x'x'(1-x')^2 = \frac{a^2bc\rho_0}{24} = \frac{qa}{4} \end{aligned} \tag{13.284}$$

und aus Symmetriegründen

$$p_2 = \frac{qb}{4}, \quad p_3 = \frac{qc}{4}. \tag{13.285}$$

Für den Quadrupoltensor berechnen wir wieder erst

$$\int x^2\rho(\mathbf{r})\,\mathrm{d}V = \frac{qa^2}{10},\quad \int y^2\rho(\mathbf{r})\,\mathrm{d}V = \frac{qb^2}{10},\quad \int z^2\rho(\mathbf{r})\,\mathrm{d}V = \frac{qc^2}{10} \tag{13.286}$$

und damit

$$Q_{11} = \frac{q(2a^2-b^2-c^2)}{10},\quad Q_{22} = \frac{q(2b^2-c^2-a^2)}{10},\quad Q_{33} = \frac{q(2c^2-a^2-b^2)}{10}. \tag{13.287}$$

Die Nicht-Diagonalelemente sind etwas aufwendiger zu berechnen, hier beispielhaft

$$\begin{aligned} Q_{12} &= 3a^2b^2c\rho_0 \int_0^1 \mathrm{d}x'\,x' \int_0^{1-x'} \mathrm{d}y'\,y'(1-x'-y') \\ &= 3a^2b^2c\rho_0 \int_0^1 \mathrm{d}x'\,x' \Big[(1-x')\frac{1}{2}(1-x')^2 \\ &\quad -\frac{1}{3}(1-x')^3\Big] \\ &= \frac{a^2b^2c\rho_0}{2}\int_0^1 \mathrm{d}x'\,x'(1-x')^3 \\ &= \frac{a^2b^2c\rho_0}{2}\cdot\frac{1}{20} = \frac{3qab}{20} \end{aligned} \tag{13.288}$$

und aus Symmetriegründen

$$Q_{13} = \frac{qac}{20},\quad Q_{23} = \frac{qbc}{20}. \tag{13.289}$$

Für $a = b = c$ hat man speziell

$$Q_{11} = Q_{22} = Q_{33} = 0,\quad Q_{12} = Q_{13} = Q_{23} = \frac{3qa^2}{20}. \tag{13.290}$$

Der Quadrupoltensor hat in diesem Fall also nur Komponenten außerhalb der Diagonalen.

13.11 Zunächst zeigen wir: Hat das Potenzial die Winkelabhängigkeit einer der Kugelflächenfunktionen,

$$\phi(\mathbf{r}) = \bar{\phi}(r)Y_{lm}(\vartheta,\varphi), \tag{13.291}$$

so gilt dies auch für die Ladungsverteilung. Dies folgt direkt aus der Poisson-Gleichung und daraus, dass die Kugelflächenfunktionen Eigenfunktionen zum Laplace-Operator sind:

$$\begin{aligned} \rho(\mathbf{r}) &= -\frac{\Delta}{4\pi}\phi(\mathbf{r}) \\ &= -\frac{\Delta_r\bar{\phi}(r)}{4\pi}Y_{lm}(\vartheta,\varphi) - \frac{\Delta_\Omega Y_{lm}(\vartheta,\varphi)}{4\pi r^2}\bar{\phi}(r) \\ &= \frac{-r^2\Delta_r\bar{\phi}(r) + l(l+1)\bar{\phi}(r)}{4\pi r^2}Y_{lm}(\vartheta,\varphi) \\ &= \bar{\rho}(r)Y_{lm}(\vartheta,\varphi). \end{aligned} \tag{13.292}$$

Nun zeigen wir die andere Richtung: Hat die Ladungsverteilung die Winkelabhängigkeit einer der Kugelflächenfunktionen,

$$\rho(\mathbf{r}) = \bar{\rho}(r)Y_{lm}(\vartheta,\varphi), \tag{13.293}$$

so gilt dies auch für das Potenzial. Dies folgt aus der Multipolentwicklung und der Orthogonalität der Kugelflächenfunktionen:

$$\begin{aligned} q_{l'm'} &= \frac{4\pi}{2l'+1}\int_0^\infty r'^2\,\mathrm{d}r'\,\bar{\rho}(r')r'^{l'} \\ &\quad \cdot \int \mathrm{d}\Omega'\,Y_{lm}(\vartheta',\varphi')Y^*_{l'm'}(\vartheta',\varphi') \\ &= \frac{4\pi}{2l'+1}\int_0^\infty \mathrm{d}r'\,\bar{\rho}(r')r'^{l'+2}\,\delta_{ll'}\delta_{mm'}, \end{aligned} \tag{13.294}$$

also

$$\begin{aligned} \phi(\mathbf{r}) &= \sum_{l'=0}^\infty \frac{1}{r^{l'+1}}\sum_{m'=-l'}^{l'}\frac{4\pi}{2l'+1}\delta_{ll'}\delta_{mm'}Y_{l'm'}(\vartheta,\varphi) \\ &\quad \cdot \int \mathrm{d}r'\,\bar{\rho}(r')r'^{l'+2} \\ &= \frac{4\pi}{2l+1}\frac{\int \mathrm{d}r'\,\bar{\rho}(r')r'^{l+2}}{r^{l+1}}Y_{lm}(\vartheta,\varphi) \\ &= \bar{\phi}(r)Y_{lm}(\vartheta,\varphi). \end{aligned} \tag{13.295}$$

13.12 In Kugelkoordinaten ist das Oberflächenelement in (13.213) durch

$$\begin{aligned} \mathbf{d}\boldsymbol{f} &= R^2\mathrm{d}\Omega\,\hat{\boldsymbol{e}}_r \\ &= R^2\mathrm{d}\Omega\left(\sin\vartheta\,\cos\varphi\,\hat{\boldsymbol{e}}_x + \sin\vartheta\,\sin\varphi\,\hat{\boldsymbol{e}}_y + \cos\vartheta\,\hat{\boldsymbol{e}}_z\right) \end{aligned} \tag{13.296}$$

gegeben. Wenn $\boldsymbol{r}'$ auf der z-Achse liegt, kann die Entwicklung (13.193) mit $\alpha = \vartheta$ verwendet werden:

$$\frac{1}{|\boldsymbol{r} - r'\hat{\boldsymbol{e}}_z|} = \sum_{l=0}^\infty \frac{r_<^l}{r_>^{l+1}}P_l(\cos\vartheta). \tag{13.297}$$

Teil II

Die φ-Integration verschwindet für die Beiträge proportional zu $\hat{e}_x$ und $\hat{e}_y$ wegen $\int_0^{2\pi} \cos\varphi \, d\varphi = \int_0^{2\pi} \sin\varphi \, d\varphi = 0$. Auszuwerten bleibt

$$\oint_{r=R} \mathbf{d}f \frac{1}{|\mathbf{r} - r'\hat{e}_z|} = 2\pi R^2 \hat{e}_z \sum_{l=0}^{\infty} \frac{r_<^l}{r_>^{l+1}} \int_{-1}^{1} \cos\vartheta \, P_l(\cos\vartheta) d(\cos\vartheta). \tag{13.298}$$

Da $\cos\vartheta \equiv P_1(\cos\vartheta)$ ist, liefert das verbleibende Integral mit (13.91)

$$2\pi R^2 \hat{e}_z \sum_{l=0}^{\infty} \frac{r_<^l}{r_>^{l+1}} \frac{2}{2l+1} \delta_{l1} = \frac{4\pi}{3} R^2 \hat{e}_z \frac{r_<}{r_>^2}, \tag{13.299}$$

wobei $r_< = \min(R, r')$ und $r_> = \max(R, r')$ ist. Wird $\hat{e}_z$ wieder allgemeiner als $\mathbf{r}'/r'$ geschrieben, so erhalten wir

$$\oint_{r=R} \mathbf{d}f \frac{1}{|\mathbf{r} - \mathbf{r}'|} = \frac{4\pi}{3} R^2 \frac{\mathbf{r}'}{r'} \begin{cases} \dfrac{R}{r'^2} & \text{für } r' > R \\ \dfrac{r'}{R^2} & \text{für } r' < R \end{cases}. \tag{13.300}$$

Damit hat man das angegebene Ergebnis (13.213).

13.13 Zunächst hat man für das Monopolmoment

$$\begin{aligned} q_{00} &= \frac{4\pi}{2 \cdot 0 + 1} \int dV' \, \rho(\mathbf{r}') r'^0 Y_{00}^*(\vartheta', \varphi') \\ &= 4\pi \int dV' \, \rho(\mathbf{r}') \sqrt{\frac{1}{4\pi}} = \sqrt{4\pi} q. \end{aligned} \tag{13.301}$$

Bei den Dipolmomenten ist

$$\begin{aligned} q_{10} &= \frac{4\pi}{2 \cdot 1 + 1} \int dV' \, \rho(\mathbf{r}') r'^1 Y_{10}^*(\vartheta', \varphi') \\ &= \frac{4\pi}{3} \int dV' \, \rho(\mathbf{r}') r' \sqrt{\frac{3}{4\pi}} \cos\vartheta' \\ &= \sqrt{\frac{4\pi}{3}} \int dV' \, \rho(\mathbf{r}') z' = \sqrt{\frac{4\pi}{3}} p_3 \end{aligned} \tag{13.302}$$

und

$$\begin{aligned} q_{11} &= -\frac{4\pi}{3} \int dV' \, \rho(\mathbf{r}') r' \sqrt{\frac{3}{8\pi}} \sin\vartheta' e^{-i\varphi'} \\ &= -\sqrt{\frac{2\pi}{3}} \int dV' \, \rho(\mathbf{r}') r' \sin\vartheta' (\cos\varphi' - i\sin\varphi') \\ &= -\sqrt{\frac{2\pi}{3}} \int dV' \, \rho(\mathbf{r}')(x' - iy') \\ &= -\sqrt{\frac{2\pi}{3}} (p_1 - ip_2); \end{aligned} \tag{13.303}$$

entsprechend

$$q_{1,-1} = \sqrt{\frac{2\pi}{3}} (p_1 + ip_2). \tag{13.304}$$

Auf ähnliche Weise erhält man dann auch

$$\begin{aligned} q_{20} &= \sqrt{\frac{\pi}{5}} Q_{33}, \\ q_{21} &= -\sqrt{\frac{2\pi}{15}} (Q_{13} - iQ_{23}), \\ q_{2,-1} &= \sqrt{\frac{2\pi}{15}} (Q_{13} + iQ_{23}), \\ q_{22} &= \sqrt{\frac{\pi}{30}} (Q_{11} - Q_{22} - 2iQ_{13}), \\ q_{2,-2} &= \sqrt{\frac{\pi}{30}} (Q_{11} - Q_{22} + 2iQ_{13}). \end{aligned} \tag{13.305}$$

13.14 Die Ladungsdichte ist

$$\rho(\mathbf{r}) = \sigma_0 \frac{\delta(\cos\vartheta)}{r} \tag{13.306}$$

für $r \le r_0$ und ansonsten null. Damit hat man

$$\begin{aligned} q_{lm} &= \frac{4\pi\sigma_0}{2l+1} \int_0^{r_0} r^2 \, dr \, r^{l-1} \int_0^{2\pi} d\varphi \int_{-1}^{1} d\cos\vartheta \\ &\quad \cdot \delta(\cos\vartheta) Y_{lm}^*(\vartheta, \varphi). \end{aligned} \tag{13.307}$$

Die Integrale über r und ϑ können sofort ausgeführt werden:

$$q_{lm} = \frac{4\pi\sigma_0 r_0^{l+2}}{(2l+1)(l+2)} \int_0^{2\pi} d\varphi \, Y_{lm}^*(\pi/2, \varphi). \tag{13.308}$$

Für das Integral über φ beachte, dass die φ-Abhängigkeit von Y_{lm} allein in dem Faktor $e^{im\varphi}$ steckt. Wegen

$$\int_0^{2\pi} e^{im\varphi} \, d\varphi = 2\pi\delta_{m0} \tag{13.309}$$

folgt sofort, dass $q_{lm} = 0$ ist für alle $m \neq 0$ und

$$\begin{aligned} q_{l0} &= \frac{8\pi^2\sigma_0 r_0^{l+2}}{(2l+1)(l+2)} Y_{l0}^*(\pi/2, 0) \\ &= \frac{2\pi\sigma_0 r_0^{l+2}}{l+2} \sqrt{\frac{4\pi}{2l+1}} P_l(0). \end{aligned} \tag{13.310}$$

Für die weitere Auswertung benutzt man zunächst, dass für ungerade l die Legendre-Funktionen P_l ungerade Funktionen sind, also $P_l(0) = 0$ gilt. Für gerade l kann man dagegen beispielsweise folgende Formel benutzen, die man in der mathematischen Literatur findet:

$$P_l(x) = \frac{1}{2^l} \sum_{k=0}^{l/2} (-1)^k \binom{l}{k} \binom{2l-2k}{l} x^{l-2k}. \tag{13.311}$$

Für $x = 0$ bleibt nur der Summand mit $k = l/2$ übrig, also

$$P_l(0) = \frac{(-1)^{l/2}}{2^l} \binom{l}{l/2}. \tag{13.312}$$

Schließlich bleibt für gerade l:

$$q_{l0} = \frac{2\pi\sigma_0 r_0^{l+2}}{l+2} \sqrt{\frac{4\pi}{2l+1}} \frac{(-1)^{l/2}}{2^l} \binom{l}{l/2}. \tag{13.313}$$

Alle anderen Multipolmomente verschwinden.

13.15 Die Ladungsdichte ist

$$\rho(\boldsymbol{r}) = \lambda_0 \frac{\delta(r-r_0)\,(\delta(\varphi) + \delta(\varphi - \pi))}{r \sin\vartheta}. \tag{13.314}$$

Eingesetzt in die allgemeine Gleichung für die sphärischen Multipolmomente (13.196) ist zunächst

$$\begin{aligned} q_{lm} = {} & \frac{4\pi\lambda_0}{2l+1} \int_0^\infty r^2\, \mathrm{d}r\, r^{l-1} \delta(r-r_0) \int_0^{2\pi} \mathrm{d}\varphi \\ & \cdot \int_{-1}^{1} \frac{\mathrm{d}\cos\vartheta}{\sin\vartheta} \left(\delta(\varphi) + \delta(\varphi-\pi)\right) Y^*_{lm}(\vartheta,\varphi). \end{aligned} \tag{13.315}$$

Die Integrale über r und φ können sofort ausgeführt werden:

$$q_{lm} = \frac{4\pi\lambda_0 r_0^{l+1}}{2l+1} \int_{-1}^{1} \frac{\mathrm{d}\cos\vartheta}{\sin\vartheta} \left(Y^*_{lm}(\vartheta,0) + Y^*_{lm}(\vartheta,\pi)\right). \tag{13.316}$$

Für die weitere Auswertung dieses Ausdrucks beachtet man zunächst, dass der von φ abhängige Anteil von Y_{lm} durch $\mathrm{e}^{\mathrm{i}m\varphi}$ gegeben ist. Da aber

$$\mathrm{e}^{\mathrm{i}m\cdot 0} + \mathrm{e}^{\mathrm{i}m\cdot\pi} = 1 + (-1)^m = \begin{cases} 2 & \text{für gerade } m \\ 0 & \text{für ungerade } m \end{cases} \tag{13.317}$$

gilt, folgt sofort, dass $q_{lm} = 0$ für alle ungeraden m und dass man für gerade m die Summe $Y^*_{lm}(\vartheta,0) + Y^*_{lm}(\vartheta,\pi)$ durch

$$2Y^*_{lm}(\vartheta,0) = 2\sqrt{\frac{2l+1}{4\pi}\frac{(l-m)!}{(l+m)!}} P_l^m(\cos\vartheta) \tag{13.318}$$

ersetzen kann. Im Folgenden beschränken wir uns auf gerade m und haben somit

$$\begin{aligned} q_{lm} &= 2\lambda_0 r_0^{l+1} \sqrt{\frac{4\pi}{2l+1}\frac{(l-m)!}{(l+m)!}} \int_{-1}^{1} \frac{\mathrm{d}\cos\vartheta}{\sin\vartheta} P_l^m(\cos\vartheta) \\ &= 2\lambda_0 r_0^{l+1} \sqrt{\frac{4\pi}{2l+1}\frac{(l-m)!}{(l+m)!}} \int_{-1}^{1} \mathrm{d}x \frac{P_l^m(x)}{\sqrt{1-x^2}}. \end{aligned} \tag{13.319}$$

Für ungerade l sind die Legendre-Polynome P_l ungerade Funktionen. Wegen (13.161) gilt dies bei geradem m auch für die zugeordneten Legendre-Funktionen. Für ungerade l verschwindet also das Integral und damit q_{lm}.

Anmerkung: Zumindest für $m = 0$ kann man das Integral auch exakt auswerten; es gilt nämlich (Gradshteyn & Ryzhik 1994):

$$\int_{-1}^{1} (1-x^2)^{-1/2} P_{2n}(x)\mathrm{d}x = \left(\frac{\Gamma(1/2+n)}{n!}\right)^2 \tag{13.320}$$

für alle natürlichen Zahlen n. (Die Gammafunktion $\Gamma(x)$ wird im „Mathematischen Hintergrund“ 32.1 ausführlicher diskutiert.) Benutzt man außerdem noch, dass für die Gammafunktion

$$\Gamma(1/2+n) = \frac{(2n+1)!!}{2^n}\Gamma(1/2) = \frac{(2n+1)!!}{2^n}\sqrt{\pi}, \tag{13.321}$$

gilt, so erhält man schließlich

$$q_{l0} = 2^{1-l}\lambda_0 r_0^{l+1} \sqrt{\frac{4\pi^3}{2l+1}} \left(\frac{(l+1)!!}{(l/2)!}\right)^2 \tag{13.322}$$

für alle geraden l.

Teil II

Literatur

Gradshteyn, I.S., Ryzhjk, J.M.: Table Of Integrals, Series, And Products. 5. Aufl., Academic Press, New York (1994)

Wangsness, R.K.: Electromagnetic Fields. 2. Aufl., Wiley, Hoboken (1986)

14 Elektrische Felder in Materie

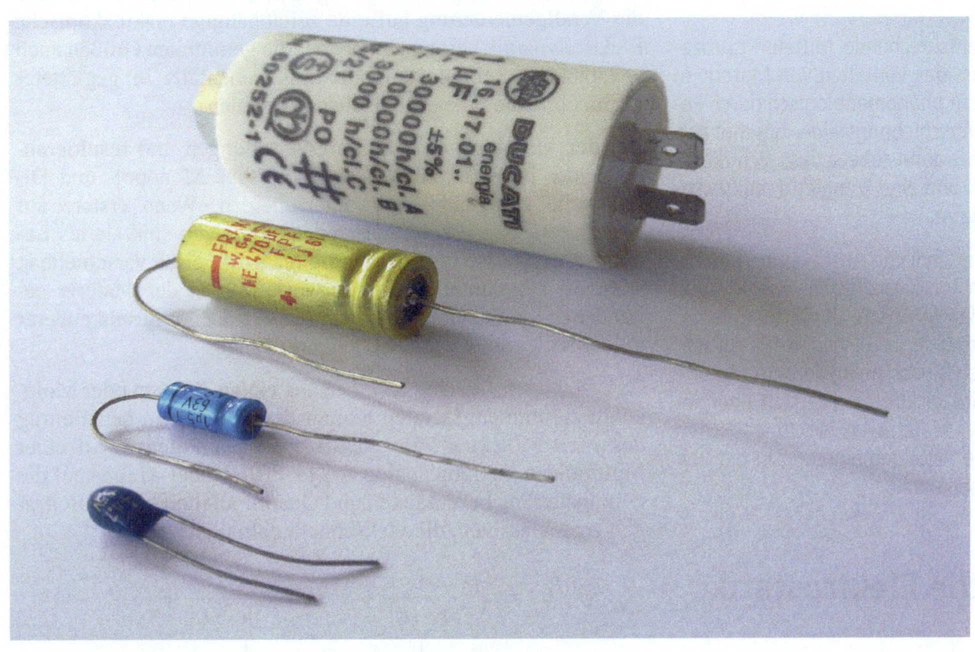

Wie kommt man der Komplexität von Ladungsverteilungen auf atomarer Ebene bei?

Wie reagiert nicht leitende Materie auf elektrische Felder?

Wie setzt man vollständige Funktionensysteme zur Lösung von Randwertproblemen ein?

Wie verallgemeinern sich Energiebetrachtungen in Anwesenheit von Materie?

Warum wird ein Dielektrikum in einen Kondensator hineingezogen?

M. Bartelmann et al., *Theoretische Physik*, DOI 10.1007/978-3-642-54618-1_14, © Springer-Verlag Berlin Heidelberg 2015

Die Maxwell-Gleichungen, wie wir sie bis jetzt diskutiert haben, sind fundamentale, auf mikroskopischem Niveau gültige Grundgleichungen. Sobald man es mit makroskopischen Körpern zu tun hat, sind die tatsächlichen auf atomarer oder molekularer Ebene vorliegenden Ladungsverteilungen natürlich viel zu komplex, als dass man direkt mit ihnen Berechnungen anstellen könnte. Zudem sind alle mikroskopischen Ladungsträger in permanenter thermischer Bewegung. Eine Beschreibung mit den Methoden der Elektrostatik kann also nur im Mittel gültig sein.

In Abschn. 14.1 werden wir eine entsprechende Mittelungsprozedur einführen und dabei finden, dass das Verhalten von Materie in Anwesenheit von elektrischen Feldern phänomenologisch durch Polarisationsfelder und dielektrische Verschiebungsfelder beschrieben werden kann. In Kap. 15 werden wir dann sehen, dass sich dieser Zugang auch auf die Magnetostatik und eine komplette makroskopische Elektrodynamik ausdehnen lässt.

Da Materie in der Wirklichkeit immer endliche Ausdehnung besitzt, kommt den Anschlussbedingungen an Grenzflächen von Materie eine wichtige Rolle zu. Diese werden in Abschn. 14.2 hergeleitet, bevor die Methoden der Potenzialtheorie in Abschn. 14.3 auf den Fall verallgemeinert werden, dass elektrisch polarisierbare Materie vorhanden ist. In Abschn. 14.4 wird diskutiert, wie sich Energiebetrachtungen in Anwesenheit von Materie im elektrostatischen Fall verallgemeinern; die endgültige Verallgemeinerung in der vollen Elektrodynamik ist Kap. 15 vorbehalten.

14.1 Makroskopische Elektrostatik

Ausmittelung der atomaren Strukturen

Um die atomaren Strukturen in den Ladungsverteilungen und den von ihnen erzeugten Feldern auszumitteln und durch makroskopisch glatte Funktionen darstellen zu können, führen wir eine Mittelungsfunktion $f(\boldsymbol{r}')$ ein, die um $\boldsymbol{r}' = 0$ konzentriert ist, sodass $\int \mathrm{d}V' f(\boldsymbol{r}') = 1$ gilt, während f verschwindet oder vernachlässigbar klein wird, sobald $|\boldsymbol{r}'|$ einige Hundert Atomabstände erreicht. Wichtig ist hierbei nur, dass die auf atomarer Größenordnung wild fluktuierenden Ladungsverteilungen hinreichend geglättet werden, aber alle makroskopisch interessanten Variationen erhalten bleiben.

Wir definieren damit für alle betrachteten Felder gemittelte Größen wie folgt:

$$\langle \rho(t,\boldsymbol{r})\rangle = \int \mathrm{d}V' f(\boldsymbol{r}')\,\rho(t,\boldsymbol{r}+\boldsymbol{r}'), \tag{14.1}$$

$$\langle \phi(t,\boldsymbol{r})\rangle = \int \mathrm{d}V' f(\boldsymbol{r}')\,\phi(t,\boldsymbol{r}+\boldsymbol{r}'), \tag{14.2}$$

$$\langle \boldsymbol{E}(t,\boldsymbol{r})\rangle = \int \mathrm{d}V' f(\boldsymbol{r}')\,\boldsymbol{E}(t,\boldsymbol{r}+\boldsymbol{r}'). \tag{14.3}$$

Diese lineare Mitteilungsvorschrift ist offensichtlich mit Differenziationen vertauschbar, also z. B. $\langle \nabla\cdot\boldsymbol{E}(t,\boldsymbol{r})\rangle = \nabla\cdot\langle \boldsymbol{E}(t,\boldsymbol{r})\rangle$. Damit erfüllen die gemittelten Größen dieselben Maxwell-Gleichungen wie die mikroskopisch vorhandenen.

In diesem Kapitel werden wir ausschließlich Fälle betrachten, in denen abgesehen von thermischen und Quantenfluktuationen keine Zeitabhängigkeit im Spiel ist, und damit die auf mikroskopischer Ebene vorhandene Zeitabhängigkeit nach der Mittelung verschwindet und so auf den linken Seiten von (14.1) bis (14.3) das Argument t wegfällt. Später werden wir aber die Verallgemeinerung auf eine zeitabhängige makroskopische Elektrodynamik betrachten, bei der die gemittelten Größen auch zeitabhängig sein dürfen, allerdings ebenfalls in geglätteter Form, ohne die mikroskopischen Zeitskalen.

Bei der Mittelung über Ladungsverteilungen und resultierende Felder ist es nützlich, mikroskopische Monopol- und Dipolanteile voneinander zu unterscheiden. Wenn erstere auf makroskopischer Ebene vorhanden sind, dann sind sie als Ladungsüberschüsse typischerweise makroskopisch verschiebbar, während Dipolanteile typischerweise von in der Materie gebundenen Ladungsträgern herrühren, die aber aufgrund äußerer Felder kollektives Verhalten zeigen können.

Betrachten wir demgemäß einen aus vielen Atomen oder Molekülen zusammengesetzten Körper und entwickeln den Beitrag des j-ten Moleküls zum elektrostatischen Potenzial in einer Multipolentwicklung analog zu (13.110), wobei wir uns auf die Dipolnäherung beschränken und Quadrupol- und höhere Beiträge vernachlässigen, die viel schneller abfallen:

$$\begin{aligned}\phi^{(j)}(\boldsymbol{r}) &= q^{(j)}\frac{1}{|\boldsymbol{r}-\boldsymbol{r}_j|} + \boldsymbol{p}^{(j)}\cdot\nabla_{(j)}\frac{1}{|\boldsymbol{r}-\boldsymbol{r}_j|} + \dots\\ &= q^{(j)}\frac{1}{|\boldsymbol{r}-\boldsymbol{r}_j|} - \boldsymbol{p}^{(j)}\cdot\nabla\frac{1}{|\boldsymbol{r}-\boldsymbol{r}_j|} + \dots\end{aligned} \tag{14.4}$$

Die mikroskopische Monopol- und Dipolladungsverteilung ergibt sich durch Summation über alle Moleküle, die wir mit

$$\rho_{\mathrm{mol}}(\boldsymbol{r}) = \sum_j q^{(j)}\delta(\boldsymbol{r}-\boldsymbol{r}_j), \qquad \boldsymbol{\pi}_{\mathrm{mol}}(\boldsymbol{r}) = \sum_j \boldsymbol{p}^{(j)}\delta(\boldsymbol{r}-\boldsymbol{r}_j) \tag{14.5}$$

bezeichnen.

Das zum aufsummierten Potenzial gehörige elektrische Feld schreibt sich damit auf molekularer Ebene als

$$\boldsymbol{E}_{\mathrm{mol}}(\boldsymbol{r}) = -\nabla\int \mathrm{d}V''\left\{\frac{\rho_{\mathrm{mol}}(\boldsymbol{r}'')}{|\boldsymbol{r}-\boldsymbol{r}''|} - \boldsymbol{\pi}_{\mathrm{mol}}(\boldsymbol{r}'')\cdot\nabla\frac{1}{|\boldsymbol{r}-\boldsymbol{r}''|}\right\} \tag{14.6}$$

und gemittelt

$$\begin{aligned}\langle \boldsymbol{E}_{\mathrm{mol}}(\boldsymbol{r})\rangle = \int \mathrm{d}V' f(\boldsymbol{r}')(-\nabla)\int \mathrm{d}V''\bigg\{&\frac{\rho_{\mathrm{mol}}(\boldsymbol{r}'')}{|\boldsymbol{r}+\boldsymbol{r}'-\boldsymbol{r}''|}\\ &- \boldsymbol{\pi}_{\mathrm{mol}}(\boldsymbol{r}'')\cdot\nabla\frac{1}{|\boldsymbol{r}+\boldsymbol{r}'-\boldsymbol{r}''|}\bigg\}.\end{aligned} \tag{14.7}$$

Wenn wir davon die Divergenz bilden, so können wir $\nabla\cdot(-\nabla) = -\Delta$ auf $1/|\boldsymbol{r}+\boldsymbol{r}'-\boldsymbol{r}''|$ wirken lassen und unter Verwendung von $-\Delta\,|\boldsymbol{r}+\ldots|^{-1} = 4\pi\,\delta(\boldsymbol{r}+\ldots)$ das $\boldsymbol{r}''$-Integral auswerten, wobei Mittelungsintegrale der Form (14.1) resultieren:

$$\begin{aligned}\nabla\cdot\langle\boldsymbol{E}_{\text{mol}}(\boldsymbol{r})\rangle &= \int \mathrm{d}V'\,f(\boldsymbol{r}') \\ &\times \int \mathrm{d}V''\Big[\rho_{\text{mol}}(\boldsymbol{r}'') - \boldsymbol{\pi}_{\text{mol}}(\boldsymbol{r}'')\cdot\nabla\Big]4\pi\,\delta(\boldsymbol{r}+\boldsymbol{r}'-\boldsymbol{r}'') \\ &= 4\pi\,\langle\rho_{\text{mol}}(\boldsymbol{r})\rangle - 4\pi\,\nabla\cdot\langle\boldsymbol{\pi}_{\text{mol}}(\boldsymbol{r})\rangle. \qquad (14.8)\end{aligned}$$

Wir haben damit $\langle\rho\rangle$ für alle Moleküle durch eine Monopol- und eine Dipolladungsdichte repräsentiert.

Falls außerhalb der betrachteten Materie noch weitere Ladungsverteilungen im Spiel sind, dann können wir wegen des Superpositionsprinzips deren Maxwell-Gleichung

$$\nabla\cdot\boldsymbol{E}_{\text{ext}}(\boldsymbol{r}) = 4\pi\,\rho_{\text{ext}}(\boldsymbol{r}) \qquad (14.9)$$

separat lösen und einfach addieren:

$$\nabla\cdot\langle\boldsymbol{E}(\boldsymbol{r})\rangle = 4\pi\,\langle\rho(\boldsymbol{r})\rangle = 4\pi\,[\langle\rho_{\text{frei}}(\boldsymbol{r})\rangle + \langle\rho_{\text{mat}}(\boldsymbol{r})\rangle]\,, \qquad (14.10)$$

wobei wir folgende Notationen eingeführt haben:

$$\langle\rho_{\text{frei}}(\boldsymbol{r})\rangle = \langle\rho_{\text{mol}}(\boldsymbol{r})\rangle + \rho_{\text{ext}}(\boldsymbol{r}), \qquad (14.11)$$

$$\langle\rho_{\text{mat}}(\boldsymbol{r})\rangle = -\nabla\cdot\langle\boldsymbol{\pi}_{\text{mol}}(\boldsymbol{r})\rangle. \qquad (14.12)$$

Die Bezeichnung „mat" soll dabei daran erinnern, dass $\langle\rho_{\text{mat}}(\boldsymbol{r})\rangle$ die *in der Materie gebundene* Ladungsverteilung repräsentiert, während die Ladungsüberschüsse $\langle\rho_{\text{mol}}(\boldsymbol{r})\rangle$ sowie die externen Ladungsverteilungen $\langle\rho_{\text{ext}}(\boldsymbol{r})\rangle$ nicht in dieser Weise gebunden sind.

Phänomenologische Grundgleichungen der Elektrostatik

In der makroskopischen Formulierung werden wir im Folgenden die Mittelungssymbole einfach weglassen und

$$\langle\boldsymbol{E}\rangle \to \boldsymbol{E}, \quad \langle\rho_{\text{frei}}\rangle \to \rho_{\text{f}}$$

ersetzen, weil wir die auf mikroskopischer Ebene vorhandenen und dort stark fluktuierenden elektrischen Felder $\boldsymbol{E}$ und Ladungsdichten ρ nicht wirklich betrachten können.

Für die gemittelte Dipolladungsdichte führen wir die Bezeichnung

$$\boldsymbol{P}(\boldsymbol{r}) := \langle\boldsymbol{\pi}_{\text{mol}}(\boldsymbol{r})\rangle \qquad (14.13)$$

ein, wobei das Feld $\boldsymbol{P}$ *elektrische Polarisation* genannt wird.

Die Größe $\langle\rho_{\text{mat}}(\boldsymbol{r})\rangle = -\nabla\cdot\langle\boldsymbol{\pi}_{\text{mol}}(\boldsymbol{r})\rangle$ wird ab nun *Polarisationsladungsdichte* heißen und mit ρ_{P} bezeichnet, sodass gilt:

$$\rho_{\text{P}} = -\nabla\cdot\boldsymbol{P}. \qquad (14.14)$$

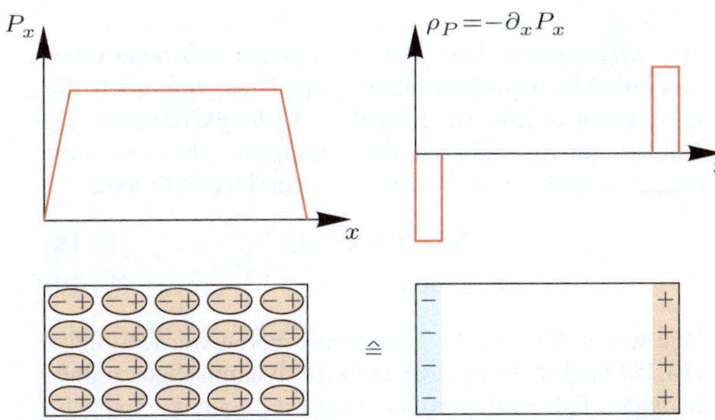

Abb. 14.1 Ein elektrisch polarisierter Körper, bei dem mikroskopische elektrische Dipole alle in einer Richtung ausgerichtet sind, hat ein im Inneren konstantes $\boldsymbol{P}$-Feld und eine an den Rändern konzentrierte Polarisationsladungsdichte ρ_{P}. Im Limes vernachlässigbar kleiner atomarer Längenskalen wird letztere durch Deltafunktionen beschrieben

Da $\boldsymbol{P}$ nur in Anwesenheit von Materie auftritt, ist trivialerweise der Fluss dieses Vektorfeldes durch eine geschlossene Fläche ∂V, die im Vakuum verläuft und ein Materiestück komplett umschließt, null. Dies impliziert mit dem Gauß'schen Integralsatz

$$-\oint_{\partial V}\mathrm{d}\boldsymbol{f}\cdot\boldsymbol{P} = -\int_V \mathrm{d}V\,\nabla\cdot\boldsymbol{P} = \int_V \mathrm{d}V\,\rho_{\text{P}} = 0, \qquad (14.15)$$

d. h., dass sich über das gesamte Material gerechnet positive und negative Beiträge zur Polarisationsladungsdichte ρ_{P} die Waage halten – etwaige Überschussladung ist immer Teil der freien Ladungsdichte ρ_{f}.

Ist ein Körper durch eine konstante elektrische Polarisation charakterisiert, so verschwindet im Inneren ρ_{P} identisch und bildet eine deltafunktionsförmig auf der Oberfläche konzentrierte Polarisationsflächenladungsdichte als näherungsweise Beschreibung der mikroskopischen Ladungsverteilungen (Abb. 14.1).

Das gemittelte elektrische Feld erfüllt nun

$$\operatorname{div}\boldsymbol{E} = 4\pi(\rho_{\text{f}}+\rho_{\text{P}}) = 4\pi\,\rho_{\text{f}} - 4\pi\operatorname{div}\boldsymbol{P}, \qquad (14.16)$$

wobei ρ_{P} im Gegensatz zu den freien Ladungsdichten ρ_{f} normalerweise nicht direkt vorgegeben werden kann, sondern sich unter dem Einfluss elektrischer Felder erst einstellt. Da ρ_{P} die Divergenz des Vektorfeldes $\boldsymbol{P}$ ist, kann es aber mit $\boldsymbol{E}$ kombiniert werden.

Phänomenologische Maxwell-Gleichungen in der Elektrostatik

Durch Einführen des sogenannten *dielektrischen Verschiebungsfeldes*

$$\boldsymbol{D} = \boldsymbol{E} + 4\pi\boldsymbol{P}, \qquad (14.17)$$

kurz *dielektrische Verschiebung*, erhalten wir neue inhomogene Maxwell-Gleichungen, in denen nur noch die freie, nicht in Materie gebundene Ladungsverteilung als Quelle auftritt, während die homogene Maxwell-Gleichung weiterhin von $\boldsymbol{E}$ (nicht aber von $\boldsymbol{D}$) erfüllt wird:

$$\operatorname{div}\boldsymbol{D} = 4\pi\,\rho_f, \tag{14.18}$$

$$\mathbf{rot}\,\boldsymbol{E} = 0. \tag{14.19}$$

Wie wir in Abschn. 15.7 noch diskutieren werden, bleibt (14.18) analog zu (11.28) auch im dynamischen, zeitabhängigen Fall gültig. ($\mathbf{rot}\,\boldsymbol{E} = 0$ ist dagegen der statische Grenzfall des Faraday'schen Induktionsgesetzes und im dynamischen Fall natürlich wieder durch (11.143) zu ersetzen.)

In SI-Einheiten definiert man dagegen (siehe Aufgabe 14.1 für die Herleitung)

$$\boldsymbol{D}^{[\mathrm{SI}]} = \epsilon_0 \boldsymbol{E}^{[\mathrm{SI}]} + \boldsymbol{P}^{[\mathrm{SI}]}, \tag{14.20}$$

und die Maxwell-Gleichung für $\boldsymbol{D}^{[\mathrm{SI}]}$ lautet

$$\operatorname{div}\boldsymbol{D}^{[\mathrm{SI}]} = \rho_f{}^{[\mathrm{SI}]}. \tag{14.21}$$

Die Grundgleichungen der makroskopischen Elektrostatik haben damit dieselbe Form wie in Kap. 12, nur haben wir nun doppelt so viele Felder ($\boldsymbol{E}$ und $\boldsymbol{P}$ bzw. $\boldsymbol{E}$ und $\boldsymbol{D}$). Damit diese lösbar werden, brauchen wir weitere Gleichungen, phänomenologische *Materialgleichungen* (auch *konstitutive Gleichungen* genannt), die $\boldsymbol{P}$ in elektrisch polarisierbarer Materie durch $\boldsymbol{E}$ (bzw. $\boldsymbol{D}$ durch $\boldsymbol{E}$) bestimmen:

$$\boldsymbol{P} = \boldsymbol{P}[\boldsymbol{E}]. \tag{14.22}$$

Materialgleichungen für Dielektrika

Für die meisten Materialien gilt bei hinreichend schwachen und schwach veränderlichen äußeren elektrischen Feldern, dass die Polarisation $\boldsymbol{P}$ linear mit $\boldsymbol{E}$ zunimmt. Für derartige *lineare Medien* definiert man die *elektrische Suszeptibilität* χ_e durch

$$\boldsymbol{P}(\boldsymbol{r}) = \chi_e\, \boldsymbol{E}(\boldsymbol{r}). \tag{14.23}$$

Bei inhomogener Materie, wenn etwa die Dichte variiert, kann χ_e selbst eine Funktion von $\boldsymbol{r}$ sein, und bei anisotroper Materie mit ausgezeichneten Raumrichtungen wie bei Kristallen kann χ_e ein Tensor sein, sodass $P_i = (\chi_e)_{ij}E_j$ gilt. Wir werden allerdings im Folgenden immer annehmen, dass χ_e eine einfache Materialkonstante ist.

Wenn $\boldsymbol{P}$ linear von $\boldsymbol{E}$ abhängt, dann gilt dies auch für die dielektrische Verschiebung $\boldsymbol{D}$:

$$\boldsymbol{D} = (1 + 4\pi\,\chi_e)\boldsymbol{E} \equiv \epsilon \boldsymbol{E}, \tag{14.24}$$

wobei ϵ *Dielektrizitätskonstante* genannt wird.

Achtung Im SI-System, wo dem Vakuum formal eine Dielektrizitätskonstante ϵ_0 zugeordnet wird, wird das Verhältnis $\epsilon^{[\mathrm{SI}]}/\epsilon_0$ ($= \epsilon$ im Gauß'schen System) *relative Dielektrizitätskonstante* oder *Dielektrizitätszahl* genannt und zur Unterscheidung mit ϵ_r bezeichnet. Zu beachten ist auch, dass $\chi_e^{[\mathrm{SI}]} = 4\pi\,\chi_e$ gilt. ◀

In linearen Medien und bei statischen Verhältnissen ist χ_e immer positiv und dementsprechend $\epsilon \geq 1$. Materalien mit $\epsilon > 1$ nennt man *Dielektrika*. Sind in einem Medium innere Dipolmomente bereits vorhanden, die ohne äußere Felder ungeordnet sind und durch äußere Felder zunehmend ausgerichtet werden, hat man es mit *Orientierungspolarisation* zu tun. Ein Beispiel hierfür ist Wasser – H_2O-Moleküle haben ein permanentes elektrisches Dipolmoment.

Wenn $\epsilon \gg 1$ ist und $\boldsymbol{D}, \boldsymbol{P}$ als Funktionen von $\boldsymbol{E}$ nichtlineares Verhalten zeigen, weil es zu spontanen kollektiven Ausrichtungen der permanenten elektrischen Dipole kommen kann, spricht man von *ferroelektrischen Medien*, in Anlehnung an das Phänomen des Ferromagnetismus (Kap. 15), wo sich magnetische Dipole unterhalb einer kritischen Temperatur kollektiv ausrichten können (auch wenn Eisen kein Beispiel für ein Ferroelektrikum ist). Ferroelektrizität wurde erst im 20. Jahrhundert entdeckt, erstmals bei Seignettesalz, einem Salz der Weinsäure.

Ein anderer und allgemeiner möglicher Mechanismus zur Ausbildung von elektrischer Polarisation ist die *Deformationspolarisation*. Hierbei werden Dipolmomente durch Ladungsverschiebungen auf atomarer oder molekularer Ebene generiert, entweder zusätzlich zu schon vorhandenen permanenten Dipolmomenten oder auch wenn ohne äußere Felder die Moleküle unpolar sind. Während die Orientierungspolarisation stark temperaturabhängig ist, da thermische Bewegung die Ausrichtung von molekularen Dipolen durch äußere Felder stört, ist die Deformationspolarisation weitgehend unabhängig von der Temperatur.

Manchmal werden zur Unterscheidung von Deformations- und Orientierungspolarisation die Begriffe *eigentlich dielektrisch* und *paraelektrisch* verwendet. Eigentlich dielektrische Substanzen haben typischerweise ϵ sehr nahe bei 1, während es Wasser mit seinen polaren Molekülen bei Raumtemperatur auf den vergleichsweise hohen Wert von ~ 80 bringt. Der Begriff *Paraelektrikum* ist aber üblicherweise reserviert für Substanzen, in denen $\epsilon \gg 1$ ist und bei denen es bereits zu nicht linearem Verhalten kommt, aber noch ohne spontane Ausrichtung der permanenten elektrischen Dipole. Ein Beispiel für eine solche Substanz ist Strontiumtitanat $SrTiO_3$ mit $\epsilon \sim 300$.

Formel von Clausius-Mossotti

Eine Verbindung zwischen makroskopischer Polarisierbarkeit, charakterisiert durch χ_e, und einer mikroskopischen Polarisierbarkeit α, definiert durch

$$\boldsymbol{p}_{\mathrm{mol}} = \alpha \boldsymbol{E}_{\mathrm{loc}}, \tag{14.25}$$

wobei $\boldsymbol{E}_{\mathrm{loc}}$ das lokal auf ein Molekül wirkendes Feld ist, ergibt sich dadurch, dass $\boldsymbol{P} = N\langle \boldsymbol{p}\rangle$ mit N der Anzahl der Moleküle pro Einheitsvolumen ist. Für das lokal wirksame Feld $\boldsymbol{E}_{\mathrm{loc}}$ müssen wir aber berücksichtigen, dass die induzierte Polarisation eines Moleküls durch alle anderen Objekte mit Ausnahme des betrachteten Moleküls verursacht wird. Wir werden dies näherungsweise berücksichtigen, indem wir eine kleine Kugel mit Radius R um das herausgegriffene Molekül bilden und dort die ansonsten homogen angenommene Polarisation $\boldsymbol{P}$ null setzen. Wegen des Superpositionsprinzips können wir die zugehörige Feldstärke dadurch ausrechnen, dass wir das elektrische Feld einer homogen polarisierten Kugel in derem Ursprung ausrechnen und dies dann vom mittleren Feld $\boldsymbol{E} = \boldsymbol{P}/\chi_{\mathrm{e}}$ subtrahieren.

Feld in einer homogen polarisierten Kugel

Eine homogen polarisierte Kugel mit Radius R um den Ursprung ist in Kugelkoordinaten gegeben durch

$$\boldsymbol{P} = \boldsymbol{P}_0\,\theta(R-r) = \begin{cases} \boldsymbol{P}_0 \text{ für } r < R \\ 0 \text{ für } r > R. \end{cases} \tag{14.26}$$

Dies geht einher mit einer Polarisationsladungsdichte

$$\begin{aligned} \rho_{\mathrm{P}} &= -\nabla\cdot\boldsymbol{P} = -\boldsymbol{P}_0\cdot\hat{\boldsymbol{r}}\frac{\partial}{\partial r}\theta(R-r) \\ &= +\boldsymbol{P}_0\cdot\hat{\boldsymbol{r}}\,\delta(r-R). \end{aligned} \tag{14.27}$$

Das zugehörige $\boldsymbol{E}$-Feld könnte man im Prinzip direkt über (12.9) ausrechnen, was aber einigermaßen mühsam wird. In Abschn. 14.3 werden wir den mathematischen Apparat aus Kap. 13 dazu verwenden, um solche Probleme systematisch anzugehen.

Der Fall einer homogen polarisierten Kugel kann unter Ausnutzung des Superpositionsprinzips aber auch direkt und zudem physikalisch sehr anschaulich dadurch gelöst werden, dass wir zwei homogen geladene Kugeln betrachten, die übereinanderliegen und entgegengesetzt geladen, aber ein wenig gegeneinander verschoben sind. Dann heben sich im Überlappungsbereich ihre Ladungen auf, aber an den Rändern bekommen wir eine Ladungsverteilung, die im Grenzfall infinitesimaler Verschiebung und gleichzeitig divergierender Ladungsdichte die distributionelle Polarisationsladungsdichte (14.27) ergibt. (Abb. 14.2)

Mit $\rho^{\pm}(\boldsymbol{r}) = \pm\rho_0\,\theta(R-r)$ für die Ladungsverteilungen der noch unverschobenen Kugeln erhalten wir nämlich für eine (infinitesimale) Verschiebung ihrer Mittelpunkte um $\pm\boldsymbol{d}/2$

$$\begin{aligned} \rho &= \rho^{+}(\boldsymbol{r}-\boldsymbol{d}/2) + \rho^{-}(\boldsymbol{r}+\boldsymbol{d}/2) \\ &= -\rho_0\boldsymbol{d}\cdot\nabla\theta(R-r). \end{aligned} \tag{14.28}$$

Wir können somit $\boldsymbol{P}_0 = \rho_0\boldsymbol{d}$ identifizieren.

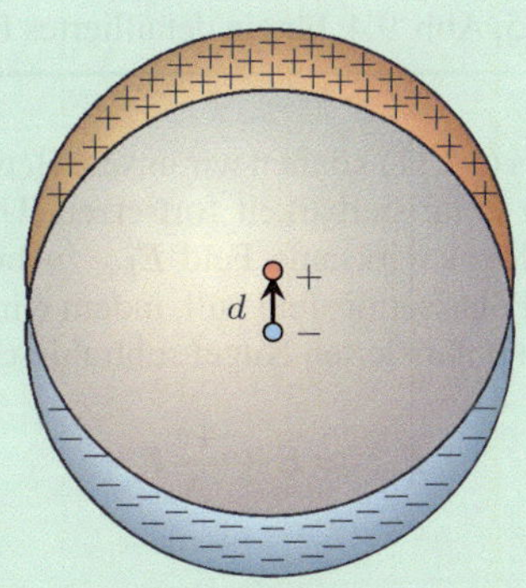

Abb. 14.2 Die Polarisationsladungsdichte einer homogen polarisierten Kugel entspricht der Überlagerung von zwei homogen geladenen Kugeln, deren Mittelpunkte leicht gegeneinander verschoben sind

Wir brauchen also nur das Feld im Inneren einer homogen geladenen Kugel berechnen und zwei entgegengesetzt geladene Konfigurationen entsprechend superponieren. Das elektrische Feld einer kugelsymmetrischen Ladungsverteilung ist radial gerichtet und im Abstand r durch die eingeschlossene Ladung $Q(r) = (4\pi r^3/3)\rho_0$ gegeben:

$$\boldsymbol{E}^{\pm}(\boldsymbol{r}) = \pm Q(r)\frac{\boldsymbol{r}}{r^3} = \pm\frac{4\pi}{3}\rho_0\boldsymbol{r}, \quad r < R. \tag{14.29}$$

Das Feld von zwei verschobenen Kugeln ist im Überlappungsbereich

$$\boldsymbol{E}^{+}(\boldsymbol{r}-\boldsymbol{d}/2) + \boldsymbol{E}^{-}(\boldsymbol{r}+\boldsymbol{d}/2) = -\frac{4\pi}{3}\rho\boldsymbol{d} \tag{14.30}$$

also völlig konstant. Mit $\boldsymbol{P}_0 = \rho_0\boldsymbol{d}$ bekommen wir demnach für das Feld im Inneren einer homogen polarisierten Kugel das bemerkenswerte Resultat, dass dieses dort konstant ist, mit der Stärke

$$\boldsymbol{E} = -\frac{4\pi}{3}\boldsymbol{P}. \tag{14.31}$$

(Ein ähnliches Ergebnis gilt auch für Ellipsoide, wie in der relativ anspruchsvollen Aufgabe 14.8 gezeigt wird.)

Der Wert des $\boldsymbol{D}$-Feldes ist damit $\boldsymbol{D} = \boldsymbol{E} + 4\pi\boldsymbol{P} = +(8\pi/3)\boldsymbol{P}$. Obwohl ein permanent polarisierter Körper (ein *Elektret*) ein stark nichtlineares Medium darstellt, bei dem $\boldsymbol{P}$, $\boldsymbol{E}$ und $\boldsymbol{D}$ nicht von vornherein parallel sein müssen, ist dies beim Kugelelektreten (jedenfalls in Abwesenheit äußerer Felder) der Fall. ◀

Frage 1

Um zu würdigen, wie bemerkenswert das Ergebnis (14.31) ist, überlegen Sie qualitativ, wie die Felder $\boldsymbol{E}$ und $\boldsymbol{D}$ bei einem permanent polarisierten Quader oder Zylinder (wird als *Stabelektret* bezeichnet) in etwa aussehen, wenn $\boldsymbol{P}$ im Inneren konstant ist. Denken Sie dabei daran, dass das $\boldsymbol{E}$-Feld dem eines

Teil II

Kondensators mit eckigen bzw. runden Platten ähnlich ist (vgl. Lorrain et al. 1995, Abb. 9.4, für ein detailliertes Feldlinienbild).

Mit dem Ergebnis (14.31) können wir unsere Betrachtungen zur mikroskopischen Polarisierbarkeit fortsetzen. Um das am Ort eines Moleküls lokal wirksame Feld $\boldsymbol{E}_{\text{loc}}$ zu bestimmen, setzen wir dort das Polarisationsfeld null, indem wir das Feld einer kleinen homogen polarisierten Kugel subtrahieren. Wir bekommen damit

$$\boldsymbol{E}_{\text{loc}} = \boldsymbol{E} + \frac{4\pi}{3}\boldsymbol{P} \qquad (14.32)$$

und folglich

$$\boldsymbol{P} = N\alpha\boldsymbol{E}_{\text{loc}} = N\alpha\left(\boldsymbol{E} + \frac{4\pi}{3}\boldsymbol{P}\right), \qquad (14.33)$$

woraus wir

$$\boldsymbol{P} = \frac{N\alpha}{1 - 4\pi N\alpha/3}\boldsymbol{E} \equiv \chi_e \boldsymbol{E} \qquad (14.34)$$

erhalten. Mit $\epsilon = 1 + 4\pi\chi_e$ liefert dies die sogenannte *Clausius-Mossotti-Formel*

$$\alpha = \frac{3}{4\pi N}\frac{\epsilon - 1}{\epsilon + 2}. \qquad (14.35)$$

Frage 2

Rechnen Sie diese nach!

Wir haben in dieser Rechnung ignoriert, dass auf mikroskopischer Ebene die Felder von benachbarten Molekülen ebenfalls Abweichungen vom mittleren Feld ergeben könnten. Tatsächlich ging in obiger Rechnung nicht ein, wie groß nun der Radius R der Kugel war, die wir aus dem Dielektrikum herausgeschnitten haben. Die Clausius-Mossotti-Formel ist daher auch nur gültig, wenn dies mikroskopisch deshalb zutrifft, weil entweder die Moleküle äußerst symmetrisch angeordnet sind und sich diese Beiträge aus Symmetriegründen kompensieren, oder weil die übrigen Moleküle so regellos verteilt sind, dass sich ihre Beiträge wegmitteln.

14.2 Anschlussbedingungen an Grenzflächen

Wenn Materie vorhanden ist, haben wir es normalerweise mit begrenzter Ausdehnung derselben und daher mit Grenzflächen zwischen Gebieten mit unterschiedlichen Materialkonstanten zu tun.

Im Fall von elektrischen Leitern konnten wir das von ihnen eingeschlossene Volumen vom gesamten Raum subtrahieren, wobei an den entstehenden Rändern die einfache Randbedingung von Äquipotenzialflächen für das elektrostatische Potenzial zu fordern war.

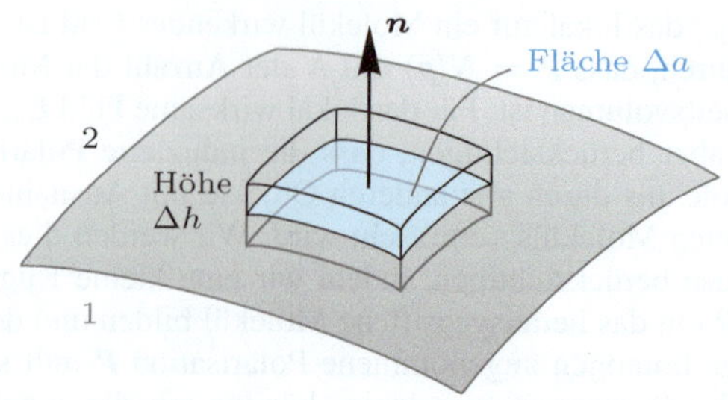

Abb. 14.3 Zur Herleitung der Anschlussbedingung für $\boldsymbol{D}$

In Dielektrika dagegen sind Ladungsverschiebungen auf atomare Abstände beschränkt, sie sind daher Isolatoren. (Eine eventuell vorhandene schwache Leitfähigkeit werden wir in diesem Kapitel vernachlässigen.) Elektrische Felder werden nicht komplett abgeschirmt, und demnach besteht kein Grund dafür, dass ihre Oberflächen Äquipotenzialflächen darstellen sollten.

Um die Anschluss- oder Übergangsbedingungen von Feldern an der Grenzfläche von Dielektrika zu bestimmen, gehen wir von der Integralversion der Grundgleichungen der makroskopischen Elektrostatik aus.

Das Gauß'sche Gesetz für die freie Ladungsdichte lautet

$$\oint_{\partial V} \mathrm{d}\boldsymbol{f} \cdot \boldsymbol{D} = 4\pi \int_V \mathrm{d}V\, \rho_f, \qquad (14.36)$$

und dies liefert eine Anschlussbedingung für das Feld $\boldsymbol{D}$ wie folgt.

Wenn wir einen Punkt an einer Grenzfläche zweier Dielektrika betrachten (oder auch zwischen einem Dielektrikum und dem leeren Raum), dann können wir ein infinitesimales Volumen um diesen Punkt legen, das, wie in Abb. 14.3 gezeigt, eine infinitesimale Fläche Δa aus der Grenzfläche beinhaltet und mit einer infinitesimalen Höhe $\pm\Delta h/2$ beidseitig umschließt. Wenn $\boldsymbol{n}$ der Normalenvektor auf der Grenzfläche ist, der von Medium 1 zu Medium 2 zeigt, dann ist der Fluss von $\boldsymbol{D}$ durch die Oberfläche durch $\boldsymbol{n} \cdot (\boldsymbol{D}_2 - \boldsymbol{D}_1)\Delta a$ gegeben, weil auf der Seite von Medium 2 das vektorielle Flächenelement $\mathrm{d}\boldsymbol{f}$ proportional zu $\boldsymbol{n}$ und auf der Seite von Medium 1 proportional zu $-\boldsymbol{n}$ ist. $\boldsymbol{D}_1$ und $\boldsymbol{D}_2$ sind hierbei die Grenzwerte von $\boldsymbol{D}$, wenn man sich der Grenzfläche von Medium 1 bzw. Medium 2 annähert (und keine Komponenten!).

Frage 3

Überlegen Sie sich, dass nur die Deckflächen zum Nettofluss beitragen, wenn $\boldsymbol{D}$ innerhalb eines Mediums stetig und daher näherungsweise konstant ist.

Auf der rechten Seite von (14.36) bekommen wir 4π mal die infinitesimale Ladung $\Delta Q = \rho_f \Delta a \Delta h$. Im Limes $\Delta a \to 0$,

$\Delta h \to 0$ ergibt dies

$$\boldsymbol{n} \cdot (\boldsymbol{D}_2 - \boldsymbol{D}_1) = 4\pi \lim_{\Delta h \to 0} \int_{-\Delta h/2}^{\Delta h/2} \rho_{\mathrm{f}}\, \mathrm{d}h =: 4\pi\, \sigma_{\mathrm{f}}. \qquad (14.37)$$

Falls ρ_{f} eine kontinuierliche Ladungsverteilung ist, verschwindet im Limes $\Delta h \to 0$ die rechte Seite. Falls aber eine δ-förmig auf der Grenzfläche lokalisierte freie Ladung vorliegt, gibt σ_{f} die entsprechende freie Flächenladungsdichte an.

Die Anschlussbedingung (14.37) besagt somit, dass die Normalkomponente von $\boldsymbol{D}$ stetig ist, falls keine freie Flächenladungsdichte σ_{f} vorliegt. In Anwesenheit einer freien Flächenladungsdichte wird die Diskontinuität in der Normalkomponente durch $4\pi\,\sigma_{\mathrm{f}}$ festgelegt. (In Analogie zur räumlichen Divergenz (14.18) wird dies gelegentlich als *Flächendivergenz* bezeichnet und $\mathrm{Div}\boldsymbol{D} =: \boldsymbol{n} \cdot (\boldsymbol{D}_2 - \boldsymbol{D}_1) = 4\pi\,\sigma_{\mathrm{f}}$ geschrieben.)

An einer Grenzfläche von zwei Gebieten mit $\epsilon_1 \neq \epsilon_2$ kommt es im Allgemeinen, auch wenn $\sigma_{\mathrm{f}} = 0$ ist, zu einer Diskontinuität in $\boldsymbol{n} \cdot \boldsymbol{E}$ und $\boldsymbol{n} \cdot \boldsymbol{P}$, die mit einer *Polarisationsflächenladungsdichte*

$$\sigma_{\mathrm{P}} =: -\boldsymbol{n} \cdot (\boldsymbol{P}_2 - \boldsymbol{P}_1) \qquad (14.38)$$

einhergeht (siehe (14.14)). Ein Beispiel dafür haben wir bereits in Abb. 14.1 gesehen.

Eine weitere Anschlussbedingung, diesmal für das $\boldsymbol{E}$-Feld, folgt aus $\mathbf{rot}\,\boldsymbol{E} = 0$ und der entsprechenden Integralgleichung

$$\oint_{\partial F} \mathbf{d}\boldsymbol{r} \cdot \boldsymbol{E} = 0, \qquad (14.39)$$

wobei wir, wie in Abb. 14.4 skizziert, einen infinitesimal kleinen geschlossenen Weg ∂F wählen, der im infinitesimalen Abstand $\Delta h/2$ einmal oberhalb und einmal unterhalb der Grenzfläche ein infinitesimales Stück Δl parallel zu dieser verläuft. Wenn $\boldsymbol{t}$ einen Einheitsvektor in einer solchen Richtung tangential zur Fläche bezeichnet, führt dies auf die Bedingung

$$\boldsymbol{t} \cdot (\boldsymbol{E}_2 - \boldsymbol{E}_1) = 0. \qquad (14.40)$$

Dies gilt natürlich für eine beliebige Wahl einer tangentialen Richtung für die infinitesimale Rechteckschleife. Die Forderung, dass für zwei unabhängige tangentiale Richtungen $\boldsymbol{t}$ jeweils das Skalarprodukt mit $(\boldsymbol{E}_2 - \boldsymbol{E}_1)$ verschwindet, ist äquivalent zu der vektoriellen Gleichung

$$\boldsymbol{n} \times (\boldsymbol{E}_2 - \boldsymbol{E}_1) = 0, \qquad (14.41)$$

wobei $\boldsymbol{n}$ die Flächennormale ist. (Mit $\boldsymbol{n}$ von Medium 1 zu Medium 2 zeigend wird diese Differenz der Tangentialkomponenten von $\boldsymbol{E}$ an der Grenzfläche gelegentlich als *Flächenrotation* bezeichnet und $\mathbf{Rot}\,\boldsymbol{E} = \boldsymbol{n} \times (\boldsymbol{E}_2 - \boldsymbol{E}_1)$ geschrieben. Um keine Verwechslung mit gewöhnlicher Rotation und Divergenz, die klein **rot** und div geschrieben werden, zu riskieren, werden wir im Folgenden die Operatoren Flächenrotation und Flächendivergenz aber nicht in dieser Form verwenden.)

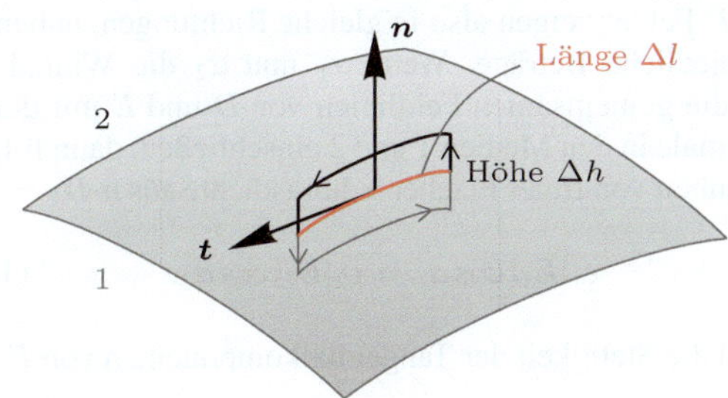

Abb. 14.4 Zur Herleitung der Anschlussbedingung für $\boldsymbol{E}$

Die Anschlussbedingung, die wir aus $\mathbf{rot}\,\boldsymbol{E} = 0$ gefolgert haben, gilt auch im allgemeinen dynamischen Fall mit Zeitabhängigkeiten. Wir hätten dann auf der rechten Seite von (14.39) eigentlich die Zeitableitung des magnetischen Flusses durch die infinitesimale Fläche F anschreiben müssen. Da wir aber die Situation betrachtet haben, wo ∂F entlang der Grenzfläche im Limes $\Delta h \to 0$ geführt wird und dabei die Fläche F verschwindet, bleibt es bei der Anschlussbedingung (14.41). Die Anschlussbedingung für $\boldsymbol{D}$ hingegen hatten wir ohnehin aus der (wie wir noch diskutieren werden) allgemeingültigen Gleichung $\mathrm{div}\,\boldsymbol{D} = 4\pi\,\rho_{\mathrm{f}}$ und ihrer Integralversion (14.36) gefolgert. Beide Anschlussbedingungen gelten somit ganz allgemein an Grenzflächen von Medien.

Anschlussbedingungen von D- und E-Feldern in der makroskopischen Elektrodynamik

An einer Grenzfläche von zwei Medien sind die Normalkomponenten von $\boldsymbol{D}$ nur unstetig, wenn auf dieser eine *freie* Flächenladungsdichte σ_{f} vorliegt:

$$\boldsymbol{n} \cdot (\boldsymbol{D}_2 - \boldsymbol{D}_1) = 4\pi\,\sigma_{\mathrm{f}}, \qquad (14.42)$$

wobei $\boldsymbol{n}$ die Flächennormale ist, die von Medium 1 zu Medium 2 zeigt, und $\boldsymbol{D}_{1,2}$ der Vektor des $\boldsymbol{D}$-Feldes an der Oberfläche, wenn man sich dieser von Medium 1 bzw. 2 ausgehend nähert.

Die Tangentialkomponenten der $\boldsymbol{E}$-Felder sind hingegen immer stetig:

$$\boldsymbol{n} \times (\boldsymbol{E}_2 - \boldsymbol{E}_1) = 0. \qquad (14.43)$$

Feldlinienverlauf an Grenzflächen

Betrachten wir die Grenzfläche von zwei isotropen Medien mit Dielektrizitätskonstanten ϵ_1 und ϵ_2, dann gilt auf den beiden Seiten der Grenzfläche jeweils

$$\boldsymbol{D}_1(\boldsymbol{r}) = \epsilon_1 \boldsymbol{E}_1(\boldsymbol{r}), \quad \boldsymbol{D}_2(\boldsymbol{r}) = \epsilon_2 \boldsymbol{E}_2(\boldsymbol{r}). \qquad (14.44)$$

$\boldsymbol{D}$- und $\boldsymbol{E}$-Felder zeigen also in gleiche Richtungen, haben aber unterschiedliche Beträge. Wenn α_1 und α_2 die Winkel sind, welche die gemeinsamen Feldlinien von $\boldsymbol{D}$ und $\boldsymbol{E}$ mit der Flächennormale in den Medien 1 und 2 einschließen, dann folgt bei Abwesenheit von freier Flächenladungsdichte aus $\boldsymbol{n}\cdot\boldsymbol{D}_1 = \boldsymbol{n}\cdot\boldsymbol{D}_2$

$$\epsilon_1|\boldsymbol{E}_1|\cos\alpha_1 = \epsilon_2|\boldsymbol{E}_2|\cos\alpha_2, \tag{14.45}$$

während die Stetigkeit der Tangentialkomponenten von $\boldsymbol{E}$

$$|\boldsymbol{E}_1|\sin\alpha_1 = |\boldsymbol{E}_2|\sin\alpha_2 \tag{14.46}$$

verlangt. Division der letzten Gleichung durch die vorige ergibt

$$\frac{\tan\alpha_1}{\epsilon_1} = \frac{\tan\alpha_2}{\epsilon_2}. \tag{14.47}$$

Das bedeutet, dass beim Übergang von einem Medium mit ϵ_1 zu einem mit $\epsilon_2 > \epsilon_1$, also zu einem elektrisch dichteren Medium, die Feldlinie von der Flächennormale weg gebrochen wird und vice versa. Dies ist, wie wir in Abschn. 17.2 noch sehen werden, qualitativ entgegengesetzt den Verhältnissen bei der Brechung von Licht beim Übergang von einem optisch dünneren zu einem optisch dichteren Medium. (Zudem tritt beim Brechungsgesetz der Optik jeweils der Sinus anstelle des Tangens des Brechungswinkels auf.)

Bei einer grafischen Darstellung von ausgedehnten Feldlinienbildern würde man übrigens in diesem Fall, wo keine Quellen für $\boldsymbol{D}$ im Spiel sind, nur die Feldlinien von $\boldsymbol{D}$ alle durch die Grenzschicht hindurchgehen lassen. Für $\boldsymbol{E}$ gibt es dagegen an der Grenzschicht Quellen, in Form der Polarisationsflächenladungsdichte σ_P, an denen zusätzliche Feldlinien für $\boldsymbol{E}$ entspringen können, sodass man auf den beiden Seiten unterschiedliche *Dichten* von Feldlinien zeichnen sollte, wenn auch die Richtungen für $\boldsymbol{D}$ und $\boldsymbol{E}$ immer gleich sind.

Die Randbedingung, die ein elektrischer Leiter in der Elektrostatik mit sich bringt, kann formal mit dem Limes $\epsilon \to \infty$ für den Leiter identifiziert werden. Aus $\epsilon_2 \to \infty$ folgt in Medium 1, dass $\alpha_1 = 0$ sein muss und $\boldsymbol{E}_1$ damit senkrecht auf die Grenzfläche steht, und in Medium 2, dass $|\boldsymbol{E}_2| = 0$ wird. (Das Feld $\boldsymbol{D}$ braucht man in diesem Fall in Medium 2 nicht mehr betrachten.)

14.3 Potenzialgleichung in Dielektrika

Da auch in der makroskopischen Elektrostatik $\mathbf{rot}\,\boldsymbol{E} = 0$ im gesamten Raum, über alle etwaigen Grenzflächen hinweg, erfüllt ist, ändert sich nichts an der Möglichkeit, $\boldsymbol{E}$ als negativen Gradienten des skalaren Potenzials ϕ darzustellen:

$$\boldsymbol{E}(\boldsymbol{r}) = -\nabla\phi(\boldsymbol{r}). \tag{14.48}$$

Für die dielektrische Verschiebung $\boldsymbol{D}$ gilt dies hingegen nicht!

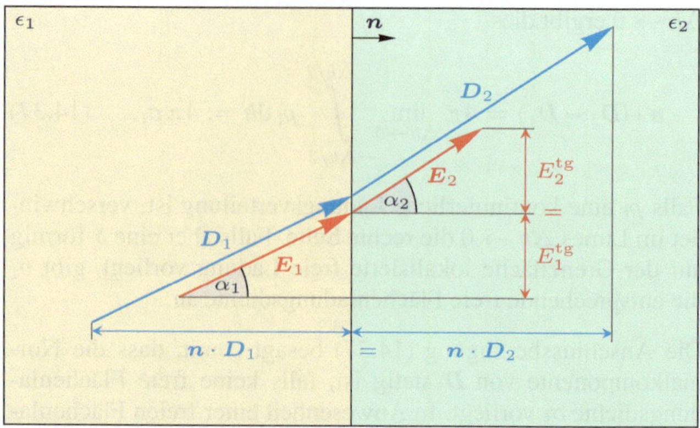

Abb. 14.5 Brechung der Feldlinien: $\boldsymbol{E}$ (*rot*), $\boldsymbol{D}$ (*blau*), beim Übergang von einem Dielektrikum mit $\epsilon_1 = 1{,}5$ zu einem mit $\epsilon_2 = 2$. Da angenommen wurde, dass keine freien Flächenladungsdichten vorliegen, ist beim Übergang zwischen den zwei Medien die Normalkomponente von $\boldsymbol{D}$ stetig. Die Tangentialkomponente von $\boldsymbol{E}$ ist generell stetig

Frage 4

Machen Sie sich anhand von Abb. 14.5 klar, dass im Allgemeinen das $\boldsymbol{D}$-Feld auf eine nichtverschwindende Zirkulation $\oint_{\partial F} \mathbf{d}\boldsymbol{r}\cdot\boldsymbol{D}$ führt, wenn ∂F wie in (14.39) gewählt wird.

In räumlichen Gebieten, in denen ein konstantes ϵ vorliegt und $\boldsymbol{D}(\boldsymbol{r}) = \epsilon\boldsymbol{E}(\boldsymbol{r})$ ist, führt die inhomogene Maxwell-Gleichung (14.18) aber weiterhin auf eine Poisson-Gleichung.

Poisson-Gleichung für homogene isotrope Medien

Für den Raumbereich, über den ϵ konstant ist, gilt

$$\Delta\phi(\boldsymbol{r}) = -\frac{4\pi}{\epsilon}\rho_{\mathrm{f}}(\boldsymbol{r}). \tag{14.49}$$

Damit können wir die allgemeine Lösung dank (12.12) unmittelbar angeben als

$$\phi(\boldsymbol{r}) = \frac{1}{\varepsilon}\int_V \mathrm{d}V'\,\frac{\rho_{\mathrm{f}}(\boldsymbol{r}')}{|\boldsymbol{r}-\boldsymbol{r}'|} + \phi_{\mathrm{hom}}(\boldsymbol{r}), \quad \Delta\phi_{\mathrm{hom}}(\boldsymbol{r}) = 0, \tag{14.50}$$

wobei das Volumen V konstantes ϵ aufweisen muss und die homogene Lösung $\phi_{\mathrm{hom}}(\boldsymbol{r})$ so zu bestimmen ist, dass die Anschlussbedingungen (14.42) und (14.43) erfüllt werden.

Bildladungsmethode

Eine mögliche Vorgangsweise, eine geeignete homogene Lösung in (14.50) zu konstruieren, ist genau wie in Kap. 12 der

Bildladungsansatz, bei dem fiktive Ladungen außerhalb des betrachteten Volumens V angesetzt werden:

$$\phi_{\text{hom}}(\boldsymbol{r}) = \phi_{\text{Bild}}(\boldsymbol{r}) = \int\limits_{\mathbb{R}^3 \setminus V} \mathrm{d}V' \, \frac{\rho_{\text{Bild}}(\boldsymbol{r}')}{|\boldsymbol{r} - \boldsymbol{r}'|}, \quad \boldsymbol{r} \in V. \tag{14.51}$$

Allerdings sind nun auch für die an V angrenzenden Gebiete ebenfalls Bildladungsansätze zu machen – wenn diese nicht gerade feldfreie Leiter sind –, um dort die anzupassenden Felder zu berechnen.

Punktladung vor dielektrischem Halbraum

In Kap. 12 konnten wir das Beispiel einer Punktladung vor einem leitenden Halbraum erfolgreich und einfach mittels Bildladungsansatz lösen. Nun betrachten wir das analoge Problem mit einem Dielektrikum, das den Halbraum $z < 0$ komplett ausfüllt. Die Punktladung befinde sich bei $x = y = 0$ und $z = d$.

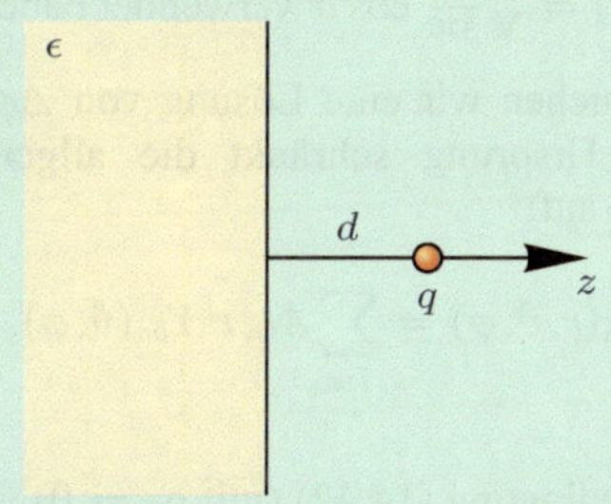

Da wir nun die Felder für zwei Raumbereiche zu bestimmen haben, für das Vakuum im Halbraum $z > 0$ und auch im Inneren des Dielektrikums, machen wir jeweils einen Bildladungsansatz, bei dem fiktive Ladungen außerhalb des gerade betrachteten Volumens positioniert werden. Für die Rechnung in Halbraum $z > 0$ nehmen wir wie im Fall des leitenden Mediums eine zu bestimmende Bildladung q' bei $x = y = 0$ und $z = -d$ an. Für das Innere des Dielektrikums dürfen wir natürlich keine (freie) Ladung bei $z < 0$ haben, also setzen wir eine Bildladung bei positiven z an. Wir versuchen es der Symmetrie wegen mit einer Ladung q'' bei $x = y = 0$ und $z = d$, also der Position der wirklich in diesem Gebiet vorhandenen Ladung:

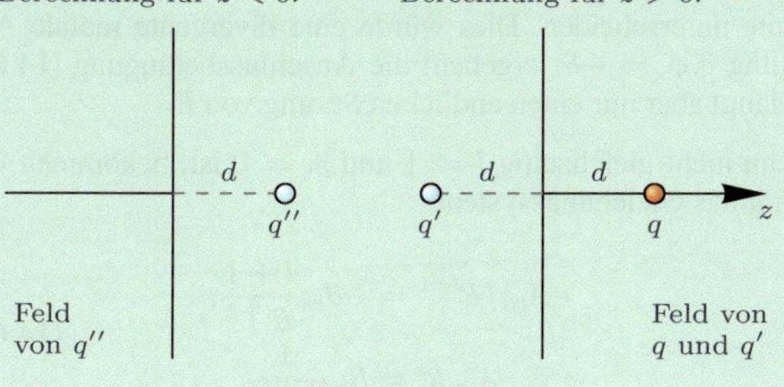

Ob ein Ansatz ausreichend ist, sieht man erst im Nachhinein. Die Felder sind nun mit noch zu bestimmenden q' und q'' in den beiden Halbräumen gegeben durch

$$\phi(\boldsymbol{r}) = \begin{cases} \dfrac{q}{|\boldsymbol{r} - d\hat{\boldsymbol{e}}_z|} + \dfrac{q'}{|\boldsymbol{r} + d\hat{\boldsymbol{e}}_z|} & z > 0 \\[2ex] \dfrac{q''}{|\boldsymbol{r} - d\hat{\boldsymbol{e}}_z|} & z < 0 \end{cases} \tag{14.52}$$

und damit

$$\boldsymbol{E}(\boldsymbol{r}) = \begin{cases} q \, \dfrac{\boldsymbol{r} - d\hat{\boldsymbol{e}}_z}{|\boldsymbol{r} - d\hat{\boldsymbol{e}}_z|^3} + q' \, \dfrac{\boldsymbol{r} + d\hat{\boldsymbol{e}}_z}{|\boldsymbol{r} + d\hat{\boldsymbol{e}}_z|^3} & z > 0 \\[2ex] q'' \, \dfrac{\boldsymbol{r} - d\hat{\boldsymbol{e}}_z}{|\boldsymbol{r} - d\hat{\boldsymbol{e}}_z|^3} & z < 0. \end{cases} \tag{14.53}$$

Die Bedingung (14.43), dass $\boldsymbol{E}$ an der Grenzfläche stetige Tangentialkomponenten haben muss, ergibt

$$\begin{aligned} q \, \frac{\boldsymbol{r}}{(r^2 + d^2)^{3/2}} + q' \, \frac{\boldsymbol{r}}{(r^2 + d^2)^{3/2}} \\ = q'' \, \frac{\boldsymbol{r}}{(r^2 + d^2)^{3/2}} \end{aligned} \tag{14.54}$$

für alle $\boldsymbol{r} = (x, y, 0)$, was mit

$$q + q' = q'' \tag{14.55}$$

erreicht wird.

Die weitere Bedingung (14.42), dass $\boldsymbol{D}$ an der Grenzfläche stetige Normalkomponenten haben muss, verlangt für alle $\boldsymbol{r} = (x, y, 0)$

$$\begin{aligned} -q \, \frac{d\hat{\boldsymbol{e}}_z}{(r^2 + d^2)^{3/2}} + q' \, \frac{d\hat{\boldsymbol{e}}_z}{(r^2 + d^2)^{3/2}} \\ = -\epsilon \, q'' \, \frac{d\hat{\boldsymbol{e}}_z}{(r^2 + d^2)^{3/2}}, \end{aligned} \tag{14.56}$$

was hingegen

$$-q + q' = -\epsilon \, q'' \tag{14.57}$$

erfordert.

Die Anschlussbedingungen reduzieren sich also auf zwei algebraische Gleichungen für die zwei Unbekannten q' und q'' mit der Lösung

$$q' = -q \, \frac{\epsilon - 1}{\epsilon + 1}, \quad q'' = q \, \frac{2}{\epsilon + 1}. \tag{14.58}$$

Das resultierende elektrische Feld (14.53) ist in Abb. 14.6 dargestellt.

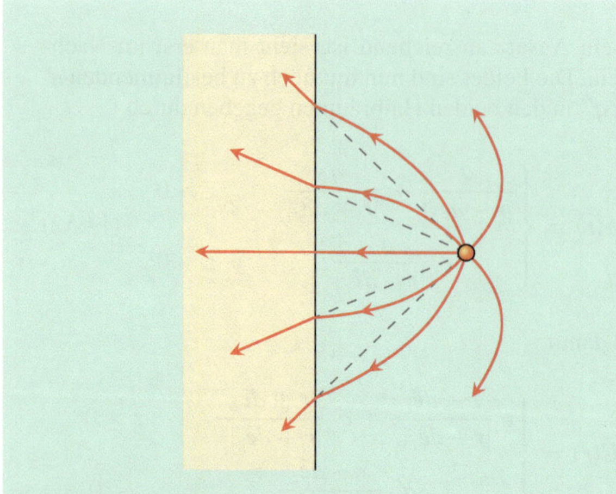

Abb. 14.6 Elektrische Feldstärke einer Ladung vor einem dielektrischen Halbraum. Außerhalb des Dielektrikums wird dem Feld der Punktladung das der Polarisationsladungen auf der Grenzfläche überlagert, das in seiner Wirkung einer fiktiven Bildladung im Inneren des Dielektrikums entspricht. Im Inneren des Dielektrikums hat das elektrische Feld die Form einer einzelnen Ladung mit verminderter Stärke ◄

Frage 5

Überzeugen Sie sich, dass der formale Limes $\epsilon \to \infty$ auf die bekannte Lösung einer Punktladung vor einer leitenden Ebene zurückführt.

Im Allgemeinen werden aber Bildladungsansätze für Dielektrika wesentlich komplizierter als im Fall von Leitern. Während im Beispiel des dielektrischen Halbraumes der Ansatz mit einer einzelnen Bildladung an der gespiegelten Position zum Erfolg führt, scheitert nun ein solcher für den Fall einer Punktladung vor einer dielektrischen Kugel. (Dieses Problem wird in Aufgabe 14.4 behandelt, allerdings mit den allgemeiner zielführenden Methoden, die wir im Folgenden besprechen werden.)

Verwendung von vollständigen Funktionensystemen anhand des Beispiels einer dielektrischen Kugel in einem ursprünglich homogenen Feld

Hat eine Randwertaufgabe ein hinreichendes Maß an Symmetrie, kann man mit Entwicklungen des Potenzials nach entsprechenden vollständigen Funktionensystemen ans Ziel kommen.

Als ein instruktives Beispiel betrachten wir dafür eine dielektrische Kugel mit Dielektrizitätskonstante ϵ und Radius R in einem äußeren, ursprünglich homogenen elektrischen Feld der Stärke E_0.

Für dieses Problem bieten sich die Kugelkoordinaten an, wobei die durch das elektrische Feld ausgezeichnete Richtung am besten als z-Achse genommen wird, bezüglich der der Polarwinkel ϑ eingeführt wird.

Da nirgends (zumindest nicht im Endlichen) freie Ladungen vorhanden sind, haben wir sowohl im Außenraum wie im Innenraum der dielektrischen Kugel nach Lösungen der Laplace-Gleichung zu suchen, welche die Anschlussbedingungen (14.42) (mit $\sigma_f = 0$) und (14.43) erfüllen.

Im Außenraum haben wir nun keine natürlichen Randbedingungen vorliegen, da asymptotisch ein homogenes elektrisches Feld $\boldsymbol{E}_0 = E_0\hat{\boldsymbol{e}}_z$ und demnach ein Potenzial $\phi(r \to \infty) \to -E_0 z = -E_0 r \cos\vartheta$ gegeben ist. Die Lösung der Laplace-Gleichung für den Außenraum $\Delta\phi_a(r,\vartheta,\varphi) = 0$, deren allgemeinste Form in Kugelkoordinaten in (13.168) aufgestellt wurde, hat somit die Form

$$\phi_a(r,\vartheta,\varphi) = -E_0\, r\sqrt{\frac{4\pi}{3}}Y_{10}(\vartheta) + \sum_{lm} B_{lm}\frac{1}{r^{l+1}}Y_{lm}(\vartheta,\varphi), \tag{14.59}$$

wobei wir $Y_{10}(\vartheta) = \sqrt{\frac{3}{4\pi}}\cos\vartheta$ verwendet haben.

Im Innenraum suchen wir eine Lösung von $\Delta\phi_i(r,\vartheta,\varphi) = 0$. Regularität im Ursprung schränkt die allgemeine Lösung (13.168) nun ein auf:

$$\phi_i(r,\vartheta,\varphi) = \sum_{lm} A_{lm}\, r^l\, Y_{lm}(\vartheta,\varphi). \tag{14.60}$$

Die Anschlussbedingung (14.42) (mit $\sigma_f = 0$) verlangt Stetigkeit der Radialkomponente des $\boldsymbol{D}$-Feldes und (14.43) Stetigkeit der ϑ- und φ-Komponenten des $\boldsymbol{E}$-Feldes. Für $\phi_{i,a}$ bedeutet dies

$$\epsilon\left.\frac{\partial\phi_i}{\partial r}\right|_{r=R} = \left.\frac{\partial\phi_a}{\partial r}\right|_{r=R} \tag{14.61}$$

bzw.

$$\left.\frac{\partial\phi_i}{\partial\vartheta}\right|_{r=R} = \left.\frac{\partial\phi_a}{\partial\vartheta}\right|_{r=R}, \quad \left.\frac{\partial\phi_i}{\partial\varphi}\right|_{r=R} = \left.\frac{\partial\phi_a}{\partial\varphi}\right|_{r=R}. \tag{14.62}$$

Letzteres ist bis auf eine additive winkelunabhängige Konstante äquivalent zu

$$\phi_i(r=R,\vartheta,\varphi) = \phi_a(r=R,\vartheta,\varphi). \tag{14.63}$$

Aber es dürfen sich diese Randwerte auch nicht um eine Konstante unterscheiden. Dies würde eine divergente radiale Ableitung $\partial_r\phi = -E_r$ ergeben; die Anschlussbedingung (14.61) verlangt aber nur einen endlichen Sprung von E_r.

Wenn nicht gleichzeitig $l = 1$ und $m = 0$ ist, bekommen wir somit das Gleichungssystem

$$\begin{aligned} \epsilon\, A_{lm}\, l\, R^{l-1} &= -B_{lm}\frac{l+1}{R^{l+2}}, \\ A_{lm}\, R^l &= B_{lm}\frac{1}{R^{l+1}}, \end{aligned} \tag{14.64}$$

das nur die triviale Lösung

$$A_{lm} = 0 = B_{lm} \quad \text{für } (l,m) \neq (1,0) \tag{14.65}$$

besitzt. Für $l = 1$ und $m = 0$ haben wir dagegen ein inhomogenes Gleichungssystem

$$\begin{aligned} \epsilon A_{10} &= -E_0 \sqrt{\frac{4\pi}{3}} - B_{10}\frac{2}{R^3}, \\ A_{10} R &= -E_0 R \sqrt{\frac{4\pi}{3}} + B_{10}\frac{1}{R^2} \end{aligned} \tag{14.66}$$

mit der Lösung

$$A_{10} = -\frac{3}{\epsilon+2}\sqrt{\frac{4\pi}{3}}E_0, \quad B_{10} = \frac{\epsilon-1}{\epsilon+2}R^3\sqrt{\frac{4\pi}{3}}E_0. \tag{14.67}$$

Damit ist die gesamte Lösung für das elektrostatische Potenzial gegeben durch

$$\begin{aligned} \phi_\mathrm{i}(\boldsymbol{r}) &= -\frac{3}{\epsilon+2}E_0\, r\cos\vartheta, \\ \phi_\mathrm{a}(\boldsymbol{r}) &= -E_0\, r\cos\vartheta + \frac{\boldsymbol{r}\cdot\boldsymbol{p}}{r^3} \quad \text{mit } \boldsymbol{p} = \frac{\epsilon-1}{\epsilon+2}R^3\boldsymbol{E}_0. \end{aligned} \tag{14.68}$$

Frage 6

Vollziehen Sie das nach!

Im Außenraum ist also dem asymptotischen Feld ein elektrisches Dipolfeld mit Dipolmoment $\boldsymbol{p} \propto \boldsymbol{E}_0$ überlagert, während im Innenraum ein homogenes elektrisches Feld vorliegt, das gegenüber dem asymptotisch vorhandenen abgeschwächt ist (da $\epsilon > 1$):

$$\boldsymbol{E}_\mathrm{i} = \frac{3}{\epsilon+2}\boldsymbol{E}_0. \tag{14.69}$$

Diese von der Geometrie des Dielektrikums bestimmte Abschwächung wird auch als *Entelektrisierung* bezeichnet. In Aufgabe 14.7 und 14.8 wird sie für die Fälle einer dünnen Platte, eines dünnen Stabes und eines Ellipsoids berechnet.

Die dielektrische Verschiebung ist dagegen im Innenraum der Kugel größer als $\boldsymbol{E}_0$ (Abb. 14.7):

$$\boldsymbol{D}_\mathrm{i} = \frac{3\epsilon}{\epsilon+2}\boldsymbol{E}_0. \tag{14.70}$$

Wir haben also gefunden, dass die dielektrische Kugel im äußeren Feld homogen polarisiert wird mit

$$\boldsymbol{P} = \frac{1}{4\pi}(\boldsymbol{D}-\boldsymbol{E}) = \frac{\epsilon-1}{4\pi}\boldsymbol{E}_\mathrm{i} = \frac{3}{4\pi}\frac{\epsilon-1}{\epsilon+2}\boldsymbol{E}_0, \tag{14.71}$$

was konsistent mit unserem früheren Ergebnis ist, dass eine homogen polarisierte Kugel im Inneren ein homogenes elektrisches Feld besitzt. Des Weiteren sehen wir, dass das Dipolmoment $\boldsymbol{p}$, das in der Außenraumlösung auftrat, mit dem Produkt aus $\boldsymbol{P}$ und dem Volumen der Kugel, $4\pi R^3/3$, übereinstimmt.

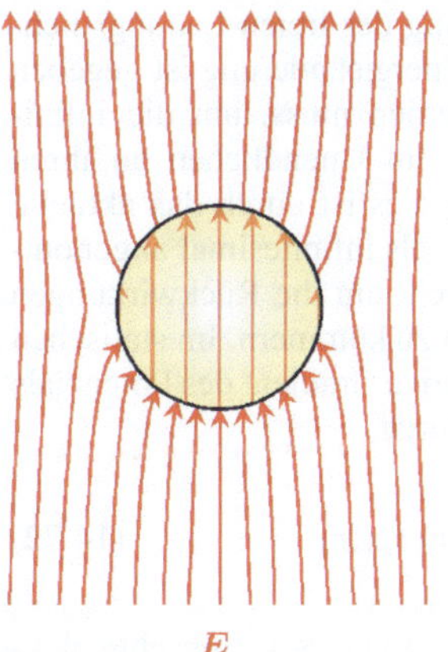

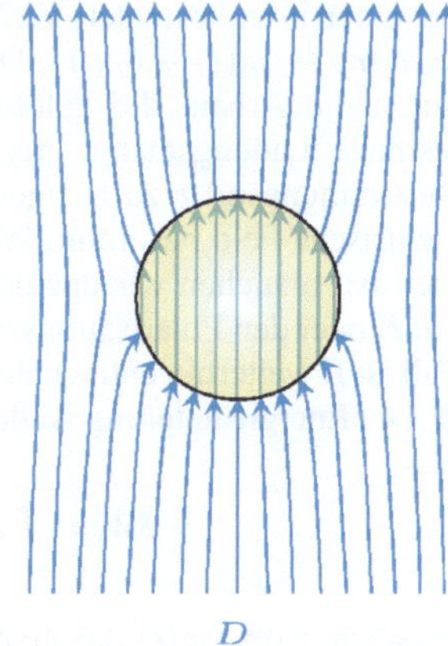

Abb. 14.7 Dielektrische Kugel in einem ursprünglich homogenen elektrischen Feld: Die Abschwächung des $\boldsymbol{E}$-Feldes im Inneren kommt von negativen Polarisationsflächenladungsdichten am unteren Rand der Kugel, an denen $\boldsymbol{E}$-Feldlinine enden und die bei ihren positiven Gegenstücken am oberen Rand wieder entspringen; für die dielektrische Verschiebung $\boldsymbol{D}$ ist dies nicht der Fall, solange keine freien Flächenladungsdichten vorliegen

Abschließend halten wir noch fest, dass wir anstelle der allgemeinsten regulären Lösung in Kugelkoordinaten auch mit einem einfacheren Ansatz mit Legendre-Polynomen (13.169) hätten arbeiten können, da das Problem offenbar Rotationssymmetrie um die z-Achse besitzt. (Auch ein Ansatz ausschließlich mit dem ($l = 1$)-Anteil wäre zielführend gewesen – und nicht weiter bedenklich, solange überprüft wird, dass auch alle Anschluss- und Randbedingungen erfüllt werden konnten.)

14.4 Elektrostatische Energie in linearen Medien

In (12.81) hatten wir die elektrostatische Feldenergie durch Integration über die Energiedichte $w_\mathrm{em} = \boldsymbol{E}^2/(8\pi)$ erhalten. Dies ist in der makroskopischen Elektrostatik aus mehreren Gründen nicht mehr anwendbar. Das Feld $\boldsymbol{E}$ ist nun ein gemitteltes, $\boldsymbol{E} = \langle \boldsymbol{E}_\mathrm{mikr} \rangle$, und das Quadrat eines Mittelwertes ist nicht dasselbe wie der Mittelwert eines quadratischen Ausdrucks:

$$\int \mathrm{d}V\, \langle \boldsymbol{E}_\mathrm{mikr}^2 \rangle \neq \int \mathrm{d}V\, \langle \boldsymbol{E}_\mathrm{mikr} \rangle^2.$$

Andererseits sind wir sicher nicht an der im mikroskopischen Feld abgebildeten Selbstenergie der Materie interessiert, sondern nur an der Energie, die notwendig ist, um diese in einen bestimmten Polarisationszustand zu versetzen, wenn eine Konfiguration aus freien Ladungen ρ_f zusammengestellt werden soll.

Um einen relevanten Ausdruck für die elektrostatische Energie in Anwesenheit von Materie zu bekommen, betrachten wir zunächst die Änderung der Energie einer Ladungskonfiguration

Teil II

bei einer infinitesimalen Veränderung der freien Ladungsdichte, $\rho_f(\boldsymbol{r}) \to \rho_f(\boldsymbol{r}) + \delta\rho_f(\boldsymbol{r})$. Diese Energieänderung ist gegeben durch die Arbeit, die geleistet werden muss, um die infinitesimale Ladungsmenge $\delta\rho_f$ aus dem Unendlichen an ihren Bestimmungsort $\boldsymbol{r}$ zu bringen, und dies ist durch das aktuelle elektrische Feld bestimmt. Weil $\delta\rho_f$ als infinitesimal angenommen ist, brauchen wir uns dabei nicht um die Rückwirkungen auf $\boldsymbol{E}$ oder den Polarisationszustand zu kümmern. Im statischen Fall ist $\boldsymbol{E}$ weiterhin einfach der negative Gradient des Potenzials ϕ. Die Energieänderung ist damit durch

$$\delta W = \int \mathrm{d}V\,\phi(\boldsymbol{r})\,\delta\rho_f(\boldsymbol{r}) \tag{14.72}$$

gegeben, wobei $\phi(\boldsymbol{r})$ das ursprünglich von ρ_f verursachte elektrostatische Potenzial ist. Wegen $\nabla \cdot \boldsymbol{D} = 4\pi\rho_f$ haben wir

$$\delta\rho_f = \frac{1}{4\pi}\nabla \cdot \delta\boldsymbol{D} \tag{14.73}$$

und damit nach einer partiellen Integration

$$\delta W = \frac{1}{4\pi}\int \mathrm{d}V\,(-\nabla\phi(\boldsymbol{r}))\cdot\delta\boldsymbol{D} = \frac{1}{4\pi}\int \mathrm{d}V\,\boldsymbol{E}\cdot\delta\boldsymbol{D}. \tag{14.74}$$

In einem *linearen* Medium, d. h. $\boldsymbol{D} = \epsilon\boldsymbol{E}$ mit einem ϵ, das nicht wiederum vom elektrischen Feld abhängt (aber ansonsten beliebig sein darf, also vom Ort abhängen kann), gilt

$$\boldsymbol{E}\cdot\delta\boldsymbol{D} = \frac{1}{2}\delta(\boldsymbol{E}\cdot\boldsymbol{D}). \tag{14.75}$$

In diesem Fall kann ein expliziter Ausdruck für die elektrostatische Energie unmittelbar angegeben werden.

Elektrische Feldenergie in linearen Medien

$$W = \frac{1}{8\pi}\int \mathrm{d}V\,\boldsymbol{E}(\boldsymbol{r})\cdot\boldsymbol{D}(\boldsymbol{r}) \tag{14.76}$$

Wie wir in Kap. 15 sehen werden, behält dieser Ausdruck für lineare Medien sogar in dynamischen Situationen seine Gültigkeit.

Kapazitäten mit Dielektrika

In Abschn. 12.5 haben wir den Fall betrachtet, dass in einem ansonsten leeren Raum ein System von Leitern angeordnet ist, die elektrische Ladungen tragen, und wir haben zugehörige Kapazitätskoeffizienten definiert. Wenn nun der Raum zwischen den Leitern nicht leer, sondern von einem Dielektrikum erfüllt ist, ändert sich an der Herleitung von (12.69) lediglich, dass die Ladung auf den Leitern über die Normalkomponente von $\boldsymbol{D}$ zu berechnen ist, $\sigma_f = D_n/(4\pi) = \epsilon E_n/(4\pi)$, denn $E_n/4\pi = \sigma_f + \sigma_P$ enthält auch die Polarisationsflächenladungsdichte, die im Dielektrikum induziert wird und ein entgegengesetztes Vorzeichen trägt. Gleichung (12.69) verallgemeinert sich damit zu

$$\begin{aligned} Q_i &= \frac{1}{4\pi}\oint\limits_{\partial V_i} \mathrm{d}f\,D_n = -\frac{\epsilon}{4\pi}\oint\limits_{\partial V_i} \mathrm{d}f\,\partial_n\phi \\ &= \sum_j \left[-\frac{\epsilon}{4\pi}\oint\limits_{\partial V_i} \mathrm{d}f\,\partial_n F_j\right]\phi_j \\ &\equiv \sum_j C_{ij}^{(\epsilon)}\phi_j = \epsilon\sum_j C_{ij}^{\mathrm{vac}}\phi_j. \end{aligned} \tag{14.77}$$

Die Kapazitätskoeffizienten erhöhen sich also alle einfach um einen Faktor $\epsilon > 1$.

Entsprechend sind auch die Resultate für die Kapazität eines Platten- oder Kugelkondensators, (12.77) und (12.80), mit ϵ zu multiplizieren, wenn diese mit einem Dielektrikum ausgefüllt sind. Wir haben generell

$$C^{(\epsilon)} = \epsilon\,C^{\mathrm{vac}}. \tag{14.78}$$

Da die Kapazität das Verhältnis von (freier) Ladung und Potenzialdifferenz angibt, $C = Q/U$, erhöht ein Dielektrikum die gespeicherte Ladung bei vorgegebener Potenzialdifferenz (aufrechterhalten z. B. durch eine angeschlossene Batterie). Bei gleichen Potenzialdifferenzen haben wir im Raum zwischen den Leitern, wo die homogene Laplace-Gleichung gilt, auch gleiche Potenzialfelder und damit gleiche elektrische Felder $\boldsymbol{E} = -\nabla\phi$. Daraus folgt unmittelbar, dass die elektrostatische Energiedichte $\boldsymbol{E}\cdot\boldsymbol{D}/(8\pi) = \epsilon E^2/(8\pi)$ ebenfalls um einen einfachen Faktor ϵ erhöht ist, in Übereinstimmung mit (12.95), $W = \frac{1}{2}CU^2$.

Kräfte auf Dielektrika

Auf Polarisationsladungen, die in Dielektrika in äußeren elektrischen Feldern influenziert werden, wirken entsprechende Coulomb-Kräfte. Da die Gesamtladung durch die Polarisation unverändert bleibt, sind allerdings inhomogene äußere Felder nötig, damit es zu einer nichtverschwindenden Nettokraft auf einen dielektrischen Körper kommt.

Im oben diskutierten Beispiel einer dielektrischen Kugel, die in ein ursprünglich homogenes Feld gebracht wird, ist diese Nettokraft offensichtlich null, da die in der oberen Hemisphäre influenzierten positiven Ladungen aus Symmetriegründen mit derselben Stärke nach oben gezogen werden wie die negativen Ladungen auf der unteren Hemisphäre nach unten. In einem inhomogenen äußeren Feld würden aber die Ladungsanteile, die sich in Regionen mit größerer Feldstärke befinden, die Oberhand bekommen und den Körper in dessen Richtung ziehen. Dadurch ergibt sich generell das physikalische Phänomen, dass auf dielektrische Körper Kräfte wirken, die in Richtung höherer Feldstärke zeigen.

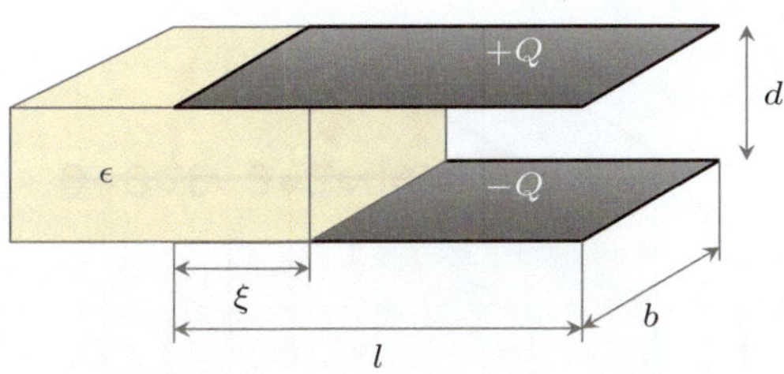

Abb. 14.8 Plattenkondensator mit teilweise eingeschobenem Dielektrikum

Als ein Beispiel, wo diese Kräfte in guter Näherung durch einfache Energiebetrachtungen berechnet werden können, soll im Folgenden ein ausgedehnter Plattenkondensator betrachtet werden, in den ein Dielektrikum nur teilweise eingeschoben ist (Abb. 14.8).

Wenn wir Randeffekte vernachlässigen, kann das Feld in einem Plattenkondensator, in dem ein exakt senkrecht zu den Platten abgeschnittenes Dielektrikum vorliegt, ohne komplizierte Rechnung angegeben werden: Im Raum zwischen den parallelen Platten, die beide Äquipotenzialflächen darstellen, ist offenbar eine linear interpolierende Funktion eine Lösung der Laplace-Gleichung $\Delta\phi = 0$. Liegen die Platten bei $z = 0$ und $z = d$ und sind die Potenziale gegeben durch $\phi(z = 0) = \phi_-$ und $\phi(z = d) = \phi_+$, so ist diese Lösung

$$\phi(z) = \phi_- + Uz/d, \quad U \equiv \phi_+ - \phi_-. \tag{14.79}$$

Da wir aber ein Dielektrikum vorliegen haben, das den Zwischenraum nur teilweise ausfüllt, ist noch nicht sichergestellt, dass dies weiterhin eine gültige Lösung ist, denn das Dielektrikum unterteilt den Zwischenraum in zwei Teilräume, in denen jeweils die Laplace-Gleichung gilt, aber mit Vorgabe der Anschlussbedingungen (14.42) und (14.43). Zu (14.79) gehört nun eine konstante Feldstärke

$$\boldsymbol{E} = -\nabla\phi(z) = -\frac{U}{d}\hat{\boldsymbol{e}}_z. \tag{14.80}$$

Dies erfüllt bereits die Forderung, dass die Tangentialkomponenten von $\boldsymbol{E}$ an den Grenzflächen stetig sein müssen, einfach dadurch, dass $\boldsymbol{E}$ dort konstant ist. Des Weiteren muss die Normalkomponente von $\boldsymbol{D}$ an der Grenze zwischen Dielektrikum und Vakuum stetig sein, wenn dort keine freien Ladungen sein sollen. Dies ist aber einfach dadurch erfüllt, dass $\boldsymbol{D}$ proportional zu $\boldsymbol{E}$ ist und letzteres keine Normalkomponente hat.

Frage 7

Welche der Anschlussbedingungen (14.42) und (14.43) wird durch (14.79) verletzt, wenn die Grenzfläche zwischen Dielektrikum und Vakuum nicht senkrecht zu den Platten verläuft?

An den Grenzflächen des Dielektrikums, wo dieses an die Kondensatorplatten anstößt, sowie auf den Kondensatorplatten selbst müssen die Tangentialkomponenten von $\boldsymbol{E}$ verschwinden, was wiederum einfach dadurch erfüllt ist, dass $\boldsymbol{E}$ konstant in z-Richtung zeigt.

Die Konstanz des $\boldsymbol{E}$-Feldes impliziert, dass entlang der Platten die totalen Flächenladungsdichten ebenfalls konstant sind:

$$\sigma_\pm^{\text{ges}} = \pm\frac{|E_z|}{4\pi} = \pm\frac{U}{4\pi d}. \tag{14.81}$$

Dies stimmt aber nur in dem Bereich, in dem der Kondensator kein Dielektrikum aufweist, mit der freien, auf den leitenden Platten vorhandenen Flächenladungsdichten überein. In den Bereichen mit Dielektrikum inkludiert $\sigma_\pm^{\text{ges}}$ auch die Polarisationsflächenladungsdichte, die im Dielektrikum gebunden ist. Die freie Ladungsdichte ist dort um die Dielektrizitätskonstante ϵ erhöht:

$$\sigma_{\text{f}\pm} = \pm\frac{|D_z|}{4\pi} = \pm\epsilon\frac{U}{4\pi d}, \tag{14.82}$$

während die Differenz durch die entgegengesetzte Polarisationsflächenladungsdichte aufgebracht wird:

$$\sigma_{\text{P}\pm} = \mp(\epsilon - 1)\frac{U}{4\pi d}. \tag{14.83}$$

Ist das Dielektrikum wie in Abb. 14.8 gezeichnet um eine Strecke ξ, $0 \le \xi \le l$, in einen Plattenkondensator mit Länge l und Breite b eingeschoben, dann verteilt sich die freie Gesamtladung $\pm Q$ auf den Kondensatorplatten so, dass sie beim Dielektrikum eine um den Faktor ϵ erhöhte Flächendichte annimmt. Es gilt dann

$$\begin{aligned} Q &= [A_\text{D}\,\epsilon + A_\text{V}]\frac{U}{4\pi d} = CU, \\ A_\text{D} &= \xi b, \quad A_\text{V} = (l - \xi)b, \end{aligned} \tag{14.84}$$

wobei A_D und A_V die Fläche des Bereichs einer Platte mit und ohne Dielektrikum bezeichnet und C die (ξ-abhängige) Kapazität ist.

Je nach physikalischer Realisierung kann entweder die Ladung Q oder die Spannung U des Kondensators fest vorgegeben sein. Die Spannung U kann konstant gehalten werden, wenn er an eine stabile Batterie angeschlossen bleibt. Wenn er dagegen von der Batterie getrennt wurde, nachdem er einmal aufgeladen wurde, ist Q konstant.

Im Fall einer konstanten Ladung Q hängt gemäß (14.84) U bzw. die Feldstärke $|\boldsymbol{E}| = U/d$ davon ab, wie weit das Dielektrikum eingeschoben ist:

$$|\boldsymbol{E}| = E(\xi) = \frac{4\pi Q}{A_\text{D}\,\epsilon + A_\text{V}}. \tag{14.85}$$

Die elektrostatische Feldenergie ist gemäß (14.76) im Bereich des Dielektrikums um einen Faktor ϵ gegenüber der Energiedichte im Vakuum erhöht und ergibt sich, da $|\boldsymbol{E}|$ im Inneren des Kondensators konstant ist, zu

$$W = \frac{E^2}{8\pi}[A_\text{D}\,\epsilon + A_\text{V}]\,d. \tag{14.86}$$

Teil II

Bei konstantem Q und damit ξ-abhängiger Feldstärke (14.85) ergibt dies

$$W = W(\xi) = \frac{2\pi Q^2 d}{b} \frac{1}{l + (\epsilon - 1)\xi}, \tag{14.87}$$

d. h., die Feldenergie nimmt ab, wenn das Dielektrikum weiter eingeschoben wird und ξ anwächst (solange $0 < \xi < l$). Die frei werdende Energie steht zur Verfügung, um das Dielektrikum in Bewegung zu setzen und mit der Kraft

$$F_x = -\frac{\partial W}{\partial \xi} = \frac{2\pi Q^2 d}{b} \frac{(\epsilon - 1)}{[l + (\epsilon - 1)\xi]^2} \tag{14.88}$$

in den Kondensator hineinzuziehen.

An dieser Stelle sollte man sich fragen, wo diese Kraft überhaupt angreifen kann, wenn alle Ladungen (freie und gebundene) als Oberflächenladungsdichten entlang der Platten konzentriert sind und dort die elektrische Feldstärke exakt senkrecht zu den Platten steht. Die Lösung dieses Rätsels liegt gerade in den Randeffekten, die wir in der analytischen Behandlung vernachlässigt haben. Etwas außerhalb des Plattenkondensators gibt es auch noch Polarisationsflächenladungsdichten am Dielektrikum und elektrische Randfelder, die dort nicht mehr senkrecht stehen, sondern eine horizontale Komponente haben, mit der sie an den Polarisationsladungen angreifen und diese in den Kondensator hineinziehen können (Abb. 14.9).

Eine Berechnung der Kraft anhand der Feld- und Ladungsverteilungen außerhalb des Plattenkondensators wäre allerdings ungemein schwierig. Im Grenzfall eines Plattenkondensators, dessen transversale Ausdehnung groß im Vergleich zum Plattenabstand ist, ist aber die ξ-abhängige Feldenergie, die wir in einer vergleichsweise äußerst einfachen Rechnung bestimmt haben, eine sehr gute Näherung. Damit ist auch die Kraft auf das Dielektrikum mit gleich guter Genauigkeit bestimmt.

Betrachten wir abschließend den Fall, dass nicht die Ladung Q sondern die Kondensatorspannung U fest vorgegeben ist, weil der Kondensator an der Batterie, mit der er aufgeladen wurde, angeschlossen bleibt. Dann ändert sich an den vorhergehenden Ergebnissen nur, dass jetzt Q von ξ abhängt und mit diesem anwächst, während $E = U/d$ konstant bleibt:

$$Q = Q(\xi) = \frac{Ub}{4\pi d}[l + (\epsilon - 1)\xi]. \tag{14.89}$$

Die Feldenergie ist nun durch

$$W = W(\xi) = \frac{U^2 b}{8\pi d}[l + (\epsilon - 1)\xi] \qquad (U = \text{const}) \tag{14.90}$$

gegeben und wächst ebenfalls mit ξ an. Die Kraft auf das Dielektrikum wird aber von den Ladungsverteilungen und Feldstärken im Kondensator realisiert und hängt nicht davon ab, ob die Batterie gerade an- oder abgeklemmt ist. Sie ist also weiterhin durch die rechte Seite von (14.88) gegeben. Umgeschrieben auf U ergibt dies

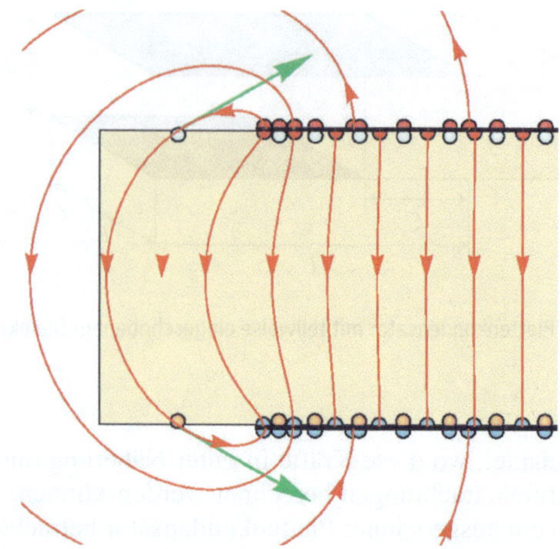

Abb. 14.9 Kraft auf Dielektrikum in einem Plattenkondensator: Das elektrische Feld greift an Polarisationsladungen auf der Oberfläche des Dielektrikums an. Aber nur die Teile, die außerhalb des Kondensators liegen, tragen zur Kraft (*grün*) bei, die das Dielektrikum in den Kondensator hineinzieht, denn im Inneren des Kondensators stehen die elektrischen Feldlinien (*rot*) auf der Oberfläche der Dielektrikums alle exakt senkrecht

$$F_x = \frac{U^2 b}{8\pi d}(\epsilon - 1). \tag{14.91}$$

Dies ist nun *nicht* mehr gleich $-\frac{\partial W}{\partial \xi}$, sondern gerade $+\frac{\partial W}{\partial \xi}$! Der Grund dafür ist, dass der Kondensator mit seinem Dielektrikum kein abgeschlossenes System mehr darstellt – in die Energiebilanz müssen nun auch die Beiträge der Batterie einbezogen werden. Bei konstanter Spannung wird Energie zugeführt, indem zusätzliche Ladung auf die Potenzialdifferenz U gebracht wird, wenn das Dielektrikum um ein Stück $\delta\xi$ weiter in den Kondensator vorrückt und die Kapazität anwächst:

$$\delta W_\text{B} = U\,\delta Q = U\frac{Ub}{4\pi d}(\epsilon - 1)\delta\xi. \tag{14.92}$$

Dabei wächst die Feldenergie gemäß (14.90) um den Betrag

$$\delta W = \frac{U^2 b}{8\pi d}(\epsilon - 1)\delta\xi = \frac{1}{2}\delta W_\text{B}, \tag{14.93}$$

während eine zweite Hälfte der von der Batterie gelieferten Energie der am Dielektrikum geleisteten Arbeit entspricht: Mit (14.91) ergibt dies ebenso

$$F_x \delta\xi = \frac{U^2 b}{8\pi d}(\epsilon - 1)\delta\xi = \frac{1}{2}\delta W_\text{B}. \tag{14.94}$$

Damit erklärt sich das scheinbar verkehrte Vorzeichen in $F_x\delta\xi = +\delta W$. Der Beitrag der Batterie ist gerade doppelt so groß wie die Änderung der Feldenergie, sodass $F_x\delta\xi \equiv -\delta W_\text{mech} = -\delta W + \delta W_\text{B} = +\delta W$ resultiert.

Teil II

Aufgaben

Gelegentlich enthalten die Aufgaben mehr Angaben, als für die Lösung erforderlich sind. Bei einigen anderen dagegen werden Daten aus dem Allgemeinwissen, aus anderen Quellen oder sinnvolle Schätzungen benötigt.

- • leichte Aufgaben mit wenigen Rechenschritten
- •• mittelschwere Aufgaben, die etwas Denkarbeit und unter Umständen die Kombination verschiedener Konzepte erfordern
- ••• anspruchsvolle Aufgaben, die fortgeschrittene Konzepte (unter Umständen auch aus späteren Kapiteln) oder eigene mathematische Modellbildung benötigen

14.1 • Die phänomenologischen Maxwell-Gleichungen im SI-System Wiederholen Sie die Herleitung der phänomenologischen Maxwell-Gleichungen der Elektrostatik im SI-System.

14.2 • Polarisationsflächenladungsdichte Zeigen Sie, dass, auch wenn (bzw. gerade wenn) an einer Grenzfläche von zwei Dielektrika mit $\epsilon_1 \neq \epsilon_2$ keine freie Oberflächenladungsdichte verliegt, die Polarisationsflächenladungsdichte im Allgemeinen nicht verschwindet, und drücken Sie diese durch den Wert von $\boldsymbol{D}$ auf der Grenzfläche aus.

14.3 •• Dielektrischer Zylinder im elektrischen Feld und vollständige Funktionensysteme in der Ebene In Abschn. 14.3 wurde eine dielektrische Kugel in einem ursprünglich homogenen Feld behandelt, indem die allgemeine Lösung der Laplace-Gleichung in Kugelkoordinaten herangezogen wurde. Lösen Sie das analoge Problem für einen unendlich langen dielektrischen Zylinder mit der z-Achse als Symmetrieachse und Radius a, der sich in einem ursprünglich homogenen Feld $\boldsymbol{E} = E_0\hat{\boldsymbol{x}}$ befindet, und berechnen Sie das elektrostatische Potenzial im Innen- und Außenraum des Zylinders.

Zeigen Sie zunächst, dass die allgemeinste Lösung der Laplace-Gleichung in Zylinderkoordinaten (2.109), wenn keine z-Abhängigkeit vorliegt, durch

$$\begin{aligned}\phi(\varrho,\varphi) &= A_0 + B_0 \ln \varrho \\ &+ \sum_{m=1}^{\infty}\left[A_m\,\varrho^m + B_m\frac{1}{\varrho^m}\right]\cos(m\varphi) \\ &+ \sum_{m=1}^{\infty}\left[A'_m\,\varrho^m + B'_m\frac{1}{\varrho^m}\right]\sin(m\varphi)\end{aligned} \tag{14.95}$$

gegeben ist.

Lösungshinweis: Der Laplace-Operator in Zylinderkoordinaten ϱ, φ, z lautet

$$\Delta = \frac{1}{\varrho}\frac{\partial}{\partial\varrho}\varrho\frac{\partial}{\partial\varrho} + \frac{1}{\varrho^2}\frac{\partial^2}{\partial\varphi^2} + \frac{\partial^2}{\partial z^2}. \tag{14.96}$$

Ein Separationsansatz $\phi(\varrho,\varphi) = R(\varrho)\Phi(\varphi)$ (siehe den „Mathematischen Hintergrund" 13.4) führt auf das benötigte vollständige Funktionensystem für z-unabhängige Probleme.

14.4 ••• Ladung vor dielektrischer Kugel Eine Punktladung q befinde sich vor einer dielektrischen Kugel mit Radius R und Dielektrizitätskonstante ϵ. Der Abstand vom Mittelpunkt der Kugel sei $d > R$. Man berechne das Potenzial ϕ und die Felder $\boldsymbol{E}$ und $\boldsymbol{P}$ im ganzen Raum sowie die Polarisationsraumladungsdichte und Polarisationsflächenladungsdichte mit zugehörigen Gesamtladungen. Betrachten Sie den Grenzfall $\epsilon \to \infty$, der das Problem auf das einer Punktladung vor einem idealen Leiter reduziert.

Lösungshinweis: Die Methode der Bildladungen ist in diesem Beispiel nicht zielführend. Verwenden Sie daher eine Entwicklung nach Kugelfunktionen (13.169), mit der die Zylindersymmetrie ausgenutzt werden kann, wenn die Punktladung auf die z-Achse gesetzt wird. Die Reihenentwicklung für das Potenzial einer Punktladung wurde bereits in (13.193) hergeleitet.

14.5 •• Teilweise gefüllter Kugelkondensator Betrachten Sie den Kugelkondensator aus Abschn. 12.5 mit innerem und äußeren Radius R_1 bzw. R_2, dessen Kapazität in (12.80) angegeben ist. Nehmen Sie an, dass gerade halb so viel Dielektrikum zur Verfügung steht, wie nötig wäre, um ihn ganz zu füllen. Berechnen Sie die Kapazität für die Fälle, dass das Dielektrikum (Abb. 14.10)

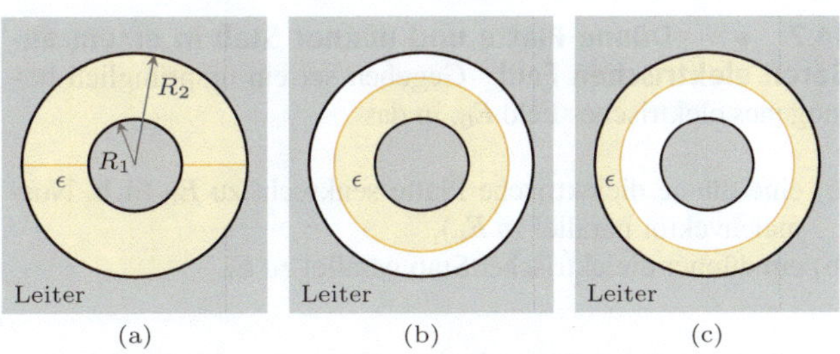

Abb. 14.10 Drei Möglichkeiten, das Innere eines Kugelkondensators zur Hälfte mit Dielektrikum zu füllen, die unterschiedliche Kapazität ergeben

(a) den Kugelkondensator bis zum Äquator der beiden Kugeln ausfüllt,
(b) symmetrisch die innere Kugeloberfläche umschließt,
(c) symmetrisch die äußere Kugeloberfläche auskleidet.

Diskutieren Sie, welche Konfiguration die größte Kapazität erzielt.

14.6 •• Flüssigkeit hebender Zylinderkondensator Ein Kondensator, der aus zwei langen, koaxialen zylindrischen Leitern mit Radien a und b, $b > a$, besteht und durch eine Batterie auf einer Spannung U gehalten wird, taucht senkrecht in eine dielektrische Flüssigkeit mit Massendichte μ ein. Berechnen Sie aus der Höhe h, auf die die Flüssigkeit im Inneren entgegen der Schwerkraft gehoben wird, die elektrische Suszeptibilität bzw. die Dielektrizitätskonstante der Flüssigkeit (Abb. 14.11).

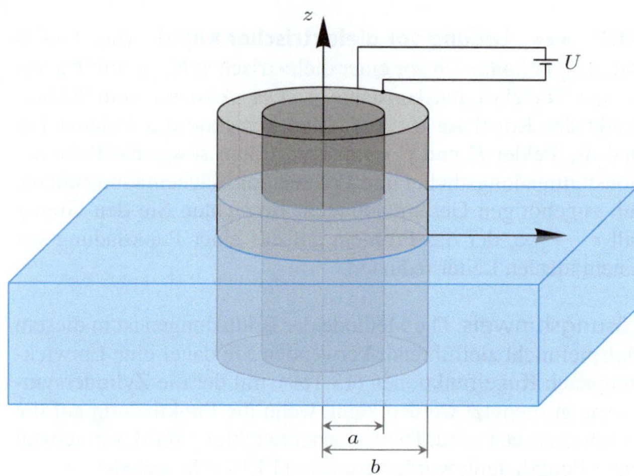

Abb. 14.11 Ein in eine dielektrische Flüssigkeit eingetauchter Zylinderkondensator hebt diese gegen die Schwerkraft. Aus der Steighöhe lässt sich auf die Dielektrizitätskonstante schließen

Lösungshinweis: Bestimmen Sie zuerst Potenzial und Feldstärke eines Zylinderkondensators, der teilweise mit Dielektrikum ausgefüllt ist, und betrachten Sie dann die Energiebilanz bestehend aus den Energiebeiträgen des Feldes und der Batterie sowie der potenziellen Energie im Gravitationsfeld.

14.7 • Dünne Platte und dünner Stab in einem äußeren elektrischen Feld Gegeben sei ein ursprünglich homogenes elektrisches Feld $\boldsymbol{E}_0$, in das

(a) eine dünne dielektrische Platte senkrecht zu $\boldsymbol{E}_0$ (d. h. Normalenvektor parallel zu $\boldsymbol{E}_0$),
(b) ein dünner dielektrischer Stab parallel zu $\boldsymbol{E}_0$

eingebracht wird. („Dünn" bedeutet hier, dass die Ausdehnung von Platte und Stab so groß im Vergleich zu deren Dicke sein soll, dass Randeffekte vernachlässigt werden können.) Berechnen Sie das elektrische Feld im Inneren dieser Objekte und vergleichen Sie mit dem Ergebnis (14.69) für eine dielektrische Kugel im äußeren Feld.

14.8 ••• Homogen polarisiertes Ellipsoid Ein gestrecktes Rotationsellipsoid, d. h. ein Körper, der durch eine um ihre längere Achse rotierte Ellipse gebildet wird, sei permanent polarisiert mit konstantem Polarisationsvektorfeld $\boldsymbol{P}$, das in Richtung der Rotationsachse zeigt.

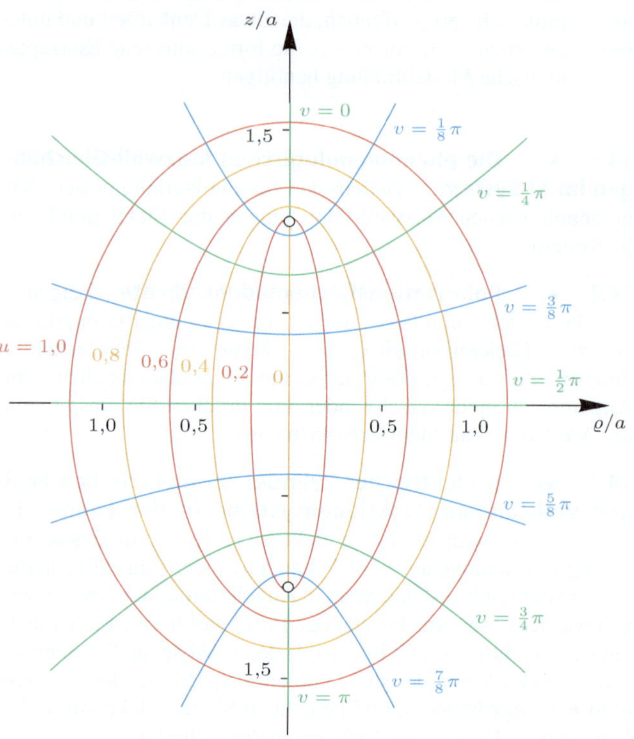

Abb. 14.12 Gestreckte (prolate) sphäroidale Koordinaten. Flächen mit konstantem u bzw. konstantem v bilden Ellipsoide bzw. Hyperboloide mit gemeinsamen Brennpunkten auf der z-Achse bei $z = \pm a$. Die horizontale Achse wird durch $\varrho/a = \sqrt{x^2 + y^2}/a$ gebildet

Man berechne das elektrostatische Potenzial innerhalb und außerhalb des Ellipsoids, dessen längere Halbachse mit Länge Z in z-Richtung zeigt, und dessen Radius in der xy-Ebene den Betrag $R < Z$ hat, durch Lösen der Laplace-Gleichung in einem Koordinatensystem der Form

$$\begin{aligned} x &= a \sinh u \, \sin v \, \cos\varphi, \\ y &= a \sinh u \, \sin v \, \sin\varphi, \\ z &= a \cosh u \, \cos v \end{aligned} \tag{14.97}$$

mit $0 \leq u < \infty$, $0 \leq v \leq \pi$ und $0 \leq \varphi < 2\pi$ sowie einer geeignet zu wählenden Konstante a. Diese Koordinaten heißen gestreckt-sphäroidale oder auch prolat-sphäroidale Koordinaten Abb. 14.12). (Bei oblaten (gestauchten) sphäroidalen Koordinaten sind sinh und cosh auszutauschen.)

Dazu separiere man die Laplace-Gleichung unter Ausnützen der φ-Unabhängigkeit des Problems in den Variablen

$$\eta := \cosh u \in [1, \infty), \quad \zeta := \cos v \in [-1, 1] \tag{14.98}$$

und zeige, dass die allgemeine φ-unabhängige Lösung gegeben ist durch

$$\phi(\eta, \zeta) = \sum_{l=0}^{\infty} [A_l P_l(\eta) + B_l Q_l(\eta)]\, P_l(\zeta), \tag{14.99}$$

wobei die Funktionen P_l Legendre-Polynome und die Q_l Legendre-Funktionen zweiter Art sind. Letztere sind ebenfalls Lösungen der Legendre'schen Differenzialgleichung, verschwinden aber im Gegensatz zu den Legendre-Polynomen für $\eta \to \infty$ (während die Legendre-Polynome mit $l > 0$ divergieren).

Die niedrigsten Legendre-Funktionen zweiter Art lauten

$$Q_0(\eta) = \frac{1}{2} \ln \frac{\eta + 1}{\eta - 1}, \tag{14.100}$$

$$Q_1(\eta) = \frac{\eta}{2} \ln \frac{\eta + 1}{\eta - 1} - 1, \tag{14.101}$$

$$Q_2(\eta) = \frac{1}{2} P_2(\eta) \ln \frac{\eta + 1}{\eta - 1} - \frac{3}{2}\eta, \tag{14.102}$$

wobei die $Q_l(\eta)$ für große η bis auf Vorfaktoren wie $\eta^{-(l+1)}$ abfallen. (Anmerkung: die Legendre-Funktionen zweiter Art werden in der Literatur oft mit einem anderen Vorzeichen im Argument des Logarithmus definiert; die hier verwendete Definition ist so gewählt, dass die Q_l für $\eta > 1$ reell sind.)

Lösungshinweis: In den prolat-sphäroidalen Koordinaten stellen Flächen mit konstantem u oder alternativ η Ellipsoide mit Halbachsen $a \sinh u$ (senkrecht zur z-Achse) und $a \cosh u$ (entlang der z-Achse) dar. Das Verhältnis $R/Z < 1$ bestimmt daher den Wert der Variablen $\eta = \eta_0 \equiv \cosh u_0$, bei der sich die Oberfläche des Ellipsoids befindet:

$$\tanh u_0 = \frac{\sinh u_0}{\cosh u_0} \equiv \frac{\sqrt{\eta_0^2 - 1}}{\eta_0} = \frac{R}{Z}. \tag{14.103}$$

(η_0 ist gerade die inverse Exzentrizität, $\eta_0^{-1} = \sqrt{1 - R^2/Z^2}$.) Die Konstante a in den angepassten Koordinaten (14.97) ist damit so zu wählen, dass

$$Z = a\eta_0 = a \cosh u_0, \quad R = a\sqrt{\eta_0^2 - 1} = a \sinh u_0 \tag{14.104}$$

ist.

Der niedrigstmögliche Wert $\eta = 1$ gehört dann zum Intervall $-a \leq z \leq a$ auf der z-Achse, das ein entartetes Ellipsoid darstellt, während für Ellipsoide mit nichtverschwindendem Volumen $a < Z$ ist.

Beginnen Sie damit, den Laplace-Operator mit den Formeln aus Abschn. 2.5 in die Koordinaten η und ζ umzurechnen.

Lösungen zu den Aufgaben

14.2

$$\sigma_P = \frac{1}{4\pi}\left(\frac{1}{\epsilon_2} - \frac{1}{\epsilon_1}\right)\boldsymbol{n}\cdot\boldsymbol{D} \tag{14.105}$$

14.3 Für $\varrho < a$ ist $\boldsymbol{E}_\mathrm{i} = \frac{2}{\epsilon+1}\boldsymbol{E}_0$, $\boldsymbol{P} = \frac{1}{2\pi}\frac{\epsilon-1}{\epsilon+1}\boldsymbol{E}_0$.

14.4 Die Felder können nicht durch elementare Funktionen, sondern nur in Form einer Reihenentwicklung angegeben werden. Für die Polarisationsladungen erhält man $\rho_\mathrm{P} \equiv 0$, $Q_\mathrm{P} = \oint \mathrm{d}f\, \sigma_\mathrm{P} = 0$.

14.6

$$\chi_\mathrm{e} = \frac{\epsilon - 1}{4\pi} = \frac{g\mu h(b^2 - a^2)\ln(b/a)}{U^2} \tag{14.106}$$

14.7 Für die Platte ist $\boldsymbol{E}_\mathrm{i} = \frac{1}{\epsilon}\boldsymbol{E}_0$, für den Stab $\boldsymbol{E}_\mathrm{i} = \boldsymbol{E}_0$. Das analoge Ergebnis für die Kugel liegt zwischen diesen Werten.

Teil II

Ausführliche Lösungen zu den Aufgaben

14.1 Im SI-System steht auf den rechten Seiten von (14.4) und (14.8) gemäß (11.90) und (11.92) ein Vorfaktor $1/(4\pi\epsilon_0)$. Damit ist

$$\nabla \cdot \langle \epsilon_0 \boldsymbol{E}_{\text{mol}}^{[\text{SI}]}(\boldsymbol{r}) \rangle = \langle \rho_{\text{mol}}^{[\text{SI}]}(\boldsymbol{r}) \rangle - \nabla \cdot \langle \boldsymbol{\pi}_{\text{mol}}^{[\text{SI}]}(\boldsymbol{r}) \rangle. \tag{14.107}$$

Mit den gleichen Identifikationen wie (14.11) und (14.13), nämlich

$$\rho_{\text{f}}^{[\text{SI}]} = \langle \rho_{\text{mol}}^{[\text{SI}]} \rangle + \rho_{\text{ext}}^{[\text{SI}]}, \quad \boldsymbol{P}^{[\text{SI}]} = \langle \boldsymbol{\pi}_{\text{mol}}^{[\text{SI}]} \rangle, \tag{14.108}$$

wird nun $\boldsymbol{D}^{[\text{SI}]} = \epsilon_0 \boldsymbol{E}^{[\text{SI}]} + \boldsymbol{P}^{[\text{SI}]}$ definiert, was auf

$$\operatorname{div} \boldsymbol{D}^{[\text{SI}]} = \rho_{\text{f}}^{[\text{SI}]} \tag{14.109}$$

führt. Die homogenen Maxwell-Gleichungen sind weiterhin durch (11.81) gegeben, nur sind die Felder nun einer Mittelung über atomare Skalen unterworfen.

14.2 In Abwesenheit einer freien Flächenladungsdichte σ_{f} gilt gemäß (14.42) $\boldsymbol{n} \cdot \boldsymbol{D}_2 = \boldsymbol{n} \cdot \boldsymbol{D}_1$. Wegen $\boldsymbol{P} = (\boldsymbol{D} - \boldsymbol{E})/(4\pi)$ und (14.38) ist $\sigma_{\text{P}} = -\boldsymbol{n} \cdot (\boldsymbol{P}_2 - \boldsymbol{P}_1) = +\boldsymbol{n} \cdot (\boldsymbol{E}_2 - \boldsymbol{E}_1)/(4\pi)$, was durch $\boldsymbol{E}_{1,2} = \boldsymbol{D}_{1,2}/\epsilon_{1,2}$ auf $\boldsymbol{D}$ umgeschrieben (14.105) ergibt, wobei wegen der Stetigkeit von $\boldsymbol{n} \cdot \boldsymbol{D}$ für diese Komponente nicht mehr zwischen Medium 1 und 2 unterschieden werden muss.

14.3 Separation der Variablen der effektiv zweidimensionalen Laplace-Gleichung $\Delta\phi(\varrho, \varphi) = 0$ führt auf die Gleichungen

$$\Phi''(\varphi) + \lambda \Phi(\varphi) = 0, \tag{14.110}$$

$$R''(\varrho) + \frac{1}{\varrho} R'(\varrho) - \frac{\lambda}{\varrho^2} R(\varrho) = 0. \tag{14.111}$$

Verlangt man Periodizität $\phi(\varrho, \varphi) = \phi(\varrho, \varphi + 2\pi)$, wird die erste Gleichung durch trigonometrische Funktionen $\sin(\sqrt{\lambda}\varphi)$ und $\cos(\sqrt{\lambda}\varphi)$ mit $\sqrt{\lambda} = m \in \mathbb{Z}$ und die zweite Gleichung durch $\varrho^{\pm m}$ gelöst. Für den Fall $m = 0$ hat die zweite Gleichung neben der Konstanten ϱ^0 auch noch die Lösung $\ln \varrho$. Damit ergibt sich die allgemeine Lösung der Laplace-Gleichung für das effektiv zweidimensionale Problem mit Periodizität in φ durch die Reihenentwicklung (14.95).

Wird ein endliches Gebiet betrachtet und Regularität im Ursprung gefordert, dann sind die Koeffizienten B_0, B_m und B'_m null zu setzen. Bei natürlichen Randbedingungen in einem unendlichen Gebiet, das den Ursprung nicht enthält, werden nur die Terme mit den Koeffizienten B_m und B'_m behalten. Der logarithmische Term mit Koeffizient B_0 ist nur relevant, wenn ein endliches Gebiet betrachtet wird, in dem der Ursprung nicht enthalten ist (z. B. ein Kreisring).

Im vorliegenden Problem betrachten wir einmal den Außenraum und einmal den Innenraum des Zylinders. Im Innenraum setzen wir an:

$$\phi_{\text{i}}(\varrho, \varphi) = A_0 + \sum_{m=1}^{\infty} \left[A_m \varrho^m \cos(m\varphi) + A'_m \varrho^m \sin(m\varphi) \right]. \tag{14.112}$$

Im Außenraum liegt asymptotisch ein homogenes elektrisches Feld vor, das die Randbedingung

$$\phi \to -E_0 x = -E_0 \varrho \cos\varphi \tag{14.113}$$

vorgibt (eine noch mögliche Konstante kann null gesetzt werden). Damit ist die allgemeine Lösung im Außenraum

$$\phi_{\text{a}}(\varrho, \varphi) = -E_0 \varrho \cos\varphi + \sum_{m=1}^{\infty} \left[B_m \frac{1}{\varrho^m} \cos(m\varphi) + B'_m \frac{1}{\varrho^m} \sin(m\varphi) \right]. \tag{14.114}$$

Die Anschlussbedingungen (14.42) (mit $\sigma_{\text{f}} = 0$) und (14.43) implizieren

$$\epsilon \left. \frac{\partial \phi_{\text{i}}}{\partial \varrho} \right|_{\varrho=a} = \left. \frac{\partial \phi_{\text{a}}}{\partial \varrho} \right|_{\varrho=a}, \quad \left. \frac{\partial \phi_{\text{i}}}{\partial \varphi} \right|_{\varrho=a} = \left. \frac{\partial \phi_{\text{a}}}{\partial \varphi} \right|_{\varrho=a}. \tag{14.115}$$

Für alle Koeffizienten mit $m \neq 1$ und auch für A'_1 und B'_1 liefert dies ein homogenes Gleichungssystem, das nur die triviale Lösung besitzt. Die Koeffizienten ungleich null folgen aus

$$\epsilon A_1 = -E_0 - B_1 \frac{1}{a^2}, \quad A_1 = -E_0 + B_1 \frac{1}{a^2} \tag{14.116}$$

und lauten

$$A_1 = -\frac{2}{\epsilon + 1} E_0, \quad B_1 = \frac{\epsilon - 1}{\epsilon + 1} E_0 a^2. \tag{14.117}$$

Im Innenraum liegt damit wieder ein homogenes elektrisches Feld vor,

$$\boldsymbol{E}_{\text{i}} = \frac{2}{\epsilon + 1} \boldsymbol{E}_0, \tag{14.118}$$

das gegenüber dem ursprünglich vorhandenen reduziert ist. Im Zylinder liegt eine homogene Polarisation vor:

$$\boldsymbol{P} = \frac{1}{4\pi}(\boldsymbol{D} - \boldsymbol{E}) = \frac{\epsilon - 1}{4\pi} \boldsymbol{E}_{\text{i}} = \frac{1}{2\pi} \frac{\epsilon - 1}{\epsilon + 1} \boldsymbol{E}_0. \tag{14.119}$$

Im Außenraum $\varrho > a$ wird dem ursprünglich homogenen Feld ein Feld überlagert, das zu einem Potenzial der Form

$$\phi_{\text{a}}^P = 2\pi a^2 |\boldsymbol{P}| \frac{\cos\varphi}{\varrho} = 2\pi a^2 |\boldsymbol{P}| \frac{x}{x^2 + y^2} \tag{14.120}$$

gehört. (Zum Vergleich: Ein Dipolfeld, wie es bei der homogen polarisierten Kugel auftrat, fällt invers proportional zum Quadrat der radialen Koordinate ab.) In kartesischen Koordinaten lautet das zusätzliche $\boldsymbol{E}$-Feld

$$\boldsymbol{E}_\mathrm{a}^P = \frac{2\pi a^2|\boldsymbol{P}|}{(x^2+y^2)^2}\begin{pmatrix} x^2-y^2 \\ 2xy \\ 0 \end{pmatrix}. \tag{14.121}$$

14.4 Im Außenraum der Kugel erfüllt das Potenzial die Poisson-Gleichung

$$\Delta\phi = -4\pi q\delta(\boldsymbol{r} - d\hat{\boldsymbol{z}}), \tag{14.122}$$

wobei wir die Punktladung auf der z-Achse bei $z = d$ angenommen haben. Da das Problem dann rotationsinvariant um die z-Achse ist, können wir in Kugelkoordinaten φ-unabhängige Lösungsansätze machen. Die allgemeine Lösung für $r > R$ ist somit gegeben durch

$$\phi_\mathrm{a}(r,\vartheta) = \frac{q}{|\boldsymbol{r} - d\hat{\boldsymbol{z}}|} + \sum_{l=0}^{\infty} B_l \frac{1}{r^{l+1}} P_l(\cos\vartheta), \tag{14.123}$$

wobei der erste Term das Potenzial der Punktladung bei natürlichen Randbedingungen ist und die unendliche Summe der im Unendlichen reguläre Anteil der allgemeinen Lösung der homogenen Laplace-Gleichung bei Zylindersymmetrie von (13.169).

Im Inneren der Kugel erfüllt das Potenzial die homogene Laplace-Gleichung, da dort keine freien Ladungen vorliegen und ϵ konstant ist. Deshalb kann dort der im Ursprung reguläre Anteil von (13.169) angesetzt werden:

$$\phi_\mathrm{i}(r,\vartheta) = \sum_{l=0}^{\infty} A_l r^l P_l(\cos\vartheta) \tag{14.124}$$

für $r < R$.

Die Anschlussbedingungen an der Kugeloberfläche sind dieselben wie in (14.61) bis (14.63). Um daraus die Koeffizienten A_l, B_l zu bestimmen, muss auch der erste Term in (14.123) nach Legendre-Polynomen entwickelt werden. Die Lösung dazu wurde bereits in (13.193) angegeben und lautet:

$$\frac{1}{|\boldsymbol{r} - d\hat{\boldsymbol{z}}|} = \sum_{l=0}^{\infty} \frac{r_<^l}{r_>^{l+1}} P_l(\cos\vartheta), \tag{14.125}$$

wobei $r_< = \min(r,d)$ und $r_> = \max(r,d)$ ist. Für die Anschlussbedingungen ist $r = R$ zu setzen, daher $r_< = R$ und $r_> = d$. Diese implizieren

$$\sum_{l=0}^{\infty} A_l R^l P_l = \sum_{l=0}^{\infty}\left[\frac{qR^l}{d^{l+1}} + \frac{B_l}{R^{l+1}}\right] P_l, \tag{14.126}$$

$$\epsilon\sum_{l=0}^{\infty} lA_l R^{l-1} P_l = \sum_{l=0}^{\infty}\left[\frac{lqR^{l-1}}{d^{l+1}} - \frac{(l+1)B_l}{R^{l+2}}\right] P_l \tag{14.127}$$

und ergeben

$$A_l = \frac{2l+1}{(\epsilon+1)l+1}\frac{q}{d^{l+1}}, \quad B_l = -\frac{(\epsilon-1)l}{(\epsilon+1)l+1}\frac{qR^{2l+1}}{d^{l+1}}. \tag{14.128}$$

Das Potenzial im Innen- und Außenraum der Kugel ist damit bestimmt. Wäre die homogene Lösung im Außenraum, die durch die Reihe mit den Koeffizienten B_l beigesteuert wird, dort äquivalent zu einer fiktiven Punktladung auf der Symmetrieachse im Inneren der Kugel bei $z = d'$, so müsste $B_l \propto d'^l$ ohne weitere l-Abhängigkeit sein. Offenbar ist hier die Bildladungsmethode nicht zielführend, auch nicht mit mehreren solchen diskreten Bildladungen.

Die Felder $\boldsymbol{E}$, $\boldsymbol{P}$ lassen sich mit

$$E_r = -\frac{\partial\phi}{\partial r}, \; E_\vartheta = -\frac{1}{r}\frac{\partial\phi}{\partial\vartheta}, \; E_\varphi = 0, \quad \boldsymbol{P} = \frac{\epsilon-1}{4\pi}\boldsymbol{E} \tag{14.129}$$

durch ähnliche Reihendarstellungen angeben.

Die Polarisationsraumladungsdichte verschwindet,

$$\rho_\mathrm{P} = -\operatorname{div}\boldsymbol{P} = -\frac{\epsilon-1}{4\pi}\operatorname{div}\boldsymbol{E} = \frac{\epsilon-1}{4\pi}\Delta\phi = 0, \tag{14.130}$$

weil im Innenraum die homogene Laplace-Gleichung erfüllt ist. An der Oberfläche der Kugel ist die Polarisationsflächenladungsdichte σ_P gegeben durch

$$\begin{aligned}\sigma_\mathrm{P} &= -\hat{\boldsymbol{e}}_r\cdot(\boldsymbol{P}_\mathrm{a} - \boldsymbol{P}_\mathrm{i})|_{r=R} \\ &= -\frac{\epsilon-1}{4\pi R^2}q\sum_{l=1}^{\infty}\frac{(2l+1)l}{(\epsilon+1)l+1}\left(\frac{R}{d}\right)^{l+1} P_l(\cos\vartheta).\end{aligned} \tag{14.131}$$

Wegen des bei der Differenziation entstandenen Faktors l haben wir die untere Summationsgrenze auf $l = 1$ gesetzt. Das Fehlen des Monopolanteils $l = 0$ hat zur Folge, dass die gesamte auf der Kugeloberfläche induzierte Polarisationsladung null ist, denn

$$\begin{aligned}Q_\mathrm{P} &= \oint \mathrm{d}f\,\sigma_\mathrm{P} = 2\pi R^2\int_{-1}^{1}\mathrm{d}(\cos\vartheta)\,\sigma_\mathrm{P}(\vartheta) \\ &\equiv 2\pi R^2\int_{-1}^{1}\mathrm{d}(\cos\vartheta)\,P_0(\cos\vartheta)\,\sigma_\mathrm{P}(\vartheta) = 0\end{aligned} \tag{14.132}$$

wegen

$$\int_{-1}^{1}\mathrm{d}x\,P_0(x)P_l(x) = \frac{2}{(2l+1)}\delta_{0l}. \tag{14.133}$$

Betrachten wir schließlich $\epsilon \to \infty$ als Grenzfall, der der leitenden Kugel entspricht, dann verschwinden alle A_l für $l > 0$, und es bleibt nur die von ϵ unabhängige Konstante A_0, sodass

$$\phi_\mathrm{i} \to A_0 = \frac{q}{d}. \tag{14.134}$$

Bei den B_l müssen wir ebenfalls $l = 0$ und $l > 0$ im Limes $\epsilon \to \infty$ separat berechnen. Für $l > 0$ erhalten wir

$$B_l \to -\frac{qR}{d}\left(\frac{R^2}{d}\right)^l, \tag{14.135}$$

aber $B_0 = 0$. Die Außenraumlösung hat damit die Form (14.125) mit $d \to d' = R^2/d$ und Ladung $q' = -qR/d$, allerdings abzüglich des Terms mit $l = 0$. Dies entspricht genau der Lösung einer ungeladenen leitenden Kugel im Feld einer Punktladung, die wir in Abschn. 12.4 diskutiert haben, wo zusätzlich zur Bildladung q' bei $z = d'$ eine weitere mit $q'' = -q'$ bei $z = 0$ einzuführen war.

14.5 Im Fall (a) liegt die Grenzfläche zwischen Dielektrikum und Vakuum parallel zur radialen Richtung, in die auch das elektrische Feld zeigt. Das elektrische Feld ist also bei gegebener Potenzialdifferenz dasselbe wie ohne Dielektrikum, aber wegen $\sigma_f = D_r/(4\pi)$ erhöht sich die freie Flächenladungsdichte auf den bedeckten Halbkugelschalen um einen Faktor ϵ:

$$C^{(a)} = \frac{1+\epsilon}{2}C \tag{14.136}$$

mit $C = (1/R_1 - 1/R_2)^{-1}$ aus dem Ergebnis für den Vakuumfall (12.80).

In den beiden anderen Fällen interpoliert das Potenzial nicht glatt mit einem $1/r$-Verhalten zwischen den Kugelschalen, die weiterhin Äquipotenzialflächen mit $\phi_{1,2}$ bilden, sondern mit einem Knick, erzwungen durch die Stetigkeit von $D_r = \epsilon E_r = -\epsilon\partial_r\phi$ bei $r = R_\epsilon$, wo die Dielektrizitätskonstante von 1 auf ϵ springt. Die Bedingung, dass R_ϵ das Innere des Kugelkondensators durch eine weitere Kugeloberfläche in gleiche Volumina teilt, ergibt

$$\begin{aligned} \frac{4\pi}{3}(R_\epsilon^3 - R_1^3) &= \frac{1}{2}\frac{4\pi}{3}(R_2^3 - R_1^3) \\ \Rightarrow R_\epsilon &= \left(\frac{R_1^3 + R_2^3}{2}\right)^{1/3}. \end{aligned} \tag{14.137}$$

Das Potenzial $\phi(R_\epsilon)$ kann durch die Anschlussbedingung durch eine einfache, wenn auch etwas längliche Rechnung bestimmt werden, wodurch die Feldstärken und die freien Flächenladungsdichten und somit die Ladung des Kugelkondensators in Abhängigkeit der Potenzialdifferenz $\phi_1 - \phi_2$ bestimmt werden können. Weiterhin gilt $Q_2 = -Q_1$, und die Kapazität kann aus $Q_1/(\phi_1 - \phi_2)$ abgelesen werden.

Diese Rechnung kann aber durch folgende Überlegung etwas abgekürzt werden: Die Fälle (b) und (c) stellen gleichsam eine serielle Schaltung von zwei Kondensatoren dar, denn die Trennfläche bei $r = R_\epsilon$ ist eine Äquipotenzialfläche, und man kann sich vorstellen, dass für die nach innen gewandte Seite eine Ladung $-Q_1$ und für die nach außen gewandte Seite $+Q_1 = -Q_2$ vorliegt, sodass in Summe null Ladung vorhanden ist. Bei einer seriellen Schaltung von zwei Kapazitäten addieren sich die Kehrwerte. Ohne Dielektrikum gilt

$$C^{-1} = C_{\mathrm{I}}^{-1} + C_{\mathrm{II}}^{-1} := \left(\frac{1}{R_1} - \frac{1}{R_\epsilon}\right) + \left(\frac{1}{R_\epsilon} - \frac{1}{R_2}\right) \tag{14.138}$$

in Übereinstimmung mit $C^{-1} = (1/R_1 - 1/R_2)$. Durch ein Dielektrikum in einem der beiden Teilkondensatoren wird in den Fällen (b) und (c) die Teilkapazität C_{I} bzw. C_{II} um einen Faktor ϵ erhöht. Dies ergibt

$$C^{(b)} = \frac{\epsilon C_{\mathrm{I}} C_{\mathrm{II}}}{\epsilon C_{\mathrm{I}} + C_{\mathrm{II}}}, \quad C^{(c)} = \frac{\epsilon C_{\mathrm{I}} C_{\mathrm{II}}}{C_{\mathrm{I}} + \epsilon C_{\mathrm{II}}}. \tag{14.139}$$

Daraus kann man ablesen, dass es für den Zweck einer Maximierung der Gesamtkapazität am günstigsten ist, den kleineren der beiden Werte C_{I} und C_{II} durch einen Faktor $\epsilon > 1$ zu vergrößern. Mit obigem Wert für R_ϵ stellt sich heraus, dass immer $C_{\mathrm{II}} > C_{\mathrm{I}}$ und daher immer $C^{(b)} > C^{(c)}$ ist.

Ob $C^{(a)}$ größer oder kleiner als $C^{(b)}$ ist, hängt dagegen sowohl von ϵ als auch vom Verhältnis R_2/R_1 ab. Es ist leicht einzusehen, dass für hinreichend große ϵ immer Fall (a) gewinnt, denn $C^{(a)}$ wächst für große ϵ linear und unbeschränkt, während $C^{(b)}$ für $\epsilon \to \infty$ gegen C_{II} konvergiert, denn in diesem Limes wird der Kugelkondensator effektiv auf die zwei Radien R_2 und R_ϵ verkleinert. Für hinreichend kleines $\epsilon - 1$ gewinnt dagegen immer $C^{(b)}$, wie man durch eine Taylor-Entwicklung nachweisen kann:

$$C^{(a)}/C = 1 + \frac{1}{2}(\epsilon - 1), \tag{14.140}$$

$$C^{(b)}/C = 1 + f\left(\frac{R_2}{R_1}\right)(\epsilon - 1) + O((\epsilon - 1)^2) \tag{14.141}$$

mit der Funktion

$$f(x) = \frac{x}{x-1}\left[1 - \left(\frac{2}{1+x}\right)^{1/3}\right]. \tag{14.142}$$

Diese interpoliert für $x \in (1, \infty)$ zwischen $\frac{1}{2}$ und 1.

14.6 Das elektrische Feld ist in einem Zylinderkondensator radial orientiert. Mit dem Gauß'schen Integralsatz findet man leicht, dass es invers proportional zum Abstand ϱ von der Zylinderachse geht und daher das Potenzial ϕ proportional zu $\ln \varrho$ ist (siehe die allgemeine Lösung der Laplace-Gleichung für effektiv zweidimensionale Probleme, (14.95), wonach die allgemeine Lösung bei φ-Unabhängigkeit $\phi = A_0 + B_0 \ln \varrho$ lautet). Mit $\phi(\varrho = a) - \phi(\varrho = b) = U$ ist bis auf eine irrelevante Konstante

$$\phi(\varrho) = -\frac{U}{\ln(b/a)}\ln \varrho, \quad \boldsymbol{E} = \frac{U}{\ln(b/a)}\frac{1}{\varrho}\hat{\boldsymbol{e}}_\varrho. \tag{14.143}$$

Im Bereich des Kondensators mit dielektrischer Flüssigkeit ist $\boldsymbol{D} = \epsilon\boldsymbol{E}$. An der Grenzfläche ist die Anschlussbedingung, dass das $\boldsymbol{E}$-Feld stetige Tangentialkomponenten haben muss, durch obige Lösung erfüllt; die anderen Komponenten sind alle null.

Wie wir in Abschn. 14.4 gesehen haben, wird ein Dielektrikum in den Kondensator gezogen, wobei bei konstanter Ladung die Feldenergie vermindert wird, während bei konstant gehaltenem Potenzial die notwendige mechanische Energie von der Batterie geliefert und die Feldenergie weiter erhöht wird.

Die Steighöhe der dielektrischen Flüssigkeit lässt sich durch die Energiebilanz

$$\delta W_{\mathrm{B}} = \delta W + \delta W_{\mathrm{mech}} \tag{14.144}$$

ermitteln, wobei δW_{B} die von der Batterie geleistete Arbeit, δW die Änderung der Feldenergie und δW_{mech} die mechanische Arbeit im Schwerefeld ist, wenn die Flüssigkeit um den Betrag δh steigt.

Wegen des konstanten Potenzials und der konstanten Stärke des $\boldsymbol{E}$-Feldes nimmt die Ladung im Kondensator zu, wenn h um δh erhöht wird. Die freie Oberflächenladungsdichte ist durch $\sigma_{\mathrm{f}} = D_\varrho/4\pi = \epsilon E_\varrho/4\pi$ gegeben. Ohne die Flüssigkeit ist $\epsilon = 1$, nach Aufsteigen der Flüssigkeit kommt auf der Strecke δh der Faktor $\epsilon > 1$ des Dielektrikums hinzu, daher nimmt am inneren Leiter, der gegenüber dem äußeren das Potenzial U hat, die Ladung um

$$\delta Q = \frac{\epsilon - 1}{4\pi} E_\varrho(a) 2\pi a \delta h = \frac{\epsilon - 1}{2\ln(b/a)} U \delta h \tag{14.145}$$

zu (und die Ladung am äußeren Leiter gegengleich ab). Es wird also die Ladungsmenge δQ auf die Potenzialdifferenz U gehoben, und es ist

$$\delta W_{\mathrm{B}} = U\,\delta Q = \frac{\epsilon - 1}{2\ln(b/a)} U^2 \delta h. \tag{14.146}$$

Wieder ist diese Energie das Doppelte des Betrags, um den sich die Feldenergie $\frac{1}{8\pi}\int \boldsymbol{E}\cdot\boldsymbol{D}\,\mathrm{d}V$ im Kondensator erhöht: Die Energiedichte erhöht sich im infinitesimal dünnen Kreisring mit $z \in (h, h + \delta h)$ um $\frac{1}{8\pi}(\epsilon - 1)\boldsymbol{E}^2$, und Integration über diesen ergibt

$$\begin{aligned} \delta W &= \frac{\epsilon - 1}{8\pi} \delta h \int_a^b 2\pi\,\varrho\,\mathrm{d}\varrho\, E^2 \\ &= \frac{\epsilon - 1}{4} \frac{U^2 \delta h}{[\ln(b/a)]^2} \int_a^b \frac{\mathrm{d}\varrho}{\varrho} = \frac{\epsilon - 1}{4\ln(b/a)} U^2 \delta h. \end{aligned} \tag{14.147}$$

Damit steht wegen $\delta W_{\mathrm{B}} - \delta W = \delta W$ der gleiche Betrag zur Verfügung, um Arbeit gegen das Gravitationsfeld zu leisten. Um eine weitere Kreisringscheibe an Flüssigkeit der Dicke δh auf die Höhe h zu heben, braucht es die Arbeit

$$\delta W_{\mathrm{mech}} = gh(b^2 - a^2)\pi\mu\delta h, \tag{14.148}$$

wobei g die Erdbeschleunigung ist und $(b^2 - a^2)\pi\delta h$ das Volumen der zusätzlichen Flüssigkeit. Vergleich von (14.147) mit (14.148) ergibt

$$\epsilon - 1 = \frac{4\pi g\mu h(b^2 - a^2)\ln(b/a)}{U^2}. \tag{14.149}$$

14.7 Für die Platte folgt aus der Stetigkeit der Normalkomponente von $\boldsymbol{D}$:

$$D_{\mathrm{i}} = D_{\mathrm{a}} \quad \Longrightarrow \epsilon E_{\mathrm{i}} = E_{\mathrm{a}} = E_0, \tag{14.150}$$

da die Felder senkrecht zur Oberfläche stehen.

Für den dünnen Stab ist nur dessen Mantelfläche von Bedeutung, die parallel zu $\boldsymbol{E}_0$ orientiert ist. Stetigkeit der Tangentialkomponente von $\boldsymbol{E}$ führt nun auf

$$E_{\mathrm{i}} = E_{\mathrm{a}} = E_0. \tag{14.151}$$

Hier ist wie bei der Kugel $D_{\mathrm{i}} > D_{\mathrm{a}}$.

Für die Kugel gilt gemäß (14.69) $E_i = \frac{3}{\epsilon+2}E_0$. Wegen $\epsilon > 1$ liegt dieses Ergebnis zwischen den extremalen Werten von dünner Platte und dünnem Stab:

$$\frac{1}{\epsilon} = \frac{3}{3\epsilon} < \frac{3}{\epsilon + 2} < 1. \tag{14.152}$$

In Aufgabe 14.3 wurde überdies der merklich aufwendigere Fall eines dünnen Stabes quer zu den Feldlinien gelöst. Der Faktor $2/(\epsilon + 1)$, der sich dort ergab, liegt zwischen den Werten von dünner Platte und Kugel.

14.8 Der Laplace-Operator ist in allgemeinen orthogonalen Koordinaten durch (2.131) gegeben, wofür die Metrikkoeffizienten h_i gemäß (2.106) zu berechnen sind. In den prolat-sphäroidalen Koordinaten (14.97) mit den alternativen Variablen (14.98),

$$\begin{aligned} x &= a\sqrt{\eta^2 - 1}\sqrt{1 - \zeta^2}\,\cos\varphi, \\ y &= a\sqrt{\eta^2 - 1}\sqrt{1 - \zeta^2}\,\sin\varphi, \\ z &= a\,\eta\,\zeta, \end{aligned} \tag{14.153}$$

erhält man

$$\begin{aligned} h_\eta^2 &= a^2 \frac{\eta^2 - \zeta^2}{\eta^2 - 1}, \\ h_\zeta^2 &= a^2 \frac{\eta^2 - \zeta^2}{1 - \zeta^2}, \\ h_\varphi^2 &= a^2(\eta^2 - 1)(1 - \zeta^2) \end{aligned} \tag{14.154}$$

und damit

$$\begin{aligned} \Delta = \frac{1}{a^2(\eta^2 - \zeta^2)} &\left[\frac{\partial}{\partial\eta}(\eta^2 - 1)\frac{\partial}{\partial\eta} + \frac{\partial}{\partial\zeta}(1 - \zeta^2)\frac{\partial}{\partial\zeta} \right. \\ &\left. + \frac{\eta^2 - \zeta^2}{(\eta^2 - 1)(1 - \zeta^2)} \frac{\partial^2}{\partial\varphi^2} \right]. \end{aligned} \tag{14.155}$$

Für Potenziale ohne φ-Abhängigkeit lautet somit die Laplace-Gleichung

$$\frac{\partial}{\partial\eta}(\eta^2 - 1)\frac{\partial\phi}{\partial\eta} + \frac{\partial}{\partial\zeta}(1 - \zeta^2)\frac{\partial\phi}{\partial\zeta} = 0. \tag{14.156}$$

Zur Auffindung eines vollständigen Funktionensystems macht man den Separationsansatz

$$\phi = f(\eta)\, g(\zeta), \tag{14.157}$$

was auf

$$\frac{1}{g}\partial_\zeta\,(1-\zeta^2)\,\partial_\zeta\, g(\zeta) = \frac{1}{f}\partial_\eta\,(1-\eta^2)\,\partial_\eta f(\eta) = \lambda \tag{14.158}$$

führt. Für beide Funktionen ergibt sich hier die gleiche Legendre'sche Differenzialgleichung:

$$(1-\zeta^2)\, g'' - 2\zeta g' - \lambda g = 0, \tag{14.159}$$

$$(1-\eta^2) f'' - 2\eta f' - \lambda f = 0, \tag{14.160}$$

allerdings ist der Wertebereich von ζ und η unterschiedlich. In der ersten hat man $\zeta \in [-1, 1]$, wobei $\zeta = \pm 1$ der z-Achse entspricht, sodass $g(\zeta)$ dort regulär sein muss. Dies verlangt $\lambda = -l(l+1)$ mit $l \in \mathbb{N}_0$ und die bekannten Legendre-Polynome als zugehörige reguläre Lösungen:

$$g(\zeta) = P_l(\zeta). \tag{14.161}$$

Damit ist auch eine mögliche Lösung für $f(\eta)$ mit $1 \le \eta < \infty$ durch P_l gegeben, die bei $\eta = 1$ regulär ist, aber für $\eta \to \infty$ divergiert, wenn $l > 0$ ist. Eine zweite Klasse von Lösungen ist durch die Legendre-Funktionen zweiter Art gegeben, Q_l, die für $\eta \to \infty$ verschwinden, aber bei $\eta = 1$ singulär sind. Dies ist ganz ähnlich der allgemeinen Lösung in Kugelkoordinaten, wo positive und negative Potenzen der Radialkoordinate vorkamen, die entweder im Ursprung oder im Unendlichen divergierten. Den Funktionen r^l und $r^{-(l+1)}$ entsprechen nun die Funktionen $P_l(\eta)$ bzw. $Q_l(\eta)$, wobei für große Abstände $r \sim a\eta$ gilt.

Das Analogon zur allgemeinen Lösung der Laplace-Gleichung in Kugelkoordinaten, bei der auf φ-Unabhängigkeit eingeschränkt wird,

$$\phi(r, \cos\vartheta) = \sum_{l=0}^{\infty}\left[A_l r^l + B_l \frac{1}{r^{l+1}}\right] P_l(\cos\vartheta), \tag{14.162}$$

lautet in den gestreckt-sphäroidalen Koordinaten somit

$$\phi(\eta, \zeta \equiv \cos v) = \sum_{l=0}^{\infty}\left[A_l P_l(\eta) + B_l Q_l(\eta)\right] P_l(\cos v). \tag{14.163}$$

Für den Außenraum des Ellipsoids sind nun die A_l null zu setzen, für den Innenraum die B_l, damit die Lösung im Unendlichen bzw. im Inneren regulär ist:

$$\begin{aligned}\phi_\mathrm{i}(\eta, \zeta) &= \sum_{l=0}^{\infty} A_l\, P_l(\eta)\, P_l(\zeta),\\ \phi_\mathrm{a}(\eta, \zeta) &= \sum_{l=0}^{\infty} B_l\, Q_l(\eta)\, P_l(\zeta).\end{aligned} \tag{14.164}$$

Die Anschlussbedingungen erfordern Stetigkeit der Tangentialkomponenten von $\boldsymbol{E} = -\nabla\phi$ an der Oberfläche bei $\eta = \eta_0$ sowie Stetigkeit der Normalkomponenten von $\boldsymbol{D}$.

Die einzige Tangentialkomponente, die $\boldsymbol{E}$ bei φ-Unabhängigkeit des Problems haben kann, ist durch $-\partial_\zeta\phi$ gegeben. Es muss also auf der gesamten Oberfläche

$$-\frac{\partial}{\partial\zeta}\phi_\mathrm{i}(\eta_0, \zeta) = -\frac{\partial}{\partial\zeta}\phi_\mathrm{a}(\eta_0, \zeta) \tag{14.165}$$

gelten. Bis auf eine additive ζ-unabhängige Konstante ist damit

$$\phi_\mathrm{i}(\eta_0, \zeta) = \phi_\mathrm{a}(\eta_0, \zeta), \tag{14.166}$$

aber es ist auch keine additive Konstante möglich, weil sonst die Ableitung in Normalenrichtung singulär wäre. Letztere geht in die Berechnung der Komponente $D_\eta = \hat{\boldsymbol{e}}_\eta \cdot \boldsymbol{D}$ ein. Im Außenraum ist $\boldsymbol{D} = \boldsymbol{E}$, im Innenraum $\boldsymbol{D} = \boldsymbol{E} + 4\pi\boldsymbol{P}$ mit $\boldsymbol{P} = |\boldsymbol{P}|\,\hat{\boldsymbol{z}}$. Stetigkeit der Normalkomponente von $\boldsymbol{D}$ verlangt nun

$$-\hat{\boldsymbol{e}}_\eta \cdot \nabla\phi_\mathrm{a}\Big|_{\eta=\eta_0} = -\hat{\boldsymbol{e}}_\eta \cdot \nabla\phi_\mathrm{i}\Big|_{\eta=\eta_0} + 4\pi|\boldsymbol{P}|\,\hat{\boldsymbol{e}}_\eta \cdot \hat{\boldsymbol{z}}. \tag{14.167}$$

Der Einheitsvektor $\hat{\boldsymbol{e}}_\eta$ ist gegeben durch

$$\hat{\boldsymbol{e}}_\eta = \frac{1}{N_\eta}\frac{\partial\boldsymbol{r}}{\partial\eta}, \qquad N_\eta \equiv \left|\frac{\partial\boldsymbol{r}}{\partial\eta}\right|. \tag{14.168}$$

Der Faktor $1/N_\eta$ fällt aus der Anschlussbedingung für D_η heraus, sodass wir diese unter Verwendung von

$$\frac{\partial\boldsymbol{r}}{\partial\eta}\cdot\nabla = \frac{\partial}{\partial\eta}, \qquad \frac{\partial\boldsymbol{r}}{\partial\eta}\cdot\hat{\boldsymbol{z}} = \frac{\partial z}{\partial\eta} = a\zeta \tag{14.169}$$

schreiben können als

$$-\frac{\partial}{\partial\eta}\phi_\mathrm{a}\Big|_{\eta=\eta_0} = -\frac{\partial}{\partial\eta}\phi_\mathrm{i}\Big|_{\eta=\eta_0} + 4\pi|\boldsymbol{P}|\,a\zeta, \tag{14.170}$$

wobei im letzten Term $\zeta = P_1(\zeta)$ identifiziert werden kann. Damit ist klar, dass nur die Koeffizienten A_1 und B_1 ungleich null sein werden. Die Anschlussbedingung (14.166) gibt

$$B_1\, Q_1(\eta_0) = A_1\, P_1(\eta_0) = A_1\, \eta_0, \tag{14.171}$$

die Bedingung (14.170)

$$-B_1\, Q_1'(\eta_0) = -A_1 + 4\pi a|\boldsymbol{P}|. \tag{14.172}$$

Dies führt auf

$$\begin{aligned}B_1 &= 4\pi a\,|\boldsymbol{P}|\,(\eta_0^2 - 1)\eta_0,\\ A_1 &= B_1\left(\frac{1}{2}\ln\frac{\eta_0 + 1}{\eta_0 - 1} - \frac{1}{\eta_0}\right).\end{aligned} \tag{14.173}$$

Teil II

Damit ist das Potenzial überall bestimmt. Im Inneren des Ellipsoids ist

$$\phi_\mathrm{i} = A_1 P_1(\eta)\, P_1(\zeta) = A_1 \eta\, \zeta = \frac{A_1}{a} z \tag{14.174}$$

und daher $\boldsymbol{E}_\mathrm{i} = -\frac{A_1}{a}\hat{\boldsymbol{z}}$ konstant. Mit (14.173) ist

$$\begin{aligned} \boldsymbol{E}_\mathrm{i} &= -4\pi \boldsymbol{P} N(\eta_0), \\ N(\eta_0) &= (\eta_0^2 - 1)\left(\frac{\eta_0}{2} \ln \frac{\eta_0 + 1}{\eta_0 - 1} - 1\right), \end{aligned} \tag{14.175}$$

wobei $N(\eta_0)$ *Entelektrifizierungsfaktor* genannt wird, da im Fall, dass $\boldsymbol{P}$ durch ein äußeres elektrisches Feld hervorgerufen wird, das von $\boldsymbol{P}$ hervorgerufene Feld dem äußeren mit diesem Faktor entgegenwirkt. Für verschwindende Exzentrizität ($\eta_0^{-1} \to 0$), also für den Fall einer Kugel, ist $N = \frac{1}{3}$, in Übereinstimmung mit dem Ergebnis (14.31). Für endliche Werte von η_0 ist $N < \frac{1}{3}$; im Grenzfall maximaler Exzentrizität $\eta_0 \to 1$, in dem das Ellipsoid zu einem unendlich dünnen Stab entartet, verschwindet N. (Für gestauchte Ellipsoide, die eine separate Rechnung erfordern, wird übrigens $N > \frac{1}{3}$ und erreicht im Extremfall einer dünnen Scheibe den Wert $N = 1$; Letzteres wird in Aufgabe 14.7 gezeigt.)

Der Koeffizient B_1 im Ergebnis für das Potenzial im Außenraum kann mit dem gesamten Dipolmoment $p = |\boldsymbol{P}|V$ des Ellipsoids in Verbindung gebracht werden, wenn verwendet wird, dass das Volumen des Ellipsoids gegeben ist durch

$$V = \frac{4\pi}{3} R^2 Z = \frac{4\pi}{3} (a \sinh u_0)^2\, a \cosh u_0 = \frac{4\pi}{3} a^3 (\eta_0^2 - 1)\eta_0. \tag{14.176}$$

Damit ist

$$\phi_\mathrm{a} = \frac{3p}{a^2} Q_1(\eta) \cos v. \tag{14.177}$$

Für große Abstände nähern sich die sphäroidalen Koordinaten Kugelkoordinaten an, wobei $a\eta \to r$ und $v \to \vartheta$ wird. Mit $Q_1(\eta) \to 1/(3\eta^2)$, wie man aus (14.101) ableiten kann, sehen wir, dass erwartungsgemäß das Potenzial bei großen Abständen in das eines Dipols der Stärke p übergeht.

Literatur

Lorrain, P., Corson, D.R., Lorrain, F.: Elektromagnetische Felder und Wellen. De Gruyter, Berlin (1995)

Magnetismus und elektrische Ströme 15

Wie lassen sich die Methoden der Elektrostatik auf die Magnetostatik übertragen?

Was unterscheidet magnetische Dipole von elektrischen?

Was ist Magnetisierung?

Warum schweben Supraleiter über Magneten?

Was ist eine magnetische Flasche?

Wie wird Strom erzeugt?

Wie wird elektrische Energie zum Verbraucher transportiert?

Teil II

M. Bartelmann et al., *Theoretische Physik*, DOI 10.1007/978-3-642-54618-1_15, © Springer-Verlag Berlin Heidelberg 2015

Obwohl bei elektrischen Strömen elektrische Ladungsträger in Bewegung sind, ergeben sich oft stationäre Situationen, bei denen die Phänomene des Magnetismus mit zeitunabhängigen Feldgleichungen beschrieben werden können. Dabei ist es natürlich wichtig, dass nicht die Bewegung der einzelnen Elementarladungen verfolgt wird, sondern Ströme durch Verschiebungen von kontinuierlichen Ladungsverteilungen auf makroskopischem Niveau beschrieben werden. Ändern sich diese Ströme nicht in der Zeit – weder in ihrer Stärke noch in ihrer Lage –, dann können magnetische Phänomene komplett unabhängig von elektrischen beschrieben werden, nämlich durch die Magnetostatik. Da hier die Quellen allerdings vektoriellen Charakter haben – Ströme haben ja eine Richtung –, ist die Magnetostatik gelegentlich etwas mühsamer als die Elektrostatik, aber es gibt auch viele Gemeinsamkeiten in der Methodik.

Wie schon in der Elektrostatik sind in vielen Anwendungen Polarisationseffekte der Materie zu berücksichtigen, die sich als Magnetisierung manifestieren. Diese kann – im Gegensatz zur Elektrostatik, wo Polarisation immer zu einer Abschwächung des elektrischen Feldes führt – sowohl abschwächend als auch verstärkend wirken. Extreme Verstärkungen treten durch das Phänomen des Ferromagnetismus auf, der entscheidenden Anteil an der technischen Bedeutung von Magnetismus hat. (Das Eröffnungsbild dieses Kapitels zeigt den gigantischen Magneten, der den ALICE-Detektor am Large Hadron Collider des CERN umschließt – mit geöffneten „Türen" und vor Einbau des Detektors.)

Einen anderen Extremfall stellen Supraleiter dar, die Magnetfelder komplett aus ihrem Inneren verdrängen und deren wichtigste Eigenschaften wir mit den Methoden der klassischen Elektrodynamik beschreiben werden, obwohl das Phänomen der Supraleitung selbst jenseits der klassischen Physik liegt.

Schrittweise werden wir in diesem Kapitel dann auch inhärent dynamische Situationen betrachten. Neben den Feldgleichungen werden wir insbesondere die Bewegungsgleichungen von geladenen Teilchen in gegebenen Magnetfeldern studieren, die sich wegen der Lorentz-Kraft völlig anders verhalten, als man es von konservativen Kraftfeldern gewohnt ist.

Zum Schluss dieses Kapitels werden wir die makroskopische Beschreibung des Zusammenspiels von Materie und elektromagnetischen Feldern auf den uneingeschränkt zeitabhängigen Fall erweitern. Elektrische und magnetische Phänomene können dann nicht mehr getrennt behandelt werden, aber die Struktur der phänomenologischen Maxwell-Gleichungen ist von gleicher Eleganz wie auf fundamentaler Ebene, auch wenn diese durch Materialgleichungen zu ergänzen sind, damit die Feldgleichungen gelöst werden können.

15.1 Magnetostatik im Vakuum

Wie wir zu Beginn von Kap. 12 festgestellt haben, zerfallen die Maxwell-Gleichungen bei Zeitunabhängigkeit von Feldern und deren Quellen in zwei voneinander entkoppelte Gleichungssysteme: die Grundgleichungen der Elektrostatik und die der Magnetostatik. Letztere lauten:

$$\nabla \times \boldsymbol{B}(\boldsymbol{r}) = \frac{4\pi}{c}\boldsymbol{j}(\boldsymbol{r}), \tag{15.1}$$

$$\nabla \cdot \boldsymbol{B}(\boldsymbol{r}) = 0. \tag{15.2}$$

Hierbei ist $\boldsymbol{j}(\boldsymbol{r})$ eine *stationäre* Stromverteilung, d. h., weder die Stromstärke noch die räumliche Anordnung der elektrischen Ströme darf sich verändern.

Frage 1

Warum ist die Stromdichte, die mit einer einzelnen gleichförmig bewegten Punktladung verbunden ist, keine stationäre Stromverteilung?

(*Hinweis:* Die Antwort steckt in der expliziten Darstellung (11.56).)

Für stationäre Stromverteilungen reduziert sich die Kontinuitätsgleichung (11.44) auf

$$\nabla \cdot \boldsymbol{j}(\boldsymbol{r}) = 0, \tag{15.3}$$

d. h., die Ströme haben keine Quellen oder Senken – Abfluss und Zufluss von elektrischen Strömen addieren sich für jedes beliebige Volumen auf null.

Vektorpotenzialgleichung

Wiederum können wir in einem ersten Schritt die homogene Gleichung $\nabla \cdot \boldsymbol{B} = 0$ durch Übergang zu den elektrodynamischen Potenzialen, die wir in Abschn. 11.5 eingeführt haben, lösen:

$$\boldsymbol{B} = \nabla \times \boldsymbol{A}, \tag{15.4}$$

wobei zu $\boldsymbol{A}$ ein beliebiges Gradientenfeld addiert werden kann, weil dies das Magnetfeld unverändert lässt:

$$\boldsymbol{A} \to \boldsymbol{A}' = \boldsymbol{A} - \nabla\Lambda. \tag{15.5}$$

Diese (schon in Abschn. 11.5 diskutierte) *Eichfreiheit* können wir durch die Coulomb-Eichbedingung (11.140),

$$\nabla \cdot \boldsymbol{A} = 0, \tag{15.6}$$

fixieren.

Einsetzen von (15.4) in die inhomogene Gleichung (15.1) liefert mit (11.131) die (Vektor-)Poisson-Gleichung

$$\Delta\boldsymbol{A}(\boldsymbol{r}) = -\frac{4\pi}{c}\boldsymbol{j}(\boldsymbol{r}), \tag{15.7}$$

was natürlich mit dem statischen Grenzfall der allgemeineren Gleichung (11.132) übereinstimmt.

Achtung Wie schon in Abschn. 11.5 betont, ist diese Vektor-Poisson-Gleichung in Komponenten einfach

$$\Delta A_i(\boldsymbol{r}) = -\frac{4\pi}{c} j_i(\boldsymbol{r}), \quad i \in (x, y, z), \tag{15.8}$$

solange für $\boldsymbol{A}$ kartesische Komponenten verwendet werden. Wenn andere als kartesische Koordinatensysteme eingesetzt werden sollen, ist es daher vorteilhaft, weiterhin die vektoriellen Größen in kartesischen *Komponenten* anzuschreiben, damit auch in krummlinigen *Koordinaten* der gewöhnliche skalare Laplace-Operator eingesetzt werden kann. ◀

In kartesischen Komponenten haben wir also einfach drei separate Poisson-Gleichungen, anstelle von bloß einer wie im Fall der Elektrostatik. Wir können daher von dort unmittelbar die allgemeine Lösung übernehmen, sofern natürliche Randbedingungen vorliegen (d. h., es werden keine Randbedingungen im Endlichen auferlegt, und Felder und Quellen fallen im Unendlichen hinreichend schnell ab):

$$\boldsymbol{A}(\boldsymbol{r}) = \frac{1}{c} \int \mathrm{d}V' \frac{\boldsymbol{j}(\boldsymbol{r}')}{|\boldsymbol{r} - \boldsymbol{r}'|} \tag{15.9}$$

mit $\boldsymbol{A} = (A_x, A_y, A_z)^\top$ und $\boldsymbol{j} = (j_x, j_y, j_z)^\top$. Diese Lösung erfüllt die Coulomb-Eichbedingung, wenn $\nabla \cdot \boldsymbol{j} = 0$ erfüllt ist und die Quellen so beschaffen sind, dass das Integral (15.9) auch existiert (Aufgabe 15.1).

Eingesetzt in (15.4) ergibt sich mithilfe von (11.26) die Integralversion des Biot-Savart-Gesetzes (11.37):

$$\boldsymbol{B}(\boldsymbol{r}) = \frac{1}{c} \int \mathrm{d}V' \frac{\boldsymbol{j}(\boldsymbol{r}') \times (\boldsymbol{r} - \boldsymbol{r}')}{|\boldsymbol{r} - \boldsymbol{r}'|^3}. \tag{15.10}$$

Speziell für eine einzelne, linienförmige Leiterschleife reduziert sich $\mathrm{d}V'\boldsymbol{j}(\boldsymbol{r}')$ auf $I\mathbf{d}\boldsymbol{r}'$, mit konstanter Stromstärke I, die vor das Integral gezogen werden kann:

$$\boldsymbol{A}(\boldsymbol{r}) = \frac{I}{c} \oint \frac{\mathbf{d}\boldsymbol{r}'}{|\boldsymbol{r} - \boldsymbol{r}'|}, \tag{15.11}$$

$$\boldsymbol{B}(\boldsymbol{r}) = \frac{I}{c} \oint \frac{\mathbf{d}\boldsymbol{r}' \times (\boldsymbol{r} - \boldsymbol{r}')}{|\boldsymbol{r} - \boldsymbol{r}'|^3}. \tag{15.12}$$

Stromführendes gerades Leiterstück

Berechnet werden soll nun der Beitrag eines stromführenden geraden linienförmigen Leiterstücks, das auf der z-Achse das Intervall (z_1, z_2) ausfüllt, zu Magnetfeld $\boldsymbol{B}$ bzw. Vektorpotenzial $\boldsymbol{A}$. Ein begrenztes Leiterstück verletzt zwar für sich genommen die Forderung der Stromerhaltung, aber dank des Superpositionsprinzips spricht nichts dagegen, solche begrenzten Leiterstücke für sich zu betrachten und die zugehörigen Anteile zum Gesamtfeld einer geschlossenen Leiterschleife einzeln zu berechnen.

Aus (15.11) ergibt sich, dass $\boldsymbol{A}$ nur eine z-Komponente hat, da $\mathbf{d}\boldsymbol{r}'$ in z-Richtung zeigt. In Zylinderkoordinaten hängt A_z wegen der Rotationssymmetrie des Problems nicht von φ ab und ist gegeben durch

$$\begin{aligned} A_z(\varrho, z) &= \frac{I}{c} \int_{z_1}^{z_2} \mathrm{d}z' \frac{1}{\sqrt{\varrho^2 + (z' - z)^2}} \\ &= \frac{I}{c} \int_{z_1 - z}^{z_2 - z} \mathrm{d}\bar{z} \frac{1}{\sqrt{\varrho^2 + \bar{z}^2}} \\ &= \frac{I}{c} \ln\left(\bar{z} + \sqrt{\rho^2 + \bar{z}^2}\right)\Big|_{\bar{z}=z_1-z}^{z_2-z}. \end{aligned} \tag{15.13}$$

Für ein Leiterstück von $z_1 = -L$ bis $z_2 = L$ ergibt dies

$$A_z(\varrho, z) = \frac{I}{c} \ln \frac{\sqrt{(L-z)^2 + \varrho^2} + L - z}{\sqrt{(L+z)^2 + \varrho^2} - (L+z)}. \tag{15.14}$$

Für einen langen Leiter bzw. hinreichend nahe am Leiterstück, $L \gg \varrho$ und $L \gg z$, haben wir nach einer Taylor-Entwicklung des Arguments des Logarithmus

$$\begin{aligned} A_z &= \frac{I}{c} \ln \frac{2L + \ldots}{\frac{1}{2}\varrho^2/L + \ldots} = \frac{2I}{c} \ln \frac{2L}{\varrho} \\ &\quad + O\left((\varrho/L)^2\right) + O\left((z/L)^2\right). \end{aligned} \tag{15.15}$$

Im Limes $L \to \infty$ divergiert somit $\boldsymbol{A}$. Allerdings ist dies kein Problem für $\boldsymbol{B} = \nabla \times \boldsymbol{A}$, da die Unendlichkeit ein konstanter Beitrag ist (wegen $\ln(2L/\varrho) = \ln(2L) - \ln(\varrho)$) und bei der Differenziation herausfällt. Das resultierende $\boldsymbol{B}$-Feld hat dabei nur eine Komponente in φ-Richtung,

$$B_\varphi = -\frac{\partial A_z}{\partial \varrho} = \frac{2I}{c} \frac{1}{\varrho}, \tag{15.16}$$

wie wir schon in den Aufgaben zu Kap. 11, (11.164), (viel einfacher) aus der Integralversion des Oersted'schen Gesetzes (11.42) abgeleitet haben.

Mit dem Ergebnis (15.13) lässt sich auch unmittelbar das Magnetfeld einer kompletten Leiterschleife, die ein Polygon bildet, d. h. aus lauter geraden Leiterstücken zusammengesetzt ist, durch Superposition angeben. Das Feld von gekrümmten Leiterschleifen führt dagegen auf anders geartete Integrale. Im Fall einer kreisförmigen Leiterschleife kann man nur entlang der Symmetrieachse elementare Ausdrücke angeben (Aufgabe 15.2); abseits davon ergeben sich sogenannte elliptische Integrale. ◀

Für den Fall, dass Randbedingungen im Endlichen vorliegen, sind die Lösungen (15.9) bzw. (15.10) für natürliche Randbedingungen noch durch Addition von homogenen Lösungen so zu modifizieren, dass die gewünschten Randbedingungen erfüllt werden. Wir werden Lösungsmethoden dazu erst etwas später diskutieren, und zwar nach der Erweiterung zur makroskopischen Magnetostatik und der Diskussion der Rand- und Anschlussbedingungen, die sich dort ergeben.

Magnetisches Dipolmoment

Betrachten wir eine um den Ursprung des Koordinatensystems lokalisierte Stromverteilung $\boldsymbol{j}(\boldsymbol{r})$, d. h. $\boldsymbol{j}(\boldsymbol{r}) = 0$ für $|\boldsymbol{r}| > R$ bei hinreichend großem R, dann können wir die allgemeine Lösung für natürliche Randbedingungen (15.9) ganz ähnlich wie das elektrostatische Potenzial ϕ in Abschn. 13.4 nach inversen Potenzen von $r = |\boldsymbol{r}|$ entwickeln. Mit

$$\frac{1}{|\boldsymbol{r}-\boldsymbol{r}'|} = \frac{1}{r} + \frac{\boldsymbol{r}\cdot\boldsymbol{r}'}{r^3} + \ldots \quad \text{für } r > r' \tag{15.17}$$

bekommen wir

$$A_i(\boldsymbol{r}) = \frac{1}{c\,r}\int \mathrm{d}V'\,j_i(\boldsymbol{r}') + \frac{x_j}{c\,r^3}\int \mathrm{d}V'\,x'_j\,j_i(\boldsymbol{r}') + \ldots \tag{15.18}$$

Der erste Beitrag würde einem Monopolbeitrag entsprechen und ist tatsächlich null. Wegen $\nabla'\cdot\boldsymbol{j}(\boldsymbol{r}') = \partial'_k j_k(\boldsymbol{r}') = 0$ kann nämlich j_i als totale Ableitung geschrieben werden:

$$\partial'_k(x'_i j_k) = \delta_{ki} j_k = j_i. \tag{15.19}$$

Daher kann mit dem Gauß'schen Satz das Volumenintegral über $\boldsymbol{j}$ in ein Oberflächenintegral umgeformt werden, aber bei einer lokalisierten Stromverteilung verschwindet der Integrand für alle Volumina V, welche die Stromverteilung komplett einschließen:

$$\int_V \mathrm{d}V'\,j_i(\boldsymbol{r}') = \int_V \mathrm{d}V'\,\partial'_k(x'_i j_k) = \oint_{\partial V} \mathrm{d}f'_k\,x'_i j_k = 0. \tag{15.20}$$

Ist V hinreichend groß, haben wir nämlich $\boldsymbol{j}|_{\partial V} \equiv 0$, und wir können auf $V \to \mathbb{R}^3$ erweitern.

Im zweiten Term von (15.18) kann man folgende Umformung verwenden:

$$x'_j j_i = -\frac{1}{2}\varepsilon_{ijk}\varepsilon_{klm}x'_l j_m + \frac{1}{2}\partial'_m(j_m x'_j x'_i). \tag{15.21}$$

Frage 2

Rechnen Sie diese Identität nach.

Unter einem Integral über ein Volumen, das die Stromverteilung vollständig einschließt, verschwindet wiederum der letzte Term in (15.21) und wir können damit (15.18) alternativ schreiben als

$$\boldsymbol{A}(\boldsymbol{r}) = -\frac{\boldsymbol{r}}{2\,c\,r^3} \times \int \mathrm{d}V'\,\left(\boldsymbol{r}' \times \boldsymbol{j}(\boldsymbol{r}')\right) + \ldots \tag{15.22}$$

Dieser führende Term stellt den Dipolbeitrag dar.

Definition des magnetischen Dipolmoments

Das magnetische Dipolmoment einer Stromverteilung ist gegeben durch

$$\boldsymbol{m} = \frac{1}{2\,c}\int \mathrm{d}V\,\boldsymbol{r}\times\boldsymbol{j}(\boldsymbol{r}). \tag{15.23}$$

Dipolmoment einer Leiterschleife

Eine geschlossene Leiterschleife $\mathcal{L}$, in der ein Strom der Stärke I fließt, hat mit $\boldsymbol{j}(\boldsymbol{r}')\mathrm{d}V' \to I\,\mathrm{d}\boldsymbol{r}'$ das magnetische Dipolmoment

$$\boldsymbol{m} = \frac{I}{2\,c}\oint_{\mathcal{L}} \boldsymbol{r}\times\mathrm{d}\boldsymbol{r}. \tag{15.24}$$

Dieser Ausdruck kann mithilfe des Stokes'schen Satzes (siehe den „Mathematischen Hintergrund" 11.3) noch vereinfacht werden. In Indexschreibweise lautet dieser für $\mathcal{L} = \partial F$, wobei F eine von $\mathcal{L}$ eingeschlossene Fläche bezeichnet,

$$\oint_{\partial F} \mathrm{d}x_k(\ldots) = \int_F \mathrm{d}f_i\,\varepsilon_{ijk}\partial_j(\ldots), \tag{15.25}$$

und dies liefert

$$\begin{aligned} m_l &= \frac{I}{2\,c}\oint_{\partial F}\varepsilon_{lmk}x_m\mathrm{d}x_k = \frac{I}{2\,c}\int_F \mathrm{d}f_i\,\varepsilon_{ijk}\partial_j(\varepsilon_{lmk}x_m) \\ &= \frac{I}{2\,c}\int_F \mathrm{d}f_i\,\varepsilon_{ijk}\varepsilon_{ljk} = \frac{I}{c}\int_F \mathrm{d}f_l, \end{aligned} \tag{15.26}$$

wobei $\varepsilon_{ijk}\varepsilon_{ljk} = 2\delta_{il}$ verwendet wurde. Somit ist

$$\boldsymbol{m} = \frac{I}{c}\int_F \mathrm{d}\boldsymbol{f} \equiv \frac{I}{c}\boldsymbol{f}_F, \tag{15.27}$$

wobei die drei Komponenten von $\boldsymbol{f}_F$ die drei verschiedenen Projektionen der eingeschlossenen Fläche F auf die Ebenen senkrecht zur x, y und z-Achse sind. Ist die Leiterfläche eben mit Normalenvektor $\boldsymbol{n}$, ist dies einfach $\boldsymbol{m} = \frac{I}{c}|F|\boldsymbol{n}$, wobei $|F|$ den Flächeninhalt angibt. ◄

Vektorpotenzial und Magnetfeld eines reinen magnetischen Dipols (Punktdipol) lauten

$$\boldsymbol{A}_{\text{Dipol}}(\boldsymbol{r}) = \frac{\boldsymbol{m}\times\boldsymbol{r}}{r^3}, \tag{15.28}$$

$$\boldsymbol{B}_{\text{Dipol}}(\boldsymbol{r}) = \nabla\times\boldsymbol{A}_{\text{Dipol}} = \frac{3\,(\boldsymbol{m}\cdot\boldsymbol{r})\,\boldsymbol{r} - r^2\,\boldsymbol{m}}{r^5}. \tag{15.29}$$

Frage 3

Rechnen Sie (15.29) in Indexschreibweise nach.

Teil II

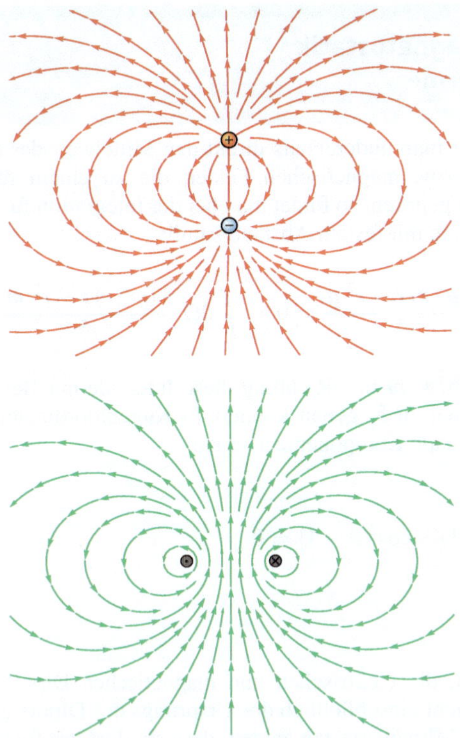

Abb. 15.1 Vergleich von elektrischen und magnetischen Feldern, die von zwei Punktladungen (*oberes Bild*) bzw. von einem Kreisstrom (*unteres Bild*) erzeugt werden. Vom Kreisstrom sind nur die Durchstoßpunkte mit der Zeichenebene angegeben, aus der er auf der linken Seite aus dieser heraus und auf der rechten wieder hinein fließt. Wie man sieht, haben beide Felder für große Abstände dieselbe Dipolform, für kleine Abstände ergeben sich aber wesentliche Unterschiede

Das magnetische Feld eines magnetischen Dipols hat damit genau dieselbe Form wie das elektrische Feld eines elektrischen Dipols, (13.131), wenn $\boldsymbol{E}$ durch $\boldsymbol{B}$ und $\boldsymbol{p}$ durch $\boldsymbol{m}$ ersetzt wird.

Wie Abb. 15.1 zeigt, unterscheiden sich aber die elektrischen und magnetischen Felder, die von zwei gegengleichen Punktladungen bzw. von einem Kreisstrom erzeugt werden und die für große Abstände Dipolfelder ergeben, im Nahfeldbereich recht stark voneinander. Wie im Kasten „Vertiefung: Mittelwertsätze der Elektrostatik und der Magnetostatik" gezeigt wird, gibt es auch im Limes punktförmiger elektrischer und magnetischer Dipole noch einen Unterschied zu beachten, der Dirac-δ-förmig im Ursprung lokalisiert ist.

15.2 Makroskopische Magnetostatik

Auf atomarer und molekularer Ebene existieren mikroskopische magnetische Dipolmomente in verschiedenen Formen. Zum einen haben alle elektrisch geladenen Elementarteilchen intrinsische magnetische Momente, die sich durch äußere Magnetfelder ausrichten lassen; zusätzlich lassen sich in den Elektronenhüllen von Atomen Kreisströme induzieren. Beide werden oft kollektiv als Ampère'sche Molekularströme bezeichnet, nachdem Ampère 1822 ihre Existenz postulierte. Allerdings ist eine klassische Beschreibung nicht wirklich möglich, da die Quantenmechanik hier eine zentrale Rolle spielt, wie in Kap. 29 gezeigt wird.

Phänomenologische Grundgleichungen der Magnetostatik

Um die Effekte von Magnetfeldern in Materie rein phänomenologisch zu beschreiben, ist es zunächst, genauso wie in der makroskopischen Elektrostatik in Abschn. 14.1, notwendig, über die atomaren Strukturen zu mitteln. Mit der dort eingeführten Mittelungsprozedur definieren wir

$$\langle \boldsymbol{j}(\boldsymbol{r})\rangle = \int \mathrm{d}V' f(\boldsymbol{r}')\,\boldsymbol{j}(t,\boldsymbol{r}+\boldsymbol{r}'), \tag{15.30}$$

$$\langle \boldsymbol{A}(\boldsymbol{r})\rangle = \int \mathrm{d}V' f(\boldsymbol{r}')\,\boldsymbol{A}(t,\boldsymbol{r}+\boldsymbol{r}'), \tag{15.31}$$

$$\begin{aligned}\langle \boldsymbol{B}(\boldsymbol{r})\rangle &= \int \mathrm{d}V' f(\boldsymbol{r}')\,\boldsymbol{B}(t,\boldsymbol{r}+\boldsymbol{r}') \\ &\equiv \langle \nabla\times\boldsymbol{A}(\boldsymbol{r})\rangle = \nabla\times\langle\boldsymbol{A}(\boldsymbol{r})\rangle,\end{aligned} \tag{15.32}$$

wobei $\int \mathrm{d}V' f(\boldsymbol{r}') = 1$ sein soll mit einer Glättungsfunktion f, die auf einen mikroskopisch großen, aber makroskopisch kleinen Bereich um den Ursprung konzentriert ist. Die auf mikroskopischer Ebene vorhandenen Zeitabhängigkeiten verschwinden wieder, solange auf makroskopischer Ebene stationäre Verhältnisse vorliegen. Später werden wir auch zeitabhängige Probleme betrachten; die räumliche Mittelung sorgt dann dafür, dass nur makroskopisch interessante Zeitabhängigkeiten übrig bleiben. Diese Mittelungsprozedur ist jedenfalls, wie schon in Abschn. 14.1 besprochen, vertauschbar mit Ableitungen nach den Argumenten der gemittelten Felder.

Wieder entwickeln wir die Felder der einzelnen Moleküle nach Multipolen, wobei normalerweise nur Dipolbeiträge wichtig sind und höhere Multipolmomente vernachlässigt werden können, weil sie schneller abfallen (für eine Diskussion von höheren Multipolbeiträgen vgl. de Groot 1969). Für das Feld des j-ten Moleküls haben wir

$$\boldsymbol{A}^{(j)}(\boldsymbol{r}) = \boldsymbol{m}^{(j)}\times\frac{\boldsymbol{r}-\boldsymbol{r}_j}{|\boldsymbol{r}-\boldsymbol{r}_j|^3}+\ldots = -\boldsymbol{m}^{(j)}\times\nabla\frac{1}{|\boldsymbol{r}-\boldsymbol{r}_j|}+\ldots, \tag{15.33}$$

und die mikroskopische Verteilung von magnetischen Dipolen schreiben wir als

$$\boldsymbol{\mu}_{\mathrm{mol}}(\boldsymbol{r}) = \sum_j \boldsymbol{m}^{(j)}\delta(\boldsymbol{r}-\boldsymbol{r}_j). \tag{15.34}$$

Wenn wir eventuell vorhandene, nicht an Moleküle gebundene Stromdichten als Leitungsstromdichte $\boldsymbol{j}_{\mathrm{leit}}$ bezeichnen, ergibt

Teil II

Vertiefung: Mittelwertsätze der Elektrostatik und der Magnetostatik Elektrische und magnetische Punktdipole und Kontaktterme

In der Elektro- und Magnetostatik lassen sich bei natürlichen Randbedingungen folgende Ausdrücke für elektrische und magnetische Felder herleiten, die über eine Vollkugel mit Radius R gemittelt werden:

$$\begin{aligned}\langle \boldsymbol{E}\rangle_R &:= \frac{3}{4\pi R^3}\int\limits_{r<R} \mathrm{d}V\, \boldsymbol{E}(\boldsymbol{r})\\ &= -\int\limits_{r'>R} \mathrm{d}V'\,\rho(\boldsymbol{r}')\,\frac{\boldsymbol{r}'}{r'^3} - \frac{1}{R^3}\int\limits_{r'<R} \mathrm{d}V'\,\rho(\boldsymbol{r}')\,\boldsymbol{r}'\\ &=: \boldsymbol{E}(\boldsymbol{0})^> - \frac{1}{R^3}\boldsymbol{p}^<,\end{aligned}$$

wobei $\boldsymbol{E}(\boldsymbol{0})^>$ der Anteil des elektrischen Feldes im Mittelpunkt der Kugel ist, der von den Quellen außerhalb der Kugel erzeugt wird, und $\boldsymbol{p}^<$ das Dipolmoment der Ladungsverteilung innerhalb der Kugel ist; analog:

$$\begin{aligned}\langle \boldsymbol{B}\rangle_R &= \frac{1}{c}\int\limits_{r'>R} \mathrm{d}V'\,\frac{\boldsymbol{r}'\times\boldsymbol{j}(\boldsymbol{r}')}{r'^3} + \frac{2}{R^3}\frac{1}{2c}\int\limits_{r'<R} \mathrm{d}V'\,\boldsymbol{r}'\times\boldsymbol{j}(\boldsymbol{r}')\\ &=: \boldsymbol{B}(\boldsymbol{0})^> + \frac{2}{R^3}\boldsymbol{m}^<.\end{aligned}$$

(Der Beweis dieser Mittelwertsätze der Elektro- und Magnetostatik wird in Aufgabe 15.3 erbracht.)

Betrachtet man nun Dipole mit verschwindender räumlicher Ausdehnung (Punktdipole) im Inneren der Mittelungskugel und keine weiteren Quellen außerhalb dieser, dann besagen die Mittelwertsätze, dass der Mittelwert des elektrischen und des magnetischen Feldes durch $-\boldsymbol{p}/R^3$ bzw. $+2\boldsymbol{m}/R^3$ gegeben ist.

Berechnet man andererseits direkt den Mittelwert der elektrischen bzw. magnetischen Felder, die zu einem reinen Dipolfeld gehören, so findet man bei der Integration für jede Kugelschale mit festem Abstand r null:

$$\int \mathrm{d}\Omega\,\frac{3\,(\boldsymbol{p}\cdot\boldsymbol{r})\,\boldsymbol{r} - r^2\,\boldsymbol{p}}{r^5} = 0 = \int \mathrm{d}\Omega\,\frac{3\,(\boldsymbol{m}\cdot\boldsymbol{r})\,\boldsymbol{r} - r^2\,\boldsymbol{m}}{r^5},$$

da mit $\boldsymbol{p}$ bzw. $\boldsymbol{m}$ in z-Richtung diese Integrale nur Beiträge proportional zu $\hat{\boldsymbol{e}}_z$ geben können, in Kugelkoordinaten die entsprechende Komponente aber auf

$$\int\limits_{-1}^{1} \mathrm{d}(\cos\vartheta)[3\cos^2\vartheta - 1] = 0$$

führt.

Das heißt, die elektrischen und magnetischen Dipolfelder können nicht einschließlich des Ursprungs des Dipols gültig sein. Die Mittelwertsätze zeigen, dass sie dort um folgende *Kontaktterme* zu modifizieren sind:

$$\begin{aligned}\boldsymbol{E}_{\text{Pktdipol}}(\boldsymbol{r}) &= \frac{3\,(\boldsymbol{p}\cdot\boldsymbol{r})\,\boldsymbol{r} - r^2\,\boldsymbol{p}}{r^5} - \frac{4\pi}{3}\boldsymbol{p}\,\delta(\boldsymbol{r}),\\ \boldsymbol{B}_{\text{Pktdipol}}(\boldsymbol{r}) &= \frac{3\,(\boldsymbol{m}\cdot\boldsymbol{r})\,\boldsymbol{r} - r^2\,\boldsymbol{m}}{r^5} + \frac{8\pi}{3}\boldsymbol{m}\,\delta(\boldsymbol{r}).\end{aligned}$$

Die Vorzeichen dieser Kontaktterme passen zu der Tatsache, dass das elektrische Feld zwischen zwei Punktladungen, die einen Dipol bilden, entgegengesetzt zur Richtung des Dipols zeigt, während das magnetische Feld im Zentrum einer Leiterschleife dieselbe Richtung wie das zugehörige magnetische Moment hat (siehe Abb. 15.1).

---

sich für das gesamte (noch ungemittelte) Vektorpotenzial der genäherte Ausdruck

$$\boldsymbol{A}(\boldsymbol{r}) = \int \mathrm{d}V''\left\{\frac{\boldsymbol{j}_{\text{leit}}(\boldsymbol{r}'')}{c\,|\boldsymbol{r}-\boldsymbol{r}''|} - \boldsymbol{\mu}_{\text{mol}}(\boldsymbol{r}'')\times\nabla\frac{1}{|\boldsymbol{r}-\boldsymbol{r}''|}\right\} \tag{15.35}$$

und gemittelt

$$\begin{aligned}\langle \boldsymbol{A}(\boldsymbol{r})\rangle = \int \mathrm{d}V' f(\boldsymbol{r}') \int \mathrm{d}V''\,&\left\{\frac{\boldsymbol{j}_{\text{leit}}(\boldsymbol{r}'')}{c\,|\boldsymbol{r}+\boldsymbol{r}'-\boldsymbol{r}''|}\right.\\ &\left.- \boldsymbol{\mu}_{\text{mol}}(\boldsymbol{r}'')\times\nabla\frac{1}{|\boldsymbol{r}+\boldsymbol{r}'-\boldsymbol{r}''|}\right\}.\end{aligned} \tag{15.36}$$

Frage 4

Was folgt daraus für den Quellterm der Vektor-Poisson-Gleichung für $\langle \boldsymbol{A}(\boldsymbol{r})\rangle$?

Wenn wir auf beiden Seiten $-\Delta$ anwenden, bekommen wir auf der rechten Seite eine Dirac-Deltafunktion,

$$-\Delta\frac{1}{|\boldsymbol{r}+\boldsymbol{r}'-\boldsymbol{r}''|} = 4\pi\delta(\boldsymbol{r}+\boldsymbol{r}'-\boldsymbol{r}''), \tag{15.37}$$

sodass das Integral über $\boldsymbol{r}''$ trivial ausgewertet werden kann, was auf

$$-\Delta\langle\boldsymbol{A}(\boldsymbol{r})\rangle = \nabla\times\langle\boldsymbol{B}(\boldsymbol{r})\rangle = \frac{4\pi}{c}\langle\boldsymbol{j}_{\text{leit}}(\boldsymbol{r})\rangle + 4\pi\nabla\times\langle\boldsymbol{\mu}_{\text{mol}}(\boldsymbol{r})\rangle$$
$$=: \frac{4\pi}{c}\langle\boldsymbol{j}_{\text{ges}}(\boldsymbol{r})\rangle \tag{15.38}$$

führt.

Für die gemittelte magnetische Dipoldichte in der Materie führen wir die Bezeichnung *Magnetisierung* $\boldsymbol{M}(\boldsymbol{r})$ ein:

$$\boldsymbol{M}(\boldsymbol{r}) := \langle\boldsymbol{\mu}_{\text{mol}}(\boldsymbol{r})\rangle. \tag{15.39}$$

Die Rotation dieses Feldes liefert gemäß (15.38) einen Teil der gesamten Stromdichte, der als *Magnetisierungsstromdichte*

$$\boldsymbol{j}_{\text{M}} := c\,\nabla\times\boldsymbol{M} \tag{15.40}$$

bezeichnet wird. Da $\boldsymbol{M}$ definitionsgemäß im Vakuum null ist, verschwindet ein geschlossenes Wegintegral, welches im Vakuum verläuft und ein Materiestück umschließt. Mit dem Stokes'schen Satz ergibt dies für eine von einem solchen Weg begrenzte Fläche F, die das Materiestück vollständig durchtrennt, die Aussage

$$\oint\limits_{\partial F} \mathrm{d}\boldsymbol{r}\cdot\boldsymbol{M} = \int\limits_{F} \mathrm{d}\boldsymbol{f}\cdot(\nabla\times\boldsymbol{M}) = \frac{1}{c}\int\limits_{F} \mathrm{d}\boldsymbol{f}\cdot\boldsymbol{j}_{\text{M}} = 0. \tag{15.41}$$

Die Magnetisierungsstromdichte liefert also keinen Beitrag zum Gesamtstrom durch beliebige Schnittflächen, die Materie komplett durchschneiden; dieser wird wenig überraschend ausschließlich von $\langle\boldsymbol{j}_{\text{leit}}\rangle$ geliefert.

Frage 5

Überlegen Sie sich, warum $\boldsymbol{j}_{\text{M}}$ einen Nettofluss durch Flächen ergeben kann, wenn F keine vollständige Schnittfläche ist! Stellen Sie sich dabei $\boldsymbol{j}_{\text{M}}$ z. B. als winzige Kreisströme im Inneren der Materie vor.

Da wir für die phänomenologischen Grundgleichungen der Magnetostatik nur noch gemittelte Größen betrachten werden, lassen wir im Folgenden die Mittelungssymbole beim $\boldsymbol{B}$-Feld und dem freien Leitungsstrom weg, den wir in Analogie zu ρ_{f} als $\boldsymbol{j}_{\text{f}}$ bezeichnen:

$$\langle\boldsymbol{B}\rangle \to \boldsymbol{B}, \quad \langle\boldsymbol{j}_{\text{leit}}\rangle \to \boldsymbol{j}_{\text{f}}. \tag{15.42}$$

Gleichung (15.38) lautet damit

$$\mathbf{rot}\,\boldsymbol{B} = \frac{4\pi}{c}(\boldsymbol{j}_{\text{f}} + \boldsymbol{j}_{\text{M}}) = \frac{4\pi}{c}\boldsymbol{j}_{\text{f}} + 4\pi\,\mathbf{rot}\,\boldsymbol{M}. \tag{15.43}$$

Da die Magnetisierungsstromdichte als Rotation des Magnetisierungsfeldes $\boldsymbol{M}$ auftritt, kann dieses mit $\boldsymbol{B}$ kombiniert und zu einem Hilfsfeld zusammengefasst werden.

Phänomenologische Grundgleichungen in der Magnetostatik

Durch Einführen der makroskopischen magnetischen Feldstärke $\boldsymbol{H}$

$$\boldsymbol{H} = \boldsymbol{B} - 4\pi\boldsymbol{M} \tag{15.44}$$

können wir neue inhomogene Grundgleichungen aufstellen, in denen nur noch die freie Leitungsstromdichte $\boldsymbol{j}_{\text{f}}$ als Quelle aufscheint, während die homogene Maxwell-Gleichung weiterhin von $\boldsymbol{B}$ (nicht aber im Allgemeinen von $\boldsymbol{H}$) erfüllt wird:

$$\mathbf{rot}\,\boldsymbol{H} = \frac{4\pi}{c}\boldsymbol{j}_{\text{f}}, \tag{15.45}$$
$$\operatorname{div}\boldsymbol{B} = 0. \tag{15.46}$$

Die inhomogene Gleichung (15.45) verlangt, dass

$$\operatorname{div}\boldsymbol{j}_{\text{f}} = 0 \tag{15.47}$$

ist, kann also nicht in der vollen, zeitabhängigen Elektrodynamik gültig bleiben, da im Allgemeinen $\operatorname{div}\boldsymbol{j}_{\text{f}} = -\partial_t\rho_{\text{f}}$ gilt.

(Die vollen makroskopischen Maxwell-Gleichungen werden in Abschn. 15.7 diskutiert werden.)

In SI-Einheiten definiert man dagegen

$$\boldsymbol{H}^{[\text{SI}]} = \frac{1}{\mu_0}\boldsymbol{B}^{[\text{SI}]} - \boldsymbol{M}^{[\text{SI}]}, \tag{15.48}$$

und (15.45) lautet damit

$$\mathbf{rot}\,\boldsymbol{H}^{[\text{SI}]} = \boldsymbol{j}_{\text{f}}^{[\text{SI}]}. \tag{15.49}$$

Achtung Wie in der „Übersicht: Umrechnungstabelle" in Abschn. 11.3 zusammengefasst, wird als Einheit für das $\boldsymbol{B}$-Feld das Gauß (G) verwendet, für das $\boldsymbol{H}$-Feld das Oersted (Oe), was als Einheit mit dem Gauß identisch ist (beide sind nichts weiter als $1\,\text{cm}^{-1/2}\,\text{g}^{1/2}\,\text{s}^{-1}$). Im SI-System haben $\boldsymbol{B}$- und $\boldsymbol{H}$-Felder dagegen unterschiedliche physikalische Dimension, weil μ_0 keine reine Zahl ist: Das $\boldsymbol{H}$-Feld wird in Einheiten von Magnetisierung (magnetisches Moment pro Volumen, $\text{Ampere}\times\text{m}^2/\text{m}^3 = \text{Ampere}/\text{m}$) angegeben, das $\boldsymbol{B}$-Feld dagegen in Einheiten von magnetischer Fluss pro Fläche ($\text{Weber}/\text{m}^2 = \text{Tesla} = 10^4\,\text{Gauß}$). ◀

Da historisch bedingt das phänomenologische Hilfsfeld $\boldsymbol{H}$ als magnetische Feldstärke bezeichnet wird, wird zur Unterscheidung in Anwesenheit von Materie oft das (gemittelte) fundamentale Feld $\boldsymbol{B}$ als *magnetische Flussdichte* oder *magnetische Induktion* bezeichnet, wobei darauf zu achten ist, dass die letztere Namensgebung nicht zu Verwechslungen mit den anderen

Verwendungen des Wortes „Induktion" in der Elektrodynamik führt. (Im Vakuum fallen $\boldsymbol{H}$ und $\boldsymbol{B}$ natürlich zusammen.) Diese Bezeichnungen dürfen außerdem nicht darüber hinweg täuschen, dass das $\boldsymbol{B}$-Feld das tatsächliche (gemittelte) Magnetfeld in der Materie darstellt. Die Reservierung des Begriffs der magnetischen Feldstärke für $\boldsymbol{H}$ ist daher, wie der bedeutende theoretische Physiker *Arnold Sommerfeld* (1868–1951) formulierte, „unglücklich gewählt" und „sollte soweit als möglich vermieden werden" (Sommerfeld 1988). Da die Bezeichnungen mit den Symbolen $\boldsymbol{B}$ und $\boldsymbol{H}$ universell und unstrittig sind, kann man jedenfalls einfach von $\boldsymbol{B}$- und $\boldsymbol{H}$-Feldern sprechen, um Missverständnisse zu vermeiden.

Von einem praktischen Gesichtspunkt gesehen, ist das $\boldsymbol{H}$-Feld im Inneren von Materie allerdings experimentell leichter festzulegen als das fundamentale $\boldsymbol{B}$-Feld. Die Integralversion von (15.45) lautet

$$\oint_{\partial F} \mathbf{d}\boldsymbol{r} \cdot \boldsymbol{H}(\boldsymbol{r}) = \frac{4\pi}{c} I \equiv \frac{4\pi}{c} \int_F \mathbf{d}\boldsymbol{f} \cdot \boldsymbol{j}_\mathrm{f}(\boldsymbol{r}). \qquad (15.50)$$

Da Leitungsströme für gewöhnlich von außen durch Anschließen an Batterien und andere Stromquellen zugeführt werden, sind sie direkt messbar, und damit ist die Zirkulation des $\boldsymbol{H}$-Feldes gegeben. Wenn gewisse Symmetrien in der Anordnung der Materie vorhanden sind, lässt sich damit oft schon $\boldsymbol{H}$ komplett bestimmen. Das $\boldsymbol{B}$-Feld hängt dagegen von der nicht so direkt kontrollierbaren Magnetisierbarkeit der Materie ab, wo oft sogar die Vorgeschichte der Magnetisierung eine Rolle spielt. In der Elektrostatik hatten wir dagegen bei den Beispielen von Kondensatoren, die mit polarisierbarem Material gefüllt wurden, deren Potenziale als experimentell direkt messbare Größen. Aus den Potenzialen lassen sich (wieder bei hinreichender Symmetrie) die $\boldsymbol{E}$-Felder direkt bestimmen, während die $\boldsymbol{D}$-Felder davon abhängen, wie sich die Ladungen auf den Platten eines Kondensators verteilen. Dies erklärt zumindest teilweise, warum historisch den $\boldsymbol{H}$- und $\boldsymbol{E}$-Feldern eine primäre Rolle zugeschrieben wurde.

Materialgleichungen für magnetische Medien

Um die phänomologischen Grundgleichungen für die $\boldsymbol{B}$- und $\boldsymbol{H}$-Felder lösen zu können, bedarf es wieder zusätzlicher („konstitutiver") Gleichungen, die z. B. $\boldsymbol{M}$ als Funktion der Felder $\boldsymbol{E}$ und $\boldsymbol{H}$ bestimmen.

In linearen Medien sind Polarisation und Magnetisierung direkt proportional zu den elektrischen und magnetischen Feldstärken. Analog zur elektrischen Suszeptibilität definiert ein linearer Zusammenhang

$$\boldsymbol{M} = \chi_\mathrm{m} \boldsymbol{H} \qquad (15.51)$$

die *magnetische Suszeptibilität* χ_m. Dass hier $\boldsymbol{H}$ und nicht das fundamentalere $\boldsymbol{B}$-Feld verwendet wird, hängt mit der oben angesprochenen historisch und auch experimentell bedingten Bevorzugung von $\boldsymbol{H}$ zusammen. In dem aus (15.51) folgenden linearen Zusammenhang von $\boldsymbol{B}$ und $\boldsymbol{H}$ wird die *Permeabilitätskonstante* μ definiert durch

$$\boldsymbol{B} = \boldsymbol{H} + 4\pi \boldsymbol{M} = (1 + 4\pi\chi_\mathrm{m})\boldsymbol{H} =: \mu \boldsymbol{H}. \qquad (15.52)$$

Achtung Im SI-System, in dem auch dem Vakuum eine Permeabilitätskonstante zugeordnet wird, entspricht obiges μ der *relativen Permeabilitätskonstanten* $\mu_\mathrm{r} = \mu^{[\mathrm{SI}]}/\mu_0$. Zu beachten ist außerdem, dass sich in diesen zwei Maßsystemen die magnetischen Suszeptibilitäten wegen $\chi_\mathrm{m}^{[\mathrm{SI}]} = 4\pi\,\chi_\mathrm{m}$ um gut eine Größenordnung unterscheiden. ◀

Ähnlich wie im Fall von elektrisch polarisierbarer Materie macht es einen Unterschied, ob auf molekularer Ebene permanente magnetische Dipole vorhanden sind, die durch Magnetfelder ausgerichtet werden können, oder nicht. Ohne diese hat man es generell mit *Diamagnetismus* zu tun. Das Einschalten äußerer Magnetfelder induziert hier mikroskopische Ringströme, deren magnetisches Moment gemäß der Lenz'schen Regel dem äußeren Feld entgegengerichtet ist, sodass χ_m negativ ist. Die Beträge von χ_m sind hierbei aber typischerweise sehr klein gegen eins; Wasser und Kupfer haben beispielsweise $\chi_\mathrm{m} \approx -7 \cdot 10^{-7}$ bzw. $-8 \cdot 10^{-7}$.

Wenn molekulare permanente magnetische Dipolmomente vorhanden sind, die ohne äußere Magnetfelder ungeordnet sind, kommt es dagegen zu *Paramagnetismus*. Hier ist χ_m positiv; die Ausrichtung der magnetischen Dipolmomente durch äußere Felder verstärkt hier das Feld. Der Grund für das anders geartete Verhalten im Vergleich zu Orientierungspolarisation in der Elektrostatik liegt darin, dass magnetische Dipolmomente nicht aus entgegengesetzten magnetischen Monopolladungen aufgebaut sind, an denen Feldlinien entspringen und enden könnten. Während im Inneren eines elektrischen Dipols, der aus zwei entgegengesetzten, voneinander separierten Ladungen besteht, das von ihm erzeugte elektrische Feld umgekehrt orientiert ist, ist dies im Inneren eines magnetischen Dipols, der von einem Ringstrom gebildet wird, eben nicht der Fall (siehe Abb. 15.1).

Paramagnetismus ist wie die elektrische Orientierungspolarisation ein Phänomen, das mit der Temperatur abnimmt, denn höhere Temperatur erhöht die Unordnung. Für lineare Medien verhält sich χ_m typischerweise umgekehrt proportional zur absoluten Temperatur, während Diamagnetismus ebenso wie elektrische Deformationspolarisation weitgehend temperaturunabhängig ist. Ein Beispiel für ein paramagnetisches Material ist Aluminium mit $\chi_\mathrm{m} \sim +1{,}7 \cdot 10^{-6}$ bei Raumtemperatur.

Beim *Ferromagnetismus* kommt es unterhalb einer kritischen Temperatur, der sogenannten *Curie-Temperatur* (benannt nach *Pierre Curie*, 1859–1906), zur spontanen Ausrichtung von magnetischen Momenten innerhalb von räumlich mehr oder weniger ausgedehnten *Domänen* oder *Weiss'schen Bezirken* (benannt nach dem französischen Physiker *Pierre-Ernest Weiss*, 1865–1940). Verantwortlich für diese kollektive Ausrichtung sind übrigens nicht allein die magnetischen Wechselwirkungen zwischen den elementaren Dipolmomenten, sondern die Gesetze der Quantenmechanik, wie in Abschn. 36.6 diskutiert wird.

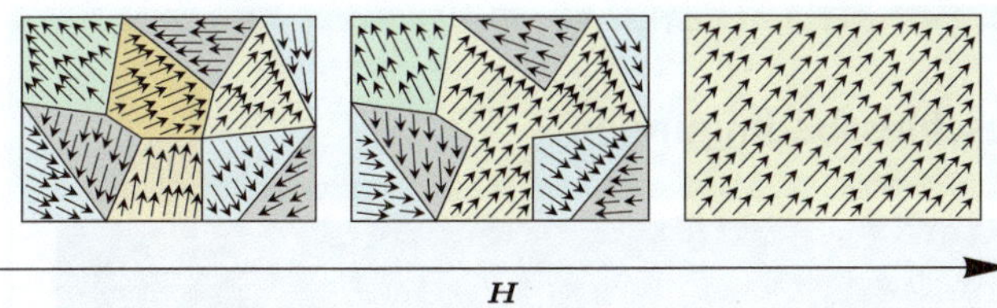

Abb. 15.2 Vergrößerung von Weiss'schen Bezirken bei Anlegen eines äußeren Magnetfeldes

Das prominenteste Beispiel eines ferromagnetischen Materials ist das namensgebende Eisen (lateinisch *ferrum*), wo es im Inneren einer isolierten Domäne zu einem Magnetfeld von etwas über 2 Tesla (20.000 Gauß) kommt. Makroskopische Objekte aus Eisen bestehen aber aus sehr vielen Domänen, die normalerweise Ausdehnungen im Bereich von wenigen Mikrometern haben, und die Magnetisierung mittelt sich weitgehend zu null. Wird aber ein äußeres Magnetfeld angelegt, verschieben sich die Grenzen zwischen den Domänen zugunsten von Domänen mit Magnetisierung in Richtung des äußeren Feldes (Abb. 15.2), und es kommt zu einer großen Verstärkung des Magnetfeldes innerhalb des Ferromagneten durch die zunehmend geordnete Magnetisierung. Die Magnetisierung nimmt zunächst in etwa linear zu, bis schließlich *Sättigung* eintritt. Wird das äußere Magnetfeld wieder abgeschaltet, geht auch die Magnetisierung wieder zurück, verschwindet aber nicht mehr ganz (*Remanenz*). Zur Entmagnetisierung braucht es dann ein gewisses entgegengesetztes Feld. Der Zusammenhang von äußeren Feldern und Magnetisierung, $\boldsymbol{M}[\boldsymbol{H}]$, ist damit nicht nur nichtlinear, sondern auch von der Vorgeschichte abhängig (Abb. 15.3), was als *Hysterese* bezeichnet wird (abgeleitet vom griechischen Wort *hysteros* für „hinterher", „später").

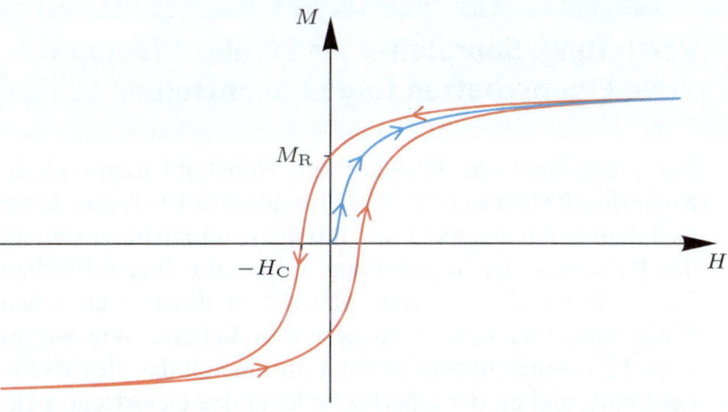

Abb. 15.3 Magnetisierungskurve eines Ferromagneten. Die *blaue* Kurve stellt die *Neukurve* dar, wenn ursprünglich keine Magnetisierung vorhanden war; die *rote Kurve* gibt die Hysterese wieder, die sich ergibt, wenn das Feld nach der Sättigung wieder verringert wird und in der Folge mit wechselnder Polarität auf Sättigungsstärke gebracht wird. Die Magnetisierung bei $H = 0$ definiert die Remanenzfeldstärke $B_R = 4\pi M_R$; der Wert von H, bei dem M wieder auf null gebracht werden kann, heißt *Koerzitivfeldstärke* H_C. (Wie später in diesem Kapitel noch ausgeführt wird, beziehen sich die Werte M_R und H_C auf den Fall eines idealen, unendlich langen Stabmagneten; für andere Geometrien ist die tatsächliche Remanenzfeldstärke geringer)

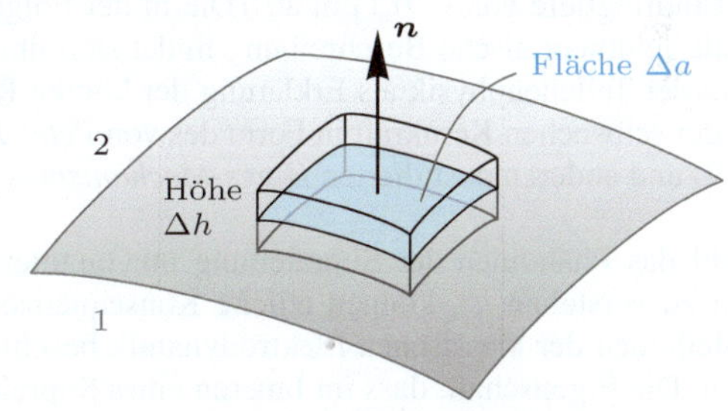

Abb. 15.4 Zur Herleitung der Anschlussbedingung für $\boldsymbol{B}$

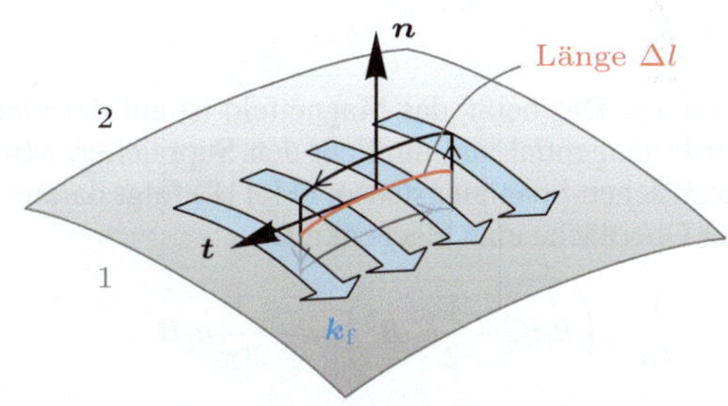

Abb. 15.5 Zur Herleitung der Anschlussbedingung für $\boldsymbol{H}$

Anschlussbedingungen an Grenzflächen

Da jede Materie von begrenzter Ausdehnung ist, müssen wir uns wie in Abschn. 14.2 überlegen, welche Anschlussbedingungen die phänomenologischen Felder an den Grenzflächen zu erfüllen haben. Dazu betrachten wir wieder die Integralversionen der relevanten Gleichungen.

Das $\boldsymbol{B}$-Feld erfüllt die homogene Maxwell-Gleichung $\operatorname{div} \boldsymbol{B} = 0$, und damit gilt für jedes beliebige Volumen

$$\oint_{\partial V} \mathrm{d}\boldsymbol{f} \cdot \boldsymbol{B} = 0. \tag{15.53}$$

Mit einem infinitesimalen Volumen um einen Punkt auf der Grenzfläche von zwei magnetischen Medien (oder von einem Medium und angrenzendem Vakuum), wie in Abb. 15.4 dargestellt, bekommen wir im Limes $\Delta a \to 0$, $\Delta h \to 0$

$$\boldsymbol{n} \cdot (\boldsymbol{B}_2 - \boldsymbol{B}_1) = 0, \tag{15.54}$$

d. h., die Normalkomponente von $\boldsymbol{B}$ ist auf der Grenzfläche stetig.

Für das $\boldsymbol{H}$-Feld gilt dagegen die Integralgleichung (15.50):

$$\oint_{\partial F} \mathrm{d}\boldsymbol{r} \cdot \boldsymbol{H}(\boldsymbol{r}) = \frac{4\pi}{c} \int_F \mathrm{d}\boldsymbol{f} \cdot \boldsymbol{j}_\mathrm{f}(\boldsymbol{r}), \tag{15.55}$$

Vertiefung: Supraleiter als idealer Diamagnet
Viele Eigenschaften folgen unmittelbar aus den Anschlussbedingungen

Der niederländische Physiker und Nobelpreisträger *Heike Kamerlingh Onnes* (1853–1926) entdeckte 1911, drei Jahre nachdem es ihm geglückt war, flüssiges Helium herzustellen, das Phänomen der Supraleitung. Unterhalb einer kritischen Temperatur verlieren einige Materialien ihren elektrischen Widerstand und werden zu perfekten Leitern. Wie wir in Kap. 12 gesehen haben, ist dann im Inneren das elektrische Feld null, und an der Oberfläche kann das elektrische Feld keine Tangentialkomponenten haben. Mindestens so bemerkenswert ist der 1933 von *Walther Meißner* (1882–1974) und *Robert Ochsenfeld* (1901–1993) entdeckte Effekt, dass ein Supraleiter (erster Art) Magnetfelder komplett aus seinem Inneren verdrängt und somit einen idealen Diamagneten mit $\mu = 0$ bildet. (Daneben gibt es noch Supraleiter zweiter Art (Typ II), bei denen das verdrängte Magnetfeld in Vortizes im Inneren des Supraleiters konzentriert wird.) Elektromagnetische Felder sind an der Oberfläche eines Supraleiters nicht wirklich diskontinuierlich, sondern fallen exponentiell mit einer Eindringtiefe von $\sim 0{,}1\,\mu\text{m}$ ab. (Die in der Folge entwickelte feldtheoretische Beschreibung findet sich übrigens auch in der Teilchenphysik als Erklärung der kurzen Reichweite der schwachen Kernkraft in Form des von *Peter Higgs* (*1929) und anderen postulierten *Higgs-Mechanismus*.)

Obwohl das Phänomen der Supraleitung nur quantentheoretisch zu verstehen ist, können etliche Konsequenzen mit den Methoden der klassischen Elektrodynamik beschrieben werden. Die Eigenschaft, dass im Inneren eines Supraleiters $\boldsymbol{B} \equiv 0$ gilt, impliziert wegen (15.60), dass auf der Oberfläche des Supraleiters

$$\boldsymbol{n} \cdot \boldsymbol{B} = 0$$

gelten muss. Das heißt, das Magnetfeld ist auf der Oberfläche strikt tangential und umfließt den Supraleiter. Mit dem Maxwell'schen Spannungstensor (11.118) folgt daraus, dass auf der Oberfläche eine Flächenkraft

$$n_i T_{ik} = \frac{1}{4\pi} n_i \left(B_i B_k - \frac{1}{2}\delta_{ik}\boldsymbol{B}^2 \right) = -\frac{1}{8\pi} n_k \boldsymbol{B}^2 \tag{1}$$

herrscht, die Druck auf den Supraleiter ausübt. Insbesondere wird er von Gebieten mit höherer magnetischer Flussdichte abgestoßen (Abb. 15.6).

Des Weiteren folgt überraschenderweise aus $\boldsymbol{B} \equiv 0$ und $\boldsymbol{E} \equiv 0$, dass im Inneren des Supraleiters keine elektrischen Ströme möglich sind:

$$\boldsymbol{j} = \frac{c}{4\pi} \operatorname{\mathbf{rot}} \boldsymbol{B} \equiv 0. \tag{2}$$

Auf der Oberfläche des Supraleiters ist aber ein tangentiales Magnetfeld möglich, und damit ergibt sich ganz analog zu (15.61) die Möglichkeit von Oberflächenströmen:

Abb. 15.6 Ein keramischer Hochtemperatursupraleiter, der über einem Permanentmagneten schwebt (© Henry Mühlpfordt)

$$\boldsymbol{k} = \frac{c}{4\pi} \boldsymbol{n} \times \boldsymbol{B}. \tag{3}$$

Ströme fließen in einem Supraleiter also ausschließlich entlang der Oberfläche, dort aber ohne das Vorliegen von tangentialen elektrischen Feldern und damit ohne Potenzialdifferenzen, also komplett widerstandsfrei.

Aus der Abwesenheit von tangentialen elektrischen Feldern lässt sich zudem ablesen, dass der magnetische Fluss durch einen supraleitenden Ring unveränderlich ist:

$$\frac{\mathrm{d}}{\mathrm{d}t}\Phi_\mathrm{m} = \int_F \mathbf{d}\boldsymbol{f} \cdot \frac{\partial}{\partial t}\boldsymbol{B} = -\int_F \mathbf{d}\boldsymbol{f} \cdot \operatorname{\mathbf{rot}} \boldsymbol{E} = -\oint_{\partial F} \mathbf{d}\boldsymbol{s} \cdot \boldsymbol{E} = 0,$$

wobei ∂F auf der Oberfläche des Supraleiters verläuft. Befand sich z. B. ein solcher Ring im Feld eines Magneten, während er in den supraleitenden Zustand versetzt wurde, und wird dann der Magnet entfernt, induziert das im Ring einen Strom mit einer Stärke, die den magnetischen Fluss aufrechterhält (Abb. 15.7, wobei hier die Fläche F eine ist, die von einem Kreis entlang der Innenseite des Ringes begrenzt wird).

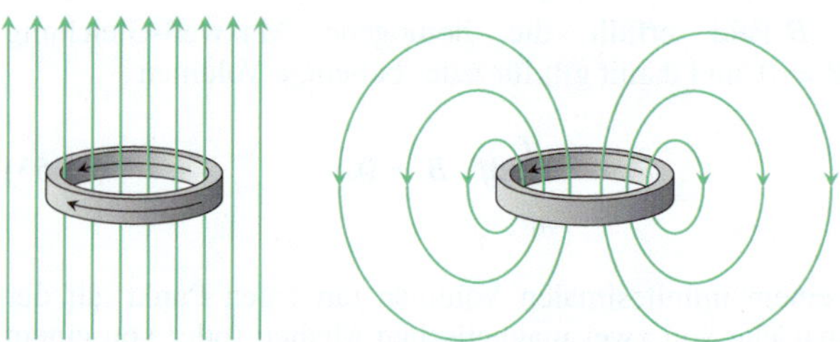

Abb. 15.7 Induktion eines Nettostroms in einem supraleitend gemachten Ring, der sich zuvor in einem homogenen Magnetfeld befand. *Links:* Supraleitfähigkeit bedingt bei einem äußeren Magnetfeld Oberflächenströme gemäß (3), die an der Außen- und Innenseite gegenläufig sind. *Rechts:* Nach Abschalten des äußeren Magnetfeldes halten die Oberflächenströme den magnetischen Fluss aufrecht

wobei wir einen infinitesimal kleinen Weg ∂F wie in Abb. 15.5 wählen. Für infinitesimale Δl und $\Delta h \to 0$ bekommen wir

$$\Delta l\, \boldsymbol{t} \cdot (\boldsymbol{H}_2 - \boldsymbol{H}_1) = \frac{4\pi}{c} \Delta l \lim_{\Delta h \to 0} \int_{-\Delta h/2}^{\Delta h/2} \boldsymbol{a} \cdot \boldsymbol{j}_\mathrm{f}\, \mathrm{d}h =: \frac{4\pi}{c} \boldsymbol{a} \cdot \boldsymbol{k}_\mathrm{f}\, \Delta l, \tag{15.56}$$

wobei $\boldsymbol{a} = \boldsymbol{n} \times \boldsymbol{t}$ der Einheitsvektor zur Flächennormale der infinitesimalen Fläche F ist. Bei einer kontinuierlichen räumlichen Stromdichte $\boldsymbol{j}_\mathrm{f}$ verschwindet das Flussintegral über $\boldsymbol{a} \cdot \boldsymbol{j}_\mathrm{f}$, wenn die Fläche $\Delta h \Delta l$ gegen null geht. Ist aber ein Dirac-δ-förmig auf der Oberfläche lokalisierter Strom vorhanden, dann gibt $\boldsymbol{k}_\mathrm{f}$ die entsprechende freie Oberflächenstromdichte an, und wir erhalten

$$\boldsymbol{t} \cdot (\boldsymbol{H}_2 - \boldsymbol{H}_1) = \frac{4\pi}{c} \boldsymbol{a} \cdot \boldsymbol{k}_\mathrm{f}. \tag{15.57}$$

Den Einheitsvektor $\boldsymbol{t}$ können wir alternativ als $\boldsymbol{t} = \boldsymbol{a} \times \boldsymbol{n}$ anschreiben und verwenden, dass gilt:

$$\boldsymbol{t} \cdot (\boldsymbol{H}_2 - \boldsymbol{H}_1) = (\boldsymbol{a} \times \boldsymbol{n}) \cdot (\boldsymbol{H}_2 - \boldsymbol{H}_1) = \left[\boldsymbol{n} \times (\boldsymbol{H}_2 - \boldsymbol{H}_1)\right] \cdot \boldsymbol{a}. \tag{15.58}$$

Frage 6

Vergewissern Sie sich von der Zyklizität des *Spatprodukts*

$$(\boldsymbol{a} \times \boldsymbol{b}) \cdot \boldsymbol{c} = (\boldsymbol{b} \times \boldsymbol{c}) \cdot \boldsymbol{a} = (\boldsymbol{c} \times \boldsymbol{a}) \cdot \boldsymbol{b},$$

indem Sie dies in Indexschreibweise mittels ε-Symbol anschreiben und dessen Eigenschaften in Erinnerung rufen.

Nun ist $\boldsymbol{t}$ bzw. $\boldsymbol{a}$ eine beliebige tangentiale Richtung senkrecht zu $\boldsymbol{n}$, und $\boldsymbol{k}_\mathrm{f}$ liegt voraussetzungsgemäß auch in dieser Tangentialebene. Wir können damit $\boldsymbol{a}$ in dieser Gleichung einfach weglassen und auf

$$\boldsymbol{n} \times (\boldsymbol{H}_2 - \boldsymbol{H}_1) = \frac{4\pi}{c} \boldsymbol{k}_\mathrm{f} \tag{15.59}$$

schließen.

Obwohl (15.55), aus der wir (15.59) gewonnen haben, nur im statischen Fall gültig ist, behält diese Anschlussbedingung ihre Gültigkeit auch in der vollen makroskopischen Elektrodynamik, die wir in Abschn. 15.7 aufstellen werden. Wie schon im Vakuum wird die inhomogene Gleichung (15.45) um einen Maxwell'schen Verschiebungsstrom zu modifizieren sein. Dieser wird aber aus Feldgrößen gebildet, die im Gegensatz zu den Quelltermen keine Dirac-δ-förmig auf den Oberflächen lokalisierten Singularitäten aufweisen dürfen. Die gefundenen Anschlussbedingungen gelten somit ganz allgemein.

Anschlussbedingung von B- und H-Feldern in der makroskopischen Elektrodynamik

An einer Grenzfläche von zwei Medien ist die Normalkomponente von $\boldsymbol{B}$ immer stetig:

$$\boldsymbol{n} \cdot (\boldsymbol{B}_2 - \boldsymbol{B}_1) = 0, \tag{15.60}$$

wobei $\boldsymbol{n}$ die Flächennormale ist, die von Medium 1 zu Medium 2 zeigt, und $\boldsymbol{B}_{1,2}$ der Vektor des $\boldsymbol{B}$-Feldes an der Grenzfläche, wenn man sich dieser von Medium 1 bzw. 2 ausgehend nähert.

Die Tangentialkomponenten der $\boldsymbol{H}$-Felder sind dann und nur dann unstetig, wenn sich auf der Grenzfläche eine freie Flächenstromdichte $\boldsymbol{k}_\mathrm{f}$ befindet:

$$\boldsymbol{n} \times (\boldsymbol{H}_2 - \boldsymbol{H}_1) = \frac{4\pi}{c} \boldsymbol{k}_\mathrm{f}. \tag{15.61}$$

An einer Grenzfläche kommt es auch in Abwesenheit freier Flächenstromdichten im Allgemeinen zu Unstetigkeiten in den Tangentialkomponenten von $\boldsymbol{B}$ und $\boldsymbol{M}$, die mit einer Magnetisierungs-Flächenstromdichte verbunden sind:

$$\boldsymbol{k}_\mathrm{M} = c\, \boldsymbol{n} \times (\boldsymbol{M}_2 - \boldsymbol{M}_1) = \frac{c}{4\pi} \boldsymbol{n} \times \left[(\boldsymbol{B} - \boldsymbol{H})_2 - (\boldsymbol{B} - \boldsymbol{H})_1\right]. \tag{15.62}$$

Feldlinienverlauf an Grenzflächen

An einer Grenzfläche von zwei isotropen magnetischen Medien mit Permeabilitätskonstanten μ_1 und μ_2 haben wir

$$\boldsymbol{B}_1(\boldsymbol{r}) = \mu_1 \boldsymbol{H}_1(\boldsymbol{r}), \quad \boldsymbol{B}_2(\boldsymbol{r}) = \mu_2 \boldsymbol{H}_2(\boldsymbol{r}). \tag{15.63}$$

$\boldsymbol{B}$- und $\boldsymbol{H}$-Felder zeigen also in gleiche Richtungen, haben aber unterschiedliche Beträge. Wenn α_1 und α_2 die Winkel sind, die die gemeinsamen Feldlinien von $\boldsymbol{B}$ und $\boldsymbol{H}$ mit der Flächennormalen in den Medien 1 und 2 einschließen, dann folgt aus $\boldsymbol{n} \cdot \boldsymbol{B}_1 = \boldsymbol{n} \cdot \boldsymbol{B}_2$:

$$\mu_1 |\boldsymbol{H}_1| \cos\alpha_1 = \mu_2 |\boldsymbol{H}_2| \cos\alpha_2, \tag{15.64}$$

während die Stetigkeit der Tangentialkomponenten von $\boldsymbol{H}$ (in Abwesenheit von freien Oberflächenstromdichten)

$$|\boldsymbol{H}_1| \sin\alpha_1 = |\boldsymbol{H}_2| \sin\alpha_2 \tag{15.65}$$

verlangt (Abb. 15.8). Division dieser Gleichung durch die vorige ergibt

$$\frac{\tan\alpha_1}{\mu_1} = \frac{\tan\alpha_2}{\mu_2}, \tag{15.66}$$

ganz in Entsprechung zu (14.47) in der makroskopischen Elektrostatik, wenn ϵ durch μ ausgetauscht wird.

Teil II

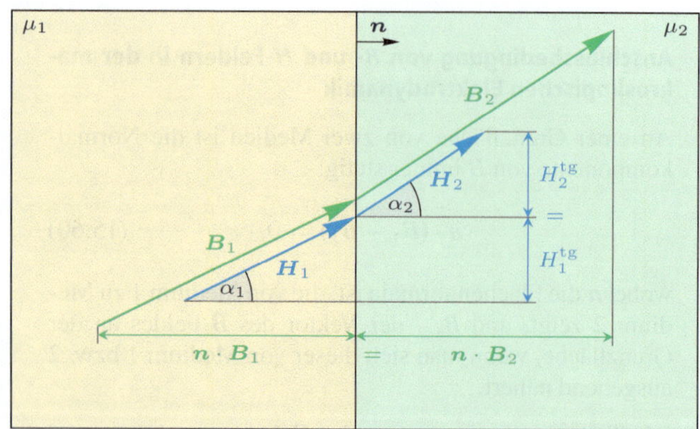

Abb. 15.8 Brechung der Feldlinien: $\boldsymbol{B}$ (*grün*), $\boldsymbol{H}$ (*blau*), beim Übergang von einem Medium mit $\mu_1 = 1{,}5$ zu einem mit $\mu_2 = 2$. Da angenommen wurde, dass keine freien Flächenströme vorliegen, ist beim Übergang zwischen den zwei Medien die Tangentialkomponente von $\boldsymbol{H}$ stetig. Die Normalkomponente von $\boldsymbol{B}$ ist generell stetig

15.3 Lösungsmethoden der Magnetostatik

Da auch in der makroskopischen Elektrodynamik $\nabla \cdot \boldsymbol{B} = 0$ gilt, kann diese homogene Maxwell-Gleichung im *gesamten* Raum durch ein Vektorpotenzial $\boldsymbol{A}$ mit $\boldsymbol{B} = \nabla \times \boldsymbol{A}$ gelöst und die Eichfreiheit durch $\nabla \cdot \boldsymbol{A} = 0$ fixiert werden.

Sind im Raum stückweise homogene und isotrope lineare Medien mit Materialkonstanten μ_i vorhanden, die jeweils Volumina V_i einnehmen, dann haben wir $\boldsymbol{B}(\boldsymbol{r}) = \mu_i \boldsymbol{H}(\boldsymbol{r})$ für $\boldsymbol{r} \in V_i$, und es gilt eine Vektor-Poisson-Gleichung analog zu (15.7) für die einzelnen Bereiche

$$\Delta \boldsymbol{A}(\boldsymbol{r}) = -\frac{4\pi}{c}\mu_i \boldsymbol{j}_{\mathrm{f}}(\boldsymbol{r}), \quad \boldsymbol{r} \in V_i. \tag{15.67}$$

Die allgemeine Lösung dieser Gleichung lautet für kartesische Komponenten ($\boldsymbol{A} = (A_x, A_y, A_z)^\top, \boldsymbol{j}_{\mathrm{f}} = (j_{\mathrm{f}x}, j_{\mathrm{f}y}, j_{\mathrm{f}z})^\top$)

$$\boldsymbol{A}(\boldsymbol{r}) = \frac{\mu_i}{c} \int_{V_i} \mathrm{d}V' \frac{\boldsymbol{j}_{\mathrm{f}}(\boldsymbol{r}')}{|\boldsymbol{r} - \boldsymbol{r}'|} + \boldsymbol{A}^{\mathrm{hom}}(\boldsymbol{r}), \quad \boldsymbol{r} \in V_i \tag{15.68}$$

mit $\Delta \boldsymbol{A}^{\mathrm{hom}} = 0$. Die Schwierigkeit besteht nun vor allem darin, ein $\boldsymbol{A}^{\mathrm{hom}}$ zu finden, mit dem die Anschlussbedingungen an den Grenzen der Bereiche V_i erfüllt werden können.

Bildstrommethode

Bei hinreichend einfachen geometrischen Verhältnissen kann hier das Analogon zur Bildladungsmethode der Elektrostatik, eine *Bildstrommethode*, zum Ziel führen. Ebenso wie in Abschn. 14.3 ersetzt man dabei das Problem für das jeweils betrachtete Volumen V_i mit den dort vorhandenen tatsächlichen Stromdichten durch eines, das den ganzen Raum einnimmt, in dem im komplementären Volumen $\mathbb{R}^3 \backslash V$ zusätzlich fiktive Stromdichten $\boldsymbol{j}_{\mathrm{Bild}}$ angesetzt werden. Dies ist für jedes Teilvolumen durchzuführen, und die verschiedenen Bildströme sind so zu bestimmen, dass die Anschlussbedingungen erfüllt werden.

Strom vor dia- oder paramagnetischem Halbraum

Gegeben sei ein linienförmiger Strom der Stärke I in z-Richtung, der im Abstand d parallel zu einem magnetischen Medium mit Permeabilitätskonstante μ verläuft, das den Halbraum $x < 0$ ausfüllt. Wie lautet das Magnetfeld im gesamten Raum, und welche Kraft wirkt auf den Stromleiter?

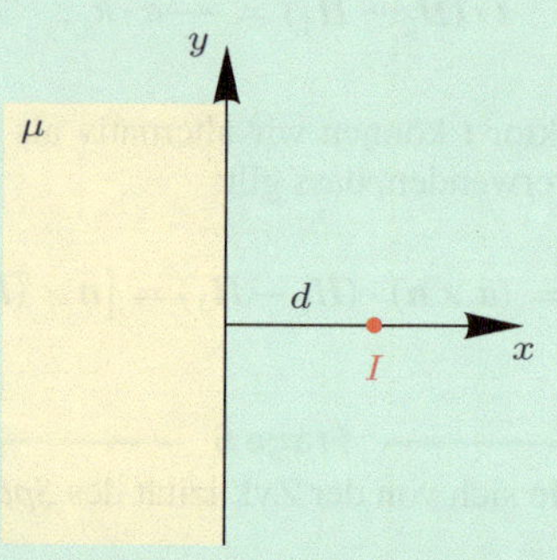

Ganz analog zum Beispiel einer Punktladung vor einem dielektrischen Halbraum aus Abschn. 14.3 ersetzen wir die physikalische Situation durch zwei Ersatzprobleme. Für den Halbraum $x > 0$ nehmen wir an, dass neben dem Strom I bei $x = d$ ein paralleler Bildstrom I' bei $x = -d$ vorliegt; für den Halbraum $x < 0$ nehmen wir an, dass zusätzlich zum Strom I bei $x = d$ ein Bildstrom auftritt, den wir zu einem Strom I'' bei $x = d$ zusammenfassen:

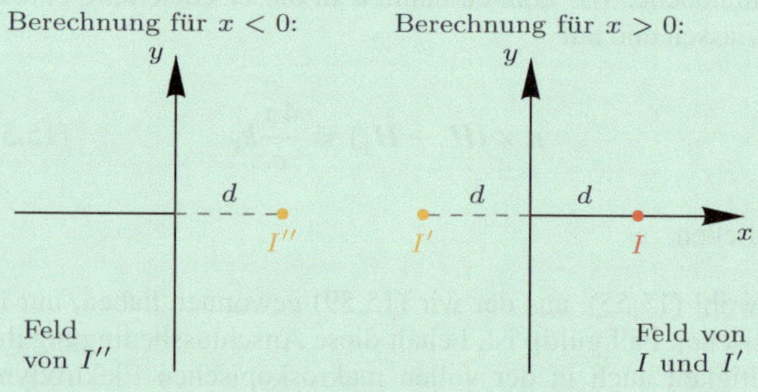

Das $\boldsymbol{B}$-Feld eines unendlich langen geraden linienförmigen Stromes wurde in Aufgabe 11.7 (siehe (11.164)), berechnet. In kartesischen Koordinaten lautet damit der

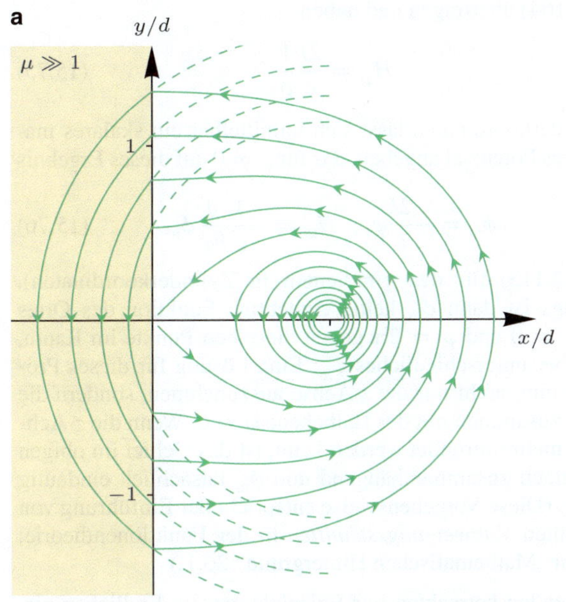

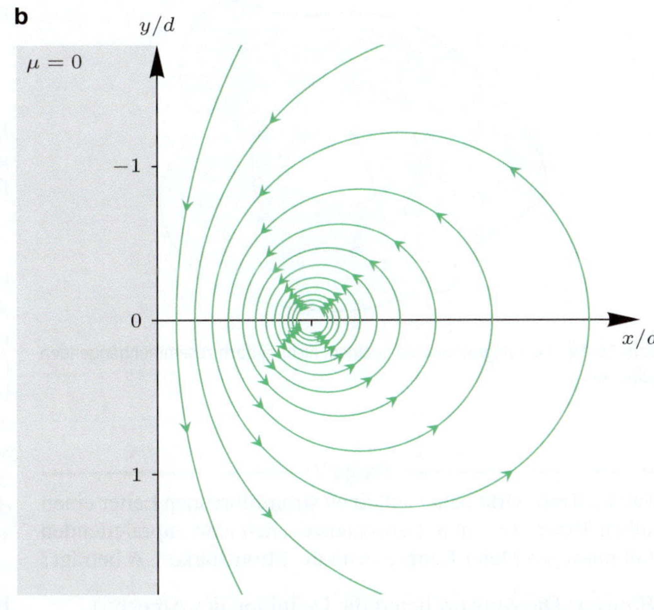

Abb. 15.9 $\boldsymbol{B}$-Felder für einen linienförmigen Strom parallel zu einem Halbraum mit (**a**) $\mu \gg 1$ (ferromagnetisches Medium) und (**b**) einem mit $\mu = 0$ (Supraleiter). **a** Im Falle des ferromagnetischen Mediums ist das Feld vor dem Medium gleich dem von zwei parallelen Strömen annähernd gleicher Stärke, während im Inneren des Ferromagneten das Feld die Form eines einzelnen Linienstromes bei $x = d$ mit näherungsweise doppelter Stärke des freien Stromes hat. Die Feldlinien haben dementsprechend dort die Form von Kreisen mit Mittelpunkten bei $x = d$. **b** Im Falle des Supraleiters ist das supraleitende Medium feldfrei. Im Halbraum vor dem Supraleiter ist das Feld gleich dem von zwei parallelen Strömen mit exakt entgegengesetzter Stärke. Die resultierenden Feldlinien haben hier die Form von Kreisen mit unterschiedlichen Mittelpunkten bei $x > d$

Ansatz für die beiden Halbräume

$$\boldsymbol{B}|_{x>0} = \frac{2I}{c}\frac{1}{(x-d)^2+y^2}\begin{pmatrix}-y\\x-d\\0\end{pmatrix} + \frac{2I'}{c}\frac{1}{(x+d)^2+y^2}\begin{pmatrix}-y\\x+d\\0\end{pmatrix}, \quad (15.69)$$

$$\boldsymbol{B}|_{x<0} = \frac{2I''}{c}\frac{1}{(x-d)^2+y^2}\begin{pmatrix}-y\\x-d\\0\end{pmatrix}. \quad (15.70)$$

Die Anschlussbedingungen fordern nun Stetigkeit der Normalkomponente B_x und Stetigkeit der Tangentialkomponente H_y auf der Grenzfläche $x = 0$, wobei für $H_y = \frac{1}{\mu}B_y$ im linken und $H_y = B_y$ im rechten Halbraum gilt. Daraus ergibt sich

$$I + I' = I'', \qquad I - I' = \frac{1}{\mu}I'' \quad (15.71)$$

und somit

$$I' = \frac{\mu-1}{\mu+1}I, \qquad I'' = \frac{2\mu}{\mu+1}I, \quad (15.72)$$

womit die $\boldsymbol{B}$-Felder im ganzen Raum bestimmt sind.

Die Kraft pro Längeneinheit des Stromleiters ergibt sich durch das zu I' gehörige Magnetfeld an der Stelle des Stromleiters bei $x = d$ und $y = 0$ als

$$\begin{aligned}\frac{1}{l}\boldsymbol{F} &= \frac{I}{c}\hat{\boldsymbol{e}}_z \times \frac{2I'}{c}\frac{1}{(2d)^2}\begin{pmatrix}0\\2d\\0\end{pmatrix}\\ &= -\hat{\boldsymbol{e}}_x\frac{II'}{c^2 d} = -\hat{\boldsymbol{e}}_x\frac{\mu-1}{\mu+1}\frac{I^2}{c^2 d}.\end{aligned} \quad (15.73)$$

Der Stromleiter wird also vom Medium angezogen, wenn dieses paramagnetisch ($\mu > 1$) ist; in diesem Fall hat der Bildstrom bzw. der auf der Oberfläche lokalisierte Magnetisierungsstrom dieselbe Richtung wie der physikalische Linienstrom. Im Fall eines diamagnetischen Mediums wird dagegen ein entgegengerichteter Strom induziert, der zu Abstoßung führt (siehe hierzu den Kasten „Vertiefung: Supraleiter als idealer Diamagnet“).

Im Fall eines ferromagnetischen Mediums $\mu \gg 1$ sowie im Fall eines Supraleiters ($\mu = 0$) wird der Bildstrom I' betragsmäßig gleich stark wie I. Für diese beiden Felder sind die Feldlinienbilder des $\boldsymbol{B}$-Feldes in Abb. 15.9 dargestellt. ◀

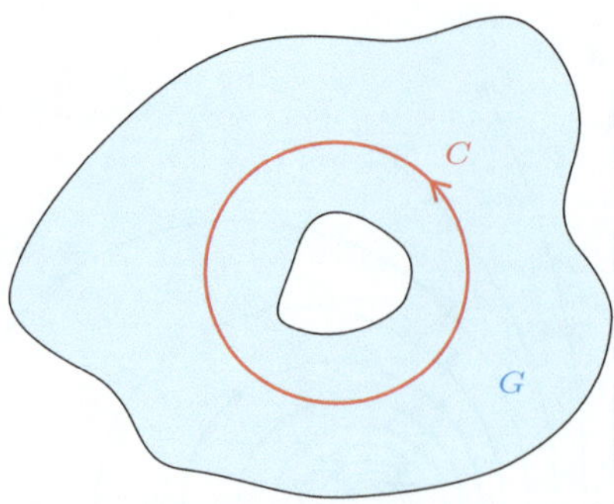

Abb. 15.10 Ein Integrationsweg in einem nicht einfach zusammenhängenden Gebiet G

Teil II

Frage 7

Welche Kraft wirkt daher auf einen stromführenden Leiter einen halben Meter vor einem ferromagnetischen bzw. supraleitenden Halbraum pro Meter Länge, wenn die Stromstärke 1 A beträgt?

(*Hinweis:* Die Antwort liefert die Definition des Ampere.)

Methode des skalaren magnetischen Potenzials

Liegen in einem Gebiet V_i überhaupt keine freien Ströme vor, so kann man die dann homogene Gleichung für $\boldsymbol{H}$, nämlich $\mathbf{rot}\,\boldsymbol{H} = 0$, durch Einführen eines *skalaren magnetischen Potenzials* ϕ_{m} mit

$$\boldsymbol{H}(\boldsymbol{r}) = -\nabla\phi_{\mathrm{m}}(\boldsymbol{r}), \quad j_{\mathrm{f}}(\boldsymbol{r}) = 0, \; \boldsymbol{r} \in V_i \tag{15.74}$$

lösen und auf Methoden der Elektrostatik zurückgreifen. Im Gegensatz zur Elektrostatik muss aber ϕ_{m} nicht immer eine eindeutige Funktion des Ortes sein. Dies ist nur garantiert, wenn das Gebiet V_i *einfach zusammenhängend* ist (siehe hierzu auch Abschn. 1.6). Einfach zusammenhängend heißt, dass jede geschlossene Kurve, die in V_i verläuft, auf einen Punkt stetig zusammengezogen werden kann, ohne das stromfreie Gebiet V_i verlassen zu müssen. Ein einfaches Gegenbeispiel ist in Abb. 15.10 dargestellt.

Frage 8

Überlegen Sie sich, dass ein eindeutig definiertes skalares Potenzial ϕ_{m} verschwindende Zirkulation $\oint_C \mathbf{d}\boldsymbol{r} \cdot \boldsymbol{H}$ bedeutet und damit wegen des Oersted'schen Gesetzes kein Strom von C eingeschlossen sein kann.

Ein instruktives Gegenbeispiel liefert der einfache Fall eines unendlich langen linienförmigen Stromes I entlang der z-Achse. Ist V der gesamte Raum ohne die Punkte auf der z-Achse, können wir in Zylinderkoordinaten (ρ, φ, z) die bekannte Lösung aus (11.164) übertragen und haben

$$H_\varphi = \frac{2I}{c}\frac{1}{\varrho}. \tag{15.75}$$

In Zylinderkoordinaten lässt sich unmittelbar ein skalares magnetisches Potenzial angeben, das für $\varrho \neq 0$ auf dieses Ergebnis führt:

$$\phi_{\mathrm{m}} = -\frac{2I}{c}\varphi, \quad H_\varphi = -\frac{1}{\varrho}\frac{\partial}{\partial\varphi}\phi_{\mathrm{m}} \tag{15.76}$$

(siehe (2.113) für den Gradienten in Zylinderkoordinaten). Allerdings ist dann ϕ_{m} keine eindeutige Funktion des Ortes mehr: $\varphi = 0$ und $\varphi = 2\pi$ geben dieselben Punkte im Raum, haben aber unterschiedliches ϕ_{m}. Eine Lösung für dieses Problem ist nun, nicht nur die z-Achse auszunehmen, sondern die z-Achse zusammen mit der Halbebene $\varphi = 0$. Wenn die z-Achse nicht mehr umrundet werden kann, ist das Gebiet im obigen Sinn einfach zusammenhängend und ϕ_{m} tatsächlich eindeutig definiert. (Diese Vorgehensweise entspricht der Einführung von sogenannten *Verzweigungsschnitten* in der Funktionentheorie; siehe den „Mathematischen Hintergrund" 26.1.)

Im Folgenden betrachten wir Beispiele, wo im Endlichen nirgends freie Ströme vorliegen und wir daher im ganzen Raum $\boldsymbol{H} = -\nabla\phi_{\mathrm{m}}$ ansetzen können.

Feld einer homogen magnetisierten Kugel

Gegeben sei eine homogen magnetisierte Vollkugel mit Radius R und Magnetisierung

$$\boldsymbol{M}(\boldsymbol{r}) = \begin{cases} M\hat{\boldsymbol{z}} & r < R \\ 0 & r > R. \end{cases} \tag{15.77}$$

Aus $\boldsymbol{B} = \boldsymbol{H} + 4\pi\boldsymbol{M}$ zusammen mit $\nabla \cdot \boldsymbol{B} = 0$ folgt

$$\Delta\phi_{\mathrm{m}} = 4\pi\nabla \cdot \boldsymbol{M} = 0 \tag{15.78}$$

für die Bereiche innerhalb und außerhalb der Kugel.

Überlegen Sie sich, dass die Kugeloberfläche selbst dabei auszunehmen ist.

ϕ_{m} erfüllt also im Innen- und im Außenraum jeweils die Laplace-Gleichung, deren allgemeine Lösung in Kugelkoordinaten durch (13.168) bzw. für die hier vorliegende φ-Unabhängigkeit durch (13.169) gegeben ist. Regularität von ϕ_{m} bei $r = 0$ und für $r \to \infty$ schränken die jeweiligen Reihen ein auf

$$\phi_{\mathrm{m}}^{\mathrm{i}}(r, \vartheta) = \sum_{l=0}^{\infty} \alpha_l r^l P_l(\cos\vartheta) \quad \text{für } r < R \tag{15.79}$$

und

$$\phi_{\mathrm{m}}^{\mathrm{a}}(r, \vartheta) = \sum_{l=0}^{\infty} \beta_l \frac{1}{r^{l+1}} P_l(\cos\vartheta) \quad \text{für } r > R. \tag{15.80}$$

Auf der Kugeloberfläche $r = R$ liegt Dirac-δ-förmig konzentriert ein nichttrivialer Quellterm $4\pi\nabla \cdot \boldsymbol{M}$ vor (wie man leicht zeigen kann ist $\nabla \cdot \boldsymbol{M} = -M \cos\vartheta\, \delta(r - R)$), und wir könnten damit auch direkt die entsprechende Poisson-Gleichung lösen. Allerdings ist es einfacher, die Koeffizienten in den Reihen der Innen- und Außenraumlösung durch die Anschlussbedingungen festzulegen. Auf der Kugelfläche müssen in Abwesenheit freier Oberflächenströme gemäß (15.61) die Tangentialkomponenten von $\boldsymbol{H}$ stetig sein, also H_ϑ und H_φ. Dies wird durch Stetigkeit von ϕ_m bei $r = R$ erreicht:

$$\phi_\mathrm{m}^\mathrm{i}(R, \vartheta) = \phi_\mathrm{m}^\mathrm{a}(R, \vartheta). \tag{15.81}$$

Außerdem muss die Normalkomponente von $\boldsymbol{B}$ stetig sein, also $B_r = H_r + 4\pi M_r$. Die Radialkomponente von $\boldsymbol{M}$ ist nun unstetig:

$$M_r = \hat{\boldsymbol{r}} \cdot \hat{\boldsymbol{z}} M = \begin{cases} M \cos\vartheta & r < R \\ 0 & r > R \end{cases}, \tag{15.82}$$

und mit $H_r = -\partial_r \phi_\mathrm{m}$ bekommen wir

$$-\left.\frac{\partial \phi_\mathrm{m}^\mathrm{i}}{\partial r}\right|_{r=R} + 4\pi M \cos\vartheta = -\left.\frac{\partial \phi_\mathrm{m}^\mathrm{a}}{\partial r}\right|_{r=R}. \tag{15.83}$$

Offenbar genügt es, in der allgemeinen Lösung nur die Beiträge mit $l = 1$ ($P_1(\cos\vartheta) = \cos\vartheta$) zu behalten, um diese Anschlussbedingungen erfüllen zu können. Mit

$$\phi_\mathrm{m}^\mathrm{i} = \alpha_1 r \cos\vartheta, \quad \phi_\mathrm{m}^\mathrm{a} = \beta_1 \frac{1}{r^2} \cos\vartheta \tag{15.84}$$

ergeben die Anschlussbedingungen (15.81) und (15.83)

$$\alpha_1 R = \beta_1 \frac{1}{R^2}, \quad -\alpha_1 + 4\pi M = \frac{2}{R^3} \beta_1, \tag{15.85}$$

was durch

$$\alpha_1 = \frac{4\pi}{3} M, \quad \beta_1 = \frac{4\pi R^3}{3} M \tag{15.86}$$

gelöst wird.

Im Außenraum ist das Feld dasjenige eines Dipols der Stärke $|\boldsymbol{m}| = \beta_1$:

$$\phi_\mathrm{m}^\mathrm{a} = \frac{\boldsymbol{r} \cdot \boldsymbol{m}}{r^3}, \quad \boldsymbol{m} = \frac{4\pi R^3}{3} M \hat{\boldsymbol{z}}, \tag{15.87}$$

während im Innenraum das Feld homogen ist: $\phi_\mathrm{m}^\mathrm{i} = \alpha_1 z$ und damit $\boldsymbol{H}^\mathrm{i} = -\alpha_1 \hat{\boldsymbol{z}}$, d. h.

$$\boldsymbol{H}^\mathrm{i} = -\frac{4\pi}{3} \boldsymbol{M}, \quad \boldsymbol{B}^\mathrm{i} = \boldsymbol{H}^\mathrm{i} + 4\pi \boldsymbol{M} = +\frac{8\pi}{3} \boldsymbol{M}. \tag{15.88}$$

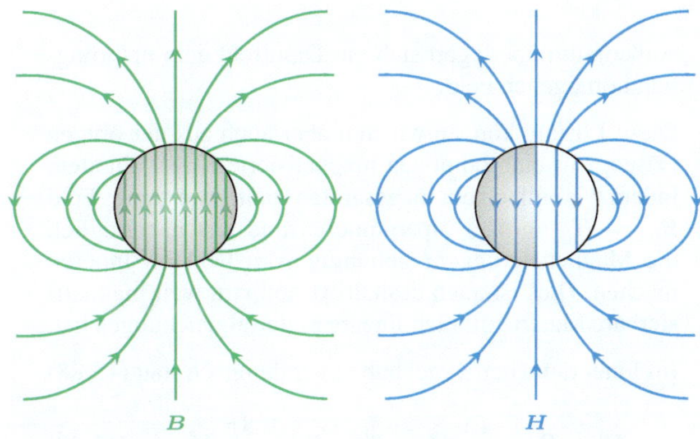

Abb. 15.11 Magnetisierte Kugel. Die Feldlinien des $\boldsymbol{B}$-Feldes (*grün*) bilden hier geschlossene Kurven, die zwar auf der Grenzfläche einen Knick haben, aber dort weder enden noch entspringen. Die Feldlinien des $\boldsymbol{H}$-Feldes (*blau*) haben dagegen Quellen auf der Oberfläche, gegeben durch den Magnetisierungsstrom. Im Gegensatz zu den $\boldsymbol{B}$-Feldern ist aber in Abwesenheit von freien Oberflächenströmen die Tangentialkomponente auf der Oberfläche stetig

Wie in Abb. 15.11 dargestellt, bilden die Feldlinien des $\boldsymbol{B}$-Feldes geschlossene Kurven, da überall $\operatorname{div} \boldsymbol{B} = 0$ gilt. Für das $\boldsymbol{H}$-Feld ist dagegen $\operatorname{div} \boldsymbol{H} = -4\pi\nabla \cdot \boldsymbol{M} = 4\pi M \cos\vartheta\, \delta(r - R)$ auf der Oberfläche der Kugel nicht null; entsprechend können dort Feldlinien entspringen oder enden. Umgekehrt erfüllt das $\boldsymbol{H}$-Feld im gesamten Raum $\mathbf{rot}\,\boldsymbol{H} = 0$, da wir keine freien Ströme im Spiel haben, was wiederum für das $\boldsymbol{B}$-Feld nur abseits der Kugeloberfläche zutrifft; $\mathbf{rot}\,\boldsymbol{B}$ hat dort Quellen, nämlich eine *Flächenmagnetisierungsstromdichte*, die in Analogie zu (15.61) gegeben ist durch den Sprung in den Tangentialkomponenten von $\boldsymbol{B}$:

$$\boldsymbol{n} \times (\boldsymbol{B}_2 - \boldsymbol{B}_1) = \frac{4\pi}{c} \boldsymbol{k}_\mathrm{M}. \tag{15.89}$$

◀

Magnetisierbare Kugel in einem äußeren Feld

Mit ganz ähnlicher Methodik hätten wir auch das Problem einer Kugel aus einem linearen magnetischen Medium mit Permeabilitätskonstante μ und linearem Zusammenhang $\boldsymbol{B} = \mu \boldsymbol{H}$ in einem homogenen äußeren Magnetfeld lösen können. Wie im Beispiel einer dielektrischen Kugel in einem ursprünglich homogenen elektrischen Feld (Abschn. 14.3) hätten wir statt natürlicher Randbedingung $\phi_\mathrm{m}(r \to \infty) \to -B_0 z = -B_0 r \cos\vartheta$ verlangt und diesen Term zur angesetzten Außenraumlösung hinzugegeben. Ebenso wie dort ergibt sich für die Lösung im Inneren der Kugel ein konstantes Feld, und im

Außenraum überlagert sich ein Dipolfeld dem ursprünglich homogenen Feld.

Diese Lösung können wir nun aber auch aus der obigen Lösung für eine homogen magnetisierte Kugel ableiten, indem wir einfach ein im gesamten Raum konstantes Feld $\boldsymbol{B}_0 = \boldsymbol{H}_0 = B_0\hat{z}$ superponieren und erst nachträglich die Magnetisierung $\boldsymbol{M}$ abhängig vom Feld im Inneren machen. Dies ist auch deshalb vorteilhaft, weil magnetisierbare Materie oft nichtlineare Materialgleichungen hat.

Im Innenraum der Kugel haben wir demnach statt (15.88)

$$\boldsymbol{H}^{\mathrm{i}} = \boldsymbol{B}_0 - \frac{4\pi}{3}\boldsymbol{M}, \quad \boldsymbol{B}^{\mathrm{i}} = \boldsymbol{B}_0 + \frac{8\pi}{3}\boldsymbol{M}. \tag{15.90}$$

Da im Außenraum $\boldsymbol{B}$ und $\boldsymbol{H}$ zusammenfallen und wir auch hier $\boldsymbol{B}_0$ addiert haben, sind offensichtlich weiterhin die Anschlussbedingungen (stetige Normalkomponenten für $\boldsymbol{B}$ und stetige Tangentialkomponenten für $\boldsymbol{H}$) erfüllt.

Ist die Materialgleichung, die $\boldsymbol{M}$ bestimmt, ein linearer Zusammenhang $\boldsymbol{B}^{\mathrm{i}} = \mu\boldsymbol{H}^{\mathrm{i}}$, dann folgt

$$\boldsymbol{B}_0 + \frac{8\pi}{3}\boldsymbol{M} = \mu\left(\boldsymbol{B}_0 - \frac{4\pi}{3}\boldsymbol{M}\right). \tag{15.91}$$

Daraus ergibt sich

$$\boldsymbol{M} = \frac{3}{4\pi}\frac{\mu - 1}{\mu + 2}\boldsymbol{B}_0, \tag{15.92}$$

in kompletter Analogie zum Ergebnis (14.71) für die Polarisation einer dielektrischen Kugel im äußeren Feld. Allerdings kann im Gegensatz zur Dielektrizitätskonstanten ϵ die Permeabilitätskonstante μ größer oder kleiner als 1 sein. Im paramagnetischen Fall $\mu > 1$ ist $\boldsymbol{M}$ parallel zu $\boldsymbol{B}_0$, im diamagnetischen dagegen entgegengesetzt. Entsprechend wird das Magnetfeld im Inneren der Kugel,

$$\boldsymbol{B}^{\mathrm{i}} = \frac{3}{1 + \frac{2}{\mu}}\boldsymbol{B}_0, \tag{15.93}$$

verstärkt oder abgeschwächt.

Ist die Kugel dagegen ferromagnetisch mit einer nichtlinearen Magnetisierungskurve $M(H)$, die noch dazu Hysterese aufweist wie in Abb. 15.3, dann muss diese Materialgleichung zusammen mit dem obigen Ergebnis $H = B_0 - \frac{4\pi}{3}M$ im Allgemeinen numerisch aufgelöst werden. Die Kurve $M(H)$ ist somit mit der Geraden $M = \frac{3}{4\pi}(B_0 - H)$ zu schneiden und liefert dann die Magnetisierung als Funktion von B_0. In Abb. 15.12 ist dies für verschwindendes äußeres Feld $B_0 = 0$ skizziert, was die Remanenzmagnetisierung festlegt.

Dieses Ergebnis ist übrigens von der Geometrie des ferromagnetischen Körpers abhängig. Löst man dieses Problem für ein Ellipsoid anstatt einer Kugel, ergeben sich andere Steigungen für die Gerade: flacher für oblate, scheibenartige Gebilde, steiler für prolate, zigarrenförmige. (Die in Abb. 15.3 eingezeichnete Remanenzmagnetisierung bezieht sich auf den Grenzfall eines dünnen Stabes, der zu einer senkrechten Gerade gehört.) Dementsprechend lassen sich bei Stabmagneten generell höhere Magnetisierungen erreichen als bei scheibenförmigen Magneten.

Der Faktor N in $H = B_0 - 4\pi NM$, der für die Kugel $N = \frac{1}{3}$ ist und allgemein zwischen 0 und 1 liegen kann, heißt *Entmagnetisierungsfaktor*. Er stimmt mit dem Entelektrifizierungsfaktor (14.175) überein, der in Aufgabe 14.8 für ein elektrisch polarisiertes prolates Ellipsoid berechnet wurde. ◀

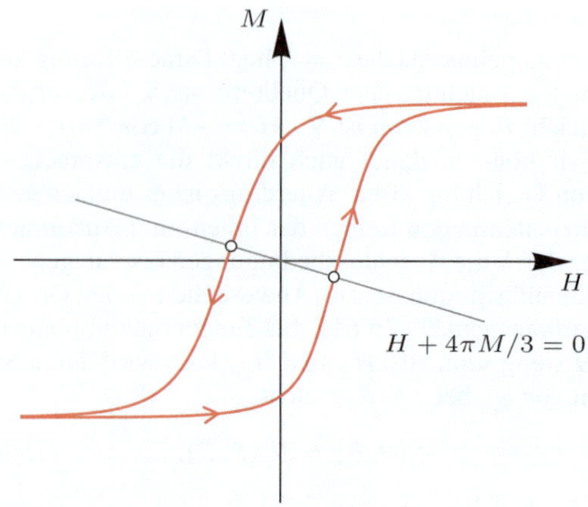

Abb. 15.12 Magnetisierung einer ferromagnetischen Kugel nach dem Abschalten äußerer Felder: Die Remanenzmagnetisierung ergibt sich durch Schneiden der Hysteresekurve mit der Geraden $H + 4\pi NM = 0$, wobei der Entmagnetisierungsfaktor $N = \frac{1}{3}$ für die Kugelgeometrie beträgt. Für prolate, zigarrenförmige Geometrien ist N niedriger und die Gerade steiler; für abgeflachte (oblate) Geometrien ist N größer und die Gerade flacher

15.4 Magnetostatische Energie

In (11.111) haben wir einen auf fundamentaler Ebene allgemeingültigen Ausdruck für die Energiedichte des elektromagnetischen Feldes hergeleitet. Magnetfelder tragen dazu $w_{\mathrm{em}} = \frac{1}{8\pi}\boldsymbol{B}^2$ bei, sodass die gesamte, in einem Volumen V vorhandene Energie in der Magnetostatik durch

$$W_V = \frac{1}{8\pi}\int_V \mathrm{d}V\,\boldsymbol{B}^2 \tag{15.94}$$

gegeben ist. Dass hier im Vergleich zu (12.81) einfach $\boldsymbol{E}$ durch $\boldsymbol{B}$ zu ersetzen ist, ist allerdings etwas trügerisch. Bei der

Herleitung des Energiesatzes haben wir ja gesehen, dass nur elektrische Felder Arbeit an Ladungsträgern verrichten. Wenn sich ein magnetisches Feld aufbaut, sind es in Wirklichkeit die durch das Faraday'sche Induktionsgesetz $\mathbf{rot}\,\boldsymbol{E} = -\frac{1}{c}\partial_t \boldsymbol{B}$ damit unweigerlich einhergehenden elektrischen Felder, die letztlich für den Aufbau von magnetischer Feldenergie verantwortlich sind.

Mit $\boldsymbol{B} = \nabla \times \boldsymbol{A}$ und $\nabla \times \boldsymbol{B} = \frac{4\pi}{c}\boldsymbol{j}$ können wir (15.94) auch alternativ schreiben als

$$\begin{aligned} W_V &= \frac{1}{8\pi}\int_V \mathrm{d}V \boldsymbol{B}\cdot(\nabla\times\boldsymbol{A}) \\ &= \frac{1}{8\pi}\int_V \mathrm{d}V\,\nabla\cdot(\boldsymbol{A}\times\boldsymbol{B}) + \frac{1}{8\pi}\int_V \mathrm{d}V\boldsymbol{A}\cdot(\nabla\times\boldsymbol{B}) \\ &= \frac{1}{8\pi}\oint_{\partial V} \mathbf{d}\boldsymbol{f}\cdot(\boldsymbol{A}\times\boldsymbol{B}) + \frac{1}{2c}\int_V \mathrm{d}V\boldsymbol{A}\cdot\boldsymbol{j}. \end{aligned} \tag{15.95}$$

Wenn V der gesamte Raum ist und natürliche Randbedingungen vorliegen, sodass die Felder im Unendlichen abfallen, ist die magnetische Feldenergie durch

$$W = \frac{1}{2c}\int_V \mathrm{d}V\boldsymbol{A}\cdot\boldsymbol{j} \tag{15.96}$$

gegeben.

In der makroskopischen Magnetostatik ist ganz analog zur Situation in der makroskopischen Elektrostatik und wie in Abschn. 14.4 diskutiert der Ausdruck (15.94) nicht mehr gültig. Die notwendige Verallgemeinerung lässt sich allerdings im Gegensatz zur Situation in der Elektrostatik nicht allein aus der Magnetostatik begründen, da für Energiebetrachtungen die Gleichungen der makroskopischen Elektrodynamik gebraucht werden; magnetische Feldenergie ist wie erwähnt ohne das dynamische Induktionsgesetz nicht erklärbar.

Wie wir in Abschn. 15.7 sehen werden, behält aber der Ausdruck (15.96) in der makroskopischen Magnetostatik für lineare Medien seine Gültigkeit, wenn dort $\boldsymbol{j}$ durch die freie Stromdichte $\boldsymbol{j}_\mathrm{f}$ ersetzt wird. Mit $\boldsymbol{j}_\mathrm{f} = \frac{c}{4\pi}\nabla\times\boldsymbol{H}$ kann dies nach einer partiellen Integration auch wieder mit Feldgrößen allein geschrieben werden.

Magnetische Feldenergie in linearen Medien

$$W = \frac{1}{8\pi}\int \mathrm{d}V\boldsymbol{B}\cdot\boldsymbol{H} \tag{15.97}$$

Wechselwirkungsenergien und Induktionskoeffizienten

Wenn natürliche Randbedingungen vorliegen wie im Fall von Stromverteilungen, die sich im Vakuum befinden und im Endlichen lokalisiert sind, dann können wir mit der Lösung der Vektor-Poisson-Gleichung (15.9) den Ausdruck (15.96) für die Feldenergie auch schreiben als

$$W = \frac{1}{2c}\int \mathrm{d}V\boldsymbol{A}\cdot\boldsymbol{j} = \frac{1}{2c^2}\int\!\!\int \mathrm{d}V\mathrm{d}V'\frac{\boldsymbol{j}(\boldsymbol{r})\cdot\boldsymbol{j}(\boldsymbol{r}')}{|\boldsymbol{r}-\boldsymbol{r}'|}. \tag{15.98}$$

Frage 9

Begründen Sie, dass in dem Fall, dass der gesamte Raum durch ein homogenes Medium mit Permeabilitätskonstante μ ausgefüllt ist, obiger Ausdruck einfach mit μ zu multiplizieren ist und alle $\boldsymbol{j}$ durch $\boldsymbol{j}_\mathrm{f}$ zu ersetzen sind.

Bei einer Aufteilung von $\boldsymbol{j}$ in Subsysteme $\boldsymbol{j}(\boldsymbol{r}) = \sum_n \boldsymbol{j}_n(\boldsymbol{r})$ führt dies auf

$$\begin{aligned} W &= \frac{1}{2c^2}\sum_{n,m}\int\!\!\int \mathrm{d}V\mathrm{d}V'\frac{\boldsymbol{j}_n(\boldsymbol{r}')\boldsymbol{j}_m(\boldsymbol{r})}{|\boldsymbol{r}-\boldsymbol{r}'|} \\ &= \frac{1}{2c^2}\sum_{n}\int\!\!\int \mathrm{d}V\mathrm{d}V'\frac{\boldsymbol{j}_n(\boldsymbol{r}')\boldsymbol{j}_n(\boldsymbol{r})}{|\boldsymbol{r}-\boldsymbol{r}'|} \\ &\quad + \frac{1}{c^2}\sum_{n<m}\int\!\!\int \mathrm{d}V\mathrm{d}V'\frac{\boldsymbol{j}_n(\boldsymbol{r}')\boldsymbol{j}_m(\boldsymbol{r})}{|\boldsymbol{r}-\boldsymbol{r}'|}, \end{aligned} \tag{15.99}$$

wobei wir in Selbstenergien ($n = m$) und Wechselwirkungsenergien ($n \neq m$) aufgeteilt und bei letzteren die Summation auf unterschiedliche Paarungen erstreckt haben, was den Faktor $\frac{1}{2}$ kürzen ließ.

Oft hat man es mit einem System von separaten linienförmigen Stromkreisen C_n zu tun, in denen jeweils ein konstanter Strom I_n fließt. Dann reduziert sich in den Integralen $\mathrm{d}V\boldsymbol{j}_n(\boldsymbol{r}) \to I_n\,\mathbf{d}\boldsymbol{r}$, und wir bekommen Linien- statt Volumenintegrale:

$$\begin{aligned} W &= \frac{1}{2}\sum_{n,m} I_n I_m \frac{1}{c^2}\oint_{C_m}\oint_{C_n}\frac{\mathbf{d}\boldsymbol{r}_n\cdot\mathbf{d}\boldsymbol{r}_m}{|\boldsymbol{r}_n-\boldsymbol{r}_m|} \\ &=: \frac{1}{2}\sum_{n,m} L_{nm} I_n I_m. \end{aligned} \tag{15.100}$$

Die Koeffizienten $L_{nm} = L_{mn}$ hängen offenbar nur von der Geometrie der Anordnung der Stromkreise ab und werden *Induktionskoeffizienten* genannt. Die für die Selbstenergie verantwortlichen Koeffizienten mit $n = m$ heißen *Selbstinduktionskoeffizienten*, die für die Wechselwirkungsenergie verantwortlichen mit $n \neq m$ *Gegeninduktionskoeffizienten*.

Teil II

Diese Koeffizienten geben auch unmittelbar den linearen Zusammenhang des magnetischen Flusses $\Phi_n := \Phi_{\text{m}}^{(n)}$ durch die n-te Leiterschleife mit den einzelnen Stromstärken an:

$$\begin{aligned}\Phi_n &= \int_{F_n} \mathrm{d}\boldsymbol{f}_n \cdot \boldsymbol{B} = \int_{F_n} \mathrm{d}\boldsymbol{f}_n \cdot \operatorname{rot}\boldsymbol{A} \\ &= \oint_{C_n} \mathrm{d}\boldsymbol{r}_n \cdot \boldsymbol{A}(\boldsymbol{r}_n) \\ &= \sum_m I_m \frac{1}{c} \oint_{C_n}\oint_{C_m} \frac{\mathrm{d}\boldsymbol{r}_n \cdot \mathrm{d}\boldsymbol{r}_m}{|\boldsymbol{r}_n - \boldsymbol{r}_m|},\end{aligned} \tag{15.101}$$

also

$$\frac{1}{c}\Phi_n = \sum_m L_{nm} I_m. \tag{15.102}$$

Vergleicht man dies mit den Relationen, die in der Elektrostatik (Abschn. 12.6) durch die Kapazitätskoeffizienten geliefert wurden, nämlich

$$W^{\text{el}} = \frac{1}{2} \sum_{m,n} C_{mn}\, \phi_m \phi_n \tag{15.103}$$

und

$$Q_m = \sum_n C_{mn}\, \phi_n, \tag{15.104}$$

so fällt auf, dass einmal Quellen (die I_n) und einmal Feldgrößen (die ϕ_n) auf der rechten Seite stehen. Dies ist aus praktischer Sicht insofern vorteilhaft, als Ströme und Potenziale die experimentell am direktesten messbaren Größen darstellen. Da die Feldenergie aber eine positiv definite Größe ist und damit die quadratischen Ausdrücke in den I_n bzw. ϕ_n positiv definite quadratische Bilinearformen sind, existieren auch die inversen Matrizen zu L_{mn} bzw. C_{mn}. Wir könnten also genauso gut

$$W^{\text{el}} = \frac{1}{2} \sum_{m,n} C_{mn}^{-1}\, Q_m Q_n, \quad \phi_m = \sum_n C_{mn}^{-1}\, Q_n \tag{15.105}$$

schreiben oder die magnetische Feldenergie als quadratische Form der Φ_n darstellen.

Bei den oben für linienförmige Stromverteilungen definierten Induktionskoeffizienten stellt sich allerdings das Problem, dass die Darstellung der Selbstinduktionskoeffizienten durch das zweifache Wegintegral über ein und denselben Weg,

$$L_{nn} = \frac{1}{c^2} \oint_{C_n}\oint_{C_n} \frac{\mathrm{d}\boldsymbol{r} \cdot \mathrm{d}\boldsymbol{r}'}{|\boldsymbol{r} - \boldsymbol{r}'|}, \tag{15.106}$$

singulär ist. Um hier ein endliches Ergebnis zu bekommen, muss die Idealisierung eines unendlich dünnen Leiters aufgegeben und die Rechnung mit einer Stromverteilung über einen endlichen Querschnitt durchgeführt werden. Das Ergebnis für die Selbstinduktion einer unendlich dünnen Leiterschleife hängt beispielsweise logarithmisch von diesem Querschnitt ab (Becker & Sauter 1964).

Als ein wichtiges Beispiel, wo die Selbstinduktivität ausgerechnet werden kann, ohne auf unendliche Beiträge von der Selbstenergie zu stoßen, soll die Selbstinduktion einer langen Spule berechnet werden, bei der die Stromverteilung, wie wir sehen werden, als ein Flächenstrom idealisiert werden kann. Außerdem können wir hier den Selbstinduktionskoeffizienten einfach aus der Abhängigkeit der direkt berechneten Feldenergie vom Quadrat der Stromstärke ablesen.

Selbstinduktion einer langen Spule

In einer unendlich langen Spule mit konstantem, aber ansonsten beliebigem Querschnitt, in der ein Strom in so engen Windungen fließt, dass er homogen die Längsachse umkreist, herrscht ein im Inneren lokalisiertes homogenes Feld. Dies kann man daraus schließen, dass im Wegintegral

$$\oint_{\partial F} \mathrm{d}\boldsymbol{s} \cdot \boldsymbol{B} = \frac{4\pi}{c} I_F \tag{15.107}$$

bei einer Wahl des Weges ∂F wie in Abb. 15.13 das Teilstück C_1 an beliebiger Stelle im Inneren positioniert werden kann. Im Außenraum ist die Position von C_3 ebenfalls beliebig, aber dort verschwindet das Feld für große Abstände; somit muss es dort identisch null sein.

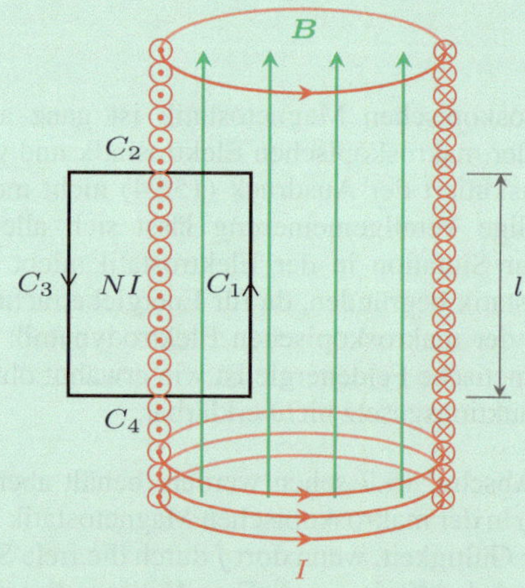

Abb. 15.13 Zur Berechnung des Magnetfeldes im Inneren einer unendlich langen Spule mit konstantem, aber ansonsten beliebigen Querschnitt, die so eng gewickelt sein soll, dass der Strom annähernd homogen und rein azimuthal fließt. Das Magnetfeld ist im Inneren homogen und in Längsrichtung orientiert, während es außerhalb identisch verschwindet. Dies folgt aus dem Wegintegral (15.107) und der Tatsache, dass die Teile des Weges C_1 sowie C_3 an beliebiger Stelle im Inneren bzw. im Äußeren der Spule sein können. Das Feld ist also überall homogen, während es bei großen Abständen von der Achse gegen null zu gehen hat

Betrachten wir nun eine Spule der Länge ℓ mit N Windungen, die so lang sei, dass wir sie durch einen entsprechenden Ausschnitt aus der unendlich langen Spule annähern können, weil Randeffekte bei hinreichender Länge vernachlässigbar werden. Dann liefert eine Integration mit C_1 der Länge ℓ das Ergebnis

$$\ell B = \frac{4\pi}{c} NI, \qquad (15.108)$$

weil der Strom die Fläche F so oft durchfließt, wie Windungen vorhanden sind. Die Spule selbst können wir als N Ringströme auffassen, wobei jede der N Flächen über Verzweigungsschnitte mit der nächsten verbunden ist. Der gesamte magnetische Fluss durch die Spule ist daher $\Phi_{\text{m}} = NB|F|$, wobei $|F|$ der Flächeninhalt des Querschnittes ist.

Die Selbstinduktion L ergibt sich dann aus

$$L = \frac{1}{c}\Phi_{\text{m}}/I = N\frac{4\pi\, NI|F|}{c^2\,\ell}/I = \frac{4\pi N^2 V}{c^2\,\ell^2} \qquad (15.109)$$

mit $V \equiv |F|\ell$. Dasselbe Ergebnis finden wir, wenn wir stattdessen die im Volumen V enthaltene Feldenergie $W_V = \frac{1}{8\pi}B^2 V$ durch $I^2/2$ dividieren:

$$L = \frac{1}{4\pi}\frac{B^2 V}{I^2} = \frac{1}{4\pi}\left(\frac{4\pi\, N}{c\,\ell}\right)^2 V. \qquad (15.110)$$

Ist im Inneren der Spule nicht Vakuum, sondern ein magnetisches Material mit Permeabilitätskonstante μ vorhanden, dann erhöht sich die Feldenergie und damit L um diesen Faktor: Es gilt dann $H = \frac{4\pi}{c}NI/\ell$ und $B = \mu H$ in $W_V = \frac{1}{8\pi}BHV$. ◄

Lokalisierte Stromverteilung in einem äußeren Feld

Betrachten wir nun eine lokalisierte Stromverteilung in einem äußeren Magnetfeld und die dazu gehörende Wechselwirkungsenergie. Diese ist durch

$$W^{\text{ww}} = \frac{1}{c}\int \mathrm{d}V\, \boldsymbol{A}\cdot\boldsymbol{j} \qquad (15.111)$$

gegeben, ohne den Faktor $\frac{1}{2}$, der in (15.98) auftaucht, denn $\boldsymbol{A}$ ist hier *nicht* das zu $\boldsymbol{j}$ gehörende Gesamtfeld. Das Feld wird hier stattdessen von irgendwelchen nicht explizit angeführten externen Stromverteilungen $\boldsymbol{j}^{\text{ext}}$ erzeugt, und W^{ww} entspricht daher dem letzten Term in (15.99) in einer Aufteilung von $\boldsymbol{j}^{\text{ges}}$ in zwei Subsysteme $\boldsymbol{j}$ und $\boldsymbol{j}^{\text{ext}}$. Da sich dieser Term aus zwei identischen Beiträgen zusammensetzt, fällt dabei der Faktor $\frac{1}{2}$ weg.

Wie im Fall einer Ladungsverteilung in einem äußeren elektrischen Feld, (13.125), wollen wir nun diesen Ausdruck unter der Annahme näherungsweise berechnen, dass das magnetische Feld $\boldsymbol{B} = \nabla\times\boldsymbol{A}$ schwach über die Ausdehnung der Ladungsverteilung $\boldsymbol{j}$ veränderlich ist. Dann können wir wieder eine Taylor-Entwicklung um die Position von $\boldsymbol{j}$ durchführen, die wir ohne Beschränkung der Allgemeinheit mit dem Ursprung identifizieren können:

$$\boldsymbol{A}(\boldsymbol{r}) = \boldsymbol{A}(0) + (\boldsymbol{r}\cdot\nabla)\boldsymbol{A}\Big|_0 + \ldots \qquad (15.112)$$

Dies gibt

$$\begin{aligned} W^{\text{ww}} &= \frac{1}{c}\int \mathrm{d}V\boldsymbol{j}(\boldsymbol{r})\cdot\boldsymbol{A}(0) \qquad (15.113)\\ &+ \frac{1}{c}\int \mathrm{d}V\boldsymbol{j}(\boldsymbol{r})\left(\boldsymbol{r}\cdot\nabla_R\right)\cdot\boldsymbol{A}(\boldsymbol{R})\Big|_{\boldsymbol{R}=0} + \ldots \end{aligned}$$

Wie wir schon in (15.20) gezeigt haben, ist $\int \mathrm{d}V\boldsymbol{j} = 0$, und der erste Term verschwindet daher. Für den zweiten Term können wir wieder die Umformung (15.21) verwenden (hier ohne gestrichene Variablen). Dies ergibt

$$\begin{aligned} W^{\text{ww}} &= \frac{1}{2c}\int \mathrm{d}V\left[(\boldsymbol{r}\times\boldsymbol{j}(\boldsymbol{r}))\times\nabla_R\right]\cdot\boldsymbol{A}(\boldsymbol{R})\Big|_{\boldsymbol{R}=0} + \ldots\\ &= \frac{1}{2c}\int \mathrm{d}V\,(\boldsymbol{r}\times\boldsymbol{j}(\boldsymbol{r}))\cdot\left(\nabla_R\times\boldsymbol{A}(\boldsymbol{R})\right)\Big|_{\boldsymbol{R}=0} + \ldots\\ &= \boldsymbol{m}\cdot\boldsymbol{B}(0) + \ldots \qquad (15.114) \end{aligned}$$

Frage 10

Verifizieren Sie diese Herleitung mit (15.20) in Indexschreibweise.

Verschieben wir die fest vorgegebene Stromverteilung, ohne ihre Form und Stärke zu verändern an einen anderen Punkt $\boldsymbol{R} \neq 0$, dann bekommen wir die nun $\boldsymbol{R}$-abhängige Wechselwirkungsenergie

$$W^{\text{ww}}(\boldsymbol{R}) = \boldsymbol{m}\cdot\boldsymbol{B}(\boldsymbol{R}) + \ldots \qquad (15.115)$$

Dieses Ergebnis unterscheidet sich überraschenderweise von der Wechselwirkungsenergie eines elektrischen Dipols in einem äußeren elektrischen Feld im Vorzeichen ((13.129) beinhaltet $-\boldsymbol{p}\cdot\boldsymbol{E}$). Dies scheint nicht zur empirischen Tatsache zu passen, dass sich magnetische Dipole in äußeren Magnetfeldern ganz analog zu elektrischen Dipolen in elektrischen Feldern verhalten. Wir können Letzteres auch direkt nachrechnen, indem wir die Lorentz-Kraft auf eine lokalisierte Stromverteilung betrachten.

Eine ganz analoge Rechnung wie zuvor zur Wechselwirkungsenergie liefert

$$
\begin{aligned}
\boldsymbol{F} &= \frac{1}{c}\int \mathrm{d}V \boldsymbol{j}(\boldsymbol{r}) \times \boldsymbol{B}(\boldsymbol{r}) \\
&= \frac{1}{c}\int \mathrm{d}V \boldsymbol{j}(\boldsymbol{r}) \times \left[(\boldsymbol{r}\cdot\nabla_R)\boldsymbol{B}(\boldsymbol{R})\right]_{R=0} + \ldots \\
&= \frac{1}{c}\int \mathrm{d}V \left[\boldsymbol{j}(\boldsymbol{r})\,(\boldsymbol{r}\cdot\nabla_R)\right] \times \boldsymbol{B}(\boldsymbol{R})\Big|_{R=0} + \ldots \qquad (15.116)
\end{aligned}
$$

Wieder können wir (15.21) verwenden, um dies umzuformen auf

$$
\begin{aligned}
\boldsymbol{F} &= \left[\frac{1}{2c}\int \mathrm{d}V\ (\boldsymbol{r}\times\boldsymbol{j}(\boldsymbol{r}))\times\nabla_R\right]\times\boldsymbol{B}(\boldsymbol{R})\Big|_{R=0} + \ldots \\
&= \left[\boldsymbol{m}\times\nabla_R\right]\times\boldsymbol{B}(\boldsymbol{R})\Big|_{R=0} + \ldots \\
&= \nabla_R\ (\boldsymbol{m}\cdot\boldsymbol{B}(\boldsymbol{R}))\Big|_{R=0} + \ldots, \qquad (15.117)
\end{aligned}
$$

wobei im letzten Schritt $\nabla\cdot\boldsymbol{B} = 0$ verwendet wurde.

Dieser Ausdruck stimmt in Form und Vorzeichen mit der Kraft überein, die ein elektrischer Dipol in einem elektrischen Feld erfährt. Letztere hatten wir in (13.136) als $(\boldsymbol{p}\cdot\nabla)\boldsymbol{E}|_0$ bestimmt. Wegen $\nabla\times\boldsymbol{E} = 0$ gilt $\partial_i E_j = \partial_j E_i$, und es ist daher

$$[(\boldsymbol{p}\cdot\nabla)\boldsymbol{E}]_j = p_i\partial_i E_j = p_i\partial_j E_i = [\nabla(\boldsymbol{p}\cdot\boldsymbol{E})]_j\,. \qquad (15.118)$$

(Analoges gilt auch für den magnetischen Dipol, denn die Quellen des äußeren Magnetfeldes sind voraussetzungsgemäß weiter weg, sodass am Ort des Dipols $\nabla\times\boldsymbol{B} = 0$ gilt.) Wir sehen also, dass für die Kräfte auf elektrische und magnetische Dipole die Vorzeichen übereinstimmen, nicht aber für die zugehörigen Wechselwirkungsenergien.

Die Kraft auf elektrische Dipole ist der negative Gradient von $-(\boldsymbol{p}\cdot\boldsymbol{E})$, und damit ist diese Wechselwirkungsenergie zugleich das mechanische Potenzial für elektrische Dipole. Bei magnetischen Dipolen hat aber die Wechselwirkungsenergie gerade das umgekehrte Vorzeichen:

$$W^{\text{ww}} = +\boldsymbol{m}\cdot\boldsymbol{B}, \quad W^{\text{mech}} = -\boldsymbol{m}\cdot\boldsymbol{B}. \qquad (15.119)$$

Dies wird gelegentlich als *magnetostatisches Paradoxon* bezeichnet. Die Auflösung dieses Paradoxons ist, dass man Stromkreise in einem inhomogenen Magnetfeld nicht verschieben kann, ohne Induktionsspannungen zu generieren, die die Ströme verändern würden, wenn nicht Energie von außen so nachgeliefert wird, dass sie dennoch konstant bleiben. Bei starren und konstant gehaltenen Strömen wird die Feldenergie nun *maximiert*. Eine externe Stromquelle, die für die Aufrechterhaltung der Ströme sorgt, muss offenbar gerade das Doppelte der Feldenergie beitragen:

$$W^{\text{ww}} = W^{\text{mech}} + W^{\text{ext}} = -W^{\text{ww}} + W^{\text{ext}} \Rightarrow W^{\text{ext}} = 2W^{\text{ww}}. \qquad (15.120)$$

Die Situation ist also ganz ähnlich der eines Dielektrikums, das in einen Kondensator hineingezogen wird, dessen Potenzial durch eine äußere Batterie konstant gehalten wird. Wie wir in (14.94) gesehen haben, trägt auch dort die äußere Batterie gerade die doppelte Feldenergie bei.

Zum Abschluss soll der Vollständigkeit halber auch noch das mechanische Drehmoment $\boldsymbol{N}$ auf eine lokalisierte Stromverteilung im äußeren Magnetfeld berechnet werden. (Da $\boldsymbol{M}$ in diesem Abschnitt für die Magnetisierung vergeben ist, verwenden wir als Formelzeichen für das Drehmoment nun $\boldsymbol{N}$.) Analog zu (15.117) entwickeln wir

$$
\begin{aligned}
\boldsymbol{N} &= \frac{1}{c}\int \mathrm{d}V \boldsymbol{r}\times(\boldsymbol{j}\times\boldsymbol{B}) \qquad (15.121)\\
&= \frac{1}{c}\int \mathrm{d}V\,(\boldsymbol{r}\cdot\boldsymbol{B}(0))\,\boldsymbol{j}(\boldsymbol{r}) - \frac{1}{c}\boldsymbol{B}(0)\int \mathrm{d}V\,(\boldsymbol{r}\cdot\boldsymbol{j}(\boldsymbol{r})) + \ldots
\end{aligned}
$$

mit dem Unterschied, dass hier schon der niedrigste Term der Taylor-Entwicklung von $\boldsymbol{B}$ den führenden Beitrag liefern wird. Das letzte Integral verschwindet, weil es wegen

$$x_i j_i = \partial_i\left(\frac{1}{2}x_j x_j j_i\right) \qquad (15.122)$$

mit dem Gauß'schen Satz als Oberflächenintegral geschrieben werden kann, die Stromverteilung aber voraussetzungsgemäß lokalisiert ist. Das andere Integral kann wieder mittels (15.21) umgeschrieben werden und ergibt

$$
\begin{aligned}
\boldsymbol{N} &= \frac{1}{2}\int \mathrm{d}V\,[\boldsymbol{r}\times\boldsymbol{j}(\boldsymbol{r})]\times\boldsymbol{B}(0) + \ldots \\
&= \boldsymbol{m}\times\boldsymbol{B}(0) + \ldots \qquad (15.123)
\end{aligned}
$$

Dies ist ganz analog zum Drehmoment $\boldsymbol{p}\times\boldsymbol{E}$ auf einen elektrischen Dipol in (13.138). Beide stellen sich im mechanischen Gleichgewicht parallel zu den zugehörigen äußeren Feldern ein.

15.5 Bewegung von geladenen Teilchen in Magnetfeldern

Die Bewegung geladener Teilchen im konservativen Kraftfeld elektrostatischer Felder ist ganz analog zu der von Punktmassen im Gravitationsfeld, wie wir sie in Teil I studiert haben, zumindest solange man von Abstrahlungseffekten absehen kann, die wir in Kap. 19 betrachten werden.

Magnetfelder üben die Lorentz-Kraft $\frac{q}{c}\boldsymbol{v}\times\boldsymbol{B}$ auf Punktladungen mit Ladung q aus und führen zu qualitativ sehr unterschiedlichen Effekten. Insbesondere tragen sie nicht zur Arbeit bei, wie wir schon in (11.101) gesehen haben. Sind nur Magnetfelder vorhanden, ändert sich daher nie der Betrag von $\boldsymbol{v}$, wohl aber dessen Richtung (außer $\boldsymbol{v}$ ist exakt parallel zu $\boldsymbol{B}$, denn dann verschwindet die Lorentz-Kraft).

Bewegung in einem homogenen Magnetfeld

In einem äußeren magnetischen Feld lautet die Bewegungsgleichung für eine Punktladung mit Masse m

$$\frac{\mathrm{d}}{\mathrm{d}t} m\boldsymbol{v}(t) = \frac{q}{c} \boldsymbol{v} \times \boldsymbol{B}(\boldsymbol{x}(t)). \tag{15.124}$$

Ist das Magnetfeld räumlich und zeitlich konstant und wählen wir in kartesischen Koordinaten die z-Richtung in Richtung von $\boldsymbol{B}$, so haben wir die folgenden gekoppelten Differenzialgleichungen für die Komponenten von $\boldsymbol{v}$:

$$\frac{\mathrm{d}}{\mathrm{d}t} \begin{pmatrix} v_x \\ v_y \\ v_z \end{pmatrix} = \begin{pmatrix} \omega_B \, v_y \\ -\omega_B \, v_x \\ 0 \end{pmatrix}, \qquad \omega_B = \frac{qB}{mc}. \tag{15.125}$$

(Diese Form bleibt sogar bei relativistischer Bewegung erhalten, wenn m durch $\gamma m = m/\sqrt{1-(v/c)^2}$ ersetzt wird, da $|\boldsymbol{v}|$ und damit γ nicht von der Zeit abhängt.)

Diese Gleichungen können durch nochmaliges Ableiten entkoppelt werden und führen auf Schwingungsgleichungen

$$\ddot{v}_x = -\omega_B^2 \, v_x, \quad \ddot{v}_y = -\omega_B^2 \, v_y. \tag{15.126}$$

Nehmen wir z. B. an, dass die Geschwindigkeit zum Zeitpunkt $t = 0$ keine Komponente in y-Richtung hat, was durch geeignete Koordinatenwahl immer möglich ist, dann ist die Lösung für $\boldsymbol{v}(t)$ gegeben durch

$$\boldsymbol{v}(t) = \begin{pmatrix} v_x(0) \, \cos \omega_B t \\ -v_x(0) \, \sin \omega_B t \\ v_z(0) \end{pmatrix}. \tag{15.127}$$

Integration über t gibt die Bahnkurve

$$\boldsymbol{x}(t) = \boldsymbol{x}(0) + \begin{pmatrix} a \, \sin \omega_B t \\ a \, [\cos \omega_B t - 1] \\ v_z(0) \, t \end{pmatrix}, \qquad a = \frac{v_x(0)}{\omega_B}. \tag{15.128}$$

Frage 11

Wie würde die Lösung aussehen, wenn $v_x(0)$ null sein soll und stattdessen $v_y(0)$ vorgegeben wird?

Das geladene Teilchen rotiert also in der xy-Ebene mit Kreisfrequenz ω_B, während es sich gleichförmig in z-Richtung bewegt (Abb. 15.14). Es folgt somit einer Schraubenlinie mit konstanter Steigung. Der Radius $a = v_\perp/\omega_B$ wird als *Larmor-Radius* bezeichnet; die Kreisfrequenz ω_B wird manchmal *Zyklotronfrequenz* genannt, nach dem ersten modernen Teilchenbeschleuniger, wo geladene Teilchen durch elektrische Felder mit dieser Frequenz bei ihrer Kreisbewegung beschleunigt werden (und dabei Geschwindigkeit aufnehmen, wodurch sich a vergrößert, wenn nicht gleichzeitig das $\boldsymbol{B}$-Feld erhöht wird).

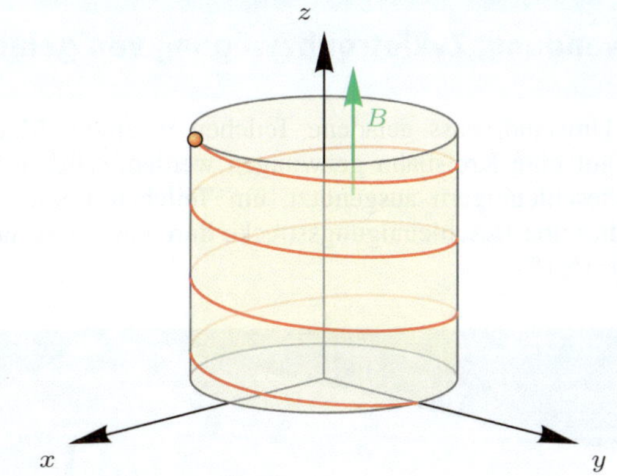

Abb. 15.14 Ein positiv geladenes Teilchen in einem homogenen Magnetfeld mit generischer Anfangsgeschwindigkeit rotiert im Uhrzeigersinn in der xy-Ebene, wenn das Magnetfeld in die positive z-Richtung zeigt, und bewegt sich gleichförmig entlang der z-Achse. Die Bahnkurve ist somit eine Schraubenlinie mit konstanter Steigung

Liegt zusätzlich zu einem homogenen Magnetfeld ein homogenes elektrisches Feld vor, können die Bewegungsgleichungen ebenfalls leicht gelöst werden (Aufgabe 15.10). Bemerkenswerterweise können nur $\boldsymbol{E}$-Feldkomponenten in Richtung des homogenen $\boldsymbol{B}$-Feldes ein Teilchen unbeschränkt beschleunigen. Ein $\boldsymbol{E}$-Feld senkrecht zum $\boldsymbol{B}$-Feld führt dagegen zu einer periodischen Bewegung in Richtung des $\boldsymbol{E}$-Feldes und zu einer gleichförmigen Bewegung senkrecht zu $\boldsymbol{E}$ und $\boldsymbol{B}$.

Magnetischer Spiegel und magnetische Flasche

Betrachten wir wieder den Fall, dass sich ein Teilchen in einem reinen Magnetfeld bewegt, das weitgehend homogen ist, sodass es sich in Schraubenbewegung entlang der Richtung von $\boldsymbol{B}$ fortbewegt. Was passiert, wenn es dabei in eine Region kommt, in der das Magnetfeld an Stärke zunimmt?

Diese Frage lässt sich näherungsweise durch folgende Überlegung beantworten. Wenn das Magnetfeld bezüglich der Schraubenlinie in etwa zylindersymmetrisch bleibt, dann liegt näherungsweise eine Rotationssymmetrie vor, die sicherstellt, dass der Drehimpuls des Teilchens während seiner Driftbewegung erhalten bleibt. Der Drehimpuls ist proportional zum Produkt aus Larmor-Radius und Geschwindigkeit um die Rotationsachse, $av_\perp$, wobei

$$v_\perp = a\omega_B = aqB_z/(mc) \tag{15.129}$$

ist. Aus der Konstanz von $av_\perp$ folgt damit $a^2 B_z = \text{const}$, was bedeutet, dass der magnetische Fluss innerhalb der Schraubenlinie ebenfalls konstant bleibt. In anderen Worten, das Teilchen folgt auf seiner Spiralbahn den magnetischen Flussröhren, die von den Magnetfeldlinien gebildet werden (Abb. 15.19).

Teil II

Anwendung: Zyklotronbewegung von geladenen Teilchen im Magnetfeld

Der Umstand, dass geladene Teilchen in einem Magnetfeld auf eine Kreisbahn gezwungen werden, wird in Teilchenbeschleunigern ausgenützt, um Teilchen immer wieder dieselbe Beschleunigungsstrecke durchlaufen zu lassen (Abb. 15.15).

Abb. 15.15 Das 88-Zoll-Zyklotron des Lawrence Berkeley National Laboratory (© 2010 The Regents of the University of California, Lawrence Berkeley National Laboratory)

Das erste Zyklotron zur Teilchenbeschleunigung wurde von dem amerikanischen Physiker *Ernest Lawrence* (1901–1958, Nobelpreis 1939) an der University of California in Berkeley im Jahr 1932 gebaut, in dem Teilchen durch elektromagnetische Felder mit einer Frequenz, die durch die Zyklotronfrequenz ω_B gegeben ist, beschleunigt werden.

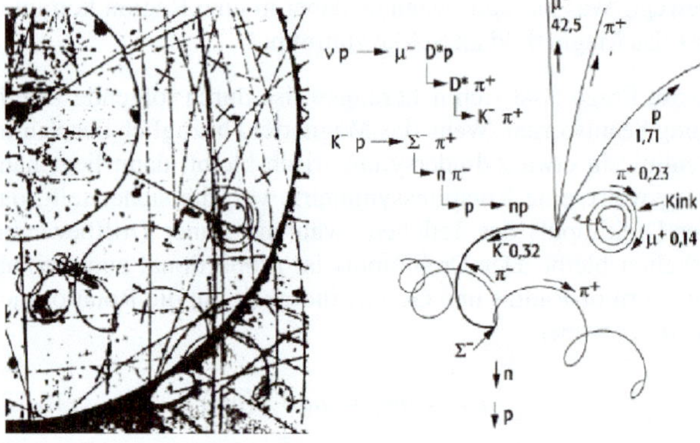

Abb. 15.16 In älteren Teilchendetektoren wurden sogenannte Blasenkammern eingesetzt, in denen Teilchenbahnen durch ihre Ionisationsspuren sichtbar gemacht und dank eines äußeren Magnetfeldes identifizierbar wurden. Dieses Prinzip findet sich auch in den meisten modernen Teilchendetektoren

Bei höheren, relativistischen Energien ist in (15.125) m durch die relativistische, geschwindigkeitsabhängige Masse γm zu ersetzen, sodass bei der Beschleunigung das Magnetfeld erhöht werden muss, damit die Zyklotronfrequenz konstant bleibt. Dies wird in sogenannten Synchrotronbeschleunigern gemacht, die in der Hochenergieteilchenphysik eingesetzt werden.

Die Zyklotronbewegung hat aber weitere Anwendungen jenseits der namensgebenden Teilchenbeschleuniger. In der Elementarteilchenphysik wird die Abhängigkeit des Krümmungsradius von Impuls und Ladung zur Teilchenidentifikation verwendet (Abb. 15.16). Im Massenspektrometer wird dieser Effekt zur Analyse von Proben auf chemische und Isotopen-Zusammensetzung eingesetzt (Abb. 15.17).

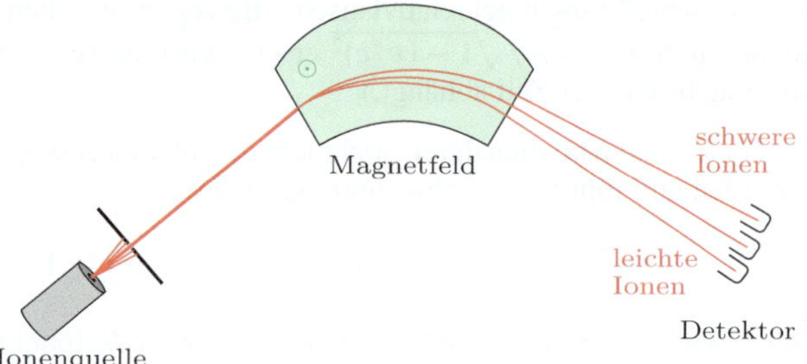

Abb. 15.17 Funktionsweise eines Massenspektrometers

In der Kernfusionsforschung werden die geladenen Ionen eines Plasmas im sogenannten Tokamak magnetisch eingeschlossen, indem das Magnetfeld in der Form eines Torus in sich geschlossen wird. („Tokamak" ist ein russisches Akronym für „toroidale Kammer mit Magnetspulen"; Abb. 15.18.)

Abb. 15.18 JET (Joint European Torus), ein Tokamak zur Kernfusionsforschung, bei dem ein Plasma magnetisch eingeschlossen wird. Das Bild zeigt das Innere des Tokamaks in Fotomontage mit dem Plasma (© EFDA, www.efda.org)

Teil II

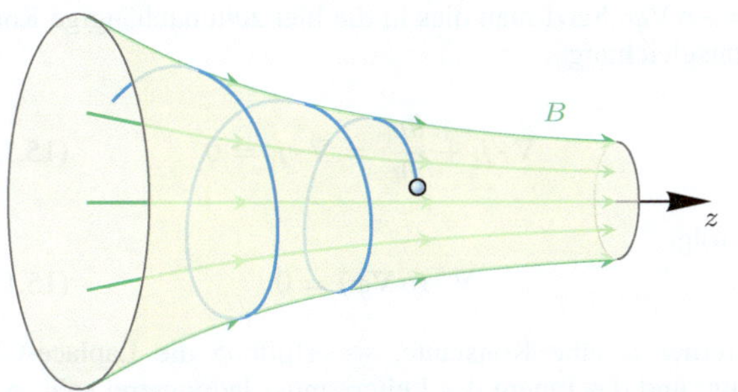

Abb. 15.19 Bahnkurve eines geladenen Teilchens im inhomogenen Magnetfeld (hier für ein negativ geladenes Teilchen): Näherungsweise ist die Bewegung so, dass der eingeschlossene magnetische Fluss konstant bleibt

Frage 12
Wie ändert sich daher a und $v_\perp$ in Abhängigkeit von B_z?

Wenn die Stärke des Magnetfeldes zunimmt, rücken diese Feldlinien näher aneinander, und die Kreisbewegung verändert sich dabei gemäß

$$a \propto \frac{1}{\sqrt{B_z}}, \quad v_\perp \propto \sqrt{B_z}. \tag{15.130}$$

Nun ist aber die Energie eines Teilchens in einem reinen Magnetfeld erhalten, sodass

$$T = \frac{m}{2}\left(v_z^2 + v_\perp^2\right) = \frac{m}{2}v_z^2 + |\boldsymbol{m}|B_z(z) \tag{15.131}$$

gilt, wobei $|\boldsymbol{m}|$ das magnetische Moment ist, das zur Rotation des Teilchens um die z-Achse gehört, wie in Aufgabe 15.8 gezeigt wird. Offenbar ist eine Bewegung in z-Richtung nur in Bereichen möglich, in denen $B_z < T/|\boldsymbol{m}|$ ist, da nur dann $v_z^2 > 0$ sein kann. Bezüglich der Bewegung in z-Richtung verhält sich $B_z(z)$ wie ein Potenzial, das eine Kraft $-|\boldsymbol{m}|\partial_z B_z$ verursacht, durch die ein Teilchen, das sich in Richtung zunehmender Magnetfeldstärke bewegt, abgebremst und schließlich elastisch in die entgegengesetzte Richtung reflektiert wird. Das Vorzeichen der Ladung spielt hierbei keine Rolle; nur der Umlaufsinn um die z-Achse hängt davon ab.

Dieses Phänomen wird als *magnetischer Spiegel* bezeichnet. Wenn auch in der entgegengesetzten Richtung eine Region mit zunehmendem Magnetfeld vorliegt, nennt man diese Konfiguration *magnetische Flasche* (siehe Aufgabe 15.9 für ein konkretes Beispiel). Es eignet sich allerdings nur bis zu einem gewissen Grad zum Einschluss von bewegten geladenen Teilchen, wie sie in einem Plasma vorliegen – Teilchen mit zu geringen transversalen Geschwindigkeiten können aus dieser Flasche ja entkommen.

Eine wichtige, in der Natur vorkommende magnetische Flasche wird vom Erdmagnetfeld gebildet, wo im *Van-Allen-Gürtel* (benannt nach dem US-amerikanischen Astrophysiker *James Van Allen*, 1914–2006) energiereiche geladene Teilchen aus dem Sonnenwind und der kosmischen Strahlung gefangen sind. Die Teilchen pendeln dabei zwischen Nord- und Südpol mit Periodendauern im Sekundenbereich (Abb. 15.20 und 15.21).

Abb. 15.20 Eine Visualisierung der Van-Allen-Gürtel, die von den Van-Allen-Probes-Satelliten der NASA vermessen werden. Die Strahlungsgürtel sind hier in *Gelb* dargestellt, die Zwischenräume in *Grün*. Zusätzlich zu den bereits 1958 entdeckten zwei Strahlungsgürteln wurde 2012 gefunden, dass zeitweilig ein dritter Gürtel erscheinen kann. Gezeigt sind hier die Verhältnisse in der Ebene quer zum Sonnenwind; in Richtung des Sonnenwindes führt dieser zu Deformationen des Magnetfeldes und damit auch der Van-Allen-Gürtel (© NASA, Van Allen Probes, Goddard Space Flight Center)

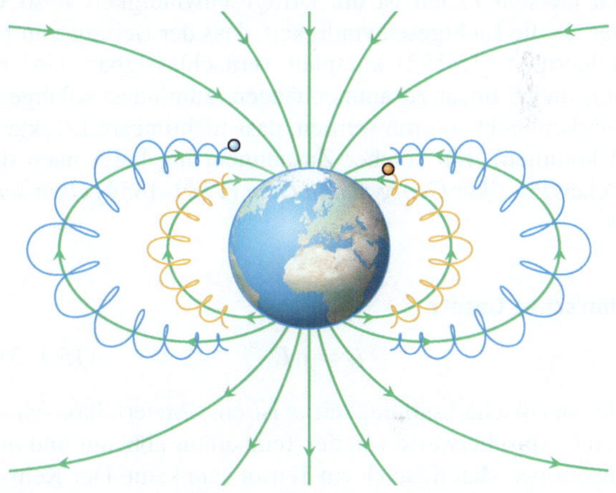

Abb. 15.21 Das Erdmagnetfeld bildet eine natürliche magnetische Flasche, da die Feldstärke in Richtung der Pole zunimmt. Energiereiche geladene Teilchen aus dem Sonnenwind und der kosmischen Strahlung werden darin eingefangen und bewegen sich in verschiedenen Strahlungsgürteln, die nach dem Astrophysiker *James Van Allen* benannt sind. In einem inneren Gürtel sind dabei Protonen, in einem äußeren Elektronen eingefangen

15.6 Elektromotorische Kräfte

Ohm'sches Gesetz

Um in Materie elektrische Ströme zu erzeugen und auch um diese Bewegung von freien Ladungsträgern aufrechtzuerhalten, bedarf es im Allgemeinen elektrischer Felder. Die zahlreichen Stöße, die die Ladungsträger dabei erfahren, führen in vielen Fällen zu einer effektiven Reibungskraft, die linear zur Geschwindigkeit und damit proportional zur Stromdichte $\boldsymbol{j}_{\mathrm{f}}$ ist (eine Ausnahme bilden hier Supraleiter; siehe Kasten „Vertiefung: Supraleiter als idealer Diamagnet"). Ein stationärer Zustand stellt sich offenbar dann ein, wenn die einwirkende Kraft der Reibungskraft die Waage hält. Da äußere elektromagnetische Felder auf Ladungsträger die Lorentz-Kraft ausüben, wird diese Situation durch eine Proportionalität

$$\boldsymbol{j}_{\mathrm{f}} = \sigma \left(\boldsymbol{E} + \frac{1}{c} \boldsymbol{v} \times \boldsymbol{B} \right) \tag{15.132}$$

beschrieben, wobei σ die *spezifische Leitfähigkeit* des Materials ist (nicht zu verwechseln mit einer Flächenladungsdichte, für die dasselbe Symbol verwendet wird) und $\boldsymbol{v}$ die Driftgeschwindigkeit der beteiligten Ladungsträger, d. h. eine gemittelte Geschwindigkeit, bei der die ungeordnete thermische Bewegung herausfällt.

In den meisten Fällen ist die Driftgeschwindigkeit v so viel kleiner als die Lichtgeschwindigkeit, dass der Beitrag von Magnetfeldern in (15.132) komplett vernachlässigbar wird und somit $\boldsymbol{j}_{\mathrm{f}}$ und $\boldsymbol{E}$ linear zusammenhängen (zumindest solange die Feldstärken nicht so groß werden, dass nichtlineare Effekte ins Spiel kommen). Ein solcher Zusammenhang heißt nach dem deutschen Physiker *Georg Simon Ohm* (1789–1854) *Ohm'sches Gesetz.*

Ohm'sches Gesetz

$$\boldsymbol{j}_{\mathrm{f}} = \sigma \boldsymbol{E} \tag{15.133}$$

Die spezifische Leitfähigkeit σ ist eine Materialkonstante, die typischerweise von der Temperatur abhängt und in anisotroper Materie auch ein Tensor sein kann. Der Kehrwert von σ heißt spezifischer Widerstand und wird mit $\rho = 1/\sigma$ bezeichnet (ebenfalls nicht mit Ladungsdichten zu verwechseln!).

σ hat wie die Reibungskraft nur ein mögliches Vorzeichen und ist immer positiv (oder null).

Der spezifische Widerstand variiert enorm zwischen guten Isolatoren und guten Leitern: Der Unterschied zwischen Quarzglas und Metallen wie Kupfer und Silber beträgt etwa 22 Größenordnungen (Zehnerpotenzen). *Halbleiter* wie reines Silizium liegen im Bereich des geometrischen Mittels davon. Bei Metallen ist die Leitfähigkeit so hoch, dass in ihrem Inneren die elektrische Feldstärke meist vernachlässigt werden kann, auch wenn beträchtliche Ströme fließen.

Hat man in einem (nicht perfekten) Leiter einen stationären Strom $\boldsymbol{j}_{\mathrm{f}}$ und zugehörig ein zeitunabhängiges elektrisches Feld, dann kann wegen $\nabla \times \boldsymbol{E} = 0$ dieses durch das elektrostatische Potenzial dargestellt werden, $\boldsymbol{E} = -\nabla\phi$, und wir haben $\boldsymbol{j}_{\mathrm{f}} = -\sigma\nabla\phi$. Setzt man dies in die hier zeitunabhängige Kontinuitätsgleichung

$$\nabla \cdot \boldsymbol{j}_{\mathrm{f}} + \frac{\partial \rho_{\mathrm{f}}}{\partial t} = \nabla \cdot \boldsymbol{j}_{\mathrm{f}} = 0 \tag{15.134}$$

ein, folgt

$$\nabla \cdot (\sigma \nabla \phi) = 0. \tag{15.135}$$

Ist ferner σ eine Konstante, so erfüllt ϕ die Laplace-Gleichung, und das Innere des Leiters muss ladungsfrei sein: $\rho_{\mathrm{f}} = -\frac{1}{4\pi}\Delta\phi = 0$. Eventuelle elektrische Ladungen können dann wie bei perfekten Leitern nur auf der Oberfläche lokalisiert sein.

Frage 13

Überlegen Sie sich, dass dies in einem inhomogenen Leiter mit räumlich variabler Leitfähigkeit $\sigma(\boldsymbol{r})$ nicht mehr der Fall ist! Zeigen Sie, dass dann im stationären Fall $\rho_{\mathrm{f}} = \boldsymbol{j}_{\mathrm{f}} \cdot \nabla(4\pi\sigma(\boldsymbol{r}))^{-1}$ gilt.

Stromverteilung in einem zylinderförmigen Leiter

Auf den Deckflächen eines zylinderförmigen Leiters mit konstanter Querschnittsfläche F (beliebiger Form), Länge ℓ und konstanter Leitfähigkeit σ seien metallische Elektroden angebracht, die auf einer Potenzialdifferenz U gehalten werden. Welcher Strom bildet sich aus?

Zunächst soll gezeigt werden, dass die Stromverteilung homogen ist: Weil σ konstant ist, erfüllt das Potenzial ϕ die Laplace-Gleichung, $\Delta\phi = 0$. Auf der Mantelfläche des Zylinders muss $\boldsymbol{j}_{\mathrm{f}}$ tangential sein, damit dort kein Strom zu- oder abfließt. Mit $\boldsymbol{j}_{\mathrm{f}} = -\sigma\nabla\phi$ gibt das die Neumann-Randbedingung $\boldsymbol{n} \cdot \nabla\phi = 0$ auf den Mantelflächen, während auf den Deckflächen durch die vorgegebenen Potenziale Dirichlet-Randbedingungen vorliegen. Damit ist das Potenzial eindeutig festgelegt, und die Lösung der Laplace-Gleichung mit diesen Randbedingungen ist auch leicht zu erraten: ϕ ist konstant auf einem Querschnitt und linear entlang der Zylinderachse. Ist letztere die z-Achse, dann ist bis auf eine additive Konstante

$$\phi(z) = Uz/\ell, \quad \boldsymbol{j}_{\mathrm{f}} = \sigma\boldsymbol{E} = -\sigma\nabla\phi = -\sigma\frac{U}{\ell}\hat{\boldsymbol{z}}. \tag{15.136}$$

Der gesamte Strom durch den Zylinder ist einfach

$$I = |\boldsymbol{j}_{\mathrm{f}}|F = \frac{\sigma F}{\ell}U. \tag{15.137}$$

◄

Achtung Dieses Ergebnis einer homogenen Stromverteilung gilt streng genommen nur für stationäre Ströme mit vernachlässigbar kleiner Driftgeschwindigkeit der Ladungsträger. Berücksichtigt man diese, findet man etwas inhomogene Strom-

Vertiefung: Alfvén'scher Satz
Eingefrorene Feldlinien in einem Plasma

Für eine perfekt leitende Flüssigkeit gilt der in der *Magnetohydrodynamik* sehr wichtige, vom schwedischen Plasmaphysiker und Nobelpreisträger *Hannes Alfvén* (1908–1995) aufgestellte Satz, dass der magnetische Fluss durch eine Schleife, die sich mit der Flüssigkeit bewegt, zeitlich konstant ist.

Dieser Satz folgt direkt aus den Überlegungen, mit denen wir das Induktionsgesetz (11.62) für bewegte Leiterschleifen in Abschn. 11.1 hergeleitet haben. Dazu müssen wir statt einer Leiterschleife bloß einen Ring aus Ladungsträgern betrachten und der Eigenbewegung dieser Plasmabestandteile folgen, anstatt die Bewegung vorzugeben. Wenn wir außerdem zulassen, dass das äußere Magnetfeld explizit von der Zeit abhängt, bekommen wir für die Änderung des Flusses durch eine mitbewegte Schleife $\mathcal{L} = \partial F$ mit den Bezeichnungen von Abb. 11.15 anstelle von (11.60)

$$\Phi_\mathrm{m}(F_{t+\mathrm{d}t}) - \Phi_\mathrm{m}(F_t) = \mathrm{d}t \int_{F_t} \mathbf{d}\boldsymbol{f} \cdot \partial_t \boldsymbol{B} - \int_{\mathrm{d}\mathcal{M}} \mathbf{d}\boldsymbol{f} \cdot \boldsymbol{B}. \tag{1}$$

Mit (11.59) und dem Satz von Stokes lässt sich das umformen auf:

$$\begin{aligned}\Phi_\mathrm{m}(F_{t+\mathrm{d}t}) - \Phi_\mathrm{m}(F_t) &= \mathrm{d}t \int_{F_t} \mathbf{d}\boldsymbol{f} \cdot \partial_t \boldsymbol{B} - \mathrm{d}t \oint_{\mathcal{L}_t} (\boldsymbol{v} \times \boldsymbol{B}) \cdot \mathbf{d}\boldsymbol{r} \\ &= \mathrm{d}t \int_{F_t} \mathbf{d}\boldsymbol{f} \cdot \big(\partial_t \boldsymbol{B} - \nabla \times (\boldsymbol{v} \times \boldsymbol{B})\big). \end{aligned} \tag{2}$$

Da die Ströme in einem Plasma endlich sind, folgt aus dem Ohm'schen Gesetz in der Form (15.132) und der Annahme unendlicher Leitfähigkeit $\sigma \to \infty$

$$\boldsymbol{E} = -\frac{1}{c} \boldsymbol{v} \times \boldsymbol{B} \tag{3}$$

und aus der homogenen Maxwell-Gleichung $\nabla \times \boldsymbol{E} = -\frac{1}{c}\partial_t \boldsymbol{B}$:

$$\partial_t \boldsymbol{B} = \nabla \times (\boldsymbol{v} \times \boldsymbol{B}). \tag{4}$$

Damit verschwindet aber die rechte Seite von (2).

Die Annahme einer unendlichen Leitfähigkeit ist tatsächlich eine gute Näherung für die meisten in der Astrophysik auftretenden Plasmen und auch in Anwendungen in der Kernfusionsforschung. Diese Näherung wird auch *ideale Magnetohydrodynamik* genannt, im Gegensatz zur noch schwierigeren *resistiven Magnetohydrodynamik*.

Magnetfeld und Plasma sind in der idealen Magnetohydrodynamik so stark aneinandergekoppelt sind, dass man davon spricht, dass die Magnetfeldlinien „eingefroren" sind. Dies bedeutet, dass nicht nur das Plasma das Magnetfeld in seiner Bewegung mitnimmt, sondern dass auch umgekehrt die Bewegung des Plasmas durch das Magnetfeld bestimmt sein kann, wenn dessen Druck dominiert (neben dem Druck geht zudem die Krümmung der Magnetfeldlinien in die magnetohydrodynamischen Gleichungen ein). So wird in der dichten Photosphäre der Sonne das Magnetfeld durch die Konvektion des Plasmas bestimmt, in der dünnen Sonnenkorona aber bestimmt das Magnetfeld dessen Struktur (Abb. 15.22).

Abb. 15.22 Eine extrem massive Sonneneruption, die vom Solar Dynamics Observatory (SDO) der NASA am 31. August 2012 beobachtet wurde (http://svs.gsfc.nasa.gov/vis/a010000/a011000/a011095/index.html)

verteilungen, in Einklang damit, dass sich parallele Stromfäden anziehen, sowie nicht triviale Ladungsverteilungen (Gabuzda 1993). Diese Effekte sind normalerweise vernachlässigbar, können aber in der Plasmaphysik bedeutsam werden (Pinch- oder Einschnüreffekt). Bei hochfrequenten Wechselströmen ist die Situation allerdings wesentlich anders. Durch den sogenannten Skin-Effekt (siehe hierzu Aufgabe 16.5) konzentriert sich dann der Stromfluss an der Oberfläche eines Leiters. ◂

In der Elektrotechnik wird das Ohm'sche Gesetz normalerweise nicht für Stromdichten, sondern für aufintegrierte Ströme formuliert:

$$U = RI, \tag{15.138}$$

wobei U die Potenzialdifferenz und I der damit einhergehende Strom in einem Stromkreis sind. Die Proportionalitätskonstante R wird als *Widerstand* bezeichnet. Dieser hängt von der Geometrie und der Leitfähigkeit ab, wie wir im obigen Beispiel gesehen haben, in dem er für einen Körper mit konstantem Querschnitt F und Länge ℓ als $R = \ell/(\sigma F)$ bestimmt wurde.

In SI-Einheiten wird Widerstand in Ohm (Ω) angegeben; $1\,\Omega \equiv 1\,\mathrm{V}/1\,\mathrm{A}$. Der Kehrwert, die *Leitfähigkeit* $G = 1/R$ wird in der weniger gebräuchlichen SI-Einheit Siemens (S), benannt nach *Werner von Siemens* (1816–1892), angegeben, und ist einfach Ω^{-1}, was in der englischsprachigen Literatur gelegentlich informell als mho (℧) bezeichnet wird. (Die entsprechenden CGS-Einheiten sind so wie das Statampere technisch sehr unhandliche Größen. Das Statohm ist einfach eine inverse Geschwindigkeit, $1\,\mathrm{stat}\,\Omega = 1\,\mathrm{s\,cm^{-1}}$, und entspricht etwa $10^{12}\,\Omega$.)

In elektrischen Widerständen wird gegen die Reibungskräfte Arbeit geleistet, die in Wärme umgewandelt wird. Die pro Zeiteinheit durch $\boldsymbol{j}_\mathrm{f}$ geleistete Arbeit in einem Volumen V ist analog zu (11.103) durch

$$P = \int_V \mathrm{d}V \boldsymbol{j}_\mathrm{f} \cdot \boldsymbol{E} \tag{15.139}$$

mit $\boldsymbol{j}_\mathrm{f} = \sigma \boldsymbol{E}$ gegeben. Für einen Widerstand mit konstanter Stromdichte senkrecht auf eine Querschnittsfläche A ist $I = A|\boldsymbol{j}_\mathrm{f}|$ und damit

$$P = I \left| \int \mathrm{d}\ell \, (-\nabla\phi) \right| = I\,U = I^2 R = \frac{U^2}{R}. \tag{15.140}$$

Mit SI-Einheiten Volt, Ampere und Ohm erhält man P in Watt (Joule/Sekunde).

In einem stationären Stromkreis muss diese dissipierte Energie beständig nachgeliefert werden. Falls die (makroskopischen) Felder überall zeitunabhängig sind, gilt $\mathbf{rot}\,\boldsymbol{E} = 0$ und daher

$$\oint \mathbf{d}\boldsymbol{r} \cdot \boldsymbol{E} = 0 \tag{15.141}$$

entlang einer Stromschleife. Damit auf Teilstrecken der Stromschleife der Strom gemäß $\boldsymbol{j}_\mathrm{f} = \sigma \boldsymbol{E}$ ($\sigma > 0$) in Richtung der elektrischen Feldstärke fließen kann, muss es Bereiche geben, in denen Ladungsträger entgegengesetzt zur elektrostatischen Kraft bewegt werden. Diese äußeren Kräfte werden als *elektromotorische Kräfte* bezeichnet und können auf verschiedenste Weise realisiert sein. In Batterien sind es chemische Kräfte durch Konzentrationsgefälle von geladenen Ionen, und in einem Van-de-Graaff-Generator werden Elektronen mechanisch transportiert. Die Festkörperphysik liefert darüber hinaus die Möglichkeit zu Elektronentransport aufgrund von mechanischem Druck (*Piezoelektrizität*), Temperaturunterschieden (*Thermoelektrizität*), Licht (*photoelektrischer Effekt*), und dergleichen. Die Potenzialdifferenz U, die durch diese äußeren Kräfte aufgebaut wird, wird als elektromotorische Kraft des Stromkreises (kurz EMK) bezeichnet, obwohl ein Potenzial vielmehr Kraft mal Weg pro Ladung ist.

Spannungsquellen haben oft einen nicht vernachlässigbaren *inneren Widerstand* R_i, sodass die von ihnen gelieferte Spannung beim Einschalten eines Stromes I um den Betrag $R_\mathrm{i} I$ absinkt. Hat der Stromkreis selbst einen Widerstand R, gilt $U - R_\mathrm{i} I = RI$.

Faraday'sche Induktion

Wenn irgendwo in der von Stromkreisen eingeschlossenen Fläche zeitabhängige Magnetfelder vorhanden sind, kann eine elektromotorische Kraft auch dadurch realisiert werden. Dann existiert eine elektrische Ringspannung

$$\begin{aligned} U^{\mathrm{Ring}} &= \oint_{\partial F} \mathbf{d}\boldsymbol{r} \cdot \boldsymbol{E}_{(\mathrm{ind})} \\ &= -\frac{1}{c}\frac{\mathrm{d}}{\mathrm{d}t} \int_F \mathbf{d}\boldsymbol{f} \cdot \boldsymbol{B} = -\frac{1}{c}\frac{\mathrm{d}}{\mathrm{d}t} \Phi_\mathrm{m}(F), \end{aligned} \tag{15.142}$$

für die ebenfalls die Bezeichnung EMK verwendet wird. Die Veränderung des magnetischen Flusses Φ_m kann dabei entweder dadurch zustande kommen, dass sich eine Leiterschleife $\mathcal{L} = \partial F$ in einem Magnetfeld bewegt oder dass sich bei unveränderlichem Rand ∂F das Magnetfeld ändert (Kap. 11).

Ein Beispiel für Ersteres haben wir bereits in Aufgabe 11.8, der Ausmessung von Magnetfeldern durch rotierende Spulen, betrachtet. Viel wichtiger ist allerdings die Anwendung als *Stromgenerator*. Ist im Stromkreis ∂F ein elektrischer Verbraucher (d. h. Widerstand R) vorhanden, wird auf der einen Seite mechanische Energie in elektrische umgewandelt, die über elektrische Leitungen zum Verbraucher R weitergeleitet wird. In diesem Fall erfordert das mechanische Drehen einer Spule so viel Energie, wie durch den resultierenden Strom durch Widerstände in Wärme umgewandelt wird.

Einfacher Generator

Betrachten wir ein noch einfacheres Beispiel für einen Stromgenerator: eine rechteckige Leiterschleife mit Widerstand R, die sich zum Teil in einem Gebiet mit konstantem Magnetfeld senkrecht zur Schleife befindet und aus dieser mit einer Geschwindigkeit v herausgezogen wird.

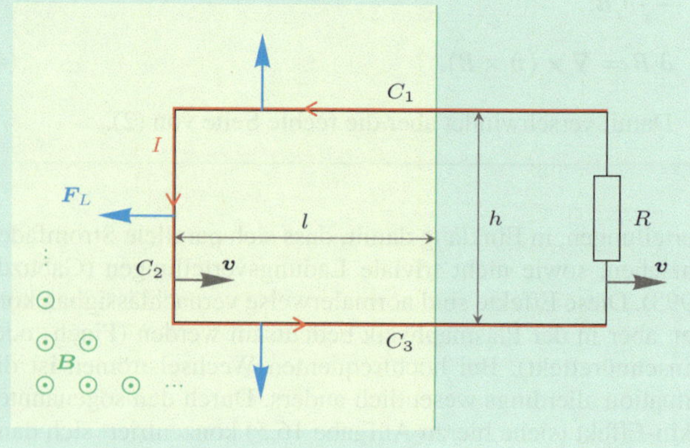

Zeigt das Magnetfeld aus der gezeichneten Ebene heraus, dann ist der magnetische Fluss durch die Leiterschleife (mit Flächennormale ebenfalls aus der Zeichenebene heraus zeigend) $\Phi_\mathrm{m} = B\,l\,h$ und die im mathematisch positiven Sinn (entgegen dem Uhrzeigersinn) berechnete Ringspannung, die zu einem Strom in selber Richtung führt, durch

$$U^\mathrm{Ring} = -\frac{1}{c}\frac{\mathrm{d}}{\mathrm{d}t}\Phi_\mathrm{m} = \frac{1}{c}B\left(-\frac{\mathrm{d}l}{\mathrm{d}t}\right)h = \frac{B\,v\,h}{c} \qquad (15.143)$$

gegeben. Wie man sieht, ist der hervorgerufene Strom so gerichtet, dass das von ihm dabei erzeugte Magnetfeld den abnehmenden Fluss durch die Leiterschleife zu vergrößern sucht, in Übereinstimmung mit der bekannten Lenz'schen Regel, nach der sich das Vorzeichen von induzierten Strömen gerade so einstellt, dass einer Flussänderung (wenn auch unvollkommen) entgegengewirkt wird. Wir werden im Weiteren annehmen, dass diese zusätzliche Flussänderung in unserem Fall vernachlässigbar ist.

Bei einem Widerstand R im Stromkreis gibt dies nach dem Ohm'schen Gesetz (15.138) den Strom $I = U^\mathrm{Ring}/R$ und damit eine Leistung $P = U^\mathrm{Ring}I$. Diese Leistung muss von demjenigen erbracht werden, der die Leiterschleife aus dem Magnetfeld herauszieht. Tatsächlich ist dies exakt gleich der Arbeit pro Zeiteinheit, die gegen die Lorentz-Kraft geleistet werden muss, die sich durch die erzwungene Bewegung des elektrischen Stromes im magnetischen Feld ergibt. Die Lorentz-Kraft ist, wie man mithilfe der Rechte-Hand-Regel sieht, entlang der Leiterschleife nach außen gerichtet. Die Teilstücke C_1 und C_3 kompensieren sich dabei, und auf C_2 mit der Länge h wirkt für $\boldsymbol{B} = B\,\hat{\boldsymbol{e}}_z$ und $\boldsymbol{v} = v\,\hat{\boldsymbol{e}}_x$ die Kraft

$$\boldsymbol{F} = -\hat{\boldsymbol{e}}_x\frac{IB}{c}h. \qquad (15.144)$$

Die zugehörige Leistung ist durch $\mathrm{d}W/\mathrm{d}t = (\boldsymbol{F}\cdot\hat{\boldsymbol{e}}_x\mathrm{d}x)/\mathrm{d}t$ gegeben, hat also den Betrag

$$P = \frac{IB}{c}h\,v, \qquad (15.145)$$

was exakt mit $P = UI$ übereinstimmt. ◄

Ströme können natürlich auch generiert werden, wenn die Schleife nicht bewegt wird und sich stattdessen der magnetische Fluss ändert, entweder weil der Magnet weggezogen wird oder wenn das Magnetfeld durch einen anderen Stromkreis erzeugt wurde und sich dessen Strom ändert.

Wenn mehrere Stromkreise vorhanden sind, sind die magnetischen Flüsse durch sie, wie wir in (15.102) gesehen haben, über die Induktionskoeffizienten L_{nm} mit den individuellen Stromstärken verknüpft. Zeitliche Änderungen der Ströme bei

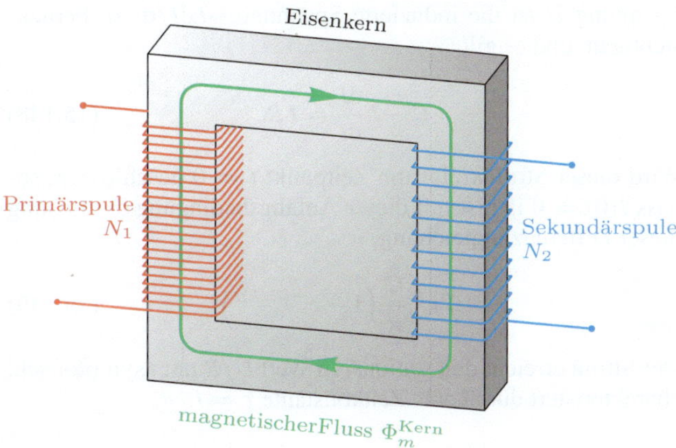

Abb. 15.23 In einem Transformator wird über einen gemeinsamen Eisenkern der magnetische Fluss von zwei Spulen gekoppelt. Der Fluss in den Spulen ist durch das Produkt von Windungszahl (N_1 bzw. N_2) und Fluss im Eisenkern $\Phi_\mathrm{m}^\mathrm{Kern}$ gegeben

gleichzeitig unveränderter Geometrie (diese legt ja die L_{nm} fest) induzieren Ringspannungen in den verschiedenen Stromkreisen demnach gemäß

$$U_n^\mathrm{Ring} = -\sum_m L_{nm}\frac{\mathrm{d}I_m}{\mathrm{d}t}. \qquad (15.146)$$

Man spricht hier von *induktiver Kopplung* von Stromkreisen. Eine wichtige Anwendung ist der *Transformator* (Abb. 15.23).

Hier wird der magnetische Fluss in einer Spule in einem Stromkreis über einen gemeinsamen Eisenkern mit einer weiteren Spule in einem anderen Stromkreis verknüpft. Der Fluss in einer Spule mit N Windungen ist nun das N-fache des Flusses $\Phi_\mathrm{m}^\mathrm{Kern}$ im Eisenkern. Die elektromotorischen Kräfte in beiden Spulen sind damit proportional zueinander:

$$\begin{aligned}&\Phi_\mathrm{m}^{(1)} = N_1\Phi_\mathrm{m}^\mathrm{Kern}, \quad \Phi_\mathrm{m}^{(2)} = N_2\Phi_\mathrm{m}^\mathrm{Kern}\\ &\Rightarrow\; U_2^\mathrm{Ring} = \frac{N_2}{N_1}U_1^\mathrm{Ring}.\end{aligned} \qquad (15.147)$$

Wechselspannungen lassen sich damit mit dem Faktor N_2/N_1, dem sogenannten *Übersetzungsverhältnis*, erhöhen oder erniedrigen.

Über die Selbstinduktivität L_{nn} führen Stromänderungen in einem Stromkreis auch zu Rückwirkungen auf ihn selbst. Wird in einer Spule der Stromfluss plötzlich unterbrochen, können enorme elektrische Spannungen entstehen, da auch bei mäßigen Stromstärken I die abrupte Änderung $\mathrm{d}I/\mathrm{d}t$ sehr groß werden kann. Deshalb kommt es beim Ausstecken von elektrischen Geräten leicht zu Funken. Dies wird auch in technischen Anwendungen wie Zündkerzen und dergleichen ausgenutzt. Umgekehrt kann der Strom in einem Stromkreis, der eine Selbstinduktivität L und einen Widerstand R enthält, nicht diskontinuierlich eingeschaltet werden. Beim Anlegen einer

Spannung U ist die induzierte Spannung $-L\mathrm{d}I/\mathrm{d}t$ zu berücksichtigen, und es gilt

$$U - L\frac{\mathrm{d}I}{\mathrm{d}t} = IR. \tag{15.148}$$

Wird dieser Stromkreis zum Zeitpunkt $t = 0$ geschlossen, sodass $I(0) = 0$ ist, ist mit dieser Anfangsbedingung die Lösung dieser Differenzialgleichung

$$I(t) = \frac{U}{R}\left(1 - \mathrm{e}^{-(R/L)t}\right). \tag{15.149}$$

Der Strom erreicht den stationären Wert U/R nur asymptotisch, charakterisiert durch eine Zeitkonstante $\tau = L/R$.

15.7 Makroskopische Elektrodynamik

Für die Diskussion der Faraday'schen Induktion in materiellen Stromkreisen war die homogene Maxwell-Gleichung $\mathbf{rot}\,\boldsymbol{E} = -\frac{1}{c}\partial_t \boldsymbol{B}$ die Grundlage. Diese Gleichung gilt unverändert in der makroskopischen Elektrodynamik, weil in Materie nur der Übergang zu gemittelten Feldern notwendig war und dies eine lineare Operation ist, die mit der Struktur der Maxwell-Gleichungen verträglich ist.

Die Gleichung $\mathbf{rot}\,\boldsymbol{H} = \frac{4\pi}{c}\boldsymbol{j}_\mathrm{f}$, mit der Magnetfelder in der makroskopischen Magnetostatik berechnet werden können, ist aber offenbar im dynamischen Fall inkonsistent, aus demselben Grund, der in Abschn. 11.1 auf den Maxwell'schen Verschiebungsstrom führte: Bei zeitabhängigen Quellen ρ_f und $\boldsymbol{j}_\mathrm{f}$ sind diese durch die Kontinuitätsgleichung

$$\mathrm{div}\boldsymbol{j}_\mathrm{f} = -\frac{\partial}{\partial t}\rho_\mathrm{f} \tag{15.150}$$

genauso verbunden wie die fundamentalen Quellen: Zeitliche Veränderungen von freien Ladungsdichten führen auf freie (Leitungs-)Ströme, und ein Nettozufluss von elektrischem Strom führt zu (Monopol-)Ladungsdichten. Da $\mathrm{div}\,\mathbf{rot}\,\boldsymbol{H} \equiv 0$ ist, muss in der Gleichung für $\mathbf{rot}\,\boldsymbol{H}$ die rechte Seite durch eine manifest divergenzfreie Größe ersetzt werden. Mit (14.18), die wir in der makroskopischen Elektrostatik erhalten hatten, kann wieder die Zeitableitung der Ladungsdichte als Divergenz geschrieben werden:

$$\frac{\partial}{\partial t}\rho_\mathrm{f} = \mathrm{div}\,\frac{1}{4\pi}\frac{\partial}{\partial t}\boldsymbol{D}. \tag{15.151}$$

Damit gilt

$$\mathrm{div}\left(\boldsymbol{j}_\mathrm{f} + \frac{1}{4\pi}\frac{\partial}{\partial t}\boldsymbol{D}\right) = 0, \tag{15.152}$$

was auf den Maxwell'schen Verschiebungsstrom für die makroskopische Elektrodynamik führt. Dieser ergibt sich also einfach durch die Ersetzung von $\partial_t \boldsymbol{E}$ durch $\partial_t \boldsymbol{D}$. Damit kann auch für den makroskopischen Fall ein widerspruchsfreies System von Gleichungen aufgestellt werden.

Grundgleichungen der makroskopischen Elektrodynamik (phänomenologische Maxwell-Gleichungen)

$$\mathrm{div}\boldsymbol{D} = 4\pi\rho_\mathrm{f}, \tag{15.153}$$

$$\mathrm{div}\boldsymbol{B} = 0, \tag{15.154}$$

$$\mathbf{rot}\,\boldsymbol{E} = -\frac{1}{c}\frac{\partial}{\partial t}\boldsymbol{B}, \tag{15.155}$$

$$\mathbf{rot}\,\boldsymbol{H} = \frac{4\pi}{c}\boldsymbol{j}_\mathrm{f} + \frac{1}{c}\frac{\partial}{\partial t}\boldsymbol{D}, \tag{15.156}$$

mit $\boldsymbol{D} = \boldsymbol{E} + 4\pi\boldsymbol{P}$, $\boldsymbol{B} = \boldsymbol{H} + 4\pi\boldsymbol{M}$.

Diese Gleichungen sind um Materialgleichungen zu ergänzen, die $\boldsymbol{P}$ und $\boldsymbol{M}$ in Abhängigkeit von elektromagnetischen Feldern bestimmen lassen.

In linearen Medien sind (bei zeitlich nicht zu rasch veränderlichen Feldern) $\boldsymbol{P}$ und damit $\boldsymbol{D}$ proportional zu $\boldsymbol{E}$:

$$\boldsymbol{P} = \chi_\mathrm{e}\boldsymbol{E}, \quad \boldsymbol{D} = (1 + 4\pi\,\chi_\mathrm{e})\boldsymbol{E} \equiv \epsilon\boldsymbol{E}, \tag{15.157}$$

sowie $\boldsymbol{M}$ und damit $\boldsymbol{B}$ proportional zu $\boldsymbol{H}$:

$$\boldsymbol{M} = \chi_\mathrm{m}\boldsymbol{H}, \quad \boldsymbol{B} = (1 + 4\pi\chi_\mathrm{m})\boldsymbol{H} \equiv \mu\boldsymbol{H}. \tag{15.158}$$

In Ohm'schen Leitern gilt darüber hinaus die Materialgleichung $\boldsymbol{j}_\mathrm{f} = \sigma\boldsymbol{E}$ mit der spezifischen Leitfähigkeit σ.

Achtung Bei zeitlich stark veränderlichen Feldern können auch lineare Medien im Allgemeinen nicht mehr durch einfache Konstanten ϵ und μ beschrieben werden. Eine räumlich lokale lineare Reaktion der Materie kann aber durch frequenzabhängige Materialkonstanten beschrieben werden. (Proportionalität von Fourier-Komponenten im „Frequenzraum" entspricht ein komplizierterer, nichtlokaler Zusammenhang im „Zeitraum" über ein Faltungsintegral; siehe Abschnitt „So geht's weiter" in Kap. 16.) ◀

Wegen $\boldsymbol{D} = \boldsymbol{E} + 4\pi\boldsymbol{P}$ setzt sich der aus Konsistenzgründen eingeführte neue Maxwell'sche Verschiebungsstrom $\frac{1}{4\pi}\frac{\partial}{\partial t}\boldsymbol{D}$ aus dem gemittelten fundamentalen Maxwell'schen Verschiebungsstrom $\frac{1}{4\pi}\frac{\partial}{\partial t}\boldsymbol{E}$ und einem tatsächlichen Strom in den gebundenen Quellen zusammen, der *Polarisationsstrom* heißt, und durch die Polarisationsstromdichte

$$\boldsymbol{j}_\mathrm{P} := \frac{\partial}{\partial t}\boldsymbol{P} \tag{15.159}$$

beschrieben wird. Dieser Strom gehört zur Polarisationsladungsdichte $\rho_\mathrm{P} = -\mathrm{div}\,\boldsymbol{P}$ und bildet mit dieser eine Kontinuitätsgleichung,

$$\mathrm{div}\boldsymbol{j}_\mathrm{P} = -\frac{\partial}{\partial t}\rho_\mathrm{P}. \tag{15.160}$$

Anwendung: Elektrotechnische Stromkreise
Komplexer Wechselstromwiderstand, Wirk- und Blindleistung, Kirchhoff'sche Gesetze

Sind in einem (einfachen) Stromkreis ein Widerstand R, eine Induktivität L und eine Kapazität C hintereinander geschaltet, dann ist die äußere Spannung U die Summe aus dem Spannungsabfall $U_R = IR$ am Widerstand, der induktiven Spannung $U_L = L\,\mathrm{d}I/\mathrm{d}t$ und der Potenzialdifferenz U_C an den Anschlüssen des Kondensators (Abb. 15.24):

$$U = RI + L\frac{\mathrm{d}I}{\mathrm{d}t} + U_C.$$

Die induktive Spannung U_L wurde hier mit einem umgekehrten (nämlich positiven) Vorzeichen definiert, um sie auf der rechten Seite zu den Potenzialdifferenzen der anderen Bauelemente addieren zu können, anstatt sie wie in (15.148) zur angelegten Spannung hinzuzuzählen.

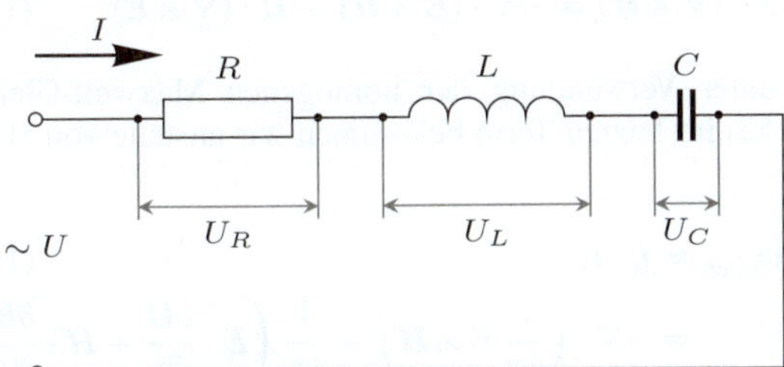

Abb. 15.24 Einfacher Stromkreis mit serieller Schaltung eines Widerstands R, einer Spule mit Induktivität L und eines Kondensators mit Kapazität C

Die Potenzialdifferenz am Kondensator hängt gemäß (12.70) linear mit seiner Ladung zusammen, und die zeitliche Veränderung dieser Ladung mit dem Strom, der in den Kondensator hinein fließt, da wir einen einfachen Stromkreis angenommen haben:

$$U_C = \frac{Q}{C}, \qquad I = \frac{\mathrm{d}}{\mathrm{d}t}Q, \qquad Q = \int_{t_0}^{t} \mathrm{d}t' I(t'),$$

wobei angenommen wurde, dass der Kondensator zum Zeitpunkt t_0 ungeladen ist. Differenziation nach t liefert

$$\dot{U}(t) = L\ddot{I} + R\dot{I} + \frac{1}{C}I.$$

Hat man es mit einer Wechselspannung mit fester Frequenz zu tun, ist es bequem, eine komplexe Notation $I(t) = I_0 \mathrm{e}^{\mathrm{i}\omega t}$ zu verwenden (in der Elektrotechnik wird leider nicht die Physikerkonvention $\mathrm{e}^{-\mathrm{i}\omega t}$ geteilt) und erst am Ende einer Rechnung zu reellen Größen durch $I \to \operatorname{Re} I$ überzugehen (ist am Ende einer Rechnung eine nichtlineare Operation wie Quadrieren des Stromes nötig, ist allerdings vorher der Realteil zu nehmen). Obige Differenzialgleichung wird dann zur algebraischen komplexen Gleichung

$$U = \left(\mathrm{i}\omega L + R + \frac{1}{\mathrm{i}\omega C}\right) I =: Z(\omega)\, I =: (R + \mathrm{i}X)I.$$

Z wird dabei *komplexer Wechselstromwiderstand* genannt. R wird als *Wirkwiderstand* oder *Resistanz*, X als *Blindwiderstand* oder *Reaktanz* und $|Z| = \sqrt{R^2 + X^2}$ als *Scheinwiderstand* oder *Impedanz* bezeichnet. Die Bedeutung der Phase der komplexen Größe Z, $\varphi = \arctan(X/R)$, liegt in einer Phasenverschiebung von Spannung gegenüber Strom: Wenn die Amplitude I_0 reell ist und daher $\operatorname{Re} I = I_0 \cos(\omega t)$, dann ist $\operatorname{Re} U = U_0 \cos(\omega t + \varphi)$.

Eine nichttriviale Phasenverschiebung führt dazu, dass die Leistung $P(t) = (\operatorname{Re} U)(\operatorname{Re} I)$ nicht mehr ausschließlich positiv ist:

$$P(t) = I_0 U_0 \cos\varphi \cos^2 \omega t - I_0 U_0 \sin\varphi \sin\omega t \cos\omega t.$$

Der erste Term oszilliert zwischen null und $I_0 U_0 \cos\varphi$, ist also über eine Periodendauer gemittelt $\frac{1}{2} I_0 U_0 \cos\varphi$. Dieses Zeitmittel wird *Wirkleistung* genannt,

$$P^{\text{wirk}} = \frac{1}{2} I_0 U_0 \cos\varphi = \frac{1}{2} R I_0^2 = R I_{\text{eff}}^2,$$

wobei $I_{\text{eff}} = I_0/\sqrt{2}$ den zeitlichen Mittelwert von $\sqrt{[\operatorname{Re} I(t)]^2}$ darstellt und als effektive Stromstärke bezeichnet wird. Der zweite Term oszilliert wegen $\sin\omega t \cos\omega t = \frac{1}{2}\sin 2\omega t$ um null und definiert die *Blindleistung*

$$P^{\text{blind}} = \frac{1}{2} I_0 U_0 \sin\varphi = \frac{1}{2} X I_0^2 = X I_{\text{eff}}^2.$$

Dieser Anteil der Leistung wird nicht im Stromkreis verbraucht, sondern nur zwischen Quelle und Stromkreis hin- und herbewegt. In der Praxis kann dies allerdings trotzdem zu Verlusten führen, nämlich im Wirkwiderstand von Zuleitungen.

Für kompliziertere Zusammenschaltungen von Widerständen, Induktivitäten und Kapazitäten in sogenannten *passiven linearen Netzwerken* gelten die *Kirchhoff'schen Gesetze* (benannt nach dem deutschen Physiker *Gustav Robert Kirchhoff*, 1824–1887):

1. Stromerhaltung bei Verzweigungen (*Knotenregel*):

$$\sum_n I_n = 0,$$

wobei die Ströme I_n alle entweder zu- oder abfließend genommen werden.

2. In jeder geschlossenen Stromschleife ist die Summe der Teilspannungen null (*Maschensatz*):

$$\sum_i U_i = 0,$$

wobei der Umlaufsinn das Vorzeichen der U_i vorgibt.

Diese zwei Gesetze folgen unmittelbar aus $\mathrm{div}\,\boldsymbol{j}_\mathrm{f} = 0$ bzw. $\mathbf{rot}\,\boldsymbol{E} = 0$ oder (15.141).

Frage 14

Überzeugen Sie sich von der (trivialen) Richtigkeit dieser Gleichung.

Betrachten wir die Rotation des (gemittelten) fundamentalen $\boldsymbol{B}$-Feldes, so ergibt sich

$$\begin{aligned}\mathbf{rot}\,\boldsymbol{B} &= \mathbf{rot}\,\boldsymbol{H} + 4\pi\,\mathbf{rot}\,\boldsymbol{M}\\ &= \frac{4\pi}{c}\boldsymbol{j}_\mathrm{f} + \frac{1}{c}\frac{\partial}{\partial t}\boldsymbol{E} + \frac{4\pi}{c}\boldsymbol{j}_\mathrm{P} + \frac{4\pi}{c}\boldsymbol{j}_\mathrm{M},\end{aligned} \tag{15.161}$$

wobei wir $\boldsymbol{j}_\mathrm{M} = c\,\mathbf{rot}\,\boldsymbol{M}$ wie in (15.40) definiert verwendet haben. Abgesehen vom fundamentalen Maxwell'schen Verschiebungsstrom $\frac{1}{4\pi}\frac{\partial}{\partial t}\boldsymbol{E}$ können wir insgesamt drei Strombeiträge identifizieren. Dem freien Leitungsstrom $\boldsymbol{j}_\mathrm{f}$ stehen zwei Arten von gebundenen Stromdichten gegenüber: die Magnetisierungsstromdichte $\boldsymbol{j}_\mathrm{M}$ und die elektrische Polarisationsstromdichte. Die Magnetisierungsstromdichte geht dabei in keine Kontinuitätsgleichung ein, weil sie als Rotation von $\boldsymbol{M}$ automatisch divergenzfrei ist:

$$\mathrm{div}\,\boldsymbol{j}_\mathrm{M} = 0. \tag{15.162}$$

Der Grund dafür ist, dass für Veränderungen in den Ampère'schen Molekularströmen keine räumlichen Ladungsverschiebungen betrachtet werden müssen.

Energie- und Impulsbilanz für lineare Medien

In (15.139) haben wir speziell die mit den freien Quellen assoziierte Leistungsdichte $\boldsymbol{j}_\mathrm{f}\cdot\boldsymbol{E}$ betrachtet. Auf fundamentaler Ebene wird auch an den gebundenen Strömen Arbeit verrichtet. In einfachen linearen Medien wird diese Arbeit aber nicht dissipiert (in Wärme umgewandelt), sondern gespeichert. Damit ist es sinnvoll, sie in der elektromagnetischen Energiedichte zu inkludieren, wie wir es in den Ausdrücken (14.76) und (15.97) für elektrostatische und magnetostatische Feldenergie gemacht haben.

Wir versuchen, dies nun auf den dynamischen Fall auszudehnen und den Energiesatz der Elektrodynamik auf $\boldsymbol{j}_\mathrm{f}\cdot\boldsymbol{E}$ zu übertragen. Wie in Abschn. 11.4 können wir $\boldsymbol{j}_\mathrm{f}$ durch Feldgrößen ausdrücken, indem wir die Maxwell-Gleichung (15.156) rückwärts lesen:

$$\boldsymbol{j}_\mathrm{f} = \frac{c}{4\pi}\left(\nabla\times\boldsymbol{H} - \frac{1}{c}\frac{\partial}{\partial t}\boldsymbol{D}\right). \tag{15.163}$$

Mit dem Analogon zu (11.107),

$$\boldsymbol{E}\cdot(\nabla\times\boldsymbol{H}) = -\nabla\cdot(\boldsymbol{E}\times\boldsymbol{H}) + \boldsymbol{H}\cdot(\nabla\times\boldsymbol{E}) \tag{15.164}$$

und unter Verwendung der homogenen Maxwell-Gleichung (15.155) im letzten Term bekommen wir anstelle von (11.109) nun

$$\begin{aligned}\partial_t w_\mathrm{mech} &= \boldsymbol{j}_\mathrm{f}\cdot\boldsymbol{E}\\ &= -\nabla\cdot\left(\frac{c}{4\pi}\boldsymbol{E}\times\boldsymbol{H}\right) - \frac{1}{4\pi}\left(\boldsymbol{E}\cdot\frac{\partial\boldsymbol{D}}{\partial t} + \boldsymbol{H}\cdot\frac{\partial\boldsymbol{B}}{\partial t}\right).\end{aligned} \tag{15.165}$$

Für den Fall, dass $\boldsymbol{D} = \epsilon\boldsymbol{E}$ und $\boldsymbol{B} = \mu\boldsymbol{H}$ ist und ϵ und μ darin einfach Konstanten sind, gilt

$$\boldsymbol{E}\cdot\frac{\partial\boldsymbol{D}}{\partial t} = \frac{1}{2}\frac{\partial}{\partial t}(\boldsymbol{E}\cdot\boldsymbol{D}), \quad \boldsymbol{H}\cdot\frac{\partial\boldsymbol{B}}{\partial t} = \frac{1}{2}\frac{\partial}{\partial t}(\boldsymbol{H}\cdot\boldsymbol{B}), \tag{15.166}$$

und wir bekommen wieder eine lokale Bilanzgleichung der Form

$$\partial_t w + \nabla\cdot\boldsymbol{S} = 0 \quad \text{mit} \quad w = w_\mathrm{mech} + w_\mathrm{em} \tag{15.167}$$

und damit einen Energieerhaltungssatz

$$\frac{\mathrm{d}}{\mathrm{d}t}(W_V^\mathrm{mech} + W_V^\mathrm{em}) = -\oint_{\partial V}\mathbf{d}\boldsymbol{f}\cdot\boldsymbol{S}. \tag{15.168}$$

In diesen sind nun das Poynting-Vektorfeld und die Energiedichte des elektromagnetischen Feldes durch

$$\boldsymbol{S} = \frac{c}{4\pi}(\boldsymbol{E}\times\boldsymbol{H}), \quad w_\mathrm{em} = \frac{1}{8\pi}(\boldsymbol{E}\cdot\boldsymbol{D} + \boldsymbol{H}\cdot\boldsymbol{B}) \tag{15.169}$$

definiert. Dies zeigt, dass die Energiedichten, die wir in (14.76) und (15.97) in der makroskopischen Elektro- und Magnetostatik betrachtet hatten, auch im dynamischen Fall gültig sind, vorausgesetzt allerdings, wir haben es mit einfachen linearen Medien zu tun, in denen ϵ und μ konstant sind.

Achtung Die Umformungen in (15.166), die auf totale Zeitableitungen führten, gelten nicht, wenn $\boldsymbol{D}$ oder $\boldsymbol{H}$ einen zeitabhängige Zusammenhang mit $\boldsymbol{E}$ und $\boldsymbol{B}$ haben, wie im Fall von Hysterese, oder auch bei frequenzabhängigen Materialkonstanten. In diesen Fällen gilt der Energieerhaltungssatz nicht mehr, weil dann Energie in der Materie durch dissipative Effekte absorbiert werden kann, zusätzlich zu den Ohm'schen Verlusten, die durch $\boldsymbol{j}_\mathrm{f} \cdot \boldsymbol{E}$ beschrieben werden. ◀

Energiefluss in Stromkreis mit Widerstand

Betrachten wir einen kreisförmigen Zylinder mit Radius a und Länge ℓ aus einem Material mit Leitfähigkeit σ, an den über perfekt leitende Drähte mittels einer Batterie ein Potenzial U angelegt wird. Wie wir in (15.136) gesehen haben, ist die Feldstärke in diesem Widerstand $E = U/\ell$ und homogen in Längsrichtung orientiert. Der Strom ist $I = U/R$ mit $R = \ell/(\sigma\pi a^2)$, und im Widerstand wird elektrische Energie in Wärme umgewandelt, mit der Leistung

$$P = \int_V \mathrm{d}V \boldsymbol{j}_\mathrm{f} \cdot \boldsymbol{E} = I^2 R = \frac{U^2}{R}. \qquad (15.170)$$

Das Magnetfeld des Widerstands ist tangential orientiert und in Abhängigkeit vom Abstand ϱ von der Zylinderachse durch ein Integral um einen Kreis mit Radius ϱ gemäß (15.55) als

$$2\pi\varrho H = \frac{4\pi}{c} \begin{cases} I(\varrho/a)^2 & \varrho \leq a \\ I & \varrho \geq a \end{cases} \qquad (15.171)$$

gegeben (Abb. 15.25). Auf der Oberfläche des Widerstands ist damit $H = 2I/(ac) = 2U/(acR)$. Das Poynting-Vektorfeld, das den Energiestrom wiedergibt, ist radial in das Innere des Widerstands gerichtet und hat auf der Oberfläche den Betrag

$$S = \frac{c}{4\pi} EH = \frac{c}{4\pi} \frac{U}{\ell} \frac{2U}{acR}. \qquad (15.172)$$

Die Oberfläche des Zylinders ist $2\pi a\ell$, wodurch der Energiefluss durch die Oberfläche, wie es sein muss, obigem Ergebnis für P gleicht:

$$P = -\oint_{\partial V} \mathbf{d}\boldsymbol{f} \cdot \boldsymbol{S} = 2\pi a\ell S = \frac{U^2}{R}, \qquad (15.173)$$

wobei $\boldsymbol{S}$ und $\mathbf{d}\boldsymbol{f}$ entgegengesetzt gerichtet sind.

Die im Widerstand verbrauchte Energie strömt also über die elektromagnetischen Felder auf der Oberfläche zu und wird nicht im Inneren transportiert! (Sie wird aber im Inneren des Widerstands durch den elektrischen Strom in Wärme umgewandelt.)

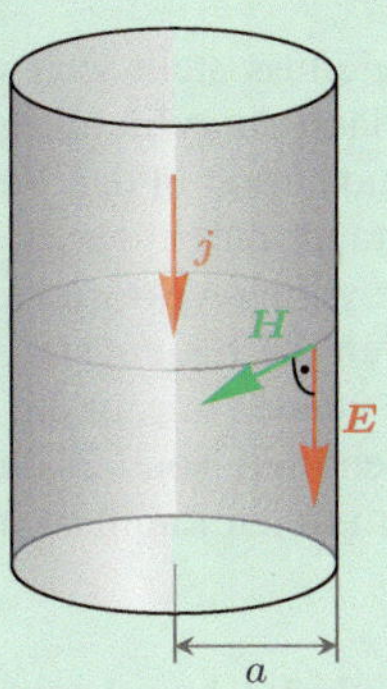

Abb. 15.25 Felder auf der Oberfläche eines zylindrischen Widerstands, in dem ein Strom mit Dichte j fließt. Der Poynting-Vektor $\boldsymbol{S} = \frac{c}{4\pi}\boldsymbol{E}\times\boldsymbol{H}$ ist hier radial nach innen gerichtet

Bei einer ebenfalls zylindrischen Batterie sind die Verhältnisse ähnlich, nur ist dort der innere Stromfluss dem elektrischen Feld entgegengerichtet (aufrechterhalten durch die elektromotorische Kraft der Batterie). Das $\boldsymbol{H}$-Feld hat daher die entgegengesetzte Orientierung, und der Poynting-Vektor zeigt nach außen.

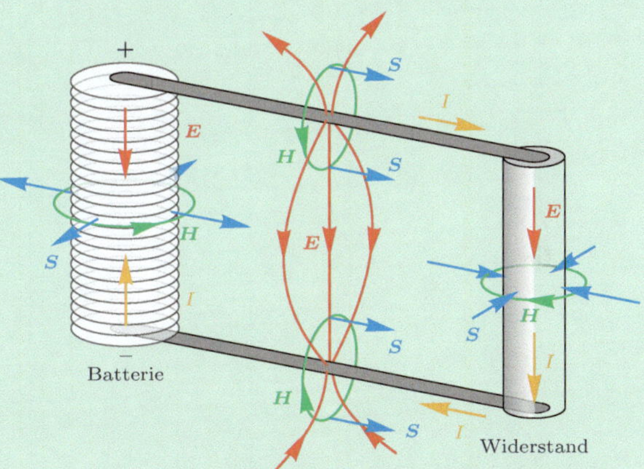

Abb. 15.26 Der Energiefluss, beschrieben durch das Poynting-Vektorfeld $\boldsymbol{S}$, in einem Stromkreis bestehend aus einer zylindrischen Batterie, die über annähernd perfekt leitende Drähte mit einem zylindrischen Widerstand verbunden ist

Betrachten wir nun einen geschlossenen Stromkreis, in dem eine zylindrische Batterie mit einem zylindrischen Widerstand durch annähernd perfekt leitende Drähte verbunden ist. Entlang der Drähte herrscht ebenfalls ein diese umkreisendes Magnetfeld, aber da es voraussetzungsgemäß zu keinem Spannungsabfall kommt, ist das elektrische Feld hier radial nach außen gerichtet, sodass der Poynting-Vektor nun tangential ist. Die Feldenergie wird hier also im Außenraum in Längsrichtung weitertransportiert.

Der gesamte Energiefluss stellt sich wie in Abb. 15.26 skizziert dar. Er verlässt die zylindrische Batterie über deren Mantelfläche und strömt in den Verbraucher, den zylindrischen Widerstand, durch dessen Mantelfläche hinein, entlang des Poynting-Vektorfeldes $\boldsymbol{S}$. Die Energie wird also nicht durch die Ladungsträger über den Draht herangeführt (diese werden nur für die Aufrechterhaltung des Magnetfeldes benötigt), sondern durch die elektromagnetischen Felder im freien Raum dazwischen. ◄

Ganz ähnlich können wir den Impulssatz der mikroskopischen Elektrodynamik (11.115) auf den makroskopischen Fall übertragen, sofern einfache lineare Medien vorliegen. Die analoge Rechnung führt nun auf

$$\begin{aligned}\left(\rho_\mathrm{f}\boldsymbol{E} + \frac{1}{c}\boldsymbol{j}_\mathrm{f}\times\boldsymbol{B}\right)_k &= -\partial_t \frac{1}{4\pi c}(\boldsymbol{D}\times\boldsymbol{B})_k \\ &+ \partial_i \frac{1}{4\pi}\left[D_iE_k + B_iH_k - \frac{1}{2}\delta_{ik}(\boldsymbol{E}\cdot\boldsymbol{D} + \boldsymbol{H}\cdot\boldsymbol{B})\right].\end{aligned} \tag{15.174}$$

Der Term, der eine totale Zeitableitung ist, repräsentiert wieder die Impulsdichte des elektromagnetischen Feldes:

$$\boldsymbol{g}^\mathrm{em} = \frac{1}{4\pi c}(\boldsymbol{D}\times\boldsymbol{B}). \tag{15.175}$$

In einem linearen Medium mit Materialkonstanten ϵ und μ ist er wieder proportional zum Poynting-Vektorfeld:

$$\boldsymbol{g}^\mathrm{em} = \frac{\epsilon\mu}{c^2}\boldsymbol{S}. \tag{15.176}$$

Wie wir im nächsten Kapitel noch im Detail diskutieren werden, ändert sich hier effektiv die Lichtgeschwindigkeit um einem Faktor $1/\sqrt{\epsilon\mu}$.

Der Term, der sich (dank der Annahme eines linearen Mediums) als totale räumliche Ableitung schreiben ließ, definiert den Maxwell'schen Spannungstensor in Materie:

$$T_{ik} = \frac{1}{4\pi}\left[D_iE_k + B_iH_k - \frac{1}{2}\delta_{ik}(\boldsymbol{E}\cdot\boldsymbol{D} + \boldsymbol{B}\cdot\boldsymbol{H})\right]. \tag{15.177}$$

Damit lässt sich wieder ein Impulserhaltungssatz in der Form

$$\frac{\mathrm{d}}{\mathrm{d}t}\left(\boldsymbol{P}_V^\mathrm{mech} + \boldsymbol{P}_V^\mathrm{em}\right)_k = \oint_{\partial V} \mathrm{d}f_i\, T_{ik} \tag{15.178}$$

aufstellen.

Aufgaben

Gelegentlich enthalten die Aufgaben mehr Angaben, als für die Lösung erforderlich sind. Bei einigen anderen dagegen werden Daten aus dem Allgemeinwissen, aus anderen Quellen oder sinnvolle Schätzungen benötigt.

- • leichte Aufgaben mit wenigen Rechenschritten
- •• mittelschwere Aufgaben, die etwas Denkarbeit und unter Umständen die Kombination verschiedener Konzepte erfordern
- ••• anspruchsvolle Aufgaben, die fortgeschrittene Konzepte (unter Umständen auch aus späteren Kapiteln) oder eigene mathematische Modellbildung benötigen

15.1 • Coulomb-Eichung in der Magnetostatik Zeigen Sie, dass die in (15.9) angegebene Lösung der Vektor-Poisson-Gleichung bei natürlichen Randbedingungen die Coulomb-Eichbedingung erfüllt, wenn $\nabla \cdot \boldsymbol{j} = 0$ gilt.

15.2 •• Kreisförmige Leiterschleife Berechnen Sie das Vektorpotenzial und das Magnetfeld einer kreisförmigen Leiterschleife mit Radius a und Stromstärke I in der Umgebung der Symmetrieachse (Abb. 15.27).

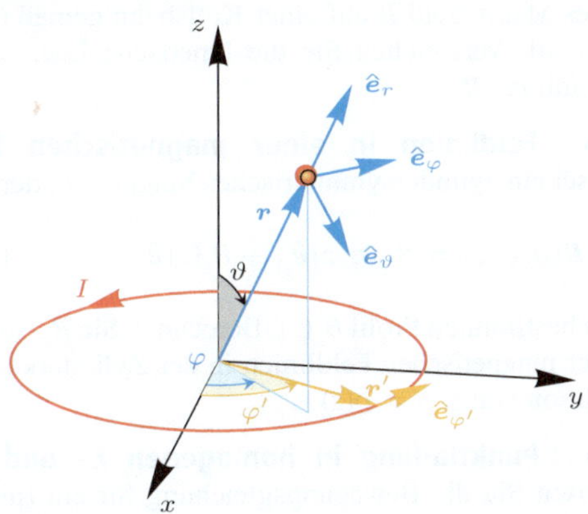

Abb. 15.27 Kreisförmige Leiterschleife und Parametrisierung von Quell- und Aufpunkten in Kugelkoordinaten

Lösungshinweis: Verwenden Sie Zylinder- oder Kugelkoordinaten und überlegen Sie sich zuerst, welche Komponente von $\boldsymbol{A}$ als einzige nicht verschwindet. Entwickeln Sie den Integranden für das Vektorpotenzial nach einem geeigneten Parameter, der in der Nähe der Symmetrieachse klein wird.

15.3 •• Mittelwertsätze der Elektro- und Magnetostatik Beweisen Sie die im Kasten „Vertiefung: Mittelwertsätze der Elektrostatik und der Magnetostatik" angegebenen Ausdrücke für die Mittelung von $\boldsymbol{E}$- und $\boldsymbol{B}$-Feldern über eine Vollkugel mit Radius R mithilfe der in Aufgabe 13.12 bewiesenen Formel

$$\frac{3}{4\pi R^3} \oint_{r=R} \mathrm{d}\boldsymbol{f} \frac{1}{|\boldsymbol{r}-\boldsymbol{r}'|} = \boldsymbol{r}' \begin{cases} \frac{1}{r'^3} & \text{für } r' > R \\ \frac{1}{R^3} & \text{für } r' < R \end{cases}. \qquad (15.179)$$

Lösungshinweis: Verwenden Sie die allgemeinen Lösungen der Potenziale bei natürlichen Randbedingungen.

15.4 • Induktion von Magnetisierungs-Flächenströmen In (15.69) bis (15.72) wurde das Magnetfeld bestimmt, das ein linienförmiger Strom parallel zu einem dia- oder paramagnetischen Halbraum hervorruft. Berechnen Sie die dabei induzierte Magnetisierungsflächenstromdichte und daraus den zugehörigen Gesamtmagnetisierungsstrom. Vergleichen Sie das Ergebnis mit dem Bildstrom in (15.72).

15.5 •• Abschirmung von Magnetfeldern Berechnen Sie den Faktor, um den ein äußeres homogenes Magnetfeld im Inneren einer Kugelschale (innerer Radius R_1, äußerer R_2) mit hoher Permeabilitätskonstante μ abgeschwächt wird (Abb. 15.28). Welche Reduktion wird für $\mu = 10^6$ bei einer dünnen Schale mit $R_2 = 1{,}01R_1$ erreicht?

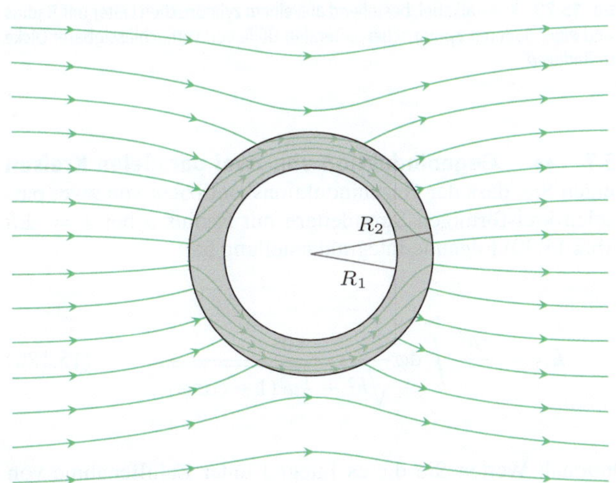

Abb. 15.28 Abschirmung von Magnetfeldern durch eine Kugelschale mit hoher Permeabilitätskonstante μ

15.6 • Selbstinduktivität eines Koaxialkabels Berechnen Sie den Selbstinduktionskoeffizienten pro Längeneinheit eines Koaxialkabels, das aus einem zylindrischen Leiter mit Radius a und einer äußeren zylindrischen leitenden Hülle von vernachlässigbarer Dicke und Radius b besteht. Der Strom soll dabei in Längsrichtung entgegengesetzt im inneren und äußeren Leiter fließen, wobei der Stromfluss im inneren Zylinder gleichmäßig über den Querschnitt verteilt sein soll (Abb. 15.29).

Was ändert sich, wenn der innere Leiter ebenfalls durch einen Hohlzylinder mit vernachlässigbarer Wanddicke ersetzt wird?

Und was ändert sich, wenn der isolierende Zwischenraum durch ein Material mit Permeabilitätskonstante μ ausgefüllt wird?

Lösungshinweis: Berechnen Sie den Selbstinduktionskoeffizienten über die Abhängigkeit der magnetische Feldenergie von der Stromstärke und berechnen Sie dafür das Magnetfeld aus dem Oersted'schen Gesetz (Ampère'sches Durchflutungsgesetz) unter Ausnutzung der Zylindersymmetrie.

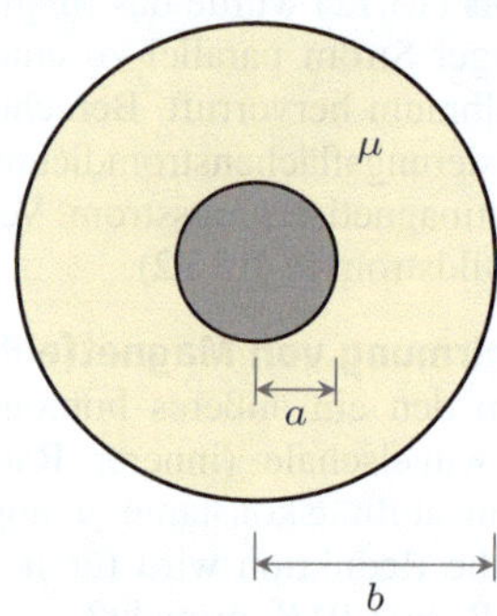

Abb. 15.29 Koaxialkabel, bestehend aus einem zylindrischen Leiter mit Radius a und einer äußeren zylindrischen leitenden Hülle von vernachlässigbarer Dicke und Radius b

15.7 •• Gegeninduktion von zwei parallelen Kreisen Zeigen Sie, dass der Gegeninduktionskoeffizient von zwei parallelen kreisförmigen Stromleitern mit Radius a bei $z = \pm h$ (Abb. 15.30) folgende Integraldarstellung hat:

$$L_{12} = \frac{\pi a^2}{c^2} \int_0^{2\pi} \mathrm{d}\varphi \frac{\cos\varphi}{\sqrt{h^2 + \frac{1}{2}a^2(1-\cos\varphi)}}. \qquad (15.180)$$

Optional: Werten Sie dieses Integral unter Zuhilfenahme von mathematischer Computersoftware numerisch aus.

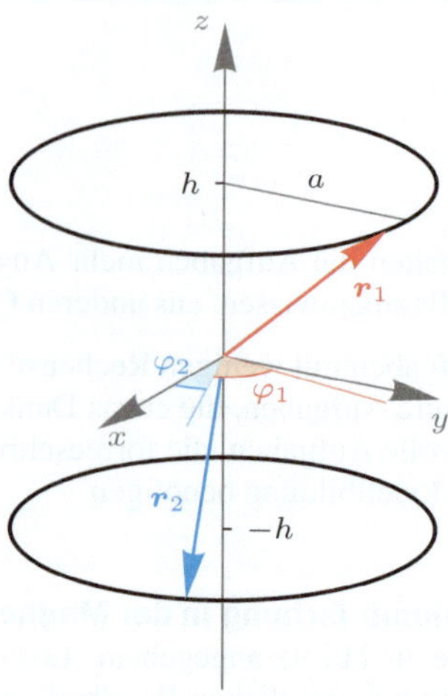

Abb. 15.30 Zwei parallele kreisförmige Stromleiter mit Radius a und Abstand $2h$

15.8 •• Magnetisches Moment bei Zyklotronbewegung Berechnen Sie das magnetisches Moment $\boldsymbol{m}$ eines geladenen Teilchens mit Ladung q und Masse M, das durch ein homogenes Magnetfeld $\boldsymbol{B}$ auf einer Kreisbahn gemäß (15.128) gehalten wird. Vergleichen Sie die kinetische Energie T des Teilchens mit $\boldsymbol{m} \cdot \boldsymbol{B}$.

15.9 •• Feldlinien in einer magnetischen Flasche Gegeben sei ein zylindersymmetrisches Magnetfeld der Form

$$\boldsymbol{B}(\varrho, \varphi, z) = B_\varrho(\varrho, z)\,\hat{\boldsymbol{e}}_\varrho + B_z(z)\,\hat{\boldsymbol{e}}_z \qquad (15.181)$$

mit einem bestimmten Profil $B_z(z)$. Berechnen Sie B_ϱ sowie den Verlauf der magnetischen Feldlinien in der Zylinderkoordinate ϱ als Funktion von z: $\varrho = \varrho(z)$.

15.10 •• Punktladung in homogenen E- und B-Feldern Lösen Sie die Bewegungsgleichung für ein (nichtrelativistisches) geladenes Punktteilchen, wenn zusätzlich zu einem homogenen Magnetfeld in z-Richtung wie in (15.125) ein homogenes elektrisches Feld mit beliebiger Richtung vorhanden ist.

Lösungshinweis: Ein elektrisches Feld macht aus der homogenen Differenzialgleichung (15.125) für $\boldsymbol{v}(t)$ eine inhomogene. Die allgemeine Lösung ergibt sich durch Addition einer speziellen inhomogenen Lösung zur allgemeinen homogenen Lösung. Suchen Sie daher nach der einfachsten inhomogenen Lösung. Es gibt eine, bei der keine Beschleunigungen in der xy-Ebene auftreten.

Lösungen zu den Aufgaben

15.4

$$\boldsymbol{k}_{\mathrm{M}} = \frac{\mu - 1}{\mu + 1} \frac{I}{\pi} \frac{d}{d^2 + y^2} \hat{\boldsymbol{e}}_z \qquad (15.182)$$

15.8 $\boldsymbol{T} = \boldsymbol{m} \cdot \boldsymbol{B}$

15.9 $B_\varrho(\varrho, z) = -\varrho B_z'(z)/2$. Die Feldlinien dazu sind durch $\varrho(z) = C/\sqrt{B_z(z)}$ mit verschiedenen Konstanten C gegeben.

Teil II

Ausführliche Lösungen zu den Aufgaben

15.1 Differenziation unter dem Integral führt auf

$$\begin{aligned} \nabla \cdot \boldsymbol{A}(\boldsymbol{r}) &= \frac{1}{c} \int \mathrm{d}V' \boldsymbol{j}(\boldsymbol{r}') \cdot \nabla \frac{1}{|\boldsymbol{r}-\boldsymbol{r}'|} \\ &= -\frac{1}{c} \int \mathrm{d}V' \boldsymbol{j}(\boldsymbol{r}') \cdot \nabla' \frac{1}{|\boldsymbol{r}-\boldsymbol{r}'|} \\ &= -\frac{1}{c} \int \mathrm{d}V' \, \nabla' \cdot \left(\frac{\boldsymbol{j}(\boldsymbol{r}')}{|\boldsymbol{r}-\boldsymbol{r}'|} \right), \end{aligned} \quad (15.183)$$

wobei im letzten Schritt $\nabla' \cdot \boldsymbol{j}(\boldsymbol{r}') = 0$ ausgenutzt wurde. Betrachten wir zunächst ein endlich großes Volumen, dann kann mit dem Gauß'schen Satz das letzte Integral in ein Oberflächenintegral umgewandelt werden:

$$\int_V \mathrm{d}V' \, \nabla' \cdot \left(\frac{\boldsymbol{j}(\boldsymbol{r}')}{|\boldsymbol{r}-\boldsymbol{r}'|} \right) = \oint_{\partial V} \mathrm{d}\boldsymbol{f}' \cdot \left(\frac{\boldsymbol{j}(\boldsymbol{r}')}{|\boldsymbol{r}-\boldsymbol{r}'|} \right). \quad (15.184)$$

Für die Existenz des Integrals in (15.9) ist es notwendig, dass der Integrand $\boldsymbol{j}(\boldsymbol{r}')/|\boldsymbol{r}-\boldsymbol{r}'|$ im Unendlichen abfällt, nämlich gerade so, dass Integrale über Kugelschalen für divergierende Radien gegen null gehen. Damit verschwindet das Oberflächenintegral im Limes $V \to \mathbb{R}^3$.

15.2 Das Vektorpotenzial ist für einen Kreisstrom um den Ursprung gegeben durch

$$\boldsymbol{A} = \frac{1}{c} \int \mathrm{d}V' \frac{\boldsymbol{j}(\boldsymbol{r}')}{|\boldsymbol{r}-\boldsymbol{r}'|} = \frac{I}{c} \oint_{r'=a} \frac{\mathrm{d}\boldsymbol{r}'}{|\boldsymbol{r}-\boldsymbol{r}'|}, \quad (15.185)$$

wobei $\boldsymbol{A}$ und $\boldsymbol{j}$ in kartesischen Komponenten aufzufassen sind. Für die Koordinaten sind Kugel- oder Zylinderkoordinaten eine angepasste Wahl. Mit der z-Achse als Symmetrieachse ist in Kugelkoordinaten für $r' = a$

$$\begin{aligned} (\boldsymbol{r}-\boldsymbol{r}')^2 &= r^2 + a^2 - 2ar \sin\vartheta \, (\cos\varphi \, \cos\varphi' + \sin\varphi \, \sin\varphi') \\ &= r^2 + a^2 - 2ar \sin\vartheta \, \cos(\varphi - \varphi') \end{aligned} \quad (15.186)$$

und

$$\mathrm{d}\boldsymbol{r}' = a \hat{\boldsymbol{e}}_{\varphi'} \, \mathrm{d}\varphi' = a \left[-\sin\varphi' \, \hat{\boldsymbol{e}}_x + \cos\varphi' \, \hat{\boldsymbol{e}}_y \right] \mathrm{d}\varphi'. \quad (15.187)$$

Letzteres macht klar, dass $\boldsymbol{A}$ nur x- und y-Komponenten hat. Die einzige nicht verschwindende Komponente ist dabei

$$\begin{aligned} A_\varphi &= \hat{\boldsymbol{e}}_\varphi \cdot \boldsymbol{A} = \left[-\sin\varphi \, \hat{\boldsymbol{e}}_x + \cos\varphi \, \hat{\boldsymbol{e}}_y \right] \cdot \boldsymbol{A} \\ &= \frac{I a}{c} \int_0^{2\pi} \mathrm{d}\bar{\varphi} \frac{\cos\bar{\varphi}}{\sqrt{r^2 + a^2 - 2ar \sin\vartheta \, \cos\bar{\varphi}}}, \\ &= \frac{I a}{c\sqrt{r^2 + a^2}} \int_0^{2\pi} \mathrm{d}\bar{\varphi} \frac{\cos\bar{\varphi}}{\sqrt{1 - \lambda \, \cos\bar{\varphi}}} \end{aligned} \quad (15.188)$$

mit $\bar{\varphi} = \varphi - \varphi'$ und

$$\lambda := \frac{2ar}{r^2 + a^2} \sin\vartheta \in [0, 1]. \quad (15.189)$$

(Die dazu orthogonale Projektion $\left[\cos\varphi \, \hat{\boldsymbol{e}}_x + \sin\varphi \, \hat{\boldsymbol{e}}_y \right] \cdot \boldsymbol{A}$ führt auf ein Integral mit $\sin\bar{\varphi}$ im Zähler des Integranden, das aus Symmetriegründen null ist.)

Der Integrand hat eine Singularität, wenn $\lambda = 1$ ist, was aber nur auf dem Kreisstrom selbst ($r = a$ und $\vartheta = \pi/2$) der Fall ist. Insbesondere für kleine Werte von $r \sin\vartheta \ll a$, also in der Nähe der Symmetrieachse, ist λ ein kleiner Parameter, nach dem der Integrand entwickelt werden kann. $\lambda \ll 1$ deckt übrigens nicht nur die Umgebung der z-Achse, sondern auch das Fernfeld $r \gg a$ ab.

Ohne diese Entwicklung ist das Integral nicht durch elementare Funktionen darstellbar, sondern führt auf spezielle Funktionen, die *vollständigen elliptischen Integrale* (siehe hierzu die Lösung zu Aufgabe 15.7).

Die Wurzel im Nenner des Integranden kann für $\lambda < 1$ in eine Taylor-Reihe entwickelt werden:

$$\frac{1}{\sqrt{1 - \lambda \, \cos\bar{\varphi}}} = 1 + \frac{1}{2}\lambda \, \cos\bar{\varphi} + \frac{3}{8}\lambda^2 \, \cos^2\bar{\varphi} + \ldots, \quad (15.190)$$

wobei nach der Integration nur ungerade Potenzen in λ auftreten:

$$\int_0^{2\pi} \mathrm{d}\bar{\varphi} \frac{\cos\bar{\varphi}}{\sqrt{1 - \lambda \, \cos\bar{\varphi}}} = \frac{\pi}{2}\lambda + O(\lambda^3). \quad (15.191)$$

Damit ergibt sich für $\lambda \ll 1$

$$A_\varphi \approx \frac{I \, \pi \, a^2}{c} \frac{r \, \sin\vartheta}{(r^2 + a^2)^{3/2}}, \quad (15.192)$$

woraus das $\boldsymbol{B}$-Feld über $\boldsymbol{B} = \mathbf{rot}\boldsymbol{A}$ berechnet werden kann.

In Kugelkoordinaten ist

$$\begin{aligned} B_r &= \frac{1}{r \, \sin\vartheta} \frac{\partial}{\partial\vartheta} \left(\sin\vartheta \, A_\varphi \right) \\ &\approx \frac{I \, \pi \, a^2}{c} \frac{2 \, \cos\vartheta}{(r^2 + a^2)^{3/2}}, \end{aligned} \quad (15.193)$$

$$\begin{aligned} B_\vartheta &= -\frac{1}{r} \frac{\partial}{\partial r} \left(r A_\varphi \right) \\ &\approx \frac{I \, \pi \, a^2}{c} \frac{(r^2 - 2a^2) \, \sin\vartheta}{(r^2 + a^2)^{5/2}}, \end{aligned} \quad (15.194)$$

$$B_\varphi = 0. \tag{15.195}$$

Auf der z-Achse verschwindet $\sin\vartheta$, während B_r auf der positiven z-Achse positives Vorzeichen und auf der negativen z-Achse negatives Vorzeichen hat. $\boldsymbol{B}$ zeigt also in positive z-Richtung, mit

$$\boldsymbol{B}|_{z\text{-Achse}} = \frac{I\,\pi\,a^2}{c}\frac{2}{(z^2+a^2)^{3/2}}\hat{\boldsymbol{e}}_z. \tag{15.196}$$

Dieses Ergebnis ist auf der z-Achse exakt, da dort der Entwicklungsparameter λ verschwindet. Der Vorfaktor ist dabei genau das magnetische Moment entsprechend (15.27):

$$|\boldsymbol{m}| = \frac{I\,\pi\,a^2}{c}. \tag{15.197}$$

15.3 Unter Verwendung der allgemeinen Lösung für die Potenziale bei natürlichen Randbedingungen kann die Mittelung über eine Vollkugel wie folgt umgeformt werden:

$$\begin{aligned}\langle\boldsymbol{E}\rangle_R &= \frac{3}{4\pi R^3}\int\limits_{r<R}\mathrm{d}V\,\boldsymbol{E}(\boldsymbol{r}) = -\frac{3}{4\pi R^3}\int\limits_{r<R}\mathrm{d}V\,\nabla\phi(\boldsymbol{r})\\ &= -\frac{3}{4\pi R^3}\oint\limits_{r=R}\mathrm{d}\boldsymbol{f}\,\phi(\boldsymbol{r})\\ &= -\frac{3}{4\pi R^3}\oint\limits_{r=R}\mathrm{d}\boldsymbol{f}\int\mathrm{d}V'\,\frac{\rho(\boldsymbol{r}')}{|\boldsymbol{r}-\boldsymbol{r}'|}\\ &= -\int\mathrm{d}V'\,\rho(\boldsymbol{r}')\,\frac{3}{4\pi R^3}\oint\limits_{r=R}\mathrm{d}\boldsymbol{f}\frac{1}{|\boldsymbol{r}-\boldsymbol{r}'|},\end{aligned} \tag{15.198}$$

$$\begin{aligned}\langle\boldsymbol{B}\rangle_R &= \frac{3}{4\pi R^3}\int\limits_{r<R}\mathrm{d}V\,\boldsymbol{B}(\boldsymbol{r}) = \frac{3}{4\pi R^3}\int\limits_{r<R}\mathrm{d}V\,\nabla\times\boldsymbol{A}(\boldsymbol{r})\\ &= \frac{3}{4\pi R^3}\oint\limits_{r=R}\mathrm{d}\boldsymbol{f}\times\boldsymbol{A}(\boldsymbol{r})\\ &= \frac{3}{4\pi R^3}\oint\limits_{r=R}\mathrm{d}\boldsymbol{f}\times\frac{1}{c}\int\mathrm{d}V'\,\frac{\boldsymbol{j}(\boldsymbol{r}')}{|\boldsymbol{r}-\boldsymbol{r}'|}\\ &= -\frac{1}{c}\int\mathrm{d}V'\boldsymbol{j}(\boldsymbol{r}')\times\frac{3}{4\pi R^3}\oint\limits_{r=R}\mathrm{d}\boldsymbol{f}\frac{1}{|\boldsymbol{r}-\boldsymbol{r}'|}.\end{aligned} \tag{15.199}$$

Mit (15.179) zerfallen beide Ergebnisse in zwei Anteile, einen über den Außenraum der Kugel, wo die Quellen mit

$$\frac{\boldsymbol{r}'}{r'^3} = -\left.\frac{\boldsymbol{r}-\boldsymbol{r}'}{|\boldsymbol{r}-\boldsymbol{r}'|^3}\right|_{r=0} \tag{15.200}$$

so kombiniert werden, dass das Integral das im Ursprung erzeugte Feld darstellt, während für den Innenraum der Ausdruck für das elektrische bzw. magnetische Dipolmoment bezüglich des Ursprungs entsteht.

15.4 Mit der Definition (15.62) und der Stetigkeit der Tangentialkomponenten von $\boldsymbol{H}$ aufgrund der Abwesenheit von freien Flächenstromdichten folgt

$$\begin{aligned}\boldsymbol{k}_\mathrm{M} &= c\,\hat{\boldsymbol{e}}_x\times(\boldsymbol{M}^> - \boldsymbol{M}^<)|_{x=0} = \frac{c}{4\pi}\hat{\boldsymbol{e}}_x\times(\boldsymbol{B}^> - \boldsymbol{B}^<)|_{x=0}\\ &= \frac{c}{4\pi}\hat{\boldsymbol{e}}_z[B_y^> - B_y^<]|_{x=0} = \frac{\mu-1}{\mu+1}\frac{I}{\pi}\frac{d}{d^2+y^2}\hat{\boldsymbol{e}}_z.\end{aligned} \tag{15.201}$$

Aufintegriert über y ergibt dies den Gesamtmagnetisierungsstrom auf der Grenzfläche, der in z-Richtung fließt, wegen

$$\int\limits_{-\infty}^{\infty}\frac{\mathrm{d}y}{d^2+y^2} = \frac{\pi}{d} \tag{15.202}$$

zu

$$I_\mathrm{M} = \frac{\mu-1}{\mu+1}I \equiv I'. \tag{15.203}$$

15.5 Da keine freien Ströme vorhanden sind, kann mit einem skalaren magnetischen Potenzial (15.74) gearbeitet werden, $\boldsymbol{H} = -\nabla\phi_\mathrm{m}$, für das in den drei Raumbereichen (Außenraum (a) und Innenraum (i) der Kugelschale sowie der Bereich der Kugelschale (s) selbst) jeweils die Laplace-Gleichung gilt, $\Delta\phi_\mathrm{m} = 0$.

Die Randbedingung im Unendlichen ist durch ein homogenes $\boldsymbol{B}$-Feld gegeben, das in Kugelkoordinaten mit z-Achse in Richtung des asymptotischen Magnetfeldes durch einen Beitrag $\phi_\mathrm{m} = -B_0 z = -B_0 r\cos\vartheta$ beschrieben wird, wobei B_0 die Stärke des Feldes ohne die Hohlkugel darstellt.

Da $\cos\vartheta = P_1(\cos\vartheta)$ ist, machen wir einen Ansatz, der von der allgemeinen zylindersymmetrischen Lösung der Laplace-Gleichung (13.169) nur die Terme mit $l = 1$ beibehält. Im Außenraum können wir nur einen im Unendlichen regulären Term hinzugeben, damit die Randbedingung im Unendlichen aufrecht bleibt:

$$\phi_\mathrm{m}^\mathrm{a} = -B_0 r\cos\vartheta + \frac{\alpha}{r^2}\cos\vartheta,\quad r > R_2. \tag{15.204}$$

Für den Bereich der Kugelschale gibt es zwei mögliche Terme:

$$\phi_\mathrm{m}^\mathrm{s} = \left(\beta\,r + \frac{\gamma}{r^2}\right)\cos\vartheta,\quad R_1 < r < R_2, \tag{15.205}$$

während im Innenraum der im Ursprung singuläre Term wegzulassen ist:

$$\phi_\mathrm{m}^\mathrm{i} = \delta\,r\cos\vartheta,\quad r < R_1. \tag{15.206}$$

Die Forderungen der Stetigkeit von ϕ_m bei R_2 und R_1, aber Unstetigkeiten in $\partial_r\phi_\mathrm{m}$ gemäß

$$\partial_r\phi_\mathrm{m}^\mathrm{a}(R_2) = \mu\,\partial_r\phi_\mathrm{m}^\mathrm{s}(R_2),\quad \mu\,\partial_r\phi_\mathrm{m}^\mathrm{s}(R_1) = \phi_\mathrm{m}^\mathrm{i}(R_1) \tag{15.207}$$

liefern

$$\begin{aligned}\alpha - R_2^3\,\beta - \gamma &= R_2^3\,B_0,\\ R_1^3\,\beta + \gamma - R_1^3\,\delta &= 0,\\ 2\alpha + \mu R_2^3\,\beta - 2\mu\gamma &= -R_2^3\,B_0,\\ \mu R_1^3\,\beta - 2\mu\gamma - R_1^3\,\delta &= 0.\end{aligned} \tag{15.208}$$

Auflösen dieses linearen Gleichungssystems liefert für den Koeffizienten der Lösung im Inneren der Kugelschale

$$-\delta = B^{\mathrm{i}} = \frac{9\mu}{(2\mu+1)(\mu+2) - 2(R_1/R_2)^3(\mu-1)^2} B_0. \tag{15.209}$$

Im Limes $\mu \gg 1$ vereinfacht sich das Verhältnis vom Feld im Inneren der Kugelschale zu B_0:

$$B^{\mathrm{i}}/B_0 \to \frac{9}{2\mu[1-(R_1/R_2)^3]}. \tag{15.210}$$

Für $\mu = 10^6$ bei $R_2 = 1{,}01 R_1$ ist $B^{\mathrm{i}} \approx 0{,}000\,15\, B_0$.

Teil II

15.6 Wegen der Zylindersymmetrie hat das $\boldsymbol{B}$-Feld nur eine Komponente B_φ, die durch das Oersted'sche Gesetz bei Integration entlang eines Kreises mit Radius r um die Zylinderachse durch

$$\oint_{\varrho=\text{const}} \boldsymbol{B}\cdot \mathbf{d}\boldsymbol{r} = 2\pi\,\varrho\, B_\varphi(\varrho) = \frac{4\pi}{c} I(\varrho) \tag{15.211}$$

gegeben ist, wobei $I(\varrho)$ der eingeschlossene Strom ist. Ist der gesamte Strom in einer Richtung durch I gegeben, dann ist

$$I(\varrho) = I \begin{cases} \varrho^2/a^2 & \text{für} \quad 0 \le \varrho \le a \\ 1 & \text{für} \quad a \le \varrho \le b \\ 0 & \text{für} \quad \varrho > b. \end{cases} \tag{15.212}$$

Integration der magnetischen Feldenergie auf einer Länge l entlang der Zylinderachse gibt

$$\begin{aligned} W &= \frac{1}{8\pi}\int_V \mathrm{d}V\, \boldsymbol{B}^2 = \frac{l}{4}\int_0^b \mathrm{d}\varrho\,\varrho\, B_\varphi^2(\varrho) = \frac{l}{4}\int_0^b \mathrm{d}\varrho\,\varrho \left(\frac{2I(\varrho)}{c\varrho}\right)^2 \\ &= \frac{l}{4}\left(\frac{2I}{c}\right)^2 \left[\int_0^a \mathrm{d}\varrho\, \frac{\varrho^3}{a^4} + \int_a^b \mathrm{d}\varrho\, \frac{1}{\varrho}\right] \stackrel{!}{=} \frac{1}{2} L I^2. \end{aligned} \tag{15.213}$$

Ausführen der elementaren Integrale ergibt

$$L/l = \frac{1}{c^2}\left(\frac{1}{2} + 2\ln\frac{b}{a}\right). \tag{15.214}$$

Wird der innere Vollzylinder durch einen dünnen Hohlzylinder ersetzt, dann ist das Feld für $\varrho < a$ null, und L reduziert sich auf

$$L/l = \frac{2}{c^2}\ln\frac{b}{a}. \tag{15.215}$$

Ist der Raum zwischen a und b mit einem Medium mit Permeabilitätskonstante μ ausgefüllt, ist der Beitrag proportional zu $\ln(b/a)$ mit μ zu multiplizieren.

15.7 Die Definition der Gegeninduktionskoeffizienten in (15.100) führt auf das doppelte Linienintegral

$$L_{12} = \frac{1}{c^2}\oint_{\mathcal{L}_1}\oint_{\mathcal{L}_2} \frac{\mathbf{d}\boldsymbol{r}_1\cdot \mathbf{d}\boldsymbol{r}_2}{|\boldsymbol{r}_1 - \boldsymbol{r}_2|}. \tag{15.216}$$

In Kugelkoordinaten oder auch Zylinderkoordinaten ist

$$\begin{aligned} (\boldsymbol{r}_1 - \boldsymbol{r}_2)^2 &= a^2(\cos\varphi_1 - \cos\varphi_2)^2 + a^2(\sin\varphi_1 - \sin\varphi_2)^2 + 4h^2 \\ &= 2a^2\left[1 - \cos(\varphi_1 - \varphi_2)\right] + 4h^2, \end{aligned} \tag{15.217}$$

$$\mathbf{d}\boldsymbol{r}_1 \cdot \mathbf{d}\boldsymbol{r}_2 = a^2\,\cos(\varphi_1 - \varphi_2)\,\mathrm{d}\varphi_1\,\mathrm{d}\varphi_2, \tag{15.218}$$

und die Linienintegrale reduzieren sich auf zwei Integrationen über φ_1 und φ_2, jeweils von 0 bis 2π. Durch die Variablensubstitution $\varphi = \varphi_1 - \varphi_2$ entkoppeln diese. Die Integration über φ_2 ergibt einen Vorfaktor 2π, und es bleibt das nicht durch elementare Funktionen lösbare Integral (15.180).

Symbolische Mathematiksoftware wie MAPLE oder MATHEMATICA weiß, dass dieses Integral durch die speziellen Funktionen der *vollständigen elliptischen Integrale* erster und zweiter Art, $K(x)$ und $E(x)$, dargestellt werden kann, für die diverse Reihendarstellungen angegeben werden können. Das Resultat (15.180) lautet damit

$$L_{12} = \frac{4\pi a}{c^2} f(h/a), \tag{15.219}$$

$$f(h/a) = \frac{1}{k}\left[(2-k^2)K(k^2) - 2E(k^2)\right], \quad k^2 := \frac{a^2}{a^2+h^2}$$

mit

$$K(m) = \int_0^{\pi/2} (1 - m\,\sin^2\theta)^{-1/2}\mathrm{d}\theta, \tag{15.220}$$

$$E(m) = \int_0^{\pi/2} (1 - m\,\sin^2\theta)^{+1/2}\mathrm{d}\theta. \tag{15.221}$$

(Die Bezeichnung „vollständig" für diese elliptischen Integrale bezieht sich dabei auf die obere Integrationsgrenze $\pi/2$; für allgemeine obere Integrationsgrenzen spricht man von unvollständigen elliptischen Integralen.) Damit lassen sich folgende asymptotische Ausdrücke angeben:

$$f(h/a) \sim \begin{cases} \ln\dfrac{4a}{h} - 2 & h \ll a \\ \dfrac{\pi}{16}\dfrac{a^3}{h^3} & h \gg a. \end{cases} \tag{15.222}$$

In Abb. 15.31 werden diese mit der vollen Funktion $f(h/a)$ verglichen.

15.8 Ein Teilchen, das sich mit einer Geschwindigkeit $v_\perp$ senkrecht zu $\boldsymbol{B}$ bewegt, wird gemäß (15.128) auf eine Kreisbahn $\boldsymbol{x}(t)$ mit Radius $a = v_\perp Mc/(qB)$ gezwungen. Die zugehörige Stromdichte ist

$$\boldsymbol{j}(\boldsymbol{r}) = q\boldsymbol{v}\delta(\boldsymbol{r} - \boldsymbol{x}(t)). \tag{15.223}$$

Das magnetische Moment lässt sich am einfachsten berechnen, wenn als Koordinatenursprung der Kreismittelpunkt gewählt wird. Dann steht $\boldsymbol{v}$ senkrecht zum Ortsvektor im Integral von

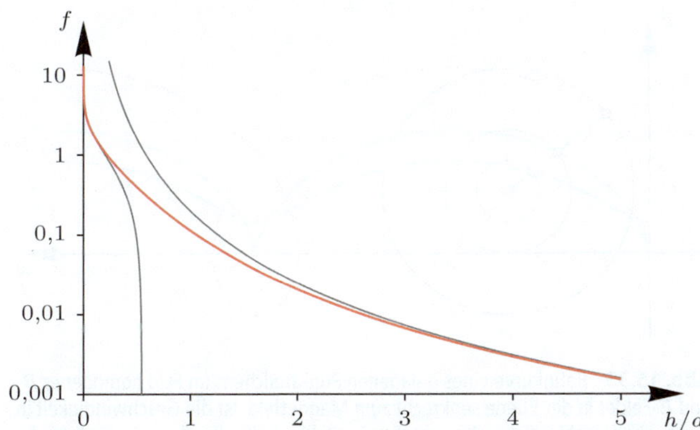

Abb. 15.31 Gegeninduktionskoeffizient von zwei parallelen kreisförmigen Leitern: $f(h/a) = L_{12}/(4\pi a/c^2)$ als Funktion von h/a zusammen mit den asymptotischen Ausdrücken (15.222)

(15.23), und man erhält unmittelbar den (zeitunabhängigen) Wert

$$\boldsymbol{m} = \frac{1}{2c}\int \mathrm{d}V\, \boldsymbol{r} \times \boldsymbol{j}(\boldsymbol{r}) = \frac{1}{2c} a q v_\perp \hat{\boldsymbol{B}} = \frac{q^2 a^2}{2Mc^2}\boldsymbol{B}. \quad (15.224)$$

Die kinetische Energie des Teilchens ist

$$T = \frac{M}{2} v_\perp^2 = \frac{M}{2}\frac{q^2 a^2 B^2}{M^2 c^2}. \quad (15.225)$$

Somit ist $T = \boldsymbol{m} \cdot \boldsymbol{B}$.

15.9 In Zylinderkoordinaten ist

$$\operatorname{div} \boldsymbol{B} = \frac{1}{\varrho}\frac{\partial}{\partial \varrho}\left(\varrho B_\varrho\right) + \frac{1}{\varrho}\frac{\partial}{\partial \varphi} B_\varphi + \frac{\partial}{\partial z} B_z = 0. \quad (15.226)$$

Im vorliegenden Fall ist $B_\varphi = 0$ und B_z unabhängig von ϱ. Damit ist

$$\varrho B_\varrho(\varrho, z) = -B_z'(z) \int_0^\varrho \mathrm{d}\varrho' \varrho' = -B_z'(z)\frac{\varrho^2}{2}, \quad (15.227)$$

wobei die Integrationskonstante durch die Forderung fixiert wurde, dass B_ϱ auf der Symmetrieachse verschwinden muss.

Feldlinien sind an jedem Punkt tangential zum Feld. Eine Feldlinie, die in Zylinderkoordinaten durch $\varrho(z)$ gegeben ist, hat an jedem Punkt eine Steigung, die durch das Verhältnis B_ϱ/B_z gegeben ist:

$$\frac{\mathrm{d}\varrho(z)}{\mathrm{d}z} = \frac{B_\varrho}{B_z} = -\frac{\varrho}{2}\frac{B_z'(z)}{B_z(z)}. \quad (15.228)$$

Separation der Variablen ergibt

$$\frac{1}{\varrho}\frac{\mathrm{d}\varrho(z)}{\mathrm{d}z} = \frac{\mathrm{d}\ln \varrho(z)}{\mathrm{d}z} = -\frac{1}{2}\frac{\mathrm{d}\ln B_z(z)}{\mathrm{d}z} \quad (15.229)$$

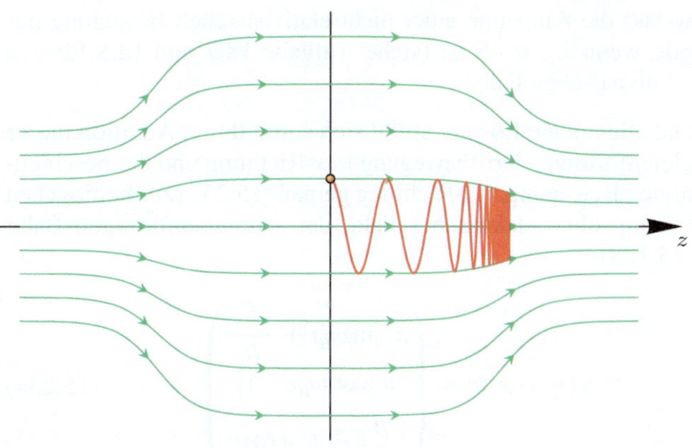

Abb. 15.32 Teilchen in einer magnetischen Flasche. Das Magnetfeld ist rotationssymmetrisch um die z-Achse; das Teilchen bewegt sich auf einer Spiralbahn um diese und wird gestoppt und dann reflektiert, wenn es in den Bereich höherer Feldstärke kommt

mit der Lösung

$$\varrho(z) = C\left[B_z(z)\right]^{-1/2}. \quad (15.230)$$

In Abb. 15.32 sind die Feldlinien für ein Profil dargestellt, bei dem durch die Überlagerung von zwei tanh-Funktionen das Magnetfeld auf das Vierfache des Wertes im Zentrum ansteigt, wenn man sich von diesem in positiver oder negativer z-Richtung entfernt. Auch dargestellt ist die Bahnkurve für ein Teilchen, das sich entsprechend der Energiebilanz (15.131) darin auf einer Spiralbahn bewegt. Diese wird an einem Punkt, an dem B_z einen für die Anfangsgeschwindigkeiten v_z, $v_\perp$ kritischen Wert erreicht, gestoppt und reflektiert.

15.10 Wir können durch Drehen des Koordinatensystems um die z-Achse immer erreichen, dass das $\boldsymbol{E}$-Feld in der yz-Ebene liegt, d. h. keine x-Komponente besitzt. Die Differenzialgleichung (15.125) verallgemeinert sich dann auf

$$\frac{\mathrm{d}}{\mathrm{d}t}\begin{pmatrix} v_x \\ v_y \\ v_z \end{pmatrix} = \begin{pmatrix} \omega_B\, v_y \\ -\omega_B\, v_x \\ 0 \end{pmatrix} + \frac{q}{m}\begin{pmatrix} 0 \\ E_y \\ E_z \end{pmatrix}, \quad \omega_B = \frac{qB}{mc}. \quad (15.231)$$

Die Bewegung in z-Richtung kann unabhängig von der in der xy-Ebene gelöst werden und ist durch

$$z(t) = \frac{qE_z}{2m}t^2 + v_z(0)\,t + z(0) \quad (15.232)$$

gegeben.

Für die Bewegung in der xy-Ebene lässt sich eine beschleunigungsfreie Bahn durch $v_y \equiv 0$ und $\omega_B v_x = \frac{q}{m}E_y$ wählen. In diesem Fall balanciert die Lorentz-Kraft $\propto \boldsymbol{v} \times \boldsymbol{B}$, die dann nur eine y-Komponente besitzt, gerade die elektrostatische Kraft durch die y-Komponente von $\boldsymbol{E}$. Diese *Driftgeschwindigkeit* hat den Wert

$$v_x^{\mathrm{Drift}} = \frac{cE_y}{B}, \quad (15.233)$$

sodass die Annahme einer nichtrelativistischen Bewegung nur gilt, wenn $E_y \ll B$ ist (siehe Aufgabe 18.7 und 18.8 für den relativistischen Fall).

Die allgemeine Lösung ergibt sich somit durch Addition dieser gleichförmigen Driftbewegung in x-Richtung und der beschleunigten Bewegung in z-Richtung gemäß (15.232) zur homogenen Lösung ohne elektrisches Feld, der schraubenförmigen Bahn (15.128):

$$\boldsymbol{x}(t) = \boldsymbol{x}(0) + \begin{pmatrix} a \sin\omega_B t + \frac{cE_y}{B} t \\ a\,[\cos\omega_B t - 1] \\ \frac{qE_z}{2m} t^2 + v_z(0)t \end{pmatrix} \qquad (15.234)$$

mit $a = v_x(0)/\omega_B$, wobei wieder angenommen wurde, dass zum Zeitpunkt $t = 0$ keine Geschwindigkeitskomponente in y-Richtung vorliegt (was durch Wahl des Zeitnullpunktes immer erreicht werden kann). Die Form der Bewegung hängt nun nur vom Anfangswert $v_x(0)$ ab. Ist dieser null, also das Teilchen anfangs komplett in Ruhe bezüglich der xy-Ebene, dann beschleunigt E_y das Teilchen in y-Richtung, woraufhin die Lorentz-Kraft zu einer Ablenkung in x-Richtung führt, die schließlich die Oberhand bekommt und das Teilchen auf den Ausgangswert der y-Koordinate zurückwirft. Es entsteht dabei aber eine Driftbewegung in x-Richtung, also senkrecht auf $\boldsymbol{B}$ und $\boldsymbol{E}$, wobei die Bahnkurve eine sogenannte *Zykloide* (Radlaufkurve) bildet. Das ist die Bahn, die ein Punkt auf dem Rand eines Rades durchläuft, wenn das Rad auf einer Geraden abgerollt wird. Ist $v_x(0)$ kleiner als null, dann entsteht eine verkürzte Zykloide, die einem Punkt innerhalb des Rades entspricht; ist $v_x(0)$ größer als null, dann liegt ein analog mitgeführter Punkt außerhalb des Abrollradius (Abb. 15.33). Diese modifizierten Zykloiden werden auch *Trochoiden* genannt.

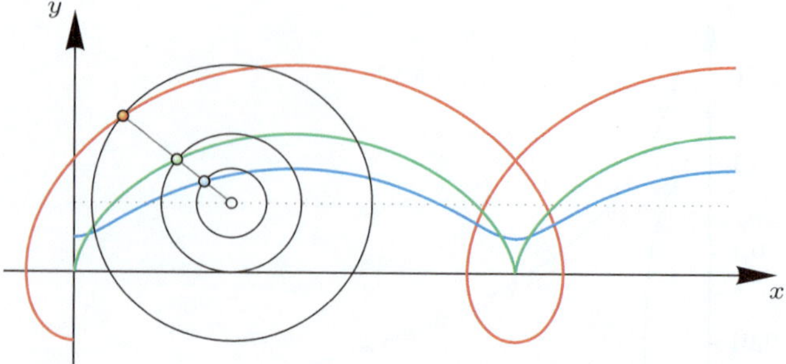

Abb. 15.33 Bahnkurve eines geladenen Punktteilchens im Feld homogener $\boldsymbol{B}$- und $\boldsymbol{E}$-Felder in der Ebene senkrecht zum Magnetfeld. Ist die Geschwindigkeit in dieser Ebene anfänglich null, entsteht eine Zykloide (Radlaufkurve; *grün*). Ist die Anfangsgeschwindigkeit ungleich null in Richtung oder entgegen der Richtung der Driftbewegung, entsteht eine verkürzte (*blau*) oder verlängerte (*rot*) Zykloide (auch Trochoiden genannt). Die Anfangswerte von y sind hier so gewählt, dass die verschiedenen Radlaufkurven zu einem auf der x-Achse rollenden Rad gehören

Literatur

Becker B., Sauter, F.: Theorie der Elektrizität. Teubner, Stuttgart (1964)

de Groot, S.R.: The Maxwell Equations. Non-relativistic and relativistic derivations from electron theory. North-Holland, Amsterdam (1969)

Gabuzda D.C.: The charge densities in a current-carrying wire. Am. J. Phys. **61**, 360 (1993)

Sommerfeld, A.: Vorlesungen über die theoretische Physik, Bd. 3: Elektrodynamik, 4. Aufl. Verlag Harri Deutsch, Frankfurt (1988)

Ausbreitung elektromagnetischer Wellen

16

Welche grundlegenden Eigenschaften haben elektromagnetische Wellen?

Welchen Einfluss haben Medien auf elektromagnetische Wellen?

Wie breiten sich elektromagnetische Wellen in Hohlleitern aus?

Teil II

M. Bartelmann et al., *Theoretische Physik*, DOI 10.1007/978-3-642-54618-1_16, © Springer-Verlag Berlin Heidelberg 2015

Das Licht der Sterne erreicht uns aus großen Entfernungen durch das Vakuum des Weltalls; sehr lange war aber nicht klar, was Licht überhaupt ist und wie es sich durch das Vakuum ausbreiten kann. Maxwell äußerte bereits kurz nach Aufstellen seiner Gleichungen die Vermutung, dass es „elektromagnetische Wellen" gäbe und Licht eine solche sei. Im Jahre 1886 bestätigte dann der deutsche Physiker Heinrich Hertz experimentell, dass elektromagnetische Wellen in der Tat existieren und sich auch genauso verhalten wie Lichtwellen (siehe auch Kap. 19).

Zunächst wurde jedoch noch davon ausgegangen, dass elektromagnetische Wellen (wie die schon bekannten mechanischen Wellen) ein Medium benötigen, um sich auszubreiten, dass also das gesamte Weltall mit einem „Äther" ausgefüllt ist. In den folgenden Jahrzehnten ergaben sich aber zunehmend experimentelle Befunde gegen diese Annahme, und Einsteins spezielle Relativitätstheorie zeigte dann endgültig, dass ein Äther nicht nötig ist: Licht kann sich auch durch ein reines Vakuum ausbreiten.

Licht hat aber zahlreiche Wirkungen auf Materie. Eine besonders eindrucksvolle wird beim Eröffnungsbild dieses Kapitels sichtbar: Der Strahlungsdruck des Sonnenlichtes sorgt dafür, dass ein Komet nicht nur einen Schweif hat (der durch den Sonnenwind, also geladene Teilchen, die von der Sonne abgegeben werden, entsteht), sondern auch noch einen zweiten sogenannten Strahlungsschweif.

Sowohl die Ausbreitung von elektromagnetischen Wellen im Vakuum als auch einige ihrer Wechselwirkungen mit Materie werden in diesem Kapitel genauer beleuchtet.

16.1 Ausbreitung im Vakuum

Die Wellengleichung

Zunächst betrachten wir den schon in Abschn. 11.2 kurz diskutierten einfachen Fall der Ausbreitung von elektromagnetischen Wellen im Vakuum, setzen also $\epsilon = \mu = 1$ und $\rho = 0 = \boldsymbol{j}$. Wir beginnen mit der Maxwell-Gleichung

$$\mathbf{rot}\,\boldsymbol{E} = -\frac{1}{c}\partial_t \boldsymbol{B}. \tag{16.1}$$

Von dieser Gleichung nehmen wir wiederum die Rotation (und benutzen, dass dieser Differenzialoperator mit der partiellen Ableitung nach der Zeit vertauschbar ist):

$$\mathbf{rot}\,\mathbf{rot}\,\boldsymbol{E} = -\frac{1}{c}\partial_t \mathbf{rot}\,\boldsymbol{B}. \tag{16.2}$$

Nun benutzen wir außerdem noch die Maxwell-Gleichung

$$\mathbf{rot}\,\boldsymbol{B} = \frac{1}{c}\partial_t \boldsymbol{E} \tag{16.3}$$

und die allgemein gültige Beziehung

$$\mathbf{rot}\,\mathbf{rot} = \mathbf{grad}\,\mathrm{div} - \Delta. \tag{16.4}$$

Oben eingesetzt ergibt dies

$$(\mathbf{grad}\,\mathrm{div} - \Delta)\,\boldsymbol{E} = -\frac{1}{c^2}\partial_t^2 \boldsymbol{E}. \tag{16.5}$$

Verwendet man nun noch, dass im Vakuum $\mathrm{div}\,\boldsymbol{E} = 0$ gilt, und bringt alles auf eine Seite, so hat man

$$\left(\frac{1}{c^2}\partial_t^2 - \Delta\right)\boldsymbol{E}(t, \boldsymbol{r}) = 0. \tag{16.6}$$

Den Differenzialoperator in Klammern nennt man den *d'Alembert-Operator* oder auch *Wellenoperator* und schreibt oft kurz für ihn ein Quadrat (deswegen spricht man manchmal auch vom *Quabla-Operator*):

$$\Box \boldsymbol{E}(t, \boldsymbol{r}) = 0. \tag{16.7}$$

Achtung Manche Autoren verwenden hier genau die umgekehrte Vorzeichenkonvention und definieren

$$\Box = \Delta - \frac{1}{c^2}\partial_t^2. \tag{16.8}$$

◀

Mit völlig äquivalenten Schritten erhält man, beginnend mit

$$\mathbf{rot}\,\boldsymbol{B}(t, \boldsymbol{r}) = \frac{1}{c}\partial_t \boldsymbol{E}, \tag{16.9}$$

dann auch die äquivalente Gleichung für die magnetische Flussdichte:

$$\Box \boldsymbol{B}(t, \boldsymbol{r}) = 0. \tag{16.10}$$

Frage 1

Leiten Sie diese Gleichung her.

Auf den ersten Blick wirkt dies nun so, als ob im Vakuum das elektrische und magnetische Feld völlig unabhängig voneinander wären – die beiden Gleichungen (16.7) und (16.10) enthalten ja jeweils nur noch eines der Felder (die Differenzialgleichungen für die Felder sind *entkoppelt*).

Allerdings gelten natürlich immer noch alle vier Maxwell-Gleichungen, insbesondere auch die beiden Rotationsgleichungen, mit denen wir die Herleitung angefangen haben. Also hängen die Felder immer noch voneinander ab, und die beiden Wellengleichungen können eben nicht unabhängig voneinander gelöst werden.

Spezialfall: Ebene monochromatische Wellen

Die beiden Wellengleichungen haben eine Vielzahl von Lösungen; im Folgenden beschränken wir uns zunächst auf einen sehr einfachen Spezialfall.

Betrachten wir vorerst nur das elektrische Feld. Um die partielle Differenzialgleichung (16.7) zu lösen, versuchen wir einen Separationsansatz (wie bereits bei der schwingenden Saite in Abschn. 8.2). Dabei setzen wir zunächst an, dass das elektrische Feld überall in dieselbe Richtung zeigt:

$$\boldsymbol{E}(t,\boldsymbol{r}) = \boldsymbol{E}_0 R(\boldsymbol{r}) T(t) \tag{16.11}$$

mit konstantem Vektor $\boldsymbol{E}_0$ und Funktionen R bzw. T, die nur von den räumlichen Koordinaten bzw. nur von der Zeit abhängen. Eingesetzt in die Differenzialgleichung erhält man

$$\boldsymbol{E}_0 R(\boldsymbol{r}) \frac{1}{c^2} \partial_t^2 T(t) = \boldsymbol{E}_0 T(t) \Delta R(\boldsymbol{r}) \tag{16.12}$$

bzw. nach Separation der Variablen

$$\frac{\partial_t^2 T(t)}{c^2\, T(t)} = \frac{\Delta R(\boldsymbol{r})}{R(\boldsymbol{r})}. \tag{16.13}$$

Beide Seiten müssen nun gleich einer Konstante sein; aus Gründen, die gleich klar werden, schreiben wir für diese $-k^2$. Wir haben somit

$$\partial_t^2 T(t) = -k^2 c^2 T(t) \quad \text{und} \quad \Delta R(\boldsymbol{r}) = -k^2 R(\boldsymbol{r}). \tag{16.14}$$

Es ist vorteilhaft, diese Differenzialgleichungen im Komplexen zu lösen. Da die zugrunde liegenden Wellengleichungen (16.7) und (16.10) linear sind und auch keine komplexen Koeffizienten enthalten, sind Real- und Imaginärteil separat jeweils Lösungen; man erhält also zwei reelle Lösungen auf einmal. Auch der konstante Vektor $\boldsymbol{E}_0$ kann deshalb im Allgemeinen komplex gewählt werden.

Die erste der beiden Gleichungen hat offensichtlich die einfache Lösung

$$T(t) = \mathrm{e}^{-\mathrm{i}kct} \tag{16.15}$$

(die Wahl des Vorzeichens hier wird weiter unten klar werden), also letztlich schlicht eine harmonische Schwingung mit der Kreisfrequenz $\omega = kc$. Die Gleichung für die Funktion R kann mit einem weiteren Separationsansatz für die einzelnen (kartesischen) Koordinaten gelöst werden. Man erhält

$$R(\boldsymbol{r}) = \mathrm{e}^{\mathrm{i}\boldsymbol{k}\cdot\boldsymbol{r}} \tag{16.16}$$

mit einem Vektor $\boldsymbol{k}$, für den $\boldsymbol{k}^2 = k^2$ gilt.

Frage 2

Führen Sie diesen Separationsansatz explizit durch.

Insgesamt ergibt sich also

$$\boldsymbol{E}(t,\boldsymbol{r}) = \boldsymbol{E}_0 \mathrm{e}^{\mathrm{i}(\boldsymbol{k}\cdot\boldsymbol{r} - \omega t)}, \tag{16.17}$$

was offensichtlich eine monochromatische Welle beschreibt, die sich mit der Geschwindigkeit c in Richtung des Vektors $\boldsymbol{k}$ ausbreitet (hätte man das Vorzeichen oben anders herum gewählt, so würde sich die Welle entgegengesetzt zu $\boldsymbol{k}$ ausbreiten). Da zu einer festen Zeit t jeweils für alle Punkte der Welle, für die $\boldsymbol{k}\cdot\boldsymbol{r}$ konstant ist, die Phase gleich ist, sind die Wellenfronten hier Ebenen senkrecht zu $\boldsymbol{k}$. Deshalb spricht man von einer *ebenen Welle*.

Ebenso erhält man für die magnetische Flussdichte die einfache Lösung

$$\boldsymbol{B}(t,\boldsymbol{r}) = \boldsymbol{B}_0 \mathrm{e}^{\mathrm{i}(\boldsymbol{k}'\cdot\boldsymbol{r} - \omega' t)} \tag{16.18}$$

mit konstanten Vektoren $\boldsymbol{B}_0$ (welcher wiederum komplex sein kann) und $\boldsymbol{k}'$; außerdem muss $\omega' = k'c$ gelten.

Wie eingangs erwähnt, sind die beiden Lösungen (16.17) und (16.18) aber nicht unabhängig voneinander, sondern über die Maxwell-Gleichungen miteinander verknüpft. Wir setzen diese Lösungen also zunächst in die beiden Rotations-Maxwell-Gleichungen ein. Das führt auf

$$\begin{aligned} \boldsymbol{k} \times \boldsymbol{E}_0 \mathrm{e}^{\mathrm{i}(\boldsymbol{k}\cdot\boldsymbol{r} - \omega t)} &= k' \boldsymbol{B}_0 \mathrm{e}^{\mathrm{i}(\boldsymbol{k}'\cdot\boldsymbol{r} - \omega' t)}, \\ \boldsymbol{k}' \times \boldsymbol{B}_0 \mathrm{e}^{\mathrm{i}(\boldsymbol{k}'\cdot\boldsymbol{r} - \omega' t)} &= -k \boldsymbol{E}_0 \mathrm{e}^{\mathrm{i}(\boldsymbol{k}\cdot\boldsymbol{r} - \omega t)}. \end{aligned} \tag{16.19}$$

Die beiden Gleichungen können offenbar nur dann für alle Orte und Zeiten erfüllt sein, wenn

$$\boldsymbol{k}' = \boldsymbol{k} \tag{16.20}$$

(und offensichtlich damit auch $\omega' = \omega$) gilt und

$$\begin{aligned} \boldsymbol{B}_0 &= \hat{\boldsymbol{k}} \times \boldsymbol{E}_0, \\ \boldsymbol{E}_0 &= -\hat{\boldsymbol{k}} \times \boldsymbol{B}_0, \end{aligned} \tag{16.21}$$

wobei $\hat{\boldsymbol{k}}$ ein Einheitsvektor in Richtung von $\boldsymbol{k}$ ist. Zunächst sieht man hieran, dass

$$\hat{\boldsymbol{k}} \cdot \boldsymbol{E}_0 = \hat{\boldsymbol{k}} \cdot \boldsymbol{B}_0 = 0 \tag{16.22}$$

gilt. Dasselbe Ergebnis erhält man auch, wenn man die Lösungen (16.17) und (16.18) in die beiden Divergenz-Maxwell-Gleichungen einsetzt.

Frage 3

Führen Sie dies durch.

Daraus folgt dann auch, dass die Beträge der Amplitudenvektoren gleich groß sein müssen:

$$|\boldsymbol{E}_0| = |\boldsymbol{B}_0|. \tag{16.23}$$

Monochromatische ebene elektromagnetische Wellen im Vakuum

Für die Felder gilt

$$\begin{aligned} \boldsymbol{E}(t,\boldsymbol{r}) &= \boldsymbol{E}_0 \mathrm{e}^{\mathrm{i}(\boldsymbol{k}\cdot\boldsymbol{r} - \omega t)}, \\ \boldsymbol{B}(t,\boldsymbol{r}) &= \boldsymbol{B}_0 \mathrm{e}^{\mathrm{i}(\boldsymbol{k}\cdot\boldsymbol{r} - \omega t)}, \end{aligned} \tag{16.24}$$

wobei $\boldsymbol{k}$ der Wellenvektor ist und $\boldsymbol{E}_0$ und $\boldsymbol{B}_0$ (fast) beliebige Vektoren. Dabei gelten folgende Einschränkungen:

- Zwischen Wellenvektor und Kreisfrequenz besteht der Zusammenhang $\omega = |\boldsymbol{k}|c$; dies bezeichnet man als die *Dispersionsrelation* der Welle.
- Die Vektoren $\boldsymbol{E}_0$ und $\boldsymbol{B}_0$ stehen senkrecht zum Wellenvektor; dies bezeichnet man als *Transversalität* der Welle.
- Außerdem stehen $\boldsymbol{E}_0$ und $\boldsymbol{B}_0$ auch noch senkrecht zueinander, genauer: Die drei Vektoren $\boldsymbol{k}$, $\boldsymbol{E}_0$ und $\boldsymbol{B}_0$ bilden in dieser Reihenfolge ein *Rechtssystem*.
- Elektrisches und magnetisches Feld haben immer denselben Betrag ($|\boldsymbol{E}| = |\boldsymbol{B}|$) und dieselbe Phase.

Als physikalisch sinnvolle Lösungen ergeben sich (als Real- und Imaginärteile der oben angegebenen Lösungen) also letztlich Sinuswellen. Mit den komplexen Lösungen ist aber viel einfacher zu rechnen; dass man am Schluss der Rechnung den Realteil des Ergebnisses nehmen muss, wird im Allgemeinen nicht explizit angegeben. (*Vorsicht*: Dies gilt nur, solange die Ergebnisse linear in den Feldern sind! Ein Gegenbeispiel werden wir in Abschn. 16.2 beim Poynting-Vektor sehen.)

Wegen der engen Zusammenhänge zwischen der elektrischen und magnetischen Feldstärke wird im Folgenden außerdem meist nur die elektrische Feldstärke betrachtet; die entsprechenden Aussagen für die magnetische Feldstärke ergeben sich dann unmittelbar.

Polarisation

Je nachdem, ob der konstante Vektor $\boldsymbol{E}_0$ seinerseits reell oder komplex ist, ergeben sich deutlich unterschiedliche Wellen. Betrachten wir zunächst den einfachen Fall, dass $\boldsymbol{E}_0$ reell ist. Dann ergibt sich als reelle Lösung der Wellengleichung einfach

$$\boldsymbol{E}(t,\boldsymbol{r}) = \boldsymbol{E}_0 \cos(\boldsymbol{k}\cdot\boldsymbol{r} - \omega t)\,. \tag{16.25}$$

Genauso gut könnte man als physikalische Lösung natürlich auch den Imaginärteil nehmen; dann ergibt sich entsprechend eine Sinusfunktion.

Bei dieser Welle zeigt die elektrische Feldstärke für alle Orte und Zeiten immer in dieselbe (bzw. die entgegengesetzte) Richtung; man spricht hier von einer *linear polarisierten* Welle. In Abb. 16.1 ist eine solche monochromatische ebene linear polarisierte Welle dargestellt, die sich in z-Richtung ausbreitet.

Wenn der Vektor $\boldsymbol{E}_0$ dagegen komplex ist, so kann man ihn aus Real- und Imaginärteil zusammengesetzt schreiben; es treten also im Allgemeinen zwei verschiedene reelle Vektoren auf. Im Spezialfall, dass diese beiden Vektoren gleich sind, kann $\boldsymbol{E}_0$ allerdings als das Produkt aus einer komplexen Zahl $z = e^{i\varphi}$ vom Betrag 1 und einem reellen Vektor $\boldsymbol{E}_{0r}$ dargestellt werden. Dann hat man:

$$\begin{aligned}\boldsymbol{E}(t,\boldsymbol{r}) &= \mathrm{Re}\left(\boldsymbol{E}_{0r}\, e^{i(\boldsymbol{k}\cdot\boldsymbol{r}-\omega t+\varphi)}\right)\\ &= \boldsymbol{E}_{0r}\cos(\boldsymbol{k}\cdot\boldsymbol{r} - \omega t + \varphi)\,,\end{aligned} \tag{16.26}$$

also wieder eine linear polarisierte Welle mit Amplitudenvektor $\boldsymbol{E}_{0r}$, die nun aber um φ phasenverschoben ist.

Im allgemeinen Fall wähle man zunächst zwei senkrechte Vektoren $\hat{\boldsymbol{e}}_1$ und $\hat{\boldsymbol{e}}_2$ in einer Ebene senkrecht zu $\boldsymbol{k}$. Dann kann man den Amplitudenvektor immer als eine Linearkombination folgender Form schreiben (der Grund dafür wird weiter unten klar werden):

$$\begin{aligned}\boldsymbol{E}_0 &= E_{+0}e^{i\varphi}(\hat{\boldsymbol{e}}_1 + i\hat{\boldsymbol{e}}_2) + E_{-0}e^{i(\varphi+\Delta\varphi)}(\hat{\boldsymbol{e}}_1 - i\hat{\boldsymbol{e}}_2)\\ &= \left[(E_{+0} + E_{-0}e^{i\Delta\varphi})\hat{\boldsymbol{e}}_1 + (E_{+0} - E_{-0}e^{i\Delta\varphi})e^{i\pi/2}\hat{\boldsymbol{e}}_2\right]e^{i\varphi},\end{aligned} \tag{16.27}$$

wobei E_{+0} und E_{-0} reelle Zahlen sind und $\Delta\varphi$ die Phasenverschiebung zwischen den beiden Komponenten $\boldsymbol{E}_+$ und $\boldsymbol{E}_-$ ist.

Frage 4

Vollziehen Sie diese beiden möglichen Schreibweisen nach.

Nimmt man wieder den Realteil, so ergibt sich für das Feld

$$\begin{aligned}\boldsymbol{E}(t,\boldsymbol{r}) = &(E_{+0}\cos\psi + E_{-0}\cos(\psi+\Delta\varphi))\,\hat{\boldsymbol{e}}_1\\ &- (E_{+0}\sin\psi - E_{-0}\sin(\psi+\Delta\varphi))\,\hat{\boldsymbol{e}}_2,\end{aligned} \tag{16.28}$$

wobei hier zur Abkürzung $\psi = \boldsymbol{k}\cdot\boldsymbol{r} - \omega t + \varphi$ eingeführt wurde.

Im Spezialfall $\Delta\varphi = 0$ kann man dies kürzer schreiben als

$$\boldsymbol{E}(t,\boldsymbol{r}) = E_{10}\cos\psi\,\hat{\boldsymbol{e}}_1 - E_{20}\sin\psi\,\hat{\boldsymbol{e}}_2 =: E_1\hat{\boldsymbol{e}}_1 + E_2\hat{\boldsymbol{e}}_2 \tag{16.29}$$

mit $E_{10} = E_{+0} + E_{-0}$ und $E_{20} = E_{+0} - E_{-0}$. Dies beschreibt eine Ellipse, deren Halbachsen in Richtung der Vektoren $\hat{\boldsymbol{e}}_1$ und $\hat{\boldsymbol{e}}_2$ liegen und die Längen E_{10} und E_{20} haben, wie man leicht sieht:

$$\frac{E_1^2}{E_{10}^2} + \frac{E_2^2}{E_{20}^2} = \cos^2\psi + \sin^2\psi = 1. \tag{16.30}$$

Die Spitze des elektrischen Feldvektors bewegt sich hier also auf einer Ellipse um die Ausbreitungsrichtung; deshalb spricht man von *elliptischer Polarisation*.

Auch im Fall $\Delta\varphi \neq 0$ ergibt sich eine Ellipse, deren Halbachsen die Längen E_{10} und E_{20} haben; dann liegen die Halbachsen aber nicht in Richtung von $\hat{\boldsymbol{e}}_1$ und $\hat{\boldsymbol{e}}_2$, sondern sind um den Winkel $\Delta\varphi/2$ dagegen gedreht (Abb. 16.2). Der Beweis bleibt dem Leser überlassen (Aufgabe 16.1).

Teil II

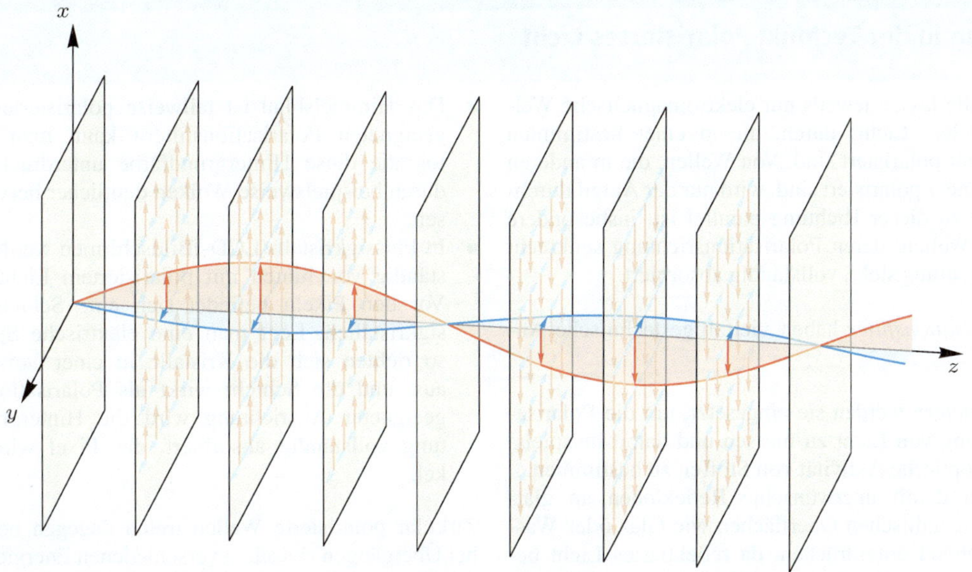

Abb. 16.1 Die elektrische (*rot*) und magnetische (*blau*) Feldstärke bei einer monochromatischen ebenen linear polarisierten elektromagnetischen Welle, die sich in z-Richtung ausbreitet, zu einem festen Zeitpunkt. $\boldsymbol{E}$ zeigt dabei in x-Richtung, $\boldsymbol{B}$ in y-Richtung; auf allen Ebenen parallel zur x-y-Ebene ist die Phase jeweils gleich. Für den Ausschnitt der Welle, der sich direkt entlang der z-Achse bewegt, sind zusätzlich die entsprechenden Sinuskurven eingezeichnet

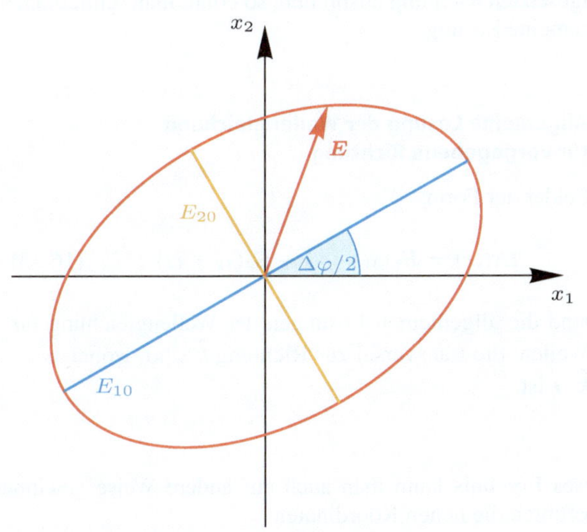

Abb. 16.2 Bei allgemeiner elliptischer Polarisation bewegt sich der elektrische Feldvektor auf einer Ellipse mit großen Halbachsen $E_{10} = E_{+0} + E_{-0}$ und $E_{20} = E_{+0} - E_{-0}$, die um den Winkel $\Delta\varphi/2$ gegen die x_1-Achse gedreht ist, wobei $\Delta\varphi$ die Phasenverschiebung zwischen den Komponenten E_+ und E_- ist

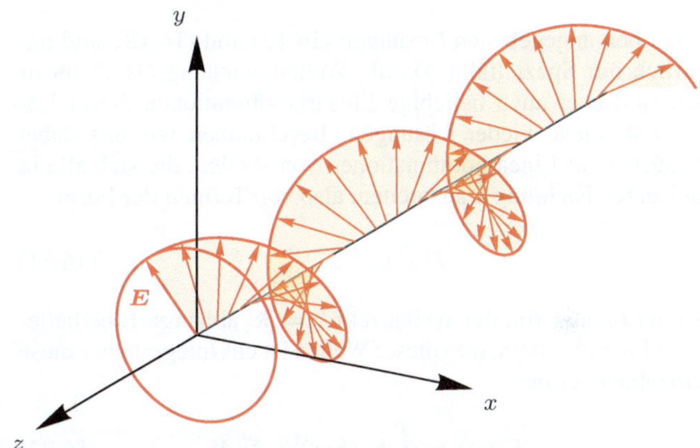

Abb. 16.3 Eine linkszirkular polarisierte ebene Welle, die sich in z-Richtung ausbreitet. Dargestellt ist nur das elektrische Feld und nur der Ausschnitt der Welle, der sich direkt entlang der z-Achse ausbreitet; auf jeder Geraden parallel zur z-Achse hat $\boldsymbol{E}$ denselben Verlauf (vgl. mit der ebenen Welle in Abb. 16.1)

Im Spezialfall $E_{10} = \pm E_{20}$ wird aus der Ellipse ein Kreis, und man spricht dann von einer *links-* bzw. *rechtszirkular polarisierten* Welle, je nachdem, ob sich der elektrische Feldvektor gegen oder mit dem Uhrzeigersinn dreht, wenn man entgegen $\boldsymbol{k}$ auf die Welle schaut (in der Teilchenphysik spricht man stattdessen oft auch von *positiver* bzw. *negativer Helizität*). Abbildung 16.3 zeigt beispielhaft eine linkszirkular polarisierte Welle.

Diese beiden Spezialfälle entsprechen jeweils $E_{-0} = 0$ bzw. $E_{+0} = 0$. Aus der Darstellung (16.27) sehen wir also, dass jede ebene monochromatische Welle als Linearkombination aus einer links- und einer rechtszirkular polarisierten Welle (die im Allgemeinen gegeneinander phasenverschoben sind) dargestellt werden kann.

Anwendung in der Technik: Polarisiertes Licht

Einige Kristalle lassen jeweils nur elektromagnetische Wellen (insbesondere Licht) durch, die in einer bestimmten Richtung linear polarisiert sind. Von Wellen, die in anderen Richtungen linear polarisiert sind, wird nur der Anteil durchgelassen, der zu dieser Richtung parallel ist; insbesondere werden also Wellen, deren Polarisationsrichtung senkrecht zur Vorzugsrichtung steht, vollständig absorbiert.

Solche *Polarisationsfilter* haben vielfältige technische Anwendungen:

- In *Polarimetern* werden sie eingesetzt, um die Polarisationsrichtung von Licht zu messen und damit beispielsweise die optische Aktivität von Stoffen zu bestimmen.
- Man kann damit unerwünschte Reflexionen an glatten, nicht metallischen Oberflächen wie Glas oder Wasser weitgehend unterdrücken, da reflektiertes Licht bevorzugt in einer bestimmten Richtung polarisiert ist (Abschn. 17.2).
- Das Himmelsblau ist teilweise polarisiertes Licht; mit geeigneten Polarisationsfiltern kann man in der Fotografie diese Hintergrundfarbe unterdrücken und dadurch beispielsweise Wolken deutlicher hervortreten lassen.
- In Flüssigkristall-(LCD-)Bildschirmen werden alle Pixel ständig von hinten mit polarisiertem Licht beleuchtet. Vor den Pixeln befindet sich eine Schicht aus Flüssigkristallen. Legt man eine elektrische Spannung an, so richten sich die Kristalle in einer Vorzugsrichtung aus, und die Schicht wirkt als Polarisationsfilter. Bei geeigneter Ausrichtung wird die Hintergrundbeleuchtung vollständig absorbiert, das Pixel wird also dunkel.

Zirkular polarisierte Wellen treten dagegen beispielsweise bei Übergängen zwischen verschiedenen Energieniveaus von Atomen auf. Eine technische Anwendung findet zirkular polarisiertes Licht bei manchen 3-D-Brillen im Kino.

Die allgemeine Lösung der Wellengleichung

Die oben angegebenen Lösungen (16.17) und (16.18) sind natürlich nur Spezialfälle. Da die Wellengleichung (16.7) linear ist, sind aber auch beliebige Linearkombinationen dieser Lösungen selbst wieder Lösungen. Beschränken wir uns dabei zunächst auf Linearkombinationen von Wellen, die sich alle in derselben Richtung $\hat{\boldsymbol{k}}$ ausbreiten, also von Termen der Form

$$\boldsymbol{E}_0(k)\mathrm{e}^{\mathrm{i}k(\hat{\boldsymbol{k}}\cdot\boldsymbol{r}-ct)}, \tag{16.31}$$

wobei $\boldsymbol{E}_0$ nun von der Wellenzahl $k = |\boldsymbol{k}|$ abhängt. Eine beliebige Linearkombination dieser Wellen ist ein Integral über diese einzelnen Terme:

$$\boldsymbol{E}(t,\boldsymbol{r}) = \int \boldsymbol{E}_0(k)\mathrm{e}^{\mathrm{i}k(x_k-ct)}\mathrm{d}k, \tag{16.32}$$

wobei hier zur Abkürzung noch $x_k = \hat{\boldsymbol{k}}\cdot\boldsymbol{r}$ gesetzt wurde. Dies ist aber (bis auf Vorfaktoren) einfach die Fourier-Transformierte der Funktion $\boldsymbol{E}_0(k)$ bezüglich des Terms $x_k - ct$. Da letztlich jede beliebige (physikalisch relevante) Funktion durch ein Fourier-Integral darstellbar ist, erhält man somit das Ergebnis, dass alle Funktionen der Form $\boldsymbol{E}(t,\boldsymbol{r}) = \boldsymbol{f}(x_k - ct)$ elektromagnetische Wellen darstellen, die sich in Richtung von $\hat{\boldsymbol{k}}$ ausbreiten und deren Wellenfronten Ebenen senkrecht zu $\hat{\boldsymbol{k}}$ sind.

Da bei allen Einzelwellen die Vektoren $\boldsymbol{k}$, $\boldsymbol{E}_0(k)$ und $\boldsymbol{B}_0(k)$ jeweils ein Rechtssystem bilden, gilt dies auch für die gesamten Vektoren $\boldsymbol{k}$, $\boldsymbol{E}(t,\boldsymbol{r})$ und $\boldsymbol{B}(t,\boldsymbol{r})$; da es hier keine feste Wellenzahl mehr gibt, kann man aber für diese gesamte Welle natürlich keine Dispersionsrelation mehr angeben.

Nimmt man auch noch Wellen hinzu, die sich in der entgegengesetzten Richtung ausbreiten, so erhält man schließlich die allgemeine Lösung.

Allgemeine Lösung der Wellengleichung für vorgegebene Richtung

Felder der Form

$$\boldsymbol{E}(t,\boldsymbol{r}) = \boldsymbol{E}_1(x_k - ct) + \boldsymbol{E}_2(x_k + ct) \tag{16.33}$$

sind die allgemeinen Lösungen der Wellengleichung für Wellen, die transversal zur Richtung $\hat{\boldsymbol{k}}$ sind, wobei $x_k = \hat{\boldsymbol{k}}\cdot\boldsymbol{r}$ ist.

Dieses Ergebnis kann man auch auf andere Weise gewinnen: Wir führen die neuen Koordinaten

$$\xi = x_k - ct \quad \text{und} \quad \eta = x_k + ct \tag{16.34}$$

ein. Für die Ableitungen einer beliebigen Funktion $g(\xi,\eta)$ bedeutet das

$$\begin{aligned} \nabla g &= \frac{\partial g}{\partial \xi}\nabla\xi + \frac{\partial g}{\partial \eta}\nabla\eta = \left(\frac{\partial g}{\partial \xi} + \frac{\partial g}{\partial \eta}\right)\hat{\boldsymbol{k}}, \\ \frac{\partial g}{\partial t} &= \frac{\partial g}{\partial \xi}\frac{\partial \xi}{\partial t} + \frac{\partial g}{\partial \eta}\frac{\partial \eta}{\partial t} = \left(-\frac{\partial g}{\partial \xi} + \frac{\partial g}{\partial \eta}\right)c. \end{aligned} \tag{16.35}$$

Aus dem d'Alembert-Operator wird also

$$\begin{aligned}\Box &= \frac{1}{c^2}\partial_t^2 - \nabla^2 \\ &= \frac{1}{c^2}\left(-\frac{\partial}{\partial\xi}+\frac{\partial}{\partial\eta}\right)^2 c^2 - \left(\frac{\partial}{\partial\xi}+\frac{\partial}{\partial\eta}\right)^2 \hat{\boldsymbol{k}}^2 \\ &= -4\frac{\partial^2}{\partial\xi\partial\eta}.\end{aligned} \quad (16.36)$$

Frage 5

Zeigen Sie, dass (16.36) tatsächlich gilt.

Für eine Funktion der Form

$$f(\xi,\eta) = g(\xi) + h(\eta) = g(x_k - ct) + h(x_k + ct) \quad (16.37)$$

mit beliebigen Funktionen g und h folgt

$$\Box f = -4\frac{\partial^2}{\partial\xi\partial\eta}\left(g(\xi) + h(\eta)\right) = 0. \quad (16.38)$$

(Dies ist die bereits in Abschn. 8.1 erwähnte *d'Alembert'sche Schwingungsgleichung*.) Das heißt aber gerade wieder, dass die allgemeinen Lösungen der Wellengleichung für Wellen, die transversal zu $\hat{\boldsymbol{k}}$ (und damit eben) sind, Felder der Form

$$\boldsymbol{E}(t,\boldsymbol{r}) = \boldsymbol{E}_1(x_k - ct) + \boldsymbol{E}_2(x_k + ct) \quad (16.39)$$

sind.

Abschließend lassen wir die Bedingung, dass alle Teilwellen sich in derselben Richtung ausbreiten sollen, fallen. Die allgemeinsten Lösungen der Wellengleichung kann man dann folgendermaßen schreiben:

$$\boldsymbol{E}(t,\boldsymbol{r}) = \int \mathrm{d}^3k\, \tilde{\boldsymbol{E}}(\boldsymbol{k})\mathrm{e}^{\mathrm{i}(\boldsymbol{k}\cdot\boldsymbol{r} - |\boldsymbol{k}|ct)}, \quad (16.40)$$

entsprechend für $\boldsymbol{B}(t,\boldsymbol{r})$, wobei die Vektoren $\boldsymbol{k}$, $\tilde{\boldsymbol{E}}(\boldsymbol{k})$ und $\tilde{\boldsymbol{B}}(\boldsymbol{k})$ jeweils ein Rechtssystem bilden. Bei diesen allgemeinen Lösungen ist aber keine Richtung mehr ausgezeichnet; deshalb kann man hier nicht mehr sinnvoll davon sprechen, dass die dadurch beschriebenen Wellen transversal sind.

Zu beachten ist außerdem noch, dass die Formel hier zwar sehr ähnlich aussieht wie eine Fourier-Transformation der Funktion $\tilde{\boldsymbol{E}}(\boldsymbol{k})$, wegen der zusätzlichen Zeitabhängigkeit im Integranden, welche den Betrag von $\boldsymbol{k}$ enthält, aber keine ist.

Frage 6

Wie könnte man dieses Ergebnis dennoch als Fourier-Integral schreiben? (*Tipp*: Verwenden Sie ein zusätzliches Integral über ω und eine Deltafunktion.)

Mittels einer passenden Deltafunktion kann man die allgemeine Lösung der Wellengleichung aber als vierdimensionales Fourier-Integral schreiben:

$$\boldsymbol{E}(t,\boldsymbol{r}) = \int \mathrm{d}^3k\mathrm{d}\omega\, \tilde{\boldsymbol{E}}(\boldsymbol{k},\omega)\mathrm{e}^{\mathrm{i}(\boldsymbol{k}\cdot\boldsymbol{r} - \omega t)}\,\delta(\omega - |\boldsymbol{k}|c). \quad (16.41)$$

Kugelwellen

Bisher wurden Lösungen der Wellengleichung in kartesischen Koordinaten betrachtet. In vielen Rechnungen wird jedoch eine Ausbreitung einer elektromagnetischen Welle von einer (näherungsweise) punktförmigen Quelle aus in alle Richtungen betrachtet. Erfolgt die Ausstrahlung in alle Richtungen gleichförmig, so sind die Wellenfronten Kugelschalen. Daher ist es naheliegend, die Lösung der Wellengleichung in Kugelkoordinaten zu betrachten. Hier sei dies der Einfachheit halber nur für eine skalare Funktion $\Psi(t,r)$ vorgeführt:

$$\Box\Psi(t,r) = \left(\frac{1}{c^2}\frac{\partial^2}{\partial t^2} - \Delta_r\right)\Psi(t,r) = 0. \quad (16.42)$$

Betrachtet man wieder eine monochromatische Welle mit $\omega = kc$, also

$$\Psi(t,r) = R(r)\mathrm{e}^{-\mathrm{i}\omega t}, \quad (16.43)$$

und schreibt den Radialanteil des Laplace-Operators aus, so wird dies

$$\left(-k^2 - \frac{1}{r}\frac{\mathrm{d}^2}{\mathrm{d}r^2}r\right)R(r) = 0. \quad (16.44)$$

Mit dem Ansatz

$$R(r) = \frac{u(r)}{r} \quad (16.45)$$

vereinfacht sich dies zu

$$u''(r) = -k^2u(r), \quad (16.46)$$

was offensichtlich die Lösungen

$$u(r) = \mathrm{e}^{\pm\mathrm{i}kr} \quad (16.47)$$

hat. Insgesamt ergibt sich damit

$$\Psi(t,r) = \frac{\mathrm{e}^{\mathrm{i}(\pm kr - \omega t)}}{r}. \quad (16.48)$$

Wie man leicht einsieht, ergibt sich bei der Wahl des negativen Vorzeichens eine Welle, die entgegengesetzt zu r, also nach innen, läuft. Physikalisch sinnvoll sind aber für gewöhnlich nur Wellen, die sich nach außen ausbreiten, also beschränkt man sich meist auf die Lösungen mit positivem Vorzeichen.

Allerdings ist zu beachten, dass dies nur für $r \neq 0$ eine Lösung der Wellengleichung ist. Einerseits ist für $r = 0$ die Funktion Ψ singulär, was physikalisch wenig Sinn ergibt. Andererseits kann man zeigen, dass

$$\int \mathrm{d}V\left(\Delta + k^2\right)\frac{\mathrm{e}^{\mathrm{i}kr}}{r} = -4\pi \quad (16.49)$$

gilt; also ist

$$\left(\Delta + k^2\right)\frac{\mathrm{e}^{\mathrm{i}kr}}{r} = -4\pi\delta(r). \quad (16.50)$$

Abschließend sei noch bemerkt, dass hier nur die kugelsymmetrische Lösung der Wellengleichung in Kugelkoordinaten berechnet wurde; allgemein lösen werden wir diese Gleichung in Kap. 19.

Teil II

Die Lösungen in Zylinderkoordinaten: Bessel-Funktionen

Viele zylindersymmetrische Probleme führen auf die *Bessel'sche Differenzialgleichung*, deren Lösungen entsprechend *Bessel-Funktionen* genannt werden. Beispielhaft seien hier die Lösungen der Wellengleichung in Zylinderkoordinaten besprochen; weitere wichtige Anwendungen finden die Funktionen beispielsweise beim Skineffekt (Aufgabe 16.5) und in der Optik (Beugung an einer Kreisscheibe, Abschn. 17.4).

Wie bereits bei den Kugelwellen betrachten wir hier der Einfachheit halber nur eine skalare Funktion Ψ und eine monochromatische Welle mit $\omega = kc$. Wir machen dann für den räumlichen Anteil von Ψ einen Separationsansatz:

$$\Psi(\varrho, \phi, z) = R(\varrho)\mathrm{e}^{\pm \mathrm{i}m\phi}\mathrm{e}^{\mathrm{i}k_z z}. \tag{16.51}$$

Frage 7

Warum muss m eine natürliche Zahl sein?

Da

$$\Psi(\varrho, 2\pi, z) = \Psi(\varrho, 0, z) \tag{16.52}$$

gelten muss, ist m eine natürliche Zahl. Der Laplace-Operator in Zylinderkoordinaten ist

$$\Delta = \frac{1}{\varrho}\partial_\varrho \varrho \partial_\varrho + \frac{1}{\varrho^2}\partial_\phi^2 + \partial_z^2. \tag{16.53}$$

Setzt man dies und den Separationsansatz in die Wellengleichung ein, so erhält man letztlich folgende Differenzialgleichung für R:

$$\left(\varrho\partial_\varrho \varrho\partial_\varrho - m^2 + (k^2 - k_z^2)\varrho^2\right) R(\varrho) = 0. \tag{16.54}$$

Schreibt man nun abkürzend

$$x = \sqrt{k^2 - k_z^2}\,\varrho \quad \text{und} \quad \tilde{R}(x) = R(\varrho), \tag{16.55}$$

so hat man

$$\varrho\partial_\varrho = x\frac{\mathrm{d}}{\mathrm{d}x} \tag{16.56}$$

und damit

$$\left(x\frac{\mathrm{d}}{\mathrm{d}x}x\frac{\mathrm{d}}{\mathrm{d}x} - m^2 + x^2\right)\tilde{R}(x) = 0. \tag{16.57}$$

Den Differenzialoperator kann man mithilfe der Produktregel noch umschreiben, sodass sich schließlich die Bessel'sche Differenzialgleichung ergibt.

Bessel'sche Differenzialgleichung

$$\left(x^2\frac{\mathrm{d}^2}{\mathrm{d}x^2} + x\frac{\mathrm{d}}{\mathrm{d}x} + x^2 - m^2\right)\tilde{R}(x) = 0 \tag{16.58}$$

Frage 8

Vollziehen Sie den Schritt von (16.57) zu (16.58) nach.

Die Lösungen dieser Differenzialgleichung sind die *Bessel-Funktionen*, zu denen es eine reichhaltige mathematische Literatur gibt (siehe auch den „Mathematischen Hintergrund“ 16.1). Benannt sind sie nach dem deutschen Mathematiker *Friedrich Wilhelm Bessel* (1784–1846), der auch viele wichtige Beiträge zur Geodäsie und Astronomie lieferte (so maß er etwa erstmals eine Fixsternparallaxe).

Da es sich um eine Differenzialgleichung zweiter Ordnung handelt, ergeben sich zwei Klassen von Lösungen: die Bessel-Funktionen *erster Art* (oder „Gattung“) $J_m(x)$ und *zweiter Art* $Y_m(x)$. Letztere werden nach dem deutschen Mathematiker *Carl Gottfried Neumann* (1832–1925) oft auch als *Neumann-Funktionen* bezeichnet und mit N_m abgekürzt. Beide Klassen von Funktionen sind (für ganzzahlige Indizes) nicht in geschlossener Form durch elementare Funktionen darstellbar.

Die Lösungen der Wellengleichung in Zylinderkoordinaten sind damit schließlich

$$\begin{aligned}\Psi(t, \varrho, \phi, z) = \Big[&A\,J_m\left(\sqrt{k^2 - k_z^2}\,\varrho\right)\\ &+B\,Y_m\left(\sqrt{k^2 - k_z^2}\,\varrho\right)\Big]\,\mathrm{e}^{\mathrm{i}(k_z z - kct \pm m\phi)}\end{aligned} \tag{16.59}$$

mit beliebigen reellen Konstanten A, B, $k > k_z$ und einer beliebigen natürlichen Zahl m. Natürlich gilt auch hier wieder, dass Linearkombinationen dieser grundlegenden Lösungen ebenfalls Lösungen sind.

16.2 Ausbreitung in homogenen, linearen Medien

Je nach Frequenz bzw. Wellenlänge sind Medien bekanntlich für elektromagnetische Wellen verschieden transparent, d. h., die Wellen können sich in den Medien unterschiedlich gut ausbreiten. Dies soll im Folgenden näher untersucht werden.

Wir betrachten dabei nur den einfachen Spezialfall unendlich ausgedehnter, homogener, linearer Medien. Das heißt, es bestehen lineare Zusammenhänge zwischen elektrischem Verschiebungsstrom und elektrischer Feldstärke, magnetischer Feldstärke und magnetischer Flussdichte und zwischen Stromdichte und elektrischer Feldstärke:

$$\boldsymbol{D} = \epsilon\boldsymbol{E}, \quad \boldsymbol{B} = \mu\boldsymbol{H}, \quad \boldsymbol{j} = \sigma\boldsymbol{E}, \tag{16.60}$$

wobei die Dielektrizitätszahl ϵ, die Permeabilitätszahl μ und die Leitfähigkeit σ (räumlich und zeitlich) konstante Skalare sind. Außerdem sollen die Medien elektrisch neutral sein, also

$$\rho = 0. \tag{16.61}$$

16.1 Mathematischer Hintergrund: Bessel-Funktionen

Wie bereits im Text angesprochen, führt die Wellengleichung in Zylinderkoordinaten auf die Bessel'sche Differenzialgleichung und die Bessel-Funktionen. Diese und einige andere eng damit zusammenhängende Differenzialgleichungen und Funktionen sollen hier näher besprochen werden.

Bessel-Funktionen erster und zweiter Art und Hankel-Funktionen Durch die Separation der Wellengleichung in Zylinder- oder Polarkoordinaten erhält man die *Bessel'sche Differenzialgleichung*

$$x^2y'' + xy' + (x^2 - n^2)y = 0.$$

Hierbei kann man n auch als komplexen Parameter betrachten.

Eine Lösung dieser Differenzialgleichung ist die *Bessel-Funktion erster Art*:

$$J_n(x) = \left(\frac{x}{2}\right)^n \sum_{k=0}^{\infty} \frac{(-1)^k}{\Gamma(k+1)\Gamma(n+k+1)} \left(\frac{x}{2}\right)^{2k}.$$

Dabei ist die Gammafunktion eine Verallgemeinerung der Fakultät (siehe auch den „Mathematischen Hintergrund" 32.1): Es gilt $\Gamma(n+1) = n!$ für alle natürlichen Zahlen n.

Da die Bessel'sche Differenzialgleichung eine Gleichung zweiter Ordnung ist, gibt es ein Fundamentalsystem aus zwei linear unabhängigen Lösungen. Eine zweite, linear unabhängige, Lösung dieser Gleichung ist

$$Y_n(x) = \frac{\cos(n\pi)J_n(x) - J_{-n}(x)}{\sin(n\pi)},$$

wobei für ganzzahlige Parameter k der Limes $n \to k$ zu nehmen ist. Diese Funktionen nennt man *Bessel-Funktionen zweiter Art*. Mit den Funktionen J und Y definiert man

$$H_n^{(1)}(x) = J_n(x) + iY_n(x), \qquad H_n^{(2)}(x) = J_n(x) - iY_n(x)$$

und nennt diese *Hankel-Funktionen*.

Integraldarstellungen und asymptotisches Verhalten Es gibt viele alternative Darstellungen für Bessel-Funktionen, z. B. als Summe oder Integral. Eine davon wollen wir hier angeben. Es gilt

$$J_n(x) = \frac{1}{\pi}\int_0^{\pi} \cos(x\sin t - nt)\,\mathrm{d}t - \frac{\sin(\pi n)}{\pi}\int_0^{\infty} \mathrm{e}^{-x\sinh t - nt}\,\mathrm{d}t,$$

$$Y_n(x) = \frac{1}{\pi}\int_0^{\pi} \sin(x\sin t - nt)\,\mathrm{d}t - \frac{1}{\pi}\int_0^{\infty} \mathrm{e}^{-x\sinh t}(\mathrm{e}^{nt} + \cos(\pi n)\mathrm{e}^{-nt})\,\mathrm{d}t.$$

Mithilfe dieser Darstellung lässt sich etwas über das asymptotische Verhalten der Bessel-Funktionen sagen: Für $x \to \infty$ gilt

$$J_n(x) \sim \sqrt{\frac{2}{\pi x}}\cos\left(x - \frac{\pi}{4} - \frac{n\pi}{2}\right),$$

$$Y_n(x) \sim \sqrt{\frac{2}{\pi x}}\sin\left(x - \frac{\pi}{4} - \frac{n\pi}{2}\right).$$

Sphärische Bessel-Funktionen Betrachtet man statt der Wellengleichung die Helmholtz-Gleichung, so erhält man in Kugelkoordinaten

$$x^2u'' + 2xu' + (x^2 - n(n+1))u = 0.$$

Nach der Substitution $u(x) = y(x)/\sqrt{x}$ wird hieraus

$$x^2y'' + xy' + \left(x^2 - \left(n + \frac{1}{2}\right)^2\right)y = 0,$$

d. h. die Bessel'sche Differenzialgleichung mit Parameter $k = n + 1/2$. Hierbei betrachten wir nur ganzzahlige n. Man definiert deshalb für $n \in \mathbb{Z}$

$$j_n(x) = \sqrt{\frac{\pi}{2x}}J_{n+1/2}(x),$$

$$y_n(x) = \sqrt{\frac{\pi}{2x}}Y_{n+1/2}(x),$$

$$h_n^{(1,2)}(x) = \sqrt{\frac{\pi}{2x}}H_{n+1/2}^{(1,2)}(x)$$

und nennt dies die *sphärischen Bessel-Funktionen* bzw. *sphärischen Hankel-Funktionen*. Diese Funktionen werden in Kap. 19 wichtig werden.

Literatur

- Cohen, H.: Number Theory, Bd. II: Analytic and Modern Tools. Springer (2007) (behandelt bei Bessel-Funktionen nur die Grundzüge)
- Watson, G.N.: A Treatise on the Theory of Bessel Functions. Cambridge University Press (1922) (schönes Buch mit viel Stoff, am Anfang nicht ganz leicht zu lesen)

Die Maxwell'schen Gleichungen lauten dann

$$\begin{aligned} \operatorname{div}\boldsymbol{E} &= 0, \\ \operatorname{div}\boldsymbol{H} &= 0, \\ \mathbf{rot}\,\boldsymbol{E} &= -\frac{\mu}{c}\partial_t\boldsymbol{H}, \\ \mathbf{rot}\,\boldsymbol{H} &= \frac{4\pi\sigma}{c}\boldsymbol{E} + \frac{\epsilon}{c}\partial_t\boldsymbol{E}. \end{aligned} \tag{16.62}$$

Die Telegrafengleichungen

Frage 9

Wie kann man hier wieder Wellengleichungen herleiten?

Die Herleitung der entkoppelten Differenzialgleichungen für die Felder funktioniert im Prinzip genauso wie bei den Wellen im Vakuum (Abschn. 16.1): Wir nehmen zunächst die Rotation der vierten Maxwell-Gleichung:

$$\mathbf{rot}\,\mathbf{rot}\,\boldsymbol{H} = \frac{4\pi\sigma}{c}\mathbf{rot}\,\boldsymbol{E} + \frac{\epsilon}{c}\partial_t\mathbf{rot}\,\boldsymbol{E}. \tag{16.63}$$

Mit

$$\mathbf{rot}\,\mathbf{rot} = \mathbf{grad}\,\mathrm{div} - \Delta, \tag{16.64}$$

der zweiten und der dritten Gleichung wird dies zu

$$-\Delta\boldsymbol{H} = -\frac{4\pi\mu\sigma}{c^2}\partial_t\boldsymbol{H} - \frac{\epsilon\mu}{c^2}\partial_t^2\boldsymbol{H}. \tag{16.65}$$

Definieren wir

$$c' = \frac{c}{\sqrt{\epsilon\mu}} \tag{16.66}$$

und

$$\Box' = \frac{1}{c'^2}\partial_t^2 - \Delta, \tag{16.67}$$

so kann man dies schließlich schreiben als

$$\Box'\boldsymbol{H} = -\frac{4\pi\mu\sigma}{c^2}\partial_t\boldsymbol{H}. \tag{16.68}$$

Auf äquivalente Weise kann man auch die Gleichung

$$\Box'\boldsymbol{E} = -\frac{4\pi\mu\sigma}{c^2}\partial_t\boldsymbol{E} \tag{16.69}$$

herleiten.

Frage 10

Führen Sie diese Herleitung durch.

Diese beiden Gleichungen werden die *Telegrafengleichungen* genannt. Der Name stammt daher, dass die Gleichungen ursprünglich aufgestellt wurden, um die Fortpflanzung von Telegrafensignalen entlang von Kabeln zu beschreiben.

Speziell in nicht leitfähigen Medien (Isolatoren) ist $\sigma = 0$, und die Telegrafengleichungen reduzieren sich auf simple Wellengleichungen,

$$\Box'\boldsymbol{E} = \Box'\boldsymbol{H} = 0 \tag{16.70}$$

mit den bereits bekannten Lösungen

$$\begin{aligned} \boldsymbol{E}(t,\boldsymbol{r}) &= \boldsymbol{E}_0 e^{i(\boldsymbol{k}\cdot\boldsymbol{r}-\omega t)}, \\ \boldsymbol{H}(t,\boldsymbol{r}) &= \boldsymbol{H}_0 e^{i(\boldsymbol{k}\cdot\boldsymbol{r}-\omega t)}, \end{aligned} \tag{16.71}$$

wobei hier aber nun die Dispersionsrelation

$$\omega = |\boldsymbol{k}|c' = |\boldsymbol{k}|\frac{c}{\sqrt{\epsilon\mu}} \tag{16.72}$$

lautet, d. h., die Wellen breiten sich im Medium mit der Geschwindigkeit c' aus statt mit der Vakuumlichtgeschwindigkeit c. Zu beachten ist hier außerdem noch, dass ϵ und μ (und damit c') ihrerseits im Allgemeinen auch von der Kreisfrequenz ω abhängen (siehe dazu Abschnitt „So geht's weiter" am Ende des Kapitels).

Das Verhältnis aus der Vakuumlichtgeschwindigkeit c und der Lichtgeschwindigkeit c' im Medium wird bekanntlich als *Brechungsindex n* bezeichnet (Kap. 17). Wir haben somit

$$n(\omega) = \frac{c}{c'(\omega)} = \sqrt{\epsilon(\omega)\mu(\omega)} = \frac{|\boldsymbol{k}|}{k_0}, \tag{16.73}$$

wobei die Abkkürzung $k_0 = \omega/c$ für die Wellenzahl im Vakuum eingeführt wurde.

Gehen wir nun wieder zu leitenden Medien mit $\sigma \neq 0$ zurück und setzen versuchsweise die bekannten Lösungen mit ebenen Wellen in die Telegrafengleichungen ein. Dies führt bei der elektrischen Feldstärke auf

$$-\frac{\omega^2}{c'^2} + \boldsymbol{k}^2 = \frac{4\pi i\mu\sigma\omega}{c^2}. \tag{16.74}$$

Frage 11

Leiten Sie diesen Zusammenhang her.

Setzt man den Zusammenhang zwischen c' und c ein, so erhält man

$$\boldsymbol{k}^2 = \frac{\omega^2\epsilon\mu}{c^2} + \frac{4\pi i\mu\sigma\omega}{c^2} = \epsilon\mu\left(1 + \frac{4\pi i\sigma}{\epsilon\omega}\right)\frac{\omega^2}{c^2}. \tag{16.75}$$

Mit der Abkürzung

$$\eta = \epsilon\left(1 + \frac{4\pi i\sigma}{\epsilon\omega}\right) \tag{16.76}$$

ergibt sich die Dispersionsrelation

$$\boldsymbol{k}^2 = \eta\mu\frac{\omega^2}{c^2} \quad \text{bzw.} \quad \omega = |\boldsymbol{k}|\frac{c}{\sqrt{\eta\mu}}. \tag{16.77}$$

Vergleicht man mit (16.72), so sieht man, dass η in leitenden Medien die Rolle von ϵ in Nichtleitern übernimmt; diese Größe wird deshalb auch als *verallgemeinerte Dielektrizitätskonstante* bezeichnet. η ist aber komplex, sodass sich nun durch die Dispersionsrelation für reelle Wellenvektoren eine komplexe Kreisfrequenz ergibt (bzw. umgekehrt). Die Konsequenzen daraus werden wir im Folgenden näher betrachten.

Hier sei abschließend nur noch bemerkt, dass wegen der ersten beiden Maxwell-Gleichungen die Wellen im Medium immer noch transversal sind; aus der dritten Gleichung kann man aber folgern, dass die Beträge der Amplitudenvektoren nicht mehr gleich groß sind, sondern stattdessen

$$|\boldsymbol{E}| = \frac{\omega\mu}{kc}|\boldsymbol{H}| \tag{16.78}$$

gilt, woraus für Leiter bzw. Nichtleiter

$$\sqrt{\epsilon}|\boldsymbol{E}| = \sqrt{\mu}|\boldsymbol{H}| \quad \text{bzw.} \quad \sqrt{\eta}|\boldsymbol{E}| = \sqrt{\mu}|\boldsymbol{H}| \tag{16.79}$$

folgt.

Frage 12

Zeigen Sie, dass (16.79) in der Tat gilt.

Eindringtiefe

Wie bereits bemerkt, ist $\boldsymbol{k}$ nun für eine vorgegebene reelle Kreisfrequenz ω komplex. Wir betrachten hier nur den einfachen Fall, dass Real- und Imaginärteil von $\boldsymbol{k}$ zueinander parallel sind (ein Beispiel, bei dem das nicht so ist, wird uns bei der Totalreflexion in Abschn. 17.2 begegnen). Dann kann man schreiben:

$$\boldsymbol{k} = (k_r + \mathrm{i}k_i)\hat{\boldsymbol{k}} \quad \text{und} \quad \eta = \eta_r + \mathrm{i}\eta_i = \epsilon + \mathrm{i}\frac{4\pi\sigma}{\omega}. \tag{16.80}$$

Zunächst ergibt sich für das elektrische Feld damit

$$\boldsymbol{E}(t, \boldsymbol{r}) = \boldsymbol{E}_0 \mathrm{e}^{\mathrm{i}k_r x_k} \mathrm{e}^{-k_i x_k} \mathrm{e}^{-\mathrm{i}\omega t}. \tag{16.81}$$

Der Realteil von k gibt also die übliche Wellenzahl an, wohingegen der Imaginärteil eine Dämpfung der Welle beschreibt. Die Wellenlänge im Medium ist damit

$$\lambda = \frac{2\pi}{k_r}. \tag{16.82}$$

Die typische Längenskala

$$d = \frac{1}{k_i}, \tag{16.83}$$

auf welcher die Dämpfung erfolgt, heißt die *Eindringtiefe* der Welle. Innerhalb einer Wellenlänge wird die Welle also um den Faktor

$$\mathrm{e}^{-k_i\lambda} = \mathrm{e}^{-2\pi k_i/k_r} \tag{16.84}$$

gedämpft.

Statt des reellen Brechungsindex in (16.73) setzen wir nun

$$n + \mathrm{i}\kappa = \sqrt{\eta\mu} = \sqrt{\epsilon\mu}\sqrt{1 + \mathrm{i}\frac{4\pi\sigma}{\epsilon\omega}} \tag{16.85}$$

an. Da wegen der Dispersionrelation (16.77)

$$(n + \mathrm{i}\kappa)^2 = \frac{\boldsymbol{k}^2}{k_0^2} = \frac{(k_r + \mathrm{i}k_i)^2}{k_0^2} \tag{16.86}$$

gelten muss, haben wir

$$n = \frac{k_r}{k_0} \quad \text{und} \quad \kappa = \frac{k_i}{k_0}. \tag{16.87}$$

κ ist also ein Maß dafür, wie stark die Welle absorbiert wird; daher wird diese Größe als *Extinktionskoeffizient* bezeichnet. Dafür soll nun noch ein expliziter Ausdruck hergeleitet werden.

Quadrieren von (16.85) ergibt

$$n^2 - \kappa^2 + 2\mathrm{i}n\kappa = \epsilon\mu + \mathrm{i}\frac{4\pi\mu\sigma}{\omega}. \tag{16.88}$$

Der Realteil hiervon ist

$$n^2 - \kappa^2 = \epsilon\mu. \tag{16.89}$$

Andererseits führt das Betragsquadrat von (16.85) auf

$$n^2 + \kappa^2 = \epsilon\mu\sqrt{1 + \left(\frac{4\pi\sigma}{\epsilon\omega}\right)^2}. \tag{16.90}$$

Subtrahiert man (16.89) von (16.90), so ergibt sich nun sofort

$$2\kappa^2 = \epsilon\mu\sqrt{1 + \left(\frac{4\pi\sigma}{\epsilon\omega}\right)^2} - \epsilon\mu, \tag{16.91}$$

also

$$\kappa = \sqrt{\frac{\epsilon\mu}{2}}\left(\sqrt{1 + \left(\frac{4\pi\sigma}{\epsilon\omega}\right)^2} - 1\right)^{1/2}. \tag{16.92}$$

Frage 13

Begründen Sie, dass κ positiv sein muss.

Insbesondere sehen wir, dass für $\sigma \to \infty$ auch $\kappa \to \infty$ folgt und damit $d \to 0$, d. h., eine elektromagnetische Welle kann in einen *idealen Leiter* nicht eindringen. In nicht leitenden Medien ($\sigma = 0$) hat man dagegen $\kappa = 0$, also $d \to \infty$. Elektromagnetische Wellen können beliebig weit eindringen, nicht leitende Medien sind also vollständig *transparent* (solange ϵ reell ist; siehe Abschnitt „So geht's weiter" für den allgemeineren Fall komplexer ϵ).

Tab. 16.1 Typische Werte für Eindringtiefen elektromagnetischer Wellen in Materie

Material	50 Hz	1 MHz	3 GHz
Aluminium	1,1 cm	85 µm	1,6 µm
Kupfer	0,9 cm	66 µm	1,2 µm
Meerwasser	30 m	20 cm	kein guter Leiter

Für technisch übliche Frequenzen und gute Leiter gilt im Allgemeinen $\sigma/\omega \gg \epsilon$. Das Ergebnis (16.92) vereinfacht sich dann zu

$$\kappa = \sqrt{\frac{2\pi\sigma\mu}{\omega}}, \tag{16.93}$$

und für die Eindringtiefe gilt damit näherungsweise

$$d = \frac{c}{\sqrt{2\pi\sigma\mu\omega}}. \tag{16.94}$$

Typische Werte sind in Tab. 16.1 zusammengefasst.

Wellenpakete und Dispersion

Von einem *Wellenpaket* spricht man bei einem Wellenzug, der räumlich und zeitlich begrenzt ist (z. B. eine Gauß'sche Glockenkurve; man spricht dann von einem Gauß'schen Wellenpaket). Wie alle anderen Wellen auch lässt sich ein Wellenpaket, das sich in einer bestimmten Richtung $\hat{\boldsymbol{k}}$ ausbreitet, als Fourier-Integral darstellen:

$$\boldsymbol{E}(t, x_k) = \frac{1}{\sqrt{2\pi}} \int \mathrm{d}k\, \tilde{\boldsymbol{E}}(k)\, \mathrm{e}^{\mathrm{i}(kx_k - \omega t)}, \tag{16.95}$$

wobei wieder $x_k = \hat{\boldsymbol{k}}\cdot\boldsymbol{r}$ gesetzt wurde. In einem (nicht leitenden) Medium hat man die Dispersionsrelation

$$\omega = kc' = k\frac{c}{\sqrt{\epsilon\mu}}. \tag{16.96}$$

Somit kann man die Phase der Exponentialfunktion auch schreiben als

$$kx_k - \omega t = k(x_k - c't). \tag{16.97}$$

c' gibt also die Geschwindigkeit an, mit der sich die Phase einer Teilwelle jeweils ausbreitet, und heißt deshalb *Phasengeschwindigkeit* c_{ph}. Da im Allgemeinen ϵ (und manchmal auch μ) aber seinerseits wieder von k abhängt, hängt auch c' von k ab: Wellen verschiedener Wellenlängen breiten sich in Medien unterschiedlich schnell aus; man spricht von *Dispersion*.

Das führt im Allgemeinen dazu, dass Wellenpakete mit der Zeit auseinanderlaufen. Trotzdem kann man in vielen Fällen auch für das gesamte Paket eine Geschwindigkeit angeben; diese bezeichnet man als *Gruppengeschwindigkeit*.

Um einen expliziten Ausdruck für die Gruppengeschwindigkeit zu gewinnen, gehen wir davon aus, dass $\tilde{\boldsymbol{E}}(k)$ nur in einem schmalen Bereich um eine Wellenzahl k_0 von null verschieden ist, was bei den meisten physikalisch relevanten Wellenpaketen erfüllt ist. Dann können wir für ω eine Taylor-Entwicklung ansetzen:

$$\omega(k) = \omega(k_0) + \left.\frac{\partial\omega}{\partial k}\right|_{k_0}(k - k_0) + \ldots \tag{16.98}$$

Damit wird die Phase der Exponentialfunktion

$$\begin{aligned} &kx_k - \omega t \\ &= kx_k - \omega(k_0)t - \left.\frac{\partial\omega}{\partial k}\right|_{k_0}(k - k_0)t \\ &= \left(k_0 \left.\frac{\partial\omega}{\partial k}\right|_{k_0} - \omega(k_0)\right)t + k\left(x_k - \left.\frac{\partial\omega}{\partial k}\right|_{k_0} t\right), \end{aligned} \tag{16.99}$$

und für das Feld folgt

$$\begin{aligned} \boldsymbol{E}(t, x_k) &= \frac{1}{\sqrt{2\pi}} \exp\left(\mathrm{i}\left(k_0 \left.\frac{\partial\omega}{\partial k}\right|_{k_0} - \omega(k_0)\right)t\right) \\ &\quad\cdot \int \mathrm{d}k\, \tilde{\boldsymbol{E}}(k) \exp\left(\mathrm{i}k\left(x_k - \left.\frac{\partial\omega}{\partial k}\right|_{k_0} t\right)\right) \\ &= \mathrm{e}^{\mathrm{i}\varphi(t)} \boldsymbol{E}\left(0, x_k - \left.\frac{\partial\omega}{\partial k}\right|_{k_0} t\right). \end{aligned} \tag{16.100}$$

Das Feld zu einer späteren Zeit t ergibt sich also durch Verschieben des Feldes zur Zeit $t = 0$ um

$$x_k = \left.\frac{\partial\omega}{\partial k}\right|_{k_0} t \tag{16.101}$$

(und Multiplikation mit einer zeitabhängigen Phase). Mit anderen Worten: Das Wellenpaket als Ganzes breitet sich mit der Gruppengeschwindigkeit

$$c_{\mathrm{gr}}(k_0) = \left.\frac{\partial\omega}{\partial k}\right|_{k_0} \tag{16.102}$$

aus.

Energie und Impuls in elektromagnetischen Wellen

Aus Kap. 11 ist bekannt, dass der Poynting-Vektor

$$\boldsymbol{S} = \frac{c}{4\pi}(\boldsymbol{E} \times \boldsymbol{H}) \tag{16.103}$$

den Energiefluss von elektromagnetischen Feldern beschreibt.

Achtung Wenn hier für die Felder $\boldsymbol{E}$ und $\boldsymbol{H}$ komplexe Notation verwendet wird, dann ist diese Formel als

$$\boldsymbol{S} = \frac{c}{4\pi}(\mathrm{Re}\,\boldsymbol{E} \times \mathrm{Re}\,\boldsymbol{H})$$

zu verstehen. ◄

Vertiefung: Anomale Dispersion und scheinbare Überlichtgeschwindigkeit von Signalen

Die Gruppengeschwindigkeit wird oft als die Geschwindigkeit betrachtet, mit der ein Wellenpaket Energie bzw. Informationen überträgt. Dies stimmt zwar in vielen Fällen, jedoch kann die Gruppengeschwindigkeit unter bestimmten Umständen auch größer als die Lichtgeschwindigkeit im Vakuum sein. Ein Kriterium dafür erhält man, wenn man zunächst die Dispersionsrelation als

$$k = \frac{\omega}{c'} = n(\omega)\frac{\omega}{c}$$

schreibt. Man erhält dann

$$c_{\text{gr}}(\omega_0) = \frac{c}{n(\omega_0) + \omega_0 \left.\frac{\partial n}{\partial \omega}\right|_{\omega_0}}.$$

Ist

$$\left.\frac{\partial n}{\partial \omega}\right|_{\omega_0} < 0$$

(man spricht dann von *anomaler Dispersion*), so kann der Nenner des Bruches kleiner als 1 werden, also $c_{\text{gr}} > c$.

Allerdings können dennoch keine Signale mit Überlichtgeschwindigkeit übertragen werden: Man kann zeigen, dass in Bereichen anomaler Dispersion immer auch Absorption stattfindet. Das Maximum des Wellenpakets hat zwar nach derselben Zeit einen weiteren Weg zurückgelegt als dasselbe Wellenpaket im Vakuum (Geschwindigkeit c), allerdings ist es auch kleiner geworden, sodass das „überlichtschnelle" Wellenpaket nun vollständig innerhalb des „lichtschnellen" Pakets liegt (in Abb. 16.4 für Gauß'sche Wellenpakete skizziert).

Insbesondere gilt deswegen: Jeder vorgegebene Schwellenwert I_s wird vom scheinbar überlichtschnellen Wellenpaket erst *später* erreicht als vom lichtschnellen Paket. Das ist wesentlich für die Informationsübertragung. Jeder Empfänger spricht erst ab einem gewissen Schwellenwert an; also wird das lichtschnelle Paket *früher* empfangen als das scheinbar überlichtschnelle.

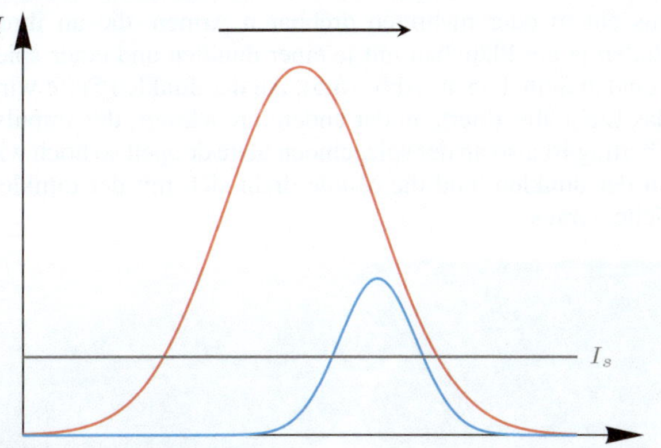

Abb. 16.4 Ein Gauß'sches Wellenpaket, das sich im Vakuum ausbreitet (*rot*), und eines, das sich in einem Medium mit $c_{\text{gr}} > c$ ausbreitet (*blau*), nach derselben Zeit. Das „überlichtschnelle" Wellenpaket ist weiter vorn, aber auch kleiner, und liegt vollständig innerhalb des „lichtschnellen". Jede vorgegebene Schwellenintensität I_s wird vom scheinbar überlichtschnellen deshalb erst später erreicht

Außerdem gilt in Bereichen anomaler Dispersion meist, dass sich das Wellenpaket sehr stark verformt und der Begriff der Gruppengeschwindigkeit deshalb sowieso nicht mehr sinnvoll ist. Im Allgemeinen ist also zwischen der Gruppengeschwindigkeit und der sogenannten *Signalgeschwindigkeit* bzw. *Frontgeschwindigkeit* zu unterscheiden. Letztere gibt, wie der Name schon sagt, an, wie schnell sich die Front eines Signals ausbreitet. Berechnen kann man sie mit

$$c_{\text{fr}} = \lim_{k\to\infty} c_{\text{ph}}(k) = \lim_{k\to\infty} \frac{\omega(k)}{k}.$$

Man kann zeigen, dass die Frontgeschwindigkeit nie größer als die (Vakuum-)Lichtgeschwindigkeit sein kann. Genauer diskutiert wird dies zum Beispiel in Sexl & Urbantke 1992.

Bei monochromatischen elektromagnetischen Wellen in linearen, homogenen, nicht leitenden Medien kann man dies explizit sehen: Da die Feldstärken $\boldsymbol{E}$ und $\boldsymbol{H}$ und der Wellenvektor $\boldsymbol{k}$ ein Rechtssystem bilden, ergibt sich zunächst für das Kreuzprodukt

$$\boldsymbol{S} = \frac{c}{4\pi}|\boldsymbol{E}||\boldsymbol{H}|\hat{\boldsymbol{k}} \tag{16.104}$$

mit einem Einheitsvektor $\hat{\boldsymbol{k}}$ in Ausbreitungsrichtung. Mit (16.78) kann man für den Betrag der magnetischen Feldstärke dann

$$|\boldsymbol{H}| = \frac{1}{\sqrt{\epsilon\mu}}|\boldsymbol{D}| \tag{16.105}$$

schreiben. Da $\boldsymbol{E}$ und $\boldsymbol{D}$ parallel sind, haben wir

$$\boldsymbol{S} = \frac{c}{4\pi\sqrt{\epsilon\mu}}(\boldsymbol{E}\cdot\boldsymbol{D})\hat{\boldsymbol{k}} = \frac{c'}{4\pi}(\boldsymbol{E}\cdot\boldsymbol{D})\hat{\boldsymbol{k}}, \tag{16.106}$$

wobei noch der Zusammenhang aus (16.72) für die Lichtgeschwindigkeit im Medium eingesetzt wurde. Außerdem folgt aus (16.78), dass

$$\boldsymbol{E}\cdot\boldsymbol{D} = \boldsymbol{B}\cdot\boldsymbol{H} \tag{16.107}$$

Anwendung: Beispiele für Lichtdruck

Die Übertragung von Impuls von elektromagnetischen Wellen auf Materie kann experimentell gezeigt werden, beispielsweise durch sogenannte *Lichtmühlen*. Diese bestehen aus einem oder mehreren drehbaren Armen, die an ihren Enden je ein Plättchen mit je einer dunklen und einer spiegelnden Seite haben (Abb. 16.5). An der dunklen Seite wird das Licht absorbiert, an der anderen reflektiert; der Impulsübertrag ist also an der spiegelnden Seite doppelt so hoch wie an der dunklen, und die Mühle dreht sich mit der dunklen Seite voraus.

Abb. 16.5 Lichtmühle: Auf die hellen Seiten der Plättchen wirkt der Lichtdruck stärker als auf die dunklen, sodass sich die Arme (im Vakuum) mit der dunklen Seite voraus drehen. In handelsüblichen Lichtmühlen herrscht allerdings kein Vakuum, deshalb drehen sich diese anders herum, da die Luft vor der dunklen Seite stärker aufgeheizt wird. (© Buntbarsch – Fotolia.com)

Es muss allerdings darauf geachtet werden, dass die Drehbewegung nicht durch Luftströmungen beeinflusst wird: Die Luft wird ebenfalls durch das Licht aufgeheizt, und zwar vor der dunklen Seite stärker als vor der reflektierenden, und übt deswegen auf die dunklere Seite auch einen stärkeren Druck aus. Wenn der Versuch nicht im Vakuum durchgeführt wird, dreht sich das Rad also mit der reflektierenden Seite voraus (vgl. auch Tipler & Mosca 2009, Aufgabe 29.51).

Ein zweites (sehr hübsches) Beispiel für den Strahlungsdruck sind die Kometenschweife: Durch den Impulsfluss der Sonnenstrahlung wird eine Kraft auf Staubteilchen ausgeübt. Also bilden sich, wenn sich der Komet der Sonne annähert und Staub und Gas von ihm abdampft, von der Sonne weg gerichtete *Strahlungsschweife*, die viele Millionen Kilometer lang werden (siehe das Eröffnungsbild dieses Kapitels). Der zweite dort sichtbare Schweif entsteht durch den sogenannten Sonnenwind: geladene Teilchen, die von der Sonne abgegeben werden. Wegen des Magnetfeldes der Sonne bewegen sich diese Teilchen nicht radial nach außen von der Sonne weg, sondern in gekrümmten Bahnen – daher haben die beiden Schweife unterschiedliche Richtungen.

Als drittes Beispiel seien *Sonnensegel* genannt: Das von der Sonne abgegebene Licht übt in Erdnähe zwar nur einen Druck von $9{,}1\,\mu\mathrm{N/m^2}$ aus. Benutzt man sehr große Flächen, auf welche die Sonnenstrahlung einwirkt (mehrere 10 bis mehrere $100\,\mathrm{m^2}$) und plant genügend Zeit für die Beschleunigung ein, so kann dies dennoch als Antrieb für Raumsonden dienen. Das Konzept wurde bei der japanischen Sonde IKAROS bereits erfolgreich getestet (Abb. 16.6).

Abb. 16.6 Die japanische Sonde IKAROS (Mitte) mit ihrem quadratischen Sonnensegel (künstlerische Darstellung). (© JAXA)

gilt. Damit ist

$$S = \frac{c'}{8\pi}(\boldsymbol{E}\cdot\boldsymbol{D}+\boldsymbol{B}\cdot\boldsymbol{H})\hat{\boldsymbol{k}} = c'\,w_{\text{em}}\hat{\boldsymbol{k}}, \tag{16.108}$$

wobei noch die Definition (11.111) der elektromagnetischen Energiedichte eingesetzt wurde. Der Poynting-Vektor ist also das Produkt aus der Ausbreitungsgeschwindigkeit und der Energiedichte und zeigt in Richtung des Wellenvektors. Dies stimmt mit der Interpretation dieses Vektors als Energieflussdichte überein.

Abschließend soll der Impulsfluss interpretiert werden. In Kap. 11 wurde hergeleitet, dass für die zeitliche Änderung des Gesamtimpulses (elektromagnetischer plus mechanischer Impuls) gilt:

$$\frac{\mathrm{d}}{\mathrm{d}t}(\boldsymbol{p}_{\text{em}}+\boldsymbol{p}_{\text{mech}}) = -\int \boldsymbol{T}\boldsymbol{n}\,\mathrm{d}A, \tag{16.109}$$

wobei $\boldsymbol{T}$ der Maxwell'sche Spannungstensor ist. $\boldsymbol{T}\boldsymbol{n}$ gibt den Impulsfluss, also die Impulsänderung pro Zeit und Fläche, durch eine Fläche mit Normalenvektor $\boldsymbol{n}$ an. Damit beschreibt $\boldsymbol{T}\boldsymbol{n}\,\mathrm{d}A$ die Impulsänderung pro Zeit – also eine Kraft $\mathrm{d}\boldsymbol{F}$.

Genauer: Treffen elektromagnetische Wellen auf eine Fläche mit Normalenvektor $\boldsymbol{n}$, so wird auf diese die Kraft $\int(\boldsymbol{n}\cdot\mathrm{d}\boldsymbol{F}) = \int(\boldsymbol{n}^\top\boldsymbol{T}\boldsymbol{n})\,\mathrm{d}A$ ausgeübt. Ist die Fläche eben und ist $\boldsymbol{T}$ auf der gesamten Fläche A konstant, dann ergibt sich $F = (\boldsymbol{n}^\top\boldsymbol{T}\boldsymbol{n})\,A$ bzw. $F/A = \boldsymbol{n}^\top\boldsymbol{T}\boldsymbol{n}$. Eine Kraft pro Fläche ist aber ein Druck.

Strahlungsdruck

Elektromagnetische Strahlung übt auf eine Fläche mit Normalenvektor $\boldsymbol{n}$ also den Strahlungsdruck

$$P_{\text{Strahlung}} = \boldsymbol{n}^\top\boldsymbol{T}\boldsymbol{n} = \sum_{i,j} T_{ij}n_in_j \tag{16.110}$$

aus.

Insbesondere bei Licht gibt es dafür mehrere anschauliche Beispiele, von denen im Kasten „Anwendung: Beispiele für Lichtdruck" einige beschrieben sind.

16.3 Ausbreitung in Hohlleitern

Elektromagnetische Wellen mit Frequenzen von einigen Gigahertz können in Kabeln nur mit relativ hohen Verlusten übertragen werden: Sie breiten sich in den Kabeln nur in einer dünnen Oberflächenschicht aus (*Skineffekt*; Aufgabe 16.5); deshalb haben Kabel für hochfrequente Wellen einen relativ hohen Widerstand. Aus diesem Grund benutzt man zur Übertragung von hochfrequenten Wellen stattdessen meist sogenannte *Hohlleiter*; das sind einfach Metallrohre mit im Allgemeinen rechteckigem oder rundem Querschnitt.

Im Folgenden betrachten wir solche (unendlich langen) geraden Rohre, die entlang der z-Achse verlaufen.

Frage 14

Warum können sich in solchen Rohren keine üblichen ebenen Wellen ausbreiten?

Ebene Wellen der Form

$$\begin{aligned}\boldsymbol{E}(t,\boldsymbol{r}) &= \boldsymbol{E}_0\mathrm{e}^{\mathrm{i}(k_zz-\omega t)},\\ \boldsymbol{H}(t,\boldsymbol{r}) &= \boldsymbol{H}_0\mathrm{e}^{\mathrm{i}(k_zz-\omega t)}\end{aligned} \tag{16.111}$$

mit konstanten Vektoren $\boldsymbol{E}_0$ und $\boldsymbol{H}_0$ senkrecht zur z-Richtung können hier keine Lösungen sein, weil im Leiter $\boldsymbol{E} = 0$ gelten und wegen der Randbedingungen für elektrische Felder daher auch $\boldsymbol{E}$ senkrecht auf allen Seitenflächen stehen muss.

Rechteckiger Hohlleiter

Betrachten wir zunächst als einfaches Beispiel ein unendlich langes Metallrohr (ideal leitend) mit rechteckigem Querschnitt. Dabei sei eine der unendlich langen Seitenkanten des Rohres die z-Achse, und die Seiten des Rechtecks (Seitenlängen a und b, die Wanddicke sei vernachlässigbar) liegen parallel zur x- bzw. y-Achse (Abb. 16.7).

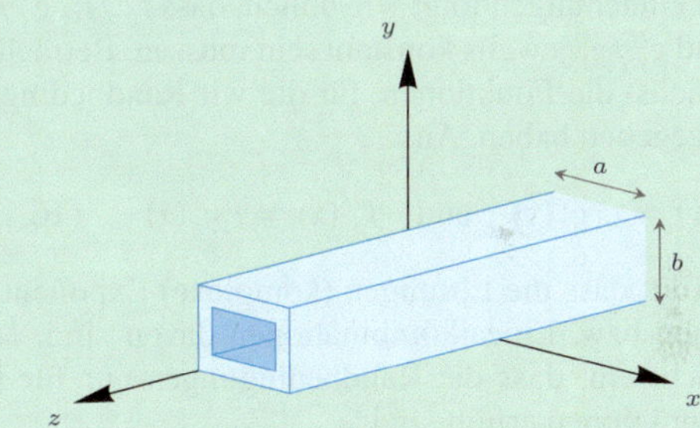

Abb. 16.7 Ein rechteckiger, unendlich langer Hohlleiter entlang der z-Achse mit Seitenlängen a und b

Wir versuchen nun einen Ansatz in der Form

$$\boldsymbol{E}(t,\boldsymbol{r}) = \begin{pmatrix} E_{0x}(x,y)\\ E_{0y}(x,y)\\ 0\end{pmatrix}\mathrm{e}^{\mathrm{i}(k_zz-\omega t)}. \tag{16.112}$$

Dies beschreibt immer noch eine transversale Welle, die sich in z-Richtung, also entlang des Rohres, ausbreitet; nun hängt die Amplitude aber von x und y ab. Die Randbedingungen legen insbesondere fest:

$$E_{0x}(x,0) = E_{0x}(x,b) = E_{0y}(0,y) = E_{0y}(a,y) = 0. \tag{16.113}$$

Teil II

Setzt man den Ansatz (16.112) in die Wellengleichung ein, so erhält man zunächst die beiden Gleichungen

$$\begin{aligned}\left(-\frac{\omega^2}{c^2}+k_z^2-\partial_x^2-\partial_y^2\right)E_{0x}(x,y)&=0,\\ \left(-\frac{\omega^2}{c^2}+k_z^2-\partial_x^2-\partial_y^2\right)E_{0y}(x,y)&=0.\end{aligned} \tag{16.114}$$

Überlegen Sie sich, wie man diese Differenzialgleichungen lösen könnte.

Zum Lösen dieser Gleichungen machen wir Separationsansätze,

$$E_{0x}(x,y)=f_x(x)g_x(y) \quad \text{und} \quad E_{0y}(x,y)=f_y(x)g_y(y), \tag{16.115}$$

wobei die Randbedingungen

$$g_x(0)=g_x(b)=f_y(0)=f_y(a)=0 \tag{16.116}$$

gelten müssen. Die Separationsansätze führen auf

$$\begin{aligned}\frac{f_x''}{f_x}+\frac{g_x''}{g_x}+\frac{\omega^2}{c^2}-k_z^2&=0,\\ \frac{f_y''}{f_y}+\frac{g_y''}{g_y}+\frac{\omega^2}{c^2}-k_z^2&=0.\end{aligned} \tag{16.117}$$

Aus den Gleichungen folgt wie üblich, dass f_x''/f_x, g_x''/g_x, f_y''/f_y und g_y''/g_y jeweils konstant sein müssen. Betrachten wir zunächst die Funktionen, für die wir Randbedingungen vorgegeben haben. Aus

$$g_x''(y)=c_1 g_x(y) \quad \text{und} \quad f_y''(x)=c_2 f_y(x) \tag{16.118}$$

folgt sofort, dass die Lösungen (komplexe) Exponentialfunktionen bzw. Linearkombinationen davon sind. Man sieht leicht ein, dass die Randbedingungen nur für folgende Funktionen erfüllt sind:

$$g_x(y)=\sin\left(\frac{n\pi y}{b}\right) \quad \text{und} \quad f_y(x)=\sin\left(\frac{m\pi x}{a}\right) \tag{16.119}$$

mit $c_1=-(n\pi/b)^2$ und $c_2=-(m\pi/a)^2$ und natürlichen Zahlen n und m.

Die restlichen Funktionen f_x und g_y sind zunächst nicht durch die Randbedingungen genauer festgelegt. Es muss aber natürlich

$$\operatorname{div}\boldsymbol{E}=0 \tag{16.120}$$

gelten. Setzt man die Separationsansätze und die expliziten Lösungen für g_x und f_y ein, so ergibt sich

$$f_x'(x)\,\sin\left(\frac{n\pi y}{b}\right)+\sin\left(\frac{m\pi x}{a}\right)g_y'(y)=0. \tag{16.121}$$

Dies kann nur dann für alle x und y gelten, wenn

$$f_x'(x)=C\sin\left(\frac{m\pi x}{a}\right) \quad \text{und} \quad g_y'(y)=-C\sin\left(\frac{n\pi y}{b}\right) \tag{16.122}$$

ist. Durch Aufintegrieren erhält man sofort

$$f_x(x)=-\frac{aC}{\pi m}\cos\left(\frac{m\pi x}{a}\right) \text{ und } g_y(y)=\frac{bC}{\pi n}\cos\left(\frac{n\pi y}{b}\right). \tag{16.123}$$

Die Integrationskonstanten werden hier gleich null gesetzt, da wir sonst im Fall $n=m=0$ konstante Felder erhalten würden, die ja bereits anfangs ausgeschlossen wurden.

Damit sind die gesamten Lösungen

$$\begin{aligned}E_x(t,\boldsymbol{r})&=-\hat{E}_x\cos\left(\frac{m\pi x}{a}\right)\sin\left(\frac{n\pi y}{b}\right)\mathrm{e}^{\mathrm{i}(k_z z-\omega t)},\\ E_y(t,\boldsymbol{r})&=\hat{E}_y\sin\left(\frac{m\pi x}{a}\right)\cos\left(\frac{n\pi y}{b}\right)\mathrm{e}^{\mathrm{i}(k_z z-\omega t)},\\ E_z(t,\boldsymbol{r})&=0\end{aligned} \tag{16.124}$$

mit natürlichen Zahlen m und n; man spricht von verschiedenen *(Schwingungs-)Moden* des Hohlleiters.

In den Amplitudenfaktoren $\hat{E}_x$ und $\hat{E}_y$ wurden hier alle konstanten Faktoren zusammengefasst. Aus der Rechnung oben sieht man, dass für sie

$$b\,m\,\hat{E}_x=a\,n\,\hat{E}_y \tag{16.125}$$

gelten muss. Durch Einsetzen der Lösungen in die Wellengleichung erhält man außerdem die Dispersionsrelation für diesen rechteckigen Hohlleiter:

$$k_z^2=\frac{\omega^2}{c^2}-\left(\frac{m\pi c}{a}\right)^2-\left(\frac{n\pi c}{b}\right)^2. \tag{16.126}$$

Da $k_z^2>0$ sein muss, ist im Hohlleiter also für jede vorgegebene Kreisfrequenz ω nur eine endliche Anzahl an diskreten Werten für k_z und damit für die Wellenlänge möglich. Andersherum gibt es für jede Mode mit vorgegebenem m und n eine Grenzfrequenz. Für

$$\omega^2<\left(\frac{m\pi c}{a}\right)^2+\left(\frac{n\pi c}{b}\right)^2 \tag{16.127}$$

kann sich keine Welle dieser Mode im Hohlleiter ausbreiten, sondern die Schwingung wird exponentiell gedämpft.

Schließlich kann man mit

$$\operatorname{\mathbf{rot}}\boldsymbol{E}=-\frac{1}{c}\partial_t\boldsymbol{H}=\mathrm{i}\frac{\omega}{c}\boldsymbol{H} \tag{16.128}$$

die magnetische Feldstärke berechnen, wobei auch $\boldsymbol{H}_0$ nun von x und y abhängt:

$$H_x(t,\boldsymbol{r}) = -\frac{ck_z}{\omega}\hat{E}_y \sin\left(\frac{m\pi x}{a}\right)\cos\left(\frac{n\pi y}{b}\right)e^{\mathrm{i}(k_z z-\omega t)},$$

$$H_y(t,\boldsymbol{r}) = -\frac{ck_z}{\omega}\hat{E}_x \cos\left(\frac{m\pi x}{a}\right)\sin\left(\frac{n\pi y}{b}\right)e^{\mathrm{i}(k_z z-\omega t)},$$

$$H_z(t,\boldsymbol{r}) = -\frac{c}{\omega}\left[\hat{E}_y\frac{m\pi}{a} + \hat{E}_x\frac{n\pi}{b}\right] \cdot \cos\left(\frac{m\pi x}{a}\right)\cos\left(\frac{n\pi y}{b}\right)\mathrm{i}e^{\mathrm{i}(k_z z-\omega t)}. \qquad (16.129)$$

Rechnen Sie (16.129) mittels (16.128) explizit aus.

Es ergibt sich also das überraschende Ergebnis, dass $\boldsymbol{H}$ (im Gegensatz zu $\boldsymbol{E}$) nicht transversal ist!

Die hier gefundene Klasse von Moden nennt man deshalb *transversal elektrisch*, kurz TE-Moden. Berechnet man stattdessen zunächst das magnetische Feld mit den Randbedingungen, dass $\boldsymbol{H}$ parallel zum Leiter ist und $H_z = 0$ (also $\boldsymbol{H}$ transversal), so erhält man entsprechend TM-Moden, bei denen dann $\boldsymbol{E}$ longitudinale Komponenten hat.

Physikalisch kann man dieses Ergebnis folgendermaßen interpretieren: Der Hohlleiter wird durch die durchlaufende elektromagnetische Welle zu Eigenschwingungen angeregt. Diese Eigenschwingungen können auch Feldkomponenten parallel zur Ausbreitungsrichtung der Welle haben; deshalb ergibt sich hier eine (scheinbar) longitudinale Welle. ◄

Allgemeiner Zusammenhang zwischen transversalen und longitudinalen Komponenten

Nach diesem speziellen Beispiel betrachten wir nun ein Metallrohr mit beliebig geformtem (aber konstantem) Querschnitt, das sich entlang der z-Achse erstreckt. Im Allgemeinen wird die Wellengleichung dann nur schwierig zu lösen sein; insbesondere bei Verwendung von krummlinigen Koordinaten ist die Wirkung des Laplace-Operators auf ein Vektorfeld bereits nicht einfach zu berechnen. Hier soll deshalb ein allgemeines Verfahren hergeleitet werden, das diese Schwierigkeiten weitgehend vereinfacht.

Die Welle soll sich in z-Richtung ausbreiten, also machen wir einen Ansatz der Form

$$\boldsymbol{E}(t,\boldsymbol{r}) = \boldsymbol{E}_0(x,y)e^{\mathrm{i}(k_z z-\omega t)} \qquad (16.130)$$

und ebenso für $\boldsymbol{B}$.

Im Folgenden sollen in der x-y-Ebene beliebige (auch krummlinige) Koordinaten zugelassen werden. Wir teilen $\boldsymbol{E}$ auf in einen transversalen Anteil und den Anteil in z-Richtung:

$$\boldsymbol{E} = \boldsymbol{E}_\mathrm{t} + E_z\hat{\boldsymbol{e}}_z. \qquad (16.131)$$

Genauso verfahren wir mit $\boldsymbol{B}$ und mit ∇. Nun zeigen wir, dass die transversalen Komponenten der Felder bei Kenntnis der z-Komponenten schon vollständig bestimmt sind.

Wir beginnen mit der Maxwell-Gleichung

$$\mathbf{rot}\,\boldsymbol{E} = -\frac{1}{c}\partial_t\boldsymbol{B}. \qquad (16.132)$$

Diese wird zu

$$(\nabla_\mathrm{t} + \hat{\boldsymbol{e}}_z\partial_z)\times(\boldsymbol{E}_\mathrm{t} + E_z\hat{\boldsymbol{e}}_z) = \mathrm{i}\frac{\omega}{c}(\boldsymbol{B}_\mathrm{t} + B_z\hat{\boldsymbol{e}}_z), \qquad (16.133)$$

also

$$\nabla_\mathrm{t}\times\boldsymbol{E}_\mathrm{t} + \nabla_\mathrm{t}\times(E_z\hat{\boldsymbol{e}}_z) + \mathrm{i}k_z(\hat{\boldsymbol{e}}_z\times\boldsymbol{E}_\mathrm{t}) = \mathrm{i}\frac{\omega}{c}(\boldsymbol{B}_\mathrm{t} + B_z\hat{\boldsymbol{e}}_z). \qquad (16.134)$$

Von dieser Gleichung nehmen wir nun von links das Kreuzprodukt mit $\hat{\boldsymbol{e}}_z$ und benutzen

$$\begin{aligned}\hat{\boldsymbol{e}}_z\times(\nabla_\mathrm{t}\times\boldsymbol{E}_\mathrm{t}) &= 0,\\ \hat{\boldsymbol{e}}_z\times(\nabla_\mathrm{t}\times(E_z\hat{\boldsymbol{e}}_z)) &= \nabla_\mathrm{t}E_z,\\ \hat{\boldsymbol{e}}_z\times(\hat{\boldsymbol{e}}_z\times\boldsymbol{E}_\mathrm{t}) &= -\boldsymbol{E}_\mathrm{t}.\end{aligned} \qquad (16.135)$$

Frage 15

Rechnen Sie diese Zwischenschritte nach.

Damit bleibt also

$$\nabla_\mathrm{t}E_z - \mathrm{i}k_z\boldsymbol{E}_\mathrm{t} = \mathrm{i}\frac{\omega}{c}(\hat{\boldsymbol{e}}_z\times\boldsymbol{B}_\mathrm{t}). \qquad (16.136)$$

Ebenso zeigt man

$$\nabla_\mathrm{t}B_z - \mathrm{i}k_z\boldsymbol{B}_\mathrm{t} = -\mathrm{i}\frac{\omega}{c}(\hat{\boldsymbol{e}}_z\times\boldsymbol{E}_\mathrm{t}). \qquad (16.137)$$

Nun nehmen wir das Kreuzprodukt von (16.136) von links mit $\hat{\boldsymbol{e}}_z$ und multiplizieren mit $\mathrm{i}\omega/c$. Das ergibt zunächst

$$\mathrm{i}\frac{\omega}{c}(\hat{\boldsymbol{e}}_z\times\nabla_\mathrm{t}E_z) + k_z\frac{\omega}{c}(\hat{\boldsymbol{e}}_z\times\boldsymbol{E}_\mathrm{t}) = \frac{\omega^2}{c^2}\boldsymbol{B}_\mathrm{t}. \qquad (16.138)$$

Setzt man (16.137) ein, wird dies zu

$$\mathrm{i}\frac{\omega}{c}(\hat{\boldsymbol{e}}_z \times \nabla_\mathrm{t} E_z) + \mathrm{i}k_z(\nabla_\mathrm{t} B_z - \mathrm{i}k_z \boldsymbol{B}_\mathrm{t}) = \frac{\omega^2}{c^2}\boldsymbol{B}_\mathrm{t}. \tag{16.139}$$

Also ergibt sich letztlich

$$\boldsymbol{B}_\mathrm{t} = \frac{\mathrm{i}}{\omega^2/c^2 - k_z^2}\left(\frac{\omega}{c}(\hat{\boldsymbol{e}}_z \times \nabla_\mathrm{t} E_z) + k_z \nabla_\mathrm{t} B_z\right). \tag{16.140}$$

Ebenso zeigt man

$$\boldsymbol{E}_\mathrm{t} = \frac{\mathrm{i}}{\omega^2/c^2 - k_z^2}\left(-\frac{\omega}{c}(\hat{\boldsymbol{e}}_z \times \nabla_\mathrm{t} B_z) + k_z \nabla_\mathrm{t} E_z\right). \tag{16.141}$$

Frage 16

Zeigen Sie dies.

Damit sind die Transversalkomponenten der Felder eindeutig durch E_z und B_z bestimmt; dies war zu zeigen. Insbesondere hat man bei TE-Moden bzw. TM-Moden jeweils die einfachen Ergebnisse

$$\begin{aligned} \boldsymbol{E}_\mathrm{t} &= -\frac{\mathrm{i}\omega/c}{\omega^2/c^2 - k_z^2}(\hat{\boldsymbol{e}}_z \times \nabla_\mathrm{t} B_z) = -\frac{\omega}{k_z c}(\hat{\boldsymbol{e}}_z \times \boldsymbol{B}_\mathrm{t}), \\ \boldsymbol{B}_\mathrm{t} &= \frac{\mathrm{i}k_z}{\omega^2/c^2 - k_z^2}\nabla_\mathrm{t} B_z \end{aligned} \tag{16.142}$$

bzw.

$$\begin{aligned} \boldsymbol{E}_\mathrm{t} &= \frac{\mathrm{i}k_z}{\omega^2/c^2 - k_z^2}\nabla_\mathrm{t} E_z, \\ \boldsymbol{B}_\mathrm{t} &= \frac{\mathrm{i}\omega/c}{\omega^2/c^2 - k_z^2}(\hat{\boldsymbol{e}}_z \times \nabla_\mathrm{t} E_z) = \frac{\omega}{k_z c}(\hat{\boldsymbol{e}}_z \times \boldsymbol{E}_\mathrm{t}). \end{aligned} \tag{16.143}$$

Die z-Komponenten kann man wiederum berechnen aus der Wellengleichung

$$\left(\Delta_\mathrm{t} - k_z^2 + \frac{\omega^2}{c^2}\right)\Psi = 0, \tag{16.144}$$

wobei jeweils $\Psi = B_z$ bzw. $\Psi = E_z$ ist. Damit reduziert sich das Problem, die möglichen TE-Moden bzw. TM-Moden in einem Hohlleiter zu finden, auf das Lösen einer einzigen (skalaren) Wellengleichung und die anschließende Berücksichtigung der Randbedingungen.

Insbesondere ergibt sich hier das allgemeine Ergebnis, dass für $k_z^2 - \omega^2/c^2 \neq 0$, also $\Delta_\mathrm{t}\Psi \neq 0$, keine TEM-Moden ($E_z = B_z = 0$) möglich sind. Im Gegensatz zur Ausbreitung im Vakuum sind elektromagnetische Wellen in Hohlleitern also im Allgemeinen nicht rein transversal.

Allgemein kann man zeigen, dass es keine TEM-Moden geben kann, wenn der Leiterquerschnitt einfach zusammenhängend ist. In Koaxialkabeln dagegen besteht der Hohlleiter aus zwei konzentrischen zylindrischen Leitern; der Hohlleiterquerschnitt ist dann nicht einfach zusammenhängend, und TEM-Moden sind möglich.

So geht's weiter

Wie in Abschn. 16.2 erwähnt wurde, hängen in Medien sowohl die Dielektrizitätszahl ϵ als auch die Permeabilitätszahl μ im Allgemeinen von der Frequenz ω ab; daraus ergibt sich eine Frequenzabhängigkeit des Brechungsindexes.
Einige Gründe dafür sollen hier diskutiert werden, wobei wir uns allerdings auf ϵ beschränken, da in optischen Anwendungen meist in guter Näherung $\mu \approx 1$ gilt. Die beiden hier vorgestellten Modelle sind relativ grob, stimmen aber trotzdem in vielen Fällen recht gut mit realen Phänomenen überein. (Für eine tiefergehende Diskussion sei auf Werke zur Festkörperphysik verwiesen.)
Außerdem werden wir allgemeine Zusammenhänge zwischen Dispersion und Absorption herleiten, die sogenannten *Dispersionsrelationen* von Kramers und Kronig.

Freie Elektronen in einem Leiter und die Plasmafrequenz

Nach (16.76) hängt die (verallgemeinerte) Dielektrizitätszahl η bereits direkt von ω ab. Hinzu kommt allerdings, dass die Leitfähigkeit σ im Allgemeinen ihrerseits auch von ω abhängt.
Um dies zu verstehen, betrachten wir als einfaches Modell ein Medium, in dem sich Elektronen relativ frei bewegen können; es soll nur eine zur Geschwindigkeit proportionale Reibungskraft auftreten (*Drude-Modell*, 1900, nach dem deutschen Physiker *Paul Karl Ludwig Drude*, 1863–1906). Dies gilt beispielsweise in einem Plasma, aber auch für Metalle ist das bei hohen Frequenzen eine brauchbare Näherung.
In einem Volumen V befinden sich N_e Elektronen mit den Geschwindigkeiten $\boldsymbol{v}_i$, auf welche jeweils das elektrische Feld $\boldsymbol{E}$ wirke. Dann gelten die Bewegungsgleichungen

$$\dot{\boldsymbol{v}}_i = -\frac{e}{m}\boldsymbol{E} - \gamma \boldsymbol{v}_i \tag{16.145}$$

mit dem Reibungskoeffizienten γ. Die Stromdichte ist

$$\boldsymbol{j} = \frac{1}{V}\sum_i (-e\boldsymbol{v}_i), \tag{16.146}$$

also folgt

$$\partial_t \boldsymbol{j} = \frac{N_e e^2}{mV}\boldsymbol{E} - \gamma \boldsymbol{j} = \frac{n_e e^2}{m}\boldsymbol{E} - \gamma \boldsymbol{j}, \tag{16.147}$$

wobei n_e die Elektronendichte ist.
Schwingt das elektrische Feld harmonisch mit der Frequenz ω, so wird die Stromdichte sicher mit derselben Frequenz harmonisch schwingen. Also ist

$$\partial_t \boldsymbol{j} = -\mathrm{i}\omega \boldsymbol{j}, \tag{16.148}$$

womit wir für die Stromdichte

$$\boldsymbol{j} = \frac{n_e e^2}{m}\frac{1}{\gamma - \mathrm{i}\omega}\boldsymbol{E} \tag{16.149}$$

erhalten (die physikalisch relevante Stromdichte ist natürlich wie üblich der Realteil hiervon). Für die Leitfähigkeit folgt daraus

$$\sigma(\omega) = \frac{n_e e^2}{m}\frac{1}{\gamma - \mathrm{i}\omega}. \tag{16.150}$$

Insbesondere für $\omega \to 0$ ist

$$\sigma_0 := \sigma(0) = \frac{n_e e^2}{m\gamma}, \tag{16.151}$$

die Leitfähigkeit σ_0 für stationäre Ströme ist also proportional zum Inversen des Reibungskoeffizienten γ.
Eingesetzt in (16.76) haben wir nun

$$\begin{aligned} \eta &= \epsilon\left(1 + \frac{4\pi\mathrm{i}}{\epsilon\omega}\frac{\sigma_0\gamma}{\gamma - \mathrm{i}\omega}\right) \\ &= \epsilon\left(1 + \omega_\mathrm{p}^2 \frac{\mathrm{i}}{\omega(\gamma - \mathrm{i}\omega)}\right). \end{aligned} \tag{16.152}$$

Die hier zur Abkürzung geschriebene *Plasmafrequenz*

$$\omega_\mathrm{p} = \sqrt{\frac{4\pi\sigma_0\gamma}{\epsilon}} \tag{16.153}$$

ist dabei die Frequenz der Eigenschwingungen der Elektronen. Typische Werte sind beispielsweise $3{,}8 \cdot 10^{15}$ Hz für Aluminium und $1{,}6 \cdot 10^{16}$ Hz für Kupfer.
Interessant ist vor allem der Grenzfall hoher Frequenzen, $\omega \gg \gamma$. Dann ergibt sich einfach

$$\eta = \epsilon\left(1 - \frac{\omega_\mathrm{p}^2}{\omega^2}\right). \tag{16.154}$$

Insbesondere für $\omega > \omega_\mathrm{p}$ ist die verallgemeinerte Dielektrizitätszahl positiv und damit der Brechungsindex rein reell. Da die Absorption von elektromagnetischen Wellen durch den Imaginärteil des Brechungsindexes beschrieben wird, folgt, dass Wellen mit hohen Frequenzen nicht absorbiert werden. Physikalisch bedeutet dies, dass Metalle bei genügend hohen Frequenzen (beispielsweise Röntgenstrahlung) durchsichtig sind.

Teil II

Harmonisch gebundene Elektronen in einem Isolator

Auch in Isolatoren ($\sigma \to 0$) wie beispielsweise Ionenkristallen oder (neutralen) Gasen hängt die Dielektrizitätszahl von der Frequenz ab. Dies rührt daher, dass selbst gebundene Elektronen von einer einfallenden elektromagnetischen Welle zu Schwingungen angeregt werden können, wodurch das Medium (veränderlich) polarisiert wird – und in Kap. 14 haben wir gesehen, dass es einen engen Zusammenhang zwischen der Polarisation eines Mediums und seiner Dielektrizitätszahl gibt (siehe insbesondere (14.23) und (14.24)).

Betrachten wir als einfaches Modell wieder Elektronen, deren Bewegung mit einer Konstanten γ gedämpft wird. Im Gegensatz zum vorhergehenden Abschnitt sollen sie aber nicht frei sein, sondern harmonisch gebunden mit der Eigenfrequenz ω_0 (*Lorentz-Oszillator-Modell*, um 1905, nach dem bekannten Mathematiker und Physiker *Hendrik Antoon Lorentz*, 1853–1928). Die Bewegungsgleichung für ein Elektron ist also

$$m\left(\ddot{\boldsymbol{x}} + \gamma\dot{\boldsymbol{x}} + \omega_0^2\boldsymbol{x}\right) = -e\boldsymbol{E} \tag{16.155}$$

bzw. mit einer harmonischen Zeitabhängigkeit

$$m\left(-\omega^2 - \mathrm{i}\gamma\omega + \omega_0^2\right)\boldsymbol{x} = -e\boldsymbol{E}. \tag{16.156}$$

Für das Dipolmoment $\boldsymbol{p} = -e\boldsymbol{x}$ folgt daraus

$$\boldsymbol{p} = \frac{e^2}{m}\frac{1}{\omega_0^2 - \omega^2 - \mathrm{i}\gamma\omega}\boldsymbol{E}. \tag{16.157}$$

Hat man im betrachteten Material wieder die Elektronendichte n_e, so folgt

$$\boldsymbol{P} = \frac{n_e e^2}{m}\frac{1}{\omega_0^2 - \omega^2 - \mathrm{i}\gamma\omega}\boldsymbol{E} = \chi_\mathrm{e}\boldsymbol{E} \tag{16.158}$$

mit $\epsilon = 1 + 4\pi\chi_\mathrm{e}$, also

$$\epsilon(\omega) = 1 + \frac{4\pi n_e e^2}{m}\frac{1}{\omega_0^2 - \omega^2 - \mathrm{i}\gamma\omega}. \tag{16.159}$$

Verallgemeinert man dies auf mehrere Arten von Oszillatoren mit Eigenfrequenzen ω_k, Dämpfungskonstanten γ_k und Dichten n_k (beispielsweise unterschiedlich stark gebundene bzw. gedämpfte Elektronen oder unterschiedliche Ionen in einem Ionenkristall), so ergibt sich

$$\epsilon(\omega) = 1 + \frac{4\pi e^2}{m}\sum_k \frac{n_k}{\omega_k^2 - \omega^2 - \mathrm{i}\gamma_k\omega}. \tag{16.160}$$

Außerdem ist anzumerken, dass in Leitern neben diesen Beitrag auch der im vorherigen hergeleitete von den Leitungselektronen tritt. Dieser ist im Allgemeinen aber bei deutlich anderen Frequenzen wichtig und wird deshalb im Folgenden ignoriert.

Wir beschränken uns nun wieder auf den Fall nur einer Sorte von Oszillatoren. Außerdem nehmen wir an, dass der zweite Summand klein ist verglichen mit 1, also $\epsilon \approx 1$ gilt; dies ist beispielsweise in vielen Gasen eine gute Näherung. Für den komplexen Brechungsindex gilt

$$n + \mathrm{i}\kappa = \sqrt{\epsilon}. \tag{16.161}$$

Mit der Näherung $\sqrt{1+x} \approx 1 + x/2$ für $x \ll 1$ folgt

$$\begin{aligned} n &= 1 + \frac{1}{2}\mathrm{Re}\frac{4\pi n_e e^2}{m}\frac{1}{\omega_0^2 - \omega^2 - \mathrm{i}\gamma\omega} \\ &= 1 + \frac{2\pi n_e e^2}{m}\frac{\omega_0^2 - \omega^2}{(\omega_0^2 - \omega^2)^2 + \gamma^2\omega^2}, \\ \kappa &= \frac{1}{2}\mathrm{Im}\frac{4\pi n_e e^2}{m}\frac{1}{\omega_0^2 - \omega^2 - \mathrm{i}\gamma\omega} \\ &= \frac{2\pi n_e e^2}{m}\frac{\gamma\omega}{(\omega_0^2 - \omega^2)^2 + \gamma^2\omega^2}. \end{aligned} \tag{16.162}$$

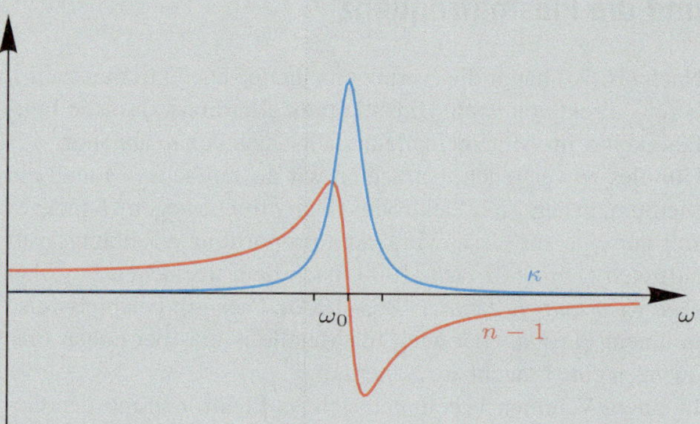

Abb. 16.8 Die Frequenzabhängigkeit von Brechungsindex n und Extinktionskoeffizient κ im Lorentz-Oszillator-Modell (für $\omega_0 = 10$ und $\gamma = 1$). Bei der Eigenfrequenz ω_0 der Oszillatoren hat κ ein Maximum, n fällt dagegen monoton ab (anomale Dispersion). Auf der Achse sind außerdem $\omega_0 \pm \gamma$ markiert. Man erkennt, dass γ ein Maß für die Breite des Maximums bzw. des Bereichs anomaler Dispersion ist

Diese Ergebnisse sind in Abb. 16.8 grafisch dargestellt. Man sieht zunächst, dass κ bei ω_0 ein Maximum hat. Die physikalische Interpretation ist naheliegend: bei der Resonanzfrequenz der Oszillatoren wird am meisten absorbiert.

Außerdem ist zu erkennen, dass für die meisten Werte von ω der Brechungsindex monoton ansteigt; man spricht von *normaler Dispersion*. Nur in einem engen Bereich in der Nähe des Maximums von κ nimmt n mit wachsendem ω ab (*anomale Dispersion*).

Diese engen Zusammenhänge zwischen n und κ sind letztlich auf Beziehungen zwischen dem Real- und dem Imaginärteil von ϵ zurückzuführen. Im folgenden Abschnitt werden wir zeigen, dass sich solche Beziehungen aus sehr wenigen allgemeinen Grundannahmen ergeben. Zwischen Dispersion und Absorption bestehen also allgemein enge Zusammenhänge, nicht nur in diesem einfachen Modell.

Die Dispersionsrelationen von Kramers und Kronig

Zunächst gehen wir davon aus, dass der Zusammenhang zwischen elektrischem Feld und Polarisation linear ist. Außerdem berücksichtigen wir, dass die Polarisation an einer Stelle $\boldsymbol{r}$ im Allgemeinen nicht nur von der elektrischen Feldstärke zur selben Zeit abhängen kann, sondern auch von der „Vorgeschichte" des Systems, also der elektrischen Feldstärken zu früheren Zeiten. Andererseits gehen wir aber davon aus, dass $\boldsymbol{P}$ und $\boldsymbol{E}$ lokal (in $\boldsymbol{r}$) zusammenhängen, d. h., die Polarisation an einer Stelle $\boldsymbol{r}$ hängt auch nur von der elektrischen Feldstärke an dieser Stelle an.

Der allgemeinste lineare, isotrope, räumlich lokale Ansatz ist also

$$\begin{aligned}\boldsymbol{D}(t,\boldsymbol{r}) &= \boldsymbol{E}(t,\boldsymbol{r}) + 4\pi\boldsymbol{P}(t,\boldsymbol{r}) \\ &= \boldsymbol{E}(t,\boldsymbol{r}) + \int\limits_{-\infty}^{\infty} f(\tau)\boldsymbol{E}(t-\tau,\boldsymbol{r})\mathrm{d}\tau.\end{aligned} \tag{16.163}$$

Eine Polarisation kann aber nicht auftreten, *bevor* die Teilchen des Körpers das elektrische Feld spüren (Kausalität!). Also muss $f(\tau) = 0$ gelten für $\tau < 0$.

Außerdem setzen wir für die Funktion $f(\tau)$ noch voraus, dass sie für $\tau \to \infty$ nicht stärker als eine positive Potenz von τ wächst. Auch diese Forderung ist sicher physikalisch sinnvoll: Im Allgemeinen wird sogar eher $f(\tau) \to 0$ gelten für $\tau \to \infty$, da die Polarisation des Mediums nicht vom Wert des elektrischen Feldes zu beliebig fernen Zeiten in der Vergangenheit abhängen sollte.

Eine Fourier-Transformation überführt das obige Faltungsintegral in ein Produkt:

$$\tilde{\boldsymbol{D}}(\omega,\boldsymbol{r}) = \tilde{\boldsymbol{E}}(\omega,\boldsymbol{r}) + \tilde{f}(\omega)\tilde{\boldsymbol{E}}(\omega,\boldsymbol{r}). \tag{16.164}$$

Definiert man die frequenzabhängige Dielektrizitätszahl durch

$$\tilde{\boldsymbol{D}}(\omega,\boldsymbol{r}) = \epsilon(\omega)\tilde{\boldsymbol{E}}(\omega,\boldsymbol{r}), \tag{16.165}$$

so folgt

$$\epsilon(\omega) = 1 + \tilde{f}(\omega) = 1 + \int\limits_0^{\infty} f(\tau)\mathrm{e}^{\mathrm{i}\omega\tau}\,\mathrm{d}\tau, \tag{16.166}$$

wobei die Kausalitätsbedingung $f(\tau) = 0$ für $\tau < 0$ berücksichtigt wurde.

Hieraus kann man zunächst ablesen, dass

$$\epsilon^*(\omega) = \epsilon(-\omega) \tag{16.167}$$

gilt; damit kann man die Funktion ϵ analytisch zu negativen Frequenzen fortsetzen. Daraus folgt auch für die Real- und Imaginärteile ϵ_r bzw. ϵ_i, dass sie gerade bzw. ungerade Funktionen sein müssen:

$$\epsilon_r(-\omega) = \epsilon_r(\omega) \quad \text{und} \quad \epsilon_i(-\omega) = -\epsilon_i(\omega). \tag{16.168}$$

Aus (16.80) können wir außerdem folgern, dass für $\omega \to 0$

$$\epsilon_r \to \epsilon_{\text{stat}} \quad \text{und} \quad \epsilon_i \to \frac{4\pi\sigma}{\omega} \tag{16.169}$$

gelten sollte, wobei ϵ_{stat} den statischen Wert der Dielektrizitätszahl bezeichnet. ϵ_i hat also einen Pol bei $\omega = 0$, der von der endlichen Leitfähigkeit stammt; bei Nichtleitern ($\sigma \approx 0$) kann dieser meist vernachlässigt werden.

Wir definieren nun durch

$$g(\zeta) = \int\limits_0^{\infty} f(\tau)\mathrm{e}^{\mathrm{i}\zeta\tau}\,\mathrm{d}\tau \tag{16.170}$$

eine analytische Fortsetzung von $\epsilon(\omega) - 1$ in die gesamte komplexe Ebene; für die komplexe Verallgemeinerung der Frequenz ω schreiben wir also ζ (mit den Real- und Imaginärteilen ζ_r und ζ_i).

Für $\zeta_i > 0$ ist diese Funktion sicher definiert und analytisch, da dann der Integrand exponentiell gedämpft ist (hier wird die Voraussetzung benutzt, dass $f(\tau)$ höchstens wie eine positive Potenz von τ wächst). Auf der reellen Achse hat $g(\zeta)$ dagegen wegen (16.169) bei $\zeta = 0$ einen Pol erster Ordnung.

Außerdem gilt in der oberen Halbebene $g(\zeta) \to 0$ für $|\zeta| \to \infty$: Für $\zeta_i \to \infty$ folgt das aus dem exponentiellen Abfall des Exponenten, für $\zeta_r \to \infty$ daraus, dass dann (für festes ζ_i) der Integrand unendlich schnell oszilliert.

Aus dem oben Gesagten können wir folgern, dass die Funktion

$$\frac{g(\zeta)}{\zeta - \omega} \tag{16.171}$$

für jedes feste ω in der oberen Halbebene analytisch ist, für $|\zeta| \to \infty$ gegen null geht und auf der reellen Achse Polstellen erster Ordnung bei $\zeta = 0$ und $\zeta = \omega$ hat. Integrieren wir diese Funktion über einen beliebigen geschlossenen Weg in der oberen Halbebene, so muss sich wegen der Analytizität null ergeben (Cauchy'scher Integralsatz):

$$\oint \frac{g(\zeta)}{\zeta - \omega}\mathrm{d}\zeta = 0. \tag{16.172}$$

Wir wählen nun als Integrationsweg einen Halbkreisbogen in der oberen Halbebene „im Unendlichen" und schließen diesen entlang der reellen Achse. Die beiden Polstellen werden dabei durch kleine Halbkreisbögen (Radius r) umgangen. Der gesamte Integrationsweg ist in Abb. 16.9 dargestellt.

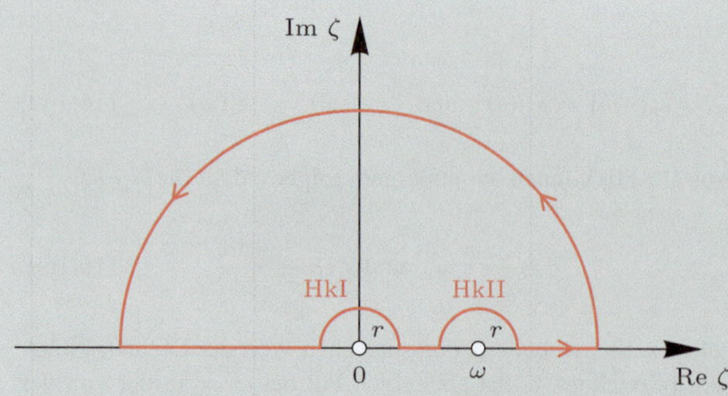

Abb. 16.9 Der für den Beweis der Kramers-Kronig-Relationen gewählte Integrationsweg: entlang der reellen Achse, wobei die Polstellen des Integranden $g(\zeta)/(\zeta-\omega)$ bei $\zeta = 0$ und $\zeta = \omega$ durch kleine Halbkreise mit Radius r umgangen werden, und zurück entlang eines Halbkreises in der oberen Halbebene „im Unendlichen"

Nach dem eben Gesagten liefert der Halbkreis „im Unendlichen" keinen Beitrag; also muss die Integration entlang der reellen Achse plus der beiden Halbkreise um die Pole ihrerseits bereits null ergeben. Die Integration entlang der reellen Achse muss damit das Negative der Integrale über die beiden Halbkreise ergeben:

$$\left(\int_{-\infty}^{-r} + \int_{r}^{\omega-r} + \int_{\omega+r}^{\infty}\right)\frac{g(\zeta)}{\zeta-\omega}\mathrm{d}\zeta = -\int_{\mathrm{HkI}}\frac{g(\zeta)}{\zeta-\omega}\mathrm{d}\zeta - \int_{\mathrm{HkII}}\frac{g(\zeta)}{\zeta-\omega}\mathrm{d}\zeta. \tag{16.173}$$

Letztere kann man aber (für $r \to 0$) analog zum Residuensatz auswerten. Beide Polstellen werden hier zwar nur halb umlaufen, außerdem im mathematisch negativen Sinn. Für $r \to 0$ verhält sich der Integrand an den Polstellen aber wie const$/\zeta$ bzw. wie const$/(\zeta-\omega)$; mit einer Rechnung völlig analog zu (13.37) bis (13.39) folgt deshalb, dass die Halbkreise das jeweils $-\mathrm{i}\pi$-fache der Residuen liefern:

$$\left(\int_{-\infty}^{-r} + \int_{r}^{\omega-r} + \int_{\omega+r}^{\infty}\right)\frac{g(\zeta)}{\zeta-\omega}\mathrm{d}\zeta = \mathrm{i}\pi\left(\mathrm{Res}_{\zeta=0}\frac{g(\zeta)}{\zeta-\omega} + \mathrm{Res}_{\zeta=\omega}\frac{g(\zeta)}{\zeta-\omega}\right). \tag{16.174}$$

Die Residuen sind

$$\mathrm{Res}_{\zeta=0}\frac{g(\zeta)}{\zeta-\omega} = \lim_{\zeta\to 0}\frac{\zeta g(\zeta)}{\zeta-\omega} = -\frac{1}{\omega}\lim_{\zeta\to 0}\zeta\,(\epsilon(\zeta)-1) = -\frac{\mathrm{i}}{\omega}\lim_{\zeta\to 0}\zeta\epsilon_i(\zeta) = -\frac{4\pi\mathrm{i}\sigma}{\omega}, \tag{16.175}$$

wobei das Verhalten der Real- und Imaginärteile von ϵ für $\zeta \to 0$ aus (16.169) benutzt wurde, und

$$\mathrm{Res}_{\zeta=\omega}\frac{g(\zeta)}{\zeta-\omega} = \lim_{\zeta\to\omega} g(\zeta) = g(\omega). \tag{16.176}$$

Die linke Seite von (16.174) ist dagegen für $r \to 0$ der Cauchy'sche Hauptwert des Integrals. Insgesamt ergibt sich somit

$$g(\omega) = \frac{4\pi\mathrm{i}\sigma}{\omega} + \frac{1}{\mathrm{i}\pi}\mathrm{P}\int_{-\infty}^{\infty}\frac{g(\zeta)}{\zeta-\omega}\mathrm{d}\zeta. \tag{16.177}$$

Nimmt man davon den Real- und Imaginärteil, so hat man die *Dispersionsrelationen von Kramers und Kronig* (nach dem niederländischen Physiker *Hendrik Anthony Kramers*, 1894–1952, und dem deutsch/US-amerikanischen Physiker *Ralph de Laer Kronig*, 1904–1995):

$$\begin{aligned}\epsilon_r(\omega) &= 1 + \frac{1}{\pi}\mathrm{P}\int_{-\infty}^{\infty}\frac{\epsilon_i(\zeta)}{\zeta-\omega}\mathrm{d}\zeta,\\ \epsilon_i(\omega) &= \frac{4\pi\sigma}{\omega} - \frac{1}{\pi}\mathrm{P}\int_{-\infty}^{\infty}\frac{\epsilon_r(\zeta)}{\zeta-\omega}\mathrm{d}\zeta.\end{aligned} \tag{16.178}$$

Für Anwendungen in der Physik ist es sinnvoll, diese Ergebnisse noch auf Integrale über nur positive Frequenzen umzuschreiben. Hierfür kann man die Symmetrien (16.168) von ϵ_r und ϵ_i unter $\omega \to -\omega$ ausnutzen.
Das Endresultat ist

$$\begin{aligned}\epsilon_r(\omega) &= 1 + \frac{2}{\pi}\mathrm{P}\int_{0}^{\infty}\frac{\zeta\epsilon_i(\zeta)}{\zeta^2-\omega^2}\mathrm{d}\zeta,\\ \epsilon_i(\omega) &= \frac{4\pi\sigma}{\omega} - \frac{2\omega}{\pi}\mathrm{P}\int_{0}^{\infty}\frac{\epsilon_r(\zeta)}{\zeta^2-\omega^2}\mathrm{d}\zeta.\end{aligned} \tag{16.179}$$

Dies sind allgemeingültige Beziehungen zwischen dem Real- und Imaginärteil der Dielektrizitätszahl. Vorausgesetzt wurden letztlich nur wenige physikalisch sinnvolle Forderungen an $f(\tau)$ und das Verhalten von ϵ für $\omega \to 0$. Ähnlich kann man auch allgemeine Beziehungen zwischen n und κ herleiten. Daraus ergibt sich, dass die beim Lorentz-Oszillator-Modell gefundenen Zusammenhänge allgemein gelten:

(a) Für Frequenzen, bei denen ein Material transparent ist ($\kappa \ll 1$), ist die Dispersion normal ($\mathrm{d}n/\mathrm{d}\omega > 0$).
(b) Tritt Absorption auf ($\kappa \gg 1$), so ist die Dispersion anomal ($\mathrm{d}n/\mathrm{d}\omega < 0$).

Aufgaben

Gelegentlich enthalten die Aufgaben mehr Angaben, als für die Lösung erforderlich sind. Bei einigen anderen dagegen werden Daten aus dem Allgemeinwissen, aus anderen Quellen oder sinnvolle Schätzungen benötigt.

- • leichte Aufgaben mit wenigen Rechenschritten
- •• mittelschwere Aufgaben, die etwas Denkarbeit und unter Umständen die Kombination verschiedener Konzepte erfordern
- ••• anspruchsvolle Aufgaben, die fortgeschrittene Konzepte (unter Umständen auch aus späteren Kapiteln) oder eigene mathematische Modellbildung benötigen

16.1 •• Elliptische und zirkulare Polarisation Zeigen Sie: Für $0 \le \psi < 2\pi$ beschreibt

$$\begin{aligned} \boldsymbol{x} &= [a\cos\psi + b\cos(\psi + \Delta\varphi)]\,\hat{\boldsymbol{e}}_1 \\ &\quad - [a\sin\psi - b\sin(\psi + \Delta\varphi)]\,\hat{\boldsymbol{e}}_2 \end{aligned} \tag{16.180}$$

mit zueinander senkrechten Einheitsvektoren $\hat{\boldsymbol{e}}_1$ und $\hat{\boldsymbol{e}}_2$ eine Ellipse, deren Halbachsen die Längen $a + b$ bzw. $a - b$ haben und gegenüber $\hat{\boldsymbol{e}}_1$ bzw. $\hat{\boldsymbol{e}}_2$ um den Winkel $\Delta\varphi/2$ gedreht sind.

Lösungshinweis: Schreiben Sie die Argumente von sin und cos als $\psi = (\psi + \Delta\varphi/2) - \Delta\varphi/2$ bzw. $\psi + \Delta\varphi = (\psi + \Delta\varphi/2) + \Delta\varphi/2$ und verwenden Sie die trigonometrischen Additionstheoreme.

16.2 •• Elliptische und lineare Polarisation Im Kapiteltext und in Aufgabe 16.1 wurde gezeigt, dass sich als Linearkombination zweier zueinander phasenverschobener links- und rechtszirkular polarisierter Wellen eine allgemeine elliptisch polarisierte Welle ergibt; die links- und rechtszirkular polarisierten Wellen bilden also eine Basis, aus der man beliebig polarisierte Wellen zusammensetzen kann. Hier soll nun gezeigt werden, dass die linear polarisierten Wellen ebenfalls eine solche Basis bilden.

Gegeben sei eine Summe zweier gegeneinander phasenverschobener Wellen, von denen die eine in x-, die andere in y-Richtung linear polarisiert ist (wobei die x- und y-Achsen beliebig senkrecht zur Ausbreitung in z-Richtung gewählt wurden):

$$\boldsymbol{E}(t, \boldsymbol{r}) = E_{x0}\mathrm{e}^{\mathrm{i}(kz-\omega t)}\hat{\boldsymbol{e}}_x + E_{y0}\mathrm{e}^{\mathrm{i}(kz-\omega t+\varphi)}\hat{\boldsymbol{e}}_y \tag{16.181}$$

mit reellen Amplituden E_{x0} und E_{y0}; die gesamte Intensität ist also $I = E_{x0}^2 + E_{y0}^2$.

(a) Zeigen Sie zunächst, dass gilt

$$\frac{|E_x(t,\boldsymbol{r})|^2}{E_{x0}^2} + \frac{|E_y(t,\boldsymbol{r})|^2}{E_{y0}^2} - \frac{2\mathrm{Re}E_x^* E_y \cos\varphi}{E_{x0}E_{y0}} = 2\sin^2\varphi. \tag{16.182}$$

(b) Zeigen Sie mittels einer Hauptachsentransformation, dass die Gleichung in Teilaufgabe (a) eine Ellipse beschreibt, deren Hauptachsenverhältnis gegeben ist durch

$$\frac{b}{a} = \sqrt{\frac{I - \sqrt{I^2 - 4E_{x0}^2E_{y0}^2\sin^2\varphi}}{I + \sqrt{I^2 - 4E_{x0}^2E_{y0}^2\sin^2\varphi}}} \tag{16.183}$$

und deren große Hauptachse gegenüber der x-Achse um den Winkel α gedreht ist, wobei gilt

$$\tan\alpha = \frac{E_{y0}^2 - E_{x0}^2 + \sqrt{I^2 - 4E_{x0}^2E_{y0}^2\sin^2\varphi}}{2E_{x0}E_{y0}\cos\varphi}. \tag{16.184}$$

16.3 •• Stokes-Parameter Zur Beschreibung der Polarisation elektromagnetischer Wellen werden oft die *Stokes-Parameter* $(I; M; C; S)$ verwendet (auch mit $(I; Q; U; V)$ oder $(S_0; S_1; S_2; S_3)$ bezeichnet; Stokes selbst benutzte $(A; B; C; D)$). Dabei ist I die gesamte Intensität, und für die anderen Komponenten gilt:

$$\begin{aligned} M &= I_{0°} - I_{90°}, \\ C &= I_{45°} - I_{135°}, \\ S &= I_{\mathrm{LZ}} - I_{\mathrm{RZ}}, \end{aligned} \tag{16.185}$$

wobei I_α jeweils für die Intensität steht, die hinter einem linearen Polarisator gemessen wird, der gegenüber der x-Achse um den Winkel α gedreht ist, und I_{LZ} bzw. I_{RZ} für die Intensitäten der links- bzw. rechtszirkular polarisierten Anteile. Die x- und y-Achse werden dabei willkürlich festgelegt senkrecht zur Ausbreitung in z-Richtung. (*Beachten Sie*: Teilweise sind auch andere Vorzeichenkonventionen üblich.) Die Wirkung von optischen Geräten auf die Polarisation kann dann mit 4×4-Matrizen (*Müller-Matrizen*) beschrieben werden.

Natürliche Strahlungsquellen senden im Allgemeinen nicht oder nur teilweise polarisiertes Licht aus. Dies kann man im Formalismus der Stokes-Parameter durch Einführung des *Polarisationsgrades* und zeitliche Mittelung berücksichtigen. Der Einfachheit halber betrachten wir hier aber nur vollständig polarisierte Wellen. Diese sind letztlich immer elliptisch polarisiert; lineare und zirkulare Polarisation sind davon lediglich Spezialfälle.

(a) Begründen Sie, dass

$$
\begin{aligned}
M &= E_{x0}^2 - E_{y0}^2, \\
C &= 2E_{x0}E_{y0}\cos\varphi, \\
S &= 2E_{x0}E_{y0}\sin\varphi
\end{aligned}
\tag{16.186}
$$

gilt, wobei E_{x0} und E_{y0} jeweils für die Amplituden der elektrischen Feldstärken in x- bzw. y-Richtung stehen und φ für die Phasenverschiebung zwischen E_x und E_y. Zeigen Sie außerdem, dass

$$M^2 + C^2 + S^2 = I^2 \tag{16.187}$$

gilt, die vier Parameter also nicht unabhängig voneinander sind.

(b) Begründen Sie, dass

$$
\begin{aligned}
M &= I\cos 2\omega\cos 2\alpha, \\
C &= I\cos 2\omega\sin 2\alpha, \\
S &= I\sin 2\omega
\end{aligned}
\tag{16.188}
$$

gilt, wobei α die Neigung der großen Halbachse der Ellipse, auf der $\boldsymbol{E}$ umläuft, gegen die x-Achse und $\tan\omega$ das Verhältnis b/a der kleinen Halbachse b zur großen Halbachse a angibt. Hat ω (und damit auch S) positives Vorzeichen, so handelt es sich um links-, ansonsten um rechtselliptisch polarisiertes Licht. Geben Sie außerdem mittels dieser Formeln eine geometrische Interpretation der Koordinaten $(M; C; S)$ an.

(c) Geben Sie für folgende Polarisationszustände jeweils die zugehörigen Stokes-Parameter an: (1) in x-Richtung linear polarisiert, (2) in y-Richtung linear polarisiert, (3) in einem Winkel von 45° zur x-Achse linear polarisiert, (4) in einem Winkel von 135° zur y-Achse linear polarisiert, (5) rechtszirkular polarisiert, (6) linkszirkular polarisiert, (7) elliptisch polarisiert, wobei das Achsenverhältnis 1:2 beträgt und die große Halbachse in x-Richtung zeigt, (8) elliptisch polarisiert mit demselben Achsenverhältnis, die große Halbachse aber in y-Richtung zeigt, (9) elliptisch polarisiert, wobei die große Halbachse mit der x-Achse den Winkel 22,5° einschließt und das Achsenverhältnis $\sqrt{3} - \sqrt{2}$ ist.

(d) Geben Sie für folgende optische „Geräte" die zugehörige Matrix an: (1) homogener Absorber mit Transmissionskoeffizient T, (2) linearer Polarisator in x-Richtung, (3) $\lambda/4$-Plättchen, bei dem die schnelle Achse in x-Richtung zeigt.

Lösungshinweis:

(b) Benutzen Sie die Ergebnisse aus Aufgabe 16.2 und schreiben Sie diese zunächst mithilfe der Formeln in Teilaufgabe (a) kürzer.

16.4 •• Green'sche Funktion zur Helmholtz-Gleichung Zeigen Sie:

$$(\Delta + k^2)\frac{e^{ikr}}{r} = -4\pi\delta(r). \tag{16.189}$$

Lösungshinweis: Betrachten Sie das Volumenintegral der linken Seite über eine Kugel um den Ursprung und benutzen Sie den Gauß'schen Satz.

16.5 ••• Skineffekt Im Folgenden soll gezeigt werden, dass Wechselstrom hoher Frequenzen in metallischen Leitern bevorzugt nur in einer relativ dünnen Oberflächenschicht fließt (*Skineffekt*). Wir betrachten dafür einen einfachen Spezialfall: Ein unendlich langer, homogener, gerader Leiter (Leitfähigkeit σ), der entlang der z-Achse liegt und den Radius ϱ_0 hat, werde von einem harmonischen Wechselstrom $I(t) = I_0 e^{-i\omega t}$ durchflossen.

(a) Zeigen Sie zunächst, dass für die Stromdichte näherungsweise

$$\Delta \boldsymbol{j} + \frac{4\pi i\sigma\omega}{c^2}\boldsymbol{j} = 0 \tag{16.190}$$

gilt, wenn $\sigma \gg \omega$ und $\mu = 1$ ist.

(b) Lösen Sie die Differenzialgleichung allgemein.

(c) Finden Sie die spezielle Lösung für die gegebenen physikalischen Randbedingungen.

Lösungshinweis:

(a) Benutzen Sie die Telegrafengleichung (16.69).

(b) Für j_z ergibt sich eine Bessel'sche Differenzialgleichung (16.58); die Lösungen sind also Bessel-Funktionen (allerdings mit komplexem Argument).

(c) Beachten Sie das Verhalten von $J_0(x)$ bzw. $Y_0(x)$ für $x \to 0$ und die gesamte Stromstärke I_0.

16.6 • Geschwindigkeiten im rechteckigen Hohlleiter Ermitteln Sie explizite Ausdrücke für die Phasen-, Gruppen- und Frontgeschwindigkeit in einem rechteckigen Hohlleiter (Seitenlängen a und b) und vergleichen Sie jeweils mit der Vakuumlichtgeschwindigkeit. Welcher Zusammenhang besteht hier zwischen Phasen- und Gruppengeschwindigkeit?

Lösungshinweis: Verwenden Sie die Dispersionsrelation (16.126); die hier relevante Wellenzahl ist natürlich k_z.

16.7 •• Zylindrischer Hohlleiter Ermitteln Sie die Felder und die Dispersionsrelation bei den TM-Moden eines unendlich langen metallischen Hohlleiters mit kreisförmigem Querschnitt (Radius ϱ_0), dessen Mittelachse die z-Achse ist.

Lösungshinweis: Verwenden Sie die Lösungen der Wellengleichung in Zylinderkoordinaten (16.59) für E_z sowie die Beziehungen (16.143) und beachten Sie die Randbedingungen bei TM-Moden. Die Nullstellen von Bessel-Funktionen finden sich in der mathematischen Literatur.

16.8 •• Natürliche Linienbreite Strahlt ein Atom oder Molekül, das von einem angeregten Zustand in einen niedrigeren übergeht, eine elektromagnetische Welle der Frequenz

ω_0 ab, so muss die Amplitude dieser Welle zeitlich abnehmen (warum?). Im Allgemeinen ergibt sich deshalb für die elektrische Feldstärke dieser Welle am Ort des Atoms eine exponentiell gedämpfte Schwingung (Anfangsamplitude $\boldsymbol{E}_0$, Frequenz ω_0, Dämpfungskonstante γ). Berechnen Sie die Fourier-Transformierte $\tilde{\boldsymbol{E}}(\omega)$ der elektrischen Feldstärke und daraus, wie die abgestrahlte Energie pro infinitesimalem Frequenzintervall von ω abhängt. Interpretieren Sie Ihr Ergebnis.

Lösungshinweis: Überlegen Sie sich, wie der Poynting-Vektor einer ebenen monochromatischen Welle im Vakuum von der elektrischen Feldstärke abhängt.

Teil II

Ausführliche Lösungen zu den Aufgaben

16.1 Zunächst schreiben wir

$$\begin{aligned}\cos\psi &= \cos[(\psi+\Delta\varphi/2)-\Delta\varphi/2]\\ &= \cos(\psi+\Delta\varphi/2)\cos(\Delta\varphi/2)\\ &\quad+\sin(\psi+\Delta\varphi/2)\sin(\Delta\varphi/2),\end{aligned} \tag{16.191}$$

$$\begin{aligned}\cos(\psi+\Delta\varphi) &= \cos[(\psi+\Delta\varphi/2)+\Delta\varphi/2]\\ &= \cos(\psi+\Delta\varphi/2)\cos(\Delta\varphi/2)\\ &\quad-\sin(\psi+\Delta\varphi/2)\sin(\Delta\varphi/2),\end{aligned} \tag{16.192}$$

$$\begin{aligned}\sin\psi &= \sin[(\psi+\Delta\varphi/2)-\Delta\varphi/2]\\ &= \sin(\psi+\Delta\varphi/2)\cos(\Delta\varphi/2)\\ &\quad-\cos(\psi+\Delta\varphi/2)\sin(\Delta\varphi/2)\end{aligned} \tag{16.193}$$

und

$$\begin{aligned}\sin(\psi+\Delta\varphi) &= \sin[(\psi+\Delta\varphi/2)+\Delta\varphi/2]\\ &= \sin(\psi+\Delta\varphi/2)\cos(\Delta\varphi/2)\\ &\quad+\cos(\psi+\Delta\varphi/2)\sin(\Delta\varphi/2).\end{aligned} \tag{16.194}$$

Setzt man dies alles in (16.180) ein, so hat man den reichlich unübersichtlichen Ausdruck

$$\begin{aligned}\boldsymbol{x} = {}&[a\cos(\psi+\Delta\varphi/2)\cos(\Delta\varphi/2)\\ &+a\sin(\psi+\Delta\varphi/2)\sin(\Delta\varphi/2)\\ &+b\cos(\psi+\Delta\varphi/2)\cos(\Delta\varphi/2)\\ &-b\sin(\psi+\Delta\varphi/2)\sin(\Delta\varphi/2)]\hat{\boldsymbol{e}}_1\\ &-[a\sin(\psi+\Delta\varphi/2)\cos(\Delta\varphi/2)\\ &-a\cos(\psi+\Delta\varphi/2)\sin(\Delta\varphi/2)\\ &-b\sin(\psi+\Delta\varphi/2)\cos(\Delta\varphi/2)\\ &-b\cos(\psi+\Delta\varphi/2)\sin(\Delta\varphi/2)]\hat{\boldsymbol{e}}_2.\end{aligned} \tag{16.195}$$

Zunächst fassen wir bei beiden Vektoren jeweils die Terme mit derselben Winkelabhängigkeit zusammen:

$$\begin{aligned}\boldsymbol{x} = {}&[(a+b)\cos(\psi+\Delta\varphi/2)\cos(\Delta\varphi/2)\\ &+(a-b)\sin(\psi+\Delta\varphi/2)\sin(\Delta\varphi/2)]\hat{\boldsymbol{e}}_1\\ &-[(a-b)\sin(\psi+\Delta\varphi/2)\cos(\Delta\varphi/2)\\ &-(a+b)\cos(\psi+\Delta\varphi/2)\sin(\Delta\varphi/2)]\hat{\boldsymbol{e}}_2.\end{aligned} \tag{16.196}$$

Dann lösen wir die Klammern auf und fassen jeweils die Terme mit derselben Abhängigkeit von ψ zusammen:

$$\begin{aligned}\boldsymbol{x} = {}&(a+b)\cos(\psi+\Delta\varphi/2)\\ &\cdot[\cos(\Delta\varphi/2)\hat{\boldsymbol{e}}_1+\sin(\Delta\varphi/2)\hat{\boldsymbol{e}}_2]\\ &+(a-b)\sin(\psi+\Delta\varphi/2)\\ &\cdot[\sin(\Delta\varphi/2)\hat{\boldsymbol{e}}_1-\cos(\Delta\varphi/2)\hat{\boldsymbol{e}}_2].\end{aligned} \tag{16.197}$$

Nun definieren wir

$$\begin{aligned}\hat{\boldsymbol{e}}'_1 &:= \cos(\Delta\varphi/2)\hat{\boldsymbol{e}}_1+\sin(\Delta\varphi/2)\hat{\boldsymbol{e}}_2,\\ \hat{\boldsymbol{e}}'_2 &:= \sin(\Delta\varphi/2)\hat{\boldsymbol{e}}_1-\cos(\Delta\varphi/2)\hat{\boldsymbol{e}}_2.\end{aligned} \tag{16.198}$$

$\hat{\boldsymbol{e}}'_1$ und $\hat{\boldsymbol{e}}'_2$ gehen aus $\hat{\boldsymbol{e}}_1$ und $\hat{\boldsymbol{e}}_2$ jeweils durch eine Drehung um $\Delta\varphi/2$ hervor, sind also ebenfalls zueinander senkrechte Einheitsvektoren. Man kann dann einfach schreiben

$$\boldsymbol{x} = x'_1(\psi)\hat{\boldsymbol{e}}'_1 + x'_2(\psi)\hat{\boldsymbol{e}}'_2 \tag{16.199}$$

mit

$$\begin{aligned}x'_1(\psi) &:= (a+b)\cos(\psi+\Delta\varphi/2),\\ x'_2(\psi) &:= (a-b)\sin(\psi+\Delta\varphi/2).\end{aligned} \tag{16.200}$$

Dann gilt:

$$\begin{aligned}&\frac{(x'_1(\psi))^2}{(a+b)^2}+\frac{(x'_2(\psi))^2}{(a-b)^2}\\ &= \cos^2(\psi+\Delta\varphi/2)+\sin^2(\psi+\Delta\varphi/2)\\ &= 1.\end{aligned} \tag{16.201}$$

Dies ist aber nun genau die Gleichung einer Ellipse, deren große Halbachsen die Längen $a+b$ bzw. $a-b$ haben.

16.2

(a) Dies ist einfach nachzurechnen:

$$\frac{|E_x(t,\boldsymbol{r})|^2}{E_{x0}^2} = \frac{|E_y(t,\boldsymbol{r})|^2}{E_{y0}^2} = 1 \tag{16.202}$$

und

$$\frac{2\mathrm{Re}E_x^* E_y\cos\varphi}{E_{x0}E_{y0}} = 2\cos^2\varphi. \tag{16.203}$$

Daraus folgt sofort die Behauptung.

(b) Die Gleichung ist auch folgendermaßen darstellbar:

$$(E_x, E_y)^\top \boldsymbol{A}\begin{pmatrix} E_x \\ E_y \end{pmatrix} = 1, \tag{16.204}$$

wobei die Matrix $\boldsymbol{A}$ folgende Gestalt hat:

$$\begin{pmatrix} \dfrac{1}{2E_{x0}^2\sin^2\varphi} & -\dfrac{\cos\varphi}{2E_{x0}E_{y0}\sin^2\varphi} \\ -\dfrac{\cos\varphi}{2E_{x0}E_{y0}\sin^2\varphi} & \dfrac{1}{2E_{y0}^2\sin^2\varphi} \end{pmatrix}. \tag{16.205}$$

Für das Hauptachsenverhältnis ist nur das Verhältnis der Eigenwerte dieser Matrix wesentlich, für den Tangens des

Drehwinkels nur das Verhältnis der Komponenten der Eigenvektoren. Beides ändert sich nicht, wenn man die Matrix mit einer beliebigen Konstanten multipliziert. Wir arbeiten deshalb im Folgenden mit der Matrix $\boldsymbol{B} = \boldsymbol{A} \cdot 2E_{x0}^2 E_{y0}^2 \sin^2\varphi$, also

$$\boldsymbol{B} = \begin{pmatrix} E_{y0}^2 & -E_{x0}E_{y0}\cos\varphi \\ -E_{x0}E_{y0}\cos\varphi & E_{x0}^2 \end{pmatrix}. \quad (16.206)$$

Zunächst bestimmen wir die Eigenwerte dieser Matrix aus der charakteristischen Gleichung:

$$(E_{y0}^2 - \lambda)(E_{x0}^2 - \lambda) - E_{x0}^2 E_{y0}^2 \cos^2\varphi = 0. \quad (16.207)$$

Ausmultiplizieren und Vereinfachen führt auf eine quadratische Gleichung mit den Lösungen

$$\lambda_{1,2} = \frac{I \pm \sqrt{I^2 - 4E_{x0}^2 E_{y0}^2 \sin^2\varphi}}{2}. \quad (16.208)$$

Zunächst sehen wir, dass beide Eigenwerte positiv sind, also handelt es sich hier in der Tat um eine Ellipse. Deren Halbachsen ergeben sich direkt aus den Eigenwerten:

$$a = \frac{1}{\sqrt{\lambda_1}} \quad \text{und} \quad b = \frac{1}{\sqrt{\lambda_2}}, \quad (16.209)$$

wobei λ_1 bzw. λ_2 die Lösung mit dem negativen bzw. dem positiven Vorzeichen der Wurzel ist. Aus diesen Zusammenhängen erhält man die obige Behauptung über das Achsenverhältnis.

Den Drehwinkel erhalten wir aus den Eigenvektoren, da ja die Drehmatrix, mit der die Matrix $\boldsymbol{B}$ in Diagonalgestalt gebracht wird, aus den Eigenvektoren aufgebaut ist. Der Eigenvektor $\boldsymbol{v}_1$ zu λ_1 entspricht der ersten Spalte der Matrix. Somit kann man schreiben

$$\boldsymbol{v}_1 = \begin{pmatrix} \cos\alpha \\ \sin\alpha \end{pmatrix}, \quad (16.210)$$

und man erhält den Tangens des Winkels als

$$\tan\alpha = \frac{v_{1y}}{v_{1x}}. \quad (16.211)$$

Es bleibt noch $\boldsymbol{v}_1$ zu bestimmen. Diesen Eigenvektor erhält man aus

$$(\boldsymbol{B} - \lambda_1 \boldsymbol{E}_2)\boldsymbol{v}_1 = 0. \quad (16.212)$$

Es muss also

$$(b_{11} - \lambda_1)v_{1x} + b_{12}v_{1y} = 0 \quad (16.213)$$

gelten (und eine weitere Gleichung, die sich aus der zweiten Zeile der Matrix ergibt, aber zu demselben Ergebnis führt). Somit hat man

$$\tan\alpha = \frac{\lambda_1 - b_{11}}{b_{12}}, \quad (16.214)$$

woraus man sofort das oben angegebene Ergebnis erhält.

16.3

(a) Ein Polarisator, der um 0° bzw. 90° gegen die x-Achse gedreht ist, lässt nur die E_x- bzw. die E_y-Komponente des elektrischen Feldes durch; also ist $I_{0°} = E_{x0}^2$ und $I_{90°} = E_{y0}^2$ und damit $M = E_{x0}^2 - E_{y0}^2$.
Schreibt man für den elektrischen Feldvektor

$$\begin{aligned}&\left(E_{x0}\hat{\boldsymbol{e}}_x + E_{y0}\mathrm{e}^{\mathrm{i}\varphi}\hat{\boldsymbol{e}}_y\right)\mathrm{e}^{\mathrm{i}(kz-\omega t)} \\ &= \left(\frac{E_{x0} + E_{y0}\mathrm{e}^{\mathrm{i}\varphi}}{\sqrt{2}}\hat{\boldsymbol{e}}_{45°} + \frac{E_{x0} - E_{y0}\mathrm{e}^{\mathrm{i}\varphi}}{\sqrt{2}}\hat{\boldsymbol{e}}_{135°}\right)\mathrm{e}^{\mathrm{i}(kz-\omega t)},\end{aligned} \quad (16.215)$$

wobei $\hat{\boldsymbol{e}}_x$ bzw. $\hat{\boldsymbol{e}}_y$ Einheitsvektoren in x- bzw. y- Richtung und $\hat{\boldsymbol{e}}_{45°}$ bzw. $\hat{\boldsymbol{e}}_{135°}$ entsprechend gedrehte Einheitsvektoren sind, so ergibt sich zunächst

$$\begin{aligned} I_{45°} &= \frac{1}{2}\left|E_{x0} + E_{y0}\mathrm{e}^{\mathrm{i}\varphi}\right|^2 \\ &= \frac{1}{2}E_{x0}^2 + \frac{1}{2}E_{y0}^2 + E_{x0}E_{y0}\cos\varphi, \\ I_{135°} &= \frac{1}{2}\left|E_{x0} - E_{y0}\mathrm{e}^{\mathrm{i}\varphi}\right|^2 \\ &= \frac{1}{2}E_{x0}^2 + \frac{1}{2}E_{y0}^2 - E_{x0}E_{y0}\cos\varphi, \end{aligned} \quad (16.216)$$

also $C = 2E_{x0}E_{y0}\cos\varphi$. Schreibt man dagegen den elektrischen Feldvektor wie in Abschn. 16.1 als Summe eines links- und rechtszirkular polarisierten Anteils, d. h.

$$\boldsymbol{E} = E_{\mathrm{LZ}}\frac{1}{\sqrt{2}}\left(\hat{\boldsymbol{e}}_x + \mathrm{i}\hat{\boldsymbol{e}}_y\right) + E_{\mathrm{RZ}}\frac{1}{\sqrt{2}}\left(\hat{\boldsymbol{e}}_x - \mathrm{i}\hat{\boldsymbol{e}}_y\right), \quad (16.217)$$

so ist zunächst $I_{\mathrm{LZ}} = |E_{\mathrm{LZ}}|^2$ und $I_{\mathrm{RZ}} = |E_{\mathrm{RZ}}|^2$. Da aber andererseits

$$E_{\mathrm{LZ}} = \frac{E_{x0} - \mathrm{i}E_{y0}\mathrm{e}^{\mathrm{i}\varphi}}{\sqrt{2}} \quad \text{und} \quad E_{\mathrm{RZ}} = \frac{E_{x0} + \mathrm{i}E_{y0}\mathrm{e}^{\mathrm{i}\varphi}}{\sqrt{2}} \quad (16.218)$$

gilt, ergibt sich

$$\begin{aligned} |E_{\mathrm{LZ}}|^2 &= \frac{1}{2}E_{x0}^2 + \frac{1}{2}E_{y0}^2 + E_{x0}E_{y0}\sin\varphi, \\ |E_{\mathrm{RZ}}|^2 &= \frac{1}{2}E_{x0}^2 + \frac{1}{2}E_{y0}^2 - E_{x0}E_{y0}\sin\varphi \end{aligned} \quad (16.219)$$

und damit $S = 2E_{x0}E_{y0}\sin\varphi$.
Dass $M^2 + C^2 + S^2 = I^2$ ist, zeigt man einfach durch direktes Nachrechnen.

(b) Zunächst ist aus $S = I_{\mathrm{LZ}} - I_{\mathrm{RZ}}$ klar, dass das Vorzeichen von S die Richtung der elliptischen Polarisation angibt.

Die Ergebnisse aus Aufgabe 16.2 kann man mittels der Formeln in Teilaufgabe (a) auch kürzer schreiben:

$$\begin{aligned} \tan\omega &= \frac{b}{a} = \sqrt{\frac{I - \sqrt{I^2 - S^2}}{I + \sqrt{I^2 - S^2}}} \\ &= \sqrt{\frac{I - \sqrt{M^2 + C^2}}{I + \sqrt{M^2 + C^2}}}, \\ \tan\alpha &= \frac{-M + \sqrt{I^2 - S^2}}{C} = \frac{-M + \sqrt{M^2 + C^2}}{C}. \end{aligned} \tag{16.220}$$

Außerdem gelten die trigonometrischen Beziehungen

$$\begin{aligned} \sin(2\omega) &= 2\sin\omega\cos\omega = \frac{2\tan\omega}{1 + \tan^2\omega}, \\ \cos(2\omega) &= \cos^2\omega - \sin^2\omega = \frac{1 - \tan^2\omega}{1 + \tan^2\omega} \end{aligned} \tag{16.221}$$

und entsprechend für α. Setzt man die obigen Ausdrücke für $\tan\omega$ und $\tan\alpha$ ein, so erhält man nach einigen Umformungen

$$\begin{aligned} \sin(2\omega) &= \frac{S}{I}, \\ \cos(2\omega) &= \frac{\sqrt{M^2 + C^2}}{I}, \\ \sin(2\alpha) &= \frac{C}{\sqrt{M^2 + C^2}}, \\ \cos(2\alpha) &= \frac{M}{\sqrt{M^2 + C^2}}, \end{aligned} \tag{16.222}$$

woraus sofort die angegebenen Ergebnisse für M, C und S folgen.

Interpretiert man $(M; C; S)$ als kartesische Koordinaten in einem dreidimensionalen Raum, so entspricht jeder Polarisationszustand einem Punkt auf der Oberfläche einer Kugel mit Radius I, der sogenannten *Poincaré-Kugel*. Die Winkel 2ω bzw. 2α entsprechen dabei jeweils der Breite bzw. Länge auf dieser Kugel, und das Vorzeichen von ω, d. h., der Umlaufsinn der Polarisation gibt an, ob der Punkt auf der oberen oder unteren Halbkugel liegt.

(c) Alle Ergebnisse erhält man leicht direkt oder nach kurzer Rechnung aus den Formeln in Teilaufgabe (b):
   (1) $(I; I; 0; 0)$
   (2) $(I; -I; 0; 0)$
   (3) $(I; 0; I; 0)$
   (4) $(I; 0; -I; 0)$
   (5) $(I; 0; 0; -I)$
   (6) $(I; 0; 0; I)$
   (7) $(I; 0{,}6I; 0; 0{,}8I)$
   (8) $(I; -0{,}6I; 0; 0{,}8I)$
   (9) $(I; I/\sqrt{3}; I/\sqrt{3}; I/\sqrt{3})$

(d) (1) Ein isotroper Absorber absorbiert in allen Richtungen denselben Anteil der Intensität, also ändern sich alle Stokes-Parameter um denselben Faktor T, d. h., die Matrix ist hier einfach

$$\begin{pmatrix} T & 0 & 0 & 0 \\ 0 & T & 0 & 0 \\ 0 & 0 & T & 0 \\ 0 & 0 & 0 & T \end{pmatrix}. \tag{16.223}$$

(2) Nach dem Polarisator muss sowohl die gesamte Intensität also auch diejenige in x-Richtung gleich derjenigen sein, die man vorher in x-Richtung hatte, die Intensität in y-Richtung muss dagegen verschwinden. Also hat man

$$I' = M' = I_{0^\circ} \quad \text{und} \quad C' = S' = 0. \tag{16.224}$$

Da aber offensichtlich

$$I_{0^\circ} = \frac{I + M}{2} \tag{16.225}$$

gilt, folgt sofort die Matrix

$$\begin{pmatrix} 0{,}5 & 0{,}5 & 0 & 0 \\ 0{,}5 & 0{,}5 & 0 & 0 \\ 0 & 0 & 0 & 0 \\ 0 & 0 & 0 & 0 \end{pmatrix}. \tag{16.226}$$

(3) Das $\lambda/4$-Plättchen vermindert die Phasenverschiebung der y-Komponente gegenüber der x-Komponente um $\pi/2$; die Amplituden ändern sich nicht. Also ändern sich I und M nicht, aber mit den Formeln in Teilaufgabe (a) folgt sofort

$$C' = S \quad \text{und} \quad S' = -C. \tag{16.227}$$

Damit ist die Matrix

$$\begin{pmatrix} 1 & 0 & 0 & 0 \\ 0 & 1 & 0 & 0 \\ 0 & 0 & 0 & 1 \\ 0 & 0 & -1 & 0 \end{pmatrix}. \tag{16.228}$$

16.4 Zunächst ist die Funktion e^{ikr}/r eine Lösung der Wellengleichung, d. h., es gilt

$$(\Delta + k^2)\frac{\mathrm{e}^{ikr}}{r} = 0 \tag{16.229}$$

überall dort, wo die Funktion überhaupt differenzierbar ist. Probleme macht also nur der Ursprung selbst. Dort hat die Funktion eine Polstelle, die Ableitung wird somit auch unendlich groß. Dieses Verhalten passt zu dem der Deltafunktion, die sich ergeben soll.

Außerdem muss das Volumenintegral über eine Deltafunktion 1 ergeben, d. h., es muss hier

$$\int \mathrm{d}V(\Delta + k^2)\frac{\mathrm{e}^{ikr}}{r} = -4\pi \tag{16.230}$$

gelten. Dieses Volumenintegral ist noch zu berechnen:

$$\int \mathrm{d}V(\Delta + k^2)\frac{\mathrm{e}^{\mathrm{i}kr}}{r} = \int \mathrm{d}V\Delta\frac{\mathrm{e}^{\mathrm{i}kr}}{r} + k^2\int \mathrm{d}V\frac{\mathrm{e}^{\mathrm{i}kr}}{r}. \quad (16.231)$$

Wir integrieren über eine Kugel mit Radius R um den Ursprung. Das erste Integral kann man dann mit dem Gauß'schen Satz umschreiben, beim zweiten Integral kann man die Winkelintegrationen ausführen:

$$= \oint_{\partial V} R^2\mathrm{d}\Omega\left(\hat{\boldsymbol{e}}_r\cdot\nabla\frac{\mathrm{e}^{\mathrm{i}kr}}{r}\right)_{r=R} + 4\pi k^2\int_0^R r\mathrm{e}^{\mathrm{i}kr}\,\mathrm{d}r. \quad (16.232)$$

Für die Ableitung ergibt sich

$$\left(\hat{\boldsymbol{e}}_r\cdot\nabla\frac{\mathrm{e}^{\mathrm{i}kr}}{r}\right)_{r=R} = \left(\mathrm{i}k - \frac{1}{R}\right)\frac{\mathrm{e}^{\mathrm{i}kR}}{R}. \quad (16.233)$$

Damit erhält man für das Volumenintegral zunächst

$$= 4\pi\,(\mathrm{i}kR - 1)\,\mathrm{e}^{\mathrm{i}kR} + 4\pi k^2\int_0^R r\mathrm{e}^{\mathrm{i}kr}\,\mathrm{d}r. \quad (16.234)$$

Nun führt man das Integral über r aus:

$$\begin{aligned}\int_0^R r\mathrm{e}^{\mathrm{i}kr}\,\mathrm{d}r &= \frac{1}{\mathrm{i}}\frac{\partial}{\partial k}\int_0^R \mathrm{e}^{\mathrm{i}kr}\,\mathrm{d}r\\ &= \frac{1}{\mathrm{i}}\frac{\partial}{\partial k}\frac{\mathrm{e}^{\mathrm{i}kR}-1}{\mathrm{i}k}\\ &= -\frac{\mathrm{i}kR\mathrm{e}^{\mathrm{i}kR} - (\mathrm{e}^{\mathrm{i}kR}-1)}{k^2}.\end{aligned} \quad (16.235)$$

Damit bleibt für das Volumenintegral

$$\begin{aligned}&= 4\pi\,(\mathrm{i}kR - 1)\,\mathrm{e}^{\mathrm{i}kR} - 4\pi\left(\mathrm{i}kR\mathrm{e}^{\mathrm{i}kR} - (\mathrm{e}^{\mathrm{i}kR}-1)\right),\\ &= -4\pi,\end{aligned} \quad (16.236)$$

was zu zeigen war.

Anmerkung: Dieses Resultat kennen wir übrigens bereits. Die hier betrachtete Funktion ist letztlich nichts anderes als die Lösung der Helmholtz-Gleichung, die in Abschn. 13.2 berechnet wurde; man muss nur in der dort gefundenen Lösung (13.60) k_0 durch $-\mathrm{i}k$ ersetzen.

16.5

(a) Aus der Telegrafengleichung (16.69) folgt mit $\boldsymbol{j} = \sigma\boldsymbol{E}$ sofort

$$\Box'\boldsymbol{j} = -\frac{4\pi\sigma}{c^2}\partial_t\boldsymbol{j}. \quad (16.237)$$

Da $\boldsymbol{j}$ sicher dieselbe harmonische Zeitabhängigkeit hat wie I, kann man die Zeitableitungen gleich ausführen und erhält

$$\left(-\frac{\omega^2}{c'^2} - \Delta\right)\boldsymbol{j} = \frac{4\pi\mathrm{i}\sigma\omega}{c^2}\boldsymbol{j}. \quad (16.238)$$

Da aber $\sigma \gg \omega$ vorausgesetzt wurde, kann der erste Term gegenüber dem auf der rechten Seite vernachlässigt werden, und es bleibt

$$\Delta\boldsymbol{j} + \frac{4\pi\mathrm{i}\sigma\omega}{c^2}\boldsymbol{j} = 0. \quad (16.239)$$

(b) Der Strom fließt in z-Richtung. Wegen der Symmetrie des Systems ist $\boldsymbol{j}$ außerdem sicher von z und φ unabhängig. Es gilt also:

$$\boldsymbol{j}(\boldsymbol{r}) = j_z(\varrho)\hat{\boldsymbol{e}}_z. \quad (16.240)$$

Setzt man dies in die Differenzialgleichung ein und benutzt die explizite Gestalt des Laplace-Operators in Zylinderkoordinaten, so ergibt sich für j_z die Differenzialgleichung

$$\left(\frac{1}{\varrho}\partial_\varrho\varrho\partial_\varrho + \frac{4\pi\mathrm{i}\sigma\omega}{c^2}\right)j_z(\varrho) = 0. \quad (16.241)$$

Nach Umschreiben des Differenzialoperators und Multiplizieren mit ϱ^2 bleibt

$$\left(\varrho^2\partial_\varrho^2 + \varrho\partial_\varrho + \frac{4\pi\mathrm{i}\sigma\omega}{c^2}\varrho^2\right)j_z(\varrho) = 0. \quad (16.242)$$

Nun schreibt man noch zur Abkürzung

$$d = \sqrt{\frac{c^2}{4\pi\sigma\omega}}, \quad \sqrt{\mathrm{i}}\,x = \varrho/d, \quad \tilde{j}(\sqrt{\mathrm{i}}\,x) = j_z(\varrho). \quad (16.243)$$

Dann hat man schlussendlich

$$\left(x^2\frac{\mathrm{d}^2}{\mathrm{d}x^2} + x\frac{\mathrm{d}}{\mathrm{d}x} + x^2\right)\tilde{j}(\sqrt{\mathrm{i}}\,x) = 0. \quad (16.244)$$

Dies ist aber einfach die Bessel'sche Differenzialgleichung mit $m = 0$. Die allgemeinen Lösungen sind also

$$j_z(\varrho) = AJ_0\left(\sqrt{\mathrm{i}}\,\varrho/d\right) + BY_0\left(\sqrt{\mathrm{i}}\,\varrho/d\right) \quad (16.245)$$

mit den Bessel-Funktionen erster und zweiter Art und nullter Ordnung J_0 und Y_0.

(c) Für $x \to 0$ gilt $Y_0(x) \to \infty$. Eine physikalisch sinnvolle Lösung haben wir deshalb nur für $B = 0$. Die Konstante A können wir aus der Bedingung

$$\int_A \boldsymbol{j}\cdot\mathrm{d}\boldsymbol{f} = I \quad (16.246)$$

bestimmen. Hier wird über eine Kreisscheibe integriert:

$$\int_0^{2\pi}\mathrm{d}\varphi\int_0^{\varrho_0}\varrho j_z(\varrho)\,\mathrm{d}\varrho = I_0. \quad (16.247)$$

Die Winkelintegration ist sofort ausführbar. Für die radiale Integration beachte

$$\int_0^{x_0} xJ_0(x)\,\mathrm{d}x = x_0J_1(x_0). \quad (16.248)$$

Damit ergibt sich schließlich

$$\frac{2\pi A d}{\sqrt{\mathrm{i}}} \varrho_0 J_1\left(\sqrt{\mathrm{i}}\,\varrho_0/d\right) = I_0, \tag{16.249}$$

also

$$j_z(\varrho) = \frac{\sqrt{\mathrm{i}}\,I_0}{2\pi d \varrho_0} \frac{J_0\left(\sqrt{\mathrm{i}}\,\varrho/d\right)}{J_1\left(\sqrt{\mathrm{i}}\,\varrho_0/d\right)}. \tag{16.250}$$

16.6 Zunächst haben wir aus (16.126):

$$\omega(k_z) = c\sqrt{k_z^2 + \left(\frac{m\pi c}{a}\right)^2 + \left(\frac{n\pi c}{b}\right)^2}. \tag{16.251}$$

Damit ist also einfach

$$c_{\mathrm{ph}}(k_z) = \frac{\omega(k_z)}{k_z} = c\sqrt{1 + \left(\frac{m\pi c}{k_z a}\right)^2 + \left(\frac{n\pi c}{k_z b}\right)^2}. \tag{16.252}$$

Die Gruppengeschwindigkeit ist dagegen

$$\begin{aligned} c_{\mathrm{gr}}(k_z) &= \frac{\partial\omega(k_z)}{\partial k_z} = c\frac{k_z}{\sqrt{k_z^2 + \left(\frac{m\pi c}{a}\right)^2 + \left(\frac{n\pi c}{b}\right)^2}} \\ &= \frac{c}{\sqrt{1 + \left(\frac{m\pi c}{k_z a}\right)^2 + \left(\frac{n\pi c}{k_z b}\right)^2}}. \end{aligned} \tag{16.253}$$

Also gilt hier immer $c_{\mathrm{ph}} > c$ und $c_{\mathrm{gr}} < c$, genauer sogar

$$c_{\mathrm{ph}} \cdot c_{\mathrm{gr}} = c^2. \tag{16.254}$$

Die Frontgeschwindigkeit, die letztlich die Geschwindigkeit angibt, mit der Informationen übertragen werden, ist dagegen exakt gleich der Vakuumgeschwindigkeit:

$$c_{\mathrm{fr}} = \lim_{k_z\to\infty} c_{\mathrm{ph}}(k_z) = c. \tag{16.255}$$

16.7 Die Wellengleichung für E_z führt in Zylinderkoordinaten auf eine Bessel'sche Differenzialgleichung. Die Lösungen für E_z sind daher zunächst (mit $\omega = kc$):

$$\begin{aligned} E_z(t,\varrho,\varphi,z) = \Big[& A\,J_m\left(\sqrt{k^2-k_z^2}\,\varrho\right) \\ & + B\,Y_m\left(\sqrt{k^2-k_z^2}\,\varrho\right)\Big] \mathrm{e}^{\mathrm{i}(k_z z - \omega t \pm m\varphi)}. \end{aligned} \tag{16.256}$$

Die Funktionen $Y_m(x)$ sind für $x \to 0$ aber alle divergent, sodass sich physikalisch sinnvolle Lösungen nur für $B = 0$ ergeben. Für A schreiben wir im Folgenden einfach E_{0z}.

Außerdem ist wieder die Randbedingung zu erfüllen, dass die Tangentialkomponente von $\boldsymbol{E}$ auf der Oberfläche des Leiters verschwinden muss, d. h.

$$E_z(t,\varrho_0,\varphi,z) = 0. \tag{16.257}$$

Dies führt auf

$$J_m\left(\sqrt{k^2-k_z^2}\,\varrho_0\right) = 0. \tag{16.258}$$

Es muss somit

$$\sqrt{k^2-k_z^2}\,\varrho_0 = x_{mn} \tag{16.259}$$

gelten, wobei x_{mn} für die $n$te Nullstelle der Bessel-Funktion J_m steht (diese kann man in der mathematischen Literatur nachlesen). Damit haben wir für die TM-Moden die Dispersionsrelation

$$\frac{\omega^2}{c^2} = \left(\frac{x_{mn}}{\varrho_0}\right)^2 + k_z^2, \tag{16.260}$$

und für das elektrische Feld in z-Richtung ergibt sich jeweils

$$E_z(t,\varrho,\varphi,z) = E_{0z}\,J_m\left(\frac{x_{mn}}{\varrho_0}\varrho\right)\mathrm{e}^{\mathrm{i}(k_z z - \omega t \pm m\varphi)} \tag{16.261}$$

mit $m = 0, 1, 2, \ldots$ und $n = 1, 2, 3, \ldots$ Außerdem gilt natürlich

$$B_z = 0, \tag{16.262}$$

da wir ja die TM-Moden betrachten.

Die restlichen Feldkomponenten in den transversalen Richtungen erhält man mithilfe von (16.143). Im Folgenden sind jeweils nur die Abhängigkeiten von ϱ explizit angegeben; die Abhängigkeiten von t, φ und z sind wie bei E_z.

$$\begin{aligned} E_\varrho(\varrho) &= \frac{\mathrm{i}k_z}{\omega^2/c^2 - k_z^2}\partial_\varrho E_z \\ &= \frac{\mathrm{i}k_z}{\omega^2/c^2 - k_z^2}\frac{x_{mn}E_{0z}}{\varrho_0} J_m'\left(\frac{x_{mn}}{\varrho_0}\varrho\right), \\ E_\varphi(\varrho) &= \frac{1}{\varrho}\frac{\mathrm{i}k_z}{\omega^2/c^2 - k_z^2}\partial_\varphi E_z \\ &= \mp\frac{mk_z}{\omega^2/c^2 - k_z^2}E_{0z}\frac{J_m\left(\frac{x_{mn}}{\varrho_0}\varrho\right)}{\varrho}, \\ B_\varrho(\varrho) &= -\frac{\omega}{k_z c}E_\varphi \\ &= \pm\frac{m\,\omega/c}{\omega^2/c^2 - k_z^2}E_{0z}\frac{J_m\left(\frac{x_{mn}}{\varrho_0}\varrho\right)}{\varrho}, \\ B_\varphi(\varrho) &= \frac{\omega}{k_z c}E_\varrho \\ &= \frac{\mathrm{i}\omega/c}{\omega^2/c^2 - k_z^2}\frac{x_{mn}E_{0z}}{\varrho_0} J_m'\left(\frac{x_{mn}}{\varrho_0}\varrho\right). \end{aligned} \tag{16.263}$$

Für die Ableitungen der Bessel-Funktionen könnte man außerdem noch den allgemeinen Zusammenhang

$$J_m'(x) = \frac{1}{2}\left[J_{m-1}(x) - J_{m+1}(x)\right] \tag{16.264}$$

verwenden.

16.8 Die abgestrahlte Energie pro Zeiteinheit und damit auch die elektrische Feldstärke muss zeitlich abnehmen, weil insgesamt ja nur eine endliche gesamte Energiemenge abgestrahlt wird. Speziell bei einer exponentiell gedämpften Schwingung gilt für die elektrische Feldstärke in Abhängigkeit von der Zeit:

$$\boldsymbol{E}(t) = \begin{cases} 0 & \text{für } t < 0 \\ \boldsymbol{E}_0 \cos(\omega_0 t) \mathrm{e}^{-\gamma t} & \text{für } t \geq 0 \end{cases} . \tag{16.265}$$

Die Fourier-Transformierte ist also

$$\begin{aligned} \tilde{\boldsymbol{E}}(\omega) &= \frac{\boldsymbol{E}_0}{\sqrt{2\pi}} \int_0^\infty \mathrm{d}\omega \frac{\mathrm{e}^{[\mathrm{i}(\omega_0-\omega)-\gamma]t} + \mathrm{e}^{[\mathrm{i}(-\omega_0-\omega)-\gamma]t}}{2} \\ &= -\frac{\boldsymbol{E}_0}{2\sqrt{2\pi}} \left(\frac{1}{\mathrm{i}(\omega_0-\omega)-\gamma} + \frac{1}{\mathrm{i}(-\omega_0-\omega)-\gamma} \right) \\ &= \frac{\boldsymbol{E}_0}{\sqrt{2\pi}} \frac{\gamma + \mathrm{i}\omega}{\omega_0^2 - \omega^2 + \gamma^2 + 2\mathrm{i}\gamma\omega} . \end{aligned} \tag{16.266}$$

Da der Poynting-Vektor proportional zur elektromagnetischen Energiedichte ist und in einer elektromagnetischen Welle im Vakuum die Amplituden des elektrischen und magnetischen Feldes gleich sind, ist die abgestrahlte Energie (pro Frequenzintervall) letztlich einfach proportional zum (Betrags-)Quadrat der elektrischen Feldstärke, also proportional zu

$$\frac{\gamma^2 + \omega^2}{(\omega^2 - \omega_0^2 - \gamma^2)^2 + 4\gamma^2\omega^2} . \tag{16.267}$$

Dies beschreibt eine typische Resonanzkurve mit dem Maximum bei der Frequenz $\sqrt{\omega_0^2 + \gamma^2}$ und der Breite 2γ. Obwohl die Energie eigentlich bei der festen Frequenz ω_0 abgestrahlt wird, ergibt sich im Spektrum also keine scharfe Linie bei ω_0, sondern eine verbreiterte Linie bei $\sqrt{\omega_0^2 + \gamma^2}$. Diese Verbreiterung (und Verschiebung) der Linie rührt nur daher, dass die Abstrahlung zeitlich abnehmen muss, geschieht also völlig ohne äußere Einflüsse (wobei die Linie umso schmäler ist, je länger die Abstrahlung dauert). Deshalb spricht man hier von der *natürlichen Linienbreite*.

Literatur

Sexl, R.U., Urbantke, H.K.: Relativität, Gruppen, Teilchen, 3. Aufl., Springer, Wien (1992)

Tipler, P.A., Mosca, G.: Physik für Wissenschaftler und Ingenieure, 6. Aufl., Spektrum Akademischer Verlag, Heidelberg (2009)

Optik

17

Was passiert mit Lichtstrahlen an der Grenzfläche zweier Medien?

Wie kann die Ausbreitung von Lichtstrahlen in inhomogenen Medien beschrieben werden?

Welchen Einfluss haben die Welleneigenschaften des Lichtes auf seine Ausbreitung?

M. Bartelmann et al., *Theoretische Physik*, DOI 10.1007/978-3-642-54618-1_17, © Springer-Verlag Berlin Heidelberg 2015

Teil II

Die Optik beschäftigt sich speziell mit der Ausbreitung von Licht (die meisten ihrer Ergebnisse sind aber auch auf andere elektromagnetische Wellen übertragbar). In vielen Fällen genügt es dabei, davon auszugehen, dass Licht sich in *Strahlen* ausbreitet; der Wellencharakter des Lichtes kann vernachlässigt werden.

Dies ist insbesondere der Fall, wenn die charakteristischen Längen des betrachteten Problems (beispielsweise Durchmesser einer Blende oder Dicke einer Linse) sehr groß gegenüber der Wellenlänge des Lichtes sind: Dann sind typische Welleneffekte wie Beugung, Interferenz und Polarisation vernachlässigbar (Abschn. 17.1). Die Funktionsweise von typischen optischen Geräten wie beispielsweise Teleskopen und Mikroskopen kann deshalb im Rahmen des Brechungs- und des Reflexionsgesetzes, die wir in Abschn. 17.2 besprechen werden, großenteils verstanden werden.

Diese Gesetze können rein mit der geometrischen Optik begründet werden, auch wenn sie letztlich auf dem Verhalten von Wellen beruhen, wie hier gezeigt werden wird. Auch Brechungserscheinungen in der Atmosphäre, die beispielsweise zu Luftspiegelungen und zur sogenannten astronomischen Refraktion führen, können rein im Rahmen der geometrischen Optik diskutiert werden – aber auch hier existiert ein enger Zusammenhang zur Wellenoptik, die sogenannte Eikonalgleichung (Abschn. 17.3).

Sind die betrachteten Längenskalen dagegen vergleichbar mit der Lichtwellenlänge oder ist man an typischen Welleneigenschaften wie der Polarisation interessiert, so muss man zur Berechnung die Wellenoptik benutzen. Dies ist beispielsweise bei der Brechung und Reflexion wichtig, wenn man genau daran interessiert ist, welcher Anteil des Lichtes gebrochen bzw. reflektiert wird – dies hängt von der Polarisation des Lichtes ab. Für die Behandlung von Beugungserscheinungen, die beispielsweise das Auflösungsvermögen von Mikroskopen begrenzen, wird schließlich der Wellencharakter des Lichtes essenziell (Abschn. 17.4).

17.1 Wellenoptik kontra geometrische Optik

Die geometrische Optik bzw. Strahlenoptik geht von einigen grundlegenden Annahmen aus:

(a) In homogenen Medien breitet sich Licht in parallelen, geradlinigen Strahlen aus.
(b) Der Lichtweg ist umkehrbar.
(c) An Grenzflächen gelten das Reflexions- und das Brechungsgesetz.
(d) Lichtstrahlen sind superponierbar; die Intensitäten addieren sich.

All diese Annahmen können aus der Wellenoptik direkt gefolgert werden bzw. sind mit dieser für kleine Wellenlängen verträglich:

(a) In homogenen Medien sind die grundlegenden Lösungen der Wellengleichung ebene Wellen; bei diesen gibt die Richtung des Wellenvektors direkt die Strahlrichtung an.
(b) Für jede ebene Welle ergibt die Ersetzung $\boldsymbol{k} \to -\boldsymbol{k}$ wieder eine Lösung der Wellengleichung.
(c) Diese Gesetze werden im nächsten Abschnitt aus der Wellenoptik hergeleitet.
(d) In der Wellenoptik addieren sich zwar die Amplituden $\boldsymbol{E}$, nicht die Intensitäten $|\boldsymbol{E}|^2$, man hat also $|\boldsymbol{E}_1 + \boldsymbol{E}_2|^2 = |\boldsymbol{E}_1|^2 + |\boldsymbol{E}_2|^2 + 2\,\mathrm{Re}\,(\boldsymbol{E}_1^* \cdot \boldsymbol{E}_2)$. Der dritte Term beschreibt aber Interferenzeffekte und kann sowohl positive als auch negative Beiträge liefern; im zeitlichen Mittel verschwindet er also für natürliche (nichtkohärente) Lichtquellen. Aber auch für kohärente Lichtquellen wie beispielsweise Laser kann dieser Term vernachlässigt werden, wenn alle relevanten Systemabmessungen (deutlich) größer als die Wellenlänge sind: dann verschwindet das räumliche Mittel über die Interferenzen, und auch Beugungseffekte können vernachlässigt werden (siehe Abschn. 17.2).

Im ganzen Kapitel betrachten wir nur monochromatische Wellen, die Zeitabhängigkeit der Wellenfunktionen ist also immer durch $\mathrm{e}^{-\mathrm{i}\omega t}$ gegeben. In vielen Fällen, wenn die Polarisation der Wellen nicht wesentlich ist, betrachten wir außerdem der Einfachheit halber statt der elektrischen und magnetischen Felder nur eine skalare Funktion Ψ.

17.2 Brechung und Reflexion an Grenzflächen

Ein Standardproblem der Optik ist das Verhalten von Licht an Grenzflächen zwischen zwei Medien, beispielsweise beim Übergang von Luft zu Wasser oder Glas (oder umgekehrt). Aus der Erfahrung wissen wir, dass dabei im Allgemeinen ein Teil des Lichtes reflektiert wird und der Rest zwar ins Medium eintritt, aber dabei die Ausbreitungsrichtung ändert. Man spricht hier von *Brechung*.

Im Folgenden sollen nun zunächst die bekannten Gesetze für Reflexion und Brechung aus der Wellenoptik hergeleitet werden. Anschließend wird untersucht, wovon es abhängt, welcher Anteil des Lichtes jeweils reflektiert bzw. gebrochen wird.

Das Reflexions- und das Brechungsgesetz

Die beiden (nichtleitenden) Medien haben im Allgemeinen unterschiedliche Dielektrizitätskonstanten ϵ_1, ϵ_2 und Permeabilitäten μ_1, μ_2. Im Folgenden sei die Grenzfläche zwischen den beiden Medien die x-y-Ebene, der Wellenvektor der einfallenden Welle liege in der y-z-Ebene (Abb. 17.1). Außerdem betrachten wir hier speziell wieder nur ebene, monochromatische Wellen.

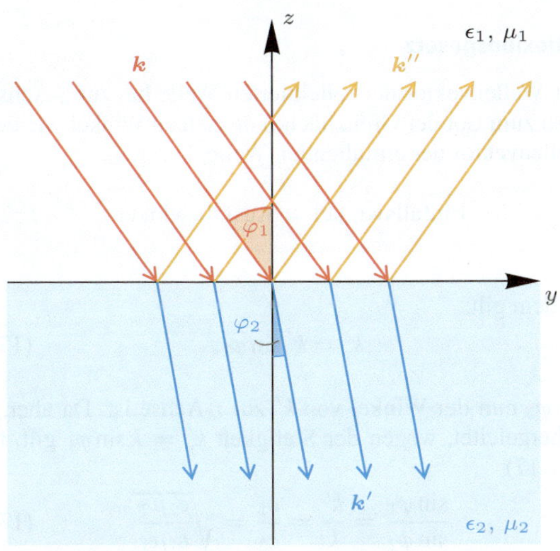

Abb. 17.1 Elektromagnetische ebene Wellen an der Grenzfläche zweier Medien: einfallend (*rot*), durchgehend (*blau*) und reflektiert (*gelb*). Gezeigt sind jeweils beispielhaft einige Strahlen bzw. die zugehörigen Wellenvektoren

Wir setzen nun an, dass man im oberen Halbraum ($z > 0$) zwei ebene Wellen hat – die einfallende und die reflektierte – im unteren eine – die durchgehende (transmittierte), gebrochene Welle. Die Amplituden des elektrischen Feldes seien für die einfallende Welle $\boldsymbol{E}_0$, für die durchgehende $\boldsymbol{E}_0'$ und für die reflektierte $\boldsymbol{E}_0''$; die Wellenvektoren entsprechend $\boldsymbol{k}$, $\boldsymbol{k}'$ und $\boldsymbol{k}''$ (Abb. 17.1) und die Frequenzen ω, ω' und ω''. Damit haben wir:

$$\begin{aligned}\boldsymbol{E} &= \boldsymbol{E}_0 \mathrm{e}^{\mathrm{i}(\boldsymbol{k}\cdot\boldsymbol{r}-\omega t)},\\ \boldsymbol{E}' &= \boldsymbol{E}_0' \mathrm{e}^{\mathrm{i}(\boldsymbol{k}'\cdot\boldsymbol{r}-\omega' t)},\\ \boldsymbol{E}'' &= \boldsymbol{E}_0'' \mathrm{e}^{\mathrm{i}(\boldsymbol{k}''\cdot\boldsymbol{r}-\omega'' t)}.\end{aligned} \tag{17.1}$$

Um Beziehungen zwischen den Amplituden und den Wellenvektoren zu finden, betrachtet man die Stetigkeitsbedingungen an der Grenzfläche. Diese hat den Normalenvektor $\hat{\boldsymbol{e}}_z$; die Normal- und Tangentialkomponente eines gegebenen Vektors $\boldsymbol{a}$ erhält man mittels

$$|\boldsymbol{a}_\perp| = |\boldsymbol{a}\cdot\hat{\boldsymbol{e}}_z|; \quad |\boldsymbol{a}_\parallel| = |\boldsymbol{a}\times\hat{\boldsymbol{e}}_z|. \tag{17.2}$$

Frage 1

Erinnern Sie sich: Welche Komponenten der elektrischen Feldstärke bzw. Verschiebungsdichte sind jeweils stetig?

Wie in Abschn. 14.2 gezeigt wurde, sind die Normalkomponenten der Verschiebungsdichte und die Tangentialkomponenten der Feldstärke stetig:

$$\boldsymbol{D}_\perp + \boldsymbol{D}_\perp'' = \boldsymbol{D}_\perp'; \quad \boldsymbol{E}_\parallel + \boldsymbol{E}_\parallel'' = \boldsymbol{E}_\parallel'. \tag{17.3}$$

Es ergibt sich also:

$$\begin{aligned}\Big[\epsilon_1 \boldsymbol{E}_0 \mathrm{e}^{\mathrm{i}(\boldsymbol{k}\cdot\boldsymbol{r}-\omega t)} &+ \epsilon_1 \boldsymbol{E}_0'' \mathrm{e}^{\mathrm{i}(\boldsymbol{k}''\cdot\boldsymbol{r}-\omega'' t)}\\ &-\epsilon_2 \boldsymbol{E}_0' \mathrm{e}^{\mathrm{i}(\boldsymbol{k}'\cdot\boldsymbol{r}-\omega' t)}\Big]\cdot\hat{\boldsymbol{e}}_z = 0,\end{aligned} \tag{17.4}$$

$$\begin{aligned}\Big[\boldsymbol{E}_0 \mathrm{e}^{\mathrm{i}(\boldsymbol{k}\cdot\boldsymbol{r}-\omega t)} &+ \boldsymbol{E}_0'' \mathrm{e}^{\mathrm{i}(\boldsymbol{k}''\cdot\boldsymbol{r}-\omega'' t)}\\ &-\boldsymbol{E}_0' \mathrm{e}^{\mathrm{i}(\boldsymbol{k}'\cdot\boldsymbol{r}-\omega' t)}\Big]\times\hat{\boldsymbol{e}}_z = 0.\end{aligned} \tag{17.5}$$

Die Gleichungen (17.4) und (17.5) können nur dann für alle Zeiten t gelten, wenn die zeitabhängigen Argumente der Exponentialfunktionen gleich sind, wenn also gilt:

$$\omega = \omega' = \omega''. \tag{17.6}$$

Man erhält somit zunächst:

> Einfallende, durchgehende und reflektierte Welle haben alle dieselbe Frequenz.

Außerdem gilt bei monochromatischen elektromagnetischen Wellen, dass man die magnetische Flussdichte einfach aus dem elektrischen Feld berechnen kann mittels

$$\boldsymbol{B} = \frac{c}{\omega}(\boldsymbol{k}\times\boldsymbol{E}). \tag{17.7}$$

Frage 2

Was folgt dann aus der Stetigkeit der magnetischen Feldstärke bzw. Flussdichte?

Nutzt man außerdem noch die bekannten Stetigkeitsbedingungen für das magnetische Feld (Abschn. 15.2)

$$\boldsymbol{B}_\perp + \boldsymbol{B}_\perp'' = \boldsymbol{B}_\perp'; \quad \boldsymbol{H}_\parallel + \boldsymbol{H}_\parallel'' = \boldsymbol{H}_\parallel' \tag{17.8}$$

aus, erhält man schließlich zusätzlich (die zeitlichen Exponentialfunktionen wurden bereits gekürzt):

$$\begin{aligned}\Big[\boldsymbol{k}\times\boldsymbol{E}_0\mathrm{e}^{\mathrm{i}\boldsymbol{k}\cdot\boldsymbol{r}} &+ \boldsymbol{k}''\times\boldsymbol{E}_0''\mathrm{e}^{\mathrm{i}\boldsymbol{k}''\cdot\boldsymbol{r}}\\ &-\boldsymbol{k}'\times\boldsymbol{E}_0'\mathrm{e}^{\mathrm{i}\boldsymbol{k}'\cdot\boldsymbol{r}}\Big]\cdot\hat{\boldsymbol{e}}_z = 0,\end{aligned} \tag{17.9}$$

$$\begin{aligned}\Big[\frac{1}{\mu_1}\boldsymbol{k}\times\boldsymbol{E}_0\mathrm{e}^{\mathrm{i}\boldsymbol{k}\cdot\boldsymbol{r}} &+ \frac{1}{\mu_1}\boldsymbol{k}''\times\boldsymbol{E}_0''\mathrm{e}^{\mathrm{i}\boldsymbol{k}''\cdot\boldsymbol{r}}\\ &-\frac{1}{\mu_2}\boldsymbol{k}'\times\boldsymbol{E}_0'\mathrm{e}^{\mathrm{i}\boldsymbol{k}'\cdot\boldsymbol{r}}\Big]\times\hat{\boldsymbol{e}}_z = 0.\end{aligned} \tag{17.10}$$

Die Beziehungen (17.4), (17.5), (17.9) und (17.10) werden wir erst im nächsten Abschnitt voll ausnutzen. Hier sollen zunächst Beziehungen zwischen den Wellenvektoren hergeleitet werden.

Der Wellenvektor der einfallenden Welle soll, wie gesagt, in der y-z-Ebene liegen; er hat somit die Gestalt

$$\boldsymbol{k} = k(0, \sin\varphi_1, -\cos\varphi_1)^\top, \tag{17.11}$$

wobei $k = |\boldsymbol{k}|$ und φ_1 der Winkel ist, den $\boldsymbol{k}$ zur z-Achse hat. Damit gilt

$$\boldsymbol{k} \cdot \boldsymbol{r} = k\sin\varphi_1 y - k\cos\varphi_1 z = k\sin\varphi_1 y, \tag{17.12}$$

da wir die Stetigkeit an der Grenzfläche $z = 0$ betrachten. Für die beiden anderen Wellenvektoren ergibt sich

$$\boldsymbol{k}' \cdot \boldsymbol{r} = k'_x x + k'_y y; \quad \boldsymbol{k}'' \cdot \boldsymbol{r} = k''_x x + k''_y y. \tag{17.13}$$

Die Stetigkeitsbedingungen können aber nur dann für alle x und y erfüllt sein, wenn die Abhängigkeit aller drei Exponentialfunktionen von diesen Variablen gleich ist. Aus der x-Abhängigkeit ergibt sich

$$0 = k'_x = k''_x, \tag{17.14}$$

d. h.:

Alle drei Wellenvektoren liegen in einer Ebene (hier: der y-z-Ebene).

Außerdem folgt aus der y-Abhängigkeit

$$k\sin\varphi_1 = k'_y = k''_y. \tag{17.15}$$

Die Wellenvektoren der durchgehenden und der reflektierten Welle haben also folgende Gestalt:

$$\boldsymbol{k}' = (0, k\sin\varphi_1, k'_z)^\top; \quad \boldsymbol{k}'' = (0, k\sin\varphi_1, k''_z)^\top. \tag{17.16}$$

Aus der Dispersionsrelation für Wellen in nichtleitenden Medien ergibt sich außerdem

$$|\boldsymbol{k}| = k = |\boldsymbol{k}''|; \quad |\boldsymbol{k}'| = k\frac{c_1}{c_2} = k', \tag{17.17}$$

wobei c_1 und c_2 die Ausbreitungsgeschwindigkeiten der elektromagnetischen Wellen in den beiden Medien sind. Da aber mit der oben angegebenen Gestalt des Vektors $\boldsymbol{k}''$

$$k = |\boldsymbol{k}''| = \sqrt{k^2\sin^2\varphi_1 + (k''_z)^2} \tag{17.18}$$

gilt, folgt

$$k''_z = \pm\sqrt{k^2 - k^2\sin^2\varphi_1} = \pm k\cos\varphi_1. \tag{17.19}$$

Frage 3

Warum ist hier nur das positive Vorzeichen sinnvoll?

Da nach Voraussetzung $\boldsymbol{k}'' \neq \boldsymbol{k}$ gilt (die reflektierte Welle soll nicht mit der einfallenden übereinstimmen), kann nur das positive Vorzeichen richtig sein:

$$\boldsymbol{k}'' = (0, k\sin\varphi_1, k\cos\varphi_1)^\top. \tag{17.20}$$

Damit haben wir das *Reflexionsgesetz* gezeigt.

Reflexionsgesetz

Der Wellenvektor der reflektierten Welle hat zur z-Achse (also zum Lot der Grenzfläche) denselben Winkel wie der Wellenvektor der einfallenden Welle, kurz:

$$\text{Einfallswinkel} = \text{Ausfallswinkel}.$$

Außerdem gilt:

$$k'_y = k'\sin\varphi_2, \tag{17.21}$$

wobei φ_2 nun der Winkel von $\boldsymbol{k}'$ zur z-Achse ist. Da aber, wie oben hergeleitet, wegen der Stetigkeit $k'_y = k\sin\varphi_1$ gilt, folgt mit (17.17)

$$\frac{\sin\varphi_1}{\sin\varphi_2} = \frac{k'}{k} = \frac{c_1}{c_2} = \sqrt{\frac{\epsilon_2\mu_2}{\epsilon_1\mu_1}}. \tag{17.22}$$

Nun definiert man den sogenannten *Brechungsindex* durch

$$n := \sqrt{\epsilon\mu}. \tag{17.23}$$

Es folgt sofort, dass

$$n = \frac{c_{\text{Vakuum}}}{c_{\text{Materie}}} \tag{17.24}$$

gilt. Je größer n für einen Stoff ist, desto langsamer ist das Licht in ihm. Man spricht von *optisch dichten* bzw. *optisch dünnen* Medien für große bzw. kleine n.

Setzt man in der obigen Formel die Brechungsindizes ein, so erhält man schließlich das *Brechungsgesetz*.

Snellius'sches Brechungsgesetz

Zwischen den Winkeln zum Lot, den Brechungsindizes und den Lichtgeschwindigkeiten in den beiden Medien bestehen die Beziehungen

$$\frac{\sin\varphi_1}{\sin\varphi_2} = \frac{n_2}{n_1} = \frac{c_1}{c_2}. \tag{17.25}$$

Im optisch dichteren Medium ist also jeweils der Winkel zum Lot kleiner als im optisch dünneren, oder kurz: Lichtstrahlen werden im optisch dichteren Medium zum Lot hin gebrochen.

Das Gesetz wurde mehrfach unabhängig voneinander entdeckt: bereits 972 vom persischen Mathematiker und Physiker *Ibn Sahl* (um 940–1000), 1601 vom englischen Physiker und Astronomen *Thomas Harriot* (1560–1621), der es allerdings nicht veröffentlichte, und 1621 schließlich vom dänischen Astronomen und Mathematiker *Willebrord Snellius* (1580–1626). Auch die Arbeit von Snellius blieb allerdings zu seinen Lebzeiten

Anwendung in der Technik: Röntgenteleskope

Normale Teleskope für sichtbares Licht arbeiten mit Linsen oder Parabolspiegeln, um das einfallende Licht in einem Brennpunkt zu bündeln. Bei Röntgenstrahlen ist beides kaum möglich: Der Brechungsindex für Röntgenstrahlung ist sehr nahe an 1, sodass sie mit Linsen kaum zu bündeln ist. Andererseits durchdringt sie Materie sehr leicht und wird kaum reflektiert, sodass auch eine Bündelung mit Parabolspiegeln nicht möglich erscheint.

Abhilfe schafft hier die Totalreflexion. Der Brechungsindex für Röntgenstrahlung in Materie ist knapp kleiner als 1 (die Phasengeschwindigkeit in Materie ist also größer als die Vakuumlichtgeschwindigkeit!), wohingegen der Brechungsindex im Vakuum natürlich 1 ist. Der Übergang vom Vakuum in Materie ist für Röntgenstrahlung damit ein Übergang in ein optisch dünneres Medium – also ist dabei Totalreflexion möglich.

Der Winkel zur Oberfläche muss dafür bei üblichen Metallen kleiner als etwa 3° sein, die Röntgenstrahlung muss somit sehr flach streifend einfallen. Für die Bündelung aller Strahlen in einem festen Abstand zu optischen Achse sind deshalb Kombinationen aus Rotationsparaboloiden (wie bei optischen Teleskopen) und -hyperboloiden nötig, die wegen des flachen Einfalls sehr lang gezogen sein müssen. Um Strahlen in verschiedenen Abständen zur optischen Achse alle im selben Punkt zu bündeln, müssen mehrere solcher Anordnungen mit verschiedenen Radien ineinandergeschachtelt werden. Es entsteht ein sogenanntes *Wolter-Teleskop* (nach seinem Erfinder, dem deutschen Physiker *Hans Wolter*, 1911–1978, benannt; Abb. 17.2).

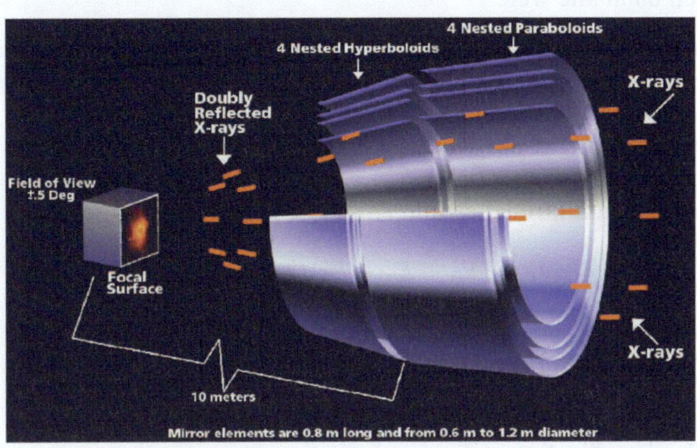

Abb. 17.2 Schematische Darstellung des Strahlengangs im Wolter-Teleskop des Chandra-Röntgenobservatoriums (© NASA/CXC/D. Berry 2009)

unveröffentlicht, sodass das Gesetz erst 1637 von *Descartes* erstmals publik gemacht wurde. Entsprechend ist es im englischen Sprachraum teilweise auch als das *Snell-Descartes law* bekannt.

Eine schöne Anwendung findet das Brechungsgesetz bei der Entstehung eines Regenbogens (Aufgabe 17.1).

Schließlich kann man auch noch k'_z ausrechnen:

$$(k'_z)^2 + k^2 \sin^2 \varphi_1 = |\boldsymbol{k}'| = \frac{c_1^2}{c_2^2}k^2 = \frac{n_2^2}{n_1^2}k^2, \tag{17.26}$$

also

$$k'_z = -k\sqrt{\frac{n_2^2}{n_1^2} - \sin^2 \varphi_1} = -k' \cos \varphi_2. \tag{17.27}$$

(k'_z muss negativ sein, da die durchgehende Welle nach unten weiterläuft.) Falls $n_2 < n_1$ ist (Übergang vom optisch dichteren ins optisch dünnere Medium), kann es aber passieren, dass $\sin \varphi_1 > n_2/n_1$ ist – der Ausdruck unter der Wurzel würde dann negativ werden, k'_z also rein imaginär.

Frage 4

Wie verhält sich dann die Welle in diesem Bereich?

Damit ist der Vektor $\boldsymbol{k}'$ zwar komplex, aber dennoch ist $\boldsymbol{k}'^2$ reell (was es wegen der Dispersionsrelation ja auch sein muss); dies ist möglich, weil der Real- und der Imaginärteil des Vektors senkrecht zueinander stehen: $\boldsymbol{k}' = k'_y\hat{\boldsymbol{e}}_y + k'_z\hat{\boldsymbol{e}}_z$ mit reellem k'_y und imaginärem k'_z. Im optisch dünneren Medium erfolgt somit zwar eine Ausbreitung der Welle in y-Richtung, parallel zur Grenzfläche; in z-Richtung, senkrecht zur Grenzfläche, gibt es aber nur eine exponentiell mit dem Abstand zur Grenzfläche abnehmende Schwingung. Es folgt also:

Ab einem Grenzwinkel

$$\sin \varphi_{1,\mathrm{gr}} = \frac{n_2}{n_1} \tag{17.28}$$

gibt es keine durchgehende Welle mehr, sondern nur noch eine reflektierte. Man spricht dementsprechend von *Totalreflexion*.

Im Kasten „Anwendung in der Technik: Röntgenteleskope" wird beschrieben, warum die Totalreflexion in der Röntgenastronomie eine wichtige Rolle spielt.

Die geometrischen Verhältnisse sind nun geklärt; über die Amplituden $\boldsymbol{E}_0$, $\boldsymbol{E}'_0$ und $\boldsymbol{E}''_0$ haben wir bis jetzt aber noch überhaupt nichts ausgesagt. Dies soll im nächsten Abschnitt geschehen.

Teil II

Einfluss der Polarisation

Um quantitative Aussagen über das Verhalten der Amplituden treffen zu können, muss man die Polarisation der einfallenden Welle berücksichtigen. Dabei sind zwei Fälle zu unterscheiden: Der Vektor der elektrischen Feldstärke kann sowohl senkrecht zur Einfallsebene (hier: y-z-Ebene) als auch parallel zu ihr schwingen (Abb. 17.3); alle anderen Fälle ergeben sich als Linearkombination hieraus. Zur Vereinfachung beschränken wir uns im Folgenden auf den Punkt mit $\boldsymbol{r} = 0$; die Exponentialfaktoren fallen dann alle weg.

Wir betrachten zunächst den ersten Fall: $\boldsymbol{E}_0 =: E_0\hat{\boldsymbol{e}}_x$ senkrecht zur Einfallsebene; wegen der Symmetrie und der Stetigkeit erwartet man, dass dann auch $\boldsymbol{E}'_0$ und $\boldsymbol{E}''_0$ senkrecht zur Einfallsebene liegen. Da der Normalenvektor $\hat{\boldsymbol{e}}_z$ in der Einfallsebene liegt, folgt also: $\boldsymbol{E}_0 \cdot \hat{\boldsymbol{e}}_z = \boldsymbol{E}'_0 \cdot \hat{\boldsymbol{e}}_z = \boldsymbol{E}''_0 \cdot \hat{\boldsymbol{e}}_z = 0$. Gleichung (17.4) ist damit trivial erfüllt. Aus (17.5) erhält man dagegen

$$0 = (E_0 + E''_0 - E'_0)(\hat{\boldsymbol{e}}_x \times \hat{\boldsymbol{e}}_z), \qquad (17.29)$$

also $E_0 + E''_0 = E'_0$. Dasselbe Ergebnis erhält man aus (17.9) durch explizites Berechnen der Terme $(\boldsymbol{k} \times \boldsymbol{E}_0) \cdot \hat{\boldsymbol{e}}_z$.

Frage 5

Vollziehen Sie dies nach.

Bei (17.10) formt man zunächst die Kreuzprodukte um:

$$(\boldsymbol{k}\times\boldsymbol{E}_0)\times\hat{\boldsymbol{e}}_z = \boldsymbol{E}_0(\hat{\boldsymbol{e}}_z\cdot\boldsymbol{k}) - \boldsymbol{k}(\hat{\boldsymbol{e}}_z\cdot\boldsymbol{E}_0) = -E_0\hat{\boldsymbol{e}}_x k\cos\varphi_1. \quad (17.30)$$

Führt man dies für die anderen beiden Kreuzprodukte genauso durch, geht (17.10) über in

$$-\frac{k}{\mu_1}E_0\cos\varphi_1 + \frac{k}{\mu_1}E''_0\cos\varphi_1 + \frac{k'}{\mu_2}E'_0\cos\varphi_2 = 0. \quad (17.31)$$

Nimmt man nun zur Vereinfachung an, dass $\mu_1 = \mu_2 = 1$ ist (dies gilt in guter Näherung für die meisten Medien bei den Frequenzen von Licht), und teilt die Gleichung durch k, so hat man

$$E_0\cos\varphi_1 - E''_0\cos\varphi_1 - \frac{k'}{k}E'_0\cos\varphi_2 = 0. \qquad (17.32)$$

Dann setzt man für k'/k das Brechungsgesetz aus (17.22) ein und teilt außerdem noch durch $\cos\varphi_1$:

$$E_0 - E''_0 - E'_0\frac{\tan\varphi_1}{\tan\varphi_2} = 0. \qquad (17.33)$$

Nutzt man die aus (17.5) gefolgerte Beziehung $E'_0 = E_0 + E''_0$, so erhält man

$$E_0 - E''_0 - (E_0 + E''_0)\frac{\tan\varphi_1}{\tan\varphi_2} = 0. \qquad (17.34)$$

Mit einigen trigonometrischen Umformungen gelangt man dann zu dem gesuchten Ergebnis.

Reflexion bei Polarisation senkrecht zur Einfallsebene

Zwischen den Amplituden der reflektierten und der einfallenden Welle besteht der Zusammenhang

$$\frac{E''_0}{E_0} = -\frac{\sin(\varphi_1 - \varphi_2)}{\sin(\varphi_1 + \varphi_2)}. \qquad (17.35)$$

Setzt man dies wieder in $E'_0 = E_0 + E''_0$ ein, so kann man auch eine Beziehung für die Amplitude der gebrochenen Welle finden.

Brechung bei Polarisation senkrecht zur Einfallsebene

Zwischen den Amplituden der gebrochenen und der einfallenden Welle besteht der Zusammenhang

$$\frac{E'_0}{E_0} = \frac{2\sin\varphi_2\cos\varphi_1}{\sin(\varphi_1 + \varphi_2)}. \qquad (17.36)$$

Frage 6

Rechnen Sie (17.35) und (17.36) explizit nach.

Den anderen Fall, also $\boldsymbol{E}_0$ parallel zur Einfallsebene, besprechen wir hier nur ansatzweise; die expliziten Rechnungen kann der Leser selbst durchführen (Aufgabe 17.2). Hier entfällt (17.9), und aus den anderen drei Gleichungen erhält man nach längerer, aber nicht grundsätzlich schwieriger Rechnung die gesuchten Ergebnisse.

Reflexion und Brechung bei Polarisation parallel zur Einfallsebene

Zwischen den Amplituden der reflektierten bzw. der gebrochenen und der einfallenden Welle bestehen die Zusammenhänge

$$\frac{E''_0}{E_0} = \frac{\tan(\varphi_1 - \varphi_2)}{\tan(\varphi_1 + \varphi_2)} \qquad (17.37)$$

und

$$\frac{E'_0}{E_0} = \frac{2\sin\varphi_2\cos\varphi_1}{\sin(\varphi_1 + \varphi_2)\cos(\varphi_1 - \varphi_2)}. \qquad (17.38)$$

Die Beziehungen (17.35), (17.36), (17.37) und (17.38) heißen *Fresnel'sche Formeln* (nach *Augustin Jean Fresnel*, der sie 1818 veröffentlichte).

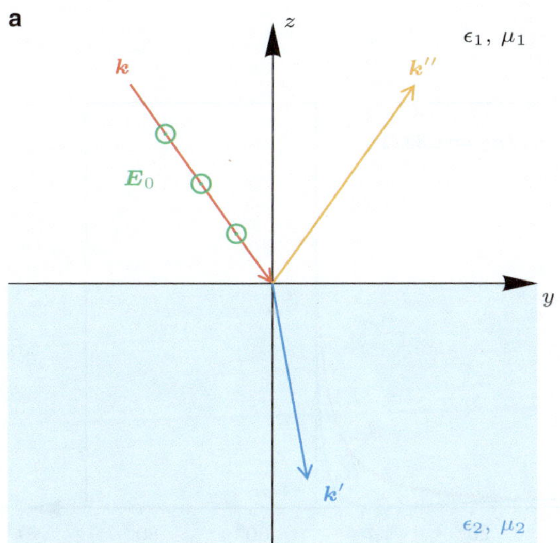

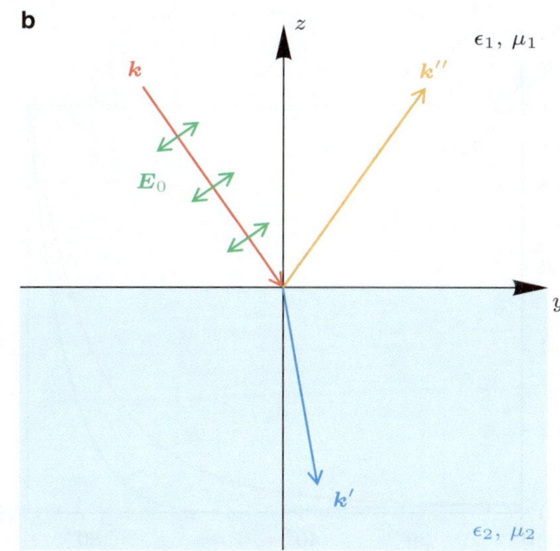

Abb. 17.3 Zum Einfluss der Polarisation bei der Brechung: Die Richtung der elektrischen Feldstärke kann (**a**) senkrecht zur Einfallsebene oder (**b**) parallel zur Einfallsebene sein

Ein Spezialfall tritt auf, wenn $\varphi_1 + \varphi_2 = 90°$ ist, denn dann folgt für parallel zur Einfallsebene polarisiertes Licht aus (17.37):

$$E_0'' = 0. \tag{17.39}$$

Es gibt also keinen reflektierten Strahl, der parallel zur Einfallsebene polarisiert ist! Mithilfe des Brechungsgesetzes kann man den Einfallswinkel φ_1, bei dem dies geschieht, bestimmen: $\sin\varphi_2 = \sin(90° - \varphi_1) = \cos\varphi_1$, und damit

$$\frac{n_2}{n_1} = \frac{\sin\varphi_1}{\sin\varphi_2} = \tan\varphi_1. \tag{17.40}$$

Dies definiert den *Brewster-Winkel*.

Brewster-Winkel

Bei Einfall unter dem Winkel

$$\tan\varphi_{1,\mathrm{Br}} = \frac{n_2}{n_1} \tag{17.41}$$

zum Lot wird Licht, das parallel zur Einfallsebene polarisiert ist, nicht reflektiert.

(Benannt ist dieser Winkel nach dem schottischen Physiker *Sir David Brewster*, 1781–1868).

Fällt beliebig polarisiertes Licht im Brewster-Winkel auf eine Oberfläche, so wird also nur der Anteil reflektiert, der senkrecht zur Einfallsebene schwingt. Auf diese Weise kann man eine Reflexion an einer Grenzfläche dazu benutzen, um Licht linear zu polarisieren.

Der *Reflexionskoeffizient* R ist definiert als das Verhältnis der reflektierten Leistung zur auf die Grenzfläche einfallenden Leistung. Die Leistung ist proportional zur Energieflussdichte in der elektromagnetischen Welle und diese wiederum zum Quadrat der elektrischen Feldstärke. Somit hat man einfach

$$R = \left(\frac{E_0''}{E_0}\right)^2. \tag{17.42}$$

Entsprechend ist der *Transmissionskoeffizient* T definiert als das Verhältnis der Leistung im gebrochenen Strahl zur auf die Grenzfläche einfallenden Leistung. Hier ist allerdings einerseits noch zu berücksichtigen, dass die Energieflussdichte proportional zum Brechungsindex ist, und andererseits, dass der einfallende und der gebrochene Strahl einen unterschiedlichen Winkel zur Grenzfläche haben.

Frage 7

Wie muss man den Transmissionskoeffizienten also definieren?

Daraus ergibt sich ein unterschiedlicher Energiefluss senkrecht zur Grenzfläche, der durch einen zusätzlichen Kosinusfaktor berücksichtigt werden muss. Insgesamt hat man dann

$$T = \frac{n_2\cos\varphi_2}{n_1\cos\varphi_1}\left(\frac{E_0'}{E_0}\right)^2 = \frac{\tan\varphi_1}{\tan\varphi_2}\left(\frac{E_0'}{E_0}\right)^2. \tag{17.43}$$

Es muss natürlich

$$R + T = 1 \tag{17.44}$$

gelten; die explizite Rechnung wird dem Leser als Aufgabe 17.3 überlassen.

a

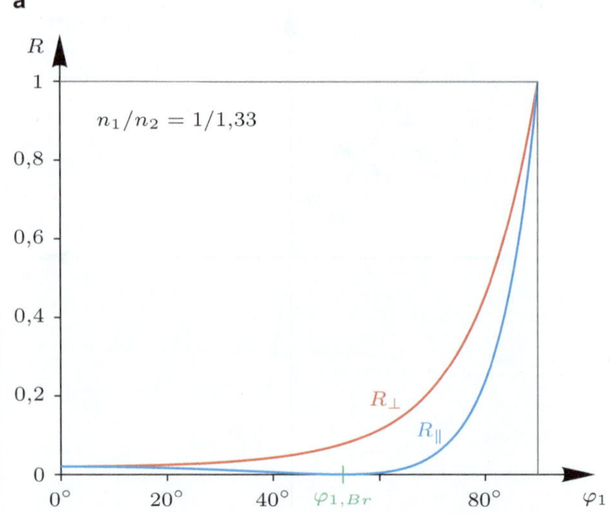

b

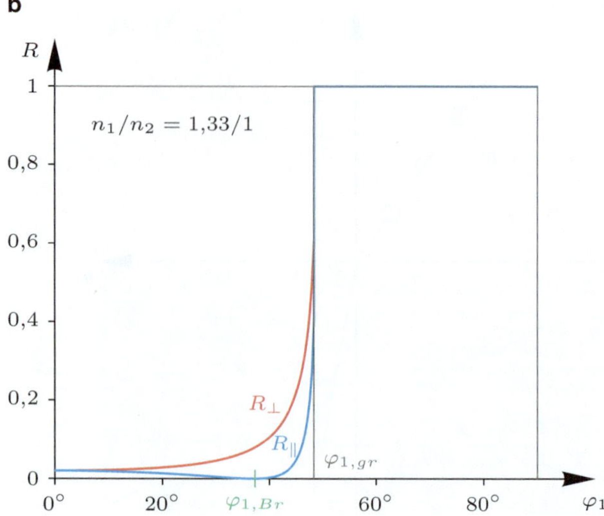

Abb. 17.4 Reflexionskoeffizenten für Polarisation senkrecht ($R_\perp$, *rot*) bzw. parallel ($R_\parallel$, *blau*) zur Einfallsebene beim Übergang vom optisch dünneren ins optisch dichtere Medium (**a**) bzw. beim Übergang vom optisch dichteren ins optisch dünnere Medium (**b**)

In Abb. 17.4 sind die Reflexionskoeffizienten jeweils für Polarisation senkrecht ($R_\perp$) und parallel zur Einfallsebene ($R_\parallel$) dargestellt, in Abb. 17.4a für $n_1 < n_2$ (speziell $n_2 = 1,33n_1$, dies entspricht z. B. einem Übergang von Luft in Wasser an einer Seeoberfläche), in Abb. 17.4b für $n_2 > n_1$ (speziell $n_1 = 1,33n_2$, also Übergang von Wasser in Luft).

In beiden Abbildungen sieht man zunächst, dass $R_\parallel$ beim Brewster-Winkel $\varphi_{1,\text{Br}}$ verschwindet. In Abb. 17.4b ist außerdem die Totalreflexion zu erkennen: Für Winkel größer als $\varphi_{1,\text{gr}}$ sind beide Reflexionskoeffizienten gleich 1. Dies bedeutet anschaulich, dass man nur eine Spiegelung des Seegrundes sieht, wenn man von unter Wasser aus unter solchen großen Winkeln (zum Lot) auf eine Seeoberfläche schaut; nur für kleinere Winkel (zum Lot) kann man aus dem Wasser heraus die Umgebung sehen.

Sieht man von außen auf die Seeoberfläche, so ist für kleine Winkel zum Lot, also wenn man nahezu senkrecht auf die Oberfläche schaut, die Reflexion klein; in diesem Fall kann man den Seegrund gut erkennen. Für große Winkel zum Lot, also flachen Blick auf die Seeoberfläche, ist dagegen die Reflexion groß, und man sieht fast nur ein Spiegelbild der Umgebung.

17.3 Die Eikonalgleichung

Neben der Ausbreitung in homogenen Medien und dem Übergang zwischen zwei solchen Medien betrachtet man oft auch die Lichtausbreitung in inhomogenen Medien wie beispielsweise der Atmosphäre. Die Lichtstrahlen werden dann im Allgemeinen keine Geraden mehr sein, sondern gekrümmte Kurven.

In vielen interessanten Fällen erfolgt die Änderung des Brechungsindexes aber langsam verglichen mit der Wellenlänge. Für diese Fälle kann man mithilfe der *Eikonalgleichung* die Ausbreitung der Wellen und damit auch die Form der Lichtstrahlen berechnen.

Herleitung der Eikonalgleichung

Zunächst ist zu bemerken, dass in inhomogenen Medien im Allgemeinen sowohl ϵ als auch μ vom Ort abhängen. Dies ist eigentlich bei den Maxwell-Gleichungen zu berücksichtigen; es gilt beispielsweise

$$\operatorname{div} \boldsymbol{D} = \operatorname{div}\,(\epsilon \boldsymbol{E}) = \boldsymbol{E} \cdot \mathbf{grad}\,\epsilon + \epsilon \operatorname{div} \boldsymbol{E}. \tag{17.45}$$

Da wir aber voraussetzen, dass sich der Brechungsindex nur langsam ändert, können Ableitungen von ϵ und μ vernachlässigt werden.

Im Folgenden betrachten wir der Einfachheit halber nur eine skalare Funktion $\Psi(\boldsymbol{r})$; die Zeitabhängigkeit sei durch $\mathrm{e}^{-\mathrm{i}\omega t}$ gegeben. Außerdem verwenden wir die bekannte Dispersionsrelation

$$k = \frac{\omega}{c'(\boldsymbol{r})} = n(\boldsymbol{r})\frac{\omega}{c} =: n(\boldsymbol{r})k_0, \tag{17.46}$$

wobei c' die Lichtgeschwindigkeit im Medium ist, die nun wegen des ortsabhängigen Brechungsindexes n ihrerseits ortsabhängig ist.

Aus der Wellengleichung in nichtleitenden Medien

$$\Box' \left(\Psi(\boldsymbol{r})\mathrm{e}^{-\mathrm{i}\omega t}\right) = 0 \tag{17.47}$$

folgt

$$\left(\Delta + k_0^2 n^2(\boldsymbol{r})\right) \Psi(\boldsymbol{r}) = 0. \tag{17.48}$$

Frage 8

Zeigen Sie dies.

Zum Lösen dieser Gleichung schreiben wir die komplexe Funktion Ψ als

$$\Psi(\boldsymbol{r}) = \Psi_0(\boldsymbol{r}) \mathrm{e}^{\mathrm{i}k_0 S(\boldsymbol{r})} \tag{17.49}$$

mit reellen Funktionen Ψ_0 und S. Wie üblich ist dabei Ψ_0 die (nun ortsabhängige) Amplitude; die Phasenfunktion S heißt das *Eikonal*.

Zunächst bemerken wir, dass für konstantes n die Lösungen von (17.48) einfach wieder ebene Wellen wären, also

$$\Psi_0(\boldsymbol{r}) \mathrm{e}^{\mathrm{i}k_0 S(\boldsymbol{r})} = \Psi_0 \mathrm{e}^{\mathrm{i}\boldsymbol{k}\cdot\boldsymbol{r}}, \tag{17.50}$$

und damit

$$S(\boldsymbol{r}) = \frac{\boldsymbol{k}\cdot\boldsymbol{r}}{k_0}, \tag{17.51}$$

also

$$\Psi_0 = \text{const} \quad \text{und} \quad \mathbf{grad}\, S = \frac{\boldsymbol{k}}{k_0} = \text{const}. \tag{17.52}$$

Ist n dagegen langsam veränderlich, kann man davon ausgehen, dass auch Ψ_0 und $\mathbf{grad}\, S$ nur langsam veränderlich sind; Ableitungen dieser Größen können somit vernachlässigt werden.

Berechnen wir in dieser Näherung nun die Wirkung des Laplace-Operators auf Ψ:

$$\begin{aligned} \mathbf{grad}\, \Psi(\boldsymbol{r}) &= \mathbf{grad} \left(\Psi_0(\boldsymbol{r}) \mathrm{e}^{\mathrm{i}k_0 S(\boldsymbol{r})}\right) \\ &= \left(\mathbf{grad}\, \Psi_0(\boldsymbol{r})\right) \mathrm{e}^{\mathrm{i}k_0 S(\boldsymbol{r})} \\ &\quad + \Psi_0(\boldsymbol{r})\, \mathrm{i}k_0 \mathrm{e}^{\mathrm{i}k_0 S(\boldsymbol{r})} \mathbf{grad}\, S(\boldsymbol{r}) \\ &\approx \mathrm{i}k_0 \Psi(\boldsymbol{r}) \mathbf{grad}\, S(\boldsymbol{r}), \end{aligned} \tag{17.53}$$

also

$$\begin{aligned} \Delta\Psi &= \operatorname{div} \mathbf{grad}\, \Psi \\ &= \operatorname{div} \left[\mathrm{i}k_0 \Psi(\boldsymbol{r}) \mathbf{grad}\, S(\boldsymbol{r})\right] \\ &= \mathrm{i}k_0 \mathbf{grad}\, S(\boldsymbol{r}) \cdot \mathbf{grad}\, \Psi(\boldsymbol{r}) \\ &\quad + \mathrm{i}k_0 \Psi(\boldsymbol{r}) \operatorname{div} \mathbf{grad}\, S(\boldsymbol{r}) \\ &\approx \mathrm{i}k_0 \mathbf{grad}\, S(\boldsymbol{r}) \cdot \left[\mathrm{i}k_0 \Psi(\boldsymbol{r}) \mathbf{grad}\, S(\boldsymbol{r})\right] \\ &= -k_0^2 \Psi(\boldsymbol{r}) \left(\mathbf{grad}\, S(\boldsymbol{r})\right)^2. \end{aligned} \tag{17.54}$$

Frage 9

Vollziehen Sie dies nach.

Aus der Wellengleichung (17.48) folgt damit die *Eikonalgleichung*.

Eikonalgleichung

Zwischen dem Eikonal S und dem (ortsabhängigen) Brechungsindex n besteht der Zusammenhang

$$\left(\mathbf{grad}\, S(\boldsymbol{r})\right)^2 = n^2(\boldsymbol{r}), \tag{17.55}$$

sofern sich n nur langsam ändert.

Die Bedeutung des Eikonals

Zur Interpretation des Eikonals S entwickeln wir die Wellenfunktion Ψ lokal in eine Taylor-Reihe, wobei wir wieder verwenden, dass Ableitungen von Ψ_0 und von $\mathbf{grad}\, S$ vernachlässigt werden können:

$$\Psi(\boldsymbol{r}_0 + \boldsymbol{r}') \approx \Psi_0(\boldsymbol{r}_0) \exp\left[\mathrm{i}k_0 \left(S(\boldsymbol{r}_0) + \mathbf{grad}\, S|_{\boldsymbol{r}_0} \cdot \boldsymbol{r}'\right)\right]. \tag{17.56}$$

Wir definieren nun

$$\hat{\Psi}_0 = \Psi_0(\boldsymbol{r}_0) \exp\left[\mathrm{i}k_0 S(\boldsymbol{r}_0)\right] \tag{17.57}$$

und

$$\hat{\boldsymbol{k}} = \frac{\mathbf{grad}\, S}{n}. \tag{17.58}$$

Aus der Eikonalgleichung folgt, dass dies ein Einheitsvektor ist. Dann kann man die Wellenfunktion schreiben als

$$\Psi(\boldsymbol{r}) = \Psi(\boldsymbol{r}_0 + \boldsymbol{r}') = \hat{\Psi}_0 \mathrm{e}^{\mathrm{i}k_0 n \hat{\boldsymbol{k}}(\boldsymbol{r}_0)\cdot\boldsymbol{r}'} = \hat{\Psi}_0 \mathrm{e}^{\mathrm{i}\boldsymbol{k}(\boldsymbol{r}_0)\cdot\boldsymbol{r}'}. \tag{17.59}$$

Lokal sieht die Welle also genauso aus wie eine ebene Welle mit Amplitude $\hat{\Psi}_0$, Wellenzahl $k = k_0 n$ und Ausbreitungsrichtung $\hat{\boldsymbol{k}}$.

Außerdem gibt es noch einen engen Zusammenhang des Eikonals mit der sogenannten optischen Weglänge

$$l_{\mathrm{opt}} = \int_P^Q n(\boldsymbol{r})\, \mathrm{d}s, \tag{17.60}$$

wobei jeweils entlang eines Weges bzw. Lichtstrahles von P zu Q zu integrieren ist.

Nach (17.58) ist die Richtung eines Lichtstrahles lokal jeweils durch den Gradienten des Eikonals gegeben. Für die Länge eines infinitesimalen Wegstückes entlang eines Lichtstrahles kann man also schreiben

$$\mathrm{d}s = |\mathrm{d}\boldsymbol{r}| = |\mathrm{d}\boldsymbol{r}||\hat{\boldsymbol{k}}| = \mathrm{d}\boldsymbol{r} \cdot \hat{\boldsymbol{k}} = \mathrm{d}\boldsymbol{r} \cdot \frac{\mathbf{grad}\, S}{n}, \tag{17.61}$$

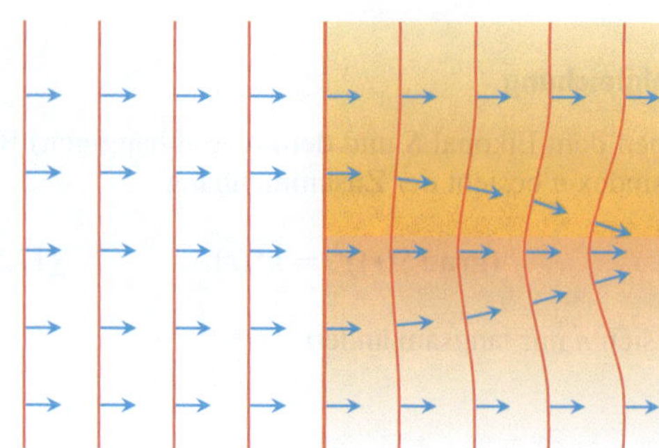

Abb. 17.5 Verhalten einer ebene Welle bzw. von Lichtstrahlen beim Eindringen in ein inhomogenes Medium (*rechte Hälfte*; die Stärke der Einfärbung stellt die optische Dichte dar): Die Wellenfronten werden verzerrt, die Lichtstrahlen in Richtung der zunehmenden optischen Dichte gebrochen

wobei $\mathrm{d}\boldsymbol{r}$ der Vektor von einem Punkt auf dem Lichtstrahl zu einem infinitesimal benachbarten ist und ausgenutzt wurde, dass $\mathrm{d}\boldsymbol{r}$ parallel zu $\hat{\boldsymbol{k}}$ ist. Damit ergibt sich für die optische Weglänge

$$l_{\text{opt}} = \int_P^Q \mathrm{d}\boldsymbol{r} \cdot \mathbf{grad}\, S = S(Q) - S(P). \tag{17.62}$$

Bedeutung des Eikonals

- Das Eikonal ist ein Maß für die optische Weglänge.
- Flächen gleicher Phase, also Wellenfronten, sind durch $S = \text{const}$ festgelegt.
- $\mathbf{grad}\, S$ gibt lokal die Ausbreitungsrichtung der Welle, also die Strahlrichtung, an. Das heißt, Lichtstrahlen folgen Kurven, zu denen an jedem Punkt der Vektor $\mathbf{grad}\, S$ jeweils tangential ist, die also jeweils senkrecht auf den Wellenfronten stehen.

Anzumerken ist noch, dass auch zwischen dem Eikonal und der Prinzipalfunktion, die bereits in Abschn. 7.3 diskutiert wurde, ein Zusammenhang besteht. Im Rahmen der semiklassischen Näherung in der Quantenmechanik (Kap. 31) werden wir darauf noch näher eingehen.

Damit kann man die Lichtausbreitung in einem inhomogenen Medium nun qualitativ verstehen. In Abb. 17.5 fällt eine ebene Welle aus dem Vakuum auf ein Medium, in dem der Brechungsindex von oben nach unten zunimmt (dargestellt durch die zunehmende Einfärbung).

In Bereichen mit größerem Brechungsindex (höherer optischer Dichte) ist die Lichtgeschwindigkeit kleiner, die Welle kommt langsamer vorwärts; alternativ ausgedrückt: Für jeweils gleiche optische Weglänge ist der tatsächlich zurückgelegte Weg jeweils kleiner. Die Wellenfronten werden also wie in der Abbildung gezeigt verformt. Da die Lichtstrahlen immer senkrecht zu den Wellenfronten stehen, werden die Strahlen somit nach unten, zu den Bereichen größerer optischer Dichte hin, gekrümmt. Dies kann man als Verallgemeinerung des Brechungsgesetzes von Snellius betrachten. Im Kasten „Anwendung: Astronomische Refraktion" wird beschrieben, welche Auswirkungen dies für die Astronomie hat.

Das Fermat'sche Prinzip

Die oben definierte optische Weglänge spielt im Fermat'schen Prinzip der geometrischen Optik eine große Rolle (nach dem französischen Mathematiker und Juristen *Pierre de Fermat*, etwa 1607–1665; siehe auch Abschn. 5.5).

Fermat'sches Prinzip

Licht nimmt zwischen zwei Punkten stets den Weg, auf dem es am wenigsten oder am meisten Zeit benötigt, oder, äquivalent, auf dem die optische Weglänge extremal ist.

Dieses Prinzip kann also statt der Eikonalgleichung für die Berechnung von S benutzt werden. Auch das Reflexions- und das Brechungsgesetz können daraus hergeleitet werden; dies wird dem Leser in Aufgabe 17.5 überlassen. Eine weitere Anwendung zur Lichtausbreitung in inhomogenen Medien findet sich in Aufgabe 17.6.

Dass die beiden Formulierungen des Prinzips äquivalent sind, lässt sich leicht zeigen: Den Ausdruck (17.60) für die optische Weglänge kann man mit der lokalen Lichtgeschwindigkeit

$$\frac{\mathrm{d}s}{\mathrm{d}t} = c'(\boldsymbol{r}) = \frac{c}{n(\boldsymbol{r})} \tag{17.63}$$

einfach umschreiben:

$$l_{\text{opt}} = \int_{t_P}^{t_Q} c\,\mathrm{d}t = c\left(t_Q - t_P\right), \tag{17.64}$$

woran man sofort sieht, dass eine extremale Laufzeit des Lichtes dasselbe bedeutet wie eine extremale optische Weglänge.

Begründen kann man das Fermat'sche Prinzip mithilfe der Interferenz: Unterscheiden sich benachbarte Wege von einem Punkt P zu einem Punkt Q stark in der optischen Weglänge, so treten große Phasenverschiebungen auf, und die Wellen interferieren destruktiv. Unterscheiden sich die Weglängen benachbarter Wege dagegen kaum, so interferieren die Wellen konstruktiv. Also führt nur ein Weg, dessen Weglänge sich kaum von der benachbarter Wege unterscheidet (und damit also extremal ist), dazu, dass am Ende tatsächlich noch eine von null verschiedene Intensität und damit ein sichtbares Bild übrig bleibt. (Daher stammt wohl letztlich auch der Name „Eikonal": Das altgriechische Wort *eikon* heißt „Bild".)

Anwendung: Astronomische Refraktion

Lichtstrahlen aus dem Weltraum durchqueren auf ihrem Weg zum Boden unterschiedlich dichte Luftschichten; der Verlauf der Lichtstrahlen ist deshalb im Allgemeinen (außer bei senkrechtem Einfall) gekrümmt. Dies führt dazu, dass man Sonne, Mond und Sterne nicht an ihrer eigentlichen Position am Himmel sieht, sondern (leicht) angehoben gegenüber dem Horizont. Diesen Effekt bezeichnet man als *astronomische Refraktion* (Abb. 17.6).

Deswegen kann man die Sonne selbst dann noch (direkt) über dem Horizont sehen, wenn sie eigentlich schon untergegangen ist (d. h., dass eine Gerade vom Beobachter zur Sonne den Erdboden schneiden würde). Da dieser Effekt von der Höhe des beobachteten Gegenstands über dem Horizont abhängt, wirkt er außerdem auf den Teil der Sonne, der weiter unten steht, stärker als auf die Teile weiter oben, sodass die Sonne insgesamt „abgeplattet" erscheinen kann (siehe das Eröffnungsbild dieses Kapitels).

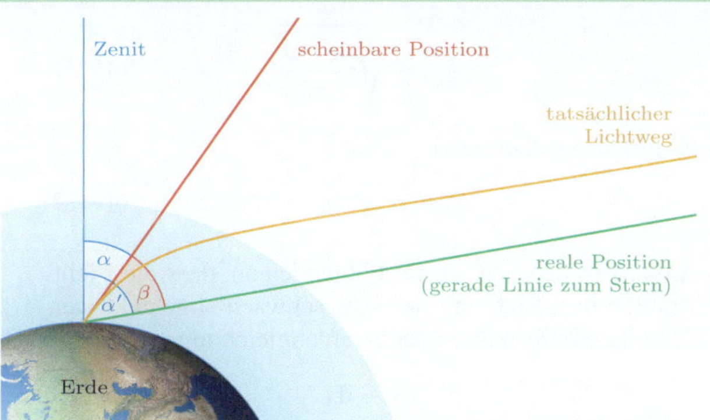

Abb. 17.6 Astronomische Refraktion: Da der Lichtweg in der Atmosphäre gekrümmt ist, scheinen die Sterne höher über dem Horizont zu sein, als sie es eigentlich sind (der „Zenitwinkel" α' wird um β auf α verkleinert). Hier ist der Effekt zur Verdeutlichung stark übertrieben dargestellt; in der Realität macht dies weniger als $1°$ aus

Die Strahlengleichung

In der oben angegebenen Form (17.55) ist die Eikonalgleichung nur für sehr einfache Geometrien lösbar (Aufgabe 17.4). Man schreibt sie deswegen zunächst noch etwas um. Benutzt man (17.58), so ergibt sich die offensichtliche Identität

$$\left(n\hat{\boldsymbol{k}}\right)^2 = n^2. \tag{17.65}$$

Dann betrachtet man zwei infinitesimal benachbarte Punkte auf einem Lichtstrahl mit Ortsvektoren $\boldsymbol{r}$ und $\boldsymbol{r}'$ und schreibt damit

$$\mathbf{d}\boldsymbol{r} = \mathrm{d}s\,\hat{\boldsymbol{k}}, \tag{17.66}$$

wobei ds die Länge des infinitesimalen Wegstückes entlang des Strahles vom einen Punkt zum anderen ist. Damit haben wir dann

$$\frac{\mathbf{d}\boldsymbol{r}}{\mathrm{d}s} = \hat{\boldsymbol{k}} \quad\Longrightarrow\quad \left(n\frac{\mathbf{d}\boldsymbol{r}}{\mathrm{d}s}\right)^2 = n^2. \tag{17.67}$$

Von der letzten Gleichung nehmen wir nun den Gradienten. Es ergibt sich

$$2n\frac{\mathbf{d}\boldsymbol{r}}{\mathbf{d}s}\cdot\nabla\left(n\frac{\mathbf{d}\boldsymbol{r}}{\mathrm{d}s}\right) = 2n\,\mathbf{grad}\,n. \tag{17.68}$$

Frage 10

Rechnen Sie dies nach.

Das kann man auch kurz schreiben als

$$\frac{\mathrm{d}}{\mathrm{d}s}\left(n(\boldsymbol{r})\frac{\mathbf{d}\boldsymbol{r}}{\mathrm{d}s}\right) = \mathbf{grad}\,n(\boldsymbol{r}). \tag{17.69}$$

Dies wird manchmal als die *Strahlengleichung* bezeichnet. Wir hätten sie natürlich auch ohne Kenntnis der Eikonalgleichung (17.55) rein aus der obigen Identität (17.65) herleiten können – dann wäre uns aber der Zusammenhang mit der Wellenoptik entgangen.

Luftspiegelung über einer heißen Oberfläche

Der Brechungsindex von Luft hängt von ihrer Dichte und damit von ihrer Temperatur ab: Luft höherer Temperatur hat eine geringere Dichte und damit einen kleineren Brechungsindex als kalte Luft. Somit führt eine Schichtung von unterschiedlich warmen Luftmassen übereinander zu einer gekrümmten Fortpflanzung von Lichtstrahlen. Dies kann sogar dazu führen, dass ein Lichtstrahl, der ausgehend von einem Gegenstand ursprünglich nach unten zeigte, so weit gekrümmt wird, dass er stattdessen nun nach oben verläuft. Für den Beobachter, den dieser Lichtstrahl erreicht, sieht es aus, als ob sich der Gegenstand am Boden oder dicht darüber spiegelt – es entsteht also eine *Luftspiegelung* (Fata Morgana).

Dies soll im Folgenden mithilfe der Strahlengleichung für ein einfaches Beispiel vorgerechnet werden. Wir betrachten zwei Luftschichten, die durch die x-Achse getrennt seien (Abb. 17.7). In der oberen Schicht (Bereich I) sei der Brechungsindex konstant, in der unteren (die sich direkt über dem Boden befinde; Bereich II) nehme er in Abhängigkeit von y quadratisch ab:

$$n(y) = \begin{cases} n_0 & \text{für } y > 0 \\ n_0 - n_1 y^2 & \text{für } y \le 0 \end{cases} \tag{17.70}$$

mit $n_0 \gtrsim 1$ und $n_1 > 0$.

Da natürlich der Brechungsindex in Luft größer als 1 sein muss, folgt leicht für die maximale Dicke dieser Schicht

$$|\Delta y| \leq \sqrt{\frac{n_0 - 1}{n_1}}. \quad (17.71)$$

Es gilt also sicher auch

$$n_1 y^2 \ll n_0. \quad (17.72)$$

Außerdem nehmen wir im Folgenden an, dass die Lichtstrahlen in y-Richtung nur sehr schwach abgelenkt werden und wir deshalb in der Strahlengleichung

$$\mathrm{d}s \approx \mathrm{d}x \quad (17.73)$$

nähern können. Für den Ortsvektor entlang des Strahles setzen wir an

$$\boldsymbol{r} = \begin{pmatrix} x \\ y(x) \end{pmatrix}. \quad (17.74)$$

Wir betrachten nun Lichtstrahlen, die von oberhalb der x-Achse gerade einfallen und genau im Ursprung in den Bereich unter der x-Achse mit variablem Brechungsindex eintreten (Abb. 17.7). Die Randbedingungen sind somit

$$y(0) = 0 \quad \text{und} \quad y'(0) = m \quad (17.75)$$

mit einer Steigung $m < 0$.

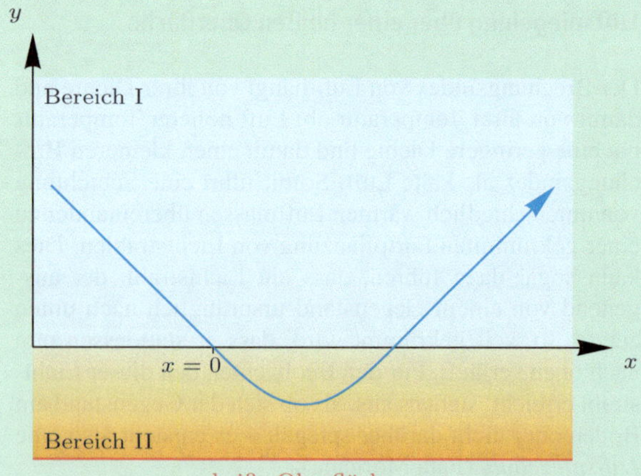

Abb. 17.7 Der Strahlenverlauf bei einer Luftspiegelung über einer heißen Oberfläche: Luft höherer Temperatur (*durch den Farbverlauf angedeutet*) hat einen kleineren Brechungsindex, deshalb werden die Strahlen nach oben gebogen

Betrachtet man nun die y-Komponente der Strahlengleichung (der Gradient von n in x-Richtung ist natürlich null), so hat man

$$\frac{\mathrm{d}}{\mathrm{d}x}\left(n(y)\frac{\mathrm{d}y(x)}{\mathrm{d}x}\right) = \frac{\mathrm{d}n}{\mathrm{d}y} \quad (17.76)$$

bzw.

$$y''(x) = \frac{n'(y)}{n(y)} = \frac{1}{n_0 - n_1 y^2}(-2n_1 y) \approx -\frac{2n_1}{n_0}y. \quad (17.77)$$

Die Lösungen dieser Differenzialgleichung sind Sinus- und Kosinusfunktionen. Berücksichtigt man noch die Randbedingungen, ergibt sich schließlich

$$y(x) = \sqrt{\frac{n_0}{2n_1}}m \sin\left(\sqrt{\frac{2n_1}{n_0}}x\right), \quad (17.78)$$

wobei das Argument des Sinus von 0 bis π läuft.

Die Lichtstrahlen durchlaufen also genau eine halbe Sinusschwingung im Bereich mit variablem Brechungsindex und verlassen ihn dann wieder in demselben Winkel nach oben, mit dem sie nach unten in ihn eingetreten sind.

Die Amplitude dieser halben Sinusschwingung kann natürlich höchstens so groß wie die Schichtdicke sein, also gilt

$$\sqrt{\frac{n_0}{2n_1}}|m| \leq \sqrt{\frac{n_0 - 1}{n_1}} \quad (17.79)$$

und damit

$$|m| \leq \sqrt{\frac{2(n_0 - 1)}{n_0}}. \quad (17.80)$$

Für typische Werte wie $n_0 = 1{,}0003$ ergibt sich $|m| \leq 0{,}024$ – es können also nur Lichtstrahlen mit Eintrittswinkel von kleiner etwa 1,4° auf diese Weise wieder nach oben umgelenkt werden. Dies zeigt uns, dass Luftspiegelungen nur in großer Entfernung, nahe des Horizonts, sichtbar sein können. ◀

17.4 Beugung

Bisher wurde nur die Ausbreitung von Wellen bzw. Strahlen in transparenten Medien oder an deren Grenzflächen untersucht. Nichttransparente Materie absorbiert (und reflektiert) elektromagnetische Wellen jedoch. Steht den Wellen ein Hindernis entgegen, so ist deshalb zu erwarten, dass es Bereiche gibt, in die sie nicht gelangen können. Offensichtlich ist das beim Schattenwurf beleuchteter Gegenstände. Unter gewissen Voraussetzungen können die Wellen jedoch auch in die Bereiche gelangen, die eigentlich abgeschirmt sind; man sagt hier, die Wellen werden um ein Hindernis herum *gebeugt*.

Grundlage dafür ist das *Huygens'sche Prinzip*, das besagt, dass man sich jeden Punkt einer Wellenfront als Ausgangspunkt einer Kugelwelle vorstellen kann. Der niederländische Astronom,

Mathematiker und Physiker *Christiaan Huygens* (1629–1695) formulierte dieses Prinzip bereits 1679; eine erste mathematische Begründung auf der Grundlage der Wellengleichung lieferte aber erst der deutsche Physiker *Gustav Robert Kirchhoff* (1824–1887) im Jahre 1882.

Kirchhoffs Herleitung hatte zwar mathematisch noch große Lücken, liefert aber in den meisten praktisch interessierenden Fällen dennoch dieselben Ergebnisse wie eine mathematisch korrekte Behandlung. Wir werden deshalb im Folgenden Kirchhoffs Herleitung nachvollziehen und nur an einigen Stellen auf die auftretenden Probleme und deren mögliche Lösung kurz hinweisen.

Herleitung des Huygens'schen Prinzips

Wir arbeiten hier wieder nur mit einer skalaren Funktion Ψ („skalare Beugungstheorie"); die zusätzlichen Komplikationen, die sich bei Berücksichtigung des Vektorcharakters der elektrischen und magnetischen Felder ergeben, werden beispielsweise in Jackson (2006) ausführlich behandelt. Außerdem betrachten wir hier nur monochromatische Wellen, die sich (bis auf den Einfluss der Hindernisse) im Vakuum ausbreiten.

Die Geometrie des Problems sei folgendermaßen (Abb. 17.8): Wir haben eine Fläche A_1 mit Öffnungen darin („Blende") und eine Fläche A_2 („Schirm"), wobei beide Flächen zusammen eine geschlossene Fläche A bilden (dies kann durch Hinzufügen von Flächen „im Unendlichen" immer erreicht werden) und sich der Schirm sehr weit entfernt von den Öffnungen befindet. Die Flächen schließen insgesamt das Volumen V ein.

Auf die Blende fällt nun eine Kugelwelle, die vom Punkt P ausgeht (allgemeinere Quellen können letztlich einfach als Summe aus Punktquellen betrachtet werden), der ebenfalls sehr weit von den Öffnungen entfernt ist. Gesucht ist die Feldstärke auf dem Schirm.

Um Ψ zu berechnen, gehen wir aus vom Green'schen Satz (12.26):

$$\int_V \left(\Psi(\boldsymbol{r}')\Delta' G(\boldsymbol{r},\boldsymbol{r}') - G(\boldsymbol{r},\boldsymbol{r}')\Delta'\Psi(\boldsymbol{r}')\right) \mathrm{d}V' = \oint_A \mathbf{d}\boldsymbol{f}' \cdot \left(\Psi(\boldsymbol{r}')\nabla' G(\boldsymbol{r},\boldsymbol{r}') - G(\boldsymbol{r},\boldsymbol{r}')\nabla'\Psi(\boldsymbol{r}')\right), \tag{17.81}$$

wobei G die Green'sche Funktion zur Helmholtz-Gleichung ((13.60) mit $k_0 = -\mathrm{i}k$) ist,

$$G(\boldsymbol{r},\boldsymbol{r}') = \frac{\mathrm{e}^{\mathrm{i}k|\boldsymbol{r}-\boldsymbol{r}'|}}{|\boldsymbol{r}-\boldsymbol{r}'|}, \tag{17.82}$$

also

$$\left(\Delta' + k^2\right) G(\boldsymbol{r},\boldsymbol{r}') = -4\pi\delta(\boldsymbol{r}-\boldsymbol{r}') \tag{17.83}$$

gilt, und Ψ die Wellengleichung im Vakuum löst:

$$\left(\Delta' + k^2\right) \Psi(\boldsymbol{r}') = 0. \tag{17.84}$$

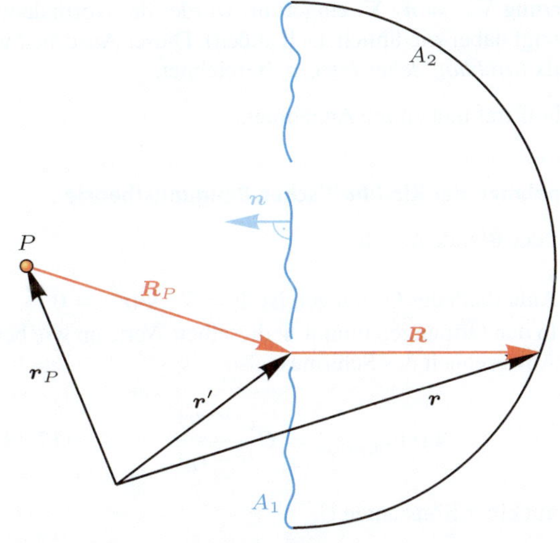

Abb. 17.8 Geometrische Anordnung zur Herleitung des Huygens'schen Prinzips. Vom Punkt P aus fällt eine Kugelwelle auf die Fläche A_1 (*Blende*) mit Normalenvektor $\boldsymbol{n}$; gesucht ist die Feldstärke auf der Fläche A_2 (*Schirm*). $\boldsymbol{r}$ ist ein Vektor zum Beobachtungspunkt auf dem Schirm, $\boldsymbol{r}'$ ein Vektor zu einem Punkt auf der Blende. Die Vektoren $\boldsymbol{R}$ und $\boldsymbol{R}_P$ werden später im Text erläutert

Auf der linken Seite im Green'schen Satz kann man sowohl im Minuenden als auch im Subtrahenden einen Term $\Psi(\boldsymbol{r}')k^2G(\boldsymbol{r},\boldsymbol{r}')$ hinzufügen,

$$\Psi(\boldsymbol{r}')\left(\Delta' + k^2\right) G(\boldsymbol{r},\boldsymbol{r}') - G(\boldsymbol{r},\boldsymbol{r}')\left(\Delta' + k^2\right)\Psi(\boldsymbol{r}'), \tag{17.85}$$

und dann die Wirkung des Differenzialoperators $\left(\Delta' + k^2\right)$ auf Ψ bzw. G ausnutzen. Integriert man schließlich über die Deltafunktion, so folgt

$$-4\pi\Psi(\boldsymbol{r}) = \oint_A \mathbf{d}\boldsymbol{f}' \cdot \left(\Psi(\boldsymbol{r}')\nabla' G(\boldsymbol{r},\boldsymbol{r}') - G(\boldsymbol{r},\boldsymbol{r}')\nabla'\Psi(\boldsymbol{r}')\right). \tag{17.86}$$

Frage 11

Rechnen Sie dies nach.

Da vorausgesetzt wurde, dass A_2 weit entfernt ist, kann man davon ausgehen, dass die Wellen sich dort wie auslaufende Kugelwellen verhalten, also mit r'^{-1} abfallen; dieselbe Abhängigkeit ergibt sich für die Green'sche Funktion. Das Produkt aus Ψ und der Ableitung von G bzw. umgekehrt fällt dann mit r'^{-3} ab; also verschwindet der Beitrag des Oberflächenintegrals über den Schirm A_2 für $r' \to \infty$. Damit bleibt

$$\Psi(\boldsymbol{r}) = \frac{1}{4\pi}\int_{A_1} \mathrm{d}f' \left(G(\boldsymbol{r},\boldsymbol{r}')\nabla'_\perp\Psi(\boldsymbol{r}') - \Psi(\boldsymbol{r}')\nabla'_\perp G(\boldsymbol{r},\boldsymbol{r}')\right), \tag{17.87}$$

wobei der infinitesimale Flächenvektor als $\mathbf{d}\boldsymbol{f}' = \mathrm{d}f'\boldsymbol{n}$ geschrieben und für die Ableitung senkrecht zur Fläche dann die

Teil II

Abkürzung $\nabla'_\perp = \boldsymbol{n} \cdot \nabla'$ eingeführt wurde (der Normalenvektor $\boldsymbol{n}$ zeigt dabei wie üblich nach außen). Dieser Ausdruck wird auch als *Kirchhoff'sches Integral* bezeichnet.

Kirchhoff traf nun einige Annahmen.

Annahmen der Kirchhoff'schen Beugungstheorie

Auf der Blende A_1 gilt:

- Außerhalb der Öffnungen ist $\Psi = \nabla'_\perp \Psi(\boldsymbol{r}') = 0$.
- In den Öffnungen nimmt Ψ dieselben Werte an wie bei Abwesenheit des Schirmes, also

$$\Psi(\boldsymbol{r})|_{\text{Öffnungen}} = C \frac{\mathrm{e}^{\mathrm{i}k|\boldsymbol{r}-\boldsymbol{r}_P|}}{|\boldsymbol{r}-\boldsymbol{r}_P|} \tag{17.88}$$

mit einer Konstanten C.

Beide Annahmen sind eigentlich mathematisch inkonsistent:

(a) Man kann zeigen, dass Ψ überall verschwinden muss, wenn auf einem endlichen Flächenstück sowohl Ψ selbst als auch die Normalableitung von Ψ verschwindet.
(b) Berechnet man Ψ in den Öffnungen mit (17.87), so ergeben sich *nicht* dieselben Werte wie bei Abwesenheit des Schirmes.

Zur Behebung dieser Probleme müsste man eine andere Green'sche Funktion verwenden, die sinnvolle Dirichlet'sche oder Neumann'sche Randbedingungen auf A_1 berücksichtigt. Aber Kirchhoffs Ansatz liefert trotz dieser Inkonsistenzen in den meisten praktischen Fällen sinnvolle Ergebnisse; wir werden hier deshalb weiter damit arbeiten. Eine genauere Diskussion dieser Thematik findet sich ebenfalls in Jackson (2006); weiter unten wird noch kurz darauf eingegangen, wie sich die notwendigen Änderungen auswirken.

Berücksichtigt man die Kirchhoff'schen Annahmen und setzt die expliziten Ausdrücke für Ψ und G ein, so hat man

$$\Psi(\boldsymbol{r}) = \frac{C}{4\pi} \int_{\text{Ö}} \mathrm{d}f' \left(\frac{\mathrm{e}^{\mathrm{i}kR}}{R} \nabla'_\perp \frac{\mathrm{e}^{\mathrm{i}kR_P}}{R_P} - \frac{\mathrm{e}^{\mathrm{i}kR_P}}{R_P} \nabla'_\perp \frac{\mathrm{e}^{\mathrm{i}kR}}{R} \right), \tag{17.89}$$

wobei zur Abkürzung $\boldsymbol{R}_P = \boldsymbol{r}' - \boldsymbol{r}_P$ und $\boldsymbol{R} = \boldsymbol{r} - \boldsymbol{r}'$ geschrieben wurde und nur über die Öffnungen (Ö) zu integrieren ist. Wir berechnen nun die Ableitungen:

$$\begin{aligned} \nabla'_\perp \frac{\mathrm{e}^{\mathrm{i}kR}}{R} &= \boldsymbol{n} \cdot \nabla' \frac{\mathrm{e}^{\mathrm{i}kR}}{R} = \boldsymbol{n} \cdot (\nabla' R)\, \partial_R \frac{\mathrm{e}^{\mathrm{i}kR}}{R} \\ &= -\boldsymbol{n} \cdot \hat{\boldsymbol{R}} \left(\mathrm{i}k - \frac{1}{R} \right) \frac{\mathrm{e}^{\mathrm{i}kR}}{R} = \cos \Phi \left(\mathrm{i}k - \frac{1}{R} \right) \frac{\mathrm{e}^{\mathrm{i}kR}}{R} \end{aligned} \tag{17.90}$$

mit einem Einheitsvektor $\hat{\boldsymbol{R}}$ in Richtung von $\boldsymbol{R}$ und dem Winkel Φ zwischen $\boldsymbol{R}$ und $-\boldsymbol{n}$.

Frage 12

Vollziehen Sie die Zwischenschritte nach.

Ebenso folgt

$$\nabla'_\perp \frac{\mathrm{e}^{\mathrm{i}kR_P}}{R_P} = -\cos \Phi_P \left(\mathrm{i}k - \frac{1}{R_P} \right) \frac{\mathrm{e}^{\mathrm{i}kR_P}}{R_P} \tag{17.91}$$

mit dem Winkel Φ_P zwischen $\boldsymbol{R}_P$ und $\boldsymbol{n}$.

Da sowohl Quelle als auch Schirm als sehr weit entfernt von den Öffnungen angenommen wurden, hat man sicher

$$k = \frac{2\pi}{\lambda} \gg \frac{1}{R} \quad \text{und} \quad k \gg \frac{1}{R_P}. \tag{17.92}$$

Damit bleibt

$$\Psi(\boldsymbol{r}) = -\frac{C}{4\pi} \int_{\text{Ö}} \mathrm{d}f' \, \frac{\mathrm{e}^{\mathrm{i}kR_P}}{R_P} \frac{\mathrm{e}^{\mathrm{i}kR}}{R} (\cos \Phi_P + \cos \Phi)\,. \tag{17.93}$$

Im Folgenden betrachten wir nur kleine Winkel, also senkrechter Einfall und nahezu senkrechter Ausfall der Wellen. Letzteres ist erfüllt, wenn die Abmessungen der Öffnung groß verglichen mit der Wellenlänge sind, wie wir im nächsten Unterabschnitt sehen werden. Dann haben wir

$$\frac{\mathrm{e}^{\mathrm{i}kR_P}}{R_P} \approx \text{const} \quad \text{und} \quad \cos \Phi_P + \cos \Phi \approx 2, \tag{17.94}$$

und es ergibt sich schließlich einfach

$$\Psi(\boldsymbol{r}) \approx C' \int_{\text{Ö}} \mathrm{d}f' \, \frac{\mathrm{e}^{\mathrm{i}kR}}{R}, \tag{17.95}$$

wobei die Konstanten zu C' zusammengefasst wurden. Damit ist das *Huygens'sches Prinzip* gezeigt.

Huygens'sches Prinzip

Von jedem Punkt der Öffnung geht eine Kugelwelle aus, deren Stärke von der einfallenden Welle bestimmt wird; das gesamte Feld ergibt sich durch Addition all dieser Kugelwellen.

Abschließend sei noch angemerkt, dass sich bei mathematisch konsistenter Behandlung des Problems (Berücksichtigung der Randbedingungen, Verwendung einer passenden Green'schen Funktion) praktisch dasselbe Ergebnis ergibt: Der Winkelfaktor $\cos \Phi_P + \cos \Phi$ ist dann zwar anders, in der Kleinwinkelnäherung kann man aber auch dann für diesen Faktor einfach 2 annähern.

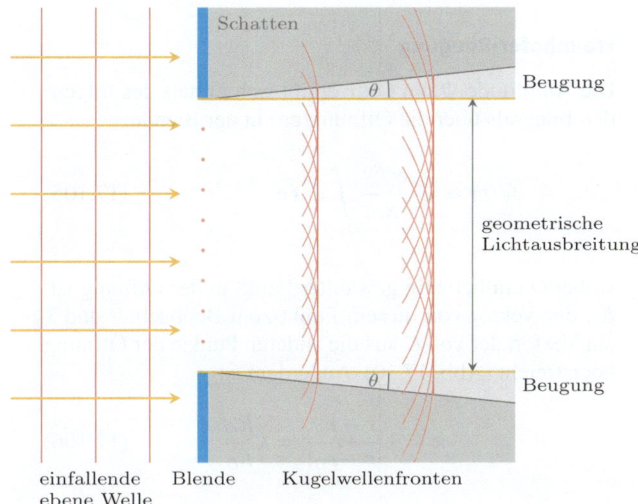

Abb. 17.9 Beugung an einer rechteckigen Öffnung bzw. einem Spalt: einfallende ebene Welle, auslaufende Kugelwellen, Verlauf der Strahlen laut geometrischer Optik und laut Beugungstheorie

Beugung, qualitativ erklärt

Eine anschauliche Vorstellung von den Vorgängen an einer Öffnung in einer Blende erhält man, wenn man sich zunächst eine rechteckige Öffnung der Breite $a \gg \lambda$ anschaut. Dies ist in Abb. 17.9 qualitativ dargestellt. Wir betrachten dabei nur die Vorgänge in einer Ebene, die Ausdehnung der Öffnung senkrecht dazu wird ignoriert bzw. als unendlich groß betrachtet („Spalt").

Da die Quelle als weit entfernt angenommen wird, können wir die einfallende Welle als (nahezu) eben betrachten. Laut dem Huygens'schen Prinzip kann man dann jeden Punkt der Öffnung als Quelle einer Kugelwelle betrachten. Für einige Punkte in der Öffnung sind jeweils zwei Wellenfronten dieser Kugelwellen (zu zwei unterschiedlichen Radien) dargestellt.

Dort, wo sich die Wellenfronten alle überlagern, hat man konstruktive Interferenz, d. h. die Wellen verstärken sich gegenseitig – man sieht dort also Licht. In Abb. 17.9 ist dieser Bereich jeweils durch eine gelbe Linie markiert. Er ist parallel zur Öffnung und hat etwa dieselbe Größe; dies entspricht dem Strahlenverlauf in der geometrischen Optik: Das Bild des Spaltes (bei senkrechtem Lichteinfall auf die Blende) ist eine helle Fläche von derselben Größe wie der Spalt.

Allerdings erstreckt sich dieser Bereich bei genauerer Betrachtung doch etwas über die eigentliche Spaltbreite hinaus. Selbst bei parallelem Einfall der Lichtstrahlen können diese auch in Bereiche gelangen, die laut geometrischer Optik eigentlich nicht zugänglich sein sollten. Dies ist die *Beugung* der Lichtstrahlen. In Bereiche noch weiter außen gelangt kein Licht, dort hat man also Schatten (genauer: destruktive Interferenz – die Kugelwellen löschen sich dort gegenseitig aus).

Dieses Bild ist natürlich nur sehr qualitativ zu verstehen; in realen Fällen hat man meist keine klar gegeneinander abgegrenzten Bereiche von „geometrischem Bild", „Beugungsbereich" und „Schatten", sondern die einzelnen Bereiche gehen kontinuierlich ineinander über. Außerdem gibt es im Allgemeinen nicht nur jeweils einen Bereich mit konstruktiver und destruktiver Interferenz, sondern die Bereiche wechseln sich ab. Dennoch ist es in dem Bereich, in dem laut geometrischer Optik das meiste Licht sein sollte, auch in praktisch allen realistischen Beispielen tatsächlich am hellsten, und der Bereich, in dem laut geometrischer Optik Schatten sein sollte, ist dunkler.

Die Größe des Beugungswinkels θ kann man qualitativ abschätzen: Durch die Blende wird aus der ebenen Welle ein Teil der Breite a „ausgeschnitten". Der Breite a im „normalen" Raum entspricht laut der Theorie der Fourier-Transformation aber eine Breite Δk im „Wellenzahlraum", wobei

$$\Delta k \cdot a \approx 2 \qquad (17.96)$$

gilt (vgl. die Breiten der Gauß-Kurven im Beispiel in Abschn. 13.1); die „Unschärfe" Δk gilt dabei für die Komponente des Wellenzahlvektors parallel zur Öffnung. Für den Winkel (im Bogenmaß) gilt andererseits aber auch

$$\theta \approx \frac{\Delta k}{k}. \qquad (17.97)$$

Insgesamt ergibt sich

$$\theta \approx \frac{2}{ak} = \frac{\lambda}{\pi a}, \qquad (17.98)$$

der Beugungswinkel ist also grob von der Größenordnung der Wellenlänge geteilt durch die Breite der Öffnung. Damit ist nun auch gezeigt, dass die Kleinwinkelnäherung tatsächlich gerechtfertigt ist, wenn die Öffnung sehr viel größer als die Wellenlänge ist. Speziell für sichtbares Licht ergibt sich bei einer Spaltbreite von 5 mm (z. B. Türspalt) ein Winkel von der Größenordnung weniger Bogenminuten – mit bloßem Auge also nicht zu erkennen.

Fraunhofer'sche Beugung

In vielen Fällen ist die Ausdehnung d der Öffnung klein verglichen mit dem Abstand des Schirmes. Gilt insbesondere

$$\frac{d}{R} \ll \frac{\lambda}{d}, \text{ also } \frac{d^2}{\lambda R} \ll 1, \qquad (17.99)$$

so spricht man von *Fraunhofer-Beugung* (nach dem deutschen Physiker *Joseph von Fraunhofer*, 1787–1826). Ist diese Näherung nicht brauchbar, gilt aber immer noch $(d/R)^2 \ll \lambda/d$, so hat man *Fresnel-Beugung*. Im Rahmen der Kirchhoff'schen Beugungstheorie wurde außerdem bereits vorausgesetzt, dass $\lambda/d \ll 1$ ist. Dennoch ist in vielen realen Sitationen der Abstand R so groß, dass auch (17.99) erfüllt ist.

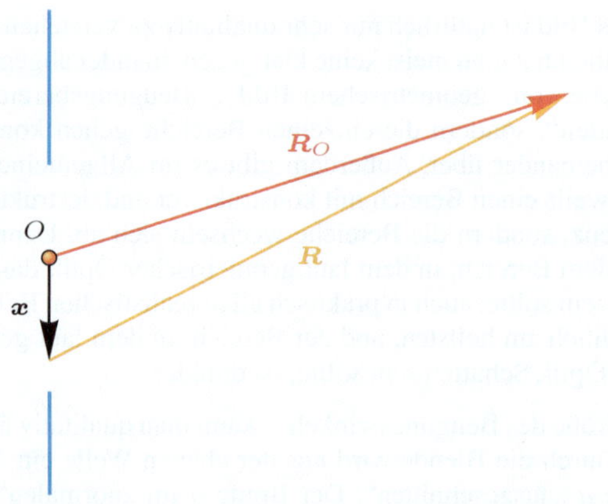

Abb. 17.10 Vektoren zur Berechnung der Fraunhofer-Beugung an einer beliebigen Öffnung: O ist ein beliebiger fester Punkt in der Öffnung, der Vektor $\boldsymbol{x}$ überstreicht die anderen Punkte der Öffnung, $\boldsymbol{R}_O$ geht von O zum Beobachter

Für Fraunhofer-Beugung kann man den Ausdruck (17.95) weiter vereinfachen. Betrachten wir dafür einen festen Punkt O in der Öffnung (Abb. 17.10) und schreiben

$$\boldsymbol{R} = \boldsymbol{r} - \boldsymbol{r}_O - \boldsymbol{x} = \boldsymbol{R}_O - \boldsymbol{x}. \tag{17.100}$$

Damit haben wir zunächst

$$\begin{aligned} R &= \sqrt{R_O^2 - 2\boldsymbol{R}_O \cdot \boldsymbol{x} + \boldsymbol{x}^2} = R_O \sqrt{1 - \frac{2\boldsymbol{R}_O \cdot \boldsymbol{x}}{R_O^2} + \frac{\boldsymbol{x}^2}{\boldsymbol{R}_O^2}} \\ &\approx R_O - \frac{\boldsymbol{R}_O \cdot \boldsymbol{x}}{R_O} + \frac{\boldsymbol{x}^2}{2R_O} - \frac{(\boldsymbol{R}_O \cdot \boldsymbol{x})^2}{2R_O^3}, \end{aligned} \tag{17.101}$$

wobei $|\boldsymbol{x}| \ll |\boldsymbol{R}_O|$ benutzt wurde, und damit

$$\frac{\mathrm{e}^{\mathrm{i}kR}}{R} \approx \frac{\mathrm{e}^{\mathrm{i}kR_O}}{R_O} \mathrm{e}^{-\mathrm{i}\boldsymbol{k}\cdot\boldsymbol{x}} \exp\left(\frac{\mathrm{i}k\boldsymbol{x}^2}{2R_O} - \frac{\mathrm{i}\,(\boldsymbol{k}\cdot\boldsymbol{x})^2}{2kR_O}\right) \tag{17.102}$$

mit der Abkürzung $\boldsymbol{k} = k\boldsymbol{R}_O/R_O$.

Frage 13

Vollziehen Sie diese Näherungen nach.

Da hier nun aber nach der Voraussetzung (17.99)

$$\frac{k\boldsymbol{x}^2}{2R_O} = \frac{\pi \boldsymbol{x}^2}{\lambda R_O} \leq \pi \frac{d^2}{\lambda R_O} \ll 1 \tag{17.103}$$

und

$$\frac{(\boldsymbol{k}\cdot\boldsymbol{x})^2}{2kR_O} \leq \frac{k^2 x^2}{2kR_O} \leq \pi \frac{d^2}{\lambda R_O^2} \ll 1 \tag{17.104}$$

ist, kann der hintere Exponentialfaktor vernachlässigt werden, womit ein einfaches Ergebnis folgt.

Fraunhofer-Beugung

Die Amplitude Ψ am Ort $\boldsymbol{r}$ ergibt sich mittels des folgenden Integrals über die Öffnung(en) in der Blende:

$$\Psi(\boldsymbol{r}) \approx C' \frac{\mathrm{e}^{\mathrm{i}kR_O}}{R_O} \int\limits_{\text{Ö}} \mathrm{d}^2x\, \mathrm{e}^{-\mathrm{i}\boldsymbol{k}\cdot\boldsymbol{x}}, \tag{17.105}$$

wobei O ein beliebig gewählter Punkt in der Öffnung ist, $\boldsymbol{R}_O$ der Vektor von diesem Punkt zum Beobachter und $\boldsymbol{x}$ ein Vektor, der von O aus die anderen Punkte der Öffnung überstreicht (Abb. 17.10). Außerdem ist

$$\boldsymbol{k} = k\frac{\boldsymbol{r} - \boldsymbol{r}_O}{|\boldsymbol{r} - \boldsymbol{r}_O|} = k\frac{\boldsymbol{R}_O}{R_O}. \tag{17.106}$$

Die Lichtintensität ist proportional zum (Betrags-)Quadrat der Amplitude Ψ der Welle; der exponentielle Vorfaktor ergibt für die Intensität somit einfach 1:

$$I = C'' \frac{1}{R_O^2} \left| \int\limits_{\text{Ö}} \mathrm{d}^2x\, \mathrm{e}^{-\mathrm{i}\boldsymbol{k}\cdot\boldsymbol{x}} \right|^2, \tag{17.107}$$

wobei alle konstanten Vorfaktoren nun in C'' zusammengefasst wurden. Legt man außerdem das Koordinatensystem so, dass O der Ursprung ist, hat man zunächst

$$\boldsymbol{R}_O = \boldsymbol{r} \quad \text{und} \quad \boldsymbol{k} = k\frac{\boldsymbol{r}}{r} = k\hat{\boldsymbol{r}}. \tag{17.108}$$

Liegt die (flache) Blendenöffnung außerdem komplett in der x-y-Ebene, ergibt sich speziell für $\boldsymbol{r} = r\hat{\boldsymbol{e}}_z$ (geometrische Strahlrichtung) $\boldsymbol{k}\cdot\boldsymbol{x} = 0$ und damit

$$I_0 = C'' \frac{1}{r^2} \left| \int\limits_{\text{Ö}} \mathrm{d}^2x \right|^2 = C'' \frac{A^2}{r^2}, \tag{17.109}$$

wobei A der Flächeninhalt der Blendenöffnung ist. Damit hat man schließlich

$$\frac{I}{I_0} = \frac{1}{A^2} \left| \int\limits_{\text{Ö}} \mathrm{d}^2x\, \mathrm{e}^{-\mathrm{i}k\hat{\boldsymbol{r}}\cdot\boldsymbol{x}} \right|^2 = \left| \frac{A(\hat{\boldsymbol{r}})}{A} \right|^2, \tag{17.110}$$

wobei abkürzend noch

$$A(\hat{\boldsymbol{r}}) := \int\limits_{\text{Ö}} \mathrm{d}^2x\, \mathrm{e}^{-\mathrm{i}k\hat{\boldsymbol{r}}\cdot\boldsymbol{x}} \tag{17.111}$$

definiert wurde.

Betrachtet man nur das Verhältnis der Lichtintensität zur Intensität in geometrischer Strahlrichtung, so kürzen sich alle unbekannten Vorfaktoren heraus, und man muss letztlich nur noch das Integral $A(\hat{\boldsymbol{r}})$ über die Öffnung berechnen. Außerdem hängt dieses Verhältnis nicht mehr von der Entfernung zur Öffnung, sondern nur noch von der Richtung ab.

Abschließend sei darauf hingewiesen, dass Beugung auch oft zur Strukturaufklärung eingesetzt wird. Dies kann man sich hier so vorstellen, dass sich in der Öffnung Materie befindet, die an unterschiedlichen Punkten die einfallende Welle unterschiedlich stark streut. Die Amplituden der entstehenden Kugelwellen hängen dann vom Ort ab, und man hat

$$\Psi(\boldsymbol{r}) \approx \frac{\mathrm{e}^{\mathrm{i}kR_O}}{R_O} \int_{\text{Ö}} \mathrm{d}^2x\, C'(\boldsymbol{x})\mathrm{e}^{-\mathrm{i}\boldsymbol{k}\cdot\boldsymbol{x}}. \tag{17.112}$$

Das Integral ist nun aber (bis auf Vorfaktoren) nichts anderes als die (zweidimensionale) Fourier-Transformierte von $C'(\boldsymbol{x})$. Deshalb rechnet man die Fraunhofer-Beugung zur sogenannten *Fourier-Optik*.

Beugung an einer kreisförmigen Öffnung

In optischen Anwendungen hat man oft den Fall, dass Licht an kreisförmigen Öffnungen gebeugt wird (beispielsweise Einfassungen von Linsen bei Teleskop und Mikroskop). Dieser wichtige Fall soll deshalb hier beispielhaft diskutiert werden. Der deutlich einfachere Fall einer rechteckigen Öffnung wird dem Leser überlassen (Aufgabe 17.7).

Wir benutzen Gleichung (17.110), die sich aus der Fraunhofer-Näherung ergibt. Das Integral über die Öffnung ist nun einfach ein Integral über eine Kreisscheibe mit Radius ϱ_0, die in der x-y-Ebene liegt und deren Mittelpunkt der Ursprung ist.

Welche Koordinatenwahl liegt nun nahe?

Dementsprechend verwenden wir Polarkoordinaten ϱ und φ für den Vektor $\boldsymbol{x}$; der Vektor $\hat{\boldsymbol{r}}$ habe die Winkel φ_r und θ (letzteren zur z-Achse). Dann hat man zunächst

$$\begin{aligned}\hat{\boldsymbol{r}}\cdot\boldsymbol{x} &= \varrho\sin\theta\,(\cos\varphi\cos\varphi_r + \sin\varphi\sin\varphi_r)\\ &= \varrho\sin\theta\cos(\varphi-\varphi_r)\end{aligned} \tag{17.113}$$

und damit

$$A(\theta,\varphi_r) = \int_0^{\varrho_0} \varrho\,\mathrm{d}\varrho \int_0^{2\pi} \mathrm{d}\varphi\, \mathrm{e}^{-\mathrm{i}k\varrho\sin\theta\cos(\varphi-\varphi_r)}. \tag{17.114}$$

Macht man die Variablentransformation $\varphi - \varphi_r \to \varphi$ und nutzt die Periodizität des Kosinus aus, vereinfacht sich das zunächst zu

$$A(\theta) = \int_0^{\varrho_0} \varrho\,\mathrm{d}\varrho \int_0^{2\pi} \mathrm{d}\varphi\, \mathrm{e}^{-\mathrm{i}k\varrho\sin\theta\cos\varphi} \tag{17.115}$$

bzw. mit der Substitution $z = k\varrho\sin\theta$ zu

$$A(\theta) = \frac{1}{k^2\sin^2\theta} \int_0^{k\varrho_0\sin\theta} z\,\mathrm{d}z \int_0^{2\pi} \mathrm{d}\varphi\, \mathrm{e}^{-\mathrm{i}z\cos\varphi}. \tag{17.116}$$

Wir führen nun zunächst das Integral über φ aus. Dafür kann man folgende Formel aus der mathematischen Literatur benutzen:

$$\int_0^{2\pi} \mathrm{d}\varphi\, \mathrm{e}^{-\mathrm{i}z\cos\varphi} = 2\pi J_0(z), \tag{17.117}$$

wobei J_0 die Bessel-Funktion erster Art und nullter Ordnung ist (siehe Abschn. 16.1). Damit haben wir zunächst

$$A(\theta) = \frac{2\pi}{k^2\sin^2\theta} \int_0^{k\varrho_0\sin\theta} z\,J_0(z)\,\mathrm{d}z. \tag{17.118}$$

Auch das Integral über z ist mittels der Formel

$$\int_0^{z_0} z\,J_0(z)\,\mathrm{d}z = z_0\,J_1(z_0) \tag{17.119}$$

aus der mathematischen Literatur leicht ausführbar, wobei J_1 nun die Bessel-Funktion erster Art und erster Ordnung ist, und man erhält

$$A(\theta) = \frac{2\pi k\varrho_0\sin\theta}{k^2\sin^2\theta} J_1(k\varrho_0\sin\theta) = A\frac{2J_1(k\varrho_0\sin\theta)}{k\varrho_0\sin\theta} \tag{17.120}$$

mit dem Flächeninhalt $A = \pi\varrho_0^2$ der Kreisöffnung.

Speziell in geometrischer Strahlrichtung hat man damit das konsistente Ergebnis

$$A(0) = A\cdot\lim_{z\to 0}\frac{2J_1(z)}{z} = A. \tag{17.121}$$

Die Intensität I auf dem Schirm ergibt sich also zu

$$\frac{I(\theta)}{I(0)} = \left(\frac{2J_1(k\varrho_0\sin\theta)}{k\varrho_0\sin\theta}\right)^2. \tag{17.122}$$

Diese Größe ist in Abb. 17.11 für $k\varrho_0 = 10$ in Abhängigkeit des Winkels θ dargestellt. Abbildung 17.12 zeigt das sich ergebende Beugungsbild direkt. Dieses Bild wird auch als *Beugungsscheibchen* oder *Airy-Scheibchen* bezeichnet (nach dem englischen Mathematiker und Astronomen *Sir George Biddell Airy*, 1801–1892). Insbesondere sieht man, dass auf der z-Achse, also direkt in

Blickrichtung zur Quelle, die Intensität immer am höchsten ist.

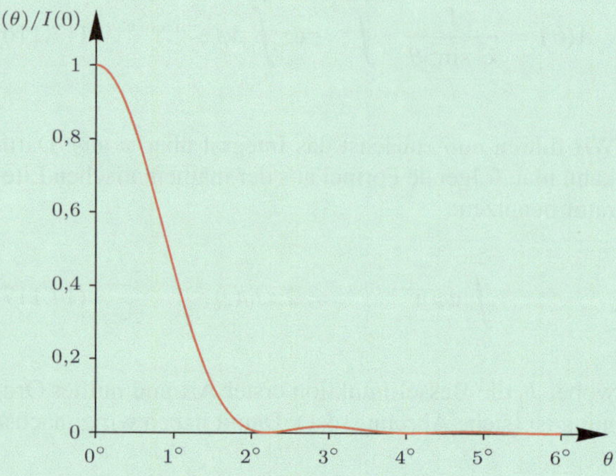

Abb. 17.11 Die Intensität bei Beugung an einer kreisförmigen Öffnung (hier speziell für $k\varrho_O = 10$ mit der Wellenzahl k und dem Radius ϱ_O), dargestellt als Funktion des Beugungswinkels θ. Wie man sieht, fällt die Intensität rasch ab und steigt dann kaum wieder an: Bereits die Intensität des zweiten Maximums beträgt nur noch wenige Prozent des ersten

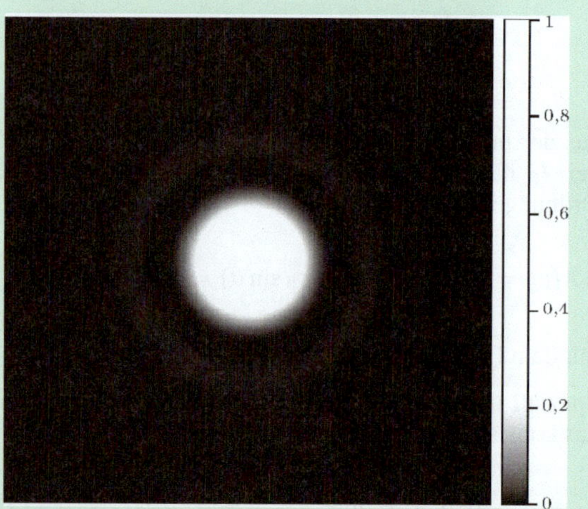

Abb. 17.12 Das Beugungsbild, das bei Fraunhofer-Beugung an einer kreisförmigen Öffnung entsteht. Das erste Maximum ist im Vergleich mit den folgenden sehr groß; damit man die weiteren Maxima noch erkennt, ist hier ein „überbelichtetes" Bild gezeigt: Alle Intensitäten, die größer als 20 % der Intensität des Hauptmaximums sind, sind *weiß* dargestellt (siehe die angegebene Farbskala)

Beschränkt man sich auf einen Beobachter auf der z-Achse, so kann die Rechnung aber auch für Fresnel-Beugung durchgeführt werden. Man hat dann $\boldsymbol{k} \cdot \boldsymbol{x} = 0$. Damit bleibt vom Exponentialfaktor in (17.102) nur

$$\frac{\mathrm{e}^{\mathrm{i}kR}}{R} \approx \frac{\mathrm{e}^{\mathrm{i}kR_O}}{R_O} \exp\left(\frac{\mathrm{i}k\boldsymbol{x}^2}{2R_O}\right), \tag{17.123}$$

und für die Intensität auf der z-Achse gilt

$$\begin{aligned} I_0 &\propto \frac{1}{R_O^2}\left|\int_{\text{Ö}} \mathrm{d}^2x \exp\left(\frac{\mathrm{i}k\boldsymbol{x}^2}{2R_O}\right)\right|^2 \\ &= \frac{4\pi^2}{R_O^2}\left|\int_0^{\varrho_O} \varrho\,\mathrm{d}\varrho \exp\left(\frac{\mathrm{i}k\varrho^2}{2R_O}\right)\right|^2, \end{aligned} \tag{17.124}$$

wobei die Winkelintegration bereits ausgeführt wurde. Mit der Substitution $u = (k\varrho^2)/(2R_O)$ wird dies zu

$$\begin{aligned} I_0 &\propto \left|\int_0^{k\varrho_0^2/(2R_O)} \mathrm{d}u\,\mathrm{e}^{\mathrm{i}u}\right|^2 \\ &= \left|\frac{\mathrm{e}^{\mathrm{i}k\varrho_0^2/(2R_O)} - 1}{\mathrm{i}}\right|^2 = 4\sin^2\left(\frac{k\varrho_0^2}{4R_O}\right). \end{aligned} \tag{17.125}$$

Damit hat man das überraschende Ergebnis, dass für Radien ϱ_0 mit

$$\frac{k\varrho_0^2}{4R_O} = n\pi, \tag{17.126}$$

wobei n eine natürliche Zahl ist, direkt in Blickrichtung der Quelle die Intensität verschwindet!

Im Kasten „Anwendung in der Technik: Fresnel-Zonenlinsen" wird beschrieben, wie die Fresnel-Beugung an kreisförmigen Öffnungen in optischen Geräten sinnvoll eingesetzt werden kann. ◀

Das Babinet'sche Prinzip

Abschließend sei noch ein allgemeines Resultat zur Beugung genannt, das vom französischen Physiker *Jacques Babinet* (1794–1872) im Jahre 1837 aufgestellt wurde.

Babinet'sches Prinzip

Die Beugungsbilder einer Blende und der dazu komplementären Blende sind gleich.

„Komplementäre Blende" heißt dabei, dass in der ursprünglichen Blende jeweils Öffnungen durch undurchlässige Teile ersetzt werden, und umgekehrt (Abb. 17.14). Unter dem Beugungsbild versteht man hier den Anteil des Bildes auf dem

Vertiefung: Begrenzung der Auflösung

Beugung an (kreisförmigen) Öffnungen stellt für optische Instrumente wie Mikroskope und Teleskope, aber auch für das Auge, ein Problem dar: Sie begrenzt die Auflösung. Unter dem *Auflösungsvermögen* eines optischen Instruments versteht man dabei anschaulich den kleinsten noch wahrnehmbaren Abstand zweier punktförmiger Objekte.

Als Kriterium dafür benutzt man, dass sich die Beugungsscheibchen zweier benachbarter Punktquellen überlappen, genauer: dass das erste Minimum des Beugungsbildes einer Punktquelle gerade mit dem mittleren Maximum einer danebenliegenden Punktquelle zusammenfällt (Abb. 17.13). Bei Teleskopen spricht man hier vom *Rayleigh-Kriterium*, bei Mikroskopen von der *Abbe'schen Auflösungsgrenze* (nach dem deutschen Physiker *Ernst Abbe*, 1840–1905); beide bedeuten letztlich genau dasselbe.

Allgemein wird das erste Minimum der Intensität durch die erste Nullstelle $z_1 \approx 3{,}8317$ der Funktion $J_1(z)$ bestimmt, befindet sich also beim Winkel

$$\sin\theta_1 \approx \frac{3{,}8317}{k\varrho_0} \approx 1{,}22\frac{\lambda}{d},$$

wobei $d = 2\varrho_0$ der Durchmesser der Öffnung ist. Haben zwei Punkte einen Winkelabstand, der kleiner als dieser Winkel θ_1 ist, so sind sie nicht mehr unterscheidbar.

Für ein Teleskop mit einem Linsendurchmesser von $d = 10$ cm ergibt sich für sichtbares Licht ($\lambda = 600\,\text{nm}$) ein Winkel von etwa 1,5 Bogensekunden. Dies ist aber schon von derselben Größenordnung wie die Begrenzung des Auflösungsvermögens, die durch Luftunruhen entsteht. Auch durch Verwendung größerer Teleskope ist die Auflösung also kaum noch zu steigern.

Das menschliche Auge erreicht dagegen selbst unter idealen Bedingungen nur ein Auflösungsvermögen von etwa einer halben bis zu einer Bogenminute; dies entspricht etwa einem Punktabstand von 1 mm in einer Entfernung von 3–6 m.

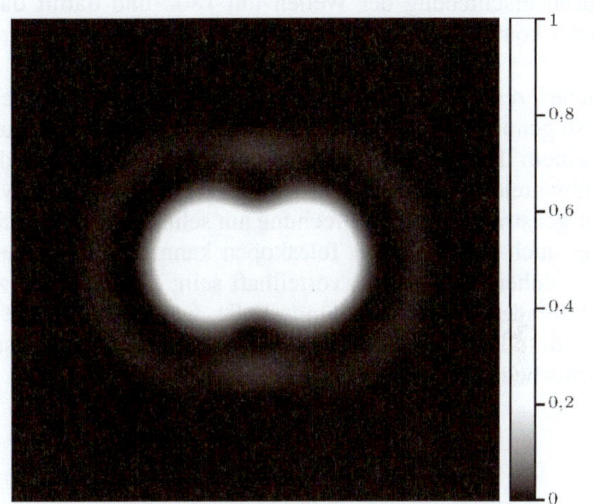

Abb. 17.13 Beugungsscheibchen für zwei dicht nebeneinanderliegende Punktquellen; die beiden Punkte sind gerade noch unterscheidbar (auch hier ist ein „überbelichtetes" Bild gezeigt; siehe Abb. 17.12)

Schirm, der nicht der geometrischen Optik entspricht, sondern rein aus der Beugung entsteht.

Das Prinzip ist einfach zu beweisen. Dazu zerlegen wir das Feld zunächst in einen „geometrischen" Anteil, der sich ergeben würde, wenn die geometrische Optik streng gelten würde, und einen „Beugungs"-anteil, der die Korrekturen dazu umfasst,

$$\Psi = \Psi_{\text{geo}} + \Psi_{\text{beug}}, \tag{17.127}$$

und ebenso für das Feld Ψ^c, das sich bei der komplementären Blende ergeben würde:

$$\Psi^c = \Psi^c_{\text{geo}} + \Psi^c_{\text{beug}}. \tag{17.128}$$

Offensichtlich muss die Summe aus Ψ_{geo} und Ψ^c_{geo} gleich der einfallenden Welle Ψ_0 sein:

$$\Psi_{\text{geo}} + \Psi^c_{\text{geo}} = \Psi_0. \tag{17.129}$$

Andererseits ist nach Kirchhoffs Annahmen das Feld in den Öffnungen jeweils gleich dem ungestörten Feld. Damit gilt in der

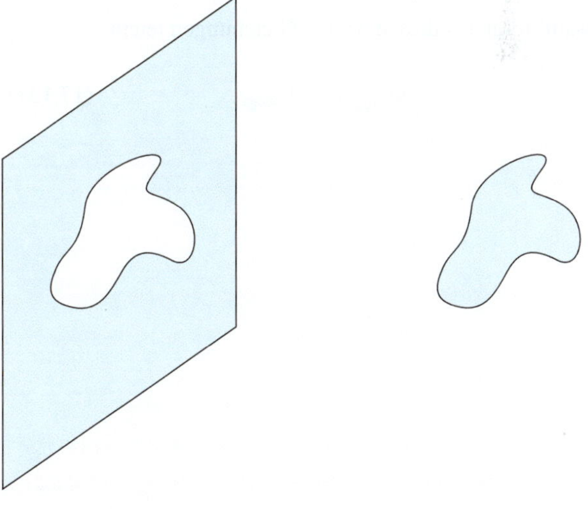

Abb. 17.14 Eine Blende und die dazu komplementäre Blende

Anwendung in der Technik: Fresnel-Zonenlinsen

Es wurde gezeigt, dass Fresnel-Beugung an einer kreisförmigen Öffnung in Strahlrichtung der Quelle für bestimmte Radien (17.38) der Öffnung zu destruktiver Interferenz führt. Dies kann man vermeiden, indem man die Öffnung in Form konzentrischer Ringe gestaltet, wobei jeweils die Bereiche, die zur destruktiven Interferenz beitragen, ausgeblendet werden (Abb. 17.15). Alternativ kann man statt undurchsichtiger Blenden an diesen Stellen auch ein transparentes Material verwenden, dessen Dicke so gewählt wird, dass sich eine Phasenverschiebung der Wellen um 180° und damit dann wieder konstruktive Interferenz ergibt.

Solche *Fresnel-Zonenlinsen* oder *-platten* können beispielsweise genutzt werden, um Röntgenstrahlung durch Beugung in einem Brennpunkt zu bündeln. (Wie bereits bei den Röntgenteleskopen diskutiert wurde, ist eine Bündelung von Röntgenstrahlung durch Brechung nur sehr schwer möglich). Aber auch bei optischen Teleskopen kann die Anwendung von solchen Zonenlinsen vorteilhaft sein: Sie erfordern zur Lichtbündelung nur eine dünne Folie, was im Vergleich zu Linsen- oder Spiegelteleskopen eine enorme Gewichtsersparnis bedeutet.

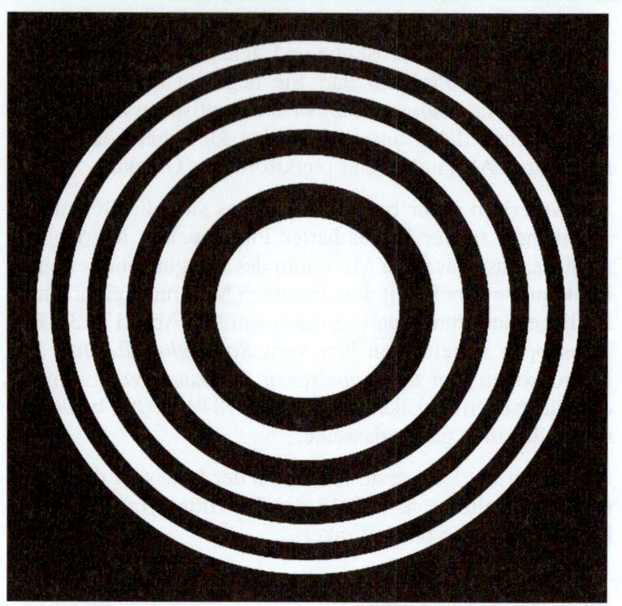

Abb. 17.15 Grundsätzlicher Aufbau einer Fresnel-Zonenlinse. Die konzentrischen Ringe blenden die Strahlen, die zu destruktiver Interferenz führen, aus. Durch Fresnel-Beugung ergibt sich eine Bündelung des Lichtes oder der Röntgenstrahlung (© Tom Murphy VII)

Ebene der Blende (und deshalb auch im gesamten Raum) ebenfalls

$$\Psi + \Psi^c = \Psi_0. \tag{17.130}$$

Insgesamt folgt aus diesen beiden Gleichungen leicht

$$\Psi^c_{\text{beug}} = -\Psi_{\text{beug}}. \tag{17.131}$$

Die Feldstärke des gebeugten Anteils ist also bei der komplementären Blende gleich groß, aber um 180° phasenverschoben gegenüber der ursprünglichen Blende. Da aber die Intensität I proportional zum (Betrags-)Quadrat der Feldstärke ist, folgt

$$I^c = I, \tag{17.132}$$

was zu zeigen war.

Aufgaben

Gelegentlich enthalten die Aufgaben mehr Angaben, als für die Lösung erforderlich sind. Bei einigen anderen dagegen werden Daten aus dem Allgemeinwissen, aus anderen Quellen oder sinnvolle Schätzungen benötigt.

• leichte Aufgaben mit wenigen Rechenschritten
•• mittelschwere Aufgaben, die etwas Denkarbeit und unter Umständen die Kombination verschiedener Konzepte erfordern
••• anspruchsvolle Aufgaben, die fortgeschrittene Konzepte (unter Umständen auch aus späteren Kapiteln) oder eigene mathematische Modellbildung benötigen

17.1 •• Regenbogen Die Abbildung illustriert, wie Sonnenlicht in einem Regentropfen gebrochen wird.

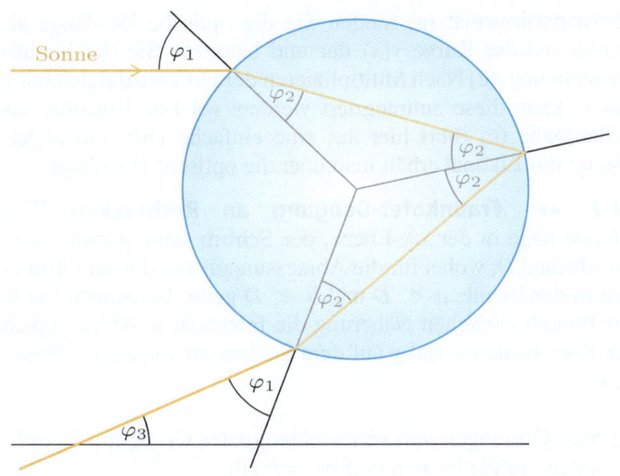

Der Winkel φ_3, unter dem ein eigentlich von der Sonne kommender Lichtstrahl nach Brechung im Regentropfen zu sehen ist, hängt vom Einfallswinkel φ_1 ab. Es gibt jedoch einen bestimmten Einfallswinkel, bei dem kleine Änderungen zu praktisch keinen Änderungen in φ_3 führen. Benachbarte Strahlen verstärken sich bei diesem bestimmten Einfallswinkel also; auf diese Weise entsteht der sichtbare Regenbogen. Berechnen Sie diesen Einfallswinkel und den zugehörigen Winkel φ_3, unter dem der Regenboden dann zu sehen ist. Verwenden Sie dabei für die Brechungsindizes von Luft bzw. Wasser die Werte $n_1 = 1$ bzw. $n_2 = 1{,}33$.

Lösungshinweis: Dass kleine Änderungen des Einfallswinkels zu praktisch keinen Änderungen in φ_3 führen, bedeutet rechnerisch einfach, dass die Ableitung von φ_3 nach φ_1 verschwinden muss.

17.2 •• Fresnel'sche Formeln Leiten Sie die Fresnel'schen Formeln (17.37) und (17.38) her.

Lösungshinweis: Die Vorgehensweise ist fast völlig analog zu der bei der Herleitung von (17.35) und (17.36). Um die gesuchten Ergebnisse zu erhalten, ist an mehreren Stellen die Anwendung der trigonometrischen Additionstheoreme nötig.

17.3 •• Reflexions- und Transmissionskoeffizienten Zeigen Sie durch explizite Berechnung der entsprechenden Winkelabhängigkeiten, dass bei der Brechung für die Reflexions- und Transmissionskoeffizienten für Polarisation (a) senkrecht bzw. (b) parallel zur Einfallsebene jeweils $R + T = 1$ gilt.

Lösungshinweis: Verwenden Sie die Fresnel'schen Formeln und die Definitionen der Reflexions- und Transmissionskoeffizienten in Abschn. 17.2. Die Rechnungen sind nicht grundsätzlich schwierig, aber unübersichtlich, und erfordern Geschick im Umgang mit den trigonometrischen Additionstheoremen.

17.4 • Eikonale Zeigen Sie, dass (a) ebene Wellen und (b) Kugelwellen die Eikonalgleichung für konstantes n lösen, und geben Sie jeweils das zugehörige Eikonal S an.

17.5 • Reflexionsgesetz und Brechungsgesetz mit Fermat

(a) Leiten Sie das Reflexionsgesetz aus dem Fermat'schen Prinzip her. Verwenden Sie dabei die in der Abbildung gezeigten Bezeichnungen.

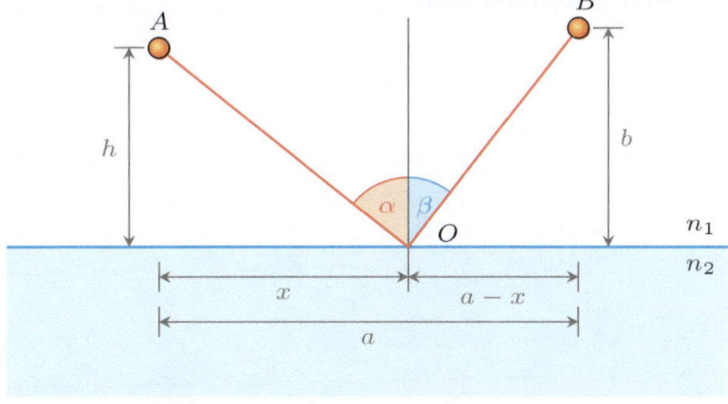

(b) Leiten Sie das Brechungsgesetz aus dem Fermat'schen Prinzip her. Verwenden Sie dabei die in der Abbildung gezeigten Bezeichnungen.

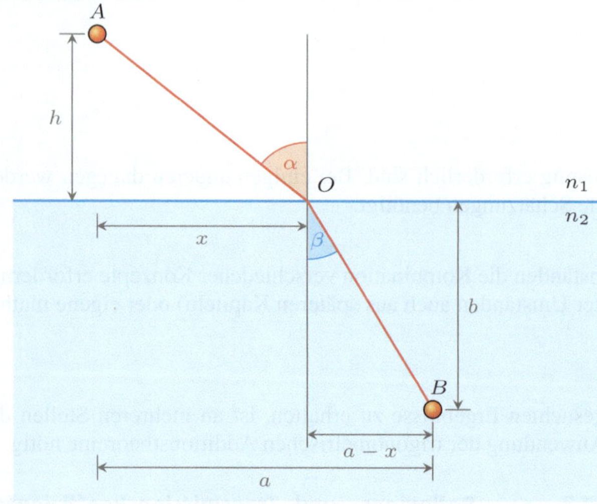

Lösungshinweis: Schreiben Sie jeweils die Bedingung, dass die Weglängen maximal sein sollen, zunächst mithilfe von x und gehen Sie dann zu einer Beschreibung mit den Winkeln über.

17.6 ••• Brechung in inhomogenem Medium Der Brechungsindex eines Mediums hänge nur von y ab. Die Lichtstrahlen in diesem Medium sollen sich nur in der x-y-Ebene befinden, können also durch Kurven $y(x)$ beschrieben werden.

(a) Leiten Sie aus dem Fermat'schen Prinzip ab, dass dann folgende Differenzialgleichung gilt:

$$ny'' - (1 + y'^2)n' = 0, \qquad (17.133)$$

wobei

$$y' = \frac{dy}{dx} \quad \text{und} \quad n' = \frac{dn}{dy} \qquad (17.134)$$

ist.

(b) Begründen Sie aus der Differenzialgleichung, dass Lichtstrahlen immer in die Richtung der größeren optischen Dichte gekrümmt sind.

(c) Leiten Sie aus der Differenzialgleichung für Lichtstrahlen, welche die x-Achse an einer beliebigen Stelle x_0 berühren, folgenden Zusammenhang her:

$$n(y) = n(0)\sqrt{1 + y'^2}. \qquad (17.135)$$

(d) Ermitteln Sie damit, wie der Brechungsindex von y abhängen muss, damit der Lichtstrahl einer Parabel $y = a(x - x_0)^2$ folgt.

(e) Für den Brechungsindex eines Mediums gelte speziell

$$n(y) = n_0 + n_1 y. \qquad (17.136)$$

Ein Lichtstrahl soll im Ursprung parallel zur x-Achse in dieses Medium eintreten. Ermitteln Sie die Kurve $y(x)$ dieses Lichtstrahles.

Lösungshinweis: (a) Stellen Sie die optische Weglänge als Funktional der Kurve $y(x)$ dar und benutzen Sie die Variationsrechnung. (c) Nach Multiplizieren der Differenzialgleichung mit y' kann diese aufintegriert werden. (e) Das Ergebnis aus Teilaufgabe (c) führt hier auf eine einfache Differenzialgleichung; das Eikonal erhält man über die optische Weglänge.

17.7 •• Fraunhofer-Beugung an Rechtecken Eine Blende liege in der x-y-Ebene, der Schirm stehe parallel dazu im Abstand D, wobei für die Abmessungen a und b der Öffnungen in der Blende $a \ll D$ und $b \ll D$ gelte. Berechnen Sie in der Fraunhofer'schen Näherung die Intensität in Abhängigkeit der Koordinaten x und y auf dem Schirm für folgende Öffnungen:

(a) Vier Öffnungen von vernachlässigbarer Größe mit Koordinaten, für die $|x| = a$ und $|y| = b$ gilt.
(b) Eine Öffnung in Gestalt der Kanten eines Rechtecks, wobei jeweils $|x| = a$ und $|y| \leq b$ bzw. $|x| \leq a$ und $|y| = b$ gilt.
(c) Eine rechteckige Öffnung mit $|x| \leq a$ und $|y| \leq b$.

Lösungshinweis: Beschreiben Sie Öffnungen von vernachlässigbarer Größe bzw. Breite mit Deltafunktionen. Benutzen Sie die Näherungen $x \ll D$ und $y \ll D$ (warum gilt das?).

Ausführliche Lösungen zu den Aufgaben

17.1 Zunächst überlegt man sich, dass der Lichtstrahl bei Ein- und Austritt in den Regentropfen jeweils um den Winkel $\varphi_1 - \varphi_2$ nach rechts gedreht wird und bei der Reflexion um $180° - 2\varphi_2$, insgesamt also um $\Delta\varphi = 180° + 2\varphi_1 - 4\varphi_2$. Damit ergibt sich

$$\varphi_3 = 180° - \Delta\varphi = 4\varphi_2 - 2\varphi_1, \tag{17.137}$$

und mit dem Brechungsgesetz folgt

$$\varphi_3 = 4 \arcsin\left(\frac{n_1}{n_2}\sin\varphi_1\right) - 2\varphi_1. \tag{17.138}$$

φ_3 ist unabhängig von kleinen Änderungen in φ_1, wenn

$$\frac{d\varphi_3}{d\varphi_1} = 0 \tag{17.139}$$

ist, also

$$\frac{4\frac{n_1}{n_2}\cos\varphi_1}{\sqrt{1 - \left(\frac{n_1}{n_2}\sin\varphi_1\right)^2}} - 2 = 0. \tag{17.140}$$

Daraus erhält man zunächst leicht

$$16\left(\frac{n_1}{n_2}\right)^2 \cos^2\varphi_1 = 4 - 4\left(\frac{n_1}{n_2}\right)^2 \sin^2\varphi_1. \tag{17.141}$$

Verwendet man dann $\sin^2\varphi_1 = 1 - \cos^2\varphi_1$ und führt einige algebraische Umformungen durch, so hat man schließlich

$$\cos\varphi_1 = \sqrt{\frac{1}{3}\left(\left(\frac{n_2}{n_1}\right)^2 - 1\right)}. \tag{17.142}$$

Setzt man die konkret gegebenen Zahlenwerte ein, so ergibt sich

$$\varphi_1 \approx 59{,}6°. \tag{17.143}$$

Mit dem Brechungsgesetz erhält man daraus

$$\varphi_2 \approx 40{,}4° \tag{17.144}$$

und damit schließlich für den Winkel, unter dem der Regenbogen sichtbar ist:

$$\varphi_3 \approx 42°. \tag{17.145}$$

17.2 Zunächst sieht man leicht ein, dass aus (17.9) einfach $0 = 0$ folgt: Da $\boldsymbol{k}$ und $\boldsymbol{E}_0$ jeweils beide in der y-z-Ebene liegen, steht ihr Kreuzprodukt senkrecht zu dieser Ebene, also ist $(\boldsymbol{k} \times \boldsymbol{E}_0) \cdot \hat{\boldsymbol{e}}_z = 0$.

Berücksichtigt man, dass die elektrischen Feldvektoren jeweils senkrecht zu den Wellenvektoren stehen, so sieht man, dass $\boldsymbol{E}_0$ mit $\hat{\boldsymbol{e}}_z$ den Winkel $90° - \varphi_1$ einschließt und $\boldsymbol{E}_0'$ mit $\hat{\boldsymbol{e}}_z$ den Winkel $90° - \varphi_2$, aber $\boldsymbol{E}_0''$ mit $\hat{\boldsymbol{e}}_z$ den Winkel $-(90° - \varphi_1)$. Aus (17.5) folgt dann mit

$$\boldsymbol{E}_0 \times \hat{\boldsymbol{e}}_z = E_0 \sin(90° - \varphi_1)\hat{\boldsymbol{e}}_x = E_0 \cos\varphi_1 \hat{\boldsymbol{e}}_x \tag{17.146}$$

und ebenso für die anderen beiden Summanden, dass

$$E_0 \cos\varphi_1 - E_0'' \cos\varphi_1 - E_0' \cos\varphi_2 = 0 \tag{17.147}$$

gelten muss und deshalb

$$E_0' = \frac{\cos\varphi_1}{\cos\varphi_2}(E_0 - E_0''). \tag{17.148}$$

Ähnlich liefern (17.4) und (17.10) die beiden Bedingungen

$$\begin{aligned} E_0 + E_0'' - \frac{\epsilon_2}{\epsilon_1}\frac{\sin\varphi_2}{\sin\varphi_1}E_0' &= 0, \\ kE_0 + kE_0'' - k'E_0' &= 0. \end{aligned} \tag{17.149}$$

Benutzt man das Brechungsgesetz und $n = \sqrt{\epsilon}$, so folgt aus beiden Gleichungen

$$E_0 + E_0'' - \frac{\sin\varphi_1}{\sin\varphi_2}E_0' = 0. \tag{17.150}$$

Setzen wir darin das Ergebnis für E_0' von oben ein und teilen noch durch E_0, so bleibt

$$1 + \frac{E_0''}{E_0} - \frac{\sin\varphi_1\cos\varphi_1}{\sin\varphi_2\cos\varphi_2}\left(1 - \frac{E_0''}{E_0}\right) = 0 \tag{17.151}$$

bzw. nach Umformen

$$\frac{E_0''}{E_0} = \frac{\sin\varphi_1\cos\varphi_1 - \sin\varphi_2\cos\varphi_2}{\sin\varphi_1\cos\varphi_1 + \sin\varphi_2\cos\varphi_2}. \tag{17.152}$$

Im Prinzip ist dies bereits die Fresnel'sche Formel (17.37). Das dort angegebene Ergebnis erhält man, indem man $1 = \cos^2\varphi + \sin^2\varphi$ in beiden Summanden im Zähler einfügt und ihn folgendermaßen umschreibt:

$$\begin{aligned} &\sin\varphi_1\cos\varphi_1\left(\cos^2\varphi_2 + \sin^2\varphi_2\right) \\ &\quad - \sin\varphi_2\cos\varphi_2\left(\sin^2\varphi_1 + \cos^2\varphi_1\right) \\ &= \sin\varphi_1\cos\varphi_1\cos^2\varphi_2 - \sin^2\varphi_1\sin\varphi_2\cos\varphi_2 \\ &\quad - \sin\varphi_2\cos^2\varphi_1\cos\varphi_2 + \sin\varphi_1\sin^2\varphi_2\cos\varphi_1 \\ &= (\sin\varphi_1\cos\varphi_2 - \sin\varphi_2\cos\varphi_1) \\ &\quad \cdot (\cos\varphi_1\cos\varphi_2 - \sin\varphi_1\sin\varphi_2) \\ &= \sin(\varphi_1 - \varphi_2)\cos(\varphi_1 + \varphi_2). \end{aligned} \tag{17.153}$$

Verfährt man im Nenner ebenso, bleibt

$$\frac{E_0''}{E_0} = \frac{\sin(\varphi_1 - \varphi_2)\cos(\varphi_1 + \varphi_2)}{\sin(\varphi_1 + \varphi_2)\cos(\varphi_1 - \varphi_2)} = \frac{\tan(\varphi_1 - \varphi_2)}{\tan(\varphi_1 + \varphi_2)}. \quad (17.154)$$

Aus dem Ergebnis, das wir oben aus (17.5) gewonnen hatten, folgt außerdem

$$\frac{E_0'}{E_0} = \frac{\cos\varphi_1}{\cos\varphi_2}\left(1 - \frac{E_0''}{E_0}\right). \quad (17.155)$$

Setzen wir nun das Ergebnis für E_0''/E_0 (vor den letzten Umformungen) darin ein, so haben wir

$$\begin{aligned}\frac{E_0'}{E_0} &= \frac{\cos\varphi_1}{\cos\varphi_2}\left(1 - \frac{\sin\varphi_1\cos\varphi_1 - \sin\varphi_2\cos\varphi_2}{\sin\varphi_1\cos\varphi_1 + \sin\varphi_2\cos\varphi_2}\right) \\ &= \frac{2\sin\varphi_2\cos\varphi_1}{\sin\varphi_1\cos\varphi_1 + \sin\varphi_2\cos\varphi_2}.\end{aligned} \quad (17.156)$$

Den Nenner kann man wie eben umschreiben, sodass sich schließlich ergibt:

$$\frac{E_0'}{E_0} = \frac{2\sin\varphi_2\cos\varphi_1}{\sin(\varphi_1 + \varphi_2)\cos(\varphi_1 - \varphi_2)}. \quad (17.157)$$

17.3

(a) Bei Polarisation senkrecht zur Einfallsebene hat man

$$\begin{aligned}R_\perp &= \left(\frac{E_0''}{E_0}\right)^2 = \left(\frac{\sin(\varphi_2 - \varphi_1)}{\sin(\varphi_1 + \varphi_2)}\right)^2, \\ T_\perp &= \frac{\tan\varphi_1}{\tan\varphi_2}\left(\frac{E_0'}{E_0}\right)^2 = \frac{\tan\varphi_1}{\tan\varphi_2}\left(\frac{2\sin\varphi_2\cos\varphi_1}{\sin(\varphi_1 + \varphi_2)}\right)^2.\end{aligned} \quad (17.158)$$

Beide Brüche haben im Nenner den Term $\sin^2(\varphi_1 + \varphi_2)$ gemeinsam. Betrachten wir zunächst nur die restlichen Faktoren:

$$\begin{aligned}\sin^2(\varphi_2 - \varphi_1) &= (\sin\varphi_2\cos\varphi_1 - \sin\varphi_1\cos\varphi_2)^2 \\ &= \sin^2\varphi_2\cos^2\varphi_1 + \sin^2\varphi_1\cos^2\varphi_2 \\ &\quad - 2\sin\varphi_1\sin\varphi_2\cos\varphi_1\cos\varphi_2\end{aligned} \quad (17.159)$$

und

$$\begin{aligned}\frac{\tan\varphi_1}{\tan\varphi_2}(2\sin\varphi_2\cos\varphi_1)^2 &= \frac{\tan\varphi_1}{\tan\varphi_2}4\sin^2\varphi_2\cos^2\varphi_1 \\ &= 4\sin\varphi_1\sin\varphi_2\cos\varphi_1\cos\varphi_2.\end{aligned} \quad (17.160)$$

Die Summe dieser beiden Terme ist

$$\begin{aligned}&= \sin^2\varphi_2\cos^2\varphi_1 + \sin^2\varphi_1\cos^2\varphi_2 \\ &\quad + 2\sin\varphi_1\sin\varphi_2\cos\varphi_1\cos\varphi_2 \\ &= (\sin\varphi_2\cos\varphi_1 + \sin\varphi_1\cos\varphi_2)^2 \\ &= \sin^2(\varphi_1 + \varphi_2),\end{aligned} \quad (17.161)$$

also gleich dem gemeinsamen Nenner der beiden Brüche. Damit ist tatsächlich

$$R_\perp + T_\perp = 1. \quad (17.162)$$

(b) Bei Polarisation parallel zur Einfallsebene hat man

$$\begin{aligned}R_\parallel &= \left(\frac{\tan(\varphi_1 - \varphi_2)}{\tan(\varphi_1 + \varphi_2)}\right)^2, \\ T_\parallel &= \frac{\tan\varphi_1}{\tan\varphi_2}\left(\frac{2\sin\varphi_2\cos\varphi_1}{\sin(\varphi_1 + \varphi_2)\cos(\varphi_1 - \varphi_2)}\right)^2.\end{aligned} \quad (17.163)$$

Den Reflexionskoeffizienten kann man zunächst umschreiben als

$$R_\parallel = \left(\frac{\sin(\varphi_1 - \varphi_2)\cos(\varphi_1 + \varphi_2)}{\sin(\varphi_1 + \varphi_2)\cos(\varphi_1 - \varphi_2)}\right)^2. \quad (17.164)$$

Damit haben beide Brüche wieder einen gemeinsamen Faktor im Nenner, und es genügt, die restlichen Terme zu betrachten. Beim Transmissionskoeffizienten ergibt sich genau wie oben zunächst

$$\frac{\tan\varphi_1}{\tan\varphi_2}(2\sin\varphi_2\cos\varphi_1)^2 = 4\sin\varphi_1\sin\varphi_2\cos\varphi_1\cos\varphi_2. \quad (17.165)$$

Beim Reflexionskoeffizienten haben wir zu berechnen:

$$\begin{aligned}&\sin^2(\varphi_1 - \varphi_2)\cos^2(\varphi_1 + \varphi_2) \\ &= (\sin\varphi_1\cos\varphi_2 - \sin\varphi_2\cos\varphi_1)^2 \\ &\quad \cdot (\cos\varphi_1\cos\varphi_2 - \sin\varphi_1\sin\varphi_2)^2 \\ &= (\sin^2\varphi_1\cos^2\varphi_2 - 2\sin\varphi_1\sin\varphi_2\cos\varphi_1\cos\varphi_2 \\ &\quad + \sin^2\varphi_2\cos^2\varphi_1) \\ &\quad \cdot (\cos^2\varphi_1\cos^2\varphi_2 - 2\sin\varphi_1\sin\varphi_2\cos\varphi_1\cos\varphi_2 \\ &\quad + \sin^2\varphi_1\sin^2\varphi_2) \\ &= \sin^2\varphi_1\cos^2\varphi_1\cos^4\varphi_2 + \sin^4\varphi_1\sin^2\varphi_2\cos^2\varphi_2 \\ &\quad + \sin^2\varphi_2\cos^4\varphi_1\cos^2\varphi_2 + \sin^2\varphi_1\sin^4\varphi_2\cos^2\varphi_1 \\ &\quad + 4\sin^2\varphi_1\sin^2\varphi_2\cos^2\varphi_1\cos^2\varphi_2 \\ &\quad - 2\sin\varphi_1\sin\varphi_2\cos\varphi_1\cos\varphi_2 \\ &\quad \cdot (\sin^2\varphi_1\cos^2\varphi_2 + \sin^2\varphi_2\cos^2\varphi_1 \\ &\quad + \cos^2\varphi_1\cos^2\varphi_2 + \sin^2\varphi_1\sin^2\varphi_2).\end{aligned} \quad (17.166)$$

Wie man leicht sieht, ist der Ausdruck in den Klammern der letzten beiden Zeilen einfach 1. Addiert man den Term vom Transmissionskoeffizienten, so bleibt schließlich

$$\begin{aligned}&= \sin^2\varphi_1\cos^2\varphi_1\cos^4\varphi_2 + \sin^4\varphi_1\sin^2\varphi_2\cos^2\varphi_2 \\ &\quad + \sin^2\varphi_2\cos^4\varphi_1\cos^2\varphi_2 + \sin^2\varphi_1\sin^4\varphi_2\cos^2\varphi_1 \\ &\quad + 4\sin^2\varphi_1\sin^2\varphi_2\cos^2\varphi_1\cos^2\varphi_2 \\ &\quad + 2\sin\varphi_1\sin\varphi_2\cos\varphi_1\cos\varphi_2.\end{aligned} \quad (17.167)$$

Führt man nun alle Rechenschritte von oben einfach rückwärts aus, so kann man dies auch schreiben als

$$= [\sin(\varphi_1 + \varphi_2)\cos(\varphi_1 - \varphi_2)]^2. \quad (17.168)$$

In der Summe ergibt sich somit wieder genau der gemeinsame Nenner, und es gilt tatsächlich

$$R_{\parallel} + T_{\parallel} = 1. \tag{17.169}$$

17.4

(a) Bei einer ebenen Welle ist

$$\Psi(\boldsymbol{r}) = \Psi_0 e^{i\boldsymbol{k}\cdot\boldsymbol{r}} \tag{17.170}$$

mit konstanten Ψ_0 und $\boldsymbol{k}$. Vergleicht man mit dem allgemeinen Ansatz zur Lösung von (17.48), so ist

$$\boldsymbol{k}\cdot\boldsymbol{r} = k_0 S(\boldsymbol{r}). \tag{17.171}$$

Es gilt also

$$S(\boldsymbol{r}) = \frac{\boldsymbol{k}\cdot\boldsymbol{r}}{k_0} = n\hat{\boldsymbol{k}}\cdot\boldsymbol{r}. \tag{17.172}$$

Daraus folgt

$$\mathbf{grad}\, S = n\hat{\boldsymbol{k}}, \tag{17.173}$$

woran man sofort sieht, dass dieses S die Eikonalgleichung löst.

(b) Bei einer Kugelwelle ist

$$\Psi(\boldsymbol{r}) = \Psi_0 \frac{e^{ikr}}{r} \tag{17.174}$$

mit konstanten Ψ_0 und k. Vergleicht man mit dem allgemeinen Ansatz zur Lösung von (17.48), so ist

$$kr = k_0 S(\boldsymbol{r}). \tag{17.175}$$

Es gilt also

$$S(\boldsymbol{r}) = \frac{kr}{k_0} = nr. \tag{17.176}$$

Daraus folgt

$$\mathbf{grad}\, S = n\hat{\boldsymbol{r}}, \tag{17.177}$$

woran man sofort sieht, dass dieses S die Eikonalgleichung löst.

17.5

(a) Die optische Weglänge ist in Abhängigkeit von x:

$$l_{\text{opt}}(x) = n_1\left(\sqrt{x^2+h^2} + \sqrt{(a-x)^2+b^2}\right). \tag{17.178}$$

Dies soll extremal sein:

$$\frac{\mathrm{d}l_{\text{opt}}(x)}{\mathrm{d}x} = 0. \tag{17.179}$$

Aus dieser Bedingung ergibt sich leicht

$$\frac{x}{\sqrt{x^2+h^2}} = \frac{a-x}{\sqrt{(a-x)^2+b^2}}. \tag{17.180}$$

Die Quotienten links und rechts sind aber nun nichts anderes als der jeweilige Sinus des zugehörigen Winkels. Wir haben also

$$\sin\alpha = \sin\beta, \tag{17.181}$$

und da α und β beide offensichtlich zwischen 0° und 90° liegen müssen, folgt sofort

$$\alpha = \beta, \tag{17.182}$$

was zu zeigen war.

(b) Die optische Weglänge ist in Abhängigkeit von x:

$$l_{\text{opt}}(x) = n_1\sqrt{x^2+h^2} + n_2\sqrt{(a-x)^2+b^2}. \tag{17.183}$$

Dies soll extremal sein:

$$\frac{\mathrm{d}l_{\text{opt}}(x)}{\mathrm{d}x} = 0. \tag{17.184}$$

Aus dieser Bedingung ergibt sich leicht

$$n_1\frac{x}{\sqrt{x^2+h^2}} = n_2\frac{a-x}{\sqrt{(a-x)^2+b^2}}. \tag{17.185}$$

Die Ausdrücke links und rechts sind aber nun nichts anderes als der jeweilige Sinus des zugehörigen Winkels. Wir haben also

$$n_1\sin\alpha = n_2\sin\beta, \tag{17.186}$$

und daraus folgt sofort das Brechungsgesetz

$$\frac{\sin\alpha}{\sin\beta} = \frac{n_2}{n_1}. \tag{17.187}$$

(Übrigens wurde dieses Beispiel bereits in Kap. 5 komplett vorgerechnet.)

17.6

(a) In Abhängigkeit vom Lichtweg $y(x)$ ist die optische Weglänge zwischen zwei Stellen x_1 und x_2 allgemein

$$l_{\text{opt}} = \int_{x_1}^{x_2} n(y)\sqrt{\mathrm{d}x^2+\mathrm{d}y^2} = \int_{x_1}^{x_2} n(y)\sqrt{1+y'^2}\mathrm{d}x. \tag{17.188}$$

Dieser Ausdruck soll extremal werden. Schreiben wir für den Integranden kurz $N(y,y')$, so muss laut der Variationsrechnung eine Euler-Lagrange-Gleichung für N gelten (siehe das Hamilton'sche Prinzip in Abschn. 5.5):

$$\frac{\mathrm{d}}{\mathrm{d}x}\frac{\partial N}{\partial y'} - \frac{\partial N}{\partial y} = 0. \tag{17.189}$$

Das führt zunächst auf

$$\frac{\mathrm{d}}{\mathrm{d}x}\frac{n(y)y'}{\sqrt{1+y'^2}} - n'(y)\sqrt{1+y'^2} = 0 \tag{17.190}$$

bzw. nach dem Berechnen der x-Ableitung auf

$$n'\frac{y'^2}{\sqrt{1+y'^2}}+n\frac{y''}{\left(\sqrt{1+y'^2}\right)^3}-n'\sqrt{1+y'^2}=0. \quad (17.191)$$

Daraus ergibt sich leicht die angegebene Differenzialgleichung.

(b) Es gilt

$$y''=\frac{1+y'^2}{n}n'. \quad (17.192)$$

Da sicher $n>0$ ist, folgt, dass die Vorzeichen von y'' und n' gleich sind. Nimmt n' nach oben zu, also $n'>0$, gilt deshalb auch $y''>0$. Das bedeutet aber, dass der Lichtstrahl linksgekrümmt ist, d. h. in die Richtung der größeren optischen Dichte. Entsprechend argumentiert man für $n'<0$.

(c) Wir bringen alle Terme mit Ableitungen von y auf eine Seite, alle Terme mit n und Ableitungen davon auf die andere Seite und multiplizieren mit y':

$$\frac{y'y''}{1+y'^2}=\frac{n'y'}{n}. \quad (17.193)$$

Berücksichtigt man, dass

$$n'y'=\frac{\mathrm{d}n}{\mathrm{d}y}\frac{\mathrm{d}y}{\mathrm{d}x}=\frac{\mathrm{d}n(y(x))}{\mathrm{d}x} \quad (17.194)$$

ist, so kann man dies auch schreiben als

$$\frac{1}{2}\frac{\mathrm{d}}{\mathrm{d}x}\ln(1+y'^2)=\frac{\mathrm{d}}{\mathrm{d}x}\ln n. \quad (17.195)$$

Aufintegrieren ergibt

$$\ln\sqrt{1+y'^2}=\ln n+k. \quad (17.196)$$

Die Integrationskonstante kann aus den Randbedingungen $y(x_0)=y'(x_0)=0$ zu $k=-\ln n(0)$ bestimmt werden. Damit folgt das angegebene Ergebnis.

(d) Für $y=a(x-x_0)^2$ hat man $y'=2a(x-x_0)$, also gilt $y(x_0)=y'(x_0)=0$, und das Ergebnis aus (c) kann verwendet werden:

$$n(y)=n(0)\sqrt{1+y'^2}=n(0)\sqrt{1+4a^2(x-x_0)^2}. \quad (17.197)$$

Für $a(x-x_0)^2$ kann man hier aber einfach wieder y einsetzen; es ergibt sich

$$n(y)=n(0)\sqrt{1+4ay}. \quad (17.198)$$

(e) Aus Teilaufgabe (c) erhalten wir

$$n_0+n_1y=n_0\sqrt{1+y'^2} \quad (17.199)$$

und damit

$$y'=\sqrt{\left(1+\frac{n_1}{n_0}y\right)^2-1}. \quad (17.200)$$

Setzen wir

$$z=1+\frac{n_1}{n_0}y, \quad (17.201)$$

so haben wir

$$\frac{\mathrm{d}z}{\mathrm{d}x}=\frac{n_1}{n_0}\sqrt{z^2-1}. \quad (17.202)$$

Nach Trennung der Variablen kann man diese Differenzialgleichung leicht aufintegrieren; es ergibt sich

$$\operatorname{arcosh} z=\frac{n_1}{n_0}x+k. \quad (17.203)$$

Aus der Randbedingung $y(0)=0$ folgt $k=0$ und damit letztlich

$$y(x)=\frac{n_0}{n_1}\left[\cosh\left(\frac{n_1}{n_0}x\right)-1\right]. \quad (17.204)$$

17.7 Wir benutzen das Ergebnis (17.110) mit

$$A(x,y)=\int_{\text{Ö}}\mathrm{d}^2x'\,\mathrm{e}^{-\mathrm{i}k\hat{\boldsymbol{r}}\cdot\boldsymbol{x}'} \quad (17.205)$$

und

$$A=\int_{\text{Ö}}\mathrm{d}^2x'. \quad (17.206)$$

Für den Einheitsvektor können wir schreiben:

$$\hat{\boldsymbol{r}}=\frac{1}{\sqrt{D^2+x^2+y^2}}\begin{pmatrix}x\\y\\D\end{pmatrix}\approx\begin{pmatrix}x/D\\y/D\\1\end{pmatrix} \quad (17.207)$$

Hier wurde $x\ll D$ und $y\ll D$ genähert, da die Fraunhofer'sche Näherung ja nur für kleine Winkel gilt. Damit haben wir dann

$$\hat{\boldsymbol{r}}\cdot\boldsymbol{x}'=\frac{xx'}{D}+\frac{yy'}{D}. \quad (17.208)$$

Außerdem definieren wir die Abkürzungen

$$\alpha=\frac{ka}{D}\quad\text{und}\quad\beta=\frac{kb}{D}. \quad (17.209)$$

(a) Beschreibt man die vier Öffnungen mit Deltafunktionen, also $\delta(x'-a)\delta(y'-b)$ usw., so ergeben die Integrale über die Blendenöffnung(en) hier insgesamt

$$\begin{aligned}A(x,y)&=\mathrm{e}^{-\mathrm{i}(xa/D+yb/D)}+\mathrm{e}^{-\mathrm{i}(-xa/D+yb/D)}\\&\quad+\mathrm{e}^{-\mathrm{i}(-xa/D-yb/D)}+\mathrm{e}^{-\mathrm{i}(xa/D-yb/D)}\\&=\left(\mathrm{e}^{\mathrm{i}kxa/D}+\mathrm{e}^{-\mathrm{i}kxa/D}\right)\left(\mathrm{e}^{\mathrm{i}kyb/D}+\mathrm{e}^{-\mathrm{i}kyb/D}\right)\\&=4\cos(\alpha x)\cos(\beta y)\end{aligned} \quad (17.210)$$

und

$$A=4. \quad (17.211)$$

Damit haben wir einfach

$$\frac{I}{I_0}=\cos^2(\alpha x)\cos^2(\beta y). \quad (17.212)$$

Teil II

(b) Wir integrieren entlang der Kanten; bei den Kanten in x'-Richtung hat man Deltafunktionen $\delta(y'-b)$ bzw. $\delta(y'+b)$, bei den Kanten in y'-Richtung entsprechend Deltafunktionen für x'. Damit ergibt sich

$$\begin{aligned} A(x,y) &= \int_{-a}^{a} \mathrm{d}x' \mathrm{e}^{-\mathrm{i}kxx'/D} \left(\mathrm{e}^{-\mathrm{i}kyb/D} + \mathrm{e}^{-\mathrm{i}kyb/D}\right) \\ &\quad + \left(\mathrm{e}^{-\mathrm{i}kxa/D} + \mathrm{e}^{-\mathrm{i}kxa/D}\right) \int_{-b}^{b} \mathrm{d}y' \mathrm{e}^{-\mathrm{i}kyy'/D} \\ &= \frac{\mathrm{e}^{\mathrm{i}kxa/D} - \mathrm{e}^{-\mathrm{i}kxa/D}}{\mathrm{i}kx/D} 2\cos(kyb/D) \\ &\quad + 2\cos(kxa/D) \frac{\mathrm{e}^{\mathrm{i}kyb/D} - \mathrm{e}^{-\mathrm{i}kyb/D}}{\mathrm{i}ky/D} \\ &= 4\frac{\sin(\alpha x)}{\alpha x/a}\cos(\beta y) + 4\cos(\alpha x)\frac{\sin(\beta y)}{\beta y/b}. \end{aligned} \tag{17.213}$$

Außerdem erhält man

$$A = 4a + 4b. \tag{17.214}$$

Damit haben wir

$$\frac{I}{I_0} = \left(\frac{a}{a+b}\frac{\sin(\alpha x)}{\alpha x}\cos(\beta y) + \frac{b}{a+b}\cos(\alpha x)\frac{\sin(\beta y)}{\beta y}\right)^2. \tag{17.215}$$

(c) Hier muss über das ganze Rechteck integriert werden:

$$\begin{aligned} A(x,y) &= \int_{-a}^{a} \mathrm{d}x' \mathrm{e}^{-\mathrm{i}kxx'/D} \int_{-b}^{b} \mathrm{d}y' \mathrm{e}^{-\mathrm{i}kyy'/D} \\ &= \frac{\mathrm{e}^{\mathrm{i}kxa/D} - \mathrm{e}^{-\mathrm{i}kxa/D}}{\mathrm{i}kx/D} \frac{\mathrm{e}^{\mathrm{i}kyb/D} - \mathrm{e}^{-\mathrm{i}kyb/D}}{\mathrm{i}ky/D} \\ &= 4\frac{\sin(\alpha x)}{\alpha x/a}\frac{\sin(\beta y)}{\beta y/b}. \end{aligned} \tag{17.216}$$

Außerdem ist offensichtlich

$$A = 4ab. \tag{17.217}$$

Damit haben wir

$$\frac{I}{I_0} = \left(\frac{\sin(\alpha x)}{\alpha x}\right)^2 \left(\frac{\sin(\beta y)}{\beta y}\right)^2. \tag{17.218}$$

Literatur

Jackson, J.D.: Klassische Elektrodynamik. 4. Aufl. De Gruyter, Berlin (2006)

Relativistische Formulierung der Elektrodynamik

18

Warum und wie sind elektrische und magnetische Felder für gegeneinander bewegte Beobachter zu transformieren?

Wie kann man die Maxwell-Gleichungen gleich für beliebige Inertialsysteme anschreiben?

Was passiert mit dem elektrischen Feld einer Punktladung, wenn diese plötzlich beschleunigt wird?

Wie sähe Licht aus, wenn man ihm mit Lichtgeschwindigkeit nachlaufen könnte?

Welche Materialgleichungen haben bewegte Medien?

M. Bartelmann et al., *Theoretische Physik*, DOI 10.1007/978-3-642-54618-1_18, © Springer-Verlag Berlin Heidelberg 2015

Schon vor der Formulierung der speziellen Relativitätstheorie durch Einstein hatten Lorentz und Poincaré das Transformationsverhalten elektromagnetischer Felder unter einem Wechsel des Inertialsystems herausgefunden und waren dabei auf die Effekte der Lorentz-Kontraktion und sogar der Zeitdilatation gestoßen. Einsteins spezielle Relativitätstheorie und insbesondere der „Viererformalismus" des Minkowski-Raumes, in dem das Newton'sche Konzept der absoluten Zeit aufgegeben wird, erlaubt es, die Maxwell-Gleichungen in eine elegante und auch praktische Lorentz-kovariante Form zu bringen, in der elektrische und magnetische Felder endgültig vereinheitlicht werden.

Zu diesem Zweck werden wir in Abschn. 18.1 zunächst die Vierernotation aus Kap. 9 und 10 rekapitulieren und die wichtigsten Aspekte des Minkowski-Raumes in Erinnerung rufen. Falls diese Kapitel aus Teil I übersprungen wurden, wäre nun auch ein guter Zeitpunkt, die spezielle Relativitätstheorie anhand der Kap. 9 und 10 ausführlicher zu studieren.

In Abschn. 18.2 wird geklärt, wie sich die verschiedenen Größen der Elektrodynamik in Vierergrößen kombinieren lassen und manifest Lorentz-kovariante Maxwell-Gleichungen formuliert werden können. Damit wird in Abschn. 18.3 bestimmt, wie sich die elektromagnetischen Felder bei einem Wechsel von Bezugssystemen transformieren. Dies wird auch einen ersten Blick auf den Mechanismus der Abstrahlung von elektromagnetischen Feldern bei beschleunigter Bewegung von Ladungsträgern erlauben. In Abschn. 18.4 werden dann auch die Bewegungsgleichungen für geladene Teilchen in eine Lorentz-kovariante Form gebracht, und der Energie-Impuls-Satz der Elektrodynamik wird erneut hergeleitet. Relativistische Effekte in der Wellenausbreitung, nämlich Doppler-Effekt und Aberration, werden in Abschn. 18.5 besprochen. Schließlich wird in Abschn. 18.6 gezeigt, wie auch die phänomenologische Elektrodynamik in Anwesenheit von elektrisch und magnetisch polarisierbarer Materie Lorentz-kovariant formuliert werden kann, womit Effekte wie Unipolarinduktion und der Fresnel'sche Mitführungskoeffizient im Experiment von Fizeau konsistent behandelt werden können.

18.1 Repetitorium: Spezielle Relativitätstheorie

Minkowski-Raum und Viererformalismus

Die Arena der speziellen Relativitätstheorie ist der Minkowski-Raum, ein vierdimensionales Raumzeitkontinuum, das als unendlich ausgedehnt, homogen und isotrop vorausgesetzt wird. Die Punkte dieses Raumes werden *Ereignisse* genannt, die in einem Inertialsystem S durch ihre (im Folgenden immer kartesischen) räumlichen Koordinaten $\boldsymbol{r}$ und eine Zeitkoordinate t identifiziert werden. Die Zeit wird dabei durch Uhren gemessen, die in einem Inertialsystem ruhen und in diesem (durch symmetrischen Austausch von Lichtsignalen) synchronisiert wurden. Die solchermaßen definierten Koordinaten werden durch

$$(x^\mu) = \begin{pmatrix} x^0 \\ x^1 \\ x^2 \\ x^3 \end{pmatrix} := \begin{pmatrix} ct \\ \boldsymbol{r} \end{pmatrix}, \quad \mu \in \{0, 1, 2, 3\} \tag{18.1}$$

in einen Viererortsvektor zusammengefasst. Hierbei wird durch Multiplikation mit der Lichtgeschwindigkeit c aus der Zeitkoordinate eine Koordinate mit der physikalischen Dimension einer Länge gemacht und als nullte den drei räumlichen hinzugefügt. Räumliche Indizes werden weiter mit lateinischen Buchstaben notiert, während für Viererindizes griechische Buchstaben verwendet werden, $\mu, \nu, \rho, \sigma, \ldots \in \{0, 1, 2, 3\}$.

Achtung In der nichtrelativistischen Mechanik werden die räumlichen kartesischen Koordinaten normalerweise mit unteren Indizes geschrieben. Im Folgenden gilt immer $\boldsymbol{r} = (x^1, x^2, x^3)^\top = (x, y, z)^\top$ mit *oberen* Indizes, die nicht mit Exponenten verwechselt werden dürfen (was aus dem Kontext abzulesen ist). Untere Indizes sind von nun an für andersgeartete Größen reserviert. ◀

Die operative Definition einer Koordinatenzeit, die zur Synchronisation Lichtsignale benötigt, zusammen mit der experimentellen Tatsache, dass die Lichtgeschwindigkeit in jedem Inertialsystem gleich ist, steht im Widerspruch zur absoluten Zeit der Newton'schen Mechanik. Bei einem Wechsel des Inertialsystems sind daher im Allgemeinen nicht nur die räumlichen Koordinaten zu transformieren, sondern alle vier Raumzeitkoordinaten. Wie in Kap. 9 gezeigt wurde, sind diese Transformationen dadurch charakterisiert, dass sie die quadratische Form

$$\mathrm{d}s^2 = (\mathrm{d}x^0)^2 - (\mathrm{d}x^1)^2 - (\mathrm{d}x^2)^2 - (\mathrm{d}x^3)^2 \tag{18.2}$$

in Koordinatendifferenzialen invariant lassen. Solche Transformationen zwischen zwei Inertialsystemen S und S' heißen Poincaré-Transformationen. Bleibt der Viererkoordinatenursprung unverändert, spricht man von (homogenen) Lorentz-Transformationen.

Bewegen sich die im Inertialsystem S' ruhenden Objekte mit der Geschwindigkeit v in positive x-Richtung bezüglich S, so lautet diese spezielle Standard-Lorentz-Transformation

$$\begin{pmatrix} ct' \\ x' \\ y' \\ z' \end{pmatrix} = \begin{pmatrix} \gamma & -\beta\gamma & 0 & 0 \\ -\beta\gamma & \gamma & 0 & 0 \\ 0 & 0 & 1 & 0 \\ 0 & 0 & 0 & 1 \end{pmatrix} \begin{pmatrix} ct \\ x \\ y \\ z \end{pmatrix}, \quad \beta = \frac{v}{c}, \quad \gamma = \frac{1}{\sqrt{1-\beta^2}}. \tag{18.3}$$

Frage 1

Überzeugen Sie sich, dass in S' ruhende Punkte mit $x' = 0$ den Punkten von S entlang $x = vt$ entsprechen.

In Viernotation schreiben wir eine solche Lorentz-Transformation als

$$x'^{\mu} = \Lambda^{\mu}{}_{\nu}\, x^{\nu}, \tag{18.4}$$

wobei wir die Einstein'sche Summenkonvention auf Viererindizes ausdehnen, mit der zusätzlichen Vereinbarung, dass bei Summationen immer ein Index unten und einer oben zu schreiben ist. Die allgemeineren Poincaré-Transformationen unterscheiden sich davon nur durch die mögliche Verschiebung der vier Koordinatenursprünge durch einen konstanten Vierervektor b^{μ}:

$$x'^{\mu} = \Lambda^{\mu}{}_{\nu}\,(x^{\nu} - b^{\nu}). \tag{18.5}$$

Bei Koordinatendifferenzen und -differenzialen fallen die Konstanten b^{μ} heraus, sodass diese immer homogen transformieren:

$$\mathrm{d}x'^{\mu} = \Lambda^{\mu}{}_{\nu}\,\mathrm{d}x^{\nu}. \tag{18.6}$$

Unter Verwendung der Einstein'schen Summenkonvention schreiben wir $\mathrm{d}s^2$ als

$$\mathrm{d}s^2 = \eta_{\mu\nu}\mathrm{d}x^{\mu}\mathrm{d}x^{\nu} \tag{18.7}$$

mit der *Minkowski-Metrik*

$$(\eta_{\mu\nu}) = \begin{pmatrix} 1 & 0 & 0 & 0 \\ 0 & -1 & 0 & 0 \\ 0 & 0 & -1 & 0 \\ 0 & 0 & 0 & -1 \end{pmatrix}. \tag{18.8}$$

Es gilt per Definition

$$\begin{aligned} \mathrm{d}s^2 &= \eta_{\mu\nu}\mathrm{d}x^{\mu}\mathrm{d}x^{\nu} = \eta_{\mu\nu}\mathrm{d}x'^{\mu}\mathrm{d}x'^{\nu} \\ &= \eta_{\mu\nu}\Lambda^{\mu}{}_{\rho}\Lambda^{\nu}{}_{\sigma}\mathrm{d}x^{\rho}\mathrm{d}x^{\sigma}. \end{aligned} \tag{18.9}$$

Lorentz-Transformationen sind also charakterisiert durch (nach Umbenennen von Summationsindizes)

$$\eta_{\mu\nu}\Lambda^{\mu}{}_{\rho}\Lambda^{\nu}{}_{\sigma} = \eta_{\rho\sigma}. \tag{18.10}$$

Als Matrizen angeschrieben, wo der erste Index immer die Zeilen und der zweite die Spalten durchnummeriert, lautet dies

$$\Lambda^{\top}\eta\Lambda = \eta. \tag{18.11}$$

Für die Standard-Lorentz-Transformation (18.3) hat die Transposition der ersten Matrix keinen Effekt, da dort $\Lambda^{\mu}{}_{\nu}$ eine symmetrische Matrix ist. Dies zeichnet ganz allgemein reine Geschwindigkeitstransformationen (*Lorentz boosts*) aus. Zu der Gruppe der Lorentz-Transformationen zählen aber auch die räumlichen Drehungen mit unbeteiligter Zeitkoordinate. Diese Transformationen haben die Form

$$(\Lambda^{\mu}{}_{\nu}) = \begin{pmatrix} 1 & \mathbf{0}^{\top} \\ \mathbf{0} & \boldsymbol{R} \end{pmatrix}, \tag{18.12}$$

wobei $\boldsymbol{R}$ eine orthogonale Matrix ist, $\boldsymbol{R}^{\top} = \boldsymbol{R}^{-1}$.

Für endliche Differenzen von Koordinaten $\Delta x^{\mu} = x^{\mu}(E_1) - x^{\mu}(E_2)$, also für nicht nur infinitesimal separierte Ereignisse $E_{1,2}$, definiert

$$s^2 = \eta_{\mu\nu}\Delta x^{\mu}\Delta x^{\nu} \tag{18.13}$$

einen Lorentz-invarianten (für alle Inertialsysteme gleichen) „Abstand", der positiv, null oder negativ sein kann.

Der Wert $s^2 = 0$ bedeutet, dass die beiden Ereignisse durch Lichtsignale miteinander verbunden werden können. Dieser Abstand heißt dann lichtartig. Ist $s^2 > 0$, heißt der Abstand zeitartig, da $\Delta x^0 = c\Delta t$ dominiert. Dann reicht eine Geschwindigkeit kleiner als die Lichtgeschwindigkeit, um E_1 und E_2 miteinander zu verbinden. In diesen beiden Fällen ist das Ereignis mit der größeren Koordinatenzeit kausal durch das andere beeinflussbar und liegt somit in der Zukunft des letzteren. Man sagt dazu auch, es liegt im Vorwärtslichtkegel. Wenn $s^2 < 0$ ist, heißt der Abstand raumartig, und die Ereignisse sind kausal entkoppelt. Es lässt sich dann sogar immer ein Inertialsystem finden, in dem $\Delta x^0 = 0$ ist, sodass für dieses System die Ereignisse gleichzeitig sind. Die nicht positiv definite Metrik $\eta_{\mu\nu}$ legt also die Kausalstruktur des Raumes fest.

Die Komponenten x^{μ} bzw. $\mathrm{d}x^{\mu}$ heißen kontravariante Komponenten, weil sie sich unter Lorentz-Transformation entgegengesetzt zu einem System von (abstrakten) Basisvektoren e_{μ} transformieren, mit denen analog zu (2.1) ein physikalischer Vektor als $\mathfrak{x} = x^{\mu}e_{\mu}$ zu verstehen ist.

Wegen der Invarianz von $\mathrm{d}s^2$ transformieren die Größen

$$\mathrm{d}x_{\mu} := \eta_{\mu\nu}\mathrm{d}x^{\nu} \tag{18.14}$$

ebenfalls entgegengesetzt zu $\mathrm{d}x^{\mu}$ und somit gleich wie die Basisvektoren. Sie heißen deshalb kovariante Komponenten.

Der Zusammenhang $a_{\mu} = \eta_{\mu\nu}a^{\nu}$ für die Komponenten eines allgemeinen Vierervektors $\mathfrak{a}$ lässt sich auch invertieren und als

$$a^{\mu} = \eta^{\mu\nu}a_{\nu} \tag{18.15}$$

schreiben, wobei $(\eta^{\mu\nu})$ die inverse Matrix von $(\eta_{\mu\nu})$ ist, für die

$$\eta^{\mu\lambda}\eta_{\lambda\nu} = \delta^{\mu}_{\nu} \tag{18.16}$$

gilt, wobei δ^{μ}_{ν} das übliche Kronecker-Symbol darstellt,

$$\delta^{\mu}_{\nu} = \begin{cases} 1 & \mu = \nu \\ 0 & \mu \neq \nu \end{cases}, \tag{18.17}$$

das in dieser speziellen Indexstellung ebenfalls ein invarianter Tensor ist.

Achtung Als Matrizen sind $(\eta^{\mu\nu})$ und $(\eta_{\mu\nu})$ numerisch identisch; ein direktes Gleichsetzen ist aber wegen der unterschiedlichen Indexstellung nicht zulässig. (Metrik und inverse Metrik fallen auch nicht mehr zusammen, wenn zu krummlinigen Koordinaten oder den gekrümmten Räumen der allgemeinen Relativitätstheorie übergegangen wird.) ◀

Natürlicherweise kovariant transformieren auch Vierergradienten,

$$\left(\frac{\partial}{\partial x^\mu}\right) = \begin{pmatrix} \frac{1}{c}\partial_t \\ \nabla \end{pmatrix}, \tag{18.18}$$

da wegen der Kettenregel

$$\frac{\partial}{\partial x^\mu} = \frac{\partial x'^\nu}{\partial x^\mu}\frac{\partial}{\partial x'^\nu} = \Lambda^\nu{}_\mu \frac{\partial}{\partial x'^\nu} \tag{18.19}$$

gilt. Man schreibt daher diese Vierergrößen als

$$\partial_\mu := \frac{\partial}{\partial x^\mu}. \tag{18.20}$$

Um in einem Transformationsgesetz für kovariante Komponenten wie $\partial_\mu = \Lambda^\nu{}_\mu\, \partial'_\nu$ die Transformationsmatrix auf die andere Seite schreiben zu können, verwenden wir (18.10) zur Bestimmung des Inversen von Λ und ziehen den Index ρ mit $\eta^{\lambda\rho}$ nach oben, wodurch rechts die Einheitsmatrix in der Gestalt von δ^λ_σ entsteht. Dies gibt

$$\eta^{\lambda\rho}\eta_{\mu\nu}\Lambda^\mu{}_\rho \Lambda^\nu{}_\sigma = \Lambda_\nu{}^\lambda \Lambda^\nu{}_\sigma = \delta^\lambda_\sigma, \tag{18.21}$$

woraus wir schließen, dass das Inverse zu $\Lambda^\nu{}_\sigma$ einfach $\Lambda_\nu{}^\rho$ mit veränderten Indexpositionen ist. Damit bekommen wir als Transformationsgesetz für kovariante Komponenten

$$\partial'_\nu = \Lambda_\nu{}^\rho \partial_\rho. \tag{18.22}$$

Frage 2

Was ist ∂^μ in Komponenten, und wie transformiert diese Größe?

Hat eine Größe im Viererformalismus mehrere Indizes, transformiert jeder entsprechend seiner Position. Werden Indizes kontrahiert wie im Skalarprodukt

$$a_\mu b^\mu = \eta_{\mu\nu} a^\nu b^\mu = a_0 b^0 + a_i b^i = a^0 b^0 - a^i b^i, \tag{18.23}$$

dann ist es eine Invariante unter Lorentz-Transformationen (Lorentz-Skalar).

Frage 3

Verifizieren Sie diese Aussage mit den Transformationsmatrizen $\Lambda_\mu{}^\nu$ und $\Lambda^\mu{}_\nu$. Überprüfen Sie auch, dass diese für die Standard-Lorentz-Transformation (18.3) tatsächlich inverse Geschwindigkeitstransformationen darstellen.

Ein wichtiges Beispiel für eine Lorentz-Invariante ist der in den vorhergehenden Kapiteln schon öfters benötigte Wellenoperator

$$\Box \equiv \frac{1}{c^2}\partial_t^2 - \Delta = \partial_\mu \partial^\mu \equiv \partial^2. \tag{18.24}$$

Dessen Invarianz spiegelt ja gerade die Konstanz und Isotropie der Lichtgeschwindigkeit im Vakuum wider. (In Medien, wo c durch c/n ersetzt wird, ist dies offensichtlich nicht mehr gegeben, wie wir in Abschn. 18.6 noch ausführlicher diskutieren werden.)

Weltlinien, Eigenzeit und Viererimpuls

Die Bahn eines Punktteilchens kann in einem Inertialsystem S durch die Bahnkurve $\boldsymbol{x}(t)$ als Funktion der Koordinatenzeit t und im Viererformalismus durch die sogenannte Weltlinie im Minkowski-Raum,

$$x^\mu(t) = \begin{pmatrix} ct \\ \boldsymbol{x}(t) \end{pmatrix}, \tag{18.25}$$

angegeben werden. (Der Übersichtlichkeit halber klammern wir hier und auch öfters im Folgenden bei der Identifikation der Viererkomponenten diese nicht mehr ein.) Wird wie üblich die zeitliche Koordinate x^0 vertikal aufgetragen, ist dies eine Kurve, die überall steiler als 45° verläuft, damit zu jedem Zeitpunkt die Geschwindigkeit $\boldsymbol{v}(t) = \mathrm{d}\boldsymbol{x}/\mathrm{d}t$ kleiner als die Lichtgeschwindigkeit bleibt ($|\boldsymbol{v}| < c$). Lichtteilchen (Photonen) breiten sich im Vakuum mit Lichtgeschwindigkeit aus und haben dann gerade Weltlinien mit einer Steigung von genau 45° (siehe Abb. 9.11).

Unter dem Einfluss von äußeren Kräften ändert sich der Verlauf der Weltlinie eines Punktteilchens innerhalb der Grenzen, die vom Lichtkegel an jedem Punkt gesetzt werden. Die Weltlinie ist daher überall durch ein Wegelement mit $\mathrm{d}s^2 > 0$ charakterisiert. Da diese Größe Lorentz-invariant ist, ist auch garantiert, dass das Teilchen von jedem Inertialsystem aus als eines beobachtet wird, das sich mit Unterlichtgeschwindigkeit bewegt.

Obwohl es in der speziellen Relativitätstheorie keine absolute Zeit gibt und ein ungleichförmig bewegtes Teilchen auch kein Inertialsystem definiert, kann dem Teilchen ein invarianter Zeitbegriff zugeordnet werden. In einem Inertialsystem, in dem das Teilchen zu einem gegebenen Zeitpunkt momentan in Ruhe ist ($\mathrm{d}\boldsymbol{x}/\mathrm{d}t = 0$), gilt in diesem Augenblick

$$\mathrm{d}s^2 = c^2 \mathrm{d}t^2. \tag{18.26}$$

Wegen der Lorentz-Invarianz von $\mathrm{d}s^2$ gibt

$$\begin{aligned} \mathrm{d}\tau &= \mathrm{d}s/c = \sqrt{\mathrm{d}t^2 - \mathrm{d}\boldsymbol{x}(t)^2/c^2} = \mathrm{d}t\sqrt{1 - \left(\frac{\mathrm{d}\boldsymbol{x}(t)}{\mathrm{d}t}\right)^2/c^2} \\ &= \frac{\mathrm{d}t}{\gamma(v(t))} \end{aligned} \tag{18.27}$$

für beliebige Inertialsysteme die differenzielle Eigenzeit des Teilchens an. Aufintegriert über ein Zeitintervall t_1 bis t_2 eines gegebenen Inertialsystems ist die Eigenzeit, die für ein beliebig bewegtes Teilchen währenddessen vergeht, gegeben durch

$$\Delta\tau = \int_{t_1}^{t_2} \frac{\mathrm{d}t}{\gamma(v(t))} \le (t_2 - t_1), \tag{18.28}$$

da $\gamma \ge 1$ ist.

Während die gewöhnliche Dreiergeschwindigkeit $\mathrm{d}\boldsymbol{x}/\mathrm{d}t$ ein kompliziertes Transformationsverhalten bei Wechsel des Bezugssystems hat, transformiert wegen der Invarianz von $\mathrm{d}\tau$ die

Vierergeschwindigkeit, definiert durch

$$u^\mu = \frac{\mathrm{d}x^\mu}{\mathrm{d}\tau} = \frac{\mathrm{d}t}{\mathrm{d}\tau}\frac{\mathrm{d}x^\mu}{\mathrm{d}t} = \gamma(v(t))\begin{pmatrix} c \\ \boldsymbol{v}(t) \end{pmatrix}, \tag{18.29}$$

unter Lorentz-Transformationen entsprechend der Indexstellung, d. h., $u'^\mu = \Lambda^\mu{}_\nu u^\nu$.

Frage 4

Rechnen Sie nach, dass das Viererquadrat $u_\mu u^\mu$, wie es sein muss, eine Lorentz-Invariante ist, nämlich c^2.

Multiplikation mit der Ruhemasse m eines Teilchens definiert den Viererimpuls

$$p^\mu = mu^\mu, \quad p^0 = E/c = \gamma mc, \quad \boldsymbol{p} = \gamma m\boldsymbol{v}. \tag{18.30}$$

Hierbei ist E die relativistische Energie, die in Ruhe gleich mc^2 ist und bei nichtrelativistischen Geschwindigkeiten $\beta = v/c \ll 1$ die gewohnte nichtrelativistische kinetische Energie als Term zweiter Ordnung in β enthält:

$$E = cp^0 = mc^2\left(1 - v^2/c^2\right)^{-1/2} = mc^2 + \frac{mv^2}{2} + O(\beta^4). \tag{18.31}$$

Das Viererquadrat von p^μ ist

$$p^\mu p_\mu = E^2/c^2 - \boldsymbol{p}^2 = m^2c^2, \tag{18.32}$$

was die relativistische Energie-Impuls-Beziehung $E^2 = m^2c^4 + c^2\boldsymbol{p}^2$ beinhaltet.

18.2 Manifest Lorentz-kovariante Maxwell-Gleichungen

Wie schon mehrfach angemerkt, war es die Elektrodynamik, die Einstein zur Formulierung der speziellen Relativitätstheorie führte. Die Maxwell-Gleichungen sind relativistische Gleichungen, was durch ihre übliche nichtrelativistische Formulierung nicht aufgehoben, sondern nur verschleiert wird. Für eine Lorentz-kovariante Formulierung gilt es, Vierergrößen zu identifizieren, in denen die elektrischen und magnetischen Feldstärken mit ihren Quellen, den Ladungs- und Stromdichten, Platz finden. Wie dies gehen soll, ist für die elektromagnetischen Feldstärken zunächst nicht offensichtlich. Allerdings haben wir schon gesehen, dass die homogenen Maxwell-Gleichungen ein für alle Mal gelöst werden können, wenn man zu den Potenzialen ϕ und $\boldsymbol{A}$ übergeht, die vier Felder darstellen, genauso wie die vier Quellterme ρ und $\boldsymbol{j}$. Wenn man schon den Viererformalismus kennt, ist es nicht weiter verwunderlich, dass diese jeweils in Vierervektorfelder zusammengefasst werden können. Einstein hatte diesen anfangs natürlich noch nicht zur Verfügung, und auch die Transformationsgleichungen, die vor ihm Lorentz und Poincaré aufgestellt hatten, waren davon noch weit entfernt. Poincaré hatte zwar schon erkannt, dass diese Transformationsgleichungen Drehungen in einem vierdimensionalen Raum mit imaginärer Zeit entsprechen, verfolgte diesen Zugang aber nicht weiter. Eine konsequent vierdimensionale Formulierung der Elektrodynamik wurde von Hermann Minkowski (1908) aufgestellt und nach dessen frühem Tod (1909 an einer damals unbehandelbaren Blinddarmentzündung) von dem deutschen Physiker *Arnold Sommerfeld* (1868–1951) weiterentwickelt.

Viererstromdichte

Für die Potenziale ϕ und $\boldsymbol{A}$ ist zunächst nicht klar, ob sie zusammengefasst ko- oder kontravariant unter Lorentz-Transformationen transformieren. Diese Frage ist am leichtesten über die Quellterme zu beantworten, denn ρ und $\boldsymbol{j}$ müssen für die Konsistenz der Maxwell-Gleichungen die Kontinuitätsgleichung (11.5), nämlich

$$\nabla\cdot\boldsymbol{j} + \frac{\partial}{\partial t}\rho = 0, \tag{18.33}$$

erfüllen. Diese Gleichung muss für jedes Inertialsystem Gültigkeit haben und sollte daher Lorentz-invariant sein. Von den darin auftretenden raumzeitlichen Ableitungen wissen wir schon, dass sie den Vierergradienten

$$\partial_\mu = \begin{pmatrix} (1/c)\,\partial/\partial t \\ \nabla \end{pmatrix} \tag{18.34}$$

bilden. Die Kontinuitätsgleichung lässt sich offenbar als Lorentz-Skalar

$$\partial_\mu j^\mu = \partial_0 j^0 + \partial_m j^m = 0 \tag{18.35}$$

schreiben, wenn ρ und $\boldsymbol{j}$ in

$$j^\mu = \begin{pmatrix} c\rho \\ \boldsymbol{j} \end{pmatrix} \tag{18.36}$$

mit oberen Indizes, also als Komponenten eines kontravarianten Vektorfeldes, zusammengefasst werden.

Damit ist das Transformationsverhalten unter Lorentz-Transformationen festgelegt: Es ist exakt analog zu dem von Viererortsvektoren (und entgegengesetzt zu dem von Vierergradienten). Für die Standard-Lorentz-Transformation in x-Richtung ergibt sich

$$\begin{aligned} c\rho'(x') &= \gamma\left[c\rho(x) - \beta j^1(x)\right], \\ j'^1(x') &= \gamma\left[j^1(x) - \beta c\rho(x)\right] = \gamma\left[j^1(x) - v\,\rho(x)\right], \\ j'^{2,3}(x') &= j^{2,3}(x), \end{aligned} \tag{18.37}$$

wobei sich die Argumente auf ein und denselben Raumzeitpunkt beziehen, links durch x'^μ und rechts durch x^μ repräsentiert.

Teil II

Transformation von Linienladungen und -strömen

Betrachten wir in einem Inertialsystem S eine auf der x-Achse lokalisierte Linienladungsdichte

$$\rho = \lambda\delta(y)\delta(z), \tag{18.38}$$

wobei λ die Ladung pro Längeneinheit ist. Bei einer Lorentz-Transformation auf S', das sich in positiver x-Richtung mit Geschwindigkeit v bewegt, wird daraus

$$\rho' = \gamma\rho, \quad j'_x = -v\gamma\rho = -v\rho'. \tag{18.39}$$

Wie zu erwarten, liegt in S' nun ein elektrischer Strom $j'_x = -v\rho'$ vor, da sich von S' aus gesehen alle Ladungsträger mit Geschwindigkeit v nach links bewegen. Die Ladungsdichte ist gegenüber dem System, in dem die Linienladung ruht, allerdings um einen Faktor γ *erhöht*. Dies ist eine direkte Konsequenz der Lorentz-Kontraktion, denn diese führt dazu, dass die gleiche Ladung auf eine um den Faktor γ verkürzte Strecke kommt.

Betrachten wir nun den umgekehrten Fall, dass in S eine reine Linienstromdichte vorliegt,

$$j_x = I\delta(y)\delta(z), \tag{18.40}$$

aber $\rho = 0$. Dann ergibt dieselbe Lorentz-Transformation

$$c\rho' = -\beta\gamma I\delta(y')\delta(z'), \quad j'_x = \gamma j_x. \tag{18.41}$$

Nun ist der Strom erhöht, aber viel bemerkenswerter ist, dass in S' auch eine Ladungsdichte auftritt.

Die Notwendigkeit dafür erhellt sich, wenn wir zusätzlich eine Punktladung betrachten, die sich im ursprünglichen System S in einem gewissen Abstand von der Linienstromdichte befindet. Für einen Beobachter in S wirken keine Kräfte auf das Punktteilchen, solange sich die Ladung dort in Ruhe befindet. Für Beobachter in S' bewegt sich die Ladung aber entlang der Linienstromdichte. Da das Magnetfeld des Stromes diesen kreisförmig umschließt, gibt es hier eine Kraft $\propto q\boldsymbol{v}' \times \boldsymbol{B}'$, die je nach Vorzeichen der Ladung in Richtung der x'-Achse oder von dieser weg zeigt. Da aber in S' auch eine elektrische Ladungsdichte ρ' vorliegt, gibt es zusätzlich eine Coulomb-Kraft senkrecht zur x'-Achse, die gerade der magnetischen die Waage hält. ◂

Dieses Beispiel macht deutlich, dass elektrische und magnetische Felder nur verschiedene Seiten einer Medaille sind. Die Existenz magnetischer Felder und der zugehörigen Lorentz-Kraft ist ein rein relativistischer Effekt!

Man kann dies noch klarer machen, indem man den Fall, wo in S nur ein Strom vorliegt, physikalisch dadurch realisiert, dass sich zwei Linienladungen mit kompensierender Stärke in entgegengesetzter Richtung bewegen (Abb. 18.1). Die Ladung, die in S' auftritt, erklärt sich dann als die unterschiedliche Lorentz-Kontraktion, die diese ursprünglich kompensierenden Dichten in diesem System erfahren, da sich die Geschwindigkeit für die eine verringert und für die andere erhöht.

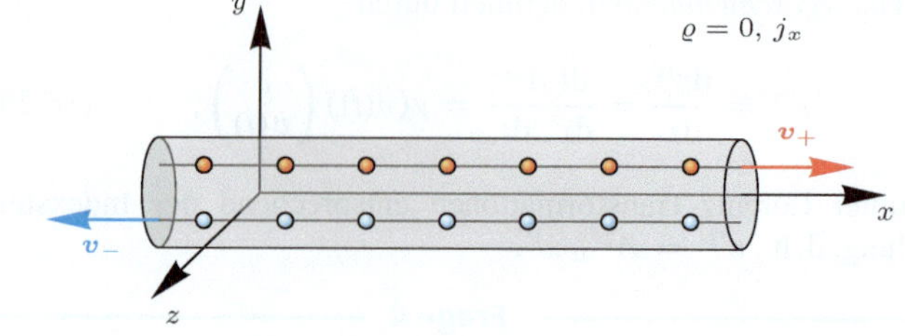

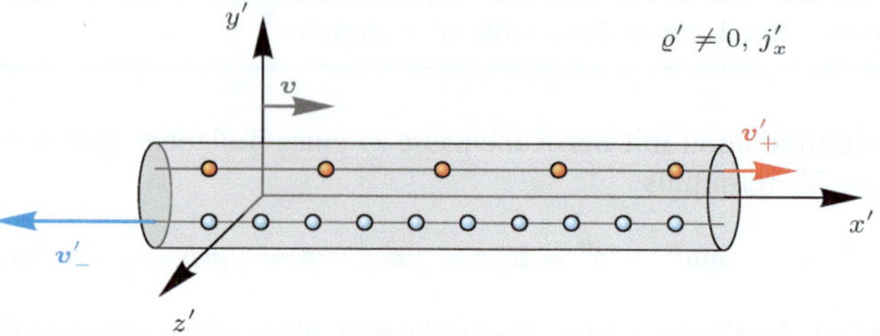

Abb. 18.1 Neutraler Strom als gegeneinander bewegte Linienladungen in S wird zu Strom plus Nettolinienladung in S'

Viererpotenzial

In (11.132) und (11.133) haben wir die Feldgleichungen für die Potenziale ϕ und $\boldsymbol{A}$ bereits in eine sehr symmetrische Form gebracht:

$$\begin{aligned} -\Box\phi + \frac{1}{c}\partial_t\left(\nabla\cdot\boldsymbol{A} + \frac{1}{c}\partial_t\phi\right) &= -4\pi\rho, \\ -\Box\boldsymbol{A} - \nabla\left(\nabla\cdot\boldsymbol{A} + \frac{1}{c}\partial_t\phi\right) &= -\frac{4\pi}{c}\boldsymbol{j}. \end{aligned} \tag{18.42}$$

Nachdem wir erkannt haben, dass $(c\rho, \boldsymbol{j})$ den Vierervektor j^μ bilden und gemäß (18.24) $\Box = \partial^2$ eine Lorentz-Invariante ist, ist klar, dass die Kombination $(\phi, \boldsymbol{A})$ wie j^μ die kontravarianten Komponenten eines Vierervektorfeldes bildet:

$$A^\mu = \begin{pmatrix} \phi \\ \boldsymbol{A} \end{pmatrix}. \tag{18.43}$$

Der Term $(\nabla\cdot\boldsymbol{A} + \frac{1}{c}\partial_t\phi)$ in (18.42) ist dementsprechend ein Lorentz-Skalar,

$$\partial_\mu A^\mu = \frac{1}{c}\partial_t\phi + \nabla\cdot\boldsymbol{A}, \tag{18.44}$$

während die Ableitungsoperatoren davor, $(\frac{1}{c}\partial_t, -\nabla)$, passenderweise die kontravarianten Komponenten des Vierergradienten sind:

$$\partial^\mu = \eta^{\mu\nu}\partial_\nu = \begin{pmatrix}\frac{1}{c}\partial_t \\ -\nabla\end{pmatrix}. \tag{18.45}$$

Die inhomogenen Maxwell-Gleichungen in (18.42) lassen sich damit mit den Viererpotenzialen in eine Gleichung zusammenfassen:

$$(-\partial_\nu\partial^\nu)A^\mu + \partial^\mu(\partial_\nu A^\nu) = -\frac{4\pi}{c}\,j^\mu \tag{18.46}$$

oder, mit umbenannten Indizes und einem Vierergradienten ausgeklammert:

$$\partial_\mu\left(\partial^\mu A^\nu - \partial^\nu A^\mu\right) = \frac{4\pi}{c}j^\nu. \tag{18.47}$$

Feldstärketensor

Der antisymmetrische Lorentz-Tensor

$$F^{\mu\nu} := \partial^\mu A^\nu - \partial^\nu A^\mu, \tag{18.48}$$

der in der Zusammenfassung der inhomogenen Maxwell-Gleichungen in (18.47) auftritt, heißt *Feldstärketensor*. Er enthält die elektrischen und magnetischen Feldstärken verteilt auf die sechs unabhängigen Einträge, die eine antisymmetrische Matrix bietet, gemäß

$$F^{\mu\nu} = \begin{pmatrix} 0 & -E_x & -E_y & -E_z \\ E_x & 0 & -B_z & B_y \\ E_y & B_z & 0 & -B_x \\ E_z & -B_y & B_x & 0 \end{pmatrix} = -F^{\nu\mu}. \tag{18.49}$$

Frage 5

Verifizieren Sie die Übereinstimmung mit den Definitionen der Potenziale (11.128) und (11.125). Beachten Sie dabei das Vorzeichen in (18.45)!

Wird der Feldstärketensor mit unteren Indizes geschrieben, drehen sich nur die Vorzeichen der gemischt räumlich-zeitlichen Komponenten, also der elektrischen Feldstärken, um. Es gilt

$$\begin{aligned} E_i &= F_{0i} = \partial_0 A_i - \partial_i A_0 = -F_{i0} = F^{i0} = -F^{0i}, \\ B_i &= -\frac{1}{2}\varepsilon_{ijk}F_{jk} = -\frac{1}{2}\varepsilon_{ijk}F^{jk}, \quad F_{ij} = -\varepsilon_{ijk}B_k\,. \end{aligned} \tag{18.50}$$

Gleichung (18.47) enthält nun auf der linken Seite

$$(\partial_\mu F^{\mu\nu}) = \begin{pmatrix} 0 + \partial_i F^{i0} \\ \partial_0 F^{0n} + \partial_i F^{in}\end{pmatrix} = \begin{pmatrix} \nabla\cdot\boldsymbol{E} \\ -\frac{1}{c}\partial_t\boldsymbol{E} + \nabla\times\boldsymbol{B}\end{pmatrix}. \tag{18.51}$$

Damit ist explizit gezeigt, dass die Differenzialoperatoren in den inhomogenen Maxwell-Gleichungen zusammengenommen die Viererdivergenz des Feldstärketensors bilden. Diese können also elegant in einer Gleichung zusammengefasst werden.

Inhomogene Maxwell-Gleichungen in Vierernotation

$$\partial_\mu F^{\mu\nu} = \frac{4\pi}{c}\,j^\nu \tag{18.52}$$

Die Kontinuitätsgleichung $\partial_\nu j^\nu = 0$ ergibt sich unmittelbar als Integrabilitätsbedingung (Konsistenzforderung) dieses Systems von partiellen Differenzialgleichungen, nämlich aus der Tatsache, dass $F^{\mu\nu}$ ein antisymmetrischer Tensor ist, während $\partial_\nu\partial_\mu$ symmetrisch ist.

Dualer Feldstärketensor

Sofern nicht wie oben die homogenen Maxwell-Gleichungen schon durch Verwendung der Potenziale erfüllt sind, brauchen wir auch noch eine Lorentz-kovariante Formulierung für die homogenen Maxwell-Gleichungen. Dafür führen wir folgende Verallgemeinerung des dreidimensionalen Levi-Civita-Symbols auf vier Indizes ein:

$$\varepsilon^{\mu\nu\sigma\tau} := \begin{cases} +1 & \text{wenn } \mu\nu\sigma\tau \text{ gerade Permutation von } 0123, \\ -1 & \text{wenn } \mu\nu\sigma\tau \text{ ungerade Permutation von } 0123, \\ 0 & \text{sonst.} \end{cases} \tag{18.53}$$

Achtung Mit dieser Definition ist $\varepsilon^{0123} = +1$, aber $\varepsilon_{0123} = \eta_{00}\eta_{11}\eta_{22}\eta_{33}\varepsilon^{0123} = -1$. Das könnte genau andersherum auch definiert werden, und tatsächlich finden sich diese nur durch ein globales Vorzeichen unterschiedlichen Definitionen etwa gleich häufig in den Lehrbüchern. ◂

Ganz ähnlich wie in drei Dimensionen stellt $\varepsilon^{\mu\nu\sigma\tau}$ einen numerisch invarianten Tensor dar, wenn man sich auf Transformationen beschränkt, deren Determinante eins ist. Dies wird von den Lorentz-Transformationen erfüllt, die entweder reine Geschwindigkeitstransformationen oder Drehungen sind, ohne zusätzlich eine Raumspiegelung oder Zeitumkehr zu beinhalten. Mit diesem ε-Tensor wird der *duale Feldstärketensor* definiert als

$$\tilde{F}^{\mu\nu} := \frac{1}{2}\,\varepsilon^{\mu\nu\sigma\tau}\,F_{\sigma\tau} = \begin{pmatrix} 0 & -B_x & -B_y & -B_z \\ B_x & 0 & E_z & -E_y \\ B_y & -E_z & 0 & E_x \\ B_z & E_y & -E_x & 0 \end{pmatrix}. \tag{18.54}$$

Im Vergleich zu $F^{\mu\nu}$ ist hier $\boldsymbol{E} \to \boldsymbol{B}$ und $\boldsymbol{B} \to -\boldsymbol{E}$ ausgetauscht. Genau derselbe Austausch passiert beim Wechsel zwischen inhomogenen und homogenen Maxwell-Gleichungen.

Teil II

Damit können wir die homogenen Maxwell-Gleichungen Lorentz-kovariant anschreiben als

$$\partial_\mu \tilde{F}^{\mu\nu} = 0. \tag{18.55}$$

Frage 6

Brechen Sie diese Gleichungen auf Dreiernotation herunter und überzeugen Sie sich, dass dies auf die gewohnten homogenen Maxwell-Gleichungen führt.

Homogene Maxwell-Gleichungen in Vierernotation

Mit dem dualen Feldstärketensor sind die homogenen Maxwell-Gleichungen in Vierernotation gegeben durch

$$\partial_\mu \tilde{F}^{\mu\nu} = 0, \qquad \tilde{F}^{\mu\nu} = \frac{1}{2}\,\varepsilon^{\mu\nu\sigma\tau}\,F_{\sigma\tau}. \tag{18.56}$$

Alternativ kann dies auch direkt mit dem Feldstärketensor geschrieben werden als

$$\partial^\sigma F^{\mu\nu} + \partial^\mu F^{\nu\sigma} + \partial^\nu F^{\sigma\mu} = 0. \tag{18.57}$$

Frage 7

Überzeugen Sie sich davon, dass (18.57) ebenso wie (18.56) einen Satz von vier Gleichungen darstellt. Zeigen Sie die Äquivalenz entweder explizit oder durch die Beobachtung, dass $\varepsilon^{\mu\nu\sigma\tau}$ invariant unter zyklischer Vertauschung von drei Indizes ist, wenn ein vierter festgehalten wird.

Durch $F^{\mu\nu} = \partial^\mu A^\nu - \partial^\nu A^\mu$ werden die homogenen Maxwell-Gleichungen $\partial_\mu \tilde{F}^{\mu\nu} = 0$ automatisch gelöst:

$$\begin{aligned} \partial_\mu \tilde{F}^{\mu\nu} &= \partial_\mu \,\frac{1}{2}\,\varepsilon^{\mu\nu\sigma\tau}\,F_{\sigma\tau} \\ &= \frac{1}{2}\,\varepsilon^{\mu\nu\sigma\tau}\,(\partial_\mu\partial_\sigma A_\tau - \partial_\mu\partial_\tau A_\sigma) \\ &= \varepsilon^{\mu\nu\sigma\tau}\,\partial_\mu\partial_\sigma A_\tau = 0, \end{aligned} \tag{18.58}$$

wobei im zweiten Summanden in der Klammer zunächst die Indizes umbenannt wurden und danach verwendet wurde, dass (unter den Voraussetzungen des Schwarz'schen Satzes) die partiellen Ableitungen vertauschbar sind, $\partial_\mu\partial_\sigma = \partial_\sigma\partial_\mu$, während eine entsprechende Vertauschung der Indizes des antisymmetrischen ε-Tensors ein negatives Vorzeichen gäbe.

Eichtransformationen

Wurden die homogenen Maxwell-Gleichungen durch Einführung der Viererpotenziale gemäß $F^{\mu\nu} = \partial^\mu A^\nu - \partial^\nu A^\mu$ gelöst (was in einfach zusammenhängenden Gebieten immer möglich ist), dann sind diese, wie schon in Abschn. 11.5 besprochen, nicht eindeutig, sondern können durch die Eichtransformationen (11.134) und (11.135) verändert werden, ohne dass sich die Feldstärken ändern. Diese Eichtransformationen lauten auf Ebene der Viererpotenziale einfach

$$A^\mu(x) \to A^\mu(x) + \partial^\mu \Lambda(x), \tag{18.59}$$

was in $F^{\mu\nu} = \partial^\mu A^\nu - \partial^\nu A^\mu$ wegen $(\partial^\mu\partial^\nu - \partial^\nu\partial^\mu)\Lambda = 0$ herausfällt. (Offensichtlich muss $\Lambda(x)$ dafür so beschaffen sein, dass die Voraussetzungen des Schwarz'schen Satzes nicht verletzt werden.)

Diese Eichfreiheit kann zu einer Vereinfachung der Feldgleichungen für die Viererpotenziale genutzt werden, die darüber hinaus in allen Inertialsystemen gleichzeitig wirksam ist. Die Lorenz-Eichbedingung (die wie schon erwähnt auf den Dänen Ludvig Lorenz und nicht auf den Niederländer Hendrik Lorentz zurückgeht) lautet kovariant geschrieben

$$\partial_\mu A^\mu = 0 \tag{18.60}$$

und ist damit Lorentz-invariant. Andere Eichbedingungen wie die Coulomb-Eichung sind natürlich ebenso zulässig, gelten dann aber nur in gewissen Inertialsystemen.

Mit der Lorentz-invarianten Lorenz-Eichbedingung vereinfacht sich (18.47) zur inhomogenen Wellengleichung

$$\Box A^\mu = \frac{4\pi}{c} j^\mu. \tag{18.61}$$

18.3 Lorentz-Transformation von Feldstärken

$F^{\mu\nu}$ transformiert entsprechend der Indexstellung unter $x'^\mu = \Lambda^\mu{}_\nu\, x^\nu$ gemäß

$$F'^{\mu\nu}(x') = \Lambda^\mu{}_\sigma\,\Lambda^\nu{}_\tau\,F^{\sigma\tau}(x). \tag{18.62}$$

Das Argument des Feldstärketensors bezieht sich dabei auf denselben Raumzeitpunkt, dargestellt durch die jeweiligen Koordinaten des betrachteten Bezugssystems.

Betrachten wir unsere Standard-Lorentz-Transformation in x-Richtung,

$$(\Lambda^\mu{}_\nu) = \begin{pmatrix} \gamma & -\beta\gamma & 0 & 0 \\ -\beta\gamma & \gamma & 0 & 0 \\ 0 & 0 & 1 & 0 \\ 0 & 0 & 0 & 1 \end{pmatrix}, \tag{18.63}$$

so ergibt einfaches Ausmultiplizieren als Matrizen $F'^{\mu\nu} = \Lambda^{\mu}{}_{\sigma} F^{\sigma\tau} \Lambda^{\nu}{}_{\tau} = (\Lambda F \Lambda^{\top})^{\mu\nu}$,

$$\begin{pmatrix} 0 & -E'_x & -E'_y & -E'_z \\ E'_x & 0 & -B'_z & B'_y \\ E'_y & B'_z & 0 & -B'_x \\ E'_z & -B'_y & B'_x & 0 \end{pmatrix} \tag{18.64}$$

$$= \begin{pmatrix} \gamma & -\beta\gamma & 0 & 0 \\ -\beta\gamma & \gamma & 0 & 0 \\ 0 & 0 & 1 & 0 \\ 0 & 0 & 0 & 1 \end{pmatrix} \begin{pmatrix} 0 & -E_x & -E_y & -E_z \\ E_x & 0 & -B_z & B_y \\ E_y & B_z & 0 & -B_x \\ E_z & -B_y & B_x & 0 \end{pmatrix} \begin{pmatrix} \gamma & -\beta\gamma & 0 & 0 \\ -\beta\gamma & \gamma & 0 & 0 \\ 0 & 0 & 1 & 0 \\ 0 & 0 & 0 & 1 \end{pmatrix},$$

für die kartesischen Komponenten der elektrischen und magnetischen Feldstärken:

$$\begin{aligned} E'_x &= E_x, \quad E'_y = \gamma(E_y - \beta B_z), \quad E'_z = \gamma(E_z + \beta B_y), \\ B'_x &= B_x, \quad B'_y = \gamma(B_y + \beta E_z), \quad B'_z = \gamma(B_z - \beta E_y). \end{aligned} \tag{18.65}$$

Für eine beliebige Richtung der Relativgeschwindigkeit der Inertialsysteme kann dies etwas allgemeiner geschrieben werden als

$$\begin{aligned} \boldsymbol{E}'_{\parallel} &= \boldsymbol{E}_{\parallel}, \quad \boldsymbol{E}'_{\perp} = \gamma\left(\boldsymbol{E}_{\perp} + \boldsymbol{\beta} \times \boldsymbol{B}_{\perp}\right), \\ \boldsymbol{B}'_{\parallel} &= \boldsymbol{B}_{\parallel}, \quad \boldsymbol{B}'_{\perp} = \gamma\left(\boldsymbol{B}_{\perp} - \boldsymbol{\beta} \times \boldsymbol{E}_{\perp}\right), \end{aligned} \tag{18.66}$$

wobei die Bezeichnungen $\parallel$ und $\perp$ die Anteile der Dreierfeldstärken parallel bzw. senkrecht zum Geschwindigkeitsvektor $\boldsymbol{\beta} = \boldsymbol{v}/c$ bedeuten. (Man beachte hier den Unterschied zum Transformationsverhalten von Vierervektoren, bei denen sich gerade die Dreiervektoren parallel zu $\boldsymbol{v}$ verändern, während dazu senkrechte gleich bleiben.)

Frage 8

Überzeugen Sie sich, dass (18.66) für $\boldsymbol{v} = v\,\hat{\boldsymbol{e}}_x$ wieder (18.65) ergibt und dass durch die Isotropie (Drehinvarianz) des Raumes damit die allgemeinere Form schon bewiesen ist.

Bewegter Kondensator und bewegte Spule

Als einfache Beispiele, in denen die Transformationsgesetze für die Feldstärkekomponenten, die so ganz anders strukturiert sind als die von anderen Dreiergrößen, verständlich werden, sollen einmal ein unendlich ausgedehnter Plattenkondensator und einmal eine unendlich lange Spule betrachtet werden. Beide liefern einfachste physikalische Realisierungen von homogenen Feldstärken, die wir in Inertialsystemen vergleichen wollen, die sich um eine Standard-Lorentz-Transformation in x-Richtung voneinander unterscheiden.

Ist in S ein Plattenkondensator vorhanden, dessen Platten bei $z = \pm a$ positioniert sind, dann haben wir ein homogenes elektrisches Feld in z-Richtung vorliegen. In S' ist gemäß (18.65) $E'_z = \gamma E_z$ um den γ-Faktor erhöht. Die Ursache dafür liegt offenbar in der Lorentz-Kontraktion der Oberflächenladung des Kondensators, wenn sich seine Platten in einer Längsrichtung bewegen. Zusätzlich entsteht ein magnetisches Feld in y-Richtung, das von einem Flächenstrom in x-Richtung produziert wird.

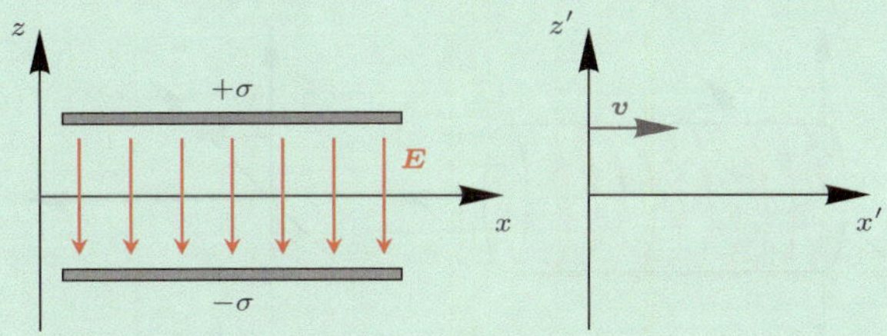

Orientieren wir den Plattenkondensator dagegen senkrecht zur Bewegungsrichtung, sodass das $\boldsymbol{E}$-Feld in x-Richtung zeigt, ändert sich die Flächenladungsdichte nicht, und dazu passend ist $E'_x = E_x$, denn die Normalkomponente des elektrischen Feldes ist unmittelbar durch $4\pi\sigma$ gegeben. Obwohl in dieser Situation offensichtlich eine nichttriviale Stromdichte j'_x vorliegt, gibt es in S' gemäß (18.65) kein Magnetfeld. Der Grund ist die Symmetrie des Problems – die Magnetfeldbeiträge (schon von einer Kondensatorplatte für sich) heben sich in der Superposition auf (siehe hierzu auch den Kasten „Vertiefung: Magnetfelder in anderen als drei Raumdimensionen"). Die Lorentz-Transformation liefert dieses Ergebnis frei Haus.

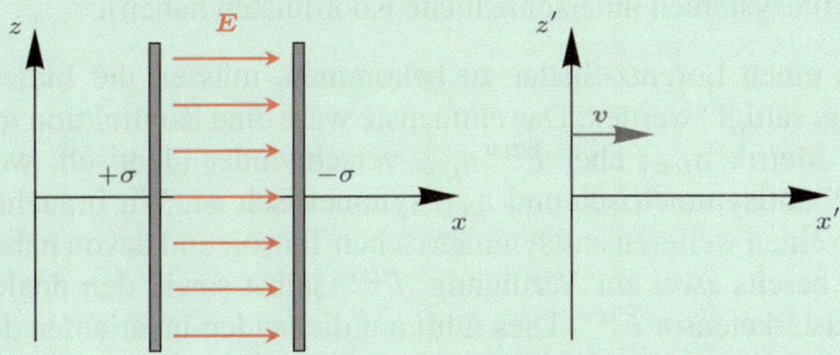

Betrachten wir nun eine unendlich ausgedehnte zylinderförmige Spule, deren Achse in x-Richtung zeigt. In diesem Fall fließt bei einer idealen, infinitesimal fein gewickelten Spule der Strom in der Ebene senkrecht zur x-Achse und erzeugt ein Magnetfeld in x-Richtung. Wird die Spule in x-Richtung bewegt, bleibt gemäß (18.65) $B'_x = B_x$. Dies passt dazu, dass $j_{y,z}$ unter einer Lorentz-Transformation in x-Richtung unverändert bleiben. Letzteres überrascht vielleicht, wenn man sich eine Spule mit N Windungen pro Längeneinheit vor Augen hält, denn die Lorentz-Kontraktion in x-Richtung erhöht natürlich die Zahl der Windungen in S' auf $N' = \gamma N$ pro neuer Längeneinheit. Warum kommt dieser Umstand in den Transformationsgesetzen für $j_{y,z}$ nicht zum Vorschein? Die Antwort ist, dass Strom durch transportierte Ladung pro Zeiteinheit gegeben ist. Während die Ladung invariant ist, ist es die Zeit nicht. Die Zeitdilatation lässt den Strom in S' um einen kompensierenden Faktor γ langsamer fließen, sodass die Stromdichte transversal zur Bewegungsrichtung unverändert bleibt.

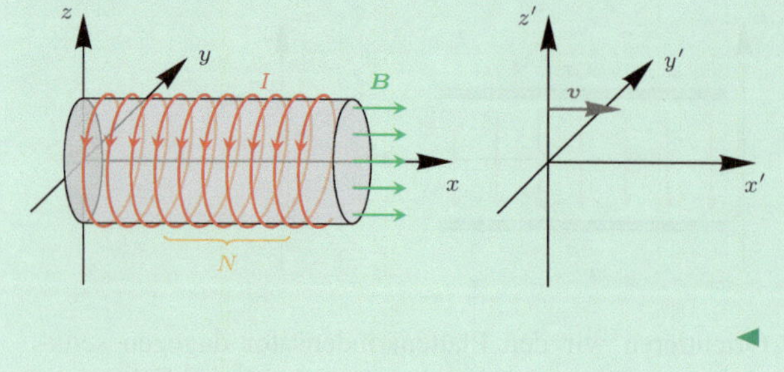

◄

Invarianten des Feldstärketensors

Wie wir gesehen haben, transformieren die sechs Komponenten von $F^{\mu\nu}$ im Verbund, und es werden dabei elektrische und magnetische Komponenten im Allgemeinen gemischt. Aus dem Vierertensorfeld $F^{\mu\nu}$ lassen sich aber Lorentz-Skalarfelder konstruieren, die invariant unter Lorentz-Transformationen sind (d. h., sie verändern sich nur insofern, als die Raumzeitpunkte, über denen sie definiert sind, in den unterschiedlichen Inertialsystemen unterschiedliche Koordinaten haben).

Um einen Lorentz-Skalar zu bekommen, müssen die Indizes „abgesättigt" werden. Das einfachste wäre eine Kontraktion mit der Metrik $\eta_{\mu\nu}$, aber $F^{\mu\nu}\eta_{\mu\nu}$ verschwindet identisch, weil $F^{\mu\nu}$ antisymmetrisch und $\eta_{\mu\nu}$ symmetrisch ist. Wir brauchen also einen weiteren antisymmetrischen Tensor, und davon haben wir bereits zwei zur Verfügung: $F^{\mu\nu}$ selbst sowie den dualen Feldstärketensor $\tilde{F}^{\mu\nu}$. Dies führt auf die beiden Invarianten des Feldstärketensors

$$F^{\mu\nu} F_{\mu\nu} = -2\,(\boldsymbol{E}^2 - \boldsymbol{B}^2), \tag{18.67}$$

$$F^{\mu\nu} \tilde{F}_{\mu\nu} = -4\,\boldsymbol{E}\cdot\boldsymbol{B}. \tag{18.68}$$

Dabei ist $F^{\mu\nu} F_{\mu\nu}$ ein echter Lorentz-Skalar; $F^{\mu\nu} \tilde{F}_{\mu\nu}$ ist dagegen ein *Lorentz-Pseudoskalar*, der unter allen Lorentz-Transformationen mit $\det(\Lambda^{\mu}{}_{\nu}) = 1$ invariant bleibt, aber sein Vorzeichen ändert, wenn eine Spiegelung der räumlichen Koordinaten oder eine Zeitumkehrtransformation gemacht wird. Die weitere Möglichkeit, den dualen Feldstärketensor mit sich selbst zu multiplizieren, liefert nichts Neues mehr:

$$\tilde{F}^{\mu\nu} \tilde{F}_{\mu\nu} \equiv -F^{\mu\nu} F_{\mu\nu}. \tag{18.69}$$

Man kann sich auch leicht davon überzeugen, dass es nicht mehr unabhängige Invarianten des Feldstärketensors als die quadratischen Formen (18.67) und (18.68) gibt und dass sich kompliziertere Lorentz-Skalare wie z. B. $F^{\mu\nu}F_{\nu\lambda}F^{\lambda\rho}F_{\rho\mu}$ immer durch die quadratischen Invarianten darstellen lassen: Ein Lorentz-Skalar muss unter anderem invariant unter gewöhnlichen Drehungen sein, aber aus $\boldsymbol{E}$ und $\boldsymbol{B}$ lassen sich nur drei Skalare bezüglich Drehungen bilden, nämlich $\boldsymbol{E}^2$, $\boldsymbol{B}^2$ und $\boldsymbol{E}\cdot\boldsymbol{B}$. Wie ein Blick auf (18.66) lehrt, sind aber $\boldsymbol{E}^2$ oder $\boldsymbol{B}^2$ für sich genommen keine Lorentz-Skalare, es gibt also maximal zwei Invarianten.

Frage 9

Rechnen Sie (18.67) bis (18.69) nach.

Die Lorentz-Invarianz von (18.67) und (18.68) bedeutet, dass bei einem Wechsel des Inertialsystems von S auf S' die entsprechenden Kombinationen der elektromagnetischen Feldstärken unverändert bleiben:

$$\begin{aligned} \boldsymbol{E}^2(x) - \boldsymbol{B}^2(x) &= \boldsymbol{E}'^2(x') - \boldsymbol{B}'^2(x'), \\ \boldsymbol{E}(x)\cdot\boldsymbol{B}(x) &= \boldsymbol{E}'(x')\cdot\boldsymbol{B}'(x'), \end{aligned} \tag{18.70}$$

wobei sich die unterschiedlichen Koordinaten x und x' auf ein und denselben Raumzeitpunkt beziehen.

Daraus lassen sich unmittelbar eine Reihe von nützlichen Aussagen für beliebige Inertialsysteme folgern. (Dass Spiegelungen für (18.68) ausgeschlossen werden müssen, stellt keine physikalisch relevante Einschränkung dar, denn diese kommen bei einem aktiven Wechsel von einem Inertialsystem in ein anderes nicht vor.)

- Ist $|\boldsymbol{E}|$ kleiner, größer oder gleich $|\boldsymbol{B}|$ in einem Inertialsystem S, so gilt dies in jedem.
- Ist der Winkel ϑ, den $\boldsymbol{E}$ und $\boldsymbol{B}$ in einem System einschließen, kleiner als 90° (größer als 90°), dann ist $\boldsymbol{E}\cdot\boldsymbol{B} > 0$ (< 0), und dasselbe gilt in allen anderen Systemen.
- Ist $\boldsymbol{E}$ in einem System null, dann ist in allen anderen Systemen $\boldsymbol{E}'$ senkrecht auf $\boldsymbol{B}'$ und $|\boldsymbol{E}'| < |\boldsymbol{B}'|$. Ist umgekehrt $\boldsymbol{B}$ in einem System null, dann ist in allen anderen Systemen $\boldsymbol{E}'$ senkrecht auf $\boldsymbol{B}'$ und $|\boldsymbol{E}'| > |\boldsymbol{B}'|$. (Ohne Beweis sei angemerkt, dass auch die Umkehrung dieser Schlussfolgerung gilt.)
- Ist $\boldsymbol{E}$ senkrecht zu $\boldsymbol{B}$ und $|\boldsymbol{E}| = |\boldsymbol{B}|$ in einem System, dann stehen auch in allen anderen Systemen die Felder senkrecht aufeinander und sind betragsgleich.

Feld einer gleichförmig bewegten Punktladung

Als ein für das Weitere sehr instruktives Beispiel werden wir nun das Feld einer gleichförmig bewegten Punktladung durch Lorentz-Transformation des Coulomb-Feldes einer ruhenden Punktladung berechnen. Im Ruhesystem S liegt nur ein $\boldsymbol{E}$-Feld vor,

$$\boldsymbol{E} = q\frac{\hat{\boldsymbol{e}}_r}{\boldsymbol{r}^2} = q\frac{(x, y, z)^\top}{(x^2 + y^2 + z^2)^{3/2}}, \tag{18.71}$$

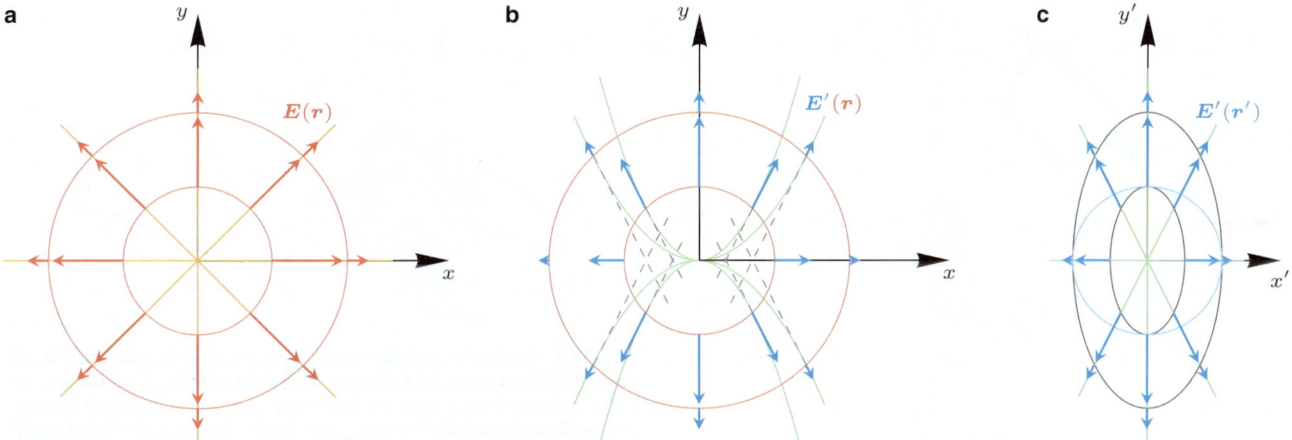

Abb. 18.2 Lorentz-Transformation des elektrischen Feldes einer Punktladung. (**a**) Im Ruhesystem des Teilchens zeigt das $\boldsymbol{E}(\boldsymbol{r})$-Feld radial nach außen und fällt mit dem Quadrat der Entfernung isotrop ab, hier gezeigt für zwei Radien und acht Richtungen. (**b**) Im System S', zu einem Zeitpunkt, in dem sich das Teilchen im Ursprung befindet, messen die bewegten Beobachter veränderte Felder $\boldsymbol{E}'$ an denselben Punkten. Werden diese Ergebnisse in den Koordinaten des Ruheystems dargestellt (weil z. B. die bewegten Beobachter diese Ergebnisse an die ruhenden kommuniziert haben), dann ergibt sich ein Feldlinienbild, in dem die Feldstärken nicht mehr zur momentanen Position der Punktladung zeigen, weil alle transversalen Komponenten um einen Faktor γ (hier $\gamma = 2$) vergrößert sind, nicht aber E_x. (Die Feldlinien wären hier durch Kurven $y = Cx^{\gamma}$ dargestellt.) (**c**) Im System S' sind aber die Messpunkte nicht mehr kreisförmig angeordnet, sondern Lorentz-kontrahiert. Dadurch rücken diese um einen Faktor $1/\gamma$ in x'-Richtung zusammen, und die Feldstärken zeigen allesamt wieder auf den momentanen Aufenthaltspunkt der Punktladung. Die Feldstärken sind in transversaler Richtung um einen Faktor γ verstärkt. Messen die bewegten Beobachter die Feldstärke in allen Richtungen in gleichem Abstand von der Punktladung, ergibt sich wegen der Lorentz-Kontraktion außerdem eine Reduktion von E'_x, weil dieses nun bei größeren Werten x betrachtet wird. Da das Feld mit dem Quadrat der Entfernung abfällt, erweist es sich für die Beobachter als um $1/\gamma^2$ in Richtung der Geschwindigkeit reduziert. Das Verhältnis von maximalen zu minimalen Werten des $\boldsymbol{E}'$-Feldes bei konstantem $|\boldsymbol{x}'|$ beträgt daher γ^3

anhand von einigen repräsentativen Feldstärke-Vektoren dargestellt in Abb. 18.2a. Im entlang der positiven x-Achse mit Geschwindigkeit v bewegten System S', aus dessen Warte sich die Punktladung nach links mit der Bahnkurve $x'(t') = -vt'$ bewegt, können wir die Feldstärken unmittelbar aus (18.65) gewinnen:

$$\begin{aligned} &E'_x = E_x, \quad E'_y = \gamma E_y, \quad E'_z = \gamma E_z, \\ &\boldsymbol{B}' = -\gamma \boldsymbol{\beta} \times \boldsymbol{E} = -\boldsymbol{\beta} \times \boldsymbol{E}', \quad \boldsymbol{\beta} = \beta\, \hat{\boldsymbol{e}}_x, \end{aligned} \tag{18.72}$$

wobei die Felder am selben Raumzeitpunkt umzurechnen sind.

Frage 10

Warum vereinfacht sich $\gamma\boldsymbol{\beta} \times \boldsymbol{E}$ auf $\boldsymbol{\beta} \times \boldsymbol{E}'$?

Wenn ein Team von synchronisierten Beobachtern in S' ihre Messwerte an Physiker im Ruhesystem S übermitteln und letztere aufgrund dieser Informationen ein Feldlinienbild in ihrem Koordinatensystem zeichnen, werden sie finden, dass die Feldlinien $\boldsymbol{E}'$ keine geraden Linien mehr sind und dass abseits der x-Achse die Vektoren $\boldsymbol{E}'$ nicht mehr radial nach außen gerichtet sind (Abb. 18.2b).

Die Beobachter in S' haben allerdings ihr eigenes Koordinatensystem, das durch die Rücktransformation

$$x = \gamma(x' + vt') \equiv \gamma R'_x, \quad y = y' \equiv R'_y, \quad z = z' \equiv R'_z \tag{18.73}$$

gegeben ist, wobei wir $\boldsymbol{R}' = \boldsymbol{r}' + \boldsymbol{v}t'$ als Abstandsvektor von $\boldsymbol{r}'$ zum momentanen Ort des Punktteilchens bei $-\boldsymbol{v}t'$ eingeführt haben. Durch diese Umrechnung bekommt nun auch E'_x einen Faktor γ, und $\boldsymbol{E}'$ stellt sich als proportional zu $\boldsymbol{R}'$ heraus:

$$\boldsymbol{E}'(t', \boldsymbol{r}') = \frac{q\gamma \boldsymbol{R}'}{(\gamma^2 R'^2_x + R'^2_y + R'^2_z)^{3/2}}. \tag{18.74}$$

Im System S' zeigen die elektrischen Feldstärken also weiterhin radial vom momentanen Ort des Punktteilchens weg. Allerdings ist ihre Stärke nicht mehr isotrop, sondern in transversalen Richtungen ($R'_x = 0$) um einen Faktor γ größer als im Ruhesystem. In longitudinaler Richtung ist dagegen die Feldstärke um $\gamma/(\gamma^2)^{3/2} = 1/\gamma^2$ vermindert (Abb. 18.2c).

Bezeichnen wir mit ϑ den Winkel zwischen $\boldsymbol{R}'$ und der x'-Achse, auf der sich die Punktladung bewegt, so kann das elektrische Feld alternativ geschrieben werden als

$$\begin{aligned} \boldsymbol{E}'(t', \boldsymbol{r}') &= \frac{q\gamma \boldsymbol{R}'}{(\gamma^2 R'^2 \cos^2\vartheta + R'^2 \sin^2\vartheta)^{3/2}} \\ &= \frac{q(1-\beta^2)}{(1-\beta^2\sin^2\vartheta)^{3/2}} \frac{\boldsymbol{R}'}{R'^3}. \end{aligned} \tag{18.75}$$

Das Magnetfeld ist durch $\boldsymbol{B}' = -\boldsymbol{\beta} \times \boldsymbol{E}' = -\beta\, \hat{\boldsymbol{e}}'_x \times \boldsymbol{E}'$ gegeben mit Stärke $|\boldsymbol{B}'| = \beta|\boldsymbol{E}' \sin\vartheta|$. Die magnetischen Feldlinien bilden dabei Kreise um die x'-Achse, die im Uhrzeigersinn verlaufen, wenn man einer sich entfernenden positiven Ladung q hinterherblickt.

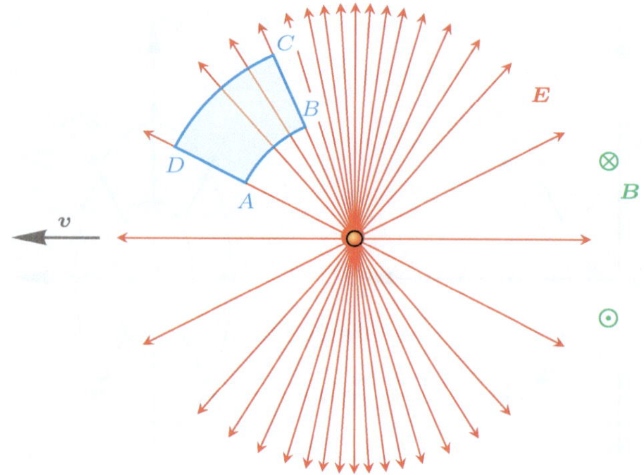

Abb. 18.3 Elektrische Feldlinien einer bewegten Punktladung

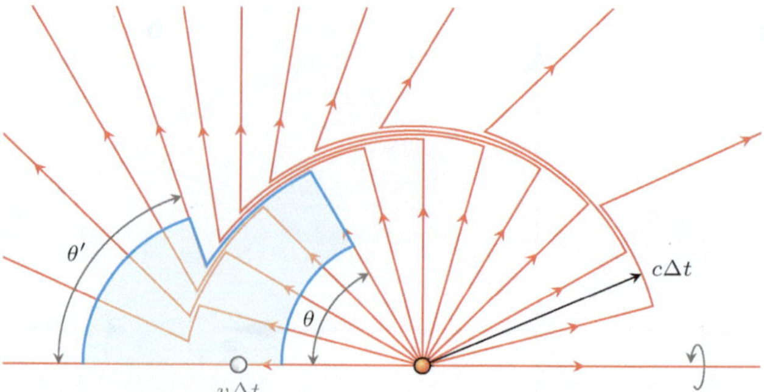

Abb. 18.4 Elektrisches Feld einer plötzlich abgestoppten Punktladung, die sich zuvor gleichförmig nach links bewegte. Außerhalb einer Kugel mit Radius $c\Delta t$, wobei Δt die Zeit ist, die seit der Abbremsung vergangen ist, zeigen die elektrischen Feldlinien auf die Position (*grauer Punkt*), wo sich die Punktladung bei fortgesetzter gleichförmiger Bewegung befinden würde. Die Information, dass die Punktladung gestoppt wurde, breitet sich mit Lichtgeschwindigkeit in Form einer Schockfront aus. Die Feldlinien innerhalb und außerhalb dieser Schockfront sind so miteinander verbunden, dass der Nettofluss durch die Oberfläche des *blau markierten* Volumens verschwindet, was auf die Beziehung (18.76) für die Winkel θ und θ' führt

Frage 11

Betrachten Sie die Zirkulation des elektrischen Feldes entlang der Kontur ABCD in Abb. 18.3 und schließen Sie daraus, dass zu diesem Feld ein zeitlich veränderliches magnetisches Feld gehören muss.

Feld einer plötzlich abgestoppten Punktladung

Anhand der Resultate für das Feld einer gleichförmig bewegten Punktladung können wir uns schon überlegen, wie das Feld aussehen kann, wenn die Bewegung nicht gleichförmig ist. Diese Fragestellung wird im nächsten Kapitel systematisch betrachtet werden, aber wir können bereits grundlegende Einsichten gewinnen, indem wir uns überlegen, wie zwei unterschiedliche gleichförmige Bewegungszustände kombiniert werden können, sodass die Grundprinzipien der Relativitätstheorie erfüllt werden.

Zu diesem Zweck nehmen wir an, dass eine gleichförmige Bewegung abrupt gestoppt wird. Die Punktladung soll beispielsweise bei negativen Zeiten wie zuvor entlang der x-Achse mit Geschwindigkeit $-v\,\hat{\boldsymbol{e}}_x$ gelaufen sein, aber beim Zeitpunkt $t' = 0$ abrupt zum Stillstand gebracht worden sein. Für positive Zeiten $t' > 0$ haben wir dann einfach eine ruhende Punktladung mit ihrem Coulomb-Feld vorliegen, aber diese Lösung kann nicht für den gesamten Raum gültig sein, denn die Information, dass die Ladung gestoppt wurde, kann sich nicht schneller als mit Lichtgeschwindigkeit ausbreiten.

Für Abstände $r' > ct'$ kann das elektromagnetische Feld daher nur so aussehen, als würde sich die Punktladung weiterhin gleichförmig bewegen. Die elektrischen Feldlinien sind dort, wie wir gesehen haben, gerade Linien, die auf den vermeintlich momentanen Aufenthaltsort des Teilchens bei $x' = -vt'$ zeigen. Für Abstände $r' < ct'$ können wir dagegen die Lösung für eine ruhende Punktladung annehmen, ohne gegen die Prinzipien der Relativitätstheorie zu verstoßen.

Die Lösung, die sich ergibt, wenn auf einer kugelförmigen Grenzfläche $r' = ct'$ die beiden Feldkonfigurationen für eine ruhende und eine gleichförmig bewegte Punktladung aneinander gestückelt werden, ist die einer *Schockfront*, die sich mit Lichtgeschwindigkeit vom Ursprung, wo die abrupte Abbremsung erfolgte, ausbreitet (Abb. 18.4).

Frage 12

Überlegen Sie sich, wie das zu Abb. 18.4 analoge elektrische Feldlinienbild aussieht, wenn eine Punktladung ursprünglich ruhte und dann plötzlich auf relativistische Geschwindigkeit beschleunigt wurde (Purcell 1989, Abb. 5.17).

Da die Stückelung der beiden Lösungen im ladungsfreien Raum durchzuführen ist, müssen die elektrischen Feldlinien diesseits und jenseits der Schockfront so miteinander verbunden werden, dass das elektrische Feld divergenzfrei bleibt. Der elektrische Fluss durch eine geschlossene Oberfläche muss null sein, solange diese nicht das gestoppte Teilchen einschließt. Betrachten wir dazu die Oberfläche des Volumens, das sich ergibt, wenn das blau schattierte Gebiet in Abb. 18.4 um die Symmetrieachse rotiert wird. Die Feldlinien durchstoßen hier zwei Kugelkappen, von denen sich eine innerhalb und eine außerhalb der Schockfront befindet. Die Fläche, mit der diese verbunden sind, folgt dabei dem Feldlinienverlauf, sodass dort kein Fluss durch diesen Teil der geschlossenen Oberfläche auftritt. Aus der Bedingung, dass der Fluss durch die beiden Kugelkappen gegengleich ist, kann nun der Zusammenhang zwischen den Feldlinien berechnet werden. Wie in Aufgabe 18.3 gezeigt wird, ergibt sich damit folgende Beziehung zwischen den Winkeln θ bzw. θ', die die Feldlinien auf beiden Seiten der Schockfront mit der x-Achse einschließen:

$$\tan\theta' = \gamma \, \tan\theta. \tag{18.76}$$

Frage 13

Verifizieren Sie, dass diese Winkeländerung genau dieselbe ist, die ein Stab aufgrund der Lorentz-Kontraktion erfährt, wenn er in seinem Ruhesystem den Winkel θ mit der Achse der Lorentz-Transformation einschließt. Damit ist die Feldlinienverteilung einer gleichförmig bewegten Punktladung (siehe Abb. 18.3) exakt dieselbe wie eine, die man erhält, wenn man diese im Ruhesystem durch ein Bündel von gleichmäßig verteilten starren Speichen darstellt und dieses Lorentz-transformiert.

18.4 Elektromagnetische Viererkräfte

Viererkraftdichte

Die (Dreier-)Lorentz-Kraftdichte (11.5) kann mit $F^{i0} = E_i$, $F^{ij} = -\varepsilon_{ijk} B_k$ und $j^\nu = (c\rho, \boldsymbol{j})$ unmittelbar in eine aufschlussreiche Form gebracht werden:

$$\begin{aligned} \boldsymbol{f}_\mathrm{L} &= \rho \boldsymbol{E} + \frac{1}{c}\boldsymbol{j}\times\boldsymbol{B} = \frac{1}{c}(j^0\boldsymbol{E} + \boldsymbol{j}\times\boldsymbol{B}) \\ &= \frac{1}{c}\begin{pmatrix} F^{10}j^0 - F^{12}j^2 - F^{13}j^3 \\ F^{20}j^0 - F^{21}j^1 - F^{23}j^3 \\ F^{30}j^0 - F^{31}j^1 - F^{32}j^2 \end{pmatrix} \\ &= \left(\frac{1}{c}F^{i\nu}\eta_{\nu\lambda}j^\lambda\right) = \left(\frac{1}{c}F^{i\nu}j_\nu\right). \end{aligned} \tag{18.77}$$

Offenbar ist alles, was $\boldsymbol{f}_\mathrm{L}$ zu einem Vierervektor fehlt, die Nullkomponente

$$f^0_\mathrm{L} = \frac{1}{c}F^{0\nu}j_\nu = \frac{1}{c}\boldsymbol{E}\cdot\boldsymbol{j}. \tag{18.78}$$

Dies ist bis auf den Faktor $1/c$ genau die in (11.103) definierte Leistungsdichte, womit wir eine Viererkraftdichte

$$f^\mu = \frac{1}{c}F^{\mu\nu}j_\nu \tag{18.79}$$

identifizieren können, die sich aus Lorentz-Kraftdichte und Leistungsdichte dividiert durch c zusammensetzt.

Bewegungsgleichung für ein geladenes Punktteilchen in einem äußeren Feld

Ein Punktteilchen mit Ladung q und Bahnkurve $\boldsymbol{x}(t)$ bezüglich eines Inertialsystems S hat als Viererstromdichte

$$j^\mu = \begin{pmatrix} c\rho \\ \boldsymbol{j} \end{pmatrix} = q\begin{pmatrix} c \\ \boldsymbol{v}(t) \end{pmatrix}\delta(\boldsymbol{r}-\boldsymbol{x}(t)), \quad \boldsymbol{v}(t) = \frac{\mathrm{d}}{\mathrm{d}t}\boldsymbol{x}(t), \tag{18.80}$$

während sein Viererimpuls durch

$$p^\mu = mu^\mu = m\gamma\begin{pmatrix} c \\ \boldsymbol{v} \end{pmatrix} \tag{18.81}$$

gegeben ist.

Die Bewegungsgleichung ist damit bestimmt durch

$$\frac{\mathrm{d}}{\mathrm{d}t}p^\mu = \int \mathrm{d}V f^\mu = \int \mathrm{d}V \frac{1}{c}F^{\mu\nu}j_\nu = \frac{q}{c}F^{\mu\nu}(t,\boldsymbol{x}(t))\,u_\nu/\gamma. \tag{18.82}$$

In Dreierkomponenten ausgeschrieben ist dies

$$\frac{\mathrm{d}}{\mathrm{d}t}p^0 = \frac{\mathrm{d}}{\mathrm{d}t}E/c = \frac{q}{c}\boldsymbol{E}\cdot\boldsymbol{v}, \tag{18.83}$$

$$\frac{\mathrm{d}}{\mathrm{d}t}\boldsymbol{p} = \boldsymbol{F}(t) = q\left[\boldsymbol{E}(t,\boldsymbol{x}(t)) + \frac{\boldsymbol{v}(t)}{c}\times\boldsymbol{B}(t,\boldsymbol{x}(t))\right], \tag{18.84}$$

also die gewohnten Ausdrücke für Leistung und Lorentz-Kraft auf der rechten Seite, während auf der linken Seite die relativistischen Ausdrücke für Energie und Impuls einzusetzen sind, $E = \gamma(v)\,mc^2$ und $\boldsymbol{p} = \gamma(v)\,m\boldsymbol{v}$.

Mit dem γ-Faktor auf die linke Seite gebracht, kann (18.82) auch als Lorentz-kovariante Gleichung angeschrieben werden, die die Eigenzeit τ anstelle der Koordinatenzeit t beinhaltet:

$$\frac{\mathrm{d}}{\mathrm{d}\tau}p^\mu = \frac{\mathrm{d}}{\mathrm{d}\tau}mu^\mu = \frac{q}{c}F^{\mu\nu}(x(\tau))\,u_\nu, \tag{18.85}$$

wobei wir $\gamma\mathrm{d}/\mathrm{d}t = \mathrm{d}/\mathrm{d}\tau$ verwendet haben.

Eine nicht unbedeutende Einschränkung ist hier übrigens die Betonung auf Bewegung in einem äußeren Feld. Normalerweise kann man das Eigenfeld ignorieren, weil die Unendlichkeiten, die für ein Punktteilchen damit verbunden sind, keine dynamische Rolle spielen sollten. Bei beschleunigter Bewegung ist es aber nicht ausgeschlossen, dass sich das Eigenfeld des Teilchens bzw. endliche Anteile davon ändern, und es kommt zur Frage nach der korrekten Berücksichtigung von *Strahlungsrückwirkungen*, die wir in obigen Bewegungsgleichungen vernachlässigt haben. Auch im Kap. 19 zu Abstrahlungsproblemen werden wir diese vernachlässigen, da hier die klassische Elektrodynamik an ihre Grenzen stößt und eine vollständige Behandlung erst im Rahmen der Quantenelektrodynamik möglich wird (für eine Diskussion der Strahlungsrückwirkung im Rahmen der klassischen Elektrodynamik vgl. z. B. Griffiths 2011, Jackson 2006).

Vertiefung: Magnetfelder in anderen als drei Raumdimensionen

Oft erschließen sich tiefere Einblicke durch den Versuch, einen Sachverhalt zu verallgemeinern und damit seine Grenzen auszuloten. Mit dem Lorentz-kovarianten Viererformalismus haben wir das Werkzeug in der Hand, um diskutieren zu können, wie Elektromagnetismus in anderen als drei Raumdimensionen aussieht. Weniger als drei Raumdimensionen können tatsächlich ohne Weiteres realisiert werden: Effektiv zwei- oder eindimensionale Situationen entstehen schon dadurch, dass alle Felder und Quellen von einer oder zwei kartesischen Koordinaten unabhängig sind. Höhere Dimensionen kommen erst ins Spiel, wenn mit der Möglichkeit spekuliert wird, dass auf fundamentalster Ebene noch mehr als drei Raumdimensionen existieren, wie das in der Superstringtheorie tatsächlich gemacht wird.

Dass in der Elektrodynamik die elektrischen und magnetischen Felder beide durch Dreiervektoren gegeben sind, stellt sich dabei als Spezifikum der vierdimensionalen Minkowski-Welt heraus. Die elektromagnetischen Felder werden hier ja in den antisymmetrischen Tensor $F^{\mu\nu}$ zusammengefasst, und dieser bietet Platz für zwei Dreiervektoren: Die elektrischen Felder werden in $E_i = F_{0i}$ untergebracht, und die drei Komponenten des $\boldsymbol{B}$-Feldes haben in den antisymmetrischen räumlichen Komponenten $F_{ij} = -\varepsilon_{ijk}B_k$ Platz.

Hätten wir nicht drei, sondern d Raumdimensionen, gäbe es weiterhin ein Vektorfeld $E_i = F_{0i}$, nur eben mit d Komponenten, aber beim Magnetfeld sieht die Sache ganz anders aus: F_{ij} hat im Allgemeinen $d(d-1)/2$ Komponenten, das ist nur in $d = 3$ dasselbe wie d. Dass wir mit $F_{ij} = -\varepsilon_{ijk}B_k$ wieder auf einen Vektor mit d Komponenten kommen, funktioniert offenbar auch nur in $d = 3$ Dimensionen, denn die Anzahl der Indizes des räumlichen Levi-Civita-Symbols ist an d gebunden.

Die Struktur des Feldstärketensors zeigt aber unmittelbar, was Magnetfelder eigentlich sind: Felder, deren Komponenten zu einem Paar von Indizes gehören, so wie zweidimensionale Ebenen primär durch ein Paar von Richtungen charakterisiert werden und es auch eine Spezialität von drei Dimensionen ist, dass wir eine zweidimensionale Ebene durch einen einzigen Normalenvektor charakterisieren können.

Physikalisch machen sich Magnetfelder durch die Lorentz-Kraft bemerkbar, die, wie in (18.77) gezeigt, durch

$$f^i = \frac{1}{c}F^{i\nu}j_\nu = F^{i0}\rho - \frac{1}{c}F^{ij}j^j$$

gebildet wird. Coulomb-Kräfte sind Produkte aus skalaren Ladungsdichten und elektrischen Feldstärken, letztere haben daher gleich viele Komponenten wie Raumdimensionen vorhanden sind; der magnetische Teil der Lorentz-Kraft (die Lorentz-Kraft im engeren Sinn) ist dagegen eine tensorielle Kraft: Der antisymmetrische Tensor F_{ij} enthält für jede Ebene, die f^i und j^j aufspannen, ein zugehöriges Kraftfeld, nämlich die entsprechende Magnetfeldkomponente.

Eine unmittelbare Konsequenz ist, dass für $d = 1$ überhaupt kein Platz für Magnetfelder ist. Die einzige Komponente von $F^{\mu\nu}$ ist dann $F_{01} = -F_{10} = E_x$. Aus diesem Grund gab es auch für den effektiv eindimensionalen Fall eines unendlich ausgedehnten Plattenkondensators, der sich quer zu seinen Platten bewegt (wobei die Situation eindimensional bleibt), kein Magnetfeld, obwohl elektrische Ströme j_x vorliegen.

Ist ein physikalisches System effektiv zweidimensional (weil wie bei der unendlich ausgehnten Spule alles translationsinvariant entlang ihrer Achse ist), dann kann es nur eine Magnetfeldkomponente geben, F_{12}, die aus dreidimensionaler Sicht ein $\boldsymbol{B}$-Feld in z-Richtung ist. Für einen zweidimensionalen Flachländler, der die dritte Dimension nicht kennt, würde sich dieses einfach als ein skalares Feld wie Druck oder Temperatur darstellen.

Umgekehrt sieht man für den Fall von höheren Dimensionen, dass die Zahl der Magnetfeldkomponenten quadratisch mit der Zahl der Raumdimensionen zunimmt. Mit den neun räumlichen Dimensionen, die die Superstringtheorie fordert, kommt man bereits auf 36 Stück.

Elektromagnetischer Energie-Impuls-Tensor

In Abschn. 11.4 haben wir Energie- und Impulssatz der Elektrodynamik aus der Leistungsdichte und aus der Lorentz-Kraftdichte hergeleitet, indem wir mithilfe der inhomogenen Maxwell-Gleichungen in diesen die Quellen durch Felder ersetzt und dann alles mithilfe der homogenen Maxwell-Gleichungen in eine Form gebracht haben, die totale zeitliche oder räumliche Ableitungen darstellen. Im Viererformalismus lassen sich die Herleitung des Energiesatzes und die Herleitung des Impulssatzes in einem erledigen.

Die inhomogenen Maxwell-Gleichungen rückwärts gelesen lauten

$$j_\nu = \frac{c}{4\pi}\partial^\sigma F_{\sigma\nu}, \tag{18.86}$$

wodurch die Viererkraftdichte durch einen bilinearen Ausdruck in den Feldstärken geschrieben werden kann:

$$f^\mu = \frac{1}{4\pi}F^{\mu\nu}\,\partial^\sigma F_{\sigma\nu}. \tag{18.87}$$

Ziel ist es nun, die rechte Seite als totale Ableitung darzustellen. Mit der Umformung

$$f^{\mu} = \frac{1}{4\pi}\,\partial^{\sigma}\left(F^{\mu\nu}F_{\sigma\nu}\right) - \frac{1}{4\pi}F_{\sigma\nu}\,\partial^{\sigma}F^{\mu\nu} \tag{18.88}$$

ist der erste Term eine totale Ableitung, während im zweiten Term der Vierergradient nicht mehr mit dem abzuleitenden Feldstärketensor kontrahiert ist. In letzterem können nun die homogenen Maxwell-Gleichungen in der Form (18.57) verwendet werden, um nachzuweisen, dass auch der zweite Term eine totale Ableitung ist:

$$\begin{aligned} F_{\sigma\nu}\,\partial^{\sigma}F^{\mu\nu} &= F_{\nu\sigma}\,\partial^{\nu}F^{\mu\sigma} = F_{\sigma\nu}\,\partial^{\nu}F^{\sigma\mu} \\ &= \frac{1}{2}F_{\sigma\nu}\left(\partial^{\sigma}F^{\mu\nu} + \partial^{\nu}F^{\sigma\mu}\right) \\ &= -\frac{1}{2}F_{\sigma\nu}\,\partial^{\mu}F^{\nu\sigma} = \frac{1}{4}\,\partial^{\mu}\left(F_{\sigma\nu}F^{\sigma\nu}\right). \end{aligned} \tag{18.89}$$

Hierbei wurden im ersten Schritt die Summationsindizes σ, ν einfach ausgetauscht (da über beide summiert wird, ist es egal, wie sie heißen), im zweiten Schritt wurde $F_{\nu\sigma} = -F_{\sigma\nu}$ zusammen mit $F^{\mu\sigma} = -F^{\sigma\mu}$ verwendet, und im dritten Schritt wurde die damit gezeigte Gleichheit von $F_{\sigma\nu}\,\partial^{\sigma}F^{\mu\nu}$ mit $F_{\sigma\nu}\,\partial^{\nu}F^{\sigma\mu}$ ausgenutzt, um ersteres als die Hälfte der Summe dieser Ausdrücke zu schreiben. Damit kann (18.57) eingesetzt werden, um den freien (äußeren) Index auf die Viererableitung zu übertragen. Im letzten Schritt wurde dann nochmals die Antisymmetrie $F^{\nu\sigma} = -F^{\sigma\nu}$ verwendet und die Viererableitung vor den quadratischen Ausdruck geschrieben. Insgesamt ergibt dies

$$f^{\mu} = -\frac{1}{4\pi}\,\partial_{\nu}\left(F^{\mu\sigma}F_{\sigma}{}^{\nu} + \frac{1}{4}\eta^{\mu\nu}F_{\sigma\tau}F^{\sigma\tau}\right) =: -\partial_{\nu}\,T^{\nu\mu}, \tag{18.90}$$

wobei auch der erste Term aus (18.88) unter Ausnutzung der Antisymmetrie des Feldstärketensors etwas umgestellt wurde. Der Ausdruck in der Klammer von (18.90) definiert den symmetrischen *elektromagnetischen Energie-Impuls-Tensor* $T^{\nu\mu}$. Vergleichen wir mit Energie- und Impulssatz aus Abschn. 11.4,

$$cf^0 = \boldsymbol{E}\cdot\boldsymbol{j} = -\frac{\partial}{\partial t}w_{\text{em}} - \boldsymbol{\nabla}\cdot\boldsymbol{S}, \tag{18.91}$$

$$\boldsymbol{f}_{\text{L}} = -\frac{\partial}{\partial t}\boldsymbol{g}^{\text{em}} + \boldsymbol{\nabla}\cdot\mathbf{T}, \tag{18.92}$$

wobei w_{em} die Energiedichte des elektromagnetischen Feldes, $\boldsymbol{S}$ der Poynting-Vektor, $\boldsymbol{g}^{\text{em}}$ die Feldimpulsdichte und $\mathbf{T}$ der Maxwell'sche Spannungstensor sind, so können wir im Vierertensor $T^{\nu\mu}$ folgenden Inhalt identifizieren:

$$\begin{aligned} T^{00} &= w_{\text{em}} = \frac{1}{8\pi}\left(\boldsymbol{E}^2 + \boldsymbol{B}^2\right), \\ T^{0i} &= c(\boldsymbol{g}^{\text{em}})_i = T^{i0} = \frac{1}{c}(\boldsymbol{S})_i = \frac{1}{4\pi}\left(\boldsymbol{E}\times\boldsymbol{B}\right)_i, \\ T^{ij} &= -(\mathbf{T})_{ij} = -\frac{1}{4\pi}\left(E_iE_j + B_iB_j - \frac{1}{2}\delta_{ij}(\boldsymbol{E}^2 + \boldsymbol{B}^2)\right). \end{aligned} \tag{18.93}$$

Dass sich die räumlichen Komponenten von $T^{\nu\mu}$ vom Maxwell'schen Spannungstensor $\mathbf{T}$ um ein Vorzeichen unterscheiden, hat nichts mit den Vorzeichen in der Minkowski-Metrik zu tun, sondern liegt an der Vorzeichenwahl in (18.92), die rein historisch bedingt ist. Der Maxwell'sche Spannungstensor wurde so eingeführt, dass er Flächenkräfte auf ein geschlossenes Volumen wiedergibt, während Energie- und Impulsströme so definiert sind, dass sie aus einem geschlossenen Volumen heraus zeigen.

Sind keine Ladungsträger vorhanden, an denen die elektromagnetischen Felder Kräfte ausüben und Arbeit verrichten können, ist

$$\partial_{\nu}T^{\nu\mu} = 0 \qquad (f^{\mu} = 0). \tag{18.94}$$

Man sagt dazu auch, dass in diesem Fall $T^{\nu\mu}$ *kovariant erhalten* sei. Für jeden Wert des Index μ hat man nämlich eine Kontinuitätsgleichung vorliegen. So wie die Kontinuitätsgleichung für den Viererstrom, $\partial_{\nu}j^{\nu} = 0$, die Erhaltung von elektrischer Ladung $Q = \int \rho\,\mathrm{d}V$ bedeutet, impliziert dies die Erhaltung von vier weiteren Größen, nämlich Energie und Dreierimpuls des Feldes. Diese können ebenfalls wieder in eine Vierergröße zusammengefasst werden:

$$P^{\mu}_{\text{Feld}} = \frac{1}{c}\int \mathrm{d}V\,T^{0\mu}. \tag{18.95}$$

In Anwesenheit von Ladungsträgern (geladenen Elementarteilchen) gilt für den Viererimpuls, den diese gemeinsam tragen, die Kraftgleichung

$$\frac{\mathrm{d}}{\mathrm{d}t}P^{\mu}_{\text{Teilchen}} = \int \mathrm{d}Vf^{\mu}. \tag{18.96}$$

Die lokale Bilanzgleichung

$$f^{\mu} + \partial_{\nu}\,T^{\nu\mu} = 0$$

lässt sich damit nach Integration über den ganzen Raum als globale Bilanzgleichung für Viererimpulse schreiben:

$$\frac{\mathrm{d}}{\mathrm{d}t}P^{\mu}_{\text{Teilchen}} + \frac{\mathrm{d}}{\mathrm{d}t}P^{\mu}_{\text{Feld}} = -\int \mathrm{d}V\,\partial_i T^{i\mu}. \tag{18.97}$$

18.5 Relativistische Effekte in der Wellenausbreitung

Im Vakuum, d. h. ohne Quellen, reduzieren sich die inhomogenen Maxwell-Gleichungen (18.52) auf

$$\partial_{\mu}F^{\mu\nu} = 0. \tag{18.98}$$

Kontrahieren wir die homogenen Maxwell-Gleichungen in der Form (18.57) mit einem weiteren Vierergradienten ∂_{σ},

$$\partial_{\sigma}\left(\partial^{\sigma}F^{\mu\nu} + \partial^{\mu}F^{\nu\sigma} + \partial^{\nu}F^{\sigma\mu}\right) = 0, \tag{18.99}$$

dann folgt mit der vorhergehenden Gleichung unmittelbar

$$\partial_\sigma \partial^\sigma F^{\mu\nu} \equiv \Box F^{\mu\nu} = 0. \qquad (18.100)$$

Jede Komponente von $F^{\mu\nu}$ erfüllt also (wie wir schon wissen) eine Wellengleichung.

Ebene Wellen

Ebene elektromagnetische Wellen ergeben sich durch den Ansatz

$$F^{\mu\nu}(x) = \mathrm{Re} f^{\mu\nu} \mathrm{e}^{-\mathrm{i}k_\sigma x^\sigma} \qquad (18.101)$$

mit einem (im Allgemeinen komplexen) konstanten Tensor $f^{\mu\nu}$ und einem reellen konstanten Vierervektor k_σ. Damit reduziert sich die Wellengleichung (18.100) auf die algebraische Gleichung

$$k_\sigma k^\sigma = 0. \qquad (18.102)$$

Der Vergleich mit den ebenen Wellen, wie wir sie in Kap. 16 diskutiert haben,

$$\mathrm{e}^{-\mathrm{i}\omega t + \mathrm{i}\boldsymbol{k}\cdot\boldsymbol{x}} = \mathrm{e}^{-\mathrm{i}k_\sigma x^\sigma} = \mathrm{e}^{-\mathrm{i}\eta_{\rho\sigma} k^\rho x^\sigma}, \qquad (18.103)$$

zeigt, dass der Viererwellenvektor k^ρ folgende Komponenten hat:

$$k^\rho = \begin{pmatrix} k^0 \\ \boldsymbol{k} \end{pmatrix} = \begin{pmatrix} \omega/c \\ \boldsymbol{k} \end{pmatrix} = \begin{pmatrix} |\boldsymbol{k}| \\ \boldsymbol{k} \end{pmatrix}. \qquad (18.104)$$

Die Dispersionsrelation $\omega = c|\boldsymbol{k}| \equiv ck$ ist dabei eine Konsequenz von (18.102).

Frage 14

Überzeugen Sie sich, dass in den darüber hinaus zu fordernden Gleichungen $k_\mu f^{\mu\nu} = 0$ und $k_\mu \tilde{f}^{\mu\nu} = 0$ gerade die Bedingungen stecken, dass in ebenen Wellen $\boldsymbol{E}$- und $\boldsymbol{B}$-Felder und $\boldsymbol{k}$ ein orthogonales Dreibein bilden, wobei $|\boldsymbol{E}| = |\boldsymbol{B}|$ ist.

Doppler-Effekt und Aberration

Betrachten wir nun eine Standard-Lorentz-Transformation von einem Inertialsystem S auf ein System S', das sich mit Geschwindigkeit v in positiver x-Richtung bewegt. Die Feldstärkeamplituden $f^{\mu\nu}$ transformieren wie in Abschn. 18.3 diskutiert, und k^μ transformiert als kontravarianter Vierervektor. Parametrisieren wir die Richtung von $\boldsymbol{k}$ mit einem Winkel α bezüglich der x-Achse so, dass $\boldsymbol{k}$ in der xy-Ebene liegt und für spitze Winkel α der Geschwindigkeit $\boldsymbol{v}$ entgegengesetzt ist,

$$k^\mu = k \begin{pmatrix} 1 \\ -\cos\alpha \\ -\sin\alpha \\ 0 \end{pmatrix}, \qquad (18.105)$$

dann ergibt sich für den Lorentz-transformierten Wellenvektor

$$k'^\mu = \begin{pmatrix} k' \\ -k'\cos\alpha' \\ -k'\sin\alpha' \\ 0 \end{pmatrix} = \begin{pmatrix} \gamma & -\beta\gamma & 0 & 0 \\ -\beta\gamma & \gamma & 0 & 0 \\ 0 & 0 & 1 & 0 \\ 0 & 0 & 0 & 1 \end{pmatrix} \begin{pmatrix} k \\ -k\cos\alpha \\ -k\sin\alpha \\ 0 \end{pmatrix}$$
$$= \begin{pmatrix} \gamma k(1+\beta\cos\alpha) \\ -\gamma k(\beta + \cos\alpha) \\ -k\sin\alpha \\ 0 \end{pmatrix}. \qquad (18.106)$$

Vergleichen wir die nullten Komponenten, so sehen wir, dass gilt:

$$\frac{k'}{k} = \frac{\omega'}{\omega} = \gamma(1+\beta\cos\alpha). \qquad (18.107)$$

Ein maximaler Effekt tritt auf, wenn $\alpha = 0$ oder π ist. Dann läuft der Beobachter in S' der Welle entgegen bzw. davon. Für kleine Geschwindigkeiten $\beta = v/c \ll 1$ ist

$$\frac{\omega'}{\omega} = 1 + \frac{v\cos\alpha}{c} + O\left(\frac{v^2}{c^2}\right), \qquad (18.108)$$

was dem klassischen Doppler-Effekt entspricht (benannt nach dem österreichischen Physiker *Christian Doppler*, 1803–1853): Frequenzen erhöhen oder erniedrigen sich gemäß dem Verhältnis von der Geschwindigkeit, mit dem sich ein Beobachter auf eine Quelle zu oder von einer Quelle weg bewegt, mit der Ausbreitungsgeschwindigkeit der Wellen.

Die Relativitätstheorie liefert einen zusätzlichen γ-Faktor, der sogar für $\alpha = \pm\pi/2$ zu einer Frequenzänderung führt, also zu einem *transversalen Doppler-Effekt*. Dieser Effekt ist offenkundig eine Konsequenz der Zeitdilatation und wurde erstmals 1938 von H. E. Ives und G. R. Stilwell experimentell nachgewiesen.

Zusätzlich zur Frequenzänderung kommt es auch zu einer Änderung der Ausbreitungsrichtung. Dieser Effekt wird in der Astronomie, wo er eine wichtige Rolle spielt und 1725 vom englischen Astronomen *James Bradley* (1693–1762) entdeckt wurde, *Aberration* des Lichtes genannt.

Bradley wollte eigentlich die jährliche Parallaxe von nahen Sternen bestimmen, d. h. die kleine Winkeländerung, die sich ergibt, wenn diese von entgegengesetzten Punkten auf der Umlaufbahn der Erde um die Sonne beobachtet werden. Da sogar die nächsten Sterne so weit entfernt sind, dass jährliche Parallaxen deutlich unter einer Bogensekunde liegen, gelang es erst *Friedrich Wilhelm Bessel* (1784–1846) im Jahr 1838, entsprechend genaue Beobachtungen durchzuführen. (1 Parallaxensekunde, kurz 1 Parsec (pc), entspricht einer Entfernung von 3,26 Lichtjahren; der sonnennächste Stern Proxima Centauri ist aber schon 4,2 Lichtjahre entfernt.)

Die scheinbare Bewegung eines Sternes aufgrund dieser Parallaxe hat zudem eine Phase, die nicht zu der von Bradley

Abb. 18.5 Die Aberration des Sternenlichtes ist analog zum Laufen im Regen: Für den Laufenden kommt der Regen nicht mehr senkrecht von oben

beobachteten Aberration passt. Bradley erkannte, dass es die Geschwindigkeit der Erde sein muss, die mit etwa einem Zehntausendstel der Lichtgeschwindigkeit zu Richtungsänderungen von bis zu 10^{-4} rad ($\approx$ 20 Bogensekunden) führt. Der Effekt ist dabei ganz ähnlich dem, den man erfährt, wenn man sich im Regen, der senkrecht auf die Erde fällt, vorwärts bewegt. Dann scheint der Regen nicht mehr exakt von oben, sondern etwas von vorn zu kommen (Abb. 18.5). Dies erklärte auch die verschobene Phase, denn die Bahngeschwindigkeit steht immer senkrecht zum Bahnvektor der Umlaufbahn der Erde.

Bradley hatte bei seiner Erklärung der Aberration die Newton'sche Korpuskeltheorie des Lichtes angenommen, die eine natürliche Erklärung über die Geschwindigkeitsaddition lieferte. Die Maxwell'sche Theorie mit der Vorstellung eines Äthers konnte dies nicht mehr so leicht erklären. Wenn das Ruhesystem des Äthers das der Fixsterne ist, sollte es auch zu keiner Aberration kommen, so wie es in der Akustik keine Aberration gibt und die Ausbreitungsrichtung durch das Ruhesystem der Luft fixiert wird.

Mit der Relativitätstheorie ist diese Schwierigkeit aber wieder beseitigt. Aus der Gleichung für k'^1 bzw. k'^2 in (18.106) ergibt sich mit (18.107)

$$\cos\alpha' = \frac{\cos\alpha + \beta}{1 + \beta\cos\alpha}, \qquad (18.109)$$

$$\sin\alpha' = \frac{1}{\gamma}\frac{\sin\alpha}{1 + \beta\cos\alpha}. \qquad (18.110)$$

Frage 15

Es reicht hier natürlich eine der beiden Gleichungen aus, um α' zu bestimmen. Überprüfen Sie, dass, wie es sein muss, $\sin^2\alpha' + \cos^2\alpha' = 1$ ist.

18.6 Relativistische Elektrodynamik in Materie

Die phänomenologischen Maxwell-Gleichungen in Materie, die wir in Abschn. 15.7 aufgestellt haben, unterscheiden sich von den fundamentalen durch eine Ersetzung der Felder $\boldsymbol{E}$ und $\boldsymbol{B}$ in den inhomogenen Gleichungen durch $\boldsymbol{D}$ und $\boldsymbol{H}$ sowie einer Einschränkung der Quellen auf die freien Ladungs- und Stromdichten ρ_f und $\boldsymbol{j}_\mathrm{f}$. Wir können diese in eine Form analog zu (18.52) bringen, wenn wir statt des Tensors $F^{\mu\nu}$, der die $\boldsymbol{E}$- und $\boldsymbol{B}$-Felder zusammenfasst, einen weiteren antisymmetrischen Tensor definieren, der auf die gleiche Weise $\boldsymbol{D}$ und $\boldsymbol{H}$ kombiniert:

$$D^{\mu\nu} = \begin{pmatrix} 0 & -D_x & -D_y & -D_z \\ D_x & 0 & -H_z & H_y \\ D_y & H_z & 0 & -H_x \\ D_z & -H_y & H_x & 0 \end{pmatrix}. \qquad (18.111)$$

Die homogenen Maxwell-Gleichungen sind hingegen unverändert gültig (allerdings mit Feldern $\boldsymbol{E}$ und $\boldsymbol{B}$, die durch Mittelung von der atomistischen Feinstruktur befreit wurden).

Phänomenologische Maxwell-Gleichungen in Vierernotation

$$\partial_\mu D^{\mu\nu} = \frac{4\pi}{c} j_\mathrm{f}^\nu, \qquad \partial_\mu \tilde{F}^{\mu\nu} = 0 \qquad (18.112)$$

mit $j_\mathrm{f}^\nu = (c\rho_\mathrm{f}, \boldsymbol{j}_\mathrm{f})$.

Die Differenz zwischen den phänomenologischen Feldern $\boldsymbol{D}, \boldsymbol{H}$ und den fundamentalen (aber gemittelten) Feldern $\boldsymbol{E}, \boldsymbol{B}$ sind die Felder der elektrischen Polarisation und Magnetisierung,

$$(\boldsymbol{D}, \boldsymbol{H}) = (\boldsymbol{E}, \boldsymbol{B}) + 4\pi(\boldsymbol{P}, -\boldsymbol{M}), \qquad (18.113)$$

wodurch klar wird, wie $\boldsymbol{P}$ und $\boldsymbol{M}$ in einen Vierertensor zu kombinieren sind. Wir können einen antisymmetrischen vierdimensionalen *Polarisationsfeldtensor* analog zu $F^{\mu\nu}$ und $D^{\mu\nu}$ definieren, aber mit einem unterschiedlichen Vorzeichen in den magnetischen Einträgen:

$$P^{\mu\nu} = \begin{pmatrix} 0 & -P_x & -P_y & -P_z \\ P_x & 0 & M_z & -M_y \\ P_y & -M_z & 0 & M_x \\ P_z & M_y & -M_x & 0 \end{pmatrix}. \qquad (18.114)$$

Achtung Dieser wird manchmal Momententensor genannt, weil $\boldsymbol{P}$ und $\boldsymbol{M}$ die in Materie gebundenen elektrischen und magnetischen Dipolmomente repräsentieren, und manchmal auch Polarisationstensor. Der Begriff „Polarisationstensor" ist

Teil II

Vertiefung: Relativistische Aberration als stereografische Projektion
Unsichtbarkeit der Lorentz-Kontraktion für Kugeln

Von *Roger Penrose* (*1931) stammt folgende alternative Darstellung der Formeln für die relativistische Aberration (Penrose 1959). Ersetzt man im Ergebnis (18.109) jeden Kosinus durch

$$\cos x = \frac{1-\tan^2(x/2)}{1+\tan^2(x/2)},$$

dann kann man diese wie folgt umformen:

$$\frac{1-\tan^2\frac{\alpha'}{2}}{1+\tan^2\frac{\alpha'}{2}} = \frac{1-\tan^2\frac{\alpha}{2}+\beta\left(1+\tan^2\frac{\alpha}{2}\right)}{1+\tan^2\frac{\alpha}{2}+\beta\left(1-\tan^2\frac{\alpha}{2}\right)} = \frac{1-\frac{1-\beta}{1+\beta}\tan^2\frac{\alpha}{2}}{1+\frac{1-\beta}{1+\beta}\tan^2\frac{\alpha}{2}},$$

woraus man ablesen kann, dass

$$\tan\frac{\alpha'}{2} = \sqrt{\frac{1-\beta}{1+\beta}}\tan\frac{\alpha}{2}$$

gilt. Diese Formel kann man geometrisch folgendermaßen interpretieren. Die Gesamtheit der Richtungen, aus der ein Lichtstrahl in S oder S' erscheinen kann, ist gegeben durch $\hat{\boldsymbol{k}}$ bzw. $\hat{\boldsymbol{k}}'$ und bildet eine Kugeloberfläche, die *Himmelssphäre*. Die Abbildung, die durch die Lorentz-Transformation in positive x-Richtung den Punkt P für einen Beobachter B in S auf den Punkt P′ für B′ in S' überführt, bekommt man geometrisch, indem man eine stereografische Projektion auf eine Ebene durchführt, welche die Himmelssphäre am Durchstoßpunkt der x-Achse berührt. Das Abbild P̄ wird danach um einen Faktor

$$f = \sqrt{\frac{1+\beta}{1-\beta}},$$

wie in Abb. 18.6 gezeigt, bezüglich des Ursprungs in der Projektionsebene auf P̄′ skaliert und mit umgekehrter stereografischer Projektion auf die Himmelssphäre von S' übersetzt.

Beide hier involvierten Operationen, die stereografische Projektion und die Skalierung auf der Projektionsebene sind *konforme Abbildungen*, d. h., sie sind winkeltreu. Insbesondere werden Kreise auf Kreise abgebildet, sodass weit entfernte Kugeln trotz der Lorentz-Kontraktion immer noch als Kugeln erscheinen. Es ist dies ein Spezialfall des schon in Kap. 9 besprochenen Phänomens, dass die Lorentz-Kontraktion bei Parallelstrahlenprojektion unsichtbar bleibt.

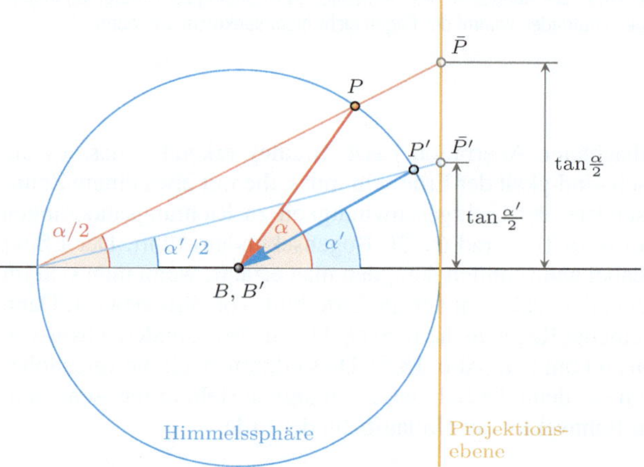

Abb. 18.6 Geometrische Interpretation der Formel für relativistische Aberration als Kombination von stereografischer Projektion und zentrischer Streckung

Frage 16

Verifizieren Sie die Behauptung, dass $\tan\frac{\alpha}{2}$ gerade die stereografische Projektion des Punktes P wiedergibt. Verwenden Sie dabei die trigonometrischen Relationen

$$\tan\frac{\alpha}{2} = \frac{\sin\alpha}{1+\cos\alpha} = \frac{\sin\frac{\alpha}{2}}{\cos\frac{\alpha}{2}},$$

die sich mit $\sin\alpha = 2\sin\frac{\alpha}{2}\cos\frac{\alpha}{2}$ und $1+\cos\alpha = 2\cos^2\frac{\alpha}{2}$ leicht verifizieren lassen.

allerdings in der Quantenelektrodynamik mit einer anderen Bedeutung belegt, weshalb wir $P^{\mu\nu}$ etwas präziser als Polarisationsfeldtensor bezeichnen werden. In der Literatur wird dieser Tensor auch oft mit einem anderen globalen Vorzeichen definiert, sodass dann $\boldsymbol{P}$ statt $\boldsymbol{M}$ die von der Struktur von $F^{\mu\nu}$ abweichenden Vorzeichen erhält. ◀

Die Zusammenfassung der phänomenologischen Dreiervektorfelder $\boldsymbol{D}$, $\boldsymbol{H}$, $\boldsymbol{P}$, $\boldsymbol{M}$ in Vierertensoren $D^{\mu\nu}$ und $P^{\mu\nu}$ liefert unmittelbar deren Transformationsverhalten bei einem Wechsel des Bezugssystems. Für $\boldsymbol{D}$ und $\boldsymbol{H}$ ist dieses identisch mit dem von $\boldsymbol{E}$ und $\boldsymbol{B}$ in (18.66), während für $\boldsymbol{P}$ und $\boldsymbol{M}$ ein zusätzliches Vorzeichen ins Spiel kommt:

$$\begin{aligned} \boldsymbol{P}'_\parallel &= \boldsymbol{P}_\parallel, \quad \boldsymbol{P}'_\perp = \gamma\left(\boldsymbol{P}_\perp - \boldsymbol{\beta}\times\boldsymbol{M}_\perp\right), \\ \boldsymbol{M}'_\parallel &= \boldsymbol{M}_\parallel, \quad \boldsymbol{M}'_\perp = \gamma\left(\boldsymbol{M}_\perp + \boldsymbol{\beta}\times\boldsymbol{P}_\perp\right). \end{aligned} \tag{18.115}$$

Vertiefung: Umformung der fundamentalen auf phänomenologische Maxwell-Gleichungen
Warum es möglich war, nochmals aus relativistischer Sicht

Eine Aufteilung der Quellen j^μ in freie und in gebundene,

$$j^\mu = j^\mu_\mathrm{f} + j^\mu_\mathrm{mat}$$

(eventuelle Mittelungsprozeduren hier nicht extra notiert), ist wegen der Linearität der Maxwell-Gleichungen unproblematisch. Wir könnten im Prinzip die resultierenden Teilprobleme separat lösen und danach die Lösungen einfach superponieren, $F^{\mu\nu} = F^{\mu\nu}_\mathrm{f} + F^{\mu\nu}_\mathrm{mat}$ mit

$$\partial_\mu F^{\mu\nu}_\mathrm{f} = \frac{4\pi}{c} j^\nu_\mathrm{f}, \quad \partial_\mu \hat{F}^{\mu\nu}_\mathrm{f} = 0,$$
$$\partial_\mu F^{\mu\nu}_\mathrm{mat} = \frac{4\pi}{c} j^\nu_\mathrm{mat}, \quad \partial_\mu \hat{F}^{\mu\nu}_\mathrm{mat} = 0.$$

Da die in Materie gebundenen Quellen aber nicht unabhängig von den äußeren Feldern vorgebbar sind, hat dies keinen praktischen Wert. Stattdessen macht man eine Neuaufteilung in einen Feldstärketensor $D^{\mu\nu}$ und einen Polarisationsfeldtensor $P^{\mu\nu}$, wobei letzterer nur im Inneren von Materie ungleich null ist (im Gegensatz zu den von j^ν_mat hervorgerufenen Feldern $F^{\mu\nu}_\mathrm{mat}$!):

$$F^{\mu\nu} = F^{\mu\nu}_\mathrm{f} + F^{\mu\nu}_\mathrm{mat} = D^{\mu\nu} + (-4\pi)P^{\mu\nu},$$

und zwar so, dass $D^{\mu\nu}$ weiterhin die inhomogenen Maxwell-Gleichungen $\partial_\mu D^{\mu\nu} = \frac{4\pi}{c} j^\nu_\mathrm{f}$ erfüllt, womit auch $(-4\pi)P^{\mu\nu}$ dieselben inhomogenen Gleichungen wie $F^{\mu\nu}_\mathrm{mat}$ erfüllen muss. Bei dieser Neuaufteilung wird also zu $F^{\mu\nu}_\mathrm{f}$ ein Tensor addiert und von $F^{\mu\nu}_\mathrm{mat}$ weggenommen, der außerhalb der Materie mit $F^{\mu\nu}_\mathrm{mat}$ zusammenfällt, aber homogene Maxwell-Gleichungen zu erfüllen hat:

$$D^{\mu\nu} = F^{\mu\nu}_\mathrm{f} + \tilde{W}^{\mu\nu}, \quad (-4\pi)P^{\mu\nu} = F^{\mu\nu}_\mathrm{mat} - \tilde{W}^{\mu\nu},$$
$$\partial_\mu \tilde{W}^{\mu\nu} = 0.$$

Die Gleichung $\partial_\mu \tilde{W}^{\mu\nu} = 0$ kann dadurch automatisch erfüllt werden, dass $\tilde{W}^{\mu\nu}$ der duale Tensor zu einem Hilfsfeldstärkentensor $W^{\mu\nu}$ mit Hilfsviererpotenzialen $V^\mu = (V^0, \boldsymbol{V})$ ist:

$$\tilde{W}^{\mu\nu} = \frac{1}{2}\varepsilon^{\mu\nu\sigma\tau} W_{\sigma\tau}, \quad W_{\sigma\tau} = \partial_\sigma V_\tau - \partial_\tau V_\sigma.$$

In Dreiernotation haben wir damit folgende Neuaufteilungen durchgeführt:

$$\boldsymbol{E} = \boldsymbol{D} - 4\pi\boldsymbol{P} \quad \text{mit} \quad \begin{cases} \boldsymbol{D} &= \boldsymbol{E}_\mathrm{f} + \mathbf{rot}\,\boldsymbol{V} \\ -4\pi\boldsymbol{P} &= \boldsymbol{E}_\mathrm{mat} - \mathbf{rot}\,\boldsymbol{V}, \end{cases}$$

$$\boldsymbol{B} = \boldsymbol{H} + 4\pi\boldsymbol{M} \quad \text{mit} \quad \begin{cases} \boldsymbol{H} &= \boldsymbol{B}_\mathrm{f} + \nabla V^0 + \frac{1}{c}\frac{\partial}{\partial t}\boldsymbol{V} \\ 4\pi\boldsymbol{M} &= \boldsymbol{B}_\mathrm{f} - \nabla V^0 - \frac{1}{c}\frac{\partial}{\partial t}\boldsymbol{V}. \end{cases}$$

Für die elektrischen Feldgrößen ist dies am einfachsten zu verstehen: Außerhalb der Materie ist $\boldsymbol{E}_\mathrm{mat}$ divergenzfrei, kann dort also als Rotation eines Vektorfeldes angesetzt werden. Dies kann dann zu $\boldsymbol{E}_\mathrm{f}$ hinzugeschlagen werden, ohne dessen inhomogene Gleichung zu verändern. In Abb. 18.7 ist dies am Beispiel einer dielektrischen Kugel im homogenen Feld eines Plattenkondensators illustriert. Bei den inhomogenen Maxwell-Gleichungen für die magnetischen Feldgrößen sind zusätzlich Verschiebungsströme im Spiel, wie in Abschn. 15.7 diskutiert. Deren konsistente Berücksichtigung ist durch die Zusammenfassung in Vierertensoren manifest gemacht.

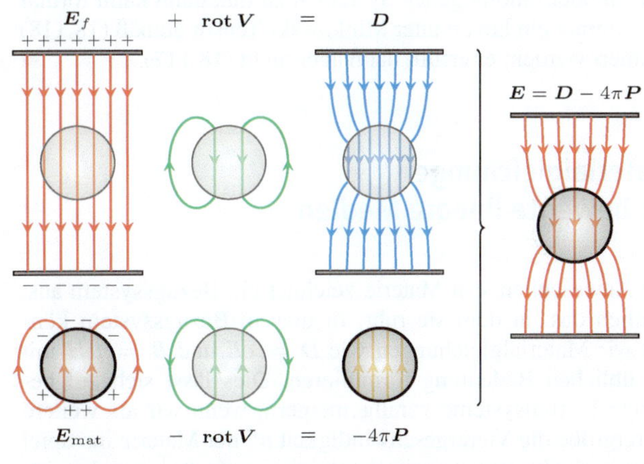

Abb. 18.7 Übergang zu phänomenologischen Feldern durch Addition von dualen Hilfsgrößen am Beispiel einer dielektrischen Kugel im homogenen Feld eines Plattenkondensators

Ruht die Materie im System S', das sich mit Geschwindigkeit $\boldsymbol{\beta}$ gegenüber S bewegt, kann man durch die inverse Transformation $\boldsymbol{P}$ und $\boldsymbol{M}$ durch die entsprechenden Größen im Ruhesystem S' ausdrücken. Da man es meist mit nichtrelativistischen Geschwindigkeiten zu tun hat, vereinfacht sich dieser Zusammenhang in der Praxis auf

$$\begin{aligned} \boldsymbol{P} &= \boldsymbol{P}' + \frac{\boldsymbol{v}}{c} \times \boldsymbol{M}' + O\left(\frac{v^2}{c^2}\right), \\ \boldsymbol{M} &= \boldsymbol{M}' - \frac{\boldsymbol{v}}{c} \times \boldsymbol{P}' + O\left(\frac{v^2}{c^2}\right). \end{aligned} \quad (18.116)$$

Hat man in S' Materie vorliegen, die entweder ausschließlich elektrische Polarisation oder Magnetisierung aufweist, so gilt für die bewegte Materie, dass sie sowohl elektrisch als auch magnetisch polarisiert erscheint (siehe Kasten „Anwendung: Unipolarinduktion").

In Abschn. 15.7 wurden die Energie-Impuls-Sätze der Elektrodynamik auf den makroskopischen Fall mit linearen und nichtdissipativen Medien verallgemeinert. Wie in Aufgabe 18.6 gezeigt wird, können diese bei einem linearen und konstanten Zusammenhang der Feldstärketensoren $D^{\mu\nu}$ und $F^{\mu\nu}$ kovariant geschrieben werden als

$$f_{\mathrm{f}}^{\mu} := \frac{1}{c} F^{\mu\nu} j_{\mathrm{f}\,\nu} = -\partial_\nu\, T_{\mathrm{M}}^{\nu\mu}, \tag{18.117}$$

wobei der Energie-Impuls-Tensor in Anwesenheit von linearen Medien

$$\begin{aligned}\left(T_{\mathrm{M}}^{\lambda\mu}\right) &:= \frac{1}{4\pi}\left(D^{\lambda}{}_{\sigma} F^{\sigma\mu} + \frac{1}{4}\eta^{\lambda\mu}\, D_{\sigma\tau}\, F^{\sigma\tau}\right) \\ &= \begin{pmatrix} w & c\boldsymbol{g}^{\mathrm{em}\top} \\ \frac{1}{c}\boldsymbol{S} & -\mathbf{T}\end{pmatrix}\end{aligned} \tag{18.118}$$

auch als *Minkowski-Tensor* bezeichnet wird. Im Gegensatz zum fundamentalen Energie-Impuls-Tensor (18.90) ist dieser nicht symmetrisch.

Achtung Hat man es mit nichtlinearen oder linearen dissipativen oder inhomogenen Systemen zu tun, dann kann formal noch immer ein kovarianter Minkowski-Tensor gemäß (18.118) definiert werden; er erfüllt dann aber nicht (18.117). ◀

Materialgleichungen für bewegte lineare Medien

Die Anwesenheit von Materie zeichnet ein Bezugssystem aus, nämlich das, in dem sie ruht. In diesem Bezugssystem können wir Materialgleichungen wie $\boldsymbol{D} = \epsilon\boldsymbol{E}$ und $\boldsymbol{B} = \mu\boldsymbol{H}$ mit der üblichen Bedeutung formulieren. Dies lässt sich auf beliebige Inertialsysteme verallgemeinern, wenn wir als weitere Vierergröße die Vierergeschwindigkeit u^ν der Materie ins Spiel bringen, die im Ruhesystem durch $u^{\nu}_{\text{Ruhe}} = (c, \mathbf{0})^\top$ gegeben ist. Damit lauten obige Materialgleichungen

$$D^{\mu\nu} u_\nu = \epsilon\, F^{\mu\nu} u_\nu, \qquad \tilde{F}^{\mu\nu} u_\nu = \mu\, \tilde{D}^{\mu\nu} u_\nu, \tag{18.119}$$

wobei der duale Feldstärketensor $\tilde{D}^{\mu\nu}$ ganz analog zu $\tilde{F}^{\mu\nu}$ die $\boldsymbol{D}$- und $\boldsymbol{H}$-Felder gemäß $\boldsymbol{D} \to \boldsymbol{H}, \boldsymbol{H} \to -\boldsymbol{D}$ vertauscht:

$$\tilde{D}^{\mu\nu} = \frac{1}{2}\varepsilon^{\mu\nu\sigma\tau} D_{\sigma\tau} = \begin{pmatrix} 0 & -H_x & -H_y & -H_z \\ H_x & 0 & D_z & -D_y \\ H_y & -D_z & 0 & D_x \\ H_z & D_y & -D_x & 0 \end{pmatrix}. \tag{18.120}$$

Achtung Es wird nicht vorausgesetzt, dass die Materie in einem Inertialsystem ruht. Die gewöhnlichen Materialgleichungen können zu einem gegebenen Zeitpunkt in jenem Inertialsystem formuliert werden, das mit dem momentanen Ruhesystem der Materie (oder eines Ausschnitts davon) zusammenfällt. Die kovariante Formulierung (18.119) beinhaltet dann einfach einen zeitabhängigen Vektor u^ν, der die Weltlinie eines Materiestückes verfolgt. (Eventuell muss u^ν sogar ortsabhängig gemacht werden, wenn die Materie nicht durch eine einzige Weltlinie beschrieben werden kann, weil sie beispielsweise rotiert.) ◀

In einem Bezugssystem, gegenüber dem die Materie die Geschwindigkeit $\boldsymbol{v}$ hat und damit die Vierergeschwindigkeit $u^\nu = \gamma(c, \boldsymbol{v})^\top$, lauten die Materialgleichungen (18.119) für räumliche Komponenten explizit

$$\begin{aligned} \boldsymbol{D} + \frac{\boldsymbol{v}}{c}\times\boldsymbol{H} &= \epsilon\left(\boldsymbol{E} + \frac{\boldsymbol{v}}{c}\times\boldsymbol{B}\right), \\ \boldsymbol{B} - \frac{\boldsymbol{v}}{c}\times\boldsymbol{E} &= \mu\left(\boldsymbol{H} - \frac{\boldsymbol{v}}{c}\times\boldsymbol{D}\right). \end{aligned} \tag{18.121}$$

Die nullte Komponente von (18.119) lautet

$$\boldsymbol{D}\cdot\boldsymbol{v} = \epsilon\boldsymbol{E}\cdot\boldsymbol{v}, \quad \boldsymbol{B}\cdot\boldsymbol{v} = \mu\boldsymbol{H}\cdot\boldsymbol{v}, \tag{18.122}$$

was aber keine zusätzliche Information enthält, denn dies folgt auch aus (18.121).

Frage 17

Leiten Sie diese Gleichungen aus (18.119) her! (Beachten Sie dabei, dass dort u_ν mit unterem Index auftritt!)

Für $v \ll c$ können wir (18.121) näherungsweise nach $\boldsymbol{D}$ und $\boldsymbol{B}$ auflösen, indem wir Terme der Ordnung $\frac{v^2}{c^2}$ vernachlässigen (siehe Aufgabe 18.9 für die vollständige Lösung):

$$\begin{aligned} \boldsymbol{D} &= \epsilon\boldsymbol{E} + (\epsilon\mu - 1)\,\frac{\boldsymbol{v}}{c}\times\boldsymbol{H} + O\!\left(\frac{v^2}{c^2}\right), \\ \boldsymbol{B} &= \mu\boldsymbol{H} - (\epsilon\mu - 1)\,\frac{\boldsymbol{v}}{c}\times\boldsymbol{E} + O\!\left(\frac{v^2}{c^2}\right). \end{aligned} \tag{18.123}$$

Damit liegen wieder Materialgleichungen in einer brauchbaren Form vor, um die phänomenologischen Maxwell-Gleichungen lösen zu können. Wie man sieht, werden aber in bewegter Materie die elektrischen und magnetischen Felder nicht nur durch die Maxwell-Gleichungen, sondern auch durch die Materialgleichungen gekoppelt.

Ist die betrachtete Materie leitfähig, wird auch eine relativistische Verallgemeinerung des Ohm'schen Gesetzes (15.133) benötigt. Diese wird im Kasten „Vertiefung: Relativistische Form des Ohm'schen Gesetzes" besprochen.

Anwendung: Unipolarinduktion
Relativistische Erklärung durch Lorentz-Transformation von Magnetisierung

Wird magnetisierte Materie mit Magnetisierung $\boldsymbol{M}$ mit einer (nichtrelativistischen) Geschwindigkeit $\boldsymbol{v}$ bewegt, so ist die Änderung der Magnetisierung ein normalerweise vernachlässigbarer Effekt der Ordnung $\frac{v^2}{c^2}$, während die neu entstandene elektrische Polarisation von der Ordnung $\frac{v}{c}$ ist,

$$\boldsymbol{P} = \frac{\boldsymbol{v}}{c} \times \boldsymbol{M}, \tag{18.124}$$

und als führender Term auftritt. In Abwesenheit von freien Ladungen bedeutet dies wegen $\boldsymbol{D} = 0$ das Auftreten eines elektrischen Feldes $\boldsymbol{E} = -4\pi\boldsymbol{P}$, was mit elektrisch leitfähigem Material zu elektrischen Strömen führt.

Dieses Phänomen wird *Unipolarinduktion* genannt und kann technisch z. B. realisiert werden, indem ein zylindrischer magnetisierter Eisenkörper um seine Achse rotiert wird (Abb. 18.8). Durch Schleifkontakte kann die entstehende Potenzialdifferenz abgegriffen bzw. Strom entnommen werden. Wegen des dabei erzielbaren niedrigen inneren Widerstands lassen sich damit sehr hohe Stromstärken im Kilo- und Megaamperebereich erzielen, wenn auch eher geringe Spannungen.

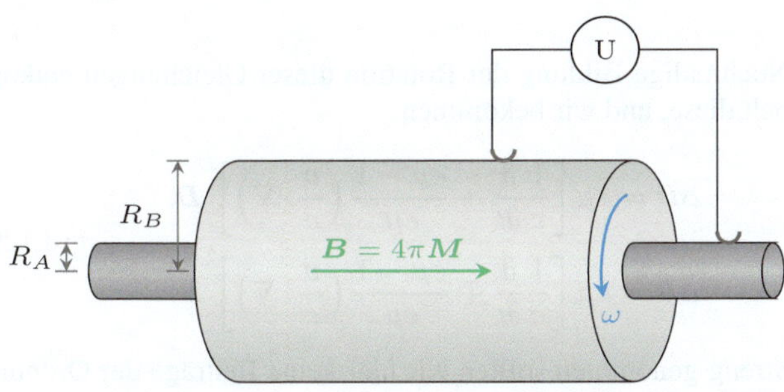

Abb. 18.8 Unipolarmaschine (auch *homopolarer Generator*), basierend auf der Rotation eines in Längsrichtung magnetisierten Zylinders. (Für einen langen Zylinder gilt in guter Näherung $\boldsymbol{B} = 4\pi\boldsymbol{M}$ wie in Abschn. 15.3 gezeigt wurde.)

Die Unipolarinduktion stellt ein bemerkenswertes Beispiel für eine Induktion dar, die nicht auf der Faraday'schen Induktion

$$U_{\partial F} = -\frac{1}{c}\frac{\mathrm{d}}{\mathrm{d}t}\Phi_\mathrm{m} = -\frac{1}{c}\frac{\mathrm{d}}{\mathrm{d}t}\int\limits_F \mathbf{d}\boldsymbol{f} \cdot \boldsymbol{B}$$

beruht, denn der magnetische Fluss Φ_m ist in der Konfiguration von Abb. 18.8 für jede infrage kommende Fläche F konstant.

Wie die Herleitung zeigt, ist sie ein relativistischer Effekt, gerade so wie auch die Lorentz-Kraft ein relativistischer Effekt ist. In der Tat kann das induzierte elektrische Feld $\boldsymbol{E} = -\boldsymbol{\beta} \times \boldsymbol{B}$, das wegen $\boldsymbol{E} = -4\pi\boldsymbol{P}$ und $\boldsymbol{B} = +4\pi\boldsymbol{M}$ mit $\boldsymbol{P} = \boldsymbol{\beta} \times \boldsymbol{M}$ verbunden ist, einfach dadurch verstanden werden, dass sich Ladungsträger bei einer Bewegung im Magnetfeld so weit verschieben, dass sich in einem stationären Zustand der Lorentz-Kraft-Beitrag $q\,\boldsymbol{\beta} \times \boldsymbol{B}$ mit $q\boldsymbol{E}$ die Waage hält.

Frage 18

Zeigen Sie, dass die Potenzialdifferenz zwischen den Schleifkontakten in Abb. 18.8 durch

$$U = -\int\limits_{R_A}^{R_B} E_\varrho \,\mathrm{d}\varrho = \frac{1}{2c}\omega B(R_B^2 - R_A^2) \tag{18.125}$$

gegeben ist (wenn kein Strom abgenommen wird und daher Rückwirkungen auf das Magnetfeld entfallen).

Der erste induktive Stromgenerator basierte ebenfalls auf Unipolarinduktion. In der *Faraday'schen Scheibe* erzeugte Faraday bereits 1831 einen elektrischen Strom, indem er eine leitfähige Scheibe in einem Magnetfeld rotieren ließ. Das Lorentz-Kraftgesetz, mit dem es sich erklären lässt, wurde übrigens erst über ein halbes Jahrhundert später formuliert. Der Erste, der es explizit und auch richtig postulierte, war *Oliver Heaviside* (englischer Physiker und als solcher Autodidakt, 1850–1925) im Jahr 1889. Mit dem Coulomb-Kraftgesetz zusammengefasst wurde es 1895 von Lorentz formuliert, der die Geschwindigkeit darin als Relativgeschwindigkeit zum Äther interpretierte.

Die Umkehrung des Unipolargenerators ist der *Homopolarmotor*, den Faraday schon 1821 realisiert hatte und bei dem er einen in Quecksilber getauchten stromführenden Draht in einem Magnetfeld rotieren ließ.

Unipolargenerator und Homopolarmotor spielen heutzutage eine eher untergeordnete Rolle in technischen Anwendungen. Die Unipolarinduktion tritt aber vielfach in der Astrophysik auf, nämlich bei großräumigen Bewegungen von ionisiertem Gas in ausgedehnten Magnetfeldern.

**Vertiefung: Relativistische Form des Ohm'schen Gesetzes
Der Unterschied von Leitungs- und Konvektionsstrom**

Im Ruhesystem der Materie lautet das Ohm'sche Gesetz

$$j_\mathrm{f} = \sigma \boldsymbol{E}.$$

Als relativistische Verallgemeinerung bietet sich $j_\mathrm{f}^\mu = \frac{1}{c}\sigma F^{\mu\nu} u_\nu$ an, da sich das im Ruhesystem wegen $u^\nu_\mathrm{Ruhe} = (c, \boldsymbol{0})^\top$ auf obige Gleichung reduziert. Es gibt hier allerdings eine Schwierigkeit, falls im Ruhesystem der Materie auch eine Ladungsdichte $\rho_\mathrm{Ruhe} = \frac{1}{c^2} j_\mathrm{f}^\mu u_\mu$ vorliegen sollte. Wegen der Antisymmetrie von $F^{\mu\nu}$ verschwindet die doppelte Kontraktion $F^{\mu\nu} u_\mu u_\nu \equiv 0$, sodass $j_\mathrm{f}^\mu = \frac{1}{c}\sigma F^{\mu\nu} u_\nu$ auf einen Widerspruch führt, wenn ρ_Ruhe nicht verschwindet.

Der Grund dafür ist, dass eine Ladungsdichte im Ruhesystem der Materie in einem bewegten System als sogenannter *Konvektionsstrom* zur Stromdichte beträgt. Das Ohm'sche Gesetz gilt allerdings nur für den *Leitungsstrom*. Der Konvektionsstrom ist gegeben durch

$$j_\mathrm{K}^\mu = \rho_\mathrm{Ruhe} u^\mu \equiv \frac{j_\mathrm{f} \cdot u}{c^2} u^\mu,$$

der Leitungsstrom damit durch

$$j_\mathrm{L}^\mu = j_\mathrm{f}^\mu - j_\mathrm{K}^\mu.$$

Die korrekte Verallgemeinerung des Ohm'schen Gesetzes lautet daher

$$j_\mathrm{L}^\mu = \frac{\sigma}{c} F^{\mu\nu} u_\nu,$$

wobei die Konsistenz durch $j_\mathrm{L}^\mu u_\mu \equiv 0$ sichergestellt ist. Für den räumlichen Anteil des Leitungsstromes folgt damit

$$\boldsymbol{j}_\mathrm{L} = \sigma\gamma\left(\boldsymbol{E} + \frac{\boldsymbol{v}}{c} \times \boldsymbol{B}\right),$$

während die nullte Komponente auf

$$\rho_\mathrm{L} = \frac{\sigma\gamma}{c^2} \boldsymbol{E} \cdot \boldsymbol{v} = \frac{1}{c^2} \boldsymbol{j}_\mathrm{L} \cdot \boldsymbol{v}$$

führt.

Wellenausbreitung in bewegten Dielektrika

In Abwesenheit von freien Ladungen und Strömen lauten die Maxwell-Gleichungen in Materie

$$\begin{aligned} \operatorname{div} \boldsymbol{D} &= 0, \qquad & \operatorname{rot} \boldsymbol{E} &= -\frac{1}{c}\frac{\partial}{\partial t}\boldsymbol{B}, \\ \operatorname{div} \boldsymbol{B} &= 0, \qquad & \operatorname{rot} \boldsymbol{H} &= \frac{1}{c}\frac{\partial}{\partial t}\boldsymbol{D}. \end{aligned} \tag{18.126}$$

Wir wollen nun Wellengleichungen für ein als Ganzes gleichförmig bewegtes Dielektrikum herleiten, das sich mit konstanter Geschwindigkeit $\boldsymbol{v}$ bewegt. Dazu können wir wegen der Divergenzfreiheit von $\boldsymbol{D}$ und $\boldsymbol{B}$

$$\operatorname{rot}\operatorname{rot} \boldsymbol{D} = -\Delta \boldsymbol{D}, \qquad \operatorname{rot}\operatorname{rot} \boldsymbol{B} = -\Delta \boldsymbol{B} \tag{18.127}$$

verwenden. Wir berechnen dafür zunächst $\operatorname{rot} \boldsymbol{D}$ und $\operatorname{rot} \boldsymbol{B}$ über die Materialgleichungen (18.123). Bilden wir von diesen die Rotation unter Vernachlässigung von Termen der Ordnung $\frac{v^2}{c^2}$, dann können wir in diesen auf der rechten Seite verwenden, dass $\boldsymbol{\beta} \times \boldsymbol{H} = \boldsymbol{\beta} \times \boldsymbol{B}/\mu + O\left(\frac{v^2}{c^2}\right)$ und $\boldsymbol{\beta} \times \boldsymbol{E} = \boldsymbol{\beta} \times \boldsymbol{D}/\epsilon + O\left(\frac{v^2}{c^2}\right)$ ist, und bekommen das Gleichungspaar

$$\begin{aligned} \operatorname{rot} \boldsymbol{D} &= -\epsilon \frac{1}{c}\frac{\partial}{\partial t}\boldsymbol{B} - \frac{\epsilon\mu - 1}{\mu}\left(\frac{\boldsymbol{v}}{c} \cdot \nabla\right)\boldsymbol{B}, \\ \operatorname{rot} \boldsymbol{B} &= \mu \frac{1}{c}\frac{\partial}{\partial t}\boldsymbol{D} + \frac{\epsilon\mu - 1}{\epsilon}\left(\frac{\boldsymbol{v}}{c} \cdot \nabla\right)\boldsymbol{D}. \end{aligned} \tag{18.128}$$

Nochmalige Bildung der Rotation dieser Gleichungen entkoppelt diese, und wir bekommen

$$\begin{aligned} \Delta \boldsymbol{D} &= \epsilon\mu \left[\frac{1}{c}\frac{\partial}{\partial t} + \frac{\epsilon\mu - 1}{\epsilon\mu}\left(\frac{\boldsymbol{v}}{c} \cdot \nabla\right)\right]^2 \boldsymbol{D}, \\ \Delta \boldsymbol{B} &= \epsilon\mu \left[\frac{1}{c}\frac{\partial}{\partial t} + \frac{\epsilon\mu - 1}{\epsilon\mu}\left(\frac{\boldsymbol{v}}{c} \cdot \nabla\right)\right]^2 \boldsymbol{B}. \end{aligned} \tag{18.129}$$

Streng genommen sollten wir hier keine Beiträge der Ordnung v^2/c^2 mitnehmen; wir werden sie aber im Folgenden auch nicht brauchen.

Frage 19

Überlegen Sie sich, dass bis auf Beiträge der Ordnung $\frac{v^2}{c^2}$ auch die Felder $\boldsymbol{E}$ und $\boldsymbol{H}$ dieselben Wellengleichungen erfüllen, indem Sie die Materialgleichungen (18.123) heranziehen und wie oben ausnutzen, dass $\boldsymbol{\beta} \times \boldsymbol{H} = \frac{1}{\mu}\boldsymbol{\beta} \times \boldsymbol{B} + O\left(\frac{v^2}{c^2}\right)$ und $\boldsymbol{\beta} \times \boldsymbol{E} = \frac{1}{\epsilon}\boldsymbol{\beta} \times \boldsymbol{D} + O\left(\frac{v^2}{c^2}\right)$ ist.

Betrachten wir nun monochromatische ebene Wellen der Form

$$\boldsymbol{D}(t, \boldsymbol{r}) = \operatorname{Re} \boldsymbol{D}_0 \mathrm{e}^{-\mathrm{i}\omega t + \mathrm{i}\boldsymbol{k}\cdot\boldsymbol{r}} \tag{18.130}$$

und analog für die übrigen Felder, dann bekommen wir mit der Identifikation $n = \sqrt{\epsilon\mu}$ die Dispersionsrelation

$$k^2 = n^2\left(\frac{\omega}{c} - \frac{n^2 - 1}{n^2}\frac{\boldsymbol{v}}{c} \cdot \boldsymbol{k}\right)^2. \tag{18.131}$$

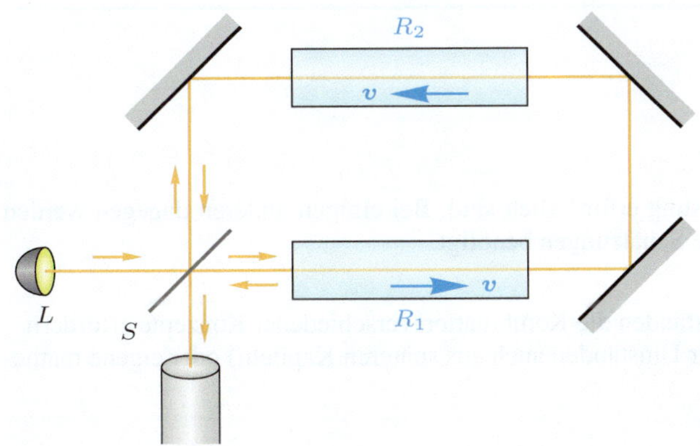

Abb. 18.9 Schematischer Aufbau des Fizeau'schen Experiments zur Messung des Mitführungskoeffizienten. Über einen halbversilberten Spiegel wird ein Lichtstrahl in zwei Teilstrahlen zerlegt, die durch Röhren geführt werden, in denen Wasser mit entgegengesetzter Geschwindigkeit strömt (die Zuleitungen sind hier nicht eingezeichnet). Die Laufzeitunterschiede werden durch Interferenzen in einem Beobachtungsfernrohr gemessen

Da wir aber nur bis Ordnung v/c gerechnet haben, ist es korrekter, diese in linearer Form anzuschreiben:

$$\omega = \frac{c}{n}k + \frac{n^2-1}{n^2}\boldsymbol{v}\cdot\boldsymbol{k}. \tag{18.132}$$

Wenn α den Winkel zwischen Wellenvektor und Geschwindigkeit der Materie bezeichnet, erhalten wir für die Wellengeschwindigkeit

$$\begin{aligned} c_{\text{bew.Mat.}} &= \frac{\omega}{k} = \frac{c}{n} + \left(1 - \frac{1}{n^2}\right) v\,\cos\alpha \\ &\equiv c_{\text{ruh.Mat.}} + \eta\, v\,\cos\alpha. \end{aligned} \tag{18.133}$$

Der Koeffizient η wird *Fresnel'scher Mitführungskoeffizient* genannt. Er gibt an, dass sich abhängig vom Brechungsindex die Geschwindigkeit eines Mediums, in dem sich Licht ausbreitet, nur teilweise zur Ausbreitungsgeschwindigkeit im Medium addiert. Wie in Abschn. 9.1 erwähnt, wurde dieser Effekt ursprünglich schon 1818 von Fresnel vorgeschlagen und schließlich 1851 von dem französischen Physiker und Privatgelehrten *Hippolyte Fizeau* (1819–1896) experimentell nachgewiesen (Abb. 18.9). In den Jahren nach der Aufstellung der Maxwell-Gleichungen blieb dieser empirische Befund rätselhaft, weil man annehmen musste, dass der Äther vom Medium zum Teil mitgeführt wird. Da der Brechungsindex aber in Wirklichkeit frequenzabhängig ist, müsste es allerdings verschiedene Äther für die verschiedenen Farben des Lichtes geben. Wie in Kap. 9 erwähnt, war das Fizeau'sche Experiment für Einstein eines der wichtigsten Hinweise, dass es wohl gar keinen Äther gäbe.

In der speziellen Relativitätstheorie kann der Mitführungskoeffizient in der Tat einfach als Ergebnis der relativistischen Geschwindigkeitsaddition verstanden werden: Bei gleichgerichteten Geschwindigkeiten $\frac{c}{n}$ und v addieren sich diese relativistisch gemäß

$$\begin{aligned} \frac{\frac{c}{n} + v}{1 + \frac{1}{n}\frac{v}{c}} &= \left(\frac{c}{n} + v\right)\left(1 - \frac{v}{nc} + O\left(\frac{v^2}{c^2}\right)\right) \\ &= \frac{c}{n} + v\left(1 - \frac{1}{n^2}\right) + O\left(\frac{v^2}{c^2}\right). \end{aligned} \tag{18.134}$$

Bei einer nicht vernachlässigbaren Frequenzabhängigkeit von n kommt es übrigens zu einer Korrektur des Wertes von η, da die Frequenz des Lichtes im Ruhesystem der Materie durch den Doppler-Effekt eine andere als im Laborsystem ist. Dieser Zusatzterm wurde 1895 von Lorentz postuliert, womit der Mitführungskoeffizient insgesamt

$$\eta = 1 - \frac{1}{n^2} + \frac{\omega}{n}\frac{\mathrm{d}n}{\mathrm{d}\omega} \tag{18.135}$$

lautet.

Frage 20

Leiten Sie diesen Zusatzterm aus dem Doppler-Effekt her!

Aufgaben

Gelegentlich enthalten die Aufgaben mehr Angaben, als für die Lösung erforderlich sind. Bei einigen anderen dagegen werden Daten aus dem Allgemeinwissen, aus anderen Quellen oder sinnvolle Schätzungen benötigt.

- • leichte Aufgaben mit wenigen Rechenschritten
- •• mittelschwere Aufgaben, die etwas Denkarbeit und unter Umständen die Kombination verschiedener Konzepte erfordern
- ••• anspruchsvolle Aufgaben, die fortgeschrittene Konzepte (unter Umständen auch aus späteren Kapiteln) oder eigene mathematische Modellbildung benötigen

18.1 • Lorentz-Boost eines Plattenkondensators senkrecht zu den Platten Im Text wurde gezeigt, dass sich am homogenen elektrischen Feld eines unendlich ausgedehnten Plattenkondensators nichts ändert, wenn eine Lorentz-Transformation mit Geschwindigkeit senkrecht zu den Platten ausgeführt wird. Nicht einmal ein magnetisches Feld kommt hinzu, da dies die Symmetrie des Problems nicht erlaubt. Überprüfen Sie diese Aussagen, indem Sie das rein elektrostatische Potenzial im Ruhesystem des Kondensators, $A^\mu = (\phi, \mathbf{0})$, $\phi = -Ex$ für $x \in (0, d)$, in ein Inertialsystem, das sich mit Geschwindigkeit v in positiver x-Richtung bewegt, transformieren.

Lösen Sie dabei folgendes Paradoxon auf: Im bewegten System ist der Plattenabstand Lorentz-kontrahiert, somit sollte bei gleichem E die Potenzialdifferenz an den Platten sinken. Tatsächlich wird sie aber bei der Lorentz-Transformation als Nullkomponente eines Vierervektors um einen Faktor γ erhöht: $\phi' = \gamma\phi$.

Lösungshinweis: Hier ist es besser, zuerst sorgfältig zu rechnen und dann zu denken!

18.2 • Lorentz-Invariante des Feldstärketensors als Test Überprüfen Sie, dass die in (18.75) angegebene Lösung für die Feldstärke einer gleichförmig bewegten Punktladung zusammen mit dem Magnetfeld $\boldsymbol{B}' = -\boldsymbol{\beta} \times \boldsymbol{E}'$ die Relationen in (18.70) erfüllt.

Lösungshinweis: Beachten Sie den Zusammenhang (18.73) zwischen gestrichenen und ungestrichenen Koordinaten.

18.3 •• Knick der Feldlinien bei der Schockwelle einer plötzlich gestoppten Punktladung Berechnen Sie den Zusammenhang (18.76) für die elektrischen Feldlinien einer ruhenden und einer bewegten Punktladung aus der Forderung, dass der elektrische Fluss durch eine Kugelkappe mit Öffnungswinkel θ bzw. θ' gleich ist (siehe Abb. 18.4).

Lösungshinweis: Verwenden Sie die in (18.75) angegebene Lösung für das elektrische Feld einer gleichförmig bewegten Punktladung. Das auftretende Integral kann auf

$$\int \frac{\mathrm{d}x}{(a^2 + x^2)^{3/2}} = \frac{x}{a^2\sqrt{a^2 + x^2}} \tag{18.136}$$

zurückgeführt werden.

18.4 •• Wie sieht Licht aus, wenn man ihm mit Lichtgeschwindigkeit nachläuft? Betrachten Sie eine ebene Welle, die sich in x-Richtung ausbreitet und linear polarisiert ist gemäß $E_y(t, x) = E_0 \cos(\omega(t - \frac{x}{c}))$. Wie stellt sich das Feld in einem Bezugssystem S' dar, das sich mit Geschwindigkeit v in positiver x-Richtung bewegt? Betrachten Sie insbesondere den Limes $v \to c$ und beantworten Sie damit die Frage, die sich Einstein als Jugendlicher stellte, nämlich wie Licht aussieht, wenn man ihm mit Lichtgeschwindigkeit nachläuft.

18.5 ••• Lorentz-Transformation von Energie und Impuls eines Ausschnitts einer ebenen Welle Betrachten Sie nochmals Aufgabe 18.4, den Fall einer ebenen Welle, die in Ausbreitungsrichtung Lorentz-transformiert wird. Berechnen Sie mit den Ergebnissen von Aufgabe 18.4 Feldenergie und -impuls, E_V und $\boldsymbol{P}_V$, die im System S in einem ruhenden endlichen Volumen V vorhanden sind, und berechnen Sie die entsprechenden Ergebnisse im System S' für dasselbe, nun Lorentz-kontrahierte Volumen. Nehmen Sie dabei der Einfachheit halber eine zirkular polarisierte Welle an, für die die Energiedichte räumlich konstant ist. Zeigen Sie, dass E'_V und $\boldsymbol{P}'_V$ *nicht* mit dem Ergebnis einer Lorentz-Transformation des vermeintlichen Vierervektors $(\frac{1}{c}E_V, \boldsymbol{P}_V)$ übereinstimmt. Suchen Sie nach einer Lösung dieses Paradoxons!

Lösungshinweis: Überlegen Sie, ob das betrachtete Volumen geeignet ist, eine kovariante Definition von Energie und Impuls in einem Ausschnitt des elektromagnetischen Feldes zu definieren.

18.6 •• Energie-Impuls-Tensor in linearen Medien Verallgemeinern Sie die Herleitung des elektromagnetischen Energie-Impuls-Tensors aus (18.90) auf den Fall eines linearen Mediums. Überlegen Sie sich, woran diese Herleitung scheitert, wenn das Medium nicht durch einfache Materialkonstanten, sondern durch ortsabhängige Parameter charakterisiert ist.

18.7 • Relativistische Bewegung in zueinander senkrechten homogenen E- und B-Feldern In Abschn. 15.5 und in Aufgabe 15.10 haben wir die Bewegung eines Teilchens in homogenen $\boldsymbol{E}$- und $\boldsymbol{B}$-Feldern betrachtet. In einem reinen Magnetfeld hatten wir gefunden, dass die Bewegung eine Spiralbahn ist, wobei wir schon bemerkt hatten, dass die relativistische Verallgemeinerung nur einen inversen γ-Faktor für die Zyklotronfrequenz bedeutet. Werden elektrische Felder hinzugenommen, wird die Bewegung komplizierter. In Aufgabe 15.10 wurde nur der nichtrelativistische Fall betrachtet, der gegeben ist, wenn die E-Feldkomponente senkrecht zum Magnetfeld sehr viel kleiner als der Betrag des Magnetfeldes ist. In diesem Fall ergab sich eine Bahnkurve, die in der Ebene senkrecht zum Magnetfeld die Form einer oszillierenden Radlaufkurve (Trochoide) hat.

Zeigen Sie (ohne Rechnung), dass keine oszillierenden Bewegungen mehr möglich sind, wenn ein $\boldsymbol{E}$-Feld vorliegt, das senkrecht auf $\boldsymbol{B}$ steht und dessen Betrag größer als der des $\boldsymbol{B}$-Feldes ist, während für den umgekehrten Fall immer Oszillationen auftreten.

Zusatzfrage: Was bedeutet das hier im Gauß'schen Maßsystem formulierte Kriterium, dass das $\boldsymbol{E}$-Feld größer oder kleiner als das $\boldsymbol{B}$-Feld ist, im SI-System?

Lösungshinweis: Verwenden Sie die Invarianten des Feldstärketensors für die Argumentation.

18.8 ••• Relativistische Bewegung in zueinander senkrechten homogenen E- und B-Feldern mit gleichem Betrag Bestimmen Sie die Bahnkurve eines geladenen Teilchens für den Fall betragsgleicher zueinander senkrechter homogener $\boldsymbol{E}$- und $\boldsymbol{B}$-Felder mit der Anfangsbedingung, dass das Teilchen ursprünglich im Ursprung des Koordinatensystems ruhte. (Sind homogene $\boldsymbol{E}$- und $\boldsymbol{B}$-Felder in einem Inertialsystem betragsgleich und zueinander senkrecht, dann sind sie das in jedem. Wir können daher ohne Beschränkung der Allgemeinheit annehmen, dass das Teilchen zu einem vorgegebenen Zeitpunkt in Ruhe war.)

Lösungshinweis: Identifizieren Sie zunächst anhand von (18.83) eine Konstante der Bewegung. Um die Bahnkurve aufzufinden, muss sie zudem nicht unbedingt durch die Koordinatenzeit parametrisiert werden. Es kann auch eine andere monoton anwachsende Größe dafür verwendet werden.

18.9 • Materialgleichungen eines linearen Mediums Lösen Sie die Materialgleichungen in bewegter Materie (18.121) nach $\boldsymbol{D}$, $\boldsymbol{B}$ als Funktionen von $\boldsymbol{E}$, $\boldsymbol{H}$ auf!

Lösungshinweis: Nutzen Sie dabei (18.122) aus.

Lösungen zu den Aufgaben

18.4

$$E'_y(t',x') = b\,E_0\,\cos\left(b\,\omega\left(t-\frac{x}{c}\right)\right) \text{ mit } b = \sqrt{\frac{1-\beta}{1+\beta}} \tag{18.137}$$

18.6 Gleichungen (18.117) und (18.118)

18.9

$$\begin{aligned} \boldsymbol{D} &= \frac{1}{1-\epsilon\mu\beta^2} \\ &\quad \cdot \left\{\epsilon\boldsymbol{E}(1-\beta^2) + (\epsilon\mu-1)\left[\boldsymbol{\beta}\times\boldsymbol{H} - \epsilon\boldsymbol{\beta}\,(\boldsymbol{\beta}\cdot\boldsymbol{E})\right]\right\} \\ \boldsymbol{B} &= \frac{1}{1-\epsilon\mu\beta^2} \\ &\quad \cdot \left\{\mu\boldsymbol{H}(1-\beta^2) - (\epsilon\mu-1)\left[\boldsymbol{\beta}\times\boldsymbol{E} + \mu\boldsymbol{\beta}\,(\boldsymbol{\beta}\cdot\boldsymbol{H})\right]\right\} \end{aligned} \tag{18.138}$$

Teil II

Ausführliche Lösungen zu den Aufgaben

18.1 Im relativ zum Ruhesystem des Kondensators bewegten System ist $\phi' = \gamma\phi = -\gamma E x$, sodass tatsächlich das Potenzial ϕ' auf den Platten erhöht ist. Um die Feldstärke $\boldsymbol{E}'$ auszurechnen, ist aber zu berücksichtigen, dass es im bewegten System auch ein Vektorpotenzial gibt, obwohl gar kein Magnetfeld ins Spiel kommen kann:

$$A'_x = -\gamma\beta\phi = \gamma\beta E x. \tag{18.139}$$

Dieses muss aber in den neuen Koordinaten angeschrieben werden, $x = \gamma(x' + \beta c t')$, und in diesen Koordinaten ist $\boldsymbol{A}'$ zeitabhängig, sodass auch das Vektorpotenzial zu $\boldsymbol{E}'$ beiträgt:

$$E'_x = -\partial'_x\phi' - \frac{1}{c}\partial'_t A'_x = (\gamma^2 - \beta^2\gamma^2)E = E. \tag{18.140}$$

Das Magnetfeld verschwindet wegen $\boldsymbol{B}' = \nabla' \times \boldsymbol{A}' \equiv 0$ auch in S'.

18.2 Die Identität $\boldsymbol{E}(x) \cdot \boldsymbol{B}(x) = \boldsymbol{E}'(x') \cdot \boldsymbol{B}'(x')$ ist erfüllt, weil in S das Magnetfeld $\boldsymbol{B} \equiv 0$ ist und in S' das Magnetfeld $\boldsymbol{B}'$ orthogonal zu $\boldsymbol{E}'$ steht.

Es bleibt zu zeigen, dass $\boldsymbol{E}'^2(x') - \boldsymbol{B}'^2(x') = \boldsymbol{E}^2(x)$ erfüllt ist. $\boldsymbol{E}^2(x) = q^2/r^4$ lautet in den gestrichenen Koordinaten (18.73)

$$\boldsymbol{E}^2(x(x')) = \frac{q^2}{(\gamma^2 R'^2_x + R'^2_y + R'^2_z)^2}. \tag{18.141}$$

Mit $\boldsymbol{B}'^2 = \beta^2\boldsymbol{E}'^2 \sin^2\vartheta$ und $\boldsymbol{E}'$ aus (18.74) ergibt sich

$$\boldsymbol{E}'^2(x') - \boldsymbol{B}'^2(x') = \frac{q^2\gamma^2 R'^2}{(\gamma^2 R'^2_x + R'^2_y + R'^2_z)^3}(1 - \beta^2\sin^2\vartheta), \tag{18.142}$$

wobei ϑ der Winkel zwischen $\boldsymbol{R}'$ und $\boldsymbol{\beta}$ ist. Wegen $\beta^2\gamma^2 = \gamma^2 - 1$ und $1 - \sin^2\vartheta = \cos^2\vartheta$ ist (wie schon in (18.75) verwendet)

$$\begin{aligned}\gamma^2 R'^2(1 - \beta^2\sin^2\vartheta) &= \gamma^2 R'^2\cos^2\vartheta + R'^2\sin^2\vartheta \\ &= \gamma^2 R'^2_x + R'^2_y + R'^2_z.\end{aligned} \tag{18.143}$$

18.3 Für die ruhende Punktladung ist der elektrische Fluss durch eine Kugelkappe mit Öffnungswinkel θ

$$\Phi_e = \frac{q}{r^2}\,2\pi r^2 \int_0^\theta \sin\vartheta\,\mathrm{d}\vartheta = 2\pi q(1 - \cos\theta). \tag{18.144}$$

Für die bewegte Punktladung ergibt sich mit (18.75)

$$\begin{aligned}\Phi'_e &= 2\pi q(1 - \beta^2)\int_0^{\theta'} \frac{\sin\vartheta\,\mathrm{d}\vartheta}{(1 - \beta^2\sin^2\vartheta)^{3/2}} \\ &= 2\pi q(1 - \beta^2)\int_{\cos\theta'}^1 \frac{\mathrm{d}x}{(1 - \beta^2(1 - x^2))^{3/2}} \\ &= 2\pi q\left(1 - \frac{\cos\theta'}{\sqrt{1 - \beta^2\sin^2\theta'}}\right),\end{aligned} \tag{18.145}$$

wobei im Integral $x = \cos\vartheta$ substituiert wurde. Aus $\Phi_e = \Phi'_e$ ergibt sich damit

$$\frac{\cos\theta'}{\sqrt{1 - \beta^2\sin^2\theta'}} = \cos\theta. \tag{18.146}$$

Berechnet man damit $\sin\theta = \sqrt{1 - \cos\theta^2}$, so findet man

$$\sin\theta = \frac{\sqrt{1 - \beta^2}\,\sin\theta'}{\sqrt{1 - \beta^2\sin^2\theta'}} \tag{18.147}$$

und nach Division dieser Gleichungen

$$\tan\theta = \sqrt{1 - \beta^2}\,\tan\theta', \tag{18.148}$$

also (18.76).

18.4 Eine linear polarisierte ebene Welle, die sich in positiver x-Richtung mit elektrischem Feld $\boldsymbol{E} = E_y\hat{\boldsymbol{y}}$ ausbreitet, hat ein Magnetfeld $B_z = E_y$. Mit (18.65) folgt

$$\begin{aligned}E'_y &= \gamma(E_y - \beta B_z) \\ &= E_y\underbrace{\gamma(1 - \beta)}_{b} = E_y\frac{1 - \beta}{\sqrt{1 - \beta^2}} = E_y\sqrt{\frac{1 - \beta}{1 + \beta}}.\end{aligned} \tag{18.149}$$

Mit der (inversen) Lorentz-Transformation $t = \gamma(t' + \beta\frac{x'}{c})$, $\frac{x}{c} = \gamma(\beta t' + \frac{x'}{c})$ ergibt sich für das Argument der Felder

$$\omega\left(t - \frac{x}{c}\right) = \omega\gamma(1 - \beta)\left(t' - \frac{x'}{c}\right). \tag{18.150}$$

Damit ist die Frequenz in S' in Übereinstimmung mit dem Ergebnis für den relativistischen Doppler-Effekt (18.107) für $\cos\alpha = -1$ gegeben durch

$$\omega' = \gamma(1 - \beta)\,\omega = b\,\omega. \tag{18.151}$$

Im Limes $\beta = \frac{v}{c} \to 1$ gehen also sowohl die Frequenz als auch die Amplitude der elektromagnetischen Felder gegen null.

18.5 Für die ebene Welle ist wegen $\boldsymbol{E} \perp \boldsymbol{B}$ und $|\boldsymbol{E}| = |\boldsymbol{B}|$

$$T^{00} = w_{\text{em}} = T^{01} = c|\boldsymbol{g}^{\text{em}}| = \frac{1}{4\pi}\boldsymbol{E}^2, \tag{18.152}$$

und bei zirkularer Polarisation sind diese Felder homogen im gesamten Raum. Energie und Impuls in einem in S ruhenden Volumen V sind damit einfach

$$E_V = c\boldsymbol{P}_V = \frac{V}{4\pi}\boldsymbol{E}^2. \tag{18.153}$$

Gemäß der Lösung von Aufgabe 18.4 ist im System S'

$$|\boldsymbol{E}'| = \gamma(1-\beta)\,|\boldsymbol{E}|. \tag{18.154}$$

Weil dies in den Energie- und Impulsdichten quadratisch auftritt, haben wir

$$T'^{00} = w'_{\text{em}} = T'^{01} = c|\boldsymbol{g}'^{\text{em}}| = \gamma^2(1-\beta)^2\,\frac{1}{4\pi}\boldsymbol{E}^2. \tag{18.155}$$

Das Volumen V bewegt sich nun bezüglich S' mit Geschwindigkeit $-v$ in x-Richtung. Es wird also in dieser einen Richtung Lorentz-kontrahiert, sodass $V' = V/\gamma$ gilt. Damit bekommen wir

$$E'_V = V' w'_{\text{em}} = \gamma(1-\beta)^2 E_V \tag{18.156}$$

und denselben Zusammenhang für P'_V und P_V. Ein Viererimpuls mit Komponenten $(\frac{1}{c}E_V, P_V, 0, 0)$ würde bei einer Lorentz-Transformation aber einen Faktor $\gamma(1-\beta)$ für jede Komponente bekommen, und nicht $\gamma(1-\beta)^2$.

Was haben wir hier falsch gemacht? Nun, wir haben ein Volumen betrachtet, in das elektromagnetische Wellen auf der einen Seite ein- und auf der anderen Seite wieder austreten, jeweils mit Lichtgeschwindigkeit. In einem bewegten Volumen ist das zwar weiterhin der Fall, aber wir haben bei der Lorentz-Transformation nicht in Rechnung gestellt, dass die Ränder dieses Volumens in den beiden Systemen zu unterschiedlichen Zeiten betrachtet werden.

In der Definition des Viererfeldimpulses in (18.95) war wesentlich, dass über den gesamten Raum integriert werden kann und dass Beiträge vom Unendlichen verschwinden. Dies ist bei einer ebenen Welle nicht mehr der Fall. Wenn wir die Energie eines endlichen Bereichs betrachten wollen, bei dem sichergestellt ist, dass bei der Transformation nichts an den Rändern verloren geht, sollten wir diesen mit der ebenen Welle mitbewegen. Da es nur um ein Volumen zum Zweck der Rechnung geht und um keinen realen Behälter, ist dies kein Problem. Betrachten wir also ein Volumen $\bar{V}$, das sich in S mit Lichtgeschwindigkeit in positive x-Richtung bewegt und von Flächen bei $x = ct$ und $x = L + ct$ begrenzt wird. Sind die Flächen in transversaler Richtung F, so ist das Volumen zu einem beliebigen Zeitpunkt $\bar{V} = LF$. Im System S' sind die Grenzflächen durch

$$x = ct \;\Rightarrow\; \gamma\left(\beta ct' + x'\right) = \gamma\left(ct' + \beta x'\right), \tag{18.157}$$

$$x = L + ct \;\Rightarrow\; \gamma\left(\beta ct' + x'\right) = L + \gamma\left(ct' + \beta x'\right) \tag{18.158}$$

gegeben. Betrachten wir z. B. den Zeitpunkt $t' = 0$, dann liegt eine Grenze bei $x' = 0$, während die andere durch

$$\gamma x' = L + \gamma\beta x' \tag{18.159}$$

gegeben ist. Dieser Wert von x' definiert nun L' und ist offenbar nicht durch L/γ, sondern durch

$$\gamma L' = L + \gamma\beta L' \Rightarrow L' = \frac{1}{\gamma(1-\beta)}L \tag{18.160}$$

gegeben. Damit ist der fehlende Faktor $(1-\beta)^{-1}$ gefunden, der notwendig ist, damit Energie und Impuls des betrachteten Volumens wie Komponenten eines Vierervektors transformieren:

$$E'_{\bar{V}} = \bar{V}' w'_{\text{em}} = \gamma(1-\beta)E_{\bar{V}} = b\,E_{\bar{V}}. \tag{18.161}$$

Das Volumen muss dafür offenbar ein mit Lichtgeschwindigkeit mitgeführtes sein.

Diese Überlegung findet sich übrigens im Wesentlichen genau so in Einsteins berühmter Veröffentlichung aus dem Jahr 1905, in dem er die spezielle Relativitätstheorie begründete (Einstein 1905, §8). Er kommentiert dies dann mit der Feststellung: „Es ist bemerkenswert, dass die Energie und die Frequenz eines Lichtkomplexes sich nach demselben Gesetze mit dem Bewegungszustande des Beobachters ändern.“ Unter Lichtkomplex versteht er hierbei gerade den mit Lichtgeschwindigkeit mitgeführten Ausschnitt einer ebenen Welle. Ohne dieses Ergebnis wäre Einsteins unmittelbar zuvor veröffentlichte Lichtquantenhypothese, die ja $E = \hbar\omega$ setzt und mit der wir uns in Teil III auseinandersetzen werden, nicht mit seiner speziellen Relativitätstheorie in Einklang gewesen (für weitere Diskussionen von Subtilitäten im Zusammenhang mit der Lorentz-Transformation von elektromagnetischer Feldenergie vgl. Avron 1999).

18.6 In die Viererkraftdichte für die freien Quellen

$$f_{\text{f}}^{\mu} = \frac{1}{c}F^{\mu\nu}j_{\text{f}\,\nu} \tag{18.162}$$

wird $j_{\text{f}\,\nu} = \frac{c}{4\pi}\partial^\sigma D_{\sigma\nu}$ eingesetzt:

$$\begin{aligned} f_{\text{f}}^{\mu} &= \frac{1}{4\pi}\,F^{\mu\nu}\,\partial^\sigma D_{\sigma\nu} \\ &= \frac{1}{4\pi}\,\partial^\sigma\left(F^{\mu\nu}D_{\sigma\nu}\right) - \frac{1}{4\pi}D_{\sigma\nu}\,\partial^\sigma F^{\mu\nu}, \end{aligned} \tag{18.163}$$

und der letzte Term wird wie in (18.89) umgeformt:

$$\begin{aligned} D_{\sigma\nu}\,\partial^\sigma F^{\mu\nu} &= D_{\nu\sigma}\,\partial^\nu F^{\mu\sigma} = D_{\sigma\nu}\,\partial^\nu F^{\sigma\mu} \\ &= \frac{1}{2}\,D_{\sigma\nu}\left(\partial^\sigma F^{\mu\nu} + \partial^\nu F^{\sigma\mu}\right) \\ &= -\frac{1}{2}\,D_{\sigma\nu}\,\partial^\mu F^{\nu\sigma}. \end{aligned} \tag{18.164}$$

Hierbei konnte im letzten Schritt wieder die homogene Maxwell-Gleichung (18.57) eingesetzt werden, um den freien (äußeren) Index auf die Viererableitung zu übertragen. In (18.89) konnte an dieser Stelle aber ∂^μ vor den ganzen Ausdruck gezogen und dafür mit $\frac{1}{2}$ multipliziert werden. Im Allgemeinen gilt also nur

$$f_{\mathrm{f}}^{\mu} = -\frac{1}{4\pi}\left[\partial_\nu\left(F^{\mu\sigma}D_\sigma{}^\nu\right) + \frac{1}{2}D_{\sigma\tau}\partial^\mu F^{\sigma\tau}\right] \not\equiv -\partial_\nu T_{\mathrm{M}}^{\nu\mu}. \tag{18.165}$$

Ist aber etwa komponentenweise $D_{\sigma\tau} = \mathrm{const}\cdot F_{\sigma\tau}$, wobei die Konstante nicht einheitlich sein muss, dann kann wieder

$$D_{\sigma\tau}\,\partial^\mu F^{\sigma\tau} = \frac{1}{2}\partial^\mu\left(D_{\sigma\tau}F^{\sigma\tau}\right) \tag{18.166}$$

geschrieben werden, sodass (18.117) mit (18.118) gilt. Dies ist erfüllt, wenn in einem Inertialsystem $\boldsymbol{D} = \epsilon\boldsymbol{E}$ und $\boldsymbol{H} = \frac{1}{\mu}\boldsymbol{B}$ mit konstanten ϵ und μ gilt.

Die Herleitung zeigt auch, dass es wesentlich für eine Bilanzgleichung für f_{f}^{μ} mit einem bestimmten Index μ ist, dass ∂^μ mit eben diesem Index mit den Materialkonstanten vertauscht werden kann. Hat man z. B. Inhomogenitäten in einer räumlichen Richtung, dann wird nur der Impulssatz bezüglich dieser Richtung verletzt. Hat man dagegen räumliche Homogenität, aber frequenzabhängige Materialkonstanten, dann scheitert die Ableitung nur für ∂^0, d. h., der Energiesatz gilt nicht mehr, in Übereinstimmung damit, dass in diesem Fall Dissipation von Energie im Medium auftreten kann.

18.7 Die Invarianten des Feldstärketensors sind bis auf Vorfaktoren durch die Ausdrücke $\boldsymbol{E}^2 - \boldsymbol{B}^2$ und $\boldsymbol{E}\cdot\boldsymbol{B}$ gegeben. Ist $\boldsymbol{E}\cdot\boldsymbol{B} = 0$ und sind die Beträge von $\boldsymbol{E}$ und $\boldsymbol{B}$ ungleich, dann gibt es immer ein Inertialsystem, in dem ein reines $\boldsymbol{E}$- oder ein reines $\boldsymbol{B}$-Feld vorliegt. Ist $\boldsymbol{E}$ betragsmäßig das größere, dann gibt es ein Bezugssystem, in dem das Teilchen einem reinen $\boldsymbol{E}$-Feld ausgesetzt ist, sodass eine konstante Kraft in einer Richtung vorliegt. Die Bewegung hat dann offensichtlich keinen oszillierenden Anteil, und das gilt auch für alle dazu gleichförmig bewegten Bezugssysteme. Ist $\boldsymbol{B}$ betragsmäßig das größere Feld, dann gibt es ein Bezugssystem, in dem ein reines Magnetfeld vorliegt, für das die Bewegung eine Schraubenlinie ist. In dazu gleichförmig bewegten Bezugssystemen hat die Bewegung weiterhin oszillierende Anteile.

Zusatzfrage: Gemäß den Umrechnungsvorschriften (11.90) und (11.91) übersetzt sich $E \gtrless B$ von Gauß'schen in SI-Einheiten als

$$\sqrt{4\pi\epsilon_0}\,E^{[\mathrm{SI}]} \gtrless \sqrt{\frac{4\pi}{\mu_0}}\,B^{[\mathrm{SI}]}, \tag{18.167}$$

also

$$E^{[\mathrm{SI}]} \gtrless \frac{1}{\sqrt{\epsilon_0\mu_0}}\,B^{[\mathrm{SI}]} = c\,B^{[\mathrm{SI}]}. \tag{18.168}$$

Bei einer magnetischen Flussdichte von 1 Tesla (T) liegt das Kriterium für die elektrische Feldstärke also bei ungefähr $3\cdot 10^8$ V/m; bei 1 Gauß (G) immer noch bei $3\cdot 10^4$ V/m.

18.8 Legen wir das Koordinatensystem so, dass das $\boldsymbol{B}$-Feld in z-Richtung und das $\boldsymbol{E}$-Feld in y-Richtung zeigt, und führen wir die Abkürzung $F = qE_y = qB_z$ ein, dann lauten die Bewegungsgleichungen (18.84)

$$\frac{\mathrm{d}}{\mathrm{d}t}p_x = \frac{q}{c}v_y B_z = \frac{1}{c}F v_y, \tag{18.169}$$

$$\frac{\mathrm{d}}{\mathrm{d}t}p_y = qE_y - \frac{q}{c}v_x B_z = F\left(1 - \frac{v_x}{c}\right), \tag{18.170}$$

$$\frac{\mathrm{d}}{\mathrm{d}t}p_z = 0, \tag{18.171}$$

während (18.83)

$$\frac{\mathrm{d}}{\mathrm{d}t}p^0 c \equiv \frac{\mathrm{d}}{\mathrm{d}t}E = qE_y v_y = F v_y = c\frac{\mathrm{d}}{\mathrm{d}t}p_x \tag{18.172}$$

ergibt, wobei im letzten Schritt (18.169) verwendet wurde. Daraus folgt, dass $E - cp_x$ eine Konstante der Bewegung ist. Zum Zeitpunkt null, zu dem das Teilchen ruht, ist $E = mc^2$ und $p_x = 0$, also gilt für die gesamte Bewegung

$$E - c\,p_x = m\,c^2. \tag{18.173}$$

Da $p_z = 0$ bleibt, ist $E = \sqrt{m^2\,c^4 + c^2(p_x^2 + p_y^2)}$, und wir können p_x durch p_y ausdrücken. Eine kurze Rechnung ergibt

$$p_x = \frac{p_y^2}{2m\,c}, \quad E = m\,c^2 + c\,p_x = m\,c^2 + \frac{p_y^2}{2m}. \tag{18.174}$$

Damit können die Bewegungsgleichungen (18.169) und (18.170) entkoppelt werden. Insbesondere finden wir

$$\begin{aligned}\frac{\mathrm{d}}{\mathrm{d}t}p_y &= F\left(1 - \frac{v_x}{c}\right)\\ &= F\left(1 - \frac{p_x c}{E}\right) = F\frac{E - p_x c}{E} = F\frac{mc^2}{E}\end{aligned} \tag{18.175}$$

und damit

$$E\,\mathrm{d}p_y = \left(m\,c^2 + \frac{p_y^2}{2m}\right)\mathrm{d}p_y = F\,m\,c^2\,\mathrm{d}t. \tag{18.176}$$

Integration mit der Anfangsbedinung $p_y(0) = 0$ führt auf

$$Ft = p_y + \frac{p_y^3}{6m^2c^2}. \tag{18.177}$$

Anstatt diese kubische Gleichung zu lösen, kann man auch mit p_y als Bahnparameter weiter machen, da t eine monotone Funktion von p_y ist. Auf diese Weise findet man mit $\mathrm{d}p_y/\mathrm{d}t = Fmc^2/E$ und $\mathrm{d}t/\mathrm{d}p_y = E/(Fmc^2)$

$$\frac{\mathrm{d}y}{\mathrm{d}p_y} = \frac{\mathrm{d}y}{\mathrm{d}t}\frac{\mathrm{d}t}{\mathrm{d}p_y} = \frac{p_y\,c^2}{E}\frac{\mathrm{d}t}{\mathrm{d}p_y} = \frac{p_y}{Fm}. \tag{18.178}$$

Mit dem Zusammenhang zwischen p_x und p_y ergibt sich des Weiteren

$$\frac{\mathrm{d}x}{\mathrm{d}p_y} = \frac{\mathrm{d}x}{\mathrm{d}t}\frac{\mathrm{d}t}{\mathrm{d}p_y} = \frac{p_x\,c^2}{E}\frac{\mathrm{d}t}{\mathrm{d}p_y} = \frac{p_y^2}{2Fm^2c}. \tag{18.179}$$

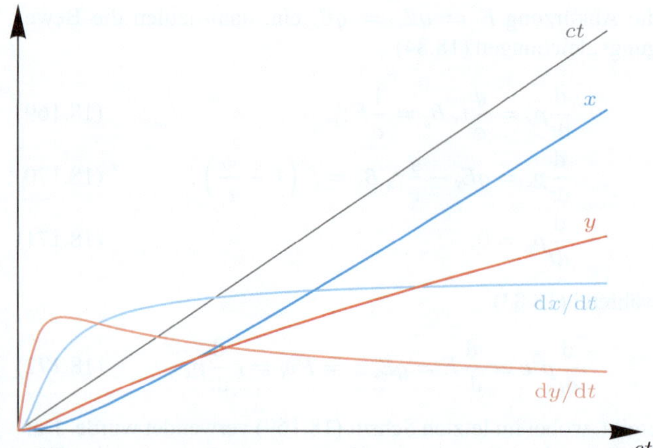

Abb. 18.10 Relativistische Bewegung in homogenen $\boldsymbol{E}$- und $\boldsymbol{B}$-Feldern mit $E_y = B_z$. Ein geladenes Teilchen wird in die Richtung senkrecht auf die beiden Felder auf annähernd Lichtgeschwindigkeit beschleunigt; $x(t)$ (*blaue Kurve*) nähert sich asymptotisch $\mathrm{const} + c\,t$. In Richtung des $\boldsymbol{E}$-Feldes ($y(t)$; *rote Kurve*) nimmt die Geschwindigkeit dagegen zuerst zu und dann wieder ab (*hellrote Kurve*)

Eine einfache Integration liefert dann unter Berücksichtigung der Anfangsbedingung

$$x(p_y) = \frac{p_y^3}{6Fm^2c}, \quad y(p_y) = \frac{p_y^2}{2Fm}. \tag{18.180}$$

Daraus kann man ablesen, dass die Bahnkurve die Gestalt $x \propto y^{3/2}$ hat, sodass letztlich die Bewegung in x-Richtung dominiert, obwohl sie in y-Richtung startet.

Für große Zeiten wird gemäß (18.177) $p_y^3 \sim 6m^2c^2F\,t$ und daher

$$x(t) \sim ct, \quad y(t) \propto t^{2/3}, \quad \dot{y} \propto t^{-1/3}, \tag{18.181}$$

sodass schließlich die Geschwindigkeit in y-Richtung wieder abnimmt, während die Geschwindigkeit in x-Richtung asymptotisch gegen die Lichtgeschwindigkeit geht. In Abb. 18.10 sind die Ergebnisse für $x(t)$ und $y(t)$ grafisch dargestellt, zusammen mit den Geschwindigkeiten $\dot{x}(t)$ und $\dot{y}(t)$.

18.9 Die erste Gleichung in (18.121) ergibt nach Bildung eines äußeren Produkts mit $\boldsymbol{\beta} = \frac{1}{c}\boldsymbol{v}$ unter Verwendung von $\boldsymbol{a} \times (\boldsymbol{b} \times \boldsymbol{c}) = \boldsymbol{b}(\boldsymbol{a}\cdot\boldsymbol{c}) - \boldsymbol{c}(\boldsymbol{a}\cdot\boldsymbol{b})$

$$\boldsymbol{\beta}\times\boldsymbol{D} = -\boldsymbol{\beta}(\boldsymbol{\beta}\cdot\boldsymbol{H})+\beta^2\boldsymbol{H}+\epsilon\boldsymbol{\beta}\times\boldsymbol{E}+\epsilon\boldsymbol{\beta}(\boldsymbol{\beta}\cdot\boldsymbol{B})-\epsilon\beta^2\boldsymbol{B}. \tag{18.182}$$

Ersetzt man darin gemäß (18.122) auf der rechten Seite $(\boldsymbol{\beta}\cdot\boldsymbol{B}) = \mu(\boldsymbol{\beta}\cdot\boldsymbol{H})$, dann kann dies in der zweiten Gleichung in (18.121) dazu verwendet werden, $\boldsymbol{B}$ durch $\boldsymbol{E}$ und $\boldsymbol{H}$ auszudrücken.

Analog kann aus der zweiten Gleichung in (18.121) $\boldsymbol{\beta} \times \boldsymbol{B}$ berechnet und mit $(\boldsymbol{\beta}\cdot\boldsymbol{D}) = \epsilon(\boldsymbol{\beta}\cdot\boldsymbol{E})$ über die erste Gleichung $\boldsymbol{D}$ durch $\boldsymbol{E}$ und $\boldsymbol{H}$ dargestellt werden.

Literatur

Avron, J.E., Berg, E., Goldsmith, D., Gordon, A.: Is the number of photons a classical invariant? Eur. J. Phys. **20**, 153 (1999). http://arxiv.org/abs/physics/9810039

Einstein, A.: Zur Elektrodynamik bewegter Körper. Ann. Phys. **17**, 891 (1905)

Griffiths, D.J.: Elektrodynamik. Pearson, München (2011)

Jackson, J.D.: Klassische Elektrodynamik. De Gruyter, Berlin (2006)

Minkowski H.: Die Grundgleichungen für die elektromagnetischen Vorgänge in bewegten Körpern. Nachrichten von der Gesellschaft der Wissenschaften zu Göttingen, Mathematisch-Physikalische Klasse, S. 53–111 (1908). Online: http://de.wikisource.org/wiki/Die_Grundgleichungen_für_die_elektromagnetischen_Vorgänge_in_bewegten_Körpern

Penrose, R.: The Apparent Shape of a Relativistically Moving Sphere. Math. Proc. Cambridge Phil. Soc. **55**, 137 (1959)

Purcell, E.M.: Elektrizität und Magnetismus. Vieweg, Wiesbaden (1989)

Abstrahlung elektromagnetischer Wellen 19

Wie kann man allgemein die Potenziale einer vorgegebenen Ladungs- und Stromverteilung berechnen?

Wie strahlt eine bewegte Punktladung?

Wie sieht die Multipolentwicklung im dynamischen Fall aus?

Welche Besonderheiten ergeben sich bei der Abstrahlung durch relativistisch bewegte Punktladungen?

M. Bartelmann et al., *Theoretische Physik*, DOI 10.1007/978-3-642-54618-1_19, © Springer-Verlag Berlin Heidelberg 2015

Ende des 19. Jahrhunderts begann *Heinrich Hertz* (1857–1894), kurz zuvor zum Professor für Experimentalphysik am Polytechnikum in Karlsruhe berufen, mit elektromagnetischen Schwingungen in Spulen zu experimentieren. Es war bereits bekannt, dass es bei Spulen, die an einer Stelle unterbrochen sind, an dieser Stelle zu Funkenüberschlägen kommen kann.

Zufällig bemerkte Hertz bei seinen Untersuchungen, dass auch bei einer zweiten, mit der ersten nicht elektrisch verbundenen Spule Funken übersprangen. Damit waren erstmals elektromagnetische Wellen erzeugt und wieder empfangen worden, auch wenn das Hertz zu diesem Zeitpunkt wohl noch nicht bewusst war.

In der Folgezeit untersuchte er die Übertragung der Funken näher. Statt der Sendespule verwendete er bald nur noch zwei lange Drähte mit großen Kugeln als Ladungsspeicher an den voneinander abgewandten Enden und kleinen Kugeln an den einander zugewandten Enden; diese Anordnung bezeichnete er als „großen Oszillator". Wurde an diese Anordnung eine Spule angeschlossen, in der elektromagnetische Schwingungen stattfanden, so sprangen zwischen den kleinen Kugeln periodisch Funken über – und eine elektromagnetische Welle wurde abgestrahlt.

Heutzutage verwendet man natürlich keine Funken mehr zur Erzeugung elektromagnetischer Wellen; in Worten wie „Funk" ist aber der Ursprung dieser Technik immer noch erhalten geblieben. Das Eröffnungsbild des Kapitels zeigt eine Briefmarke, die von der Deutschen Post 1983 zur Feier dieser Entdeckung herausgegeben wurde.

Letztlich war der von Hertz benutzte „große Oszillator" ein elektrischer Dipol mit einem zeitabhängigen Dipolmoment. Hertz hat also experimentell gezeigt, dass ein mit der Zeit veränderlicher elektrischer Dipol elektromagnetische Wellen abstrahlt. In diesem Kapitel werden wir den theoretischen Hintergrund sowohl für diese Dipolstrahlung als auch für die Abstrahlung von elektromagnetischen Wellen durch bewegte Punktladungen und allgemeine Ladungs- und Stromverteilungen genauer betrachten.

19.1 Retardierte Potenziale

Wir suchen hier nun die Felder, die sich für eine beliebige zeitabhängige Ladungs- und Stromverteilung ergeben. Daher müssen wir jetzt die Maxwell-Gleichungen in voller Allgemeinheit lösen. Wie in Kap. 11 bereits gezeigt wurde, können diese aber durch Einführung des skalaren Potenzials ϕ und des Vektorpotenzials $\boldsymbol{A}$ und der Wahl einer geeigneten Eichung entkoppelt werden. Am einfachsten werden die Gleichungen in der Lorenz-Eichung:

$$\begin{aligned}\Box\phi(t,\boldsymbol{r}) &= 4\pi\rho(t,\boldsymbol{r}),\\ \Box\boldsymbol{A}(t,\boldsymbol{r}) &= \frac{4\pi}{c}\boldsymbol{j}(t,\boldsymbol{r}),\end{aligned} \tag{19.1}$$

wobei

$$\operatorname{div}\boldsymbol{A} + \frac{1}{c}\partial_t\phi = 0 \tag{19.2}$$

gilt.

Frage 1

Überlegen Sie sich, wie man die inhomogenen Differenzialgleichungen (19.1) allgemein lösen könnte; denken Sie dabei an die allgemeine Lösung in der Elektrostatik.

Wie bereits in der Elektrostatik benutzt man zur Lösung dieser inhomogenen Differenzialgleichungen eine passende Green'sche Funktion. Gesucht ist also eine Funktion G, für die gilt:

$$\Box G(t,t',\boldsymbol{r},\boldsymbol{r}') = 4\pi\delta(t-t')\delta(\boldsymbol{r}-\boldsymbol{r}'). \tag{19.3}$$

Damit hat man

$$\begin{aligned}\phi(t,\boldsymbol{r}) &= \int \mathrm{d}V'\mathrm{d}t'\, G(t,t',\boldsymbol{r},\boldsymbol{r}')\rho(t',\boldsymbol{r}'),\\ \boldsymbol{A}(t,\boldsymbol{r}) &= \frac{1}{c}\int \mathrm{d}V'\mathrm{d}t'\, G(t,t',\boldsymbol{r},\boldsymbol{r}')\boldsymbol{j}(t',\boldsymbol{r}'),\end{aligned} \tag{19.4}$$

und die elektrischen und magnetischen Felder ergeben sich daraus wie bekannt als Ableitungen.

Ansatz für die Green'sche Funktion

Zunächst ist anzunehmen, dass die Green'sche Funktion, wie auch die rechte Seite der Differenzialgleichung (19.3), nur von den Differenzen $\boldsymbol{R} := \boldsymbol{r}-\boldsymbol{r}'$ und $\tau := t-t'$ abhängt. Außerdem erinnern wir uns daran, dass durch eine Fourier-Transformation ein Ableitungsoperator in eine Multiplikation übergeht, was die Rechnung stark vereinfacht. Also setzen wir an:

$$\begin{aligned}G(t,t',\boldsymbol{r},\boldsymbol{r}') &= G(\tau,\boldsymbol{R})\\ &= \frac{1}{(\sqrt{2\pi})^4}\int \mathrm{d}^3k\,\mathrm{d}\omega\,\tilde{G}(\omega,\boldsymbol{k})\mathrm{e}^{\mathrm{i}(\boldsymbol{k}\cdot\boldsymbol{R}-\omega\tau)}.\end{aligned} \tag{19.5}$$

Setzt man diesen Ansatz in die Differenzialgleichung (19.3) ein und benutzt die bekannte Fourier-Darstellung der Deltafunktion, so ergibt sich leicht

$$\tilde{G}(\omega,\boldsymbol{k}) = \frac{1}{\pi}\frac{1}{\boldsymbol{k}^2-\frac{\omega^2}{c^2}}. \tag{19.6}$$

Frage 2

Zeigen Sie dies.

Es bleibt dann „nur" noch, die Rücktransformation dieser Fourier-Transformierten zu berechnen. Wir haben also folgendes Mehrfachintegral auszuwerten:

$$G(\tau,\boldsymbol{R}) = \frac{c^2}{(\sqrt{2\pi})^4}\frac{1}{\pi}\int \mathrm{d}^3k\,\mathrm{d}\omega\,\frac{\mathrm{e}^{\mathrm{i}(\boldsymbol{k}\cdot\boldsymbol{R}-\omega\tau)}}{c^2\boldsymbol{k}^2-\omega^2}. \tag{19.7}$$

Der Wert dieses Integrals ist wegen der Polstellen allerdings nicht eindeutig definiert; dies werden wir im Folgenden noch genauer diskutieren.

Auswertung der Integrale

Da der Integrand sphärisch symmetrisch ist, können zunächst die Winkelintegrale leicht ausgeführt werden. Es bleibt:

$$\frac{c^2}{2\pi^2 \mathrm{i}R}\int\limits_0^\infty k\,\mathrm{d}k\,\left(\mathrm{e}^{\mathrm{i}kR}-\mathrm{e}^{-\mathrm{i}kR}\right)\int\limits_{-\infty}^{\infty}\mathrm{d}\omega\frac{\mathrm{e}^{-\mathrm{i}\omega\tau}}{c^2k^2-\omega^2}. \qquad (19.8)$$

Frage 3

Zeigen Sie dies und überlegen Sie sich, mithilfe welchen mathematischen Satzes man die ω-Integration ausführen könnte.

Der Integrand hat Polstellen bei $\omega = \pm ck$. Um die Integration über ω auszuführen, bietet es sich also an, den Residuensatz mit einem „im Unendlichen" geschlossenen Integrationsweg gW zu verwenden (Abschn. 13.2). Dabei müssen wir wieder darauf achten, dass der Beitrag des Integranden auf dem Halbkreis „im Unendlichen" verschwindet.

Beginnen wir mit dem Exponentialfaktor: $\mathrm{e}^{-\mathrm{i}\omega\tau}$ soll verschwinden, wenn der Imaginärteil von ω gegen unendlich (Halbkreis oben geschlossen) oder minus unendlich (Halbkreis unten geschlossen) geht. Dies ist offensichtlich dann der Fall, wenn $\tau < 0$ bzw. $\tau > 0$, also $t < t'$ bzw. $t > t'$ gilt. Da in (19.4) über alle t' zu integrieren ist und daher τ positiv oder negativ sein kann, müssen wir beide Fälle durchrechnen und jeweils den Integrationsweg so schließen, dass der schließende Halbkreis nichts beiträgt.

Bei der Anwendung des Residuensatzes haben wir aber nun das Problem, dass die beiden Pole des Integranden gerade auf dem Integrationsweg entlang der reellen Achse liegen. Dies bedeutet, dass das Integral (19.7) nicht wohldefiniert ist. Man kann es eindeutig machen, indem man den Integrationsweg ins Komplexe verformt und die Pole auf einer Seite umgeht. Das Ergebnis des Integrals hängt aber nun natürlich davon ab, wie der Integrationsweg gewählt wird (da der Integrand bei den Polstellen ja nicht analytisch ist).

Dies ist allerdings nicht wirklich ein Problem, sondern im Gegenteil sogar zu erwarten: Wir suchen ja eine Lösung der Differenzialgleichung (19.3). Wendet man den Differenzialoperator auf die Fourier-Darstellung (19.7) an, so ergibt sich

$$\Box G(\tau,\boldsymbol{R}) = \frac{c^2}{(\sqrt{2\pi})^4}\frac{1}{\pi}\int \mathrm{d}^3k \int\limits_{\mathrm{gW}} \mathrm{d}\omega\,\mathrm{e}^{\mathrm{i}(\boldsymbol{k}\cdot\boldsymbol{R}-\omega\tau)}. \qquad (19.9)$$

Der Integrand ist nun analytisch, und damit ändert das Verformen des Weges nichts am Ergebnis dieses Integrals – es ergibt sich immer die gewünschte Deltafunktion.

Je nach Wahl des Integrationsweges entlang der Achse erhält man also unterschiedliche Green'sche Funktionen, die aber alle die Differenzialgleichung (19.3) erfüllen. Dies entspricht mathematisch der Tatsache, dass eine inhomogene Differenzialgleichung stets unendlich viele Lösungen hat (allgemeine

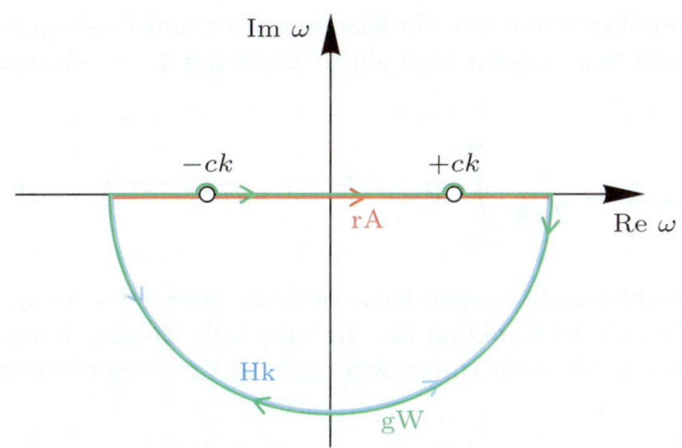

Abb. 19.1 Integrationsweg für das im Text besprochene ω-Integral: entlang der reellen Achse (rA) oder über einen geschlossenen Integrationsweg (gW). Das Integral entlang des Halbkreis (Hk) im Unendlichen trägt dabei nichts bei. Außerdem sind die Polstellen des Integranden bei $\omega = \pm ck$ gezeigt; diese werden durch den Integrationsweg gW umgangen, sodass sie innerhalb des vom Weg umschlossenen Gebiets liegen

Lösung der homogenen Gleichung plus eine spezielle Lösung der inhomogenen Gleichung). Die physikalische Interpretation ist dagegen letztlich, dass die Green'sche Funktion von den Randbedingungen (hier: sowohl räumlich als auch zeitlich) abhängt (siehe die Diskussion der Dirichlet'schen und Neumann'schen Randbedingungen in Kap. 12).

Wir betrachten nun eine Wahl des Integrationsweges, bei dem beide Pole in der oberen Halbebene umgangen werden (z. B. durch zwei kleine Halbkreise; da der Integrand abseits der reellen Achse analytisch ist, kommt es nicht darauf an, wie der Integrationsweg genau verläuft, solange er oben herumgeht). Beginnen wir mit der Auswertung für $\tau > 0$, so ist der Integrationsweg, wie oben diskutiert, unten zu schließen. Der gesamte nun verwendete Integrationsweg einschließlich der Pole ist in Abb. 19.1 dargestellt.

Da dieser Integrationsweg die Pole einschließt, sind nun die Residuen der beiden Pole zu berechnen:

$$\lim_{\omega\to\pm ck}(\omega-(\pm ck))\frac{\mathrm{e}^{-\mathrm{i}\omega\tau}}{c^2k^2-\omega^2} = \mp\frac{1}{2kc}\mathrm{e}^{\mp\mathrm{i}ck\tau}. \qquad (19.10)$$

Damit ist das ω-Integral:

$$\begin{aligned}\int\limits_{-\infty}^{\infty}\mathrm{d}\omega\frac{\mathrm{e}^{-\mathrm{i}\omega\tau}}{c^2k^2-\omega^2} &= -\frac{2\pi\mathrm{i}}{2kc}\left(\mathrm{e}^{\mathrm{i}ck\tau}-\mathrm{e}^{-\mathrm{i}ck\tau}\right)\\ &= \frac{\pi\mathrm{i}}{kc}\left(\mathrm{e}^{-\mathrm{i}ck\tau}-\mathrm{e}^{\mathrm{i}ck\tau}\right).\end{aligned} \qquad (19.11)$$

(Das zusätzliche Minuszeichen stammt daher, dass der geschlossene Integrationsweg im mathematisch negativen Sinn durchlaufen wird.) Es bleibt also für die Green'sche Funktion

$$G(\tau,\boldsymbol{R}) = \frac{c}{2\pi R}\int\limits_0^\infty \mathrm{d}k\,\left(\mathrm{e}^{\mathrm{i}kR}-\mathrm{e}^{-\mathrm{i}kR}\right)\left(\mathrm{e}^{-\mathrm{i}ck\tau}-\mathrm{e}^{\mathrm{i}ck\tau}\right). \qquad (19.12)$$

Nun multiplizieren wir die Klammern aus und fassen jeweils zwei der Summanden nach einem Übergang $k \to -k$ zusammen:

$$G(\tau, \boldsymbol{R}) = \frac{c}{2\pi R} \int_{-\infty}^{\infty} \mathrm{d}k \left(\mathrm{e}^{\mathrm{i}k(R-c\tau)} - \mathrm{e}^{-\mathrm{i}k(R+c\tau)} \right). \quad (19.13)$$

Das verbleibende Integral kann direkt ausgewertet werden; um die Green'sche Funktion auf die allgemein übliche Form zu bringen, machen wir vorher aber noch die Variablentransformation $x = -kc$:

$$G(\tau, \boldsymbol{R}) = \frac{1}{2\pi R} \int_{-\infty}^{\infty} \mathrm{d}x \left(\mathrm{e}^{\mathrm{i}x(\tau-R/c)} - \mathrm{e}^{\mathrm{i}x(\tau+R/c)} \right). \quad (19.14)$$

Damit bleibt schließlich

$$G(\tau, \boldsymbol{R}) = \frac{\delta(\tau - R/c) - \delta(\tau + R/c)}{R}. \quad (19.15)$$

Zu beachten ist außerdem noch, dass wir $\tau > 0$ vorausgesetzt hatten und natürlich auch $R > 0$ ist – damit ist das Argument der zweiten Deltafunktion immer größer als null, ihr Beitrag verschwindet also.

Hat man dagegen $\tau < 0$, so muss der Halbkreis in der oberen Halbebene geschlossen werden, damit sein Beitrag zum Integral verschwindet. Den Integrationsweg gW entlang der Achse behält man aber bei, umgeht die Pole also weiterhin durch kleine Halbkreise in der oberen Halbebene. Damit schließt der gesamte Integrationsweg die Pole nicht ein, das Integral verschwindet also für $\tau < 0$ für den gewählten Weg gW entlang der Achse.

Setzt man die Abkürzungen von oben wieder ein, hat man schließlich die sogenannte retardierte Green'sche Funktion.

Retardierte Green'sche Funktion

Eine Green'sche Funktion zum d'Alembert-Operator ist

$$G_{\mathrm{ret}}(t, t', \boldsymbol{r}, \boldsymbol{r}') = \frac{\delta\left(t - t' - \frac{|\boldsymbol{r}-\boldsymbol{r}'|}{c}\right)}{|\boldsymbol{r} - \boldsymbol{r}'|}. \quad (19.16)$$

Eigentlich ist hier noch ein Faktor $\theta(t - t')$ zu ergänzen, da die Funktion für $\tau < 0$ ja verschwindet. Durch die Deltafunktion wird dies aber bereits gewährleistet.

Alternativ kann man den Integrationsweg entlang der reellen Achse natürlich auch so wählen, dass die Polstellen in der unteren Halbebene umgangen werden. Dann erhält man mit völlig analogen Rechenschritten schließlich die sogenannte *avancierte Green'sche Funktion*

$$G_{\mathrm{av}}(t, t', \boldsymbol{r}, \boldsymbol{r}') = \frac{\delta\left(t - t' + \frac{|\boldsymbol{r}-\boldsymbol{r}'|}{c}\right)}{|\boldsymbol{r} - \boldsymbol{r}'|}. \quad (19.17)$$

Diese verschwindet für $\tau > 0$; auch hier kann aber wegen der Deltafunktion auf ein explizites Anschreiben des Faktors $\theta(t' - t)$ verzichtet werden.

Frage 4

Leiten Sie diese avancierte Green'sche Funktion her.

Physikalische Interpretation der Lösung

Vergleichen wir die Differenzialgleichung (19.3) mit der für das skalare Potenzial (19.1). Die Deltafunktionen auf der rechten Seite von (19.3) kann man dann als eine Punktladung der Stärke $q = 1$ interpretieren, die zum Zeitpunkt t' am Ort $\boldsymbol{r}'$ erscheint und gleich wieder verschwindet. Die Green'sche Funktion übernimmt die Rolle des skalaren Potenzials dieser Ladung zum Zeitpunkt t am Ort $\boldsymbol{r}$. Die Deltafunktion in der retardierten Green'schen Funktion (19.16) sorgt dann dafür, dass das Potenzial an einem vorgegebenen Ort $\boldsymbol{r}$ nur zum Zeitpunkt

$$t = t' + \frac{|\boldsymbol{r} - \boldsymbol{r}'|}{c} \quad (19.18)$$

nicht verschwindet. Seit dem Zeitpunkt t', zu der die Punktladung erschien, ist also die Zeitspanne

$$\Delta t = \frac{|\boldsymbol{r} - \boldsymbol{r}'|}{c} \quad (19.19)$$

vergangen. Dies ist aber natürlich genau die Zeit, die ein Signal braucht, um sich mit Lichtgeschwindigkeit vom Ort $\boldsymbol{r}'$, an dem sich die Punktladung befand, zum Ort $\boldsymbol{r}$, an dem das Feld beobachtet wird, auszubreiten. Die retardierte Green'sche Funktion beschreibt also die Ausbreitung eines Signals mit Lichtgeschwindigkeit bzw. die *zukünftigen* Auswirkungen einer Änderung in der Ladungs- bzw. Stromverteilung.

Setzt man die retardierte Green'sche Funktion in (19.4) für die Potenziale ein und führt die Integrationen über t' aus, so erhält man entsprechend die retardierten Potenziale.

Retardierte Potenziale

Die Potenziale zu einer vorgegebenen orts- und zeitsabhängigen Ladungsverteilung $\rho(t, \boldsymbol{r})$ und Stromverteilung $\boldsymbol{j}(t, \boldsymbol{r})$ kann man folgendermaßen berechnen:

$$\phi(t, \boldsymbol{r}) = \int \mathrm{d}V' \frac{\rho\left(t - \frac{|\boldsymbol{r}-\boldsymbol{r}'|}{c}, \boldsymbol{r}'\right)}{|\boldsymbol{r} - \boldsymbol{r}'|},$$

$$\boldsymbol{A}(t, \boldsymbol{r}) = \frac{1}{c} \int \mathrm{d}V' \frac{\boldsymbol{j}\left(t - \frac{|\boldsymbol{r}-\boldsymbol{r}'|}{c}, \boldsymbol{r}'\right)}{|\boldsymbol{r} - \boldsymbol{r}'|}. \quad (19.20)$$

Das heißt, der Wert der Potenziale am Ort $\boldsymbol{r}$ zum Zeitpunkt t hängt von den Werten der Ladungs- bzw. Stromdichte zum früheren Zeitpunkt

$$t' = t - \frac{|\boldsymbol{r} - \boldsymbol{r}'|}{c} \tag{19.21}$$

ab. Dies berücksichtigt wieder genau die Zeit, die ein Signal benötigt, um sich mit Lichtgeschwindigkeit von $\boldsymbol{r}'$ nach $\boldsymbol{r}$ auszubreiten. Daher stammt die Bezeichnung „retardiert" – unter einer Retardierung versteht man allgemein eine zeitliche Verzögerung.

Bei der avancierten Green'schen Funktion dagegen liegt die Zeit, zu der beobachtet wird, *vor* der Zeit, zu der die Punktladung auftaucht. Entsprechend werden durch die zugehörigen avancierten Potenziale Felder zu einer Zeit vor der entsprechenden Änderung der Ladungs- und Stromverteilung beschrieben. Dies kann man physikalisch so interpretieren, dass man daran interessiert ist, welche Felder für eine vorgegebene Änderung der Ladungs- und Stromverteilung nötig sind.

Anders gesagt: Die retardierten Potenziale beschreiben die *Abstrahlung* elektromagnetischer Wellen durch eine Ladungs- und Stromverteilung, die avancierten Potenziale dagegen den *Empfang* der Wellen. Meist ist man an der Abstrahlung interessiert, verwendet also die retardierte Green'sche Funktion.

Abschließend sei noch angemerkt, dass man die Pole auch anders hätte umgehen können – beispielsweise den linken in der unteren, den rechten in der oberen Halbebene. Dies führt auf wieder eine andere Green'sche Funktion, oft *Feynman-Green-Funktion* oder auch *Feynman-Propagator* genannt (nach dem Nobelpreisträger *Richard Feynman*, 1918–1988), die insbesondere in der Quantenfeldtheorie wichtig ist.

19.2 Bewegte Punktladung: Liénard-Wiechert-Potenziale

In vielen physikalischen Situationen ist man daran interessiert, welche elektromagnetischen Wellen eine einzelne bewegte Punktladung abgibt. Dies ist beispielsweise wesentlich für die Brems- und die Synchrotronstrahlung, kann aber theoretisch auch für die Berechnung der Abstrahlung einer beliebigen Ladungs- und Stromverteilung benutzt werden. Solche Verteilungen kann man sich ja letztlich immer aus bewegten Punktladungen zusammengesetzt denken.

Allgemeine Berechnung der Potenziale

Wir betrachten eine Punktladung der Stärke q, die sich entlang einer vorgegebenen Bahnkurve $\boldsymbol{x}(t)$ bewege (Abb. 19.2). Dann hat man

$$\begin{aligned} \rho(t, \boldsymbol{r}) &= q\delta(\boldsymbol{r} - \boldsymbol{x}(t)), \\ \boldsymbol{j}(t, \boldsymbol{r}) &= q\dot{\boldsymbol{x}}(t)\delta(\boldsymbol{r} - \boldsymbol{x}(t)). \end{aligned} \tag{19.22}$$

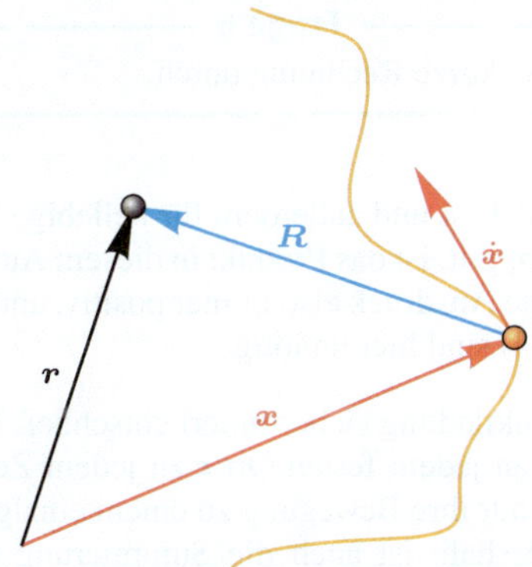

Abb. 19.2 Eine Punktladung der Stärke q bewegt sich auf einer Bahnkurve $\boldsymbol{x}(t)$. Gezeigt sind außerdem der Vektor $\dot{\boldsymbol{x}}(t)$ der Momentangeschwindigkeit, der Ortsvektor $\boldsymbol{r}$ des Beobachters und der Vektor $\boldsymbol{R}$ von der Punktladung zum Beobachter

Zur Berechnung der Potenziale ist es hier günstiger, statt der Ausdrücke (19.20) für die retardierten Potenziale die allgemeinen Zusammenhänge in (19.4) zu verwenden und statt der zeitlichen zunächst die räumlichen Integrale auszuführen. Es bleibt dann

$$\begin{aligned} \phi(t, \boldsymbol{r}) &= q \int \frac{\delta\left(t' - \left(t - \frac{|\boldsymbol{r}-\boldsymbol{x}(t')|}{c}\right)\right)}{|\boldsymbol{r} - \boldsymbol{x}(t')|} \mathrm{d}t', \\ \boldsymbol{A}(t, \boldsymbol{r}) &= \frac{q}{c} \int \frac{\delta\left(t' - \left(t - \frac{|\boldsymbol{r}-\boldsymbol{x}(t')|}{c}\right)\right)\dot{\boldsymbol{x}}(t')}{|\boldsymbol{r} - \boldsymbol{x}(t')|} \mathrm{d}t'. \end{aligned} \tag{19.23}$$

Frage 5

Zeigen Sie dies unter Verwendung von (19.16) und (19.22).

Das Argument der Deltafunktionen ist hier eine komplizierte Funktion von t', daher können die zeitlichen Integrationen nicht direkt ausgeführt werden. Stattdessen ist zunächst die Gleichung

$$\delta(f(t)) = \sum_i \frac{1}{|f'(t_i)|} \delta(t - t_i) \tag{19.24}$$

(siehe (11.14)) anzuwenden, wobei t_i die einfachen Nullstellen der Funktion f sind. Hier haben wir

$$f(t') = t' - t + \frac{|\boldsymbol{r} - \boldsymbol{x}(t')|}{c} = t' - t + \frac{R(t')}{c}, \tag{19.25}$$

wobei zur Abkürzung der Vektor $\boldsymbol{R}(t') := \boldsymbol{r} - \boldsymbol{x}(t')$ vom momentanen Ort der Punktladung zum Beobachtungsort eingeführt wurde. Nach kurzer Rechnung ergibt sich

$$f'(t') = 1 - \boldsymbol{\beta}(t') \cdot \hat{\boldsymbol{e}}_R(t') \tag{19.26}$$

mit einem Einheitsvektor $\hat{\boldsymbol{e}}_R(t')$ in Richtung von $\boldsymbol{R}(t')$ und der bekannten Abkürzung $\boldsymbol{\beta} = \dot{\boldsymbol{x}}/c$.

Frage 6

Führen Sie diese kurze Rechnung durch.

Da sicher $|\boldsymbol{\beta}| < 1$ ist und außerdem für beliebige Vektoren immer $\boldsymbol{a} \cdot \boldsymbol{b} \leq |\boldsymbol{a}||\boldsymbol{b}|$ gilt, ist das Produkt in diesem Ausdruck sicher < 1, der gesamte Ausdruck also immer positiv, und die Betragsstriche in (19.24) sind hier unnötig.

Da sich die Punktladung sicher unterlichtschnell bewegt, kann zum Potenzial an jedem festen Ort $\boldsymbol{r}$ zu jedem Zeitpunkt t außerdem immer nur ihre Bewegung zu einem einzigen Zeitpunkt t' beitragen. Deshalb ist auch die Summierung unnötig, und es bleiben schließlich die sogenannten Liénard-Wiechert-Potenziale.

Liénard-Wiechert-Potenziale

Die Potenziale einer Punktladung, die sich auf einer Bahn $\boldsymbol{x}(t)$ bewegt, kann man folgendermaßen berechnen:

$$\phi(t,\boldsymbol{r}) = \left.\frac{q}{R(t')\,(1-\boldsymbol{\beta}(t')\cdot\hat{\boldsymbol{e}}_R(t'))}\right|_{t'=t-\frac{R(t')}{c}},$$
$$\boldsymbol{A}(t,\boldsymbol{r}) = \left.\frac{q\boldsymbol{\beta}(t')}{R(t')\,(1-\boldsymbol{\beta}(t')\cdot\hat{\boldsymbol{e}}_R(t'))}\right|_{t'=t-\frac{R(t')}{c}}. \qquad (19.27)$$

Dabei ist $\boldsymbol{\beta} := \dot{\boldsymbol{x}}/c$, $\boldsymbol{R}$ ein Vektor vom momentanen Ort der Ladung zum Beobachter und $\hat{\boldsymbol{e}}_R$ ein Einheitsvektor in dessen Richtung.

Benannt sind diese Potenziale nach dem französischen Physiker und Ingenieur *Alfred-Marie Liénard* (1869–1958), der sie 1898 das erste Mal herleitete, und dem deutschen Physiker und Seismologen *Emil Wiechert* (1861–1928), der unabhängig von Liénard zwei Jahre später ebenfalls auf diese Ausdrücke kam.

Natürlich sind die Lösungen nur in impliziter Form angegeben; um die Potenziale konkret zu berechnen, ist jeweils noch die Gleichung

$$t' = t - \frac{R(t')}{c} \qquad (19.28)$$

zu lösen (die entsprechende Zeit t' wird oft als *retardierte Zeit* bezeichnet). Dies ist allerdings für praktisch alle physikalisch sinnvollen Situationen nur näherungsweise möglich. Ein konkretes Beispiel dazu wird im Folgenden ausführlich diskutiert werden; der exakt lösbare Fall einer gleichförmig bewegten Punktladung wird dagegen als Aufgabe 19.3 gestellt. Zunächst sollen die Ergebnisse (19.27) aber noch kovariant geschrieben werden, was es möglich macht, sie genauer zu interpretieren.

Kovariante Formulierung und Interpretation der Liénard-Wiechert-Potenziale

Zunächst sehen wir, dass die Bedingung (19.28) für die Zeitretardierung auch geschrieben werden kann als

$$c^2(t-t')^2 = R^2(t') = \left(\boldsymbol{r}-\boldsymbol{x}(t')\right)^2 \qquad (19.29)$$

oder mit dem Vierervektor

$$R^\mu(t') = r^\mu - x^\mu(t') = (ct,\boldsymbol{r}) - (ct',\boldsymbol{x}(t')) \qquad (19.30)$$

auch kurz als

$$R_\mu R^\mu = 0. \qquad (19.31)$$

Dies drückt aus, dass sich elektromagnetische Felder auf dem Lichtkegel ausbreiten.

Den Nenner in den Potenzialen (19.27) kann man mit diesem Vierervektor nun auch einfach schreiben als

$$\begin{aligned} R(t')\left(1-\boldsymbol{\beta}(t')\cdot\hat{\boldsymbol{e}}_R(t')\right) &= \frac{1}{\gamma c}\gamma\left(c^2(t-t')-\dot{\boldsymbol{x}}\cdot\boldsymbol{R}\right) \\ &= \frac{1}{\gamma c}u_\mu(t')R^\mu(t') \end{aligned} \qquad (19.32)$$

mit der Vierergeschwindigkeit u^μ.

Frage 7

Wie sieht somit die kovariante Formulierung aus?

Damit können wir die Liénard-Wiechert-Potenziale nun kovariant schreiben.

Liénard-Wiechert-Potenziale in kovarianter Formulierung

Die Potenziale aus (19.27) kann man kovariant einfach darstellen als

$$A^\mu = \left.\frac{qu^\mu(t')}{u_\nu(t')R^\nu}\right|_{R_\nu R^\nu=0}. \qquad (19.33)$$

Betrachten wir insbesondere ein Bezugssystem, das sich mit derselben Geschwindigkeit wie die Punktladung bewegt. Dann ist

$$u^\mu = (c,\boldsymbol{0}), \qquad (19.34)$$

und die Potenziale (19.33) sind einfach

$$\phi = \frac{q}{R(t')} \quad \text{und} \quad \boldsymbol{A} = \boldsymbol{0}, \qquad (19.35)$$

also genau die Potenziale einer ruhenden Punktladung (dies ergibt sich natürlich auch direkt aus (19.27)). Die zusätzlichen Faktoren

$$1 - \boldsymbol{\beta}(t') \cdot \hat{\boldsymbol{e}}_R(t') \tag{19.36}$$

in den Nennern der Liénard-Wiechert-Potenziale in (19.27) stammen somit letztlich aus dem Übergang von einem Bezugssystem, in dem die Punktladung ruht, in eines, in dem sie sich bewegt, sprich: aus einer Lorentz-Transformation der Potenziale. Dies kann man auch explizit nachrechnen, der hier gegangene Weg über die kovariante Formulierung ist aber deutlich einfacher.

Harmonisch schwingende Punktladung

Kommen wir nun zu einem konkreten Beispiel, wie man die Liénard-Wiechert-Potenziale (19.27) zumindest näherungsweise berechnen kann.

Großer Abstand und langsame Bewegung

Wir betrachten als Bewegung der Punktladung eine harmonische Schwingung um den Ursprung:

$$\boldsymbol{x}(t) = \boldsymbol{x}_0 \sin(\omega t). \tag{19.37}$$

Alle anderen möglichen Bewegungen können hieraus theoretisch mithilfe einer Fourier-Transformation zusammengesetzt werden; in der Praxis wird dies aber meist zu aufwendig sein.

Im Folgenden berechnen wir die Potenziale und die Felder, die durch diese bewegte Punktladung erzeugt werden, unter Voraussetzung einiger Näherungen:

- Der Abstand des Beobachters ist groß im Vergleich zur Amplitude der Schwingung: $r \gg |\boldsymbol{x}_0|$.
- Die Punktladung bewegt sich langsam verglichen mit der Lichtgeschwindigkeit: $|\boldsymbol{\beta}| \ll 1$.

Die zweite Bedingung kann umformuliert werden zu $\omega|\boldsymbol{x}_0| \ll c$, was wiederum gleichbedeutend mit $|\boldsymbol{x}_0| \ll \lambda$ ist, d. h., die Amplitude der Schwingung ist klein verglichen mit der Wellenlänge der abgegebenen Strahlung.

Wir entwickeln nun die Liénard-Wiechert-Potenziale nach $|\boldsymbol{x}_0|/r$ und $|\boldsymbol{\beta}|$ bis zur jeweils ersten Ordnung; auch Terme, die beide Ausdrücke gleichzeitig in erster Ordnung enthalten, werden vernachlässigt.

Zunächst hat man

$$\frac{1}{R(t')} \approx \frac{1}{r} + \frac{\boldsymbol{r} \cdot \boldsymbol{x}(t')}{r^3} \tag{19.38}$$

und

$$\frac{1}{1 - \boldsymbol{\beta}(t') \cdot \hat{\boldsymbol{e}}_R(t')} \approx 1 + \boldsymbol{\beta}(t') \cdot \hat{\boldsymbol{e}}_R(t') \approx 1 + \boldsymbol{\beta}(t') \cdot \hat{\boldsymbol{e}}_r, \tag{19.39}$$

wobei $\hat{\boldsymbol{e}}_r$ nun ein Einheitsvektor in Richtung von $\boldsymbol{r}$ ist.

Da der Ausdruck für $\boldsymbol{A}$ bereits einen Faktor $\boldsymbol{\beta}(t')$ enthält, genügt es dort, von den obigen Entwicklungen nur jeweils die Terme nullter Ordnung mitzunehmen; bei ϕ braucht man dagegen auch die Terme erster Ordnung. Es ergibt sich also zunächst

$$\begin{aligned} \phi(t,\boldsymbol{r}) &= \frac{q}{r}\left(1 + \frac{\hat{\boldsymbol{e}}_r \cdot \boldsymbol{x}(t')}{r} + \hat{\boldsymbol{e}}_r \cdot \boldsymbol{\beta}(t')\right)\bigg|_{t'=t-\frac{R(t')}{c}}, \\ \boldsymbol{A}(t,\boldsymbol{r}) &= \frac{q}{r}\,\boldsymbol{\beta}(t')\big|_{t'=t-\frac{R(t')}{c}}. \end{aligned} \tag{19.40}$$

Es bleibt noch, die Retardierung der Zeit zu berücksichtigen. Wir haben

$$t' = t - \frac{R(t')}{c} \approx t - \frac{1}{c}\left(r - \hat{\boldsymbol{e}}_r \cdot \boldsymbol{x}(t')\right) \approx t - \frac{r}{c}, \tag{19.41}$$

also einfach

$$\boldsymbol{x}(t') = \boldsymbol{x}_0 \sin(\omega t - kr) \tag{19.42}$$

und

$$\boldsymbol{\beta}(t') = \frac{1}{c}\frac{\partial \boldsymbol{x}(t')}{\partial t'} = k\boldsymbol{x}_0 \cos(\omega t - kr), \tag{19.43}$$

wobei wie üblich die Wellenzahl $k = \omega/c$ ist. Damit sind schließlich die Potenziale in führender Ordnung

$$\begin{aligned} \phi(t,\boldsymbol{r}) &= \frac{q}{r}\Big(1 + \frac{\hat{\boldsymbol{e}}_r \cdot \boldsymbol{x}_0}{r}\sin(\omega t - kr) \\ &\qquad + k\hat{\boldsymbol{e}}_r \cdot \boldsymbol{x}_0 \cos(\omega t - kr)\Big), \\ \boldsymbol{A}(t,\boldsymbol{r}) &= \frac{q}{r} k\boldsymbol{x}_0 \cos(\omega t - kr). \end{aligned} \tag{19.44}$$

Daraus erhält man durch Ableiten die Feldstärken

$$\begin{aligned} \boldsymbol{E}(t,\boldsymbol{r}) &= \frac{q}{r^2}\hat{\boldsymbol{e}}_r + \frac{q}{r}k^2\boldsymbol{x}_0 \sin(\omega t - kr) \\ &\quad - \frac{q}{r^3}\boldsymbol{x}_0\Big(\sin(\omega t - kr) + kr\cos(\omega t - kr)\Big) \\ &\quad + \frac{q}{r^3}\hat{\boldsymbol{e}}_r(\hat{\boldsymbol{e}}_r \cdot \boldsymbol{x}_0)\Big(3\sin(\omega t - kr) \\ &\quad + 3kr\cos(\omega t - kr) - (kr)^2\sin(\omega t - kr)\Big), \\ \boldsymbol{B}(t,\boldsymbol{r}) &= qk\,\hat{\boldsymbol{e}}_r \times \boldsymbol{x}_0 \frac{kr\sin(\omega t - kr) - \cos(\omega t - kr)}{r^2}. \end{aligned} \tag{19.45}$$

◀

Teil II

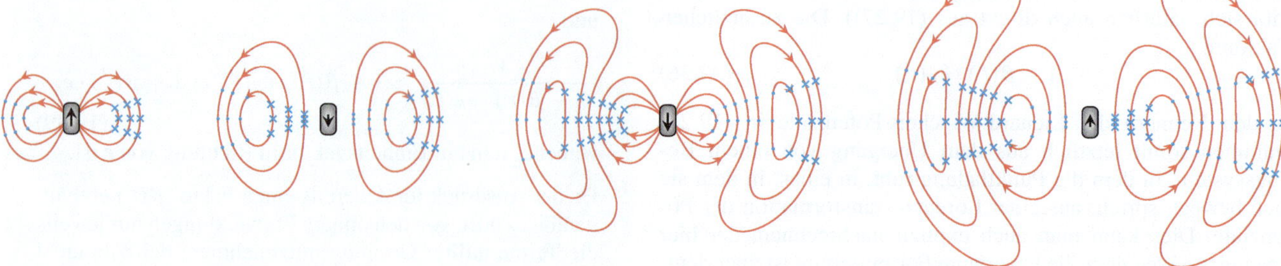

Abb. 19.3 Felder eines harmonisch schwingenden Dipols. Dargestellt sind jeweils die elektrischen (*rot*) und magnetischen (*blau*) Felder für $t = T/4$, $T/2$, $3T/4$ und T mit der Schwingungsperiode $T = 2\pi/\omega$

Im Rahmen der betrachteten Näherungen (großer Abstand des Beobachters und langsame Bewegung der Punktladung) sind dies vollständige Ergebnisse. Die dadurch beschriebenen Felder sind in Abb. 19.3 für verschiedene Zeiten dargestellt.

Um nähere Einsicht in das Verhalten der Felder zu gewinnen, betrachtet man nun noch zwei Spezialfälle, in denen weitere Vereinfachungen möglich sind.

In den bisherigen Voraussetzungen wurden nur Aussagen über die relative Größe der Quelle und der Wellenlänge bzw. der Größe der Quelle und den Abstand des Beobachters gemacht, über das Verhältnis zwischen Wellenlänge und Abstand des Beobachters wurde nichts gesagt. Man unterscheidet hier:

- *Nahfeld* $r \ll \lambda$, also insgesamt für die drei relevanten Größen $|\boldsymbol{x}_0| \ll r \ll \lambda$,
- *Fernfeld* $r \gg \lambda$, also insgesamt $|\boldsymbol{x}_0| \ll \lambda \ll r$.

Betrachten wir zunächst das *Nahfeld*. Hier hat man $kr \ll 1$, also bleibt nur

$$\begin{aligned} \boldsymbol{E}(t,\boldsymbol{r}) &= \frac{q}{r^2}\hat{\boldsymbol{e}}_r - \frac{q}{r^3}\boldsymbol{x}_0 \sin(\omega t) + \frac{q}{r^3}\hat{\boldsymbol{e}}_r(\hat{\boldsymbol{e}}_r \cdot \boldsymbol{x}_0)3 \sin(\omega t), \\ \boldsymbol{B}(t,\boldsymbol{r}) &= q\frac{k\boldsymbol{x}_0 \cos(\omega t)}{r^2} \times \hat{\boldsymbol{e}}_r. \end{aligned} \tag{19.46}$$

Berücksichtigt man, dass die schwingende Punktladung das Dipolmoment

$$\boldsymbol{p}(t) = q\boldsymbol{x}(t) = q\boldsymbol{x}_0 \sin(\omega t) \tag{19.47}$$

hat, so kann man dies auch kürzer schreiben.

Nahfeld einer harmonisch schwingenden Punktladung

Für eine Punktladung, die harmonisch um den Ursprung schwingt (elektrisches Dipolmoment $\boldsymbol{p}$), sind die Feldstärken nahe der Ladung

$$\begin{aligned} \boldsymbol{E}(t,\boldsymbol{r}) &= \frac{q}{r^2}\hat{\boldsymbol{e}}_r + \frac{3\hat{\boldsymbol{e}}_r[\hat{\boldsymbol{e}}_r \cdot \boldsymbol{p}(t)] - \boldsymbol{p}(t)}{r^3}, \\ \boldsymbol{B}(t,\boldsymbol{r}) &= \frac{\dot{\boldsymbol{p}}(t)}{r^2 c} \times \hat{\boldsymbol{e}}_r. \end{aligned} \tag{19.48}$$

Das elektrische Feld ist hier also genau dasselbe wie bei einer ruhenden Punktladung plus einem statischen Dipol, nur die Stärke des Dipolmoments hängt nun von der Zeit ab. Wie man außerdem leicht nachrechnet, steht das magnetische Feld hier senkrecht zum elektrischen Feld und zur Schwingungsrichtung der Ladung.

Im *Fernfeld* ergeben sich dagegen deutlich andere Aussagen. Hier haben wir $kr \gg 1$; bei den Feldern bleibt somit nur

$$\begin{aligned} \boldsymbol{E}(t,\boldsymbol{r}) &= \frac{qk^2 \sin(\omega t - kr)}{r}\Big(\boldsymbol{x}_0 - \hat{\boldsymbol{e}}_r[\hat{\boldsymbol{e}}_r \cdot \boldsymbol{x}_0]\Big), \\ \boldsymbol{B}(t,\boldsymbol{r}) &= q\hat{\boldsymbol{e}}_r \times \boldsymbol{x}_0\frac{k^2 \sin(\omega t - kr)}{r}. \end{aligned} \tag{19.49}$$

Berücksichtigt man, dass

$$\ddot{\boldsymbol{p}}(t - r/c) = -qk^2c^2\boldsymbol{x}_0 \sin(\omega t - kr) \tag{19.50}$$

ist, so kann man auch dies wieder kürzer schreiben.

Fernfeld einer harmonisch schwingenden Punktladung

Für eine Punktladung, die harmonisch um den Ursprung schwingt (elektrisches Dipolmoment $\boldsymbol{p}$), sind die Feldstärken fern der Ladung

$$\begin{aligned} \boldsymbol{E}(t,\boldsymbol{r}) &= \frac{\hat{\boldsymbol{e}}_r[\hat{\boldsymbol{e}}_r \cdot \ddot{\boldsymbol{p}}(t - r/c)] - \ddot{\boldsymbol{p}}(t - r/c)}{rc^2}, \\ \boldsymbol{B}(t,\boldsymbol{r}) &= \frac{\ddot{\boldsymbol{p}}(t - r/c)}{rc^2} \times \hat{\boldsymbol{e}}_r. \end{aligned} \tag{19.51}$$

Die Ergebnisse sehen auf den ersten Blick recht ähnlich wie die im Nahfeld aus – es ergibt sich fast (bis auf den fehlenden Faktor 3) wieder ein elektrisches Dipolfeld. Beim näheren Hinsehen fällt aber auf, dass statt des Dipolmoments hier dessen zweite zeitliche Ableitung steht (was hier natürlich dasselbe ist wie das Dipolmoment multipliziert mit $-\omega^2$). Außerdem ist nicht dessen Wert zum Zeitpunkt t, sondern zur retardierten Zeit $t - r/c$ für die Feldstärken wesentlich. Letzteres berücksichtigt die Ausbreitung der elektromagnetischen Wellen mit der Lichtgeschwindigkeit c.

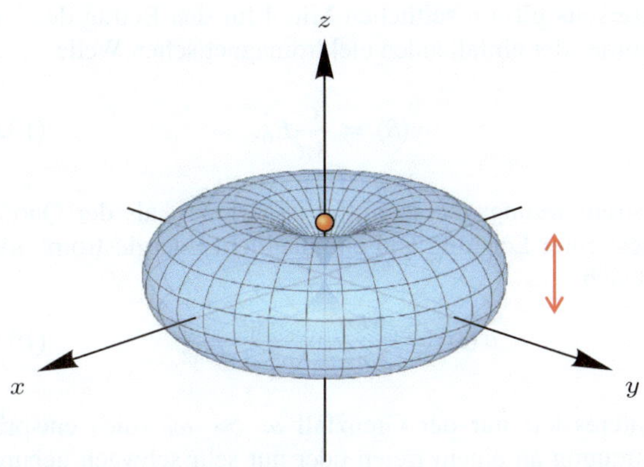

Abb. 19.4 Abstrahlungscharakteristik eines harmonisch schwingenden Dipols (hier: Punktladung, die entlang der z-Achse um den Ursprung schwingt). Dargestellt ist der abgestrahlte Energiefluss in Abhängigkeit vom Winkel zur z-Achse (Polardarstellung: der Abstand eines Punktes auf der Oberfläche zum Ursprung ist proportional zum Betrag von $\boldsymbol{S}$ in dieser Richtung). Man sieht, dass insbesondere in Schwingungsrichtung nichts abgestrahlt wird

Des Weiteren ergibt sich zwar dieselbe Winkelabhängigkeit wie bei einem statischen Dipolfeld, die Radialabhängigkeit ist aber anders: Die Feldstärke ist nun proportional zu r^{-1} statt zu r^{-3}. Das Fernfeld fällt mit zunehmendem Radius also viel langsamer ab als das Nahfeld – und genau deswegen ist das Nahfeld nur nahe dem Dipol wesentlich.

Ist man an der gesamten abgestrahlten Energie interessiert, so benötigt man noch den Poynting-Vektor im Fernfeld. Dieser ergibt sich nach kurzer Rechnung aus der Definition (11.112) und (19.51) zu

$$\boldsymbol{S}(t,\boldsymbol{r}) = \frac{\ddot{\boldsymbol{p}}^2 - (\hat{\boldsymbol{e}}_r \cdot \ddot{\boldsymbol{p}})^2}{4\pi c^3 r^2}\hat{\boldsymbol{e}}_r. \tag{19.52}$$

Der Ausdruck im Zähler kann dann noch mittels des Winkels zwischen $\hat{\boldsymbol{e}}_r$ und $\boldsymbol{p}$ ausgedrückt werden.

Abstrahlung einer harmonisch schwingenden Punktladung

Für eine Punktladung, die harmonisch um den Ursprung schwingt, ist der Poynting-Vektor fern der Ladung

$$\boldsymbol{S}(t,\boldsymbol{r}) = \frac{\ddot{\boldsymbol{p}}^2(t - r/c)}{4\pi c^3}\frac{\sin^2\vartheta}{r^2}\hat{\boldsymbol{e}}_r, \tag{19.53}$$

wobei ϑ der Winkel zwischen der Schwingungsrichtung der Punktladung und der Beobachtungsrichtung ist.

Die Abstrahlung erfolgt also radial nach außen, die Winkelabhängigkeit der Intensität ist $\sin^2\vartheta$, und die Intensität nimmt proportional zu r^{-2} ab. Dies ist die typische *Abstrahlungscharakteristik* eines schwingenden Dipols, wie wir im Folgenden noch sehen werden; sie ist in Abb. 19.4 grafisch dargestellt.

Frage 8

Üerprüfen Sie, dass die entstehenden Wellen transversal sind und die Felder senkrecht aufeinander stehen.

Für die gesamte durch die Oberfläche einer Kugel im Abstand r abgestrahlte Leistung muss man nun noch den Poynting-Vektor integrieren. Mit

$$\int \mathrm{d}\Omega\ \sin^2\vartheta = \frac{8\pi}{3} \tag{19.54}$$

erhält man

$$P(t,r) = \oint \mathrm{d}\boldsymbol{f}\cdot\boldsymbol{S} = \frac{2\ddot{\boldsymbol{p}}^2(t-r/c)}{3c^3} = \frac{2\omega^4\boldsymbol{p}_0^2}{3c^3}\sin^2(\omega t - kr). \tag{19.55}$$

Meist ist man am zeitlichen Mittelwert der abgestrahlten Leistung interessiert.

Von einer harmonisch schwingenden Punktladung abgestrahlte Leistung

Eine Punktladung, die mit der Kreisfrequenz ω und der Amplitude $\boldsymbol{x}_0$ harmonisch um den Ursprung schwingt, strahlt im zeitlichen Mittel die Leistung

$$\langle P\rangle = \frac{\omega^4\boldsymbol{p}_0^2}{3c^3} = \frac{\omega^4 q^2\boldsymbol{x}_0^2}{3c^3} \tag{19.56}$$

ab.

Für Dipolstrahlung ist diese Abhängigkeit von der Amplitude (proportional zu $\boldsymbol{p}_0^2$) und der Frequenz (proportional zu ω^4) typisch, wie wir im Folgenden ebenfalls noch sehen werden.

Andererseits kann man für $r = 0$ auch schreiben:

$$P(t) = \frac{2q^2\ddot{\boldsymbol{x}}^2(t)}{3c^3}. \tag{19.57}$$

Streng genommen gehört dies natürlich nicht zum Fernfeld – dies ist aber zulässig, wenn man nur an der Abstrahlung interessiert ist. Die abgestrahlte Leistung ist also proportional zum Quadrat der Beschleunigung der Punktladung. Dieser Zusammenhang gilt nicht nur bei einer harmonischen Schwingung, sondern allgemein, und ist als die (nichtrelativistische) *Larmor-Formel* bekannt. In Abschn. 19.5 werden wir nochmals näher darauf eingehen. Hier sollen zunächst noch zwei Folgerungen aus der Abstrahlung einer schwingenden Punktladung besprochen werden.

Thomson-Streuung

Trifft eine monochromatische, ebene, linear polarisierte elektromagnetische Welle auf eine Punktladung (z. B. ein Elektron), so regt sie diese zu einer harmonischen Schwingung an. Wie wir gerade gesehen haben, wird die Punktladung dann ihrerseits wieder Strahlung abgeben – und zwar nicht nur in die Richtung, in die sich die einfallende Welle bewegt, sondern laut der Abstrahlungscharakteristik (19.53) in alle Richtungen außer der Schwingungsrichtung. Die einfallende Welle wird also (teilweise) *gestreut*.

Betrachten wir solch eine einfallende Welle und ihre Wirkung auf eine Punktladung q, die sich ursprünglich im Ursprung befindet. Dort hat man die Felder

$$\begin{aligned} \boldsymbol{E}(t) &= \boldsymbol{E}_0 \cos(\omega t)\,, \\ \boldsymbol{B}(t) &= \boldsymbol{B}_0 \cos(\omega t) \end{aligned} \tag{19.58}$$

mit reellen, konstanten Amplitudenvektoren $\boldsymbol{E}_0$ und $\boldsymbol{B}_0$. Auf die Punktladung wirkt dann die Kraft

$$\boldsymbol{F}(t) = m\ddot{\boldsymbol{x}}(t) = q\boldsymbol{E}(t) + q\boldsymbol{\beta} \times \boldsymbol{B}(t) - m\omega_0^2 \boldsymbol{x}(t), \tag{19.59}$$

wobei wir noch berücksichtigt haben, dass ein gebundenes Teilchen im Allgemeinen auch Eigenschwingungen mit der Frequenz ω_0 ausführen wird.

Betrachten wir wieder nur langsame Bewegungen der Punktladung ($|\dot{\boldsymbol{x}}| \ll c$), so kann der zweite Summand gegenüber dem ersten vernachlässigt werden (da bei einer ebenen Welle im Vakuum $\boldsymbol{E}$ und $\boldsymbol{B}$ ja denselben Betrag haben), und es bleibt

$$\ddot{\boldsymbol{x}}(t) = \frac{q}{m}\boldsymbol{E}(t) - \omega_0^2 \boldsymbol{x}(t). \tag{19.60}$$

Die Punktladung führt also erzwungene Schwingungen aus.

Frage 9

Erinnern Sie sich an die Mechanik: Welcher Zusammenhang ergibt sich bei einer erzwungenen Schwingung zwischen einer äußeren periodischen Kraft und der Auslenkung?

Mit dem Wissen aus der Mechanik (Kap. 6) folgt, dass bei der periodischen äußeren Anregung (19.58)

$$\boldsymbol{x}(t) = \frac{1}{\omega_0^2 - \omega^2}\frac{q}{m}\boldsymbol{E}(t) \tag{19.61}$$

gilt, also

$$\ddot{\boldsymbol{x}}(t) = -\frac{\omega^2}{\omega_0^2 - \omega^2}\frac{q}{m}\boldsymbol{E}(t). \tag{19.62}$$

Setzen wir dies in (19.57) ein, so erhalten wir für die von der Punktladung abgestrahlte Leistung sofort

$$P(t) = \frac{2q^4 \boldsymbol{E}^2(t)}{3c^3 m^2}\frac{\omega^4}{(\omega_0^2 - \omega^2)^2} \tag{19.63}$$

bzw. nach zeitlicher Mittelung

$$\langle P \rangle = \frac{q^4 \boldsymbol{E}_0^2}{3c^3 m^2}\frac{\omega^4}{(\omega_0^2 - \omega^2)^2}. \tag{19.64}$$

Andererseits gilt im zeitlichen Mittel für den Betrag des Energiestromes der einfallenden elektromagnetischen Welle

$$\langle S \rangle = \frac{c}{8\pi}\boldsymbol{E}_0^2. \tag{19.65}$$

Der Streuwirkungsquerschnitt σ ist definiert als der Quotient aus gestreuter Leistung und einfallendem Energiestrom. Somit ergibt sich

$$\sigma(\omega) = \frac{8\pi q^4}{3m^2c^4}\frac{\omega^4}{(\omega_0^2 - \omega^2)^2}. \tag{19.66}$$

Oft interessiert nur der Grenzfall $\omega \gg \omega_0$ (dies entspricht der Streuung an einem freien oder nur sehr schwach gebundenen Teilchen, ist also beispielsweise in Plasmen wichtig). Man spricht dann von *Thomson-Streuung* (nach dem britischen Physiker *Sir Joseph John Thomson*, 1856–1940, dem Entdecker des Elektrons).

Thomson-Streuquerschnitt

Der Wirkungsquerschnitt für die Streuung einer elektromagnetischen Welle an einem harmonisch gebundenen Teilchen ist

$$\sigma_\mathrm{T} = \frac{8\pi q^4}{3m^2c^4}, \tag{19.67}$$

wenn die Frequenz der Welle sehr viel größer ist als die Eigenfrequenz des Teilchens.

Speziell für Elektronen erhält man den konkreten Zahlenwert $\sigma_\mathrm{T} = 6{,}64 \cdot 10^{-25}\,\mathrm{cm}^2$ ($= 0{,}664$ barn).

Zur Veranschaulichung kann man hier auch den sogenannten *klassischen Elektronenradius* einführen (siehe auch Abschn. 12.6): Setzt man an, dass die Ruheenergie $m_e c^2$ des Elektrons gleich seiner potenziellen Energie e^2/r_e im eigenen Feld ist, so ergibt sich

$$r_e = \frac{e^2}{m_e c^2} \quad (= 2.8 \cdot 10^{-15}\,\mathrm{m}). \tag{19.68}$$

(Es ist aber anzumerken, dass nach heutigem Wissen der tatsächliche Elektronenradius kleiner als 10^{-19} m ist; nach dem gegenwärtigen Standardmodell der Teilchenphysik sind Elektronen sogar punktförmig.) Damit kann der Thomson-Streuquerschnitt einfach geschrieben werden als

$$\sigma_\mathrm{T} = \frac{8}{3}\pi r_e^2. \tag{19.69}$$

Die Querschnittsfläche, die ein Elektron einer einfallenden elektromagnetischen Welle hoher Frequenz entgegensetzt, ist also um den Faktor $\frac{8}{3}$ größer als die nach der obigen Abschätzung zu erwartende Querschnittsfläche.

Vertiefung: Warum ist der Himmel blau?

Fällt Sonnenlicht in die Atmosphäre ein, so trifft es auf Teilchen, die sehr viel kleiner als seine Wellenlänge sind (sichtbares Licht hat Wellenlängen von einigen Hundert Nanometern, die Gasteilchen der Atmosphäre typische Größen von wenigen Nanometern). Daher gilt für die Eigenschwingungsfrequenz ω_0 der Elektronen in diesen Gasteilchen im Vergleich zur Lichtfrequenz ω meist $\omega_0 \gg \omega$.

In diesem Grenzfall ergibt sich aus (19.66)

$$\sigma_R(\omega) = \sigma_T \frac{\omega^4}{\omega_0^4}.$$

Man spricht dann von *Rayleigh-Streuung*, nach dem englischen Physiker *John William Strutt, dritter Baron Rayleigh* (1842–1919), der die blaue Farbe des Himmels damit erklärte: Die Frequenz von blauem Licht ist deutlich höher als die von rotem, also wird es nach diesem Ergebnis viel stärker gestreut. Daher sieht man, wenn man einen beliebigen Ausschnitt des Himmels betrachtet, vor allem den blauen Anteil des gestreuten Sonnenlichtes – der Himmel erscheint blau.

Quantitativ wird dies durch Abb. 19.5 beschrieben: Die orangefarbene Kurve stellt dabei das Spektrum der Sonne dar, die blaue Kurve zeigt dagegen das Spektrum des Streulichtes. Bei letzterem ist das Maximum in den UV-Bereich verschoben – es enthält nun also deutlich mehr blaue Anteile als andere Farben.

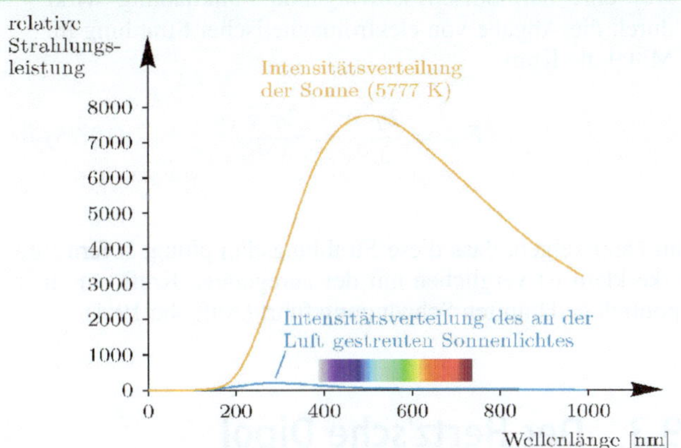

Abb. 19.5 Vergleich des natürlichen Sonnenspektrums (*orange*) mit dem Spektrum des gestreuten Lichtes (*blau*); gezeigt ist außerdem der Bereich der sichtbaren Lichtfarben (© Herbert Weidner)

Bei niedrigem Sonnenstand legt das Sonnenlicht einen weiteren Weg durch die Atmosphäre zurück. Dann wird noch mehr Licht mit höheren Frequenzen weg gestreut, bis schließlich vor allem rotes Licht übrig bleibt – deshalb erscheint die Sonne kurz nach Sonnenaufgang bzw. kurz vor Sonnenuntergang rot. Befinden sich mehr Teilchen in der Luft (z. B. Staub nach einem Vulkanausbruch), so verstärkt sich dieser Effekt noch.

Strahlungsdämpfung

Wir haben gesehen, dass eine harmonisch schwingende Punktladung elektromagnetische Wellen abstrahlt, also ständig Energie verliert. Dies kann man sich auch so vorstellen, dass die abgegebenen elektromagnetischen Wellen ihrerseits wieder eine (abbremsende) Kraft auf die Punktladung ausüben; man nennt diesen Effekt *Strahlungsdämpfung*. Im Folgenden soll ein expliziter Ausdruck für diese Kraft hergeleitet werden.

Die Bewegungsgleichung der Punktladung sei insgesamt

$$m\dot{\boldsymbol{v}} = \boldsymbol{F} + \boldsymbol{F}_{\mathrm{Str}}, \tag{19.70}$$

wobei $\boldsymbol{F}_{\mathrm{Str}}$ für die Strahlungsdämpfungskraft steht und $\boldsymbol{F}$ für alle anderen Kräfte, die auf die Punktladung wirken (z. B. die Rückstellkraft der harmonischen Schwingung und/oder Kräfte einer einfallenden elektromagnetischen Welle). Die durch die Strahlungsdämpfungskraft der Punktladung entzogene Leistung ist dann

$$P_{\mathrm{Str}} = -\boldsymbol{F}_{\mathrm{Str}} \cdot \boldsymbol{v}. \tag{19.71}$$

Im zeitlichen Mittel soll dies gleich der abgestrahlten Leistung (19.55) sein. Wir haben also

$$\frac{2q^2\langle \dot{\boldsymbol{v}}^2 \rangle}{3c^3} = -\langle \boldsymbol{F}_{\mathrm{Str}} \cdot \boldsymbol{v} \rangle. \tag{19.72}$$

Die zeitliche Mittelung erfolgt über eine Periode der Schwingung. Ausführlich geschrieben gilt

$$\langle \dot{\boldsymbol{v}}^2 \rangle = \frac{1}{T} \int_0^T \dot{\boldsymbol{v}}^2 \mathrm{d}t. \tag{19.73}$$

Hier kann man nun partiell integrieren; die Randterme fallen wegen der vorausgesetzten periodischen Bewegung weg. Es ergibt sich

$$\langle \dot{\boldsymbol{v}}^2 \rangle = -\frac{1}{T} \int_0^T \boldsymbol{v} \cdot \ddot{\boldsymbol{v}} \, \mathrm{d}t = -\langle \boldsymbol{v} \cdot \ddot{\boldsymbol{v}} \rangle. \tag{19.74}$$

Ein Vergleich mit dem Ansatz (19.71) führt dann auf das gesuchte Ergebnis.

Teil II

Strahlungsdämpfungskraft

Auf eine harmonisch schwingende Punktladung wirkt durch die Abgabe von elektromagnetischer Strahlung im Mittel die Kraft

$$\boldsymbol{F}_{\text{Str}} = \frac{2q^2\ddot{\boldsymbol{v}}}{3c^3} = \frac{2q^2\dddot{\boldsymbol{x}}}{3c^3}. \tag{19.75}$$

Man kann zeigen, dass diese Strahlungsdämpfung, sofern ihre Stärke klein ist verglichen mit der anregenden Kraft, zu einer exponentiell gedämpften Schwingung führt (Aufgabe 19.4).

19.3 Der Hertz'sche Dipol

Im vorhergehenden Abschnitt wurde die Abstrahlung elektromagnetischer Wellen durch einen speziellen schwingenden Dipol, eine harmonisch schwingende Punktladung, ausführlich betrachtet. Hier soll nun gezeigt werden, dass die dort erhaltenen Ergebnisse allgemein für jede Ladungsverteilung gelten, deren elektrisches Dipolmoment harmonisch variiert. Es soll also gelten:

$$\boldsymbol{p}(t) = \boldsymbol{p}_0\,\mathrm{e}^{-\mathrm{i}\omega t}. \tag{19.76}$$

Man spricht dann von einem *Hertz'schen Dipol* (siehe den Einleitungstext dieses Kapitels).

Helmholtz-Gleichung und zugehörige Green'sche Funktion

Allgemeiner betrachten wir hier nun eine (räumlich begrenzte) Ladungs- und Stromverteilung mit harmonischer Zeitabhängigkeit:

$$\rho(t,\boldsymbol{r}) = \rho_0(\boldsymbol{r})\mathrm{e}^{-\mathrm{i}\omega t} \quad \text{und} \quad \boldsymbol{j}(t,\boldsymbol{r}) = \boldsymbol{j}_0(\boldsymbol{r})\mathrm{e}^{-\mathrm{i}\omega t}. \tag{19.77}$$

Setzt man diese Ansätze in die allgemeinen Formeln (19.20) für die retardierten Potenziale ein, so erhält man leicht das Ergebnis, dass auch die Potenziale eine harmonische Zeitabhängigkeit (mit derselben Frequenz) haben:

$$\begin{aligned}\phi_0(\boldsymbol{r}) &= \int \mathrm{d}V'\,\frac{\rho_0(\boldsymbol{r}')\,\mathrm{e}^{\mathrm{i}k|\boldsymbol{r}-\boldsymbol{r}'|}}{|\boldsymbol{r}-\boldsymbol{r}'|},\\ \boldsymbol{A}_0(\boldsymbol{r}) &= \frac{1}{c}\int \mathrm{d}V'\frac{\boldsymbol{j}_0(\boldsymbol{r}')\,\mathrm{e}^{\mathrm{i}k|\boldsymbol{r}-\boldsymbol{r}'|}}{|\boldsymbol{r}-\boldsymbol{r}'|}.\end{aligned} \tag{19.78}$$

Hier ist wieder $k = \omega/c$.

Für die Funktionen ϕ_0 und $\boldsymbol{A}$ gelten dabei die Differenzialgleichungen

$$\begin{aligned}\left(\Delta + k^2\right)\phi_0(\boldsymbol{r}) &= -4\pi\rho_0(\boldsymbol{r}),\\ \left(\Delta + k^2\right)\boldsymbol{A}_0(\boldsymbol{r}) &= -\frac{4\pi}{c}\boldsymbol{j}_0(\boldsymbol{r}).\end{aligned} \tag{19.79}$$

Frage 10

Vollziehen Sie (19.78) und (19.79) nach.

Wir haben hier also nochmals gezeigt, dass die Green'sche Funktion zur sogenannten *Helmholtz-Gleichung*, also

$$\left(\Delta + k^2\right)G(\boldsymbol{r},\boldsymbol{r}') = -4\pi\delta(\boldsymbol{r}-\boldsymbol{r}'), \tag{19.80}$$

gegeben ist durch

$$G(\boldsymbol{r},\boldsymbol{r}') = \frac{\mathrm{e}^{\mathrm{i}k|\boldsymbol{r}-\boldsymbol{r}'|}}{|\boldsymbol{r}-\boldsymbol{r}'|} \tag{19.81}$$

(Abschn. 13.2). Die Gleichung ist benannt nach dem deutschen Universalgelehrten *Hermann Ludwig Ferdinand von Helmholtz* (1821–1894), der auch „Reichskanzler der Physik" genannt wurde.

Potenziale für große Abstände

Völlig analog zur Multipolentwicklung (in kartesischen Koordinaten) im statischen Fall (Abschn. 13.4) können wir die Potenziale für große Abstände näherungsweise berechnen, indem wir zunächst die Green'sche Funktion entwickeln. Wir betrachten hier nur das Fernfeld, d. h., wir haben

$$r' \ll \lambda \ll r. \tag{19.82}$$

Zunächst folgt aus $r' \ll r$:

$$\begin{aligned}k|\boldsymbol{r}-\boldsymbol{r}'| &= kr\left[1 - \frac{\hat{\boldsymbol{e}}_r\cdot\boldsymbol{r}'}{r} + O\left(\left(r'/r\right)^2\right)\right]\\ &= kr - \boldsymbol{k}\cdot\boldsymbol{r}' + \ldots\end{aligned} \tag{19.83}$$

mit dem Wellenvektor $\boldsymbol{k} = k\hat{\boldsymbol{e}}_r$ in radialer Richtung und

$$\frac{1}{|\boldsymbol{r}-\boldsymbol{r}'|} = \frac{1}{r}\left[1 + \frac{\hat{\boldsymbol{e}}_r\cdot\boldsymbol{r}'}{r} + O\left(\left(r'/r\right)^2\right)\right], \tag{19.84}$$

also

$$\frac{\mathrm{e}^{\mathrm{i}k|\boldsymbol{r}-\boldsymbol{r}'|}}{|\boldsymbol{r}-\boldsymbol{r}'|} = \frac{\mathrm{e}^{\mathrm{i}kr}}{r}\mathrm{e}^{-\mathrm{i}\boldsymbol{k}\cdot\boldsymbol{r}'}\left(1 + \frac{\hat{\boldsymbol{e}}_r\cdot\boldsymbol{r}'}{r}\right) + \ldots \tag{19.85}$$

Da aber außerdem $kr' \ll 1$ gilt, kann auch der Exponentialfaktor noch entwickelt werden:

$$\mathrm{e}^{-\mathrm{i}\boldsymbol{k}\cdot\boldsymbol{r}'} = 1 - \mathrm{i}\boldsymbol{k}\cdot\boldsymbol{r}' + O\left((kr')^2\right), \tag{19.86}$$

sodass

$$\frac{e^{ik|r-r'|}}{|r-r'|} = \frac{e^{ikr}}{r}\left(1 - ik\cdot r' + \frac{\hat{e}_r \cdot r'}{r}\right) + \dots \tag{19.87}$$

folgt.

Frage 11

Rechnen Sie diese Näherungen nach.

Andererseits gilt im Fernfeld auch $k \gg 1/r$; deshalb kann der dritte Summand in der Klammer gegenüber dem zweiten vernachlässigt werden, und es bleibt

$$\begin{aligned}\phi_0(r) &= \frac{e^{ikr}}{r}\int dV'\rho_0(r')\left(1 - ik\cdot r'\right),\\ A_0(r) &= \frac{e^{ikr}}{r}\int dV'\frac{j_0(r')}{c}\left(1 - ik\cdot r'\right).\end{aligned} \tag{19.88}$$

Hier sieht man bereits, dass sich für die Potenziale radial auslaufende Wellen ergeben. Außerdem können beim skalaren Potenzial die Definitionen der Gesamtladung und des Dipolmoments verwendet werden; damit kann man kurz schreiben:

$$\phi_0(r) = \frac{e^{ikr}}{r}\left(q_0 - ik\cdot p_0\right). \tag{19.89}$$

Beim Vektorpotenzial beachte man zunächst, dass aus der Kontinuitätsgleichung für die hier angenommene harmonische Zeitabhängigkeit

$$\operatorname{div}\frac{j_0}{c} = ik\rho_0 \tag{19.90}$$

folgt. Die Divergenz von j_0 ist aber sicher von derselben Größenordnung wie j_0/r', also ist j_0/c selbst bereits von derselben Größenordnung wie $ikr'\rho_0$. In der Entwicklung oben genügt es somit bei A_0, nur die erste Ordnung mitzunehmen:

$$A_0(r) = \frac{e^{ikr}}{r}\int dV'\frac{j_0(r')}{c}. \tag{19.91}$$

Dieses Integral kann man nun noch weiter umschreiben. Hierfür benutzt man die Beziehung

$$\partial_i'\left(r_i' j_{0j}\right) = r_j' \operatorname{div} j_0 + j_{0j}, \tag{19.92}$$

also

$$(\nabla')^\top\left(r' j_0^\top\right) = r' \operatorname{div} j_0 + j_0. \tag{19.93}$$

Mithilfe der Kontinuitätsgleichung führt dies auf

$$\frac{j_0}{c} = \frac{1}{c}(\nabla')^\top\left(r' j_0^\top\right) - ikr'\rho_0. \tag{19.94}$$

Damit erhält man für das Integral:

$$\int dV'\frac{j_0}{c} = \frac{1}{c}\int dV'\,(\nabla')^\top\left(r' j_0^\top\right) - ik\int dV'\,r'\rho_0. \tag{19.95}$$

Das zweite Integral ergibt wieder das elektrische Dipolmoment. Das erste Integral kann man dagegen mit dem Gauß'schen Satz in ein Integral über die Oberfläche des Integrationsvolumens umschreiben. Damit findet man

$$\int dV'\frac{j_0}{c} = \frac{1}{c}\oint (df')^\top\left(r' j_0^\top\right) - ikp_0. \tag{19.96}$$

Da die Stromverteilung aber als räumlich begrenzt vorausgesetzt wurde, verschwindet das Oberflächenintegral. Für das Vektorpotenzial bleibt in dieser Näherung schließlich

$$A_0(r) = -ik\frac{e^{ikr}}{r}p_0. \tag{19.97}$$

Dipolstrahlung

Die elektrischen und magnetischen Felder erhält man wiederum durch Ableiten der Potenziale, wobei die harmonische Zeitabhängigkeit natürlich mit berücksichtigt werden muss.

Betrachten wir nur die physikalisch relevanten Realteile, so ergibt sich

$$\begin{aligned}E(t,r) &= \frac{kq_0\sin(kr-\omega t)}{r}\\ &\quad + \frac{k^2\left[p_0 - (p_0\cdot\hat{e}_r)\hat{e}_r\right]\cos(kr-\omega t)}{r},\\ B(t,r) &= \hat{e}_r \times \frac{k^2 p_0\cos(kr-\omega t)}{r}.\end{aligned} \tag{19.98}$$

Frage 12

Berechnen Sie diese Feldstärken.

Berücksichtigt man, dass

$$\begin{aligned}\operatorname{Re}\left(\ddot{p}(t-r/c)\right) &= -\operatorname{Re}\left(\omega^2 p(t-r/c)\right)\\ &= -k^2c^2 p_0\cos(kr-\omega t)\end{aligned} \tag{19.99}$$

gilt, so kann man dies auch kürzer schreiben als (den Realteil von)

$$\begin{aligned}E(t,r) &= \frac{kq_0\sin(kr-\omega t)}{r}\\ &\quad + \frac{\hat{e}_r\left[\hat{e}_r\cdot\ddot{p}(t-r/c)\right] - \ddot{p}(t-r/c)}{rc^2},\\ B(t,r) &= \frac{\ddot{p}(t-r/c)}{rc^2}\times\hat{e}_r.\end{aligned} \tag{19.100}$$

Für den Dipolanteil erhält man also genau dieselben Felder wie bereits bei der harmonisch schwingenden Punktladung in Abschn. 19.2.

Hier haben wir allerdings auch noch einen Anteil mit der Gesamtladung. Betrachten wir dessen Beitrag S_q zum Poynting-

Vektor; dieser ergibt sich aus dem ersten Summanden beim elektrischen Feld und dem magnetischen Feld in (19.100). Nach einer kurzen Rechnung hat man

$$\boldsymbol{S}_q = \frac{ck^3}{4\pi r^2} q_0 \big[(\boldsymbol{p}_0 \cdot \hat{\boldsymbol{e}}_r)\hat{\boldsymbol{e}}_r - \boldsymbol{p}_0\big] \sin(kr - \omega t)\cos(kr - \omega t). \tag{19.101}$$

Dieser Anteil des Poynting-Vektors zeigt nun aber nicht radial nach außen, sondern ist immer tangential zu jeder Kugeloberfläche gerichtet. Wie man sofort einsieht, ist

$$\big[(\boldsymbol{p}_0 \cdot \hat{\boldsymbol{e}}_r)\hat{\boldsymbol{e}}_r - \boldsymbol{p}_0\big] \cdot \hat{\boldsymbol{e}}_r = 0, \tag{19.102}$$

also

$$\boldsymbol{S}_q \cdot \hat{\boldsymbol{e}}_r = 0. \tag{19.103}$$

Außerdem verschwindet das zeitliche Mittel über $\boldsymbol{S}_q$. Die harmonisch veränderliche Gesamtladung trägt also nichts zur Abstrahlung bei.

Es gibt keine elektromagnetische Monopolstrahlung.

Dies wird in Aufgabe 19.5 nochmals näher diskutiert.

Für die Dipolstrahlung ergeben sich dagegen, da ja die Felder dieselben sind, wieder genau dieselben Ergebnisse wie in Abschn. 19.2.

Abstrahlungscharakteristik und mittlere abgestrahlte Leistung eines harmonisch schwingenden Dipols

Für einen harmonisch schwingenden elektrischen Dipol $\boldsymbol{p}$ ist der Poynting-Vektor im Fernfeld

$$\boldsymbol{S}(t, \boldsymbol{r}) = \frac{\ddot{\boldsymbol{p}}^2(t - r/c)}{4\pi c^3} \frac{\sin^2\vartheta}{r^2} \hat{\boldsymbol{e}}_r, \tag{19.104}$$

und im Mittel wird die Leistung

$$\langle P \rangle = \frac{\omega^4 p_0^2}{3c^3} \tag{19.105}$$

abgegeben.

19.4 Multipolstrahlung

Wie wir in Abschn. 19.3 gesehen haben, ergeben sich auch im dynamischen Fall, wie bereits in der Elektrostatik, im Fernfeld ein Monopol- und ein Dipolanteil. Es liegt also nahe, wie in Abschn. 13.6 eine allgemeine sphärische Multipolentwicklung der Potenziale durchzuführen. Wir betrachten auch hier wieder nur räumlich begrenzte, harmonisch schwingende Ladungs- und Stromverteilungen.

Multipolentwicklung der Green'schen Funktion zur Helmholtz-Gleichung

Wie im statischen Fall entwickeln wir zunächst die Green'sche Funktion. Die Rechnung läuft praktisch genauso ab wie in Abschn. 13.6. Wir setzen zunächst

$$\frac{\mathrm{e}^{\mathrm{i}k|\boldsymbol{r}-\boldsymbol{r}'|}}{|\boldsymbol{r}-\boldsymbol{r}'|} = \sum_{l=0}^{\infty}\sum_{m=-l}^{l} G_{lm}(r, r', \vartheta', \varphi') Y_{lm}(\vartheta, \varphi) \tag{19.106}$$

an und benutzen für die Deltafunktion wieder die Entwicklung

$$\delta(\boldsymbol{r}-\boldsymbol{r}') = \frac{\delta(r-r')}{r'^2} \sum_{l=0}^{\infty}\sum_{m=-l}^{l} Y_{lm}^*(\vartheta', \varphi') Y_{lm}(\vartheta, \varphi). \tag{19.107}$$

Setzt man beides in die Helmholtz-Gleichung

$$(\Delta + k^2)\frac{\mathrm{e}^{\mathrm{i}k|\boldsymbol{r}-\boldsymbol{r}'|}}{|\boldsymbol{r}-\boldsymbol{r}'|} = -4\pi\delta(\boldsymbol{r}-\boldsymbol{r}') \tag{19.108}$$

ein und benutzt die Darstellung (2.133) des Laplace-Operators in Kugelkoordinaten, so kommt man zu

$$\begin{aligned}&\left(\Delta_r - \frac{l(l+1)}{r^2} + k^2\right) G_{lm}(r, r', \vartheta', \varphi') \\ &= -4\pi \frac{\delta(r-r')}{r^2} Y_{lm}^*(\vartheta', \varphi').\end{aligned} \tag{19.109}$$

Wieder folgt, dass man

$$G_{lm}(r, r', \vartheta', \varphi') = g_l(r, r') Y_{lm}^*(\vartheta', \varphi') \tag{19.110}$$

schreiben kann; die Funktionen g_l erfüllen hier aber nun die Differenzialgleichung

$$\left(r^2\Delta_r - l(l+1) + k^2 r^2\right) g_l(r, r') = -4\pi\delta(r-r'). \tag{19.111}$$

Frage 13

Vollziehen Sie die Rechenschritte bis zu diesem Ergebnis im Einzelnen nach.

Außerdem setzen wir erneut voraus, dass die Funktionen $g_l(r, r')$ stetig sind. Wieder folgt, dass sie bei $r = r'$ nicht differenzierbar sind, sondern dass

$$\lim_{\epsilon \to 0}\left[\frac{\mathrm{d}}{\mathrm{d}r} g_l(r, r')\right]_{r'-\epsilon}^{r'+\epsilon} = -\frac{4\pi}{r'^2} \tag{19.112}$$

gilt.

Zunächst ist aber noch die Differenzialgleichung für den Fall $r \neq r'$ zu lösen, also

$$\begin{aligned}&\left(r^2\Delta_r - l(l+1) + k^2 r^2\right) g_l(r) \\ &= \left(r^2\frac{\mathrm{d}^2}{\mathrm{d}r^2} + 2r\frac{\mathrm{d}}{\mathrm{d}r} - l(l+1) + k^2 r^2\right) g_l(r) \\ &= 0,\end{aligned} \tag{19.113}$$

Anwendung in der Technik: UKW-Sender

Die Abstrahlung (und der Empfang) elektromagnetischer Wellen ist aus unserer heutigen Welt natürlich nicht mehr wegzudenken. Neben elektromagnetischen Wellen im Radiobereich, die (unter anderem) für Radio, Fernsehen und Funk verwendet werden, gehören auch die Erzeugung von Röntgenstrahlung für Medizin und Forschung sowie von Mikrowellen zum Erhitzen von Speisen, aber auch zur Kommunikation mit drahtlosen Telefonen und in der Radartechnik zu den zahlreichen technischen Anwendungen.

Letztere werden später genauer diskutiert werden; hier soll nur kurz auf die Erzeugung von UKW-Radiowellen eingegangen werden. Hierzu verwendet man im Wesentlichen einfach einen geraden Metallstab (Abb. 19.6), dessen Länge gerade die Hälfte der Wellenlänge beträgt. Schließt man in der Mitte eine Wechselspannung an, so bildet sich in dem Metallstab eine stehende harmonische elektromagnetische Welle aus. Man hat dann einen Hertz'schen Dipol, der elektromagnetische Strahlung abgibt.

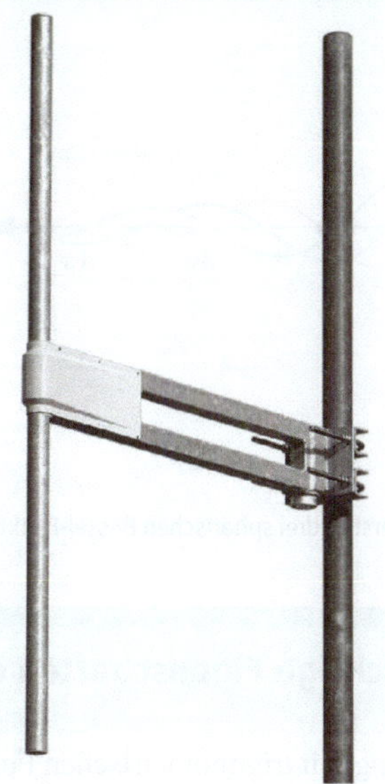

Abb. 19.6 Ein Dipol einer UKW-Antenne (© KATHREIN-Werke KG, Rosenheim)

wobei abkürzend die Abhängigkeit der g_l von r' hier nicht explizit ausgeschrieben wurde. Substituiert man nun $x = kr$ und setzt $g_l(r) = f_l(x)$, dann hat man

$$\left(x^2 \frac{\mathrm{d}^2}{\mathrm{d}x^2} + 2x\frac{\mathrm{d}}{\mathrm{d}x} - l(l+1) + x^2\right) f_l(x) = 0. \tag{19.114}$$

Dies sieht nun aber einer Bessel'schen Differenzialgleichung (siehe (16.58)) sehr ähnlich. Durch eine weitere Transformation erhält man daraus tatsächlich eine Bessel'sche Differenzialgleichung: Setzt man

$$f_l(x) = \sqrt{\frac{\pi}{2x}}\, u_l(x) \tag{19.115}$$

(wobei der konstante Faktor $\sqrt{\pi/2}$ nur Konvention und für die Rechnung eigentlich nicht nötig ist), dann gilt für u_l die Differenzialgleichung

$$\left(x^2 \frac{\mathrm{d}^2}{\mathrm{d}x^2} + x\frac{\mathrm{d}}{\mathrm{d}x} + x^2 - \left(l + \frac{1}{2}\right)^2\right) u_l(x) = 0. \tag{19.116}$$

Lösungen sind hier also die Bessel-Funktionen $J_{l+1/2}(x)$ (erster Art) und $Y_{l+1/2}(x)$ (zweiter Art) zu halbzahligen Indizes. Insgesamt spricht man nun von *sphärischen* Bessel-Funktionen (siehe auch den „Mathematischen Hintergrund" 16.1).

Sphärische Bessel-Funktionen

Die Lösungen der Differenzialgleichung (19.116) sind

$$j_l(x) = \sqrt{\frac{\pi}{2x}}\, J_{l+\frac{1}{2}}(x) \quad \text{und} \quad y_l(x) = \sqrt{\frac{\pi}{2x}}\, Y_{l+\frac{1}{2}}(x). \tag{19.117}$$

Wie bereits bei den gewohnten („zylindrischen") Bessel-Funktionen (mit ganzzahligem Index) werden die Funktionen zweiter Art y_l oft auch Neumann-Funktionen genannt und mit n_l bezeichnet. Außerdem definiert man noch die sogenannten *sphärischen Hankel-Funktionen* erster und zweiter Art durch die komplexen Linearkombinationen (nach dem deutschen Mathematiker *Hermann Hankel*, 1839–1873)

$$h_l^{(1)}(x) = j_l(x) + \mathrm{i}y_l(x) \quad \text{und} \quad h_l^{(2)}(x) = j_l(x) - \mathrm{i}y_l(x). \tag{19.118}$$

Zu den sphärischen Bessel-Funktionen gibt es wie auch zu den zylindrischen eine reichhaltige mathematische Literatur (vgl. z. B. Boas 2005 und für einige grundlegende Eigenschaften den Kasten „Übersicht: Wichtige Eigenschaften der sphärischen Bessel-Funktionen"). Abbildung 19.7 stellt jeweils die ersten drei sphärischen Bessel-Funktionen erster bzw. zweiter Art dar.

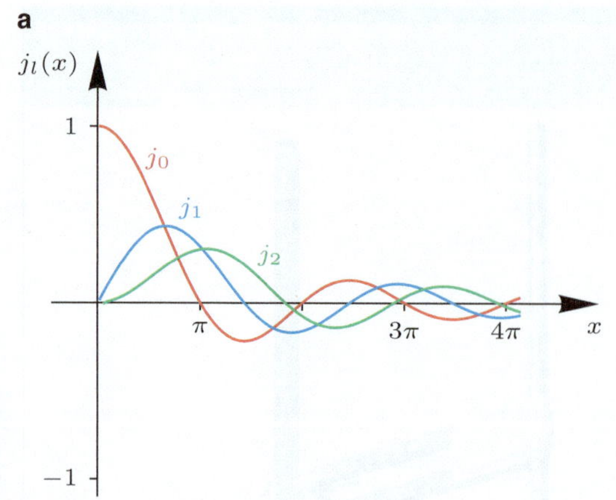

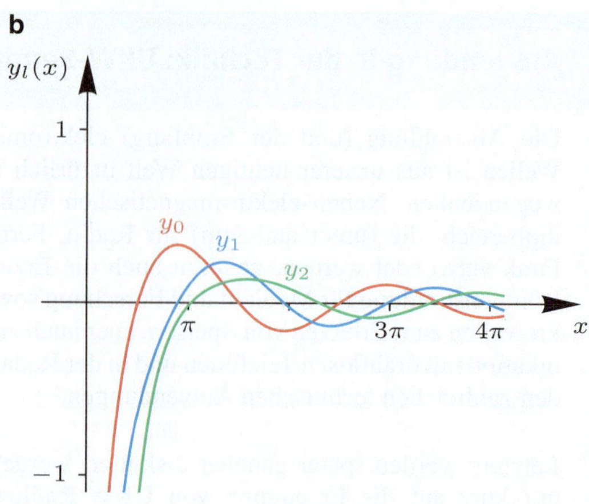

Abb. 19.7 Die jeweils ersten drei sphärischen Bessel-Funktionen erster (**a**) bzw. zweiter (**b**) Art

Übersicht: Wichtige Eigenschaften der sphärischen Bessel-Funktionen

- Zusammenhang mit trigonometrischen Funktionen:

$$j_l(x) = (-x)^l \left(\frac{1}{x}\frac{\mathrm{d}}{\mathrm{d}x}\right)^l \frac{\sin x}{x}$$

$$y_l(x) = -(-x)^l \left(\frac{1}{x}\frac{\mathrm{d}}{\mathrm{d}x}\right)^l \frac{\cos x}{x}$$

- Verhalten für $x \to 0$:

$$j_l(x) \to \frac{x^l}{(2l+1)!!}$$

$$y_l(x) \to -\frac{(2l-1)!!}{x^{l+1}}$$

Dabei bedeutet die *Doppelfakultät* $(2n+1)!!$ einer ungeraden Zahl $2n+1$ das Produkt aller ungeraden Zahlen von 1 bis $2n+1$.

- Verhalten für $x \to \infty$:

$$j_l(x) \to \frac{\sin\left(x - \frac{\pi l}{2}\right)}{x}$$

$$y_l(x) \to -\frac{\cos\left(x - \frac{\pi l}{2}\right)}{x}$$

$$h_l^{(1)}(x) \to (-\mathrm{i})^{l+1}\frac{\mathrm{e}^{\mathrm{i}x}}{x}$$

- *Wronski-Determinante*:

$$j_l(x)y_l'(x) - j_l'(x)y_l(x) = \frac{1}{x^2}$$

Für $x \to 0$ divergieren die Funktionen y_l, die Funktionen j_l sind dagegen proportional zu x^l; außerdem verhalten sich für $x \to \infty$ die Hankel-Funktionen erster Art wie auslaufende Kugelwellen.

Frage 14

Wie sollten also die Funktionen g_l hier allgemein aussehen? Erinnern Sie sich an den Ansatz im statischen Fall!

Da die Funktionen g_l für kleine r nicht divergieren sollten und für große r auslaufende Wellen beschreiben sollen, liegt analog zum statischen Fall folgender Ansatz nahe:

$$g_l(r, r') = C_l\, j_l(kr_<)\, h_l^{(1)}(kr_>), \tag{19.119}$$

wobei wieder $r_< = \min(r, r')$ und $r_> = \max(r, r')$ gesetzt wurde. Die Normierungskonstanten C_l kann man mithilfe der Wronski-Determinante aus der Bedingung (19.112) berechnen; man erhält

$$C_l = 4\pi \mathrm{i}k. \tag{19.120}$$

Frage 15

Rechnen Sie dies nach.

Setzt man alle Ergebnisse zusammen, so ergibt sich schlussendlich als sphärische Multipolentwicklung für die Green'sche

Funktion zur Helmholtz-Gleichung:

$$\begin{aligned}\frac{e^{ik|r-r'|}}{|r-r'|}\\ = 4\pi ik \sum_{l=0}^{\infty}\sum_{m=-l}^{l} j_l(kr_<)h_l^{(1)}(kr_>)Y_{lm}(\vartheta,\varphi)Y^*_{lm}(\vartheta',\varphi').\end{aligned} \tag{19.121}$$

Dynamische sphärische Multipolmomente

Auch das weitere Vorgehen ist völlig analog zu Abschn. 13.6: Wir setzen die Green'sche Funktion in die Beziehungen (19.4) für die Potenziale ein und betrachten nur den Fall, dass man sich außerhalb der Ladungs- und Stromverteilung befindet ($r > r'$). Für das skalare Potenzial hat man dann

$$\begin{aligned}\phi_0(r) = 4\pi ik \sum_{l=0}^{\infty}\sum_{m=-l}^{l} h_l^{(1)}(kr)Y_{lm}(\vartheta,\varphi)\\ \cdot\int dV'\rho_0(r')j_l(kr')Y^*_{lm}(\vartheta',\varphi').\end{aligned} \tag{19.122}$$

Definiert man die dynamischen sphärischen Multipolmomente durch

$$q_{lm} = \frac{4\pi(2l-1)!!}{k^l}\int dV'\rho_0(r')j_l(kr')Y^*_{lm}(\vartheta',\varphi'), \tag{19.123}$$

so hat man für die sphärische Multipolentwicklung des skalaren Potenzials

$$\phi_0(r) = \sum_{l=0}^{\infty}\sum_{m=-l}^{l} h_l^{(1)}(kr)\frac{ik^{l+1}q_{lm}}{(2l-1)!!}Y_{lm}(\vartheta,\varphi). \tag{19.124}$$

Achtung In der Literatur sind wiederum verschiedene Konventionen für die Vorfaktoren üblich; der Vorteil unserer Wahl wird weiter unten klar werden. ◄

Insbesondere im Fernfeld ($kr \gg 1$) reduziert sich dies auf

$$\phi_0(r) = \frac{e^{ikr}}{r}\sum_{l=0}^{\infty}\sum_{m=-l}^{l}\frac{(-ik)^l q_{lm}}{(2l-1)!!}Y_{lm}(\vartheta,\varphi), \tag{19.125}$$

also eine radial auslaufende Welle, deren Winkelabhängigkeit durch die Multipolmomente bestimmt wird. Man sieht, dass die Beitrage höherer Multipolmomente einerseits mit steigenden Potenzen von k unterdrückt und andererseits jeweils um 90° gegeneinander phasenverschoben sind (da jeweils ein zusätzlicher Faktor $i = e^{i\pi/2}$ auftritt).

Betrachtet man außerdem die andere übliche Voraussetzung, dass die Quelle klein verglichen mit der Wellenlänge ist ($kr' \ll 1$), so kann man auch die Multipolmomente einfach darstellen:

$$q_{lm} = \frac{4\pi}{2l+1}\int dV'\rho_0(r')r'^l Y^*_{lm}(\vartheta',\varphi'). \tag{19.126}$$

Somit ergibt sich genau dieselbe Beziehung wie bei den statischen Multipolmomenten (13.196). Dies erklärt unsere Wahl der Vorfaktoren oben.

Abschließend können wir nochmals das skalare Potenzial für die Dipolstrahlung berechnen. In den Multipolentwicklungen sind dafür nur die Terme bis zu $l = 1$ mitzunehmen. Der Zusammenhang zu den kartesischen Multipolmomenten ist (Aufgabe 13.13)

$$\begin{aligned}q_{00} &= \sqrt{4\pi}q,\\ q_{10} &= \sqrt{\frac{4\pi}{3}}p_3,\\ q_{11} &= -\sqrt{\frac{2\pi}{3}}(p_1 - ip_2),\\ q_{1,-1} &= \sqrt{\frac{2\pi}{3}}(p_1 + ip_2).\end{aligned} \tag{19.127}$$

Daraus erhält man zunächst

$$\begin{aligned}q_{00}Y_{00}(\vartheta,\varphi) &= q_0,\\ \sum_m q_{1m}Y_{1m}(\vartheta,\varphi) &= p_0\cdot\hat{e}_r\end{aligned} \tag{19.128}$$

und damit

$$\phi_0(r) = \frac{e^{ikr}}{r}(q_0 - ik\cdot p_0), \tag{19.129}$$

was genau mit dem Ergebnis in Abschn. 19.3 übereinstimmt.

19.5 Abstrahlung durch relativistisch bewegte Teilchen

Bisher wurde überall vorausgesetzt, dass sich die Quelle der Strahlung (z. B. eine Punktladung) verglichen mit der Lichtgeschwindigkeit langsam bewegt. In vielen physikalischen Situationen treten jedoch auch schnell bewegte Ladungen auf, beispielsweise bei der Synchrotronstrahlung, die sowohl für die Teilchen- als auch für die Astrophysik wichtig ist. Auch wenn die Näherung „langsame Bewegung" wegfällt, können dennoch viele allgemeine Ergebnisse hergeleitet werden.

Felder bei relativistischer Bewegung

Wir gehen zurück zu den allgemeinen Ausdrücken (19.27) für die Liénard-Wiechert-Potenziale und schreiben diese nun in der Form

$$\begin{aligned}\phi(t,r) &= \left.\frac{q}{R(t') - \beta(t')\cdot R(t')}\right|_{t'=t-\frac{R(t')}{c}},\\ A(t,r) &= \left.\frac{q\beta(t')}{R(t') - \beta(t')\cdot R(t')}\right|_{t'=t-\frac{R(t')}{c}}.\end{aligned} \tag{19.130}$$

Teil II

Anwendung in der Technik: Magnetrons

Mikrowellen (sowohl für Mikrowellenherde im Haushalt als auch beispielsweise in der Radartechnik) werden in Vakuumröhren erzeugt, meist in sogenannten *Magnetrons*. Hierfür wird letztlich eine sich drehende Ladungsverteilung benutzt, was analog zu einer harmonisch schwingenden Ladungsverteilung ist. Abbildung 19.8 illustriert die grundsätzliche Funktionsweise:

Aus der Glühkathode in der Mitte treten Elektronen aus. Diese werden durch ein elektrisches Feld zunächst nach außen beschleunigt, durch ein zusätzliches Magnetfeld aber dann auf Epizykloidenbahnen gezwungen. Die Elektronen geben bei dieser beschleunigten Bewegung selbst wiederum elektromagnetische Strahlung ab und regen die runden Öffnungen in der Wand (Hohlraumresonatoren) zu Eigenschwingungen an.

Die Felder dieser Hohlraumresonatoren beeinflussen ihrerseits wieder die Elektronen: Einige werden abgebremst, einige beschleunigt, sodass sich Bereiche höherer und niedrigerer Elektronendichte ausbilden. Diese Elektronenwolken (ein rotierendes „Speichenrad“) beeinflussen dann wiederum die Schwingungen der Hohlraumresonatoren. Die insgesamt resultierende Strahlung wird schließlich aus dem Magnetron durch einen Hohlleiter ausgekoppelt.

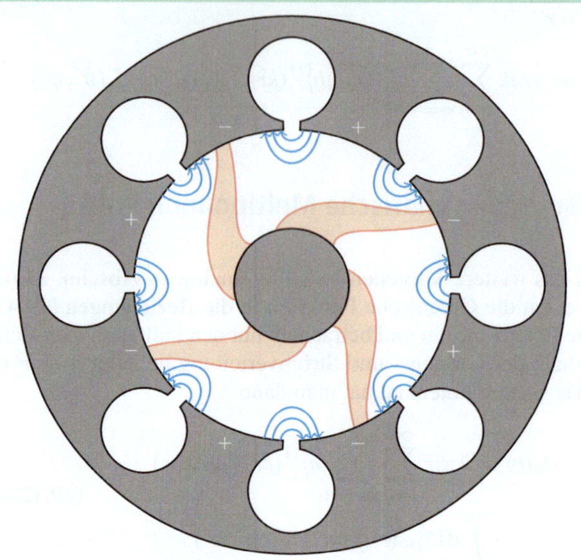

Abb. 19.8 Elektronendichteverteilung im Magnetron (*rot*) und die elektrischen Felder der Hohlraumresonatoren (*blau*)

Daraus sollen allgemein die elektrischen und magnetischen Felder berechnet werden. Dafür benötigen wir partielle Ableitungen dieser Ausdrücke nach der Zeit t und den Ortskoordinaten $\boldsymbol{r}$ des Beobachters. Die Potenziale hängen aber von der retardierten Zeit t' ab und diese wiederum von t und $\boldsymbol{r}$. Betrachten wir deshalb zunächst die partiellen Ableitungen von t'.

Für die Zeitabhängigkeit haben wir (bei konstantem $\boldsymbol{r}$):

$$\begin{aligned} \mathrm{d}t' &= \mathrm{d}t - \frac{1}{c}\frac{\mathrm{d}R}{\mathrm{d}t'}\mathrm{d}t' = \mathrm{d}t - \hat{\boldsymbol{e}}_R(t')\cdot\frac{\mathrm{d}}{c\,\mathrm{d}t'}\boldsymbol{R}(t')\mathrm{d}t' \\ &= \mathrm{d}t - \hat{\boldsymbol{e}}_R(t')\cdot\frac{\mathrm{d}}{c\,\mathrm{d}t'}\left(\boldsymbol{r}-\boldsymbol{x}(t')\right)\mathrm{d}t' \\ &= \mathrm{d}t + \hat{\boldsymbol{e}}_R(t')\cdot\boldsymbol{\beta}(t')\mathrm{d}t' \end{aligned} \tag{19.131}$$

und damit

$$\frac{\partial t'}{\partial t} = \frac{1}{1-\hat{\boldsymbol{e}}_R(t')\cdot\boldsymbol{\beta}(t')}. \tag{19.132}$$

Zwischen einer „retardierten“ Zeitspanne $\Delta t'$, die für die bewegte Punktladung vergeht, und der vom Beobachter gemessenen Zeitspanne Δt hat man somit denselben Lorentz-Umrechnungsfaktor, der bereits bei den Liénard-Wiechert-Potenzialen auftritt.

Ebenso hat man bei der Abhängigkeit von der räumlichen Koordinate r_α (bei konstantem t und konstanten anderen räumlichen Koordinaten)

$$\begin{aligned} \mathrm{d}t' &= -\hat{\boldsymbol{e}}_R(t')\cdot\frac{1}{c}\frac{\mathrm{d}}{\mathrm{d}r_\alpha}\left(\boldsymbol{r}-\boldsymbol{x}(t')\right)\mathrm{d}r_\alpha \\ &= -\hat{\boldsymbol{e}}_R(t')\cdot\frac{1}{c}\left(\hat{\boldsymbol{e}}_\alpha - \frac{\mathrm{d}\boldsymbol{x}(t')}{\mathrm{d}r_\alpha}\right)\mathrm{d}r_\alpha \\ &= -\hat{\boldsymbol{e}}_R(t')\cdot\left(\frac{1}{c}\hat{\boldsymbol{e}}_\alpha - \boldsymbol{\beta}(t')\frac{\mathrm{d}t'}{\mathrm{d}r_\alpha}\right)\mathrm{d}r_\alpha \\ &= -\frac{1}{c}\hat{\boldsymbol{e}}_R(t')\cdot\hat{\boldsymbol{e}}_\alpha + \hat{\boldsymbol{e}}_R(t')\cdot\boldsymbol{\beta}(t')\mathrm{d}t' \end{aligned} \tag{19.133}$$

und damit

$$\frac{\partial t'}{\partial r_\alpha} = -\frac{1}{c}\frac{\hat{\boldsymbol{e}}_R(t')\cdot\hat{\boldsymbol{e}}_\alpha}{1-\hat{\boldsymbol{e}}_R(t')\cdot\boldsymbol{\beta}(t')}, \tag{19.134}$$

also

$$\nabla t' = -\frac{1}{c}\frac{\hat{\boldsymbol{e}}_R(t')}{1-\hat{\boldsymbol{e}}_R(t')\cdot\boldsymbol{\beta}(t')}. \tag{19.135}$$

Mit (19.132) und (19.135) sowie der Kettenregel können wir nun die Ableitungen einer beliebigen Funktion $f(t,\boldsymbol{r})$ berechnen:

$$\begin{aligned} \frac{\partial f}{\partial t} &= \frac{1}{1-\hat{\boldsymbol{e}}_R(t')\cdot\boldsymbol{\beta}(t')}\frac{\partial f}{\partial t'}, \\ \nabla f &= \nabla' f - \frac{1}{c}\frac{\hat{\boldsymbol{e}}_R(t')}{1-\hat{\boldsymbol{e}}_R(t')\cdot\boldsymbol{\beta}(t')}\frac{\partial f}{\partial t'}, \end{aligned} \tag{19.136}$$

wobei $\nabla' f$ die Änderung von f mit den räumlichen Koordinaten zur festen Zeit t' bezeichnet.

Ermitteln wir damit zunächst die Zeitableitung des Vektorpotenzials:

$$\begin{aligned}\frac{1}{c}\frac{\partial \boldsymbol{A}}{\partial t} &= \frac{q}{1-\hat{\boldsymbol{e}}_R\cdot\boldsymbol{\beta}}\frac{1}{c}\partial_{t'}\frac{\boldsymbol{\beta}}{R-\boldsymbol{\beta}\cdot\boldsymbol{R}} \\ &= \frac{q}{1-\hat{\boldsymbol{e}}_R\cdot\boldsymbol{\beta}}\left(\frac{\dot{\boldsymbol{\beta}}}{Rc\,(1-\boldsymbol{\beta}\cdot\hat{\boldsymbol{e}}_R)}-\frac{\boldsymbol{\beta}\frac{1}{c}\partial_{t'}(R-\boldsymbol{\beta}\cdot\boldsymbol{R})}{R^2\,(1-\boldsymbol{\beta}\cdot\hat{\boldsymbol{e}}_R)^2}\right) \\ &= \frac{q\dot{\boldsymbol{\beta}}}{Rc\,(1-\boldsymbol{\beta}\cdot\hat{\boldsymbol{e}}_R)^2}+\frac{q\boldsymbol{\beta}\left(\hat{\boldsymbol{e}}_R\cdot\boldsymbol{\beta}+\frac{1}{c}\dot{\boldsymbol{\beta}}\cdot\boldsymbol{R}-\beta^2\right)}{R^2\,(1-\boldsymbol{\beta}\cdot\hat{\boldsymbol{e}}_R)^3},\end{aligned} \tag{19.137}$$

wobei $\dot{\boldsymbol{R}}/c = -\boldsymbol{\beta}$ und $\dot{R}/c = -\hat{\boldsymbol{e}}_R\cdot\boldsymbol{\beta}$ und damit

$$\frac{1}{c}\partial_{t'}(R-\boldsymbol{\beta}\cdot\boldsymbol{R}) = -\hat{\boldsymbol{e}}_R\cdot\boldsymbol{\beta}-\frac{1}{c}\dot{\boldsymbol{\beta}}\cdot\boldsymbol{R}+\beta^2 \tag{19.138}$$

verwendet wurden.

Frage 16

Vollziehen Sie die Berechnung der Zeitableitung des Vektorpotenzials in allen Zwischenschritten nach.

Hier treten nun einerseits Terme auf, die proportional zu $1/R^2$ sind, und andererseits Terme proportional zu $\dot{\beta}/(Rc)$. Erstere hängen außerdem nur von der Geschwindigkeit der Punktladung ab, treten also auch bei einer gleichförmig bewegten Punktladung auf; die anderen Terme sind dagegen proportional zur Beschleunigung. Dementsprechend spricht man manchmal auch von *Geschwindigkeits-* bzw. *Beschleunigungsfeldern*.

Die Beschleunigungsfelder haben die typische $1/R$-Abhängigkeit von Strahlungsfeldern. Wie wir weiter unten sehen werden, bilden für diese auch das elektrische und magnetische Feld ($\boldsymbol{E}$ und $\boldsymbol{B}$) sowie die radiale Richtung von der Punktladung weg ($\hat{\boldsymbol{e}}_R$) ein Rechtssystem. Die Beschleunigungsfelder beschreiben also von der Punktladung auslaufende elektromagnetische Wellen.

Für große Abstände des Beobachters zur bewegten Punktladung ($R \gg c/\dot{\beta}$) können die Geschwindigkeitsfelder vernachlässigt werden, und es bleibt

$$\begin{aligned}\frac{1}{c}\frac{\partial \boldsymbol{A}}{\partial t} &\approx \frac{q\dot{\boldsymbol{\beta}}}{Rc\,(1-\boldsymbol{\beta}\cdot\hat{\boldsymbol{e}}_R)^2}+\frac{q\boldsymbol{\beta}\left(\frac{1}{c}\dot{\boldsymbol{\beta}}\cdot\boldsymbol{R}\right)}{R^2\,(1-\boldsymbol{\beta}\cdot\hat{\boldsymbol{e}}_R)^3} \\ &= q\frac{\dot{\boldsymbol{\beta}}\,(1-\boldsymbol{\beta}\cdot\hat{\boldsymbol{e}}_R)+\boldsymbol{\beta}\left(\dot{\boldsymbol{\beta}}\cdot\hat{\boldsymbol{e}}_R\right)}{Rc\,(1-\boldsymbol{\beta}\cdot\hat{\boldsymbol{e}}_R)^3}.\end{aligned} \tag{19.139}$$

Außerdem benötigen wir den Gradienten des skalaren Potenzials

$$\begin{aligned}\nabla\phi &= \nabla'\frac{q}{R-\boldsymbol{\beta}\cdot\boldsymbol{R}}-\frac{\hat{\boldsymbol{e}}_R}{1-\hat{\boldsymbol{e}}_R\cdot\boldsymbol{\beta}}\frac{1}{c}\partial_{t'}\frac{q}{R-\boldsymbol{\beta}\cdot\boldsymbol{R}} \\ &= -\frac{q}{(R-\boldsymbol{\beta}\cdot\boldsymbol{R})^2}\nabla'(R-\boldsymbol{\beta}\cdot\boldsymbol{R}) \\ &\quad+\frac{q\hat{\boldsymbol{e}}_R}{(1-\hat{\boldsymbol{e}}_R\cdot\boldsymbol{\beta})\,(R-\boldsymbol{\beta}\cdot\boldsymbol{R})^2}\frac{1}{c}\partial_{t'}(R-\boldsymbol{\beta}\cdot\boldsymbol{R}).\end{aligned} \tag{19.140}$$

Mit

$$\nabla'(R-\boldsymbol{\beta}\cdot\boldsymbol{R}) = \hat{\boldsymbol{e}}_R-\boldsymbol{\beta} \tag{19.141}$$

und der bereits beim Vektorpotenzial verwendeten Zeitableitung wird dies zu

$$\begin{aligned}\nabla\phi &= -\frac{q\,(\hat{\boldsymbol{e}}_R-\boldsymbol{\beta})}{R^2\,(1-\boldsymbol{\beta}\cdot\hat{\boldsymbol{e}}_R)^2}-\frac{q\hat{\boldsymbol{e}}_R\left(\hat{\boldsymbol{e}}_R\cdot\boldsymbol{\beta}+\frac{1}{c}\dot{\boldsymbol{\beta}}\cdot\boldsymbol{R}-\beta^2\right)}{R^2\,(1-\boldsymbol{\beta}\cdot\hat{\boldsymbol{e}}_R)^3} \\ &\approx -\frac{q\hat{\boldsymbol{e}}_R\left(\dot{\boldsymbol{\beta}}\cdot\hat{\boldsymbol{e}}_R\right)}{Rc\,(1-\boldsymbol{\beta}\cdot\hat{\boldsymbol{e}}_R)^3},\end{aligned} \tag{19.142}$$

wobei im letzten Schritt wieder nur große Abstände $R \gg c/\dot{\beta}$ betrachtet wurden.

Insgesamt erhält man damit für das elektrische Feld in großem Abstand

$$\begin{aligned}\boldsymbol{E} &= -\nabla\phi-\frac{1}{c}\frac{\partial \boldsymbol{A}}{\partial t} \\ &= -\frac{q}{Rc\,(1-\boldsymbol{\beta}\cdot\hat{\boldsymbol{e}}_R)^3}\left[\dot{\boldsymbol{\beta}}\,(1-\boldsymbol{\beta}\cdot\hat{\boldsymbol{e}}_R)-(\hat{\boldsymbol{e}}_R-\boldsymbol{\beta})\left(\dot{\boldsymbol{\beta}}\cdot\hat{\boldsymbol{e}}_R\right)\right].\end{aligned} \tag{19.143}$$

Mithilfe der bekannten Vektoridentität $\boldsymbol{a}\times(\boldsymbol{b}\times\boldsymbol{c}) = \boldsymbol{b}\,(\boldsymbol{a}\cdot\boldsymbol{c})-\boldsymbol{c}\,(\boldsymbol{a}\cdot\boldsymbol{b})$ kann man dies schließlich umschreiben zu

$$\boldsymbol{E} = \frac{q}{Rc\,(1-\boldsymbol{\beta}\cdot\hat{\boldsymbol{e}}_R)^3}\left(\hat{\boldsymbol{e}}_R\times\left[(\hat{\boldsymbol{e}}_R-\boldsymbol{\beta})\times\dot{\boldsymbol{\beta}}\right]\right). \tag{19.144}$$

Es bleibt noch das Magnetfeld aus $\boldsymbol{B} = \nabla\times\boldsymbol{A}$ zu berechnen:

$$\begin{aligned}\boldsymbol{B} &= \nabla'\times\frac{q\boldsymbol{\beta}}{R-\boldsymbol{\beta}\cdot\boldsymbol{R}}-\frac{\hat{\boldsymbol{e}}_R}{1-\hat{\boldsymbol{e}}_R\cdot\boldsymbol{\beta}}\times\frac{1}{c}\partial_{t'}\frac{q\boldsymbol{\beta}}{R-\boldsymbol{\beta}\cdot\boldsymbol{R}} \\ &= \nabla'\frac{q}{R-\boldsymbol{\beta}\cdot\boldsymbol{R}}\times\boldsymbol{\beta}-\frac{q\hat{\boldsymbol{e}}_R}{1-\hat{\boldsymbol{e}}_R\cdot\boldsymbol{\beta}}\times\frac{1}{c}\partial_{t'}\frac{\boldsymbol{\beta}}{R-\boldsymbol{\beta}\cdot\boldsymbol{R}} \\ &= -\frac{q\,(\hat{\boldsymbol{e}}_R-\boldsymbol{\beta})\times\boldsymbol{\beta}}{R^2\,(1-\boldsymbol{\beta}\cdot\hat{\boldsymbol{e}}_R)^2}-\frac{q\left(\hat{\boldsymbol{e}}_R\times\dot{\boldsymbol{\beta}}\right)}{Rc\,(1-\boldsymbol{\beta}\cdot\hat{\boldsymbol{e}}_R)^2} \\ &\quad-\frac{q\,(\hat{\boldsymbol{e}}_R\times\boldsymbol{\beta})\left(\hat{\boldsymbol{e}}_R\cdot\boldsymbol{\beta}+\frac{1}{c}\dot{\boldsymbol{\beta}}\cdot\boldsymbol{R}-\beta^2\right)}{R^2\,(1-\boldsymbol{\beta}\cdot\hat{\boldsymbol{e}}_R)^3},\end{aligned} \tag{19.145}$$

wobei für die räumlichen und zeitlichen Ableitungen die Zwischenergebnisse aus den Rechnungen oben verwendet wurden. Betrachtet man wieder nur große Abstände, so bleibt hier

$$\begin{aligned}\boldsymbol{B} &= -\frac{q\left(\hat{\boldsymbol{e}}_R\times\dot{\boldsymbol{\beta}}\right)}{Rc\,(1-\boldsymbol{\beta}\cdot\hat{\boldsymbol{e}}_R)^2}-\frac{q\,(\hat{\boldsymbol{e}}_R\times\boldsymbol{\beta})\left(\dot{\boldsymbol{\beta}}\cdot\hat{\boldsymbol{e}}_R\right)}{Rc\,(1-\boldsymbol{\beta}\cdot\hat{\boldsymbol{e}}_R)^3} \\ &= -q\,\hat{\boldsymbol{e}}_R\times\frac{\dot{\boldsymbol{\beta}}\,(1-\boldsymbol{\beta}\cdot\hat{\boldsymbol{e}}_R)+\boldsymbol{\beta}\left(\dot{\boldsymbol{\beta}}\cdot\hat{\boldsymbol{e}}_R\right)}{Rc\,(1-\boldsymbol{\beta}\cdot\hat{\boldsymbol{e}}_R)^3}.\end{aligned} \tag{19.146}$$

Nutzt man aus, dass $\hat{e}_R \times \hat{e}_R = 0$ ist, kann man den Zähler auch schreiben als

$$\dot{\boldsymbol{\beta}}\,(1 - \boldsymbol{\beta} \cdot \hat{\boldsymbol{e}}_R) - (\hat{\boldsymbol{e}}_R - \boldsymbol{\beta})\,(\dot{\boldsymbol{\beta}} \cdot \hat{\boldsymbol{e}}_R) \tag{19.147}$$

und wie beim elektrischen Feld diesen Ausdruck wieder mithilfe der Vektoridentität umschreiben. Es bleibt schließlich

$$\begin{aligned} \boldsymbol{B} &= \frac{q}{Rc\,(1 - \boldsymbol{\beta} \cdot \hat{\boldsymbol{e}}_R)^3} \hat{\boldsymbol{e}}_R \times \left(\hat{\boldsymbol{e}}_R \times \left[(\hat{\boldsymbol{e}}_R - \boldsymbol{\beta}) \times \dot{\boldsymbol{\beta}}\right]\right) \\ &= \hat{\boldsymbol{e}}_R \times \boldsymbol{E}. \end{aligned} \tag{19.148}$$

Frage 17

Prüfen Sie nach, dass die Vektoren $\hat{\boldsymbol{e}}_R$, $\boldsymbol{E}$ und $\boldsymbol{B}$ insgesamt ein orthogonales Rechtssystem bilden. Warum ist dies zu erwarten?

Die Larmor-Formel – relativistisch und nichtrelativistisch

Aus den Feldern können wir nun den Poynting-Vektor berechnen. Mit

$$\boldsymbol{S} = \frac{c}{4\pi}\,(\boldsymbol{E} \times (\hat{\boldsymbol{e}}_R \times \boldsymbol{E})) = \frac{c}{4\pi} E^2 \hat{\boldsymbol{e}}_R, \tag{19.149}$$

da $\boldsymbol{E}$ senkrecht zu $\hat{\boldsymbol{e}}_R$ steht, erhalten wir

$$\boldsymbol{S} = \frac{q^2}{4\pi c} \frac{\left(\hat{\boldsymbol{e}}_R \times \left[(\hat{\boldsymbol{e}}_R - \boldsymbol{\beta}) \times \dot{\boldsymbol{\beta}}\right]\right)^2}{R^2\,(1 - \boldsymbol{\beta} \cdot \hat{\boldsymbol{e}}_R)^6} \hat{\boldsymbol{e}}_R. \tag{19.150}$$

Durch ein infinitesimales Raumwinkelelement $\mathrm{d}\Omega$ fließt also die Leistung

$$\frac{\mathrm{d}P}{\mathrm{d}\Omega} = R^2 \boldsymbol{S} \cdot \hat{\boldsymbol{e}}_R = \frac{q^2}{4\pi c} \frac{\left(\hat{\boldsymbol{e}}_R \times \left[(\hat{\boldsymbol{e}}_R - \boldsymbol{\beta}) \times \dot{\boldsymbol{\beta}}\right]\right)^2}{(1 - \boldsymbol{\beta} \cdot \hat{\boldsymbol{e}}_R)^6}. \tag{19.151}$$

Will man die gesamte abgegebene Leistung berechnen, so ist dieser Ausdruck noch über den Raumwinkel zu integrieren. Diese Integration ist wegen der komplizierten Winkelabhängigkeit sehr aufwendig. Hier sei nur das Ergebnis angegeben:

$$P = \frac{2q^2\left(\dot{\beta}^2 - (\boldsymbol{\beta} \times \dot{\boldsymbol{\beta}})^2\right)}{3c(1 - \beta^2)^3} = \frac{2q^2\gamma^6\left(\dot{\beta}^2 - (\boldsymbol{\beta} \times \dot{\boldsymbol{\beta}})^2\right)}{3c}. \tag{19.152}$$

Im nichtrelativistischen Grenzfall $\beta \ll 1$ bleibt nur das als *Larmor-Formel* bekannte Ergebnis (nach dem irischen Physiker und Mathematiker *Sir Joseph Larmor*, 1857–1942, der diese Formel 1897 fand), wovon (19.152) die relativistische Verallgemeinerung ist.

Larmor-Formel

Eine nichtrelativistisch bewegte Punktladung gibt, wenn sie beschleunigt wird, die Leistung

$$P = \frac{2q^2\dot{\beta}^2}{3c} = \frac{2q^2\ddot{\boldsymbol{x}}^2}{3c^3} \tag{19.153}$$

durch elektromagnetische Strahlung ab.

Dieses Ergebnis hatten wir bereits in (19.57) für eine harmonisch schwingende Punktladung erhalten; hier sehen wir nun, dass es allgemein für jede beschleunigte Punktladung gilt.

Synchrotronstrahlung

Wir betrachten nun speziell die relativistische Bewegung einer Punktladung auf einer Kreisbahn; dies ist sowohl für die Teilchen- als auch die Astrophysik wichtig (siehe den Kasten „Anwendung: Synchrotronstrahlung in Teilchen- und Astrophysik"). Die dabei abgegebene Strahlung wird als *Synchrotronstrahlung* bezeichnet (nach den in der Teilchenphysik verwendeten Synchrotronbeschleunigern).

Wir schreiben zunächst das doppelte Kreuzprodukt in (19.151) wieder ausführlich:

$$\begin{aligned} &\left(\hat{\boldsymbol{e}}_R \times \left[(\hat{\boldsymbol{e}}_R - \boldsymbol{\beta}) \times \dot{\boldsymbol{\beta}}\right]\right)^2 \\ &= \left[(\hat{\boldsymbol{e}}_R \cdot \dot{\boldsymbol{\beta}})\,(\hat{\boldsymbol{e}}_R - \boldsymbol{\beta}) - (1 - \hat{\boldsymbol{e}}_R \cdot \boldsymbol{\beta})\,\dot{\boldsymbol{\beta}}\right]^2 \\ &= (\hat{\boldsymbol{e}}_R \cdot \dot{\boldsymbol{\beta}})^2\,(1 - 2\hat{\boldsymbol{e}}_R \cdot \boldsymbol{\beta} + \beta^2) \\ &\quad - 2\,(\hat{\boldsymbol{e}}_R \cdot \dot{\boldsymbol{\beta}})\left[(\hat{\boldsymbol{e}}_R - \boldsymbol{\beta}) \cdot \dot{\boldsymbol{\beta}}\right] \cdot (1 - \hat{\boldsymbol{e}}_R \cdot \boldsymbol{\beta}) \\ &\quad + (1 - \hat{\boldsymbol{e}}_R \cdot \boldsymbol{\beta})^2\,\dot{\beta}^2. \end{aligned} \tag{19.154}$$

Für eine Kreisbewegung gilt aber $\boldsymbol{\beta} \cdot \dot{\boldsymbol{\beta}} = 0$, also ist

$$(\hat{\boldsymbol{e}}_R \cdot \dot{\boldsymbol{\beta}})\left[(\hat{\boldsymbol{e}}_R - \boldsymbol{\beta}) \cdot \dot{\boldsymbol{\beta}}\right] = (\hat{\boldsymbol{e}}_R \cdot \dot{\boldsymbol{\beta}})^2. \tag{19.155}$$

Damit können die Terme der ersten und zweiten Zeile zusammengefasst werden, und es bleibt

$$\begin{aligned} &(\hat{\boldsymbol{e}}_R \cdot \dot{\boldsymbol{\beta}})^2\,(-1 + \beta^2) + (1 - \hat{\boldsymbol{e}}_R \cdot \boldsymbol{\beta})^2\,\dot{\beta}^2 \\ &= (1 - \hat{\boldsymbol{e}}_R \cdot \boldsymbol{\beta})^2\,\dot{\beta}^2 - \frac{1}{\gamma^2}\,(\hat{\boldsymbol{e}}_R \cdot \dot{\boldsymbol{\beta}})^2. \end{aligned} \tag{19.156}$$

Schließlich wird (19.151) zu

$$\frac{\mathrm{d}P}{\mathrm{d}\Omega} = \frac{q^2}{4\pi c\,(1 - \hat{\boldsymbol{e}}_R \cdot \boldsymbol{\beta})^4}\left(\dot{\beta}^2 - \frac{(\hat{\boldsymbol{e}}_R \cdot \dot{\boldsymbol{\beta}})^2}{\gamma^2\,(1 - \hat{\boldsymbol{e}}_R \cdot \boldsymbol{\beta})^2}\right). \tag{19.157}$$

Anwendung in der Technik: Röntgenröhren

Röntgenstrahlung wird erzeugt, indem Elektronen in einer Vakuumröhre (*Röntgenröhre*; Abb. 19.9) beschleunigt werden (durch eine Spannung von einigen Kilovolt, also auf nichtrelativistische Geschwindigkeiten) und dann auf eine metallische Anode auftreffen. In dieser werden sie von den Kernen stark abgelenkt und abgebremst, geben also nach der Larmor-Formel (19.153) elektromagnetische Strahlung ab (die vorherige Beschleunigung ist nicht stark genug, um Röntgenstrahlung zu erzeugen).

Man spricht dementsprechend von *Bremsstrahlung* – ein deutscher Begriff, der auch ins Englische übernommen wurde. Die Anode wird dabei im Allgemeinen gedreht, sodass der Elektronenstrahl nicht ständig auf dieselbe Stelle auftrifft, was schnell zu einer Überhitzung führen würde.

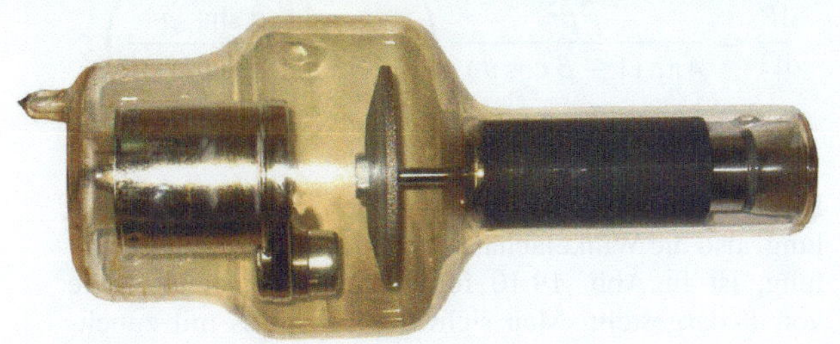

Abb. 19.9 Eine Röntgenröhre: *Links* werden die Elektronen aus der Kathode emittiert und dann zur drehbaren Anode *rechts* hin beschleunigt (© Rschiedon)

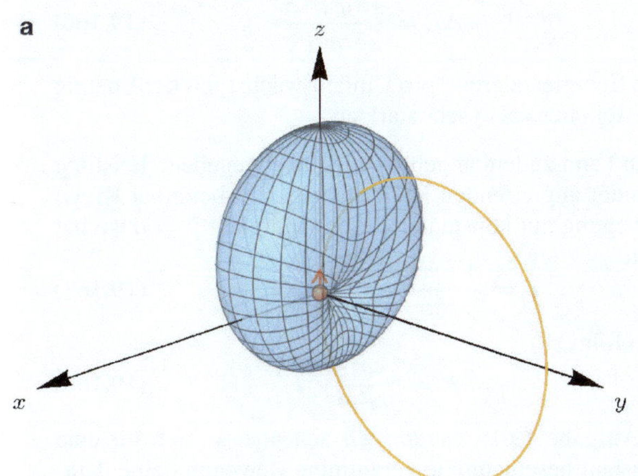

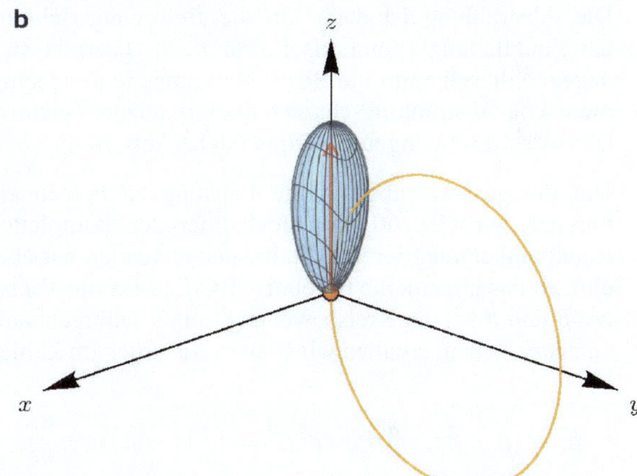

Abb. 19.10 Die Abstrahlungscharakteristik einer auf einer Kreisbahn (*gelb*) umlaufenden Punktladung in dem Augenblick, in dem sie durch den Ursprung läuft, in Abhängigkeit vom Winkel. **a** Abstrahlung für $\beta = 0{,}1$, **b** Abstrahlung für $\beta = 0{,}6$; der jeweilige Geschwindigkeitsvektor ist in *Rot* eingezeichnet. Die abgestrahlte Leistung ist hier so normiert, dass die Intensität in z-Richtung genau 1 ist, da sonst eine vergleichende Darstellung für die beiden Werte von β kaum möglich wäre: Die insgesamt abgestrahlte Leistung wächst für $\beta \longrightarrow 1$ sehr stark an (siehe (19.164))

Zur weiteren konkreten Auswertung beschränken wir uns nun auf folgende spezielle Situation, an der alle relevanten Informationen hergeleitet werden können (Abb. 19.10):

- Die Punktladung läuft auf einer Kreisbahn in der y-z-Ebene um, die durch den Ursprung verläuft und deren Mittelpunkt auf der positiven y-Achse liegt.
- Die Punktladung befindet sich zur Beobachtungszeit gerade im Ursprung und bewegt sich in positive z-Richtung.

Dann haben wir

$$\hat{\boldsymbol{e}}_R = \hat{\boldsymbol{e}}_r - \boldsymbol{0} = \begin{pmatrix} \sin\vartheta\cos\varphi \\ \sin\vartheta\sin\varphi \\ \cos\vartheta \end{pmatrix}, \quad \boldsymbol{\beta} = \beta\hat{\boldsymbol{e}}_z, \quad \dot{\boldsymbol{\beta}} = \dot{\beta}\hat{\boldsymbol{e}}_y \tag{19.158}$$

und damit

$$\hat{\boldsymbol{e}}_R\cdot\boldsymbol{\beta} = \beta\cos\vartheta \quad \text{und} \quad \hat{\boldsymbol{e}}_R\cdot\dot{\boldsymbol{\beta}} = \dot{\beta}\sin\vartheta\sin\varphi, \tag{19.159}$$

also

$$\frac{dP}{d\Omega} = \frac{q^2\dot{\beta}^2}{4\pi c\,(1-\beta\cos\vartheta)^4}\left(1 - \frac{\sin^2\vartheta\sin^2\varphi}{\gamma^2\,(1-\beta\cos\vartheta)^2}\right). \tag{19.160}$$

Die Abstrahlungscharakteristik der Synchrotronstrahlung, also die Winkelabhängigkeit der abgestrahlten Leistung, ist in Abb. 19.10 für zwei verschiedene Werte von β dargestellt. Man sieht deutlich, dass mit zunehmender Geschwindigkeit die Abstrahlung immer mehr in Bewegungsrichtung konzentriert ist. Dies kann man auch rechnerisch zeigen: Für die Standardabweichung des Winkels ϑ ergibt sich (ohne Beweis)

$$\sqrt{\langle\vartheta^2\rangle} = \frac{1}{\gamma} \to 0 \text{ für } \beta \to 1. \tag{19.161}$$

Die Abstrahlung ist dann um die Bewegungsrichtung der Punktladung symmetrisch. Für $\beta \to 0$ ergibt sich dagegen dieselbe um die Beschleunigungsrichtung symmetrische Abstrahlungscharakteristik wie beim (nichtrelativistisch) schwingenden Dipol (siehe Abb. 19.4).

Um die gesamte abgestrahlte Leistung zu berechnen, müssten wir (19.160) nun noch über den kompletten Raumwinkel integrieren. Stattdessen verwenden wir aber einfach das allgemeine Ergebnis (19.152). Da die Vektoren $\boldsymbol{\beta}$ und $\dot{\boldsymbol{\beta}}$ bei der Kreisbewegung immer senkrecht aufeinander stehen, erhalten wir für den Ausdruck im Zähler

$$\dot{\beta}^2 - \left(\boldsymbol{\beta}\times\dot{\boldsymbol{\beta}}\right)^2 = \dot{\beta}^2 - \beta^2\dot{\beta}^2 = \dot{\beta}^2\left(1-\beta^2\right) = \frac{\dot{\beta}^2}{\gamma^2}. \tag{19.162}$$

Damit ist die insgesamt abgestrahlte Leistung

$$P = \frac{2q^2\gamma^4\dot{\beta}^2}{3c}. \tag{19.163}$$

Setzt man außerdem auch noch die Zentripetalbeschleunigung $\dot{\beta} = c\beta^2/r$ ein, hat man schließlich

$$P = \frac{2q^2c\beta^4\gamma^4}{3r^2} = \frac{2q^2c\beta^4}{3r^2(1-\beta^2)}. \tag{19.164}$$

Oft ist man an der pro Umlauf insgesamt abgestrahlten Energie interessiert; diese ergibt sich nun leicht zu

$$\Delta E = PT = P\frac{2\pi r}{\beta c} = \frac{4\pi q^2\beta^3\gamma^4}{3r}. \tag{19.165}$$

Benutzen wir außerdem noch den Zusammenhang $E = \gamma mc^2$ für die Gesamtenergie der Teilchen, so haben wir

$$\Delta E = \frac{4\pi q^2\beta^3E^4}{3rm^4c^8}. \tag{19.166}$$

Die Energieänderung pro Umlauf wächst mit der Energie des Teilchens also sehr stark an.

Man kann zudem angeben, wie die abgegebene Leistung von der angreifenden Kraft abhängt. Da bei einer Kreisbewegung mit konstanter Geschwindigkeit $\dot{\gamma} = 0$ ist, hat man

$$\boldsymbol{F} = \frac{d(\gamma m\boldsymbol{v})}{dt} = c\gamma m\dot{\boldsymbol{\beta}}, \tag{19.167}$$

also folgt

$$P = \frac{2q^2}{3m^2c^3}\gamma^2\boldsymbol{F}^2. \tag{19.168}$$

In Aufgabe 19.10 werden wir sehen, dass sich für eine konstant beschleunigte geradlinige Bewegung eine deutlich andere Abhängigkeit ergibt. ◂

Anwendung: Synchrotronstrahlung in Teilchen- und Astrophysik

Bei vielen Experimenten der Elementarteilchenphysik werden Teilchen wie Protonen oder Elektronen mit hohen Geschwindigkeiten aufeinandergeschossen und dann die Ergebnisse der Kollision untersucht. Zur Beschleunigung der Teilchen wird meist ein Ringbeschleuniger (Synchrotron) verwendet, den die Teilchen vielfach durchlaufen, um eine möglichst lange Beschleunigungsstrecke zu erreichen. Die Teilchen laufen also (näherungsweise) auf einer Kreisbahn um und geben damit Synchrotronstrahlung ab.

Die Teilchen haben in diesen Beschleunigern nahezu Lichtgeschwindigkeit (im Large Hadron Collider sind beispielsweise 99,9999991% geplant); wir können in (19.166) also in sehr guter Näherung $\beta = 1$ setzen. Wir sehen dann, dass der Energieverlust pro Umlauf bei vorgegebener Gesamtenergie umgekehrt proportional zur Masse der Teilchen hoch vier und zum Radius des Beschleunigers ist. Deshalb ist es günstig, schwerere Teilchen statt Elektronen zu verwenden und den Beschleuniger möglichst groß zu bauen. Beides wurde beim Large Hadron Collider berücksichtigt. Der unterirdische Ring, in dem Protonen beschleunigt werden, hat einen Radius von etwa 4,25 km (Abb. 19.11).

Abb. 19.11 Ein Luftbild der Umgebung von Genf (Schweiz), auf dem unter anderem der unterirdische Ring des Large Hadron Collider eingetragen ist (*gelb*). (© 2008 CERN, Maximilien Brice)

Früher wurde die Synchrotronstrahlung nur als Ärgernis betrachtet. Inzwischen findet sie jedoch dank ihrer besonderer Eigenschaften wie hoher Intensität, breitem Spektrum, hoher Bündelung und Polarisation viele Anwendungen zur Materialuntersuchung von der Oberflächenphysik bis zur Biochemie und Medizin. Inzwischen werden sogar Synchrotronstrahlungsquellen eigens für solche Anwendungen gebaut; das neueste Konzept dabei ist der sogenannte *Freie-Elektronen-Laser*, bei dem durch die spezielle Bauweise erreicht wird, dass eine große Anzahl von Elektronen gleichzeitig kohärente Strahlung abgibt.

Außerdem tritt Synchrotronstrahlung auch in der Astrophysik auf: Beispielsweise Neutronensterne haben sehr starke Magnetfelder, in denen geladene Teilchen auf Kreis- oder Spiralbahnen umlaufen können. Neutronensterne rotieren schnell um ihre eigene Achse. Die abgegebene Synchrotronstrahlung wird in einem engen Kegel emittiert, sodass ein „Leuchtturmeffekt" entsteht: Der Strahl kann nur einmal pro Umlauf die Erde treffen. Man empfängt von dem Neutronenstern also periodisch elektromagnetische Pulse; deshalb spricht man von einem *Pulsar* (Abb. 19.12).

Abb. 19.12 Im Krebsnebel befindet sich ein Pulsar. Aber auch im weiteren Umkreis dieses Neutronensterns ist das Magnetfeld immer noch so stark, dass Synchrotronstrahlung entsteht; so kommt das blaue Leuchten zustande (© NASA, ESA, J. Hester & A. Loll, Arizona State University 2005)

Aufgaben

Gelegentlich enthalten die Aufgaben mehr Angaben, als für die Lösung erforderlich sind. Bei einigen anderen dagegen werden Daten aus dem Allgemeinwissen, aus anderen Quellen oder sinnvolle Schätzungen benötigt.

- • leichte Aufgaben mit wenigen Rechenschritten
- •• mittelschwere Aufgaben, die etwas Denkarbeit und unter Umständen die Kombination verschiedener Konzepte erfordern
- ••• anspruchsvolle Aufgaben, die fortgeschrittene Konzepte (unter Umständen auch aus späteren Kapiteln) oder eigene mathematische Modellbildung benötigen

19.1 •• Retardierte und avancierte Green'sche Funktion Zeigen Sie, dass die retardierte und die avancierte Green'sche Funktion (19.16) und (19.17) tatsächlich die Differenzialgleichung

$$\Box G(t,t',\boldsymbol{r},\boldsymbol{r}') = 4\pi\delta(t-t')\delta(\boldsymbol{r}-\boldsymbol{r}') \qquad (19.169)$$

lösen, dass also

$$\text{(a)}\ \Box G(t,t',\boldsymbol{r},\boldsymbol{r}') = 0 \qquad (19.170)$$

für $\boldsymbol{r} \neq \boldsymbol{r}'$ gilt und dass

$$\text{(b)} \int \Box G(t,t',\boldsymbol{r},\boldsymbol{r}')\,\mathrm{d}V' = 4\pi\delta(t-t') \qquad (19.171)$$

ist, wenn über ein Volumen integriert wird, das den Punkt mit dem Ortsvektor $\boldsymbol{r}'$ enthält.

Lösungshinweis: Führen Sie die Rechnungen zunächst nur für die retardierte Green'sche Funktion durch und überlegen Sie anschließend, wie sie sich für die avancierte Funktion ändert. (b) Verwenden Sie bei der räumlichen Ableitung von G den Gauß'schen Satz. Bei der zeitlichen Ableitung führen Sie zunächst das Integral aus und berechnen danach die Ableitungen.

19.2 •• Ampère'sches Gesetz ungültig? Betrachten Sie folgende physikalische Situation: Entlang der z-Achse befinde sich ein unendlich langer und unendlich dünner, idealer Leiter, in dem zur Zeit $t = 0$ plötzlich ein Strom der Stärke I eingeschaltet wird. Nach dem Ampère'schen Gesetz gilt dann für die magnetische Feldstärke im Abstand ϱ zur z-Achse

$$B(\varrho) = \frac{2I}{c\varrho}, \qquad (19.172)$$

und zwar zu jeder beliebig kleinen Zeit $t > 0$. Im Widerspruch zur lichtschnellen Ausbreitung elektromagnetischer Felder hat sich die Änderung der magnetischen Feldstärke hier also scheinbar instantan bis in unendliche Entfernung ausgebreitet.

(a) Erklären Sie, welcher Fehler bei der Herleitung dieses Ergebnisses gemacht wurde.
(b) Zeigen Sie, dass sich für die Potenziale

$$\phi(t,\boldsymbol{r}) = 0,$$
$$\boldsymbol{A}(t,\boldsymbol{r}) = \frac{2I}{c}\hat{\boldsymbol{e}}_z\theta(ct-\varrho)\ \mathrm{arsinh}\left(\sqrt{\frac{c^2t^2}{\varrho^2}-1}\right) \qquad (19.173)$$

ergibt.
(c) Berechnen Sie daraus die tatsächlichen elektrischen und magnetischen Felder und diskutieren Sie das Ergebnis.

Lösungshinweis: Verwenden Sie (19.20) für Teilaufgabe (b).

19.3 ••• Gleichförmig bewegte Punktladung

(a) Begründen Sie ohne Rechnung, dass eine gleichförmig bewegte Punktladung keine Energie abstrahlen sollte.
(b) Berechnen Sie für eine gleichförmig bewegte Punktladung (Geschwindigkeitsvektor $\boldsymbol{v}$), die sich zur Zeit $t = 0$ im Ursprung befindet, explizit die retardierte Zeit (19.28).
(c) Zeigen Sie, dass die zugehörigen Liénard-Wiechert-Potenziale gegeben sind durch

$$\phi(t,\boldsymbol{r}) = \frac{q}{R(t)\sqrt{1-\beta^2\sin^2\vartheta}},$$
$$\boldsymbol{A}(t,\boldsymbol{r}) = \frac{q\boldsymbol{\beta}}{R(t)\sqrt{1-\beta^2\sin^2\vartheta}} = \boldsymbol{\beta}\phi(t,\boldsymbol{r}), \qquad (19.174)$$

wobei

$$\boldsymbol{R}(t) = \boldsymbol{r} - \boldsymbol{v}t \qquad (19.175)$$

nun der Vektor vom momentanen Ort der Punktladung zum Beobachter und ϑ der Winkel zwischen diesem Vektor und $\boldsymbol{v}$ ist.
(d) Begründen Sie, dass hier $\boldsymbol{B} = \boldsymbol{\beta} \times \boldsymbol{E}$ ist.
(e) Berechnen Sie daraus die elektrische und die magnetische Feldstärke sowie den Poynting-Vektor. Bestätigen Sie damit, dass keine Energieabstrahlung erfolgt.

(*Anmerkung*: Die elektrische und magnetische Feldstärke einer gleichförmig bewegten Punktladung wurde bereits in Kap. 18 mittels einer Lorentz-Transformation berechnet.)

Lösungshinweis:

(a) Verwenden Sie das Relativitätsprinzip.
(b) Beachten Sie insbesondere auch den Grenzfall $\boldsymbol{\beta} \to 0$.
(c) Verwenden Sie im Nenner, dass $R(t') = c(t-t')$ gilt, setzen Sie das Ergebnis aus Teilaufgabe (b) ein und verwenden Sie anschließend für $\boldsymbol{r}$ den Zusammenhang mit $\boldsymbol{R}(t)$.

19.4 •• Strahlungsdämpfung Betrachten Sie eine harmonisch schwingende Punktladung (Stärke q, Eigenfrequenz ω_0, Masse m), auf die zusätzlich eine Strahlungsdämpfungskraft (19.75) wirkt, deren Stärke klein verglichen mit der Rückstellkraft ist. Zeigen Sie, dass unter der Annahme, dass sich die Schwingungsfrequenz der Punktladung durch diese Kraft kaum ändert,

$$x(t) = x_0 \mathrm{e}^{-\mathrm{i}\omega_0 t - \gamma t} \tag{19.176}$$

mit dem Dämpfungsfaktor

$$\gamma = \frac{q^2\omega_0^2}{3mc^3} \tag{19.177}$$

gilt.

19.5 • Keine Monopolstrahlung Begründen Sie mittels der Kontinuitätsgleichung rechnerisch, dass es keine endlich ausgedehnte, harmonisch veränderliche Ladungs- und Stromverteilung geben kann, die ein nichtverschwindendes Monopolmoment hat. Geben Sie auch eine anschauliche Begründung an.

19.6 • Larmor-Formel aus Dimensionsbetrachtung Geht man davon aus, dass die gesamte abgestrahlte Leistung einer beschleunigten Punktladung durch ein Potenzgesetz beschreibbar ist, so kann man die Abhängigkeiten der Leistung von den relevanten Größen auch ohne explizite Herleitung der Larmor-Formel (19.57) bestimmen. Es ist davon auszugehen, dass die Leistung nur von der Stärke der Beschleunigung und der Größe der Ladung abhängt; außerdem kann die Lichtgeschwindigkeit als konstanter Faktor auftreten. Also liegt ein Ansatz der Form

$$P = \mathrm{const} \cdot \ddot{x}^k q^l c^m \tag{19.178}$$

mit unbekannten Exponenten k, l und m und einer dimensionslosen Konstante nahe. Diese Exponenten können nun aber durch reine Dimensionsbetrachtungen bestimmt werden: Die rechte Seite muss dieselbe Dimension haben wie die linke.

(a) Benutzen Sie dies, um ein lineares Gleichungssystem für k, l und m aufzustellen.
(b) Lösen Sie das Gleichungssystem und vergleichen Sie Ihr Ergebnis mit (19.57).

19.7 •• Sendeantenne: Dipolstrahlung Als Modell für eine Sendeantenne betrachten wir einen unendlich dünnen, geraden Leiter entlang der z-Achse, für dessen Ausdehnung $-L/2 \leq z \leq L/2$ gilt. In diesem Leiter fließt ein Strom mit harmonischer Zeitabhängigkeit, dessen Amplitude in der Mitte I_0 ist und zu den Enden hin linear auf null abfällt.

(a) Geben Sie die Stromdichte $\boldsymbol{j}(t, \boldsymbol{r})$ für diesen Strom an und ermitteln Sie aus der Kontinuitätsgleichung die Ladungsdichte $\rho(t, \boldsymbol{r})$.
(b) Berechnen Sie das elektrische Dipolmoment der Antenne und daraus die gesamte im Mittel abgestrahlte Leistung in Abhängigkeit von L und I_0.

Lösungshinweis: Verwenden Sie (19.105) für Teilaufgabe (b).

19.8 ••• Magnetische Dipolstrahlung Wir betrachten einen kreisförmigen, unendlich dünnen Leiter in der x-y-Ebene mit Radius ϱ_0, dessen Mittelpunkt der Ursprung ist. Der Leiter werde von einem Strom der Amplitude I_0 mit harmonischer Zeitabhängigkeit in mathematisch positiver Richtung durchflossen; wir haben also in Zylinderkoordinaten

$$\boldsymbol{j}(t, \boldsymbol{r}) = I_0 \delta(\varrho - \varrho_0)\delta(z)\hat{\boldsymbol{e}}_\varphi \mathrm{e}^{-\mathrm{i}\omega t}. \tag{19.179}$$

Dabei gelte $\omega\varrho_0/c \ll 1$.

(a) Zeigen Sie, dass die Ladungsdichte zeitlich konstant ist, und berechnen Sie das magnetische Dipolmoment $\boldsymbol{m}$ dieser Stromverteilung.
(b) Berechnen Sie das retardierte Vektorpotenzial in großem Abstand (Fernfeld) in Abhängigkeit der Amplitude des magnetischen Dipolmoments.
(c) Berechnen Sie daraus die elektromagnetischen Feldstärken und den Poynting-Vektor in Abhängigkeit des magnetischen Dipolmoments. Vergleichen Sie mit dem Ergebnis (19.53) bei der elektrischen Dipolstrahlung.

Lösungshinweis: Das magnetische Dipolmoment wurde in (15.23) definiert. Gehen Sie bei Teilaufgabe (b) analog zu Abschn. 19.3 vor. Begründen Sie, dass bei der Entwicklung des Vektorpotenzials nun auch die nächsthöhere Ordnung nötig ist, und berechnen Sie diese.

19.9 ••• Sendeantenne: Sphärische Multipole Als Modell für eine Sendeantenne betrachten wir einen unendlich dünnen, geraden Leiter entlang der z-Achse, für dessen Ausdehnung $-\lambda/2 \leq z \leq \lambda/2$ gilt, wobei λ die Wellenlänge der ausgesandten Strahlung ist. In diesem Leiter fließt ein räumlich konstanter Strom mit harmonischer Zeitabhängigkeit und Amplitude I_0.

(a) Geben Sie die Stromdichte $\boldsymbol{j}(t, \boldsymbol{r})$ für diesen Strom an und ermitteln Sie aus der Kontinuitätsgleichung die Ladungsdichte $\rho(t, \boldsymbol{r})$.
(b) Zeigen Sie, dass die dynamischen sphärischen Multipolmomente nur für $m = 0$ und ungerade l nicht verschwinden.
(c) Berechnen Sie das niedrigste nichtverschwindende Multipolmoment.

Lösungshinweis: Schreiben Sie für Teilaufgabe (b) die Ladungsdichte in Kugelkoordinaten und verwenden Sie die Ergebnisse aus Abschn. 19.4; außerdem benötigt man Eigenschaften der Kugelflächenfunktionen aus Kap. 13. Verwenden Sie in Teilaufgabe (c) Eigenschaften der sphärischen Bessel-Funktionen aus Abschn. 19.4.

19.10 •• Konstant beschleunigte Punktladung Eine Punktladung bewege sich durch den Ursprung in z-Richtung und werde konstant in Bewegungsrichtung beschleunigt. Berechnen Sie (im Fernfeld)

(a) die Abstrahlungscharakteristik (betrachten Sie dabei auch den nichtrelativistischen Grenzfall) und
(b) die gesamte abgestrahlte Leistung, auch in Abhängigkeit der wirkenden Kraft.
(c) Berechnen Sie außerdem, für welchen Winkel ϑ die Abstrahlung am stärksten ist, und zeigen Sie, dass im hochrelativistischen Grenzfall ($\gamma \to \infty$)

$$\vartheta_{\max} = \frac{1}{\sqrt{5}\gamma} \tag{19.180}$$

gilt. Vergleichen Sie Ihre Ergebnisse jeweils mit den Ergebnissen bei der Synchrotronstrahlung.

Lösungshinweis: Verwenden Sie (19.151) bzw. (19.152).

Ausführliche Lösungen zu den Aufgaben

19.1 Die retardierte Green'sche Funktion kann man kurz schreiben als

$$G(\tau, \boldsymbol{R}) = \frac{\delta\left(\tau - \frac{R}{c}\right)}{R}. \tag{19.181}$$

(a) Die zweifache zeitliche Ableitung ist zunächst

$$\partial_t^2 G = \partial_\tau^2 G = \frac{\ddot{\delta}\left(\tau - \frac{R}{c}\right)}{R}. \tag{19.182}$$

Bildet man dagegen den Gradienten, so hat man

$$\mathbf{grad}\, G = \nabla_R G = \frac{\dot{\delta}\left(\tau - \frac{R}{c}\right)}{R} \cdot \left(-\frac{1}{c}\hat{\boldsymbol{R}}\right) - \frac{\delta\left(\tau - \frac{R}{c}\right)}{R^2}\hat{\boldsymbol{R}}, \tag{19.183}$$

also ist

$$\begin{aligned}\Delta G &= \operatorname{div} \mathbf{grad}\, G \\ &= \left(\nabla_R \frac{\dot{\delta}\left(\tau - \frac{R}{c}\right)}{R}\right) \cdot \left(-\frac{1}{c}\hat{\boldsymbol{R}}\right) \\ &\quad + \frac{\dot{\delta}\left(\tau - \frac{R}{c}\right)}{R} \nabla_R \cdot \left(-\frac{1}{c}\hat{\boldsymbol{R}}\right) \\ &\quad - \left(\nabla_R \frac{\delta\left(\tau - \frac{R}{c}\right)}{R^2}\right) \cdot \hat{\boldsymbol{R}} - \frac{\delta\left(\tau - \frac{R}{c}\right)}{R^2} \nabla_R \cdot \hat{\boldsymbol{R}} \\ &= \frac{\ddot{\delta}\left(\tau - \frac{R}{c}\right)}{R}\left(-\frac{1}{c}\hat{\boldsymbol{R}}\right)^2 - \frac{\dot{\delta}\left(\tau - \frac{R}{c}\right)}{R^2}\hat{\boldsymbol{R}} \cdot \left(-\frac{1}{c}\hat{\boldsymbol{R}}\right) \\ &\quad - \frac{\dot{\delta}\left(\tau - \frac{R}{c}\right)}{R}\frac{2}{Rc} - \frac{\dot{\delta}\left(\tau - \frac{R}{c}\right)}{R^2}\left(-\frac{1}{c}\hat{\boldsymbol{R}}\right) \cdot \hat{\boldsymbol{R}} \\ &\quad + \frac{2\delta\left(\tau - \frac{R}{c}\right)}{R^3}\hat{\boldsymbol{R}}^2 - \frac{\delta\left(\tau - \frac{R}{c}\right)}{R^2}\frac{2}{R}.\end{aligned} \tag{19.184}$$

Alle Summanden bis auf den ersten heben sich nun gegenseitig weg. Es bleibt also

$$\begin{aligned}\Box G &= \left(\frac{1}{c^2}\partial_t^2 - \Delta\right) G \\ &= \frac{1}{c^2}\frac{\ddot{\delta}\left(\tau - \frac{R}{c}\right)}{R} - \frac{\ddot{\delta}\left(\tau - \frac{R}{c}\right)}{R}\frac{1}{c^2} = 0,\end{aligned} \tag{19.185}$$

was zu zeigen war.

(b) Wir integrieren $\Box G(\tau, \boldsymbol{R})$ über eine Kugelschale mit Radius R_0 um den Ursprung (Integrale über alle anderen Volumina, die den Ursprung enthalten, ergeben dasselbe, da außerhalb des Ursprungs $\Box G(\tau, \boldsymbol{R}) = 0$ gilt):

$$\begin{aligned}\int \Box G(\tau, \boldsymbol{R})\, \mathrm{d}V_R &= \frac{1}{c^2}\partial_t^2 \int G(\tau, \boldsymbol{R})\, \mathrm{d}V_R \\ &\quad - \int \Delta G(\tau, \boldsymbol{R})\, \mathrm{d}V_R.\end{aligned} \tag{19.186}$$

Das zweite Integral kann man mit dem Gauß'schen Satz in ein Oberflächenintegral umwandeln:

$$\begin{aligned}&\oint \mathrm{d}f_R \cdot \nabla_R G(\tau, \boldsymbol{R})|_{R=R_0} \\ &= \oint \mathrm{d}f_R \hat{\boldsymbol{R}} \cdot \left(-\frac{\dot{\delta}\left(\tau - \frac{R_0}{c}\right)}{R_0 c} - \frac{\delta\left(\tau - \frac{R_0}{c}\right)}{R_0^2}\right)\hat{\boldsymbol{R}} \\ &= 4\pi\left(-\dot{\delta}\left(\tau - \frac{R_0}{c}\right)\frac{R_0}{c} - \delta\left(\tau - \frac{R_0}{c}\right)\right).\end{aligned} \tag{19.187}$$

Für das erste Integral verwendet man, dass

$$\delta\left(\tau - \frac{R}{c}\right) = c\delta(R - c\tau) \tag{19.188}$$

ist. Dann kann man die Volumenintegration direkt ausführen:

$$\begin{aligned}\int G(\tau, \boldsymbol{R})\, \mathrm{d}V_R &= 4\pi \int_0^{R_0} R^2 \frac{c\delta(R - c\tau)}{R}\, \mathrm{d}R \\ &= 4\pi c^2 \tau \theta(R_0 - c\tau)\theta(c\tau),\end{aligned} \tag{19.189}$$

da die Deltafunktion nur dann einen Beitrag zum Integral liefert, wenn $0 < c\tau < R_0$ ist. Die erste zeitliche Ableitung des Integrals ist

$$\begin{aligned}&\partial_\tau \left[4\pi c^2 \tau \theta(R_0 - c\tau)\theta(c\tau)\right] \\ &= 4\pi c^2\Big[\theta(R_0 - c\tau)\theta(c\tau) - c\tau\delta(R_0 - c\tau)\theta(c\tau) \\ &\quad + c\tau\theta(R_0 - c\tau)\delta(c\tau)\Big] \\ &= 4\pi c^2\Big[\theta(R_0 - c\tau)\theta(c\tau) - R_0\delta(R_0 - c\tau)\Big].\end{aligned} \tag{19.190}$$

Dabei wurde im zweiten Term verwendet, dass wegen der Deltafunktion $c\tau = R_0$ gilt und sicher $\theta(R_0) = 1$ ist, und im dritten Term, dass $\tau\delta(c\tau) = 0$ ist. Für die zweite zeitliche Ableitung berechnet man entsprechend

$$\begin{aligned}&\partial_\tau^2 \left[4\pi c^2 \tau \theta(R_0 - c\tau)\theta(c\tau)\right] \\ &= 4\pi c^2\Big[-c\delta(R_0 - c\tau) + c\delta(c\tau) + cR_0\delta'(R_0 - c\tau)\Big],\end{aligned} \tag{19.191}$$

wobei im zweiten Term noch benutzt wurde, dass wegen der Deltafunktion $\theta(R_0 - c\tau) = \theta(R_0) = 1$ ist. Also haben wir

$$\begin{aligned}&\frac{1}{c^2}\partial_\tau^2 \int G(\tau, \boldsymbol{R})\, \mathrm{d}V_R \\ &= 4\pi\Big[-c\delta(R_0 - c\tau) + c\delta(c\tau) + cR_0\delta'(R_0 - c\tau)\Big] \\ &= 4\pi\left[-\delta\left(\tau - \frac{R_0}{c}\right) + \delta(\tau) - \frac{R_0}{c}\dot{\delta}\left(\tau - \frac{R_0}{c}\right)\right].\end{aligned} \tag{19.192}$$

Teil II

Im letzten Schritt wurde hier noch verwendet, dass die Ableitung der Deltafunktion eine ungerade Funktion ist. Insgesamt bleibt schließlich

$$\int \Box G(\tau, \boldsymbol{R})\,\mathrm{d}V_R = 4\pi\delta(\tau), \tag{19.193}$$

was zu zeigen war.

Die avancierte Green'sche Funktion kann man kurz schreiben als

$$G(\tau, \boldsymbol{R}) = \frac{\delta\left(\tau + \frac{R}{c}\right)}{R}. \tag{19.194}$$

Die Rechnungen laufen deshalb prinzipiell genauso, es sind nur einige Vorzeichen abzuändern.

19.2

(a) Das Ampère'sche Gesetz gilt nur in der Magnetostatik; hier hat man jedoch ein zeitlich veränderliches Magnetfeld. Dieses induziert laut den Maxwell-Gleichungen ein ebenfalls zeitlich veränderliches elektrisches Feld, und die Änderung dieses Feldes trägt dann seinerseits wieder zum Magnetfeld bei – dies ist zusätzlich zum Beitrag des Stromes zu berücksichtigen.

(b) Für die Stromdichte gilt

$$\boldsymbol{j}(t, \boldsymbol{r}) = I\hat{\boldsymbol{e}}_z\theta(t)\delta(x)\delta(y), \tag{19.195}$$

die Ladungsdichte ist hier identisch null. Damit sind die Potenziale

$$\phi = 0 \tag{19.196}$$

und

$$\begin{aligned} \boldsymbol{A}(t, \boldsymbol{r}) &= \frac{I}{c}\hat{\boldsymbol{e}}_z \int \mathrm{d}V' \frac{\delta(x')\delta(y')\theta\left(t - \frac{|\boldsymbol{r}-\boldsymbol{r}'|}{c}\right)}{|\boldsymbol{r}-\boldsymbol{r}'|} \\ &= \frac{I}{c}\hat{\boldsymbol{e}}_z \int_{-\infty}^{\infty} \mathrm{d}z' \frac{\theta\left(t - \frac{|\boldsymbol{r}-z'\hat{\boldsymbol{e}}_z|}{c}\right)}{|\boldsymbol{r}-z'\hat{\boldsymbol{e}}_z|}. \end{aligned} \tag{19.197}$$

Wegen der θ-Funktion tragen zum Integral nur die z'-Werte bei, für die

$$t - \frac{|\boldsymbol{r}-z'\hat{\boldsymbol{e}}_z|}{c} \geq 0 \tag{19.198}$$

gilt. Einerseits ist das natürlich nur für $t \geq 0$ möglich, andererseits führt dies auf eine quadratische Ungleichung für z' mit der Lösung

$$z - \sqrt{z^2 - r^2 + c^2t^2} \leq z' \leq z + \sqrt{z^2 - r^2 + c^2t^2}, \tag{19.199}$$

also

$$z - \sqrt{c^2t^2 - \varrho^2} \leq z' \leq z + \sqrt{c^2t^2 - \varrho^2}. \tag{19.200}$$

Damit man die Wurzel ziehen kann, muss $c^2t^2 - \varrho^2 \geq 0$ sein. Zusammen mit der Bedingung $t \geq 0$ führt das auf $ct - \varrho \geq 0$. Wir haben nun also

$$\boldsymbol{A}(t, \boldsymbol{r}) = \frac{I}{c}\hat{\boldsymbol{e}}_z\theta(ct-\varrho) \int_{z-\sqrt{c^2t^2-\varrho^2}}^{z+\sqrt{c^2t^2-\varrho^2}} \frac{\mathrm{d}z'}{|\boldsymbol{r}-z'\hat{\boldsymbol{e}}_z|}. \tag{19.201}$$

Mit der Substitution $u = z - z'$ wird dies zunächst zu

$$\begin{aligned} \boldsymbol{A}(t, \boldsymbol{r}) &= \frac{I}{c}\hat{\boldsymbol{e}}_z\theta(ct-\varrho) \int_{-\sqrt{c^2t^2-\varrho^2}}^{+\sqrt{c^2t^2-\varrho^2}} \frac{\mathrm{d}u}{|x\hat{\boldsymbol{e}}_x + y\hat{\boldsymbol{e}}_y + u\hat{\boldsymbol{e}}_z|} \\ &= \frac{I}{c}\hat{\boldsymbol{e}}_z\theta(ct-\varrho) \int_{-\sqrt{c^2t^2-\varrho^2}}^{+\sqrt{c^2t^2-\varrho^2}} \frac{\mathrm{d}u}{\sqrt{\varrho^2+u^2}}. \end{aligned} \tag{19.202}$$

Mit $v = u/\varrho$ und unter Ausnutzen der Symmetrie des Integranden erhält man

$$\begin{aligned} \boldsymbol{A}(t, \boldsymbol{r}) &= \frac{2I}{c}\hat{\boldsymbol{e}}_z\theta(ct-\varrho) \int_0^{\sqrt{c^2t^2-\varrho^2}/\varrho} \frac{\mathrm{d}v}{\sqrt{1+v^2}} \\ &= \frac{2I}{c}\hat{\boldsymbol{e}}_z\theta(ct-\varrho)\,\mathrm{arsinh}\left(\sqrt{\frac{c^2t^2}{\varrho^2} - 1}\right). \end{aligned} \tag{19.203}$$

(c) Daraus kann man nun die Feldstärken berechnen; nach einigen Zwischenschritten erhält man

$$\begin{aligned} \boldsymbol{E}(\varrho, t) &= -\frac{2I}{c\varrho}\hat{\boldsymbol{e}}_z\theta(ct-\varrho)\frac{\varrho}{\sqrt{c^2t^2-\varrho^2}}, \\ \boldsymbol{B}(\varrho, t) &= \frac{2I}{c\varrho}\hat{\boldsymbol{e}}_\varphi\theta(ct-\varrho)\frac{ct}{\sqrt{c^2t^2-\varrho^2}}. \end{aligned} \tag{19.204}$$

Man erkennt, dass für $ct < \varrho$ die Feldstärken identisch null sind, im Einklang mit der Erwartung, dass das elektromagnetische Feld, das durch Einschalten des Stromes entsteht, die Zeit ϱ/c braucht, um die Entfernung ϱ vom Leiter zu erreichen. Für $ct \to \varrho$ divergieren beide Feldstärken; dies kommt daher, dass ein instantanes Einschalten des Stromes natürlich unphysikalisch ist.

Außerdem ist der Grenzfall großer Zeiten interessant; dann sollte man vom Einschalten des Stromes im Endlichen nichts mehr merken und die Ergebnisse der Magnetostatik erhalten. Tatsächlich ergibt sich im Einklang mit der Erwartung für $ct \gg \varrho$ bei festem ϱ

$$\begin{aligned} \boldsymbol{E}(t, \varrho) &= -\frac{2I}{c}\hat{\boldsymbol{e}}_z\frac{1}{ct} \to 0, \\ \boldsymbol{B}(t, \varrho) &= \frac{2I}{c\varrho}\hat{\boldsymbol{e}}_\varphi. \end{aligned} \tag{19.205}$$

19.3

(a) Eine ruhende Punktladung gibt sicher weder Energie noch Impuls ab. Nach dem Relativitätsprinzip kann also auch eine gleichförmig bewegte Ladung keine Energie abgeben.

(b) Für eine gleichförmig bewegte Punktladung, die sich zur Zeit $t = 0$ im Ursprung befindet, wird (19.28) zu

$$t' = t - \frac{|\boldsymbol{r} - \boldsymbol{v}t'|}{c} \tag{19.206}$$

mit konstantem Geschwindigkeitsvektor $\boldsymbol{v} = c\boldsymbol{\beta}$. Isolieren des Betrags und Quadrieren führt dann auf die quadratische Gleichung

$$t'^2(1-\beta^2) - 2t'\left(t - \frac{\boldsymbol{r}\cdot\boldsymbol{\beta}}{c}\right) + t^2 - \frac{r^2}{c^2} = 0 \tag{19.207}$$

mit den Lösungen

$$t'_{1,2} = \frac{\gamma^2}{c}\left[(ct - \boldsymbol{r}\cdot\boldsymbol{\beta}) \pm \sqrt{(ct - \boldsymbol{r}\cdot\boldsymbol{\beta})^2 - \frac{c^2t^2 - r^2}{\gamma^2}}\right]. \tag{19.208}$$

Für $\boldsymbol{\beta} \to 0$ reduziert sich dies auf

$$t'_{1,2} = \frac{1}{c}\left[ct \pm \sqrt{c^2t^2 - (c^2t^2 - r^2)}\right] = t \pm \frac{r}{c}. \tag{19.209}$$

Da $t' < t$ gelten muss, ist nur das negative Vorzeichen physikalisch sinnvoll.

(c) Im Nenner der Potenziale haben wir

$$\begin{aligned} R(t')(1 - \boldsymbol{\beta}\cdot\hat{\boldsymbol{R}}) &= R(t') - \boldsymbol{\beta}\cdot\boldsymbol{R}(t') \\ &= c(t-t') - \boldsymbol{\beta}\cdot(\boldsymbol{r} - c\boldsymbol{\beta}t') \\ &= c(t-t') + c\beta^2t' - \boldsymbol{\beta}\cdot\boldsymbol{r} \\ &= -\frac{c}{\gamma^2}t' + ct - \boldsymbol{\beta}\cdot\boldsymbol{r}. \end{aligned} \tag{19.210}$$

Setzt man die Lösung aus Teilaufgabe (b) ein, so bleibt für den Nenner

$$\sqrt{(ct - \boldsymbol{r}\cdot\boldsymbol{\beta})^2 - \frac{c^2t^2 - r^2}{\gamma^2}}. \tag{19.211}$$

Nun setzt man außerdem

$$\boldsymbol{r} = \boldsymbol{R}(t) + \boldsymbol{v}t \tag{19.212}$$

ein; der Ausdruck unter der Wurzel ist dann

$$\begin{aligned} &(ct - \boldsymbol{R}\cdot\boldsymbol{\beta} - ct\beta^2)^2 - \frac{c^2t^2 - (\boldsymbol{R} + c\boldsymbol{\beta}t)^2}{\gamma^2} \\ &= \left[ct\left(1-\beta^2\right) - \boldsymbol{R}\cdot\boldsymbol{\beta}\right]^2 \\ &\quad - \left(1-\beta^2\right)\left[c^2t^2\left(1-\beta^2\right) - R^2 - 2ct\boldsymbol{R}\cdot\boldsymbol{\beta}\right] \\ &= (\boldsymbol{R}\cdot\boldsymbol{\beta})^2 + \left(1-\beta^2\right)R^2 \\ &= R^2\left[1 - \beta^2\left(1 - \left(\hat{\boldsymbol{R}}\cdot\hat{\boldsymbol{\beta}}\right)^2\right)\right] \\ &= R^2\left(1 - \beta^2\sin^2\vartheta\right). \end{aligned} \tag{19.213}$$

Damit ergeben sich nun sofort die angegebenen Potenziale.

(d) Wir haben $\boldsymbol{A} = \boldsymbol{\beta}\phi$, also

$$\boldsymbol{B} = \nabla\times\boldsymbol{A} = -\boldsymbol{\beta}\times\nabla\phi, \tag{19.214}$$

da $\boldsymbol{\beta}$ ein konstanter Vektor ist. Andererseits ist

$$\boldsymbol{E} = -\nabla\phi - \frac{1}{c}\dot{\boldsymbol{A}}. \tag{19.215}$$

Da für alle Zeiten $\boldsymbol{A} \parallel \boldsymbol{\beta}$ erfüllt ist, muss auch $\dot{\boldsymbol{A}} \parallel \boldsymbol{\beta}$ gelten. Es folgt

$$\boldsymbol{\beta}\times\boldsymbol{E} = -\boldsymbol{\beta}\times\nabla\phi \tag{19.216}$$

und damit $\boldsymbol{B} = \boldsymbol{\beta}\times\boldsymbol{E}$.

(e) Der Gradient des skalaren Potenzials ist

$$\begin{aligned} \nabla\phi &= -\frac{q\nabla\left(R(t)\sqrt{1-\beta^2\sin^2\vartheta}\right)}{R^2(t)\left(1-\beta^2\sin^2\vartheta\right)} \\ &= -\frac{q\nabla\sqrt{R^2(t) - (\boldsymbol{\beta}\times\boldsymbol{R}(t))^2}}{R^2(t)\left(1-\beta^2\sin^2\vartheta\right)} \\ &= -\frac{q\nabla\left[R^2(t) - (\boldsymbol{\beta}\times\boldsymbol{R}(t))^2\right]}{2\left[R^2(t) - (\boldsymbol{\beta}\times\boldsymbol{R}(t))^2\right]^{3/2}}. \end{aligned} \tag{19.217}$$

Dann hat man zunächst

$$\nabla R^2(t) = \nabla_R R^2(t) = 2\boldsymbol{R}(t) \tag{19.218}$$

und wegen

$$(\boldsymbol{\beta}\times\boldsymbol{R}(t))^2 = \beta^2R^2(t) - (\boldsymbol{\beta}\cdot\boldsymbol{R}(t))^2 \tag{19.219}$$

noch

$$\nabla(\boldsymbol{\beta}\times\boldsymbol{R}(t))^2 = 2\beta^2\boldsymbol{R} - 2(\boldsymbol{\beta}\cdot\boldsymbol{R}(t))\,\boldsymbol{\beta}. \tag{19.220}$$

Insgesamt folgt also

$$\begin{aligned} \nabla\phi &= -\frac{q\left[\boldsymbol{R}(t) - \beta^2\boldsymbol{R}(t) + (\boldsymbol{\beta}\cdot\boldsymbol{R}(t))\,\boldsymbol{\beta}\right]}{R^3(t)\left(1-\beta^2\sin^2\vartheta\right)^{3/2}} \\ &= -\frac{q\left[\frac{1}{\gamma^2}\boldsymbol{R}(t) + (\boldsymbol{\beta}\cdot\boldsymbol{R}(t))\,\boldsymbol{\beta}\right]}{R^3(t)\left(1-\beta^2\sin^2\vartheta\right)^{3/2}}. \end{aligned} \tag{19.221}$$

Genauso berechnet man

$$\begin{aligned} \frac{1}{c}\partial_t\boldsymbol{A} &= \frac{1}{c}\boldsymbol{\beta}\,\partial_t\phi \\ &= -\frac{q\partial_t\left[R^2(t) - (\boldsymbol{\beta}\times\boldsymbol{R}(t))^2\right]}{2c\left[R^2(t) - (\boldsymbol{\beta}\times\boldsymbol{R}(t))^2\right]^{3/2}} \\ &= \frac{q\,(\boldsymbol{\beta}\cdot\boldsymbol{R}(t))\,\boldsymbol{\beta}}{R^3\left(1-\beta^2\sin^2\vartheta\right)^{3/2}}, \end{aligned} \tag{19.222}$$

wobei verwendet wurde, dass wegen $\boldsymbol{\beta} \times \boldsymbol{R} = \boldsymbol{\beta} \times \boldsymbol{r}$ die zeitliche Ableitung des zweiten Summanden verschwindet. Insgesamt ergibt sich damit für das elektrische Feld

$$\begin{aligned} \boldsymbol{E}(t,\boldsymbol{r}) &= -\nabla\phi - \frac{1}{c}\partial_t \boldsymbol{A} \\ &= \frac{q}{\gamma^2 R^2 \left(1-\beta^2\sin^2\vartheta\right)^{3/2}}\hat{\boldsymbol{R}}. \end{aligned} \tag{19.223}$$

Der elektrische Feldstärkevektor zeigt also immer vom momentanen Ort der Punktladung zum Beobachter (wie es für das elektrische Feld einer Punktladung zu erwarten ist). Für das magnetische Feld hat man

$$\boldsymbol{B}(t,\boldsymbol{r}) = \frac{q}{\gamma^2 R^2 \left(1-\beta^2\sin^2\vartheta\right)^{3/2}}\left(\boldsymbol{\beta}\times\hat{\boldsymbol{R}}\right). \tag{19.224}$$

Der magnetische Feldstärkevektor steht also immer senkrecht auf der Richtung zum Beobachter und der Bewegungsrichtung, d. h., die Magnetfeldlinien bilden geschlossene Kreise um die Gerade, auf der sich die Punktladung bewegt (wie es für das magnetische Feld eines geraden Stromes ebenfalls zu erwarten ist).
Für den Poynting-Vektor erhält man schließlich

$$\boldsymbol{S} = \frac{c}{4\pi}\frac{q^2}{\gamma^4 R^4\left(1-\beta^2\sin^2\vartheta\right)^3}\left(\hat{\boldsymbol{R}}\times\left(\boldsymbol{\beta}\times\hat{\boldsymbol{R}}\right)\right). \tag{19.225}$$

Da dieser Vektor aber offensichtlich senkrecht zu $\hat{\boldsymbol{R}}$ steht, wird in Richtung eines Beobachters (an jeder beliebigen Stelle) nichts abgestrahlt – was zu zeigen war.

19.4 Die Bewegungsgleichung lautet

$$m\ddot{x} + m\omega_0^2 = \frac{2q^2\dddot{x}}{3c^3}. \tag{19.226}$$

Da dies eine lineare Differenzialgleichung ist, deren ungestörte Lösungen harmonische Schwingungen sind, liegt der Ansatz

$$x(t) = x_0 e^{-i\omega t} \tag{19.227}$$

nahe. Einsetzen führt auf

$$-\omega^2 + \omega_0^2 = i\frac{2q^2}{3mc^3}\omega^3. \tag{19.228}$$

Die Schwingungsfrequenz soll sich durch die Dämpfung kaum ändern, es soll also

$$\omega = \omega_0 + \Delta\omega \tag{19.229}$$

mit $|\Delta\omega| \ll \omega_0$ gelten. Dies ergibt

$$\omega^2 \approx \omega_0^2 + 2\Delta\omega\,\omega_0 \quad \text{und} \quad \omega^3 \approx \omega_0^3 + 3\Delta\omega\,\omega_0^2. \tag{19.230}$$

Setzt man dies ein, so kommt man auf

$$\left(1 + i\frac{q^2\omega_0}{mc^3}\right)\Delta\omega = -i\frac{q^2\omega_0^2}{3mc^3}. \tag{19.231}$$

Es wurde aber vorausgesetzt, dass die Strahlungsdämpfungskraft klein im Vergleich zur Rückstellkraft ist; also gilt

$$\frac{2q^2}{3c^3}\omega^3 \ll m\omega_0^2 \tag{19.232}$$

und damit, da $\omega \approx \omega_0$ ist,

$$\frac{2q^2\omega_0}{3mc^3} \ll 1. \tag{19.233}$$

Damit kann der zweite Summand in der Klammer oben vernachlässigt werden, und es bleibt

$$\Delta\omega = -i\frac{q^2\omega_0^2}{3mc^3}. \tag{19.234}$$

Mit $\Delta\omega =: -i\gamma$ erhält man dann genau das angegebene Ergebnis.

19.5 Bei harmonischer Zeitabhängigkeit, also $\rho(t,\boldsymbol{r}) = \rho_0(\boldsymbol{r})e^{-i\omega t}$, und äquivalent für die Stromdichte folgt aus der Kontinuitätsgleichung sofort

$$\operatorname{div}\boldsymbol{j}_0 - i\omega\rho_0 = 0. \tag{19.235}$$

Für das Monopolmoment, also die Gesamtladung, ergibt sich dann ebenfalls eine harmonische Zeitabhängigkeit mit

$$q_0 = \int \rho_0\,dV = \frac{1}{i\omega}\int \operatorname{div}\boldsymbol{j}_0\,dV. \tag{19.236}$$

Das Volumen, über das integriert wird, sei dabei so gewählt, dass die Ladungs- und Stromverteilung vollständig eingeschlossen ist; dies ist immer möglich, da die Verteilung als endlich ausgedehnt vorausgesetzt wurde. Das Integral kann mittels des Gauß'schen Satzes in ein Oberflächenintegral umgewandelt werden:

$$q_0 = \frac{1}{i\omega}\oint d\boldsymbol{f}\cdot\boldsymbol{j}_0. \tag{19.237}$$

Da sich die Stromverteilung aber nach Voraussetzung vollständig im Inneren des Volumens befindet, ist auf der Oberfläche $\boldsymbol{j}_0 = 0$ und damit

$$q_0 = 0, \tag{19.238}$$

was zu zeigen war.

Dieses Ergebnis kann man auch ohne Rechnung anschaulich verstehen: Nehmen wir an, wir könnten eine zeitlich veränderliche Ladungs- und Stromverteilung für alle Zeiten vollständig innerhalb eines bestimmten Gebiets einschließen. Die Gesamtladung in diesem Gebiet kann sich aber natürlich nur ändern, indem Ströme durch die Oberfläche fließen, da Ladungen weder erzeugt noch vernichtet werden können. Damit ist die Stromverteilung aber nicht vollständig innerhalb des Gebiets eingeschlossen – im Widerspruch zur Voraussetzung. Außerdem befindet sich, nachdem Ströme nach außen geflossen sind, nun auch außerhalb des vorherigen Volumens eine Ladungsverteilung – ebenfalls im Widerspruch zur Voraussetzung.

19.6

(a) Eine Leistung hat die physikalische Dimension

$$\frac{ML^2}{T^3}, \tag{19.239}$$

wobei M, L und T jeweils für die Grunddimensionen Masse, Länge und Zeit stehen. Das Produkt rechts hat dagegen die Dimension

$$\left(\frac{L}{T^2}\right)^k \left(\frac{M^{1/2}L^{3/2}}{T}\right)^l \left(\frac{L}{T}\right)^m. \tag{19.240}$$

Vergleicht man die Dimensionen auf beiden Seiten, so ergibt sich

$$\begin{aligned} k + \frac{3}{2}l + m &= 2, \\ -2k - l - m &= -3, \\ \frac{1}{2}l &= 1. \end{aligned} \tag{19.241}$$

(b) Aus der dritten Gleichung erhält man sofort $l = 2$, aus den anderen beiden dann $k = 2$ und $m = -3$. Damit folgt

$$P = \mathrm{const} \cdot \frac{\ddot{x}^2 q^2}{c^3}. \tag{19.242}$$

Dies stimmt mit der nichtrelativistischen Larmor-Formel überein; die unbekannte dimensionslose Konstante ist $\frac{2}{3}$.

19.7

(a) Die Beschränkung auf die z-Achse erreicht man mit zwei Deltafunktionen, die Einschränkung in z-Richtung mit zwei Thetafunktionen und die lineare Abhängigkeit in beide Richtungen schließlich mit einer Betragsfunktion. Die Stromdichte ist also $\boldsymbol{j}(t,\boldsymbol{r}) = j_z(t,\boldsymbol{r})\hat{\boldsymbol{e}}_z$ mit

$$j_z(t,\boldsymbol{r}) = I_0\delta(x)\delta(y)\theta(L/2-z)\theta(z+L/2)\left(1 - \frac{2|z|}{L}\right)\mathrm{e}^{-\mathrm{i}\omega t}. \tag{19.243}$$

Aus der Kontinuitätsgleichung folgt dann

$$\begin{aligned} \operatorname{div}\boldsymbol{j}_0 &= \frac{\partial j_{0z}}{\partial z} = \mathrm{i}\omega\rho_0 \qquad (19.244) \\ &= I_0\delta(x)\delta(y)\theta(L/2-z)\theta(z+L/2)\frac{-2\,\mathrm{sgn}\,z}{L}, \end{aligned}$$

also

$$\rho(t,\boldsymbol{r}) = \delta(x)\delta(y)\theta(L/2-z)\theta(z+L/2)\frac{2iI_0\,\mathrm{sgn}\,z}{\omega L}\mathrm{e}^{-\mathrm{i}\omega t}. \tag{19.245}$$

(b) Nach Definition ist das elektrische Dipolmoment

$$\boldsymbol{p}(t) = \int \boldsymbol{r}\rho(t,\boldsymbol{r})\,\mathrm{d}V. \tag{19.246}$$

Wegen der beiden Deltafunktionen hat $\boldsymbol{p}$ nur eine z-Komponente; für diese gilt wegen der Thetafunktionen

$$\begin{aligned} p_z(t) &= \frac{2\mathrm{i}I_0}{\omega L}\mathrm{e}^{-\mathrm{i}\omega t} \cdot \int_{-L/2}^{L/2} z\,\mathrm{sgn}\,z\,\mathrm{d}z \\ &= \frac{2\mathrm{i}I_0}{\omega L}\mathrm{e}^{-\mathrm{i}\omega t} \cdot 2\int_0^{L/2} z\,\mathrm{d}z = \frac{\mathrm{i}I_0L}{2\omega}\mathrm{e}^{-\mathrm{i}\omega t}. \end{aligned} \tag{19.247}$$

Setzt man dies in (19.105) ein, folgt schließlich

$$\langle P\rangle = \frac{\omega^2 I_0^2 L^2}{12c^3}. \tag{19.248}$$

19.8

(a) Die Divergenz von $\boldsymbol{j}$ ist

$$\frac{1}{\varrho}\frac{\partial j_\varphi}{\partial\varphi} = 0, \tag{19.249}$$

also ist nach der Kontinuitätsgleichung $\dot{\rho} = 0$ und damit $\rho(t) = \mathrm{const}$.
Das magnetische Dipolmoment ist nach Definition

$$\begin{aligned} \boldsymbol{m}(t) &= \frac{1}{2c}\int \mathrm{d}V\,\boldsymbol{r}\times\boldsymbol{j} \\ &= \frac{I_0}{2c}\mathrm{e}^{-\mathrm{i}\omega t}\int \delta(\varrho-\varrho_0)\delta(z)\left[(\varrho\hat{\boldsymbol{e}}_\varrho + z\hat{\boldsymbol{e}}_z)\times\hat{\boldsymbol{e}}_\varphi\right]\mathrm{d}V \\ &= \frac{I_0}{2c}\mathrm{e}^{-\mathrm{i}\omega t}\int \delta(\varrho-\varrho_0)\delta(z)\,(\varrho\hat{\boldsymbol{e}}_z - z\hat{\boldsymbol{e}}_\varrho)\,\varrho\,\mathrm{d}\varrho\,\mathrm{d}\varphi\,\mathrm{d}z \\ &= \frac{I_0}{2c}\mathrm{e}^{-\mathrm{i}\omega t}2\pi\varrho_0^2\hat{\boldsymbol{e}}_z =: \boldsymbol{m}_0\mathrm{e}^{-\mathrm{i}\omega t}. \end{aligned} \tag{19.250}$$

(b) In Abschn. 19.3 haben wir gesehen, dass im Fernfeld in niedrigster Ordnung

$$\boldsymbol{A}(t,\boldsymbol{r}) = \frac{\mathrm{e}^{\mathrm{i}(kr-\omega t)}}{r}\int \mathrm{d}V'\frac{\boldsymbol{j}_0(\boldsymbol{r}')}{c} \tag{19.251}$$

gilt. Berechnet man das Volumenintegral für die hier gegebene Stromverteilung, so ergibt sich allerdings wegen der Periodizität von $\hat{\boldsymbol{e}}_\varphi$

$$\frac{I_0}{c}\int \mathrm{d}V'\,\delta(\varrho'-\varrho_0)\delta(z')\hat{\boldsymbol{e}}_{\varphi'} = 0. \tag{19.252}$$

Wir müssen deshalb auch die nächsthöhere Ordnung in der Entwicklung nach kr' berücksichtigen (die höheren Terme der Entwicklung in r'/r können weiterhin vernachlässigt

Teil II

werden, da wir ja das Fernfeld betrachten), wir haben also (Abschn. 19.3)

$$A(t,r) = \frac{e^{i(kr-\omega t)}}{r} \int dV' \frac{j_0(r')}{c} \left(1 - ik \cdot r'\right). \quad (19.253)$$

Das Integral über den ersten Summanden verschwindet, wie eben gezeigt; es bleibt noch das Integral über den zweiten Summanden zu berechnen. Dies ist

$$\begin{aligned} &\int dV' \frac{j_0(r')}{c} (k \cdot r') \\ &= \frac{I_0}{c} \int dV'\, \delta(\varrho' - \varrho_0)\delta(z')\hat{e}_{\varphi'} (k \cdot r') \\ &= \frac{I_0}{c} \int_0^{2\pi} \varrho_0 d\varphi'\, \hat{e}_{\varphi'} (k \cdot \varrho_0 \hat{e}_{\varrho'}) \\ &= \frac{I_0 \varrho_0^2}{c} \int_0^{2\pi} d\varphi' \left(-\sin\varphi' \hat{e}_x + \cos\varphi' \hat{e}_y\right) \\ &\cdot \left(k_x \cos\varphi' + k_y \sin\varphi'\right) \\ &= \frac{I_0 \varrho_0^2}{c} \pi \left(-k_y \hat{e}_x + k_x \hat{e}_y\right) \\ &= \frac{I_0 \pi \varrho_0^2}{c} (\hat{e}_z \times k) = m_0 \times k, \end{aligned} \quad (19.254)$$

wobei

$$\begin{aligned} \int_0^{2\pi} d\varphi' \sin\varphi' \cos\varphi' &= 0, \\ \int_0^{2\pi} d\varphi' \sin^2\varphi' = \int_0^{2\pi} d\varphi' \cos^2\varphi' &= \pi \end{aligned} \quad (19.255)$$

benutzt wurde. Also ist

$$A(t,r) = \frac{ike^{i(kr-\omega t)}}{r} (\hat{e}_r \times m_0). \quad (19.256)$$

(c) Das magnetische Feld ist

$$\begin{aligned} B &= \nabla \times A \\ &= \left(\nabla \frac{ike^{i(kr-\omega t)}}{r}\right) \times (\hat{e}_r \times m_0) \\ &+ \frac{ike^{i(kr-\omega t)}}{r} (\nabla \times (\hat{e}_r \times m_0)). \end{aligned} \quad (19.257)$$

Betrachten wir die beiden Summanden einzeln. Im ersten hat man zunächst

$$\begin{aligned} \nabla \frac{ike^{i(kr-\omega t)}}{r} &= \frac{ike^{i(kr-\omega t)}}{r} \left(ik - \frac{1}{r}\right) \hat{e}_r \\ &\approx -\frac{k^2 e^{i(kr-\omega t)}}{r} \hat{e}_r, \end{aligned} \quad (19.258)$$

da im Fernfeld $k \gg 1/r$ ist. Im zweiten Summanden stehen dagegen nur Ableitungen von $\hat{e}_r$. Diese liefern jeweils einen Faktor $1/r$, aber keinen Faktor k; deshalb ist der zweite Summand im Fernfeld komplett vernachlässigbar. Es bleibt

$$\begin{aligned} B &= -\frac{k^2 e^{i(kr-\omega t)}}{r} (\hat{e}_r \times (\hat{e}_r \times m_0)) \\ &= \frac{k^2 e^{i(kr-\omega t)}}{r} (m_0 - (\hat{e}_r \cdot m_0)\hat{e}_r), \end{aligned} \quad (19.259)$$

wobei im letzten Schritt noch das doppelte Vektorprodukt aufgelöst wurde. Für das Magnetfeld ergibt sich also die typische Winkelabhängigkeit eines Dipolfelds.

Für das elektrische Feld benötigt man den Gradienten des skalaren Potenzials und die zeitliche Ableitung des Vektorpotenzials. Da die Ladungsdichte zeitlich konstant ist, hat man aber auch ein zeitlich konstantes skalares Potenzial, das somit nicht zur Abstrahlung beitragen kann. Damit ist einfach

$$\begin{aligned} E &= -\frac{1}{c}\partial_t A \\ &= -\frac{1}{c} \frac{ik\partial_t e^{i(kr-\omega t)}}{r} (\hat{e}_r \times m_0) \\ &= \frac{k^2 e^{i(kr-\omega t)}}{r} (m_0 \times \hat{e}_r). \end{aligned} \quad (19.260)$$

Nimmt man schließlich die Realteile und berechnet daraus den Poynting-Vektor, so ist

$$\begin{aligned} S &= \frac{c}{4\pi} \frac{k^4 \cos^2(kr - \omega t)}{r^2} \\ &\cdot (m_0 \times \hat{e}_r) \times [m_0 - (\hat{e}_r \cdot m_0)\hat{e}_r] \\ &= \frac{c}{4\pi} \frac{k^4 \cos^2(kr - \omega t))}{r^2} \cdot \left[m_0^2 - (\hat{e}_r \cdot m_0)^2\right] \hat{e}_r \\ &= \frac{c}{4\pi} \frac{k^4 m_0^2 \cos^2(kr - \omega t)}{r^2} \sin^2\vartheta\, \hat{e}_r, \end{aligned} \quad (19.261)$$

wobei das doppelte Vektorprodukt aufgelöst und benutzt wurde, dass m_0 in z-Richtung zeigt. Dies kann man nun aber andererseits auch als

$$S(t,r) = \frac{\ddot{m}^2(t - r/c)}{4\pi c^3} \frac{\sin^2\vartheta}{r^2} \hat{e}_r \quad (19.262)$$

schreiben, wobei hier mit m nur der Realteil des magnetischen Dipolmoments gemeint ist. Für magnetische Dipolstrahlung ergibt sich also genau derselbe Ausdruck wie für die elektrische Dipolstrahlung.

19.9

(a) Die Stromdichte lautet

$$j(t,r) = I_0 \hat{e}_z e^{-i\omega t} \delta(x)\delta(y)\theta(\lambda/2 - z)\theta(\lambda/2 + z). \quad (19.263)$$

Aus der Kontinuitätsgleichung folgt:

$$\begin{aligned}\rho(t,\boldsymbol{r}) &= \frac{\mathrm{i}}{\omega}\dot{\rho} = \frac{1}{\mathrm{i}\omega}\operatorname{div}\boldsymbol{j} = \frac{1}{\mathrm{i}\omega}\partial_z j_z \\ &= \frac{I_0}{\mathrm{i}\omega}\mathrm{e}^{-\mathrm{i}\omega t}\delta(x)\delta(y)\Big[-\delta(\lambda/2-z)\theta(\lambda/2+z) \\ &\quad + \theta(\lambda/2-z)\delta(\lambda/2+z)\Big] \\ &= \frac{\mathrm{i}I_0}{\omega}\mathrm{e}^{-\mathrm{i}\omega t}\delta(x)\delta(y)\left[\delta(\lambda/2-z)-\delta(\lambda/2+z)\right].\end{aligned} \tag{19.264}$$

(b) Für die Multipolmomente benötigen wir nur den räumlichen Anteil der Ladungsdichte, diesen allerdings in Kugelkoordinaten:

$$\rho_0(\boldsymbol{r}) = \frac{\mathrm{i}I_0}{\omega}\delta(\varphi)\delta(r-\lambda/2)\frac{\delta(\vartheta)-\delta(\vartheta-\pi)}{r^2\sin\vartheta}. \tag{19.265}$$

Damit haben wir

$$\begin{aligned}q_{lm} &= \frac{4\pi(2l-1)!!}{k^l}\frac{\mathrm{i}I_0}{\omega}\int \mathrm{d}V'\,\delta(\varphi')\delta(r'-\lambda/2) \\ &\quad\cdot\frac{\delta(\vartheta')-\delta(\vartheta'-\pi)}{r'^2\sin\vartheta'}j_l(kr')Y^*_{lm}(\vartheta',\varphi') \\ &= \frac{4\pi(2l-1)!!}{ck^{l+1}}\mathrm{i}I_0 j_l(k\lambda/2)\Big[Y^*_{lm}(0,0)-Y^*_{lm}(\pi,0)\Big],\end{aligned} \tag{19.266}$$

wobei j_l die sphärische Bessel-Funktion der Ordnung l ist. Benutzt man die Eigenschaften der Kugelflächenfunktionen aus Kap. 13, so sieht man zunächst, dass dieser Ausdruck nur für $m = 0$ nicht verschwindet; man hat dann

$$q_{l0} = \frac{4\pi(2l-1)!!}{ck^{l+1}}\mathrm{i}I_0 j_l(k\lambda/2)\sqrt{\frac{2l+1}{4\pi}}\Big[P_l(1)-P_l(-1)\Big] \tag{19.267}$$

mit den Legendre-Polynomen P_l. Da außerdem auch $P_l(1) = 1$ und $P_l(-1) = (-1)^l$ gilt, folgt sofort, dass alle Multipolmomente mit geradem l verschwinden.

(c) Das niedrigste nichtverschwindende Multipolmoment ist

$$\begin{aligned}q_{10} &= \frac{4\pi(2-1)!!}{ck^{1+1}}\mathrm{i}I_0 j_1(\pi/2)\sqrt{\frac{2+1}{4\pi}}\cdot(1-(-1)) \\ &= \frac{4\sqrt{3\pi}\,\mathrm{i}I_0}{ck^2}j_1(\pi/2),\end{aligned} \tag{19.268}$$

wobei noch $k = 2\pi/\lambda$ eingesetzt wurde. Die sphärische Bessel-Funktion erster Ordnung kann man auch noch explizit auswerten. Es ist

$$j_1(x) = -x\left(\frac{1}{x}\frac{\mathrm{d}}{\mathrm{d}x}\right)\frac{\sin x}{x} = \frac{\sin x - x\cos x}{x^2}, \tag{19.269}$$

also

$$j_1(\pi/2) = \left(\frac{2}{\pi}\right)^2. \tag{19.270}$$

Damit haben wir schließlich

$$q_{10} = \frac{16\mathrm{i}\sqrt{3}\,I_0}{\pi^{3/2}ck^2}. \tag{19.271}$$

19.10

(a) Betrachten wir zunächst das doppelte Vektorprodukt in (19.151). Da Geschwindigkeits- und Beschleunigungsvektor nun in dieselbe Richtung zeigen, bleibt hier

$$\hat{\boldsymbol{R}}\times\left[\hat{\boldsymbol{R}}\times\dot{\boldsymbol{\beta}}\right] = \left(\hat{\boldsymbol{R}}\cdot\dot{\boldsymbol{\beta}}\right)\hat{\boldsymbol{R}} - \hat{\boldsymbol{R}}^2\dot{\boldsymbol{\beta}}. \tag{19.272}$$

Beachten wir außerdem, dass die Bewegung in z-Richtung erfolgt und die Punktladung nur im Ursprung betrachtet wird, so ist dies

$$\dot{\beta}\,(\cos\vartheta\,\hat{\boldsymbol{e}}_r - \hat{\boldsymbol{e}}_z). \tag{19.273}$$

Das Quadrat davon ist

$$\dot{\beta}^2\left(\cos^2\vartheta - 2\cos\vartheta\,\hat{\boldsymbol{e}}_r\cdot\hat{\boldsymbol{e}}_z + 1\right) = \dot{\beta}^2\sin^2\vartheta. \tag{19.274}$$

Insgesamt ist die in eine bestimmte Richtung abgestrahlte Leistung pro infinitesimalem Raumwinkelelement

$$\frac{\mathrm{d}P}{\mathrm{d}\Omega} = \frac{q^2}{4\pi c}\frac{\dot{\beta}^2\sin^2\vartheta}{(1-\beta\cos\vartheta)^6}. \tag{19.275}$$

Im nichtrelativistischen Grenzfall $\beta \to 0$ erhält man also genau dasselbe Ergebnis (19.53) wie bei der harmonisch schwingenden Punktladung.

(b) Für die gesamte abgestrahlte Leistung betrachten wir zunächst den Zähler von (19.152). Wieder verschwindet der zweite Summand wegen der Parallelität von Geschwindigkeit und Beschleunigung; es bleibt also nur

$$P = \frac{2q^2\gamma^6\dot{\beta}^2}{3c}. \tag{19.276}$$

Für den Zusammenhang zwischen Beschleunigung und Kraft erhält man hier nun

$$\begin{aligned}\boldsymbol{F} &= \frac{\mathrm{d}(\gamma m\boldsymbol{v})}{\mathrm{d}t} = \dot{\gamma}mc\boldsymbol{\beta} + \gamma mc\dot{\boldsymbol{\beta}} = \beta\dot{\beta}\gamma^3 mc\boldsymbol{\beta} + \gamma mc\dot{\boldsymbol{\beta}} \\ &= \gamma^3\beta^2 mc\dot{\boldsymbol{\beta}} + \gamma^3(1-\beta^2)mc\dot{\boldsymbol{\beta}} = c\gamma^3 m\dot{\boldsymbol{\beta}}.\end{aligned} \tag{19.277}$$

Daraus folgt

$$P = \frac{2q^2}{3m^2c^3}\boldsymbol{F}^2. \tag{19.278}$$

Ein Vergleich mit (19.168) zeigt, dass bei einer Beschleunigung in Bewegungsrichtung die abgegebene Leistung bei gleicher Kraft um einen Faktor γ^2 kleiner ist als bei einer Beschleunigung senkrecht zur Bewegungsrichtung.

(c) Gesucht ist das Maximum der Funktion

$$f(\vartheta) = \frac{\sin^2\vartheta}{(1-\beta\cos\vartheta)^6}. \tag{19.279}$$

Ableiten und gleich null setzen führt auf die Gleichung

$$2\sin\vartheta\cos\vartheta(1-\beta\cos\vartheta) - 6\beta\sin^3\vartheta = 0. \tag{19.280}$$

Hier kann man zunächst $2\sin\vartheta$ ausklammern, was auf die Lösungen $\vartheta = 0$ und $\vartheta = 180°$ führt. Für beide Werte ist die abgestrahlte Leistung aber gleich null, dies sind also absolute Minima. Es bleibt die Gleichung

$$\cos\vartheta\,(1-\beta\cos\vartheta) - 3\beta\sin^2\vartheta = 0. \tag{19.281}$$

Mit $\sin^2\vartheta = 1 - \cos^2\vartheta$ erhält man dann eine quadratische Gleichung in $\cos\vartheta$, die leicht lösbar ist. Schließlich ergibt sich

$$\cos\vartheta_{\max} = \frac{-1+\sqrt{1+24\beta^2}}{4\beta}. \tag{19.282}$$

Für $\beta \to 1$ folgt $\vartheta_{\max} \to 0$. Wie bereits bei der Synchrotronstrahlung wird die Energie also vor allem in Bewegungsrichtung abgestrahlt. Genauer: Drücken wir β durch γ aus, so haben wir zunächst

$$\cos\vartheta_{\max} = \frac{-1+\sqrt{1+24\,(1-1/\gamma^2)}}{4\sqrt{1-1/\gamma^2}}. \tag{19.283}$$

Für $\beta \to 1$ gilt $\gamma \to \infty$ und $\vartheta_{\max} \to 0$, wir können also beide Seiten entwickeln. Dies führt nach einigen Zwischenschritten auf

$$1 - \frac{1}{2}\vartheta_{\max}^2 = 1 - \frac{1}{10\gamma^2}, \tag{19.284}$$

woraus sofort die angegebene Beziehung folgt. Wie bei der Synchrotronstrahlung erfolgt auch hier die Abstrahlung vor allem in einem Winkel von der Größenordnung γ^{-1}.

Literatur

Boas, M.L.: Mathematical Methods in the Physical Sciences. 3. Aufl., Wiley, Hoboken (2005)

Literatur

Boas, M.L.: Mathematical Methods in the Physical Sciences, 3. Aufl., Wiley, Hoboken (2005)

Lagrange- und Hamilton-Formalismus in der Elektrodynamik

20

Wie behandelt man eine relativistische Punktladung im Lagrange- und Hamilton-Formalismus?

Wie kann man die Maxwell-Gleichungen aus einer Lagrange-Funktion ableiten?

Wie können das Noether-Theorem sowie die Energie- und Impulserhaltung auf Feldtheorien angewandt werden?

M. Bartelmann et al., *Theoretische Physik*, DOI 10.1007/978-3-642-54618-1_20, © Springer-Verlag Berlin Heidelberg 2015

In der Mechanik (Kap. 5 und 7) wurden zwei relativ abstrakte, aber auch sehr allgemeine Formalismen hergeleitet, mittels derer die Bewegungsgleichungen für ein gegebenes mechanisches System bestimmt werden können: der Lagrange- und der Hamilton-Formalismus. Diese sollen nun auch auf die Elektrodynamik erweitert werden.

Der Sinn ist nicht sofort einsichtig – in der Elektrodynamik sind die Bewegungsgleichungen ja immer dieselben und folgen direkt aus der Lorentz-Kraft. Die allgemeinen Formalismen haben dennoch mehrere Vorteile. Zunächst können alle physikalischen Gesetze der Elektrodynamik in einem Ausdruck zusammengefasst werden: Aus der Lagrange-Funktion erhält man mittels der Euler-Lagrange-Gleichungen alle Bewegungsgleichungen, ebenso aus der Hamilton-Funktion mittels der Hamilton-Gleichungen. Die Lagrange- und die Hamilton-Funktion beschreiben also jeweils die komplette Physik des Systems.

Außerdem fällt es bei der Formulierung mittels einer Lagrange-Funktion einfacher, allgemeine Prinzipien wie beispielsweise den Zusammenhang zwischen Symmetrien und Erhaltungsgrößen (Noether-Theorem) zu studieren; auch dies wurde bereits in der Mechanik diskutiert. Und schließlich kann die Elektrodynamik, wenn sie auf diese Weise formuliert wird, leicht mit anderen Feldtheorien verglichen und auch verallgemeinert werden, beispielsweise zu den SU(N)-Eichtheorien der modernen Elementarteilchenphysik.

Konkrete Anwendungen findet der Hamilton-Formalismus vor allem in der Quantenmechanik und Quantenfeldtheorie, wenn man zum Hamilton-Operator übergeht. Der Lagrange-Formalismus ist dagegen der Ausgangspunkt für den Pfadintegralformalismus, der ebenfalls sowohl für die Quantenmechanik als auch für die Quantenfeldtheorie wichtig ist.

In diesem Kapitel werden wir zunächst, wie bereits in der Mechanik, die Bewegung eines Punktteilchens mit dem Lagrange- und Hamilton-Formalismus studieren, nun allerdings unter Einbeziehung der speziellen Relativitätstheorie und der Lorentz-Kraft (Abschn. 20.1). Dann werden wir in Abschn. 20.2 den Formalismus auf die Felder selbst anwenden, wobei wieder der aus der Mechanik bekannte Formalismus relativistisch verallgemeinert wird. Abschließend erweitert Abschn. 20.3 das bekannte Noether-Theorem auf allgemeine Feldtheorien. Als eine spezielle Anwendung wird der Energie-Impuls-Tensor der Elektrodynamik diskutiert.

20.1 Bewegtes Punktteilchen – auch relativistisch

Wie schon in der Mechanik wollen wir die Bewegungsgleichung für ein Punktteilchen finden. Neu hinzu kommt jedoch, dass wir nun auch relativistische Effekte berücksichtigen und dass außerdem die Kräfte von elektromagnetischen Feldern herstammen. Es treten deshalb auch (durch die Lorentz-Kraft) geschwindigkeitsabhängige Kräfte auf – bei denen nicht von vornherein klar ist, wie man mit ihnen umzugehen hat.

Freie relativistische Bewegung

Zunächst soll der Fall ohne elektromagnetische Felder betrachtet werden. Wir suchen also die Lagrange- und Hamilton-Funktion für ein freies Teilchen der Ruhemasse m. Mit unseren Kenntnissen über die spezielle Relativitätstheorie kann das aus der nichtrelativistischen Mechanik Bekannte nun auf eine relativistische Bewegung verallgemeinert werden. Ausgangspunkt soll hierbei die Hamilton-Funktion sein. Diese ist ja im Allgemeinen (bei Abwesenheit von Zwangskräften bzw. wenn diese zeitunabhängig sind) identisch mit der Gesamtenergie (Abschn. 7.1), und für ein relativistisches Teilchen ist sie durch (10.23) gegeben.

Hamilton-Funktion für ein freies relativistisches Teilchen

Bei Abwesenheit von äußeren Kräften ist die Hamilton-Funktion für ein relativistisches Teilchen gegeben durch

$$H(\boldsymbol{x},\boldsymbol{p}) = \sqrt{\boldsymbol{p}^2c^2 + m^2c^4}. \tag{20.1}$$

Frage 1

Erinnern Sie sich an die Mechanik: Wie erhält man aus der Hamilton-Funktion die Geschwindigkeit?

Durch eine der beiden Hamilton-Gleichungen in (7.13) ist dann die Geschwindigkeit festgelegt:

$$\dot{x}^i = \frac{\partial H}{\partial p^i} = \frac{p^i c^2}{\sqrt{\boldsymbol{p}^2c^2 + m^2c^4}}, \tag{20.2}$$

also ist wie bereits aus Abschn. 10.1 bekannt:

$$\boldsymbol{p} = \frac{m\dot{\boldsymbol{x}}}{\sqrt{1-\frac{\dot{\boldsymbol{x}}^2}{c^2}}} = \gamma m\dot{\boldsymbol{x}}. \tag{20.3}$$

Führt man nun eine Legendre-Transformation aus (siehe den „Mathematischen Hintergrund“ 7.1), erhält man die Lagrange-Funktion:

$$\begin{aligned} L(\boldsymbol{x},\dot{\boldsymbol{x}}) &= \boldsymbol{p}\cdot\dot{\boldsymbol{x}} - H(\boldsymbol{x},\boldsymbol{p}) \\ &= \gamma m\dot{\boldsymbol{x}}^2 - \sqrt{\gamma^2m^2\dot{\boldsymbol{x}}^2c^2 + m^2c^4} \\ &= \gamma m\dot{\boldsymbol{x}}^2 - mc^2\sqrt{\gamma^2\frac{\dot{\boldsymbol{x}}^2}{c^2}+1} \\ &= \gamma m\dot{\boldsymbol{x}}^2 - mc^2\sqrt{\frac{1}{1-\frac{\dot{\boldsymbol{x}}^2}{c^2}}} = \gamma m(\dot{\boldsymbol{x}}^2 - c^2) \\ &= -\gamma mc^2\left(1-\frac{\dot{\boldsymbol{x}}^2}{c^2}\right) = -\gamma mc^2\frac{1}{\gamma^2}. \end{aligned} \tag{20.4}$$

Lagrange-Funktion für ein freies relativistisches Teilchen

$$L(\boldsymbol{x}, \dot{\boldsymbol{x}}) = -\frac{mc^2}{\gamma} = -mc^2\sqrt{1 - \frac{\dot{\boldsymbol{x}}^2}{c^2}}. \qquad (20.5)$$

Frage 2

Überprüfen Sie alle Zwischenschritte, die auf (20.5) geführt haben.

Im Limes $|\dot{\boldsymbol{x}}|/c \ll 1$ ergibt dies

$$L(\boldsymbol{x}, \dot{\boldsymbol{x}}) \approx \frac{1}{2}m\dot{\boldsymbol{x}}^2 - mc^2, \qquad (20.6)$$

also gerade die nichtrelativistische kinetische Energie abzüglich der Ruheenergie. Der letztere Beitrag ist dabei eine reine Konstante, welche die Dynamik nicht beeinflusst.

Nichtrelativistisch bewegte Punktladung im elektromagnetischen Feld

Im nächsten Schritt sollen nun elektromagnetische Kräfte auf das Teilchen wirken – zunächst betrachten wir allerdings der Einfachheit halber nur nichtrelativistische Bewegungen. Auf bewegte Punktladungen wirkt in elektromagnetischen Feldern die Lorentz-Kraft; diese ist von der Geschwindigkeit abhängig. Prinzipiell kann man zwar auch dafür ein Potenzial angeben (siehe (1.142)), es ist aber nicht klar, wie der entsprechende Term in der Lagrange-Funktion auszusehen hat. Andererseits gilt nun auch nicht mehr unbedingt, dass die Hamilton-Funktion identisch mit der Gesamtenergie ist. Damit können wir nun weder Lagrange- noch Hamilton-Funktion direkt angeben.

Wir gehen deshalb einen anderen Weg: Zunächst fordern wir, dass die Euler-Lagrange-Gleichungen

$$\frac{\mathrm{d}}{\mathrm{d}t}\frac{\partial L}{\partial \dot{x}^i} - \frac{\partial L}{\partial x^i} = 0 \qquad (20.7)$$

weiterhin gültig sein sollen. Die Lagrange-Funktion L muss nun so konstruiert werden, dass diese Formel die korrekte Bewegungsgleichung für ein bewegtes Punktteilchen liefert. (Erinnern wir uns an die Mechanik: L ist keine physikalisch messbare Größe, sondern eine reine mathematische Hilfsgröße, die passend zur Problemstellung gewählt werden kann.)

Wir setzen hierfür zunächst die üblichen Terme für die kinetische und die potenzielle Energie an:

$$T = \frac{1}{2}m\dot{\boldsymbol{x}}^2 \quad \text{und} \quad V_{\text{el}} = q\phi. \qquad (20.8)$$

Da die Lorentz-Kraft vom Magnetfeld abhängt und dieses wiederum vom Vektorpotenzial $\boldsymbol{A}$, liegt es nun nahe, analog zum Term mit dem skalaren Potenzial noch einen hinzuzufügen, der das Vektorpotenzial enthält. Die Lagrange-Funktion muss aber ein Skalar sein – also kann der Term, der das Vektorpotenzial enthält, nur ein Skalarprodukt von $\boldsymbol{A}$ mit einem anderen Vektor sein. Betrachten wir alle hier infrage kommenden Möglichkeiten:

(a) $\boldsymbol{A}\cdot\boldsymbol{A}$: Dann käme in der Lagrange-Funktion das Vektorpotenzial quadratisch vor, im Gegensatz zum skalaren Potenzial.
(b) $\nabla\cdot\boldsymbol{A}$: Dann würde die Lagrange-Funktion eine Ableitung des Vektorpotenzials enthalten, wiederum im Gegensatz zum Term mit dem skalaren Potenzial. (Außerdem würde dieser Term in der Coulomb-Eichung identisch verschwinden.)
(c) $\boldsymbol{x}\cdot\boldsymbol{A}$: Hier fehlt, dass die daraus abgeleitete Kraft von der Geschwindigkeit abhängt; außerdem steht keine sinnvolle Konstante zur Verfügung, mit der man diesen Term auf die richtige Einheit bringen könnte.
(d) $\dot{\boldsymbol{x}}\cdot\boldsymbol{A}$: Dies scheint recht vielversprechend zu sein: Die Geschwindigkeit kommt in dem Term vor, und die richtige Einheit erhält man, wenn man (wie üblich) noch einen Faktor $\frac{1}{c}$ einbaut.

Fügt man die Ladung hinzu, hat man also den Ansatz

$$L = \frac{1}{2}m\dot{\boldsymbol{x}}^2 - q\phi + k\,q\frac{\dot{\boldsymbol{x}}}{c}\cdot\boldsymbol{A} \qquad (20.9)$$

mit einer noch festzulegenden Konstanten k. Dieser Ansatz wurde rein aus physikalischen Plausibilitätsbetrachtungen gefunden; mathematisch wären alle vier angeführten Möglichkeiten akzeptabel, physikalisch gesehen ergibt aber nur die letzte wirklich Sinn.

Die Ableitungen der Lagrange-Funktion sind

$$\frac{\partial L}{\partial \dot{x}^i} = m\dot{x}^i + k\frac{q}{c}A^i, \qquad (20.10)$$

$$\frac{\partial L}{\partial x^i} = -q\frac{\partial \phi}{\partial x^i} + k\,q\frac{\dot{\boldsymbol{x}}}{c}\cdot\frac{\partial \boldsymbol{A}}{\partial x^i}. \qquad (20.11)$$

Bei der Berechnung der totalen Zeitableitung muss darauf geachtet werden, dass $\boldsymbol{A}$ nicht nur explizit von der Zeit abhängt, sondern auch implizit über die Bahnkoordinaten:

$$\frac{\mathrm{d}}{\mathrm{d}t}A^i(t, \boldsymbol{x}(t)) = \frac{\partial A^i}{\partial t} + \sum_j \frac{\partial A^i}{\partial x^j}\frac{\partial x^j}{\partial t} = \dot{A}^i + \dot{\boldsymbol{x}}\cdot\nabla A^i. \qquad (20.12)$$

Setzt man diese Ausdrücke schließlich in die Euler-Lagrange-Gleichung ein, hat man

$$m\ddot{x}^i + k\frac{q}{c}\dot{A}^i + k\frac{q}{c}\dot{\boldsymbol{x}}\cdot\nabla A^i + q\frac{\partial \phi}{\partial x^i} - k\frac{q}{c}\dot{\boldsymbol{x}}\cdot\frac{\partial \boldsymbol{A}}{\partial x^i} = 0. \qquad (20.13)$$

Nun fasst man die beiden Summanden mit $\dot{\boldsymbol{x}}$ zusammen und benutzt

$$\dot{\boldsymbol{x}}\cdot\left(\nabla A^i - \frac{\partial \boldsymbol{A}}{\partial x^i}\right) = -\left(\dot{\boldsymbol{x}}\times\boldsymbol{B}\right)^i. \qquad (20.14)$$

Teil II

Frage 3

Zeigen Sie die Richtigkeit der Beziehung (20.14).

Eingesetzt in (20.13) ergibt sich

$$\begin{aligned} m\ddot{x} &= q\left(-\nabla\phi - k\frac{1}{c}\dot{A}\right) + k\frac{q}{c}\left(\dot{x} \times B\right) \\ &= qE + k\frac{q}{c}\left(\dot{x} \times B\right). \end{aligned} \tag{20.15}$$

Durch Vergleich mit der Lorentz-Kraft folgt sofort $k = 1$, womit die gesuchte Lagrange-Funktion nun eindeutig bestimmt ist. (Dies hätte man übrigens auch aus der Forderung erhalten können, dass die Wirkung eichinvariant sein soll; siehe hierzu Aufgabe 20.3.)

Lagrange-Funktion für eine nichtrelativistische Punktladung im elektromagnetischen Feld

$$L(x, \dot{x}) = \frac{1}{2}m\dot{x}^2 - q\phi + q\frac{\dot{x}}{c} \cdot A \tag{20.16}$$

Um die Hamilton-Funktion zu finden, benötigen wir nun den zu x kanonisch konjugierten Impuls. Dieser ergibt sich aus der Definition

$$p^i = \frac{\partial L}{\partial \dot{x}^i}. \tag{20.17}$$

Kanonisch konjugierter Impuls für eine Punktladung im elektromagnetischen Feld

$$p = m\dot{x} + \frac{q}{c}A = p_{\text{kin}} + \frac{q}{c}A \tag{20.18}$$

Wir haben hier das überraschende Ergebnis, dass der gewohnte *kinetische* Impuls $p_{\text{kin}} = m\dot{x}$ bei Anwesenheit des elektrodynamischen Vektorpotenzials nicht mehr identisch ist mit dem kanonisch konjugierten Impuls, der in die Hamilton-Gleichungen eingeht. Dies ist auch insbesondere für die Quantenmechanik wichtig, da, wie wir dort sehen werden, der Impulsoperator zum kanonisch konjugierten und nicht zum kinetischen Impuls gehört. Die Konsequenzen daraus werden wir in Kap. 29 diskutieren.

Durch eine Legendre-Transformation gewinnt man nun die Hamilton-Funktion:

$$\begin{aligned} H &= p \cdot \dot{x} - L \\ &= p \cdot \frac{p - \frac{q}{c}A}{m} - \frac{1}{2}m\frac{\left(p - \frac{q}{c}A\right)^2}{m^2} + q\phi - \frac{p - \frac{q}{c}A}{m} \cdot \frac{q}{c}A \\ &= \frac{1}{2}\frac{\left(p - \frac{q}{c}A\right)^2}{m} + q\phi = \frac{p_{\text{kin}}^2}{2m} + q\phi. \end{aligned} \tag{20.19}$$

Frage 4

Vergewissern Sie sich, dass Sie alle Zwischenschritte verstanden haben, die auf (20.19) führen.

Man hat somit für H genau den Ausdruck, den man auch sofort naiv für die Gesamtenergie angeschrieben hätte. Nur hätte man dabei eben eine wichtige „Kleinigkeit" verpasst: Der Impuls, der in der kinetischen Energie steht, ist zwar weiterhin der kinetische Impuls $p_{\text{kin}} = m\dot{x}$; in die Hamilton-Gleichungen geht aber nicht dieser ein, sondern der kanonisch konjugierte Impuls $p = p_{\text{kin}} + \frac{q}{c}A$! Der Umweg über die Lagrange-Funktion war also nötig, um den korrekten Ausdruck für den kanonisch konjugierten Impuls zu finden.

Relativistisch bewegte Punktladung im elektromagnetischen Feld

Nachdem wir die Hamilton- und Lagrange-Funktionen für das freie relativistische Punktteilchen und für die nichtrelativistische Punktladung kennen, können wir es uns im Prinzip aussuchen, wo wir bei der Behandlung der relativistisch bewegten Punktladung anfangen. Der Zugang über die Hamilton-Funktion ist dabei aber leicht zu bevorzugen, da diese (als Gesamtenergie) eine noch halbwegs anschauliche Größe ist – im Gegensatz zur Lagrange-Funktion. Die Wirkung hat allerdings den Vorteil, Symmetrien wie die Eich- und Lorentz-Invarianz deutlich zu machen, wie wir später sehen werden.

Frage 5

Überlegen Sie sich, bevor Sie weiterlesen, wie aufgrund der bisherigen Ergebnisse diese Hamilton-Funktion aussehen müsste.

Hamilton-Funktion für eine relativistische Punktladung im elektromagnetischen Feld

$$H(x, p) = \sqrt{\left(p - \frac{q}{c}A\right)^2 c^2 + m^2c^4} + q\phi \tag{20.20}$$

Die Geschwindigkeit bekommt man aus einer der beiden Hamilton-Gleichungen:

$$\dot{x} = \frac{\left(p - \frac{q}{c}A\right)c^2}{\sqrt{\left(p - \frac{q}{c}A\right)^2 c^2 + m^2c^4}}. \tag{20.21}$$

Auflösen dieser Gleichung nach dem Ausdruck in der Klammer liefert wie erwartet

$$p - \frac{q}{c}A = \frac{m\dot{x}}{\sqrt{1 - \dot{x}^2/c^2}} = \gamma m\dot{x} = p_{\text{kin}}. \tag{20.22}$$

Die Legendre-Transformation führt dann auf die Lagrange-Funktion:

$$\begin{aligned} L &= \left(\gamma m\dot{\boldsymbol{x}} + \frac{q}{c}\boldsymbol{A}\right)\cdot\dot{\boldsymbol{x}} - \sqrt{\gamma^2 m^2\dot{\boldsymbol{x}}^2c^2 + m^2c^4} - q\phi \\ &= \gamma m\dot{\boldsymbol{x}}^2 - \sqrt{\gamma^2 m^2\dot{\boldsymbol{x}}^2c^2 + m^2c^4} - q\phi + \frac{q}{c}\boldsymbol{A}\cdot\dot{\boldsymbol{x}} \\ &= -\frac{mc^2}{\gamma(\dot{\boldsymbol{x}})} - q\phi + q\frac{\dot{\boldsymbol{x}}}{c}\cdot\boldsymbol{A}. \end{aligned} \tag{20.23}$$

Frage 6

Vollziehen Sie die Zwischenschritte nach, aus denen sich (20.23) ergibt.

Fassen wir abschließend noch einmal zusammen:

- Der kinetische Term in der Lagrange-Funktion ändert sich durch die Wechselwirkung mit einem elektromagnetischen Feld nicht; er ist im nichtrelativistischen Fall gegeben durch $\frac{1}{2}m\dot{\boldsymbol{x}}^2$, im relativistischen Fall durch $-mc^2/\gamma$. Der Wechselwirkungsterm mit dem Feld ist in beiden Fällen gegeben durch $-q\phi + \frac{q}{c}\dot{\boldsymbol{x}}\cdot\boldsymbol{A}$.
- In der Hamilton-Funktion ist der kinetische Term gegeben durch $\frac{1}{2m}\boldsymbol{p}_{\text{kin}}^2$ (nichtrelativistisch) bzw. $\sqrt{\boldsymbol{p}_{\text{kin}}^2c^2 + m^2c^4}$ (relativistisch).
- Im Falle einer Wechselwirkung mit einem elektromagnetischen Feld ist für den kinetischen Impuls der kanonische Impuls minus die Wechselwirkung mit dem Vektorpotenzial einzusetzen: $\boldsymbol{p}_{\text{kin}} = \boldsymbol{p} - \frac{q}{c}\boldsymbol{A}$; zum kinetischen Term ist die potenzielle Energie $q\phi$ im skalaren Potenzial zu addieren.

Kovariante Formulierung

Da wir nun ein relativistisch bewegtes Teilchen betrachten, bietet es sich natürlich an, die Lagrange- und Hamilton-Funktion jeweils mit Vierervektoren zu formulieren. Hierfür betrachten wir die Lagrange-Funktion (20.23). Mit den Vierervektoren u^μ für die Geschwindigkeit und A^μ für das Potenzial kann der Wechselwirkungsterm geschrieben werden als

$$-q\phi + q\frac{\dot{\boldsymbol{x}}}{c}\cdot\boldsymbol{A} = -\frac{q}{c\gamma}u_\mu A^\mu. \tag{20.24}$$

Insgesamt ergibt sich damit zunächst

$$L(x^\mu, u^\mu) = -\frac{1}{\gamma}\left(mc^2 + \frac{q}{c}u_\mu A^\mu\right). \tag{20.25}$$

Betrachten wir die zugehörige Wirkung:

$$S = \int L\,\mathrm{d}t. \tag{20.26}$$

Die Zeit t, nach der integriert wird, ist vom Bezugssystem abhängig. Es wäre deshalb naheliegend, stattdessen die Eigenzeit τ zu verwenden. Für diese gilt bekanntlich $\mathrm{d}t = \gamma\mathrm{d}\tau$. Definieren wir

$$\tilde{L} := \gamma L = -mc^2 - \frac{q}{c}u_\mu A^\mu, \tag{20.27}$$

so wird die Wirkung zu

$$S = \int \tilde{L}\,\mathrm{d}\tau. \tag{20.28}$$

Diese Ausdrücke sind manifest Lorentz-invariant (aber nicht eichinvariant; Aufgabe 20.3). Da die Wirkung das Integral dieser relativistischen Lagrange-Funktion über die (ebenfalls invariante) Eigenzeit ist, ergibt sich, dass auch die Wirkung ein Lorentz-Skalar ist. Letzteres kann man auch daraus folgern, dass die Bedingung $\delta S = 0$ Lorentz-invariant sein muss, da sich daraus ja die Bewegungsgleichungen ergeben.

Insbesondere für ein freies Teilchen folgt nun

$$S = -\int mc^2\mathrm{d}\tau = -mc^2\Delta\tau. \tag{20.29}$$

Die Wirkung für jede vorgegebene Bahnkurve ist also proportional zu der Eigenzeit $\Delta\tau$, die auf dieser Bahnkurve für das Teilchen vergeht. Damit ist in diesem Spezialfall das Hamilton'sche Prinzip äquivalent zum Fermat'schen Prinzip (siehe auch Abschn. 5.5 und 17.3): Das Teilchen bewegt sich auf der Bahn, auf welcher die (Eigen-)Zeit extremal wird.

Auf den ersten Blick scheint das Ziel erreicht, die Lagrange-Funktion für eine relativistische Punktladung kovariant auszudrücken. Allerdings ergibt sich beim ersten Summanden in (20.27) ein Problem: Dieser ist konstant und würde deshalb bei einer Variation der Wirkung einfach verschwinden, statt auf die gewünschte Bewegungsgleichung zu führen. Die Abhängigkeit der Wirkung eines freien Teilchens von der Bahn steckt letztlich in den Integrationsgrenzen τ_1 und τ_2, die in (20.29) nicht explizit angeschrieben wurden, bzw. ihrer Differenz $\Delta\tau$: Fordert man wie bei der Variation üblich, dass die Endpunkte der Bahnkurve zu festen Zeiten t_1 und t_2 festgehalten werden, so ist $\Delta\tau$ ein Funktional der Bahnkurve.

Die Wirkung muss also noch umgeschrieben werden. Dazu bemerken wir zunächst, dass wir für das infinitesimale Eigenzeitintervall schreiben können:

$$\mathrm{d}\tau = \frac{1}{c}\sqrt{\mathrm{d}x_\mu\mathrm{d}x^\mu} = \frac{1}{c}\sqrt{\frac{\mathrm{d}x_\mu}{\mathrm{d}\tau}\frac{\mathrm{d}x^\mu}{\mathrm{d}\tau}}\mathrm{d}\tau = \frac{1}{c}\sqrt{u_\mu u^\mu}\mathrm{d}\tau. \tag{20.30}$$

Damit ist allerdings noch nicht viel gewonnen; wegen $u_\mu u^\mu = c^2$ ist dies eine reine Identität.

Statt durch τ können wir die Weltlinie aber auch durch einen anderen Parameter λ, der streng monoton und differenzierbar mit τ zunimmt, parametrisieren. Führen wir die zugehörige „Vierergeschwindigkeit"

$$\tilde{u}^\mu := \frac{\mathrm{d}x^\mu}{\mathrm{d}\lambda} = u^\mu\frac{\mathrm{d}\tau}{\mathrm{d}\lambda} \tag{20.31}$$

Teil II

ein, so folgt

$$c\mathrm{d}\tau = \sqrt{u_\mu u^\mu}\mathrm{d}\tau = \sqrt{\tilde{u}_\mu \tilde{u}^\mu}\mathrm{d}\lambda. \qquad (20.32)$$

(Wählt man insbesondere für λ die Koordinatenzeit t, so erhält man wieder (20.23).)

Die Wirkung für ein freies Teilchen kann damit geschrieben werden als

$$S = -\int mc\sqrt{\tilde{u}_\mu \tilde{u}^\mu}\mathrm{d}\lambda. \qquad (20.33)$$

Da $\tilde{u}_\mu \tilde{u}^\mu$ im Gegensatz zu $u_\mu u^\mu$ nicht konstant sein muss, führt eine Variation mit der neuen „Vierergeschwindigkeit" $\tilde{u}^\mu$ nun auf ein nicht verschwindendes Ergebnis. Andererseits wurde im Wirkungsintegral nur eine Variablensubstitution vorgenommen, am Ergebnis (20.29) ändert sich dadurch also nichts.

Auch im Wechselwirkungsterm kann man u_μ durch $\tilde{u}_\mu$ ersetzen; damit folgt die gesuchte kovariante Formulierung der Lagrange-Funktion.

Wirkung und Lagrange-Funktion für eine relativistische Punktladung im elektromagnetischen Feld, kovariant formuliert

Für die Wirkung gilt

$$S = \int \tilde{L}\,\mathrm{d}\lambda \qquad (20.34)$$

mit einem Parameter λ, der die Bahnkurve beschreibt und monoton mit der Eigenzeit τ zunimmt. Die Lagrange-Funktion ist gegeben durch

$$\tilde{L}(x^\mu, \tilde{u}^\mu) = -mc\sqrt{\tilde{u}_\mu \tilde{u}^\mu} - \frac{q}{c}\tilde{u}_\mu A^\mu \qquad (20.35)$$

mit

$$\tilde{u}^\mu \equiv \frac{\mathrm{d}x^\mu}{\mathrm{d}\lambda}. \qquad (20.36)$$

Frage 7

Vollziehen Sie die Zwischenschritte, die hierauf geführt haben, nach.

Um aus $\tilde{L}$ die Bewegungsgleichung zu gewinnen, benutzt man schließlich die Euler-Lagrange-Gleichung in kovarianter Form. Diese erhält man durch Variation der Wirkung, wenn $x^\mu(\lambda_1)$ und $x^\mu(\lambda_2)$ festgehalten werden, wobei $\lambda_{1,2}$ die Integrationsgrenzen in (20.34) sind.

Euler-Lagrange-Gleichung, kovariant formuliert

$$\frac{\mathrm{d}}{\mathrm{d}\lambda}\frac{\partial \tilde{L}}{\partial \tilde{u}^\mu} - \frac{\partial \tilde{L}}{\partial x^\mu} = 0 \qquad (20.37)$$

Erst nach Ausführen der Variation wird dann $\mathrm{d}\lambda = \mathrm{d}\tau$ ersetzt. (Diese Nebenbedingung könnte formal durch Hinzufügen eines passenden Summanden mit einem Lagrange'schen Multiplikator zu $\tilde{L}$ erzwungen werden.) Für die konkrete Rechnung sei auf Aufgabe 20.1 verwiesen.

Schließlich kann man auch bei der Hamilton-Funktion relativistische Argumente verwenden, da die Gesamtenergie proportional zur Nullkomponente des Viererimpulses ist, $H = cp^0$. Verwendet man die Hamilton-Funktion für ein freies relativistisches Teilchen, so gilt

$$cp^0 = \sqrt{\sum_{i=1}^{3}(p^i)^2c^2 + m^2c^4}. \qquad (20.38)$$

Macht man nun die Ersetzung

$$p^\mu \to p^\mu - \frac{q}{c}A^\mu, \qquad (20.39)$$

so wird daraus

$$cp^0 - q\phi = \sqrt{\sum_{i=1}^{3}\left(p^i - \frac{q}{c}A^i\right)^2 c^2 + m^2c^4}. \qquad (20.40)$$

Damit erhält man wieder das schon bekannte Ergebnis (20.20). Die Relativitätstheorie hilft hier also zu verstehen, warum nicht nur die Energie selbst durch den zusätzlichen Term $q\phi$ geändert wird, sondern auch der Impuls durch den zusätzlichen Term $\frac{q}{c}\boldsymbol{A}$ ergänzt werden muss.

Die Regel (20.39), die angibt, wie der Viererimpuls geändert werden muss, wenn man eine Wechselwirkung mit einem elektromagnetischen Feld berücksichtigen will, wird oft als *minimale Ersetzung/Erweiterung* bezeichnet. *Minimal* bedeutet hier, dass für die Wechselwirkung nur die Ladung des betrachteten Teilchens wichtig ist; alle anderen Eigenschaften wie beispielsweise sein Dipolmoment werden vernachlässigt. Deshalb gilt die Regel streng nur für Punktteilchen ohne innere Struktur, da diese kein (elektrisches) Dipolmoment oder höhere Momente haben können. Für Elektronen ist dieser Ansatz gerechtfertigt (und experimentell gut überprüft); schon bei Protonen ergeben sich (zumindest bei hohen Energien) deutliche Abweichungen.

20.2 Das elektromagnetische Feld

In Abschn. 20.1 haben wir aus dem Lagrange- und Hamilton-Formalimus für ein Punktteilchen die richtige Bewegungsgleichung für eine Punktladung im elektromagnetischen Feld (die Lorentz-Kraft) herleiten können. Nun ist noch zu untersuchen, wie auch die restlichen Grundgleichungen der Elektrodynamik, also die Maxwell'schen Gleichungen, aus einer passend gewählten Lagrange- bzw. Hamilton-Funktion ableitbar sind.

Im Unterschied zum Punktteilchen benötigt man dafür aber den Lagrange- und Hamilton-Formalismus für (relativistische)

Felder. Dieser ist im Wesentlichen völlig analog zu dem für Punktteilchen; im Folgenden werden die grundlegenden Begriffe kurz zusammengestellt. Dieser wurde in der Mechanik (Abschn. 8.4) schon kurz angesprochen, soll hier aber nochmals wiederholt und vertieft werden.

Allgemeiner Formalismus

Die relevanten generalisierten Koordinaten sind nun nicht mehr die (endlich vielen) Koordinaten q_i von Punktteilchen, sondern die (unendlich vielen) Feldamplituden $\phi_k(t, \boldsymbol{r})$ an jedem Ort $\boldsymbol{r}$ und zu jeder Zeit t, wobei direkt berücksichtigt wird, dass man auch mehrere Felder ϕ_k gleichzeitig haben kann (hier: elektrisches und magnetisches Feld). Wir müssen also folgende Ersetzungen vornehmen:

$$\begin{aligned} q_i &\to \phi_k(t, \boldsymbol{r}), \\ \dot{q}_i &\to \nabla\phi_k(t, \boldsymbol{r}),\ \dot{\phi}_k(t, \boldsymbol{r}), \\ L(q_i, \dot{q}_i) &\to \mathcal{L}(\phi_k(t, \boldsymbol{r}),\ \nabla\phi_k(t, \boldsymbol{r}),\ \dot{\phi}_k(t, \boldsymbol{r})), \\ \frac{\partial L}{\partial q_i} &\to \frac{\partial \mathcal{L}}{\partial \phi_k}, \\ \frac{\mathrm{d}}{\mathrm{d}t}\frac{\partial L}{\partial \dot{q}_i} &\to \sum_i \partial_i \frac{\partial \mathcal{L}}{\partial(\partial_i \phi_k)} + \partial_t \frac{\partial \mathcal{L}}{\partial \dot{\phi}_k}. \end{aligned} \tag{20.41}$$

Die Funktion $\mathcal{L}$ wird dabei als *Lagrange-Dichte* bezeichnet.

Die generalisierten Impulse werden definiert als

$$\pi_k = \frac{\partial \mathcal{L}}{\partial \dot{\phi}_k}, \tag{20.42}$$

und mittels einer Legendre-Transformation erhält man dann die *Hamilton-Dichte*

$$\mathcal{H} = \sum_k \pi_k \dot{\phi}_k - \mathcal{L}. \tag{20.43}$$

Für die Wirkung gilt

$$S = \int \left(\int \mathcal{L}\,\mathrm{d}V \right) \mathrm{d}t = \frac{1}{c} \int \mathcal{L}\,\mathrm{d}^4x. \tag{20.44}$$

Die Lagrange-Dichte und damit auch die Hamilton-Dichte haben also die Dimension einer Energiedichte. Statt Ladung q und Geschwindigkeit $\dot{\boldsymbol{x}}$ eines Punktteilchens müssen nun auch entsprechend die Ladungsdichte $\rho(t, \boldsymbol{r})$ und Stromdichte $\boldsymbol{j}(t, \boldsymbol{r})$ verwendet werden.

Nichtkovariante Formulierung

Wie bereits bei der Punktladung beginnen wir mit der nichtkovarianten Formulierung, da diese von der Energiedichte ausgehen kann und deshalb etwas anschaulicher ist. Wieder wird sich allerdings später herausstellen, dass die Herleitung der Lagrange-Dichte rein aus Symmetrieargumenten (Lorentz- und Eichinvarianz) deutlich einfacher ist.

Wir betrachten der Einfachheit halber zunächst nur elektrostatische Probleme im Vakuum. In Analogie zur üblichen Gestalt $L = T - V$ der Lagrange-Funktion setzen wir für die Lagrange-Dichte

$$\mathcal{L}_{\mathrm{ES}} = \frac{1}{8\pi}\boldsymbol{E}^2 - \rho\phi = \frac{1}{8\pi}(\nabla\phi)^2 - \rho\phi \tag{20.45}$$

an, wobei der erste Term die elektrostatische Energiedichte ist und der zweite die Wechselwirkung mit einer äußeren Ladungsverteilung ρ beschreibt.

Die Ableitungen dieser Lagrange-Dichte sind

$$\begin{aligned} \frac{\partial \mathcal{L}_{\mathrm{ES}}}{\partial \phi} &= -\rho, \\ \frac{\partial \mathcal{L}_{\mathrm{ES}}}{\partial(\partial_i \phi)} &= \frac{1}{4\pi}\partial_i \phi = -\frac{1}{4\pi}E_i. \end{aligned} \tag{20.46}$$

Die Euler-Lagrange-Gleichung

$$\sum_i \partial_i \frac{\partial \mathcal{L}_{\mathrm{ES}}}{\partial(\partial_i \phi)} + \partial_t \frac{\partial \mathcal{L}_{\mathrm{ES}}}{\partial \dot{\phi}} - \frac{\mathcal{L}_{\mathrm{ES}}}{\partial \phi} = 0 \tag{20.47}$$

führt dann sofort auf

$$\operatorname{div} \boldsymbol{E} = 4\pi\rho, \tag{20.48}$$

also tatsächlich die Maxwell-Gleichung der Elektrostatik.

Völlig analog können wir bei magnetostatischen Problemen ansetzen:

$$\mathcal{L}_{\mathrm{MS}} = \frac{1}{8\pi}\boldsymbol{B}^2 - \frac{1}{c}\boldsymbol{j}\cdot\boldsymbol{A} = \frac{1}{8\pi}(\nabla \times \boldsymbol{A})^2 - \frac{1}{c}\boldsymbol{j}\cdot\boldsymbol{A}. \tag{20.49}$$

Die Euler-Lagrange-Gleichungen für die Felder A^i ergeben dann die passende Maxwell-Gleichung der Magnetostatik:

$$\operatorname{rot} \boldsymbol{B} = \frac{4\pi}{c}\boldsymbol{j}. \tag{20.50}$$

Frage 8

Leiten Sie (20.50) aus (20.49) her. Es genügt dabei, eine Komponente explizit zu berechnen; die beiden anderen ergeben sich analog.

Für die komplette Elektrodynamik wäre es nun naheliegend, die elektrostatischen und magnetostatischen Beiträge (20.45) und (20.49) einfach zu addieren. Daraus würden sich allerdings nicht die korrekten Maxwell-Gleichungen ergeben – beim Maxwell'schen Verschiebungsstrom hätte man das falsche Vorzeichen. Statt dies direkt nachzurechnen, kann man auch den Wechselwirkungsterm in (20.16) betrachten: Dort haben die beiden Summanden, welche die Wechselwirkung mit dem skalaren bzw. dem Vektorpotenzial beschreiben, ja unterschiedliche Vorzeichen (was aus der kovarianten Formulierung (20.35) sofort einsichtig ist).

Dies legt es nahe, die beiden Beiträge stattdessen zu subtrahieren – ein anderes Vorzeichen von (20.49) ändert ja nichts an (20.50). Damit erhält man tatsächlich die korrekte Lagrange-Dichte.

Lagrange-Dichte des elektromagnetischen Feldes im Vakuum

$$\mathcal{L} = \frac{1}{8\pi}\left(\boldsymbol{E}^2 - \boldsymbol{B}^2\right) - \rho\phi + \frac{1}{c}\boldsymbol{j}\cdot\boldsymbol{A} \qquad (20.51)$$

Dass die richtigen Gleichungen für die Potenziale aus dieser Lagrange-Dichte folgen, soll hier nicht explizit gezeigt werden. In Aufgabe 20.2 kann sich der Leser (in kovarianter Formulierung) selbst davon überzeugen. Setzt man die bekannten Zusammenhänge zwischen den Feldstärken und den Potenzialen ein, so ergeben sich daraus die inhomogenen Maxwell-Gleichungen. Aus der Darstellung der Feldstärken mittels der Potenziale folgen außerdem automatisch die homogenen Maxwell-Gleichungen.

Betrachten wir schließlich noch die Hamilton-Dichte, der Einfachheit halber nur für den quellenfreien Fall. Dafür schreiben wir die Lagrange-Dichte zunächst komplett mit den Potenzialen

$$\mathcal{L} = \frac{1}{8\pi}\left(\left(\nabla\phi + \frac{1}{c}\dot{\boldsymbol{A}}\right)^2 - (\mathbf{rot}\boldsymbol{A})^2\right) \qquad (20.52)$$

und ermitteln daraus die generalisierten Impulse. Bezeichnen wir den generalisierten Impuls zu ϕ mit Π_0 und denjenigen zu $\boldsymbol{A}$ mit $\boldsymbol{\Pi}$, so sind diese gegeben durch

$$\begin{aligned}\Pi_0(t,\boldsymbol{r}) &= \frac{\partial\mathcal{L}}{\partial\dot{\phi}(t,\boldsymbol{r})} = 0,\\ \boldsymbol{\Pi}(t,\boldsymbol{r}) &= \frac{\partial\mathcal{L}}{\partial\dot{\boldsymbol{A}}(t,\boldsymbol{r})}\\ &= \frac{1}{4\pi c}\left(\nabla\phi + \frac{1}{c}\dot{\boldsymbol{A}}\right) = -\frac{1}{4\pi c}\boldsymbol{E}.\end{aligned} \qquad (20.53)$$

Frage 9

Führen Sie die Berechnung der generalisierten Impulse (20.53) selbst durch.

Die Hamilton-Dichte erhält man durch die Legendre-Transformation

$$\begin{aligned}\mathcal{H} &= \dot{\phi}\Pi_0 + \dot{\boldsymbol{A}}\cdot\boldsymbol{\Pi} - \mathcal{L}\\ &= -\frac{1}{4\pi c}\dot{\boldsymbol{A}}\cdot\boldsymbol{E} - \frac{1}{8\pi}\left(\boldsymbol{E}^2 - \boldsymbol{B}^2\right).\end{aligned} \qquad (20.54)$$

Dies stimmt aber nun offensichtlich nicht mit der bekannten Energiedichte der Elektrodynamik überein. Im Folgenden werden wir untersuchen, wie man diese Diskrepanz auflöst.

Mit

$$-\frac{1}{c}\dot{\boldsymbol{A}} = \nabla\phi + \boldsymbol{E} \qquad (20.55)$$

kann das Ergebnis zunächst umgeschrieben werden zu

$$\begin{aligned}\mathcal{H} &= \frac{1}{4\pi}(\nabla\phi\cdot\boldsymbol{E}) + \frac{1}{4\pi}\boldsymbol{E}^2 - \frac{1}{8\pi}\left(\boldsymbol{E}^2 - \boldsymbol{B}^2\right)\\ &= \frac{1}{4\pi}(\nabla\phi\cdot\boldsymbol{E}) + \frac{1}{8\pi}\left(\boldsymbol{E}^2 + \boldsymbol{B}^2\right).\end{aligned} \qquad (20.56)$$

Aus der Produktregel und der Quellenfreiheit ($\operatorname{div}\boldsymbol{E} = 0$) ergibt sich

$$\operatorname{div}(\phi\boldsymbol{E}) = \nabla\phi\cdot\boldsymbol{E} + \phi\operatorname{div}\boldsymbol{E} = \nabla\phi\cdot\boldsymbol{E}, \qquad (20.57)$$

also folgt

$$\mathcal{H} = \frac{1}{4\pi}\operatorname{div}(\phi\boldsymbol{E}) + \frac{1}{8\pi}\left(\boldsymbol{E}^2 + \boldsymbol{B}^2\right). \qquad (20.58)$$

Der zweite Summand ist nun der übliche Ausdruck für die Energiedichte. Beim ersten berücksichtigen wir, dass die Gesamtenergie gegeben ist durch das Integral über $\mathcal{H}$:

$$\begin{aligned}E &= \frac{1}{4\pi}\int \operatorname{div}(\phi\boldsymbol{E})\,\mathrm{d}^4x + \frac{1}{8\pi}\int\left(\boldsymbol{E}^2 + \boldsymbol{B}^2\right)\mathrm{d}^4x\\ &= \frac{1}{4\pi}\int\oint(\phi\boldsymbol{E})\cdot\mathrm{d}^2\boldsymbol{f}\,\mathrm{d}t + \frac{1}{8\pi}\int\left(\boldsymbol{E}^2 + \boldsymbol{B}^2\right)\mathrm{d}^4x,\end{aligned} \qquad (20.59)$$

wobei im ersten Term der Gauß'sche Satz benutzt wurde.

Frage 10

Wie kann man begründen, dass das Oberflächenintegral nichts zur Energie beiträgt?

Damit das Volumenintegral definiert ist, müssen die elektrischen und magnetischen Feldstärken für $r \to \infty$ stärker als mit $r^{-3/2}$ abfallen; der Beitrag des Oberflächenintegrals geht dann gegen null. Der erste Summand der Hamilton-Dichte trägt zur Energie somit nichts bei; d. h., wir können für die Hamilton-Dichte auch einfach

$$\mathcal{H} = \frac{1}{8\pi}\left(\boldsymbol{E}^2 + \boldsymbol{B}^2\right) \qquad (20.60)$$

verwenden.

In Abschn. 20.3 werden wir dem Problem, dass die Energiedichte bzw. sogar der komplette Energie-Impuls-Tensor nicht eindeutig definiert ist, nochmals begegnen und dann genauer besprechen.

Felder und Punktladungen

Aus der Lagrange-Funktion (20.23) folgt die Bewegungsgleichung für eine Punktladung, aus der Lagrange-Dichte (20.51) folgen die Maxwell-Gleichungen. Will man alle Bewegungsgleichungen zugleich haben, so muss man beide kombinieren. Dafür kann man ausnutzen, dass jede Ladungs- und Stromverteilung letztlich aus bewegten Punktladungen zusammengesetzt gedacht werden kann, d. h., wir können

$$\begin{aligned} \rho(t,\boldsymbol{r}) &= \sum_a q_a\,\delta(\boldsymbol{r}-\boldsymbol{x}_a(t))\,, \\ \boldsymbol{j}(t,\boldsymbol{r}) &= \sum_a q_a\dot{\boldsymbol{x}}_a(t)\,\delta(\boldsymbol{r}-\boldsymbol{x}_a(t)) \end{aligned} \tag{20.61}$$

schreiben, wobei q_a die Ladungen der einzelnen Punktteilchen sind, die sich auf Bahnen $\boldsymbol{x}_a(t)$ bewegen.

Definieren wir nun als gesamte Lagrange-Funktion

$$L = -\sum_a \frac{m_a c^2}{\gamma_a} + \int \mathcal{L}\,\mathrm{d}V, \tag{20.62}$$

wobei die m_a die Ruhemassen der einzelnen Teilchen sind,

$$\gamma_a = \frac{1}{\sqrt{1-\dot{\boldsymbol{x}}_a^2/c^2}} \tag{20.63}$$

gesetzt wurde, und $\mathcal{L}$ die Lagrange-Dichte (20.51) ist. Setzen wir dann die Ladungs- und Stromdichten ein, erhalten wir

$$\begin{aligned} L = &-\sum_a \frac{m_a c^2}{\gamma_a} + \frac{1}{8\pi}\int \left(\boldsymbol{E}^2(t,\boldsymbol{r}) - \boldsymbol{B}^2(t,\boldsymbol{r})\right)\mathrm{d}V \\ &-\sum_a q_a \int \delta\left(\boldsymbol{r}-\boldsymbol{x}_a(t)\right)\phi(t,\boldsymbol{r})\,\mathrm{d}V \\ &+\sum_a q_a \int \frac{\dot{\boldsymbol{x}}_a(t)}{c}\delta\left(\boldsymbol{r}-\boldsymbol{x}_a(t)\right)\cdot\boldsymbol{A}(t,\boldsymbol{r})\,\mathrm{d}V. \end{aligned} \tag{20.64}$$

Die letzten beiden Integrale kann man mittels der Deltafunktionen ausführen. Es ergibt sich dann

$$\begin{aligned} L = &-\sum_a \frac{m_a c^2}{\gamma_a} + \frac{1}{8\pi}\int \left(\boldsymbol{E}^2(t,\boldsymbol{r}) - \boldsymbol{B}^2(t,\boldsymbol{r})\right)\mathrm{d}V \\ &-\sum_a q_a\phi(t,\boldsymbol{x}_a(t)) + \sum_a q_a\frac{\dot{\boldsymbol{x}}_a(t)}{c}\cdot\boldsymbol{A}(t,\boldsymbol{x}_a(t)). \end{aligned} \tag{20.65}$$

Aus dieser Lagrange-Funktion kann man mittels der Euler-Lagrange-Gleichungen sowohl die Bewegungsgleichungen für die Felder (die Maxwell-Gleichungen) als auch die für die Punktladungen (die Lorentz-Kräfte) ableiten; dabei muss man allerdings im ersten Fall die Form (20.64) verwenden, im zweiten Fall die Form (20.65).

Zu bemerken wäre außerdem noch, dass diese Lagrange-Funktion streng genommen eigentlich keine Funktion der Feldstärken bzw. der Potenziale ist, sondern ein *Funktional* (siehe den „Mathematischen Hintergrund" 5.2), und dass man nun sogenannte *Funktionalableitungen* benutzen müsste, um die Maxwell-Gleichungen daraus zu erhalten. Dies soll hier aber nicht weiter vertieft werden.

Kovariante Formulierung

Schauen wir uns die Lagrange-Dichte (20.51) noch einmal genauer an. Die Terme $-\rho\phi + \frac{1}{c}\boldsymbol{j}\cdot\boldsymbol{A}$ kann man zum einfachen Ausdruck $-\frac{1}{c}j_\mu A^\mu$ zusammenfassen.

Frage 11

Wie kann der vordere Term kovariant geschrieben werden? Denken Sie an die relativistischen Invarianten der Elektrodynamik in Abschn. 18.3.

Auch den Ausdruck $\boldsymbol{E}^2 - \boldsymbol{B}^2$ kann man leicht manifest Lorentz-invariant schreiben: Wie bereits bekannt ist (18.67), gilt

$$F_{\mu\nu}F^{\mu\nu} = -2\boldsymbol{E}^2 + 2\boldsymbol{B}^2. \tag{20.66}$$

Also kann die Lagrange-Dichte kurz, prägnant und manifest Lorentz-invariant geschrieben werden.

Lagrange-Dichte des elektromagnetischen Feldes im Vakuum mit Quellen, kovariant formuliert

$$\mathcal{L} = -\frac{1}{16\pi}F_{\mu\nu}F^{\mu\nu} - \frac{1}{c}j_\mu A^\mu \tag{20.67}$$

Das Verhalten dieser Lagrange-Dichte unter einer Eichtransformation wird ebenfalls in Aufgabe 20.3 diskutiert.

Stattdessen kann man auch anders argumentieren, um $\mathcal{L}$ herzuleiten, ohne den Ausdruck (20.51) bereits zu kennen: Zunächst beachten wir, dass die Wirkung S wieder ein Lorentz-Skalar sein sollte. Um das Verhalten von $\mathcal{L}$ unter Lorentz-Transformationen zu bestimmen, müssen wir deshalb untersuchen, wie sich das Integrationsmaß d^4x verhält. Für die Umrechnung auf andere Koordinaten benutzt man wie üblich die Jacobi-Determinante:

$$\mathrm{d}^4x' = \left|\det\left(\frac{\partial x'^\mu}{\partial x^\nu}\right)\right|\mathrm{d}^4x. \tag{20.68}$$

Da aber bei Lorentz-Transformationen

$$\frac{\partial x'^\mu}{\partial x^\nu} = \Lambda^\mu{}_\nu \tag{20.69}$$

ist, wobei für die Determinante der Transformationsmatrix $\det\Lambda = \pm 1$ gilt, folgt

$$\mathrm{d}^4x' = \mathrm{d}^4x. \tag{20.70}$$

Teil II

Das vierdimensionale Integrationsmaß ist also Lorentz-invariant. Damit folgt, dass auch die Lagrange-Dichte $\mathcal{L}$ ein Lorentz-Skalar sein muss.

Der Wechselwirkungsterm kann analog zur Lagrange-Funktion für eine Punktladung sofort mit $-j_\mu A^\mu/c$ angesetzt werden. Setzt man außerdem voraus, dass der „kinetische" Term in der Lagrange-Dichte proportional zum Quadrat der Feldstärken sein sollte, wie von der Energiedichte her bekannt, so können nur die beiden Invarianten

$$F_{\mu\nu}F^{\mu\nu} \quad \text{und} \quad F_{\mu\nu}\tilde{F}^{\mu\nu} \tag{20.71}$$

aus (18.67) und (18.68) in der Lagrange-Dichte auftreten. Den zweiten Term kann man aber als eine totale Ableitung schreiben; er kann deshalb zur Wirkung nur einen konstanten Beitrag liefern. (Außerdem ist er ein Pseudoskalar, ändert also unter Raumspiegelungen sein Vorzeichen; die Maxwell-Gleichungen sind dagegen unter Raumspiegelungen invariant.) Für die Lagrange-Dichte liegt somit folgender Ansatz nahe:

$$\mathcal{L} = k \cdot F_{\mu\nu}F^{\mu\nu} - \frac{1}{c}j_\mu A^\mu. \tag{20.72}$$

Es bleibt dann nur noch die Konstante k zu bestimmen, z. B. aus der Bedingung, dass die Euler-Lagrange-Gleichungen auf die Maxwell-Gleichungen führen müssen.

Frage 12

Wie sollte die kovariante Formulierung der Euler-Lagrange-Gleichungen für Felder aussehen?

Die Euler-Lagrange-Gleichung lautet in kovarianter Formulierung nun allgemein für beliebige Felder ϕ_k:

$$\partial^\mu \frac{\partial \mathcal{L}}{\partial(\partial^\mu \phi_k)} - \frac{\partial \mathcal{L}}{\partial \phi_k} = 0. \tag{20.73}$$

Wendet man dies auf (20.67) an, so gewinnt man wieder die Maxwell-Gleichungen (Aufgabe 20.2). Rein aus einfachen physikalischen Argumenten kann hier also die Form der Lagrange-Dichte fast vollständig festgelegt werden.

Um die Euler-Lagrange-Gleichung anwenden zu können, müssen wir die Lagrange-Dichte aber erst noch komplett durch die Potenziale und deren Ableitungen ausdrücken. Setzt man den Zusammenhang

$$F^{\mu\nu} = \partial^\mu A^\nu - \partial^\nu A^\mu \tag{20.74}$$

zwischen Feldstärketensor und Potenzialen ein, so wird die Lagrange-Dichte zunächst zu

$$\mathcal{L} = -\frac{1}{16\pi}\left(\partial_\mu A_\nu - \partial_\nu A_\mu\right)\left(\partial^\mu A^\nu - \partial^\nu A^\mu\right) - \frac{1}{c}j_\mu A^\mu. \tag{20.75}$$

Ausmultiplizieren und Umbenennen einiger Indizes führt dann zu der gewünschten Darstellung

$$\mathcal{L} = -\frac{1}{8\pi}\left[(\partial_\mu A_\nu)(\partial^\mu A^\nu) - (\partial_\mu A_\nu)(\partial^\nu A^\mu)\right] - \frac{1}{c}j_\mu A^\mu. \tag{20.76}$$

Frage 13

Rechnen Sie den letzten Schritt explizit nach.

20.3 Das kovariante Noether-Theorem für Felder

Aus der Mechanik (Abschn. 5.6) ist das *Noether-Theorem* bekannt: Zu jeder kontinuierlichen Symmetrie der Wirkung gehört jeweils eine Erhaltungsgröße. Man spricht von einer Symmetrie der Wirkung, wenn die Bewegungsgleichungen unter einer Änderung der generalisierten Koordinaten invariant bleiben.

Hier soll nun gezeigt werden, wie man das Theorem auch für Felder formulieren kann, und zwar direkt allgemein in kovarianter Form. Als spezielle Anwendung wird dann die Energie- und Impulserhaltung untersucht.

Frage 14

Wie formuliert man allgemein die Erhaltung einer Größe, wenn auch ein Fluss dieser Größe berücksichtigt wird?

Herleitung des Theorems

Wir betrachten eine (infinitesimale) Änderung der Felder ϕ_k, von denen die Wirkung S abhängt:

$$\phi_k \to \phi_k' = \phi_k + \delta\phi_k. \tag{20.77}$$

Frage 15

Überlegen Sie, um was sich die Lagrange-Dichte ändern kann, ohne dadurch die Bewegungsgleichungen zu ändern; denken Sie speziell an „Oberflächenterme".

Damit die Bewegungsgleichungen invariant sind, darf sich die Lagrange-Dichte nur um eine Viererdivergenz ändern (diese kann mithilfe des Gauß'schen Satzes in einen Oberflächenterm umgeschrieben werden, der nichts zur Wirkung beiträgt):

$$\mathcal{L} \to \mathcal{L} + \delta\mathcal{L} = \mathcal{L} + \partial_\mu \mathcal{J}^\mu \tag{20.78}$$

mit einer Funktion $\mathcal{J}^\mu$.

Andererseits kann man für die Änderung von $\mathcal{L}$ bei einer Änderung der Felder auch schreiben:

$$\delta\mathcal{L} = \sum_k \frac{\partial\mathcal{L}}{\partial\phi_k}\delta\phi_k + \sum_k \frac{\partial\mathcal{L}}{\partial(\partial_\mu\phi_k)}\delta(\partial_\mu\phi_k). \qquad (20.79)$$

Zunächst gilt nun

$$\delta(\partial_\mu\phi_k) = \partial_\mu(\delta\phi_k). \qquad (20.80)$$

Außerdem kann man den ersten Term mit der Euler-Lagrange-Gleichung (20.73) ersetzen. Damit bekommt man insgesamt

$$\delta\mathcal{L} = \sum_k \left(\partial_\mu \frac{\partial\mathcal{L}}{\partial(\partial_\mu\phi_k)}\right)\delta\phi_k + \sum_k \frac{\partial\mathcal{L}}{\partial(\partial_\mu\phi_k)}\partial_\mu(\delta\phi_k). \qquad (20.81)$$

Dies kann man mit der Produktregel zusammenfassen zu

$$\delta\mathcal{L} = \partial_\mu \sum_k \left(\frac{\partial\mathcal{L}}{\partial(\partial_\mu\phi_k)}\delta\phi_k\right). \qquad (20.82)$$

Vergleichen wir dies mit (20.78), so muss

$$\partial_\mu \sum_k \left(\frac{\partial\mathcal{L}}{\partial(\partial_\mu\phi_k)}\delta\phi_k\right) = \partial_\mu \mathcal{J}^\mu \qquad (20.83)$$

gelten. Definiert man nun

$$j^\mu = \sum_k \left(\frac{\partial\mathcal{L}}{\partial(\partial_\mu\phi_k)}\delta\phi_k\right) - \mathcal{J}^\mu, \qquad (20.84)$$

ergibt sich schließlich

$$\partial_\mu j^\mu = 0. \qquad (20.85)$$

Das ist eine Kontinuitätsgleichung für den Strom j^μ; die zugehörige Ladung ist also eine erhaltene Größe.

Der Energie-Impuls-Tensor

Aus der Mechanik (Abschn. 5.6) ist bekannt, dass die Energie- und Impulserhaltung aus der Invarianz der Wirkung bei zeitlichen bzw. räumlichen Verschiebungen folgen. Betrachten wir solch eine infinitesimale Verschiebung:

$$x^\mu \to x^\mu + \delta x^\mu. \qquad (20.86)$$

Die Änderung der Felder ergibt sich aus

$$\phi_k(x^\mu) \to \phi_k(x^\mu + \delta x^\mu) = \phi_k(x^\mu) + \partial^\nu\phi_k(x^\mu)\delta x_\nu, \qquad (20.87)$$

also

$$\delta\phi_k = \partial^\nu\phi_k\,\delta x_\nu. \qquad (20.88)$$

Die Änderung der Lagrange-Dichte kann man als

$$\delta\mathcal{L} = \partial_\mu\mathcal{L}\,\delta x^\mu \qquad (20.89)$$

schreiben. Somit ist

$$\mathcal{J}^\mu = \mathcal{L}\,\delta x^\mu = \eta^{\mu\nu}\mathcal{L}\,\delta x_\nu. \qquad (20.90)$$

Das Noether-Theorem (20.84) sagt daher aus, dass der folgende Strom erhalten ist:

$$\sum_k \left(\frac{\partial\mathcal{L}}{\partial(\partial_\mu\phi_k)}\partial^\nu\phi_k\delta x_\nu\right) - \eta^{\mu\nu}\mathcal{L}\,\delta x_\nu. \qquad (20.91)$$

Da dies aber für beliebige Verschiebungen δx^ν gelten muss, folgt, dass der Tensor

$$T^{\mu\nu} = \sum_k \left(\frac{\partial\mathcal{L}}{\partial(\partial_\mu\phi_k)}\partial^\nu\phi_k\right) - \eta^{\mu\nu}\mathcal{L} \qquad (20.92)$$

erhalten ist. ◄

Auf diese Weise kann man den Energie-Impuls-Tensor für beliebige Felder aus der Lagrange-Dichte ableiten. Dies werden wir im Folgenden für die Elektrodynamik durchführen; dabei werden wir allerdings sehen, dass sich noch einige Komplikationen ergeben, die letztlich darauf zurückzuführen sind, dass der so definierte Energie-Impuls-Tensor nicht eindeutig ist.

Energie- und Impulserhaltung in der Elektrodynamik

Benutzen wir nun die Definition (20.92), um aus der Lagrange-Dichte der Elektrodynamik die Energie-Impuls-Erhaltung herzuleiten. Wir beschränken uns dabei auf den Fall ohne Quellen, da sonst Energie und Impuls in den Feldern ja nicht erhalten wären. Die inhomogenen Maxwell-Gleichungen ergeben hier

$$\partial_\mu F^{\mu\nu} = 0. \qquad (20.93)$$

Zunächst benötigen wir die Ableitungen der Lagrange-Dichte nach den Ableitungen der Potenziale. Wie in Aufgabe 20.2 gezeigt wird, ist

$$\frac{\partial\mathcal{L}}{\partial(\partial_\mu A_\rho)} = -\frac{1}{4\pi}F^{\mu\rho}. \qquad (20.94)$$

Der erste Summand in (20.92) ist also

$$-\frac{1}{4\pi}F^{\mu\rho}\partial^\nu A_\rho. \qquad (20.95)$$

Teil II

Für die Lagrange-Dichte selbst verwenden wir nun die Darstellung (20.67), wobei $j_\mu = 0$ gesetzt wird. Insgesamt erhalten wir

$$T^{\mu\nu} = -\frac{1}{4\pi} F^{\mu\rho} \partial^\nu A_\rho + \frac{1}{16\pi} \eta^{\mu\nu} F_{\rho\lambda} F^{\rho\lambda}. \qquad (20.96)$$

Dieses Ergebnis stimmt aber *nicht* mit dem Energie-Impuls-Tensor überein, den wir bereits in Abschn. 18.4 hergeleitet haben! Einerseits erkennt man das sofort daran, dass der Tensor $T^{\mu\nu}$ hier nicht symmetrisch bezüglich der beiden Indizes ist; andererseits kann man auch eine Komponente des Tensors explizit berechnen. Beispielsweise ist

$$\begin{aligned} T^{00} &= -\frac{1}{4\pi} F^{0\rho} \partial^0 A_\rho + \frac{1}{16\pi} \eta^{00} F_{\rho\lambda} F^{\rho\lambda} \\ &= -\frac{1}{4\pi c} \boldsymbol{E} \cdot \dot{\boldsymbol{A}} - \frac{1}{8\pi} \left(\boldsymbol{E}^2 - \boldsymbol{B}^2\right), \end{aligned} \qquad (20.97)$$

was offensichtlich nicht mit der bekannten elektromagnetischen Energiedichte übereinstimmt (aber mit (20.54)).

Frage 16

Vollziehen Sie die Berechnung von T^{00} nach.

Wie in Abschn. 20.2 können wir dies allerdings noch umschreiben; wieder sieht man, dass sich der hier erhaltene Ausdruck von der Energiedichte des elektromagnetischen Feldes nur um einen Oberflächenbeitrag unterscheidet, der zur Gesamtenergie nicht beiträgt. Obwohl sich für T^{00} hier ein anderer Ausdruck ergibt als für die bekannte elektromagnetische Energiedichte, erhält man für die gesamte Energie in den Feldern somit dennoch denselben Wert!

Dies hängt eng damit zusammen, dass der Energie-Impuls-Tensor nicht eindeutig definiert ist: Betrachtet man den Ausdruck

$$\tilde{T}^{\mu\nu} = T^{\mu\nu} + \partial_\lambda t^{\mu\lambda\nu}, \qquad (20.98)$$

wobei der Tensor dritter Stufe $t^{\mu\lambda\nu}$ antisymmetrisch in den Indizes μ und λ ist, so hat man

$$\partial_\mu \partial_\lambda t^{\mu\lambda\nu} = 0, \qquad (20.99)$$

da die Ableitungen vertauschbar sind, und deswegen

$$\partial_\mu \tilde{T}^{\mu\nu} = \partial_\mu T^{\mu\nu}. \qquad (20.100)$$

Aus der Erhaltung von $T^{\mu\nu}$ folgt also die Erhaltung von $\tilde{T}^{\mu\nu}$ – und umgekehrt.

Da sich die beiden Tensoren nur um eine Ableitung unterscheiden, folgt außerdem, dass die Volumenintegrale über die Tensorelemente (d. h. die gesamte Energie und der gesamte Impuls in den Feldern und die zugehörigen Flüsse) jeweils denselben Wert ergeben. Man kann somit statt $T^{\mu\nu}$ genauso gut den Tensor $\tilde{T}^{\mu\nu}$ verwenden.

Stellt man allerdings die naheliegende Forderung, dass der Energie-Impuls-Tensor symmetrisch in den Indizes sein soll (dies ist unter anderem auch für die Drehimpulserhaltung wichtig; Jackson 2006), so erhält man ein eindeutiges Ergebnis. Speziell für die Elektrodynamik kann man zeigen (Aufgabe 20.5), dass die Wahl

$$t^{\mu\lambda\nu} = \frac{1}{4\pi} F^{\mu\lambda} A^\nu \qquad (20.101)$$

auf den bekannten symmetrischen Energie-Impuls-Tensor

$$T^{\mu\nu} = -\frac{1}{4\pi} \left(F^{\mu}{}_{\lambda} F^{\nu\lambda} - \frac{1}{4} \eta^{\mu\nu} F_{\rho\lambda} F^{\rho\lambda} \right) \qquad (20.102)$$

führt (nun wieder mit T statt mit $\tilde{T}$ geschrieben). Zur Unterscheidung wird der obige Tensor (20.96) manchmal auch als *kanonischer Energie-Impuls-Tensor* bezeichnet.

Abschließend soll noch eine naheliegende Frage angesprochen werden: Welcher der beiden Energie-Impuls-Tensoren ist denn nun der „richtige", gibt also die tatsächlich vorhandenen Energie- und Impulsdichten wieder?

Auf den ersten Blick scheint der symmetrische Energie- und Impulstensor dies zu erfüllen – nicht nur, weil er mit dem bereits vorher hergeleiteten Ergebnis übereinstimmt, sondern auch, weil er im Gegensatz zum kanonischen eichinvariant ist. Man kann prinzipiell allerdings auch zu diesem noch eichinvariante symmetrische totale Ableitungsterme der Form $(\eta_{\mu\nu}\Box - \partial_\mu\partial_\nu)f$ hinzuaddieren, die trivial erhalten sind und auch nicht Gesamtenergie und -impuls in den Feldern ändern.

Letztlich entscheidbar ist die Frage erst im Rahmen der allgemeinen Relativitätstheorie: Bei dieser geht der Energie-Impuls-Tensor in die Feldgleichungen als Quellterm ein, sodass die Energie- und Impulsdichten selbst direkte physikalische Bedeutung bekommen. Dort stellt sich dann heraus, dass der hier (und früher schon) konstruierte symmetrische Tensor tatsächlich der physikalisch sinnvolle ist.

Andererseits hat auch der kanonische Tensor eine gewisse Berechtigung: Wir haben in diesem Kapitel ja bereits gesehen, dass im kanonischen Impuls für die Bewegung eines Teilchens das Vektorpotenzial auftaucht. Wie sich herausstellt, spielen gerade diese kanonischen Größen in der Quantenmechanik trotz ihrer Eichabhängigkeit eine fundamentale Rolle (Kap. 29).

So geht's weiter

Eichfeldtheorien

Wie wir gesehen haben, erlaubt es die Lagrange'sche Formulierung der Elektrodynamik, über ein Wirkungsprinzip die zugrunde liegenden Symmetrien manifest zu machen und über das Noether-Theorem die damit verbundenen Erhaltungsgrößen zu bestimmen.

Eine weitere Symmetrie, die allerdings nicht zu weiteren Erhaltungsgrößen führt, ist dabei die Eichinvarianz der elektromagnetischen Potenziale, die merkwürdigerweise unumgänglich waren, um eine Lagrange-Dichte, die Ankopplung von Viererstromdichten und die zugehörigen Euler-Lagrange-Gleichungen zu formulieren. Immerhin sind in der Maxwell-Theorie die elektromagnetischen Potenziale zunächst reine Hilfsgrößen, die noch dazu uneindeutig sind, da sie nur bis auf Eichtransformationen

$$A^\mu \to A^\mu + \partial^\mu \Lambda \tag{20.103}$$

festgelegt sind.

Die Invarianz der Wirkung

$$S = \int \mathcal{L}(A^\mu, \partial^\nu A^\mu)\, \mathrm{d}^4 x \tag{20.104}$$

unter Eichtransformationen stellt eine *lokale* Symmetrietransformation dar – der Transformationsparameter ist hier ein Feld, nämlich $\Lambda(x)$. Das Noether-Theorem verknüpft allerdings globale Symmetrien mit Erhaltungsgrößen, nicht lokale. Die Bedeutung der lokalen Symmetrie ist zunächst nur, dass hier eine Redundanz der dynamischen Variablen, der Eichpotenziale A^μ, vorliegt.

Diese lokale Symmetrie stellt sich aber als unverzichtbar heraus, um lokale Feldgleichungen aufstellen zu können, wenn das elektromagnetische Feld über ein Wirkungsprinzip an geladene Punktteilchen in minimaler Weise entsprechend (20.39) gekoppelt werden soll.

In der Quantenfeldtheorie werden Elementarteilchen durch Quantenfelder beschrieben, denen ebenfalls eine Beschreibung durch eine Lagrange'sche Feldtheorie zugrunde liegt. Das elektromagnetische Feld wird dabei zu einem Quantenfeld der Photonen. Materieteilchen wie die Elektronen werden durch sogenannte Dirac-Felder beschrieben, manche Elementarteilchen wie Pionen, die keinen Spin haben, durch einfachere Skalarfelder. Die minimale Ersetzung $p^\mu \to p^\mu - \frac{q}{c}A^\mu$ für geladene Teilchen (20.39) wird dabei durch den Übergang von gewöhnlichen Ableitungen zu *(eich-)kovarianten Ableitungen*

$$\partial^\mu \to D^\mu(A) = \partial^\mu + \mathrm{i}\frac{q}{\hbar c}A^\mu \tag{20.105}$$

realisiert, was damit zusammenhängt, dass in der Quantenmechanik Impulse durch Ableitungsoperatoren dargestellt werden: $p^\mu \to \mathrm{i}\hbar\partial^\mu$, wie in Teil III gezeigt wird. Da die kovariante Ableitung, die zur minimalen Kopplung an elektromagnetische Felder führt, komplexwertig ist, werden ganz allgemein Quantenfelder, die elektrisch geladene Materie beschreiben, durch komplexwertige Felder $\psi(x)$ dargestellt. Deren Phase bleibt dabei aber lokal unbeobachtbar, sodass beispielsweise nur das Betragsquadrat $\psi^*\psi$ physikalische Bedeutung hat und in der Lagrange-Dichte auftritt. Ein invarianter kinetischer Term kann (für skalare komplexwertige Felder) mithilfe der kovarianten Ableitung z. B. durch

$$[D_\mu(A)\psi]^* D^\mu(A)\psi \tag{20.106}$$

aufgestellt werden, wobei unter einer Eichtransformation nun gleichzeitig

$$A^\mu(x) \to A^\mu(x) + \partial^\mu \Lambda(x), \tag{20.107}$$

$$\psi(x) \to \mathrm{e}^{-\mathrm{i}\frac{q}{\hbar c}\Lambda(x)}\psi(x) \tag{20.108}$$

transformiert wird.

Zu dieser Transformation gibt es nun allerdings eine nichttriviale globale Form, denn wenn $\Lambda(x) = \text{const}$ gesetzt wird, wird $\psi(x)$ einer globalen Phasentransformation unterworfen (während die A^μ-Felder untransformiert bleiben). Dazu gehört auch eine Erhaltungsgröße gemäß dem Noether-Theorem: die elektrische Ladung! Diese stellt sich also als verbunden mit der Invarianz unter einer Transformation mit einer Phase, d. h. einer unimodularen Zahl, heraus. Die damit verbundene Symmetriegruppe kann damit mathematisch als U(1), die Gruppe der unitären eindimensionalen Matrizen, identifiziert werden. Die Quantenelektrodynamik ist damit eine Eichtheorie, die eine globale U(1)-Symmetrie zu einer lokalen Symmetrie erweitert. (Im Rahmen der nichtrelativistischen Quantenmechanik wird diese Symmetrie in Kap. 29 noch ausführlich diskutiert werden.)

Bemerkenswerterweise folgen alle bisher bekannten fundamentalen Wechselwirkungen von Elementarteilchen diesem Schema einer Eichfeldtheorie, allerdings mit komplizierteren, nämlich nichtabelschen Symmetriegruppen, bei denen Transformationen in ihrer Reihenfolge nicht vertauschbar sind. Diese 1954 entdeckten *Yang-Mills-Theorien* (benannt nach *Chen-Ning Yang*, *1922, und *Robert Mills*, 1927–1999) blieben zunächst unbeachtet und unverstanden, bis sie in den 1960er-Jahren eine Rolle bei der Aufstellung des Standardmodells der Teilchenphysik zu spielen begannen, und erlangten insbesondere nach grundlegenden Arbeiten von *Gerard 't Hooft* (*1946) und *Martinus Veltman* (*1931), für die sie 1999 den Nobelpreis erhielten, ihre zentrale Rolle.

Wir haben in der bisherigen klassischen Physik schon zwei Beispiele für nichtabelsche Symmetriegruppen kennengelernt: die Drehgruppe in drei Dimensionen, SO(3), und die Lorentz-Gruppe, SO(3,1). In der Teilchenphysik treten zwei weitere nichtabelsche Gruppen auf: die auch in der nichtrelativistischen Quantenmechanik wichtige Gruppe der unitären zweidimensionalen Matrizen, SU(2), und die der unitären dreidimensionalen Matrizen, SU(3).

Letztere bilden die Symmetriegruppe der *Quantenchromodynamik*, die die Theorie der starken Kernkraft darstellt, während die Gruppe SU(2) bei der schwachen Kernkraft eine grundlegende Rolle spielt, allerdings in etwas kompliziertem Wechselspiel mit der Elektrodynamik und einem durch das 2012 entdeckte *Higgs-Teilchen* verursachten spontanen Symmetriebrechung.

Das Prinzip einer nichtabelschen Eichfeldtheorie lässt sich daher etwas übersichtlicher anhand der Quantenchromodynamik darstellen. Deren fundamentale Ladungsträger sind dabei die sogenannten *Quarks*, die nun drei Arten von Ladungen tragen können, entsprechend der Dimensionalität der SU(3)-Matrizen. Diese Ladungen werden Farbladungen genannt und z. B. mit den Bezeichnungen rot, grün und blau durchgezählt. Durch die lokale Eichinvarianz haben diese Farben aber keine unabhängige Bedeutung, sondern können durch SU(3)-Transformationen weitgehend beliebig ineinander übergeführt werden, wobei aber matrixwertige Eichfelder mitzutransformieren sind.

Es gibt nun so viele Eichfelder, wie es unabhängige Eichparameter gibt. Bei der Drehgruppe waren das etwa die drei Drehwinkel. Bei der Gruppe SU(3) gibt es dagegen acht solche Parameter und dementsprechend acht nichtabelsche Eichpotenziale. Statt eines Photons gibt es nun acht *Gluonen*, welche die Wechselwirkungen zwischen den Quarks vermitteln.

Eine Besonderheit von nichtabelschen Eichfeldern ist nun, dass sie selbst Ladungen tragen und daher untereinander wechselwirken können. Dies lässt sich folgendermaßen verstehen: So wie in der Elektrodynamik wird die Lagrange-Dichte der nichtabelschen Eichfelder durch das Quadrat des Feldstärketensors gebildet. In der Elektrodynamik kann dieser abgesehen von einem Vorfaktor als Kommutator von zwei (eich-)kovarianten Ableitungen dargestellt werden:

$$\begin{aligned}[D_\mu(A), D_\nu(A)] &\equiv D_\mu(A)D_\nu(A) - D_\nu(A)D_\mu(A) \\ &= \mathrm{i}\frac{q}{\hbar c}(\partial_\mu A_\nu - \partial_\nu A_\mu) = \mathrm{i}\frac{q}{\hbar c}F_{\mu\nu}.\end{aligned} \tag{20.109}$$

In nichtabelschen Eichtheorien sind aber die Eichpotenziale Matrizen, und es gibt einen zusätzlichen Term $[A_\mu, A_\nu]$, der in $F_{\mu\nu}$ enthalten ist. Die Lagrange-Dichte, die durch einen quadratischen Ausdruck des (ebenfalls matrixwertigen) Tensors $F_{\mu\nu}$ gebildet wird, nämlich

$$\mathcal{L} \propto \mathrm{Sp}(F_{\mu\nu}F^{\mu\nu}), \tag{20.110}$$

ist dann nicht mehr bilinear in den Eichpotenzialen, sondern enthält auch tri- und quadrilineare Terme, die zu entsprechenden Selbstwechselwirkungen der Eichquanten gehören.

Die Nichtlinearität der Feldgleichungen (nichtabelsche Maxwell-Gleichungen) macht Yang-Mills-Theorien extrem schwierig zu behandeln. Sie sind auch Gegenstand eines der vom Clay Mathematics Institute formulierten Millennium Prize Problems, für die jeweils 1 Million US-Dollar ausgelobt sind. Eine bislang nur mit Computersimulationen bestätigte Eigenschaft ist die des *Confinement* von Farbladungen in Bindungszuständen von Quarks und Gluonen, die immer farbneutral sind. Es stellt sich dabei heraus, dass es unmöglich ist, ein einzelnes Quark aus einem solchen Bindungszustand (Hadron) herauszureißen. Die dafür notwendige Energie produziert immer Quark-Antiquark-Paare, die sofort neue Bindungszustände ergeben. Tatsächlich konnten noch keine Quarks isoliert werden, die übrigens neben ihrer Farbladung elektrische Ladungen tragen, die $1/3$ und $2/3$ der Elementarladung e ausmachen.

Das Konzept der Eichtheorien hat sich als ungemein fruchtbar in der theoretischen Teilchenphysik erwiesen, und alle Grundkräfte können soweit bekannt darauf zurückgeführt werden. Man vermutet außerdem, dass die Eichgruppe des gegenwärtigen Standardmodells der Teilchenphysik, U(1)×SU(2)×SU(3), in wesentlich größere Symmetriegruppen wie z. B. SU(5) oder SO(10) eingebettet werden kann (*Grand Unified Theories*).

Auch die Gravitation, wie sie durch Einsteins allgemeine Relativitätstheorie beschrieben wird, kann in einem gewissen Sinn als eine Eichtheorie verstanden werden, nämlich als eine Theorie mit lokaler Invarianz unter Koordinatentransformationen (Diffeomorphismen). Das Eichfeld ist hier durch die Metrik des gekrümmten Raumes bzw. durch die zugehörigen Christoffel-Symbole gegeben; der zugehörige Feldstärketensor ist ebenfalls darstellbar über den Kommutator von kovarianten Ableitungen, was auf den Riemann'sche Krümmungstensor führt.

Aufgaben

Gelegentlich enthalten die Aufgaben mehr Angaben, als für die Lösung erforderlich sind. Bei einigen anderen dagegen werden Daten aus dem Allgemeinwissen, aus anderen Quellen oder sinnvolle Schätzungen benötigt.

- • leichte Aufgaben mit wenigen Rechenschritten
- •• mittelschwere Aufgaben, die etwas Denkarbeit und unter Umständen die Kombination verschiedener Konzepte erfordern
- ••• anspruchsvolle Aufgaben, die fortgeschrittene Konzepte (unter Umständen auch aus späteren Kapiteln) oder eigene mathematische Modellbildung benötigen

20.1 •• Lagrange-Funktion(en) für Punktladung

(a) Leiten Sie aus der Lagrange-Funktion (20.35) in kovarianter Formulierung die Bewegungsgleichung für eine Punktladung her (also die Lorentz-Kraft).
(b) Wie ändert sich die Wirkung (20.34) unter einer differenzierbaren Reparametrisierung $\lambda \to \lambda'$, wobei λ' streng monoton mit λ zunimmt?
(c) Es wäre naheliegend, im kinetischen Term in (20.27) das c^2 durch $u_\mu u^\mu$ zu ersetzen, sodass nach der Ersetzung von u^μ durch $\tilde{u}^\mu$ in der Lagrange-Funktion (20.35) schließlich $-m\tilde{u}_\mu \tilde{u}^\mu$ stehen würde. Welche Auswirkung hätte dies auf die Bewegungsgleichung? Wie ändert sich die Wirkung nun unter einer Reparametrisierung $\lambda \to \lambda'$?

Lösungshinweis: (a), (c) Verwenden Sie die Euler-Lagrange-Gleichung (20.37); nach Berechnen der Ableitungen von $\tilde{L}$ setzen Sie, wie im Kapiteltext beschrieben, $\mathrm{d}\lambda = \mathrm{d}\tau$.

20.2 •• Lagrange-Dichte(n) für elektromagnetisches Feld

(a) Leiten Sie die Maxwell-Gleichungen aus der Lagrange-Dichte (20.76) her.
(b) Ersetzen Sie den „kinetischen" Term $-F_{\mu\nu}F^{\mu\nu}/(16\pi)$ in der Lagrange-Dichte (20.67) durch $-(\partial_\mu A_\nu)(\partial^\mu A^\nu)/(8\pi)$.
  (1) Unter welchen Voraussetzungen ergeben sich dennoch die Maxwell-Gleichungen?
  (2) Unter welchen Voraussetzungen ändert sich die Lagrange-Dichte nur um eine totale Ableitung?

Lösungshinweis: (a) Verwenden Sie (20.73).

20.3 •• Eichinvariant?

(a) Die Lagrange-Funktion (20.35) und
(b) die Lagrange-Dichte (20.67)

sind zwar offensichtlich kovariant, aber nicht invariant unter Eichtransformationen. Zeigen Sie dies und begründen Sie jeweils, dass Eichtransformationen dennoch keinen Einfluss auf die Bewegungsgleichungen haben.

20.4 •• Noether-Theorem für relativistische Punktteilchen

(a) Leiten Sie das Noether-Theorem für relativistische Punktteilchen her: Ändert sich unter einer infinitesimalen Verschiebung der Raum-Zeit-Koordinaten δx^μ die Lagrange-Funktion (20.27) nur um eine totale Ableitung nach dem Bahnparameter,
$$\delta\tilde{L} = \frac{\mathrm{d}}{\mathrm{d}\lambda}\tilde{Q}, \tag{20.111}$$
so ist
$$Q = \frac{\partial\tilde{L}}{\partial\tilde{u}^\mu}\delta x^\mu - \tilde{Q} \tag{20.112}$$
eine Erhaltungsgröße, d. h., die Ableitung dieser Größe nach λ verschwindet.
(b) Begründen Sie damit für die Lagrange-Funktion (20.35) einer Punktladung im elektromagnetischen Feld: Sind die Potenziale A^μ invariant unter der Verschiebung $\delta x^\mu = b^\mu$ mit einem konstanten Vierervektor b^μ (sind sie also räumlich und zeitlich konstant), so bleibt der Viererimpuls der Punktladung erhalten.

Lösungshinweis:

(a) Die Rechnung läuft analog zur Herleitung des Noether-Theorems für relativistische Felder.
(b) Begründen Sie zunächst, dass man hier $\tilde{Q} = 0$ wählen kann.

20.5 • Kanonischer und symmetrischer Energie-Impuls-Tensor Zeigen Sie: Durch Addition von $\partial_\lambda t^{\mu\lambda\nu}$ mit
$$t^{\mu\lambda\nu} = \frac{1}{4\pi}F^{\mu\lambda}A^\nu \tag{20.113}$$
gewinnt man aus dem kanonischen Energie-Impuls-Tensor (20.96) den symmetrischen Tensor (20.102).

Ausführliche Lösungen zu den Aufgaben

20.1

(a) Die Lagrange-Funktion ist

$$\tilde{L}(x^\mu, \tilde{u}^\mu) = -mc\sqrt{\tilde{u}_\mu \tilde{u}^\mu} - \frac{q}{c}\tilde{u}_\mu A^\mu. \tag{20.114}$$

Zunächst folgt

$$\begin{aligned} \frac{\partial \tilde{L}}{\partial x^\mu} &= -\frac{q}{c}\tilde{u}_\nu(\partial_\mu A^\nu), \\ \frac{\partial \tilde{L}}{\partial \tilde{u}^\mu} &= -\frac{mc}{2\sqrt{\tilde{u}_\nu \tilde{u}^\nu}}\frac{\partial(\tilde{u}_\nu \tilde{u}^\nu)}{\partial \tilde{u}^\mu} - \frac{q}{c}A_\mu, \end{aligned} \tag{20.115}$$

wobei im ersten Term die Kettenregel benutzt wurde. Es bleibt die Ableitung von $\tilde{u}_\nu \tilde{u}^\nu$ nach $\tilde{u}^\mu$ zu berechnen. Dafür schreiben wir den Term zunächst um:

$$\tilde{u}_\nu \tilde{u}^\nu = \eta_{\alpha\beta}\tilde{u}^\alpha \tilde{u}^\beta. \tag{20.116}$$

Bei der Ableitung dieses Terms ist die Produktregel anzuwenden, und man muss berücksichtigen, dass

$$\frac{\partial \tilde{u}^\nu}{\partial \tilde{u}^\mu} = \delta^\nu_\mu \tag{20.117}$$

ist. Damit ergibt sich

$$\begin{aligned} \frac{\partial(\tilde{u}_\nu \tilde{u}^\nu)}{\partial \tilde{u}^\mu} &= \eta_{\alpha\beta}\frac{\partial(\tilde{u}^\alpha \tilde{u}^\beta)}{\partial \tilde{u}^\mu} = \eta_{\alpha\beta}\left(\delta^\alpha_\mu \tilde{u}^\beta + \tilde{u}^\alpha \delta^\beta_\mu\right) \\ &= \delta^\alpha_\mu \tilde{u}_\alpha + \tilde{u}_\beta \delta^\beta_\mu = 2\tilde{u}_\mu, \end{aligned} \tag{20.118}$$

und es folgt

$$\frac{\partial \tilde{L}}{\partial \tilde{u}^\mu} = -\frac{mc\tilde{u}_\mu}{\sqrt{\tilde{u}_\nu \tilde{u}^\nu}} - \frac{q}{c}A_\mu. \tag{20.119}$$

Setzt man nun $\lambda = \tau$, also

$$\tilde{u}^\mu = u^\mu \frac{\mathrm{d}\tau}{\mathrm{d}\lambda}, \tag{20.120}$$

kann man unter der Wurzel $u_\nu u^\nu = c^2$ benutzen. Damit hat man

$$\begin{aligned} \frac{\partial \tilde{L}}{\partial x^\mu} &= -\frac{q}{c}\frac{\mathrm{d}\tau}{\mathrm{d}\lambda}u_\nu(\partial_\mu A^\nu), \\ \frac{\partial \tilde{L}}{\partial \tilde{u}^\mu} &= -mu_\mu - \frac{q}{c}A_\mu. \end{aligned} \tag{20.121}$$

Weiter berechnet man

$$\begin{aligned} \frac{\mathrm{d}}{\mathrm{d}\lambda}\frac{\partial \tilde{L}}{\partial \tilde{u}^\mu} &= \frac{\mathrm{d}\tau}{\mathrm{d}\lambda}\frac{\mathrm{d}}{\mathrm{d}\tau}\frac{\partial \tilde{L}}{\partial \tilde{u}^\mu} \\ &= \frac{\mathrm{d}\tau}{\mathrm{d}\lambda}\left(-m\frac{\mathrm{d}u_\mu}{\mathrm{d}\tau} - \frac{q}{c}\frac{\mathrm{d}A_\mu(x^\nu(\tau))}{\mathrm{d}\tau}\right), \end{aligned} \tag{20.122}$$

also mit der Kettenregel

$$\begin{aligned} \frac{\mathrm{d}}{\mathrm{d}\lambda}\frac{\partial \tilde{L}}{\partial \tilde{u}^\mu} &= \frac{\mathrm{d}\tau}{\mathrm{d}\lambda}\left(-m\frac{\mathrm{d}u_\mu}{\mathrm{d}\tau} - \frac{q}{c}(\partial_\nu A_\mu)\frac{\partial x^\nu}{\partial \tau}\right) \\ &= \frac{\mathrm{d}\tau}{\mathrm{d}\lambda}\left(-ma_\mu - \frac{q}{c}(\partial_\nu A_\mu)u^\nu\right). \end{aligned} \tag{20.123}$$

Die Euler-Lagrange-Gleichung (20.37) ergibt dann

$$\frac{\mathrm{d}\tau}{\mathrm{d}\lambda}\left(-ma_\mu - \frac{q}{c}(\partial_\nu A_\mu)u^\nu + \frac{q}{c}u_\nu(\partial_\mu A^\nu)\right) = 0, \tag{20.124}$$

also

$$ma^\mu = \frac{q}{c}\left(\partial^\mu A^\nu - \partial^\nu A^\mu\right)u_\nu = \frac{q}{c}F^{\mu\nu}u_\nu. \tag{20.125}$$

Dies ist die bekannte Bewegungsgleichung für eine Punktladung im elektromagnetischen Feld in kovarianter Schreibweise.

(b) Ausführlich geschrieben ist die Wirkung (20.34)

$$S = \int \mathrm{d}\lambda \left(-mc\sqrt{\frac{\mathrm{d}x_\mu}{\mathrm{d}\lambda}\frac{\mathrm{d}x^\mu}{\mathrm{d}\lambda}} - \frac{q}{c}\frac{\mathrm{d}x_\mu}{\mathrm{d}\lambda}A^\mu\right). \tag{20.126}$$

Unter der Reparametrisierung $\lambda \to \lambda'$ wird dies zu

$$\begin{aligned} S &= \int \frac{\mathrm{d}\lambda}{\mathrm{d}\lambda'}\mathrm{d}\lambda' \\ &\quad \cdot \left(-mc\sqrt{\frac{\mathrm{d}x_\mu}{\mathrm{d}\lambda'}\frac{\mathrm{d}\lambda'}{\mathrm{d}\lambda}\frac{\mathrm{d}x^\mu}{\mathrm{d}\lambda'}\frac{\mathrm{d}\lambda'}{\mathrm{d}\lambda}} - \frac{q}{c}\frac{\mathrm{d}x_\mu}{\mathrm{d}\lambda'}\frac{\mathrm{d}\lambda'}{\mathrm{d}\lambda}A^\mu\right) \\ &= \int \mathrm{d}\lambda' \left(-mc\sqrt{\frac{\mathrm{d}x_\mu}{\mathrm{d}\lambda'}\frac{\mathrm{d}x^\mu}{\mathrm{d}\lambda'}} - \frac{q}{c}\frac{\mathrm{d}x_\mu}{\mathrm{d}\lambda'}A^\mu\right). \end{aligned} \tag{20.127}$$

Die Wirkung hat nach der Reparametrisierung also genau dieselbe Form wie davor. Man spricht von einer *Reparametrisierungsinvarianz* der Wirkung.

Die Forderung, dass λ' streng monoton und differenzierbar mit λ zunimmt, stellt hier sicher, dass die Ableitungen von λ nach λ' und umgekehrt überall existieren und positiv sind.

(c) Die Ableitung von $\tilde{L}$ nach $\tilde{u}^\mu$ würde dann

$$-2m\tilde{u}_\mu - \frac{q}{c}A_\mu = -2mu_\mu\frac{\mathrm{d}\tau}{\mathrm{d}\lambda} - \frac{q}{c}A_\mu \tag{20.128}$$

ergeben. An der Ableitung von $\tilde{L}$ nach x^μ würde sich nichts ändern. Offensichtlich erhält man damit nicht die richtige Bewegungsgleichung.

Der kinetische Teil der Wirkung würde sich außerdem unter der Reparametrisierung folgendermaßen verhalten:

$$S = \int \frac{\mathrm{d}\lambda}{\mathrm{d}\lambda'}\mathrm{d}\lambda' \left(-m\frac{\mathrm{d}x_\mu}{\mathrm{d}\lambda'}\frac{\mathrm{d}\lambda'}{\mathrm{d}\lambda}\frac{\mathrm{d}x^\mu}{\mathrm{d}\lambda'}\frac{\mathrm{d}\lambda'}{\mathrm{d}\lambda}\right), \tag{20.129}$$

wäre also nicht invariant.

20.2

(a) Die Lagrange-Dichte ist

$$\mathcal{L} = -\frac{1}{8\pi}\left((\partial_\mu A_\nu)(\partial^\mu A^\nu) - (\partial_\mu A_\nu)(\partial^\nu A^\mu)\right) - \frac{1}{c} j_\mu A^\mu. \quad (20.130)$$

Für die Ableitung nach dem Viererpotenzial selbst hat man

$$\frac{\partial \mathcal{L}}{\partial A^\lambda} = -\frac{1}{c} j_\lambda. \quad (20.131)$$

Bei der Ableitung nach Ableitungen des Vektorpotenzials muss man, wie bei der Ableitung von $u_\nu u^\nu$ in Aufgabe 20.1, die Produktregel beachten. Dabei schreibt man die Produkte wieder zunächst mithilfe der Metrik und benutzt

$$\frac{\partial(\partial^\mu A^\nu)}{\partial(\partial^\rho A^\lambda)} = \delta^\mu_\rho \delta^\nu_\lambda. \quad (20.132)$$

Man erhält dann insgesamt

$$\begin{aligned}\frac{\partial \mathcal{L}}{\partial(\partial^\rho A^\lambda)} &= -\frac{1}{8\pi}\left(2\partial_\rho A_\lambda - 2\partial_\lambda A_\rho\right)\\ &= -\frac{1}{4\pi}\left(\partial_\rho A_\lambda - \partial_\lambda A_\rho\right) = -\frac{1}{4\pi} F_{\rho\lambda}.\end{aligned} \quad (20.133)$$

Eingesetzt in die Euler-Lagrange-Gleichung (20.73) ergibt dies sofort die inhomogenen Maxwell-Gleichungen in kovarianter Form

$$\partial^\rho F_{\rho\lambda} = \frac{4\pi}{c} j_\lambda. \quad (20.134)$$

Definiert man außerdem wie üblich

$$\tilde{F}^{\mu\nu} = \frac{1}{2}\epsilon^{\mu\nu\lambda\rho} F_{\lambda\rho}, \quad (20.135)$$

so folgen auch die homogenen Maxwell-Gleichungen sofort aus der Antisymmetrie von ϵ:

$$\partial_\mu \tilde{F}^{\mu\nu} = 0. \quad (20.136)$$

(b) (1) Mit denselben Rechenschritten wie in Teilaufgabe (a) erhält man nun

$$\frac{\partial \mathcal{L}}{\partial(\partial^\rho A^\lambda)} = -\frac{1}{4\pi}\partial_\rho A_\lambda = -\frac{1}{4\pi} F_{\rho\lambda} - \frac{1}{4\pi}\partial_\lambda A_\rho, \quad (20.137)$$

die Ableitung nach den Potenzialen selbst bleibt gleich. Aus der Euler-Lagrange-Gleichung folgt dann

$$\partial^\rho F_{\rho\lambda} + \partial_\lambda \partial^\rho A_\rho = \frac{4\pi}{c} j_\lambda. \quad (20.138)$$

Man erhält aus dieser abgeänderten Lagrange-Dichte also nur dann die Maxwell-Gleichungen, wenn $\partial_\lambda \partial^\rho A_\rho = 0$ ist, d. h., es muss

$$\partial^\rho A_\rho = \text{const} \quad (20.139)$$

gelten. Dies kann durch eine geeignete Eichtransformation natürlich immer erreicht werden. (Dass Eichtransformationen zu keiner Änderung der Bewegungsgleichungen führen, wird in Teilaufgabe 20.3b gezeigt.)

(2) Die geänderte Lagrange-Dichte unterscheidet sich von der ursprünglichen um den Summanden

$$\frac{1}{8\pi}(\partial_\mu A_\nu)(\partial^\nu A^\mu). \quad (20.140)$$

Das kann mittels der Produktregel auch als

$$\frac{1}{8\pi}\left(\partial_\mu(A_\nu \partial^\nu A^\mu) - A_\nu \partial^\nu \partial_\mu A^\mu\right) \quad (20.141)$$

geschrieben werden. Der erste Summand ist eine totale Ableitung; sein Beitrag zur Wirkung kann mithilfe des Gauß'schen Satzes in ein Oberflächenintegral umgeschrieben werden. Er verschwindet also, wenn die Felder hinreichend rasch abfallen. Der zweite Summand verschwindet genau dann, wenn $\partial^\nu \partial_\mu A^\mu = 0$ ist; man erhält somit dieselbe Bedingung wie in (1).

20.3 Eine allgemeine Eichtransformation hat bekanntlich die Form

$$A^\mu \to A^\mu + \partial^\mu \Lambda \quad (20.142)$$

mit einer beliebigen skalaren Funktion Λ.

(a) Der kinetische Term ändert sich unter der Eichtransformation offensichtlich nicht. Der potenzielle Term dagegen ändert sich:

$$-\frac{q}{c}\tilde{u}_\mu A^\mu \to -\frac{q}{c}\tilde{u}_\mu A^\mu - \frac{q}{c}\tilde{u}_\mu \partial^\mu \Lambda\left(x^\sigma(\lambda)\right), \quad (20.143)$$

also ändert sich die Lagrange-Funktion um den zweiten Summanden.
Dieser kann aber auch geschrieben werden als

$$-\frac{q}{c}\frac{\mathrm{d}}{\mathrm{d}\lambda}\Lambda\left(x^\sigma(\lambda)\right). \quad (20.144)$$

Die Wirkung ändert sich damit um

$$-\frac{q}{c}\int_{\lambda_1}^{\lambda_2}\frac{\mathrm{d}}{\mathrm{d}\lambda}\Lambda(x^\sigma(\lambda))\mathrm{d}\lambda = -\frac{q}{c}\left[\Lambda(x^\sigma(\lambda))\right]_{\lambda_1}^{\lambda_2}, \quad (20.145)$$

also um eine Konstante. Damit hat eine Eichtransformation letztlich keinen Einfluss auf die Bewegungsgleichungen.

(b) Der Feldstärketensor $F^{\mu\nu}$ ist invariant unter einer Eichtransformation, wie man leicht zeigt:

$$\begin{aligned}F^{\mu\nu} &= \partial^\mu A^\nu - \partial^\nu A^\mu\\ &\to \partial^\mu A^\nu + \partial^\mu\partial^\nu \Lambda - \partial^\nu A^\mu - \partial^\nu \partial^\mu \Lambda.\end{aligned} \quad (20.146)$$

Die Terme mit den Ableitungen von Λ heben sich gegenseitig weg, also bleibt nur $\partial^\mu A^\nu - \partial^\nu A^\mu = F^{\mu\nu}$ übrig. Damit

ist der erste Summand in der Lagrange-Dichte invariant unter Eichtransformationen.
Der Wechselwirkungsterm dagegen ändert sich:

$$-\frac{1}{c}j_\mu A^\mu \to -\frac{1}{c}j_\mu A^\mu - \frac{1}{c}j_\mu \partial^\mu \Lambda, \tag{20.147}$$

also ändert sich die Lagrange-Dichte unter einer Eichtransformation. Die Wirkung ändert sich dadurch um

$$-\frac{1}{c}\int j_\mu \partial^\mu \Lambda \,\mathrm{d}^4x. \tag{20.148}$$

Schreiben wir dies zunächst mit der Produktregel um in

$$-\frac{1}{c}\int \left(\partial^\mu (j_\mu \Lambda) - (\partial^\mu j_\mu)\Lambda\right) \mathrm{d}^4x. \tag{20.149}$$

Der zweite Summand verschwindet wegen der Kontinuitätsgleichung $\partial^\mu j_\mu = 0$. Der erste dagegen kann mit dem Gauß'schen Satz in ein Oberflächenintegral umgewandelt werden und liefert deshalb nur einen konstanten Beitrag zur Wirkung, der wieder keinen Einfluss auf die Bewegungsgleichungen hat.

20.4

(a) Es gilt

$$\delta\tilde{L} = \frac{\partial\tilde{L}}{\partial x^\mu}\delta x^\mu + \frac{\partial\tilde{L}}{\partial \tilde{u}^\mu}\delta\tilde{u}^\mu. \tag{20.150}$$

Benutzt man nun

$$\delta\tilde{u}^\mu = \delta\left(\frac{\mathrm{d}}{\mathrm{d}\lambda}x^\mu\right) = \frac{\mathrm{d}}{\mathrm{d}\lambda}\delta x^\mu \tag{20.151}$$

und die Euler-Lagrange-Gleichung (20.37), so wird dies zu

$$\delta\tilde{L} = \left(\frac{\mathrm{d}}{\mathrm{d}\lambda}\frac{\partial\tilde{L}}{\partial\tilde{u}^\mu}\right)\delta x^\mu + \frac{\partial\tilde{L}}{\partial\tilde{u}^\mu}\left(\frac{\mathrm{d}}{\mathrm{d}\lambda}\delta x^\mu\right). \tag{20.152}$$

Mit der Produktregel vereinfacht sich dies zu

$$\delta\tilde{L} = \frac{\mathrm{d}}{\mathrm{d}\lambda}\left(\frac{\partial\tilde{L}}{\partial\tilde{u}^\mu}\delta x^\mu\right). \tag{20.153}$$

Also muss

$$\frac{\mathrm{d}}{\mathrm{d}\lambda}\left(\frac{\partial\tilde{L}}{\partial\tilde{u}^\mu}\delta x^\mu\right) = \frac{\mathrm{d}}{\mathrm{d}\lambda}\tilde{Q} \tag{20.154}$$

gelten und somit

$$\frac{\mathrm{d}}{\mathrm{d}\lambda}\left(\frac{\partial\tilde{L}}{\partial\tilde{u}^\mu}\delta x^\mu - \tilde{Q}\right) = 0. \tag{20.155}$$

Damit ist

$$Q = \frac{\partial\tilde{L}}{\partial\tilde{u}^\mu}\delta x^\mu - \tilde{Q} \tag{20.156}$$

eine Erhaltungsgröße.

(b) Zunächst folgt für $\delta x^\mu = b^\mu$ mit einem konstanten Vektor b^μ sofort, dass $\delta\tilde{u}^\mu = 0$ ist. Damit haben wir also

$$\delta\tilde{L} = \frac{\partial\tilde{L}}{\partial x^\mu}\delta x^\mu + \frac{\partial\tilde{L}}{\partial\tilde{u}^\mu}\delta\tilde{u}^\mu = \frac{\partial\tilde{L}}{\partial x^\mu}\delta x^\mu. \tag{20.157}$$

Da der kinetische Term $-mc\sqrt{\tilde{u}_\mu\tilde{u}^\mu}$ von x^μ unabhängig ist und nach Voraussetzung A^μ räumlich und zeitlich konstant ist, folgt

$$\delta\tilde{L} = 0. \tag{20.158}$$

Die Lagrange-Funktion ändert sich unter dieser Transformation nicht; also können wir $\tilde{Q} = 0$ wählen. Andererseits ist

$$\frac{\partial\tilde{L}}{\partial\tilde{u}^\mu} = -mu_\mu - \frac{q}{c}A_\mu \tag{20.159}$$

(siehe Aufgabe 20.1); somit folgt aus dem Noether-Theorem insgesamt, dass

$$\left(-mu_\mu - \frac{q}{c}A_\mu\right)b^\mu \tag{20.160}$$

eine Erhaltungsgröße ist. Dies gilt für jeden Vektor b^μ, daher ergeben sich die vier Erhaltungsgrößen

$$-mu_\mu - \frac{q}{c}A_\mu = -p_\mu - \frac{q}{c}A_\mu. \tag{20.161}$$

Das Viererpotenzial A_μ wurde aber als räumlich und zeitlich konstant vorausgesetzt – also ist auch der Viererimpuls p_μ für sich genommen schon zeitlich konstant und damit eine Erhaltungsgröße.
Dieses Ergebnis ist letztlich trivial: Konstantes A^μ heißt natürlich verschwindende Feldstärken $\boldsymbol{E}$ und $\boldsymbol{B}$. Somit wirken keine Kräfte, und der Viererimpuls ist konstant.

20.5 Wir haben zu zeigen:

$$-\frac{1}{4\pi}F^{\mu\rho}\partial^\nu A_\rho + \frac{1}{16\pi}\eta^{\mu\nu}F_{\rho\lambda}F^{\rho\lambda} + \frac{1}{4\pi}\partial_\lambda\left(F^{\mu\lambda}A^\nu\right) = -\frac{1}{4\pi}\left(F^{\mu}{}_{\lambda}F^{\nu\lambda} - \frac{1}{4}\eta^{\mu\nu}F_{\rho\lambda}F^{\rho\lambda}\right). \tag{20.162}$$

Die jeweils zweiten Summanden auf beiden Seiten stimmen bereits überein; es bleibt nur noch

$$F^{\mu\rho}\partial^\nu A_\rho - \partial_\lambda\left(F^{\mu\lambda}A^\nu\right) = F^{\mu}{}_{\lambda}F^{\nu\lambda} \tag{20.163}$$

zu zeigen. Im zweiten Summanden auf der linken Seite kann man nun die Produktregel verwenden. Die Ableitung des Feldstärketensors verschwindet wegen der vorausgesetzten Quellenfreiheit, also haben wir noch

$$F^{\mu\rho}\partial^\nu A_\rho - F^{\mu\lambda}\partial_\lambda A^\nu = F^{\mu}{}_{\lambda}F^{\nu\lambda}. \tag{20.164}$$

Im ersten Summanden wird nun der Index ρ umbenannt, außerdem werden die Positionen vertauscht:

$$F^{\mu}{}_{\lambda}\partial^\nu A^\lambda - F^{\mu}{}_{\lambda}\partial^\lambda A^\nu = F^{\mu}{}_{\lambda}F^{\nu\lambda}. \tag{20.165}$$

Nach Ausklammern von $F^{\mu}{}_{\lambda}$ erhält man auch auf der linken Seite schließlich $F^{\mu}{}_{\lambda}F^{\nu\lambda}$, was zu zeigen war.

Teil II

Literatur

Jackson, J.D.: Klassische Elektrodynamik. 4. Aufl. De Gruyter, Berlin (2006)

Quantenmechanik

Inhaltsverzeichnis

Die Entstehung der Quantenphysik

21

Warum ändert glühendes Eisen die Farbe bei Temperaturänderung?

Besteht Licht aus Wellen oder Teilchen?

Warum verschmelzen die Elektronen nicht mit den Atomkernen?

Was ist der tiefere Grund für die Unschärferelation?

Teil III

M. Bartelmann et al., *Theoretische Physik*, DOI 10.1007/978-3-642-54618-1_21, © Springer-Verlag Berlin Heidelberg 2015

Ein Verständnis der modernen Naturwissenschaften ist ohne Kenntnis der Quantenmechanik, deren Grundgleichungen das Verhalten mikroskopischer Objekte beschreibt, unmöglich. Ohne Quantenmechanik gäbe es kein Verständnis der Eigenschaften von Molekülen, Atomen und Atomkernen, Halbleitern, Lasern oder Elementarteilchen, und ohne Quantenmechanik könnten wir auch nicht begreifen, warum die Sonne schon mehrere Milliarden Jahre Energie ausstrahlt. Die Quantentheorie darf wohl zu Recht als eine der größten naturwissenschaftlichen Errungenschaften des 20. Jahrhunderts angesehen werden – revolutionär und von großem praktischen Nutzen.

Zu Beginn des 20. Jahrhunderts ergaben sich in der Physik grundlegende Umwälzungen, die schließlich zur Relativitätstheorie und Quantenmechanik führten. Auf der atomaren bzw. subatomaren Skala werden die klassischen Gesetze durch die Gesetze der Quantenmechanik abgelöst, und von diesen Gesetzen und ihren Anwendungen handelt der dritte Teil des Buches. Viele atomare und molekulare Vorgänge werden bereits durch die nichtrelativistische Quantenmechanik erklärt, und auf diese werden wir uns im Folgenden beschränken. Dieses Kapitel beschreibt die Entstehung der Quantenmechanik. Besondere Beachtung findet dabei das Planck'sche Gesetz für die Hohlraumstrahlung, der Welle-Teilchen-Dualismus und einige wichtige Experimente, die schon früh Probleme der klassischen Physik offenbarten.

21.1 Probleme der klassischen Physik

Gegen Ende des 19. Jahrhunderts schien die Physik zu einem gewissen Abschluss gekommen zu sein. Dies geht aus dem folgenden Zitat von *Albert Michelson* (1851–1931, Nobelpreis 1907 für seine optischen Präzisionsinstrumente) hervor:

> Die wichtigsten Grundgesetze und Grundtatsachen der Physik sind alle schon entdeckt, und diese haben sich bis jetzt so fest bewährt, dass die Möglichkeit, sie wegen neuer Entdeckungen beiseite zu schieben, außerordentlich fern zu liegen scheint [...] Unsere künftigen Entdeckungen müssen wir in den 6. Dezimalen suchen (Michelson 1903).

Am Ende der klassischen Periode bestand das Universum aus Materie und Strahlung, wie sie durch die in den ersten beiden Teilen des Buches vorgestellten Gesetze von *Isaac Newton* (1642–1727) und *James Clerk Maxwell* (1831–1879) beschrieben werden.

Materie

Der Zustand der Materie ist durch Angabe der Positionen und Impulse aller Materieteilchen zu einem festen Zeitpunkt eindeutig gegeben, und Zukunft sowie Vergangenheit des Systems sind dann durch die deterministischen Newton'schen Gleichungen vollständig bestimmt.

Die Korpuskulartheorie der Materie wurde zunächst auf die Mechanik der Himmelskörper und auf makroskopische feste Körper angewandt. Nach der Atomhypothese der Chemiker *Antoine de Lavoisier*, *Joseph Proust*, *Joseph Gay-Lussac* und *John Dalton* wurde sie auch zur grundlegenden Theorie der Materie im mikroskopischen Bereich. Inspiriert von dem Gesetz über die Volumenverhältnisse reagierender Gase stellte *Amedeo Avogadro* (1776–1856) im Jahre 1811 seine berühmte Hypothese auf, dass bei fester Temperatur T und festem Druck p gleiche Volumina von Gasen jeweils die gleiche Anzahl Moleküle enthalten, unabhängig von deren chemischer Zusammensetzung. Bezeichnet v das molare Volumen, dann ist $pv/k_\mathrm{B}T$ gegeben durch die Avogadro-Konstante

$$N_\mathrm{A} = 6{,}022\ 141\ 29(27) \cdot 10^{23}\ \mathrm{Mol}^{-1}\,. \tag{21.1}$$

Diese Konstante spielt in Kap. 33 eine wichtige Rolle.

Ende des 19. Jahrhunderts brachten James Clerk Maxwell und *Ludwig Boltzmann* (1844–1906) die kinetische Theorie der Gase, nach der die Temperatur mit der Bewegung der Atome korreliert ist, zu einem gewissen Abschluss. Darin berechnen sich makroskopische Größen wie Temperatur und Druck als Mittelwerte von etwa N_A mikroskopischen Freiheitsgraden. Die entstehende statistische Mechanik beschränkt sich auf die Berechnung von Mittelwerten und versucht nicht, die mikroskopische Dynamik analytisch zu lösen. Diese Theorie wird in Teil IV ausführlich behandelt. Aufgrund der Untersuchung der Brown'schen Bewegung von feinen Teilchen in Flüssigkeiten oder Gasen wurde die reale Existenz von Atomen und Molekülen dann endgültig akzeptiert. *Albert Einstein* (1879–1955, Nobelpreis 1921 für die Deutung des Photoeffekts mithilfe der Lichtquantenhypothese) und *Marian Smoluchowski* (1872–1917) zeigten 1905, wie die Brown'sche Bewegung mithilfe statistischer Bewegungsgesetze Rückschlüsse auf die Moleküle erlaubt. Zum Beispiel konnte auf diese Art die Avogadro'sche Zahl bestimmt werden.

Strahlung

Isaac Newton versuchte, die Eigenschaften des Lichtes durch eine Korpuskulartheorie zu erklären. Die etwa zur selben Zeit entwickelte Huygens'sche Wellentheorie des Lichtes fand anfänglich wenig Anhänger, da nur Schatten mit scharfen Kanten beobachtet wurden. Erst nach den Interferenzversuchen an engen Schlitzen von *Thomas Young* (1773–1829) und insbesondere *Augustin Jean Fresnel* (1788–1827) am Anfang des 19. Jahrhunderts änderte sich die Situation grundlegend. Als dann Mitte des Jahrhunderts *Léon Foucault* (1819–1868) demonstrierte, dass sich im Widerspruch zur Korpuskulartheorie Licht in Wasser langsamer als in der Luft fortpflanzt, war dies keine sonderliche Überraschung mehr, da sich die Wellentheorie des Lichtes schon durchgesetzt hatte.

Die Theorie des Lichtes kam mit der Maxwell'schen Theorie des Elektromagnetismus von 1864 zu einem gewissen Abschluss (Teil II). In der Maxwell'schen Theorie für das elektrische und magnetische Feld hat die Strahlung unendlich viele Freiheitsgrade, nämlich die Komponenten der Felder an jedem Raumpunkt. Das Strahlungsfeld kann dabei nicht in lokalisierte Teilchen zerlegt werden.

Der Zustand der Physik am Ende des 20. Jahrhundert

Gegen Ende des 19. Jahrhunderts konnten alle physikalischen Phänomene mit den klassischen Theorien von Newton und Maxwell für Materie und Strahlung erklärt werden. Es bestand ein hoher Grad an Vereinheitlichung, und die Physik stellte sich als abgeschlossenes und scheinbar widerspruchsfreies Gebäude dar.

Der Wunsch nach einer Vereinheitlichung der physikalischen Theorien im Rahmen einer mechanistischen Weltauffassung bereitete allerdings Probleme bei der mechanistischen Erklärung der elektromagnetischen Erscheinungen. Die Wellenausbreitung war schon durch die akustischen Vorgänge bekannt, wo sie eine makroskopische Erscheinung ist, die sich aus der mikroskopischen Bewegung von Atomen oder Molekülen ableiten lässt. In Analogie suchte man nach einem Träger der elektromagnetischen Wellen, dem sogenannten Äther. Auf diese Weise wollte man die Wellenausbreitung ebenfalls auf die Kraftgesetze der Newton'schen Mechanik, angewandt auf einen geeigneten Träger, zurückführen. Der negative Ausgang des Michelson-Morley-Experiments machte aber deutlich, dass eine derartige Erklärung des Elektromagnetismus unmöglich war. Das augenscheinliche Paradoxon wurde endgültig im Rahmen der speziellen Relativitätstheorie gelöst (siehe auch das „Repetitorium: Spezielle Relativitätstheorie" in Kap. 18).

Erste Probleme mit der klassischen Physik

Etwa um 1900 ermöglichte die fortschreitende Verbesserung der experimentellen Techniken die Beobachtung einzelner mikroskopischer Vorgänge und das Zählen mikroskopischer Teilchen. Die Physiker konzentrierten sich im Wesentlichen auf

- die genaue Untersuchung der mikroskopischen Struktur der Materie,
- die Wechselwirkung der Teilchen untereinander und mit dem elektromagnetischen Feld.

Bei diesen Untersuchungen traten in zunehmendem Maße Probleme der klassischen Physik zutage. *Joseph John Thomson* (1856–1940, Nobelpreis 1906 für seine Beiträge zur Leitfähigkeit von Gasen) entdeckte 1897 das Elektron als Teilchen der Kathodenstrahlung und bestimmte das Verhältnis der Elementarladung zur Elektronenmasse e/m_e. Die Messung der Elementarladung gelang dann *Robert Millikan* (1868–1953, Nobelpreis 1923 für seine Beiträge zur Elementarladung und den Photoeffekt) im Jahre 1911 in seinem berühmten Öltröpfchenversuch.

Parallel dazu wurden mit der Entdeckung der Radioaktivität durch *Henri Becquerel* (1852–1908) im Jahre 1896 und den folgenden Experimenten von *Marie Curie* (1867–1934) und *Pierre Curie* (1859–1906) die Eigenschaften von Atomkernen erkennbar. Im Jahre 1903 erhielten sie gemeinsam den Nobelpreis für ihre Entdeckungen bzw. Untersuchungen von Strahlungsphänomenen (Marie Curie erhielt 1911 einen zweiten Nobelpreis, und zwar für Chemie). *Hans Geiger* (1882–1945), *Ernest Marsden* (1889–1970) und *Ernest Rutherford* (1871–1937, Nobelpreis 1908 für seine Beiträge über den Zerfall von Elementen) untersuchten systematisch die Streuung von Heliumkernen (α-Teilchen) an Atomen in dünnen Substanzschichten. In der Wilson'schen Nebelkammer war es möglich, die Bahnen der positiv geladenen α-Teilchen direkt sichtbar zu machen und auszumessen. Erstaunlicherweise wurden diese nur selten mehr als 3° von ihrer Richtung abgelenkt – nur in einem von 8000 Fällen gab es Ablenkwinkel von mehr als 90°.

Der Streuversuch zeigte somit, dass die positive Ladung und ein Großteil der Masse der streuenden Atome in einem Atomkern vereinigt sind. Aufgrund dieser Beobachtung entwickelten Ernest Rutherford und *Philipp Lenard* (1862–1947, Nobelpreis 1905 für seine Arbeiten über die Kathodenstrahlen) das erste moderne Bild von Atomen. Danach besteht ein Atom aus einem kompakten positiv geladenen Kern der Ladung Ze, um den Z Elektronen kreisen. Dabei vereinigt der Atomkern fast die gesamte Atommasse in sich. Das Modell ähnelt einem Sonnensystem im Kleinen, bei dem die Gravitationskraft durch die elektrische Kraft ersetzt wird. Die Coulomb-Anziehung des Kernes, die Zentrifugalkräfte und die gegenseitige Abstoßung der Elektronen sollten bewirken, dass die Elektronen stabile Bahnen mit Radien von etwa 10^{-8} cm um den Kern vollführen (Hantaro Nagaoka entwickelte bereits 1904 ein ähnliches Modell). Das Modell hatte aber ein großes Problem: Um nicht in den Atomkern zu fallen, müssen die Elektronen um den anziehenden Kern kreisen. Nach den Gesetzen der Elektrodynamik strahlen aber beschleunigte Ladungen Energie ab; somit müssten die kreisenden Elektronen in den Kern stürzen.

Frage 1

Zeigen Sie mithilfe der Resultate aus Kap. 19, dass das Elektron im Wasserstoffatom aufgrund dieser Abstrahlung nach etwa 10^{-8} s in den Kern stürzen würde.

Bereits einige Monate vor Entdeckung der Radioaktivität fand *Wilhelm Conrad Röntgen* (1845–1923, er erhielt 1901 den ersten vergebenen Nobelpreis für die Entdeckung der Röntgenstrahlen) durch Zufall die nach ihm benannte Strahlung. Deren Wellencharakter wurde 1912 von *Max von Laue* (1879–1960, Nobelpreis 1914 für seine Entdeckung der Beugung von Röntgenstrahlen beim Durchgang durch Kristalle) mit Beugungsexperimenten an Kristallen nachgewiesen.

Abb. 21.1 Max Planck (1858–1947), © akg-images

Seither vervollständigte sich die Kenntnis des Spektrums der elektromagnetischen Wellen im Bereich kleiner Wellenlängen. So wurde auch die elektromagnetische Struktur der γ-Strahlung radioaktiver Stoffe erkannt. Die Spektralanalyse erweiterte dabei nicht nur ihren Bereich, sondern wurde gleichzeitig immer genauer. Sie lieferte eine Fülle von Daten über Emission, Streuung und Absorption von Licht durch Materie. Beim Vergleich der Voraussagen der Lorentz'schen Theorie mit den Daten zeigten sich Widersprüche zwischen klassischer Theorie und Erfahrung.

Erste Probleme traten bei der Untersuchung der Spektralverteilung der elektromagnetischen Strahlung im thermodynamischen Gleichgewicht mit der Materie auf. Die Lösung des Problems gelang *Max Planck* (1858–1947, Mitbegründer der Quantentheorie, Nobelpreis 1919 für die Entdeckung des Planck'schen Wirkungsquantums; Abb. 21.1) im Jahre 1900 und gilt als Geburtsstunde der Quantentheorie. Wir wollen uns dieses Problem und seine Lösung nun etwas näher ansehen.

21.2 Hohlraumstrahlung

In einem Töpferofen erreicht man Temperaturen von etwa 1200 °C. Schaut man durch ein Guckloch ins Innere, dann sieht man eine orange-gelbe Farbe. Schaltet man die Heizung aus, dann fällt die Temperatur nur langsam, und in guter Näherung bleibt das Innere des Ofens im thermischen Gleichgewicht. Bei 1000 °C ist der Ofen orange, bei 800 °C zwischen orange und rot, und bei 600 °C leuchtet er schlussendlich dunkelrot. Es gibt also einen Zusammenhang zwischen Temperatur und Farbe des Lichtes. Man sieht auch, dass bei der Abkühlung die Intensität des abgestrahlten Lichtes abnimmt. Dies versteht man, da Licht Energie hat und die Energie im Ofen mit der Temperatur abnimmt. Aber warum ändert sich die Farbe des Lichts?

Der Raum im Töpferofen ist in guter Näherung ein *Schwarzer Körper*. Ein Schwarzer Körper ist ein hypothetischer Körper, der auf ihn treffende Strahlung jeglicher Wellenlänge und Intensität vollständig absorbiert. Die Atome in den Wänden wechselwirken mit den elektromagnetischen Wellen im Hohlraum: Sie absorbieren und emittieren Wellen. Dabei stellt sich bald ein nur von der Temperatur T abhängiges Gleichgewicht ein, in dem die Strahlung elektromagnetische Schwingungen aller Frequenzen oder Wellenlängen enthält. Um die spektrale Energieverteilung der Strahlung zu untersuchen, zerlegen wir das Strahlungsfeld in seine Eigenschwingungen.

Spektrale Dichte der Oszillatoren

Wir benötigen die Verteilung der Strahlungsenergie auf die einzelnen Frequenzen, und diese Verteilung ist durch die spektrale Dichte gegeben. Dazu betrachten wir einen kubusförmigen Hohlraum mit Seitenlänge L und Volumen V, der elektromagnetische Hohlraumstrahlung im thermischen Gleichgewicht enthält. Im Gleichgewicht bilden sich stehende Wellen aus, charakterisiert durch ihren Wellenzahlvektor $\boldsymbol{k}$. Wir wollen nun die Anzahl der Schwingungsmoden mit Frequenzen kleiner als eine Grenzfrequenz ν abschätzen.

Der Wellenzahlvektor $\boldsymbol{k}$ zeigt in Richtung der Fortpflanzung, und seine Länge bestimmt die Frequenz $c|\boldsymbol{k}|/2\pi$ der Eigenschwingung. Die Anzahl der Schwingungsmoden mit Frequenzen kleiner als ν ist also gleich der Anzahl der Wellenzahlvektoren innerhalb der Kugel mit Radius $2\pi\nu/c$:

$$N(\nu) = \sharp \left\{ \boldsymbol{k} : |\boldsymbol{k}| < \frac{2\pi\nu}{c} = \frac{\omega}{c} \right\}. \qquad (21.2)$$

Für stehende Wellen in einem kubischen Hohlraum ist die Seitenlänge L des Hohlraumes ein Vielfaches n der Wellenlänge; die erlaubten Wellenlängen sind also L/n, und deshalb hat das Gitter im $\boldsymbol{k}$-Raum die Dichte $(L/2\pi)^3$ wie in Abb. 21.2 angedeutet. Entsprechend ist

$$N(\nu) \cong \frac{4\pi}{3} \left(\frac{2\pi\nu}{c}\right)^3 \left(\frac{L}{2\pi}\right)^3 = \frac{4\pi}{3c^3} V\nu^3 . \qquad (21.3)$$

Zu jedem Wellenzahlvektor gehören zwei Freiheitsgrade; dies sind die beiden unabhängigen Polarisationen der Strahlung, und deshalb ist die Dichte der Zustände pro Frequenzintervall und Volumeneinheit gegeben durch

$$n(\nu) \equiv \frac{2}{V} \frac{\mathrm{d}N(\nu)}{\mathrm{d}\nu} = \frac{8\pi}{c^3} \nu^2 . \qquad (21.4)$$

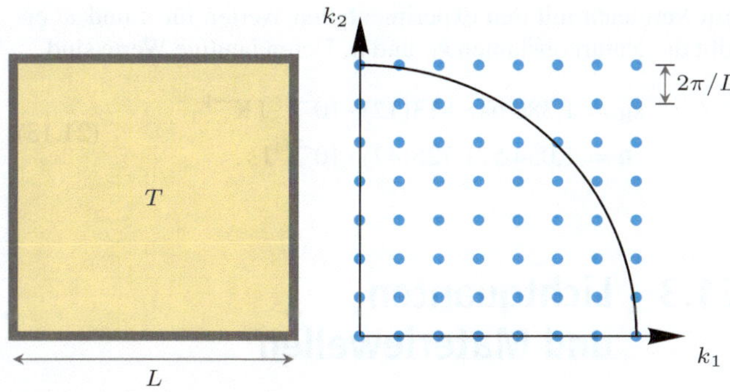

Abb. 21.2 Hohlraumstrahlung und mögliche Wellenzahlvektoren

Rayleigh-Jeans-Formel für große Wellenlängen

Im isotropen thermischen Gleichgewicht ist die mittlere Energie je Oszillator unabhängig von der Polarisation und der Richtung von $\boldsymbol{k}$. Gemäß dem Gleichverteilungssatz der klassischen Statistik entfällt auf jeden harmonisch schwingenden Freiheitsgrad die mittlere Energie $k_{\mathrm{B}}T$ – unabhängig von seiner Frequenz. Der genaue Wert der Boltzmann-Konstanten k_{B} findet sich in (21.13). Der Gleichverteilungssatz wird in Kap. 36.1 behandelt. Durch Multiplikation mit (21.4) kam *Lord Rayleigh* (1842–1919, Nobelpreis 1904 für die Bestimmung der Dichte der wichtigsten Gase) im Juni 1900 zu der Formel für die spektrale Energiedichte:

$$\rho_{\mathrm{R}}(T,\nu) = \frac{8\pi\nu^2}{c^3}\, k_{\mathrm{B}}T\,. \tag{21.5}$$

Hier erscheint die Temperatur nur als Faktor, was bedeutet, dass die Strahlungsintensität mit der Temperatur zunimmt. Die Hohlraumfarbe wird aber durch die Frequenzverteilung der Strahlung bestimmt und wäre nach (21.5) temperaturunabhängig – im krassen Widerspruch zur Erfahrung. Übrigens irrte Rayleigh um einen Faktor 8 bei der Abzählung der Wellenzahlvektoren. Sein Fehler wurde erst fünf Jahre später von *James Jeans* korrigiert.

Für große Wellenlängen oder kleine Frequenzen hat sich diese Formel als korrekt erwiesen. Allerdings stand sie bei hohen Frequenzen in Konflikt zu den Messungen von *Otto Lummer*, *Ernst Pringsheim*, *Heinrich Rubens* und *Ferdinand Kurlbaum*. Dass das klassische Ergebnis (21.5) nicht in Ordnung sein kann, erkennt man auch, wenn man damit die Energiedichte der elektromagnetischen Strahlung im Hohlraum berechnet:

$$u = \int \rho_{\mathrm{R}}\mathrm{d}\nu = \frac{8\pi}{c^3}k_{\mathrm{B}}T\int_0^\infty \nu^2\mathrm{d}\nu = \infty\,. \tag{21.6}$$

Der divergente Beitrag zur unendlichen Energie rührt von den Moden mit sehr hohen Frequenzen her. Deshalb sprach *Paul Ehrenfest* (1880–1933) auch von einer *Ultraviolettkatastrophe.* Diese Katastrophe wie auch die Diskrepanz zwischen (21.5) und den experimentellen Ergebnissen zeugen eindeutig vom Versagen der klassischen Physik bei der Erklärung der Hohlraumstrahlung. Die klassische statistische Mechanik und Elektrodynamik führen zusammen zwingend auf die falsche Vorhersage (21.5). Wir müssen also mindestens eine der beiden Theorien modifizieren, um den Widerspruch zu lösen.

Das Wien'sche Strahlungsgesetz

Unter der Annahme, dass ein Zusammenhang zwischen dem gesuchten Strahlungsgesetz und der Maxwell'schen Geschwindigkeitsverteilung existiert, wobei die Geschwindigkeit durch eine nur frequenzabhängige Größe ersetzt werden soll, hat *Wilhelm Wien* (1864–1928, Nobelpreis 1911 für die Arbeiten zur Wärmestrahlung) folgende spektrale Energiedichte angegeben:

$$\rho_{\mathrm{W}}(T,\nu) = \frac{8\pi\nu^2}{c^3}\, h\nu\, \mathrm{e}^{-h\nu/k_{\mathrm{B}}T}\,. \tag{21.7}$$

Die hier aus Dimensionsgründen auftretende neue Naturkonstante h ist das *Planck'sche Wirkungsquantum.* Oft führt man das reduzierte Wirkungsquantum

$$\hbar = \frac{h}{2\pi} \tag{21.8}$$

ein, sodass $h\nu = \hbar\omega$ gilt. Das Wien'sche Gesetz (21.7) reproduziert die oben erwähnten Messungen der Hohlraumstrahlung für kurze Wellenlängen hervorragend, versagt aber bei großen Wellenlängen. Im Gegensatz zur Rayleigh-Jeans-Formel ist seine theoretische Begründung unbefriedigend.

Planck'sches Strahlungsgesetz

Im Geburtsjahr der Quantenmechanik stellte sich die Situation in Bezug auf die schwarze Strahlung wie folgt dar: Es existierten zwei Gesetze, das Wien'sche Stahlungsgesetz und das Rayleigh-Jeans-Gesetz. Ersteres stimmt nur bei kurzen Wellenlängen, und seine theoretische Begründung ist problematisch. Das zweite stimmt nur bei großen Wellenlängen, obwohl es zwingend aus den Gesetzen der klassischen Physik folgt. Um die beiden Gesetze zu kombinieren, hat Max Planck zwischen ρ_{R} und ρ_{W} interpoliert (tatsächlich hat er die zweiten Ableitungen der Entropie nach der Energie auf einfache Weise miteinander verbunden), was zum Planck'schen Strahlungsgesetz

$$\rho(T,\nu) = \frac{8\pi\nu^2}{c^3}\frac{h\nu}{\mathrm{e}^{h\nu/k_{\mathrm{B}}T}-1} \tag{21.9}$$

führte (Planck 1900). Bei der Herleitung des Strahlungsgesetzes musste Max Planck annehmen, dass der Energieaustausch zwischen den Atomen in der Umrandung (die er als harmonische Oszillatoren modellierte) und dem elektromagnetischen Strahlungsfeld nicht kontinuierlich, sondern nur in Form kleinster

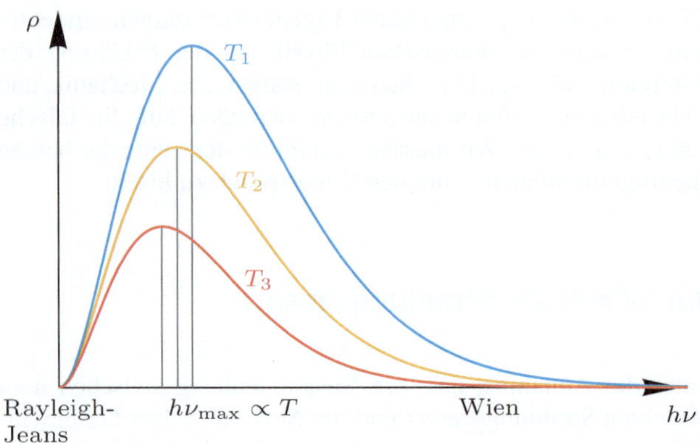

Abb. 21.3 Frequenzverteilung der Wärmestrahlungsintensität für drei verschiedene Temperaturen $T_1 > T_2 > T_3$

Energiepakete stattfindet. Das physikalische Problem $\rho(T,\nu)$ zu erklären, war mitverantwortlich für die Geburt der Quantentheorie.

Abbildung 21.3 zeigt die Spektraldichte für drei verschiedene Temperaturen. Folgende Eigenschaften des Planck'schen Gesetzes dienen als Hinweise für seine Richtigkeit:

- Für kurze Wellenlängen geht die spektrale Energiedichte (21.9) in diejenige von Wien über und für große Wellenlängen in diejenige von Rayleigh und Jeans.
- Rubens und Kurlbaum überprüften 1901 die verschiedenen Strahlungsformeln und bestätigten das Planck'sche Gesetz.

Max Planck konnte die experimentell bekannte Konstante a im Stefan-Boltzmann-Gesetz, nach dem die Energiedichte der Strahlung im Hohlraum proportional zur vierten Potenz der Temperatur des Schwarzen Körpers ist,

$$u = \int \rho(\nu, T)\mathrm{d}\nu = aT^4\,, \tag{21.10}$$

mit den Naturkonstanten k_B und $\hbar$ in Verbindung bringen. Mithilfe seines Gesetzes ergibt sich

$$a = \frac{\pi^2}{15}\frac{k_\mathrm{B}^4}{(\hbar c)^3}\,. \tag{21.11}$$

Nach dem Wien'schen Verschiebungsgesetz (nicht zu verwechseln mit dem Wien'schen Strahlungsgesetz) verschiebt sich bei steigender Temperatur das Maximum der spektralen Verteilung zu höheren Frequenzen, $\nu_{\max} = wT$. Das Planck'sche Gesetz bringt die experimentell bekannte Konstante w ebenfalls mit den Naturkonstanten k_B und $\hbar$ in Verbindung:

$$w \approx 2{,}8221\,\frac{k_\mathrm{B}}{h}\,. \tag{21.12}$$

Ein Vergleich mit den experimentellen Werten für a und w ergibt die Naturkonstanten k_B und $\hbar$. Deren heutige Werte sind

$$\begin{aligned} k_\mathrm{B} &= 1{,}380\,648\,813(12)\cdot 10^{-23}\,\mathrm{J\,K^{-1}}\,,\\ \hbar &= 1{,}054\,571\,726(47)\cdot 10^{-34}\mathrm{J\,s}\,. \end{aligned} \tag{21.13}$$

21.3 Lichtquanten und Materiewellen

Zahlreiche in ihrer Beweiskraft zwingende Versuche zeigen, dass das Licht ein Wellenvorgang ist. Es gibt jedoch eine Reihe genauso überzeugender Versuche, die sich mit einer solchen Vorstellung nicht erklären lassen. Man versteht sie aber sofort mit der Annahme, dass das Licht aus Lichtteilchen – den Photonen – besteht.

Einsteins Lichtquantenhypothese

Albert Einstein (Abb. 21.6) wurde 1905 über die Analyse der für große Frequenzen gültigen Wien'schen Strahlungsformel auf die Lichtquantenhypothese geführt (Einstein 1905).

Seine Hypothese besagt, dass die von einer elektromagnetischen Welle der Frequenz ν transportierte Energie immer ein ganzzahliges Vielfaches von $h\nu = \hbar\omega$ ist. Wir wenden die Lichtquantenhypothese auf die Hohlraumstrahlung an, wobei wir annehmen, dass die Zustände des Strahlungsfeldes einer Boltzmann-Verteilung folgen. Dann ist die Wahrscheinlichkeit w_n für das Auffinden der Energie $E_n = nh\nu$ in einer Schwingungsmode der Frequenz ν gleich

$$w_n = \frac{\mathrm{e}^{-\beta E_n}}{Z_\beta}\,, \qquad \beta = \frac{1}{k_\mathrm{B}T}\,. \tag{21.14}$$

Der Nenner Z_β muss so gewählt werden, dass die w_n wie Wahrscheinlichkeiten zu Eins addieren. Wegen $E_n = nh\nu$ ist Z_β eine geometrische Reihe:

$$Z_\beta = \sum_{n=0}^{\infty} \mathrm{e}^{-\beta E_n} = \sum_{n=0}^{\infty} \left(\mathrm{e}^{-\beta h\nu}\right)^n = \frac{1}{1-\mathrm{e}^{-\beta h\nu}}\,. \tag{21.15}$$

In der statistischen Physik nennt man Z_β die Zustandssumme (Kap. 36). Mit der Lichtquantenhypothese findet man dann für die mittlere Energie der Schwingungsmode mit Frequenz ν

$$E(T,\nu) = \sum_{n=0}^{\infty} E_n w_n = -\frac{\mathrm{d}\log Z_\beta}{\mathrm{d}\beta} = \frac{h\nu}{\mathrm{e}^{\beta h\nu}-1}\,. \tag{21.16}$$

Multipliziert man diese mittlere Energie mit der Zustandsdichte (21.4), so findet man das Planck'sche Strahlungsgesetz (21.9) wieder.

Anwendung: Kosmische Hintergrundstrahlung

Die Hintergrundstrahlung wurde 1964 von *Robert Wilson* (*1936) und *Arno Penzias* (*1933) von den Bell Laboratories entdeckt. Im Jahr 1978 erhielten sie dafür den Nobelpreis. Die Strahlung entpuppte sich als der erste direkte Beleg für die von *George Gamov* (1904–1968), *Ralph Alpher* (1921–2007), *Robert Hermann* (1914–1997) und *Hans Bethe* (1906–2005, Nobelpreis 1967 für seine Entdeckungen über die Energieerzeugung in Sternen) vorgeschlagene Urknalltheorie.

Die Materie- und die Energiedichte der Strahlung im Universum wachsen mit abnehmendem Skalenparameter a wie

$$\rho \propto \frac{1}{a^3} \quad \text{und} \quad u \propto \frac{1}{a^4}\,,$$

wobei der Skalenparameter die relativen Abstände zwischen weit voneinander entfernten Galaxien bestimmt. Im frühen dichten Universum war der Skalenparameter sehr viel kleiner, als er gegenwärtig ist. George Gamov folgerte, dass das frühe Universum sehr heiß gewesen sein musste. Die Expansion führte zur Abkühlung, und bei Temperaturen von etwa 3000 K kombinierten Elektronen und Protonen zu durchsichtigen Wasserstoffatomen, und die Strahlung entkoppelte von der Materie. Als Folge des thermischen Gleichgewichts vor der Rekombination hat die kosmische Hintergrundstrahlung (genauer: deren Monopolanteil) heute das perfekte Intensitätsspektrum eines Schwarzen Körpers. Die aus dem COBE-Satelliten (COBE: Cosmic Background Explorer) gewonnenen Datenpunkte folgen genau dem Planck'schen Gesetz (Abb. 21.4).

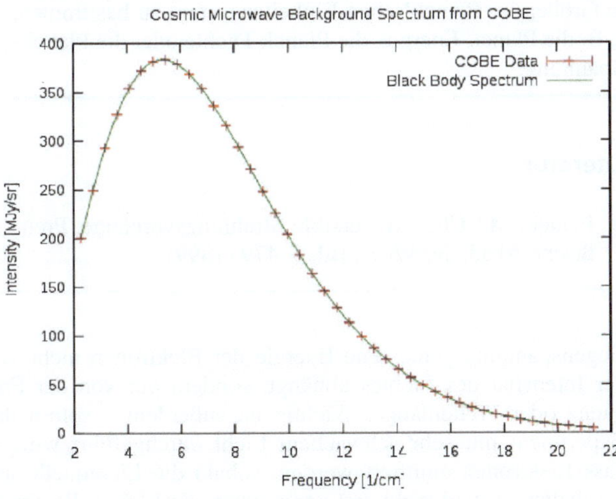

Abb. 21.4 Die vom COBE-Satelliten aus gemessene spektrale Verteilung der Hintergrundstrahlung. Die Fehlerbalken sind dabei kleiner als die Kurvendicke, und es ist das genaueste je gemessene Schwarzkörperspektrum

Während der etwa 13,8 Milliarden Jahre dauernden Expansion des Universums blieb die Gleichgewichtsverteilung erhalten, allerdings mit sinkender Temperatur. Nach einer Abschätzung von Alpher, Hermann und *Georges Edouard Lemaître* (1894–1966) sollte die Hintergrundstrahlung gegenwärtig eine Temperatur zwischen 1 und 5 K haben. Die Ausdehnung ihrer Wellenlänge zwischen der Entkopplung von der Materie bis zur Gegenwart bewirkte eine extreme Rotverschiebung um den Faktor von etwa 1000, sodass die Strahlung heute nur mit Radioantennen messbar ist.

Mit Beobachtungen von der Erde, aus Ballonen und insbesondere Satelliten, gelang es, das Spektrum der Hintergrundstrahlung in verschiedenen Frequenzbändern zu bestimmen. Die nahezu perfekte Schwarzkörperstrahlung hat gegenwärtig die Temperatur von $(2{,}7255 \pm 0{,}0006)$ K. Jeder Kubikzentimeter des Weltraumes enthält davon etwa 400 Photonen.

Abb. 21.5 Die Raumsonde Planck (Planck Surveyor) der ESA

Die Photonen erreichen uns mit sehr hoher Isotropie. Die größte globale Temperaturabweichung von rund 0,1 % wird durch die Bewegung der Milchstraße relativ zum Mikrowellenhintergrund verursacht. Aber bei etwa 0,001 % Abweichung und weniger beobachtet man Strukturen, deren Ursprung in der sehr frühen Phase der kosmologischen Entwicklung liegt. Die Anisotropien rühren z. B. von Dichteschwankungen zur Epoche der Entkopplung her, welche sich als Schallwellen ausbreiten und zu Temperaturunterschieden der Strahlung führen. Zur genauen Messung der Hintergrundstrahlung und ihrer Temperaturfluktuationen in Abhängigkeit von der Winkelausdehnung haben besonders der COBE-Satellit, das 2001 gestartete Satellitenteleskop WMAP (Wilkinson Microwave Anisotropy Probe) und seit 2009 die in Abb. 21.5 gezeigte Raumsonde Planck beigetragen.

Die Beobachtungsergebnisse flossen in ein Standardmodell für die Zusammensetzung des Universums ein: Danach wird die Energiedichte des Universums dominiert von der Dunklen Energie (etwa 69 %), etwa 26 % trägt die Dunkle Materie bei, und nur etwa 5 % besteht aus uns bekannter Strahlung und Materie.

Vertiefung: Planck'sches Einheitensystem

Nach Einführung der Naturkonstanten $\hbar$ erkannte Planck die Möglichkeit, damit ein universell gültiges System von Einheiten zu definieren und erwähnte diese bereits im Mai 1899 (Planck 1899). Zu dieser Zeit war die Quantenmechanik noch gar nicht entdeckt. Die Planck-Einheiten ergeben sich aus einer Dimensionsbetrachtung, d. h. einer Suche nach einem Ausdruck von der Dimension einer Masse, Länge, Zeit und Ladung, der nur Produkte und Quotienten von geeigneten Potenzen der Naturkonstanten G, c und $\hbar$ enthält. Man findet die *Planck-Masse*, die *Planck-Länge*, die *Planck-Zeit* und die *Planck-Ladung*:

$$m_{\text{pl}} = \left(\frac{\hbar c}{G}\right)^{1/2} = 2{,}1765 \cdot 10^{-8}\,\text{kg}\,,$$

$$\ell_{\text{pl}} = \left(\frac{\hbar G}{c^3}\right)^{1/2} = 1{,}616199 \cdot 10^{-35}\,\text{m}\,,$$

$$t_{\text{pl}} = \frac{\ell_{\text{P}}}{c} = 5{,}39106 \cdot 10^{-44}\,\text{s}$$

$$q_{\text{pl}} = \sqrt{4\pi\hbar c} = 1{,}8755459 \cdot 10^{-18}\,\text{C}\,.$$

Benutzt man noch die Boltzmann-Konstante k_{B}, so lässt sich eine Planck-Temperatur als weitere Grundgröße angeben:

$$T_{\text{pl}} = \frac{m_{\text{P}} c^2}{k_{\text{B}}} = \left(\frac{\hbar c^5}{G k_{\text{B}}^2}\right)^{1/2} = 1{,}41679 \cdot 10^{32}\,\text{K}\,.$$

Zwischen zwei geladenen Teilchen mit Planck-Masse und Planck-Ladung sind die Gravitationskraft und elektromagnetische Kraft exakt gleich groß. Die physikalische Bedeutung der Planck-Masse ist Gegenstand der Aufgabe 21.4.

In der relativistischen Quantenphysik werden oft die Lichtgeschwindigkeit c, das Planck'sche Wirkungsquantum $\hbar$ und die Boltzmann-Konstante k_{B} zu 1 gesetzt, wodurch nur eine Maßeinheit übrig bleibt. Durch die entsprechende Umrechnung lassen sich dann Längen, Zeiten, Energien und Massen sämtlich z. B. in Elektronenvolt (eV) ausdrücken. Überhaupt ist die Boltzmann-Konstante eine verzichtbare „Naturkonstante", weil man anstelle der Temperatur ja direkt Energien messen kann.

In der allgemeinen Relativitätstheorie hingegen vereinfachen sich die Formeln, wenn Lichtgeschwindigkeit und Gravitationskonstante zu 1 gesetzt werden; das ist das sogenannte geometrische Einheitensystem.

Die Planck-Einheiten vereinigen diese Ansätze und stellen damit das natürliche Einheitensystem der Quantengravitation dar. Die Planck-Skala markiert deshalb auch die Grenze für die Anwendbarkeit der bekannten Gesetze der Physik. Auf Distanzen der Größenordnung der Planck-Länge müsste die Physik mithilfe einer Quantentheorie der Gravitation beschrieben werden, die bisher nur in Ansätzen existiert. Bei Teilchen mit Energien auf der Skala der Planck-Masse wird die Compton-Wellenlänge (diese wird bald eingeführt) vergleichbar mit dem Schwarzschild-Radius.

Frage 2

Versuchen Sie, einige aus den fünf Grundgrößen abgeleitete Größen im Planck'schen Einheitensystem zu bestimmen, z. B. die Planck-Energie, die Planck-Dichte oder die Planck-Spannung.

Literatur

- Planck, M.: Über irreversible Strahlungsvorgänge. Preußische Akad. der Wiss., Bd. 5, 479 (1899)

Einstein war sich der Radikalität seiner Lichtquantenhypothese bewusst und suchte nach Möglichkeiten der experimentellen Bestätigung. Eine solche fand er im *lichtelektrischen Effekt* (*Photoeffekt*).

Allgemein löst hinreichend kurzwelliges Licht aus Metalloberflächen negative Ladungsträger, nämlich die von J. J. Thomson entdeckten Elektronen, aus. Die Stärke des Stromes ist dabei proportional zur Intensität der Strahlung, vorausgesetzt, die Frequenz des Lichtes ist größer als eine für das bestrahlte Metall charakteristische Schwellfrequenz ν_{s}. Philipp Lenard beobachtete 1902 den klassisch unerklärlichen Effekt, dass die mit einer Gegenspannung gemessene Energie der Elektronen nicht von der Intensität des Lichtes abhängt, sondern nur von der Frequenz oder Wellenlänge. Wichtig ist außerdem – sofern das Experiment mit sehr schwachem Licht durchgeführt wird –, dass Elektronen emittiert werden, sobald die Lichtquelle angeschaltet ist, und nicht erst dann, wenn die Lichtwelle einem bestimmten Atom über eine gewisse Zeit hinweg genügend Energie zugeführt hat.

Nach der Lichtquantenhypothese besteht die einfallende monochromatische Strahlung aus Photonen der Energie $h\nu$. Ein Elektron im Metall kann nun ein Photon absorbieren und ge-

Abb. 21.6 Albert Einstein (1879–1955), © akg-images

winnt dabei nach dem als gültig vorausgesetzten Energiesatz die Energie $h\nu$. Nach Abzug der Austrittsarbeit W bleibt dem austretenden Elektron noch die kinetische Energie:

$$\frac{1}{2}m_e v^2 = h\nu - W \Longrightarrow \nu \geq \nu_s = \frac{W}{h}. \tag{21.17}$$

Offensichtlich hängt diese nur von der Frequenz des eingestrahlten Lichtes oder der Energie der auftreffenden Photonen ab. Die klassische Wellentheorie ist nicht in der Lage, diesen Photoeffekt zu erklären: Nach der Maxwell'schen Theorie ist die Energie einer elektromagnetischen Welle nämlich proportional zur Intensität der Quelle, und die Frequenz hat damit nichts zu tun.

Das Gesetz (21.17) wurde von Robert Millikan 1916 bestätigt, und die Konstante h hat genau denselben Wert wie die Konstante im Planck'schen Gesetz. Das Experiment von Millikan und nachfolgende Experimente zeigen, dass für Metalle die Austrittsarbeit in der Größenordnung von einigen Elektronenvolt (eV) liegt. Albert Einstein erhielt 1921 für seine Erklärung des Photoeffekts den Nobelpreis und nicht, wie häufig vermutet, für die Entdeckung der Relativitätstheorie.

Compton-Effekt

Wenn wir die Energie $E = h\nu$ der mit Materie wechselwirkenden Photonen allmählich steigern, wird zuerst das Stadium der Absorption durch gebundene Elektronen durchlaufen. Wird E wesentlich größer als die Bindungsenergie der Elektronen, so wird die Absorption abgelöst durch die Streuung an quasifreien Elektronen. Dieser Effekt wurde 1922 von *Arthur Compton* (1892–1962) entdeckt, wofür er 1927 den Physik-Nobelpreis erhielt.

Elektromagnetische Strahlung breitet sich mit Lichtgeschwindigkeit aus. Die relativistische Energie eines Teilchens,

$$E = \frac{mc^2}{\sqrt{1 - v^2/c^2}} \approx mc^2 + \frac{1}{2}mv^2 + \ldots, \tag{21.18}$$

ist nach unten beschränkt durch seine Ruheenergie mc^2, und deshalb muss ein Lichtquant, dessen Energie $h\nu$ beliebig klein werden kann, eine verschwindende Ruhemasse m haben. Die relativistische Beziehung zwischen Energie und Impuls,

$$E^2 - c^2\boldsymbol{p}^2 = (mc^2)^2, \tag{21.19}$$

die in Kap. 10 diskutiert wird, impliziert dann für masselose Lichtquanten der Energie $h\nu$

$$|\boldsymbol{p}| = \frac{E}{c} = \frac{h\nu}{c} = \hbar|\boldsymbol{k}|. \tag{21.20}$$

Für eine monochromatische Welle zeigt die Impulsdichte, gegeben durch den Poynting-Vektor, in Richtung des Wellenzahlvektors, und wir folgern $\boldsymbol{p} = \hbar\boldsymbol{k}$.

De-Broglie-Beziehung

Energie und Impuls der Lichtteilchen stehen mit Frequenz und Wellenzahlvektor der ebenen Welle wie folgt in Beziehung:

$$E = h\nu = \hbar\omega \quad \text{und} \quad \boldsymbol{p} = \hbar\boldsymbol{k}. \tag{21.21}$$

Glaubt man an die unbeschränkte Gültigkeit des Energie-Impuls-Erhaltungssatzes, so kann man diese Gleichungen bei Stößen von Lichtquanten an Teilchen, z. B. Elektronen, testen.

Tatsächlich hat die Photonenvorstellung folgenden zunächst rätselhaften Effekt aufgeklärt: Monochromatisches Röntgenlicht wird durch Materie gestreut, wobei die Wellenlänge der gestreuten Strahlung größer ist als die der einfallenden Strahlung. Mit zunehmendem Streuwinkel nimmt die Wellenlänge der gestreuten Strahlung stetig zu und für Rückwärtsstreuung an Elektronen findet man eine Zunahme um 4,85 pm = 0,00485 nm, unabhängig von der eingestrahlten Wellenlänge. Die Beobachtungen waren mit der Vorstellung, eine elektromagnetische Welle werde an freien Elektronen gestreut, schwer verträglich. Die Elektronen würden dann nämlich mit der Frequenz der einfallenden Welle schwingen und eine Welle mit unveränderter Frequenz aussenden. Dagegen ist im Teilchenbild eine Zunahme der Wellenlänge gleichbedeutend mit einer Energieabnahme. Die Lösung ist, dass die fehlende Energie von den

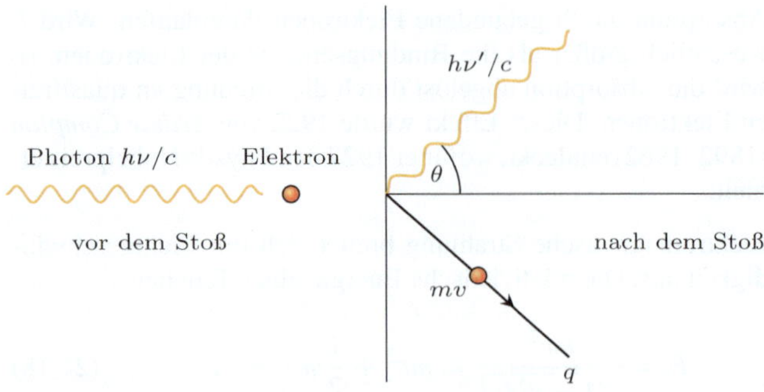

Abb. 21.7 Die Streuung eines Photons an einem ruhenden Elektron. Die Erhaltungssätze für Energie und Impuls sind auch mikroskopisch streng gültig

„Rückstoßelektronen", die beim Streuprozess aus dem Atom herausgeschlagen werden, weggetragen wird.

Betrachten wir dazu den Stoß zwischen einem längs der x-Achse einlaufenden Photon mit Energie $h\nu$ und Impuls $\hbar k_x = h/\lambda$ und einem ruhenden Elektron. Das Elektron habe nach dem Stoß den Impuls $\boldsymbol{q}$ und das auslaufende Photon die Wellenlänge λ' (Abb. 21.7).

Die Impulserhaltung impliziert

$$\begin{aligned} \frac{h}{\lambda} &= q_x + \frac{h}{\lambda'}\cos\theta, \\ 0 &= q_y + \frac{h}{\lambda'}\sin\theta, \end{aligned} \tag{21.22}$$

und die Energieerhaltung lautet

$$m_e c^2 + \frac{hc}{\lambda} = c\sqrt{m_e^2 c^2 + q_x^2 + q_y^2} + \frac{hc}{\lambda'}. \tag{21.23}$$

Bringen wir den letzten Term in der Energiebilanz nach links, dividieren durch c, quadrieren und benutzen dann die Impulserhaltung, so ergibt sich nach Ausmultiplikation der folgende Ausdruck für die Wellenlängenzunahme:

$$\lambda' - \lambda = \Delta\lambda = \frac{2h}{m_e c}\sin^2\frac{\theta}{2}. \tag{21.24}$$

Das Experiment bestätigt diese Gleichung glänzend.

Frage 3

Führen Sie diese kurze Rechnung einmal selbst durch.

Der Faktor $2h/(m_e c)$ ist der bei einer Rückstreuung gefundene experimentelle Wert. Die Hälfte davon,

$$\lambda_e = \frac{h}{m_e c} = 0{,}00243\,\text{nm}, \tag{21.25}$$

heißt *Compton-Wellenlänge* des Elektrons. Ein Photon mit dieser Wellenlänge besitzt die Energie $h\nu_c = m_e c^2$, d. h. die der Ruhemasse des Elektrons entsprechende Energie. Es würde bei Rückwärtsstreuung an einem ruhenden Elektron seine Wellenlänge verdreifachen.

Materiewellen

Die Schwierigkeit der klassischen Physik mit kleinen Strukturen – man denke nur an die Instabilität der Atome – erinnerte *Louis de Broglie* (1892–1987, Nobelpreis 1929 für die Entdeckung der Wellennatur der Elektronen) an vergleichbare Probleme in der Optik. Für Beugung und Streuung von Licht an Objekten, die verglichen mit der Wellenlänge groß sind, kann man die Lichtausbreitung mit den Methoden der geometrischen Optik beschreiben (siehe die entsprechenden Resultate in Abschn. 17.1). Dabei stehen die Lichtstrahlen im Vordergrund, ähnlich den Teilchenbahnen in der klassischen Mechanik.

Erst für kleine Objekte offenbart das Licht seinen Wellencharakter, und Beugungs- sowie Interferenzerscheinungen treten auf. Hier stellt sich die Frage, ob Teilchen ebenfalls einen Wellencharakter haben und es Materiewellen gibt. Falls ja, dann müssen Frequenz und Wellenlänge dieser Wellen auf ganz bestimmte Weise mit den Teilchenparametern Energie und Impuls zusammenhängen.

Wenn wir dazu einmal eine monochromatische Lichtwelle betrachten, dann besteht diese aus Lichtteilchen der Energie $E = h\nu$, und es ist naheliegend, diesen Zusammenhang zwischen Energie und Frequenz für andere Teilchen zu übernehmen. Ein Teilchen mit Masse m hat dann in seinem Ruhesystem die Energie mc^2 und entsprechend eine Frequenz

$$\tilde{\nu} = mc^2/h \quad \text{bzw.} \quad \tilde{\omega} = mc^2/\hbar, \tag{21.26}$$

wobei wir die Größen im Ruhesystem mit einer Schlange kennzeichnen. Dem ruhenden Teilchen werde eine stationäre Welle

$$\psi(\tilde{t}) = \psi_0\,\mathrm{e}^{\mathrm{i}\tilde{\omega}\tilde{t}} \tag{21.27}$$

zugeordnet.

Wie sieht diese nun in einem Inertialsystem aus, in dem sich das Teilchen mit der Geschwindigkeit v in die x-Richtung bewegt? Bezeichnet man die Koordinaten in diesem System mit (t, x, y, z), dann lautet die Lorentz-Transformation zwischen den beiden Inertialsystemen

$$\tilde{t} = \gamma\left(t - \frac{vx}{c^2}\right), \quad \tilde{x} = \gamma\,(x - vt)\,. \tag{21.28}$$

Die Materiewelle sei ein Lorentz-Skalar. Dann hat sie im neuen System die Form

$$\psi = \psi_0\,\mathrm{e}^{\mathrm{i}\tilde{\omega}\tilde{t}} = \psi_0\,\mathrm{e}^{\mathrm{i}\tilde{\omega}(\gamma t - \gamma vx/c^2)}. \tag{21.29}$$

Einem bewegten Teilchen ordnet man demnach folgende Kreisfrequenz und folgenden Wellenzahlvektor zu:

$$\omega = \gamma\tilde{\omega} \quad \text{und} \quad \boldsymbol{k} = \frac{\tilde{\omega}}{c^2}\gamma\boldsymbol{v}. \tag{21.30}$$

Mithilfe der Relation (21.26) findet man zwischen dem Wellenzahlvektor und dem relativistischen Teilchenimpuls $\boldsymbol{p} = \gamma m\boldsymbol{v}$

die auch für Lichtteilchen gültige Beziehung $\boldsymbol{k} = \boldsymbol{p}/\hbar$. Beachtet man noch, dass die Energie eines relativistischen Teilchens gleich $E = \gamma mc^2 = \gamma\hbar\tilde{\omega}$ ist, dann findet man als Ergebnis den Welle-Teilchen-Dualismus.

Welle-Teilchen-Dualismus

Für materielle Teilchen besteht zwischen den Teilchengrößen Energie und Impuls und den zugeordneten Welleneigenschaften (Kreis-)Frequenz und Wellenzahlvektor analog zu den Photonen der Zusammenhang

$$E = \hbar\omega \quad \text{und} \quad \boldsymbol{p} = \hbar\boldsymbol{k}\,. \tag{21.31}$$

Wird ein Elektron aus der Ruhe auf die Geschwindigkeit $v = p/m$ gebracht, indem man es eine Potenzialdifferenz U durchlaufen lässt, so gilt nach dem Energiesatz im nichtrelativistischen Grenzfall

$$\frac{\boldsymbol{p}^2}{2m} = \frac{1}{2m}\left(\frac{h}{\lambda}\right)^2 = eU\,. \tag{21.32}$$

Die Auflösung nach λ ergibt für die De-Broglie-Wellenlänge nach Durchlaufen der Strecke

$$\lambda = \frac{h}{\sqrt{2meU}} \approx \frac{1{,}226}{\sqrt{U[\mathrm{Volt}]}}\,\mathrm{nm}\,. \tag{21.33}$$

Bei einer Spannung in der Größenordnung von 10 V besitzen Elektronen dann eine Wellenlänge im Nanometerbereich, in dem auch der Atomabstand in Festkörpern liegt.

Thermische De-Broglie-Wellenlänge

In der *Bose-Einstein-Kondensation* (Abschn. 37.5) kühlt man das atomare Kondensat bis zu Temperaturen von etwa 10 nK ab. Für ein ideales Gas ist die mittlere kinetische Energie der Atome $\langle E\rangle \propto k_\mathrm{B}T$. Wählt man, motiviert durch Resultate der statistischen Physik, den Proportionalitätsfaktor gleich π, dann findet man mit der Beziehung $\lambda = h/p$ die thermische De-Broglie-Wellenlänge

$$\lambda_\mathrm{dB} = \frac{h}{\sqrt{2\pi m k_\mathrm{B}T}} = \frac{1{,}74\,\mathrm{nm}}{\sqrt{m/m_\mathrm{p} \times T[\mathrm{K}]}}\,, \tag{21.34}$$

worin m_p die Masse des Protons bezeichnet. Sie beschreibt die mittlere De-Broglie-Wellenlänge von Teilchen im Wärmebad der Temperatur T und charakterisiert deren räumliche „Ausdehnung". Atomare Gase aus Bosonen kondensieren bei sehr tiefen Temperaturen, wenn λ_dB größer als der mittlere Abstand zwischen den Teilchen wird. Für Rubidiumatome bei 10 nK ist $\lambda_\mathrm{dB} \approx 2\,\mu\mathrm{m}$. ◄

Interferenzerscheinungen

Wenn materielle Teilchen Welleneigenschaften besitzen, dann sollten sich auch Beugungs- und Interferenzerscheinungen bei ihrer Ausbreitung nachweisen lassen. Die Wellennatur von Elektronen wurde allerdings erst nach Schaffung der Quantenmechanik überzeugend nachgewiesen.

Clinton Davisson (1881–1958, Nobelpreis 1937 für die Entdeckung der Elektronenbeugung durch Kristalle) und sein damaliger Assistent *Lester Germer* (1896–1971) sahen 1927 deutliche Interferenzmaxima bei der Reflexion von Elektronen an Nickel-Einkristallen. Im ersten Experiment durchliefen die Elektronen eine Beschleunigungsspannung von 54 V, was nach (21.33) einer De-Broglie-Wellenlänge von $\lambda = 0{,}167\,\mathrm{nm}$ entspricht (Davisson & Germer 1927).

Die aus der Kristalloptik bekannte *Bragg-Bedingung*

$$n\lambda = 2d\,\sin\vartheta, \quad n \in \mathbb{N} \tag{21.35}$$

mit Bragg-Winkel ϑ ist die Voraussetzung für eine konstruktive Interferenz der reflektierten Wellen. Dabei ist d der Abstand zwischen zwei parallelen Gitterebenen, ϑ der Winkel zwischen dem einfallendem Röntgenstrahl und der Gitterebene und n die Ordnung des Interferenzmaximums. Nickelkristalle haben eine Gitterkonstante $a = 0{,}352\,\mathrm{nm}$, und der Abstand zwischen den relevanten Gitterebenen ist $d = 0{,}094\,\mathrm{nm}$. Das erste Interferenzmaximum erschien bei einem Streuwinkel von 50° bzw. einem Bragg-Winkel von $\vartheta = 65°$. In guter Übereinstimmung mit dem obigen Wert für die De-Broglie-Wellenlänge ergibt die Bragg-Bedingung den Wert $\lambda = 0{,}170\,\mathrm{nm}$.

Im selben Jahr konnte *George Paget Thomson* (1892–1975) beim Durchgang von interferierenden Elektronen durch dünne Metallfolien die de Broglie'sche Beziehung $\lambda = h/mv$ ebenfalls bestätigen. Zusammen mit Clinton Davisson erhielt er im Jahr 1937 den Nobelpreis für den Nachweis, dass Elektronen auch Welleneigenschaften haben. Dies war übrigens 31 Jahre nachdem sein Vater J. J. Thomson den Preis für den Nachweis erhielt, dass Elektronen Teilchen sind.

Auch bei Atomstrahlen wurden 1929 Andeutungen von Interferenzen gefunden, nämlich von *Otto Stern* (1888–1969, Nobelpreis 1943 für seine Beiträge zur Entwicklung der Molekularstrahlmethode) bei der Streuung von He-Strahlen an Steinsalzkristallen und deutlichere von *Immanuel Estermann* (1900–1973) und Otto Stern mit He- und H_2-Strahlen an LiF-Kristallen.

Ein schönes Experiment, das die Welleneigenschaften von Materie offenbart, ist die Streuung von Elektronen an einem langen, geraden und positiv geladenen Metallfaden. Das Biprisma von *Heinrich Düker* (1923–1985) und *Gottfried Möllenstedt* (1912–1997), die ihr Experiment 1956 durchführten, trennt zwei Strahlen freier Elektronen, die aus einem elektronenoptisch auf 50 nm verkleinerten Bild einer Elektronenquelle kommen, und lässt sie dann fast parallel wieder zusammenlaufen (Abb. 21.8).

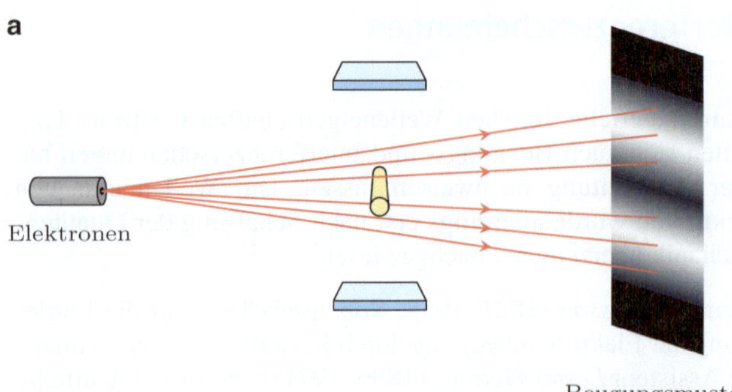

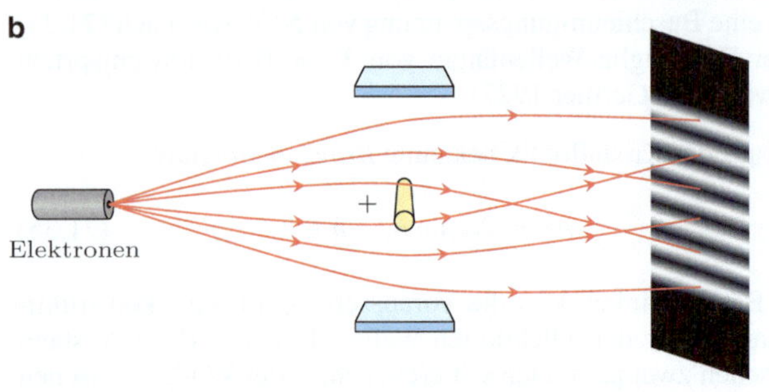

Abb. 21.8 Im Experiment von Düker und Möllenstedt werden Elektronen aus einer nahezu punktförmigen Quelle auf einen Quarzfaden gelenkt und dahinter das Beugungsmuster betrachtet. (**a**) Bei geerdetem Faden sind an der Schattengrenze des Fadens die Beugungsmuster erkennbar. (**b**) Bei positiv geladenem Faden werden die Elektronen zum Faden hin abgelenkt und interferieren hinter dem Faden

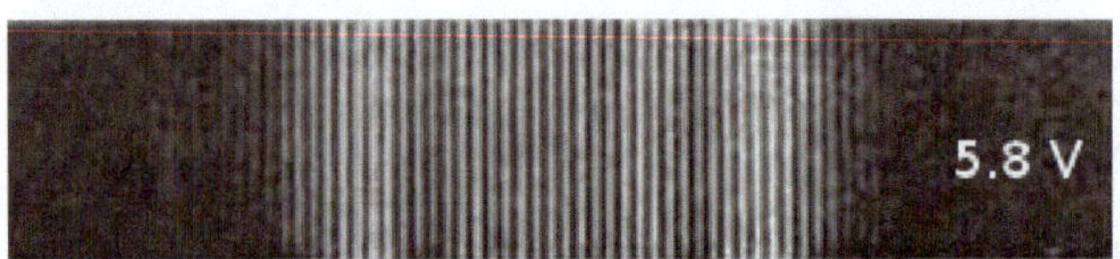

Abb. 21.9 Aufnahme der Elektroneninterferenz im Versuch von Düker und Möllenstedt. Die Beschleunigungsspannung betrug 19,4 kV und die Fadenspannung 5,8 V

Die Elektronen fliegen am Faden vorbei und werden von ihm zur Mitte hin abgelenkt. Aus dem beobachteten Interferenzmuster kann man die Wellenlänge der Elektronen bestimmen. Abbildung 21.9 zeigt eines der von Düker und Möllenstedt aufgenommenen Interferenzmuster.

Für die Beschleunigungsspannung 19,4 kV und eine Fadenspannung von 5,8 V findet man $\lambda = 8{,}72\,\text{pm}$. Dies ist in guter Übereinstimmung mit der Beziehung von de Broglie, nach der $\lambda = 8{,}70\,\text{pm}$ ist.

Die Interferenz kommt aber nicht, wie man erwarten könnte, durch die Wechselwirkung vieler gleichzeitig einfallender Elektronen zustande, sondern man erhält das gleiche Interferenzmuster auch bei minimaler Intensität der Quelle. Bei einer langsamen Folge von einzelnen Teilchen erscheint das Interferenzbild dann nach und nach. Nach dem Detektieren von immer mehr Teilchen entsteht wieder das bekannte Muster. Dies wurde in einer Neuauflage des Biprismaexperiments von Physikern der Firma Hitachi mit modernen ortsauflösenden Halbleiterdetektoren demonstriert, die das Auftreten einzelner Elektronen registrieren können (Endo et al. 1989).

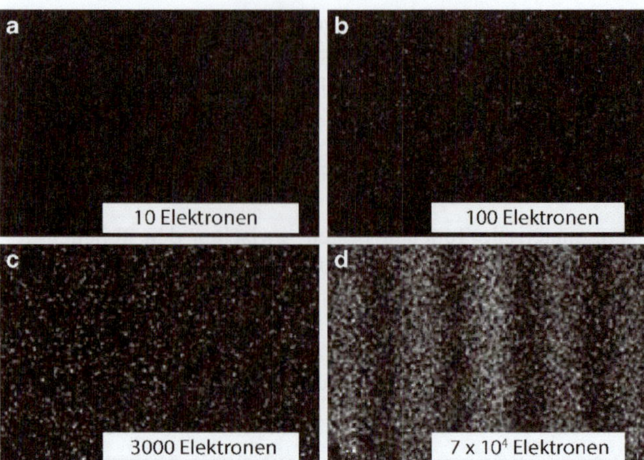

Abb. 21.10 Sukzessive Ausbildung eines Elektronenbeugungsbildes. Die Elektronendichte im Strahl ist so niedrig, dass einzelne Elektronen nacheinander auf dem örtlich auflösenden Detektorschirm als Pixel detektiert werden. Die Beugungsbilder wurden nach Detektion verschiedener Elektronenzahlen aufgenommen (Mit freundlicher Genehmigung des Central Research Laboratory, Hitachi, Ltd., Japan)

Das Ergebnis der Experimente in Abb. 21.10 zeigt ganz klar das unerwartete und anschaulich nicht zu verstehende Verhalten der Elektronen bei ihrer Ausbreitung (Propagation) im Raum.

Obwohl jedes einzelne Elektron die früher oder später kommenden Elektronen nicht „sieht", entsteht das bekannte Interferenzmuster auf dem Detektor. Dies zwingt uns zu dem Schluss, dass Interferenz nicht durch Wechselwirkung von verschiedenen Teilchen untereinander verursacht wird.

Versucht man nun jedoch mit irgendeiner noch so raffinierten Messung herauszufinden, auf welcher Seite des Metallfadens die Elektronen zum Schirm gelangen, dann verschwindet das Interferenzmuster. Das durch den Messprozess verursachte Verschwinden der Interferenz wird nach der *Kopenhagener Deutung* der Quantenmechanik durch den sogenannten *Kollaps der Wellenfunktion* erklärt. Bei Interferenz benutzt das Teilchen alle möglichen Wege zwischen Quelle und Schirm gleichzeitig und „entscheidet" sich nicht für einen festen Weg. Es befindet sich in einer Superposition aller Möglichkeiten. Eine Messung des Weges führt dann dazu, dass nur noch der gemessene Weg „durchlaufen" wird und die Interferenz verschwindet. Man darf also keinen der eingezeichneten Wege in Abb. 21.8 als tatsächlichen Weg des Elektrons ansehen.

Das erste Doppelspaltexperiment mit Elektronen wurde von *Claus Jönsson* (*1930) erst im Jahre 1960 in Tübingen durch-

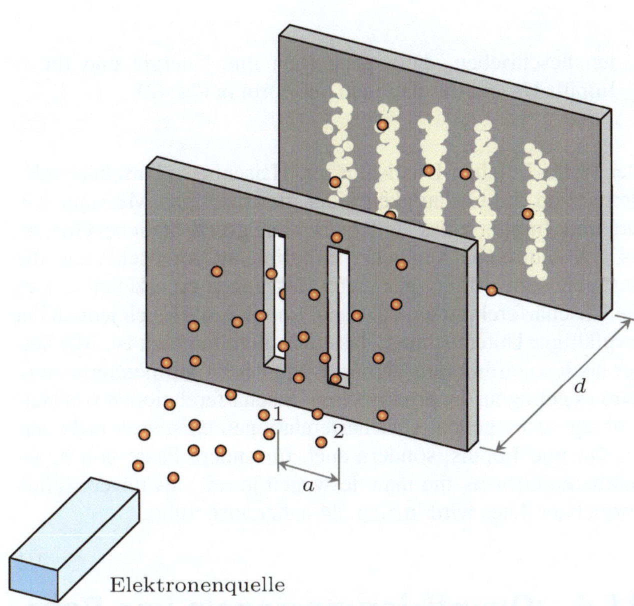

Abb. 21.11 Teilchen werden auf einen Doppelspalt geschossen – dahinter registriert ein ortsauflösender Teilchendetektor die ankommenden Teilchen

geführt. In einer Umfrage des Organs der englischen physikalischen Gesellschaft Physics World nach dem schönsten Experiment aller Zeiten kam der Versuch von Jönsson auf den ersten Platz. Abbildung 21.11 zeigt den schematischen Aufbau eines idealisierten Doppelspaltexperiments, bei dem Elektronen (bzw. Neutronen, Atome oder sogar Fullerenmoleküle) auf eine Blende mit Doppelspalt fallen. Eine Photoplatte in der Schirmebene hinter dem Doppelspalt gibt dabei Informationen über das von den auftreffenden Elektronen erzeugte Bild. Ähnlich wie beim Young'schen Experiment zeigt sich auch in diesem Fall ein Interferenzmuster, in Einklang mit dem Welle-Teilchen-Dualismus der Quantenmechanik. Wiederum verschwindet das Interferenzmuster, wenn wir nachsehen, durch welchen Spalt die Elektronen propagieren.

Grenzen der Auflösbarkeit

Die Wellennatur von Licht und Materie ist durch die Erfahrung zweifelsfrei belegt. Eine Welle ist aber niemals in einem Raum- oder Zeitpunkt lokalisiert, und deshalb treten bei Wellenphänomenen immer Unschärferelationen auf. Um eine Welle $u(t, \boldsymbol{x})$ zu lokalisieren, braucht es Wellenpakete, und je lokalisierter das Wellenpaket in Raum und Zeit ist, desto breitbandiger werden Wellenzahlvektor und Frequenz. In Gleichungen ausgedrückt:

$$\Delta\omega\,\Delta t \approx 4\pi \quad \text{und} \quad \Delta x_i\,\Delta k_i \approx 4\pi, \quad i = 1,2,3. \tag{21.36}$$

Diese Beziehungen folgen bereits aus den Eigenschaften der Fourier-Transformation und werden oft prinzipielle Unschärfen genannt. Die Fourier-Transformation wird in Kap. 13 besprochen.

Um diese Unschärferelationen einzusehen, genügt es, ein eindimensionales Wellenpaket

$$u(t,x) = \int\limits_{k_0-\Delta k/2}^{k_0+\Delta k/2} a(k)\,\mathrm{e}^{\mathrm{i}(kx-\omega(k)t)}\,\mathrm{d}k \tag{21.37}$$

zu betrachten, wobei $a(k)$ die Amplituden der Teilwellen bezeichnet. Licht hat die lineare Dispersionsrelation $\omega = c|k|$, aber im Folgenden soll diese nicht spezifiziert werden. Es sollen ferner nur ebene Wellen mit Wellenzahlvektoren im kleinen Intervall $\Delta k \ll k_0$ um k_0 beitragen, in dem sich die Amplitude $a(k)$ wenig ändert.

Wir führen nun die Differenzvariable $\xi = k - k_0$ ein und entwickeln $\omega(k)$ in eine Potenzreihe in ξ, d. h. $\omega(k) = \omega_0 + \omega_0'\xi + \ldots$ mit $\omega_0 = \omega(k_0)$ und $\omega_0' = \omega'(k_0)$. Beschränken wir uns auf die ersten beiden Glieder, dann finden wir

$$u(t,x) \approx a(k_0)\,\mathrm{e}^{\mathrm{i}(k_0x-\omega_0t)}A(z), \quad z = x - \omega_0't, \tag{21.38}$$

mit Amplitudenfunktion

$$A(z) = \int\limits_{-\Delta k/2}^{\Delta k/2} \mathrm{d}\xi\,\mathrm{e}^{\mathrm{i}z\xi} = \frac{2\sin(\Delta kz/2)}{z}. \tag{21.39}$$

Frage 4

Überprüfen Sie das Ergebnis in (21.38) mit der in (21.39) angegebenen Amplitudenfunktion $A(z)$. Es darf angenommen werden, dass die k-Abhängigkeit von $a(k)$ vernachlässigbar ist.

In Abb. 21.12 ist die, verglichen mit der Exponentialfunktion in (21.38), langsam variierende Amplitudenfunktion gezeigt. Sie nimmt ihren maximalen Wert Δk am Ursprung an und verschwindet an den Stellen $z_n = 2\pi n/\Delta k$ mit $n = \pm 1, \pm 2, \pm 3\ldots$ Der Abstand $\Delta z = 4\pi/\Delta k$ der dem Maximum benachbarten Knoten charakterisiert in etwa die Ausdehnung des Wellenpakets. Damit ist die Unschärfe Δz umgekehrt proportional zur Unschärfe des Wellenzahlvektors Δk.

Zu einer festen Zeit ist $\Delta z = \Delta x$, und wir finden

$$\Delta x\,\Delta k \approx 4\pi. \tag{21.40}$$

Dagegen ist an einem festen Ort $\Delta z \Delta k = \omega_0' \Delta t\,\Delta k \approx \Delta\omega\Delta t$, und wir erhalten

$$\Delta t\,\Delta\omega \approx 4\pi. \tag{21.41}$$

Eine vergleichbare Beziehung wurde am Anfang von Kap. 13 für ein Gauß'sches Wellenpaket abgeleitet.

Mit den De-Broglie-Relationen (21.31) folgen dann Unschärferelationen zwischen Zeit und Energie bzw. zwischen Ort und Impuls:

$$\Delta t\,\Delta E \approx 2h \quad \text{und} \quad \Delta x_i\,\Delta p_i \approx 2h. \tag{21.42}$$

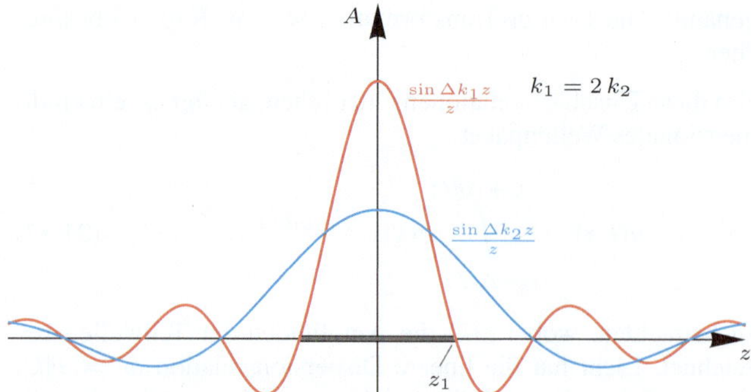

Abb. 21.12 Die Amplitude des Wellenpaketes ist um $z = 0$ konzentriert

Abb. 21.13 Werner Heisenberg (1901–1976), © akg-images

Bis auf numerische Faktoren sind dies die Unschärferelationen von *Werner Heisenberg* (1901–1976, Nobelpreis 1933 für die Aufstellung der Quantenmechanik; Abb. 21.13). Im Rahmen des Formalismus der Quantenmechanik werden wir später beweisen, dass sogar die Ungleichungen $\Delta x_i \, \Delta p_j \geq \hbar/2\,\delta_{ij}$ gelten, wobei δ_{ij} das Kronecker-Symbol bezeichnet.

Unschärferelation und Welle-Teilchen Dualismus

Die Unschärferelationen sind eine Konsequenz des Welle-Teilchen-Dualismus. Werden Teilchen durch Materiewellen beschrieben, dann gehorchen ihre Energie und ihr Impuls Unschärferelationen der Form in (21.42).

Der Welle-Teilchen-Dualismus und Heisenbergs Unschärferelation setzen der Genauigkeit jeder gleichzeitigen Messung von Ort und Impuls eines Teilchens eine grundsätzliche Grenze. Es gab zahlreiche Versuche, Experimente vorzuschlagen, die imstande sein sollten, genauere Messungen zu erzielen, als es die Unschärferelationen zulassen. Immer erwies sich jedoch bei sorgfältiger Untersuchung, dass dies nicht möglich ist. Mit keiner noch so raffinierten Verbesserung der Experimentiertechnik wird es gelingen, die prinzipiellen Unschärferelationen von Heisenberg zu umgehen. Unschärferelationen existieren nicht nur für Ort und Impuls, sondern auch für andere Paare von beobachtbaren Größen, die man deswegen jeweils als unverträglich bezeichnet. Dies wird in Kap. 24 näher ausgeführt.

21.4 Quantisierungsregeln von Bohr und Sommerfeld

Die ältere Quantentheorie beruht auf folgendem Verfahren: Man nehme an, die materiellen Teilchen gehorchen den Gesetzen der klassischen Mechanik. Man postuliere darüber hinaus, dass von allen Lösungen der Bewegungsgleichungen nur diejenigen übrig bleiben sollten, die bestimmten, ad hoc eingeführten Quantisierungsregeln genügen. Diese Regeln implizieren dann spezielle Bewegungen, die aufgrund der Hypothese als allein realisierbar vorausgesetzt werden. Zu jeder dieser Bewegungen gehört ein bestimmter Wert der Energie. Die so ermittelten diskreten Energiewerte bilden das quantisierte Energiespektrum. In derselben Weise erhält man ein Spektrum von erlaubten Werten für andere Konstanten der Bewegung. Die oft diskreten Werte für die Konstanten der Bewegung nennt man die *Quantenzahlen* des Systems.

Das Aufstellen solcher „Quantisierungsregeln" war in der älteren Quantentheorie auch eine Sache der Intuition. Dabei spielte das heuristische Bohr'sche Korrespondenzprinzip eine wertvolle Rolle. Dieses besagt, dass die klassische Theorie makroskopisch richtig ist, d. h. im Grenzfall, wo die quantenhaften Unstetigkeiten noch als unendlich klein angesehen werden können:

Bohr'sches Korrespondenzprinzip

Die Quantentheorie muss für große Quantenzahlen in die klassische Theorie übergehen. Unter Umständen muss man Quantenzustände mit großen Quantenzahlen überlagern, um einen klassischen Zustand zu erhalten.

Zum Beispiel gehorcht die Hohlraumstrahlung dem Korrespondenzprinzip: Für Strahlungsmoden mit Photonenenergie $h\nu \ll$

Abb. 21.14 Niels Bohr (1885–1962), © IAM/akg-images

$k_B T$ ist die mittlere Energie einer Strahlungsmode sehr viel größer als die Photonenenergie, und das Planck'sche Strahlungsgesetz geht in das klassische Gesetz von Rayleigh und Jeans über.

Für periodische Systeme führt das Korrespondenzprinzip zu der Bohr-Sommerfeld'schen Quantisierungsregel:

$$S = \oint_E p \, \mathrm{d}q = nh, \quad n = 1, 2, 3, \ldots \tag{21.43}$$

Dabei wird über eine volle Periode der Bewegung mit fester Energie E integriert. Das Integral ist die von der periodischen Bahn im Phasenraum eingeschlossene Fläche, und es hat die Einheit von (Impuls mal Länge) oder auch von (Energie mal Zeit). Dies ist gerade die Einheit der in Kap. 7 eingeführten klassischen Wirkung. Tatsächlich ist das Integral gerade der zeitunabhängige Teil der Wirkung. Dies und die Bohr-Sommerfeld'sche Quantisierungsregel werden im Rahmen der halbklassischen Näherung in Abschn. 31.3 beprochen. Das sogenannte Wirkungsintegral S in der Quantisierungsregel (21.43) ist also immer ein Vielfaches einer kleinsten Wirkung h. Dies erklärt den Namen Wirkungsquantum für die Naturkonstante h. Es ist die im Planck'schen Gesetz und in den de Broglie'schen Relationen auftretende Konstante.

Die Bohr-Sommerfeld'sche Quantisierungsbedingung und seine Verallgemeinerungen wurden von den Mitbegründern der Quantenmechanik *Max Planck*, *Niels Bohr* (1885–1962, Nobelpreis 1922 für die Erforschung der Struktur der Atome; Abb. 21.14) und *Arnold Sommerfeld* (1868–1951) in den Jahren 1911 bis 1917 formuliert.

Arnold Sommerfeld führte zur Beschreibung von Elektronen auf Ellipsenbahnen die *azimutale Quantenzahl* ℓ ein, welche die Quantisierung der Exzentrizität beschreibt. Die Exzentrizität im verwandten klassischen Kepler-Problem wurde bereits in Kap. 3 eingeführt. Wie man die Quantisierung der Exzentrizität erhält, ist Inhalt von Aufgabe 21.5.

Bohr-Sommerfeld-Quantisierung des Oszillators

Wir wenden die Bohr-Sommerfeld'sche Quantisierungsregel auf den eindimensionalen harmonischen Oszillator mit Hamilton-Funktion

$$H = \frac{p^2}{2m} + \frac{m\omega^2}{2} x^2 \tag{21.44}$$

an. Die Lösungen der Bewegungsgleichung lauten

$$\begin{aligned} x(t) &= \alpha \cos \omega t + \beta \sin \omega t \,, \\ p(t) &= m\omega(\beta \cos \omega t - \alpha \sin \omega t) \end{aligned} \tag{21.45}$$

und haben die Energie $E = m\omega^2(\alpha^2 + \beta^2)/2$. Das Wirkungsintegral ist

$$S = \oint p \dot{x} \, \mathrm{d}t = m\omega\pi \left(\alpha^2 + \beta^2\right) = \frac{2\pi}{\omega} E \,. \tag{21.46}$$

Überprüfen Sie, dass die periodische Lösung in (21.45) die angegebene Energie und Wirkung hat.

Nach der Quantisierungsregel $S = nh$ sind die erlaubten Energien des Oszillators also Vielfache von $\hbar\omega$:

$$E = E_n = n\hbar\omega \,. \tag{21.47}$$

Bis auf eine additive Konstante sind dies die korrekten Energien des harmonischen Oszillators, der ausführlich in Kap. 26 behandelt wird. ◀

Bohr'sches Modell des Wasserstoffatoms

Im Rutherford'schen Atommodell für das Wasserstoffatom und wasserstoffähnliche Atome kreist das Elektron um den winzigen Kern mit positiver Ladung Ze, wobei Z die Anzahl der positiv geladenen Protonen angibt. Am Elektron greift infolge der

Kernladung Ze die Coulomb-Kraft

$$F_c = \frac{Ze^2}{r^2} \tag{21.48}$$

an, die entgegengesetzt gleich der Zentrifugalkraft $m_e v^2/r$ ist. Das Kräftegleichgewicht bedingt

$$m_e v^2 r = Ze^2 \,. \tag{21.49}$$

Für Kreisbahnen lautet die Quantisierungsregel (21.43)

$$S = m_e v \oint r \, d\varphi = 2\pi \, m_e v r = nh \,, \tag{21.50}$$

und der Drehimpuls $L = m_e v r$ ist dann ein Vielfaches von $\hbar$:

$$L = m_e v r = n\hbar, \qquad (n = 1, 2, 3, \ldots) \,. \tag{21.51}$$

Zusammen mit (21.49) führt dies auf folgende Quantisierung von Radius und Geschwindigkeit:

$$r_n = \frac{n^2\hbar^2}{Zm_e e^2} \quad \text{und} \quad v_n = \frac{Ze^2}{n\hbar} \,. \tag{21.52}$$

Frage 5

Zeigen Sie, dass die zugehörigen Energien gegeben sind durch

$$E_n = \frac{m_e v_n^2}{2} - \frac{Ze^2}{r_n} = -\frac{m_e}{2n^2}\left(\frac{Ze^2}{\hbar}\right)^2 \,. \tag{21.53}$$

Mit zunehmender Quantenzahl wird das Atom größer, und die Energien E_n liegen dichter.

An dieser Stelle ist es vorteilhaft, die dimensionslose Sommerfeld'sche *Feinstrukturkonstante*

$$\alpha = \frac{e^2}{\hbar c} \approx \frac{1}{137{,}036} \tag{21.54}$$

einzuführen. Dann kann man die Radien der Kreisbahnen durch die reduzierte Compton-Wellenlänge des Elektrons

$$\lambda\!\!\!^-_e = \frac{\hbar}{m_e c} \approx 3{,}9 \cdot 10^{-13}\,\text{m} \tag{21.55}$$

und die Energien des Atoms durch die Ruheenergie des Elektrons

$$m_e c^2 \approx 0{,}51\,\text{MeV} \tag{21.56}$$

ausdrücken.

Vorhersagen des Bohr'schen Modells

Die erlaubten Radien und Geschwindigkeiten sind

$$r_n = \frac{n^2}{Z}\frac{\lambda\!\!\!^-_e}{\alpha} \quad \text{und} \quad v_n = \frac{Z}{n}\alpha c \,, \tag{21.57}$$

und die erlaubten Energien sind

$$E_n = -\frac{1}{2}\left(\frac{Z\alpha}{n}\right)^2 m_e c^2 \,. \tag{21.58}$$

Für das Wasserstoffatom mit $Z = 1$ ist der Radius des kleinsten Orbits gleich dem *Bohr'schen Radius*

$$a_B = \frac{\lambda\!\!\!^-_e}{\alpha} \approx 0{,}0529\,\text{nm} = 0{,}529\,\text{Å} \,, \tag{21.59}$$

wobei die nützliche Längeneinheit *Ångström* eingeführt wurde, 1 Å = 0,1 nm. Die zugehörige Energie ist die *Rydberg-Energie*

$$E_1 = -\text{Ry}, \quad \text{Ry} = \frac{\alpha^2}{2} m_e c^2 \approx 13{,}6\,\text{eV} \,. \tag{21.60}$$

Die dem Elektron im n'ten Orbit zugeordnete Materiewelle hat mit (21.57) die De-Broglie-Wellenlänge

$$\lambda_n = \frac{h}{m v_n} = \frac{2\pi n}{Z}\frac{\lambda\!\!\!^-_e}{\alpha} = \frac{2\pi r_n}{n} \,. \tag{21.61}$$

Frage 6

Überlegen Sie sich, dass die Quantisierung von Radius, Geschwindigkeit und Energie auch aus der Bedingung folgt, dass der Bahnumfang immer ein Vielfaches der Wellenlänge ist.

Dann ist die Materiewelle des Elektrons, wie in Abb. 21.15 skizziert, eine stehende Welle und interferiert sich nicht weg.

Die Bohr'schen Postulate

Als neue, mit der klassischen Physik unvereinbare Postulate führte Niels Bohr zur Deutung der Lichtemission folgende Postulate ein:

- Für jedes Atom existieren stationäre Zustände, in denen das Atom nicht strahlt. Eine Änderung seines Energieinhalts kann nur durch den Übergang von einem stationären Zustand in einen anderen erfolgen.
- Die Frequenz der bei einem Übergang zwischen zwei stationären Zuständen ausgestrahlten oder absorbierten Wellen genügt der Bedingung

$$h\nu = E_m - E_n \,, \tag{21.62}$$

wobei E_m und E_n die Energien dieser stationären Zustände sind.

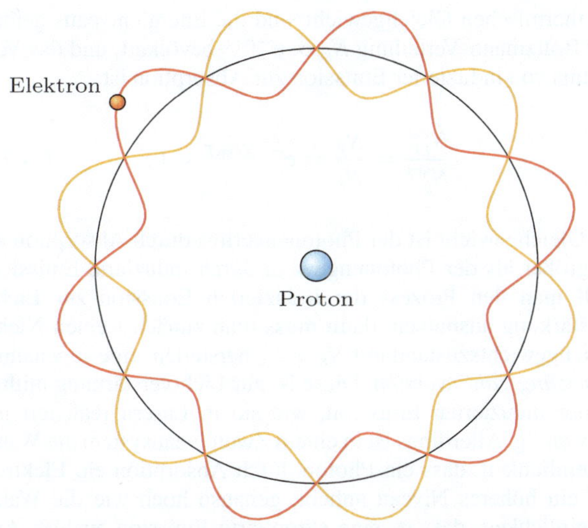

Abb. 21.15 Ein Elektron, das den Kern auf einer nach Bohr und Sommerfeld erlaubten Bahn umläuft, bildet eine stehende Materiewelle

Nach diesen Postulaten kann ein Wasserstoffatom nur Strahlung mit den Frequenzen

$$\nu(n, m > n) = \left(\frac{1}{n^2} - \frac{1}{m^2}\right) \mathrm{R}\,, \quad \mathrm{R} = \frac{\mathrm{Ry}}{h} \qquad (21.63)$$

emittieren oder absorbieren. Die auftretende *Rydberg-Frequenz* hat den Wert $R = 3{,}289\,842 \cdot 10^{15}$ Hz. Für jede Quantenzahl n findet man eine Serie von möglichen Frequenzen oder Wellenlängen, und diejenigen mit $n = 1, 2, \ldots, 5$ sind in Tab. 21.1 gelistet.

Tab. 21.1 Die Spektralserien für das Wasserstoffatom. Die Balmer-Serie ist die einzige, die größtenteils im sichtbaren Bereich liegt

n	Serie	entdeckt	Farbe	$\lambda_{n,n+1}$ [nm]	$\lambda_{n,\infty}$ [nm]
1	Lyman	1906	Ultraviolett	121	91
2	Balmer	1885	Sichtbar	656	365
3	Paschen	1908	Infrarot	1875	820
4	Brackett	1922	Infrarot	4050	1458
5	Pfund	1924	fernes Infrarot	7456	2278

21.5 Emission, Absorption und Einstein-Koeffizienten

Die Strahlung in einem Hohlraum ist in stetigem Kontakt mit den Atomen der begrenzenden Wände. Dass die Atome Lichtteilchen absorbieren und diese in der Regel kurz danach wieder spontan abgeben können, war schon früh bekannt. In einer für die Maser- und Laserphysik bahnbrechenden Arbeit ging Albert Einstein im Jahr 1916 der Frage nach, was beim Zusammentreffen eines Lichtteilchens mit einem bereits angeregten Atom geschehen kann (Einstein 1917).

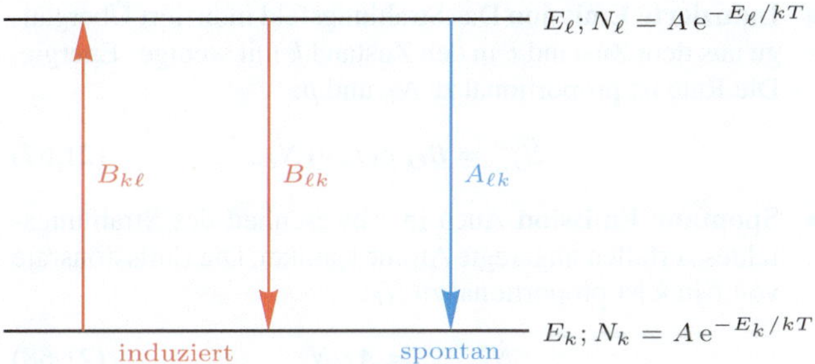

Abb. 21.16 Übergangsraten zwischen zwei atomaren Zuständen mit den entsprechenden Einstein-Koeffizienten

Dies führte ihn auf die *induzierte (stimulierte) Emission*: Hat ein einfallendes Lichtteilchen die richtige Wellenlänge, so wird das Atom eine identische Kopie des mit dem Atom zusammentreffenden Photons aussenden. Das ausgesandte Photon hat dieselbe Wellenlänge, Phase und Richtung wie das eintreffende Photon. Die stimulierte Emission wird genauer in Abschn. 30.3 diskutiert.

Unter Berücksichtigung der induzierten Emission konnte Einstein das Planck'sche Gesetz herleiten. Bohr folgend nahm er dabei an, dass die Atome nur Zustände mit diskreten Energien

$$E_1 < E_2 < \cdots < E_k < \cdots < E_\ell < \ldots \qquad (21.64)$$

annehmen. Durch Absorption von Lichtquanten der Energie $h\nu = E_\ell - E_k$ kann das Atom im Zustand k mit Energie E_k in einen Zustand ℓ mit größerer Energie E_ℓ angeregt werden. Umgekehrt kann durch Emission von Licht derselben Frequenz der Zustand ℓ dann wieder in den Zustand k „zerfallen". Im thermischen Gleichgewicht ist die mittlere Anzahl der Atome mit Energie E_k – man nennt diese auch mittlere Besetzungszahl – gleich

$$N_k = A\mathrm{e}^{-\beta E_k}\,, \quad \beta = \frac{1}{k_\mathrm{B} T}\,. \qquad (21.65)$$

Diese nach Boltzmann benannte Verteilung der Atome auf die Zustände wird in Kap. 36.1 begründet. Je kleiner die Energie, desto größer ist die Besetzungszahl. Dagegen sind Zustände mit hohen Energien $E \gg k_\mathrm{B} T$ kaum besetzt. Der Faktor A ist festgelegt durch die Bedingung, dass die Summe der Besetzungszahlen N_k gleich der Anzahl der Atome ist.

Nun stellen wir die verschiedenen Möglichkeiten des Energieaustauschs zwischen Atomen und Strahlung zusammen und geben die Häufigkeit der entsprechenden Ereignisse an. Die möglichen Prozesse sind in Abb. 21.16 eingezeichnet.

- **Absorption** Die Übergangsrate von k nach ℓ durch Absorptionsprozesse ist proportional zu N_k und zur Intensität der Strahlung im entsprechenden Frequenzbereich:

$$\dot{N}_{k\ell}^{\mathrm{abs}} = B_{k\ell}\,\rho(T, \nu)\,N_k\,. \qquad (21.66)$$

- **Induzierte Emission** Das Strahlungsfeld induziert Übergänge aus dem Zustand ℓ in den Zustand k mit weniger Energie. Die Rate ist proportional zu N_ℓ und ρ:

$$\dot{N}_{\ell k}^{\text{ind}} = B_{\ell k}\,\rho(T,\nu)\,N_\ell\,. \qquad (21.67)$$

- **Spontane Emission** Auch in Abwesenheit des Strahlungsfeldes zerfallen angeregte Atome spontan. Die Emissionsrate von ℓ in k ist proportional zu N_ℓ:

$$\dot{N}_{\ell k}^{\text{spontan}} = A_{\ell k} N_\ell\,. \qquad (21.68)$$

Sind die Übergänge zwischen zwei Energieniveaus im Gleichgewicht, dann ist die Absorptionsrate gleich der Summe der Emissionsraten, d. h.

$$\rho(T,\nu)\,B_{k\ell} N_k = \rho(T,\nu)\,B_{\ell k} N_\ell + A_{\ell k} N_\ell\,. \qquad (21.69)$$

Wegen $N_k \propto \mathrm{e}^{-\beta E_k}$ ergibt sich mit $E_\ell - E_k = h\nu$ die Beziehung

$$\rho(T,\nu)\,B_{k\ell}\,\mathrm{e}^{\beta h\nu} = \rho(T,\nu)\,B_{\ell k} + A_{\ell k}\,, \qquad (21.70)$$

bzw.

$$\rho(T,\nu) = \frac{A_{\ell k}}{B_{k\ell}\,\mathrm{e}^{\beta h\nu} - B_{\ell k}}\,. \qquad (21.71)$$

Die Einstein-Koeffizienten $A_{\ell k}$, $B_{\ell k}$ und $B_{k\ell}$ hängen nur von der Atomsorte ab, jedoch nicht von der Temperatur. Für hohe Temperaturen $k_\mathrm{B}T \gg h\nu$ muss nach dem Korrespondenzprinzip das Rayleigh-Jeans-Gesetz gelten, also

$$\rho(T,\nu) \approx \frac{A_{\ell k}}{(B_{k\ell} - B_{\ell k}) + \beta h\nu B_{k\ell}} = \frac{8\pi}{c^3}\nu^2 k_\mathrm{B}T\,. \qquad (21.72)$$

Entwickelt man den mittleren Ausdruck in Potenzen von $\beta h\nu \ll 1$ und vergleicht mit der rechten Seite, dann folgen die Relationen zwischen den Einstein-Koeffizienten.

Relationen zwischen Einstein-Koeffizienten

Die Koeffizienten für Emission und Absorption erfüllen die Beziehungen

$$B_{k\ell} = B_{\ell k}, \quad \frac{A_{\ell k}}{B_{\ell k}} = 8\pi h\frac{\nu^3}{c^3}\,, \qquad (21.73)$$

worin $h\nu$ gleich der Energiedifferenz $E_\ell - E_k$ ist.

Die Einstein-Koeffizienten für Absorption, induzierte Emission oder spontane Emission sind gleich bzw. proportional.

Frage 7

Zeigen Sie, dass durch Einsetzen in (21.71) sich das Planck'sche Strahlungsgesetz

$$\rho(T,\nu) = \frac{8\pi}{c^3}\nu^2\frac{h\nu}{\mathrm{e}^{\beta h\nu} - 1} \qquad (21.74)$$

ergibt.

Im thermischen Gleichgewicht sind die Energieniveaus gemäß der Boltzmann-Verteilung $N_k \propto \mathrm{e}^{-\beta E_k}$ bevölkert, und das Verhältnis von induzierter Emission zur Absorption ist

$$\frac{\dot{N}_{\ell k}^{\text{ind}}}{\dot{N}_{k\ell}^{\text{abs}}} = \frac{N_\ell}{N_k} = \mathrm{e}^{-h\nu/k_\mathrm{B}T} < 1\,. \qquad (21.75)$$

Im Gleichgewicht ist der Photonenverlust durch Absorption also größer als der Photonengewinn durch induzierte Emission. Will man den Prozess der induzierten Emission zur Lichtverstärkung ausnutzen, dann muss man zunächst einen Nichtgleichgewichtszustand mit $N_\ell > N_k$ herstellen, eine sogenannte *Besetzungszahlinversion*. Diese ist zur Lichtverstärkung mithilfe der induzierten Emission, wie sie in Lasern realisiert ist, notwendig. Allerdings ist in einem Zweiniveausystem die Wahrscheinlichkeit, dass ein Photon durch Absorption ein Elektron auf ein höheres Niveau anhebt, genauso hoch wie die Wahrscheinlichkeit, dass es eine stimulierte Emission auslöst. Aus diesem Grund ist eine Realisierung eines Lasers mit Zweiniveausystemen nicht möglich. Deshalb werden Laser mittels Drei- oder Mehrniveausystemen konstruiert. Dies sind Systeme, bei denen drei oder mehr atomare Eigenzustände mit verschiedenen Energien an den Austauschprozessen beteiligt sind.

21.6 Der Spin

Im Bohr-Sommerfeld'schen Atommodell werden die Zustände mit derselben Energie durch die Quantenzahlen des Bahndrehimpulses charakterisiert. Der Drehimpuls in irgendeine Richtung ist ein ganzzahliges Vielfaches m von $\hbar$, und es existiert immer eine ungerade Anzahl von Zuständen mit derselben Energie, wie wir in Kap. 28 sehen werden. Deshalb wurde erwartet, dass bei Anlegen eines Magnetfeldes jedes Niveau in eine ungerade Anzahl von Niveaus aufspalten sollte. Wegen dieser Aufspaltung im Magnetfeld heißt m auch magnetische Quantenzahl. Aber die Spektraldaten von Alkalimetallen – diese besitzen ein schwach gebundenes Leuchtelektron – zeigen eine Energieaufspaltung in allein zwei Niveaus.

Alfred Landé (1888–1976) führte 1921 zur Beschreibung dieser unerwarteten *Dublettstruktur* halbzahlige magnetische Quantenzahlen ein. *Wolfgang Pauli* (1900–1958, Mitbegründer der Quantenmechanik, Nobelpreis 1945 für die Formulierung des nach ihm benannten Ausschließungsprinzip; Abb. 21.17) verallgemeinerte 1924 die Termanalyse von Landé für das Paschen-Back-Gebiet starker Magnetfelder. Dieser Effekt wird in Kap. 29 behandelt, in dem auch der Spin ausführlich diskutiert wird. In Paulis Worten:

> Die Dublettstruktur der Alkalispektren, sowie die Durchbrechung der Larmor-Theorems kommt durch eine eigentümliche, klassisch nicht beschreibbare Art von Zweideutigkeit der quantentheoretischen Eigenschaften des Leuchtelektrons zustande. (Pauli 1925)

Abb. 21.17 Wolfgang Pauli (1900–1958), © akg/Science Photo Library

Zur Modellierung von Paulis zweiwertigem Freiheitsgrad schlugen die jungen Mitarbeiter von Paul Ehrenfest, *Samuel Goudsmit* (1902–1978) und *George Uhlenbeck* (1900–1988), im Jahre 1925 vor, dem Elektron einen Eigendrehimpuls, Spin genannt, zuzuordnen. Der Elektronenspin sollte die Drehimpulsquantenzahl 1/2 haben, um die beobachtete Dublettstruktur zu erklären.

Stern-Gerlach-Versuch

Atome, deren Elektronenkonfigurationen einen Bahndrehimpuls aufweisen, haben ein magnetisches Moment $\boldsymbol{m}$ proportional zum Drehimpuls. Existiert entlang der z-Richtung ein inhomogenes Magnetfeld, dann wirkt auf ein Atom eine Kraft in z-Richtung:

$$F_z = \frac{\partial}{\partial z}(\boldsymbol{m} \cdot \boldsymbol{B}) \approx m_z \frac{\mathrm{d}B}{\mathrm{d}z} . \tag{21.76}$$

Deshalb wird ein Atomstrahl bestehend aus Atomen mit magnetischem Moment im inhomogenen Magnetfeld abgelenkt. Sind der Drehimpuls und das entsprechende magnetische Moment m_z quantisiert, dann sollte der Strahl in diskreter statt kontinuierlicher Weise abgelenkt werden.

Otto Stern und *Walther Gerlach* (1889–1979) gelang 1922 der Nachweis dieser Richtungsquantelung für einen Atomstrahl von Silberatomen (Gerlach & Stern 1922). Abbildung 21.18 zeigt den schematischen Aufbau des Stern-Gerlach-Versuchs, das die überraschende Aufspaltung des Strahles in genau zwei Teilstrahlen verdeutlicht.

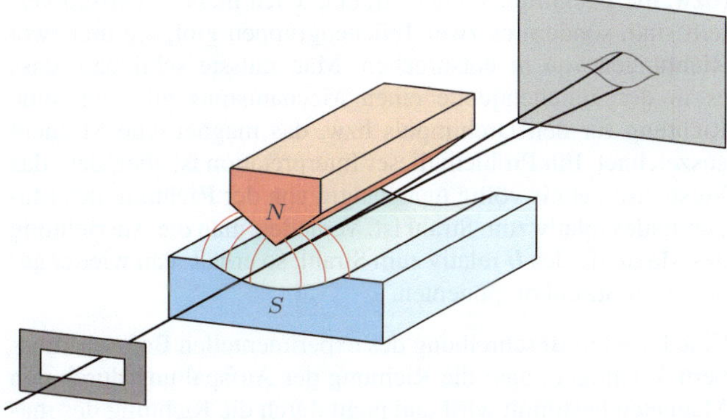

Abb. 21.18 Schematischer Aufbau des Stern-Gerlach-Versuchs zur Messung der Spinquantisierung. Silberatome aus einem Ofen werden mit einer Blende in Richtung eines Magnetfeldes fokussiert. Das inhomogene Magnetfeld wird durch ein asymmetrisches Eisenjoch erzeugt. Der Atomstrahl spaltet beim Gang durch das Magnetfeld in zwei diskrete Teilstrahlen auf

Der Versuch zeigt, dass das magnetische Moment nur zwei mögliche Orientierungen relativ zum Magnetfeld annehmen kann, entsprechend zweier Einstellmöglichkeiten des Drehimpulses in dieser Richtung.

Die anfängliche Erklärung von Stern und Gerlach, nach der das vom *Bahndrehimpuls* induzierte magnetische Moment der Silberatome für die Aufspaltung der entarteten Energieniveaus verantwortlich sei, ist allerdings nicht korrekt. Tatsächlich rührt das magnetische Moment des Silberatoms im Grundzustand nur vom *Spin* des Leuchtelektrons her, da alle anderen Elektronen volle Schalen bilden und nach den Hund'schen Regeln nicht zum Drehimpuls beitragen (das Schalenmodell für Atome wird in Kap. 28 besprochen). Also ist nur das 5s-Leuchtelektron mit verschwindendem Bahndrehimpuls für den Gesamtdrehimpuls verantwortlich.

Spin im Magnetfeld

Das Silberatom verhält sich im Magnetfeld wie ein neutrales Teilchen mit Spin 1/2. Der zweiwertige Elektronenspin ist verantwortlich für die Aufspaltung des Atomstrahles in zwei Teilstrahlen.

Klassisch würden wir erwarten, dass die Drehimpulsrichtungen der einzelnen Teilchen im Strahl statistisch verteilt sind. Dann sollte der Strahl im inhomogenen Magnetfeld in z-Richtung kontinuierlich verbreitert werden, im Gegensatz zur beobachteten Aufspaltung in zwei getrennte Teilstrahlen. Wollte man das Resultat im Stern-Gerlach-Versuch also klassisch interpretieren, so müsste man schließen, dass die magnetischen Momente (bzw. die Drehimpulse) der Strahlteilchen nicht statistisch verteilt sind, sondern es zwei Teilchengruppen gibt, die den zwei Richtungen von $\boldsymbol{m}$ entsprechen. Man müsste schließen, dass es in der Teilchenquelle einen Mechanismus gibt, der eine Richtung für den Drehimpuls bzw. das magnetische Moment auszeichnet. Ein Problem dieser Interpretation ist aber, dass das Versuchsergebnis völlig unabhängig von der Richtung des Magnetfeldes relativ zum Strahl ist. Verändert man die Ausrichtung des Magnetfeldes $\boldsymbol{B}$ relativ zum Strahl, so erhält man wieder genau zwei Strahlkomponenten.

Eine korrekte Beschreibung des experimentellen Befunds muss berücksichtigen, dass die Richtung der Aufspaltung durch den Magneten bestimmt wird und nicht durch die Richtung des magnetischen Moments eines Teilchens im Strahl. Offenbar dürfen wir dem magnetischen Moment oder Spin eines einzelnen Teilchens keine bestimmte Richtung zuschreiben. Der Magnet im Experiment ist ein Analysator, der den Atomstrahl in zwei Teilstrahlen aufspaltet und ein Zweizustandssystem erzeugt.

Aufeinanderfolgende Stern-Gerlach-Versuche

Der Atomstrahl propagiere in x-Richtung durch eine Stern-Gerlach-Apparatur mit inhomogenem Magnetfeld in z-Richtung. Der in z-Richtung abgelenkte Teilstrahl besteht aus Atomen mit Spinkomponente $s_z = 1/2$ (in Einheiten von $\hbar$) und der in die entgegengesetzte Richtung abgelenkte Teilstrahl aus Atomen mit Spinkomponente $s_z = -1/2$. Der in z-Richtung abgelenkte Teilstrahl wird durch eine weitere Stern-Gerlach-Apparatur mit Feld wieder in z-Richtung geschickt. Auf dem Schirm hinter dem Magnetfeld sieht man nun nur eine Komponente, nämlich die $s_z = 1/2$-Komponente. Da die anderen Atome ausgeblendet wurden, ist dies das erwartete Resultat.

Wenn man nun in z-Richtung misst, die Komponente mit $s_z = -1/2$ ausblendet und den verbleibenden Teilstrahl durch eine Stern-Gerlach-Apparatur mit Magnetfeld in y-Richtung schickt, so findet man auf dem Schirm zwei gleich starke Komponenten, die den beiden Spinkomponenten $s_y = \pm 1/2$ entsprechen. Offensichtlich enthält die Komponente mit $s_z = 1/2$ beide s_y-Komponenten mit gleicher Wahrscheinlichkeit.

In einem weiteren Versuch geht man zuerst vor wie vorhin: Man misst in z-Richtung und schickt den Teilstrahl mit $s_z = 1/2$ durch eine Apparatur in y-Richtung. Nun blendet man den Strahl mit $s_y = -1/2$ aus. Der verbleibende Strahl wird erneut in eine Apparatur mit Magnetfeld in z-Richtung geleitet. Da man bereits die Komponente mit $s_z = -1/2$ ausgeblendet hatte, würde man nun erwarten, nur eine Komponente mit $s_z = 1/2$ zu finden. Im Experiment werden aber beide Komponenten mit gleicher Stärke gemessen. Dies bedeutet, dass durch die Messung in y-Richtung die Kenntnis, die wir zuvor über s_z hatten, vollständig verloren geht. Es ist also unmöglich, gleichzeitig die Komponenten des Spins in verschiedene Richtungen anzugeben. Ähnlich der Unschärferelation zwischen Impuls und Ort eines Teilchens ist dies ein typisch quantenmechanisches Phänomen.

Aufgaben

Gelegentlich enthalten die Aufgaben mehr Angaben, als für die Lösung erforderlich sind. Bei einigen anderen dagegen werden Daten aus dem Allgemeinwissen, aus anderen Quellen oder sinnvolle Schätzungen benötigt.

- • leichte Aufgaben mit wenigen Rechenschritten
- •• mittelschwere Aufgaben, die etwas Denkarbeit und unter Umständen die Kombination verschiedener Konzepte erfordern
- ••• anspruchsvolle Aufgaben, die fortgeschrittene Konzepte (unter Umständen auch aus späteren Kapiteln) oder eigene mathematische Modellbildung benötigen

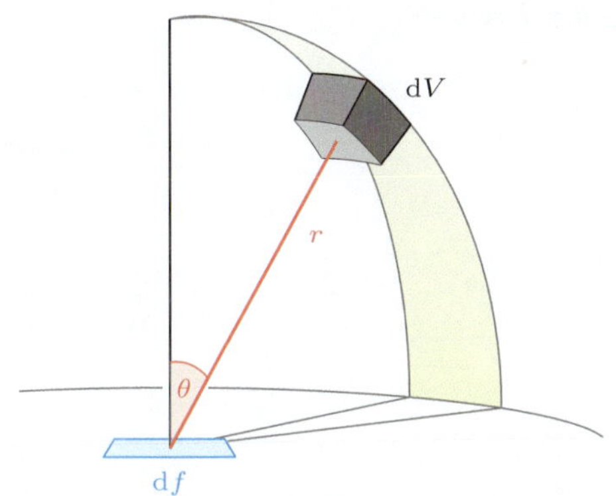

Abb. 21.19 Die im Gebiet dV enthaltene Energie der Hohlraumstrahlung breitet sich isotrop mit Lichtgeschwindigkeit aus. Ein Teil der Strahlung verlässt den Hohlraum durch das kleine Flächenstück df in der Berandung. Die Strahlung braucht zum Erreichen der Öffnung die Zeit $\Delta t = r/c$

21.1 •• Schwarzkörperstrahlung Es sei $\rho(\nu, T)$ die spektrale Energiedichte der Hohlraumstrahlung.

(a) Beweisen Sie, dass die pro Flächenelement der Berandung abgegebene spektrale Strahlungsleistung gegeben ist durch

$$w(\nu, T) = \frac{c}{4}\,\rho(\nu, T)\,. \tag{21.77}$$

Wie lautet die Formel für die gesamte Strahlungsleistung eines Schwarzen Körpers der Temperatur T?

(b) Die Intensitätsverteilung an der Sonnenoberfläche entspricht in guter Näherung der eines Schwarzen Körpers mit Temperatur $T \approx 5770\,\mathrm{K}$. Bekannt sind der Sonneradius $r_S \approx 6{,}963 \cdot 10^8\,\mathrm{m}$ und der Abstand zwischen Sonne und Erde, $d \approx 1{,}496 \cdot 10^{11}\,\mathrm{m}$. Welche Energie pro Flächeneinheit trifft dann auf ein der Sonne senkrecht gegenüberliegendes Flächenstück auf der Erde?

Lösungshinweis: Zur Berechnung der pro Zeitintervall durch das Flächenelement df in der Berandung transportierten Strahlungsenergie betrachte man Abb. 21.19.

21.2 • De-Broglie-Wellenlänge Teilchen werden Materiewellen mit Wellenzahlvektor $\boldsymbol{k} = \boldsymbol{p}/\hbar$ oder De-Broglie-Wellenlänge $\lambda = h/|\boldsymbol{p}|$ zugeordnet. Eine quantenmechanische Beschreibung wird relevant, wenn die De-Broglie-Wellenlänge größer ist als die charakteristische Ausdehnung des Systems.

(a) Wie groß ist die Wellenlänge eines thermischen Neutrons mit kinetischer Energie 25 meV?

(b) Wie groß ist die Wellenlänge einer Langstreckenläuferin mit der Masse 53 kg und der Geschwindigkeit 12 km/h?

(c) Wie groß ist die Wellenlänge für ein Elektron mit der Energie 200 MeV?

Vergleichen Sie die Größe der Objekte mit ihren Wellenlängen.

Lösungshinweis: Eine weitere nützliche Konstante ist $hc = 1{,}986\,446 \cdot 10^{-25}\,\mathrm{J\,m} = 1{,}239\,842 \cdot 10^{-6}\,\mathrm{eV \cdot m}$. Ein Elektron ist innerhalb der experimentellen Genauigkeit von weniger als 10^{-18} m ein punktförmiges Teilchen.

21.3 • Streuprozesse Ein Photon mit der Energie 1 GeV trifft auf ein Proton in Ruhe. Wie groß ist der maximale Energieverlust?

Lösungshinweis: Das Photon erfährt bei einem frontalen Zusammenstoß den maximalen Impulsübertrag.

21.4 • Elementarteilchen als Schwarze Löcher? Die Compton-Wellenlänge eines Teilchens erhält man durch Gleichsetzen von $h\nu$ und mc^2. Versucht man nun, ein Teilchen genauer als seine Compton-Wellenlänge zu lokalisieren, dann wird aufgrund der Unschärferelation seine kinetische Energie derart groß, dass diese in Paare von Teilchen und Antiteilchen umgewandelt wird. Als Folge kann ein Teilchen höchstens bis auf seine Compton-Wellenlänge lokalisiert werden.

(a) Berechnen Sie zuerst den Radius R eines kugelsymmetrischen „Sterns" der Masse M, für den die Fluchtgeschwindigkeit im Newton'schen Gravitationsfeld die Lichtgeschwindigkeit ist. Gravierende Objekte mit diesem Schwarzschild-Radius nennt man Schwarze Löcher. Bestimmen Sie den Schwarzschildradius für ein Elektron und ein Proton.

(b) Was sind die Compton-Wellenlängen dieser Teilchen. Vergleichen Sie die Schwarzschild-Radien mit der Compton-Wellenlängen und erklären Sie, warum man Elektron und Proton nicht als Schwarze Löcher annehmen kann.

(c) Ab welcher Masse kann man daher frühestens von „Elementarteilchen als Schwarzen Löchern" reden? Welcher Compton-Wellenlänge entspricht das?

Lösungshinweis: Zur Lösung der Teilaufgabe (a) benötigen Sie nur die Newton'sche Mechanik und das Newton'sche Gravitationspotenzial.
Es ist ratsam, zur Beantwortung von Teilaufgabe (c) unter dem Stichwort „Planck'sche Einheiten" in Büchern oder dem Internet zu recherchieren.

21.5 •• Bohr-Sommerfeld-Quantisierung des H-Atoms Die Bohr-Sommerfeld-Quantisierungsregeln sind anwendbar auf periodische Systeme mit f Freiheitsgraden. Dabei muss sich jeder kanonische Impuls als Funktion seiner konjugierten Koordinate und der anderen kanonischen Impulse schreiben lassen. Dann besagt die Quantisierungsregel

$$\oint_C p_i \, \mathrm{d}q_i = hn_i, \quad n_i = 0, 1, 2, \ldots, \quad i = 1, \ldots, f, \tag{21.78}$$

wobei hier ausnahmsweise nicht über den doppelt vorkommenden Index i summiert wird. Wenden Sie die Quantisierungsregel auf das Wasserstoffatom an. Dabei können Sie die klassische Bewegung des Elektrons auf eine Ebene einschränken. Rechnen Sie dazu die Radien der Umkehrpunkte aus, bei denen der Radius maximal bzw. minimal ist. Welche Energien als Funktion der Quantenzahlen n_r und $n_\varphi \equiv \ell$ sind erlaubt?

Lösungshinweis: Das bei der Lösung auftretende Integral ist

$$\int_a^b \frac{dx}{x} \sqrt{(x-a)(b-x)} = \frac{\pi}{2}(a+b) - \pi\sqrt{ab}, \tag{21.79}$$

wobei $0 \leq a < b$ sein soll.

Lösungen zu den Aufgaben

21.1

$$\frac{W}{A} = 1362\,\frac{\text{Watt}}{\text{m}^2} \tag{21.80}$$

21.2

(a) $\lambda \approx 1{,}8 \cdot 10^{-10}$ m
(b) $\lambda \approx 3{,}8 \cdot 10^{-36}$ m
(c) $\lambda \approx 6{,}2 \cdot 10^{-15}$ m

21.3 $\Delta E = 681$ MeV.

21.5 Der maximale und minimale Radius der Bahn sind

$$r_{\pm} = \frac{e^2}{2|E|}\left(1 \pm \sqrt{1 - 2|E|L^2/me^4}\right), \tag{21.81}$$

und für die Energie findet man

$$E = -\frac{me^4}{2\hbar^2(n_r + n_\varphi)^2}\,. \tag{21.82}$$

Ausführliche Lösungen zu den Aufgaben

21.1

(a) Die im gezeigten Volumenelement $\mathrm{d}V = r^2 \sin\vartheta \, \mathrm{d}r \, \mathrm{d}\vartheta \, \mathrm{d}\varphi$ enthaltene Energie $\rho \, \mathrm{d}V$ wird mit Lichtgeschwindigkeit isotrop in alle Richtungen abgestrahlt. Der entsprechende Beitrag zu der aus dem Flächenstück $\mathrm{d}f$ am Ursprung austretenden Energie ist $\mathrm{d}f \cos\vartheta/4\pi r^2$, multipliziert mit der Energie $\rho \, \mathrm{d}V$. Um die im Zeitintervall Δt austretende Energie zu berechnen, integrieren wir über die Halbkugel mit Radius $c\,\Delta t$, aus der die Strahlung das Flächenstück erreichen kann. Damit ist die pro Flächenelement in der Zeit Δt austretende Strahlung

$$w(\nu, T)\,\Delta t = \int\limits_{\text{Halbkugel}} \mathrm{d}V \, \frac{\rho(\nu, T)\cos\vartheta}{4\pi r^2} = \frac{c\rho(\nu, T)}{4}\,\Delta t\,, \tag{21.83}$$

was zu beweisen war. Mit (21.10) findet man für die gesamte Strahlungsleistung pro Flächenelement

$$\frac{W}{A} = \sigma T^4, \quad \sigma = \frac{ca}{4} \approx 5{,}370 \cdot 10^{-8} \frac{\text{Watt}}{\text{m}^2\,\text{K}^4}\,. \tag{21.84}$$

(b) Die auf der Erde pro Flächeneinheit ankommende Strahlungsleistung ist

$$\frac{W}{A} = \sigma T^4 \left(\frac{r_S}{d}\right)^2 \approx 1362 \, \frac{\text{Watt}}{\text{m}^2}\,. \tag{21.85}$$

Der beobachtete Wert dieser sogenannten *Solarkonstante* ist $1{,}367 \cdot 10^3\,\text{Watt}/\text{m}^2$.

21.2

(a) Die kinetische Energie eines thermischen Neutrons ist sehr viel kleiner als seine Ruheenergie $E_0 = m_\text{n}c^2 = 939$ MeV, und deshalb dürfen wir die nichtrelativistische Energie-Impuls-Beziehung $E_\text{kin} = p^2/2m_\text{n} = 25\,\text{MeV}$ benutzen. Deshalb können wir schreiben:

$$(pc)^2 = 2m_\text{n}c^2 \cdot E_\text{kin} = (6{,}85\,\text{keV})^2\,. \tag{21.86}$$

Damit ist die De-Broglie-Wellenlänge $\lambda = hc/pc = 1{,}81 \cdot 10^{-10}\,\text{m}$. Die Wellenlänge des thermischen Neutrons ist also sehr viel größer als sein Durchmesser $d = 1{,}7 \cdot 10^{-15}\,\text{m}$.

(b) Die Langstreckenläuferin hat die kinetische Energie $E_\text{kin} = mv^2/2 = 294{,}44\,\text{J}$, die verglichen mit ihrer Ruheenergie $E_0 = 4{,}76 \cdot 10^{18}\,\text{J}$ verschwindend klein ist. Entsprechend ist $pc = 5{,}30 \cdot 10^{10}\,\text{J}$. Deshalb ist $\lambda = hc/pc = 3{,}8 \cdot 10^{-36}\,\text{m}$. Die Langstreckenläuferin wird somit ihre Wellennatur nie zeigen können.

(c) Die Energie des Elektron ist sehr viel größer als seine Ruheenergie $E_0 = 0{,}51$ MeV, und deshalb ist das Elektron stark relativistisch, $E^2 = E_0^2 + (pc)^2 \approx (pc)^2 = (200\,\text{MeV})^2$. Für seine Wellenlänge erhält man $\lambda = hc/pc = 6{,}2 \cdot 10^{-15}$ m. Die De-Broglie-Wellenlänge des Elektrons ist also mindestens 10^4-mal größer als sein Radius.

21.3 Der frontale Zusammenstoß kann als eindimensionales Problem behandelt werden. Der Impuls des Photons vor dem Stoß sei $q > 0$ und sein Impuls nach dem Stoß q'. Wir kennen das Vorzeichen von q' noch nicht. Da sich das Proton anfänglich in Ruhe befindet, muss sein Impuls nach dem Stoß $q - q'$ sein. Aus der Energieerhaltung folgt

$$qc + m_\text{p}c^2 = |q'|c + \sqrt{(m_\text{p}c^2)^2 + (q - q')^2c^2}\,. \tag{21.87}$$

Bringen wir den ersten Term auf der rechten Seite nach links und quadrieren, dann ergibt sich

$$2m_\text{p}c\,(q - |q'|) = (q - q')^2 - (q - |q'|)^2\,. \tag{21.88}$$

Für positive q' verschwindet die rechte Seite, und es folgt $q' = q$. Das Proton bleibt in Ruhe, und es gibt keinen Energieübertrag. Für negative q' ist

$$q' = -\frac{q}{1 + 2q/m_\text{p}c}\,. \tag{21.89}$$

Der Energieverlust des Photons ist

$$\Delta E = (q - |q'|)c = \frac{2E_\gamma^2}{m_\text{p}c^2}\,\frac{1}{1 + 2E_\gamma/m_\text{p}c^2}\,, \tag{21.90}$$

worin $E_\gamma = qc$ die Energie des einlaufenden Photons ist. Für $E_\gamma = 1\,\text{GeV}$ und $m_\text{p}c^2 = 936\,\text{MeV}$ erhalten wir $\Delta E = 681\,\text{MeV}$.

21.4

(a) Für die Fluchtgeschwindigkeit sind die potenzielle Energie und die kinetische Energie mit $v = c$ gleich, d. h.

$$\frac{mc^2}{2} = \frac{GMm}{R} \quad \text{bzw.} \quad R = \frac{2MG}{c^2}\,. \tag{21.91}$$

Die Schwarzschild-Radien des Elektrons und Protons sind

$$R_e \approx 1{,}353 \cdot 10^{-57}\,\text{m}\,, \quad R_p \approx 2{,}484 \cdot 10^{-54}\,\text{m}\,. \tag{21.92}$$

(b) Ihre Compton-Wellenlängen sind dagegen

$$\lambda_e \approx 2{,}426 \cdot 10^{-12}\,\text{m}, \quad \lambda_p \approx 1{,}321 \cdot 10^{-15}\,\text{m}. \quad (21.93)$$

Dies bedeutet, dass es nicht möglich ist, die Elementarteilchen auf ihren Schwarzschild-Radius zu lokalisieren, um ein Schwarzes Loch zu erzeugen. Die nach der Unschärferelation dazu nötige kinetische Energie übersteigt ihre Ruhenergien um viele Größenordnungen.

(c) Aus Gleichsetzen von

$$\lambda_e = \frac{h}{mc} \quad \text{und} \quad R = \frac{2Gm}{c^2}$$

folgen die kritische Masse und Wellenlänge

$$m_* = \left(\frac{hc}{2G}\right)^{1/2}, \quad \lambda_* = \left(\frac{2hG}{c^3}\right)^{1/2}.$$

Es sind bis auf Faktoren der Ordnung $O(1)$ die Planck-Masse und die Planck-Länge.

21.5 Wir führen Polarkoordinaten r, φ in der Bahnebene ein. Dann lautet die Lagrange-Funktion für das Elektron im Coulomb-Feld

$$L = \frac{m}{2}\left(\dot{r}^2 + r^2\dot{\varphi}^2\right) + \frac{e^2}{r}. \quad (21.94)$$

Der zu φ konjugierte Impuls $p_\varphi = mr^2\dot{\varphi}$ ist der erhaltene Drehimpuls L des Elektrons. Für gebundene Bahnen ist die erhaltene Energie negativ:

$$H = \frac{1}{2m}\left(p_r^2 + \frac{p_\varphi^2}{r^2}\right) - \frac{e^2}{r} = E < 0. \quad (21.95)$$

Die erste Quantisierungsbedingung

$$\oint_C p_\varphi \,\mathrm{d}\varphi = 2\pi p_\varphi = n_\varphi h \quad (21.96)$$

führt sofort auf die Quantisierung des Drehimpulses, $L = n_\varphi \hbar$. Zur Auswertung der zweiten Quantisierungsbedingung

$$\oint_C p_r \,\mathrm{d}r = n_r h \quad (21.97)$$

brauchen wir die Radien $r_\pm$ der Umkehrpunkte der Bahn. An diesen verschwindet das Quadrat des radialen Impulses

$$p_r^2(r) = 2mE\left(1 + \frac{e^2}{Er} - \frac{L^2}{2mEr^2}\right). \quad (21.98)$$

Damit sind der maximale und minimale Radius der Bahn

$$r_\pm = \frac{e^2}{2|E|}\left(1 \pm \sqrt{1 - 2|E|L^2/me^4}\right). \quad (21.99)$$

Die halbe Periode in $(r, p_r(r))$ beginnt z. B. beim minimalen Radius und endet beim maximalen Radius. Die Quantisierungsbedingung (21.97) ist deshalb äquivalent zur Bedingung

$$\begin{aligned} n_r h &= 2\int_{r_-}^{r_+} p_r(r)\,\mathrm{d}r \\ &= 2\sqrt{2m|E|}\int_{r_-}^{r_+} \sqrt{(r - r_-)(r_+ - r)}\,\frac{\mathrm{d}r}{r}. \end{aligned} \quad (21.100)$$

Zur Berechnung des Integrals benutzen wir (21.79) und erhalten

$$n_r h = \pi\sqrt{\frac{2me^4}{|E|}} - 2\pi L. \quad (21.101)$$

Mit $L = n_\varphi \hbar$ führt die Auflösung nach der (negativen) Energie auf folgende Energieniveaus im Wasserstoffatom:

$$E_n = -\frac{me^4}{2\hbar^2 n^2} \quad \text{mit} \quad n = n_r + n_\varphi. \quad (21.102)$$

Literatur

Davisson, C.J., Germer, L.H.: Diffraction of electrons by a crystal of nickel. Phys. Rev. **30**, 705 (1927)

Einstein, A.: Über einen die Erzeugung und Verwandlung des Lichtes betreffenden heuristischen Gesichtspunkt. Ann. Phys. **17**, 132 (1905)

Einstein, A.: Zur Quantentheorie der Strahlung. Phys. Z. **18**, 121 (1917)

Endo, J., Ezawa, H., Kawasaki, T., Matsuda, T., Tonomura, A.: Demonstration of single-electron buildup of an interference pattern. Am. J. Phys. **57**, 117 (1989)

Gerlach, W., Stern O.: Der experimentelle Nachweis der Richtungsquantelung im Magnetfeld. Z. Phys. **9**, 349; Das magnetische Moment des Silberatoms. Z. Phys. **9**, 353 (1922)

Michelson, A.A.: Light waves and their uses. University of Chicago Press, Chicago (1903)

Pauli, W.: Über den Einfluß der Geschwindigkeitsabhängigkeit der Elektronenmasse auf den Zeemaneffekt. Z. Phys. **31**, 373 (1925)

Planck, M.: Zur Theorie des Gesetzes der Energieverteilung im Normalspektrum. VhDPG **2**, 237 (1900)

Weiterführende Literatur

Hund, F.: Geschichte der Quantentheorie. 3. Aufl., Bibliographisches Institut, Mannheim (1984)

Jammer, M.: The Conceptional Development of Quantum Mechanics. 2. Aufl., McGraw-Hill, New York (1989)

Wellenmechanik

22

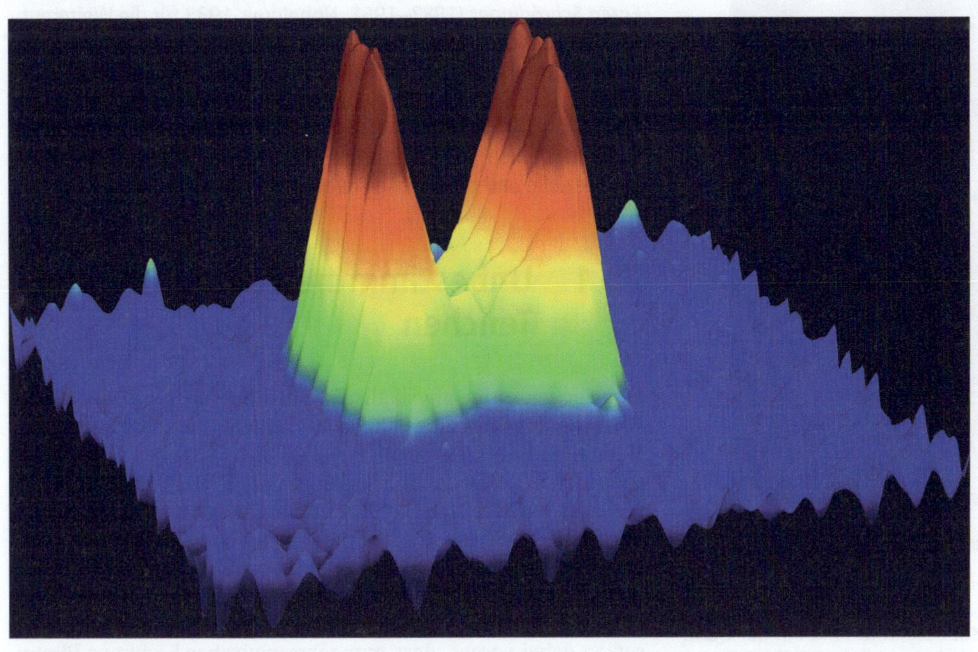

Was ist die Bedeutung der Wellenfunktion $\psi(t, \boldsymbol{x})$?

Wie bestimmt $\psi(t, \boldsymbol{x})$ den mittleren Impuls?

Wie lautet die Schrödinger-Gleichung im äußeren Potenzial?

In welchem Grenzfall geht die Wellenmechanik in die klassische Mechanik über?

Für welche Hamilton-Operatoren gilt die Wahrscheinlichkeitserhaltung?

Teil III

Abb. 22.1 Erwin Schrödinger (1887–1961), © akg/Science Photo Library

Verglichen mit der klassischen Physik beschreitet man in der Quantenmechanik begrifflich ein Neuland. Aufgrund des Welle-Teilchen-Dualismus ist es in der Quantenmechanik z. B. unmöglich, einem Teilchen gleichzeitig einen festen Ort und einen festen Impuls zuzuordnen. Wir können nur noch Wahrscheinlichkeitsverteilungen für Ort und Impuls angeben.

Diese sind aber nicht unabhängig, da mit zunehmender Lokalisierung des Teilchens im Ortsraum die Unsicherheit über seinen Impuls zunimmt und umgekehrt. Als Folge werden wir in der Quantenmechanik auf die eindeutige Objektivierbarkeit der Vorgänge verzichten müssen, und die Gesetze werden die Form statistischer Gesetze annehmen.

In der in diesem Kapitel vorgestellten Schrödinger'schen Wellenmechanik wird dem materiellen Teilchen oder einem allgemeineren physikalischen System eine zeit- und ortsabhängige Wellenfunktion ψ zugeordnet, der die Rolle einer Wahrscheinlichkeitsamplitude zukommt.

Zu jeder Zeit beschreibt sie den Zustand des Systems. Sie hat selbst keine anschauliche Bedeutung, aber $|\psi|^2$ beschreibt die Wahrscheinlichkeiten, mit denen die verschiedenen möglichen Lagen des Systems gemessen werden. Aus ψ lassen sich auf diese Weise die Wahrscheinlichkeitsverteilungen von beobachtbaren Größen, z. B. der Orte und Impulse, berechnen. Die Wellenfunktion erfüllt die Schrödinger-Gleichung, deren Lösungen das zeitliche Verhalten des Systems beschreiben.

Begriffe wie „Messung" und „Vorhersage" sind in der Quantentheorie sehr viel subtiler als in der klassischen Physik. Jegliche Information, die wir über ein Quantensystem erhalten können, kommt von Messungen, die sich immer auch auf das gemessene System auswirken. Nur ein kombiniertes System aus mikroskopischem Gegenstand und Messapparatur besitzt in dieser Theorie wirklich physikalische Eigenschaften.

In diesem Kapitel stellen wir die von dem österreichischen Physiker *Erwin Schrödinger* (1887–1961, Nobelpreis 1933 für die Weiterentwicklung der Quantenmechanik; Abb. 22.1) im Jahr 1926 entwickelte Wellenmechanik vor. Als Ausgangspunkt für die Aufstellung der Schrödinger-Gleichung für ein allgemeines Hamilton'sches System dient dabei die Hamilton-Jacobi-Gleichung des Systems. In späteren Kapiteln werden wir die hier gewonnenen allgemeinen Resultate auf spezielle und physikalisch relevante Systeme anwenden.

22.1 Unbestimmtheit für materielle Teilchen

Ohne gegenseitige physikalische Beeinflussung von Objekt und Beobachtungsinstrument kann es keinen Messprozess geben. Während in der klassischen Physik die physikalische Beeinflussung des Objekts durch Messungen im Prinzip beliebig klein gemacht werden kann, ist dies in der Quantenmechanik wegen der Endlichkeit von $\hbar$ nicht mehr möglich. Exemplarisch zeigen wir, dass bei der Bestimmung von Ort und Impuls eines Teilchens mit einem Mikroskop das Produkt von Orts- und Impulsunschärfe nach unten beschränkt ist und nicht null wird. Wir setzen dabei voraus, dass monochromatisches Licht aus Photonen mit Energie $E = \hbar\omega$ und Impuls $\boldsymbol{p} = \hbar\boldsymbol{k}$ besteht und dass bei Kollisionen zwischen Photonen und geladenen Teilchen der Energie-Impulssatz gilt. Daraus werden wir auf die schon von Interferenzversuchen bekannte Teilchen-Welle-Doppelnatur der Materie schließen.

Ortsmessung

Wir versuchen zuerst, den Ort eines Objekts durch Lichtstreuung zu bestimmen. Die Frequenz des einfallenden Lichtes sei ν, und die des gestreuten Lichtes sei ν'. Wir detektieren die gestreute Lichtwelle mit einem Mikroskop, einer fotografischen Platte oder einem Zählrohr.

Nach der Abbe'schen Theorie nimmt das beugungsbegrenzte Auflösungsvermögen eines Mikroskops und damit die Genauigkeit der Ortsmessung des Teilchens in Abb. 22.2 mit zunehmender Wellenlänge ab.

Ein Mikroskop kann Objekte bis zu einer Größe $\Delta x_{\text{Teilchen}}$ auflösen, die bei einem Öffnungswinkel ϑ und einer Wellenlänge des Streulichtes λ' durch die Beziehung

$$\Delta x_{\text{Teilchen}} \approx \frac{\lambda'}{\sin\vartheta} \qquad (22.1)$$

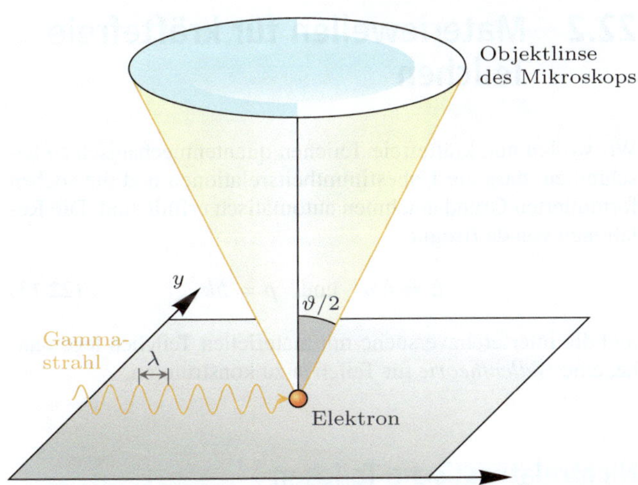

Abb. 22.2 Mithilfe des Heisenberg'schen Gammastrahlenmikroskops wird festgestellt, wo sich das Elektron befindet. Die Position eines Elektrons wird gemessen, indem man es mit Licht bestrahlt und die von dem Teilchen abgelenkten Photonen registriert. Die Ortsbestimmung wird umso präziser, je kürzer die Wellenlänge des verwendeten Lichtes ist. Weil damit jedoch der Rückstoß größer wird, den ein abgelenktes Photon dem Elektron erteilt, ändert sich entsprechend auch dessen Impuls

gegeben ist. Für eine genaue Ortsbestimmung sind also eine kurze Wellenlänge λ' und ein großer Öffnungswinkel ϑ wünschenswert.

Impulsmessung

Die Richtung des Streulichtes ist innerhalb des Öffnungswinkels ϑ unbestimmt. Die Unschärfe von $p_{x,\text{Photon}}$ ist demnach $\Delta p_{x,\text{Photon}} = \hbar \Delta k'_x \approx h \sin\vartheta/\lambda'$. Wegen der Impulserhaltung ist die Impulskomponente $p_{x,\text{Teilchen}}$ nach dem Streuprozess auch nur bis auf einen Fehler der Größe

$$\Delta p_{x,\text{Teilchen}} = \Delta p_{x,\text{Photon}} \approx \frac{h}{\lambda'} \sin\vartheta \tag{22.2}$$

bekannt. Für eine genaue Impulsmessung sind eine große Wellenlänge λ' und ein kleiner Öffnungswinkel ϑ erforderlich.

Für das Produkt von Orts- und Impulsunschärfe finden wir

$$\Delta p_{\text{Teilchen}} \cdot \Delta x_{\text{Teilchen}} \gtrsim h. \tag{22.3}$$

Man könnte meinen, die Unbestimmtheitsrelation habe ihre Ursache in der Störung des Elektrons durch die Messung. Könnte es sein, dass ohne diese Störung das Elektron einen wohldefinierten Ort und Impuls hätte? Nach dem gegenwärtigen Verständnis der Quantenmechanik gilt die Unbestimmtheitsrelation aber für alle Quantenobjekte auch unabhängig von Messungen und ist nicht nur dadurch bedingt, dass wir nicht in der Lage sind, eine genauere Messung vorzunehmen. Eine ausführliche Begründung dieser Tatsache findet sich in Kap. 24.

Zeitmessung

Der Zeitpunkt der Streuung ist bis auf einen Fehler der Größe

$$\Delta t \geq \frac{1}{\nu'} = \frac{\lambda'}{c} \tag{22.4}$$

bestimmbar. Daraus folgt, dass der Zeitpunkt der Ortsmessung scharf bestimmbar wird im Grenzfall $\nu' \to \infty$ oder $\lambda' \to 0$. Nun kann die Wellenlänge des gestreuten Lichtes aber nicht beliebig klein sein. Nach der Theorie des Compton-Effekts ist diese größer als die Wellenlänge der einlaufenden Photonen:

$$\lambda' = \lambda + 2\lambda_c \sin^2\frac{\vartheta}{2} \quad \text{mit } \lambda_c = \frac{h}{mc}. \tag{22.5}$$

Bei einer Ortsmessung mit $\vartheta \sim \pi/2$ ist λ' größer oder gleich der Compton-Wellenlänge λ_c des streuenden Teilchens. Deshalb ist die Zeitauflösung der Ortsmessung an einem ruhenden Teilchen durch die *Compton-Zeit* des Teilchens beschränkt:

$$\Delta t \geq t_c = \frac{\lambda_c}{c} = \frac{h}{mc^2}. \tag{22.6}$$

Die Compton-Zeit des Elektrons ist etwa 0,008 Attosekunden. Will man den Zeitpunkt der Ortsmessung bis auf die Compton-Zeit und den Teilchenort bis auf die Compton-Wellenlänge bestimmen, muss die Wellenlänge der einlaufenden Photonen kleiner als die Compton-Wellenlänge des Teilchens sein. Für diese kurzen Wellenlängen übersteigt die Photonenenergie E_γ aber die Ruheenergie des streuenden Teilchens (siehe die Diskussion in Abschn. 21.3). Wird E_γ aber größer als die doppelte Ruheenergie, dann werden Paare von Teilchen und Antiteilchen erzeugt. Diese spontane Paarproduktion ist ein relativistischer Quanteneffekt, der im Rahmen der quantisierten Elektrodynamik sehr genau berechnet werden kann. Der Effekt setzt einer genauen Orts- und Zeitbestimmung also eine prinzipielle Schranke, die aber in nichtrelativistischen Systemen mit niederenergetischen Teilchen keine Rolle spielt.

Wir dürfen in einer nichtrelativistischen Quantentheorie annehmen, dass der Teilchenort und der Zeitpunkt der Ortsmessung beliebig genau messbar sind. Deswegen ist Grundannahme I natürlich.

Grundannahme I

Für jeden Zustand eines Teilchens kann man zu jedem Zeitpunkt eine Wahrscheinlichkeit $w(t,\boldsymbol{x})\,\mathrm{d}^3x$ dafür angeben, bei einer Messung des Teilchenortes diesen innerhalb einer kleinen Umgebung des Punktes $\boldsymbol{x}$ vom Volumen d^3x zu finden. Zu jeder Zeit muss die Wahrscheinlichkeit, das Teilchen irgendwo zu finden, gleich eins sein:

$$\int w(t,\boldsymbol{x})\,\mathrm{d}^3x = 1, \quad \forall t. \tag{22.7}$$

Achtung Diese Annahme gilt nur im nichtrelativistischen Grenzfall, also insbesondere nicht für Photonen. Im nichtrelativistischen Grenzfall kommen die Zeit und der Ort nicht symmetrisch vor. ◀

Eine analoge Grundannahme kann auch für Messungen des Impulses gemacht werden. Im nichtrelativistischen Grenzfall sind der Zeitpunkt der Impulsmessung und der Teilchenimpuls beliebig genau messbar, allerdings unter Einhaltung der Unschärferelation. Also fordern wir Grundannahme II.

Grundannahme II

Für jeden Zustand eines Teilchens kann man zu jedem Zeitpunkt eine Wahrscheinlichkeit $\tilde{w}(t,\boldsymbol{p})\,\mathrm{d}^3p$ dafür angeben, bei einer Messung des Teilchenimpulses diesen in einer kleinen Umgebung von $\boldsymbol{p}$ mit Volumen d^3p zu finden. Man findet mit Sicherheit irgendeinen Impuls:

$$\int \tilde{w}(t,\boldsymbol{p})\,\mathrm{d}^3p = 1, \quad \forall t. \tag{22.8}$$

Sind w und $\tilde{w}$ die Wahrscheinlichkeitsdichten für Ort und Impuls des Teilchens, dann sind der mittlere Aufenthaltsort und der mittlere Impuls zur Zeit t gleich

$$\langle \boldsymbol{x}\rangle_t = \int \boldsymbol{x}\, w(t,\boldsymbol{x})\,\mathrm{d}^3x, \tag{22.9}$$

$$\langle \boldsymbol{p}\rangle_t = \int \boldsymbol{p}\, \tilde{w}(t,\boldsymbol{p})\,\mathrm{d}^3p. \tag{22.10}$$

Allgemeiner berechnen sich die Mittelwerte von Funktionen des Ortes oder Impulses zur Zeit t gemäß

$$\langle f(\boldsymbol{x})\rangle_t = \int f(\boldsymbol{x})\, w(t,\boldsymbol{x})\,\mathrm{d}^3x, \tag{22.11}$$

$$\langle f(\boldsymbol{p})\rangle_t = \int f(\boldsymbol{p})\, \tilde{w}(t,\boldsymbol{p})\,\mathrm{d}^3p. \tag{22.12}$$

Wegen der Unbestimmtheitsrelation können die Wahrscheinlichkeitsdichten w und $\tilde{w}$ nicht unabhängig voneinander sein. Im folgenden Abschnitt werden wir diese Dichten charakterisieren und angeben, nach welchen Gesetzen sie sich mit der Zeit ändern.

22.2 Materiewellen für kräftefreie Teilchen

Wir wollen nun kräftefreie Teilchen quantenmechanisch so beschreiben, dass die Unbestimmtheitsrelationen und die soeben formulierten Grundannahmen automatisch erfüllt sind. Die Relationen von de Broglie

$$E = \hbar\omega \quad \text{und} \quad \boldsymbol{p} = \hbar\boldsymbol{k} \tag{22.13}$$

und die Interferenzversuche mit materiellen Teilchen legen nahe, eine *Wellentheorie* für Teilchen zu konstruieren.

Nichtrelativistische Teilchen

In der klassischen Newton'schen Mechanik hat ein freies Teilchen mit Geschwindigkeit $\boldsymbol{v}$ und Impuls $\boldsymbol{p} = m\boldsymbol{v}$ die kinetische Energie

$$E = \frac{\boldsymbol{p}^2}{2m}. \tag{22.14}$$

Ordnet man dem materiellen Teilchen eine Wellenfunktion $\psi(t,\boldsymbol{x})$ zu, dann folgt aus den Beziehungen von de Broglie die entsprechende Dispersionsrelation zwischen Kreisfrequenz und Wellenzahlvektor

$$\omega = \frac{\boldsymbol{p}^2}{2m\hbar} = \frac{\hbar\boldsymbol{k}^2}{2m}. \tag{22.15}$$

Die dem Teilchen zugeordnete Wellenfunktion schreibt man nun als Überlagerung von ebenen Wellen

$$\psi(t,\boldsymbol{x}) \propto \int_{\mathbb{R}^3} \tilde{\psi}(\boldsymbol{k})\, \mathrm{e}^{\mathrm{i}(\boldsymbol{k}\cdot\boldsymbol{x}-\omega t)}\,\mathrm{d}^3k, \tag{22.16}$$

wobei ω über die Dispersionsrelation von $\boldsymbol{k}$ abhängt. Mit den Relationen von de Broglie kann man auch schreiben

$$\psi(t,\boldsymbol{x}) = \kappa \int_{\mathbb{R}^3} \tilde{\psi}(t,\boldsymbol{p})\, \mathrm{e}^{\mathrm{i}\boldsymbol{p}\cdot\boldsymbol{x}/\hbar}\,\mathrm{d}^3p, \tag{22.17}$$

wobei $\quad \tilde{\psi}(t,\boldsymbol{p}) = \mathrm{e}^{-\mathrm{i}Et/\hbar}\,\tilde{\psi}(0,\boldsymbol{p})$

die impulsabhängige Energie (22.14) enthält.

Frage 1

Zeigen Sie den Schritt von (22.16) zu (22.17) unter Verwendung von (22.14).

Nach der Umkehrformel der Fourier-Transformationen ist

$$\tilde{\psi}(t,\boldsymbol{p}) = \kappa' \int_{\mathbb{R}^3} \psi(t,\boldsymbol{x})\, \mathrm{e}^{-\mathrm{i}\boldsymbol{p}\cdot\boldsymbol{x}/\hbar}\,\mathrm{d}^3x. \tag{22.18}$$

Teil III

Diese Beziehungen gelten nicht nur in drei, sondern auch in d Dimensionen, wobei dann $\kappa\kappa' = (2\pi\hbar)^{-d}$ gilt. Wir wählen die Konstanten κ und κ' symmetrisch:

$$\kappa = \kappa' = \frac{1}{(2\pi\hbar)^{d/2}}. \tag{22.19}$$

Die Fourier-Transformation und ihre wesentlichen Eigenschaften wurden bereits in Abschn. 13.1 diskutiert. Dort findet man auch die *Formel von Plancherel*:

$$\int_{\mathbb{R}^d} f^*(\boldsymbol{x})g(\boldsymbol{x})\,\mathrm{d}^d x = \int_{\mathbb{R}^d} \tilde{f}^*(\boldsymbol{p})\tilde{g}(\boldsymbol{p})\,\mathrm{d}^d p, \tag{22.20}$$

für den Spezialfall $f = g$. Der Beweis für $f \neq g$ ist einfach:

$$\begin{aligned}\int_{\mathbb{R}^d} f^*(\boldsymbol{x})g(\boldsymbol{x})\,\mathrm{d}^d x &= \kappa \int_{\mathbb{R}^d} f^*(\boldsymbol{x}) \left(\int_{\mathbb{R}^d} \tilde{g}(\boldsymbol{p})\,\mathrm{e}^{\mathrm{i}\boldsymbol{p}\cdot\boldsymbol{x}/\hbar}\,\mathrm{d}^d p \right) \mathrm{d}^d x \\ &= \kappa \int_{\mathbb{R}^d}\int_{\mathbb{R}^d} \left(f^*(\boldsymbol{x})\mathrm{e}^{\mathrm{i}\boldsymbol{p}\cdot\boldsymbol{x}/\hbar} \right) \mathrm{d}^d x\, \tilde{g}(\boldsymbol{p})\,\mathrm{d}^d p \\ &= \int_{\mathbb{R}^d} \tilde{f}^*(\boldsymbol{p})\tilde{g}(\boldsymbol{p})\,\mathrm{d}^d p.\end{aligned} \tag{22.21}$$

Setzt man in dieser Gleichung $f(\boldsymbol{x}) = g(\boldsymbol{x}) = \psi(t,\boldsymbol{x})$ und berücksichtigt noch (22.17), dann folgt

$$\begin{aligned}\int_{\mathbb{R}^3} |\psi(t,\boldsymbol{x})|^2\,\mathrm{d}^3 x &= \int_{\mathbb{R}^3} |\tilde{\psi}(t,\boldsymbol{p})|^2\,\mathrm{d}^3 p \\ &= \int_{\mathbb{R}^3} |\tilde{\psi}(\boldsymbol{p})|^2\,\mathrm{d}^3 p.\end{aligned} \tag{22.22}$$

Man sieht hier, dass die Integrale der nichtnegativen und zeitabhängigen Dichten $|\psi(t,\boldsymbol{x})|^2$ im Ortsraum und $|\tilde{\psi}(t,\boldsymbol{p})|^2$ im Impulsraum nicht von der Zeit abhängen. Man kann sie eins wählen und diese Normierung auf eins bleibt dann zu allen Zeiten erhalten. Diese Eigenschaften führen zu einer Annahme bezüglich der Wahrscheinlichkeitsdichten im Orts- und Impulsraum.

Wahrscheinlichkeitsdichten im Orts- und Impulsraum

Das Betragsquadrat der auf eins normierten Wellenfunktion im Ortsraum ist die Wahrscheinlichkeitsdichte im Ortsraum und das Betragsquadrat ihrer Fouriertransformierten ist die Wahrscheinlichkeitsdichte im Impulsraum:

$$w(t,\boldsymbol{x}) = |\psi(t,\boldsymbol{x})|^2 \quad \text{und} \quad \tilde{w}(t,\boldsymbol{p}) = |\tilde{\psi}(t,\boldsymbol{p})|^2. \tag{22.23}$$

Diese auf *Max Born* (1882–1970, Nobelpreis 1954 für seine statistische Interpretation der Wellenfunktion) zurückgehende Identifikation kann durch folgende Betrachtungen weiter plausibel gemacht werden. Falls (22.23) gilt, findet man mit $|\psi|^2 = \psi^*\psi$ für den mittleren Aufenthaltsort eines Teilchens zur Zeit t

$$\langle \boldsymbol{x}\rangle_t = \int_{\mathbb{R}^3} \boldsymbol{x}\,|\psi(t,\boldsymbol{x})|^2\,\mathrm{d}^3 x = \int_{\mathbb{R}^3} \psi^*(t,\boldsymbol{x})\,\boldsymbol{x}\psi(t,\boldsymbol{x})\,\mathrm{d}^3 x, \tag{22.24}$$

wobei die Wellenfunktion auf eins normiert sein muss. Bei der Fourier-Transformation geht die Multiplikation mit dem Argument (hier $\boldsymbol{x}$) in die Ableitung über:

$$\begin{aligned}\widetilde{\boldsymbol{x}\psi}(t,\boldsymbol{p}) &= \kappa \int_{\mathbb{R}^3} \boldsymbol{x}\psi(t,\boldsymbol{x})\,\mathrm{e}^{-\mathrm{i}\boldsymbol{p}\cdot\boldsymbol{x}/\hbar}\,\mathrm{d}^3 x \\ &= \kappa\,\mathrm{i}\hbar\nabla_{\boldsymbol{p}} \int_{\mathbb{R}^3} \psi(t,\boldsymbol{x})\,\mathrm{e}^{-\mathrm{i}\boldsymbol{p}\cdot\boldsymbol{x}/\hbar}\,\mathrm{d}^3 x = \mathrm{i}\hbar\nabla_{\boldsymbol{p}}\tilde{\psi}(t,\boldsymbol{p}).\end{aligned} \tag{22.25}$$

Frage 2

Was heißt das für den Spezialfall einer ebenen Welle $\psi(\boldsymbol{x}) \propto \exp(\mathrm{i}\boldsymbol{q}\cdot\boldsymbol{x}/\hbar)$?

Nun benutzt man den Satz von Plancherel mit $f = \psi$ und $g = \boldsymbol{x}\psi$ in (22.24) und erhält für den mittleren Aufenthaltsort

$$\langle \boldsymbol{x}\rangle_t = \mathrm{i}\hbar \int_{\mathbb{R}^3} \tilde{\psi}^*(t,\boldsymbol{p})\,\nabla_{\boldsymbol{p}}\tilde{\psi}(t,\boldsymbol{p})\,\mathrm{d}^3 p. \tag{22.26}$$

Für die in (22.17) gegebene Zeitabhängigkeit der Wellenfunktion im Impulsraum ist

$$\mathrm{i}\hbar\nabla_{\boldsymbol{p}}\tilde{\psi}(t,\boldsymbol{p}) = \mathrm{e}^{-\mathrm{i}E_p t/\hbar}\left(\mathrm{i}\hbar\nabla_{\boldsymbol{p}} + t\,\nabla_{\boldsymbol{p}}E\right)\tilde{\psi}(0,\boldsymbol{p}). \tag{22.27}$$

Für ein freies Teilchen ist $\nabla_{\boldsymbol{p}}E = \boldsymbol{p}/m$; dies führt auf ein einfaches Gesetz zur Beschreibung der Bewegung freier Teilchen.

Mittlere Bewegung eines freien Teilchens

Im Mittel bewegt sich das freie Teilchen gleichförmig und geradlinig mit der mittleren Geschwindigkeit $\langle \boldsymbol{p}\rangle_0/m$:

$$\langle \boldsymbol{x}\rangle_t = \langle \boldsymbol{x}\rangle_0 + t\int_{\mathbb{R}^3} \frac{\boldsymbol{p}}{m}\,\tilde{w}(0,\boldsymbol{p})\,\mathrm{d}^3 p = \langle \boldsymbol{x}\rangle_0 + \frac{\langle \boldsymbol{p}\rangle_0}{m}t. \tag{22.28}$$

Auf der rechten Seite stehen die Mittelwerte zur Anfangszeit.

Der Erwartungswert des Ortes $\langle \boldsymbol{x}\rangle$ genügt damit den Gesetzen der klassischen Newton'schen Mechanik. Aus den Annahmen (22.23) folgen auch die Unbestimmtheitsrelationen zwischen Ort und Impuls, wie bereits in Abschn. 21.3 gezeigt wurde.

Frage 3

Für eine Welle mit allgemeiner Dispersionsrelation $\omega(\boldsymbol{k})$ definiert man die in Abschn. 16.2 eingeführte Gruppengeschwindigkeit $\boldsymbol{v}_{\text{gr}} = \nabla_{\boldsymbol{k}}\omega$. Mit den Beziehungen von de Broglie ist $\boldsymbol{v}_{\text{gr}} = \nabla_{\boldsymbol{p}}E$. Überzeugen Sie sich davon, dass im allgemeinen Fall (22.28) durch die Beziehung

$$\langle \boldsymbol{x}\rangle_t = \langle \boldsymbol{x}\rangle_0 + \langle \boldsymbol{v}_{\text{gr}}\rangle_0 t \tag{22.29}$$

ersetzt wird. Gehen Sie dabei von (22.27) aus.

Nun kehren wir zur Fourier-Darstellung (22.17) der Wellenfunktion zurück. Die auf beiden Seiten von (22.17) durchgeführte Ableitung von $\psi(t,\boldsymbol{x})$ nach der Zeit oder den Ortskoordinaten führt unter dem Impulsintegral zu einer Multiplikation mit der Energie oder den Impulskoordinaten:

$$\begin{aligned} \mathrm{i}\hbar\frac{\partial}{\partial t}\psi(t,x) &= \kappa\int_{\mathbb{R}^3} E\tilde{\psi}(t,\boldsymbol{p})\,\mathrm{e}^{\mathrm{i}\boldsymbol{p}\cdot\boldsymbol{x}/\hbar}\,\mathrm{d}^3p, \\ -\hbar^2\Delta\psi(t,x) &= \kappa\int_{\mathbb{R}^3} \boldsymbol{p}^2\,\tilde{\psi}(t,\boldsymbol{p})\,\mathrm{e}^{\mathrm{i}\boldsymbol{p}\cdot\boldsymbol{x}/\hbar}\,\mathrm{d}^3p. \end{aligned} \tag{22.30}$$

Da Energie und Impuls über $E = \boldsymbol{p}^2/2m$ verknüpft sind, erfüllt die Wellenfunktion somit eine lineare partielle Differenzialgleichung mit erster Zeitableitung und zweiten Ableitungen nach den Raumkoordinaten.

Schrödinger-Gleichung für ein freies Teilchen

Die Materiewelle für ein freies Teilchen erfüllt die zeitabhängige Schrödinger-Gleichung

$$\mathrm{i}\hbar\frac{\partial}{\partial t}\psi(t,\boldsymbol{x}) = -\frac{\hbar^2}{2m}\Delta\psi(t,\boldsymbol{x}). \tag{22.31}$$

Kennt man die Wellenfunktion zu irgendeiner festen Zeit, dann bestimmt die Schrödinger-Gleichung die Wellenfunktion zu jeder anderen Zeit. Man beachte, dass für eine anfänglich reelle Wellenfunktion $\psi(0,\boldsymbol{x})$ die Lösung zu späteren Zeiten im Allgemeinen nicht mehr reell sein wird. Daraus folgt schon, dass ψ selbst nicht beobachtbar ist, da Observablen reell sein müssen.

Löst nun $\psi(t,\boldsymbol{x})$ die zeitabhängige Schrödinger-Gleichung, dann löst auch die in der Zeit rückwärts propagierende Wellenfunktion

$$\psi_{\mathrm{T}}(t,\boldsymbol{x}) \equiv \psi^*(-t,\boldsymbol{x}) \tag{22.32}$$

die Schrödinger-Gleichung.

Frage 4

Zeigen Sie, dass ψ_{T} die Schrödinger-Gleichung löst.

Zu jeder in die Zukunft propagierenden Lösung ψ existiert also eine in die Vergangenheit propagierende Lösung ψ_{T} mit Wahrscheinlichkeitsdichte $w_{\mathrm{T}}(t,\boldsymbol{x}) = w(-t,\boldsymbol{x})$.

Zeitumkehr

Die zeitliche Entwicklung der Wahrscheinlichkeitsverteilung für eine Lösung der Schrödinger-Gleichung zeichnet keine Richtung der Zeit aus. Daraus folgt die *Zeitumkehrinvarianz* der quantenmechanischen Gesetze.

Nach dem Relativitätsprinzip darf eine physikalische Theorie kein Inertialsystem auszeichnen. Sind die typischen Geschwindigkeiten sehr viel kleiner als die Lichtgeschwindigkeit, dann sollten die Gesetze einer mikroskopischen Quantenmechanik also kovariant unter den Symmetrietransformationen der nichtrelativistischen Physik, d. h. den Galilei-Transformationen, sein. Bewegt sich das Inertialsystem $\mathcal{I}'$ relativ zum Inertialsystem $\mathcal{I}$ mit der Geschwindigkeit $\boldsymbol{v}$, dann ist

$$\boldsymbol{x} = \boldsymbol{x}' + \boldsymbol{v}t, \quad t = t', \tag{22.33}$$

wobei $(t,\boldsymbol{x})$ die kartesische Koordinaten von $\mathcal{I}$ und $(t',\boldsymbol{x}')$ diejenigen von $\mathcal{I}'$ sind. In Aufgabe 22.1 am Ende des Kapitels beweisen wir die Kovarianz der Schrödinger-Gleichung unter Galilei-Transformationen.

Galilei-Transformationen

Ohne äußere Felder transformiert eine Lösung $\psi'(t',\boldsymbol{x}')$ der Schrödinger-Gleichung in $\mathcal{I}'$ unter einer Galilei-Transformation in die Lösung

$$\psi(t,\boldsymbol{x}) = \mathrm{e}^{-\mathrm{i}(Et-m\boldsymbol{v}\cdot\boldsymbol{x})/\hbar}\,\psi(t',\boldsymbol{x}'), \quad E = \frac{m\boldsymbol{v}^2}{2} \tag{22.34}$$

der Schrödinger-Gleichung im Inertialsystem $\mathcal{I}$.

Einem in $\mathcal{I}'$ ruhenden Teilchen ordnet man eine konstante Wellenfunktion ψ_0 zu. In $\mathcal{I}$ bewegt sich dann das Teilchen mit der Geschwindigkeit $\boldsymbol{v}$ und hat die Wellenfunktion $\psi(t,\boldsymbol{x}) = \psi_0\exp(\mathrm{i}\boldsymbol{p}\cdot\boldsymbol{x}/\hbar - \mathrm{i}Et/\hbar)$.

Allgemeine Lösung der freien Schrödinger-Gleichung

Wir konstruieren nun die Lösung der freien Schrödinger-Gleichung (22.31) für eine beliebige Anfangsbedingung $\psi(0,\boldsymbol{x})$. Dazu untersuchen wir das Anfangswertproblem

$$\mathrm{i}\hbar\frac{\partial\psi}{\partial t} = -\frac{\hbar^2}{2m}\Delta\psi \quad \text{mit} \quad \psi(0,\boldsymbol{x}) = \psi_0(\boldsymbol{x}). \tag{22.35}$$

Das Vorgehen ähnelt der Konstruktion von Green'schen Funktionen in der Elektrostatik in Kap. 12 oder in der Elektrodynamik in Abschn. 19.1. Allerdings handelt es sich bei der

Vertiefung: Relativistische Wellengleichung

Die relativistisch korrekte Beziehung zwischen Energie und Impuls lautet bekanntlich

$$E^2 = \boldsymbol{p}^2c^2 + (mc^2)^2 .$$

Ordnet man dem relativistischen freien Teilchen eine Wellenfunktion $\psi(t,\boldsymbol{x})$ zu, dann erwartet man folgende Dispersionsrelation zwischen Kreisfrequenz und Wellenzahlvektor:

$$\omega = \sqrt{\boldsymbol{k}^2c^2 + (mc^2/\hbar)^2} .$$

Dabei identifiziert man die Teilchengeschwindigkeit mit der Gruppengeschwindigkeit des Wellenpakets:

$$\boldsymbol{v}_{\text{gr}} = \nabla_k\omega = \left(\frac{\boldsymbol{k}c}{\omega}\right)c = \left(\frac{\boldsymbol{p}c}{E}\right)c = \nabla_p E .$$

Diese ist für massive Teilchen kleiner als die Lichtgeschwindigkeit. Dagegen bewegt sich die Phase einer ebenen Welle mit Überlichtgeschwindigkeit:

$$|\boldsymbol{v}_{\text{ph}}| = \frac{\omega}{|\boldsymbol{k}|} = \frac{c^2}{|\boldsymbol{v}|} > c .$$

Auch im relativistischen Fall hat die Wellenfunktion die Fourier-Entwicklung (22.17). Da Energie und Impuls aber wie wie oben angegeben verknüpft sind, erfüllt die Wellengleichung nun eine lineare Differenzialgleichung mit zweiter Zeitableitung und zweiten Ableitungen nach den Raumkoordinaten:

$$\left(\frac{1}{c^2}\frac{\partial^2}{\partial t^2} - \Delta\right)\psi(t,\boldsymbol{x}) = -\left(\frac{mc}{\hbar}\right)^2\psi(t,\boldsymbol{x}) .$$

Dies ist die nach dem schwedischen Physiker *Oskar Benjamin Klein* (1894–1977) und dem deutschen Physiker *Walter Gordon* (1893–1939) genannte *Klein-Gordon-Gleichung*:

$$\left(\Box + \frac{m^2c^2}{\hbar^2}\right)\psi(t,\boldsymbol{x}) = 0 .$$

Neben den ebenen Wellen mit positiver Energie hat die Gleichung nun auch Lösungen mit negativer Energie:

$$E = -\sqrt{\boldsymbol{p}^2c^2 + (mc^2)^2} .$$

Im Gegensatz zur Schrödinger-Gleichung enthält die Klein-Gordon-Gleichung die zweite Ableitung nach der Zeit, und jede Lösung ist eindeutig durch Angabe von $\psi_0(\boldsymbol{x}) = \psi(0,\boldsymbol{x})$ und $\pi_0(\boldsymbol{x}) = \partial_t\psi(0,\boldsymbol{x})$ bestimmt. Sind $\psi_0(\boldsymbol{p})$ und $\pi_0(\boldsymbol{p})$ die Fourier-Transformierten von $\psi_0(\boldsymbol{x})$ und $\pi_0(\boldsymbol{x})$, dann lautet die allgemeine Lösung

$$\begin{aligned}\psi(t,\boldsymbol{x}) &= \frac{\kappa}{2}\int \mathrm{d}^3p\, \mathrm{e}^{\mathrm{i}(\boldsymbol{p}\cdot\boldsymbol{x}-Et)}\,(\psi_0(\boldsymbol{p}) + \mathrm{i}\hbar\pi_0(\boldsymbol{p})/E)\\ &+ \frac{\kappa}{2}\int \mathrm{d}^3p\, \mathrm{e}^{\mathrm{i}(\boldsymbol{p}\cdot\boldsymbol{x}+Et)}\,(\psi_0(\boldsymbol{p}) - \mathrm{i}\hbar\pi_0(\boldsymbol{p})/E) .\end{aligned}$$

Für eine zeitsymmetrische Lösung verschwindet π_0, und die Lösungen mit positiver und negativer Energie tragen mit gleichem Gewicht zur Lösung $\psi(t,\boldsymbol{x})$ bei.

In der Quantentheorie können die Lösungen mit negativer Energie nicht weggelassen werden, ohne in Widersprüche zu geraten. Andererseits sind diese Lösungen mit negativen Energien katastrophal, da mit zunehmender Geschwindigkeit die Energie des Teilchens abnimmt. Das ist physikalisch unsinnig. Für eine Überlagerung von Lösungen mit positiver und negativer Energie ist das Raumintegral von $|\psi(t,\boldsymbol{x})|^2$ nicht mehr zeitunabhängig. Das Betragsquadrat der Wellenfunktion kann also nicht mehr als Aufenthaltswahrscheinlichkeit für den Teilchenort interpretiert werden. Hier sieht man nochmals, dass die Annahmen der nichtrelativistischen Quantenphysik (22.23) in einer relativistischen Quantenphysik nicht mehr haltbar sind.

Tatsächlich existiert keine konsistente relativistische Einteilchenbeschreibung – eine relativistische Quantentheorie ist notwendigerweise immer eine Mehrteilchentheorie, in der Teilchen-Antiteilchen-Paare erzeugt werden können. Mit derartigen Effekten ist immer dann zu rechnen, wenn die Energie des durch die relativistische Gleichung beschriebenen Einzelteilchens die der Ruhemasse eines (geeigneten) anderen Teilchens oder Teilchenpaares äquivalente Energie übersteigt.

Die relativistische Klein-Gordon-Gleichung wurde bereits 1925 von Schrödinger aufgestellt, um das Spektrum des Wasserstoffs zu erklären. Er glaubte anfänglich, dass sie das Elektron im Wasserstoffatom beschreibt. Aber schnell zeigte sich, dass sie die *Feinstruktur* des Wasserstoffspektrums nicht erklären kann (die Feinstruktur des Wasserstoffatoms wird in Kap. 30 behandelt). Schrödinger hat seine Resultate nicht publiziert, und dies mag erklären, warum die Klein-Gordon-Gleichung nicht seinen Namen trägt.

Unabhängig von Klein und Gordon fand auch *Wladimir Fock* (1898–1974) die Gleichung, die deshalb auch *Klein-Fock-Gordon* Gleichung heißt. Heute wissen wir aber, dass sie nicht Elektronen beschreibt, sondern Teilchen ohne Spin, zum Beispiel Pionen oder Kaonen. Pionische und kaonische Atome, dies sind Atome, bei denen ein Hüllenelektron durch ein negativ geladenes Pion oder Kaon ersetzt wurde, werden durch die Klein-Gordon-Gleichung richtig beschrieben. Relativistische Elektronen werden dagegen durch die wichtige Dirac-Gleichung beschrieben. Mehr dazu findet man im Kasten „Vertiefung: Die Dirac-Gleichung und der Spin" in Kap. 29.

Schrödinger-Gleichung um eine homogene Differenzialgleichung und nicht um eine inhomogene Differenzialgleichung, wie sie in der Elektrodynamik oft auftritt.

Im ersten Schritt löst man das Anfangswertproblem für die spezielle Anfangsbedingung

$$\psi_0(\boldsymbol{x}) = \delta(\boldsymbol{x}-\boldsymbol{y}), \tag{22.36}$$

wobei auf der rechten Seite die 3-dimensionale δ-Distribution im Ortsraum steht. Man bezeichnet die entsprechende, von $\boldsymbol{x}-\boldsymbol{y}$ abhängige partikuläre Lösung der freien Schrödinger-Gleichung mit $K_0(t,\boldsymbol{x}-\boldsymbol{y})$. Sie wird auch *Integralkern* genannt.

Die Fourier-Transformierte der Delta-Distribution in (22.36) ist eine ebene Welle,

$$\tilde{\psi}(0,\boldsymbol{p}) = \kappa \int_{\mathbb{R}^3} \delta(\boldsymbol{x}-\boldsymbol{y})\, \mathrm{e}^{-\mathrm{i}\boldsymbol{p}\cdot\boldsymbol{x}/\hbar}\, \mathrm{d}^3p = \kappa\, \mathrm{e}^{-\mathrm{i}\boldsymbol{p}\cdot\boldsymbol{y}/\hbar}, \tag{22.37}$$

und mit $E = \boldsymbol{p}^2/2m$ führt die Fourier-Transformation (22.17) auf folgende Integraldarstellung der gesuchten Lösung im Ortsraum:

$$K_0(t,\boldsymbol{x}-\boldsymbol{y}) = \kappa^2 \int_{\mathbb{R}^3} \mathrm{e}^{\mathrm{i}(\boldsymbol{p}\cdot(\boldsymbol{x}-\boldsymbol{y})-\boldsymbol{p}^2t/2m)/\hbar}\, \mathrm{d}^3p. \tag{22.38}$$

Im Klammerausdruck im Exponenten ergänzen wir quadratisch (wobei wir vorübergehend $\boldsymbol{x}-\boldsymbol{y} = \boldsymbol{\xi}$ setzen):

$$\boldsymbol{p}\cdot\boldsymbol{\xi} - \frac{\boldsymbol{p}^2 t}{2m} = \frac{m}{2t}\boldsymbol{\xi}^2 - \left(\boldsymbol{p} - \frac{m}{t}\boldsymbol{\xi}\right)^2 \frac{t}{2m}. \tag{22.39}$$

Setzt man noch $\boldsymbol{p} - m\boldsymbol{\xi}/t = \boldsymbol{q}$, dann erhält man

$$K_0(t,\boldsymbol{\xi}) = \kappa^2 \mathrm{e}^{\mathrm{i}m\boldsymbol{\xi}^2/2t\hbar} \int_{\mathbb{R}^3} \mathrm{e}^{-\mathrm{i}t\boldsymbol{q}^2/2m\hbar}\, \mathrm{d}^3q. \tag{22.40}$$

Der Integrand fällt im Unendlichen nicht ab, und das Integral ist nicht wohldefiniert. Deshalb führt man zuerst einen konvergenzerzeugenden Faktor ein, indem man im Exponent $\boldsymbol{q}$ durch $\boldsymbol{q} = (1-i\varepsilon)\boldsymbol{\ell}$ ersetzt. Für jedes positive ε existiert das Gauß'sche Integral, und man erhält für $\varepsilon \to 0$ das Resultat

$$K_0(t,\boldsymbol{x}-\boldsymbol{y}) = \left(\frac{m}{2\pi\mathrm{i}\hbar t}\right)^{3/2} \mathrm{e}^{\mathrm{i}m(\boldsymbol{x}-\boldsymbol{y})^2/2\hbar t}. \tag{22.41}$$

Frage 5

Rechnen Sie nach, dass dieser Kern K_0 tatsächlich die freie Schrödinger-Gleichung (22.35) erfüllt.

Aus der Fourier-Darstellung (22.38) folgt auch, dass der Kern K_0 die geforderte Anfangsbedingung erfüllt:

$$\lim_{t\to 0} K_0(t,\boldsymbol{x}-\boldsymbol{y}) = \delta(\boldsymbol{x}-\boldsymbol{y}). \tag{22.42}$$

Die Lösung des allgemeinen Anfangswertproblems (22.35) ergibt sich nun durch eine Faltung (die Faltung von Funktionen wurde bereits in Abschn. 13.1 eingeführt) der partikulären Lösung (22.41) mit der anfänglichen Wellenfunktion.

Der freie Propagator

Die Lösung der freien Schrödinger-Gleichung mit Anfangsbedingung $\psi(0,\boldsymbol{x}) = \psi_0(\boldsymbol{x})$ lautet

$$\psi(t,\boldsymbol{x}) = \int_{\mathbb{R}^3} K_0(t,\boldsymbol{x}-\boldsymbol{y})\, \psi_0(\boldsymbol{y})\, \mathrm{d}^3y \tag{22.43}$$

mit dem Integralkern (22.41), oft auch *Propagator* genannt.

Wegen (22.42) erfüllt $\psi(t,\boldsymbol{x})$ die geforderte Anfangsbedingung, und wegen der Linearität der Schrödinger-Gleichung ist die lineare Superposition der Lösungen $K_0(t,\boldsymbol{x}-\boldsymbol{y})$ in (22.43) auch wieder eine Lösung der Schrödinger-Gleichung. Sie ähnelt den Lösungen der inhomogenen partiellen Differenzialgleichungen in der Elektrodynamik mithilfe von Green'schen Funktionen. Wenn wir das Zerfließen von Wellenpaketen besprechen, werden wir das Faltungsintegral (22.43) für eine Gauß-Funktion ψ_0 berechnen.

Für allgemeinere Systeme wird der Propagator jeweils von $\boldsymbol{x}$ und $\boldsymbol{y}$ einzeln abhängen und nicht nur von ihrer Differenz. Dann hat die Lösung der zeitabhängigen Schrödinger-Gleichung die Form

$$\psi(t,\boldsymbol{x}) = \int_{\mathbb{R}^3} K(t,\boldsymbol{x},\boldsymbol{y})\, \psi_0(\boldsymbol{y})\, \mathrm{d}^3y. \tag{22.44}$$

Man interpretiert dieses Ergebnis wie folgt: Der Propagator $K(t,\boldsymbol{x},\boldsymbol{y})$ ist die Wahrscheinlichkeitsamplitude dafür, dass das Teilchen in der Zeit t von $\boldsymbol{y}$ nach $\boldsymbol{x}$ propagiert. In (22.44) wird der Propagator von $\boldsymbol{y}$ nach $\boldsymbol{x}$ mit der Wahrscheinlichkeitsamplitude, das Teilchen anfänglich am Ort $\boldsymbol{y}$ zu finden, multipliziert. Nach dem Superpositionsprinzip wird dieses Produkt über alle Anfangspunkte integriert.

Der Übergang von $\boldsymbol{y}$ nach $\boldsymbol{x}$ in der Zeit $t+t'$ kann in zwei Schritten geschehen. Entsprechend ist der Propagator $K(t+t',\boldsymbol{x},\boldsymbol{y})$ gleich dem Produkt der Propagatoren $K(t,\boldsymbol{x},\boldsymbol{z})$ und $K(t',\boldsymbol{z},\boldsymbol{y})$ integriert über alle Zwischenorte $\boldsymbol{z}$.

Propagation in zwei Schritten

Der Propagator erfüllt die Konvolutionseigenschaft

$$K(t+t',\boldsymbol{x},\boldsymbol{y}) = \int K(t,\boldsymbol{x},\boldsymbol{z})K(t',\boldsymbol{z},\boldsymbol{y})\, \mathrm{d}^3z. \tag{22.45}$$

In Aufgabe 22.3 wird die Konvolutionseigenschaft für den Propagator K_0 des freien Teilchens auf der reellen Achse bewiesen.

Frage 6

Überprüfen Sie, dass daraus dieselbe Eigenschaft für den Propagator $K_0(t,\boldsymbol{x}-\boldsymbol{y})$ des freien Teilchens im $\mathbb{R}^3$ folgt.

Teil III

Zerfließen von Wellenpaketen

Ein anfänglich lokalisiertes Wellenpaket $\psi_0(\boldsymbol{x})$ zerfließt mit fortschreitender Zeit. Dies folgt für eine anfängliche Wellenfunktion ψ_0, deren Betrag integrabel ist, sofort aus der Ungleichung

$$\left|\int f(\boldsymbol{x})g(\boldsymbol{x})\,\mathrm{d}^3x\right| \le \int |f(\boldsymbol{x})|\,|g(\boldsymbol{x})|\,\mathrm{d}^3x, \tag{22.46}$$

angewandt auf die allgemeine Lösung der freien Schrödinger-Gleichung (22.43): Der Betrag des Propagators der freien Schrödinger-Gleichung in (22.41) ist nämlich ortsunabhängig, sodass

$$\begin{aligned}|\psi(t,\boldsymbol{x})| &= \left|\int K_0(t,\boldsymbol{x}-\boldsymbol{y})\psi_0(\boldsymbol{x})\,\mathrm{d}^3y\right|\\ &\le \left(\frac{m}{2\pi\hbar t}\right)^{3/2}\int|\psi_0(\boldsymbol{y})|\,\mathrm{d}^3y = \frac{C}{t^{3/2}}\end{aligned} \tag{22.47}$$

mit einer zeitunabhängigen Konstanten C. Also nimmt die Wahrscheinlichkeitsdichte mit der dritten Potenz der Zeit ab:

$$w(t,\boldsymbol{x}) = |\psi(t,\boldsymbol{x})|^2 \le \frac{C^2}{t^3}. \tag{22.48}$$

Die Breite $\sigma(t)$ eines Wellenpakets muss jedoch linear mit der Zeit zunehmen, damit die Wahrscheinlichkeit dafür, das freie Teilchen irgendwo anzutreffen, stets eins ist:

$$1 = \int\limits_{\mathbb{R}^3} w(t,\boldsymbol{x})\,\mathrm{d}^3x \lessapprox \frac{C^2}{t^3}\sigma^3(t) \quad\Longrightarrow \sigma(t)\approx t. \tag{22.49}$$

Das Zerfließen der Wahrscheinlichkeitsdichte (22.48) ist in Übereinstimmung mit der Geometrie des euklidischen Raumes $\mathbb{R}^3$: Für ein freies Teilchen wächst die Ausdehnung des Gebiets, in dem es sich aufhält, linear mit der Zeit $\sigma(t) \propto t$. Das Volumen des Gebiets wächst entsprechend mit t^3, und wegen der Wahrscheinlichkeitserhaltung muss dann die (typische) Wahrscheinlichkeitsdichte mit t^{-3} abnehmen. In d Dimensionen wächst das Volumen mit t^d, und wir erwarten, dass $w(t,\boldsymbol{x}) \le C^2/t^d$ gilt.

Schrödinger-Gleichung für ein freies Teilchen im $\mathbb{R}^d$

Schränken wir die Teilchenbewegung auf eine Ebene oder auf eine Gerade ein, dann wird die Wahrscheinlichkeitsamplitude durch eine Wellenfunktion $\psi(t,\boldsymbol{x})$ mit $\boldsymbol{x}\in\mathbb{R}^2$ oder $\psi(t,x)$ mit $x\in\mathbb{R}$ beschrieben. Wir betrachten hier etwas allgemeiner die Materiewelle $\psi(t,\boldsymbol{x})$ für ein freies Teilchen im d-dimensionalen euklidischen Raum mit Koordinaten $\boldsymbol{x}\in\mathbb{R}^d$. Die nichtrelativistische Beziehung zwischen Energie und Impuls $E = \boldsymbol{p}^2/2m$ und die De-Broglie-Relationen führen dann, ähnlich wie in drei Dimensionen, auf die freie Schrödinger-Gleichung in d Dimensionen:

$$\mathrm{i}\hbar\frac{\partial\psi(t,\boldsymbol{x})}{\partial t} = -\frac{\hbar^2}{2m}\Delta\psi(t,\boldsymbol{x}),\quad \Delta = \sum_{i=1}^{d}\frac{\partial^2}{\partial x_i^2}. \tag{22.50}$$

Um die partikuläre Lösung für die spezielle Anfangsbedingung $\psi_0(\boldsymbol{x}) = \delta(\boldsymbol{x}-\boldsymbol{y})$ zu finden, bemerken wir, dass der Propagator in drei Dimensionen faktorisiert:

$$K_0(t,\boldsymbol{x}-\boldsymbol{y}) = \prod_{i=1}^{3} K_0(t,x_i-y_i). \tag{22.51}$$

Der auf der rechten Seite auftretende Faktor

$$K_0(t,x-y) = \left(\frac{m}{2\pi\mathrm{i}\hbar t}\right)^{1/2}\mathrm{e}^{\mathrm{i}m(x-y)^2/2\hbar t} \tag{22.52}$$

löst die freie Schrödinger-Gleichung in einer Dimension und strebt für kleine Zeiten gegen $\delta(x-y)$. Umgekehrt ist der freie Propagator in d Dimensionen das Produkt von d eindimensionalen freien Propagatoren:

$$\begin{aligned}K_0(t,\boldsymbol{x}-\boldsymbol{y}) &= \prod_{i=1}^{d} K_0(t,x_i-y_i)\\ &= \left(\frac{m}{2\pi\mathrm{i}\hbar t}\right)^{d/2}\mathrm{e}^{\mathrm{i}m(\boldsymbol{x}-\boldsymbol{y})^2/2\hbar t}.\end{aligned} \tag{22.53}$$

Frage 7

Überzeugen Sie sich davon, dass dieser Propagator die freie Schrödinger-Gleichung mit Anfangsbedingung $\psi_0(\boldsymbol{x}) = \delta(\boldsymbol{x}-\boldsymbol{y})$ in d Dimensionen löst, wenn $K_0(t,x-y)$ die eindimensionale Schrödinger-Gleichung mit Anfangsbedingung $\delta(x-y)$ löst.

Die allgemeine Lösung des Anfangswertproblems erhält man wieder durch eine Faltung des Propagators mit der anfänglichen Wellenfunktion:

$$\psi(t,\boldsymbol{x}) = \left(\frac{m}{2\pi\mathrm{i}\hbar t}\right)^{d/2}\int\limits_{\mathbb{R}^d}\mathrm{e}^{\mathrm{i}m(\boldsymbol{x}-\boldsymbol{y})^2/2\hbar t}\,\psi_0(\boldsymbol{y})\,\mathrm{d}^dy. \tag{22.54}$$

Ähnlich wie in drei Dimensionen zerfließt jedes Wellenpaket in der Zukunft:

$$|\psi(t,\boldsymbol{x})| \le \frac{C}{t^{d/2}},\quad w(t,\boldsymbol{x}) \le \frac{C^2}{t^d}. \tag{22.55}$$

Mit zunehmender Raumdimension hat das freie Teilchen mehr Richtungen, in die es entweichen kann, und entsprechend schneller zerfließt die Wahrscheinlichkeitsdichte $w(t,\boldsymbol{x})$. Wegen der Zeitumkehrinvarianz der Wellenmechanik zerfließt das Wellenpaket auch, wenn die Zeit (in Gedanken) rückwärts läuft.

Teil III

Gauß'sche Wellenpakete

Anfänglich werde ein freies Teilchen auf der Linie durch eine Gauß'sche Funktion beschrieben:

$$\psi_0(x) = \left(2\pi\sigma_0^2\right)^{-1/4} \mathrm{e}^{-x^2/4\sigma_0^2}. \qquad (22.56)$$

Die zugehörige anfängliche Wahrscheinlichkeitsdichte

$$w(x,0) = |\psi_0(x)|^2 = \left(2\pi\sigma_0^2\right)^{-1/2} \mathrm{e}^{-x^2/2\sigma_0^2} \qquad (22.57)$$

ist eine am Ursprung konzentrierte Gauß-Verteilung der Breite σ_0. Mithilfe der Gauß'schen Integralformel

$$\int_{\mathbb{R}} \mathrm{d}x\, \mathrm{e}^{-\alpha x^2/2+\beta x} = (2\pi/\alpha)^{1/2}\, \mathrm{e}^{\beta^2/2\alpha}, \qquad (22.58)$$

gültig für $\mathrm{Re}\,(\alpha) > 0$, sieht man, dass ψ_0 normiert ist.

Für $\beta = 0$ wurde das Integral in Abschn. 13.1 bestimmt. Überzeugen Sie sich mithilfe einer quadratischen Ergänzung davon, dass die Formel auch für $\beta \neq 0$ gilt.

Das Resultat (22.54) führt auf das Gauß'sche Integral,

$$\psi(t,x) = \frac{1}{(2\pi)^{3/4}} \left(\frac{m}{\mathrm{i}\hbar t\sigma_0}\right)^{1/2} \int_{\mathbb{R}} \mathrm{e}^{\mathrm{i}m(x-y)^2/2\hbar t - y^2/2\sigma_0^2}\, \mathrm{d}y,$$

und kann mit obiger Integralformel berechnet werden:

$$\psi(t,x) = \left(2\pi\sigma_t^2\right)^{-1/4} \mathrm{e}^{-x^2/4\sigma_0\sigma_t}, \quad \text{wobei} \quad \sigma_t = \sigma_0 + \frac{\mathrm{i}\hbar t}{2m\sigma_0}. \qquad (22.59)$$

Die Wahrscheinlichkeitsdichte ist damit zu allen Zeiten eine Gauß'sche Funktion,

$$w(t,x) = \left(2\pi\,|\sigma_t|^2\right)^{-1/2} \mathrm{e}^{-x^2/2|\sigma_t|^2}, \qquad (22.60)$$

allerdings mit zeitabhängiger Breite $|\sigma_t|$ gegeben durch

$$|\sigma_t|^2 = \sigma_0^2 + \left(\frac{\hbar t}{2m\sigma_0}\right)^2. \qquad (22.61)$$

Die Breite ist minimal bei der Präparation. In der Zukunft und Vergangenheit wächst sie für große Zeiten linear mit der Zeit an, wie in Abb. 22.3 dargestellt.

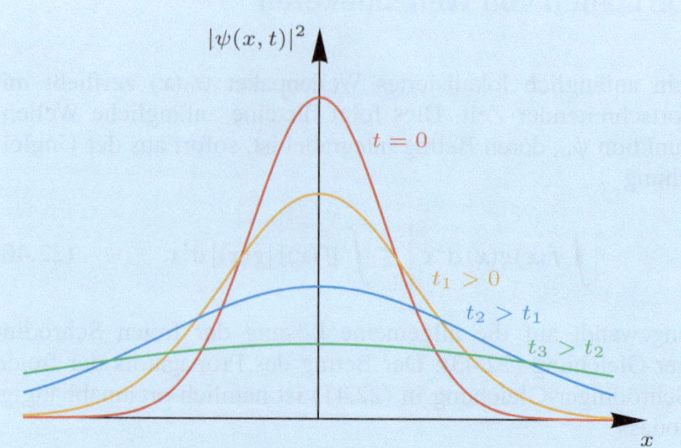

Abb. 22.3 Das Betragsquadrat der Wellenfunktion für ein freies Teilchen mit anfänglich Gauß'scher Wellenfunktion. Mit fortschreitender Zeit zerfließt das Paket ◄

Frage 8

Ein anfänglich im Bereich σ_0 lokalisiertes (Gauß'sches) Wellenpaket verdoppelt nach der Zeit $T = 6m\sigma_0^2/\hbar$ seine Größe. Überzeugen Sie sich davon, dass für ein 1 g schweres Marmorkügelchen, lokalisiert innerhalb von 0,1 mm, diese Verdoppelungszeit etwa $1{,}8 \cdot 10^{16}$ Jahre, also das 1.300.000-fache Alter des Universums, ist. Dagegen ist für ein freies Elektron, anfänglich lokalisiert innerhalb eines Atomdurchmessers von etwa 0,1 nm, die Verdoppelungszeit mikroskopisch klein, $T \approx 5{,}2 \cdot 10^{-16}\,\mathrm{s}$.

Korrespondenzregeln

In diesem Abschnitt behandeln wir die wichtigen *Korrespondenzregeln* im Orts- und Impulsraum. Dabei wollen wir annehmen, dass die auftretenden Wellenfunktionen auf eins normiert sind. Zuerst berechnen wir den mittleren Impuls eines Teilchens mithilfe der Wahrscheinlichkeitsdichte im Impulsraum:

$$\langle \boldsymbol{p}\rangle_t = \int_{\mathbb{R}^3} \boldsymbol{p}\, \tilde{w}(t,\boldsymbol{p})\, \mathrm{d}^3p = \int_{\mathbb{R}^3} \tilde{\psi}^*(t,\boldsymbol{p})\boldsymbol{p}\, \tilde{\psi}(t,\boldsymbol{p})\, \mathrm{d}^3p. \qquad (22.62)$$

Nun verfahren wir ähnlich bei der Berechnung des mittleren Ortes in (22.25). Bei einer Fourier-Rücktransformation geht die Multiplikation mit dem Impuls in die Ableitung nach dem Ort über:

$$\boldsymbol{p}\, \tilde{\psi}(t,\boldsymbol{p}) = \kappa \int_{\mathbb{R}^3} (-\mathrm{i}\hbar\nabla_x \psi(t,\boldsymbol{x}))\, \mathrm{e}^{-\mathrm{i}\boldsymbol{p}\cdot\boldsymbol{x}/\hbar}\, \mathrm{d}^3x. \qquad (22.63)$$

Die Fourier-Rücktransformierte von $\boldsymbol{p}\,\tilde{\psi}(t,\boldsymbol{p})$ ist also

$$\frac{\hbar}{\mathrm{i}}\nabla_x \psi(t,\boldsymbol{x}) = (\hat{\boldsymbol{p}}\,\psi)(t,\boldsymbol{x}) \quad \text{mit} \quad \hat{\boldsymbol{p}} = \frac{\hbar}{\mathrm{i}}\nabla_x. \qquad (22.64)$$

Mit dem Satz von Plancherel finden wir dann für den mittleren Impuls in der Ortsdarstellung:

$$\langle \boldsymbol{p} \rangle_t = \int_{\mathbb{R}^3} \psi^*(t,\boldsymbol{x})\hat{\boldsymbol{p}}\,\psi(t,\boldsymbol{x})\,\mathrm{d}^3x \quad \text{mit} \quad \hat{\boldsymbol{p}} = \frac{\hbar}{\mathrm{i}}\nabla. \tag{22.65}$$

Wir erhalten somit im Ortsraum den wichtigen Zusammenhang

$$\hat{\boldsymbol{p}} = \frac{\hbar}{\mathrm{i}}\nabla_x. \tag{22.66}$$

Ähnlich findet man für den Erwartungswert einer Funktion $f(\boldsymbol{p})$ des Impulses

$$\langle f(\boldsymbol{p}) \rangle_t = \int \psi^*(t,\boldsymbol{x}) f(\hat{\boldsymbol{p}})\psi(t,\boldsymbol{x})\,\mathrm{d}^3x. \tag{22.67}$$

Damit ist es uns gelungen, neben Erwartungswerten von Funktionen des Ortes,

$$\langle f(\boldsymbol{x}) \rangle_t = \int \psi^*(t,\boldsymbol{x}) f(\boldsymbol{x})\psi(t,\boldsymbol{x})\,\mathrm{d}^3x, \tag{22.68}$$

auch Erwartungswerte von Funktionen des Impulses im Ortsraum zu charakterisieren, ohne die Impulsverteilungsfunktion $\tilde{w}$ zu bemühen.

Bei der Berechnung des Erwartungswertes von $f(\boldsymbol{x})$ multipliziert man die Wellenfunktion $\psi(t,\boldsymbol{x})$ mit $f(\boldsymbol{x})$, multipliziert mit der komplex konjugierten Wellenfunktion und integriert über den Raum. Bei der Berechnung des Erwartungswertes von $f(\boldsymbol{p})$ ersetzt man $\boldsymbol{p}$ durch den Impulsoperator $\hat{\boldsymbol{p}}$ in (22.66), wirkt dann mit dem Differenzialoperator $f(\hat{\boldsymbol{p}})$ auf $\psi(t,\boldsymbol{x})$, multipliziert mit $\psi^*(t,\boldsymbol{x})$ und integriert über den Raum.

Die Erwartungswerte können auch mit der auf eins normierten Wellenfunktion im Impulsraum berechnet werden. Im Impulsraum ergeben sich

$$\langle f(\boldsymbol{p}) \rangle_t = \int \tilde{\psi}^*(t,\boldsymbol{p}) f(\boldsymbol{p})\tilde{\psi}(t,\boldsymbol{p})\,\mathrm{d}^3p, \tag{22.69}$$

$$\langle f(\boldsymbol{x}) \rangle_t = \int \psi^*(t,\boldsymbol{p}) f(\hat{\boldsymbol{x}})\tilde{\psi}(t,\boldsymbol{p})\,\mathrm{d}^3p \tag{22.70}$$

mit Ortsoperator $\hat{\boldsymbol{x}} = \mathrm{i}\hbar\nabla_p$. Wir erhalten also im Impulsraum den wichtigen Zusammenhang

$$\hat{\boldsymbol{x}} = \mathrm{i}\hbar\nabla_p. \tag{22.71}$$

Im Impulsraum wird $f(\boldsymbol{p})$ zum Multiplikationsoperator und $f(\hat{\boldsymbol{x}})$ zum Differenzialoperator. Wir folgern, dass in der Quantenmechanik die Observablen Ort und Impuls als lineare Operatoren $\hat{\boldsymbol{x}}$ und $\hat{\boldsymbol{p}}$ auf die Wellenfunktionen wirken und die Erwartungswerte dieser Observablen nach der Vorschrift

$$\langle \hat{O} \rangle_t = \int \psi^*\,\hat{O}\psi \tag{22.72}$$

berechnet werden, wobei ψ auf eins normiert ist. Die Schreibweise $\langle \hat{O} \rangle_t$ betont, dass Observablen in der Quantenmechanik Operatoren zugeordnet sind. Die explizite Form der linearen Operatoren hängt davon ab, ob man mit Wellenfunktionen im Orts- oder Impulsraum arbeitet. Man spricht in diesem Zusammenhang von der *Orts- und Impulsdarstellung* der Quantenmechanik. Später werden uns noch weitere Darstellungen begegnen. Die obigen Betrachtungen führen uns ganz natürlich auf die linearen Operatoren.

Lineare Operatoren

Die klassischen Observablen für ein Teilchen sind Funktionen $f(\boldsymbol{x},\boldsymbol{p})$ seiner Orts- und Impulskoordinaten. Der Übergang zur Quantenmechanik erfolgt, indem den Koordinaten $\boldsymbol{x},\boldsymbol{p}$ die Operatoren $\hat{\boldsymbol{x}},\hat{\boldsymbol{p}}$ zugeordnet werden, wodurch aus $f(\boldsymbol{x},\boldsymbol{p})$ ein linearer Operator $f(\hat{\boldsymbol{x}},\hat{\boldsymbol{p}})$ wird.

Achtung Die Zuordnung ist oft nicht eindeutig und wird durch physikalische Forderungen weiter eingeschränkt. Die wichtigste Forderung ist, dass die Erwartungswerte von Observablen reell sein müssen. Dies führt zur Bedingung, dass die zugeordneten linearen Operatoren hermitesch sein müssen. Dies wird weiter unten noch ausführlich besprochen. ◀

Abschließend bestimmen wir den Erwartungswert der impulsabhängigen Energie. Mit der Zeitabhängigkeit von $\tilde{\psi}(t,\boldsymbol{p})$ in (22.17) gilt im Impulsraum

$$\begin{aligned}\langle E \rangle_t &= \int_{\mathbb{R}^3} E\,\tilde{w}(t,\boldsymbol{p})\,\mathrm{d}^3p \\ &= \int_{\mathbb{R}^3} \tilde{\psi}^*(t,\boldsymbol{p})\,\mathrm{i}\hbar\partial_t\tilde{\psi}(t,\boldsymbol{p})\,\mathrm{d}^3p.\end{aligned} \tag{22.73}$$

Die Fourier-Rücktransformation geschieht bei fester Zeit, sodass die Zeitableitung im Impulsraum in die Zeitableitung im Ortsraum übergeht. Mit dem Satz von Plancherel folgt

$$\langle E \rangle_t = \int_{\mathbb{R}^3} \psi^*(t,\boldsymbol{x})\,\mathrm{i}\hbar\partial_t\psi(t,\boldsymbol{x})\,\mathrm{d}^3x. \tag{22.74}$$

Neben Ort und Impuls wird also auch die Energie durch einen auf die Wellenfunktionen wirkenden linearen Operator dargestellt.

Zusammenfassung Korrespondenzregeln

Die gewonnenen Übersetzungsvorschriften sind die Korrespondenzregeln im Orts- und Impulsraum:

Observable	klassisch	Ortsraum	Impulsraum
Energie	E	$\mathrm{i}\hbar\partial_t$	$\mathrm{i}\hbar\partial_t$
Ort	$\boldsymbol{x}$	$\hat{\boldsymbol{x}} = \boldsymbol{x}$	$\hat{\boldsymbol{x}} = \mathrm{i}\hbar\nabla_p$
Impuls	$\boldsymbol{p}$	$\hat{\boldsymbol{p}} = -\mathrm{i}\hbar\nabla_x$	$\hat{\boldsymbol{p}} = \boldsymbol{p}$

Dabei bedeutet $\hat{x} = x$, dass der lineare Operator $\hat{x}$, angewandt auf eine Wellenfunktion $\psi(t, x)$ im Ortsraum, diese mit dem Argument multipliziert, $\hat{x}\psi(t, x) = x\psi(t, x)$. Ähnlich gilt $\hat{p}\tilde{\psi}(t, p) = p\tilde{\psi}(t, p)$.

Schrödinger-Gleichung und Korrespondenzregeln

Die klassische Beziehung zwischen Energie und Impuls eines nichtrelativistischen freien Teilchens ist $E = p^2/2m$. Nach den Korrespondenzregeln im Ortsraum werden E und p zu Differenzialoperatoren, die auf Wellenfunktionen wirken. Entsprechend wird die klassische Beziehung zwischen Energie und Impuls zu einer auf Wellenfunktionen wirkenden Differenzialgleichung:

$$i\hbar \frac{\partial \psi(t, x)}{\partial t} = \frac{\hat{p}^2}{2m}\psi(t, x) = H_0(\hat{p})\psi(t, x). \tag{22.75}$$

Im letzten Ausdruck tritt die Hamilton-Funktion des freien Teilchens auf. Darin wird der Impuls durch den Impulsoperator ersetzt, und entsprechend heißt $\hat{H}_0 = \hat{H}_0(\hat{p})$ *Hamilton-Operator*. In dieser Form erweist sich die Schrödinger-Gleichung als verallgemeinerbar.

Schrödinger-Gleichung im Impulsraum

Im Impulsraum ist $\hat{p}$ ein Multiplikationsoperator, und die freie Schrödinger-Gleichung lautet

$$i\hbar \frac{\partial \tilde{\psi}(t, p)}{\partial t} = H_0(\hat{p})\tilde{\psi}(t, p) = \frac{p^2}{2m}\tilde{\psi}(t, p). \tag{22.76}$$

Der Hamilton-Operator ist nun ein Multiplikationsoperator, der die Wellenfunktion im Impulsraum mit $H_0(p)$ multipliziert. Die Lösung dieser gewöhnlichen Differenzialgleichung ist

$$\tilde{\psi}(t, p) = e^{-itp^2/2m\hbar}\, \tilde{\psi}_0(p). \tag{22.77}$$

Bei der Fourier-Transformation in den Ortsraum geht das Produkt auf der rechten Seite in eine Faltung über und man gewinnt wieder die Lösung (22.43).

22.3 Wellenmechanik mit Kräften

Nach dem Studium der Materiewellen für freie Teilchen untersuchen wir nun allgemeinere Systeme mit Wechselwirkung. Deren Wellenmechanik kann man nicht deduktiv ableiten. Ihre Rechtfertigung besteht in der Übereinstimmung ihrer Vorhersagen mit den experimentell gewonnenen Ergebnissen. Nichtsdestoweniger wird die Wahl der Wellengleichung durch die Deutung von ψ als Wahrscheinlichkeitsamplitude durch A-priori-Bedingungen eingeschränkt:

- Die Wellengleichung sollte *linear* sein. Dann besitzen ihre Lösungen die für Wellen charakteristische Superpositionseigenschaft, gemäß welcher die Linearkombination mehrerer Lösungen wieder eine Lösung der Gleichung ist.
- Die Wellengleichung sollte eine Differenzialgleichung *erster Ordnung in der Zeit* sein. Das entspricht der Forderung, dass die ψ-Funktion zu einer festen Zeit t_0 den Zustand eines abgeschlossenen Systems vollständig determiniert: Ist die Differenzialgleichung nämlich erster Ordnung in der Zeit, dann bestimmt $\psi(t_0)$ die Wellenfunktion zu allen Zeiten in der Zukunft und der Vergangenheit.

Wäre die Wellengleichung zweiter Ordnung in der Zeit, so müsste man die Wellenfunktion *und* ihre Zeitableitung zu einer festen Zeit t_0 spezifizieren, damit ihre zeitliche Entwicklung bestimmt ist. Der Zustand des Systems wäre dann nicht mehr allein durch die Wellenfunktion $\psi(t_0)$ bestimmt.

Ein Teilchen im Potenzial

Die auf das Teilchen einwirkende Kraft sei eine Potenzialkraft, $F = -\nabla V$, mit einem auf der Skala der Wellenlänge des Teilchens langsam veränderlichen Potenzial $V(x)$. Die Energie

$$E = \frac{p^2}{2m} + V(x) \tag{22.78}$$

ist eine zeitunabhängige Konstante der Bewegung und bestimmt den ebenfalls langsam veränderlichen Impulsbetrag $|p(x)|$. Aber auch die Richtung von p ändert sich nur langsam über eine Wellenlänge. Dies folgt aus (22.78) und durch Lösung der Hamilton'schen Gleichungen

$$\dot{x} = \frac{\partial H}{\partial p}, \quad \dot{p} = -\frac{\partial H}{\partial x}. \tag{22.79}$$

Der Idee von de Broglie folgend ordnet man dem Teilchen eine quasiebene Welle zu,

$$\psi(t, x) = e^{i(p(x)\cdot x - Et)/\hbar}, \tag{22.80}$$

wobei E und p über die Dispersionsrelation (22.78) verbunden sind. Vernachlässigt man nun die Ortsabhängigkeit des langsam variierenden Impulses, so ist

$$i\hbar\partial_t\psi(t, x) = E\psi(t, x), \quad -\hbar^2\Delta\psi(t, x) \approx p^2(x)\psi(t, x). \tag{22.81}$$

Ersetzt man $\approx$ durch ein Gleichheitszeichen, dann impliziert (22.78) die zeitabhängige *Schrödinger-Gleichung* für ein Teilchen im Potenzial:

$$i\hbar \frac{\partial \psi(t, x)}{\partial t} = -\frac{\hbar^2}{2m}\Delta\psi(t, x) + V(x)\psi(t, x). \tag{22.82}$$

Anwendung: COW-Experiment

Roberto Colella, Albert Overhauser und Samuel Werner demonstrierten 1975 in einem viel beachteten Experiment, dass Neutronen, die im Gravitationsfeld der Erde auf verschiedenen Wegen zwischen zwei Punkten propagieren, im Allgemeinen mit einer relativen Phasenverschiebung den Endpunkt erreichen. Die Phasendifferenz kann mit der Schrödinger-Gleichung bestimmt und mit einem Interferenzexperiment gemessen werden. Das Potenzial auf der Erdoberfläche wird in guter Näherung durch $V(z) = mgz$ modelliert, wobei z die Höhe über dem Erdboden misst. Die zeitunabhängige Schrödinger-Gleichung für das Neutron lautet

$$\left(\frac{\hat{p}^2}{2m} + mgz\right)\psi = E\psi. \tag{1}$$

Für Neutronen ist das Produkt aus Masse und Erdbeschleunigung $mg \approx 1{,}03\,\text{neV/cm}$. Das Experiment wurde mit thermischen Neutronen der kinetischen Energie $E_{\text{kin}} \approx 20\,\text{meV}$ durchgeführt. Beim Interferenzversuch bewegen sich die Neutronen von Punkt A zu Punkt D entweder über Punkt B oder über Punkt C in Abb. 22.4.

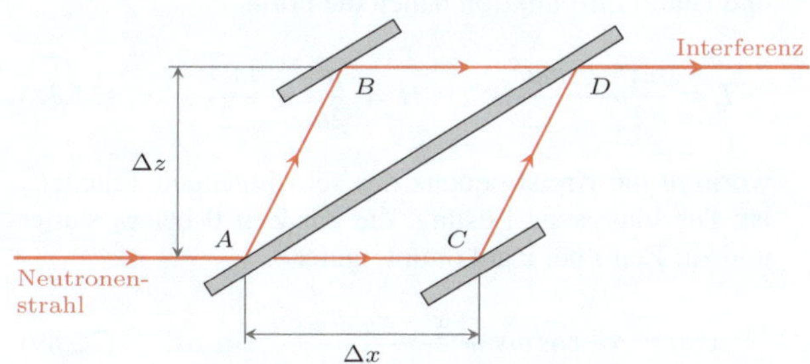

Abb. 22.4 Schematische Darstellung eines Interferometers zur Messung der Interferenz zweier Neutronenstrahlen, die auf verschiedenen Wegen im Gravitationsfeld propagieren

Wir betrachten eine von A nach C oder eine von B nach D in x-Richtung propagierende ebene Welle

$$\psi(x,z) = \psi_0\,\mathrm{e}^{\mathrm{i}p(z)x/\hbar} \tag{2}$$

mit einem höhenabhängigen Impuls in x-Richtung. Vernachlässigen wir zunächst die Ableitung der Wellenfunktion nach z, dann ist sie eine Lösung der eindimensionalen zeitunabhängigen Schrödinger-Gleichung mit einem z abhängigen Impuls:

$$p(z) = \sqrt{2m(E - mgz)}.$$

Die typischen Abmessungen des Interferometers betragen einige Zentimeter. Damit ist sowohl mgx als auch mgz sehr viel kleiner als die kinetische Energie der thermischen Neutronen, sodass in guter Näherung $E \approx E_{\text{kin}}$ gilt. Eine kurze Abschätzung zeigt

$$\frac{\hat{p}_z^2}{2m}\psi \approx \left(\frac{mgx}{2E}\right)^2\left(1 + \frac{\lambda}{2\pi x}\right)\frac{\hat{p}_x^2}{2m}\psi \ll \frac{\hat{p}_x^2}{2m}\psi,$$

worin λ die De-Broglie-Wellenlänge der Neutronen bezeichnet. Deshalb können wir die Ableitung nach z in (1) vernachlässigen, was bedeutet, dass ψ in (2) in sehr guter Näherung eine Lösung der Schrödinger-Gleichung ist. Die Phasendifferenz zwischen der Propagation längs AC und längs BD ist damit in guter Näherung

$$\phi_{AC} - \phi_{BD} = (p(0) - p(\Delta z))\,\frac{\Delta x}{\hbar} \approx \frac{2\pi g m^2}{h^2}A\lambda,$$

worin $A = \Delta x \Delta z$ die von den beiden Abschnitten eingeschlossene Fläche bezeichnet. Da die Gesamtenergie und das Potenzial zwischen den Abschnitten AB und CD identisch sind, fallen die Änderungen der Phase auf diesen Abschnitten in der gesamten Phasendifferenz $\Delta\phi = \phi_{ABD} - \phi_{ACD}$ der beiden Wege heraus. Am Endpunkt D interferieren die beiden Wellen, und es entsteht ein Interferenzmuster:

$$\psi_D \propto \cos\left(\frac{2\pi g m^2}{h^2}A\lambda\right).$$

Die Phasendifferenz der beiden Strahlen an Punkt D kann variiert werden, wenn man das Interferometer mit dem Winkel φ um die Achse AC dreht. Die relative Phasendifferenz am Ort D ist dann

$$\phi_{AC} - \phi_{BD} = \left(\frac{2\pi g m^2}{h^2}A\lambda\right)\sin\varphi.$$

Der von Colella, Overhauser und Werner eingesetzte Neutroneninterferometer hatte eine Fläche $A \approx 9{,}948\,\text{cm}^2$ und die thermischen Neutronen eine Wellenlänge $\lambda = 1{,}445 \cdot 10^{-8}\,\text{cm}$. Für diese Werte findet man

$$\phi_{AC} - \phi_{BD} \approx 56{,}6\,\sin\varphi.$$

Berücksichtigt man noch die endliche Dicke der Interferometerplatten, dann erhöht sich der Koeffizient auf 59,6. Der aus dem Experiment gewonnene Wert stimmt mit der Vorhersage der Schrödinger-Gleichung im Rahmen der Messgenauigkeit überein. Die Genauigkeit der Experimente ist heute besser als 1%. Die Übereinstimmung zwischen Theorie und Experiment demonstriert eindrücklich, dass auch ein Gravitationspotenzial die Phase der Materiewellen kohärent ändert.

Literatur

- Colella, R., Overhauser, A.W., Werner, S.A.: Observation of gravitationally induced quantum interference. Phys. Rev. Lett. **34** (1975)

Teil III

Von dieser wollen wir annehmen, dass sie auch für allgemeinere Potenziale Gültigkeit hat.

Teilchen im Potenzialfeld

Damit hat die Schrödinger-Gleichung für ein Teilchen im Potenzialfeld die Form

$$\mathrm{i}\hbar \frac{\partial \psi(t, \boldsymbol{x})}{\partial t} = \hat{H}(\hat{\boldsymbol{p}}, \hat{\boldsymbol{x}})\, \psi(t, \boldsymbol{x}) \tag{22.83}$$

mit Impulsoperator (im Ortsraum) $\hat{\boldsymbol{p}} = -\mathrm{i}\hbar\nabla$ und

$$\hat{H}(\hat{\boldsymbol{p}}, \hat{\boldsymbol{x}}) = -\frac{\hbar^2}{2m}\Delta + V(\boldsymbol{x}). \tag{22.84}$$

Nach den Korrespondenzregeln erhält man den linearen Hamilton-Operator $\hat{H} = \hat{H}(\hat{\boldsymbol{p}}, \hat{\boldsymbol{x}})$, wenn man in der klassischen Hamilton-Funktion $H(\boldsymbol{p}, \boldsymbol{x})$ Ort und Impuls durch Orts- und Impulsoperatoren ersetzt.

Teil III

Von der klassischen Mechanik zur Wellenmechanik

Um allgemeinere klassische Hamilton'sche Systeme zu quantisieren, folgen wir einem zentralen Gedankengang von Schrödinger, basierend auf der Theorie von Hamilton und Jacobi, die in Abschn. 7.3 eingeführt wurde. Ähnlich wie die Strahlenoptik der Grenzfall der Wellenoptik für kleine Wellenlängen ist, sollte für kleine Wellenlängen auch die klassische Mechanik als Grenzfall einer neuen Mechanik, der Wellenmechanik, verstanden werden (Schrödinger 1926).

Doch zuerst erinnern wir an die *Hamilton-Jacobi-Theorie* für ein mechanisches System mit verallgemeinerten Koordinaten $q \equiv (q_1, \ldots, q_f)$ im Konfigurationsraum. Sei $L(t, q, \dot{q})$ die Lagrange-Funktion und

$$S = \int_{t_0}^{t} L\left(s, q(s), \dot{q}(s)\right) \mathrm{d}s, \quad q(t_0) = q_0,\; q(t) = q \tag{22.85}$$

die klassische Wirkung einer Trajektorie, die zur Anfangszeit t_0 bei q_0 startet und zur Zeit t bei q endet. Wir betrachten nur klassisch erlaubte Trajektorien, d. h. Lösungen der Euler-Lagrange-Gleichungen. Eine Lösung ist durch Anfangsort q_0 und Anfangszeit t_0 sowie Endort q und Endzeit t bestimmt. Deshalb hängt die Wirkung einer klassisch erlaubten Trajektorie nur von diesen Größen ab, $S = S(t, q; t_0, q_0)$. Diese Funktion heißt *Prinzipalfunktion* und erzeugt kanonische Transformationen von den zeitabhängigen Variablen (q, p) auf die zeitunabhängigen Variablen (q_0, p_0):

$$p_k = \frac{\partial S}{\partial q_k}, \quad p_{0k} = -\frac{\partial S}{\partial q_{0k}}. \tag{22.86}$$

Die Lösungen der klassischen Bewegungsgleichungen können aus der Prinzipalfunktion rekonstruiert werden. Dazu löst man das zweite Gleichungssystem in (22.86) zuesrt nach der Lage des Systems $q = q(t, t_0; q_0, p, p_0)$ auf. Anschließerend wird q in das erste Gleichungssystem eingesetzt, um die Impulse $p = p(t, t_0; q_0, p_0)$ zu gewinnen.

Halten wir nun die Anfangswerte fest und variieren nur die Enddaten (t, q), dann ergibt sich die nichtlineare *Hamilton-Jacobi-Gleichung* für die Prinzipalfunktion:

$$\frac{\partial S}{\partial t} + H\left(t, q, \nabla_q S\right) = 0. \tag{22.87}$$

In der Gleichung werden nach der Vorschrift (22.86) die kanonisch konjugierten Impulse in der Hamilton-Funktion $H(t, q, p)$ durch die Ableitungen der Prinzipalfunktion nach den verallgemeinerten Ortskoordinaten ersetzt. Die Beziehung $p = \nabla_q S$ bedeutet geometrisch, dass die Impulse senkrecht zu den Niveauflächen von S sind.

Prinzipalfunktion für den Oszillator

Betrachten wir als einfaches Beispiel ein Teilchen der Masse m in einem harmonischen Potenzial. Lagrange- und Hamilton-Funktion haben die Form

$$L = \frac{m\dot{\boldsymbol{x}}^2}{2} - \frac{m\omega^2}{2}\boldsymbol{x}^2, \quad H = \frac{\boldsymbol{p}^2}{2m} + \frac{m\omega^2}{2}\boldsymbol{x}^2, \tag{22.88}$$

worin ω die Kreisfrequenz des schwingenden Teilchens ist. Die klassische Lösung, die zur Zeit 0 bei $\boldsymbol{x}_0$ startet und zur Zeit t bei $\boldsymbol{x}$ ankommt, lautet

$$\boldsymbol{x}(s) = \boldsymbol{x}_0 \cos\omega s + \frac{\boldsymbol{x} - \boldsymbol{x}_0 \cos\omega t}{\sin\omega t} \sin\omega s. \tag{22.89}$$

Entsprechend findet man die Prinzipalfunktion

$$S = \frac{m\omega}{2\sin\omega t}\left((\boldsymbol{x}^2 + \boldsymbol{x}_0^2)\cos\omega t - 2\boldsymbol{x}\cdot\boldsymbol{x}_0\right). \tag{22.90}$$

Diese erfüllt die nichtlineare Hamilton-Jacobi-Gleichung

$$\frac{\partial S}{\partial t} + \frac{1}{2m}(\nabla S)^2 + \frac{m\omega^2}{2}\boldsymbol{x}^2 = 0. \tag{22.91}$$

Überzeugen Sie sich davon, das $\boldsymbol{x}(s)$ die angegebene Wirkung hat und S die Hamilton-Jacobi-Gleichung erfüllt.

Die allgemeinen Beziehungen (22.86) lauten nun

$$\begin{aligned} \boldsymbol{p} &= \nabla_x S = \frac{m\omega}{\sin\omega t}\left(\boldsymbol{x}\cos\omega t - \boldsymbol{x}_0\right), \\ \boldsymbol{p}_0 &= -\nabla_{x_0} S = \frac{m\omega}{\sin\omega t}\left(\boldsymbol{x} - \boldsymbol{x}_0\cos\omega t\right), \end{aligned} \tag{22.92}$$

und durch Auflösung nach $\boldsymbol{x}$ und $\boldsymbol{p}$ gewinnt man die Trajektorien im Phasenraum:

$$\begin{aligned} \boldsymbol{x}(t) &= \boldsymbol{x}_0 \cos\omega t + \frac{\boldsymbol{p}_0}{m\omega} \sin\omega t, \\ \boldsymbol{p}(t) &= \boldsymbol{p}_0 \cos\omega t - m\omega \boldsymbol{x}_0 \sin\omega t. \end{aligned} \tag{22.93}$$

◄

Im stationären Fall mit zeitunabhängiger Hamilton-Funktion können wir die Zeitabhängigkeit der Prinzipalfunktion abspalten:

$$S = W(q) - Et. \tag{22.94}$$

Die Funktion $W(q)$ erfüllt dann die *zeitunabhängige* Hamilton-Jacobi-Gleichung

$$E = H\left(q, \frac{\partial W}{\partial q}\right), \tag{22.95}$$

wobei die auftretende Konstante E die Energie des Systems ist.

Wenn wir der Anschaulichkeit halber nur einen einzelnen Massenpunkt mit kartesischen Koordinaten $\boldsymbol{x}$ betrachten, so gilt

$$S(t, \boldsymbol{x}) = W(\boldsymbol{x}) - Et. \tag{22.96}$$

Die Gleichung $W = \text{const}$ definiert eine Fläche im dreidimensionalen Raum. Gibt man der Konstanten verschiedene Werte, so erhält man eine Flächenschar (Abb. 22.5). Die Gleichung $S = \text{const}$ stellt eine bewegte Fläche dar, die in jedem Zeitpunkt mit einer Fläche der Schar $W = \text{const}$ zusammenfällt. Die Flächen $S = \text{const}$ wandern mit der Zeit also über die Flächen $W = \text{const}$ hinweg. Dieser Vorgang erinnert an eine Wellenbewegung, wobei die Flächen $S = \text{const}$ eine Fortpflanzung von Wellenflächen beschreibt. Dabei sind die Bahnkurven orthogonal zu den Wellenflächen $S = \text{const}$ oder $W = \text{const}$, ähnlich wie die Lichtstrahlen der geometrischen Optik orthogonal zu den optischen Wellenflächen sind.

Nach diesen Vorbereitungen wollen wir den Anschluss zur Schrödinger'schen Wellenmechanik herstellen. Eine allgemeine *lineare* Wellengleichung für die Materiewellen $\psi(t, q_1, \ldots, q_f)$, welche erster Ordnung in der Zeitableitung ist, hat die Form

$$\mathrm{i}\hbar \frac{\partial \psi}{\partial t} = H\left(t, q, \frac{\hbar}{\mathrm{i}} \frac{\partial}{\partial q}\right) \psi \tag{22.97}$$

mit einer noch unbestimmten Funktion H. Nun schreiben wir die Wellenfunktion als

$$\psi = \mathrm{e}^{\mathrm{i}\Phi(t,q)/\hbar}, \tag{22.98}$$

wobei die Phasenfunktion Φ die Dimension einer Wirkung haben soll. Die Niveauflächen dieser Funktion sind gerade die Wellenflächen der Materiewelle ψ. In Analogie zur Strahlenoptik als Grenzfall der Wellenoptik erwarten wir, dass die

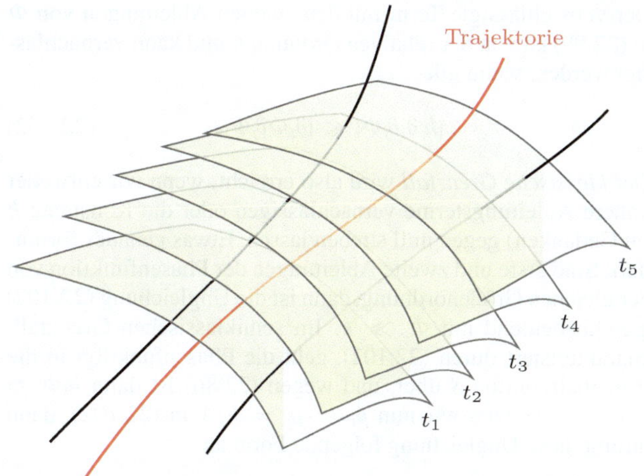

Abb. 22.5 Die Niveauflächen der Prinzipalfunktion S propagieren durch den Raum, und die Trajektorien von Teilchen schneiden diese Flächen senkrecht. Die Prinzipalfunktion hat die Eigenschaften einer Phasenfunktion in der Wellenmechanik

Phasenfunktion eng mit der Prinzipalfunktion der klassischen Mechanik verbunden ist: Für eine verglichen mit den typischen Wellenlängen langsam variierende Phasenfunktion sollte diese gegen die Prinzipalfunktion streben. Die Konstante $\hbar$ hat die Dimension einer Wirkung, und ein Vergleich von (22.98) mit den Lösungen der freien Schrödinger-Gleichung zeigt, dass $\hbar$ gerade die (reduzierte) Planck'sche Konstante ist.

Alle wichtigen Schrödinger-Gleichungen sind partielle Differenzialgleichungen mit höchstens zweiten Ableitungen nach den (verallgemeinerten) Koordinaten q_k. Es genügt deshalb, nur Wellengleichungen mit ersten und zweiten Ableitungen nach den Ortskoordinaten zu betrachten. Sind die Terme mit zweiten Ableitungen der Phasenfunktion in

$$\begin{aligned} \left(\frac{\hbar}{\mathrm{i}} \frac{\partial}{\partial q_i}\right) \psi &= \left(\frac{\partial \Phi}{\partial q_i}\right) \psi \\ \left(\frac{\hbar}{\mathrm{i}} \frac{\partial}{\partial q_i}\right)\left(\frac{\hbar}{\mathrm{i}} \frac{\partial}{\partial q_j}\right) \psi &= \left(\frac{\partial \Phi}{\partial q_i} \frac{\partial \Phi}{\partial q_j} - \mathrm{i}\hbar \frac{\partial^2 \Phi}{\partial q_i \partial q_j}\right) \psi \end{aligned} \tag{22.99}$$

vernachlässigbar, dann ist

$$H\left(t, q, \frac{\hbar}{\mathrm{i}} \frac{\partial}{\partial q}\right) \psi \approx H\left(t, q, \frac{\partial \Phi}{\partial q}\right) \psi, \tag{22.100}$$

und die Wellengleichung (22.97) geht näherungsweise über in die Hamilton-Jacobi-Gleichung für die Phasenfunktion,

$$\frac{\partial \Phi}{\partial t} + H\left(t, q, \frac{\partial \Phi}{\partial q}\right) \approx 0, \tag{22.101}$$

vorausgesetzt, wir wählen für H in der Wellengleichung (22.97) die klassische Hamilton-Funktion. Damit die Wellengleichung für ψ in die klassische Hamilton-Jacobi-Gleichung für Φ übergeht, muss H die klassische Hamiltonfunkton sein.

Der vernachlässigte Term mit den zweiten Ableitungen von Φ in (22.99) ist von der relativen Ordnung $\hbar$ und kann vernachlässigt werden, wenn gilt

$$|\hbar\, \partial_i \partial_j \Phi| \ll |\partial_i \Phi \partial_j \Phi|. \tag{22.102}$$

Der *klassische Grenzfall* wird also erreicht, wenn wir entweder höhere Ableitungsterme vernachlässigen oder die Konstante $\hbar$ (in Gedanken) gegen null streben lassen. Etwas genauer formuliert: Sind erste und zweite Ableitungen der Phasenfunktion von der gleichen Größenordnung, dann ist die Ungleichung (22.102) gleichbedeutend mit $\Phi \gg \hbar$. Im semiklassischen Grenzfall, charakterisiert durch (22.102), geht die Phasenfunktion in die Prinzipalfunktion S über, und wegen (22.86) ist dann $\partial_i \Phi \approx \partial_i S = p_i$. Setzen wir nun $p_i \approx p_j = h/\lambda$ in (22.102), dann nimmt diese Ungleichung folgende Form an:

$$\left|\frac{\hbar \partial p/\partial q}{p^2}\right| \approx \left|\frac{\partial \lambda}{\partial q}\right| \ll 1. \tag{22.103}$$

Im semiklassischen Grenzfall ist die Längenskala, auf der sich die Wellenlänge ändert, sehr viel größer als die Wellenlänge. Eine ausführliche Behandlung der semiklassischen Näherung findet sich in Kap. 31.

Über die Betrachtung des semiklassischen Grenzfalls haben wir eine Vorschrift zur Aufstellung einer Schrödinger-Gleichung für beliebige Hamilton'sche Systeme gefunden. Gleichzeitig ergeben sich die allgemeinen *Korrespondenzregeln*, nach denen ein klassisches System im Ortsraum zu quantisieren ist.

Allgemeine Korrespondenzregeln

Man ersetze in der klassischen Hamilton-Funktion die kanonischen Impulse durch die partiellen Ableitungen nach den (verallgemeinerten) Koordinaten $p_k \longrightarrow -\mathrm{i}\hbar\partial_k$ und gleichzeitig die Koordinaten durch die Multiplikation der Wellenfunktion mit den Koordinaten.

Dies führt zu folgender Vorschrift für das Auffinden der Schrödinger-Gleichung eines Hamilton'schen Systems.

Schrödinger-Gleichung für verallgemeinerte Koordinaten

In der Schrödinger'schen Wellenmechanik wird dem klassischen System mit Hamilton-Funktion $H(t,q,p)$ eine Wellenfunktion $\psi(t,q)$ im Konfigurationsraum mit Koordinaten $q = (q_1, \ldots, q_f)$ zugeordnet, welche die *zeitabhängige Schrödinger-Gleichung* erfüllt:

$$\mathrm{i}\hbar \frac{\partial \psi(t,q)}{\partial t} = \hat{H}(t, \hat{q}, \hat{p})\, \psi(t,q). \tag{22.104}$$

Darin ist nach den Korrespondenzregeln im q-Raum der Ortsoperator $\hat{q}_k$ ein Multiplikationsoperator und der Impulsoperator $\hat{p}_k$ ein Differenzialoperator:

$$\hat{q}_k \psi(t,q) = q_k \psi(t,q), \quad \hat{p}_k \psi(t,q) = \frac{\hbar}{\mathrm{i}} \frac{\partial \psi(t,q)}{\partial q_k}. \tag{22.105}$$

Propagator für den Oszillator

Zur Illustration betrachten wir den harmonischen Oszillator in d Dimensionen. Setzen wir die Parametrisierung $\psi = \exp(\mathrm{i}\Phi/\hbar)$ in die Schrödinger-Gleichung

$$\mathrm{i}\hbar \frac{\partial}{\partial t}\psi = -\frac{\hbar^2}{2m}\Delta\psi + \frac{m\omega^2}{2}\boldsymbol{x}^2\psi \tag{22.106}$$

ein, dann finden wir die partielle Differenzialgleichung

$$0 = \frac{\partial \Phi}{\partial t} + \frac{1}{2m}(\nabla\Phi)^2 + \frac{m\omega^2}{2}\boldsymbol{x}^2 - \frac{\mathrm{i}\hbar}{2m}\Delta\Phi. \tag{22.107}$$

Offensichtlich erfüllt die Phasenfunktion Φ die Hamilton-Jacobi-Gleichung, wenn wir höhere Ableitungen, oder äquivalent dazu höhere Potenzen von $\hbar$, vernachlässigen. Für die Prinzipalfunktion

$$S(t,\boldsymbol{x},\boldsymbol{y}) = \frac{m\omega}{2\sin\omega t}\left\{(\boldsymbol{x}^2+\boldsymbol{y}^2)\cos\omega t - 2\boldsymbol{x}\cdot\boldsymbol{y}\right\} \tag{22.108}$$

des harmonischen Oszillators ist die zweite Ableitung ortsunabhängig, $\Delta S = md\omega \cot\omega t$. Damit erfüllt die Prinzipalfunktion die Differenzialgleichung (22.107) bis auf einen zeitabhängigen aber ortsunabhängigen Term. Wir können also mit dem Ansatz $\Phi = S + F(t)$ leicht eine Lösung konstruieren:

Da S die Hamilton-Jacobi-Gleichung erfüllt – dies ist die Differenzialgleichung (22.107) ohne den letzten Term – ist Φ eine Lösung der Differenzialgleichung, wenn gilt

$$0 = -\frac{\mathrm{i}\hbar}{2m}\Delta S + \frac{\mathrm{d}F}{\mathrm{d}t} = -\frac{\mathrm{i}\hbar d\omega}{2}\cot\omega t + \frac{\mathrm{d}F}{\mathrm{d}t}. \tag{22.109}$$

Die Integration ergibt $2F = \mathrm{i}\hbar d \log(\sin\omega t)$ und eingesetzt in (22.98) folgende Lösung der Schrödinger-Gleichung:

$$\psi_y(t,\boldsymbol{x}) = \frac{C}{(\sin\omega t)^{d/2}} \mathrm{e}^{\mathrm{i}S(t,\boldsymbol{x},\boldsymbol{y})/\hbar}. \tag{22.110}$$

Diese hängt parametrisch vom Anfangspunkt $\boldsymbol{y}$ der klassischen Bahn ab. Wählen wir die Konstante

$$C = \left(\frac{m\omega}{2\pi\mathrm{i}\hbar}\right)^{d/2}, \tag{22.111}$$

dann geht die Lösung für $\omega t \to 0$ in den Propagator (22.53) für das freie Teilchen über. Insbesondere strebt die Lösung $\psi_y(t,\boldsymbol{x}) \equiv K(t,\boldsymbol{x},\boldsymbol{y})$ für kleine Zeiten gegen die Deltadistribution $\delta(\boldsymbol{x}-\boldsymbol{y})$. Deshalb ist

$$K(t,\boldsymbol{x},\boldsymbol{y}) = \left(\frac{m\omega}{2\pi\mathrm{i}\hbar\sin\omega t}\right)^{d/2} \mathrm{e}^{\mathrm{i}S(t,\boldsymbol{x},\boldsymbol{y})/\hbar} \qquad (22.112)$$

der Propagator für den harmonischen Oszillator. ◄

Der Operator $\hat{H} = \hat{H}(t,\hat{q},\hat{p})$ ist der *Hamilton-Operator* für das allgemeine Hamilton'sche System mit verallgemeinerten Koordinaten $q_1,\ldots,q_f$. Im stationären Fall ist $\hat{H}$ zeitunabhängig, und wir können die Zeitabhängigkeit faktorisieren:

$$\psi(t,q) = \mathrm{e}^{-\mathrm{i}Et/\hbar}\psi(q). \qquad (22.113)$$

Diese Faktorisierung entspricht der Zerlegung $S(t,q) = W(q) - Et$ der Prinzipalfunktion für stationäre Systeme. Demzufolge werden wir die Konstante E als Energie des Quantensystems interpretieren.

Nach Einsetzen von (22.113) in die zeitabhängige Schrödinger-Gleichung (22.104) ergibt sich die zeitunabhängige Schrödinger-Gleichung.

Zeitunabhängige Schrödinger-Gleichung

Für stationäre Systeme führt der Produktansatz (22.113) auf die *zeitunabhängige Schrödinger-Gleichung* für die zeitunabhängige Wellenfunktion $\psi(q)$:

$$\hat{H}(\hat{q},\hat{p})\,\psi(q) = E\psi(q), \quad \hat{p}_k = \frac{\hbar}{\mathrm{i}}\frac{\partial}{\partial q_k}. \qquad (22.114)$$

Darin ist E die Energie des Quantensystems.

Dies ist eine *Eigenwertgleichung* für den linearen Hamilton-Operator $\hat{H}$. Die Eigenfunktionen sind die Lösungen der zeitunabhängigen Schrödinger-Gleichung, und die Eigenwerte sind die möglichen Energien des quantisierten Systems.

Wellengleichung bei elektromagnetischen Kräften

In der klassischen Mechanik wird die Bewegung eines geladenen Punktteilchens mit Masse m und Ladung q durch die Newton'schen Bewegungsgleichungen beschrieben. Auf ein Teilchen am Ort $\boldsymbol{x}$ mit der Geschwindigkeit $\dot{\boldsymbol{x}}$ wirkt dabei die bekannte *Lorentz-Kraft*:

$$\boldsymbol{F} = q\left(\boldsymbol{E}(t,\boldsymbol{x}) + \frac{1}{c}\dot{\boldsymbol{x}}\times\boldsymbol{B}(t,\boldsymbol{x})\right). \qquad (22.115)$$

Man ordnet dem Teilchen eine Wellenfunktion $\psi(t,\boldsymbol{x})$ zu, dessen Zeitentwicklung durch eine Schrödinger-Gleichung determiniert ist. Zum Auffinden der Gleichung benötigt man die Hamilton-Funktion eines Teilchen im elektromagnetischen Feld. Dazu ist es notwendig, anstelle des elektrischen und magnetischen Feldes die elektromagnetischen Potenziale $\phi(t,\boldsymbol{x})$ und $\boldsymbol{A}(t,\boldsymbol{x})$ einzuführen:

$$\boldsymbol{E} = -\nabla\phi - \frac{1}{c}\frac{\partial}{\partial t}\boldsymbol{A}, \quad \boldsymbol{B} = \mathbf{rot}\,\boldsymbol{A}. \qquad (22.116)$$

Die Bewegung eines geladenen Teilchens wird dann durch die Hamilton-Funktion

$$H = \frac{1}{2m}\left(\boldsymbol{p} - \frac{q}{c}\boldsymbol{A}(t,\boldsymbol{x})\right)^2 + q\phi(t,\boldsymbol{x}) \qquad (22.117)$$

beschrieben (Kap. 20). Dies ist die einfachste Möglichkeit der Ankopplung des elektromagnetischen Feldes an die Teilchenbewegung: Der kanonische Impuls $\boldsymbol{p}$ wird durch den *kinetischen Impuls* $\boldsymbol{p} - (q/c)\boldsymbol{A}$ ersetzt. Diese Substitution wird als *minimale Kopplung* bezeichnet.

Schrödinger-Gleichung im elektromagnetischen Feld

Nach den allgemeinen Korrespondenzregeln lautet die zeitabhängige Schrödinger-Gleichung für ein geladenes Teilchen im elektromagnetischen Feld

$$\mathrm{i}\hbar\frac{\partial}{\partial t}\psi(t,\boldsymbol{x}) = \hat{H}\,\psi(t,\boldsymbol{x}),$$
$$\hat{H} = \frac{1}{2m}\left(\frac{\hbar}{\mathrm{i}}\nabla - \frac{q}{c}\boldsymbol{A}(t,\boldsymbol{x})\right)^2 + q\phi(t,\boldsymbol{x}). \qquad (22.118)$$

Die Schrödinger-Gleichung ergibt sich aus der Gleichung für das ungeladene (freie) Teilchen durch die Ersetzungen

$$\nabla \longrightarrow \boldsymbol{D} = \nabla - \frac{\mathrm{i}q}{\hbar c}\boldsymbol{A}(t,\boldsymbol{x}). \qquad (22.119)$$

Die linearen Operatoren $(D_1,D_2,D_3) = \boldsymbol{D}$ nennt man *kovariante Ableitungen.* Sie transformieren kovariant unter Eichtransformationen der Potenziale (siehe die Diskussion in Kap. 29). Mit ihrer Hilfe schreibt sich die Schrödinger-Gleichung wie folgt:

$$\mathrm{i}\hbar\frac{\partial}{\partial t}\psi(t,\boldsymbol{x}) = -\frac{\hbar^2}{2m}\boldsymbol{D}^2\psi(t,\boldsymbol{x}) + q\phi(t,\boldsymbol{x})\psi(t,\boldsymbol{x}). \qquad (22.120)$$

Die minimale Kopplung an das elektromagnetische Feld lässt sich auf ein System von n geladenen Teilchen verallgemeinern.

Schrödinger-Gleichung für Mehrteilchensysteme

Für spinlose Punktteilchen mit Massen m_k und Ladungen q_k in einem äußeren Feld hat der Hamilton-Operator im

Ortsraum die Form

$$\hat{H} = \sum_{k=1}^{n} \left(-\frac{\hbar^2}{2m_k} D_k^2 + q_k \phi(t, x_k) \right) + V(x_1, \ldots, x_n)$$

$$\text{mit} \quad D_k = \nabla_k - \frac{\mathrm{i} q_k}{\hbar c} A(t, x_k). \qquad (22.121)$$

Die Wechselwirkung der Teilchen untereinander wird durch das Potenzial V beschrieben. ∇_k bezeichnet den Gradienten bezüglich der Ortsvariablen des k-ten Teilchens.

Achtung Für nicht unterscheidbare Teilchen müssen die Wellenfunktionen $\psi(t, x_1, \ldots, x_n)$ weiter eingeschränkt werden. Dies wird in Abschn. 31.1 ausführlich besprochen. ◀

Analytische oder genäherte Lösungen der zeitabhängigen bzw. zeitunabhängigen Schrödinger-Gleichung für den Hamilton-Operator (22.121) für physikalisch interessante elektrische und magnetische Felder zu finden ist ein Hauptanliegen der Quantenmechanik und ihrer Anwendungsgebiete. Geschlossene Lösungen können leider nur in den wenigsten Fällen angegeben werden. Für realistische Vielkörpersysteme ist man auf Näherungen oder numerische Lösungsverfahren angewiesen.

22.4 Erhaltung der Wahrscheinlichkeit

Für ein freies Teilchen ist $w(t, x)\,\mathrm{d}^3x$ die Wahrscheinlichkeit, das Teilchen zur Zeit t in der Umgebung d^3x von x zu finden. Diese Interpretation verlangt, dass das Integral von w über den gesamten Raum, d. h. die Wahrscheinlichkeit, das Teilchen irgendwo zu finden, zeitunabhängig ist. Wir werden sehen, dass diese Eigenschaft allen Quantensystemen mit geeignet gewählten Hamilton-Operatoren gemeinsam ist.

Wahrscheinlichkeitserhaltung für ein Teilchen

Für jede Lösung der Schrödinger-Gleichung ist

$$\frac{\partial w}{\partial t} = \psi^* \frac{\partial \psi}{\partial t} + \frac{\partial \psi^*}{\partial t} \psi = \frac{1}{\mathrm{i}\hbar} \psi^* \hat{H} \psi - \frac{1}{\mathrm{i}\hbar} (\hat{H}\psi)^* \psi. \qquad (22.122)$$

Wir betrachten zuerst ein Teilchen im $\mathbb{R}^3$ mit kartesischen Koordinaten und Hamilton-Operator (22.84). Das reelle Potenzial in $\hat{H}$ hebt sich in der Differenz auf der rechten Seite weg:

$$\frac{\partial w}{\partial t} = \frac{\mathrm{i}\hbar}{2m} \left(\psi^* \Delta \psi - \Delta \psi^* \psi \right) = \frac{\mathrm{i}\hbar}{2m} \nabla \cdot \left(\psi^* \nabla \psi - \nabla \psi^* \psi \right). \qquad (22.123)$$

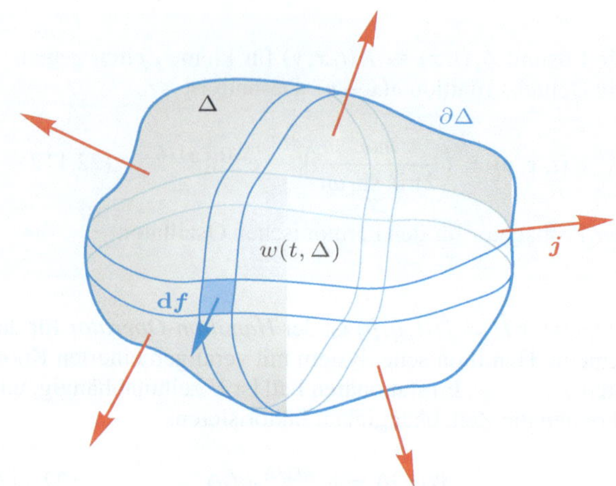

Abb. 22.6 Die Wahrscheinlichkeit verhält sich wie eine inkompressible Flüssigkeit. Die Änderung der Wahrscheinlichkeit $w(t, \Delta)$ für den Aufenthalt des Quantensystems in einem Gebiet Δ ist gleich dem Fluss des Wahrscheinlichkeitsstromes durch die Oberfläche $\partial\Delta$ des Gebiets

Dies ist eine *Kontinuitätsgleichung*:

$$\frac{\partial w}{\partial t} + \nabla \cdot j = 0 \quad \text{mit} \quad j = \frac{\hbar}{m} \operatorname{Im}(\psi^* \nabla \psi). \qquad (22.124)$$

Für eine weit weg vom Ursprung genügend schnell abfallende Wellenfunktion folgt mit dem Gauß'schen Satz, dass das Raumintegral von $w(t, x)$ zeitunabhängig ist. Integrieren wir nun die Kontinuitätsgleichung über ein beliebiges Raumgebiet $\Delta \subset \mathbb{R}^3$, so erhalten wir eine Bilanzgleichung für die Wahrscheinlichkeit.

Erhaltung der Wahrscheinlichkeit

Die zeitliche Änderung der Wahrscheinlichkeit für das Auffinden des Teilchens im Gebiet Δ,

$$w(t, \Delta) = \int_{\Delta} w(t, x)\, \mathrm{d}^3x, \qquad (22.125)$$

ist gleich dem Fluss der Stromdichte j durch die Oberfläche $\partial\Delta$ des Gebiets,

$$\frac{\mathrm{d}}{\mathrm{d}t} w(t, \Delta) = -\oint_{\partial\Delta} j(t, x) \cdot \mathrm{d}f. \qquad (22.126)$$

Das Vektorfeld $j(t, x)$ bestimmt den Fluss der Wahrscheinlichkeit und heißt *Wahrscheinlichkeitsstromdichte*.

Die Wahrscheinlichkeit verhält sich also wie eine inkompressible Flüssigkeit: Sie kann weder vernichtet noch erzeugt werden. $w(t, \Delta)$ kann sich nur ändern, wenn Wahrscheinlichkeit aus dem Gebiet oder in das Gebiet fließt, wie in Abb. 22.6 skizziert.

Für reelle Wellenfunktionen (oder allgemeiner bei konstanter Phase) verschwindet die Wahrscheinlichkeitsstromdichte, und die Wahrscheinlichkeitsdichte ist zeitunabhängig. Die Wahrscheinlichkeitsdichte ist auch zeitunabhängig für Lösungen der Schrödinger-Gleichung mit fester Enegie (22.113). Die zugehörige Stromdichte hat dann weder Quellen noch Senken.

Die Stromdichte einer ebenen Welle $\psi = \alpha \exp(\mathrm{i}\boldsymbol{p} \cdot \boldsymbol{x}/\hbar)$ ist ortsunabhängig:

$$\boldsymbol{j} = |\alpha|^2 \frac{\boldsymbol{p}}{m}. \tag{22.127}$$

Die Wahrscheinlichkeit fließt in Richtung des Teilchenimpulses und ist proportional zur Intensität der Welle. Etwas allgemeiner findet man für den Erwartungswert des Impulses nach einer partiellen Integration

$$\langle \hat{\boldsymbol{p}} \rangle_t = \hbar \int \mathrm{Im}\,(\psi^* \nabla \psi)\, \mathrm{d}^3x = m \int \boldsymbol{j}(t, \boldsymbol{x})\, \mathrm{d}^3x. \tag{22.128}$$

Auch die Schrödinger-Gleichung (22.120) für ein geladenes Teilchen im elektrischen und magnetischen Feld führt auf eine Kontinuitätsgleichung. Dies zeigt man mühelos mit der in Aufgabe 22.9 gezeigte Produktregel

$$(\boldsymbol{D}\phi)^* \psi + \phi^* \boldsymbol{D}\psi = \nabla(\phi^* \psi) \tag{22.129}$$

für die kovariante Ableitung.

Wahrscheinlichkeitserhaltung im E und B-Feld

Für ein Teilchen im äußeren elektromagnetischen Feld erfüllen die Wahrscheinlichkeitsdichte $w = |\psi|^2$ und die Wahrscheinlichkeitsstromdichte

$$\boldsymbol{j} = \frac{\hbar}{m} \mathrm{Im}\,(\psi^* \boldsymbol{D}\psi) \tag{22.130}$$

die Kontinuitätsgleichung $\partial_t w + \nabla \cdot \boldsymbol{j} = 0$.

Von dieser Sichtweise ausgehend nimmt man in der in den 1950er Jahren formulierten unkonventionellen Deutung der Quantenmechanik von David Bohm an, dass ψ tatsächlich ein Feld sei, auf dem ein allzeit im Raum wohldefiniertes Punktteilchen „reitet" (mehr dazu z. B. in Holland 1993).

Mehrteilchensysteme

Für mehrere geladene Teilchen im elektromagnetischen Feld erfüllt die Wellenfunktion $\psi(t, \boldsymbol{x}_1, \ldots, \boldsymbol{x}_k)$ die Schrödinger-Gleichung mit Hamilton-Operator (22.121). Nun nimmt die Kontinuitätsgleichung folgende Form an:

$$\frac{\partial w}{\partial t} + \sum_{k=1}^{n} \nabla_k \cdot \boldsymbol{j} = 0. \tag{22.131}$$

Die Wahrscheinlichkeitsdichte $w = |\psi|^2$ und die Komponenten der Wahrscheinlichkeitsstromdichte

$$\boldsymbol{j} = \sum_k \frac{\hbar}{m_k} \mathrm{Im}\,(\psi^* \boldsymbol{D}_k \psi) \tag{22.132}$$

hängen nun von den Koordinaten aller Teilchen ab. Es sind Funktionen auf dem $3n$-dimensionalen Konfigurationsraum des Mehrteilchensystems.

Frage 9

Beweisen Sie die Kontinuitätsgleichung (22.131) für n Teilchen mit Massen m_k und Ladungen q_k im elektromagnetischen Feld.

Für eine auf eins normierte Wellenfunktion legt die Kontinuitätsgleichung für n Teilchen nahe, das Integral

$$w(t, \Delta) = \int_{\Delta} |\psi(t, \boldsymbol{x}_1, \ldots, \boldsymbol{x}_n)|^2\, \mathrm{d}^3x_1 \cdots \mathrm{d}^3x_n \tag{22.133}$$

über ein Gebiet $\Delta = \Delta_1 \times \Delta_2 \times \cdots \times \Delta_n$ im Konfigurationsraum als Wahrscheinlichkeit zu interpretieren, das erste Teilchen im Gebiet $\Delta_1 \subset \mathbb{R}^3$ zu finden, das zweite Teilchen im Gebiet $\Delta_2 \subset \mathbb{R}^3$, usw. Wegen der Bilanzgleichung

$$\frac{\mathrm{d}}{\mathrm{d}t} w(t, \Delta) = -\oint_{\partial\Delta} \boldsymbol{j}(t, \boldsymbol{x}_1, \ldots, \boldsymbol{x}_n) \cdot \mathbf{d}\boldsymbol{f} \tag{22.134}$$

verhält sich die Wahrscheinlichkeit dann wie eine inkompressible Flüssigkeit im hochdimensionalen Konfigurationsraum.

Die Norm einer Wellenfunktion

Der Ausdruck für die Wahrscheinlichkeit, ein Teilchen irgendwo zu finden, definiert eine *Norm* auf dem Raum der Wellenfunktionen. Das Quadrat der Norm ist

$$\|\psi\|^2 = \int_{\mathbb{R}^3} \psi^*(\boldsymbol{x})\psi(\boldsymbol{x})\, \mathrm{d}^3x. \tag{22.135}$$

Für eine auf eins normierte Wellenfunktion ist $\|\psi\| = 1$. Die Norm ist positiv und verschwindet nur für die Nullfunktion. Sie definiert ein Skalarprodukt $\langle \phi, \psi \rangle$ von zwei Wellenfunktionen,

$$\begin{aligned} 4\langle \phi, \psi \rangle &= \|\psi + \phi\|^2 - \|\psi - \phi\|^2 \\ &\quad + \mathrm{i}\|\psi + \mathrm{i}\phi\|^2 - \mathrm{i}\,\|\psi - \mathrm{i}\phi\|^2, \end{aligned} \tag{22.136}$$

und für ein Teilchen im $\mathbb{R}^3$ ist dieses gleich

$$\langle \phi, \psi \rangle = \int \phi^*(\boldsymbol{x})\psi(\boldsymbol{x})\, \mathrm{d}^3x. \tag{22.137}$$

Das Skalarpodukt von Wellenfunktionen wird im nächsten Kapitel eine wichtige Rolle spielen.

Die Wahrscheinlichkeit, das System irgendwo im Konfigurationsraum zu finden, ist nur zeitunabhängig, wenn

$$\mathrm{i}\hbar\frac{\mathrm{d}}{\mathrm{d}t}\langle\psi,\psi\rangle = \langle\psi,\hat{H}\psi\rangle - \langle\hat{H}\psi,\psi\rangle = 0 \qquad (22.138)$$

verschwindet oder wenn

$$\langle\psi,\hat{H}\psi\rangle = \langle\hat{H}\psi,\psi\rangle \qquad (22.139)$$

gilt. Dies ist eine Forderung an den Hamilton-Operator und an die erlaubten Wellenfunktionen. Wir wollen annehmen, dass die Wellenfunktionen superponiert werden können. Es sei $\psi_\alpha = \psi + \alpha\phi$ eine Linearkombination von ψ und ϕ mit $\alpha \in \mathbb{C}$. Dann ist für $\alpha \neq 0$ die Bedingung (22.139) für ψ_α äquivalent zu

$$\alpha\,\langle\psi_\alpha,\hat{H}\psi_\alpha\rangle = \alpha\,\langle\hat{H}\psi_\alpha,\psi_\alpha\rangle. \qquad (22.140)$$

Wählt man nun die vier Werte $\alpha \in \{\pm 1, \pm \mathrm{i}\}$ und summiert über α, dann heben sich die meisten Terme in den Summe weg, und es ergibt sich

$$\langle\phi,\hat{H}\psi\rangle = \langle\hat{H}\phi,\psi\rangle. \qquad (22.141)$$

Hermitesche Operatoren

Lineare Operatoren $\hat{H}$ mit der Eigenschaft (22.141) heißen *hermitesch.*

Achtung Bedingung (22.139) und (22.141) sind nur dann äquivalent, wenn die Wellenfunktionen superponiert werden können, d. h. wenn der Funktionenraum linear ist. ◀

Wir werden immer fordern, dass $\hat{H}$ hermitesch ist. Diese Forderung bestimmt schon in vielen Fällen die Ordnung der Operatoren beim Übergang von der klassischen Hamilton-Funktion zum quantenmechanischen Hamilton-Operator mithilfe der Korrespondenzregeln. Hat der Konfigurationsraum C einen Rand ∂C, dann schränkt die Erhaltung der Wahrscheinlichkeit

$$\frac{\mathrm{d}}{\mathrm{d}t}\langle\psi,\psi\rangle = \frac{\mathrm{d}}{\mathrm{d}t}w(t,C) = -\oint_{\partial C}\boldsymbol{j}\cdot\mathbf{d}\boldsymbol{f} \stackrel{!}{=} 0 \qquad (22.142)$$

auch die *Randbedingungen* für die Wellenfunktionen ein. Am Rand müssen wir lineare, d. h. mit dem Superpositionsprinzip verträgliche Bedingungen, an die Wellenfunktionen fordern, damit im Mittel keine Wahrscheinlichkeit durch den Rand des Konfigurationsraumes fließt. Ein Vergleich von (22.139) und (22.142) führt auf

$$\langle\psi,\hat{H}\psi\rangle - \langle\hat{H}\psi,\psi\rangle = \frac{\hbar}{\mathrm{i}}\oint_{\partial C}\boldsymbol{j}\cdot\mathbf{d}\boldsymbol{f}. \qquad (22.143)$$

Deshalb ist z. B. für ein Teilchen im $\mathbb{R}^3$ der Hamilton-Operator nur hermitesch auf einem Raum von Wellenfunktionen, die für $|\boldsymbol{x}| \to \infty$ so schnell abfallen, dass das Flussintegral verschwindet. Ob ein Operator hermitesch ist, hängt also auch von den gewählten Randbedingungen an die ψ-Funktionen ab.

Wahrscheinlichkeitserhaltung und Hermitizität

Die Wahrscheinlichkeit ist erhalten, wenn $\hat{H}$ hermitesch ist. Diese Forderung schränkt die erlaubten Operatorordnungen beim Übergang von der klassischen Hamilton-Funktion zum Hamilton-Operator ein. Hat der Konfigurationsraum C einen Rand ∂C, dann schränkt die Forderung auch die erlaubten *Randbedingungen* für die Wellenfunktionen ein.

Tatsächlich sind konsistente Randbedingungen die Ursache für viele quantenmechanische Effekte. Für einfache Quantensysteme wird dies in Abschn. 26.1 diskutiert.

Wahrscheinlichkeit und Randbedingungen

Wir betrachten ein freies Teilchen mit Hamilton-Operator

$$\hat{H} = -\frac{\hbar^2}{2m}\frac{\mathrm{d}^2}{\mathrm{d}x^2} \qquad (22.144)$$

auf dem Intervall $[-a, a]$ der Länge $L = 2a$. Der Operator ist hermitesch, wenn

$$\begin{aligned}\langle\psi,\hat{H}\psi\rangle - \langle\hat{H}\psi,\psi\rangle &= -\frac{\hbar^2}{2m}\int_{-a}^{a}\left(\psi^*\psi'' - \psi^{*\prime\prime}\psi\right)\mathrm{d}x\\ &= -\frac{\hbar^2}{2m}\int\left(\psi^*\psi' - \psi^{*\prime}\psi\right)'\mathrm{d}x\\ &= -\frac{\hbar^2}{2m}\left(\psi^*\psi' - \psi^{*\prime}\psi\right)\Big|_{-a}^{+a}\end{aligned} \qquad (22.145)$$

verschwindet.

Überzeugen Sie sich davon, dass dies gerade die Relation (22.143) ist.

Fordern wir, dass alle Wellenfunktionen *oder* deren Ableitungen an den Randpunkten des Intervalls verschwinden, dann ist $\hat{H}$ hermitesch. Die Forderung $\psi(-a) = \psi(a) = 1$ ist dagegen nicht erlaubt. Erstens erfüllt eine Superposition von Wellenfunktionen diese Bedingung nicht mehr, und zweitens verschwindet für diesen Fall (22.145) im Allgemeinen nicht. ◀

So geht's weiter

Allgemeine Potenzialprobleme

Wir beschreiben die Lagen eines Systems mit verallgemeinerten Koordinaten $q = \{q_1, \dots, q_f\}$ im Konfigurationsraum C. Für ein Teilchen im $\mathbb{R}^3$ können dies Kugelkoordinaten sein oder im Konfigurationsraum des Kreisels, dem reell-projektiven Raum $\mathbb{R}\mathrm{P}^3$, die Euler-Winkel (der Kreisel wird in Kap. 4 behandelt). Die kinetische Energie des Systems sei eine quadratische Funktion der Geschwindigkeiten:

$$T = \frac{1}{2} \sum_{i,j} g_{ij}(q)\, \dot{q}_i \dot{q}_j. \tag{22.146}$$

Die symmetrische Matrixfunktion (g_{ij}) enthält die Abhängigkeit von Systemgrößen wie Massen oder Trägheitsmomente. Für ein freies Teilchen ist g_{ij} proportional zum metrischen Tensor, der den Abstand zwischen zwei Punkten im Konfigurationsraum festlegt. Wir werden deshalb (g_{ij}) auch im allgemeineren Falle metrischen Tensor nennen. Die Lagrange-Funktion für ein System mit Potenzialkräften ist dann

$$L = \frac{1}{2} \sum_{ij} g_{ij}(q)\, \dot{q}_i \dot{q}_j - V(q). \tag{22.147}$$

Der zu q_i kanonisch konjugierte Impuls ist $p_i = \sum_j g_{ij} \dot{q}_j$, und die zu L gehörige Hamilton-Funktion lautet

$$H = \frac{1}{2} \sum_{ij} g^{ij}(q) p_i p_j + V(q). \tag{22.148}$$

Sie enthält die zu g_{ij} inverse Matrixfunktion g^{ij}, die durch

$$\sum_k g_{ik} g^{kj} = \delta_i^j \tag{22.149}$$

definiert ist. Wenn man den Korrespondenzregeln folgend versucht, die klassischen Impulse durch Ableitungsoperatoren zu ersetzen, dann ergibt sich das schon erwähnte *Ordnungsproblem*: Klassisch sind z. B. die Funktionen

$$g^{ij} p_i p_j \quad \text{und} \quad \frac{1}{\sqrt{g}} p_i \left(\sqrt{g} g^{ij} p_j\right), \tag{22.150}$$

worin g die im Allgemeinen ortsabhängige Determinante des metrischen Tensors bezeichnet, identisch. In der Quantenmechanik sind die entsprechenden Operatoren aber nicht identisch, da die $\hat{p}_i$ im Allgemeinen nicht mit den ortsabhängigen Funktionen $\sqrt{g} g^{ij}$ kommutieren.

Am Ende des Kapitels hatten wir gesehen, dass die mit der Wahrscheinlichkeitsinterpretation verträgliche Wahl für den Hamilton-Operator die folgende ist:

$$\hat{H} = \frac{1}{2} \frac{1}{\sqrt{g}} \hat{p}_i \left(\sqrt{g} g^{ij}\right) \hat{p}_j + V(\hat{q}). \tag{22.151}$$

In der Ortsdarstellung ist $\mathrm{i}\hat{p}_i = \hbar \partial / \partial q_i$, und

$$\hat{H} = -\frac{\hbar^2}{2} \Delta_g + V(q) \tag{22.152}$$

enthält den *Laplace-Beltrami-Operator*

$$\Delta_g = \frac{1}{\sqrt{g}} \partial_i \left(\sqrt{g} g^{ij} \partial_j\right). \tag{22.153}$$

Die zugehörige Schrödinger-Gleichung bestimmt die Zeitentwicklung von allgemeinen Hamilton'schen Systemen mit Potenzialkräften.

Frage 10

Wie lautet der Hamilton-Operator für ein Teilchen in Kugelkoordinaten?

Mit Kugelkoordianten $(q_1, q_2, q_3) = (r, \vartheta, \varphi)$ ist das Quadrat der Geschwindigkeit

$$v^2 = \sum_{i,j} g_{ij} \dot{q}_i \dot{q}_j = \dot{r}^2 + r^2 \dot{\vartheta}^2 + r^2 \sin^2 \vartheta \dot{\varphi}^2, \tag{22.154}$$

woraus man die Komponenten des metrischen Tensors g_{ij} abliest (hier wurden die Masse des Teilchens nicht in der Metrik absorbiert). Die Determinante der Metrik ist $g = r^4 \sin^2 \vartheta$, und die inverse Matrix lautet

$$g^{ij} = \operatorname{diag}\left(1, r^{-2}, r^{-2} \sin^{-2} \vartheta\right). \tag{22.155}$$

In Kugelkoordianten hat der Laplace-Beltrami-Operator (22.153) die Form

$$\Delta_g = \partial_r^2 + \frac{2}{r} \partial_r + \frac{1}{r^2} \left(\partial_\vartheta^2 + \cot \vartheta\, \partial_\vartheta + \frac{\partial_\varphi^2}{\sin^2 \vartheta}\right). \tag{22.156}$$

Dieser wichtige Operator wurde bereits in Aufgabe 2.6 berechnet und bei der Behandlung der Kugelflächenfunktionen in Abschn. 13.5 benutzt. Somit lautet der Hamilton-Operator für ein Teilchen im $\mathbb{R}^3$ in Kugelkoordinaten

$$\hat{H} = -\frac{\hbar^2}{2m} \Delta_g + V(r, \vartheta, \varphi). \tag{22.157}$$

Dieses Resultat dient als möglicher Ausgangspunkt für die Behandlung des Wasserstoffatoms.

Wahrscheinlichkeitserhaltung für allgemeine Potenzialprobleme

Für die Schrödinger-Gleichung mit Hamilton-Operator (22.152) existiert eine Kontinuitätsgleichung für die Wahrscheinlichkeit. Bezeichnet ∂_i die partielle Ableitung nach der Koordinate q_i, dann gilt für zeitunabhängige g_{ij}

$$\begin{aligned}\frac{\partial}{\partial t}\left(\sqrt{g}\,\psi^*\psi\right) &= \frac{1}{\mathrm{i}\hbar}\sqrt{g}\left(\psi^*\hat{H}\psi - (\hat{H}\psi)^*\psi\right)\\ &= \frac{\mathrm{i}\hbar}{2}\sqrt{g}\left(\psi^*\Delta_g\psi - (\Delta_g\psi)^*\psi\right) \qquad (22.158)\\ &= \frac{\mathrm{i}\hbar}{2}\partial_i\left(\sqrt{g}g^{ij}(\psi^*\partial_j\psi - \psi\,\partial_j\psi^*)\right),\end{aligned}$$

wobei im letzten Ausdruck die Einstein'sche Summenkonvention Anwendung findet. Dabei ergibt sich mit der Produktregel ein Term proportional zu $g^{ij}(\partial_i\psi^*\partial_j\psi - \partial_i\psi\,\partial_j\psi^*)$, der wegen $g^{ij} = g^{ji}$ verschwindet. Die verbleibenden Terme ergeben den Laplace-Beltrami-Operator Δ_g. Dies rechtfertigt nachträglich die Operatorordnung in (22.151).

Achtung Die Dichte $w(t,q) = \sqrt{g}\,|\psi(t,q)|^2$ enthält neben dem Betragsquadrat der Wellenfunktion ψ auch die ortsabhängige Determinante g von (g_{ij}). ◀

Kontinuitätsgleichung

Für nichtkartesische Koordinaten lautet die Kontinuitätsgleichung

$$\frac{\partial}{\partial t}w + \partial_i j^i = 0, \quad j^i = \hbar\sqrt{g}\,g^{ij}\,\mathrm{Im}\left(\psi^*\partial_j\psi\right). \quad (22.159)$$

Es genügt, die Normierung

$$\int_C |\psi(t,q)|^2\sqrt{g}\,\mathrm{d}^f q = 1 \qquad (22.160)$$

zu einer festen Zeit vorzunehmen. Wegen der Kontinuitätsgleichung gilt sie dann zu allen früheren und zu allen späteren Zeiten. Der Wurzelfaktor unter dem Integral sorgt dafür, dass die Wahrscheinlichkeit, das Quantensystem zur Zeit t im Teilgebiet $\Delta \subset C$ des Konfigurationsraums zu finden,

$$w(t,\Delta) = \int_\Delta |\psi(t,q)|^2\sqrt{g}\,\mathrm{d}^f q, \qquad (22.161)$$

unabhängig von der Wahl der Koordinaten ist.

Frage 11

Überzeugen Sie sich davon, dass die Wahrscheinlichkeit $w(t,\Delta)$ und die Normierung auf eins unabhängig von der Koordinatenwahl ist. Unter einer Koordinatentransformation $q \to q' = q'(q)$ transformieren die Komponenten der Metrik gemäß

$$g_{ij}(q) = \sum_{p,q} g'_{pq}(q')\,\frac{\partial q'_p}{\partial q_i}\frac{\partial q'_q}{\partial q_j}. \qquad (22.162)$$

Die Erhaltung der Wahrscheinlichkeit für allgemeine Systeme, deren Lagrange-Funktionen quadratisch in den Geschwindigkeiten sind, ist Gegenstand von Aufgabe (22.10).

Teil III

Aufgaben

Gelegentlich enthalten die Aufgaben mehr Angaben, als für die Lösung erforderlich sind. Bei einigen anderen dagegen werden Daten aus dem Allgemeinwissen, aus anderen Quellen oder sinnvolle Schätzungen benötigt.

- • leichte Aufgaben mit wenigen Rechenschritten
- •• mittelschwere Aufgaben, die etwas Denkarbeit und unter Umständen die Kombination verschiedener Konzepte erfordern
- ••• anspruchsvolle Aufgaben, die fortgeschrittene Konzepte (unter Umständen auch aus späteren Kapiteln) oder eigene mathematische Modellbildung benötigen

22.1 •• Galilei-Kovarianz der Schrödinger-Gleichung Hier beweisen wir die Kovarianz der Schrödinger-Gleichung unter Galilei-Transformationen. Das Inertialsystem $\mathcal{I}'$ habe relativ zu $\mathcal{I}$ die konstante Geschwindigkeit v. Zur Zeit $t = 0$ seien die Ursprünge der beiden Systeme identisch. Die Beziehung zwischen den Raumzeitkoordinaten in $\mathcal{I}$ und $\mathcal{I}'$ sind dann gegeben durch

$$x = x' + vt, \qquad t = t'. \tag{22.163}$$

(a) Es erfülle nun $\psi'(t', x')$ die freie Schrödinger-Gleichung im Inertialsystem $\mathcal{I}'$. Zeigen Sie, dass

$$\psi(t, x) = \mathrm{e}^{-\mathrm{i}\phi(t,x)/\hbar}\psi'(t', x'), \quad \phi = \frac{mv^2}{2}t - mv \cdot x \tag{22.164}$$

eine Lösung der freien Schrödinger-Gleichung im Inertialsystem $\mathcal{I}$ ist.

(b) Wie transformiert die Wellenfunktion für n freie Teilchen?

(c) Welche Bedingung muss die Potenzialfunktion V in

$$\hat{H} = -\sum_{k=1}^{n} \frac{\hbar^2}{2m_k}\Delta_k + V(x_1, \ldots, x_n) \tag{22.165}$$

erfüllen, damit die Schrödinger-Gleichung kovariant unter Galilei-Transformationen transformiert?

22.2 •• Komplexe Potenziale Wir wollen ein instabiles Quantensystem modellieren, z. B. ein Teilchen, das zerfallen kann. In diesem Fall sollte die Gesamtwahrscheinlichkeit, das System irgendwo zu finden, mit der Zeit abnehmen:

$$P(t) = \int w(t, q)\,\mathrm{d}^f q \overset{t\to\infty}{\longrightarrow} 0. \tag{22.166}$$

Ein Zerfall ist möglich, wenn man komplexe Potenziale in der Schrödinger-Gleichung zulässt. Dann ist der Hamilton-Operator nicht mehr hermitesch, und die Wahrscheinlichkeit braucht nicht mehr erhalten zu sein. Was passiert, wenn wir in der Schrödinger-Gleichung für ein Teilchen in $\mathbb{R}^3$ ein komplexes Potenzial $V(x) = V_0(x) - \mathrm{i}\Gamma$ mit reellem $V_0(x)$ und positiver Konstante Γ zulassen?

(a) Berechnen Sie die Korrektur zur Kontinuitätsgleichung für die Wahrscheinlichkeitsdichte $w = \psi^*\psi$ und Wahrscheinlichkeitsstromdichte $j = \hbar\,\mathrm{Im}\,(\psi^*\nabla\psi)/m$.

(b) Wie ändert sich mit der Zeit die Wahrscheinlichkeit dafür, das Teilchen irgendwo in $\mathbb{R}^3$ zu finden?

22.3 •• Faltung des freien Propagators Beweisen die Faltungseigenschaft

$$K_0(t + t', x, y) = \int K_0(t, x, z)K_0(t', z, y)\,\mathrm{d}z \tag{22.167}$$

für den Propagator (22.52) des freien Teilchens auf der reellen Achse.

Lösungshinweis: Beim Beweis werden Sie das Gauß'sche Integral (22.58) benötigen, das auch für imaginäre α gilt.

22.4 ••• Anfangswertproblem für den Oszillator mit einer anfänglich Gauß'schen Wellenfunktion Wir betrachten den d-dimensionalen harmonischen Oszillator mit Masse m und Kreisfrequenz ω. Zur Zeit $t = 0$ sei die auf eins normierte Wellenfunktion des Oszillators eine Gauß'sche Funktion:

$$\psi(x, 0) = \psi_0(x) = \left(\frac{m\omega\beta}{\pi\hbar}\right)^{d/4} \mathrm{e}^{-m\omega\beta x^2/2\hbar} \tag{22.168}$$

mit dimensionslosem Parameter β.

(a) Suchen Sie die Lösung der zeitabhängigen Schrödinger-Gleichung mit dieser Anfangsbedingung.

(b) Bestimmen Sie für diese Lösung die Wahrscheinlichkeitsverteilung $w(t, x)$ für den Ort des Oszillators.

(c) Für welchen Wert des Parameters β ist w zeitunabhängig? Zeigen Sie, dass für diesen Wert $\psi(t, x) = \mathrm{e}^{-\mathrm{i}Et/\hbar}\psi_0(x)$ gilt. Bestimmen Sie den Wert der Energie E.

(d) Zeigen Sie durch explizites Nachrechnen, dass $\psi_0(x)$ aus (c) die zeitunabhängige Schrödinger-Gleichung mit Energie E erfüllt.

Lösungshinweis: Zur Lösung der zeitabhängigen Schrödinger-Gleichung darf man den Kern (22.112) einsetzen. Die auftretende Faltung des Kerns mit ψ_0 kann mit der Formel

$$\int e^{-\frac{1}{2}(y,Ay)+(j,y)}\,d^d y = \frac{(2\pi)^{d/2}}{(\det A)^{1/2}}\, e^{\frac{1}{2}(j,A^{-1}j)} \qquad (22.169)$$

berechnet werden. Darin sollte der Realteil der Matrix A positiv sein.

22.5 • Lösung der Hamilton-Jacobi-Gleichung für das freie Teilchen Die Lösung der zeitabhängigen Hamilton-Jacobi-Gleichung (22.87) und der zeitunabhängigen Gleichung (22.95) soll hier geübt werden.

(a) Bestimmen Sie die Prinzipalfunktion S für ein freies Teilchen der Masse m und diskutieren Sie deren Niveauflächen.
(b) Finden Sie die allgemeine Lösung W der zeitunabhängigen Hamilton-Jacobi-Gleichung für das freie Teilchen und diskutiere deren Niveauflächen.
(c) Warum ist

$$e^{-iEt/\hbar} e^{iW/\hbar} \qquad (22.170)$$

eine exakte Lösung der freien Schrödinger-Gleichung?

22.6 • Beispiele von Schrödinger-Gleichungen Wie lautet die Schrödinger-Gleichung für

(a) das Wasserstoffatom?
(b) das Heliumatom?

Lösungshinweis: Sie dürfen annehmen, der Kern ruhe im Ursprung des Koordinatensystems. Ein ruhender Kern ist eine gute Näherung, da er sehr viel schwerer als die Elektronen ist und sich deshalb kaum bewegt.

22.7 •• Hamilton-Operatoren für verallgemeinerte Koordinaten Geben Sie die Hamilton-Operatoren im Ortsraum explizit an für folgende Systeme:

(a) Ein freies Teilchen im $\mathbb{R}^2$, parametrisiert durch Polarkoordinaten $r \in [0,\infty)$ und $\varphi \in [0, 2\pi)$ mit Metrik

$$ds^2 = g_{ij}\,dq_i dq_j = dr^2 + r^2 d\varphi^2. \qquad (22.171)$$

(b) Für den kräftefreien symmetrischen Kreisel mit Hauptträgheitsmomenten (A, A, C). Seine kinetische Energie ist

$$T = \frac{A}{2}\left(\dot\vartheta^2 + \sin^2\vartheta\,\dot\varphi^2\right) + \frac{C}{2}\left(\dot\psi + \cos\vartheta\,\dot\varphi\right)^2, \qquad (22.172)$$

wobei C das Trägheitsmoment um die Symmetrieachse ist. Die Koordinaten $(q_1, q_2, q_3) = (\vartheta, \psi, \varphi)$ sind die aus der klassischen Mechanik bekannten Euler-Winkel, die in Abschn. 4.1 diskutiert werden.
(c) Wie müssen sich die Wellenfunktionen $\psi(t, \boldsymbol{x})$ mit $\boldsymbol{x} \in \mathbb{R}^d$ für $r = |\boldsymbol{x}| \to 0$ und $r \to \infty$ verhalten, damit sie auf eins normiert werden können?

Lösungshinweis: In Teilaufgabe (c) genügt es, Wellenfunktionen zu betrachten, für die $|\psi| \sim r^{-\alpha}$ für große oder kleine Radien gilt.

22.8 ••• Semiklassische Näherung für Potenzialproblem Wir betrachten ein Teilchen im Potenzial $V(\boldsymbol{x})$ und schreiben die Wellenfunktion gemäß

$$\psi = \rho^{1/2} e^{i\Phi/\hbar} \qquad (22.173)$$

mit reellen Funktionen ρ und Φ.

(a) Zeigen Sie, dass die zeitabhängige Schrödinger-Gleichung

$$i\hbar\frac{\partial\psi}{\partial t} = -\frac{\hbar^2}{2m}\Delta\psi + V\psi \qquad (22.174)$$

äquivalent zu den beiden Gleichungen

$$\frac{\partial\Phi}{\partial t} + \frac{1}{2m}(\nabla\Phi)^2 + V(x) = \frac{\hbar^2}{2m}\left(\frac{\Delta\rho^{1/2}}{\rho^{1/2}}\right) \qquad (22.175)$$

und

$$\frac{\partial\rho}{\partial t} + \nabla\cdot\boldsymbol{j} = 0 \quad \text{mit} \quad \boldsymbol{j} = \frac{\rho}{m}\nabla\Phi \qquad (22.176)$$

ist. Was lernen Sie über die semiklassische Entwicklung, wenn Sie mögliche Konvergenzprobleme nicht berücksichtigen?
(b) Vernachlässigen Sie den Term der Ordnung $\hbar^2$ in (22.175). Dann erhalten Sie die Hamilton-Jacobi-Gleichung. Die vom Anfangspunkt $\boldsymbol{y}$ und vom Endpunkt $\boldsymbol{x}$ der Bahn abhängige Prinzipalfunktion $S(t, \boldsymbol{x}, \boldsymbol{y})$ ist eine Lösung dieser Gleichung. Zeigen Sie, dass

$$\rho_{\text{sc}} = \det\left(-\frac{\partial\Phi(t,\boldsymbol{x},\boldsymbol{y})}{\partial x_i \partial y_j}\right) \qquad (22.177)$$

eine Lösung der Kontinuitätsgleichung (22.176) ist, wenn wir darin Φ durch S nähern.

Lösungshinweis: In Teilaufgabe (a) zerlege man die Schrödinger-Gleichung in Real- und Imaginärteil. Zur Lösung der Teilaufgabe (b) differenziere man die Hamilton-Jacobi-Gleichung für S nach x_i und y_j und benutze dann die für jede invertierbare Matrix M mit $\det M > 0$ gültige Identität $\delta \det M = \mathrm{Tr}(M^{-1}\delta M)\det M$. Diese folgt aus der Identität $\log(\det M) = \mathrm{Tr}(\log M)$ für Matrizen und der daraus folgenden Beziehung $\delta \log\det M = \mathrm{Tr}(M^{-1}\delta M)$.

22.9 • Der Schrödinger'sche Erhaltungssatz für ein geladenes Teilchen im elektromagnetischen Feld Zeigen Sie, dass für jede Lösung der Schrödinger-Gleichung für ein geladenes Teilchen im elektromagnetischen Feld (22.120), die wir hier nochmals in Erinnerung rufen,

$$i\hbar\frac{\partial}{\partial t}\psi = -\frac{\hbar^2}{2m}\boldsymbol{D}^2\psi + q\phi, \quad \boldsymbol{D} = \nabla - \frac{iq}{\hbar c}\boldsymbol{A}, \qquad (22.178)$$

die Wahrscheinlichkeitsdichte $w = |\psi|^2$ und die Wahrscheinlichkeitsstromdichte $\boldsymbol{j} = \hbar \operatorname{Im}(\psi^* \boldsymbol{D}\psi)/m$ eine Kontinuitätsgleichung erfüllen.

Lösungshinweis: Beweisen Sie zuerst, dass die kovariante Ableitung $\boldsymbol{D}$ die Produktregel (22.129) erfüllt.

22.10 ••• Hermitesche Hamilton-Operatoren in krummlinigen Koordinaten Wir betrachten ein physikalisches System, dessen Lagen durch Koordinaten $q = (q_1, \ldots, q_f)$ im Konfigurationsraum C beschrieben werden. Die allgemeinste, in den Geschwindigkeiten quadratische Lagrange-Funktion hat die Form

$$L = \frac{1}{2}\sum_{ij} g_{ij}(q)\dot{q}_i\dot{q}_j + \sum_i A_i(q)\dot{q}_i - V(q). \tag{22.179}$$

(a) Bestimmen Sie die klassische Hamilton-Funktion.
(b) Das koordinatenunabhängige Skalarprodukt ist

$$\langle\phi, \psi\rangle = \int_C \phi^*(q)\psi(q)\sqrt{g}\,\mathrm{d}^f q, \tag{22.180}$$

wobei g die ortsabhängige Determinante der symmetrischen Matrixfunktion (g_{ij}) bezeichnet. Zeigen Sie, dass mit der Operatorordnung

$$\hat{H} = -\frac{1}{2\sqrt{g}}\hat{\pi}_i\left(\sqrt{g}g^{ij}\hat{\pi}_j\right) + V(\hat{q}), \tag{22.181}$$

wobei $\hat{\pi}_i$ die Komponenten des kinetischen Impulses sind,

$$\hat{\pi}_i = \hat{p}_i - A_i(\hat{q}), \tag{22.182}$$

der Hamilton-Operator hermitesch ist. Beachten Sie, dass im allgemeinen Fall g_{ij} und seine Determinante g von den Ortsoperatoren $\hat{q}_i$ abhängen.

Lösungshinweis: Im Ortsraum ist der kinetische Impuls proportional zur kovarianten Ableitung, und die $\hat{q}_i$ werden zu Multiplikationsoperatoren:

$$\hat{\pi}_i = \frac{\hbar}{\mathrm{i}}D_i, \quad D_i = \partial_i - \frac{\mathrm{i}}{\hbar}A_i(q). \tag{22.183}$$

Deshalb ist im Ortsraum

$$\hat{H} = -\frac{\hbar^2}{2\sqrt{g}}D_i\left(\sqrt{g}g^{ij}D_j\right) + V(q). \tag{22.184}$$

Benutzen Sie diese Ortsdarstellung für $\hat{H}$.

Teil III

Ausführliche Lösungen zu den Aufgaben

22.1

(a) Zum Beweis benutzen wir die Kettenregel, um die Ableitungen nach den Koordinaten von $\mathcal{I}$ und $\mathcal{I}'$ in Beziehung zu bringen. Mit $\nabla = \nabla'$ und

$$\frac{\mathrm{d}}{\mathrm{d}t} = \frac{\mathrm{d}t'}{\mathrm{d}t}\frac{\mathrm{d}}{\mathrm{d}t'} + \frac{\mathrm{d}\boldsymbol{x}'}{\mathrm{d}t}\nabla' = \frac{\mathrm{d}}{\mathrm{d}t'} - \boldsymbol{v}\cdot\nabla' \tag{22.185}$$

folgt nun

$$\begin{aligned} \mathrm{i}\hbar\frac{\partial\psi}{\partial t} &= \mathrm{e}^{-\mathrm{i}\phi/\hbar}\left(\mathrm{i}\hbar\frac{\partial}{\partial t'} + \frac{\partial\phi}{\partial t} - \mathrm{i}\hbar\boldsymbol{v}\cdot\nabla'\right)\psi' \\ -\frac{\hbar^2}{2m}\Delta\psi &= \mathrm{e}^{-\mathrm{i}\phi/\hbar}\left(-\frac{\hbar^2}{2m}\Delta' + \frac{\mathrm{i}\hbar\Delta\phi}{2m} + \frac{(\nabla\phi)^2}{2m}\right. \\ &\quad \left. + \frac{\mathrm{i}\hbar}{m}\nabla\phi\cdot\nabla'\right)\psi'. \end{aligned}$$

Erfüllt nun ψ' die freie Schrödinger-Gleichung in $\mathcal{I}'$, dann erfüllt ψ die freie Schrödinger-Gleichung in $\mathcal{I}$, falls gilt

$$\nabla\phi = -m\boldsymbol{v}, \quad \frac{\partial\phi}{\partial t} = \frac{\mathrm{i}\hbar\Delta\phi}{2m} + \frac{(\nabla\phi)^2}{2m}. \tag{22.186}$$

Die erste Gleichung bedeutet, dass ϕ linear von den Ortskoordinaten abhängt, sodass sich die zweite Gleichung vereinfacht:

$$\frac{\partial\phi}{\partial t} = \frac{(\nabla\phi)^2}{2m}. \tag{22.187}$$

Die Phasenfunktion ϕ in (22.164) erfüllt diese Gleichungen.

(b) Für n freie Teilchen finden wir ganz analog die Bedingungen

$$\nabla_k\phi = -m_k\boldsymbol{v}, \quad \frac{\partial\phi}{\partial t} = \sum_k \frac{(\nabla_k\phi)^2}{2m_k}, \tag{22.188}$$

und entsprechend hat die Phasenfunktion in

$$\psi(t, \boldsymbol{x}_1, \ldots, \boldsymbol{x}_n) = \mathrm{e}^{-\mathrm{i}\phi/\hbar}\psi'(t', \boldsymbol{x}'_1, \ldots, \boldsymbol{x}'_n) \tag{22.189}$$

die Form

$$\phi = \sum_k \frac{m_k\boldsymbol{v}^2}{2}t - \boldsymbol{v}\sum_k m_k\cdot\boldsymbol{x}_k. \tag{22.190}$$

(c) Die Schrödinger-Gleichung für ψ' impliziert diejenige für ψ, wenn die potenzielle Energie in allen Inertialsystemen gleich ist:

$$V'(\boldsymbol{x}'_1, \ldots, \boldsymbol{x}'_n) = V(\boldsymbol{x}_1, \ldots, \boldsymbol{x}_n). \tag{22.191}$$

Die Differenzvektoren $\boldsymbol{x}_k - \boldsymbol{x}_\ell$ sind unabhängig vom Inertialsystem, sodass ein nur von diesen Differenzvektoren abhängiges Potenzial Galilei-invariant ist.

22.2

(a) Die Schrödinger-Gleichung und ihre komplex konjugierten Gleichungen lauten

$$\begin{aligned} \mathrm{i}\hbar\partial_t\psi &= -\frac{\hbar^2}{2m}\Delta\psi + V\psi - \mathrm{i}\Gamma\psi, \\ \mathrm{i}\hbar\partial_t\psi^* &= +\frac{\hbar^2}{2m}\Delta\psi^* - V\psi^* - \mathrm{i}\Gamma\psi^*. \end{aligned} \tag{22.192}$$

Multipliziert man die erste Gleichung mit ψ^*, die zweite mit ψ und addiert die resultierenden Ausdrücke, dann erhält man

$$\mathrm{i}\hbar\partial_t(\psi^*\psi) = -\frac{\hbar^2}{2m}\nabla(\psi^*\nabla\psi - \psi\nabla\psi') - 2\mathrm{i}\Gamma\psi^*\psi$$

bzw.

$$\partial_t w(t, \boldsymbol{x}) + \nabla\cdot\boldsymbol{j} = -2\Gamma w(t, \boldsymbol{x}). \tag{22.193}$$

Nun integrieren wir über $\mathbb{R}^3$ und nehmen dabei an, dass die Wellenfunktion und zugehörige Wahrscheinlichkeitsdichte w im räumlich-Unendlichen schnell abfallen. Dann verschwindet das Integral über $\nabla\cdot\boldsymbol{j}$ wegen des Gauß'schen Satzes, und wir erhalten

$$\frac{\mathrm{d}}{\mathrm{d}t}\int \mathrm{d}^3x\, w(t, \boldsymbol{x}) = -\frac{2\Gamma}{\hbar}\int \mathrm{d}^3x\, w(t, \boldsymbol{x}).$$

(b) Die Differenzialgleichung für das Integral hat die einfache Lösung

$$P(t) = \mathrm{e}^{-2\Gamma t/\hbar}P(0) \equiv \mathrm{e}^{-t/\tau}P(0) \quad \text{mit} \quad \tau = \frac{\hbar}{2\Gamma}.$$

Wir finden ein exponentielles Zerfallsgesetz mit Halbwertszeit τ.

22.3 Die Berechnung des Faltungsintegrals

$$\begin{aligned} &\int K_0(t, x, z)K_0(t', z, y)\,\mathrm{d}z \\ &= \sqrt{\frac{m}{2\pi\mathrm{i}\hbar t}}\sqrt{\frac{m}{2\pi\mathrm{i}\hbar t'}}\int \mathrm{e}^{im(x-z)^2/2\hbar t}\mathrm{e}^{im(z-y)^2)/2\hbar t}\mathrm{d}z \\ &= \sqrt{\frac{m}{2\pi\mathrm{i}\hbar t}}\sqrt{\frac{m}{2\pi\mathrm{i}\hbar t'}}\,\mathrm{e}^{im(x^2/t+y^2/t')/2\hbar}\,R \end{aligned} \tag{22.194}$$

führt auf das Gauß'sche Integral

$$R = \int \mathrm{e}^{im(t+t')z^2/(2\hbar tt')}\mathrm{e}^{-imz(x/t+y/t')/\hbar}\,\mathrm{d}z. \tag{22.195}$$

Die ist gerade das Integral (22.58) mit den Konstanten

$$\alpha = \frac{m(t+t')}{\mathrm{i}\hbar tt'} \quad \text{und} \quad \beta = \frac{m}{\mathrm{i}\hbar}\left(\frac{x}{t} + \frac{y}{t'}\right). \tag{22.196}$$

Zur Auswertung benötigen wir

$$\sqrt{\frac{2\pi}{\alpha}} = \sqrt{\frac{2\pi\mathrm{i}\hbar tt'}{m(t+t')}} \tag{22.197}$$

und das Verhältnis

$$\begin{aligned}\frac{\beta^2}{2\alpha} &= -\frac{\mathrm{i}m}{2\hbar}\left(\frac{x}{t} + \frac{y}{t'}\right)^2 \frac{tt'}{t+t'}\\ &= -\frac{\mathrm{i}m}{2\hbar(t+t')}\left(\frac{t'}{t}x^2 + \frac{t}{t'}y^2 + 2xy\right).\end{aligned} \tag{22.198}$$

Damit lautet das Faltungsintegral in (22.194)

$$\begin{aligned}&\sqrt{\frac{m}{2\pi\mathrm{i}\hbar t}}\sqrt{\frac{m}{2\pi\mathrm{i}\hbar t'}}\,\mathrm{e}^{\mathrm{i}m(x^2/t+y^2/t')/2\hbar}\sqrt{\frac{2\pi}{\alpha}}\,\mathrm{e}^{\beta^2/2\alpha}\\ &= \sqrt{\frac{m}{2\pi\mathrm{i}\hbar m(t+t')}}\,\mathrm{e}^{\mathrm{i}m(x-y)^2/(2\hbar(t+t'))}.\end{aligned} \tag{22.199}$$

Der letzte Ausdruck ist gerade der Propagator $K_0(t+t', x, y)$.

22.4

(a) Mithilfe des Kerns $K(t, \boldsymbol{x}, \boldsymbol{y})$ in (22.112) finden wir folgende Integraldarstellung für die Lösung des Anfangsproblems:

$$\begin{aligned}\psi(t,\boldsymbol{x}) &= \int K(t,\boldsymbol{x},\boldsymbol{y})\psi_0(\boldsymbol{y})\,\mathrm{d}^d y\\ &= \left(\frac{m\omega\beta}{\pi\hbar}\right)^{d/4}\left(\frac{m\omega}{2\pi\mathrm{i}\hbar\sin\omega t}\right)^{d/2}\\ &\quad\cdot\exp\left(\frac{\mathrm{i}m\omega}{2\hbar}\boldsymbol{x}^2\cot\omega t\right)\int \mathrm{e}^{-\frac{1}{2}(\boldsymbol{y},A\boldsymbol{y})+(\boldsymbol{j},\boldsymbol{y})}\,\mathrm{d}^d y.\end{aligned} \tag{22.200}$$

Der Exponent des Integranden enthält folgende Matrix und folgenden Vektor:

$$A = \frac{m\omega}{\hbar}(\beta - \mathrm{i}\cot\omega t)\boldsymbol{I}, \quad \boldsymbol{j} = -\frac{\mathrm{i}m\omega}{\hbar\sin\omega t}\boldsymbol{x}. \tag{22.201}$$

Zur Berechnung des Gauß'schen Integrals benutzen wir nun (22.169) und erhalten für das letzte Integral in (22.200)

$$\begin{aligned}\int\ldots\mathrm{d}^d y &= \left(\frac{2\pi\hbar\sin\omega t}{m\omega(\beta\sin\omega t - \mathrm{i}\cos\omega t)}\right)^{d/2}\\ &\quad\cdot\exp\left(-\frac{\mathrm{i}m\omega}{2\hbar}\frac{\boldsymbol{x}^2}{\sin\omega t}\frac{1}{\cos\omega t + \mathrm{i}\beta\sin\omega t}\right).\end{aligned} \tag{22.202}$$

Setzt man dies in (22.200) ein, dann ergibt das Produkt der Exponentialfunktionen eine Exponentialfunktion mit Exponenten:

$$\begin{aligned}\mathrm{Exp} &= \frac{\mathrm{i}m\omega}{2\hbar}\frac{\boldsymbol{x}^2}{\sin\omega t}\left(\cos\omega t - \frac{1}{\cos\omega t + \mathrm{i}\beta\sin\omega t}\right)\\ &= \frac{\mathrm{i}m\omega}{2\hbar}\frac{\mathrm{i}\beta\cos\omega t - \sin\omega t}{\cos\omega t + \mathrm{i}\beta\sin\omega t}\boldsymbol{x}^2.\end{aligned} \tag{22.203}$$

Dies führt auf folgende explizite Lösung der zeitabhängigen Schrödinger-Gleichung:

$$\begin{aligned}\psi(t,\boldsymbol{x}) &= \left(\frac{m\omega\beta}{\pi\hbar}\right)^{d/4}\left(\frac{1}{\cos\omega t + \mathrm{i}\beta\sin\omega t}\right)^{d/2}\\ &\quad\times\exp\left\{-\frac{m\omega\beta}{2\hbar}\left(\frac{\cos\omega t + \mathrm{i}\beta^{-1}\sin\omega t}{\cos\omega t + \mathrm{i}\beta\sin\omega t}\right)\boldsymbol{x}^2\right\}.\end{aligned} \tag{22.204}$$

Wollen wir dies mit der Lösung (22.59) für das freie Teilchen vergleichen, dann sollten wir zuerst mithilfe von

$$2m\omega\beta = \frac{\hbar}{\sigma_0^2} \tag{22.205}$$

die Konstante β eliminieren, damit die beiden Anfangsbedingungen (22.56) und (22.168) übereinstimmen, und erst danach ω gegen null streben lassen. Im Grenzfall $\omega \to 0$ trägt $\beta\sin(\omega t) \propto t/\sigma_0^2$ bei, während $\beta^{-1}\sin\omega t \propto (\omega/\sigma_0)^2 t$ nicht beiträgt. Berücksichtigt man dies, dann strebt die allgemeine Lösung (22.204) für $\omega \to 0$ tatsächlich gegen die Lösung für das freie Teilchen.

(b) Die Wahrscheinlichkeitsverteilung zu dieser Lösung ist eine Gauß'sche Glockenkurve,

$$w(t,\boldsymbol{x}) = |\psi(t,\boldsymbol{x})|^2 = \left(\frac{1}{2\pi\sigma_t^2}\right)^{d/2}\mathrm{e}^{-x^2/2\sigma_t^2}, \tag{22.206}$$

mit zeitabhängiger Breite,

$$\sigma_t = \left(\frac{\hbar}{2m\omega\beta}\right)^{1/2}\left(\cos^2\omega t + \beta^2\sin^2\omega t\right)^{1/2}. \tag{22.207}$$

Die Verteilung ist eine periodische Funktion der Zeit mit der Periode π/ω. Ist die Zeit ein Vielfaches dieser Periode, dann ist die Breite der Glockenkurve minimal.

(c) Für den Wert $\beta = 1$ ist σ_t und damit auch die Verteilung zeitunabhängig. Für diesen Wert ist

$$\begin{aligned}&\psi(t,\boldsymbol{x}) = e^{-\mathrm{i}\omega t d/2}\,\psi_0(\boldsymbol{x})\\ &\text{mit}\quad \psi_0(\boldsymbol{x}) = \left(\frac{m\omega}{\pi\hbar}\right)^{d/4}\mathrm{e}^{-m\omega x^2/2\hbar}.\end{aligned} \tag{22.208}$$

Die entsprechende Energie ist

$$E = \frac{d}{2}\hbar\omega. \tag{22.209}$$

Insbesondere ist die Energie für den eindimensionalen Oszillator gleich $\hbar\omega/2$.

(d) Für die Wellenfunktion (22.208) ist

$$\begin{aligned}\nabla\psi_0 &= -\frac{m\omega}{\hbar}\boldsymbol{x}\psi_0\\ -\frac{\hbar^2}{2m}\Delta\psi_0 &= \left(\frac{d}{2}\hbar\omega - \frac{m\omega^2}{2}\boldsymbol{x}^2\right)\psi_0,\end{aligned} \tag{22.210}$$

und damit erfüllt sie die zeitunabhängige Schrödinger-Gleichung für den harmonischen Oszillator,

$$\left(-\frac{\hbar^2}{2m}\Delta + \frac{m\omega^2}{2}\boldsymbol{x}^2\right)\psi_0 = E\psi_0, \qquad (22.211)$$

zur Energie E in (22.209).

22.5

(a) Ein freies Teilchen bewegt sich geradlinig und mit konstanter Geschwindigkeit $(\boldsymbol{x}-\boldsymbol{x}_0)/t$ während der Zeit t von $\boldsymbol{x}_0$ nach $\boldsymbol{x}$, und deshalb ist seine Prinzipalfunktion

$$S = \int_0^t \frac{m}{2}v^2\,\mathrm{d}s = \frac{m}{2t}(\boldsymbol{x}-\boldsymbol{x}_0)^2\,. \qquad (22.212)$$

Die Niveauflächen sind konzentrische Kugelflächen um $\boldsymbol{x}_0$, und die zugehörigen Trajektorien beschreiben Teilchen, die sich mit konstanter Geschwindigkeit von $\boldsymbol{x}_0$ wegbewegen.

(b) Die zeitunabhängige Hamilton-Jacobi-Gleichung für das freie Teilchen lautet $2mE = (\nabla W)^2$. Es folgt, dass W eine lineare Funktion der Teilchenkoordinaten ist. Die allgemeine Lösung hat die Form

$$W(\boldsymbol{x}) = \boldsymbol{p}_0\cdot(\boldsymbol{x}-\boldsymbol{x}_0) \quad \text{mit} \quad \frac{\boldsymbol{p}_0^2}{2m} = E. \qquad (22.213)$$

Die Niveauflächen von W sind Ebenen senkrecht zu $\boldsymbol{p}_0$, und die zugehörigen Trajektorien gehören zu Teilchen, die sich mit einem festen Impuls $\boldsymbol{p}_0$ bewegen.

(c) Die ebenen Wellen

$$\mathrm{e}^{\mathrm{i}W/\hbar - \mathrm{i}Et/\hbar} \propto \mathrm{e}^{\mathrm{i}\boldsymbol{p}_0\boldsymbol{x}/\hbar - \mathrm{i}Et/\hbar} \qquad (22.214)$$

lösen die Schrödinger-Gleichung, weil die zweiten und höheren Ableitungen der Lösung $W - Et$ der Hamilton-Jacobi-Gleichung verschwinden. Die Funktion $\exp(\mathrm{i}S/\hbar)$ ist dagegen keine exakte Lösung, aber sie ist bis auf einen zeitabhängigen Faktor gleich dem Propagator (22.41).

22.6

(a) Das Wasserstoffatom besteht aus einem Proton und einem Elektron. Ruht das Proton am Ursprung, dann ist die Energie des Atoms

$$H = \frac{\boldsymbol{p}^2}{2m_e} - \frac{e^2}{r}, \qquad (22.215)$$

wobei m_e die Elektronenmasse bezeichnet (für das H-Atom könnten wir die Kernbewegung berücksichtigen, indem wir m_e durch die reduzierte Masse von Proton und Elektron ersetzen würden) und e die Elementarladung und r der Abstand zwischen dem Elektron und dem am Ursprung ruhenden Proton. Nach den Korrespondenzregeln ersetzen wir $\boldsymbol{p}$ durch den Impulsoperator $\hat{\boldsymbol{p}}$ und $\boldsymbol{x}$ durch den Ortsoperator. Im Ortsraum ist dann

$$\hat{H} = -\frac{\hbar^2}{2m_e}\Delta - \frac{e^2}{r}. \qquad (22.216)$$

Die Schrödinger-Gleichung für die Wellenfunktion des Elektrons $\psi(t,\boldsymbol{x})$ lautet

$$\mathrm{i}\hbar\frac{\partial}{\partial t}\psi = -\frac{\hbar^2}{2m_e}\Delta\psi - \frac{e^2}{r}\psi. \qquad (22.217)$$

(b) Das Heliumatom besteht aus einem Kern mit zwei Protonen und zwei Neutronen, umgeben von zwei Elektronen. Jedes Elektron bewegt sich im anziehenden Coulomb-Feld des Kerns mit Kernladung $Z = 2$. Zusätzlich erfahren die Elektronen die gegenseitigen Coulomb-Abstoßung. Sind $\boldsymbol{x}_1, \boldsymbol{p}_1$ Ort und Impuls des ersten Elektrons und $\boldsymbol{x}_2, \boldsymbol{p}_2$ Ort und Impuls des zweiten Elektrons, dann lautet die klassische Hamilton-Funktion für das Heliumatom

$$H = \frac{\boldsymbol{p}_1^2}{2m_e} + \frac{\boldsymbol{p}_2^2}{2m_e} - \left(\frac{2e^2}{r_1} + \frac{2e^2}{r_2}\right) + \frac{e^2}{r_{12}}. \qquad (22.218)$$

Hier bezeichnen $r_k = |\boldsymbol{x}_k|$ die Abstände der Elektronen vom Atomkern am Ursprung, und $r_{12} = |\boldsymbol{x}_1 - \boldsymbol{x}_2|$ ist der Abstand zwischen den Elektronen. Die Elektronen werden durch eine Materiewelle $\psi(t,\boldsymbol{x}_1,\boldsymbol{x}_2)$ beschrieben. Nach den Korrespondenzregeln im Ortsraum wird $\boldsymbol{p}_k$ zum Ableitungsoperator $\hbar/\mathrm{i}\,\nabla_k$, der auf die Koordinaten des k-ten Elektrons wirkt. Mit dieser Regel lautet der Hamilton-Operator für das Heliumatom

$$\hat{H} = -\frac{\hbar^2}{2m_e}(\Delta_1 + \Delta_2) - \left(\frac{2e^2}{r_1} + \frac{2e^2}{r_2}\right) + \frac{e^2}{r_{12}}, \qquad (22.219)$$

und die zeitabhängige Schrödinger-Gleichung lautet

$$\begin{aligned}\mathrm{i}\hbar\frac{\partial\psi}{\partial t} = & -\frac{\hbar^2}{2m_e}(\Delta_1\psi + \Delta_2\psi) \\ & - \left(\frac{2e^2}{r_1} + \frac{2e^2}{r_2}\right)\psi + \frac{e^2}{r_{12}}\psi.\end{aligned} \qquad (22.220)$$

Achtung Die beiden Elektronen im Heliumatom sind nicht unterscheidbar, und deshalb sind nicht alle Wellenfunktionen zugelassen (Abschn. 31.1). ◂

22.7

(a) Der Hamilton-Operator für ein freies Teilchen in krummlinigen Koordinaten ist

$$\hat{H} = -\frac{\hbar^2}{2m}\Delta_g \qquad (22.221)$$

mit Laplace-Beltrami-Operator (22.153). Für Polarkoordinaten sind der metrische Tensor, seine Determinante und der inverse metrische Tensor

$$g_{ij} = \begin{pmatrix}1 & 0\\ 0 & r^2\end{pmatrix}, \quad g^{ij} = \begin{pmatrix}1 & 0\\ 0 & r^{-2}\end{pmatrix}, \quad g = r^2. \quad (22.222)$$

Teil III

Für den Laplace-Operator in Polarkoordinaten findet man

$$\Delta = \frac{1}{r}\left(\partial_r \quad \partial_\varphi\right)\begin{pmatrix} r & 0 \\ 0 & r^{-1}\end{pmatrix}\begin{pmatrix}\partial_r \\ \partial_\varphi\end{pmatrix} = \partial_r^2 + \frac{1}{r}\partial_r + \frac{1}{r^2}\partial_\varphi^2. \tag{22.223}$$

(b) Mit der Konvention $(q_1, q_2, q_3) = (\vartheta, \psi, \varphi)$ führt ein Vergleich der kinetischen Energie in (22.172) mit der allgemeinen Form (22.146) auf die symmetrische Matrix

$$(g_{ij}) = \begin{pmatrix} A & 0 & 0 \\ 0 & C & C\cos\vartheta \\ 0 & C\cos\vartheta & \left(A\sin^2\vartheta + C\cos^2\vartheta\right)\end{pmatrix}. \tag{22.224}$$

Gemäß der allgemeinen Vorschrift (22.151) benötigen wir die Determinante

$$g = \det(g_{ij}) = CA^2\sin^2\vartheta, \tag{22.225}$$

und $\sqrt{g}$ multipliziert mit dem inversen Tensor:

$$\sqrt{g}\,(g^{ij}) = \sqrt{C}\begin{pmatrix} \sin\vartheta & 0 & 0 \\ 0 & \frac{A}{C}\sin\vartheta + \cos\vartheta\cot\vartheta & -\cot\vartheta \\ 0 & -\cot\vartheta & 1/\sin\vartheta\end{pmatrix}.$$

Der Laplace-Beltrami-Operator hat nun die explizite Form

$$\begin{aligned}\Delta_g = \frac{1}{A\sin\vartheta}\Bigg[&\frac{\partial}{\partial\vartheta}\left(\sin\vartheta\frac{\partial}{\partial\vartheta}\right) \\ &+ \left(\frac{A}{C}\sin\vartheta + \cos\vartheta\cot\vartheta\right)\frac{\partial^2}{\partial\psi^2} \\ &+ \frac{1}{\sin\vartheta}\frac{\partial^2}{\partial\varphi^2} - 2\cot\vartheta\frac{\partial^2}{\partial\psi\partial\varphi}\Bigg],\end{aligned} \tag{22.226}$$

oder, nach einer einfachen Umformung:

$$\begin{aligned}\Delta_g = &\frac{1}{A\sin\vartheta}\frac{\partial}{\partial\vartheta}\left(\sin\vartheta\frac{\partial}{\partial\vartheta}\right) + \frac{1}{C}\frac{\partial^2}{\partial\psi^2} \\ &+ \frac{1}{A}\left(\frac{1}{\sin\vartheta}\frac{\partial}{\partial\varphi} - \cot\vartheta\frac{\partial}{\partial\psi}\right)^2.\end{aligned} \tag{22.227}$$

Der Hamilton-Operator des kräftefreien symmetrischen Kreisels ist dann $-\hbar^2\Delta_g/2$.

(c) Da wir das Verhalten der Wellenfunktionen für kleine und große Radien untersuchen wollen, benutzen wir Kugelkoordinaten. Das Volumenelement ist dann poroportional zu $r^{d-1}\mathrm{d}r\mathrm{d}\Omega$. Für eine Wellenfunktion, die für große oder kleine Radien ein Potenzverhalten $|\psi| \sim r^{-\alpha}$ zeigt, gilt

$$\|\psi\|^2 \propto \int |\psi|^2\sqrt{g}\,\mathrm{d}q \propto \int r^{d-1-2\alpha}\mathrm{d}r \propto \left[r^{d-2\alpha}\right]_0^\infty. \tag{22.228}$$

Für $d \geq 2\alpha$ divergiert das Integral im Unendlichen und für $d \leq 2\alpha$ am Ursprung, sodass wir fordern

$$|\psi| = \begin{cases} O\left(r^{-d/2-\epsilon}\right) & \text{für } r \to \infty \\ O\left(r^{-d/2+\epsilon}\right) & \text{für } r \to 0. \end{cases} \tag{22.229}$$

Für Polarkoordinaten in der Ebene ist $d = 2$, und die Wellenfunktionen müssen schneller als $1/r$ im Unendlichen abfallen und am Ursprung weniger singulär als $1/r$ sein.

22.8

(a) Man findet

$$\mathrm{i}\hbar\frac{\partial\psi}{\partial t} = \left(-\frac{\partial\Phi}{\partial t} + \frac{\mathrm{i}\hbar}{2\rho}\frac{\partial\rho}{\partial t}\right)\psi \tag{22.230}$$

und

$$-\frac{\hbar^2}{2m}\Delta\psi = \left(\frac{(\nabla\Phi)^2}{2m} - \frac{\hbar^2}{2m}\frac{\Delta\rho^{1/2}}{\rho^{1/2}} - \frac{\mathrm{i}\hbar}{2m\rho}\nabla\left(\rho\nabla\Phi\right)\right)\psi.$$

Der Realteil der Schrödinger-Gleichung ist von der Ordnung $O(1)$ und identisch zu (22.175). Der Imaginärteil ist von der Ordnung $O(\hbar)$ und identisch zu (22.176). Diese Gleichung enthält kein $\hbar$ und ist die bekannte Kontinuitätsgleichung für die Wahrscheinlichkeit.

Nachdem Φ in Einheiten von $\hbar$ geschrieben wurde, enthält die Kontinuitätsgleichung kein $\hbar$ mehr. Die zweite Gleichung (22.175) enthält nur das Quadrat von $\hbar$. Man erwartet also eine Entwicklung der Lösungen in Potenzen von $\hbar^2$.

(b) Für $\hbar = 0$ ist (22.175) die klassische Hamilton-Jacobi-Gleichung mit der Prinzipalfunktion $S(t, \boldsymbol{x}, \boldsymbol{y})$ als Lösung. Diese hängt ab von der Zeit, dem Anfangspunkt $\boldsymbol{y}$ und dem Endpunkt $\boldsymbol{x}$ der klassischen Bahn. Differenzieren wir die Hamilton-Jacobi-Gleichung für S nach x_i und nach y_j, dann folgt

$$\begin{aligned} 0 &= \frac{\partial}{\partial t}\frac{\partial^2 S}{\partial x_i\partial y_j} + \frac{1}{m}\frac{\partial^2 S}{\partial x_i\partial x_k}\frac{\partial^2 S}{\partial x_k\partial y_j} + \frac{1}{m}\frac{\partial S}{\partial x_k}\frac{\partial^3 S}{\partial x_k\partial x_i\partial y_j} \\ &= \frac{\partial}{\partial t}M_{ij} + \frac{1}{m}N_{ik}M_{kj} + \frac{1}{m}\nabla S\nabla M_{ij}, \end{aligned} \tag{22.231}$$

wobei die Matrixelemente der Matrizen M und N durch die Gleichung definiert sind. Wir multiplizieren mit dem Matrixelement $(M^{-1})_{\ell i}$ der Inversen von M und summieren über i und ℓ. Dann ergibt sich mit $\mathrm{Tr}(M^{-1}NM) = \mathrm{Tr}\,N$ die Gleichung

$$\mathrm{Tr}\left(M^{-1}\frac{\partial M}{\partial t}\right) + \frac{1}{m}\mathrm{Tr}\,N + \frac{1}{m}\nabla S\,\mathrm{Tr}\left(M^{-1}\nabla M\right). \tag{22.232}$$

An dieser Stelle benutzen wir die im Hinweis angegebene Identität

$$\delta\det M = \mathrm{Tr}\left(M^{-1}\delta M\right)\det M \tag{22.233}$$

und folgern

$$\frac{\partial}{\partial t}\det M + \frac{1}{m}(\mathrm{Tr}\,N)\det M + \frac{1}{m}\nabla S\nabla(\det M) = 0. \tag{22.234}$$

Teil III

Da $\operatorname{Tr} N = \Delta S$ ist, können die beiden letzten Terme mittels der Produktregel kombiniert werden, und das führt auf die Identität

$$\frac{\partial}{\partial t}\det M + \frac{1}{m}\nabla\left(\det M\,\nabla S\right) = 0. \tag{22.235}$$

Setzen wir $\rho_{sc} = \det(-M)$ wie in (22.177), dann erfüllt dieses ρ_{sc} die Kontinuitätsgleichung (22.176). Das Minusvorzeichen unter der Determinante berücksichtigt, dass im generischen Fall M negativ definit ist. Zum Bespiel ist für das freie Teilchen und den harmonischen Oszillator

$$M = -\frac{m}{t}\boldsymbol{I} \quad \text{und} \quad M = -\frac{m\omega}{\sin\omega t}\boldsymbol{I}. \tag{22.236}$$

22.9 Die Produktregel (22.129) beweisen wir durch Ausschreiben der linken Seite dieser Regel:

$$\begin{aligned}
&(\boldsymbol{D}\phi)^*\psi + \phi^*\boldsymbol{D}\psi\\
&\quad = (\nabla\phi)^*\psi + \frac{\mathrm{i}q}{\hbar c}A\phi^*\psi + \phi^*\nabla\psi - \frac{\mathrm{i}q}{\hbar c}A\phi^*\psi\\
&\quad = (\nabla\phi)^*\psi + \phi^*\nabla\psi = \nabla(\phi^*\psi).
\end{aligned} \tag{22.237}$$

Daraus folgt nun ähnlich wie in (22.123) für Lösungen der Schrödinger-Gleichung die Kontinuitätsgleichung im äußeren Feld:

$$\begin{aligned}
\frac{\partial w}{\partial t} &= \frac{1}{\mathrm{i}\hbar}\left(\psi^*\hat{H}\psi - (\hat{H}\psi)^*\psi\right) = \frac{\mathrm{i}\hbar}{2m}\left(\psi^*\boldsymbol{D}^2\psi - (\boldsymbol{D}^2\psi)^*\psi\right)\\
&= \frac{\mathrm{i}\hbar}{2m}\nabla\left(\psi^*\boldsymbol{D}\psi - (\boldsymbol{D}\psi)^*\psi\right) = -\nabla\boldsymbol{j}.
\end{aligned} \tag{22.238}$$

22.10

(a) Der zu q_i kanonisch konjugierte Impuls ist

$$p_i = \frac{\partial L}{\partial\dot{q}_i} = \sum_j g_{ij}\dot{q}^j + A_i, \tag{22.239}$$

und die Auflösung nach den Geschwindigkeiten führt auf

$$\dot{q}_i = \sum_j g^{ij}(p_j - A_j), \quad \sum_k g^{ik}g_{kj} = \delta^i{}_j. \tag{22.240}$$

Die Geschwindigkeiten sind Linearkombinationen der *kinetischen Impulse* $\pi_i = p_i - A_i$. Die Hamilton-Funktion ist

$$H = \sum p_i\dot{q}_i - L = \frac{1}{2}\sum_{ij} g^{ij}\pi_i\pi_j + V(q). \tag{22.241}$$

(b) Der angegebene Operator $\hat{H}$ ist hermitesch, wenn

$$\begin{aligned}
&\langle\phi, \hat{H}\psi\rangle - \langle\hat{H}\phi, \psi\rangle\\
&\quad = -\frac{\hbar^2}{2}\int\left(\phi^*\left(D_i\sqrt{g}g^{ij}D_j\psi\right) - \left(D_i\sqrt{g}g^{ij}D_j\phi\right)^*\psi\right)\mathrm{d}q
\end{aligned} \tag{22.242}$$

verschwindet. Im Integral heben sich die inverse Wurzel von g in (22.184) und die Wurzel von g im Integrationsmaß weg. Um die Notation zu vereinfachen, setzen wir vorübergehend $A_i/\hbar = B_i$, sodass $D_i = \partial_i - \mathrm{i}B_i$ ist. Dann schreibt sich der Integrand wie folgt:

$$\begin{aligned}
(\ldots) = \;&\phi^*\partial_i\left(\sqrt{g}g^{ij}D_j\psi\right) - \left(\partial_i\sqrt{g}g^{ij}D_j\phi\right)^*\psi\\
&- \mathrm{i}\phi^*B_i\sqrt{g}g^{ij}D_j\psi - \mathrm{i}B_i\sqrt{g}g^{ij}(D_j\phi)^*\psi.
\end{aligned}$$

In den beiden ersten Termen wälzen wir die Ableitung ∂_i über, wobei eine totale Ableitung entsteht:

$$\begin{aligned}
(\ldots) = \;&\partial_i\left(\phi^*\sqrt{g}g^{ij}D_j\psi - \sqrt{g}g^{ij}(D_j\phi)^*\psi\right)\\
&- \left(\partial_i\phi^* + \mathrm{i}B_i\phi^*\right)\sqrt{g}g^{ij}D_j\psi\\
&+ \sqrt{g}g^{ij}(D_j\phi)^*\left(\partial_i\psi - \mathrm{i}B_i\psi\right).
\end{aligned} \tag{22.243}$$

Die beiden Zeilen sind bis auf das Vorzeichen identisch und heben sich weg. Wir erhalten

$$\begin{aligned}
&\langle\phi, \hat{H}\psi\rangle - \langle\hat{H}\phi, \psi\rangle\\
&\quad = -\frac{\hbar}{2}\int\partial_i\left(\sqrt{g}g^{ij}(\phi^*D_j\psi - (D_j\phi)^*\psi)\right).
\end{aligned} \tag{22.244}$$

Daraus folgt nun unmittelbar

$$\begin{aligned}
\frac{\mathrm{d}}{\mathrm{d}t}\langle\psi, \psi\rangle &= \frac{1}{\mathrm{i}\hbar}\langle\psi, \hat{H}\psi\rangle - \langle\hat{H}\psi, \psi\rangle\\
&= -\int_C \operatorname{div} j\,\mathrm{d}q,
\end{aligned} \tag{22.245}$$

wobei unter dem Integral die Wahrscheinlichkeitsstromdichte erscheint:

$$j^i = \hbar\sqrt{g}g^{ij}\operatorname{Im}\left(\psi^*D_j\psi\right). \tag{22.246}$$

Literatur

Holland, P.: A Quantum Theory of Motion. Cambridge University Press, Cambridge (1993)

Schrödinger, E.: Quantisierung als Eigenwertproblem. Erste Mitteilung. Ann. Phys. **79**, 361 (1926); Quantisierung als Eigenwertproblem. Zweite Mitteilung. Ann. Phys. **79**, 489 (1926); Quantisierung als Eigenwertproblem. Dritte Mitteilung. Ann. Phys. **80**, 437 (1926); Quantisierung als Eigenwertproblem. Vierte Mitteilung. Ann. Phys. **81**, 109 (1926)

Weiterführende Literatur

Frenkel, J.: Einführung in die Wellenmechanik. Springer, Berlin (1929)

Rollnik, H.: Quantentheorie 1. 2. Aufl., Springer, Berlin (2003)

23 Formalismus der Quantenmechanik

- Warum sollen Wellenfunktionen quadrat integrabel sein?
- Was ist der Hilbert-Raum für unterscheidbare Teilchen?
- Was sind verschränkte Zustände?
- Warum sind hermitesche und unitäre Operatoren in der Quantenmechanik von besonderem Interesse?
- Was meinen wir mit der Zerlegung der Eins?

M. Bartelmann et al., *Theoretische Physik*, DOI 10.1007/978-3-642-54618-1_23, © Springer-Verlag Berlin Heidelberg 2015

In der Quantentheorie gilt das Superpositionsprinzip exakt für abgeschlossene Systeme. Das bedeutet erstens, dass sich beliebige Zustände – in der Wellenmechanik dargestellt durch Wellenfunktionen – zu einer bestimmten Zeit mit beliebigen komplexen Koeffizienten superponieren lassen und dadurch einen neuen möglichen Zustand definieren, und zweitens, dass jede Superposition von Lösungen der Schrödinger-Gleichung ebenfalls eine Lösung ist. Die zweite Eigenschaft ist gleichbedeutend mit der Forderung, dass die Schrödinger-Gleichung linear ist. In der Quantenphysik kann man Zustände überlagern, die in der klassischen Physik als vollkommen getrennt behandelt würden. Ein Elektron kann in einem Zustand sein, der eine Mischung aus „hier" und „dort" darstellt, in dem es also keinen eindeutig definierten Ort hat. Der Raum der Wellenfunktionen bildet also einen linearen Raum, einen Vektorraum. Man spricht in diesem Zusammenhang vom Raum der *Zustandsvektoren* in der Ortsdarstellung.

Die Wellenfunktion selbst hat in der in Abschn. 24.1 vorgestellten Standardinterpretation der Quantenmechanik keine physikalische Bedeutung, aber ihr Betragsquadrat ist proportional zu einer Wahrscheinlichkeitsdichte. Diese Interpretation verlangt, dass das Betragsquadrat integrierbar sein muss, und diese Bedingung versieht den linearen Raum der Zustandsvektoren mit einem Skalarprodukt. Wir werden annehmen, dass der Vektorraum eine Basis besitzt und unendlich-dimensional sein kann. Vektorräume mit dieser Eigenschaft nennt man *Hilbert-Räume*. Jeder endlich-dimensionale reelle oder komplexe Vektorraum mit Skalarprodukt ist ein Hilbert-Raum.

Teil III

Nach dem Korrespondenzprinzip werden klassische Observablen bei der „Quantisierung" einer klassischen Theorie zu linearen Operatoren auf dem Raum der Zustandsvektoren. Die Eigenwerte des Operators sind dann die messbaren Werte der zugeordneten Observablen, und die diskrete Struktur in der Mikrophysik ist Ausdruck der Tatsache, dass diese Eigenwerte in vielen Fällen diskrete Werte annehmen. Das Verständnis der Quantisierung von physikalischen Größen im Kontext eines Eigenwertproblems gelingt mit den Methoden der linearen Algebra.

Für Quantensysteme mit einer endlichen Anzahl von Freiheitsgraden ist das Eigenwertproblem äquivalent zur Bestimmung der Eigenvektoren und Eigenwerte von gewissen Matrizen. Beispiele von endlich-dimensionalen Systemen sind der Spin des Elektrons (wenn wir von der Bewegung im Raum absehen) oder Zwei-Niveau bzw. Drei-Niveau-Systeme in der Atomphysik. Solche Systeme sind für Laser und Quantencomputer wichtig. Für ein System mit unendlich vielen Freiheitsgraden werden Observablen zu linearen Operatoren in einem unendlich-dimensionalen Hilbert-Raum. Nach Einführung einer Basis im Hilbert-Raum können Observablen durch unendlich-dimensionale Matrizen dargestellt werden, und neben der linearen Algebra braucht es einige Resultate der Analysis, um die auftretenden Konvergenzfragen zu beantworten.

23.1 Hilbert-Räume

In dem in Abschn. 21.3 vorgestellten Doppelspaltexperiment bleibe zunächst jeweils einer der beiden Spalte geschlossen. Es seien nun ϕ und ψ die Wellenfunktionen, welche die Elektronen bei geöffnetem Spalt 1 *oder* bei geöffnetem Spalt 2 beschreiben. Nach dem Born'schen Postulat sind die Wahrscheinlichkeitsverteilungen für die Detektion der Elektronen am Ort $\boldsymbol{x}$ des Schirmes proportional zu

$$w_1(\boldsymbol{x}) = |\phi(\boldsymbol{x})|^2 \quad \text{oder} \quad w_2(\boldsymbol{x}) = |\psi(\boldsymbol{x})|^2 . \tag{23.1}$$

Öffnet man nun beide Spalte, so entsteht ein Interferenzbild auf dem Schirm. Bei monochromatischen Wellen findet man eine Verstärkung dort, wo die Wegdifferenz von beiden Spalten ein ganzzahliges Vielfaches der Wellenlänge ist. Wegen der Interferenz ist die Wahrscheinlichkeit dann nicht mehr einfach die Summe der obigen Wahrscheinlichkeiten.

Die Wellenfunktionen definieren einen Vektorraum

Wie aus der Wellenoptik bekannt ist, überlagern sich die beiden Wellen: Sind Spalt 1 *und* Spalt 2 geöffnet, dann ist die entsprechende Wellenfunktion $c\phi + d\psi$ eine Linearkombination der Wellenfunktionen mit jeweils einem geöffneten Spalt, wobei die komplexen Koeffizienten c und d die Amplituden der beiden Wellen charakterisieren. Ihre Werte hängen von der experimentellen Anordnung ab. Nun ergibt sich eine Wahrscheinlichkeitsverteilung proportional zu

$$|c\phi + d\psi|^2 = |c|^2|\phi|^2 + |d|^2|\psi|^2 + c^*d\phi^*\psi + cd^*\phi\psi^* . \tag{23.2}$$

Die beiden letzten Interferenzterme sind verantwortlich für die Welleneigenschaften von Teilchen. Wegen des Superpositionsprinzips bilden die Wellenfunktionen also einen Vektorraum.

Vektoren $\psi_1, \psi_2, \ldots$ heißen linear unabhängig, wenn die Gleichung $\sum c_n\psi_n = 0$ nur die triviale Lösung $c_1 = c_2 = \cdots = 0$ hat; andernfalls heißen die Vektoren linear abhängig. Die maximale Anzahl der linear unabhängigen Vektoren in $\mathcal{H}$ ist gleich der *Dimension* von $\mathcal{H}$. Weitere Eigenschaften von Vektoren und Vektorräumen finden Sie im „Mathematischen Hintergrund" 1.1.

Vektorraum

Die Menge der Wellenfunktionen bilden einen komplexen Vektorraum $\mathcal{H}$. Sind ϕ, ψ beliebige Vektoren in $\mathcal{H}$ und c eine komplexe Zahl, dann sind auch

$$\phi + \psi = \psi + \phi \quad \text{und} \quad c\psi \tag{23.3}$$

in $\mathcal{H}$. Es existiert ein Nullvektor $0 \in \mathcal{H}$ mit $0 + \psi = \psi$, und es gilt

$$\begin{aligned} c(\phi + \psi) &= c\phi + c\psi , \\ (c + d)\psi &= c\psi + d\psi , \\ c(d\psi) &= (cd)\psi . \end{aligned} \tag{23.4}$$

Norm und Skalarprodukt von Zustandsvektoren

Eine Wellenfunktion ist nur dann eine Wahrscheinlichkeitsamplitude, wenn die nichtnegative Dichte $w = |\psi|^2$ zu eins integriert. Für ein Teilchen im $\mathbb{R}^3$ definiert das Integral

$$\|\psi\|^2 = \int \mathrm{d}^3x\, |\psi(\boldsymbol{x})|^2 \tag{23.5}$$

das Quadrat einer Norm auf dem Raum der Wellenfunktionen. Mehr über Vektorräume mit einer Norm, sogenannte normierte Räume, finden Sie im „Mathematischen Hintergrund" 1.2.

Hat ψ eine endliche Norm – derartige Wellenfunktionen heißen *quadratintegrabel* – dann kann man durch Multiplikation von ψ mit einer komplexen Zahl erreichen, dass die reskalierte Wellenfunktion die Norm eins hat. Die reskalierte Wellenfunktion mit $\|\psi\| = 1$ nennt man auf eins normiert oder einfach nur normiert.

Für die Summe zweier Zustandsvektoren findet man

$$\|\phi + \psi\|^2 = \|\phi\|^2 + \|\psi\|^2 + \langle\phi, \psi\rangle + \langle\psi, \phi\rangle\,, \tag{23.6}$$

wobei auf der rechten Seite das *innere Produkt* zweier Wellenfunktionen auftritt:

$$\langle\phi, \psi\rangle = \int \mathrm{d}^3x\, \phi^*(\boldsymbol{x})\psi(\boldsymbol{x})\,. \tag{23.7}$$

Insbesondere ist

$$\langle\psi, \psi\rangle = \|\psi\|^2\,. \tag{23.8}$$

Das innere Produkt hat alle Eigenschaften eines Skalarprodukts (siehe dazu den „Mathematischen Hintergrund" 1.3).

Skalarprodukt

Ein Skalarprodukt in einem komplexen Vektorraum ist hermitesch, linear im zweiten Argument und positiv:

$$\begin{aligned}\langle\phi, \psi\rangle &= \langle\psi, \phi\rangle^* \in \mathbb{C}\,,\\ \langle\phi, c_1\psi_1 + c_2\psi_2\rangle &= c_1\langle\phi, \psi_1\rangle + c_2\langle\phi, \psi_2\rangle\,,\\ \|\psi\|^2 \equiv \langle\psi, \psi\rangle &> 0\,, \quad \text{wenn} \quad \psi \neq 0\,,\end{aligned} \tag{23.9}$$

wobei c_1, c_2 beliebige komplexe Zahlen sind.

Die Linearität im zweiten Argument impliziert wegen der Hermitizität die Antilinearität im ersten Argument:

$$\langle c_1\psi_1 + c_2\psi_2, \phi\rangle = c_1^*\langle\psi_1, \phi\rangle + c_2^*\langle\psi_2, \phi\rangle\,. \tag{23.10}$$

Das Skalarprodukt ist also linear im zweiten und anti-linear im ersten Argument. Ein Vektorraum $\mathcal{H}$ mit Skalarprodukt heißt *Prä-Hilbert-Raum.*

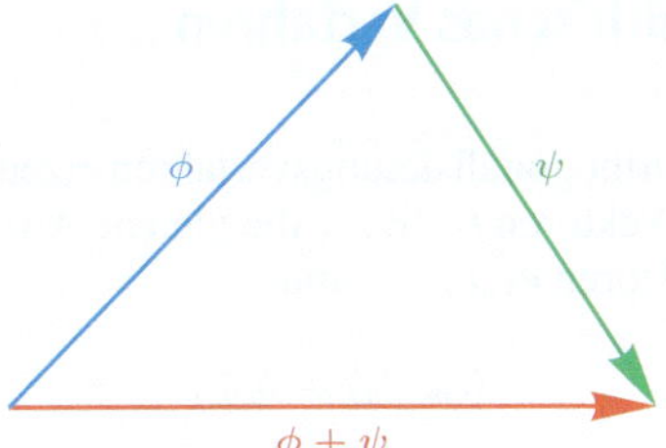

Abb. 23.1 Im Dreieck ist die Summe der Längen von zwei Dreiecksseiten immer größer oder gleich der Länge der dritten Seite

Achtung In welchem Argument das Skalarprodukt anti-linear ist, ist Konvention und wird in der mathematischen Literatur oft anders herum gehandhabt. ◀

Zwei Vektoren heißen orthogonal, wenn $\langle\phi, \psi\rangle = 0$ ist.

Ein Skalarprodukt erfüllt die wichtige und aus der euklidischen Geometrie schon bekannte Schwarz'sche Ungleichung.

Schwarz'sche Ungleichung

Das Skalarprodukt von zwei Vektoren ist durch das Produkt ihrer Normen nach oben beschränkt:

$$|\langle\phi, \psi\rangle| \leq \|\phi\| \cdot \|\psi\|\,. \tag{23.11}$$

Daraus folgt unmittelbar die *Dreiecksungleichung*

$$\|\phi + \psi\| \leq \|\phi\| + \|\psi\|\,. \tag{23.12}$$

Beweis Für den Nullvektor gilt die Ungleichung (23.11) trivialerweise, und man darf daher $\psi \neq 0$ annehmen. Für jedes komplexe c gilt

$$\begin{aligned}0 &\leq \langle\phi - c\psi, \phi - c\psi\rangle\\ &= \|\phi\|^2 + |c|^2\|\psi\|^2 - c^*\langle\psi, \phi\rangle - c\langle\phi, \psi\rangle\,.\end{aligned} \tag{23.13}$$

Wählt man hier $c = \langle\psi, \phi\rangle/\|\psi\|^2$ und multipliziert die zugehörige Ungleichung mit $\|\psi\|^2$, dann erhält man die Schwarz'sche Ungleichung. Die Dreiecksungleichung folgt dann aus

$$\begin{aligned}\|\phi + \psi\|^2 &= \|\phi\|^2 + \|\psi\|^2 + \langle\phi, \psi\rangle + \langle\psi, \phi\rangle\\ &\leq \|\phi\|^2 + \|\psi\|^2 + 2|\langle\phi, \psi\rangle|\,,\end{aligned} \tag{23.14}$$

wenn man den letzten Term mithilfe der Schwarz'schen Ungleichung (23.11) abschätzt. ■

Die Dreiecksungleichung vergleicht die Seitenlängen des von ϕ, ψ und $\phi + \psi$ aufgespannten Dreiecks (Abb. 23.1). Wegen dieser Ungleichung ist jede Linearkombination von quadratintegrablen Wellenfunktionen ebenfalls quadratintegrabel.

Gram-Schmidt'sches Verfahren

Das folgende Orthogonalisierungsverfahren erzeugt aus n linear unabhängigen Vektoren $f_1, f_2, \ldots$ die gleiche Anzahl von orthonormierten Vektoren $e_1, e_2, \ldots$ mit

$$\langle e_m, e_n \rangle = \delta_{mn}\,, \tag{23.15}$$

die denselben Unterraum aufspannen wie die $\{f_1, f_2, \ldots\}$. Das Verfahren wurde bereits in Abschn. 13.3 eingesetzt, um die Legendre-Polynome zu konstruieren. Im ersten Schritt des Verfahrens bestimmt man folgende n rekursiv definierte und paarweise orthogonale Vektoren:

$$g_m = f_m - \sum_{k=1}^{m-1} P_{g_k}(f_m), \quad 1 \le m \le n\,. \tag{23.16}$$

Hier projiziert P_g auf den von g aufgespannten Unterraum:

$$P_g(f) = \frac{\langle g, f \rangle}{\langle g, g \rangle}\, g \quad \text{mit}\; P_g(P_g(f)) = P_g(f)\,. \tag{23.17}$$

Derartige Projektoren werden später eine wichtige Rolle spielen. Normieren wir die orthogonalen Vektoren g_n, so erhalten wir die orthonormierten Vektoren e_n.

Frage 1

Überlegen Sie sich, welche orthogonale Basis Sie erhalten, wenn das Verfahren auf die Monome $\{1, x, x^2, \ldots\}$ im Vektorraum der reellen Funktionen auf $[-1, 1]$ mit Skalarprodukt

$$\langle f, g \rangle = \int_{-1}^{1} \mathrm{d}x\, f(x) g(x) \tag{23.18}$$

angewandt wird. Sie sollten die bereits in Abschn. 13.3 besprochenen Legendre-Polynome erhalten.

Das Gram-Schmidt'sche Verfahren liefert zuerst

$$g_0 = 1, \quad g_1 = x, \quad g_2 = x^2 - \frac{1}{3}, \quad g_3 = x^3 - \frac{3}{5}x, \quad \ldots \tag{23.19}$$

Skaliert man diese, sodass sie bei $x = 1$ den Wert 1 annehmen, dann erhält man in der Tat die *Legendre-Polynome*

$$P_n(x) = \frac{g_n(x)}{g_n(1)} = \frac{1}{2^n n!} \frac{\mathrm{d}^n}{\mathrm{d}x^n} \left(x^2 - 1\right)^n. \tag{23.20}$$

Hilbert-Räume

Die in der Quantenmechanik auftretenden Vektorräume haben oft eine unendliche Dimension, und es treten neben den algebraischen auch analytische Methoden in den Vordergrund, insbesondere bei Konvergenzfragen. Zu deren Untersuchung braucht es einen Abstand, den man in einem Vektorraum mit Skalarprodukt ganz natürlich definieren kann: Ähnlich wie im euklidischen Raum ist der Abstand zwischen zwei Vektoren ϕ und ψ gleich der Norm (die Länge) des Differenzvektors $\phi - \psi$.

Der endlich-dimensionale Vektorraum der komplexen d-Tupel

$$c = \begin{pmatrix} c_1 \\ c_2 \\ \vdots \\ c_d \end{pmatrix} \in \mathbb{C}^d \tag{23.21}$$

versehen mit der Norm

$$\|c\| = \left(|c_1|^2 + \cdots + |c_d|^2\right)^{1/2} \tag{23.22}$$

ist *vollständig*, d. h., jede Cauchy-Folge in $\mathbb{C}^d$ konvergiert gegen einen in $\mathbb{C}^d$ liegenden Grenzwert.

Wir erinnern daran, dass für eine *Cauchy-Folge* die Folgenglieder irgendwann beliebig nahe beieinander liegen, d. h., zu jedem positiven ϵ existiert ein $N_\epsilon \in \mathbb{N}$, sodass

$$\|\psi_m - \psi_n\| < \epsilon \quad \text{für alle}\; m, n \ge N_\epsilon\,. \tag{23.23}$$

Man verlangt nun, dass auch im allgemeinen Fall die quantenmechanischen Zustandsvektoren Elemente in einem *vollständigen* Vektorraum mit Skalarprodukt sind.

Hilbert-Raum

Ein Prä-Hilbert-Raum (Vektorraum mit Skalarprodukt), in dem jede Cauchy-Folge einen Grenzwert besitzt, heißt vollständig. Ein vollständiger Prä-Hilbert-Raum heißt *Hilbert-Raum*.

Der Hilbert'sche Folgenraum

Man kann die Quantenmechanik mithilfe des Hilbert'schen Folgenraumes

$$\ell_2 = \left\{ c = \{c_k\}_{k \in \mathbb{N}} \;\middle|\; \|c\|^2 = \sum\nolimits_k |c_k|^2 < \infty \right\} \tag{23.24}$$

als sogenannte *Matrizenmechanik* formulieren. Zum Beispiel sind die Folgen mit den Gliedern

$$c_k = \frac{1}{k^\alpha}, \quad \alpha > \frac{1}{2} \tag{23.25}$$

Elemente des Hilbert'schen Folgenraumes. Das Quadrat ihrer Norm ist gegeben durch die Riemann'sche Zetafunktion,

$$\|c\|^2 = \sum_{k=1}^{\infty} \frac{1}{k^{2\alpha}} = \zeta(2\alpha)\,, \tag{23.26}$$

Teil III

die in der Zahlentheorie eine bedeutende Rolle spielt. Der Folgenraum ist ein Prä-Hilbert-Raum mit Skalarprodukt

$$\langle c, d\rangle = \sum_k c_k^* d_k . \qquad (23.27)$$

Er ist sogar ein Hilbert-Raum mit den „Einheitsfolgen" $\{1, 0, 0, \ldots\}$, $\{0, 1, 0, \ldots\}$, $\{0, 0, 1, 0, \ldots\}$, ... als Basis. Der Folgenraum ist der Prototyp eines Hilbert-Raumes: Jeder Hilbert-Raum mit einer abzählbaren Basis ist isomorph zu diesem Raum. Dieser Isomorphismus erklärt die Äquivalenz zwischen der Wellen- und der Matrizenmechanik. ◀

Frage 2

Überzeugen Sie sich davon, dass der Hilbert'sche Folgenraum vollständig ist.

Zum Beweis betrachtet man eine Cauchy-Folge von Folgen $c^{(n)} \in \ell_2$ und die Folge bestehend aus dem jeweils k'ten Glied $c_k^{(n)}$ dieser Folgen. Dies sind die rot markierten Glieder in

$$\begin{aligned} c^{(1)} &= \{c_1^{(1)}, c_2^{(1)}, \ldots, c_k^{(1)}, \ldots\} \\ c^{(2)} &= \{c_1^{(2)}, c_2^{(2)}, \ldots, c_k^{(2)}, \ldots\} \\ c^{(3)} &= \{c_1^{(3)}, c_2^{(3)}, \ldots, c_k^{(3)}, \ldots\} \\ &\vdots \end{aligned} \qquad (23.28)$$

Mithilfe von $|c_k^{(n)} - c_k^{(m)}| \leq \|c^{(n)} - c^{(m)}\|$ beweist man nun leicht, dass die Folge der rot markierten Glieder eine Cauchy-Folge in $\mathbb{C}$ definiert. Da $\mathbb{C}$ vollständig ist, konvergiert diese Folge $c_k^{(n)}$ gegen ein c_k. Für die Folge $c = \{c_k\}$ muss man jetzt noch zeigen, dass sie im Hilbert'schen Folgenraum liegt und dass $\|c^{(n)} - c\| \to 0$ gilt. Den Beweis findet man z. B. in Fischer und Kaul (1998).

Achtung Der Prä-Hilbert-Raum aller stetigen Funktionen auf dem Konfigurationsraum $C \subseteq \mathbb{R}^d$ ist nicht vollständig. Es existieren beispielsweise Cauchy-Folgen von stetigen Funktionen, die gegen eine unstetige Funktion konvergieren (Funktionenfolgen und deren Konvergenz werden auch im „Mathematischen Hintergrund" 8.1 behandelt). Abbildung 23.2 zeigt die in Aufgabe 23.2 diskutierte Folge. ◀

Ein Prä-Hilbert-Raum kann zu einem Hilbert-Raum vervollständigt werden, in dem er dicht liegt. Zum Beispiel führt die Vervollständigung des Prä-Hilbert-Raumes $C_0^\infty(C)$ der beliebig oft differenzierbaren Funktionen mit kompaktem Träger in C auf den Hilbert-Raum $L_2(C)$.

Um die wichtigen Räume $L_2(C)$ zu charakterisieren, beginnt man mit den quadratintegrablen Wellenfunktionen der Wellenmechanik. Diese sind (messbare) Funktionen auf dem Konfigurationsraum $C \subseteq \mathbb{R}^d$ mit endlicher Norm:

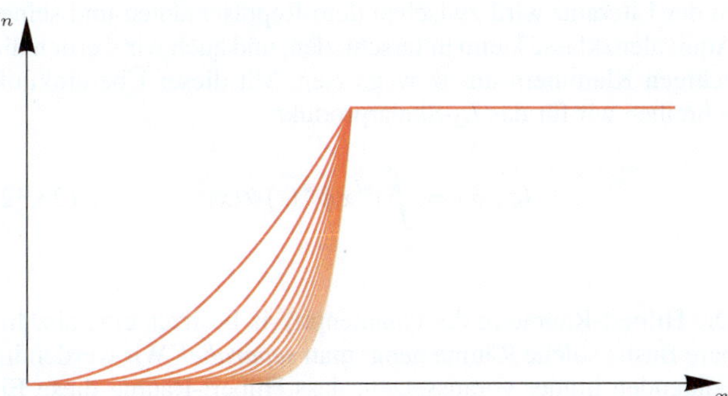

Abb. 23.2 Eine Cauchy-Folge von stetigen Funktionen, die bezüglich des von der Norm definierten Abstandsbegriffs gegen eine unstetige Stufenfunktion konvergiert (mehr dazu in Aufgabe 23.2)

$$\mathcal{L}_2(C) = \left\{ \psi : C \mapsto \mathbb{C} \;\middle|\; \|\psi\|^2 = \int_C \mathrm{d}^d x \, |\psi(x)|^2 < \infty \right\}. \qquad (23.29)$$

In $\mathcal{L}_2$ hat neben der Nullfunktion jede Funktion, die sich nur auf einer Menge vom Maß null von der Nullfunktion unterscheidet, eine verschwindende Norm.

Frage 3

Überlegen Sie sich, dass die messbare Dirichlet-Funktion, welche die rationalen Zahlen auf 1 und die irrationalen Zahlen auf 0 abbildet, eine verschwindende Norm hat.

Aus $\|\psi\| = 0$ folgt also nicht $\psi = 0$, d. h., $\|..\|$ definiert keine Norm auf $\mathcal{L}_2$. Um dieses Problem zu lösen, führt man Äquivalenzklassen von quadratintegrablen Funktionen ein:

$$[\psi] = \{\phi \in \mathcal{L}_2(C) \mid \|\phi - \psi\| = 0\} . \qquad (23.30)$$

Die Elemente einer Klasse sind quadratintegrable Funktionen, die sich höchstens auf einer Menge vom Maß null unterscheiden. Die lineare Struktur von $\mathcal{L}_2(C)$ ist verträglich mit dieser Klasseneinteilung, sodass die Klassen auch einen Vektorraum bilden.

L_2-Räume

Die Äquivalenzklassen von Funktionen

$$L_2(C) = \{[\psi] \mid \psi \in \mathcal{L}_2(C)\} \qquad (23.31)$$

im Raum $\mathcal{L}_2(C)$ bilden einen Vektorraum, in dem es genau ein Element mit verschwindender Norm gibt, nämlich die zur Nullfunktion gehörige Klasse. $L_2(C)$ ist ein Hilbert-Raum, in dem jede Cauchy-Folge konvergiert.

Teil III

In der Literatur wird zwischen dem Repräsentanten und seiner Äquivalenzklasse kaum unterschieden, und auch wir werden die eckigen Klammern um ψ weglassen. Mit dieser Übereinkunft schreiben wir für das L_2-Skalarprodukt

$$\langle \phi, \psi \rangle = \int_C \mathrm{d}^d x\, \phi^*(x) \psi(x) . \tag{23.32}$$

Die Hilbert-Räume in der Quantenphysik besitzen eine abzählbare Basis; solche Räume nennt man *separabel*. Wir werden im Folgenden immer voraussetzen, dass Hilbert-Räume diese Eigenschaft haben. Mithilfe des Gram-Schmidt'schen Verfahrens kann man aus einer abzählbaren Basis immer eine abzählbare orthonormierte Basis konstruieren. Man spricht dann von einem vollständigen Orthonormalsystem oder kurz von einer *Orthonormalbasis*.

Jeder Vektor im Hilbert-Raum ist als eine eindeutige Linearkombination der Basisvektoren darstellbar:

$$\psi = \sum_{n=1}^{\dim \mathcal{H}} c_n \psi_n . \tag{23.33}$$

Ist $\dim \mathcal{H} = \infty$, dann bilden die Partialsummen eine Cauchy-Folge und konvergieren gegen ψ. Im Folgenden werden wir immer eine Orthonormalbasis wählen, für die $\langle \psi_m, \psi_n \rangle = \delta_{mn}$ ist. Dann findet man den Entwicklungskoeffizienten c_m, indem man das Skalarprodukt von (23.33) mit dem Basisvektor ψ_m nimmt:

$$\langle \psi_m, \psi \rangle = \sum_n c_n \langle \psi_m, \psi_n \rangle = \sum_n c_n \delta_{mn} = c_m . \tag{23.34}$$

Er ist somit gleich dem Skalarprodukt von ψ_m und ψ. Diese Wahl für die Koeffizienten sorgt auch für die schnellste Konvergenz der Partialsummen gegen ψ (Aufgabe 23.1).

Vollständigkeitsrelation

Ist $\{\psi_n\}$ eine Orthonormalbasis in einem Hilbert-Raum $\mathcal{H}$, dann hat jeder Vektor in $\mathcal{H}$ die Entwicklung

$$\psi = \sum_n c_n \psi_n = \sum_n \langle \psi_n, \psi \rangle \psi_n . \tag{23.35}$$

Diese Beziehung heißt *Vollständigkeitsrelation*.

Das Quadrat von $\|\psi\|$ kann durch die Entwicklungskoeffizienten bezüglich einer Orthonormalbasis ausgedrückt werden:

$$\|\psi\|^2 = \sum_{m,n} c_m^* c_n \langle \psi_m, \psi_n \rangle = \sum_n |c_n|^2 = \|c\|^2 . \tag{23.36}$$

Die Norm des Vektors ψ ist also gleich der Norm der Koeffizientenfolge $\{c_n\}$ im Hilbert'schen Folgenraum.

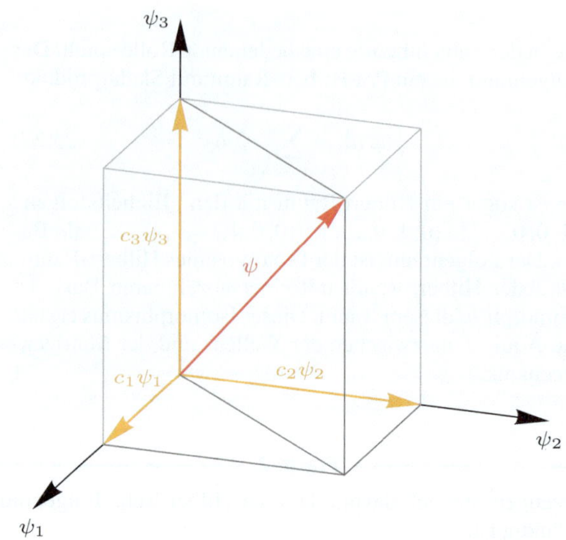

Abb. 23.3 Jeder Vektor ist eine eindeutige Linearkombination der (orthonormierten) Basisvektoren

Wie im Vektorraum $\mathbb{R}^3$ ist der Summand $c_n \psi_n$ in der Vollständigkeitsrelation die Projektion von ψ auf den Basisvektor ψ_n. Dies ist in Abb. 23.3 gezeigt.

Der Entwicklungskoeffizient $c_n = \langle \psi_n, \psi \rangle$ entspricht dann dem Richtungskosinus und (23.36) wird zum Satz des Pythagoras im Hilbert-Raum.

Die lineare Abbildung $\psi \mapsto \{c_n\}$ vom Hilbert-Raum $\mathcal{H}$ in den Hilbert'schen Folgenraum ist eine bijektive und längenerhaltende Abbildung.

Zur Isomorphie zwischen Hilbert-Räumen

Jeder endlich-dimensionale Hilbert-Raum $\mathcal{H}$ über $\mathbb{C}$ ist isomorph zu $\mathbb{C}^{\dim(\mathcal{H})}$. Jeder separable Hilbert-Raum mit $\dim(\mathcal{H}) = \infty$ ist isomorph zum Hilbert'schen Folgenraum ℓ_2.

Frage 4

Überzeugen Sie sich davon, dass die in (23.34) definierte Abbildung $\psi \to \{c_n\}$ von einem separablen Hilbert-Raum in den Hilbert'schen Folgenraum bijektiv und linear ist.

Periodische Funktionen auf dem Intervall

Periodische Funktionen auf dem Intervall $[0, L]$ können als Funktionen auf einer Kreislinie S mit Umfang L aufgefasst werden. Der Hilbert-Raum

$$L_2(S) = \left\{ \psi(0) = \psi(L) \mid \int_0^L \mathrm{d}x\, |\psi|^2 < \infty \right\} \qquad (23.37)$$

hat die Orthonormalbasis

$$\psi_n(x) = \frac{1}{\sqrt{L}} \mathrm{e}^{2\pi i n x/L}, \quad n \in \mathbb{Z}. \qquad (23.38)$$

Die Isomorphie $L_2(S) \to \ell_2$ ist die Fourier-Transformation, die einer periodischen Funktion ihre Fourier-Koeffizienten zuordnet. Die Vollständigkeitsrelation (23.35) lautet hier

$$\psi(x) = \frac{1}{\sqrt{L}} \sum c_n \mathrm{e}^{2\pi i n x/L}. \qquad (23.39)$$

Dies ist die bekannte Fourier-Reihe für periodische Funktionen. Die Fourier-Koeffizienten c_n erhält man mithilfe der Fourier-Rücktransformation

$$c_n = \langle \psi_n, \psi \rangle = \frac{1}{\sqrt{L}} \int \mathrm{d}x\, \mathrm{e}^{-2\pi i n x/L} \psi(x). \qquad (23.40)$$

In Aufgabe 23.3 betrachten wir die Vollständigkeitsrelation für die periodische Dreiecksschwingung. Fourier-Reihen werden ausführlicher in Abschn. 8.3 behandelt. ◂

Wichtige Hilbert-Räume

In der Ortsdarstellung ist die Wellenfunktion für ein System aus N Teilchen eine quadratintegrable Funktion der Teilchenkoordinaten $\boldsymbol{x}_1, \ldots, \boldsymbol{x}_N$.

Mehrteilchensysteme

Für N unterscheidbare Teilchen ist der Hilbert-Raum

$$L_2\left(\mathbb{R}^{3N}\right) = \{\psi : \mathbb{R}^{3N} \mapsto \mathbb{C} \mid \|\psi\|^2 < \infty\} \qquad (23.41)$$

mit der quadrierten Norm

$$\|\psi\|^2 = \int |\psi(\boldsymbol{x}_1, \ldots, \boldsymbol{x}_N)|^2 \, \mathrm{d}^3x_1 \cdots \mathrm{d}^3x_N. \qquad (23.42)$$

Achtung Für nichtunterscheidbare Teilchen ist $\mathcal{H}$ ein Unterraum von $L_2(\mathbb{R}^{3N})$. Dies wird in Abschn. 31.1 ausführlich diskutiert. ◂

Gemäß den Ausführungen in Kap. 22 ist für ein System mit verallgemeinerten Koordinaten $q = (q_1, \ldots, q_f)$ die Norm einer Wellenfunktion durch ein gewichtetes Integral über den Konfigurationsraum C gegeben.

Gewichtete L_2-Räume

Für ein physikalisches System mit verallgemeinerten Koordinaten tritt anstelle des Lebesgue-Maßes $d^f q$ ein gewichtetes Maß. Der Hilbert-Raum $L_2(C, \mu)$ besteht dann aus den quadratintegrablen Funktionen mit endlicher Norm

$$\|\psi\| = \left(\int_C \mathrm{d}^f q\, |\psi(q)|^2 \mu(q) \right)^{1/2}. \qquad (23.43)$$

In den meisten Anwendungen ist die Gewichtsfunktion $\mu = \sqrt{g}$, worin g die Determinante der Riemann'schen Metrik auf dem Konfigurationsraum C ist.

Der Hilbert-Raum $L_2\left(\mathbb{R}, \mathrm{e}^{-x^2} \mathrm{d}x\right)$

Bei der Behandlung des harmonischen Oszillators in Abschn. 26.3 werden wir auf den gewichteten Hilbert-Raum der Funktionen auf $\mathbb{R}$ mit Skalarprodukt

$$\langle \phi, \psi \rangle = \int_{\mathbb{R}} \mathrm{d}x\, \phi^*(x) \psi(x)\, \mathrm{e}^{-x^2} \qquad (23.44)$$

geführt. Die Monome $\phi_n(x) = x^n$ mit $n \in \mathbb{N}_0$ sind wegen der Gauß'schen Gewichtsfunktion quadratintegrabel und bilden eine nichtorthogonale Basis. Um eine orthogonale Basis zu konstruieren, wendet man das Gram-Schmidt'sche Verfahren auf die $\{\phi_n\}$ an. Dies führt auf die Hermite-Polynome

$$H_n(x) = \frac{\mathrm{d}^n F_t(x)}{\mathrm{d}t^n}\Big|_{t=0}, \quad F_t(x) = \mathrm{e}^{2tx - t^2}. \qquad (23.45)$$

Die niedrigsten Hermite-Polynome sind

$$H_0 = 1, \quad H_1 = 2x, \quad H_2 = 4x^2 - 2, \ \ldots \qquad (23.46)$$

Das Skalarprodukt der erzeugenden Funktion F_t in (23.45) für verschiedene Parameterwerte ist

$$\langle F_s, F_t \rangle = \sqrt{\pi}\, \mathrm{e}^{2st}. \qquad (23.47)$$

Deshalb führt die Konstruktionsvorschrift (23.45) auf

$$\langle H_m, H_n \rangle = \sqrt{\pi}\, 2^n n!\, \delta_{mn}. \qquad (23.48)$$

Weitere Eigenschaften der Hermite-Polynome findet man in Abschn. 26.3 und in Aufgabe 13.6. ◂

Direkte Summe von Hilbert-Räumen

Es sei $\mathcal{H}$ ein Hilbert-Raum mit Untervektorräumen $\mathcal{U}, \mathcal{V}$. Dies sind Teilmengen, die selbst Vektorräume bilden. Die Summe der beiden Unterräume

$$\mathcal{U} + \mathcal{V} = \{\phi + \psi \,|\, \phi \in \mathcal{U}, \psi \in \mathcal{V}\} \tag{23.49}$$

heißt direkt, wenn nur der Nullvektor in beiden Unterräumen liegt, $\mathcal{U} \cap \mathcal{V} = \{0\}$. Die direkte Summe wird mit $\mathcal{U} \oplus \mathcal{V}$ bezeichnet. Die Summe zweier Unterräume heißt orthogonal, $\mathcal{U} \perp \mathcal{V}$, wenn jeder Vektor im ersten Unterraum senkrecht zu jedem Vektor im zweiten Unterraum ist.

Frage 5

Überzeugen Sie sich davon, dass eine orthogonale Summe eine direkte Summe ist.

Man kann auch die direkte Summe von Hilbert-Räumen bilden, die nicht Unterräume eines gemeinsamen Raumes sind. Es seien $\mathcal{U}$ und $\mathcal{V}$ Hilbert-Räume und $\mathcal{U} \times \mathcal{V}$ sei ihr kartesisches Produkt mit komponentenweiser Addition und Skalarmultiplikation. Die Menge der Paare $(\phi, \psi) \in \mathcal{U} \times \mathcal{V}$ versehen mit dem Skalarprodukt

$$\langle(\phi, \psi), (\phi', \psi')\rangle_{\mathcal{U}\oplus\mathcal{V}} \equiv \langle\phi, \phi'\rangle_{\mathcal{U}} + \langle\psi, \psi'\rangle_{\mathcal{V}} \tag{23.50}$$

ist ebenfalls ein Hilbert-Raum, der auch mit $\mathcal{U} \oplus \mathcal{V}$ bezeichnet wird. Ein Vektor in der direkten Summe wird als Summe $\phi + \psi$ geschrieben. Sind $\{\phi_m\}$ und $\{\psi_n\}$ Basen von $\mathcal{U}$ und $\mathcal{V}$, dann ist $\{\phi_m\} \cup \{\psi_n\}$ eine Basis der direkten Summe. Daraus folgt sofort

$$\dim(\mathcal{U} \oplus \mathcal{V}) = \dim \mathcal{U} + \dim \mathcal{V} \,. \tag{23.51}$$

Induktiv lässt sich nun auch die direkte Summe einer endlichen Anzahl von Hilbert-Räumen bilden:

$$\mathcal{H}_1 \oplus \mathcal{H}_2 \oplus \cdots \oplus \mathcal{H}_N \,. \tag{23.52}$$

In der Quantenfeldtheorie verwendet man meist den sogenannten *Fock-Raum* (nach *Wladimir Alexandrowitsch Fock*, sowjetischer Quantenfeldtheoretiker, 1898–1974)

$$\mathcal{F} = \bigoplus_{N=0}^{\infty} \mathcal{H}_N \,, \tag{23.53}$$

um Übergänge von einem N-Teilchen-System im $\mathcal{H}_N$ zu einem $N+1$-Teilchen-System im $\mathcal{H}_{N+1}$ oder $N-1$-Teilchen-System im $\mathcal{H}_{N-1}$ in einem Raum beschreiben zu können.

(Anti)symmetrische Wellenfunktionen

Wir betrachten den Hilbert-Raum $L_2(\mathbb{R}^6)$ für zwei Teilchen. Jede Wellenfunktion $\psi(\boldsymbol{x}, \boldsymbol{y})$ kann eindeutig in ihren symmetrischen und antisymmetrischen Anteil zerlegt werden:

$$\begin{aligned}\psi(\boldsymbol{x}, \boldsymbol{y}) &= \tfrac{1}{2}\left(\psi(\boldsymbol{x}, \boldsymbol{y}) + \psi(\boldsymbol{y}, \boldsymbol{x})\right) \\ &\quad + \tfrac{1}{2}\left(\psi(\boldsymbol{x}, \boldsymbol{y}) - \psi(\boldsymbol{y}, \boldsymbol{x})\right) \\ &\equiv \psi_s(\boldsymbol{x}, \boldsymbol{y}) + \psi_a(\boldsymbol{x}, \boldsymbol{y}) \,.\end{aligned} \tag{23.54}$$

Dies ist eine orthogonale Zerlegung in zwei Untervektorräume. Ist nämlich $\phi_s(\boldsymbol{x}, \boldsymbol{y})$ eine symmetrische und $\psi_a(\boldsymbol{x}, \boldsymbol{y})$ eine antisymmetrische Funktion, dann folgt

$$\begin{aligned}\langle\phi_s, \psi_a\rangle &= \int \mathrm{d}^3x \mathrm{d}^3y \, \phi_s(\boldsymbol{x}, \boldsymbol{y}) \psi_a(\boldsymbol{x}, \boldsymbol{y}) \\ &= -\int \mathrm{d}^3x \mathrm{d}^3y \, \phi_s(\boldsymbol{y}, \boldsymbol{x}) \psi_a(\boldsymbol{y}, \boldsymbol{x}) = -\langle\phi_s, \psi_a\rangle\end{aligned} \tag{23.55}$$

bzw. $\langle\phi_s, \psi_a\rangle = 0$. Deshalb ist

$$\mathcal{H} = \mathcal{H}_s \oplus \mathcal{H}_a \,. \tag{23.56}$$

Achtung Für drei oder mehr Teilchen kann eine beliebige Wellenfunktion nicht mehr als Summe einer total symmetrischen und total antisymmetrischen Funktion geschrieben werden. So ist der Hilbert-Raum für drei Teilchen die direkte Summe von drei Unterräumen und für vier Teilchen die direkte Summe von fünf Unterräumen.

Tensorprodukt von Hilbert-Räumen

Neben der direkten Summe kann man auch mit dem Tensorprodukt aus zwei oder mehreren Hilbert-Räumen einen neuen Hilbert-Raum konstruieren (siehe den „Mathematischen Hintergrund" 4.1). Man führt das *bilineare Tensorprodukt*

$$\mathcal{U} \otimes \mathcal{V} \tag{23.57}$$

zweier Hilbert-Räume wie folgt ein: Ist $\{\phi_m\}$ eine Basis von $\mathcal{U}$ und $\{\psi_n\}$ eine Basis von $\mathcal{V}$, dann bilden deren Tensorprodukte $\{\phi_m \otimes \psi_n\}$ eine Basis in $\mathcal{U} \otimes \mathcal{V}$. Jeder Vektor ψ im Tensorprodukt hat also die Entwicklung

$$\psi = \sum_{m,n} \tilde{c}_{mn} \, \phi_m \otimes \psi_n \,. \tag{23.58}$$

Die Dimension des Tensorprodukts ist demzufolge gleich

$$\dim(\mathcal{U} \otimes \mathcal{V}) = \dim \mathcal{U} \cdot \dim \mathcal{V} \,. \tag{23.59}$$

Das Tensorprodukt eines beliebigen Vektors $\phi = \sum c_m \phi_m$ in $\mathcal{U}$ mit einem beliebigen Vektor $\psi = \sum d_n \psi_n$ in $\mathcal{V}$ ergibt sich dann aus der Bilinearität des Tensorprodukts:

$$\phi \otimes \psi = \sum_{m,n} c_m d_n \, \phi_m \otimes \psi_n \,. \tag{23.60}$$

Hat ein Vektor in $\mathcal{U} \otimes \mathcal{V}$ die Zerlegung $\phi \otimes \psi$, dann nennt man ihn separabel. Nichtseparable Vektoren heißen *verschränkt*.

Frage 6

Was kann man bei verschränkten Zuständen über den Rang der Koeffizientenmatrix aussagen? (*Hinweis:* Die Lösung findet man in der folgenden Definition über „Verschränkte Zustände".)

Der Vektor (23.58) im Tensorprodukt ist genau dann separabel, wenn $\tilde{c}_{mn} = c_m d_n$ ist oder, in Matrixnotation, wenn

$$\tilde{c} = c d^{\top} \tag{23.61}$$

gilt. Matrizen dieser Form projizieren auf den Vektor c und haben den Rang eins. Umgekehrt hat jede Matrix mit Rang eins diese Darstellung. Separable und verschränkte Zustände werden in Aufgabe 23.4 näher untersucht.

Verschränkte Zustände

Ein Zustand $\psi = \sum_{m,n} \tilde{c}_{mn} \phi_m \otimes \psi_n$ im Produktraum $\mathcal{U} \otimes \mathcal{V}$ ist genau dann verschränkt, wenn der Rang der Koeffizientenmatrix $\tilde{c} = (\tilde{c}_{mn})$ größer ist als 1.

Wir benötigen noch ein Skalarprodukt auf dem Produktraum. Für separable Vektoren definiert man

$$\langle \phi \otimes \psi, \phi' \otimes \psi' \rangle_{\mathcal{U} \otimes \mathcal{V}} = \langle \phi, \phi' \rangle_{\mathcal{U}} \cdot \langle \psi, \psi' \rangle_{\mathcal{V}} \,. \tag{23.62}$$

Dieses Produkt ist linear im zweiten und anti-linear im ersten Argument und damit für beliebige Vektoren im Tensorprodukt erklärt, da jeder Vektor die Entwicklung (23.58) hat. Ist $\{\phi_m\}$ eine Orthonormalbasis in $\mathcal{U}$ und $\{\psi_n\}$ eine Orthonormalbasis in $\mathcal{V}$, dann ist $\{\phi_m \otimes \psi_n\}$ eine Orthonormalbasis im Produktraum.

Tensorprodukt von Funktionenräumen

Wir wählen für $\mathcal{U}$ den Hilbert-Raum $L_2(\mathbb{R})$ mit dem Skalarprodukt

$$\langle \phi, \phi' \rangle = \int \mathrm{d}x \, \phi^*(x) \phi'(x) \tag{23.63}$$

und für $\mathcal{V}$ ebenfalls $L_2(\mathbb{R})$ mit dem Skalarprodukt

$$\langle \psi, \psi' \rangle = \int \mathrm{d}y \, \psi^*(y) \psi'(y) \,. \tag{23.64}$$

Dann enthält $L_2(\mathbb{R}) \otimes L_2(\mathbb{R})$ alle quadratintegrablen Funktionen über der Ebene $\mathbb{R}^2$ mit dem Skalarprodukt

$$\langle \chi, \chi' \rangle = \int \mathrm{d}x \, \mathrm{d}y \, \chi^*(x, y) \chi'(x, y) \,. \tag{23.65}$$

Dies ist gerade der Hilbert-Raum $L_2(\mathbb{R}^2)$. Bilden die Funktionen $\psi_n(x)$ eine Basis von $L_2(\mathbb{R})$, dann bilden die Funktionen $\psi_m(x)\psi_n(y)$ eine Basis im Produktraum. Die Produktfunktionen $\chi(x, y) = \phi(x)\psi(y)$ sind separabel. ◄

23.2 Lineare Operatoren

Der Begriff „linearer Operator" ist synonym zum Begriff der linearen Abbildung zwischen zwei Vektorräumen, in der Quantenmechanik sind dies lineare Abbildungen $\mathcal{H} \mapsto \mathcal{H}$. In der Standard-Quantenmechanik treten nur lineare Operatoren auf, sodass man oft nur von Operatoren spricht, obwohl man lineare Operatoren meint. Wichige Beispiele von *linearen* Operatoren sind der Ortsoperator, Impulsoperator und Hamilton-Operator.

Lineare Operatoren

Ein Operator $\hat{A}$ heißt linear, wenn für beliebige komplexe Zahlen c, d und Vektoren ϕ, ψ in einem Definitionsbereich $D_A \subseteq \mathcal{H}$ für den Operator gilt

$$\hat{A}\,(c\phi + d\psi) = c\hat{A}\phi + d\hat{A}\psi \,. \tag{23.66}$$

Differenzial- und Integraloperatoren sind genauso linear wie die Multiplikation mit einer Konstanten oder einer Funktion.

Lineare Operatoren und zugeordnete Matrizen

Man kann das Bild jedes Basisvektors wieder als Linearkombination der Basisvektoren schreiben. Ist $\{\psi_n\}$ eine Orthonormalbasis, dann gilt

$$\hat{A}\psi_n = \sum_m \psi_m a_{mn} \quad \text{mit} \quad a_{mn} = \langle \psi_m, \hat{A}\psi_n \rangle \,. \tag{23.67}$$

Die Matrixelemente a_{mn} legen den linearen Operator $\hat{A}$ eindeutig fest. Es sei $\psi = \sum c_n \psi_n$. Entwickeln wir den Bildvektor $\hat{A}\psi$ ebenfalls nach den orthonormierten Basisvektoren,

$$\psi' = \sum_m c'_m \psi_m = \hat{A}\psi = \sum_n c_n \hat{A}\psi_n = \sum_{n,m} c_n a_{mn} \psi_m \,, \tag{23.68}$$

dann führt der Koeffizientenvergleich auf folgende lineare Beziehung zwischen den Entwicklungskoeffizienten von Vektor und Bildvektor:

$$c'_m = \sum_n a_{mn} c_n \,. \tag{23.69}$$

Fassen wir die Entwicklungskoeffizienten $\{c_n\}$ zu einem Spaltenvektor c zusammen, dann ist (23.69) gerade die Multiplikation der Matrix $A = (a_{mn})$ mit diesen Spaltenvektor, d. h.

$$c' = Ac, \quad c = \begin{pmatrix} c_1 \\ c_2 \\ \vdots \end{pmatrix}, \quad A = \begin{pmatrix} a_{11} & a_{12} & \dots \\ a_{21} & a_{22} & \dots \\ \vdots & \vdots & \ddots \end{pmatrix}. \tag{23.70}$$

Unglücklicherweise konvergieren die unendlichen Summen nicht für alle unendlich-dimensionalen Matrizen und Koeffizientenvektoren.

Unbeschränkte und beschränkte Operatoren

Viele Operatoren in der Quantenmechanik sind unbeschränkt. Ein Operator $\hat{A}$ heißt *unbeschränkt*, wenn nicht alle Bildvektoren $\hat{A}\psi$ für $\psi \in \mathcal{H}$ eine endliche Norm haben. Dann ist man gezwungen, einen linearen Unterraum $D_A \subset \mathcal{H}$ als *Definitionsbereich* für $\hat{A}$ zu wählen, in dem das nicht mehr geschieht. Für die auftretenden Operatoren kann man aber immer einen dichten Unterraum von $\mathcal{H}$ wählen. In Aufgabe 23.6 wird gezeigt, dass Orts- und Impulsoperator unbeschränkt sind. Als gemeinsamer Definitionsbereich für diese Operatoren eignet sich der *Schwartz'sche Raum*. Dies ist der dichte Unterraum der beliebig oft differenzierbaren Funktionen, deren Beträge im Unendlichen schneller abfallen als jedes inverse Polynom (siehe den „Mathematischen Hintergrund“ 11.1).

Für einen *beschränkten Operator* $\hat{A}$ gibt es dagegen eine Konstante $c_A \geq 0$, sodass

$$\|\hat{A}\psi\| \leq c_A \|\psi\| \quad \text{für alle } \psi \in \mathcal{H}\,. \tag{23.71}$$

Die kleinstmögliche Konstante in dieser Ungleichung definiert eine *Operatornorm* (siehe den „Mathematischen Hintergrund“ 1.2):

$$\|\hat{A}\| = \sup_{0 \neq \psi \in \mathcal{H}} \frac{\|\hat{A}\psi\|}{\|\psi\|} = \sup_{\|\psi\|=1} \|\hat{A}\psi\|\,. \tag{23.72}$$

Frage 7

Überzeugen Sie sich davon, dass (23.72) eine Norm definiert und insbesondere die Dreiecksungleichung im Hilbert-Raum (23.12) die Dreiecksungleichung

$$\|\hat{A} + \hat{B}\| \leq \|\hat{A}\| + \|\hat{B}\| \tag{23.73}$$

für beschränkte Operatoren bedingt.

Im Folgenden seien die Definitionsbereiche der Operatoren entweder geeignet gewählt, oder die Operatoren seien beschränkt und somit auf dem ganzen Hilbert-Raum definiert. Dann kann man lineare Operatoren addieren oder mit einer komplexen Zahl multiplizieren,

$$(\hat{A} + \hat{B})\psi = \hat{A}\psi + \hat{B}\psi, \quad (\alpha\hat{A})\psi = \alpha(\hat{A}\psi)\,, \tag{23.74}$$

und erhält wieder einen linearen Operator. Somit ist der Raum der (beschränkten) linearen Operatoren selbst ein Vektorraum.

Führt man lineare Abbildungen hintereinander aus, dann erhält man wieder eine lineare Abbildung. Dies definiert ein Produkt von linearen beschränkten Operatoren:

$$(\hat{A}\hat{B})\psi = \hat{A}(\hat{B}\psi)\,. \tag{23.75}$$

Dieses Operatorprodukt ist bilinear:

$$\begin{aligned} \left(\hat{A} + \hat{B}\right)\hat{C} &= \hat{A}\hat{C} + \hat{B}\hat{C}\,, \\ \hat{A}\left(\hat{B} + \hat{C}\right) &= \hat{A}\hat{B} + \hat{A}\hat{C}\,, \\ \alpha\left(\hat{A}\hat{B}\right) &= \left(\alpha\hat{A}\right)\hat{B} = \hat{A}\left(\alpha\hat{B}\right). \end{aligned} \tag{23.76}$$

Die linearen Operatoren bilden also nicht nur einen Vektorraum, sondern sogar eine komplexe Algebra mit einer Norm, eine sogenannte *normierte Algebra*. Eine komplexe Algebra ist ein komplexer Vektorraum, auf dem neben der Addition eine bilineare Multiplikation erklärt ist. Die Eigenschaften (23.76) drücken genau die Bilinearität des Operatorprodukts aus.

Die Operatornorm des Produkts von zwei Operatoren ist nach oben begrenzt durch das Produkt ihrer Normen:

$$\|\hat{A}\hat{B}\| \leq \|\hat{A}\|\,\|\hat{B}\|\,. \tag{23.77}$$

Frage 8

Begründen Sie diese für Matrizen und beschränkte Operatoren gültige Ungleichung. Ausgangspunkt könnte z. B. sein:

$$\frac{\|\hat{A}\hat{B}\psi\|}{\|\psi\|} = \frac{\|\hat{A}\hat{B}\psi\|}{\|\hat{B}\psi\|}\frac{\|\hat{B}\psi\|}{\|\psi\|}\,. \tag{23.78}$$

Projektionsoperatoren

Es sei $\psi \in \mathcal{H}$ ein Einheitsvektor, d. h. $\|\psi\| = 1$. Dann projiziert der Operator

$$\hat{P}_\psi : \phi \to \langle\psi, \phi\rangle\psi \tag{23.79}$$

auf den eindimensionalen Unterraum definiert durch ψ wie in Abb. 23.4 gezeigt. Mihilfe des Verfahrens von

Gram-Schmidt ergänzen wir ψ zu einer Orthonormalbasis $\{\psi, \psi_2, \psi_3, \dots\}$ und entwickeln den beliebigen Vektor nach dieser Basis, $\phi = c_\psi \psi + c_2\psi_2 + \dots$ Dann ist $\hat{P}_\psi \phi = c_\psi \psi$ und

$$\frac{\|\hat{P}_\psi \phi\|}{\|\phi\|} = \frac{|c_\psi|}{\|c\|}, \tag{23.80}$$

wobei $\|c\|$ die Norm der Koeffizientenfolge im Hilbert'schen Folgenraum ist. Das Maximum der rechten Seite ist eins für die Folge $\{c_\psi, 0, 0, \dots\}$, und deshalb ist $\|\hat{P}_\psi\| = 1$. Die Projektionsoperatoren sind beschränkt mit Norm eins.

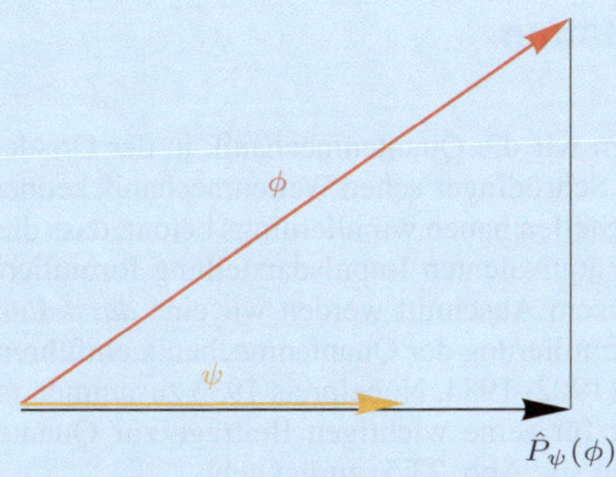

Abb. 23.4 Der orthogonale Projektor $\hat{P}_\psi$ projiziert jeden Vektor ϕ im Hilbert-Raum auf den linearen Unterraum definiert von ψ. Die Norm jedes zu ψ nichtparallelen Vektors nimmt bei der Projektion ab, und wegen $\hat{P}_\psi(\psi) = \psi$ ist die Norm von $\hat{P}_\psi$ gleich eins. Man sieht hier auch, dass die nochmalige Anwendung von $\hat{P}_\psi$ auf einen projizierten Zustand diesen nicht mehr verändert, sodass $\hat{P}_\psi^2 = \hat{P}_\psi$

Die normierte Algebra der linearen Operatoren

Die Menge der beschränkten linearen Operatoren bilden eine normierte Algebra über $\mathbb{C}$. Die Addition und Multiplikation in der Algebra sind durch die Addition und Hintereinanderausführung der den Operatoren entsprechenden linearen Abbildungen erklärt. Die Norm (23.72) erfüllt neben den üblichen Eigenschaften die Ungleichung (23.77).

Kommutator von Operatoren

Für viele Paare von Operatoren ist $\hat{A}(\hat{B}\psi) \neq \hat{B}(\hat{A}\psi)$. Dies bedeutet, dass $\hat{A}\hat{B}$ und $\hat{B}\hat{A}$ verschiedene Operatoren sind oder dass das Operatorprodukt nicht kommutativ ist. Die Nichtvertauschbarkeit zweier Operatoren wird durch deren antisymmetrischen *Kommutator* charakterisiert:

$$[\hat{A}, \hat{B}] := \hat{A}\hat{B} - \hat{B}\hat{A} = -[\hat{B}, \hat{A}]. \tag{23.81}$$

Der Kommutator definiert eine Bilinearform

$$[\hat{A}, \beta\hat{B} + \gamma\hat{C}] = \beta[\hat{A}, \hat{B}] + \gamma[\hat{A}, \hat{C}], \tag{23.82}$$

welche die *Jacobi-Identität* (nach *Carl Jacobi*, 1804–1851) erfüllt:

$$[\hat{A}, [\hat{B}, \hat{C}]] + [\hat{B}, [\hat{C}, \hat{A}]] + [\hat{C}, [\hat{A}, \hat{B}]] = 0. \tag{23.83}$$

Die Menge der beschränkten linearen Operatoren bildet also nicht nur eine normierte Algebra, sondern gleichzeitig eine nichtabel'sche Lie-Algebra (siehe den „Mathematischen Hintergrund" 27.1).

Bei der Berechnung der Kommutatoren von zusammengesetzten Operatoren ist die *Derivations-* oder *Produktregel* sehr hilfreich:

$$\begin{aligned} [\hat{A}, \hat{B}\hat{C}] &= \hat{B}[\hat{A}, \hat{C}] + [\hat{A}, \hat{B}]\hat{C}, \\ [\hat{A}\hat{B}, \hat{C}] &= \hat{A}[\hat{B}, \hat{C}] + [\hat{A}, \hat{C}]\hat{B}. \end{aligned} \tag{23.84}$$

Frage 9

Überprüfen Sie die Jacobi-Identität und Produktregel explizit durch Anwendung auf Elemente im Hilbert-Raum.

Achtung Die Linearität der Operatoren impliziert nicht automatisch die Jacobi-Identität. Für singuläre und unbeschränkte Operatoren kann die Identität verletzt sein. Ein bekanntes Gegenbeispiel ist die Bewegung eines geladenen Teilchens im Feld eines magnetischen Monopols (Jackiw 1985).

Zum Beispiel findet man für die Kommutatoren der Orts- und Impulsoperatoren eines Teilchens, angewandt auf eine Wellenfunktion im Ortsraum:

$$[\hat{x}_i, \hat{p}_j]\psi = \hat{x}_i \frac{\hbar}{\mathrm{i}} \frac{\partial}{\partial x_j} \psi - \frac{\hbar}{\mathrm{i}} \frac{\partial}{\partial x_j} (x_i \psi) = \mathrm{i}\hbar\delta_{ij}\, \psi. \tag{23.85}$$

Dagegen kommutieren zwei Ortsoperatoren oder zwei Impulsoperatoren miteinander, da im Ortsraum gilt:

$$\begin{aligned} [\hat{x}_i, \hat{x}_j]\psi &= (x_i x_j - x_j x_i)\psi = 0, \\ [\hat{p}_i, \hat{p}_j]\psi &= \frac{\hbar}{\mathrm{i}} \frac{\partial}{\partial x_i} \frac{\hbar}{\mathrm{i}} \frac{\partial}{\partial x_j} \psi - \frac{\hbar}{\mathrm{i}} \frac{\partial}{\partial x_j} \frac{\hbar}{\mathrm{i}} \frac{\partial}{\partial x_i} \psi = 0. \end{aligned} \tag{23.86}$$

Die Wellenfunktion ist hier beliebig, und wir erhalten die Kommutationsregeln für Orts- und Impulsoperatoren.

Kommutationsregeln für Orts- und Impulsoperatoren

Die Komponenten des Orts- und Impulsoperators erfüllen die Kommutationsregeln

$$[\hat{x}_i, \hat{p}_j] = \mathrm{i}\hbar\delta_{ij} \quad \text{und} \quad [\hat{x}_i, \hat{x}_j] = [\hat{p}_i, \hat{p}_j] = 0. \tag{23.87}$$

Frage 10

Überzeugen Sie sich mithilfe der Produktregel und einer vollständigen Induktion von

$$[\hat{x}_i, \hat{p}_j^n] = \mathrm{i}\hbar\delta_{ij}n\,\hat{p}_j^{n-1}\,,$$
$$[\hat{p}_i, \hat{x}_j^n] = -\mathrm{i}\hbar\delta_{ij}n\,\hat{x}_j^{n-1}\,. \tag{23.88}$$

Der Kommutator mit $\hat{x}_i$ wirkt bis auf den Faktor $i\hbar$ genauso wie die Ableitung nach dem zu $\hat{x}_i$ konjugierten Impuls, und der Kommutator mit $\hat{p}_i$ wirkt bis auf einen Faktor $-i\hbar$ wie die Ableitung nach dem zu $\hat{p}_i$ konjugierten Ortsoperator.

Kommutatoren mit Orts- und Impulsoperatoren

Wegen der Linearität des Kommutators kann man die Formeln in (23.88) zuerst auf Polynome und danach auf Funktionen, die in Potenzreihen entwickelbar sind, ausdehnen:

$$\left[\hat{x}_i, \hat{A}(\hat{\boldsymbol{x}}, \hat{\boldsymbol{p}})\right] = \mathrm{i}\hbar\,\frac{\partial \hat{A}(\hat{\boldsymbol{x}}, \hat{\boldsymbol{p}})}{\partial \hat{p}_i}\,,$$
$$\left[\hat{p}_i, \hat{A}(\hat{\boldsymbol{x}}, \hat{\boldsymbol{p}})\right] = -\mathrm{i}\hbar\,\frac{\partial \hat{A}(\hat{\boldsymbol{x}}, \hat{\boldsymbol{p}})}{\partial \hat{x}_i}\,. \tag{23.89}$$

Bei der Berechnung der Ableitungen nach den Operatoren auf den rechten Seiten betrachtet man diese als gewöhnliche kommutierende Variablen. Zum Beispiel ist

$$\frac{\partial \hat{A}(\hat{\boldsymbol{x}}, \hat{\boldsymbol{p}})}{\partial \hat{p}_i} = \frac{\partial A(\boldsymbol{x}, \boldsymbol{p})}{\partial p_i}\Big|_{x=\hat{x}, p=\hat{p}}\,. \tag{23.90}$$

Achtung Hier darf man die Reihenfolge der Variablen nicht ändern. Nach dieser Vorschrift ist dann $[\hat{x}_i, \hat{p}_a\hat{x}_b\hat{p}_c] = \mathrm{i}\hbar\delta_{ia}\hat{x}_b\hat{p}_c + \mathrm{i}\hbar\delta_{ic}\hat{p}_a\hat{x}_b$. ◀

Für Systeme mit verallgemeinerten Koordinaten $q = (q_1, \ldots, q_f)$ und kanonisch konjugierten Impulsen $p = (p_1, \ldots, p_f)$ lauten die entsprechenden Kommutationsregeln

$$\left[\hat{q}_k, \hat{A}(\hat{q}, \hat{p})\right] = \mathrm{i}\hbar\,\frac{\partial \hat{A}(\hat{q}, \hat{p})}{\partial \hat{p}_k}\,,$$
$$\left[\hat{p}_k, \hat{A}(\hat{q}, \hat{p})\right] = -\mathrm{i}\hbar\,\frac{\partial \hat{A}(\hat{q}, \hat{p})}{\partial \hat{q}_k}\,. \tag{23.91}$$

Die Ähnlichkeit zu den in Kap. 7 eingeführten Poisson-Klammern der Orts- und Impulskoordinaten mit Funktionen auf dem Phasenraum,

$$\{q_i, f(q,p)\} = \frac{\partial f(q,p)}{\partial p_i}\,,$$
$$\{p_i, f(q,p)\} = -\frac{\partial f(q,p)}{\partial q_i}\,, \tag{23.92}$$

springt sofort ins Auge. Die Poisson-Klammer von zwei Funktionen auf dem Phasenraum und der Kommutator von zwei linearen Operatoren auf dem Hilbert-Raum sind beide antisymmetrisch, bilinear und erfüllen die Produktregel sowie Jacobi-Identität. Die Poisson-Klammer von zwei Funktionen auf dem Phasenraum ist bis auf einen Faktor $\mathrm{i}/\hbar$ gleich dem Kommutator der den Funktionen zugeordneten Operatoren. Insbesondere wird einer klassischen Observablen, d. h. einer reellen Funktion $F(q, p)$ ein hermitescher Operator $F(\hat{q}, \hat{p})$ zugeordnet, d. h. eine Observable in der Quantentheorie. Bei der „Quantisierung" eines klassischen Systems wird dann die Poisson-Klammer durch den Kommutator ersetzt:

$$\{F, G\} \longrightarrow \frac{\mathrm{i}}{\hbar}[\hat{F}, \hat{G}]\,. \tag{23.93}$$

Dirac-Notation

Bisher haben wir die Quantenmechanik in der Ortsdarstellung in Form der Schrödinger'schen Wellenmechanik kennengelernt. An einigen Stellen haben wir allerdings betont, dass die Theorie auch in der äquivalenten Impulsdarstellung formuliert werden kann. In diesem Abschnitt werden wir eine *darstellungsunabhängige* Formulierung der Quantenmechanik einführen, die auf *Paul Dirac* (1902–1984, Nobelpreis 1933 zusammen mit Erwin Schrödinger für seine wichtigen Beiträge zur Quantentheorie und Atomphysik; Abb. 23.5) zurückgeht.

Die einhergehende Dirac'sche Notation offenbart die intrinsische Struktur der Quantentheorie und ist gerade beim Übergang zwischen verschiedenen Darstellungen sehr hilfreich. Die Bedeutung der Dirac'schen Notation liegt in ihrer hervorragenden Mnemotechnik, die es gestattet, auch umfangreichere formale Rechnungen wenig fehlerträchtig auszuführen. Die Situation ist vergleichbar mit derjenigen in der linearen Algebra. Auch hier repräsentiert ein n-Tupel einen abstrakten Vektor bezüglich einer Basis. Wechselt man die Basis, dann wird derselbe abstrakte Vektor durch ein anderes n-Tupel dargestellt.

Die grundlegenden Größen in der Dirac'schen Formulierung sind die Bras und Kets. Das Ket $|\psi\rangle$ ist identisch mit dem Zustandsvektor ψ, und die Menge der Kets bilden den Hilbert-Raum $\mathcal{H}$. Für das Skalarprodukt schreibt man

$$\langle\phi, \psi\rangle \equiv \langle\phi|\,\psi\rangle\,. \tag{23.94}$$

Dagegen ist das Bra $\langle\psi|$ ein lineares beschränktes Funktional auf dem Hilbert-Raum. Lineare Funktionale sind lineare Abbildungen $\mathcal{H} \mapsto \mathbb{C}$, und sie bilden den zu $\mathcal{H}$ dualen Vektorraum $\mathcal{H}'$. Nun existiert ein anti-linearer Isomorphismus von $\mathcal{H} \mapsto \mathcal{H}'$, gegeben durch

$$|\psi\rangle \mapsto F_\psi \quad \text{mit} \quad F_\psi(\phi) = \langle\psi\,|\phi\rangle \quad \forall\,|\phi\rangle \in \mathcal{H}\,. \tag{23.95}$$

Die inverse Abbildung ist

$$F \mapsto |\psi_F\rangle \quad \text{mit} \quad \langle\psi_F\,|\phi\rangle = F(\phi) \quad \forall\,|\phi\rangle \in \mathcal{H}\,. \tag{23.96}$$

Abb. 23.5 Paul Dirac (1902–1984), © akg/Science Photo Library

In der Dirac'schen Notation bezeichnet man das $|\psi\rangle$ zugeordnete Funktional F_ψ mit dem Bra $\langle\psi|$. Von Dirac stammen sowohl die Schreibweise als auch die Benennung. Letztere soll auf die spitze Klammer *(angle bracket)* im Skalarprodukt $\langle\psi, \phi\rangle$ anspielen.

Frage 11

Überlegen Sie mithilfe der Schwarz'schen Ungleichung, dass die Bijektion (23.95) zwischen $\mathcal{H}$ und $\mathcal{H}'$ eine längenerhaltende anti-lineare Abbildung ist. Längenerhaltend bedeutet

$$\|F_\psi\| = \sup_{\|\phi\|=1} |F_\psi(\phi)| = \|\psi\|\,, \tag{23.97}$$

und anti-linear meint

$$F_{\phi+\psi} = F_\phi + F_\psi\,, \quad F_{\alpha\psi} = \alpha^* F_\psi \tag{23.98}$$

für alle Vektoren ϕ und ψ und alle $\alpha \in \mathbb{C}$.

Wirkt ein Bra auf ein Ket, so entsteht als Bracket-Ausdruck das Skalarprodukt. Dagegen definiert $|\phi\rangle\langle\psi|$ die lineare Abbildung

$$|\phi\rangle\langle\psi| : |\chi\rangle \longrightarrow \langle\psi|\chi\rangle\,|\phi\rangle \tag{23.99}$$

Tab. 23.1 Vergleich der bisherigen Notation und der Dirac'schen Notation. (Der adjungierte Operator $\hat{A}^\dagger$ wird im folgenden Abschnitt eingeführt.)

bisherige Schreibweise	Dirac'sche Schreibweise
$\mathcal{H} = \{\phi, \psi, \dots\}$ Hilbert-Raum	$\mathcal{H} = \{|\phi\rangle, |\psi\rangle, \dots\}$ Ket-Raum
$\psi \in \mathcal{H}$	$|\psi\rangle \in \mathcal{H}$
$\phi + \psi$	$|\phi\rangle + |\psi\rangle$
$\alpha\psi$	$\alpha\,|\psi\rangle$
$\langle\phi, \psi\rangle$	$\langle\phi|\,\psi\rangle$
$F_{\phi+\psi} = F_\phi + F_\psi$	$\langle\phi + \psi| = \langle\phi| + \langle\psi|$
$\mathcal{H}' = \{F_\phi, F_\psi, \dots\}$	$\mathcal{H}' = \{\langle\phi|, \langle\psi|, \dots\}$ Bra-Raum
$\phi = \hat{A}\psi \Rightarrow F_\phi = F_{\hat{A}\psi}$	$|\phi\rangle = \hat{A}\,|\psi\rangle \Rightarrow \langle\phi| = \langle\psi|\,\hat{A}^\dagger$

im Hilbert-Raum. Insbesondere ist $|\psi\rangle\langle\psi|$ der früher eingeführte orthogonale Projektor $\hat{P}_\psi$, der auf den vom normierten Ket $|\psi\rangle$ aufgespannten eindimensionalen Unterraum projiziert.

Kets und Bras in endlich-dimensionalen Räumen

Es bilde $\{|\psi_n\rangle\}$ eine orthonormierte Basis in einem endlich-dimensionalen Hilbert-Raum. Dann können wir das Ket $|\psi\rangle = c_1\,|\psi_1\rangle + c_2\,|\psi_2\rangle + \dots$ als Spaltenvektor mit Komponenten $\{c_n\}$ und das Bra $\langle\psi|$ als Zeilenvektor mit den konjugierten Komponenten $\{c_n^*\}$ auffassen:

$$|\psi\rangle \mapsto \begin{pmatrix} c_1 \\ c_2 \\ \vdots \\ c_d \end{pmatrix}, \quad \langle\psi| \mapsto (c_1^*, c_2^*, \dots, c_d^*)\,. \tag{23.100}$$

Hat ϕ die Koeffizienten $\{d_n\}$, dann sieht man sofort, dass

$$\langle\phi|\,\psi\rangle = \sum_n d_n^* c_n \tag{23.101}$$

gerade das Skalarprodukt von $|\psi\rangle$ und $|\phi\rangle$ ist und

$$|\phi\rangle\langle\psi| = \begin{pmatrix} d_1c_1^* & d_1c_2^* & \dots & d_1c_n^* \\ d_2c_1^* & d_2c_2^* & \dots & d_2c_n^* \\ \vdots & \vdots & & \vdots \\ d_nc_1^* & d_nc_2^* & \dots & d_nc_n^* \end{pmatrix} \tag{23.102}$$

die Matrixdarstellung des linearen Operators $|\phi\rangle\langle\psi|$. ◄

Im Ausdruck $\langle\phi|\,\hat{A}\,|\psi\rangle$ kann der lineare Operator entweder nach links oder nach rechts wirken, sodass

$$\begin{aligned} \langle\phi|\,\hat{A}\,|\psi\rangle &= \langle\chi\,|\psi\rangle = \langle\phi|\,\chi'\rangle \quad \text{mit} \\ \langle\chi| &= \langle\phi|\hat{A}, \quad |\chi'\rangle = \hat{A}\,|\psi\rangle\,. \end{aligned} \tag{23.103}$$

In Tab. 23.1 wird die bisherige Schreibweise mit der in der Literatur weitverbreiteten Dirac'schen Notation verglichen. Je nach Bedarf werden im Folgenden beide Notationen verwendet.

In der Dirac'schen Notation schreibt sich z. B. die Eigenwertgleichung zum Eigenwert a_n gemäß

$$\hat{A}\,|\psi_n\rangle = a_n\,|\psi_n\rangle\;. \tag{23.104}$$

Ist der Eigenwert a_n von $\hat{A}$ nicht entartet, dann charakterisiert er den Eigenvektor, und man schreibt auch

$$\hat{A}|a_n\rangle = a_n|a_n\rangle\,. \tag{23.105}$$

Der Index n kennzeichnet dann ebenfalls Eigenwert und Eigenfunktion eindeutig, und man kann die abstraktere Schreibweise

$$\hat{A}\,|n\rangle = a_n\,|n\rangle \tag{23.106}$$

benutzen.

Tensorprodukt von Operatoren

Es sei $\mathcal{H} = \mathcal{U} \otimes \mathcal{V}$ das Tensorprodukt von zwei Hilbert-Räumen und $\hat{A}$ und $\hat{B}$ lineare Operatoren auf $\mathcal{U}$ und $\mathcal{V}$. Man definiert nun das Tensorprodukt der beiden Operatoren zuerst auf separablen Vektoren in $\mathcal{H}$ durch die Beziehung

$$(\hat{A} \otimes \hat{B})\,(|\phi\rangle \otimes |\psi\rangle) = \hat{A}\,|\phi\rangle \otimes \hat{B}\,|\psi\rangle\;. \tag{23.107}$$

Mithilfe der Linearität ist das Tensorprodukt $\hat{A} \otimes \hat{B}$ dann für beliebige Vektoren in $\mathcal{U} \otimes \mathcal{V}$ erklärt.

Zum Beispiel kann man die Summe eines Operators auf $\mathcal{U}$ und eines Operators auf $\mathcal{V}$ auf dem Tensorprodukt definieren, indem man ihre trivialen Fortsetzungen addiert:

$$\hat{A} \otimes \boldsymbol{I}_{\mathcal{V}} + \boldsymbol{I}_{\mathcal{U}} \otimes \hat{B}\,. \tag{23.108}$$

Man schreibt dann kurz $\hat{A} + \hat{B}$, obwohl die beiden Operatoren auf verschiedenen Hilbert-Räumen wirken.

Frage 12

Nach Einführung von Orthonormalbasen $|\phi_m\rangle$ und $|\psi_n\rangle$ in $\mathcal{U}$ und $\mathcal{V}$ werden den Operatoren mithilfe von (23.67) Matrizen A und B zugeordnet. Welche Matrix wird dann $\hat{A} \otimes \hat{B}$ zugeordnet?

Das Tensorprodukt wirkt auf die Basisvektoren $|\phi_m\rangle \otimes |\psi_n\rangle$ im Tensorprodukt wie folgt:

$$\begin{aligned}\left(\hat{A} \otimes \hat{B}\right)(|\phi_m\rangle \otimes |\psi_n\rangle) &= \hat{A}\,|\phi_m\rangle \otimes \hat{B}\,|\psi_n\rangle \\ &= \sum_{pq} a_{pm} b_{qn}\,|\phi_p\rangle \otimes |\psi_q\rangle\,.\end{aligned} \tag{23.109}$$

Damit die $a_{pm}b_{qn}$ leicht als Matrixelemente interpretiert werden können, nummeriert man die Indexpaare (m, n) mit einem einzelnen Index k durch. Dies entspricht einer Wahl für die Ordnung der Basisvektoren im Produktraum. Wählt man die Ordnung

$$|\phi_1\rangle \otimes |\psi_m\rangle\,,\; |\phi_2\rangle \otimes |\psi_m\rangle\,,\; |\phi_3\rangle \otimes |\psi_m\rangle\,,\ldots \tag{23.110}$$

dann entspricht dem Tensorprodukt $\hat{A} \otimes \hat{B}$ die Matrix

$$\begin{pmatrix} a_{11}B & a_{12}B & a_{13}B & \ldots \\ a_{21}B & a_{22}B & a_{13}B & \ldots \\ a_{31}B & a_{32}B & a_{33}B & \ldots \\ \vdots & \vdots & \vdots & \ddots \end{pmatrix}. \tag{23.111}$$

Adjungierte Operatoren

Adjungierter Operator

Der zu $\hat{A}$ adjungierte Operator $\hat{A}^\dagger$ ist definiert durch

$$\langle \phi, \hat{A}\psi\rangle = \langle \hat{A}^\dagger \phi, \psi\rangle\,. \tag{23.112}$$

In der Dirac'schen Notation lautet diese Bedingung

$$\langle \phi|\,\hat{A}\,|\psi\rangle = \langle \psi|\,\hat{A}^\dagger\,|\phi\rangle^*\;. \tag{23.113}$$

Fragen nach dem Definitionsbereich von $\hat{A}^\dagger$ relativ zum Definitionsbereich von $\hat{A}$ werden kurz im „Mathematischen Hintergrund" 23.1 behandelt. Im Folgenden wollen wir wieder annehmen, die Definitionsbereiche seien geeignet gewählt oder die Operatoren seien beschränkt.

Frage 13

Was bedeuten diese Bedingungen für die Matrixelemente von $\hat{A}$ bezüglich einer Basis im Hilbert-Raum?

Für die Matrixelemente bezüglich einer Orthonormalbasis $|\psi_n\rangle$ impliziert (23.112)

$$A_{mn} = \langle \psi_m, \hat{A}\psi_n\rangle = \langle \hat{A}^\dagger \psi_m, \psi_n\rangle = (A^\dagger)^*_{nm}\,. \tag{23.114}$$

Dies ist eine aus der linearen Algebra bekannte Eigenschaft: Die Matrix des adjungierten Operators $\hat{A}^\dagger$ ist die transponierte und komplex konjugierte der Matrix des Operators $\hat{A}$.

Wir wollen noch die Frage beantworten, was das dem Ket $\hat{A}\,|\psi\rangle$ zugeordnete Bra ist. Das $|\psi\rangle$ zugeordnete Bra $\langle\psi|$ wirkt gemäß

$$|\phi\rangle \mapsto \langle \psi|\,\phi\rangle \equiv \langle \phi|\,\psi\rangle^* \tag{23.115}$$

auf Vektoren und das zu $\hat{A}\,|\psi\rangle$ gehörige Bra gemäß

$$|\phi\rangle \mapsto \langle \phi|\,\hat{A}\,|\psi\rangle^* = \langle \psi|\,\hat{A}^\dagger\,|\phi\rangle\,. \tag{23.116}$$

Teil III

Im letzten Schritt wurde die Eigenschaft (23.113) benutzt. Dies bedeutet, dass

$$\hat{A}\,|\psi\rangle \rightarrow \langle\psi|\,\hat{A}^\dagger\,. \qquad (23.117)$$

Diese Eigenschaft wurde als letzte Zeile in die Tab. 23.1 aufgenommen.

Was ist die Adjungierte eines Operatorpodukts? Um diese Frage zu beantworten, formen wir das Matrixelement $\langle\phi,\hat{A}\hat{B}\psi\rangle$ auf zwei Arten um. Zuerst wenden wir (23.112) auf das Operatorprodukt an und finden

$$\langle\phi,\hat{A}\hat{B}\psi\rangle = \langle(\hat{A}\hat{B})^\dagger\phi,\psi\rangle\,. \qquad (23.118)$$

Danach wenden wir es auf die einzelnen Faktoren des Operatorprodukts an und erhalten

$$\langle\phi,\hat{A}\hat{B}\psi\rangle = \langle\hat{A}^\dagger\phi,\hat{B}\psi\rangle = \langle\hat{B}^\dagger\hat{A}^\dagger\phi,\psi\rangle\,. \qquad (23.119)$$

Ein Vergleich der beiden Ausdrücke führt auf

$$(\hat{A}\hat{B})^\dagger = \hat{B}^\dagger\hat{A}^\dagger\,. \qquad (23.120)$$

Frage 14

Zeigen Sie, dass die †-Operation involutiv und anti-linear ist:

$$(\hat{A}^\dagger)^\dagger = \hat{A}, \quad (\hat{A}+\hat{B})^\dagger = \hat{A}^\dagger + \hat{B}^\dagger, \quad (\alpha\hat{A})^\dagger = \alpha^*\hat{A}^\dagger\,. \qquad (23.121)$$

Eine involutive Abbildung (eine Involution) ist eine selbstinverse Abbildung: Wendet man sie zweimal an, dann erhält man die Identität. Aus der Involutionseigenschaft und (23.120) folgt nun sofort, dass die beiden Operatoren

$$\hat{A}^\dagger\hat{A} \quad \text{und} \quad \hat{A}\hat{A}^\dagger \qquad (23.122)$$

ihre eigenen Adjungierten sind, z. B. $(\hat{A}\hat{A}^\dagger)^\dagger = \hat{A}\hat{A}^\dagger$.

Frage 15

Ein Operator $\hat{B}$ heißt nichtnegativ, wenn $\langle\psi,\hat{B}\psi\rangle \geq 0$ ist für alle $\psi \neq 0$. Überzeugen Sie sich davon, dass $\hat{A}^\dagger\hat{A}$ und $\hat{A}\hat{A}^\dagger$ nichtnegative Operatoren sind.

Zum Beispiel gilt

$$\langle\psi,\hat{A}^\dagger\hat{A}\psi\rangle = \langle\hat{A}\psi,\hat{A}\psi\rangle \geq 0\,. \qquad (23.123)$$

Bei der Faktorisierung von Hamilton-Operatoren in Kap. 26 werden nichtnegative Operatoren der Form (23.122) auftreten.

Eigenschaften der †-Abbildung

Die Abbildung $\hat{A} \mapsto \hat{A}^\dagger$ ist eine anti-lineare Involution mit der Eigenschaft $(\hat{A}\hat{B})^\dagger = \hat{B}^\dagger\hat{A}^\dagger$. Die Matrix des adjungierten Operators erhält man durch Transposition und komplexe Konjugation.

Hermitesche Operatoren

Der mittlere Ort und der mittlere Impuls sind messbare Größen; daher sollten die Erwartungswerte

$$\langle\psi|\,\hat{x}_i\,|\psi\rangle \quad \text{und} \quad \langle\psi|\,\hat{p}_i\,|\psi\rangle \qquad (23.124)$$

reell sein für alle $|\psi\rangle$ in einem geeignet gewählten Definitionsbereich. Hermitesche Operatoren haben reelle Erwartungswerte (der Beweis folgt in (23.127)) und spielen deshalb eine herausragende Rolle in der Quantenmechanik. Insbesondere die Orts- und Impulsoperatoren sind hermitesch. Wir werden hier die wichtigsten Eigenschaften dieser Operatoren besprechen (siehe auch den „Mathematischen Hintergrund" 23.1).

Ob ein Operator hermitesch ist, hängt auch vom gewählten Definitionsbereich ab. Dieser ist in vielen Fällen durch Glattheit- und Abfalleigenschaften der erlaubten Funktionen spezifiziert. Für einen Konfigurationsraum mit Rand ∂C müssen anstelle der Abfalleigenschaften die Randbedingungen so gewählt werden, dass im Mittel keine Wahrscheinlichkeit ab- oder zufließt (siehe das Resultat (22.143)). Für eindimensionale Hamilton-Operatoren wird das sehr ausführlich in Abschn. 26.1 diskutiert.

Man nennt einen linearen Operator hermitesch oder selbstadjungiert, wenn er gleich seinem adjungierten Operator ist. Genau genommen ist nicht jeder hermitesche Operator selbstadjungiert (siehe den „Mathematischen Hintergrund" 23.1). Aber jeder beschränkte hermitesche Operator ist selbstadjungiert.

Teil III

Selbstadjungierte Operatoren

Ein Operator mit $\hat{A} = \hat{A}^\dagger$ heißt *selbstadjungiert*. Dann gilt

$$\langle\phi,\hat{A}\psi\rangle = \langle\hat{A}\phi,\psi\rangle \quad \text{bzw.} \quad \langle\phi|\,\hat{A}\,|\psi\rangle = \langle\psi|\,\hat{A}\,|\phi\rangle^*\,. \qquad (23.125)$$

Transponiert und komplex konjugiert man die Matrix eines selbstadjungierten Operators, dann geht diese in sich über:

$$A_{mn} = (A^\dagger)_{mn} \equiv A^*_{nm} \qquad (23.126)$$

Achtung Wir werden annehmen, die Definitionsbereiche von $\hat{A}$ und $\hat{A}^\dagger$ seien gleich gewählt, sodass $\hat{A}$ nicht nur hermitesch, sondern auch selbstadjungiert ist. ◀

Wegen (23.125) sind alle Erwartungswerte eines hermiteschen Operators reell:

$$\langle\psi|\,\hat{A}\,|\psi\rangle = \langle\psi|\,\hat{A}\,|\psi\rangle^* \in \mathbb{R}\,. \qquad (23.127)$$

Aufgrund dieser Eigenschaft sind die hermiteschen Operatoren von herausgehobenem Interesse in der Quantenmechanik.

Orts- und Impulsoperator sind hermitesch

Die Komponenten des Ortsoperators für ein Teilchen im $\mathbb{R}^3$ sind auf dem Raum der schnell abfallenden differenzierbaren Funktionen hermitesch:

$$\begin{aligned}\langle\phi|\hat{x}\psi\rangle &= \int \mathrm{d}^3x\,\phi^* x\psi \\ &= \int \mathrm{d}^3x\,(x\phi)^*\psi = \langle x\phi,\psi\rangle\,,\end{aligned} \tag{23.128}$$

während die Ableitungsoperatoren antihermitesch sind:

$$\begin{aligned}\langle\phi|\nabla\psi\rangle &= \int \mathrm{d}^3x\,\phi^*\nabla\psi \\ &= -\int \mathrm{d}^3x\,(\nabla\phi)^*\psi = -\langle\nabla\phi,\psi\rangle\,.\end{aligned} \tag{23.129}$$

Wegen der Antilinearität der Adjungation sind dann die Komponenten des Impulsoperators $\hat{\boldsymbol{p}}$ hermitesch. Es folgt, dass der mittlere Teilchenort und der mittlere Teilchenimpuls reell sind. Orts- und Impulsoperatoren können zu selbstadjungierten Operatoren erweitert werden. ◀

An dieser Stelle braucht man ein Ergebnis der Funktionalanalysis (siehe den „Mathematischen Hintergrund" 23.1).

Eigenbasis eines selbstadjungierten Operators

Jeder selbstadjungierte Operator $\hat{A}$ kann diagonalisiert werden, und seine Eigenfunktionen bilden eine vollständige Basis im Hilbert-Raum.

Operatoren mit diskretem Spektrum

Das Spektrum eines Operators ist die Menge seiner Eigenwerte. Die Eigenwerte eines selbstadjungierten Operators sind reell, und das Spektrum ist somit eine Teilmenge von $\mathbb{R}$. Wir nehmen zunächst an, diese bilden eine diskrete Menge. Dann sind die zugehörigen Eigenvektoren $|a_n\rangle$ normierbar und die Eigenvektoren zu verschiedenen Eigenwerten senkrecht aufeinander. Um dies zu beweisen, setzt man für $|\phi\rangle$ und $|\psi\rangle$ in (23.125) die Eigenvektoren $|a_m\rangle$ und $|a_n\rangle$ ein mit dem Resultat

$$a_n\,\langle a_m|\,a_n\rangle = a_m^*\,\langle a_m|\,a_n\rangle\,. \tag{23.130}$$

Für $n = m$ kann diese Gleichung nur gelten, wenn a_n reell ist. Für verschiedene reelle Eigenwerte $a_n \neq a_m$ folgt hingegen, dass die Eigenvektoren senkrecht sind, $\langle a_m|\,a_n\rangle = 0$. Gibt es mehrere Eigenfunktionen mit demselben Eigenwert a_n, d. h. ist a_n *entartet*, so sind die Eigenfunktionen nicht automatisch orthogonal. In diesem Fall kann man sich mit dem Gram-Schmidt-Verfahren Linearkombinationen der Eigenfunktionen zum selben Eigenwert beschaffen, die orthogonal zueinander sind.

Eigenvektoren und Eigenwerte

Die Eigenwerte eines selbstadjungierten Operators sind reell, und die Eigenfunktionen mit diskreten Eigenwerten können orthonormal gewählt werden:

$$\hat{A}\,|a_n\rangle = a_n\,|a_n\rangle\,,\quad a_n\in\mathbb{R},\quad \langle a_m|\,a_n\rangle = \delta_{mn}\,. \tag{23.131}$$

Die $|a_n\rangle$ bilden eine Orthonormalbasis, *Eigenbasis* genannt.

Die letzte Aussage bedeutet, dass jedes $|\psi\rangle$ nach der Eigenbasis eines selbstadjungierten Operators entwickelt werden kann:

$$|\psi\rangle = \sum_n c_n\,|a_n\rangle \quad \text{mit } c_n = \langle a_n|\,\psi\rangle\,. \tag{23.132}$$

Schreiben wir dieses Ergebnis in der Form

$$|\psi\rangle = \sum_n (|a_n\rangle\,\langle a_n|)\,|\psi\rangle\,, \tag{23.133}$$

folgt unmittelbar die Zerlegung der Eins.

Zerlegung der Eins (diskretes Spektrum)

Die (orthonormierte) Eigenbasis eines selbstadjungierten Operators definiert eine Zerlegung der Eins:

$$\boldsymbol{I} = \sum_n |a_n\rangle\,\langle a_n|\,. \tag{23.134}$$

Frage 16

Zeigen Sie, dass $\boldsymbol{I}\,|a_m\rangle$ in der Tat für alle m identisch zu $|a_m\rangle$ ist.

Zu jedem selbstadjungierten Operator $\hat{A}$ gehört eine Zerlegung des Eins-Operators. Wählt man die Eigenvektoren von $\hat{A}$ als Basis in $\mathcal{H}$, dann spricht man von der $\hat{A}$-Darstellung.

Impulsoperator für quasiperiodische Funktionen

Wir betrachten den Impulsoperator $\hat{p}$ auf der Kreislinie S mit Umfang L. Als Definitionsbreich wählen wir die beliebig oft differenzierbaren quasiperiodischen Funktionen

$$D_p(\theta) = \left\{\psi \in C^\infty(S)|\,\psi(x+L) = \mathrm{e}^{2\pi\mathrm{i}\theta}\,\psi(x)\right\}. \tag{23.135}$$

Teil III

23.1 Mathematischer Hintergrund: Operatoren Hermitesche und selbstadjungierte Operatoren

Die selbstadjungierten Operatoren sind die wichtigsten Operatoren in der Quantenmechanik. Wir wollen hier kurz auf ihre grundlegende Eigenschaften eingehen.

Hermitesche und selbstadjungierte Operatoren Ein linearer Operator mit dichtem Definitionsbereich $D_A \subset \mathcal{H}$ besitzt einen adjungierten Operator $\hat{A}^\dagger$. Dessen Definitionsbereich $D_{A^\dagger}$ ist die Menge aller Vektoren $\psi \in \mathcal{H}$, für die ein Vektor $\psi' \in \mathcal{H}$ existiert mit

$$\langle\psi|\hat{A}\phi\rangle = \langle\psi', \phi\rangle \quad \text{für alle } \phi \in D_A .$$

Es ist dann $\hat{A}^\dagger\psi = \psi'$, bzw.

$$\langle\psi, \hat{A}\rangle\phi = \langle\hat{A}^\dagger\psi, \phi\rangle . \tag{1}$$

Ein Operator mit dichtem Definitionsbereich D_A heißt:

(a) *hermitesch*, wenn $D_A \subset D_{A^\dagger}$ ist und für alle ϕ, ψ im Definitionsbereich D_A gilt:

$$\langle\phi|\hat{A}\psi\rangle = \langle\hat{A}\phi, \psi\rangle . \tag{2}$$

(b) *selbstadjungiert*, wenn $\hat{A}$ hermitesch und $D_A = D_{A^\dagger}$ ist.

Der adjungierte Operator eines hermiteschen $\hat{A}$ ist eine Erweiterung von $\hat{A}$. Eine Erweiterung von $\hat{A}$ ist ein Operator, der auf D_A mit $\hat{A}$ übereinstimmt, aber einen größeren Definitionsbereich hat. Ein hermitescher Operator hat keine, eine oder viele Erweiterungen. Bei der Erweiterung vergrößert sich D_A und gleichzeitig verkleinert sich $D_{A^\dagger}$. Nun versucht man so lange zu erweitern, bis $D_A = D_{A^\dagger}$ ist.

Achtung Nicht alle hermiteschen Operatoren haben eine selbstadjungierte Erweiterung. So existiert kein selbstadjungierter Impulsoperator auf $\mathbb{R}^+$ (Bonneau et al. 2001). ◀

Vollständigkeit der Eigenvektoren Im allgemeinen Fall hat das Spektrum eines selbstadjungierten Operators einen diskreten und einen kontinuierlichen Anteil, wie in Abb. 23.6 skizziert.

Abb. 23.6 Das Spektrum eines selbstadjungierten Operators enthält im Allgemeinen einen diskreten und kontinuierlichen Anteil

Für Eigenwerte im diskreten Teil des Spektrums sind die zugehörigen Eigenvektoren in

$$\hat{A}\,|a_n\rangle = a_n\,|a_n\rangle\,, \quad a_n \in \mathbb{R}$$

normierbar. Eigenvektoren mit Eigenwert im kontinuierlichen Spektrum,

$$\hat{A}\,|a\rangle = a\,|a\rangle\,, \quad a \in \mathbb{R},$$

sind dagegen nicht normierbar, liegen also nicht in $\mathcal{H}$.

Orthogonalität und Normierung der Eigenfunktionen

Man kann die Eigenfunktionen immer so wählen, dass folgende Relationen gelten:

$$\langle a_m\,|a_n\rangle = \delta_{mn},\ \langle a|\,b\rangle = \delta(a-b),\ \langle a_n\,|a\rangle = 0 . \tag{3}$$

Die Menge *aller* Eigenfunktionen eines selbstadjungierten Operators – normierbar (eigentlich) oder nicht normierbar (uneigentlich) – bildet ein vollständiges System. Jedes Ket kann nach ihnen entwickelt werden:

$$|\psi\rangle = \sum_n c_n\,|a_n\rangle + \int \mathrm{d}a\, c(a)\,|a\rangle\ .$$

Die Entwicklungskoeffizienten c_n und $c(a)$ bestimmen das Ket eindeutig. Das entsprechende Bra hat die Entwicklung

$$\langle\psi| = \sum_n c_n^*\ \langle a_n| + \int \mathrm{d}a\, c^*(a)\ \langle a|\ .$$

Die erste Eigenschaft in (3) ist bereits bekannt. Um die beiden anderen Relationen zu zeigen, sei $|\psi\rangle = \int \mathrm{d}a\, c(a)\,|a\rangle$ ein Überlagerung der uneigentlichen Eigenvektoren. Dann ist

$$\langle a_n|\,\hat{A}\,|\psi\rangle = \int \mathrm{d}a\, c(a)\, a\langle a_n\,|a\rangle \overset{\hat{A}=\hat{A}^\dagger}{=} a_n \int \mathrm{d}a\, c(a)\langle a_n\,|a\rangle\ .$$

Wir nehmen an, die Mengen $\{a_n\}$ und $\{a\}$ seien disjunkt. Dann impliziert diese Gleichung, da sie ja für beliebige Koeffizientenfunktionen $c(a)$ gilt, die Orthogonalität $\langle a_n|\,a\rangle = 0$.

Teil III

Die letzte Gleichung in

$$\langle b|\hat{A}|\psi\rangle = \int \mathrm{d}a\, c(a)\, a\langle b|a\rangle \overset{\hat{A}=\hat{A}^\dagger}{=} b\int \mathrm{d}a\, c(a)\langle b|a\rangle$$

kann nur gelten, wenn $\langle b|a\rangle$ proportional zu $\delta(b-a)$ ist. Nun kann man jede Eigenfunktion $|a\rangle$ mit einer passenden Zahl multiplizieren, sodass die mittlere Beziehung in (3) gilt.

Literatur

- Arens et al.: Mathematik. 2. Aufl., Spektrum Akademischer Verlag (2012)
- Bonneau, G., Faraut, J., Valent, G.: Self-adjoint extensions of operators and the teaching of quantum mechanics. Am. J. Phys., **69**, 322 (2001)

Diese sind bis auf einen θ-abhängigen Phasenfaktor periodisch. Obwohl sich die Operatoren mit verschiedenen θ nur in ihren Definitionsbereichen unterscheiden, sind sie doch verschieden, da sie verschiedene Eigenwerte haben. Die Operatoren sind alle hermitesch, da für alle ϕ, ψ im Definitionsbereich die Kombination $\phi^*\psi$ periodisch ist und

$$\langle\phi,\hat{p}\psi\rangle - \langle\hat{p}\psi,\phi\rangle = \frac{\hbar}{\mathrm{i}}\int_0^L \mathrm{d}x\,\frac{\mathrm{d}}{\mathrm{d}x}(\phi^*\psi) \qquad (23.136)$$

verschwindet. Die normierten Eigenfunktionen von $\hat{p}$ sind ebene Wellen mit θ-abhängiger Wellenzahl

$$\psi_n(x) = \frac{1}{\sqrt{L}}\,\mathrm{e}^{2\pi\mathrm{i}(n+\theta)x/L}, \quad n\in\mathbb{Z}, \qquad (23.137)$$

und die zugehörigen Eigenwerte hängen linear von θ ab:

$$\hat{p}\psi_n = p_n\psi_n, \quad p_n = \frac{h}{L}(n+\theta). \qquad (23.138)$$

Für jedes θ bilden die Eigenfunktionen eine Orthonormalbasis von $\mathcal{H} = L_2(S)$. ◄

Kommutierende Operatoren

Wir wollen uns davon überzeugen, dass zwei kommutierende selbstadjungierte Operatoren $\hat{A}$ und $\hat{B}$ *gleichzeitig* diagonalisiert werden können. Dann existieren Basisvektoren, die gleichzeitig Eigenvektoren von $\hat{A}$ und $\hat{B}$ sind. Diese Beobachtung vereinfacht sehr oft die Berechnung der Eigenwerte des Hamilton-Operators.

Es sei nun $|a_n\rangle$ ein Eigenvektor von $\hat{A}$. Die a_n zu verschiedenen n können gleich sein, d. h., entartete Eigenwerte können auftreten. Nach Voraussetzung vertauschen $\hat{A}$ und $\hat{B}$. Deshalb gilt

$$\hat{A}\hat{B}|a_n\rangle = \hat{B}\hat{A}|a_n\rangle = a_n\hat{B}|a_n\rangle, \qquad (23.139)$$

was bedeutet, dass $\hat{B}$ jeden Eigenvektor von $\hat{A}$ auf einen Eigenvektor von $\hat{A}$ mit demselben Eigenwert abbildet. Ist der Eigenwert nicht entartet, dann muss $\hat{B}|a_n\rangle$ ein Vielfaches von $|a_n\rangle$ sein:

$$\hat{B}|a_n\rangle = b_n|a_n\rangle. \qquad (23.140)$$

Der Vektor $|a_n\rangle$ ist dann gleichzeitig Eigenvektor von $\hat{A}$ und $\hat{B}$.

Ist der Eigenwert a_n entartet, dann können wir nur noch schließen, dass $\hat{B}|a_n\rangle$ in dem von den $\hat{A}$-Eigenvektoren mit Eigenwert a_n aufgespannten Unterraum liegt. Der selbstadjungierte Operator $\hat{B}$ bildet diesen Unterraum auf sich ab und kann auf diesem Unterraum diagonalisiert werden. Die Eigenvektoren $|a_n, b_m\rangle$ von $\hat{B}$ in diesem Unterraum sind automatisch Eigenvektoren von $\hat{A}$ mit Eigenwert a_n. Bezüglich der neuen Basis sind die Operatoren $\hat{A}$ und $\hat{B}$ beide diagonal.

Kommutierende selbstadjungierte Operatoren

Zwei selbstadjungierte Operatoren vertauschen genau dann, wenn sie gleichzeitig diagonalisiert werden können.

Frage 17

Überzeugen Sie sich von der Umkehrung der gezeigten Eigenschaft: Zwei gleichzeitig diagonalisierbare Operatoren vertauschen miteinander.

23.3 Spektralzerlegung von selbstadjungierten Operatoren

Für einen selbstadjungierten Operator ist das Spektrum eine Teilmenge von $\mathbb{R}$. Ist es diskret, dann sind die Eigenfunktionen normierbar und definieren eine Basis im Hilbert-Raum. Andernfalls existieren nichtnormierbare Eigenfunktionen, ähnlich den ebenen Wellen. Diese heißen *uneigentliche Eigenfunktionen*.

Operatoren mit rein diskretem Spektrum

Für ein rein diskretes Spektrum hat die Spektralzerlegung dieselbe Form wie für hermitesche Matrizen. Abweichend von der bisherigen Notation werden nun die Eigenwerte und nicht die Eigenvektoren durchnummeriert. Dann gehören zu verschiedenen n verschiedene Eigenwerte a_n. Existieren mehrere orthonormale Eigenvektoren zum selben Eigenwert, so berücksichtigen wir diese Entartung durch eine zusätzliche Quantenzahl ξ in $|a_n, \xi\rangle$. Der orthogonale Projektor auf den von den Eigenvektoren mit Eigenwert a_n aufgespannten Unterraum ist

$$\hat{P}_{a_n} = \sum_{\xi} |a_n, \xi\rangle \langle a_n, \xi| \,. \tag{23.141}$$

Ist a_n nicht entartet, dann entfällt die Summe. Der Projektor projiziert auf den Eigenraum $\hat{P}_{a_n}\mathcal{H}$ zum Eigenwert a_n,

$$\hat{P}_{a_n} |\psi\rangle = \sum_{\xi} c_{n,\xi} |a_n, \xi\rangle \,, \quad c_{n,\xi} = \langle a_n, \xi| \psi\rangle, \tag{23.142}$$

und heißt *Spektralprojektor*.

Frage 18

Überlegen Sie sich, dass die Spektralprojektoren selbstadjungiert und idempotent sind, d. h. $\hat{P}_{a_n}^2 = \hat{P}_{a_n}$ erfüllen.

Da die Eigenvektoren zu verschiedenen Eigenwerten senkrecht zueinander stehen, sind die Eigenräume $P_{a_n}\mathcal{H}$ und $P_{a_m}\mathcal{H}$ zu verschiedenen Eigenwerten orthogonal. Projizieren wir also einen Vektor auf den Eigenraum zum Eigenwert a_n und den resultierenden Vektor auf den Eigenraum zu einem anderen Eigenwert a_m, so erhalten wir den Nullvektor.

Spektralprojektoren

Die Spektralprojektoren sind hermitesch und orthogonal:

$$\hat{P}_{a_n}^{\dagger} = \hat{P}_{a_n}, \quad \hat{P}_{a_m}\hat{P}_{a_n} = \delta_{a_m a_n}\hat{P}_{a_n} \,. \tag{23.143}$$

Die Zerlegung der Eins (23.134) schreibt sich mithilfe der Spektralprojektoren gemäß

$$\sum_{a_n} \hat{P}_{a_n} = \boldsymbol{I} \,. \tag{23.144}$$

Die geometrische Interpretation dieser Eigenschaften wird in Abb. 23.7 zum Ausdruck gebracht.

Die Zerlegung der Eins impliziert eine Zerlegung von $\mathcal{H}$ in die direkte Summe der orthogonalen Eigenräume von $\hat{A}$:

$$\mathcal{H} = \bigoplus_{a_n} \hat{P}_{a_n}\mathcal{H} \,. \tag{23.145}$$

Die Elemente in $\hat{P}_{a_n}\mathcal{H}$ sind Eigenvektoren von $\hat{A}$ mit Eigenwert a_n. Wendet man nun eine Operatorfunktion $f(\hat{A})$ auf einen Eigenvektor in diesem Unterraum an, dann erhält man das $f(a_n)$-

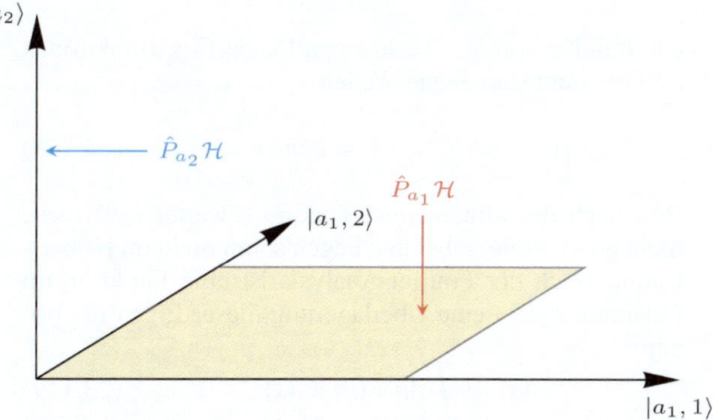

Abb. 23.7 Die Spektralprojektoren $\hat{P}_{a_n}$ projizieren auf orthogonale Eigenräume $\hat{P}_{a_n}\mathcal{H} \subset \mathcal{H}$ zu den Eigenwerten a_n von $\hat{A}$

fache des Vektors. Das bedeutet, dass zumindest für Funktionen f, die in Potenzreihen entwickelt werden können,

$$f(\hat{A})\hat{P}_{a_n} = f(a_n)\hat{P}_{a_n} \tag{23.146}$$

gilt. Multipliziert man nun die Zerlegung der Eins in (23.144) mit $f(\hat{A})$, dann ergibt sich die Spektralzerlegung.

Spektralzerlegung (diskretes Spektrum)

Eine Funktion $f(\hat{A})$ eines selbstadjungierten Operators mit diskretem Spektrum hat die spektrale Zerlegung

$$f(\hat{A}) = \sum_{a_n} f(a_n)\hat{P}_{a_n} \tag{23.147}$$

mit den Projektoren $\hat{P}_{a_n}$ auf die Eigenräume.

In Aufgabe 23.7 illustrieren wir die Spektralzerlegung für das Beispiel einer einfachen Matrix und berechnen damit die Wurzel der Matrix.

Operatoren mit rein kontinuierlichen Spektren

Wichtige Operatoren der Quantenmechanik haben keine diskreten Eigenwerte, sondern nur ein Kontinuum von Eigenwerten. Dann sollte die Summe in der Spektralzerlegung (23.147) in ein Integral übergehen.

Impulsoperator

Das Standardbeispiel eines hermiteschen Operators mit kontinuierlichem Spektrum ist der Impulsoperator $\hat{p}$ für ein Teilchen auf $\mathbb{R}$. Die uneigentlichen Eigenfunktionen im Ortsraum sind ebene Wellen

$$\psi_p(x) = \kappa\, e^{ipx/\hbar}, \quad \kappa = (2\pi\hbar)^{-1/2}. \qquad (23.148)$$

Wie nach der allgemeinen Theorie erwartet sind diese nicht quadratintegrabel und liegen somit nicht im Hilbert-Raum. Nach der Fourier-Analysis ist eine Funktion im Ortsraum $L_2(\mathbb{R})$ eine Überlagerung dieser Eigenfunktionen:

$$\psi(x) = \int dp\, \tilde{\psi}(p)\, \psi_p(x). \qquad (23.149)$$

Die Entwicklungskoeffizienten $\tilde{\psi}(p)$ berechnen sich mit der inversen Fourier-Transformation:

$$\tilde{\psi}(p) = \int dx\, \psi_p^*(x)\psi(x) = \langle\psi_p, \psi\rangle. \qquad (23.150)$$

Auf der rechten Seite steht das L_2-Skalarprodukt der Eigenfunktion ψ_p und ψ. Eingesetzt in (23.149) erhält man

$$\psi(x) = \int dp\, \langle\psi_p, \psi\rangle\psi_p(x). \qquad (23.151)$$

◄

Dies sollte mit der Entwicklung nach der Eigenbasis eines selbstadjungierten Operators mit diskretem Spektrum verglichen werden:

$$|\psi\rangle = \sum_n \langle a_n|\,\psi\rangle\; |a_n\rangle\,. \qquad (23.152)$$

Es gibt zwei sichtbare Unterschiede:

(a) Die Summe über die diskreten Eigenwerte a_n wird zu einem Integral über die kontinuierlichen Eigenwerte p von $\hat{p}$.
(b) Die Eigenfunktionen des Impulsoperators liegen nicht mehr im Hilbert-Raum, da $|\psi_p| = \kappa$ konstant ist.

Frage 19

Überlegen Sie sich, dass die Eigenfunktionen des Impulsoperators folgende Orthogonalitätsbedingungen erfüllen:

$$\langle\psi_p|\psi_q\rangle = \delta(p-q)\,. \qquad (23.153)$$

Für einen beliebigen selbstadjungierter Operator $\hat{A}$ mit kontinuierlichem Spektrum sind die Eigenwerte a in

$$\hat{A}\,|a\rangle = a\,|a\rangle \qquad (23.154)$$

immer noch reell, und die Eigenvektoren können immer noch orthogonal gewählt werden. Aber ähnlich wie die Eigenzustände von $\hat{p}$ können sie nicht mehr normiert werden. Man spricht in diesem Zusammenhang von *uneigentlichen* Eigenfunktionen.

Vollständigkeitsrelation: Allgemeiner Fall

In der allgemeinen Situation hat das Spektrum eines selbstadjungierten Operators einen diskreten und einen kontinuierlichen Anteil. Die Menge der eigentlichen und uneigentlichen Eigenfunktionen bildet ein vollständiges System, und jedes Ket in $\mathcal{H}$ kann nach ihnen entwickelt werden (siehe den „Mathematischen Hintergrund" 23.1):

$$|\psi\rangle = \sum_n c_n\,|a_n\rangle + \int da\, c(a)\,|a\rangle\,. \qquad (23.155)$$

Die Entwicklungskoeffizienten c_n und $c(a)$ bestimmen das Ket eindeutig.

Die eigentlichen und uneigentlichen Eigenfunktionen können immer so gewählt werden, dass folgende Orthogonalitätsrelationen gelten (siehe den „Mathematischen Hintergrund" 23.1):

$$\langle a_m\,|a_n\rangle = \delta_{mn}\,, \quad \langle a|\,b\rangle = \delta(a-b)\,, \quad \langle a_n\,|a\rangle = 0\,. \qquad (23.156)$$

Genauso wie im diskreten Fall gewinnt man mit diesen Relationen die Entwicklungskoeffizienten als Skalarprodukt von $|\psi\rangle$ mit den Eigenvektoren

$$c_n = \langle a_n|\,\psi\rangle \quad \text{und} \quad c(a) = \langle a|\,\psi\rangle\,. \qquad (23.157)$$

Eingesetzt in (23.155) erhält man für ein beliebiges Ket

$$|\psi\rangle = \left(\sum_n |a_n\rangle\,\langle a_n| + \int da\;|a\rangle\,\langle a|\right)|\psi\rangle\,. \qquad (23.158)$$

Diese Zerlegung gilt für alle Kets, und es ergibt sich die Verallgemeinerung der Zerlegung der Eins in (23.134).

Zerlegung der Eins (allgemeiner Fall)

Für einen selbstadjungierten Operator mit einem diskreten und kontinuierlichen Anteil im Spektrum gilt

$$\boldsymbol{I} = \sum_n |a_n\rangle\,\langle a_n| + \int da\;|a\rangle\,\langle a|\,. \qquad (23.159)$$

Wirkt man nun mit dem zu $|\psi\rangle$ in (23.155) dualen Bra (siehe den „Mathematischen Hintergrund" 23.1) auf $|\psi\rangle$ in (23.155) und benutzt die Orthogonalitätsrelationen für die Eigenvektoren, dann findet man für die *Parseval-Gleichung*

$$\langle\psi|\,\psi\rangle = \sum_n |c_n|^2 + \int da\,|c(a)|^2\,. \qquad (23.160)$$

Frage 20

Überprüfen Sie die Gültigkeit dieser Beziehung.

Teil III

In der Zerlegung der Eins in (23.159) treten auf der rechten Seite nur Eigenvektoren von $\hat{A}$ auf, sodass

$$f(\hat{A}) = \sum_n f(a_n)\, |a_n\rangle \langle a_n| + \int \mathrm{d}a f(a)\, |a\rangle \langle a| \,. \qquad (23.161)$$

Für den Erwartungswert einer Operatorfunktion $f(\hat{A})$ findet man somit den Ausdruck

$$\langle\psi| f(\hat{A})\, |\psi\rangle = \sum_n f(a_n)\, |c_n|^2 + \int \mathrm{d}a f(a)\, |c(a)|^2 \qquad (23.162)$$

mit den Entwicklungskoeffizienten (23.157). Für den Eins-Operator ist dies gerade die Beziehung (23.160).

Orts- und Impulsoperator in Ortsdarstellung

Die verschiedenen Komponenten des Ortsoperators für ein Teilchen im $\mathbb{R}^3$ kommutieren und können gleichzeitig diagonalisiert werden:

$$\hat{\boldsymbol{x}}\, |\boldsymbol{x}\rangle = \boldsymbol{x}\, |\boldsymbol{x}\rangle \,. \qquad (23.163)$$

Die entsprechende Zerlegung der Eins lautet

$$\int \mathrm{d}^3x\, |\boldsymbol{x}\rangle \langle \boldsymbol{x}| = \boldsymbol{I} \,. \qquad (23.164)$$

Man kann nun einen beliebigen Zustandsvektor $|\psi\rangle$ nach den Eigenzuständen des Ortsoperators entwickeln:

$$|\psi\rangle = \int \mathrm{d}^3x\, \langle \boldsymbol{x}\, |\psi\rangle\, |\boldsymbol{x}\rangle \equiv \int \mathrm{d}^3x\, \psi(\boldsymbol{x})\, |\boldsymbol{x}\rangle \,. \qquad (23.165)$$

In der Ortsdarstellung ist der Ortsoperator diagonal und $|\psi\rangle$ wird durch die Entwicklungskoeffizienten $\psi(\boldsymbol{x})$, also die Wellenfunktion, charakterisiert. Die Relation (23.160) reduziert sich auf folgende Identität der Wellenmechanik:

$$\langle\psi|\,\psi\rangle = \int \mathrm{d}^3x\, |\psi(\boldsymbol{x})|^2 \,. \qquad (23.166)$$

Ersetzen wir die Eins in $\psi(\boldsymbol{x}) = \langle \boldsymbol{x}|\, \boldsymbol{I}\, |\psi\rangle$ durch die Zerlegung (23.164) (wobei wir $\boldsymbol{x}$ durch $\boldsymbol{y}$ ersetzen), dann finden wir

$$\psi(\boldsymbol{x}) = \int \mathrm{d}^3y\, \langle \boldsymbol{x}|\,\boldsymbol{y}\rangle\, \langle \boldsymbol{y}|\,\psi\rangle = \int \mathrm{d}^3y\, \langle \boldsymbol{x}|\,\boldsymbol{y}\rangle\, \psi(\boldsymbol{y}) \qquad (23.167)$$

und somit folgende Darstellung der Eins im Ortsraum:

$$\langle \boldsymbol{x}|\,\boldsymbol{y}\rangle = \langle \boldsymbol{x}|\, \boldsymbol{I}\, |\boldsymbol{y}\rangle = \delta^3(\boldsymbol{x}-\boldsymbol{y}) \,. \qquad (23.168)$$

Dies ist gerade die Orthogonalitätsrelation für die uneigentlichen Eigenfunktionen in (23.156).

Genauso führt man die Eigenzustände der kommutierenden Komponenten des Impulsoperators ein,

$$\hat{\boldsymbol{p}}\, |\boldsymbol{p}\rangle = \boldsymbol{p}\, |\boldsymbol{p}\rangle \quad \text{mit} \quad \int \mathrm{d}^3p\, |\boldsymbol{p}\rangle \langle \boldsymbol{p}| = \boldsymbol{I} \,, \qquad (23.169)$$

und entwickelt ein Ket nach diesen Eigenzuständen:

$$|\psi\rangle = \int \mathrm{d}^3p\, \langle \boldsymbol{p}|\,\psi\rangle |\boldsymbol{p}\rangle = \int \mathrm{d}^3p\, \tilde{\psi}(\boldsymbol{p})\, |\boldsymbol{p}\rangle \,. \qquad (23.170)$$

Die Entwicklungskoeffizienten $\tilde{\psi}(\boldsymbol{p})$ definieren die Wellenfunktion im Impulsraum, und

$$\langle \boldsymbol{x}|\,\psi\rangle = \int \mathrm{d}^3p\, \langle \boldsymbol{x}\,|\boldsymbol{p}\rangle \langle \boldsymbol{p}\,|\psi\rangle \qquad (23.171)$$

ordnet der Wellenfunktion im Impulsraum die Wellenfunktion im Ortsraum zu:

$$\psi(\boldsymbol{x}) = \int \mathrm{d}^3p\, \langle \boldsymbol{x}|\,\boldsymbol{p}\rangle\, \tilde{\psi}(\boldsymbol{p}) \,. \qquad (23.172)$$

Der Vergleich mit der Fourier-Transformation (23.149) zeigt, dass

$$\langle \boldsymbol{x}|\,\boldsymbol{p}\rangle = \psi_{\boldsymbol{p}}(\boldsymbol{x}) = \kappa\, \mathrm{e}^{\mathrm{i}\boldsymbol{p}\cdot\boldsymbol{x}/\hbar} \qquad (23.173)$$

gelten muss. ◀

Eine allgemeine Zerlegung der Eins (23.159) hat im Ortsraum die Form

$$\langle \boldsymbol{x}|\, \boldsymbol{I}\, |\boldsymbol{y}\rangle = \sum_n \langle \boldsymbol{x}|\, a_n\rangle\, \langle a_n|\, \boldsymbol{y}\rangle + \int \mathrm{d}a\, \langle \boldsymbol{x}|\, a\rangle\, \langle a|\, \boldsymbol{y}\rangle \,. \qquad (23.174)$$

Auf der linken Seite steht die Eins im Ortsraum, d. h. die Deltadistribution $\delta^3(\boldsymbol{x}-\boldsymbol{y})$. Auf der rechten Seite stehen die eigentlichen und uneigentlichen Eigenfunktionen von $\hat{A}$ im Ortsraum:

$$\langle \boldsymbol{x}|\, a_n\rangle = \psi_n(\boldsymbol{x}) \quad \text{und} \quad \langle \boldsymbol{x}|\, a\rangle = \psi_a(\boldsymbol{x}) \,. \qquad (23.175)$$

Zerlegung der Eins im Ortsraum

Im Ortsraum $\mathbb{R}^3$ lautet die Vollständigkeitsrelation für die Eigenfunktionen eines selbstadjungierten Operators

$$\delta^3(\boldsymbol{x}-\boldsymbol{y}) = \sum_n \psi_n(\boldsymbol{x})\psi_n^*(\boldsymbol{y}) + \int \mathrm{d}a\, \psi_a(\boldsymbol{x})\psi_a^*(\boldsymbol{y}) \,. \qquad (23.176)$$

Ein Operator $\hat{A}$ wirkt wie folgt auf Wellenfunktionen im Ortsraum:

$$(\hat{A}\psi)(\boldsymbol{x}) \equiv \langle \boldsymbol{x}|\,\hat{A}\,|\psi\rangle = \int \mathrm{d}^3 y\ \langle \boldsymbol{x}|\,\hat{A}|\boldsymbol{y}\rangle\,\langle \boldsymbol{y}|\,\psi\rangle = \int \mathrm{d}^3 y\ \langle \boldsymbol{x}|\,\hat{A}|\boldsymbol{y}\rangle\,\psi(\boldsymbol{y})\,. \tag{23.177}$$

Auf der rechten Seite erkennen wir die Faltung der Wellenfunktion im Ortsraum mit den $\hat{A}$ zugeordneten Matrixelementen $\langle \boldsymbol{x}|\,\hat{A}|\boldsymbol{y}\rangle \equiv A(\boldsymbol{x},\boldsymbol{y})$. In diesem Zusammenhang nennt man $A(\boldsymbol{x},\boldsymbol{y})$ auch den Kern des Operators $\hat{A}$.

23.4 Inverse und unitäre Operatoren

Neben den selbstadjungierten Operatoren spielen auch die unitären Operatoren eine herausragende Rolle in der Quantenphysik. Unitäre Operatoren erweitern das Konzept der orthogonalen Transformationen in endlich-dimensionalen reellen Vektorräumen. Zum Beispiel wird die Zeitentwicklung der Zustandsvektoren durch einen zeitabhängigen unitären Operator beschrieben.

Ein linearer Operator heißt invertierbar, wenn er bijektiv ist, sodass der inverse Operator $\hat{A}^{-1}$ existiert. Es gilt

$$\hat{A}\hat{A}^{-1} = \hat{A}^{-1}\hat{A} = \boldsymbol{I}\,. \tag{23.178}$$

Ist $\hat{A}$ beschränkt und bijektiv, dann ist der inverse Operator automatisch beschränkt.

Frage 21

Überlegen Sie sich, dass ein linearer Operator $\hat{A}$ genau dann injektiv ist, wenn er nur den Nullvektor auf den Nullvektor abbildet oder, in anderen Worten, wenn $\mathrm{Kern}(\hat{A}) = \{0\}$.

Das Inverse des Produkts von zwei invertierbaren Operatoren ist gleich dem vertauschten Produkt der beiden Inversen:

$$(\hat{A}\hat{B})^{-1} = \hat{B}^{-1}\hat{A}^{-1}\,. \tag{23.179}$$

Zum Beweis multipliziert man beide Seiten dieser Beziehung mit $\hat{A}\hat{B}$ und benutzt bei der Ausmultiplikation die Eigenschaft (23.178).

Unitäre Operatoren

Ein isometrischer Operator erzeugt eine längenerhaltende lineare Abbildung

$$\langle \hat{U}\phi, \hat{U}\psi\rangle = \langle \hat{U}^\dagger\hat{U}\phi, \psi\rangle = \langle \phi, \psi\rangle\,. \tag{23.180}$$

Invertierbare isometrische Operatoren nennt man *unitär*, und sie erfüllen

$$\hat{U}^\dagger\hat{U} = \hat{U}\hat{U}^\dagger = \boldsymbol{I} \quad \text{bzw.} \quad \hat{U}^\dagger = \hat{U}^{-1}\,. \tag{23.181}$$

In der Quantenmechanik bilden die unitären Operatoren die wichtigste Klasse von invertierbaren Operatoren.

Achtung Nicht jeder isometrische Operator ist unitär. Die Schiebeoperatoren in Aufgabe 23.9 sind Gegenbeispiele. ◂

Eindimensionale hermitesche Matrizen sind reelle Zahlen, und eindimensionale unitäre Matrizen sind unimodulare komplexe Zahlen. Jede unimodulare Zahl hat die Darstellung $u = \exp(\mathrm{i}a)$ mit einer reellen Phase a. Ein ähnlicher Zusammenhang besteht zwischen unitären und selbstadjungierten Operatoren.

Selbstadjungierte und unitäre Operatoren

Jeder unitäre Operator hat die Darstellung

$$\hat{U} = \mathrm{e}^{\mathrm{i}\hat{A}}, \quad \hat{A} = \hat{A}^\dagger\,. \tag{23.182}$$

Umgekehrt ist für jeden selbstadjungierten Operator $\hat{A}$ der Operator $\exp(\mathrm{i}\hat{A})$ unitär.

Die Unitarität von $\hat{U}$ ist mit der Spektralzerlegung schnell bewiesen: Für ein $\hat{A}$ mit diskretem Spektrum folgt aus (23.147)

$$\hat{U}\hat{U}^\dagger = \sum_{a_n,a_m} \mathrm{e}^{\mathrm{i}a_n}\mathrm{e}^{-\mathrm{i}a_m}\hat{P}_{a_n}\hat{P}_{a_m} = \sum_n \hat{P}_{a_n} = \boldsymbol{I}\,, \tag{23.183}$$

wobei die Orthogonalität der Spektralprojektoren benutzt wurde.

Frage 22

Können Sie das Argument für Operatoren mit kontinuierlichem Spektrum wiederholen (die Umkehrung zu zeigen, ist aufwendiger)?

Spektraleigenschaften von unitären Operatoren

Es sei nun $\hat{U} = \mathrm{e}^{\mathrm{i}\hat{A}}$ ein beliebiger unitärer Operator und $|a\rangle$ ein Eigenvektor des selbstadjungierten Operators $\hat{A}$. Dann gilt

$$\hat{U}\,|a\rangle = \mathrm{e}^{\mathrm{i}\hat{A}}\,|a\rangle = \mathrm{e}^{\mathrm{i}a}\,|a\rangle\,. \tag{23.184}$$

Jeder Eigenvektor von $\hat{A}$ ist also auch Eigenvektor von $\hat{U} = \mathrm{e}^{\mathrm{i}\hat{A}}$ mit dem Eigenwert $\mathrm{e}^{\mathrm{i}a}$. Die Eigenwerte eines unitären Operators sind demnach unimodulare komplexe Zahlen, und die Eigenfunktionen bilden ein vollständiges Orthonormalsystem.

Ist $\hat{A}$ selbstadjungiert, so ist auch jeder zu $\hat{A}$ unitär ähnliche Operator $\hat{V}\hat{A}\hat{V}^{-1}$ (mit unitärem $\hat{V}$) selbstadjungiert:

$$\left(\hat{V}\hat{A}\hat{V}^{-1}\right)^\dagger = \hat{V}^{-1\dagger}\hat{A}^\dagger\hat{V}^\dagger = \hat{V}\hat{A}\hat{V}^{-1}\,. \tag{23.185}$$

Bezüglich einer beliebigen Orthonormalbasis wird die $\hat{A}$ zugeordnete Matrix nicht diagonal sein. Wählen wir aber die Eigenbasis von $\hat{A}$, dann ist die zugehörige Matrix diagonal mit

23.2 Mathematischer Hintergrund: Spektralprojektoren

Spektralprojektoren Für einen s.a. Operator $\hat{A}$ definiert man für jedes (offene) Intervall $\Delta \subset \mathbb{R}$ den Projektor

$$\hat{P}_\Delta = \sum_{n:a_n \in \Delta} |a_n\rangle \langle a_n| + \int_{a\in\Delta} \mathrm{d}a\, |a\rangle \langle a| \,. \tag{1}$$

In der Literatur, z. B. dem zitierten Klassiker von J.M. Jauch (1968), wird der Spektralprojektor $\hat{P}_\Delta$ oft mit E_Δ bezeichnet.

Achtung Wie in (23.156) verzichten wir aus Gründen der Lesbarkeit auf eine zusätzliche Quantenzahl bei entarteten Eigenwerten a_n. Deshalb brauchen die Eigenwerte a_n zu verschiedenen n nicht verschieden zu sein. ◀

Der Operator $\hat{P}_\Delta$ projiziert senkrecht auf den von den Eigenvektoren mit Eigenwerten in Δ aufgespannten Unterraum $\hat{P}_\Delta \mathcal{H}$. Enthält Δ nur einen Eigenwert a_n im diskreten Spektrum, dann projiziert

$$\hat{P}_\Delta = \hat{P}_{a_n} \tag{2}$$

auf den Eigenraum zu diesem Eigenwert. Diese Operatoren wurden bereits früher in (23.141) eingeführt.

Diese orthogonalen Projektoren haben ähnliche Eigenschaften wie die Projektoren in (23.141): Sie sind hermitesch und erfüllen

$$\hat{P}_\mathbb{R} = \boldsymbol{I}, \quad \hat{P}_\Delta \hat{P}_{\Delta'} = \hat{P}_{\Delta'} \hat{P}_\Delta = \hat{P}_{\Delta \cap \Delta'} \,. \tag{3}$$

Die Eigenschaft $\hat{P}_\Delta = \hat{P}_\Delta^\dagger$ ist leicht einzusehen, da $\hat{P}_\Delta$ eine Überlagerung von hermiteschen Operatoren ist. Die erste Eigenschaft in (3) ist gerade die Zerlegung der Eins in (23.159).

Man braucht also nur die letzte Eigenschaft zu beweisen. Mit den Orthogonalitätsrelationen (23.156) folgt

$$\begin{aligned}
\hat{P}_{\Delta'} \hat{P}_\Delta &= \left(\sum_{b_m \in \Delta'} |b_m\rangle \langle b_m| + \int_{\Delta'} \mathrm{d}b\, |b\rangle \langle b| \right) \\
&\quad \cdot \left(\sum_{a_n \in \Delta} |a_n\rangle \langle a_n| + \int_{\Delta} \mathrm{d}a\, |a\rangle \langle a| \right) \\
&= \left(\sum_{a_n \in \Delta' \cap \Delta} |a_n\rangle \langle a_n| + \int_{\Delta' \cap \Delta} \mathrm{d}a\, |a\rangle \langle a| \right) \\
&= \hat{P}_{\Delta' \cap \Delta} \,,
\end{aligned}$$

was zu beweisen war.

Wir fassen zusammen: Die selbstadjungierten Spektralprojektoren $\hat{P}_\Delta$ kommutieren alle miteinander und mit $\hat{A}$. Sind die Spektralbereiche Δ und Δ' disjunkt, d. h. ist $\Delta \cap \Delta' = \emptyset$, dann sind die zugehörigen Projektoren orthogonal, $\hat{P}_\Delta \hat{P}_{\Delta'} = 0$. Für $\Delta = \Delta'$ ist

$$\hat{P}_\Delta^2 = \hat{P}_\Delta \,. \tag{4}$$

Die Projektoren haben also nur die Eigenwerte 0 und 1.

Die Eigenvektoren mit Eigenwert 1 liegen im Unterraum $\hat{P}_\Delta \mathcal{H}$ und die Eigenvektoren mit Eigenwert 0 liegen im orthogonalen Komplement von $\hat{P}_\Delta \mathcal{H}$.

Spektralprojektoren des Ortsoperators Wie wirken nun die Spektralprojektoren

$$\hat{P}_\Delta = \int_\Delta \mathrm{d}^3x\, |\boldsymbol{x}\rangle \langle \boldsymbol{x}| \,, \quad \Delta \subset \mathbb{R}^3 \tag{5}$$

von $\hat{\boldsymbol{x}}$ auf Wellenfunktionen im Ortsraum? Es gilt

$$\begin{aligned}
(\hat{P}_\Delta \psi)(\boldsymbol{x}) &= \langle \boldsymbol{x}| \hat{P}_\Delta |\psi\rangle = \int_\Delta \mathrm{d}^3y\, \langle \boldsymbol{x}|\boldsymbol{y}\rangle \langle \boldsymbol{y}|\psi\rangle \\
&= \begin{cases} \langle \boldsymbol{x}|\psi\rangle = \psi(\boldsymbol{x}) & \text{falls } \boldsymbol{x} \in \Delta \\ 0 & \text{falls } \boldsymbol{x} \notin \Delta \,, \end{cases}
\end{aligned} \tag{6}$$

wobei im letzten Schritt $\langle \boldsymbol{x}|\boldsymbol{y}\rangle = \delta(\boldsymbol{x}-\boldsymbol{y})$ benutzt wurde. Die Projektion einer Gauß'schen Wellenfunktion für ein Intervall Δ um den Ursprung ist in Abb. 23.8 gezeigt.

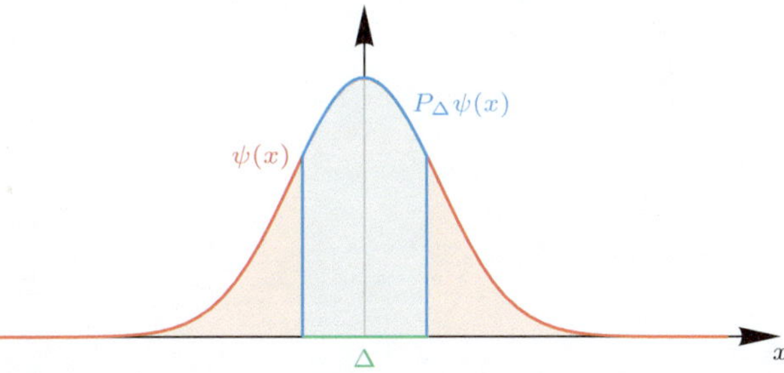

Abb. 23.8 Die Projektion einer Wellenfunktion $\psi(x) = \langle x|\,\psi\rangle$ auf den Unterraum aufgespannt von den Eigenvektoren $|x\rangle$ mit Eigenwert x im Intervall $\Delta \subset \mathbb{R}$

Diese Spektralprojektoren von $\hat{\boldsymbol{x}}$ werden uns bei der Diskussion des Messprozesses im Abschn. 24.1 wieder begegnen.

Literatur

- Jauch, J.M.: Foundations of Quantum Mechanics. Addison-Wesley (1968)

Teil III

den Eigenwerten auf der Diagonalen. Der Wechsel von der beliebigen Basis in die Eigenbasis von $\hat{A}$ geschieht mit einem von $\hat{A}$ abhängigen unitären Operator $\hat{V}_A$.

Frage 23

Warum wird der Wechsel zwischen zwei Orthonormalbasen $\{|n\rangle\}$ und $\{|\tilde{n}\rangle\}$ durch einen unitären Operator $\hat{V}$ geleistet?

Diagonalisierung von unitären Operatoren

Zu jedem selbstadjungierten Operator $\hat{A}$ und zugehörigem unitären Operator $\hat{U} = \exp(\mathrm{i}\hat{A})$ existiert ein unitärer Operator $\hat{V}_A$, sodass die den transformierten Operatoren

$$\hat{D}_A = \hat{V}_A^{-1}\hat{A}\hat{V}_A \quad \text{und} \quad \hat{D}_U = \hat{V}_A^{-1}\hat{U}\hat{V}_A \tag{23.186}$$

zugeordneten Matrizen D_A und D_U diagonal sind, mit den reellen bzw. unimodularen Eigenwerten von $\hat{A}$ und $\hat{U}$ auf der Diagonalen.

Unitäre Translationsoperatoren

Wir illustrieren nun die allgemeine Theorie anhand der einparametrigen Schar von unitären Operatoren

$$\hat{U}_a = \mathrm{e}^{\mathrm{i}a\hat{p}/\hbar}, \quad \text{wobei} \quad \hat{p} = \frac{\hbar}{\mathrm{i}}\frac{\mathrm{d}}{\mathrm{d}x} \tag{23.187}$$

der Impulsoperator auf der Kreislinie S mit Umfang L ist. Für reell-analytische Wellenfunktionen führt die Taylor-Entwicklung von $\exp(\mathrm{i}a\hat{p}/\hbar)$ in Potenzen von a auf die Taylor-Reihe

$$\begin{aligned}\left(\hat{U}_a\psi\right)(x) &= \psi(x) + a\psi'(x) + \frac{a^2}{2!}\psi''(x) + \ldots\\ &= \psi(x+a), \quad a \in \mathbb{R}\,.\end{aligned} \tag{23.188}$$

Die exponierten Impulse verschieben das Argument der Wellenfunktion um a. Aus der letzten Darstellung entnehmen wir, dass die Verschiebungsoperatoren $\hat{U}_a$ auf dem ganzen Hilbert-Raum, im Beispiel $L_2(S)$, definiert sind. Wie nach der allgemeinen Theorie erwartet sind sie unitär:

$$\langle\hat{U}_a\phi, \hat{U}_a\psi\rangle = \int\limits_S \mathrm{d}x\,\phi^*(x+a)\psi(x+a) = \langle\phi,\psi\rangle\,. \tag{23.189}$$

Translationsoperatoren können natürlich auch auf dem Hilbert-Raum $L_2(\mathbb{R}^3)$ definiert werden:

$$\left(\hat{U}_{\boldsymbol{a}}\psi\right)(\boldsymbol{x}) = \left(\mathrm{e}^{\mathrm{i}\boldsymbol{a}\cdot\hat{\boldsymbol{p}}/\hbar}\psi\right)(\boldsymbol{x}) = \psi(\boldsymbol{x}+\boldsymbol{a})\,. \tag{23.190}$$

Wir werden dieses Resultat später noch brauchen. ◄

Weitere interessante Beispiele von unitären Operatoren werden in Aufgabe 23.8 besprochen.

Aufgaben

Gelegentlich enthalten die Aufgaben mehr Angaben, als für die Lösung erforderlich sind. Bei einigen anderen dagegen werden Daten aus dem Allgemeinwissen, aus anderen Quellen oder sinnvolle Schätzungen benötigt.

- • leichte Aufgaben mit wenigen Rechenschritten
- •• mittelschwere Aufgaben, die etwas Denkarbeit und unter Umständen die Kombination verschiedener Konzepte erfordern
- ••• anspruchsvolle Aufgaben, die fortgeschrittene Konzepte (unter Umständen auch aus späteren Kapiteln) oder eigene mathematische Modellbildung benötigen

23.1 •• Optimale Entwicklungskoeffizienten Die endliche Summe

$$\psi^{(n)} = c_1\psi_1 + \cdots + c_n\psi_n \tag{23.191}$$

soll den Vektor $\psi \in \mathcal{H}$ möglichst genau approximieren, d. h., die Entwicklungskoeffizienten c_k sollen so gewählt werden, dass der Abstand $\Delta = \|\psi - \psi^{(n)}\|$ minimal wird.

(a) Überzeugen Sie sich davon, dass für orthonormierte ψ_k die optimalen Koeffizienten $c_k = \langle\psi_k, \psi\rangle$ sind.
(b) Wie müssen die Koeffizienten gewählt werden, wenn die ψ_k nicht orthonormiert sind?

23.2 ••• Der Raum der stetigen Funktionen ist unvollständig Zeigen Sie, dass der unendlich-dimensionale Vektorraum der stetigen Funktionen $[a, b] \to \mathbb{C}$ mit Skalarprodukt

$$\langle\phi, \psi\rangle = \int_a^b \phi^*(x)\psi(x)\,\mathrm{d}x \tag{23.192}$$

nicht vollständig ist. Es ist also nur ein Prä-Hilbert-Raum und kein Hilbert-Raum.

Lösungshinweis: Man konstruiere eine Cauchy-Folge ähnlich wie in Abbbildung 23.2 skizziert, die in der L_2-Norm gegen eine unstetige Funktion konvergiert.

23.3 •• Approximation der Dreiecksschwingung Gegeben sei die stetige und periodische Dreiecksschwingung mit der Periode 1. Im Intervall [0, 1] ist sie definiert durch

$$\psi(x) = \begin{cases} x & \text{für } 0 \le x < \frac{1}{2} \\ 1 - x & \text{für } \frac{1}{2} \le x < 1\,. \end{cases} \tag{23.193}$$

(a) Berechnen Sie die Fourier-Koeffizienten c_n mithilfe der Fourier-Rücktransformation und gewinnen Sie damit die Fourier-Reihe für $\psi(x)$.
(b) Plotten Sie die approximierenden Funktionen

$$\psi^{(n)}(x) = \sum_{k=0,\ldots,n} c_k \cos(2\pi\mathrm{i}kx) \tag{23.194}$$

auf dem Intervall [0, 2] für $n = 1, 3$ und 15.

(c) Berechnen Sie nun $\|\psi\|^2$ und überprüfen Sie die Parseval-Gleichung

$$\|\psi\|^2 = \sum_k |c_k|^2\,. \tag{23.195}$$

Lösungshinweis: Diese Aufgabe ist ähnlich zu Aufgabe 8.4. In Teilaufgabe (c) werden Sie auf ein Reihe geführt, die Sie bei Gradshteyn und Ryzhik (2007) finden.

23.4 • Verschränkung Gegeben sei ein zusammengesetztes System mit Zustandsraum $\mathcal{H} = \mathcal{H}_1 \otimes \mathcal{H}_2$. Betrachten Sie nun zwei sogenannte *Qbits*. Dies bedeutet $\mathcal{H}_1 = \mathcal{H}_2 = \mathbb{C}^2$. Die Basis von $\mathbb{C}^2$ sei $|1\rangle$ und $|2\rangle$, und die Produktzustände $|a\rangle \otimes |b\rangle$ werden mit $|ab\rangle$ bezeichnet.

(a) Für welche komplexen Koeffizienten α, β, γ und δ ist

$$|\psi\rangle = \alpha\,|11\rangle + \beta\,|12\rangle + \gamma\,|21\rangle + \delta\,|22\rangle \tag{23.196}$$

separabel?
(b) Welcher der beiden Zustände $|\psi_\pm\rangle = |11\rangle + |12\rangle + |21\rangle \pm |22\rangle$ ist verschränkt? Schreiben Sie den separablen Zustand als Tensorprodukt von zwei Vektoren.

Lösungshinweis: Die Koeffizienten α, β, γ und δ definieren eine Matrix. Im Kapiteltext wurde die Eigenschaft dieser Matrix für separable Zustände diskutiert.

23.5 • Zerlegung eines Operators Zeigen Sie, dass ein linearer Operator $\hat{A}$ die Darstellung $\hat{A} = \hat{H}_1 + \mathrm{i}\hat{H}_2$ mit zwei hermiteschen Operatoren $\hat{H}_1$ und $\hat{H}_2$ hat.

Lösungshinweis: Vergleichen Sie mit dem Real- und Imaginärteil einer komplexen Zahl.

23.6 •• Orts- und Impulsoperator sind unbeschränkt Wir wollen uns in dieser Aufgabe davon überzeugen, dass Orts- und Impulsoperatoren unbeschränkt sind. Im Falle des Ortsoperators fehlt es einigen L_2-Funktionen an Abfalleigenschaften und im Falle des Impulsoperators an Differenzierbarkeitseigenschaften. Betrachten Sie die Wellenfunktionen

$$\phi(x) = \sqrt{\frac{a}{\pi}}\frac{1}{1 + \mathrm{i}ax}\,, \quad \psi(x) = \sqrt{a}\,\mathrm{sign}(x)\,\mathrm{e}^{-a|x|} \tag{23.197}$$

mit $a > 0$. Zeigen Sie, dass

(a) ϕ und ψ normierte Funktionen in $L_2(\mathbb{R})$ sind,
(b) die Funktion $x\phi_n$ nicht quadratintegrabel ist,
(c) die Funktion $\hat{p}\psi_n$ nicht quadratintegrabel ist.

23.7 •• Spektralzerlegung für eine Matrix Hier üben wir die Spektralzerlegung anhand eines einfachen Beispiels. Dazu betrachten wir die symmetrische Matrix

$$A = \frac{1}{7}\begin{pmatrix} 27 & 12 & -24 \\ 12 & 59 & 8 \\ -24 & 8 & 47 \end{pmatrix}. \quad (23.198)$$

(a) Berechnen Sie die Eigenwerte und die Eigenvektoren der Matrix.
(b) Wie lauten die Spektralprojektoren?
(c) Überzeugen Sie sich, dass diese alle Eigenschaften von Spektralprojektoren erfüllen.
(d) Berechnen Sie $\sqrt{A}$ mithilfe der Spektralzerlegung.

Lösungshinweis: Sie dürfen hier ein algebraisches Programm einsetzen.

23.8 •• Unitäre Operatoren Für quadratintegrable Funktionen definiert man den Paritäts-, Translations- und Dilatationsoperator sowie den Operator der Fourier-Transformation gemäß

$$\begin{aligned}(\hat{P}\psi)(\boldsymbol{x}) &= \psi(-\boldsymbol{x}),\\ (\hat{T}_a\psi)(\boldsymbol{x}) &= \psi(\boldsymbol{x}-\boldsymbol{a}),\\ (\hat{D}_\lambda\psi)(\boldsymbol{x}) &= \lambda^{3/2}\psi(\lambda\boldsymbol{x}),\\ (\hat{F}\psi)(\boldsymbol{k}) &= \kappa\int \mathrm{d}^3x\, \mathrm{e}^{-\mathrm{i}\boldsymbol{k}\cdot\boldsymbol{x}}\psi(\boldsymbol{x}) \end{aligned} \quad (23.199)$$

mit $\kappa = (2\pi)^{-3/2}$.

(a) Bestimmen Sie die jeweiligen inversen Operatoren.
(b) Verifizieren Sie die folgenden Relationen

$$\hat{F}\hat{P} = \hat{P}\hat{F}, \quad \hat{F}^2 = \hat{P} \quad \text{und} \quad \hat{F}\hat{T}_a = \hat{E}_a\hat{F}, \quad (23.200)$$

indem Sie die verschiedenen Operatoren auf Wellenfunktionen im Ortsraum wirken lassen. Der Paritätsoperator wirkt im $\boldsymbol{k}$-Raum gemäß $(\hat{P}\tilde{\psi})(\boldsymbol{k}) = \tilde{\psi}(-\boldsymbol{k})$. Der Operator $\hat{E}_a$ ist definiert durch $(\hat{E}_a\psi)(\boldsymbol{x}) = \mathrm{e}^{-\mathrm{i}\boldsymbol{a}\cdot\boldsymbol{x}}\psi(\boldsymbol{x})$.
(c) Begründen Sie, warum diese Operatoren unitär sind.
(d) Was kann man aus $\hat{F}^4 = 1$ für die Eigenwerte von $\hat{F}$ schließen?

Lösungshinweis: Bei der Lösung der Aufgabe braucht man Eigenschaften der Fourier-Transformation, wie man sie im Kasten „Vertiefung: Wichtige Eigenschaften der Fourier-Transformation" in Abschn. 13.1 findet.

23.9 •• Schiebeoperatoren Wir betrachten den Rechtsschiebeoperator $\hat{R}$ auf dem Hilbert'schen Folgenraum:

$$\hat{R}:\ (c_1, c_2, c_3, \ldots) \longrightarrow (0, c_1, c_2, \ldots) \quad (23.201)$$

(a) Zeigen Sie, dass $\hat{R}$ eine Isometrie (d. h. längenerhaltend) ist. Was ist die Norm von $\hat{R}$?
(b) Argumentieren Sie, dass $\hat{R}$ nicht surjektiv ist. Warum ist $\hat{R}$ nicht unitär?
(c) Zeigen Sie, dass der zum Rechtsschiebeoperator adjungierte Operator der Linksschiebeoperator ist:

$$\hat{L}:\ (b_1, b_2, b_3, \ldots) \longrightarrow (b_2, b_3, b_4, \ldots). \quad (23.202)$$

(d) Bestimmen Sie die Operatoren $\hat{R}\hat{L}$ und $\hat{L}\hat{R}$.
(e) Untersuchen Sie die Eigenwertgleichungen $\hat{L}\hat{R}\psi = \lambda\psi$ und $\hat{R}\hat{L}\psi = \lambda\psi$. Warum sind die Eigenwerte reell und nichtnegativ?

Lösungshinweis: Unitäre Abbildungen müssen isometrisch und bijektiv sein.

23.10 ••• Nichthermitesche Hamilton-Operatoren Eine antilineare Involution $\hat{J}$ ist eine antilineare und selbstinverse Abbildung, d. h. $\hat{J}\hat{J} = \boldsymbol{I}$. Ein linearer Operator $\hat{H}$ sei invariant unter einer antilinearen Involution (Symmetrie) $\hat{J}$, d. h.

$$[\hat{H}, \hat{J}] = 0. \quad (23.203)$$

Theorem von Kramer und Wigner

Ist $|\psi\rangle$ gleichzeitiger Eigenvektor von $\hat{H}$ und $\hat{J}$, dann ist der zugehörige Eigenwert von $\hat{H}$ reell.

Das Theorem findet Anwendung in der Spektroskopie für Atome mit einer ungeraden Anzahl von Fermionen (z. B. das Deuterium mit je einem Elektron, Proton und Neutron) in elektrischen Feldern. Dabei ist $\hat{J}$ der Operator der Zeitumkehr. Beachten Sie, dass das Theorem auch für nichthermitesche Operatoren $\hat{H}$ gilt.

Achtung Es wurde vorausgesetzt, dass $\hat{J}$ und $\hat{H}$ gleichzeitig diagonalisiert werden können. Obwohl die Operatoren vertauschen, braucht das nicht wahr zu sein, da $\hat{J}$ nichtlinear ist. ◀

(a) Beweisen Sie, dass die Eigenwerte einer antilinearen Involution unimodulare komplexe Zahlen (komplexe Zahlen vom Betrag 1) sind.
(b) Zeigen Sie dann, dass zu jedem Eigenvektor $|\psi\rangle$ von $\hat{J}$ immer ein Eigenvektor proportional zu $|\psi\rangle$ mit Eigenwert 1 existiert.
(c) Beweisen Sie das Theorem von Kramer und Wigner.

Lösungshinweis: Beim Beweis des Theorems in Teilaufgabe (a) wirke man mit $\hat{J}$ auf die Eigenwertgleichung für $|\psi\rangle$ und vergleiche mit der Eigenwertgleichung für $\hat{J}\,|\psi\rangle$. In Teilaufgabe (b) sollten Sie zunächst allgemein überlegen, welchen Eigenwert der Vektor $\alpha\,|\psi\rangle$ hat, wenn $|\psi\rangle$ den Eigenwert λ hat; beachten Sie dabei die Antilinearität.

23.11 •• PT-symmetrische Quantenmechanik Üblicherweise verlangt man in der Quantenmechanik die Bedingung $\hat{H} = \hat{H}^\dagger$, damit der Hamilton-Operator ein reelles Spektrum hat. Wenn man dagegen verlangt, dass $\hat{H}$ mit der Zeitumkehr in Kombination mit der Raumspiegelung vertauscht, dann erhält man eine große Klasse von nichthermiteschen Hamilton-Operatoren, die ebenfalls ein reelles Spektrum aufweisen.

In der Quantenmechanik sind die Spiegelung und Zeitumkehr im Ortsraum durch folgende lineare und antilineare Abbildungen implementiert:

$$(\hat{P}\psi)(t,\boldsymbol{x}) = \psi(t,-\boldsymbol{x}), \quad (\hat{T}\psi)(t,\boldsymbol{x}) = \psi^*(-t,\boldsymbol{x}). \quad (23.204)$$

Es sei $\hat{J} = \hat{P}\hat{T}$ die gleichzeitige Spiegelung und Zeitumkehr.

(a) Zeigen Sie, dass $\hat{J}$ eine antilineare Involution ist.
(b) Beweisen Sie, dass $\hat{J}$ wie folgt auf Funktionen des Impuls- und Ortsoperators wirkt:

$$\hat{J}f(\hat{\boldsymbol{x}})\hat{J}^{-1} = f^*(-\hat{\boldsymbol{x}}), \quad \hat{J}f(\hat{\boldsymbol{p}})\hat{J}^{-1} = f^*(\hat{\boldsymbol{p}}). \quad (23.205)$$

(c) Folgern Sie nun, dass der für fast alle reellen $\alpha \in [-1,\infty)$ nichthermitesche Hamilton-Operator für ein Teilchen auf der reellen Achse

$$\hat{H} = \frac{1}{2m}\hat{p}^2 + \hat{x}^2(\mathrm{i}\hat{x})^\alpha \quad (23.206)$$

PT-symmetrisch ist, d. h. mit $\hat{J}$ vertauscht.

Lösungshinweis: Mehr zu PT-symmetrischen Quantensystemen finden Sie z. B. bei Bender und Boettcher (1998).

23.12 ••• Cayley-Transformation Neben der Exponentiation gibt es eine weitere Transformation, die einem selbstadjungierten Operator einen unitären Operator zuordnet. Diese nach *Cayley* benannte Transformation ist motiviert durch die einfache Beobachtung, dass für jede reelle Zahl a die komplexe Zahl

$$u = \frac{\mathrm{i}-a}{\mathrm{i}+a} \quad (23.207)$$

die Länge 1 hat, also eine Phase ist. Die Umkehrtransformation lautet

$$a = \mathrm{i}\,\frac{1-u}{1+u}. \quad (23.208)$$

Sie existiert nur, wenn $1+u$ nicht verschwindet.

(a) Zeigen Sie, dass für einen selbstadjungierten Operator $\hat{A}$ die Cayley-Transformierte

$$\hat{U} = \left(\mathrm{i}\boldsymbol{I} - \hat{A}\right)\left(\mathrm{i}\boldsymbol{I} + \hat{A}\right)^{-1} \quad (23.209)$$

unitär ist.
(b) Zeigen Sie, dass die Umkehrtransformation

$$\hat{A} = \mathrm{i}\left(\boldsymbol{I} - \hat{U}\right)\left(\boldsymbol{I} + \hat{U}\right)^{-1} \quad (23.210)$$

jedem unitären Operator $\hat{U}$, für den -1 kein Eigenwert ist, einen selbstadjungierten Operator zuordnet.
(c) Berechnen Sie die Wirkung der Cayley-Transformierten des selbstadjungierten Operators $\hat{A} = \boldsymbol{a}\cdot\hat{\boldsymbol{p}}/\hbar$ mit $\boldsymbol{a} \in \mathbb{R}^n$ auf eine Wellenfunktion $\psi(\boldsymbol{x})$.
(d) Entwickeln Sie die transformierte Wellenfunktion bis zur zweiten Ordnung in $\boldsymbol{a}$.

Lösungshinweis: Zeigen Sie zuerst, dass Inversion und Adjungation vertauschen. Bei Teilaufgabe (c) ist es hilfreich, wenn man die Wirkung der Cayley-Transformierten im $\boldsymbol{k}$-Raum benutzt. Dabei werden Sie eventuell das Integral

$$\int_0^\infty \mathrm{d}\xi\, \mathrm{e}^{-\xi}\left(1 + \frac{\mathrm{d}}{\mathrm{d}\xi}\right)\mathrm{e}^{\mathrm{i}\xi\boldsymbol{a}\cdot\boldsymbol{k}} = \frac{1+\mathrm{i}\boldsymbol{a}\cdot\boldsymbol{k}}{1-\mathrm{i}\boldsymbol{a}\cdot\boldsymbol{k}} \quad (23.211)$$

brauchen, um das auftretende Fourier-Integral zu berechnen.

Lösungen zu den Aufgaben

23.2 Funktionenfolgen und Funktionenreihen werden im „Mathematischen Hintergrund" 8.1 besprochen.

23.7 Sie sollten die Eigenvektoren

$$c_{(1)} = \frac{1}{\sqrt{10}}\begin{pmatrix}1\\3\\0\end{pmatrix}, \quad c_{(2)} = \frac{1}{\sqrt{35}}\begin{pmatrix}-3\\1\\5\end{pmatrix}, \quad c_{(3)} = \frac{1}{\sqrt{14}}\begin{pmatrix}3\\-1\\2\end{pmatrix}$$

finden.

23.8 Die Fourier-Transformation ist eine lineare Abbildung $L_2(\mathbb{R}^3) \mapsto L_2(\mathbb{R}^3)$, welche Funktionen im Ortsraum in Funktionen im Impulsraum abbildet. Deshalb ist a priori nicht klar, was man mit Eigenfunktion der Fourier-Transformation meint. In dieser Aufgabe meinen wir mit einer Eigenfunktion von $\hat{F}$ eine Funktion ψ, für die $(\hat{F}\psi)(\boldsymbol{x})$ ein Vielfaches von $\psi(\boldsymbol{x})$ ist.

Ausführliche Lösungen zu den Aufgaben

23.1

(a) Nach Voraussetzung sind die ψ_k orthonormiert, und deshalb ist $\|\psi^{(n)}\|^2 = \sum |c_k|^2$. Somit gilt

$$\Delta^2 = \|\psi\|^2 - \sum_k c_k \langle \psi, \psi_k \rangle - \sum c_k^* \langle \psi_k, \psi \rangle + \sum_k c_k^* c_k \,.$$

Die Differenz wird minimal für

$$0 = \frac{\partial \Delta^2}{\partial c_k} = c_k^* - \langle \psi, \psi_k \rangle \,, \tag{23.212}$$

d. h. für die Wahl $c_k = \langle \psi_k, \psi \rangle$.

(b) Sind die ψ_k nicht orthonormal, dann ist der letzte Term im Ausdruck für Δ^2 gleich $\sum_{k,l} c_k^* c_l \langle \psi_k, \psi_l \rangle$. Die Extremalbedingung führt dann auf das lineare Gleichungssystem

$$\sum_l \langle \psi_k, \psi_l \rangle c_l = \langle \psi_k, \psi \rangle \,. \tag{23.213}$$

Um die Entwicklungskoeffizienten zu berechnen, muss man die Matrix mit den Matrixelementen $\langle \psi_k, \psi_l \rangle$ invertieren.

23.2 Zum Beweis betrachte man folgende Folge von stetigen Funktionen auf dem Intervall $[0, 2]$:

$$\psi_n(x) = \begin{cases} x^n & \text{für } 0 \le x < 1 \\ 1 & \text{für } 1 \le x < 2 \,. \end{cases} \tag{23.214}$$

Es ist eine Cauchy-Folge, weil das Abstandsquadrat zweier Elemente der Folge

$$\begin{aligned} \|\psi_m - \psi_n\|^2 &= \int_0^1 \mathrm{d}x \, (x^m - x^n)^2 \\ &= \frac{1}{2m+1} + \frac{1}{2n+1} - \frac{2}{m+n+1} \\ &= \frac{2(m-n)^2}{(2m+1)(2n+1)(m+n+1)} \end{aligned} \tag{23.215}$$

für alle $m, n \ge N$ mit zunehmendem N gegen null strebt:

$$\|\psi_m - \psi_n\|^2 < \frac{1}{2N+1} \,. \tag{23.216}$$

Diese Cauchy-Folge von stetigen Funktionen konvergiert *punktweise* gegen die unstetige Stufenfunktion, die auf dem Intervall $[0, 1)$ den Wert 0 annimmt und auf dem Intervall $[1, 2]$ den Wert 1. Wir können diese Eigenschaft aber nicht direkt ausnutzen, da immer noch eine stetige Funktion existieren könnte, gegen welche die ψ_n zwar nicht punktweise, aber bezüglich der L_2-Norm konvergieren.

Wir wollen zeigen, dass dies unmöglich ist. Dazu nehmen wir an, die $\{\psi_n\}$ konvergieren in der L_2-Norm gegen ein stetiges ψ. Es seien Ψ_n und Ψ diejenigen Stammfunktionen von ψ_n und ψ, die am Ursprung verschwinden. Aus der Schwarz'schen Ungleichung (23.11), angewandt auf die konstante Funktion 1 und die Funktion $|\psi - \psi_n|$, folgt

$$\begin{aligned} |\Psi(x) - \Psi_n(x)| &= \Big| \int_0^x \mathrm{d}t \, (\psi(t) - \psi_n(t)) \Big| \\ &\le \int_0^2 \mathrm{d}t \, |\psi(t) - \psi_n(t)| \le \sqrt{2} \, \|\psi - \psi_n\| \,. \end{aligned} \tag{23.217}$$

Strebt nun $\psi_n \to \psi$ in der L_2-Norm, dann gilt also punktweise

$$\Psi(x) = \lim_{n\to\infty} \Psi_n(x) = \begin{cases} 0 & \text{für } 0 \le x < 1 \\ x - 1 & \text{für } 1 \le x \le 2 \,. \end{cases} \tag{23.218}$$

Da die Stammfunktion Ψ im Punkt $x = 1$ nicht differenzierbar ist, kann ψ im Widerspruch zur Annahme nicht stetig sein.

23.3

(a) Die Fourier-Koeffizienten c_k sind

$$\begin{aligned} c_0 &= \int_0^2 \mathrm{d}x \, \psi(x) = \frac{1}{4} \\ c_{k\neq 0} &= \int_0^{1/2} \mathrm{d}x \, x \, \mathrm{e}^{-2\pi i k x} + \int_{1/2}^1 \mathrm{d}x \, (1-x) \, \mathrm{e}^{-2\pi i k x} \\ &= \begin{cases} -1/(\pi k)^2 & k \text{ ungerade} \\ 0 & k \text{ gerade.} \end{cases} \end{aligned} \tag{23.219}$$

In der Fourier-Reihe $\sum c_k[\cos(2\pi k x) - \mathrm{i} \sin(2\pi k x)]$ tragen nur die Kosinusfunktionen bei, da $c_{-k} = c_k$ ist. Fasst man noch die Terme mit den Indizes k und $-k$ zusammen, dann ergibt sich

$$\psi(x) = \frac{1}{4} - \frac{2}{\pi^2} \sum_{k=1,3,5,\ldots} \frac{1}{k^2} \cos(2\pi k x) \,. \tag{23.220}$$

(b) Die approximierenden Funktionen

$$\psi^{(n)}(x) = \frac{1}{4} - \frac{2}{\pi^2} \sum_{k=1,3,5,\ldots}^{n} \frac{1}{k^2} \cos(2\pi k x) \tag{23.221}$$

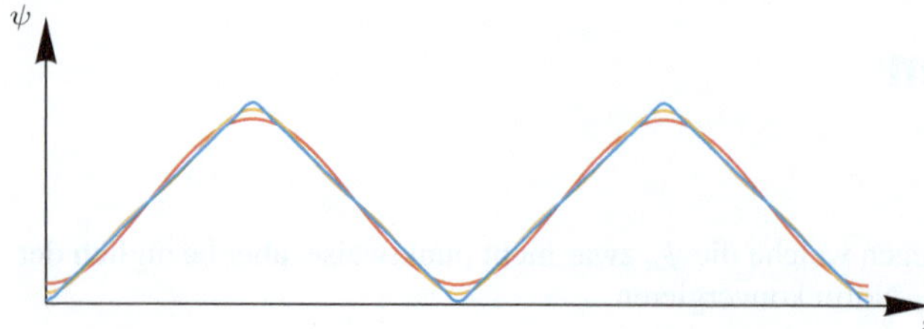

Abb. 23.9 Approximation der Dreiecksschwingung durch die periodischen Basisfunktionen $e^{2\pi ikx}$ mit $|k| \leq n$. Die *rote Kurve* ist die Approximation mit $n = 1$, die *orangefarbene Kurve* mit $n = 3$ und die *blaue Kurve* mit $n = 15$

für $n = 1, 3$ und 15 sind in Abb. 23.9 dargestellt. Man sieht, dass sich die Approximierende mit $n = 15$ der Dreiecksschwingung schon sehr gut nähert.

(c) Die quadrierte Norm der Dreiecksschwingung ist

$$\|\psi\|^2 = \int_0^{1/2} \mathrm{d}x\, x^2 + \int_{1/2}^{1} \mathrm{d}x\,(1-x)^2 = \frac{1}{12}. \quad (23.222)$$

Damit sollte

$$\frac{1}{12} = c_0^2 + \sum_{k=1,3,5,\ldots} c_k^2 = \frac{1}{16} + \frac{2}{\pi^4} \sum_{k=1,3,5,\ldots} \frac{1}{k^4} \quad (23.223)$$

gelten oder aufgelöst nach der Summe

$$\sum_{k=1,3,5,\ldots} \frac{1}{k^4} = \frac{\pi^4}{96}. \quad (23.224)$$

Diese korreke Formel findet man ebenfalls in Gradshteyn und Ryzhik (2007).

23.4

(a) Der Vektor $|\psi\rangle$ ist separabel, wenn die Matrix

$$c = \begin{pmatrix} \alpha & \beta \\ \gamma & \delta \end{pmatrix} \quad (23.225)$$

den Rang 1 hat. Dies ist der Fall, wenn die beiden Spaltenvektoren linear abhängig sind oder wenn die Determinante

$$\det(c) = \alpha\delta - \beta\gamma \quad (23.226)$$

verschwindet.

(b) Für die angegebenen Zustände ist

$$c_\pm = \begin{pmatrix} 1 & 1 \\ 1 & \pm 1 \end{pmatrix}. \quad (23.227)$$

Die Determinante verschwindet für das positive Vorzeichen. Somit ist ψ_+ separabel und ψ_- verschränkt. Man findet

$$|\psi_+\rangle = (|1\rangle + |2\rangle) \otimes (|1\rangle + |2\rangle). \quad (23.228)$$

23.5 Ähnlich wie man eine komplexe Zahl in Real- und Imaginärteil zerlegen kann, schreibt man

$$\hat{H}_1 = \frac{\hat{A} + \hat{A}^\dagger}{2} \quad \text{und} \quad \hat{H}_2 = \frac{\hat{A} - \hat{A}^\dagger}{2\mathrm{i}}. \quad (23.229)$$

Offensichtlich ist $\hat{H}_1 + \mathrm{i}\hat{H}_2 = \hat{A}$. Aber die beiden Operatoren sind auch hermitesch. Berücksichtigt man die Antilinearität der †-Operation und $(\hat{A}^\dagger)^\dagger = \hat{A}$, dann folgt z. B.

$$\hat{H}_2^\dagger = \frac{\hat{A}^\dagger - \hat{A}}{-2\mathrm{i}} = \hat{H}_2. \quad (23.230)$$

23.6

(a) Diese Funktionen sind für $a > 0$ normiert:

$$\|\phi\|^2 = \int_{\mathbb{R}} \mathrm{d}x\, \frac{a/\pi}{1 + a^2x^2} = \frac{1}{\pi} \arctan(ax)\Big|_{-\infty}^{\infty} = 1. \quad (23.231)$$

Weiterhin gilt

$$\|\psi\|^2 = 2a \int_0^\infty \mathrm{d}x\, \mathrm{e}^{-2ax} = 1. \quad (23.232)$$

(b) Das Betragsquadrat

$$|x\phi(x)|^2 = \frac{a}{\pi} \frac{x^2}{1 + a^2x^2} \quad (23.233)$$

strebt für große $|x|$ gegen die Konstante $1/(a\pi)$ und ist deshalb nicht integrierbar. Für jedes $a > 0$ ist die Funktion $\phi(x)$ nicht im Definitionsbereich des Ortsoperators, da $x\phi$ nicht im Hilbert-Raum liegt.

(c) Die Funktion ψ springt am Ursprung, und ihre Ableitung ist proportional zur Deltadistribution. Deshalb ist

$$|\hat{p}\psi|^2 = a\hbar^2 \left(2\delta(x) - a\mathrm{e}^{-a|x|}\right)^2 \quad (23.234)$$

nicht integrabel. Dies bedeutet, dass auch der Impulsoperator unbeschränkt ist.

23.7

(a) Die Wurzeln des charakteristischen Polynoms

$$\det(\lambda \boldsymbol{I} - A) = \lambda^3 - 19\lambda^2 + 99\lambda - 81 \quad (23.235)$$

sind die Eigenwerte. Man findet die Werte

$$\lambda_1 = \lambda_2 = 9, \quad \lambda_3 = 1. \quad (23.236)$$

Der erste Eigenwert ist entartet, und somit ist die Wahl der orthonormierten Eigenbasis nicht eindeutig. Durch Lösung der linearen Gleichungssysteme $Ac_{(n)} = \lambda_n c_{(n)}$, z. B. mithilfe eines algebraischen Computerprogramms, findet man problemlos die im Hinweis angegebenen orthonormierten Eigenvektoren.

Teil III

(b) Der Spektralprojektor auf den Eigenraum von $\lambda = 9$ ist

$$P_9 = c_{(1)}c_{(1)}^\top + c_{(2)}c_{(2)}^\top = \frac{1}{14}\begin{pmatrix} 5 & 3 & -6 \\ 3 & 13 & 2 \\ -6 & 2 & 10 \end{pmatrix}, \tag{23.237}$$

und der Projektor auf den Eigenraum von $\lambda = 1$ ist

$$P_1 = c_{(3)}c_{(3)}^\top = \frac{1}{14}\begin{pmatrix} 9 & -3 & 6 \\ -3 & 1 & -2 \\ 6 & -2 & 4 \end{pmatrix}. \tag{23.238}$$

(c) Die Spektralprojektoren sind offensichtlich hermitesch und haben die Eigenschaften

$$P_{1,9}^2 = P_{1,9}, \quad P_1P_9 = P_9P_1 = 0, \quad P_1 + P_9 = \boldsymbol{I}. \tag{23.239}$$

(d) Mit den Eigenwerten und Spektralprojektoren können wir eine beliebige Funktion der Matrix berechnen:

$$f(A) = f(9)P_{\lambda=9} + f(1)P_{\lambda=1}. \tag{23.240}$$

Zum Beispiel ist

$$\sqrt{A} = 3P_9 + P_1 = \frac{1}{7}\begin{pmatrix} 12 & 3 & -6 \\ 3 & 20 & 2 \\ -6 & 2 & 17 \end{pmatrix}. \tag{23.241}$$

23.8

(a) Ohne weitere Rechnung ist klar, dass gilt:

$$\hat{P}^{-1} = \hat{P}, \quad (\hat{T}_a)^{-1} = \hat{T}_{-a}, \quad (\hat{D}_\lambda)^{-1} = \hat{D}_{1/\lambda}. \tag{23.242}$$

Die inverse Fouriertransformation lautet

$$\psi(\boldsymbol{x}) = (\hat{F}^{-1}\psi)(\boldsymbol{x}) = \kappa \int \mathrm{d}^3k\, \mathrm{e}^{\mathrm{i}\boldsymbol{k}\cdot\boldsymbol{x}}\tilde{\psi}(\boldsymbol{k}), \tag{23.243}$$

wie man durch direkte Rechnung nachweist:

$$\begin{aligned}(\hat{F}^{-1}\hat{F}\hat{\psi})(\boldsymbol{y}) &= \kappa^2 \int \mathrm{d}^3k\, \mathrm{e}^{\mathrm{i}\boldsymbol{k}\cdot\boldsymbol{y}} \int \mathrm{d}^3x\, \mathrm{e}^{-\mathrm{i}\boldsymbol{k}\cdot\boldsymbol{x}}\psi(\boldsymbol{x}) \\ &= \int \mathrm{d}^3x\, \delta(\boldsymbol{x}-\boldsymbol{y})\psi(\boldsymbol{x}) = \psi(\boldsymbol{y}).\end{aligned} \tag{23.244}$$

Hier wurde die Fourier-Darstellung der Deltadistribution

$$\int \mathrm{d}^3k\, \mathrm{e}^{\mathrm{i}\boldsymbol{k}\cdot(\boldsymbol{y}-\boldsymbol{x})} = (2\pi)^3\delta(\boldsymbol{y}-\boldsymbol{x}) \tag{23.245}$$

benutzt, die in Abschn. 13.1 bewiesen wurde.

(b) Der Operator $\hat{F}\hat{P}$ wirkt auf eine Wellenfunktion im Ortsraum gemäß

$$\begin{aligned}(\hat{F}\hat{P}\psi)(\boldsymbol{k}) &= \kappa \int \mathrm{d}^3x\, \mathrm{e}^{-\mathrm{i}\boldsymbol{k}\cdot\boldsymbol{x}}\psi(-\boldsymbol{x}) \\ &= \kappa \int \mathrm{d}^3x\, \mathrm{e}^{\mathrm{i}\boldsymbol{k}\cdot\boldsymbol{x}}\psi(\boldsymbol{x}),\end{aligned} \tag{23.246}$$

wobei wir im letzten Schritt $\boldsymbol{x}$ durch $-\boldsymbol{x}$ ersetzten. Bei der Wirkung von $\hat{P}\hat{F}$ müssen wir beachten, dass bei einer Spiegelung $\boldsymbol{k}$ das Vorzeichen wechselt, sodass

$$\begin{aligned}(\hat{P}\hat{F}\psi)(\boldsymbol{k}) &= \hat{P}\left(\kappa \int \mathrm{d}^3x\, \mathrm{e}^{-\mathrm{i}\boldsymbol{k}\cdot\boldsymbol{x}}\psi(\boldsymbol{x})\right) \\ &= \kappa \int \mathrm{d}^3x\, \mathrm{e}^{\mathrm{i}\boldsymbol{k}\cdot\boldsymbol{x}}\psi(\boldsymbol{x}).\end{aligned} \tag{23.247}$$

Somit sind $\hat{F}\hat{P}$ und $\hat{P}\hat{F}$ identische Operatoren.

Die zweite Relation $\hat{F}^2 = \hat{P}$ folgt aus

$$\begin{aligned}(\hat{F}\hat{F}\psi)(\boldsymbol{y}) &= \kappa^2 \int \mathrm{d}^3k\, \mathrm{e}^{-\mathrm{i}\boldsymbol{k}\cdot\boldsymbol{y}} \int \mathrm{d}^3x\, \mathrm{e}^{-\mathrm{i}\boldsymbol{k}\cdot\boldsymbol{x}}\psi(\boldsymbol{x}) \\ &= \int \mathrm{d}^3x\, \delta(\boldsymbol{x}+\boldsymbol{y})\psi(\boldsymbol{x}) = (\hat{P}\psi)(\boldsymbol{y}).\end{aligned} \tag{23.248}$$

Die dritte Relation $\hat{F}\hat{T}_{\boldsymbol{a}} = \hat{E}_{\boldsymbol{a}}\hat{F}$ erhält man gemäß

$$\begin{aligned}(\hat{F}\hat{T}_{\boldsymbol{a}}\psi)(\boldsymbol{k}) &= \kappa \int \mathrm{d}^3x\, \mathrm{e}^{-\mathrm{i}\boldsymbol{k}\cdot\boldsymbol{x}}\psi(\boldsymbol{x}-\boldsymbol{a}) \\ &= \mathrm{e}^{-\mathrm{i}\boldsymbol{k}\cdot\boldsymbol{a}}(\hat{F}\psi)(\boldsymbol{k}) = (\hat{E}_{\boldsymbol{a}}\hat{F}\psi)(\boldsymbol{k}).\end{aligned} \tag{23.249}$$

(c) Die Unitarität von $\hat{T}_{\boldsymbol{a}}$ beweist man z. B. wie folgt:

$$\langle \hat{T}_{\boldsymbol{a}}\phi, \hat{T}_{\boldsymbol{a}}\psi\rangle = \int \mathrm{d}^3x\, \phi^*(\boldsymbol{x}-\boldsymbol{a})\psi(\boldsymbol{x}-\boldsymbol{a}) = \langle\phi,\psi\rangle, \tag{23.250}$$

wobei im letzten Schritt die Integrationsvariable verschoben wurde. Die Unitarität von $\hat{P}$ beweist man genauso. Der Dilatationsoperator ist unitär, weil

$$\begin{aligned}\langle \hat{D}_\lambda\phi, \hat{D}_\lambda\psi\rangle &= \int \mathrm{d}^3x\, \lambda^3\phi^*(\lambda\boldsymbol{x})\psi(\lambda\boldsymbol{x}) \\ &= \int \mathrm{d}^3y\, \phi^*(\boldsymbol{y})\psi(\boldsymbol{y}) = \langle\phi,\psi\rangle,\end{aligned} \tag{23.251}$$

wobei die Integrationsvariable reskaliert wurde, $\lambda\boldsymbol{x} = \boldsymbol{y}$. Die Fourier-Transformation ist unitär aufgrund des Satzes von Plancherel.

(d) Aus $\hat{F}^4 = 1$ kann man schließen, dass die Eigenwerte der Fourier-Transformation vierte Wurzeln aus 1 sein müssen: ± 1, $\pm\mathrm{i}$.

23.9

(a) Offensichtlich gilt für alle $c \in \ell_2$

$$\|\hat{R}c\|^2 = \sum_k |c_k|^2 = \|c\|^2, \tag{23.252}$$

was bedeutet, dass $\hat{R}$ längenerhaltend ist. Natürlich ist die Norm

$$\|\hat{R}\| = \sup_{\|c\|=1} \frac{\|\hat{R}c\|}{\|c\|} \tag{23.253}$$

dann gleich eins.

(b) Die Folge $c = (\alpha, 0, 0, \dots)$ ist nicht im Bild von $\hat{R}$ und deshalb ist $\hat{R}$ nicht surjektiv. Somit ist $\hat{R}$ nicht bijektiv und damit nicht unitär.

(c) Für alle Folgen b, c in ℓ_2 gilt

$$\langle b, \hat{R}c\rangle = \sum_{k=1}^{\infty} b_{k+1}^* c_k = \langle \hat{L}b, c\rangle\,, \tag{23.254}$$

wie man leicht durch Einsetzen von (23.201) und (23.202) nachprüft.

(d) Es gelten

$$(c_1, c_2, c_3, \dots) \xrightarrow{\hat{L}} (c_2, c_3, c_4, \dots) \xrightarrow{\hat{R}} (0, c_2, c_3, \dots),$$
$$(c_1, c_2, c_3, \dots) \xrightarrow{\hat{R}} (0, c_1, c_2, \dots) \xrightarrow{\hat{L}} (c_1, c_2, c_3, \dots)\,,$$

sodass $\hat{L}\hat{R}$ (zuerst $\hat{R}$ anwenden und danach $\hat{L}$) der Eins-Operator ist. Dagegen ist

$$\hat{R}\hat{L} = \mathrm{diag}\,(0, 1, 1, 1, \dots) \tag{23.255}$$

nicht der Eins-Operator.

(e) Die beiden Operatoren haben beinahe dieselben Eigenwerte. Als Eins-Operator hat $\hat{R}\hat{L}$ nur den unendlich entarteten Eigenwert 1. Dagegen hat $\hat{L}\hat{R}$ den einfachen Eigenwert 0 und den unendlich entarteten Eigenwert 1. Die Eigenwerte müssen reell und nichtnegativ sein, weil $\hat{L}\hat{R} = \hat{R}^\dagger\hat{R}$ und $\hat{R}\hat{L} = \hat{L}^\dagger\hat{L}$ selbstadjungierte und nichtnegative Operatoren sind.

23.10

(a) Wirkt man mit $\hat{J}$ auf die Eigenwertgleichung $\hat{J}\,|\psi\rangle = \lambda\,|\psi\rangle$ und benutzt dabei die Eigenschaften von $\hat{J}$, dann folgt

$$\hat{J}\hat{J}\,|\psi\rangle = |\psi\rangle = \lambda^*\hat{J}\,|\psi\rangle = |\lambda|^2\,|\psi\rangle\,, \tag{23.256}$$

was bedeutet, dass $\lambda = \mathrm{e}^{\mathrm{i}\theta}$ unimodular ist.

(b) Es sei $|\psi\rangle$ ein Eigenvektor von $\hat{J}$, d. h. $\hat{J}\,|\psi\rangle = \mathrm{e}^{\mathrm{i}\theta}\,|\psi\rangle$. Wir definieren $|\psi'\rangle = \mathrm{e}^{\mathrm{i}\theta/2}\,|\psi\rangle \propto |\psi\rangle$. Dann gilt

$$\hat{J}\,|\psi'\rangle = \mathrm{e}^{-\mathrm{i}\theta/2}\hat{J}\,|\psi\rangle = \mathrm{e}^{\mathrm{i}\theta/2}\,|\psi\rangle = |\psi'\rangle\,. \tag{23.257}$$

Somit ist $|\psi'\rangle \propto |\psi\rangle$ Eigenvektor zum Eigenwert 1.

(c) Es sei $|\psi\rangle$ Eigenvektor von $\hat{H}$ zum Eigenwert E,

$$\hat{H}\,|\psi\rangle = E\,|\psi\rangle\,, \tag{23.258}$$

und gleichzeitig Eigenvektor von $\hat{J}$ zum Eigenwert 1. Wirken wir mit $\hat{J}$ auf die Eigenwertgleichung (23.258), dann folgt

$$\begin{aligned}\hat{J}\hat{H}\,|\psi\rangle &= \hat{J}(E\,|\psi\rangle) = E^*\hat{J}\,|\psi\rangle = E^*\,|\psi\rangle\\ \hat{H}\hat{J}\,|\psi\rangle &= \hat{H}\,|\psi\rangle = E\,|\psi\rangle\,.\end{aligned} \tag{23.259}$$

Nach Voraussetzung vertauschen $\hat{H}$ und $\hat{J}$, sodass auf den linken Seiten die gleichen Größen stehen. Deshalb müssen die beiden Ausdrücke auf den rechten Seiten gleich sein. Daraus folgt, dass E reell sein muss.

23.11

(a) Der Spiegelungsoperator ist linear und die Zeitumkehr antilinear. Insbesondere gelten

$$\begin{aligned}(\hat{P}(\alpha\psi))(t, \boldsymbol{x}) &= \alpha\psi(t, -\boldsymbol{x}) = \alpha(\hat{P}\psi)(t, \boldsymbol{x})\,,\\ (\hat{T}(\alpha\psi))(t, \boldsymbol{x}) &= \alpha^*\psi^*(-t, \boldsymbol{x}) = \alpha^*(\hat{T}\psi)(t, \boldsymbol{x})\,.\end{aligned} \tag{23.260}$$

Dann ist auch die Kombination $\hat{J} = \hat{P}\hat{T}$ antilinear. $\hat{J}$ wirkt auf Wellenfunktionen im Ortsraum gemäß

$$(\hat{J}\psi)(t, \boldsymbol{x}) = \psi^*(-t, -\boldsymbol{x})\,. \tag{23.261}$$

Wendet man die Abbildung zweimal auf $\psi(t, \boldsymbol{x})$ an, dann erhält man wieder die ursprüngliche Wellenfunktion zurück, sodass $\hat{J}\hat{J} = \boldsymbol{I}$ gilt.

(b) Wegen $\hat{J}^{-1} = \hat{J}$ ist

$$\begin{aligned}\left(\hat{J}f(\hat{\boldsymbol{x}})\hat{J}^{-1}\psi\right)(t, \boldsymbol{x}) &= f^*(-\boldsymbol{x})\psi(t, \boldsymbol{x})\,,\\ \left(\hat{J}f(\hat{\boldsymbol{p}})\hat{J}^{-1}\psi\right)(t, \boldsymbol{x}) &= f^*(\hat{\boldsymbol{p}})\psi(t, \boldsymbol{x})\,.\end{aligned} \tag{23.262}$$

Hier wurde berücksichtigt, dass es für $\hat{\boldsymbol{p}} \propto \mathrm{i}\boldsymbol{\nabla}_x$ zwei Vorzeichenwechsel gibt: Unter einer Zeitumkehr geht i in $-$i über, und bei einer Spiegelung wechselt $\boldsymbol{\nabla}_x$ das Vorzeichen.

(c) Offensichtlich gilt nun

$$\begin{aligned}\hat{J}\hat{p}^2\hat{J}^{-1} &= (-\hat{p})^2 = \hat{p}^2\,,\\ \hat{J}\hat{x}^2(\mathrm{i}\hat{x})^\alpha\hat{J}^{-1} &= (-\hat{x})^2(-\mathrm{i}\hat{x})^{*\alpha} = \hat{x}^2(\mathrm{i}\hat{x})^\alpha\,,\end{aligned} \tag{23.263}$$

d. h., die beiden Operatoren $\hat{p}^2$ und $\hat{x}^2(\mathrm{i}\hat{x})^\alpha$ und damit $\hat{H}$ sind jeweils PT-symmetrisch.

23.12

(a) Die Operationen Inversion und Adjungation vertauschen. Dies folgt für einen invertierbaren Operator $\hat{B}$ aus

$$\left(\hat{B}^{-1}\right)^\dagger\hat{B}^\dagger = (\hat{B}\hat{B}^{-1})^\dagger = \boldsymbol{I}^\dagger = \boldsymbol{I}\,, \tag{23.264}$$

woraus unmittelbar $\hat{B}^{-1\dagger} = \hat{B}^{\dagger-1}$ folgt. Für jeden selbstadjungierten Operator $\hat{A}$ ist $\mathrm{i}\boldsymbol{I} + \hat{A}$ invertierbar, da die Eigenwerte von $\hat{A}$ reell sind und entsprechend der Kern von $\mathrm{i}\boldsymbol{I} + \hat{A}$ verschwindet. Deshalb ist die Adjungierte des Operators in (23.209) gleich

$$\hat{U}^\dagger = \left(-\mathrm{i}\boldsymbol{I} + \hat{A}\right)^{-1}\left(-\mathrm{i}\boldsymbol{I} - \hat{A}\right)\,, \tag{23.265}$$

was $\hat{U}\hat{U}^\dagger = \boldsymbol{I}$ impliziert.

(b) Um die Adjungierte von $\hat{A}$ in (23.210) zu finden, gebraucht man $\hat{U}^\dagger = \hat{U}^{-1}$, sodass

$$\begin{aligned}\hat{A}^\dagger &= -\mathrm{i}\left(\boldsymbol{I} + \hat{U}^{-1}\right)^{-1}\left(\boldsymbol{I} - \hat{U}^{-1}\right)\\ &= -\mathrm{i}\left(\hat{U}^{-1}(\hat{U} + \boldsymbol{I})\right)^{-1}\left(\hat{U}^{-1}(\hat{U} - \boldsymbol{I})\right) \qquad (23.266)\\ &= -\mathrm{i}\left(\hat{U} + \boldsymbol{I}\right)^{-1}\hat{U}\,\hat{U}^{-1}\left(\hat{U} - \boldsymbol{I}\right) = \hat{A}\,.\end{aligned}$$

(c) Wir berechnen die Wirkung der Cayley-Transformierten von $\boldsymbol{a}\cdot\hat{\boldsymbol{p}}/\hbar$ auf eine Wellenfunktion im Ortsraum mithilfe der Fourier-Darstellung:

$$\left(\hat{U}_a\psi\right)(\boldsymbol{x}) = \kappa \int \mathrm{d}^n k\, \frac{1 + \mathrm{i}\boldsymbol{a}\cdot\boldsymbol{k}}{1 - \mathrm{i}\boldsymbol{a}\cdot\boldsymbol{k}}\, \mathrm{e}^{\mathrm{i}\boldsymbol{k}\cdot\boldsymbol{x}}\tilde{\psi}(\boldsymbol{k})\,. \qquad (23.267)$$

Mithilfe des Integrals im Hinweis erhält man

$$\begin{aligned}\left(\hat{U}_a\psi\right)(\boldsymbol{x}) &= \kappa\int_0^\infty \mathrm{d}\xi\, \mathrm{e}^{-\xi}\left(1 + \frac{\mathrm{d}}{\mathrm{d}\xi}\right)\int \mathrm{d}^n k\, \mathrm{e}^{\mathrm{i}\boldsymbol{k}\cdot(\boldsymbol{x}+\xi\boldsymbol{a})}\tilde{\psi}(\boldsymbol{k})\\ &= \int_0^\infty \mathrm{d}\xi\, \mathrm{e}^{-\xi}\left(1 + \frac{\mathrm{d}}{\mathrm{d}\xi}\right)\psi(\boldsymbol{x} + \xi\boldsymbol{a})\\ &= -\psi(\boldsymbol{x}) + 2\int_0^\infty \mathrm{d}\xi\, \mathrm{e}^{-\xi}\psi(\boldsymbol{x} + \xi\boldsymbol{a})\,. \qquad (23.268)\end{aligned}$$

Im letzten Schritt wurde partiell integriert. Die Darstellung macht deutlich, dass die unitären Operatoren $\hat{U}_{\boldsymbol{a}}$ auf ganz $L_2(\mathbb{R}^n)$ definiert sind.

(d) Wir entwickeln das Ergebnis (23.267) bis zur zweiten Ordnung in $\boldsymbol{a}$ und erinnern uns daran, dass die Multiplikation mit dem Argument bei einer Fourier-Transformation in eine Ableitung übergeht. Dann findet man

$$\begin{aligned}\left(\hat{U}_a\psi\right)(\boldsymbol{x}) &= \kappa\int \mathrm{d}^n k\, \left(1 + 2\mathrm{i}(\boldsymbol{a}\cdot\boldsymbol{k}) - 2(\boldsymbol{a}\cdot\boldsymbol{k})^2 + \ldots\right)\\ &\quad \cdot \mathrm{e}^{\mathrm{i}\boldsymbol{k}\cdot\boldsymbol{x}}\tilde{\psi}(\boldsymbol{k})\\ &= \psi(\boldsymbol{x}) + 2\left((\boldsymbol{a}\cdot\nabla)\,\psi + (\boldsymbol{a}\cdot\nabla)^2\psi + \ldots\right)(\boldsymbol{x}).\end{aligned}$$

Aus dieser Entwickung entnimmt man, dass die Cayley-Transformierte mit $\boldsymbol{a}/2$ mit der Exponentialfunktion $\mathrm{e}^{\mathrm{i}\boldsymbol{a}\cdot\hat{\boldsymbol{p}}/\hbar}$ bis zur Ordnung $\boldsymbol{a}^2$ übereinstimmt.

Literatur

Bender, C., Boettcher, S.: Real spectra in non-Hermitian Hamiltonians having PT symmetry. Phys. Rev. Lett. **80**, 5243 (1998)

Fischer, H., Kaul, H.: Mathematik für Physiker 2. Teubner, Wiesbaden (1998)

Gradshteyn, I.S., Ryzhik, I.M.: Table of integrals, series, and products. 7. Aufl., Academic Press, Burlington (2007)

Jackiw, R.: Three-cocycle in Mathematics and Physics. Phys. Rev. Lett. **54**, 159 (1985)

Weiterführende Literatur

Triebel, H.: Höhere Analysis. 2. Aufl., Harri Deutsch, Frankfurt am Main (1980)

Teil III

Observablen, Zustände und Unbestimmtheit

24

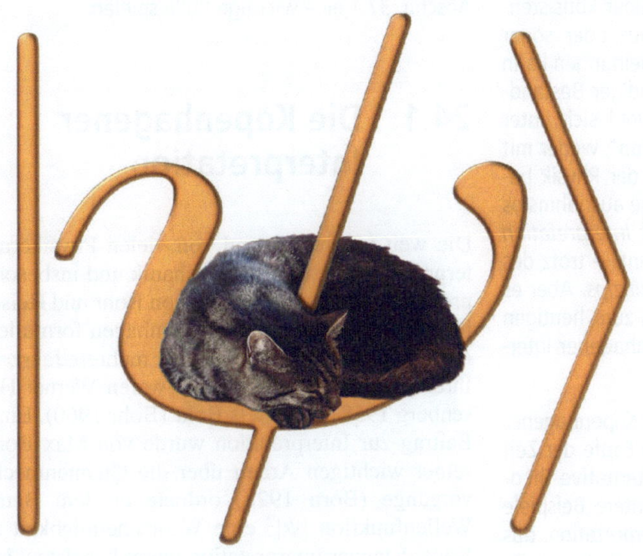

Was sind die möglichen Messresultate für eine Observable?

Was ist die Wahrscheinlichkeit, ein Messresultat zu finden?

Was versteht man unter dem Kollaps der Wellenfunktion?

Wie lautet die Unbestimmtheitsrelation für zwei nichtverträgliche Observablen?

Teil III

M. Bartelmann et al., *Theoretische Physik*, DOI 10.1007/978-3-642-54618-1_24, © Springer-Verlag Berlin Heidelberg 2015

Wegen ihres beispiellosen und überwältigenden empirischen Erfolgs ist die Quantenmechanik eine der am besten gesicherten physikalischen Theorien überhaupt. Gleichzeitig wirft sie aber viele tiefgründige konzeptionelle Probleme auf. Die Frage, wie sie zu interpretieren sei, wird seit Beginn kontrovers diskutiert – es gibt bis heute keine universell akzeptierte Interpretation der Quantenmechanik. Viele fundamentale Fragen wie z. B. nach der Rolle des Beobachters beim Messprozess, der Überlagerung von makroskopisch unterscheidbaren Zuständen, der *Nichtlokalität* von Korrelationen oder des *Indeterminismus* der Quantenmechanik werden nach wie vor lebhaft diskutiert. Die Formulierung einer konsistenten Interpretation des mathematischen Formalismus oder sogar einer alternativen Theorie der mikroskopischen Erscheinungen kann deshalb durchaus als sinnvoller, wenn nicht notwendiger Bestandteil einer Quantentheorie angesehen werden, obwohl sich unter Umständen Fragen nach „der korrekten Interpretation" weder mit experimentellen noch mit theoretischen Methoden der Physik beantworten lassen. In Lehrbüchern findet man beinahe ausnahmslos die von vielen Physikern bevorzugte *Kopenhagener Interpretation* (auch orthodoxe oder Standardinterpretation genannt) – trotz des darin enthaltenen schwierigen *Komplementaritätsprinzips.* Aber es sollte an dieser Stelle betont werden, dass uns bis zum heutigen Tage keine Tatsache bekannt ist, nach der die Kopenhagener Interpretation überholt wäre.

Neben der in Abschn. 24.1 ausführlich vorgestellten Kopenhagener Interpretation der Quantenmechanik entstanden im Laufe der Zeit zahlreiche alternative Interpretationen oder sogar alternative Theorien für die mikroskopischen Erscheinungen. Bekanntere Beispiele sind die Bohm'sche Mechanik, die Viele-Welten-Interpretation, das Dekohärenzprogramm oder Theorien mit konsistenten Historien. Einige dieser Alternativen werden im Folgenden kurz vorgestellt.

Im vorliegenden Kapitel steht der wichtige *Messprozess in der Quantenmechanik* im Vordergrund. Dabei sollte man zwischen zwei Klassen von Größen unterscheiden: den direkt beobachtbaren und den mittelbaren. Zur ersten Klasse gehören die messbaren Eigenwerte von hermiteschen Operatoren oder Wahrscheinlichkeiten, zur zweiten Klasse die Zustandsvektoren oder linearen hermiteschen Operatoren. Die in Abschn. 24.1 vorgestellte Kopenhagener Deutung, an deren mathematischer Ausformulierung *Johann von Neumann* (1903–1957, österreichisch-ungarischer Mathematiker, mit wichtigen Beiträgen zur Quantenmechanik, Informationstheorie, Funktionalanalysis und Gruppentheorie) wesentlich beteiligt war, dient als Brücke zwischen Theorie und Experiment. Einige der Postulate sind naheliegend, und wir haben sie in unseren bisherigen Betrachtungen auch schon benutzt. Anschließend werden wir im Lichte der Kopenhagener Interpretation den Messprozess und die Präparation von reinen Zuständen mithilfe von Messungen diskutieren.

In Abschn. 24.2 besprechen wir die allgemeine Unbestimmtheitsrelation für Paare von Observablen. Sie besagt, dass die Messwerte von nichtverträglichen Observablen (im strengen Sinn), z. B. Ort und Impuls eines Teilchens, niemals gleichzeitig beliebig genau bestimmt werden können bzw. überhaupt konkret festliegen. In Abschn. 24.3 gehen wir anhand des EPR-Paradoxons der Frage nach, ob die Quantenmechanik vollständig ist oder ob sie verborgene Variablen hat. Dem irischen Physiker *John Bell* (1928–1990) gelang es, spezielle Fälle auszumachen, in denen sich quantitative Unterschiede zwischen Voraussagen von Theorien mit verborgenen Variablen und der Quantenmechanik ergeben. Theorien mit verborgenen Variablen müssen die Bell'sche Ungleichung erfüllen, die wir besprechen werden. Im letzten Abschnitt führen wir eine allgemeine Klasse von Zuständen ein, die nicht durch Vektoren im Hilbert-Raum dargestellt werden können. Sie beschreiben klassische Gemische von Ensembles von Quantensystemen in wohldefinierten Zuständen. Der dabei entwickelte Dichtematrixformalismus wird in Abschn. 37.1 eine wichtige Rolle spielen.

24.1 Die Kopenhagener Interpretation

Die weit verbreitete und von vielen Physikern akzeptierte Interpretation der Quantenmechanik und insbesondere des Messprozesses – die ursprünglich von Bohr und Heisenberg während ihrer Zusammenarbeit in Kopenhagen formulierte Kopenhagener Interpretation – hat sich über mehrere Jahrzehnte entwickelt. Ihre wichtigsten Proponenten waren Werner Heisenberg (Heisenberg 1958) und Niels Bohr (Bohr 1960). Ein entscheidender Beitrag zur Interpretation wurde von Max Born geleistet – in seiner wichtigen Arbeit über die Quantenmechanik der Stoßvorgänge (Born 1928) ordnete er dem Betragsquadrat der Wellenfunktion $|\psi|^2$ eine Wahrscheinlichkeit zu. Obwohl die Kopenhagener Interpretation intern konsistent ist, wird sie nicht von allen Physikern in vollem Umfang akzeptiert. Durch die in den Postulaten vorgenommene strikte Trennung in einen quantenmechanischen und einen klassischen Bereich wird die Möglichkeit verneint, klassische Aspekte von Quantensystemen als Grenzfälle einer mikroskopischen Theorie herzuleiten.

Einige der unten vorgestellten Postulate der Kopenhagener Deutung haben wir in den vorangehenden Kapiteln schon diskutiert. Andere sind intuitiv einsichtig und wurden implizit bereits vorausgesetzt. Die ersten zwei Axiome über Zustände und Observablen geben an, wie ein physikalisches System in den mathematischen Formalismus übertragen wird. Die folgenden zwei Axiome über Messresultate und Wahrscheinlichkeiten sagen aus, wie bestimmte Resultate im mathematischen Formalismus physikalisch gedeutet werden. Die letzten zwei Axiome über die ungestörte Zeitentwicklung und den Kollaps der Wellenfunktion zerlegen die Zustandsänderung in einen stetig-deterministischen Anteil einerseits sowie einen sprunghaft-zufallsbestimmten Anteil andererseits.

Erstes Postulat: Zustände

Zwei Vektoren $|\psi\rangle$ und $\lambda\,|\psi\rangle$ im Hilbert-Raum $\mathcal{H}$ beschreiben denselben *Zustand* falls die komplexe Zahl λ nicht verschwindet. Die Vektoren zu demselben Zustand definieren einen eindimensionalen Teilraum oder einen *Strahl* in $\mathcal{H}$:

$$R_\psi = \{\lambda\,|\psi\rangle\ ,\ \lambda \in \mathbb{C} \setminus \{0\}\}\ . \tag{24.1}$$

Reine Zustände eines Quantensystems

Reine Zustände eines physikalischen Systems werden durch komplex-eindimensionale Teilräume in einem separablen komplexen Hilbert-Raum $\mathcal{H}$ dargestellt.

Als Repräsentanten eines reinen Zustands wählt man oft einen normierten Vektor $|\psi\rangle$ des zugehörigen Teilraumes. Später werden wir noch gemischte Zustände, dargestellt durch Dichteoperatoren bzw. ihre Dichtematrizen, kennenlernen. Im Rahmen der Dichtematrixtheorie lässt sich ein reiner Zustand durch den Projektionsoperator auf den entsprechenden Teilraum darstellen.

Nur wenige Physiker zweifeln an diesem vom Superpositionsprinzip nahegelegten Postulat, gemäß dem die Summe zweier Zustandsvektoren und das Vielfache eines Zustandsvektors wieder einen Zustand repräsentieren, analog zur Addition und skalaren Multiplikation z. B. bei Lichtwellen. Auch die Separabilität des komplexen Hilbert-Raumes, d. h. die Existenz einer abzählbaren Basis, ist wenig umstritten. Dagegen ist die physikalische Bedeutung eines „Zustands" Gegenstand von Diskussionen. Die Kopenhagener Deutung lässt diese Frage offen. Interpretiert werden lediglich Absolutquadrate von Produkten von Zuständen, z. B. $|\psi(x)|^2$ als Wahrscheinlichkeitsdichte. Alternative Interpretationen der Quantenmechanik setzen an dieser Stelle an.

Zweites Postulat: Observablen

Eine messbare Größe oder *Observable* eines physikalischen Systems ist ein Objekt, das eine Messvorschrift repräsentiert.

Observablen eines Quantensystems

Die Observablen eines Systems werden durch lineare selbstadjungierte Operatoren des Hilbert-Raumes dargestellt. Die (verallgemeinerten) Orts- und Impulsoperatoren erfüllen dabei die Vertauschungsregeln:

$$[\hat{q}_i, \hat{p}_j] = \mathrm{i}\hbar\delta_{ij}\boldsymbol{I}\ . \tag{24.2}$$

Klassische Observablen wie Ort, Impuls, Drehimpuls und Energie sind auch quantenmechanisch sinnvolle Variablen. Deren explizite Form folgt dann, von möglichen Ordnungsproblemen abgesehen, aus den Korrespondenzregeln und den Ausdrücken für Orts- und Impulsoperatoren. Darüber hinaus existieren noch weitere Observablen, die klassisch nicht existieren, z. B. der Spin eines Teilchens.

Achtung Die manchmal geforderte Bedingung, wonach die klassischen Poisson-Klammern

$$\{F(q,p), G(q,p)\} = K(q,p) \tag{24.3}$$

durch die Kommutatoren

$$[F(\hat{p}), G(\hat{p})] = \mathrm{i}\hbar\, K(\hat{q},\hat{p}) \tag{24.4}$$

zu ersetzen sind, lässt sich nach einem Theorem von Groenewold und van Hove (Groenewold 1946; van Hove 1951) nicht konsistent durchführen (siehe auch Aufgabe 24.8). Man kann lediglich die Bedingung

$$[F(\hat{p}), G(\hat{p})] = \mathrm{i}\hbar\, K(\hat{q},\hat{p}) \cdot [1 + O(\hbar)] \tag{24.5}$$

fordern. Verglichen mit typischen Wirkungen sind $\hbar$ und die höheren Ordnungen verschwindend klein, und man kann näherungsweise die Ersetzung von (24.3) durch (24.4) annehmen. ◀

In dieser allgemeinen Formulierung unterscheidet das Observablenaxiom allerdings kaum zwischen unterschiedlichen physikalischen Systemen. Zur genaueren Charakterisierung desselben braucht es noch die Auszeichnung eines Hamilton-Operators.

Es stellt sich die Frage, wenn es zu jeder messbaren Größe einen selbstadjungierten Operator gibt, ob es dann umgekehrt zu jedem selbstadjungierten Operator auch eine messbare Größe gibt. So ist die Summe und das symmetrisierte Produkt von beschränkten selbstadjungierten Operatoren wieder beschränkt und selbstadjungiert. Gibt es dann immer eine Messvorschrift für die durch die Summe und das symmetrisierte Produkt dargestellten Observablen, wenn Messvorschriften für die einzelnen Observablen bekannt sind? Insbesondere für nichtverträgliche Observablen folgt aus der Messvorschrift für die einzelnen Observablen keine Messvorschrift für ihre Summe.

Achtung In vielen Büchern spricht man von hermiteschen Operatoren, obwohl selbstadjungierte Operatoren gemeint sind, da der genaue Definitionsbereich oft irrelevant ist. ◀

Drittes Postulat: Messwerte

Es soll nun eine Observable mit zugehörigem selbstadjungierten Operator $\hat{A}$ auf einem Hilbert-Raum gemessen werden, z. B. die Energie, der Impuls oder der Ort eines Teilchens. In Abschn. 23.2 wurde gezeigt, dass alle Eigenwerte eines selbstadjungierten Operators reell sind.

Born'sche Regel für Messergebnisse

Das Spektrum eines selbstadjungierten Operators entspricht den möglichen Messwerten einer Messung der zugehörigen Observablen an dem System.

Teil III

Die Bestimmung der möglichen Messresultate für eine Observable führt somit auf die Lösung des Eigenwertproblems für den zugeordneten Operator $\hat{A}$ auf dem Hilbert-Raum der Zustandsvektoren:

$$\hat{A}\,|a_n\rangle = a_n\,|a_n\rangle\;, \quad \hat{A}^\dagger = \hat{A}\,. \tag{24.6}$$

Bilden die Eigenwerte $a_n \in \mathbb{R}$ eine diskrete Menge, dann spricht man von der Quantisierung der erlaubten Messwerte. Die zugehörigen Eigenfunktionen $|a_n\rangle$ sind Elemente des Hilbert-Raumes. Die Eigenfunktionen mit Eigenwerten im Kontinuum – man nennt sie uneigentliche Eigenfunktionen – liegen dagegen mangels Normierbarkeit nicht im Hilbert-Raum. Nur mithilfe von Superpositionen der uneigentlichen Eigenfunktionen kann man Elemente des Hilbert-Raumes, dies sind dann Wellenpakete, konstruieren.

Viertes Postulat: Wahrscheinlichkeiten von Messresultaten

Mit welcher Wahrscheinlichkeit der reelle Eigenwert a_n einer Observablen mit Operator $\hat{A}$ gemessen wird, hängt vom Zustand des physikalischen Systems, repräsentiert durch einen normierten Vektor $|\psi\rangle \in \mathcal{H}$, ab. Wir wollen vorerst annehmen, die Eigenwerte a_n seien diskret und die zugehörigen Eigenvektoren $|a_n\rangle$ *orthonormiert*. Gemäß den Ausführungen in Abschn. 23.3 kann jeder Vektor in $\mathcal{H}$ nach dieser Eigenbasis entwickelt werden.

Wahrscheinlichkeit für Messresultate

Die Wahrscheinlichkeit, bei einer Messung der Observablen mit Operator $\hat{A}$ im Zustand mit normiertem Zustandsvektor

$$|\psi\rangle = \sum c_n\,|a_n\rangle\;, \quad \hat{A}\,|a_n\rangle = a_n\,|a_n\rangle \tag{24.7}$$

den nichtentarteten diskreten Eigenwert a_n zu messen, ist

$$w_{A,\psi}(a_n) = |c_n|^2\,, \quad c_n = \langle a_n|\,\psi\rangle\,. \tag{24.8}$$

Frage 1

Überlegen Sie sich, dass für alle Vektoren im Strahl R_ψ die Wahrscheinlichkeiten $|c_n|^2$ gleich sind.

Anschaulich beschreibt $\langle a_n|\,\psi\rangle\,|a_n\rangle$ die Projektion des Zustandsvektors $|\psi\rangle$ auf den normierten Eigenvektor $|a_n\rangle$. Das Quadrat der Länge der projizierten Vektors $|\,\langle a_n|\,\psi\rangle|$ ist die Wahrscheinlichkeit für die Messung des Eigenwerts a_n.

Frage 2

Machen Sie sich diese Idee aus der linearen Algebra anschaulich klar.

Diese Wahrscheinlichkeitsinterpretation der Entwicklungskoeffizienten $\{c_n\}$ in der Entwicklung von $|\psi\rangle$ nach der orthonormierten Eigenbasis von $\hat{A}$ führt zu folgendem Erwartungswert für die Observable:

$$\langle\hat{A}\rangle_\psi = \sum a_n|c_n|^2 = \langle\psi|\,\hat{A}\,|\psi\rangle\,. \tag{24.9}$$

Achtung Dieser Ausdruck für den Erwartungswert ist nur korrekt, wenn $|\psi\rangle$ auf eins normiert ist. Andernfalls muss man auf der rechten Seite noch durch $\langle\psi|\,\psi\rangle$ dividieren. ◀

Das Axiom kann auch für Observablen formuliert werden, deren Operatoren entartete Eigenwerte oder ein kontinuierliches Spektrum haben. Für entartete Eigenwerte findet man die Antwort in Aufgabe 24.1. Bei Messungen im Kontinuum sollte man allerdings beachten, dass jede reale Messapparatur nur ein begrenztes Auflösungsvermögen hat. Im allgemeinen Fall definiert man deshalb die Wahrscheinlichkeit, ein Messresultat in $\Delta \subset \mathbb{R}$ zu finden, als

$$w_{A,\psi}(\Delta) = \langle\psi|\,\hat{P}_\Delta\,|\psi\rangle = \sum_{a_n\in\Delta}|c_n|^2 + \int_\Delta \mathrm{d}a\,|c(a)|^2\,. \tag{24.10}$$

Die spektralen Projektoren $\hat{P}_\Delta$ wurden in Abschn. 23.3 eingeführt (siehe auch den „Mathematischen Hintergrund" 23.2). $\hat{P}_\Delta$ projiziert orthogonal auf den Unterraum $\hat{P}_\Delta\mathcal{H}$ des Hilbert-Raumes, aufgespannt von den Eigenvektoren mit Eigenwerten im Intervall Δ.

Sind die Eigenfunktionen gemäß (23.156) normiert, so sind die Entwicklungskoeffizienten in (24.10) gegeben durch

$$c_n = \langle a_n\,|\psi\rangle \quad \text{und} \quad c(a) = \langle a\,|\psi\rangle\,. \tag{24.11}$$

Wegen $\hat{P}_\mathbb{R} = \boldsymbol{I}$ ist für jeden Zustand des Systems die Wahrscheinlichkeit, irgendein Messresultat zu finden, gleich eins.

Frage 3

In Abschn. 23.3 wurde $\hat{P}_\Delta\hat{P}_\Delta = \hat{P}_\Delta$ gezeigt, sodass $\hat{P}_\Delta$ nur die Eigenwerte 0 und 1 haben kann. Zu welchen Observablen gehören die spektralen Projektoren $\hat{P}_\Delta$?

Da $\hat{P}_\Delta$ nur die beiden Eigenwerte $p = 0, 1$ besitzt, findet man bei Messung der zugehörigen Observablen nur einen dieser beiden Werte. Wegen

$$\hat{P}_\Delta\,|\psi\rangle = p\,|\psi\rangle \Rightarrow w_{A,\psi}(\Delta) = p \tag{24.12}$$

findet man mit Sicherheit das Messresultat in Δ für Eigenvektoren mit Eigenwert eins und mit Sicherheit ein Messresultat außerhalb von Δ für Eigenvektoren mit Eigenwert null. Man spricht in diesem Zusammenhang von einer Ja-nein-Apparatur. Der Erwartungswert $\langle\psi|\,\hat{P}_\Delta\,|\psi\rangle$ ist dann die Wahrscheinlichkeit, bei der Messung von $\hat{A}$ im Zustand $|\psi\rangle$ einen Wert in Δ zu finden.

Für die Observable Energie nannte Max Born (1928) die Wahrscheinlichkeit $|c_n|^2$ die Häufigkeit dafür, dass in einem Haufen gleicher, nichtgekoppelter Systeme der (nichtentartete) Energiewert E_n vorkommt. Ein Ensemble oder eine Gesamtheit ist eine derart große Menge von Systemen, dass es auf deren genaue Anzahl nicht mehr ankommt. Der Erwartungswert $\langle\psi|\,\hat{P}\,|\psi\rangle$ einer Ja-nein-Observablen ist dann die Häufigkeit, mit der bei einer Messung mithilfe einer Ja-nein-Apparatur der Ja-Effekt an der durch $|\psi\rangle$ charakterisierten Gesamtheit auftritt. Die Schwankung der Häufigkeiten bei mehrfacher Wiederholung des Experiments an identischen Systemen wird mit wachsender Anzahl Experimente kleiner.

Dies ist die sogenannte *Ensemble-Interpretation* der Quantenmechanik, in der die Wellenfunktion grundsätzlich nur große Ensembles von Systemen beschreibt. Diese Interpretation ist auf Einzelsysteme nicht anwendbar und umgeht damit Grundlagenprobleme, die auftreten, wenn man die Quantenmechanik auf Einzelsysteme anwendet.

Fünftes Postulat: Ungestörte Zeitentwicklung

Dieses Postulat beschreibt die Dynamik eines abgeschlossenen Quantensystems, das nicht mit der Umgebung (z. B. einem Messgerät) in Wechselwirkung steht. Für ein abgeschlossenes System ist die Zeitentwicklung durch eine lineare und deterministische Evolutionsgleichung bestimmt. Ähnlich wie in der klassischen Physik spielt dabei die Energie, in der Quantenmechanik in Form des Hamilton-Operators, eine besondere Rolle.

Zeitentwicklung ohne äußere Einflüsse

Die Zeitentwicklung eines abgeschlossenen Systems wird im bisher benutzten Schrödinger-Bild (siehe Abschn. 25.3 für andere Bilder) durch die Schrödinger-Gleichung

$$i\hbar\frac{\mathrm{d}}{\mathrm{d}t}\,|\psi\rangle = \hat{H}\,|\psi\rangle \qquad (24.13)$$

beschrieben, wobei $\hat{H}$ der selbstadjungierte Energieoperator (Hamilton-Operator) des Systems ist.

Ohne Störung des Quantensystems, z. B. durch eine Messung, ändert sich der Zustand somit stetig und nicht etwa sprunghaft. Für einen selbstadjungierten Hamilton-Operator ist diese Zeitentwicklung unitär: Den Zustandsvektor zum Zeitpunkt t erhält man durch Anwendung eines unitären Zeitentwicklungsoperators auf den Zustandsvektor zum Zeitpunkt t_0 in der Form $\hat{U}(t,t_0)\,|\psi(t_0)\rangle = |\psi(t)\rangle$. Die unitäre Zeitentwicklung sorgt dafür, dass die Wahrscheinlichkeit dafür, ein abgeschlossenes Quantensystem in irgendeinem Zustand anzutreffen, zu allen Zeiten eins ist. Dies werden wir in Kap. 25 noch ausführlicher besprechen.

Sechstes Postulat: Messprozess

Im Gegensatz zur klassischen Physik, wo man (zumindest im Prinzip) mit Testteilchen störungsfreie Messungen vornehmen kann, wird die Messung von Observablen eines Quantensystems dessen Zustand in der Regel ändern, sodass eine anschließende zweite Messung das System in einem anderen reduzierten Zustand antreffen wird. Dies nennt man den *Kollaps der Wellenfunktion.* Verschiedene Messapparaturen, die verschiedenen Observablen entsprechen, ändern den Zustand auf verschiedene Weise.

Kollaps der Wellenfunktion

Nach Messung einer Observablen mit Operator $\hat{A}$ an einem physikalischen System mit dem (nichtentarteten) Eigenwert a_n als Messwert befindet sich das System in dem zugehörigen Eigenzustand $|a_n\rangle$.

Etwas genauer: Ein physikalisches System befinde sich vor Messung einer Observablen in einem Zustand beschrieben durch den Vektor $|\psi\rangle$. Misst man nun für die Observable den Eigenwert a_n, dann befindet sich das System *nach der Messung* in dem Zustand beschrieben durch

$$\hat{P}_{a_n}\,|\psi\rangle = \langle a_n|\,\psi\rangle\;|a_n\rangle \propto |a_n\rangle\ . \qquad (24.14)$$

Der Messprozess führt im Allgemeinen also zu einer unstetigen und *nichtdeterministischen* Änderung des Zustandsvektors von $|\psi\rangle$ zu $|a_n\rangle$. Während der Messung von $\hat{A}$ kollabiert der Zustandsvektor $|\psi\rangle$ auf $|a_n\rangle$. Bei einer anschließenden zweiten Messung von $\hat{A}$ findet man dann mit Sicherheit wieder den Wert a_n.

Das Axiom konkretisiert, was nach der Wechselwirkung des zu untersuchenden Systems mit der makroskopischen Messapparatur (oder allgemeiner einem klassischen System) geschehen ist. Es macht auch klar, dass die Kopenhagener Deutung ganz wesentlich auf der Trennung zwischen Quantensystem und klassischer Umgebung beruht. Es stellt sich hier natürlich die Frage, ob sich dieses Axiom aus dem vorigen Axiom über die freie Zeitentwicklung ableiten lässt, wenn man das Messgerät als Teil des Quantensystems auffasst (siehe Kasten „Vertiefung: Kollaps der Wellenfunktion").

Die Verallgemeinerung des Postulats für Messungen von entarteten Eigenwerten oder Eigenwerten im kontinuierlichen Spektrum ist naheliegend. Bei einer derartigen Messung wird der Ausgangszustand $|\psi\rangle$ in folgender Weise verändert: Findet man einen Wert in Δ, dann filtert die Messung die Komponente

$$\hat{P}_{\Delta}\,|\psi\rangle \in \hat{P}_{\Delta}\mathcal{H} \qquad (24.15)$$

von $|\psi\rangle$ heraus. Das Postulat verallgemeinert unsere früheren Ergebnisse über die Wahrscheinlichkeiten von Orts- und Impulsmessungen in Abschn. 22.1.

Teil III

Ortsmessung

Betrachten wir die Messung des Teilchenortes $\mathbb{R}^3$. Die zugehörigen Operatoren sind die (kommutierenden) Komponenten von $\hat{\boldsymbol{x}}$. Es sei also $\Delta \subset \mathbb{R}^3$ und $\hat{P}_\Delta$ der Projektor auf denjenigen Unterraum von $\mathcal{H}$, der von den Eigenfunktionen des Ortsoperators mit Eigenwerten in Δ aufgespannt wird. Dann ist nach den Ergebnissen im „Mathematischen Hintergrund" 23.2 die Wellenfunktion eines Teilchens ψ nach der Messung der Ortskoordinaten (Abb. 24.1)

$$(\hat{P}_\Delta \psi)(\boldsymbol{x}) = \begin{cases} \psi(\boldsymbol{x}) & \text{falls } \boldsymbol{x} \in \Delta \\ 0 & \text{falls } \boldsymbol{x} \notin \Delta\,. \end{cases} \quad (24.16)$$

Die Eigenfunktionen von $\hat{P}_\Delta$ zum Eigenwert 1 sind somit nur innerhalb und diejenigen zum Eigenwert 0 nur außerhalb von Δ ungleich null. Die Wahrscheinlichkeit, das Teilchen in Δ zu finden, ist gleich dem Mittelwert des Projektors $\hat{P}_\Delta$ im Zustand mit Zustandsvektor $|\psi\rangle$:

$$\langle\psi|\,\hat{P}_\Delta\,|\psi\rangle = \int_\Delta \mathrm{d}^3x\,|\psi(\boldsymbol{x})|^2 = \int_\Delta \mathrm{d}^3x\,w(\boldsymbol{x})\,. \quad (24.17)$$

Dies ist das schon aus Abschn. 22.1 bekannte Ergebnis für die Wahrscheinlichkeit, das Teilchen in Δ zu finden.

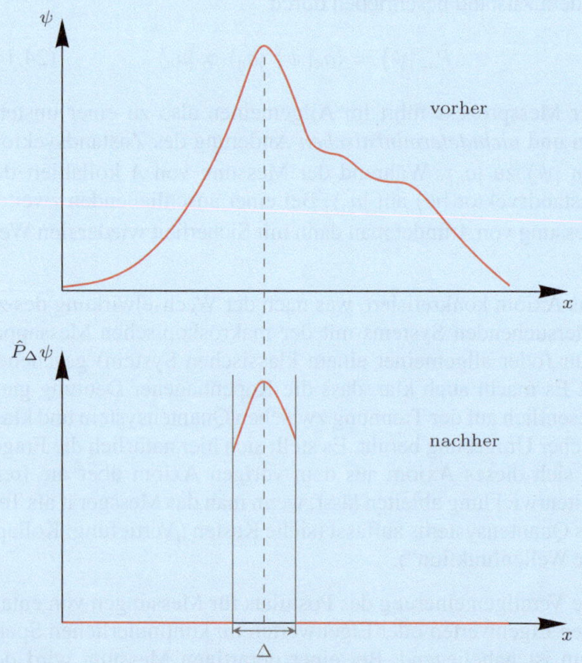

Abb. 24.1 Die Wellenfunktion eines Teilchens vor und nach der Messung der Ortskoordinate. Findet man bei der Ortsmessung, dass sich das Teilchen irgendwo im Gebiet Δ aufhält, dann kollabiert gemäß der Kopenhagener Interpretation die Wellenfunktion bei der Messung sofort. Die Wellenfunktion bleibt in Δ unverändert und kollabiert ausserhalb von Δ sprunghaft auf null

Schrödingers Katze

Nach der Kopenhagener Interpretation der Quantenmechanik von Niels Bohr, Max Born, Werner Heisenberg und Pascual Jordan ist im Allgemeinen der Zustand eines Quantensystems vor der Messung eine kohärente Überlagerung vieler Eigenzustände einer Observablen, auch Superposition genannt, und kollabiert während der Messung irgendwie in einen Eigenzustand oder nur einige wenige Eigenzustände. Wie der Kollaps geschieht, darüber wird keine Aussage getroffen. Beim Doppelspaltexperiment nimmt das Teilchen alle möglichen Wege von der Quelle zum Schirm. Aber sobald wir nachschauen, durch welchen Spalt das Teilchen propagierte, verschwindet das Interferenzmuster auf dem Schirm so, als wäre ein Punktteilchen propagiert. Auch bekannte Physiker wie z. B. Albert Einstein und Erwin Schrödinger, die ganz wesentlich zur Entwicklung und zum Verständnis der Quantenmechanik beitrugen, haben gerade diesen Aspekt der Kopenhagener Deutung, in der dem Messprozess eine so herausragende Bedeutung zukommt, nie akzeptiert.

Zum Beispiel kann man dann ohne Messung auch nicht mit Sicherheit sagen, ob ein radioaktives Element zerfallen ist oder nicht. Schrödinger versuchte diese prinzipielle Unbestimmtheit des Zerfallszeitpunktes durch sein berühmt gewordenes Katzenexperiment ad absurdum zu führen. In seinen Worten:

> Man kann auch ganz burleske Fälle konstruieren. Eine Katze wird in eine Stahlkammer gesperrt, zusammen mit folgender Höllenmaschine (die man gegen den direkten Zugriff der Katze sichern muss): In einem Geiger'schen Zählrohr befindet sich eine winzige Menge radioaktiver Substanz, so wenig, dass im Laufe einer Stunde vielleicht eines von den Atomen zerfällt, ebenso wahrscheinlich aber auch keines; geschieht es, so spricht das Zählrohr an und betätigt über ein Relais ein Hämmerchen, das ein Kölbchen mit Blausäure zertrümmert. Hat man dieses ganze System eine Stunde lang sich selbst überlassen, so wird man sich sagen, dass die Katze noch lebt, wenn inzwischen kein Atom zerfallen ist. Der erste Atomzerfall würde sie vergiftet haben. Die Psi-Funktion des ganzen Systems würde das so zum Ausdruck bringen, dass in ihr die lebende und die tote Katze zu gleichen Teilen gemischt oder verschmiert sind. (Schrödinger 1935)

Nach der Kopenhagener Interpretation ist also keine der beiden Möglichkeiten – radioaktiver Zerfall und Vergiftung der Katze oder kein Zerfall und lebende Katze – tatsächlich real, solange man nicht nachschaut, was wirklich passiert ist.

Verträgliche Observablen

Was folgt nun aus den Postulaten für das sequenzielle Messen von mehreren Observablen? Das System sei vor dem Messprozess in dem Zustand mit Zustandsvektor $|\psi\rangle$. Zur Vereinfachung der Sprache werden wir im Folgenden oft vom Zustand

Vertiefung: Kollaps der Wellenfunktion

Die Kopenhagener Interpretation ist intern konsistent. Aber man zahlt einen Preis für diese Konsistenz, weil man die Quantenmechanik im Wesentlichen auf einen Satz von Algorithmen, wie es in den genannten Postulaten zum Ausdruck kommt, reduziert. Aber wegen der Trennung in ein quantenmechanisches Objekt und einen klassische Messapparat (bzw. einen Beobachter) ist es nicht mehr möglich, klassische Eigenschaften von Quantensystemen als Grenzfälle einer mikroskopischen Theorie abzuleiten. Weiter stellt sich die Frage, was praktisch als geschlossenes System angesehen werden kann. Ist es beim Schrödinger'schen Katzenexperiment das radioaktive Element alleine, ist es der Inhalt des Kastens, ist es das gesamte Laboratorium oder doch erst das gesamte Universum? Wo ist die Grenze zwischen Objekt und Beobachter? Warum kann die Katze nicht schon als Beobachter angesehen werden?

Zu den frühen Kritikern der Kopenhagener Interpretation gehörte Johann von Neumann, der sich mit seinen bedeutenden Beiträgen zu den mathematischen Grundlagen der Quantenmechanik (von Neumann 1932) verdient machte. Er versuchte erfolglos, die Trennung in ein quantenmechanisches Objekt und einen klassischen Messapparat aufzuheben. Von Neumann nimmt an, dass das System eine gewisse Zeit mit dem Messapparat wechselwirkt, dessen Zeigerstellung das Messresultat anzeigt. Die Zeigerstellung nach der Wechselwirkung hängt vom anfänglichen Zustand des Systems ab. Eine sorgfältige Analyse zeigt aber, dass, solange der Messprozess quantenmechanisch beschrieben wird, keine Zustandsreduktion stattfinden kann. Nach der Messung liegt dann eine Superposition von Zeigerstellungen vor.

Die Rolle der Dekohärenz

Die natürliche Annahme, dass die Schrödinger-Gleichung auch die zeitliche Entwicklung eines abgeschlossenen makroskopischen Systems beschreibt, führt offensichtlich zu einem Widerspruch mit unserer Wahrnehmung, da die lineare Schrödinger-Gleichung im Allgemeinen zur Überlagerung verschiedener Realitäten führt. Es stellt sich die Frage, warum denn eine quantenmechanische Messung keine Superposition von Zuständen liefert. Bei neueren Erklärungsversuchen dieses Rätsels spielt möglicherweise die sogenannte *Dekohärenz* eine wichtige Rolle. Diese tritt bei der Wechselwirkung eines Quantensystems mit seiner Umgebung immer auf – jede Art von Rauschen oder Verlusten führt zu einer raschen Zerstörung der Kohärenz. Dekohärenzeffekte gelten als Bestandteil einer Erklärung des „klassischen" Verhaltens makroskopischer Objekte. Dekohärenz führt zu einer irreversiblen Auslöschung von Interferenztermen in der Wellenfunktion und macht verständlich, warum bei makroskopischen Systemen keine Superpositionszustände beobachtet werden. Durch die Dekohärenz werden Zustände zerstört, und es kommt zu einer selektiven Auswahl von robusten Zuständen, die gewissen Stabilitätskriterien genügen. Nach der Theorie der Dekohärenz kollabiert die Wellenfunktion nicht erst durch den Beobachtungsprozess, sondern durch die Wechselwirkungen mit der Umgebung. Dieser Prozess kann quantenmechanisch beschrieben werden. Die Dekohärenzzeit, also die Zeit, die das System zum Kollabieren benötigt, ist dabei umso kürzer, je größer die Masse des Systems ist. Schrödingers Katze muss nur noch unmerklich kurz in einem Überlagerungszustand aus lebendig und tot verharren. Je wohlgenährter sie ist, desto schneller fällt die Entscheidung. Sie braucht keinen Beobachter mehr, der nach ihr sieht. Es ist sogar möglich, die theoretisch abgeleiteten Dekohärenzzeiten für gewisse Versuchsanordnungen experimentell zu verifizieren (Haroche 1998).

Allerdings löst die Dekohärenz das Messproblem auch nicht vollständig, da sie nicht beschreibt, wie es zum Auftreten *eines konkreten* Ereignisses kommt.

Literatur

- von Neumann, J.: Mathematische Grundlagen der Quantenmechanik. 2. Aufl., Springer (1992) (zuerst 1932)
- Haroche, S.: Entanglement, decoherence and the quantum/classical boundary. Phys. Today **51(7)**, 36 (1998)

$|\psi\rangle$ und der Observablen $\hat{A}$ sprechen, obwohl streng genommen $|\psi\rangle$ einen Vektor und $\hat{A}$ einen Operator bezeichnet.

Die Messung der Observablen $\hat{A}$ liefere den konkreten Eigenwert a_n. Dann ist nach den Postulaten der Quantenmechanik der Zustandsvektor des Systems nach dieser ersten Messung gleich dem entsprechenden $\hat{A}$-Eigenvektor

$$\hat{P}_{a_n} |\psi\rangle = |a_n\rangle \ . \qquad (24.18)$$

Liefert die folgende Messung von $\hat{B}$ den Eigenwert b_n, dann ist der Zustandsvektor des Systems nach dieser zweiten Messung gleich dem entsprechenden $\hat{B}$-Eigenvektor

$$\hat{P}_{b_n}\hat{P}_{a_n} |\psi\rangle \ . \qquad (24.19)$$

Zwei Observablen $\hat{A}$ und $\hat{B}$ heißen verträglich, wenn sie sich bei Messungen gegenseitig nicht stören, sodass es auf die Reihenfolge der Messungen nicht ankommt. Das bedeutet insbesondere, dass bei einer nochmaligen Messung von $\hat{A}$ im Zustand (24.19) mit Sicherheit a_n bemessen wird. Der Endzustand ist

Teil III

also gleichzeitig Eigenzustand von $\hat{A}$ und $\hat{B}$. Dies kann für alle möglichen Messresultate der beiden Observablen nur gelten, wenn diese gleichzeitig diagonalisierbar sind, also miteinander vertauschen.

Verträgliche Observablen

Zwei Observable heißen verträglich, wenn es nicht auf die Reihenfolge ihrer Messung ankommt. Dies ist genau dann der Fall, wenn die zugehörigen Operatoren vertauschen.

Präparation eines reinen Zustands

Wir möchten mithilfe der Messung von Observablen $\hat{A}, \hat{B}, \ldots$ den Zustand eines physikalischen Systems eindeutig charakterisieren. Mit wenigen Ausnahmen verändert sich der Systemzustand aber bei jeder Messung – nach der Kopenhagener Deutung führt eine Messung zum Kollaps der Wellenfunktion –, und der mithilfe von Messungen präparierte Zustand wird im Allgemeinen nicht mehr der anfängliche Zustand des Systems sein.

Wir messen zuerst die Observable $\hat{A}$. Finden wir den Eigenwert a_m (in diesem Zusammenhang spricht man auch von der Quantenzahl a_m), dann liegt nach der Messung der Zustandsvektor im Unterraum $\hat{P}_{a_m}\mathcal{H} \subset \mathcal{H}$, aufgespannt von den Eigenvektoren zum Eigenwert a_m. Ist a_m nicht entartet, dann ist dieser Unterraum eindimensional und legt den Zustand des Systems eindeutig fest. Ist a_m aber entartet, so ist $\hat{P}_{a_m}\mathcal{H}$ mehrdimensional, und der Zustand des Systems ist durch die erste Messung, d. h. die Quantenzahl a_m, noch nicht eindeutig festgelegt.

Frage 4

Der selbstadjungierte Operator $\hat{A}$ habe mindestens einen entarteten Eigenwert. Man überlege sich, dass es dann immer einen mit $\hat{A}$ verträglichen selbstadjungierten Operator $\hat{B} \neq \hat{A}$ gibt.

Ist der Zustand nach Messung von $\hat{A}$ nicht eindeutig bestimmt, dann messen wir in einem zweiten Schritt eine mit $\hat{A}$ verträgliche Observable $\hat{B} \neq \hat{A}$. Finden wir dabei den Eigenwert b_n, dann liegt der Zustandsvektor nach der zweiten Messung im Unterraum $\hat{P}_{b_n}\hat{P}_{a_m}\mathcal{H} = \hat{P}_{a_m}\hat{P}_{b_n}\mathcal{H}$ von $\mathcal{H}$. Wir haben hier davon Gebrauch gemacht, dass die Spektralprojektoren von zwei kommutierenden Operatoren vertauschen da, wie aus der linearen Algebra und Abschn. 23.2 bekannt ist, kommutierende Operatoren dieselbe Eigenbasis besitzen.

Achtung Für nichtverträgliche $\hat{A}$ und $\hat{B}$ ist im Allgemeinen $\hat{P}_{b_n}\hat{P}_{a_m}\mathcal{H} \neq \hat{P}_{a_m}\hat{P}_{b_n}\mathcal{H}$, und bei der Messung von $\hat{B}$ geht die bei der Messung von $\hat{A}$ gewonnene Information teilweise oder vollständig verloren. Bei einer anschließenden Messung von $\hat{A}$ werden wir oft a_m nicht mehr finden. ◄

Ist der gemeinsame Eigenraum $\hat{P}_{b_n}\hat{P}_{a_m}\mathcal{H}$ von $\hat{A}$ und $\hat{B}$ mehrdimensional, dann legen die Quantenzahlen a_m und b_n den Systemzustand immer noch nicht fest, und es existiert eine weitere, mit $\hat{A}$ und $\hat{B}$ verträgliche Observable $\hat{C}$. Finden wir bei deren Messung den Eigenwert c_p, dann kollabiert $\hat{P}_{b_n}\hat{P}_{a_m}\mathcal{H}$ nach der Messung in $\hat{P}_{c_p}\hat{P}_{b_n}\hat{P}_{a_m}\mathcal{H}$. Das Verfahren wird so lange fortgesetzt, bis ein vollständiger Satz von kommutierenden Observablen zu einer eindeutigen *Präparation eines Zustands* führt:

$$\hat{P}_{a_m}\hat{P}_{b_n}\hat{P}_{c_p}\cdots\mathcal{H} = |a_m b_n c_p \ldots\rangle . \tag{24.20}$$

Der Zustand ist dann durch die Angabe der Quantenzahlen (oder Eigenwerte) $a_m, b_n, c_p, \ldots$ des vollständigen Satzes von verträglichen Observablen eindeutig bestimmt. Die vorgenommenen Messungen zur Präparation eines Zustands können den anfänglichen Zustand merklich ändern. Wir kennen zwar den Zustand nach den Messungen, nicht aber den Zustand davor.

Der Quanten-Zeno-Effekt

Im Quanten-Zeno-Effekt wird ein Quantensystem durch eine hohe Anzahl von Messungen im anfänglichen Zustand eingefroren. Dies erinnert an die leicht lösbaren Bewegungsparadoxa des Zeno von Elea, z. B. dem für Achilles so enttäuschend endenden Wettrennen mit der Schildkröte. In der Quantenversion des Zeno-Effekts präparieren wir zuerst einen Zustand ψ_0, z. B. durch Messung eines nichtentarteten Eigenwertes a_0 einer Observablen $\hat{A}$. Nun betrachten wir die zeitliche Entwicklung dieses Zustands, sodass $|\psi(0)\rangle \equiv |\psi_0\rangle$ ist. Ohne Störung durch eine Messung entwickelt sich nun der Zustandsvektor gemäß der Schrödinger-Gleichung (24.13).

Die Verweilwahrscheinlichkeit des Systems im Anfangszustand ist

$$p_0(\epsilon) = |\langle\psi_0|\,\psi(\epsilon)\rangle|^2 , \tag{24.21}$$

wobei ϵ eine relativ zu den typischen Zeitskalen des Systems kurze Zeit sein soll. Die Schrödinger-Gleichung impliziert

$$\frac{d^n}{dt^n}\langle\psi_0|\,\psi(t)\rangle|_{t=0} = \frac{1}{(i\hbar)^n}\langle\psi_0|\,\hat{H}^n\,|\psi_0\rangle . \tag{24.22}$$

Überzeugen Sie sich mithilfe der Schrödinger-Gleichung von diesen Beziehungen.

Benutzt man die Taylor-Koeffizienten (24.22) in (24.21) und berücksichtigt, dass die Erwartungswerte der hermiteschen Operatoren $\hat{H}^n$ reell sind, dann folgt

$$p_0(\epsilon) = 1 - \epsilon^2(\Delta\hat{H})^2 + O(\epsilon^3) , \tag{24.23}$$

wobei das Schwankungsquadrat der Energie im Anfangszustand auftritt:

$$(\Delta\hat{H})^2 = \langle\psi_0|\,\hat{H}^2\,|\psi_0\rangle - \langle\psi_0|\,\hat{H}\,|\psi_0\rangle^2 . \tag{24.24}$$

Bei einer Messung der Observablen $\hat{A}$ zum Zeitpunkt ϵ findet man mit Wahrscheinlichkeit $p_0(\epsilon)$ den Eigenwert a_0, und gemäß der Kopenhagener Interpretation kollabiert dabei der Zustand $|\psi(t)\rangle$ zu diesem Zeitpunkt augenblicklich in den Eigenzustand $|\psi_0\rangle$ von $\hat{A}$, also den Ausgangszustand. Nach der Messung wird die Zeitentwicklung dann wieder mit dem detektierten Zustand $|\psi_0\rangle$ von vorn beginnen. Bei einer weiteren Messung von $\hat{A}$ zum späteren Zeitpunkt 2ϵ kollabiert dann der Zustand wieder mit derselben Wahrscheinlichkeit in den Anfangszustand. Wir wiederholen den Messprozess nun n-mal, sodass die Wahrscheinlichkeit, das System nach der n'ten Messung zum Zeitpunkt $t = n\epsilon$ immer noch im Anfangszustand zu finden, durch

$$p_0(t) = p_0^n(\epsilon) \approx \left(1 - \epsilon^2(\Delta\hat{H})^2\right)^n \approx 1 - \epsilon t\,(\Delta\hat{H})^2 \qquad (24.25)$$

gegeben ist. Dieser Ausdruck zeigt, dass die Wahrscheinlichkeit nicht mehr quadratisch mit der Zeit t abfällt, sondern linear. Machen wir eine sehr große Anzahl von Messungen in einem gegebenen Zeitintervall t, dann

$$\lim_{n\to\infty} p_0(t) = \lim_{n\to\infty} [p_0(t/n)]^n \mapsto 1\,. \qquad (24.26)$$

Dies bedeutet, dass für eine große Anzahl von Messungen der anfänglich präparierte Zustand für eine gewisse Zeit eingefroren bleibt. Bei der Beobachtung des Zerfalls von kalten instabilen Natriumatomen, gefangen in einer stehenden Lichtwelle, wurde der Quanten-Zeno-Effekt beobachtet. Man sah, dass für eine gewisse Zeit der Zerfall nicht einem exponentiellen Gesetz gehorcht (Fischer et al. 2001). ◀

24.2 Unbestimmtheitsrelationen

Offensichtlich ist eine Observable in einem Zustand des Quantensystems umso schärfer bestimmt, je weniger die Messresultate um ihren Mittelwert $\langle\hat{A}\rangle_\psi = \langle\psi|\hat{A}|\psi\rangle$ streuen. Die Abweichung des Operators von seinem Mittelwert bezeichnen wir mit

$$\Delta\hat{A} = \hat{A} - \langle\hat{A}\rangle_\psi \boldsymbol{I}\,. \qquad (24.27)$$

Das Schwankungsquadrat (auch mittlere quadratische Abweichung oder Varianz) der Observablen, gegeben durch

$$\langle\psi|\,(\Delta\hat{A})^2\,|\psi\rangle = \left\langle\Delta\hat{A}\Delta\hat{A}\right\rangle_\psi = \left\langle\hat{A}^2\right\rangle_\psi - \langle\hat{A}\rangle_\psi^2\,, \qquad (24.28)$$

ist ein Maß für die Unschärfe einer Observablen im betrachteten Zustand. Die Wurzel des Schwankungsquadrats ist die Standardabweichung der Observablen von ihrem Erwartungswert.

Frage 5

Zeigen Sie die letzte Gleichung in (24.28). Benutzen Sie dazu die Beziehung (24.27).

Die Unschärfe verschwindet genau dann, wenn

$$\left\langle\Delta\hat{A}\psi|\Delta\hat{A}\psi\right\rangle = 0 \qquad (24.29)$$

gilt, was gleichbedeutend mit $\Delta\hat{A}\,|\psi\rangle = 0$ ist.

Scharfe Observable

Die Observable $\hat{A}$ ist im Zustand $|\psi\rangle$ genau dann scharf, wenn $|\psi\rangle$ ein Eigenvektor von $\hat{A}$ ist, d. h. wenn gilt:

$$\hat{A}\,|\psi\rangle = a\,|\psi\rangle\,, \quad a = \langle\hat{A}\rangle_\psi\,. \qquad (24.30)$$

Es seien nun $\hat{A}$ und $\hat{B}$ zwei nicht notwendigerweise verträgliche Observablen. Wir werden für das Produkt ihrer Schwankungsquadrate

$$\langle\psi|\,(\Delta\hat{A})^2\,|\psi\rangle\,\langle\psi|\,(\Delta\hat{B})^2\,|\psi\rangle \qquad (24.31)$$

eine untere Schranke gewinnen. Dazu führen wir einen Hilfsoperator und seinen adjungierten Operator

$$\hat{Q}_\alpha = \Delta\hat{A} + \mathrm{i}\alpha\Delta\hat{B}\,, \quad \hat{Q}_\alpha^\dagger = \Delta\hat{A} - \mathrm{i}\alpha\Delta\hat{B} \qquad (24.32)$$

ein, die von dem reellen Parameter α abhängen. Für jeden Wert des Parameters gilt

$$\langle\psi|\,\hat{Q}_\alpha^\dagger\hat{Q}_\alpha\,|\psi\rangle = \|\hat{Q}_\alpha\psi\|^2 \geq 0\,. \qquad (24.33)$$

Das Gleichheitszeichen kann nur für $\hat{Q}_\alpha\,|\psi\rangle = 0$ gelten. Offenbar ist $[\Delta\hat{A}, \Delta\hat{B}] = [\hat{A}, \hat{B}]$, und somit gilt

$$\hat{Q}_\alpha^\dagger\hat{Q}_\alpha = (\Delta\hat{A})^2 + \alpha^2(\Delta\hat{B})^2 + \mathrm{i}\alpha[\hat{A}, \hat{B}]\,. \qquad (24.34)$$

Der Kommutator von zwei hermiteschen Operatoren ist anti-hermitesch, sodass der letzte Term wieder hermitesch ist und einen reellen Erwartungswert hat. Der Erwartungswert des nichtnegativen Operators $\hat{Q}_\alpha^\dagger\hat{Q}_\alpha$ ist ein nichtnegatives Polynom

$$g(\alpha) \equiv \left\langle(\Delta\hat{A})^2\right\rangle_\psi + \alpha^2\left\langle(\Delta\hat{B})^2\right\rangle_\psi + \mathrm{i}\alpha\left\langle[\hat{A}, \hat{B}]\right\rangle_\psi \geq 0\,. \qquad (24.35)$$

Verschwindet der Erwartungswert von $(\Delta\hat{B})^2$, d. h. ist $|\psi\rangle$ ein Eigenvektor von $\hat{B}$, dann ist $g(\alpha)$ eine lineare Funktion und kann nur für alle α nichtnegativ sein, wenn die Steigung $\mathrm{i}\langle[\hat{A}, \hat{B}]\rangle_\psi$ verschwindet.

Frage 6

Überzeugen Sie sich davon, dass $\langle\psi|\,[\hat{A},\hat{B}]\,|\psi\rangle$ verschwindet, wenn $\hat{B}$ im Zustand $|\psi\rangle$ scharf ist.

Falls der Erwartungswert von $(\Delta\hat{B})^2$ nicht verschwindet, ist $g(\alpha)$ ein quadratisches Polynom mit dem Minimum bei

$$\alpha_{\min} = -\frac{\mathrm{i}}{2}\frac{\langle[\hat{A},\hat{B}]\rangle_\psi}{\langle(\Delta\hat{B})^2\rangle_\psi}\,. \tag{24.36}$$

Insbesondere gilt dann

$$g(\alpha_{\min}) = \langle(\Delta\hat{A})^2\rangle_\psi + \frac{1}{4}\frac{\langle[\hat{A},\hat{B}]\rangle_\psi^2}{\langle(\Delta\hat{B})^2\rangle_\psi} \geq 0\,. \tag{24.37}$$

Nach Multiplikation mit $\langle(\Delta\hat{B})^2\rangle$ findet man die Unbestimmtheitsrelation (auch Unschärferelation genannt).

Unbestimmtheitsrelation

Für zwei Observablen mit Operatoren $\hat{A}$, $\hat{B}$ gilt die Unbestimmtheitsrelation

$$\langle(\Delta\hat{A})^2\rangle_\psi\langle(\Delta\hat{B})^2\rangle_\psi \geq -\frac{1}{4}\langle[\hat{A},\hat{B}]\rangle_\psi^2\,. \tag{24.38}$$

Auch wenn eine der beiden oder sogar beide Observablen scharf sind, gilt diese Unschärferelation. Dann verschwinden beide Seiten der Ungleichung. Für verträgliche Observablen verschwindet die rechte Seite für alle $|\psi\rangle$, und das Produkt der Unschärfen kann null sein.

Unbestimmtheitsrelation für Ort und Impuls

Angewandt auf den Ort und Impuls eines Teilchens findet man die Ungleichungen

$$\langle(\Delta\hat{x}_i)^2\rangle_\psi\langle(\Delta\hat{p}_j)^2\rangle_\psi \geq -\frac{1}{4}\langle[\hat{x}_i,\hat{p}_j]\rangle_\psi^2 = \frac{\hbar^2}{4}\delta_{ij}\,. \tag{24.39}$$

Diese Heisenberg'sche Unbestimmtheitsrelation impliziert, dass für alle Zustände eines Teilchens das Produkt der Unschärfen der nichtverträglichen Orts- und Impulskomponenten $\hat{x}$ und $\hat{p}_x$ größer oder gleich $\hbar/2$ ist. Es gibt somit keinen Zustand, für den $\hat{x}$ und $\hat{p}_x$ gleichzeitig scharf sind. Dagegen kann das Produkt der Unschärfen der verträglichen Orts- und Impulskomponenten $\hat{x}$ und $\hat{p}_y$ verschwinden. Die Heisenberg'schen Unbestimmtheitsrelationen für Ort und Impuls sind, wie wir in Abschn. 21.3 gesehen haben, eine Konsequenz des Teilchen-Welle-Dualismus. Die Quantenmechanik erlaubt nicht, den Ort und die Geschwindigkeit von Teilchen gleichzeitig genau zu messen. Sie gestattet nur, sie gleichzeitig ungefähr zu bestimmen. Es lässt sich nur eine der Fragen „Wo befindet sich das Teilchen?" oder „Wie schnell bewegt sich das Teilchen?" genau beantworten. Wenn wir beide Fragen gleichzeitig beantwortet haben möchten, müssen wir uns mit ungefähren Antworten begnügen. ◀

Gilt für die Operatoren zweier Observablen $[\hat{A},\hat{B}] = \mathrm{i}\kappa\boldsymbol{I}$ mit $\kappa \neq 0$, dann nennt man die Observablen nichtverträglich im strengen Sinn. Ist dagegen $[\hat{A},\hat{B}]$ nicht ein Vielfaches der Identität, so kann es unter Umständen Zustände geben, für die $[\hat{A},\hat{B}]\,|\psi\rangle = 0$ ist. In diesen speziellen Zuständen können dann die nichtverträglichen Observablen gleichzeitig scharf sein. Derartige Paare von Observablen heißen unverträglich im weniger strengen Sinn. Die Komponenten des Drehimpulses sind z. B. unverträglich im weniger strengen Sinn.

24.3 Ist die Quantenmechanik vollständig?

Namhafte Physiker wollten den nichtdeterministischen Charakter der Quantentheorie, wie er in der Behandlung des Messprozesses in der Kopenhagener Deutung klar zum Ausdruck kommt, nicht akzeptieren und glaubten an eine tiefer gehende deterministische Theorie. Eine derartige Theorie hätte dann verborgene und dem Experimentator unbekannte Variablen (Parameter) und würde die Quantenmechanik vervollständigen. In einer Theorie mit verborgenen Variablen ist dann der Wahrscheinlichkeitscharakter, ähnlich wie in der klassischen statistischen Physik, nicht von prinzipieller Art. Einstein ersann viele ingeniöse Gedankenexperimente, die die zugrunde liegende Realität der Erscheinungen klarmachen sollten. Besonders bekannt ist seine Arbeit mit Boris Podolsky und Nathan Rosen (Einstein et al. 1935), in der das sogenannte EPR-Paradox vorgestellt wird. Die Arbeit basiert auf den Prinzipien von Realität und Lokalität.

Realität und Lokalität

R: Falls wir ohne Störung des Systems den Wert einer Größe mit Sicherheit vorhersagen können, dann existiert ein Element der physikalischen Realität, das wir dieser Größe zuordnen.

L: Falls zwei Systeme nicht wechselwirken können, dann kann die Messung an einem System den Zustand des zweiten Systems nicht ändern.

Basierend auf diesen Prinzipien versuchten Einstein, Podolsky und Rosen zu zeigen, dass die Quantenmechanik unvollständig ist. Dafür stellten sie ein Gedankenexperiment vor, das

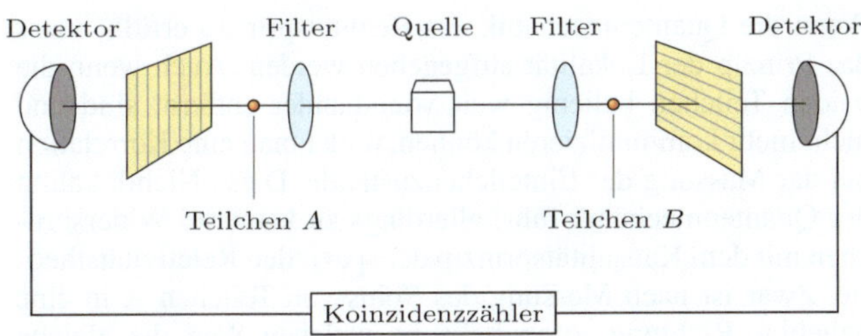

Abb. 24.2 Jedes Photon trifft auf einen Polarisationsanalysator. Die Quantenmechanik sagt vorher, dass zwischen dem Durchgang der Photonen durch die beiden Analysatoren eine Korrelation besteht, obwohl die Photonen sich offensichtlich nicht miteinander verständigen können

1957 von David Bohm und Yakir Aharanov vereinfacht wurde. In einer optischen Variante des Experiments zerfalle ein angeregtes Atom (über einen spontanen Kaskadenzerfall) unter Aussendung von zwei Photonen A und B ohne Änderung des Drehimpulses von einem angeregten Zustand in den Grundzustand. Wegen der Erhaltung von Energie, Impuls und Drehimpuls werden die Photonen mit entgegengesetzten Polarisationen in entgegengesetzte Richtungen emittiert. Die Polarisationen der beiden Photonen sind korreliert, obwohl die Polarisation jedes einzelnen Photons unbestimmt ist. In einer von Alain Aspect und Mitarbeitern durchgeführten Serie von optischen Experimenten, ähnlich dem in Abb. 24.2 skizzierten, wurden die Korrelationen zwischen den Polarisationen der in entgegengesetzte Richtungen emittierten Photonen gemessen (Aspect & Dalibard 1982).

Alternativ kann man auch eine Verschränkung der Spins von zwei Protonen mithilfe von Proton-Proton-Streuprozessen bei niedrigen Energien erzeugen oder z. B. verschränkte Zustände von zwei Atomen herstellen, indem man verschiedene zirkulare Rydberg-Zustände überlagert. Wir betrachten im Folgenden ein Gedankenexperiment, bei dem ein ruhendes Teilchen mit Drehimpuls 0 in ein Paar von Teilchen mit Spin $1/2$, z. B. zwei Elektronen, zerfällt. Die Spins der in entgegengesetzte Richtungen ausgesandten Teilchen kann anschließend mithilfe von zwei Stern-Gerlach-Filtern gemessen werden, um ihre Korrelation zu bestimmen.

Frage 7

Rufen Sie sich die wichtigsten der in Abschn. 21.6 besprochenen Eigenschaften des Elektronenspins in Erinnerung.

Wir wollen nun die Korrelation zwischen den Spins zweier Zerfallsteilchen mit Spin $1/2$ und Gesamtspin 0 etwas näher untersuchen. Bei der Messung des Spins eines Teilchens in irgendeine Richtung, gekennzeichnet durch den Einheitsvektor $\boldsymbol{n}$, findet man nach den Ausführungen in Abschn. 21.6 immer nur die beiden Werte ± 1 in Einheiten $\hbar/2$.

Den kartesischen Komponenten des Spinoperators entsprechen (in unseren Einheiten) die hermiteschen und spurlosen *Pauli-Matrizen*:

$$\hat{\boldsymbol{S}} = \frac{\hbar \boldsymbol{\sigma}}{2}\,, \qquad \sigma_1 = \begin{pmatrix} 0 & 1 \\ 1 & 0 \end{pmatrix},\ \sigma_2 = \begin{pmatrix} 0 & -\mathrm{i} \\ \mathrm{i} & 0 \end{pmatrix},\ \sigma_3 = \begin{pmatrix} 1 & 0 \\ 0 & -1 \end{pmatrix}. \tag{24.40}$$

Der Komponente des Spins in beliebige Richtung $\boldsymbol{n}$ entspricht der hermitesche Operator $\sigma(\boldsymbol{n}) \equiv \boldsymbol{n} \cdot \boldsymbol{\sigma}$.

Frage 8

Überzeugen Sie sich von den Relationen $\sigma_i \sigma_j = \delta_{ij} \boldsymbol{I} + \mathrm{i}\epsilon_{ijk}\sigma_k$ und davon, dass für jeden Einheitsvektor $\boldsymbol{n}$ die hermitesche Matrix $\sigma(\boldsymbol{n}) = n_1\sigma_1 + n_2\sigma_2 + n_3\sigma_3$ die Eigenwerte ± 1 hat.

Achtung In den nun folgenden Überlegungen werden wir $\boldsymbol{\sigma}$ mit dem Spinoperator $\hat{\boldsymbol{S}}$ identifizieren, d. h. den Spin in Vielfachen von $\hbar/2$ messen. ◀

Wir bezeichnen die normierten Eigenvektoren von $\sigma(\boldsymbol{n})$ in $\mathbb{C}^2$ mit Eigenwerten ± 1 mit $\chi_n^{\pm}$:

$$\sigma(\boldsymbol{n})\,\chi_n^{\pm} = \pm\,\chi_n^{\pm}\,, \qquad \chi_n^{\pm} \in \mathbb{C}^2\,. \tag{24.41}$$

Im Zustand χ_n^{+} zeigt der Spin in Richtung von $\boldsymbol{n}$ und im Zustand χ_n^{-} in die entgegengesetzte Richtung.

Der Spinanteil des erzeugten Teilchenpaares liegt im Tensorprodukt $\mathbb{C}^2 \otimes \mathbb{C}^2$ mit vier unabhängigen Zustandsvektoren. Der normierte Zustand mit Gesamtspin null ist gegeben durch die antisymmetrische Kombination

$$|\psi\rangle = \frac{1}{\sqrt{2}}\left(\chi_n^{+}(\mathrm{A}) \otimes \chi_n^{-}(\mathrm{B}) - \chi_n^{-}(\mathrm{A}) \otimes \chi_n^{+}(\mathrm{B})\right). \tag{24.42}$$

Dies ist ein verschränkter *Bell-Zustand*. Dabei entspricht z. B. $\chi_n^{+}(\mathrm{A})$ dem Spinzustand des Teilchens A mit Spin in Richtung von $\boldsymbol{n}$ und $\chi_n^{-}(\mathrm{B})$ dem Spinzustand des Teilchens B mit Spin in entgegengesetzte Richtung. Die Summe der Spinoperatoren der beiden Teilchen definiert den Gesamtspin des Zweiteilchensystems:

$$\boldsymbol{\sigma}^{\,\text{gesamt}} = \boldsymbol{\sigma}^{\,(\mathrm{A})} + \boldsymbol{\sigma}^{\,(\mathrm{B})} = \boldsymbol{\sigma} \otimes \boldsymbol{I} + \boldsymbol{I} \otimes \boldsymbol{\sigma}\,. \tag{24.43}$$

Da die Komponenten von $\boldsymbol{\sigma}^{\,(\mathrm{A})}$ mit denjenigen von $\boldsymbol{\sigma}^{\,(\mathrm{B})}$ vertauschen, definieren der Spin von Teilchen A in eine Richtung $\boldsymbol{m}$ und der Spin von Teilchen B in eine (im Allgemeinen verschiedene) Richtung $\boldsymbol{n}$ zwei verträgliche Observablen:

$$\left[\sigma^{(\mathrm{A})}(\boldsymbol{m}), \sigma^{(\mathrm{B})}(\boldsymbol{n})\right] = 0\,. \tag{24.44}$$

Sie können somit gleichzeitig scharf bestimmt werden. Sind sie weit voneinander entfernt, dann können sie unabhängig voneinander mit zwei Stern-Gerlach-Detektoren gemessen werden.

Quantenmechanische Korrelation

Das Produkt der Messwerte für die verträglichen Spinkomponenten in die Richtungen $\boldsymbol{m}$ und $\boldsymbol{n}$ hat im verschränkten Bell-Zustand mit Gesamtspin null den Erwartungswert

$$E(\boldsymbol{m},\boldsymbol{n}) \equiv \langle\psi|\,\sigma^{(\mathrm{A})}(\boldsymbol{m})\,\sigma^{(\mathrm{B})}(\boldsymbol{n})\,|\psi\rangle = -\boldsymbol{m}\cdot\boldsymbol{n}\,. \tag{24.45}$$

Insbesondere ist für $\boldsymbol{m} = \boldsymbol{n}$ der Erwartungswert für das Produkt der Messwerte gleich

$$E(\boldsymbol{n},\boldsymbol{n}) = -1\,. \tag{24.46}$$

Frage 9

Zeigen Sie, dass (24.45) tatsächlich gilt.

Die Relation (24.46) kann nur gelten, wenn die Spins der beiden Teilchen vollständig antikorreliert sind: Findet man bei der Messung des Spins eines Teilchens in irgendeine Richtung den Wert 1, dann findet man für den Spin des anderen Teilchens in *dieselbe Richtung* mit Sicherheit den Wert −1. Sind die beiden Teichen genügend weit voneinander getrennt, dann können sie nicht mehr wechselwirken, und wegen der Lokalitätsannahme kann die Messung des Spins eines Teilchens den Spin des anderen Teilchens nicht ändern. Da das Resultat der Messung des Spins von Teilchen A den Wert des Spins von Teilchen B in dieselbe Richtung vollständig festlegt, ist auch das Prinzip der Realität erfüllt. Damit sollte nach Präparation des Gesamtsystems im Bell-Zustand dem Spin von Teilchen B in eine beliebige Richtung eine physikalische Realität zukommen. Er sollte objektiv bestimmt sein, auch wenn der Experimentator ihn subjektiv nicht kennt. Deshalb kann, so argumentierten Einstein, Podolsky und Rosen, die Quantenmechanik – die eine solche Wohldefiniertheit vor einer Messung bestreitet – nicht vollständig sein und sollte schlussendlich durch eine vollständige Theorie mit verborgenen Variablen abgelöst werden.

Nach der Kopenhagener Interpretation der Quantenmechanik macht die gemeinsame Wellenfunktion eines verschränkten Zweiteilchenzustands jedoch eben keine Aussage über die Spins der beiden einzelnen Teilchen. Der Spin eines Teilchens liegt vor der Messung nicht fest, da ein verschränkter Zustand potenziell alle möglichen Spineinstellungen gleichzeitig beschreibt. Hierin unterscheidet sich die Quantentheorie ganz wesentlich von der klassischen Physik und von Theorien mit verborgenen Variablen. In der Quantentheorie existiert in einem verschränkten Zustand die Eigenschaft „Spin der einzelnen Teilchen" vor der Messung gar nicht. Nur die Korrelation, also die Wenn-dann-Beziehung zwischen den Spinrichtungen, ist im quantenmechanischen Zustand enthalten. Erzeugt man einen verschränkten Zustand mit antiparallelen Spins, dann weiß man mit Sicherheit nur, dass der Spin eines Teilchens in Richtung $\boldsymbol{n}$ zeigt, wenn der Spin des anderen Teilchens in Richtung $-\boldsymbol{n}$ zeigt.

Wenn die Quantenmechanik das Realitätsprinzip erfüllt, muss das Prinzip der Lokalität aufgegeben werden. Auch wenn die beiden Teilchen beliebig weit voneinander entfernt sind und nicht mehr kommunizieren können, findet man eine Korrelation bei der Messung der Einteilchenzustände. Diese Nichtlokalität der Quantenmechanik führt allerdings zu keinerlei Widersprüchen mit dem Kausalitätsprinzip der speziellen Relativitätstheorie. Zwar ist nach Messung des Spins von Teilchen A in eine beliebige Richtung sofort bekannt, welchen Wert die gleiche Spinkomponente von Teilchen B besitzt, aber es lässt sich damit keine Information übertragen.

Verborgene Variablen

Wir nehmen nun an, es gäbe Zustände mit verborgenen Variablen λ. Erwartungswerte in diesen Zuständen werden mit $\langle . \rangle_\lambda$ bezeichnet. Damit ist

$$E(\boldsymbol{m},\boldsymbol{n}) = \int \mathrm{d}\lambda\,\rho(\lambda)\left\langle \sigma^{(\mathrm{A})}(\boldsymbol{m})\,\sigma^{(\mathrm{B})}(\boldsymbol{n})\right\rangle_\lambda\,. \tag{24.47}$$

Hierin ist ρ eine gewisse, auf eins normierte Verteilungsfunktion für die verborgenen Variablen λ im betrachteten Quantenzustand. Gemäß der Lokalitätsforderung an eine Theorie mit verborgenen Variablen nimmt man nun an, dass die Spinmessungen an den beiden weit voneinander entfernten Teilchen unabhängig seien. Dies bedeutet, dass der Erwartungswert für das Produkt der Messungen an den beiden Teilchen faktorisiert:

$$\langle\sigma^{(\mathrm{A})}(\boldsymbol{m})\,\sigma^{(\mathrm{B})}(\boldsymbol{n})\rangle_\lambda = \langle\sigma^{(\mathrm{A})}(\boldsymbol{m})\rangle_\lambda\,\langle\sigma^{(\mathrm{B})}(\boldsymbol{n})\rangle_\lambda\,. \tag{24.48}$$

Als Nächstes fordern wir die von (24.46) nahegelegte physikalische Realität der Spinorientierungen der einzelnen Teilchen. Auch ohne deren Messung soll eine solche Orientierung für jede beliebige Richtung $\boldsymbol{n}$ vorliegen, beschrieben durch Zustände ohne Streuung oder ohne Unschärfe, für die

$$\langle\sigma^{(\mathrm{A})}(\boldsymbol{n})\rangle_\lambda\,,\quad \langle\sigma^{(\mathrm{B})}(\boldsymbol{n})\rangle_\lambda \in \{-1,1\} \tag{24.49}$$

gelten. Damit folgt insbesondere

$$\langle\sigma^{(\mathrm{A})}(\boldsymbol{m})\rangle_\lambda^2 = \langle\sigma^{(\mathrm{B})}(\boldsymbol{n})\rangle_\lambda^2 = 1\,. \tag{24.50}$$

In der Quantenmechanik kann (24.49) unmöglich für alle Richtungen gelten. So sind wegen

$$[\sigma^{(\mathrm{A})}(\boldsymbol{n}),\sigma^{(\mathrm{A})}(\boldsymbol{m})] = \mathrm{i}\hbar\,\sigma^{(\mathrm{A})}(\boldsymbol{n}\times\boldsymbol{m}) \tag{24.51}$$

die Komponenten des Spins von Teilchen A in verschiedenen Richtungen keine verträglichen Observablen und können wegen der Unschärferelation nicht gleichzeitig scharfe Werte annehmen.

Teil III

Bell'sche Ungleichung

Im Jahre 1964 zeigte John Bell in einer viel beachteten Arbeit, dass lokale Theorien mit verborgenen Variablen („lokale objektive Theorien“) andere Vorhersagen als die Quantenmechanik machen, wenn zwei korrelierte Teilchen an räumlich getrennten Orten detektiert werden (Bell 1987). Die Quantenmechanik und lokale Theorien mit verborgenen Variablen sagen für bestimmte Korrelationskoeffizienten hier verschiedene Resultate voraus. Die vielen seit 1972 gemachten Experimente mit verschränkten Photonen, Protonen, Neutronen, Kaonen, B-Mesonen, Atomen, Molekülen und Ionen sind in vollständiger Übereinstimmung mit den Vorhersagen der Quantenmechanik. Sie sind unverträglich mit der Bell'schen Ungleichung oder verwandten Ungleichungen.

Gleichung (24.46) ist nur erfüllbar, wenn

$$\langle\sigma^{(\mathrm{A})}(\boldsymbol{n})\rangle_\lambda = -\langle\sigma^{(\mathrm{B})}(\boldsymbol{n})\rangle_\lambda \tag{24.52}$$

gilt. Die Spins der beiden Teilchen sind also bezüglich *jeder* Richtung antikorreliert. Somit gilt wegen (24.48)

$$E(\boldsymbol{m},\boldsymbol{n}) = -\int \mathrm{d}\lambda\, \rho(\lambda)\langle\sigma^{(\mathrm{A})}(\boldsymbol{m})\rangle_\lambda \,\langle\sigma^{(\mathrm{A})}(\boldsymbol{n})\rangle_\lambda\,. \tag{24.53}$$

Der Einfachheit halber beziehen wir nun mithilfe von (24.52) alle Spinmessungen auf Teilchen A und schreiben $\sigma^{(\mathrm{A})}(\boldsymbol{n}) = \sigma(\boldsymbol{n})$. Insbesondere ist die Differenz zweier Erwartungswerte

$$\begin{aligned} &E(\boldsymbol{m},\boldsymbol{n}) - E(\boldsymbol{m},\tilde{\boldsymbol{n}}) \\ &= \int \mathrm{d}\lambda\, \rho(\lambda)\, \big(\langle\sigma(\boldsymbol{m})\rangle_\lambda\langle\sigma(\tilde{\boldsymbol{n}})\rangle_\lambda - \langle\sigma(\boldsymbol{m})\rangle_\lambda\langle\sigma(\boldsymbol{n})\rangle_\lambda\big) \\ &= \int \mathrm{d}\lambda\, \rho(\lambda)\, \langle\sigma(\boldsymbol{m})\rangle_\lambda\langle\sigma(\boldsymbol{n})\rangle_\lambda\, \big(\langle\sigma(\boldsymbol{n})\rangle_\lambda\langle\sigma(\tilde{\boldsymbol{n}})\rangle_\lambda - 1\big)\,. \end{aligned} \tag{24.54}$$

Im zweiten Schritt haben wir (24.50) ausgenutzt. Weil das Produkt zweier Erwartungswerte immer kleiner gleich eins ist, folgt sofort

$$|E(\boldsymbol{m},\boldsymbol{n}) - E(\boldsymbol{m},\tilde{\boldsymbol{n}})| \le \int \mathrm{d}\lambda\, \rho(\lambda)\ (1 - \langle\sigma(\boldsymbol{n})\rangle_\lambda\langle\sigma(\tilde{\boldsymbol{n}})\rangle_\lambda) \tag{24.55}$$

oder mithilfe von (24.53) eine Bell'sche Ungleichung.

Bell'sche Ungleichung

Der Erwartungswert des Spinprodukts in (24.47) erfüllt in einer lokal-realistischen Theorie mit verborgenen Variablen die Ungleichung

$$1 + E(\boldsymbol{n},\tilde{\boldsymbol{n}}) - |E(\boldsymbol{m},\boldsymbol{n}) - E(\boldsymbol{m},\tilde{\boldsymbol{n}})| \ge 0\,. \tag{24.56}$$

Für viele Richtungsvektoren $\boldsymbol{m},\boldsymbol{n}$ und $\tilde{\boldsymbol{n}}$ erfüllt der quantenmechanische Erwartungswert $E(\boldsymbol{m},\boldsymbol{n}) = -\boldsymbol{m}\cdot\boldsymbol{n}$ diese Ungleichung. Es gibt jedoch Richtungen, für die sie nicht mit der

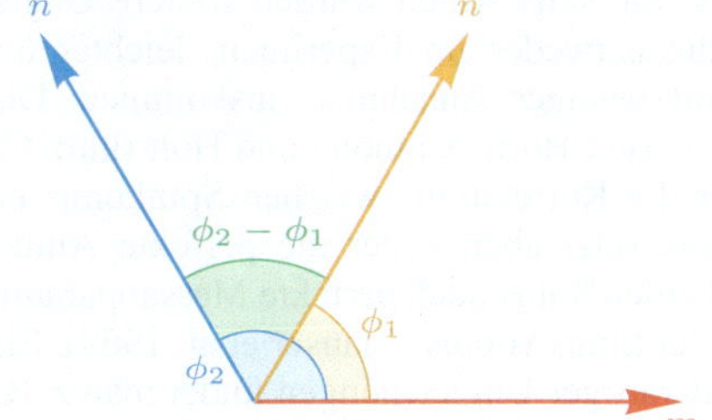

Abb. 24.3 Zur Definition der Winkel ϕ_1 und ϕ_2 in der Bell'schen Ungleichung

Quantentheorie verträglich ist, d. h. für die die Ungleichung

$$1 - \boldsymbol{n}\cdot\tilde{\boldsymbol{n}} - |\boldsymbol{m}\cdot\tilde{\boldsymbol{n}} - \boldsymbol{m}\cdot\boldsymbol{n}| \ge 0 \tag{24.57}$$

verletzt ist. Wählen wir z. B. die drei Spinorientierungen koplanar, dann schreibt sich die Ungleichung gemäß

$$1 - \cos(\phi_2 - \phi_1) - |\cos\phi_2 - \cos\phi_1| \ge 0, \tag{24.58}$$

wobei ϕ_1 und ϕ_2 die in Abb. 24.3 definierten Winkel sind.

Zum Beispiel ist für die Winkel $\phi_1 = \pi/3$ und $\phi_2 = 2\pi/3$ die Bell'sche Ungleichung verletzt, da

$$1 - \cos\pi/3 - |\cos 2\pi/3 - \cos\pi/3| = -1/2 \tag{24.59}$$

negativ ist. Dies ist der weiß markierte Punkt im Konturplot in Abb. 24.4. Dies zeigt, dass keine lokal realistische Theorie mit verborgenen Variablen die Ungleichung (24.56) erfüllen kann.

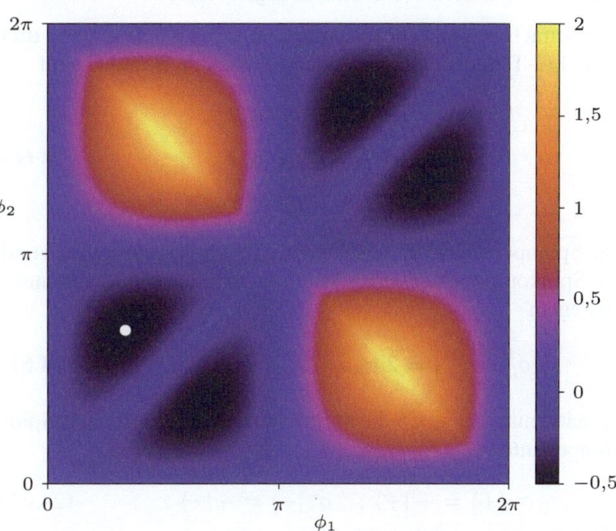

Abb. 24.4 Konturplot der linken Seite in der Bell'schen Ungleichung (24.58). In den *dunkel markierten* Gebieten ist dieser Ausdruck negativ und die Bell'sche Ungleichung verletzt. Misst man mithilfe von Stern-Gerlach-Apparaturen die Teilchen mit Spins in diese Richtungen, dann verletzt die Quantenmechanik die Ungleichung (24.58)

Im Anschluss an Bells Arbeit wurden weitere Ungleichungen abgeleitet, die entweder im Experiment leichter überprüfbar sind oder mit weniger Annahmen auskommen. Die Ungleichung von Clauser, Horn, Shimony und Holt (kurz CHSH) gilt ebenfalls für die Korrelation zwischen Spinkomponenten von zwei Teilchen, setzt aber weder die perfekte Antikorrelation (24.46) der beiden Spins noch perfekte Messapparaturen für die Einstellung der Spins voraus (Clauser et al. 1969). Eine schöne Diskussion derartiger Ungleichungen findet man z. B. im Buch von Kurt Baumann und Roman Sexl (1987) oder dem unveröffentlichten Skript von Thomas Filk (2008).

GHZ-Zustände

Die Ungleichungen von Bell (wir haben nur eine davon besprochen) betreffen Beziehungen zwischen statistischen Korrelationen. Es stellte sich die Frage, ob die Unvereinbarkeit zwischen Quantenmechanik und lokalen Theorien, in denen es die Elemente der Realität gibt, durch eine einzige Messung gezeigt werden kann anstelle von statistischen Methoden, die viele Messungen erfordern. Mit dem von Greenberger, Horne und Zeilinger (abgekürzt GHZ) vorgeschlagenen Gedankenexperiment ist genau dies möglich (Greenberger et al. 1990). Allerdings muss man dabei die Korrelationen zwischen drei anstelle von nur zwei Teilchen messen. Man nimmt wieder an, dass die drei Teilchen von einem Ausgangsteilchen stammen und der Spin erhalten ist. Misst man bei jedem der drei Teilchen eine willkürlich gewählte, dann aber festgehaltene Spinkomponente, dann zeigt sich, dass die Quantenmechanik und lokal realistische Theorien zu verschiedenen Vorhersagen hinsichtlich der Korrelation der drei Messungen führen.

Wir betrachten den Spinzustandsraum $\mathbb{C}^2 \otimes \mathbb{C}^2 \otimes \mathbb{C}^2$ von drei Spin-1/2-Teilchen. Die Spins der Teilchen A, B und C sind

$$\begin{aligned}\boldsymbol{\sigma}^{(A)} &= \boldsymbol{\sigma} \otimes \boldsymbol{I} \otimes \boldsymbol{I}\,,\\ \boldsymbol{\sigma}^{(B)} &= \boldsymbol{I} \otimes \boldsymbol{\sigma} \otimes \boldsymbol{I}\,,\\ \boldsymbol{\sigma}^{(C)} &= \boldsymbol{I} \otimes \boldsymbol{I} \otimes \boldsymbol{\sigma}\,.\end{aligned} \tag{24.60}$$

Die Spinoperatoren für verschiedene Teilchen kommutieren und die Spinkomponenten jedes Teilchens erfüllen die Kommutationsregeln

$$\left[\sigma_i^{(I)}, \sigma_j^{(I)}\right] = 2\mathrm{i}\epsilon_{ijk}\sigma_k^{(I)}\,, \quad I = \mathrm{A,B,C}\,. \tag{24.61}$$

Es seien nun $|\pm\rangle \in \mathbb{C}^2$ die normierten Eigenvektoren der Spinkomponente σ_3:

$$\sigma_3\,|+\rangle = +\,|+\rangle\,, \quad \sigma_3\,|-\rangle = -\,|-\rangle\,. \tag{24.62}$$

Die beiden anderen Spinkomponenten σ_x oder σ_y klappen den Spin dieser Zustände um:

$$\begin{aligned}\sigma_x\,|+\rangle &= |-\rangle\,, \quad \sigma_x\,|-\rangle = |+\rangle\,,\\ \sigma_y\,|+\rangle &= \mathrm{i}\,|-\rangle\,, \quad \sigma_y\,|-\rangle = -\mathrm{i}\,|+\rangle\,.\end{aligned} \tag{24.63}$$

Frage 10

Für die Darstellung (24.40) der Pauli-Matrizen ist

$$|+\rangle = \begin{pmatrix}1\\0\end{pmatrix} \quad \text{und} \quad |-\rangle = \begin{pmatrix}0\\1\end{pmatrix}. \tag{24.64}$$

Überzeugen Sie sich von der Gültigkeit der Relationen (24.63).

Nun betrachte man den GHZ-Zustand

$$|\psi\rangle = \frac{1}{\sqrt{2}}\left(|+++\rangle - |---\rangle\right)\,, \tag{24.65}$$

wobei z. B. $|+++\rangle$ den Produktzustand $|+\rangle \otimes |+\rangle \otimes |+\rangle$ für die Spins der drei Teilchen bezeichnet und die drei Operatoren

$$\begin{aligned}\hat{P} &= \sigma_x \otimes \sigma_y \otimes \sigma_y\,,\\ \hat{Q} &= \sigma_y \otimes \sigma_x \otimes \sigma_y\,,\\ \hat{R} &= \sigma_y \otimes \sigma_y \otimes \sigma_x\,.\end{aligned} \tag{24.66}$$

$\hat{P}$ repräsentiert den Spin des ersten Teilchens in x-Richtung, den Spin des zweiten Teilchens in y-Richtung und den Spin des dritten Teilchens ebenfalls in y-Richtung. Das Quadrat dieser hermiteschen und spurlosen Operatoren ist, wie man leicht nachrechnet, die Identität im achtdimensionalen Spinraum $\mathbb{C}^2 \otimes \mathbb{C}^2 \otimes \mathbb{C}^2$,

$$\hat{P}^2 = \hat{Q}^2 = \hat{R}^2 = \boldsymbol{I}\,, \tag{24.67}$$

sodass jeder dieser drei Operatoren die vierfach entarteten Eigenwerte 1 und -1 hat. Weiterhin ist

$$\hat{P}\hat{Q} = \sigma_x\sigma_y \otimes \sigma_y\sigma_x \otimes \sigma_y\sigma_y = \sigma_z \otimes \sigma_z \otimes \boldsymbol{I} = \hat{Q}\hat{P}\,, \tag{24.68}$$

was bedeutet, dass $\hat{P}$ und $\hat{Q}$ vertauschen. Dies gilt auch für die anderen beiden Paare von Operatoren in (24.66), sodass $\hat{P}, \hat{Q}$ und $\hat{R}$ verträgliche Observablen repräsentieren:

$$[\hat{P}, \hat{Q}] = [\hat{P}, \hat{R}] = [\hat{Q}, \hat{R}] = 0\,. \tag{24.69}$$

Nun wende man diese Operatoren auf den GHZ-Zustand an. Benutzen wir die Eigenschaft (23.107) für die Wirkung des Tensorprodukts von Operatoren auf das Produkt von Zuständen, dann erhält man z. B.

$$\begin{aligned}\hat{P}\,|\psi\rangle &= \frac{1}{\sqrt{2}}(\sigma_x \otimes \sigma_y \otimes \sigma_y)\left(|+++\rangle - |---\rangle\right)\\ &= \frac{1}{\sqrt{2}}\left(\mathrm{i}^2\,|-\rangle \otimes |-\rangle \otimes |-\rangle - (-\mathrm{i})^2\,|+\rangle \otimes |-\rangle \otimes |-\rangle\right)\\ &= \frac{1}{\sqrt{2}}\left(-\,|---\rangle + |+++\rangle\right) = |\psi\rangle\,.\end{aligned} \tag{24.70}$$

Somit ist der GHZ-Zustand ein Eigenvektor von $\hat{P}$ zum Eigenwert 1. Ähnlich zeigt man nun, dass $|\psi\rangle$ auch Eigenvektor der beiden Operatoren $\hat{Q}$ und $\hat{R}$ zum Eigenwert 1 ist, sodass gilt:

$$\hat{P}\,|\psi\rangle = \hat{Q}\,|\psi\rangle = \hat{R}\,|\psi\rangle = |\psi\rangle\,. \tag{24.71}$$

Nun gilt für das Produkt der verträglichen Observablen

$$\begin{aligned}\hat{P}\hat{Q}\hat{R} &= (\sigma_x\sigma_y\sigma_y) \otimes (\sigma_y\sigma_x\sigma_y) \otimes (\sigma_y\sigma_y\sigma_x) \\ &= -\sigma_x \otimes \sigma_x \otimes \sigma_x \,.\end{aligned} \tag{24.72}$$

Da der GHZ-Zustand Eigenvektor des Operatorprodukts $\hat{P}\hat{Q}\hat{R}$ zum Eigenwert 1 ist, folgt daraus

$$\sigma_x^{(A)}\sigma_x^{(B)}\sigma_x^{(C)} |\psi\rangle = \sigma_x \otimes \sigma_x \otimes \sigma_x |\psi\rangle = -|\psi\rangle \,. \tag{24.73}$$

Im GHZ-Zustand findet man somit für das Produkt der x-Komponenten der Teilchenspins mit Sicherheit den Wert -1.

Gibt es nun ein „Element der Realität", so müssen die Werte der Spins der Teilchen A, B und C in x und y-Richtung schon *vor der Messung* der Spins festliegen. Jeder Pauli-Matrix wird somit eine zweiwertige klassische Größe zugeordnet, z. B. dem Spin von Teilchen A in x-Richtung ein Wert $m_x^{(A)} \in \{-1, 1\}$ und dem Spin von Teilchen B in y-Richtung ein Wert $m_y^{(B)} \in \{-1, 1\}$ usw. Auch hier muss gelten:

$$m_x^{(A)} m_y^{(B)} m_y^{(C)} = +1 \,, \tag{24.74}$$

$$m_y^{(A)} m_x^{(B)} m_y^{(C)} = +1 \,, \tag{24.75}$$

$$m_y^{(A)} m_y^{(B)} m_x^{(C)} = +1 \,. \tag{24.76}$$

Im GHZ-Zustand sollte das Produkt der linken Seite dann ebenfalls 1 sein:

$$m_x^{(A)} m_x^{(B)} m_x^{(C)} \left(m_y^{(A)} m_y^{(B)} m_y^{(C)}\right)^2 = 1 \,. \tag{24.77}$$

Weil aber für alle Teilchen $(m_y)^2 = 1$ ist, folgt nun sofort

$$m_x^{(A)} m_x^{(B)} m_x^{(C)} = 1 \,. \tag{24.78}$$

Dies ist in deutlichem Widerspruch zum entsprechenden Resultat (24.73) der Quantenmechanik. Im Prinzip reicht somit eine einzelne perfekte Messung zur Entscheidung, ob die Quantenmechanik oder eine lokal-realistische Theorie mit verborgenen Variablen das Experiment korrekt beschreibt.

Experimentelle Situation

Der grundlegende Aufbau eines EPR-Experiments ist im Prinzip einfach. Aus einer Quelle werden verschränkte Teilchen emittiert, die in entgegengesetzte Richtungen fliegen. Nachdem sie weit genug voneinander entfernt sind, wird bei den Teilchen mit einer Messapparatur die verschränkte Eigenschaft gemessen. Durch das Beobachten vieler solcher Teilchenpaare mit verschiedenen Messeinstellungen kann mithilfe einer Bell'schen Ungleichung geprüft werden, ob die Quantenmechanik durch eine lokal-realistische Theorie ersetzt werden muss.

Bereits in einer ersten Generation von Experimenten in den 1970er Jahren wurden Messungen an verschränkten optischen Photonen aus atomaren Kaskadenzerfällen, verschränkten hochenergetischen Photonenpaaren aus Positron-Elektron-Vernichtungsprozessen sowie an verschränkten Protonen aus Proton-Proton Streuprozessen bei niedrigen Energien durchgeführt. Im Kaskadenzerfall werden z. B. Calciumatome durch UV-Licht angeregt, die anschließend unter Emission von zwei Photonen wieder zerfallen. Die Experimente der ersten Generation verletzten die FC-Ungleichung (benannt nach Stuart Freedman und Joun Clauser), eine abgeschwächte Version der Bell'schen Ungleichung, und deuteten bereits darauf hin, dass die Quantenmechanik korrekte Vorhersagen macht. Allerdings konnte keines der Experimente eine echte Bell-Ungleichung verletzen.

Fortschritte in der Laserphysik und in der modernen Optik führten ab 1981 zu einer zweite Generation von Experimenten. Mithilfe von optischen Photonen aus Kaskadenübergängen in Calciumatomen und gleichzeitigen Zweiphotonübergängen in metastabilen atomaren Wasserstoffatomen wurden insbesondere von dem französischem Physiker *Alain Aspect* (*1947) und seinen Mitarbeitern mehrere Bell'sche Ungleichungen getestet. Dabei wurden die Analysatoren derart schnell umgeschaltet, dass eine raumartige Trennung der Polarisationsmessungen an den Photonen gewährleistet sein sollte. Alle Messungen der zweiten Generation zeigten ein Verletzung von Bell'schen Ungleichungen und bestätigten die Quantenmechanik.

Ab 1988 wurden Experimente der sogenannten dritten Generation durchgeführt, die auf parametrischen Fluoreszenzquellen basieren. Dabei wurden anfänglich zwei Photonen gleicher Polarisation erzeugt und anschließend mit einem Strahlteiler verschränkt. Ab 1995 wurde die Fluoreszenz derart verbessert, dass verschränkte Photonen direkt erzeugt werden konnten. Inzwischen kann man Verschränkungen von Photonen über eine Entfernung von über 100 km nachweisen und damit Einwände wegen einer eventuell nichtvorhandenen kausalen Trennung der Messungen an den Photonen ausräumen. Neben Paaren aus Photonen wurden inzwischen auch verschränkte Paare aus massiven Teilchen und Mehrteilchenzuständen erzeugt und analysiert. Bouwmeester und Mitarbeitern gelang es 1999 erstmalig, drei Photonen miteinander zu verschränken. 2008 wurde dann von Lu und Mitarbeitern ein GHZ-Zustand aus drei Photonen hergestellt.

Einen schönen Überblick über die Experimente bis zum Jahr 1999 findet man in der Doktorarbeit von Gregor Weihs (1999).

Die Verletzung von Bell'schen Ungleichungen

Alle Experimente der zweiten und dritten Generation sind in Übereinstimmung mit den Vorhersagen der Quantenmechanik und zeigen eine Verletzung von Bell'schen und verwandten Ungleichungen. Somit sind mit hoher Wahrscheinlichkeit lokale Theorien mit verborgenen Variablen nicht realisiert.

Nur mit hoher Wahrscheinlichkeit deshalb, weil es bisher noch nicht gelang, in einem einzigen Experiment alle Schlupflöcher zu schließen und vorgebrachte Einwände zu beseitigen. Um jegliche Beeinflussung zwischen den Detektoren zu verhindern, muss man sicherstellen, dass keinerlei Kommunikation zwischen den beiden Messprozessen stattfinden kann. Bei zwei Photonen beginnt der Messprozess mit der (zufälligen) Einstellung des Polarisators und endet mit der Detektion. Weiterhin müssen die Detektoren genügend effektiv sein. Unterschreitet der Detektionsgrad einen kritischen Wert zwischen 0,67 und 0,82, ist die Ungenauigkeit so groß, dass die Bell'sche Ungleichung nicht mehr verletzt wird. Zudem sollten idealerweise bei der Entstehung des verschränkten Zustands nur die verschränkten Teilchen selbst involviert sein, da andernfalls die Korrelation der Teilchen verschmiert werden könnte (Fry & Walther 2002).

24.4 Gemischte Zustände

Nur wenn ein vollständiger Satz von kommutierenden Observablen gemessen wurde, ist nach den Messungen der Zustand eines Quantensystems vollständig bekannt. In den meisten Situationen ist eine derartige vollständige Präparation des Systems praktisch unmöglich und gar nicht erwünscht. Für makroskopische Körper mit etwa 10^{23} Atomen braucht man nicht die exakte Wellenfunktion zu kennen, um makroskopische Variablen wie Druck, Volumen, freie Energie oder Magnetisierung zu bestimmen. Aber auch für einfachere Systeme kann eine unvollständige Präparation gewollt sein, beispielsweise bei der Streuung von unpolarisierten Elektronen.

Steht nur ein unvollständiger Satz von Angaben über ein Quantensystem zur Verfügung, so müssen die bisher besprochenen Methoden durch statistische Verfahren ergänzt werden. Dies wird durch den sogenannten *Dichteoperator*, auch *Dichtematrix*, *statistischer Operator* oder *Gemisch* genannt, geleistet. Dichteoperatoren sind von zentraler Bedeutung in der Quantenstatistik und werden in Abschn. 37.1 weiter analysiert.

Mischung von reinen Zuständen

Die Zustandsvektoren $|\psi_1\rangle$ und $|\psi_2\rangle$ sollen zwei reine Zustände eines Quantensystems repräsentieren. Es seien nun zwei Ensembles gegeben: eines bestehend aus einer großen Zahl identischer Kopien des Systems im Zustand $|\psi_1\rangle$ und eines bestehend aus einer großen Zahl identischer Kopien des Systems im Zustand $|\psi_2\rangle$. Dies könnten z. B. zwei Strahlen von (nicht wechselwirkenden) spinpolarisierten Elektronen sein. Nun mischen wir die beiden Ensembles und erzeugen ein drittes Ensemble: Dazu nehme man aus dem ersten Ensemble N_1 und aus dem zweiten Ensemble N_2 Objekte und mische sie zu einem neuen Ensemble mit $N = N_1+N_2$ Objekten. Gemäß der Ensemble-Interpretation der Quantenmechanik ist der Erwartungswert einer Observablen mit Operator $\hat{A}$ im Gemisch offensichtlich gleich

$$\langle\hat{A}\rangle = \frac{N_1}{N}\langle\psi_1|\hat{A}|\psi_1\rangle + \frac{N_2}{N}\langle\psi_2|\hat{A}|\psi_2\rangle\,, \qquad (24.79)$$

wobei auf der rechten Seite die Erwartungswerte in den reinen Zuständen stehen. Da die beiden Ensembles eine sehr große Anzahl identischer Systeme enthalten sollen, kann die relative Häufigkeit identischer Systeme im ersten Zustand $\lambda = N_1/N$ im Gemisch praktisch alle Werte zwischen 0 und 1 annehmen.

Erwartungswerte im Gemisch

Hat eine Observable in zwei reinen Zuständen die Erwartungswerte $\langle\psi_n|\hat{A}|\psi_n\rangle$ mit $n = 1, 2$, dann hat sie in einem Gemisch der beiden reinen Zustände den Erwartungswert

$$\langle\hat{A}\rangle = \lambda\,\langle\psi_1|\hat{A}|\psi_1\rangle + (1-\lambda)\,\langle\psi_2|\hat{A}|\psi_2\rangle\,, \qquad (24.80)$$

wobei $\lambda \in [0, 1]$ die relative Häufigkeit des Systems im Zustand $|\psi_1\rangle$ ist.

Frage 11

Warum ist bei der Messung von $\hat{A}$ im Gemisch die Wahrscheinlichkeit dafür, einen Wert im Intervall Δ zu finden, gegeben durch

$$w_A(\Delta) = \lambda\,\langle\psi_1|\hat{P}_\Delta|\psi_1\rangle + (1-\lambda)\,\langle\psi_2|\hat{P}_\Delta|\psi_2\rangle\,? \qquad (24.81)$$

Wir werden weiter unten sehen, dass für linear unabhängige $|\psi_1\rangle$ und $|\psi_2\rangle$ – diese beschreiben verschiedene reine Zustände – und für $\lambda \notin \{0, 1\}$ der Erwartungswert $\langle\hat{A}\rangle$ im Gemisch nicht mehr in der Form $\langle\chi|\hat{A}|\chi\rangle$ geschrieben werden kann.

Mischung von Systemen in reinen Zuständen

Mischt man Quantensysteme in unterschiedlichen reinen Zuständen, so wird das Gemisch nicht mehr durch einen reinen Zustand beschrieben.

Von Projektoren zu Dichteoperatoren

In den Erwartungswerten von Observablen in reinen Zuständen $\langle\psi|\hat{A}|\psi\rangle$ treten die Zustandsvektoren quadratisch auf. Wir schreiben nun diese Erwartungswerte derart um, dass darin das Symbol für den Zustand linear auftritt, weil wir dann (24.80) leicht zusammenfassen können. Dies ist möglich mithilfe der *Spur* eines Operators,

$$\mathrm{Sp}(\hat{A}) = \sum_n \langle n|\hat{A}|n\rangle\,, \qquad (24.82)$$

wobei die $|n\rangle$ eine Orthonormalbasis im Hilbert-Raum bilden.

Vertiefung: Alternative Interpretationen oder Theorien

Die Schwierigkeiten bei der Deutung der Quantenmechanik, insbesondere im Zusammenhang mit dem Messproblem, sind die wesentliche Motivation für die Ausarbeitung bzw. Weiterentwicklung von alternativen Interpretationen der Quantenmechanik oder sogar alternativen Theorien für die mikroskopischen Erscheinungen. Fortschritte auf experimenteller Seite sowie Weiterentwicklungen der Theorie, z. B. des Dekohärenzprogramms, tragen zu einem bis heute anhaltenden Interesse an der Grundlagenforschung der Quantenmechanik bei.

Bohm'sche Mechanik

Bei dieser in den 1920er Jahren von Louis de Broglie eingeführten und später von David Bohm entwickelten Mechanik handelt es sich um eine Erweiterung der Quantenmechanik durch zusätzliche Freiheitsgrade. Der Zustand eines Teilchens wird hier durch die Wellenfunktion und *zusätzlich* durch den Teilchenort definiert. Der Teilchenort ist dabei (verglichen zur orthodoxen Interpretation) eine verborgene Variable und allzeit wohldefiniert. Sie hat eine deterministische, aber *nicht-lokale* Dynamik, mit einer realen Bedeutung für die Wellenfunktion. Sind Teilchenort und Wellenfunktion zu einem festen Zeitpunkt bekannt, so lässt sich der Teilchenort zu jedem späteren Zeitpunkt berechnen. Die Heisenberg'sche Unschärferelation wird mithilfe der verborgenen Variablen umgangen, und der Messprozess verliert seine in der Kopenhagener Deutung so zentrale Bedeutung. Er wird zu einer normalen, objektiven klassischen Messung – ohne Kollaps der Wellenfunktion. Die Bohm'sche Mechanik kennt viele der genannten Probleme der orthodoxen Quantenmechanik gar nicht und macht trotzdem die exakt gleichen Vorhersagen wie diese.

Theorien mit spontaner Lokalisierung

In diesen alternativen Theorien wird die lineare Schrödinger-Gleichung um nichtlineare stochastische Terme erweitert, die so beschaffen sind, dass die Lokalisierungsrate bei isolierten mikroskopischen Systemen vernachlässigbar, bei makroskopischen Systemen hingegen beträchtlich ist. Dies würde erklären, warum die aus der Schrödinger-Gleichung resultierende Kohärenz nur bei mikroskopischen Systemen auftritt, während makroskopische Systeme immer in lokalisierten Zuständen auftreten. Die bekannteren Theorien mit spontaner Lokalisierung sind die nach Ghirardi, Rimini und Weber benannte GRW-Theorie und die CSL-Modelle (CLS = *continuous spontaneous localization*; z. B. Whitaker 2006). Die Abweichungen dieser alternativen Theorien zur Quantenmechanik sind im Prinzip experimentell verifizierbar. Allerdings sind sie so klein, dass sie mit den gegenwärtig verfügbaren technischen Mitteln nicht nachweisbar sind.

Viele-Welten-Interpretation

Diese völlig konsistente Interpretation der Quantenmechanik legt den mathematischen Formalismus neuartig aus. Der physikalische Zustand des gesamten Universums wird durch *eine* Wellenfunktion beschrieben, die sich gemäß der linearen Schrödinger-Gleichung entwickelt. Während in der orthodoxen Interpretation die Wellenfunktion die Wahrscheinlichkeit für das Auftreten von potenziell möglichen Ergebnissen beschreibt, von denen nach der Messung nur eines realisiert ist, finden in der Viele-Welten-Interpretation alle möglichen Ereignisse tatsächlich statt. Bei jeder Messung am System teilt sich das Universum in parallele Welten auf, wobei in jeder Welt eines der möglichen Messresultate realisiert ist. Paralleluniversen im Multiversum, die sich makroskopisch unterscheiden, interferieren praktisch nicht, weshalb ein Beobachter nichts von der Existenz der anderen Welten weiß.

Dekohärenzprogramm

Nach diesem von dem deutschen Physiker *Dieter Zeh* (*1932) initiierten Programm dürfen realistische makroskopische Quantensysteme aufgrund der unvermeidlichen Wechselwirkung mit der Umgebung nicht als geschlossene Systeme angesehen werden. Jede Wechselwirkung mit einer Umgebung führt wiederum zur Reduktion der Dichtematrix und zur Auflösung der Superposition. Die späteren Arbeiten von W. Zurek warfen ein neues Licht auf den Messprozess und den Zusammenhang zwischen Quantenmechanik und klassischer Physik (Bacciagaluppi 2007; siehe hierzu auch Kasten „Vertiefung: Kollaps der Wellenfunktion" in Abschn. 24.1).

Weitere Alternativen wie z. B. „Theorien mit konsistenten Historien" oder „Theorien mit verborgenen Variablen" werden in der angegebenen Literatur vorgestellt.

Literatur

- Bacciagaluppi, G.: The Role of Decoherence in Quantum Mechanics. Stanford Encyclopedia of Philosophy (2007). Online: http://plato-stanford.edu/entries/qm-decoherence/#4
- Whitaker, B.A.: Einstein, Bohr and the Quantum Dilemma: From Quantum Theory to Quantum Information. Cambridge University Press (2006)

Teil III

Vertiefung: Wechselwirkungsfreie Messungen

Bei wechselwirkungsfreien Messungen geht es darum, einen Gegenstand nachzuweisen, ohne dass er von Licht oder von Teilchen getroffen wird. Ausgangspunkt für wechselwirkungsfreie Messungen ist eine sogenannte Nullmessung: Wenn wir wissen, dass sich ein Objekt, z. B. ein Teilchen, entweder im Gebiet A oder im Gebiet B aufhält und wir eine Messung durchführen, deren Ergebnis zeigt, dass es sich nicht im Gebiet A aufhält, so haben wir unter Umständen Informationen über das quantenmechanische System gewonnen, ohne dass eine Wechselwirkung zwischen dem Messapparat und dem Objekt stattgefunden hätte.

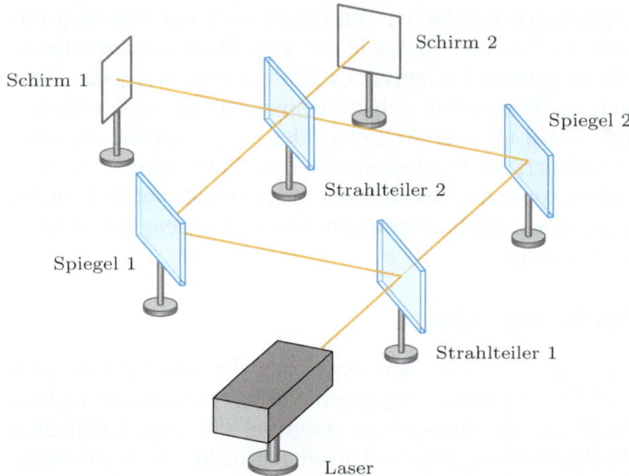

Abb. 24.5 Aufbau eines Mach-Zehnder-Interferometers. Es hat mittlerweile den Doppelspalt als Möglichkeit der Strahlteilung und Strahlzusammenführung abgelöst. Bei der Reflexion an einer Grenzfläche zu einem optisch dichteren Medium findet man einen Phasensprung um $\pi/2$, bei Reflexion an einer Grenzfläche zu einem optisch dünneren Medium hin oder bei Transmission findet man keinen Phasensprung

(Gedanken-)Experimente für wechselwirkungsfreie Messungen verwenden oft ein Mach-Zehnder-Interferometer, bestehend aus zwei Strahlteilern und zwei Spiegeln, die wie in Abb. 24.5 angeordnet sind.

Ein Laserstrahl wird durch das Interferometer mit gleichen Armlängen geschickt. Beide Strahlen, die den Schirm 2 erreichen, erfahren dieselbe Phasenverschiebung von π und interferieren konstruktiv. Somit ist Schirm 2 hell. Die Strahlen, die zu Schirm 1 gelangen, haben dagegen unterschiedliche Phasenverschiebungen. Der Strahl über Spiegel 2 hat eine Phasenverschiebung von $\pi/2$ und derjenige über Spiegel 1 von $3\pi/2$. Weil nun die Phasendifferenz π ist, interferieren die beiden Strahlen destruktiv. Das heißt, Schirm 1 bleibt dunkel. Sind beide Arme frei, dann zeigen die Lichtteilchen also ihre Welleneigenschaften. Sie können den zweiten Strahlteiler entlang beider Wege erreichen und interferieren.

Wird nun ein absorbierender Gegenstand in einen der Arme gestellt, so wird der entsprechende Teilstrahl eliminiert, und eine (destruktive) Interferenz an Schirm 1 ist nicht mehr möglich. Die Gegenwart des Absorbers führt also dazu, dass auch auf dem bisher dunklen Schirm 1 Photonen eintreffen. In diesem Fall verhalten sich die Photonen als unteilbare Teilchen, die einem bestimmten Weg folgen. In der zweiten Anordnung wird die Hälfte der Photonen vom Gegenstand absorbiert, ein Viertel wird bei Detektor 1 registriert und ein Viertel bei Detektor 2. Letztere erreichen Detektor 2 offensichtlich ohne Wechselwirkung mit dem absorbierenden Objekt. Also verrät uns ein einzelnes Photon mit 25 % Wahrscheinlichkeit die Gegenwart des Gegenstands im Arm, obwohl es diesen Arm nie durchlaufen hat und somit nicht mit dem Gegenstand in Wechselwirkung traten. Das Photon „spürt" den gesamten experimentellen Aufbau – also auch den weit entfernten Interferometerarm. Dies könnte man dahingehend deuten, dass eine Reduktion der Wellenfunktion nicht durch die Rückwirkung des Messvorgangs auf das Objekt zustande kommt.

Achtung Für viele Operatoren existiert die Spur gar nicht. Wir wollen im Folgenden allerdings annehmen, dass für die betrachteten Operatoren sogar die Spur von $|\hat{A}|$ endlich ist. Derartige Operatoren haben nur diskrete Eigenwerte und sind Elemente der sogenannten *Spurklasse*. ◂

Die Spur ist eine lineare Operation auf dem linearen Raum der linearen Operatoren:

$$\operatorname{Sp}\left(a\hat{A} + b\hat{B}\right) = a\operatorname{Sp}(\hat{A}) + b\operatorname{Sp}(\hat{B})\,. \tag{24.83}$$

Die Summe in (24.82) ist unabhängig von der gewählten Orthonormalbasis. Ist nämlich $|m\rangle$ eine andere Orthonormalbasis, so folgt mithilfe der Zerlegung der Eins $\boldsymbol{I} = |m\rangle\langle m|$

$$\begin{aligned}\operatorname{Sp}(\hat{A}) &= \sum_n \langle n|\hat{A}|n\rangle = \sum_{n,m} \langle n|\hat{A}|m\rangle\langle m|n\rangle \\ &= \sum_{m,n} \langle m|n\rangle\langle n|\hat{A}|m\rangle = \sum_m \langle m|\hat{A}|m\rangle\,.\end{aligned} \tag{24.84}$$

Mit dem orthogonalen Projektor $\hat{P}_\psi = |\psi\rangle\langle\psi|$ auf den eindimensionalen Unterraum aufgespannt von $|\psi\rangle$ kann man den Erwartungswert einer Observablen nun als Spur schreiben:

$$\begin{aligned}\langle\psi|\hat{A}|\psi\rangle &= \sum_n \langle\psi|n\rangle\langle n|\hat{A}|\psi\rangle = \sum_n \langle n|\hat{A}|\psi\rangle\langle\psi|n\rangle \\ &= \sum_n \langle n|\hat{A}\hat{P}_\psi|n\rangle = \operatorname{Sp}(\hat{A}\hat{P}_\psi)\,.\end{aligned} \tag{24.85}$$

Reine Zustände als eindimensionale Projektoren

Der Erwartungswert einer Observablen $\hat{A}$ im reinen Zustand kann wie folgt geschrieben werden:

$$\langle \hat{A} \rangle_\psi = \mathrm{Sp}\left(\hat{A}\hat{P}_\psi\right), \quad \hat{P}_\psi = |\psi\rangle\langle\psi| \,. \tag{24.86}$$

Dabei wurde wieder die Normierung von $|\psi\rangle$ vorausgesetzt. Insbesondere ist die Wahrscheinlichkeit, bei der Messung von $\hat{A}$ im reinen Zustand $|\psi\rangle$ einen Wert in Δ zu finden, gleich

$$\langle\psi|\,\hat{P}_\Delta\,|\psi\rangle = \mathrm{Sp}(\hat{P}_\Delta\hat{P}_\psi)\,. \tag{24.87}$$

Ein reiner Zustand kann also mit dem orthogonalen Projektor $\hat{P}_\psi$ auf den vom Zustandsvektor aufgespannten eindimensionalen Unterraum in $\mathcal{H}$ identifiziert werden. Einem reinen Zustand entspricht somit ein eindimensionaler orthogonaler Projektor.

Da die Spur eine lineare Abbildung auf dem Raum der linearen Operatoren ist, kann der Erwartungswert (24.80) im Gemisch genauso wie in (24.86) geschrieben werden, wenn der eindimensionale Projektor $\hat{P}_\psi$ durch den *Dichteoperator* ersetzt wird.

Gemisch von zwei reinen Zuständen

Der Erwartungswert einer Observablen im Gemisch ist

$$\langle \hat{A} \rangle_\rho = \mathrm{Sp}\left(\hat{A}\hat{\varrho}\right), \quad \text{wobei} \quad \hat{\varrho} = \lambda\hat{P}_{\psi_1} + (1-\lambda)\hat{P}_{\psi_2} \tag{24.88}$$

der Dichteoperator ist. Der Koeffizient λ ist die relative Häufigkeit derjenigen Systeme im Gemisch, die im reinen Zustand $\hat{P}_{\psi_1}$ sind, und $(1-\lambda)$ die relative Häufigkeit derjenigen Systeme, die im reinen Zustand $\hat{P}_{\psi_2}$ sind.

Frage 12

Überzeugen Sie sich davon, dass diese Aussage korrekt ist.

Eigenschaften von Dichteoperatoren

Der Dichteoperator $\hat{\varrho}$ ist als reelle Linearkombination von hermiteschen Projektoren selbst hermitesch. Weiter ist $\hat{\varrho}$ ein positiv-semidefiniter Operator, d. h.

$$\langle\psi|\,\hat{\varrho}\,|\psi\rangle \geq 0 \quad \text{für alle} \quad \psi \in \mathcal{H}\,, \tag{24.89}$$

da die eindimensionalen Projektoren in (24.88) nichtnegative Operatoren (sie haben die Eigenwerte 0 und 1) und die Häufigkeiten λ und $(1-\lambda)$ nichtnegative Zahlen sind. Schlussendlich ist

$$\mathrm{Sp}\,\hat{\varrho} = 1\,, \tag{24.90}$$

da die Spur von eindimensionalen Projektoren gleich eins ist.

Ein positiv-semidefiniter (und damit hermitescher) Operator mit $\mathrm{Sp}(\hat{\varrho}) = 1$ heißt Dichteoperator. Die Dichteoperatoren bilden keinen linearen Raum, da die Spur einer Linearkombination zweier Operatoren mit Spur eins im Allgemeinen nicht mehr eins ist. Aber jede konvexe Linearkombination

$$\lambda\,\hat{\varrho}_1 + (1-\lambda)\,\hat{\varrho}_2 = \hat{\varrho} \quad \text{mit} \quad \lambda \in [0,1] \tag{24.91}$$

von zwei Dichteoperatoren ist wieder ein Dichteoperator. Der Beweis ist identisch zum obigen Beweis für die konvexe Linearkombination von zwei eindimensionalen Projektoren.

Die Menge der Dichteoperatoren

Ein Dichteoperator ist ein positiv-semidefiniter Operator $\hat{\varrho}$ mit $\mathrm{Sp}\,\hat{\varrho} = 1$. Die Menge $\{\hat{\varrho}\}$ der Dichteoperatoren bildet eine konvexe Menge im Raum der linearen Operatoren.

Ein Dichteoperator $\hat{\varrho}$ hat nur nichtnegative diskrete Eigenwerte p_n, die wegen $\mathrm{Sp}\,\hat{\varrho} = 1$ zu eins summieren. Diese können somit als Wahrscheinlichkeiten gedeutet werden. Ist $|n\rangle$ eine orthonormierte Eigenbasis von $\hat{\varrho}$, dann lautet die Spektralzerlegung

$$\hat{\varrho} = \sum_n p_n\,|n\rangle\,\langle n| \equiv \sum_n p_n\hat{P}_n\,. \tag{24.92}$$

Die Spektralzerlegung von selbstadjungierten Operatoren wurde in Abschn. 23.3 besprochen. Der eindimensionale Projektor $\hat{P}_n$ in der Summe projiziert auf den eindimensionalen Unterraum aufgespannt vom Eigenvektor $|n\rangle$. Somit beschreibt $\hat{\varrho}$ ein Gemisch von reinen Zuständen, die mit Wahrscheinlichkeiten p_n im Gemisch auftreten. $\hat{P}_n$ ist einer der denkbaren reinen Zustände, in denen sich das System, über das wir nur unvollständig informiert sind, befinden könnte. Die Unkenntnis über den genauen Zustand des Systems erzwingt eine zusätzliche statistische Mittlung

$$\langle \hat{A} \rangle_{\hat{\varrho}} = \sum p_n\,\langle n|\,\hat{A}\,|n\rangle = \mathrm{Sp}\,\hat{\varrho}\hat{A}\,. \tag{24.93}$$

Nun wollen wir noch die Frage beantworten, wann ein Dichteoperator $\hat{\varrho}$ einen reinen Zustand beschreibt, d. h. wann er die größtmögliche Information über den Systemzustand enthält. Der allgemeine Zustand (24.92) ist genau dann rein, wenn ein $p_n = 1$ ist und alle anderen Wahrscheinlichkeiten verschwinden. Wegen der Projektoreigenschaft $\hat{P}_m\hat{P}_n = \delta_{mn}\hat{P}_m$ ist

$$\hat{\varrho}^2 = \sum_{n,m} p_n p_m \hat{P}_n\hat{P}_m = \sum_n p_n^2\hat{P}_n\,. \tag{24.94}$$

Der Vergleich mit (24.92) offenbart, dass die Bedingung $\hat{\varrho}^2 = \hat{\varrho}$ gleichbedeutend mit $p_n = p_n^2$ für alle n ist. Dies bedeutet, dass genau ein p_n gleich eins ist und alle anderen verschwinden. Dies ist aber genau die Bedingung dafür, dass $\hat{\varrho}$ ein reiner Zustand ist. Genau dann sind auch die beiden Summen in

$$\mathrm{Sp}\,\hat{\varrho}^2 = \sum p_n^2 \leq \sum p_n = 1 \tag{24.95}$$

gleich.

Bedingung für Reinheit

Ein Zustand ist genau dann rein, wenn $\mathrm{Sp}\,\hat{\varrho}^2 = \mathrm{Sp}\,\hat{\varrho} = 1$ bzw. $\hat{\varrho}^2 = \hat{\varrho}$ gilt. Andernfalls ist $\mathrm{Sp}\,\hat{\varrho}^2 < 1$.

Dichteoperatoren von reinen Zuständen haben also nur die beiden Eigenwerte 1 und 0, wobei 1 nichtentartet ist. Dagegen sind die Eigenwerte von Dichteoperatoren zu nichtreinen Zuständen immer kleiner als 1.

Frage 13

Warum folgt daraus, dass ein reiner Zustand $\hat{P}_\psi$ nicht eine konvexe Linearkombination von zwei Dichteoperatoren sein kann?

Die reinen Zustände sind somit immer Extremalpunkte der konvexen Menge der Dichteoperatoren.

Dichtematrizen für Zweizustandssysteme

Wir betrachten ein Quantensystem mit zwei Zuständen und wollen uns überlegen, wie die allgemeinste Dichtematrix $\hat{\varrho} : \mathbb{C}^2 \longrightarrow \mathbb{C}^2$ aussieht. Jede zweidimensionale hermitesche Matrix ist eine reelle Linearkombination der Identität $\boldsymbol{I}$ und der drei spurlosen Pauli-Matrizen in (24.40), und somit hat jede Dichtematrix die Darstellung

$$\hat{\varrho} = \frac{1}{2}\big(\boldsymbol{I} + \boldsymbol{\xi}\cdot\boldsymbol{\sigma}\big), \quad \boldsymbol{\xi}\cdot\boldsymbol{\sigma} = \xi_1\sigma_1 + \xi_2\sigma_2 + \xi_3\sigma_3\,. \tag{24.96}$$

Nicht für alle reellen Koeffizienten ξ_k ist die Matrix $\hat{\varrho}$ positiv-definit. Um die Bedingung für die Koeffizienten zu finden, damit $\hat{\varrho} \geq 0$ ist, erinnern wir uns daran, dass die Eigenwerte einer zweidimensionalen hermiteschen Matrix mit Spur 1 genau dann nichtnegativ sind, wenn die Determinante nichtnegativ ist. Also ist obiges $\hat{\varrho}$ genau dann positiv-semidefinit, wenn $4\det(\hat{\varrho}) = 1 - \boldsymbol{\xi}^2 \geq 0$ gilt. Die Dichtematrizen haben also die Form

$$\hat{\varrho} = \frac{1}{2}(\boldsymbol{I} + \xi\,\boldsymbol{e}\cdot\boldsymbol{\sigma}) \quad \text{mit} \quad \boldsymbol{e}^2 = 1\,, \quad 0 \leq \xi \leq 1\,. \tag{24.97}$$

Somit werden Dichtematrizen mit Vektoren $\xi\boldsymbol{e}$ der Länge $\xi \leq 1$ bzw. mit Punkten der dreidimensionalen Vollkugel mit Radius 1, identifiziert. Sie bilden somit, wie erwartet, eine konvexe Menge.

Die Dichtematrix beschreibt einen reinen Zustand, wenn gilt:

$$\hat{\varrho}^2 = \frac{1}{4}(\xi^2 - 1)\boldsymbol{I} + \hat{\varrho} = \hat{\varrho}\,. \tag{24.98}$$

Überprüfen Sie diese Beziehung mithilfe der Relationen $\sigma_i\sigma_j = \delta_{ij}\boldsymbol{I} + \mathrm{i}\epsilon_{ijk}\sigma_k$.

Also entsprechen den Punkten auf der Kugeloberfläche mit $\xi = 1$ reine Zustände. Dies ist in Abb. 24.6 skizziert. Im Gegensatz zu den reinen Zuständen kann ein Gemisch (im Allgemeinen auf viele Arten) als eine konvexe Linearkombination von zwei reinen Zuständen geschrieben werden.

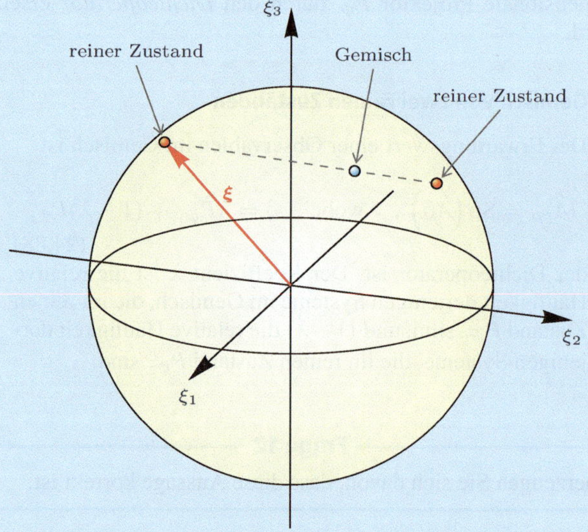

Abb. 24.6 Alle Zustände in $\mathcal{H} = \mathbb{C}^2$ bilden eine Vollkugel mit Radius 1. Die Punkte auf der Kugeloberfläche repräsentieren reine Zustände

◂

Aufgaben

Gelegentlich enthalten die Aufgaben mehr Angaben, als für die Lösung erforderlich sind. Bei einigen anderen dagegen werden Daten aus dem Allgemeinwissen, aus anderen Quellen oder sinnvolle Schätzungen benötigt.

- • leichte Aufgaben mit wenigen Rechenschritten
- •• mittelschwere Aufgaben, die etwas Denkarbeit und unter Umständen die Kombination verschiedener Konzepte erfordern
- ••• anspruchsvolle Aufgaben, die fortgeschrittene Konzepte (unter Umständen auch aus späteren Kapiteln) oder eigene mathematische Modellbildung benötigen

24.1 • Messung eines entarteten Eigenwertes Der einer Observablen zugeordnete selbstadjungierte Operator $\hat{A}$ besitze einen r-fach entarteten diskreten Eigenwert a_n, $\hat{A}\,|a_n, k\rangle = a_n\,|a_n, k\rangle$ mit $k = 1, 2, \dots, r$. Wie hoch ist die Wahrscheinlichkeit, bei der Messung von $\hat{A}$ den Wert a_n zu finden, wenn sich das System im Zustand $|\psi\rangle$ befindet?

24.2 •• Orts- und Impulsmessung Ein Teilchen auf der x-Achse werde kurz vor einer Messung durch die Gauß'sche Wellenfunktion

$$\psi(x) = \frac{1}{(2\pi\sigma^2)^{1/4}}\,\mathrm{e}^{-x^2/4\sigma^2} \tag{24.99}$$

beschrieben. Es stehen zwei Messapparaturen zur Verfügung. Die erste Apparatur misst, ob sich das Teilchen links oder rechts des Koordinatenursprungs aufhält. Eine zweite Apparatur misst, ob der Impuls des Teilchens positiv oder negativ ist.

(a) Die erste Messung sieht nach, ob sich das Teilchen irgendwo auf der positiven Halbachse aufhält. Wie groß ist die Wahrscheinlichkeit für dieses Messresultat? Wie sieht die Wellenfunktion unmittelbar nach der Messung aus?
(b) Nun bestimmen wir stattdessen das Vorzeichen des Impulses, wobei das Teilchen kurz vor der Messung wieder durch ψ beschrieben sei. Man misst einen positiven Impuls. Was ist die Wahrscheinlichkeit für dieses Resultat? Wie sieht die Wellenfunktion (im Ortsraum) unmittelbar nach der Messung aus?
(c) Wie hat sich durch die Impulsmessung die Aufenthaltswahrscheinlichkeit am Ursprung verändert?

Lösungshinweis: Es genügt, für die Wellenfunktion im Ortsraum nach der Impulsmessung eine Integraldarstellung zu finden.

24.3 •• Baker-Campbell-Hausdorff-Formel (BCH-Formel) und Weyl'sche Vertauschungsrelationen Anstelle der unbeschränkten Orts- und Impulsoperatoren kann man die unitären und beschränkten Operatoren $\mathrm{e}^{\mathrm{i}\alpha\hat{q}}$ und $\mathrm{e}^{\mathrm{i}\beta\hat{p}}$ betrachten. Dann treten anstelle der Heisenberg'schen die *Weyl'schen Vertauschungsrelationen*. Allgemeiner betrachten wir hier zwei nichtverträgliche Observablen mit Operatoren $\hat{A}$ und $\hat{B}$. Ein Vergleich der Potenzreihen zeigt, dass die Operatoren $\mathrm{e}^{\hat{A}}\mathrm{e}^{\hat{B}}$ und $\mathrm{e}^{\hat{A}+\hat{B}}$ verschieden sind. Die Korrekturen zu dem Fall vertauschender Operatoren ergeben sich aus den nun besprochenen Identitäten.

(a) Beweisen Sie die Beziehung

$$\mathrm{e}^{\hat{A}}\hat{B}\mathrm{e}^{-\hat{A}} = \sum_{n=0}^{\infty}\frac{1}{n!}\mathrm{ad}_{\hat{A}}^n\hat{B} \quad \text{mit} \quad \mathrm{ad}_{\hat{A}}\hat{B} = [\hat{A}, \hat{B}], \tag{24.100}$$

indem Sie die Taylor-Entwicklung von $F(\lambda) = \mathrm{e}^{\lambda\hat{A}}\hat{B}\mathrm{e}^{-\lambda\hat{A}}$ in λ betrachten und für die Koeffizienten einen Induktionsbeweis führen.
(b) Der Kommutator $[\hat{A}, \hat{B}]$ vertausche mit $\hat{A}$ und mit $\hat{B}$. Zeigen Sie, dass dann gilt:

$$\mathrm{e}^{\lambda(\hat{A}+\hat{B})} = \mathrm{e}^{\lambda\hat{A}}\mathrm{e}^{\lambda\hat{B}}\mathrm{e}^{-\lambda^2[\hat{A},\hat{B}]/2}. \tag{24.101}$$

(c) Berechnen Sie nun die Weyl'schen Vertauschungsrelationen

$$\hat{U}(a)\hat{V}(b)\hat{U}^{-1}(a)\hat{V}^{-1}(b) \tag{24.102}$$

für die unitären Operatoren

$$\hat{U}(a) = \mathrm{e}^{\mathrm{i}a\hat{p}} \quad \text{und} \quad \hat{V}(b) = \mathrm{e}^{\mathrm{i}b\hat{q}}. \tag{24.103}$$

24.4 • Dekohärenz Die Dekohärenz löst einige Probleme, die mit dem Messprozess in der Quantenmechanik verbunden sind. Dabei wird der Einfluss der Umgebung auf das Quantensystem berücksichtigt. In einem sehr einfachen Modell betrachten wir ein Objekt, das durchaus makroskopische Abmessungen haben kann, und dem zwei Zustände $|1\rangle$ und $|2\rangle$ mit scharfen Energien E_1 und E_2 zur Verfügung stehen. Der Anfangszustand zum Zeitpunkt $t = 0$ sei eine kohärente Überlagerung von zwei Eigenzuständen des Hamilton-Operators, $|\psi(0)\rangle = c_1\,|1\rangle + c_2\,|2\rangle$ mit $|c_1|^2 + |c_2|^2 = 1$. Wie man leicht nachprüft, hat die Lösung der Schrödinger-Gleichung zum Zeitpunkt t die Form

$$|\psi(t)\rangle = \mathrm{e}^{-\mathrm{i}E_1t/\hbar}c_1\,|1\rangle + \mathrm{e}^{-\mathrm{i}E_2t/\hbar}c_2\,|2\rangle\,. \tag{24.104}$$

(a) Wenn wir die Eigenvektoren mit der kartesischen Basis im $\mathbb{C}^2$ identifizieren,

$$|1\rangle = \begin{pmatrix}1\\0\end{pmatrix}, \quad |2\rangle = \begin{pmatrix}0\\1\end{pmatrix}, \tag{24.105}$$

welche Form hat dann die Dichtematrix $\hat{\varrho}(t) = |\psi(t)\rangle\langle\psi(t)|$? Im Ergebnis ersetze man $E_2 - E_1 = \hbar\omega$ mit der Übergangsfrequenz ω.

(b) Für makroskopische Objekte oszillieren die Nebendiagonalelemente von $\hat{\varrho}$ bereits für mikroskopische Zeitintervalle t sehr oft. Da jede Messung eine gewisse Zeit dauert – dies ist der erwähnte Einfluss der Umgebung –, sollten wir die Dichtematrix über ein Zeitintervall T mitteln:

$$m_T(\hat{\varrho}) = \frac{1}{T}\int_0^T \mathrm{d}t\,\hat{\varrho}(t)\,. \tag{24.106}$$

Berechnen Sie die zeitlich gemittelte Dichtematrix.

(c) Nehmen Sie an, ein Objekt mit Masse m sei auf igendeine Weise in einen kohärenten Überlagerungszustand gebracht worden, sodass es durch eine Wellenfunktion bestehend aus zwei Wellenpaketen, die in einem Abstand von $\Delta z = 1\mathrm{m}$ senkrecht zur Erdoberfläche lokalisiert sind, beschrieben wird. Im Schwerefeld der Erde ist die Diffenenz der Energien $E_2 - E_1 = \hbar\omega \approx mg\Delta z$. Was ist ω näherungsweise für eine Masse von 1 g? Was ist etwa der Betrag der Nebendiagonalelemente der gemittelten Dichtematrix für $T = 10^{-16}\,\mathrm{s}$?

(d) Berechnen Sie die Spur des Quadrats der gemittelten Dichtematrix. Was folgern Sie aus dem Ergebnis?

24.5 •• Spur von Operatoren Es seien $|\phi\rangle$ und $|\psi\rangle$ zwei Vektoren mit endlicher Norm.

(a) Zeigen Sie, dass

$$\mathrm{Sp}\,|\psi\rangle\langle\phi| = \langle\phi,\psi\rangle\,. \tag{24.107}$$

(b) Für ein Teilchen auf der reellen Achse erfüllen Orts- und Impulsoperator die kanonische Kommutationsregel

$$[\hat{x},\hat{p}] = \mathrm{i}\hbar\boldsymbol{I}\,. \tag{24.108}$$

Die Spur der linken Seite verschwindet wegen der Invarianz der Spur unter zyklischer Vertauschung der Argumente, $\mathrm{Sp}[\hat{x},\hat{p}] = 0$. Dagegen ist $\mathrm{i}\hbar\,\mathrm{Sp}\,\boldsymbol{I} \neq 0$. Was folgern Sie aus diesem scheinbaren Widerspruch?

(c) Drücken Sie in einem endlich-dimensionalen Hilbert-Raum $\mathrm{Sp}(\hat{A}^\dagger\hat{A})$ durch die Matrixelemente $a_{mn} = \langle m|\hat{A}|n\rangle$ von $\hat{A}$ bezüglich einer Orthonormalbasis $|n\rangle$ aus.

(d) Definiert $\|A\|^2 = \mathrm{Sp}(A^\dagger A)$ eine Norm auf dem linearen Raum der komplexen Matrizen?

24.6 • Anzahl Parameter einer Dichtematrix Von wie vielen reellen Parametern hängen die Dichtematrizen in $\mathcal{H} = \mathbb{C}^n$ ab? Von wie vielen Parametern die Dichtematrizen von reinen Zuständen?

24.7 •• Rekonstruktion von Dichtematrizen Bezüglich einer Basis eines zweidimensionalen Hilbert-Raumes seien drei Observablen durch die folgenden Matrizen gegeben:

$$A = \begin{pmatrix}3 & 2\\2 & 3\end{pmatrix}, \quad B = \begin{pmatrix}2 & \mathrm{i}\\-\mathrm{i} & 2\end{pmatrix}, \quad C = \begin{pmatrix}1 & 0\\0 & 3\end{pmatrix}. \tag{24.109}$$

Im vorliegenden Zustand wurden die Erwartungswerte $\langle A\rangle = 4$, $\langle B\rangle = 3/2$ und $\langle C\rangle = 2$ gemessen.

(a) Bestimmen Sie die Dichtematrix des Zustands.

(b) Ist dieser rein oder gemischt?

Lösungshinweis: Die Rechnung vereinfacht sich, wenn man die auftretenden Matrizen als Linearkombinationen der Einheitsmatrix und der hermiteschen und spurlosen Pauli-Matrizen in (24.40) schreibt und $\mathrm{Sp}(\sigma_i\sigma_j) = 2\delta_{ij}$ benutzt.

24.8 ••• Theorem von Groenewold und van Hove Es sei F eine klassische Observable, d. h. eine reelle $\mathbb{C}^\infty$-Funktion auf dem Phasenraum des betrachteten mechanischen Systems. Eine Quantisierungsabbildung $\mathcal{Q}$ ordnet jeder klassischen Observablen F eine quantenmechanische Observable $\mathcal{Q}(F) = \hat{F}$ zu, dargestellt durch einen selbstadjungierten Operator $\hat{F}$. Die Abbildung $F \mapsto \mathcal{Q}(F)$ soll folgende Eigenschaften haben:

1. $\mathcal{Q}$ ist $\mathbb{R}$-linear.
2. Die Poisson-Klammer geht in den Kommutator über:

$$\mathcal{Q}(\{F,G\}) = \frac{1}{\mathrm{i}\hbar}[\mathcal{Q}(F),\mathcal{Q}(G)] \quad \text{für alle} \quad F,G\,. \tag{24.110}$$

3. Es ist $\mathcal{Q}(1) = \boldsymbol{I}$.
4. $\mathcal{Q}(q_i) \equiv \hat{q}_i$ und $\mathcal{Q}(p_i) \equiv \hat{p}_i$ operieren irreduzibel, d. h., jeder selbstadjungierte Operator $\hat{F}$, der mit allen $\hat{q}_i$ und allen $\hat{p}_i$ vertauscht, ist ein konstantes Vielfaches der Identität.

Das Theorem von Groenewold und van Hove besagt nun, dass eine derartige Quantisierung nicht existiert, und dieses No-go-Theorem soll hier näher untersucht werden. Dabei betrachten wir Systeme mit einer Orts- und einer Impulskoordinate.

(a) Zeigen Sie, dass $\{q,p\} = 1$ die Relation $[\hat{q},\hat{p}] = \mathrm{i}\hbar\boldsymbol{I}$ bedingt.

(b) Was sind die Kommutatoren von Orts- und Impulsoperator $\mathcal{Q}(q) = \hat{q}$ und $\mathcal{Q}(p) = \hat{p}$ mit den Operatoren $\mathcal{Q}(q^m)$ und $\mathcal{Q}(p^m)$? Warum folgt daraus

$$\mathcal{Q}(q^2) = \hat{q}^2 + c_{q^2}\boldsymbol{I} \quad \text{und} \quad \mathcal{Q}(p^2) = \hat{p}^2 + c_{p^2}\boldsymbol{I} \tag{24.111}$$

mit Konstanten c_{q^2} und c_{p^2}?

(c) Was folgt nun aus der Relation $\{q^2,p^2\} = 4qp$ für die Quantisierung $\mathcal{Q}(qp)$ von qp? Sie sollten die symmetrische Operatorordnung $\mathcal{Q}(qp) = (\hat{q}\hat{p} + \hat{p}\hat{q})/2$ erhalten. Dies ist die nach dem deutschen mathematischen Physiker *Hermann Weyl* (1885–1955) benannte Weyl-Ordnung.

Teil III

(d) Quantisieren Sie nun die Beziehungen $\{qp, q^2\} = -2q^2$ und $\{qp, p^2\} = 2p^2$ und zeigen Sie danach, dass c_{q^2} und c_{p^2} null sind. Folgern Sie nun aus den gewonnenen Resultaten, dass auch $\hat{Q}(q^3) = \hat{q}^3$ und $\hat{Q}(p^3) = \hat{p}^3$ gelten müssen.

(e) Quantisieren Sie jetzt noch $6q^2p = \{q^3, p^2\}$. Sie sollten das Weyl-geordnete Produkt $\mathcal{Q}(q^2p) = (\hat{q}^2\hat{p} + \hat{p}\hat{q}^2)/2$ erhalten. Quantisieren Sie schließlich das Produkt q^2p^2 auf zwei Arten, und zwar mithilfe der beiden Poisson-Klammern

$$\{q^3, p^3\} = 9q^2p^2 \quad \text{und} \quad \{q^2p, qp^2\} = 3q^2p^2 . \tag{24.112}$$

Zeigen Sie, dass Sie verschiedene Ausdrücke für $\mathcal{Q}(q^2p^2)$ erhalten.

Lösungshinweis: Aus $\{q, p\} = 1$ bzw. $[\hat{q}, \hat{p}] = \mathrm{i}\hbar \boldsymbol{I}$ und der Produktregel (23.84) für die Poisson-Klammer bzw. den Kommutator folgen die Beziehungen (23.92) bzw. (23.91). Insbesondere gilt für eindimensionale Systeme

$$\{q, f\} = \frac{\partial f}{\partial p}, \quad \{p, f\} = -\frac{\partial f}{\partial q}, \tag{24.113}$$

für eine Funktion $f = f(q, p)$ auf dem Phasenraum bzw.

$$[\hat{q}, \hat{f}] = \mathrm{i}\hbar \frac{\partial f}{\partial p}\Big|_{q=\hat{q}, p=\hat{p}}, \quad [\hat{p}, \hat{f}] = -\mathrm{i}\hbar \frac{\partial f}{\partial q}\Big|_{q=\hat{q}, p=\hat{p}} \tag{24.114}$$

für einen Operator $\hat{f} = f(\hat{q}, \hat{p})$.

Teil III

Ausführliche Lösungen zu den Aufgaben

24.1 Die Eigenfunktionen $|a_n, k\rangle$ zum Eigenwert a_n seien orthonormiert. Dann ist der orthogonale Projektor auf den Eigenraum zum Eigenwert a_n gleich

$$\hat{P}_{a_n} = \sum_k |a_n, k\rangle \langle a_n, k| \, . \tag{24.115}$$

Die gesuchte Wahrscheinlichkeit ist dann

$$\begin{aligned} w_{A,\psi} &= \langle\psi|\,\hat{P}_{a_n}\,|\psi\rangle = \sum_{k=1}^{r} \langle a_n, k|\,\psi\rangle\,\langle\psi\,|\,a_n, k\rangle \\ &= \sum_{k=1}^{r} |c_{n,k}|^2 \,, \quad c_{n,k} = \langle a_n, k|\,\psi\rangle \,. \end{aligned} \tag{24.116}$$

24.2

(a) Da $\psi(x)$ spiegelsymmetrisch ist, ist die gesuchte Wahrscheinlichkeit

$$p = \int_0^\infty \mathrm{d}x\,|\psi(x)|^2 = \frac{1}{2}\int_{-\infty}^{\infty} \mathrm{d}x\,|\psi(x)|^2 = \frac{1}{2}. \tag{24.117}$$

Wissen wir nach der Ortsmessung mit Sicherheit, dass x positiv ist, dann kollabiert der Zustandsvektor $|\psi\rangle$ auf

$$\hat{P}_{(0,\infty)}\,|\psi\rangle = \int_{y>0} \mathrm{d}y\,(|y\rangle\,\langle y|)\,|\psi\rangle = \int_{y>0} \mathrm{d}y\,\psi(y)\,|y\rangle \,. \tag{24.118}$$

Wegen $\langle x|\,y\rangle = \delta(x-y)$ ist die (nichtnormierte) kollabierte Wellenfunktion im Ortsraum kurz nach der Messung

$$\langle x|\,\hat{P}_{(0,\infty)}\,|\psi\rangle = \begin{cases} \psi(x) & \text{für } x \geq 0 \\ 0 & \text{für } x < 0\,. \end{cases} \tag{24.119}$$

(b) Die Fourier-transformierte Wellenfunktion

$$\tilde{\psi}(k) = \frac{1}{\sqrt{2\pi}} \int \mathrm{d}x\,\mathrm{e}^{-\mathrm{i}kx}\psi(x) = \left(\frac{2\sigma^2}{\pi}\right)^{1/4} \mathrm{e}^{-\sigma^2k^2} \tag{24.120}$$

ist auch spiegelsymmetrisch, sodass die Wahrscheinlichkeit, eine positive Wellenzahl k oder einen positiven Impuls $p = \hbar k$ zu finden, ebenfalls $1/2$ ist.
Kurz nach der Impulsmessung ist die (unnormierte) Wellenfunktion im k-Raum

$$\langle k|\,\hat{P}_{(0,\infty)}\,|\psi\rangle = \begin{cases} \tilde{\psi}(k) & \text{für } k \geq 0 \\ 0 & \text{für } k < 0\,. \end{cases} \tag{24.121}$$

Im Ortsraum hat die Wellenfunktion kurz nach der Impulsmessung die Form

$$\frac{1}{\sqrt{2\pi}} \int_0^\infty \mathrm{d}k\,\mathrm{e}^{\mathrm{i}kx}\tilde{\psi}(k) = \left(\frac{\sigma^2}{2\pi^3}\right)^{1/4} \int_0^\infty \mathrm{d}k\,\mathrm{e}^{\mathrm{i}kx}\,\mathrm{e}^{-\sigma^2k^2}.$$

Das letzte Integral kann übrigens mithilfe der Fehlerfunktion

$$\operatorname{erf}(x) = \frac{2}{\sqrt{\pi}} \int_0^x \mathrm{d}y\,\mathrm{e}^{-y^2} \tag{24.122}$$

folgendermaßen geschrieben werden:

$$\psi_{\text{danach}}(x) = \frac{\mathrm{e}^{-x^2/4\sigma^2}}{2(2\pi\sigma^2)^{1/4}} \left(\operatorname{erf}\left(\frac{\mathrm{i}x}{2\sigma}\right) + 1\right). \tag{24.123}$$

(c) Unmittelbar nach der Impulsmessung ist die Wellenfunktion am Ursprung

$$\psi_{\text{danach}}(0) = \left(\frac{\sigma^2}{2\pi^3}\right)^{1/4} \int_0^\infty \mathrm{d}k\,\mathrm{e}^{-\sigma^2k^2} = \left(\frac{\sigma^2}{2\pi^3}\right)^{1/4} \frac{\sqrt{\pi}}{2\sigma}$$

und hat das Betragsquadrat

$$|\psi_{\text{danach}}(0)|^2 = \frac{1}{4}\frac{1}{(2\pi^3\sigma^2)^{1/2}} = \frac{1}{4}|\psi(0)|^2. \tag{24.124}$$

24.3

(a) Wir suchen die Taylor-Entwicklung der einparametrigen Familie von Operatoren

$$\mathrm{e}^{\lambda\hat{A}}\hat{B}\mathrm{e}^{-\lambda\hat{A}} = \hat{B} + \lambda[\hat{A}, \hat{B}] + O(\lambda^2)\,. \tag{24.125}$$

Dazu nehmen wir an, die Beziehung

$$\frac{\mathrm{d}^n}{\mathrm{d}\lambda^n}\,\mathrm{e}^{\lambda\hat{A}}\hat{B}\mathrm{e}^{-\lambda\hat{A}} = \mathrm{e}^{\lambda\hat{A}}(\mathrm{ad}_{\hat{A}}^n\hat{B})\mathrm{e}^{-\lambda\hat{A}} \tag{24.126}$$

gelte für ein $n \in \mathbb{N}$. Dann gilt sie aber auch für $n+1$:

$$\begin{aligned} \frac{\mathrm{d}^{n+1}}{\mathrm{d}\lambda^{n+1}}\,\mathrm{e}^{\lambda\hat{A}}\hat{B}\mathrm{e}^{-\lambda\hat{A}} &= \mathrm{e}^{\lambda\hat{A}}[\hat{A}, (\mathrm{ad}_{\hat{A}}^n\hat{B})]\,\mathrm{e}^{-\lambda\hat{A}} \\ &= \mathrm{e}^{\lambda\hat{A}}(\mathrm{ad}_{\hat{A}}^{n+1}\hat{B})\,\mathrm{e}^{-\lambda\hat{A}}\,. \end{aligned} \tag{24.127}$$

Da die Beziehung (24.126) offensichtlich für $n = 0$ korrekt ist, gilt sie somit für alle $n = \mathbb{N}_0$. Deshalb lautet die Taylor-

Entwicklung der linken Seite in (24.125) um $\lambda = 0$ wie folgt:

$$e^{\lambda\hat{A}}\hat{B}e^{-\lambda\hat{A}} = \sum_{n=0}^{\infty}\frac{\lambda^n}{n!}(\mathrm{ad}_{\hat{A}}^n\hat{B}) \,. \tag{24.128}$$

Setzen wir nun $\lambda = 1$, so ergibt sich das gesuchte Resultat.

(b) Falls der Kommutator $[\hat{A}, \hat{B}]$ mit $\hat{A}$ und $\hat{B}$ vertauscht, dann verschwindet $\mathrm{ad}_{\hat{A}}^2\hat{B}$ und (24.28) vereinfacht sich zu

$$e^{\lambda\hat{A}}\hat{B}e^{-\lambda\hat{A}} = \hat{B} + \lambda[\hat{A}, \hat{B}] \,. \tag{24.129}$$

Nun betrachten wir die Ableitung von $\hat{D}(\lambda) = e^{\lambda\hat{A}}e^{\lambda\hat{B}}$:

$$\begin{aligned}\frac{\mathrm{d}}{\mathrm{d}\lambda}\hat{D}(\lambda) &= \hat{A}e^{\lambda\hat{A}}e^{\lambda\hat{B}} + e^{\lambda\hat{A}}\hat{B}e^{\lambda\hat{B}} \\ &= \left(\hat{A} + \hat{B} + \lambda[\hat{A}, \hat{B}]\right)\hat{D}(\lambda) \,.\end{aligned} \tag{24.130}$$

Da der Kommutator $[\hat{A}, \hat{B}]$ mit allen aus $\hat{A}$ und $\hat{B}$ gebildeten Operatoren vertauscht, gilt somit

$$\hat{D}(\lambda) = e^{\lambda\hat{A}+\lambda\hat{B}+\lambda^2[\hat{A},\hat{B}]/2} \,. \tag{24.131}$$

(c) Da der Kommutator $[\mathrm{i}a\hat{p}, \mathrm{i}b\hat{q}] = \mathrm{i}ab\hbar\boldsymbol{I}$ mit allen Operatoren vertauscht, dürfen wir die Beziehung (24.101) anwenden und erhalten

$$\hat{U}(a)\hat{V}(b) = e^{\mathrm{i}a\hat{p}+\mathrm{i}b\hat{q}}\, e^{\mathrm{i}ab\hbar/2} \,. \tag{24.132}$$

Aufgrund von $\hat{U}^{-1}(a) = \hat{U}(-a)$ und $\hat{V}^{-1}(b) = \hat{V}(-b)$ findet man auch

$$\hat{U}^{-1}(a)\hat{V}^{-1}(b) = e^{-\mathrm{i}a\hat{p}-\mathrm{i}b\hat{q}}e^{\mathrm{i}ab\hbar/2} \,. \tag{24.133}$$

Multipliziert man diese Gleichungen, dann findet man die Weyl'sche Vertauschungsrelation

$$\hat{U}(a)\hat{V}(b)\hat{U}^{-1}(a)\hat{V}^{-1}(b) = e^{\mathrm{i}ab\hbar}\,\boldsymbol{I} \,. \tag{24.134}$$

24.4

(a) Die Dichtematrix zur Zeit t hat die Form

$$\begin{aligned}\hat{\varrho}(t) &= \begin{pmatrix} e^{-\mathrm{i}E_1t/\hbar}c_1 \\ e^{-\mathrm{i}E_2t/\hbar}c_2 \end{pmatrix} \left(e^{\mathrm{i}E_1t/\hbar}c_1^* \quad e^{\mathrm{i}E_2t/\hbar}c_2^*\right) \\ &= \begin{pmatrix} |c_1|^2 & c_1c_2^*\,e^{\mathrm{i}\omega t} \\ c_2c_1^*\,e^{-\mathrm{i}\omega t} & |c_2|^2 \end{pmatrix} , \quad \hbar\omega = E_2 - E_1 \,.\end{aligned} \tag{24.135}$$

(b) Das Zeitmittel der oszillierenden Exponentialfunktion ist

$$m_T\left(e^{\mathrm{i}\omega t}\right) = \frac{1}{T}\int_0^T \mathrm{d}t\, e^{\mathrm{i}\omega t} = e^{\mathrm{i}\omega T/2}\frac{\sin\omega T/2}{\omega T/2} \,, \tag{24.136}$$

sodass die gemittelte Dichtematrix folgende Form hat:

$$m_T(\hat{\varrho}) = \begin{pmatrix} |c_1|^2 & c_1c_2^*\,m_T(e^{\mathrm{i}\omega t}) \\ c_2c_1^*\,m_T^*(e^{\mathrm{i}\omega t}) & |c_2|^2 \end{pmatrix} . \tag{24.137}$$

(c) Für ω ergibt sich der Näherungswert

$$\omega \approx 10\frac{\mathrm{g\,m^2}}{\mathrm{s^2}} \cdot \frac{1}{10^{-31}\mathrm{m^2\,g/s}} \approx 10^{32}\,\mathrm{Hz} \,, \tag{24.138}$$

worin die kleine Zahl im Nenner gleich $\hbar$ ist. Somit finden wir nach Mittelung über ein Zeitintervall von 10^{-16} s

$$|m_T(e^{\mathrm{i}\omega t})| \approx 10^{-16} \,. \tag{24.139}$$

(d) Quadriert man $m_T(\hat{\varrho})$ und nimmt davon die Spur, so erhält man

$$\mathrm{Sp}\,[m_T(\hat{\varrho})]^2 = 1 - 2\left(1 - |m_T(e^{\mathrm{i}\omega t})|^2\right)\,|c_1|^2|c_2|^2 \,. \tag{24.140}$$

Insbesondere für Zeitmittel $m_T(e^{\mathrm{i}\omega t}) \ll 1$ erhalten wir mithilfe der Beziehung $(|c_1|^2 + |c_2|^2)^2 = 1$ die Näherung

$$\mathrm{Sp}\,[m_T(\hat{\varrho})]^2 \approx |c_1|^4 + |c_2|^4 \,. \tag{24.141}$$

Sind c_1 und c_2 beide ungleich null, dann ist die rechte Seite kleiner als eins. Dies bedeutet, dass die zeitlich gemittelte Dichtematrix keinen reinen Zustand beschreibt. Durch den Mittelungsprozess ist der reine Zustand effektiv zu einem gemischten Zustand geworden. Mit dem Verschwinden der Nebendiagonalelemente ist die Kohärenz zwischen den Eigenzuständen der Energie praktisch verschwunden.

24.5

(a) Es sei $|n\rangle$ eine Orthonormalbasis und $\sum_n |n\rangle\langle n| = \boldsymbol{I}$ die zugehörige Zerlegung der Eins. Dann ist

$$\mathrm{Sp}\,|\psi\rangle\langle\phi| = \sum_n \langle n|\,\psi\rangle\langle\phi|\,n\rangle = \sum_n \langle\phi|\,n\rangle\langle n|\,\psi\rangle \,, \tag{24.142}$$

und es folgt sofort die Beziehung

$$\mathrm{Sp}\,|\psi\rangle\langle\phi| = \langle\phi|\,\psi\rangle \,. \tag{24.143}$$

(b) Man nehme an, die Kommutationsregel $[\hat{x}, \hat{p}] = \mathrm{i}\hbar\boldsymbol{I}$ werde von Operatoren $\hat{x}$ und $\hat{p}$ auf einem Hilbert-Raum mit $\dim(\mathcal{H}) = n < \infty$ erfüllt. Dann sind $\hat{x}$ und $\hat{p}$ durch $n \times n$-Matrizen dargestellt, und die Spur ist die wohldefinierte Matrixspur. Man findet das widersprüchliche Resultat

$$0 = \mathrm{Sp}[\hat{x}, \hat{p}] = \mathrm{i}\hbar\,\mathrm{Sp}\boldsymbol{I} = \mathrm{i}\hbar n \,. \tag{24.144}$$

Wir folgern, dass die Heisenberg'schen Kommutationsregeln auf einem endlich-dimensionalen Hilbert-Raum nicht realisiert werden können. Dies zeigt, dass die Quantenmechanik mit Orts- und Impulsoperator auf einem unendlich-dimensionalen Hilbert-Raum formuliert werden muss. Dann sind die Spuren der Operatoren $\hat{x}\hat{p}$, $\hat{p}\hat{x}$ und $\boldsymbol{I}$ nicht mehr definiert, und der Widerspruch verschwindet.

(c) Sei $|n\rangle$ wieder eine Orthonormalbasis im Hilbert-Raum. Wir benutzen die Definition der Spur und die Zerlegung der Eins und erhalten

$$\begin{aligned}\mathrm{Sp}(\hat{A}^\dagger\hat{A}) &= \sum_n \langle n|\,\hat{A}^\dagger\hat{A}\,|n\rangle = \sum_{n,m}\langle n|\,\hat{A}^\dagger\,|m\rangle\,\langle m|\,\hat{A}\,|n\rangle \\ &= \sum_{m,n} a^*_{mn}a_{mn} = \sum_{m,n}|a_{mn}|^2 .\end{aligned} \tag{24.145}$$

(d) Wir können die komplexen $n \times n$-Matrizen mit dem Vektorraum $\mathbb{C}^{n^2}$ identifizieren, wenn wir die Matrixelemente als Tupel in $\mathbb{C}^{n^2}$ auffassen. Dann ist $\sum |a_{mn}|^2$ die bekannte euklidische Norm auf dem Vektorraum $\mathbb{C}^{n^2}$.

24.6 Eine n-dimensionale komplexe Matrix hat $2n^2$ reelle Parameter. Die erste Bedingung in

$$\hat{\varrho}^\dagger = \hat{\varrho}\,, \quad \mathrm{Sp}(\hat{\varrho}) = 1 \tag{24.146}$$

reduziert die komplexen Nichtdiagonalelemente um die Hälfte und bedeutet zudem, dass die Diagonalelemente reell sein müssen. Also reduziert sie die Anzahl reeller Parameter um $n(n-1)+n = n^2$. Die Spurbedingung eliminiert noch einen Parameter, sodass eine Dichtematrix von $2n^2 - n^2 - 1 = n^2 - 1$ reellen Parametern abhängt.

Die Dichtematrix beschreibt einen reinen Zustand, wenn $\mathrm{Sp}(\hat{\varrho}^2) = \mathrm{Sp}\,\hat{\varrho} = 1$ gilt. Somit werden die Dichtematrizen der reinen Zustände durch maximal $n^2 - 2$ reelle Variablen parametrisiert.

24.7

(a) Wie in Abschn. 24.4 besprochen, ist die allgemeinste Dichtematrix in $\mathbb{C}^2$ gleich

$$\varrho = \frac{1}{2}(\boldsymbol{I} + \boldsymbol{\xi}\cdot\boldsymbol{\sigma}) \quad \text{mit} \quad \boldsymbol{\xi}^2 \le 1\,. \tag{24.147}$$

Nun können wir die hermiteschen Matrizen A, B und C als Linearkombinationen der Pauli-Matrizen schreiben:

$$A = 3\boldsymbol{I} + 2\sigma_1\,, \quad B = 2\boldsymbol{I} - \sigma_2\,, \quad C = 2\boldsymbol{I} - \sigma_3\,. \tag{24.148}$$

Nun folgt sofort

$$\begin{aligned}\langle A\rangle &= \mathrm{Sp}(\varrho A) = 3 + 2\xi_1 = 4\,,\\ \langle B\rangle &= \mathrm{Sp}(\varrho B) = 2 - \xi_2 = 3/2\,,\\ \langle C\rangle &= \mathrm{Sp}(\varrho C) = 2 - \xi_3 = 2\,,\end{aligned} \tag{24.149}$$

und dieses lineare Gleichungssystem hat die Lösung

$$\boldsymbol{\xi} = \frac{1}{2}\begin{pmatrix}1\\1\\0\end{pmatrix}, \quad \text{sodass} \quad \varrho = \frac{1}{4}\begin{pmatrix}2 & 1-\mathrm{i}\\ 1+\mathrm{i} & 2\end{pmatrix}. \tag{24.150}$$

(b) Die Dichtematrix ϱ beschreibt keinen reinen Zustand, da

$$\varrho^2 = \frac{1}{4}\begin{pmatrix}3/2 & 1-\mathrm{i}\\ 1+\mathrm{i} & 3/2\end{pmatrix} \tag{24.151}$$

ungleich ϱ ist.

24.8

(a) Es gilt

$$[\hat{q},\hat{p}] \equiv [\mathcal{Q}(q),\mathcal{Q}(p)] = \mathrm{i}\hbar\mathcal{Q}(\{q,p\}) = \mathrm{i}\hbar\boldsymbol{I}\,. \tag{24.152}$$

Im letzten Schritt wurde $\mathcal{Q}(1) = \boldsymbol{I}$ benutzt.

(b) Aus den Eigenschaften von $\mathcal{Q}$ folgen die Kommutatoren

$$\begin{aligned}[\mathcal{Q}(q),\mathcal{Q}(q^m)] &= \mathrm{i}\hbar\mathcal{Q}(\{q,q^m\}) = 0\,,\\ [\mathcal{Q}(p),\mathcal{Q}(q^m)] &= \mathrm{i}\hbar\mathcal{Q}(\{p,q^m\}) = -\mathrm{i}\hbar m\mathcal{Q}(q^{m-1})\,.\end{aligned} \tag{24.153}$$

Betrachten wir nun den Spezialfall $m = 2$, dann sehen wir, dass $\mathcal{Q}(q^2)$ dieselben Kommutationsregeln mit $\mathcal{Q}(q) \equiv \hat{q}$ und $\mathcal{Q}(p) \equiv \hat{q}$ hat wie $\hat{q}^2$. Somit folgt aus der Irreduzibilitätsannahme

$$\mathcal{Q}(q^2) - \hat{q}^2 = c_{q^2}\boldsymbol{I} \tag{24.154}$$

mit einer Konstanten c_{q^2}. Ähnlich folgt aus

$$\begin{aligned}[\mathcal{Q}(q),\mathcal{Q}(p^m)] &= \mathrm{i}\hbar\mathcal{Q}(\{q,p^m\}) = \mathrm{i}\hbar m\mathcal{Q}(p^{m-1})\,,\\ [\mathcal{Q}(p),\mathcal{Q}(p^m)] &= \mathrm{i}\hbar\mathcal{Q}(\{p,p^m\}) = 0\end{aligned} \tag{24.155}$$

und der Irreduzibiltät von $\hat{q}, \hat{p}$ die Beziehung

$$\mathcal{Q}(p^2) - \hat{p}^2 = c_{p^2}\boldsymbol{I}\,. \tag{24.156}$$

(c) Die Quantisierung von $\{q^2, p^2\} = 4qp$ führt auf das Weyl-geordnete Produkt:

$$\begin{aligned}\mathcal{Q}(qp) &= \frac{1}{4}\mathcal{Q}(\{q^2,p^2\}) = \frac{1}{4\mathrm{i}\hbar}[\mathcal{Q}(q^2),\mathcal{Q}(p^2)]\\ &= \frac{1}{4\mathrm{i}\hbar}[\hat{q}^2 + c_{q^2}\boldsymbol{I}, \hat{p}^2 + c_{p^2}\boldsymbol{I}] = \frac{1}{2}(\hat{q}\hat{p} + \hat{p}\hat{q})\,.\end{aligned} \tag{24.157}$$

Im letzten Schritt machten wir von (24.114) Gebrauch.

(d) Die Quantisierung der in der Aufgabenstellung angegebenen Poisson-Klammern führt auf

$$\begin{aligned}\mathcal{Q}(q^2) &= -\frac{1}{2}\mathcal{Q}(\{qp,q^2\}) = \frac{\mathrm{i}}{4\hbar}[\hat{q}\hat{p} + \hat{p}\hat{q}, \hat{q}^2] = \hat{q}^2\,,\\ \mathcal{Q}(p^2) &= \frac{1}{2}\mathcal{Q}(\{qp,p^2\}) = \frac{1}{4\mathrm{i}\hbar}[\hat{q}\hat{p} + \hat{p}\hat{q}, \hat{p}^2] = \hat{p}^2\,,\end{aligned}$$

was bedeutet, dass die Konstanten c_{q^2} und c_{p^2} verschwinden. Benutzt man dieses Ergebnis in (24.153) und (24.155) mit $m = 3$, so folgen sofort die Beziehungen

$$\mathcal{Q}(q^3) = \hat{q}^3 + c_{q^3}\boldsymbol{I} \quad \text{und} \quad \mathcal{Q}(p^3) = \hat{p}^3 + c_{p^3}\boldsymbol{I}\,. \tag{24.158}$$

Wiederholt man die Betrachtung für q^3 und p^3, so findet man

$$\mathcal{Q}(q^3) = -\frac{1}{3}\mathcal{Q}(\{qp, q^3\}) = \frac{\mathrm{i}}{6\hbar}[\hat{q}\hat{p} + \hat{p}\hat{q}, \hat{q}^3] = \hat{q}^3\,,$$
$$\mathcal{Q}(p^3) = \frac{1}{3}\mathcal{Q}(\{qp, p^3\}) = \frac{1}{6\mathrm{i}\hbar}[\hat{q}\hat{p} + \hat{p}\hat{q}, \hat{p}^3] = \hat{p}^3\,,$$

was bedeutet, dass die Konstanten in (24.158) ebenfalls verschwinden. Allgemeiner schließt man von der Quantisierungsvorschrift

$$\mathcal{Q}(q^m) = \hat{q}^m \quad \text{und} \quad \mathcal{Q}(q^m) = \hat{p}^m \tag{24.159}$$

für irgendein $m \in \mathbb{N}$ auf die entsprechende Vorschrift für $m + 1$, sodass (24.159) für alle natürlichen m gilt.

(e) Die Quantisierung von $6q^2p = \{q^3, p^2\}$ führt auf

$$\begin{aligned}\mathcal{Q}(q^2p) &= \frac{1}{6}\mathcal{Q}(\{q^3, p^2\}) = \frac{1}{6\mathrm{i}\hbar}[\mathcal{Q}(q^3), \mathcal{Q}(p^2)] \\ &= \frac{1}{6\mathrm{i}\hbar}[\hat{q}^3, \hat{p}^2] = \frac{1}{2}(\hat{q}\hat{p}^2 + \hat{q}^2\hat{p})\,,\end{aligned} \tag{24.160}$$

und analog findet man auch hier die Weyl-Ordnung:

$$\mathcal{Q}(qp^2) = \frac{1}{2}(\hat{q}\hat{p}^2 + \hat{p}^2\hat{q})\,. \tag{24.161}$$

Nun sind wir so weit, um q^2p^2 mithilfe der in der Aufgabenstellung gegebenen Poisson-Klammern auf zwei Wegen quantisieren zu können. Mithilfe der Kommutations- und Produktregeln (23.84) gelangt man über die Quantisierung von $q^2p^2 = \{q^3, p^3\}/9$ nach einer etwas längeren Rechnung zu

$$\begin{aligned}\mathcal{Q}(q^2p^2) &= \frac{1}{9\mathrm{i}\hbar}[\mathcal{Q}(q^3), \mathcal{Q}(p^3)] = \frac{1}{9\mathrm{i}\hbar}[\hat{q}^3, \hat{p}^3] \\ &= \hat{q}^2\hat{p}^2 - 2\mathrm{i}\hbar\hat{q}\hat{p} - \frac{2}{3}\hbar^2\,.\end{aligned} \tag{24.162}$$

Die Quantisierung von $q^2p^2 = \{q^2p, qp^2\}/3$ führt dagegen auf

$$\begin{aligned}\mathcal{Q}(q^2p^2) &= \frac{1}{3\mathrm{i}\hbar}[\mathcal{Q}(q^2p), \mathcal{Q}(qp^2)] \\ &= \frac{1}{12\mathrm{i}\hbar}[\hat{q}^2\hat{p} + \hat{p}\hat{q}^2, \hat{q}\hat{p}^2 + \hat{p}^2\hat{q}] \\ &= \hat{q}^2\hat{p}^2 - 2\mathrm{i}\hbar\hat{q}\hat{p} - \frac{1}{3}\hbar^2\,.\end{aligned} \tag{24.163}$$

Die Differenz der rechten Seiten ist $\hbar^2/3 \neq 0$, und dies zeigt, dass keine Quantisierungsabbildung $\mathcal{Q}$ mit den angegebenen Eigenschaften existiert.

Literatur

Aspect, A., Dalibard, R., Roger, G.: Experimental test of Bell's inequalities using time-varying analyzers. Phys. Rev. Lett. **49**, 1804 (1982)

Baumann, K., Sexl, U.R.: Die Deutungen der Quantentheorie. 3. Aufl., Vieweg, Braunschweig (1987)

Bell. J.: Speakable und Unspeakable in Quantum Mechanics. Cambridge University Press, Cambridge (1987)

Bohr, N.: Erkenntnisfragen der Quantenphysik. Naturwiss. Rundsch. **13**, 252 (1960)

Born, M.: Quantenmechanik der Stossvorgänge. Z. Phys. **38**, 803 (1928)

Clauser, J., Horne, M., Shimony, A., Holt, R.: Proposed experiment to test local hidden-variable theories. Phys. Rev. Lett. **23**, 880 (1969)

Einstein, A., Podolsky, B., Rosen, N.: Can quantum-mechanical description of physical reality be considered complete? Phys. Rev. **47**, 777 (1935)

Filk, T.: Grundlagen und Probleme der Quantentheorie. Vorlesung Universität Freiburg (2008), http://omnibus.uni-freiburg.de/~filk/Skripte/index.html.

Fischer, M.C., Gutierrez-Medina, B., Raizen, M.G.: Observation of the Quantum Zeno and Anti-Zeno effects in an unstable system. Phys. Rev. Lett. **87**, 040402 (2001)

Fry, E.S., Walther, T.: Atomic Based Tests of the Bell Inequalities – the Legacy of John Bell Continues, S. 103–117 in Quantum (Un)speakables. From Bell to Quantum Information, Bertlmann, R.A. und Zeilinger, A. (eds.) Springer, Berlin (2002)

Greenberger, D., Horne, M., Zeilinger, A.: Bell's theorem without inequalities. Am. J. Phys. **58**, 1131 (1990)

Groenewold, H.J.: On the principles of elementary quantum mechanics. Physica **12**, 405 (1946)

Heisenberg, W.: Physik und Philosophie. Hirzel, Stuttgart (1958)

Schrödinger, E.: Die gegenwärtige Situation in der Quantenmechanik. Naturwissenschaften **23**, 1935, 807

van Hove, L.: Sur certaines représentations unitaires d'un groupe infini de transformations. Roc. Roy. Acad. Sci. Belgien **26**, 1 (1951)

Weihs, G.: Ein Experiment zum Test der Bell'schen Ungleichung unter Eintein'scher Lokalität. Doktorarbeit, Universität Wien (1999). Online www.uibk.ac.at/exphys/photonik/people/gwdiss.pdf

Weiterführende Literatur

Audretsch, J.: Verschränkte Systeme, Die Quantenphysik auf neuen Wegen. Wiley-VCH, Weinheim (2005)

Bub, J.: Interpreting the Quantum World. Cambridge University Press, Cambridge (1997)

Gottfried, K., Tung-Mow Y.: Quantum Mechanics: Fundamentals. Springer, New York (2003)

Laloe, F.: Do we really understand Quantum Mechanics? Cambridge University Press, Cambridge (2012)

Squires, E.: The Mystery of the Quantum World. 2. Aufl., Taylor & Francis, New York (1994)

Zeilinger, A.: Die Wirklichkeit der Quanten. Spektrum Wiss. **11**, 54 (2008)

Zeitentwicklung und Bilder 25

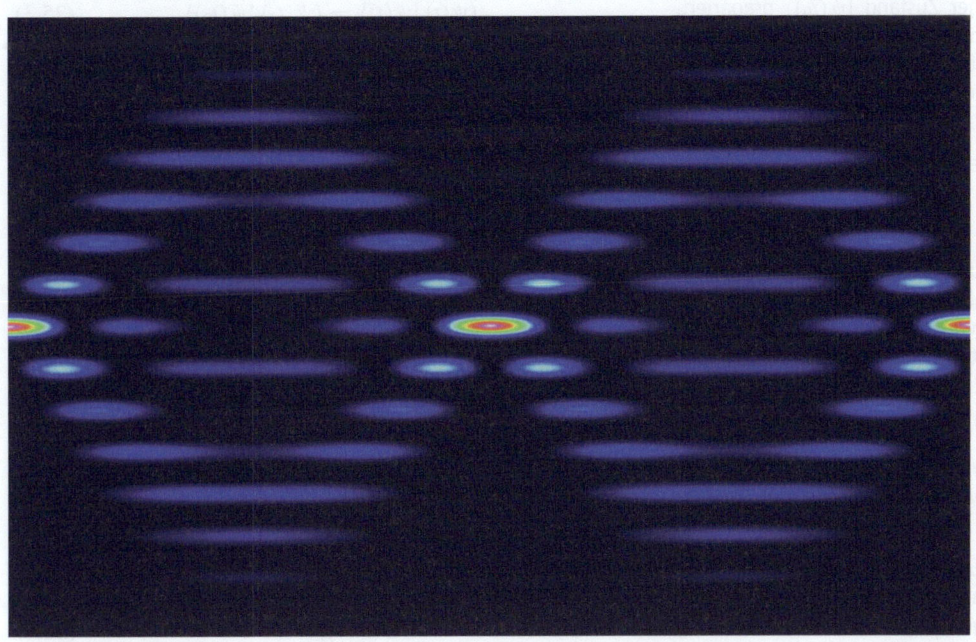

Was ist ein Qbit?

Welche Systeme zeigen Rabi-Oszillationen?

Was versteht man unter der Dyson'schen Reihe?

Wie geschieht der Übergang zwischen Schrödinger- und Heisenberg-Bild?

Was meint man mit dem Begriff „Pfadintegral"?

M. Bartelmann et al., *Theoretische Physik*, DOI 10.1007/978-3-642-54618-1_25,

In der Quantentheorie gibt es keine klare Trennung zwischen System und Messapparatur, und die zeitliche Entwicklung eines Quantensystems ist nicht mehr kausal, sobald es in Wechselwirkung mit der Umgebung tritt. Nur ein abgeschlossenes und von allen äußeren Einflüssen isoliertes System verändert sich in exakt vorhersagbarer Weise. In diesem Kapitel beschreiben wir die deterministische Zeitentwicklung eines abgeschlossenen Quantensystems.

Zunächst sei durch Messungen eines vollständigen Satzes von verträglichen Observablen ein reiner Zustand $|\psi(t_0)\rangle$ präpariert. Danach werde das System nicht mehr durch weitere Messungen oder andere äußere Einflüsse gestört. Dann ist seine Zeitentwicklung eindeutig durch die Schrödinger-Gleichung

$$i\hbar \frac{\mathrm{d}}{\mathrm{d}t} |\psi(t)\rangle = \hat{H} |\psi(t)\rangle \tag{25.1}$$

bestimmt.

Wegen der Linearität der Gleichung ist jede Linearkombination $\sum c_n |\psi_n(t)\rangle$ von Lösungen ebenfalls eine Lösung, und der Zustandsvektor $|\psi(t)\rangle$ hängt *linear* vom Anfangsvektor $|\psi(t_0)\rangle$ ab. Somit gibt es einen linearen Operator $\hat{U}(t, t_0)$ mit

$$|\psi(t)\rangle = \hat{U}(t, t_0)|\psi(t_0)\rangle . \tag{25.2}$$

Der Operator $\hat{U}$ beschreibt die Dynamik des abgeschlossenen Quantensystems vollständig. Er heißt *Zeitentwicklungsoperator, Evolutionsoperator* oder kurz *Propagator.*

Nachdem wir die wesentlichen Eigenschaften von Zeitentwicklungsoperatoren besprochen haben, betrachten wir in Abschn. 25.1 zuerst Quantensysteme mit wenigen Zuständen. Als Anwendung bestimmen wir die Rabi-Oszillationen in einem Zweizustandssystem.

Danach werden wir in Abschn. 25.2 für allgemeine Systeme den Zeitentwicklungsoperator $\hat{U}$ in Potenzen des Hamilton-Operators entwickeln. Dies führt auf die Dyson'sche Reihe, die oft als Ausgangspunkt für die zeitabhängige Störungstheorie dient. Die Dyson'sche Reihe stellt einen *expliziten* Zusammenhang zwischen dem Hamilton-Operator und dem Zeitentwicklungsoperator dar.

Mithilfe von $\hat{U}(t, t_0)$ kann man, wie in Abschn. 25.3 gezeigt wird, vom *Schrödinger-Bild* mit zeitabhängigen Zustandvektoren in oft benutzte andere Bilder der Quantenmechanik wechseln, z. B. in das *Heisenberg-Bild* mit zeitunabhängigen Zustandsvektoren oder das *Wechselwirkungsbild.* Letzteres liegt der in Abschn. 25.2 eingeführten Dyson-Reihe, der in Kap. 30 vorgestellten zeitabhängigen Störungstheorie und der in Kap. 32 behandelten Streutheorie zugrunde.

In Abschn. 25.5 besprechen wir kurz die Feynman'sche Pfadintegraldarstellung für den Zeitentwicklungsoperator im Ortsraum. Wir werden sehen, dass die Amplitude für die Propagation zwischen zwei Orten durch eine gewichtete Summe über alle denkbaren Wege zwischen den Orten gegeben ist. Es existiert auch eine Verallgemeinerung des Pfadintegrals in der Quantenfeldtheorie, in der über alle Feldkonfigurationen integriert wird. Da hierbei in Funktionenräumen integriert wird, spricht man vom Funktionalintegral.

25.1 Systeme mit wenigen Zuständen

Für die Wahrscheinlichkeitsinterpretation der Quantenmechanik ist es unumgänglich, dass die Norm eines Zustands zeitlich konstant ist:

$$\langle\psi(t)\,|\psi(t)\rangle = \langle\psi(t_0)\,|\psi(t_0)\rangle \tag{25.3}$$

(siehe auch die ausführliche Diskussion in Abschn. 22.4).

Unitarität des Zeitentwicklungsoperators

Die Erhaltung der Wahrscheinlichkeit bedeutet, dass der lineare *Zeitentwicklungsoperator* $\hat{U}(t, t_0)$ unitär ist:

$$\hat{U}^{\dagger}(t, t_0) = \hat{U}^{-1}(t, t_0) . \tag{25.4}$$

Entwickelt sich das System von der Anfangszeit t_0 bis zur Zwischenzeit t_1 und danach weiter bis zur Endzeit t, dann ist dies äquivalent zur Entwicklung direkt von der Anfangs- bis zur Endzeit:

$$\hat{U}(t, t_1)\,\hat{U}(t_1, t_0) = \hat{U}(t, t_0) . \tag{25.5}$$

Hat das System keine Zeit zu propagieren, dann ändert es sich auch nicht. Deshalb gilt

$$\hat{U}(t_0, t_0) = \hat{I} . \tag{25.6}$$

Frage 1

Überzeugen Sie sich davon, dass sich die beiden letzten Bedingungen wie folgt zusammenfassen lassen:

$$\hat{U}(t, t_0) = \hat{U}^{-1}(t_0, t) . \tag{25.7}$$

Zweizustandssysteme

Ein System mit zwei Zuständen (zwei Niveaus) ist ein einfaches Modellsystem, das zur näherungsweisen Beschreibung vieler Quantensysteme herangezogen werden kann. Der zweidimensionale Hilbert-Raum hat dann nur zwei Basisvektoren, und quantenmechanische Effekte sind hier sehr ausgeprägt.

Einfache Realisierungen von Zweizustandssystemen sind z. B. ein gebundenes Elektron, das nur zwei Niveaus eines atomaren Spektrums besetzen kann, der Spin bzw. Eigendrehimpuls des Elektrons, der nur zwei Einstellungen hat (Abschn. 29.3), oder die Oszillationen zwischen den K_0-Mesonen und ihren Antiteilchen, den $\bar{K}_0$-Mesonen, in der Teilchenphysik.

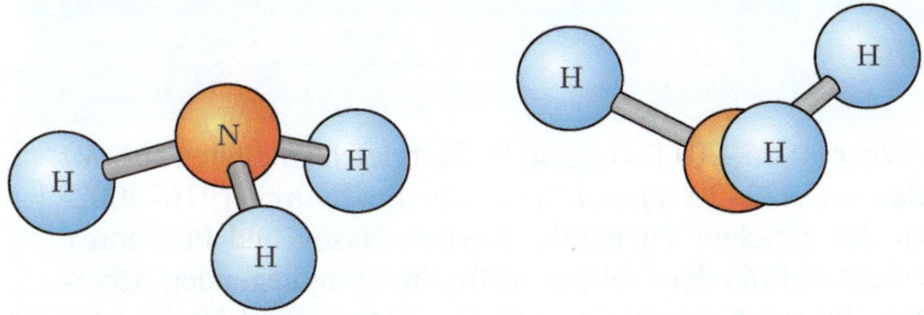

Abb. 25.1 Die Atome des Ammoniakmoleküls bilden eine dreiseitige Pyramide. Das Stickstoffatom bildet die Spitze, die drei Wasserstoffatome die Grundfläche der Pyramide. Das Ammoniakmolekül ist nicht starr, die Wasserstoffatome können über einen planaren Übergangszustand auf die andere Seite der Pyramide klappen. Eine wichtige Anwendung der quantenmechanischen Eigenschaften dieses Systems ist der Ammoniak-Maser (Maser = Microwave Amplification by Simulated Emission of Radiation; siehe Kasten „Anwendung: Zweizustandssysteme als Maser-Medien")

Qbits

Ein Zweizustandsquantensystem bezeichnet man auch als *Quantenbit* (*Qbit*). Qbits bilden in der Quanteninformatik die Grundlage für Quantencomputer und die Quantenkryptografie. Es dient als kleinstmögliche Speichereinheit.

Auch ein Ammoniakmolekül (NH_3), bei dem sich das Stickstoffatom auf beiden Seiten der Ebene aufhalten kann, die von den drei Wasserstoffatomen an den Ecken eines Dreiecks definiert wird (Abb. 25.1), ist bei Vernachlässigung von Schwerpunktsbewegung und Rotation sowie Ausrichtung der H-Atome in einer Ebene in guter Näherung ein Zweizustandssystem.

Klassisch existieren zwei gleichberechtigte Grundzustände für das Ammoniakmolekül, in denen sich das Stickstoffatom auf einer der beiden Seiten der Ebene in seiner Gleichgewichtslage befindet. Es sind die in Abb. 25.1 gezeigten Konfigurationen, die durch eine Spiegelung an der Ebene ineinanderübergehen. Das Quantensystem zeigt aber Übergänge zwischen den beiden Konfigurationen, und als Folge wird die Entartung der Grundzustandsenergie aufgehoben. Der wahre Grundzustand ist die spiegelsymmetrische kohärente Summe der beiden Zustände, während die antisymmetrische Kombination eine etwas höhere Energie aufweist. Im Ortsraum hat dann die Wellenfunktion des wahren Grundzustands als Funktion der Koordinate senkrecht zur Spiegelebene keinen Knoten und der erste angeregte Zustand einen Knoten. Dies muss nach dem allgemeien Knotentheorem in Abschn. 26.1 so sein. Die klassisch verbotenen Übergänge zwischen den Gleichgewichtslagen sind nur aufgrund des quantenmechanischen Tunneleffekts möglich, der in Abschn. 26.2 ausführlich diskutiert wird. Dieser ist exponentiell unterdrückt, was die kleine Energielücke $\Delta E \approx 10^{-4}\,\text{eV}$ zwischen dem Grundzustand und dem ersten angeregten Zustand erklärt.

Frage 2

Überlegen Sie sich weitere Realisierungen eines Zweizustandssystems.

Basisabhängige Beschreibung

Wir betrachten hier etwas allgemeiner ein System mit N Zuständen und wählen im N-dimensionalen Hilbert-Raum $\mathcal{H}$ eine feste Orthonormalbasis $|n\rangle$. Ein zeitabhängiger Zustandsvektor $|\psi(t)\rangle$ in $\mathcal{H}$ hat dann die Entwicklung

$$|\psi(t)\rangle = \sum_{n=1}^{N} c_n(t)\,|n\rangle \quad \text{mit} \quad c_n(t) = \langle n|\,\psi(t)\rangle\,, \qquad (25.8)$$

und die Schrödinger-Gleichung nimmt folgende Form an:

$$\mathrm{i}\hbar \sum_{n=1}^{N} \dot{c}_n\,|n\rangle = \sum_{n=1}^{N} c_n \hat{H}\,|n\rangle\ . \qquad (25.9)$$

Wirkt man mit $\langle m|$ auf diese Gleichung, so erhält man

$$\mathrm{i}\hbar\dot{c}_m = \sum_{n=1}^{N} H_{mn} c_n\,, \quad H_{mn} = \langle m|\,\hat{H}\,|n\rangle\ . \qquad (25.10)$$

Evolution der Entwicklungskoeffizienten

Die Schrödinger-Gleichung ist äquivalent zu den im Allgemeinen gekoppelten gewöhnlichen Differenzialgleichungen (25.10) für die Entwicklungskoeffizienten c_n.

Fassen wir die Entwicklungskoeffizienten zu einem Spaltenvektor $\boldsymbol{c}$ und die Matrixelemente H_{mn} zu einer Energie-Matrix $\boldsymbol{H}$ zusammen:

$$\boldsymbol{c} = \begin{pmatrix} c_1 \\ c_2 \\ \vdots \\ c_N \end{pmatrix} \quad \text{und} \quad \boldsymbol{H} = \begin{pmatrix} H_{11} & H_{12} & \dots & H_{1N} \\ H_{21} & H_{22} & \dots & H_{2N} \\ \vdots & \vdots & & \vdots \\ H_{N1} & H_{N2} & \dots & H_{NN} \end{pmatrix}, \qquad (25.11)$$

dann erhalten wir die Matrixdifferenzialgleichung

$$\mathrm{i}\hbar \frac{\mathrm{d}}{\mathrm{d}t}\boldsymbol{c} = \boldsymbol{H}\boldsymbol{c} \quad \text{mit} \quad \boldsymbol{H}^\dagger = \boldsymbol{H}\,. \qquad (25.12)$$

Diese Gleichung für die basisabhängigen Größen ist völlig äquivalent zur basisunabhängigen Schrödinger-Gleichung (25.1).

Wechselt man zu einer anderen Orthonormalbasis $|m\rangle'$ in $\mathcal{H}$,

$$|n\rangle = \sum_m U_{mn}\,|m\rangle' \quad \text{mit} \quad \boldsymbol{U}^\dagger = \boldsymbol{U}^{-1}\,, \qquad (25.13)$$

Anwendung: Zweizustandssysteme als Maser-Medien

Bereits in Abschn. 21.5 haben wir gesehen, dass das Verhältnis der spontanen Emission zur induzierten Emission mit der dritten Potenz der Frequenz anwächst:

$$\frac{A}{B} = \frac{8\pi h\nu^3}{c^3}, \quad h\nu = \hbar\omega = E_2 - E_1 . \tag{25.14}$$

Für das Ammoniakmolekül ist die Energieaufspaltung $\hbar\omega \approx 10^{-4}$ eV, und die zugehörige Wellenlänge von 1,27 cm liegt im Mikrowellenbereich. In diesem Bereich ist das Verhältnis A/B sehr viel kleiner als im optischen Bereich. Verglichen mit der induzierten Emission und Absorption kann die spontane Emission vernachlässigt werden.

Bringt man Ammoniakmoleküle in ein elektrisches Feld, dann werden in den Molekülen elektrische Dipolmomente induziert. Deshalb bewegen sich in einem inhomogenen Feld, z. B. im Feld eines Quadrupolkondensators, die Moleküle im Grundzustand in das Gebiet mit höherem Feld und die Moleküle im angeregten Zustand in das Gebiet mit kleinerem Feld. Diese örtliche Trennung kann man ausnutzen, um aus einem Strahl von Ammoniakmolekülen die Moleküle im angeregten Zustand von denen im Grundzustand zu trennen. Sammelt man die Moleküle im angeregten Zustand, dann gewinnt man ein Ensemble mit Besetzungszahlinversion. Die angeregten Moleküle können nun in einem Resonator hoher Güte, der eine Eigenfrequenz nahe der Übergangsfrequenz ω hat, geführt werden. Unter Einwirkung der Moden des thermischen Rauschens mit Frequenzen nahe bei ω findet im Resonator eine induzierte Emission statt, die die Schwingungen auf eben dieser Frequenz verstärkt. Die erzeugte Strahlung kann nun weitere Moleküle zur Emission von kohärente Strahlung stimulieren, und dieser Verstärkungseffekt liegt der Funktionsweise eines Masers (Microwave Amplification by Stimulated Emission of Radiation) zugrunde.

Der Maser ist die erste praktische Anwendung der von Albert Einstein im Jahre 1917 postulierten induzierten Emission, die auch für ein Verständnis der Schwarzkörperstrahlung von Bedeutung ist (Abschn. 21.5). Der erste funktionierende Maser war ein Ammoniak-Maser. Er wurde 1953 von *Charles Townes* (*1915), *James Gordon* (1928–2013) und *Herbert Zeiger* (1925–2011) vorgestellt. Zeitgleich arbeiteten *Nikolai Basov* (1922–2001) und *Alexander Prokhorov* (1916–2002) an der gleichen Thematik. Townes, Basov und Prokhorov erhielten 1964 den Nobelpreis für ihre grundlegenden Arbeiten, die zur Konstruktion von Oszillatoren und Verstärkern auf der Basis des Maser-Laser-Prinzips führten. Ein anderer Masertyp beruht auf dem Zweizustandssystem, das durch die beiden relativen Orientierungen von Kern- und Elektronenspin im Wasserstoffatom definiert ist. Die Wechselwirkung führt zur Hyperfeinaufspaltung der Spektrallinien. Die Energiedifferenz der Spektrallinien entspricht einer Wellenlänge von 21 cm.

In unserer Milchstraße und außerhalb existieren in dichtem molekularem Gas und in der Nähe von energiereichen Quellen natürliche Maser. Dabei werden die Maser-Moleküle in Molekülwolken durch externe Strahlung oder durch Stöße angeregt. Die inverse Besetzungszahl wird so lange aufgebaut, bis spontane Zerfälle die selbstverstärkenden induzierten Zerfälle in Gang bringen. Die Lebensdauer dieser kosmischen Maser reicht von einigen Wochen bis zu einigen Monaten. Die beobachteten schmalbandigen Maser-Linien sind in der Tat die hellsten Spektrallinien im Radiouniversum, und sie liefern Information über Struktur, Temperatur, Magnetfeld und Dynamik der Umgebung von molekularen Wolken. Auch kann die Maser-Emission dazu verwendet werden, um sehr präzise die Radialgeschwindigkeiten von Molekülwolken in anderen Galalaxien zu messen. Die wurde zuerst in der Spiralgalaxie NGC 4258 demonstriert. Zusammen mit den interferometrisch beobachteten Transversalbewegungen ergibt dies ein präzises Entfernungmaß. So konnten inzwischen Entfernungen zu etlichen Galaxien gemessen werden.

Literatur

- Haken, H.: Licht und Materie, Bd. 1, Elemente der Quantenoptik. B. I. Wissenschaftsverlag, Mannheim (1989)
- Haken, H.: Licht und Materie, Bd. 2, Laser. B. I. Wissenschaftsverlag, Mannheim (1994)
- Eichler, H.J., Eichler, H.: Laser, Grundlagen, Systeme, Anwendungen. 2. Aufl., Springer (1991)

dann transformieren der Koeffizientenvektor und die Energie-Matrix wie folgt:

$$\boldsymbol{c}' = \boldsymbol{U}\boldsymbol{c} \quad \text{und} \quad \boldsymbol{H}' = \boldsymbol{U}\boldsymbol{H}\boldsymbol{U}^{-1} . \tag{25.15}$$

Ist die unitäre Transformationsmatrix $\boldsymbol{U}$ zeitunabhängig, so erfüllen die gestrichenen Größen dieselbe Evolutionsgleichung (25.12) wie die ungestrichenen Größen.

Frage 3

Überprüfen Sie diese Aussage.

Wählt man die orthonormierten Eigenvektoren $|E_n\rangle$ von $\hat{H}$ als Basis im Hilbert-Raum – man nennt dies die *Energie-Darstellung* –, dann ist $\boldsymbol{H}$ diagonal:

$$H_{mn} = \langle E_m | \hat{H} | E_n \rangle = E_n \langle E_m | E_n \rangle = E_n \delta_{mn} . \tag{25.16}$$

Folglich erfüllen die Entwicklungskoeffizienten die entkoppelten Differenzialgleichungen $i\hbar\dot{c}_n = E_n c_n$ und haben eine einfache exponentielle Zeitabhängigkeit $c_n \propto \exp(-\mathrm{i}E_n t/\hbar)$. In der Energiedarstellung ist die Lösung der Schrödinger-Gleichung also denkbar einfach.

Zeitentwicklung in der Energiedarstellung

Die Lösung der Schrödinger-Gleichung mit Anfangsbedingung

$$|\psi(t_0)\rangle = \sum_n c_n(t_0)\,|E_n\rangle \tag{25.17}$$

hat in der Energiedarstellung die einfache Form

$$|\psi(t)\rangle = \sum_n \mathrm{e}^{-\mathrm{i}E_n(t-t_0)/\hbar} c_n(t_0)\,|E_n\rangle\ . \tag{25.18}$$

Die Zeitentwicklung hängt nur von der Zeitdifferenz $t - t_0$ ab. Dies drückt die Homogenität in der Zeit aus: Für stationäre Systeme mit einem zeitunabhängigen Hamilton-Operator kommt es nicht darauf an, wann ein Prozess abläuft, sondern nur auf die Prozessdauer. Für stationäre Systeme darf man $t_0 = 0$ setzen.

Achtung Für zeitabhängige Hamilton-Operatoren hängt die Zeitentwicklung von t_0 und t separat und nicht nur von deren Differenz ab. ◀

Befindet sich ein stationäres Zweizustandssystem in einem Eigenzustand der Energie, so bleibt es für immer dort, zumindest solange man das System nicht stört. Wird eine Störung in dem System eingeschaltet, so kann man beobachten, dass die Zustände ineinander übergehen können. Ist die Störung nach dem Einschaltvorgang zeitlich konstant oder periodisch in der Zeit, dann oszilliert die Wahrscheinlichkeit, das System in einem der Zustände zu finden. Nach einer halben Oszillationsdauer ist die Wahrscheinlichkeit hoch, das Atom im angeregten Zustand vorzufinden; nach einer ganzen Periode ist sie dagegen hoch, das Atom wieder im Grundzustand zu finden. Dieses Phänomen nennt man *Rabi-Oszillationen*.

In Anwendungen ist es nicht immer vorteilhaft, in die Energiedarstellung für den gesamten Hamilton-Operator $\hat{H}$ zu wechseln, da $\hat{H}$ unter Umständen nicht leicht diagonalisierbar ist oder weil eine physikalisch ausgezeichnete Basis existiert, z. B. die Eigenzustände des ungestörten Hamilton-Operators $\hat{H}_0$, die meistens nicht mit der Energieeigenbasis übereinstimmt. Bezüglich einer beliebigen Basis ist weder die Energiematrix $\boldsymbol{H}$ in (25.12) noch die Matrix $\boldsymbol{U}(t, t_0)$ der Zeitentwicklung diagonal.

Zeitentwicklung für ein System mit *N* Zuständen

Die Lösung des Differenzialgleichungssystems (25.12) mit der Anfangsbedingung $\boldsymbol{c}(0)$ lautet:

$$\boldsymbol{c}(t) = \boldsymbol{U}(t)\boldsymbol{c}(0) \quad \text{mit} \quad \boldsymbol{U}(t) = \mathrm{e}^{-\mathrm{i}\boldsymbol{H}t/\hbar}\ . \tag{25.19}$$

Die Exponentialfunktion ist durch die absolut konvergente Potenzreihe definiert:

$$\boldsymbol{U}(t) = \mathrm{e}^{-\mathrm{i}\boldsymbol{H}t/\hbar} = \sum_{k=0}^{\infty} \frac{1}{k!}\left(\frac{t\boldsymbol{H}}{\mathrm{i}\hbar}\right)^k\ . \tag{25.20}$$

Diese beiden Aussagen werden im Folgenden begründet.

Nach den Ausführungen in Abschn. 23.2 ist die Norm der Summe oder des Produkts von zwei Matrizen kleiner oder gleich der Summe oder dem Produkt ihrer Normen. Daraus folgt sofort

$$\|\boldsymbol{U}(t)\| \le \sum_{k=0}^{\infty}\left(\frac{t}{\hbar}\right)^k \frac{\|\boldsymbol{H}\|^k}{k!}\,, \tag{25.21}$$

was bedeutet, dass die Potenzreihe (25.20) absolut konvergiert. Bei der Zeitableitung der Potenzreihe darf man also gliedweise ableiten:

$$\begin{aligned}\frac{\mathrm{d}}{\mathrm{d}t}\boldsymbol{U}(t) &= \sum_{k=1}^{\infty}\frac{1}{(k-1)!}\frac{\boldsymbol{H}}{\mathrm{i}\hbar}\left(\frac{t\boldsymbol{H}}{\mathrm{i}\hbar}\right)^{k-1} \\ &= \frac{1}{\mathrm{i}\hbar}\boldsymbol{H}\left(\sum_{p=0}^{\infty}\frac{1}{p!}\left(\frac{t\boldsymbol{H}}{\mathrm{i}\hbar}\right)^p\right) = \frac{1}{\mathrm{i}\hbar}\boldsymbol{H}\boldsymbol{U}(t)\,,\end{aligned} \tag{25.22}$$

wobei wir im zweiten Schritt $k - 1 = p$ setzten. Nun folgt unmittelbar, dass $\boldsymbol{c}(t)$ in (25.19) die Evolutionsgleichung (25.12) löst:

$$\mathrm{i}\hbar\frac{\mathrm{d}\boldsymbol{c}(t)}{\mathrm{d}t} = \boldsymbol{H}\boldsymbol{U}(t)\boldsymbol{c}(0) = \boldsymbol{H}\boldsymbol{c}(t)\,. \tag{25.23}$$

Für Quantensysteme mit nur wenigen Zuständen kann man versuchen, die Matrixexponentialfunktion (25.20) analytisch zu berechnen. Das Ergebnis für eine zweidimensionale Matrix $\boldsymbol{M}$ findet sich in der Lösung von Aufgabe 25.1: Zerlegt man $\boldsymbol{M}$ in ein Vielfaches der Einheitsmatrix und ihren spurfreien Anteil gemäß

$$\boldsymbol{M} = \frac{1}{2}\,\mathrm{Sp}(\boldsymbol{M})\boldsymbol{I} + \boldsymbol{K} \quad \text{mit} \quad \mathrm{Sp}(\boldsymbol{K}) = 0\,, \tag{25.24}$$

dann findet man

$$\mathrm{e}^{\boldsymbol{M}} = \mathrm{e}^{\mathrm{Sp}(\boldsymbol{M})/2}\mathrm{e}^{\boldsymbol{K}}\,, \quad \mathrm{e}^{\boldsymbol{K}} = \cos\mathcal{D}\,\boldsymbol{I} + \frac{\sin\mathcal{D}}{\mathcal{D}}\boldsymbol{K} \tag{25.25}$$

mit der Abkürzung

$$\mathcal{D}^2 = \det(\boldsymbol{K})\,. \tag{25.26}$$

Ist $\det(\boldsymbol{K})$ negativ, dann wird $\mathcal{D}$ imaginär, und an die Stelle der trigonometrischen Funktionen in (25.25) treten die hypergeometrischen Funktionen.

Rabi-Oszillationen

Wir betrachten ein System mit Hamilton-Operator $\hat{H}_0$ mit Eigenwerten E_1 und $E_2 \geq E_1$. In der Eigenbasis von $\hat{H}_0$ ist die entsprechende Energiematrix diagonal:

$$\boldsymbol{H}_0 = \begin{pmatrix} E_1 & 0 \\ 0 & E_2 \end{pmatrix} . \tag{25.27}$$

Die Differenz der Energien definiert die Eigenfrequenz

$$\omega_0 = \frac{E_2 - E_1}{\hbar} \geq 0 . \tag{25.28}$$

Ferner sei eine Wechselwirkung bzw. Störung $\hat{V}$ gegeben, die Übergänge zwischen den Eigenzuständen von $\hat{H}_0$ induziert. Derartige Übergänge werden von den Nebendiagonalelementen des Hamilton-Operators in der Eigenbasis von $\hat{H}_0$ induziert. Der gesamte Hamilton-Operator hat in dieser Basis die Form

$$\boldsymbol{H} = \boldsymbol{H}_0 + \boldsymbol{V} = \begin{pmatrix} E_1 & 0 \\ 0 & E_2 \end{pmatrix} + \frac{\hbar}{2} \begin{pmatrix} 0 & \rho \\ \rho^* & 0 \end{pmatrix} , \tag{25.29}$$

und dies ist schon die allgemeinste zweidimensionale hermitesche Matrix.

Die Zerlegung in ein Vielfaches der Einheitsmatrix und den spurfreien Anteil lautet

$$\boldsymbol{H} = \bar{E}\boldsymbol{I} + \Delta\boldsymbol{H} \quad \text{mit} \quad \Delta\boldsymbol{H} = \frac{\hbar}{2} \begin{pmatrix} -\omega_0 & \rho \\ \rho^* & \omega_0 \end{pmatrix} , \tag{25.30}$$

wobei $\bar{E} = \mathrm{Sp}(\boldsymbol{H})/2 = (E_1 + E_2)/2$ das arithmetische Mittel der ungestörten Energien ist.

Frage 4

Überzeugen Sie sich davon, dass $\boldsymbol{H}$ folgende Eigenwerte hat:

$$E_\pm = \bar{E} \pm \frac{\hbar}{2}\Omega \quad \Omega = \sqrt{\omega_0^2 + |\rho|^2} \geq \omega_0 . \tag{25.31}$$

Verschwindet die Wechselwirkungsstärke $|\rho|$, dann ist $E_- = E_1$ und $E_+ = E_2$, und die beiden Frequenzen ω_0 und Ω sind gleich. Mit zunehmender Wechselwirkungsstärke nimmt die Differenz der Energien des gesamten Hamilton-Operators

$$E_+ - E_- = \hbar\Omega \tag{25.32}$$

aber immer mehr zu (Abb. 25.2).

Um $\boldsymbol{U}(t)$ mithilfe von (25.25) zu berechnen, benötigt man noch die Determinante

$$\mathcal{D} = \left(\det \frac{t\Delta\boldsymbol{H}}{\mathrm{i}\hbar}\right)^{1/2} = \frac{\Omega t}{2} . \tag{25.33}$$

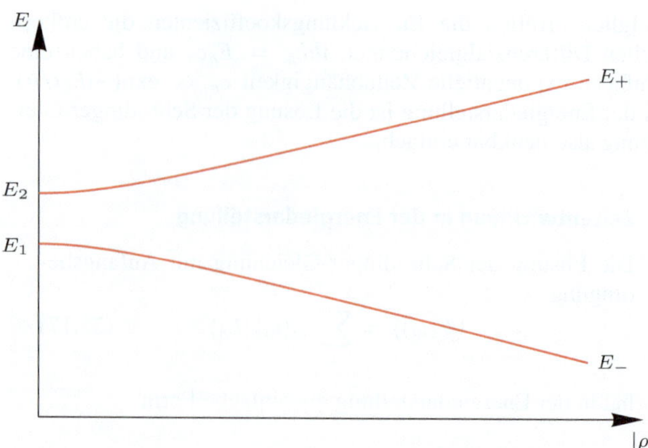

Abb. 25.2 Mit wachsender Wechselwirkungsstärke $|\rho|$ nimmt die Differenz zwischen den Energien des gesamten Hamilton-Operators zu

Zeitentwicklung für Zweizustandssystem

Die Zeitentwicklung für ein System mit Energiematrix (25.29) ist gegeben durch die unitäre Matrix

$$\mathrm{e}^{-\mathrm{i}\boldsymbol{H}t/\hbar} = \mathrm{e}^{-\mathrm{i}\bar{E}t/\hbar} \left(\cos\left(\frac{\Omega t}{2}\right)\boldsymbol{I} - \frac{2\mathrm{i}}{\Omega} \sin\left(\frac{\Omega t}{2}\right) \frac{\Delta\boldsymbol{H}}{\hbar} \right) \tag{25.34}$$

mit der spurfreien Matrix $\Delta\boldsymbol{H}$ aus (25.30).

Das System sei nun anfänglich im angeregten Eigenzustand $|E_2\rangle$ des ungestörten Hamilton-Operators $\hat{H}_0$, d. h.

$$c_1(0) = 0 \quad \text{und} \quad c_2(0) = 1 . \tag{25.35}$$

Dies bedeutet, dass anfänglich eine vollständige Besetzungszahlinversion des ungestörten Systems vorliegt und wir untersuchen, wie sich das System unter dem Einfluss der (nach dem Einschaltvorgang) zeitlich konstanten Störung weiterentwickelt.

Für diese Anfangsbedingung lautet die Lösung (25.19)

$$\begin{aligned} c_1(t) &= \frac{\rho}{\mathrm{i}\Omega}\mathrm{e}^{-\mathrm{i}\bar{E}t/\hbar} \sin\frac{\Omega t}{2} , \\ c_2(t) &= \mathrm{e}^{-\mathrm{i}\bar{E}t/\hbar} \left(\cos\frac{\Omega t}{2} - \mathrm{i}\frac{\omega_0}{\Omega} \sin\frac{\Omega t}{2} \right) . \end{aligned} \tag{25.36}$$

Für die Wahrscheinlichkeit, das System zum Zeitpunkt t immer noch im angeregten Zustand von $\hat{H}_0$ zu finden, ergibt sich

$$|c_2(t)|^2 = \frac{1}{2}\left(1 + \frac{\omega_0^2}{\Omega^2}\right) + \frac{1}{2}\left(1 - \frac{\omega_0^2}{\Omega^2}\right) \cos\Omega t . \tag{25.37}$$

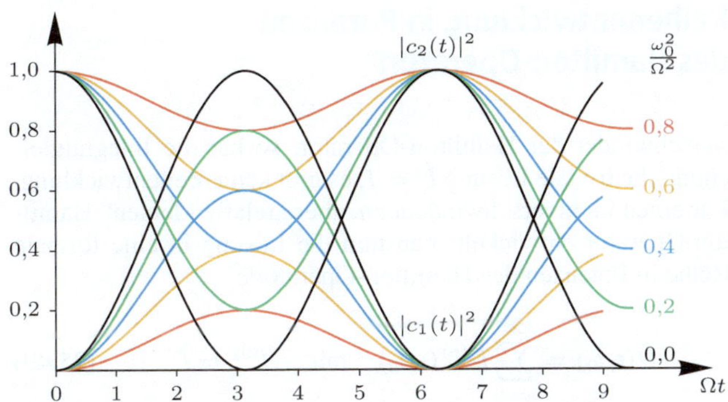

Abb. 25.3 Rabi-Oszillationen: Wahrscheinlichkeiten $|c_1(t)|^2$ und $|c_2(t)|^2$ dafür, die Zustände $|E_1\rangle$ und $|E_2\rangle$ anzutreffen, als Funktion der Zeit. Das Zweizustandssystem wurde zum Zeitpunkt $t = 0$ im angeregten Eigenzustand des ungestörten Hamilton-Operators präpariert

Dagegen ist die Wahrscheinlichkeit, das System im Grundzustand zu finden:

$$|c_1(t)|^2 = \frac{1}{2}\left(1 - \frac{\omega_0^2}{\Omega^2}\right) - \frac{1}{2}\left(1 - \frac{\omega_0^2}{\Omega^2}\right)\cos\Omega t\,. \qquad (25.38)$$

Frage 5

Überzeugen Sie sich davon, dass die Betragsquadrate der Amplituden in (25.36) diese Formen annehmen und dass ihre Summe immer gleich eins ist.

Die Wahrscheinlichkeiten ändern periodisch mit der nach dem US-amerikanischen Physiker *Isidor Rabi* (1898–1988, Nobelpreis 1944 für die von ihm entdeckte Resonanzmethode und ihren Anwendungen in der Kernphysik) benannten Frequenz Ω. Sie beschreibt eine Oszillation der Besetzungszahl (oder auch Besetzungswahrscheinlichkeit) der beiden Zustände. Die Erhaltung der Wahrscheinlichkeiten äußert sich darin, dass die Summe der beiden Wahrscheinlichkeiten immer gleich eins ist.

Die Rabi-Oszillation für das anfänglich im angeregten Zustand des ungestörten Systems präparierte System ist in Abb. 25.3 gezeigt. Die Wahrscheinlichkeiten $|c_1(t)|^2$ und $|c_2(t)|^2$ schwingen mit der Amplitude $\frac{1}{2}(1 - \omega_0^2/\Omega^2)$ um ihre mittleren Werte $\frac{1}{2}(1 - \omega_0^2/\Omega^2)$ und $\frac{1}{2}(1 + \omega_0^2/\Omega^2)$.

Sind die Energien von $\hat{H}_0$ entartet, verschwindet die Eigenfrequenz ω_0, die Rabi-Frequenz ist minimal und die Amplitude der Oszillation maximal:

$$\begin{aligned} |c_1(t)|^2 &= \frac{1}{2}\left(1 - \cos|\rho|t\right)\,, \\ |c_2(t)|^2 &= \frac{1}{2}\left(1 + \cos|\rho|t\right)\,. \end{aligned} \qquad (25.39)$$

Nur dann geht der angeregte Zustand für $\Omega t = \pm\pi, \pm 3\pi, \ldots$ vollständig in den Grundzustand über. Für $\Omega t = \pm\pi/2, \pm 3\pi/2, \ldots$ befindet sich das System dagegen in einer kohärenten Überlagerung der beiden Zustände, und diese treten mit gleicher Wahrscheinlichkeit auf.

Achtung Wir betonen nochmals, dass Übergänge zwischen den Zuständen $|E_1\rangle$ und $|E_2\rangle$ nur möglich sind, weil dies keine Eigenzustände des gesamten Hamilton-Operators $\hat{H}$ sind. ◀

Zeitabhängige Störungen

Für einen zeitabhängigen Hamilton-Operator ist, wie man leicht nachprüft, die Lösung der Schrödinger-Gleichung (25.12) nicht mehr durch $\boldsymbol{U}(t) = \exp(-\mathrm{i}\boldsymbol{H}t/\hbar)$ gegeben. Dies wird im Folgenden ausführlich besprochen.

Als wichtiges und exakt lösbares Beispiel betrachte man wieder ein Zweiniveausystem (z. B. zwei Zustände in einem Atom) mit Hamilton-Operator $\hat{H}_0$. In dessen Eigenbasis $|1\rangle$ und $|2\rangle$ ist

$$\boldsymbol{H}_0 = \begin{pmatrix} E_1 & 0 \\ 0 & E_2 \end{pmatrix}. \qquad (25.40)$$

Nun wirke für positive Zeiten eine harmonisch schwingende Störung $\hat{V}(t)$ (z. B. ein Laser-Lichtfeld) auf das System ein. Dann hat die Energiematrix in der Eigenbasis von $\hat{H}_0$ die Form

$$\boldsymbol{H}(t) = \boldsymbol{H}_0 + \boldsymbol{V}(t), \quad \boldsymbol{V}(t) = \frac{\hbar}{2}\begin{pmatrix} 0 & \rho\mathrm{e}^{\mathrm{i}\omega t} \\ \rho^*\mathrm{e}^{-\mathrm{i}\omega t} & 0 \end{pmatrix}. \qquad (25.41)$$

In Aufgabe 25.2 wird die zugehörige exakte unitäre Zeitentwicklungsmatrix berechnet. Das Resultat ist

$$\boldsymbol{U}(t,0) = \mathrm{e}^{-\mathrm{i}\bar{E}t/\hbar}\begin{pmatrix} a & b \\ -b^* & a^* \end{pmatrix}. \qquad (25.42)$$

Der Vorfaktor enthält den arithmetischen Mittelwert $\bar{E}$ der ungestörten Energien, und die Matrixelemente haben folgende Zeitabhängigkeit:

$$\begin{aligned} a(t) &= \mathrm{e}^{\mathrm{i}\omega t/2}\left(\cos\frac{\Omega t}{2} + \mathrm{i}\frac{\omega_0 - \omega}{\Omega}\sin\frac{\Omega t}{2}\right) \\ b(t) &= \frac{\rho}{\mathrm{i}\Omega}\mathrm{e}^{\mathrm{i}\omega t/2}\sin\frac{\Omega t}{2}\,. \end{aligned} \qquad (25.43)$$

Die Matrixelemente schwingen mit der Hälfte der verallgemeinerten Rabi-Frequenz

$$\Omega = \sqrt{(\omega_0 - \omega)^2 + |\rho|^2}\,, \qquad (25.44)$$

worin $\omega_0 = (E_2 - E_1)/\hbar$ wieder die Eigenfrequenz des ungestörten Systems bezeichnet.

Frage 6

Überzeugen Sie sich davon, dass gilt:

$$|a|^2 + |b|^2 = 1\,, \quad |b|^2 = \frac{|\rho|^2}{2\Omega^2}(1 - \cos\Omega t)\,. \qquad (25.45)$$

Die Wahrscheinlichkeiten selbst schwingen periodisch mit der Rabi-Frequenz Ω. Ist das System anfänglich im Grundzustand des ungestörten Systems, dann ist es zu späteren Zeiten mit der Wahrscheinlichkeit $|b(t)|^2$ im angeregten Zustand und mit der Wahrscheinlichkeit $|a(t)|^2$ immer noch im Grundzustand.

Im statischen Grenzfall $\omega \to 0$ gewinnt man wieder die Lösung (25.34) für den zeitunabhängigen Hamilton-Operator (25.29). Ist dagegen ω in Resonanz mit der Eigenfrequenz ω_0 des ungestörten Systems, dann wird die Rabi-Frequenz minimal, $\Omega = |\rho|$. Man spricht dann von der *resonanten Rabi-Frequenz*. Bei Resonanz nimmt die Amplitude $|\rho|^2/\Omega^2$ der Oszillation von $|b|^2$ ihren maximalen Wert eins an. Das anfänglich im Grundzustand befindliche System wird nach einer halben Periode vollständig in den angeregten Zustand übergehen, bevor es nach einer vollen Periode in den Grundzustand zurückkehrt.

25.2 Dyson-Reihe für den Zeitentwicklungsoperator

Teil III

Wir betrachten nun ein allgemeines und nicht notwendigerweise endlich-dimensionales Quantensystem mit möglicherweise zeitabhängigem Hamilton-Operator. Setzt man

$$|\psi(t)\rangle = \hat{U}(t,t_0)\,|\psi(t_0)\rangle \quad \text{mit} \quad \hat{U}(t_0,t_0) = \hat{I} \tag{25.46}$$

in die zeitabhängige Schrödinger-Gleichung (25.1) ein, sieht man sofort, dass der unitäre Zeitentwicklungsoperator die Schrödinger-Gleichung erfüllt:

$$\mathrm{i}\hbar\frac{\mathrm{d}}{\mathrm{d}t}\hat{U}(t,t_0) = \hat{H}(t)\hat{U}(t,t_0)\,. \tag{25.47}$$

Frage 7

Überprüfen Sie diese Behauptung.

Integralgleichung für Zeitentwicklungsoperator

Die Schrödinger-Gleichung für $\hat{U}(t,t_0)$ zusammen mit der Anfangsbedingung in (25.46) sind äquivalent zur Integralgleichung

$$\hat{U}(t,t_0) = \hat{I} + \frac{1}{\mathrm{i}\hbar}\int_{t_0}^{t} \mathrm{d}t'\hat{H}(t')\hat{U}(t',t_0)\,. \tag{25.48}$$

Die Ableitung der rechten Seite nach der Zeit ist gleich dem Integranden zum Zeitpunkt $t' = t$ dividiert durch $\mathrm{i}\hbar$. Somit erfüllt $\hat{U}$ die Schrödinger-Gleichung. Setzen wir $t = t_0$, verschwindet das Integral, und deshalb ist $\hat{U}(t_0,t_0) = \hat{I}$.

Reihenentwicklung in Potenzen des Hamilton-Operators

Verschwindet der Hamilton-Operator, so hat die Integralgleichung die triviale Lösung $\hat{U} = \hat{I}$, es gibt keine Zeitentwicklung. Für einen nichtverschwindenden, aber „relativ kleinen" Hamilton-Operator entwickelt man nun die Lösung in eine formale Reihe in Potenzen des Hamilton-Operators:

$$\hat{U}(t,t_0) = \sum_{n=0}^{\infty}\hat{U}^{(n)}(t,t_0) \quad \text{mit} \quad \hat{U}^{(0)} = \hat{I}\,. \tag{25.49}$$

Darin sei der Term $\hat{U}^{(n)}$ von der Ordnung $O(\hat{H}^n)$.

Das Einsetzen dieser Reihe in die Integralgleichung liefert

$$\sum_{n=0}^{\infty}\hat{U}^{(n)}(t,t_0) = \hat{I} + \frac{1}{\mathrm{i}\hbar}\sum_{n=0}^{\infty}\int_{t_0}^{t}\mathrm{d}t'\,\hat{H}(t')\hat{U}^{(n)}(t',t_0)\,. \tag{25.50}$$

Da nach Voraussetzung $\hat{U}^{(n)}$ von der Ordnung $O(\hat{H}^n)$ ist, führt der Vergleich der Potenzen von $\hat{H}$ auf eine Rekursionsrelation.

Störungstheoretische Entwicklung von $\hat{U}(t,t_0)$

Die Entwicklung von $\hat{U}(t,t_0)$ in Potenzen von $\hat{H}$ ist gegeben durch die Rekursionsrelation.

$$\hat{U}^{(n)}(t,t_0) = \frac{1}{\mathrm{i}\hbar}\int_{t_0}^{t}\mathrm{d}t'\hat{H}(t')\hat{U}^{(n-1)}(t',t_0) \tag{25.51}$$

mit der Anfangsbedingung $\hat{U}^{(0)} = \hat{I}$.

Wegen $\hat{U}^{(0)}(t,t_0) = \hat{I}$ ist die Lösung der Rekursionsrelation durch eine n-fache Zeitintegration gegeben:

$$\hat{U}^{(n)}(t,t_0) = \frac{1}{(\mathrm{i}\hbar)^n}\int_{t_0}^{t}\mathrm{d}t_1\int_{t_0}^{t_1}\mathrm{d}t_2\ldots \tag{25.52}$$
$$\ldots\int_{t_0}^{t_{n-1}}\mathrm{d}t_n\,\hat{H}(t_1)\hat{H}(t_2)\ldots\hat{H}(t_n)\,.$$

Setzt man diese Integraldarstellung in die Entwicklung (25.49) ein, erhält man die gesuchte Potenzreihenentwicklung des Zeitentwicklungsoperators nach Potenzen von $\hat{H}(t)$. Diese Reihe trägt den Namen des englischen Physikers *Freeman John Dyson* (*1923).

Frage 8

Überzeugen Sie sich selbst davon, dass die $\hat{U}^{(n)}$ in (25.52) die Rekursionsrelation (25.51) erfüllen.

Achtung In der Integraldarstellung (25.52) ist auf die Zeitordnung $t_1 \geq t_2 \geq \ldots t_n$ zu achten, da die Hamilton-Operatoren zu verschiedenen Zeitpunkten im Allgemeinen nicht vertauschen. Der Operator zur frühesten Zeit steht rechts, der zur spätesten Zeit links. ◀

Zur weiteren Umformung des Zeitentwicklungsoperators führen wir den *Zeitordnungsoperator* für zeitabhängige Operatoren ein. Für zwei Operatoren ist

$$T\left(\hat{A}(t_1)\hat{B}(t_2)\right) := \begin{cases} \hat{A}(t_1)\hat{B}(t_2) & \text{für } t_1 > t_2 \\ \hat{B}(t_2)\hat{A}(t_1) & \text{für } t_2 > t_1 \,. \end{cases} \tag{25.53}$$

Die Zeitordnung des Produkts von mehr als zwei Operatoren wird entsprechend definiert: Der Operator zur spätesten Zeit steht links, der zur zweitspätesten Zeit rechts daneben etc. und der Operator zur frühesten Zeit ganz rechts, da die Operatoren bezüglich ihrer geordneten Historie auf die Zustände wirken müssen. Im Gegensatz zum Produkt von Operatoren ist das zeitgeordnete Produkt symmetrisch in den Argumenten; z. B. ist

$$T\left(\hat{H}(t_1)\hat{H}(t_2)\hat{H}(t_3)\right) = T\left(\hat{H}(t_{\pi(1)})\hat{H}(t_{\pi(2)})\hat{H}(t_{\pi(3)})\right) \tag{25.54}$$

für jede der 3! Permutationen π von 1, 2 und 3. Mehr zu Permutationen findet man im „Mathematischen Hintergrund“ 2.2.

Mithilfe der symmetrischen Zeitordnung T können wir die n-fache Zeitintegration in (25.52) wie folgt schreiben:

$$\begin{aligned} &\int_{t>t_1>\cdots>t_n>t_0} \mathrm{d}t_1 \ldots \mathrm{d}t_n \, \hat{H}(t_1)\cdots\hat{H}(t_n) \\ &= \int_{t>t_{\pi(1)}>\ldots t_{\pi(n)}>t_0} \mathrm{d}t_{\pi(1)} \ldots \mathrm{d}t_{\pi(n)} \, \hat{H}(t_{\pi(1)})\cdots\hat{H}(t_{\pi(n)}) \\ &= \int_{t>t_{\pi(1)}>\ldots t_{\pi(n)}>t_0} \mathrm{d}t_1 \ldots \mathrm{d}t_n \, T\left(\hat{H}(t_1)\cdots\hat{H}(t_n)\right) \end{aligned} \tag{25.55}$$

für jede Permutation π der n Indizes $1, \ldots, n$. Das Integral hat somit für alle Permutationen der Indizes denselben Wert, obwohl sich das Integrationsgebiet ändert.

Frage 9

Es sei π eine Permutation der Zahlen $1, 2, \ldots, n$ und

$$G_\pi = \{(t_1, \ldots, t_n) \mid t > t_{\pi(1)} > t_{\pi(2)} > \cdots > t_{\pi(n)} > t_0\} \tag{25.56}$$

das entsprechende Integrationsgebiet in (25.55). Überzeugen Sie sich davon, dass die Vereinigung der $n!$ disjunkten Gebiete G_π (bis auf eine Menge vom Maß null) gleich $[t_0, t]^n$ ist.

Summiert man nun den Ausdruck (25.55) über alle $n!$ Permutationen, ergibt sich somit das Integral über den Hyperkubus $[t_0, t]^n$:

$$\hat{U}^{(n)}(t, t_0) = \frac{1}{(\mathrm{i}\hbar)^n n!} \int_{t_0}^{t} \mathrm{d}t_1 \ldots \mathrm{d}t_n T\left(\hat{H}(t_1)\cdots\hat{H}(t_n)\right) . \tag{25.57}$$

Setzt man dies in die Reihenentwicklung (25.49) ein, erhält man eine kompakte Schreibweise für den Zeitentwicklungsoperator.

Zeitentwicklungsoperator für zeitabhängige $\hat{H}$

Mithilfe der Zeitordnung T hat der Zeitentwicklungsoperator folgende kompakte Darstellung:

$$\hat{U}(t, t_0) = T \exp\left(-\frac{\mathrm{i}}{\hbar}\int_{t_0}^{t} \mathrm{d}t' \hat{H}(t')\right) . \tag{25.58}$$

Diese Darstellung ist eine Kurzschreibweise für die vorangehende Definition. Insbesondere wirkt der Zeitordnungsoperator auf die Reihenglieder unter den Zeitintegrationen in der Potenzreihenentwicklung der Exponentialfunktion.

Achtung In Anwendungen benutzt man allerdings meistens nicht diese elegante Form, sondern die Dyson-Reihe (25.49), worin die Reihenglieder mithilfe der Rekursionsrelation (25.51) berechnet werden. ◀

Für konservative Systeme mit zeitunabhängigem $\hat{H}$ ist die Zeitordnung hinfällig, und (25.58) führt sofort auf das schon bekannte Resultat

$$\hat{U}(t, t_0) = \mathrm{e}^{-\mathrm{i}\hat{H}(t-t_0)/\hbar} = \hat{U}(t - t_0) \,. \tag{25.59}$$

Störungstheorie für Zweizustandssystem

Wir kehren zum Zweizustandssystem mit zeitabhängigem Hamilton-Operator (25.41) zurück, wobei wir den entarteten Grenzfall $E_1 = E_2 = \bar{E}$ näher untersuchen. Durch eine geeignete Wahl für die Phase der zeitlichen Störung können wir erreichen, dass ρ reell ist. Dann ist

$$\boldsymbol{H}(t) = \bar{E}\boldsymbol{I} + \boldsymbol{V}(t)\,, \quad \boldsymbol{V}(t) = \frac{\hbar\rho}{2}\begin{pmatrix} 0 & \mathrm{e}^{\mathrm{i}\omega t} \\ \mathrm{e}^{-\mathrm{i}\omega t} & 0 \end{pmatrix} . \tag{25.60}$$

Der Zeitentwicklungsoperator ist

$$\boldsymbol{U}(t, 0) = \mathrm{e}^{-\mathrm{i}\bar{E}t/\hbar}\tilde{\boldsymbol{U}}(t, 0) \tag{25.61}$$

mit dem nichttrivialen Faktor

$$\tilde{\boldsymbol{U}}(t, 0) = T \exp\left(-\frac{\mathrm{i}}{\hbar}\int_0^t \mathrm{d}t' \boldsymbol{V}(t')\right) , \tag{25.62}$$

dessen Potenzreihenentwicklung berechnet werden soll. Im Folgenden geben wir nur die Resultate der etwas länglichen, aber nicht grundsätzlich schwierigen Rechnungen an. Die erste Zeitintegration ergibt

$$\tilde{U}^{(1)} = \frac{1}{\mathrm{i}\hbar}\int_0^t \mathrm{d}t'\, V(t') = \frac{\rho \sin\tau}{\mathrm{i}\omega}\begin{pmatrix} 0 & \mathrm{e}^{\mathrm{i}\tau} \\ \mathrm{e}^{-\mathrm{i}\tau} & 0 \end{pmatrix} \quad (25.63)$$

mit $\tau = \omega t/2$. Die zweite Zeitintegration führt auf

$$\begin{aligned}\tilde{U}^{(2)} &= \frac{1}{\mathrm{i}\hbar}\int_0^t \mathrm{d}t'\, V(t')\tilde{U}^{(1)}(t') \\ &= \frac{\rho^2}{2\mathrm{i}\omega^2}\begin{pmatrix} \tau - \sin\tau\mathrm{e}^{\mathrm{i}\tau} & 0 \\ 0 & -\tau + \sin\tau\mathrm{e}^{-\mathrm{i}\tau} \end{pmatrix},\end{aligned} \quad (25.64)$$

und eine weitere Zeitintegration ergibt

$$\begin{aligned}\tilde{U}^{(3)} &= \frac{1}{\mathrm{i}\hbar}\int_0^t \mathrm{d}t'\, V(t')\tilde{U}^{(2)}(t') \quad (25.65) \\ &= \frac{\rho^3}{2\mathrm{i}\omega^3}(\tau\cos\tau - \sin\tau)\begin{pmatrix} 0 & \mathrm{e}^{\mathrm{i}\tau} \\ \mathrm{e}^{-\mathrm{i}\tau} & 0 \end{pmatrix}.\end{aligned}$$

In Aufgabe 25.2 wird ein analytischer Ausdruck für den Entwicklungsoperator bestimmt. Entwickelt man diesen in Potenzen von $\boldsymbol{H}$, dann erhält man die Ausdrücke in (25.63), (25.64) und (25.65). ◀

25.3 Die Bilder der Quantenmechanik

Bisher haben wir ausschließlich im sogenannten Schrödinger-Bild gearbeitet, in dem die Zustandsvektoren zeitabhängig und (für abgeschlossene Systeme) die Operatoren zeitunabhängig sind. Man kann aber auch mithilfe einer zeitabhängigen unitären Ähnlichkeitstransformation die Zeitentwicklung von den Zustandsvektoren vollständig oder teilweise auf die Operatoren überwälzen. Dies führt auf das Heisenberg-Bild, in dem die Heisenberg'sche Matrizenmechanik formuliert ist (siehe Kasten „Vertiefung: Matrizenmechanik"), oder auf das Wechselwirkungsbild, das der Störungs- und Streutheorie zugrunde liegt.

Vom Schrödinger- zum Heisenberg-Bild

Die Zeitabhängigkeit des Erwartungswertes einer Observablen

$$\langle \hat{A}\rangle_t = \langle \psi(t)|\,\hat{A}\,|\psi(t)\rangle \quad (25.66)$$

rührt von der Zeitentwicklung (25.46) des Zustandsvektors her. Setzt man diese Entwicklung ein, dann folgt mit $\hat{U}^\dagger = \hat{U}^{-1}$

$$\langle \hat{A}\rangle_t = \langle \psi(t_0)|\hat{U}^{-1}(t,t_0)\hat{A}\hat{U}(t,t_0)\,|\psi(t_0)\rangle\,. \quad (25.67)$$

Transformation ins Heisenberg-Bild

Definiert man den zeitabhängigen Operator $\hat{A}_\mathrm{H}(t)$ und den zeitunabhängigen Zustandsvektor $|\psi\rangle_\mathrm{H}$ gemäß

$$\begin{aligned}\hat{A}_\mathrm{H}(t) &= \hat{U}^{-1}(t,t_0)\hat{A}\,\hat{U}(t,t_0)\,, \\ |\psi_\mathrm{H}\rangle &= \hat{U}^{-1}(t,t_0)\,|\psi(t)\rangle = |\psi(t_0)\rangle\,,\end{aligned} \quad (25.68)$$

wobei t_0 ein willkürliche Zeitpunkt ist, dann schreibt sich der Erwartungswert wie folgt:

$$\langle \hat{A}\rangle_t = \langle \psi_\mathrm{H}|\,\hat{A}_\mathrm{H}(t)\,|\psi_\mathrm{H}\rangle\,. \quad (25.69)$$

In der letzten Darstellung rührt die Zeitabhängigkeit des Erwartungswertes nur von der Zeitentwicklung des Operators $\hat{A}_\mathrm{H}(t)$, da der Zustandsvektor $|\psi_\mathrm{H}\rangle$ zeitunabhängig ist. Diese veränderte Betrachtungsweise der Zeitentwicklung nennt man das *Heisenberg-Bild*. In diesem Bild sind also die Zustandsvektoren zeitunabhängig und die Operatoren zeitabhängig. Im bisher betrachteten *Schrödinger-Bild* sind dagegen die Zustandsvektoren zeitabhängig und die Operatoren zeitunabhängig. Zum willkürlich gewählten Zeitpunkt t_0 ist $\hat{U}$ die Identität, und Zustandsvektoren sowie Operatoren stimmen in beiden Bildern jeweils überein.

Die Rücktransformation vom Heisenberg- ins Schrödinger-Bild lautet

$$\begin{aligned}\hat{A} &= \hat{U}(t,t_0)\hat{A}_\mathrm{H}(t)\hat{U}^{-1}(t,t_0)\,, \\ |\psi(t)\rangle &= \hat{U}(t,t_0)\,|\psi_\mathrm{H}\rangle\,.\end{aligned} \quad (25.70)$$

Beim Übergang zwischen den Bildern muss man Funktionen von Operatoren transformieren.

Transformation von Funktionen von Operatoren

Beim Übergang vom Schrödinger- zum Heisenberg-Bild ist das folgende Resultat sehr hilfreich:

$$\left(f\left(\hat{A},\hat{B},\dots\right)\right)_\mathrm{H} = f\left(\hat{A}_\mathrm{H},\hat{B}_\mathrm{H},\dots\right). \quad (25.71)$$

Die Identität gilt offensichtlich für alle Monome eines Operators,

$$\begin{aligned}(\hat{A}_\mathrm{H})^n &= \hat{U}^{-1}\hat{A}\hat{U}\hat{U}^{-1}\hat{A}\cdots\hat{A}\hat{U}^{-1}\hat{U}\hat{A}\hat{U}^{-1} \\ &= \hat{U}^{-1}\hat{A}^n\hat{U} = (\hat{A}^n)_\mathrm{H}\,,\end{aligned} \quad (25.72)$$

und mit demselben Argument für alle Monome in $\hat{A}, \hat{B}, \dots$ und wegen der Linearität der Abbildung dann für alle Polynome in

Vertiefung: Matrizenmechanik

Die Matrizenmechanik ist eine von Werner Heisenberg, Max Born und Pascual Jordan entwickelte Formulierung der Quantenmechanik. Es ist eine zur Schrödinger'schen Wellenmechanik alternative Formulierung, und sie wurde bereits vor dieser aufgestellt.

Ausgangspunkt der Matrizenmechanik war der positivistische Ansatz, dass in einer theoretischen Beschreibung der Mikrophysik nur messbare Größen eingehen sollen, wie etwa die messbaren Differenzen der Strahlungsfrequenzen und Spektrallinienintensitäten. Die unbeobachtbaren Teilchenbahnen der klassischen Physik oder der Bohr'schen Atomtheorie sollen in der neuen Theorie nicht mehr auftreten. Darauf aufbauend entwickelte Werner Heisenberg im Jahre 1925 die Grundlagen der modernen Quantenmechanik in Form der Matrizenmechanik, in der nur Beziehungen zwischen beobachtbaren Größen auftreten (Heisenberg 1925). Heisenberg führte quadratische Zahlenschemata mit gleich vielen Zeilen und Spalten ein, in denen auf jedem der Plätze eine zeitabhängige komplexe Zahl eingetragen ist. Diese zweifach indizierten Größen konnten nach gewissen Regeln addiert und multipliziert werden. Die Rechenregeln ergaben sich aus dem Ziel, das diskrete Energiespektrum des Wasserstoffatoms reproduzieren zu können. Heisenberg skizzierte Wolfgang Pauli seine Ideen. Pauli war begeistert und löste kurz danach das Wasserstoffproblem im Heisenberg'schen Formalismus (Pauli 1926).

Max Born aus Göttingen, damals das Zentrum der mathematischen Physik, identifizierte die zweifach indizierten Größen mit Matrixelementen von Matrizen der linearen Algebra und Heisenbergs Regeln mit den Rechenregeln der Matrizenrechnung. Ausgearbeitet wurde die Heisenberg'sche Matrizenmechanik gemeinsam von Max Born, Werner Heisenberg und Pascual Jordan in der sehr einflussreichen „Dreimännerarbeit" (Born et al. 1925).

Die Matrizenmechanik stand in der Anfangszeit in Konkurrenz zu der im Jahre 1926 entwickelten Schrödinger'schen Wellenmechanik. Aber bereits ein Jahr später konnte Erwin Schrödinger nachweisen, dass Matrizenmechanik und Wellenmechanik vollkommen äquivalent sind.

In der Matrizenmechanik ist der Zustandsvektor eines quantenmechanischen Systems zeitunabhängig. Die Dynamik des Systems wird stattdessen nur durch die Zeitabhängigkeit der Matrizen beschrieben. Die Matrizenmechanik weist eine starke formale Ähnlichkeit zur klassischen Mechanik auf, weil die Heisenberg'schen Bewegungsgleichungen den klassischen Hamilton'schen Bewegungsgleichungen sehr ähnlich sind mit dem bis heute gültigen Rezept der „kanonischen Quantisierung":

$$\text{Poisson-Klammern} \quad \{\,,\,\} \longrightarrow \quad \text{Kommutator} \quad \frac{\mathrm{i}}{\hbar}[\,,\,]\,.$$

Literatur

- Born, M., Heisenberg, W., Jordan, P.: Zur Quantenmechanik II. Z. Phys. **35**, 557 (1925)
- Heisenberg, W.: Über quantentheoretische Umdeutung kinematischer und mechanischer Beziehungen. Z. Phys. **33**, 879 (1925)
- Pauli, W.: Über das Wasserstoffspektrum vom Standpunkt der neuen Quantenmechanik. Z. Phys. **36**, 336 (1926)

$\hat{A}, \hat{B}, \ldots$ bzw. für Funktionen, die durch Polynome approximiert werden können.

Insbesondere gilt für den Kommutator zweier Operatoren

$$[\hat{A}, \hat{B}]_{\mathrm{H}} = [\hat{A}_{\mathrm{H}}, \hat{B}_{\mathrm{H}}]\,. \tag{25.73}$$

Ist $[\hat{A}, \hat{B}] = c\hat{I}$ mit einer Konstanten c, so folgt

$$[\hat{A}_{\mathrm{H}}, \hat{B}_{\mathrm{H}}] = c\hat{I}_{\mathrm{H}} = c\hat{I}\,. \tag{25.74}$$

Wichtig ist der Spezialfall $c = 0$.

Verträgliche Observable

Kommutieren zwei Operatoren im Schrödinger-Bild, dann kommutieren sie auch im Heisenberg-Bild und umgekehrt.

Heisenberg-Gleichung, Erhaltungsgrößen und Ehrenfest-Theorem

Im Heisenberg-Bild sind die Operatoren zeitabhängig und gehorchen einer Evolutionsgleichung – der Heisenberg-Gleichung. Diese ersetzt die Schrödinger-Gleichung für Zustandsvektoren im Schrödinger-Bild.

Um diese Gleichung abzuleiten, braucht man die Zeitableitung des zu $\hat{U} = \hat{U}(t, t_0)$ inversen Operators. Da die Zeitableitung von $\hat{U}^{-1}\hat{U} = \hat{I}$ verschwindet, ist

$$\frac{\mathrm{d}}{\mathrm{d}t}\left(\hat{U}^{-1}\hat{U}\right) = 0 = \frac{\mathrm{d}\hat{U}^{-1}}{\mathrm{d}t}\hat{U} + \hat{U}^{-1}\frac{\mathrm{d}\hat{U}}{\mathrm{d}t}\,, \tag{25.75}$$

und die Auflösung nach der Zeitableitung von $\hat{U}^{-1}$ ergibt, da $\hat{U}$ die Schrödinger-Gleichung erfüllt,

$$\frac{\mathrm{d}\hat{U}^{-1}}{\mathrm{d}t} = -\hat{U}^{-1}\frac{\mathrm{d}\hat{U}}{\mathrm{d}t}\hat{U}^{-1} = \frac{\mathrm{i}}{\hbar}\hat{U}^{-1}\hat{H}\,. \tag{25.76}$$

Teil III

Deshalb findet man mit (25.47) folgende Bewegungsgleichung für einen Operator $\hat{A}_\mathrm{H}(t)$ in (25.68):

$$\begin{aligned} \mathrm{i}\hbar \frac{\mathrm{d}\hat{A}_\mathrm{H}}{\mathrm{d}t} &= -\hat{U}^{-1}\hat{H}\hat{A}\hat{U} + \hat{U}^{-1}\hat{A}\hat{H}\hat{U} \\ &= [\hat{A}, \hat{H}]_\mathrm{H} = [\hat{A}_\mathrm{H}, \hat{H}_\mathrm{H}]\,. \end{aligned} \tag{25.77}$$

Frage 10

Es wurde hier angenommen, dass $\hat{A}$ im Schrödinger-Bild nicht explizit von der Zeit abhängt, d. h. $\partial_t \hat{A} = 0$ ist. Überlegen Sie sich, dass für ein explizit zeitabhängiges $\hat{A}$ in dieser Gleichung der Zusatzterm $\hat{U}^{-1}(\mathrm{i}\hbar\partial_t\hat{A})\hat{U}$ auftritt.

Heisenberg-Gleichung

Im Heisenberg-Bild erfüllen die Operatoren die Heisenberg-Gleichung

$$\mathrm{i}\hbar \frac{\mathrm{d}\hat{A}_\mathrm{H}(t)}{\mathrm{d}t} = [\hat{A}_\mathrm{H}(t), \hat{H}_\mathrm{H}(t)] + \mathrm{i}\hbar(\partial_t\hat{A})_\mathrm{H}\,. \tag{25.78}$$

Für ein abgeschlossenes und sich selbst überlassenes System sind die Operatoren im Schrödinger-Bild zeitunabhängig, und der letzte Term ist abwesend. Wir wollen im Folgenden annehmen, die betrachteten Systeme seien abgeschlossen.

Kommutiert $\hat{A}$ mit dem Hamilton-Operator im Schrödinger-Bild, dann gilt auch $[\hat{A}_\mathrm{H}, \hat{H}_\mathrm{H}] = 0$ und wegen der Heisenberg'schen Bewegungsgleichung gilt dann

$$\frac{\mathrm{d}\hat{A}_\mathrm{H}}{\mathrm{d}t} = \frac{1}{\mathrm{i}\hbar}[\hat{A}_\mathrm{H}, \hat{H}_\mathrm{H}] = 0\,. \tag{25.79}$$

Dies bedeutet, dass $\hat{A}_\mathrm{H}$ eine Konstante der Bewegung bzw. eine Erhaltungsgröße ist. Da im Heisenberg-Bild die Zustandsvektoren zeitunabhängig sind, ist der Erwartungswert einer Konstanten der Bewegung zeitunabhängig. Die analoge Aussage gibt es in der klassischen Mechanik (Abschn. 7.1): Verschwindet die Poisson-Klammer einer Observablen F mit der Hamilton-Funktion, so ist F eine Konstante der Bewegung, also eine Erhaltungsgröße.

Der Kommutator ist bilinear und erfüllt die Produktregel (23.84); daraus folgt die Algebra der Erhaltungsgrößen.

Die Algebra der Erhaltungsgrößen

Die Linearkombination, das Produkt und der Kommutator von Erhaltungsgrößen sind wieder Erhaltungsgrößen.

Mithilfe von (23.89) nehmen die Bewegungsgleichungen für die Orts- und Impulsoperatoren eines allgemeinen Hamilton'schen Quantensystems folgende einfache Form an:

$$\frac{\mathrm{d}\hat{q}_{i,\mathrm{H}}}{\mathrm{d}t} = \frac{\partial \hat{H}_\mathrm{H}}{\partial \hat{p}_{i,\mathrm{H}}} \quad \text{und} \quad \frac{\mathrm{d}\hat{p}_{i,\mathrm{H}}}{\mathrm{d}t} = -\frac{\partial \hat{H}_\mathrm{H}}{\partial \hat{q}_{i,\mathrm{H}}}\,, \tag{25.80}$$

wobei wir hier von Mehrdeutigkeiten bei der Operatordnung absehen wollen. Hier erkennen wir die klassischen Hamilton'schen Bewegungsgleichungen (7.13) für die den kanonisch konjugierten Größen Ort und Impuls zugeordneten Operatoren.

Im Heisenberg-Bild mit zeitunabhängigen Zustandsvektoren vertauscht die Zeitableitung mit der Bildung des Erwartungswertes, und es folgt für die Erwartungswerte von Ort und Impuls das wichtige Ehrenfest-Theorem.

Ehrenfest-Theorem

Die Erwartungswerte der Orts- und Impulsoperatoren ändern sich mit der Zeit gemäß

$$\frac{\mathrm{d}\langle\hat{q}_i\rangle}{\mathrm{d}t} = \left\langle \frac{\partial \hat{H}}{\partial \hat{p}_i} \right\rangle \quad \text{und} \quad \frac{\mathrm{d}\langle\hat{p}_i\rangle}{\mathrm{d}t} = -\left\langle \frac{\partial \hat{H}}{\partial \hat{q}_i} \right\rangle\,. \tag{25.81}$$

Wir haben den Index H unterdrückt, da Erwartungswerte ja darstellungsunabhängig sind. Diese allgemeingültigen Gleichungen gehen auf den österreichischen Physiker *Paul Ehrenfest* (1880–1933) zurück und tragen seinen Namen. Sie liefern die Brücke von der Quantenphysik zur klassischen Physik.

Ehrenfest-Gleichungen für Potenzialkräfte

Wir untersuchen die Bewegungsgleichungen für den mittleren Ort und den mittleren Impuls eines Teilchens im $\mathbb{R}^3$ mit Hamilton-Operator im Heisenberg-Bild

$$\hat{H}_\mathrm{H} = \frac{\hat{\boldsymbol{p}}_\mathrm{H}^2}{2m} + V(\hat{\boldsymbol{x}}_\mathrm{H})\,. \tag{25.82}$$

Zur Bestimmung der Heisenberg-Gleichungen benötigt man die nichtverschwindenden Kommutatoren

$$\left[\hat{\boldsymbol{x}}_\mathrm{H}, \hat{\boldsymbol{p}}_\mathrm{H}^2\right] = 2\mathrm{i}\hbar\hat{\boldsymbol{p}}_\mathrm{H}\,, \quad [\hat{\boldsymbol{p}}_\mathrm{H}, V(\hat{\boldsymbol{x}}_\mathrm{H})] = \mathrm{i}\hbar\boldsymbol{F}(\hat{\boldsymbol{x}}_\mathrm{H}) \tag{25.83}$$

mit der auf das Teilchen wirkenden Potenzialkraft $\boldsymbol{F}(\boldsymbol{x}) = -\nabla V(\boldsymbol{x})$. Damit lauten die Bewegungsgleichungen

$$\frac{\mathrm{d}\hat{\boldsymbol{x}}_\mathrm{H}}{\mathrm{d}t} = \frac{\hat{\boldsymbol{p}}_\mathrm{H}}{m} \quad \text{und} \quad \frac{\mathrm{d}\hat{\boldsymbol{p}}_\mathrm{H}}{\mathrm{d}t} = \boldsymbol{F}(\hat{\boldsymbol{x}}_\mathrm{H})\,, \tag{25.84}$$

und die Erwartungswerte von Ort und Impuls erfüllen die Ehrenfest-Gleichungen

$$\frac{\mathrm{d}\langle\hat{\boldsymbol{x}}\rangle}{\mathrm{d}t} = \frac{1}{m}\langle\hat{\boldsymbol{p}}\rangle \quad \text{und} \quad \frac{\mathrm{d}\langle\hat{\boldsymbol{p}}\rangle}{\mathrm{d}t} = \langle\boldsymbol{F}(\hat{\boldsymbol{x}})\rangle\,. \tag{25.85}$$

Wir folgern, dass die Mittelwerte von Ort und Impuls beinahe die klassischen Hamilton'schen Bewegungsgleichungen erfüllen. Wäre $\langle \boldsymbol{F}(\hat{x}) \rangle = \boldsymbol{F}(\langle \hat{x} \rangle)$, dann würden sich die Erwartungswerte genau nach den klassischen Gesetzen ändern. Aber die Differenz

$$\langle \boldsymbol{F}(\hat{x}) \rangle - \boldsymbol{F}(\langle \hat{x} \rangle) \tag{25.86}$$

verschwindet nur für sehr einfache Systeme, wie z. B. den harmonischen Oszillator. ◄

Frage 11

Zeigen Sie, dass für ein konservatives System $\hat{H}_{\mathrm{H}} = \hat{H}$ ist: Obwohl $\hat{x}_{\mathrm{H}}$ und $\hat{p}_{\mathrm{H}}$ sich ändern, ist $H(\hat{x}_{\mathrm{H}}, \hat{p}_{\mathrm{H}})$ zeitunabhängig.

Wechselwirkungsbild und Streumatrix

Neben dem Schrödinger- und Heisenberg-Bild ist insbesondere das *Wechselwirkungsbild* von sehr großer Bedeutung, z. B. in der zeitabhängigen Störungs- oder der Streutheorie, die in Kap. 30 und 32 besprochen werden. Die folgenden Ergebnisse sind z. B. Ausgangspunkt für die Herleitung der goldenen Regel von Fermi in Abschn. 30.3.

Das Wechselwirkungsbild beruht auf der Zerlegung des Hamilton-Operators $\hat{H}(t)$ in einen Hamilton-Operator des ungestörten Systems und eine relativ dazu kleine Störung:

$$\hat{H}(t) = \hat{H}_0 + \hat{V}(t)\,. \tag{25.87}$$

Oft ist $\hat{H}_0$ ein einfacher zeitunabhängiger Modelloperator nahe $\hat{H}$ mit einer analytisch lösbaren Dynamik. Im Gegensatz zu $\hat{H}_0$ kann die Störung $\hat{V}$ explizit von der Zeit abhängen.

Da der Störoperator relativ klein sein soll, rührt der größte Anteil der Zeitentwicklung in der Schrödinger-Gleichung

$$\mathrm{i}\hbar \frac{\mathrm{d}}{\mathrm{d}t} |\psi(t)\rangle = \left(\hat{H}_0 + \hat{V}\right) |\psi(t)\rangle \tag{25.88}$$

von $\hat{H}_0$ her. Wir wollen die entsprechende Zeitabhängigkeit in den Zuständen abspalten.

Zustände und Operatoren im Wechselwirkungsbild

Man definiert die Zustandsvektoren im Wechselwirkungsbild gemäß

$$|\psi_{\mathrm{I}}\rangle(t) = \mathrm{e}^{\mathrm{i}(t-t_0)\hat{H}_0/\hbar} |\psi(t)\rangle = \hat{U}_0^{-1}(t-t_0)\,|\psi(t)\rangle\,. \tag{25.89}$$

Damit die Erwartungswerte dieselben bleiben, müssen die Operatoren entsprechend transformiert werden:

$$\hat{A}_{\mathrm{I}}(t) = \hat{U}_0^{-1}(t-t_0)\hat{A}\hat{U}_0(t-t_0)\,. \tag{25.90}$$

Da $\hat{U}_0$ und $\hat{H}_0$ vertauschen, ist $\hat{H}_{0\mathrm{I}}(t) = \hat{H}_0$ zeitunabhängig. Für $t = t_0$ stimmen die Zustandsvektoren und Operatoren im Schrödinger- und Wechselwirkungsbild überein.

Ähnlich wie beim Übergang vom Schrödinger- ins Heisenberg-Bild zeigt man nun, dass die Zustandsvektoren und Operatoren folgende Bewegungsgleichungen erfüllen:

$$\begin{aligned} \mathrm{i}\hbar \frac{\mathrm{d}}{\mathrm{d}t} |\psi_{\mathrm{I}}\rangle &= \hat{V}_{\mathrm{I}} |\psi_{\mathrm{I}}\rangle\,, \\ \frac{\mathrm{d}\hat{A}_{\mathrm{I}}}{\mathrm{d}t} &= \frac{\mathrm{i}}{\hbar}\left[\hat{H}_0, \hat{A}_{\mathrm{I}}\right] + \left(\partial_t \hat{A}\right)_{\mathrm{I}}\,. \end{aligned} \tag{25.91}$$

Frage 12

Man überprüfe, dass $|\psi_{\mathrm{I}}\rangle$ in (25.89) und $\hat{A}_{\mathrm{I}}$ in (25.90) diese Bewegungsgleichungen erfüllen.

Die Bewegungsgleichung für den Zustandsvektor hat die Lösung

$$|\psi_{\mathrm{I}}(t)\rangle = \hat{U}_{\mathrm{I}}(t, t_0)\,|\psi_{\mathrm{I}}(t_0)\rangle\,, \tag{25.92}$$

wobei der Zeitentwicklungsoperator im Wechselwirkungsbild selbst obige Bewegungsgleichung erfüllt:

$$\mathrm{i}\hbar \frac{\mathrm{d}}{\mathrm{d}t}\hat{U}_{\mathrm{I}} = \hat{V}_{\mathrm{I}}\hat{U}_{\mathrm{I}} \quad \text{und} \quad \hat{U}_{\mathrm{I}}(t_0, t_0) = \hat{I}\,. \tag{25.93}$$

Ähnlich wie bei der formalen Lösung der Schrödinger-Gleichung durch die Dyson-Reihe entwickelt man nun $\hat{U}_{\mathrm{I}}$ in Potenzen des Potenzials im Wechselwirkungsbild $\hat{V}_{\mathrm{I}}$ und findet den unitären Operator

$$\hat{U}_{\mathrm{I}}(t, t_0) = T \exp\left(-\frac{\mathrm{i}}{\hbar}\int_{t_0}^{t} \mathrm{d}t' \hat{V}_{\mathrm{I}}(t')\right)\,. \tag{25.94}$$

In der Dyson-Reihe für den Zeitentwicklungsoperator $\hat{U}_{\mathrm{I}}(t, t_0)$ sind in jedem Term die Produkte der $\hat{V}_{\mathrm{I}}(t)$ chronologisch geordnet.

Der unitäre Operator

$$\hat{S} = \lim_{\substack{t_0 \to -\infty \\ t \to +\infty}} \hat{U}_{\mathrm{I}}(t, t_0) = T \exp\left(-\frac{\mathrm{i}}{\hbar}\int_{-\infty}^{\infty} \mathrm{d}t\, \hat{V}_{\mathrm{I}}(t)\right) \tag{25.95}$$

bildet den Zustandsvektor in der asymptotischen Vergangenheit auf den Zustandsvektor in der asymptotischen Zukunft ab. Er heißt *Streuoperator*, *Streumatrix* oder kurz *S-Matrix*. Ohne

Wechselwirkung verschwindet $\hat{V}_\text{I}$, und die Streumatrix ist trivial, $\hat{S} = \hat{I}$.

Es seien nun

$$|\psi_\text{ein}\rangle \quad \text{und} \quad |\psi_\text{aus}\rangle \tag{25.96}$$

diejenigen zeitunabhängigen Lösungen der Theorie ohne Wechselwirkung, gegen welche die zeitabhängige Lösung $|\psi_\text{I}(t)\rangle$ der Theorie mit Wechselwirkung zu sehr frühen und sehr späten Zeiten konvergiert:

$$|\psi_\text{ein}\rangle = \lim_{t\to-\infty} |\psi_\text{I}(t)\rangle \quad \text{und} \quad |\psi_\text{aus}\rangle = \lim_{t\to\infty} |\psi_\text{I}(t)\rangle \,. \tag{25.97}$$

Dies Annahme setzt voraus, dass V für asymptotisch frühe und späte Zeiten verschwindet. Dann vermittelt die Streumatrix zwischen diesen asymptotischen Zuständen:

$$|\psi_\text{aus}\rangle = \hat{S}\,|\psi_\text{ein}\rangle \,. \tag{25.98}$$

Wir erwarten, dass die Streumatrix $\hat{S}$ unitär ist. Ihre Matrixelemente beschreiben die Wahrscheinlichkeitsamplituden für den Übergang von Zuständen in der asymptotischen Vergangenheit in Zustände in der asymptotischen Zukunft. Die Streumatrix findet ihre Anwendung in der Streutheorie, die in Kap. 32 ausführlich behandelt wird. Aus der Streumatrix kann man z. B. die Wirkungsquerschnitte von Streuprozessen berechnen. Sie wurde 1937 von *John Archibald Wheeler* (1911–2008) und unabhängig davon von Werner Heisenberg 1943 eingeführt.

25.4 Zeitentwicklung von Gemischen

In Abschn. 24.4 wurden Gemische von reinen Zuständen eingeführt. Diese werden bekanntlich durch statistische Operatoren (Dichtematrizen) beschrieben. Es sei nun $\hat{\varrho}(t)$ ein statistischer Operator. Sind $|n, t_0\rangle$ die orthonormierten Eigenvektoren von $\hat{\varrho}(t_0)$ zum Zeitpunkt t_0 und p_n die zugehörigen nichtnegativen Eigenwerte, dann ist

$$\hat{\varrho}(t_0) = \sum_n p_n\,|n, t_0\rangle\,\langle n, t_0| \,. \tag{25.99}$$

Der Eigenwert p_n ist bekanntlich die Wahrscheinlichkeit dafür, den reinen Zustand $|n, t_0\rangle$ im Gemisch anzutreffen. Diese Wahrscheinlichkeiten sollen zeitunabängig sein. Für ein abgeschlossenes Quantensystem ändern sich Zustandsvektoren gemäß

$$|n, t\rangle = \hat{U}(t, t_0)\,|n, t_0\rangle \,. \tag{25.100}$$

Deshalb hat die Dichtematrix die Zeitentwicklung

$$\hat{\varrho}(t) = \hat{U}(t, t_0)\hat{\varrho}(t_0)\hat{U}^{-1}(t, t_0) \,. \tag{25.101}$$

Der Zeitentwicklungsoperator $\hat{U}(t, t_0)$ erfüllt die Schrödinger-Gleichung, und es folgt die Von-Neumann-Gleichung.

Von-Neumann-Gleichung

Im Schrödinger-Bild erfüllt eine Dichtematrix $\hat{\varrho}(t)$ die Von-Neumann-Gleichung

$$\text{i}\hbar\frac{\text{d}}{\text{d}t}\hat{\varrho}(t) = \left[\hat{H}, \hat{\varrho}(t)\right] \,, \tag{25.102}$$

während sie im Heisenberg-Bild zeitunabhängig ist.

Die Von-Neumann-Gleichung (nach dem Mathematiker *John von Neumann*, 1903–1957) stellt das quantenmechanische Analogon zur Liouville-Gleichung der klassischen statistischen Mechanik dar. Sie wird ausführlicher in Abschn. 37.1 besprochen.

Von-Neumann-Gleichung im Wechselwirkungsbild

Während im Heisenberg-Bild der statistische Operator $\hat{\varrho}_\text{H}$ zeitunabhängig ist, hängt er im Wechselwirkungsbild von der Zeit ab. Mithilfe von (25.92) folgt die Zeitentwicklung

$$\hat{\varrho}_\text{I}(t) = \hat{U}_\text{I}(t, t_0)\hat{\varrho}_\text{I}(t_0)\hat{U}_\text{I}^{-1}(t, t_0) \,. \tag{25.103}$$

Die Evolutionsgleichung folgt nun sofort aus (25.93).

Von-Neumann-Gleichung im Wechselwirkungsbild

Im Wechselwirkungsbild erfüllt eine Dichtematrix die Evolutionsgleichung

$$\text{i}\hbar\frac{\text{d}\hat{\varrho}_\text{I}}{\text{d}t} = \left[\hat{V}_\text{I}, \hat{\varrho}_\text{I}\right] \,. \tag{25.104}$$

Ohne Wechselwirkung ist der statistische Operator zeitunabhängig. Natürlich dürfen die Erwartungswerte nicht vom gewählten Bild abhängen:

$$\langle\hat{A}\rangle_\rho = \text{Sp}\left(\hat{\varrho}\hat{A}\right) = \text{Sp}\left(\hat{\varrho}_\text{H}\hat{A}_\text{H}\right) = \text{Sp}\left(\hat{\varrho}_\text{I}\hat{A}_\text{I}\right) \,. \tag{25.105}$$

Frage 13

Überzeugen Sie sich davon, dass $\langle\hat{A}\rangle_\rho$ nicht vom Bild abhängt.

25.5 Pfadintegrale

In der klassischen Physik kann man die Bewegung eines Systems zwischen Anfangs- und Endlage mit dem Hamilton'schen

Abb. 25.4 Richard Phillips Feynman (1918–1988), © akg/Science Photo Library

Prinzip der stationären Wirkung berechnen, das in Abschn. 5.5 besprochen wurde. Danach ist die Wirkung für den gewählten Pfad ein Extremum, ihre Variation verschwindet. In der Quantenmechanik bewegt sich das System dagegen nicht nur entlang des klassischen Weges. Es kann im Prinzip über alle möglichen Pfade propagieren. Bei der Diskussion des Doppelspaltexperiments wurde allerdings schon betont, dass es unmöglich ist, den Pfad des Systems zu kennen, ohne dieses durch eine Messung zu stören. Das System wird also alle Möglichkeiten nutzen, um von der Anfangs- in die Endlage zu gelangen – es propagiert „gleichzeitig" auf allen Pfaden im Konfigurationsraum. Nach den Regeln der Quantenmechanik ist dann die Wahrscheinlichkeitsamplitude für die Propagation die kohärente Summe der Amplituden für die Propagation entlang der verschiedenen Pfade. Es bleibt die Frage nach der Wahrscheinlichkeitsamplitude für einzelne Pfade.

Bereits im Jahr 1948 stellte der bekannte US-amerikanische Physiker *Richard Phillips Feynman* (1918–1988, gemeinsam mit Julian Schwinger Nobelpreis für Physik 1965, für ihre bahnbrechenden Beiträge zur Quantenelektrodynamik; Abb. 25.4), aufbauend auf früheren Arbeiten von Paul Dirac (Dirac 1933), ein derartiges Integral über alle Pfade vor. In dieser alternativen Formulierung der Quantenmechanik wird jeder Pfad mit einem Phasenfaktor $\exp(\mathrm{i}S[\text{Pfad}]/\hbar)$ gewichtet, und es wird dann über alle Pfade summiert. Die Summe über alle Pfade heißt *Pfadintegral* bzw. *Wegintegral*. Der klassische Weg zeichnet sich dadurch aus, dass bei ihm die Variation der Wirkung nach dem Hamilton'schen Prinzip verschwindet. Pfade, die sich nur wenig vom klassischen Pfad unterscheiden, tragen also in etwa mit gleicher Phase bei, was zu konstruktiver Interferenz führt.

Bei der Untersuchung von stochastischen Prozessen beschäftigte sich der US-amerikanische Mathematiker *Norbert Wiener* (1894–1964) schon früher mit der Summe über alle Wege (Wiener 1923). Anders als beim Feynman'schen Pfadintegral, dass dem einzelnen Weg eine komplexe Amplitude zuordnet, ist bei Wiener jeder Pfad mit einer reelle und positiven Wahrscheinlichkeit gewichtet. Das Wiener'sche Pfadintegral entspricht dem Feynman'schen Pfadintegral für „imaginäre Zeiten" und findet seine Anwendungen in der statistischen Physik.

Die Pfadintegralmethode feierte erste Erfolge in den 1950er Jahren und ist sehr schön und verständlich dargestellt in dem Buch „Quantum Mechanics and Path Integrals" (Feynman & Hibbs 1965). Es enthält auch viele Anwendungen und gilt immer noch als eine Standardreferenz.

Pfadintegral für den Propagator eines Teilchens

Wir betrachten hier ein Teilchen im $\mathbb{R}^3$ mit einem zeitunabhängigen Hamilton-Operator

$$\hat{H} = \frac{\hat{\boldsymbol{p}}^2}{2m} + V(\hat{\boldsymbol{x}})\,. \tag{25.106}$$

Ausgangspunkt ist dabei der bereits in Abschn. 22.2 eingeführte Zeitentwicklungsoperator im Ortsraum:

$$K(t,\boldsymbol{x},\boldsymbol{y}) = \langle \boldsymbol{x}|\,\hat{U}(t)\,|\boldsymbol{y}\rangle = \langle \boldsymbol{x}|\,\mathrm{e}^{-\mathrm{i}t\hat{H}/\hbar}\,|\boldsymbol{y}\rangle\,. \tag{25.107}$$

Er propagiert eine Wellenfunktion im Ortsraum über ein Zeitintervall t:

$$\begin{aligned}\psi(t,\boldsymbol{x}) &= \langle \boldsymbol{x}|\,\psi(t)\rangle = \langle \boldsymbol{x}|\,\hat{U}(t)\,|\psi(0)\rangle \\ &= \int \mathrm{d}^3y\,\langle \boldsymbol{x}|\,\hat{U}(t)\,|\boldsymbol{y}\rangle\,\langle \boldsymbol{y}|\,\psi(0)\rangle \\ &= \int \mathrm{d}^3y\,K(t,\boldsymbol{x},\boldsymbol{y})\psi(0,\boldsymbol{y})\,.\end{aligned} \tag{25.108}$$

Der Propagator $K(t,\boldsymbol{x},\boldsymbol{y})$ ist die Übergangsamplitude für die Propagation des Teilchens von $\boldsymbol{y}$ nach $\boldsymbol{x}$ während der Zeitdauer t.

Der schon in Abschn. 22.2 berechnete Propagator für das freie Teilchen mit Hamilton-Operator $\hat{H}_0 = \hat{\boldsymbol{p}}^2/2m$ lautet

$$\begin{aligned}K_0(t,\boldsymbol{x}-\boldsymbol{y}) &= \langle \boldsymbol{x}|\,\mathrm{e}^{-\mathrm{i}t\hat{H}_0/\hbar}\,|\boldsymbol{y}\rangle = C_t^3\,\mathrm{e}^{\mathrm{i}m(\boldsymbol{x}-\boldsymbol{y})^2/2\hbar t} \\ \text{mit}\quad C_t &= \left(\frac{m}{2\pi\mathrm{i}\hbar t}\right)^{1/2}.\end{aligned} \tag{25.109}$$

Der Exponent enthält die in Aufgabe 22.5 berechnete Wirkung der klassischen Trajektorie $\boldsymbol{x}(t')$, längs der sich das Teilchen während der Zeit t vom Anfangspunkt $\boldsymbol{y}$ zum Endpunkt $\boldsymbol{x}$ bewegt:

$$S_0(t,\boldsymbol{x},\boldsymbol{y}) = \int\limits_0^t \mathrm{d}t' \, \frac{m}{2}\left(\frac{\mathrm{d}\boldsymbol{x}}{\mathrm{d}t'}\right)^2 = \frac{m}{2t}(\boldsymbol{x}-\boldsymbol{y})^2 \,. \qquad (25.110)$$

Es ist die Prinzipalfunktion des freien Teilchens, welche die zeitabhängige Hamilton-Jacobi-Gleichung löst. Somit schreibt sich die Übergangsamplitude für das freie Teilchen gemäß

$$K_0(t,\boldsymbol{x},\boldsymbol{y}) = C_t^3 \, \mathrm{e}^{\mathrm{i}S_0(t,\boldsymbol{x},\boldsymbol{y})/\hbar} \,. \qquad (25.111)$$

Der zeitabhängige Proportionalitätsfaktor ist bestimmt durch die Anfangsbedingung

$$\lim_{t\to 0} K_0(t,\boldsymbol{x},\boldsymbol{y}) = \delta(\boldsymbol{x}-\boldsymbol{y}) \,. \qquad (25.112)$$

Im Beispielkasten „Propagator für den Oszillator" in Abschn. 22.3 wurde gezeigt, dass auch der Propagator für den harmonischen Oszillator bis auf einen zeitabhängigen Faktor durch die Prinzipalfunktion des Oszillators S_ω bestimmt ist:

$$K_\omega(t,\boldsymbol{x},\boldsymbol{y}) = \left(\frac{m\omega}{2\pi\mathrm{i}\hbar \sin\omega t}\right)^{d/2} \mathrm{e}^{\mathrm{i}S_\omega(t,\boldsymbol{x},\boldsymbol{y})/\hbar} \,. \qquad (25.113)$$

Für Systeme mit nichtlinearen Bewegungsgleichungen für Ort und Impuls ist der Propagator allerdings nicht mehr einfach proportional zu $\exp(\mathrm{i}S/\hbar)$, sondern durch das Feynman'sche Pfadintegral gegeben.

Wir betrachten hier das Pfadintegral für Teilchen in einem zeitunabhängigen Potenzial V. Für die meisten Potenziale kann die gesuchte Übergangsamplitude nicht mehr analytisch bestimmt werden. Daher betrachten wir zunächst lediglich die Propagation während einer infinitesimalen Zeit ε. In Aufgabe 25.6 wird mithilfe der Baker-Campbell-Hausdorff-Formel eine Näherung für den Zeitevolutionsoperator hergeleitet.

Näherung für den Zeitevolutionsoperator

Für kleine Zeiten ε gilt

$$\hat{U}(\varepsilon) = \mathrm{e}^{-\mathrm{i}\varepsilon(\hat{H}_0+\hat{V})/\hbar} = \hat{W}(\varepsilon)\,\mathrm{e}^{O(\varepsilon^2)} \approx \hat{W}(\varepsilon) \quad (25.114)$$

mit dem Operator

$$\hat{W}(\varepsilon) = \mathrm{e}^{-\mathrm{i}\varepsilon\hat{H}_0/\hbar}\,\mathrm{e}^{-\mathrm{i}\varepsilon\hat{V}/\hbar} \,. \qquad (25.115)$$

Am Ende der Betrachtungen wird ε gegen null streben, und $\hat{U}$ darf dann durch $\hat{W}$ ersetzt werden.

Achtung Die Näherung (25.114) hat einen Fehler der Ordnung $O(\varepsilon^2)$. Dagegen hat die genauere Näherung durch den unitären Operator

$$\hat{W}(\varepsilon) = \mathrm{e}^{-\mathrm{i}\varepsilon\hat{V}/2\hbar}\,\mathrm{e}^{-\mathrm{i}\varepsilon\hat{H}_0/\hbar}\,\mathrm{e}^{-\mathrm{i}\varepsilon\hat{V}/2\hbar} \qquad (25.116)$$

nur einen Fehler der Ordnung $O(\varepsilon^3)$. Dies wird in Aufgabe 25.6 gezeigt. ◂

Da $|\boldsymbol{x}\rangle$ und $|\boldsymbol{y}\rangle$ Eigenvektoren des Ortsoperators sind, gilt

$$\langle\boldsymbol{x}|\,\hat{W}(\varepsilon)\,|\boldsymbol{y}\rangle = \langle\boldsymbol{x}|\,\mathrm{e}^{-\mathrm{i}\varepsilon\hat{H}_0/\hbar}\,|\boldsymbol{y}\rangle\,\mathrm{e}^{-\mathrm{i}\varepsilon V(\boldsymbol{y})/\hbar} \,. \qquad (25.117)$$

Die verbleibende Amplitude auf der rechten Seite ist der Propagator für das freie Teilchen in (25.109), sodass

$$\langle\boldsymbol{x}|\,\hat{W}(\varepsilon)\,|\boldsymbol{y}\rangle = C_\varepsilon^3 \exp\left(\frac{\mathrm{i}m(\boldsymbol{x}-\boldsymbol{y})^2}{2\hbar\varepsilon} - \frac{\mathrm{i}\varepsilon V(\boldsymbol{y})}{\hbar}\right) . \qquad (25.118)$$

Frage 14

Überzeugen Sie sich davon, dass man durch die einfache Ersetzung $V(\boldsymbol{y}) \to \frac{1}{2}(V(\boldsymbol{x}) + V(\boldsymbol{y}))$ die Amplitude der genaueren Näherung (25.116) erhält.

Um zu einer entsprechenden Aussage für die Ausbreitung während einer endlichen Zeit t zu kommen, setzen wir $t = N\varepsilon$. Dabei sei die natürliche Zahl N so groß, dass ε sehr viel kleiner ist als die charakteristischen Zeitskalen des Quantensystems. Im Grenzfall $\varepsilon \to 0$ darf man $\hat{U}(\varepsilon)$ durch $\hat{W}(\varepsilon)$ nähern, sodass

$$\mathrm{e}^{-\mathrm{i}t\hat{H}/\hbar} = \left(\mathrm{e}^{-\mathrm{i}\varepsilon\hat{H}/\hbar}\right)^N \approx \hat{W}^N(\varepsilon) \qquad (25.119)$$

gilt bzw.

$$\begin{aligned}\langle\boldsymbol{x}|\,\mathrm{e}^{-\mathrm{i}t\hat{H}/\hbar}\,|\boldsymbol{y}\rangle &= \lim_{N\to\infty}\langle\boldsymbol{x}|\,\hat{W}^N(\varepsilon)\,|\boldsymbol{y}\rangle \\ &= \lim_{N\to\infty}\int \mathrm{d}^3x_1\,\langle\boldsymbol{x}|\,\hat{W}^{N-1}(\varepsilon)\,|\boldsymbol{x}_1\rangle\,\langle\boldsymbol{x}_1|\,\hat{W}(\varepsilon)\,|\boldsymbol{y}\rangle \,.\end{aligned} \qquad (25.120)$$

Im letzten Schritt wurde die Zerlegung der Eins für den Ortsoperator eingefügt. Dieser Trick wird nun insgesamt $(N-1)$-mal angewandt, mit dem Resultat

$$\begin{aligned}\langle\boldsymbol{x}|\,\mathrm{e}^{-\mathrm{i}t\hat{H}/\hbar}\,|\boldsymbol{y}\rangle = \lim_{N\to\infty}\int \mathrm{d}^3x_{N-1}\ldots\int \mathrm{d}^3x_1 \\ \prod_{k=1}^{N}\langle\boldsymbol{x}_k|\,\hat{W}(\varepsilon)\,|\boldsymbol{x}_{k-1}\rangle \,,\end{aligned} \qquad (25.121)$$

worin $\boldsymbol{y} = \boldsymbol{x}_0$ und $\boldsymbol{x} = \boldsymbol{x}_N$ gesetzt wurden.

Feynman'sches-Pfadintegral: Diskrete Version

Der Propagator $K(t,\boldsymbol{x},\boldsymbol{y}) = \langle\boldsymbol{x}|\,\hat{U}(t)\,|\boldsymbol{y}\rangle$ hat die Darstellung

$$\begin{aligned}K(t,\boldsymbol{x},\boldsymbol{y}) &= \lim_{N\to\infty} K_\varepsilon(t,\boldsymbol{x},\boldsymbol{y}) \\ \text{mit}\quad K_\varepsilon(t,\boldsymbol{x},\boldsymbol{y}) &= C_\varepsilon^{3N}\int \mathrm{d}^3x_{N-1}\cdots\mathrm{d}^3x_1\,\mathrm{e}^{\mathrm{i}S_\varepsilon/\hbar}\end{aligned} \qquad (25.122)$$

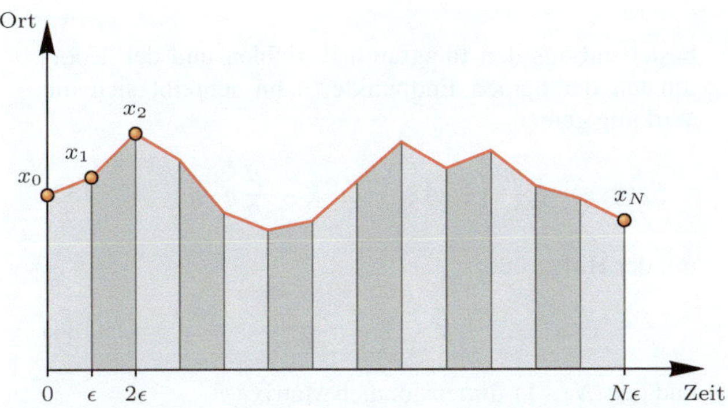

Abb. 25.5 Ein stückweise linearer Pfad vom Anfangspunkt $y = x_0$ zum Endpunkt $x = x_N$. Die Propagationszeit t ist in N infinitesimal kleine Intervalle der Länge ε aufgeteilt

und $N\varepsilon = t$. Die Funktion im Exponenten hat die Form

$$S_\varepsilon = \sum_{k=0}^{N-1} \varepsilon \left(\frac{m}{2} \left[\frac{x_{k+1} - x_k}{\varepsilon} \right]^2 - V(x_k) \right), \qquad (25.123)$$

worin $x_0 = y$ und $x_N = x$ sind.

Um einzusehen, warum man hier von einem Pfadintegral spricht, verbindet man die Paare (x_0, x_1), (x_1, x_2), ..., (x_{N-1}, x_N) mit Geradenstücken, sodass man einen stückweise geraden Pfad von $x_0 = y$ nach $x_N = x$ erhält, wie in Abb. 25.5 gezeigt.

Nun unterteilt man das kontinuierliche Zeitintervall $[0, t]$ in N gleich lange Teilintervalle der Länge $\varepsilon = t/N$ und identifiziert x_k mit $x(t_k = k\varepsilon)$. Man betrachtet den Ort des Teilchens also nur noch für die diskreten Zeiten t_k. Die $\{t_k\}$ bilden ein äquidistantes eindimensionales Zeitgitter, und die Summe

$$\sum_{k=0}^{N-1} \varepsilon \left[\frac{x_{k+1} - x_k}{\varepsilon} \right]^2 = \int_0^t \mathrm{d}s\, \dot{x}^2(s) \qquad (25.124)$$

ist dann proportional zum Zeitintegral über die kinetischen Energie eines sich längs des stückweise geraden Pfades bewegenden Punktteilchens. Somit approximiert die Summe S_ε in (25.123) für kleine ε die klassische Wirkung des Teilchens. Gleichzeitig wird das hochdimensionale Integral über alle Zwischenorte $\{x_1, x_2, \ldots, x_{N-1}\}$ in (25.122) zur Summe über alle stückweise geraden Wege von y nach x.

Jeder stetige Weg kann durch stückweise gerade Pfade beliebig genau approximiert werden, und deshalb kann im sogenannten *Kontinuumslimes* $N \to \infty$ bzw. $\varepsilon \to 0$ das hochdimensionale Integral als Summe über alle (stetigen) Pfade interpretiert werden, die zur Zeit 0 bei y beginnen und zur Zeit t bei x enden.

In diesem Grenzfall werden aus den Differenzenquotienten in (25.123) Differenzialquotienten, und die Riemann'sche Summe für S_ε wird zu einem Integral. Also gilt auch für allgemeine Pfade

$$S[x(.)] = \lim_{\varepsilon \to 0} S_\varepsilon = \int_0^t \mathrm{d}t' \left[\frac{m}{2} \dot{x}^2 - V\left(x(t')\right) \right]. \qquad (25.125)$$

Diesen Ausdruck kennen wir aus der klassischen Mechanik: Der Integrand ist die kinetische Energie minus der potenziellen Energie, also gerade die Lagrange-Funktion, und das Integral ist die klassische Wirkung der Teilchenbahn $x(t')$.

Frage 15

Überlegen Sie sich, dass man mit der Näherung (25.116) wieder das Resultat (25.122) erhält, allerdings mit der Gitterwirkung

$$S_\varepsilon = \sum_{k=0}^{N-1} \varepsilon \left(\frac{m}{2} \left(\frac{x_{k+1} - x_k}{\varepsilon} \right)^2 - \frac{V(x_{k+1}) + V(x_k)}{2} \right). \qquad (25.126)$$

Feynman'sches Pfadintegral: Kontinuierliche Version

Der Propagator hat die formale Pfadintegraldarstellung

$$K(t, x, y) = \int_{x(0)=y}^{x(t)=x} \mathcal{D}x\, \mathrm{e}^{\mathrm{i}S[x(.)]/\hbar}, \qquad (25.127)$$

worin die Wege mit einem komplexen Phasenfaktor gewichtet werden. Das formale Maß $\mathcal{D}x$ über alle Pfade von y nach x ist dabei über den Grenzprozess erklärt:

$$\mathcal{D}x = \lim_{N \to \infty} C_\varepsilon^{3N}\, \mathrm{d}^3x(t_1) \ldots \mathrm{d}^3x(t_{N-1}). \qquad (25.128)$$

Im formalen Kontinuumslimes erhält man also ein unendlichdimensionales Integral über alle Pfade von der Anfangs- zur Endlage. Einige der möglichen Wege sind in Abb. 25.6 eingezeichnet.

In Anwendungen des Pfadintegrals in Quantenfeldtheorien spricht man vom *Funktionalintegral*, weil in diesen Theorien über eine Menge von Funktionen integriert wird.

Achtung Das unendliche Produkt von Lebesgue-Maßen existiert nicht, und $\mathcal{D}x$ hat keine präzise mathematische Bedeutung. Allerdings kann ein Maß auf allen Wegen definiert werden, wenn man aus Konvergenzgründen zulässt, dass die Zeit einen Imaginärteil besitzt. Noch besser ist die Situation, wenn die Zeit überhaupt imaginär wird. ◄

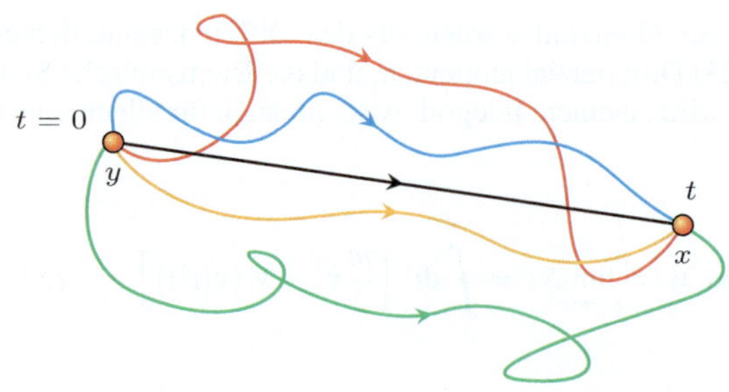

Abb. 25.6 In der Kontinuumsversion des Pfadintegrals wird über alle Pfade integriert, die im Zeitintervall t den Anfangspunkt $\boldsymbol{y}$ mit dem Endpunkt $\boldsymbol{x}$ verbinden

Pfadintegral für den harmonischen Oszillator

Wir betrachten den harmonischen Oszillator, dessen Propagator bereits in Abschn. 22.3 mithilfe der Hamilton-Jacobi-Methode bestimmt wurde. Wir werden hier das Resultat (22.112) mithilfe der Pfadintegralquantisierung reproduzieren.

Die klassische Wirkung für den eindimensionalen Oszillator ist gleich dem Zeitintegral über die Lagrangefunktion:

$$S = \int_0^t \mathrm{d}t'\, L(x, \dot{x}), \quad L = \frac{m}{2}\left(\dot{x}^2 + \omega^2 x^2\right). \quad (25.129)$$

Für dieses einfache System kann das Pfadintegral für die Übergangsamplituden explizit berechnet werden. Dazu diskretisieren wir die Zeit und erhalten gemäß (25.122) das hochdimensionale Integral

$$K_\varepsilon(t, \boldsymbol{x}, \boldsymbol{y}) = C_\varepsilon^N \int \mathrm{d}x_1 \cdots \mathrm{d}x_{N-1}\, \mathrm{e}^{\mathrm{i}S_\varepsilon/\hbar} \quad (25.130)$$

mit der Gitterwirkung (25.126) für den Oszillator:

$$S_\varepsilon = \frac{m}{2}\sum_{k=0}^{N-1}\left[\frac{(x_{k+1}-x_k)^2}{\varepsilon} - \frac{\omega^2\varepsilon}{2}\left(x_{k+1}^2 + x_k^2\right)\right]. \quad (25.131)$$

Überlegen Sie, dass in d Dimensionen der Faktor C_ε^{3N} im diskreten Pfadintegral (25.122) durch C_ε^{dN} ersetzt wird; in einer Dimension erhält man also den Faktor in (25.130).

Die Gitterwirkung ist eine quadratische Funktion der Integrationsvariablen. Definiert man die beiden $N-1$-Tupel

$$\boldsymbol{\xi} = (x_1, x_2, \ldots, x_{N-1})^\top, \qquad \boldsymbol{\eta} = (y, 0, \ldots, 0, x)^\top, \quad (25.132)$$

bestehend aus den Integrationsvariablen und den Koordinaten der beiden Endpunkte, dann schreibt sich die Wirkung gemäß

$$S_\varepsilon(\boldsymbol{\xi}, \boldsymbol{\eta}) = \frac{m}{2\varepsilon}\left(\boldsymbol{\xi}\cdot\boldsymbol{A}\boldsymbol{\xi} - 2\boldsymbol{\eta}\cdot\boldsymbol{\xi} + \frac{\mu}{2}\boldsymbol{\eta}\cdot\boldsymbol{\eta}\right) \quad (25.133)$$

mit der Hilfsgröße

$$\mu = 2 - \varepsilon^2\omega^2 \quad (25.134)$$

und der $(N-1)$-dimensionalen Matrix

$$\boldsymbol{A} = \begin{pmatrix} \mu & -1 & 0 & \cdots & 0 \\ -1 & \mu & -1 & \cdots & 0 \\ \vdots & & \ddots & & \vdots \\ & & & \mu & -1 \\ 0 & & \cdots & -1 & \mu \end{pmatrix}. \quad (25.135)$$

Überprüfen Sie, dass (25.131) in (25.133) übergeht.

Das diskretisierte Pfadintegral (25.130) ist somit

$$K_\varepsilon(t, \boldsymbol{x}, \boldsymbol{y}) = C_\varepsilon^N \mathrm{e}^{-\alpha\mu\boldsymbol{\eta}\cdot\boldsymbol{\eta}/4} \int \mathrm{d}^{N-1}\xi\, \mathrm{e}^{-\alpha\boldsymbol{\xi}\cdot\boldsymbol{A}\boldsymbol{\xi}/2 + \alpha\boldsymbol{\xi}\cdot\boldsymbol{\eta}},$$

wobei wir, um die Notation einfach zu halten, die Konstante $\alpha = m/\mathrm{i}\varepsilon\hbar$ einführten. Dies ist ein Gauß'sches Integral. In Aufgabe 22.4 findet man das Ergebnis für ein allgemeines Gauß'sches Integral. Damit ergibt sich

$$K_\varepsilon(t, \boldsymbol{x}, \boldsymbol{y}) = \sqrt{\frac{m}{2\pi\mathrm{i}\hbar\varepsilon\det\boldsymbol{A}}}\, \mathrm{e}^{\alpha\boldsymbol{\eta}\cdot\boldsymbol{A}^{-1}\boldsymbol{\eta}/2 - \alpha\mu\boldsymbol{\eta}\cdot\boldsymbol{\eta}/4}. \quad (25.136)$$

Wir benötigen also die Determinante von $\boldsymbol{A}$ und das Matrixelement $\boldsymbol{\eta}\cdot\boldsymbol{A}^{-1}\boldsymbol{\eta}$. Deren Berechnung ist Inhalt von Aufgabe 25.7. Die Lösung der Aufgabe führt auf

$$\begin{aligned} \varepsilon\det\boldsymbol{A} &= \frac{\sin\omega t}{\omega} + O(\varepsilon) \\ \boldsymbol{\eta}\cdot\boldsymbol{A}^{-1}\boldsymbol{\eta} &= (1 - \varepsilon\omega\cot\omega t)\,\boldsymbol{\eta}\cdot\boldsymbol{\eta} + \frac{\varepsilon\omega\, xy}{\sin\omega t} + O(\varepsilon^2). \end{aligned} \quad (25.137)$$

Setzen wir dies in (25.136) ein, erhalten wir für $\varepsilon \to 0$

$$K(t, \boldsymbol{x}, \boldsymbol{y}) = \sqrt{\frac{m\omega}{2\pi\mathrm{i}\hbar\sin\omega t}}\, \mathrm{e}^{\mathrm{i}S_\omega(t,\boldsymbol{x},\boldsymbol{y})/\hbar}. \quad (25.138)$$

Die Funktion im Exponenten ist die Prinzipalfunktion,

$$S_\omega(t, \boldsymbol{x}, \boldsymbol{y}) = \frac{m\omega}{2}\left((x^2 + y^2)\cot\omega t - \frac{xy}{\sin\omega t}\right). \quad (25.139)$$

Somit haben wir das frühere Resultat (22.112) mithilfe des Pfadintegrals reproduziert. ◀

Aufgaben

Gelegentlich enthalten die Aufgaben mehr Angaben, als für die Lösung erforderlich sind. Bei einigen anderen dagegen werden Daten aus dem Allgemeinwissen, aus anderen Quellen oder sinnvolle Schätzungen benötigt.

- • leichte Aufgaben mit wenigen Rechenschritten
- •• mittelschwere Aufgaben, die etwas Denkarbeit und unter Umständen die Kombination verschiedener Konzepte erfordern
- ••• anspruchsvolle Aufgaben, die fortgeschrittene Konzepte (unter Umständen auch aus späteren Kapiteln) oder eigene mathematische Modellbildung benötigen

25.1 •• Exponentiation einer zweidimensionalen Matrix Es sei $\boldsymbol{M}$ eine beliebige zweidimensionale Matrix.

(a) Leiten Sie (25.25) mithilfe des Theorems von Cayley-Hamilton her.
(b) Leiten Sie (25.25) her, indem Sie die Eigenbasis von $\boldsymbol{M}$ benutzen (falls diese existiert).
(c) Wir wissen, dass für jede antihermitesche $\boldsymbol{M}$ die Matrix $\exp(\boldsymbol{M})$ unitär ist. Zeigen Sie dies für die explizite Lösung.

Lösungshinweis: Der Satz von Cayley-Hamilton lautet:

Ist P_M das charakteristische Polynom der $n \times n$-Matrix $\boldsymbol{M}$,

$$\begin{aligned} P_M(\lambda) &= \det(\lambda \boldsymbol{I} - \boldsymbol{M}) \\ &= \lambda^n - \mathrm{Sp}(\boldsymbol{M})\lambda^{n-1} + \cdots + (-)^n \det \boldsymbol{M}\,, \end{aligned} \tag{25.140}$$

dann gilt $P_M(\boldsymbol{M}) = 0$.

Bei der Exponentiation ist es vorteilhaft, $\boldsymbol{M}$ in ein Vielfaches der Einheitsmatrix und den spurfreien Anteil zu zerlegen:

$$\boldsymbol{M} = \frac{1}{2}\,\mathrm{Sp}(\boldsymbol{M})\boldsymbol{I} + \boldsymbol{K}, \qquad \mathrm{Sp}(\boldsymbol{K}) = 0\,. \tag{25.141}$$

25.2 ••• Zeitentwicklung von Zweizustandssystemen Gegeben sei ein Qbit mit einem Hamilton-Operator $\hat{H}_0$, der nicht von der Zeit abhängt. In der Eigenbasis von $\hat{H}_0$ ist die Energiematrix diagonal, $\boldsymbol{H}_0 = \mathrm{diag}(E_1, E_2)$. Die Differenz der ungestörten Energien definiert eine Frequenz $\hbar\omega_0 = E_2 - E_1$. Nun wirke auf das System eine harmonisch schwingende Störung $\hat{V}(t)$ ein. In der Eigenbasis von $\hat{H}_0$ ist

$$\boldsymbol{H}(t) = \boldsymbol{H}_0 + \boldsymbol{V}(t)\,, \quad \boldsymbol{V}(t) = \frac{\hbar}{2}\begin{pmatrix} 0 & \rho \mathrm{e}^{\mathrm{i}\omega t} \\ \rho^* \mathrm{e}^{-\mathrm{i}\omega t} & 0 \end{pmatrix} \tag{25.142}$$

mit konstantem $\rho \in \mathbb{C}$.

(a) Berechnen Sie die Matrix der Zeitentwicklung $\boldsymbol{U}(t, 0)$.
(b) Mit welcher Kreisfrequenz (ausgedrückt durch ω_0, ω und ρ) oszillieren die Wahrscheinlichkeiten, das System in einem der beiden Eigenzustände von $\hat{H}_0$ zu finden? Wie groß ist die Wahrscheinlichkeit, das zum Zeitpunkt $t = 0$ im Grundzustand von $\hat{H}_0$ präparierte System zu späteren Zeiten im angeregten Zustand zu finden?
(c) Setzen Sie nun $E_1 = E_2$ und entwickeln Sie $\boldsymbol{U}(t, 0)$ in Potenzen des Kopplungsparameters ρ bis zur Ordnung $O(\rho^3)$. Es sollten sich die Ergebnisse (25.63) bis (25.65) ergeben.

Lösungshinweis: In Teilaufgabe (a) kann man durch die zeitabhängige Transformation $c_1(t) = \mathrm{e}^{\mathrm{i}\omega t/2}\tilde{c}_1(t)$ und $c_2(t) = \mathrm{e}^{-\mathrm{i}\omega t/2}\tilde{c}_2(t)$ in der Schrödinger-Gleichung (25.10) für die Koeffizienten die Zeitabhängigkeit von $\boldsymbol{H}(t)$ wegtransformieren.

25.3 •• Zeitentwicklung in instantaner Eigenbasis Für einen zeitabhängigen Hamilton-Operator $\hat{H}(t)$ mit diskretem Spektrum sei zu jedem Zeitpunkt das Eigenwertproblem

$$\hat{H}(t)\,|\phi_n(t)\rangle = E_n(t)\,|\phi_n(t)\rangle \tag{25.143}$$

gelöst.

(a) Zeigen Sie, dass die Koeffizienten $c_n(t)$ in der Entwicklung einer Lösung $|\psi(t)\rangle$ der Schrödinger-Gleichung nach den orthonormierten Eigenvektoren $|\phi_n(t)\rangle$ die Gleichung

$$\begin{aligned} \mathrm{i}\hbar\dot{c}_n(t) &= \sum_n h_{mn}(t)c_n(t) \\ \text{mit} \quad h_{mn}(t) &= \delta_{mn}E_n(t) + \mathrm{i}\hbar\langle\partial_t\phi_m(t)\,|\phi_n(t)\rangle \end{aligned} \tag{25.144}$$

erfüllt.
(b) Zeigen Sie, dass die Matrix mit den Elementen $h_{mn}(t)$ hermitesch ist.
(c) Bestimmen Sie die $c_n(t)$ für zeitunabhängige Hamilton-Operatoren.

Lösungshinweis: In Teilaufgabe (b) sollte man berücksichtigen, dass für orthonormierte Vektoren $|\phi_n(t)\rangle$ die Ableitung von $\langle\phi_n\,|\phi_m\rangle$ nach der Zeit verschwindet.

25.4 • Ehrenfest-Gleichungen im Schrödinger-Bild Im Haupttext wurde das Ehrenfest-Theorem

$$\frac{\mathrm{d}\langle\hat{q}_i\rangle}{\mathrm{d}t} = \left\langle\frac{\partial\hat{H}}{\partial\hat{p}_i}\right\rangle \quad \text{und} \quad \frac{\mathrm{d}\langle\hat{p}_i\rangle}{\mathrm{d}t} = -\left\langle\frac{\partial\hat{H}}{\partial\hat{q}_i}\right\rangle \tag{25.145}$$

im Heisenberg-Bild bewiesen, wo die Operatoren zeitabhängig sind. Die Erwartungwerte in dieser Gleichung sind aber unabhängig vom gewählten Bild.

(a) Beweisen Sie zuerst im Schrödinger-Bild

$$\mathrm{i}\hbar \frac{\mathrm{d}}{\mathrm{d}t}\langle \hat{A} \rangle = \langle [\hat{A}, \hat{H}] \rangle . \tag{25.146}$$

(b) Wenden Sie das Resultat auf Orts- und Impulsoperator an, um die Ehrenfest-Gleichungen (25.145) zu beweisen.

25.5 • Zeitabhängigkeit des Ortsoperators im Heisenberg-Bild Zeigen Sie, dass sich für

(a) das freie Teilchen und
(b) den harmonischen Oszillator

für $\hat{x}_\mathrm{H}$ dieselben Zeitabhängigkeiten ergeben wie in der klassischen Mechanik.

25.6 •• BCH-Formel für den Propagator Eine für die Umformung des Zeitentwicklungsoperators nützliche Form der Baker-Campbell-Hausdorff-Formel lautet

$$\mathrm{e}^{\varepsilon(\hat{A}+\hat{B})} = \mathrm{e}^{\varepsilon\hat{A}}\,\mathrm{e}^{\varepsilon\hat{B}}\,\mathrm{e}^{\varepsilon^2\hat{C}/2!}\,\mathrm{e}^{\varepsilon^3\hat{D}/3!}\,\mathrm{e}^{O(\varepsilon^4)} \tag{25.147}$$

mit den Operatoren

$$\hat{C} = -[\hat{A}, \hat{B}], \quad \hat{D} = 2[\hat{B}, [\hat{A}, \hat{B}]] + [\hat{A}, [\hat{A}, \hat{B}]] . \tag{25.148}$$

(a) Begründen Sie dieses Resultat, indem Sie beide Seiten von (25.147) bis zur Ordnung ε^3 entwickeln.
(b) Bestimmen Sie nun die Operatoren $\hat{C}'$ und $\hat{D}'$ der im Haupttext benutzten Formel

$$\mathrm{e}^{\varepsilon(\hat{A}+\hat{B})} = \mathrm{e}^{\varepsilon\hat{A}/2}\,\mathrm{e}^{\varepsilon\hat{B}}\,\mathrm{e}^{\varepsilon\hat{A}/2}\,\mathrm{e}^{\varepsilon^2\hat{C}'/2!}\,\mathrm{e}^{\varepsilon^3\hat{D}'/3!}\,\mathrm{e}^{O(\varepsilon^4)} . \tag{25.149}$$

(c) Beim Übergang zum Pfadintegral im Haupttext war $\hat{A}$ proportional zum antihermiteschen Operator $\mathrm{i}\hat{H}_0$ und $\hat{B}$ zum antihermiteschen Operator $\mathrm{i}\hat{V}$. Nennen Sie zwei Gründe, warum für kleine ε die Approximation

$$\mathrm{e}^{\varepsilon(\hat{A}+\hat{B})} \approx \mathrm{e}^{\varepsilon\hat{A}/2}\,\mathrm{e}^{\varepsilon\hat{B}}\,\mathrm{e}^{\varepsilon\hat{A}/2} \tag{25.150}$$

der Approximation

$$\mathrm{e}^{\varepsilon(\hat{A}+\hat{B})} \approx \mathrm{e}^{\varepsilon\hat{A}}\,\mathrm{e}^{\varepsilon\hat{B}} \tag{25.151}$$

vorzuziehen ist.

Lösungshinweis: Bei Teilaufgabe (c) sollten Sie auch auf die Unitarität der approximierenden Operatoren achten.

25.7 ••• Diskretes Pfadintegral für den Oszillator Es soll hier schrittweise die Determinante der k-dimensionalen Matrix

$$\boldsymbol{A}_k = \begin{pmatrix} \mu & -1 & 0 & \cdots & 0 \\ -1 & \mu & -1 & \cdots & 0 \\ \vdots & & \ddots & & \vdots \\ & & & \mu & -1 \\ 0 & & \cdots & -1 & \mu \end{pmatrix} \tag{25.152}$$

mit $\mu = 2 - \varepsilon^2\omega^2$ im Grenzfall $\varepsilon \to 0$ berechnet werden, wobei ε und ω fest bleiben. Diese Determinante tritt bei der Pfadintegralquantisierung des harmonischen Oszillators auf. Des Weiteren bestimmen wir relevante Matrixelemente der inversen Matrix im Grenzfall $\varepsilon \to 0$.

(a) Finden Sie die Rekursionsrelation, welche die Determinanten von $\boldsymbol{A}_{k+1}$, $\boldsymbol{A}_k$ und $\boldsymbol{A}_{k-1}$ verbindet.
(b) Ersetzen Sie nun in der Rekursionsrelation μ durch $2-\varepsilon^2\omega^2$ mit $\varepsilon N = t$. Dividieren Sie die Relation durch ε^2, um eine Differenzengleichung mit $-\omega^2 \det \boldsymbol{A}_k$ auf der rechten Seite zu erhalten.
(c) Die Größen $\varepsilon \det \boldsymbol{A}_k$ werden nun als die Werte einer Funktion $D(t')$ mit $0 \le t' \le t$ an den Stützstellen $t_k = k\varepsilon$ interpretiert mit $k = 0, \ldots, N$. Welche Differenzialgleichung erhalten Sie im Kontinuumslimes $\varepsilon \to 0$ (mit festgehaltenem $t = N\varepsilon$) für $D(t)$? Berechnen Sie die Anfangsbedingungen

$$D(0) \quad \text{und} \quad \dot{D}(0) \tag{25.153}$$

im Grenzfall $\varepsilon \to 0$. Warum muss man die Determinanten mit ε skalieren, um eine wohldefinierte Funktion D zu erhalten?
(d) Berechnen Sie die Matrixelemente in den Ecken der Matrix $\boldsymbol{A}_k^{-1}$ für kleine ε bis zur Ordnung $O(\varepsilon)$.

Lösungshinweis: Versuchen Sie in Teilaufgabe (d) nicht, die vollständige Matrix $\boldsymbol{A}_k$ zu invertieren. Nur die Matrixelemente $(1,1)$, $(1,k)$, $(k,1)$ und (k,k) der inversen Matrix sind gefragt. Diese können durch die Determinanten von $\boldsymbol{A}_k$ und $\boldsymbol{A}_{k-1}$ ausgedrückt werden. Setzen Sie dann $k = N$ und benutzen Sie $\varepsilon \det \boldsymbol{A}_N = D(t)$ sowie $\varepsilon \det \boldsymbol{A}_{N-1} = D(t) - \varepsilon\dot{D}(t) + O(\varepsilon^2)$.

Ausführliche Lösungen zu den Aufgaben

25.1

(a) Da $\boldsymbol{I}$ und $\boldsymbol{K}$ kommutieren, ist

$$\mathrm{e}^{\boldsymbol{M}} = \mathrm{e}^{\mathrm{Sp}(\boldsymbol{M})/2}\mathrm{e}^{\boldsymbol{K}}\,, \qquad (25.154)$$

und wir brauchen uns nur noch um den zweiten Faktor zu kümmern. Für die spurfreie Matrix $\boldsymbol{K}$ lautet der Satz von Cayley-Hamilton $\boldsymbol{K}^2 = -\det(\boldsymbol{K})\boldsymbol{I}$, und deshalb ist

$$\begin{aligned} \mathrm{e}^{\boldsymbol{K}} &= \boldsymbol{I} + \boldsymbol{K} + \frac{1}{2!}\boldsymbol{K}^2 + \frac{1}{3!}\boldsymbol{K}^3 + \frac{1}{4!}\boldsymbol{K}^4 + \ldots \\ &= \boldsymbol{I} + \boldsymbol{K} - \frac{\det \boldsymbol{K}}{2!}\boldsymbol{I} - \frac{\det \boldsymbol{K}}{3!}\boldsymbol{K} + \ldots \qquad (25.155)\\ &= \cos\mathcal{D}\,\boldsymbol{I} + \frac{\sin\mathcal{D}}{\mathcal{D}}\boldsymbol{K}, \quad \mathcal{D} = \sqrt{\det \boldsymbol{K}} \end{aligned}$$

eine Linearkombination der Matrizen $\boldsymbol{I}$ und $\boldsymbol{K}$. Somit erhalten wir für eine spurfreie Matrix

$$\mathrm{e}^{\boldsymbol{K}} = \cos\mathcal{D}\,\boldsymbol{I} + \frac{\sin\mathcal{D}}{\mathcal{D}}\boldsymbol{K}\,. \qquad (25.156)$$

(b) Für eine spurfreie diagonalisierbare Matrix $\boldsymbol{K}$ existiert ein invertierbares $\boldsymbol{S}$ mit

$$\boldsymbol{K} = \boldsymbol{S}\boldsymbol{D}\boldsymbol{S}^{-1} \quad \text{und} \quad \boldsymbol{D} = \begin{pmatrix} \lambda & 0 \\ 0 & -\lambda \end{pmatrix}. \qquad (25.157)$$

Daraus folgt $\boldsymbol{K}^n = \boldsymbol{S}\boldsymbol{D}^n\boldsymbol{S}^{-1}$. Da sich die Spur bei einer Ähnlichkeitstransformation nicht ändert, ist $\mathrm{Sp}\,\boldsymbol{D} = \mathrm{Sp}\,\boldsymbol{K} = 0$. Aus der Darstellung (25.157) folgt

$$\mathrm{e}^{\boldsymbol{K}} = \boldsymbol{S}\mathrm{e}^{\boldsymbol{D}}\boldsymbol{S}^{-1}\,. \qquad (25.158)$$

Nun schreiben wir

$$\mathrm{e}^{\boldsymbol{D}} = \begin{pmatrix} \mathrm{e}^{\lambda} & 0 \\ 0 & \mathrm{e}^{-\lambda} \end{pmatrix} = \cosh(\lambda)\,\boldsymbol{I} + \frac{\sinh(\lambda)}{\lambda}\boldsymbol{D}\,. \qquad (25.159)$$

Daraus folgt nun sofort

$$\mathrm{e}^{\boldsymbol{K}} = \boldsymbol{S}\mathrm{e}^{\boldsymbol{D}}\boldsymbol{S}^{-1} = \cosh(\lambda)\boldsymbol{I} + \frac{\sinh(\lambda)}{\lambda}\boldsymbol{K}\,. \qquad (25.160)$$

Mithilfe von $\det \boldsymbol{K} = \det \boldsymbol{D} = -\lambda^2$ gewinnt man wieder das frühere Resultat (25.25).

(c) Die Matrix (25.141) ist antihermitesch, wenn $\mathrm{Sp}(\boldsymbol{M})$ imaginär und $\boldsymbol{K}$ antihermitesch ist. Eine spurfreie und antihermitesche Matrix $\boldsymbol{K}$ hat die Form

$$\boldsymbol{K} = \begin{pmatrix} \mathrm{i}\alpha & b \\ -b^* & -\mathrm{i}\alpha \end{pmatrix} \qquad (25.161)$$

mit reellem α. Ihre positive Determinante

$$\det \boldsymbol{K} = \alpha^2 + |b|^2 \qquad (25.162)$$

hat eine reelle Quadratwurzel $\mathcal{D}$. Weiterhin impliziert der Satz von Cayley-Hamilton

$$\boldsymbol{K}^\dagger\boldsymbol{K} = -\boldsymbol{K}^2 = \mathcal{D}^2\boldsymbol{I}\,. \qquad (25.163)$$

Deshalb findet man anstelle von (25.155) das Resultat

$$\left(\mathrm{e}^{\boldsymbol{K}}\right)^\dagger = \cos\mathcal{D}\,\boldsymbol{I} - \frac{\sin\mathcal{D}}{\mathcal{D}}\boldsymbol{K}\,, \qquad (25.164)$$

und die exponentierte Matrix in (25.156) ist unitär, da

$$\left(\mathrm{e}^{\boldsymbol{K}}\right)^\dagger\mathrm{e}^{\boldsymbol{K}} = (\cos\mathcal{D})^2\boldsymbol{I} + \frac{(\sin\mathcal{D})^2}{\mathcal{D}^2}\mathcal{D}^2\boldsymbol{I} \qquad (25.165)$$

gleich der Einheitsmatrix ist.

25.2

(a) Transformiert man die Koeffizienten $c_i(t)$ wie im Hinweis angegeben, dann erhält man eine Schrödinger-Gleichung für die $\tilde{c}_i(t)$ mit zeitunabhängiger Energiematrix

$$\tilde{\boldsymbol{H}} = \frac{\mathrm{Sp}(\boldsymbol{H}_0)}{2}\boldsymbol{I} + \boldsymbol{K}\,, \quad \boldsymbol{K} = \frac{\hbar}{2}\begin{pmatrix} \omega - \omega_0 & \rho \\ \rho^* & \omega_0 - \omega \end{pmatrix}. \qquad (25.166)$$

Hier ist $\hbar\omega_0 = E_2 - E_1$ die Differenz der ungestörten Energien und $\boldsymbol{K}$ der spurfreie Anteil von $\tilde{\boldsymbol{H}}$. Die beiden Matrizen in dieser Zerlegung kommutieren, sodass

$$\tilde{\boldsymbol{U}}(t,0) = \mathrm{e}^{-\mathrm{i}\tilde{\boldsymbol{H}}t/\hbar} = \mathrm{e}^{-\mathrm{i}\bar{E}t/\hbar}\mathrm{e}^{-\mathrm{i}\boldsymbol{K}t/\hbar}\,. \qquad (25.167)$$

Die Matrix $\boldsymbol{K}$ erhalten wir aus der Matrix (25.30) durch die Ersetzung $\omega_0 \mapsto \omega_0 - \omega$, sodass

$$\tilde{\boldsymbol{U}}(t,0) = \mathrm{e}^{-\mathrm{i}\bar{E}t/\hbar}\left(\cos\left(\frac{\Omega t}{2}\right) - \frac{2\mathrm{i}}{\Omega}\sin\left(\frac{\Omega t}{2}\right)\frac{\boldsymbol{K}}{\hbar}\right)$$

mit der Rabi-Frequenz $\Omega^2 = (\omega_0 - \omega)^2 + |\rho|^2 \propto \det \boldsymbol{K}$. Die Zeitentwicklung der ursprünglichen Koeffizienten (c_1, c_2) ist dann gegeben durch die unitäre Matrix

$$\boldsymbol{U}(t,0) = \mathrm{e}^{-\mathrm{i}\bar{E}t/\hbar}\begin{pmatrix} a & b \\ -b^* & a^* \end{pmatrix} \qquad (25.168)$$

mit den zeitabhängigen Matrixelementen

$$a(t) = \mathrm{e}^{\mathrm{i}\omega t/2}\left(\cos\frac{\Omega t}{2} + \mathrm{i}\frac{\omega_0 - \omega}{\Omega}\sin\frac{\Omega t}{2}\right), \qquad (25.169)$$

$$b(t) = -\frac{\mathrm{i}\rho}{\Omega}\mathrm{e}^{\mathrm{i}\omega t/2}\sin\frac{\Omega t}{2}\,. \qquad (25.170)$$

(b) Ist das System anfänglich im Grundzustand von $\hat{H}_0$, so ist $c_1(0) = 1$ und $c_2(0) = 0$. Dann ist der zweite Koeffizient zu späteren Zeiten

$$c_2(t) = -\mathrm{e}^{-\mathrm{i}\bar{E}t/\hbar} b^*(t)\,, \tag{25.171}$$

und die gesuchte Wahrscheinlichkeit ist

$$|c_2(t)|^2 = |b(t)|^2 = \frac{|\rho|^2}{2\Omega^2}(1 - \cos\Omega t)\,. \tag{25.172}$$

Die Wahrscheinlichkeit oszilliert mit der *Rabi-Frequenz*

$$\Omega = \sqrt{(\omega_0 - \omega)^2 + |\rho|^2}\,. \tag{25.173}$$

Im statischen Grenzfall $\omega = 0$ erhalten wir wieder das frühere Resultat (25.32).

(c) Nun setzen wir $\omega_0 = 0$ und entwickeln in Potenzen von $|\rho|/\omega$. Mithilfe der Entwicklungen

$$\begin{aligned} \cos\frac{\Omega t}{2} &= \cos\tau - \frac{|\rho|^2\tau}{2\omega^2}\sin\tau + O\left(|\rho|^4\right)\,, \\ \frac{\omega}{\Omega}\sin\frac{\Omega t}{2} &= \sin\tau + \frac{|\rho|^2\tau}{2\omega^2}\cos\tau - \frac{|\rho|^2}{2\omega^2}\sin\tau + O\left(|\rho|^4\right) \end{aligned} \tag{25.174}$$

mit der dimensionslosen Zeit $\tau = \omega t/2$ findet man

$$\begin{aligned} a &= 1 - \frac{\mathrm{i}|\rho|^2}{2\omega^2}\left(\tau - \sin\tau\,\mathrm{e}^{\mathrm{i}\tau}\right) + \ldots\,, \\ b &= \frac{\rho}{\mathrm{i}\omega}\mathrm{e}^{\mathrm{i}\tau}\left(\sin\tau + \frac{|\rho|^2}{2\omega^2}(\tau\cos\tau - \sin\tau) + \ldots\right). \end{aligned} \tag{25.175}$$

25.3

(a) Die Koeffizienten in der Reihenentwicklung

$$|\psi(t)\rangle = \sum_n c_n(t)\,|\phi_n(t)\rangle \tag{25.176}$$

berechnet man bekanntlich gemäß

$$c_n(t) = \langle\phi_n(t)\,|\psi(t)\rangle\,. \tag{25.177}$$

Ihre Zeitableitung ist

$$\begin{aligned} \mathrm{i}\hbar\dot{c}_m(t) &= \langle\phi_m|\,\mathrm{i}\hbar\partial_t\psi(t)\rangle + \mathrm{i}\hbar\langle\partial_t\phi_m(t)\,|\psi(t)\rangle \\ &= \langle\phi_m(t)|\,\hat{H}\,|\psi(t)\rangle + \mathrm{i}\hbar\langle\partial_t\phi_m(t)\,|\psi(t)\rangle\,. \end{aligned} \tag{25.178}$$

Setzen wir für $|\psi(t)\rangle$ die Reihenentwicklung ein, dann folgt

$$\begin{aligned} \mathrm{i}\hbar\dot{c}_m(t) &= \sum_n \Big(\langle\phi_m(t)|\,\hat{H}\,|\phi_n(t)\rangle + \mathrm{i}\hbar\langle\partial_t\phi_m(t)\,|\phi_n(t)\rangle\Big)\,c_n(t) \\ &= \sum_n h_{mn}(t)c_n(t) \end{aligned} \tag{25.179}$$

mit den Matrixelementen

$$h_{mn}(t) = \delta_{mn}E_n(t) + \mathrm{i}\hbar\langle\partial_t\phi_m(t)\,|\phi_n(t)\rangle\,. \tag{25.180}$$

(b) Wegen $\langle\partial_t\phi_m|\,\phi_n\rangle^* = \langle\phi_n\,|\partial_t\phi_m\rangle$ ist

$$h^*_{nm} = \delta_{nm}E_n - \mathrm{i}\hbar\,\langle\phi_n|\,\partial_t\phi_m\rangle\,, \tag{25.181}$$

und unter Berücksichtigung von

$$0 = \partial_t\,\langle\phi_n|\,\phi_m\rangle = \langle\partial_t\phi_n|\,\phi_m\rangle + \langle\phi_m|\,\partial_t\phi_n\rangle \tag{25.182}$$

findet man schlussendlich

$$h^*_{nm} = \delta_{nm}E_n + \mathrm{i}\hbar\,\langle\partial_t\phi_m|\,\phi_n\rangle = h_{mn}\,. \tag{25.183}$$

(c) Für einen zeitunabhängigen Hamilton-Operator sind $E_n(t) = E_n$ und $|\phi_n(t)\rangle = |\phi_n\rangle$ zeitunabhängig, und entsprechend ist $h_{mn} = \delta_{mn}E_n$ diagonal. Die Evolutionsgleichungen für die Koeffizienten entkoppeln und haben die bekannten Lösungen

$$c_n(t) = \mathrm{e}^{-\mathrm{i}E_n(t-t_0)/\hbar}c_n(t_0)\,. \tag{25.184}$$

25.4

(a) Im Schrödinger-Bild rührt die Zeitabhängigkeit der Erwartungswerte eines beliebigen Operators $\langle\hat{A}\rangle = \langle\psi(t)|\,\hat{A}\,|\psi(t)\rangle$ von der Zeitabhängigkeit der Zustandsvektoren her. Diese erfüllen die Schrödinger-Gleichung und ihr konjugiertes,

$$\begin{aligned} \mathrm{i}\hbar\frac{\mathrm{d}}{\mathrm{d}t}\,|\psi(t)\rangle &= \hat{H}\,|\psi(t)\rangle\,, \\ \mathrm{i}\hbar\frac{\mathrm{d}}{\mathrm{d}t}\,\langle\psi(t)| &= -\,\langle\psi(t)|\,\hat{H}\,. \end{aligned} \tag{25.185}$$

Deshalb ist die Änderung eines Erwartungswertes von $\hat{A}$ gegeben durch

$$\mathrm{i}\hbar\frac{\mathrm{d}}{\mathrm{d}t}\,\langle\psi(t)|\,\hat{A}\,|\psi(t)\rangle = \langle\psi(t)|\,\hat{A}\hat{H} - \hat{H}\hat{A}\,|\psi(t)\rangle\,, \tag{25.186}$$

und dies ist die Beziehung (25.146).

(b) In (23.91) wurden die Kommutatoren der verallgemeinerten Ortsoperatoren $\hat{q}_i$ und ihren kanonisch konjugierten Impulsoperatoren $\hat{p}_i$ mit einem beliebigen Operator $A(\hat{q},\hat{p})$ angegeben. Damit findet man folgende Evolutionsgleichungen für die mittleren Orte und Impulse:

$$\begin{aligned} \mathrm{i}\hbar\frac{\mathrm{d}}{\mathrm{d}t}\,\langle\psi(t)|\,\hat{q}_i\,|\psi(t)\rangle &= \mathrm{i}\hbar\,\langle\psi(t)|\,\frac{\partial\hat{H}}{\partial\hat{p}_i}\,|\psi(t)\rangle\,, \\ \mathrm{i}\hbar\frac{\mathrm{d}}{\mathrm{d}t}\,\langle\psi(t)|\,\hat{p}_i\,|\psi(t)\rangle &= -\mathrm{i}\hbar\,\langle\psi(t)|\,\frac{\partial\hat{H}}{\partial\hat{q}_i}\,|\psi(t)\rangle\,. \end{aligned} \tag{25.187}$$

Dies sind die Ehrenfest-Gleichungen (25.145).

25.5

(a) Für das freie Teilchen ist $\hat{H}_{\mathrm{H}} = \hat{p}_{\mathrm{H}}^2/2m$, und die Heisenberg-Gleichungen lauten

$$\frac{\mathrm{d}\hat{x}_{\mathrm{H}}}{\mathrm{d}t} = \frac{\partial \hat{H}_{\mathrm{H}}}{\partial \hat{p}_{\mathrm{H}}} = \frac{\hat{p}_{\mathrm{H}}}{m}, \quad \frac{\mathrm{d}\hat{p}_{\mathrm{H}}}{\mathrm{d}t} = -\frac{\partial \hat{H}_{\mathrm{H}}}{\partial \hat{x}_{\mathrm{H}}} = 0. \tag{25.188}$$

Die zweite Gleichung bedeutet, dass $\hat{p}_{\mathrm{H}}(t) = \hat{p}_{\mathrm{H}}(0)$ zeitunabhängig ist. Benutzt man dies in der ersten Gleichung, dann erhält man

$$\hat{x}_{\mathrm{H}}(t) = \frac{\hat{p}_{\mathrm{H}}(0)}{m} t + \hat{x}_{\mathrm{H}}(0). \tag{25.189}$$

(b) Für den harmonischen Oszillator mit

$$\hat{H}_{\mathrm{H}} = \frac{\hat{p}_{\mathrm{H}}^2}{2m} + \frac{m\omega^2}{2}\hat{x}_{\mathrm{H}}^2 \tag{25.190}$$

lauten die Heisenberg-Gleichungen

$$\frac{\mathrm{d}\hat{x}_{\mathrm{H}}}{\mathrm{d}t} = \frac{\hat{p}_{\mathrm{H}}}{m}, \quad \frac{\mathrm{d}\hat{p}_{\mathrm{H}}}{\mathrm{d}t} = -m\omega^2\hat{x}_{\mathrm{H}}. \tag{25.191}$$

Die Ableitung der ersten Gleichung nach der Zeit mit anschließender Elimination der Zeitableitung des Impulses mithilfe der zweiten Gleichung führt auf

$$\frac{\mathrm{d}^2\hat{x}_{\mathrm{H}}}{\mathrm{d}t^2} = -\omega^2\hat{x}_{\mathrm{H}} \tag{25.192}$$

mit der Lösung

$$\hat{x}_{\mathrm{H}}(t) = \cos(\omega t)\,\hat{x}_{\mathrm{H}}(0) + \frac{\sin(\omega t)}{m\omega}\hat{p}_{\mathrm{H}}(0). \tag{25.193}$$

25.6

(a) Die linke Seite von (25.147) hat die Potenzreihenentwicklung

$$\boldsymbol{I} + \varepsilon(\hat{A}+\hat{B}) + \frac{\varepsilon^2}{2!}(\hat{A}+\hat{B})^2 + \frac{\varepsilon^3}{3!}(\hat{A}+\hat{B})^3 + \ldots, \tag{25.194}$$

und die Enwicklung der rechten Seite lautet

$$\begin{aligned}&\boldsymbol{I} + \varepsilon(\hat{A}+\hat{B}) + \frac{\varepsilon^2}{2!}\left(\hat{A}^2 + 2\hat{A}\hat{B} + \hat{B}^2 + \hat{C}\right)\\ &+ \frac{\varepsilon^3}{3!}\left(\hat{A}^3 + 3\hat{A}^2\hat{B} + 3\hat{A}\hat{B}^2 + 3\hat{A}\hat{C} + \hat{B}^3 + 3\hat{B}\hat{C} + \hat{D}\right)\\ &+ \ldots\end{aligned} \tag{25.195}$$

Ein Vergleich der beiden Terme von der Ordnung ε^2 ergibt

$$\hat{C} = \hat{B}\hat{A} - \hat{A}\hat{B} = -[\hat{A}, \hat{B}]. \tag{25.196}$$

Benutzt man nun dieses Resultat beim Vergleich der Terme von der Ordnung ε^3, erhält man

$$\begin{aligned}\hat{D} &= \hat{A}^2\hat{B} - 2\hat{A}\hat{B}^2 - 2\hat{A}\hat{B}\hat{A} - 2\hat{B}^2\hat{A} + \hat{B}\hat{A}^2 + 4\hat{B}\hat{A}\hat{B}\\ &= 2[\hat{B}, [\hat{A}, \hat{B}]] + [\hat{A}, [\hat{A}, \hat{B}]].\end{aligned} \tag{25.197}$$

(b) Geht man genauso vor wie in Teilaufgabe (a), so findet man die Operatoren

$$\hat{C}' = 0 \quad \text{und} \quad \hat{D}' = \frac{1}{4}\hat{D}. \tag{25.198}$$

(c) Der erste und offensichtliche Grund ist, dass der Fehler der Approximation (25.150) von der Ordnung $O(\varepsilon^3)$ ist, wogegen die Approximation (25.151) einen Fehler der Ordnung $O(\varepsilon^2)$ aufweist.
In der Anwendung ist der Operator auf der linken Seite von (25.147) der unitäre Zeitentwicklungsoperator und $\exp(\varepsilon\hat{A})$ der unitäre freie Zeitentwicklungsoperator. Der approximierende Operator (25.150) ist ebenfalls unitär. Wenn die antihermiteschen Operatoren $\hat{A}$ und $\hat{B}$ nicht kommutieren, ist aber der approximierende Operator (25.151) nicht unitär.

25.7

(a) Entwickelt man die Determinante von $\boldsymbol{A}_{k+1}$ nach der ersten Reihe, erhält man die einfache Rekursionsrelation

$$\det\boldsymbol{A}_{k+1} = \mu\det\boldsymbol{A}_k - \det\boldsymbol{A}_{k-1}. \tag{25.199}$$

(b) Man setzt für μ ein, bringt alle Terme mit Ausnahme von $-\varepsilon^2\omega^2\det\boldsymbol{A}_k$ nach links und dividiert durch ε^2. Dann findet man für $\det\boldsymbol{A}_k$ die Differenzengleichung

$$\frac{\det\boldsymbol{A}_{k+1} - 2\det\boldsymbol{A}_k + \det\boldsymbol{A}_{k-1}}{\varepsilon^2} = -\omega^2\det\boldsymbol{A}_k. \tag{25.200}$$

(c) Die $D(t_k) = \varepsilon\det\boldsymbol{A}_k$ erfüllen somit dieselbe lineare Differenzengleichung

$$\frac{D(t_{k+1}) - 2D(t_k) + D(t_{k-1})}{\varepsilon^2} = -\omega^2 D(t_k). \tag{25.201}$$

Die Stützstellen $t_k = \varepsilon k$ haben den gleichen Abstand ε, und deshalb geht wegen

$$\lim_{\varepsilon\to 0}\frac{D(t_{k+1}) - 2D(t_k) + D(t_{k-1})}{\varepsilon^2} = \ddot{D}(t_k) \tag{25.202}$$

die Differenzengleichung in eine gewöhnliche Differenzialgleichung zweiter Ordnung über:

$$\ddot{D}(t') = -\omega^2 D(t'). \tag{25.203}$$

Mithilfe von $\mu = 2 - \varepsilon^2\omega^2$ findet man

$$\begin{aligned}D(0) &= \lim_{\varepsilon\to 0}(\varepsilon\det\boldsymbol{A}_1) = \lim_{\varepsilon\to 0}(\varepsilon\mu) = 0,\\ \frac{\mathrm{d}D}{\mathrm{d}t}(0) &= \lim_{\varepsilon\to 0}(\det\boldsymbol{A}_2 - \det\boldsymbol{A}_1)\\ &= \lim_{\varepsilon\to 0}(\mu^2 - 1 - \mu) = 1\end{aligned} \tag{25.204}$$

und somit die Anfangsbedingungen für die D-Funktion:

$$D(0) = 0 \quad \text{und} \quad \frac{\mathrm{d}D}{\mathrm{d}t}(0) = 1\,. \tag{25.205}$$

Die Lösung der Differenzialgleichung (25.203) mit diesen Anfangsbedingungen ist proportional zu $\sin(\omega t')$. Insbesondere ist

$$\lim_{\varepsilon \to 0} \varepsilon \det(A_N) = D(t) = \frac{\sin(\omega t)}{\omega}\,. \tag{25.206}$$

Offensichtlich müssen die Determinanten $\det \boldsymbol{A}_k$ mit ε skaliert werden, damit die Anfangsbedingungen regulär sind.

(d) Mit der Methode der Minoren (siehe den „Mathematischen Hintergrund" 2.3) zeigt man schnell, dass die gesuchten Elemente der inversen Matrix gegeben sind durch

$$(\boldsymbol{A}_k)^{-1} = \frac{1}{\det \boldsymbol{A}_k} \begin{pmatrix} \det \boldsymbol{A}_{k-1} & \dots & 1 \\ \vdots & & \vdots \\ 1 & \dots & \det \boldsymbol{A}_{k-1} \end{pmatrix}. \tag{25.207}$$

Ersetzt man wieder $\varepsilon \det \boldsymbol{A}_k$ durch $D(t_k)$, findet man mithilfe von $D(t_{N-1}) = D(t) - \varepsilon \dot{D}(t) + O(\varepsilon^2)$ für kleine ε

$$(\boldsymbol{A}_N)^{-1} \approx \frac{1}{D(t)} \begin{pmatrix} D(t) - \varepsilon \dot{D}(t) & \dots & \varepsilon \\ \vdots & & \vdots \\ \varepsilon & \dots & D(t) - \varepsilon \dot{D}(t) \end{pmatrix}.$$

Mit der D-Funktion in (25.206) führt dies auf

$$(\boldsymbol{A}_N)^{-1} \approx \begin{pmatrix} 1 - \varepsilon\omega \cot \omega t & \dots & \varepsilon\omega / \sin \omega t \\ \vdots & & \vdots \\ \varepsilon\omega / \sin \omega t & \dots & 1 - \varepsilon\omega \cot \omega t \end{pmatrix}. \tag{25.208}$$

Literatur

Dirac, P.A.M.: The Lagrangian in Quantum Mechanics. Phys. Z. Sowjetunion **3**, 64 (1933)

Feynman, R.P, Hibbs, A.R.: Quantum Mechanics and Path Integrals. McGraw-Hill, New York (1965)

Wiener, N.: Differential space. J. Math. Phys. Sci. **2**, 131 (1923)

Weiterführende Literatur

Feynman, R.P., Leighton, R.B., Sands, M.: Feynman Vorlesungen über Physik III: Quantenmechanik. 4. Aufl., Oldenbourg Wissenschaftsverlag, München (1999)

Griffiths, D.H.: Quantenmechanik: Eine Einführung. 2. Aufl., Pearson Studium, München (2012)

Münster, G.: Quantentheorie. 2. Aufl., De Gruyter, Berlin (2010)

Eindimensionale Quantensysteme

26

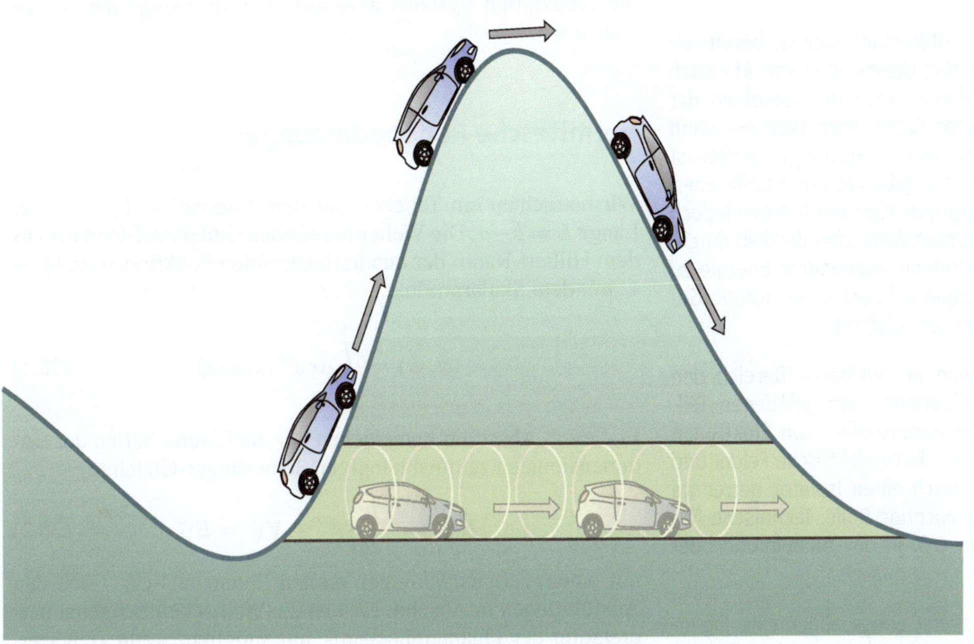

Warum sind $\psi(x)$ und $\psi'(x)$ für endliche Potenziale immer stetig?

Warum gelingt es einem Quantenobjekt, in klassisch verbotene Gebiete einzudringen?

Was versteht man unter „Katzenzuständen"?

Wie gewinnt man numerische Lösungen der eindimensionalen Schrödinger-Gleichung?

Was meint man mit Faktorisierung von $\hat{H}$?

Teil III

M. Bartelmann et al., *Theoretische Physik*, DOI 10.1007/978-3-642-54618-1_26, © Springer-Verlag Berlin Heidelberg 2015

In diesem Kapitel untersuchen wir Lösungen der stationären Schrödinger-Gleichung für eindimensionale Systeme. Metallische Nanodrähte sind in guter Näherung ein Beispiel hierfür. Oft können auch dreidimensionale Systeme mit Symmetrien anhand von Symmetrieüberlegungen auf eindimensionale Systeme reduziert werden. Ein bekanntes Beispiel ist die Schrödinger-Gleichung für ein Elektron im Coulomb-Potenzial: Nutzt man die Drehsymmetrie aus, dann reduziert sich die Gleichung in drei Dimensionen auf ein eindimensionales Problem für die Radialbewegung.

Eindimensionale Systeme sind auch interessant, weil sie bereits einige unerwartete Effekte, wie z. B. das Überwinden von klassisch unüberwindbaren Barrieren, illustrieren: Nach den Gesetzen der klassischen Physik kann eine rollende Kugel einen Wall nur dann überwinden, wenn ihre anfängliche Bewegungsenergie größer ist als die aus der Höhe des Walles sich ergebende potenzielle Energie. Nach den Gesetzen der Quantenphysik kann ein Teilchen jedoch einen Potenzialwall mit einer bestimmten Wahrscheinlichkeit durchdringen, ohne die zu seiner Überwindung notwendige Energie zu besitzen. Die Eigenschaft, dass Teilchen in klassisch verbotene Gebiete eindringen können, nennt man *Tunneleffekt*.

Mithilfe des Tunneleffekts kann man im nuklearen Bereich den α-Zerfall oder das relativ leichte Eindringen von geladenen Teilchen in Kerne verstehen; auch beim Herausreißen von Elektronen aus Molekülen oder Metalloberflächen durch elektrische Felder und beim Ladungsfluss zwischen zwei durch einen Isolator getrennte Metalle spielt der Tunneleffekt eine wichtige Rolle. Technische Anwendungen des Effekts findet man z. B. in der Tunneldiode oder dem Rastertunnelmikroskop.

In diesem Kapitel diskutieren wir zuerst einige allgemeine Eigenschaften von Lösungen der Schrödinger-Gleichung in einer Dimension. Dazu gehören die mit der Wahrscheinlichkeitsinterpretation verträglichen *Randbedingungen* und das nützliche *Knotentheorem*. Wir betrachten die *Potenzialstufe*, den *Potenzialtopf* und die *Potenzialbarriere* und untersuchen das interessante *Resonanzphänomen*.

Ein gutes Verständnis des harmonischen Oszillators ist oft die Grundlage bei der Untersuchung von komplizierteren Quantensystemen. Viele Näherungen in der theoretischen Physik, z. B. der Festkörperphysik, beruhen in niedrigster Ordnung auf der Lösung für den Oszillator. Wir stellen die elegante Lösung des quantisierten Oszillators in der Besetzungszahldarstellung vor. Die Methode der Auf- und Absteigeoperatoren kann auf beliebige eindimensionale Schrödinger-Gleichungen verallgemeinert werden. Dies führt über das Faktorisierungsproblem für Hamilton-Operatoren bis zur supersymmetrischen Quantenmechanik.

Nur für wenige ausgewählte Potenziale kann die Schrödinger-Gleichung analytisch gelöst werden. Für die Mehrzahl der Probleme ist man auf numerische Verfahren angewiesen, um Energien und Eigenfunktionen eines Hamilton-Operators zu berechnen. Am Ende des Kapitels besprechen wir kurz das Schießverfahren zur numerischen Berechnung dieser Größen.

Teil III

26.1 Potenzialprobleme und Potenzialstufe

Für viele physikalische Systeme mit einer hohen Symmetrie reduziert sich die zeitunabhängige Schrödinger-Gleichung mithilfe eines Separationsansatzes auf eine eindimensionale Differenzialgleichung. Im Allgemeinen wird der Konfigurationsraum des reduzierten Systems aber nur eine Teilmenge der reellen Achse sein.

Hermitesche Randbedingungen

Wir betrachten ein Teilchen auf dem Intervall $[a, b] \subset \mathbb{R}$ der Länge $L = b-a$. Die Wellenfunktionen sind dann Elemente aus dem Hilbert-Raum der quadratintegrablen Funktionen $[a, b] \mapsto \mathbb{C}$ mit dem Skalarprodukt

$$\langle \phi, \psi \rangle = \int_a^b \mathrm{d}x\, \phi^*(x)\psi(x). \tag{26.1}$$

In diesem Abschnitt untersuchen wir die Eigenschaften der eindimensionalen zeitunabhängigen Schrödinger-Gleichung

$$\hat{H}\psi = -\frac{\hbar^2}{2m}\psi'' + V\psi = E\psi \tag{26.2}$$

mit einem zeitunabhängigen reellen Potenzial $V(x)$. Nach den Ausführungen in Abschn. 22.4 ist die Wahrscheinlichkeitsinterpretation der Quantenmechanik nur möglich, wenn $\hat{H}$ hermitesch ist, d. h. wenn gilt

$$\langle \phi, \hat{H}\psi \rangle - \langle \hat{H}\phi, \psi \rangle = -\frac{\hbar^2}{2m}\left(\phi^*\psi' - \phi^{*\prime}\psi\right)\Big|_a^b = 0. \tag{26.3}$$

Diese Bedingung ist erfüllt, wenn z. B. eine der folgenden Randbedingungen realisiert ist:

(a) Die Wellenfunktionen an den Intervallenden verschwinden:

$$\psi(a) = \psi(b) = 0. \tag{26.4}$$

Dies sind die *Dirichlet-Randbedingungen* (nach dem deutschen Mathematiker *Peter Gustav Lejeune Dirichlet*, 1805–1859). Sie können durch unendlich hohe Potenzialbarrieren „realisiert“ werden.

(b) Die ersten Ableitungen der Funktionen an den Enden des Intervalls verschwinden:

$$\psi'(a) = \psi'(b) = 0. \tag{26.5}$$

Dies sind die *Neumann-Randbedingungen* (nach dem deutschen Mathematiker *Carl Gottfried Neumann*, 1832–1925). Dirichlet- und Neumann-Randbedingungen sind uns schon in Abschn. 8.2 und 12.2 begegnet.

(c) Eine Verallgemeinerung der Bedingungen von Dirichlet oder Neumann sind die gemischten oder *Robin-Randbedingungen* (nach dem französischen Mathematiker *Gustave Robin*, 1855–1897), bei denen die Wellenfunktion am Rand proportional zu ihrer Ableitung ist:

$$\psi'(a) = \alpha_a \psi(a) \quad \text{und} \quad \psi'(b) = \alpha_b \psi(b). \tag{26.6}$$

Verschwinden die reellen Konstanten α_a, α_b, so handelt es sich um die Neumann-Randbedingungen, und streben die Konstanten gegen ∞, um die Dirichlet-Randbedingungen.

(d) Periodische Randbedingungen:

$$\psi(b) = \psi(a) \quad \text{und} \; \psi'(b) = \psi'(a). \tag{26.7}$$

Bei diesen Randbedingungen können wir die beiden Enden des Intervalls identifizieren. Dies entspricht einem Teilchen auf der Kreislinie.

Frage 1

Überzeugen Sie sich davon, dass für Dirichlet-, Neumann- und Robin-Randbedingungen die Stromdichte $j = \hbar \,\mathrm{Im}\,(\psi^* \psi')/m$ an den Intervallenden verschwindet.

Für periodische Randbedingungen ist dies nicht der Fall, aber der Abfluss von Wahrscheinlichkeit durch ein Ende wird durch den Zufluss am anderen Ende kompensiert, d. h. $j(a) = j(b)$.

Realität, Regularität und Parität

Für ein reelles Potenzial V kann der Hamilton-Operator hermitesch gewählt werden, sodass die Wahrscheinlichkeit erhalten bleibt. Hat das Potenzial weitere Eigenschaften, dann folgen daraus entsprechende Eigenschaften für die Lösungen der Schrödinger-Gleichung.

Die eindimensionale zeitunabhängige Schrödinger-Gleichung (26.2) ist reell, und Real- sowie Imaginärteil jeder Lösung sind ebenfalls Lösungen. Deshalb können alle Eigenfunktionen von $\hat{H}$ reell gewählt werden.

Ist das Potenzial eine stetige Funktion, dann sind alle Lösungen stetig differenzierbar. Würde ψ nämlich springen, enthielte ψ'' die Ableitung der δ-Distribution. Würde ψ' springen, enthielte ψ'' eine δ-Distribution. Hätte ψ' einen Knick, würde ψ'' springen. Alle drei Möglichkeiten stehen im Widerspruch zur Schrödinger-Gleichung mit einem stetigen Potenzial, nach der $\psi'' \propto (E - V)\psi$ ist. Hat das Potenzial allerdings Sprünge, dann wird ψ' an jeder Sprungstelle einen Knick aufweisen. Nur in diesem Fall kann der Sprung von V durch den Sprung von ψ'' kompensiert werden.

Das Intervall liege nun symmetrisch um den Ursprung. Dementsprechend kann man jede Funktion am Ursprung spiegeln und erhält wieder eine Funktion auf dem Intervall.

Frage 2

Es sei $\psi(x)$ eine Lösung der Schrödinger-Gleichung (26.2). Ist dann auch die gespiegelte Wellenfunktion $\psi_\mathrm{P}(x) = \psi(-x)$ eine Lösung der Schrödinger-Gleichung?

Betrachtet man die Schrödinger-Gleichung am gespiegelten Ort $(-x)$ und berücksichtigt man $\psi''(-x) = \psi''_\mathrm{P}(x)$, so erhält man

$$-\frac{\hbar^2}{2m}\psi''_\mathrm{P}(x) + V_\mathrm{P}(x)\psi_\mathrm{P}(x) = E\psi_\mathrm{P}(x) \tag{26.8}$$

mit dem gespiegelten Potenzial $V_\mathrm{P}(x) = V(-x)$. Für ein spiegelsymmetrisches Potenzial $V_\mathrm{P} = V$ ist mit ψ also auch ψ_P Lösung der Schrödinger-Gleichung (26.2). Dann sind aber auch die symmetrisierte und antisymmetrisierte Wellenfunktion

$$\psi_s = \psi + \psi_\mathrm{P} \quad \text{und} \quad \psi_a = \psi - \psi_\mathrm{P} \tag{26.9}$$

Lösungen der Schrödinger-Gleichung. Wir dürfen also immer annehmen, dass eine Lösung entweder symmetrisch oder antisymmetrisch ist.

Qualitative Eigenschaften der Lösungen

Die Lösungen der stationären Schrödinger-Gleichung (26.2) können reell gewählt werden. Ist $V(x)$ stetig, sind ψ und ψ' stetig differenzierbar. Hat $V(x)$ Sprünge, dann hat ψ' Knicke. Ist $V(x)$ spiegelsymmetrisch, können die Eigenfunktionen gerade oder ungerade gewählt werden.

Knotensatz

In diesem Abschnitt untersuchen wir Eigenschaften von Lösungen der Differenzialgleichung (26.2). Diese brauchen keine Randbedingungen zu erfüllen und sind dann auch keine Eigenfunktionen des Hamilton-Operators. (*Zur Erinnerung:* Eigenfunktionen müssen neben der Schrödinger-Gleichung auch die Randbedingungen erfüllen.) Zuerst definieren wir die *Wronski-Determinante* zweier reeller Lösungen ϕ und ψ:

$$W(\phi, \psi) = \det\begin{pmatrix} \phi & \psi \\ \phi' & \psi' \end{pmatrix} = \phi\psi' - \phi'\psi. \tag{26.10}$$

Die Wronski-Determinante wurde im „Mathematischen Hintergrund" 6.1 eingeführt. Insbesondere wurde dort gezeigt, dass $W(\phi, \psi)$ genau dann verschwindet, wenn die Funktionen ϕ und ψ linear abhängig sind.

Ist nun ψ eine Lösung mit $E = E_\psi$ und ϕ eine Lösung mit $E_\phi > E_\psi$, gilt

$$\begin{aligned}\frac{\mathrm{d}}{\mathrm{d}x} W(\phi, \psi) &= \phi\psi'' - \phi''\psi \\ &= \frac{2m}{\hbar^2}\Delta E\,\phi\psi \quad \text{mit} \quad \Delta E = E_\phi - E_\psi > 0.\end{aligned} \tag{26.11}$$

Vertiefung: Sturm-Liouville-Problem für allgemeine Koordinaten

In vielen separablen Quantensystemen, z. B. dem Wasserstoffatom, ist der Hilbert-Raum des resultierenden eindimensionalen Systems nicht $L_2([a,b])$ mit dem Skalarprodukt (26.1), sondern die gewichteten L_2-Räume $L_2([a,b],\rho)$ mit dem Skalarprodukt

$$\langle\phi,\psi\rangle = \int_I \mathrm{d}q\,\rho(q)\,\bar{\phi}(q)\psi(q)$$

mit Gewichtsfunktion $\rho > 0$. Die allgemeine Schrödinger-Gleichung hat dann nicht die einfache Form (26.2), sondern lautet

$$\hat{H}\psi = -\frac{1}{\rho}(f\psi')' + V\psi = E\psi \qquad (1)$$

mit reellen und positiven Funktionen ρ und f.

Frage 3

Argumentieren Sie, dass $\hat{H}$ in $L_2([a,b],\rho)$ mit Dirichlet-Randbedingungen hermitesch ist.

Für die sogenannten Sturm-Liouville-Probleme (1) definiert man die Wronski-Determinante von zwei reellen Lösungen gemäß

$$W(\phi,\psi) = f(\phi\psi' - \phi'\psi).$$

Nun findet man für die Ableitung

$$\frac{\mathrm{d}}{\mathrm{d}q}W(\phi,\psi) = \rho\phi\psi(E_\phi - E_\psi)$$

bzw., wenn wir von einem Knoten q_1 von ψ zu einem benachbarten Knoten q_2 integrieren,

$$W\big|_{q_1}^{q_2} = f\phi\psi'\big|_{q_1}^{q_2} = (E_\phi - E_\psi)\int \mathrm{d}q\rho\phi\psi.$$

Diese Beziehung verallgemeinert (26.12) und führt mit ähnlichen Argumenten zum ersten Teil des Knotensatzes für die Schrödinger-Gleichung (1). Die Beziehung (26.18) lautet nun

$$(f\psi_E'\phi)(q_E) = \int_a^{q_E} \mathrm{d}q\,\rho\psi_E^2 > 0, \quad \phi = \frac{\partial\psi_E}{\partial E},$$

wobei ψ_E an den Enden des Integrationsgebiets verschwindet, und sie impliziert den zweiten Teil des Knotensatzes für das Dirichlet-Eigenwertproblem (1).

Literatur

- Walter, W.: Gewöhnliche Differentialgleichungen 7. Aufl., Springer (2000)

Es seien $x_1 < x_2$ zwei benachbarte Knoten (Nullstellen) der Lösung ψ. Ohne Beschränkung der Allgemeinheit darf man annehmen, dass ψ zwischen den beiden Knoten positiv ist. Nun integriert man (26.11) von Knoten x_1 bis Knoten x_2. Da ψ an den Integrationsgrenzen verschwindet, folgt

$$W(\phi,\psi)\big|_{x_1}^{x_2} = \phi\psi'\big|_{x_1}^{x_2} = \frac{2m}{\hbar^2}\Delta E\int_{x_1}^{x_2} \mathrm{d}x\,\phi(x)\psi(x). \qquad (26.12)$$

Für eine im Intervall positive Lösung ψ ist $\Delta E\psi$ positiv, $\psi'(x_2)$ negativ und $\psi'(x_1)$ positiv, wie in Abb. 26.1 skizziert.

Achtung Wir haben davon Gebrauch gemacht, dass ψ und ψ' nicht gleichzeitig null sein können. Würden ψ und ψ' am selben Ort x_0 verschwinden, dann wäre $\psi \equiv 0$ nämlich die eindeutige Lösung des Anfangswertproblems mit $\psi(x_0) = \psi'(x_0) = 0$. ◀

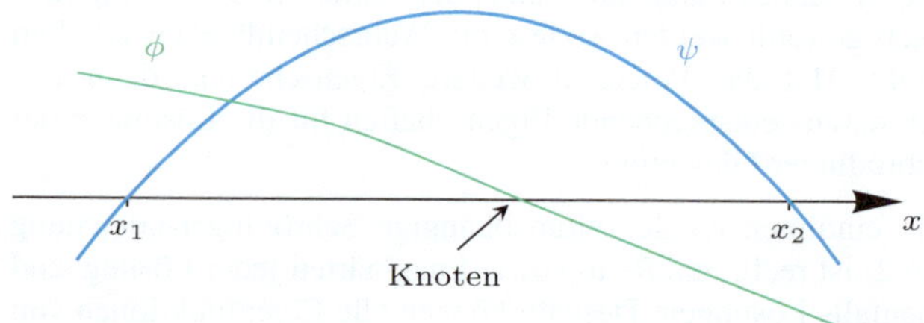

Abb. 26.1 Verschwindet eine Lösung ψ der zeitunabhängigen Schrödinger-Gleichung an den Orten x_1 und x_2, dann muss jede andere Lösung ϕ mit größerer Energie zwischen diesen Orten das Vorzeichen wechseln, d. h. einen Knoten haben

Wäre die zweite Lösung ϕ im betrachteten Intervall ebenfalls positiv, so wäre die rechte Seite von (26.12) positiv *und* der Mittelteil negativ, was offensichtlich unmöglich ist. Ist ϕ in dem Intervall dagegen negativ, findet man denselben Widerspruch. Deshalb muss ϕ zwischen x_1 und x_2 positive und negative Werte annehmen und hat damit zwischen zwei benachbarten Knoten von ψ mindestens einen Knoten.

Knotensatz (1. Teil)

Es seien ψ und ϕ zwei Lösungen der Differenzialgleichung (26.2) mit $E_\psi < E_\phi$. Dann liegt zwischen zwei benachbarten Knoten von ψ mindestens ein Knoten von ϕ.

Nun betrachten wir das Dirichlet-Problem, bei dem die Eigenfunktionen an den Intervallenden verschwinden müssen. Wir werden zeigen, dass die Energien nicht entartet sind, der Grundzustand keinen Knoten und der n-te angeregte Zustand genau n Knoten hat.

ψ und $\tilde{\psi}$ seien zwei Eigenfunktionen zur gleichen Energie. Dann verschwindet ΔE in (26.11), und die Wronski-Determinante

$$W(\psi, \tilde{\psi}) = \psi\tilde{\psi}' - \psi'\tilde{\psi} = \psi\tilde{\psi}(\log\tilde{\psi} - \log\psi)' \tag{26.13}$$

ist unabhängig von x. An den Intervallenden verschwinden alle Eigenfunktionen des Dirichlet-Problems, und somit ist $W(\psi, \tilde{\psi}) = 0$ bzw. $(\log\tilde{\psi})' = (\log\psi)'$. Dies bedeutet, dass ψ und $\tilde{\psi}$ linear abhängig sind oder dass die Energie nicht entartet sein kann.

Es sei nun ψ_E eine Lösung der Differenzialgleichung $\hat{H}\psi_E = E\psi_E$. Die partielle Ableitung dieser Gleichung nach E führt auf

$$\hat{H}\phi = \psi_E + E\phi \quad \text{mit} \quad \phi = \frac{\partial\psi_E}{\partial E}, \tag{26.14}$$

und deshalb ist die Ortsableitung der Wronski-Determinante von ϕ und ψ_E gleich

$$\left(\phi\psi_E' - \phi'\psi_E\right)' = \frac{2m}{\hbar^2}\psi_E^2. \tag{26.15}$$

Frage 4

Überprüfen Sie diese Identität.

Mit Blick auf das vorliegende Dirichlet-Problem soll ψ_E am linken Intervallende verschwinden. Dann ist ψ_E eine Lösung des *Anfangswertproblems*

$$\hat{H}\psi_E = E\psi_E \quad \text{mit} \quad \psi_E(a) = 0, \quad \psi_E'(a) = C \neq 0. \tag{26.16}$$

Wegen der Linearität der Schrödinger-Gleichung ist der Wert von C unwichtig. Für fast alle Parameterwerte E wird die Lösung am rechten Intervallende nicht verschwinden. Dann löst ψ_E zwar das Anfangswertproblem, nicht aber das *Randwertproblem*

$$\hat{H}\psi_E = E\psi_E \quad \text{und} \quad \psi_E(a) = \psi_E(b) = 0. \tag{26.17}$$

Nur für bestimmte diskrete Werte von E wird eine Lösung des Anfangswertproblems auch eine Lösung des Randwertproblems sein. Diese Werte sind die messbaren Energien des Systems mit Dirichlet-Randbedingungen.

Nun integriere man (26.15) von a bis zu einem Knoten x_E von ψ_E. Wegen $\psi_E(a) = 0$ verschwindet auch $\phi(a)$, und deshalb gilt für jede Lösung des Anfangswertproblems

$$\left(\phi\psi_E'\right)(x_E) = \frac{2m}{\hbar^2}\int_a^{x_E} \mathrm{d}x\,\psi_E^2 > 0. \tag{26.18}$$

Somit haben ψ_E' und ϕ am Knoten x_E dasselbe Vorzeichen. Da ϕ die Ableitung von ψ_E nach der Energie ist, gilt

$$\begin{aligned}\psi_{E+\delta E}(x_E) &= \psi_E(x_E) + \phi(x_E)\,\delta E + O\left(\delta E^2\right)\\ &= \phi(x_E)\,\delta E + O\left(\delta E^2\right).\end{aligned} \tag{26.19}$$

Dies bedeutet, dass der Knoten von ψ_E mit *zunehmender Energie* immer nach links wandert, wie in Abb. 26.2 für den Fall $\psi_E'(x_E) < 0$ gezeigt.

Man nehme an, der Grundzustand verschwinde nicht nur an den Intervallenden, sondern hätte zusätzlich einen Knoten im Intervall $[a, b]$. Nun verringert man den Parameter E im *Anfangswertproblem* stetig relativ zur vermeintlichen Grundzustandsenergie. Der Knoten wandert im Intervall stetig nach rechts und erreicht irgendwann das Intervallende bei b. Dann erhält man eine Lösung des *Eigenwertproblems* mit kleinerer Energie. Damit war der Ausgangszustand offensichtlich nicht der Grundzustand. Dieser kann also keinen Knoten im Intervall haben. Ähnlich überzeugt man sich davon, dass der erste angeregte Zustand mit der zweitkleinsten Energie genau einen Knoten, der zweite angeregte Zustand genau zwei Knoten und schlussendlich der n-te angeregte Zustand genau n Knoten im Intervall hat.

Knotensatz (2. Teil)

Der Grundzustand der Schrödinger-Gleichung (26.2) auf dem Intervall mit Dirichlet-Randbedingungen hat keinen Knoten im Intervall. Die Energien sind nicht entartet, und der n-te angeregte Zustand hat genau n Knoten.

Frage 5

Überlegen Sie sich, dass allgemeiner der Knotensatz auch für quadratintegrable Funktionen auf der reellen Achse und der Halbachse $[0, \infty)$ gilt.

Potenzialstufe

Das Stufenpotenzial ist das einfachste Potenzial, das sich vom konstanten Potenzial unterscheidet. Es kann als Näherung für ein Potenzial angesehen werden, das über bestimmten Gebie-

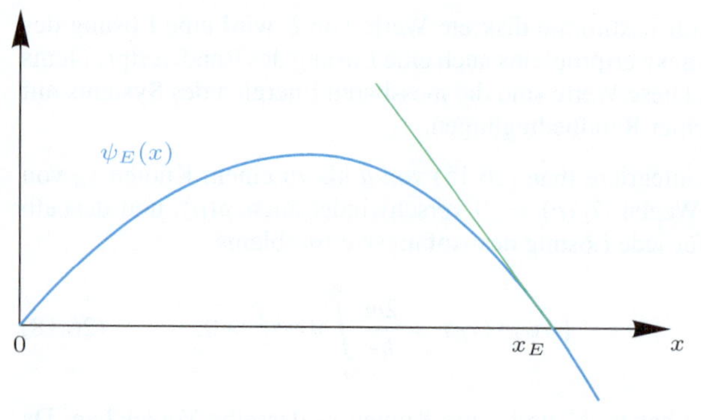

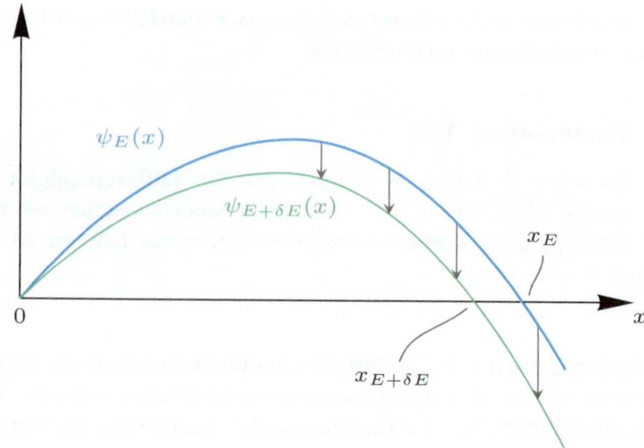

Abb. 26.2 Wir betrachten die Energieabhängigkeit einer Nullstelle x_E von einer bei $a = 0$ verschwindenden Lösung ψ_E der Schrödinger-Gleichung. Mit zunehmendem Parameter E wandert die Nullstelle x_E immer nach links

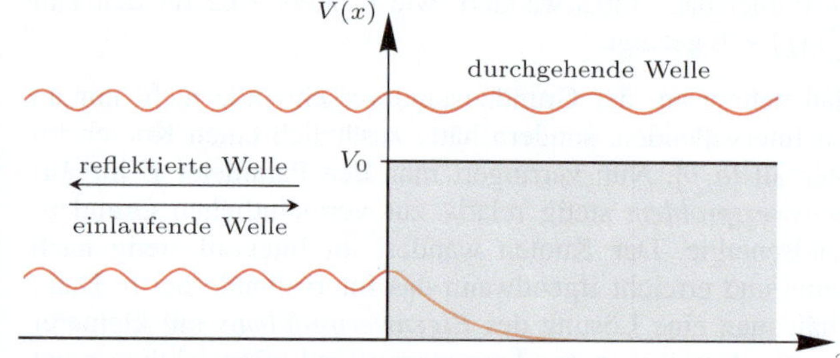

Abb. 26.3 Reflexion, Transmission und quantenmechanisches Eindringen in eine Potenzialstufe

ten annähernd konstant ist und sich zwischen diesen Gebieten innerhalb einer relativ kurzer Distanzen ändert. Das unstetige Stufenpotenzial im Hamilton-Operator (26.2) hat die Form

$$V(x) = \begin{cases} 0 & \text{für } x < 0 \\ V_0 > 0 & \text{für } x > 0 \end{cases} \qquad (26.20)$$

und ist in Abb. 26.3 skizziert. Jede Eigenfunktion und ihre Ableitung müssen stetig sein. Allerdings hat ψ' einen Knick an der Sprungstelle des Potenzials.

In der *klassischen Physik* gibt es zwei qualitativ verschiedene Situationen, je nachdem ob die Energie des Teilchens größer oder kleiner der potenziellen Energie ist:

- Für $E > V_0$ kann sich ein Teilchen überall aufhalten. Wegen der Energieerhaltung ist seine Geschwindigkeit auf der rechten Seite der Stufe allerdings kleiner als auf der linken Seite.
- Für $E < V_0$ kann sich das klassische Teilchen nur links der Stufe aufhalten. Die Stufe wird zur unüberwindbaren Barriere.

In der Quantenmechanik ist die letzte Aussage wegen der Welleneigenschaften von Teilchen nicht wahr. Dies sieht man dargestellt in Abb. 26.3 und auch explizit, wenn man die Schrödinger-Gleichung (26.2) für das Stufenpotenzial löst. Sie ist eine gewöhnliche Differenzialgleichung zweiter Ordnung und hat zwei linear unabhängige Lösungen. Für ein konstantes Potenzial V lautet die allgemeine Lösung

$$\psi = A\mathrm{e}^{\mathrm{i}kx} + B\mathrm{e}^{-\mathrm{i}kx} \quad \text{mit} \quad \hbar k = \sqrt{2m(E - V_0)} \qquad (26.21)$$

mit zwei konstanten Koeffizienten A, B. Diese Lösungen sind zwar nicht normierbar, aber man kann durch Überlagerung dieser Lösungen normierbare Wellenpakete konstruieren. Das Verhalten von Wellenpaketen werden wir später untersuchen.

Im klassisch erlaubten Gebiet mit $E > V(x)$ ist die Wellenzahl k reell und ψ eine Überlagerung von zwei ebenen Wellen. Im klassisch verbotenen Gebiet mit $E < V(x)$ ist k dagegen imaginär, und die Lösung ist eine Überlagerung einer exponentiell fallenden und einer exponentiell wachsenden Funktion.

Wir haben in den vorherigen Kapiteln gesehen, dass eine Lösung $\psi(x)$ der zeitunabhängigen Schrödinger-Gleichung mit Energie E zu der Lösung

$$\psi(t, x) = \mathrm{e}^{-\mathrm{i}Et/\hbar}\,\psi(x) \qquad (26.22)$$

der zeitabhängigen Schrödinger-Gleichung führt. Entsprechend beschreibt die Lösung $\mathrm{e}^{\mathrm{i}kx}$ mit positivem k nach rechts laufende Teilchen $\propto \mathrm{e}^{-\mathrm{i}(Et/\hbar - kx)}$ und die Lösung $\mathrm{e}^{-\mathrm{i}kx}$ nach links laufende Teilchen $\propto \mathrm{e}^{-\mathrm{i}(Et/\hbar + kx)}$.

Teilchen mit Energien größer V_0

Auf beiden Seiten der Potenzialstufe ist das Potenzial konstant, und die Lösungen der zeitunabhängigen Schrödinger-Gleichung sind von der Form (26.21). Man betrachte eine von links auf die Potenzialstufe zulaufende Welle Ae^{ikx}, wobei man wegen der Linearität der Schrödinger-Gleichung den Koeffizienten A in (26.21) gleich eins setzen darf. Rechts der Stufe wird es keine nach links laufende Welle geben. Die Lösung hat also die Form

$$\psi(x) = \begin{cases} e^{ikx} + \mathcal{R}e^{-ikx} & \text{für } x < 0 \\ \mathcal{T}e^{ik'x} & \text{für } x > 0 \end{cases} \tag{26.23}$$

mit den Impulsen

$$\hbar k = \sqrt{2mE} \quad \text{und} \quad \hbar k' = \sqrt{2m(E - V_0)}. \tag{26.24}$$

Der Term proportional zu $\mathcal{R}$ beschreibt die nach links *reflektierte* ebene Welle und der Term proportional $\mathcal{T}$ die nach rechts *transmittierte* ebene Welle. Diese Interpretation ergibt sich auch aus den Vorzeichen der entsprechenden Beiträge zur *Wahrscheinlichkeitsstromdichte*

$$j = \frac{\hbar}{m}\text{Im}\left(\psi^*\psi'\right) = \begin{cases} \frac{\hbar k}{m}(1 - R) & \text{für } x < 0 \\ \frac{\hbar k'}{m}T & \text{für } x > 0 \end{cases} \tag{26.25}$$

mit Reflexions- und Transmissionswahrscheinlichkeit

$$R = |\mathcal{R}|^2 \quad \text{und} \quad T = |\mathcal{T}|^2. \tag{26.26}$$

Reflexion und Transmission sind aus der Wellenoptik bekannte Phänomene (Kap. 17). Für klassische Teilchen gibt es aber keine Reflexion für $E > V_0$.

Jede Lösung und ihre Ableitung müssen an der Stufe stetig sein:

$$\begin{aligned} &\psi \text{ stetig bei } x = 0: \quad 1 + \mathcal{R} = \mathcal{T}, \\ &\psi' \text{ stetig bei } x = 0: \quad k(1 - \mathcal{R}) = k'\mathcal{T}. \end{aligned} \tag{26.27}$$

Mithilfe dieser *Anschlussbedingungen* ergibt sich für $\mathcal{R}$ und $\mathcal{T}$:

$$\mathcal{R} = \frac{k - k'}{k + k'} \quad \text{und} \quad \mathcal{T} = \frac{2k}{k + k'}. \tag{26.28}$$

Diese Beziehungen sorgen gleichzeitig dafür, dass die Wahrscheinlichkeitsstromdichte $j(x)$ links und rechts der Potenzialstufe gleich groß ist. Zusammen mit (26.25) bedeutet dies, dass $j(x)$ nicht vom Ort x abhängt. Diese Eigenschaft gilt nicht nur für stückweise konstante Potenziale.

Die Wahrscheinlichkeitsstromdichte ist quellenfrei

Für alle Lösungen der eindimensionalen zeitunabhängigen Schrödinger-Gleichung (26.2) mit beliebigem Potenzial ist die Wahrscheinlichkeitsstromdichte konstant.

Frage 6

Zeigen Sie, dass diese Aussage richtig ist. Benutzen Sie dazu ein Resultat aus Abschn. 22.4, nach dem für jede Lösung mit fester Energie die Wahrscheinlichkeitsstromdichte $\boldsymbol{j}(\boldsymbol{x})$ quellenfrei ist.

Es ist instruktiv, die Reflexion und Transmission eines *Wellenpakets* anzuschauen. Wir betrachten also eine beliebige Superposition der Lösung in (26.23) mit festen Energien, wobei die impulsabhängigen Koeffizienten gemäß (26.28) verbunden sind. Für negative x sei also

$$\begin{aligned} \psi(t, x) &= \int_0^\infty \frac{dk}{\sqrt{2\pi}} f(k) \left(e^{ikx} + \frac{k - k'}{k + k'}e^{-ikx}\right) e^{-iEt/\hbar} \\ &= \psi_{ein}(t, x) + \psi_{ref}(t, x) \end{aligned} \tag{26.29}$$

und für positive x

$$\begin{aligned} \psi(t, x) &= \int_0^\infty \frac{dk}{\sqrt{2\pi}} f(k) \frac{2k}{k + k'} e^{i(k'x - Et/\hbar)} \\ &= \psi_{trans}(t, x). \end{aligned} \tag{26.30}$$

Die Funktion $f(k)$ habe ein ausgeprägtes Maximum bei k_0, und die zugehörige kinetische Energie sei deutlich größer als V_0, sodass nur Moden mit $E > V_0$ zum Integral beitragen, für die man die Relationen (26.28) voraussetzen darf.

Nun studieren wir die zeitliche Entwicklung des Wellenpakets. Für jede feste Zeit oszilliert für ein generisches x die Funktion im Exponenten des Integranden

$$f(k)\, e^{i(kx - Et/\hbar)} \tag{26.31}$$

von ψ_{ein} als Funktion von k in der Nähe von k_0 so schnell, dass destruktive Interferenz stattfindet und das Integral in guter Näherung verschwindet. Nur falls ein Punkt x existiert, für den die Phase in der Nähe von k_0 annähernd konstant ist, wird man einen wesentlichen Beitrag zum Integral erhalten. Also lautet die Bedingung für konstruktive Interferenz

$$\frac{d}{dk}(kx - Et/\hbar)\,|_{k_0} = x - \frac{p_0}{m}t = 0 \quad \text{mit} \quad p_0 = \hbar k_0. \tag{26.32}$$

Bei der Ableitung wurde die Energie-Impuls-Beziehung (26.24) benutzt. Da p_0 positiv ist und x negativ (wir betrachten ja die Lösung links der Stufe), ist ψ_{ein} nur dann deutlich ungleich null, wenn die Zeit negativ ist. Das einlaufende Wellenpaket ist also in der Umgebung des klassischen Aufenthaltsortes $x = p_0 t/m$ konzentriert, wobei p_0 das Maximum der Impulsverteilung charakterisiert. Für positive Zeiten ist die Bedingung für konstruktive Interferenz nicht erfüllbar, und ψ_{ein} verschwindet. Die reflektierte Welle

$$\psi_{ref}(t, x) = \int_0^\infty \frac{dk}{\sqrt{2\pi}} f(k) \frac{k - k'}{k + k'} e^{-i(kx + Et/\hbar)} \tag{26.33}$$

ist dagegen bei $x = -p_0 t/m$ konzentriert. Wegen $x < 0$ muss t dann positiv sein. Ähnlich ist die transmittierte Welle

$$\psi_{trans}(t, x) = \int_0^\infty \frac{dk}{\sqrt{2\pi}} f(k) \frac{2k}{k + k'} e^{i(k'x - Et/\hbar)} \tag{26.34}$$

Teil III

bei $x = p_0' t/m$ konzentriert, solange x und t positiv sind. Für $t < 0$ sind die reflektierte und transmittierte Welle beliebig klein.

Raumzeitverhalten eines Wellenpakets an der Stufe

Zur Zeit $t = 0$ trifft das Wellenpaket mit der Schwerpunktsgeschwindigkeit p_0/m von links auf die Potenzialstufe, wo es sich in ein reflektiertes und transmittiertes Paket aufspaltet. Das Erstere bewegt sich mit derselben Geschwindigkeit wie das einlaufende Paket nach links von der Stufe weg. Das transmittierte Paket bewegt sich mit der kleineren Geschwindigkeit p_0'/m nach rechts von der Stufe weg.

Wir betonen noch einmal: Nicht das Teilchen zerbricht in zwei Teile, sondern die Wahrscheinlichkeitsamplitude für seinen Aufenthaltsort.

Totalreflexion für Energien kleiner als V_0

Die Lösung im nichtklassischen Regime $E < V_0$ gewinnt man, wenn man die Lösung in (26.23) im klassischen Regime zu imaginärem $k' = \mathrm{i}\kappa'$ fortsetzt mit

$$\hbar\kappa' = \sqrt{2m(V_0 - E)}. \tag{26.35}$$

Hier muss die positive Wurzel gewählt werden, damit die Lösung rechts von der Stufe beschränkt ist und nicht etwa exponentiell anwächst. Der Ausdruck für $\mathcal{R}$ in (26.28) lautet dann

$$\mathcal{R} = \frac{k - \mathrm{i}\kappa'}{k + \mathrm{i}\kappa'}, \tag{26.36}$$

woraus $|\mathcal{R}| = 1$ und $j_{\text{ein}} = j_{\text{ref}}$ folgen. Dies bedeutet, dass die einfallende Welle vollständig reflektiert wird – es gibt keine Transmission. Setzt man nun

$$\mathcal{R} = \frac{k - \mathrm{i}\kappa'}{k + \mathrm{i}\kappa'} = \mathrm{e}^{-2\mathrm{i}\delta(E)} = \cos(2\delta) - \mathrm{i}\,\sin(2\delta), \tag{26.37}$$

findet man mit $\tan\delta = \sin 2\delta/(1 + \cos 2\delta)$ die Beziehung

$$\kappa' = k\,\tan\delta. \tag{26.38}$$

Frage 7

Man prüfe nach, dass k' in (26.37) durch (26.38) gegeben ist.

Mithilfe von δ schreibt sich die zeitabhängige Lösung gemäß

$$\psi(t,x) = \mathrm{e}^{-\mathrm{i}Et/\hbar}\left(\mathrm{e}^{\mathrm{i}kx} + \mathrm{e}^{-\mathrm{i}kx - 2\mathrm{i}\delta}\right) \quad \text{für } x < 0 \tag{26.39}$$

$$\psi(t,x) = \frac{2k}{k + \mathrm{i}\kappa'}\,\mathrm{e}^{-\mathrm{i}Et/\hbar}\,\mathrm{e}^{-\kappa' x} \quad \text{für } x > 0. \tag{26.40}$$

Verglichen mit der einfallenden Welle ist die reflektierte Welle bei $x = 0$ *phasenverschoben*, und die energieabhängige reelle Größe δ charakterisiert die Phasenverschiebung. Betrachte nun wiederum ein um k_0 lokalisiertes Wellenpaket, wobei die zugehörige kinetische Energie deutlich kleiner als V_0 sei, damit nur total reflektierende Moden zum Integral beitragen. Die Bedingung für konstruktive Interferenz lautet dann

$$\begin{aligned} x &= \frac{p_0}{m}t, & t &< 0 \text{ (einlaufend)} \\ x &= -\frac{p_0}{m}t - 2\frac{\mathrm{d}\delta}{\mathrm{d}k}\Big|_{k_0}, & t &> t_0 \text{ (reflektiert).} \end{aligned} \tag{26.41}$$

Für die Ableitung der Phasenverschiebung nach der Wellenzahl findet man

$$\frac{\mathrm{d}\delta}{\mathrm{d}k} = -\frac{1}{\kappa'}. \tag{26.42}$$

Frage 8

Überprüfen Sie dieses Ergebnis indem Sie κ' in (26.38) nach k ableiten und gleich $-k/\kappa'$ setzen. Das Resultat $-k/\kappa'$ für die Ableitung folgt aus den Definitionen von κ' und k.

Mit diesem Resultat lautet die einfache Bedingung für konstruktive Interferenz im reflektierten Paket

$$x = -\frac{p_0}{m}t + \frac{2}{\kappa'(k_0)}, \quad t > t_0, \tag{26.43}$$

wobei t_0 der Zeitpunkt ist, an dem x negativ wird.

Zeitverzögerung der Reflexion

Zum Zeitpunkt $t = 0$ erreicht der Schwerpunkt des einfallenden Wellenpakets die Potenzialstufe, und danach verschwindet das Paket. Erst nach der Zeit

$$t_0 = \frac{2m}{p_0\kappa'(k_0)} = \frac{\hbar}{[T_0(V_0 - T_0)]^{1/2}}, \quad T_0 = \frac{p_0^2}{2m} \tag{26.44}$$

ist die Bedingung für konstruktive Interferenz im reflektierten Paket erfüllt. Dieses erscheint also mit der kleinen Verzögerung t_0.

Im Gegensatz zu den Vorhersagen der klassischen Mechanik wird das Teilchen also nicht sofort reflektiert. Die Verzögerung ist proportional zu $|\mathrm{d}\delta/\mathrm{d}k|$ an der Stelle k_0. Sie hat ihre Ursache darin, dass für $t \approx 0$ die Aufenthaltswahrscheinlichkeit des Teilchens im klassisch verbotenen Bereich $x > 0$ quantenmechanisch ungleich null ist. Das Teilchen verliert vor seiner Umkehr eine Zeit von der Größenordnung t_0, und die resultierende Zeitverzögerung wird groß, wenn die mittlere kinetische Energie des Wellenpakets die Stufenhöhe V_0 erreicht. Wird sie größer als die Stufenhöhe, dann ist die reflektierte ebene Welle nicht mehr phasenverschoben und das reflektierte Wellenpaket

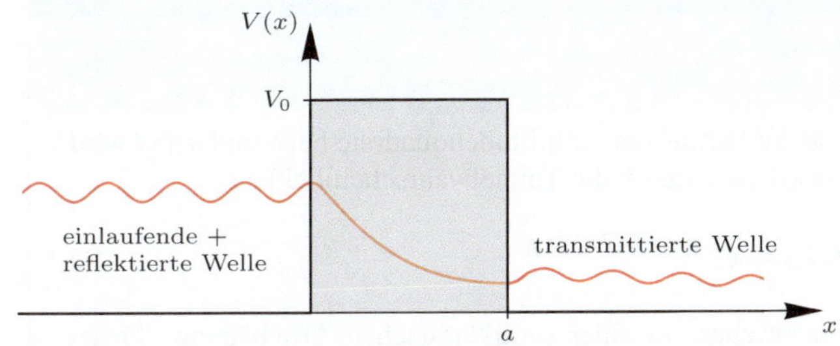

Abb. 26.4 Ein von links einlaufendes Teilchen kann mit einer gewissen Wahrscheinlichkeit die Potenzialbarriere durchtunneln

nicht mehr verzögert. Stattdessen ändert sich die Amplitude der Welle.

Frage 9

Die Lösung in (26.40) dringt in die rechte Seite ein, obwohl dies aufgrund der Energieerhaltung klassisch verboten ist. Bedeutet dies eine Verletzung der Energieerhaltung?

Die Antwort ist natürlich nein. Das Teilchen dringt nur etwa bis zur Tiefe $1/\kappa'$ in das klassisch verbotene Gebiet ein. Um es dort zu lokalisieren, muss man eine Ortsmessung mit einer Genauigkeit von mindestens $\Delta x \leq 1/\kappa'$ vornehmen. Nach der Messung wird aber der Teilchenimpuls mit einer Unschärfe $\Delta p \geq \hbar\kappa'$ und entsprechend die kinetische Energie mit einer Unschärfe $\Delta E \approx \hbar^2\kappa'^2/2m = V_0 - E$ behaftet sein. Dann ist die Energie – diese ist nun E plus die zusätzliche kinetische Energie aufgrund der Lokalisierung des Teilchens – gerade so unbestimmt, dass man nicht mehr sagen kann, ob die Energie kleiner als V_0 ist.

26.2 Potenzialwall, Potenzialtopf und Tunneleffekt

Wir diskutieren den Tunneleffekt für das stückweise konstante Kastenpotenzial der Höhe $V_0 > 0$ zwischen $x = 0$ und $x = a$,

$$V(x) = \begin{cases} 0 & \text{für } x < 0 \\ V_0 & \text{für } 0 \leq x \leq a \\ 0 & \text{für } x > a, \end{cases} \qquad (26.45)$$

wie es in Abb. 26.4 skizziert ist. Dazu betrachte man eine Lösung ψ der Schrödinger-Gleichung, die eine von links einlaufende ebene Welle beschreibt. Sie wird links der Barriere eine Überlagerung der einlaufenden und reflektierten Welle sein und rechts der Barriere eine nach rechts laufende Welle.

Innerhalb der Barriere ist für Energien $E < V_0$ die Lösung eine Überlagerung einer exponentiell wachsenden und einer exponentiell fallenden Funktion,

$$\psi(x) = \begin{cases} e^{ik'x} + \mathcal{R}e^{-ik'x} & \text{für } x < 0 \\ Ce^{-\kappa x} + De^{\kappa x} & \text{für } 0 < x < a \\ \mathcal{T}e^{ik'x} & \text{für } x > a, \end{cases} \qquad (26.46)$$

wobei gilt

$$\hbar k' = \sqrt{2mE} \quad \text{und} \quad \hbar\kappa = \sqrt{2m(V_0 - E)}. \qquad (26.47)$$

Die Lösung enthält vier (energieabhängige) Konstanten $\mathcal{R}, C, D$ und $\mathcal{T}$.

Ohne Rechnung können wir schließen, dass $\mathcal{T}(E)$ nicht verschwinden kann. Wäre nämlich $\mathcal{T}(E) = 0$, dann würde die Wellenfunktion rechts von der Barriere verschwinden. Wegen der Eindeutigkeit der Lösung wäre sie dann überall null. Für jede endliche Barriere gibt es also immer eine nicht verschwindende Amplitude dafür, dass quantenmechanische Teilchen die Barriere durchtunneln, auch in Fällen, in denen die Barriere klassisch nicht überwunden werden kann. Dies ist eine typische Welleneigenschaft.

Die *Transmissionsamplitude* $\mathcal{T}(E)$ heißt in diesem Zusammenhang auch Tunnelmatrixelement. Sie bestimmt die Wahrscheinlichkeit dafür, dass ein von links einlaufendes Teilchen mit Energie E die Barriere durchtunnelt.

Tunneleffekt

Die Möglichkeit zu tunneln, ist inhärent in die Schrödinger-Gleichung (mit einem beschränkten Potenzial) eingebaut. Haben wir eine nicht verschwindende Wellenfunktion in einem Gebiet, so setzt sich diese wegen der Stetigkeits- und Differenzierbarkeitsbedingung in jedes andere Gebiet fort.

Die Lösung der Schrödinger-Gleichung muss stetig differenzierbar sein, und diese Forderung führt zu zwei linearen Anschlussbedingungen für die Konstanten $\mathcal{R}, C, D$ und $\mathcal{T}$ an jeder Sprungstelle des Potenzials.

Für das Kastenpotenzial erhalten wir also vier lineare Gleichungen für die vier Konstanten. Die Lösung des Problems ist Inhalt von Aufgabe 26.3. Von besonderem Interesse ist hier die Transmissionsamplitude

$$\mathcal{T}(E) = \frac{2i\kappa k' e^{-ik'a}}{2i\kappa k' \cosh(\kappa a) + (k'^2 - \kappa^2)\sinh(\kappa a)}. \qquad (26.48)$$

Die Wahrscheinlichkeit, dass ein von links einlaufendes Teilchen die Barriere durchtunnelt, ist dann

$$T(E) = |\mathcal{T}(E)|^2 = \left(1 + \frac{V_0^2}{4E(V_0 - E)} \sinh^2(\kappa a)\right)^{-1}. \qquad (26.49)$$

Anwendung: Tunneln in der Atom- und Kernphysik

Wir wollen den α-Zerfall eines Mutterkerns in den Tochterkern und ein α-Teilchen (ein Heliumkern mit Kernladungszahl $Z = 2$) beschreiben und dabei von sphärischen Kernen ausgehen. Wir nehmen dabei an, dass sich zunächst mit einer gewissen Wahrscheinlichkeit im Mutterkern ein α-Teilchen bildet, das sich im mittleren Potenzial des Tochterkernes bewegt und schließlich emittiert wird. Im Inneren des Kerns ist das Potenzial konstant, außerhalb des Kernradius ist es ein Coulomb-Potenzial. Weiterhin habe das α-Teilchen eine positive Energie und könne nur wegen der Barriere den Kern nicht verlassen.

Man betrachte nun das etwas grobe, dafür aber berechenbare eindimensionale Potenzialmodell für die radiale Bewegung:

$$V(x) = \begin{cases} \infty & \text{für } x < 0 \\ 0 & \text{für } 0 < x < a \text{ und } x > a + d \\ V & \text{für } a < x < a + d. \end{cases}$$

Das Potenzial ist in Abb. 26.5 skizziert.

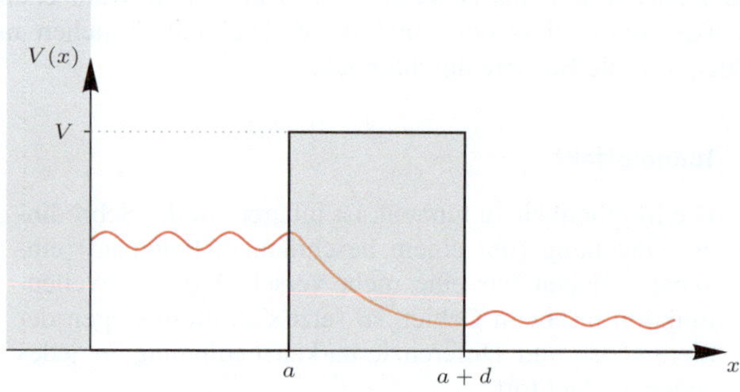

Abb. 26.5 Ein einfaches Modellpotenzial, das den α-Zerfall über den Tunneleffekt illustriert

Zur Anfangszeit $t = 0$ sei ein Teilchen mit „Energie" $E < V$ im Potenzialtopf zwischen 0 und a. Es kann durch die Mauer der Höhe V zwischen a und $a + d$ tunneln, und die Wellenfunktion im Topf wird langsam abnehmen.

Das Verhältnis der Amplitudenquadrate bei a und $a + d$ wird für $\kappa d \gg 1$ durch die Tunnelwahrscheinlichkeit

$$T(E) \approx \mathrm{e}^{-2d\sqrt{2m(V-E)}/\hbar} \tag{1}$$

beschrieben. In einer semiklassischen Abschätzung dürfen wir annehmen, dass jedesmal, wenn ein Teilchen gegen die Barriere anrennt, es mit der Wahrscheinlichkeit T durchkommt und mit der Wahrscheinlichkeit $1 - T$ reflektiert wird. Wie oft rennt nun das Teilchen gegen den Wall an?

Im semiklassischen Bild kann man dies leicht beantworten: Die kinetische Energie des Teilchens im tiefsten Topfzustand ist $E_{\text{kin}} = h^2/(8ma^2)$ (siehe Aufgabe 26.1), also ist seine Geschwindigkeit $v = h/(2ma)$. Der Graben der Breite a wird demnach in der Zeit $\Delta t = 2a/v = 4ma^2/h$ durchquert. Das Reziproke davon gibt an, wie oft in der Sekunde das Teilchen anrennt:

$$\nu_0 \approx \frac{h}{4ma^2}.$$

Sind nun N Teilchen in Potenzialtöpfen der diskutierten Art, entkommt davon innerhalb des Zeitintervalls $\mathrm{d}t$ eine Anzahl

$$\mathrm{d}N = -\nu_0 T(E) N \mathrm{d}t = -\frac{h}{4ma^2} T(E) N \mathrm{d}t.$$

Ein atomarer Potenzialtopf hat Abmessungen von einigen Ångström und Wallhöhen von einigen Elektronenvolt. Für Elektronen mit $m_e \approx 9 \cdot 10^{-31}$ kg wird für 1 Å und 1 eV der Exponent in (1) gleich -1 und die Frequenz ν_0 etwa $10^{16}\,\mathrm{s}^{-1}$. Für α-Teilchen ist die Frequenz sehr viel kleiner, und entsprechend kleiner ist T. Für solche Teilchen sind nur wesentlich dünnere Wände durchlässig.

Für realistischere Potenziale kann die Tunnelwahrscheinlichkeit nur näherungsweise berechnet werden, z. B. in der semi-klassischen Näherung (Kap. 31). Der dabei auftregende *Gamov-Faktor* im Exponenten von $T \approx \mathrm{e}^{-G}$ ist im Wesentlichen gleich dem Exponenten in (1).

Frage 10

Überzeugen Sie sich davon, dass das Betragsquadrat der Transmissionsamplitude diese Form annimmt.

Für $\kappa a \gg 1$ strebt $\sinh(\kappa a)$ gegen $\mathrm{e}^{\kappa a}/2$, und der Ausdruck vereinfacht sich zu

$$T(E) \approx \frac{16E(V_0 - E)}{V_0^2} \mathrm{e}^{-2a\sqrt{2m(V_0-E)}/\hbar}. \tag{26.50}$$

Die Wahrscheinlichkeit nimmt also exponentiell mit der Barrierenbreite a und der Wurzel der effektiven Barrierenhöhe $V_0 - E$ ab. Für $V_0 - E \gg \hbar^2/(ma^2)$ ist der Exponent eine betragsmäßig große und negative Zahl. Der Vorfaktor ist dagegen von der Ordnung $O(1)$ und kann bei einer Überschlagsrechnung vernachlässigt werden.

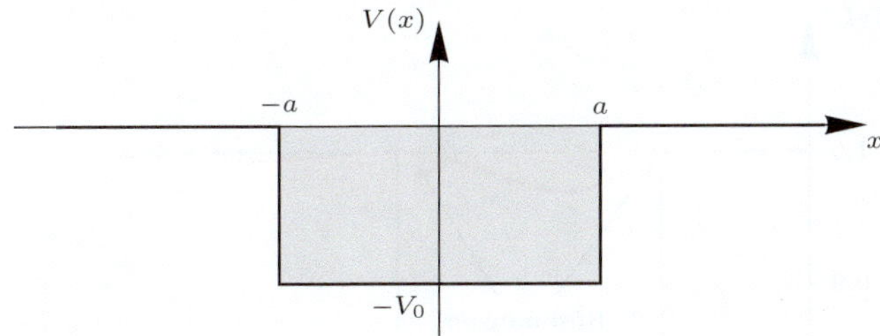

Abb. 26.6 Im rechteckigen Potenzialtopf existieren gebundene Zustände und Resonanzen

Gebundene Zustände im Potenzialtopf

Allgemein ist ein Potenzialtopf das Gebiet um ein lokales Minimum der potenziellen Energie. Die zum Verlassen eines Potenzialtopfes nötige Grenzenergie ist in der klassischen Physik scharf definiert. In der Quantenmechanik gilt das allerdings nicht mehr. Mikroskopische Teilchen haben, auch wenn sie weniger als die zum Verlassen des Topfes nötige Energie besitzen, eine gewisse Aufenthaltswahrscheinlichkeit außerhalb des Potenzialtopfes. Wir untersuchen zuerst die gebundenen Zustände im spiegelsymmetrischen *Potenzialtopf*

$$V(x) = \begin{cases} 0 & \text{für } x < -a \\ -V_0 & \text{für } |x| < a \\ 0 & \text{für } x > a, \end{cases} \tag{26.51}$$

wie er in Abb. 26.6 skizziert ist.

Dies sind entweder gerade oder ungerade Funktionen. Die Energien sind negativ und liegen zwischen $-V_0$ und 0. Gerade Eigenfunktionen haben die Form

$$\psi(x) = \begin{cases} A\cos(kx) & \text{im Topf} \\ Be^{-\kappa' x} & \text{für } x > a \\ Be^{\kappa' x} & \text{für } x < -a \end{cases} \tag{26.52}$$

und ungerade Eigenfunktionen die Form

$$\psi(x) = \begin{cases} A\sin(kx) & \text{im Topf} \\ Be^{-\kappa' x} & \text{für } x > a \\ -Be^{\kappa' x} & \text{für } x < -a. \end{cases} \tag{26.53}$$

In diesen Ausdrücken sind

$$\hbar k = \sqrt{2m(E+V_0)} \quad \text{und} \quad \hbar\kappa' = \sqrt{-2mE}. \tag{26.54}$$

Für die betrachteten Energien variieren k und κ' zwischen 0 und k_0, worin die obere Grenze durch die Topftiefe bestimmt ist, $(\hbar k_0)^2 = 2mV_0$.

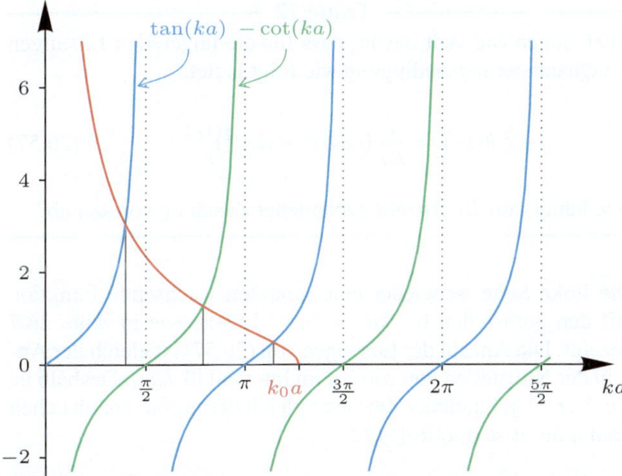

Abb. 26.7 Die Lösungen der transzendenten Eigenwertgleichungen (26.56) und (26.57) für ein Teilchen im Potenzialtopf sind gegeben durch die Schnittpunkte der Graphen der monoton fallenden Funktion und der Tangensfunktion bzw. der negativen Cotangensfunktion

Frage 11

Überzeugen Sie sich davon, dass alle gebundenen Zustände die Form (26.52) oder (26.53) haben müssen mit k und κ' in (26.54).

Die geraden Lösungen und ihre Ableitungen sind stetig, wenn die Bedingungen

$$A\cos(ka) = Be^{-\kappa' a} \quad \text{und} \quad Ak\sin(ka) = B\kappa' e^{-\kappa' a} \tag{26.55}$$

erfüllt sind. Der Quotient dieser beiden Gleichungen führt auf die Quantisierung der Energie in Form einer transzendenten Gleichung für ka:

$$\tan(ka) = \frac{\kappa'}{k} = \frac{1}{ka}\left((k_0a)^2 - (ka)^2\right)^{1/2}. \tag{26.56}$$

Die rechte Seite definiert eine im Intervall $[0, k_0a]$ monoton fallende Funktion von ka, die am linken Intervallende divergiert und am rechten Intervallende verschwindet. Die linke Seite ist dagegen eine monoton wachsende Funktion mit den Nullstellen bei $ka = n\pi$ mit $n \in \mathbb{N}_0$, wie in Abb. 26.7 gezeigt. Jeder Schnittpunkt der zu den beiden Funktionen gehörenden Graphen über dem Intervall $[0, k_0a]$ definiert eine Lösung der Quantisierungsbedingung. Die Anzahl der Schnittpunkte ist gleich der Anzahl der Nullstellen der Tangensfunktion im Intervall $[0, k_0a]$. Daraus folgt, dass die Anzahl der geraden Eigenfunktionen gleich der größten natürlichen Zahl n mit $n < k_0a/\pi + 1$ ist. Für jedes noch so kleine $V_0 > 0$ gibt es also immer mindestens einen geraden Eigenzustand.

Teil III

Frage 12

Überzeugen Sie sich davon, dass für die ungeraden Lösungen die Quantisierungsbedingung wie folgt lautet:

$$-\cot(ka) = \frac{1}{ka}\left((k_0 a)^2 - (ka)^2\right)^{1/2}. \qquad (26.57)$$

Wie hängt nun die Anzahl gebundener Zustände von $k_0 a$ ab?

Die linke Seite ist wieder eine monoton wachsende Funktion mit den Nullstellen bei $ka = (n + 1/2)\pi$, wie in Abb. 26.7 gezeigt. Die Anzahl der Lösungen von (26.57) ist gleich der Anzahl der Nullstellen von $\cot(ka)$ im Intervall $[0, k_0 a)$. Deshalb ist die Anzahl gebundener Zustände gleich der größten natürlichen Zahl n mit $n < k_0 a/\pi + 1/2$.

Gebundene Zustände im Topf

Für kleine Topftiefen V_0 gibt es genau einen gebundenen Zustand, den geraden Grundzustand. Vergrößert man V_0, dann taucht ein zweiter gebundener Zustand auf, der ungerade ist. Erhöht man V_0 weiter, so findet man eine zunehmende Zahl gebundener Zustände, abwechselnd gerade und ungerade. Immer wenn $4a\sqrt{2mV_0}/h$ eine natürliche Zahl ist, kommt ein Zustand dazu.

Ungebundene Zustände für den Potenzialtopf und Resonanzen

Nach den gebundenen Zuständen mit $E < 0$ beschäftigen wir uns jetzt mit den ungebundenen Zuständen mit positiven Energien. Diese sollen wieder von links einlaufende Teilchen beschreiben, die am Potenzialtopf teilweise reflektiert, teilweise transmittiert werden:

$$\psi_E(x) = \begin{cases} e^{ik'x} + \mathcal{R}e^{-ik'x} & \text{für } x < -a \\ Ce^{ikx} + De^{-ikx} & \text{für } |x| < a \\ \mathcal{T}(E)\, e^{ik'x} & \text{für } x > a. \end{cases} \qquad (26.58)$$

Die auftretenden Wellenzahlen k' und k sind die positiven Wurzeln aus $2mE/\hbar^2$ und $2m(E + V_0)/\hbar^2$. Der Koeffizient $\mathcal{T}(E)$ ist die Transmissionsamplitude. Die Anschlussbedingungen an den Topfrändern implizieren

$$\begin{aligned} \mathcal{R}(E) &= \frac{i}{2}\left(\frac{k}{k'} - \frac{k'}{k}\right)\mathcal{T}(E)\sin(2ka), \\ C(E) &= \frac{1}{2}\left(1 + \frac{k'}{k}\right)e^{ia(k'-k)}\mathcal{T}(E), \qquad (26.59) \\ D(E) &= \frac{1}{2}\left(1 - \frac{k'}{k}\right)e^{ia(k'+k)}\mathcal{T}(E) \end{aligned}$$

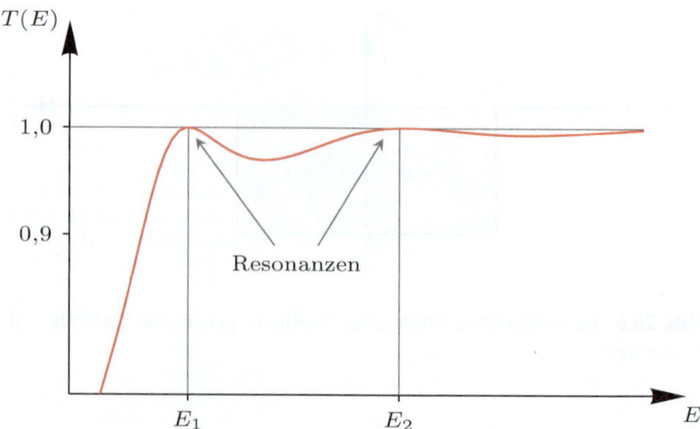

Abb. 26.8 Bei den Resonanzenergien $E_1, E_2, \ldots$ ist das Potenzial vollständig transparent, und es gibt keine Reflexion

mit folgendem Ausdruck für die Transmissionsamplitude

$$\mathcal{T}(E) = \frac{2kk'e^{-2ik'a}}{2kk'\cos(2ka) - i(k'^2 + k^2)\sin(2ka)}. \qquad (26.60)$$

Frage 13

Man überprüfe, dass $\psi_E(x)$ in (26.58) mit diesen Koeffizienten die Anschlussbedingungen bei $x = \pm a$ erfüllt.

Die Transmissionswahrscheinlichkeit ist dann

$$T(E) = \left(1 + \frac{V_0^2}{4E(V_0 + E)}\sin^2(2ka)\right)^{-1}. \qquad (26.61)$$

Abbildung 26.8 zeigt die Abhängigkeit der Wahrscheinlichkeit $T(E)$ von der Energie. Offensichtlich ist der Potenzialtopf vollständig transparent, wenn

$$\sin(2ka) = 0 \qquad (26.62)$$

erfüllt ist. Der Sinus verschwindet für $2ka = n\pi$ oder für

$$E_n = \frac{h^2 n^2}{32ma^2} - V_0 > 0, \quad n = 1, 2, \ldots \qquad (26.63)$$

Für diese Werte der Energie nimmt T den größtmöglichen Wert eins an, und gleichzeitig verschwindet der Reflexionskoeffizient $\mathcal{R}$ in (26.59), wie es von der Stromerhaltung verlangt wird. Die Maxima von T heißen *Resonanzen*.

Die eben diskutierte Resonanzerscheinung tritt in der mikroskopischen Physik häufig auf, und zwar immer in Raumbereichen, in denen das Potenzial stark anziehend ist.

Es existieren sogar Potenziale, die vollständig transparent sind. Zum Beispiel verschwindet der Reflexionskoeffizient für die Rosen-Morse-Potenziale

$$V(x) = -\frac{\lambda(\lambda + 1)}{\cosh^2 x}, \qquad (26.64)$$

Teil III

wenn λ eine natürliche Zahl ist. In Aufgabe 26.11 berechnen wir für diese Potenziale die Energien der endlichen Anzahl gebundener Zustände und die Transmissionskoeffizienten der ungebundenen Zustände. Selbst für ein vollständig transparentes Potenzial ist $\mathcal{T}$, im Gegensatz zu $T = 1$, eine nichttriviale impulsabhängige Funktion.

Analytische Eigenschaften von $\mathcal{T}(E)$

Die Transmissionsamplitude in (26.60) hat *Pole*, wenn

$$\cos(2ka) = \frac{\mathrm{i}}{2}\left(\frac{k'}{k} + \frac{k}{k'}\right)\sin(2ka) \tag{26.65}$$

gilt. Diese Polbedingung hat nur Lösungen für imaginäre k'. Man beachte, dass an einer Polstelle von $\mathcal{T}$ die Koeffizienten $\mathcal{R}, C$ und D in (26.59) divergieren und die Lösung selbst divergiert. Eine reguläre Lösung gewinnt man, wenn man ψ durch die Konstante $\mathcal{T}$ dividiert. Dann verschwindet aber die von links einlaufende Welle in (26.58).

Ist an einem Pol $k' = \mathrm{i}\kappa'$ der Transmissionsamplitude $\kappa' > 0$, fallen die transmittierte und reflektierte „Welle" exponentiell ab. Da es am Pol auch keine einlaufende Welle gibt, ist die Lösung dann quadratintegrabel. Die Polbedingung ist also genau die Bedingung dafür, dass die Lösungen gebundene Zustände beschreiben. Davon kann man sich auch formelmäßig überzeugen. Wegen $\tan 2x = 2(\cot x - \tan x)^{-1}$ ist die Polbedingung (26.65) äquivalent zu

$$\cot(ka) - \tan(ka) = \frac{k}{\kappa'} - \frac{\kappa'}{k}. \tag{26.66}$$

Diese Gleichung hat die beiden Klassen von Lösungen

$$k\tan(ka) = \kappa' \quad \text{bzw.} \quad k\cot(ka) = -\kappa'. \tag{26.67}$$

Ein Vergleich mit den früheren Resultaten (26.56) und (26.57) für die gebundenen Zustände im Topf zeigt, dass dies gerade die Bedingungen für die möglichen Energien der gebundenen Zustände sind. Deshalb sind die *Polstellen* der Amplitude $\mathcal{T}(E)$ die Energien der gebundenen Zustände.

Zerfallsbreiten

Wir untersuchen nun die Transmissionsamplitude in der Nähe einer positiven Resonanzenergie (26.63), die wir mit E_r bezeichnen. Wegen (26.62) ist $\tan(2ka) = 0$, und mit $\tan x \approx x$ für $x \ll 1$ gilt in erster Ordnung in $E - E_r$

$$\begin{aligned}\left(\frac{k'}{k} + \frac{k}{k'}\right)\tan(2ka) &= \left[\left(\frac{k'}{k} + \frac{k}{k'}\right)\frac{\mathrm{d}(2ka)}{\mathrm{d}E}\right]_{E_r}(E - E_r)\\ &=: \frac{4}{\Gamma}(E - E_r).\end{aligned} \tag{26.68}$$

Der Faktor 4 ist Konvention, damit Γ die Resonanzbreite ist. Somit hat die Transmissionsamplitude (26.60) in der Umgebung einer Resonanzenergie die charakteristische Form

$$\begin{aligned}\mathcal{T}(E) &\approx \frac{\mathrm{e}^{-2\mathrm{i}k'a}}{\cos(2ak)}\bigg|_{\text{Res.}} \frac{1}{1 - \frac{2\mathrm{i}}{\Gamma}(E - E_r)}\\ &= \mathrm{e}^{-2\mathrm{i}ak'_r}\,\frac{\mathrm{i}\Gamma/2}{E - E_r + \mathrm{i}\Gamma/2},\end{aligned} \tag{26.69}$$

woraus ersichtlich ist, dass für eine Resonanzenergie $E = E_r$ die Transmission maximal ist. Die Amplitude hat einen Pol bei $E = E_r - \mathrm{i}\Gamma/2$, und der Realteil der Polstelle ist die Resonanzenergie E_r.

Die Amplitude ist eine Funktion von $\sqrt{E}$, da sie über die Impulse von der Energie abhängt. Setzen wir nun $E = |E|\,\mathrm{e}^{2\pi\mathrm{i}\varphi}$, dann sehen wir sofort, dass $\sqrt{E} = \sqrt{|E|}\,\mathrm{e}^{\pi\mathrm{i}\varphi}$ keine einfachwertige Funktion über der Energieebene ist: Wenn man die Wurzelfunktion um den Ursprung der komplexen Ebene fortsetzt und nach einem Umlauf zur selben Energie zurückkehrt, geht $\sqrt{E}$ in $-\sqrt{E}$ über. Die Wurzelfunktion ist also nicht einfachwertig, und man wählt den Schnitt knapp unterhalb der positiven reellen Achse. Die Amplitude $\mathcal{T}(E)$ zeigt entlang des Schnittes einen Sprung.

Mathematisch gesehen ist die Amplitude eine Funktion auf der zweiblättrigen Riemann'schen Fläche über der Energieebene. Der Pol bei $E = E_r - \mathrm{i}\Gamma/2$ ist ein Pol ihrer analytischen Fortsetzung von oberhalb nach unterhalb der positiven reellen Achse. Der Pol ist damit auf dem zweiten Riemann'schen Blatt. Mehr zu Funktionen auf Riemann'schen Flächen finden Sie im „Mathematischen Hintergrund" 26.1.

Diese Eigenschaften sind nicht spezifisch für den Potenzialtopf. Es sind allgemeine Eigenschaften von Transmissionsproblemen in einer Dimension und Streuproblemen in drei Dimensionen (Kap. 32).

Schreibt man $\mathcal{T}(E)$ mithilfe der *Phasenverschiebung* δ gemäß

$$\mathcal{T}(E) = \mathrm{e}^{\mathrm{i}\delta(E)}|\mathcal{T}(E)|, \tag{26.70}$$

so findet man mit (26.60) für die Phasenverschiebung

$$\tan\left(\delta(E) + 2k'a\right) = \frac{1}{2}\left(\frac{k'}{k} + \frac{k}{k'}\right)\tan(2ka). \tag{26.71}$$

Mit (26.68) ergibt sich nahe der Resonanz

$$\delta(E) + 2k'a \approx \arctan\left(\frac{2}{\Gamma}(E - E_r)\right). \tag{26.72}$$

Man sieht, dass die Phasenverschiebung $\delta(E)$ in der Nähe einer Resonanz um beinahe π anwächst. Für eine schmale Resonanz mit $\Gamma \ll E_r$ ändert sich die Phasenverschiebung in der Nähe der Resonanz sehr schnell.

Physikalisch ist eine Resonanz beinahe ein gebundener Zustand. Schießen wir ein Teilchen mit Resonanzenergie von großer Entfernung auf das Potenzial, dann wird es im Topf oft hin- und

26.1 Mathematischer Hintergrund: Verzweigungspunkte komplexer Funktionen

In den „Mathematischen Hintergründen" 13.1, 13.2 und 13.3 wurden bereits holomorphe und meromorphe Funktionen eingeführt. Für manche Anwendungen ist dies aber noch nicht allgemein genug. Betrachtet man z. B. die Funktion $f(z) = z^2$, so ist diese nicht injektiv, besitzt also keine auf $\mathbb{C}$ definierte Umkehrfunktion. Dieses Problem kennt man bereits aus dem Reellen. Will man also die Funktion f umkehren, muss man den Definitionsbereich holomorpher Funktionen allgemeiner fassen.

Überlagerungen Seien $G_1, G_2 \subset \mathbb{C}$ zwei Gebiete. Eine Abbildung $f : G_1 \to G_2$ heißt *diskret*, wenn für jedes $w \in G_2$ die Urbildmenge $f^{-1}(w)$ diskret in G_1 ist. f heißt *offen*, wenn für jede offene Teilmenge $U \subset G_1$ auch $f(U)$ offen ist. Nichtkonstante holomorphe Funktionen sind z. B. sowohl diskret als auch offen.

Ist eine Abbildung $f : G_1 \to G_2$ offen, stetig und diskret, so nennt man sie *Überlagerung*. Eine Überlagerung heißt n-fach, wenn jedes $w \in G_2$ höchstens n Urbilder hat. Gibt es ein $w \in G_2$ mit unendlich vielen Urbildern, so heißt die Überlagerung unendlichfach.

Wichtige Beispiele für Überlagerungen sind die Abbildungen $f(z) = \exp(z)$ und $f(z) = z^k$ für $k \in \mathbb{N}, k \geq 2$. An diesen Beispielen kann man gut erkennen, woher der Begriff „Überlagerung" kommt.

Betrachten wir die Funktion $f(z) = z^3$, so hat jedes $w \in \mathbb{C}\backslash\{0\}$ genau drei Urbilder. Man kann sich nun vorstellen, dass diese drei Urbilder „übereinander" liegen, die Urbildmenge unter der Abbildung f die Bildmenge also „überlagert" (Abb. 26.9).

Man hat also eine dreifache Überlagerung, eine Art Wendeltreppe mit drei glatten Stufen. Analog gilt für $f(z) = z^k$, dass man eine k-fache Überlagerung hat. $f(z) = \exp(z)$ ist sogar eine unendlichfache Überlagerung, da jedes $w \in \mathbb{C}\backslash\{0\}$ unendlich viele Urbilder hat. In diesem Fall hätte man also eine unendlich lange Wendeltreppe.

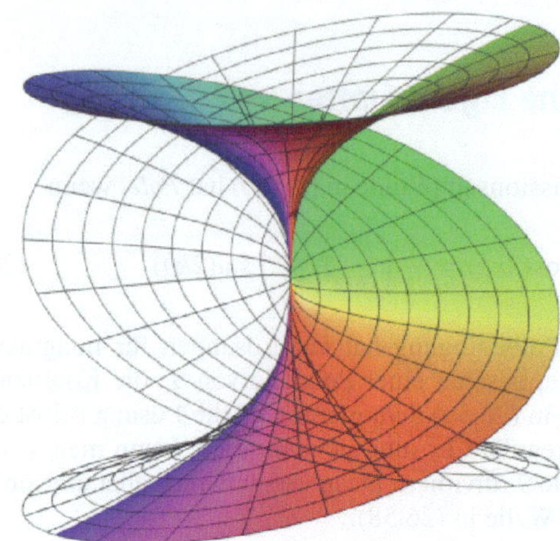

Abb. 26.9 Die Abbildung $z^{1/3}$ definiert eine dreifache Überlagerung der komplexen Ebene mit Verzweigungspunkt bei $z = 0$

Verzweigungspunkte Wie wir in den Beispielen oben gesehen haben, mussten wir die 0 ausschließen, da diese immer nur genau ein oder gar kein Urbild hatte. Solche Punkte haben einen besonderen Namen. Eine Überlagerung $f : G_1 \to G_2$ heißt bei $z_0 \in G_1$ *unverzweigt*, wenn es eine offene Umgebung $U \subset G_1$ um z_0 und eine offene Umgebung $V \subset G_2$ um $f(z_0)$ gibt, sodass $p_{|U} : U \to V$ ein Homöomorphismus ist. Gilt das nicht, so heißt z_0 *verzweigt*.

Ein Punkt heißt also unverzweigt, wenn man die Abbildung f in einer kleinen Umgebung dieses Punktes invertieren kann, und die Umkehrabbildung dort auch stetig ist. Bei unseren Beispielen oben gilt das für jedes $z \in \mathbb{C}\backslash\{0\}$. $z = 0$ ist aber sowohl für $f(z) = z^k$ als auch für $f(z) = \exp(z)$ ein Verzweigungspunkt.

herlaufen, ähnlich einem gebundenen Teilchen, bis es schließlich aufgrund seiner positiven Energie dem Potenzial entkommt. Man kann zeigen, dass $\hbar/\Gamma$ die *Lebensdauer* des Zustands ist.

Pole der Transmissionsamplitude

Die Energien der gebundenen Zustände sind die Polstellen von $\mathcal{T}(E)$ auf der negativen reellen Achse. Die Resonanzen sind da, wo $T(E)$ auf der positiven reellen Achse Maxima hat. In deren Nähe hat $\mathcal{T}(E)$ Pole unterhalb der positiven reellen Achse auf dem zweiten Riemann'schen Blatt.

Deltapotenzial

Das Deltapotenzial $V(x) = -V_0\delta(x)$ erhält man, wenn man bei festgehaltenem aV_0 die Topfbreite gegen null und die Topftiefe gegen Unendlich streben lässt. Ein Teilchen im Deltapotenzial bewegt sich weg vom Ursprung frei, sodass

$$-\frac{\hbar^2}{2m}\psi''(x) - V_0\delta(x)\psi(x) = E\psi(x) \qquad (26.73)$$

für $E > 0$ ebene Wellen und für $E < 0$ exponentiell wachsende bzw. fallende Funktionen als Lösungen hat.

Am Ursprung ist ψ stetig, aber ψ' springt, damit ψ'' die Deltadistribution in (26.73) weghebt. Bezeichnen ψ_+ und ψ_- die Lösungen für positive und negative x, dann lauten die Anschlussbedingungen

$$\psi_+(0) = \psi_-(0), \quad \psi'_+(0) - \psi'_-(0) = -\frac{2mV_0}{\hbar^2}\psi(0). \tag{26.74}$$

Überlegen Sie sich selbst, dass Lösungen der Schrödinger-Gleichung diese Anschlussbedingungen erfüllen muss.

Gebundene Zustände können nur für $E < 0$ existieren. Die normierbaren Lösungen haben die Form

$$\psi_\pm(x) = A_\pm \mathrm{e}^{\mp kx} \quad \text{mit} \quad \hbar k = \sqrt{-2mE} > 0. \tag{26.75}$$

Die Stetigkeit am Ursprung impliziert $A_+ = A_-$, und die zweite Bedingung in (26.74) lautet

$$k = \frac{mV_0}{\hbar^2} \equiv k_0. \tag{26.76}$$

Für ein attraktives Potenzial mit $V_0 > 0$ existiert also *genau eine Lösung* der Anschlussbedingungen, d. h. ein gebundener Zustand. Die Energie dieses Zustands ist

$$E_0 = -\frac{(\hbar k_0)^2}{2m} = -\frac{mV_0^2}{2\hbar^2}. \tag{26.77}$$

Der entsprechende auf eins normierte Grundzustand

$$\psi_0(x) = \sqrt{k_0}\,\mathrm{e}^{-k_0|x|} \tag{26.78}$$

ist eine reelle, gerade und knotenfreie Funktion mit einem Knick bei $x = 0$. Für positive Energien betrachtet man von links einlaufende ebene Wellen:

$$\psi_-(x) = \mathrm{e}^{\mathrm{i}kx} + \mathcal{R}\mathrm{e}^{-\mathrm{i}kx}, \quad \psi_+(x) = \mathcal{T}\mathrm{e}^{\mathrm{i}kx}. \tag{26.79}$$

Die Anschlussbedingungen (26.74) führen nun auf

$$1 + \mathcal{R} = \mathcal{T} \quad \text{und} \quad \mathcal{T} - 1 + \mathcal{R} = \frac{2\mathrm{i}k_0}{k}\mathcal{T} \tag{26.80}$$

mit der konstanten Wellenzahl k_0 in (26.76) bzw. auf

$$\mathcal{R} = \frac{\mathrm{i}k_0}{k - \mathrm{i}k_0}, \quad \mathcal{T} = \frac{k}{k - \mathrm{i}k_0}. \tag{26.81}$$

Die Amplitude $\mathcal{T}$ hat einen Pol bei $k = \mathrm{i}k_0$. Die zugehörige Energie ist die Energie E_0 des Grundzustands in (26.77). Für das Deltapotenzial existieren keine Resonanzen. ◄

26.3 Der harmonische Oszillator

Der Hamilton-Operator für den eindimensionalen harmonischen Oszillator der Masse m, und Eigenfrequenz ω ist

$$\hat{H} = \frac{\hat{p}^2}{2m} + \frac{m\omega^2\hat{x}^2}{2}. \tag{26.82}$$

Der Operator ist zeitunabhängig, und wir dürfen die Zeitabhängigkeit der Wellenfunktionen abspalten: $\psi(t,x) = \mathrm{e}^{-\mathrm{i}Et/\hbar}\psi(x)$. In der Ortsdarstellung erfüllt die Wellenfunktion $\psi(x)$ die zeitunabhängige Schrödinger-Gleichung

$$-\frac{\hbar^2}{2m}\psi''(x) + \frac{m\omega^2x^2}{2}\psi(x) = E\psi(x). \tag{26.83}$$

Wir untersuchen quadratintegrable Lösungen dieser Gleichung, und dies führt zu dem Eigenwertproblem für den hermiteschen Operator $\hat{H}$ im Hilbert-Raum $L_2(\mathbb{R})$.

Aus Masse, Eigenfrequenz und dem reduzierten Wirkungsquantum $\hbar$ bildet man die charakteristische Länge

$$\ell = \sqrt{\frac{\hbar}{m\omega}}. \tag{26.84}$$

Auch für makroskopische Oszillatoren ist dies eine mikroskopisch kleine Länge. Zum Beispiel ist für einen Oszillator mit $m = 1\,\mathrm{kg}$ und $\omega = 1/\mathrm{s}$

$$\ell \approx 10^{-17}\mathrm{m}. \tag{26.85}$$

Setzen wir nun $x = \ell u$ mit einem dimensionslosen u, dann ist im Ortsraum

$$\hat{p} = \frac{\hbar}{\mathrm{i}}\partial_x = \frac{\hbar}{\mathrm{i}\ell}\partial_u, \tag{26.86}$$

und die Schrödinger-Gleichung nimmt eine einfache Form an:

$$\hat{H}\psi = \frac{\hbar\omega}{2}\left(-\partial_u^2 + u^2\right)\psi = E\psi. \tag{26.87}$$

Frage 14

Überzeugen Sie sich davon, dass nach der Variablensubstitution $x = \ell u$ die Schrödinger-Gleichung (26.83) in (26.87) übergeht.

Auf- und Absteigeoperatoren

Zur algebraischen Lösung des Eigenwertproblems führt man den dimensionslosen *Absteigeoperator* $\hat{a}$ und sein Adjungiertes, den *Aufsteigeoperator* $\hat{a}^\dagger$, ein:

$$\hat{a} = \frac{1}{\sqrt{2}}(u + \partial_u), \quad \hat{a}^\dagger = \frac{1}{\sqrt{2}}(u - \partial_u). \tag{26.88}$$

Teil III

Der Grund für diese Namen wird im Verlauf der Untersuchungen klar werden. Es sind spezielle Linearkombinationen von Orts- und Impulsoperator, und sie vertauschen nicht:

$$[\hat{a}, \hat{a}^\dagger] = \frac{1}{2}[u + \partial_u, u - \partial_u] = [\partial_u, u] = 1. \qquad (26.89)$$

Natürlich vertauschen $\hat{a}$ und $\hat{a}^\dagger$ jeweils mit sich selbst.

Nun definiert man den hermiteschen *Besetzungszahloperator* $\hat{N} = \hat{a}^\dagger\hat{a}$ und drückt ihn durch den Hamilton-Operator aus:

$$\begin{aligned} \hat{N} = \hat{a}^\dagger\hat{a} &= \frac{1}{2}(u - \partial_u)(u + \partial_u) \\ &= \frac{1}{2}\left(u^2 - \partial_u^2 - [\partial_u, u]\right) = \frac{\hat{H}}{\hbar\omega} - \frac{1}{2}. \end{aligned} \qquad (26.90)$$

Im letzten Schritt wurde (26.87) benutzt.

Hamilton- und Besetzungszahl-Operator

Der Absteigeoperator $\hat{a}$ und der Aufsteigeoperator $\hat{a}^\dagger$ erfüllen die Vertauschungsregeln

$$[\hat{a}, \hat{a}] = [\hat{a}^\dagger, \hat{a}^\dagger] = 0, \quad [\hat{a}, \hat{a}^\dagger] = 1. \qquad (26.91)$$

Der Hamilton-Operator ist bis auf eine additive Konstante proportional zum Besetzungszahloperator:

$$\hat{H} = \hbar\omega\left(\hat{a}^\dagger\hat{a} + \tfrac{1}{2}\right) \equiv \hbar\omega\left(\hat{N} + \tfrac{1}{2}\right). \qquad (26.92)$$

Der Besetzungszahloperator ist hermitesch und nichtnegativ:

$$0 \leq \langle \hat{a}\psi, \hat{a}\psi\rangle = \langle\psi|\,\hat{N}\,|\psi\rangle. \qquad (26.93)$$

Entsprechend sind seine Eigenwerte, die *Besetzungszahlen*, reell und nichtnegativ.

Besetzungszahldarstellung

Wir wollen das Eigenwertproblem für $\hat{H}$ nur mithilfe der algebraischen Beziehungen (26.91) und (26.92) lösen. Befreit man sich nämlich von der speziellen Darstellung für den Aufsteige- und Absteigeoperator, dann kann man die gewonnenen Resultate z. B. auf die Erzeugung und Vernichtung von *Phononen* oder *Photonen* übertragen.

Der Grundzustand hat wegen (26.92) die kleinste Besetzungszahl. Nehmen wir nun an, $|n\rangle$ sei Eigenzustand des Besetzungszahloperators

$$\hat{N}\,|n\rangle = a_n\,|n\rangle \qquad (26.94)$$

mit einer nichtnegativen Besetzungszahl a_n. Wegen

$$\begin{aligned} [\hat{N}, \hat{a}^\dagger] &= \hat{a}^\dagger\hat{a}\hat{a}^\dagger - \hat{a}^\dagger\hat{a}^\dagger\hat{a} = \hat{a}^\dagger[\hat{a}, \hat{a}^\dagger] = \hat{a}^\dagger, \\ [\hat{N}, \hat{a}] &= \hat{a}^\dagger\hat{a}\hat{a} - \hat{a}\hat{a}^\dagger\hat{a} = [\hat{a}^\dagger, \hat{a}]\hat{a} = -\hat{a} \end{aligned} \qquad (26.95)$$

hat $\hat{a}^\dagger\,|n\rangle$ eine um eins höhere und $\hat{a}\,|n\rangle$ eine um eins niedrigere Besetzungszahl:

$$\begin{aligned} \hat{N}\hat{a}^\dagger\,|n\rangle &= (\hat{a}^\dagger\hat{N} + \hat{a}^\dagger)\,|n\rangle = (a_n + 1)\,\hat{a}^\dagger\,|n\rangle, \\ \hat{N}\hat{a}\,|n\rangle &= (\hat{a}\hat{N} - \hat{a})\,|n\rangle = (a_n - 1)\,\hat{a}\,|n\rangle. \end{aligned} \qquad (26.96)$$

Frage 15

Überlegen Sie sich, dass die Kommutationsregeln

$$[\hat{N}, \hat{a}^m] = -m\hat{a}^m, \quad [\hat{N}, \hat{a}^{\dagger m}] = m\hat{a}^{\dagger m} \qquad (26.97)$$

gelten und dass deshalb $\hat{a}^{\dagger m}$ die Besetzungszahl um m erhöht und $\hat{a}^m$ diese um m erniedrigt.

Wir wollen zuerst die Frage nach der kleinsten Besetzungszahl beantworten. Ist $|n\rangle \neq 0$, kann wegen

$$\langle\hat{a}n, \hat{a}n\rangle = \langle n|\,\hat{N}\,|n\rangle = a_n\langle n\,|n\rangle \qquad (26.98)$$

der Vektor $\hat{a}\,|n\rangle$ nur null sein, wenn a_n verschwindet. Wegen (26.96) ist deshalb für jeden Eigenwert $a_n \neq 0$ auch $a_n - 1$ Eigenwert von $\hat{N}$. Durch mehrfaches Anwenden von $\hat{a}$ erzeugt man dann weitere Eigenvektoren mit Besetzungszahlen $a_n - 1, a_n - 2, a_n - 3, \ldots$ Da, wie oben begründet, die Besetzungszahlen nicht negativ sein können, muss beim Absteigen irgendwann der Nullvektor entstehen. Dies ist aber nur möglich, wenn die Besetzungszal a_n aus $\mathbb{N}_0$ ist.

Insbesondere ist die kleinstmögliche Besetzungszahl gleich null. Der entsprechende Eigenvektor $|0\rangle$ wird von $\hat{a}$ vernichtet (annihiliert):

$$\hat{N}\,|0\rangle = 0 \Longleftrightarrow \hat{a}\,|0\rangle = 0. \qquad (26.99)$$

Ausgehend von diesem ausgezeichneten Eigenvektor kann man jetzt durch mehrmaliges Anwenden des Aufsteigeoperators alle Eigenvektoren von $\hat{N}$ gewinnen. Da $\hat{a}^\dagger$ die Besetzungszahl um eins erhöht, ist $a^{\dagger n}\,|0\rangle$ ein Eigenvektor mit Besetzungszahl n.

Zur Angabe einer *orthonormierten* Eigenbasis von $\hat{N}$ berechnet man zuerst die Normen der Eigenvektoren $\hat{a}\,|n\rangle \propto |n-1\rangle$ und $\hat{a}^\dagger\,|n\rangle \propto |n+1\rangle$:

$$\begin{aligned} \langle\hat{a}n, \hat{a}n\rangle &= \langle n|\,\hat{a}^\dagger\hat{a}\,|n\rangle = \langle n|\,\hat{N}\,|n\rangle = n\,\langle n|\,n\rangle, \qquad (26.100) \\ \langle\hat{a}^\dagger n, \hat{a}^\dagger n\rangle &= \langle n|\,\hat{a}\hat{a}^\dagger\,|n\rangle = \langle n|\,\hat{N} + \boldsymbol{I}\,|n\rangle = (n+1)\,\langle n|\,n\rangle. \end{aligned}$$

Ist $|n\rangle$ auf eins normiert, so sind auch

$$|n-1\rangle = \frac{1}{\sqrt{n}}\,\hat{a}\,|n\rangle, \quad |n+1\rangle = \frac{1}{\sqrt{n+1}}\,\hat{a}^\dagger\,|n\rangle \qquad (26.101)$$

auf eins normiert. Durch sukzessives Anwenden des Aufsteigeoperators kann man nun aus $|0\rangle$ alle orthonormierten Eigenzustände des Besetzungzahloperators generieren:

$$|n\rangle = \frac{1}{\sqrt{n}}\,\hat{a}^\dagger\,|n-1\rangle = \cdots = \frac{1}{\sqrt{n!}}\,a^{\dagger n}\,|0\rangle. \qquad (26.102)$$

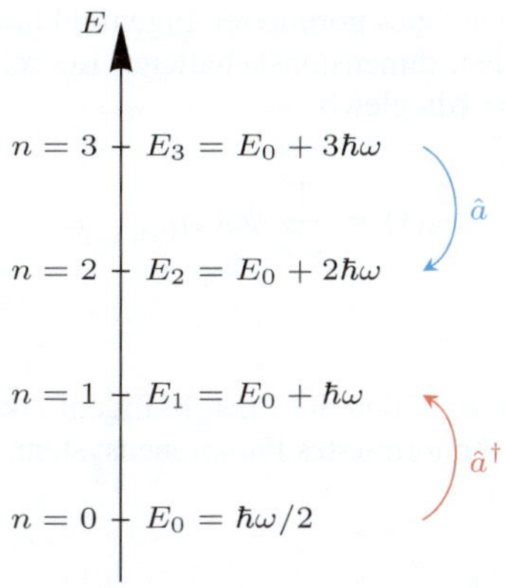

Abb. 26.10 Der Absteigeoperator erniedrigt die Besetzungszahl um eins, und der Aufsteigeoperator erhöht diese um eins. Alle angeregten Zustände gewinnt man durch mehrmaliges Anwenden von $\hat{a}^\dagger$ auf den Grundzustand

Kann nun ein Eigenwert n entartet sein? Wäre n entartet, so gäbe es mindestens zwei linear unabhängige Eigenvektoren,

$$|n\rangle \propto a^{\dagger n}\,|0\rangle \quad \text{und} \quad |n\rangle' \propto a^{\dagger n}\,|0\rangle', \tag{26.103}$$

die aus zwei linear unabhängigen Vektoren $|0\rangle$ und $|0\rangle'$ mit Besetzungszahl 0 gewonnen würden:

$$\hat{a}\,|0\rangle = \hat{a}\,|0\rangle' = 0. \tag{26.104}$$

Wir werden sehr bald sehen, dass der Oszillator aber nur einen Grundzustand hat, der von $\hat{a}$ annihiliert wird. Also sind die Eigenwerte von $\hat{N}$ nicht entartet.

Eigenwerte und Eigenvektoren von $\hat{N}$

Die nichtentarteten Eigenwerte n von $\hat{N}$ sind $0, 1, 2, \ldots,$ und die zugehörigen orthonormierten Eigenvektoren lauten

$$|n\rangle = \frac{1}{\sqrt{n!}}\,\hat{a}^{\dagger n}\,|0\rangle\,, \quad \hat{N}\,|n\rangle = n\,|n\rangle\,. \tag{26.105}$$

Der ausgezeichnete Zustand $|0\rangle$ mit Besetzungszahl 0 wird von $\hat{a}$ annihiliert. Die Zustände $|n\rangle$ sind gleichzeitig Eigenvektoren des Hamilton-Operators,

$$\hat{H}\,|n\rangle = E_n\,|n\rangle\,, \quad E_n = \hbar\omega\left(n + \tfrac{1}{2}\right), \tag{26.106}$$

und die Energien E_n sind äquidistant. Der Grundzustand $|0\rangle$ hat die Energie $\hbar\omega/2$.

Die Aufsteigeoperator $\hat{a}^\dagger$ erhöht die Energie um ein Quant $\hbar\omega$, und der Absteigeoperator $\hat{a}$ erniedrigt sie um ein Quant. Dieses Auf- und Absteigen im Spektrum von $\hat{H}$ ist in Abb. 26.10 skizziert.

Da die Energielücke zwischen zwei benachbarten Zuständen jeweils $\hbar\omega$ ist, können wir das System im Zustand $|n\rangle$ als Anregung von n gleichartigen Schwingungsquanten, jedes mit Energie $\hbar\omega$, interpretieren. Dann zählt $\hat{N}$ die Anzahl Quanten im System. Wegen (26.101) erzeugt $\hat{a}^\dagger$ ein Quant, und $\hat{a}$ vernichtet ein Quant; deshalb werden sie auch *Erzeugungs- und Vernichtungsoperatoren* genannt.

Eigenfunktionen im Ortsraum

Zur Berechnung der Eigenfunktion für den harmonischen Oszillator im Ortsraum, $\psi_n(x) = \langle x\,|n\rangle$ kehren wir zur Darstellung (26.88) für den Absteige- und Aufsteigeoperator zurück. In der Ortsdarstellung ist $\hat{p}$ ein Differenzialoperator, und die Gleichung $\hat{a}\psi_0 = 0$ für den Grundzustand lautet

$$\hat{a}\psi_0(u) = \frac{1}{\sqrt{2}}\,(u + \partial_u)\,\psi_0 = 0 \quad \text{mit} \quad u = \frac{x}{\ell}. \tag{26.107}$$

Die normierte Lösung dieser einfachen Differenzialgleichung ist eine Gauß'sche Funktion (Gauß'sche Normalverteilung)

$$\psi_0(u) = \frac{1}{\pi^{1/4}}\,\mathrm{e}^{-u^2/2}, \tag{26.108}$$

und die Eindeutigkeit der Lösung impliziert die Nichtentartung aller angeregten Zustände.

Frage 16

Überzeugen Sie sich davon, dass $\hat{a}\psi_0 = 0$ ist.

Die angeregten Zustände können mithilfe der Formel

$$\psi_n(u) = \frac{1}{\sqrt{n!}}\hat{a}^{\dagger n}\,\psi_0(u) = \frac{1}{\pi^{1/4}\sqrt{n!}}\,\hat{a}^{\dagger n}\,\mathrm{e}^{-u^2/2} \tag{26.109}$$

berechnet werden, wobei der Aufsteigeoperator im Ortsraum der folgende Differenzialoperator erster Ordnung ist:

$$\hat{a}^\dagger = \frac{1}{\sqrt{2}}\,(u - \partial_u)\,. \tag{26.110}$$

Zum Beispiel findet man für den ersten angeregten Zustand

$$\psi_1(u) = \sqrt{2}\,u \cdot \psi_0(u). \tag{26.111}$$

Der angeregte Zustand ψ_n ist proportional zum Grundzustand, multipliziert mit dem *Hermite-Polynom* H_n vom Grad n:

$$\psi_n(u) = \frac{1}{\pi^{1/4}}\,\frac{1}{\sqrt{2^n n!}}\,H_n(u)\,\mathrm{e}^{-u^2/2}. \tag{26.112}$$

Die Hermite-Polynome H_n wurden bereits in Aufgabe 13.6 behandelt, und die Beziehung (23.45) liefert eine erzeugende Funktion für die Polynome:

$$\mathrm{e}^{2tu-t^2} = \sum_{n=0}^{\infty}\frac{H_n(u)}{n!}t^n \quad \Longrightarrow \quad \frac{\mathrm{d}^n}{\mathrm{d}t^n}\mathrm{e}^{2tu-t^2}\Big|_{t=0} = H_n(u). \tag{26.113}$$

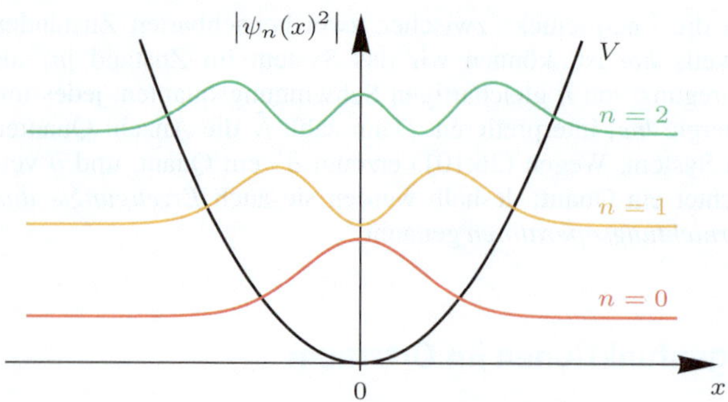

Abb. 26.11 Die Aufenthaltswahrscheinlichkeiten für den harmonischen Oszillator in den Zuständen mit den drei tiefsten Energien

Die Polynome der niedrigsten Ordnungen lauten

$$\begin{aligned} H_0(u) &= 1, \\ H_1(u) &= 2u, \\ H_2(u) &= 4u^2 - 2, \\ H_3(u) &= 8u^3 - 12u, \\ H_4(u) &= 16u^4 - 48u^2 + 12, \\ H_5(u) &= 32u^5 - 160u^3 + 120u. \end{aligned} \tag{26.114}$$

Weitere Eigenschaften der Hermite-Polynome findet man z. B. in Courant und Hilbert (1953).

Die Hermite-Polynome H_n sind gerade Funktionen für gerade n und ungerade Funktionen für ungerade n, und entsprechend sind die Lösungen der Schrödinger-Gleichung gerade oder ungerade,

$$\psi_n(-u) = (-1)^n \psi_n(u), \tag{26.115}$$

in Übereinstimmung mit der allgemeinen Diskussion zu Beginn des Kapitels. Nach dem allgemeinen Knotentheorem müssen alle n Nullstellen des Polynoms H_n auf der reellen Achse liegen.

Eigenwerte und Eigenfunktionen von $\hat{H}$

Die orthonormierten Eigenfunktionen für den harmonischen Oszillator im Ortsraum sind das Produkt einer Gauß'schen Normalverteilung mit den Hermite'schen Polynomen H_n. Die Eigenfunktionen sind symmetrisch für gerade n und antisymmetrisch für ungerade n.

In Abb. 26.11 sind die Wahrscheinlichkeitsverteilungen

$$|\psi_n(u)|^2 = \frac{1}{\sqrt{\pi}} \frac{1}{2^n n!} H_n^2(u)\, \mathrm{e}^{-u^2} \tag{26.116}$$

für die Eigenzustände mit den drei kleinsten Energien dargestellt.

Achtung Die auf eins normierten Eigenfunktionen bezüglich der ursprünglichen dimensionsbehafteten Koordinate $x = \ell u$ sind wegen $\mathrm{d}x = \ell \mathrm{d}u$ gleich

$$\psi_n(x) = \frac{1}{\sqrt{\ell}} \psi_n(u)\big|_{u=x/\ell}. \tag{26.117}$$

◀

Nach Konstruktion bilden die Energie-Eigenfunktionen ψ_n ein vollständiges orthonormiertes Funktionensystem.

Unschärferelation und Nullpunktsenergie

In diesem Abschnitt werden die bisherigen Ergebnisse interpretiert und weiter ergänzt. Dazu invertiert man die Beziehungen (26.88) und benutzt (26.86), um Orts- und Impulsoperator durch Aufsteige- und Absteigeoperator auszudrücken:

$$\hat{x} = \ell \frac{\hat{a} + \hat{a}^\dagger}{\sqrt{2}} \quad \text{und} \quad \hat{p} = \frac{\hbar}{\mathrm{i}\ell} \frac{\hat{a} - \hat{a}^\dagger}{\sqrt{2}}. \tag{26.118}$$

Nun kann man die Erwartungswerte von Ort und Impuls in der Besetzungszahldarstellung leicht bestimmen. Dazu erinnere man sich an die Wirkung von Aufsteige- und Absteigeoperator:

$$\hat{a}^\dagger |n\rangle = \sqrt{n+1}\, |n+1\rangle, \quad \hat{a} |n\rangle = \sqrt{n}\, |n-1\rangle. \tag{26.119}$$

Wegen (26.118) sind die Zustände $\hat{x}\,|n\rangle$ und $\hat{p}\,|n\rangle$ Linearkombinationen von $|n-1\rangle$ und $|n+1\rangle$ und damit senkrecht auf $|n\rangle$. Deshalb befindet sich der Oszillator in jedem Eigenzustand der Energie im Mittel im Ursprung und hat im Mittel einen verschwindenden Impuls:

$$\langle n|\, \hat{x}\, |n\rangle = \langle n|\, \hat{p}\, |n\rangle = 0. \tag{26.120}$$

Nun berechnen wir die *mittleren Schwankungen* von Ort und Impuls. Wegen

$$\hat{x}^2 = \frac{\ell^2}{2} \left(\hat{a}^\dagger \hat{a}^\dagger + \hat{a}\hat{a} + \hat{a}^\dagger \hat{a} + \hat{a}\hat{a}^\dagger \right) \tag{26.121}$$

findet man folgenden Erwartungswert für $\hat{x}^2$:

$$\begin{aligned} \langle n|\, \hat{x}^2\, |n\rangle &= \frac{\ell^2}{2} \langle n|\, \hat{a}^\dagger \hat{a} + \hat{a}\hat{a}^\dagger\, |n\rangle \\ &= \frac{\ell^2}{2} \langle n|\, 2\hat{N} + 1\, |n\rangle = \ell^2 \left(n + \tfrac{1}{2}\right), \end{aligned} \tag{26.122}$$

wobei die Vertauschungsrelation (26.91) verwendet wurde.

Vertiefung: Rekursionsrelation für Hermite-Polynome

Ein Vergleich von (26.109) mit (26.112) offenbart, dass die Hermite-Polynome folgende Darstellung haben:

$$H_n(u) = \sqrt{2^n}\, e^{u^2/2} \hat{a}^{\dagger n} e^{-u^2/2}. \tag{1}$$

In Aufgabe 26.7 wird die Relation

$$[\hat{a}, \hat{a}^{\dagger n}] = n\hat{a}^{\dagger n-1}$$

bewiesen, woraus mit $\hat{a}^\dagger + \hat{a} = \sqrt{2}u$ sofort

$$\sqrt{2}u\,\hat{a}^{\dagger n} = (\hat{a}^\dagger + \hat{a})\hat{a}^{\dagger n} = \hat{a}^{\dagger n+1} + \hat{a}^{\dagger n}\hat{a} + n\hat{a}^{\dagger n-1}.$$

folgt. Die Auflösung nach dem mittleren Term auf der rechten Seite führt nun auf

$$\hat{a}^{\dagger n}\hat{a} = -\hat{a}^{\dagger n+1} + \sqrt{2}u\,\hat{a}^{\dagger n} - n\hat{a}^{\dagger n-1}.$$

Der Absteigeoperator annihiliert den Grundzustand, d. h. $\hat{a}e^{-u^2/2} = 0$, und daraus ergibt sich

$$e^{u^2/2}\left(\hat{a}^{\dagger n+1} - \sqrt{2}u\,\hat{a}^{\dagger n} + n\hat{a}^{\dagger n-1}\right)e^{-u^2/2} = 0.$$

Erinnert man sich hier an die Darstellung (1) für die Hermite-Polynome, dann folgt die gesuchte zweistufige Rekursionsrelation

$$H_{n+1}(u) - 2uH_n(u) + 2nH_{n-1}(u) = 0, \tag{2}$$

mit der man, ausgehend von H_0 und H_1, alle höheren Polynome relativ schnell generieren kann.

Frage 17

Wiederholen Sie die Rechnung für den Impuls und zeigen Sie

$$\langle n|\,\hat{p}^2\,|n\rangle = \frac{\hbar^2}{\ell^2}\left(n + \tfrac{1}{2}\right). \tag{26.123}$$

Da der mittlere Ort und mittlere Impuls verschwinden, sind dies genau die Schwankungsquadrate von Ort und Impuls im n-ten angeregten Zustand. Ihr Produkt ist

$$\langle n|\,(\Delta\hat{x})^2\,|n\rangle\,\langle n|\,(\Delta\hat{p})^2\,|n\rangle = \hbar^2\left(n + \tfrac{1}{2}\right)^2 \geq \frac{\hbar^2}{4}. \tag{26.124}$$

Im Grundzustand hat der Oszillator das nach der Unschärferelation kleinstmögliche Produkt der Unschärfen, $\Delta x \cdot \Delta p = \hbar/2$. Mit wachsender Energie nimmt das Produkt der Unschärfen jedoch zu, für große Energien proportional zu n.

Im klassischen Grundzustand ruht der Oszillator im Ursprung und hat die Energie null. Die Energie des quantisierten Oszillators im Grundzustand ist dagegen positiv, $E_0 = \hbar\omega/2$. Man nennt E_0 auch *Nullpunktsenergie*. Sie ist eine unausweichliche Folge der Unschärferelation zwischen Ort und Impuls. Um dies einzusehen, betrachte man den Erwartungswert des Hamilton-Operators in einem beliebigen Zustand:

$$\langle\hat{H}\rangle = \frac{1}{2m}\langle\hat{p}^2\rangle + \frac{m\omega^2}{2}\langle\hat{x}^2\rangle. \tag{26.125}$$

Nimmt man an, der Oszillator ruht im Mittel im Ursprung und hat im Mittel keinen Impuls, dann führt die Unschärferelation $\langle\hat{p}^2\rangle\langle\hat{x}^2\rangle \geq \hbar^2/4$ auf eine untere Schranke für den Erwartungswert der Energie:

$$\langle\hat{H}\rangle \geq \frac{\hbar^2}{8m}\frac{1}{\langle\hat{x}^2\rangle} + \frac{m\omega^2}{2}\langle\hat{x}^2\rangle. \tag{26.126}$$

Die rechte Seite ist minimal für $\langle\hat{x}^2\rangle = \hbar/2m\omega$, und für diesen Wert erhält man die *zustandsunabhängige untere Schranke*

$$\langle\hat{H}\rangle \geq \frac{\hbar\omega}{4} + \frac{\hbar\omega}{4} = \frac{\hbar\omega}{2} = E_0. \tag{26.127}$$

Nullpunktsfluktuationen

Die Grundzustandsenergie E_0 des harmonischen Oszillators ist die kleinstmögliche Energie, die mit der Unschärferelation verträglich ist. Selbst im Grundzustand fluktuieren Ort und Impuls des Oszillators um den Nullpunkt, und diese *Nullpunktsfluktuationen* sind Ursache für $E_0 > 0$.

Die Nullpunktsenergie des harmonischen Oszillators ist gleichmäßig verteilt auf die kinetische und die potenzielle Energie.

Mithilfe der Unschärferelation findet man auch untere Schranken für die Grundzustandsenergien aufgrund der Nullpunktsfluktuationen für weniger einfache Quantensysteme. Allerdings wird die tatsächliche Energie des Grundzustands im Allgemeinen größer als diese Schranke sein. In Aufgabe 26.6 wird eine untere Schranke für den anharmonischen Oszillator mit potenzieller Energie

$$V(x) = \frac{m\omega^2}{2}x^2 + \lambda' x^4 \tag{26.128}$$

mithilfe der Unschärferelation gewonnen.

26.4 Kohärente Zustände

Durch geschickte Überlagerungen von Energie-Eigenfunktionen können *kohärente Zustände* konstruiert werden, für die der mittlere Ort und der mittlere Impuls die klassische Bewegung des Oszillators vollführen. Diese Zustände bilden eine Brücke zwischen klassischer Mechanik und Quantenmechanik und wurden von Erwin Schrödinger bereits zu Beginn der Quantenmechanik eingeführt (Schrödinger 1926). Er untersuchte nicht zerfließende Wellenpakete, und kohärente Zustände zeigen eben genau diese interessante Eigenschaft.

Im Grundzustand ist das Produkt aus Orts- und Impulsunschärfe minimal. Dies gilt auch, wenn wir die Wellenfunktion im Ortsraum verschieben, d. h. für die Wellenfunktion

$$\psi_0\,(x - x_0)\,. \tag{26.129}$$

Die Eigenschaften dieser kohärenten Zustände und insbesondere ihre Zeitentwicklung wollen wir nun studieren. Gemäß (23.190) verschiebt der unitäre Operator $\exp(-\mathrm{i}x_0\hat{p}/\hbar)$ das Argument einer Wellenfunktion um $-x_0$, und man kann

$$\psi_0(x - x_0) = \mathrm{e}^{-\mathrm{i}x_0\hat{p}/\hbar}\,\psi_0(x) = \mathrm{e}^{\eta(\hat{a}^\dagger - \hat{a})}\psi_0(x) \tag{26.130}$$

schreiben, mit dem dimensionslosen reellen Verschiebungsparameter

$$\eta = \frac{1}{\sqrt{2}}\,\frac{x_0}{\ell}. \tag{26.131}$$

Wir lösen uns nun von der Ortsdarstellung und benutzen die darstellungsunabhängige Dirac'sche Schreibweise. Da in der Lösung der Schrödinger-Gleichung komplexe η auftreten werden, definiert man die kohärenten Zustände

$$|\eta\rangle = \hat{D}(\eta)\,|0\rangle\,, \quad \hat{D}(\eta) = \mathrm{e}^{\eta\hat{a}^\dagger - \eta^*\hat{a}} \tag{26.132}$$

für komplexe η. Der Operator $\hat{D}(\eta)$ ist unitär, da im Exponenten ein antihermitescher Operator steht. Zu seiner Umformung bemüht man die Baker-Campbell-Hausdorff-Formel (Aufgabe 24.3) für zwei nicht kommutierende Operatoren. Wegen $[\hat{a}, \hat{a}^\dagger] = \boldsymbol{I}$ vereinfacht sich diese Formel zu

$$\hat{D}(\eta) = \mathrm{e}^{\eta\hat{a}^\dagger - \eta^*\hat{a}} = \mathrm{e}^{-|\eta|^2/2}\mathrm{e}^{\eta\hat{a}^\dagger}\mathrm{e}^{-\eta^*\hat{a}}. \tag{26.133}$$

Frage 18

Überzeugen Sie sich mit der Baker-Campbell-Hausdorff-Formel davon, dass $\hat{D}(\eta)$ auch wie folgt geschrieben werden kann:

$$\hat{D}(\eta) = \mathrm{e}^{-\mathrm{i}\,\mathrm{Re}\,(\eta)\mathrm{Im}\,(\eta)}\,\mathrm{e}^{\mathrm{i}\,\mathrm{Im}\,(\eta)(\hat{a}^\dagger + \hat{a})}\,\mathrm{e}^{\mathrm{Re}\,(\eta)(\hat{a}^\dagger - \hat{a})}. \tag{26.134}$$

Im Ortsraum ist $\hat{a}^\dagger + \hat{a}$ proportional zur Multiplikation mit x und $\hat{a}^\dagger - \hat{a}$ proportional zum Ableitungsoperator. Deshalb gilt

$$\hat{D}(\eta) = \mathrm{e}^{\mathrm{i}\mathrm{Re}\,(\eta)\mathrm{Im}\,(\eta)}\mathrm{e}^{\sqrt{2}\mathrm{i}\,\mathrm{Im}\,(\eta)(x-\xi)/\ell}\,\mathrm{e}^{-\xi\partial_x} \tag{26.135}$$

mit der reellen Konstante $\xi = \sqrt{2}\mathrm{Re}\,(\eta)\ell$. Die Wellenfunktion im Ortsraum $\psi_\eta(x) = \langle x|\,\eta\rangle$ erhält man nun, indem man mit diesem Operator auf $\psi_0(x)$ wirkt:

$$\psi_\eta(x) = \mathrm{e}^{\mathrm{i}\,\mathrm{Re}\,(\eta)\,\mathrm{Im}\,(\eta)}\,\mathrm{e}^{\sqrt{2}\mathrm{i}\,\mathrm{Im}\,(\eta)(x-\xi)/\ell}\psi_0(x - \xi). \tag{26.136}$$

Für das reelle η in (26.131) ist $\xi = x_0$ und $\psi_\eta(x) = \psi_0(x - x_0)$. Man beachte, dass selbst für komplexe η die beiden Exponentialfunktionen den Betrag 1 haben und zu der Wahrscheinlichkeitsdichte

$$|\psi_\eta(x)|^2 = \psi_0^2(x - \xi) \tag{26.137}$$

nicht beitragen.

Weil der Absteigeoperator den Grundzustand $|0\rangle$ annihiliert, gilt $\exp(-\eta^*\hat{a})\,|0\rangle = |0\rangle$, und (26.132) vereinfacht sich zu

$$|\eta\rangle = \mathrm{e}^{-|\eta|^2/2}\mathrm{e}^{\eta\hat{a}^\dagger}\,|0\rangle\,. \tag{26.138}$$

Dies sind Eigenzustände des Absteigeoperators. Dies zeigt man am schnellsten mithilfe der Formel

$$\mathrm{e}^{-\eta\hat{a}^\dagger}\,\hat{a}\,\mathrm{e}^{\eta\hat{a}^\dagger} = \hat{a} + \eta \tag{26.139}$$

und der Darstellung (26.138) sowie $\hat{a}\,|0\rangle = 0$ wie folgt:

$$\hat{a}\,|\eta\rangle = \mathrm{e}^{-|\eta|^2/2}\mathrm{e}^{\eta\hat{a}^\dagger}\,(\hat{a} + \eta)\,|0\rangle = \eta\,|\eta\rangle\,. \tag{26.140}$$

Frage 19

Beweisen Sie die Relation (26.139), indem Sie beide Seiten nach η ableiten oder die Exponentialfunktionen entwickeln.

Achtung Der Absteigeoperator ist nicht hermitesch, und seine Eigenwerte η brauchen nicht reell zu sein. ◀

Kohärente Zustände

Die kohärenten Zustände sind Eigenvektoren des Absteigeoperators, $\hat{a}\,|\eta\rangle = \eta\,|\eta\rangle$. Sie sind unendliche Überlagerungen der Eigenzustände des Besetzungszahloperators:

$$|\eta\rangle = \mathrm{e}^{-|\eta|^2/2}\sum_{n=0}^{\infty}\frac{\eta^n}{\sqrt{n!}}\,|n\rangle\,. \tag{26.141}$$

Um dies einzusehen, entwickelt man (26.138) in Potenzen von $\hat{a}^\dagger$ und erinnert sich an die Darstellung (26.105) für die angeregten Oszillatorzustände.

Es ist nun nicht schwierig, diejenige Lösung der zeitabhängigen Schrödinger-Gleichung anzugeben, die zur Zeit $t = 0$ gleich dem kohärenten Zustand $|\eta\rangle$ ist. Man braucht nur die bekannte Zeitabhängigkeit der Energie-Eigenzustände in (26.141) einzusetzen:

$$\begin{aligned}|\eta, t\rangle &= \mathrm{e}^{-|\eta|^2/2}\sum_{n=0}^{\infty}\frac{\eta^n}{\sqrt{n!}}\mathrm{e}^{-\mathrm{i}E_nt/\hbar}\,|n\rangle \\ &= \mathrm{e}^{-\mathrm{i}\omega t/2}\left(\mathrm{e}^{-|\eta|^2/2}\sum_n\frac{(\eta\mathrm{e}^{-\mathrm{i}\omega t})^n}{\sqrt{n!}}\,|n\rangle\right).\end{aligned} \tag{26.142}$$

Der Ausdruck zwischen den Klammern ist offensichtlich wieder ein kohärenter Zustand, allerdings mit dem harmonisch schwingenden komplexen Parameter $e^{-i\omega t}\eta$. Ein anfänglich kohärenter Zustand bleibt also zu allen Zeiten kohärent:

$$|\eta, t\rangle = e^{-i\omega t/2}\hat{D}(e^{-i\omega t}\eta)\,|0\rangle\,. \qquad (26.143)$$

Die Lösung der Schrödinger-Gleichung im Ortsraum $\psi_\eta(t,x)$ erhält man nun, indem man $\psi_\eta(x)$ in (26.136) mit $e^{-i\omega t/2}$ multipliziert und η durch $e^{-i\omega t}\eta$ ersetzt.

Zur Anfangszeit $t = 0$ wählen wir das reelle η in (26.131) mit zugehöriger Wellenfunktion $\psi_\eta(x) = \psi_0(x - x_0)$. Zu späteren Zeiten ist dann

$$|\psi_\eta(t,x)|^2 = \psi_0^2\,(x - x_0\cos\omega t)\,. \qquad (26.144)$$

Das Ergebnis lässt eine anschauliche Deutung zu: Das anfänglich verschobene Gauß'sche Wellenpaket bleibt zu allen Zeiten ein Gauß'sches Wellenpaket, das harmonisch mit Frequenz ω um den Koordinatenursprung schwingt. Dieses Resultat ist in Abb. 26.12 skizziert.

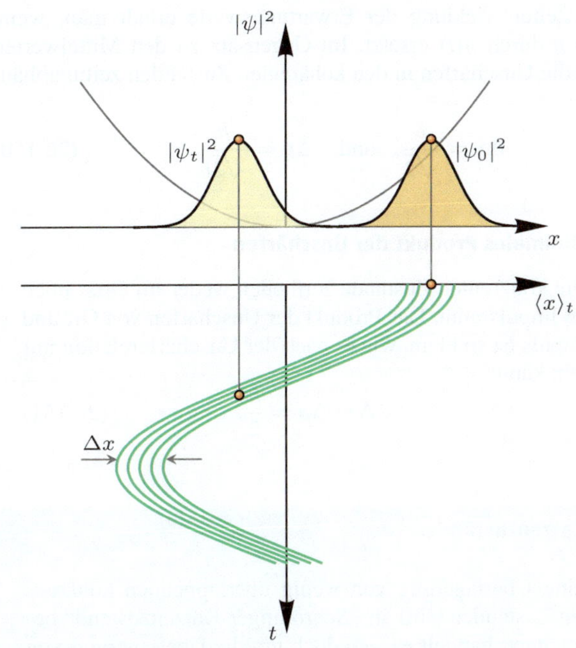

Abb. 26.12 Die Bewegung des zu einem kohärenten Zustand gehörigen Wellenpakets kann durch die Zeitabhängigkeit des Erwartungswertes des Ortes und der Ortsunschärfe veranschaulicht werden. Für kohärente Zustände ist die Unschärfe zeitunabhängig

Erwartungswerte und Unschärfen

Bei der Berechnung von Erwartungswerten in einem kohärenten Zustand benutzt man $\hat{a}\,|\eta\rangle = \eta\,|\eta\rangle$ und $\langle\eta|\,\hat{a}^\dagger = \eta^*\,\langle\eta|$. Dann findet man für den mittleren Ort des Oszillators

$$\langle\hat{x}\rangle_\eta \equiv \langle\eta|\,\hat{x}\,|\eta\rangle = \frac{\ell}{\sqrt{2}}\,\langle\eta|\,\hat{a} + \hat{a}^\dagger\,|\eta\rangle = \sqrt{2}\ell\,\mathrm{Re}\,(\eta) \quad (26.145)$$

und für seinen mittleren Impuls

$$\langle\hat{p}\rangle_\eta = \langle\eta|\,\hat{p}\,|\eta\rangle = \frac{\hbar}{\sqrt{2}\,i\ell}\,\langle\eta|\,\hat{a} - \hat{a}^\dagger\,|\eta\rangle = \sqrt{2}\,\frac{\hbar}{\ell}\,\mathrm{Im}\,(\eta). \qquad (26.146)$$

Der Realteil von η charakterisiert also den mittleren Ort und der Imaginärteil von η den mittleren Impuls des Oszillators. Mit der Zeitabhängigkeit $\eta(t) = e^{-i\omega t}\eta$ ergibt sich somit für die Erwartungswerte

$$\langle\hat{x}\rangle_\eta(t) = x(t) = x_0\cos\omega t, \quad \langle\hat{p}\rangle_\eta(t) = m\dot{x}(t).$$

Zeitabhängige Erwartungswerte

Für kohärente Zustände beschreiben die Mittelwerte von Ort und Impuls die klassische Schwingungsbewegung eines Oszillators mit Amplitude x_0 und Kreisfrequenz ω.

Die Zeitabhängigkeit eines kohärenten Zustands ist in Abb. 26.12 gezeigt.

Für makroskopische Oszillatoren ist x_0 in Einheiten der charakteristischen Länge ℓ in (26.85) eine astronomisch große Zahl von der Ordnung $O(10^{16})$. Derart große Auslenkungen aus der Ruhelage sind nur möglich, weil die kohärenten Zustände eines makroskopischen Oszillators Zustände mit astronomisch großen Besetzungszahlen enthalten. Weiter unten berechnen wir die mittlere Besetzungszahl in kohärenten Zuständen, und es zeigt sich, dass diese tatsächlich sehr groß ist.

Analog berechnet man nun die Erwartungswerte der Operatoren $\hat{x}^2$ und $\hat{p}^2$ im kohärenten Zustand. Zuerst drückt man sie durch $\hat{a}$ und $\hat{a}^\dagger$ aus, wobei man mithilfe von $\hat{a}\hat{a}^\dagger = 1 + \hat{a}^\dagger\hat{a}$ in jedem Term mit Auf- und Absteigeoperator den Absteigeoperator nach rechts bringt, z. B.

$$\hat{x}^2 = \frac{\ell^2}{2}\left(\hat{a}^{\dagger 2} + 2\hat{a}^\dagger\hat{a} + \hat{a}^2 + 1\right). \qquad (26.147)$$

Diese Ordnung von Absteige- und Aufsteigeoperator nennt man die *Normalordnung*. Benutzt man noch die bekannte Wirkung von $\hat{a}$ und $\hat{a}^\dagger$ auf Bras und Kets, dann folgt

$$\langle\hat{x}^2\rangle_\eta = \frac{\ell^2}{2}\,(\eta + \eta^*)^2 + \frac{\ell^2}{2} = \langle\hat{x}\rangle_\eta^2 + \frac{\ell^2}{2}. \qquad (26.148)$$

Frage 20

Wiederholen Sie die Rechnung für den Impuls und zeigen Sie

$$\langle\hat{p}^2\rangle_\eta = \langle\hat{p}\rangle_\eta^2 + \frac{\hbar^2}{2\ell^2}. \qquad (26.149)$$

Die Zeitentwicklung der Erwartungswerte erhält man, wenn man η durch $\eta(t)$ ersetzt. Im Gegensatz zu den Mittelwerten sind die Unschärfen in den kohärenten Zuständen zeitunabhängig:

$$\Delta x = \frac{\ell}{\sqrt{2}} \quad \text{und} \quad \Delta p = \frac{\hbar}{\sqrt{2}\ell}. \tag{26.150}$$

Minimales Produkt der Unschärfen

Die kohärenten Zustände zerfließen weder im Orts- noch im Impulsraum. Das Produkt der Unschärfen von Ort und Impuls ist so klein, wie es nach der Unschärferelation nur sein kann:

$$\Delta x \cdot \Delta p = \frac{\hbar}{2}. \tag{26.151}$$

Katzenzustände

Eine Überlagerung von wenig überlappenden kohärenten Zuständen wird als „Schrödinger-Katzenzustand" bezeichnet, handelt es sich doch um die Überlagerung von verschiedenen quasiklassischen Zuständen. Interessante Katzenzustände für den harmonischen Oszillator sind die (anti)symmetrisierten kohärenten Zustände:

$$|\eta, +\rangle = \frac{1}{\sqrt{\cosh|\eta|^2}} \sum_{n=0}^{\infty} \frac{\eta^{2n}}{\sqrt{(2n)!}} |2n\rangle \tag{26.152}$$
$$|\eta, -\rangle = \frac{1}{\sqrt{\sinh|\eta|^2}} \sum_{n=0}^{\infty} \frac{\eta^{2n+1}}{\sqrt{(2n+1)!}} |2n+1\rangle .$$

In Aufgabe 26.7 wird gezeigt, dass dies normierte Eigenzustände von $\hat{a}^2$ zum Eigenwert η^2 sind.

Überzeugen Sie sich davon, dass die Katzenzustände die (anti)symmetrischen Anteile der kohärenten Zustände sind, d. h. $|\eta, \pm\rangle = f_{\pm}(|\eta|)\,(|\eta\rangle \pm |-\eta\rangle)$.

Auf der rechten Seite in (26.152) stehen jeweils die Eigenvektoren der Energie. Deren bekannte Zeitabhängigkeit führt auf die zeitabhängigen Lösungen

$$|\eta, \pm\rangle\,(t) = \mathrm{e}^{-\mathrm{i}\omega t/2}\,\left|\mathrm{e}^{-\mathrm{i}\omega t}\eta, \pm\right\rangle . \tag{26.153}$$

In Einheiten von ℓ haben diese im Ortsraum die Form

$$\psi_{\eta,\pm}(t,x) = \left(2 \pm 2\mathrm{e}^{-x_0^2}\right)^{-1/2} \mathrm{e}^{\mathrm{i}x_0^2 \sin(2\omega t)/2} \times \left[\psi_0(x - x_0\cos\omega t)\,\mathrm{e}^{-\mathrm{i}x x_0 \sin\omega t} \pm (x \to -x)\right]. \tag{26.154}$$

Abbildung 26.13 zeigt die Wahrscheinlichkeitsdichte für den Katzenzustand $\psi_{\eta,+}$.

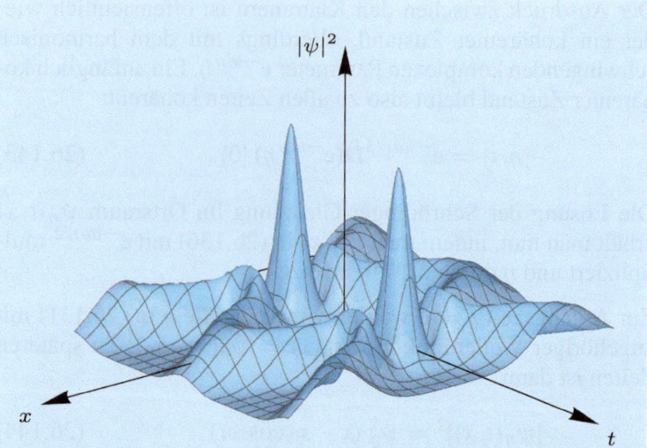

Abb. 26.13 Die zeitabhängige Wahrscheinlichkeitsdichte dafür, den Oszillator im symmetrischen Katzenzustand $\psi_{\eta,+}$ am Ort x zu finden. Bei minimalem Abstand der Gauß'schen Funktionen entsteht ein Maximum am Ursprung

Ein kohärenter Zustand ist eine kohärente Superposition aller Eigenzustände des Besetzungszahloperators, und deshalb sind in derartigen Zuständen weder die Besetzungszahl noch die Energie scharf. Von Interesse ist deshalb die Wahrscheinlichkeit, bei der Messung der Oszillatorenergie den Wert E_n zu finden. Aus der Entwicklung in (26.141) ergibt sich dafür

$$p_n = |\langle n|\eta\rangle|^2 = \frac{|\eta|^{2n}}{n!}\,\mathrm{e}^{-|\eta|^2}. \tag{26.155}$$

Dies ist eine *Poisson-Verteilung*. In einem kohärenten Zustand sind also Energien und Besetzungszahlen Poisson-verteilt. Mithilfe der erzeugenden Funktion für die Poisson-Verteilung

$$\begin{aligned} F(z) &\equiv \langle \mathrm{e}^{z\hat{N}}\rangle_\eta = \sum p_n\,\mathrm{e}^{zn} \\ &= \mathrm{e}^{-|\eta|^2} \sum \frac{|\eta|^{2n}}{n!}\mathrm{e}^{zn} = \frac{\exp\left(|\eta|^2\mathrm{e}^z\right)}{\exp\left(|\eta|^2\right)} \end{aligned} \tag{26.156}$$

berechnet sich die mittlere Besetzungszahl als erste Ableitung der erzeugenden Funktion, ausgewertet bei $z = 0$:

$$\langle \hat{N}\rangle_\eta = \sum n p_n = F'(0) = |\eta|^2. \tag{26.157}$$

Für einen makroskopischen Oszillator ist $|\eta| \approx x_0/\ell$ von der Größenordnung $O(10^{16})$, und deshalb ist die mittlere Besetzungszahl riesig. Abbildung 26.14 zeigt die Poisson-Verteilung p_n für verschiedene Werte von $\bar{n} = \langle \hat{N}\rangle_\eta$.

Das mittlere Quadrat der Besetzungszahl ist gleich der zweiten Ableitung der erzeugenden Funktion, ausgewertet bei $z = 0$:

$$\langle \hat{N}^2\rangle_\eta = F''(0) = |\eta|^2 + |\eta|^4 = \langle \hat{N}\rangle_\eta + \langle \hat{N}\rangle_\eta^2. \tag{26.158}$$

Entsprechend ist die Varianz gleich dem Mittelwert:

$$\langle \hat{N}^2\rangle_\eta - \langle \hat{N}\rangle_\eta^2 = |\eta|^2 = \langle \hat{N}\rangle_\eta. \tag{26.159}$$

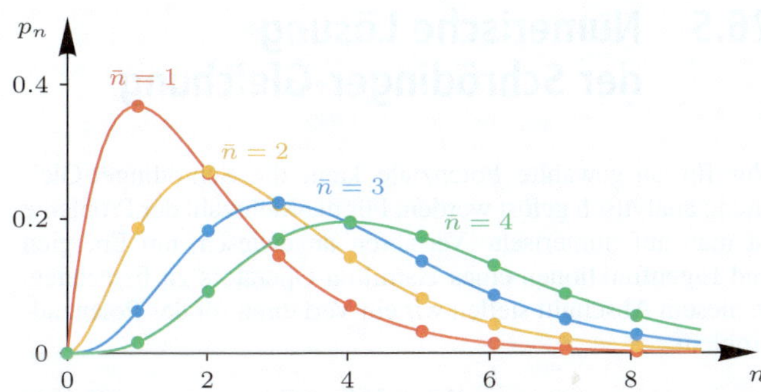

Abb. 26.14 Die Wahrscheinlichkeiten p_n dafür, in einem kohärenten Zustand die Besetzungszahl n zu finden. Gezeigt sind die Wahrscheinlichkeiten für vier Werte von $\bar{n} = \langle \hat{N} \rangle_\eta$

Die Unschärfe der Besetzungszahl ist wegen (26.92) proportional zur Energieunschärfe,

$$\Delta N = |\eta| \quad \text{und} \quad \Delta E = \hbar\omega\, \Delta N. \tag{26.160}$$

Dieses Ergebnis zeigt, dass für einen makroskopischen Oszillator neben der Besetzungszahl auch deren Unschärfe sehr groß ist. Mit (26.150) folgt schlussendlich eine für kohärente Zustände charakteristische Form der Unschärferelationen zwischen Ort und Besetzungszahl:

$$\Delta N \cdot \Delta x = \frac{\ell}{\sqrt{2}} |\eta| = \frac{x_0}{2}. \tag{26.161}$$

Achtung Zwei kohärente Zustände sind niemals orthogonal:

$$\langle \eta | \, \eta' \rangle = \mathrm{e}^{-|\eta - \eta'|/2} = \mathrm{e}^{-(x_0 - x_0')^2/4\ell^2}. \tag{26.162}$$

Für einen makroskopischen harmonischen Oszillator mit $x_0 \neq x_0'$ ist der Überlapp aber so klein, dass er praktisch nicht messbar ist und die entsprechenden kohärenten Zustände in sehr guter Näherung orthogonal sind. ◀

Frage 21

Überzeugen Sie sich von der Richtigkeit der Beziehung (26.162). Sie können dazu die explizite Form des Grundzustands bemühen. Besser ist es, die Darstellung (26.141) zu benutzen.

Die kohärenten Zustände $|\eta\rangle$ sind ein Spezialfall der allgemeineren *gequetschten Zustände*. Zur Zeit $t = 0$ hat die Wellenfunktion eines gequetschten Zustands $|\eta, \beta\rangle$ im Ortsraum ebenfalls eine Gauß'sche Form:

$$\psi_{\eta,\beta}(0, x) = \langle x | \, \eta, \beta \rangle \propto \mathrm{e}^{-\beta(x-x_0)^2/2\ell^2}. \tag{26.163}$$

Ähnlich wie für die kohärenten Zustände kann man die Lösungen der zeitabhängigen Schrödinger-Gleichung explizit konstruieren. Wie für die kohärenten Zustände ist das Produkt $\Delta x \Delta p = \hbar/2$ zeitlich konstant und minimal. Allerdings sind die individuellen Unschärfen Δx und Δp nun zeitabhängig. Zu gewissen Zeiten ist die Ortsunschärfe sehr klein (und entsprechend die Impulsunschärfe groß), und zu anderen Zeiten ist die Impulsunschärfe sehr klein (und entsprechend die Ortsunschärfe groß). Mit gequetschten Zuständen kann also die Orts- und Impulskomponente genauer bestimmt werden als im Grundzustand, und dies ist in vielen Anwendungen von Bedeutung. Eine ausführliche Diskussion dieser interessanten Zustände findet man z. B. in Gersch (1992) oder in Glotzer und Henry (1988).

Mehrere ungekoppelte Oszillatoren

Besteht ein System aus mehreren nichtwechselwirkenden Oszillatoren mit Eigenfrequenzen ω_i, dann ist der Hamilton-Operator

$$\hat{H} = \sum_i \hbar\omega_i \left(\hat{N}_i + \tfrac{1}{2}\right), \quad \hat{N}_i = \hat{a}_i^\dagger \hat{a}_i, \tag{26.164}$$

wobei die Erzeugungs- und Vernichtungsoperatoren die Kommutationsregeln

$$[\hat{a}_i, \hat{a}_j^\dagger] = \hat{I}\delta_{ij}, \quad [\hat{a}_i, \hat{a}_j] = [\hat{a}_i^\dagger, \hat{a}_j^\dagger] = 0 \tag{26.165}$$

erfüllen. Im Grundzustand gibt es keine Schwingungsquanten:

$$\hat{N}_i \, |0\rangle = 0 \quad \text{bzw.} \quad \hat{a}_i \, |0\rangle = 0. \tag{26.166}$$

Der angeregte Zustand

$$|n_1, n_2, \ldots\rangle = \hat{a}_1^{\dagger n_1} \hat{a}_2^{\dagger n_2} \cdots |0\rangle \tag{26.167}$$

enthält n_i Quanten der Sorte i mit $i = 1, 2, \ldots$ und hat die Energie

$$E_n = \sum_i \hbar\omega_i \left(n_i + \tfrac{1}{2}\right). \tag{26.168}$$

Diese Interpretation wird benutzt zur Beschreibung der Schwingungsbewegung der atomaren Bausteine in Molekülen, der Gitteratome in Kristallen und bei der Quantisierung des freien elektromagnetischen Feldes im Rahmen der Quantenelektrodynamik. Die von $\hat{a}_i^\dagger, \hat{a}_i$ erzeugten bzw. vernichteten Quanten sind dann die Molekülschwingungsquanten, die Phononen im Festkörper oder die Photonen im Strahlungsfeld. In einer Quantenfeldtheorie werden die Schwingungsquanten als Elementarteilchen interpretiert, und $\hat{N}_i$ zählt die Anzahl der Teilchen der Sorte i. Der Operator

$$\hat{N} = \sum_i \hat{N}_i \tag{26.169}$$

zählt alle Teilchen und heißt *Teilchenzahloperator*.

Dreidimensionaler Oszillator im Ortsraum

Der Hilbert-Raum $\mathcal{H}$ für den dreidimensionalen Oszillator ist das Tensorprodukt von drei Kopien des Hilbert-Raumes $L_2(\mathbb{R})$ des eindimensionalen Oszillators:

$$\mathcal{H} = L_2(\mathbb{R}) \otimes L_2(\mathbb{R}) \otimes L_2(\mathbb{R}) = L_2(\mathbb{R}^3). \qquad (26.170)$$

Die Tensorprodukte aller Energie-Eigenzustände des eindimensionalen Oszillators $|\boldsymbol{n}\rangle = |n_1\rangle \otimes |n_2\rangle \otimes |n_3\rangle$ bilden eine Orthonormalbasis in $\mathcal{H}$. Der Hamilton-Operator in drei Dimensionen ist die direkte Summe von drei Hamilton-Operatoren von eindimensionalen Oszillatoren mit Eigenfrequenzen ω_i:

$$\hat{H} = \hat{H}_1 \oplus \hat{H}_2 \oplus \hat{H}_3. \qquad (26.171)$$

Offensichtlich ist $|\boldsymbol{n}\rangle$ Eigenvektor des Hamilton-Operators:

$$\begin{aligned}\hat{H}\,|\boldsymbol{n}\rangle &= \left(\hat{H}_1\,|n_1\rangle\right) \otimes |n_2\rangle \otimes |n_3\rangle \\ &+ |n_1\rangle \otimes \left(\hat{H}_2\,|n_2\rangle\right) \otimes |n_3\rangle \\ &+ |n_1\rangle \otimes |n_2\rangle \otimes \left(\hat{H}_3\,|n_3\rangle\right) = E_{\boldsymbol{n}}\,|\boldsymbol{n}\rangle\,.\end{aligned} \qquad (26.172)$$

Seine Energie ist gleich der Summe der Energien der eindimensionalen Oszillatoren:

$$E_{\boldsymbol{n}} = \sum_{i=1}^{3} \hbar\omega_i \left(n_i + \tfrac{1}{2}\right). \qquad (26.173)$$

In der Ortsdarstellung lautet die Schrödinger-Gleichung für den isotropen Oszillator mit $\omega_i = \omega$

$$\hat{H}\psi = -\frac{\hbar^2}{2m}\Delta\psi + \frac{m\omega^2}{2}\boldsymbol{x}^2\psi = E\psi, \qquad (26.174)$$

und die Eigenfunktionen haben die Form

$$\psi_{\boldsymbol{n}}(\boldsymbol{x}) = \psi_{n_1}(x_1)\psi_{n_2}(x_2)\psi_{n_3}(x_3). \qquad (26.175)$$

Die Verallgemeinerung dieses Resultats auf d Dimensionen ist offensichtlich.

Überzeugen Sie sich davon, dass $\psi_{\boldsymbol{n}}$ die Schrödinger-Gleichung (26.174) mit Energie $E_{\boldsymbol{n}}$ löst.

Sie sollten das Resultat in (26.168) erhalten, wobei die Summe von 1 bis d läuft. ◄

26.5 Numerische Lösung der Schrödinger-Gleichung

Nur für ausgewählte Potenziale kann die Schrödinger-Gleichung analytisch gelöst werden. Für die Mehrzahl der Probleme ist man auf numerische Verfahren angewiesen, um Energien und Eigenfunktionen eines Hamilton-Operators zu berechnen. In diesem Abschnitt stellen wir ein Verfahren für das Potenzialproblem

$$-\frac{\hbar^2}{2m}\psi'' + V\psi = E\psi \qquad (26.176)$$

vor. Zur numerischen Integration dieser gewöhnlichen Differenzialgleichung bringt man sie zuerst in eine „dimensionslose" Form. Sei nun ℓ eine charakteristische Länge des betrachteten Systems. Wählt man ℓ als Längen- und $\varepsilon = \hbar^2/2m\ell^2$ als Energieeinheit, dann sind

$$\tilde{x} = \frac{x}{\ell}, \quad \tilde{E} = \frac{E}{\varepsilon}, \quad \tilde{V}(\tilde{x}) = \frac{V(\ell\tilde{x})}{\varepsilon} \qquad (26.177)$$

dimensionslose Größen. Um die Notation zu vereinfachen, lassen wir im Folgenden die Schlange über den dimensionslosen Größen wieder weg. Dann lautet die reskalierte Schrödinger-Gleichung

$$\psi''(x) + F(x)\psi(x) = 0, \quad \text{mit} \quad F(x) = E - V(x). \quad (26.178)$$

Für den *anharmonischen Oszillator* beispielsweise, mit dem Potenzial

$$V = \frac{m\omega^2}{2}x^2 + \lambda' x^4, \qquad (26.179)$$

bietet sich das Einheitensystem

$$\ell = \left(\frac{\hbar}{m\omega}\right)^{1/2} \Rightarrow \varepsilon = \frac{1}{2}\hbar\omega \qquad (26.180)$$

an. Dann erhält man die Differenzialgleichung (26.178) mit

$$F(x) = E - x^2 - \lambda x^4, \quad \lambda = \frac{\ell^4}{\varepsilon}\lambda'. \qquad (26.181)$$

Die Hilfsfunktion $F(x)$ ist positiv im klassisch erlaubten Gebiet mit $E > V(x)$ und negativ im Tunnelgebiet.

Numerov-Algorithmus und Schießverfahren

Die Schrödinger-Gleichung (26.178) ließe sich relativ einfach mit einem bekannten Mehrschrittverfahren integrieren, z. B. dem Runge-Kutta-Verfahren (z. B. Hermann 2004). Ein jedoch besonders auf die Schrödinger-Gleichung abgestimmtes numerisches Verfahren stellt der sogenannte Numerov- oder Fox-

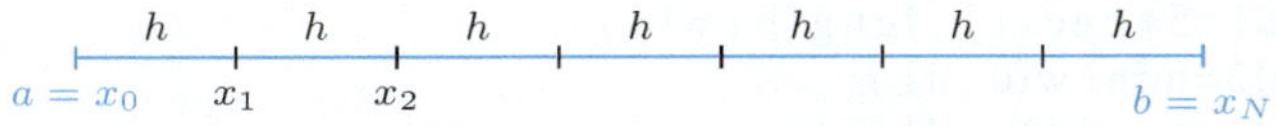

Abb. 26.15 Zur numerischen Lösung der Schrödinger-Gleichung teilt man das Intervall $[a, b]$ in N Teilintervalle der Länge h

Goodwin-Algorithmus dar, der sich durch Genauigkeit und dennoch hohe Effizienz auszeichnet. Aufgrund dieser Vorteile wird in diesem Abschnitt der Numerov-Algorithmus zur Lösung von (26.178) auf einem endlichen Intervall vorgestellt.

Wie bei numerischen Verfahren üblich diskretisiert man zuerst das Intervall $[a, b]$, auf dem die Schrödinger-Gleichung gelöst werden soll (Abb. 26.15). Hier ersetzen wir das Intervall durch N äquidistante Stützstellen $x_n = a + nh$ mit $n \in \{0, 1, \ldots, N\}$. Der Abstand zwischen zwei Stützstellen ist $h = (b - a)/N$. Gleichzeitig ersetzen wir Differenziale durch Differenzen und die Funktion auf dem Intervall durch ihre Werte an den Stützstellen. Für $h \to 0$ sollten die Differenzenquotienten gegen die entsprechenden Differenzialquotienten konvergieren.

Der gesuchte numerische Algorithmus zur Lösung der diskretisierten Schrödinger-Gleichung zweiter Ordnung wird eine zweigliedrige Iteration sein, die ausgehend von den Startwerten $\psi(x_0)$ und $\psi(x_1)$ alle weiteren Werte $\psi(x_n)$ der gesuchten Lösung auf den Stützstellen liefert.

Zuerst entwickelt man die Wellenfunktion an den Orten $x \pm h$ in eine Taylor-Reihe in h:

$$\begin{aligned}\psi(x+h) &= \psi(x) + h\psi'(x) + \frac{h^2}{2!}\psi''(x) + \frac{h^3}{3!}\psi'''(x) + \ldots,\\ \psi(x-h) &= \psi(x) - h\psi'(x) + \frac{h^2}{2}\psi''(x) - \frac{h^3}{3!}\psi'''(x) + \ldots\end{aligned}$$

Die Summe dieser Ausdrücke,

$$\psi(x+h) + \psi(x-h) = 2\psi(x) + h^2\psi''(x) + \frac{h^4}{12}\psi''''(x) + \ldots, \tag{26.182}$$

gestattet es, $\psi(x+h)$ bis zur Ordnung $O(h^4)$ aus den Daten bei x und $x-h$ zu berechnen. Da ψ die Schrödinger-Gleichung erfüllen soll, darf man auf der rechten Seite $\psi''(x)$ durch $-F(x)\psi(x)$ ersetzen. Es fehlt noch ein geeigneter Ausdruck für $\psi''''(x)$. Um diesen zu finden, benutzt man nochmals (26.182), allerdings ohne den letzten Term der Ordnung $O(h^4)$, um die vierte Ableitung durch die zweite Ableitung auszudrücken:

$$\begin{aligned}\psi''''(x) &= \frac{\psi''(x+h) - 2\psi''(x) + \psi''(x-h)}{h^2} + O(h^2)\\ &\approx -\frac{(F\psi)(x+h) - 2(F\psi)(x) + (F\psi)(x-h)}{h^2}.\end{aligned} \tag{26.183}$$

Durch Einsetzen in (26.182) ergibt sich die Rekursionsformel

$$\begin{aligned}&\psi(x+h) = \frac{a(x)\psi(x) - c(x-h)\psi(x-h)}{c(x+h)} \quad \text{mit}\\ &c(x) = 1 + \frac{h^2}{12}F(x), \quad a(x) = 2 - \frac{5h^2}{6}F(x).\end{aligned} \tag{26.184}$$

Dies ist die zweistufige Rekursionsrelation im Numerov-Algorithmus, womit man für jeden Wert von E die Wellenfunktion auf den Stützstellen numerisch berechnen kann, wenn sie auf zwei benachbarten Stützstellen vorgegeben ist.

Die Eigenfunktionen müssen auch den Randbedingungen genügen. Zwei Arten von Randbedingungen können numerisch leicht implementiert werden:

(a) Für Dirichlet-Randbedingungen kann man bei der Integration die Bedingung $\psi(a) = 0$, ergänzt durch $\psi(a+h) = h$, stellen, um den Wert der Funktion am rechten Intervallende b zu berechnen. Für die lineare Schrödinger-Gleichung spielt der Wert von $\psi(a+h)$ keine Rolle, solange er nicht null ist, weil die Wahl einer anderen Konstanten nur zu einer Reskalierung von ψ führen würde.

(b) Für ein gerades Potenzial auf einem symmetrischen Intervall sind die Eigenfunktionen entweder gerade oder ungerade, und es genügt, sie für positive x zu berechnen. Man integriert dann nur vom Ursprung bis zum rechten Intervallende. Für gerade Lösungen kann man mit $\psi(-h/2) = \psi(h/2) = 1$ die Rekursion starten und für ungerade mit $\psi(h/2) = -\psi(-h/2) = h/2$.

Nachdem die Rekursionsformel und die Anfangsbedingungen bekannt sind, kann man sich mit der *Schießmethode* leicht Lösungen des Anfangswertproblems beschaffen. Um aber eine Lösung des schwierigeren Randwertproblems zu finden, d. h. das Eigenwertproblem zu lösen, geht man wie folgt vor:

- Man wählt versuchsweise eine „Energie", E und macht damit einen „Probeschuss", d. h., man löst das Anfangswertproblem für E. Ist E kein Eigenwert der Schrödinger-Gleichung, wird die Lösung bei $x = b$ nicht verschwinden (ist $b = \infty$, dann ersetzt man es durch eine Zahl $\gg 1$). Tatsächlich wächst bei einem Fehlschuss für große x der Betrag von $\psi(x)$ mindestens exponentiell an, falls $V(x) - E$ für große Werte von x positiv und entsprechend die Funktion F in (26.178) negativ ist. Ein Fehlschuss mit falschem E ist deshalb numerisch leicht erkennbar.
- Nun betrachtet man den Wert $\psi(b)$ für verschiedene Energien E. Dabei sei b derart groß gewählt, dass alle Knoten der betrachteten Wellenfunktionen links von b liegen. Nach dem ersten Teil des Knotensatzes ändert sich die Knotenzahl der Lösung um eins, wenn E einen Eigenwert E_n überstreicht. Dies ist nur möglich, wenn $\psi(b)$ das Vorzeichen wechselt. Nun sucht man zuerst zwei Werte von E, sodass die zugehörigen Lösungen bei $x = b$ verschiedene Vorzeichen haben. Zwischen diesen beiden Werten von E befindet sich dann mindestens ein Eigenwert E_n, der durch das Bisektionsverfahren sehr genau bestimmt werden kann. Durch wiederholtes Schießen lässt sich die gewünschte Energie E_n berechnen.

Das folgende Matlab-Octave-Programm (ein Handbuch findet man auf der Webseite www.gnu.org/software/octave/doc/interpreter/) löst die Schrödinger-Gleichung für den anharmonischen Oszillator. Das Potenzial $V = x^2 + \lambda x^4$ wurde als Funktion im File `pot.m` definiert:

```
function y=pot(x,lam)
y=x.*x.*(1+lam*x.*x);
endfunction
```

Der Funktion werden die Kopplungskonstante λ und der Vektor x der Stützpunkte übergeben:

$$\texttt{x=(x[1],x[2],x[3],...)=}\tfrac{1}{2}\texttt{[-h,h,3h,5h...,].}$$

Sie wird im Skript `schroed.m` aufgerufen. Dieses erfragt die dimensionslose Kopplungskonstante λ und einen Schätzwert für die Energie. Die entsprechende Lösung der Differenzialgleichung wird angezeigt. Die Werte der Wellenfunktion auf den Stützstellen sind im Vektor `wfu` abgespeichert, und mit den voreingestellten Anfangsbedingungen `wfu(1)=wfu(2)=h/2` werden gerade Lösungen erzeugt. Um die ungeraden Lösungen zu gewinnen, sollte man das Programm abändern und z. B. `-wfu(1)=wfu(2)=h/2` wählen.

Das Programm enthält als wichtige Variablen die Schrittweite `h`, die Intervalllänge `Ilaenge`, die Kopplung λ und die Energie `E`. Nach Abfragen des Parameters λ wird nach dem ersten Plot die gewünschte Änderung ΔE der Energie abgefragt. Will man die Energie erniedrigen, so gibt man ein negatives ΔE ein; will man sie erhöhen, ein positives.

Teil III

```
% Programm schroed.m
% Schiessverfahren fuer anharmonischen
% Oszillator. Ruft Funktion pot.m auf.
% Es werden die Schrittweite, die Kopplung
% lambda und anfaengliche Energie
% abgefragt. Es wird mit dem Numerov-
% Verfahren von 0 bis ILaenge integriert.
lam=input("gebe lambda ein ");
h=0.001; ILaenge=4.0; n=ceil(ILaenge/h+1);
wfu=ones(1,n); zero=zeros(1,n);
x=linspace(-h/2,ILaenge-h/2,n);
clf;hold on; % clear the present figure
axis([0 ILaenge -2 2]);
h1=h*h/12;h2=5*h*h/6;
fh=pot(x,lam);
plot(x,fh);
ch=1-h1*fh;bh=shift(ch,+1);ah=2+h2*fh;
E=input('Energie eingeben ');
do
c=h1*E+shift(ch,-1);
a=ah-h2*E; a=a./c; b=bh+h1*E; b=b./c;
for k=2:n-1
wfu(k+1)=a(k).*wfu(k)-b(k).*wfu(k-1);
endfor
d1=5*ones(1,length(wfu));
d2=min(wfu,d1);
d3=max(d2,-d1);
plot (x',d3,zero');
dE=input('Aenderung von E ');
E=E+dE; t=(dE==0);
until (t==1)
```

Tabelle 26.1 enthält die sieben tiefsten Eigenwerte für verschiedene λ-Werte. Für $\lambda = 0$, d. h. für den harmonischen Oszillator, findet man die im letzten Abschnitt berechneten exakten Werte $E_n = 1 + 2n$ in der Energie-Einheit $\hbar\omega/2$.

Tab. 26.1 Die tiefsten sieben Eigenwerte für den anharmonischen Oszillator mit Potenzial $x^2 + \lambda x^4$ und λ zwischen 0 und 1

λ	0	0,2	0,4	0,6	0,8	1,0
E_0	1,000	1,118	1,205	1,276	1,337	1,392
E_1	3,000	3,539	3,901	4,189	4,434	4,648
E_2	5,000	6,277	7,072	7,689	8,205	8,654
E_3	7,000	9,257	10,582	11,592	12,430	13,156
E_4	9,000	12,440	14,368	15,823	17,022	18,056
E_5	11,000	15,799	8,392	20,332	21,925	23,296
E_6	13,000	19,315	22,625	25,087	27,103	28,834

Die entsprechenden Kurven $E_n(\lambda)$ sind in Abb. 26.16 grafisch dargestellt.

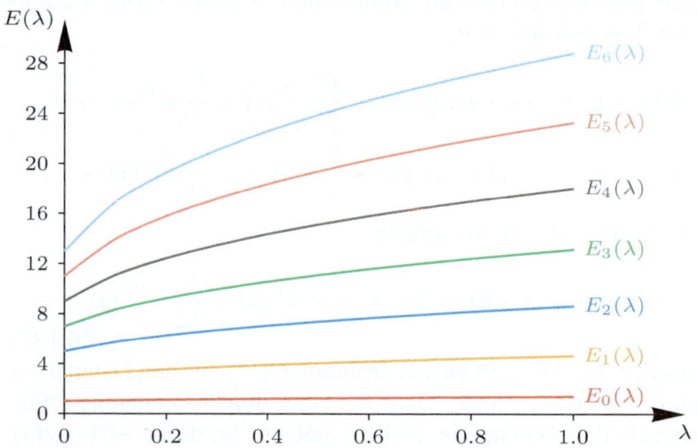

Abb. 26.16 Grafische Darstellung der Energien in Tab. 26.1 in Abhängigkeit von der Kopplungsstärke λ

In Aufgabe 26.9 wird neben der Energie des Grundzustands auch die Wellenfunktion mithilfe des Schießverfahrens berechnet.

So geht's weiter

Faktorisierung

Der Hamilton-Operator des harmonischen Oszillators minus seine Grundzustandsenergie ist faktorisierbar, d. h., er lässt sich als ein Produkt von zwei Operatoren schreiben, $\hat{H}_+ = \hat{H} - E_0 = \hbar\omega\,\hat{a}^\dagger\hat{a}$. Bereits Erwin Schrödinger stellte die Frage, ob eine ähnliche Faktorisierung auch für allgemeinere Potenzialprobleme möglich sei, d. h. ob ein Hamilton-Operator

$$\hat{H}_+ = -\frac{\hbar^2}{2m}\frac{d^2}{dx^2} + V(x) \qquad (26.185)$$

mit nichtnegativen Energien als Produkt eines verallgemeinerten Aufsteige- und Absteigeoperators geschrieben werden kann:

$$\hat{H}_+ = \hat{A}^\dagger\hat{A}. \qquad (26.186)$$

Hat der Hamilton-Operator negative Energien, dann addiert man eine hinreichend große Energie zum Potenzial und faktorisiert diesen verschobenen Operator mit nichtnegativen Energien.

Wir führen wieder eine charakteristische Längeneinheit ℓ und Energieeinheit $\varepsilon = \hbar^2/2m\ell^2$ ein und definieren die dimensionslosen Größen $\tilde{x}$, $\tilde{E}$ und $\tilde{V}$ in (26.177). Lässt man die Schlange über den dimensionslosen Größen wieder weg, um die Notation zu vereinfachen, dann lautet die Schrödinger-Gleichung für diese Größen

$$\hat{H}_+\psi = E\psi, \quad \hat{H}_+ = -\frac{d^2}{dx^2} + V(x). \qquad (26.187)$$

Wenn eine Faktorisierung der Form (26.186) existiert, dann müssen die Faktoren Differenzialoperatoren erster Ordnung sein:

$$\hat{A} = \frac{d}{dx} + W(x), \quad \hat{A}^\dagger = -\frac{d}{dx} + W(x). \qquad (26.188)$$

Ihr Produkt ist somit

$$\hat{H}_+ = \hat{A}^\dagger\hat{A} = -\frac{d^2}{dx^2} + W^2(x) - W'(x). \qquad (26.189)$$

Demnach kann der Hamilton-Operator (26.187) faktorisiert werden, wenn eine Funktion W existiert mit

$$V(x) = W^2(x) - W'(x). \qquad (26.190)$$

Dies ist eine Riccati'sche Differenzialgleichung. Nach der Substitution $W = -\psi_0'/\psi_0$ transformiert sie in die Schrödinger-Gleichung mit Energie null:

$$-\psi_0'' + V\psi_0 = \hat{H}_+\psi_0 = 0. \qquad (26.191)$$

Hätte die Lösung $\psi_0(x)$ mit $E = 0$ einen Knoten, dann hätte nach Teil 1 des Knotensatzes der Grundzustand mit $E \geq 0$ mindestens einen Knoten. Dies ist nach Teil 2 des Knotensatzes unmöglich, und wir folgern, dass ψ_0 keinen Knoten hat und W regulär ist.

Wir fassen zusammen: *Jeder nichtnegative Hamilton-Operator der Form (26.185) ist faktorisierbar. Die in $\hat{A}$ auftretende Funktion $W(x)$ kann aus der Lösung $\hat{H}_+\psi_0 = 0$ gewonnen werden,* $W = -(\log\psi_0)'$.

Die Energien der angeregten Zustände sind nach Voraussetzung positiv. Für einen normierbaren Grundzustand ψ_0 mit Energie $E_0 = 0$ gilt

$$0 = \langle\psi_0, \hat{H}_+\psi_0\rangle = \langle\hat{A}\psi_0, \hat{A}\psi_0\rangle, \qquad (26.192)$$

und wir folgern, dass

$$\hat{H}_+\psi_0 = 0 \Longleftrightarrow \hat{A}\psi_0 = 0. \qquad (26.193)$$

Die letzte Gleichung mit $\hat{A}$ aus (26.188) hat die Lösung

$$\psi_0(x) \propto \exp\left(-\int^x dy\, W(y)\right), \qquad (26.194)$$

und diese liefert die aus der Lösung der Riccati-Gleichung schon bekannte Beziehung $W = -(\log\psi_0)'$.

Nun betrachten wir den Hamilton-Operator $\hat{H}_- = \hat{A}\hat{A}^\dagger$ mit der umgekehrten Reihenfolge des verallgemeinerten Aufsteige- und Absteigeoperators. Er hat die explizite Form

$$\hat{H}_- = \hat{A}\hat{A}^\dagger = -\frac{d^2}{dx^2} + W^2(x) + W'(x). \qquad (26.195)$$

Bis auf einen Vorzeichenwechsel von W ist er gleich $\hat{H}_+$. Insbesondere ist

$$\phi_0(x) \propto \exp\left(\int^x dy\, W(y)\right) \qquad (26.196)$$

eine Lösung von $\hat{H}_-\phi_0 = 0$.

Frage 22

Überlegen Sie sich, dass folgende Verknüpfungsrelationen zwischen dem verallgemeinerten Aufsteige- und Absteigeoperator und den Partner-Hamilton-Operatoren $\hat{H}_\pm$ gelten:

$$\hat{A}\hat{H}_+ = \hat{H}_-\hat{A} \quad \text{und} \quad \hat{A}^\dagger\hat{H}_- = \hat{H}_+\hat{A}^\dagger. \qquad (26.197)$$

Es sei nun $\psi_\pm$ eine Eigenfunktion von $\hat{H}_\pm$ mit Energie E. Wirkt man mit $\hat{A}$ auf die Eigenwertgleichung für ψ_+ und mit $\hat{A}^\dagger$ auf die Eigenwertgleichung für ψ_-, dann folgt

$$\begin{aligned}\hat{A}(E\psi_+) &= \hat{A}(\hat{H}_+\psi_+) = \hat{H}_-(\hat{A}\psi_+),\\ \hat{A}^\dagger(E\psi_-) &= \hat{A}^\dagger(\hat{H}_-\psi_-) = \hat{H}_+(\hat{A}^\dagger\psi_-).\end{aligned} \qquad (26.198)$$

Teil III

Zieht man auf der linken Seite jeweils die Energie vor $\hat{A}$ bzw. $\hat{A}^\dagger$ und vergleicht anschließend mit der rechten Seite, dann folgt: *Die angeregten Zustände von $\hat{H}_+$ und $\hat{H}_-$ kommen in Paaren gleicher Energie $E > 0$:*

$$\begin{aligned}\hat{H}_+\psi_+ &= E\psi_+ \Rightarrow \hat{H}_-(\hat{A}\psi_+) = E(\hat{A}\psi_+)\\ \hat{H}_-\psi_- &= E\psi_- \Rightarrow \hat{H}_+(\hat{A}^\dagger\psi_-) = E(\hat{A}^\dagger\psi_-).\end{aligned} \tag{26.199}$$

Operatoren mit dieser Eigenschaft heißen isospektral.

Achtung Der Grundzustand ist nicht gepaart, da er, wie wir gesehen haben, von $\hat{A}$ bzw. $\hat{A}^\dagger$ annihiliert wird. Das Produkt der beiden Lösungen (26.194) und (26.196) ist konstant, und deshalb kann auf der reellen Achse maximal eine der Lösungen mit $E = 0$ normierbar sein. ◀

Sind ψ_n orthonormierte Eigenvektoren von $\hat{H}_+$, gilt

$$\langle\hat{A}\psi_n, \hat{A}\psi_m\rangle = \langle\psi_n, \hat{H}_+\psi_m\rangle = E_m\delta_{nm}, \tag{26.200}$$

und sind ϕ_n orthonormierte Eigenvektoren von $\hat{H}_-$, gilt

$$\langle\hat{A}^\dagger\phi_n, \hat{A}^\dagger\phi_m\rangle = \langle\phi_n, \hat{H}_-\phi_m\rangle = E_m\delta_{nm}. \tag{26.201}$$

Demnach sind für orthonormierte Eigenvektoren ψ_n von $\hat{H}_+$ und ϕ_n von $\hat{H}_-$ mit $E_n > 0$ die reskalierten Bildvektoren

$$\frac{1}{\sqrt{E_n}}\hat{A}\psi_n \quad \text{und} \quad \frac{1}{\sqrt{E_n}}\hat{A}^\dagger\phi_n \tag{26.202}$$

orthonormierte Eigenvektoren von $\hat{H}_-$ und $\hat{H}_+$.

Die Verknüpfungsrelationen (26.197) bringen neben den Energien der gebundenen Zustände auch die Reflexions- und Transmissionsamplituden von $\hat{H}_+$ und $\hat{H}_-$ in Verbindung. Es sei ψ_+ eine ungebundene Lösung der Schrödinger-Gleichung zu $\hat{H}_+$ mit dem asymptotischen Verhalten

$$\psi_+(x) \longrightarrow \begin{cases}\mathrm{e}^{\mathrm{i}kx} + \mathcal{R}_+\mathrm{e}^{-\mathrm{i}kx} & \text{für } x \to -\infty\\ \mathcal{T}_+\mathrm{e}^{\mathrm{i}k'x} & \text{für } x \to \infty.\end{cases} \tag{26.203}$$

Die in $\hat{A}$ auftretende Funktion $W(x)$ strebe für $x \to \pm\infty$ gegen die asymptotischen Werte $W_{\pm\infty}$. Dann hat die Lösung

$$\hat{A}\psi_+ = \left(\frac{\mathrm{d}}{\mathrm{d}x} + W\right)\psi_+ \tag{26.204}$$

der Schrödinger-Gleichung zu $\hat{H}_-$ die Asymptotik

$$\hat{A}\psi_+ \to \begin{cases}(W_{-\infty} + \mathrm{i}k)\,\mathrm{e}^{\mathrm{i}kx} + (W_{-\infty} - \mathrm{i}k)\,\mathcal{R}_+\mathrm{e}^{-\mathrm{i}kx} & x \to -\infty\\ (W_\infty + \mathrm{i}k')\,\mathcal{T}_+\mathrm{e}^{\mathrm{i}k'x} & x \to \infty.\end{cases}$$

Daraus folgt, dass die reskalierte Lösung

$$\psi_-(x) = \frac{1}{W_{-\infty} + \mathrm{i}k}\hat{A}\psi_+ \tag{26.205}$$

das vorgeschriebene asymptotische Verhalten (26.203) besitzt, aus dem man $\mathcal{R}_-$ und $\mathcal{T}_-$ ablesen kann:

Die Transmissions- und Reflexionkoeffizienten von $\hat{H}_+$ und $\hat{H}_-$ sind wie folgt verknüpft:

$$\mathcal{R}_- = \frac{W_{-\infty} - \mathrm{i}k}{W_{-\infty} + \mathrm{i}k}\mathcal{R}_+, \quad \mathcal{T}_- = \frac{W_\infty + \mathrm{i}k'}{W_{-\infty} + \mathrm{i}k}\mathcal{T}_+. \tag{26.206}$$

Supersymmetrie

Die Supersymmetrie ist eine hypothetische Symmetrie der Teilchenphysik, die Bosonen (Teilchen mit ganzzahligem Spin) und Fermionen (diese haben halbzahligen Spin) ineinander umwandelt und die dadurch das gleiche Energiespektrum haben. Die Supersymmetrie verbindet ein Teilchen mit seinem Superpartner. Die einfachste Realisierung einer Supersymmetrie findet man in eindimensionalen quantenmechanischen Systemen mit Hamilton-Operatoren:

$$\hat{H}_+ = \hat{A}^\dagger\hat{A}, \quad \hat{H}_- = \hat{A}\hat{A}^\dagger. \tag{26.207}$$

Die hier zugrunde liegende Supersymmetrie wird etwas klarer, wenn man die Superladung und ihre adjungierte Ladung – diese erzeugen die Supersymmetrie – einführt. Wirkt $\hat{H}_\pm$ auf dem Hilbert-Raum $\mathcal{H}_\pm$, dann wirkt die Superladung auf $\mathcal{H} = \mathcal{H}_+ \oplus \mathcal{H}_-$. Für ein Teilchen auf der reellen Achse ist $\mathcal{H}_+ = \mathcal{H}_- = L_2(\mathbb{R})$, und dementsprechend ist $\mathcal{H} = L_2(\mathbb{R}) \otimes \mathbb{C}^2$. Eine Wellenfunktion in $\mathcal{H}$ hat also zwei Komponenten. Identifizieren wir die obere Komponente mit dem Unterraum $\mathcal{H}_+$ und die untere mit dem Unterraum $\mathcal{H}_-$,

$$\psi = \begin{pmatrix}\psi_+\\ \psi_-\end{pmatrix}, \tag{26.208}$$

dann sind die Superladung und ihre adjungierte Ladung

$$\hat{Q} = \begin{pmatrix}0 & 0\\ \hat{A} & 0\end{pmatrix} \quad \text{und} \quad \hat{Q}^\dagger = \begin{pmatrix}0 & \hat{A}^\dagger\\ 0 & 0\end{pmatrix}. \tag{26.209}$$

Sie vermitteln zwischen den beiden Unterräumen

$$\hat{Q}: \mathcal{H}_+ \mapsto \mathcal{H}_- \quad \text{und} \quad \hat{Q}^\dagger: \mathcal{H}_- \mapsto \mathcal{H}_+. \tag{26.210}$$

In einer supersymmetrischen Feldtheorie wären die Zustände in den beiden Unterräumen die Bosonen bzw. die Fermionen.

Die Superladungen in (26.209) sind nilpotent und ihr Antikommutator $\{\hat{Q}, \hat{Q}^\dagger\} = \hat{Q}\hat{Q}^\dagger + \hat{Q}^\dagger\hat{Q}$ ist gleich dem Super-Hamilton-Operator:

$$\hat{Q}^2 = \hat{Q}^{\dagger 2} = 0, \quad \left\{\hat{Q}, \hat{Q}^\dagger\right\} = \begin{pmatrix}\hat{H}_+ & 0\\ 0 & \hat{H}_-\end{pmatrix} \equiv \hat{H}. \tag{26.211}$$

Die Ladungen realisieren die denkbar einfachste Supersymmetrie. Die Verknüpfungsrelation (26.197) schreibt sich gemäß

$$\hat{Q}\hat{H} = \hat{Q}\hat{Q}^\dagger\hat{Q} = \hat{H}\hat{Q}. \tag{26.212}$$

Teil III

In Anlehnung an supersymmetrische Feldtheorien nennt man die Funktion $W(x)$ oft auch Superpotenzial und $\hat{H}_+$ und $\hat{H}_-$ Superpartner. Die Superpartner haben die gleichen angeregten Energien, und ihre Reflexions- und Transmissionsamplituden sind eng miteinander verknüpft.

Forminvarianz und Supersymmetrie

Der Operator $\hat{A}$ hänge nun von einem (oder mehreren) Parameter λ ab. Man nennt $\hat{H}_+, \hat{H}_-$ forminvariant, wenn

$$\hat{H}_-(\lambda) = \hat{H}_+(f(\lambda)) + c(\lambda) \tag{26.213}$$

mit zwei Funktionen f und c gilt. Sind $\hat{H}_+$ und $\hat{H}_-$ forminvariant, dann sind die zugehörigen Potenziale V_+ und V_- bis auf eine Transformation der Kopplungskonstanten identisch.
Sind $\hat{H}_+$ und $\hat{H}_-$ forminvariant, erfüllen die Eigenwerte von $\hat{H}_+$ die algebraische Rekursionsrelation

$$E_{n+1}(\lambda) = E_n(f(\lambda)) + c(\lambda). \tag{26.214}$$

Beweis Zum Beweis dieser Beziehung betrachte man den n-ten angeregten Zustand ψ_n von $\hat{H}_+(f(\lambda))$ mit Energie E_n. Die Forminvarianz impliziert, dass ψ_n auch Eigenvektor von $\hat{H}_-(\lambda)$ mit der verschobenen Energie $E_n + c(\lambda)$ ist. Die Paarungseigenschaft (26.199) sorgt dafür, dass die verschobene Energie auch Eigenwert des Partneroperators $\hat{H}_+(\lambda)$ ist. Man nehme nun an, in einem gewissen Parameterbereich sei der Grundzustand Eigenvektor von $\hat{H}_+$, sodass in diesem Bereich $\hat{H}_+$ den zusätzlichen Eigenwert $E_0 = 0$ hat. Dann verschwindet für alle λ mit $f(\lambda)$ in diesem Bereich der erste Term auf der rechten Seite von (26.214) für $n = 0$, und der zweite Term $c(\lambda)$ ist positiv, da die anderen Energien positiv sind. Die Energie $E_n + c(\lambda) > E_n$ gehört dann zum angeregten Zustand ψ_{n+1} von $\hat{H}_+(\lambda)$. ■

Mithilfe der Forminvarianz und der Supersymmetrie kann man für viele Potenziale die Energien berechnen, ohne eine Differenzialgleichung zu lösen. In Aufgabe 26.11 berechnen wir alle Energien für die Rosen-Morse-Potenziale:

$$V(x) = -\frac{\lambda(\lambda+1)}{\cosh^2 x}. \tag{26.215}$$

Für forminvariante Systeme folgt aus der Paarungseigenschaft (26.206) und der Forminvarianz

$$\begin{aligned} \mathcal{R}_+(\lambda) &= \frac{W_{-\infty}(\lambda) + \mathrm{i}k}{W_{+\infty}(\lambda) - \mathrm{i}k}\mathcal{R}_-(\lambda) \\ &= \frac{W_{-\infty}(\lambda) + \mathrm{i}k}{W_{-\infty}(\lambda) - \mathrm{i}k}\mathcal{R}_+(f(\lambda)) \end{aligned} \tag{26.216}$$

und eine ähnliche Rekursionsrelation für die Transmissionsamplitude.
Wir fassen zusammen: Für forminvariante Systeme sind die Reflexions- und Transmissionsamplituden von $\hat{H}_+(\lambda)$ und $\hat{H}_+(f(\lambda))$ wie folgt verbunden:

$$\begin{aligned} \mathcal{R}_+(\lambda) &= \frac{W_{-\infty}(\lambda) + \mathrm{i}k}{W_{-\infty}(\lambda) - \mathrm{i}k}\mathcal{R}_+(f(\lambda)) \\ \mathcal{T}_+(\lambda) &= \frac{W_{-\infty}(\lambda) + \mathrm{i}k}{W_{\infty}(\lambda) + \mathrm{i}k'}\mathcal{T}_+(f(\lambda)). \end{aligned} \tag{26.217}$$

In Aufgabe 26.11 berechnen wir neben den Energien der gebundenen Zustände auch die Streuamplituden $\mathcal{R}_+$ und $\mathcal{T}_+$ für die Rosen-Morse-Potenziale mit ganzzahligen λ.

Aufgaben

Gelegentlich enthalten die Aufgaben mehr Angaben, als für die Lösung erforderlich sind. Bei einigen anderen dagegen werden Daten aus dem Allgemeinwissen, aus anderen Quellen oder sinnvolle Schätzungen benötigt.

- • leichte Aufgaben mit wenigen Rechenschritten
- •• mittelschwere Aufgaben, die etwas Denkarbeit und unter Umständen die Kombination verschiedener Konzepte erfordern
- ••• anspruchsvolle Aufgaben, die fortgeschrittene Konzepte (unter Umständen auch aus späteren Kapiteln) oder eigene mathematische Modellbildung benötigen

26.1 •• Unendlich hohes Kastenpotenzial Wir betrachten ein Teilchen der Masse m in einem unendlich hohen und symmetrisch zum Ursprung liegenden Kastenpotenzial:

$$V(x) = \begin{cases} 0 & \text{für } |x| \le a \\ \infty & \text{für } |x| > a. \end{cases} \tag{26.218}$$

Mit dem Kastenpotenzial sperrt man ein Teilchen in das Gebiet zwischen den unendlich hohen Potenzialstufen bei $\pm a$ ein.

(a) Begründen Sie, dass die Wellenfunktionen am Rand des Kastens verschwinden müssen.
(b) Bestimmen Sie die normierten Eigenfunktionen der zeitunabhängigen Schrödinger-Gleichung und die erlaubten Energien E_n.
(c) Wie sehen die zugehörigen zeitabhängigen Wellenfunktionen aus?
(d) Bestimmen Sie für ein Teilchen der Energie E_n den Erwartungswert für den Ort sowie die mittlere Schwankung Δx des Ortes.
(e) Ermitteln Sie auch den Mittelwert und die Schwankung des Impulses und berechnen Sie anschließend das Produkt von Orts- und Impulsunschärfe im n-ten Energie-Eigenzustand.

Lösungshinweis: Bei der Lösung sollten Sie berücksichtigen, dass V spiegelsymmetrisch ist. Die Berechnung der Impulsschwankung vereinfacht sich, wenn man $\hat{p}^2$ durch $\hat{H}$ ersetzt. Sie werden auf folgende Integrale stoßen:

$$\begin{aligned} \int \mathrm{d}x\, x^2 \cos^2 x &= \frac{x^3}{6} + \frac{2x^2-1}{8}\sin 2x + \frac{x}{4}\cos 2x, \\ \int \mathrm{d}x\, x^2 \sin^2 x &= \frac{x^3}{6} - \frac{2x^2-1}{8}\sin 2x - \frac{x}{4}\cos 2x. \end{aligned} \tag{26.219}$$

26.2 • Tunneln durch Oxidschicht Ein Metallkontakt ist mit einer 1,0 nm dünnen, isolierenden Oxidschicht bedeckt. Bei kleinen Spannungen können die Elektronen nur aufgrund des Tunneleffekts durch diese Schicht fließen. Wir behandeln diese näherungsweise als einen Potenzialwall von 4 eV Höhe. Berechnen Sie die Wahrscheinlichkeit dafür, dass Elektronen mit einer Energie von 3 eV durch die Oxidschicht tunneln können.

26.3 •• Lösung der Anschlussbedingungen für Sprungstelle An der Stelle y habe das Potenzial eine Sprungstelle. Links und rechts davon sind die Lösungen

$$\begin{aligned} \psi_-(x) &= A\mathrm{e}^{\mathrm{i}kx} + B\mathrm{e}^{-\mathrm{i}kx}, \\ \psi_+(x) &= C\mathrm{e}^{\mathrm{i}k'x} + D\mathrm{e}^{-\mathrm{i}k'x}. \end{aligned} \tag{26.220}$$

(a) Zeigen Sie, dass die Lösung der Anschlussbedingungen wie folgt geschrieben werden kann:

$$\begin{pmatrix} C \\ D \end{pmatrix} = S_y(k', k) \begin{pmatrix} A \\ B \end{pmatrix}. \tag{26.221}$$

Berechnen Sie die Matrix $S_y(k', k)$.
(b) Bestimmen Sie die inverse Matrix und zeigen Sie, dass diese gleich $S_y(k, k')$ ist.
(c) Nun betrachte man den Potenzialwall

$$V(x) = \begin{cases} 0 & \text{für } x < 0 \\ V & \text{für } 0 < x < a \\ 0 & \text{für } x > a \end{cases} \tag{26.222}$$

und eine von links einlaufende Welle

$$\psi(x) = \begin{cases} \mathrm{e}^{\mathrm{i}kx} + \mathcal{R}\mathrm{e}^{-\mathrm{i}kx} & \text{für } x < 0 \\ C\mathrm{e}^{-\kappa' x} + D\mathrm{e}^{\kappa' x} & \text{für } 0 < x < a \\ E\,\mathrm{e}^{\mathrm{i}kx} & \text{für } x > a. \end{cases} \tag{26.223}$$

Was sind die Anschlussbedingungen an den Sprungstellen des Potenzials? Schreiben Sie diese mithilfe der soeben eingeführten Matrix S_y.
(d) Berechnen Sie die Reflexionsamplitude $\mathcal{R}$ und Transmissionsamplitude $\mathcal{T}$, definiert als $E = \mathrm{e}^{-\mathrm{i}ka}\mathcal{T}$.

Lösungshinweis: Die Berechnungen, insbesondere mit Matrizen, dürfen auch mit einem algebraischen Computerprogramm durchgeführt werden.

26.4 • Energien und Eigenfunktionen im abgeschnittenen Oszillatorpotenzial Bestimmen Sie die Energien und Eigenfunktionen eines Teilchens der Masse m in einem Potenzial der Form

$$V(x) = \infty \quad (x < 0), \quad V(x) = \frac{m\omega^2 x^2}{2} \quad (x > 0). \tag{26.224}$$

Lösungshinweis: Wenn wir die Lösungen des harmonischen Oszillators als bekannt voraussetzen, ist bei der Lösung dieser Aufgabe keine Rechnung notwendig.

26.5 • Matrixform von $\hat{a}$ und $\hat{a}^\dagger$ Wir betrachten den Absteige- und Aufsteigeoperator für den harmonischen Oszillator in der Besetzungszahldarstellung mit Basisvektoren $|n\rangle$. In dieser Darstellung werden den Operatoren folgende (unendlichdimensionalen) Matrizen zugeordnet:

$$A = (a_{mn}), \quad A^\dagger = (a^\dagger_{mn}), \quad n, m = 0, 1, 2, \ldots \tag{26.225}$$

mit den Matrixelementen

$$a_{mn} = \langle m|\, \hat{a}\, |n\rangle \quad \text{und} \quad a^\dagger_{mn} = \langle m|\, \hat{a}^\dagger\, |n\rangle\,. \tag{26.226}$$

(a) Bestimmen Sie die Matrizen A und $A^\dagger$.
(b) Berechnen Sie dann die Produkte $A^\dagger A$ und $AA^\dagger$. Was ist die Bedeutung von $A^\dagger A$, und warum ist diese Matrix diagonal? Wie heißen die Eigenwerte von $A^\dagger A$?
(c) Finden Sie abschließend den Kommutator $[A, A^\dagger]$ und kommentieren Sie das Resultat.

Lösungshinweis: Beachten Sie, dass bei den Matrizen die Zeilen- und Spaltennummierung bei 0 beginnt statt bei 1.

26.6 •• Untere Schranken für die Grundzustandsenergie Finden Sie mithilfe der Heisenberg'schen Unbestimmtheitsrelation eine untere Schranke für die Grundzustandsenergie eines Teilchens im Potenzial

$$V(x) = \frac{m\omega^2 x^2}{2} + \lambda' x^4, \quad \lambda' > 0\,. \tag{26.227}$$

Für $\omega^2 > 0$ ist dies das Potenzial für den anharmonischen Oszillator mit dem Minimum im Ursprung, und für $\omega^2 < 0$ ist dies ein Doppelmuldenpotenzial mit einem lokalen Maximum im Ursprung und zwei symmetrisch zum Ursprung gelegenen Minima.

Lösungshinweis: Im Grundzustand sind der mittlere Ort und der mittlere Impuls null. Für einen hermiteschen Operator $\hat{A}$ ist

$$\left\langle \Delta\hat{A}\,\Delta\hat{A}\right\rangle \geq 0, \quad \Delta\hat{A} = \hat{A} - \langle\hat{A}\rangle. \tag{26.228}$$

Wählen Sie hier $\hat{A} = \hat{x}^2$, um $\langle\hat{x}^4\rangle \geq \langle\hat{x}^2\rangle^2$ zu erhalten.

Benutzen Sie dabei wieder folgende Längen und Energieeinheiten:

$$\ell = \left(\frac{\hbar}{m|\omega|}\right)^{1/2} \quad \text{und} \quad \varepsilon = \frac{\hbar|\omega|}{2}. \tag{26.229}$$

Dann hängen die Energien, gemessen in Einheiten von ε, nur von einem Parameter λ ab. Die Suche nach einer unteren Schranke führt auf eine kubische Gleichung, die nicht analytisch gelöst werden braucht. Bestimmen Sie stattdessen für einige typische Werte von λ numerisch die untere Schranke.

26.7 •• Katzenzustände Wir betrachten nochmals Katzenzustände für den harmonischen Oszillator.

(a) Berechnen Sie die Kommutatoren

$$[\hat{a}, f(\hat{a}^\dagger)] \quad \text{und} \quad [\hat{a}^\dagger, f(a)] \tag{26.230}$$

für Monome. Was folgt daraus für Polynome und für konvergente Potenzreihen?
(b) Beweisen Sie damit die Beziehungen

$$\begin{aligned} \hat{a} f(\hat{a}^\dagger)\,|0\rangle &= f'(\hat{a}^\dagger)\,|0\rangle\,, \\ \hat{a}^2 f(\hat{a}^\dagger)\,|0\rangle &= f''(\hat{a}^\dagger)\,|0\rangle\,. \end{aligned} \tag{26.231}$$

(c) Betrachten Sie nun die geraden und ungeraden „Katzenzustände"

$$\begin{aligned} |\eta, +\rangle &= \frac{1}{\sqrt{\cosh|\eta|^2}} \cosh(\eta\hat{a}^\dagger)\,|0\rangle\,, \\ |\eta, -\rangle &= \frac{1}{\sqrt{\sinh|\eta|^2}} \sinh(\eta\hat{a}^\dagger)\,|0\rangle\,. \end{aligned} \tag{26.232}$$

Zeigen Sie, dass sie Eigenzustände von $\hat{a}^2$ sind.

Lösungshinweis: In Teilaufgabe (a) sollten Sie evtl. erst die Kommutatoren für die tiefsten Potenzen bestimmen, um das Resultat zu erraten. Für den Beweis kann man die vollständige Induktion benutzen.

26.8 • Holstein-Primakoff-Transformation Betrachten Sie die Operatoren

$$\begin{aligned} \hat{J}_+ &= \hat{J}_1 + \mathrm{i}\hat{J}_2 = \sqrt{2j - \hat{N}}\,\hat{a}, \\ \hat{J}_- &= \hat{J}_1 - \mathrm{i}\hat{J}_2 = \hat{a}^\dagger\sqrt{2j - \hat{N}} \end{aligned} \tag{26.233}$$

mit $2j \in \{1, 2, 3, \ldots\}$, wobei $\hat{a}$ und $\hat{a}^\dagger$ die bekannten Vertauschungsrelationen $[\hat{a}, \hat{a}^\dagger] = \boldsymbol{I}$ erfüllen sollen und $\hat{N} = \hat{a}^\dagger\hat{a}$ der Besetzungszahloperator ist.

(a) Zeigen Sie zuerst, dass die beiden Operatoren $\{\hat{J}_+, \hat{J}_-\}$ den $(2j+1)$-dimensionalen Unterraum $\mathcal{H}_j$, aufgespannt von den Eigenvektoren

$$|0\rangle\,, |1\rangle\,, |2\rangle\,, \dots, |2j\rangle \tag{26.234}$$

des Besetzungszahloperators, invariant lassen. Man kann $\hat{J}_\pm$ also als Operatoren auf diesem endlich-dimensionalen Vektorraum ansehen.

(b) Finden Sie einen Operator $J_3(\hat{a}, \hat{a}^\dagger)$ mit den folgenden Eigenschaften:

$$[\hat{J}_+, \hat{J}_-] = 2\hat{J}_3, \quad [\hat{J}_3, \hat{J}_\pm] = \pm\hat{J}_\pm. \tag{26.235}$$

(c) Zeigen Sie nun, dass

$$\hat{J}^2 := \hat{J}_1^2 + \hat{J}_2^2 + \hat{J}_3^2 \tag{26.236}$$

das $j(j+1)$-fache des Eins-Operators ist.

Lösungshinweis: Bei der Berechnung von $\hat{J}_3$ mithilfe der ersten Relation werden Sie $\hat{a}\hat{a}^\dagger = \hat{a}^\dagger\hat{a} + 1 = \hat{N} + 1$ und $\hat{N}\hat{a} = \hat{a}\hat{N} - \hat{a}$ brauchen. Für das erhaltene $\hat{J}_3$ sollten Sie die verbleibenden Eigenschaften zeigen.

26.9 • Schießverfahren Man betrachte das Doppelmuldenpotenzial

$$V = -\frac{m\omega^2 x^2}{2} + \lambda' x^4 \tag{26.237}$$

und benutze dieselben Einheiten wie in Aufgabe 26.6. Die dimensionslose Schrödinger-Gleichung lautet dann

$$\psi'' + F\psi = 0, \quad F = E + x^2 - \lambda x^4, \tag{26.238}$$

wobei E die Energie in Einheiten von ε ist. Versuchen Sie, mit dem Schießverfahren die Grundzustandswellenfunktion $\psi_0(x)$ und die dimensionslose Energie des Grundzustands für $\lambda = 1/10$ zu bestimmen.

Lösungshinweis: Sie können das in Abschn. 26.5 abgedruckte und auf dem Numerov-Verfahren beruhende Matlab-Octave-Programm benutzen. Eine gute Parameterwahl ist `ILaenge=6.0` und `axis([0 ILaenge -3 3])`.

26.10 •• Verallgemeinerte Aufsteige- und Absteigeoperatoren Wir haben gesehen, dass die Hamilton-Operatoren

$$\hat{H}_+ = \hat{A}^\dagger\hat{A} \quad \text{und} \quad \hat{H}_- = \hat{A}\hat{A}^\dagger \tag{26.239}$$

isospektral sind: Zu jedem angeregten Eigenzustand von $\hat{H}_+$ gibt es einen Partner-Eigenzustand von $\hat{H}_-$ mit der gleichen Energie und umgekehrt. Wir untersuchen in dieser Aufgabe die verallgemeinerten Absteige- und Aufsteigeoperatoren in (26.188) für einfache Superpotenziale W.

(a) Berechnen Sie die Partnerpotenziale $V_\pm$ für das Superpotenzial $W(x) = \omega x$. Welche beiden Systeme erhalten Sie, und was ist der Grundzustand?

(b) Bestimmen Sie die Partnerpotenziale $V_\pm$ für das Superpotenzial $W(x) = \lambda \tanh(x)$ und den Grundzustand. Diskutieren Sie den interessanten Spezialfall $\lambda = 1$. Eine Lösung des Eigenwertproblems findet sich in Aufgabe 26.11.

(c) Berechnen Sie die Partnerpotenziale $V_\pm$ für das Superpotenzial $W(x) = \lambda \tan(x)$. Diskutieren Sie den Grenzfall $\lambda \to 1$.

26.11 ••• Forminvarianz und Supersymmetrie Berechnet werden sollen die Energien E_n sowie Reflexions- und Transmissionsamplituden von $\hat{H}_\pm$ für das Superpotenzial $W(x) = \lambda \tanh(x)$ mithilfe der Forminvarianz.

(a) Die beiden in Aufgabe 26.10 berechneten Potenziale

$$V_+ = \lambda^2 - \frac{\lambda(\lambda+1)}{\cosh^2 x}, \quad V_- = \lambda^2 - \frac{\lambda(\lambda-1)}{\cosh^2 x} \tag{26.240}$$

gehören zu forminvarianten Operatoren. Was sind die Funktionen f und c in der Bedingung (26.213) für die Forminvarianz?

(b) Der Grundzustand mit $E_0 = 0$ ist Eigenvektor von $\hat{H}_+$. Aufgrund der Supersymmetrie haben $\hat{H}_+$ und $\hat{H}_-$ dieselben angeregten Energien $E_1, E_2, \dots$ Berechnen Sie mithilfe der algebraischen Rekursionsrelation (26.214) diese Energien.

(c) Berechnen Sie mithilfe der Rekursionsrelation (26.217) die Reflexions- und Transmissionsamplitude für alle $\lambda \in \mathbb{N}$ und bestimmen Sie die Pole von $\mathcal{T}(k)$. Warum gehören Pole von $\mathcal{T}(k)$ auf der positiven Imaginärachse zu gebundenen Zuständen?

Lösungen zu den Aufgaben

26.1

(a) Die Energien sind

$$E_n = \frac{1}{8m}\left(\frac{\pi\hbar}{a}\right)^2 n^2, \quad n \in \mathbb{N}$$

(b) Das Quadrat der Ortsunschärfe ist

$$\langle \Delta\hat{x}^2 \rangle = \frac{a^2}{3} - \frac{2a^2}{n^2\pi^2}, \quad n \in \mathbb{N}$$

(c) Das Quadrat der Impulsunschärfe ist

$$\langle \Delta\hat{p}^2 \rangle = 2mE_n$$

26.2

$$|\mathcal{T}(E)|^2 \approx 1{,}065 \cdot 10^{-4} \tag{26.241}$$

26.4 Die Energien sind

$$E_m = \hbar\omega\left(2m + \tfrac{3}{2}\right), \quad m \in \mathbb{N}_0. \tag{26.242}$$

26.9 Die Grundzustandsenergie ist $E_0 \approx -1{,}2655$.

Teil III

Ausführliche Lösungen zu den Aufgaben

26.1

(a) Die Eigenfunktionen werden am Rand des Kastens verschwinden, da nicht nur klassische, sondern auch quantenmechanische Teilchen eine *unendlich hohe* Barriere nicht durchtunneln können. Um dies einzusehen, gewinnt man das unendlich hohe Kastenpotenzial aus dem Topfpotenzial der Tiefe V_0 in (1), indem man zuerst V_0 addiert und anschließend V_0 gegen unendlich streben lässt. Für ein endliches V_0 sind die Lösungen (26.52) und (26.53) mit $\hbar k = \sqrt{2m(V_0 - E)}$ außerhalb des Kastens exponentiell unterdrückt und verschwinden im Grenzfall $V_0 \to \infty$. Wegen der Stetigkeit verschwindet dann jede Lösung innerhalb des Kastens am Kastenrand.

(b) Wegen der Spiegelsymmetrie kann man die Eigenfunktionen des Hamilton-Operators gerade oder ungerade ansetzen. Die geraden und ungeraden Eigenfunktionen zwischen den unendlich hohen Potenzialwänden haben die Form

$$\psi(x) = A\cos kx \quad \text{bzw.} \quad \psi(x) = A\sin kx. \tag{26.243}$$

Die zugehörige Energie ist $E = \hbar^2 k^2/2m$. Die Wellenfunktionen verschwinden am Kastenrand, wenn gilt:

$$ak = \begin{cases} (m+\frac{1}{2})\,\pi, & m \in \mathbb{N}_0, \quad \psi \text{ gerade}, \\ m\,\pi & m \in \mathbb{N}, \quad \psi \text{ ungerade}. \end{cases} \tag{26.244}$$

Setzt man $2m = n$, so findet man die Energien

$$E_n = \frac{1}{8m}\left(\frac{\pi\hbar}{a}\right)^2 n^2, \quad n \in \mathbb{N} \tag{26.245}$$

und die auf $[-a, a]$ normierten Eigenfunktionen

$$\begin{aligned} \psi_n(x) &= \frac{1}{\sqrt{a}}\cos\frac{n\pi x}{2a}, \quad n \text{ ungerade}, \\ \psi_n(x) &= \frac{1}{\sqrt{a}}\sin\frac{n\pi x}{2a}, \quad n \text{ gerade}. \end{aligned} \tag{26.246}$$

(c) Die Lösungen der zeitabhängigen Schrödinger-Gleichung sind einfach

$$\psi_n(t, x) = \mathrm{e}^{-\mathrm{i}E_n t/\hbar}\psi_n(x) \tag{26.247}$$

mit den Energien in (26.245) und den zeitunabhängigen Lösungen (26.246).

(d) Die quadrierten Eigenfunktionen sind gerade, sodass der Integrand insgesamt ungerade ist, also der mittlere Aufenthaltsort null ist. Um $\langle\hat{x}^2\rangle = \int \mathrm{d}x x^2\psi_n^2$ zu berechnen, setzt man $x = 2ay/n\pi$ und erhält

$$\frac{8a^2}{(n\pi)^3}\int_{-n\pi/2}^{n\pi/2}\mathrm{d}y \begin{cases} y^2\cos^2 y & \text{für } n = 1, 3, \ldots \\ y^2\sin^2 y & \text{für } n = 2, 4, \ldots \end{cases} \tag{26.248}$$

Da $\sin 2x$ an den Integrationsgrenzen verschwindet, trägt die Sinusfunktion in Formel (26.219) nicht bei, und man erhält

$$\langle\hat{x}^2\rangle = \frac{a^2}{3} - \frac{2a^2}{n^2\pi^2}, \quad n \in \mathbb{N}. \tag{26.249}$$

Da der Mittelwert von $\hat{x}$ null ist, ist die Ortsunschärfe Δx gleich der Wurzel aus $\langle\hat{x}^2\rangle$. Mit zunehmender Quantenzahl nimmt sie zu und nähert sich dem asymptotischen Wert $\Delta x = a/\sqrt{3}$.

(e) Der mittlere Impuls $\int \mathrm{d}x\,\psi_n\hat{p}\psi_n$ verschwindet, da ψ_n' für ein gerades ψ_n ungerade ist und umgekehrt. Bei der Berechnung der Impulsunschärfe benutzt man $\hat{p}^2 = 2m\hat{H}$, sodass die ψ_n Eigenfunktionen von $\hat{p}^2$ sind. Daraus folgt sofort

$$\langle\hat{p}^2\rangle = 2mE_n, \tag{26.250}$$

und man findet für das Produkt von Orts- und Impulsunschärfe

$$\Delta x \cdot \Delta p = \sqrt{2mE_n}\,\Delta x = \frac{n\hbar}{2}\left(\frac{\pi^2}{3} - \frac{2}{n^2}\right)^{1/2}. \tag{26.251}$$

Im Grundzustand ist das Produkt $\Delta x \cdot \Delta p = 1{,}136 \cdot \hbar/2$ vergleichbar mit der unteren Schranke $\hbar/2$ in der Unschärferelation.

26.2 Für die Umrechnung der Einheiten kann man

$$k_0 = \sqrt{2m_e \cdot 1\,\mathrm{eV}}/\hbar = 5{,}123 \cdot 10^9\,\frac{1}{\mathrm{m}} \tag{26.252}$$

benutzen. Dann erhält man für das Argument κa in (26.48) den Wert

$$\kappa a = \sqrt{2m_e(V-E)}/\hbar = k_0 \cdot 10^{-9}\,\mathrm{m} = 5{,}123. \tag{26.253}$$

Die entsprechende Tunnelwahrscheinlichkeit (26.49) ist

$$|\mathcal{T}(E)|^2 = \left(1 + \frac{16}{12}\sinh^2(5{,}123)\right)^{-1} \approx 1{,}065 \cdot 10^{-4}. \tag{26.254}$$

26.3

(a) Die Lösungen müssen an der Sprungstelle y stetig und stetig differenzierbar sein. Dies führt auf die Gleichungen

$$\begin{aligned} A\mathrm{e}^{\mathrm{i}ky} + B\mathrm{e}^{-\mathrm{i}ky} &= C\mathrm{e}^{\mathrm{i}k'y} + D\mathrm{e}^{-\mathrm{i}k'y}, \\ Ak\mathrm{e}^{\mathrm{i}ky} - Bk\mathrm{e}^{-\mathrm{i}ky} &= Ck'\mathrm{e}^{\mathrm{i}k'y} - Dk'\mathrm{e}^{-\mathrm{i}k'y}. \end{aligned} \tag{26.255}$$

Dies sind zwei lineare Beziehungen zwischen den vier Koeffizienten. In Matrixform lauten sie

$$\begin{pmatrix}1 & 1\\ k & -k\end{pmatrix}\begin{pmatrix}e^{iky} & 0\\ 0 & e^{-iky}\end{pmatrix}\begin{pmatrix}A\\ B\end{pmatrix} = \begin{pmatrix}1 & 1\\ k' & -k'\end{pmatrix}\begin{pmatrix}e^{ik'y} & 0\\ 0 & e^{-ik'y}\end{pmatrix}\begin{pmatrix}C\\ D\end{pmatrix}.$$

Löst man nach dem Vektor auf der rechten Seite auf, so führt dies auf die lineare Relation (26.221) mit Matrix

$$\begin{aligned}S_y(k',k) &= \frac{1}{2k'}\begin{pmatrix}e^{-ik'y} & 0\\ 0 & e^{ik'y}\end{pmatrix}\begin{pmatrix}k'+k & k'-k\\ k'-k & k'+k\end{pmatrix}\\ &\quad\cdot\begin{pmatrix}e^{iky} & 0\\ 0 & e^{-iky}\end{pmatrix}\\ &= \frac{1}{2k'}\begin{pmatrix}(k'+k)e^{-i(k'-k)y} & (k'-k)e^{-i(k*+k)y}\\ (k'-k)e^{i(k'+k)y} & (k'+k)e^{i(k'-k)y}\end{pmatrix}.\end{aligned} \tag{26.256}$$

(b) Die inverse Matrix lautet

$$\begin{aligned}S_y^{-1}(k',k) &= \frac{1}{2k}\begin{pmatrix}e^{-iky} & 0\\ 0 & e^{iky}\end{pmatrix}\begin{pmatrix}k'+k & k-k'\\ k-k' & k'+k\end{pmatrix}\\ &\quad\cdot\begin{pmatrix}e^{ik'y} & 0\\ 0 & e^{-ik'y}\end{pmatrix},\end{aligned}$$

und sie ist gleich S_y mit vertauschten Argumenten:

$$S_y(k',k) = S_y^{-1}(k,k'). \tag{26.257}$$

(c) Die Anschlussbedingung beim ersten Sprung bei $x = 0$ ist

$$\begin{pmatrix}C\\ D\end{pmatrix} = S_0(i\kappa',k)\begin{pmatrix}1\\ \mathcal{R}\end{pmatrix} \tag{26.258}$$

und die Anschlussbedingung beim zweiten Sprung bei $x = a$

$$\begin{pmatrix}E\\ 0\end{pmatrix} = S_a(k,i\kappa')\begin{pmatrix}C\\ D\end{pmatrix}. \tag{26.259}$$

Invertieren wir die letzte Beziehung, erhalten wir zwei Darstellungen für die Koeffizienten im mittleren Bereich:

$$\begin{pmatrix}C\\ D\end{pmatrix} = S_0(i\kappa',k)\begin{pmatrix}1\\ \mathcal{R}\end{pmatrix} = S_a(i\kappa',k)\begin{pmatrix}E\\ 0\end{pmatrix}. \tag{26.260}$$

Die letzte Gleichung bestimmt $\mathcal{R}$ und E:

$$\begin{pmatrix}E\\ 0\end{pmatrix} = S_a(k,i\kappa')\,S_0(i\kappa',k)\begin{pmatrix}1\\ \mathcal{R}\end{pmatrix}. \tag{26.261}$$

Aus der zweiten Gleichung dieses Gleichungssystems folgt der Reflexionskoeffizient

$$\mathcal{R} = \frac{(k^2+\kappa'^2)\sinh a\kappa'}{2ik\kappa'\cosh a\kappa' + (k^2-\kappa'^2)\sinh a\kappa'}. \tag{26.262}$$

Eingesetzt in die erste Gleichung findet man E und dann

$$\mathcal{T} = \frac{2ik\kappa'}{2ik\kappa'\cosh a\kappa' + (k^2-\kappa'^2)\sinh a\kappa'}. \tag{26.263}$$

26.4 Die Eigenfunktionen müssen bei $x = 0$ verschwinden und für positive x die Schrödinger-Gleichung für den gewöhnlichen Oszillator erfüllen. Offensichtlich sind die Eigenfunktionen genau die ungeraden Eigenfunktionen des gewöhnlichen harmonischen Oszillators, da diese am Ursprung verschwinden. Dies sind die Eigenfunktionen mit ungeradem n in (26.112). Setzen wir $n = 2m+1$ erhalten wir die Energien (26.242).

26.5

(a) Wir benötigen die Relationen (26.101) in der Form

$$\hat{a}\,|n\rangle = \sqrt{n}\,|n-1\rangle\,, \quad \hat{a}^\dagger\,|n\rangle = \sqrt{n+1}\,|n+1\rangle\,. \tag{26.264}$$

Diese führen sofort auf die Matrixelemente

$$\begin{aligned}a_{mn} &= \langle m|\,\hat{a}\,|n\rangle = \sqrt{n}\,\delta_{n,m+1},\\ a^\dagger_{mn} &= \langle m|\,\hat{a}^\dagger\,|n\rangle = \sqrt{n+1}\,\delta_{n,m-1},\end{aligned} \tag{26.265}$$

und die entsprechende Matrix A hat die Form

$$A = (a_{mn}) = \begin{pmatrix}0 & \sqrt{1} & 0 & 0 & \dots\\ 0 & 0 & \sqrt{2} & 0 & \dots\\ 0 & 0 & 0 & \sqrt{3} & \dots\\ \vdots & & & & \ddots\end{pmatrix}. \tag{26.266}$$

Die Matrix $A^\dagger = (a^\dagger_{mn})$ ist die zu A transponierte Matrix.

(b) In der Besetzungszahldarstellung werden den Produkten $\hat{a}^\dagger\hat{a}$ und $\hat{a}\hat{a}^\dagger$ folgenden Matrizen zugeordnet:

$$\begin{aligned}A^\dagger A &= \begin{pmatrix}0 & 0 & 0 & \dots\\ 0 & 1 & 0 & \\ 0 & 0 & 2 & \\ \vdots & & & \ddots\end{pmatrix} \quad \text{und}\\ AA^\dagger &= \begin{pmatrix}1 & 0 & 0 & \dots\\ 0 & 2 & 0 & \\ 0 & 0 & 3 & \\ \vdots & & & \ddots\end{pmatrix}.\end{aligned} \tag{26.267}$$

Die erste Matrix stellt den Besetzungszahloperator N dar. Da die $|n\rangle$ Eigenvektoren dieses Operators sind, muss er in der Besetzungszahldarstellung diagonal sein mit den Besetzungszahlen $0, 1, 2, \dots$ auf der Diagonalen.

(c) Man reproduziert auch leicht den bekannten Kommutator

$$AA^\dagger - A^\dagger A = [A, A^\dagger] = \begin{pmatrix}1 & 0 & 0 & \dots\\ 0 & 1 & 0 & \\ 0 & 0 & 1 & \\ \vdots & & & \ddots\end{pmatrix} = \boldsymbol{I}. \tag{26.268}$$

Da $[\hat{a}, \hat{a}^\dagger] = \boldsymbol{I}$ ist, muss $[A, A^\dagger]$ bezüglich jeder Basis die Einheitsmatrix sein. Auch weitere Kommutationsregeln wie z. B. $[N, A] = -A$ mit $N = A^\dagger A$ kann man leicht nachprüfen.

Teil III

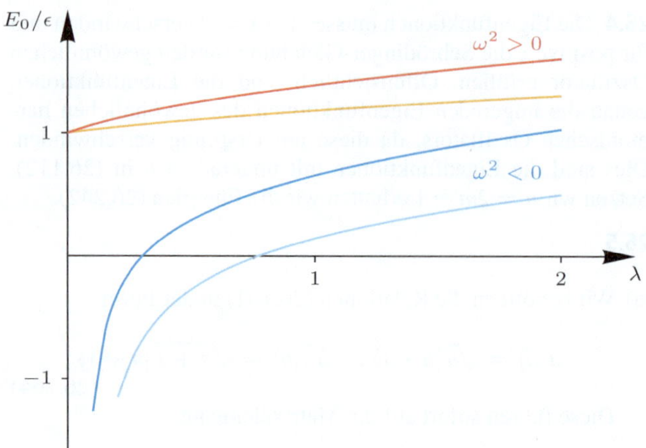

Abb. 26.17 Energie des Grundzustands für den anharmonischen Oszillator in Einheiten von $\epsilon = \hbar\omega/2$. Die *oberen beiden Kurven* gehören zum Oszillator mit $\omega^2 > 0$ und die *unteren beiden Kurven* zum Oszillator mit $\omega^2 < 0$. Die *jeweils untere Kurve* zeigt die untere Schranke aufgrund der Unschärferelation und die *jeweils obere Kurve* die numerisch berechneten Werte

Teil III

26.6 Mit der Ungleichung $\langle\hat{x}^4\rangle \geq \langle\hat{x}^2\rangle^2$ und der Heisenberg'schen Unschärferelation findet man eine ähnliche Schranke wie in (26.126):

$$\langle\hat{H}\rangle \geq \frac{\hbar^2}{8m}\frac{1}{\langle\hat{x}^2\rangle} + \frac{m\omega^2}{2}\langle\hat{x}^2\rangle + \lambda'\langle\hat{x}^2\rangle^2. \tag{26.269}$$

Setzen wir dem Hinweis folgend $\langle\hat{x}^2\rangle = \ell^2 y^2$, dann ist

$$\langle\hat{H}\rangle \geq \varepsilon\left(\frac{1}{4y^2} \pm y^2 + \lambda y^4\right), \quad \lambda = \frac{\ell^4}{\varepsilon}\lambda', \tag{26.270}$$

wobei das positive Vorzeichen für $\omega^2 > 0$ und das negative Vorzeichen für $\omega^2 < 0$ gilt.

Die Suche nach dem Minimum für die rechte Seite führt auf eine kubische Gleichung für λ^2 mit einer länglichen Lösung, die hier nicht angegeben wird. Stattdessen vergleichen wir die untere Schranke für einige Werte von λ mit den numerisch bestimmten Energien. Der Vergleich für beide Vorzeichen in (26.270) und λ-Werte zwischen 0 und 2 ist in Abb. 26.17 gezeigt.

26.7

(a) Aufgrund von $[\hat{a}, \hat{a}^\dagger] = 1$ und

$$\begin{aligned}[\hat{a}, \hat{a}^{\dagger 2}] &= \hat{a}^\dagger[\hat{a}, \hat{a}^\dagger] + [\hat{a}, \hat{a}^\dagger]\hat{a}^\dagger = 2\hat{a}^\dagger,\\ [\hat{a}, \hat{a}^{\dagger 3}] &= \hat{a}^\dagger[\hat{a}, \hat{a}^{\dagger 2}] + [\hat{a}, \hat{a}^\dagger]\hat{a}^{\dagger 2} = 3\hat{a}^{\dagger 2}\end{aligned} \tag{26.271}$$

sollte wohl

$$[\hat{a}, \hat{a}^{\dagger n}] = n\hat{a}^{\dagger n-1} \tag{26.272}$$

gelten. Wir machen eine Induktionsannahme für n und beweisen, dass die Aussage dann auch für die nächsthöhere Potenz $n+1$ gilt:

$$\begin{aligned}[\hat{a}, \hat{a}^{\dagger n+1}] &= \hat{a}^\dagger[\hat{a}, \hat{a}^{\dagger n}] + [\hat{a}, \hat{a}^\dagger]\hat{a}^{\dagger n}\\ &= n\hat{a}^\dagger\hat{a}^{\dagger n-1} + \hat{a}^{\dagger n} = (n+1)\hat{a}^{\dagger n+1}.\end{aligned} \tag{26.273}$$

Dies impliziert (26.232) für alle n. Mithilfe von $[\hat{a}, \hat{a}^{\dagger n}]^\dagger = -[\hat{a}^\dagger, \hat{a}^n]$ folgt sofort die zweite Gleichung

$$[\hat{a}^\dagger, \hat{a}^n] = -n\hat{a}^{n-1}. \tag{26.274}$$

Der Kommutator mit $\hat{a}$ wirkt auf $f(\hat{a}^\dagger)$ also genauso wie die Ableitung nach $\hat{a}^\dagger$. Wegen der Linearität gilt dies dann für alle Polynome und konvergenten Potenzreihen:

$$[\hat{a}, f(\hat{a}^\dagger)] = f'(\hat{a}^\dagger) \quad \text{und} \quad [\hat{a}^\dagger, f(\hat{a})]) = -f'(\hat{a}). \tag{26.275}$$

(b) Da $\hat{a}$ den Grundzustand $|0\rangle$ annihiliert, gilt $\hat{a}f(\hat{a}^\dagger)]\,|0\rangle = [\hat{a}, f(\hat{a}^\dagger)]\,|0\rangle$, und mit der Lösung von Teilaufgabe (a) folgt

$$\begin{aligned}\hat{a}f(\hat{a}^\dagger)\,|0\rangle &= f'(\hat{a}^\dagger)\,|0\rangle\,,\\ \hat{a}^2 f(\hat{a}^\dagger)\,|0\rangle &= f''(\hat{a}^\dagger)\,|0\rangle\,.\end{aligned} \tag{26.276}$$

Angewandt auf die Katzenzustände (26.232) folgt nun

$$\begin{aligned}\hat{a}^2\,|\eta,+\rangle &= \eta^2\,|\eta,+\rangle\,,\\ \hat{a}^2\,|\eta,-\rangle &= \eta^2\,|\eta,-\rangle\,.\end{aligned} \tag{26.277}$$

Die Zustände sind keine Eigenzustände von $\hat{a}$, sondern nur von $\hat{a}^2$.

26.8

(a) Wenden wir $\hat{J}_\pm$ auf einen Eigenzustand $|n\rangle$ des Besetzungszahloperators an, $\hat{N}\,|n\rangle = n\,|n\rangle$, erhalten wir mithilfe von (26.119)

$$\begin{aligned}\hat{J}_+\,|n\rangle &= \sqrt{n(2j-n+1)}\;|n-1\rangle\,,\\ \hat{J}_-\,|n\rangle &= \sqrt{(2j-n)(n+1)}\;|n+1\rangle\,.\end{aligned} \tag{26.278}$$

Offensichtlich liegen die Vektoren $\hat{J}_-\,|n\rangle$ für $n = 0,\ldots,j-1$ und die Vektoren $\hat{J}_+\,|n\rangle$ für $n = 1,\ldots,j$ im Unterraum $\mathcal{H}_j$. Da zusätzlich $\hat{J}_-\,|j\rangle = 0$ und $\hat{J}_+\,|0\rangle = 0$ gilt, bilden die Operatoren $\hat{J}_\pm$ den Unterraum $\mathcal{H}_j$ in sich ab.

(b) Wir berechnen zuerst den Kommutator von $\hat{J}_+$ und $\hat{J}_-$. Dabei benutzen wir, wie im Hinweis angegeben, die Relationen $\hat{a}\hat{a}^\dagger = \hat{N} + 1$ sowie $\hat{N}\hat{a} = \hat{a}\hat{N} - \hat{a}$. Somit ergibt sich

$$\begin{aligned}[\hat{J}_+, \hat{J}_-] &= \sqrt{2j-\hat{N}}\,\hat{a}\hat{a}^\dagger\sqrt{2j-\hat{N}} - \hat{a}^\dagger\sqrt{2j-\hat{N}}\sqrt{2j-\hat{N}}\,\hat{a}\\ &= \sqrt{2j-\hat{N}}\,(\hat{N}+1)\sqrt{2j-\hat{N}} - \hat{a}^\dagger\,(2j-\hat{N})\,\hat{a}\\ &= (\hat{N}+1)(2j-\hat{N}) - \hat{N}(2j+1-\hat{N})\\ &= 2(j-\hat{N}),\end{aligned} \tag{26.279}$$

woraus wir

$$\hat{J}_3 = j - \hat{N} \qquad (26.280)$$

ablesen. Dieses $\hat{J}_3$ erfüllt auch die anderen Eigenschaften, insbesondere sind seine Kommutatoren mit $\hat{J}_\pm$

$$\begin{aligned}[\hat{J}_3, \hat{J}_+] &= -\sqrt{2j - \hat{N}}\,[\hat{N}, \hat{a}] = \hat{J}_+,\\ [\hat{J}_3, \hat{J}_-] &= -[\hat{N}, \hat{a}^\dagger]\,\sqrt{2j - \hat{N}} = -\hat{J}_-.\end{aligned} \qquad (26.281)$$

(c) Nun wenden wir uns dem Quadrat von $\hat{\boldsymbol{J}}$ zu:

$$\hat{\boldsymbol{J}}^2 = \hat{J}_1^2 + \hat{J}_2^2 + \hat{J}_3^2 = \frac{1}{2}(\hat{J}_+\hat{J}_- + \hat{J}_-\hat{J}_+) + \hat{J}_3^2. \qquad (26.282)$$

Die Summe der ersten beiden Terme ist gleich die Hälfte der zweitletzten Zeile in (26.279), allerdings mit einem Plus zwischen den beiden Termen, sodass

$$\begin{aligned}\hat{\boldsymbol{J}}^2 &= \frac{1}{2}(\hat{N}+1)(2j - \hat{N}) + \frac{1}{2}\hat{N}(2j + \mathbb{1} - \hat{N}) + (j - \hat{N})^2\\ &= j(j+1)\boldsymbol{I}.\end{aligned} \qquad (26.283)$$

26.9 Benutzt man den Code in Abschn. 26.5, so muss zuerst die das Potenzial definierende Octave-Funktion angepasst werden:

```
function y=pot(x,lam)
y=x.*x.*(-1+lam*x.*x);
endfunction
```

Für das Doppelmuldenpotenzial mit $\lambda = 1/10$ sollte man auch die Programmparameter für Integrationslänge und die Grafikausgabe anpassen. Wählen Sie hier die im Hinweis vorgeschlagenen Werte. Nun starten Sie das Programm und tippen nach der Aufforderung „gebe lambda ein", den Wert 0,1 ein. Dann plotted das Programm das Potenzial und fragt nach dem Startwert für die Energie. Wählen Sie hier -1, unterschießt die berechnete und dargestellte Wellenfunktion für große x-Werte die x-Achse. Sie hat einen Knoten bei $x \approx 3$. Auf die Frage „Änderung von E" müssen Sie nun einen negativen Wert eingeben, damit der Knoten nach rechts wandert. Versuchen Sie es mit einer Änderung von $-0{,}2$. Nun wandert der Knoten nach rechts. Geben Sie danach $-0{,}1$ an, so schneidet die Lösung die x-Achse nicht mehr, d. h., der Knoten geht verloren. Die Energie $-1 - 0{,}2 - 0{,}1 = -1{,}3$ ist also zu klein, und Sie müssen diese wieder erhöhen, z. B. um 0,02 usw. Relativ schnell erhalten Sie so den oben angegebenen Wert $E_0 = -1{,}2655$ und die in Abb. 26.18 gezeigte Wellenfunktion. Versuchen Sie doch einmal, den ersten angeregten Zustand zu finden. Dies ist ohne Änderung des Programms möglich.

26.10

(a) Für $W(x) = \omega x$ gehören die Partnerpotenziale zu harmonischen Oszillatoren:

$$V_+ = \omega^2 x^2 - \omega, \quad V_- = \omega^2 x^2 + \omega. \qquad (26.284)$$

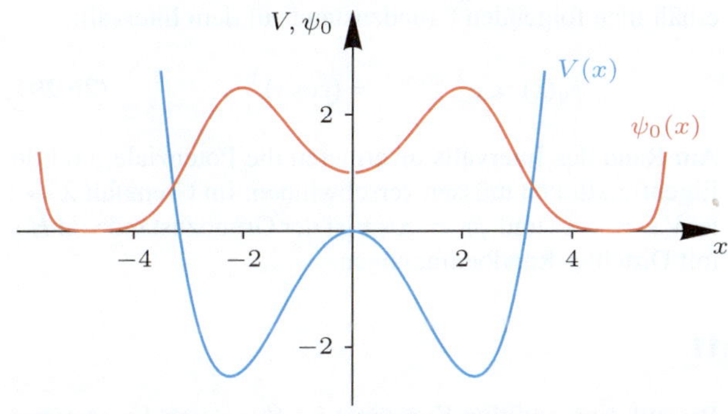

Abb. 26.18 Bestimmung des Grundzustands für das Doppelmuldenpotenzial mithilfe des numerischen Schießverfahrens. Ist E in der Nähe eines Eigenwertes, dann schmiegt sich der Graph der Lösung an die reelle Achse an, bevor sie für sehr große Argumente gegen Unendlich strebt. Je größer das Intervall auf dem $\psi \approx 0$ ist, desto näher ist man an der gesuchten Energie

Der Grundzustand ist, wie bekannt, eine Gauß'sche Funktion

$$\psi_0(x) \propto \exp\left(-\int^x \mathrm{d}x\, W(x)\right) \propto \mathrm{e}^{-\omega x^2/2}. \qquad (26.285)$$

(b) Mithilfe von $(\tanh x)' = 1/\cosh^2(x)$ findet man die *Rosen-Morse-Potenziale*

$$V_+ = \lambda^2 - \frac{\lambda(\lambda+1)}{\cosh^2 x}, \quad V_- = \lambda^2 - \frac{\lambda(\lambda-1)}{\cosh^2 x}. \qquad (26.286)$$

Für positive λ ist $V_+ < V_-$, und der Grundzustand ist Eigenvektor von $\hat{H}_+$. Mit der Stammfunktion

$$\int^x \mathrm{d}x\, W(x) = \lambda\, \ln(\cosh x) \qquad (26.287)$$

ergibt sich für den Grundzustand

$$\psi_0(x) \propto \mathrm{e}^{-\lambda \ln\cosh x} = \frac{1}{(\cosh x)^\lambda}. \qquad (26.288)$$

Für $\lambda = 1$ ist V_- das konstante Potenzial λ^2 ohne gebundenen Zustand. Deshalb hat das System mit Partnerpotenzial $V_+ = 1 - 2/\cosh^2 x$ genau einen gebundenen Grundzustand, und dieser hat die Energie null.

(c) Das singuläre Superpotenzial $W(x) = \lambda \tan x$ führt auf die Pöschl-Teller-Potenziale

$$V_+ = \frac{\lambda(\lambda-1)}{\cos^2 x} - \lambda^2, \quad V_- = \frac{\lambda(\lambda+1)}{\cos^2 x} - \lambda^2 \qquad (26.289)$$

auf dem endlichen Intervall $[-\pi/2, \pi/2]$. Mit der Stammfunktion

$$\int^x \mathrm{d}x\, W(x) = -\lambda\, \ln(\cos x) \qquad (26.290)$$

erhält man folgenden Grundzustand auf dem Intervall:

$$\psi_0(x) \propto e^{\lambda \ln \cos x} = (\cos x)^\lambda. \tag{26.291}$$

Am Rand des Intervalls divergieren die Potenziale, und die Eigenfunktionen müssen verschwinden. Im Grenzfall $\lambda \to 1$ ist $V_+ = -\lambda^2$ und $\psi_0 = \cos x$ ist der Grundzustand von $\hat{H}_+$ mit Dirichlet-Randbedingungen.

26.11

(a) Bis auf eine additive Konstante ist V_- gleich V_+ am verschobenen Parameterwert:

$$V_-(\lambda; x) = V_+(\lambda - 1; x) + 2\lambda - 1. \tag{26.292}$$

Deshalb sind die gesuchten Funktionen

$$f(\lambda) = \lambda - 1 \quad \text{und} \quad c(\lambda) = 2\lambda - 1. \tag{26.293}$$

(b) Die allgemeine Rekursionsrelation

$$E_{n+1}(\lambda) = E_n(f(\lambda)) + c(\lambda) \tag{26.294}$$

lautet deshalb für das betrachtete System

$$\begin{aligned} E_n(\lambda) &= E_{n-1}(\lambda - 1) + (2\lambda - 1) \\ &= E_{n-2}(\lambda - 2) + (2\lambda - 3) + (2\lambda - 1) \\ &= E_{n-3}(\lambda - 3) + (2\lambda - 5) + (2\lambda - 3) + (2\lambda - 1) \\ &\;\vdots \\ &= E_0(\lambda - n) + 2n\lambda - n^2. \end{aligned} \tag{26.295}$$

Nur für positive $\lambda - n$ hat $\hat{H}_+$ einen normierbaren Grundzustand, und E_0 in der letzten Zeile verschwindet. Für negative $\lambda - n$ ist $V_+(\lambda - n) > V_-(\lambda - n)$, und der normierbare Grundzustand ist Eigenfunktion von $\hat{H}_-$. Für ein gegebenes λ gilt also für $n < \lambda$

$$E_n(\lambda) = 2n\lambda - n^2, \quad 0 \le n < \lambda. \tag{26.296}$$

Die Anzahl gebundener Zustände ist demnach die kleinste natürliche Zahl größer oder gleich $\lambda > 0$. Das Ergebnis in Aufgabe 26.10 für $\lambda = 1$ folgt dann als Spezialfall.

(c) Das betrachtete W hat die asymptotischen Werte $W_{\pm\infty} = \pm\lambda$. Auch ist $k = k'$, da in den beiden asymptotischen Bereichen das Potenzial denselben Wert hat. Demnach lauten die Rekursionsformeln (26.217)

$$\begin{aligned} \mathcal{R}_+(\lambda) &= \frac{\lambda - \mathrm{i}k}{\lambda + \mathrm{i}k}\mathcal{R}_+(\lambda - 1), \\ \mathcal{T}_+(\lambda) &= \frac{\mathrm{i}k - \lambda}{\mathrm{i}k + \lambda}\mathcal{T}_+(\lambda - 1). \end{aligned} \tag{26.297}$$

Sei nun λ eine natürliche Zahl. Die λ-fache Iteration dieser Relationen verbindet die Amplituden bei λ mit denen bei $\lambda = 0$. Für $\lambda = 0$ verschwindet das Potenzial und $\mathcal{R}_+(0) = 0$. Da zusätzlich $\mathcal{T}_+(0) = 1$ ist, erhalten wir $\mathcal{R}_+(\lambda) = 0$ und

$$\mathcal{T}_+(\lambda) = \prod_{n=0}^{\lambda-1} \frac{\mathrm{i}k - (\lambda - n)}{\mathrm{i}k + (\lambda - n)}, \quad \lambda \in \mathbb{N}. \tag{26.298}$$

Demnach wird an Potenzialen V_+ in (26.240) nicht reflektiert, wenn $\lambda = 0, 1, 2, \ldots$ ist. Für alle einlaufenden Impulse sind diese Potenziale also vollständig transparent.
Ist $\lim_{|x|\to\infty} V(x) = V_\infty$, dann haben die von links einlaufenden ebenen Wellen die asymptotische Form

$$\begin{aligned} \psi(x \to -\infty) &= e^{\mathrm{i}kx} + \mathcal{R}e^{-\mathrm{i}kx}, \\ \psi(x \to +\infty) &= \mathcal{T}e^{\mathrm{i}kx}, \quad \hbar k = \sqrt{2m(E - V_\infty)}. \end{aligned} \tag{26.299}$$

Bei der Untersuchung der analytischen Eigenschaften von $\mathcal{T}$ hatten wir festgestellt, dass ein Pol k_n der Transmissionsamplitude $\mathcal{T}(k)$ zu einem gebundenen Zustand gehört, wenn $e^{\mathrm{i}k_n|x|}$ für große $|x|$ genügend schnell abfällt. Für $E \ge V_\infty$ ist k reell, und die Wellenfunktionen sind nichtnormierbare Streuzustände. Gebundene Zustände existieren nur für $E < V_\infty$, d. h. wenn k in (26.299) imaginär ist mit einem positiven Imaginärteil.
Die Amplitude (26.298) hat Pole auf der positiven Imaginärachse bei $k = \mathrm{i}, 2\mathrm{i}, 3\mathrm{i}, \ldots, \mathrm{i}\lambda$. Dies führt wieder auf die gebundenen Energien

$$E_n = V_\infty - k_n^2 = \lambda^2 - (\lambda - n)^2 = 2n\lambda - n^2, \tag{26.300}$$

d. h. auf das Resultat (26.296).

Literatur

Courant, R., Hilbert, D.: Methods of Mathematical Physics. Bd. 1., Wiley InterScience, New York (1953)

Gersch, H.A.: Time evolution of minimum uncertainty states of a harmonic oscillator. Am. J. Phys. **60**, 1024 (1992)

Glotzer, S.C., Henry, R.W.: A squeezed-state primer. Am. J. Phys. **56**, 318 (1988)

Hermann, M.: Numerik gewöhnlicher Differentialgleichungen. Anfangs- und Randwertprobleme. Oldenbourg Wissenschaftsverlag, München und Wien (2004)

Schrödinger, E.: Der stetige Übergang von der Mikro- zur Makromechanik. Die Naturwissenschaften **14**, 664 (1926)

Weiterführende Literatur

Gilmore, R.: Elementary Quantum Mechanics in One Dimension. Johns Hopkins University Press, Baltimore (2004)

Lang, C.B., Pucker, N.: Mathematische Methoden in der Physik. 2. Aufl., SpringerSpektrum, Heidelberg (2005)

Symmetrien und Erhaltungssätze

27

Was verstehen wir in der Quantenmechanik unter einer Symmetrie?

Wie lautet das Noether-Theorem in Quantentheorien?

Für welche Einteilchen-Systeme erwarten wir Lücken und Bänder im Energiespektrum?

Was sind die verträglichen Observablen für ein isotropes System?

Was ist die Beziehung zwischen Drehimpulsen und Kugelflächenfunktionen?

M. Bartelmann et al., *Theoretische Physik*, DOI 10.1007/978-3-642-54618-1_27, © Springer-Verlag Berlin Heidelberg 2015

Symmetrien – man spricht von *Raumzeitsymmetrien*, wenn die Raumzeitkoordinaten transformiert werden, und sonst von *inneren Symmetrien* – spielen in der Physik eine herausragende Rolle. Beispiele von Raumzeitsymmetrien sind Spiegelungen, Translationen oder Drehungen im Raum. Innere Symmetrien sind z. B. die Ladungsumkehr oder die verallgemeinerten Phasentransformationen in der Elementarteilchenphysik (siehe Kasten „Vertiefung: (S)U(N)-Eichtransformationen" in Kap. 29 und das Ende von Kap. 20).

Nach dem aus Abschn. 5.6 bekannten Noether-Theorem gehört zu jeder kontinuierlichen Symmetrie eines klassischen Systems ein Erhaltungssatz. So folgt aus der Homogenität der Zeit die Erhaltung der Energie, aus der Homogenität des Raumes die Erhaltung des gesamten Impulses, aus der Isotropie des Raumes die Erhaltung des gesamten Drehimpulses und aus den inneren Symmetrien die Erhaltung der elektrischen Ladung oder der Baryonenzahl.

In der physikalischen Forschung geschah es mehrfach, dass die experimentellen Daten die Existenz von Erhaltungsgrößen anzeigten. Neben Energie, Impuls, Drehimpuls, Parität und elektrischer Ladung waren dies vor allem erhaltene Ladungen in der Elementarteilchenphysik. Erhaltene Größen verdanken ihre Existenz in den meisten Fällen einer Symmetrie des Systems, und die Kenntnis dieser Symmetrie kann hilfreich sein bei der Lösungssuche in bekannten Theorien oder sogar bei der Suche nach neuen Theorien. Wahrscheinlich sind Symmetrien sogar der Schlüssel zur Formulierung von Naturgesetzen. Gerade bei den Versuchen, die Quanten- und Gravitationsphysik zu vereinigen, z. B. im Rahmen von Stringtheorien, sind Symmetrieprinzipien von außergewöhnlicher Bedeutung.

In fundamentalen Theorien sind die Symmetrien oft evident und werden von Anfang an bei der Systembeschreibung berücksichtigt. So wird sich das Spektrum eines Atoms nicht ändern, wenn wir dieses in Heidelberg, Jena, München oder Wien messen. Wir werden also fordern, dass sich bei einer Verschiebung eines abgeschlossenen Systems die Übergangsamplituden oder Eigenwerte von Observablen nicht ändern.

Wir beginnen das vorliegende Kapitel mit einer allgemeinen Diskussion von Symmetrien im Rahmen der Quantentheorie. Ähnlich wie in der klassischen Theorie sind Symmetrien eng mit Erhaltungsgrößen verknüpft. Dies wird im ersten Abschnitt diskutiert. Es folgt eine ausführliche Diskussion der Spiegelung, Translationen und Drehungen im Raum und den zugehörigen Erhaltungsgrößen Parität, Impuls und Drehimpuls. In Abschn. 27.4 betrachten wir als Anwendung Elektronen in periodischen Potenzialen in der effektiven Einelektronnäherung. Dies führt auf die Bandstruktur für schwach gebundene Elektronen in Kristallen. In Abschn. 27.5 und 27.6 diskutieren wir den Drehimpulsoperator und seine möglichen Darstellungen. Die Resultate sind wichtig in der Atom- und Molekülphysik.

27.1 Symmetrien und Erhaltungsgrößen

Der reine Zustand eines quantenmechanischen Systems wird vollständig durch einen Strahl

$$R_\psi = \{\lambda\,|\psi\rangle \mid 0 \neq \lambda \in \mathbb{C}\} \subset \mathcal{H} \tag{27.1}$$

charakterisiert. Wird ein System im Zustand R_ψ präpariert, dann ist die Wahrscheinlichkeit, es in einem Zustand R_ϕ zu finden, durch die Übergangswahrscheinlichkeit

$$W_{\phi\psi} = \frac{|\langle\phi|\,\psi\rangle|^2}{\|\phi\|^2\,\|\psi\|^2} \tag{27.2}$$

gegeben. Diese hängt nur von den Strahlen im Hilbert-Raum ab und nicht von ihren Repräsentanten. Beobachtbare Größen lassen sich als Übergangswahrscheinlichkeiten schreiben.

Frage 1

Überzeugen Sie sich davon, dass die Übergangswahrscheinlichkeit $W_{\phi\psi}$ nicht von den Repräsentanten $|\phi\rangle$ und $|\psi\rangle$ abhängt.

Eine *Symmetrie* eines Quantensystems ist eine Transformation der reinen Zustände, die beobachtbare Größen nicht ändert. Die Menge $G = \{g\}$ dieser Symmetrietransformationen bildet die Symmetriegruppe des Quantensystems.

Symmetrien erhalten Wahrscheinlichkeiten

Eine Symmetrie ist eine Strahlabbildung $R_\psi \mapsto R_{\psi_g}$, die

- eine bijektive Abbildung zwischen den (physikalisch realisierbaren) reinen Zuständen herstellt und
- Übergangswahrscheinlichkeiten erhält:

$$W_{\phi\psi} = W_{\phi_g\psi_g}\,. \tag{27.3}$$

Das *Theorem von Wigner* (nach dem ungarisch-amerikanischen Physiker *Eugene Paul Wigner*, 1902–1995, Nobelpreis 1963 für seine Beiträge zu Symmetrieprinzipien) besagt, dass es auf $\mathcal{H}$ eine Abbildung

$$|\psi\rangle \mapsto |\psi_g\rangle = \hat{U}(g)\,|\psi\rangle \tag{27.4}$$

gibt, sodass $|\psi\rangle \in R_\psi$ und $|\psi_g\rangle \in R_{\psi_g}$ ist. Dabei ist $\hat{U}(g)$ entweder *linear und unitär* oder aber *antilinear und antiunitär*. Beinahe alle bekannten Symmetrien in der Quantentheorie sind durch unitäre Operatoren implementiert. Nur zur Zeitumkehr gehört ein antiunitärer Operator (siehe Aufgabe 23.11).

Einen übersichtlichen Beweis des Theorems findet man bei Bargmann (1964) oder bei Galindo und Pascual (1990).

Nach dem Noether'schen Theorem in der klassischen Mechanik gehört zu jeder kontinuierlichen Symmetrie eine Erhaltungsgröße. Dies wurde ausführlich in Abschn. 5.6 besprochen. Ein entsprechendes Theorem existiert auch in der Quantenmechanik, wo eine Erhaltungsgröße durch einen hermiteschen Operator dargestellt wird, der mit dem Hamilton-Operator vertauscht (siehe die Diskussion in Abschn. 25.3).

Ähnlich wie in der klassischen Mechanik werden wir nun fordern, dass eine Symmetrie $\hat{U}$ jede Lösung $|\psi(t)\rangle$ der zeitabhängigen Schrödinger-Gleichung in eine Lösung überführt. Wegen

$$\begin{aligned} \mathrm{i}\hbar\frac{\mathrm{d}}{\mathrm{d}t}\left(\hat{U}\,|\psi(t)\rangle\right) &= \mathrm{i}\hbar\hat{U}\frac{\mathrm{d}}{\mathrm{d}t}\,|\psi(t)\rangle = \hat{U}\hat{H}\,|\psi(t)\rangle \\ &= \left([\hat{U},\hat{H}] + \hat{H}\hat{U}\right)|\psi(t)\rangle \end{aligned} \tag{27.5}$$

ist mit $|\psi(t)\rangle$ auch $\hat{U}\,|\psi(t)\rangle$ eine Lösung der Schrödinger-Gleichung, falls

$$[\hat{U},\hat{H}] = 0 \quad \text{bzw.} \quad \hat{U}\hat{H}\hat{U}^{-1} = \hat{H} \tag{27.6}$$

gilt, d. h., wenn der Hamilton-Operator unter der Symmetrie invariant ist.

Symmetrien vertauschen mit der Zeitentwicklung

Eine Symmetrie eines Quantensystems ist eine (anti)unitäre Transformation $\hat{U} : \mathcal{H} \mapsto \mathcal{H}$, die mit dem Hamilton-Operator vertauscht.

Nun kann man jede kontinuierliche unitäre Transformation in der Nähe der Eins als Operator der Form

$$\hat{U} = \mathrm{e}^{\mathrm{i}\varepsilon\hat{G}} = \hat{I} + \mathrm{i}\varepsilon\hat{G} + O(\varepsilon^2) \tag{27.7}$$

mit einem kontinuierlichen reellen Parameter ε schreiben. Der hermitesche Operator $\hat{G}$ im Exponenten ist die sogenannte (infinitesimale) Erzeugende der Transformation.

Frage 2

Überzeugen Sie sich davon, dass die Unitarität $\hat{U}^\dagger\hat{U} = \hat{I}$ von $\hat{U}$ die Hermitizität von $\hat{G}$ impliziert.

In Abschn. 23.4 wurde bereits gezeigt, dass für ein hermitesches $\hat{G}$ der Operator $\hat{U}$ in (27.7) unitär ist. Umgekehrt folgt aus

$$\begin{aligned} \hat{I} = \hat{U}^\dagger\hat{U} &= \left(\hat{I} - \mathrm{i}\varepsilon\hat{G}^\dagger + \ldots\right)\left(\hat{I} + \mathrm{i}\varepsilon\hat{G} + \ldots\right) \\ &= \hat{I} - \mathrm{i}\varepsilon\left(\hat{G}^\dagger - \hat{G}\right) + O\left(\varepsilon^2\right), \end{aligned} \tag{27.8}$$

dass die Erzeugende einer unitären Symmetrie immer hermitesch ist.

Entwickeln wir noch (27.6) in Potenzen von ε, so ergibt sich

$$\hat{U}\hat{H} - \hat{H}\hat{U} = \mathrm{i}\varepsilon[\hat{G},\hat{H}] + O\left(\varepsilon^2\right) = 0, \tag{27.9}$$

was bedeutet, dass $\hat{G}$ eine Erhaltungsgröße ist:

$$[\hat{G},\hat{H}] = 0. \tag{27.10}$$

Hängen die Symmetrietransformationen von n reellen Parametern ab, dann gibt es für jeden Parameter eine infinitesimale Erzeugende $\hat{G}_k$, die mit dem Hamilton-Operator kommutiert.

Noether-Theorem in der Quantenmechanik

Zu jeder kontinuierlichen Symmetrie gehört eine Erhaltungsgröße. Die Erhaltungsgrößen sind die infinitesimalen Erzeugenden der Symmetrien. Hängen die Symmetrien von n reellen Parametern ab, dann existieren n Erhaltungsgrößen.

Achtung Beim Beweis wurde implizit angenommen, dass die Symmetrien kontinuierlich in die Eins überführt werden können, um $\hat{U}$ entwickeln zu können, $\hat{U} = \hat{I} + \mathrm{i}\varepsilon\hat{G} + O(\varepsilon^2)$. Dies ist nur für Elemente in der Zusammenhangskomponente der Eins möglich, also z. B. nicht für Drehspiegelungen. ◀

Bilden die Symmetrien eine kontinuierliche Lie-Gruppe, können die Elemente in der Zusammenhangskomponente der Eins kontinuierlich in die Eins überführt werden. Zum Beispiel können jede Translation und jede eigentliche Drehung kontinuierlich in die Eins überführt werden. Die zugehörigen Erzeugenden, die Erhaltungsgrößen definieren, bilden dann eine Lie-Algebra. Mehr zu Lie-Gruppen und Lie-Algebren findet man im „Mathematischen Hintergrund" 27.1.

Teil III

27.2 Raumspiegelungen

Mit Ausnahme der schwachen Wechselwirkung sind alle uns bekannten Wechselwirkungen zwischen Elementarteilchen spiegelsymmetrisch. Somit sind (fast alle) abgeschlossenen physikalischen Systeme spiegelsymmetrisch. Bei ihnen sind „rechts" und „links" völlig gleichberechtigt, und ein im Spiegel beobachteter Prozess tritt in der Natur genauso auf wie der direkt beobachtete Prozess.

Unter einer *Raumspiegelung* P, auch Paritätsoperation genannt (diese wurde schon in Abschn. 9.3 eingeführt), ändert sich das Vorzeichen aller Koordinaten. Für ein Teilchen in drei Dimensionen bedeutet dies $P : \boldsymbol{x} \to -\boldsymbol{x}$ und für N Teilchen

$$P: (\boldsymbol{x}_1, \ldots, \boldsymbol{x}_N) \longrightarrow (-\boldsymbol{x}_1, \ldots, -\boldsymbol{x}_N). \tag{27.11}$$

Für ein spiegelsymmetrisches System wird es nach dem *Wigner'schen Satz* einen unitären Operator $\hat{U}(P)$ geben, der die Spiegelung implementiert:

$$|\psi_P\rangle = \hat{U}(P)\,|\psi\rangle\,. \tag{27.12}$$

27.1 Mathematischer Hintergrund: Lie-Gruppen und Lie-Algebren

Gruppen wurden bereits im „Mathematischen Hintergrund" 2.4 eingeführt. Man unterscheidet zwischen diskreten Gruppen mit einer abzählbaren (z. B. endlichen) Anzahl Elementen und kontinuierlichen Gruppen, deren Gruppenelemente durch kontinuierliche Parameter charakterisiert sind. Die in der Physik auftretenden kontinuierlichen Gruppen sind Lie-Gruppen. Neben der Gruppenverknüpfung und Inversenbildung besitzen diese zusätzliche geometrische und analytische Eigenschaften, die mit der Gruppenstruktur verträglich sind (Hall 2003). Lie-Gruppen wurden im 19. Jahrhundert von dem norwegischen Mathematiker *Sophus Lie* (1842–1899) zur Untersuchung von Symmetrien bei Differenzialgleichungen eingeführt. Eng verknüpft mit den Lie-Gruppen sind die Lie-Algebren.

Lie-Gruppe Es sei $(G, \circ)$ eine Gruppe. Dann heißt G eine *Lie-Gruppe* genau dann, wenn G eine differenzierbare Mannigfaltigkeit ist und die Abbildungen

$$(g, h) \in G \times G \mapsto g \circ h \in G\,, \quad g \in G \mapsto g^{-1} \in G$$

differenzierbar sind.

In der Physik sind die Elemente von Gruppen oft Matrizen, man spricht dann von Matrixgruppen. Deren Gruppenmannigfaltigkeit ist in vielen Fällen die Niveaufläche $f^{-1}(0)$ einer differenzierbaren Abbildung $f : \mathbb{R}^n \to \mathbb{R}^p$. Dabei muss die Jacobi-Matrix Df auf der betrachteten Niveaufläche maximalen Rang p haben. Die Dimension der Gruppe – dies ist die Dimension der Mannigfaltigeit – ist dann $n-p$. Zum Beispiel definiert die Funktion $f(x) = x_1^2 + x_2^2 + x_3^2 + x_4^2 - 1$ die dreidimensionale Einheitssphäre S^3 im $\mathbb{R}^4$.

Beispiele von Lie-Gruppen

- Sei V ein n-dimensionaler Vektorraum mit der Vektoraddition

  $$(\boldsymbol{v}, \boldsymbol{w}) \in V \times V \mapsto \boldsymbol{v} + \boldsymbol{w} \in V\,.$$

  Dann ist V mit dieser Addition als Verknüpfung eine n-dimensionale Lie-Gruppe $\cong \mathbb{R}^n$. Diese wird bei der Diskussion der Translationen auftreten.
- Die allgemeine lineare Gruppe $\mathrm{GL}(n, \mathbb{C})$ der invertierbaren komplexen $(n \times n)$-Matrizen ist eine Lie-Gruppe.
- Die spezielle lineare Gruppe $\mathrm{SL}(n, \mathbb{R})$ aller reellen $(n \times n)$-Matrizen mit Determinante $\det(\boldsymbol{A}) = 1$ bildet eine Lie-Gruppe.
- Die unitäre Gruppe der unitären Matrizen

  $$\mathrm{U}(n) = \left\{\boldsymbol{U} \in \mathrm{GL}(n, \mathbb{C}) \mid \boldsymbol{U}\boldsymbol{U}^\dagger = \boldsymbol{U}^\dagger \boldsymbol{U} = \boldsymbol{I}\right\}$$

  bildet eine Lie-Gruppe.
- Die spezielle orthogonale Gruppe der Drehmatrizen

  $$\mathrm{SO}(n) = \left\{\boldsymbol{R} \in \mathrm{SL}(n, \mathbb{R}) \mid \boldsymbol{R}\boldsymbol{R}^\top = \boldsymbol{R}^\top \boldsymbol{R} = \boldsymbol{I}\right\}$$

  bildet eine Lie-Gruppe.

Lie-Algebra Eine *Lie-Algebra* ist ein $\mathbb{K}$-Vektorraum $\mathfrak{g}$ versehen mit einer Abbildung (diese wird *Lie-Klammer* genannt)

$$[\cdot, \cdot] : \mathfrak{g} \times \mathfrak{g} \to \mathfrak{g}, \quad (v, w) \mapsto [v, w]\,,$$

für die die folgenden Eigenschaften gelten:

- Antisymmetrie: Für alle $v, w \in \mathfrak{g}$ gilt $[v, w] = -[w, v]$.
- Linearität: Für alle $v_1, v_2, w \in \mathfrak{g}$ und $\lambda_1, \lambda_2 \in \mathbb{K}$ gilt

  $$[\lambda_1 v_1 + \lambda_2 v_2, w] = \lambda_1[v_1, w] + \lambda_2[v_2, w]\,.$$

- Jacobi-Identität: Für alle $v_1, v_2, v_3 \in \mathfrak{g}$ gilt

  $$[[v_1, v_2], v_3] + [[v_2, v_3], v_1] + [[v_3, v_1], v_2] = 0\,.$$

Beispiele von Lie-Algebren

- der $\mathbb{R}^3$ ausgestattet mit dem Kreuzprodukt $[\boldsymbol{v}, \boldsymbol{w}] := \boldsymbol{v} \times \boldsymbol{w}$
- die Menge aller $(n \times n)$-Matrizen über einem Körper $\mathbb{K}$ mit dem Kommutator $[\boldsymbol{A}, \boldsymbol{B}] := \boldsymbol{AB} - \boldsymbol{BA}$
- der $\mathbb{R}$-Vektorraum aller glatten Vektorfelder auf einer glatten Mannigfaltigkeit M mit dem Kommutator

  $$[X, Y](f) = X(Y(f)) - Y(X(f)) \quad \forall f \in C^\infty(M)$$

Zusammenhang Lie-Gruppe und Lie-Algebra Die zu einer Lie-Gruppe G gehörende Lie-Algebra $\mathfrak{g}$ ist gleich dem Tangentialraum des neutralen Elements e der Gruppe. Insbesondere gilt, dass $\dim G = \dim \mathfrak{g}$.

Für eine Matrixgruppe besteht der Tangentialraum des Neutralelements aus den Matrizen

$$\boldsymbol{X} = \frac{\mathrm{d}}{\mathrm{d}t}\boldsymbol{A}(t)\big|_{t=0}\,,$$

wobei $\boldsymbol{A}(t)$ eine einparametrige Kurve in der Matrixgruppe ist mit $\boldsymbol{A}(t = 0) = \boldsymbol{I}$. Es sind also alle „Geschwindigkeitsvektoren" am Gruppenelement $\boldsymbol{I}$. Die Lie-Klammer ist gleich dem Kommutator, $[\boldsymbol{X}, \boldsymbol{Y}] = \boldsymbol{XY} - \boldsymbol{YX}$.

Beispiele

- Die Lie-Algebra $gl(n, \mathbb{C})$ der allgemeinen linearen Gruppe $GL(n, \mathbb{C})$ enthält alle komplexen $(n \times n)$-Matrizen.
- Die Lie-Algebra $u(n)$ der unitären Gruppe $U(n)$ besteht aus den antihermiteschen komplexen Matrizen.
- Die Lie-Algebra $so(n)$ der orthogonalen Gruppe $SO(n)$ ist gerade der Raum der schiefsymmetrischen Matrizen.

Literatur

- Hall, C.B.: Lie Groups, Lie Algebras, and Representations. Springer (2003)

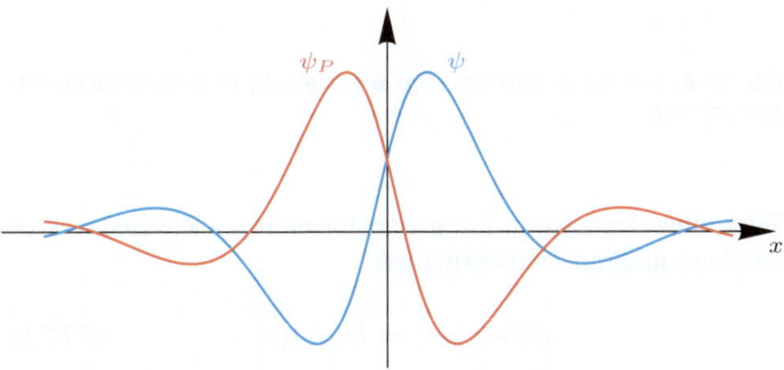

Abb. 27.1 Bei einer Spiegelung geht eine Wellenfunktion $\psi(x)$ in die gespiegelte Wellenfunktion $\psi_P(x) = \psi(-x)$ über

Oft schreibt man für $\hat{U}(P)$ auch nur kurz $\hat{P}$. Aber um eine Verwechslung mit dem Gesamtimpuls des Systems zu vermeiden, wählen wir die Schreibweise in (27.12). Im Ortsraum hat die Spiegelung eine einfache Form.

Paritätsoperation im Ortsraum

Eine Wellenfunktion im Ortsraum transformiert bei einer Spiegelung wie folgt:

$$\begin{aligned}\psi_P(\boldsymbol{x}_1, \ldots, \boldsymbol{x}_N) &\equiv \left(\hat{U}(P)\psi\right)(\boldsymbol{x}_1, \ldots, \boldsymbol{x}_N) \\ &:= \psi(-\boldsymbol{x}_1, \ldots, -\boldsymbol{x}_N).\end{aligned} \tag{27.13}$$

Der Paritätsoperator $\hat{U}(P)$ ist linear und unitär.

Abbildung 27.1 illustriert die Wirkung des Paritätsoperators auf die Wellenfunktion.

Im Folgenden beschränken wir uns auf Einteilchensysteme. Die gewonnenen Resultate lassen sich aber leicht auf N Teilchen übertragen. Die Unitarität von $\hat{U}(P)$ ist im Ortsraum schnell gezeigt:

$$\begin{aligned}\langle \hat{U}(P)\phi, \hat{U}(P)\psi \rangle &= \int \mathrm{d}^3x\, \phi^*(-\boldsymbol{x})\psi(-\boldsymbol{x}) \\ &\overset{x=-y}{=} \int \mathrm{d}^3y\, \phi^*(\boldsymbol{y})\psi(\boldsymbol{y}) = \langle \phi, \psi \rangle\,.\end{aligned} \tag{27.14}$$

Spiegelt man zweimal, dann verändert sich eine Wellenfunktion nicht, d. h. $\hat{U}^2(P) = \hat{I}$. Deshalb sind die möglichen Eigenwerte von $\hat{U}(P)$ die zu eins quadrierenden unimodularen Zahlen ± 1. Die Eigenfunktionen zum Eigenwert 1 sind die geraden und diejenigen zum Eigenwert -1 die ungeraden Funktionen:

$$\begin{aligned}\left(\hat{U}(P)\psi\right)(\boldsymbol{x}) &= \psi(-\boldsymbol{x}) = \psi(\boldsymbol{x}) \quad \text{gerade}, \\ \left(\hat{U}(P)\psi\right)(\boldsymbol{x}) &= \psi(-\boldsymbol{x}) = -\psi(\boldsymbol{x}) \quad \text{ungerade}.\end{aligned} \tag{27.15}$$

In Abschn. 26.3 über den harmonischen Oszillator bemerkten wir, dass die Wellenfunktion des Grundzustands $\psi_0(x)$ eine gerade Funktion ist. Als Linearkombination des Ableitungsoperators ∂_x und Multiplikationsoperators x bildet der Aufsteigeoperator gerade (ungerade) Wellenfunktionen in ungerade (gerade) Wellenfunktionen ab. Deshalb sind die Energieeigenfunktionen des Oszillators $\psi_n \propto (\hat{a}^\dagger)^n\psi_0$ entweder gerade oder ungerade.

Diese Eigenschaft der Energieeigenfunktionen eines spiegelsymmetrischen Systems gilt nicht nur für den harmonischen Oszillator. Sie gilt für alle Hamilton-Operatoren der Form

$$\hat{H} = H(\hat{\boldsymbol{p}}, \hat{\boldsymbol{x}}) = \frac{\hat{\boldsymbol{p}}^2}{2m} + V(\hat{\boldsymbol{x}}) \tag{27.16}$$

mit geradem Potenzial

$$V(\boldsymbol{x}) = V(-\boldsymbol{x})\,. \tag{27.17}$$

Um dies einzusehen, betrachten wir den Hamilton-Operator im gespiegelten System. Bei einer Spiegelung wechseln $\hat{\boldsymbol{x}}$ und $\hat{\boldsymbol{p}}$ das Vorzeichen, sodass

$$\hat{U}(P)H(\hat{\boldsymbol{p}}, \hat{\boldsymbol{x}})\,\hat{U}^{-1}(P) = H(-\hat{\boldsymbol{p}}, -\hat{\boldsymbol{x}})\,. \tag{27.18}$$

Ein Hamilton-Operator der Form (27.16) mit geradem Potenzial ist also spiegelinvariant, d. h.

$$\hat{U}(P)\hat{H}\hat{U}(P)^{-1} = \hat{H} \quad \text{bzw.} \quad \hat{U}(P)\hat{H} = \hat{H}\hat{U}(P)\,. \tag{27.19}$$

Somit können $\hat{H}$ und $\hat{U}(P)$ gleichzeitig diagonalisiert werden. Sind die Eigenwerte des Hamilton-Operators nicht entartet, wie beim eindimensionalen harmonischen Oszillator, dann müssen seine Eigenfunktionen sogar Eigenfunktionen von $\hat{U}(P)$ sein, d. h., sie sind entweder gerade oder ungerade. Sind die Eigenwerte von $\hat{H}$ entartet, so sind die Eigenfunktionen nicht automatisch gerade oder ungerade, können aber immer gerade oder ungerade gewählt werden.

Die Verallgemeinerung auf Vielteilchensysteme ist evident.

Eigenzustände eines spiegelsymmetrischen Systems

Ein Hamilton-Operator eines N-Teilchen-Systems der Form

$$\hat{H} = \sum_{i=1}^{N} \frac{\hat{\boldsymbol{p}}_i^2}{2m_i} + V(\hat{\boldsymbol{x}}_1, \ldots, \hat{\boldsymbol{x}}_N) \tag{27.20}$$

vertauscht mit $\hat{U}(P)$ genau dann, wenn das Potenzial gerade ist, $V(\boldsymbol{x}_1, \ldots, \boldsymbol{x}_N) = V(-\boldsymbol{x}_1, \ldots, -\boldsymbol{x}_N)$. Man darf annehmen, dass jede Eigenfunktion von $\hat{H}$ gerade oder ungerade ist.

Die geraden Zustände erfüllen

$$\psi(-\boldsymbol{x}_1, -\boldsymbol{x}_2, \ldots) = \psi(\boldsymbol{x}_1, \boldsymbol{x}_2, \ldots) \tag{27.21}$$

und heißen Zustände mit *gerader Parität*. Die ungeraden erfüllen dagegen

$$\psi(-\boldsymbol{x}_1, -\boldsymbol{x}_2, \ldots) = -\psi(\boldsymbol{x}_1, \boldsymbol{x}_2, \ldots), \tag{27.22}$$

und man nennt sie Zustände mit *ungerader Parität*. Bei der Klassifikation der atomaren Zustände kann man, solange man die paritätsverletzende schwache Wechselwirkung vernachlässigt, den Zuständen immer eine gerade oder ungerade Parität zuordnen. Die Parität ändert sich nicht, wenn die Zeitentwicklung von einem spiegelsymmetrischen Hamilton-Operator herrührt. Gerade bei der Beschreibung von Zerfällen in der Kern- und Elementarteilchenphysik spielt die Paritätserhaltung eine wichtige Rolle.

27.3 Translationen im Raum

Nach den Spiegelungen wenden wir uns den wohl einfachsten kontinuierlichen Symmetrien zu, nämlich den Verschiebungen oder Translationen im Raum. Diese verschieben den Ortsvektor aller Teilchen,

$$\boldsymbol{x}_i \longrightarrow \boldsymbol{x}'_i = \boldsymbol{x}_i - \boldsymbol{a}, \quad i = 1, \ldots, N, \tag{27.23}$$

und bilden die dreidimensionale kontinuierliche Lie-Gruppe mit den Elementen $\boldsymbol{a} \in \mathbb{R}^3$. Die Gruppenmultiplikation ist die Addition von Vektoren in $\mathbb{R}^3$. Führen wir zwei Verschiebungen hintereinander aus, dann kommt es dabei auf die Reihenfolge der Verschiebungen nicht an, d. h., zwei Verschiebungen kommutieren. Gruppen mit einer kommutativen Verknüpfung heißen *abelsche Gruppen*. Die Gruppe der Translationen ist also eine abelsche Lie-Gruppe, die isomorph zum Vektorraum $\mathbb{R}^3$ ist. Im „Mathematischen Hintergrund" 27.1 findet man die Definition und wichtige Eigenschaften von Lie-Gruppen.

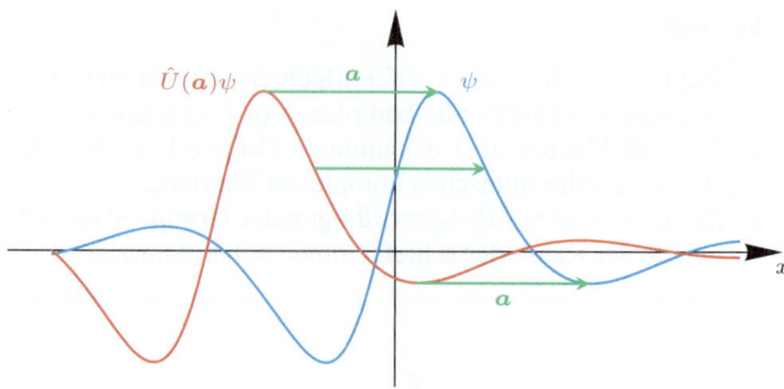

Abb. 27.2 Der unitäre Operator $\hat{U}(\boldsymbol{a})$ verschiebt die Wellenfunktion im Ortraum um $(-\boldsymbol{a})$

Unter einer Translation mit $\boldsymbol{a}$ transformiert ein Zustandsvektor mit einer unitären Transformation:

$$|\psi\rangle \mapsto |\psi'\rangle = \hat{U}(\boldsymbol{a})\,|\psi\rangle\,. \tag{27.24}$$

Im Ortsraum transformieren die Wellenfunktionen gemäß

$$\hat{U}(\boldsymbol{a}) : \psi(\boldsymbol{x}_1, \ldots, \boldsymbol{x}_N) \mapsto \psi(\boldsymbol{x}_1 + \boldsymbol{a}, \ldots, \boldsymbol{x}_N + \boldsymbol{a}), \tag{27.25}$$

und die Wirkung des Verschiebungsoperators $\hat{U}(a)$ auf eine Wellenfunktion $\psi(x)$ ist in Abb. 27.2 gezeigt.

Achtung Die Verschiebungsoperatoren wirken wie folgt auf die Kets $|\boldsymbol{x}\rangle$:

$$|\boldsymbol{x}'\rangle = \hat{U}(\boldsymbol{a})\,|\boldsymbol{x}\rangle = |\boldsymbol{x} - \boldsymbol{a}\rangle\,. \tag{27.26}$$

Daraus folgt dann obige Transformation der Wellenfunktionen:

$$\langle\boldsymbol{x}|\,\hat{U}(\boldsymbol{a})\,|\psi\rangle = \langle\boldsymbol{x} + \boldsymbol{a}|\,\psi\rangle = \psi(\boldsymbol{x} + \boldsymbol{a})\,. \tag{27.27}$$

◀

Die Unitarität des Verschiebungsoperators $\hat{U}(\boldsymbol{a})$ folgt sofort im Ortsraum; z. B. ist für ein Teilchen im $\mathbb{R}^3$

$$\begin{aligned} \langle\hat{U}(\boldsymbol{a})\psi, \hat{U}(\boldsymbol{a})\phi\rangle &= \int_{\mathbb{R}^3} \mathrm{d}^3x\,\psi^*(\boldsymbol{x} + \boldsymbol{a})\phi(\boldsymbol{x} + \boldsymbol{a}) \\ &\overset{\boldsymbol{x}=\boldsymbol{y}-\boldsymbol{a}}{=} \int_{\mathbb{R}^3} \mathrm{d}^3y\,\psi^*(\boldsymbol{y})\phi(\boldsymbol{y}) = \langle\psi, \phi\rangle\,. \end{aligned} \tag{27.28}$$

Ist das Teilchen in einen Kasten eingeschlossen, kann $\hat{U}(\boldsymbol{a})$ auf dem Hilbert-Raum des Teilchens nicht definiert werden.

Die Abbildung $\boldsymbol{a} \mapsto \hat{U}(\boldsymbol{a})$ ist ein *Homomorphismus* von der abelschen Gruppe $\mathbb{R}^3$ der Translationen in die Gruppe der unitären Operatoren auf dem Hilbert-Raum $L_2(\mathbb{R}^{3N})$ für N Teilchen:

$$\begin{aligned} \hat{U}(\boldsymbol{a} + \boldsymbol{b}) &= \hat{U}(\boldsymbol{a})\hat{U}(\boldsymbol{b})\,, \\ \hat{U}(-\boldsymbol{a}) &= \hat{U}^{-1}(\boldsymbol{a})\,. \end{aligned} \tag{27.29}$$

Teil III

Man spricht in diesen Zusammenhang von einer *unitären Darstellung* der Translationen auf dem Hilbert-Raum. Darstellungen von Lie-Gruppen werden im „Mathematischen Hintergrund" 27.2 besprochen.

Frage 3

Machen Sie sich klar, dass $\boldsymbol{a} \mapsto \hat{U}(\boldsymbol{a})$ eine Darstellung der Translationen ist.

Weil die Translationen im Raum eine abelsche Gruppe bilden, vertauschen wegen der ersten Darstellungseigenschaft in (27.29) die Translationsoperatoren,

$$\hat{U}(\boldsymbol{a})\hat{U}(\boldsymbol{b}) = \hat{U}(\boldsymbol{a}+\boldsymbol{b}) = \hat{U}(\boldsymbol{b}+\boldsymbol{a}) = \hat{U}(\boldsymbol{b})\hat{U}(\boldsymbol{a}), \tag{27.30}$$

und können alle gleichzeitig diagonalisiert werden.

Als Nächstes wollen wir der Frage nachgehen, wann Verschiebungen Symmetrien sind oder wann die $\hat{U}(\boldsymbol{a})$ den Hamilton-Operator (27.20) invariant lassen. Da Impulse bei einer Verschiebung sich nicht ändern, ist der transformierte Hamilton-Operator

$$\hat{U}(\boldsymbol{a})\hat{H}\hat{U}^{-1}(\boldsymbol{a}) = \sum_{i=1}^{N} \frac{\hat{\boldsymbol{p}}_i^2}{2m_i} + V(\hat{\boldsymbol{x}}_1 + \boldsymbol{a}, \ldots, \hat{\boldsymbol{x}}_N + \boldsymbol{a}). \tag{27.31}$$

Translationsinvariante Systeme

Der Hamilton-Operator $\hat{H}$ in (27.20) ist translationsinvariant, wenn für alle $\boldsymbol{a} \in \mathbb{R}^3$ gilt:

$$V(\boldsymbol{x}_1 + \boldsymbol{a}, \ldots, \boldsymbol{x}_N + \boldsymbol{a}) = V(\boldsymbol{x}_1, \ldots, \boldsymbol{x}_N). \tag{27.32}$$

Gilt diese Eigenschaft nur für Translationen in eine feste Richtung, charakterisiert durch den Einheitsvektor $\boldsymbol{e}$, dann ist das System nur translationsinvariant in diese Richtung.

Ein Hamilton-Operator der Form (27.20), dessen Potenzial nur von den Differenzvektoren zwischen je zwei Teilchen abhängt,

$$V = \sum_{i<j} V_{ij}(\boldsymbol{x}_i - \boldsymbol{x}_j), \tag{27.33}$$

beschreibt somit ein translationsinvariantes System. Das wohl wichtigste Beispiel ist ein System aus geladenen Teilchen, deren potenzielle Energie die Summe der Coulomb-Wechselwirkungen zwischen den einzelnen Paaren ist:

$$V = \sum_{1 \le i < j \le N} \frac{q_i q_j}{|\boldsymbol{x}_i - \boldsymbol{x}_j|}. \tag{27.34}$$

Frage 4

Überzeugen Sie sich davon, dass die Verschiebungen eines Mehrteilchen-Systems vom Gesamtimpuls erzeugt werden:

$$\hat{U}(\boldsymbol{a}) = \mathrm{e}^{\mathrm{i}\boldsymbol{a}\cdot\hat{\boldsymbol{P}}/\hbar}, \quad \hat{\boldsymbol{P}} = \hat{\boldsymbol{p}}_1 + \cdots + \hat{\boldsymbol{p}}_N, \tag{27.35}$$

indem Sie die Betrachtung im Beispielkasten „Unitäre Translationsoperatoren" in Abschn. 23.4 auf ein System mit mehreren Teilchen verallgemeinern.

Nach dem Noether'schen Theorem (27.7) ist der Gesamtimpuls eine Erhaltungsgröße:

$$[\hat{\boldsymbol{P}}, \hat{H}] = 0, \tag{27.36}$$

genauso wie in der klassischen Mechanik. Die Translationsgruppe hängt von drei reellen Parametern ab, und deshalb existieren drei Erhaltungsgrößen. Für translationsinvariante Systeme können somit der Hamilton-Operator und der Gesamtimpuls gleichzeitig diagonalisiert werden.

Achtung Ist das Potenzial nur verschiebungsinvariant in Richtung des Einheisvektors $\boldsymbol{e}$, dann ist nur noch die Komponente $\boldsymbol{e} \cdot \hat{\boldsymbol{P}}$ des Gesamtimpulses eine Erhaltungsgröße. ◄

Frage 5

Warum folgt aus (27.30), dass die Komponenten des Impulsoperators vertauschen?

Da die Translationsoperatoren $\hat{U}(\boldsymbol{a})$ vertauschen, gilt

$$\mathrm{e}^{\mathrm{i}\boldsymbol{a}\cdot\hat{\boldsymbol{P}}/\hbar}\mathrm{e}^{\mathrm{i}\boldsymbol{b}\cdot\hat{\boldsymbol{P}}/\hbar} = \mathrm{e}^{\mathrm{i}\boldsymbol{b}\cdot\hat{\boldsymbol{P}}/\hbar}\mathrm{e}^{\mathrm{i}\boldsymbol{a}\cdot\hat{\boldsymbol{P}}/\hbar}. \tag{27.37}$$

Entwickelt man die Exponentialfunktionen bis zur zweiten Ordnung in den Impulsen, so folgt sofort, dass die Komponenten des Gesamtimpulses miteinander vertauschen:

$$[\hat{P}_i, \hat{P}_j] = 0. \tag{27.38}$$

27.4 Bandstruktur für gitterperiodische Potenziale

Zahlreiche physikalische Eigenschaften und Vorgänge in geordneten Festkörpern werden durch schwach gebundene Elektronen verursacht oder zumindest beeinflusst. Bei der Behandlung eines Festkörpers hat man es daher mit einem schwierigen Vielkörperproblem für etwa $O(10^{24})$ leicht bewegliche Elektronen und die gleiche Anzahl von Atomen zu tun. Eine wesentliche Vereinfachung verspricht hier die Reduzierung auf ein effektives Einelektronensystem. Bei dieser Vereinfachung werden die Elektron-Elektron- und Elektron-Kern-Wechselwirkungen entweder vernachlässigt oder durch ein auf jedes Elektron gleichermaßen wirkendes effektives Gitterpotenzial genähert.

27.2 Mathematischer Hintergrund: Darstellungen einer Lie-Gruppe und Lie-Algebra

Bevor wir Darstellungen von Lie-Gruppen bzw. Lie-Algebren einführen, benötigen wir die Definition der Homomorphismen von Lie-Gruppen und Lie-Algebren. Ein Homomorphismus ist strukturerhaltend: Es ist egal, ob man erst zwei Elemente verknüpft und das Ergebnis abbildet oder erst die zwei Elemente abbildet und dann die Bilder verknüpft.

Im Folgenden seien G und G' zwei Lie-Gruppen und $\mathfrak{g}$ und $\mathfrak{g}'$ zwei Lie-Algebren.

- Eine glatte Abbildung $\varphi : G \to G'$ heißt *Lie-Gruppen-Homomorphismus*, falls gilt:

  $$\varphi(g_1 \circ g_2) = \varphi(g_1) \circ \varphi(g_2) \quad \text{für alle } g_1, g_2 \in G\,.$$

  Hier steht links die Verknüpfung in G und rechts in G'.
- Eine lineare Abbildung $\varphi : \mathfrak{g} \to \mathfrak{g}'$ heißt *Lie-Algebren-Homomorphismus*, falls gilt:

  $$\varphi([v, w]) = [\varphi(v), \varphi(w)] \quad \text{für alle } v, w, \in \mathfrak{g}\,.$$

  Links steht der Kommutator in $\mathfrak{g}$ und rechts in $\mathfrak{g}'$.

Darstellungen Sei V ein endlich-dimensionaler Vektorraum über $\mathbb{R}$ oder $\mathbb{C}$. Eine *Darstellung der Lie-Gruppe* G über V ist ein Lie-Gruppen-Homomorphismus $\rho : G \to \mathrm{GL}(V)$. Eine *Darstellung der Lie-Algebra* $\mathfrak{g}$ über dem Vektorraum V ist ein Lie-Algebren-Homomorphismus $\tau : \mathfrak{g} \to \mathfrak{gl}(V)$ (Hall 2003).

Beispiele

- Die beiden konstanten Abbildungen

  $$g \in G \mapsto \mathbb{1} \in \mathrm{GL}(V)\,,$$
  $$v \in \mathfrak{g} \mapsto 0 \in \mathfrak{gl}(V)\,.$$

  Diese Darstellungen heißen *triviale Darstellungen*.
- Für eine Lie-Algebra $\mathfrak{g}$ definieren wir die Abbildung $\mathrm{ad} : \mathfrak{g} \to \mathfrak{gl}(\mathfrak{g})$, die jedem Element v der Lie-Algebra eine lineare Abbildung $\mathrm{ad}(v) : \mathfrak{g} \to \mathfrak{g}$, definiert durch

  $$\mathrm{ad}(v)(w) := [v, w]\,,$$

  zuordnet. Die Abbildung ad ist eine Darstellung von $\mathfrak{g}$ über dem Vektorraum $\mathfrak{g}$. Es ist die sogenannte *adjungierte Darstellung* der Lie-Algebra. Dies folgt aus der Jacobi-Identität und der Antisymmetrie der Lie-Klammer:

  $$\begin{aligned}\mathrm{ad}(u)([v, w]) &= [u, [v, w]] = -[w, [u, v]] - [v, [w, u]] \\ &= [[u, v], w] - [v, [u, w]] \\ &= [\mathrm{ad}(u)(v), w] + [v, \mathrm{ad}(u)(w)]\,.\end{aligned}$$

Zusammenhang von Lie-Gruppe und Lie-Algebra Zu jedem Gruppenelement g gehört ein innerer Automorphismus $\alpha_g : G \mapsto G$, definiert durch

$$\alpha_g : a \mapsto g \circ a \circ g^{-1}\,.$$

Sei nun $a(t)$ eine einparametrige Kurve in der Lie-Gruppe mit $a(0) = e$. Dann definiert der Tangentialvektor $X = \dot{\alpha}|_{t=0}$ ein Element der Lie-Algebra $\mathfrak{g}$ von G. Die einparametrige Bildkurve $\alpha_g(a(t))$ geht für $t = 0$ ebenfalls durch das neutrale Element, und ihr Tangentialvektor am Einselement ist gleichfalls ein Element der Lie-Algebra, das mit $\mathrm{Ad}(g)(X)$ bezeichnet wird. Diese sogenannte *adjungierte Abbildung* Ad definiert eine Darstellung der Lie-Gruppe über ihrer Lie-Algebra $\mathfrak{g}$:

$$\mathrm{Ad} : G \mapsto \mathrm{GL}(\mathfrak{g}), \quad g \mapsto \mathrm{Ad}(g) : \mathfrak{g} \mapsto \mathfrak{g}\,.$$

Speziell für Matrixgruppen ist die adjungierte Darstellung

$$\mathrm{Ad}(B)(X) = \frac{\mathrm{d}}{\mathrm{d}t}(\boldsymbol{B}\boldsymbol{A}(t)\boldsymbol{B})\,|_{t=0} = \boldsymbol{B}\boldsymbol{X}\boldsymbol{B}^{-1}\,.$$

Beispiel

- Die Lie-Algebra su(2) der speziellen unitären Gruppe SU(2) ist der dreidimensionale Vektorraum $\mathbb{R}^3$ der antihermiteschen und spurlosen Matrizen. Für jedes unitäre $\boldsymbol{U}$ ist die Darstellung

  $$\mathrm{Ad}(\boldsymbol{U})(\boldsymbol{X}) = \boldsymbol{U}\boldsymbol{X}\boldsymbol{U}^{-1}$$

  eine eigentliche Drehung in $\mathrm{su}(2) \cong \mathbb{R}^3$. Die adjungierte Darstellung bildet somit die Gruppe SU(2) in die Gruppe SO(3) der eigentlichen Drehungen im $\mathbb{R}^3$ ab.

Ist $\rho : G \mapsto GL(V)$ eine Darstellung über dem Vektorraum V, dann ist das Differenzial ρ_* eine Darstellung von $\mathfrak{g}$ ebenfalls über V. Diese induzierte Darstellung ρ_* gewinnt man wie folgt: Ist v der zur Kurve $g(t)$ mit $g(0) = e$ gehörende Tangentialvektor am Einselement, so ist sein Bildvektor unter der induzierten Abbildung gleich

$$\rho_*(v) = \frac{\mathrm{d}}{\mathrm{d}t}\rho(g(t))\Big|_{t=0}\,.$$

Insbesondere ist die von der adjungierten Darstellung Ad der Gruppe induzierte Darstellung Ad_* die oben eingeführte adjungierte Darstellung der Lie-Algebra, $\mathrm{Ad}_* = \mathrm{ad}$.

Literatur

- Hall, C.B.: Lie Groups, Lie Algebras, and Representations. Springer (2003)

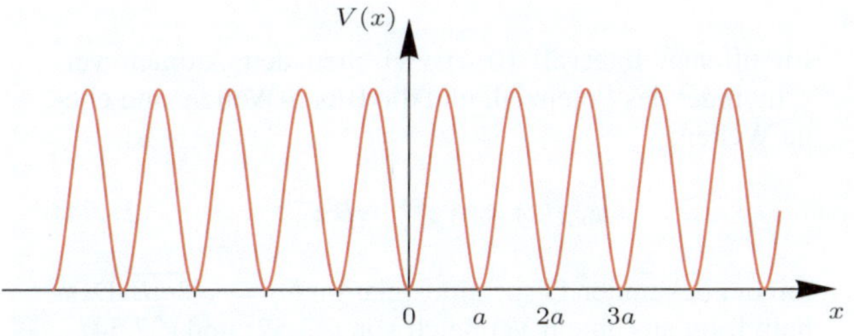

Abb. 27.3 Das effektive Potenzial für ein Elektron in einem unendlich ausgedehnten eindimensionalen Kristall

Wenn man noch weiter vereinfacht und das von den schweren Atomen definierte Kristallgitter Λ als unendlich ausgedehnt ansieht, mündet die angestrebte Vereinfachung in ein Einteilchenproblem für jedes einzelne Elektron in einem effektiven und periodischen Gitterpotenzial:

$$V(\boldsymbol{x}) = V(\boldsymbol{x} + \boldsymbol{a}) , \tag{27.39}$$

wobei der Gittervektor $\boldsymbol{a}$ zwei beliebige Gitterpunkte verbindet (Abb. 27.3).

Wir betrachten hier ein Gitter in d Dimensionen, da in der Festkörperphysik neben den dreidimensionalen auch ein- und zweidimensionale Strukturen eine wichtige Rolle spielen. Das Gitter werde von den Gittervektoren $\boldsymbol{a}_1, \ldots, \boldsymbol{a}_d$ erzeugt. Der Einfachheit wegen wollen wir ein einfach hyperkubisches Gitter Λ mit Gittervektoren

$$\boldsymbol{a}_i = a\boldsymbol{e}_i , \qquad \boldsymbol{a} = \sum_i n_i \boldsymbol{a}_i , \quad n_i \in \mathbb{Z} \tag{27.40}$$

zugrunde legen, wobei die $\boldsymbol{e}_i$ eine kartesische Basis im $\mathbb{R}^d$ bilden und a den Gitterabstand bezeichnet. Das Verständnis des Energiespektrums im periodischen Potenzial führt zur Einsicht, warum einige Kristalle Isolatoren und andere Leiter sind.

Bei einer Verschiebung mit einem Gittervektor $\boldsymbol{a}$ ändern sich die Einteilchen-Wellenfunktionen gemäß

$$\psi(\boldsymbol{x}) \longrightarrow \left(\hat{U}(\boldsymbol{a})\psi\right)(\boldsymbol{x}) = \psi(\boldsymbol{x} + \boldsymbol{a}) , \quad \boldsymbol{a} \in \Lambda , \tag{27.41}$$

und der effektive Einteilchen-Hamilton-Operator

$$\hat{H}(\hat{\boldsymbol{p}}, \hat{x}) = \frac{\hat{\boldsymbol{p}}^2}{2m} + V(\hat{x}) \tag{27.42}$$

ist für ein periodisches Gitterpotenzial invariant unter Gittertranslationen:

$$\hat{U}(\boldsymbol{a})\hat{H}\hat{U}^{-1}(\boldsymbol{a}) = \hat{H} , \quad \boldsymbol{a} \in \Lambda . \tag{27.43}$$

Achtung In diesem Abschnitt betrachten wir nur Verschiebungen $\boldsymbol{a}$, die das Kristallgitter in sich überführen. ◀

Frage 6

Machen Sie sich klar, dass die Abbildung $\boldsymbol{a} \mapsto \hat{U}(\boldsymbol{a})$ mit $\boldsymbol{a} \in \Lambda$ eine Darstellung der diskreten Gruppe der Gittertranslationen liefert.

Gittertranslationen

Die Menge der unitären Operatoren $\{\hat{U}(\boldsymbol{a})\}$ stellt die diskrete abelsche Gruppe der Gittertranslationen dar. Wegen (27.43) vertauschen sie nicht nur untereinander, sondern auch mit dem Einteilchen-Hamilton-Operator. Sie können also gleichzeitig mit $\hat{H}$ diagonalisiert werden.

Bloch-Funktionen

Wie sehen nun die gemeinsamen *Eigenfunktionen* der unitären Verschiebungsoperatoren

$$\hat{U}(\boldsymbol{a}) = \mathrm{e}^{\mathrm{i}\boldsymbol{a}\cdot\hat{\boldsymbol{p}}/\hbar} , \quad \boldsymbol{a} \in \Lambda \tag{27.44}$$

aus? Weil die Eigenfunktionen des Impulsoperators im Exponenten ebene Wellen sind, sind auch die Eigenfunktionen der Verschiebungsoperatoren ebene Wellen:

$$\hat{U}(\boldsymbol{a})\, \mathrm{e}^{\mathrm{i}\boldsymbol{k}\cdot\boldsymbol{x}} = \mathrm{e}^{\mathrm{i}\boldsymbol{k}\cdot(\boldsymbol{x}+\boldsymbol{a})} = \mathrm{e}^{\mathrm{i}\boldsymbol{k}\cdot\boldsymbol{a}} \cdot \mathrm{e}^{\mathrm{i}\boldsymbol{k}\cdot\boldsymbol{x}} . \tag{27.45}$$

Die Eigenwerte $\mathrm{e}^{\mathrm{i}\boldsymbol{k}\cdot\boldsymbol{a}}$ dieser unitären Operatoren sind unimodulare komplexe Zahlen. Sie ändern sich nicht, wenn man zu $\boldsymbol{k} \cdot \boldsymbol{a}$ ein Vielfaches von 2π addiert:

$$\boldsymbol{k} \longrightarrow \boldsymbol{k} + 2\pi \sum_{i=1}^{d} m_i \boldsymbol{a}_i^* \quad \text{mit} \quad m_i \in \mathbb{Z} , \quad \boldsymbol{a}_i^* \cdot \boldsymbol{a}_j = \delta_{ij} . \tag{27.46}$$

Die gesternten Vektoren bilden eine Basis des sogenannten *dualen Gitters*. Wir dürfen also annehmen, dass die Wellenzahlvektoren in der Elementarzelle des dualen Gitters, der sogenannten *ersten Brillouin-Zone*, liegen. Wegen

$$\hat{U}(\boldsymbol{a}) : \mathrm{e}^{\mathrm{i}\boldsymbol{k}\cdot\boldsymbol{x}}\phi(\boldsymbol{x}) \mapsto \mathrm{e}^{\mathrm{i}\boldsymbol{k}\cdot\boldsymbol{a}}\, \mathrm{e}^{\mathrm{i}\boldsymbol{k}\cdot\boldsymbol{x}}\phi(\boldsymbol{x} + \boldsymbol{a}) \tag{27.47}$$

ist offensichtlich $\mathrm{e}^{\mathrm{i}\boldsymbol{k}\cdot\boldsymbol{x}}\phi(\boldsymbol{x})$ eine Eigenfunktion zum Eigenwert $\mathrm{e}^{\mathrm{i}\boldsymbol{k}\cdot\boldsymbol{a}}$, falls ϕ eine periodische Gitterfunktion ist.

Bloch-Funktionen

Die gleichzeitigen Eigenfunktionen aller Verschiebungsoperatoren auf dem Gitter sind

$$\psi_{n,\boldsymbol{k}}(\boldsymbol{x}) = \mathrm{e}^{\mathrm{i}\boldsymbol{k}\cdot\boldsymbol{x}}\phi_{n,\boldsymbol{k}}(\boldsymbol{x}) \quad \text{mit}\ \phi_{n,\boldsymbol{k}}(\boldsymbol{x} + \boldsymbol{a}) = \phi_{n,\boldsymbol{k}}(\boldsymbol{x}) . \tag{27.48}$$

Diese Bloch-Funktionen erfüllen die Eigenwertgleichungen

$$\left(\hat{U}(\boldsymbol{a})\psi_{n,\boldsymbol{k}}\right)(\boldsymbol{x}) = \mathrm{e}^{\mathrm{i}\boldsymbol{k}\cdot\boldsymbol{a}}\, \psi_{n,\boldsymbol{k}}(\boldsymbol{x}) . \tag{27.49}$$

Teil III

Die Bloch-Funktionen werden durch den reduzierten Wellenzahlvektor $\boldsymbol{k}$ und den Bandindex n charakterisiert; die Bedeutung dieser Quantenzahlen wird im folgenden Beispiel erklärt.

Man kann also jede Eigenfunktion von $\hat{H}$ immer als ebene Welle $e^{i\boldsymbol{k}\cdot\boldsymbol{x}}$ mit $\boldsymbol{k}$ in der Elementarzelle des dualen Gitters ansetzen, die mit einer gitterperiodischen Funktion $\phi_{n,\boldsymbol{k}}$ moduliert ist. Die Eigenfunktionen (27.48) sind die nach dem schweizerisch-US-amerikanischen Physiker *Felix Bloch* (1905–1983, Nobelpreis für Physik 1952 für die Entwicklung von Methoden zur Messung magnetischer Kraftfelder in Atomkernen) benannten Funktionen. Zwei Bloch-Funktionen $\psi_{n,\boldsymbol{k}}$ und $\psi_{n',\boldsymbol{k}}$ zu demselben Wellenzahlvektor unterscheiden sich nur um eine periodische Funktion.

Frage 7

Warum genügt es, die Bedingung (27.49) für die Basisvektoren des Gitters $\boldsymbol{a}_1, \ldots, \boldsymbol{a}_d$ zu fordern?

Jeder Gittervektor ist eine ganzzahlige Linearkombination der Basisvektoren, $\boldsymbol{a} = n_1\boldsymbol{a}_1 + \cdots + n_d\boldsymbol{a}_d$. Wegen der Darstellungseigenschaft ist der zugehörige Verschiebungsoperator ein Produkt

$$\hat{U}(\boldsymbol{a}) = \hat{U}(\boldsymbol{a}_1)^{n_1} \ldots \hat{U}(\boldsymbol{a}_d)^{n_d} . \tag{27.50}$$

Erfüllen nun die Verschiebungsoperatoren $\hat{U}(\boldsymbol{a}_i)$ die Bedingung (27.49), dann erfüllt auch $\hat{U}(\boldsymbol{a})$ automatisch diese Bedingung.

Kronig-Penney-Modell und Energiebänder

Als lehrreiches und exakt lösbares Modell betrachten wir das *Kronig-Penney-Modell* auf einem unendlich ausgedehnten eindimensionalen Gitter mit Gitterkonstante a. In diesem einfachen Modell wird die Wechselwirkung mit den Gitteratomen durch extrem kurzreichweitige Deltadistributionen an den Positionen der Gitteratome modelliert:

$$V(x) = V_0 \sum_{n=-\infty}^{\infty} \delta(x - na) . \tag{27.51}$$

Wie in der heute auch noch gut lesbaren Orginalarbeit von Kronig und Penney (1931), soll V ein repulsives Potenzial beschreiben, d. h., es soll $V_0 > 0$ gelten. Gemäß der allgemeinen Theorie dürfen wir bei der Lösung der Schrödinger-Gleichung Bloch-Wellen ansetzen:

$$\psi_{n,k}(x) = e^{ikx}\phi_{n,k}(x) \tag{27.52}$$

mit gitterperiodischen Funktionen $\phi_{n,k}(x)$.

Die Elementarzelle oder erste Brillouin-Zone des dualen Gitters ist $[-\pi/a, \pi/a]$, und somit gilt

$$-\frac{\pi}{a} < k \leq \frac{\pi}{a} . \tag{27.53}$$

Im offenen Intervall $(0, a)$ zwischen den Atomen verschwindet das Potenzial, und die Bloch-Wellen sind ebene Wellen:

$$\psi_{n,k}(x) = A\, e^{iqx} + B\, e^{-iqx} \tag{27.54}$$

mit der bekannten Dispersionsrelation $\hbar q = \sqrt{2mE}$. Deshalb folgt aus einem Vergleich von (27.52) und (27.54)

$$\phi_{n,k}(x) = A\, e^{i(q-k)x} + B\, e^{-i(q+k)x} . \tag{27.55}$$

Die Parameter A, B, q sind bestimmt durch folgende Forderungen:

- Die Lösungen $\psi_{n,k}(x)$ sind stetig, da sonst an jeder Sprungstelle die zweite Ableitung proportional zur δ'-Distribution wäre. Deshalb ist auch $\phi_{n,k}$ stetig:

$$\phi_{n,k}(\varepsilon) = \phi_{n,k}(-\varepsilon) = \phi_{n,k}(a - \varepsilon) \quad \text{für } \varepsilon \to 0 , \tag{27.56}$$

wobei wir die Periodizität von $\phi_{n,k}$ benutzten, um wieder in das Intervall $[0, a]$ zu gelangen. Dies führt auf die erste Gleichung für die Parameter:

$$A + B = Ae^{i(q-k)a} + Be^{-i(q+k)a} . \tag{27.57}$$

- Die Bloch-Wellen $\psi_{n,k}$ sind Lösungen der Schrödinger-Gleichung:

$$\psi''_{n,k} = \frac{2mV_0}{\hbar^2} \sum_n \delta(x-na)\psi_{n,k} - \frac{2mE}{\hbar^2}\psi_{n,k} . \tag{27.58}$$

Wir erinnern uns daran, dass die Ableitung der Stufenfunktion $\theta(x)$ die Deltadistribution ergibt. Genauso wie bei der Lösung der Schrödinger-Gleichung für das Deltapotenzial in Abschn. 26.2 muss auch hier die Ableitung $\psi'_{n,k}$ an den Gitterpunkten springen, damit ψ''_{nk} proportional zur δ-Distribution ist und die δ-Distribution im Term $V\psi_{n,k}$ wegheben kann. Deshalb muss gelten:

$$\psi'(\varepsilon) - \psi'(-\varepsilon) = \frac{2mV_0}{\hbar^2}\psi(0) \quad \text{für } \varepsilon \to 0 . \tag{27.59}$$

Wegen der Periodizität von ϕ_k ist aber

$$e^{-ikx}\psi'(x) = e^{-ik(x+a)}\psi'(x + a) . \tag{27.60}$$

Setzen wir hier $x = -\varepsilon$ und führen den Grenzwert $\varepsilon \to 0$ aus, so impliziert (27.59) eine zweite Gleichung für die Parameter:

$$iq\left(A - B - Ae^{ia(q-k)} + Be^{-i(q+k)a}\right) = \frac{2mV_0}{\hbar^2}(A + B) . \tag{27.61}$$

Die Gleichungen (27.57) und (27.61) sind zwei homogene lineare Gleichungen für A und B. Daraus gewinnt man durch Elimination folgende Gleichung für den Koeffizienten A:

$$\left(\cos(ka) - \cos(qa) - \frac{mV_0}{q\hbar^2}\sin(qa)\right)A = 0\,. \quad (27.62)$$

Zeigen Sie die Gültigkeit dieser Beziehung.

Damit man eine nichttriviale Lösung erhält, muss der Ausdruck zwischen den Klammern verschwinden:

$$\cos(ka) = \cos(qa) + \frac{mV_0a}{\hbar^2}\frac{\sin(qa)}{qa}\,, \qquad |k| \le \frac{\pi}{a}\,. \quad (27.63)$$

Die qualitative Lösung dieser Gleichung diskutieren wir anhand der grafischen Darstellung ihrer beiden Seiten. Die rechte Seite ist eine gerade Funktion von qa. Es ist die Summe einer periodischen Funktion und einer gedämpften Schwingung, wie in Abb. 27.4 gezeigt. Für positive V_0 überschießt der Betrag der Funktion für gewisse Wertebereiche von qa den Wert 1.

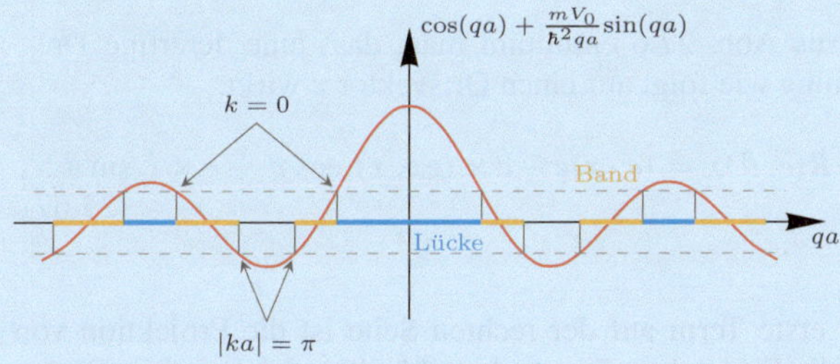

Abb. 27.4 Zur grafischen Lösung der transzendenten Gleichungen (27.63). Der Graph der Funktion auf der *rechten Seite* der Gleichung ist *rot* markiert

Da der Betrag der linken Seite ≤ 1 ist, sind nur solche Werte qa erlaubt, für die auch der Betrag der rechten Seite ≤ 1 ist. Andererseits gibt es für jedes k im Intervall $(-\pi/a, \pi/a]$ unendlich viele q und damit wegen $E = \hbar^2q^2/2m$ unendlich viele Energieeigenwerte. Als Funktionen von k sehen die Kurven $E(k)$ wie in Abb. 27.5 aus.

Wir haben angenommen, das δ-Potenzial sei abstoßend. Was passiert, wenn die Konstante V_0 negativ und das Potenzial anziehend ist?

Wir folgern: Die erlaubten Energien liegen in Energiebändern, und zwischen den Bändern sind Energielücken. Die Bandstruktur ist typisch für periodische Potenziale – auch in drei Dimensionen –, und sie zählt zu den zentralen Konzepten der Festkörperphysik. Für einen endlichen „Kristall" der Länge $L = Na$ gibt es nur eine endliche Anzahl von Zuständen in einem Band.

Mit periodischen Randbedingungen gilt $e^{ikL} = 1$, und deshalb nimmt k nur diskrete Werte an:

$$k \in \frac{\pi}{a}\left\{1, 1 - \frac{2}{N}, \ldots, \frac{2}{N} - 1\right\}. \quad (27.64)$$

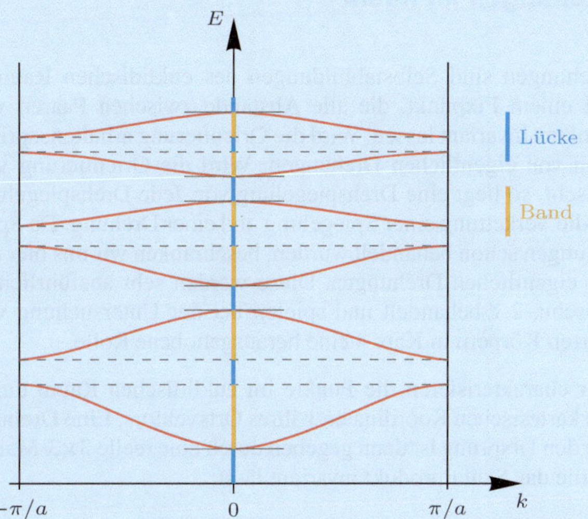

Abb. 27.5 Die Abhängigkeit der Energie von k in der ersten *Brillouin-Zone*. Das Energiespektrum hat Bänder und Lücken

Wir erwarten also für den eindimensionalen Kristall mit N Atomen N verschiedene Zustände in jedem Band. Berücksichtigen wir noch das Pauli-Prinzip, nach dem zwei identische Elektronen nicht denselben Zustand besetzen können, und dass jedes Elektron zwei Spinzustände hat, dann haben in jedem Band $2N$ Elektronen Platz. Im Grundzustand sind die tiefsten Zustände mit den N_e Elektronen besetzt. ◀

Eine vergleichbare Situation findet man auch in realistischen Metallen mit schwach gebundenen Valenzelektronen. In der dann gültigen effektiven Einteilchennäherung findet man Bänder und Lücken im Spektrum des effektiven Hamilton-Operators. Falls eine bestimmte Anzahl Bänder voll besetzt und die anderen unbesetzt sind, dann verhält sich der Festkörper wie ein *Isolator*. Ist ein Band nur teilweise gefüllt, dann ist der Festkörper ein elektrischer Leiter.

27.5 Drehungen und Drehimpuls

Nach den Spiegelungen und Translationen untersuchen wir eine dritte Klasse von Raumsymmetrien, nämlich die *Drehungen*. Im Gegensatz zu den Translationen vertauschen die zugehörigen Erzeugenden – dies sind die Komponenten des Drehimpulses – nicht mehr und können somit nicht gleichzeitig diagonalisiert werden.

Drehungen im Raum

Drehungen sind Selbstabbildungen des euklidischen Raumes mit einem Fixpunkt, die alle Abstände zwischen Paaren von Punkten invariant lassen. Wird die Orientierung erhalten, spricht man von eigentlichen Drehungen. Wird die Orientierung vertauscht, so liegt eine Drehspiegelung vor. Jede Drehspiegelung ist die Verkettung einer Spiegelung und einer Drehung. Da Spiegelungen schon behandelt wurden, beschränken wir uns hier auf die eigentlichen Drehungen. Diese werden sehr ausführlich in Abschn. 2.1 behandelt und spielen bei der Untersuchung von starren Körpern in Kap. 4 eine herausgehobene Rolle.

Wir charakterisieren die Punkte im euklidischen Raum durch die kartesischen Koordinaten $\boldsymbol{x}$ ihres Ortsvektors. Eine Drehung um den Ursprung ist dann gegeben durch eine reelle 3×3-Matrix $\boldsymbol{R}$, die das Skalarprodukt invariant lässt:

$$\boldsymbol{x} \longrightarrow \boldsymbol{x}' = \boldsymbol{R}\boldsymbol{x} \quad \text{mit} \quad \boldsymbol{x}' \cdot \boldsymbol{y}' = \boldsymbol{x} \cdot \boldsymbol{y} . \tag{27.65}$$

Die Drehmatrizen bilden die *orthogonale Gruppe*

$$\mathrm{O}(3) := \left\{ \boldsymbol{R} \in \mathrm{GL}(3, \mathbb{R}) \,|\, \boldsymbol{R}^\top = \boldsymbol{R}^{-1} \right\} . \tag{27.66}$$

Hierin steht $\mathrm{GL}(3, \mathbb{R})$ für die Gruppe der invertierbaren reellen 3×3-Matrizen (siehe den „Mathematischen Hintergrund“ 27.1). Dreht man nun um zwei verschiedene Achsen, dann kommt es auf die Reihenfolge der Drehungen an. Im Allgemeinen ist also $\boldsymbol{R}_1\boldsymbol{R}_2 \neq \boldsymbol{R}_2\boldsymbol{R}_1$, und somit ist die orthogonale Gruppe nichtabelsch.

Frage 8

Überlegen Sie sich, dass $\det \boldsymbol{R} = \pm 1$ ist und dass die Matrizen mit Determinante $+1$ die Untergruppe der eigentlichen Drehungen bilden. Diese heißt spezielle orthogonale Gruppe SO(3).

Nach einem Theorem von Euler (Abschn. 4.1) ist jede eigentliche Drehung eine Drehung um eine feste Achse. Man betrachte nun eine derartige Drehung um die Achse definiert durch den Einheitsvektor $\boldsymbol{e}$ und den Winkel ϑ.

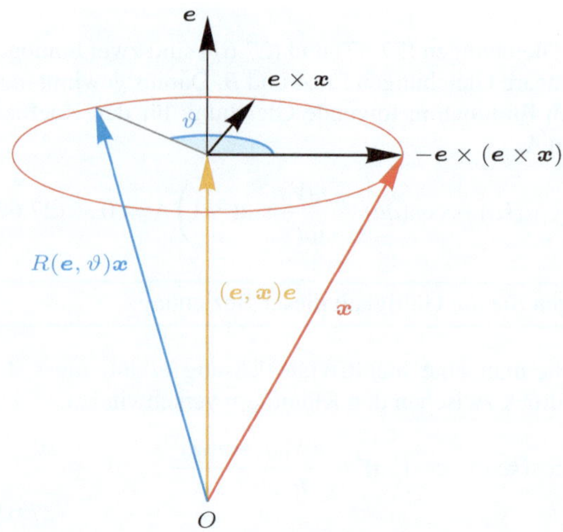

Abb. 27.6 Ein Ortsvektor $\boldsymbol{x}$ wird um die Achse in Richtung des Einheitsvektors $\boldsymbol{e}$ gedreht. Der Drehwinkel ist ϑ. Die Projektion von $\boldsymbol{x}$ auf $\boldsymbol{e}$ ändert sich bei der Drehung nicht. Die Projektion auf die Ebene senkrecht zu $\boldsymbol{e}$ dreht wie ein Vektor in zwei Dimensionen

Drehungen im Raum

Aus Abb. 27.6 entnimmt man, dass eine derartige Drehung wie folgt auf einen Ortsvektor $\boldsymbol{x}$ wirkt:

$$\boldsymbol{R}(\boldsymbol{e}, \vartheta)\boldsymbol{x} = (\boldsymbol{e} \cdot \boldsymbol{x})\boldsymbol{e} - \boldsymbol{e} \times (\boldsymbol{e} \times \boldsymbol{x}) \cos\vartheta + \boldsymbol{e} \times \boldsymbol{x} \sin\vartheta . \tag{27.67}$$

Der erste Term auf der rechten Seite ist die Projektion von $\boldsymbol{x}$ auf die Drehachse. Dieser Anteil ändert sich bei einer Drehung um $\boldsymbol{e}$ nicht. Die verbleibenden beiden Terme beschreiben die Drehung der Komponente von $\boldsymbol{x}$ in der Ebene senkrecht zur Drehachse. Die Vektoren $-\boldsymbol{e} \times (\boldsymbol{e} \times \boldsymbol{x})$ und $\boldsymbol{e} \times \boldsymbol{x}$ bilden eine kartesische Basis in dieser Ebene.

Offensichtlich ist $\boldsymbol{R}(\boldsymbol{e}, 0)\boldsymbol{x} = \boldsymbol{x}$, und mit zunehmendem Winkel ϑ rotiert $\boldsymbol{x}$ um die Drehachse. Der „Geschwindigkeitsvektor“ der Drehung zur „Zeit $\vartheta = 0$“ ist dann

$$\frac{\mathrm{d}}{\mathrm{d}\vartheta}\boldsymbol{R}(\boldsymbol{e}, \vartheta)\boldsymbol{x}\,|_{\vartheta=0} = \boldsymbol{e} \times \boldsymbol{x} \equiv \boldsymbol{\Omega}_e\boldsymbol{x} , \tag{27.68}$$

wobei die reelle und schiefsymmetrische Matrix

$$\boldsymbol{\Omega}_e = \begin{pmatrix} 0 & -e_3 & e_2 \\ e_3 & 0 & -e_1 \\ -e_2 & e_1 & 0 \end{pmatrix} \tag{27.69}$$

auftritt. Sie dreht Vektoren infinitesimal um die Drehachse.

Frage 9

Überzeugen Sie sich davon, dass in Indexschreibweise $(\Omega_e)_{ij} = \varepsilon_{ikj} e_k$ gilt.

Da $\boldsymbol{e}$ ein Einheitsvektor ist, gelten die Identitäten

$$\begin{aligned} \boldsymbol{\Omega}_e^2 \boldsymbol{x} &= \boldsymbol{e} \times (\boldsymbol{e} \times \boldsymbol{x}) = (\boldsymbol{e} \cdot \boldsymbol{x})\,\boldsymbol{e} - \boldsymbol{x}\,, \\ \boldsymbol{\Omega}_e^3 \boldsymbol{x} &= -\boldsymbol{e} \times \boldsymbol{x} = -\boldsymbol{\Omega}_e \boldsymbol{x}\,, \end{aligned} \tag{27.70}$$

und deshalb sind alle geraden Potenzen von $\boldsymbol{\Omega}_e$ proportional zu $\boldsymbol{\Omega}_e^2$ und alle ungeraden Potenzen proportional zu $\boldsymbol{\Omega}_e$:

$$\boldsymbol{\Omega}_e^{2n} = (-1)^{n+1} \boldsymbol{\Omega}_e^2, \quad \boldsymbol{\Omega}_e^{2n+1} = (-1)^n \boldsymbol{\Omega}_e, \quad n \in \mathbb{N}\,. \tag{27.71}$$

Damit können wir $\vartheta\, \boldsymbol{\Omega}_e$ leicht exponentieren:

$$\begin{aligned} \mathrm{e}^{\vartheta \boldsymbol{\Omega}_e} &= 1 + \boldsymbol{\Omega}_e \left(\vartheta - \frac{\vartheta^3}{3!} + \ldots \right) + \boldsymbol{\Omega}_e^2 \left(\frac{\vartheta^2}{2!} - \frac{\vartheta^4}{4!} + \ldots \right) \\ &= (1 + \boldsymbol{\Omega}_e^2) - \boldsymbol{\Omega}_e^2 \cos\vartheta + \boldsymbol{\Omega}_e \sin\vartheta\,. \end{aligned} \tag{27.72}$$

Wegen (27.70) ist dann für jeden Vektor $\boldsymbol{x}$ der transformierte Vektor $\mathrm{e}^{\vartheta \boldsymbol{\Omega}_e} \boldsymbol{x}$ gleich $\boldsymbol{R}(\boldsymbol{e}, \vartheta)\boldsymbol{x}$ in (27.67).

Erzeugende der Drehungen im Raum

Die schiefsymmetrische Matrix $\boldsymbol{\Omega}_e$ in (27.69) erzeugt die Drehungen um die Achse $\boldsymbol{e}$:

$$\boldsymbol{R}(\boldsymbol{e}, \vartheta) = \mathrm{e}^{\vartheta \boldsymbol{\Omega}_e}\,. \tag{27.73}$$

Die erzeugenden Matrizen sind reelle und schiefsymmetrische Matrizen. Sie bilden die Lie-Algebra so(3) der Lie-Gruppe SO(3). Mehr zu Lie-Gruppen und Lie-Algebren findet man im „Mathematischen Hintergrund" 27.1.

Unitäre Darstellung der Drehungen

Drehen wir das Bezugssystem, so müssen wir in der Ortsdarstellung die Argumente der Wellenfunktionen entsprechend transformieren. Eine Wellenfunktion für N Teilchen transformiert bei einer Drehung also gemäß

$$\begin{aligned} \psi(\boldsymbol{x}_1, \ldots, \boldsymbol{x}_N) &\longrightarrow \psi\left(\boldsymbol{R}^{-1}\boldsymbol{x}_1, \ldots, \boldsymbol{R}^{-1}\boldsymbol{x}_N\right) \\ &= \left(\hat{U}(\boldsymbol{R})\psi\right)(\boldsymbol{x}_1, \ldots, \boldsymbol{x}_N)\,. \end{aligned} \tag{27.74}$$

Für jedes $\boldsymbol{R}$ ist der zugeordnete lineare Operator $\hat{U}(\boldsymbol{R})$ auf dem Hilbert-Raum $L_2(\mathbb{R}^{3N})$ unitär. Die Änderung einer Wellenfunktion in $L_2(\mathbb{R}^3)$ ist in Abb. 27.7 illustriert.

Frage 10

Überzeugen Sie sich selbst davon, dass die $\hat{U}(\boldsymbol{R})$ unitäre Operatoren sind. Dabei sollten Sie beachten, dass die Jacobi-Determinante von $\boldsymbol{x} \mapsto \boldsymbol{R}^{-1}\boldsymbol{x}$ gleich eins ist.

Die Abbildung $\hat{U} : \boldsymbol{R} \to \hat{U}(\boldsymbol{R})$ definiert einen Gruppenhomomorphismus von der Gruppe der eigentlichen Drehungen in die Gruppe der unitären Operatoren auf dem Hilbert-Raum für N spinlose Teilchen:

$$\begin{aligned} \hat{U}(\boldsymbol{R}_2\boldsymbol{R}_1) &= \hat{U}(\boldsymbol{R}_2)\hat{U}(\boldsymbol{R}_1)\,, \\ \hat{U}(\boldsymbol{I}_3) &= \hat{I}_{\mathcal{H}}\,. \end{aligned} \tag{27.75}$$

Es ist eine unitäre Darstellung der Drehgruppe SO(3) auf dem Hilbert-Raum. Darstellungen von Lie-Gruppen werden im „Mathematischen Hintergrund" 27.2 besprochen.

Die zweite Eigenschaft in (27.75) ist evident. Die erste Eigenschaft beweist man für ein Teilchen wie folgt:

$$\begin{aligned} \left(\hat{U}(\boldsymbol{R}_2\boldsymbol{R}_1)\psi\right)(\boldsymbol{x}) &= \psi\left((\boldsymbol{R}_2\boldsymbol{R}_1)^{-1}\boldsymbol{x}\right) = \psi\left(\boldsymbol{R}_1^{-1}\boldsymbol{R}_2^{-1}\boldsymbol{x}\right) \\ &= \left(\hat{U}(\boldsymbol{R}_2)\,\hat{U}(\boldsymbol{R}_1)\,\psi\right)(\boldsymbol{x})\,. \end{aligned} \tag{27.76}$$

Achtung Im letzten Schritt wurde berücksichtigt, dass der Operator $\hat{U}(\boldsymbol{R})$ das Tupel $\boldsymbol{x}$ dreht, was nicht notwendigerweise das direkte Argument der Wellenfunktion ist. ◀

Wir wollen nun untersuchen, wann der Mehrteilchen-Hamilton-Operator (27.20) drehinvariant ist. In Aufgabe 27.3 wird gezeigt, dass bei einer Drehung die Orts- und Impulsoperatoren wie erwartet transformieren:

$$\hat{U}(\boldsymbol{R})\hat{\boldsymbol{x}}\hat{U}^{-1}(\boldsymbol{R}) = \boldsymbol{R}^{-1}\hat{\boldsymbol{x}}\,, \quad \hat{U}(\boldsymbol{R})\hat{\boldsymbol{p}}\hat{U}^{-1}(\boldsymbol{R}) = \boldsymbol{R}^{-1}\hat{\boldsymbol{p}}\,. \tag{27.77}$$

Der Operator der kinetischen Energie enthält nur die Quadrate der Impulsoperatoren und ist drehinvariant. Deshalb ist der Operator (27.20) genau dann drehinvariant, wenn das Potenzial invariant ist:

$$V(\boldsymbol{x}_1, \ldots, \boldsymbol{x}_N) = V\left(\boldsymbol{R}^{-1}\boldsymbol{x}_1, \ldots, \boldsymbol{R}^{-1}\boldsymbol{x}_N\right)\,. \tag{27.78}$$

Zum Beispiel sind Potenziale, deren Paarwechselwirkungen nur von den Abständen zweier Teilchen abhängen,

$$V = \sum_{i<j} V_{ij}\left(|\boldsymbol{x}_i - \boldsymbol{x}_j|\right)\,, \tag{27.79}$$

drehinvariant. Insbesondere ist das Coulomb-Potenzial drehinvariant.

Drehimpulsoperatoren

Für jedes $\boldsymbol{R}$ schreiben wir das unitäre $\hat{U}(\boldsymbol{R})$ als $\exp(-\mathrm{i}\hat{L}/\hbar)$ mit einem erzeugenden Operator $\hat{L} = \hat{L}^\dagger$. Der Faktor $1/\hbar$ ist reine Konvention, deren Sinn weiter unten sichtbar wird. Nach

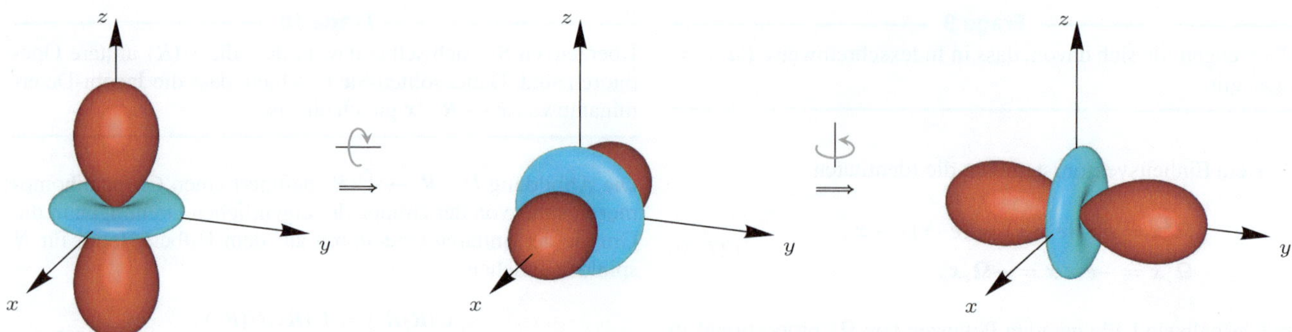

Abb. 27.7 Zur Darstellung von Drehungen im Hilbert-Raum $L_2(\mathbb{R}^3)$ eines Teilchens. Dargestellt sind eine Niveaufläche des Betrags einer Wellenfunktion ψ und der zuerst um die y-Achse und danach um die z-Achse gedrehten Wellenfunktion. Die Abbildung zeigt aktiv interpretierte Drehungen. Im Text werden die Drehungen dagegen passiv interpretiert

dem Noether'schen Theorem der Quantenmechanik kommutiert die Erzeugende $\hat{L}$ mit einem drehinvarianten Hamilton-Operator und ist somit eine Erhaltungsgröße. Da die Elemente der Drehgruppe von drei reellen Parametern abhängen, existieren drei Erhaltungsgrößen. Wir werden sehen, dass dies die Komponenten des Drehimpulsoperators sind. Da zwei Drehungen um verschiedene Achsen nicht kommutieren (siehe Abb. 2.2) werden die zugehörigen Erzeugenden, d. h. die Komponenten des Drehimpulses, ebenfalls nicht vertauschen.

Zunächst bestimmen wir den hermiteschen Operator $\hat{L}_e$, der die Drehungen um $\boldsymbol{e}$ im Hilbert-Raum erzeugt:

$$\hat{U}\left(\mathrm{e}^{\vartheta\,\boldsymbol{\Omega}_e}\right) = \mathrm{e}^{-\mathrm{i}\vartheta \hat{L}_e/\hbar} \,. \tag{27.80}$$

Wir beschränken uns hier wieder auf Einteilchensysteme mit Hilbert-Raum $L_2(\mathbb{R}^3)$. Die Verallgemeinerung auf Systeme mit mehreren Teilchen ist dann evident.

Ausgewertet auf Wellenfunktionen im Ortsraum bedeutet die Eigenschaft (27.80)

$$\psi\left(\mathrm{e}^{-\vartheta\,\boldsymbol{\Omega}_e}\boldsymbol{x}\right) = \left(\mathrm{e}^{-\mathrm{i}\vartheta \hat{L}_e/\hbar}\,\psi\right)(\boldsymbol{x}) \,. \tag{27.81}$$

Wir berechnen nun die Entwicklung der linken Seite in Potenzen von ϑ:

$$\begin{aligned}\psi\left(\mathrm{e}^{-\vartheta\,\boldsymbol{\Omega}_e}\boldsymbol{x}\right) &= \left(\hat{I} - \vartheta\,\boldsymbol{\Omega}_e\boldsymbol{x}\cdot\nabla + \frac{\vartheta^2}{2!}\left(\boldsymbol{\Omega}_e\boldsymbol{x}\cdot\nabla\right)^2\right)\psi(\boldsymbol{x}) + \ldots \\ &= \left(\mathrm{e}^{-\vartheta\,(\boldsymbol{\Omega}_e\boldsymbol{x})\cdot\nabla}\,\psi\right)(\boldsymbol{x}) \,. \end{aligned} \tag{27.82}$$

Frage 11

Überprüfen Sie dieses Ergebniss über die quadratische Ordnung hinaus und ohne die Taylor-Entwicklung zu bemühen. *Hinweis*: Für $\vartheta = 0$ sind die beiden Seiten gleich. Es genügt also zu zeigen, dass die Ableitungen der beiden Seiten nach ϑ gleich sind. Dabei muss man die Kettenregel sehr sorgfältig anwenden.

Der Vergleich mit (27.81) und (27.82) führt nun auf die explizite Form des erzeugenden Operators:

$$\hat{L}_e = \frac{\hbar}{\mathrm{i}}\left(\boldsymbol{\Omega}_e\boldsymbol{x}\right)\cdot\nabla = \left(\boldsymbol{e}\times\hat{\boldsymbol{x}}\right)\cdot\hat{\boldsymbol{p}} = \boldsymbol{e}\cdot\left(\hat{\boldsymbol{x}}\times\hat{\boldsymbol{p}}\right) . \tag{27.83}$$

Im letzten Ausdruck erkennt man die Projektion des Drehimpulsoperators auf den Richtungsvektor $\boldsymbol{e}$:

$$\hat{L}_e = \boldsymbol{e}\cdot\hat{\boldsymbol{L}} \,, \quad \text{mit} \quad \hat{\boldsymbol{L}} = \hat{\boldsymbol{x}}\times\hat{\boldsymbol{p}} \,. \tag{27.84}$$

Drehungen und Drehimpulsoperatoren

Die Drehungen um die Koordinatenachsen werden durch die Drehimpulsoperatoren

$$\hat{L}_i = \varepsilon_{ijk}\hat{x}_j\hat{p}_k \quad \text{bzw.} \quad \hat{\boldsymbol{L}} = \hat{\boldsymbol{x}}\times\hat{\boldsymbol{p}} \tag{27.85}$$

erzeugt: Ist $\mathrm{e}^{\vartheta\,\boldsymbol{\Omega}_e}$ die Drehung um $\boldsymbol{e}$ mit dem Winkel ϑ, dann ist die entsprechende Drehung der Wellenfunktion:

$$\psi\left(\mathrm{e}^{-\vartheta\,\boldsymbol{\Omega}_e}\boldsymbol{x}\right) = \left(\mathrm{e}^{-\mathrm{i}\vartheta\,\boldsymbol{e}\cdot\hat{\boldsymbol{L}}/\hbar}\,\psi\right)(\boldsymbol{x}) \,. \tag{27.86}$$

Der hermitesche Operator $\boldsymbol{e}\cdot\hat{\boldsymbol{L}}$ erzeugt also die infinitesimalen Drehungen um $\boldsymbol{e}$ in folgendem Sinne:

$$\frac{\mathrm{d}}{\mathrm{d}\vartheta}\psi\left(\mathrm{e}^{-\vartheta\,\boldsymbol{\Omega}_e}\boldsymbol{x}\right)\big|_{\vartheta=0} = -\frac{\mathrm{i}}{\hbar}\left(\boldsymbol{e}\cdot\hat{\boldsymbol{L}}\right)\psi(\boldsymbol{x}) \,. \tag{27.87}$$

Als Nächstes benötigt man die Kommutatoren der Drehimpulskomponenten mit den Orts- und Impulsoperatoren. Diese werden in Aufgabe 27.4 berechnet. Man findet:

$$[\hat{L}_i, \hat{x}_j] = \mathrm{i}\hbar\varepsilon_{ijk}\hat{x}_k, \quad [\hat{L}_i, \hat{p}_j] = \mathrm{i}\hbar\varepsilon_{ijk}\hat{p}_k \,. \tag{27.88}$$

Daraus ergeben sich nun die Kommutatoren der Komponenten von $\hat{\boldsymbol{L}}$, die ebenfalls in Aufgabe 27.4 bestimmt werden.

Vertauschungsregeln für die Drehimpulse

Die Komponenten $\hat{L}_1, \hat{L}_2$ und $\hat{L}_3$ des Drehimpulses erfüllen die Vertauschungsregeln

$$[\hat{L}_i, \hat{L}_j] = \mathrm{i}\hbar\varepsilon_{ijk}\hat{L}_k\,. \tag{27.89}$$

Für ein radialsymmetrisches Potenzial vertauschen $\hat{L}_1, \hat{L}_2$ und $\hat{L}_3$ mit dem Hamilton-Operator. Da sie aber nicht miteinander vertauschen, können sie nicht gleichzeitig diagonalisiert werden. Nur *eine* der drei Komponenten kann gleichzeitig mit $\hat{H}$ diagonalisiert werden.

Die Verallgemeinerung auf N spinlose Teilchen ist nicht schwierig. Anstelle von (27.86) tritt

$$\psi\left(\mathrm{e}^{-\vartheta\boldsymbol{\Omega}_e}\boldsymbol{x}_1,\ldots,\mathrm{e}^{-\vartheta\boldsymbol{\Omega}_e}\boldsymbol{x}_N\right) = \left(\mathrm{e}^{-\mathrm{i}\vartheta\boldsymbol{e}\cdot\hat{\boldsymbol{L}}/\hbar}\psi\right)(\boldsymbol{x}_1,\ldots,\boldsymbol{x}_N)\,. \tag{27.90}$$

Frage 12

Überlegen Sie sich, indem sie beide Seiten nach ϑ ableiten und danach $\vartheta = 0$ setzen, dass die Erzeugende $\boldsymbol{e}\cdot\hat{\boldsymbol{L}}$ die Projektion des gesamten Bahndrehimpulses auf die Drehachse ist.

Die Komponenten des gesamten Bahndrehimpulses

$$\hat{\boldsymbol{L}} = \sum_{i=1}^{N}\hat{\boldsymbol{L}}_i\,,\quad \hat{\boldsymbol{L}}_i = \hat{\boldsymbol{x}}_i\times\hat{\boldsymbol{p}}_i \tag{27.91}$$

erfüllen die Vertauschungsregeln (27.89), da die Drehimpulse von verschiedenen Teilchen vertauschen.

Achtung Wie in Abschn. 23.2 erklärt wurde, meinen wir z. B. mit $\hat{\boldsymbol{L}}_1 + \hat{\boldsymbol{L}}_2$ den Operator

$$\hat{\boldsymbol{L}}_1\otimes\hat{I} + \hat{I}\otimes\hat{\boldsymbol{L}}_2 \tag{27.92}$$

auf dem Produktraum $L_2(\mathbb{R}^3)\otimes L_2(\mathbb{R}^3)$ für zwei Teilchen. ◂

Skalare Operatoren und Vektoroperatoren

Die Operatoren $\hat{\boldsymbol{x}}, \hat{\boldsymbol{p}}$ und $\hat{\boldsymbol{L}}$ sind *Vektoroperatoren*. Dies bedeutet, dass sie unter Drehungen wie folgt transformieren:

$$\hat{U}(\boldsymbol{R})\hat{\boldsymbol{V}}\,\hat{U}(\boldsymbol{R}^{-1}) = \boldsymbol{R}^{-1}\hat{\boldsymbol{V}}\,. \tag{27.93}$$

Dies wird in Aufgabe 27.3 gezeigt. Setzt man hier die obige Parametrisierung der Drehungen ein,

$$\mathrm{e}^{-\mathrm{i}\vartheta\boldsymbol{e}\cdot\hat{\boldsymbol{L}}/\hbar}\hat{\boldsymbol{V}}\mathrm{e}^{\mathrm{i}\vartheta\boldsymbol{e}\cdot\hat{\boldsymbol{L}}/\hbar} = \mathrm{e}^{-\vartheta\boldsymbol{\Omega}_e}\hat{\boldsymbol{V}}\,, \tag{27.94}$$

und leitet nach ϑ an der Stelle $\vartheta = 0$ ab, ergibt sich

$$[\boldsymbol{e}\cdot\hat{\boldsymbol{L}}, \hat{\boldsymbol{V}}] = -\mathrm{i}\hbar\,\boldsymbol{e}\times\hat{\boldsymbol{V}} \quad\text{bzw.}\quad [\hat{L}_i, \hat{V}_j] = \mathrm{i}\hbar\varepsilon_{ijk}\hat{V}_k\,. \tag{27.95}$$

Vergleicht man auf beiden Seiten die Koeffizienten von $\boldsymbol{e}$, erhält man wieder die bekannten Vertauschungsrelationen für die Komponenten des Drehimpulsoperators mit denjenigen von Orts-, Impuls- und Drehimpulsoperator in (27.88) und (27.89).

Ein *skalarer Operator* $\hat{S}$ ist dagegen drehinvariant:

$$\hat{U}(\boldsymbol{R})\hat{S}\hat{U}^{-1}(\boldsymbol{R}) = \hat{S}\,. \tag{27.96}$$

Diese Operatoren kommutieren mit dem Drehimpuls:

$$[\hat{L}_i, \hat{S}] = 0\,. \tag{27.97}$$

Ein drehinvarianter Hamilton-Operator ist ein skalarer Operator.

Frage 13

Überzeugen Sie sich davon, dass $\hat{\boldsymbol{p}}\cdot\hat{\boldsymbol{p}}$, $\hat{\boldsymbol{x}}\cdot\hat{\boldsymbol{p}}$ und $\hat{\boldsymbol{x}}\cdot\hat{\boldsymbol{x}}$ skalare Operatoren sind.

Für ein Mehrteilchensystem sind z. B. auch $\hat{\boldsymbol{x}}_i\cdot\hat{\boldsymbol{x}}_j$ skalare Operatoren, genauso wie Hamilton-Operatoren mit drehinvarianten Potenzialen.

27.6 Eigenvektoren und Eigenwerte des Drehimpulses

Neben dem Bahndrehimpuls $\hat{\boldsymbol{L}}$ gibt es weitere Drehimpulse, z. B. den in Abschn. 29.3 diskutierten Teilchenspin oder den Gesamtdrehimpuls eines zusammengesetzten Systems. Wir bezeichnen einen allgemeinen Drehimpuls mit $\hat{\boldsymbol{J}}$. Allen Drehimpulsen gemeinsam sind die Vertauschungsrelationen (27.89) und die Hermitizität:

$$[\hat{J}_i, \hat{J}_j] = \mathrm{i}\hbar\varepsilon_{ijk}\hat{J}_k \quad\text{und}\quad \hat{J}_i^\dagger = \hat{J}_i\,. \tag{27.98}$$

Algebraische Ermittelung des Spektrums der Drehimpulsoperatoren

Wir werden nun alle Eigenvektoren und Eigenwerte der $\hat{J}_i$ konstruieren, wobei wir nur diese Eigenschaften benutzen. Deshalb gelten die folgenden Resultate für alle Drehimpulse gleichermaßen.

Wir diagonalisieren zunächst die Drehimpulskomponente $\hat{J}_3$. Man könnte auch eine andere Kompomente diagonalisieren, aber üblicherweise wählt man $\hat{J}_3$. Danach werden die mit $\hat{J}_3$ unverträglichen Komponenten $\hat{J}_1$ und $\hat{J}_2$ notwendigerweise nichtdiagonal sein. Bei unserer Analyse werden die nichthermiteschen *Leiteroperatoren* bzw. Auf- und Absteigeoperatoren

$$\hat{J}_\pm = \hat{J}_1 \pm \mathrm{i}\hat{J}_2 \quad \text{mit} \quad \hat{J}_-^\dagger = \hat{J}_+ \tag{27.99}$$

eine wichtige Rolle spielen. Die Leiteroperatoren und $\hat{J}_3$ erfüllen die folgenden Vertauschungsrelationen:

$$\begin{aligned}[\hat{J}_3, \hat{J}_\pm] &= [\hat{J}_3, \hat{J}_1] \pm \mathrm{i}[\hat{J}_3, \hat{J}_2] = \mathrm{i}\hbar\hat{J}_2 \pm \hbar\hat{J}_1 = \pm\hbar\hat{J}_\pm\,,\\ [\hat{J}_+, \hat{J}_-] &= \mathrm{i}[\hat{J}_2, \hat{J}_1] - \mathrm{i}[\hat{J}_1, \hat{J}_2] = 2\hbar\hat{J}_3\,.\end{aligned} \tag{27.100}$$

Diese Relationen werden wir oft brauchen, und wir wollen sie hervorheben.

Vertauschungsrelationen für Leiteroperatoren

Die Operatoren $\{\hat{J}_3, \hat{J}_\pm\}$ erfüllen die Vertauschungsregeln

$$[\hat{J}_3, \hat{J}_\pm] = \pm\hbar\hat{J}_\pm\,, \quad [\hat{J}_+, \hat{J}_-] = 2\hbar\hat{J}_3\,. \tag{27.101}$$

Zuerst bemerken wir, dass $\hat{\boldsymbol{J}}^2 = \hat{\boldsymbol{J}} \cdot \hat{\boldsymbol{J}}$ ein skalarer Operator ist und deshalb mit dem Drehimpuls vertauscht:

$$[\hat{\boldsymbol{J}}^2, \hat{\boldsymbol{J}}] = 0\,. \tag{27.102}$$

Somit kann man die hermiteschen Operatoren $\hat{\boldsymbol{J}}^2$ und $\hat{J}_3$ gleichzeitig diagonalisieren.

Frage 14

Überzeugen Sie sich mithilfe der Vertauschungsregeln (27.98) von der Gültigkeit von (27.102).

Das Quadrat jedes hermiteschen Operators ist bekanntlich nichtnegativ. Deshalb ist auch $\hat{\boldsymbol{J}}^2$ als Summe von nichtnegativen Operatoren nichtnegativ. Seine Eigenwerte können also gemäß $\hbar^2 j(j+1)$ mit $j \geq 0$ parametrisiert werden. Warum wir diese Parametrisierung wählen, wird durch die nachfolgende Rechnung klar werden. Da ein Drehimpuls die Dimension einer Wirkung hat, ist j eine dimensionslose Quantenzahl. Sie heißt *Drehimpulsquantenzahl*.

Die Eigenwerte von $\hat{J}_3$ seien $\hbar j_3$ mit der sogenannten *magnetischen Quantenzahl* j_3. Diese dimensionslose Quantenzahl – sie wird oft auch mit m bezeichnet – gibt Auskunft über die Energie von Elektronen und Atomen im äußeren Magnetfeld, wie in Abschn. 29.3 erklärt wird. Die gemeinsamen Eigenvektoren von $\hat{\boldsymbol{J}}^2$ und $\hat{J}_3$ bezeichnet man mit $|jj_3\rangle$.

Eigenfunktionen des Drehimpulses

Die normierten Eigenfunktionen der verträglichen Observablen $\hat{\boldsymbol{J}}^2$ und $\hat{J}_3$ erfüllen

$$\begin{aligned}\hat{\boldsymbol{J}}^2\,|jj_3\rangle &= \hbar^2 j(j+1)\,|jj_3\rangle\,,\\ \hat{J}_3\,|jj_3\rangle &= \hbar j_3\,|jj_3\rangle\,.\end{aligned} \tag{27.103}$$

Um die Wertebereiche für j_3 und j zu finden, drücken wir das Produkt $\hat{J}_\pm\hat{J}_\mp$ der Leiteroperatoren durch die diagonalen Operatoren aus:

$$\hat{J}_\pm\hat{J}_\mp = \hat{J}_1^2 + \hat{J}_2^2 \mp \mathrm{i}(\hat{J}_1\hat{J}_2 - \hat{J}_2\hat{J}_1) = \hat{\boldsymbol{J}}^2 - \hat{J}_3^2 \pm \hbar\hat{J}_3\,. \tag{27.104}$$

Wegen $\hat{J}_-^\dagger = \hat{J}_+$ gilt zudem

$$\langle jj_3|\,\hat{J}_\pm\hat{J}_\mp\,|jj_3\rangle = \langle \hat{J}_\mp jj_3, \hat{J}_\mp jj_3\rangle \geq 0\,, \tag{27.105}$$

worin wir die linke Seite mithilfe von (27.104) leicht ausrechnen können:

$$\langle jj_3|\,\hat{J}_\mp\hat{J}_\pm\,|jj_3\rangle = \hbar^2 c_\pm^2(j, j_3)\,\langle jj_3|jj_3\rangle\,. \tag{27.106}$$

Die hier auftretende Proportionalitätskonstante

$$c_\pm^2(j, j_3) = j(j+1) - j_3(j_3 \pm 1) \tag{27.107}$$

darf offensichtlich nicht negativ werden, sodass

$$j(j+1) \geq j_3(j_3 \pm 1) \tag{27.108}$$

gelten muss. Diese beiden Ungleichungen implizieren

$$-j \leq j_3 \leq j\,. \tag{27.109}$$

Der Betrag der magnetischen Quantenzahl ist also durch die Drehimpulsquantenzahl beschränkt.

Frage 15

Überzeugen Sie sich selbst davon, dass (27.108) diesen Wertebereich für j_3 erzwingt.

Um die Wertebereiche für j_3 und j zu finden, bemüht man ähnliche Argumente wie bei der Bestimmung der Eigenvektoren und Eigenwerte des harmonischen Oszillators mithilfe von Auf- und Absteigeoperator. Wegen (27.101) gilt

$$\hat{J}_3\hat{J}_\pm\,|jj_3\rangle = \hat{J}_\pm(\hat{J}_3 \pm \hbar)\,|jj_3\rangle = \hbar(j_3 \pm 1)\hat{J}_\pm\,|jj_3\rangle\,. \tag{27.110}$$

Damit sind auch $\hat{J}_\pm\,|jj_3\rangle$ Eigenvektoren von $\hat{J}_3$ mit den Eigenwerten $\hbar(j_3 \pm 1)$. Ist nun $|jj_3\rangle$ auf eins normiert, dann haben sie wegen (27.106) die Norm

$$\langle jj_3|\,\hat{J}_\mp\hat{J}_\pm\,|jj_3\rangle = \hbar^2 c_\pm^2(j, j_3)\,\langle jj_3|jj_3\rangle\,. \tag{27.111}$$

Wirkung der Leiteroperatoren

Ist $|jj_3\rangle$ ein normierter Eigenvektor von $\hat{\boldsymbol{J}}^2$ und $\hat{J}_3$, dann sind es auch $|j, j_3 \pm 1\rangle$ in

$$\hat{J}_\pm |jj_3\rangle = \hbar c_\pm(j, j_3)\, |j, j_3 \pm 1\rangle \tag{27.112}$$

mit den Normierungskonstanten

$$c_\pm(j, j_3) = \sqrt{j(j+1) - j_3(j_3 \pm 1)}\,. \tag{27.113}$$

Der Operator $\hat{J}_+$ erhöht die magnetische Quantenzahl j_3 um eins und $\hat{J}_-$ erniedrigt sie um eins.

Man kann nun $\hat{J}_+$ mehrfach auf einen Eigenvektor $|jj_3\rangle$ anwenden. Dabei erhöht sich die magnetische Quantenzahl jeweils um eins. Mit j_3 tritt also auch $j_3 + 1$ als Eigenwert von $\hat{J}_3$ auf, es sei denn, $c_+(j, j_3)$ in (27.112) verschwindet, in welchem Fall $|jj_3\rangle$ auf den Nullvektor abgebildet wird. Wegen der zweiten Ungleichung in (27.109) muss es offensichtlich eine magnetische Quantenzahl $j_3 \leq j$ geben mit

$$c_+(j, j_3) = 0 \Longleftrightarrow j_3 = \pm\left(j + \frac{1}{2}\right) - \frac{1}{2}\,. \tag{27.114}$$

Von den beiden Lösungen dieser quadratischen Relation ist nur diejenige mit $j_3 = j$ im erlaubten Wertebereich für j_3. Am anderen Ende des Spektrums sollte für ein $j_3 \geq -j$ gelten:

$$c_-(j, j_3) = 0 \Longleftrightarrow j_3 = \pm\left(j + \frac{1}{2}\right) + \frac{1}{2}\,, \tag{27.115}$$

damit die magnetische Quantenzahl nicht kleiner als $-j$ wird. Die Lösung im erlaubten Wertebereich ist $j_3 = -j$.

Damit beide Ungleichungen in (27.109) erfüllt sind, müssen j und $-j$ als magnetische Quantenzahlen auftreten. Da aber die Differenz zweier magnetischer Quantenzahlen ganzzahlig sein muss, ist $j - (-j) = 2j$ eine natürliche Zahl.

Wertebereich der Quantenzahlen

Die Quantenzahlen j und j_3 nehmen folgende Werte an:

$$2j \in \mathbb{N}_0\,, \quad j_3 = -j, -j+1, \ldots, j-1, j\,. \tag{27.116}$$

Für jede Drehimpulsquantenzahl j gibt es $2j + 1$ verschiedene magnetische Quantenzahlen j_3.

Wir haben also das folgende Bild vor Augen: Im Zustand $|jj_3\rangle$ ist die dritte Komponente des Spins gleich $\hbar j_3$, und die Länge des Drehimpulsvektors ist $\hbar\,(j(j+1))^{1/2}$. Die Richtung des transversalen Drehimpulses ist unbekannt, da $\hat{J}_1$ und $\hat{J}_2$ mit $\hat{J}_3$

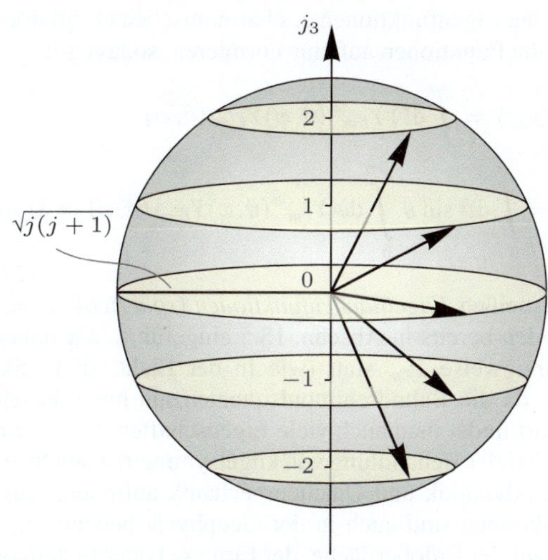

Abb. 27.8 Illustration zum quantenmechanischen Drehimpuls für das Beispiel $j = 2$

unverträglich sind. Die Unschärferelation setzt folgende untere Grenze für das Produkt ihrer quadrierten Unschärfen:

$$\langle jj_3|\,(\Delta\hat{J}_1)^2\,|jj_3\rangle\;\langle jj_3|\,(\Delta\hat{J}_2)^2\,|jj_3\rangle \geq \left(\frac{\hbar j_3}{2}\right)^2\,. \tag{27.117}$$

Aber das Quadrat des transversalen Drehimpulses

$$\hat{J}_1^2 + \hat{J}_2^2 = \hat{\boldsymbol{J}}^2 - \hat{J}_3^2 \tag{27.118}$$

ist in den Zuständen $|jj_3\rangle$ scharf und hat den Wert $\hbar^2 j(j+1) - \hbar^2 j_3^2$. Abbildung 27.8 zeigt die Situation für die Drehimpulsquantenzahl 2.

Im nächsten Abschnitt werden wir sehen, dass die Drehimpulsquantenzahl für den Bahndrehimpuls $\hat{\boldsymbol{L}} = \hat{\boldsymbol{x}} \times \hat{\boldsymbol{p}}$ immer eine natürliche Zahl ist. Ein Bahndrehimpuls $1/2$ tritt nicht auf.

Konstruktion der Eigenfunktionen im Ortsraum

Bei Drehungen um den Ursprung ändert sich die Länge der Ortsvektoren nicht, und man darf bei der Diskussion der Drehungen oder deren Erzeugenden, den Bahndrehimpulsen, annehmen, diese Längen seien konstant. Für ein Teilchen wirken die Drehungen somit auf dem Hilbert-Raum $L_2(S^2)$ der quadratintegrablen Funktionen auf der Kugeloberfläche S^2:

$$\left(\hat{U}(\boldsymbol{R})\psi\right)(\boldsymbol{e}_r) = \psi\left(\boldsymbol{R}^{-1}\boldsymbol{e}_r\right)\,, \quad \boldsymbol{e}_r = \frac{\boldsymbol{x}}{r}\,. \tag{27.119}$$

Nun werden wir die Eigenfunktionen $Y_{\ell m}(\boldsymbol{e}_r) = \langle \boldsymbol{e}_r|\,Y_{\ell m}\rangle$ des Bahndrehimpulses in der Ortsdarstellung explizit konstruieren, ähnlich den Eigenfunktionen des harmonischen Oszillators. Wir werden die Funktionen auf eins normieren, sodass gilt:

$$\langle Y_{\ell m}, Y_{\ell' m'}\rangle = \int \mathrm{d}\Omega\, Y_{\ell m}{}^*(\vartheta,\varphi) Y_{\ell' m'}(\vartheta,\varphi)$$
$$= \int_0^{\pi} \mathrm{d}\vartheta \sin\vartheta \int_0^{2\pi} \mathrm{d}\varphi\, Y_{\ell m}{}^*(\vartheta,\varphi) Y_{\ell' m'}(\vartheta,\varphi) = \delta_{\ell\ell'}\delta_{mm'}\,. \tag{27.120}$$

Die $Y_{\ell m}$ heißen *Kugelflächenfunktionen* (*spherical harmonics*) und wurden bereits in Abschn. 13.5 eingeführt. Wir haben nun die Schreibweise $Y_{\ell m}$ statt (wie in der Elektrodynamik) Y_{lm} gewählt, da die Bahndrehimpulsquantenzahl mit ℓ bezeichnet wird. Dort findet man auch viele Eigenschaften dieser Funktionen, die bei der Behandlung von kugelsymmetrischen Systemen in Elektrodynamik und Quantenmechanik auftreten. Kugelflächenfunktionen sind auch in der Geophysik bedeutsam, wenn Effekte auf der Erdoberfläche, der Erdkugel oder in dem die Erde umgebenden Raum untersucht werden.

Wählt man Kugelkoordinaten,

$$\boldsymbol{x} = r\boldsymbol{e}_r, \quad \boldsymbol{e}_r = \begin{pmatrix} \sin\vartheta\cos\varphi \\ \sin\vartheta\sin\varphi \\ \cos\vartheta \end{pmatrix}, \tag{27.121}$$

und benutzt die Ergebnisse in Abschn. 2.5 für den Gradienten in diesen Koordinaten, findet man

$$\boldsymbol{x}\times\nabla = \boldsymbol{e}_\varphi \frac{\partial}{\partial\vartheta} - \boldsymbol{e}_\vartheta \frac{1}{\sin\vartheta}\frac{\partial}{\partial\varphi}\,. \tag{27.122}$$

Ersetzt man hierin die Einheitsvektoren $\boldsymbol{e}_\varphi$ und $\boldsymbol{e}_\vartheta$ durch die kartesischen Einheitsvektoren, findet man die kartesischen Komponenten des Bahndrehimpulses:

$$\begin{aligned} \hat{L}_1 &= \mathrm{i}\hbar\left(\sin\varphi\frac{\partial}{\partial\vartheta} + \cot\vartheta\cos\varphi\frac{\partial}{\partial\varphi}\right), \\ \hat{L}_2 &= \mathrm{i}\hbar\left(-\cos\varphi\frac{\partial}{\partial\vartheta} + \cot\vartheta\sin\varphi\frac{\partial}{\partial\varphi}\right), \\ \hat{L}_3 &= \frac{\hbar}{\mathrm{i}}\frac{\partial}{\partial\varphi}\,. \end{aligned} \tag{27.123}$$

Frage 16

Überprüfen Sie diese Ausdrücke für $\hat{L}_1, \hat{L}_2$ und $\hat{L}_3$.

Eigenfunktionen von $\hat{L}_3$

Die Lösungen der Eigenwertgleichung

$$\hat{L}_3 Y_{\ell m} = \frac{\hbar}{\mathrm{i}}\frac{\partial}{\partial\varphi} Y_{\ell m} = \hbar m Y_{\ell m} \tag{27.124}$$

sind Exponentialfunktionen in φ:

$$Y_{\ell m}(\vartheta,\varphi) = N_{\ell m} P_\ell^m(\cos\vartheta)\,\mathrm{e}^{\mathrm{i}m\varphi}\,, \tag{27.125}$$

wobei die P_ℓ^m noch zu bestimmen sind. Die Wahl der Normierungskonstanten

$$N_{\ell m} = \sqrt{\frac{2\ell+1}{4\pi}\frac{(\ell-m)!}{(\ell+m)!}} \tag{27.126}$$

wird durch die nachfolgenden Betrachtungen begründet.

Anstelle des Polarwinkels wählen wir $\cos\vartheta$ als Argument der Funktionen P_ℓ^m. Dies ist erlaubt, weil die Abbildung $\vartheta \to \cos\vartheta$ auf $[0,\pi]$ bijektiv ist. Offensichtlich muss die magnetische Quantenzahl des Bahndrehimpulses immer ganzzahlig sein, damit die Eigenfunktionen einfachwertig sind. Dies bedeutet, dass für den Bahndrehimpuls die Quantenzahl ℓ ebenfalls ganzzahlig ist.

Mit $\hat{L}_1$ und $\hat{L}_2$ aus (27.123) erhält man auch die Leiteroperatoren in Kugelkoordinaten:

$$\hat{L}_\pm = \hbar\mathrm{e}^{\pm\mathrm{i}\varphi}\left(\pm\frac{\partial}{\partial\vartheta} + \mathrm{i}\cot\vartheta\frac{\partial}{\partial\varphi}\right). \tag{27.127}$$

Zur Berechnung der Kugelflächenfunktionen bestimmen wir zuerst für jedes ℓ die Eigenfunktion $Y_{\ell\ell} = P_\ell^\ell(\vartheta)\,\mathrm{e}^{\mathrm{i}\ell\varphi}$ mit maximaler magnetischer Quantenzahl. Diese wird vom Aufsteigeoperator $\hat{L}_+$ annihiliert,

$$\begin{aligned} \hat{L}_+ Y_{\ell\ell} &= \hbar N_{\ell\ell}\,\mathrm{e}^{\mathrm{i}\varphi}\left(\frac{\partial}{\partial\vartheta} + \mathrm{i}\cot\vartheta\frac{\partial}{\partial\varphi}\right)\mathrm{e}^{\mathrm{i}\ell\varphi} P_\ell^\ell \\ &= \hbar N_{\ell\ell}\,\mathrm{e}^{\mathrm{i}(\ell+1)\varphi}\left(\partial_\vartheta P_\ell^\ell - \frac{\ell\cos\vartheta}{\sin\vartheta}P_\ell^\ell\right) = 0\,, \end{aligned} \tag{27.128}$$

und hat somit eine einfache ϑ-Abhängigkeit,

$$Y_{\ell\ell}(\vartheta,\varphi) = c_\ell\,\mathrm{e}^{\mathrm{i}\ell\varphi}\sin^\ell(\vartheta)\,, \tag{27.129}$$

mit einer Normierungskonstanten c_ℓ. Mithilfe des Integrals

$$\int_0^\pi (\sin\vartheta)^{2\ell+1}\,\mathrm{d}\vartheta = \frac{2}{2\ell+1}\frac{2^\ell \ell!}{(2\ell-1)!!}\,, \tag{27.130}$$

das man z. B. in Gradshteyn und Ryzhik (2007) findet, ergibt sich eine Konstante c_ℓ, für die $Y_{\ell\ell}$ auf eins normiert ist.

Kugelflächenfunktionen $Y_{\ell\ell}$

Die normierten Kugelflächenfunktionen mit maximaler magnetischer Quantenzahl sind

$$\begin{aligned} Y_{\ell\ell}(\vartheta,\varphi) &= N_{\ell\ell} P_\ell^\ell(\cos\vartheta) \\ P_\ell^\ell(u) &= (-1)^\ell (2\ell-1)!!\,(1-u^2)^{\ell/2}\,. \end{aligned} \tag{27.131}$$

Der Phasenfaktor $(-1)^\ell$ entspricht der üblichen Konvention.

Nun kann man alle anderen Kugelflächenfunktionen $Y_{\ell m}$ leicht durch mehrmaliges Anwenden des in (27.127) angegebenen Absteigeoperators $\hat{L}_-$ auf die gerade bestimmte Eigenfunktion $Y_{\ell\ell}$ generieren. Daraus ergibt sich unmittelbar folgende Rekursionsrelation für die P_ℓ^m in der Darstellung (27.131):

$$P_\ell^{m-1}(u) = \frac{1}{\ell(\ell+1) - m(m-1)} \cdot \left(1-u^2\right)^{(1-m)/2} \frac{\mathrm{d}}{\mathrm{d}u}\left[\left(1-u^2\right)^{m/2} P_\ell^m(u)\right]. \tag{27.132}$$

Frage 17

Begründen Sie diese Relation, ausgehend von der bekannten Relation $Y_{\ell,m-1} \propto \hat{L}_- Y_{\ell,m}$ und mit $u = \cos\vartheta$.

Die Lösung dieser Rekursionsrelation führt auf die zugeordneten Legendre-Funktionen

$$P_\ell^m(u) = \frac{(-1)^\ell}{2^\ell \ell!} \frac{(\ell+m)!}{(\ell-m)!} \left(1-u^2\right)^{-m/2} \frac{\mathrm{d}^{\ell-m}}{\mathrm{d}u^{\ell-m}} \left(1-u^2\right)^\ell, \tag{27.133}$$

wie in Aufgabe 27.6 bewiesen wird. Die Funktionen mit magnetischer Quantenzahl $m = 0$ sind offensichtlich Polynome in $u = \cos\vartheta$,

$$P_\ell(u) \equiv P_\ell^0(u) = \frac{(-1)^\ell}{2^\ell \ell!} \left(\frac{\mathrm{d}}{\mathrm{d}u}\right)^\ell \left(1-u^2\right)^\ell, \tag{27.134}$$

und sie heißen *Legendre-Polynome*. Tatsächlich können die zugeordneten Funktionen mühelos aus den Legendre-Polynomen berechnet werden:

$$P_\ell^m(u) = (-1)^m (1-u^2)^{m/2} \frac{\mathrm{d}^m}{\mathrm{d}u^m} P_\ell(u). \tag{27.135}$$

Für ungerade m sind es keine Polynome in $u = \cos\vartheta$.

Diese Charakterisierung der zugeordneten Polynome ist uns schon in Abschn. 13.5 begegnet, in dem die Kugelflächenfunktionen nicht algebraisch, sondern über die explizite Lösung der Laplace-Gleichung eingeführt wurden. Dort findet man auch weitere Eigenschaften der Legendre-Polynome und Kugelflächenfunktionen und insbesondere die Darstellung (27.125) für die $Y_{\ell m}$. Die grafische Polardarstellung von ausgewählten Kugelflächenfunktionen wird ebenfalls in Abschn. 13.5 behandelt. Diese Funktionenklasse spielt auch in Kap. 32 eine ganz wichtige Rolle.

Die zugehörigen Kugelflächenfunktionen in (27.131) mit m und $-m$ sind, bis auf eine Phase, komplex konjugiert:

$$Y_{\ell\,-m}(\vartheta,\varphi) = (-1)^m Y_{\ell m}{}^*(\vartheta,\varphi). \tag{27.136}$$

Es genügt somit, diejenigen mit $m \geq 0$ zu berechnen. Die explizite Form der Funktionen mit Bahndrehimpulsen $\ell = 0, 1, 2$

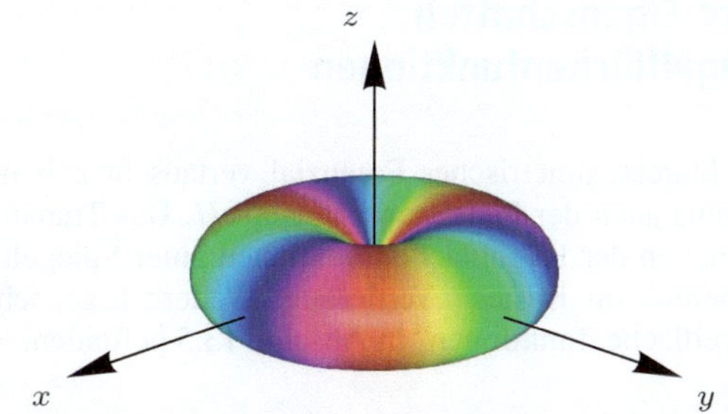

Abb. 27.9 Die Kugelflächenfunktion Y_{33}. Wie schon in Abschn. 13.5 wird eine Polardarstellung gewählt. Der Abstand eines Punktes P auf der Oberfläche zum Ursprung gibt den Betrag $|Y_{33}(\vartheta,\varphi)|$ an. Die Phase $\arg Y_{\ell m}(\vartheta,\varphi)$ an einem Punkt wird *farblich codiert* dargestellt

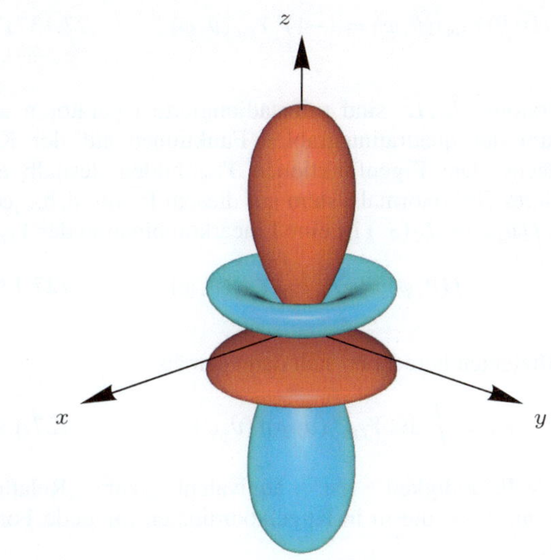

Abb. 27.10 Polardarstellung der Kugelflächenfunktion Y_{30}

findet man in Abschn. 13.5. Für die maximale magnetische Quantenzahl $m = \ell$, also „Parallelstellung" von Bahndrehimpuls und z-Achse, würde sich klassisch das Elektron auf einer Kreisbahn in der (x, y)-Ebene bewegen. Quantenmechanisch ergibt sich eine torusförmige Verteilung für die Aufenthaltswahrscheinlichkeit, weil $|Y_{\ell\ell}|^2$ von φ unabhängig und proportional zu $\sin^{2\ell}\vartheta$ ist. Dies ist für $\ell = m = 3$ in Abb. 27.9 gezeigt. Mit zunehmendem Drehimpuls ℓ wird der Torus flacher.

Für $m = 0$ ist der Drehimpuls senkrecht zur z-Achse. Wenn man sich das Teilchen auf einer die z-Achse enthaltender Bahnebene denkt und dann die Ebene um die z-Achse dreht, sieht man, dass die Aufenthaltswahrscheinlichkeit bei den Polen maximal ist. Dies ist für $\ell = 3$ und $m = 0$ in Abb. 27.10 dargestellt.

Weitere Eigenschaften der Kugelflächenfunktionen

Für ein kugelsymmetrisches Potenzial vertauscht neben dem Drehimpuls auch der Paritätsoperator mit $\hat{H}$. Das Transformationsverhalten der Kugelflächenfunktionen unter Spiegelungen wurde bereits im Kasten „Vertiefung: Weitere Eigenschaften von Kugelflächenfunktionen" in Abschn. 13.5 gefunden.

Parität der Kugelflächenfunktionen

Die Kugelflächenfunktionen mit gerader Drehimpulsquantenzahl sind gerade, und diejenigen mit ungerader Drehimpulsquantenzahl sind ungerade unter Spiegelungen:

$$(\hat{U}(P)Y_{\ell m})(\vartheta, \varphi) = (-1)^{\ell} Y_{\ell m}(\vartheta, \varphi)\,. \tag{27.137}$$

Die Operatoren $\hat{L}_3, \hat{\boldsymbol{L}}^2$ sind selbstadjungierte Operatoren auf dem Raum der quadratintegrablen Funktionen auf der Kugeloberfläche. Die Eigenfunktionen $Y_{\ell m}$ bilden deshalb ein vollständiges Orthonormalsystem auf diesem Raum, d. h., jede Funktion $f(\vartheta, \varphi) \in L_2(S^2)$ ist eine Linearkombination der $Y_{\ell m}$:

$$f(\vartheta, \varphi) = \sum_{\ell, m} c_{\ell m} Y_{\ell m}(\vartheta, \varphi)\,. \tag{27.138}$$

Die Koeffizienten berechnen sich dann gemäß

$$c_{\ell m} = \int \mathrm{d}\Omega\, Y_{\ell m}{}^*(\vartheta, \varphi) f(\vartheta, \varphi)\,. \tag{27.139}$$

Diese Vollständigkeit ist äquivalent zur Relation $\sum |\ell m\rangle \langle \ell m| = \hat{I}$, die in in Kugelkoordinaten folgende Form annimmt:

$$\sum_{\ell=0}^{\infty} \sum_{m=-\ell}^{\ell} Y_{\ell m}{}^*(\vartheta', \varphi') Y_{\ell m}(\vartheta, \varphi) = \delta(\varphi - \varphi')\delta(\cos\vartheta - \cos\vartheta')\,. \tag{27.140}$$

Weitere Eigenschaften der wichtigen Kugelflächenfunktionen findet man in Abschn. 13.5.

27.7 Addition von Drehimpulsen

Der Hamilton-Operator eines nichtrelativistischen Mehrkörpersystems vertauscht nicht mehr mit den Bahndrehimpulsen der einzelnen Teilchen, sondern nur noch mit dem gesamten Bahndrehimpuls $\hat{\boldsymbol{L}} = \hat{\boldsymbol{L}}_1 + \cdots + \hat{\boldsymbol{L}}_N$ (bei Berücksichtigung der Spinterme vertauscht er sogar nur noch mit dem Gesamtdrehimpuls $\hat{\boldsymbol{J}} = \hat{\boldsymbol{L}} + \hat{\boldsymbol{S}}$). Wir wollen uns daher der Frage zuwenden, wie die Eigenzustände des gesamten Drehimpulses aus den Eigenzuständen der Drehimpulse der Teilsysteme zusammengesetzt sind. Im Folgenden bezeichne $\hat{\boldsymbol{J}}$ den gesamten Drehimpuls und $\hat{\boldsymbol{J}}_1, \hat{\boldsymbol{J}}_2, \ldots$ die kommutierenden Drehimpulse der Teilsysteme.

Kopplung von zwei Systemen

Die Eigenzustände $|jm\rangle$ mit festen Drehimpuls j spannen einen $(2j+1)$-dimensionalen Vektorraum $\mathcal{H}_j \subset \mathcal{H}$ auf. Man spricht in diesem Zusammenhang von einem Multiplett, z. B. einem Singlett, Dublett, Triplett oder Quartett für $j = 0, 1/2, 1, 3/2$ usw.

Das erste der beiden Teilsysteme habe den Drehimpuls j_1 und das zweite Teilsystem den Drehimpuls j_2. Was können wir nun über den Drehimpuls des Gesamtsystems in dieser Situation aussagen?

Leider ist die Antwort auf diese Frage nicht ganz so einfach wie in der klassischen Mechanik, wo die individuellen Drehimpulse nur vektoriell addiert werden. Da aber für jedes drehinvariante System der Hamilton-Operator nur mit dem *gesamten Drehimpuls* vertauscht, ist die Beantwortung dieser Frage für die Behandlung von Mehrteilchensystemen, z. B. von Atomen mit mehreren Elektronen, von großer Bedeutung.

Der Zustandsvektor des Gesamtsystems liegt im Tensorprodukt $\mathcal{H}_{j_1} \otimes \mathcal{H}_{j_2}$ der entsprechenden Multipletts, aufgespannt durch die Produktzustände

$$|j_1 m_1 j_2 m_2\rangle = |j_1, m_1\rangle \otimes |j_2, m_2\rangle\,. \tag{27.141}$$

Dieser Unterraum hat offensichtlich die Dimension

$$\dim(\mathcal{H}_{j_1}) \cdot \dim(\mathcal{H}_{j_2}) = (2j_1+1)(2j_2+1)\,. \tag{27.142}$$

Die Produktzustände sind Eigenzustände der kommutierenden Operatoren $\hat{\boldsymbol{J}}_1^2, \hat{\boldsymbol{J}}_2^2, \hat{J}_{1z}$ und $\hat{J}_{2z}$:

$$\begin{aligned}
\hat{\boldsymbol{J}}_1^2 |j_1 m_1 j_2 m_2\rangle &= \hbar^2 j_1(j_1+1) |j_1 m_1 j_2 m_2\rangle\,, \\
\hat{J}_{1z} |j_1 m_1 j_2 m_2\rangle &= \hbar m_1 |j_1 m_1 j_2 m_2\rangle\,, \\
\hat{\boldsymbol{J}}_2^2 |j_1 m_1 j_2 m_2\rangle &= \hbar^2 j_2(j_2+1) |j_1 m_1 j_2 m_2\rangle\,, \\
\hat{J}_{2z} |j_1 m_1 j_2 m_2\rangle &= \hbar m_2 |j_1 m_1 j_2 m_2\rangle\,.
\end{aligned} \tag{27.143}$$

In diesem Abschnitt bezeichnen wir die kartesischen Komponenten eines Vektors $\boldsymbol{V}$ mit (V_x, V_y, V_z), um eine Verwechslung mit den Indizes $1, 2$ für die Subsysteme zu vermeiden.

Der Drehimpuls des gesamten Systems

$$\hat{\boldsymbol{J}} = \hat{\boldsymbol{J}}_1 + \hat{\boldsymbol{J}}_2 \tag{27.144}$$

erfüllt ebenfalls die Drehimpulsalgebra,

$$[\hat{J}_x, \hat{J}_y] = \mathrm{i}\hbar \hat{J}_z \quad \text{und zyklisch}\,, \tag{27.145}$$

und wir können die gemeinsamen Eigenzustände von $\hat{\boldsymbol{J}}^2$ und $\hat{J}_z$ konstruieren.

Frage 18

Überzeugen Sie sich davon, dass die Operatoren $\hat{\boldsymbol{J}}_1^2$ und $\hat{\boldsymbol{J}}_2^2$ der Teilsysteme mit den Komponenten des gesamten Drehimpulses $\hat{\boldsymbol{J}}$ vertauschen.

Die verträglichen Observablen $\hat{\boldsymbol{J}}^2, \hat{J}_z, \hat{\boldsymbol{J}}_1^2$ und $\hat{\boldsymbol{J}}_2^2$ können also gleichzeitig diagonalisiert werden. Wir bezeichnen die entsprechenden orthonormierten Zustände mit $|j_1 j_2 jm\rangle$:

$$\begin{aligned} \hat{\boldsymbol{J}}^2 \, |j_1 j_2 jm\rangle &= \hbar^2 j(j+1)\, |j_1 j_2 jm\rangle \, , \\ \hat{J}_z \, |j_1 j_2 jm\rangle &= \hbar m \, |j_1 j_2 jm\rangle \, , \\ \hat{\boldsymbol{J}}_1^2 \, |j_1 j_2 jm\rangle &= \hbar^2 j_1(j_1+1)\, |j_1 j_2 jm\rangle \, , \\ \hat{\boldsymbol{J}}_2^2 \, |j_1 j_2 jm\rangle &= \hbar^2 j_2(j_2+1)\, |j_1 j_2 jm\rangle \, . \end{aligned} \tag{27.146}$$

Die Zustände $|j_1 m_1 j_2 m_2\rangle$ bzw. $|j_1 j_2 jm\rangle$ bilden zwei orthonormierte Basen im Tensorprodukt $\mathcal{H}_{j_1} \otimes \mathcal{H}_{j_2}$. Wir wollen herausfinden, wie man die Vektoren $|j_1 j_2 jm\rangle$ als Linearkombination der Vektoren $|j_1 m_1 j_2 m_2\rangle$ ausdrücken kann:

$$|j_1 j_2 jm\rangle = \sum_{m_1 m_2} \langle j_1 m_1 j_2 m_2 | j_1 j_2 jm\rangle \, |j_1 m_1 j_2 m_2\rangle \, . \tag{27.147}$$

Wir haben hier berücksichtigt, dass die Argumente im Skalarprodukt gleiche Drehimpulse j_1 und j_2 haben müssen, damit das Skalarprodukt nicht verschwindet.

Clebsch-Gordan-Koeffizienten

Die Matrixelemente

$$\langle j_1 m_1 j_2 m_2 \, | j_1 j_2 jm\rangle \tag{27.148}$$

heißen Clebsch-Gordan-Koeffizienten (CG-Koeffizienten).

Die wichtigsten Koeffizienten sind in Büchern tabellarisiert (z. B. Condon & Shortley 1935).

Achtung Die Bezeichnung für die Koeffizienten ist leider nicht einheitlich. Häufig verwendete Symbole sind

$$\langle j_1 m_1 j_2 m_2 \, | j_1 j_2 jm\rangle = \langle j_1 m_1 j_2 m_2 \, | jm\rangle = C^{jm}_{j_1 m_1 j_2 m_2} \, . \tag{27.149}$$

In expliziten Rechnungen, bei denen j und m numerische Werte annehmen, ist die erste Bezeichnung weniger übersichtlich. ◀

Wir wollen die wichtigsten Eigenschaften der CG-Koeffizienten ableiten. Da $\hat{J}_z$ hermitesch ist, gilt

$$\begin{aligned} \hbar m \langle j_1 m_1 j_2 m_2 \, | j_1 j_2 jm\rangle &= \langle j_1 m_1 j_2 m_2 | \hat{J}_z \, | j_1 j_2 jm\rangle \\ &= \hbar (m_1 + m_2) \langle j_1 m_1 j_2 m_2 \, | j_1 j_2 jm\rangle \, , \end{aligned} \tag{27.150}$$

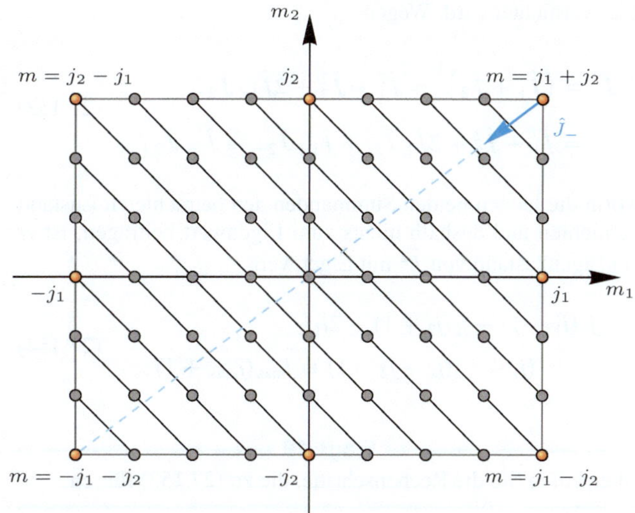

Abb. 27.11 Mögliche Werte von m_1, m_2 und Wirkung des Absteigeoperators $\hat{J}_-$. Jeder Punkt (m_1, m_2) steht für einen Produktzustand $|j_1 m_1 j_2 m_2\rangle$, und auf jeder Geraden ist $m = m_1 + m_2$ konstant. Gezeigt ist die Situation für $(j_1, j_2) = (4, 3)$. Die Anzahl Punkte auf den Geraden zu $m = -1, 0, 1$ hat den konstanten Wert 7

und deshalb sind die Clebsch-Gordan Koeffizienten nur für $m = m_1 + m_2$ ungleich null.

Entwicklung nach Produktzuständen

In der Entwicklung der Eigenzustände des gesamten Drehimpulses nach den Produktzuständen

$$|j_1 j_2 jm\rangle = \sum_{m_1 + m_2 = m} \langle j_1 m_1 j_2 m_2 \, | j_1 j_2 jm\rangle \, |j_1 m_1 j_2 m_2\rangle \tag{27.151}$$

erfüllen die magnetischen Quantenzahlen die Summenregel

$$m = m_1 + m_2 \, . \tag{27.152}$$

Wir werden nun die Entartung der Quantenzahl m bestimmen, wobei wir $j_1 \geq j_2$ annehmen. Wegen der Bedingung (27.152) – sie heißt Auswahlregel, da sie Quantenzahlen auswählt, für die die Matrixelemente nicht verschwinden – ist die Entartung gleich der Anzahl Paare (m_1, m_2) mit $m_1 + m_2 = m$. Für jedes m ist die Anzahl Paare nun leicht aus Abb. 27.11 ablesbar. Darin liegen die Paare (m_1, m_2) mit fester Summe m auf derjenigen Geraden mit Steigung -1, die beide Koordinatenachsen bei m schneidet. Die Anzahl Paare (m_1, m_2) ist gleich der Anzahl Punkte auf der Geraden zu m.

Insbesondere gibt es genau einen Punkt mit $m_1 + m_2 = j_1 + j_2$ und somit genau einen Eigenzustand mit $m = j_1 + j_2$, nämlich den Produktzustand $|j_1 j_1\rangle \otimes |j_2 j_2\rangle$ mit maximalen Quantenzahlen m_1 und m_2, der von den beiden Aufsteigeoperatoren $\hat{J}_{1+}$ und

$\hat{J}_{2+}$ vernichtet wird. Wegen

$$\begin{aligned}\hat{\boldsymbol{J}}^2 &= \left(\hat{\boldsymbol{J}}_1 + \hat{\boldsymbol{J}}_2\right)^2 = \hat{\boldsymbol{J}}_1^2 + \hat{\boldsymbol{J}}_2^2 + 2\hat{\boldsymbol{J}}_1 \cdot \hat{\boldsymbol{J}}_2 \\ &= \hat{\boldsymbol{J}}_1^2 + \hat{\boldsymbol{J}}_2^2 + 2\hat{J}_{1z}\hat{J}_{2z} + \hat{J}_{1+}\hat{J}_{2-} + \hat{J}_{1-}\hat{J}_{2+}\,,\end{aligned} \tag{27.153}$$

worin die letzten beiden Summanden den betrachteten Zustand vernichten und deshalb nichts zum Eigenwert beitragen, ist er ein Eigenzustand von $\hat{\boldsymbol{J}}^2$ mit Eigenwert

$$\begin{aligned}&j_1(j_1+1) + j_2(j_2+1) + 2j_1j_2 \\ &\quad = (j_1+j_2)(j_1+j_2+1) \equiv j_{\max}(j_{\max}+1)\,.\end{aligned} \tag{27.154}$$

Frage 19

Überprüfen Sie die Rechenschritte, die zu (27.153) führen.

Damit haben wir einen Eigenzustand des gesamten Drehimpulses mit $j = j_{\max} = j_1 + j_2$ gefunden. Durch mehrmaliges Anwenden des Absteigeoperators $\hat{J}_-$ auf diesen Zustand erzeugen wir nun $2j_{\max} + 1$ Eigenzustände des gesamten Drehimpulses:

$$|j_1j_2j_{\max}m\rangle \quad \text{mit} \quad -j_{\max} \le m \le j_{\max}\,. \tag{27.155}$$

Das Gesamtsystem enthält somit ein Multiplett mit maximalem Drehimpuls $j_{\max}$, und jede Gerade trägt einen Zustand zu diesem Multiplett bei. Welche weiteren Multpletts enthält es aber noch?

Das größte übrig bleibende m, nachdem das Multiplet mit $j_{\max}$ schon behandelt wurde, ist $m = j_{\max} - 1$. Somit muss ein weiteres Multiplett mit Drehimpuls $j_{\max} - 1$ existieren, da nur dieses Multiplett diese maximale magnetische Quantenzahl hat. Nun fährt man auf diese Weise fort, bis j den Wert $j_{\min} = j_1 - j_2 \ge 0$ erreicht. Da auf den Geraden zu m-Werten zwischen $-j_{\min}$ und $j_{\min}$ gleich viele Punkte liegen, sind nach Erreichen von $j_{\min}$ alle Punkte auf den Geraden bzw. alle Produktzustände aufgebraucht. Im hier nicht betrachteten Fall $j_2 \ge j_1$ wäre der kleinstmögliche Drehimpuls des Gesamtsystems $j_{\min} = j_2 - j_1$.

Dreiecksregel für die Addition von Drehimpulsen

Der Gesamtdrehimpuls von zwei Teilsystemen mit Drehimpulsen j_1 und j_2, z. B. zwei Teilchen, hat die Werte

$$j \in \{j_{\min}, j_{\min}+1, \ldots, j_{\max}-1, j_{\max}\} \tag{27.156}$$

mit dem minimalen und maximalen Wert

$$j_{\min} = |j_1 - j_2|, \quad j_{\max} = j_1 + j_2\,. \tag{27.157}$$

Man sieht sofort, dass die Addition eines ganzen und eines halbganzen Drehimpulses nur auf halbganze Drehimpulse führt.

Tatsächlich haben wir alle Eigenzustände des gesamten Drehimpulses identifiziert, da

$$\sum_{j=|j_1-j_2|}^{j_1+j_2} (2j+1) = (2j_1+1)(2j_2+1) \tag{27.158}$$

gilt. Damit wäre gezeigt, dass das Tensorprodukt zweier Multipletts der einzelnen Drehimpulse folgende Multipletts des gesamten Drehimpulses enthält:

$$\mathcal{H}_{j_1} \otimes \mathcal{H}_{j_2} = \mathcal{H}_{j_1+j_2} \oplus \mathcal{H}_{j_1+j_2-1} \oplus \cdots \oplus \mathcal{H}_{|j_1-j_2|}\,. \tag{27.159}$$

In der Atom- und Teilchenphysik kennzeichnet man ein Multiplett oft mit seiner Dimension, z. B. das Triplett in $\mathcal{H}_1$ mit $\mathbf{3}$. Mit dieser Übereinkunft zerfällt z. B. das Tensorprodukt $\mathbf{3} \otimes \mathbf{3}$ von zwei Tripletts – dieser Unterraum hat die Dimension 9 – in Zustände mit den Gesamtdrehimpulsen 0, 1 oder 2, also ein Singlett, Triplett und Quintett:

$$\mathbf{3} \otimes \mathbf{3} = \mathbf{1} \oplus \mathbf{3} \oplus \mathbf{5}\,. \tag{27.160}$$

Koppelt man dagegen zwei Dubletts mit Drehimpuls $1/2$ (dies könnten zwei Spins sein), dann erhält man ein Singlett und ein Triplett:

$$\mathbf{2} \otimes \mathbf{2} = \mathbf{1} \oplus \mathbf{3}\,. \tag{27.161}$$

Kopplung von drei Drehimpulsen

Gegeben sei nun ein System mit drei Teilchen. Diese haben die Drehimpulse $j_1 = j_2 = j_3 = 1$. Was sind nun die möglichen Drehimpulse des Gesamtsystems?

Zuerst vereinigen wir die Teilchen mit den Drehimpulsen j_1 und j_2 zu einem Zweiteilchensystem. Wegen

$$\mathcal{H}_1 \otimes \mathcal{H}_1 = \mathcal{H}_0 \oplus \mathcal{H}_1 \oplus \mathcal{H}_2 \tag{27.162}$$

hat dieses einen Gesamtdrehimpuls 0, 1 oder 2. Nun vereinigen wir das Zweiteilchen-System mit dem dritten Teilchen. Wegen

$$\begin{aligned}\mathcal{H}_0 \otimes \mathcal{H}_1 &= \mathcal{H}_1\,, \\ \mathcal{H}_1 \otimes \mathcal{H}_1 &= \mathcal{H}_2 \oplus \mathcal{H}_1 \oplus \mathcal{H}_0\,, \\ \mathcal{H}_2 \otimes \mathcal{H}_1 &= \mathcal{H}_3 \oplus \mathcal{H}_2 \oplus \mathcal{H}_1\end{aligned} \tag{27.163}$$

erhalten wir

$$\mathcal{H}_1 \otimes \mathcal{H}_1 \otimes \mathcal{H}_1 = \mathcal{H}_3 + 2\mathcal{H}_2 + 3\mathcal{H}_1 + \mathcal{H}_0 \tag{27.164}$$

oder in der oben erklärten Schreibweise

$$\mathbf{3} \otimes \mathbf{3} \otimes \mathbf{3} = \mathbf{7} \oplus \mathbf{5} \oplus \mathbf{5} \oplus \mathbf{3} \oplus \mathbf{3} \oplus \mathbf{3} \oplus \mathbf{1}\,. \tag{27.165}$$

So geht's weiter

Darstellung der Drehungen

Mitglieder eines Multipletts werden nicht nur durch die Erzeugenden der Drehungen – die Drehimpule – ineinander transformiert, sondern auch durch die von der Drehimpulsen erzeugten Drehungen. Die $2\ell + 1$-dimensionalen Matrizen, die diese Transformationen leisten, definieren eine $2\ell + 1$-dimensionale Darstellung der Drehgruppe. Zum Beispiel sind die Kugelflächenfunktionen Y_{11}, Y_{10}, Y_{1-1} Linearkombinationen der kartesischen Koordianten x, y, z, und ihre Transformation ist durch die bekannte Transformation $\boldsymbol{x} \mapsto \boldsymbol{Rx}$ der Koodinaten bestimmt. Sie transformieren unter einer dreidimensionalen Darstellung, die zu der Darstellung durch die Drehmatrizen R äquivalent ist. Im Folgenden untersuchen wir die Eigenschaften der Dastellungen von beliebigen Multipletts mit Drehimpulsquantenzahl $\ell = 0, 1, 2, \ldots$

Wir haben uns früher davon überzeugt, dass die Operatoren

$$\left(\hat{U}(\boldsymbol{\alpha})\psi\right)(\boldsymbol{x}) = \left(\mathrm{e}^{-\mathrm{i}\boldsymbol{\alpha}\cdot\hat{\boldsymbol{L}}/\hbar}\psi\right)(\boldsymbol{x}) = \psi\left(\boldsymbol{R}^{-1}(\boldsymbol{\alpha})\boldsymbol{x}\right), \tag{27.166}$$

wobei der Betrag α des beliebigen Vektors $\boldsymbol{\alpha}$ den Drehwinkel und seine Richtung die Drehachse angibt, eine *unitäre Darstellung* der Drehgruppe SO(3) auf dem Hilbert-Raum der quadratintegrablen Funktionen auf der Einheitssphäre definieren:

$$\boldsymbol{R}(\boldsymbol{\gamma}) = \boldsymbol{R}(\boldsymbol{\beta})\boldsymbol{R}(\boldsymbol{\alpha}) \Longrightarrow \hat{U}(\boldsymbol{\gamma}) = \hat{U}(\boldsymbol{\beta})\hat{U}(\boldsymbol{\alpha}). \tag{27.167}$$

Der $(2\ell + 1)$-dimensionale Unterraum

$$\mathcal{Y}_\ell = \mathrm{Span}\{Y_{\ell m} | m = -\ell, \ldots, \ell\} \subset L_2\left(S^2\right), \tag{27.168}$$

aufgespannt durch die Funktionen des Multipletts mit Bahndrehimpuls ℓ, wird durch die Operatoren $\hat{L}_3, L_\pm$ und damit durch die Drehimpulsoperatoren $\hat{L}_i$ auf sich abgebildet. Damit ist jedes $\mathcal{Y}_\ell$ in der orthogonalen Zerlegung

$$L_2(S^2) = \mathcal{Y}_0 \oplus \mathcal{Y}_1 \oplus \mathcal{Y}_2 \oplus \cdots = \bigoplus_{\ell=0}^{\infty} \mathcal{Y}_\ell \tag{27.169}$$

invariant unter jeder Potenz von $\boldsymbol{\alpha} \cdot \hat{\boldsymbol{L}}$ und damit unter jeder Drehung $\hat{U}(\boldsymbol{\alpha})$.

Drehung von Kugelflächenfunktionen

Drehungen in $L_2(S^2)$ lassen die Unterräume $\mathcal{Y}_\ell$ der Kugelflächenfunktionen mit festem Drehimpuls invariant, d. h.

$$\hat{U}(\boldsymbol{\alpha})\,|\ell m\rangle = \sum_{m'=-\ell}^{\ell} |\ell m'\rangle D^{(\ell)}_{m'm}(\boldsymbol{\alpha}), \tag{27.170}$$

mit einer $(2\ell + 1)$-dimensionalen unitären Matrix

$$D^{(\ell)}_{m'm}(\boldsymbol{\alpha}) = \langle \ell m'|\hat{U}(\boldsymbol{\alpha})\,|\ell m\rangle. \tag{27.171}$$

Diese Formeln sind äquivalent zu

$$Y_{\ell m}\left(\boldsymbol{R}^{-1}(\boldsymbol{\alpha})\,\boldsymbol{e}_r\right) = \sum_{m'=-\ell}^{\ell} Y_{\ell m'}(\boldsymbol{e}_r)\,D^{(\ell)}_{m'm}(\boldsymbol{\alpha}). \tag{27.172}$$

Wir wollen uns nun davon überzeugen, dass für jedes ℓ die lineare Abbildung

$$\boldsymbol{R}(\boldsymbol{\alpha}) \longrightarrow \boldsymbol{D}^{(\ell)}(\boldsymbol{\alpha}) \tag{27.173}$$

eine $(2\ell + 1)$-dimensionale unitäre Darstellung der Drehgruppe definiert.

Die Matrix $\boldsymbol{D}^{(\ell)}(\boldsymbol{\alpha})$ ist die Einschränkung des unitären Operators $\hat{U}(\boldsymbol{\alpha})$ auf den invarianten Teilraum $\mathcal{Y}_\ell$ und ist deshalb selbst unitär. Seien nun

$$\begin{aligned} D^{(\ell)}_{m'm}(\boldsymbol{\alpha}) &= \langle \ell m'|\hat{U}(\boldsymbol{\alpha})\,|\ell m\rangle, \\ D^{(\ell)}_{m'm}(\boldsymbol{\beta}) &= \langle \ell m'|\hat{U}(\boldsymbol{\beta})\,|\ell m\rangle \end{aligned} \tag{27.174}$$

die den Drehungen $\boldsymbol{R}(\boldsymbol{\alpha})$ und $\boldsymbol{R}(\boldsymbol{\beta})$ zugeordneten Matrizen und $\hat{U}(\boldsymbol{\gamma})$ wie in (27.167) definiert. Dann ist

$$\begin{aligned} D^{(\ell)}_{m'm}(\boldsymbol{\gamma}) &= \langle \ell m'|\hat{U}(\boldsymbol{\gamma})\,|\ell m\rangle = \langle \ell m'|\hat{U}(\boldsymbol{\beta})\hat{U}(\boldsymbol{\alpha})\,|\ell m\rangle \\ &= \sum_{m''} \langle \ell m'|\hat{U}(\boldsymbol{\beta})|\ell m''\rangle\langle \ell m''|\hat{U}(\boldsymbol{\alpha})\,|\ell m\rangle \\ &= \sum_{m''} D^{(\ell)}_{m'm''}(\boldsymbol{\beta})D^{(\ell)}_{m''m}(\boldsymbol{\alpha}) \end{aligned} \tag{27.175}$$

bzw.

$$\boldsymbol{D}^{(\ell)}(\boldsymbol{\gamma}) = \boldsymbol{D}^{(\ell)}(\boldsymbol{\beta})\boldsymbol{D}^{(\ell)}(\boldsymbol{\alpha}). \tag{27.176}$$

Da zusätzlich $\boldsymbol{D}^{(\ell)}(\boldsymbol{0}) = \boldsymbol{I}$ gilt haben wir bewiesen, dass (27.173) eine $(2\ell + 1)$-dimensionale Darstellung der Drehgruppe SO(3) ist. Diese Darstellungen haben keinen invarianten Teilraum – derartige Darstellungen nennt man irreduzibel –, da vermittels der Leiteroperatoren alle Eigenfunktionen $Y_{\ell m}$ im Darstellungsraum $\mathcal{Y}_\ell$ aus $Y_{\ell\ell}$ gewonnen werden können.

Die Darstellungsmatrizen $\boldsymbol{D}^{(\ell)}$ können mit unseren bisherigen Resultaten berechnet werden. In Aufgabe 27.5 bestimmen wir diese für $\ell = 1/2$ und $\ell = 1$.

Aufgaben

Gelegentlich enthalten die Aufgaben mehr Angaben, als für die Lösung erforderlich sind. Bei einigen anderen dagegen werden Daten aus dem Allgemeinwissen, aus anderen Quellen oder sinnvolle Schätzungen benötigt.

- • leichte Aufgaben mit wenigen Rechenschritten
- •• mittelschwere Aufgaben, die etwas Denkarbeit und unter Umständen die Kombination verschiedener Konzepte erfordern
- ••• anspruchsvolle Aufgaben, die fortgeschrittene Konzepte (unter Umständen auch aus späteren Kapiteln) oder eigene mathematische Modellbildung benötigen

27.1 • Erhaltene Größen Betrachten Sie den Hamilton-Operator für ein Teilchen im $\mathbb{R}^3$:

$$\hat{H} = \frac{\hat{\boldsymbol{p}}^2}{2m} + V(\hat{\boldsymbol{x}}) \tag{27.177}$$

mit dem Potenzial

$$V(x, y, z) = V(\varrho), \qquad \varrho^2 = x^2 + y^2. \tag{27.178}$$

(a) Welche Symmetrien hat das System?
(b) Geben Sie die zugehörigen Erhaltungsgrößen an.

27.2 • Einfache Konsequenz der Drehimpulsalgebra Zeigen Sie folgenden Sachverhalt: Vertauscht ein Operator $\hat{A}$ mit zwei Komponenten des Drehimpulsoperators $\hat{\boldsymbol{J}}$, so vertauscht er auch mit der dritten Komponente.

Lösungshinweis: Hier darf man die Jacobi-Identität verwenden.

27.3 •• Vektor-Operatoren In dieser Aufgabe untersuchen wir das Transformationsverhalten von Wellenfunktionen und Operatoren bei Drehungen im Raum.

(a) Beweisen Sie zuerst, dass $\hat{\boldsymbol{x}}$ ein Vektoroperator ist:

$$\hat{U}(\boldsymbol{R})\hat{\boldsymbol{x}}\hat{U}^{-1}(\boldsymbol{R}) = \boldsymbol{R}^{-1}\hat{\boldsymbol{x}}. \tag{27.179}$$

(b) Wie transformieren die Wellenfunktionen $\tilde{\psi}(\boldsymbol{p})$ im Impulsraum unter Drehungen?
(c) Argumentieren Sie nun, dass auch der Impulsoperator $\hat{\boldsymbol{p}}$ ein Vektoroperator ist.
(d) Warum folgt daraus, dass auch $\hat{\boldsymbol{L}}$ ein Vektoroperator ist:

$$\hat{U}(\boldsymbol{R})\hat{\boldsymbol{L}}\hat{U}^{-1}(\boldsymbol{R}) = \boldsymbol{R}^{-1}\hat{\boldsymbol{L}}? \tag{27.180}$$

(e) Warum vertauscht $\hat{\boldsymbol{L}}^2$ mit den Operatoren $\hat{L}_i$?

Lösungshinweis: In Teilaufgabe (c) löst man am besten im Impulsraum. Teilaufgabe (d) und (c) können ohne Rechnung gelöst werden.

27.4 •• Drehimpuls Der Bahndrehimpulsoperator eines Teilchens ist $\hat{\boldsymbol{L}} = \hat{\boldsymbol{x}} \times \hat{\boldsymbol{p}}$. Ziel dieser Aufgabe ist es, die wichtigen Kommutatoren $[\hat{L}_i, \hat{L}_j]$ zu berechnen.

(a) Berechnen Sie zuerst die Kommutatoren

$$[\hat{L}_i, \hat{x}_j] \quad \text{und} \quad [\hat{L}_i, \hat{p}_j]. \tag{27.181}$$

(b) Mit dem Ergebnis sollten Sie nun die Kommutatoren

$$[\hat{L}_i, \hat{L}_j] \tag{27.182}$$

zwischen den Komponenten des Drehimpulses bestimmen.

27.5 •• Darstellungen der Drehimpulsalgebra Es seien $\hat{J}_1, \hat{J}_2, \hat{J}_3$ die kartesischen Komponenten eines Drehimpulsoperators mit den Vertauschungsrelationen

$$[\hat{J}_1, \hat{J}_2] = \mathrm{i}\hbar\hat{J}_3 \quad \text{und zyklisch} \tag{27.183}$$

und $\hat{\boldsymbol{J}}^2$ das Quadrat des Drehimpulses. Wie im Text gezeigt wurde, können die hermiteschen Operatoren $\hat{\boldsymbol{J}}^2$ und $\hat{J}_3$ gleichzeitig diagonalisiert werden:

$$\begin{aligned} \hat{\boldsymbol{J}}^2 \, |jj_3\rangle &= \hbar^2 j(j+1) \, |jj_3\rangle, \\ \hat{J}_3 \, |jj_3\rangle &= \hbar j_3 \, |jj_3\rangle \end{aligned} \tag{27.184}$$

mit halbganzem j und $j_3 \in \{-j, -j+1, \ldots, j-1, j\}$. In Teilaufgabe (c) und (d) hat die Quantenzahl j einen festen Wert und wird nicht explizit geschrieben.

(a) Berechnen Sie die $(2j+1)$-dimensionalen Matrizen $\boldsymbol{D}_3^{(j)}$ und $\boldsymbol{D}_+^{(j)}$ mit den Matrixelementen

$$\begin{aligned} (D_3^{(j)})_{j_3'j_3} &= \langle jj_3' | \hat{J}_3 \, |jj_3\rangle, \\ (D_+^{(j)})_{j_3'j_3} &= \langle jj_3' | \hat{J}_+ \, |jj_3\rangle, \end{aligned} \tag{27.185}$$

wobei $\hat{J}_+ = \hat{J}_1 + \mathrm{i}\hat{J}_2$ der im Text eingeführte Aufsteigeoperator ist. Man erinnere sich hier an die Wirkung dieses Operators auf die Eigenvektoren $|jj_3\rangle$.
(b) Was ist die Beziehung zwischen den Matrizen $\boldsymbol{D}_+^{(j)}$ und $\boldsymbol{D}_-^{(j)}$, wobei letztere die Matrixelemente $\langle j_3' | \hat{J}_- \, |j_3\rangle$ hat?

(c) Berechnen Sie nun explizit die zweidimensionalen Matrizen $\boldsymbol{D}_i$ für $j = 1/2$ und deren Vertauschungsrelationen.
(d) Berechnen Sie nun die dreidimensionalen Matrizen $\boldsymbol{D}_i$ für $j = 1$ und deren Vertauschungsrelationen.
(e) Haben Sie eine Erklärung dafür, dass sich dieselben Vertauschungsrelationen ergeben wie für die $\hat{J}_i$?

Lösungshinweis: Im Text wurde gezeigt, dass die drei Matrizen

$$\boldsymbol{D}_1^{(j)} = \frac{1}{2}\left(\boldsymbol{D}_+^{(j)} + \boldsymbol{D}_-^{(j)}\right), \quad \boldsymbol{D}_2^{(j)} = \frac{1}{2\mathrm{i}}\left(\boldsymbol{D}_+^{(j)} - \boldsymbol{D}_-^{(j)}\right), \quad \boldsymbol{D}_3^{(j)} \tag{27.186}$$

eine $(2j+1)$-dimensionale Darstellung der Drehimpulse $\hat{J}_1, \hat{J}_2$ und $\hat{J}_3$ definieren.

27.6 •• Zugeordnete Legendre-Funktionen Zeigen Sie, dass die zugeordneten Legendre-Funktionen

$$P_\ell^m(u) = \frac{(-1)^\ell}{2^\ell \ell!}\frac{(\ell+m)!}{(\ell-m)!}\left(1-u^2\right)^{(1-m)/2}\frac{\mathrm{d}^{\ell-m}}{\mathrm{d}u^{\ell-m}}\left(1-u^2\right)^\ell \tag{27.187}$$

(a) für $m = \ell$ gleich den Funktionen in (27.131) sind,
(b) die Rekursionsrelationen (27.132) erfüllen.

27.7 • Hantelmolekül Der Hamilton-Operator eines starren Hantelmoleküls, das im Schwerpunktsystem um den Koordinatenursprung rotiert, ist durch $\hat{H} = \hat{\boldsymbol{L}}^2/2I$ gegeben. Dabei ist $\hat{\boldsymbol{L}}$ der Bahndrehimpuls und I das Trägheitsmoment des Moleküls.

(a) Bestimmen Sie die Energieeigenwerte und deren Entartung sowie die entsprechenden Energieeigenzustände.
(b) Bezüglich einer raumfesten Achse werde das Molekül zu einem bestimmten Zeitpunkt durch die Wellenfunktion

$$\psi(\vartheta,\varphi) = N(\sin\vartheta\cos\varphi + \sin\vartheta\sin\varphi + \cos\vartheta) \tag{27.188}$$

beschrieben, wobei N ein Normierungsfaktor und ϑ, φ die üblichen Polarwinkel sind. Wie wahrscheinlich ist es, bei der Messung der verträglichen Observablen $\hat{\boldsymbol{L}}^2$ und $\hat{L}_3$ die Wertepaare $(2\hbar^2, -\hbar)$, $(2\hbar^2, 0)$ bzw. $(2\hbar^2, \hbar)$ zu finden?

Lösungshinweis: Schreiben Sie ψ als Linearkombination von Kugelflächenfunktionen. Überlegen Sie zunächst anhand der Potenzen der trigonometrischen Funktionen von ϑ, welche Werte ℓ dabei haben kann.

27.8 •• Auswahlregeln Aufgrund von Symmetrieüberlegungen kann man oft auf das Verschwinden gewisser Matrixelemente von Operatoren schließen. Bedingungen an die Quantenzahlen, sodass die Matrixelemente nicht notwendigerweise verschwinden, nennt man *Auswahlregeln*. Betrachtet man ein spinloses Teilchen in einem drehinvarianten Potenzial, so können die Energieeigenzustände von der Form $|n\ell m\rangle$ gewählt werden, wobei ℓ und m die Indizes der Kugelflächenfunktionen sind. Die zusätzliche Quantenzahl n wird im Folgenden keine Rolle spielen und deshalb nicht geschrieben.

(a) Bestimmen Sie die Auswahlregeln für Matrixelemente der Form

$$\langle \ell' m' | \hat{A} | \ell m\rangle, \tag{27.189}$$

die aus der Paritätserhaltung folgen. Dabei sei $\hat{A}$ entweder ein gerader oder ungerader Operator unter Spiegelungen. Spezialisieren Sie auf den elektrischen Dipoloperator $\hat{\boldsymbol{D}} = e\hat{\boldsymbol{x}}$ und den Bahndrehimpulsoperator $\hat{\boldsymbol{L}}$.
(b) Berechnen Sie für die Matrixelemente

$$\langle \ell' m' | \hat{L}_i | \ell m\rangle \tag{27.190}$$

exakt und finden sie die Auswahlregeln (nicht alle mit den Auswahlregeln verträglichen Matrixelemente sind ungleich null). Beginnen Sie mit der Auswahlregel, die ℓ' und ℓ verbindet.
(c) Finden Sie Auswahlregeln für

$$\langle n'\ell' m' | \hat{V}_i | n\ell m\rangle \tag{27.191}$$

bezüglich der magnetischen Quantenzahlen m, m', wobei $\hat{\boldsymbol{V}}$ ein beliebiger Vektoroperator ist.

Lösungshinweis: Verwenden Sie die Vertauschungsrelationen zwischen den Komponenten $\hat{V}_3, \hat{V}_\pm$ eines Vektoroperators $\hat{\boldsymbol{V}}$ mit $\hat{L}_3$, um Auswahlregeln für die magnetische Quantenzahl zu erhalten. Dabei sind wieder $\hat{V}_\pm = \hat{V}_1 \pm \mathrm{i}\hat{V}_2$.

Ausführliche Lösungen zu den Aufgaben

27.1

(a) Die potenzielle Energie ändert sich nicht bei einer Spiegelung von $\boldsymbol{x}$ am Ursprung. Deshalb vertauscht $\hat{H}$ mit dem unitären Paritätsoperator:

$$\hat{U}(P)\hat{H}\hat{U}^{-1}(P) = \hat{H}\,. \quad (27.192)$$

Das Potenzial hängt nicht von der Koordinate z ab, und somit sind Verschiebungen in z-Richtung Symmetrien des Systems:

$$\hat{U}(ae_3)\hat{H}\hat{U}^{-1}(ae_3) = \hat{H}\,. \quad (27.193)$$

Die potenzielle Energie hängt nur vom Abstand zwischen $\boldsymbol{x}$ und der z-Achse ab und ändert sich deshalb nicht bei einer Drehung um diese Achse:

$$\hat{U}\left(\boldsymbol{R}(\boldsymbol{e}_3,\vartheta)\right)\hat{H}\hat{U}^{-1}\left(\boldsymbol{R}(\boldsymbol{e}_3,\vartheta)\right) = \hat{H}\,. \quad (27.194)$$

(b) Das Theorem von Emmy Noether in der Quantentheorie besagt, dass die Erzeugende einer kontinuierlichen Symmetrie mit dem Hamilton-Operator vertauscht.
Die Verschiebungen in z-Richtung werden von der Impulskomponente $\hat{p}_3$ erzeugt und die Drehungen um die z-Achse von der Drehimpulskomponente $\hat{L}_3$. Somit ergeben sich neben der Parität noch der Impuls $\hat{p}_3$ und der Drehimpuls $\hat{L}_3$ als Erhaltungsgrößen.

27.2 Nach Voraussetzung ist

$$[\hat{J}_i,\hat{A}] = [\hat{J}_j,\hat{A}] = 0 \quad (27.195)$$

für $i \neq j$. Mithilfe der Jacobi-Identität folgt

$$\begin{aligned} 0 &= [[\hat{J}_i,\hat{J}_j],\hat{A}] + [[\hat{A},\hat{J}_i],\hat{J}_j] + [[\hat{J}_j,\hat{A}],\hat{J}_i] \\ &= [[\hat{J}_i,\hat{J}_j],\hat{A}]\,, \end{aligned} \quad (27.196)$$

sodass auch der Kommutator $[\hat{J}_i,\hat{J}_j] = \mathrm{i}\hbar\varepsilon_{ijk}\hat{J}_k$ mit dem Operator $\hat{A}$ vertauscht. Für $i \neq j$ ist der Kommutator von $\hat{J}_i$ und $\hat{J}_j$ proportional der fehlenden Komponente des Drehimpulsoperators.

27.3

(a) Wenden wir die Operatoren $\hat{U}^{-1}, \hat{\boldsymbol{x}}$ und $\hat{U}$ in dieser Reihenfolge auf eine Wellenfunktion im Ortsraum an, dann erhalten wir

$$\psi(\boldsymbol{x}) \overset{\hat{U}^{-1}}{\mapsto} \psi(\boldsymbol{R}\boldsymbol{x}) \overset{\hat{x}}{\mapsto} \boldsymbol{x}\psi(\boldsymbol{R}\boldsymbol{x}) \overset{\hat{U}}{\mapsto} \left(\boldsymbol{R}^{-1}\boldsymbol{x}\right)\psi(\boldsymbol{x})\,. \quad (27.197)$$

Das gleiche Ergebnis finden wir, wenn wir mit $\boldsymbol{R}^{-1}\hat{\boldsymbol{x}}$ auf die Wellenfunktion wirken. Da dies für alle Wellenfunktionen gilt, folgt das Transformationsgesetz in (27.179).

(b) Bei einer Drehung transformiert eine Wellenfunktion im Ortsraum in $\psi(\boldsymbol{R}^{-1}\boldsymbol{x})$. Die Fourier-Transformierte der transformierten Wellenfunktion ist

$$\left(\hat{U}(\boldsymbol{R})\tilde{\psi}\right)(\boldsymbol{p}) = \kappa\int \mathrm{d}^3x\,\mathrm{e}^{-\mathrm{i}\boldsymbol{p}\cdot\boldsymbol{x}/\hbar}\,\psi(\boldsymbol{R}^{-1}\boldsymbol{x})\,. \quad (27.198)$$

Setzen wir die Integrationsvariable $\boldsymbol{x} = \boldsymbol{R}\boldsymbol{y}$, findet man mit $\det\boldsymbol{R} = 1$

$$\left(\hat{U}(\boldsymbol{R})\tilde{\psi}\right)(\boldsymbol{p}) = \kappa\int \mathrm{d}^3y\,\mathrm{e}^{-\mathrm{i}\boldsymbol{p}\cdot(\boldsymbol{R}\boldsymbol{y})/\hbar}\,\psi(\boldsymbol{y})\,. \quad (27.199)$$

Benutzt man im Exponenten die Relation $\boldsymbol{p}\cdot(\boldsymbol{R}\boldsymbol{y}) = (\boldsymbol{R}^{-1}\boldsymbol{p})\cdot\boldsymbol{y}$, erhält man

$$\left(\hat{U}(\boldsymbol{R})\tilde{\psi}\right)(\boldsymbol{p}) = \tilde{\psi}\left(\boldsymbol{R}^{-1}\boldsymbol{p}\right)\,. \quad (27.200)$$

(c) Ähnlich wie in Teilaufgabe (a) berechnen wir nun das Produkt der Operatoren $\hat{U}\hat{\boldsymbol{p}}\hat{U}^{-1}$ im Impulsraum:

$$\tilde{\psi}(\boldsymbol{p}) \overset{\hat{U}^{-1}}{\mapsto} \tilde{\psi}(\boldsymbol{R}\boldsymbol{p}) \overset{\hat{p}}{\mapsto} \boldsymbol{p}\tilde{\psi}(\boldsymbol{R}\boldsymbol{p}) \overset{\hat{U}}{\mapsto} \left(\boldsymbol{R}^{-1}\boldsymbol{p}\right)\tilde{\psi}(\boldsymbol{p})\,. \quad (27.201)$$

Das gleiche Ergebnis finden wir, wenn wir mit $\boldsymbol{R}^{-1}\hat{\boldsymbol{p}}$ auf die Wellenfunktion im Impulsraum wirken. Somit folgt das Transformationsgesetz:

$$\hat{U}(\boldsymbol{R})\hat{\boldsymbol{p}}\hat{U}^{-1}(\boldsymbol{R}) = \boldsymbol{R}^{-1}\hat{\boldsymbol{p}}\,. \quad (27.202)$$

(d) Das Kreuzprodukt zweier Vektoren ist wieder ein Vektor unter eigentlichen Drehungen. Dies gilt insbesondere für das Kreuzprodukt $\hat{\boldsymbol{L}} = \hat{\boldsymbol{x}} \times \hat{\boldsymbol{p}}$ der Vektoroperatoren $\hat{\boldsymbol{x}}$ und $\hat{\boldsymbol{p}}$.

(e) Da $\hat{\boldsymbol{L}}$ ein Vektoroperator ist, ist

$$\hat{\boldsymbol{L}}^2 = \hat{\boldsymbol{L}}\cdot\hat{\boldsymbol{L}} \quad (27.203)$$

ein skalarer Operator, der mit allen Drehungen $\hat{U}(\boldsymbol{R})$ vertauscht. Deshalb vertauscht er auch mit den Erzeugenden der Drehungen, d. h. mit den Komponenten des Drehimpulses. Die explizite Rechnung bestätigt dies:

$$\begin{aligned} [\hat{L}_i\hat{L}_i,\hat{L}_j] &= \hat{L}_i[\hat{L}_i,\hat{L}_j] + [\hat{L}_i,\hat{L}_j]\hat{L}_i \\ &= \mathrm{i}\hbar\varepsilon_{ijk}\left(\hat{L}_i\hat{L}_k + \hat{L}_k\hat{L}_i\right) = 0\,. \end{aligned} \quad (27.204)$$

In der letzten Gleichung haben wir berücksichtigt, dass ε_{ijk} antisymmetrisch in ij ist, während der Ausdruck in Klammern symmetrisch ist.

27.4

(a) Wir berechnen zuerst die Kommutatoren zwischen den Komponenten des Drehimpulses und denjenigen des Ortsoperators. Dabei benutzen wir $[\hat{x}_i, \hat{p}_j] = \mathrm{i}\hbar\delta_{ij}$ und $\hat{L}_i = \varepsilon_{irs}\hat{x}_r\hat{p}_s$, sodass

$$\begin{aligned}[\hat{L}_i, \hat{x}_j] &= \varepsilon_{irs}[\hat{x}_r\hat{p}_s, \hat{x}_j] = \varepsilon_{irs}\hat{x}_r[\hat{p}_s, \hat{x}_j] \\ &= -\mathrm{i}\hbar\varepsilon_{irj}\hat{x}_r = \mathrm{i}\hbar\varepsilon_{ijr}\hat{x}_r\,.\end{aligned} \tag{27.205}$$

Ähnlich bestimmt man die Kommutatoren zwischen den $\hat{L}_i$ und den Komponenten des Impulsoperators:

$$\begin{aligned}[\hat{L}_i, \hat{p}_j] &= \varepsilon_{irs}[\hat{x}_r\hat{p}_s, \hat{p}_j] = \varepsilon_{irs}[\hat{x}_r, \hat{p}_j]\hat{p}_s \\ &= \mathrm{i}\hbar\varepsilon_{ijs}\hat{p}_s\,.\end{aligned} \tag{27.206}$$

(b) Daraus folgt nun

$$\begin{aligned}[\hat{L}_i, \hat{L}_j] &= \varepsilon_{jrs}[\hat{L}_i, \hat{x}_r\hat{p}_s] = \varepsilon_{jrs}\hat{x}_r[\hat{L}_i, \hat{p}_s] + \varepsilon_{jrs}[\hat{L}_i, \hat{x}_r]\hat{p}_s \\ &= \mathrm{i}\hbar\varepsilon_{jrs}\left(\varepsilon_{ist}\hat{x}_r\hat{p}_t + \varepsilon_{irt}\hat{x}_t\hat{p}_s\right)\,.\end{aligned} \tag{27.207}$$

An dieser Stelle benötigen wir die Kontraktion von zwei ε-Tensoren:

$$\varepsilon_{jrs}\varepsilon_{its} = \delta_{ji}\delta_{rt} - \delta_{jt}\delta_{ri}\,. \tag{27.208}$$

Damit erhält man

$$\begin{aligned}[\hat{L}_i, \hat{L}_j] &= \mathrm{i}\hbar\left(-\delta_{ji}\delta_{rt} + \delta_{jt}\delta_{ri}\right)\hat{x}_r\hat{p}_t + \mathrm{i}\hbar\left(\delta_{ji}\delta_{st} - \delta_{jt}\delta_{si}\right)\hat{x}_t\hat{p}_s \\ &= \mathrm{i}\hbar\left(-\delta_{ji}\hat{x}_r\hat{p}_r + \hat{x}_i\hat{p}_j + \hat{x}_s\hat{p}_s\delta_{ij} - \hat{x}_j\hat{p}_i\right) \\ &= \mathrm{i}\hbar\left(\hat{x}_i\hat{p}_j - \hat{x}_j\hat{p}_i\right)\,.\end{aligned} \tag{27.209}$$

Auf der anderen Seite ist

$$\begin{aligned}\varepsilon_{ijk}\hat{L}_k &= \varepsilon_{ijk}\varepsilon_{krs}\hat{x}_r\hat{p}_s = (\delta_{ir}\delta_{js} - \delta_{is}\delta_{jr})\hat{x}_r\hat{p}_s \\ &= \hat{x}_i\hat{p}_j - \hat{x}_j\hat{p}_i\,.\end{aligned} \tag{27.210}$$

Der Vergleich mit (27.209) führt auf die Vertauschungsrelationen für die Komponenten der Drehimpulses:

$$[\hat{L}_i, \hat{L}_j] = \mathrm{i}\hbar\varepsilon_{ijk}\hat{L}_k\,. \tag{27.211}$$

27.5

(a) Im Text wurde bewiesen, dass der Aufsteigeoperator $\hat{J}_+ = \hat{J}_1 + \mathrm{i}\hat{J}_2$ wie folgt auf die gemeinsamen Eigenvektoren von $\hat{\boldsymbol{J}}^2$ und $\hat{J}_3$ wirkt:

$$\begin{aligned}&\hat{J}_+\,|jj_3\rangle = \hbar c_+(j, j_3)\;|j, j_3 + 1\rangle \quad \text{mit} \\ &c_+^2(j, j_3) = j(j+1) - j_3(j_3+1)\,.\end{aligned} \tag{27.212}$$

Deshalb finden wir für die gesuchten Matrixelemente

$$\begin{aligned}(D_3^{(j)})_{j_3'j_3} &= \hbar j_3\langle jj_3'|jj_3\rangle = \hbar j_3\delta_{j_3'j_3}\,, \\ (D_+^{(j)})_{j_3'j_3} &= \hbar c_+(j, j_3)\,\delta_{j_3', j_3+1}\,.\end{aligned} \tag{27.213}$$

(b) Der Absteigeoperator $\hat{J}_-$ ist adjungiert zum Aufsteigeoperator $\hat{J}_+$, sodass

$$\begin{aligned}\left(D_-^{(j)}\right)_{j_3'j_3} &= \langle j_3'|\hat{J}_-|j_3\rangle \\ &= \langle j_3|\hat{J}_+|j_3'\rangle^* = \left(D_+^{(j)}\right)^*_{j_3j_3'}\,,\end{aligned} \tag{27.214}$$

was bedeutet, dass die Matrizen adjungiert zueinander sind:

$$\boldsymbol{D}_-^{(j)} = \boldsymbol{D}_+^{(j)\dagger}\,. \tag{27.215}$$

Es genügt also, die Matrix $\boldsymbol{D}_+^{(j)}$ zu berechnen.

(c) Für $j = \frac{1}{2}$ existieren die beiden Zustände $|1/2\rangle$ und $|-1/2\rangle$, und das nicht verschwindende c_+ lautet

$$c_+(-\tfrac{1}{2}) = 1\,. \tag{27.216}$$

Die Matrixelemente ungleich null sind

$$\begin{aligned}\langle\pm\tfrac{1}{2}|\,\hat{J}_3\,|\pm\tfrac{1}{2}\rangle &= \pm\frac{\hbar}{2}\,, \\ \langle\tfrac{1}{2}|\,\hat{J}_+\,|-\tfrac{1}{2}\rangle &= \hbar\,.\end{aligned} \tag{27.217}$$

Wählen wir $\boldsymbol{e}_1 = |1/2\rangle$ und $\boldsymbol{e}_2 = |-1/2\rangle$, dann haben die darstellenden Matrizen die Form

$$\boldsymbol{D}_3 = \frac{\hbar}{2}\sigma_3\,, \quad \boldsymbol{D}_+ = \hbar\begin{pmatrix}0 & 1\\ 0 & 0\end{pmatrix}\,. \tag{27.218}$$

Daraus folgt nun unmittelbar

$$\boldsymbol{D}_1 = \frac{\hbar}{2}\sigma_1\,, \quad \boldsymbol{D}_2 = \frac{\hbar}{2}\sigma_2\,, \tag{27.219}$$

wobei σ_1, σ_2 und σ_3 die in Aufgabe 24.7 eingeführten Pauli-Matrizen sind. Man findet die Vertauschungsregeln

$$\left[\boldsymbol{D}_i, \boldsymbol{D}_j\right] = \frac{\mathrm{i}\hbar^2}{2}\varepsilon_{ijk}\sigma_k = \mathrm{i}\hbar\varepsilon_{ijk}\boldsymbol{D}_k\,. \tag{27.220}$$

(d) Für $j = 1$ existieren drei Drehimpulseigenzustände $|1\rangle$, $|0\rangle$ und $|-1\rangle$, charakterisiert durch die magnetische Quantenzahl. Die c_+-Koeffizienten ungleich null lauten

$$c_+(0) = c_+(-1) = \sqrt{2}\,. \tag{27.221}$$

Entsprechend sind die nicht verschwindenden Matrixelemente von $\hat{J}_3$ und $\hat{J}_+$ gleich

$$\begin{aligned}\langle j_3|\,\hat{J}_3\,|j_3\rangle &= \hbar j_3\,, \\ \langle 1|\,\hat{J}_+\,|0\rangle &= \langle 0|\,\hat{J}_+\,|-1\rangle = \hbar\sqrt{2}\,.\end{aligned} \tag{27.222}$$

Ordnen wir die Basisvektoren gemäß $\boldsymbol{e}_1 = |1\rangle$, $\boldsymbol{e}_2 = |0\rangle$ und $\boldsymbol{e}_3 = |-1\rangle$, dann sind die zugehörigen Matrizen

$$\boldsymbol{D}_3 = \hbar\begin{pmatrix}1 & 0 & 0\\ 0 & 0 & 0\\ 0 & 0 & -1\end{pmatrix}\,, \quad \boldsymbol{D}_+ = \sqrt{2}\hbar\begin{pmatrix}0 & 1 & 0\\ 0 & 0 & 1\\ 0 & 0 & 0\end{pmatrix}\,. \tag{27.223}$$

Die noch fehlende Matrix $\boldsymbol{D}_-$ ist die Transponierte von $\boldsymbol{D}_+$. Daraus folgt

$$\boldsymbol{D}_1 = \frac{\hbar}{\sqrt{2}}\begin{pmatrix}0 & 1 & 0\\ 1 & 0 & 1\\ 0 & 1 & 0\end{pmatrix}, \quad \boldsymbol{D}_2 = \frac{\hbar}{\sqrt{2}}\begin{pmatrix}0 & -\mathrm{i} & 0\\ \mathrm{i} & 0 & -\mathrm{i}\\ 0 & \mathrm{i} & 0\end{pmatrix}. \tag{27.224}$$

Man findet die Vertauschungsregeln

$$[\boldsymbol{D}_1, \boldsymbol{D}_2] = \mathrm{i}\hbar \boldsymbol{D}_3 \quad \text{und zyklisch.} \tag{27.225}$$

(e) Die lineare Abbildung $\hat{J}_i \mapsto \boldsymbol{D}_i^{(j)}$ von den Operatoren auf die $(2j+1)$-dimensionalen Matrizen erhält die Struktur der Lie-Algebra, d. h., die drei Matrizen $\{\boldsymbol{D}_1^{(j)}, \boldsymbol{D}_2^{(j)}, \boldsymbol{D}_3^{(j)}\}$ bilden eine Darstellung der Drehimpulsalgebra. Insbesondere gilt: Werden den Operatoren $\hat{J}_r$ und $\hat{J}_s$ die Matrizen $\boldsymbol{D}_r^{(j)}$ und $\boldsymbol{D}_s^{(j)}$ zugeordnet, dann wird dem Kommutator $[\hat{J}_r, \hat{J}_s]$ der Kommutator dieser Matrizen zugeordnet:

$$\begin{aligned}\langle jj_3'|\,[\hat{J}_r, \hat{J}_s]\,|jj_3\rangle &= \sum_{j_3''}\langle jj_3'|\hat{J}_r|jj_3''\rangle\langle jj_3''|\hat{J}_s\,|jj_3\rangle - (r \leftrightarrow s)\\ &= \sum_{j_3''}(D_r^{(j)})_{j_3'j_3''}(D_r^{(j)})_{j_3''j_3} - (r \leftrightarrow s)\\ &= [\boldsymbol{D}_r^{(j)}, \boldsymbol{D}_s^{(j)}]_{j_3'j_3}.\end{aligned} \tag{27.226}$$

Die Abbildung $\hat{J}_i \mapsto \boldsymbol{D}_i^{(j)}$ liefert für jedes halbganze j eine irreduzible Darstellung der Lie-Algebra der Drehimpulse.

27.6

(a) Für $m = \ell$ wird nicht abgeleitet, und man erhält

$$P_\ell^\ell(\vartheta) = \frac{(-1)^\ell}{2^\ell \ell!}(2\ell)!\,\left(1-u^2\right)^{\ell/2}, \tag{27.227}$$

was wegen $u = \cos\vartheta$ genau das Resultat (27.131) ist.

(b) Wir vergleichen die Relation (27.187) für P_ℓ^m mit der entsprechenden Relation für P_ℓ^{m-1}. Man erkennt, dass man die zweite Funktion aus der ersten berechnen kann:

$$\begin{aligned}P_\ell^{m-1} &= \frac{(\ell+m-1)!\,(\ell-m)!}{(\ell+1-m)!\,(\ell+m)!}\\ &\cdot\left(1-u^2\right)^{(1-m)/2}\frac{\mathrm{d}}{\mathrm{d}u}\left[\left(1-u^2\right)^{m(2}P_\ell^m\right].\end{aligned} \tag{27.228}$$

Kürzt man noch im Vorfaktor, erhält man die Rekursionsrelation (27.132).

27.7

(a) Die gemeinsamen Eigenvektoren von $\hat{\boldsymbol{L}}^2$ und $\hat{L}_3$ sind die Zustände $|\ell m\rangle$, und es gilt $\hat{\boldsymbol{L}}^2\,|\ell m\rangle = \hbar^2\ell(\ell+1)\,|\ell m\rangle$. Die Entartung des Eigenwertes ist $2\ell+1$. Deshalb sind die Energien des Hantelmoleküls gleich

$$E_\ell = \frac{\hbar^2\ell(\ell+1)}{2I}, \quad \text{Entartung } 2\ell+1. \tag{27.229}$$

(b) Man hat

$$\begin{aligned}Y_{1\,0} &= \sqrt{\frac{3}{4\pi}}\cos\vartheta,\\ Y_{1\,1} + Y_{1\,-1} &= -\mathrm{i}\sqrt{\frac{3}{2\pi}}\sin\varphi\sin\vartheta,\\ Y_{1\,1} - Y_{1\,-1} &= -\sqrt{\frac{3}{2\pi}}\cos\varphi\sin\vartheta,\end{aligned} \tag{27.230}$$

und die angegebene Funktion ist folgende Linearkombination dieser Kugelflächenfunktionen:

$$\begin{aligned}\psi &= \sqrt{\frac{2\pi}{3}}N\left(\mathrm{i}(Y_{1\,1}+Y_{1\,-1}) - (Y_{1\,1}-Y_{1\,-1}) + \sqrt{2}Y_{1\,0}\right)\\ &= \frac{1}{\sqrt{3}}\left(\mathrm{e}^{3\mathrm{i}\pi/4}Y_{1\,1} + \mathrm{e}^{\mathrm{i}\pi/4}Y_{1\,-1} + Y_{1\,0}\right).\end{aligned} \tag{27.231}$$

Im letzten Schritt wurde die Normierungskonstante N so gewählt, dass ψ auf eins normiert ist, wobei benutzt wurde, dass die $Y_{\ell m}$ orthonormal sind. Bei einer Messung der verträglichen Observablen $\hat{\boldsymbol{J}}^2$ und $\hat{J}_3$ misst man also nur die Wertepaare $(2\hbar^2, -\hbar)$, $(2\hbar^2, 0)$ und $(2\hbar^2, \hbar)$, und jedes Paar wird mit derselben Wahrscheinlichkeit $1/3$ gefunden.

27.8

(a) Wir gewinnen die Auswahlregeln zur Parität, indem wir

$$\hat{U}(P)\hat{A}\hat{U}^{-1}(P) = \pm\hat{A} \quad \text{und} \quad \hat{U}^{-1}(P) = \hat{U}(P) \tag{27.232}$$

benutzen, mit einem $+$ für spiegelinvariante gerade Operatoren und einem $-$ für ungerade Operatoren. So ist $\hat{\boldsymbol{L}}$ gerade und $\hat{\boldsymbol{D}}$ ungerade. Wegen $\hat{U}(P)\,|n\ell m\rangle = (-1)^\ell\,|n\ell m\rangle$ folgt

$$\begin{aligned}\langle n'\ell'm'|\hat{A}\,|n\ell m\rangle &= \pm\langle n'\ell'm'|\hat{U}(P)\hat{A}\hat{U}^{-1}(P)\,|n\ell m\rangle\\ &= \pm(-1)^{\ell+\ell'}\langle n'\ell'm'|\hat{A}\,|n\ell m\rangle.\end{aligned} \tag{27.233}$$

Wir folgern, dass für den geraden Bahndrehimpuls $\hat{\boldsymbol{L}}$ die Summe der Drehimpulse $\ell + \ell'$ gerade und für den ungeraden Dipoloperator $\hat{\boldsymbol{D}}$ ungerade sein muss.

(b) Die Drehimpulsoperatoren vertauschen mit $\hat{\boldsymbol{L}}^2$ und ändern somit die Quantenzahl ℓ nicht. Es gilt also eine erste Auswahlregel $\ell = \ell'$. Im Folgenden sei ℓ festgehalten und nicht mehr geschrieben. Die $2\ell+1$-dimensionalen Matrizen $\boldsymbol{D}_3$ und $\boldsymbol{D}_+$ mit Matrixelementen

$$\begin{aligned}(D_3)_{m'm} &= \langle m'|\hat{L}_3\,|m\rangle = \hbar m\delta_{m'm},\\ (D_+)_{m'm} &= \langle m'|\hat{L}_+\,|m\rangle = \hbar c_+(m)\,\delta_{m,m'+1},\\ (D_-)_{m'm} &= \langle m'|\hat{L}_-\,|m\rangle = \hbar c_-(m)\,\delta_{m,m'-1}\end{aligned} \tag{27.234}$$

wurden bereits in Aufgabe 27.5 bestimmt. Daraus folgen nun sofort die Matrixelemente von $\hat{L}_1$ und $\hat{L}_2$:

$$\begin{aligned}(D_1)_{m'm} &= \frac{\hbar}{2}\left(c_+(m)\,\delta_{m',m+1} + c_-(m)\,\delta_{m',m-1}\right),\\ (D_2)_{m'm} &= \frac{\hbar}{2\mathrm{i}}\left(c_+(m)\,\delta_{m',m+1} - c_-(m)\,\delta_{m',m-1}\right).\end{aligned} \tag{27.235}$$

Die Matrixelemente der Drehimpulskomponenten $\hat{L}_1, \hat{L}_2$ sind also nur ungleich null für $m' = m \pm 1$, und diejenigen von $\hat{L}_3$ sind nur ungleich null für $m' = m$.

(c) Wir berechnen die Auswahlregeln bezüglich m und m' und schreiben deshalb nur diese Quantenzahl. Wir benutzen die Vertauschungsrelation

$$[\hat{L}_3, \hat{V}_3] = 0, \quad [\hat{L}_3, \hat{V}_\pm] = \pm\hbar\hat{V}_\pm \,. \tag{27.236}$$

Die erste Relation führt auf

$$\begin{aligned} \hbar m\langle m'|\hat{V}_3\,|m\rangle &= \langle m'|\hat{V}_3\hat{L}_3\,|m\rangle \\ &= \langle m'|\,\hat{L}_3\hat{V}_3\,|m\rangle \\ &= \hbar m'\,\langle m'|\,\hat{V}_3\,|m\rangle \;, \end{aligned} \tag{27.237}$$

und daraus folgt die Auswahlregel $m' = m$ für den Operator $\hat{V}_3$. Die Vertauschungsrelation mit $\hat{V}_+$ impliziert

$$\begin{aligned} \hbar\langle m'|\hat{V}_+\,|m\rangle &= \langle m'|[\hat{L}_3, \hat{V}_+]\,|m\rangle \\ &= \hbar(m'-m)\langle m'|\hat{V}_+\,|m\rangle \;, \end{aligned} \tag{27.238}$$

woraus die Auswahlregel $m' = m + 1$ für diesen Operator folgt. Die Vertauschungsrelation mit $\hat{V}_-$ impliziert

$$\begin{aligned} -\hbar\langle m'|\hat{V}_-\,|m\rangle &= \langle m'|[\hat{L}_3, \hat{V}_-]\,|m\rangle \\ &= \hbar(m'-m)\langle m'|\hat{V}_+\,|m\rangle \;, \end{aligned} \tag{27.239}$$

was auf die Auswahlregel $m' = m - 1$ für $\hat{V}_-$ führt. Insgesamt erhalten wir für die Komponenten jedes Vektoroperators die Auswahlregel $|m - m'| \leq 1$.

Literatur

Bargmann, V.: Note on Wigner's Theorem on Symmetry Operations. J. Math. Phys. **5**, 862 (1964)

Condon, E., Shortley, G.: The Theory of Atomic Spectra. Cambridge Univ. Press, London (1935)

Galindo, A., Pascual, P.: Quantum Mechanics I. Springer, Berlin (1990)

Gradshteyn, I., Ryzhik, I.: Table of Integrals, Series and Products, 7. Aufl., Academic Press, Boston (2007)

Kronig, R. de L., Penney, W.G.: Quantum mechanics of electons in crystal lattices. Proc. R. Soc. London A **130**, 499 (1931)

Weiterführende Literatur

Weyl, H.: Gruppentheorie und Quantenmechanik. 2. Aufl., Hirzel, Leipzig (1931)

Wigner, E.: Gruppentheorie und ihre Anwendung auf die Quantenmechanik der Atomspektren. Vieweg, Braunschweig (1931)

Ludwig, W., Falter, C.: Symmetries in Physics: Group Theory Applied to Physical Problems. Springer, Berlin (1996)

Wagner, M.: Gruppentheoretische Methoden in der Physik. Vieweg, Braunschweig (1998)

Zentralkräfte – das Wasserstoffatom

28

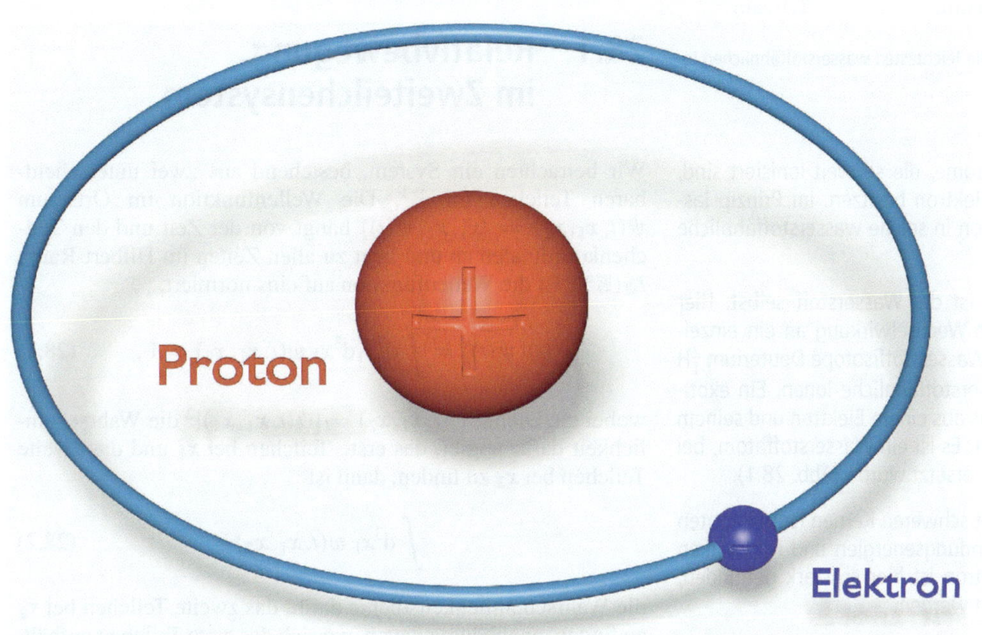

Wie spaltet man in der Quantenmechanik die Schwerpunktsbewegung ab?

Was ist der Hamilton-Operator für die Relativbewegung eines drehinvarianten Zweikörper-Potenzialproblems?

Wie lautet die radiale Schrödinger-Gleichung für wasserstoffähnliche Ionen?

Was versteht man unter dem Termschema des Wasserstoffatoms?

Warum ist die Entartung der Energie mit Hauptquantenzahl n gleich n^2?

Teil III

M. Bartelmann et al., *Theoretische Physik*, DOI 10.1007/978-3-642-54618-1_28,

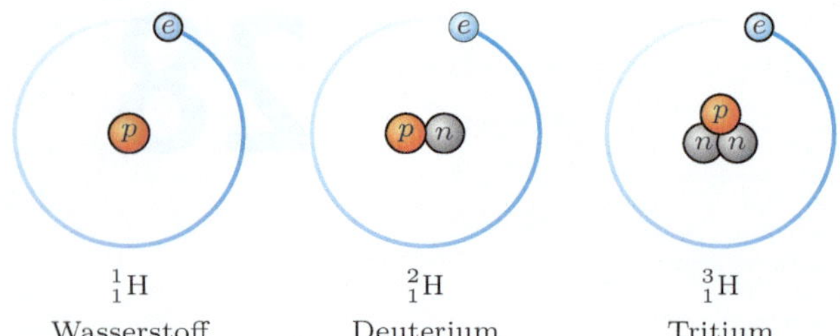

Abb. 28.1 Das Wasserstoffatom und die leichtesten wasserstoffähnlichen Ionen mit Kernladungszahl $Z = 1$

Wasserstoffähnliche Ionen sind Atome, die so weit ionisiert sind, dass sie nur noch ein einzelnes Elektron besitzen. Im Prinzip lassen sich alle Atome durch Ionisation in solche wasserstoffähnliche Ionen überführen.

Das klassische Einelektronsystem ist der Wasserstoff selbst. Hier ist das Elektron über die Coulomb-Wechselwirkung an ein einzelnes Proton gebunden. Die beiden Wasserstoffisotope Deuterium ${}^2_1$H oder Tritium ${}^3_1$H sind weitere wasserstoffähnliche Ionen. Ein exotisches Atom ist das Positronium, das aus einem Elektron und seinem Antiteilchen, dem Positron, besteht. Es ist ein Wasserstoffatom, bei dem das Proton durch ein Positron ersetzt wurde (Abb. 28.1).

Bei wasserstoffähnlichen Ionen mit schweren Kernen (sogenannten Schwerionen) treten sehr hohe Bindungsenergien und Feldstärken bis etwa 1000 V/m auf. Das Elektron ist hier so stark gebunden, dass relativistische Effekte relevant werden.

In Abschn. 28.1 untersuchen wir nichtrelativistische Zweiteilchensysteme bestehend aus einem Atomkern und einem Elektron. Wie schon in der klassischen Mechanik zerfällt das Problem in eine einfach lösbare Schwerpunktsbewegung und eine Relativbewegung. Letztere reduziert sich auf ein einfaches Zentralkraftproblem.

Theoretische und experimentelle Untersuchungen des Wasserstoffatoms spielten bei der Entwicklung der Quantenmechanik eine wichtige Rolle. Als das einfachste aller Atome ist es der Theorie und dem Experiment gleichermaßen zugänglich und eignet sich hervorragend als Testobjekt für physikalische Theorien. Immer genauere spektroskopische Untersuchungen lieferten in der Vergangenheit den Anstoß dazu, theoretische Modelle neu zu entwickeln und zu verfeinern. Heutzutage dient die Spektroskopie am Wasserstoffatom hauptsächlich dazu, die Quantenelektrodynamik (QED) als derzeit präziseste aller physikalischen Theorien sehr genau zu testen. Für die Übergangsfrequenz des Zweiphotonenübergangs vom 1s- in den 2s-Zustand fanden Hänsch und Mitarbeiter (1997) den Wert $f_{1s\text{-}2s} = 2.466.061.102.474.851(25)$ Hz; dies ist die genaueste Messung einer Frequenz im UV-Bereich (Udem et al. 1997).

In Abschn. 28.3 werden wir nur die Grobstruktur des Spektrums berechnen. Sie rührt von der Coulomb-Wechselwirkung zwischen dem als spinlos gedachten Atomkern und dem Elektron her. Die vorwiegend relativistischen Korrekturen werden in Kap. 30 besprochen. Im ersten Schritt betrachten wir beliebige kugelsymmetrische Systeme und werden uns erst in der zweiten Hälfte des Kapitels auf das Coulomb-Potenzial einschränken. In Abschn. 28.4 besprechen wir dann die sehr elegante algebraische Lösung des Wasserstoffatoms von Wolfgang Pauli. Ausgehend vom erhaltenen Runge-Lenz-Vektoroperator kann man nämlich die Energien und Eigenfunktionen berechnen, ohne eine Differenzialgleichung zu lösen. Dieser Abschnitt ist etwas anspruchsvoller und geht über den üblichen Lehrbuchstoff hinaus.

28.1 Relativbewegung im Zweiteilchensystem

Wir betrachten ein System, bestehend aus zwei unterscheidbaren Teilchen im $\mathbb{R}^3$. Die Wellenfunktion im Ortsraum $\psi(t, \boldsymbol{x}_1, \boldsymbol{x}_2) = \langle \boldsymbol{x}_1, \boldsymbol{x}_2 | \, \psi(t) \rangle$ hängt von der Zeit und den Teilchenkoordinaten ab und liegt zu allen Zeiten im Hilbert-Raum $L_2(\mathbb{R}^6)$. Ist die Wellenfunktion auf eins normiert,

$$\langle \psi(t) | \, \psi(t) \rangle = \int \mathrm{d}^3x_1 \mathrm{d}^3x_2 \; w(t, \boldsymbol{x}_1, \boldsymbol{x}_2) = 1 \,, \tag{28.1}$$

wobei die Dichte $w(t, \boldsymbol{x}_1, \boldsymbol{x}_2) = |\psi(t, \boldsymbol{x}_1, \boldsymbol{x}_2)|^2$ die Wahrscheinlichkeit dafür angibt, das erste Teilchen bei $\boldsymbol{x}_1$ und das zweite Teilchen bei $\boldsymbol{x}_2$ zu finden, dann ist

$$\int \mathrm{d}^3x_1 \; w(t, \boldsymbol{x}_1, \boldsymbol{x}_2) \tag{28.2}$$

die Wahrscheinlichkeitsdichte dafür, das zweite Teilchen bei $\boldsymbol{x}_2$ zu finden, unabhängig davon, wo sich das erste Teilchen aufhält.

Abspaltung der Schwerpunktsbewegung

In Abwesenheit von äußeren Feldern hat der Hamilton-Operator für ein translationsinvariantes System die Form

$$\hat{H} = \frac{\hat{\boldsymbol{p}}_1^2}{2m_1} + \frac{\hat{\boldsymbol{p}}_2^2}{2m_2} + V(\hat{\boldsymbol{x}}_1 - \hat{\boldsymbol{x}}_2) \,, \tag{28.3}$$

wobei V die potenzielle Energie des Zweiteilchensystems ist. In der Ortsdarstellung ist die Schrödinger-Gleichung eine partielle Differenzialgleichung in sieben reellen Variablen: der Zeit t und den Komponenten der Ortsvektoren $\boldsymbol{x}_1$ und $\boldsymbol{x}_2$. Wie in der klassischen Mechanik (siehe die Ausführungen in Abschn. 3.1) vereinfacht sich das Problem erheblich, wenn wir Schwerpunkts- und Relativkoordinaten einführen:

$$\begin{aligned} \hat{\boldsymbol{x}} &= \hat{\boldsymbol{x}}_1 - \hat{\boldsymbol{x}}_2 \,, & M\hat{\boldsymbol{X}} &= m_1\hat{\boldsymbol{x}}_1 + m_2\hat{\boldsymbol{x}}_2 \,, \\ \hat{\boldsymbol{P}} &= \hat{\boldsymbol{p}}_1 + \hat{\boldsymbol{p}}_2 \,, & M\hat{\boldsymbol{p}} &= m_2\hat{\boldsymbol{p}}_1 - m_1\hat{\boldsymbol{p}}_2 \,, \end{aligned} \tag{28.4}$$

wobei $M = m_1 + m_2$ und $\hat{\boldsymbol{P}}$ Masse und Impuls des Gesamtsystems sind. Die Transformation auf Schwerpunkts- und Relativkoordinaten ist, wie in Abschn. 7.2 gezeigt wird, kanonisch, und deshalb lauten die nicht verschwindenden Kommutatoren für die neuen Größen

$$[\hat{X}_i, \hat{P}_j] = \mathrm{i}\hbar\delta_{ij} \quad \text{und} \quad [\hat{x}_i, \hat{p}_j] = \mathrm{i}\hbar\delta_{ij} \,. \tag{28.5}$$

Im Ausdruck für den Hamilton-Operator in Schwerpunkts- und Relativkoordinaten,

$$\hat{H} = \frac{\hat{\boldsymbol{P}}^2}{2M} + \left(\frac{\hat{\boldsymbol{p}}^2}{2\mu} + V(\hat{\boldsymbol{x}})\right) = \hat{H}_{\mathrm{sp}} + \hat{H}_{\mathrm{rel}} \,, \tag{28.6}$$

tritt neben die Gesamtmasse M die *reduzierte Masse* $\mu = m_1 m_2/M$.

Frage 1

Vollziehen Sie die Rechnung nach, die von (28.3) auf (28.6) führt. Falls nötig, rekapitulieren Sie die entsprechenden Umformungen in der klassischen Mechanik in Abschn. 3.1.

Für jedes translationsinvariante System ist der Gesamtimpuls $\hat{\boldsymbol{P}}$ eine Erhaltungsgröße. Für ein System aus zwei Teilchen ist dies offensichtlich, da der Hamilton-Operator nicht von dem zum Gesamtimpuls konjugierten Operator $\hat{\boldsymbol{X}}$ abhängt.

Weil $\hat{H}_{\mathrm{rel}}$ nur von den Relativkoordinaten abhängt, gilt auch

$$[\hat{H}_{\mathrm{rel}}, \hat{H}_{\mathrm{sp}}] = 0 \,. \tag{28.7}$$

Da die beiden Operatoren simultan diagonalisierbar sind, darf man für die Lösungen der zeitunabhängigen Schrödinger-Gleichung einen Produktansatz machen:

$$|\psi\rangle = |\psi_{\mathrm{sp}}\rangle \otimes |\psi_{\mathrm{rel}}\rangle \,, \tag{28.8}$$

worin die Faktoren $|\psi_{\mathrm{sp}}\rangle$ und $|\psi_{\mathrm{rel}}\rangle$ Eigenvektoren der Hamilton-Operatoren für die Schwerpunkts- und Relativbewegung sind:

$$\hat{H}_{\mathrm{sp}}|\psi_{\mathrm{sp}}\rangle = E_{\mathrm{sp}}|\psi_{\mathrm{sp}}\rangle \,, \quad \hat{H}_{\mathrm{rel}}\,|\psi_{\mathrm{rel}}\rangle = E_{\mathrm{rel}}\,|\psi_{\mathrm{rel}}\rangle \,. \tag{28.9}$$

Im Ortsraum entspricht dieser Produktansatz einem Separationsansatz $\psi = \psi_{\mathrm{sp}}(\boldsymbol{X})\psi_{\mathrm{rel}}(\boldsymbol{x})$ in eine Funktion der Schwerpunktskoordinaten und eine Funktion der Relativkoordinaten. Die entsprechende Lösung der zeitabhängigen Schrödinger-Gleichung oszilliert nun mit einer Frequenz proportional zur Gesamtenergie:

$$|\psi(t)\rangle = \mathrm{e}^{-\mathrm{i}\omega_{\mathrm{tot}}t}\,|\psi_{\mathrm{sp}}\rangle \otimes |\psi_{\mathrm{rel}}\rangle \,, \quad \hbar\omega_{\mathrm{tot}} = E_{\mathrm{sp}} + E_{\mathrm{rel}} \,. \tag{28.10}$$

In der Darstellung, in der die verträglichen Observablen $\hat{\boldsymbol{X}}$ und $\hat{\boldsymbol{x}}$ diagonal sind, haben Gesamtimpuls und Relativimpuls die Form

$$\hat{\boldsymbol{P}} = \frac{\hbar}{\mathrm{i}}\nabla_{\boldsymbol{X}} \,, \quad \hat{\boldsymbol{p}} = \frac{\hbar}{\mathrm{i}}\nabla_{\boldsymbol{x}} \,. \tag{28.11}$$

Daraus folgt unmittelbar die Separation der Schwerpunktsbewegung.

Separation der Schwerpunktsbewegung

Im Ortsraum lauten die Schrödinger-Gleichungen (28.9) für die Schwerpunkts- und Relativbewegung

$$\begin{aligned} -\frac{\hbar^2}{2M}\Delta_{\boldsymbol{X}}\psi_{\mathrm{sp}}(\boldsymbol{X}) &= E_{\mathrm{sp}}\psi_{\mathrm{sp}}(\boldsymbol{X}) \,, \\ -\frac{\hbar^2}{2\mu}\Delta_{\boldsymbol{x}}\psi_{\mathrm{rel}}(\boldsymbol{x}) + V(\boldsymbol{x})\psi_{\mathrm{rel}}(\boldsymbol{x}) &= E_{\mathrm{rel}}\psi_{\mathrm{rel}}(\boldsymbol{x}) \,. \end{aligned} \tag{28.12}$$

Die Wellenfunktion $\psi_{\mathrm{sp}}(\boldsymbol{X})$ ist die Wahrscheinlichkeitsamplitude dafür, den Schwerpunkt bei $\boldsymbol{X}$ zu finden. Sie erfüllt die freie Schrödinger-Gleichung. Für einen scharfen Schwerpunktsimpuls ist sie eine ebene Welle:

$$\psi_{\mathrm{sp}}(\boldsymbol{X}) \propto \mathrm{e}^{\mathrm{i}\boldsymbol{P}\cdot\boldsymbol{X}/\hbar} \,. \tag{28.13}$$

Die Gleichung für die Relativbewegung ist ein effektives Einteilchenproblem für ein Teilchen mit der reduzierten Masse μ im „äußeren" Potenzial $V(\boldsymbol{x})$. Der schwierigere Teil der Aufgabe wird sein, die Dynamik dieser Relativbewegung zu behandeln.

Anmerkung: Selbstverständlich kommt man auch zu den Gleichungen in (28.12), wenn man die Schrödinger-Gleichung für die Wellenfunktion $\psi(t, \boldsymbol{x}_1, \boldsymbol{x}_2)$ auf Schwerpunkts- und Relativkoordinaten transformiert.

Zerlegung des gesamten Bahndrehimpulses

Ohne äußere Felder wird das Zweiteilchensystem nicht nur translationsinvariant, sondern auch drehinvariant sein, d. h., für strukturlose Punktteilchen wird das Potenzial V in (28.3) nur vom Abstand $r = |\boldsymbol{x}| = |\boldsymbol{x}_1 - \boldsymbol{x}_2|$ der beiden Teilchen abhängen. Nach den allgemeinen Resultaten (27.90) und (27.91) werden die Drehungen der Wellenfunktion $\psi(\boldsymbol{x}_1, \boldsymbol{x}_2)$ durch den gesamten Bahndrehimpuls

$$\hat{\boldsymbol{L}} = \hat{\boldsymbol{L}}_1 + \hat{\boldsymbol{L}}_2 \,, \quad \hat{\boldsymbol{L}}_i = \hat{\boldsymbol{x}}_i \times \hat{\boldsymbol{p}}_i \tag{28.14}$$

erzeugt. Für ein drehinvariantes Zweiteilchensystem vertauscht $\hat{\boldsymbol{L}}$ mit dem Hamilton-Operator.

In Aufgabe 28.1 wird gezeigt, dass der gesamte Bahndrehimpuls auch als Summe der kommutierenden Drehimpulse der Schwerpunkts- und Relativbewegung geschrieben werden kann:

$$\hat{\boldsymbol{L}} = \hat{\boldsymbol{L}}_{\mathrm{sp}} + \hat{\boldsymbol{L}}_{\mathrm{rel}} \,, \quad \hat{\boldsymbol{L}}_{\mathrm{sp}} = \hat{\boldsymbol{X}} \times \hat{\boldsymbol{P}} \,, \quad \hat{\boldsymbol{L}}_{\mathrm{rel}} = \hat{\boldsymbol{x}} \times \hat{\boldsymbol{p}} \,. \tag{28.15}$$

Für ein drehinvariantes System vertauschen alle Komponenten von $\hat{\boldsymbol{L}}_{\mathrm{rel}}$ mit dem Hamilton-Operator für die Relativbewegung:

$$[\hat{H}_{\mathrm{rel}}, \hat{\boldsymbol{L}}_{\mathrm{rel}}] = 0 \,, \quad \hat{H}_{\mathrm{rel}} = \frac{\hat{\boldsymbol{p}}^2}{2\mu} + V(|\hat{\boldsymbol{x}}|) \,. \tag{28.16}$$

Teil III

Dynamik der Relativbewegung für Zweiteilchensysteme

Für ein translations- und rotationsinvariantes Zweiteilchensystem mit Hamilton-Operator (28.3) vertauscht der Drehimpuls $\hat{\boldsymbol{L}}_{\text{rel}}$ mit dem Hamilton-Operator $\hat{H}_{\text{rel}}$ für die Relativbewegung. Als verträgliche Observablen der Relativbewegung können $\hat{H}_{\text{rel}}$, $\hat{\boldsymbol{L}}^2_{\text{rel}}$ und $(\hat{L}_{\text{rel}})_3$ gewählt werden.

Achtung Im Folgenden werden wir die freie und unabhängige Bewegung des Schwerpunktes nicht weiter berücksichtigen. Daher schreiben wir $\hat{H}$ und $\hat{\boldsymbol{L}}$ anstelle von $\hat{H}_{\text{rel}}$ und $\hat{\boldsymbol{L}}_{\text{rel}}$. ◀

Relativbewegung für kugelsymmetrische Potenziale

Wir untersuchen nun die Dynamik der Relativbewegung für ein translationsinvariantes Zweikörperproblem. Wir haben soeben bewiesen, dass diese äquivalent zur Dynamik eines Teilchens in einem äußeren Potenzial ist. Um die möglichen Energien zu bestimmen, müssen wir die stationäre Schrödinger-Gleichung mit Hamilton-Operator

$$\hat{H} = -\frac{\hat{\boldsymbol{p}}^2}{2\mu} + V(\hat{\boldsymbol{x}}) \qquad (28.17)$$

lösen. Darin bezeichnet μ die reduzierte Masse des Zweiteilchensystems. Für rotationssymmetrische Potenziale wird die nun gewonnene Umschreibung sehr nützlich sein.

Wir stellen zuerst eine Beziehung zwischen $\hat{\boldsymbol{L}}^2$ und dem Laplace-Operator her. Dazu setzt man in der bekannten Vektoridentität $\boldsymbol{a} \times (\boldsymbol{b} \times \boldsymbol{c}) = \boldsymbol{b}(\boldsymbol{a} \cdot \boldsymbol{c}) - (\boldsymbol{a} \cdot \boldsymbol{b})\boldsymbol{c}$ für $\boldsymbol{a}$ und $\boldsymbol{b}$ den Einheitsvektor $\boldsymbol{e}_r = \boldsymbol{x}/r$ und für $\boldsymbol{c} = \boldsymbol{p}$ ein:

$$\boldsymbol{e}_r \times (\boldsymbol{e}_r \times \boldsymbol{p}) = \boldsymbol{e}_r (\boldsymbol{e}_r \cdot \boldsymbol{p}) - \boldsymbol{p} \,. \qquad (28.18)$$

Aufgelöst nach dem Impuls findet man

$$\boldsymbol{p} = \boldsymbol{e}_r(\boldsymbol{e}_r \cdot \boldsymbol{p}) - \frac{1}{r}\boldsymbol{e}_r \times \boldsymbol{L} \,, \quad \boldsymbol{L} = \boldsymbol{x} \times \boldsymbol{p} \,. \qquad (28.19)$$

Frage 2

Überzeugen Sie sich davon, dass diese Identität auch dann noch gilt, wenn $\boldsymbol{x} = r\boldsymbol{e}_r$ und $\boldsymbol{p}$ durch Orts- und Impulsoperator $\hat{\boldsymbol{x}}$ und $\hat{\boldsymbol{p}}$ ersetzt werden.

Im Ortsraum ist $\hat{\boldsymbol{p}}$ proportional zum Gradienten. Wegen $\boldsymbol{e}_r \cdot \nabla = \partial_r$ schreibt sich die Identität (28.19) für die entsprechenden Operatoren im Ortsraum folgendermaßen:

$$\hat{\boldsymbol{p}} = \frac{\hbar}{\mathrm{i}}\boldsymbol{e}_r\frac{\partial}{\partial r} - \frac{1}{r}\boldsymbol{e}_r \times \hat{\boldsymbol{L}} \,. \qquad (28.20)$$

Als Nächstes werden wir den in der kinetischen Energie auftretenden Operator $\hat{\boldsymbol{p}}^2$ bestimmen. Mithilfe der Vertauschungsregeln zwischen Orts- und Impulsoperator sowie zwischen Orts- und Drehimpulsoperator beweisen wir in Aufgabe 28.2 die nützlichen Beziehungen

$$\begin{aligned} (\boldsymbol{e}_r \times \hat{\boldsymbol{L}})^2 &= \hat{\boldsymbol{L}}^2 \,, \\ \boldsymbol{e}_r \cdot (\boldsymbol{e}_r \times \hat{\boldsymbol{L}}) &= 0 \,, \\ (\boldsymbol{e}_r \times \hat{\boldsymbol{L}}) \cdot \boldsymbol{e}_r &= 2\mathrm{i}\hbar \,. \end{aligned} \qquad (28.21)$$

Weiterhin vertauscht die Ableitung nach r mit dem Richtungsvektor $\boldsymbol{e}_r$ und dem Drehimpulsoperator.

Frage 3

Überlegen Sie sich, warum dies wahr ist.

Somit folgt die gesuchte Relation zwischen $\hat{\boldsymbol{p}}^2$ und $\hat{\boldsymbol{L}}^2$ im Ortsraum:

$$\hat{\boldsymbol{p}}^2 = -\hbar^2 \left(\partial_r^2 + \frac{2}{r}\partial_r\right) + \frac{\hat{\boldsymbol{L}}^2}{r^2} \,. \qquad (28.22)$$

Um die explizite Form des Differenzialoperators $\hat{\boldsymbol{L}}^2$ in Kugelkoordinaten zu erhalten, erinnern wir uns an den Laplace-Operator in Kugelkoordinaten (Abschn. 2.5):

$$\begin{aligned} \Delta &= \partial_r^2 + \frac{2}{r}\partial_r \\ &\quad + \frac{1}{r^2 \sin\vartheta}\frac{\partial}{\partial\vartheta}\left(\sin\vartheta\frac{\partial}{\partial\vartheta}\right) + \frac{1}{r^2\sin^2\vartheta}\frac{\partial^2}{\partial\varphi^2} \,. \end{aligned} \qquad (28.23)$$

Wegen $\hat{\boldsymbol{p}}^2 = -\hbar^2\Delta$ führt der Vergleich mit (28.22) auf folgende Form für das Quadrat des Drehimpulsoperators:

$$\hat{\boldsymbol{L}}^2 = -\hbar^2 \left[\frac{1}{\sin\vartheta}\frac{\partial}{\partial\vartheta}\left(\sin\vartheta\frac{\partial}{\partial\vartheta}\right) + \frac{1}{\sin^2\vartheta}\frac{\partial^2}{\partial\varphi^2}\right] \,. \qquad (28.24)$$

Nun können wir den Hamilton-Operator umschreiben.

Hamilton-Operator und Drehimpuls

Der Hamilton-Operator (28.17) hat im Ortsraum die einfache Form

$$\hat{H} = -\frac{\hbar^2}{2\mu r^2}\left(\partial_r^2 + \frac{2}{r}\partial_r\right) + \frac{\hat{\boldsymbol{L}}^2}{2\mu r^2} + V(\boldsymbol{x}) \,, \qquad (28.25)$$

worin das Quadrat des Drehimpulses der Differenzialoperator zweiter Ordnung in (28.24) ist.

Für ein kugelsymmetrisches Wechselwirkungspotenzial $V(r)$, z. B. das Coulomb-Potenzial zwischen Atomkern und Elektron in wasserstoffähnlichen Ionen, sind alle drei Komponenten des Drehimpulsoperators $\hat{\boldsymbol{L}}$ Erhaltungsgrößen. Allerdings vertauschen die Komponenten des Drehimpulses nicht miteinander und sind somit keine verträglichen Observablen.

Anlehnend an die Untersuchungen in Abschn. 27.5 wählen wir als mit der Energie verträgliche Observablen die z-Komponente und das Quadrat des Drehimpulses. Das Spektrum dieser Operatoren wurde ausführlich in Abschn. 27.6 diskutiert, und wir werden uns die dort gewonnenen Ergebnisse zunutze machen. Für ein Potenzial $V(|\boldsymbol{x}|)$ ist zusätzlich die Parität eine Erhaltungsgröße.

Quantenzahlen für kugelsymmetrische Potenziale

Die Größen $\hat{H}$, $\hat{\boldsymbol{L}}^2$, $\hat{L}_3$ und $\hat{P}$ bilden einen vollständigen Satz von verträglichen Observablen für ein rotationssymmetrisches Potenzial, $V = V(r)$. Die gemeinsamen Eigenfunktionen dieser verträglichen Observablen bezeichnen wir mit $|E\ell m\rangle$. Sie erfüllen die Eigenwertgleichungen

$$\begin{aligned} \hat{H}\,|E\ell m\rangle &= E\,|E\ell m\rangle\,, \\ \hat{\boldsymbol{L}}^2\,|E\ell m\rangle &= \hbar^2\ell(\ell+1)\,|E\ell m\rangle\,, \\ \hat{L}_3\,|E\ell m\rangle &= \hbar m\,|E\ell m\rangle\,. \end{aligned} \tag{28.26}$$

In der Ortsdarstellung haben sie die Form

$$\psi_{E\ell m}(\boldsymbol{x}) = \langle \boldsymbol{x}\,|E\ell m\rangle = R_{E\ell}(r)Y_{\ell m}(\vartheta,\varphi)\,, \tag{28.27}$$

wobei wir schon vorweggenommen haben, dass die Radialfunktionen $R_{E\ell}(r)$ nicht von der magnetischen Quantenzahl abhängen. In Abschn. 27.6 wurde gezeigt, dass die Kugelflächenfunktionen $Y_{\ell m}$ eine feste Parität haben, sodass gilt:

$$\psi_{E\ell m}(-\boldsymbol{x}) = (-)^{\ell}\,\psi_{E\ell m}(\boldsymbol{x})\,. \tag{28.28}$$

Die Eigenfunktionen mit (un)geradem ℓ sind (un)gerade bei einer Spiegelung am Ursprung.

Radiale Schrödinger-Gleichung

Nun setzen wir die Funktionen (28.27) mit gegebener Winkelabhängigkeit in die Schrödinger-Gleichung mit Hamilton-Operator (28.25) ein. Für ein kugelsymmetrisches Potenzial erhält man dann eine *gewöhnliche* Differenzialgleichung zweiter Ordnung für den radialen Anteil $R_{E\ell}(r)$ der Wellenfunktion bzw. die skalierte radiale Wellenfunktion $u_{E\ell}(r) = rR_{E\ell}(r)$.

Radiale Schrödinger-Gleichung

Der radiale Anteil $R_{E\ell}(r)$ der Wellenfunktion in (28.27) erfüllt die radiale Schrödinger-Gleichung

$$-R''_{E\ell} - \frac{2R'_{E\ell}}{r} + \frac{2\mu}{\hbar^2}\left(V_{\text{eff}}(r) - E\right)R_{E\ell} = 0\,. \tag{28.29}$$

mit dem effektiven Potenzial

$$V_{\text{eff}}(r) = V(r) + \frac{\hbar^2}{2\mu}\frac{\ell(\ell+1)}{r^2}\,. \tag{28.30}$$

Die skalierte Funktion $u_{E\ell}(r) = rR_{E\ell}(r)$ gehorcht der äquivalenten Gleichung

$$-u''_{E\ell} + \frac{2\mu}{\hbar^2}\left(V_{\text{eff}}(r) - E\right)u_{E\ell} = 0\,. \tag{28.31}$$

Das effektive Potenzial $V_{\text{eff}}(r)$ wurde bereits in Abschn. 3.2 bei der Behandlung des Zweikörperproblems in der klassischen Mechanik eingeführt. In der Quantenmechanik ist der quadrierte Drehimpuls allerdings quantisiert und nimmt nur die Werte $\hbar^2\ell(\ell+1)$ an.

Frage 4

Setzen Sie den Ansatz (28.27) in die Schrödinger-Gleichung ein und überzeugen Sie sich davon, dass die radiale Wellenfunktion $R_{E\ell}$ die radiale Schrödinger-Gleichung (28.29) und $u_{E\ell}$ die dazu äquivalente Gleichung (28.31) erfüllt.

Die radiale Schrödinger-Gleichung ist eine eindimensionale Schrödinger-Gleichung auf der positiven Halbachse $\mathbb{R}_+$. Somit gelten viele der in Kap. 26 gewonnenen Resultate über eindimensionale Systeme, z. B. das Knotentheorem. Wegen der Zentrifugalbarriere $\ell(\ell+1)/r^2$ werden, ähnlich wie in der klassischen Mechanik, Teilchen mit nicht verschwindendem Drehimpuls vom Ursprung ferngehalten. Somit sollten Wellenfunktionen mit Drehimpuls $\ell > 0$ am Ursprung verschwinden. Wegen der Zentrifugalbarriere ist die Differenzialgleichung singulär am Ursprung. Aber trotz der singulären Koeffizientenfunktion $\ell(\ell+1)/r^2$ ist die radiale Schrödinger-Gleichung immer noch eine Differenzialgleichung vom Fuchs'schen Typ. Diese in der Physik oft auftretende Klasse von Differenzialgleichungen wird im „Mathematischen Hintergrund" 28.1 kurz besprochen.

Verhalten der Lösungen für große und kleine Radien

Bei der Suche der Eigenfunktionen und Energien der gebundenen Zustände sollte man beachten, dass für eine Lösung $\psi_{E\ell m}(\boldsymbol{x})$ der Schrödinger-Gleichung im Hilbert-Raum $L_2(\mathbb{R}^3)$ die Integrale

$$\|\psi_{E\ell m}\|^2 = \int_0^\infty \mathrm{d}r\, r^2|R_{E\ell}|^2 = \int_0^\infty \mathrm{d}r\,|u_{E\ell}|^2 \tag{28.32}$$

endlich sein müssen. Hier haben wir ausgenutzt, dass die Kugelflächenfunktionen auf der Einheitssphäre auf eins normiert

Teil III

28.1 Mathematischer Hintergrund: Frobenius-Sommerfeld-Methode Verallgemeinerte Potenzreihenansätze

Mit der Methode von Frobenius und Sommerfeld ist es möglich, gewöhnliche Differenzialgleichungen der Form

$$y'' + p(z)y' + q(z)y = 0$$

zu lösen (Furlan 1995). Hierbei sind $p(z)$ und $q(z)$ meromorphe Funktionen, für die $(z - z_0)p(z)$ bzw. $(z - z_0)^2q(z)$ als analytisch in einer Umgebung jedes Punktes z_0 vorausgesetzt werden.

Fuchs'sche Differenzialgleichung Besitzt obige Differenzialgleichung meromorphe Koeffizientenfunktionen $p(z)$ und $q(z)$, wobei die Singularitäten Pole maximal erster und zweiter Ordnung sind, so nennt man die Differenzialgleichung auch *Fuchs'sche Differenzialgleichung*.

Fuchs'scher Satz In der Literatur ist der Satz von Fuchs auch als Frobenius-Sommerfeld-Methode bekannt. Dies ist eine Lösungsmethode, um Differenzialgleichungen der obigen Art zu lösen. Die Idee ist, die Lösungen in der Form

$$y(z) = (z - z_0)^\alpha \sum_{k=0}^{\infty} y_k \cdot (z - z_0)^k$$

zu schreiben. Nun setzt man diesen Ansatz in die Differenzialgleichung ein und bestimmt den Exponenten α und die Koeffizienten y_k durch einen Koeffizientenvergleich. Dies führt auf eine Rekursionsrelation für die Koeffizienten, die y_k im Allgemeinen durch y_0 und eventuell noch y_1 vollständig bestimmt.

Der Fuchs'sche Satz sagt nun aus, dass die Potenzreihe für $y(z)$ in einer Umgebung von z_0 konvergiert. Der Konvergenzradius ist gleich dem Minimum der Konvergenzradien der Reihen für die bei z_0 analytischen Funktionen $(z - z_0)p(z)$ und $(z - z_0)^2q(z)$.

Beispiel Die im „Mathematischen Hintergrund" 16.1 behandelte Bessel'sche Differenzialgleichung

$$z^2y'' + zy' + (z^2 - n^2)y = 0$$

ist ein wichtiges Beispiel für eine Fuchs'sche Differenzialgleichung.

Frage 5

Überzeugen Sie sich davon, das der verallgemeinerte Potenzreihenansatz mit $z_0 = 0$ für $\alpha = n$ und

$$y_{2k} = -\frac{1}{4k(k+n)} y_{2k-2}, \quad y_{2k+1} = 0$$

mit $k = 0, 1, 2, \ldots$ erfüllt ist. Was ist der Konvergenzradius der verallgemeinerten Konvergenzreihe?

Weitere Beispiele sind die in Abschn. 13.3 bzw. im „Mathematischen Hintergrund" 28.2 auftretende Legendre'sche bzw. Laguerre'sche Differenzialgleichung.

Literatur

- Furlan, P.: Das gelbe Rechenbuch, Bd. 3., Verlag Martina Furlan (1995)

sind. Eine Wellenfunktion $\psi_{E\ell m}$ wird nur quadratintegrabel sein, wenn $u_{E\ell}$ in der Nähe des Ursprungs nicht zu singulär ist, d. h., wenn es eine positive Zahl ε gibt, sodass gilt:

$$|u_{E\ell}(r)| < c\, r^{-\frac{1}{2}+\varepsilon} \quad \text{für} \quad r \to 0 \tag{28.33}$$

mit einer positiven Konstanten c. Weit weg vom Ursprung müssen die radialen Wellenfunktionen $u_{E\ell}$ genügend schnell abfallen, d. h., es müssen positive Zahlen ε' und c' existieren mit

$$|u_{E\ell}(r)| < c'\, r^{-\frac{1}{2}-\varepsilon'} \quad \text{für} \quad r \to \infty\,. \tag{28.34}$$

Frage 6

Überlegen Sie sich, dass die beiden letzten Bedingungen ausreichen, damit $u_{E\ell}$ für kleine und große r quadratintegrabel ist.

Wir werden nun das asymptotische Verhalten von Lösungen der radialen Schrödinger-Gleichung für kleine und große Radien untersuchen. Dabei werden wir voraussetzen, dass das Potenzial am Ursprung genügend regulär ist und im Unendlichen genügend schnell abfällt. Ist z. B. das Integral von $(r + r^2)V(r)$ endlich, kann man die Verhalten (28.36) und (28.40) für große und kleine Radien streng beweisen. Das nicht enthaltene Coulomb-Problem wird anschließend gesondert behandelt.

Da für *große Radien* das Potenzial gegen null strebt, gilt

$$u''_{E\ell} + \frac{2\mu E}{\hbar^2} u_{E\ell} \to 0 \quad \text{für} \quad r \to \infty\,. \tag{28.35}$$

Somit haben die beschränkten Lösungen die asymptotische Form

$$u_{E\ell} \to \begin{cases} \mathrm{e}^{\pm \mathrm{i}kr} & \text{für } E = +\hbar^2k^2/2\mu > 0 \\ \mathrm{e}^{-kr} & \text{für } E = -\hbar^2k^2/2\mu < 0\,. \end{cases} \tag{28.36}$$

Für positive Energien sind die Lösungen offensichtlich nicht quadratintegrabel.

Verhalten für große r

Strebt das Potenzial $V(r)$ für große Radien gegen null, dann sind die Energien der gebundenen Zustände negativ.

Für *kleine Radien* hat eine Lösung der Fuchs'schen Differenzialgleichung (28.31) die konvergente Entwicklung

$$u_{E\ell}(r) = r^\alpha\,(1 + a_1 r + \ldots)\,. \qquad (28.37)$$

Setzen wir dies in die radiale Schrödinger-Gleichung (28.31) ein, so folgt für ein am Ursprung nicht zu singuläres Potenzial, das $\lim_{r\to 0} r^2 V(r) = 0$ erfüllt, die Bedingung

$$[\alpha(\alpha-1) - \ell(\ell+1)]\, r^{\alpha-2} + O\left(r^{\alpha-2}\right) = 0\,. \qquad (28.38)$$

Insbesondere treten weder das Potenzial noch die Energie in diesem für $r \to 0$ singulärsten Term auf.

Frage 7

Führen Sie diese kurze Rechnung durch.

Der Koeffizient von $r^{\alpha-2}$ muss verschwinden, und die daraus folgende quadratische Gleichung für den Exponenten α hat die beiden Lösungen

$$\alpha = \ell + 1 \quad \text{und} \quad \alpha = -\ell\,. \qquad (28.39)$$

Die Lösungen mit $\alpha = -\ell$ sind am Ursprung singulär, $\psi_{E\ell m} \sim r^{-\ell-1}$, und für $\ell = 1, 2, 3, \ldots$ nicht normierbar.

Achtung Im Sektor mit $\ell = 0$ scheint es zwei linear unabhängige normierbare Lösungen zu geben. Aber für $\alpha = -\ell = 0$ ist $\psi \propto u_{E0}/r \propto 1/r$ für kleine r, und man erhält tatsächlich keine zulässige Lösung der kompletten Schrödinger-Gleichung, da der Term $\Delta\,(1/r) \propto \delta^3(\boldsymbol{x})$ durch keinen anderen Term in der Gleichung kompensiert werden kann. Als Folge kann $\hat{H}$ nur dann (wesentlich) selbstadjungiert sein, wenn die Wellenfunktionen am Ursprung weniger singulär als $r^{-1/2}$ sind (Großmann 1988). ◀

Verhalten am Ursprung

Für jeden Drehimpuls ist nur die Lösung mit $\alpha = \ell + 1$ realisiert, und diese hat das asymptotische Verhalten

$$R_{E\ell} = \frac{u_{E\ell}}{r} \sim r^\ell\,(1 + a_1 r + \ldots) \quad \text{für } r \to 0\,. \qquad (28.40)$$

Somit verschwinden alle Lösungen mit $\ell > 0$ am Ursprung. Nur die Lösung mit $\ell = 0$, für welche die Zentrifugalbarriere verschwindet, ist am Ursprung ungleich null.

28.2 Kugelförmiger Potenzialtopf

Das uendlich tiefe kugelsymmetrische Topfpotenzial

$$V(r) = \begin{cases} 0 & \text{für } r \le a \\ \infty & \text{für } r > a \end{cases} \qquad (28.41)$$

beschreibt ein in eine Kugel mit Radius a eingeschlossenes Teilchen oder die Relativbewegung zweier Teilchen, die bei kleinen Abständen nicht wechselwirken, sich aber nie mehr als eine Distanz a voneinander entfernen können. Die Energieniveaus im unendlichen Potenzialtopf sind von Bedeutung für die in Atomen und Kernen beobachtete Schalenstruktur und sollen nun berechnet werden.

Eigenfunktionen

Die Energien der gebundenen Zustände sind nichtnegativ, da das Potenzial diese Eigenschaft hat. Setzt man nun für positive Energien wie in (28.36) $E = \hbar^2 k^2/2\mu$ mit der Wellenzahl k, dann lautet die radiale Schrödinger-Gleichung (28.29) innerhalb des Topfes (wir unterdrücken den Index E) wie folgt:

$$R''_\ell(r) + \frac{2}{r}R'_\ell(r) - \frac{\ell(\ell+1)}{r^2}R_\ell(r) + k^2 R_\ell(r) = 0\,. \qquad (28.42)$$

Radiale Eigenfunktionen

Setzt man in dieser Fuchs'schen Differenzialgleichung $kr = x$, gewinnt man die Bessel'sche Differenzialgleichung

$$x^2 R''_\ell(x) + 2x R'_\ell(x) + \left(x^2 - \ell(\ell+1)\right) R_\ell(x) = 0 \qquad (28.43)$$

für R_ℓ als Funktion der dimensionslosen Variablen x.

Die Lösungen sind die *sphärischen Bessel-Funktionen* erster und zweiter Art. Die speziellen Funktionen j_ℓ und y_ℓ wurden im „Mathematischen Hintergrund" 16.1 eingeführt und in Abschn. 19.4, bei der Diskussion der Multipolstrahlung, eingesetzt. Dort findet man auch die Formel von Rayleigh,

$$\begin{aligned} j_\ell(x) &= (-1)^\ell x^\ell \left(\frac{1}{x}\frac{\mathrm{d}}{\mathrm{d}x}\right)^\ell \left(\frac{\sin x}{x}\right), \\ y_\ell(x) &= (-1)^{\ell+1} x^\ell \left(\frac{1}{x}\frac{\mathrm{d}}{\mathrm{d}x}\right)^\ell \left(\frac{\cos x}{x}\right), \end{aligned} \qquad (28.44)$$

und die Wronski-Determinante der Lösungen j_ℓ und y_ℓ. Da diese nicht verschwindet, bilden j_ℓ und y_ℓ ein linear unabhängiges System (ein Fundamentalsystem) von Lösungen (siehe hierzu auch die Ausführungen im „Mathematischen Hintergrund" 6.1).

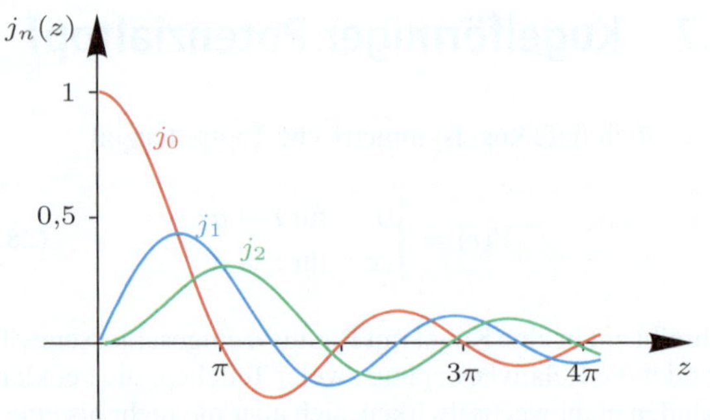

Abb. 28.2 Die regulären sphärischen Bessel-Funktionen j_0, j_1, j_2

Für kleine Argumente x verhalten sich die sphärischen Bessel-Funktionen wie folgt:

$$\begin{aligned} j_\ell(x) &\to \frac{x^\ell}{1\cdot 3\cdot 5\cdots(2\ell+1)}\,, \\ y_\ell(x) &\to -\frac{1\cdot 3\cdot 5\cdots(2\ell-1)}{x^{\ell+1}}\,, \end{aligned} \tag{28.45}$$

in Übereinstimmung mit unseren allgemeinen Resultaten über die asymptotische Form der radialen Wellenfunktionen für $r \to 0$. Die j_ℓ sind reguläre und die y_ℓ singuläre Lösungen der Bessel'schen Differenzialgleichung. Bis auf j_0 verschwinden alle regulären Lösungen am Ursprung.

Für große Argumente beschreiben diese Lösungen gedämpfte Schwingungen mit unendlich vielen Knoten:

$$\begin{aligned} j_\ell(x) &\sim \frac{1}{x}\sin\left(x-\frac{\ell\pi}{2}\right), \\ y_\ell(x) &\sim -\frac{1}{x}\cos\left(x-\frac{\ell\pi}{2}\right). \end{aligned} \tag{28.46}$$

Ihre Amplituden streben für große Radien wie $1/x$ gegen null.

Die regulären Lösungen zu den drei kleinsten Bahndrehimpulsen lauten

$$\begin{aligned} j_0(x) &= \frac{\sin x}{x}\,, \\ j_1(x) &= \frac{\sin x}{x^2} - \frac{\cos x}{x}\,, \\ j_2(x) &= \left(\frac{3}{x^3}-\frac{1}{x}\right)\sin x - \frac{3\cos x}{x^2}\,, \end{aligned} \tag{28.47}$$

und diese sind in Abb. 28.2 gezeigt.

Eigenfunktionen im Topf

Die am Ursprung reguläre Eigenfunktion der zeitunabhängigen freien Schrödinger-Gleichung mit festem Bahndrehimpuls ℓ und magnetischer Quantenzahl m lautet

$$\psi_{E\ell m}(r,\vartheta,\varphi) = A\, j_\ell(kr) Y_{\ell m}(\vartheta,\varphi)\,, \quad E = \frac{\hbar^2}{2\mu}k^2\,. \tag{28.48}$$

Tab. 28.1 Die spektroskopische Bezeichnung der verschiedenen Bahndrehimpuls-Eigenzustände

ℓ	0	1	2	3
Symbol	s	p	d	f
Bedeutung	scharf	prinzipal	diffus	fundamental

Energiespektrum

Außerhalb des unendlich hohen Potenzialtopfes, d. h. für $r \geq a$, muss die Wellenfunktion verschwinden. Da sie stetig sein muss, folgt für jeden Bahndrehimpuls die Dirichlet-Randbedingung

$$j_\ell(ka) = 0\,. \tag{28.49}$$

Diese ist verantwortlich für die Quantisierung der Energien. Dazu ordnen wir für jedes feste $\ell \in \mathbb{N}_0$ die reellen Nullstellen von $j_\ell(x)$ nach ihrer Größe:

$$0 < x_{1,\ell} < x_{2,\ell} < x_{3,\ell} < \ldots \tag{28.50}$$

Für jeden Drehimpuls gibt es also unendlich viele Wellenzahlen $k_{n,\ell} = x_{n,\ell}/a$, für welche die Wellenfunktion am Topfrand verschwindet. Damit lautet die Quantisierungsbedingung (28.49)

$$E_{n\ell} = \frac{\hbar^2}{2\mu}k_{n,\ell} = \frac{\hbar^2}{2\mu a^2}x_{n\ell}^2\,. \tag{28.51}$$

In Anlehnung an das Spektrum des Wasserstoffatoms, das in Abschn. 28.3 behandelt wird, heißt $n \in \mathbb{N}$ Hauptquantenzahl. Für jeden Drehimpuls bestimmt die Hauptquantenzahl eindeutig die Energie eines Zustands. Statt $|E\ell m\rangle$ kann man einen gemeinsamen Eigenvektor also auch mit $|n\ell m\rangle$ bezeichnen.

Aus der optischen Spektroskopie entstammen die Symbole für die Drehimpulse in Tab. 28.1. Für größere Drehimpulse fährt man in alphabetischer Ordnung fort: Zustände mit den Drehimpulsen $4, 5, \ldots$ werden $g, h, \ldots$ Zustände genannt. Dann bezeichnet man z. B. die drei Zustände mit Hauptquantenzahl 2 und Drehimpuls 1 als 2p-Zustände.

Frage 8

Warum existieren (mindestens) drei 2p-Zustände?

Für jede Hauptquantenzahl n und jeden Drehimpuls ℓ existieren $2\ell + 1$ Zustände $|n\ell m\rangle$ mit verschiedenen Werten der magnetischen Quantenzahl m. Deshalb existieren drei Zustände mit $\ell = 1$, also drei p-Zustände.

Tab. 28.2 Nullstellen der sphärischen Bessel-Funktionen, die zu den sechs niedrigsten Energien im unendlich hohen kugelsymmetrischen Potenzialtopf gehören

Zustand	1s	1p	1d	2s	1f	2p
n	1	1	1	2	1	2
ℓ	0	1	2	0	3	1
$x_{n\ell}$	3,142	4,493	5,763	6,283	6,988	7,725

In Tab. 28.2 sind diejenigen Nullstellen der Bessel-Funktionen j_ℓ angegeben, die zu den sechs tiefsten Zuständen Anlass geben.

28.3 Gebundene Zustände des Wasserstoffatoms

In diesem Abschnitt untersuchen wir die Wechselwirkung zwischen zwei nichtrelativistischen geladenen Punktteilchen, deren Wechselwirkung durch das kugelsymmetrische Coulomb-Potenzial

$$V(r) = \frac{q_1 q_2}{r}, \quad r = |\boldsymbol{x}| = |\boldsymbol{x}_1 - \boldsymbol{x}_2| \tag{28.52}$$

beschrieben wird. Für wasserstoffähnliche Ionen ist das Produkt $q_1 q_2$ der beiden Ladungen proportional zur Kernladungszahl, $q_1 q_2 = -Ze^2$. Die Kernladungszahl Z ist 1 für Wasserstoffatome und 92 für wasserstoffähnliche Uranionen U^{92+}.

Die Energieeigenfunktionen für das Coulomb-Problem lauten

$$\psi_{E\ell m}(\boldsymbol{x}) = \frac{u_{E\ell}(r)}{r} Y_{\ell m}(\vartheta, \varphi), \tag{28.53}$$

wobei der radiale Anteil $u_{E\ell}$ die radiale Schrödinger-Gleichung (28.31) mit dem Coulomb-Potenzial löst:

$$\frac{\mathrm{d}^2 u_{E\ell}}{\mathrm{d}r^2} - \frac{\ell(\ell+1)}{r^2} u_{E\ell} + \frac{2\mu}{\hbar^2}\left(\frac{Ze^2}{r} + E\right) u_{E\ell} = 0. \tag{28.54}$$

Es ist zweckmäßig, in dieser Gleichung zu dimensionslosen Größen überzugehen.

Charakteristische Länge und Energie

Für das Wasserstoffatom sind die reduzierte Masse und Elektronenmasse beinahe gleich,

$$\mu = \left(\frac{m_\mathrm{p}}{m_\mathrm{p} + m_\mathrm{e}}\right) m_\mathrm{e} = 0{,}999\,455\,679\, m_\mathrm{e} \approx m_\mathrm{e}, \tag{28.55}$$

und wir werden deshalb in den folgenden Betrachtungen die reduzierte Masse durch die Elektronenmasse ersetzen. Die kleinen Isotopieverschiebungen aufgrund von endlichen Kernmassen werden in Aufgabe 28.4 diskutiert.

Zuerst führen wir die natürliche atomare Längeneinheit ein, den *Bohr-Radius*

$$a_\mathrm{B} = \frac{\hbar^2}{m_\mathrm{e} e^2} \approx 0{,}052\,918\ \mathrm{nm} = 0{,}529\,18\ \text{Å} \tag{28.56}$$

sowie die *Rydberg-Energie*

$$\mathrm{Ry} = \frac{e^2}{2a_\mathrm{B}} = \frac{1}{2} m_\mathrm{e} c^2 \alpha^2 \approx 13{,}605\,693\ \mathrm{eV}, \tag{28.57}$$

worin α die Sommerfeld'sche Feinstrukturkonstante ist. Im Folgenden messen wir Längen und Energien in den angepassten Einheiten definiert durch a_B und Ry. Setzen wir insbesondere

$$\rho = \frac{r}{a_\mathrm{B}} \quad \text{und} \quad \varepsilon = \frac{E}{\mathrm{Ry}}, \tag{28.58}$$

dann schreibt sich die radiale Schrödinger-Gleichung (28.54) mit diesen dimensionslosen Größen gemäß

$$\left(\frac{\mathrm{d}^2}{\mathrm{d}\rho^2} + \varepsilon + \frac{2Z}{\rho} - \frac{\ell(\ell+1)}{\rho^2}\right) u_{E\ell}(\rho) = 0. \tag{28.59}$$

Frage 9

Zeigen Sie, dass die radiale Schrödinger-Gleichung (28.54) mit dimensionslosen Größen diese einfache Form annimmt.

Im vorangehenden Abschnitt haben wir uns davon überzeugt, dass gebundene Zustände negative Energien haben. Deshalb setzen wir bei der Untersuchung der gebundenen Zustände

$$\varepsilon = -\kappa^2 < 0. \tag{28.60}$$

Lösung mit der Frobenius-Sommerfeld-Methode

Für große ρ, d. h. für viele Bohr-Radien weg vom Atomkern, hat eine normierbare Lösung der Fuchs'schen Differenzialgleichung (28.59) die asymptotische Form

$$u_{E\ell}(\rho) \sim a\, \mathrm{e}^{-\kappa\rho} \quad \text{für} \quad \rho \to \infty. \tag{28.61}$$

Nach den Ergebnissen in Abschn. 28.1 hat eine reguläre Lösung in Kernnähe die konvergente Reihenentwicklung

$$u_{E\ell}(\rho) = \rho^{\ell+1} \sum_{s=0}^{\infty} a_s \rho^s \quad \text{für} \quad \rho \to 0. \tag{28.62}$$

Wir berücksichtigen nun das bekannte asymptotische Verhalten für große und kleine ρ und schreiben den Ansatz

$$u_{E\ell}(\rho) = \mathrm{e}^{-\kappa\rho} \rho^{\ell+1} \sum_{s=0}^{\infty} a_s \rho^s \tag{28.63}$$

mit zu bestimmenden Entwicklungskoeffizienten a_n. Nun setzen wir (28.63) in die dimensionslose radiale Schrödinger-Gleichung (28.59) ein, wobei wir uns an $\varepsilon = -\kappa^2$ erinnern. Nach dem Fuchs'schen Satz (siehe den „Mathematischen Hintergrund" 28.1) muss dies zu einer Lösung dieser Gleichung führen. In Aufgabe 28.3 wird die Rekursionsrelation für die Koeffizienten a_s bestimmt.

Rekursionsrelation

Die Koeffizienten einer Lösung sind durch folgende einstufige Rekursionsrelation verbunden:

$$a_{s+1} = \frac{2}{s+1} \frac{\kappa(s+\ell+1) - Z}{s+2\ell+2} a_s \,. \qquad (28.64)$$

Der Koeffizient a_0 der kleinsten Potenz bestimmt offensichtlich alle anderen Koeffizienten und damit die Lösung der radialen Schrödinger-Gleichung.

Würde die Reihe (28.63) nicht abbrechen, dann würde s beliebig groß werden. Für $s \to \infty$ vereinfacht sich die Rekursionsrelation (28.64) zu

$$a_{s+1} \to \frac{2\kappa}{s} a_s \approx \frac{(2\kappa)^{s+1}}{s!} a_0 \,, \qquad (28.65)$$

und entsprechend erhält man

$$\sum a_s \rho^s \to a_0 e^{2\kappa\rho} \,. \qquad (28.66)$$

Damit würde die radiale Wellenfunktion $u_{E\ell} \sim \rho^{\ell+1} e^{\kappa\rho}$ für große Radien exponentiell anwachsen.

Frage 10

Vollziehen Sie diesen Gedankengang nach und überprüfen Sie das Resultat (28.66).

Quantisierung der Energie und Termschema

Um dieses unbeschränkte Anwachsen der radialen Funktion zu vermeiden, muss die Potenzreihe in (28.63) abbrechen. Die Reihe bricht bei dem Glied mit $s = s_*$ genau dann ab, wenn der Zähler in (28.64) für s_* verschwindet, d. h., wenn

$$\kappa(s_* + \ell + 1) = Z \quad \text{für ein } s_* \in \mathbb{N}_0 \qquad (28.67)$$

gilt. Dies ist eine Quantisierungsbedingung für die Konstante κ bzw. für die dimensionslose Energie $\varepsilon = -\kappa^2$. Dies bedeutet, dass die Energie der gebundenen Zustände nur folgende Werte annehmen kann:

$$\frac{E}{\text{Ry}} = -\kappa^2 = -\frac{Z^2}{(s_* + \ell + 1)^2} \,. \qquad (28.68)$$

Tab. 28.3 Spektroskopische Benennung und Entartung der Zustände im Wasserstoffatom mit Hauptquantenzahlen $n = 1, 2$ und 3

n	ℓ	s_*	Bezeichnung	Entartung
1	0	0	1s	1
2	0	1	2s	1
2	1	0	2p	3
3	0	2	3s	1
3	1	1	3p	3
3	2	0	3d	5

Energien von wasserstoffähnlichen Ionen

Die Energien der gebundenen Zustände in wasserstoffähnlichen Ionen sind

$$E_n = -\frac{Z^2}{n^2}\text{Ry} \approx -\frac{Z^2}{n^2} \cdot 13{,}606\,\text{eV}, \quad n \in \mathbb{N}\,, \quad (28.69)$$

wobei die natürliche Zahl $n = s_* + \ell + 1$ *Hauptquantenzahl* heißt. Die Summen in (28.63) brechen ab und definieren Polynome vom Grad s_*.

In der spektroskopischen Bezeichnung der gebundenen Zustände werden anstelle der Drehimpulsquantenzahl ℓ wieder die Symbole in Tab. 28.2 verwendet. Quantenzahlen, Bezeichnung und Entartung der 14 niedrigsten Zustände im Wasserstoffatom sind in Tab. 28.3 aufgeführt.

Alle Zustände mit fester Hauptquantenzahl haben die gleiche Energie. Da s_* irgendein Element in $\mathbb{N}_0$ sein kann, wird die Drehimpulsquantenzahl $\ell = n - (s_* + 1)$ die Werte $n-1, n-2, \ldots 0$ durchlaufen. Zu jedem ℓ gibt es bekanntlich $2\ell + 1$ verschiedene Zustände, charakterisiert durch ihre magnetische Quantenzahl, sodass zu jedem Niveau mit Hauptquantenzahl n genau

$$\sum_{\ell=0}^{n-1} (2\ell + 1) = n^2 \qquad (28.70)$$

Zustände gehören.

Frage 11

Man überprüfe die Summenformel (28.70).

Entartung der Energien

Die Energie E_n in (28.69) mit Hauptquantenzahl $n \in \mathbb{N}$ hat die Entartung n^2.

Das Termschema des Wasserstoffatoms ist in Abb. 28.3 zu sehen. Der Grundzustand mit minimaler Energie hat die Hauptquantenzahl $n = 1$ und entsprechend den Bahndrehimpuls $\ell = 0$. Die Grundzustandsenergie ist nicht entartet. Dagegen gibt es $1 + 3 = 4$ angeregte Zustände mit Hauptquantenzahl 2.

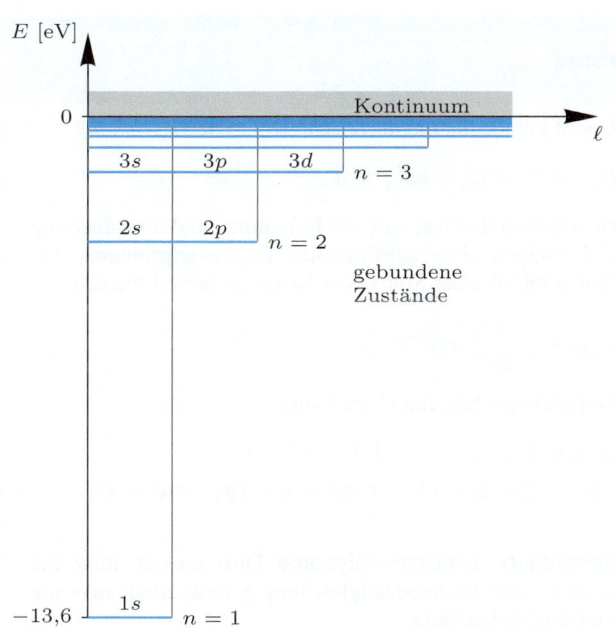

Abb. 28.3 Termschema des Wasserstoffatoms

Dies sind der 2s-Zustand ohne Drehimpuls und die drei 2p-Zustände mit Drehimpuls $\ell = 1$.

Die Spektrallinien des Wasserstoffatoms entstehen durch Übergänge zwischen Zuständen mit verschiedenen Hauptquantenzahlen: Balmer-Linien durch Übergänge zwischen Zuständen mit $n > 2$ und dem Zustand mit $n = 2$, Lyman-Linien durch Übergänge zwischen Zuständen mit $n > 1$ und dem Grundzustand mit $n = 1$ (siehe auch die Ausführungen in Abschn. 21.4).

Eigenfunktionen

Schreiben wir die Quantisierungsbedingung (28.67) in der Form $\kappa = Z/n$ und berücksichtigen wir $s_* = n-\ell-1$, dann sehen wir, dass die radialen Wellenfunktionen im Coulomb-Feld folgende Form haben:

$$R_{n\ell}(\rho) = \frac{u_{n\ell}(\rho)}{\rho} = \mathrm{e}^{-Z\rho/n}\rho^\ell \sum_{s=0}^{n-\ell-1} a_s\,\rho^s \qquad (28.71)$$

mit $\rho = r/a_\mathrm{B}$ und der Rekursionsrelation

$$a_{s+1} = \frac{2Z}{n}\left(\frac{s+\ell+1-n}{(s+1)(s+2+2\ell)}\right) a_s\,, \qquad (28.72)$$

wobei das positive gewählte a_0 durch die Normierungsbedingung fixiert ist. Man beachte, dass die Exponentialfunktion mit wachsender Kernladungszahl oder mit abnehmender Hauptquantenzahl schneller abfällt.

Frage 12

Weshalb folgt aus dem in Kap. 26 besprochenen Knotentheorem, dass die Lösung $R_{n\ell}$ genau $n - \ell - 1$ Knoten hat? Dazu überlegt man sich, was der k'te angeregte Zustand in einem festen Drehimpulssektor ist.

Das durch die Summe in (28.71) definierte Polynom vom Grad $n - \ell - 1$ hat also alle Knoten auf der positiven reellen Achse. Unabhängig von ℓ hat das Polynom

$$\rho^\ell \sum_{s=0}^{n-\ell-1} a_s\,\rho^s \qquad (28.73)$$

in (28.71) den Grad $n - 1$. Neben den $n - \ell - 1$-Knoten auf der positiven reellen Achse hat es eine Nullstelle der Ordnung ℓ am Ursprung. Deshalb können nur Elektronen in den s-Zuständen, die keine Zentrifugalbarriere zu überwinden haben, an den Ort des Kerns gelangen.

Die Lösungen der radialen Schrödinger-Gleichung (28.59) enthalten die zugeordneten Laguerre-Polynome, die im „Mathematischen Hintergrund" 28.2 besprochen werden. Um dies einzusehen, skalieren wir die radiale Variable gemäß

$$\rho = \frac{x}{2\kappa}\,. \qquad (28.74)$$

Dann lautet die radiale Schrödinger-Gleichung (28.59) wie folgt:

$$\left(\frac{\mathrm{d}^2}{\mathrm{d}x^2} - \frac{1}{4} + \frac{Z}{\kappa\,x} - \frac{\ell(\ell+1)}{x^2}\right) u_{E\ell} = 0\,. \qquad (28.75)$$

Im nächsten Schritt spalten wir wieder das bekannte asymptotische Verhalten der gebundenen Zustände ab und schreiben

$$u_{E\ell}(x) = \mathrm{e}^{-x/2} x^{\ell+1} G_{n\ell}(x)\,. \qquad (28.76)$$

Setzen wir dies in (28.75) ein und berücksichtigen noch die Quantisierungsbedingung $Z/\kappa = n$, finden wir für G_{nl} die Gleichung

$$\left(x\frac{\mathrm{d}^2}{\mathrm{d}x^2} + (2\ell+2-x)\frac{\mathrm{d}}{\mathrm{d}x} + (n-\ell-1)\right) G_{nl}(x) = 0\,. \qquad (28.77)$$

Diese geht in die Differenzialgleichung für die zugeordneten Laguerre-Polynome $L_m^{(p)}$ über, wenn wir

$$s = n+\ell\,, \quad p = 2\ell+1 \qquad (28.78)$$

setzen (siehe den „Mathematischen Hintergrund" 28.2). Macht man die Variablenänderung (28.74) wieder rückgängig, dann erhält man für die radialen Funktionen $R_{E\ell} = u_{E\ell}/\rho$ eine Darstellung in Abhängigkeit der Laguerre-Polynome.

28.2 Mathematischer Hintergrund: Laguerre-Polynome

Die Lösungen der radialen Schrödinger-Gleichung enthalten die zugeordneten Laguerre-Polynome. Wir führen zunächst die Laguerre-Polynome und danach die ihnen zugeordneten Polynome ein, z. B. Szego (1939).

Laguerre-Polynome Man gewinnt die Laguerre-Polynome mit dem Gram-Schmidt'schen Orthogonalisierungsverfahren, angewandt auf die Monome $\{1, x, x^2, \dots\}$ im Hilbert-Raum $L_2(\mathbb{R}^+, \mathrm{e}^{-x}\mathrm{d}x)$ der reellen Funktionen auf $\mathbb{R}^+$ mit Skalarprodukt

$$\langle f, g\rangle = \int_0^\infty \mathrm{d}x\, \mathrm{e}^{-x} f(x) g(x) .$$

Achtung Wir normieren die Laguerre-Polynome gemäß $L_m(0) = m!$. Man findet aber auch die Normierung $L_m(0) = 1$. ◂

Ähnlich wie die Hermite-Polynome in Abschn. 26.3 können auch die Laguerre-Polynome erzeugt werden:

$$F_t(x) = \frac{1}{1-t}\exp\left(-\frac{xt}{1-t}\right) = \sum_{m=0}^{\infty} \frac{t^m}{m!} L_m(x) .$$

Die L_m sind offensichtlich Polynome vom Grad m. Um zu beweisen, dass sie orthogonal in $L_2(\mathbb{R}^+, \mathrm{e}^{-x}\mathrm{d}x)$ sind, setzt man im leicht berechenbaren Skalarprodukt

$$\langle F_t, F_s\rangle = \frac{1}{1-ts}$$

auf der linken Seite die Reihenentwicklungen für F_t und F_s ein und vergleicht mit der rechten Seite. Daraus folgt sofort

$$\langle L_m, L_{m'}\rangle = m!\,\delta_{m,m'} .$$

Die erzeugende Funktion F_t erfüllt die partielle Differenzialgleichung

$$\hat{D} F_t = t\frac{\partial F_t}{\partial t}$$

mit dem linearen Differenzialoperator

$$\hat{D} = -\mathrm{e}^x \frac{\mathrm{d}}{\mathrm{d}x}\left(x\mathrm{e}^{-x}\frac{\mathrm{d}}{\mathrm{d}x}\right) = -x\frac{\mathrm{d}^2}{\mathrm{d}x^2} - (1-x)\frac{\mathrm{d}}{\mathrm{d}x} .$$

Frage 13

Überzeugen Sie sich davon, dass der Differenzialoperator $\hat{D}$ hermitesch ist, d. h. $\langle f, \hat{D} g\rangle = \langle \hat{D} f, g\rangle$ gilt.

Entwickeln wir wieder beide Seiten der partiellen Differenzialgleichung in Potenzen von t, dann folgt eine Eigenwertgleichung für die Laguerre-Polynome:

$$\hat{D} L_m = m L_m .$$

Dies ist gerade die *Laguerre'sche Differenzialgleichung*

$$x L_m'' + (1-x) L_m' + m L_m = 0 .$$

Wie viele andere orthogonale Polynome sind also auch die L_m Lösungen eines hermiteschen Eigenwertproblems. Sie können mithilfe der *Rodrigues-Formel* generiert werden:

$$L_m(x) = \mathrm{e}^x \frac{\mathrm{d}^m}{\mathrm{d}x^m}\left(x^m \mathrm{e}^{-x}\right) .$$

Die Polynome bis zum Grad 3 sind

$$L_0(x) = 1 , \qquad L_1(x) = 1 - x ,$$
$$L_2(x) = 2 - 4x + x^2 , \quad L_3(x) = 6 - 18x + 9x^2 - x^3 .$$

Zugeordnete Laguerre-Polynome Differenziert man die Laguerre'sche Differenzialgleichung p mal, erhält man die Differenzialgleichung

$$\left(x\frac{\mathrm{d}^2}{\mathrm{d}x^2} + (p+1-x)\frac{\mathrm{d}}{\mathrm{d}x} + (m-p)\right) L_m^{(p)}(x) = 0$$

für die L_m *zugeordneten Laguerre-Polynome*

$$L_m^{(p)}(x) = \frac{\mathrm{d}^p}{\mathrm{d}x^p} L_m(x) \quad (p \le m) .$$

Die Polynome mit $m = 0, 1, 2$ sind

$$L_0^{(0)}(x) = 1 ,$$
$$L_1^{(0)}(x) = 1 - x , \quad L_1^{(1)}(x) = -1 ,$$
$$L_2^{(0)}(x) = 2 - 4x + x^2 , \quad L_2^{(1)}(x) = -4 + 2x , \quad L_2^{(2)}(x) = 2 .$$

Durch p-faches Differenzieren der erzeugenden Funktion F_t nach t gewinnt man die erzeugenden Funktionen der $L_m^{(p)}$:

$$G_t^{(p)}(x) = \frac{1}{1-t}\left(\frac{t}{t-1}\right)^p \mathrm{e}^{-xt/(1-t)} = \sum_{m=p}^{\infty} L_m^{(p)} \frac{t^m}{m!} .$$

Diese Funktion wird in Aufgabe 28.5 eine Rolle spielen.

Achtung Man findet auch die abweichende Definition $L_m^p = (-1)^p \frac{\mathrm{d}^p}{\mathrm{d}x^p} L_{m+p}$ für die zugeordneten Polynome. Die verschiedenen Definitionen werden auch dadurch unterschieden, dass einmal der obere Index eingeklammert wird und einmal nicht. ◂

Literatur

- Szego, G.: Orthogonal Polynomials. AMS, Vol. 23 (1939)

Teil III

Tab. 28.4 Die nach der Vorschrift (28.81) normierten radialen Wellenfunktionen im Wasserstoffatom mit Hauptquantenzahlen 1, 2, 3

Zustand	s_*	$R_{n\ell}(\rho)$
1s	0	$2\mathrm{e}^{-\rho}$
2s	1	$\frac{1}{2\sqrt{2}}(2-\rho)\,\mathrm{e}^{-\rho/2}$
2p	0	$\frac{1}{2\sqrt{6}}\rho\,\mathrm{e}^{-\rho/2}$
3s	2	$\frac{2}{81\sqrt{3}}(27-18\rho+2\rho^2)\,\mathrm{e}^{-\rho/3}$
3p	1	$\frac{4}{81\sqrt{6}}\rho\,(6-\rho)\,\mathrm{e}^{-\rho/3}$
3d	0	$\frac{4}{81\sqrt{30}}\rho^2\mathrm{e}^{-\rho/3}$

Radiale Eigenfunktionen

Die normierten radialen Eigenfunktionen sind

$$R_{n\ell}(\rho) = -N_{n\ell}\,\mathrm{e}^{-Z\rho/n}\left(\frac{2Z\rho}{n}\right)^{\ell} L_{n+\ell}^{(2\ell+1)}\left(\frac{2Z\rho}{n}\right) \quad (28.79)$$

mit den *zugeordneten Laguerre-Polynomen* $L_{n+\ell}^{(2\ell+1)}$. Der quadrierte Normierungsfaktor ist

$$N_{n\ell}^2 = \left(\frac{2Z}{n}\right)^3 \frac{(n-\ell-1)!}{2n[(n+\ell)!]^3}\,. \quad (28.80)$$

Der Normierungsfaktor $N_{n\ell}$ wird in Aufgabe 28.5 bestimmt.

Die nach der Vorschrift

$$\int_0^\infty \mathrm{d}\rho\,\rho^2 R_{n\ell}^2(\rho) = 1\,, \quad \rho = r/a_\mathrm{B} \quad (28.81)$$

normierten Eigenfunktionen des H-Atoms mit $Z = 1$ und mit Hauptquantenzahlen $n \leq 3$ sind in Tab. 28.4 gelistet.

Die zugehörigen radialen Wahrscheinlichkeitsdichten $\rho^2 R_{n\ell}^2$ sind in Abb. 28.4 gezeigt. Offensichtlich vergrößert sich das Atom, wenn bei fester Hauptquantenzahl der Bahndrehimpuls abnimmt.

Mittelwerte

Zur weiteren Diskussion der gebundenen Zustände untersuchen wir quantenmechanische Erwartungswerte von interessanten Observablen des Atoms und deren Abhängigkeit von der Kernladung und den Quantenzahlen n, ℓ und m. Dazu erinnern wir uns an die Form der Eigenfunktionen

$$\psi_{n\ell m}(r,\vartheta,\varphi) = R_{n\ell}(\rho)Y_{\ell m}(\vartheta,\varphi), \quad \rho = \frac{r}{a_\mathrm{B}}\,. \quad (28.82)$$

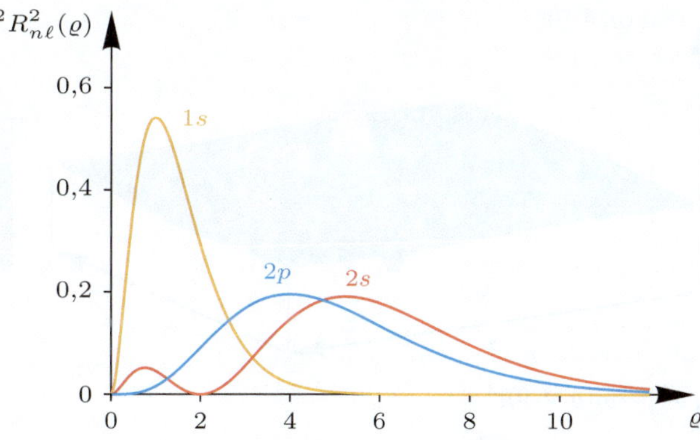

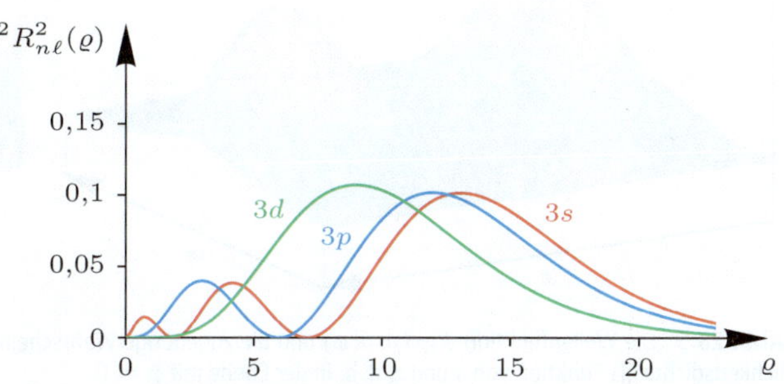

Abb. 28.4 Radiale Wahrscheinlichkeitsdichten. Die Anzahl Nullstellen $n-\ell-1$ der Dichten nimmt mit abnehmendem Drehimpuls zu

In Abb. 28.5 ist die p-Wellenfunktion $\psi_{310}(\rho,\vartheta,0)$ des zweiten angeregten Zustands mit der zugehörigen Wahrscheinlichkeitsdichte $\rho^2|\psi_{310}(\rho,\vartheta,0)|^2$ als Funktion von x und z gezeigt.

Berechnet man nun Matrixelemente von winkelunabhängigen Größen $g(r)$ zwischen gebundenen Zuständen, dann führt die einfach auszuführende Winkelintegration in

$$\langle\psi_{n\ell m}, g(r)\,\psi_{n\ell' m'}\rangle = \int \mathrm{d}^3x\, g(r)\psi_{n\ell m}^*(\boldsymbol{x})\psi_{n\ell' m'}(\boldsymbol{x}) \quad (28.83)$$

auf das folgende einfache Integral für diese Matrixelemente:

$$\langle\psi_{n\ell m}, g(r)\,\psi_{n\ell' m'}\rangle = \int_0^\infty \mathrm{d}\rho\,\rho^2 g(a_\mathrm{B}\rho)R_{n\ell}^2(\rho)\,\delta_{\ell\ell'}\delta_{mm'}\,, \quad (28.84)$$

wobei wir für die radialen Wellenfunktionen $R_{n\ell}(\rho)$ die Normierung (28.81) voraussetzten.

Frage 14

Überzeugen Sie sich davon, dass (28.84) aus (28.83) folgt.

Insbesondere erhält man für den Erwartungswert einer Potenz des Radius im Zustand $\psi_{n\ell m}$ den m-unabhängigen Wert

$$\langle r^p\rangle_{n\ell} = a_\mathrm{B}^p \int_0^\infty \mathrm{d}\rho\,\rho^{p+2}R_{n\ell}^2(\rho)\,. \quad (28.85)$$

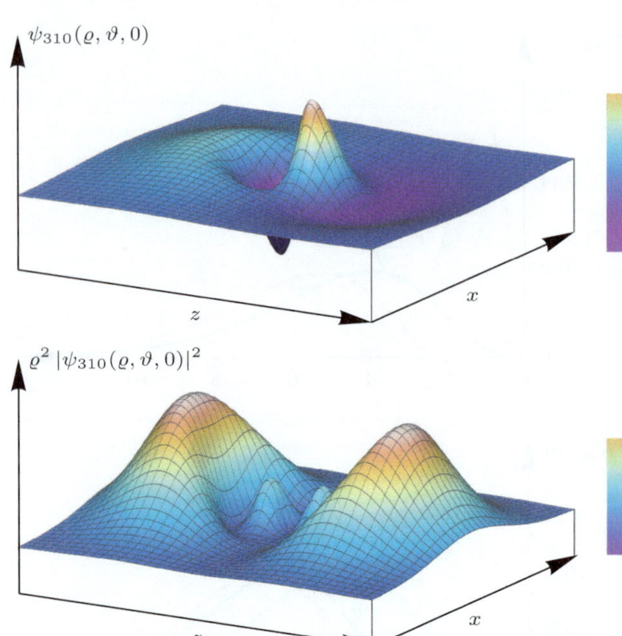

Abb. 28.5 Die Wellenfunktion $\psi_{310}(\rho, \vartheta, \varphi)$ und die zugehörige Wahrscheinlichkeitsdichte als Funktion von x und z, d. h. in der Ebene mit $\varphi = 0$

Mit der für positive β gültigen Formel

$$\int_0^\infty \mathrm{d}\rho\, \rho^s \mathrm{e}^{-\beta\rho} = \left(-\frac{\mathrm{d}}{\mathrm{d}\beta}\right)^m \int \mathrm{d}\rho\, \mathrm{e}^{-\beta\rho} = \frac{s!}{\beta^{s+1}} \tag{28.86}$$

findet man die wichtigsten Erwartungswerte für kleine Quantenzahlen (n, ℓ). Für beliebige Quantenzahlen wird der Erwartungswert von r in Aufgabe 28.5 mithilfe der erzeugenden Funktion der zugeordneten Laguerre-Polynome berechnet. Die anderen angegebenen Erwartungswerte gewinnt man auf ähnliche Weise. Die Erwartungswerte von $1/r$ und $1/r^2$ werden in Abschn. 30.2 noch auf andere Weise berechnet.

Erwartungswerte von r^k

Die Erwartungswerte der kleinsten Potenzen von r und $1/r$ sind

$$\begin{aligned}
\langle r\rangle_{n\ell} &= \frac{a_\mathrm{B}}{2Z}\left(3n^2 - \ell(\ell+1)\right),\\
\langle r^2\rangle_{n\ell} &= \frac{a_\mathrm{B}^2 n^2}{2Z^2}\left(5n^2 + 1 - 3\ell(\ell+1)\right),\\
\langle r^{-1}\rangle_{n\ell} &= \frac{Z}{a_\mathrm{B} n^2} \neq \frac{1}{\langle r\rangle},\\
\langle r^{-2}\rangle_{n\ell} &= \frac{Z^2}{a_\mathrm{B}^2 n^3(\ell+\frac{1}{2})}.
\end{aligned} \tag{28.87}$$

Der mittlere Abstand vom Kern wächst also quadratisch mit n an und nimmt mit $1/Z$ ab. Die Wahrscheinlichkeitsverteilung im Grundzustand des Wasserstoffatoms

$$w(\boldsymbol{x}) \propto \mathrm{d}^3x\, \mathrm{e}^{-2r/a} = r^2 \mathrm{e}^{-2r/a_\mathrm{B}} \mathrm{d}r\, \mathrm{d}\Omega \tag{28.88}$$

ist maximal bei $r = a$. Aber wegen des langen „Schwanzes" der Wellenfunktion ist der Erwartungswert $3a/2$ deutlich größer. Weiter folgt, dass der Mittelwert der potenziellen Energie gleich der doppelten Gesamtenergie ist:

$$\langle V\rangle_{n\ell} = -Ze^2\langle r^{-1}\rangle_{n\ell} = -\frac{Z^2e^2}{a_\mathrm{B}}\frac{1}{n^2} = 2E_n. \tag{28.89}$$

In einem Energieeigenzustand ist $\langle V\rangle = -2\langle T\rangle$, im Einklang mit dem *Virialsatz* der Quantenmechanik, der in Abschn. 30.2 vorgestellt wird.

Die mit einfachen Spektrometern beobachtbaren Spektralterme des Wasserstoffs werden durch die einfache Formel

$$E_n = -\frac{\mathrm{Ry}}{n^2}, \quad n \in \mathbb{N} \tag{28.90}$$

hinreichend gut beschrieben. Vergrößert man jedoch die spektroskopische Auflösung, dann werden eine Reihe feinerer Effekte sichtbar, die alle von prinzipieller Bedeutung sind. Dies sind die Spin-Bahn-Kopplung, die Feinstruktur, die Hyperfeinstruktur und die quantenelektrodynamischen Korrekturen. Diese Effekte werden teilweise mithilfe der Störungstheorie in Kap. 30 behandelt und deshalb im folgenden Kasten „Vertiefung: Korrekturen zum einfachen Spektrum" nur qualitativ diskutiert.

Schalenmodell für Atome

Das Schalenmodell der Atomphysik ist eine Modellvorstellung vom Aufbau der Elektronenhülle von Atomen. Danach sind die Elektronen in der Atomhülle in Schalen angeordnet, vergleichbar mit den Schalen einer Zwiebel. Elektronen in den voll besetzten inneren Schalen nennt man Rumpfelektronen, Elektronen in der äußersten, nicht abgeschlossenen Schale heißen Valenz- oder Leuchtelektronen. Der Begriff „Leuchtelektron" rührt daher, dass seine Energieniveaus das Spektrum der atomaren Übergänge dominieren.

In der sogenannten Einteilchennäherung wird die Wechselwirkung eines Leuchtelektrons mit dem Kern und den anderen Elektronen in der Hülle durch ein mittleres effektives Potenzial ersetzt, das von den anderen Ladungsträgern erzeugt wird. In dieser Näherung tritt dann anstelle der Summe von Coulomb-Termen z. B. das in Abschn. 31.3 diskutierte kugelsymmetrische effektive Potenzial (Thomas-Fermi-Näherung). Das effektive Potenzial hat die Form

$$V(r) = -\frac{(Z-N)e^2}{r} g(r) \tag{28.91}$$

Vertiefung: Korrekturen zum einfachen Spektrum

Die nach der Formel (28.69) berechnete Frequenz des 1s–2s-Übergangs,

$$\nu_{2s\to 1s} = \frac{\mathrm{Ry}}{h}\left(1-\frac{1}{4}\right) = 2{,}466077278\cdot 10^{15}\,\mathrm{Hz}\,,$$

erfährt mehrere Korrekturen:

- Michelson und Morley beobachteten 1887 die *Feinstruktur*, eine durch den Elektronenspin verursachte kleine Aufspaltung der Spektrallinien. Dieser relativistische Effekt wird von der Dirac'schen Theorie des Elektrons richtig beschrieben. Ähnlich wie die Schrödinger-Gleichung kann auch die Dirac-Gleichung für das Coulomb-Problem exakt gelöst werden. Eine weitergehende Diskussion findet sich in Abschn. 30.2. Bei Einschluss weiterer Korrekturen ist das Wasserstoffatom nicht mehr exakt lösbar. Bei Berücksichtigung der endlichen Protonenmasse lässt sich nicht einmal mehr ein relativistischer Zweiteilchen-Hamilton-Operator für das Gesamtsystem angeben. Die Lösung des Problems erfolgt deshalb nur störungstheoretisch durch eine Reihenentwicklung in der Sommerfeld'schen Feinstrukturkonstanten $\alpha = e^2/\hbar c$. Das Ergebnis wird in der Form
$$E_{\mathrm{Dirac}} = \mathrm{Ry}\cdot f\left(n, j, \alpha, \frac{m_{\mathrm{p}}}{m_{\mathrm{e}}}\right)$$
geschrieben. Als Argumente von f treten die Hauptquantenzahl n, die Quantenzahl j des Gesamtdrehimpulses des Elektrons, die Feinstrukturkonstante und das sehr genau bekannte Massenverhältnis $m_{\mathrm{p}}/m_{\mathrm{e}}$ auf.
- Mit der Dirac-Theorie war erstmals eine fast perfekte Übereinstimmung von spektroskopischen Experimenten und theoretischen Vorhersagen gelungen. Dies änderte sich schlagartig, als 1947 Lamb und Retherford mit Methoden der Radiofrequenzspektroskopie eine Aufspaltung von etwa 1 GHz der Niveaus $1\mathrm{s}_{1/2}$ und $2\mathrm{p}_{1/2}$ (in der relativistischen Benennung der Zustände nL_J) entdeckten. Diese sogenannte *Lamb-Verschiebung* gab den Anstoß zur Entwicklung der Quantenelektrodynamik (QED) durch Feynman, Schwinger und Tomonaga. Sie hat ihre Ursache in der Wechselwirkung des Elektrons mit den Fluktuationen des elektromagnetischen Feldes. Definitionsgemäß werden auch die eigentlich nicht quantenelektrodynamischen Effekte, die durch den endlichen Protonenradius entstehen, der Lamb-Verschiebung zugeordnet. Deshalb fließt auch der ungenau bekannte Protonenradius in den Theoriewert für die Lamb-Verschiebung mit ein.
- Die Wechselwirkung von Kernspin und Gesamtdrehimpuls des Elektrons führt zur Aufspaltung in Hyperfeinniveaus – man spricht in diesem Zusammenhang von der *Hyperfeinstruktur*.

Die seit etwa 1970 verfügbare Technik der Laserspektroskopie hat die Auflösung der Linien merklich verbessert, da sie die Anwendung neuer Methoden zur Vermeidung der Doppler-Verbreiterung der Linien ermöglicht. Die Messungen haben gegenwärtig die Genauigkeit wie die in der Einleitung angegebene Frequenz f_{1s-2s}, und alle aufgezählten Korrekturen zu (28.69) wurden beobachtet.

für ein Atom mit Kernladungszahl Z und N *Rumpfelektronen*, d. h. Elektronen in den voll besetzten inneren Schalen. Weit weg vom Atomrumpf ist $g(r) \approx 1$, und somit ist das Energieniveauschema der Leuchtelektronen näherungsweise wasserstoffähnlich. Allerdings ist $g(r) \neq 1$ im Atomrumpf, und die Entartung bezüglich ℓ ist aufgehoben, ähnlich wie für Teilchen im kugelförmigen Potenzialtopf. Die Energieeigenwerte hängen nicht nur von der Kombination $s_* + \ell$, sondern von s_* und ℓ getrennt ab. Solange V drehinvariant ist, liegt aber noch eine $(2\ell+1)$-fache Entartung in m vor.

Achtung Bei der Abzählung der möglichen Elektronenzustände muss man unbedingt beachten, dass jedes Elektron zwei Spinzustände einnehmen kann (Abschn. 29.3). ◄

Wegen des Pauli-Prinzips für Elektronen (dies wird in Abschn. 31.1 näher besprochen) können sich maximal zwei Elektronen im 1s-Zustand aufhalten. Diese beiden Zustände bilden die innerste Schale, die sogenannte K-Schale. Ist die Schale voll besetzt, dann haben die beiden Elektronen in der Schale verschiedene Spineinstellungen. In den nächsten Schale, sie heißt L-Schale, existieren $2\cdot 4 = 8$ Zustände mit vergleichbaren Energien. Die Energien sind nicht genau gleich, weil ja das effektive Potenzial für ein Elektron nur weit weg vom Rumpf wie $1/r$ abfällt. Allgemeiner hat eine Schale, charakterisiert durch die Hauptquantenzahl n, $2n^2$ verschiedene Zustände mit vergleichbaren Energien. Diese Zahl $2n^2$ ist aber auch genau die Anzahl der Elemente in einer Periode des Periodensystems. Im Schalenmodell besetzen die Atomelektronen unter Einhaltung des Pauli-Prinzips die energetisch tiefsten Einteilchenzustände.

Die chemischen Eigenschaften eines Atoms werden im Wesentlichen durch die Leuchtelektronen bestimmt. Alkaliatome besitzen ein Leuchtelektron, während Edelgasatome eine voll besetzte Außenschale aufweisen. Um ein Edelgasatom anzuregen, braucht es relativ viel Energie, da sich die Hauptquantenzahl eines Elektronenzustands um eins erhöhen muss. Edelgasatome sind auch schwer zu ionisieren. So ist die Ionisierungsenergie von He etwa 25 eV. Alkaliatome kann man dagegen leichter anregen. So hat die Elektronenkonfiguration von Li im Grundzustand zwei Elektronen im 1s-Zustand und ein Elektron im 2s-

Zustand; man bezeichnet diese Konfiguration mit $(1s)^2 1s$. Die Elektronenkonfiguration $(1s)^2$ 1p hat eine nur etwa 2 eV höhere Energie. Auch die Ionisierungsenergie von etwas 5 eV ist deutlich geringer als für Helium.

Allerdings werden in Wirklichkeit die Schalen nicht in der Reihenfolge aufgefüllt, wie man aufgrund des einfachen Schalenmodells erwarten würde. So wird z. B. bei $Z = 18$, obwohl in der M-Schale noch die 3d-Unterschale leer ist, mit dem Auffüllen der 4s-Unterschale begonnen. Die Abweichungen vom einfachen Aufbauprinzip der Elektronenhülle haben ihre Ursache in der Elektron-Elektron-Wechselwirkung, die durch das effektive Einteilchenpotenzial unzureichend beschrieben wird.

Ganz ähnliche Überlegungen in der Kernphysik führen auf das Schalenmodell für Atomkerne, indem man die komplizierte Wechselwirkung der Nukleonen im Kern durch die Wechselwirkung eines Protons oder eines Neutrons mit einem von den restlichen Nukleonen erzeugten effektiven Potenzial nähert. Es ist erstaunlich, dass das von *Maria Goeppert-Mayer* (1906–1972) und *J. Hans D. Jensen* (1907–1973) entdeckte nukleare Schalenmodell (sie erhielten beide für diese Entdeckung den Nobelpreis für Physik 1963) trotz der starken Nukleon-Nukleon-Kraft mit Erfolg anwendbar ist.

28.4 Algebraische Lösung des Wasserstoffatoms

Da die Aufsteige- und Absteigeoperatoren $\hat{L}_+$ und $\hat{L}_-$ mit einem drehinvarianten $\hat{H}$ vertauschen, haben Zustände, die sich nur durch die magnetische Quantenzahl unterscheiden, immer dieselbe Energie. Für jedes $V = V(r)$ hat eine Energie also mindestens die Entartung $2\ell + 1$. Die größere Entartung im Coulomb-Feld ist Ausdruck einer größeren Symmetrie als der gewöhnlichen O(3)-Drehsymmetrie. Man spricht in diesem Zusammenhang von *verborgener Symmetrie.* In diesem Abschnitt werden wir sehen, dass die Schrödinger-Gleichung mit Coulomb-Potenzial sogar invariant unter Drehungen in einem vierdimensionalen Raum ist. Die erweiterte Symmetriegruppe O(4) enthält die orthogonale Gruppe O(3) der gewöhnlichen Drehungen im Raum als Untergruppe. Diese Beobachtung gestattet eine rein algebraische Bestimmung der Energieniveaus und Energieeigenfunktionen im Coulomb-Potenzial (Pauli 1926).

Laplace-Runge-Lenz-Vektor

Nimmt das Potenzial zwischen zwei Punktmassen mit der inversen Potenz ihres Abstands ab,

$$V(r) = -\frac{\gamma}{r}, \tag{28.92}$$

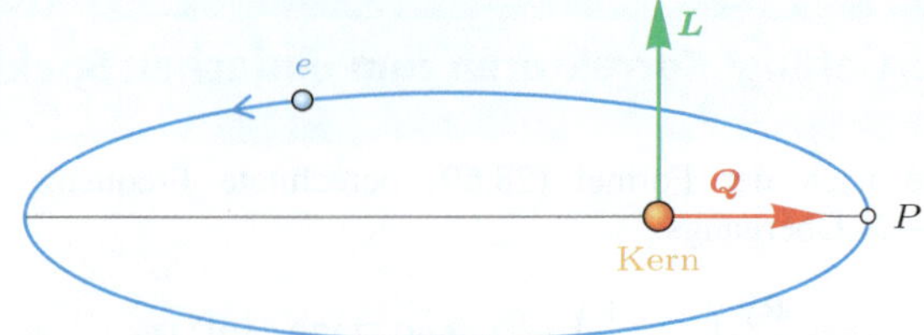

Abb. 28.6 Der Laplace-Runge-Lenz-Vektor $\boldsymbol{Q}$ liegt in der Bahnebene und zeigt in Richtung des Perihels

dann existieren neben den drei Bahndrehimpulskomponenten noch drei weitere Erhaltungsgrößen. Dies sind die Komponenten des bereits im Kasten „Vertiefung: Laplace-Runge-Lenz-Vektor" in Abschn. 3.3 eingeführten *Laplace-Runge-Lenz-Vektors*

$$\boldsymbol{Q} = \frac{1}{\mu\gamma}\boldsymbol{p} \times \boldsymbol{L} - \frac{\boldsymbol{x}}{r}, \tag{28.93}$$

worin μ wieder die reduzierte Masse bezeichnet. Ein passenderer Name wäre wohl Hermann-Bernoulli-Laplace-Vektor, wie in den lehrreichen Artikeln von Goldstein (1975; 1976) dargelegt wird. Für das Kepler-Problem ist $\gamma = Gm_1m_2$ und für das Coulomb-Problem $\gamma = q_1q_2$, für wasserstoffähnliche Ionen also $\gamma = -Ze^2$. In der Himmelsmechanik beschreibt der Vektor $\boldsymbol{Q}$ die Form und Orientierung der Umlaufbahn eines astronomischen Körpers um einen anderen Körper. Er liegt in der Bahnebene, ist somit orthogonal zum Bahndrehimpuls und zeigt vom Brennpunkt zum nächstgelegenen Bahnpunkt, dem Perihel bei der Erdbahn, d. h., er ist parallel zur großen Bahnachse. Die Existenz der Erhaltungsgröße $\boldsymbol{Q}$ erklärt, warum die Kepler-Ellipsen in der Newton'schen Gravitationtheorie nicht präzedieren. Dies ist in Abb. 28.6 gezeigt.

In der Quantenmechanik wählen wir die Ordnung der Operatoren derart, dass $\hat{\boldsymbol{Q}}$ hermitesch ist. Im Ortsraum ist dann

$$\hat{\boldsymbol{Q}} = \frac{1}{2\mu\gamma}\left(\hat{\boldsymbol{p}} \times \hat{\boldsymbol{L}} - \hat{\boldsymbol{L}} \times \hat{\boldsymbol{p}}\right) - \frac{\boldsymbol{x}}{r}. \tag{28.94}$$

Frage 15

Überzeugen Sie sich, dass die Komponenten dieses Vektoroperators hermitesch sind.

Die Komponenten des Vektoroperators $\hat{\boldsymbol{Q}}$ kommutieren mit dem Hamilton-Operator

$$\hat{H} = \frac{\hat{\boldsymbol{p}}^2}{2\mu} - \frac{\gamma}{r}. \tag{28.95}$$

Um dies einzusehen, beachte man, dass $\hat{\boldsymbol{p}}^2$ mit $\hat{\boldsymbol{p}}$ und mit $\hat{\boldsymbol{L}}$ vertauscht, sodass gilt:

$$[\hat{H}, \hat{\boldsymbol{Q}}] = -\frac{1}{2\mu}\left[\hat{\boldsymbol{p}}^2, \frac{\boldsymbol{x}}{r}\right] - \frac{1}{2\mu}\left[\frac{1}{r}, \hat{\boldsymbol{p}} \times \hat{\boldsymbol{L}} - \hat{\boldsymbol{L}} \times \hat{\boldsymbol{p}}\right]. \tag{28.96}$$

Um den ersten Kommutator auf der rechten Seite zu bestimmen, erinnern wir uns an die in (28.22) vorgenommene Zerlegung

$$\hat{p}^2 = -\frac{\hbar^2}{r^2}\partial_r\left(r^2\partial_r\right) + \frac{\hat{\boldsymbol{L}}^2}{r^2}\,. \tag{28.97}$$

Da die Ableitung nach dem Radius mit dem Einheitsvektor $\boldsymbol{x}/r$ vertauscht, gilt

$$\left[\hat{p}^2, \frac{\boldsymbol{x}}{r}\right] = \frac{1}{r^3}\left[\hat{\boldsymbol{L}}^2, \boldsymbol{x}\right] = \frac{\mathrm{i}\hbar}{r^3}\left(\boldsymbol{x}\times\hat{\boldsymbol{L}} - \hat{\boldsymbol{L}}\times\boldsymbol{x}\right), \tag{28.98}$$

wobei wir im letzten Schritt von den aus Abschn. 27.5 bekannten Vertauschungsrelationen zwischen Orts- und Drehimpulsoperatoren Gebrauch machten. Der zweite Kommutator auf der rechten Seite in (28.96) schreibt sich mithilfe von $[\hat{\boldsymbol{p}}, 1/r] = \mathrm{i}\hbar\boldsymbol{x}/r^3$ gemäß

$$\left[r^{-1}, \hat{\boldsymbol{p}}\right]\times\hat{\boldsymbol{L}} - \hat{\boldsymbol{L}}\times\left[r^{-1}, \hat{\boldsymbol{p}}\right] = -\frac{\mathrm{i}\hbar}{r^3}\left(\boldsymbol{x}\times\hat{\boldsymbol{L}} - \hat{\boldsymbol{L}}\times\boldsymbol{x}\right). \tag{28.99}$$

Die beiden Kommutatoren auf der rechten Seite von (28.96) sind also bis auf das Vorzeichen identisch und heben sich in der Summe weg.

Zusätzliche Erhaltungssätze im Coulomb-Feld

Für das Coulomb-Potenzial kommutieren neben den Drehimpulskomponenten auch die Komponenten des Laplace-Runge-Lenz-Vektors $\hat{\boldsymbol{Q}}$ mit dem Hamilton-Operator.

Achtung Diese zusätzlichen Erhaltungsgrößen $\hat{Q}_i$ existieren nur für Coulomb-artige Potenziale $V \propto 1/r$. ◀

Lie-Algebra der Erhaltungsgrößen

Nach den Ausführungen in Abschn. 27.1 sollten alle Erhaltungsgrößen eines Quantensystems eine Lie-Algebra bilden. Falls es in wasserstoffähnlichen Atomen neben der Energie sowie den Komponenten des Drehimpulses und Laplace-Runge-Lenz-Vektors keine weiteren Erhaltungsgrößen mehr gibt, müssen diese sechs Erhaltungsgrößen für jeden Wert der Energie eine Lie-Algebra definieren.

Um deren Struktur zu erkennen, müssen wir neben den bekannten Vertauschungsregeln für die Drehimpulskomponenten noch die Kommutatoren $[\hat{L}_i, \hat{Q}_j]$ und $[\hat{Q}_i, \hat{Q}_j]$ bestimmen. Als Kreuzprodukt von zwei Vektoren ist $\hat{\boldsymbol{Q}}$ selbst wieder ein Vektoroperator und erfüllt somit folgende Vertauschungsrelationen mit den Drehimpulsoperatoren:

$$[\hat{L}_i, \hat{Q}_j] = \mathrm{i}\hbar\varepsilon_{ijk}\hat{Q}_k\,. \tag{28.100}$$

Am aufwendigsten ist die Berechnung der Kommutatoren der Komponenten von $\hat{\boldsymbol{Q}}$. In Aufgabe 28.8 wird gezeigt, dass diese in folgende einfache Form gebracht werden können:

$$[\hat{Q}_i, \hat{Q}_j] = \frac{2\hbar}{\mathrm{i}\mu\gamma^2}\hat{H}\varepsilon_{ijk}\hat{L}_k\,. \tag{28.101}$$

Da der Hamilton-Operator mit den Erhaltungsgrößen vertauscht, dürfen wir ihn bei der Diskussion der Erhaltungsgrößen als konstante Größe betrachten. Wir untersuchen nun deren Wirkung auf die gebundenen Zustände mit negativer Energie und setzen

$$\hat{K}_i = \sqrt{-\frac{\mu\gamma^2}{2\hat{H}}}\,\hat{Q}_i\,. \tag{28.102}$$

Diese reskalierten Operatoren haben die Dimension eines Drehimpulses und definieren ebenfalls Erhaltungsgrößen. Sie erfüllen die einfacheren Vertauschungsrelationen:

$$[\hat{K}_i, \hat{K}_j] = \mathrm{i}\hbar\varepsilon_{ijk}\hat{L}_k\,. \tag{28.103}$$

Lie-Algebra der Erhaltungsgrößen

Die Erhaltungsgrößen $\hat{\boldsymbol{L}}$ und $\hat{\boldsymbol{K}}$ erfüllen folgende Vertauschungsrelationen:

$$\begin{aligned}\left[\hat{L}_i, \hat{L}_j\right] &= \mathrm{i}\hbar\varepsilon_{ijk}\hat{L}_k\,,\\ \left[\hat{L}_i, \hat{K}_j\right] &= \mathrm{i}\hbar\varepsilon_{ijk}\hat{K}_k\,,\\ \left[\hat{K}_i, \hat{K}_j\right] &= \mathrm{i}\hbar\varepsilon_{ijk}\hat{L}_k\,.\end{aligned} \tag{28.104}$$

Zusätzlich sind die Vektoroperatoren senkrecht zueinander:

$$\hat{\boldsymbol{K}}\cdot\hat{\boldsymbol{L}} = \hat{\boldsymbol{L}}\cdot\hat{\boldsymbol{K}} = 0\,. \tag{28.105}$$

Die Orthogonalität wird ebenfalls in Aufgabe 28.8 gezeigt. In derselben Aufgabe wird auch das Quadrat von $\hat{\boldsymbol{Q}}$ berechnet:

$$\hat{\boldsymbol{Q}}^2 = \frac{2\hat{H}}{\mu\gamma^2}\left(\hat{\boldsymbol{L}}^2 + \hbar^2\right) + 1\,. \tag{28.106}$$

Ersetzen wir hierin $\hat{\boldsymbol{Q}}$ durch $\hat{\boldsymbol{K}}$, kann man nach $\hat{H}$ auflösen und entsprechend $\hat{H}$ durch die Erhaltungsgrößen ausdrücken.

Hamilton-Operator und Erhaltungsgrößen

Der Hamilton-Operator für das Coulomb-Problem hat die Darstellung

$$\hat{H} = -\frac{\mu\gamma^2}{2}\frac{1}{\hat{\boldsymbol{L}}^2 + \hat{\boldsymbol{K}}^2 + \hbar^2}\,. \tag{28.107}$$

Schlussendlich definieren wir noch die Linearkombinationen

$$\hat{\boldsymbol{U}} = \frac{1}{2}\left(\hat{\boldsymbol{L}} + \hat{\boldsymbol{K}}\right), \quad \hat{\boldsymbol{V}} = \frac{1}{2}\left(\hat{\boldsymbol{L}} - \hat{\boldsymbol{K}}\right). \tag{28.108}$$

Diese erzeugen zwei unabhängige Lie-Algebren:

$$[\hat{U}_i, \hat{U}_j] = \mathrm{i}\hbar\varepsilon_{ijk}\hat{U}_k, \quad [\hat{V}_i, \hat{V}_j] = \mathrm{i}\hbar\varepsilon_{ijk}\hat{V}_k, \quad [\hat{U}_i, \hat{V}_j] = 0. \tag{28.109}$$

Die drei Komponenten von $\hat{\boldsymbol{U}}$ und die drei Komponenten von $\hat{\boldsymbol{V}}$ erzeugen also jeweils die bekannte Lie-Algebra so(3), genauso wie die Kompomenten des Drehimpulses. Weiterhin kommutieren die Komponenten von $\hat{\boldsymbol{U}}$ mit denjenigen von $\hat{\boldsymbol{V}}$, und deshalb erzeugen die sechs Erhaltungsgrößen die Lie-Algebra so(3) × so(3). Da nun die Komponenten der Vektoroperatoren $\hat{\boldsymbol{U}}$ und $\hat{\boldsymbol{V}}$ identische Kommutationsregeln erfüllen wie die Komponenten des Drehimpulses, folgt unmittelbar, dass die Operatoren $\hat{\boldsymbol{U}}^2$, $\hat{U}_3$, $\hat{\boldsymbol{V}}^2$ und $\hat{V}_3$ verträglich sind und simultan diagonalisiert werden können. Man kann auch zeigen, dass das Produkt so(3) × so(3) gleich der Lie-Algebra so(4) der eigentlichen Drehungen in einem vierdimensionalen Raum ist.

Mithilfe der Umkehrtransformation

$$\hat{\boldsymbol{L}} = \hat{\boldsymbol{U}} + \hat{\boldsymbol{V}}, \quad \hat{\boldsymbol{K}} = \hat{\boldsymbol{U}} - \hat{\boldsymbol{V}} \tag{28.110}$$

schreibt sich der Hamilton-Operator gemäß

$$\hat{H} = -\frac{\mu\gamma^2}{2}\frac{1}{2\hat{\boldsymbol{U}}^2 + 2\hat{\boldsymbol{V}}^2 + \hbar^2}, \tag{28.111}$$

und die Orthogonalitätsrelation in (28.105) lautet

$$\hat{\boldsymbol{U}}^2 = \hat{\boldsymbol{V}}^2. \tag{28.112}$$

In Abschn. 27.6 haben wir für drei beliebige hermitesche Operatoren, welche die so(3)-Kommutationsregeln $[\hat{J}_i, \hat{J}_j] = \mathrm{i}\hbar\varepsilon_{ijk}\hat{J}_k$ erfüllen, die Eigenwerte und Eigenvektoren der verträglichen Operatoren $\hat{\boldsymbol{J}}^2$ und $\hat{J}_3$ bestimmt. Diese Resultate gelten somit auch für die Paare $(\hat{\boldsymbol{U}}^2, \hat{U}_3)$ und $(\hat{\boldsymbol{V}}^2, \hat{V}_3)$. Aber aufgrund der Zwangsbedingung (28.112) haben die Operatoren $\hat{\boldsymbol{U}}^2$ und $\hat{\boldsymbol{V}}^2$ dieselben Eigenwerte $\hbar^2 j(j+1)$ mit $j \in \mathbb{N}_0/2$. Somit sind die Eigenwerte des Hamilton-Operators gleich

$$E_j = -\frac{1}{2\hbar^2}\frac{\mu\gamma^2}{4j(j+1)+1} = -\frac{1}{2\hbar^2}\frac{\mu\gamma^2}{(2j+1)^2}. \tag{28.113}$$

Definieren wir nun die natürliche Zahl $n = 2j + 1$ und setzen $\gamma = Ze^2$, dann erhalten wir das bekannte Spektrum der wasserstoffähnlichen Ionen:

$$E_n = -\frac{\mu c^2}{2}\frac{(Z\alpha)^2}{n^2}, \quad \alpha = \frac{e^2}{\hbar c}. \tag{28.114}$$

Frage 16

Warum ist der Bahndrehimpuls ℓ ganzzahlig, obwohl die Drehimpulsquantenzahl j von $\hat{\boldsymbol{U}}$ und $\hat{\boldsymbol{V}}$ auch halbganz sein kann?

Auch die große Entartung der Energien wird mithilfe der erhöhten Symmetrie leicht erklärt. Für einen festen Drehimpuls j nehmen die Eigenwerte der unabhängigen Operatoren $\hat{U}_3$ und $\hat{V}_3$ die $2j + 1$ Werte $-j, -j + 1, \dots, j - 1, j$ an. Deshalb ist die Entartung der Energie E_n gleich $(2j + 1) \cdot (2j + 1) = n^2$.

Aufgaben

Gelegentlich enthalten die Aufgaben mehr Angaben, als für die Lösung erforderlich sind. Bei einigen anderen dagegen werden Daten aus dem Allgemeinwissen, aus anderen Quellen oder sinnvolle Schätzungen benötigt.

- • leichte Aufgaben mit wenigen Rechenschritten
- •• mittelschwere Aufgaben, die etwas Denkarbeit und unter Umständen die Kombination verschiedener Konzepte erfordern
- ••• anspruchsvolle Aufgaben, die fortgeschrittene Konzepte (unter Umständen auch aus späteren Kapiteln) oder eigene mathematische Modellbildung benötigen

28.1 • Zweiteilchensysteme Man betrachte ein nichtrelativistisches System, bestehend aus zwei unterscheidbaren Teilchen mit Orts- und Impulsoperatoren $\hat{\boldsymbol{x}}_1, \hat{\boldsymbol{p}}_1$ und $\hat{\boldsymbol{x}}_2, \hat{\boldsymbol{p}}_2$.

(a) Bestimmen Sie die zu (28.4) inverse Transformation.

(b) Drücken Sie den gesamten Bahndrehimpuls durch die Koordinaten und Impulse der Schwerpunkts- und Relativbewegung aus.

28.2 •• Identitäten für Bahndrehimpuls Es sei $\boldsymbol{e}_r = \boldsymbol{x}/r$ der Einheitsvektor in radialer Richtung. Beweisen Sie die Identitäten

$$\begin{aligned} &\text{(a)} \quad (\boldsymbol{e}_r \times \hat{\boldsymbol{L}})^2 = \hat{\boldsymbol{L}}^2\,, \\ &\text{(b)} \quad \boldsymbol{e}_r \cdot (\boldsymbol{e}_r \times \hat{\boldsymbol{L}}) = 0\,, \\ &\text{(c)} \quad (\boldsymbol{e}_r \times \hat{\boldsymbol{L}}) \cdot \boldsymbol{e}_r = 2\mathrm{i}\hbar\,. \end{aligned} \tag{28.115}$$

Lösungshinweis: Beachten Sie, dass $\hat{\boldsymbol{L}}$ mit jeder Funktion $f(r)$ von $r = |\boldsymbol{x}|$ vertauscht, da $\hat{\boldsymbol{L}}$ mit dem Skalar $r^2 = \boldsymbol{x} \cdot \boldsymbol{x}$ vertauscht.

28.3 •• Frobenius-Sommerfeld-Methode für die radiale Schrödinger-Gleichung Wir machen für Lösungen der dimensionslosen radialen Schrödinger-Gleichung

$$\left(\frac{\mathrm{d}^2}{\mathrm{d}\rho^2} - \kappa^2 + \frac{2Z}{\rho} - \frac{\ell(\ell+1)}{\rho^2}\right) u_{E\ell}(\rho) = 0 \tag{28.116}$$

den im Text begründeten Ansatz

$$u_{E\ell}(\rho) = \mathrm{e}^{-\kappa\rho}\rho^{\ell+1}F(\rho)\,, \quad F(\rho) = \sum_{s=0}^{\infty} a_s \rho^s\,. \tag{28.117}$$

(a) Finden Sie zuerst die Differenzialgleichung für F.

(b) Setzen Sie nun die Potenzreihe für F in die gewonnene Differenzialgleichung ein und bestimmen Sie durch einen Koeffizientenvergleich die Rekursionsrelation $a_{s+1} = G(s, \ell, Z, \kappa)\, a_s$ für die Entwicklungskoeffizienten.

28.4 • Isotopieverschiebung Da Kerne nicht unendlich schwer sind, erfolgt bekanntlich die Elektronenbewegung in wasserstoffähnlichen Atomen bezüglich des Schwerpunktes. Dies wird durch Einführung der reduzierten Masse μ berücksichtigt. Berechnen Sie die Wellenlänge der roten Balmer-Linie beim Übergang von $n = 3$ nach $n = 2$ (in Å) für folgende Kerne:

(a) die unendlich schwere Kernmasse,

(b) das Proton,

(c) den Deuteriumkern,

(d) den Tritiumkern,

(e) das Positron.

Lösungshinweis: Wellenlängendifferenzen von Spektrallinien für verschieden schwere Kerne desselben Elements nennt man *Isotopieverschiebung*. Eine für die Aufgabe relevante Größe ist die Rydberg-Konstante:

$$R_\infty = 10.973.731{,}568\,539\,\mathrm{m}^{-1}\,. \tag{28.118}$$

28.5 ••• Wichtige Integrale der zugeordneten Laguerre-Polynome Im „Mathematischen Hintergrund" 28.2 wurde besprochen, dass die zugeordneten Laguerre-Polynome wie folgt erzeugt werden können:

$$G_t^{(p)}(x) = \frac{1}{1-t}\left(\frac{t}{t-1}\right)^p \mathrm{e}^{-xt/(1-t)} = \sum_{m=p}^{\infty} L_m^{(p)} \frac{t^m}{m!}\,. \tag{28.119}$$

(a) Berechnen Sie für $p, k \in \mathbb{N}_0$ die Integrale

$$I_k^{(p)}(s,t) = \int_0^\infty \mathrm{d}x\, x^{p+1} x^k\, \mathrm{e}^{-x} G_s^{(p)} G_t^{(p)} \tag{28.120}$$

als Funktionen der reellen Variablen s und t.

(b) Setzen Sie für die erzeugenden Funktionen $G_s^{(p)}$ und $G_t^{(p)}$ die Potenzreihe in (28.119) ein und finden Sie die entstehende Doppelsumme für $I_k^{(p)}(s,t)$.

(c) Betrachten Sie den Spezialfall $k = 0$ und bestimmen Sie nun durch Vergleich der beiden Ausdrücke für $I_0^{(p)}$ die Skalarprodukte

$$\langle L_m^{(p)}, L_n^{(p)} \rangle_p = \int_0^\infty \mathrm{d}x\, x^{p+1} \mathrm{e}^{-x} L_m^{(p}(x) L_n^{(p)}(x)\,. \tag{28.121}$$

(d) Beweisen Sie mit dem soeben gewonnenen Resultat, dass die radialen Funktionen in (28.79) gemäß der Vorschrift (28.81) normiert sind.

(e) Betrachten Sie den Fall $k = 1$ und bestimmen Sie die Matrixelemente

$$\langle L_m^{(p)}, xL_m^{(p)}\rangle_p = \int_0^\infty \mathrm{d}x\, x^{p+1}\mathrm{e}^{-x} L_m^{(p)}(x)\, xL_m^{(p)}(x)\,. \quad (28.122)$$

(f) Berechnen Sie nun die Erwartungswerte

$$\langle x\rangle = \frac{\langle L_m^{(p)}, xL_m^{(p)}\rangle_p}{\langle L_m^{(p)}, L_m^{(p)}\rangle_p}\,. \quad (28.123)$$

Wie vereinfachen sich diese, wenn wir m und p durch die Hauptquantenzahl n und den Drehimpuls ℓ in (28.78) ersetzen?

Lösungshinweis: In Teilaufgabe (a) werden Sie das Integral (28.86) benötigen und in Teilaufgabe (b) die Reihenentwicklung

$$\frac{1}{(1-x)^{q+1}} = \sum_{k=0}^\infty \frac{(q+k)!}{k!q!} x^k\,. \quad (28.124)$$

28.6 • Überlagerung von Wasserstoffeigenzuständen Es seien $|n\ell m\rangle$ die auf eins normierten Eigenzustände des Wasserstoffatoms. Dieses befinde sich in dem durch den Ket

$$|\psi\rangle = \frac{1}{6}\left(4\,|100\rangle + 3\,|211\rangle - |210\rangle + \sqrt{10}\,|21,-1\rangle\right) \quad (28.125)$$

beschriebenen Zustand.

(a) Was ist die Wahrscheinlichkeit dafür, den Wert $\hat{L}_z = 0$ zu finden?

(b) Was sind die Erwartungswerte von $\hat{H}$, $\hat{\boldsymbol{L}}^2$ und $\hat{L}_z$?

28.7 •• Charakteristische Erwartungswerte für das H-Atom im Grundzustand Die gemäß (28.81) normierte radiale Grundzustandswellenfunktion in Tab. 28.4 ist

$$R_{10} = 2\,\mathrm{e}^{-\rho}\,, \quad \rho = \frac{r}{a_\mathrm{B}}\,. \quad (28.126)$$

(a) Was ist der wahrscheinlichste Wert für den Abstand r des Elektrons vom Kern im Grundzustand, und wie groß ist die Wahrscheinlichkeit dafür, das Elektron in einem Abstand $r > a_\mathrm{B}$ anzutreffen?

(b) Was ist der wahrscheinlichste Wert für den Impulsbetrag des Elektrons im Grundzustand?

Lösungshinweis: Bei Teilaufgabe (a) werden Sie das Integral

$$\int \mathrm{d}\rho\, \rho^2 \mathrm{e}^{-a\rho} = -\frac{1}{a^3}\left(a^2\rho^2 + 2a\rho + 2\right)\mathrm{e}^{-\rho} + \text{const} \quad (28.127)$$

benötigen. Bei Teilaufgabe (b) geht man am besten mithilfe der Fourier-Transformation in den Impulsraum. Sie werden das Integral

$$\int_0^\infty \mathrm{d}\xi\, \xi\, \sin\alpha\xi\, \mathrm{e}^{-\beta\xi} = \frac{2\alpha\beta}{(\alpha^2+\beta^2)^2}\,, \quad \beta\in\mathbb{R}^+ \quad (28.128)$$

brauchen.

28.8 ••• Laplace-Runge-Lenz-Vektor

(a) Zeigen Sie, dass der Drehimpuls und Runge-Lenz-Vektor

$$\hat{\boldsymbol{Q}} = \frac{1}{2\mu\gamma}\left(\hat{\boldsymbol{p}}\times\hat{\boldsymbol{L}} - \hat{\boldsymbol{L}}\times\hat{\boldsymbol{p}}\right) - \hat{\boldsymbol{e}}\,, \quad \hat{\boldsymbol{e}} = \frac{\hat{\boldsymbol{x}}}{\hat{r}} \quad (28.129)$$

senkrecht zueinander sind:

$$\hat{\boldsymbol{L}}\cdot\hat{\boldsymbol{Q}} = \hat{\boldsymbol{Q}}\cdot\hat{\boldsymbol{L}} = 0\,. \quad (28.130)$$

(b) Bestimmen Sie das Quadrat des Runge-Lenz-Vektors $\hat{\boldsymbol{Q}}^2$.

(c) Bestimmen Sie die Vertauschungsrelationen für die Komponenten des Laplace-Runge-Lenz-Vektoroperators.

Lösungshinweis: Man beachte, dass $\hat{\boldsymbol{e}}$ nicht ein kommutierender Einheitsvektor ist, sondern für den Operator $\hat{\boldsymbol{x}}/\hat{r}$ steht. Insbesondere ist $\hat{\boldsymbol{e}}\cdot\hat{\boldsymbol{e}}$ der Einheitsoperator. Bei der Lösung dieser Aufgabe gibt es keine prinzipiellen Probleme, aber sie ist aufwendig. Sie werden oft Gebrauch von der Produktregel für den Kommutator und der Identität $\varepsilon_{ijk}\varepsilon_{imn} = \delta_{jm}\delta_{kn} - \delta_{jn}\delta_{km}$ machen. Erinnern Sie sich auch daran, dass die Komponenten eines Vektoroperators folgende Vertauschungsrelationen mit den Drehimpulskomponenten haben:

$$[\hat{L}_i, \hat{V}_j] = \mathrm{i}\hbar\varepsilon_{ijk}\hat{V}_k\,. \quad (28.131)$$

Die Rechnung wird etwas einfacher, wenn Sie zuerst zeigen, dass der Vektoroperator $\hat{\boldsymbol{Q}}$ wie folgt geschrieben werden kann:

$$\hat{\boldsymbol{Q}} = \frac{1}{2\mu\gamma}\left(\hat{\boldsymbol{D}} + \hat{\boldsymbol{D}}^\dagger\right) - \hat{\boldsymbol{e}}\,, \quad \hat{\boldsymbol{D}} = \hat{\boldsymbol{p}}\times\hat{\boldsymbol{L}}\,. \quad (28.132)$$

Lösungen zu den Aufgaben

28.3 Sie sollten die Relation (28.64) finden.

28.8 Sie sollten erhalten:

$$[\hat{Q}_i, \hat{Q}_j] = \frac{2\hbar}{\mathrm{i}\mu\gamma^2}\hat{H}\varepsilon_{ijk}\hat{L}_k\,. \qquad (28.133)$$

Ausführliche Lösungen zu den Aufgaben

28.1

(a) Durch Addition oder Subtraktion der passend skalierten Gleichungen in (28.4) erhält man folgende Ausdrücke für Orts- und Impulsoperatoren der einzelnen Teilchen:

$$\hat{\boldsymbol{x}}_1 = \hat{\boldsymbol{X}} + \frac{m_2}{M}\hat{\boldsymbol{x}}, \quad \hat{\boldsymbol{x}}_2 = \hat{\boldsymbol{X}} - \frac{m_1}{M}\hat{\boldsymbol{x}} \tag{28.134}$$

und

$$\hat{\boldsymbol{p}}_1 = \frac{m_1}{M}\hat{\boldsymbol{P}} + \hat{\boldsymbol{p}}, \quad \hat{\boldsymbol{p}}_2 = \frac{m_2}{M}\hat{\boldsymbol{P}} - \hat{\boldsymbol{p}}. \tag{28.135}$$

(b) Setzt man in $\hat{\boldsymbol{L}} = \hat{\boldsymbol{x}}_1 \times \hat{\boldsymbol{p}}_1 + \hat{\boldsymbol{x}}_2 \times \hat{\boldsymbol{p}}_2$ die obigen Ausdrücke ein, dann heben sich vier Terme weg, und man erhält

$$\begin{aligned}\hat{\boldsymbol{L}} &= \left(\frac{m_1}{M} + \frac{m_2}{M}\right)\left(\hat{\boldsymbol{X}} \times \hat{\boldsymbol{P}}\right) + \left(\frac{m_2}{M} + \frac{m_1}{M}\right)(\hat{\boldsymbol{x}} \times \hat{\boldsymbol{p}}) \\ &= \hat{\boldsymbol{L}}_{\text{sp}} + \hat{\boldsymbol{L}}_{\text{rel}}\end{aligned} \tag{28.136}$$

mit den Drehimpulsen der Schwerpunkts- und Relativdynamik:

$$\hat{\boldsymbol{L}}_{\text{sp}} = \hat{\boldsymbol{X}} \times \hat{\boldsymbol{P}}, \quad \hat{\boldsymbol{L}}_{\text{rel}} = \hat{\boldsymbol{x}} \times \hat{\boldsymbol{p}}. \tag{28.137}$$

28.2

(a) Wir berechnen

$$\begin{aligned}(\boldsymbol{x} \times \hat{\boldsymbol{L}})^2 &= \varepsilon_{ijk}\varepsilon_{irs}\hat{x}_j\hat{L}_k\hat{x}_r\hat{L}_s \\ &= \left(\delta_{jr}\delta_{ks} - \delta_{js}\delta_{kr}\right)\hat{x}_j\hat{L}_k\hat{x}_r\hat{L}_s \\ &= \hat{x}_j\hat{L}_k\hat{x}_j\hat{L}_k - \hat{x}_j\hat{L}_k\hat{x}_k\hat{L}_j \\ &= \hat{x}_j\hat{L}_k\hat{x}_j\hat{L}_k\,.\end{aligned} \tag{28.138}$$

Im letzten Schritt benutzten wir, dass $\hat{L}_k\hat{x}_k$ verschwindet. Man muss immer darauf achten, die Reihenfolge von nicht kommutierenden Operatoren beizubehalten. Nun benutzen wir die in Abschn. 27.5 gewonnenen Vertauschungsrelationen $[\hat{L}_k, \hat{x}_j] = \mathrm{i}\hbar\varepsilon_{kjs}\hat{x}_s$ und erhalten

$$(\boldsymbol{x} \times \hat{\boldsymbol{L}})^2 = \hat{\boldsymbol{x}}^2\hat{\boldsymbol{L}}^2 + \mathrm{i}\hbar\varepsilon_{kjs}\hat{x}_j\hat{x}_s\hat{L}_k\,. \tag{28.139}$$

Der letzte Term verschwindet aber, da $\hat{x}_j\hat{x}_s$ symmetrisch und ε_{kjs} antisymmetrisch in den Summationsindizes j und s ist. Es folgt die Identität

$$(\hat{\boldsymbol{x}} \times \hat{\boldsymbol{L}})^2 = \hat{\boldsymbol{x}}^2\hat{\boldsymbol{L}}^2\,, \tag{28.140}$$

die, da r mit $\hat{\boldsymbol{L}}$ vertauscht, gleichbedeutend mit der ersten Beziehung in der Aufgabenstellung ist.

(b) Es gilt

$$\hat{\boldsymbol{x}} \cdot (\hat{\boldsymbol{x}} \times \hat{\boldsymbol{L}}) = \varepsilon_{ijk}\hat{x}_i\hat{x}_j\hat{L}_k = 0\,, \tag{28.141}$$

da $\hat{x}_i\hat{x}_j$ symmetrisch in den Indizes i, j ist.

(c) Hier erhalten wir

$$\begin{aligned}(\hat{\boldsymbol{x}} \times \hat{\boldsymbol{L}}) \cdot \hat{\boldsymbol{x}} &= \varepsilon_{ijk}\hat{x}_j\hat{L}_k\hat{x}_i \\ &= \varepsilon_{ijk}\hat{x}_j\left(\hat{x}_i\hat{L}_k + \mathrm{i}\hbar\varepsilon_{kis}\hat{x}_s\right)\,.\end{aligned} \tag{28.142}$$

Der erste Term in der letzten Zeile verschwindet wieder, und der letzte Term ist

$$\mathrm{i}\hbar\varepsilon_{ijk}\varepsilon_{kis}\hat{x}_j\hat{x}_s = 2\mathrm{i}\hbar\hat{\boldsymbol{x}}^2\,. \tag{28.143}$$

Dividieren wir das gewonnene Resultat

$$(\hat{\boldsymbol{x}} \times \hat{\boldsymbol{L}}) \cdot \hat{\boldsymbol{x}} = 2\mathrm{i}\hbar\,\hat{\boldsymbol{x}}^2 \tag{28.144}$$

durch den skalaren Operator $\hat{\boldsymbol{x}}^2$, dann erhalten wir die letzte Identität in der Aufgabenstellung.

28.3

(a) Mithilfe von

$$\mathrm{e}^{\kappa\rho}\rho^{-\ell}u'_{E\ell} = \rho F' + (\ell + 1 - \kappa\rho)F \tag{28.145}$$

erhalten wir

$$\begin{aligned}\mathrm{e}^{\kappa\rho}\rho^{1-\ell}u''_{E\ell} &= \rho^2F'' + 2\rho(\ell + 1 - \kappa\rho)F' \\ &\quad + \left(\ell(\ell+1) - 2\kappa(1+\ell)\rho + \kappa^2\rho^2\right)F = 0\,.\end{aligned} \tag{28.146}$$

Benutzen wir dies in der radialen Schrödinger-Gleichung (28.116), erhalten wir folgende Differenzialgleichung:

$$\rho F'' + 2(\ell + 1 - \kappa\rho)F' + 2\left[Z - \kappa(\ell + 1)\right]F = 0\,. \tag{28.147}$$

(b) In der Differenzialgleichung (28.147) für F benötigen wir die Potenzreihen für F', $\rho F'$ und $\rho F''$. Diese sind

$$\begin{aligned}F' &= \sum_{s=1}^{\infty} sa_s\,\rho^{s-1} = \sum_{s=0}^{\infty}(s+1)a_{s+1}\,\rho^s\,, \\ \rho F' &= \sum_{s=1}^{\infty} sa_s\,\rho^s\,, \\ \rho F'' &= \sum_{s=2}^{\infty} s(s-1)a_s\,\rho^{s-1} = \sum_{s=1}^{\infty}(s+1)sa_{s+1}\,\rho^s\,.\end{aligned} \tag{28.148}$$

Diese setzen wir in die Differenzialgleichung ein und vergleichen die Koeffizienten der Potenzen von ρ. Der Koffizient von ρ^0 ist

$$2(\ell+1)a_1 + 2\,(Z - \kappa(\ell+1))\,a_0\,. \tag{28.149}$$

Da er verschwinden muss, gilt

$$a_1 = \frac{\kappa(\ell+1) - Z}{\ell+1} a_0\,. \tag{28.150}$$

Der Koeffizient von ρ^s mit $s \geq 1$ ist

$$(s+1)(s+2\ell+2)a_{s+1} - 2\,(Z - \kappa(s+\ell+1))\,a_s\,, \tag{28.151}$$

und sein Verschwinden bedeutet

$$a_{s+1} = \frac{2}{s+1}\,\frac{\kappa(s+\ell+1) - Z}{s+2\ell+2}\,a_s\,. \tag{28.152}$$

Diese einstufige Rekursionsrelation gilt eigentlich nur für $s \geq 1$. Aber für $s = 0$ ist sie identisch mit (28.150), sodass sie sogar für alle $s \in \mathbb{N}_0$ Gültigkeit hat.

28.4 Die reduzierte Masse eines wasserstoffähnlichen Atoms ist

$$\mu_{\text{Kern}} = \frac{m_{\text{Kern}}}{m_e + m_{\text{Kern}}} m_e\,. \tag{28.153}$$

Dies führt auf eine reduzierte Rydberg-Konstante,

$$R_{\text{Kern}} = \frac{\mu_{\text{Kern}}}{m_e} R_\infty\,, \tag{28.154}$$

und entsprechend ist die gesuchte Linie bei der inversen Wellenlänge

$$\begin{aligned}\lambda_{\text{Kern}} &= \left(\frac{1}{2^2} - \frac{1}{3^2}\right)^{-1} \frac{1}{R_{\text{Kern}}} = \frac{36}{5}\frac{1}{R_\infty}\left(1 + \frac{m_e}{m_{\text{Kern}}}\right)\\ &= \lambda_\infty \left(1 + \frac{m_e}{m_{\text{Kern}}}\right)\end{aligned} \tag{28.155}$$

mit der Wellenlänge für einen unendlich schweren Kern

$$\lambda_\infty = \frac{36}{5}\frac{1}{R_\infty} = 6561{,}123\,\text{Å}\,. \tag{28.156}$$

(a) Für den unendlich schweren Kern ist die Wellenlänge, wie gerade besprochen, gleich λ_∞.
(b) Für den Kern des Wasserstoffatoms, das Proton, ergibt sich

$$\begin{aligned} m_e/m_p &= 0{,}000\,545\,,\\ \lambda_H &= 6564{,}696\,\text{Å}\,. \end{aligned} \tag{28.157}$$

(c) Der Deuteriumkern besteht aus einem Neutron und einem Proton und hat die Masse $3{,}343\,582 \cdot 10^{-27}$ kg. Man erhält

$$\begin{aligned} m_e/m_D &= 0{,}000\,272\,,\\ \lambda_D &= 6562{,}910\,\text{Å}\,. \end{aligned} \tag{28.158}$$

(d) Der Tritiumkern besteht aus zwei Neutronen und einem Proton und hat die Masse $5{,}007\,354 \cdot 10^{-27}$ kg. Man findet

$$\begin{aligned} m_e/m_T &= 0{,}000\,182\,,\\ \lambda_T &= 6562{,}316\,\text{Å}\,. \end{aligned} \tag{28.159}$$

(e) Das exotische Atom aus dem Elektron und seinem Antiteilchen, dem Positron, nennt man Positronium. Das Positronium hat eine endliche Lebensdauer im Bereich von Nanosekunden. Hier ist

$$\lambda_{\text{Pos}} = 2 \cdot 6\,562{,}316\,\text{Å} = 13\,122{,}245\,\text{Å}\,. \tag{28.160}$$

28.5

(a) Die Berechnung des Integrals $I_k^{(p)}(s,t)$ führt auf

$$\frac{(st)^p}{(1-s)^{p+1}(1-t)^{p+1}} \int_0^\infty \mathrm{d}x\, x^{p+1+k} \mathrm{e}^{-\beta x} \tag{28.161}$$

mit der Abkürzung

$$\beta = 1 + \frac{s}{1-s} + \frac{t}{1-t} = \frac{1-st}{(1-s)(1-t)}\,. \tag{28.162}$$

Mithilfe des Integrals in (28.86) führt dies auf

$$I_k^{(p)}(s,t) = (p+1+k)!\,\frac{(st)^p(1-s)^{k+1}(1-t)^{k+1}}{(1-st)^{p+2+k}}\,. \tag{28.163}$$

(b) Nach Einsetzen der Reihenentwicklungen für die beiden erzeugenden Funktionen in (28.120) erhält man sofort

$$I_k^{(p)}(s,t) = \sum_{m,n\geq p} \frac{s^m t^n}{m!n!} \int \mathrm{d}x\, x^{p+1} x^k L_m^{(p)} L_n^{(p)}\,. \tag{28.164}$$

(c) Für $k = 0$ vereinfacht sich (28.163) zu

$$I_0^{(p)}(s,t) = (p+1)!\,\frac{(st)^p(1-s)(1-t)}{(1-st)^{p+2}}\,. \tag{28.165}$$

Mithilfe der im Hinweis angegebenen Reihenentwicklung

$$\frac{1}{(1-st)^{p+2}} = \sum_{k=0}^\infty \frac{(p+k+1)!}{k!(p+1)!}(st)^k \tag{28.166}$$

gewinnt man daraus die Darstellung

$$I_0^{(p)}(s,t) = (1-s)(1-t)\sum_{k=0}^\infty \frac{(p+k+1)!}{k!}(st)^{k+p}\,. \tag{28.167}$$

Um diese mit der alternativen Reihenentwicklung

$$I_0^{(p)}(s,t) = \sum_{m,n\geq p} \frac{s^m t^n}{m!n!} \langle L_m^{(p)}, L_n^{(p)} \rangle_p \tag{28.168}$$

zu vergleichen, schreiben wir die Summe (28.167) etwas um. Zuerst wählen wir $m = p + k$ anstelle von k als Summationsindex:

$$I_0^{(p)}(s,t) = (1 - s - t + st) \sum_{m=p}^{\infty} \frac{(m+1)!}{(m-p)!} (st)^m . \quad (28.169)$$

Dieser Ausdruck kann wie folgt geschrieben werden:

$$\begin{aligned} I_0^{(p)}(s,t) &= (1 + st) \sum_{m=p}^{\infty} \frac{(m+1)!}{(m-p)!} (st)^m \\ &\quad - \sum_{m=p}^{\infty} \frac{(m+1)!}{(m-p)!} (st)^m (t+s) \\ &= \sum_{m=p}^{\infty} (2m + 1 - p) \frac{m!}{(m-p)!} (st)^m \\ &\quad - \sum_{m=p}^{\infty} \frac{(m+1)!}{(m-p)!} (s+t)(st)^m . \end{aligned} \quad (28.170)$$

Der Vergleich mit (28.168) führt nun unmittelbar auf folgende nicht verschwindenden Skalarprodukte:

$$\begin{aligned} \langle L_m^{(p)}, L_m^{(p)} \rangle_p &= \frac{(2m - p + 1)(m!)^3}{(m-p)!} , \quad (28.171) \\ \langle L_m^{(p)}, L_{m+1}^{(p)} \rangle_p &= \langle L_{m+1}^{(p)}, L_m^{(p)} \rangle_p = -\frac{m![(m+1)!]^2}{(m-p)!} . \end{aligned}$$

(d) Setzen wir die Darstellung (28.79) in das Integral (28.81) ein, so finden wir nach der Variablenänderung $\rho = nx/(2Z)$

$$\begin{aligned} \int_0^{\infty} \mathrm{d}\rho \, \rho^2 R_{n\ell}^2(\rho) &= N_{n\ell}^2 \left(\frac{n}{2Z}\right)^3 \int_0^{\infty} \mathrm{e}^{-x} x^{2\ell} \left(L_{n+\ell}^{(2\ell+1)}(x)\right)^2 \\ &= N_{n\ell}^2 \left(\frac{n}{2Z}\right)^3 \langle L_{n+1)}^{(2\ell+1)}, L_{n+1}^{(2\ell+1}\rangle \\ &= N_{n\ell}^2 \left(\frac{n}{2Z}\right)^3 \frac{2n\,[(n+\ell)]^2}{(n-\ell-1)!} . \end{aligned} \quad (28.172)$$

Im letzten Schritt wurde von (28.171) Gebrauch gemacht. Setzen wir noch $N_{n\ell}$ in (28.80) ein, so findet man in der Tat

$$\int_0^{\infty} \mathrm{d}\rho \, \rho^2 R_{n\ell}^2(\rho) = 1 . \quad (28.173)$$

(e) Die Rechnung ist ähnlich der vorherigen, und wir können einige Rechenschritte überspringen. Wir beginnen mit

$$\begin{aligned} I_1^{(p)}(s,t) &= (p+2)! \frac{(st)^p (1-s)^2 (1-t)^2}{(1-st)^{p+3}} \quad (28.174) \\ &= \sum_{m \geq p} \left(3m(m+1-p) + p^2 + 2\right) \frac{m!}{(m-p)!} (st)^m + \ldots , \end{aligned}$$

wobei die Punkte für Terme stehen, die nicht gleiche Potenzen von s und t enthalten und deshalb nicht zu den gesuchten Matrixelementen in

$$I_1^{(p)}(s,t) = \sum_{m \geq p} \frac{(st)^m}{m!^2} \langle L_m^{(p)}, x L_m^{(p)} \rangle_p + \ldots \quad (28.175)$$

beitragen. Der Vergleich der beiden letzten Resultate führt auf

$$\begin{aligned} \langle L_m^{(p)}, x L_m^{(p)} \rangle_p &= (6m(m+1-p) + (p-1)(p-2)) \\ &\quad \cdot \frac{(m!)^3}{(m-p)!} . \end{aligned} \quad (28.176)$$

(f) Wir brauchen nun nur noch die Ergebnisse (28.171) und (28.176) einzusetzen und erhalten

$$\langle x \rangle = \frac{6m(m+1-p) + (p-1)(p-2)}{2m - p + 1} . \quad (28.177)$$

Ersetzen wir hier m und p durch die Hauptquantenzahl n und den Drehimpuls ℓ gemäß (28.78), dann vereinfacht sich der Ausdruck wie folgt:

$$\langle x \rangle = \frac{3n^2 - \ell(\ell+1)}{n} . \quad (28.178)$$

28.6

(a) Die Terme in (28.125) sind gemeinsame Eigenvektoren der verträglichen Observablen $\hat{H}, \hat{\boldsymbol{L}}^2$ und $\hat{L}_z$, und deshalb sind die Quadrate der Entwicklungskoeffizienten gleich den Wahrscheinlichkeiten für das Auftreten der verschiedenen Kombinationen von Quantenzahlen:

$$\begin{aligned} p_{100} &= \frac{16}{36} , \quad p_{211} = \frac{9}{36} , \\ p_{210} &= \frac{1}{36} , \quad p_{21-1} = \frac{10}{36} . \end{aligned} \quad (28.179)$$

Somit ist die Wahrscheinlichkeit für die Messung von $m = 0$ gleich $p_{100} + p_{210} = 17/36$.

(b) Mittelwerte:

$$\begin{aligned} \langle \hat{H} \rangle_\psi &= \mathrm{Ry} \left(p_{100} + \frac{1}{4}(p_{211} + p_{210} + p_{21-1}) \right) = \frac{21}{36} \mathrm{Ry} , \\ \langle \hat{\boldsymbol{L}}^2 \rangle_\psi &= 2\hbar^2 \left(p_{211} + p_{210} + p_{21-1}\right) = \frac{10\hbar^2}{9} , \\ \langle \hat{L}_z \rangle_\psi &= \hbar \left(p_{211} - p_{21-1}\right) = -\frac{\hbar}{36} . \end{aligned} \quad (28.180)$$

28.7

(a) Für die Berechnung des wahrscheinlichsten Wertes $r_{\max}$ und der Aufenthaltswahrscheinlichkeit außerhalb des Abstands

a_B vom Kern benötigen wir die Wahrscheinlichkeitsdichte dafür, das Elektron in einem Abstand ρ anzutreffen:

$$w(\rho) = \rho^2 |R_{10}(\rho)|^2 = 4\rho^2 e^{-2\rho} . \qquad (28.181)$$

Der Faktor ρ^2 stammt vom Volumenelement in Kugelkoordinaten. Wir differenzieren und erhalten das Maximum.

$$\partial_\rho w(\rho) = 8(1-\rho)\rho e^{-2\rho} \stackrel{!}{=} 0 \quad \Rightarrow \quad \rho_{\max} = 1 . \qquad (28.182)$$

Die zweite Lösung $\rho = 0$ führt auf ein Minimum von w, das hier nicht von Interesse ist. Das Elektron befindet sich somit am wahrscheinlichsten im Abstand $r = a_B$ und somit einen Bohr'schen Atomradius vom Atomkern entfernt. Wir bestimmen noch die Wahrscheinlichkeit für einen Abstand $r > a_B$ bzw. $\rho > 1$:

$$4 \int_1^\infty d\rho\, \rho^2 e^{-2\rho} = (2\rho^2 + 2\rho + 1) e^{-2\rho}|_{\rho=1} = \frac{5}{e^2} \approx 0{,}677 . \qquad (28.183)$$

(b) Die Wahrscheinlichkeitsamplitude für die Impulse ist die Fourier-Transformierte der Wellenfunktion im Ortsraum:

$$\psi_{100}(\boldsymbol{x}) = \frac{1}{a_B^{3/2}} R_{10}(\rho) Y_{00}(\vartheta, \varphi) = \frac{e^{-\rho}}{\sqrt{\pi}\, a_B^{3/2}} . \qquad (28.184)$$

Hier tritt im Nenner die Potenz $3/2$ des Bohr'schen Radius auf, weil wir bezüglich r anstelle von ρ normierten.
Mithilfe von $\boldsymbol{x} \cdot \boldsymbol{p} = a_B \rho |\boldsymbol{p}| z$, wobei z für $\cos\vartheta$ steht, lautet die Fourier-Transformierte

$$\begin{aligned} \tilde{\psi}(\boldsymbol{p}) &= \kappa \int d^3x\, e^{-i\boldsymbol{p}\cdot\boldsymbol{x}/\hbar} \psi_{100}(\boldsymbol{x}) \\ &= \frac{2\pi a_B^{3/2}}{\sqrt{\pi}} \kappa \int_0^\infty d\rho\, \rho^2 \int_{-1}^1 dz\, e^{i a_B \rho p z/\hbar}\, e^{-\rho} . \end{aligned} \qquad (28.185)$$

Hierin steht, wie bei der Diskussion der Fourier-Transformation in Kap. 22, die Konstante κ für $1/(2\pi\hbar)^{3/2}$ und die Integration über den Azimutwinkel wurde ausgeführt.
Offensichtlich hängt die Fourier-Transformierte einer nur vom Radius abhängigen Wellenfunktion lediglich vom Betrag $p = |\boldsymbol{p}|$ des Impulses ab:

$$\begin{aligned} \tilde{R}_{100}(p) &= \sqrt{4\pi}\, \tilde{\psi}(p) \\ &= \frac{8\hbar\pi\kappa\, a_B^{3/2}}{a_B p} \int_0^\infty d\rho\, \rho \sin\left(\frac{a_B p \rho}{\hbar}\right) e^{-\rho} \\ &= 16\pi\kappa \frac{a_B^{3/2}}{[1 + (a_B p/\hbar)^2]^2} . \end{aligned} \qquad (28.186)$$

Hier wurde das Integral (28.128) gebraucht. Der Faktor $\sqrt{4\pi}$ nach dem ersten Gleichheitszeichen berücksichtigt, dass $\tilde{\psi}$ bezüglich d^3p und $\tilde{R}$ bezüglich $dp\, p^2$ normiert ist und die Einheitssphäre die Fläche 4π hat. Durch Differenziation nach p finden wir das Maximum der Wahrscheinlichkeitsdichte $w(p) = |\tilde{R}_{100}(p)|^2 p^2$:

$$\partial_p w(p) = \frac{2w(p)}{p} \left(1 - \frac{4(a_B p/\hbar)^2}{1 + (a_B p/\hbar)^2}\right) \stackrel{!}{=} 0 . \qquad (28.187)$$

Somit ist der wahrscheinlichste Impuls

$$p_{\max} = \frac{1}{\sqrt{3}} \frac{\hbar}{a_B} . \qquad (28.188)$$

28.8

(a) Der zu $\hat{\boldsymbol{D}} = \hat{\boldsymbol{p}} \times \hat{\boldsymbol{L}}$ adjungierte Operator ist wegen

$$\hat{D}_i^\dagger = \varepsilon_{ijk} (\hat{p}_j \hat{L}_k)^\dagger = \varepsilon_{ijk} \hat{L}_k \hat{p}_j = -\varepsilon_{ikj} \hat{L}_k \hat{p}_j \qquad (28.189)$$

gleich $-\hat{\boldsymbol{L}} \times \hat{\boldsymbol{p}}$. Dies beweist, dass der Laplace-Runge-Lenz-Vektor hermitesch ist, und führt auf die alternative Darstellung (28.132).
Um die Orthogonalität von $\hat{\boldsymbol{L}}$ und $\hat{\boldsymbol{Q}}$ zu beweisen, bestimmen wir im ersten Schritt das Skalarprodukt

$$\begin{aligned} \hat{\boldsymbol{L}} \cdot (\hat{\boldsymbol{p}} \times \hat{\boldsymbol{L}} - \hat{\boldsymbol{L}} \times \hat{\boldsymbol{p}}) &= \varepsilon_{ijk} \left(\hat{L}_i \hat{p}_j \hat{L}_k - \hat{L}_i \hat{L}_j \hat{L}_k\right) \\ &= \varepsilon_{ijk} \left(\hat{L}_i \hat{L}_k \hat{p}_j + i\hbar \varepsilon_{jkm} \hat{L}_i \hat{p}_m - \hat{L}_i \hat{L}_j \hat{L}_k\right) . \end{aligned} \qquad (28.190)$$

Bei der Summation über die Indizes verschwinden der erste und letzte Term in den Klammern. Die Kontraktion der beiden ε-Tensoren ergibt $2\delta_{im}$, und somit verbleiben wir mit

$$\hat{\boldsymbol{L}} \cdot \left(\hat{\boldsymbol{p}} \times \hat{\boldsymbol{L}} - \hat{\boldsymbol{L}} \times \hat{\boldsymbol{p}}\right) = 2i\hbar \hat{\boldsymbol{L}} \cdot \hat{\boldsymbol{p}} = 0 . \qquad (28.191)$$

Im zweiten Schritt bestimmen wir das Skalarprodukt

$$\hat{\boldsymbol{L}} \cdot \hat{\boldsymbol{x}} = \varepsilon_{ijk} \hat{x}_j \hat{p}_k \hat{x}_i = \varepsilon_{ijk} \hat{x}_j \hat{x}_i \hat{p}_k = 0 . \qquad (28.192)$$

Wegen des ε-Tensors sind hier die Summationsindizes k und i verschieden, und deshalb durften wir die Operatoren $\hat{p}_k$ und $\hat{x}_i$ vertauschen. Die beiden Gleichungen (28.191) und (28.192) zusammengenommen führen auf $\hat{\boldsymbol{L}} \cdot \hat{\boldsymbol{Q}} = 0$. Da alle Operatoren hermitesch sind, gilt dann auch

$$(\hat{\boldsymbol{L}} \cdot \hat{\boldsymbol{Q}})^\dagger = \hat{\boldsymbol{Q}} \cdot \hat{\boldsymbol{L}} = 0 . \qquad (28.193)$$

(b) Wir beginnen mit

$$\begin{aligned} (\hat{\boldsymbol{p}} \times \hat{\boldsymbol{L}}) \cdot (\hat{\boldsymbol{p}} \times \hat{\boldsymbol{L}}) &= \varepsilon_{ijk} \varepsilon_{imn} \hat{p}_j \hat{L}_k \hat{p}_m \hat{L}_n \\ &= \left(\delta_{jm}\delta_{kn} - \delta_{jn}\delta_{km}\right) \left(\hat{p}_j \hat{p}_m \hat{L}_k \hat{L}_n + i\hbar \varepsilon_{kms} \hat{p}_j \hat{p}_s \hat{L}_n\right) \\ &= \hat{\boldsymbol{p}}^2 \hat{\boldsymbol{L}}^2 , \end{aligned} \qquad (28.194)$$

wobei wir im letzten Schritt $\hat{\boldsymbol{p}} \cdot \hat{\boldsymbol{L}} = 0$ und die Antisymmetrie des ε-Tensors benutzten. Die Adjungation liefert dann

$$(\hat{\boldsymbol{L}} \times \hat{\boldsymbol{p}}) \cdot (\hat{\boldsymbol{L}} \times \hat{\boldsymbol{p}}) = \hat{\boldsymbol{p}}^2 \hat{\boldsymbol{L}}^2 . \qquad (28.195)$$

Eine ähnliche Rechnung liefert

$$(\hat{\boldsymbol{L}} \times \hat{\boldsymbol{p}}) \cdot (\hat{\boldsymbol{p}} \times \hat{\boldsymbol{L}}) = -\hat{\boldsymbol{p}}^2 \hat{\boldsymbol{L}}^2 . \tag{28.196}$$

Es fehlt noch

$$\begin{aligned}(\hat{\boldsymbol{p}} \times \hat{\boldsymbol{L}}) \cdot (\hat{\boldsymbol{L}} \times \hat{\boldsymbol{p}}) &= \left(\delta_{jm}\delta_{kn} - \delta_{jn}\delta_{km}\right) \hat{p}_j \hat{L}_k \hat{L}_m \hat{p}_n \\ &= \hat{p}_j \hat{L}_k \hat{L}_j \hat{p}_k - \hat{p}_j \hat{\boldsymbol{L}}^2 \hat{p}_j \\ &= \mathrm{i}\hbar \varepsilon_{jks} \hat{p}_s \hat{L}_j \hat{p}_k - \hat{p}_j \hat{\boldsymbol{L}}^2 \hat{p}_j .\end{aligned} \tag{28.197}$$

Der erste Term in der letzten Zeile ist

$$\mathrm{i}\hbar \varepsilon_{jks} \hat{p}_s \hat{L}_j \hat{p}_k = -\hbar^2 \varepsilon_{jks} \varepsilon_{jkt} \hat{p}_s \hat{p}_t = -2\hbar^2 \hat{\boldsymbol{p}}^2 \tag{28.198}$$

und der letzte Term

$$\begin{aligned}\hat{p}_j \hat{\boldsymbol{L}}^2 \hat{p}_j &= \hat{\boldsymbol{p}}^2 \hat{\boldsymbol{L}}^2 + \hat{p}_j [\hat{\boldsymbol{L}}^2, \hat{p}_j] \\ &= \hat{\boldsymbol{p}}^2 \hat{\boldsymbol{L}}^2 + \hat{p}_j \hat{L}_i [\hat{L}_i, \hat{p}_j] + \hat{p}_j [\hat{L}_i, \hat{p}_j] \hat{L}_i \\ &= \hat{\boldsymbol{p}}^2 \hat{\boldsymbol{L}}^2 + \mathrm{i}\hbar \varepsilon_{ijk} \hat{p}_j \hat{L}_i \hat{p}_k = \hat{\boldsymbol{p}}^2 \hat{\boldsymbol{L}}^2 + 2\hbar^2 \hat{\boldsymbol{p}}^2 .\end{aligned} \tag{28.199}$$

Subtrahieren wir nun vom Ausdruck (28.198) den Ausdruck (28.199), gewinnen wir

$$(\hat{\boldsymbol{p}} \times \hat{\boldsymbol{L}}) \cdot (\hat{\boldsymbol{L}} \times \hat{\boldsymbol{p}}) = -4\hbar^2 \hat{\boldsymbol{p}}^2 - \hat{\boldsymbol{p}}^2 \hat{\boldsymbol{L}}^2 . \tag{28.200}$$

Nun kennen wir alle Skalarprodukte, um das Quadrat von $\hat{\boldsymbol{D}} + \hat{\boldsymbol{D}}^\dagger$ zu bestimmen:

$$\left(\hat{\boldsymbol{p}} \times \hat{\boldsymbol{L}} - \hat{\boldsymbol{L}} \times \hat{\boldsymbol{p}}\right)^2 = 4\hbar^2 \hat{\boldsymbol{p}}^2 + 4\hat{\boldsymbol{p}}^2 \hat{\boldsymbol{L}}^2 . \tag{28.201}$$

Wir brauchen noch das Skalarprodukt

$$\begin{aligned}\hat{\boldsymbol{e}} \cdot \left(\hat{\boldsymbol{p}} \times \hat{\boldsymbol{L}} - \hat{\boldsymbol{L}} \times \hat{\boldsymbol{p}}\right) &= \frac{1}{r} \varepsilon_{ijk} \left(\hat{x}_i \hat{p}_j \hat{L}_k - \hat{x}_i \hat{L}_j \hat{p}_k\right) \\ &= \frac{1}{r} \varepsilon_{ijk} \left(\hat{x}_i \hat{p}_j \hat{L}_k - \hat{x}_i \hat{p}_k \hat{L}_j - \mathrm{i}\hbar \varepsilon_{jks} \hat{x}_i \hat{p}_s\right) \\ &= \frac{2}{r} \left(\hat{\boldsymbol{L}}^2 - \mathrm{i}\hbar \hat{\boldsymbol{x}} \cdot \hat{\boldsymbol{p}}\right)\end{aligned} \tag{28.202}$$

und die hermitesch konjugierte Relation

$$\left(\hat{\boldsymbol{p}} \times \hat{\boldsymbol{L}} - \hat{\boldsymbol{L}} \times \hat{\boldsymbol{p}}\right) \cdot \hat{\boldsymbol{e}} = \left(\hat{\boldsymbol{L}}^2 + \mathrm{i}\hbar \hat{\boldsymbol{p}} \cdot \hat{\boldsymbol{x}}\right) \frac{2}{r} . \tag{28.203}$$

Addieren wir die beiden letzten Relationen, dann finden wir

$$\begin{aligned}&\hat{\boldsymbol{e}} \cdot \left(\hat{\boldsymbol{p}} \times \hat{\boldsymbol{L}} - \hat{\boldsymbol{L}} \times \hat{\boldsymbol{p}}\right) + \left(\hat{\boldsymbol{p}} \times \hat{\boldsymbol{L}} - \hat{\boldsymbol{L}} \times \hat{\boldsymbol{p}}\right) \cdot \hat{\boldsymbol{e}} \\ &= \frac{4}{r} \hat{\boldsymbol{L}}^2 - 2\mathrm{i}\hbar \left(\hat{\boldsymbol{e}} \cdot \hat{\boldsymbol{p}} - \hat{\boldsymbol{p}} \cdot \hat{\boldsymbol{e}}\right) = \frac{4}{r} \hat{\boldsymbol{L}}^2 + \frac{4\hbar^2}{r} .\end{aligned} \tag{28.204}$$

Kombiniert man nun die Ergebnisse (28.201) und (28.204) und benutzt $\hat{\boldsymbol{e}} \cdot \hat{\boldsymbol{e}} = \hat{1}$, erhält man

$$\begin{aligned}\hat{Q}^2 &= \frac{\hat{\boldsymbol{p}}^2 \hat{\boldsymbol{L}}^2}{\mu^2 \gamma^2} + \frac{\hbar^2 \hat{\boldsymbol{p}}^2}{\mu^2 \gamma^2} - \frac{2}{\mu \gamma r} \hat{\boldsymbol{L}}^2 - \frac{2\hbar^2}{\mu \gamma r} + 1 \\ &= \frac{2}{\mu \gamma^2} \left(\frac{\hat{\boldsymbol{p}}^2}{2\mu} - \frac{\gamma}{r}\right) \left(\hat{\boldsymbol{L}}^2 + \hbar^2\right) + 1 \\ &= \frac{2\hat{H}}{\mu \gamma^2} \left(\hat{\boldsymbol{L}}^2 + \hbar^2\right) + \hat{1} .\end{aligned} \tag{28.205}$$

(c) Zur Vorbereitung berechnen wir einige einfache Kommutatoren. Aus der Vertauschungsregel

$$\begin{aligned}\left[\hat{p}_i, \hat{D}_j\right] &= \left[\hat{p}_i, \varepsilon_{jkm} \hat{p}_k \hat{L}_m\right] = \varepsilon_{jkm} \hat{p}_k [\hat{p}_i, \hat{L}_m] \\ &= \mathrm{i}\hbar \varepsilon_{jkm} \varepsilon_{imn} \hat{p}_k \hat{p}_n = \mathrm{i}\hbar \left(\hat{p}_i \hat{p}_j - \delta_{ij} \hat{\boldsymbol{p}}^2\right)\end{aligned} \tag{28.206}$$

folgt nun mithilfe von

$$\varepsilon_{mjn} \hat{D}_n = \varepsilon_{mjn} \varepsilon_{nrs} \hat{p}_r \hat{L}_s = \hat{p}_m \hat{L}_j - \hat{p}_j \hat{L}_m \tag{28.207}$$

der Kommutator

$$\begin{aligned}[\hat{D}_i, \hat{D}_j] &= [\varepsilon_{ikm} \hat{p}_k \hat{L}_m, \hat{D}_j] = \varepsilon_{ikm} \left(\hat{p}_k [\hat{L}_m, \hat{D}_j] + [\hat{p}_k, \hat{D}_j] \hat{L}_m\right) \\ &= \mathrm{i}\hbar \varepsilon_{ikm} \left(\varepsilon_{mjn} \hat{p}_k \hat{D}_n + (\hat{p}_k \hat{p}_j - \delta_{kj} \hat{\boldsymbol{p}}^2) \hat{L}_m\right) \\ &= -\mathrm{i}\hbar \varepsilon_{ijm} \hat{\boldsymbol{p}}^2 \hat{L}_m .\end{aligned} \tag{28.208}$$

Ganz ähnlich findet man

$$\begin{aligned}\left[\hat{D}_i^\dagger, \hat{D}_j\right] &= -\left[\varepsilon_{imk} \hat{L}_m \hat{p}_k, \hat{D}_j\right] \\ &= -\varepsilon_{imk} \left(\hat{L}_m [\hat{p}_k, \hat{D}_j] + [\hat{L}_m, \hat{D}_j] \hat{p}_k\right) \\ &= -\mathrm{i}\hbar \varepsilon_{imk} \left(\hat{L}_m (\hat{p}_k \hat{p}_j - \delta_{kj} \hat{\boldsymbol{p}}^2) + \varepsilon_{mjn} \hat{D}_n \hat{p}_k\right) \\ &= -\mathrm{i}\hbar \varepsilon_{imk} \left(-\delta_{kj} \hat{L}_m \hat{\boldsymbol{p}}^2 + 2\mathrm{i}\hbar \varepsilon_{mjs} \hat{p}_s \hat{p}_k\right) \\ &= \mathrm{i}\hbar \varepsilon_{ijm} \hat{L}_m \hat{\boldsymbol{p}}^2 + 2\hbar^2 \left(\hat{p}_i \hat{p}_j - \delta_{ij} \hat{\boldsymbol{p}}^2\right) .\end{aligned} \tag{28.209}$$

In den antihermiteschen Operatoren

$$\begin{aligned}\left[\hat{D}_i + \hat{D}_i^\dagger, \hat{D}_j + \hat{D}_j^\dagger\right] &= [\hat{D}_i, \hat{D}_j] - [\hat{D}_i, \hat{D}_j]^\dagger \\ &\quad + [\hat{D}_i^\dagger, \hat{D}_j] - [\hat{D}_i^\dagger, \hat{D}_j]^\dagger \\ &= -4\mathrm{i}\hbar \varepsilon_{ijk} \hat{\boldsymbol{p}}^2 \hat{L}_k\end{aligned} \tag{28.210}$$

heben sich, nachdem wir die Kommutatoren (28.208) und (28.209) einsetzen, die zu $\hbar^2$ proportionalen hermiteschen Terme weg. Wir haben auch noch benutzt, dass die $\hat{\boldsymbol{L}}_m$ mit dem skalaren Operator $\hat{\boldsymbol{p}}^2$ vertauschen.
Schlussendlich benötigen wir den Kommutator

$$\begin{aligned}[\hat{e}_i, \hat{D}_j] &= \varepsilon_{jkm} [\hat{e}_i, \hat{p}_k \hat{L}_m] = \varepsilon_{jkm} \left(\hat{p}_k [\hat{e}_i, \hat{L}_m] + [\hat{e}_i, \hat{p}_k] \hat{L}_m\right) \\ &= \mathrm{i}\hbar \varepsilon_{jkm} \left(\varepsilon_{imn} \hat{p}_k \hat{e}_n + \frac{1}{r} (\delta_{ik} - \hat{e}_i \hat{e}_k) \hat{L}_m\right) \\ &= \mathrm{i}\hbar \left(\hat{p}_i \hat{e}_j - \delta_{ij} \hat{\boldsymbol{p}} \cdot \hat{\boldsymbol{e}} - \frac{1}{r} \varepsilon_{ijm} \hat{L}_m - \frac{1}{r} \varepsilon_{jkm} \hat{e}_i \hat{e}_k \hat{L}_m\right) .\end{aligned} \tag{28.211}$$

Beim Übergang von der ersten zur zweiten Zeile wurde der Kommutator von $\hat{e}_i$ und $\hat{p}_k$ gebraucht. Diesen kann man sich leicht in der Ortsdarstellung beschaffen:

$$[\hat{e}_i, \hat{p}_k] = \mathrm{i}\hbar\, \partial_k \left(\frac{x_i}{r}\right) = \frac{\mathrm{i}\hbar}{r} \left(\delta_{ik} - \hat{e}_i \hat{e}_k\right) . \tag{28.212}$$

Mit $[\hat{e}_i, \hat{D}_j^\dagger] = -[\hat{e}_i, \hat{D}_j]^\dagger$ erhalten wir nun

$$\begin{aligned}\left[\hat{e}_i, \hat{D}_j + \hat{D}_j^\dagger\right] &= \mathrm{i}\hbar\left(\hat{p}_i\hat{e}_j + \hat{e}_j\hat{p}_i - \delta_{ij}\left(\hat{\boldsymbol{p}}\cdot\hat{\boldsymbol{e}} + \hat{\boldsymbol{e}}\cdot\hat{\boldsymbol{p}}\right)\right) \\ &\quad - \frac{2\mathrm{i}\hbar}{r}\varepsilon_{ijk}\hat{L}_k \\ &\quad - \frac{\mathrm{i}\hbar}{r}\varepsilon_{jkm}\left(\hat{e}_i\hat{e}_k\hat{L}_m + \hat{L}_m\hat{e}_k\hat{e}_i\right). \end{aligned} \quad (28.213)$$

Für den letzten Klammerausdruck findet man mithilfe des Kommutators

$$[\hat{L}_m, \hat{e}_k\hat{e}_i] = \mathrm{i}\hbar\varepsilon_{mks}\hat{e}_s\hat{e}_i + \mathrm{i}\hbar\varepsilon_{mis}\hat{e}_k\hat{e}_s \quad (28.214)$$

den Ausdruck

$$\varepsilon_{jkm}\left(\hat{e}_i\hat{e}_k\hat{L}_m + \hat{L}_m\hat{e}_k\hat{e}_i\right) = 2\varepsilon_{jkm}\hat{e}_i\hat{e}_k\hat{L}_m + \mathrm{i}\hbar(\delta_{ij} - 3\hat{e}_i\hat{e}_j).$$

In den Vertauschungsrelationen der Komponeten von $\hat{\boldsymbol{Q}}$ trägt nur der antisymmtrische Anteil des Kommutators (28.213) bei:

$$\begin{aligned}\hat{A}_{ij} &\equiv [\hat{e}_i, \hat{D}_j + \hat{D}_j^\dagger] + [\hat{D}_i + \hat{D}_i^\dagger, \hat{e}_j] \\ &= [\hat{e}_i, \hat{D}_j + \hat{D}_j^\dagger] - [\hat{e}_j, \hat{D}_i + \hat{D}_i^\dagger].\end{aligned} \quad (28.215)$$

Dieser lautet

$$\begin{aligned}\hat{A}_{ij} &= -\frac{4\mathrm{i}\hbar}{r}\varepsilon_{ijk}\hat{L}_k + 2\mathrm{i}\hbar\left(\hat{e}_j\hat{p}_i - \hat{e}_i\hat{p}_j\right) \\ &\quad - \frac{2\mathrm{i}\hbar}{r}\left(\varepsilon_{jkm}\hat{e}_i\hat{e}_k\hat{L}_m - \varepsilon_{ikm}\hat{e}_j\hat{e}_k\hat{L}_m\right).\end{aligned} \quad (28.216)$$

Bemerkt man noch, dass

$$\varepsilon_{jkm}\hat{e}_i\hat{e}_k\hat{L}_m = r\hat{e}_i\hat{e}_j(\hat{\boldsymbol{e}}\cdot\hat{\boldsymbol{p}}) - r\hat{e}_i\hat{p}_j, \quad (28.217)$$

dann folgt

$$\hat{A}_{ij} = -\frac{4\mathrm{i}\hbar}{r}\varepsilon_{ijk}\hat{L}_k. \quad (28.218)$$

Nun sind wir im Besitz aller Kommutatoren, um die Aufgabe zu lösen:

$$\begin{aligned}\left[\hat{Q}_i, \hat{Q}_j\right] &= \frac{1}{4\mu^2\gamma^2}[\hat{D}_i + \hat{D}_i^\dagger, \hat{D}_j + \hat{D}_j^\dagger] - \frac{1}{2\mu\gamma}\hat{A}_{ij} \\ &= \frac{\hbar}{\mathrm{i}\mu\gamma^2}\left(\frac{\hat{\boldsymbol{p}}^2}{\mu} - \frac{2\gamma}{r}\right)\varepsilon_{ijk}\hat{L}_k \\ &= \frac{2\hbar}{\mathrm{i}\mu\gamma^2}\hat{H}\varepsilon_{ijk}\hat{L}_k.\end{aligned} \quad (28.219)$$

Literatur

Großmann, S.: Funktionalanalysis im Hinblick auf Anwendung in der Physik, 4. Aufl. Aula-Verlag, Wiesbaden (1988)

Goldstein, H.: Prehistory of the "Runge-Lenz" vector. Am. J. Phys. **43**, 737 (1975)

Goldstein, H.: More on the prehistory of the Laplace or Runge-Lenz vector. Am. J. Phys. **44**, 1123 (1976)

Pauli, W.: Über das Wasserstoffspektrum vom Standpunkt der neuen Quantenmechanik. Z. Phys. **36**, 336 (1926)

Udem, Th. et al.: Phase-coherent measurement of the Hydrogen 1S-2S transition frequency with an optical frequency interval divider chain. Phys. Rev. Lett. **79**, 2646 (1997)

Weiterführende Literatur

Atkins, P., Friedman, R.: Molecular Quantum Mechanics, 4. Aufl. Oxford University Press, Oxford (2005)

29 Elektromagnetische Felder und der Spin

Welchen Einfluss haben die elektromagnetischen Potenziale auf quantenmechanische Zustände?

Welche Auswirkungen hat ein homogenes Magnetfeld auf die Zustände und das Energiespektrum geladener Teilchen?

Wie wird der Spin in der Quantenmechanik beschrieben?

Teil III

M. Bartelmann et al., *Theoretische Physik*, DOI 10.1007/978-3-642-54618-1_29, © Springer-Verlag Berlin Heidelberg 2015

In Kap. 22 wurde bereits kurz angesprochen, wie elektromagnetische Felder in der Quantenmechanik zu berücksichtigen sind. In diesem Kapitel werden wir darauf nun genauer eingehen und sowohl allgemeine Prinzipien als auch spezielle Beispiele dazu diskutieren; insbesondere werden wir in Abschn. 29.1 zunächst die Bedeutung der Potenziale untersuchen, die ja in der klassischen Physik nicht direkt beobachtbare Größen sind.

Vor allem der Einfluss von Magnetfeldern, insbesondere der Zeeman-Effekt (Abschn. 29.2), ist in vielen physikalischen Situationen wichtig – nicht nur in der Astrophysik, wo damit die Stärke des Magnetfeldes auch bei weit entfernten astronomischen Objekten bestimmt werden kann, sondern beispielsweise wohl auch bei Zugvögeln: Laut einer gegenwärtigen Hypothese läuft eine chemische Reaktion in Cryptochrommolekülen in den Augen dieser Vögel je nach Orientierung zum Erdmagnetfeld unterschiedlich ab; auf diese Weise können die Vögel das Magnetfeld also direkt „sehen" und sich daran orientieren.

Sowohl eine genaue Betrachtung des Zeeman-Effekts als auch andere experimentelle Ergebnisse, wie beispielsweise die aus dem bekannten Stern-Gerlach-Versuch, führen allerdings zu der Erkenntnis, dass bei Elektronen außer ihrer elektrischen Ladung auch das magnetische Moment, das von ihrem Spin herrührt, zu berücksichtigen ist. Der Rest des Kapitels beschäftigt sich deshalb mit der konkreten rechnerischen Behandlung dieses Spins.

29.1 Beobachtbarkeit der Potenziale

Aus Kap. 22 ist bereits bekannt, dass bei Anwesenheit von elektromagnetischen Feldern der Hamilton-Operator für ein Teilchen der Ladung q die Form

$$\hat{H} = \frac{1}{2\mu}\left(\hat{\boldsymbol{p}} - \frac{q}{c}\boldsymbol{A}\right)^2 + q\phi \tag{29.1}$$

hat. Für die Masse schreiben wir hier μ statt m, um eine Verwechslung mit der magnetischen Quantenzahl zu vermeiden.

Das skalare Potenzial ϕ und das Vektorpotenzial $\boldsymbol{A}$ sind hier eigentlich ebenfalls Operatoren, da sie vom Ort $\boldsymbol{x}$ abhängen, der in der Quantenmechanik durch den Ortsoperator $\hat{\boldsymbol{x}}$ ersetzt wird. In der Ortsdarstellung werden $\hat{\phi}$ und $\hat{\boldsymbol{A}}$ allerdings dann zu Multiplikationsoperatoren, sodass wir hier und im Folgenden nur ϕ und $\boldsymbol{A}$ schreiben. Außerdem ist zu beachten, dass nur die Bewegung des Teilchens quantisiert wird; das elektromagnetische Feld selbst wird in diesem Buch klassisch behandelt.

Der *kinetische Impuls* ist

$$\hat{\boldsymbol{\pi}} := \hat{\boldsymbol{p}} - \frac{q}{c}\boldsymbol{A} = \frac{\hbar}{\mathrm{i}}\nabla - \frac{q}{c}\boldsymbol{A}. \tag{29.2}$$

Um ihn vom kanonisch konjugierten Impuls $\boldsymbol{p}$ zu unterscheiden, wird der kinetische Impuls im Folgenden (insbesondere in den Aufgaben am Ende des Kapitels) mit $\boldsymbol{\pi}$ bezeichnet.

Wie wir sehen, tauchen also im Hamilton- und im Impulsoperator nicht die elektrischen und magnetischen Feldstärken auf, sondern nur die Potenziale. Auf den ersten Blick scheint dies im Widerspruch damit zu stehen, dass die Potenziale eigentlich nicht beobachtbar sind. Dies soll in diesem Abschnitt näher diskutiert werden, bevor wir im Folgenden auf einige spezielle Anwendungsbeispiele näher eingehen.

Eichinvarianz

Zunächst ist zu bemerken, dass die Potenziale nicht eindeutig bestimmt sind: Aus der Elektrodynamik (Kap. 11) ist bekannt, dass sich alle beobachtbaren Größen nicht ändern, wenn man eine *Eichtransformation* durchführt:

$$\phi \to \phi - \frac{1}{c}\partial_t \Lambda \quad \text{und} \quad \boldsymbol{A} \to \boldsymbol{A} + \nabla\Lambda \tag{29.3}$$

mit einer beliebigen skalaren Funktion $\Lambda(t, \boldsymbol{x})$.

Der Hamilton-Operator (29.1) ändert sich aber bei einer solchen Eichtransformation:

$$\hat{H} \to \frac{1}{2\mu}\left(\hat{\boldsymbol{p}} - \frac{q}{c}\boldsymbol{A} - \frac{q}{c}\nabla\Lambda\right)^2 + q\phi - \frac{q}{c}\partial_t\Lambda, \tag{29.4}$$

also ist zu erwarten, dass sich eine andere Wellenfunktion ergibt. Wir werden aber im Folgenden sehen, dass sich dennoch keine Änderungen bei beobachtbaren Größen ergeben. Dazu schreiben wir zunächst die Schrödinger-Gleichung im Ortsraum explizit aus:

$$\mathrm{i}\hbar\partial_t\psi = \left(\frac{1}{2\mu}\left(\frac{\hbar}{\mathrm{i}}\nabla - \frac{q}{c}\boldsymbol{A}\right)^2 + q\phi\right)\psi. \tag{29.5}$$

Nach einer Eichtransformation kann man dies umschreiben zu

$$\left(\mathrm{i}\hbar\partial_t + \frac{q}{c}\partial_t\Lambda\right)\psi' = \left(\frac{1}{2\mu}\left(\frac{\hbar}{\mathrm{i}}\nabla - \frac{q}{c}\boldsymbol{A} - \frac{q}{c}\nabla\Lambda\right)^2 + q\phi\right)\psi' \tag{29.6}$$

mit der geänderten Wellenfunktion ψ'. Durch Vergleich mit (29.5) sehen wir nun, dass

$$\begin{aligned}\left(\mathrm{i}\hbar\partial_t + \frac{q}{c}\partial_t\Lambda\right)\psi' &= \mathrm{i}\hbar\partial_t\psi,\\ \left(\frac{\hbar}{\mathrm{i}}\nabla - \frac{q}{c}\nabla\Lambda\right)\psi' &= \frac{\hbar}{\mathrm{i}}\nabla\psi\end{aligned} \tag{29.7}$$

gelten muss. Dieses System von partiellen inhomogenen Differenzialgleichungen kann leicht gelöst werden (z. B. mittels Variation der Konstanten).

Frage 1

Ermitteln Sie diese Lösung.

Eichtransformation der Wellenfunktion

Bei einer Eichtransformation (29.3) der elektromagnetischen Potenziale ändert sich die Wellenfunktion nur um eine (räumlich und zeitlich veränderliche) Phase:

$$\psi' = \exp\left(\mathrm{i}\frac{q}{\hbar c}\Lambda\right)\psi. \tag{29.8}$$

Der Phasenfaktor ist eine komplexe Zahl vom Betrag 1, also ein Element der Gruppe U(1); deshalb spricht man hier von einer U(1)-*Eichtransformation.*

Da beobachtbare Größen alle nur von $\psi^*\psi$ abhängen, fällt diese Phasenverschiebung bei deren Berechnung heraus – also ändert sich deren Wert nicht durch eine Eichtransformation. Besondere Vorsicht muss man nur bei Observablen walten lassen, die von Differenzialoperatoren abhängen (wie der Impuls oder die Energie); bei diesen muss man die Ersetzungen

$$\begin{aligned} \partial_t &\to \partial_t - \frac{\mathrm{i}q}{\hbar\, c}\partial_t \Lambda, \\ \nabla &\to \nabla + \frac{\mathrm{i}q}{\hbar\, c}\nabla\Lambda \end{aligned} \tag{29.9}$$

vornehmen, wie wir gerade gesehen haben. Insbesondere folgt dann auch, dass der Wert des kinetischen Impulses π von der Eichung unabhängig ist.

Anmerkung: Durch

$$D^{\mu}(A) := \partial^{\mu} + \frac{\mathrm{i}q}{\hbar\, c}A^{\mu} \tag{29.10}$$

kann man sogenannte *(eich)kovariante Ableitungen* definieren (siehe (22.119)). Fordert man, dass diese sich unter Eichtransformationen $\psi' = u(t,\boldsymbol{x})\psi$ mit $u \in \mathrm{U}(1)$ gemäß

$$D'^{\mu} = u^{-1}(t,\boldsymbol{x})D^{\mu}u(t,\boldsymbol{x}) \tag{29.11}$$

transformieren, so folgt das Verhalten (29.9) der Ableitungsoperatoren unter Eichtransformationen.

Schließlich ist noch anzumerken, dass wir auch umgekehrt hätten vorgehen können: Wir hätten davon ausgehen können, dass sich die Werte von Observablen nicht ändern, wenn man die Wellenfunktion mit einer (räumlich und zeitlich variablen) Phase (29.8) multipliziert. Aus der Schrödinger-Gleichung folgt dann mit Rechenschritten analog zu oben, dass Felder ϕ und $\boldsymbol{A}$ existieren müssen, die sich unter einer solchen Transformation der Wellenfunktion (und der Differenzialoperatoren) gemäß (29.3) verhalten, und mittels der kovarianten Ableitung (29.10) an die Teilchen gekoppelt sind.

Mit anderen Worten:

Die Existenz des elektromagnetischen Feldes folgt aus der Invarianz von Observablen unter einer lokalen U(1)-Transformation der Wellenfunktion.

Der Aharonov-Bohm-Effekt

Der vorhergehende Abschnitt legt nahe, dass auch in der Quantenmechanik, wie bereits aus der Elektrodynamik bekannt, die Potenziale keine beobachtbaren Größen sind. Im Folgenden werden wir nun an einem konkreten Beispiel sehen, dass das Vektorpotenzial zwar einen direkten Einfluss auf die Wellenfunktion hat, aber in der Tat dennoch nicht beobachtbar ist.

Wir betrachten eine Situation ohne ein elektrisches Feld, sodass wir $\phi = 0$ wählen können, und mit einem magnetischen Feld, das räumlich begrenzt ist. Das Vektorpotenzial $\boldsymbol{A}$ verschwindet aber auch außerhalb des Bereichs, in dem sich das Magnetfeld befindet, nicht. Ein Beispiel für eine solche Situation wäre eine unendliche lange Spule, in deren Innerem sich bekanntlich ein homogenes Magnetfeld befindet. Außerhalb einer solchen Spule verschwindet das Magnetfeld zwar, das Vektorpotenzial allerdings nicht.

Dies kann man leicht zeigen. Dazu betrachten wir ein Integral über das Vektorpotenzial entlang eines geschlossenen Weges, der den Bereich, in dem sich das Magnetfeld befindet, einschließt, und benutzen den Satz von Stokes:

$$\oint \boldsymbol{A}\cdot \mathbf{d}\boldsymbol{x} = \int \mathbf{rot}\boldsymbol{A}\cdot \mathbf{d}\boldsymbol{f} = \int \boldsymbol{B}\cdot \mathbf{d}\boldsymbol{f} = \Phi_{\mathrm{mag}}. \tag{29.12}$$

Unabhängig von der Eichung und unabhängig vom gewählten Weg ergibt sich für das geschlossene Wegintegral also immer derselbe, nicht verschwindende Wert – nämlich der eingeschlossene magnetische Fluss. Damit folgt, dass das Vektorpotenzial entlang eines geschlossenes Weges in keiner Eichung verschwinden kann.

Im Folgenden werden wir untersuchen, welchen Einfluss dies auf die Wellenfunktion hat. Zunächst stellen wir fest, dass der Operator des kinetischen Impulses mit dem Hamilton-Operator kommutiert, da $\phi = 0$ und außerhalb der Spule außerdem auch $\boldsymbol{B} = 0$ ist (dass für $\boldsymbol{B} = 0$ auch die einzelnen Komponenten von $\hat{\pi}$ kommutieren, wird in Aufgabe 29.2 gezeigt).

Frage 2

Wie kann man deshalb die gemeinsamen Eigenfunktionen leicht finden?

Für ein geladenes Teilchen mit fester Energie, das sich durch diesen feldfreien Raum bewegt, kann die Wellenfunktion somit

Vertiefung: (S)U(N)-Eichtransformationen

Das Konzept der U(1)-Eichtransformationen kann leicht auf andere Gruppen verallgemeinert werden; man gelangt dann zu den U(N)- bzw. SU(N)-Eichtransformationen, wie hier kurz dargestellt werden soll.

Zunächst geht man davon aus, dass ψ keine skalare Funktion ist, sondern mehrere Komponenten hat. Das Standardbeispiel ist hier die (Quanten-)Chromodynamik, in der ein Teilchen drei verschiedene „Farben" haben kann. Dies stellt man durch einen dreidimensionalen Vektor dar, wobei jede Komponente die Wahrscheinlichkeitsamplitude dafür angibt, das Teilchen mit dieser „Farbe" anzutreffen. Ein zweites Beispiel, das später in diesem Kapitel noch genauer besprochen wird, ist der Spin von Teilchen. (Allerdings liegt beim Spin nur eine globale Symmetrie vor, wohingegen in der Chromodynamik, wie in der Elektrodynamik, die Eichsymmetrie lokal ist.)

Dieser zusätzliche Freiheitsgrad der Farbe ist nicht direkt beobachtbar. Mathematisch heißt das, dass alle Beobachtungen bezüglich einer „Durchmischung" der Farben invariant sein sollten. Mit anderen Worten: Unter Transformationen der Form

$$\boldsymbol{\psi}' = \boldsymbol{U}\boldsymbol{\psi} \tag{1}$$

mit einer Matrix $\boldsymbol{U} \in \mathbb{C}^{N\times N}$ sollen Observable invariant sein.

Observable hängen wiederum nur vom Betragsquadrat der Wellenfunktion ab, das für eine vektorwertige Wellenfunktion nun mittels des Skalarprodukts

$$\left(\boldsymbol{\psi}^*\right)^\top \boldsymbol{\psi} \tag{2}$$

berechnet wird. Dieses Skalarprodukt ist aber nur dann invariant unter der Transformation (1), wenn die Matrix $\boldsymbol{U}$ unitär ist. Die Gruppe der Eichtransformationen von Wellenfunktionen mit N Komponenten ist also die U(N). Verlangt man zusätzlich noch, dass sich bei einer Eichtransformation die Phase der Wellenfunktion nicht ändern soll (Änderungen der Phase sind ja bereits mit den U(1)-Eichtransformationen der Elektrodynamik verknüpft), so muss die Determinante der Matrix gleich 1 sein; man hat als Eichgruppe dann die SU(N).

Analog zur Diskussion bei den U(1)-Eichtransformationen kann man nun begründen, dass aus der Invarianz unter (lokalen) U(N) bzw. SU(N)-Eichtransformationen die Existenz von N^2 bzw. N^2-1 Feldern folgt: Unitäre $N\times N$-Matrizen haben genau N^2 reelle Parameter; mit der Forderung, dass die Determinante gleich 1 sein soll, bleiben N^2-1. Also haben die Eichtransformationen N^2 bzw. N^2-1 reelle Parameter, und genauso viele unabhängige Felder müssen existieren.

Im Falle der Chromodynamik mit der Eichgruppe SU(3) sind dies die acht Gluonenfelder. Im Abschnitt „So geht's weiter" in Kap. 20 wurden die lokale SU(3)-Symmetrie, die Quantenchromodynamik und die zugehörigen kovarianten Ableitungen bereits vom Standpunkt der Lagrange'schen Feldtheorie aus dargestellt.

---

als Eigenfunktion zum kinetischen Impulsoperator gewählt werden:

$$\hat{\boldsymbol{\pi}}\psi = \boldsymbol{p}_0\psi \tag{29.13}$$

bzw. ausführlicher

$$\left(\frac{\hbar}{\mathrm{i}}\nabla - \frac{q}{c}\boldsymbol{A}\right)\psi = \boldsymbol{p}_0\psi. \tag{29.14}$$

Die Wellenfunktion ergibt sich daraus zu

$$\psi(t,\boldsymbol{x}) = \hat{\psi}\exp\left(\frac{\mathrm{i}}{\hbar}\boldsymbol{p}_0\cdot\boldsymbol{x}\right)\exp\left(\frac{\mathrm{i}q}{\hbar c}\int_{\boldsymbol{x}_0}^{\boldsymbol{x}}\boldsymbol{A}\cdot\mathbf{d}\boldsymbol{x}\right) \tag{29.15}$$

mit einer konstanten Amplitude $\hat{\psi}$ und einem beliebig wählbaren Startpunkt $\boldsymbol{x}_0$.

Die Phasenverschiebung, die ein Teilchen auf dem Weg von $\boldsymbol{x}_0$ nach $\boldsymbol{x}$ erfährt, hängt vom Wegintegral $\int_{\boldsymbol{x}_0}^{\boldsymbol{x}}\boldsymbol{A}\cdot\mathbf{d}\boldsymbol{x}$ ab. Dieses Integral verschwindet auch in Bereichen nicht, in denen das Magnetfeld null ist; die Phasenverschiebung des Teilchens wird also direkt vom Vektorpotenzial selbst beeinflusst! Dies wird als der *Aharonov-Bohm-Effekt* bezeichnet, nach dem US-amerikanischen Physiker und Philosophen *David Joseph Bohm* (1917–1992) und seinem Doktoranden, dem israelischen Physiker *Yakir Aharonov* (*1932), die dies 1959 vorhersagten.

Die Phasenverschiebung ist allerdings selbst noch keine direkt messbare Größe; nur Phasendifferenzen können (beispielsweise durch Interferenzen) beobachtet werden. Betrachten wir also zwei mögliche Wege durch den Bereich, in dem das Magnetfeld verschwindet, das Vektorpotenzial aber nicht. Wir wählen dabei die beiden Wege so, dass sich insgesamt ein geschlossener Weg ergibt, der den Bereich mit nicht verschwindendem Magnetfeld einschließt (beispielsweise die beiden Wege links und rechts an der Spule vorbei in Abb. 29.1).

Auf den beiden Wegen sind die Phasenverschiebungen dann

$$\frac{q}{\hbar c}\int_1 \boldsymbol{A}\cdot\mathbf{d}\boldsymbol{x} \quad \text{bzw.} \quad \frac{q}{\hbar c}\int_2 \boldsymbol{A}\cdot\mathbf{d}\boldsymbol{x}. \tag{29.16}$$

Teil III

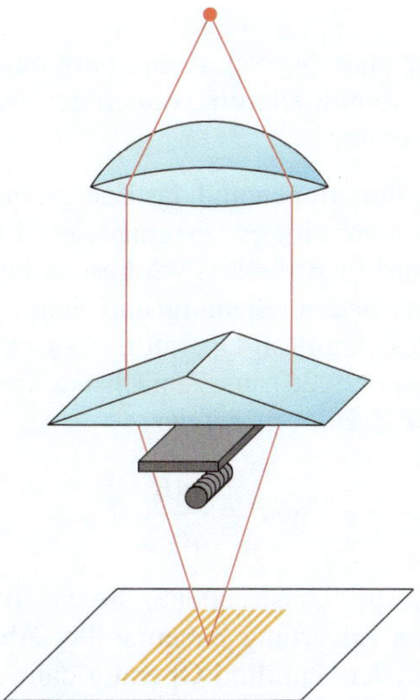

Abb. 29.1 Versuchsaufbau zur Messung des Aharonov-Bohm-Effekts. Ein Elektronenstrahl wird zunächst durch eine (elektromagnetische) Linse gebündelt und dann mittels eines Biprismas in zwei Teilstrahlen aufgespalten, die auf den beiden Seiten einer Spule vorbeifliegen. Die Aufspaltung und damit der Abstand zur Spule wird möglichst groß gewählt, damit die Elektronen vom (schwachen) Feld außerhalb der Spule möglichst wenig beeinflusst werden; außerdem wird die Spule zusätzlich durch eine Eisenplatte abgeschirmt. Die beiden Teilstrahlen treffen dann unten auf einem Film wieder zusammen. Der magnetische Fluss in der Spule wird immer mehr verstärkt, gleichzeitig wird der Film verschoben. Auf dem Film entsteht dabei ein Muster von Interferenzstreifen. (Nach Möllenstedt & Bayh 1962)

Frage 3

Was kann man dann für die Phasendifferenz auf den beiden Wegen schreiben?

Die Phasendifferenz auf den beiden Wegen ergibt sich als Integral über den geschlossenen Weg:

$$\frac{q}{\hbar c}\int_1 \boldsymbol{A}\cdot\mathbf{d}\boldsymbol{x} - \frac{q}{\hbar c}\int_2 \boldsymbol{A}\cdot\mathbf{d}\boldsymbol{x} = \frac{q}{\hbar c}\oint \boldsymbol{A}\cdot\mathbf{d}\boldsymbol{x}. \tag{29.17}$$

Wie wir in (29.12) gesehen haben, ist der Wert dieses Integrals aber genau der eingeschlossene magnetische Fluss. Die (beobachtbare) Phasendifferenz auf den beiden Wegen hängt somit nur vom (beobachtbaren) magnetischen Fluss ab, nicht aber vom (nicht beobachtbaren) Vektorpotenzial selbst.

Der erste experimentelle Nachweis dieses Effekts gelang bereits 1960 (Chambers 1960); seitdem wurde er mehrfach bestätigt. Einen beispielhaften Versuchsaufbau zeigt Abb. 29.1 (weitere Beschreibungen finden sich in Peshkin & Akira 1989).

29.2 Geladenes Teilchen im homogenen Magnetfeld

Im Folgenden beschränken wir uns auf den Spezialfall eines homogenen, zeitlich konstanten Magnetfelds, der für viele physikalische Situationen relevant ist. Insbesondere wenn man den Einfluss von äußeren Magnetfeldern auf Spektren von Atomen oder Molekülen studiert, sind die relevanten Abmessungen so klein, dass praktisch jedes Magnetfeld in guter Näherung als homogen angesehen werden kann.

In einfachen Fällen können die Zustände und Energien unter Einfluss eines solchen Magnetfeldes exakt berechnet werden, wie die folgenden Beispiele zeigen werden. Für homogene elektrische Felder sind dagegen im Allgemeinen die *Störungstheorie* oder andere Verfahren nötig; deshalb werden diese erst in Kap. 30 diskutiert. (Der Fall eines geladenen Teilchens in einem harmonischen Oszillatorpotenzial und zusätzlichen homogenen elektrischen Feld ist allerdings exakt lösbar; siehe Aufgabe 29.1.)

Der Hamilton-Operator

Im Spezialfall eines homogenen Magnetfeldes kann der Hamilton-Operator direkt in Abhängigkeit von der magnetischen Flussdichte geschrieben werden. Dafür benutzen wir einerseits, dass man in diesem Fall die Eichung so wählen kann, dass das Vektorpotenzial

$$\boldsymbol{A} = -\frac{1}{2}\boldsymbol{x}\times\boldsymbol{B} \tag{29.18}$$

ist.

Frage 4

Rechnen Sie nach, dass daraus $\boldsymbol{B} = \mathbf{rot}\,\boldsymbol{A}$ und $\operatorname{div}\boldsymbol{A} = 0$ folgen.

Andererseits müssen wir aber zunächst die Klammer im Hamilton-Operator (29.1) auflösen. Dabei ist zu berücksichtigen, dass für $(\hat{\boldsymbol{a}}+\hat{\boldsymbol{b}})^2$ nicht einfach die binomische Formel benutzt werden kann, wenn die beiden Operatoren $\hat{\boldsymbol{a}}$ und $\hat{\boldsymbol{b}}$ nicht vertauschen; stattdessen müssen wir

$$(\hat{\boldsymbol{a}}+\hat{\boldsymbol{b}})^2 = \hat{\boldsymbol{a}}^2 + \hat{\boldsymbol{a}}\cdot\hat{\boldsymbol{b}} + \hat{\boldsymbol{b}}\cdot\hat{\boldsymbol{a}} + \hat{\boldsymbol{b}}^2 \tag{29.19}$$

schreiben. Wir haben also

$$\left(\hat{\boldsymbol{p}} - \frac{q}{c}\boldsymbol{A}\right)^2 = \hat{\boldsymbol{p}}^2 - \frac{q}{c}\hat{\boldsymbol{p}}\cdot\boldsymbol{A} - \frac{q}{c}\boldsymbol{A}\cdot\hat{\boldsymbol{p}} + \frac{q^2}{c^2}\boldsymbol{A}^2. \tag{29.20}$$

Außerdem ist noch zu beachten, dass $\hat{\boldsymbol{p}}$ ein Ableitungsoperator ist. Wirkt der Operator $\hat{\boldsymbol{p}}\cdot\boldsymbol{A}$ auf die Wellenfunktion ψ, so ist die Produktregel zu beachten: $\hat{\boldsymbol{p}}$ wirkt auf ψ, aber auch auf $\boldsymbol{A}$. Es ist also

$$\hat{\boldsymbol{p}}\cdot\boldsymbol{A} = \frac{\hbar}{\mathrm{i}}\left(\operatorname{div}\boldsymbol{A} + \boldsymbol{A}\cdot\nabla\right), \tag{29.21}$$

und damit ist der Hamilton-Operator insgesamt

$$\hat{H} = -\frac{\hbar^2}{2\mu}\Delta + \frac{\mathrm{i}\hbar q}{2\mu c}\operatorname{div}\boldsymbol{A} + \frac{\mathrm{i}\hbar q}{\mu c}\boldsymbol{A}\cdot\nabla + \frac{q^2}{2\mu c^2}\boldsymbol{A}^2 + q\phi. \quad (29.22)$$

Benutzen wir nun (29.18). Es folgt zunächst $\operatorname{div}\boldsymbol{A} = 0$; außerdem ergibt sich

$$\boldsymbol{A}^2 = \frac{1}{4}r^2B^2\sin^2\alpha, \quad (29.23)$$

wobei α der Winkel zwischen dem Ortsvektor $\boldsymbol{x}$ und der magnetischen Flussdichte $\boldsymbol{B}$ ist, und

$$\begin{aligned}\boldsymbol{A}\cdot\nabla &= -\frac{1}{2}(\boldsymbol{x}\times\boldsymbol{B})\cdot\nabla = \frac{1}{2}\boldsymbol{B}\cdot(\boldsymbol{x}\times\nabla)\\ &= \frac{\mathrm{i}}{2\hbar}\boldsymbol{B}\cdot(\boldsymbol{x}\times\hat{\boldsymbol{p}}) = \frac{\mathrm{i}}{2\hbar}\boldsymbol{B}\cdot\hat{\boldsymbol{L}}.\end{aligned} \quad (29.24)$$

Damit wird der Hamilton-Operator zu

$$\hat{H} = -\frac{\hbar^2}{2\mu}\Delta - \frac{q}{2\mu c}\boldsymbol{B}\cdot\hat{\boldsymbol{L}} + \frac{q^2}{8\mu c^2}r^2B^2\sin^2\alpha + q\phi. \quad (29.25)$$

Wählen wir schließlich das Magnetfeld speziell in z-Richtung, so bieten sich Zylinderkoordinaten an: Es ist $\varrho^2 = r^2\sin^2\alpha$ und $\boldsymbol{B}\cdot\hat{\boldsymbol{L}} = B\hat{L}_3$, also

$$\hat{H} = -\frac{\hbar^2}{2\mu}\Delta - \frac{q}{2\mu c}B\hat{L}_3 + \frac{q^2}{8\mu c^2}B^2\varrho^2 + q\phi. \quad (29.26)$$

Teil III

Freies geladenes Teilchen im homogenen Magnetfeld

Wir betrachten hier den Fall, dass sich das geladene Teilchen nur im Magnetfeld bewegt. Es sollen keine elektrischen Kräfte wirken (insbesondere soll das Teilchen nicht gebunden sein); wir können somit $\phi = 0$ wählen.

Welche Bahn würde man klassisch für ein geladenes Teilchen in dieser Situation erwarten?

Klassisch würde man dann eine Schraubenlinie erwarten: Eine Kreisbahn in der x-y-Ebene überlagert mit einer freien Bewegung in z-Richtung. In der Heisenberg-Darstellung kann man auch direkt zeigen, dass sich tatsächlich eine solche Bahn ergibt (Aufgabe 29.4).

Dies stimmt weitgehend mit dem Hamilton-Operator (29.26) überein: In z-Richtung wirkt kein Potenzial, die z-Abhängigkeit der Wellenfunktion entspricht also der einer freien Bewegung: $\psi \propto e^{ik_z z}$. Außerdem enthält der Hamilton-Operator einen Potenzialterm proportional zu $\varrho^2 = x^2 + y^2$; man hat somit in x- und y-Richtung jeweils ein harmonisches Oszillatorpotenzial, und eine Kreisbewegung entspricht ja einer Überlagerung zweier um 90° gegeneinander phasenverschobener harmonischer Oszillatoren. Dazu kommt allerdings noch der Term mit dem Drehimpulsoperator $\hat{L}_3$.

Um die Wellenfunktionen und das Energiespektrum konkret zu bestimmen, gibt es verschiedene Möglichkeiten. Eine davon wird in Aufgabe 29.5 besprochen; diese benutzt aber eine andere Eichung und damit eine andere Darstellung des Hamilton-Operators. Wir gehen hier dagegen direkt von (29.26) aus. Zunächst definieren wir zur Abkürzung die *Zyklotronfrequenz*

$$\omega_\mathrm{B} = \frac{|q|B}{\mu c}. \quad (29.27)$$

Dies ist genau die Kreisfrequenz, die das Teilchen nach der klassischen Erwartung haben sollte (Abschn. 15.5). Für $q > 0$ wird der Hamilton-Operator dann zu

$$\hat{H} = -\frac{\hbar^2}{2\mu}\Delta - \frac{\omega_\mathrm{B}}{2}L_3 + \frac{\mu\omega_\mathrm{B}^2}{8}\varrho^2. \quad (29.28)$$

Der Laplace-Operator in Zylinderkoordinaten ist

$$\Delta = \frac{1}{\varrho}\frac{\partial}{\partial\varrho}\left(\varrho\frac{\partial}{\partial\varrho}\right) + \frac{1}{\varrho^2}\frac{\partial^2}{\partial\varphi^2} + \frac{\partial^2}{\partial z^2}. \quad (29.29)$$

Welcher Ansatz liegt somit für die Wellenfunktion nahe?

Für die Wellenfunktion machen wir nun den Separationsansatz

$$\psi(\varrho,\varphi,z) = R(\varrho)\mathrm{e}^{\mathrm{i}m\varphi}\mathrm{e}^{\mathrm{i}k_z z}; \quad (29.30)$$

dann gilt

$$\begin{aligned}\hat{L}_3\psi &= \hbar m\psi,\\ \frac{\partial^2}{\partial\varphi^2}\psi &= -m^2\psi,\\ \frac{\partial^2}{\partial z^2}\psi &= -k_z^2\psi.\end{aligned} \quad (29.31)$$

Damit ist die Schrödinger-Gleichung

$$\begin{aligned}&\left(-\frac{\hbar^2}{2\mu}\left(\frac{1}{\varrho}\partial_\varrho(\varrho\partial_\varrho) - \frac{m^2}{\varrho^2} - k_z^2\right) - \frac{\hbar m\omega_B}{2} + \frac{\mu\omega_B^2}{8}\rho^2\right)\psi\\ &= E\psi,\end{aligned} \quad (29.32)$$

und für die noch unbekannte Funktion $R(\varrho)$ folgt die Differenzialgleichung

$$\begin{aligned}&R'' + \frac{1}{\varrho}R' - \frac{m^2}{\varrho^2}R - \frac{\mu^2\omega_B^2}{4\hbar^2}\rho^2R\\ &= -\frac{2\mu}{\hbar^2}\left(E - \frac{\hbar^2k_z^2}{2\mu} + \frac{\hbar m\omega_B}{2}\right)R.\end{aligned} \quad (29.33)$$

Um zu einer einheitenlosen Form der Differenzialgleichung zu gelangen, machen wir nun die Substitution

$$\xi = \frac{\mu\omega_B}{2\hbar}\varrho^2; \tag{29.34}$$

aus den Differenzialoperatoren wird dann

$$\frac{d^2}{d\varrho^2} + \frac{1}{\varrho}\frac{d}{d\varrho} = \frac{2\mu\omega_B}{\hbar}\left(\xi\frac{d^2}{d\xi^2} + \frac{d}{d\xi}\right), \tag{29.35}$$

und für die Funktion $\tilde{R}(\xi) = R(\varrho)$ haben wir damit die Differenzialgleichung

$$\xi\tilde{R}'' + \tilde{R}' - \frac{m^2}{4\xi}\tilde{R} - \frac{\xi}{4}\tilde{R} + \epsilon\tilde{R} = 0, \tag{29.36}$$

wobei noch die Abkürzung

$$\epsilon = \frac{1}{\hbar\omega_B}\left(E - \frac{\hbar^2 k_z^2}{2\mu} + \frac{\hbar m\omega_B}{2}\right) \tag{29.37}$$

eingeführt wurde.

Diese Differenzialgleichung lösen wir nun prinzipiell ähnlich wie beim Wasserstoffatom (Abschn. 28.3). Zunächst betrachten wir das Grenzverhalten: Für $\xi \to \infty$ verhält sich $\tilde{R}$ wie $e^{-\xi/2}$ (da die Funktion im Unendlichen verschwinden sollte, braucht man das negative Vorzeichen im Exponenten), für $\xi \to 0$ wie $\xi^{|m|/2}$ (da die Funktion auch bei null nicht divergieren sollte, m aber negativ sein kann, braucht man den Betrag).

Vollziehen Sie dieses Grenzverhalten im Einzelnen nach.

Dies legt folgenden Ansatz nahe:

$$\tilde{R}(\xi) = e^{-\xi/2}\xi^{|m|/2}f(\xi). \tag{29.38}$$

Eine längere, aber nicht grundsätzlich schwierige Rechnung führt auf folgende Differenzialgleichung für f:

$$\xi f'' + (m + 1 - \xi)f' + \left(\epsilon - \frac{|m| + 1}{2}\right)f = 0. \tag{29.39}$$

Dies ist eine Laguerre'sche Differenzialgleichung (ähnlich wie beim Wasserstoffatom), die nur dann eine endliche Lösung hat, wenn der Koeffizient von f eine natürliche Zahl n ist:

$$\epsilon - \frac{|m| + 1}{2} = n. \tag{29.40}$$

Für das Energiespektrum ergibt sich deshalb schließlich

$$E_{n,m}(k_z) = \hbar\omega_B\left(n + \frac{|m| + m + 1}{2}\right) + \frac{\hbar k_z^2}{2\mu}, \tag{29.41}$$

was tatsächlich das typische Spektrum eines harmonischen Oszillators ist (plus eine freie Bewegung in z-Richtung). Man spricht hier auch von den *Landau-Niveaus* (nach dem sowjetischen Physiker und Nobelpreisträger *Lew Dawidowitsch Landau*, 1908–1968).

Die Funktionen f sind die bereits vom Wasserstoffatom her bekannten Laguerre-Polynome. Wir verzichten hier darauf, die vollständigen Lösungen für ψ explizit anzugeben; sie folgen direkt aus den Zwischenschritten (29.30), (29.34) und (29.38). ◄

Dia- und Paramagnetismus

Bei einem freien geladenen Teilchen muss man, wie eben gezeigt, im Allgemeinen den vollständigen Hamilton-Operator (29.26) berücksichtigen. Anders sieht es aus, wenn man daran interessiert ist, welche Wirkung ein Magnetfeld auf Atome hat: Die Beiträge der beiden vom Magnetfeld abhängigen Summanden zur Gesamtenergie sind dann im Allgemeinen sehr klein und außerdem von stark unterschiedlicher Größenordnung, wie wir im Folgenden sehen werden.

Zunächst berücksichtigen wir, dass bei Atomen $\langle\hat{L}_3\rangle$ von der Größenordnung $\hbar$ ist und ϱ von der Größenordnung des Bohr-Radius a_B; außerdem ist $q = -e$. Damit haben wir für das Verhältnis des in B quadratischen Summanden in (29.26) zu dem in B linearen:

$$\begin{aligned}\left(\frac{e^2}{8\mu c^2}B^2 a_B^2\right) : \left(\frac{e}{2\mu c}B\hbar\right) &= \frac{e a_B^2}{4\hbar c}B \\ &= 1{,}07 \cdot 10^{-10}\,G^{-1} \cdot B.\end{aligned} \tag{29.42}$$

Frage 5

Rechnen Sie diesen Zahlenwert selbst aus den Konstanten aus.

Das Erdmagnetfeld hat maximal eine Stärke von weniger als 1 G, und selbst in supraleitenden Magneten werden maximal etwa 10^5 G erreicht. Damit ist für Atome der quadratische Summand praktisch immer zu vernachlässigen; er wird nur bei sehr hohen Magnetfeldstärken (etwa auf Neutronensternen) wichtig oder wenn der Beitrag des linearen Summanden komplett verschwindet.

Aber selbst der Beitrag des linearen Summanden ist im Vergleich zur Gesamtenergie im Allgemeinen nur klein. Die Gesamtenergie ist von der Größenordnung der Grundzustandsenergie des Wasserstoffatoms; das Verhältnis ist deshalb

$$\begin{aligned}\left(\frac{e}{2\mu c}B\hbar\right) : \left(\frac{1}{2}\alpha^2\mu c^2\right) &= \frac{e\hbar}{\alpha^2\mu^2 c^3}B = \frac{e a_B^2}{\hbar c}B \\ &= 4{,}28 \cdot 10^{-10}\,G^{-1} \cdot B.\end{aligned} \tag{29.43}$$

Für übliche Magnetfeldstärken (siehe oben) trägt somit der lineare Term im Verhältnis zur Gesamtenergie ähnlich wenig bei wie der quadratische Term im Verhältnis zum linearen Term. Der Einfluss von Magnetfeldern auf Atome ist also im Allgemeinen nur sehr klein und kann deshalb mithilfe der *Störungstheorie* bestimmt werden, die in Kap. 30 ausführlich dargestellt wird.

Um die beiden Beiträge zum Hamilton-Operator physikalisch zu interpretieren, beachten wir nun noch, dass die Wechselwirkungsenergie eines magnetischen Dipols $\boldsymbol{m}$ mit einem Magnetfeld $\boldsymbol{B}$ durch $-\boldsymbol{m} \cdot \boldsymbol{B}$ gegeben ist (siehe Abschn. 15.4). Das magnetische Moment der Atome wird allerdings im Allgemeinen seinerseits vom äußeren Magnetfeld beeinflusst: Es gilt

$$\boldsymbol{m} = \chi \boldsymbol{B} \tag{29.44}$$

mit der *magnetischen Suszeptibilität* χ (Abschn. 15.2); insgesamt ist der Beitrag eines magnetischen Moments zur Energie damit $-\chi B^2$. Dabei verhält sich ein Medium *paramagnetisch*, wenn $\chi > 0$ ist, und *diamagnetisch* für $\chi < 0$.

Um das Vorzeichen von χ für die beiden Beiträge zum Hamilton-Operator zu bestimmen, benötigen wir noch zwei allgemeine Ergebnisse der Störungstheorie. Zunächst gilt in erster Ordnung, dass der Beitrag eines „Störterms“ zur Energie einfach gleich dem Erwartungswert dieses Terms bezüglich der „ungestörten“ Wellenfunktion ist. Damit haben wir beim in B quadratischen Term:

$$\Delta E = \frac{e^2}{8\mu c^2} B^2 \langle \varrho^2 \rangle. \tag{29.45}$$

Da der Erwartungswert von ϱ^2 sicher positiv ist, ergibt sich insgesamt ein positives Vorzeichen dieses Terms. Damit ist hier χ negativ, d. h., dieser Term beschreibt *Diamagnetismus*.

Bei dem in B linearen Term haben wir in erster Ordnung:

$$\Delta E = \frac{e}{2\mu c} B \langle \hat{L}_3 \rangle, \tag{29.46}$$

also scheint sich kein zu B^2 proportionaler Beitrag zu ergeben. Allerdings verschwindet der Erwartungswert von $\hat{L}_3$ im Grundzustand; somit ist neben der ersten Ordnung der Störungstheorie auch die zweite Ordnung zu betrachten. Wie in Abschn. 30.1 gezeigt wird, liefert die zweite Ordnung aber immer einen negativen Beitrag zur Energie des Grundzustands. Damit führt der in B lineare Term auf ein positives χ; er beschreibt also *Paramagnetismus*.

Dies sieht man auch direkt daran, dass der lineare Term geschrieben werden kann als

$$\Delta E = -m_3 B \tag{29.47}$$

mit der z-Komponente des magnetischen Moments $\boldsymbol{m}$ des Elektrons, das durch seinen Bahndrehimpuls entsteht. Dieser Term beschreibt somit die Ausrichtung eines intrinsischen magnetischen Moments durch ein äußeres Feld. Da das äußere Feld dadurch verstärkt wird, liegt Paramagnetismus vor. Der in B quadratische Term beschreibt dagegen die Wechselwirkung eines magnetischen Moments, das erst durch dieses Feld induziert wurde, mit dem Feld. Da das induzierte Moment dem äußeren Feld entgegengerichtet ist (Lenz'sche Regel!), wird das äußere Feld abgeschwächt – also liegt Diamagnetismus vor.

Zusammengefasst:

> Der in B lineare Beitrag zum Hamilton-Operator (29.26) beschreibt die Ausrichtung vorhandener magnetischer Momente im äußeren Magnetfeld und damit Paramagnetismus, der in B quadratische Beitrag die Induktion magnetischer Momente durch das äußere Feld und damit Diamagnetismus. Bei Atomspektren ist der diamagnetische Beitrag für die allermeisten in Natur und Technik vorkommenden Magnetfeldstärken vernachlässigbar.

Definiert man das *Bohr'sche Magneton* durch

$$\mu_\mathrm{B} := \frac{e\hbar}{2\mu c} = 9{,}27 \cdot 10^{-19} \frac{\mathrm{erg}}{\mathrm{G}}, \tag{29.48}$$

so kann das *magnetische Moment* des Elektrons durch seine Bahnbewegung geschrieben werden als

$$\hat{\boldsymbol{m}} = \mu_\mathrm{B} \frac{\hat{\boldsymbol{L}}}{\hbar}. \tag{29.49}$$

Der Hamilton-Operator ist also (unter Vernachlässigung des diamagnetischen Terms):

$$\hat{H} = -\frac{\hbar^2}{2\mu}\Delta + \mu_\mathrm{B} B \frac{\hat{L}_3}{\hbar} - e\phi. \tag{29.50}$$

Frage 6

Rechnen Sie den Zahlenwert des Bohr'schen Magnetons aus den Konstanten aus.

Den Quotienten der Beträge von magnetischem Moment und Drehimpuls bezeichnet man als das *gyromagnetische Verhältnis*:

$$\gamma = \frac{|\boldsymbol{m}|}{|\boldsymbol{L}|} = \frac{e}{2\mu c} = \frac{\mu_\mathrm{B}}{\hbar}. \tag{29.51}$$

Der normale Zeeman-Effekt

Wir betrachten nun speziell wasserstoffähnliche Atome, d. h. Atome mit nur einem Elektron mit einem Hamilton-Operator der Form

$$\hat{H}_\mathrm{Atom} = -\frac{\hbar^2}{2\mu}\Delta - \frac{Ze^2}{r}, \tag{29.52}$$

wobei Z die Kernladungszahl ist. Für diese untersuchen wir, welchen Einfluss ein konstantes Magnetfeld auf das Spektrum hat. Wie wir eben argumentiert haben, ist der in B quadratische Term vernachlässigbar. Der gesamte Hamilton-Operator ist also

$$\hat{H} = \hat{H}_{\text{Atom}} + \mu_{\text{B}} B \frac{\hat{L}_3}{\hbar}. \qquad (29.53)$$

Der Drehimpulsoperator $\hat{L}_3$ vertauscht mit $\hat{H}_{\text{Atom}}$; damit gibt es gemeinsame Eigenfunktionen zu beiden Operatoren. Diese sind natürlich einfach die bekannten Eigenfunktionen $\psi_{n\ell m}$ des Wasserstoffatoms (skaliert mit Z).

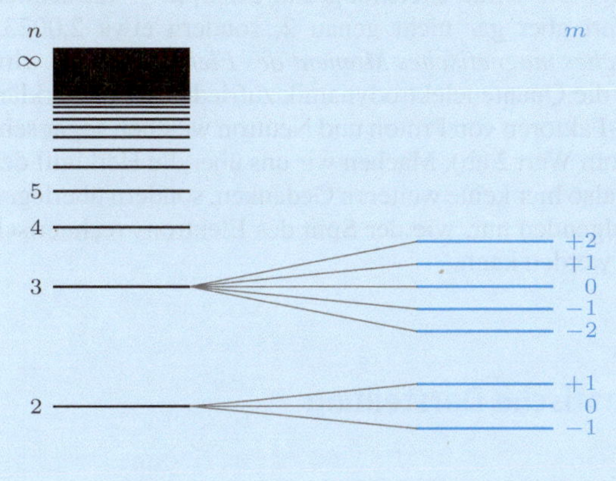

Abb. 29.2 Die Energieniveaus beim normalen Zeeman-Effekt, verglichen mit den Bohr'schen Energieniveaus (qualitative, nicht maßstabsgetreue Darstellung!). Jedes Bohr'sche Niveau zu festem n und ℓ spaltet in $2\ell + 1$ Energieniveaus auf, eines zu jedem Wert von m

Die Wirkung von $\hat{L}_3$ auf diese Funktionen ist

$$\hat{L}_3 \psi_{n\ell m} = m\hbar\psi_{n\ell m}, \qquad (29.54)$$

also ergibt sich durch das Magnetfeld eine Verschiebung der Energieniveaus um

$$\Delta E_m = \mu_{\text{B}} B m. \qquad (29.55)$$

Das heißt, die Entartung der Energieniveaus wird teilweise aufgehoben: Jedes Energieniveau zu festem n und ℓ spaltet in $2\ell + 1$ Niveaus auf (Abb. 29.2).

Dies bezeichnet man als den *normalen Zeeman-Effekt*, nach dem niederländischen Physiker *Pieter Zeeman* (1865–1943), der für seine Arbeiten zum Einfluss des Magnetismus auf Strahlungsphänomene den Nobelpreis erhielt. (*Anmerkung*: Vorhergesagt wurde der Effekt, basierend auf klassischen (!) Berechnungen, bereits 1895 durch Lorentz.) ◄

Die Aufspaltung der Energieniveaus sollte zu einer entsprechenden Aufspaltung der Spektrallinien führen; so sollte beispielsweise der Übergang von $n = 2$ zu $n = 1$ nun statt zu einer Spektrallinie zu drei verschiedenen führen. Dies steht aber im Widerspruch zur Beobachtung! Um die tatsächlich beobachteten Spektren (und andere experimentelle Befunde) zu erklären, benötigt man das Konzept des *Spins*; dies wird im Folgenden diskutiert.

29.3 Der Spin des Elektrons

Experimentelle Grundlagen

Aus den Spektren von wasserstoffähnlichen Atomen in einem homogenen Magnetfeld kann man erkennen, dass bereits der Grundzustand in zwei Zustände aufspaltet – und auch die angeregten Zustände spalten in mehr Niveaus auf als nach der Rechnung zum normalen Zeemann-Effekt erwartet. Man spricht deshalb vom *anomalen Zeeman-Effekt* (obwohl dies eigentlich der Normalfall ist). Eine naheliegende Vermutung zur Erklärung dieser Beobachtungen ist, dass entgegen der Beschreibung im Bohr'schen Modell bereits der Grundzustand einen (Gesamt-) Drehimpuls von $1/2$ hat.

Dies ist allerdings kein normaler Bahndrehimpuls, wie zwei Experimente zeigen, die beide das magnetische Moment messen, das durch diesen Drehimpuls entsteht:

- Der Einstein-de-Haas-Effekt wurde 1915 von *Albert Einstein* und dem niederländischen Physiker *Wander Johannes de Haas* (1878–1960) entdeckt: Ein Eisenstab hängt drehbar in einer Spule (Abb. 29.3). Wird in dieser Spule ein plötzlicher starker Strom und damit ein starkes Magnetfeld erzeugt, so richten sich die magnetischen Momente der Elementarmagnete parallel zur Spulenachse aus. Da die magnetischen

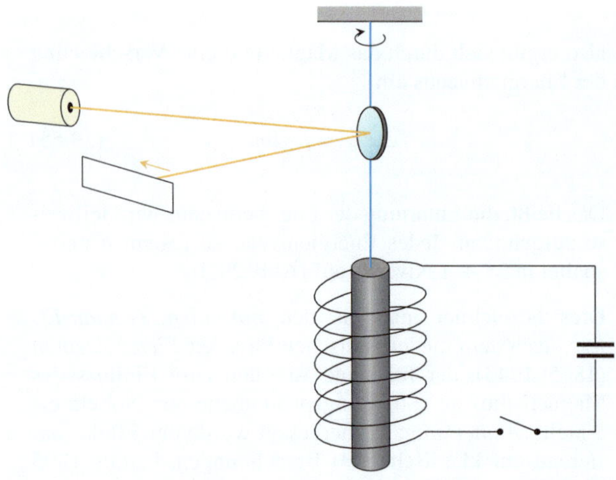

Abb. 29.3 Der Einstein-de-Haas-Versuch. Ein ferromagnetischer Zylinder hängt an einem Torsionsdraht in einer Spule. Am Draht ist ein kleiner Spiegel angebracht. Durch einen Lichtstrahl, der auf den Spiegel fällt, sind auch kleine Verdrehungen des Drahtes messbar. Wird in der Spule ein Magnetfeld erzeugt (beispielsweise durch Entladen eines Kondensators), so wird eine Drehung des Zylinders beobachtet. Damit kann man den Drehimpuls der Elementarmagnete messen

Momente durch Drehimpulse der Elementarmagnete erzeugt werden, beginnt sich der Stab (wegen der Drehimpulserhaltung) zu drehen. Aus genauen Messungen stellt man fest, dass das gyromagnetische Verhältnis $e/\mu c$ beträgt, also doppelt so groß ist wie beim Bahndrehimpuls.

- Im Jahre 1922 führten die deutschen Physiker *Otto Stern* (1888–1969) und *Walther Gerlach* (1889–1979) einen Versuch durch, um das magnetische Moment von Silberatomen direkt zu messen. Dieser Versuch wurde bereits in Kap. 21 besprochen (siehe insbesondere auch Abb. 21.18). Wie dort erwähnt wurde, beobachtet man eine Aufspaltung in zwei Strahlen, mit $m_3 = \pm\mu_B$. Dies legt nahe, dass die Drehimpulsquantenzahl der Atome den Wert $1/2$ hat; somit erhält man wieder ein gyromagnetisches Verhältnis von $e/\mu c$, doppelt so groß wie beim Bahndrehimpuls.

Die Beobachtungen implizieren, dass das Elektron einen *Eigendrehimpuls* hat, *Spin* $\hat{S}$ genannt, für den die Drehimpulsquantenzahl immer den Wert $s = 1/2$ hat. Das gyromagnetische Verhältnis ist aber doppelt so groß wie bei einem normalen Bahndrehimpuls. Man sollte sich also das Elektron nicht als eine kleine geladene Kugel vorstellen, die sich um sich selbst dreht und dadurch sowohl den Spin als auch ein magnetisches Moment erzeugt! Dies würde (bei Proportionalität von Massen- und Ladungsdichte) nämlich immer zu demselben gyromagnetischen Verhältnis wie beim Bahndrehimpuls führen.

Rechnerisch berücksichtigt wird dieses vom Bahndrehimpuls verschiedene gyromagnetische Verhältnis durch den sogenannten Landé-Faktor g (nach dem deutschen Physiker *Alfred Landé*, 1888–1976; oft aber auch einfach g-Faktor genannt).

Landé-Faktor/g-Faktor

Zwischen den Beträgen des magnetischen Moments $\hat{\boldsymbol{m}}$ und des (Gesamt-)Drehimpulses $\hat{\boldsymbol{J}}$ besteht der Zusammenhang

$$|\hat{\boldsymbol{m}}| = g\frac{e}{2\mu c}|\hat{\boldsymbol{J}}|. \tag{29.56}$$

Der g-Faktor hat also für einen reinen Bahndrehimpuls $\hat{\boldsymbol{J}} = \hat{\boldsymbol{L}}$ den Wert $g = 1$, für den Elektronenspin $\hat{\boldsymbol{J}} = \hat{\boldsymbol{S}}$ dagegen $g = 2$.

Eine theoretische Erklärung dieses Wertes liefert erst die Dirac-Gleichung der relativistischen Quantenmechanik (siehe Kasten „Vertiefung: Die Dirac-Gleichung und der Spin"). Tatsächlich ist der Wert aber gar nicht genau 2, sondern etwa 2,00232 (*anomalisches magnetisches Moment des Elektrons*); dies wird erst durch die Quantenelektrodynamik zufriedenstellend erklärt (und die g-Faktoren von Proton und Neutron weichen sogar sehr deutlich vom Wert 2 ab). Machen wir uns über die Herkunft des g-Faktors also hier keine weiteren Gedanken, sondern überlegen uns im Folgenden nur, wie der Spin des Elektrons rechnerisch behandelt werden kann.

Mathematische Darstellung

Die im vorhergehenden Unterabschnitt geschilderten experimentellen Ergebnisse legen nahe, dass das Elektron neben den räumlichen Freiheitsgraden noch einen zusätzlichen hat, der allerdings nur zwei Werte annehmen kann. Es gibt somit zwei mögliche Zustände:

$$|\uparrow\rangle \quad \text{und} \quad |\downarrow\rangle\,, \tag{29.57}$$

welche die beiden möglichen Spinausrichtungen bezüglich einer beliebigen Achse repräsentieren; meist wählt man die z-Achse und bezeichnet die beiden Zustände dementsprechend als „Spin nach oben" (*spin up*) bzw. „Spin nach unten" (*spin down*). Da dies Eigenzustände zu einem hermiteschen Operator (dem Spinoperator) mit verschiedenen Eigenwerten sind, sind sie orthogonal zueinander (und können normiert gewählt werden).

Frage 7

Wie sieht ein beliebiger Spinzustand allgemein aus?

Ein allgemeiner normierter Spinzustand ist darstellbar als

$$|s\rangle = \alpha\,|\uparrow\rangle + \beta\,|\downarrow\rangle \tag{29.58}$$

mit beliebigen komplexen Zahlen α und β, für die $|\alpha|^2 + |\beta|^2 = 1$ gilt.

Wir postulieren nun, dass sich die Spinoperatoren genauso verhalten wie die Operatoren zum Bahndrehimpuls; insbesondere sollen die Vertauschungsrelationen

$$[\hat{S}_i, \hat{S}_j] = \mathrm{i}\hbar \sum_k \varepsilon_{ijk} \hat{S}_k \qquad (29.59)$$

gelten. Wie in Abschn. 27.6 gezeigt wurde, muss die Quantenzahl s zum Operator $\hat{\boldsymbol{S}}^2$ dann entweder ganz- oder halbzahlig sein (beim Bahndrehimpuls sind nur ganze Zahlen möglich), und die möglichen Eigenwerte m_s von $\hat{S}_3$ müssen zwischen $-s$ und s liegen, mit jeweils Abstand 1. Insbesondere bei nur zwei möglichen Zuständen muss, wie schon festgestellt, $s = 1/2$ sein. Es gilt somit:

$$\begin{aligned} \hat{\boldsymbol{S}}^2 |\uparrow\rangle &= \frac{3}{4}\hbar^2 |\uparrow\rangle, \quad \hat{\boldsymbol{S}}^2 |\downarrow\rangle = \frac{3}{4}\hbar^2 |\downarrow\rangle, \\ \hat{S}_3 |\uparrow\rangle &= \frac{1}{2}\hbar |\uparrow\rangle, \quad \hat{S}_3 |\downarrow\rangle = -\frac{1}{2}\hbar |\downarrow\rangle. \end{aligned} \qquad (29.60)$$

Außerdem definiert man (wie bereits beim Bahndrehimpuls) Auf- und Absteigeoperatoren $\hat{S}_\pm = \hat{S}_1 \pm \mathrm{i}\hat{S}_2$. Mithilfe der Vertauschungsrelationen kann man dann wieder die Wirkung dieser Operatoren auf die beiden Basiszustände ermitteln; beispielsweise gilt

$$\hat{S}_- |\uparrow\rangle = \hbar |\downarrow\rangle. \qquad (29.61)$$

Daraus kann man die Wirkung der Operatoren $\hat{S}_1$ und $\hat{S}_2$ auf die Zustände bestimmen; es ergibt sich beispielsweise

$$\hat{S}_2 |\downarrow\rangle = -\mathrm{i}\hbar |\uparrow\rangle. \qquad (29.62)$$

Frage 8

Ermitteln Sie wie beschrieben die Wirkungen von $\hat{S}_1$ und $\hat{S}_2$ auf die beiden Basiszustände $|\uparrow\rangle$ und $|\downarrow\rangle$.

Neben dieser abstrakten Zustandsdarstellung ist auch eine anschaulichere möglich. Da der Zustandsraum zwei Basisvektoren hat, kann man diese auch als zweidimensionale Vektoren darstellen:

$$|\uparrow\rangle = \begin{pmatrix} 1 \\ 0 \end{pmatrix} \quad \text{und} \quad |\downarrow\rangle = \begin{pmatrix} 0 \\ 1 \end{pmatrix}. \qquad (29.63)$$

Diese bezeichnet man als *Spinoren*. Ein allgemeiner Spinzustand wird dann durch den Spinor

$$|s\rangle = \begin{pmatrix} \alpha \\ \beta \end{pmatrix} \qquad (29.64)$$

dargestellt und die Wirkung der Spinoperatoren auf die Zustände durch die Multiplikation dieser Spinoren mit 2×2-Matrizen. Es ist allerdings üblich, nicht direkt die Matrizen für die Spinoperatoren anzugeben, sondern zu definieren

$$\hat{\boldsymbol{S}} =: \frac{1}{2}\hbar\boldsymbol{\sigma}. \qquad (29.65)$$

Die Matrizen σ_α heißen *Pauli-Matrizen* (nach *Wolfgang Pauli*).

Pauli-Matrizen

Diese Matrizen haben explizit folgende Gestalt:

$$\sigma_1 = \begin{pmatrix} 0 & 1 \\ 1 & 0 \end{pmatrix}; \quad \sigma_2 = \begin{pmatrix} 0 & -\mathrm{i} \\ \mathrm{i} & 0 \end{pmatrix}; \quad \sigma_3 = \begin{pmatrix} 1 & 0 \\ 0 & -1 \end{pmatrix}. \qquad (29.66)$$

Dies folgt aus dem oben Gesagten und Postulierten, insbesondere aus der Wahl der z-Achse für die Ausrichtung des Spins (aus Letzterem folgt sofort, dass σ_3 diagonal ist).

Frage 9

Ermitteln Sie die explizite Darstellung (29.66) der Pauli-Matrizen aus der Definition (29.65) und den bekannten Wirkungen der Spinoperatoren auf die Basiszustände.

Einige grundlegende Eigenschaften der Pauli-Matrizen sind im Kasten „Übersicht: Einige Eigenschaften der Pauli-Matrizen" zusammengestellt (bewiesen werden sie in Aufgabe 29.6).

Achtung Ein Spinor ist zwar mathematisch gesehen ein zweidimensionaler Vektor (ein Element des zweidimensionalen komplexen Vektorraumes $\mathbb{C}^2$), aber dennoch *kein* zweidimensionaler *räumlicher* Vektor, d. h., ein Spinor verhält sich unter Transformationen des Koordinatensystems *nicht* wie ein Ortsvektor in der x-y-Ebene! Betrachten wir insbesondere eine Drehung um die z-Achse um den Winkel φ, so gilt für einen Ortsvektor in der x-y-Ebene bekanntlich

$$\begin{pmatrix} x' \\ y' \end{pmatrix} = \begin{pmatrix} \cos\varphi & \sin\varphi \\ -\sin\varphi & \cos\varphi \end{pmatrix} \begin{pmatrix} x \\ y \end{pmatrix}. \qquad (29.67)$$

Diese Drehung wird durch den Operator des Bahndrehimpulses erzeugt, d. h., es gilt

$$\begin{pmatrix} x' \\ y' \end{pmatrix} = \mathrm{e}^{\mathrm{i}\varphi\hat{L}_3/\hbar} \begin{pmatrix} x \\ y \end{pmatrix} = \mathrm{e}^{\varphi\partial_\varphi} \begin{pmatrix} x \\ y \end{pmatrix}. \qquad (29.68)$$

Die Drehung eines Spinors um die z-Achse wird dagegen vom Spinoperator S_3 erzeugt, d. h., es gilt

$$\begin{pmatrix} \alpha' \\ \beta' \end{pmatrix} = \mathrm{e}^{\mathrm{i}\varphi\hat{S}_3/\hbar} \begin{pmatrix} \alpha \\ \beta \end{pmatrix}. \qquad (29.69)$$

Den Exponentialausdruck kann man aber wiederum als eine Matrix umschreiben (Aufgabe 29.7). Es ergibt sich

$$\begin{pmatrix} \alpha' \\ \beta' \end{pmatrix} = \begin{pmatrix} \mathrm{e}^{\mathrm{i}\varphi/2} & 0 \\ 0 & \mathrm{e}^{-\mathrm{i}\varphi/2} \end{pmatrix} \begin{pmatrix} \alpha \\ \beta \end{pmatrix}. \qquad (29.70)$$

Bei einer Drehung um die z-Achse ändern sich die Basiszustände $|\uparrow\rangle$ und $|\downarrow\rangle$ also nur um einen Phasenfaktor. Insbesondere gilt für $\varphi = 360°$, dass diese Zustände ihr Vorzeichen wechseln; erst unter einer doppelten Volldrehung ($\varphi = 720°$) sind sie invariant! (Dies wurde bereits 1975 experimentell mit Neutronen bestätigt; Rauch et al. 1975). ◀

Übersicht: Einige Eigenschaften der Pauli-Matrizen

- Quadrat:

$$\sigma_i^2 = \boldsymbol{I}_2, \tag{1}$$

also

$$\boldsymbol{\sigma}^2 = 3\boldsymbol{I}_2. \tag{2}$$

- Spur:

$$\operatorname{Sp}\sigma_i = 0 \tag{3}$$

- Hermitezität:

$$\sigma_i^\dagger = \sigma_i \tag{4}$$

- Determinante:

$$\det\sigma_i = -1 \tag{5}$$

- Vertauschungsrelationen:

$$[\sigma_i, \sigma_j] = 2\mathrm{i}\varepsilon_{ijk}\sigma_k \tag{6}$$

- Antivertauschungsrelationen:

$$\{\sigma_i, \sigma_j\} = \sigma_i\sigma_j + \sigma_j\sigma_i = 2\delta_{ij}\boldsymbol{I}_2 \tag{7}$$

- Die letzten beiden Beziehungen ergeben zusammen

$$\sigma_i\sigma_j = \delta_{ij}\boldsymbol{I}_2 + \mathrm{i}\varepsilon_{ijk}\sigma_k. \tag{8}$$

Daraus folgt

$$\sigma_1\sigma_2\sigma_3 = \mathrm{i}\boldsymbol{I}_2 \tag{9}$$

und

$$(\boldsymbol{\sigma}\cdot\boldsymbol{a})(\boldsymbol{\sigma}\cdot\boldsymbol{b}) = (\boldsymbol{a}\cdot\boldsymbol{b})\boldsymbol{I}_2 + \mathrm{i}\boldsymbol{\sigma}\cdot(\boldsymbol{a}\times\boldsymbol{b}) \tag{10}$$

für beliebige Vektoren $\boldsymbol{a}$ und $\boldsymbol{b}$.

- Allgemein kann man zeigen, dass jede reelle Funktion von $a + \boldsymbol{b}\cdot\boldsymbol{\sigma}$ mit einem reellen Skalar a und einem reellen Vektor $\boldsymbol{b}$ als eine lineare Funktion geschrieben werden kann:

$$f(a\boldsymbol{I}_2 + \boldsymbol{b}\cdot\boldsymbol{\sigma}) = A\boldsymbol{I}_2 + \boldsymbol{B}\cdot\boldsymbol{\sigma} \tag{11}$$

mit einem reellen Skalar A und einem reellen Vektor $\boldsymbol{B}$.

- Die Einheitsmatrix $\boldsymbol{I}_2$ und die drei Pauli-Matrizen bilden zusammen eine Basis für die hermiteschen 2×2-Matrizen, wenn man diese als einen Vektorraum über den reellen Zahlen auffasst. Die Pauli-Matrizen für sich bilden dagegen eine Basis der Lie-Algebra su(2), erzeugen also die Lie-Gruppe SU(2).

Spinpräzession

Betrachten wir als einfaches Beispiel ein Teilchen mit Spin in einem konstanten Magnetfeld (und ignorieren zunächst die Ortsabhängigkeit).

Warum braucht man im Hamilton-Operator keinen diamagnetischen Beitrag für den Spin?

Die Wechselwirkung des Spins mit dem Magnetfeld ist natürlich para-, nicht diamagnetisch: Der bereits vorhandene Spin richtet sich im Magnetfeld aus, er wird nicht erst induziert (und kann durch das äußere Feld auch nicht verändert werden, da er eine intrinsische Teilcheneigenschaft ist). Also ist der Hamilton-Operator einfach von der Form $-\hat{\boldsymbol{m}}\cdot\boldsymbol{B}$, wobei aber auf den g-Faktor beim magnetischen Moment des Elektrons zu achten ist:

$$\hat{\boldsymbol{m}} = g\frac{-e}{2\mu c}\hat{\boldsymbol{S}} = -g\frac{e}{\mu c}\cdot\frac{1}{2}\hbar\boldsymbol{\sigma} = -\frac{g}{2}\mu_{\mathrm{B}}\boldsymbol{\sigma}, \tag{29.71}$$

d. h.

$$\hat{H} = \frac{g}{2}\mu_{\mathrm{B}}\boldsymbol{B}\cdot\boldsymbol{\sigma} = \frac{g}{2}\mu_{\mathrm{B}}B\sigma_3, \tag{29.72}$$

wenn das Magnetfeld in z-Richtung zeigt.

Die Zeitentwicklung eines beliebigen Spinzustands ist dann gegeben durch

$$|s\rangle(t) = \exp\left(\mathrm{i}\frac{g\mu_{\mathrm{B}}B}{2\hbar}\sigma_3\, t\right)|s\rangle(0). \tag{29.73}$$

Ein Vergleich mit (29.69) zeigt, dass sich der Spin mit der Winkelgeschwindigkeit

$$\omega_{\mathrm{L}} = \frac{g\mu_{\mathrm{B}}B}{2\hbar} \tag{29.74}$$

um die z-Achse dreht (Abb. 29.4). Man spricht von *Spinpräzession*; die zugehörige Frequenz nennt man die *Larmor-Frequenz* (nach *Joseph Larmor*).

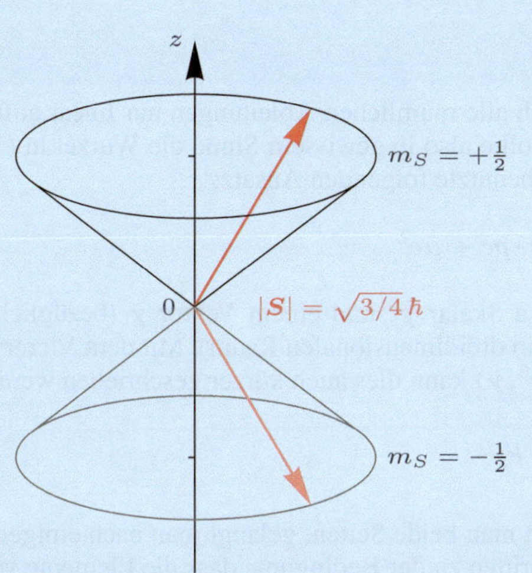

Abb. 29.4 Befindet sich ein Teilchen mit Spin 1/2 in einem homogenen Magnetfeld, das in z-Richtung zeigt, so präzediert der Spin um die z-Achse. Gezeigt ist Präzession für beide Einstellmöglichkeiten des Spins zur z-Achse ($m_s = \pm 1/2$)

Da für Elektronen $g \approx 2$ ist, gilt

$$\omega_L \approx \omega_B \tag{29.75}$$

mit der Zyklotronfrequenz (29.27).

Dies kann ausgenutzt werden, um die Abweichung des g-Faktors von Myonen vom Wert 2 zu messen (auch diese haben, wie Elektronen, ein *anomales magnetisches Moment*): Ein Myon zerfällt in ein Elektron, ein Myon-Neutrino und ein Elektron-Antineutrino. Präpariert man einen Myonenstrahl so, dass der Spin entgegengesetzt zur Bewegungsrichtung ist und lässt diesen Strahl in einem homogenen Magnetfeld umlaufen, so wird sich die Spinrichtung relativ zur Bewegungsrichtung immer mehr ändern (Abb. 29.5). Die Winkelgeschwindigkeit dieser Änderung ist gleich $\omega_L - \omega_B$, also proportional zu $g - 2$.

Die Spinrichtung kann man aber messen, indem man untersucht, in welche Richtung die Elektronen emittiert werden, da dies bevorzugt entgegengesetzt zur Spinrichtung geschieht. Der Winkel zwischen der Bewegungsrichtung der Myonen und dem detektierten Elektronenstrahl ist somit ein Maß für $g - 2$.

Präzisionsmessungen von $g - 2$ für Myonen sind zurzeit von großem Interesse, da dies eine Möglichkeit ist, die Vorhersagen des Standardmodells der Teilchenphysik zu testen und so nach Anzeichen von neuer Physik zu suchen (siehe z. B. die Homepage der Muon g−2-Kollaboration).

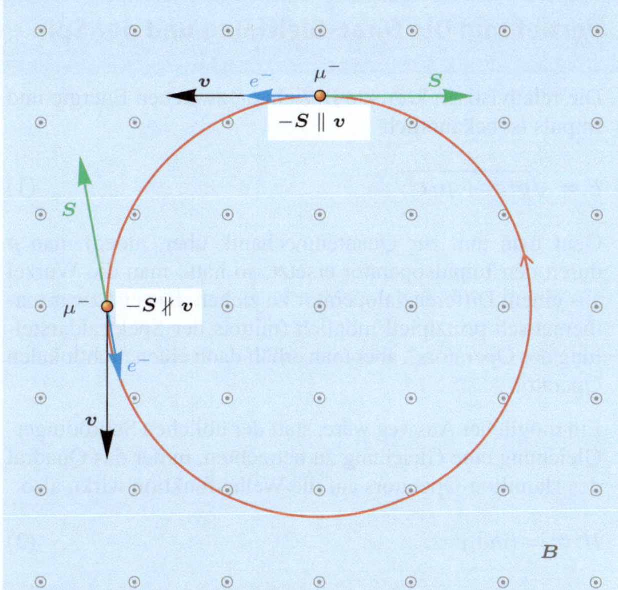

Abb. 29.5 Zur Messung des g-Faktors von Myonen: Myonen werden so polarisiert, dass ihr Spin entgegengesetzt zu ihrer Bewegungsrichtung ist (*oben im Bild*). Dann lässt man sie in einem homogenen Magnetfeld auf einer Kreisbahn umlaufen. Da die Kreisbewegung mit der Zyklotronfrequenz ω_B erfolgt, die Drehung des Spins aber mit der (größeren) Larmor-Frequenz ω_L, vergrößert sich der Winkel zwischen negativem Spinvektor und Bewegungsrichtung immer mehr. Aus der Messung dieses Winkels erhält man $g - 2$

Elektronenzustände im Ortsraum

Der Spin und die räumlichen Freiheitsgrade eines Teilchens sind unabhängig voneinander, d. h., die zugehörigen Operatoren vertauschen alle:

$$[\hat{S}, \hat{x}] = [\hat{S}, \hat{p}] = [\hat{S}, \hat{L}] = 0. \tag{29.76}$$

Mathematisch wird dies dadurch dargestellt, dass die Basiszustände des vollständigen Hilbertraums direkte Produkte der Zustände im Ortsraum und der Spinzustände sind, also z. B.

$$|x_0 \uparrow\rangle = |x_0\rangle \otimes |\uparrow\rangle\,. \tag{29.77}$$

Insbesondere in der Ortsdarstellung hat man Spinoren der Form

$$\psi(x) = \begin{pmatrix} \psi_\uparrow(x) \\ \psi_\downarrow(x) \end{pmatrix}, \tag{29.78}$$

wobei $\psi_\uparrow(x)$ bzw. $\psi_\downarrow(x)$ jeweils die Wahrscheinlichkeitsamplituden dafür sind, ein Teilchen am Ort x mit Spin nach oben bzw. nach unten anzutreffen.

Vertiefung: Die Dirac-Gleichung und der Spin

Die relativistisch korrekte Beziehung zwischen Energie und Impuls ist bekanntlich

$$E = \sqrt{\boldsymbol{p}^2c^2 + \mu^2c^4}. \tag{1}$$

Geht man nun zur Quantenmechanik über, indem man $\boldsymbol{p}$ durch den Impulsoperator ersetzt, so hätte man die Wurzel aus einem Differenzialoperator zu ziehen. Dies ist zwar mathematisch prinzipiell möglich (mittels der Spektraldarstellung des Operators), aber man erhält dann einen nichtlokalen Operator.

Ein möglicher Ausweg wäre, statt der üblichen Schrödinger-Gleichung eine Gleichung zu betrachten, in der das Quadrat des Hamilton-Operators auf die Wellenfunktion wirkt, also

$$\hat{H}^2\psi = (\mathrm{i}\hbar\partial_t)^2\psi. \tag{2}$$

So kommt man zur sogenannten *Klein-Gordon-Gleichung*:

$$\left(-\hbar^2c^2\Delta + \mu^2c^4\right)\psi = -\hbar^2\partial_t^2\psi. \tag{3}$$

bzw.

$$\left(\hbar^2\Box + \mu^2c^2\right)\psi = 0 \tag{4}$$

(siehe Kasten „Vertiefung: Relativistische Wellengleichung" in Kap. 22). Diese Gleichung beschreibt tatsächlich einige relativistische Effekte richtig; jedoch ergibt sich auch hier nicht das richtige Spektrum für das Wasserstoffatom. Außerdem erhält man nur dann eine Kontinuitätsgleichung mit positiv definierter Wahrscheinlichkeit, wenn in der Differenzialgleichung für die Wellenfunktion nur eine lineare Zeitableitung steht.

Dirac wollte deshalb eine Wellengleichung finden, in der die Zeitableitung nur linear auftritt. Da nach der Relativitätstheorie Raum und Zeit auf derselben Stufe stehen, sollten dann auch alle räumlichen Ableitungen nur linear auftreten. (Dirac wollte also in gewissem Sinne die Wurzel in (1) ziehen.) Er benutzte folgenden Ansatz:

$$\gamma^0E = \boldsymbol{\gamma}\cdot\boldsymbol{p}c + \mu c^2 \tag{5}$$

mit einem Skalar γ^0 und einem Vektor $\boldsymbol{\gamma}$ (bezüglich Drehungen im dreidimensionalen Raum). Mit dem Vierervektor $\gamma^\mu = (\gamma^0, \boldsymbol{\gamma})$ kann dies auch kürzer geschrieben werden als

$$\gamma^\mu p_\mu = \mu c. \tag{6}$$

Quadriert man beide Seiten, gelangt man nach einigen Zwischenschritten zu der Bedingung, dass die Elemente von γ^μ folgende Antivertauschungsrelationen erfüllen müssen:

$$\{\gamma^\mu, \gamma^\nu\} = \gamma^\mu\gamma^\nu + \gamma^\nu\gamma^\mu = \eta^{\mu\nu}\boldsymbol{I}_4 \tag{7}$$

mit der Minkowski-Metrik $\eta^{\mu\nu}$. Diese Bedingungen sind aber für Zahlen nicht alle erfüllbar! Es stellt sich heraus, dass die γ^μ (mindestens) 4×4-Matrizen sein müssen, damit die Antivertauschungsrelationen alle erfüllt werden können. Dementsprechend müssen die Wellenfunktionen ψ, auf die der Hamilton-Operator wirkt, (mindestens) vierdimensionale Vektoren sein – es gibt also immer vier voneinander unabhängige Lösungen.

Eine genauere Untersuchung zeigt, dass jeweils zwei dieser Lösungen positive bzw. negative Energie haben. Konstruiert man außerdem einen passenden Drehimpulsoperator, so ergibt sich, dass es sowohl bei positiver als auch negativer Energie jeweils Lösungen mit den Eigenwerten $\pm\hbar/2$ zu S_3 gibt; außerdem ergibt sich für das magnetische Moment ein g-Faktor von 2. Die physikalische Interpretation dazu ist, dass durch die Dirac-Gleichung sowohl Elektronen als auch Positronen beschrieben werden, die jeweils den Spin $1/2$ haben.

Der Hilbert-Raum selbst ist das direkte Produkt

$$\mathcal{H} = \mathcal{L}_2(\mathbb{R}^3)\otimes\mathbb{C}^2. \tag{29.79}$$

Operatoren, die nur auf Zustände in einem der beiden Räume wirken, sind als direkte Produkte mit dem Einheitsoperator zu denken, z. B.

$$\hat{L}_3 \to \hat{L}_3\otimes\boldsymbol{I}_2 \quad \text{und} \quad \hat{S}_3 \to \boldsymbol{I}_{\mathcal{L}_2(\mathbb{R}^3)}\otimes\hat{S}_3, \tag{29.80}$$

wobei $\boldsymbol{I}_{\mathcal{L}_2(\mathbb{R}^3)}$ die identische Abbildung im Ortsraum ist.

Betrachten wir abschließend noch den vollständigen Hamilton-Operator für ein Elektron in einem elektromagnetischen Feld. Einschließlich der Wechselwirkung des Spins mit dem Feld hat man (für $g = 2$):

$$\hat{H} = \left(\frac{1}{2\mu}\left(\hat{\boldsymbol{p}} + \frac{e}{c}\boldsymbol{A}\right)^2 - e\phi\right)\otimes\boldsymbol{I}_2 + \boldsymbol{I}_{\mathcal{L}_2(\mathbb{R}^3)}\otimes(\mu_\mathrm{B}\boldsymbol{\sigma}\cdot\boldsymbol{B}). \tag{29.81}$$

Frage 10

Was ergibt sich im Falle eines homogenen Magnetfelds in z-Richtung, wenn der diamagnetische Term wieder vernachlässigt wird?

Insbesondere für den Spezialfall eines konstanten Magnetfelds in z-Richtung wird dies zu

$$\hat{H} = \left(-\frac{\hbar^2}{2\mu}\Delta - e\phi\right) \otimes \boldsymbol{I}_2 + \mu_{\mathrm{B}} \left(\frac{\hat{L}_3}{\hbar} \oplus \sigma_3\right) B, \tag{29.82}$$

wobei wieder der diamagnetische Beitrag vernachlässigt und abkürzend

$$\frac{\hat{L}_3}{\hbar} \oplus \sigma_3 = \frac{\hat{L}_3}{\hbar} \otimes \boldsymbol{I}_2 + \boldsymbol{I}_{\mathcal{L}_2(\mathbb{R}_3)} \otimes \sigma_3 \tag{29.83}$$

geschrieben wurde.

Der Paschen-Back-Effekt

Betrachten wir als Anwendungsbeispiel nochmals das Spektrum von wasserstoffähnlichen Atomen in einem konstanten Magnetfeld. Der Hamilton-Operator ist nun

$$\hat{H} = \hat{H}_{\mathrm{Atom}} \otimes \boldsymbol{I}_2 + \mu_{\mathrm{B}} \left(\frac{\hat{L}_3}{\hbar} \oplus \sigma_3\right) B. \tag{29.84}$$

Sowohl der Drehimpulsoperator $\hat{L}_3$ als auch die Pauli-Matrix σ_3 vertauschen mit $\hat{H}_{\mathrm{Atom}}$, es gibt also gemeinsame Eigenfunktionen bzw. -spinoren zu allen drei Operatoren.

Diese sind einfach die Produkte aus den bekannten Eigenfunktionen $\psi_{n\ell m_\ell}$ des Wasserstoffatoms (skaliert mit Z) und den Basisspinoren, also

$$\begin{aligned} \boldsymbol{\psi}_{n\ell m_\ell \uparrow}(\boldsymbol{x}) &= \begin{pmatrix} \psi_{n\ell m_\ell}(\boldsymbol{x}) \\ 0 \end{pmatrix}, \\ \boldsymbol{\psi}_{n\ell m_\ell \downarrow}(\boldsymbol{x}) &= \begin{pmatrix} 0 \\ \psi_{n\ell m_\ell}(\boldsymbol{x}) \end{pmatrix}. \end{aligned} \tag{29.85}$$

Die Wirkung der Drehimpulsoperatoren auf diese Spinoren ist

$$\begin{aligned} \left(\frac{\hat{L}_3}{\hbar} \oplus \sigma_3\right) \boldsymbol{\psi}_{n\ell m_\ell \uparrow} &= (m_\ell + 1)\psi_{n\ell m_\ell \uparrow}, \\ \left(\frac{\hat{L}_3}{\hbar} \oplus \sigma_3\right) \boldsymbol{\psi}_{n\ell m_\ell \downarrow} &= (m_\ell - 1)\psi_{n\ell m_\ell \downarrow}. \end{aligned} \tag{29.86}$$

Welche Wirkung hat deshalb das Magnetfeld auf das Energiespektrum?

Durch das Magnetfeld ergibt sich somit eine Verschiebung der Energieniveaus um

$$\Delta E_{m_\ell, m_s = \pm 1} = (m_\ell \pm 1)\mu_{\mathrm{B}} B. \tag{29.87}$$

Jedes Energieniveau zu festem n und ℓ spaltet dadurch in insgesamt $2\ell + 3$ Niveaus auf; eine Ausnahme bilden nur die Zustände mit $\ell = 0$, die lediglich in zwei aufspalten (Abb. 29.6).

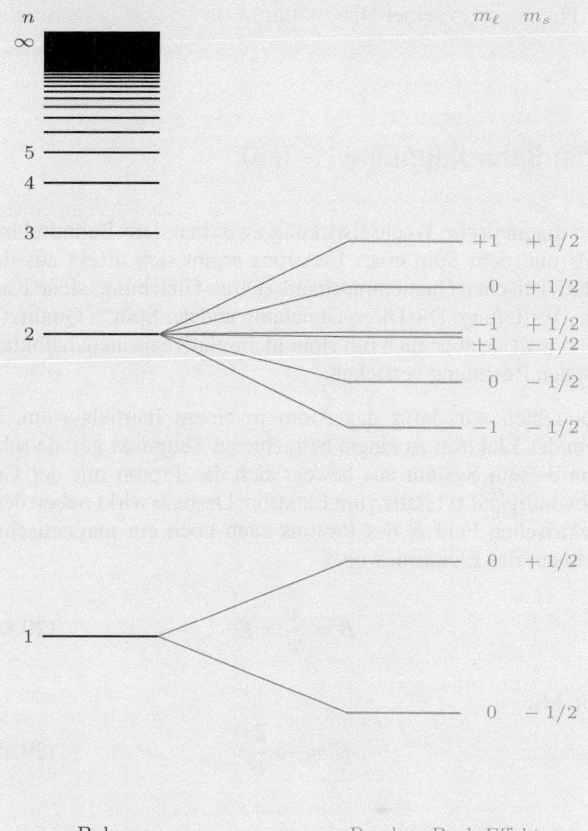

Abb. 29.6 Die Energieniveaus beim Paschen-Back-Effekt, verglichen mit den Bohr'schen Energieniveaus (qualitative, nicht maßstabsgetreue Darstellung!). Zustände mit $\ell = 0$, also insbesondere der Grundzustand, spalten in zwei Zustände auf mit $m_s = \pm 1/2$; alle anderen Zustände zu festem n und ℓ spalten jeweils in $2\ell + 3$ Niveaus auf (je eines zu jedem Wert von $m_\ell + 2m_s$)

Auch hier stellt sich allerdings wieder heraus, dass das tatsächlich beobachtete Spektrum im Allgemeinen nicht mit dieser Aufspaltung der Niveaus übereinstimmt – nur für relativ starke Magnetfelder (die aber immer noch so schwach sind, dass der diamagnetische Beitrag vernachlässigt werden kann) wird das Spektrum richtig beschrieben. Dies liegt an der sogenannten *Spin-Bahn-Kopplung*: Das magnetische Moment des Spins des Elektrons wechselwirkt mit dem magnetischen Feld, das durch seine Bahnbewegung entsteht, wie im Folgenden diskutiert wird. Erst wenn das Magnetfeld stark genug ist, dass dieser Beitrag vernachlässigt werden kann (etwa 10^5 G), ist es möglich, Bahndrehimpuls und Spin getrennt zu behandeln, wie wir es hier getan haben. Man spricht dann vom *Paschen-Back-Effekt* (nach den deutschen Physikern *Friedrich Paschen*, 1865–1947, und *Ernst Emil Alexander Back*, 1881–1959; letzterer behandelte dieses Phänomen in seiner Dissertation). ◄

Spin-Bahn-Kopplung (1. Teil)

Die magnetische Wechselwirkung zwischen dem Bahndrehimpuls und dem Spin eines Elektrons ergibt sich direkt aus der relativistischen Quantenmechanik (Dirac-Gleichung; siehe Kasten „Vertiefung: Die Dirac-Gleichung und der Spin"). Qualitativ kann man sie aber auch mit einer nichtrelativistischen, halbklassischen Rechnung verstehen.

Betrachten wir dafür das Atom in einem Inertialsystem, in dem das Elektron zu einem betrachteten Zeitpunkt gerade ruht. Von diesem System aus bewegt sich das Proton mit der Geschwindigkeit $\boldsymbol{v}$ relativ zum Elektron. Deshalb wirkt neben dem elektrischen Feld $\boldsymbol{E}$ des Protons auch noch ein magnetisches Feld auf das Elektron, wobei

$$\boldsymbol{B} = \frac{\boldsymbol{v}}{c} \times \boldsymbol{E} \tag{29.88}$$

gilt. Mit

$$\boldsymbol{E} = -\boldsymbol{x}\frac{Ze}{r^3} \tag{29.89}$$

wird dies zu

$$\boldsymbol{B} = -\left(\frac{\boldsymbol{v}}{c} \times \boldsymbol{x}\right)\frac{Ze}{r^3} = (\boldsymbol{x} \times \boldsymbol{p})\frac{Ze}{\mu c r^3} = \frac{Ze}{\mu c r^3}\boldsymbol{L}. \tag{29.90}$$

In diesem Magnetfeld richtet sich das magnetische Spinmoment $\boldsymbol{m} = -e\boldsymbol{S}/\mu c$ des Elektrons aus (mit $g = 2$); also hat man einen Beitrag

$$-\boldsymbol{m} \cdot \boldsymbol{B} = \left(\frac{e}{\mu c}\boldsymbol{S}\right) \cdot \left(\frac{Ze}{\mu c r^3}\boldsymbol{L}\right) = \frac{Ze^2}{\mu^2 c^2}\frac{\boldsymbol{S} \cdot \boldsymbol{L}}{r^3} \tag{29.91}$$

zum Hamilton-Operator. Eine relativistisch korrekte (aber immer noch klassische) Rechnung ergibt zusätzlich noch einen Faktor $1/2$, den sogenannten *Thomas-Faktor* (nach *Llewellyn Hilleth Thomas*; siehe Abschnitt „So geht's weiter" in Kap. 9). Der komplette Beitrag der *Spin-Bahn-Kopplung* zum Hamilton-Operator ist also durch

$$\hat{H}_{\mathrm{SL}} = \frac{Ze^2}{2\mu^2 c^2}\frac{\hat{\boldsymbol{S}} \cdot \hat{\boldsymbol{L}}}{r^3} \tag{29.92}$$

gegeben; dasselbe Ergebnis liefert auch eine relativistisch korrekte quantenmechanische Berechnung mittels der Dirac-Gleichung. (Außerdem ergeben sich daraus allerdings noch weitere Effekte.)

Dieser Beitrag vertauscht nun aber nicht mehr mit H_{Atom} (und auch nicht mit den paramagnetischen Beiträgen), also sind die Spinoren $\boldsymbol{\psi}_{nlm\uparrow}(\boldsymbol{x})$ und $\boldsymbol{\psi}_{nlm\downarrow}(\boldsymbol{x})$ keine Eigenfunktionen zum Hamilton-Operator mehr. Die neuen Eigenfunktionen und damit auch der Beitrag zu Energie können nur näherungsweise berechnet werden; dafür benutzt man die *Störungstheorie*, die in Kap. 30 ausführlich dargestellt wird.

Aufgaben

Gelegentlich enthalten die Aufgaben mehr Angaben, als für die Lösung erforderlich sind. Bei einigen anderen dagegen werden Daten aus dem Allgemeinwissen, aus anderen Quellen oder sinnvolle Schätzungen benötigt.

- • leichte Aufgaben mit wenigen Rechenschritten
- •• mittelschwere Aufgaben, die etwas Denkarbeit und unter Umständen die Kombination verschiedener Konzepte erfordern
- ••• anspruchsvolle Aufgaben, die fortgeschrittene Konzepte (unter Umständen auch aus späteren Kapiteln) oder eigene mathematische Modellbildung benötigen

29.1 • Harmonischer Oszillator im homogenen elektrischen Feld Betrachten Sie einen elektrisch geladenen (Ladung q), eindimensionalen harmonischen Oszillator (Masse μ, Schwingungsfrequenz ω) in einem homogenen elektrischen Feld in Schwingungsrichtung. Zeigen Sie, dass sich (bei Wahl einer passenden Eichung) bis auf eine Verschiebung der Ruhelage der Schwingung und des Energienullpunktes jeweils dieselben Eigenfunktionen und Energieeigenwerte ergeben wie bei Abwesenheit des elektrischen Feldes.

Lösungshinweis: Führen Sie bei der potenziellen Energie eine quadratische Ergänzung durch.

29.2 • Kinetischer Impuls Zeigen Sie: In Anwesenheit eines magnetischen Feldes kommutieren die Komponenten des kinetischen Impulses nicht mehr, sondern es gilt

$$[\hat{\pi}_i, \hat{\pi}_j] = \frac{\mathrm{i}q\hbar}{c}\varepsilon_{ijk}B_k. \tag{29.93}$$

29.3 ••• Schrödinger- und Euler-Lagrange-Gleichung

(a) Zeigen Sie: Die Schrödinger-Gleichung ergibt sich mittels der Euler-Lagrange-Gleichung für Felder aus der Lagrange-Dichte

$$\mathcal{L} = \frac{1}{2}\mathrm{i}\hbar\left[\psi^*(\partial_t\psi) - (\partial_t\psi^*)\psi\right] - \frac{\hbar^2}{2\mu}(\nabla\psi^*)\cdot(\nabla\psi) - \psi^* V\psi. \tag{29.94}$$

(b) Zeigen Sie: Unter einer globalen U(1)-Eichtransformation der Wellenfunktion ψ, d. h. unter der Transformation

$$\psi' = \mathrm{e}^{\mathrm{i}\phi}\psi \tag{29.95}$$

mit räumlich und zeitlich konstantem, reellem ϕ bleibt diese Lagrange-Dichte invariant.

(c) Ermitteln Sie mit dem Noether-Theorem, die Erhaltung welcher Größe aus dieser Invarianz folgt.

Lösungshinweis: Der Lagrange-Formalismus für Felder wurde in Abschn. 8.4 und 20.2 besprochen, das Noether-Theorem für Felder in Abschn. 20.3. Beachten Sie in den Teilaufgaben (a) und (c), dass ψ und ψ^* als zwei voneinander unabhängige Felder angesehen werden müssen (ψ enthält als komplexes Feld ja zwei reelle Felder, sodass man alternativ auch Real- und Imaginärteil getrennt betrachten könnte, was aber schwieriger durchzuführen ist). Die potenzielle Energie V wird dagegen hier als von außen vorgegebene Funktion betrachtet, die nicht variiert wird.

29.4 •• Punktladung im homogenen Magnetfeld mit Heisenberg Zeigen Sie: Im Heisenberg-Bild ergibt sich für die Orts- und Impulsoperatoren für ein geladenes Teilchen (Ladung $q > 0$) in einem homogenen, zeitlich konstanten Magnetfeld $\boldsymbol{B} = B\hat{\boldsymbol{e}}$ (mit dem Einheitsvektor $\hat{\boldsymbol{e}}$):

$$\begin{aligned}\hat{\boldsymbol{\pi}}(t) &= \hat{\boldsymbol{\pi}}_{0||} - (\hat{\boldsymbol{e}}\times\hat{\boldsymbol{\pi}}_0)\sin(\omega_B t) - [\hat{\boldsymbol{e}}\times(\hat{\boldsymbol{e}}\times\hat{\boldsymbol{\pi}}_0)]\cos(\omega_B t),\\ \hat{\boldsymbol{x}}(t) &= \hat{\boldsymbol{x}}_0 + \frac{\hat{\boldsymbol{\pi}}_{0||}}{\mu}t + \frac{\hat{\boldsymbol{e}}\times\hat{\boldsymbol{\pi}}_0}{\mu\omega_B}\cos(\omega_B t)\\ &\quad - \frac{\hat{\boldsymbol{e}}\times(\hat{\boldsymbol{e}}\times\hat{\boldsymbol{\pi}}_0)}{\mu\omega_B}\sin(\omega_B t),\end{aligned} \tag{29.96}$$

wobei der Index 0 die Operatoren zum Zeitpunkt $t = 0$ bezeichnet und der Index $||$ die Komponente parallel zum Magnetfeld. Interpretieren Sie dieses Ergebnis.

Lösungshinweis: Verwenden Sie (29.93) und die Heisenberg-Gleichung (25.78).

29.5 •• Landau-Niveaus in anderer Eichung Statt (29.18) kann man bei einem homogenen Magnetfeld in z-Richtung die Eichung auch so wählen, dass

$$\boldsymbol{A} = -By\hat{\boldsymbol{e}}_x \tag{29.97}$$

gilt. Zeigen Sie, dass sich auch mit diesem Ansatz das Energiespektrum eines harmonischen Oszillators plus einer freien Bewegung in z-Richtung ergibt. Geben Sie außerdem die prinzipielle Form der Eigenfunktionen an und interpretieren Sie das Ergebnis.

Lösungshinweis: Der Hamilton-Operator kommutiert mit den Operatoren für die x- und für die z-Komponente des Impulses, also kann man die Eigenfunktionen von H so wählen, dass sie auch Eigenfunktionen dieser Operatoren sind. Dies legt einen passenden Separationsansatz nahe. Außerdem ist eine Verschiebung in y-Richtung nötig.

29.6 •• Eigenschaften der Pauli-Matrizen Leiten Sie die Eigenschaften (1) bis (11) der Pauli-Matrizen aus dem Kasten „Übersicht: Einige Eigenschaften der Pauli-Matrizen" her, ohne die explizite Darstellung (29.66) zu verwenden.

Lösungshinweis: Die Eigenschaften (1) bis (5) folgen aus den Eigenwerten der Spin-Operatoren, und Eigenschaft (7) kann man beweisen, indem man die Wirkung von $\hat{S}_+^2$ oder $\hat{S}_-^2$ auf die Basiszustände untersucht. Für Eigenschaft (11) nutzen Sie die im Übersichtskasten genannte Basiseigenschaft der Einheitsmatrix und der Pauli-Matrizen aus; diese Aussage kann auch bewiesen werden, muss aber nicht.

29.7 •• Drehoperatoren für Spinoren

(a) Zeigen Sie, dass für einen beliebigen Einheitsvektor $\hat{\boldsymbol{e}}$ immer

$$\exp\left(\mathrm{i}\frac{\hat{\boldsymbol{e}}\cdot\hat{\boldsymbol{S}}}{\hbar}\varphi\right) = \cos\left(\frac{\varphi}{2}\right)\boldsymbol{I}_2 + \mathrm{i}\sin\left(\frac{\varphi}{2}\right)(\hat{\boldsymbol{e}}\cdot\boldsymbol{\sigma}) \quad (29.98)$$

gilt, wobei die Exponentialfunktion über ihre Potenzreihe definiert ist.

(b) Der Operator in Teilaufgabe (a) bewirkt eine Drehung eines Spinors um die durch $\hat{\boldsymbol{e}}$ festgelegte Achse. Geben Sie die entsprechenden Matrizen für die drei Spezialfälle einer Drehung um jeweils eine der drei Koordinatenachsen an.

(c) In Kap. 4 wurde besprochen, dass eine beliebige Drehung im dreidimensionalen Raum mittels der Euler-Winkel dargestellt werden kann. In der Quantenmechanik verwendet man meist folgende Konvention: Zunächst wird um den Winkel α um die z-Achse gedreht, dann um den Winkel β um die (neue) y-Achse und schließlich um den Winkel γ um die (neue) z-Achse. Ermitteln Sie die zugehörige Transformationsmatrix U für Spinoren.

Lösungshinweis:

(a) Benutzen Sie (10) aus der „Übersicht: Einige Eigenschaften der Pauli-Matrizen".

(b) Verwenden Sie die explizite Form (29.66) der Pauli-Matrizen.

(c) Beachten Sie die Reihenfolge der Operatoren: Die Matrix für die erste Drehung muss am weitesten rechts stehen!

29.8 • Spinpräzession im Heisenberg-Bild Betrachten Sie die Spinpräzession eines Elektrons (in einem homogenen Magnetfeld in beliebiger Richtung) im Heisenberg-Bild.

(a) Zeigen Sie dafür zunächst, dass (für $g = 2$) gilt:

$$\frac{\mathrm{d}\hat{\boldsymbol{S}}}{\mathrm{d}t} = \omega_\mathrm{L}\hat{\boldsymbol{e}}\times\hat{\boldsymbol{S}}, \quad (29.99)$$

wobei ω_L die Larmorfrequenz (29.74) und $\hat{\boldsymbol{e}}$ ein Einheitsvektor in Richtung des Magnetfelds ist. Leiten Sie daraus die explizite Form von $\hat{\boldsymbol{S}}(t)$ ab.

(b) Untersuchen Sie dann speziell die Erwartungswerte der Spinkomponenten für den Fall, dass $\langle\hat{S}_1\rangle(0) = \hbar/2$ ist und das Magnetfeld in z-Richtung zeigt.

Lösungshinweis: Verwenden Sie den Hamilton-Operator (29.72), verallgemeinert auf eine beliebige Richtung des Magnetfeldes, und die Heisenberg-Gleichung (25.78).

Ausführliche Lösungen zu den Aufgaben

29.1 Wir wählen die Eichung so, dass $\boldsymbol{A} = 0$ und $\phi = -|\boldsymbol{E}|x$ ist; dann ist der Hamilton-Operator einfach

$$\hat{H} = \frac{\hat{p}_x^2}{2\mu} + \frac{1}{2}\mu\omega^2 x^2 - q|\boldsymbol{E}|x. \tag{29.100}$$

Die potenzielle Energie kann man mittels einer quadratischen Ergänzung umschreiben:

$$\begin{aligned}\frac{1}{2}\mu\omega^2 x^2 - q|\boldsymbol{E}|x &= \frac{1}{2}\mu\omega^2\left(x^2 - \frac{2q|\boldsymbol{E}|}{\mu\omega^2}x\right) \\ &= \frac{1}{2}\mu\omega^2\left[\left(x - \frac{q|\boldsymbol{E}|}{\mu\omega^2}\right)^2 - \left(\frac{q|\boldsymbol{E}|}{\mu\omega^2}\right)^2\right] \\ &= \frac{1}{2}\mu\omega^2\left(x - \frac{q|\boldsymbol{E}|}{\mu\omega^2}\right)^2 - \frac{q^2|\boldsymbol{E}|^2}{2\mu\omega^2}.\end{aligned} \tag{29.101}$$

Mit der Substitution

$$X = x - \frac{q|\boldsymbol{E}|}{\mu\omega^2} \tag{29.102}$$

wird der Hamilton-Operator zu

$$\hat{H} = \frac{\hat{p}_X^2}{2\mu} + \frac{1}{2}\mu\omega^2 X^2 - \frac{q^2|\boldsymbol{E}|^2}{2\mu\omega^2}. \tag{29.103}$$

Bis auf den letzten konstanten Term ist dies wieder genau der Hamilton-Operator eines eindimensionalen harmonischen Oszillators, also erhält man bis auf eine Verschiebung des Energienullpunkts dasselbe Energiespektrum:

$$E = \left(n + \frac{1}{2}\right)\hbar\omega - \frac{q^2|\boldsymbol{E}|^2}{2\mu\omega^2}. \tag{29.104}$$

Auch die Eigenfunktionen sind prinzipiell dieselben; wegen (29.102) hat man aber eine Verschiebung der Ruhelage der Schwingung. Dies war zu zeigen.

29.2 Nach der Definition (29.2) ist

$$[\hat{\pi}_i, \hat{\pi}_j] = \left[\hat{p}_i - \frac{q}{c}A_i, \hat{p}_j - \frac{q}{c}A_j\right]. \tag{29.105}$$

Der Operator zum kanonisch konjugierten Impuls ist im Ortsraum gegeben durch

$$\hat{\boldsymbol{p}} = \frac{\hbar}{\mathrm{i}}\nabla, \tag{29.106}$$

also vertauschen seine Komponenten (Vertauschbarkeit partieller Ableitungen!). Ebenso vertauschen die Komponenten des Vektorpotenzials untereinander. Damit bleibt

$$[\hat{\pi}_i, \hat{\pi}_j] = \left[\hat{p}_i, -\frac{q}{c}A_j\right] + \left[-\frac{q}{c}A_i, \hat{p}_j\right]. \tag{29.107}$$

Betrachten wir zunächst nur einen der beiden Kommutatoren und ignorieren dabei die Vorfaktoren:

$$\begin{aligned}[\partial_i, A_j] &= \partial_i A_j - A_j\partial_i \\ &= (\partial_i A_j) + A_j\partial_i - A_j\partial_i \\ &= (\partial_i A_j),\end{aligned} \tag{29.108}$$

wobei im ersten Summanden zu beachten ist, dass die Ableitung sowohl auf das Vektorpotenzial als auch auf die Wellenfunktion wirkt, also die Produktregel zu benutzen ist. Insgesamt hat man somit

$$[\hat{\pi}_i, \hat{\pi}_j] = \frac{\mathrm{i}q\hbar}{c}\left(\partial_i A_j - \partial_j A_i\right) = \frac{\mathrm{i}q\hbar}{c}\varepsilon_{ijk}B_k, \tag{29.109}$$

da bekanntlich $\boldsymbol{B} = \mathbf{rot}\,\boldsymbol{A}$ ist.

29.3

(a) In nichtrelativistischer Formulierung lautet die Euler-Lagrange-Gleichung für ein Feld ψ (8.107):

$$\frac{\partial\mathcal{L}}{\partial\psi} - \partial_t\frac{\partial\mathcal{L}}{\partial(\partial_t\psi)} - \sum_\alpha \partial_\alpha\frac{\partial\mathcal{L}}{\partial(\partial_\alpha\psi)} = 0. \tag{29.110}$$

Für die Ableitungen der Lagrange-Dichte hat man

$$\frac{\partial\mathcal{L}}{\partial(\partial_t\psi)} = \frac{1}{2}\mathrm{i}\hbar\psi^*,$$

$$\frac{\partial\mathcal{L}}{\partial(\partial_\alpha\psi)} = -\frac{\hbar^2}{2\mu}\partial_\alpha\psi^*, \tag{29.111}$$

$$\frac{\partial\mathcal{L}}{\partial\psi} = -\frac{1}{2}\mathrm{i}\hbar\partial_t\psi^* - V\psi^*. \tag{29.112}$$

Eingesetzt in die Euler-Lagrange-Gleichung ergibt sich daraus

$$\mathrm{i}\hbar\partial_t\psi^* - \frac{\hbar^2}{2\mu}\Delta\psi^* + V\psi^* = 0. \tag{29.113}$$

Isoliert man nun die Zeitableitung auf der linken Seite und konjugiert die ganze Gleichung komplex, so ergibt sich letztlich genau die Schrödinger-Gleichung:

$$\mathrm{i}\hbar\partial_t\psi = -\frac{\hbar^2}{2\mu}\Delta\psi + V\psi. \tag{29.114}$$

Außerdem hat man aber auch noch eine Euler-Lagrange-Gleichung mit dem Feld ψ^*. Für die Ableitungen der Lagrange-Dichte ergibt sich nun

$$\frac{\partial\mathcal{L}}{\partial(\partial_t\psi^*)} = -\frac{1}{2}\mathrm{i}\hbar\psi,$$

$$\frac{\partial \mathcal{L}}{\partial(\partial_\alpha \psi^*)} = -\frac{\hbar^2}{2\mu}\partial_\alpha \psi, \qquad (29.115)$$

$$\frac{\partial \mathcal{L}}{\partial \psi^*} = \frac{1}{2} i\hbar \partial_t \psi - V\psi. \qquad (29.116)$$

Eingesetzt in die Euler-Lagrange-Gleichung erhält man daraus

$$-\mathrm{i}\hbar\partial_t\psi - \frac{\hbar^2}{2\mu}\Delta\psi + V\psi = 0. \qquad (29.117)$$

Isoliert man die Zeitableitung auf der linken Seite, so ergibt sich wieder genau die Schrödinger-Gleichung. Hier führen also beide Euler-Lagrange-Gleichungen auf genau dieselbe Gleichung für ψ.

(b) Der Phasenfaktor in (29.95) kommutiert mit den Ableitungsoperatoren, da er räumlich und zeitlich konstant ist. Damit folgt die Invarianz der Lagrange-Dichte einfach aus

$$\psi'^* = \mathrm{e}^{-\mathrm{i}\phi}\psi^*, \qquad (29.118)$$

also $\psi'^*\psi' = \psi^*\psi$.

(c) In der nichtrelativistischen Schreibweise lautet das Noether-Theorem für Felder aus Abschn. 20.3: Ist die Lagrange-Dichte invariant unter einer infinitesimalen Transformation

$$\phi_k \to \phi'_k = \phi_k + \delta\phi_k \qquad (29.119)$$

der Felder ϕ_k, so ergibt sich der Erhaltungssatz (Kontinuitätsgleichung)

$$\partial_t \sum_k \left(\frac{\partial \mathcal{L}}{\partial(\partial_t \phi_k)}\delta\phi_k\right) + \sum_\alpha \partial_\alpha \sum_k \left(\frac{\partial \mathcal{L}}{\partial(\partial_\alpha \phi_k)}\delta\phi_k\right) = 0. \qquad (29.120)$$

Hier haben wir die Felder $\phi_1 = \psi$ und $\phi_2 = \psi^*$, also gilt

$$\begin{aligned}&\partial_t\left(\frac{\partial \mathcal{L}}{\partial(\partial_t\psi)}\delta\psi\right) + \partial_t\left(\frac{\partial \mathcal{L}}{\partial(\partial_t\psi^*)}\delta\psi^*\right) \\ &\quad + \sum_\alpha \partial_\alpha\left(\frac{\partial \mathcal{L}}{\partial(\partial_\alpha\psi)}\delta\psi\right) + \sum_\alpha \partial_\alpha\left(\frac{\partial \mathcal{L}}{\partial(\partial_\alpha\psi^*)}\delta\psi^*\right) \\ &= 0. \end{aligned} \qquad (29.121)$$

Eine infinitesimale U(1)-Transformation der Felder ist hier

$$\begin{aligned}\psi &\to \psi' = \psi + \mathrm{i}\phi\psi \\ \psi^* &\to \psi'^* = \psi^* - \mathrm{i}\phi\psi^*,\end{aligned} \qquad (29.122)$$

wobei die Entwicklung $\mathrm{e}^{\mathrm{i}\phi} \approx 1 + \mathrm{i}\phi$ benutzt wurde, wir haben also $\delta\psi = \mathrm{i}\phi\psi$ und $\delta\psi^* = -\mathrm{i}\phi\psi^*$. Setzt man die bereits in Teilaufgabe (a) berechneten Ableitungen ein, so ergibt sich insgesamt

$$\begin{aligned}&\partial_t\left(\frac{1}{2}\mathrm{i}\hbar\psi^*\cdot\mathrm{i}\phi\psi\right) + \partial_t\left(\frac{1}{2}\mathrm{i}\hbar\psi\cdot\mathrm{i}\phi\psi^*\right) \\ &\quad - \sum_\alpha \partial_\alpha\left(\frac{\hbar^2}{2\mu}(\partial_\alpha\psi^*)\mathrm{i}\phi\psi\right) \\ &\quad + \sum_\alpha \partial_\alpha\left(\frac{\hbar^2}{2\mu}(\partial_\alpha\psi)\mathrm{i}\phi\psi^*\right) \\ &= 0.\end{aligned} \qquad (29.123)$$

Teilt man durch $-\hbar\phi$, kann man dies schreiben als

$$\partial_t\left(\psi^*\psi\right) + \nabla\cdot\frac{\mathrm{i}\hbar}{2\mu}\left[(\nabla\psi^*)\psi - (\nabla\psi)\psi^*\right] = 0. \qquad (29.124)$$

Im ersten Summanden steht nun aber genau die Wahrscheinlichkeitsdichte, im zweiten die Wahrscheinlichkeitsstromdichte, d. h., wir haben die bereits bekannte Kontinuitätsgleichung

$$\partial_t\rho + \nabla\cdot\boldsymbol{j} = 0. \qquad (29.125)$$

Aus der Invarianz unter globalen U(1)-Eichtransformationen folgt somit die Erhaltung der Wahrscheinlichkeit (siehe dazu auch Kap. 22) bzw., da für geladene Teilchen die Ladungs(strom)dichte proportional zur Wahrscheinlichkeits(strom)dichte ist, die Ladungserhaltung.

29.4 Mit dem kinetischen Impulsoperator $\hat{\boldsymbol{\pi}}$ ist der Hamilton-Operator einfach

$$\hat{H} = \frac{\hat{\boldsymbol{\pi}}^2}{2\mu}. \qquad (29.126)$$

Damit haben wir für die zeitliche Entwicklung der Komponenten des kinetischen Impulses zunächst

$$\begin{aligned}\dot{\hat{\pi}}_i &= \frac{\mathrm{i}}{\hbar}\left[\hat{H}, \hat{\pi}_i\right] = \frac{\mathrm{i}}{2\mu\hbar}\sum_j\left[\hat{\pi}_j\hat{\pi}_j, \hat{\pi}_i\right] \\ &= \frac{\mathrm{i}}{2\mu\hbar}\sum_j\left(\hat{\pi}_j\left[\hat{\pi}_j, \hat{\pi}_i\right] + \left[\hat{\pi}_j, \hat{\pi}_i\right]\hat{\pi}_j\right) \\ &= \frac{\mathrm{i}}{2\mu\hbar}\sum_{j,k}\left(\hat{\pi}_j\frac{\mathrm{i}q\hbar}{c}\varepsilon_{jik}B_k + \frac{\mathrm{i}q\hbar}{c}\varepsilon_{jik}B_k\hat{\pi}_j\right) \\ &= \frac{q}{\mu c}\sum_{j,k}\varepsilon_{ijk}\hat{\pi}_jB_k,\end{aligned} \qquad (29.127)$$

wobei (29.93) benutzt wurde und außerdem die Tatsache, dass $\hat{\boldsymbol{\pi}}$ mit $\boldsymbol{B}$ kommutiert, da das Magnetfeld als homogen vorausgesetzt wurde. Damit ist insgesamt

$$\dot{\hat{\boldsymbol{\pi}}} = \frac{q}{\mu c}\hat{\boldsymbol{\pi}}\times\boldsymbol{B} = \omega_B\hat{\boldsymbol{\pi}}\times\hat{\boldsymbol{e}} \qquad (29.128)$$

bzw.

$$\mathrm{d}\hat{\boldsymbol{\pi}} = -\omega_B\mathrm{d}t\,\hat{\boldsymbol{e}}\times\hat{\boldsymbol{\pi}}. \qquad (29.129)$$

Dies beschreibt eine infinitesimale Drehung in der Ebene senkrecht zu $\hat{\boldsymbol{e}}$ um den Winkel $-\omega_B\mathrm{d}t$, also im mathematisch negativen Drehsinn (entgegen $\hat{\boldsymbol{e}}$ gesehen: im Uhrzeigersinn). Insbesondere folgt:

- Die Komponente von $\hat{\boldsymbol{\pi}}$ parallel zu $\hat{\boldsymbol{e}}$, also $\hat{\boldsymbol{\pi}}_{0||}$, ändert sich nicht.
- Die Komponente in dieser Ebene senkrecht zum Anfangsimpuls (von der Drehachse weg zeigend) ist $\hat{\boldsymbol{e}}\times\hat{\boldsymbol{\pi}}_0$; diese Komponente hat die Zeitabhängigkeit $-\sin(\omega_Bt)$.

Teil III

- Die Komponente in dieser Ebene parallel zum Anfangsimpuls ist $-\hat{\boldsymbol{e}} \times (\hat{\boldsymbol{e}} \times \hat{\boldsymbol{\pi}}_0)$; diese Komponente hat die Zeitabhängigkeit $\cos(\omega_B t)$

Insgesamt haben wir damit, wie behauptet:

$$\hat{\boldsymbol{\pi}}(t) = \hat{\boldsymbol{\pi}}_{0||} - (\hat{\boldsymbol{e}} \times \hat{\boldsymbol{\pi}}_0)\sin(\omega_B t) - [\hat{\boldsymbol{e}} \times (\hat{\boldsymbol{e}} \times \hat{\boldsymbol{\pi}}_0)]\cos(\omega_B t). \tag{29.130}$$

Für die Zeitentwicklung des Ortsoperators beachten wir zunächst, dass $\hat{\boldsymbol{x}}$ mit $\boldsymbol{A}$ kommutiert; also ist

$$[\hat{\pi}_i, \hat{x}_j] = [\hat{p}_i, \hat{x}_j] = \frac{\hbar}{\mathrm{i}}\delta_{ij} \tag{29.131}$$

und damit

$$\begin{aligned}\dot{\hat{x}}_i &= \frac{\mathrm{i}}{\hbar}\left[\hat{H}, \hat{x}_i\right] = \frac{\mathrm{i}}{2\mu\hbar}\sum_j \left[\hat{\pi}_j\hat{\pi}_j, \hat{x}_i\right] \\ &= \frac{\mathrm{i}}{2\mu\hbar}\sum_j \left(\hat{\pi}_j\left[\hat{\pi}_j, \hat{x}_i\right] + \left[\hat{\pi}_j, \hat{x}_i\right]\hat{\pi}_j\right) \\ &= \frac{\mathrm{i}}{2\mu\hbar}\sum_j \left(\hat{\pi}_j\frac{\hbar}{\mathrm{i}}\delta_{ji} + \frac{\hbar}{\mathrm{i}}\delta_{ji}\hat{\pi}_j\right) = \frac{1}{\mu}\hat{\pi}_i,\end{aligned} \tag{29.132}$$

also

$$\dot{\hat{\boldsymbol{x}}} = \frac{1}{\mu}\hat{\boldsymbol{\pi}}. \tag{29.133}$$

Setzt man das Ergebnis für $\hat{\boldsymbol{\pi}}$ ein und integriert auf, so erhält man wie behauptet

$$\hat{\boldsymbol{x}}(t) = \hat{\boldsymbol{x}}(0) + \frac{\hat{\boldsymbol{\pi}}_{0||}}{\mu}t + \frac{\hat{\boldsymbol{e}} \times \hat{\boldsymbol{\pi}}_0}{\mu\omega_B}\cos(\omega_B t) - \frac{\hat{\boldsymbol{e}} \times (\hat{\boldsymbol{e}} \times \hat{\boldsymbol{\pi}}_0)}{\mu\omega_B}\sin(\omega_B t). \tag{29.134}$$

Wie erwartet ergibt sich eine Schraubenlinie, wobei die hinteren beiden Terme die jeweils momentane Kreisbahn beschreiben und die ersten beiden die Bewegung des Mittelpunktse.

29.5 Der Hamilton-Operator ist

$$\hat{H} = \frac{1}{2\mu}\left[\left(\hat{p}_x + \frac{qB}{c}y\right)^2 + \hat{p}_y^2 + \hat{p}_z^2\right]. \tag{29.135}$$

Die Eigenfunktionen zu $\hat{p}_x$ bzw. $\hat{p}_z$ sind $\mathrm{e}^{\mathrm{i}k_x x}$ bzw. $\mathrm{e}^{\mathrm{i}k_z z}$, also machen wir den Separationsansatz

$$\psi(\boldsymbol{x}) = \mathrm{e}^{\mathrm{i}(k_x x + k_z z)}f(y). \tag{29.136}$$

Dann ergibt sich aus der Schrödinger-Gleichung

$$\frac{1}{2\mu}\left[\left(\hbar k_x + \frac{qB}{c}y\right)^2 - \hbar^2\partial_y^2 + \hbar^2 k_z^2\right]\psi(\boldsymbol{x}) = E\psi(\boldsymbol{x}), \tag{29.137}$$

und daraus folgt für f die Differenzialgleichung

$$-\frac{\hbar^2}{2\mu}f''(y) + \frac{1}{2\mu}\left(\hbar k_x + \frac{qB}{c}y\right)^2 f(y) = \left(E - \frac{\hbar^2 k_z^2}{2\mu}\right)f(y). \tag{29.138}$$

Klammert man qB/c aus, so kann man wieder zur Abkürzung die Zyklotronfrequenz (29.27) einführen und hat dann

$$-\frac{\hbar^2}{2\mu}f''(y) + \frac{1}{2}\mu\omega_B^2\left(y + \frac{c\hbar k_x}{qB}\right)^2 f(y) = \left(E - \frac{\hbar^2 k_z^2}{2\mu}\right)f(y). \tag{29.139}$$

Mit der Substitution

$$Y = y + \frac{c\hbar k_x}{qB} \tag{29.140}$$

und $g(Y) = f(y)$ vereinfacht sich dies zu

$$-\frac{\hbar^2}{2\mu}g''(Y) + \frac{1}{2}\mu\omega_B^2 Y^2 g(Y) = \left(E - \frac{\hbar^2 k_z^2}{2\mu}\right)g(Y). \tag{29.141}$$

Dies ist nun aber einfach die übliche Differenzialgleichung für einen harmonischen Oszillator. Für das Energiespektrum folgt

$$E - \frac{\hbar^2 k_z^2}{2\mu} = \left(n + \frac{1}{2}\right)\hbar\omega_B \tag{29.142}$$

mit einer natürlichen Zahl n; somit hat man tatsächlich das Spektrum eines harmonischen Oszillators plus das einer freien Bewegung in z-Richtung:

$$E = \left(n + \frac{1}{2}\right)\hbar\omega_B + \frac{\hbar^2 k_z^2}{2\mu}. \tag{29.143}$$

Für die Funktionen $g(Y)$ ergeben sich die bekannten Produkte aus Hermite-Polynomen und Gausskurven, für $f(y)$ also entsprechend verschobene Funktionen. Der Ausdruck

$$-\frac{c\hbar k_x}{qB}, \tag{29.144}$$

um den die Funktionen in y-Richtung verschoben werden, gibt deshalb die y-Koordinate der Ruhelage der Schwingung an bzw. des Mittelpunktes der Kreisbewegung.

29.6 Die Hermitezität (4) ergibt sich sofort aus der Definition (29.65) und daraus, dass die Spinkomponenten als Observable hermitesche Operatoren sein müssen. Auch (6) folgt sofort aus der Definition und den Vertauschungsrelationen für die Spinoperatoren (29.59).

Alle drei Spinoperatoren $\hat{S}_i$ haben die Eigenwerte $\pm\hbar/2$; bei $\hat{S}_3$ ist dies vorausgesetzt, für die anderen beiden folgt dies aus Symmetriegründen. Daraus ergibt sich sofort, dass alle drei Pauli-Matrizen die Eigenwerte ± 1 haben müssen. Da die Spur einer Matrix die Summe ihrer Eigenwerte ist und die Determinante das Produkt, folgen sofort die Eigenschaften (3) und (5). Außerdem müssen die Matrizen σ_i^2 dann zweimal den Eigenwert 1 haben zu zwei zueinander orthogonalen Eigenvektoren. Deshalb kann man schreiben: $\sigma_i^2 = \boldsymbol{U}^\dagger \boldsymbol{I}_2 \boldsymbol{U}$ mit einer unitären Matrix $\boldsymbol{U}$. Daraus folgt sofort (1) und daraus wiederum (2).

Da es nur zwei Basiszustände gibt mit $m_s = \pm\hbar/2$, muss $\hat{S}_\pm^2 |\uparrow\rangle = \hat{S}_\pm^2 |\downarrow\rangle = 0$ sein, also $\hat{S}_\pm^2 = 0$. Schreibt man dies explizit aus und berücksichtigt beim Ausmultiplizieren der Klammern, dass $\hat{S}_1$ und $\hat{S}_2$ nicht vertauschen, hat man

$$\hat{S}_1^2 \pm \mathrm{i}\hat{S}_1\hat{S}_2 \pm \mathrm{i}\hat{S}_2\hat{S}_1 - \hat{S}_2^2 = 0, \tag{29.145}$$

also auch

$$\sigma_1^2 \pm \mathrm{i}\sigma_1\sigma_2 \pm \mathrm{i}\sigma_2\sigma_1 - \sigma_2^2 = 0. \tag{29.146}$$

Mit (1) folgt daraus

$$\sigma_1\sigma_2 + \sigma_2\sigma_1 = 0. \tag{29.147}$$

Aus Symmetriegründen muss deshalb allgemein

$$\sigma_i\sigma_j + \sigma_j\sigma_i = 0 \tag{29.148}$$

gelten für $i \neq j$. Zusammen mit (1) hat man dann (7).

Addiert man dazu (6), so ergibt sich (8). Speziell für $i = 1$ und $j = 2$ gilt

$$\sigma_1\sigma_2 = \mathrm{i}\sigma_3, \tag{29.149}$$

und wieder mit (1) folgt daraus (9). Schreibt man

$$(\boldsymbol{\sigma} \cdot \boldsymbol{a})(\boldsymbol{\sigma} \cdot \boldsymbol{b}) = \sum_{i,j} \sigma_i a_i \sigma_j b_j, \tag{29.150}$$

so erhält man mit (8)

$$(\boldsymbol{\sigma} \cdot \boldsymbol{a})(\boldsymbol{\sigma} \cdot \boldsymbol{b}) = \sum_{i,j} a_i b_j \left(\delta_{ij}\boldsymbol{I}_2 + \mathrm{i}\varepsilon_{ijk}\sigma_k\right), \tag{29.151}$$

woraus (10) folgt.

Die Matrix $a + \boldsymbol{b} \cdot \boldsymbol{\sigma}$ ist als reelle Linearkombination von hermiteschen Matrizen selbst auch hermitesch und deswegen diagonalisierbar mit reellen Eigenwerten und orthogonalen Eigenvektoren. Für eine diagonalisierbare Matrix $\boldsymbol{M}$ gilt aber allgemein: Hat $\boldsymbol{M}$ die Eigenvektoren $\boldsymbol{v}_i$ und Eigenwerte λ_i, so ist $f(\boldsymbol{M})$ die (eindeutig definierte) Matrix mit denselben Eigenvektoren und den Eigenwerten $f(\lambda_i)$. Deshalb gilt für jede reelle Funktion f, dass $f(a + \boldsymbol{b} \cdot \boldsymbol{\sigma})$ ebenfalls reelle Eigenwerte und orthogonale Eigenvektoren hat, also ebenfalls hermitesch ist. Da aber die Matrizen $\boldsymbol{I}_2, \sigma_1, \sigma_2, \sigma_3$ eine Basis für die hermiteschen 2×2-Matrizen bilden, folgt, dass $f(a + \boldsymbol{b} \cdot \boldsymbol{\sigma})$ als Linearkombination dieser vier Matrizen darstellbar sein muss. Damit ist (11) gezeigt.

Abschließend beweisen wir die Basisaussage für diese vier Matrizen. Zunächst beachten wir, dass eine hermitesche 2×2-Matrix nur vier freie reelle Parameter hat: Wegen

$$\begin{pmatrix} a & b \\ c & d \end{pmatrix}^\dagger = \begin{pmatrix} a^* & c^* \\ b^* & d^* \end{pmatrix} = \begin{pmatrix} a & b \\ c & d \end{pmatrix} \tag{29.152}$$

müssen a und d reell sein, außerdem stimmen bei b und c die Realteile überein, und die Imaginärteile unterscheiden sich nur im Vorzeichen. Der reelle Vektorraum der hermiteschen 2×2-Matrizen ist also vierdimensional.

Außerdem ist zu zeigen, dass die vier Matrizen linear unabhängig sind, d. h., die Gleichung

$$a\boldsymbol{I}_2 + b_1\sigma_1 + b_2\sigma_2 + b_3\sigma_3 = a\boldsymbol{I}_2 + \boldsymbol{b} \cdot \boldsymbol{\sigma} = 0 \tag{29.153}$$

darf nur die triviale Lösung $a = b_1 = b_2 = b_3 = 0$ haben. Um dies zu zeigen, nehmen wir zunächst auf beiden Seiten die Spur; mit (3) ergibt sich $\mathrm{Sp}(a\boldsymbol{I}_2 + \boldsymbol{b} \cdot \boldsymbol{\sigma}) = 2a$, und es folgt $a = 0$. Außerdem gilt mit (7)

$$\{\boldsymbol{b} \cdot \boldsymbol{\sigma}, \sigma_k\} = 2b_k\boldsymbol{I}_2 \tag{29.154}$$

und natürlich $\{0, \sigma_k\} = 0$, weshalb auch $b_k = 0$ folgt.

Wir haben also vier linear unabhängige Matrizen im vierdimensionalen Vektorraum der hermiteschen 2×2-Matrizen. Damit ist gezeigt, dass diese vier Matrizen eine Basis dieses Vektorraumes bilden.

29.7

(a) Zunächst gilt mit (10):

$$\left(\frac{\hat{\boldsymbol{e}} \cdot \hat{\boldsymbol{S}}}{\hbar}\right)^2 = \frac{1}{4}(\hat{\boldsymbol{e}} \cdot \boldsymbol{\sigma})^2 = \frac{1}{4}(\hat{\boldsymbol{e}}^2\boldsymbol{I}_2 + \mathrm{i}\boldsymbol{\sigma} \cdot (\hat{\boldsymbol{e}} \times \hat{\boldsymbol{e}})) = \frac{1}{4}\boldsymbol{I}_2, \tag{29.155}$$

also

$$\left(\frac{\hat{\boldsymbol{e}} \cdot \hat{\boldsymbol{S}}}{\hbar}\right)^3 = \left(\frac{\hat{\boldsymbol{e}} \cdot \hat{\boldsymbol{S}}}{\hbar}\right)^2 \left(\frac{\hat{\boldsymbol{e}} \cdot \hat{\boldsymbol{S}}}{\hbar}\right) = \frac{1}{4}\boldsymbol{I}_2 \cdot \frac{1}{2}(\hat{\boldsymbol{e}} \cdot \boldsymbol{\sigma}) = \frac{1}{8}(\hat{\boldsymbol{e}} \cdot \boldsymbol{\sigma}) \tag{29.156}$$

und

$$\left(\frac{\hat{\boldsymbol{e}} \cdot \hat{\boldsymbol{S}}}{\hbar}\right)^4 = \left(\frac{\hat{\boldsymbol{e}} \cdot \hat{\boldsymbol{S}}}{\hbar}\right)^3 \left(\frac{\hat{\boldsymbol{e}} \cdot \hat{\boldsymbol{S}}}{\hbar}\right) = \frac{1}{8}(\hat{\boldsymbol{e}} \cdot \boldsymbol{\sigma}) \cdot \frac{1}{2}(\hat{\boldsymbol{e}} \cdot \boldsymbol{\sigma}) = \frac{1}{16}\boldsymbol{I}_2. \tag{29.157}$$

Allgemein folgt damit für gerade bzw. ungerade Exponenten (einsichtig, kann aber mit vollständiger Induktion auch bewiesen werden):

$$\left(\frac{\hat{\boldsymbol{e}} \cdot \hat{\boldsymbol{S}}}{\hbar}\right)^{2n} = \frac{1}{2^{2n}}\boldsymbol{I}_2, \quad \left(\frac{\hat{\boldsymbol{e}} \cdot \hat{\boldsymbol{S}}}{\hbar}\right)^{2n+1} = \frac{1}{2^{2n+1}}(\hat{\boldsymbol{e}} \cdot \boldsymbol{\sigma}). \tag{29.158}$$

Teil III

Die Exponentialfunktion ist über ihre Potenzreihe definiert:

$$\exp\left(\mathrm{i}\frac{\hat{\boldsymbol{e}}\cdot\hat{\boldsymbol{S}}}{\hbar}\varphi\right)=\sum_{n=0}^{\infty}\frac{1}{n!}\left(\mathrm{i}\frac{\hat{\boldsymbol{e}}\cdot\hat{\boldsymbol{S}}}{\hbar}\varphi\right)^{n}. \tag{29.159}$$

Spalten wir diese Summe auf in die Summen über gerade bzw. ungerade Exponenten und betrachten beide getrennt:

$$\begin{aligned}\sum_{n=0}^{\infty}\frac{1}{(2n)!}\left(\mathrm{i}\frac{\hat{\boldsymbol{e}}\cdot\hat{\boldsymbol{S}}}{\hbar}\varphi\right)^{2n}&=\sum_{n=0}^{\infty}\frac{(-1)^n\boldsymbol{I}_2}{(2n)!}\left(\frac{\varphi}{2}\right)^{2n}\\&=\cos\left(\frac{\varphi}{2}\right)\boldsymbol{I}_2\end{aligned} \tag{29.160}$$

und

$$\begin{aligned}&\sum_{n=0}^{\infty}\frac{1}{(2n+1)!}\left(\mathrm{i}\frac{\hat{\boldsymbol{e}}\cdot\hat{\boldsymbol{S}}}{\hbar}\varphi\right)^{2n+1}\\&=\mathrm{i}\sum_{n=0}^{\infty}\frac{(-1)^n(\hat{\boldsymbol{e}}\cdot\boldsymbol{\sigma})}{(2n+1)!}\left(\frac{\varphi}{2}\right)^{2n+1}\\&=\mathrm{i}\,\sin\left(\frac{\varphi}{2}\right)(\hat{\boldsymbol{e}}\cdot\boldsymbol{\sigma}).\end{aligned} \tag{29.161}$$

Damit ist die Behauptung gezeigt.

(b) Mit (29.66) ergibt sich leicht:

$$\begin{aligned}\exp\left(\mathrm{i}\frac{\hat{\boldsymbol{e}}_x\cdot\hat{\boldsymbol{S}}}{\hbar}\varphi\right)&=\cos\left(\frac{\varphi}{2}\right)\boldsymbol{I}_2+\mathrm{i}\,\sin\left(\frac{\varphi}{2}\right)\sigma_1\\&=\begin{pmatrix}\cos(\varphi/2)&\mathrm{i}\,\sin(\varphi/2)\\\mathrm{i}\,\sin(\varphi/2)&\cos(\varphi/2)\end{pmatrix},\end{aligned} \tag{29.162}$$

$$\begin{aligned}\exp\left(\mathrm{i}\frac{\hat{\boldsymbol{e}}_y\cdot\hat{\boldsymbol{S}}}{\hbar}\varphi\right)&=\cos\left(\frac{\varphi}{2}\right)\boldsymbol{I}_2+\mathrm{i}\,\sin\left(\frac{\varphi}{2}\right)\sigma_2\\&=\begin{pmatrix}\cos(\varphi/2)&\sin(\varphi/2)\\-\sin(\varphi/2)&\cos(\varphi/2)\end{pmatrix},\end{aligned} \tag{29.163}$$

$$\begin{aligned}\exp\left(\mathrm{i}\frac{\hat{\boldsymbol{e}}_z\cdot\hat{\boldsymbol{S}}}{\hbar}\varphi\right)&=\cos\left(\frac{\varphi}{2}\right)\boldsymbol{I}_2+\mathrm{i}\,\sin\left(\frac{\varphi}{2}\right)\sigma_3\\&=\begin{pmatrix}\mathrm{e}^{\mathrm{i}\varphi/2}&0\\0&\mathrm{e}^{-\mathrm{i}\varphi/2}\end{pmatrix}.\end{aligned} \tag{29.164}$$

(c) Mit den Ergebnissen aus Teilaufgabe (b) folgt

$$\begin{aligned}U&=\exp\left(\mathrm{i}\frac{\hat{\boldsymbol{e}}_z\cdot\hat{\boldsymbol{S}}}{\hbar}\gamma\right)\cdot\exp\left(\mathrm{i}\frac{\hat{\boldsymbol{e}}_y\cdot\hat{\boldsymbol{S}}}{\hbar}\beta\right)\cdot\exp\left(\mathrm{i}\frac{\hat{\boldsymbol{e}}_z\cdot\hat{\boldsymbol{S}}}{\hbar}\alpha\right)\\&=\begin{pmatrix}\mathrm{e}^{\mathrm{i}\gamma/2}&0\\0&\mathrm{e}^{-\mathrm{i}\gamma/2}\end{pmatrix}\cdot\begin{pmatrix}\cos(\beta/2)&\sin(\beta/2)\\-\sin(\beta/2)&\cos(\beta/2)\end{pmatrix}\\&\quad\cdot\begin{pmatrix}\mathrm{e}^{\mathrm{i}\alpha/2}&0\\0&\mathrm{e}^{-\mathrm{i}\alpha/2}\end{pmatrix}\\&=\begin{pmatrix}\cos(\beta/2)\mathrm{e}^{\mathrm{i}(\gamma+\alpha)/2}&\sin(\beta/2)\mathrm{e}^{\mathrm{i}(\gamma-\alpha)/2}\\-\sin(\beta/2)\mathrm{e}^{-\mathrm{i}(\gamma-\alpha)/2}&\cos(\beta/2)\mathrm{e}^{-\mathrm{i}(\gamma+\alpha)/2}\end{pmatrix}.\end{aligned} \tag{29.165}$$

29.8

(a) Die Heisenberg-Gleichung für die Zeitentwicklung der Komponenten des Spinoperators ist

$$\begin{aligned}\frac{\mathrm{d}\hat{S}_i}{\mathrm{d}t}&=\frac{\mathrm{i}}{\hbar}\left[\hat{H},\hat{S}_i\right]=\frac{\mathrm{i}}{\hbar}\left[\frac{ge}{2\mu c}\boldsymbol{B}\cdot\hat{\boldsymbol{S}},\hat{S}_i\right]\\&=\frac{\mathrm{i}}{\hbar}\frac{ge}{2\mu c}\sum_j B_j[\hat{S}_j,\hat{S}_i]\\&=\frac{\mathrm{i}}{\hbar}\frac{ge}{2\mu c}\sum_{j,k}B_j\,\mathrm{i}\hbar\varepsilon_{jik}\hat{S}_k\\&=\frac{ge}{2\mu c}\sum_{j,k}\varepsilon_{ijk}B_j\hat{S}_k,\end{aligned} \tag{29.166}$$

also

$$\frac{\mathrm{d}\hat{\boldsymbol{S}}}{\mathrm{d}t}=\frac{ge}{2\mu c}\boldsymbol{B}\times\hat{\boldsymbol{S}}=\omega_{\mathrm{L}}\hat{\boldsymbol{e}}\times\hat{\boldsymbol{S}}. \tag{29.167}$$

Man hat somit

$$\mathrm{d}\hat{\boldsymbol{S}}=\omega_{\mathrm{L}}\mathrm{d}t\,\hat{\boldsymbol{e}}\times\hat{\boldsymbol{S}}. \tag{29.168}$$

Dies beschreibt eine infinitesimale Drehung um die Achse $\hat{\boldsymbol{e}}$ um den Winkel $-\omega_{\mathrm{L}}\mathrm{d}t$. Für die Zeitabhängigkeit von $\hat{\boldsymbol{S}}$ folgt

$$\hat{\boldsymbol{S}}(t)=\boldsymbol{R}(\hat{\boldsymbol{e}},-\omega_{\mathrm{L}}t)\hat{\boldsymbol{S}}(0) \tag{29.169}$$

mit der Drehmatrix $\boldsymbol{R}$ (für einen dreidimensionalen Vektor, nicht für einen Spinor!).

(b) Für die Erwartungswerte folgt

$$\langle\hat{\boldsymbol{S}}(t)\rangle=\boldsymbol{R}(\hat{\boldsymbol{e}},-\omega_{\mathrm{L}}t)\langle\hat{\boldsymbol{S}}(0)\rangle, \tag{29.170}$$

und für eine Drehung um die z-Achse ist speziell

$$\boldsymbol{R}(\hat{\boldsymbol{e}}_z,-\omega_{\mathrm{L}}t)=\begin{pmatrix}\cos(\omega_{\mathrm{L}}t)&-\sin(\omega_{\mathrm{L}}t)&0\\\sin(\omega_{\mathrm{L}}t)&\cos(\omega_{\mathrm{L}}t)&0\\0&0&1\end{pmatrix}. \tag{29.171}$$

Damit ergibt sich

$$\begin{aligned}\langle\hat{S}_1(t)\rangle&=\frac{\hbar}{2}\cos(\omega_{\mathrm{L}}t),\\\langle\hat{S}_2(t)\rangle&=\frac{\hbar}{2}\sin(\omega_{\mathrm{L}}t),\\\langle\hat{S}_3(t)\rangle&=0.\end{aligned} \tag{29.172}$$

Der Spinvektor dreht sich also in der x-y-Ebene.

Literatur

Möllenstedt, G., Bayh, W.: Messung der kontinuierlichen Phasenschiebung von Elektronenwellen im kraftfeldfreien Raum durch das magnetische Vektorpotential einer Luftspule. Naturwissenschaften **49**, 81 (1962)

Chambers, R. G.: Shift of an electron interference pattern by enclosed magnetic flux. PRL **5**, 3–5 (1960)

Peshkin, M., Tonomura, A.: The Aharonov-Bohm Effect. Lecture Notes in Physics 340. Springer, Berlin (1989)

Rauch, H., Zeilinger, A., Badurek, G., Wilfing, A., Bauspiess, W., Bonse, U.: Verification of coherent spinor rotation of fermions. Phys. Lett. **54A**, 425 (1975)

Homepage der Muon *g*–2-Kollaboration, http://muon-g-2.fnal.gov/. Zugegriffen: 10. Oktober 2013

Störungstheorie und Virialsatz

30

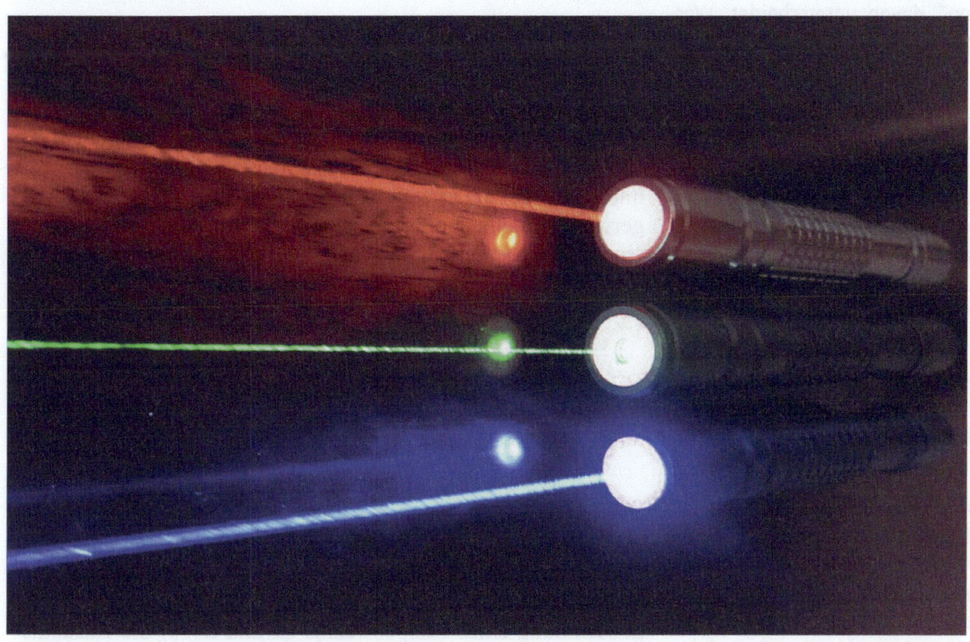

Wie kann man Systeme, die nur leicht von exakt lösbaren Systemen abweichen, näherungsweise behandeln?

Was kann man allgemein über Erwartungswerte von Ableitungen des Hamilton-Operators bzw. der kinetischen und potenziellen Energie aussagen?

Wie geht man bei zeitabhängigen Einwirkungen auf ein exakt lösbares System vor?

M. Bartelmann et al., *Theoretische Physik*, DOI 10.1007/978-3-642-54618-1_30, © Springer-Verlag Berlin Heidelberg 2015

Bisher wurden fast nur exakt lösbare Systeme besprochen; allerdings wurde auch schon mehrfach darauf hingewiesen, dass viele Probleme nur näherungsweise lösbar sind. In der Quantenmechanik werden daher diverse Näherungsverfahren verwendet; das wichtigste, die Störungstheorie, soll in diesem Kapitel besprochen werden. Weitere Verfahren werden in Kap. 31 diskutiert.

Die Störungstheorie geht davon aus, dass das betrachtete System weitgehend mit einem exakt lösbaren System übereinstimmt und sich nur durch eine kleine „Störung" davon unterscheidet. Was genau darunter zu verstehen ist, wird im Folgenden noch zu präzisieren sein.

Zu unterscheiden ist dabei einerseits zwischen zeitabhängigen und -unabhängigen Störungen, andererseits zwischen Systemen mit entarteten bzw. nichtentarteten Zuständen. Als ein wichtiges Beispiel für eine zeitunabhängige Störung, bei der die Entartung nicht wesentlich ist, werden wir die schon früher erwähnte *Spin-Bahn-Kopplung* studieren. Bei der Wirkung eines homogenen elektrischen Feldes auf Atome (*Stark-Effekt*) ist dann die Entartung zu berücksichtigen (Abschn. 30.1).

Sowohl für die Störungstheorie als auch für andere Methoden (die wir in Kap. 31 besprechen werden) ist es oft nötig, Erwartungswerte des Hamilton-Operators oder ähnlicher Operatoren zu berechnen. Deshalb werden in Abschn. 30.2 allgemeine Aussagen über solche Erwartungswerte vorgestellt.

Die *Hellmann-Feynman-Formel* macht eine Aussage über den Erwartungswert von Ableitungen des Hamilton-Operators; als konkrete Anwendung kann damit die Energieverschiebung durch die Spin-Bahn-Kopplung in der ersten Ordnung der Störungstheorie endgültig berechnet werden. Der *Virialsatz* verknüpft dagegen, analog zur klassischen Mechanik, die Erwartungswerte der kinetischen und der potenziellen Energie. Als Anwendung werden hier relativistische Korrekturen zum Wasserstoffspektrum und darauf aufbauend die *Feinstruktur* von Spektren wasserstoffartiger Atome diskutiert.

Manche zeitabhängigen Störungen wie beispielsweise radioaktiver Zerfall verlaufen verglichen mit der Dynamik des ungestörten Systems sehr schnell; diese können im Rahmen der sogenannten *sudden approximation* behandelt werden. Wir werden in Abschn. 30.3 aber auch den allgemeinen Fall zeitabhängiger Störungen besprechen und die wichtige *Goldene Regel* dafür herleiten. Schließlich werden wir beispielhaft den Einfluss einer periodischen äußeren Störung auf Atome untersuchen – was unter anderem für die stimulierte Emission von Licht verantwortlich ist, also die Grundlage für den Laser bildet.

30.1 Zeitunabhängige Störungen

Wir betrachten hier Systeme, bei denen man den Hamilton-Operator schreiben kann als

$$\hat{H} = \hat{H}^{(0)} + \delta \hat{H}^{(1)} , \tag{30.1}$$

wobei $\hat{H}^{(0)}$ der Hamilton-Operator eines exakt lösbaren Systems ist (beispielsweise ein harmonischer Oszillator oder ein wasserstoffähnliches Atom). Dazu kommt eine kleine „Störung" durch einen Operator $\hat{H}^{(1)}$, wobei wir einen dimensionslosen Parameter $\delta \ll 1$ aus diesem Operator abspalten (inwiefern die Störung durch $\hat{H}^{(1)}$ „klein" ist, wird noch genauer zu diskutieren sein). Sowohl $\hat{H}^{(0)}$ als auch $\hat{H}^{(1)}$ sollen von der Zeit unabhängig sein.

Entwicklung in Potenzreihen

Die Energieeigenzustände des ungestörten, exakt lösbaren Systems bezeichnen wir im Folgenden mit $|\psi_n^{(0)}\rangle$, die zugehörigen Energien mit $E_n^{(0)}$, für das gestörte System verwenden wir $|\psi_n\rangle$ und E_n (wobei die Energien zu verschiedenen n nicht notwendigerweise voneinander verschieden sind, d. h., entartete Zustände sind möglich). Außerdem gehen wir davon aus, dass sowohl die Eigenzustände als auch die Energieeigenwerte als Potenzreihen in δ geschrieben werden können:

$$\begin{aligned} |\psi_n\rangle &= \left|\psi_n^{(0)}\right\rangle + \delta \left|\psi_n^{(1)}\right\rangle + \delta^2 \left|\psi_n^{(2)}\right\rangle + \ldots , \\ E_n &= E_n^{(0)} + \delta E_n^{(1)} + \delta^2 E_n^{(2)} + \ldots \end{aligned} \tag{30.2}$$

Achtung Ist dies nicht möglich, so kann die Störungstheorie nicht sinnvoll angewendet werden. Ein Beispiel dafür wäre die Supraleitung, bei der die Bindungsenergie eines Cooper-Paares proportional zu $e^{-1/\delta D(\varepsilon_F)}$ ist, wobei δ ein Maß für die Stärke der Bindung eines Cooper-Paares ist und $D(\varepsilon_F)$ die Zustandsdichte der Elektronen an der Fermi-Kante. Für $\delta \to 0$ gilt hier zwar, dass die Bindungsenergie ebenfalls gegen null geht – dennoch kann diese Funktion nicht in eine Potenzreihe um $\delta = 0$ entwickelt werden.

Der physikalische Grund dafür ist, dass sich für jedes noch so kleine δ das wechselwirkende System qualitativ vom ungestörten System unterscheidet, denn jede noch so kleine Wechselwirkung führt (bei Temperatur null) zur Bildung von Cooper-Paaren.

Bei ähnlich gelagerten Fällen kommt es auch vor, dass eine Entwicklung in δ zwar möglich ist, aber nicht in Form einer Potenzreihe, z. B. wenn Beiträge der Form $\delta \ln \delta$ auftreten. ◀

Im Folgenden werden wir solche Komplikationen ausschließen. Trotzdem ist noch anzumerken, dass die Potenzreihen, selbst wenn sie existieren, nicht notwendigerweise auch konvergieren müssen: Im Allgemeinen handelt es sich nur um sogenannte asymptotische Entwicklungen (siehe den „Mathematischen Hintergrund" 30.1).

Die ungestörten Zustände setzen wir als orthonormiert voraus. Für die gestörten Zustände verwenden wir dagegen statt der üblichen Normierung auf 1 zunächst

$$\langle\psi_n^{(0)}|\psi_n\rangle = 1 . \tag{30.3}$$

Teil III

Daraus folgt mit $\langle\psi_n^{(0)}|\psi_n^{(0)}\rangle = 1$ sofort,

$$\langle\psi_n^{(0)}\left|\psi_n^{(k)}\right\rangle = 0 \text{ für } k \neq 0\,, \tag{30.4}$$

die höheren Beiträge in der Potenzreihe sind also alle orthogonal zum ungestörten Zustand. Am Schluss der Rechnung werden wir sehen, dass diese Wahl der Normierung unsere Ergebnisse nicht wesentlich ändert.

Frage 1

Vollziehen Sie (30.4) nach; verwenden Sie dafür den Ansatz (30.2).

Setzen wir nun die Potenzreihen (30.2) in die zeitunabhängige Schrödinger-Gleichung

$$\hat{H}\,|\psi_n\rangle = E_n\,|\psi_n\rangle \tag{30.5}$$

ein und ordnen nach Potenzen von δ:

$$\begin{aligned}
&\hat{H}^{(0)}\left|\psi_n^{(0)}\right\rangle + \delta\left(\hat{H}^{(0)}\left|\psi_n^{(1)}\right\rangle + \hat{H}^{(1)}\left|\psi_n^{(0)}\right\rangle\right)\\
&\quad + \delta^2\left(\hat{H}^{(0)}\left|\psi_n^{(2)}\right\rangle + \hat{H}^{(1)}\left|\psi_n^{(1)}\right\rangle\right) + \ldots\\
&= E_n^{(0)}\left|\psi_n^{(0)}\right\rangle + \delta\left(E_n^{(0)}\left|\psi_n^{(1)}\right\rangle + E_n^{(1)}\left|\psi_n^{(0)}\right\rangle\right)\\
&\quad + \delta^2\left(E_n^{(0)}\left|\psi_n^{(2)}\right\rangle + E_n^{(1)}\left|\psi_n^{(1)}\right\rangle + E_n^{(2)}\left|\psi_n^{(0)}\right\rangle\right) + \ldots
\end{aligned} \tag{30.6}$$

Dann führen wir einen Koeffizientenvergleich für die Potenzen von δ durch.

Die Gleichung zur Potenz δ^0 ist trivialerweise erfüllt. Die nächsthöhere Ordnung δ^1 liefert

$$\hat{H}^{(0)}\left|\psi_n^{(1)}\right\rangle + \hat{H}^{(1)}\left|\psi_n^{(0)}\right\rangle = E_n^{(0)}\left|\psi_n^{(1)}\right\rangle + E_n^{(1)}\left|\psi_n^{(0)}\right\rangle. \tag{30.7}$$

Multiplizieren wir diese Gleichung von links mit $\langle\psi_n^{(0)}|$, so ergibt sich

$$\begin{aligned}
&E_n^{(0)}\left\langle\psi_n^{(0)}\,\middle|\,\psi_n^{(1)}\right\rangle + \left\langle\psi_n^{(0)}\,\middle|\,\hat{H}^{(1)}\,\middle|\,\psi_n^{(0)}\right\rangle\\
&= E_n^{(0)}\left\langle\psi_n^{(0)}\,\middle|\,\psi_n^{(1)}\right\rangle + E_n^{(1)}\left\langle\psi_n^{(0)}\,\middle|\,\psi_n^{(0)}\right\rangle,
\end{aligned} \tag{30.8}$$

wobei ausgenutzt wurde, dass $\langle\psi_n^{(0)}|\,\hat{H}^{(0)} = \langle\psi_n^{(0)}|\,E_n^{(0)}$ ist. Der jeweils erste Term auf beiden Seiten ist nun gleich (und verschwindet wegen der Normierung (30.3) sowieso). Damit erhalten wir unser erstes Ergebnis.

Energieverschiebung erster Ordnung

Die Energieverschiebung eines Zustands ist in erster Ordnung der Störungstheorie gegeben durch den Erwartungswert des Störterms im Hamilton-Operator bezüglich des ungestörten Zustands:

$$E_n^{(1)} = \left\langle\psi_n^{(0)}\,\middle|\,\hat{H}^{(1)}\,\middle|\,\psi_n^{(0)}\right\rangle. \tag{30.9}$$

Multiplizieren wir (30.7) andererseits von links mit $\left\langle\psi_k^{(0)}\right|$ mit $k \neq n$, so erhalten wir

$$E_k^{(0)}\left\langle\psi_k^{(0)}\,\middle|\,\psi_n^{(1)}\right\rangle + \left\langle\psi_k^{(0)}\,\middle|\,\hat{H}^{(1)}\,\middle|\,\psi_n^{(0)}\right\rangle = E_n^{(0)}\left\langle\psi_k^{(0)}\,\middle|\,\psi_n^{(1)}\right\rangle, \tag{30.10}$$

wobei $\left\langle\psi_k^{(0)}\right|\hat{H}^{(0)} = \left\langle\psi_k^{(0)}\right|E_k^{(0)}$ und $\left\langle\psi_k^{(0)}\,\middle|\,\psi_n^{(0)}\right\rangle = 0$ benutzt wurden. Es ergibt sich also

$$\left(E_n^{(0)} - E_k^{(0)}\right)\left\langle\psi_k^{(0)}\,\middle|\,\psi_n^{(1)}\right\rangle = \left\langle\psi_k^{(0)}\,\middle|\,\hat{H}^{(1)}\,\middle|\,\psi_n^{(0)}\right\rangle. \tag{30.11}$$

Die Terme auf der rechten Seite werden manchmal als *Übergangsmatrixelemente* bezeichnet; der Grund dafür wird klar werden, wenn wir zeitabhängige Störungen betrachten.

Achtung Hier kann aber nun ein Problem auftreten, wenn man einen entarteten Energiezustand betrachtet: Die linke Seite kann dann gleich null sein, während dies für die rechte Seite nicht garantiert ist – die Störungstheorie liefert in diesem Fall also anscheinend eine falsche Aussage. Genauer werden wir dies später diskutieren; beschränken wir uns hier zunächst auf nichtentartete Zustände. ◄

Nichtentartete Zustände

Tritt keine Entartung auf, so ist für $k \neq n$ immer $E_n^{(0)} - E_k^{(0)} \neq 0$, also ergibt sich

$$\left\langle\psi_k^{(0)}\,\middle|\,\psi_n^{(1)}\right\rangle = \frac{\left\langle\psi_k^{(0)}\,\middle|\,\hat{H}^{(1)}\,\middle|\,\psi_n^{(0)}\right\rangle}{E_n^{(0)} - E_k^{(0)}}. \tag{30.12}$$

Dies sind aber genau die Koeffizienten von $\left|\psi_n^{(1)}\right\rangle$ bezüglich der Basis aus ungestörten Energieeigenzuständen $\left|\psi_k^{(0)}\right\rangle$; außerdem haben wir wegen der Normierung (30.3) $\left\langle\psi_n^{(0)}\,\middle|\,\psi_n^{(1)}\right\rangle = 0$. Damit haben wir einen Ausdruck für die gestörten Zustände gewonnen.

Gestörte Zustände erster Ordnung

Die Änderung der Energieeigenzustände ist in erster Ordnung der Störungstheorie gegeben durch

$$\left|\psi_n^{(1)}\right\rangle = \sum_{k\neq n}\frac{\left\langle\psi_k^{(0)}\,\middle|\,\hat{H}^{(1)}\,\middle|\,\psi_n^{(0)}\right\rangle}{E_n^{(0)} - E_k^{(0)}}\left|\psi_k^{(0)}\right\rangle. \tag{30.13}$$

Achtung Hat das Energiespektrum (auch) kontinuierliche Beiträge, so ist die Summe hier durch ein Integral zu ersetzen bzw. zu ergänzen. ◄

30.1 Mathematischer Hintergrund: Asymptotische Reihen

Wir haben mit Taylor-Reihen schon eine Möglichkeit kennengelernt, Funktionen als Potenzreihen darzustellen. Diese Reihen approximieren aber nicht immer die betrachtete Funktion. Dafür wollen wir nun asymptotische Reihen einführen.

Asymptotische Reihen Die Reihe $\sum_{k=0}^{\infty} a_k x^k$ heißt *asymptotische Entwicklung* für die Funktion $f(x)$ für $x \to 0$, wenn

$$\lim_{x\to 0} \frac{1}{x^n}\left(f(x) - \sum_{k=0}^{n} a_k x^k\right) = 0$$

für alle $n \in \mathbb{N}$.

Jede unendlich differenzierbare Funktion hat eine asymptotische Entwicklung, nämlich ihre Taylor-Reihe. Dabei ist es egal, ob diese Reihe konvergiert, und wenn ja, ob ihr Grenzwert die zu approximierende Funktion ist.

Unterschied zu (konvergenten) Potenzreihen Auf den ersten Blick sieht eine asymptotische Reihe genauso aus wie eine Potenzreihe. Es gibt jedoch wichtige Unterschiede.

In der Definition von asymptotischen Reihen wird n festgehalten, und es geht $x \to 0$. Bei Potenzreihen wird hingegen x festgehalten, und es geht $n \to \infty$. Die Grenzwertbildung $n \to \infty$ entspricht genau der Konvergenzuntersuchung. Insbesondere muss also der Grenzwert

$$\sum_{k=0}^{\infty} a_k x^k = \lim_{n\to\infty} \sum_{k=0}^{n} a_k x^k$$

nun nicht existieren. Das heißt, dass auch divergente Reihen (anders als bei Potenzreihen) nützlich sein können. In dem Fall ist $\sum_{k=0}^{\infty} a_k x^k$ nur als Symbol anzusehen und nicht als Funktion.

Selbst wenn $\sum_{k=0}^{\infty} a_k x^k$ existiert, so muss dieser Wert nicht mit $f(x)$ übereinstimmen. Die Konvergenz sagt nichts darüber aus, wie schnell die Reihe konvergiert und wie gut die Partialsummen die Funktion f approximieren. Bei asymptotischen Reihen sind die Partialsummen für jedes x, das klein genug ist, gute Approximationen an die Funktion f. Deshalb werden asymptotische Reihen überhaupt gebraucht.

Konvergiert die asymptotische Reihe jedoch nicht, so gibt es für jedes x ein n, sodass der Fehler

$$\left| f(x) - \sum_{k=1}^{n} a_k x^k \right|$$

minimal wird. Nimmt man mehr Terme, verschlechtert sich also die Approximation. Je näher x aber an 0 ist, desto größer ist dieser Index n.

Bei konvergenten Potenzreihen können zudem die Koeffizienten a_n nicht zu groß werden. Für asymptotische Reihen gilt das nicht: Der Satz von Borel-Ritt sagt, dass es zu jeder Folge (a_k) eine Funktion $f(x)$ gibt, sodass $\sum_{k=0}^{\infty} a_k x^k$ eine asymptotische Entwicklung von $f(x)$ ist.

Konvergente Potenzreihen haben eine eindeutige Grenzfunktion, und jede Funktion lässt sich auf höchstens eine Weise als Potenzreihe darstellen. Eine asymptotische Reihe kann jedoch die asymptotische Entwicklung von mehreren verschiedenen Funktionen sein: Zum Beispiel haben die Funktionen $\frac{1}{1-x} + c\,\mathrm{e}^{-1/x}$ für alle $c \in \mathbb{R}$ die asymptotische Entwicklung $\sum_{k=0}^{\infty} x^k$. Umgekehrt kann eine Funktion mehrere verschiedene asymptotische Entwicklungen haben.

Beispiel Bei Funktionen, die als (konvergente) Reihe gegeben sind, gibt es manchmal eine Möglichkeit, eine (nicht notwendigerweise konvergente) asymptotische Reihenentwicklung anzugeben. Betrachten wir die Funktion

$$f(x) = \sum_{k=1}^{\infty} \left(\frac{1}{2}\right)^k \frac{1}{1+kx}.$$

Diese Reihe konvergiert, außer wenn $x = -\frac{1}{k}$ für ein $k \in \mathbb{N}$ gilt. Wir können den Faktor $\frac{1}{1+kx}$ als geometrische Reihe

$$\frac{1}{1+kx} = \sum_{n=0}^{\infty} (-kx)^n$$

schreiben, falls diese Reihe konvergiert. Damit erhalten wir

$$f(x) = \sum_{k=1}^{\infty} \sum_{n=0}^{\infty} (-xk)^n \left(\frac{1}{2}\right)^k.$$

Vertauschen wir die Summenzeichen (da wir nicht auf Konvergenz achten, ist das erlaubt), so erhalten wir

$$f(x) = \sum_{n=0}^{\infty} a_n x^n \qquad \text{mit } a_n := \sum_{k=1}^{\infty} (-k)^n \left(\frac{1}{2}\right)^k.$$

Die a_n wachsen betragsmäßig sehr stark an, sodass diese Reihe nur noch für $x = 0$ konvergiert. Dennoch stellt diese Reihe für kleine $x \neq 0$ eine (divergente) asymptotische Reihe dar.

Damit haben wir nun auch ein Kriterium, wann eine Störung „klein“ ist: Dies ist genau dann der Fall, wenn

$$\frac{\left\langle \psi_k^{(0)} \middle| \hat{H}^{(1)} \middle| \psi_n^{(0)} \right\rangle}{E_n^{(0)} - E_k^{(0)}} \ll 1 \tag{30.14}$$

gilt für alle $k \neq n$ (was für entartete Zustände, bei denen der Zähler nicht verschwindet, offensichtlich gerade nicht erfüllt ist).

Untersuchen wir nun noch die Terme mit Potenzen von δ^2 in (30.6):

$$\begin{aligned} &\hat{H}^{(0)} \left|\psi_n^{(2)}\right\rangle + \hat{H}^{(1)} \left|\psi_n^{(1)}\right\rangle \\ &= E_n^{(0)} \left|\psi_n^{(2)}\right\rangle + E_n^{(1)} \left|\psi_n^{(1)}\right\rangle + E_n^{(2)} \left|\psi_n^{(0)}\right\rangle . \end{aligned} \tag{30.15}$$

Auch diese Gleichung multiplizieren wir, wie bereits bei den Beiträgen erster Ordnung, von links mit $\langle\psi_n^{(0)}|$, und wieder verschwinden die jeweils ersten Terme auf beiden Seiten; wegen der Normierung ist außerdem auch $\langle\psi_n^{(0)}|\psi_n^{(1)}\rangle = 0$. Es bleibt schließlich nur

$$E_n^{(2)} = \left\langle \psi_n^{(0)} \middle| \hat{H}^{(1)} \middle| \psi_n^{(1)} \right\rangle . \tag{30.16}$$

Setzen wir das Ergebnis (30.13) ein, so wird dies zu

$$E_n^{(2)} = \sum_{k \neq n} \frac{\left\langle \psi_k^{(0)} \middle| \hat{H}^{(1)} \middle| \psi_n^{(0)} \right\rangle}{E_n^{(0)} - E_k^{(0)}} \left\langle \psi_n^{(0)} \middle| \hat{H}^{(1)} \middle| \psi_k^{(0)} \right\rangle . \tag{30.17}$$

Der zweite Faktor ist aber gerade das komplex konjugierte des Terms im Zähler, also kann man noch zusammenfassen.

Energieverschiebung zweiter Ordnung

Die Energieverschiebung eines Zustands ist in zweiter Ordnung der Störungstheorie gegeben durch

$$E_n^{(2)} = \sum_{k \neq n} \frac{\left| \left\langle \psi_k^{(0)} \middle| \hat{H}^{(1)} \middle| \psi_n^{(0)} \right\rangle \right|^2}{E_n^{(0)} - E_k^{(0)}} . \tag{30.18}$$

Hierzu noch einige Anmerkungen:

- Sind die Übergangsmatrixelemente in den Zählern alle von vergleichbarer Größenordnung, so tragen benachbarte Energieniveaus offenbar stärker zur Energieverschiebung zweiter Ordnung bei als weiter entfernte.
- Betrachtet man den Grundzustand, so sind die Nenner immer negativ. Da die Zähler immer positiv sind, folgt, dass die zweite Ordnung immer einen negativen Beitrag zur Grundzustandsenergie liefert, insbesondere beim Verschwinden des Beitrags erster Ordnung diese also absenkt. Dies hatten wir bereits bei der Diskussion des Diamagnetismus in Abschn. 29.2 benutzt.
- Allgemein stoßen sich die Energieniveaus ab: Gilt $E_n^{(0)} > E_k^{(0)}$, so wird E_n nach oben verschoben, E_k nach unten (falls die erste Ordnung verschwindet).

Abschließend gehen wir nochmals genauer auf die Normierung (30.3) ein. Wir haben

$$|\psi_n\rangle = \left|\psi_n^{(0)}\right\rangle + \delta \left|\psi_n^{(1)}\right\rangle + O(\delta^2) , \tag{30.19}$$

also ist

$$\begin{aligned} \langle\psi_n \,|\, \psi_n\rangle = &\left\langle \psi_n^{(0)} \middle| \psi_n^{(0)} \right\rangle + \delta \left\langle \psi_n^{(0)} \middle| \psi_n^{(1)} \right\rangle + \delta \left\langle \psi_n^{(1)} \middle| \psi_n^{(0)} \right\rangle \\ &+ \delta^2 \left\langle \psi_n^{(1)} \middle| \psi_n^{(1)} \right\rangle + O(\delta^2) . \end{aligned} \tag{30.20}$$

Der zweite und dritte Term verschwinden, der erste ergibt 1. Damit ist

$$\langle\psi_n|\psi_n\rangle = 1 + O(\delta^2) , \tag{30.21}$$

also auch

$$||\psi_n|| = 1 + O(\delta^2) . \tag{30.22}$$

Frage 2

Was folgt damit für den Einfluss der gewählten Normierung auf unsere Ergebnisse?

Eine Umnormierung der Zustände ψ_n auf 1 ändert diese also nur in der Ordnung δ^2. Unsere Ergebnisse (30.9), (30.13) und (30.18) bleiben damit ungeändert; erst in höheren Ordnungen der Störungstheorie müsste dies berücksichtigt werden.

Anharmonischer Oszillator

Bei vielen gebundenen Zuständen kann man das Potenzial näherungsweise als quadratisch in der Auslenkung ansehen, das Problem also auf einen harmonischen Oszillator reduzieren (Kap. 6). Um die Näherung zu verbessern, ist es oft sinnvoll, auch noch höhere Terme in der Entwicklung mitzunehmen. Wir betrachten nun also einen sogenannten *anharmonischen Oszillator* mit dem Hamilton-Operator

$$\hat{H} = \frac{\hat{p}^2}{2m} - \frac{1}{2} m\omega^2 \hat{x}^2 + \alpha \hat{x}^3 + \beta \hat{x}^4 , \tag{30.23}$$

wobei m die Teilchenmasse ist und α und β Konstanten, die als so klein angenommen werden, dass die beiden zusätzlichen Terme störungstheoretisch behandelt werden können.

Neben der erwähnten konkreten Anwendung des anharmonischen Oszillators als Näherung für Potenziale besitzt er außerdem noch Bedeutung als „Spielmodell“:

Aufgrund des einfachen Potenzials eignet sich dieses Problem gut dazu, neue Näherungsverfahren an einem konkreten Beispiel auszuprobieren (siehe dazu auch Aufgabe 31.6).

Außerdem setzen wir voraus, dass bei den Beiträgen zweiter Ordnung der Term mit x^4 gegenüber dem mit x^3 vernachlässigbar ist. Unter diesen Bedingungen suchen wir nun das Energiespektrum.

In der ersten Ordnung der Störungstheorie sind die Erwartungswerte der beiden zusätzlichen Terme bezüglich der ungestörten Zustände zu berechnen:

$$E_n^{(1)} = \alpha \langle n| \hat{x}^3 |n\rangle + \beta \langle n| \hat{x}^4 |n\rangle \,. \tag{30.24}$$

Der Erwartungswert von $\hat{x}^3$ verschwindet allerdings, wie man leicht einsieht: Es sind Integrale der Form

$$\int |\psi_n(x)|^2 \, x^3 \, \mathrm{d}x \tag{30.25}$$

zu berechnen. Die Eigenfunktionen ψ_n des harmonischen Oszillators sind aber alle entweder gerade oder ungerade Funktionen, der Integrand ist also insgesamt eine ungerade Funktion – und damit ergibt das Integral null. Der Term mit x^3 trägt damit in der ersten Ordnung der Störungstheorie nichts bei.

Betrachten wir nun den Term proportional zu x^4. Zu dessen Auswertung ist es sinnvoll, den Ortsoperator durch die Auf- und Absteigeoperatoren auszudrücken (Kap. 26); wir haben also

$$\langle n| \hat{x}^4 |n\rangle = \frac{\hbar^2}{4m^2\omega^2} \left\langle n \left| \left(\hat{a} + \hat{a}^\dagger\right)^4 \right| n \right\rangle \,. \tag{30.26}$$

Nach Auflösen der Klammer erhält man insgesamt 16 Summanden (man berücksichtige, dass die beiden Operatoren nicht vertauschen!). Viele dieser Summanden tragen allerdings nichts bei: Es ergeben sich Terme proportional zu $\langle n|k\rangle$, die wegen der Orthogonalität der Zustände nur dann nicht verschwinden, wenn $k = n$ ist. Dies ist aber nur dann der Fall, wenn der entsprechende Summand gleich viele Auf- und Absteigeoperatoren enthält. Es bleiben sechs Summanden:

$$\begin{aligned} &\left\langle n \left| \left(\hat{a} + \hat{a}^\dagger\right)^4 \right| n \right\rangle \\ &= \left\langle n \left| \hat{a}^2 \left(\hat{a}^\dagger\right)^2 \right| n \right\rangle + \left\langle n \left| \left(\hat{a}\hat{a}^\dagger\right)^2 \right| n \right\rangle \\ &+ \left\langle n \left| \hat{a} \left(\hat{a}^\dagger\right)^2 \hat{a} \right| n \right\rangle + \left\langle n \left| \hat{a}^\dagger \hat{a}^2 \hat{a}^\dagger \right| n \right\rangle \\ &+ \left\langle n \left| \left(\hat{a}^\dagger \hat{a}\right)^2 \right| n \right\rangle + \left\langle n \left| \left(\hat{a}^\dagger\right)^2 \hat{a}^2 \right| n \right\rangle . \end{aligned} \tag{30.27}$$

Diese Terme kann man nun einzeln auswerten, indem man die bekannten Wirkungen der Auf- und Absteigeoperatoren auf die Zustände benutzt; so hat man beispielsweise

$$\left\langle n \left| \hat{a}^2 \left(\hat{a}^\dagger\right)^2 \right| n \right\rangle = (n+1)(n+2) \,. \tag{30.28}$$

Damit erhält man

$$\left\langle n \left| \left(\hat{a} + \hat{a}^\dagger\right)^4 \right| n \right\rangle = 6n^2 + 6n + 3 \,. \tag{30.29}$$

Werten Sie die einzelnen Beiträge aus und vollziehen Sie damit das genannte Ergebnis nach.

Daraus ergibt sich schließlich für die Energieverschiebung in erster Ordnung

$$E_n^{(1)} = \beta \frac{3\hbar^2}{2m^2\omega^2} \left(n^2 + n + \frac{1}{2}\right) . \tag{30.30}$$

Für die zweite Ordnung der Störungstheorie müssen wir nach Voraussetzung nur den Term mit x^3 berücksichtigen. Es müssen also Terme der Form

$$|\langle k| \hat{x}^3 |n\rangle|^2 = \frac{\hbar^3}{8m^3\omega^3} \left| \left\langle k \left| \left(\hat{a} + \hat{a}^\dagger\right)^3 \right| n \right\rangle \right|^2 \tag{30.31}$$

mit $k \neq n$ ausgewertet werden. Nach Ausmultiplizieren der Klammer ergeben sich hier acht Summanden, die alle einen Beitrag liefern, allerdings jeweils nur für bestimmte Werte von k:

$$\begin{aligned} \langle n-3 \,|\, \hat{a}^3 \,|\, n\rangle &= \sqrt{n(n-1)(n-2)} \,, \\ \left\langle n+3 \left| \left(\hat{a}^\dagger\right)^3 \right| n \right\rangle &= \sqrt{(n+1)(n+2)(n+3)} \end{aligned} \tag{30.32}$$

und

$$\begin{aligned} &\left\langle n-1 \left| \hat{a}^2\hat{a}^\dagger + \hat{a}\hat{a}^\dagger\hat{a} + \hat{a}^\dagger\hat{a}^2 \right| n \right\rangle = 3\sqrt{n^3} \,, \\ &\left\langle n+1 \left| \left(\hat{a}^\dagger\right)^2 \hat{a} + \hat{a}^\dagger\hat{a}\hat{a}^\dagger + \hat{a}\left(\hat{a}^\dagger\right)^2 \right| n \right\rangle \\ &\quad = 3\sqrt{(n+1)^3} \,. \end{aligned} \tag{30.33}$$

Für die zweite Ordnung der Störungstheorie müssen die Betragsquadrate dieser Matrixelemente nun noch durch die entsprechenden Energiedifferenzen geteilt werden:

$$\begin{aligned} \frac{|\langle n-3 \,|\, \hat{a}^3 \,|\, n\rangle|^2}{E_n^{(0)} - E_{n-3}^{(0)}} &= \frac{n(n-1)(n-2)}{3\hbar\omega} \,, \\ \frac{\left|\left\langle n+3 \left| \left(\hat{a}^\dagger\right)^3 \right| n \right\rangle\right|^2}{E_n^{(0)} - E_{n+3}^{(0)}} &= -\frac{(n+1)(n+2)(n+3)}{3\hbar\omega} \end{aligned} \tag{30.34}$$

Teil III

und

$$\frac{\left|\langle n-1 \mid \hat{a}^2\hat{a}^\dagger + \hat{a}\hat{a}^\dagger\hat{a} + \hat{a}^\dagger\hat{a}^2 \mid n\rangle\right|^2}{E_n^{(0)} - E_{n-1}^{(0)}} = \frac{9n^3}{\hbar\omega},$$

$$\frac{\left|\left\langle n+1 \,\middle|\, \left(\hat{a}^\dagger\right)^2\hat{a} + \hat{a}^\dagger\hat{a}\hat{a}^\dagger + \hat{a}\left(\hat{a}^\dagger\right)^2 \,\middle|\, n\right\rangle\right|^2}{E_n^{(0)} - E_{n+1}^{(0)}} = -\frac{9(n+1)^3}{\hbar\omega}. \quad (30.35)$$

Damit haben wir insgesamt

$$\sum_{k\neq n} \frac{|\langle k|\,\hat{x}^3\,|n\rangle|^2}{E_n^{(0)} - E_k^{(0)}} = \frac{\hbar^2}{8m^3\omega^4}\left(\frac{n(n-1)(n-2)}{3} + 9n^3 - \frac{(n+1)(n+2)(n+3)}{3} - 9(n+1)^3\right). \quad (30.36)$$

Nach Zusammenfassen der Terme ergibt sich somit für die Energieverschiebung zweiter Ordnung

$$E_n^{(2)} = -\alpha^2\frac{\hbar^2}{8m^3\omega^4}\left(30n^2 + 30n + 11\right). \quad (30.37)$$

Begründen Sie, dass die Beiträge zweiter Ordnung des Terms mit x^4 gegenüber denen mit x^3 vernachlässigbar sind, wenn $\sqrt{\hbar/m\omega}\,\beta \ll \alpha$ gilt.

◄

Spin-Bahn-Kopplung (2. Teil)

Wie in Abschn. 29.3 hergeleitet, hat man wegen der Wechselwirkung des magnetischen Moments des Elektrons mit dem Magnetfeld, das durch seine Bahnbewegung entsteht, einen zusätzlichen Beitrag zum Hamilton-Operator von wasserstoffartigen Atomen:

$$\hat{H}_{\mathrm{SL}} = \frac{Ze^2}{2\mu^2c^2}\frac{\hat{\boldsymbol{S}}\cdot\hat{\boldsymbol{L}}}{r^3}, \quad (30.38)$$

wobei die reduzierte Elektronenmasse mit μ bezeichnet wird.

In Abschn. 29.3 wurde bereits gesagt, dass der Beitrag dieses Operators mithilfe der Störungstheorie ausgewertet werden kann. Hier soll prinzipiell gezeigt werden, wie dies möglich ist; die konkrete Berechnung des nötigen Erwartungswertes wird allerdings erst in Abschn. 30.2 geschehen.

Benutzt man die üblichen Eigenspinoren des Wasserstoffatoms, so entsteht allerdings zunächst das Problem, dass bei entarteten Zuständen der Zähler in (30.14) nicht zwangsläufig verschwindet – die Störungstheorie scheint hier also nicht möglich zu sein.

Beheben lässt sich dieses Problem aber recht einfach: Wir berücksichtigen, dass die Bahn- und Eigendrehimpulse $\boldsymbol{L}$ und $\boldsymbol{S}$ zu einem Gesamtdrehimpuls $\boldsymbol{J}$ addiert werden können, und benutzen dementsprechend als die ungestörten Zustände

$$|n\,j\,m_j\,\ell\rangle, \quad (30.39)$$

wobei $j = \ell \pm 1/2$ sein kann. (Diese Zustände sind mit den Zuständen $|n\,\ell\,m_\ell\,m_s\rangle$ über Clebsch-Gordan-Koeffizienten verknüpft; Abschn. 27.7.)

Außerdem schreiben wir

$$\hat{\boldsymbol{S}}\cdot\hat{\boldsymbol{L}} = \frac{\left(\hat{\boldsymbol{L}}+\hat{\boldsymbol{S}}\right)^2 - \hat{\boldsymbol{L}}^2 - \hat{\boldsymbol{S}}^2}{2} = \frac{\hat{\boldsymbol{J}}^2 - \hat{\boldsymbol{L}}^2 - \hat{\boldsymbol{S}}^2}{2}. \quad (30.40)$$

Man sieht dann, dass die gewählten Zustände Eigenzustände zu diesem Operator sind:

$$\hat{\boldsymbol{S}}\cdot\hat{\boldsymbol{L}}\,|n\,j\,m_j\,\ell\rangle = \hbar^2\frac{j(j+1) - \ell(\ell+1) - \frac{3}{4}}{2}\,|n\,j\,m_j\,\ell\rangle = \frac{\hbar^2}{2}\left\{\begin{matrix}\ell \\ -\ell-1\end{matrix}\right\}|n\,j\,m_j\,\ell\rangle, \quad (30.41)$$

wobei der obere Term zum positiven und der untere zum negativen Vorzeichen in $j = \ell \pm 1/2$ gehört.

Frage 3

Vollziehen Sie dieses Ergebnis nach.

Da $\hat{\boldsymbol{S}}\cdot\hat{\boldsymbol{L}}$ in der Basis dieser Eigenzustände diagonal ist, verschwinden alle Matrixelemente dieses Operators zu verschiedenen Eigenzuständen, und die Störungstheorie ist in der oben hergeleiteten Form anwendbar.

Berechnen wir nun die Energieverschiebung durch diesen Term in der ersten Ordnung:

$$\langle n\,j\,m_j\,\ell|\,\hat{H}_{\mathrm{SL}}\,|n\,j\,m_j\,\ell\rangle = \frac{Ze^2\hbar^2}{4\mu^2c^2}\langle n\,j\,m_j\,\ell|\,\frac{1}{r^3}\,|n\,j\,m_j\,\ell\rangle \cdot \left\{\begin{matrix}\ell \\ -\ell-1\end{matrix}\right. . \quad (30.42)$$

Es bleibt also noch der Erwartungswert von r^{-3} zu berechnen. Dies kann ähnlich wie die Berechnung des Erwartungswertes von r in Aufgabe 28.5 durchgeführt werden; wir werden in Abschn. 30.2 aber einen anderen Weg gehen.

Dort ergibt sich im Beispielkasten „Spin-Bahn-Kopplung (3. Teil)“:

$$\langle n j m_j \ell | \frac{1}{r^3} | n j m_j \ell \rangle = \frac{4\,\mathrm{Ry}\, Z^3 e^2 \mu^2}{\hbar^4 \ell(\ell+1)(2\ell+1)n^3} = \frac{2\mu^3 c^3 \alpha^3 Z^3}{\hbar^3 \ell(\ell+1)(2\ell+1)n^3} = \frac{2Z^3}{a_\mathrm{B}^3} \frac{1}{\ell(\ell+1)(\ell+2)} \tag{30.43}$$

mit der Rydberg-Energie $\mathrm{Ry} = e^2/2a_\mathrm{B}$.

Damit ist die Energieverschiebung erster Ordnung durch die Spin-Bahn-Kopplung schließlich

$$E^{(1)}_{nj\ell} = \frac{(Z\alpha)^4 \mu c^2}{2\ell(\ell+1)(2\ell+1)n^3} \begin{cases} \ell \\ -\ell - 1 \end{cases} \tag{30.44}$$

$$= -E_n^{(0)} \frac{(Z\alpha)^2}{2n^2} \frac{n}{\ell + \frac{1}{2}} \begin{Bmatrix} \dfrac{1}{\ell+1} \\ -\dfrac{1}{\ell} \end{Bmatrix} \text{für } j = \ell \pm \frac{1}{2}.$$

Achtung Eigentlich ist hier auch noch zu beachten, dass der Erwartungswert von r^{-3} für Zustände mit $\ell = 0$ divergiert, da für diese die Wellenfunktion bei $r = 0$ konstant ist. Allerdings ist dann einerseits der Beitrag der Spin-Bahn-Kopplung proportional zu ℓ ($j = \ell - 1/2$ ist in diesem Fall ja nicht möglich), sodass diese Divergenz verschwindet.

Andererseits macht sich in der Realität auch der Einfluss des endlichen Kernradius bemerkbar, was das Verhalten der Wellenfunktion für kleine r verändert; für $\ell = 0$ ergibt sich dann sogar $\langle r^{-3} \rangle = 0$, der Einfluss der Spin-Bahn-Kopplung verschwindet also komplett! Trotzdem hat man auch für $\ell = 0$ eine Energieverschiebung; genauer werden wir dies in Abschn. 30.2 bei der Feinstruktur diskutieren. ◀

Entartete Zustände

Wie bereits erwähnt, kann es bei entarteten Zuständen passieren, dass die Bedingung (30.14) nicht erfüllt ist, da der Nenner dann verschwindet, der Zähler aber nicht. Auf den ersten Blick könnte man meinen, dass für solche Systeme die Störungstheorie nicht anwendbar ist. Dies ist aber ein Trugschluss – es folgt nur, dass die ungestörten Zustände ungünstig gewählt wurden. Dies haben wir gerade am Beispiel der Spin-Bahn-Kopplung gesehen; hier soll nun allgemein diskutiert werden, wie man in einem solchen Fall vorgeht, um die „richtigen“ Zustände zu finden.

Statt alle Energien und Zustände nur mit einem Index n zu kennzeichnen, schreiben wir nun $|\psi_{nl}^{(0)}\rangle$ für alle Zustände zum jeweils selben Energieeigenwert $E_n^{(0)}$. Der zusätzliche Index l nummeriert dabei die entarteten Zustände zu dieser Energie durch, steht also im Allgemeinen für weitere Quantenzahlen. Dann ist jede Linearkombination

$$\left|\tilde{\psi}_{nl}^{(0)}\right\rangle = \sum_l c_l \left|\psi_{nl}^{(0)}\right\rangle \tag{30.45}$$

auch wieder ein Eigenzustand zu dieser Energie; es gibt somit verschiedene Möglichkeiten, die Eigenzustände zu wählen.

Frage 4
Welche Bedingung sollte man in der Störungstheorie sinnvollerweise an die Eigenzustände stellen?

Wählt man sie so, dass

$$\left\langle \tilde{\psi}_{nl}^{(0)} \middle| \hat{H}^{(1)} \middle| \tilde{\psi}_{nl'}^{(0)} \right\rangle = 0 \text{ für } l \neq l' \tag{30.46}$$

gilt, so verschwindet der Zähler für alle Summenbeiträge, bei denen der Nenner gleich null ist (der Summenbeitrag mit $l = l'$ ist durch die Bedingung $k \neq n$ ausgeschlossen – es wird über alle Zustände summiert außer über denjenigen, für den die Energieverschiebung berechnet wird).

Definieren wir die Matrizen $\boldsymbol{E}_n^{(1)}$ mit den Elementen

$$\left(E_n^{(1)}\right)_{ll'} = \left\langle \psi_{nl}^{(0)} \middle| \hat{H}^{(1)} \middle| \psi_{nl'}^{(0)} \right\rangle, \tag{30.47}$$

so bedeutet die Bedingung (30.46), dass diese Matrizen diagonal sein sollen – mit anderen Worten, der Operator $\hat{H}^{(1)}$ soll anscheinend diagonalisiert werden.

Wiederum auf den ersten Blick scheint dies nicht möglich zu sein, da $\hat{H}^{(1)}$ für die in der Störungstheorie betrachteten Systeme im Allgemeinen nicht mit $\hat{H}^{(0)}$ kommutiert – die beiden haben also keine gemeinsamen Eigenzustände und können deshalb nicht simultan diagonalisiert werden.

Frage 5
Warum ist eine Diagonalisierung der Matrizen (30.47) dennoch möglich? (Tipp: Beachten Sie, dass die Matrizen jeweils nur auf Unterräumen von $\mathcal{H}$ definiert sind.)

Allerdings ist hier auch gar nicht das Ziel, dass $\hat{H}^{(1)}$ für alle Zustände diagonal sein soll, sondern nur im Unterraum der entarteten Energieeigenzustände zu festem $E_n^{(0)}$, d. h., es kann durchaus

$$\left\langle \tilde{\psi}_{kl}^{(0)} \middle| \hat{H}^{(1)} \middle| \tilde{\psi}_{nl'}^{(0)} \right\rangle \neq 0 \text{ für } k \neq n \tag{30.48}$$

gelten. Im Unterraum der entarteten Zustände ist $\hat{H}^{(0)}$ aber proportional zur Einheitsmatrix – deshalb kann in diesem Unterraum auch $\hat{H}^{(1)}$ simultan diagonalisiert werden.

An einem konkreten Beispiel dargestellt: Es gebe insgesamt zwei Energieeigenzustände, wobei der erste zweifach, der zweite dreifach entartet ist. Die Matrixdarstellung des ungestörten Hamilton-Operators $\hat{H}^{(0)}$ ist dann

$$\begin{pmatrix} E_1^{(0)} & 0 & 0 & 0 & 0 \\ 0 & E_1^{(0)} & 0 & 0 & 0 \\ 0 & 0 & E_2^{(0)} & 0 & 0 \\ 0 & 0 & 0 & E_2^{(0)} & 0 \\ 0 & 0 & 0 & 0 & E_2^{(0)} \end{pmatrix}, \quad (30.49)$$

gleichgültig, welche Linearkombinationen der Energieeigenzustände gewählt werden. In diesem Beispiel ergeben sich zwei Matrizen der Form (30.47), die diagonalisiert werden müssen: $\boldsymbol{E}_1^{(1)}$ ist eine 2×2- und $E_2^{(2)}$ eine 3×3-Matrix. $\hat{H}^{(1)}$ hat dann insgesamt folgende Matrixdarstellung:

$$\begin{pmatrix} \lambda_{11} & 0 & * & * & * \\ 0 & \lambda_{12} & * & * & * \\ * & * & \lambda_{21} & 0 & 0 \\ * & * & 0 & \lambda_{22} & 0 \\ * & * & 0 & 0 & \lambda_{23} \end{pmatrix}, \quad (30.50)$$

wobei die λ_{nl} die Eigenwerte zu den neuen Eigenzuständen $\left|\tilde{\psi}_{nl}^{(0)}\right\rangle$ sind und die Sternchen für beliebige Zahlen stehen, die auch ungleich null sein können.

Da die Eigenwerte der Energiematrizen $\boldsymbol{E}_n^{(1)}$ aber offensichtlich identisch sind mit $\left\langle\tilde{\psi}_{nl}^{(0)}\middle|H^{(1)}\middle|\tilde{\psi}_{nl}^{(0)}\right\rangle$, folgt mit (30.9), dass diese Eigenwerte genau die Energieverschiebungen erster Ordnung (für die entsprechend gewählten neuen Zustände) sind.

Fassen wir alles zusammen:

Störungstheorie für Systeme mit entarteten Zuständen

Die (ungestörten) Energieeigenzustände sind so zu wählen, dass

$$\left\langle\tilde{\psi}_{nl}^{(0)}\middle|\hat{H}^{(1)}\middle|\tilde{\psi}_{nl'}^{(0)}\right\rangle = 0 \text{ für } l \neq l' \quad (30.51)$$

gilt, wobei l jeweils Zustände mit derselben Energie $E_n^{(0)}$ durchnummeriert. Dies wird erreicht, indem man $H^{(1)}$ jeweils im Unterraum der entarteten Eigenzustände diagonalisiert, d. h., es muss die Gleichung

$$\det\left(\boldsymbol{E}_n^{(1)} - \lambda \boldsymbol{I}\right) = 0 \quad (30.52)$$

gelöst werden, wobei die Matrix $\boldsymbol{E}_n^{(1)}$ aus den Übergangsmatrixelementen

$$\left(E_n^{(1)}\right)_{ll'} = \left\langle\psi_{nl}^{(0)}\middle|\hat{H}^{(1)}\middle|\psi_{nl'}^{(0)}\right\rangle \quad (30.53)$$

besteht. Die Eigenwerte λ sind dann die Energieverschiebungen erster Ordnung.

Verwendet man die neuen Eigenzustände nach der Diagonalisierung, so können (30.13) und (30.18) ungeändert übernommen werden.

Gleichung (30.52) wird oft *Säkulargleichung* genannt. Diese Bezeichnung stammt aus der Astronomie, da Eigenwertgleichungen ursprünglich dafür benutzt wurden, um sogenannte säkulare Bahnstörungen von Himmelskörpern zu berechnen.

Der (lineare) Stark-Effekt

Der Einfluss eines homogenen Magnetfelds auf wasserstoffartige Atome wurde bereits in Kap. 29 untersucht; hier soll nun ein homogenes elektrisches Feld betrachtet werden. Im Gegensatz zum magnetischen Feld ist dessen Einfluss nur mittels der Störungstheorie näherungsweise berechenbar. Man spricht dann vom *Stark-Effekt* (nach dem deutschen Physiker *Johannes Stark*, 1874–1957, der ihn 1913 entdeckte und unter anderem dafür den Nobelpreis erhielt).

Ohne Beschränkung der Allgemeinheit zeige das elektrische Feld in z-Richtung, der Störterm im Hamilton-Operator ist also

$$\hat{H}^{(1)} = e|\boldsymbol{E}|\hat{z}. \quad (30.54)$$

Damit ergibt sich das in Abb. 30.1 dargestellte Potenzial.

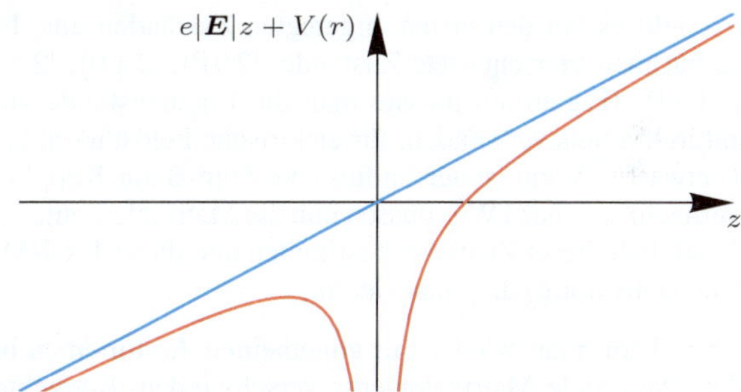

Abb. 30.1 Das Potenzial beim Stark-Effekt (Summe aus dem Coulomb-Potenzial des Atoms und dem Potenzial des äußeren Feldes)

Frage 6

Wieso könnte dieses Potenzial zu Problemen bei den stationären Zuständen führen?

Streng genommen gibt es in diesem Fall gar kein bindendes Potenzial mehr – Elektronen können durch Tunneln das Atom verlassen. Die Tunnelwahrscheinlichkeit ist aber für nicht zu starke Felder sehr klein, sodass man die Zustände in guter Näherung trotzdem als stabil ansehen kann.

In der ersten Ordnung der Störungstheorie verschwindet der Beitrag zum Grundzustand:

$$\langle 1\,0\,0|\,\hat{H}^{(1)}\,|1\,0\,0\rangle = 0\,. \tag{30.55}$$

Dies folgt daraus, dass hier über eine ungerade Funktion integriert wird. Anders ausgedrückt, die Zustände haben positive Parität

$$\hat{P}\,|1\,0\,0\rangle = +\,|1\,0\,0\rangle\,, \tag{30.56}$$

der Störoperator dagegen negative Parität, da z unter einer Raumspiegelung sein Vorzeichen wechselt. Insgesamt müsste der Erwartungswert

$$\langle 1\,0\,0|\,\hat{H}^{(1)}\,|1\,0\,0\rangle \tag{30.57}$$

unter einer Raumspiegelung also sein Vorzeichen wechseln.

Frage 7

Wie folgt daraus, dass der Erwartungswert verschwinden muss?

Der Erwartungswert ist aber ein Skalar, d. h., er ändert bei einer Raumspiegelung sein Vorzeichen nicht; damit folgt, dass er identisch null sein muss. Beim Grundzustand gibt es also erst Beiträge ab der zweiten Ordnung der Störungstheorie; da diese Beiträge dann quadratisch in $|\boldsymbol{E}|$ sind, spricht man vom *quadratischen Stark-Effekt* (Aufgabe 30.3).

Anschaulich gesprochen haben wasserstoffartige Atome im Grundzustand kein permanentes elektrisches Dipolmoment, sondern dies wird erst durch das äußere Feld induziert (siehe die Diskussion des Diamagnetismus in Abschn. 29.2).

Anders sieht es bei den ersten angeregten Zuständen aus. Für $n = 2$ hat man vier entartete Zustände: $|2\,0\,0\rangle$, $|2\,1\,0\rangle$, $|2\,1\,1\rangle$ und $|2\,1\,{-1}\rangle$. (Eigentlich müsste man die Eigenzustände zum Gesamtdrehimpuls verwenden; für elektrische Feldstärken größer als etwa 10^3 V/cm ist der Einfluss der Spin-Bahn-Kopplung aber vernachlässigbar.) Wir müssen nun die Matrixelemente von $\hat{H}^{(1)}$ bezüglich dieser Zustände bestimmen und diese 4×4-Matrix dann (falls nötig) diagonalisieren.

Auch hier kann man wieder mit allgemeinen Argumenten begründen, dass viele Matrixelemente verschwinden. Betrachten wir als zunächst die φ-Integration, die bei der Berechnung der Matrixelemente nötig ist.

Dabei treten Integrale der Form $\int_0^{2\pi} \mathrm{e}^{\mathrm{i}(m-m')\varphi}\,\mathrm{d}\varphi$, auf, wobei m und m' die magnetischen Quantenzahlen der beiden Zustände sind. Wie man leicht sieht, verschwindet dieses Integral aber für $m \neq m'$.

Es sind letztlich also nur die Matrixelemente zu berechnen, bei denen die magnetischen Quantenzahlen gleich sind. Außerdem kann man auch wieder mit der Parität argumentieren. Bereits in Kap. 27 wurde

$$\hat{P}Y_{\ell m}(\vartheta,\varphi) = (-1)^{\ell}\,Y_{\ell m}(\vartheta,\varphi) \tag{30.58}$$

gezeigt (27.137), also ergibt sich bei einer Raumspiegelung für den Erwartungswert $\left\langle 2\,\ell\,m \,\middle|\, \hat{H}^{(1)} \,\middle|\, 2\,\ell'\,m\right\rangle$ insgesamt eine Vorzeichenänderung um $(-1)^{\ell+\ell'+1}$.

Frage 8

Welche Matrixelemente müssen somit verschwinden?

Da die Matrixelemente Skalare sein müssen, folgt, dass $\ell + \ell' + 1$ eine gerade Zahl ist. Damit bleiben hier die einzigen Möglichkeiten, dass (1) $\ell = 0$ und $\ell' = 1$ ist, oder dass (2) $\ell = 1$ und $\ell' = 0$ ist – alle anderen Matrixelemente verschwinden. Die zu diagonalisierende 4×4-Matrix hat damit die Form

$$\begin{pmatrix} 0 & \langle 2\,0\,0|\,\hat{H}^{(1)}\,|2\,1\,0\rangle & 0 & 0 \\ \langle 2\,1\,0|\,\hat{H}^{(1)}\,|2\,0\,0\rangle & 0 & 0 & 0 \\ 0 & 0 & 0 & 0 \\ 0 & 0 & 0 & 0 \end{pmatrix}, \tag{30.59}$$

wobei die vier Zustände in der oben angegebenen Reihenfolge durchgezählt werden. Wir können uns also darauf beschränken, die linke obere 2×2-Matrix zu diagonalisieren. Da außerdem

$$\langle 2\,1\,0|\,\hat{H}^{(1)}\,|2\,0\,0\rangle = \langle 2\,0\,0|\,\hat{H}^{(1)}\,|2\,1\,0\rangle^* \tag{30.60}$$

gilt, muss letztlich nur ein Matrixelement berechnet werden. Setzt man die bekannten Wasserstoffeigenfunktionen (Abschn. 28.3) ein, so ist folgendes Volumenintegral auszuwerten:

$$\begin{aligned} \langle 2\,0\,0|\,\hat{H}^{(1)}\,|2\,1\,0\rangle &= e|\boldsymbol{E}|\frac{1}{2\pi}\left(\frac{1}{2a_\mathrm{B}}\right)^3 \int \mathrm{d}\Omega\,\cos^2\vartheta \\ &\quad \int_0^\infty \mathrm{d}r\,r^3\left(1-\frac{r}{2a_\mathrm{B}}\right)\frac{r}{a_\mathrm{B}}\mathrm{e}^{-r/a_\mathrm{B}}\,. \end{aligned} \tag{30.61}$$

(Daraus folgt auch, dass die beiden gesuchten Matrixelemente sogar identisch sind, da dieses Integral rein reell ist.)

Die Winkelintegrale sind leicht auszuführen, das Radiusintegral kann mithilfe der Beziehung (28.86) ausgewertet werden. Insgesamt ergibt sich schließlich

$$\langle 2\,0\,0|\,\hat{H}^{(1)}\,|2\,1\,0\rangle = -3e|\boldsymbol{E}|a_\mathrm{B}\,. \tag{30.62}$$

Frage 9

Führen Sie die Integrale aus und verifizieren Sie dieses Ergebnis.

Die noch zu diagonalisierende 2×2-Matrix kann damit letztlich geschrieben werden als

$$-\,3e|\boldsymbol{E}|a_\mathrm{B}\begin{pmatrix} 0 & 1 \\ 1 & 0 \end{pmatrix}. \tag{30.63}$$

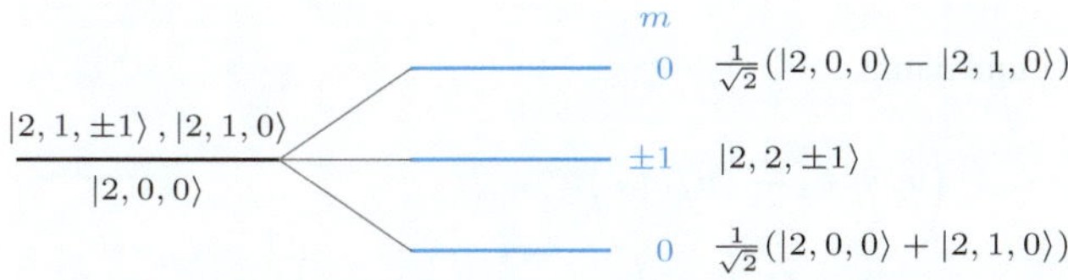

Abb. 30.2 Die Aufspaltung bzw. Verschiebung der Energieniveaus beim Stark-Effekt: Die beiden Zustände mit $m = \pm 1$ werden nicht verschoben, die beiden mit $m = 0$ mischen zu zwei neuen Zuständen, von denen der bezüglich Vertauschung symmetrische nach unten, der antisymmetrische nach oben verschoben wird

Ignorieren wir den Vorfaktor, so ist die Eigenwertgleichung hier einfach

$$\det\begin{pmatrix} -\lambda & 1 \\ 1 & -\lambda \end{pmatrix} = \lambda^2 - 1 = 0\,, \tag{30.64}$$

also sind die Eigenwerte $\lambda_{1,2} = \pm 1$ und damit die Energieverschiebungen in erster Ordnung der Störungstheorie

$$E^{(1)} = \mp 3e|\boldsymbol{E}|a_{\mathrm{B}}\,. \tag{30.65}$$

Da diese Energieverschiebungen proportional zur elektrischen Feldstärke sind, spricht man hier vom *linearen Stark-Effekt*.

Die neuen (normierten) Eigenzustände ergeben sich als Eigenvektoren der Matrix zu

$$\frac{1}{\sqrt{2}}\left(|2\,0\,0\rangle \pm |2\,1\,0\rangle\right)\,, \tag{30.66}$$

wobei das positive Vorzeichen zu $\lambda = 1$, also einer Energieverschiebung nach unten, und das negative Vorzeichen zu $\lambda = -1$, also einer Energieverschiebung nach oben gehört (Abb. 30.2).

Durch die Störung werden also Zustände mit unterschiedlichem ℓ „gemischt". Dies ist letztlich darauf zurück zu führen, dass durch die Störung die Rotationsinvarianz des Problems gebrochen wird. Diese Zustandsmischung sorgt dann dafür, dass wasserstoffartige Atome im ersten angeregten Zustand ein permanentes Dipolmoment haben.

30.2 Allgemeine Aussagen über Erwartungswerte

In Abschn. 30.1 haben wir gesehen, dass für die Energieverschiebung in der ersten Ordnung der Störungstheorie die Berechnung des Erwartungswertes des Stör-Hamilton-Operators nötig ist. Solche Erwartungswerte werden auch in anderen Näherungsverfahren wie beispielsweise dem in Kap. 31 besprochenen Variationsverfahren benötigt. Deshalb sollen hier zwei allgemeine Sätze besprochen werden, mit denen solche Berechnungen vereinfacht werden. Dies wird es uns ermöglichen, die Feinstruktur der Spektren von wasserstoffartigen Atomen zu erklären.

Hellmann-Feynman-Formel

In den Jahren 1936 bzw. 1939 fanden der deutsche Physiker *Hans Gustav Adolf Hellmann* (1903–1938) und *Richard Feynman* (1918–1988) unabhängig voneinander die nach ihnen benannte *Hellmann-Feynman-Formel*; diese wird oft auch als *Hellmann-Feynman-Theorem* bezeichnet.

Hellmann-Feynman-Formel

Für die Energieeigenwerte E_n eines zeitunabhängigen Hamilton-Operators $\hat{H}$, der von einem Parameter λ abhängt, gilt

$$\left\langle n \left| \frac{\partial \hat{H}}{\partial \lambda} \right| n \right\rangle = \frac{\partial E_n}{\partial \lambda}\,, \tag{30.67}$$

wobei $|n\rangle$ die normierten Energieeigenzustände sind.

Der Beweis ist einfach:

$$\begin{aligned} \frac{\partial E_n}{\partial \lambda} &= \frac{\partial}{\partial \lambda}\langle n|\,\hat{H}\,|n\rangle \\ &= \frac{\partial \langle n|}{\partial \lambda}\hat{H}\,|n\rangle + \left\langle n \left| \frac{\partial \hat{H}}{\partial \lambda} \right| n \right\rangle + \langle n|\,\hat{H}\frac{\partial |n\rangle}{\partial \lambda}\,, \end{aligned} \tag{30.68}$$

wobei die Produktregel benutzt wurde. Im ersten und dritten Summanden kann nun die Wirkung des Hamilton-Operators nach rechts bzw. nach links ausgenutzt werden:

$$\frac{\partial E_n}{\partial \lambda} = E_n \frac{\partial \langle n|}{\partial \lambda}|n\rangle + \left\langle n \left| \frac{\partial \hat{H}}{\partial \lambda} \right| n \right\rangle + E_n \langle n| \frac{\partial |n\rangle}{\partial \lambda}\,. \tag{30.69}$$

Dann kann man den ersten und dritten Summanden mit der Produktregel wieder zusammenfassen:

$$\frac{\partial E_n}{\partial \lambda} = E_n \frac{\partial}{\partial \lambda}\langle n\,|n\rangle + \left\langle n \left| \frac{\partial \hat{H}}{\partial \lambda} \right| n \right\rangle. \tag{30.70}$$

Da die Zustände für alle λ als normiert vorausgesetzt wurden, ist $\langle n\,|n\rangle$ konstant gleich 1. Der erste Summand verschwindet also, und damit ist die Behauptung gezeigt.

Als konkrete Anwendung dieser Formel betrachten wir nun nochmals die Spin-Bahn-Kopplung.

Spin-Bahn-Kopplung (3. Teil)

Für die Berechnung der Energieverschiebung durch die Spin-Bahn-Kopplung in der ersten Ordnung der Störungstheorie wurde in Abschn. 30.1 noch der Erwartungswert von r^{-3} benötigt. Diesen können wir nun mithilfe der Hellmann-Feynman-Formel berechnen.

Wie sieht der (ungestörte) Hamilton-Operator hier aus, wenn man Zustände zu einem festen ℓ betrachtet?

Der ungestörte Hamilton-Operator des Atoms ist (wenn er auf Eigenfunktionen zu festem ℓ wirkt):

$$\hat{H}^{(0)} = -\frac{\hbar^2}{2\mu}\Delta_r + \frac{\hbar^2\ell(\ell+1)}{2\mu r^2} - \frac{Ze^2}{r}\,. \qquad (30.71)$$

Wir berechnen nun zunächst den Erwartungswert von r^{-2} auf dem Unterraum der Zustände mit festem ℓ. Dafür benutzen wir die Hellmann-Feynman-Formel mit ℓ als Parameter. Mit

$$\frac{\partial \hat{H}^{(0)}}{\partial \ell} = \frac{\hbar^2(2\ell+1)}{2\mu r^2} \qquad (30.72)$$

folgt

$$\begin{aligned}&\left\langle n\,j\,m_j\,\ell\,\middle|\,\frac{\partial \hat{H}^{(0)}}{\partial \ell}\,\middle|\,n\,j\,m_j\,\ell\right\rangle \\ &= \frac{\hbar^2(2\ell+1)}{2\mu}\left\langle n\,j\,m_j\,\ell\,\middle|\,\frac{1}{r^2}\,\middle|\,n\,j\,m_j\,\ell\right\rangle .\end{aligned} \qquad (30.73)$$

Ableiten des expliziten Ausdrucks für die Energie E_n führt dagegen auf

$$\frac{\partial}{\partial \ell}\left(-\frac{Z^2\mathrm{Ry}}{(N+\ell+1)^2}\right) = \frac{2Z^2\mathrm{Ry}}{(N+\ell+1)^3} = \frac{2Z^2\mathrm{Ry}}{n^3}\,, \qquad (30.74)$$

und die Hellmann-Feynman-Formel ergibt dann

$$\left\langle n\,j\,m_j\,\ell\,\middle|\,\frac{1}{r^2}\,\middle|\,n\,j\,m_j\,\ell\right\rangle = \frac{4\mathrm{Ry}Z^2\mu}{\hbar^2(2\ell+1)n^3}\,. \qquad (30.75)$$

Außerdem gilt aber auch

$$\left\langle n\,j\,m_j\,\ell\,\middle|\,\frac{\partial \hat{H}^{(0)}}{\partial r}\,\middle|\,n\,j\,m_j\,\ell\right\rangle = \frac{\partial E_n^{(0)}}{\partial r} = 0\,, \qquad (30.76)$$

was man ganz ähnlich wie die Hellmann-Feynman-Formel beweisen kann. Die Ableitung des Hamilton-Operators hierin ist

$$\frac{\partial \hat{H}^{(0)}}{\partial r} = -\frac{\hbar^2\ell(\ell+1)}{\mu r^3} + \frac{Ze^2}{r^2}\,, \qquad (30.77)$$

also folgt

$$\begin{aligned}&\left\langle n\,j\,m_j\,\ell\,\middle|\,\frac{\partial \hat{H}^{(0)}}{\partial r}\,\middle|\,n\,j\,m_j\,\ell\right\rangle \\ &= -\frac{\hbar^2\ell(\ell+1)}{\mu}\left\langle n\,j\,m_j\,\ell\,\middle|\,\frac{1}{r^3}\,\middle|\,n\,j\,m_j\,\ell\right\rangle \\ &\quad + Ze^2\left\langle n\,j\,m_j\,\ell\,\middle|\,\frac{1}{r^2}\,\middle|\,n\,j\,m_j\,\ell\right\rangle\end{aligned} \qquad (30.78)$$

und damit

$$\begin{aligned}&\left\langle n\,j\,m_j\,\ell\,\middle|\,\frac{1}{r^3}\,\middle|\,n\,j\,m_j\,\ell\right\rangle \\ &= \frac{Ze^2\mu}{\hbar^2\ell(\ell+1)}\left\langle n\,j\,m_j\,\ell\,\middle|\,\frac{1}{r^2}\,\middle|\,n\,j\,m_j\,\ell\right\rangle .\end{aligned} \qquad (30.79)$$

Mit (30.75) ergibt sich daraus das in Abschn. 30.1 angegebene Ergebnis

$$\left\langle n\,j\,m_j\,\ell\,\middle|\,\frac{1}{r^3}\,\middle|\,n\,j\,m_j\,\ell\right\rangle = \frac{4\,\mathrm{Ry}\,Z^3e^2\mu^2}{\hbar^4\ell(\ell+1)(2\ell+1)n^3}\,. \qquad (30.80)$$

◀

Virialsatz

Analog zur klassischen Mechanik (Abschn. 3.7) gibt es auch in der Quantenmechanik einen Zusammenhang zwischen kinetischer und potenzieller Energie. Im Unterschied zur klassischen Mechanik betrachten wir hier keine zeitlichen Mittelwerte, sondern Erwartungswerte für stationäre Zustände – ansonsten ist die Aussage des Satzes praktisch identisch.

Wir gehen aus von einem Hamilton-Operator der Form

$$\hat{H} = T(\hat{\boldsymbol{p}}) + V(\hat{\boldsymbol{x}}) = \frac{\hat{\boldsymbol{p}}^2}{2m} + V(\hat{\boldsymbol{x}})\,. \qquad (30.81)$$

Wir beschränken uns hier also auf ein einzelnes Teilchen mit dem üblichen Ausdruck für die kinetische Energie (eine Verallgemeinerung auf mehrere Teilchen oder andere kinetische Energien ist relativ offensichtlich).

Für diesen betrachten wir nun den folgenden Kommutator:

$$\begin{aligned}\left[\hat{H},\hat{\boldsymbol{x}}\cdot\hat{\boldsymbol{p}}\right] &= \left[\frac{\hat{\boldsymbol{p}}^2}{2m},\hat{\boldsymbol{x}}\cdot\hat{\boldsymbol{p}}\right] + [V(\hat{\boldsymbol{x}}),\hat{\boldsymbol{x}}\cdot\hat{\boldsymbol{p}}] \\ &= \frac{1}{2m}\left[\hat{\boldsymbol{p}}^2,\hat{\boldsymbol{x}}\right]\cdot\hat{\boldsymbol{p}} + \hat{\boldsymbol{x}}\cdot[V(\hat{\boldsymbol{x}}),\hat{\boldsymbol{p}}]\,.\end{aligned} \qquad (30.82)$$

Der erste Kommutator kann mittels des allgemeinen Zusammenhangs $[\hat{A}^2,\hat{B}] = A[\hat{A},\hat{B}] + [\hat{A},\hat{B}]\hat{A}$ und dem grundlegenden Kommutator für Impuls und Ort leicht berechnet werden:

$$\left[\hat{\boldsymbol{p}}^2,\hat{\boldsymbol{x}}\right] = 2\frac{\hbar}{\mathrm{i}}\hat{\boldsymbol{p}}\,. \qquad (30.83)$$

Der zweite Kommutator ergibt (Abschn. 23.2)

$$[V(\hat{\boldsymbol{x}}),\hat{\boldsymbol{p}}] = -\frac{\hbar}{\mathrm{i}}\left(\nabla V(\hat{\boldsymbol{x}})\right)\,. \qquad (30.84)$$

Teil III

Frage 10

Berechnen Sie die beiden Kommutatoren (30.83) und (30.84).

Insgesamt haben wir damit

$$\left[\hat{H}, \hat{\boldsymbol{x}} \cdot \hat{\boldsymbol{p}}\right] = \frac{\hbar}{\mathrm{i}} \left(2T(\hat{\boldsymbol{p}}) - \hat{\boldsymbol{x}} \cdot \nabla V(\hat{\boldsymbol{x}})\right) . \tag{30.85}$$

Dieses Ergebnis ist völlig analog zur zeitlichen Ableitung von $\boldsymbol{x} \cdot \boldsymbol{p}$ in der klassischen Mechanik – wie es auch sein muss, da der Kommutator des Hamilton-Operators mit einem beliebigen (nicht explizit zeitabhängigen) Operator im Heisenberg-Bild ja proportional zu dessen zeitlicher Ableitung ist.

Betrachtet man andererseits den Erwartungswert dieses Kommutators bezüglich eines stationären Zustands mit $\hat{H} |\psi\rangle = E |\psi\rangle$, so ist

$$\begin{aligned}\left\langle \psi \,\middle|\, \left[\hat{H}, \hat{\boldsymbol{x}} \cdot \hat{\boldsymbol{p}}\right] \,\middle|\, \psi \right\rangle &= E \langle \psi | \hat{\boldsymbol{x}} \cdot \hat{\boldsymbol{p}} | \psi \rangle - \langle \psi | \hat{\boldsymbol{x}} \cdot \hat{\boldsymbol{p}} | \psi \rangle E \\ &= 0 ,\end{aligned} \tag{30.86}$$

wobei die Hermitezität von $\hat{H}$ ausgenutzt wurde. Also ergibt sich schließlich

$$\langle \psi | \left(2T(\hat{\boldsymbol{p}}) - \hat{\boldsymbol{x}} \cdot \nabla V(\hat{\boldsymbol{x}})\right) | \psi \rangle = 0 \tag{30.87}$$

und damit der Virialsatz der Quantenmechanik.

Virialsatz der Quantenmechanik

Für die Erwartungswerte in einem stationären Zustand gilt

$$2 \langle \psi | T(\hat{\boldsymbol{p}}) | \psi \rangle = \langle \psi | \hat{\boldsymbol{x}} \cdot \nabla V(\hat{\boldsymbol{x}}) | \psi \rangle . \tag{30.88}$$

Der Term auf der rechten Seite heißt dabei, analog zur klassischen Mechanik, das *Virial*.

Wie in der klassischen Mechanik folgt außerdem der Spezialfall für homogene Potenziale.

Virialsatz der Quantenmechanik für homogene Potenziale

Ist die potenzielle Energie eine homogene Funktion vom Grad k der Koordinaten, also

$$V(a\boldsymbol{x}) = a^k V(\boldsymbol{x}) , \tag{30.89}$$

so ist

$$2 \langle \psi | T(\hat{\boldsymbol{p}}) | \psi \rangle = k \langle \psi | V(\hat{\boldsymbol{x}}) | \psi \rangle . \tag{30.90}$$

Frage 11

Leiten Sie (30.90) aus (30.88) her.

Relativistische Korrekturen zu wasserstoffartigen Spektren

Für die Elektronen im Grundzustand eines Wasserstoffatoms ist der Erwartungswert des Betrags der Geschwindigkeit zwar nur $\alpha c \ll c$ (Kap. 28). Die Messgenauigkeit bei den Spektren ist jedoch seit Jahrzehnten so gut, dass sich selbst hier schon relativistische Effekte bemerkbar machen. Noch mehr gilt dies bei wasserstoffartigen Atomen mit höheren Kernladungszahlen, da der Erwartungswert des Betrags der Geschwindigkeit proportional zu Z ist.

Für nicht zu große Z sind die relativistischen Korrekturen aber klein und können deshalb störungstheorisch behandelt werden. Wir werden sehen, dass ein dabei auftretender Erwartungswert mithilfe des Virialsatzes einfach ausgewertet werden kann.

Zunächst benutzen wir die Entwicklung (10.24) des relativistischen Ausdrucks für die kinetische Energie:

$$\sqrt{\boldsymbol{p}^2 c^2 + \mu^2 c^4} \approx \mu c^2 + \frac{\boldsymbol{p}^2}{2\mu} - \frac{(\boldsymbol{p}^2)^2}{8\mu^3 c^2} , \tag{30.91}$$

wobei die reduzierte Elektronenmasse wieder mit μ bezeichnet wird.

Unter Vernachlässigung der Ruheenergie μc^2, die nur eine für alle Niveaus gleiche Verschiebung bewirkt, haben wir als Störterm im Hamilton-Operator

$$\hat{H}^{(1)} = -\frac{(\hat{\boldsymbol{p}}^2)^2}{8\mu^3 c^2} . \tag{30.92}$$

Der ungestörte Hamilton-Operator ist dagegen wie üblich bei wasserstoffartigen Atomen

$$\hat{H}^{(0)} = \frac{\hat{\boldsymbol{p}}^2}{2\mu} - \frac{Ze^2}{r} . \tag{30.93}$$

In der ersten Ordnung der Störungstheorie muss der Erwartungswert von $\hat{H}^{(1)}$ berechnet werden. Dazu schreiben wir diesen Operator zunächst geschickt um:

$$\begin{aligned}\hat{H}^{(1)} &= -\frac{1}{2\mu c^2}\left(\frac{\hat{\boldsymbol{p}}^2}{2\mu}\right)^2 = -\frac{1}{2\mu c^2}\left(\hat{H}^{(0)} + \frac{Ze^2}{r}\right)^2 \\ &= -\frac{1}{2\mu c^2}\left(\left(\hat{H}^{(0)}\right)^2 + \frac{Ze^2}{r}\hat{H}^{(0)} + \hat{H}^{(0)}\frac{Ze^2}{r} + \frac{Z^2e^4}{r^2}\right) .\end{aligned} \tag{30.94}$$

Für den gesuchten Erwartungswert hat man also

$$\begin{aligned}&\langle n j m_j \ell | \hat{H}^{(1)} | n j m_j \ell \rangle \\ &= -\frac{1}{2\mu c^2}\left(\left(E_n^{(0)}\right)^2 + 2\left\langle n j m_j \ell \,\middle|\, \frac{Ze^2}{r} \,\middle|\, n j m_j \ell \right\rangle E_n^{(0)} \right. \\ &\quad \left. + Z^2 e^4 \left\langle n j m_j \ell \,\middle|\, \frac{1}{r^2} \,\middle|\, n j m_j \ell \right\rangle\right) .\end{aligned} \tag{30.95}$$

Wir verwenden hier wie bei der Spin-Bahn-Kopplung wieder die Zustände $|jm_j\ell\rangle$, da, wie sich zeigen wird, die sich ergebende Energieverschiebung von derselben Größenordnung ist, also die Kopplung der beiden Drehimpulse nicht vernachlässigt werden kann.

Der Erwartungswert von r^{-2} wurde bereits berechnet (30.75):

$$\left\langle n\,j\,m_j\,\ell \left| \frac{1}{r^2} \right| n\,j\,m_j\,\ell \right\rangle = \frac{4\mathrm{Ry}Z^2\mu}{\hbar^2(2\ell+1)n^3} = -\frac{4\mu}{\hbar^2(2\ell+1)n}E_n^{(0)} . \tag{30.96}$$

Nun muss nur noch der Erwartungswert von Ze^2/r ermittelt werden.

Frage 12

Wie kann dieser Erwartungswert mit den in diesem Abschnitt entwickelten Methoden berechnet werden?

Dies ist aber bis auf das Vorzeichen genau die potenzielle Energie im Operator $H^{(0)}$; für die Berechnung kann also der Virialsatz benutzt werden.

Bei wasserstoffartigen Atomen hat man ein homogenes Potenzial vom Grad -1; dafür folgt aus dem Virialsatz:

$$\langle n|\,T(\hat{\boldsymbol{p}})\,|n\rangle = -\frac{1}{2}\,\langle n|\,V(\hat{\boldsymbol{x}})\,|n\rangle . \tag{30.97}$$

Für die Gesamtenergie gilt

$$E_n^{(0)} = \langle n|\,T(\hat{\boldsymbol{p}})\,|n\rangle + \langle n|\,V(\hat{\boldsymbol{x}})\,|n\rangle . \tag{30.98}$$

Damit ergibt sich

$$E_n^{(0)} = +\frac{1}{2}\,\langle n|\,V(\hat{\boldsymbol{x}})\,|n\rangle \tag{30.99}$$

und damit

$$\left\langle n \left| \frac{Ze^2}{r} \right| n \right\rangle = -2E_n^{(0)} . \tag{30.100}$$

Eingesetzt in (30.95) haben wir dann

$$\begin{aligned} &\langle n\,j\,m_j\,\ell|\,\hat{H}^{(1)}\,|n\,j\,m_j\,\ell\rangle \\ &= -\frac{1}{2\mu c^2}\left(\left(E_n^{(0)}\right)^2 - 4\left(E_n^{(0)}\right)^2 - \frac{4Z^2e^4\mu}{\hbar^2(2\ell+1)n}E_n^{(0)}\right) . \end{aligned} \tag{30.101}$$

Die Energieverschiebung ist in erster Ordnung also letztlich gegeben durch

$$E_{nj\ell}^{(1)} = E_n^{(0)}\frac{(Z\alpha)^2}{n^2}\left(\frac{n}{\ell+\frac{1}{2}} - \frac{3}{4}\right) . \tag{30.102}$$

Frage 13

Vollziehen Sie die Zwischenschritte von (30.101) zu (30.102) nach.

Wir sehen nun, wie anfangs behauptet, dass dieser Beitrag zur Energie von derselben Größenordnung ist wie der Beitrag (30.44) von der Spin-Bahn-Kopplung.

Feinstruktur von wasserstoffartigen Spektren

Da die Beiträge von der relativistischen Korrektur und von der Spin-Bahn-Kopplung von derselben Größenordnung sind, liegt es nahe, beide zusammenzufassen. Bei der Spin-Bahn-Kopplung gibt es zwei verschiedene Terme, je nachdem, ob $j = \ell + \frac{1}{2}$ oder $j = \ell - \frac{1}{2}$ ist. Fügt man allerdings die relativistische Korrektur hinzu, so zeigt sich, dass man beide Fälle durch einen einzigen Term darstellen kann. Es bleibt nämlich letztlich nur

$$E_{nj\ell}^{(1)} = E_n^{(0)}\frac{(Z\alpha)^2}{n^2}\left(\frac{n}{j+\frac{1}{2}} - \frac{3}{4}\right) . \tag{30.103}$$

Frage 14

Führen Sie die kurzen Rechnungen für die beiden möglichen Fälle durch und bestätigen Sie dieses Ergebnis; verwenden Sie (30.44) und (30.102).

Die Aufspaltung der Niveaus zu festem n hängt also nur noch von der Gesamtdrehimpuls-Quantenzahl j ab, bezüglich ℓ und m_j sind die Niveaus weiterhin entartet. Diese Aufspaltung des Spektrums wird als *Feinstruktur* bezeichnet (daher stammt auch der Name „Feinstrukturkonstante" für α); sie ist in Abb. 30.3 beispielhaft für $n = 1$ und $n = 2$ dargestellt (siehe dazu auch Aufgabe 30.7).

Eigentlich ist aber noch zu berücksichtigen, dass der Beitrag der Spin-Bahn-Kopplung für $\ell = 0$ verschwindet, wie bereits in Abschn. 30.1 diskutiert; das Ergebnis (30.103) sollte somit nur für $\ell \neq 0$ gelten.

Eine relativistische Behandlung der Bewegung des Elektrons führt allerdings auf die Tatsache, dass der Ort eines Elektrons im Unterschied zur nichtrelativistischen Quantenmechanik nicht beliebig scharf definiert werden kann (bei zu hoher Ortsauflösung bringen Messungen des Ortes so viel Energie ins Spiel, dass Paarerzeugung von Elektron-Positron-Paaren auftritt). Diese prinzipielle Unschärfe des Ortes wird *Zitterbewegung* genannt; sie liefert für $\ell = 0$ einen Energiebeitrag, der genau dieselbe Gestalt wie der von der Spin-Bahn-Kopplung hat (*Darwin-Term*; Aufgabe 30.8). Damit stimmt unser Ergebnis auch für $\ell = 0$.

Alle drei Beiträge – Spin-Bahn-Kopplung, relativistische Korrektur zur kinetischen Energie und Zitterbewegung – ergeben sich übrigens automatisch richtig, wenn man statt der Schrödinger- von vornherein die relativisch korrekte Dirac-Gleichung zur Beschreibung des Atoms verwendet (siehe Kasten „Vertiefung: Die Dirac-Gleichung und der Spin" in Kap. 29).

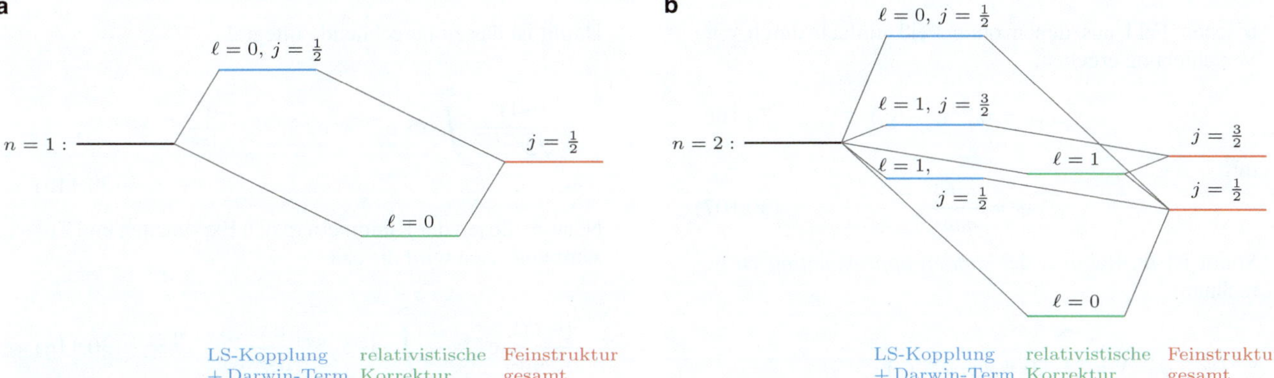

Abb. 30.3 Die Feinstrukturaufspaltung (**a**) des Grundzustands ($n = 1$) und (**b**) des ersten angeregten Zustands ($n = 2$) bei einem wasserstoffartigen Atom, in den beiden Einzelbildern jeweils maßstabsgetreu. Dargestellt sind außerdem die Aufspaltungen, die rein durch die Spin-Bahn-Wechselwirkung und den Darwin-Term bzw. rein durch die relativistische Korrektur der kinetischen Energie entstehen würden

30.3 Zeitabhängige Störungen

Wie bereits bei den zeitunabhängigen Störungen setzen wir an, dass man den Hamilton-Operator schreiben kann als

$$\hat{H} = \hat{H}^{(0)} + \hat{H}^{(1)}, \tag{30.104}$$

wobei $\hat{H}^{(0)}$ der Hamilton-Operator eines exakt lösbaren Systems ist und $\hat{H}^{(1)}$ eine „kleine" Störung des Systems; nun soll $\hat{H}^{(1)}$ aber von der Zeit abhängig sein.

Die Eigenzustände und -werte von $\hat{H}^{(0)}$ bezeichnen wir wieder mit $\left|\psi_n^{(0)}\right\rangle$ bzw. $E_n^{(0)}$. Da die Störung und damit der Hamilton-Operator nun von der Zeit abhängig sind, gibt es allerdings im Allgemeinen keine stationären Zustände mehr, also auch keine gestörten Energien.

Sudden approximation

In manchen Fällen kann man davon ausgehen, dass die Störung „plötzlich" eingeschaltet wird: Vor einer Zeit t_0 ist sie nicht vorhanden, danach verändert sie sich innerhalb einer kurzen Zeitspanne t_s („Schaltzeit") auf einen konstanten Wert und bleibt auch auf diesem Wert.

Die Zeitspanne t_s ist dabei als „kurz" zu betrachten, wenn sie sehr viel kleiner ist als die charakteristische Zeit t_{ch}, die das System benötigt, um sich an die Störung anzupassen. Ein Beispiel dafür wären α- und β-Zerfälle von Atomkernen: Diese finden sehr schnell statt im Vergleich mit der Zeit, welche die Elektronenhülle benötigt, um sich an die neue Kernladung anzupassen.

Wir können dann davon ausgehen, dass das System sich direkt nach Einschalten der Störung immer noch in demselben Zustand befindet wie vor dem Einschalten. Dies ist die sogenannte *sudden approximation*.

Nachdem die Störung eingeschaltet wurde, ist der Hamilton-Operator wieder zeitlich konstant, und man kann wieder sinnvoll von gestörten Energien und Zuständen reden. Diese bezeichnen wir wie bereits bei der zeitunabhängigen Störungstheorie mit $|\psi_n\rangle$ und E_n. Damit folgt dann einfach das Ergebnis.

Übergangwahrscheinlichkeit bei der *sudden approximation*

Die Wahrscheinlichkeit für einen Übergang vom ungestörten Eigenzustand $\left|\psi_m^{(0)}\right\rangle$ in den neuen Eigenzustand $|\psi_n\rangle$ ist somit gegeben durch

$$P_{mn} = \left|\left\langle \psi_n \middle| \psi_m^{(0)} \right\rangle\right|^2. \tag{30.105}$$

Diese Gleichung kann sowohl mit exakt bekannten als auch mit nur näherungsweise bestimmten Zuständen $|\psi_n\rangle$ benutzt werden.

Geladener harmonischer Oszillator

Wir betrachten einen elektrisch geladenen harmonischen Oszillator (Ladung q), bei dem zur Zeit $t = 0$ plötzlich (d. h., verglichen mit der Schwingungsperiode sehr schnell) ein elektrisches Feld in Schwingungsrichtung eingeschaltet wird. Vorher sei der harmonische Oszillator im Grundzustand; wir sind nun an der Wahrscheinlichkeit interessiert, ihn danach in einem bestimmten Zustand zu finden.

Es ist bereits bekannt (Aufgabe 29.1), dass sich die Wellenfunktionen eines harmonischen Oszillators im elektrischen Feld aus denen ohne Feld einfach durch eine Verschiebung ergeben:

$$\psi_n(x) = \psi_n^{(0)}(x - x_0) \tag{30.106}$$

mit

$$x_0 = \frac{q|\boldsymbol{E}|}{m\omega^2}. \tag{30.107}$$

Somit ist im Rahmen der *sudden approximation* zu berechnen:

$$\begin{aligned}\left\langle \psi_n \,\middle|\, \psi_0^{(0)} \right\rangle &= \int_{-\infty}^{\infty} \mathrm{d}x\, \psi_n(x)\psi_0^{(0)}(x) \\ &= \int_{-\infty}^{\infty} \mathrm{d}x\, \psi_n^{(0)}(x - x_0)\psi_0^{(0)}(x)\,.\end{aligned} \tag{30.108}$$

Die Eigenfunktionen sind dabei gegeben durch

$$\psi_n^{(0)}(x) = \left(\frac{m\omega}{\pi\hbar}\right)^{1/4} \frac{1}{\sqrt{2^n n!}} \mathrm{e}^{-m\omega x^2/2\hbar} H_n\left(x\sqrt{\frac{m\omega}{\hbar}}\right) \tag{30.109}$$

mit den Hermite-Polynomen H_n.

Es muss also folgendes Integral berechnet werden:

$$\begin{aligned}&\sqrt{\frac{m\omega}{\pi\hbar}} \frac{1}{\sqrt{2^n n!}} \int_{-\infty}^{\infty} \mathrm{d}x\, \mathrm{e}^{-m\omega(x-x_0)^2/2\hbar} \mathrm{e}^{-m\omega x^2/2\hbar} \\ &\cdot H_n\left((x - x_0)\sqrt{\frac{m\omega}{\hbar}}\right) H_0\left(x\sqrt{\frac{m\omega}{\hbar}}\right).\end{aligned} \tag{30.110}$$

Substituieren wir nun zunächst

$$\xi = x\sqrt{\frac{m\omega}{\hbar}}. \tag{30.111}$$

Das Integral vereinfacht sich damit zu

$$\frac{1}{\sqrt{2^n n! \pi}} \int_{-\infty}^{\infty} \mathrm{d}\xi\, \mathrm{e}^{-(\xi-\xi_0)^2/2} \mathrm{e}^{-\xi^2/2} H_n(\xi - \xi_0) H_0(\xi)\,. \tag{30.112}$$

Außerdem folgt aus (23.45) die Beziehung

$$H_n(z) = (-1)^n \mathrm{e}^{z^2} \frac{\mathrm{d}^n}{\mathrm{d}z^n} \mathrm{e}^{-z^2}, \tag{30.113}$$

also

$$\begin{aligned}H_0(\xi) &= 1 \\ H_n(\xi - \xi_0) &= (-1)^n \mathrm{e}^{(\xi-\xi_0)^2} \frac{\mathrm{d}^n}{\mathrm{d}\xi^n} \mathrm{e}^{-(\xi-\xi_0)^2}.\end{aligned} \tag{30.114}$$

Damit ist das zu berechnende Integral

$$\frac{(-1)^n}{\sqrt{2^n n! \pi}} \int_{-\infty}^{\infty} \mathrm{d}\xi\, \mathrm{e}^{-\xi^2/2} \mathrm{e}^{(\xi-\xi_0)^2/2} \frac{\mathrm{d}^n}{\mathrm{d}\xi^n} \mathrm{e}^{-(\xi-\xi_0)^2}. \tag{30.115}$$

Nach Auflösen der Klammern in den Exponenten und Zusammenfassen wird dies zu

$$\frac{(-1)^n}{\sqrt{2^n n! \pi}} \mathrm{e}^{-\xi_0^2/2} \int_{-\infty}^{\infty} \mathrm{d}\xi\, \mathrm{e}^{-\xi\xi_0} \frac{\mathrm{d}^n}{\mathrm{d}\xi^n} \mathrm{e}^{-\xi^2+2\xi\xi_0}. \tag{30.116}$$

Nun kann man n-mal partiell integrieren. Die Randterme sind jeweils gleich null; bei jeder partiellen Integration ergibt sich außerdem ein Faktor $-\xi_0$.

Schließlich bleibt

$$\frac{\xi_0^n}{\sqrt{2^n n! \pi}} \mathrm{e}^{-\xi_0^2/2} \int_{-\infty}^{\infty} \mathrm{d}\xi\, \mathrm{e}^{-\xi^2+\xi\xi_0}. \tag{30.117}$$

Führen Sie die partiellen Integrationen durch, um zu diesem Ergebnis zu gelangen.

Das übrige Integral kann nun einfach ausgewertet werden: Ergänzt man im Exponenten quadratisch, so hat man ein Standardintegral über eine Gauß'sche Glockenkurve; es ergibt sich ein Faktor $\sqrt{\pi}\exp(\xi_0^2/4)$. Also ist

$$\left\langle \psi_n \,\middle|\, \psi_0^{(0)} \right\rangle = \frac{\xi_0^n}{\sqrt{2^n n!}} \mathrm{e}^{-\xi_0^2/4}. \tag{30.118}$$

Die Übergangswahrscheinlichkeit ist das Betragsquadrat hiervon:

$$P_{0n} = \frac{\xi_0^{2n}}{2^n n!} \mathrm{e}^{-\xi_0^2/2}. \tag{30.119}$$

Dies ist eine Poisson-Verteilung, wie man direkt sieht, wenn man abkürzend noch

$$\bar{n} = \frac{\xi_0^2}{2} = x_0^2 \frac{m\omega}{2\hbar} = \frac{q^2|\boldsymbol{E}|^2}{2m\hbar\omega^3} \tag{30.120}$$

definiert:

$$P_{0n} = \frac{\bar{n}^n}{n!} \mathrm{e}^{-\bar{n}}. \tag{30.121}$$

Für die Wahrscheinlichkeit, dass der harmonische Oszillator im Grundzustand bleibt, haben wir schließlich einfach $\exp(-\bar{n})$. ◄

Übergänge in ein kontinuierliches Spektrum

In vielen Fällen ist die *sudden approximation* nicht anwendbar, da das System sehr schnell in einen neuen Zustand übergeht. Dies ist im Allgemeinen immer der Fall, wenn der Übergang nicht zwischen diskreten Zuständen erfolgt, sondern in ein Kontinuum, wie beispielsweise bei der Streuung, aber auch bei der Emission von Licht.

Wir entwickeln dann die Eigenzustände des kompletten Hamilton-Operators $\hat{H}$ zu jedem Zeitpunkt nach den Eigenzuständen des ungestörten Operators $\hat{H}^{(0)}$, wobei nun noch die Zeitabhängigkeit dieser Zustände zu berücksichtigen ist:

$$|\psi_n(t)\rangle = \sum_k c_{nk}(t) \left|\psi_k^{(0)}(t)\right\rangle = \sum_k c_{nk}(t) \left|\psi_k^{(0)}\right\rangle \mathrm{e}^{-\mathrm{i}E_k^{(0)}t/\hbar} . \tag{30.122}$$

Dabei haben wir abkürzend $\left|\psi_k^{(0)}\right\rangle$ für $\left|\psi_k^{(0)}(0)\right\rangle$ geschrieben.

Die Zeitableitung der gestörten Zustände ist damit

$$\partial_t |\psi_n(t)\rangle = \sum_k \left(\dot{c}_{nk}(t) - \mathrm{i}c_{nk}(t)E_k^{(0)}/\hbar\right) \left|\psi_k^{(0)}\right\rangle \mathrm{e}^{-\mathrm{i}E_k^{(0)}t/\hbar} . \tag{30.123}$$

Andererseits ergibt die Anwendung des Hamilton-Operators auf diese Zustände

$$\begin{aligned}\hat{H}|\psi_n(t)\rangle &= \left(\hat{H}^{(0)} + \hat{H}^{(1)}\right)|\psi_n(t)\rangle \\ &= \sum_k \left(E_k^{(0)} + \hat{H}^{(1)}\right) c_{nk}(t) \left|\psi_k^{(0)}\right\rangle \mathrm{e}^{-\mathrm{i}E_k^{(0)}t/\hbar} .\end{aligned} \tag{30.124}$$

Setzt man diese beiden Ergebnisse in die zeitabhängige Schrödinger-Gleichung

$$\mathrm{i}\hbar\partial_t |\psi_n(t)\rangle = \hat{H}|\psi_n(t)\rangle \tag{30.125}$$

ein, so bleibt

$$\sum_k \mathrm{i}\hbar\dot{c}_{nk}(t) \left|\psi_k^{(0)}\right\rangle \mathrm{e}^{-\mathrm{i}E_k^{(0)}t/\hbar} = \sum_k \hat{H}^{(1)} c_{nk}(t) \left|\psi_k^{(0)}\right\rangle \mathrm{e}^{-\mathrm{i}E_k^{(0)}t/\hbar} . \tag{30.126}$$

Frage 15

Vollziehen Sie den letzten Schritt nach.

Nun multiplizieren wir (30.126) von links mit $\langle\psi_m^{(0)}|$ und nutzen die Orthonormalität der Zustände aus:

$$\begin{aligned}&\sum_k \mathrm{i}\hbar\dot{c}_{nk}(t)\delta_{mk}\mathrm{e}^{-\mathrm{i}E_k^{(0)}t/\hbar} \\ &\quad= \sum_k c_{nk}(t) \left\langle\psi_m^{(0)}\middle|\hat{H}^{(1)}\middle|\psi_k^{(0)}\right\rangle \mathrm{e}^{-\mathrm{i}E_k^{(0)}t/\hbar} .\end{aligned} \tag{30.127}$$

Nach Ausführen der Summe haben wir bereits unser erstes Ergebnis.

Zeitentwicklung der gestörten Zustände

Für die Entwicklungskoeffizienten des Zustands n bezüglich der ungestörten Zustände gilt das gekoppelte System von Differenzialgleichungen

$$\mathrm{i}\hbar\dot{c}_{nm}(t) = \sum_k c_{nk}(t) \left\langle\psi_m^{(0)}\middle|\hat{H}^{(1)}\middle|\psi_k^{(0)}\right\rangle \mathrm{e}^{-\mathrm{i}(E_k^{(0)}-E_m^{(0)})t/\hbar} . \tag{30.128}$$

Das Ergebnis (30.128) ist exakt; bisher wurden noch keine Näherungen durchgeführt. Dieses System von Differenzialgleichungen wird allerdings im Allgemeinen nicht analytisch lösbar sein.

Im Folgenden gehen wir davon aus, dass die Störung $\hat{H}^{(1)}$ erst zum Zeitpunkt $t = 0$ eingeschaltet wird. Die Anfangsbedingungen sind dann $c_{nn}(0) = 1$ und $c_{nk}(0) = 0$ für $n \neq k$, d. h., zum Zeitpunkt $t = 0$ sind die Zustände noch ungestört.

Wenn die Störung nur schwach ist, so können wir annehmen, dass auch für $t > 0$ noch $c_{nn}(t) \approx 1$ und $c_{nk}(t) \approx 0$ für $n \neq k$ gilt; für nicht zu große Zeiten wird dies im Allgemeinen erfüllt sein. Setzen wir dies in (30.128) ein, so erhalten wir für die genäherten Koeffizienten

$$\mathrm{i}\hbar\dot{c}_{nm}^{(1)}(t) = \left\langle\psi_m^{(0)}\middle|\hat{H}^{(1)}\middle|\psi_n^{(0)}\right\rangle \mathrm{e}^{-\mathrm{i}(E_n^{(0)}-E_m^{(0)})t/\hbar} . \tag{30.129}$$

Dies muss nun noch aufintegriert werden.

Koeffizienten der gestörten Zustände in erster Ordnung

Ist die Störung nur schwach, so gilt für die Entwicklungskoeffizienten des Zustands n bezüglich der ungestörten Zustände in erster Ordnung

$$c_{nm}^{(1)}(t) = \frac{1}{\mathrm{i}\hbar}\int_0^t \mathrm{d}t' \left\langle\psi_m^{(0)}\middle|\hat{H}^{(1)}(t')\middle|\psi_n^{(0)}\right\rangle \mathrm{e}^{-\mathrm{i}\omega_{nm}t'} \tag{30.130}$$

mit der Abkürzung

$$\omega_{nm} = \frac{E_n^{(0)} - E_m^{(0)}}{\hbar} . \tag{30.131}$$

Um die Näherung zu verbessern, kann man iterativ vorgehen: Die Lösungen aus (30.130) setzt man in (30.128) ein, integriert wieder auf, setzt die neuen Ergebnisse (zweiter Ordnung) wieder in (30.128) ein usw. Dies führt auf die *Dyson-Reihe* für die Zustände im *Wechselwirkungsbild*, die in Abschn. 25.3 besprochen wurde. Die Ergebnisse von dort werden allerdings für unser weiteres Vorgehen hier nicht benötigt.

Konstante Störungen und die Goldene Regel

Betrachten wir als einfachstes Beispiel zunächst eine Störung, die zur Zeit $t = 0$ instantan eingeschaltet wird und dann konstant bleibt, also

$$\hat{H}^{(1)}(t) = \theta(t)\hat{H}^{(1)} . \tag{30.132}$$

Eingesetzt in die Näherung erster Ordnung (30.130) ergibt dies

$$\begin{aligned} c_{nm}^{(1)}(t) &= \frac{1}{\mathrm{i}\hbar}\left\langle \psi_m^{(0)} \middle| \hat{H}^{(1)} \middle| \psi_n^{(0)} \right\rangle \int\limits_0^t \mathrm{d}t' \mathrm{e}^{-\mathrm{i}\omega_{nm}t'} \\ &= \frac{1}{\hbar}\left\langle \psi_m^{(0)} \middle| \hat{H}^{(1)} \middle| \psi_n^{(0)} \right\rangle \frac{\mathrm{e}^{-\mathrm{i}\omega_{nm}t} - 1}{\omega_{nm}} . \end{aligned} \tag{30.133}$$

Hier wird nun auch klar, warum die Größen $\langle \psi_m^{(0)} | \hat{H}^{(1)} | \psi_n^{(0)} \rangle$ als Übergangsmatrixelemente bezeichnet werden: Die Wahrscheinlichkeitsamplituden, dass das System durch die Störung $\hat{H}^{(1)}$ vom Zustand n in den Zustand m übergeht, sind jeweils direkt proportional zu diesen Größen.

Die Wahrscheinlichkeit für den Übergang ist gegeben durch das Betragsquadrat dieses Ausdrucks. Dies kann man schreiben als

$$P_{nm}(t) = \frac{1}{\hbar^2}\left|\left\langle \psi_m^{(0)} \middle| \hat{H}^{(1)} \middle| \psi_n^{(0)} \right\rangle\right|^2 \left(\frac{\sin(\omega_{nm}t/2)}{\omega_{nm}/2}\right)^2 . \tag{30.134}$$

Frage 16

Führen Sie die Rechnung, die zu (30.134) führt, durch.

Die Übergangsrate, also die Übergangswahrscheinlichkeit pro Zeit, ist dann

$$\Gamma_{nm} = \frac{P_{nm}}{t} = \frac{t}{\hbar^2}\left|\left\langle \psi_m^{(0)} \middle| \hat{H}^{(1)} \middle| \psi_n^{(0)} \right\rangle\right|^2 \left(\frac{\sin(\omega_{nm}t/2)}{\omega_{nm}t/2}\right)^2 . \tag{30.135}$$

Für kleine x ist $\sin x \approx x$ und damit

$$\Gamma_{nm} \approx \frac{t}{\hbar^2}\left|\left\langle \psi_m^{(0)} \middle| \hat{H}^{(1)} \middle| \psi_n^{(0)} \right\rangle\right|^2 \quad \text{für } t \to 0 , \tag{30.136}$$

d. h., für kleine Zeiten wächst die Übergangsrate linear mit der Zeit an.

Interessanter ist im Allgemeinen die Zeitentwicklung nach längerer Zeit. Dafür bemerken wir zunächst, dass (30.135) als Funktion von ω ein ausgeprägtes Maximum bei $\omega = 0$ und das erste Minimum bei $\omega = 2\pi/t$ hat. Wir können somit folgern, dass Übergänge bevorzugt für Energiedifferenzen $|E_n - E_m| \lesssim 2\pi\hbar/t$ auftreten. Für $t \to \infty$ sollte dies gegen null gehen; deshalb ist dann nur noch $E_n = E_m$ möglich.

Tatsächlich gilt

$$\lim_{a\to\infty} a\left(\frac{\sin(ax)}{ax}\right)^2 = \pi\delta(x) . \tag{30.137}$$

(In Kap. 11 findet sich ein ähnliches Ergebnis, allerdings ohne die Quadrate.) Wir begründen diese Gleichung kurz: Für eine beliebige Testfunktion φ hat man

$$\begin{aligned} \int \mathrm{d}x\, \varphi(x) a \frac{\sin^2(ax)}{(ax)^2} &= \int \mathrm{d}x'\, \varphi(x'/a) \frac{\sin^2(x')}{x'^2} \\ &\to \varphi(0) \int \mathrm{d}x' \frac{\sin^2(x')}{x'^2} = \pi\varphi(0) . \end{aligned} \tag{30.138}$$

Damit haben wir für $t \to \infty$

$$t\left(\frac{\sin(\omega_{nm}t/2)}{\omega_{nm}t/2}\right)^2 \to \pi\delta(\omega_{nm}/2) = 2\pi\hbar\delta(E_n^{(0)} - E_m^{(0)}) , \tag{30.139}$$

also

$$\Gamma_{nm} = \frac{2\pi}{\hbar}\left|\left\langle \psi_m^{(0)} \middle| \hat{H}^{(1)} \middle| \psi_n^{(0)} \right\rangle\right|^2 \delta(E_n^{(0)} - E_m^{(0)}) , \tag{30.140}$$

d. h., für große Zeiten wird die Übergangsrate für $E_n^{(0)} = E_m^{(0)}$ zeitunabhängig und verschwindet für alle anderen Energien.

Im Allgemeinen betrachten wir, wie eingangs schon erwähnt, Übergänge in ein kontinuierliches Spektrum. Deshalb sind wir oft nicht nur am Übergang in einen einzelnen Endzustand interessiert, sondern in eine ganze Gruppe von Zuständen (beispielsweise bei der Streuung in alle Zustände mit Wellenvektor in einem bestimmten Winkelbereich).

Da die Zustände im Kontinuum dicht liegen, muss für die gesamte Übergangsrate Γ über (30.140) integriert werden. Führen wir die *Zustandsdichte* $\rho(E)$ ein, wobei $\rho(E)\mathrm{d}E$ die Anzahl der Zustände im Intervall $[E; E + \mathrm{d}E]$ ist, so folgt

$$\Gamma = \int \Gamma_{nm}\, \rho\left(E_m^{(0)}\right) \mathrm{d}E_m^{(0)} . \tag{30.141}$$

Bei der Auswertung des Integrals ist noch die Deltafunktion zu beachten; man erhält *(Fermis) Goldene Regel.*

Goldene Regel

Die Übergangsrate in ein Kontinuum von Zuständen ist in erster Ordnung der Störungstheorie gegeben durch

$$\Gamma = \frac{2\pi}{\hbar}\left|\left\langle \psi_m^{(0)} \middle| \hat{H}^{(1)} \middle| \psi_n^{(0)} \right\rangle\right|^2 \rho\left(E_n^{(0)}\right) , \tag{30.142}$$

wobei die Energien $E_n^{(0)}$ der Endzustände mit der Energie $E_m^{(0)}$ des Anfangszustands übereinstimmen müssen.

Die Übergangsrate ist also proportional zur Dichte der Endzustände und zum Betragsquadrat des entsprechenden Matrixelements der Störung.

Dieses Resultat wurde zuerst 1928 von Pauli hergeleitet; die Bezeichnung „Goldene Regel" stammt von *Enrico Fermi* wegen der zahlreichen Anwendungen, die diese Formel hat.

Teil III

Achtung Dieses Ergebnis gilt zwar für große Zeiten t. Bei der Näherung erster Ordnung wurde aber vorausgesetzt, dass t klein ist. Die Goldene Regel ist deshalb nur richtig, solange $\Gamma t \ll 1$ gilt. ◀

Periodische Störung

Eine zweite wichtige Anwendung findet die zeitabhängige Störungstheorie bei periodischen Störungen. Der Störterm sei also gegeben durch

$$\hat{H}^{(1)}(t) = \theta(t)\left(\hat{V}\mathrm{e}^{-\mathrm{i}\omega t} + \hat{V}^\dagger \mathrm{e}^{\mathrm{i}\omega t}\right), \qquad (30.143)$$

wobei $\hat{V}$ ein beliebiger Operator und ω eine (positive) Frequenz ist; der zweite Summand stellt hier sicher, dass $\hat{H}^{(1)}$ insgesamt hermitesch ist.

Frage 17

Was ergibt sich nun für die Koeffizienten $c_{nm}^{(1)}$?

Einsetzen in (30.130) und Ausführen des Integrals führen zunächst auf

$$\begin{aligned} c_{nm}^{(1)}(t) = \frac{1}{\hbar}\Bigg(&\left\langle\psi_m^{(0)}\middle|\hat{V}\middle|\psi_n^{(0)}\right\rangle \frac{\mathrm{e}^{-\mathrm{i}(\omega+\omega_{nm})t}-1}{\omega+\omega_{nm}} \\ &+\left\langle\psi_m^{(0)}\middle|\hat{V}\middle|\psi_n^{(0)}\right\rangle \frac{\mathrm{e}^{-\mathrm{i}(-\omega+\omega_{nm})t}-1}{-\omega+\omega_{nm}}\Bigg). \end{aligned} \qquad (30.144)$$

Wir führen nun dieselben Rechenschritte wie im vorhergehenden Unterabschnitt aus: Das Betragsquadrat ergibt die Übergangswahrscheinlichkeit, Teilen durch die Zeit die Übergangsrate. Im Limes $t \to \infty$ ergeben sich wieder Deltafunktionen, und schließlich erhält man

$$\begin{aligned} \Gamma_{nm} = \frac{2\pi}{\hbar}\Bigg(&\left|\left\langle\psi_m^{(0)}\middle|\hat{V}\middle|\psi_n^{(0)}\right\rangle\right|^2 \delta(E_m^{(0)}-E_n^{(0)}-\hbar\omega) \\ &+\left|\left\langle\psi_m^{(0)}\middle|\hat{V}^\dagger\middle|\psi_n^{(0)}\right\rangle\right|^2 \delta(E_m^{(0)}-E_n^{(0)}+\hbar\omega)\Bigg). \end{aligned} \qquad (30.145)$$

Durch eine periodische äußere Störung kann dem System also sowohl Energie zugeführt ($E_m^{(0)} - E_n^{(0)} - \hbar\omega = 0$, dann ist $E_m^{(0)} > E_n^{(0)}$, da ω als positiv vorausgesetzt wurde) als auch entzogen werden ($E_m^{(0)} - E_n^{(0)} + \hbar\omega = 0$, dann ist $E_m^{(0)} < E_n^{(0)}$).

Achtung Beim Berechnen des Betragsquadrats ist eigentlich die binomische Formel zu berücksichtigen; es ergibt sich also ein Mischterm von den beiden Summanden mit positiver bzw. negativer Frequenz. Geht man allerdings im Limes großer Zeiten zu den Deltafunktionen über, so zeigt sich, dass dieser Term nichts beiträgt, da die Deltafunktionen nicht überlappen (es kann nicht gleichzeitig $\omega = \omega_{nm}$ und $\omega = -\omega_{nm}$ sein). ◀

Stimulierte Emission

Betrachten wir als Beispiel eine elektromagnetische ebene, monochromatische Welle, die auf ein Atom fällt. Der Hamilton-Operator für ein geladenes Teilchen in einem elektromagnetischen Feld wurde in Kap. 29 diskutiert; unter Vernachlässigung des diamagnetischen Terms haben wir (siehe (29.22)):

$$\hat{H} = \frac{\hat{\boldsymbol{p}}^2}{2\mu} - \frac{\mathrm{i}\hbar e}{2\mu c}\operatorname{div}\boldsymbol{A} + \frac{e}{\mu c}\boldsymbol{A}\cdot\hat{\boldsymbol{p}} - e\phi \qquad (30.146)$$

mit der Elektronenmasse μ und der Elektronenladung $q = -e$. Wir wählen nun die Coulomb-Eichung $\operatorname{div}\boldsymbol{A} = 0$; damit ist ϕ nur das statische Coulomb-Potenzial des Atoms, und die Welle ergibt nur einen Beitrag zu $\boldsymbol{A}$. Dafür setzen wir an:

$$\boldsymbol{A}(t,\boldsymbol{x}) = \frac{c}{\omega}\boldsymbol{a}\,\mathrm{e}^{\mathrm{i}(\boldsymbol{k}\cdot\boldsymbol{x}-\omega t)} + \text{c.c.}, \qquad (30.147)$$

wobei $\boldsymbol{a}$ ein konstanter, reeller Vektor ist, $\boldsymbol{k}$ die Wellenzahl (mit $\boldsymbol{k}\cdot\boldsymbol{a} = 0$) und „c.c." für „komplex konjugiert" steht; letztere Beiträge sind nötig, damit $\boldsymbol{A}$ reell und deshalb der Hamilton-Operator hermitesch ist.

Frage 18

Schätzen Sie für typische Übergänge im optischen Bereich den räumlichen Anteil des Exponenten ab.

Da $|\boldsymbol{x}|$ von der Größenordnung 10^{-10} m ist, die Wellenlänge dagegen typisch im optischen Bereich liegt, also $\lambda \approx 10^{-7}$ m, folgt $\boldsymbol{k}\cdot\boldsymbol{x} \approx 10^{-3}$. Damit können wir in sehr guter Näherung $\mathrm{e}^{\mathrm{i}\boldsymbol{k}\cdot\boldsymbol{x}} = 1$ setzen.

Setzen wir dies in unseren Ansatz oben ein, so haben wir

$$\hat{H} = \hat{H}^{(0)} + \hat{H}^{(1)}(t), \qquad (30.148)$$

wobei $\hat{H}^{(0)}$ der Hamilton-Operator des ungestörten Atoms ist und der Störterm durch

$$\hat{H}^{(1)}(t) = \frac{e}{\mu\omega}\boldsymbol{a}\cdot\hat{\boldsymbol{p}}\,\mathrm{e}^{-\mathrm{i}\omega t} + \text{c.c.} \qquad (30.149)$$

gegeben ist.

Benutzen wir nun den Ausdruck (30.145) für die Übergangsrate; beschränken wir uns dabei aber auf den Fall $E_m^{(0)} < E_n^{(0)}$ – das Atom geht in ein niedrigeres Energieniveau über. Physikalisch heißt dies, dass das Atom durch die einfallende Welle dazu gebracht wird, Energie abzugeben; wir beschreiben hier also *stimulierte Emission*. Dann ist

$$\Gamma_{nm} = \frac{2\pi e^2}{\mu^2\hbar\omega^2}\left|\boldsymbol{a}\cdot\left\langle\psi_m^{(0)}\middle|\hat{\boldsymbol{p}}\middle|\psi_n^{(0)}\right\rangle\right|^2 \delta(E_m^{(0)}-E_n^{(0)}+\hbar\omega). \qquad (30.150)$$

Es bleibt noch, die Matrixelemente auszuwerten. Dazu benutzen wir zunächst folgenden Trick: Da $\hat{H}^{(0)}$ von der Form

$$\hat{H}^{(0)} = \frac{\hat{\boldsymbol{p}}^2}{2\mu} + V(\hat{\boldsymbol{x}}) \tag{30.151}$$

ist, gilt

$$\hat{\boldsymbol{p}} = \frac{\mathrm{i}\mu}{\hbar}\left[\hat{H}^{(0)}, \hat{\boldsymbol{x}}\right]. \tag{30.152}$$

Frage 19

Was ergibt sich damit für die Matrixelemente?

Damit haben wir

$$\begin{aligned}\left\langle \psi_m^{(0)} \middle| \hat{\boldsymbol{p}} \middle| \psi_n^{(0)} \right\rangle &= \frac{\mathrm{i}\mu}{\hbar}\left\langle \psi_m^{(0)} \middle| \left[\hat{H}^{(0)}, \hat{\boldsymbol{x}}\right] \middle| \psi_n^{(0)} \right\rangle \\ &= \frac{\mathrm{i}\mu}{\hbar}(E_m^{(0)} - E_n^{(0)})\left\langle \psi_m^{(0)} \middle| \hat{\boldsymbol{x}} \middle| \psi_n^{(0)} \right\rangle \\ &= -\mathrm{i}\mu\omega\left\langle \psi_m^{(0)} \middle| \hat{\boldsymbol{x}} \middle| \psi_n^{(0)} \right\rangle,\end{aligned} \tag{30.153}$$

wobei im letzten Schritt die Deltafunktion aus der Übergangsrate verwendet wurde.

Schätzen wir nun noch

$$\boldsymbol{a} \cdot \left\langle \psi_m^{(0)} \middle| \hat{\boldsymbol{x}} \middle| \psi_n^{(0)} \right\rangle \approx |\boldsymbol{a}| a_\mathrm{B} \tag{30.154}$$

ab, so ergibt sich schließlich für die Übergangsrate

$$\begin{aligned}\Gamma_{nm}^{\mathrm{E}} &\sim \frac{2\pi e^2}{\hbar}\boldsymbol{a}^2 a_\mathrm{B}^2 \delta(E_m^{(0)} - E_n^{(0)} + \hbar\omega) \\ &= \frac{2\pi\hbar^3}{\mu^2 e^2}\boldsymbol{a}^2 \delta(E_m^{(0)} - E_n^{(0)} + \hbar\omega).\end{aligned} \tag{30.155}$$

Wir haben diese Übergangsrate mit dem Buchstaben E gekennzeichnet, da sie vom Erwartungswert der Ortsoperators, also letztlich vom elektrischen Dipolmoment des Atoms, abhängt.

Frage 20

Wie kann der Spin des Elektrons zusätzlich berücksichtigt werden? Erinnern Sie sich an die Diskussion in Kap. 29.

Berücksichtigen wir auch den Spin des Elektrons, so ist zum Hamilton-Operator (30.146) noch der Term

$$\frac{e\hbar}{2\mu c}\boldsymbol{\sigma} \cdot \mathbf{rot}\,\boldsymbol{A} \tag{30.156}$$

zu addieren (mit $g = 2$). Mit

$$\mathbf{rot}\,\boldsymbol{A} = \mathrm{i}\frac{c}{\omega}(\boldsymbol{k} \times \boldsymbol{a})\mathrm{e}^{\mathrm{i}(\boldsymbol{k}\cdot\boldsymbol{x} - \omega t)} + \text{c.c.} \approx \mathrm{i}\frac{c}{\omega}(\boldsymbol{k} \times \boldsymbol{a})\mathrm{e}^{-\mathrm{i}\omega t} + \text{c.c.} \tag{30.157}$$

folgt, dass sich der zusätzliche Beitrag

$$\frac{\mathrm{i}e\hbar}{2\mu\omega}\boldsymbol{a} \cdot (\boldsymbol{\sigma} \times \boldsymbol{k})\mathrm{e}^{-\mathrm{i}\omega t} + \text{c.c.} \tag{30.158}$$

zum Störterm ergibt. Dies führt auf die Übergangsrate

$$\begin{aligned}\Gamma_{nm}^{\mathrm{M}} = \frac{\pi\hbar e^2}{2\mu^2\omega^2}&\left|\boldsymbol{a} \cdot \left(\left\langle \psi_m^{(0)} \middle| \boldsymbol{\sigma} \middle| \psi_n^{(0)} \right\rangle \times \boldsymbol{k}\right)\right|^2 \\ &\cdot \delta(E_m^{(0)} - E_n^{(0)} + \hbar\omega)\end{aligned} \tag{30.159}$$

mit der Kennzeichnung M, da es hier um eine Wechselwirkung mit dem magnetischen Moment des Atoms geht. Das Matrixelement ist sicher von der Größenordnung 1, also ergibt sich

$$\begin{aligned}\Gamma_{nm}^{\mathrm{M}} &\sim \frac{\pi\hbar e^2}{2\mu^2\omega^2}\boldsymbol{a}^2\boldsymbol{k}^2\delta(E_m^{(0)} - E_n^{(0)} + \hbar\omega) \\ &= \frac{\pi\hbar e^2}{2\mu^2 c^2}\boldsymbol{a}^2\delta(E_m^{(0)} - E_n^{(0)} + \hbar\omega).\end{aligned} \tag{30.160}$$

Frage 21

Was folgt damit für die relative Stärke von magnetischen und elektrischen Dipolübergängen?

Für das Verhältnis der beiden Übergangsraten erhält man

$$\frac{\Gamma_{nm}^{\mathrm{M}}}{\Gamma_{nm}^{\mathrm{E}}} = \frac{e^4}{4\hbar^2 c^2} = \frac{1}{4}\alpha^2, \tag{30.161}$$

magnetische Dipolübergänge sind im Vergleich zu elektrischen also sehr stark unterdrückt.

Untersuchen wir abschließend noch, welche Matrixelemente überhaupt zur elektrischen Dipolstrahlung beitragen. Dabei beschränken wir uns auf zentralsymmetrische Potenziale, z. B. wasserstoffartige Atome; bei diesen ist der Drehimpuls erhalten.

Nimmt man von den Kommutatoren

$$\begin{aligned}\left[\hat{L}_3, \hat{z}\right] &= 0 \\ \left[\hat{L}_3, \hat{x} \pm \mathrm{i}\hat{y}\right] &= \pm(\hat{x} \pm \mathrm{i}\hat{y})\,\hbar\end{aligned} \tag{30.162}$$

(wobei zum Plus- bzw. Minuszeichen auf der linken Seite jeweils beide Plus- bzw. Minuszeichen auf der rechten Seite gehören) die Matrixelemente, so ergibt sich zunächst

$$\begin{aligned}(m' - m)\left\langle \psi_{n'\ell'm'}^{(0)} \middle| \hat{z} \middle| \psi_{n\ell m}^{(0)} \right\rangle &= 0, \\ (m' - m \mp 1)\left\langle \psi_{n'\ell'm'}^{(0)} \middle| \hat{x} \pm \mathrm{i}\hat{y} \middle| \psi_{n\ell m}^{(0)} \right\rangle &= 0.\end{aligned} \tag{30.163}$$

Die Matrixelemente von $\hat{z}$ können also nur für $m' = m$ nicht verschwinden, die Matrixelemente von $\hat{x} \pm \mathrm{i}\hat{y}$ für $m' = m \pm 1$. (Dies wurde übrigens bereits in Aufgabe 27.8 für einen allgemeinen Vektoroperator gezeigt.)

Frage 22

Vollziehen Sie die einzelnen Schritte dieser Argumentation nach.

Bleibt die magnetische Quantenzahl beim Übergang unverändert, verschwindet nur die z-Komponente des elektrischen Dipolmoments nicht. In diesem Fall ist die abgegebene elektromagnetische Strahlung linear polarisiert, und in z-Richtung wird nichts abgestrahlt.

Bei einer Änderung der magnetischen Quantenzahl um eine Einheit ist dagegen die y-Komponente des elektrischen Dipolmoments das $\pm$i-fache der x-Komponente (und die z-Komponente verschwindet). Berücksichtigt man die harmonische Zeitabhängigkeit, so bedeutet dies, dass sich der Vektor des elektrischen Dipolmoments in der x-y-Ebene dreht – also wird zirkular polarisierte elektromagnetische Strahlung abgegeben.

Auch zur Abhängigkeit von ℓ kann man weitreichende Aussagen treffen. Wie in Aufgabe 30.12 gezeigt wird, gilt

$$\left[\hat{\boldsymbol{L}}^2, \left[\hat{\boldsymbol{L}}^2, \hat{\boldsymbol{x}}\right]\right] = 2\hbar^2 \left\{\hat{\boldsymbol{x}}, \hat{\boldsymbol{L}}^2\right\} . \tag{30.164}$$

Nimmt man hiervon die Matrixelemente, so folgt

$$\begin{aligned} &\hbar^4 \left(\ell'(\ell'+1) - \ell(\ell+1)\right)^2 \left\langle \psi^{(0)}_{n'\ell'm'} \middle| \hat{\boldsymbol{x}} \middle| \psi^{(0)}_{n\ell m} \right\rangle \\ &= 2\hbar^4 \left(\ell'(\ell'+1) - \ell(\ell+1)\right) \left\langle \psi^{(0)}_{n'\ell'm'} \middle| \hat{\boldsymbol{x}} \middle| \psi^{(0)}_{n\ell m} \right\rangle , \end{aligned} \tag{30.165}$$

was wiederum umgeschrieben werden kann zu

$$(\ell+\ell')(\ell+\ell'+2)\left((\ell-\ell')^2 - 1\right) \left\langle \psi^{(0)}_{n'\ell'm'} \middle| \hat{\boldsymbol{x}} \middle| \psi^{(0)}_{n\ell m} \right\rangle = 0 . \tag{30.166}$$

Aus Symmetriegründen verschwindet das Matrixelement für $\ell = \ell' = 0$. Ist dagegen ℓ oder $\ell' > 0$, so sind die ersten beiden Klammern sicher positiv. Somit bleibt

$$\left((\ell-\ell')^2 - 1\right) \left\langle \psi^{(0)}_{n'\ell'm'} \middle| \hat{\boldsymbol{x}} \middle| \psi^{(0)}_{n\ell m} \right\rangle = 0 . \tag{30.167}$$

Damit können nur die Matrixelemente mit $\ell' = \ell \pm 1$ nicht verschwinden.

Die hier hergeleiteten Bedingungen für die nicht verschwindenden Übergangsmatrixelemente werden als *Auswahlregeln* für die elektrische Dipolstrahlung bezeichnet.

Auswahlregeln für elektrische Dipolstrahlung

In der ersten Ordnung der Störungstheorie können nur elektrische Dipolübergänge zwischen Zuständen mit $\ell' = \ell \pm 1$ und $|m' - m| \leq 1$ stattfinden. Für $m' = m$ ist die abgegebene Strahlung linear in z-Richtung polarisiert, für $m' = m \pm 1$ zirkular in der x-y-Ebene.

Im Rahmen der Quantenelektrodynamik werden die Auswahlregeln anschaulich verständlich: Bei Abstrahlung von elektromagnetischen Wellen werden Photonen mit einem Spin von 1 abgegeben. Deshalb muss sich die Drehimpulsquantenzahl des Elektrons dabei um eine Einheit ändern und die magnetische Quantenzahl um null oder eins.

In höheren Ordnungen der Störungstheorie sind auch Übergänge zwischen anderen Zuständen möglich. Diese sind aber um entsprechende Potenzen von α unwahrscheinlicher und treten dementsprechend deutlich seltener auf; man spricht von *verbotenen Übergängen*.

Aufgaben

Gelegentlich enthalten die Aufgaben mehr Angaben, als für die Lösung erforderlich sind. Bei einigen anderen dagegen werden Daten aus dem Allgemeinwissen, aus anderen Quellen oder sinnvolle Schätzungen benötigt.

- • leichte Aufgaben mit wenigen Rechenschritten
- •• mittelschwere Aufgaben, die etwas Denkarbeit und unter Umständen die Kombination verschiedener Konzepte erfordern
- ••• anspruchsvolle Aufgaben, die fortgeschrittene Konzepte (unter Umständen auch aus späteren Kapiteln) oder eigene mathematische Modellbildung benötigen

30.1 •• Anomaler Zeeman-Effekt Berechnen Sie die Energieverschiebung durch den paramagnetischen Term in (29.82) für ein wasserstoffartiges Atom in einem beliebigen Zustand bis zur ersten Ordnung der Störungstheorie. Gehen Sie dabei davon aus, dass der Einfluss der Spin-Bahn-Kopplung stärker als der des äußeren Magnetfeldes ist (*anomaler Zeeman-Effekt*).

Lösungshinweis: Verwenden Sie die Eigenzustände zum Gesamtdrehimpuls (diese können mithilfe von Clebsch-Gordan-Koeffizienten konstruiert werden) und benutzen Sie $\hat{L}_3 + 2\hat{S}_3 = \hat{J}_3 + \hat{S}_3$.

30.2 •• Harmonischer Oszillator mit linearer Störung Auf einen eindimensionalen harmonischen Oszillator (Masse m, Eigenfrequenz ω) wirke ein zusätzliches lineares Potenzial Fx mit einer Konstanten F.

(a) Zeigen Sie, dass sich in der ersten Ordnung der Störungstheorie für beliebige Energieeigenzustände kein Beitrag von diesem Störterm ergibt.
(b) Ermitteln Sie die Energien bis zur zweiten Ordnung der Störungstheorie und vergleichen Sie mit dem exakten Ergebnis.

Lösungshinweis:

(a) Benutzen Sie ein Symmetrieargument.
(b) Schreiben Sie den Störterm mittels Auf- und Absteigeoperatoren.

30.3 •• Quadratischer Stark-Effekt Die Energieverschiebung durch ein homogenes elektrisches Feld in z-Richtung für ein Wasserstoffatom im Grundzustand soll in der zweiten Ordnung der Störungstheorie berechnet werden (*quadratischer Stark-Effekt*).

(a) Begründen Sie zunächst, dass sich folgender Ausdruck ergibt:

$$E_{100}^{(2)} = e^2 \boldsymbol{E}^2 \sum_{n=1}^{\infty} \sum_{\ell=0}^{n-1} \sum_{m=-\ell}^{\ell} \frac{|\langle n\,\ell\,m|\,\hat{z}\,|1\,0\,0\rangle|^2}{E_1^{(0)} - E_n^{(0)}} . \quad (30.168)$$

(b) Benutzen Sie dann, dass

$$\hat{z}\,|1\,0\,0\rangle = \frac{\mathrm{i}\mu}{\hbar^2}\left[\hat{H}, \hat{Z}\right]|1\,0\,0\rangle \quad (30.169)$$

gilt mit dem Operator $\hat{Z}$, dessen Wirkung auf den Grundzustand gegeben ist durch

$$\hat{Z}\,|1\,0\,0\rangle = -\mathrm{i}za_\mathrm{B}\left(a_\mathrm{B} + \frac{r}{2}\right)|1\,0\,0\rangle \quad (30.170)$$

(das braucht nicht gezeigt zu werden!), und zeigen Sie damit:

$$E_{100}^{(2)} = -\frac{\mathrm{i}\boldsymbol{E}^2}{a_\mathrm{B}} \left|\langle 1\,0\,0|\,\hat{z}\hat{Z}\,|1\,0\,0\rangle\right|^2 . \quad (30.171)$$

(c) Werten Sie diesen Ausdruck aus.

Lösungshinweis:

(a) Begründen Sie, dass $\langle 1\,0\,0|\,\hat{z}\,|1\,0\,0\rangle = 0$ ist.
(b) Benutzen Sie die Wirkung des Hamilton-Operators auf die Zustände und deren Vollständigkeit.
(c) Benutzen Sie die Wirkung von $\hat{Z}$ auf den Grundzustand und werten Sie das Integral im Ortsraum aus.

30.4 •• Ausgedehnter Atomkern Ein realer Atomkern ist nicht punktförmig, hat also kein reines Coulomb-Potenzial. Nähert man den Atomkern als homogen geladene Kugel mit Radius $R \ll a_\mathrm{B}$ an, so ist die potenzielle Energie eines Elektrons in seinem Feld

$$V(r) = -\frac{Ze^2}{R}\begin{cases} \frac{3}{2} - \frac{1}{2}\left(\frac{r}{R}\right)^2 & \text{für } r < R \\ \frac{1}{r} & \text{für } r > R . \end{cases} \quad (30.172)$$

Betrachten Sie die Differenz dieser potenziellen Energie zur Energie im Coulomb-Feld als Störterm und berechnen Sie die Energieverschiebung in der ersten Ordnung der Störungstheorie. Vergleichen Sie mit den Energien im Coulomb-Potenzial.

Lösungshinweis: Da der Störtem nur für $r \ll a_\mathrm{B}$ nicht verschwindet, können Sie die ungestörten (wasserstoffartigen) Wellenfunktionen durch ihren Wert bei $r = 0$ annähern.

30.5 •• Diamagnetismus

(a) Berechnen Sie die Energieverschiebung durch den diamagnetischen Term in (29.26) in einem wasserstoffartigen Atom im Grundzustand in der ersten Ordnung der Störungstheorie.
(b) Zeigen Sie, dass der Störoperator im Unterraum der ersten angeregten Zustände ($n = 2$) diagonal ist.
(c) Ermitteln Sie, welche Matrixelemente bei den zweiten angeregten Zuständen ($n = 3$) mit magnetischer Quantenzahl $m = 0$ nicht verschwinden. (Warum ist es möglich, sich auf diese zu beschränken?) Kürzen Sie diese geeignet ab (die konkrete Berechnung der Werte ist nicht verlangt) und finden Sie die Energieverschiebungen in erster Ordnung der Störungstheorie durch Diagonalisieren der Matrix.

30.6 •• Virialsatz aus Hellmann-Feynman-Theorem Der Virialsatz für homogene Potenziale (30.90) und das Hellmann-Feynman-Theorem (30.67) sind nicht unabhängig voneinander: Ersterer kann aus letzterem hergeleitet werden.

(a) Zeigen Sie zunächst: Ist $\psi(\boldsymbol{x})$ eine normierte Eigenfunktion des Hamilton-Operators

$$\hat{H} = -\frac{\hbar^2}{2m}\Delta + V(\boldsymbol{x}), \qquad (30.173)$$

wobei das Potenzial homogen vom Grad k ist, so ist

$$\psi_\lambda(\boldsymbol{x}) = \lambda^{3/2}\psi(\lambda\boldsymbol{x}) \qquad (30.174)$$

für jeden Wert von $\lambda \neq 0$ normiert und eine Eigenfunktion zum Hamilton-Operator

$$\hat{H}_\lambda = -\lambda^{-2}\frac{\hbar^2}{2m}\Delta + \lambda^k V(\boldsymbol{x}) \qquad (30.175)$$

zu demselben Eigenwert E wie $\psi(\boldsymbol{x})$.
(b) Benutzen Sie das Hellmann-Feynman-Theorem, um hieraus den Virialsatz für homogene Potenziale herzuleiten.

Lösungshinweis:

(a) Benutzen Sie die Substitution $\boldsymbol{y} = \lambda\boldsymbol{x}$.
(b) Nutzen Sie aus, dass laut Teilaufgabe (a) E unabhängig von λ ist, und wenden Sie die Hellmann-Feynman-Formel für $\lambda = 1$ an.

30.7 • Feinstrukturaufspaltung

(a) Vollziehen Sie die Aufspaltungen der Energieniveaus $n = 1$ und $n = 2$ von wasserstoffartigen Atomen (siehe Abb. 30.3) nach. Ermitteln Sie insbesondere für Abb. 30.3a und 30.3b jeweils den Maßstab (in Abhängigkeit von Z).
(b) Zeichnen Sie die entsprechende Abbildung für $n = 3$.

Lösungshinweis: Dies ist vor allem eine Fleißaufgabe; setzt man in (30.44), (30.102) und (30.103) ein, so erhält man sofort die gesuchten Werte. Vorsicht muss man nur bei den Vorzeichen walten lassen, insbesondere das von $E_n^{(0)}$ muss berücksichtigt werden.

30.8 •• Zitterbewegung und Darwin-Term Aus der Dirac-Gleichung erhält man einen zusätzlichen Störterm für Elektronen in einem Potenzial V:

$$\hat{H}^{(1)} = \frac{\hbar^2}{8\mu^2c^2}\Delta V. \qquad (30.176)$$

Dieser wird als *Darwin-Term* bezeichnet (nach *Charles Galton Darwin*, 1887–1962, einem Enkel des bekannten Biologen Charles Darwin).

Halbanschaulich erklärt man dies durch die sogenannte *Zitterbewegung* des Elektrons: Dessen Wechselwirkung mit dem elektrostatischen Feld ist nicht mehr lokalisiert, sondern seine Position schwankt isotrop mit einer Standardabweichung der Größenordnung

$$\sqrt{\langle(\delta\boldsymbol{x})^2\rangle} = \frac{\hbar}{\mu c} = \frac{\lambda_C}{2\pi} \qquad (30.177)$$

mit der Compton-Wellenlänge λ_C.

(a) Zeigen Sie, dass sich mit der Annahme der Zitterbewegung aus dem Erwartungswert des Potenzials näherungsweise ein Störterm der Struktur (30.176) (aber mit falschem Vorfaktor) ergibt.
(b) Berechnen Sie die Energieverschiebung durch den Term (30.176) für die Eigenzustände von wasserstoffartigen Atomen in der ersten Ordnung der Störungstheorie. Begründen Sie insbesondere, dass sich nur für $\ell = 0$ eine Verschiebung ergibt, und vergleichen Sie mit dem Ergebnis (30.44) bei der Spin-Bahn-Kopplung.

Lösungshinweis:

(a) Betrachten Sie die Taylor-Entwicklung von $V(\boldsymbol{x} + \delta\boldsymbol{x})$ und beachten Sie, dass die Positionsabweichung isotrop ist und im Mittel verschwinden muss.
(b) Betrachten Sie die Wirkung von Δ auf das Coulomb-Potenzial und beachten Sie das Verhalten der Eigenfunktionen für $r \to 0$.

30.9 •• Plötzlicher radioaktiver Zerfall Ein wasserstoffartiges Atom (Kernladung Z) befinde sich im Grundzustand. Durch einen radioaktiven Zerfall ändere sich die Kernladungszahl zu Z'. Berechnen Sie im Rahmen der *sudden approximation* die Wahrscheinlichkeit, das Atom danach in einem der ersten angeregten Zustände zu finden. Was ergibt sich speziell für $Z = Z'$ (z. B. Gammazerfall)?

30.10 •• Harmonischer Oszillator mit harmonischer Störung Auf einen eindimensionalen harmonischen Oszillator (Masse m, Eigenfrequenz ω_0), der in x-Richtung schwingt, wirke nur zwischen den Zeiten t_1 und t_2 das zusätzliche Potenzial

$$V(x) = -xF\cos(\omega t) \tag{30.178}$$

ein mit einer reellen Konstanten F. Berechnen Sie in der ersten Ordnung der zeitabhängigen Störungstheorie die Wahrscheinlichkeit, dass das System sich zur Zeit $t > t_2$ im angeregten Zustand n befindet, wenn es für $t < t_1$ im Grundzustand war. Betrachten Sie auch die Übergangsraten im Grenzfall $\Delta t = t_2 - t_1 \to \infty$.

Lösungshinweis: Verwenden Sie für die Berechnung des Matrixelements Auf- und Absteigeoperatoren.

30.11 ••• Wasserstoffatom im zeitabhängigen elektrischen Feld Auf ein Wasserstoffatom wirke ein homogenes, aber zeitabhängiges elektrisches Feld ein, das gegeben ist durch

$$\boldsymbol{E}(t) = \frac{\mathcal{E}t_0}{t^2 + t_0^2}\hat{\boldsymbol{e}}_z \tag{30.179}$$

mit einer reellen Konstanten $\mathcal{E}$.

Für $t \to -\infty$ befinde sich das Atom im Grundzustand. Berechnen Sie in der ersten Ordnung der zeitabhängigen Störungsstheorie die Wahrscheinlichkeit, dass es sich für $t \to \infty$ in einem der ersten angeregten Zustände befindet.

Lösungshinweis: Benutzen Sie die Auswahlregeln der Dipolstrahlung, um zunächst festzustellen, in welchem der angeregten Zustände sich das Atom nur befinden kann. Das Zeitintegral kann mithilfe des Residuensatzes berechnet werden; schließen Sie dafür den Integrationsweg durch einen Halbkreis „im Unendlichen".

30.12 ••• Drehimpulskommutatoren Die Beziehung (30.164), die für die Herleitung der l-Auswahlregel verwendet wurde, ist zu zeigen:

$$\left[\hat{\boldsymbol{L}}^2, \left[\hat{\boldsymbol{L}}^2, \hat{\boldsymbol{x}}\right]\right] = 2\hbar^2 \left\{\hat{\boldsymbol{x}}, \hat{\boldsymbol{L}}^2\right\} . \tag{30.180}$$

(a) Zeigen Sie zunächst

$$\left[\hat{\boldsymbol{L}}^2, \hat{x}_j\right] = \mathrm{i}\hbar \sum_{i,k} \varepsilon_{ijk} \left(\hat{L}_i\hat{x}_k + \hat{x}_k\hat{L}_i\right) . \tag{30.181}$$

(b) Zeigen Sie damit, dass gilt:

$$\begin{aligned}\left[\hat{\boldsymbol{L}}^2, \left[\hat{\boldsymbol{L}}^2, \hat{x}_j\right]\right] = \hbar^2 \Bigg(&\left\{\hat{x}_j, \hat{\boldsymbol{L}}^2\right\} - (\hat{\boldsymbol{L}}\cdot\hat{\boldsymbol{x}})\hat{L}_j - \hat{L}_j(\hat{\boldsymbol{L}}\cdot\hat{\boldsymbol{x}}) \\ &+ \sum_i \left(2\hat{L}_i\hat{x}_j\hat{L}_i - \hat{L}_i\hat{L}_j\hat{x}_i - \hat{x}_i\hat{L}_j\hat{L}_i\right)\Bigg)\end{aligned} \tag{30.182}$$

(c) Begründen Sie, dass

$$\hat{\boldsymbol{L}}\cdot\hat{\boldsymbol{x}} = \hat{\boldsymbol{x}}\cdot\hat{\boldsymbol{L}} = 0 \tag{30.183}$$

ist und zeigen Sie

$$\sum_i \left(2\hat{L}_i\hat{x}_j\hat{L}_i - \hat{L}_i\hat{L}_j\hat{x}_i - \hat{x}_i\hat{L}_j\hat{L}_i\right) = \left\{\hat{x}_j, \hat{\boldsymbol{L}}^2\right\} . \tag{30.184}$$

Lösungshinweis:

(a) Benutzen Sie die bekannten Kommutatoren $\left[\hat{L}_i, \hat{x}_j\right]$.
(b) Verwenden Sie das Ergebnis aus Teilaufgabe (a) zweimal und führen Sie die Summe über die Produkte der beiden ε-Tensoren aus.
(c) Die erste Formel folgt aus der Definition des Drehimpulses; für die zweite nutzen Sie wieder den Kommutator aus Teilaufgabe (a) und außerdem die erste Formel.

Die Rechnungen sind alle nicht grundsätzlich schwierig, aber relativ aufwendig.

Ausführliche Lösungen zu den Aufgaben

30.1 Der Störoperator ist

$$H^{(1)} = \mu_B \left(\frac{\hat{L}_3}{\hbar} \oplus \sigma_3 \right) B = \frac{\mu_B B}{\hbar} \left(\hat{L}_3 \oplus 2\hat{S}_3 \right) . \qquad (30.185)$$

Wie im Text gezeigt wurde, ist es bei Berücksichtigung der Spin-Bahn-Kopplung sinnvoll, die Zustände $|n\, j\, m_j\, \ell\rangle$ zu verwenden; den Störoperator schreibt man günstig als

$$H^{(1)} = \frac{\mu_B B}{\hbar} \left(\hat{J}_3 \oplus \hat{S}_3 \right) . \qquad (30.186)$$

Zunächst haben wir dann einfach

$$\langle n\, j\, m_j\, \ell |\, \hat{J}_3\, | n\, j\, m_j\, \ell \rangle = m_j . \qquad (30.187)$$

Für den Erwartungsswert des Spinoperators brauchen wir den expliziten Zusammenhang der Eigenzustände zum Gesamtdrehimpuls mit denen zum Bahndrehimpuls und Spin. Diese kann man mithilfe der Clebsch-Gordan-Koeffizienten konstruieren, die in Abschn. 27.7 besprochen wurden:

$$\begin{aligned} |n\, j\, m_j\, \ell\rangle &= \pm \sqrt{\frac{\ell \pm m_j + \frac{1}{2}}{2\ell + 1}}\, |n\, \ell\, m_\ell\rangle \otimes |\uparrow\rangle \\ &\quad + \sqrt{\frac{\ell \mp m_j + \frac{1}{2}}{2\ell + 1}}\, |n\, \ell\, m_\ell\rangle \otimes |\downarrow\rangle \qquad (30.188) \\ &\quad \text{für } j = \ell \pm \tfrac{1}{2} . \end{aligned}$$

Mit $\langle n\, \ell\, m_\ell\, | n\, \ell\, m_\ell \rangle = 1$ und der Orthonormalität der beiden Spinzustände erhält man

$$\begin{aligned} &\langle n\, j\, m_j\, \ell |\, \hat{S}_3\, | n\, j\, m_j\, \ell \rangle \qquad (30.189) \\ &= \frac{\ell \pm m_j + \frac{1}{2}}{2\ell + 1} \langle \uparrow |\, \hat{S}_3\, | \uparrow \rangle + \frac{\ell \mp m_j + \frac{1}{2}}{2\ell + 1} \langle \downarrow |\, \hat{S}_3\, | \downarrow \rangle \\ &= \frac{\hbar}{2} \left(\frac{\ell \pm m_j + \frac{1}{2}}{2\ell + 1} - \frac{\ell \mp m_j + \frac{1}{2}}{2\ell + 1} \right) \\ &= \pm \frac{\hbar m_j}{2\ell + 1} . \qquad (30.190) \end{aligned}$$

Damit ist die Energieverschiebung in erster Ordnung insgesamt gegeben durch

$$E^{(1)}_{n\, j\, m_j\, \ell} = \mu_B B m_j \left(1 \pm \frac{1}{2\ell + 1} \right) \text{ für } j = \ell \pm \tfrac{1}{2} . \qquad (30.191)$$

Im Gegensatz zum normalen Zeeman-Effekt hängt die Stärke der Aufspaltung nun also von der Bahndrehimpuls-Quantenzahl ℓ ab und ist außerdem je nach Spineinstellung unterschiedlich groß.

30.2

(a) In der ersten Ordnung ist der Erwartungswert des Störterms zu berechnen:

$$\langle n |\, \hat{x}\, | n \rangle = \int_{-\infty}^{\infty} |\psi_n(x)|^2\, x\, \mathrm{d}x . \qquad (30.192)$$

Die Eigenfunktionen ψ_n sind immer gerade oder ungerade Funktionen. Damit ist der Integrand insgesamt eine ungerade Funktion, und das Integral verschwindet.

(b) In der zweiten Ordnung benötigen wird die Matrixelemente $\langle k |\, \hat{x}\, | n \rangle$ für $k \neq n$. Mit Auf- und Absteigeoperatoren geschrieben wird dies zu

$$\sqrt{\frac{\hbar}{2m\omega}} \left(\langle k |\, \hat{a}\, | n \rangle + \langle k |\, \hat{a}^\dagger\, | n \rangle \right) . \qquad (30.193)$$

Der erste Summand liefert nur für $k = n - 1$ einen Beitrag, der zweite nur für $k = n + 1$:

$$\langle k |\, \hat{x}\, | n \rangle = \sqrt{\frac{\hbar}{2m\omega}} \left(\sqrt{n}\, \delta_{k,n-1} + \sqrt{n+1}\, \delta_{k,n+1} \right) . \qquad (30.194)$$

Also ist

$$|\langle k |\, F\hat{x}\, | n \rangle|^2 = \frac{\hbar F^2}{2m\omega} \left(n\, \delta_{k,n-1} + (n+1)\, \delta_{k,n+1} \right) . \qquad (30.195)$$

Außerdem haben wir

$$E^{(0)}_n - E^{(0)}_k = \hbar\omega \left(n + \frac{1}{2} \right) - \hbar\omega \left(k + \frac{1}{2} \right) = \hbar\omega\, (n - k) . \qquad (30.196)$$

Damit ist der Beitrag in zweiter Ordnung

$$\begin{aligned} E^{(2)}_n &= \frac{F^2}{2m\omega^2} \sum_{k \neq n} \frac{n\, \delta_{k,n-1} + (n+1)\, \delta_{k,n+1}}{n - k} \\ &= \frac{F^2}{2m\omega^2} \left(\frac{n}{n - (n-1)} + \frac{n+1}{n - (n+1)} \right) \qquad (30.197) \\ &= -\frac{F^2}{2m\omega^2} . \end{aligned}$$

Die Energieeigenwerte des Systems sind insgesamt also nur um diesen konstanten Faktor verschoben. Dies stimmt genau mit dem exakten Ergebnis überein (das man beispielsweise erhält, indem man in der potenziellen Energie eine quadratische Ergänzung durchführt; Aufgabe 29.1).

30.3

(a) Laut (30.18) ist über alle Zustände außer dem interessierenden zu summieren. Hier ist also der Grundzustand auszunehmen, d. h., wir haben zunächst

$$E_{100}^{(2)} = \sum_{n=2}^{\infty}\sum_{\ell=0}^{n-1}\sum_{m=-\ell}^{\ell} \frac{|\langle n\,\ell\,m|\,e|\boldsymbol{E}|\hat{z}\,|1\,0\,0\rangle|^2}{E_1^{(0)} - E_n^{(0)}} . \qquad (30.198)$$

Aus Paritätsgründen gilt aber

$$\langle 1\,0\,0|\,e|\boldsymbol{E}|\hat{z}\,|1\,0\,0\rangle = 0 , \qquad (30.199)$$

sodass man in der Summe die Einschränkung $n > 1$ fallen lassen kann. Schließlich kann man die konstanten Faktoren $e^2\boldsymbol{E}^2$ aus dem Erwartungswert heraus- und vor die Summe ziehen.

(b) Wir schreiben zunächst

$$E_{100}^{(2)} = e^2\boldsymbol{E}^2 \sum_{n=1}^{\infty}\sum_{\ell=0}^{n-1}\sum_{m=-\ell}^{\ell} \frac{\langle 1\,0\,0|\,\hat{z}\,|n\,\ell\,m\rangle\,\langle n\,\ell\,m|\,\hat{z}\,|1\,0\,0\rangle}{E_1^{(0)} - E_n^{(0)}} . \qquad (30.200)$$

Wir benutzen nun im zweiten Matrixelement den gegebenen Ausdruck für $\hat{z}\,|1\,0\,0\rangle$ (und kürzen die Summen ab):

$$E_{100}^{(2)} = \frac{\mathrm{i}\mu e^2\boldsymbol{E}^2}{\hbar^2} \sum_{n,\ell,m} \frac{\langle 1\,0\,0|\,\hat{z}\,|n\,\ell\,m\rangle\,\langle n\,\ell\,m|\left[\hat{H},\hat{Z}\right]|1\,0\,0\rangle}{E_1^{(0)} - E_n^{(0)}} . \qquad (30.201)$$

Nutzt man die Wirkung des Hamilton-Operators auf die Zustände nach links bzw. nach rechts aus, so wird dies zu

$$\begin{aligned} E_{100}^{(2)} &= \frac{\mathrm{i}\mu e^2\boldsymbol{E}^2}{\hbar^2} \cdot \sum_{n,\ell,m} \frac{\langle 1\,0\,0|\,\hat{z}\,|n\,\ell\,m\rangle\,\langle n\,\ell\,m|\,\hat{Z}\,|1\,0\,0\rangle\left(E_n^{(0)} - E_1^{(0)}\right)}{E_1^{(0)} - E_n^{(0)}} \\ &= -\frac{\mathrm{i}\mu e^2\boldsymbol{E}^2}{\hbar^2} \sum_{n,\ell,m} \langle 1\,0\,0|\,\hat{z}\,|n\,\ell\,m\rangle\,\langle n\,\ell\,m|\,\hat{Z}\,|1\,0\,0\rangle \\ &= -\frac{\mathrm{i}\boldsymbol{E}^2}{a_\mathrm{B}} \langle 1\,0\,0|\,\hat{z}\hat{Z}\,|1\,0\,0\rangle , \end{aligned} \qquad (30.202)$$

wobei im letzten Schritt die Vollständigkeit der Zustände ausgenutzt wurde.

(c) Setzen wir die explizite Wirkung der Operatoren auf den Grundzustand ein, so ist noch auszuwerten:

$$E_{100}^{(2)} = -\boldsymbol{E}^2 \int \mathrm{d}V\,|\psi_{100}(\boldsymbol{x})|^2 z^2 \left(a_\mathrm{B} + \frac{r}{2}\right) . \qquad (30.203)$$

Da die Grundzustandswellenfunktion sphärisch symmetrisch ist und $z = r\cos\vartheta$ gilt, können die Winkelintegrationen sofort ausgeführt werden; mit

$$\int \mathrm{d}\Omega\,\cos^2\vartheta = 2\pi \int_{-1}^{1} \mathrm{d}\cos\vartheta\,\cos^2\vartheta = \frac{4\pi}{3} \qquad (30.204)$$

bleibt

$$E_{100}^{(2)} = -\frac{4\pi}{3}\boldsymbol{E}^2 \int_0^\infty r^2\mathrm{d}r\,|\psi_{100}(r)|^2 r^2 \left(a_\mathrm{B} + \frac{r}{2}\right) \qquad (30.205)$$

bzw., wenn man die explizite Form der Grundzustands-Wellenfunktion einsetzt,

$$E_{100}^{(2)} = -\frac{4}{3a_\mathrm{B}^3}\boldsymbol{E}^2 \int_0^\infty \mathrm{d}r\,\mathrm{e}^{-2r/a_\mathrm{B}} r^4 \left(a_\mathrm{B} + \frac{r}{2}\right) . \qquad (30.206)$$

Die Substitution $r = xa_\mathrm{B}/2$ vereinfacht dies zu

$$E_{100}^{(2)} = -\frac{a_\mathrm{B}^3}{96}\boldsymbol{E}^2 \int_0^\infty \mathrm{d}x\,\mathrm{e}^{-x} x^4\,(4 + x) . \qquad (30.207)$$

Das verbleibende Integral kann nun leicht ausgewertet werden; es ergibt sich schließlich

$$E_{100}^{(2)} = -\frac{a_\mathrm{B}^3}{96}\boldsymbol{E}^2 \cdot (4! \cdot 4 + 5!) = -\frac{9a_\mathrm{B}^3}{4}\boldsymbol{E}^2 . \qquad (30.208)$$

30.4 Der Störterm ist die Differenz aus dem hier gegebenen Kernpotenzial und dem Coulomb-Potenzial, also

$$\hat{H}^{(1)} = -Ze^2 \begin{cases} \frac{3R^2 - r^2}{2R^3} - \frac{1}{r} & \text{für } r < R \\ 0 & \text{für } r > R . \end{cases} \qquad (30.209)$$

Da er sphärisch symmetrisch ist, sind die Winkelintegrale bei der Berechnung des Erwartungswertes sofort ausführbar. Es bleibt:

$$\begin{aligned} &\langle n\,\ell\,m|\,\hat{H}^{(1)}\,|n\,\ell\,m\rangle \\ &= -4\pi Ze^2 \int_0^R r^2 \left(\frac{3R^2 - r^2}{2R^3} - \frac{1}{r}\right) R_{n\ell}^2(r)\,\mathrm{d}r , \end{aligned} \qquad (30.210)$$

wobei die $R_{n\ell}$ die Radialanteile der Wasserstoffwellenfunktionen sind (Kap. 28). Da $R \ll a_\mathrm{B}$ ist, können wir (wie angegeben) diese Funktionen durch ihren Wert bei $r = 0$ annähern:

$$R_{n\ell}^2(0) = \frac{Z^3}{\pi a_\mathrm{B}^3 n^3}\delta_{l0} \qquad (30.211)$$

und erhalten

$$\begin{aligned} &\langle n\,\ell\,m|\,\hat{H}^{(1)}\,|n\,\ell\,m\rangle \\ &= -\frac{4Z^4e^2}{a_\mathrm{B}^3 n^3}\delta_{\ell 0} \int_0^R r^2 \left(\frac{3R^2 - r^2}{2R^3} - \frac{1}{r}\right) \mathrm{d}r . \end{aligned} \qquad (30.212)$$

Das verbleibende Integral ist leicht ausführbar und ergibt einen Faktor $-R^2/10$; somit hat man insgesamt

$$E^{(1)}_{n\ell m} = \frac{2Z^4e^2R^2}{5a_B^3n^3}\delta_{\ell 0}\,. \qquad (30.213)$$

Nur für $\ell = 0$ ergibt sich also eine Verschiebung der Energieniveaus (nach oben, d. h., die endliche Kernausdehnung führt zu einer schwächeren Bindung).

Die Energien im Coulomb-Potenzial sind

$$E^{(0)}_{n\ell m} = -\frac{Z^2e^2}{2a_Bn^2}\,. \qquad (30.214)$$

Die relative Verschiebung ist also

$$\left|\frac{E^{(1)}_{n00}}{E^{(0)}_{n00}}\right| = \frac{4}{5n}\left(\frac{ZR}{a_B}\right)^2. \qquad (30.215)$$

Zum Beispiel für $Z = 100$ und $R = 7$ fm ergibt dies etwa $2\cdot 10^{-4}/n$, beim Wasserstoffatom mit $Z = 1$ und $R = 0{,}9$ fm dagegen nur etwa $3\cdot 10^{-10}/n$.

30.5

(a) Der Störoperator ist hier

$$\hat{H}^{(1)} = \frac{e^2}{8\mu c^2}B^2\varrho^2 = \frac{e^2}{8\mu c^2}B^2r^2\sin^2\vartheta\,. \qquad (30.216)$$

In der ersten Ordnung der Störungstheorie ist der Erwartungswert dieses Ausdrucks zu bilden, d. h. das folgende Integral zu berechnen:

$$E^{(1)}_{100} = \frac{e^2}{8\mu c^2}B^2\int \mathrm{d}V\,|\psi_{100}(\boldsymbol{x})|^2r^2\sin^2\vartheta\,. \qquad (30.217)$$

Da die Grundzustandswellenfunktion sphärisch symmetrisch ist, können die Winkelintegrationen sofort ausgeführt werden:

$$\int \mathrm{d}\Omega\,\sin^2\vartheta = 2\pi\int_{-1}^{1}\mathrm{d}\cos\vartheta\,\left(1-\cos^2\vartheta\right) = \frac{8\pi}{3}\,, \qquad (30.218)$$

und man hat

$$E^{(1)}_{100} = \frac{\pi e^2}{3\mu c^2}B^2\int_0^\infty r^2\mathrm{d}r\,|\psi_{100}(\boldsymbol{x})|^2r^2 \qquad (30.219)$$

bzw., wenn man die explizite Form der Grundzustands-Wellenfunktion einsetzt,

$$E^{(1)}_{100} = \frac{e^2}{3\mu c^2a_B^3}B^2\int_0^\infty \mathrm{d}r\,\mathrm{e}^{-2r/a_B}r^4\,. \qquad (30.220)$$

Mit der Substitution $r = xa_B/2$ vereinfacht sich dies zu

$$E^{(1)}_{100} = \frac{e^2a_B^2}{96\mu c^2}B^2\int_0^\infty \mathrm{d}x\,\mathrm{e}^{-x}x^4\,. \qquad (30.221)$$

Das Integral ergibt einen Faktor $4! = 24$; insgesamt hat man somit

$$E^{(1)}_{100} = \frac{e^2a_B^2}{4\mu c^2}B^2\,. \qquad (30.222)$$

(b) Der Störoperator hat positive Parität, die Zustände jeweils die Parität $(-1)^\ell$. Insgesamt hat man also

$$\hat{P}\,\langle 2\,\ell\,m|\,\hat{H}^{(1)}\,|2\,\ell'\,m'\rangle = (-1)^{\ell+\ell'}\,\langle 2\,\ell\,m|\,\hat{H}^{(1)}\,|2\,\ell'\,m'\rangle\,. \qquad (30.223)$$

Die Matrixelemente verschwinden also nur dann nicht, wenn $\ell+\ell'$ eine gerade Zahl ist. Dies ist bei $n = 2$ nur möglich, wenn $\ell = \ell' = 0$ oder $\ell = \ell' = 1$ ist.
Außerdem hängt $\hat{H}^{(1)}$ nicht von φ ab. Bei der Berechnung der Matrixelemente wird also nur über $\mathrm{e}^{\mathrm{i}(m-m')\varphi}$ integriert. Dieses Integral verschwindet nur für $m = m'$ nicht. (Alternativ folgt dies auch, wenn man die Matrixelemente des Kommutators $\left[\hat{H}^{(1)},\hat{L}_3\right] = 0$ betrachtet.)
Die einzigen Matrixelemente, die für $n = 2$ nicht verschwinden, sind deshalb diejenigen mit $\ell = \ell'$ und $m = m'$, und damit ist der Störoperator im Unterraum dieser Zustände diagonal.

(c) Zunächst muss wie in Teilaufgabe (b) $m = m'$ gelten; Zustände mit verschiedenem m mischen untereinander also nicht, und damit ist es möglich, sich auf einen bestimmten Wert von m (hier: $m = 0$) zu beschränken.
Wie in Teilaufgabe (b) folgt auch, dass $\ell+\ell'$ eine gerade Zahl sein muss. Im Gegensatz zu Teilaufgabe (b) hat man nun aber auch nicht verschwindende Matrixelemente für $\ell = 0$ und $\ell' = 2$ bzw. umgedreht, zusätzlich zu denen mit $\ell = \ell' = 0$, $\ell = \ell' = 1$ und $\ell = \ell' = 2$. Führen wir die Abkürzungen

$$E_{\ell\,\ell'} := \langle 3\,\ell\,0|\,\hat{H}^{(1)}\,|3\,\ell'\,0\rangle \qquad (30.224)$$

ein, so bleibt eine Matrix der Form

$$\boldsymbol{E} = \begin{pmatrix} E_{00} & 0 & E_{02}\\ 0 & E_{11} & 0\\ E_{20} & 0 & E_{22}\end{pmatrix}. \qquad (30.225)$$

Dabei muss $E_{02} = E^*_{20}$ gelten. Genauer: Da $m = 0$ ist, sind die Wellenfunktionen alle reell, also sind alle $E_{\ell\,\ell'}$ reell, und damit muss sogar $E_{02} = E_{20}$ gelten. Diese Matrix muss nun noch diagonalisiert werden.
Die Eigenwertgleichung ist hier

$$\det\begin{pmatrix} E_{00}-\lambda & 0 & E_{02}\\ 0 & E_{11}-\lambda & 0\\ E_{20} & 0 & E_{22}-\lambda\end{pmatrix} = 0\,, \qquad (30.226)$$

was auf

$$(E_{00} - \lambda)(E_{11} - \lambda)(E_{22} - \lambda) - E_{02}(E_{11} - \lambda)E_{20} = 0 \tag{30.227}$$

führt. Eine Lösung dieser Gleichung ist offensichtlich $\lambda_1 = E_{11}$; es bleibt dann noch die quadratische Gleichung

$$\lambda^2 - (E_{00} + E_{22})\lambda + E_{00}E_{22} - E_{02}E_{20} = 0 \tag{30.228}$$

mit den Lösungen

$$\lambda_{2,3} = \frac{E_{00} + E_{22}}{2} \pm \sqrt{\left(\frac{E_{00} - E_{22}}{2}\right)^2 + E_{02}E_{20}}\,. \tag{30.229}$$

Diese Eigenwerte $\lambda_{1,2,3}$ sind die gesuchten Energieverschiebungen in der ersten Ordnung der Störungstheorie.

30.6

(a) Zunächst ist

$$\begin{aligned}\int \mathrm{d}^3x\,|\psi_\lambda(\boldsymbol{x})|^2 &= \int \mathrm{d}^3x\,\lambda^3|\psi(\lambda\boldsymbol{x})|^2 \\ &= \int \mathrm{d}^3y\,|\psi(\boldsymbol{y})|^2 = 1\,,\end{aligned} \tag{30.230}$$

wobei $\boldsymbol{y} = \lambda\boldsymbol{x}$ substituiert und verwendet wurde, dass $\psi(x)$ normiert ist.
Außerdem ist mit derselben Substitution

$$\frac{\partial}{\partial x_i} = \lambda\frac{\partial}{\partial y_i}\,, \tag{30.231}$$

also

$$\Delta_x = \lambda^2\Delta_y\,, \tag{30.232}$$

und

$$\lambda^k V(\boldsymbol{x}) = V(\lambda\boldsymbol{x}) = V(\boldsymbol{y})\,. \tag{30.233}$$

Es ergibt sich somit

$$\begin{aligned}\hat{H}_\lambda\psi_\lambda(\boldsymbol{x}) &= \lambda^{3/2}\left(-\lambda^{-2}\frac{\hbar^2}{2m}\Delta_x + \lambda^k V(\boldsymbol{x})\right)\psi(\lambda\boldsymbol{x}) \\ &= \lambda^{3/2}\left(-\frac{\hbar^2}{2m}\Delta_y + V(\boldsymbol{y})\right)\psi(\boldsymbol{y}) \\ &= \lambda^{3/2}E\psi(\boldsymbol{y}) = E\psi_\lambda(\boldsymbol{x})\,,\end{aligned} \tag{30.234}$$

wobei verwendet wurde, dass ψ eine Eigenfunktion zu $\hat{H}$ ist. Dies war zu zeigen.

(b) Da laut Teilaufgabe (a) die Energie von λ unabhängig ist, verschwindet die rechte Seite in (30.67), d. h., es bleibt

$$\langle\psi_\lambda|\,\frac{\partial\hat{H}_\lambda}{\partial\lambda}\,|\psi_\lambda\rangle = 0\,. \tag{30.235}$$

Die Ableitung des Hamilton-Operators nach λ ist aber einfach

$$\begin{aligned}\frac{\partial\hat{H}_\lambda}{\partial\lambda} &= 2\lambda^{-3}\frac{\hbar^2}{2m}\Delta + k\lambda^{k-1}V(\boldsymbol{x}) \\ &= -2\lambda^{-3}T(\hat{\boldsymbol{p}}) + \frac{k}{\lambda}V(\hat{\boldsymbol{y}})\,.\end{aligned} \tag{30.236}$$

Es bleibt also

$$2\lambda^{-3}\langle\psi_\lambda|\,T(\hat{\boldsymbol{p}})\,|\psi_\lambda\rangle = \frac{k}{\lambda}\langle\psi_\lambda|\,V(\hat{\boldsymbol{y}})\,|\psi_\lambda\rangle\,. \tag{30.237}$$

Für $\lambda = 1$ hat man dann den Virialsatz für homogene Potenziale.

30.7

(a) Zunächst ist zu beachten, dass die ungestörten Energien bei wasserstoffartigen Atomen negativ sind:

$$E_n^{(0)} = -\frac{Z^2\mathrm{Ry}}{n^2}\,. \tag{30.238}$$

Teilen wir also die Störbeiträge der ersten Ordnung (30.44), (30.102) und (30.103) jeweils durch den gemeinsamen (und für konstantes n jeweils konstanten) Faktor

$$\left|E_n^{(0)}\right|\frac{(Z\alpha)^2}{n^2}\,, \tag{30.239}$$

so haben wir die normierten Energieverschiebungen

$$\bar{E}_{\mathrm{LS}}^{(1)} = \frac{n}{2\ell+1}\begin{cases}\dfrac{1}{\ell+1} \\ -\dfrac{1}{l}\end{cases}\,, \tag{30.240}$$

$$\bar{E}_{\mathrm{rel}}^{(1)} = -\frac{n}{\ell+\frac{1}{2}} + \frac{3}{4}\,, \tag{30.241}$$

$$\bar{E}_{\mathrm{Fein}}^{(1)} = -\frac{n}{j+\frac{1}{2}} + \frac{3}{4}\,, \tag{30.242}$$

wobei das obere Vorzeichen in (30.240) zu $j = \ell + 1/2$ gehört, das untere zu $j = \ell - 1/2$.
Wir haben dann zunächst für $n = 1$ nur die Möglichkeit ($\ell = 0$ und $j = 1/2$). Bei der LS-Kopplung ergibt (30.240) dafür den Wert 1, bei der relativistischen Korrektur (30.241) den Wert $-5/4$ und bei der gesamten Feinstruktur (30.242) schließlich $-1/4$. Wählt man als Energieeinheit

$$\frac{1}{4}\left|E_1^{(0)}\right|\frac{(Z\alpha)^2}{1^2} \approx Z^4\cdot 1{,}8\cdot 10^{-4}\,\mathrm{eV}\,, \tag{30.243}$$

so sind die Energieniveaus somit um vier Einheiten nach oben, um fünf Einheiten nach unten bzw. um eine Einheit nach unten verschoben.
Für $n = 2$ gibt es dagegen mehr Möglichkeiten. Betrachten wir zunächst die LS-Kopplung; dort ergibt sich bei jeder möglichen Kombination von ℓ und j jeweils ein anderes Ergebnis:

- $\ell = 0$ und $j = 1/2$: 2,
- $\ell = 1$ und $j = 1/2$: $-2/3$,
- $\ell = 1$ und $j = 3/2$: $1/3$.

Bei der relativistischen Korrektur ist dagegen nur die Abhängigkeit von ℓ zu beachten:

- $\ell = 0$: $-13/4$,
- $\ell = 1$: $-7/12$,

und bei der gesamten Feinstruktur schließlich nur die Abhängigkeit von j:

- $j = 1/2$: $-5/4$,
- $j = 3/2$: $-1/4$.

Wählt man als Energieeinheit

$$\frac{1}{12}\left|E_2^{(0)}\right|\frac{(Z\alpha)^2}{2^2} \approx Z^4 \cdot 3{,}8 \cdot 10^{-6}\,\text{eV}\,, \tag{30.244}$$

so sind die Energieniveaus somit bei der LS-Kopplung um 24 Einheiten nach oben bzw. um acht Einheiten nach unten bzw. um vier Einheiten nach oben verschoben. Bei der relativistischen Korrektur sind es 39 bzw. sieben Einheiten nach unten, bei der gesamten Feinstruktur 15 bzw. drei Einheiten nach unten.

(b) Man verfährt wie in Teilaufgabe (a); es ergibt sich die Grafik in Abb. 30.4. Die passende Energieeinheit ist dabei

$$\frac{1}{20}\left|E_3^{(0)}\right|\frac{(Z\alpha)^2}{3^2} \approx Z^4 \cdot 4{,}5 \cdot 10^{-7}\,\text{eV}\,, \tag{30.245}$$

und die Verschiebungen sind in dieser Einheit (jeweils für von links nach rechts zunehmendes ℓ bzw. j):

- LS-Kopplung: +60, −20, +10, −6, +4,
- relativistische Korrektur: −105, −25, −9,
- gesamte Feinstruktur: −45, −15, −5.

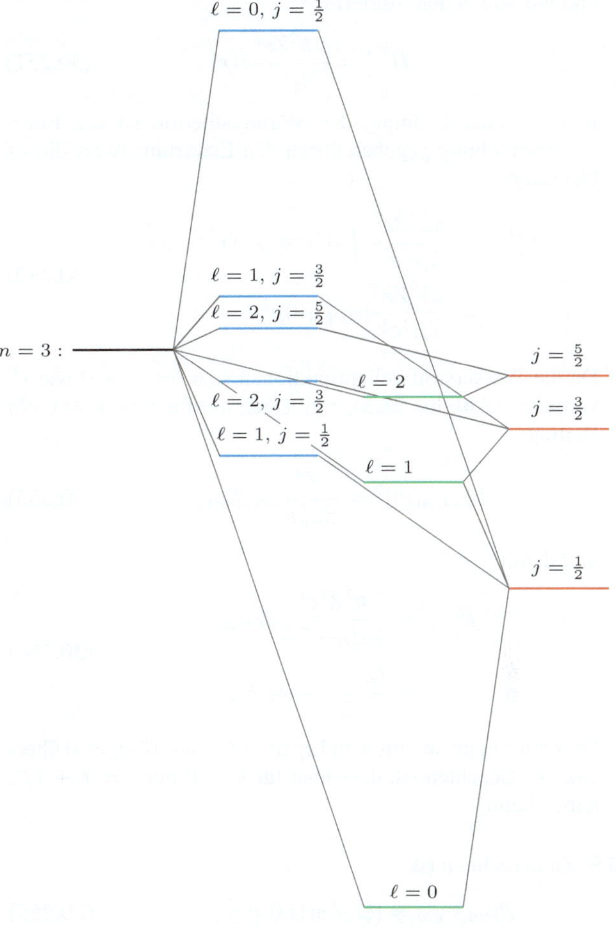

Abb. 30.4 Die Aufspaltung durch die Spin-Bahn-Wechselwirkung und den Darwin-Term bzw. rein durch die relativistischen Korrekturen und die komplette Feinstrukturaufspaltung des zweiten angeregten Zustands ($n = 2$) bei einem wasserstoffartigen Atom

30.8

(a) Wir entwickeln das Potenzial in eine Taylor-Reihe:

$$\begin{aligned} V(\boldsymbol{x} + \delta\boldsymbol{x}) &= V(\boldsymbol{x}) + \delta\boldsymbol{x} \cdot \nabla V(\boldsymbol{x}) \\ &\quad + \frac{1}{2}\sum_{i,j}\frac{\partial^2 V(\boldsymbol{x})}{\partial x_i \partial x_j}\delta x_i \delta x_j + \ldots \end{aligned} \tag{30.246}$$

Da die Positionsabweichung durch die Zitterbewegung im Mittel verschwindet, gilt $\langle \delta\boldsymbol{x}\rangle = 0$, und $\langle \delta x_i \delta x_j\rangle$ verschwindet nur für $i = j$ nicht. Nimmt man den Erwartungswert, so bleibt deshalb nur

$$\langle V(\boldsymbol{x} + \delta\boldsymbol{x})\rangle \approx V(\boldsymbol{x}) + \frac{1}{2}\sum_i \langle (\delta x_i)^2\rangle \frac{\partial^2 V(\boldsymbol{x})}{\partial x_i^2}\,. \tag{30.247}$$

Wegen der Isotropie der Zitterbewegung muss außerdem

$$\langle (\delta x_i)^2\rangle = \frac{1}{3}\langle (\delta\boldsymbol{x})^2\rangle \tag{30.248}$$

sein. Damit bleibt schließlich

$$\begin{aligned} \langle V(\boldsymbol{x} + \delta\boldsymbol{x})\rangle &\approx V(\boldsymbol{x}) + \frac{1}{6}\langle (\delta\boldsymbol{x})^2\rangle \sum_i \frac{\partial^2 V(\boldsymbol{x})}{\partial x_i^2} \\ &= V(\boldsymbol{x}) + \frac{\hbar^2}{6\mu^2 c^2}\Delta V\,. \end{aligned} \tag{30.249}$$

Es ergibt sich also ein Zusatzterm zum Potenzial und damit zum Hamilton-Operator, der dieselbe Struktur wie (30.176) hat, nur der Zahlenfaktor ist $1/6$ statt $1/8$.

(b) Für ein wasserstoffartiges Atom hat man ein Coulomb-Potenzial, also ist

$$\Delta V(\boldsymbol{x}) = -\Delta\frac{Ze^2}{r} = 4\pi Z e^2 \delta(\boldsymbol{x})\,, \tag{30.250}$$

und wir haben den Störterm

$$\hat{H}^{(1)} = \frac{\pi\hbar^2 Ze^2}{2\mu^2c^2}\delta(\boldsymbol{x})\,. \tag{30.251}$$

In der ersten Ordnung der Störungstheorie ist die Energieverschiebung gegeben durch den Erwartungswert dieses Operators:

$$\begin{aligned} E^{(1)}_{n\,\ell\,m} &= \frac{\pi\hbar^2 Ze^2}{2\mu^2c^2}\int \mathrm{d}^3x\,|\psi_{n\,\ell\,m}(\boldsymbol{x})|^2\delta(\boldsymbol{x}) \\ &= \frac{\pi\hbar^2 Ze^2}{2\mu^2c^2}|\psi_{n\,\ell\,m}(0)|^2\,. \end{aligned} \tag{30.252}$$

Da die Wasserstoffwellenfunktionen sich für $r \to 0$ wie r^ℓ verhalten (Abschn. 28.3), ergibt sich nur für $\ell = m = 0$ ein Beitrag:

$$|\psi_{n\,\ell\,m}(0)|^2 = \frac{Z^3}{\pi a_\mathrm{B}^3 n^3}\delta_{\ell 0}\delta_{m0} \tag{30.253}$$

und damit

$$\begin{aligned} E^{(1)}_{n\,\ell\,m} &= \frac{\hbar^2 Z^4 e^2}{2a_\mathrm{B}^3 n^3\mu^2c^2}\delta_{\ell 0}\delta_{m0} \\ &= \frac{(Z\alpha)^4\mu c^2}{2n^3}\delta_{\ell 0}\delta_{m0}\,. \end{aligned} \tag{30.254}$$

Dies stimmt genau mit dem Ergebnis (30.44) für $\ell = 0$ überein. (Zu beachten ist, dass man für $\ell = 0$ nur $j = \ell + 1/2$ haben kann!)

30.9 Zu berechnen ist

$$P_{1\,0\,0,2'\,\ell\,m} = |\langle 2'\,\ell\,m\,|\,1\,0\,0\rangle\,|^2\,, \tag{30.255}$$

wobei $|1\,0\,0\rangle$ der ursprüngliche Grundzustand ist und $|2'\,\ell\,m\rangle$ einer der ersten angeregten Zustände zur neuen Kernladungszahl.

Da die Winkelabhängigkeit sowohl der alten als auch der neuen Zustände jeweils durch die Kugelflächenfunktionen gegeben ist, folgt aus deren Orthogonalität zunächst, dass Übergänge nur in den Zustand $|2'\,0\,0\rangle$ stattfinden können. Berechnen wir also das entsprechende Integral:

$$\langle 2'\,0\,0\,|\,1\,0\,0\rangle = \int \mathrm{d}V\psi^*_{2'\,0\,0}\psi_{1\,0\,0}\,. \tag{30.256}$$

Setzt man die explizite Gestalt der Wellenfunktionen ein und führt die Winkelintegration aus, so bleibt

$$\begin{aligned} &\langle 2'\,0\,0\,|\,1\,0\,0\rangle \\ &= \frac{\sqrt{2}(ZZ')^{3/2}}{a_\mathrm{B}^3}\int_0^\infty r^2\mathrm{d}r\left(1 - \frac{Z'r}{2a_\mathrm{B}}\right)\mathrm{e}^{-Z'r/2a_\mathrm{B}}\mathrm{e}^{-Zr/a_\mathrm{B}} \\ &= \frac{\sqrt{2}(ZZ')^{3/2}}{a_\mathrm{B}^3}\int_0^\infty r^2\left(1 - \frac{Z'r}{2a_\mathrm{B}}\right)\mathrm{e}^{-(Z'+2Z)r/2a_\mathrm{B}}\,\mathrm{d}r\,. \end{aligned} \tag{30.257}$$

Die Substitution

$$r = \frac{2a_\mathrm{B}}{Z' + 2Z}x \tag{30.258}$$

führt dann auf

$$\begin{aligned} &\langle 2'\,0\,0\,|\,1\,0\,0\rangle \\ &= \frac{8\sqrt{2}(ZZ')^{3/2}}{(Z' + 2Z)^3}\int_0^\infty \left(x^2 - \frac{Z'x^3}{Z' + 2Z}\right)\mathrm{e}^{-x}\,\mathrm{d}x\,. \end{aligned} \tag{30.259}$$

Das Integral ist nun wieder leicht ausführbar. Es bleibt:

$$\begin{aligned} \langle 2'\,0\,0\,|\,1\,0\,0\rangle &= \frac{8\sqrt{2}(ZZ')^{3/2}}{(Z' + 2Z)^3}\left(2! - \frac{Z'\cdot 3!}{Z' + 2Z}\right) \\ &= \frac{32\sqrt{2}(ZZ')^{3/2}}{(Z' + 2Z)^4}(Z - Z')\,. \end{aligned} \tag{30.260}$$

Die Übergangswahrscheinlichkeit ist das Betragsquadrat hiervon. Somit haben wir

$$P_{1\,0\,0,2'\,\ell\,m} = \frac{2048(ZZ')^3}{(Z' + 2Z)^8}(Z - Z')^2\delta_{\ell 0}\delta_{m0}\,. \tag{30.261}$$

Insbesondere für $Z = Z'$ ist $P = 0$ – ändert sich die Kernladung beim Übergang nicht, so kann das Elektron in keinen angeregten Zustand übergehen (außer durch direkte Wechselwirkung mit der abgegebenen Gammastrahlung, was hier aber ignoriert wird).

30.10 Der Störterm im Hamilton-Operator ist durch das zusätzliche Potenzial gegeben:

$$\hat{H}^{(1)}(t) = -\hat{x}F\cos(\omega t)\,. \tag{30.262}$$

Wir benötigen die Matrixelemente

$$\langle n|\,\hat{H}^{(1)}(t)\,|0\rangle = -F\,\langle n|\,\hat{x}\,|0\rangle\cos(\omega t)\,. \tag{30.263}$$

Drücken wir den Ortsoperator durch Auf- und Absteigeoperatoren aus:

$$\langle n|\,\hat{H}^{(1)}(t)\,|0\rangle = -F\sqrt{\frac{\hbar}{2m\omega_0}}\,\langle n|\,\hat{a}+\hat{a}^\dagger\,|0\rangle\cos(\omega t)\,. \tag{30.264}$$

Der Absteigeoperator angewendet auf den Grundzustand ergibt null; es bleibt also nur der Term mit dem Aufsteigeoperator. Dieser ergibt

$$\langle n|\,\hat{H}^{(1)}(t)\,|0\rangle = -F\sqrt{\frac{\hbar}{2m\omega_0}}\langle n\,|1\rangle\cos(\omega t)\,, \tag{30.265}$$

es können somit nur Übergänge in den ersten angeregten Zustand stattfinden.

Teil III

Nun ist noch das Zeitintegral zu berechnen, um den entsprechenden Entwicklungskoeffizienten zu erhalten:

$$c_{1\,0} = \frac{1}{\mathrm{i}\hbar}\int_{t_1}^{t_2} \langle n|\,\hat{H}^{(1)}(t)\,|0\rangle\,\mathrm{e}^{-\mathrm{i}\omega_{1\,0}t}\,\mathrm{d}t \tag{30.266}$$

mit

$$\omega_{1\,0} = \frac{E_1^{(0)} - E_0^{(0)}}{\hbar} = \frac{\hbar\omega_0\left(\frac{3}{2}-\frac{1}{2}\right)}{\hbar} = \omega_0\,, \tag{30.267}$$

also

$$c_{1\,0} = \frac{\mathrm{i}F}{\hbar}\sqrt{\frac{\hbar}{2m\omega_0}}\int_{t_1}^{t_2}\cos(\omega t)\mathrm{e}^{-\mathrm{i}\omega_0 t}\,\mathrm{d}t\,. \tag{30.268}$$

Das Integral kann leicht ausgeführt werden, wenn man den Kosinus mittels der komplexen Exponentialfunktion ausdrückt:

$$\begin{aligned} c_{1\,0} &= \frac{\mathrm{i}F}{2\hbar}\sqrt{\frac{\hbar}{2m\omega_0}}\int_{t_1}^{t_2}\left(\mathrm{e}^{\mathrm{i}\omega t}+\mathrm{e}^{-\mathrm{i}\omega t}\right)\mathrm{e}^{-\mathrm{i}\omega_0 t}\,\mathrm{d}t \\ &= \frac{\mathrm{i}F}{2\hbar}\sqrt{\frac{\hbar}{2m\omega_0}}\int_{t_1}^{t_2}\left(\mathrm{e}^{\mathrm{i}(\omega-\omega_0)t}+\mathrm{e}^{-\mathrm{i}(\omega+\omega_0)t}\right)\mathrm{d}t \\ &= \frac{F}{2\hbar}\sqrt{\frac{\hbar}{2m\omega_0}}\left(\frac{\mathrm{e}^{\mathrm{i}(\omega-\omega_0)t_2}-\mathrm{e}^{\mathrm{i}(\omega-\omega_0)t_1}}{\omega-\omega_0}\right. \\ &\quad \left.-\frac{\mathrm{e}^{-\mathrm{i}(\omega+\omega_0)t_2}-\mathrm{e}^{-\mathrm{i}(\omega+\omega_0)t_1}}{\omega+\omega_0}\right). \end{aligned} \tag{30.269}$$

Nun schreiben wir

$$\begin{aligned} &\mathrm{e}^{\mathrm{i}(\omega-\omega_0)t_2}-\mathrm{e}^{-\mathrm{i}(\omega+\omega_0)t_1} \\ &= \mathrm{e}^{\mathrm{i}(\omega-\omega_0)(t_2+t_1)/2} \\ &\quad\cdot\left(\mathrm{e}^{\mathrm{i}(\omega-\omega_0)(t_2-t_1)/2}-\mathrm{e}^{\mathrm{i}(\omega-\omega_0)(t_1-t_2)/2}\right) \qquad (30.270) \\ &= 2\mathrm{i}\mathrm{e}^{\mathrm{i}(\omega-\omega_0)\bar{t}}\sin\left(\frac{(\omega-\omega_0)\Delta t}{2}\right) \qquad (30.271) \end{aligned}$$

mit $\bar{t} = (t_1+t_2)/2$ und $\Delta t = t_2 - t_1$ und entsprechend beim zweiten Summanden. Es bleibt

$$\begin{aligned} c_{1\,0} &= \frac{\mathrm{i}F}{\hbar}\sqrt{\frac{\hbar}{2m\omega_0}}\left(\frac{\mathrm{e}^{\mathrm{i}(\omega-\omega_0)\bar{t}}}{\omega-\omega_0}\sin\left(\frac{(\omega-\omega_0)\Delta t}{2}\right)\right. \\ &\quad\left.+\frac{\mathrm{e}^{-\mathrm{i}(\omega+\omega_0)\bar{t}}}{\omega+\omega_0}\sin\left(\frac{(\omega+\omega_0)\Delta t}{2}\right)\right). \end{aligned} \tag{30.272}$$

Die Übergangswahrscheinlichkeit ergibt sich dann als Betragsquadrat dieses Ausdrucks:

$$\begin{aligned} P_{1\,0} &= \frac{F^2}{2m\hbar\omega_0}\left(\frac{\sin^2\left(\frac{(\omega-\omega_0)\Delta t}{2}\right)}{(\omega-\omega_0)^2}+\frac{\sin^2\left(\frac{(\omega+\omega_0)\Delta t}{2}\right)}{(\omega+\omega_0)^2}\right. \\ &\quad\left.+2\cos(2\omega\bar{t})\frac{\sin\left(\frac{(\omega-\omega_0)\Delta t}{2}\right)}{\omega-\omega_0}\frac{\sin\left(\frac{(\omega+\omega_0)\Delta t}{2}\right)}{\omega+\omega_0}\right). \end{aligned} \tag{30.273}$$

Für $\Delta t \to \infty$ ergibt dies

$$\begin{aligned} P_{1\,0} &= \frac{F^2}{2m\hbar\omega_0}\left(\frac{\pi\Delta t}{2}\delta(\omega-\omega_0)+\frac{\pi\Delta t}{2}\delta(\omega+\omega_0)\right. \\ &\quad\left.+\ 2\cos(2\omega\bar{t})\cdot\pi\delta(\omega-\omega_0)\cdot\pi\delta(\omega+\omega_0)\right). \end{aligned} \tag{30.274}$$

Da sicher $\omega+\omega_0 > 0$ gilt, bleibt schließlich nur der erste Term übrig, und man hat die Übergangsraten

$$\Gamma_{n\,0} = \frac{\pi F^2}{4m\hbar\omega_0}\delta(\omega-\omega_0)\delta_{n\,1}\,. \tag{30.275}$$

Die Übergangsraten verschwinden also entweder (für $\omega \neq \omega_0$) oder sind unendlich groß. Dieses physikalisch eigentlich unsinnige Ergebnis ergibt sich, da wir hier ja Übergänge in ein diskretes Spektrum betrachten statt in ein Kontinuum.

30.11 Der Störoperator ist

$$\hat{H}^{(1)}(t) = e|\boldsymbol{E}(t)|z = \frac{e\mathcal{E}\,\hat{z}\,t_0}{t^2+t_0^2}\,. \tag{30.276}$$

Wir haben die Matrixelemente

$$\langle 1\,0\,0|\,\hat{H}^{(1)}(t)\left|\psi_n^{(0)}\right\rangle = \frac{e\mathcal{E}t_0}{t^2+t_0^2}\,\langle 1\,0\,0|\,\hat{z}\,|2\,\ell'\,m'\rangle \tag{30.277}$$

zu betrachten. Mit den Auswahlregeln, die bei der elektrischen Dipolstrahlung hergeleitet wurden, folgt, dass $\ell' = \ell + 1 = 1$ und $m' = m = 0$ sein muss; es können also nur Übergänge in den 2p-Zustand stattfinden. Berechnen wir das entsprechende Matrixelement:

$$\begin{aligned} &\langle 1\,0\,0|\,\hat{z}\,|2\,1\,0\rangle \\ &= \int \mathrm{d}V\,\psi_{1\,0\,0}^*(\boldsymbol{x})\,z\,\psi_{2\,1\,0}(\boldsymbol{x}) \\ &= \int_0^\infty r^2\mathrm{d}r\int_0^{2\pi}\mathrm{d}\varphi\int_{-1}^{1}\mathrm{d}\cos\vartheta\,\left(\frac{1}{\pi a_\mathrm{B}^3}\right)^{1/2}\mathrm{e}^{-r/a_\mathrm{B}} \qquad (30.278) \\ &\quad\cdot r\cos\vartheta\left(\frac{1}{32\pi a_\mathrm{B}^3}\right)^{1/2}\frac{r}{a_\mathrm{B}}\mathrm{e}^{-r/2a_\mathrm{B}}\cos\vartheta\,. \end{aligned}$$

Die Winkelintegrationen können leicht ausgeführt werden:

$$\int_0^{2\pi} \mathrm{d}\varphi \int_{-1}^{1} \mathrm{d}\cos\vartheta \, \cos^2\vartheta = \frac{4\pi}{3}. \tag{30.279}$$

Damit bleibt

$$\langle 1\,0\,0|\,\hat{z}\,|2\,1\,0\rangle = \frac{1}{3\sqrt{2}a_\mathrm{B}^4} \int_0^\infty \mathrm{d}r\, r^4 \mathrm{e}^{-3r/2a_\mathrm{B}}. \tag{30.280}$$

Mit der Substitution $x = -3r/2a_\mathrm{B}$ vereinfacht sich dies zu

$$\begin{aligned} \langle 1\,0\,0|\,\hat{z}\,|2\,1\,0\rangle &= \frac{16\sqrt{2}}{729} a_\mathrm{B} \int_0^\infty \mathrm{d}x\, x^4 \mathrm{e}^{-x} \\ &= \frac{16\sqrt{2}}{729} a_\mathrm{B} \cdot 4! = \frac{128\sqrt{2}}{243} a_\mathrm{B}, \end{aligned} \tag{30.281}$$

also ist

$$\langle 1\,0\,0|\,\hat{H}^{(1)}(t)\,|2\,1\,0\rangle = \frac{128\sqrt{2}\, e\, \mathcal{E}\, a_\mathrm{B}\, t_0}{243 \quad t^2 + t_0^2}. \tag{30.282}$$

Nun benötigen wir noch das folgende Zeitintegral:

$$c_{2\,1} = \frac{1}{\mathrm{i}\hbar} \int_{-\infty}^{\infty} \mathrm{d}t \, \langle 1\,0\,0|\,\hat{H}^{(1)}(t)\,|2\,1\,0\rangle \, \mathrm{e}^{-\mathrm{i}\omega_{2\,1} t} \tag{30.283}$$

mit

$$\omega_{2\,1} = \frac{E_2^{(0)} - E_1^{(0)}}{\hbar} = \frac{-\frac{1}{4}\mathrm{Ry} + \mathrm{Ry}}{\hbar} = \frac{3\mathrm{Ry}}{4\hbar}. \tag{30.284}$$

Somit ist zu berechnen:

$$c_{2\,1} = \frac{128\sqrt{2}\, e\, \mathcal{E}\, a_\mathrm{B}}{243\mathrm{i}\hbar} \int_{-\infty}^{\infty} \mathrm{d}t \, \frac{t_0\, \mathrm{e}^{-3\mathrm{i}\,\mathrm{Ry}\, t/4\hbar}}{t^2 + t_0^2}. \tag{30.285}$$

Wir schließen den Integrationsweg durch einen Halbkreis „im Unendlichen" in der unteren komplexen Halbebene; da dort $\operatorname{Im} t < 0$ ist, trägt dieser Halbkreis (wegen der abfallenden Exponentialfunktion) nichts zum Integral bei. Das zu berechnende Integral ist also

$$c_{2\,1} = \frac{128\sqrt{2}\, e\, \mathcal{E}\, a_\mathrm{B}}{243\mathrm{i}\hbar} \oint \mathrm{d}t \, \frac{t_0\, \mathrm{e}^{-3\mathrm{i}\,\mathrm{Ry}\, t/4\hbar}}{t^2 + t_0^2}. \tag{30.286}$$

Dies kann mit dem Residuensatz ausgewertet werden: Der Integrand hat Polstellen bei $t = \pm\mathrm{i}t_0$, wobei nur die Polstelle mit dem negativen Vorzeichen innerhalb des geschlossenen Integrationsweges liegt. Das zugehörige Residuum ist

$$\begin{aligned} \operatorname{Res}_{-\mathrm{i}t_0} \frac{t_0\, \mathrm{e}^{-3\mathrm{i}\,\mathrm{Ry}\, t/4\hbar}}{t^2 + t_0^2} &= \lim_{t \to -\mathrm{i}t_0} \frac{t_0(t + \mathrm{i}t_0)\mathrm{e}^{-3\,\mathrm{Ry}\, t_0/4\hbar}}{(t + \mathrm{i}t_0)(t - \mathrm{i}t_0)} \\ &= \frac{\mathrm{e}^{-3\,\mathrm{Ry}\, t_0/4\hbar}}{-2\mathrm{i}}, \end{aligned} \tag{30.287}$$

also haben wir

$$\begin{aligned} c_{2\,1} &= \frac{128\sqrt{2}\, e\, \mathcal{E}\, a_\mathrm{B}}{243\mathrm{i}\hbar} 2\pi\mathrm{i} \operatorname{Res}_{-\mathrm{i}t_0} \frac{t_0 \mathrm{e}^{-3\mathrm{i}\,\mathrm{Ry}\, t/4\hbar}}{t^2 + t_0^2} \\ &= \frac{128\sqrt{2}\mathrm{i}\pi\, e\, \mathcal{E}\, a_\mathrm{B}}{243\hbar} \mathrm{e}^{-3\,\mathrm{Ry}\, t_0/4\hbar}. \end{aligned} \tag{30.288}$$

Die gesuchte Übergangswahrscheinlichkeit ist schließlich das Betragsquadrat dieses Ausdrucks:

$$P_{2\,\ell\,m,1\,0\,0} = \frac{32.768\pi^2 e^2 \mathcal{E}^2 a_\mathrm{B}^2}{59.049\hbar^2} \mathrm{e}^{-3\,\mathrm{Ry}\, t_0/2\hbar} \delta_{\ell 0}\delta_{m0}. \tag{30.289}$$

30.12

(a) Es ist

$$\left[\hat{\boldsymbol{L}}^2, \hat{x}_j\right] = \sum_i \left[\hat{L}_i\hat{L}_i, \hat{x}_j\right] = \sum_i \left(\hat{L}_i\left[\hat{L}_i, \hat{x}_j\right] + \left[\hat{L}_i, \hat{x}_j\right]\hat{L}_i\right). \tag{30.290}$$

Mit

$$\left[\hat{L}_i, \hat{x}_j\right] = \mathrm{i}\hbar \sum_k \varepsilon_{ijk}\hat{x}_k \tag{30.291}$$

folgt daraus sofort das angegebene Ergebnis.

(b) Mit dem Ergebnis aus Teilaufgabe (a) haben wir

$$\left[\hat{\boldsymbol{L}}^2, \left[\hat{\boldsymbol{L}}^2, \hat{\boldsymbol{x}}\right]\right] = \mathrm{i}\hbar \sum_{i,k} \varepsilon_{ijk} \left[\hat{\boldsymbol{L}}^2, \hat{L}_i\hat{x}_k + \hat{x}_k\hat{L}_i\right]. \tag{30.292}$$

Wir benutzen, dass $\hat{\boldsymbol{L}}^2$ mit den Komponenten $\hat{L}_i$ vertauscht; dann ist dies

$$= \mathrm{i}\hbar \sum_{i,k} \varepsilon_{ijk} \left(\hat{L}_i\left[\hat{\boldsymbol{L}}^2, \hat{x}_k\right] + \left[\hat{\boldsymbol{L}}^2, \hat{x}_k\right]\hat{L}_i\right). \tag{30.293}$$

Mit dem Ergebnis aus Teilaufgabe (a) ergibt sich somit

$$\begin{aligned} &= -\hbar^2 \sum_{i,k,l,m} \varepsilon_{ijk}\varepsilon_{lkm} \left(\hat{L}_i\hat{L}_l\hat{x}_m + \hat{L}_i\hat{x}_m\hat{L}_l + \hat{L}_l\hat{x}_m\hat{L}_i + \hat{x}_m\hat{L}_l\hat{L}_i\right) \\ &= \hbar^2 \sum_{i,k,l,m} \varepsilon_{ijk}\varepsilon_{lmk} \left(\hat{L}_i\hat{L}_l\hat{x}_m + \hat{L}_i\hat{x}_m\hat{L}_l + \hat{L}_l\hat{x}_m\hat{L}_i + \hat{x}_m\hat{L}_l\hat{L}_i\right). \end{aligned} \tag{30.294}$$

Führt man die Summe über k aus, so wird dies zu

$$\begin{aligned} &= \hbar^2 \sum_{i,l,m} \left(\delta_{il}\delta_{jm} - \delta_{im}\delta_{jl}\right) \left(\hat{L}_i\hat{L}_l\hat{x}_m + \hat{L}_i\hat{x}_m\hat{L}_l + \hat{L}_l\hat{x}_m\hat{L}_i \right. \\ &\qquad \left. + \hat{x}_m\hat{L}_l\hat{L}_i\right) \\ &= \hbar^2 \sum_i \left(\hat{L}_i\hat{L}_i\hat{x}_j + \hat{L}_i\hat{x}_j\hat{L}_i + \hat{L}_i\hat{x}_j\hat{L}_i + \hat{x}_j\hat{L}_i\hat{L}_i \right. \\ &\qquad \left. - \hat{L}_i\hat{L}_j\hat{x}_i - \hat{L}_i\hat{x}_i\hat{L}_j - \hat{L}_j\hat{x}_i\hat{L}_i - \hat{x}_i\hat{L}_j\hat{L}_i\right). \end{aligned} \tag{30.295}$$

Dies kann man zum angegebenen Ergebnis zusammenfassen.

(c) Da der Drehimpuls definiert ist als $\boldsymbol{L} = \boldsymbol{x} \times \boldsymbol{p}$, folgt $\boldsymbol{L} \perp \boldsymbol{x}$ und damit $\boldsymbol{L} \cdot \boldsymbol{x} = \boldsymbol{x} \cdot \boldsymbol{L} = 0$; dies muss dann natürlich auch für die Operatoren gelten.
Um die zweite angegebene Beziehung zu zeigen, schreiben wir

$$\begin{aligned}&\sum_i \left(2\hat{L}_i\hat{x}_j\hat{L}_i - \hat{L}_i\hat{L}_j\hat{x}_i - \hat{x}_i\hat{L}_j\hat{L}_i\right)\\&= \sum_i \left(\hat{L}_i\left(\hat{x}_j\hat{L}_i - \hat{L}_j\hat{x}_i\right) + \left(\hat{L}_i\hat{x}_j - \hat{x}_i\hat{L}_j\right)\hat{L}_i\right)\end{aligned} \tag{30.296}$$

und betrachten zunächst nur die ersten beiden Summanden. Mit dem bereits in Teilaufgabe (a) verwendeten Kommutator ist

$$\begin{aligned}\hat{x}_j\hat{L}_i &= \left[\hat{x}_j, \hat{L}_i\right] + \hat{L}_i\hat{x}_j = -\mathrm{i}\hbar\sum_k \varepsilon_{ijk}\hat{x}_k + \hat{L}_i\hat{x}_j\,,\\ \hat{L}_j\hat{x}_i &= \left[\hat{L}_j, \hat{x}_i\right] + \hat{x}_i\hat{L}_j = \mathrm{i}\hbar\sum_k \varepsilon_{jik}\hat{x}_k + \hat{x}_i\hat{L}_j\,,\end{aligned} \tag{30.297}$$

also

$$\hat{x}_j\hat{L}_i - \hat{L}_j\hat{x}_i = \hat{L}_i\hat{x}_j - \hat{x}_i\hat{L}_j\,, \tag{30.298}$$

da sich die Summanden mit dem ε-Tensor gegenseitig wegheben. Damit ist

$$\begin{aligned}\sum_i \hat{L}_i\left(\hat{x}_j\hat{L}_i - \hat{L}_j\hat{x}_i\right) &= \sum_i \hat{L}_i\left(\hat{L}_i\hat{x}_j - \hat{x}_i\hat{L}_j\right)\\ &= \hat{\boldsymbol{L}}^2\hat{x}_j - (\hat{\boldsymbol{x}} \cdot \hat{\boldsymbol{L}})\hat{L}_j = \hat{\boldsymbol{L}}^2\hat{x}_j\,.\end{aligned} \tag{30.299}$$

Ebenso folgt

$$\sum_i \left(\hat{L}_i\hat{x}_j - \hat{x}_i\hat{L}_j\right)\hat{L}_i = \hat{x}_j\hat{\boldsymbol{L}}^2\,. \tag{30.300}$$

Fasst man schließlich alles zusammen, so bleibt

$$\left[\hat{\boldsymbol{L}}^2, \left[\hat{\boldsymbol{L}}^2, \hat{x}_j\right]\right] = 2\hbar^2\left\{\hat{x}_j, \hat{\boldsymbol{L}}^2\right\}\,. \tag{30.301}$$

Dies war zu zeigen.

31 Mehrteilchensysteme und weitere Näherungsmethoden

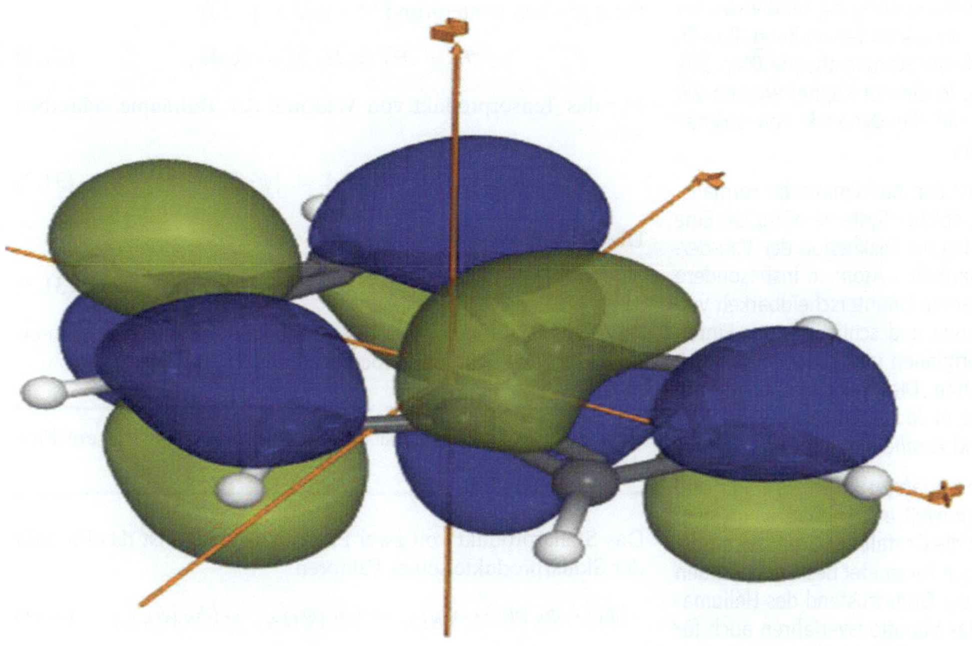

Wie werden Mehrteilchensysteme in der Quantenmechanik mathematisch behandelt?

Welche Eigenschaften haben Fermionen und Bosonen?

Wie kann man Probleme, bei denen die prinzipielle Form der Wellenfunktion bekannt ist, näherungsweise lösen?

Wie kann man Probleme, die nahe an der klassischen Mechanik sind, näherungsweise lösen?

M. Bartelmann et al., *Theoretische Physik*, DOI 10.1007/978-3-642-54618-1_31, © Springer-Verlag Berlin Heidelberg 2015

In Kap. 28 wurde das nichtrelativistische Wasserstoffatom ausführlich behandelt. Nach Abspaltung der Schwerpunktsbewegung vereinfacht es sich auf ein exakt lösbares Einkörperproblem. Berücksichtigt man allerdings die relativistische Spin-Bahn-Kopplung oder wird ein äußeres Feld angelegt, so können die Energieniveaus und Eigenfunktionen des Wasserstoffatoms nur mit Näherungsmethoden berechnet werden (Kap. 30).

Bereits das Heliumatom und erst recht größere Atome und Moleküle entziehen sich aber selbst ohne Berücksichtigung relativistischer Korrekturen oder äußerer Felder einer exakten Behandlung. Ihre Eigenschaften können nur, z. B. mithilfe der Störungstheorie (Kap. 30), näherungsweise berechnet werden. In diesem Kapitel werden wir weitere Methoden kennenlernen, um die Dynamik von solchen Mehrteilchensystemen zu behandeln.

Hierzu wird in Abschn. 31.1 zunächst der mathematische Formalismus diskutiert, der zur Behandlung solcher Systeme nötig ist. Eine einfache Anwendung findet dieser bei der Diskussion der *Van-der-Waals-Wechselwirkung* zwischen neutralen Atomen. Insbesondere die in der klassischen Physik unbekannte Ununterscheidbarkeit von Teilchen führt aber zu Komplikationen und schließlich zur Einteilung aller bekannten Teilchen in Fermionen und Bosonen, die sich fundamental unterschiedlich verhalten. Dies zeigt sich beim *Pauli'schen Ausschlussprinzip*, das eine einfache Anwendung bei der Unterscheidung zwischen *Ortho-* und *Parahelium* findet.

In Abschn. 31.2 wird das *Variationsverfahren* (nach *Rayleigh* und *Ritz*) vorgestellt. Dieses ist dann sinnvoll anwendbar, wenn man bereits konkrete Vorstellungen über die Gestalt der Grundzustandswellenfunktion hat und vor allem noch Parameter bestimmt werden müssen. Als Anwendung wird hier der Grundzustand des Heliumatoms untersucht. Sehr wichtig ist das Variationsverfahren auch für die Chemie: Auf ihr beruht das *Hartree-Fock-Verfahren*, mit dem Molekülorbitale näherungsweise berechnet werden können (siehe Eröffnungsbild dieses Kapitels). Dieses Verfahren wird am Ende des Kapitels im Abschnitt „So geht's weiter" ausführlich vorgestellt.

Abschließend diskutieren wir in Abschn. 31.3 die *semiklassische Näherung* nach *Wentzel*, *Kramers* und *Brillouin*. Diese ist brauchbar, wenn die Wellenlänge klein gegenüber typischen Abmessungen des Problems ist und damit analog zur Eikonalnäherung in der Optik. Die Behandlung von Bindungszuständen in dieser Näherung führt auf die *Bohr-Sommerfeld-Quantisierungsbedingung*; außerdem werden Tunnelprozesse diskutiert. Die *Thomas-Fermi-Methode* schließlich kombiniert Ideen aus der semiklassischen Näherung mit Ergebnissen der Quantenstatistik.

31.1 Mehrteilchensysteme

Hier soll zunächst der mathematische Formalismus besprochen werden, um Systeme mit mehreren Teilchen quantenmechanisch zu behandeln. Nach einer Diskussion des passenden Hilbert-Raumes und der Wirkung von Operatoren – verdeutlicht am Beispiel der Van-der-Waals-Wechselwirkung – werden wir ausführlich auf das Problem der Ununterscheidbarkeit von Teilchen und dessen Konsequenzen eingehen.

Hilbert-Raum und Hamilton-Operator

Wir stellen uns vor, dass ein Gesamtsystem durch die *Kopplung von Teilsystemen* entsteht. Dabei müssen die Teilsysteme nicht notwendigerweise Einteilchensysteme sein. Die Formalisierung der Kopplung von N Systemen zu einem Gesamtsystem geschieht durch Einführung des *Tensorprodukts* der Hilbert-Räume $\mathcal{H}_1, \ldots, \mathcal{H}_N$ der Einzelsysteme (siehe auch den „Mathematischen Hintergrund" 4.1 und Kap. 23):

$$\mathcal{H} = \mathcal{H}_1 \otimes \mathcal{H}_2 \otimes \cdots \otimes \mathcal{H}_N. \tag{31.1}$$

Für das Tensorprodukt von Vektoren der Teilräume schreiben wir

$$|\psi_1\rangle \otimes |\psi_2\rangle \otimes \cdots \otimes |\psi_N\rangle =: |\psi_1\psi_2\cdots\psi_N\rangle\,. \tag{31.2}$$

Die Tensorprodukte

$$|n_1 \ldots n_N\rangle \equiv |n_1\rangle \otimes \cdots \otimes |n_N\rangle \tag{31.3}$$

der Basisvektoren der einzelnen Hilbert-Räume bilden dann eine Basis des gesamten Hilbert-Raumes $\mathcal{H}$.

Frage 1

Erinnern Sie sich: Wie ist das Skalarprodukt auf diesem Produktraum definiert?

Das Skalarprodukt von zwei Produktzuständen ist das Produkt der Skalarprodukte seiner Faktoren:

$$\langle\phi_1\cdots\phi_N\,|\psi_1\cdots\psi_N\rangle_{\mathcal{H}} = \langle\phi_1\,|\psi_1\rangle_{\mathcal{H}_1}\cdots\langle\phi_N\,|\psi_N\rangle_{\mathcal{H}_N}\,. \tag{31.4}$$

Sind $\hat{A}_1, \ldots, \hat{A}_N$ Observablen der Teilsysteme mit Hilbert-Räumen $\mathcal{H}_1, \ldots, \mathcal{H}_N$, d. h.

$$\hat{A}_i : \mathcal{H}_i \to \mathcal{H}_i, \tag{31.5}$$

dann ist ihr Tensorprodukt eine Observable des Gesamtsystems. Sie wirkt folgendermaßen auf die Produktzustände im Hilbert-Raum $\mathcal{H}$:

$$\left(\hat{A}_1 \otimes \cdots \otimes \hat{A}_N\right)(|\psi_1\rangle \otimes \cdots \otimes |\psi_N\rangle) = \left|\hat{A}_1\psi_1\right\rangle \otimes \cdots \otimes \left|\hat{A}_N\psi_N\right\rangle. \tag{31.6}$$

Die Operatoren $\hat{A}_i$ können nicht addiert werden, da sie in verschiedenen Hilbert-Räumen wirken. Setzt man aber stillschweigend voraus, dass $\hat{A}_i$ auf den Räumen $\mathcal{H}_j$ mit $j \neq i$ trivial wirkt, dann kann man sie addieren. Ausführlich geschrieben gilt also

$$\hat{A}_1 + \ldots + \hat{A}_N = \hat{A}_1 \otimes \hat{I} \otimes \cdots \otimes \hat{I} + \ldots + \hat{I} \otimes \cdots \otimes \hat{I} \otimes \hat{A}_N \tag{31.7}$$

mit dem Identitätsoperator $\hat{I}$. Mit dieser Übereinkunft ist

$$\begin{aligned}&\left(\hat{A}_1 + \ldots + \hat{A}_N\right)(|\psi_1\rangle \otimes \cdots \otimes |\psi_N\rangle) \\ &= \left|\hat{A}_1\psi_1\right\rangle \otimes \cdots \otimes |\psi_N\rangle + \ldots + |\psi_1\rangle \otimes \cdots \otimes \left|\hat{A}_N\psi_N\right\rangle,\end{aligned} \tag{31.8}$$

wie auch schon in Abschn. 23.2 besprochen wurde.

Es sei nun $|a_i\rangle$ Eigenfunktion von $\hat{A}_i$ mit Eigenwert a_i. Dann ist der *Produktzustand*

$$|a_1\rangle \otimes \cdots \otimes |a_N\rangle \equiv |a_1 \ldots a_N\rangle \tag{31.9}$$

automatisch Eigenzustand der Summe und des Tensorprodukts der Operatoren $\hat{A}_i$:

$$\begin{aligned}\left(\hat{A}_1 + \ldots + \hat{A}_N\right) |a_1 \ldots a_N\rangle &= (a_1 + \ldots + a_N)\ |a_1 \ldots a_N\rangle \\ \left(\hat{A}_1 \otimes \cdots \otimes \hat{A}_N\right) |a_1 \ldots a_N\rangle &= (a_1 \cdot \cdots \cdot a_N)\ |a_1 \ldots a_N\rangle\,.\end{aligned} \tag{31.10}$$

Frage 2

Überzeugen Sie sich von der Richtigkeit von (31.10).

Um Zustände in $\mathcal{H}$ vollständig zu charakterisieren, kann man in jedem Teilraum $\mathcal{H}_i$ einen vollständigen Satz von verträglichen (also kommutierenden) Observablen wählen und gleichzeitig diagonalisieren. Steht ξ_1 für die Eigenwerte einer vollständigen Menge verträglicher Observablen in $\mathcal{H}_1$, ξ_2 für eine derartige Menge in $\mathcal{H}_2$ usw., dann bilden die Produktzustände

$$|\xi_1\rangle \otimes \cdots \otimes |\xi_N\rangle \equiv |\xi_1 \ldots \xi_N\rangle \tag{31.11}$$

eine Basis von $\mathcal{H}$. Zum Beispiel können wir die *gemeinsamen* Eigenzustände

$$|\boldsymbol{x}_1 s_1, \ldots, \boldsymbol{x}_N s_N\rangle = |\boldsymbol{x}_1 s_1\rangle \otimes \cdots \otimes |\boldsymbol{x}_N s_N\rangle \tag{31.12}$$

der verträglichen Orts- und Spinoperatoren wählen.

Ein beliebiger Zustand, der im Allgemeinen kein Produktzustand ist, lässt sich immer zerlegen als

$$\begin{aligned}|\psi\rangle = &\sum_{s_1,\ldots,s_N} \int \mathrm{d}^3x_1 \ldots \mathrm{d}^3x_N \\ &\psi\left(\boldsymbol{x}_1, s_1, \ldots, \boldsymbol{x}_N, s_N\right)\ |\boldsymbol{x}_1 s_1, \ldots, \boldsymbol{x}_N s_N\rangle\end{aligned} \tag{31.13}$$

mit N-Teilchen-Wellenfunktion

$$\psi(\boldsymbol{x}_1, s_1, \ldots, \boldsymbol{x}_N, s_N) = \langle \boldsymbol{x}_1 s_1, \ldots, \boldsymbol{x}_N s_N\,|\psi\rangle\,. \tag{31.14}$$

Das Skalarprodukt zweier Zustandsvektoren lautet dann

$$\begin{aligned}\langle\phi\,|\psi\rangle = &\sum_{s_1,\ldots,s_N} \int \mathrm{d}^3x_1 \ldots \mathrm{d}^3x_N \\ &\phi^*(\boldsymbol{x}_1, s_1 \ldots, \boldsymbol{x}_N, s_N)\psi(\boldsymbol{x}_1, s_1, \ldots, \boldsymbol{x}_N, s_N).\end{aligned} \tag{31.15}$$

Für einen auf eins normierten Zustand ist die Wellenfunktion (31.14) die Wahrscheinlichkeitsamplitude dafür, das erste Teilchen am Ort $\boldsymbol{x}_1$ mit dritter Spinkomponente s_1, das zweite Teilchen am Ort $\boldsymbol{x}_2$ mit dritter Spinkomponente s_2, ... und das N'te Teilchen am Ort $\boldsymbol{x}_N$ mit dritter Spinkomponente s_N zu finden. Für identische Teilchen (ein in der klassischen Physik unbekannter Begriff) müssen die Wellenfunktionen bei Vertauschung der Argumente ein vorgeschriebenes Verhalten zeigen. Dies werden wir weiter unten ausführlich besprechen.

Für spinlose Teilchen ist jedes Teilsystem ein Einteilchensystem mit Hilbert-Raum $L_2(\mathbb{R}^3)$. Dem Produktzustand (31.2) ist also folgende Wellenfunktion zugeordnet:

$$\begin{aligned}\langle \boldsymbol{x}_1, \ldots, \boldsymbol{x}_N | \psi_1 \cdots \psi_N\rangle &= \langle \boldsymbol{x}_1\,|\psi_1\rangle \cdots \langle \boldsymbol{x}_N|\psi_N\rangle \\ &= \psi_1(\boldsymbol{x}_1) \cdots \psi(\boldsymbol{x}_N).\end{aligned} \tag{31.16}$$

Die Eigenschaft (31.1) führt hier auf

$$L_2\left(\mathbb{R}^3\right) \otimes \cdots \otimes L_2\left(\mathbb{R}^3\right) = L_2\left(\mathbb{R}^{3N}\right), \tag{31.17}$$

und deshalb kann jede quadratintegrierbare N-Teilchen-Wellenfunktion $\psi(\boldsymbol{x}_1, \ldots, \boldsymbol{x}_N)$ durch eine Folge

$$\sum c_{n_1 \ldots n_N} \psi_{n_1}(\boldsymbol{x}_1) \cdots \psi_{n_N}(\boldsymbol{x}_N) \tag{31.18}$$

beliebig genau approximiert werden. Der Hilbert-Raum für N spinlose Teilchen ist also ein Unterraum von

$$\mathcal{H}^{(N)} = L_2\left(\mathbb{R}^{3N}\right). \tag{31.19}$$

Frage 3

Überlegen Sie sich, wie der Hilbert-Raum für N Teilchen mit Spin $1/2$ aussehen muss. Schauen Sie dafür, wenn nötig, noch einmal Kap. 29 an.

Für N Teilchen mit Spin $1/2$ ergibt sich ein Unterraum von

$$\mathcal{H}^{(N)} = L_2\left(\mathbb{R}^{3N}\right) \otimes \underbrace{\mathbb{C}^2 \otimes \cdots \otimes \mathbb{C}^2}_{N\,\text{mal}}, \tag{31.20}$$

im allgemeinen Fall ein Unterraum von

$$\mathcal{H}^{(N)} = L_2\left(\mathbb{R}^{3N}\right) \otimes \mathcal{H}_S^{(N)}, \tag{31.21}$$

wobei der zweite Faktor von der Teilchensorte abhängt.

Es ist noch zu besprechen, wie der Hamilton-Operator eines Mehrteilchensystems im Allgemeinen aussieht. Dabei sollte man eigentlich berücksichtigen, dass bereits die klassische Wechselwirkungsenergie nicht nur von den Teilchenorten zu einer *festen* Zeit abhängen kann, da sich Wechselwirkungen mit endlicher Geschwindigkeit ausbreiten.

Sind aber die Relativgeschwindigkeiten der Teilchen des Systems klein verglichen mit der Lichtgeschwindigkeit, so ändern sich deren Koordinaten (z. B. Orte und Spins) während der Zeit der Übertragung der Wechselwirkung zwischen den Teilchen nur wenig. Dann kann man bis zu Gliedern der Ordnung $(v/c)^2$ die Hamilton-Funktion als Funktion allein der Orte, Impulse und Spins aller Teilchen des Systems definieren. Wir behandeln hier nur Systeme, für welche diese *nichtrelativistische Näherung* gültig ist.

Der Hamilton-Operator hat dann die Form

$$\hat{H} = \sum_{i=1}^{N} \frac{\hat{\boldsymbol{p}}_i^2}{2m_i} + V(\hat{\boldsymbol{x}}_1, \ldots, \hat{\boldsymbol{x}}_N) + \hat{W}, \tag{31.22}$$

wobei die Übereinkunft (31.7) benutzt wurde. V ist dabei von der Ordnung $(v/c)^0$ und beschreibt denjenigen Anteil der Wechselwirkungsenergie, der nur von den Orten der Teilchen abhängt. W ist von der Ordnung $(v/c)^2$ und ist eine Funktion der Orte, Impulse und Spins der Teilchen. Dieser Term enthält unter anderem die Spin-Bahn-Wechselwirkungen und berücksichtigt teilweise die Retardierung der Wechselwirkung.

Die Zeitentwicklung dieses Mehrteilchensystems folgt dann aus der zeitabhängigen Schrödinger-Gleichung

$$\mathrm{i}\hbar \frac{\partial}{\partial t} |\psi\rangle = \hat{H} |\psi\rangle . \tag{31.23}$$

Teil III

Van-der-Waals-Kraft

Ein einfaches Mehrteilchensystem besteht aus zwei neutralen Atomen. Diese können sich bekanntlich anziehen, da durch Verschiebung der Ladungsverteilung in einem Atom ein elektrisches Dipolmoment entstehen kann, das dann im anderen Atom ebenfalls ein Dipolmoment induziert (*Van-der-Waals-Kraft*; 1873 vom niederländischen Physiker *Johannes Diderik van der Waals*, 1837–1923, vorgeschlagen).

Betrachten wir zur Abschätzung der Größe dieses Effekts zwei Wasserstoffatome im Grundzustand. Die Vektoren von den beiden Atomkernen jeweils zu den beiden Elektronen seien $\boldsymbol{x}_1$ und $\boldsymbol{x}_2$ (Abb. 31.1); für den Betrag des Abstandsvektors $\boldsymbol{R}$ der beiden Atomkerne gelte dabei $R \gg |\boldsymbol{x}_1|, |\boldsymbol{x}_2|$.

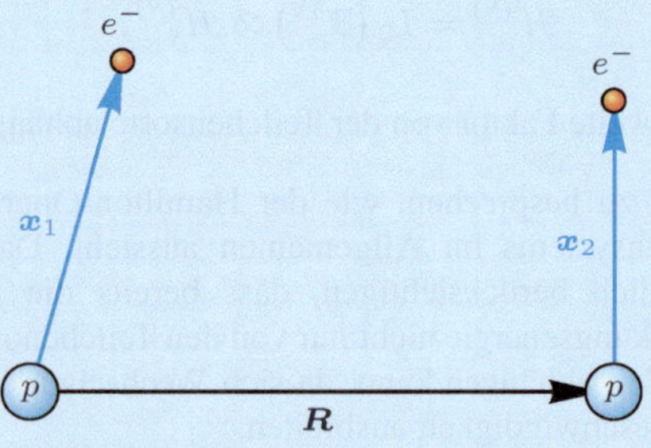

Abb. 31.1 Die Vektoren zur Berechnung der Van-der-Waals-Wechselwirkung. $\boldsymbol{R}$ zeigt von einem Atomkern zum anderen, x_1 und x_2 von den Atomkernen zu den Elektronen

Dann kann man die Atome näherungsweise als elektrische Dipole mit den Dipolmomenten $\boldsymbol{p}_i = -e\boldsymbol{x}_i$ ansehen und für die Dipolwechselwirkung ansetzen (Abschn. 13.4):

$$\hat{H}^{(1)} = \frac{e^2}{R^3}\left(\hat{\boldsymbol{x}}_1 \cdot \hat{\boldsymbol{x}}_2 - 3\frac{(\hat{\boldsymbol{x}}_1 \cdot \boldsymbol{R})(\hat{\boldsymbol{x}}_2 \cdot \boldsymbol{R})}{R^2}\right). \tag{31.24}$$

Dies werden wir im Folgenden als Störterm betrachten und die Stärke der Van-der-Waals-Wechselwirkung damit abschätzen.

Der ungestörte Hamilton-Operator besteht hier aus den beiden Hamilton-Operatoren für die beiden Wasserstoffatome:

$$\hat{H}^{(0)} = \hat{H}_1(\hat{\boldsymbol{x}}_1) + \hat{H}_2(\hat{\boldsymbol{x}}_2), \tag{31.25}$$

die ungestörten Energieeigenzustände sind direkte Produkte aus den Eigenzuständen für die beiden Atome:

$$|n_1 n_2\rangle = |n_1\rangle \otimes |n_2\rangle\,, \tag{31.26}$$

und die ungestörten Energien sind Summen aus den Energien der beiden Atome:

$$E^{(0)}_{n_1 n_2} = E_{n_1} + E_{n_2}. \tag{31.27}$$

In erster Ordnung der Störungstheorie ergibt sich kein Beitrag.

Begründen Sie dies rechnerisch und physikalisch.

Für den Wasserstoffgrundzustand $|1\rangle$ gilt

$$\langle 1|\hat{x}_i|1\rangle = 0, \tag{31.28}$$

da das Integral über eine ungerade Funktion zu berechnen ist, und damit

$$\langle 1\,1|\,\hat{H}^{(1)}\,|1\,1\rangle = 0. \tag{31.29}$$

Anschaulich bedeutet dies, dass die Wasserstoffatome im Grundzustand kein permanentes Dipolmoment haben und deshalb nicht wechselwirken.

Es müssen also die Beiträge in zweiter Ordnung Störungstheorie berechnet werden. Dafür haben wir laut (30.18) nun Terme der Form

$$\frac{|\langle 1\,1|\,\hat{H}^{(1)}\,|n_1\,n_2\rangle\,|^2}{E^{(0)}_{n_1 n_2} - E^{(0)}_{1\,1}} \tag{31.30}$$

auszuwerten, wobei zunächst laut Störungstheorie $(n_1, n_2) \neq (1, 1)$ vorausgesetzt werden muss (d. h., mindestens ein Atom muss angeregt sein). Benutzen wir wieder, dass die Wasserstoffatome im Grundzustand kein permanentes Dipolmoment haben bzw. dass ein Integral über eine ungerade Funktion zu berechnen wäre, so folgt außerdem

$$\langle 1\,1|\,\hat{H}^{(1)}\,|n_1\,1\rangle = \langle 1\,1|\,\hat{H}^{(1)}\,|1\,n_2\rangle = 0, \tag{31.31}$$

d. h., wir erhalten nur Beiträge von Zuständen, bei denen beide Atome gleichzeitig angeregt sind.

Schätzen Sie die im Nenner von (31.30) auftretenden Energiedifferenzen ab.

Für die einzelnen Energien gilt $-\mathrm{Ry}/4 \le E_{n_i} < 0$, also insgesamt $-\mathrm{Ry}/2 \le E^{(0)}_{n_1 n_2} < 0$ und damit für den Nenner

$$\frac{3}{2}\mathrm{Ry} \le E^{(0)}_{n_1 n_2} - E^{(0)}_{1\,1} < 2\,\mathrm{Ry}, \tag{31.32}$$

da $E^{(0)}_{1\,1} = -2\,\mathrm{Ry}$ ist. Damit können wir abschätzen:

$$\begin{aligned}\frac{|\,\langle 1\,1|\,\hat{H}^{(1)}\,|n_1\,n_2\rangle\,|^2}{E^{(0)}_{n_1 n_2} - E^{(0)}_{1\,1}} &\ge \frac{|\,\langle 1\,1|\,\hat{H}^{(1)}\,|n_1\,n_2\rangle\,|^2}{2\,\mathrm{Ry}} \\ &= \frac{a_\mathrm{B}}{e^2}|\,\langle 1\,1|\,\hat{H}^{(1)}\,|n_1\,n_2\rangle\,|^2.\end{aligned} \tag{31.33}$$

Für den Beitrag in zweiter Ordnung Störungstheorie ist nun über diese Terme zu summieren.

Da alle Matrixelemente mit $n_1 = 1$ oder $n_2 = 1$ verschwinden, können wir die Bedingung $(n_1, n_2) \neq (1, 1)$ bei der Summierung nun aber auch fallen lassen. Wir haben somit

$$\begin{aligned}E^{(2)}_{1\,1} &\ge -\frac{a_\mathrm{B}}{e^2}\sum_{n_1,n_2} |\,\langle 1\,1|\,\hat{H}^{(1)}\,|n_1\,n_2\rangle\,|^2 \\ &= -\frac{a_\mathrm{B}}{e^2}\sum_{n_1,n_2} \langle 1\,1|\,\hat{H}^{(1)}\,|n_1\,n_2\rangle\,\langle n_1\,n_2|\,\hat{H}^{(1)}\,|1\,1\rangle \\ &= -\frac{a_\mathrm{B}}{e^2}\left\langle 1\,1\,\middle|\,\left(\hat{H}^{(1)}\right)^2\,\middle|\,1\,1\right\rangle,\end{aligned} \tag{31.34}$$

wobei die Vollständigkeit der Zustände ausgenutzt wurde. Da die Summe über alle Zustände läuft, tragen hier also auch die ungebundenen Zustände mit bei.

Wählen wir nun (ohne Beschränkung der Allgemeinheit) den Verbindungsvektor in x-Richtung, so vereinfacht sich der Störterm zu

$$\hat{H}^{(1)} = \frac{e^2}{R^3}\,(-2\hat{x}_1\hat{x}_2 + \hat{y}_1\hat{y}_2 + \hat{z}_1\hat{z}_2)\,. \tag{31.35}$$

Damit haben wir

$$\begin{aligned}\left(\hat{H}^{(1)}\right)^2 = \frac{e^4}{R^6}\,\big(&4\hat{x}_1^2\hat{x}_2^2 - 4\hat{x}_1\hat{x}_2\hat{y}_1\hat{y}_2 - 4\hat{x}_1\hat{x}_2\hat{z}_1\hat{z}_2 \\ &+\hat{y}_1^2\hat{y}_2^2 + \hat{z}_1^2\hat{z}_2^2 + 2\hat{y}_1\hat{y}_2\hat{z}_1\hat{z}_2\big)\,.\end{aligned} \tag{31.36}$$

Vollziehen Sie die Zwischenschritte (31.35) und (31.36) nach.

Von diesem Operator ist nun noch der Erwartungswert im Grundzustand zu berechnen. Wieder können wir argumentieren, dass Erwartungswerte von Summanden, die linear in allen Koordinaten sind, wegen der Symmetrie des Integranden verschwinden. Also bleibt der Erwartungswert

$$\langle 1\,1\,|\,\big(4\hat{x}_1^2\hat{x}_2^2 + \hat{y}_1^2\hat{y}_2^2 + \hat{z}_1^2\hat{z}_2^2\big)\,|\,1\,1\rangle \tag{31.37}$$

zu berechnen. Da die Zustände direkte Produkte der Eigenzustände der beiden Atome sind, kann dies auch geschrieben werden als

$$\begin{aligned}&4\,\langle 1|\,\hat{x}_1^2\,|1\rangle\,\langle 1|\,\hat{x}_2^2\,|1\rangle \\ &+ \langle 1|\,\hat{y}_1^2\,|1\rangle\,\langle 1|\,\hat{y}_2^2\,|1\rangle + \langle 1|\,\hat{z}_1^2\,|1\rangle\,\langle 1|\,\hat{z}_2^2\,|1\rangle\,.\end{aligned} \tag{31.38}$$

Der Grundzustand ist sphärisch symmetrisch; daher gilt für beide Atome:

$$\langle 1|\,\hat{x}_i^2\,|1\rangle = \langle 1|\,\hat{y}_i^2\,|1\rangle = \langle 1|\,\hat{z}_i^2\,|1\rangle = \frac{1}{3}\,\langle 1|\,\hat{r}^2\,|1\rangle\,. \tag{31.39}$$

Insgesamt ist dann

$$\left\langle 1\,1\,\middle|\,\left(\hat{H}^{(1)}\right)^2\,\middle|\,1\,1\right\rangle = 6\frac{e^4}{R^6}\left(\frac{1}{3}\,\langle 1|\,\hat{r}^2\,|1\rangle\right)^2. \tag{31.40}$$

Der letzte Erwartungswert ist nun aber einfach auszuwerten: Das Integral kann direkt berechnet werden, und es ergibt sich

$$\frac{1}{3}\,\langle 1|\,\hat{r}^2\,|1\rangle = a_\mathrm{B}^2. \tag{31.41}$$

(Alternativ erhält man dies auch aus (28.87) für $n = 1$, $\ell = 0$ und $Z = 1$.)

Damit ist schließlich die Energieverschiebung in zweiter Ordnung

$$E^{(2)}_{1\,1} \ge -\frac{6e^2 a_\mathrm{B}^5}{R^6} = -6\,E^{(0)}_{1\,1}\left(\frac{a_\mathrm{B}}{R}\right)^6. \tag{31.42}$$

Die rechte Steite stimmt trotz der Näherung, dass dabei alle Energien der angeregten Zustände als etwa gleich abgeschätzt wurden, recht gut mit dem exakten Ergebnis überein: In letzterem wird nur der Faktor 6 durch etwa 6,47 ersetzt. Insbesondere sehen wir hier auch, dass die Energieverschiebung immer negativ ist (wie es für den Grundzustand ja sein muss) – anders gesagt: Die Van-der-Waals-Kraft ist immer anziehend. ◀

Identische Teilchen

Ein wichtiger Spezialfall ist die Kopplung *identischer* Teilchen, für die $\mathcal{H}_1 = \mathcal{H}_2 = \cdots = \mathcal{H}_N$ ist. Identische quantenmechanische Teilchen sind *wirklich* nicht unterscheidbar. Wir können z. B. Elektronen nicht markieren wie klassische Billardkugeln, um sie voneinander zu unterscheiden. Ein Zustand, in dem ein erstes spinloses Teilchen bei $\boldsymbol{x}_1$ sitzt und ein zweites, identisches Teilchen bei $\boldsymbol{x}_2$, ist derselbe Zustand, wie wenn das zweite Teilchen bei $\boldsymbol{x}_1$ sitzt und das erste bei $\boldsymbol{x}_2$. Dies gilt nicht nur für die Eigenwerte des Ortsoperators, sondern genauso für alle Eigenwerte von Einteilchenobservablen.

Teil III

Wir wollen nun die Konsequenzen dieser Ununterscheidbarkeit von quantenmechanischen Teilchen untersuchen. Sei

$$|\xi_1 \dots \xi_N\rangle \tag{31.43}$$

der Zustandsvektor eines Systems von N identischen Teilchen. Dabei soll ξ_i die Eigenwerte irgendeines vollständigen Satzes von verträglichen Observablen in $\mathcal{H}_i$ sein.

Dann ist die normierte Wellenfunktion $\psi(\xi_1, \dots, \xi_N) = \langle \xi_1 \dots \xi_N | \psi \rangle$ die Wahrscheinlichkeitsamplitude dafür, das „erste" Teilchen mit Quantenzahlen ξ_1, das „zweite" Teilchen mit Quantenzahlen ξ_2 usw. zu finden. Obwohl wir die Teilchen nicht unterscheiden können, müssen wir ihnen im Formalismus Variablen zuordnen. Dies heißt nicht, dass wir die Teilchen physikalisch unterscheiden können.

Die Ununterscheidbarkeit der Teilchen bedeutet nun, dass bei einer Vertauschung zweier Argumente in (31.43), einer sogenannten *Transposition*, der Zustand unverändert bleibt. Transpositionen sind Spezialfälle der bereits im „Mathematischen Hintergrund" 2.2 besprochenen *Permutationen*, und umgekehrt kann jede Permutation aus Transpositionen zusammengesetzt werden. Wir können also allgemein sagen: Ist π eine beliebige Permutation von N Objekten, dann beschreiben

$$\begin{gathered} |\xi_1\xi_2 \dots \xi_N\rangle \quad \text{und} \\ \hat{P}(\pi)\,|\xi_1\xi_2 \dots \xi_N\rangle := |\xi_{\pi(1)}\xi_{\pi(2)} \dots \xi_{\pi(N)}\rangle \end{gathered} \tag{31.44}$$

identische Zustände.

Die Permutationen von N Objekten bilden eine Gruppe der Ordnung $N!$, die sogenannte *symmetrische Gruppe* S_N. Die Abbildung $\pi \longrightarrow \hat{P}(\pi)$ ist eine *unitäre Darstellung* dieser Permutationsgruppe auf dem N-Teilchen-Hilbert-Raum, d. h.

$$\begin{aligned} \langle \hat{P}(\pi)\phi | \hat{P}(\pi)\psi \rangle &= \langle \phi | \psi \rangle , \\ \hat{P}(e) &= \hat{1}, \\ \hat{P}(\pi_1)\hat{P}(\pi_2) &= \hat{P}(\pi_1\pi_2). \end{aligned} \tag{31.45}$$

Hier ist e das neutrale Element der Permutationsgruppe, das die Reihenfolge der Objekte nicht ändert, und $\pi_1\pi_2$ bedeutet, zuerst die Umordnung π_2 und danach die Umordnung π_1 auszuführen.

Frage 4

Überprüfen Sie (31.45).

Sei nun π_{ij} diejenige Transposition, die das i-te und j-te Element austauscht, und $\hat{P}_{ij} = \hat{P}(\pi_{ij})$ der entsprechende unitäre Operator auf dem N-Teilchen-Hilbert-Raum. $\hat{P}_{ij}$ wirkt auf einen N-Teilchen-Zustand gemäß

$$\hat{P}_{ij}\,|\xi_1\xi_2 \dots \xi_i \dots \xi_j \dots \xi_N\rangle = |\xi_1\xi_2 \dots \xi_j \dots \xi_i \dots \xi_N\rangle , \tag{31.46}$$

vertauscht also die Argumente i und j des Zustandsvektors. Zum Beispiel ist

$$\hat{P}_{12}\hat{P}_{13}\,|\xi_1\xi_2\xi_3\rangle = \hat{P}_{12}\,|\xi_3\xi_2\xi_1\rangle = |\xi_2\xi_3\xi_1\rangle . \tag{31.47}$$

Die Gruppe der Permutationen ist nichtabelsch (zum Begriff der abelschen Gruppe siehe Abschn. 27.3). Es ist beispielsweise

$$\hat{P}_{13}\hat{P}_{12}\,|\xi_1\xi_2\xi_3\rangle = \hat{P}_{13}\,|\xi_2\xi_1\xi_3\rangle = |\xi_3\xi_1\xi_2\rangle , \tag{31.48}$$

und deshalb gilt $\hat{P}_{12}\hat{P}_{13} \neq \hat{P}_{13}\hat{P}_{12}$.

Keine Observable kann identische Teilchen unterscheiden, und alle Teilchen werden auf genau die gleiche Art behandelt. Deshalb müssen die den Observablen entsprechenden Operatoren symmetrische Funktionen der Teilchenkoordinaten sein: Solche Operatoren ändern sich nicht, wenn die Teilchenkoordinaten permutiert werden. Beispiele von symmetrischen Observablen sind der Gesamtimpuls und gesamte Bahndrehimpuls

$$\hat{\boldsymbol{p}} = \sum_i \hat{\boldsymbol{p}}_i \quad \text{und} \quad \hat{\boldsymbol{L}} = \sum_i \hat{\boldsymbol{L}}_i \tag{31.49}$$

sowie der (Modell-)Hamilton-Operator

$$\hat{H} = \frac{1}{2m}\sum_i \hat{\boldsymbol{p}}_i^2 + \sum_{i<j} V(\hat{r}_{ij}), \tag{31.50}$$

wobei $r_{ij} = |\boldsymbol{x}_i - \boldsymbol{x}_j|$ den Abstand zwischen dem i-ten und j-ten Teilchen bezeichnet. Identische Teilchen haben natürlich gleiche Massen m.

Sei nun $\hat{A}(1, 2, \ldots, N)$ irgendein Operator auf dem N-Teilchen-Hilbert-Raum. Dann ist

$$\begin{aligned}&\hat{P}_{ij}\hat{A}(1,\ldots,i,\ldots,j,\ldots,N)\hat{P}_{ij}^{-1}\,|\xi_1\ldots\xi_i\ldots\xi_j\ldots\xi_N\rangle\\&=\hat{P}_{ij}\hat{A}(1,\ldots,i,\ldots,j,\ldots,N)\,|\xi_1\ldots\xi_j\ldots\xi_i\ldots\xi_N\rangle\\&=\hat{A}\,(1,\ldots,j,\ldots,i,\ldots,N)\,|\xi_1\ldots\xi_i\ldots\xi_j\ldots\xi_N\rangle\end{aligned} \tag{31.51}$$

oder

$$\hat{P}_{ij}\hat{A}(1,\ldots,i,\ldots,j,\ldots,N)=\hat{A}(1,\ldots,j,\ldots,i,\ldots,N)\hat{P}_{ij}. \tag{31.52}$$

Ein symmetrischer Operator ist also ein Operator, der mit allen Transpositionen $\hat{P}_{ij}$ und deshalb mit allen Permutationen vertauscht:

$$\hat{A}\ \text{symmetrisch} \iff \hat{P}(\pi)\hat{A}\hat{P}^{-1}(\pi)=\hat{A}\quad\forall\pi\in S_N. \tag{31.53}$$

Austauschentartung

Wir wollen annehmen, $|\psi\rangle$ sei ein Eigenzustand eines symmetrischen Vielteilchen-Hamilton-Operators, $\hat{H}\,|\psi\rangle = E\,|\psi\rangle$. Da $\hat{H}$ mit den Permutationen vertauscht, gilt

$$\hat{H}\hat{P}\,|\psi\rangle=\hat{P}\hat{H}\,|\psi\rangle=\hat{P}E\,|\psi\rangle=E\hat{P}\,|\psi\rangle\,. \tag{31.54}$$

Also ist $\hat{P}\,|\psi\rangle$ ebenfalls Eigenzustand mit derselben Energie. Ist $\hat{P}\,|\psi\rangle$ kein Vielfaches von $|\psi\rangle$, dann ist die Energie E entartet. Diese Entartung heißt *Austauschentartung*. ◀

Fermionen und Bosonen

Betrachten wir ein System bestehend aus zwei identischen Teilchen, z. B. den beiden Elektronen im Heliumatom, etwas genauer. Die Permutationsgruppe besteht hier nur aus der Identität e und der Transposition π_{12}. Wegen $\pi_{12}\pi_{12} = e$ und der Darstellungseigenschaft ist auch das Quadrat von $\hat{P}_{12} = \hat{P}(\pi_{12})$ die Identität.

Frage 5

Was folgt für die Eigenwerte von $\hat{P}_{12}$?

Damit sind die möglichen Eigenwerte von $\hat{P}_{12}$ gleich ± 1.

Ist nun $|\xi_1\xi_2\rangle$ irgendeine Eigenfunktion von $\hat{H}(\xi_1, \xi_2)$ mit Energie E, dann sind auch

$$\begin{aligned}|\xi_1\xi_2\rangle_s&=|\xi_1\xi_2\rangle+\hat{P}_{12}\,|\xi_1\xi_2\rangle=|\xi_1\xi_2\rangle+|\xi_2\xi_1\rangle\,,\\|\xi_1\xi_2\rangle_a&=|\xi_1\xi_2\rangle-\hat{P}_{12}\,|\xi_1\xi_2\rangle=|\xi_1\xi_2\rangle-|\xi_2\xi_1\rangle\end{aligned} \tag{31.55}$$

Eigenfunktionen mit derselben Energie (dies ist ein Beispiel für die eben erwähnte Austauschentartung). Die symmetrische Kombination ist Eigenfunktion von $\hat{P}_{12}$ mit Eigenwert 1, und die antisymmetrische Kombination ist Eigenfunktion von $\hat{P}_{12}$ mit Eigenwert -1.

Nun ist es eine *experimentelle Tatsache*, dass die Wellenfunktionen von zwei identischen Teilchen stets Eigenfunktionen von $\hat{P}_{12}$ sind. Der zugehörige Eigenwert hängt dabei nur von der Teilchensorte ab.

Fermionen und Bosonen

Teilchen mit halbzahligem Spin, z. B. Elektronen, Protonen oder Neutronen, heißen *Fermionen* (nach dem italienischen Kernphysiker und Nobelpreisträger *Enrico Fermi*, 1901–1958). Teilchen mit ganzzahligem Spin, z. B. π^0-Mesonen, Photonen oder ^{4}He-Nukleonen, heißen *Bosonen* (nach dem indischen Physiker *Satyendranath Bose*, 1894–1974).

Der Zustand von zwei identischen Fermionen muss stets antisymmetrisch sein:

$$\hat{P}_{12}\,|\xi_1\xi_2\rangle_a=-\,|\xi_1\xi_2\rangle_a\,, \tag{31.56}$$

und der Zustand von zwei identischen Bosonen muss stets symmetrisch sein:

$$\hat{P}_{12}\,|\xi_1\xi_2\rangle_s=|\xi_1\xi_2\rangle_s\,. \tag{31.57}$$

Für Systeme mit mehr als zwei Teilchen gilt die analoge Aussage.

Spin-Statistik-Theorem

Bei einem Austausch von zwei identischen Fermionen ändert der Zustand das Vorzeichen, und bei Austausch von identischen Bosonen bleibt er unverändert:

$$\hat{P}(\pi)\,|\psi\rangle=\begin{cases}\operatorname{sgn}(\pi)\,|\psi\rangle & \text{(Fermionen)}\\|\psi\rangle & \text{(Bosonen).}\end{cases} \tag{31.58}$$

Hier ist $\operatorname{sgn}(\pi)$ das Signum der Permutation: Es ist 1, falls π aus einer geraden Anzahl Transpositionen besteht, und sonst -1 (siehe den „Mathematischen Hintergrund" 2.2).

Achtung Diese tiefliegende Beziehung zwischen Spin und Statistik, nach der identische Teilchen mit ganzzahligem Spin (Bosonen) symmetrische Wellenfunktionen und identische Teilchen mit halbganzem Spin (Fermionen) antisymmetrische Wellenfunktionen haben, bleibt im Rahmen der nichtrelativistischen Quantenmechanik unbegründet. Im Rahmen einer lokalen relativistischen Quantenfeldtheorie kann sie allerdings verstanden werden (Pauli 1940). ◀

Dies hat weitreichende Auswirkungen nicht nur auf die Stabilität von Atomen, sondern auch auf Quantengase. In der Thermodynamik (Kap. 37) werden wir sehen, wie dadurch das Verhalten von Metallelektronen und der Hohlraumstrahlung bestimmt wird, aber auch die Stabilität von Weißen Zwergen und Neutronensternen; außerdem kann damit das Phänomen der Bose-Einstein-Kondensation und darauf aufbauend die Tieftemperatursupraleitung erklärt werden.

Anmerkung: Neben der symmetrischen und antisymmetrischen Darstellung gibt es noch viele andere irreduzible Darstellungen (Kap. 27) der nichtabelschen Permutationsgruppe. In drei Raumdimensionen sind aber nur die (anti)symmetrischen erlaubt und in der Natur realisiert. In niedrigeren Dimensionen sind auch andere Darstellungen kompatibel mit einer lokalen Feldtheorie (sogenannte *Anyonen*; vgl. dazu beispielsweise Wilczek 1990).

Aus der Antisymmetrie der Wellenfunktion von identischen Fermionen folgt unmittelbar auch das Pauli'sche Ausschließungsprinzip.

Ausschließungsprinzip (auch: Ausschlussprinzip, Pauli-Prinzip)

Wegen $\psi(\xi_1, \xi_2, \ldots) = -\psi(\xi_2, \xi_1, \ldots)$ ist $\psi(\xi_1, \xi_1, \ldots) = 0$. Die Amplitude dafür, zwei identische Fermionen in demselben Zustand zu finden, ist also null. Insbesonders müssen zwei Elektronen an demselben Ort verschiedene Spineinstellungen aufweisen.

Wellenfunktion zweier Wasserstoffatome

Wir wollen nun noch untersuchen, welche Symmetrieeigenschaften die Wellenfunktionen von *zusammengesetzten Teilchen* haben müssen. Als Beispiel betrachten wir die Wellenfunktion $\psi(e_1, p_1, e_2, p_2)$, die zwei Wasserstoffatome beschreibt. e_1 bezeichnet den Ort und Spin des Elektrons im ersten Atom, p_1 den Ort und Spin des Protons im ersten Atom, usw.

ψ muss bei Austausch der beiden Elektronen bzw. der beiden Protonen jeweils das Vorzeichen wechseln. ψ braucht aber bei Vertauschung der Koordinaten eines Elektrons mit den Koordinaten eines Protons das Vorzeichen nicht zu wechseln, da Elektronen und Protonen unterscheidbar sind.

Wegen

$$\psi(e_2, p_2, e_1, p_1) = -\psi(e_1, p_2, e_2, p_1) = \psi(e_1, p_1, e_2, p_2) \tag{31.59}$$

ändert sich die gesamte Wellenfunktion unter Austausch der beiden Wasserstoffatome also nicht, d. h., Wasserstoffatome verhalten sich wie Bosonen. ◄

Frage 6

Überzeugen Sie sich davon, dass Teilchen bestehend aus einer geraden Anzahl Fermionen und irgendeiner Anzahl Bosonen sich wie Bosonen verhalten, während Teilchen bestehend aus einer ungeraden Anzahl Fermionen und irgendeiner Anzahl Bosonen sich wie Fermionen verhalten. Was folgt beispielsweise jeweils für ^{3}He- und ^{4}He-Atome?

Nicht wechselwirkende identische Teilchen

Die exakte Behandlung von realistischen Vielkörperproblemen ist nicht möglich. In einigen Fällen können aber wichtige Eigenschaften mithilfe einer Störungsentwicklung erklärt werden: In nullter Näherung behandelt man die Teilchen als nicht wechselwirkend, im nächsten Schritt wird ihre Wechselwirkung als Störung berücksichtigt.

In nullter Näherung ist der Hamilton-Operator also die Summe von *identischen* Einteilchenoperatoren:

$$\hat{H}_0 = \sum_{i=1}^{N} \hat{H}(i), \tag{31.60}$$

wobei für die Summe wieder die Kurzschreibweise aus (31.7) verwendet wurde.

Die orthonormierten Einteilchenzustände $|n\rangle$ seien Eigenzustände von $\hat{H}$ mit Energien ϵ_n,

$$\hat{H}\,|n\rangle = \epsilon_n\,|n\rangle\,. \tag{31.61}$$

Dann ist ein kompletter Satz von Lösungen der stationären Schrödinger-Gleichung

$$\hat{H}_0\,|\psi\rangle = E\,|\psi\rangle \tag{31.62}$$

offensichtlich gegeben durch die Produktzustände

$$|n_1 n_2 \ldots n_N\rangle \equiv |n_1\rangle \otimes |n_2\rangle \otimes \cdots \otimes |n_N\rangle\,. \tag{31.63}$$

Die Energien dieser Zustände sind nach (31.10) gleich der Summe der Einteilchenenergien:

$$E = \epsilon_{n_1} + \ldots + \epsilon_{n_N}\,. \tag{31.64}$$

In der Lösung (31.63) ist das erste Teilchen im Zustand $|n_1\rangle$ mit Energie ϵ_{n_1}, das zweite Teilchen im Zustand $|n_2\rangle$ mit Energie ϵ_{n_2} usw. Wegen der Austauschentartung gibt es viele andere Lösungen von (31.62) mit gleicher Energie: Alle Produktzustände

$$\hat{P}(\pi)\,|n_1 n_2 \cdots n_N\rangle \tag{31.65}$$

haben die gleiche Energie wie der Zustand in (31.63). Aber weder der Zustand (31.63) noch eine der anderen mittels Permutation der Argumente gewonnene Lösung ist für identische

Teilchen zugelassen, da die gesamte Wellenfunktion ja (anti)-symmetrisch in den Argumenten sein muss. Wir müssen aus den nicht erlaubten Lösungen also solch eine Wellenfunktion konstruieren.

Zustände für Bosonen

Für *identische Bosonen* sind die Zustandsvektoren vollständig symmetrisch (Index s):

$$|n_1 \dots n_N\rangle_s \propto \sum_{\pi \in S_N} |n_{\pi(1)} \dots n_{\pi(N)}| . \tag{31.66}$$

Die Summe erstreckt sich über alle $N!$ Permutationen der Indizes $1, \dots, N$. Der Zustand ψ_s ist vollständig symmetrisch: Vertauschen wir zwei seiner Argumente, dann bedeutet dies nur eine Umordnung der Summanden auf der rechten Seite. Die Energie dieses Zustandes ist genau (31.64).

Für *identische Fermionen* müssen wir vollständig antisymmetrische Zustandsvektoren konstruieren.

Frage 7

Wie kann man dies analog zu (31.66) durchführen? Frischen Sie dafür, wenn nötig, nochmals Ihr Wissen zu Permutationen auf!

Wie man leicht einsieht, muss bei Fermionen im Vergleich zu Bosonen zusätzlich noch das Signum der Permutation berücksichtigt werden.

Zustände für Fermionen und Slater-Determinante

Für *identische Fermionen* sind die Zustandsvektoren vollständig antisymmetrisch (Index a):

$$|n_1 \dots n_N\rangle_a = \frac{1}{\sqrt{N!}} \sum_{\pi \in S_N} \operatorname{sgn}(\pi)\; |n_{\pi(1)} \dots n_{\pi(N)}| , \tag{31.67}$$

genauso wie die zugehörigen Wellenfunktionen

$$\begin{aligned} &\psi^{\mathrm{SD}}_{n_1 \dots n_N}(\xi_1, \dots, \xi_N) \qquad (31.68)\\ &= \frac{1}{\sqrt{N!}} \sum_{\pi \in S_N} \operatorname{sgn}(\pi)\, \psi_{\pi(n_1)}(\xi_1) \cdot \ldots \cdot \psi_{\pi(n_N)}(\xi_N), \end{aligned}$$

wobei ξ_i wieder zusammenfassend für die Orts- und Spinkoordinaten des Teilchens i steht. Diese alternierende Summe kann auch als Determinante geschrieben werden:

$$\begin{aligned} &\psi^{\mathrm{SD}}_{n_1 \dots n_N}(\xi_1, \dots, \xi_N) \qquad (31.69)\\ &= \frac{1}{\sqrt{N!}} \det \begin{pmatrix} \psi_{n_1}(\xi_1) & \psi_{n_1}(\xi_2) & \dots & \psi_{n_1}(\xi_N) \\ \psi_{n_2}(\xi_1) & \psi_{n_2}(\xi_2) & \dots & \psi_{n_2}(\xi_N) \\ \vdots & \vdots & \dots & \vdots \\ \psi_{n_N}(\xi_1) & \psi_{n_N}(\xi_2) & \dots & \psi_{n_N}(\xi_N) \end{pmatrix} . \end{aligned}$$

Dies bezeichnet man als eine *Slater-Determinante*.

Auch die Energie dieses Zustands erfüllt (31.64).

Frage 8

Überzeugen Sie sich davon, dass die Wellenfunktion (31.69) für orthonormierte Einteilchenfunktionen ψ_n auf eins normiert ist, sofern alle n_i unterschiedlich sind, und dass sie identisch verschwindet, sobald mindestens zwei n_i gleich sind.

Achtung In der nichtrelativistischen Näherung enthält der Hamilton-Operator keine Spinoperatoren, zumindest wenn kein Magnetfeld vorhanden ist. Die Einteilchen-Wellenfunktionen (und damit die Wellenfunktion des Gesamtsystems) können daher als Produkt einer reinen Bahnfunktion und einer Funktion geschrieben werden, die nur von der Spinvariablen abhängt, $\psi_n(\xi) = \phi_n(\boldsymbol{x})\,|s, m_s\rangle$. Der Bahnanteil $\phi_{n_1}(\boldsymbol{x}_1) \dots \phi_{n_N}(\boldsymbol{x}_N)$ der Wellenfunktion des Gesamtsystems braucht nicht (anti)symmetrisch in den Orten zu sein. Nur beim gleichzeitigen Austausch aller Koordinaten von zwei identischen Teilchen, also ihrer Orts- *und* Spinvariablen, muss sie (anti)symmetrisch sein. ◀

Para- und Orthohelium

Helium scheint spektroskopisch aus zwei verschiedenen Gasen zu bestehen, die früher als *Para-* und *Orthohelium* bezeichnet wurden. Dies kann man mithilfe des Pauli-Prinzips bzw. der Antisymmetrie der Wellenfunktion verstehen.

Für die Spins der beiden Elektronen gibt es zwei verschiedene Möglichkeiten:

(a) *Beide Elektronen mit entgegengesetzten Spin*: Es können dann beide gleichzeitig im 1s-Zustand sein. Der Ortsanteil der Wellenfunktion ist deshalb symmetrisch, der Spinanteil antisymmetrisch.
(b) *Beide Elektronen mit gleichgerichteten Spin*: Es können dann nicht beide gleichzeitig im 1s-Zustand sein. Der Ortsanteil der Wellenfunktion ist antisymmetrisch, der Spinanteil symmetrisch.

Im ersten Fall (Parahelium) ist die Energie des Grundzustands also niedriger als im zweiten Fall (Orthohelium).

Ein spontaner Übergang von Ortho- zu Parahelium würde ein Umklappen eines der beiden Spins erfordern, was im Vergleich zu anderen Übergängen sehr selten stattfindet („verbotener Übergang"). Durch äußere Einflüsse wie beispielsweise Stöße kann aber Para- zu Orthohelium angeregt werden. Daher enthält natürlich vorkommendes Heliumgas im Allgemeinen beide Sorten und zeigt damit scheinbar die Spektren zweier unterschiedlicher Gase. ◀

Wie sieht nun allgemein der Grundzustand für ein System von nicht wechselwirkenden Elektronen aus? Wir ordnen die

Teil III

Quantenzahlen n_i der Einteilchenzustände, so die Einteilchenenergien der Größe nach geordnet sind: $\epsilon_1 \le \epsilon_2 \le \epsilon_3 \le \ldots$.

Die Grundzustandsenergie für nicht wechselwirkende Fermionen ist offenbar

$$E_1 = \sum_{i=1}^{N} \epsilon_i. \tag{31.70}$$

Im nichtrelativistischen Grenzfall ist der Einteilchen-Hamilton-Operator spinunabhängig, und jede Einteilchenenergie ist mindestens doppelt entartet, da die Zustände mit $m_s = \pm\frac{1}{2}$ dieselbe Energie haben. Der *Grundzustand* hat für Teilchen mit Spin $\frac{1}{2}$ also die Form

$$\psi_0^{\text{SD}}(\xi_1, \ldots, \xi_N) \tag{31.71}$$
$$= \frac{1}{\sqrt{N!}} \det \begin{pmatrix} \psi_1(\xi_1) & \psi_1(\xi_2) & \ldots & \psi_1(\xi_N) \\ \psi_2(\xi_1) & \psi_2(\xi_2) & \ldots & \psi_2(\xi_N) \\ \vdots & \vdots & \ldots & \vdots \\ \psi_N(\xi_1) & \psi_N(\xi_2) & \ldots & \psi_N(\xi_N) \end{pmatrix},$$

d. h., für N nicht wechselwirkende identische Spin-$\frac{1}{2}$-Teilchen im Grundzustand sind die $N/2$ (abgerundet auf die nächste ganze Zahl) tiefsten Zustände des Einteilchen-Hamilton-Operators $\hat{H}$ jeweils doppelt besetzt.

Teil III

31.2 Das Variationsverfahren

Nachdem wir besprochen haben, wie man Mehrteilchensysteme prinzipiell mathematisch beschreibt, kehren wir nun zurück zur Diskussion von Näherungsverfahren, mit denen solche Systeme gelöst werden können. Eine wichtige Methode neben der Störungstheorie ist das *Variationsverfahren*, welches hier dargestellt und am Beispiel des Heliumatoms demonstriert werden soll.

Begründung des Verfahrens

Wir beginnen die Diskussion mit einem mathematischen Satz, der dem Verfahren zugrunde liegt.

Ist $\mathcal{H}$ der Hilbert-Raum eines Systems, $\hat{H}$ sein Hamilton-Operator und E_1 seine Grundzustandsenergie, so gilt

$$E_1 = \min_{|\psi\rangle \in \mathcal{H}\setminus\{0\}} \frac{\langle\psi|\hat{H}|\psi\rangle}{\langle\psi|\psi\rangle}. \tag{31.72}$$

Dies ist relativ einfach zu beweisen. Dafür schreiben wir einen beliebigen (normierbaren) Zustand $|\psi\rangle \in \mathcal{H} \setminus \{0\}$ als eine Linearkombination der Energieeigenzustände des Systems:

$$|\psi\rangle = \sum_n c_n |\psi_n\rangle. \tag{31.73}$$

Mit der Orthonormalität der Energieeigenzustände folgt dann

$$\langle\psi|\hat{H}|\psi\rangle = \sum_{m,n} c_m^* \langle\psi_m|\hat{H}|\psi_n\rangle c_n = \sum_{m,n} c_m^* c_n E_n \delta_{nm}$$
$$= \sum_n |c_n|^2 E_n. \tag{31.74}$$

Frage 9

Vollziehen Sie diese Rechnung nach.

Da die Grundzustandsenergie die kleinste Energie ist, kann man dies nun nach unten abschätzen:

$$\langle\psi|\hat{H}|\psi\rangle \ge \sum_n |c_n|^2 E_1 = E_1 \langle\psi|\psi\rangle. \tag{31.75}$$

Damit folgt, dass für einen beliebigen Zustand $|\psi\rangle \in \mathcal{H} \setminus \{0\}$ immer

$$E_1 \le \frac{\langle\psi|\hat{H}|\psi\rangle}{\langle\psi|\psi\rangle} \tag{31.76}$$

ist. Berechnet man den Erwartungswert des Grundzustands selbst, so wird die Ungleichung natürlich zu einer Gleichung. Nimmt man also das Minimum des Ausdrucks auf der rechten Seite über alle Zustände, erhält man die Grundzustandsenergie. Dies war zu zeigen.

Achtung Hier wurde angenommen, dass $\hat{H}$ ein rein diskretes Spektrum hat. Mit den im Kap. 23 vorgestellten Methoden, insbesondere der Spektralzerlegung von $\hat{H}$, kann man den Satz aber auch für Hamilton-Operatoren mit kontinuierlichem Spektrum beweisen. (Dann muss aber im Allgemeinen das Minimum durch das Infimum ersetzt werden.) ◀

Dieser Satz kann dazu dienen, die Grundzustandsenergie abzuschätzen, wenn man eine grobe Vorstellung davon hat, wie der Grundzustand aussieht: Man kann diesen dann mit einem oder mehreren Parametern ansetzen und den Erwartungswert der Energie in Abhängigkeit der Parameter berechnen. Anschließend sucht man das Minimum dieses Erwartungswertes in Abhängigkeit der Parameter. (Durch eine leichte Abänderung können übrigens auch Energien angeregter Zustände berechnet werden; siehe dazu Aufgabe 31.5.)

Dieses Verfahren wird meist als *Rayleigh-Ritz-Prinzip*, manchmal auch nur als *Ritz'sches Variationsverfahren*, bezeichnet. Die Grundlagen dafür gehen auf Arbeiten des englischen Physikers und Nobelpreisträgers *John William Strutt*, dritter Baron Rayleigh (1842–1919), zurück; der schweizerische Physiker und Mathematiker *Walter Ritz* (1878–1909) arbeitete das Verfahren dann 1908 endgültig aus (ursprünglich allerdings für die technische Mechanik).

Grundzustand von Parahelium

Wir betrachten ein Heliumatom mit dem Hamilton-Operator

$$\hat{H} = \frac{\hat{\boldsymbol{p}}_1^2}{2\mu} + \frac{\hat{\boldsymbol{p}}_2^2}{2\mu} - \frac{Ze^2}{\hat{r}_1} - \frac{Ze^2}{\hat{r}_2} + \frac{e^2}{\hat{r}_{12}}, \qquad (31.77)$$

wobei μ wieder die reduzierte Elektronenmasse ist und $\hat{\boldsymbol{p}}_i$ bzw. $\hat{\boldsymbol{x}}_i$ die Impuls- bzw. Ortsoperatoren für die beiden Elektronen sind. $\hat{r}_{12} := |\hat{\boldsymbol{x}}_1 - \hat{\boldsymbol{x}}_2|$ ist der Abstand der beiden Elektronen; außerdem haben wir hier $Z = 2$. In Aufgabe 31.4 wird die Grundzustandsenergie dafür in der ersten Ordnung der Störungstheorie berechnet; hier soll die Variationsrechnung auf dieses Problem angewendet werden.

Das Atom sei im Grundzustand mit antiparallelen Spins (*Parahelium*). Für diesen Zustand setzen wir nun ein Produkt von wasserstoffartigen $1s$-Zuständen an, allerdings nicht mit $Z = 2$, sondern mit der sogenannten effektiven Kernladungszahl Z^* als freiem Parameter.

Interpretieren Sie diesen Ansatz physikalisch.

Dies berücksichtigt, dass die Elektronen das elektrische Feld des Atomkerns teilweise abschirmen, jedes Elektron also im Mittel nur eine schwächere Kernladung spürt.

Im Ortsraum lautet unser Ansatz:

$$\psi(\boldsymbol{x}_1, \boldsymbol{x}_2) = \psi_{100}(\boldsymbol{x}_1)\psi_{100}(\boldsymbol{x}_2) \qquad (31.78)$$

mit

$$\psi_{100}(\boldsymbol{x}_i) = \left(\frac{Z^*}{\pi a_B^3}\right)^{1/2} \mathrm{e}^{-Z^* r_i / a_0}. \qquad (31.79)$$

Für diesen Zustand ist nun zunächst der Erwartungswert in Abhängigkeit von Z^* zu berechnen. Dafür schreiben wir den Hamilton-Operator etwas um:

$$\hat{H} = \hat{H}^* + \frac{(Z^* - Z)e^2}{\hat{r}_1} - \frac{(Z^* - Z)e^2}{\hat{r}_2} + \frac{e^2}{\hat{r}_{12}} \qquad (31.80)$$

mit

$$\hat{H}^* = \frac{\hat{\boldsymbol{p}}_1^2}{2\mu} + \frac{\hat{\boldsymbol{p}}_2^2}{2\mu} - \frac{Z^* e^2}{\hat{r}_1} - \frac{Z^* e^2}{\hat{r}_1}. \qquad (31.81)$$

Damit ergibt sich sofort

$$\langle\psi|\, \hat{H}^* \,|\psi\rangle = 2E_1^* = -2(Z^*)^2 \mathrm{Ry}, \qquad (31.82)$$

wobei E_1^* die Grundzustandsenergie eines wasserstoffartigen Atoms mit Kernladungszahl Z^* bezeichnet, und wir müssen nur noch die Erwartungswerte der drei zusätzlichen Summanden in (31.80) berechnen.

Der Erwartungswert von $\hat{r}^{-1}$ wurde bereits mit dem Virialsatz berechnet (30.100), der Erwartungswert von $\hat{r}_{12}^{-1}$ wird in Aufgabe 31.4 ermittelt:

$$\begin{aligned}\left\langle \psi \,\middle|\, \frac{(Z^* - Z)e^2}{\hat{r}_i} \,\middle|\, \psi \right\rangle &= \frac{Z^* - Z}{Z^*} \left\langle 1 \,\middle|\, \frac{Z^* e^2}{\hat{r}} \,\middle|\, 1 \right\rangle \\ &= -2\frac{Z^* - Z}{Z^*} E_1^* \\ &= 2(Z^* - Z)Z^* \mathrm{Ry} \qquad (31.83)\end{aligned}$$

und

$$\left\langle \psi \,\middle|\, \frac{e^2}{\hat{r}_{12}} \,\middle|\, \psi \right\rangle = \frac{5}{4} Z^* \mathrm{Ry}. \qquad (31.84)$$

Überprüfen Sie bei den Erwartungswerten (31.83) und (31.84) die Abhängigkeiten von Z^*.

Insgesamt hat man damit für den Erwartungswert in Abhängigkeit von Z^*:

$$\begin{aligned}E(Z^*) &= \langle\psi|\, \hat{H} \,|\psi\rangle \\ &= -2(Z^*)^2 \mathrm{Ry} + 4(Z^* - Z)Z^* \mathrm{Ry} + \frac{5}{4} Z^* \mathrm{Ry} \\ &= \left(2(Z^*)^2 + \left(\frac{5}{4} - 4Z\right) Z^*\right) \mathrm{Ry}. \qquad (31.85)\end{aligned}$$

Laut dem Variationsprinzip erhält man nun die beste Näherung für die Grundzustandsenergie, indem man das Minimum dieses Ausdrucks in Abhängigkeit von Z^* sucht. Wie man leicht nachrechnet, ergibt sich dieses Minimum für

$$Z^* = Z - \frac{5}{16} = \frac{27}{16} \qquad (31.86)$$

und hat den Wert

$$E\left(\frac{27}{16}\right) = -2\left(Z - \frac{5}{16}\right)^2 \mathrm{Ry} = -\frac{729}{128} \mathrm{Ry} \approx -5{,}7\ \mathrm{Ry}. \qquad (31.87)$$

Rechnen Sie diese beiden Ergebnisse für die effektive Kernladung (31.86) und das zugehörige Energieminimum (31.87) nach. Warum sind Werte in dieser Größenordnung zu erwarten?

Wie zu erwarten war, ergibt sich für die abgeschirmte Kernladung also ein Wert zwischen 1 und 2 (Z^* muss kleiner als 2 sein, ist aber sicher auch größer als 1, da die Elektronen im Heliumatom ja stärker gebunden sind als im Wasserstoffatom).

Teil III

Die experimentelle Grundzustandsenergie ist etwa −5,8 Ry, in der ersten Ordnung der Störungstheorie ergibt sich −5,5 Ry (Aufgabe 31.4). Das Variationsverfahren liefert hier also eine deutlich bessere Annäherung an den tatsächlichen Wert als die Störungstheorie. ◄

Weitere Beispiele zur Anwendung des Variationsverfahrens finden sich in Aufgabe 31.5 und 31.6. Im Kasten „Anwendung: Das Hohenberg-Kohn-Theorem" wird außerdem ein wichtiges Theorem, das mit dem Variationsverfahren bewiesen werden kann, besprochen. Im Abschnitt „So geht's weiter" am Ende des Kapitels werden wir schließlich noch auf die für die Quantenchemie grundlegende Hartree-Fock-Näherung eingehen, die ebenfalls das Variationsverfahren benutzt.

31.3 Die semiklassische Näherung

Teil III

In der Optik konnte man mithilfe der *Eikonalgleichung* (Abschn. 17.3) die Ausbreitung von elektromagnetischen Wellen durch Lichtstrahlen annähern. Es liegt nahe zu versuchen, auch die quantenmechanische Wellenfunktion durch die Ausbreitung von „Strahlen" anzunähern. Diese entsprechen dann einfach dem klassischen Weg von Teilchen. Eine solche Näherung entspricht also dem Übergang von der Quantenmechanik zur klassischen Mechanik. Dies wurde bereits in Abschn. 22.3 verwendet, um die Schrödinger-Gleichung aufzustellen.

Nimmt man in der Rechnung auch höhere Ordnungen mit, so erhält man eine *semiklassische Näherung*. Dies wurde erstmals 1926 durchgeführt, und zwar unabhängig voneinander, aber fast zeitgleich, vom deutschen Physiker *Gregor Wentzel* (1898–1978), vom niederländischen Physiker *Hendrik Anthony Kramers* (1894–1952) und vom französisch-amerikanischen Physiker *Léon Nicolas Brillouin* (1889–1969). Nach diesen ist die Methode auch als *WKB-Näherung* benannt.

Berechnung der Wellenfunktion

Analog zur Eikonalgleichung betrachtet man auch hier den Grenzwert kleiner Wellenlängen, genauer: Die Wellenlänge soll klein sein verglichen mit der typischen Länge, auf der sich das Potenzial ändert. Mit anderen Worten: Man geht davon aus, dass das Potenzial „fast konstant" ist.

Im Folgenden beschränken wir uns auf eindimensionale Probleme. Für ein konstantes Potenzial V_0 ist dann die zeitunabhängige Schrödinger-Gleichung

$$-\frac{\hbar^2}{2m}\psi''(x) = (E - V_0)\psi(x), \qquad (31.88)$$

und als Lösung ergibt sich einfach

$$\psi(x) = \psi_0 e^{\pm ipx/\hbar} \qquad (31.89)$$

mit

$$p = \sqrt{2m(E - V_0)} \qquad (31.90)$$

und einer Konstanten ψ_0. Da wir davon ausgehen, dass die Wellenlänge

$$\lambda = \frac{h}{p} \qquad (31.91)$$

klein verglichen mit typischen Längen des Problems ist, gilt im Allgemeinen

$$px/\hbar = \frac{hx}{\hbar\lambda} = 2\pi\frac{x}{\lambda} \gg 1, \qquad (31.92)$$

im Exponenten steht also typischerweise eine große Zahl.

Ändert sich das Potenzial nur langsam, so liegt (wieder analog zum Eikonalansatz) folgender Ansatz nahe:

$$\psi(x) = \psi_0 e^{i\Phi_0(x)/\hbar} \qquad (31.93)$$

mit einer reellen Funktion Φ_0 und einer komplexen Konstanten ψ_0.

Frage 10

Warum kann man darauf verzichten, auch ψ_0 als Funktion von x anzusetzen?

Bei der Eikonalgleichung wurde außerdem auch die Amplitude als Funktion von x betrachtet; dies ist allerdings nicht unbedingt nötig, da man die x-Abhängigkeit von ψ_0 auch vollständig in den Exponenten stecken kann.

Setzen wir diesen Ansatz in die zeitunabhängige Schrödinger-Gleichung ein, so ergibt sich zunächst (ψ_0 kürzt sich heraus)

$$\frac{d^2}{dx^2}e^{i\Phi_0(x)/\hbar} = -\frac{2m(E - V(x))}{\hbar^2}e^{i\Phi_0(x)/\hbar} \qquad (31.94)$$

bzw. nach Ausführen der Ableitungen und herauskürzen des Exponentialfaktors

$$i\hbar\Phi_0''(x) - \left(\Phi_0'(x)\right)^2 = -2m(E - V(x)). \qquad (31.95)$$

Die Funktion Φ_0 nimmt, verglichen mit $\hbar$, im Allgemeinen große Werte an (siehe oben). Somit liegt folgende Entwicklung nahe:

$$\Phi_0 = W + \hbar W_1 + \ldots \qquad (31.96)$$

Setzt man diesen Ansatz in (31.95) ein und nimmt zunächst nur die Terme in führender Ordnung (also proportional zu $\hbar^0$) mit, hat man

$$-\left(W'(x)\right)^2 = -2m(E - V(x)). \qquad (31.97)$$

(Ein Vergleich mit (22.95) zeigt, dass dies gerade die verkürzte bzw. zeitunabhängige Hamilton-Jacobi-Gleichung ist.)

Anwendung: Das Hohenberg-Kohn-Theorem

Ein wichtiges Näherungsverfahren der Quantenchemie zur Bestimmung von Moleküleigenschaften, aber auch der Festkörperphysik, ist die sogenannte *Dichtefunktionaltheorie*. Dabei geht man davon aus, dass man die Wellenfunktion jedes einzelnen Elektrons unabhängig von den anderen berechnen kann; die Wechselwirkung mit den anderen Elektronen wird durch ein „effektives Potenzial" in der Ein-Elektronen-Schrödinger-Gleichung berücksichtigt:

$$\left(-\frac{\hbar^2}{2\mu}\Delta + V_C + V_{\text{eff}}\right)\psi_j = E_j\psi_j.$$

Hierbei steht V_C für das Coulomb-Potenzial der Atomkerne, und das effektive Potenzial enthält zwei Beiträge:

$$V_{\text{eff}} = \int \frac{e^2 n(\boldsymbol{x}')}{|\boldsymbol{x}-\boldsymbol{x}'|}\,\mathrm{d}V' + V_{\text{exc}}.$$

Der erste Beitrag beschreibt die Coulomb-Wechselwirkung der Elektronen untereinander, der zweite die sogenannte *Austauschwechselwirkung*. Beide sind Funktionale der Elektronendichte

$$n(\boldsymbol{x}) = \sum_j |\psi_j(\boldsymbol{x})|^2.$$

Daher stammt der Name der Methode. Für die Austauschwechselwirkung gibt es unterschiedliche Ansätze; im Allgemeinen hängt sie von Parametern ab, deren Werte durch Anpassen an einen vorgegebenen Satz von Molekülen bestimmt werden.

Grundlegend für das Verfahren ist das Hohenberg-Kohn-Theorem (nach dem US-amerikanischen Physiker österreichischer Herkunft *Walter Kohn*, *1923, und dem US-amerikanischen Physiker *Pierre Hohenberg*, *1934), das besagt, dass bei vorgegebener Elektronendichte das effektive Potenzial eindeutig bestimmt ist. Dies kann man mithilfe des Variationsverfahrens beweisen.

Angenommen, es gibt (mindestens) zwei verschiedene Möglichkeiten, das effektive Potenzial zu wählen; dann hat man zwei Hamilton-Operatoren

$$\hat{H}_a = -\frac{\hbar^2}{2\mu}\Delta + V_C + V_{\text{eff,a}} \quad (a = 1,2)$$

mit zugehörigen Grundzuständen $|\psi_i\rangle$. Schreiben wir für die Grundzustandsenergien

$$E_a = \langle\psi_a|\,\hat{H}_a\,|\psi_a\rangle\,,$$

so muss nach dem Variationsprinzip gelten (sofern die Grundzustände von $\hat{H}_1$ und $\hat{H}_2$ jeweils nicht entartet sind):

$$E_1 < \langle\psi_2|\,\hat{H}_1\,|\psi_2\rangle \quad \text{und} \quad E_2 < \langle\psi_1|\,\hat{H}_2\,|\psi_1\rangle\,.$$

Betrachten wir zunächst nur die erste Ungleichung. Diese kann man umschreiben:

$$E_1 < \langle\psi_2|\,\hat{H}_2\,|\psi_2\rangle + \langle\psi_2|\,\hat{H}_1 - \hat{H}_2\,|\psi_2\rangle\,.$$

Der erste Erwartungswert ergibt einfach E_2, im zweiten fällt in der Differenz alles bis auf die effektiven Potenziale heraus. Deren Erwartungswert kann man dann als Integral über die Elektronendichte berechnen. Es bleibt also

$$E_1 < E_2 + \int (V_{\text{eff},1}(\boldsymbol{x}) - V_{\text{eff},2}(\boldsymbol{x}))\,n(\boldsymbol{x})\mathrm{d}^3x.$$

Ebenso folgt

$$E_2 < E_1 + \int (V_{\text{eff},2}(\boldsymbol{x}) - V_{\text{eff},1}(\boldsymbol{x}))\,n(\boldsymbol{x})\mathrm{d}^3x.$$

Nach Addieren der beiden Ungleichungen bleibt schließlich nur

$$E_1 + E_2 < E_1 + E_2.$$

Da dies ein Widerspruch ist, muss die ursprüngliche Annahme falsch sein. Damit ist das Theorem bewiesen.

Frage 11

Vollziehen Sie die Herleitung von (31.97) aus der Schrödinger-Gleichung und der Entwicklung (31.96) nach.

Also ist

$$W(x) = \pm\int_{x_0}^{x}\sqrt{2m(E - V(x'))}dx' = \pm\int_{x_0}^{x} p(x')\,\mathrm{d}x' \quad (31.98)$$

mit dem nun ortsabhängigen Impuls

$$p(x) = \sqrt{2m(E - V(x))}. \quad (31.99)$$

Für die zeit*ab*hängige Wellenfunktion ergibt sich damit in der niedrigsten Ordnung der Näherung

$$\psi(x) = \psi_0 \exp\left(\mathrm{i}\left[\pm\int_{x_0}^{x} p(x')\,\mathrm{d}x' - Et\right]/\hbar\right). \quad (31.100)$$

Teil III

Der Ausdruck

$$\int_{x_0}^{x} p(x')\,dx' - Et =: S \qquad (31.101)$$

im Exponenten ist aber nun (für Probleme, bei denen die Energie erhalten ist) nichts anderes als die (klassische) Wirkung! Auch dies wurde bereits in Kap. 22 kurz angesprochen, wo S auch als *Prinzipalfunktion* bezeichnet wurde (siehe auch Abschn. 7.3).

Man erinnere sich auch hier wieder an die Eikonalgleichung: Dort tauchte im Exponenten das Eikonal auf, das ein Maß für die optische Weglänge ist. In der Optik gilt, dass die optische Weglänge extremal sein muss, in der klassischen Mechanik muss dagegen die Wirkung extremal sein. Also ergibt sich in der WKB-Näherung ein Ergebnis, das völlig analog zu dem der Eikonalgleichung ist. (Auch dies wurde bereits in Abschn. 7.3 als Anwendung kurz angesprochen.)

Betrachten wir nun noch die nächsthöhere Ordnung. Aus (31.95) erhält man zunächst, wenn man alle Terme der Ordnung $\hbar$ berücksichtigt:

$$\mathrm{i}W''(x) - 2W'(x)W_1'(x) = 0. \qquad (31.102)$$

Frage 12

Vollziehen Sie dies nach.

Aus (31.98) folgt aber unmittelbar

$$W'(x) = \pm p(x), \qquad (31.103)$$

und daher gilt

$$\mathrm{i}p'(x) - 2p(x)W_1'(x) = 0. \qquad (31.104)$$

Nach Umstellen und Aufintegrieren erhält man daraus

$$W_1(x) = \frac{\mathrm{i}}{2}\ln p(x) + C = \mathrm{i}\ln\sqrt{p(x)} + C. \qquad (31.105)$$

Damit ist bis zur ersten Ordnung in $\hbar$

$$\Phi_0(x) = \pm\int_{x_0}^{x} p(x')\,dx' + \mathrm{i}\hbar\ln\sqrt{p(x)} + \hbar C, \qquad (31.106)$$

und für die Wellenfunktion hat man schließlich

$$\begin{aligned}\psi(x) &= \psi_0 \exp\left(\pm\mathrm{i}\int_{x_0}^{x} p(x')\,dx'/\hbar - \ln\sqrt{p(x)} + \mathrm{i}C\right)\\ &= \frac{\psi_0 e^{\mathrm{i}C}}{\sqrt{p(x)}}\exp\left(\pm\mathrm{i}\int_{x_0}^{x} p(x')\,dx'/\hbar\right)\end{aligned} \qquad (31.107)$$

bzw. allgemein Linearkombinationen dieser beiden Lösungen. Die Aufenthaltswahrscheinlichkeit in einem infinitesimalen Intervall dx ist damit

$$|\psi(x)|^2 dx = \frac{|\psi_0|^2 dx}{p(x)} \propto \frac{dx}{v(x)}. \qquad (31.108)$$

Im Einklang mit der klassischen Erwartung finden wir, dass die Wahrscheinlichkeit, ein Teilchen in einem solchen Intervall zu finden, proportional zum Kehrwert der Geschwindigkeit an dieser Stelle ist.

Fassen wir zusammen:

Die Wellenfunktion in der semiklassischen WKB-Näherung

Ist die Wellenlänge sehr viel kleiner als typische Längenskalen des Problems, so gilt für die Wellenfunktion näherungsweise

$$\psi(x) = \frac{1}{\sqrt{p(x)}}\left(\psi_1 \exp\left[\mathrm{i}\int_{x_0}^{x} p(x')\,dx'/\hbar\right] + \psi_2 \exp\left[-\mathrm{i}\int_{x_0}^{x} p(x')\,dx'/\hbar\right]\right) \qquad (31.109)$$

mit dem ortsabhängigen Impuls

$$p(x) = \sqrt{2m(E - V(x))} = \frac{h}{\lambda(x)} \qquad (31.110)$$

und (komplexen) Konstanten ψ_1 und ψ_2.

Aus (31.110) sieht man außerdem, dass die WKB-Näherung nur für große Impulse gültig ist (da ja λ als klein vorausgesetzt wird). Insbesondere in der Nähe von Umkehrpunkten der klassischen Bahnen, wo also $E - V(x) = 0$ gilt, bricht die WKB-Näherung zusammen.

In Bereichen, die klassisch verboten sind ($E < V(x)$), wird $p(x)$ dagegen rein imaginär. Aber auch in diesen Bereichen funktioniert die obige Argumentation, wobei nun zu fordern ist, dass $|p|x/\hbar$ groß ist. Es ergeben sich exponentiell ansteigende und abfallende Lösungen:

$$\psi(x) = \frac{1}{\sqrt{|p(x)|}}\left(\psi_1 \exp\left[\int_{x_0}^{x} |p(x')|\,dx'/\hbar\right] + \psi_2 \exp\left[-\int_{x_0}^{x} |p(x')|\,dx'/\hbar\right]\right). \qquad (31.111)$$

Da der Exponent sehr groß ist, findet der Abfall in klassisch verbotenen Bereichen sehr schnell statt – im klassischen Grenzfall unendlich schnell, im Einklang mit der Erwartung.

Teil III

Gültigkeitsbereich

Beim Übergang von (31.95) zu (31.97) wurde $\hbar\Phi_0''$ gegenüber $(\Phi_0')^2$ vernachlässigt, wir haben also

$$\left|\frac{\mathrm{d}}{\mathrm{d}x}\frac{\hbar}{\Phi_0'}\right| \ll 1. \tag{31.112}$$

Mit $\Phi_0' \approx W' = \pm p$ wird dies zu

$$\left|\frac{\mathrm{d}}{\mathrm{d}x}\frac{\hbar}{p}\right| = \frac{\hbar}{p^2}\left|\frac{\mathrm{d}p}{\mathrm{d}x}\right| \ll 1. \tag{31.113}$$

Berechnen wir noch die Ableitung des Impulses:

$$\frac{\mathrm{d}p}{\mathrm{d}x} = \frac{\mathrm{d}}{\mathrm{d}x}\sqrt{2m(E - V(x))} = -\frac{m}{p}\frac{\mathrm{d}V}{\mathrm{d}x} = \frac{mF}{p} \tag{31.114}$$

mit der klassischen Kraft F. Dies führt dann auf das gesuchte Ergebnis.

Gültigkeitsbereich der semiklassischen Näherung

Es ist zu erwarten, dass die semiklassische Näherung für

$$\frac{m\hbar|F|}{p^3} \ll 1 \tag{31.115}$$

gute Ergebnisse liefert.

Betrachten wir beispielsweise ein Coulomb-Potenzial $V(r) = -Ze^2/r$ (dies ist nicht eindimensional, für dreidimensionale Probleme ergibt sich aber dieselbe Abschätzung). Bei der Impulsberechnung nähern wir V durch $\langle V\rangle$ an:

$$p = \sqrt{2m(E - \langle V\rangle)} = \sqrt{-m\langle V\rangle}, \tag{31.116}$$

wobei der Virialsatz verwendet wurde, um E durch $\langle V\rangle$ auszudrücken. Wenn die Wellenfunktion um einen Radius r konzentriert ist, so können wir außerdem $\langle r^{-1}\rangle$ durch r^{-1} abschätzen. Aus (31.115) folgt dann die Bedingung

$$r \gg \frac{a_B}{Z}. \tag{31.117}$$

Es ist also zu erwarten, dass die semiklassische Näherung für große Abstände vom Kern und damit hohe Quantenzahlen gut funktioniert.

Frage 13

Zeigen Sie (31.117).

Andererseits ist für $r \approx a_B$ die De-Broglie-Wellenlänge der Elektronen ebenfalls von der Größenordnung a_B; die Wellenfunktion erstreckt sich also über das gesamte Atom. Dann ist die Abschätzung $\langle r^{-1}\rangle \approx r^{-1}$ sicher nicht mehr brauchbar, und (31.117) somit keine sinnvolle Abschätzung mehr.

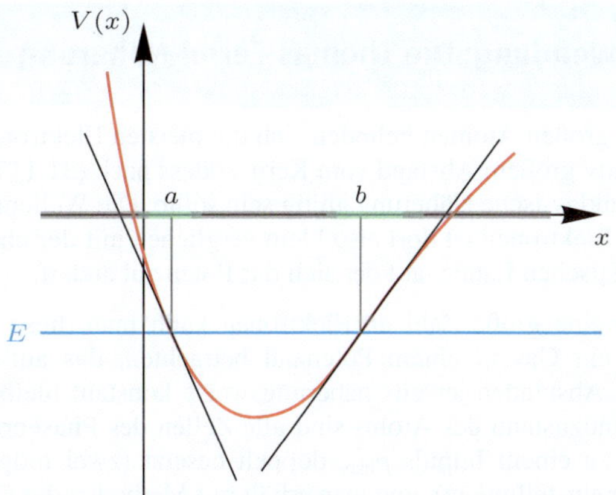

Abb. 31.2 Ein Teilchen der Energie E ist in einem Potenzial $V(x)$ gebunden. Bei a und b sind die klassischen Umkehrpunkte der Bewegung. In deren Nähe ist das Potenzial linear angenähert (*schräge Geraden*); in den auf der x-Achse *grün* markierten Bereichen ist diese Näherung gut. Die auf der x-Achse *grau* markierten Bereiche sind dagegen (relativ) fern der Umkehrpunkte; dort ist die semiklassische Näherung gut. Wir gehen davon aus, dass die beiden Arten von Bereichen überlappen, es also Intervalle gibt, in denen beide Näherungen gleichzeitig anwendbar sind

Gebundene Zustände und die Bohr-Sommerfeld-Quantisierung

Wir betrachten ein Teilchen, das in einem eindimensionalen Potenzial gebunden ist (Abb. 31.2). Klassisch gesehen führt es dann eine periodische Bewegung mit den Umkehrpunkten a und b durch.

Betrachten wir zunächst die Wellenfunktion so weit entfernt von den Umkehrpunkten, dass die semiklassische Näherung anwendbar ist. Für $x \ll a$ befindet sich das Teilchen in einem klassisch verbotenen Bereich, dort muss die Wellenfunktion also exponentiell abfallen. Wählen wir ein $x_0 \ll a$, so haben wir

$$\psi(x) = \frac{C}{\sqrt{p(x)}}\exp\left(\int_{x_0}^{x}|p(x')|\,\mathrm{d}x'/\hbar\right), \tag{31.118}$$

wobei die Konstante C von der Wahl von x_0 abhängt. Da das Integral $\int_{x_0}^{a}|p(x')|\,\mathrm{d}x'$ einfach einen konstanten Wert liefert (der zwar von x_0 abhängt, dies ist aber unwesentlich, da C letztlich aus der Normierung von $\psi(x)$ bestimmt werden kann), können wir aber auch

$$\psi(x) = \frac{C'}{\sqrt{p(x)}}\exp\left(\int_{a}^{x}|p(x')|\,\mathrm{d}x'/\hbar\right) \tag{31.119}$$

schreiben, wobei

$$C' = C\exp\left(\int_{x_0}^{a}|p(x')|\,\mathrm{d}x'/\hbar\right) \tag{31.120}$$

Anwendung: Die Thomas-Fermi-Näherung

Bei großen Atomen befinden sich die meisten Elektronen in relativ großem Abstand vom Kern, sodass nach (31.117) die semiklassische Näherung gültig sein sollte. Die Wellenlänge der Elektronen ist dort also klein verglichen mit der charakteristischen Länge, auf der sich das Potenzial ändert.

Für eine große Zahl an Elektronen kann man diese dann als ein Gas in einem Potenzial betrachten, das auf kleinen Abständen jeweils näherungsweise konstant bleibt. Im Grundzustand des Atoms sind alle Zellen des Phasenraums bis zu einem Impuls $p_{\max}$ doppelt besetzt (zwei mögliche Spineinstellungen), und man erhält mit Methoden der Quantenstatistik (Kap. 37) für die lokale Elektronendichte

$$n = \frac{p_{\max}^3}{3\pi^2\hbar^3} \tag{1}$$

(siehe (37.77)).

Die maximal mögliche Energie der Elektronen ist null, da sie im Atom gebunden sind. Für den maximalen Impuls $p_{\max}$ muss also gelten

$$0 = T + V = \frac{p_{\max}^2}{2m} - e\phi \tag{2}$$

mit dem elektrostatischen Potenzial ϕ. Aus (2) und (1) folgt

$$n = \frac{(2me\phi)^{3/2}}{3\pi^2\hbar^3}. \tag{3}$$

Aus $\rho = -en$ (da wir weit vom Kern entfernt sind, ist dessen Ladungsdichte hier irrelevant) und der Poisson-Gleichung $\Delta\phi = -4\pi\rho$ hat man andererseits

$$n = \frac{\Delta\phi}{4\pi e}, \tag{4}$$

womit sich schließlich

$$\Delta\phi = \frac{8\sqrt{2}e(me\phi)^{3/2}}{3\pi\hbar^3} = \frac{8\sqrt{2}e}{3\pi a_B^{3/2}}\phi^{3/2} \tag{5}$$

ergibt. Dies ist die *Thomas-Fermi-Gleichung*, die zuerst 1927 von *Llewellyn Hilleth Thomas* (nach dem auch der Thomas-Faktor benannt ist) und *Enrico Fermi* aufgestellt wurde. Außerdem muss das Potenzial noch die Randbedingungen $\phi(r) \to Ze/r$ für $r \to 0$ und $r\phi(r) \to 0$ für $r \to \infty$ erfüllen.

Geht man davon aus, dass das Potenzial kugelsymmetrisch ist, so gelangt man mit den Substitutionen

$$s = Z^{1/3}\left(\frac{8\sqrt{2}}{3\pi}\right)^{2/3}\frac{r}{a_B} \quad \text{und} \quad \phi(r) = \frac{Ze}{r}\chi(s) \tag{6}$$

schließlich zur Differenzialgleichung

$$s^{1/2}\frac{\mathrm{d}\chi(s)}{\mathrm{d}s^2} = \chi^{3/2}(s), \tag{7}$$

wobei χ nun die Randbedingungen $\chi(0) = 1$ und $\chi \to 0$ für $s \to \infty$ erfüllen muss.

Die Funktion χ hängt nicht mehr von Z ab, sondern ist universell. Man erhält also für alle Atome letztlich dasselbe Potenzialprofil; es wird durch (6) nur jeweils auf eine für jedes Element typische Längenskala umskaliert. Mit (3) erhält man dann auch ein universelles Elektronendichteprofil: $n(s) \propto (\chi(s)/s)^{3/2}$. Beide Funktionen sind in Abb. 31.3 dargestellt.

Das asymptotische Verhalten von χ ist gegeben durch

$$\chi(s) \to \begin{cases} 144s^{-3} & \text{für } s \to \infty \\ 1 - 1{,}59s + \frac{4}{3}s^{3/2} & \text{für } s \to 0, \end{cases} \tag{8}$$

wobei der erste Summand für $s \to 0$ das Kernpotenzial berücksichtigt und alle folgenden das am Ort des Kerns durch die Elektronen hervorgerufene Potenzial. Für die Elektronendichte folgt $n(s) \propto s^{-6}$ für $s \to \infty$.

Im Gegensatz zur exakten Lösung bei wasserstoffähnlichen Atomen fällt die Elektronendichte hier nicht exponentiell ab. Beim exponentiellen Abfall der exakten Lösungen hat man mit dem Bohr'schen Radius a_B eine typische Längenskala; in gewissem Sinne kann man deshalb sagen, dass der Rand der Atome bei a_B liegt. Hier hat man nun aber eine Potenzfunktion ohne eine typische Längenskala – somit ist der Rand der Atome nicht mehr sinnvoll definiert.

Andererseits hatten wir bereits darauf hingewiesen, dass für $r \approx a_B$ die Abschätzung (31.117) des Gültigkeitsbereichs der semiklassischen Näherung sicher keinen Sinn mehr ergibt. Insofern kann man $r = a_B$ also trotzdem als den äußeren Rand der Atome betrachten (unabhängig von Z).

Außerdem folgt aus der Skalierung (6), dass $r \propto Z^{-1/3}$ ist. Mit wachsendem Z sind die meisten Elektronen also immer weiter innen konzentriert. Schätzt man die gesamte Ionisierungsenergie eines Atoms durch $Ze \cdot Ze/r$ ab, so folgt, dass sie proportional zu $Z^{7/3}$ sein sollte. Numerische Rechnungen ergeben $E_{\text{ion}} \approx Z^{7/3} \cdot 20{,}8$ eV; experimentell ergibt sich relativ gut dieselbe Abhängigkeit von Z, allerdings mit einem Faktor von etwa 16 eV.

Teil III

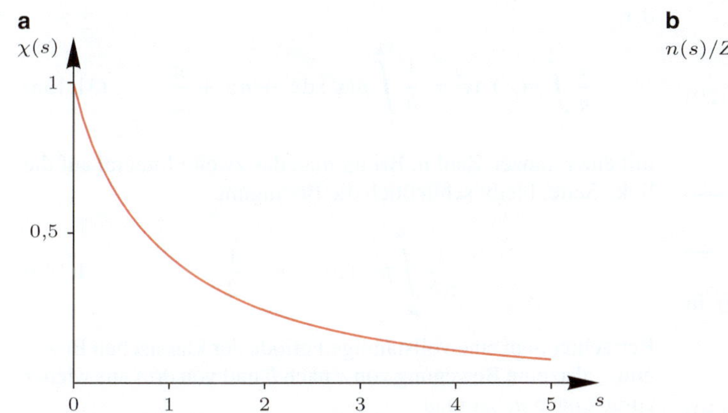

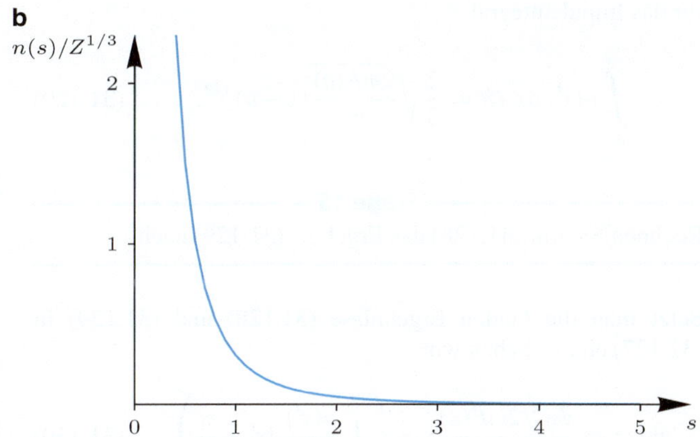

Abb. 31.3 (**a**) Die universelle Funktion $\chi(s)$, die bei der Thomas-Fermi-Näherung auftritt; (**b**) die damit berechnete universelle Elektronendichte $n(s)/Z^{1/3}$. (Die skalierte radiale Variable s ist im Text in (6) definiert)

gesetzt wurde. Mit anderen Worten: Obwohl a nicht im semiklassischen Bereich liegt, kann man diese Stelle dennoch als Startpunkt des Integrals im Exponenten verwenden. Ebenso folgt im Bereich $a \ll x \ll b$, wenn dort die semiklassische Näherung möglich ist, dass man die Wellenfunktion als

$$\psi(x) = \frac{1}{\sqrt{p(x)}}\left(C_1 \exp\left[\mathrm{i}\int_a^x p(x')\,\mathrm{d}x'/\hbar\right] + C_2 \exp\left[-\mathrm{i}\int_a^x p(x')\,\mathrm{d}x'/\hbar\right]\right) \quad (31.121)$$

schreiben kann (alternativ kann man natürlich auch b statt a verwenden).

Für $|x-a| \to 0$ bricht dagegen die semiklassische Näherung zusammen; dort muss man die Wellenfunktion exakt berechnen. In vielen Fällen ist es aber möglich, das Potenzial in der Nähe von a linear anzunähern:

$$V(x) \approx V(a) + V'(a)(x-a) = E - F(a)(x-a), \quad (31.122)$$

wobei ausgenutzt wurde, dass $E = V(a)$ gelten muss, da a ja ein klassischer Umkehrpunkt ist, und für die Ableitung des Potenzials an der Stelle a die Kraft $F(a) > 0$ geschrieben wurde. Die Schrödinger-Gleichung wird damit

$$\psi''(x) + \frac{2m}{\hbar^2}F(a)(x-a)\psi(x) = 0 \quad (31.123)$$

bzw. mit der Substitution

$$\xi = -\left(\frac{2mF(a)}{\hbar^2}\right)^{1/3}(x-a) \quad \text{und} \quad \phi(\xi) = \psi(x) \quad (31.124)$$

zu

$$\phi''(\xi) - \xi\phi(\xi) = 0. \quad (31.125)$$

Frage 14

Vollziehen Sie die Rechnung nach, die von (31.123) zu (31.125) führt.

Dies ist die sogenannte *Airy-Differenzialgleichung* (benannt nach *Sir George Biddell Airy*). Die beiden unabhängigen Lösungen werden entsprechend *Airy-Funktionen* genannt und oft mit $\mathrm{Ai}(\xi)$ und $\mathrm{Bi}(\xi)$ abgekürzt. (Beide kann man übrigens auch als Linearkombinationen der Bessel-Funktionen erster Art zu den Ordnungen $\pm 1/3$ darstellen.)

Wir nehmen nun an, dass x einerseits weit genug von a entfernt ist, dass die semiklassische Näherung sinnvoll ist, andererseits aber immer noch nahe genug an a, dass die lineare Näherung (31.122) des Potenzials noch gut ist. In diesem Bereich benötigen wir also die Lösung der Airy-Differenzialgleichung, die für $\xi \to \infty$ (entsprechend $x \ll a$) exponentiell abfällt; dies wird von $\mathrm{Ai}(\xi)$ erfüllt ($\mathrm{Bi}(\xi)$ steigt dagegen exponentiell an).

Der Bereich $a \ll x$ entspricht dagegen dem Grenzwert $\xi \to -\infty$; dafür ergibt sich

$$\mathrm{Ai}(\xi) \to \frac{\cos\left(\frac{2}{3}(-\xi)^{3/2} - \frac{\pi}{4}\right)}{\sqrt{\pi}\sqrt[4]{-\xi}}, \quad (31.126)$$

also ist dort

$$\psi(x) = \frac{\psi_0}{\sqrt{\pi}\sqrt[4]{x-a}}\cos\left(\frac{2}{3}\sqrt{\frac{2mF(a)}{\hbar^2}}(x-a)^{3/2} - \frac{\pi}{4}\right) \quad (31.127)$$

mit einer Konstanten ψ_0, die reell gewählt werden kann.

Andererseits ergibt sich mit

$$p(x) = \sqrt{2m(E-V)} \approx \sqrt{2mF(a)(x-a)} \quad (31.128)$$

für das Impulsintegral

$$\int_a^x p(x')\,\mathrm{d}x'/\hbar = \frac{2}{3}\sqrt{\frac{2mF(a)}{\hbar^2}}(x-a)^{3/2}. \quad (31.129)$$

Frage 15

Rechnen Sie mit (31.128) das Ergebnis (31.129) nach.

Setzt man die beiden Ergebnisse (31.128) und (31.129) in (31.127) ein, so haben wir

$$\psi(x) = \frac{\psi_0\sqrt[4]{2mF(a)}}{\sqrt{\pi}\sqrt{p(x)}}\cos\left(\int_a^x \frac{p(x')}{\hbar}\mathrm{d}x' - \frac{\pi}{4}\right). \quad (31.130)$$

Vergleichen wir dies nun mit dem Ansatz (31.121) aus der semiklassischen Näherung. Setzen wir darin

$$C_1 = \frac{\psi_0\sqrt[4]{2mF(a)}}{2\sqrt{\pi}}\mathrm{e}^{-\mathrm{i}\pi/4}$$

$$\text{und}\quad C_2 = \frac{\psi_0\sqrt[4]{2mF(a)}}{2\sqrt{\pi}}\mathrm{e}^{\mathrm{i}\pi/4}, \quad (31.131)$$

so ergibt sich genau dasselbe Ergebnis wie in (31.127). Wir haben also mit (31.130) sogar die allgemeine Lösung im Bereich $a \ll x \ll b$ gefunden – diese ist auch in den Bereichen gültig, in denen die lineare Näherung (31.122) für das Potenzial zusammenbricht.

Ebenso können wir nun mit dem anderen Umkehrpunkt verfahren und erhalten entsprechend

$$\psi(x) = \frac{\psi_0'\sqrt[4]{-2mF(b)}}{\sqrt{\pi}\sqrt{p(x)}}\cos\left(\int_b^x \frac{p(x')}{\hbar}\mathrm{d}x' + \frac{\pi}{4}\right) \quad (31.132)$$

mit der Kraft $F(b) < 0$ am rechten Umkehrpunkt und einer reellen Konstanten ψ_0'.

Frage 16

Vollziehen Sie dies nach; achten Sie insbesondere auf die Vorzeichen.

Beide Lösungen müssen natürlich übereinstimmen, wobei aber das Vorzeichen von ψ_0 und ψ_0' noch unterschiedlich sein kann. Also muss gelten

$$\psi_0\sqrt[4]{2mF(a)} = \psi_0'\sqrt[4]{-2mF(b)} \quad (31.133)$$

und

$$\cos\left(\int_a^x \frac{p(x')}{\hbar}\mathrm{d}x' - \frac{\pi}{4}\right) = \pm\cos\left(\int_b^x \frac{p(x')}{\hbar}\mathrm{d}x' + \frac{\pi}{4}\right), \quad (31.134)$$

d. h.

$$\frac{1}{\hbar}\int_a^x p(x')\,\mathrm{d}x' = \frac{1}{\hbar}\int_b^x p(x')\,\mathrm{d}x' + n\pi + \frac{\pi}{2} \quad (31.135)$$

mit einer ganzen Zahl n. Bringt man das zweite Integral auf die linke Seite, bleibt schließlich die Bedingung

$$\frac{1}{\pi\hbar}\int_a^b p(x)\,\mathrm{d}x = n + \frac{1}{2}. \quad (31.136)$$

Betrachtet man eine vollständige Periode der klassischen Bewegung, also eine Bewegung von a nach b und von dort aus wieder zurück nach a, hat man

$$\oint p(x)\,\mathrm{d}x = 2\int_a^b p(x)\,\mathrm{d}x. \quad (31.137)$$

Durchläuft man die Bahn im mathematisch positiven Sinn, so ergibt das Integral einen positiven Wert. Damit erhält man schließlich die Quantisierungbedingung, die *Bohr* und *Sommerfeld* schon in der alten Quantentheorie postuliert hatten.

Bohr-Sommerfeld-Quantisierung

Für jede „erlaubte" periodische Bewegung in einem eindimensionalen Potenzial muss

$$\frac{1}{2\pi\hbar}\oint p(x)\,\mathrm{d}x = n + \frac{1}{2} \quad (31.138)$$

mit einer natürlichen Zahl n gelten.

Es ist noch anzumerken, dass wir zu Beginn der Herleitung der WKB-Näherung vorausgesetzt hatten, dass der Exponent in der Wellenfunktion eine große Zahl ist. Daraus folgt nun, dass die Bohr-Sommerfeld-Quantisierungsbedingung eigentlich nur für große n gelten sollte. Für spezielle Potenziale (harmonischer Oszillator oder in der Erweiterung auf dreidimensionale Probleme auch für das Coulomb-Potenzial) liefert diese Bedingung aber auch für kleine Werte von n richtige Ergebnisse.

Harmonischer Oszillator

Für die Energie eines Teilchens der Masse m in einem harmonischen Potenzial mit Eigenfrequenz ω gilt

$$E = \frac{p^2}{2m} + \frac{1}{2}m\omega^2x^2, \quad (31.139)$$

also sind die Umkehrpunkte der Schwingung bei $\pm x_0$ mit

$$x_0 = \frac{1}{\omega}\sqrt{\frac{2E}{m}}. \quad (31.140)$$

Das Integral über eine Schwingungsperiode ist dann

$$\oint p\,\mathrm{d}x = 2\int_{-x_0}^{x_0} p\,\mathrm{d}x$$
$$= 2\int_{-x_0}^{x_0}\sqrt{2m\left(E-\frac{1}{2}m\omega^2x^2\right)}\,\mathrm{d}x$$
$$= 2\sqrt{2mE}\int_{-x_0}^{x_0}\sqrt{1-\frac{m\omega^2}{2E}x^2}\,\mathrm{d}x. \qquad (31.141)$$

Führen wir nun die Substitution

$$\xi = \omega\sqrt{\frac{m}{2E}}x \qquad (31.142)$$

durch, bleibt

$$\oint p\,\mathrm{d}x = \frac{4E}{\omega}\int_{-1}^{1}\sqrt{1-\xi^2}\,\mathrm{d}\xi \qquad (31.143)$$

zu berechnen.

Wie kann man dieses Integral ohne explizite Berechnung einfach auswerten?

Der Integrand beschreibt aber einfach einen Halbkreis um den Ursprung mit Radius 1, also ist der Wert des Integrals $\pi/2$, und wir haben

$$\oint p\,\mathrm{d}x = \frac{2\pi E}{\omega}. \qquad (31.144)$$

Die Bohr-Sommerfeld-Quantisierungsbedingung ergibt nun

$$\frac{1}{2\pi\hbar}\oint p\,\mathrm{d}x = \frac{E}{\hbar\omega} = n+\frac{1}{2}, \qquad (31.145)$$

also das bekannte Spektrum des harmonischen Oszillators:

$$E = \hbar\omega\left(n+\frac{1}{2}\right). \qquad (31.146)$$

◄

Tunneln durch einen Potenzialwall

Betrachten wir abschließend noch den umgekehrten Fall zum vorhergehenden Unterabschnitt: Zwischen a und b soll das Potenzial $V(x)$ größer als die Energie E sein, außerhalb dieses Bereichs kleiner – mit anderen Worten, wir betrachten einen Potenzialwall (Abb. 31.4).

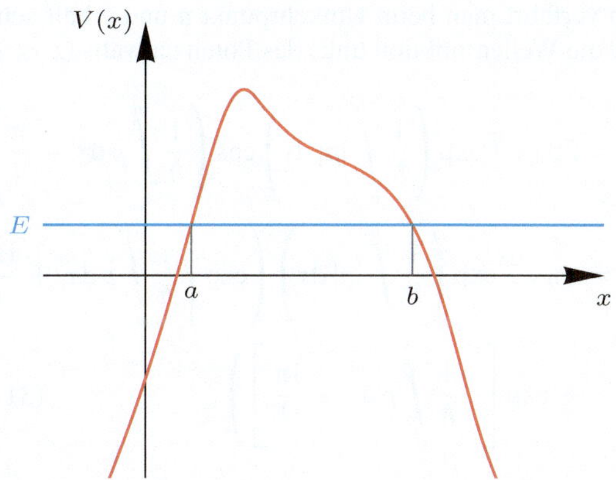

Abb. 31.4 Ein Teilchen der Energie E durchtunnelt einen Potenzialwall $V(x)$. Bei a und b sind die klassischen Umkehrpunkte für ein Teilchen, das von links bzw. rechts kommen würde

Gesucht ist nun die Wahrscheinlichkeit T, diesen Wall zu durchtunneln, wenn von links eine ebene Welle der Amplitude ψ_0 darauf fällt (siehe auch Abschn. 26.2). Wir gehen dabei davon aus, dass fern der Umkehrpunkte die semiklassische Näherung anwendbar ist.

Frage 17

Welche Form sollte also die nach rechts auslaufende, transmittierte Welle haben?

Setzen wir für die nach rechts auslaufende Welle im Bereich $x \gg b$ an:

$$\psi(x) = \psi_0\sqrt{T}\exp\left(\frac{\mathrm{i}}{\hbar}\int_b^x p\,\mathrm{d}x' + \frac{\mathrm{i}\pi}{4}\right). \qquad (31.147)$$

Die zusätzliche Phase $\pi/4$ ist reine Konvention – sie erleichtert die Rechnung, ist aber nicht unbedingt nötig.

Mit Methoden ähnlich wie im vorhergehenden Unterabschnitt (Linearisierung des Potenzials in der Nähe des Umkehrpunktes b, Lösen mit Airy-Funktionen und der Voraussetzung, dass der lineare Bereich des Potenzials und der semiklassische Bereich überlappen) findet man dann zunächst für die Wellenfunktion innerhalb des Potenzialwalls

$$\psi(x) = \psi_0\sqrt{T}\exp\left(\frac{1}{\hbar}\int_x^b |p|\,\mathrm{d}x'\right) \qquad (31.148)$$
$$= \psi_0\sqrt{T}\exp\left(\frac{1}{\hbar}\int_a^b |p|\,\mathrm{d}x\right)\exp\left(-\frac{1}{\hbar}\int_a^x |p|\,\mathrm{d}x'\right).$$

Teil III

Ebenso verfährt man beim Umkehrpunkt a und erhält schließlich für die Wellenfunktion links des Potenzialwalls ($x \ll a$)

$$\begin{aligned}\psi(x) &= 2\psi_0\sqrt{T}\exp\left(\frac{1}{\hbar}\int_a^b |p|\,\mathrm{d}x\right)\cos\left(\frac{1}{\hbar}\int_x^a p\,\mathrm{d}x' - \frac{\pi}{4}\right)\\ &= \psi_0\sqrt{T}\exp\left(\frac{1}{\hbar}\int_a^b |p|\,\mathrm{d}x\right)\left(\exp\left[\frac{\mathrm{i}}{\hbar}\int_a^x p\,\mathrm{d}x' + \frac{\mathrm{i}\pi}{4}\right]\right.\\ &\quad \left. + \exp\left[-\frac{\mathrm{i}}{\hbar}\int_a^x p\,\mathrm{d}x' - \frac{\mathrm{i}\pi}{4}\right]\right), \qquad (31.149)\end{aligned}$$

also eine von links einlaufende und eine nach links reflektierte Welle gleicher Amplitude.

Da ψ_0 als die Amplitude der einlaufenden Welle vorausgesetzt wurde, folgt, dass

$$\sqrt{T}\exp\left(\frac{1}{\hbar}\int_a^b |p|\,\mathrm{d}x\right) = 1 \qquad (31.150)$$

sein muss. Damit erhalten wir das gesuchte Ergebnis.

Tunnelwahrscheinlichkeit im semiklassischen Grenzfall

Ist die WKB-Näherung anwendbar, so gilt für die Wahrscheinlichkeit, einen Potenzialwall zu durchtunneln,

$$T = \exp\left(-\frac{2}{\hbar}\int_a^b |p|\,\mathrm{d}x\right), \qquad (31.151)$$

wobei a und b die klassischen Umkehrpunkte sind.

Eigentlich wäre natürlich zu erwarten, dass die Amplitude der reflektierten Welle kleiner als die der einlaufenden ist, da ja ein Teil der Welle den Potenzialwall durchtunnelt.

Frage 18

Warum kann man im Rahmen der WKB-Näherung trotzdem näherungsweise davon ausgehen, dass die Amplitude der reflektierten Welle gleich groß wie die der einfallenden Welle ist? (*Tipp:* Begründen Sie, warum (31.151) sehr klein ist!)

Die Tunnelwahrscheinlichkeit (31.151) fällt jedoch exponentiell mit dem Wert des Impulsintegrals ab. Wie bereits ausgeführt wurde, ist der Wert dieses Integrals im semiklassischen Grenzfall eine große Zahl – also ist die Tunnelwahrscheinlichkeit sehr klein, und die Amplitude der reflektierten Welle ist in guter Näherung gleich der Amplitude der einfallenden.

Dabei ist der Wert des Integrals insbesondere dann groß, wenn $|p|$ groß ist und das Integral über ein großes x-Intervall verläuft. Die WKB-Näherung ist also sinnvoll anwendbar, wenn der Potenzialwall hoch (verglichen mit E) und breit (verglichen mit λ) ist.

Vertiefung: Die semiklassische Näherung in mehr als einer Dimension

In realistischen Situationen ist natürlich meist eine Bewegung in mehr als einer Dimension möglich; also sind Verallgemeinerungen der hier vorgestellten Methode nötig.

Besonders einfach ist der Fall, wenn das Problem eine vollständige Separation der Variablen erlaubt und für jeden Freiheitsgrad nur eine endliche Bewegung möglich ist (man nennt dies auch eine *bedingt periodische Bewegung*). Dann ergeben sich Quantisierungsbedingungen für jeden Freiheitsgrad einzeln, also

$$\frac{1}{2\pi\hbar}\oint p_i(q_i)\,\mathrm{d}q_i = n_i + \gamma_i,$$

wobei i die einzelnen Freiheitsgrade durchnummeriert (hier ist nicht über i zu summieren!) und q_i bzw. p_i die jeweiligen generalisierten Koordinaten und Impulse sind. Die konstanten Summanden γ_i, die von der Größenordnung 1 sind, ergeben sich dabei jeweils aus den Randbedingungen. (Im besprochenen eindimensionalen Fall mit der Randbedingung, dass der klassisch erlaubte Bereich ein abgeschlossenes endliches Intervall ist, hatten wir $\gamma = 1/2$.)

Beispielsweise bei kugelsymmetrischen Problemen ergeben sich die drei Bedingungen

$$\begin{aligned}\frac{1}{2\pi\hbar}\oint p_r(r)\,\mathrm{d}r &= n_r + \frac{1}{2},\\ \frac{1}{2\pi\hbar}\oint p_\vartheta(\vartheta)\,\mathrm{d}\vartheta &= \ell - m + \frac{1}{2},\\ \frac{1}{2\pi\hbar}\oint p_\varphi(\varphi)\,\mathrm{d}\varphi &= m,\end{aligned}$$

wobei die letzte Forderung aus der Periodizität in φ stammt und die Quantisierung der z-Komponente des Drehimpulses angibt. $n_r = n - \ell - 1$ ist hier die radiale Quantenzahl.

Anmerkung: Im Rahmen der klassischen Hamilton-Jacobi-Theorie werden die hier auftretenden Integrale als *Wirkungsvariable* bezeichnet. Diese wurden bereits im Kasten „Vertiefung: Winkel- und Wirkungsvariable" in Abschn. 7.3 besprochen.

Bei nicht separierbaren Bewegungen sind weitergehende Überlegungen erforderlich. Zu diesem Thema gibt es eine reichhaltige Literatur (z. B. Keller 1958; Sommerfeld 1964; Maslov 1972).

Besonders zu erwähnen ist die Methode von Banks et al. (1973). Dabei gehen die Autoren von der Tatsache aus, dass die Wahrscheinlichkeitsamplitude dafür, dass ein Teilchen in einem Potenzial V einen bestimmten Pfad P nimmt, gegeben ist durch

$$\begin{aligned}\frac{1}{N}\exp(\mathrm{i}W_P/\hbar) &= \frac{1}{N}\exp\left(\mathrm{i}\int_P p(\boldsymbol{x})\,\mathrm{d}s/\hbar\right)\\ &= \frac{1}{N}\exp\left(\mathrm{i}\int_P \sqrt{E - V(\boldsymbol{x})}\,\mathrm{d}s/\hbar\right).\end{aligned}$$

Dabei ist W_P der zeitunabhängige Teil der Wirkung für den Pfad P, und der Normierungsfaktor N hängt nur von den Endpunkten des Pfades ab. Die gesamte Wahrscheinlichkeitsamplitude für eine Bewegung des Teilches erhält man durch die Summation über alle möglichen Pfade (siehe hierzu auch die in Kap. 25 erwähnte Pfadintegralmethode).

Die Autoren betrachten speziell Tunnelprozesse, bei denen p und damit W rein imaginär werden; $\mathrm{i}W$ bezeichnet man dann auch als die *euklidische Wirkung*. Die Tunnelamplitude auf einem Pfad P ist also gegeben durch

$$\frac{1}{N}\exp\left(-\int_P \sqrt{V(\boldsymbol{x}) - E}\,\mathrm{d}s/\hbar\right).$$

Die dominanten Beiträge zur Wahrscheinlichkeitsamplitude stammen damit von den Pfaden, auf denen $\sqrt{V(\boldsymbol{x}) - E}$, also die euklidische Wirkung, minimal ist; die Autoren sprechen von den *most probable escape paths*. In der nächsthöheren Ordnung der Entwicklung sind dann nur Pfade zu berücksichtigen, die sich in einer dünnen „Röhre" (*tube*) um diese wahrscheinlichsten Pfade herum befinden.

So geht's weiter

Ein weiteres wichtiges Verfahren der Quantenchemie und Festkörperphysik neben der Dichtefunktionaltheorie und der Thomas-Fermi-Näherung wurde vom englischen Mathematiker und Physiker *Douglas Rayner Hartree* (1897–1958) und dem sowjetischen Physiker *Wladimir Alexandrowitsch Fock* (1898–1974) entwickelt. Es baut auf dem Rayleigh-Ritz'schen Variationsverfahren auf und soll deshalb noch genauer vorgestellt werden.

Die Hartree-Fock-Näherung

Man sucht hier die beste Approximation des Grundzustands durch Slater-Determinanten, also Wellenfunktionen vom Typ

$$\psi^{\mathrm{SD}}(\xi_1,\ldots,\xi_N) = \frac{1}{\sqrt{N!}} \det \begin{pmatrix} \psi_1(\xi_1) & \psi_1(\xi_2) & \ldots & \psi_1(\xi_N) \\ \psi_2(\xi_1) & \psi_2(\xi_2) & \ldots & \psi_2(\xi_N) \\ \vdots & \vdots & \ldots & \vdots \\ \psi_N(\xi_1) & \psi_N(\xi_2) & \ldots & \psi_N(\xi_N) \end{pmatrix}, \tag{31.152}$$

wobei die ψ_i orthonormierte Einteilchenwellenfunktionen sind. Realistisch gesehen kann man die Wellenfunktion des Atoms natürlich nicht als antisymmetrisiertes Produkt schreiben. Dennoch kann man damit bereits eine relativ gute Annäherung an die tatsächliche Wellenfunktion erhalten: Man benutzt das Variationsprinzip, um diejenige Produktfunktion finden, die $\langle\psi|\hat{H}|\psi\rangle$ unter der Nebenbedingung $\langle\psi|\psi\rangle = 1$ minimiert.
Für ein Atom mit Kernladungszahl Z hat der Hamilton-Operator dabei die Form

$$\hat{H} = \sum \frac{\hat{p}_i^2}{2m} - \sum_i \frac{Ze^2}{\hat{r}_i} + \frac{1}{2}\sum_{i\neq j} \frac{e^2}{\hat{r}_{ij}} =: \hat{T} + \hat{V}_{\mathrm{c}} + \hat{V}_{\mathrm{ee}}. \tag{31.153}$$

Einteilchenoperatoren

Wir wollen uns zuerst überlegen, was der Erwartungswert eines *Einteilchenoperators*

$$\hat{A}^{(1)} = \sum_i \hat{A}(i) \tag{31.154}$$

in diesen antisymmetrischen Produktzuständen ist. Beispielsweise ist die kinetische Energie der Elektronen ein derartiger Operator.
Für zwei Fermionen ist zunächst

$$\begin{aligned} \hat{A}^{(1)} &= \hat{A}(1) + \hat{A}(2) \\ \psi^{\mathrm{SD}}(\xi_1,\xi_2) &= \frac{1}{\sqrt{2}}\left[\psi_1(\xi_1)\psi_2(\xi_2) - \psi_1(\xi_2)\psi_2(\xi_1)\right] \end{aligned} \tag{31.155}$$

mit orthonormierten Einteilchenwellenfunktionen ψ_i. Es folgt

$$\begin{aligned} &\left(\hat{A}^{(1)}\psi^{\mathrm{SD}}\right)(\xi_1,\xi_2) \\ &= \frac{1}{\sqrt{2}}\Big[\left(\hat{A}(1)\psi_1(\xi_1)\right)\psi_2(\xi_2) - \left(\hat{A}(1)\psi_2(\xi_1)\right)\psi_1(\xi_2) \\ &\quad + \left(\hat{A}(2)\psi_2(\xi_2)\right)\psi_1(\xi_1) - \left(\hat{A}(2)\psi_1(\xi_2)\right)\psi_2(\xi_1)\Big] \end{aligned} \tag{31.156}$$

und schließlich

$$\begin{aligned} &\left(\psi^{\mathrm{SD}}\hat{A}^{(1)}\psi^{\mathrm{SD}}\right)(\xi_1,\xi_2) \\ &= \frac{1}{2}\Big[\psi_1(\xi_1)\psi_2(\xi_2)\left(\hat{A}(1)\psi_1(\xi_1)\right)\psi_2(\xi_2) \\ &\quad - \psi_1(\xi_1)\psi_2(\xi_2)\left(\hat{A}(1)\psi_2(\xi_1)\right)\psi_1(\xi_2) \\ &\quad + \psi_1(\xi_1)\psi_2(\xi_2)\left(\hat{A}(2)\psi_2(\xi_2)\right)\psi_1(\xi_1) \\ &\quad - \psi_1(\xi_1)\psi_2(\xi_2)\left(\hat{A}(2)\psi_1(\xi_2)\right)\psi_2(\xi_1) \\ &\quad - \psi_1(\xi_2)\psi_2(\xi_1)\left(\hat{A}(1)\psi_1(\xi_1)\right)\psi_2(\xi_2) \\ &\quad + \psi_1(\xi_2)\psi_2(\xi_1)\left(\hat{A}(1)\psi_2(\xi_1)\right)\psi_1(\xi_2) \\ &\quad - \psi_1(\xi_2)\psi_2(\xi_1)\left(\hat{A}(2)\psi_2(\xi_2)\right)\psi_1(\xi_1) \\ &\quad + \psi_1(\xi_2)\psi_2(\xi_1)\left(\hat{A}(2)\psi_1(\xi_2)\right)\psi_2(\xi_1)\Big]. \end{aligned} \tag{31.157}$$

Bildet man den Erwartungswert, so verschwindet wegen der Orthogonalität der Einteilchenwellenfunktionen der zweite, vierte, fünfte und siebte Summand, also genau die Summanden, bei denen die Permutationen in ψ^{SD} und $\hat{A}^{(1)}\psi^{\mathrm{SD}}$ verschieden sind. Wegen der Normiertheit erhält man aus dem ersten und achten Summanden jeweils $\langle\psi_1|\hat{A}|\psi_1\rangle$, aus dem dritten und sechsten jeweils $\langle\psi_2|\hat{A}|\psi_2\rangle$. Insgesamt folgt:

$$\langle\psi^{\mathrm{SD}}|\hat{A}^{(1)}|\psi^{\mathrm{SD}}\rangle = \langle\psi_1|\hat{A}|\psi_1\rangle + \langle\psi_2|\hat{A}|\psi_2\rangle. \tag{31.158}$$

Betrachten wir nun N identische Elektronen. Ein Einteilchenoperator wirkt auf die Slater-Determinante

$$\psi^{\mathrm{SD}}(\xi_1,\ldots,\xi_N) = \frac{1}{\sqrt{N!}}\sum_{\pi\in S_N} \mathrm{sgn}(\pi)\,\psi_{\pi(1)}(\xi_1)\cdots\psi_{\pi(N)}(\xi_N) \tag{31.159}$$

wie folgt:

$$\begin{aligned} &\left(\hat{A}^{(1)}\psi^{\mathrm{SD}}\right)(\xi_1,\ldots,\xi_N) \\ &= \frac{1}{\sqrt{N!}}\sum_{i,\pi\in S_N} \mathrm{sgn}(\pi)\,\left(\hat{A}(i)\psi_{\pi(i)}(\xi_i)\right)\prod_{k\neq i}\psi_{\pi(k)}(\xi_k). \end{aligned} \tag{31.160}$$

Wieder verschwinden für orthonormierte Einteilchenwellenfunktionen in (31.160) die Summanden, bei denen die Permutationen in ψ^{SD} und $\hat{A}^{(1)}\psi^{\text{SD}}$ verschieden sind. Die restlichen Summanden ergeben für jedes $\hat{A}(i)$ in $\hat{A}^{(1)}$ jeweils $N!$ identische Terme. Deshalb finden wir für den Erwartungswert von $\hat{A}^{(1)}$

$$\langle\psi^{\text{SD}}|\,\hat{A}^{(1)}\,|\psi^{\text{SD}}\rangle = \sum_{i=1}^{N}\langle\psi_i|\,\hat{A}\,|\psi_i\rangle\,. \tag{31.161}$$

Der Erwartungswert eines Einteilchenoperators in einem antisymmetrischen Produktzustand ist also allgemein die Summe der Erwartungswerte in den beteiligten Einteilchenzuständen. Damit wird der Erwartungswert der kinetischen Energie $\hat{T}$ zu

$$\langle\psi^{\text{SD}}|\,\hat{T}\,|\psi^{\text{SD}}\rangle = \frac{\hbar^2}{2m}\sum_{i,m_s}\int\left|\nabla\psi_i(\boldsymbol{x},m_s)\right|^2\mathrm{d}^3x \tag{31.162}$$

und der Erwartungswert der potenziellen Energie $\hat{V}_\text{c}$ aufgrund der Wechselwirkung der Elektronen mit dem Kern zu

$$\langle\psi^{\text{SD}}|\,\hat{V}_\text{c}\,|\psi^{\text{SD}}\rangle = -Ze^2\sum_{i,m_s}\int\frac{|\psi_i(\boldsymbol{x},m_s)|^2}{r}\,\mathrm{d}^3x. \tag{31.163}$$

Zweiteilchenoperatoren

Als Nächstes wenden wir uns der Elektron-Elektron-Wechselwirkung $\hat{V}_\text{ee}$ zu. Darin ist $\hat{r}_{ij}$ ein *Zweiteilchenoperator*, da er von den Koordinaten zweier Teilchen abhängt. Ein allgemeiner Zweiteilchenoperator hat die Form

$$\hat{A}^{(2)} = \frac{1}{2}\sum_{i\neq j}\hat{A}(i,j). \tag{31.164}$$

Wir berechnen die Erwartungswerte derartiger Operatoren in antisymmetrisierten Produktzuständen. Wegen

$$\begin{aligned}&\left(\hat{A}^{(2)}\psi^{\text{SD}}\right)(\xi_1,\ldots,\xi_N)\\&=\frac{1}{2}\frac{1}{\sqrt{N!}}\sum_{i\neq j}\sum_{\pi\in S_N}\operatorname{sgn}(\pi)\left(\hat{A}(i,j)\psi_{\pi(i)}(\xi_i)\psi_{\pi(j)}(\xi_j)\right)\\&\quad\cdot\prod_{k\notin\{i,j\}}\psi_{\pi(k)}(\xi_k)\end{aligned} \tag{31.165}$$

tragen im Skalarprodukt $\langle\psi^{\text{SD}}|\,\hat{A}^{(2)}\,|\psi^{\text{SD}}\rangle$ nur gleiche Permutationen der beiden Zustände bei, bis auf eine mögliche Transposition von i und j im Term mit $\hat{A}(i,j)$.
Bezeichnen wir $\pi(i)=p$ und $\pi(j)=q$, dann ist

$$\begin{aligned}&\left(\psi^{\text{SD}}\hat{A}^{(2)}\psi^{\text{SD}}\right)(\xi_1,\ldots,\xi_N)\\&=\frac{(N-2)!}{2N!}\sum_{i\neq j,p\neq q}\Big[\psi_p(\xi_i)\psi_q(\xi_j)\hat{A}(i,j)\psi_p(\xi_i)\psi_q(\xi_j)\\&\quad-\psi_q(\xi_i)\psi_p(\xi_j)\hat{A}(i,j)\psi_p(\xi_i)\psi_q(\xi_j)+\ldots\Big],\end{aligned} \tag{31.166}$$

wobei wir berücksichtigt haben, dass es $(N-2)!$ Permutationen gibt, die zwei Elemente festlassen, und die verschwindenden Summanden nicht mehr mit hingeschrieben haben.
Der Vorfaktor ist

$$\frac{(N-2)!}{2N!} = \frac{1}{2}\frac{1}{N(N-1)}; \tag{31.167}$$

andererseits enthält $\hat{A}^{(2)}$ jeweils $N^2-N=N(N-1)$ Summanden $\hat{A}(i,j)$. Jeder dieser Summanden führt im Erwartungswert zu demselben Beitrag, sodass schlussendlich gilt:

$$\begin{aligned}&\langle\psi^{\text{SD}}|\,\hat{A}^{(2)}\,|\psi^{\text{SD}}\rangle\\&=\frac{1}{2}\sum_{p\neq q}\Big[\langle\psi_p\psi_q|\,\hat{A}\,|\psi_p\psi_q\rangle-\langle\psi_q\psi_p|\,\hat{A}\,|\psi_p\psi_q\rangle\Big].\end{aligned} \tag{31.168}$$

Dieses allgemeine Resultat können wir nun auf die Elektron-Elektron-Wechselwirkung anwenden. Wir erhalten

$$\begin{aligned}&\langle\hat{V}_\text{ee}\rangle\\&=\frac{e^2}{2}\sum_{i\neq j,m_s,m_s'}\int\Bigg[\frac{\psi_i^*(\boldsymbol{x},m_s)\psi_j(\boldsymbol{y},m_s')\psi_j^*(\boldsymbol{y},m_s')\psi_i(\boldsymbol{x},m_s)}{|\boldsymbol{x}-\boldsymbol{y}|}\\&\quad-\frac{\psi_j^*(\boldsymbol{x},m_s)\psi_j(\boldsymbol{y},m_s')\psi_i^*(\boldsymbol{y},m_s')\psi_i(\boldsymbol{x},m_s)}{|\boldsymbol{x}-\boldsymbol{y}|}\Bigg]\mathrm{d}^3x\,\mathrm{d}^3y.\end{aligned} \tag{31.169}$$

Den zweiten Summanden bezeichnet man auch als die *Austauschenergie A*.

Die Hartree-Fock-Gleichungen

Führen wir noch die mittlere „kinetische Energie" und Dichte des i-ten Einteilchenzustands ein,

$$t_i(\boldsymbol{x}) = \sum_{m_s}|\nabla\psi_i(\boldsymbol{x},m_s)|^2 \quad\text{und}\quad n_i(\boldsymbol{x}) = \sum_{m_s}|\psi_i(\boldsymbol{x},m_s)|^2, \tag{31.170}$$

so lautet der Erwartungswert des Hamilton-Operators schließlich insgesamt

$$\begin{aligned}\langle\psi^{\text{SD}}|\,\hat{H}\,|\psi^{\text{SD}}\rangle &= \sum_i\int\left(\frac{\hbar^2}{2m}t_i(\boldsymbol{x})-Ze^2\frac{n_i(\boldsymbol{x})}{r}\right)\mathrm{d}^3x\\&\quad+\frac{e^2}{2}\sum_{i\neq j}\int\frac{n_i(\boldsymbol{x})n_j(\boldsymbol{y})}{|\boldsymbol{x}-\boldsymbol{y}|}\mathrm{d}^3x\mathrm{d}^3y-A.\end{aligned} \tag{31.171}$$

Die „richtigen" Einteilchenfunktionen minimieren $\langle\psi^{SD}|\,\hat{H}\,|\psi^{SD}\rangle$ unter der Nebenbedingung $\langle\psi^{SD}|\,\psi^{SD}\rangle = 1$. Die Variation des Erwartungswertes (31.171) ist dabei zunächst

$$\begin{aligned}
&\delta\langle\psi^{SD}|\,\hat{H}\,|\psi^{SD}\rangle \\
&= \sum_{i,m_s}\int d^3x\Bigg\{\Bigg(-\frac{\hbar^2}{2m}\Delta - \frac{Ze^2}{r} \\
&\qquad + e^2\sum_{j\neq i}\int d^3y\,\frac{n_j(\boldsymbol{y})}{|\boldsymbol{x}-\boldsymbol{y}|}\Bigg)\psi_i(\boldsymbol{x},m_s) \\
&\quad - e^2\sum_{j\neq i,m_s'}\int d^3y\,\frac{\psi_i(\boldsymbol{y},m_s')\psi_j^*(\boldsymbol{y},m_s')}{|\boldsymbol{x}-\boldsymbol{y}|}\psi_j(\boldsymbol{x},m_s)\Bigg\}\,\delta\psi_i^*(\boldsymbol{x},m_s),
\end{aligned} \tag{31.172}$$

wobei hier nicht einer oder mehrere Parameter variiert werden, sondern die Einteilchenwellenfunktionen selbst (im Sinne einer Funktionalableitung).

Die Nebenbedingungen $\int|\psi_i|^2 d^3x = 1$ berücksichtigen wir durch Einführung von N Lagrange'schen Multiplikatoren ϵ_i. Damit wird die Energie eines antisymmetrischen Produktzustands minimal, wenn folgende *Hartree-Fock-Gleichungen* erfüllt sind:

$$\begin{aligned}
&\Bigg(-\frac{\hbar^2}{2m}\Delta - \frac{Ze^2}{r} + e^2\sum_{j\neq i}\int d^3y\,\frac{n_j(\boldsymbol{y})}{|\boldsymbol{x}-\boldsymbol{y}|} - \epsilon_i\Bigg)\psi_i(\boldsymbol{x},m_s) \\
&= e^2\sum_{j\neq i,m_s'}\int d^3y\,\frac{\psi_i(\boldsymbol{y},m_s')\psi_j^*(\boldsymbol{y},m_s')}{|\boldsymbol{x}-\boldsymbol{y}|}\psi_j(\boldsymbol{x},m_s)
\end{aligned} \tag{31.173}$$

für $i = 1,\ldots,N$.

Diese nichtlinearen Integro-Differenzialgleichungen werden iterativ gelöst: Als nullte Näherung wählt man die Eigenfunktionen $\psi_i^{(0)}$ wasserstoffähnlicher Atome mit Kernladungszahl Z und berechnet damit die Integrale in (31.173). Dann löst man die resultierenden linearen Gleichungen zur Bestimmung der ersten Näherung $\psi_i^{(1)}$. Im zweiten Schritt werden die Integrale mit der ersten Näherung berechnet, und daraus kann man die zweite Näherung für die Einteilchenwellenfunktion ermitteln usw. Dieses Verfahren wird so lange iteriert, bis es (hoffentlich) konvergiert. Ziel ist es letztlich, Einelektronenwellenfunktionen zu finden, die Lösungen dieser Gleichungen sind. Ihrerseits aber enthalten die Gleichungen wiederum das von den Elektronen erzeugte elektrische Feld. Deswegen wird das Hartree-Fock-Verfahren oft auch als *selbstkonsistente Feld*methode (*self-consistent field*, SCF) bezeichnet.

Für das Lithium- und das Natriumatom sind die Gleichungen in der Arbeit von Fock und Petraschen (1934) gelöst worden. Die Ergebnisse dieser Rechnungen stimmen mit dem Experiment gut überein. Seither ist das Verfahren vielfach zur Berechnung von Eigenfunktionen und Energien von komplizierteren Atomen verwendet worden. Die praktische Auswertung dieser Methode stößt aber auf große numerische Schwierigkeiten bei der Lösung des Integro-Differenzialgleichungssystems (31.173).

Ein Vorteil dieses Verfahrens gegenüber anderen wie beispielsweise der Dichtefunktionaltheorie ist, dass man die Ergebnisse systematisch, beispielsweise mithilfe der Störungstheorie, verbessern kann. Näheres dazu findet man in Büchern zur Quantenchemie wie beispielsweise bei Szabo und Ostlund (1996). Als konkretes Beispiel zeigt das Eröffnungsbild dieses Kapitels ein Molekülorbital des Azulen-Moleküls $C_{10}H_8$, das mittels dieser Methoden berechnet wurde.

Aufgaben

Gelegentlich enthalten die Aufgaben mehr Angaben, als für die Lösung erforderlich sind. Bei einigen anderen dagegen werden Daten aus dem Allgemeinwissen, aus anderen Quellen oder sinnvolle Schätzungen benötigt.

- • leichte Aufgaben mit wenigen Rechenschritten
- •• mittelschwere Aufgaben, die etwas Denkarbeit und unter Umständen die Kombination verschiedener Konzepte erfordern
- ••• anspruchsvolle Aufgaben, die fortgeschrittene Konzepte (unter Umständen auch aus späteren Kapiteln) oder eigene mathematische Modellbildung benötigen

31.1 •• Matrixelemente von Zweiteilchenoperatoren im Dreiteilchensystem Gegeben sei ein Zweiteilchenoperator

$$\hat{A} = \frac{1}{2} \sum_{a,b=1;\, a\neq b}^{3} \hat{A}(a,b) \tag{31.174}$$

und ein Produktzustand

$$|\psi\rangle = |\psi_1(1)\psi_2(2)\psi_3(3)\rangle \tag{31.175}$$

mit orthonormierten $|\psi_i\rangle$. Berechnen Sie explizit das Matrixelement $\langle\psi|\,\hat{A}\,|\psi\rangle$ für

(a) symmetrisierte und
(b) antisymmetrisierte

Zustände und symmetrische $\hat{A}(a,b)$.

31.2 •• Dreikörperproblem Wir betrachten ein System von drei Teilchen mit gleichen Massen m und Paarwechselwirkungen

$$V = V(r_{12}) + V(r_{13}) + V(r_{23}), \quad r_{ij} = |\boldsymbol{x}_i - \boldsymbol{x}_j|\,. \tag{31.176}$$

Zeigen Sie, dass der Hamilton-Operator

$$\hat{H}^{(3)} = \frac{1}{2m}\sum_{i=1}^{3} \hat{\boldsymbol{p}}_i^2 + \hat{V} \tag{31.177}$$

die Form

$$\hat{H}^{(3)} = \hat{H}_{\text{cm}} + \hat{H}_{\text{rel}}^{(3)} \quad \text{mit } \hat{H}_{\text{cm}} = \frac{\hat{\boldsymbol{P}}^2}{2M} \tag{31.178}$$

hat, wobei der Gesamtimpuls $\boldsymbol{P} = \boldsymbol{p}_1 + \boldsymbol{p}_2 + \boldsymbol{p}_3$ und die Gesamtmasse $M = 3m$ definiert wurden. Außerdem wurde der Operator für die Relativbewegung

$$\hat{H}_{\text{rel}}^{(3)} = \hat{H}_{12} + \hat{H}_{13} + \hat{H}_{23} \tag{31.179}$$

eingeführt, der die Summe von Zweiteilchenoperatoren ist.

(a) Bestimmen Sie diese Operatoren inklusive reduzierter Masse μ.
(b) Kommutiert $\hat{H}_{\text{cm}}$ mit den $\hat{H}_{ij}$? Kommutieren die $\hat{H}_{ij}$ im Allgemeinen? Was schließen Sie, wenn sie kommutieren würden?

Lösungshinweis: Beweisen Sie zunächst die Identität

$$\begin{aligned} &3(\boldsymbol{p}_1^2 + \boldsymbol{p}_2^2 + \boldsymbol{p}_3^2) \\ &\quad = (\boldsymbol{p}_1 + \boldsymbol{p}_2 + \boldsymbol{p}_3)^2 + (\boldsymbol{p}_1 - \boldsymbol{p}_2)^2 + (\boldsymbol{p}_2 - \boldsymbol{p}_3)^2 + (\boldsymbol{p}_3 - \boldsymbol{p}_1)^2\,. \end{aligned} \tag{31.180}$$

31.3 • Permutationen und Kongruenzabbildungen Begründen Sie, dass die Permutationsgruppe S_3 von drei Elementen isomorph zu der Gruppe der Kongruenzabbildungen eines gleichseitigen Dreiecks sind, letztere also eine Darstellung von S_3 sind. Gilt dies auch für S_4 und die Gruppe der Kongruenzabbildungen eines Quadrats?

31.4 ••• Parahelium mit Störungstheorie Für den Grundzustand des Paraheliumatoms kann man ein Produkt aus zwei Wellenfunktionen des Wasserstoffatoms im Grundzustand ansetzen (siehe die Rechnung mittels des Variationsverfahrens in Abschn. 31.2). Die elektrische Wechselwirkung zwischen den Elektronen, also

$$\frac{e^2}{|\boldsymbol{x}_1 - \boldsymbol{x}_2|}, \tag{31.181}$$

wobei $\boldsymbol{x}_1$ und $\boldsymbol{x}_2$ die Ortsvektoren der beiden Elektronen sind, kann dann als Störung betrachtet werden. Im ungestörten Hamilton-Operator ist die Kernladung $Z = 2$.

(a) Zeigen Sie zunächst mithilfe der Multipolentwicklung von

$$\frac{1}{|\boldsymbol{x}_1 - \boldsymbol{x}_2|}, \tag{31.182}$$

dass gilt:

$$\int \frac{\mathrm{d}\Omega_1 \mathrm{d}\Omega_2}{|\boldsymbol{x}_1 - \boldsymbol{x}_2|} = \frac{(4\pi)^2}{\max(r_1, r_2)}. \tag{31.183}$$

(b) Berechnen Sie damit die Energie des Heliumatoms in der ersten Ordnung der Störungstheorie.

Lösungshinweis:

(a) Benutzen Sie, dass

$$\int \mathrm{d}\Omega\, Y_{\ell m}(\vartheta, \varphi) = \sqrt{4\pi}\, \delta_{\ell 0} \delta_{m0} \tag{31.184}$$

gilt (warum?).

31.5 •• Harmonischer Oszillator, variiert

(a) Wir betrachten einen eindimensionalen harmonischen Oszillator mit dem Hamilton-Operator

$$\hat{H} = \frac{\hat{p}^2}{2m} + \frac{1}{2} m\omega^2 \hat{x}^2. \tag{31.185}$$

Ermitteln Sie mittels des Variationsverfahrens die Grundzustandsenergie; verwenden Sie für die Wellenfunktion dabei den Ansatz

$$\psi_{0\kappa}(x) = N_0 \mathrm{e}^{-\kappa x^2} \tag{31.186}$$

mit dem reellen Parameter κ und einer positiven Normierungskonstanten N_0. Warum erhält man die Grundzustandsenergie hier exakt statt nur einer oberen Schranke für diese?

(b) Begründen Sie, dass man mit dem Variationsverfahren eine obere Schranke für die Energie des ersten angeregten Zustands gewinnt, wenn man einen Zustand benutzt, der zum Grundzustand orthogonal ist, und der Grundzustand nicht entartet ist.

(c) Ermitteln Sie mittels des Variationsverfahrens die erste angeregte Energie für den harmonischen Oszillator. Verwenden Sie für die Wellenfunktion dabei den Ansatz

$$\psi_{1\kappa}(x) = (ax + b)\mathrm{e}^{-\kappa x^2}, \tag{31.187}$$

wobei zunächst die Konstanten a und b zu bestimmen sind.

Lösungshinweis:

(a) Berechnen Sie zunächst N_0 in Abhängigkeit von κ, dann erst den Erwartungswert des Hamilton-Operators. Die auftretenden Integrale kann man beispielsweise einer Formelsammlung entnehmen.

(b) Verfahren Sie wie beim Beweis des Satzes in Abschn. 31.2; nur der Ansatz für den allgemeinen Zustand $|\psi\rangle$ muss leicht abgeändert werden.

(c) Die Konstanten a und b können aus der Normierung und der Orthogonalität zu $|\psi_{0,\kappa}\rangle$ bestimmt werden.

31.6 ••• Anharmonischer Oszillator, variiert

Nun betrachten wir einen eindimensionalen *an*harmonischen Oszillator mit dem Hamilton-Operator

$$\hat{H} = \frac{\hat{p}^2}{2m} + \frac{1}{2} m\omega^2 \hat{x}^2 + \beta \hat{x}^4 \tag{31.188}$$

mit einer reellen Konstanten $\beta > 0$. Mittels des Variationsverfahrens soll eine obere Schranke für die Grundzustandsenergie gefunden werden; verwenden Sie für die Wellenfunktion dabei denselben Ansatz wie in Aufgabe 31.5.

(a) Zeigen Sie zunächst, dass sich durch die Einführung der dimensionslosen Größen

$$\bar{\kappa} = \frac{2\hbar}{m\omega}\kappa \quad \text{und} \quad \bar{\beta} = \frac{2\hbar}{m^2\omega^3}\beta, \tag{31.189}$$

die Gleichung

$$\bar{\kappa}^3 - \bar{\kappa} - 3\bar{\beta} = 0 \tag{31.190}$$

ergibt.

(b) Lösen Sie diese Gleichung.

(c) Ermitteln Sie damit (eine obere Schranke für) die relative Änderung der Grundzustandsenergie. Vergleichen Sie das Ergebnis für $\bar{\beta} \in \{0{,}2; 0{,}4; \ldots; 1\}$ mit dem Ergebnis der ersten Ordnung der Störungstheorie aus Kap. 30.

Lösungshinweis:

(a) Wie in Aufgabe 31.5 gezeigt wurde, ergibt sich beim harmonischen Oszillator für den Erwartungswert des Hamilton-Operators

$$E(\kappa) = \frac{m\omega^2}{8\kappa} + \frac{\hbar^2\kappa}{2m}; \tag{31.191}$$

die Normierungskonstante ist

$$N_0 = \sqrt[4]{\frac{2\kappa}{\pi}}. \tag{31.192}$$

(b) Die kubische Gleichung kann mit Formeln aus der mathematischen Literatur (cardanische Formeln) gelöst werden.

31.7 • Bohr-Sommerfeld-Quantisierung

Betrachten Sie ein Teilchen der Masse m in einem Potenzial der Form $V(x) = c|x|^k$ mit positiven Konstanten c und k.

(a) Zeigen Sie, dass sich im Rahmen der Bohr-Sommerfeld-Quantisierungsbedingung für die Energieniveaus ergibt:

$$E_n \propto \left(n + \frac{1}{2}\right)^{2k/(k+2)}. \tag{31.193}$$

(b) (Schwere) Zusatzaufgabe: Ermitteln Sie die Proportionalitätskonstante.

Lösungshinweis:

(a) Ermitteln Sie zunächst die Umkehrpunkte.
(b) Den Wert des dafür nötigen Integrals kann man direkt einer Formelsammlung entnehmen – oder das Integral mittels einer Substitution so umformen, dass man Formeln für die sogenannte Betafunktion verwenden kann.

31.8 ••• Tunneln mit WKB und Airy Gegeben ist das Potenzial

$$V(x) = \begin{cases} 0 & \text{für } x < 0 \\ V_0 - Fx & \text{für } x \geq 0 \end{cases} \tag{31.194}$$

mit positiven Konstanten V_0 und F. Auf diesen Potenzialwall fällt von links eine ebene Welle ein, für deren Energie $0 < E < V_0$ gilt.

(a) Ermitteln Sie die Tunnelwahrscheinlichkeit T im Rahmen der semiklassischen WKB-Näherung.
(b) Löst man die Schrödinger-Gleichung exakt, so hat man auch eine reflektierte Welle, deren Amplitude um den Faktor $\sqrt{R}$ kleiner ist als die der einlaufenden Welle (wobei $0 < R < 1$ die Reflexionswahrscheinlichkeit ist) und die gegenüber der einlaufenden Welle um die Phase φ_R verschoben ist. Begründen Sie, dass sich dann folgendes Gleichungssystem ergibt:

$$\begin{aligned} \psi_0 \left(1 + \sqrt{R}\,\mathrm{e}^{\mathrm{i}\varphi_R}\right) &= \phi_0(B_1 + \mathrm{i}\,A_1)\mathrm{e}^{\mathrm{i}\varphi_T}, \\ \mathrm{i}k\psi_0 \left(1 - \sqrt{R}\,\mathrm{e}^{\mathrm{i}\varphi_R}\right) &= \phi_0(B_2 + \mathrm{i}\,A_2)\mathrm{e}^{\mathrm{i}\varphi_T} \end{aligned} \tag{31.195}$$

mit den Abkürzungen ψ_0 für die Amplitude der einlaufenden Welle, ϕ_0 für diejenige der transmittierten Welle, φ_T für deren Phasenverschiebung, $k = \sqrt{2mE}/\hbar$ für die Wellenzahl und

$$\begin{aligned} A_1 &= \mathrm{Ai}(\xi_b), \quad A_2 = -\frac{\xi_b}{b}\mathrm{Ai}'(\xi_b), \\ B_1 &= \mathrm{Bi}(\xi_b), \quad B_2 = -\frac{\xi_b}{b}\mathrm{Bi}'(\xi_b). \end{aligned} \tag{31.196}$$

Dabei sind $Ai(\xi)$ und $Bi(\xi)$ die Airy-Funktionen,

$$\xi_b = \left(\frac{2mF}{\hbar^2}\right)^{1/3} b \tag{31.197}$$

und b ist der rechte Umkehrpunkt.
(c) Berechnen Sie R aus dem Gleichungssystem und ermitteln Sie damit T.
(d) Begründen Sie, dass im Gültigkeitsbereich der semiklassischen Näherung (31.115) das Argument der Airy-Funktionen in den Abkürzungen eine große Zahl ist, und ermitteln Sie damit einen Näherungswert für T aus Teilaufgabe (c). Vergleichen Sie mit Teilaufgabe (a).

Lösungshinweis:

(b) Für $x \geq 0$ ist die Lösung durch eine Airy-Funktion gegeben. Beachten Sie deren Grenzverhalten für $x \to \infty$. Aus den Bedingungen, dass ψ und ψ' stetig sein müssen, erhält man die gesuchten Gleichungen.
(d) Das Verhalten der Airy-Funktionen und ihrer Ableitungen für große Argumente kann man einer mathematischen Formelsammlung entnehmen.

31.9 ••• Elastisch gekoppelte identische Fermionen Beim Hartree-Fock-Verfahren wird angenommen, dass der Grundzustand eines Systems von wechselwirkenden identischen Fermionen durch eine Slater-Determinante aus den Wellenfunktionen der einzelnen Teilchen angenähert werden kann. Um zu sehen, dass diese Annahme selbst bei einem relativ einfachen Zweiteilchensystem bereits nicht mehr das exakte Ergebnis liefert (aber doch eine gute Abschätzung), betrachten wir zwei elastische gekoppelte identische Teilchen, die sich in einem eindimensionalen harmonischen Oszillatorpotenzial befinden. (Dies entspricht zwei elastisch gekoppelten identischen Pendeln; das analoge mechanische Problem wurde in Abschn. 6.4 behandelt.) Der Hamilton-Operator ist also im Ortsraum

$$-\frac{\hbar^2}{2m}\partial_1^2 - \frac{\hbar^2}{2m}\partial_2^2 + \frac{1}{2}Dx_1^2 + \frac{1}{2}Dx_2^2 + \frac{1}{2}d(x_1 - x_2)^2, \tag{31.198}$$

wobei x_i die Koordinaten der beiden Teilchen bezeichnen, D die Stärke des Oszillatorpotenzials und d die Stärke der Kopplung misst. Die beiden Teilchen sollen Fermionen sein, deren Spin gleichgerichtet ist; der Ortsanteil der Gesamtwellenfunktion muss also antisymmetrisch sein.

(a) Finden Sie die exakten Energien und Gesamtwellenfunktionen des Systems. Geben Sie insbesondere die Grundzustandsenergie in Abhängigkeit von D, d und m an.
(b) Setzen Sie für die Grundzustandswellenfunktion eine Slater-Determinante aus Lösungen des ungekoppelten Systems mit einer noch unbekannten Oszillatorkonstanten D' an und finden Sie D' mit dem Variationsprinzip.
(c) Vergleichen Sie mit dem Ergebnis aus Teilaufgabe (a). Berechnen Sie insbesondere den relativen Fehler in der Grundzustandsenergie für verschiedene Werte von d/D.

Lösungshinweis:

(a) Separieren Sie zunächst Schwerpunkt- und Relativbewegung.
(b) Für die Erwartungswerte der Einteilchenoperatoren können Zwischenergebnisse aus Aufgabe 31.5 verwendet werden, die in Aufgabe 31.6 angegeben sind. Das Integral für den Erwartungswert des Kopplungsterms wertet man am einfachsten in Schwerpunkts- und Relativkoordinaten aus.

Lösungen zu den Aufgaben

31.8

(a)

$$T = \exp\left(-\frac{4\sqrt{2m}}{3\hbar F}(V_0 - E)^{3/2}\right) \tag{31.199}$$

(c)

$$T = \frac{-4kA_1B_2}{(kA_1 - B_2)^2 + (A_2 + kB_1)^2} \tag{31.200}$$

Ausführliche Lösungen zu den Aufgaben

31.1 Für symmetrische $\hat{A}(i,j)$ ist

$$\hat{A} = \hat{A}(1,2) + \hat{A}(1,3) + \hat{A}(2,3). \quad (31.201)$$

(a) Schreiben wir für $|\psi_i(1)\psi_j(2)\psi_k(3)\rangle$ abkürzend $|ijk\rangle$, so ist der symmetrisierte Zustand

$$|\psi\rangle_s = \frac{1}{\sqrt{6}}(|123\rangle + |231\rangle + |312\rangle + |213\rangle + |132\rangle + |321\rangle). \quad (31.202)$$

Das Matrixelement $\langle\psi|\hat{A}|\psi\rangle$ besteht dann aus insgesamt 108 Summanden. Viele davon verschwinden aber; so ist beispielsweise

$$\langle 123|\hat{A}(1,2)|132\rangle = \langle 12|\hat{A}(1,2)|13\rangle \cdot \langle 3|2\rangle = 0, \quad (31.203)$$

da die $|\psi_i\rangle$ als orthonormiert vorausgesetzt wurden. Allgemein verschwinden alle Matrixelemente von $\hat{A}(1,2)$, bei denen sich die Zustände im dritten Index unterscheiden. Bei den Matrixelementen von $\hat{A}(1,2)$ bleiben damit zwölf Summanden übrig:

$$\begin{aligned}
&\langle\psi|\hat{A}(1,2)|\psi\rangle_s \\
&= \frac{1}{6}\Big(\langle 12|\hat{A}(1,2)|12\rangle + \langle 12|\hat{A}(1,2)|21\rangle \\
&+ \langle 21|\hat{A}(1,2)|21\rangle + \langle 21|\hat{A}(1,2)|12\rangle \\
&+ \langle 13|\hat{A}(1,2)|13\rangle + \langle 13|\hat{A}(1,2)|31\rangle \\
&+ \langle 31|\hat{A}(1,2)|13\rangle + \langle 31|\hat{A}(1,2)|31\rangle \\
&+ \langle 23|\hat{A}(1,2)|23\rangle + \langle 23|\hat{A}(1,2)|32\rangle \\
&+ \langle 32|\hat{A}(1,2)|23\rangle + \langle 32|\hat{A}(1,2)|32\rangle\Big).
\end{aligned} \quad (31.204)$$

Aufgrund der Symmetrie von $\hat{A}(1,2)$ liefern jeweils zwei davon dasselbe Ergebnis:

$$\begin{aligned}
&\langle\psi|\hat{A}(1,2)|\psi\rangle_s \\
&= \frac{1}{3}\Big(\langle 12|\hat{A}(1,2)|12\rangle + \langle 12|\hat{A}(1,2)|21\rangle \\
&+ \langle 13|\hat{A}(1,2)|13\rangle + \langle 13|\hat{A}(1,2)|31\rangle \\
&+ \langle 23|\hat{A}(1,2)|23\rangle + \langle 23|\hat{A}(1,2)|32\rangle\Big) \\
&= \frac{1}{3}\sum_{i,j=1;\,i<j}^{3}\Big(\langle ij|\hat{A}(1,2)|ij\rangle + \langle ij|\hat{A}(1,2)|ji\rangle\Big).
\end{aligned} \quad (31.205)$$

Insgesamt ergibt sich

$$\begin{aligned}
\langle\psi|\hat{A}|\psi\rangle_s &= \frac{1}{3}\sum_{\substack{i,j,a,b=1\\ i<j,\,a<b}}^{3}\Big(\langle ij|\hat{A}(a,b)|ij\rangle + \langle ij|\hat{A}(a,b)|ji\rangle\Big) \\
&= \sum_{i,j=1;\,i<j}^{3}\Big(\langle ij|\hat{A}(1,2)|ij\rangle + \langle ij|\hat{A}(1,2)|ji\rangle\Big),
\end{aligned}$$

da jeder der Zweiteilchenoperatoren dasselbe beiträgt.

(b) Mit derselben Abkürzung wie in Teilaufgabe (a) ist der antisymmetrisierte Zustand

$$|\psi\rangle_a = \frac{1}{\sqrt{6}}(|123\rangle + |231\rangle + |312\rangle - |213\rangle - |132\rangle - |321\rangle). \quad (31.206)$$

Die Argumentation läuft dann genauso wie in Teilaufgabe (a), es ist nur zu berücksichtigen, dass sich einige Vorzeichen ändern. Das Endergebnis ist

$$\langle\psi|\hat{A}|\psi\rangle_a = \sum_{i,j;\,i<j}^{3}\Big(\langle ij|\hat{A}(1,2)|ij\rangle - \langle ij|\hat{A}(1,2)|ji\rangle\Big). \quad (31.207)$$

31.2

(a) Mit

$$(\boldsymbol{p}_1 + \boldsymbol{p}_2 + \boldsymbol{p}_3)^2 = \boldsymbol{p}_1^2 + \boldsymbol{p}_2^2 + \boldsymbol{p}_3^2 + 2\boldsymbol{p}_1\cdot\boldsymbol{p}_2 + 2\boldsymbol{p}_1\cdot\boldsymbol{p}_3 + 2\boldsymbol{p}_2\cdot\boldsymbol{p}_3 \quad (31.208)$$

und

$$(\boldsymbol{p}_i - \boldsymbol{p}_j)^2 = \boldsymbol{p}_i^2 + \boldsymbol{p}_j^2 - 2\boldsymbol{p}_i\cdot\boldsymbol{p}_j \quad (31.209)$$

folgt zunächst die im Hinweis angegebene Identität. Diese gilt auch für die Operatoren, da die Impulsoperatoren zu unterschiedlichen Teilchen sicher kommutieren. Daraus ergibt sich für die kinetischen Terme

$$\begin{aligned}
\frac{1}{2m}\sum_{i=1}^{3}\hat{\boldsymbol{p}}_i^2 &= \frac{(\hat{\boldsymbol{p}}_1 + \hat{\boldsymbol{p}}_2 + \hat{\boldsymbol{p}}_3)^2}{6m} + \sum_{i,j=1;\,i<j}^{3}\frac{(\hat{\boldsymbol{p}}_i - \hat{\boldsymbol{p}}_j)^2}{6m} \\
&=: \frac{\hat{\boldsymbol{P}}^2}{2M} + \sum_{i<j}\frac{\hat{\boldsymbol{p}}_{ij}^2}{2\mu} \\
&= \hat{H}_{\mathrm{cm}} + \hat{H}_{\mathrm{rel}}^{(3)}
\end{aligned} \quad (31.210)$$

mit der Gesamtmasse $M = 3m$ und der reduzierten Masse $\mu = 3m/4$. $\boldsymbol{P}$ ist dabei der Gesamtimpuls, also der Impuls

des Schwerpunktes, und $\boldsymbol{p}_{ij} = (\boldsymbol{p}_i - \boldsymbol{p}_j)/2$ sind die relativen Impulse der Körper.
Die Zweiteilchenoperatoren sind damit

$$\hat{H}_{ij} = \frac{\hat{\boldsymbol{p}}_{ij}^2}{2\mu} + V(\hat{r}_{ij}). \tag{31.211}$$

(b) Da $\hat{\boldsymbol{P}} = \hat{\boldsymbol{p}}_1 + \hat{\boldsymbol{p}}_2 + \hat{\boldsymbol{p}}_3$ mit allen $\hat{\boldsymbol{x}}_i - \hat{\boldsymbol{x}}_j$ vertauscht, wie man leicht nachrechnet, und offensichtlich auch mit allen $\hat{\boldsymbol{p}}_{ij} = (\hat{\boldsymbol{p}}_i - \hat{\boldsymbol{p}}_j)/2$, kommutiert $\hat{H}_{\text{cm}}$ mit allen $\hat{H}_{ij}$. Man kann den Gesamtzustand also als einen Produktzustand aus dem Zustand der Schwerpunktsbewegung und dem Gesamtzustand der drei Relativbewegungen ansetzen.
Da aber beispielsweise $\hat{\boldsymbol{p}}_{12}$ nicht mit $\hat{\boldsymbol{x}}_1 - \hat{\boldsymbol{x}}_3$ vertauscht (wie man ebenfalls leicht nachrechnet), kommutieren die $\hat{H}_{ij}$ im Allgemeinen untereinander nicht. Sollten sie doch kommutieren (was nur der Fall ist, wenn die Teilchen nicht wechselwirken), so wären die drei Relativbewegungen unabhängig voneinander, und man könnte den Gesamtzustand der Relativbewegungen als einen Produktzustand aus den drei einzelnen Bewegungen ansetzen.

31.3 Es gibt sechs Kongruenzabbildungen eines gleichseitigen Dreiecks: die identische Abbildung, eine Drehung um den Mittelpunkt um 120°, eine Drehung um den Mittelpunkt um 240° und je eine Spiegelung an jeder Höhe. Die Permutationsgruppe S_3 hat ebenfalls $3! = 6$ Elemente.

Nummeriert man die Ecken des Dreiecks von 1 bis 3 durch, so sieht man, dass jede dieser Kongruenzabbildungen genau einer Permutation der Zahlen von 1 bis 3 entspricht. Genauer: Die identische Abbildung entspricht der identischen Permutation, die Drehung um 120° der zyklischen Permutation (3 1 2), die Drehung um 240° der zyklischen Permutation (2 3 1) und die Spiegelungen den Transpositionen (2 1 3), (1 3 2) bzw. (3 2 1).

Damit hat man eine bijektive Abbildung zwischen den beiden Gruppen gefunden, die auch die Gruppenstruktur respektiert. Also sind die beiden Gruppen isomorph bzw. bilden die Kongruenzabbildungen eine Darstellung von S_3.

Ein Quadrat hat acht Kongruenzabbildungen (identische Abbildung, drei Drehungen um den Mittelpunkt, zwei Spiegelungen an den Diagonalen und zwei Spiegelungen an den Geraden durch jeweils gegenüberliegende Seitenmittelpunkte), die Gruppe S_4 besteht dagegen aus $4! = 24$ Elementen. Also können die beiden Gruppen nicht isomorph sein.

31.4

(a) Zunächst gilt

$$\begin{aligned}\int \mathrm{d}\Omega\, Y_{\ell m}(\vartheta,\varphi) &= \sqrt{4\pi}\int \mathrm{d}\Omega\, Y_{\ell m}(\vartheta,\varphi) Y_{00}(\vartheta,\varphi)\\ &= \sqrt{4\pi}\,\delta_{\ell 0}\delta_{m0},\end{aligned} \tag{31.212}$$

wobei die explizite Gestalt von $Y_{00} = 1/\sqrt{4\pi}$ und die Orthonormalität der Kugelflächenfunktionen benutzt wurden. Außerdem hat man die Multipolentwicklung (13.192):

$$\begin{aligned}&\frac{1}{|\boldsymbol{x}_1 - \boldsymbol{x}_2|}\\ &= \sum_{\ell=0}^{\infty}\sum_{m=-\ell}^{\ell} \frac{4\pi}{2\ell+1}\frac{r_<^\ell}{r_>^{\ell+1}} Y_{\ell m}(\vartheta_1,\varphi_1) Y_{\ell m}^*(\vartheta_2,\varphi_2)\end{aligned} \tag{31.213}$$

mit $r_< = \min(r_1, r_2)$ und $r_> = \max(r_1, r_2)$. Damit ist

$$\begin{aligned}\int \frac{\mathrm{d}\Omega_1\mathrm{d}\Omega_2}{|\boldsymbol{x}_1 - \boldsymbol{x}_2|} &= \sum_{\ell=0}^{\infty}\sum_{m=-\ell}^{\ell} \frac{4\pi}{2\ell+1}\frac{r_<^\ell}{r_>^{\ell+1}} \int \mathrm{d}\Omega_1\mathrm{d}\Omega_2\\ &\quad\cdot Y_{\ell m}(\vartheta_1,\varphi_1) Y_{\ell m}(\vartheta_2,\varphi_2)\\ &= \sum_{\ell=0}^{\infty}\sum_{m=-\ell}^{\ell} \frac{4\pi}{2\ell+1}\frac{r_<^\ell}{r_>^{\ell+1}} 4\pi\ (\delta_{\ell 0}\delta_{m0})^2\\ &= \frac{(4\pi)^2}{r_>}.\end{aligned} \tag{31.214}$$

(b) Ohne den Störterm ist die Grundzustandsenergie

$$E^{(0)} = -2\cdot 2^2\cdot \mathrm{Ry} = -8\,\mathrm{Ry}, \tag{31.215}$$

wobei die erste 2 von den zwei Elektronen stammt und der Faktor 2^2 von der Kernladung.
Die Energieverschiebung in erster Ordnung erhält man als Erwartungswert des Störterms, also

$$\int \mathrm{d}V_1\mathrm{d}V_2\, e^2 \frac{|\psi_{100}(\boldsymbol{x}_1)|^2\,|\psi_{100}(\boldsymbol{x}_2)|^2}{|\boldsymbol{x}_1 - \boldsymbol{x}_2|} \tag{31.216}$$

mit den Grundzustandswellenfunktionen $\psi_{100}(\boldsymbol{x}_i)$. Deren explizite Gestalt ist (mit $Z = 2$)

$$\psi_{100}(\boldsymbol{x}_i) = \frac{1}{\sqrt{\pi}}\left(\frac{2}{a_\mathrm{B}}\right)^{3/2} \mathrm{e}^{-2r_i/a_\mathrm{B}}. \tag{31.217}$$

Also ist der Erwartungswert

$$\frac{e^2}{\pi^2}\left(\frac{2}{a_\mathrm{B}}\right)^6 \int \mathrm{d}V_1\mathrm{d}V_2\, \frac{\mathrm{e}^{-4r_1/a_\mathrm{B}}\mathrm{e}^{-4r_2/a_\mathrm{B}}}{|\boldsymbol{x}_1 - \boldsymbol{x}_2|}. \tag{31.218}$$

Mit dem Ergebnis aus Teilaufgabe (a) kann man die Winkelintegrationen aber sofort ausführen:

$$\begin{aligned}&= \frac{e^2}{\pi^2}\left(\frac{2}{a_\mathrm{B}}\right)^6 \int_0^\infty \mathrm{d}r_1\, r_1^2 \int_0^\infty \mathrm{d}r_2\, r_2^2\, \mathrm{e}^{-4r_1/a_\mathrm{B}}\mathrm{e}^{-4r_2/a_\mathrm{B}}\\ &\quad\cdot \int \frac{\mathrm{d}\Omega_1\mathrm{d}\Omega_2}{|\boldsymbol{x}_1 - \boldsymbol{x}_2|}\\ &= 16e^2\left(\frac{2}{a_\mathrm{B}}\right)^6 \int_0^\infty \mathrm{d}r_1\, r_1^2 \int_0^\infty \mathrm{d}r_2\, r_2^2\, \frac{\mathrm{e}^{-4r_1/a_\mathrm{B}}\mathrm{e}^{-4r_2/a_\mathrm{B}}}{r_>}.\end{aligned} \tag{31.219}$$

Substituieren wir nun noch $z_i = 4r_i/a_B$, so wird dies zu

$$\frac{e^2}{a_B}\int_0^\infty dz_1\, z_1^2 \int_0^\infty dz_2\, z_2^2 \frac{e^{-z_1}e^{-z_2}}{z_>}. \quad (31.220)$$

Berechnen wir nun das Integral über z_2. Wir teilen es auf in die Bereiche mit $z_2 < z_1$ (also $z_> = z_1$) und $z_2 > z_1$ (also $z_> = z_2$):

$$\int_0^\infty dz_2\, z_2^2 \frac{e^{-z_2}}{z_>} = \int_0^{z_1} dz_2\, z_2^2 \frac{e^{-z_2}}{z_1} + \int_{z_1}^\infty dz_2\, z_2^2 \frac{e^{-z_2}}{z_2}. \quad (31.221)$$

Die beiden Integrale können elementar ausgewertet werden; man erhält

$$\int_0^\infty dz_2\, z_2^2 \frac{e^{-z_2}}{z_>} = \frac{2}{z_1} - \left(1 + \frac{2}{z_1}\right) e^{-z_1}. \quad (31.222)$$

Dies ist nun noch über z_1 zu integrieren:

$$\begin{aligned}&\int_0^\infty dz_1\, z_1^2 \left(\frac{2}{z_1} - \left(1 + \frac{2}{z_1}\right)e^{-z_1}\right)e^{-z_1}\\ &= \int_0^\infty dz_1\, \left(2z_1 e^{-z_1} - (z_1^2 + 2z_1)\, e^{-2z_1}\right) = \frac{5}{4},\end{aligned} \quad (31.223)$$

wobei die Integrale wieder elementar ausgewertet werden können. Damit ist der Erwartungswert des Störterms, also die Energieverschiebung in erster Ordnung, insgesamt

$$E^{(1)} = \frac{5e^2}{4a_B} = \frac{5}{2}\text{Ry}. \quad (31.224)$$

Die Grundzustandsenergie des Heliumatoms ist in der ersten Ordnung der Störungstheorie damit

$$E = E^{(0)} + E^{(1)} = -5{,}5\,\text{Ry}. \quad (31.225)$$

Der experimentelle Wert ist etwa $-5{,}8$ Ry, also liefert schon die erste Ordnung hier ein relativ genaues Ergebnis – allerdings schlechter als das im Haupttext diskutierte Variationsverfahren.

31.5

(a) Es muss gelten:

$$N_0^2 \int e^{-2\kappa x^2}\, dx = 1. \quad (31.226)$$

Wertet man das Integral aus, so führt dies auf

$$N_0^2 \sqrt{\frac{\pi}{2\kappa}} = 1, \quad (31.227)$$

also

$$N_0 = \sqrt[4]{\frac{2\kappa}{\pi}}. \quad (31.228)$$

Die Ableitungen von $\psi_{0\kappa}$ sind

$$\begin{aligned}\partial_x \psi_{0\kappa}(x) &= -2\kappa x \psi_{0\kappa}(x),\\ \partial_x^2 \psi_{0\kappa}(x) &= (4\kappa^2 x^2 - 2\kappa)\psi_{0\kappa}(x),\end{aligned} \quad (31.229)$$

also ist

$$\hat{H}\psi_{0\kappa}(x) = \left(\hbar^2 \frac{\kappa - 2\kappa^2 x^2}{m} + \frac{1}{2}m\omega^2 x^2\right)\psi_{0\kappa}(x). \quad (31.230)$$

Der Erwartungswert für die Energie ist dann

$$\begin{aligned}E(\kappa) &= \langle \psi_{0\kappa} | \hat{H} | \psi_{0\kappa}\rangle\\ &= N_0^2 \left(\frac{m\omega^2}{2} - \frac{2\hbar^2\kappa^2}{m}\right) \int x^2 e^{-2\kappa x^2}\, dx\\ &+ N_0^2 \frac{\hbar^2\kappa}{m} \int e^{-2\kappa x^2}\, dx.\end{aligned} \quad (31.231)$$

Nach Ausführen der Integrale bleibt

$$\begin{aligned}E(\kappa) &= N_0^2 \left(\frac{m\omega^2}{2} - \frac{2\hbar^2\kappa^2}{m}\right)\frac{1}{4}\sqrt{\frac{\pi}{2\kappa^3}} + \frac{\hbar^2\kappa}{m}\\ &= \frac{1}{4\kappa}\left(\frac{m\omega^2}{2} - \frac{2\hbar^2\kappa^2}{m}\right) + \frac{\hbar^2\kappa}{m}\\ &= \frac{m\omega^2}{8\kappa} + \frac{\hbar^2\kappa}{2m},\end{aligned} \quad (31.232)$$

wobei N_0^2 von oben eingesetzt wurde.
Nun ist noch das Minimum in Abhängigkeit von κ zu suchen. Es ist

$$E'(\kappa) = -\frac{m\omega^2}{8\kappa^2} + \frac{\hbar^2}{2m} \quad (31.233)$$

$$E''(\kappa) = \frac{m\omega^2}{4\kappa^3} > 0 \text{ für } \kappa > 0, \quad (31.234)$$

also hat man ein Minimum bei

$$\kappa = \frac{m\omega}{2\hbar}. \quad (31.235)$$

Für die Grundzustandsenergie ergibt sich damit

$$E_{n=0} \leq \frac{1}{2}\hbar\omega, \quad (31.236)$$

die obere Schranke stimmt also mit dem exakten Ergebnis überein.
Da der Ansatz für die Grundzustandswellenfunktion genau die Form der exakten Lösung hat und diese eindeutig ist, muss die Variation des Parameters auf eben diese exakte Lösung führen. Damit erhält man dann natürlich auch die exakte Grundzustandsenergie.

(b) Der Beweis verläuft analog zum Beweis des Satzes in Abschn. 31.2. Wir setzen zunächst einen allgemeinen Zustand an:

$$|\psi\rangle = \sum_{n>1} c_n |\psi_n\rangle . \qquad (31.237)$$

Da die Summe nun nur noch über alle $n > 1$ läuft (*beachte:* beim harmonischen Oszillator hat der niedrigste Zustand natürlich $n = 0$, in Abschn. 31.2 hatten wir dem niedrigsten Zustand aber $n = 1$ zugeordnet, wie beispielsweise bei Atomen üblich), ist dieser Zustand orthogonal zum Grundzustand. Für den Erwartungswert ergibt sich dann

$$\langle\psi|\hat{H}|\psi\rangle = \sum_{n>1} |c_n|^2 E_n . \qquad (31.238)$$

Dies kann man wieder abschätzen:

$$\langle\psi|\hat{H}|\psi\rangle \geq E_2 \sum_{n>1} |c_n|^2 = E_2 \langle\psi|\psi\rangle . \qquad (31.239)$$

Es bleibt schließlich

$$E_2 = \min_{|\psi\rangle \in \mathcal{H}\setminus\{0\}} \frac{\langle\psi|\hat{H}|\psi\rangle}{\langle\psi|\psi\rangle} \text{ mit } \langle\psi_1|\psi\rangle = 0. \qquad (31.240)$$

Da der Grundzustand als nicht entartet vorausgesetzt wurde, ist dieses E_2 die Energie des ersten angeregten Zustands.

(c) Benutzen wir zunächst die Orthogonalität:

$$\int \psi^*_{1\kappa}(x)\psi_{0\kappa}(x) = 0, \qquad (31.241)$$

also

$$N_0 \int (ax + b)\mathrm{e}^{-2\kappa x^2} = 0. \qquad (31.242)$$

Das Integral mit dem Faktor ax verschwindet (ungerade Funktion!), also folgt sofort $b = 0$.
Die Konstante a kann dagegen aus der Normierung bestimmt werden:

$$\int |\psi_{1\kappa}(x)|^2 = 1, \qquad (31.243)$$

also

$$a^2 \int x^2 \mathrm{e}^{-2\kappa x^2} = 1. \qquad (31.244)$$

Dies führt auf

$$a = 2\sqrt[4]{\frac{2\kappa^3}{\pi}}. \qquad (31.245)$$

Für die benötigten Ableitungen der Wellenfunktion hat man nun

$$\begin{aligned} \partial_x \psi_{1\kappa}(x) &= \left(\frac{1}{x} - 2\kappa x\right)\psi_{1\kappa}(x), \\ \partial_x^2 \psi_{1\kappa}(x) &= \left(4\kappa^2 x^2 - 6\kappa\right)\psi_{1\kappa}(x), \end{aligned} \qquad (31.246)$$

womit sich

$$\hat{H}\psi_{1\kappa}(x) = \left(\hbar^2 \frac{3\kappa - 2\kappa^2 x^2}{m} + \frac{1}{2} m\omega^2 x^2\right)\psi_{1\kappa}(x) \qquad (31.247)$$

ergibt. Daraus erhalten wir für den Erwartungswert der Energie

$$\begin{aligned} E(\kappa) &= \langle\psi_{1\kappa}|\hat{H}|\psi_{1\kappa}\rangle \\ &= a^2\left(\frac{m\omega^2}{2} - \frac{2\hbar^2\kappa^2}{m}\right)\int x^4 \mathrm{e}^{-2\kappa x^2}\,\mathrm{d}x \\ &\quad + a^2 \frac{3\hbar^2\kappa}{m}\int x^2 \mathrm{e}^{-2\kappa x^2}\,\mathrm{d}x \end{aligned} \qquad (31.248)$$

bzw. nach Berechnen der Integrale

$$\begin{aligned} E(\kappa) &= a^2\left(\frac{m\omega^2}{2} - \frac{2\hbar^2\kappa^2}{m}\right)\frac{3}{16}\sqrt{\frac{\pi}{2\kappa^5}} + \frac{3\hbar^2\kappa}{m} \\ &= \frac{3}{4\kappa}\left(\frac{m\omega^2}{2} - \frac{2\hbar^2\kappa^2}{m}\right) + \frac{3\hbar^2\kappa}{m} \\ &= \frac{3m\omega^2}{8\kappa} + \frac{3\hbar^2\kappa}{2m}, \end{aligned} \qquad (31.249)$$

wobei a^2 von oben eingesetzt wurde. Dies ist genau das Dreifache des Ausdrucks aus Teilaufgabe (a). Somit gilt nun für die Energie des ersten angeregten Zustands

$$E_{n=1} \leq \frac{3}{2}\hbar\omega. \qquad (31.250)$$

Wie zu erwarten war, stimmt die obere Schranke wieder mit dem exakten Ergebnis überein.

31.6

(a) Für den Erwartungswert des Hamilton-Operators benötigen wir neben den im Hinweis angegebenen Ergebnissen aus Aufgabe 31.5 zusätzlich

$$N_0^2 \int x^4 \mathrm{e}^{-2\kappa x^2}\,\mathrm{d}x = \sqrt{\frac{2\kappa}{\pi}} \cdot \frac{3}{16}\sqrt{\frac{\pi}{2\kappa^5}} = \frac{3}{16\kappa^2}, \qquad (31.251)$$

wobei wir Zwischenergebnisse aus Teilaufgabe 31.5(a) und 31.5(c) benutzt haben. Damit haben wir schließlich

$$E(\kappa) = \frac{m\omega^2}{8\kappa} + \frac{\hbar^2\kappa}{2m} + \frac{3\beta}{16\kappa^2}. \qquad (31.252)$$

Die Ableitungen sind nun

$$\begin{aligned} E'(\kappa) &= -\frac{m\omega^2}{8\kappa^2} + \frac{\hbar^2}{2m} - \frac{3\beta}{8\kappa^3} \\ E''(\kappa) &= \frac{m\omega^2}{4\kappa^3} + \frac{9\beta}{8\kappa^4} > 0 \text{ für } \kappa > 0, \end{aligned} \qquad (31.253)$$

Teil III

und für das Minimum muss schließlich gelten:

$$\frac{\hbar^2}{2m}\kappa^3 - \frac{m\omega^2}{8}\kappa - \frac{3\beta}{8} = 0. \tag{31.254}$$

Führt man dann die dimensionslosen Größen

$$\bar{\kappa} = \frac{2\hbar}{m\omega}\kappa \quad \text{und} \quad \bar{\beta} = \frac{2\hbar}{m^2\omega^3}\beta \tag{31.255}$$

ein, so bleibt schließlich, wie angegeben:

$$\bar{\kappa}^3 - \bar{\kappa} - 3\bar{\beta} = 0. \tag{31.256}$$

(b) Wir haben hier eine kubische Gleichung für $\bar{\kappa}$, die bereits in der reduzierten Form ist, die für eine Anwendung der cardanischen Formeln nötig ist, mit

$$p = -1 \quad \text{und} \quad q = -3\bar{\beta}. \tag{31.257}$$

Die Diskriminante ist dann

$$D = \left(\frac{q}{2}\right)^2 + \left(\frac{p}{3}\right)^3 = \frac{9\bar{\beta}^2}{4} - \frac{1}{27}. \tag{31.258}$$

Wir haben die drei Fälle $D > 0$, $D = 0$ und $D < 0$ zu unterscheiden. Der mittlere Fall ergibt sich für

$$\bar{\beta}_0 = \frac{2}{9\sqrt{3}} \approx 0,12830, \tag{31.259}$$

die anderen beiden Fälle entsprechend für $\bar{\beta} > \bar{\beta}_0$ bzw. $\bar{\beta} < \bar{\beta}_0$.

Im mittleren Fall gibt es eine einfache und eine doppelte reelle Lösung:

$$\bar{\kappa}_1 = \frac{3q}{p} = 9\bar{\beta}_0 = \frac{2}{\sqrt{3}} \quad \text{und} \quad \bar{\kappa}_{2,3} = -\frac{3q}{2p} = -4,5\bar{\beta}_0. \tag{31.260}$$

Da aber κ und damit auch $\bar{\kappa}$ als positiv vorausgesetzt wurden, ist nur die erste Lösung sinnvoll.

Im ersten Fall hat man dagegen nur eine einfache reelle Lösung (und zwei komplexe, die uns nicht zu interessieren brauchen):

$$\begin{aligned}\bar{\kappa}_1 &= \sqrt[3]{-\frac{q}{2} + \sqrt{D}} + \sqrt[3]{-\frac{q}{2} - \sqrt{D}} \\ &= \sqrt[3]{\frac{3}{2}\bar{\beta} + \sqrt{\frac{9\bar{\beta}^2}{4} - \frac{1}{3}}} + \sqrt[3]{\frac{3}{2}\bar{\beta} - \sqrt{\frac{9\bar{\beta}^2}{4} - \frac{1}{3}}} \\ &= \sqrt[3]{\frac{3}{2}}\left(\sqrt[3]{\bar{\beta} + \sqrt{\bar{\beta}^2 - \bar{\beta}_0^2}} + \sqrt[3]{\bar{\beta} - \sqrt{\bar{\beta}^2 - \bar{\beta}_0^2}}\right).\end{aligned} \tag{31.261}$$

Der letzte Fall ist schließlich der sogenannte *casus irreducibilis*. Man hat hier drei einfache reelle Lösungen, die

Tab. 31.1 Anharmonischer Oszillator. Vergleich der Ergebnisse von Variationsrechnung, Störungstheorie und numerischen Rechnungen

$\bar{\beta}$	0,2	0,4	0,6	0,8	1,0
$\bar{\kappa}$	1,221	1,370	1,487	1,585	1,672
$\bar{E}_{\text{Var}}$	1,121	1,210	1,283	1,347	1,403
$\bar{E}_{\text{Stth}}$	1,150	1,300	1,450	1,600	1,750
$\bar{E}_{\text{num}}$	1,118	1,205	1,276	1,337	1,392

mithilfe der trigonometrischen Funktionen berechnet werden können:

$$\begin{aligned}\bar{\kappa}_1 &= \sqrt{-\frac{4}{3}p}\,\cos\left(\frac{1}{3}\arccos\left(-\frac{q}{2}\sqrt{-\frac{27}{p^3}}\right)\right) \\ &= \sqrt{\frac{4}{3}}\cos\left(\frac{1}{3}\arccos\left(\frac{\bar{\beta}}{\bar{\beta}_0}\right)\right).\end{aligned} \tag{31.262}$$

Ähnlich ergeben sich $\bar{\kappa}_2$ und $\bar{\kappa}_3$; diese sind aber beide negativ und somit hier keine sinnvollen Lösungen.

Wir bemerken noch, dass sich insbesondere für $\beta = 0$, also $\bar{\beta} = 0$, was zum dritten Fall gehört, $\bar{\kappa} = 1$ ergibt und damit wieder dasselbe κ wie beim harmonischen Oszillator.

(c) Zunächst haben wir für die relative Abweichung der (oberen Schranke für die) Grundzustandsenergie aus der Variationsrechnung:

$$\begin{aligned}\bar{E}_{\text{Var}} &= \frac{E(\kappa)}{\frac{1}{2}\hbar\omega} = \frac{m\omega}{4\hbar\kappa} + \frac{\hbar\kappa}{m\omega} + \frac{3\beta}{8\hbar\omega\kappa^2} \\ &= \frac{\bar{\kappa}}{2} + \frac{1}{2\bar{\kappa}} + \frac{3}{4}\frac{\bar{\beta}}{\bar{\kappa}^2}.\end{aligned} \tag{31.263}$$

Aus Kap. 30 entnehmen wir das Ergebnis der ersten Ordnung der Störungstheorie:

$$E_n^{(1)} = \beta\frac{3\hbar^2}{2m^2\omega^2}\left(n^2 + n + \frac{1}{2}\right), \tag{31.264}$$

also speziell für den Grundzustand

$$E_0 = \frac{\hbar\omega}{2} + \beta\frac{3\hbar^2}{4m^2\omega^2} \tag{31.265}$$

und damit

$$\bar{E}_{\text{Stth}} = \frac{E_0}{\frac{1}{2}\hbar\omega} = 1 + \beta\frac{3\hbar}{2m^2\omega^3} = 1 + \frac{3}{4}\bar{\beta}. \tag{31.266}$$

Für $\beta = 0$ und somit $\bar{\beta} = 0$ ergibt sich mit beiden Methoden $\bar{E} = 1$, also wie erwartet die Grundzustandsenergie des harmonischen Oszillators. Für die anderen verlangten Werte von $\bar{\beta}$ sind in Tab. 31.1 jeweils $\bar{\kappa}$ und die beiden Werte von $\bar{E}$ angegeben. In der letzten Zeile sind außerdem noch Ergebnisse von numerischen Rechnungen gezeigt (siehe hierzu Tab. 26.1).

Man sieht, dass die Störungstheorie in der ersten Ordnung nur sehr schlechte Ergebnisse liefert; die Variationsrechnung führt dagegen schon mit dem simplen Ansatz einer Gauß'schen Glockenkurve (wie beim harmonischen Oszillator) auf sehr gute Übereinstimmung mit den numerischen Ergebnissen.

31.7

(a) Wir benötigen für die Verwendung von (31.138) das Integral über eine Periode der Bewegung. Wegen der Symmetrie des Potenzials gilt

$$\begin{aligned}\oint p\,\mathrm{d}x &= 4\int_0^{x_0} p\,\mathrm{d}x \\ &= 4\int_0^{x_0} \sqrt{2m(E-cx^k)}\,\mathrm{d}x \\ &= 4\sqrt{2mE}\int_0^{x_0}\sqrt{1-\frac{cx^k}{E}}\,\mathrm{d}x.\end{aligned} \tag{31.267}$$

Dabei ist x_0 der rechte Umkehrpunkt der Bewegung. Diesen erhält man aus der Bedingung $E = V(x_0) = cx_0^k$ zu

$$x_0 = \left(\frac{E}{c}\right)^{1/k}. \tag{31.268}$$

Mit der Substitution

$$\xi = \left(\frac{c}{E}\right)^{1/k} x \tag{31.269}$$

wird das zu berechnende Integral dann einfach zu

$$\begin{aligned}\oint p\,\mathrm{d}x &= 4\sqrt{2mE}\left(\frac{E}{c}\right)^{1/k}\int_0^1\sqrt{1-\xi^k}\,\mathrm{d}\xi \\ &= 4\sqrt{2m}\,c^{-1/k}E^{(k+2)/2k}I(k),\end{aligned} \tag{31.270}$$

wobei wir den Wert des Integrals zunächst mit $I(k)$ abgekürzt haben.
Aus der Bohr-Sommerfeld-Quantisierungsbedingung folgt nun

$$4\sqrt{2m}\,c^{-1/k}E^{(k+2)/2k}I(k) = 2\pi\hbar\left(n+\frac{1}{2}\right) \tag{31.271}$$

und daraus sofort die Behauptung.

(b) Man hat

$$E = \left[\frac{hc^{1/k}}{4\sqrt{2m}\,I(k)}\left(n+\frac{1}{2}\right)\right]^{2k/(k+2)}. \tag{31.272}$$

Wie man einer Formelsammlung entnimmt, gilt außerdem für $k > 0$

$$I(k) = \int_0^1 \sqrt{1-\xi^k}\,\mathrm{d}\xi = \frac{\sqrt{\pi}\,\Gamma\left(1+\frac{1}{k}\right)}{2\,\Gamma\left(\frac{3}{2}+\frac{1}{k}\right)} \tag{31.273}$$

mit der Gammafunktion $\Gamma(x)$, die im „Mathematischen Hintergrund" 32.1 ausführlicher besprochen wird.
Alternativ kann man auch $u = \xi^k$ substituieren. Dann erhält man

$$I(k) = \frac{1}{k}\int_0^1 u^{1/k-1}(1-u)^{1/2}\,\mathrm{d}u. \tag{31.274}$$

Einer Formelsammlung entnimmt man dann, dass dies gleich

$$I(k) = \frac{1}{k}B\left(\frac{1}{k},\frac{3}{2}\right) \tag{31.275}$$

ist mit der Betafunktion

$$B(m,n) = \frac{\Gamma(m)\Gamma(n)}{\Gamma(m+n)}. \tag{31.276}$$

Da außerdem

$$\begin{aligned}\frac{1}{k}\Gamma\left(\frac{1}{k}\right) &= \Gamma\left(1+\frac{1}{k}\right), \\ \Gamma\left(\frac{3}{2}\right) &= \frac{1}{2}\Gamma\left(\frac{1}{2}\right) = \frac{\sqrt{\pi}}{2}\end{aligned} \tag{31.277}$$

gilt, erhält man wieder das obige Ergebnis.
Also bleibt letztlich

$$E = \frac{c^{2/(k+2)}}{(2\pi m)^{k/(k+2)}}\left[\frac{h}{2}\frac{\Gamma\left(\frac{3}{2}+\frac{1}{k}\right)}{\Gamma\left(1+\frac{1}{k}\right)}\left(n+\frac{1}{2}\right)\right]^{2k/(k+2)}. \tag{31.278}$$

31.8

(a) Bei $x = 0 = a$ ist klassisch gesehen ein Umkehrpunkt; den rechten Rand b des Integrationsbereichs erhält man aus der Bedingung $E = V(b)$, also

$$b = \frac{V_0 - E}{F}. \tag{31.279}$$

Der Impuls ist für $0 \le x \le b$ rein imaginär:

$$p = \sqrt{2m(E-(V_0-Fx))} = \mathrm{i}\sqrt{2m(V_0-E-Fx)}. \tag{31.280}$$

Also ist das folgende Integral zu berechnen:

$$\int_a^b |p|\,\mathrm{d}x = \int_0^{(V_0-E)/F} \sqrt{2m(V_0-E-Fx)}\,\mathrm{d}x \qquad (31.281)$$
$$= \sqrt{2m(V_0-E)} \int_0^{(V_0-E)/F} \sqrt{1-\frac{F}{V_0-E}x}\,\mathrm{d}x.$$

Mit der Substitution

$$\xi = \frac{F}{V_0-E}x \qquad (31.282)$$

wird dies zu

$$\int_a^b |p|\,\mathrm{d}x = \sqrt{2m(V_0-E)}\frac{V_0-E}{F}\int_0^1 \sqrt{1-\xi}\,\mathrm{d}\xi \qquad (31.283)$$
$$= \frac{\sqrt{2m}}{F}(V_0-E)^{3/2}\cdot\frac{2}{3}.$$

Damit ist die Tunnelwahrscheinlichkeit insgesamt

$$T = \exp\left(-\frac{2}{\hbar}\int_a^b |p|\,\mathrm{d}x\right) \qquad (31.284)$$
$$= \exp\left(-\frac{4\sqrt{2m}}{3\hbar F}(V_0-E)^{3/2}\right).$$

(b) Für $x < 0$ setzen wir eine einlaufende und eine reflektierte Welle an, erstere mit der Amplitude ψ_0, zweitere mit $\psi_0\sqrt{R}$:

$$\psi(x) = \psi_0 \mathrm{e}^{\mathrm{i}kx} + \psi_0\sqrt{R}\,\mathrm{e}^{-\mathrm{i}kx+\mathrm{i}\varphi_R} \qquad (31.285)$$

mit der Wellenzahl

$$k = \frac{p}{\hbar} = \frac{\sqrt{2mE}}{\hbar}. \qquad (31.286)$$

Damit ist

$$\psi(0) = \psi_0\left(1+\sqrt{R}\,\mathrm{e}^{\mathrm{i}\varphi_R}\right),$$
$$\psi'(0) = \mathrm{i}k\psi_0\left(1-\sqrt{R}\,\mathrm{e}^{\mathrm{i}\varphi_R}\right). \qquad (31.287)$$

Im Bereich $x \geq 0$ ist die Schrödinger-Gleichung

$$-\frac{\hbar^2}{2m}\psi''(x) + (V_0 - Fx)\psi(x) = E\psi(x). \qquad (31.288)$$

Dies schreiben wir zunächst um zu

$$\psi''(x) + \frac{2mF}{\hbar^2}(x-b)\psi(x) = 0 \qquad (31.289)$$

mit

$$b = \frac{V_0-E}{F} \qquad (31.290)$$

aus Teilaufgabe (a) und setzen dann

$$\xi = -\left(\frac{2mF}{\hbar^2}\right)^{1/3}(x-b) \quad \text{und} \quad \phi(\xi) = \psi(x). \qquad (31.291)$$

Damit wird die Schrödinger-Gleichung zu

$$\phi''(\xi) - \xi\phi(\xi) = 0. \qquad (31.292)$$

Dies ist wieder die Airy-Differenzialgleichung (siehe die Rechnung zu den gebundenen Zuständen in Abschn. 31.3), die Lösung ist also eine Airy-Funktion:

$$\phi(\xi) = c_1\,\mathrm{Ai}(\xi) + c_2\,\mathrm{Bi}(\xi) \qquad (31.293)$$

mit den beiden linear unabhängigen Lösungen $\mathrm{Ai}(\xi)$ und $\mathrm{Bi}(\xi)$ und noch unbekannten komplexen Koeffizienten $c_{1,2}$ Wir beachten nun das Grenzverhalten: Für $x \to \infty$ folgt $\xi \to -\infty$; die beiden Funktionen verhalten sich dann wie

$$\mathrm{Ai}(\xi) = \frac{\sin\left(\frac{2}{3}(-\xi)^{3/2}+\frac{\pi}{4}\right)}{(-\xi)^{1/4}},$$
$$\mathrm{Bi}(\xi) = \frac{\cos\left(\frac{2}{3}(-\xi)^{3/2}+\frac{\pi}{4}\right)}{(-\xi)^{1/4}}. \qquad (31.294)$$

Da wir im Bereich $x \geq 0$ eine nach rechts laufende Welle haben wollen, ist die Lösung gegeben durch

$$\phi(\xi) = \phi_0\left(\mathrm{Bi}(\xi) + \mathrm{i}\,\mathrm{Ai}(\xi)\right)\mathrm{e}^{\mathrm{i}\varphi_T} \qquad (31.295)$$

mit nur noch zwei reellen Unbekannten, der Amplitude ϕ_0 und der Phase φ_T. Damit ist im Bereich $x \geq 0$ die Wellenfunktion

$$\psi(x) = \phi_0\left[\mathrm{Bi}\left(\left(\frac{2mF}{\hbar^2}\right)^{1/3}(b-x)\right)\right.$$
$$\left. + \mathrm{i}\,\mathrm{Ai}\left(\left(\frac{2mF}{\hbar^2}\right)^{1/3}(b-x)\right)\right]\mathrm{e}^{\mathrm{i}\varphi_T}. \qquad (31.296)$$

Führen wir die im Aufgabentext definierten Abkürzungen (31.196) ein, so haben wir

$$\psi(0) = \phi_0(B_1 + \mathrm{i}A_1)\mathrm{e}^{\mathrm{i}\varphi_T},$$
$$\psi'(0) = \phi_0(B_2 + \mathrm{i}A_2)\mathrm{e}^{\mathrm{i}\varphi_T}. \qquad (31.297)$$

Aus der Stetigkeit der Wellenfunktion und ihrer ersten Ableitung bei $x = 0$ folgt dann das im Aufgabentext gegebene Gleichungssystem (31.195).

(c) Teilt man die zweite Gleichung in (31.195) durch die erste, so erhält man zunächst

$$\mathrm{i}k\frac{1-\sqrt{R}\mathrm{e}^{\mathrm{i}\varphi_R}}{1+\sqrt{R}\mathrm{e}^{\mathrm{i}\varphi_R}} = \frac{B_2+\mathrm{i}A_2}{B_1+\mathrm{i}A_1}. \qquad (31.298)$$

Umstellen führt auf

$$\sqrt{R}e^{i\varphi_R} = \frac{ik(B_1 + iA_1) - (B_2 + iA_2)}{ik(B_1 + iA_1) + (B_2 + iA_2)}. \quad (31.299)$$

Die Reflexionswahrscheinlichkeit erhält man hieraus, indem man das Betragsquadrat nimmt:

$$R = \frac{(kA_1 + B_2)^2 + (A_2 + kB_1)^2}{(kA_1 - B_2)^2 + (A_2 + kB_1)^2}. \quad (31.300)$$

Die Tunnelwahrscheinlichkeit ist schließlich gegeben durch $T = 1 - R$; damit erhält man das angegebene Resultat.

(d) Das Argument der Airy-Funktionen in den Abkürzungen ist

$$\xi_b = \left(\frac{2mF}{\hbar^2}\right)^{1/3} b = \left(\frac{2m}{\hbar^2 F^2}\right)^{1/3} (V_0 - E). \quad (31.301)$$

Wenn die Welle in den Potenzialwall eintritt, ist ihr Impuls gegeben durch

$$|p| = \sqrt{2m(V_0 - E)}. \quad (31.302)$$

Stellt man nach $V_0 - E$ um und setzt dies ein, so kann man das Argument der Airy-Funktionen schreiben als

$$\xi_b = \left(\frac{|p|^3}{2m\hbar F}\right)^{2/3}. \quad (31.303)$$

Mit (31.115) folgt, dass dies im Gültigkeitsbereich der semiklassischen Näherung eine große Zahl ist.

Wir können also die Airy-Funktionen und deren Ableitungen durch deren Verhalten für große Werte der Argumente annähern. Dieses ist gegeben durch

$$\begin{aligned} Ai(\xi) &\to \frac{\exp\left(-\frac{2}{3}\xi^{3/2}\right)}{2\sqrt{\pi}\sqrt[4]{\xi}}, \\ Ai'(\xi) &\to -\frac{\exp\left(-\frac{2}{3}\xi^{3/2}\right)\sqrt[4]{\xi}}{2\sqrt{\pi}}, \\ Bi(\xi) &\to \frac{\exp\left(\frac{2}{3}\xi^{3/2}\right)}{\sqrt{\pi}\sqrt[4]{\xi}}, \\ Bi'(\xi) &\to \frac{\exp\left(\frac{2}{3}\xi^{3/2}\right)\sqrt[4]{\xi}}{\sqrt{\pi}}, \end{aligned} \quad (31.304)$$

wie man einer mathematischen Formelsammlung entnehmen kann.

Die Funktion $Ai(\xi)$ und ihre Ableitung gehen für große Argumente gegen null, d. h., man kann sie im Nenner von T vernachlässigen:

$$T = \frac{-4kA_1B_2}{B_2^2 + k^2B_1^2}. \quad (31.305)$$

Einsetzen der Abkürzungen ergibt zunächst

$$\begin{aligned} T &= \frac{4\frac{\sqrt{2mE}}{\hbar}Ai(\xi_b)\left(\frac{2mF}{\hbar^2}\right)^{1/3} Bi'(\xi_b)}{\left(\frac{2mF}{\hbar^2}\right)^{2/3} Bi'^2(\xi_b) + \frac{2mE}{\hbar^2}Bi^2(\xi_b)} \\ &= \frac{\frac{2}{\pi}\frac{\sqrt{2mE}}{\hbar}\left(\frac{2mF}{\hbar^2}\right)^{1/3}}{\left(\left(\frac{2mF}{\hbar^2}\right)^{2/3}\sqrt{\xi_b} + \frac{2mE}{\hbar^2}\frac{1}{\sqrt{\xi_b}}\right)\frac{\exp\left(\frac{4}{3}\xi_b^{3/2}\right)}{\pi}}. \end{aligned} \quad (31.306)$$

Nach Einsetzen von ξ_b aus (31.301) und einigen algebraischen Vereinfachungen bleibt schließlich

$$T = 2\sqrt{\left(1 - \frac{E}{V_0}\right)\frac{E}{V_0}} \exp\left(-\frac{4\sqrt{2m}}{3\hbar F}(V_0 - E)^{3/2}\right). \quad (31.307)$$

Ein Vergleich mit dem Ergebnis aus Teilaufgabe (a) zeigt, dass die semiklassische Näherung zwar den Vorfaktor nicht korrekt wiedergibt, aber immerhin dieselbe exponentielle Abhängigkeit liefert. (Was letztlich aber auch nicht verwundert – die Näherung (31.151) wurde mithilfe einer Linearisierung des Potenzials gewonnen, und im Beispiel hier haben wir bereits ein lineares Potenzial.)

31.9

(a) Mit

$$x = x_1 - x_2 \quad \text{und} \quad X = \frac{x_1 + x_2}{2} \quad (31.308)$$

haben wir für eine beliebige Funktion $f(x, X)$ zunächst:

$$\begin{aligned} \partial_1 f(x(x_1, x_2), X(x_1, x_2)) &= \frac{\partial f}{\partial x}\partial_1 x + \frac{\partial f}{\partial X}\partial_1 X \\ &= \partial_x f + \frac{1}{2}\partial_X f \end{aligned} \quad (31.309)$$

und damit

$$\partial_1^2 f(x, X) = \partial_x^2 f + \partial_x\partial_X f + \frac{1}{4}\partial_X^2 f. \quad (31.310)$$

Ebenso folgt

$$\partial_2^2 f(x, X) = \partial_x^2 f - \partial_x\partial_X f + \frac{1}{4}\partial_X^2 f, \quad (31.311)$$

also insgesamt

$$(\partial_1^2 + \partial_2^2)f(x, X) = 2\partial_x^2 f + \frac{1}{2}\partial_X^2 f. \quad (31.312)$$

Außerdem muss man in der potenziellen Energie jeweils x_1 und x_2 durch x und X ausdrücken. Damit wird der Hamilton-

Operator zu

$$-\frac{\hbar^2}{m}\partial_x^2 - \frac{\hbar^2}{4m}\partial_X^2 + \frac{1}{2}\left(d + \tfrac{1}{2}D\right)x^2 + DX^2$$
$$= -\frac{\hbar^2}{2\mu}\partial_x^2 + \frac{1}{2}\mu\omega^2 x^2 - \frac{\hbar^2}{2M}\partial_X^2 + \frac{1}{2}M\Omega^2 X^2, \tag{31.313}$$

wobei die Abkürzungen $\mu = m/2$, $M = 2m$ und

$$\omega^2 = \frac{d + \frac{1}{2}D}{\mu} = \frac{2d + D}{m}, \quad \Omega^2 = \frac{2D}{M} = \frac{D}{m} \tag{31.314}$$

eingeführt wurden.
Insgesamt hat man nun zwei entkoppelte Hamilton-Operatoren für harmonische Oszillatoren; die Energien sind also

$$E_{n,N} = \hbar\omega\left(n + \tfrac{1}{2}\right) + \hbar\Omega\left(N + \tfrac{1}{2}\right) \tag{31.315}$$

mit natürlichen Zahlen n und N, und die Gesamtwellenfunktionen sind gegeben durch

$$\psi_{n,N}(x,X)$$
$$= \sqrt[4]{\frac{\mu\omega}{\pi\hbar}}\frac{1}{\sqrt{2^n n!}}H_n\left(\sqrt{\frac{\mu\omega}{\hbar}}x\right)\exp\left(-\frac{\mu\omega}{2\hbar}x^2\right)$$
$$\cdot \sqrt[4]{\frac{M\Omega}{\pi\hbar}}\frac{1}{\sqrt{2^N N!}}H_N\left(\sqrt{\frac{M\Omega}{\hbar}}X\right)\exp\left(-\frac{M\Omega}{2\hbar}X^2\right) \tag{31.316}$$

mit den bekannten Hermite-Polynomen H (Abschn. 26.3).
X ist unter Vertauschung von x_1 und x_2 symmetrisch, x ist antisymmetrisch. Außerdem sind die Hermite-Polynome für gerade bzw. ungerade Indizes gerade bzw. ungerade. Es folgt, dass man nur dann eine antisymmetrische Gesamtwellenfunktion hat, wenn n ungerade ist. Damit ist die Grundzustandsenergie

$$E_{1,0} = \tfrac{3}{2}\hbar\sqrt{\frac{2d + D}{m}} + \tfrac{1}{2}\hbar\sqrt{\frac{D}{m}}. \tag{31.317}$$

(b) Die beiden ungekoppelten Teilchen haben für die Oszillatorkonstante D' jeweils Energien

$$E_{n_i} = \hbar\omega'\left(n_i + \tfrac{1}{2}\right) \tag{31.318}$$

und Wellenfunktionen

$$\psi_{n_i}(x_i) = \sqrt[4]{\frac{m\omega'}{\pi\hbar}}\frac{1}{\sqrt{2^{n_i}n_i!}}H_{n_i}\left(\sqrt{\frac{m\omega'}{\hbar}}x_i\right)$$
$$\cdot \exp\left(-\frac{m\omega'}{2\hbar}x_i^2\right) \tag{31.319}$$

mit $i \in \{1, 2\}$, wobei wir

$$\omega' = \sqrt{\frac{D'}{m}} \tag{31.320}$$

gesetzt haben.

Die kleinstmögliche Energie erhält man hier für $(n_1, n_2) = (0, 1)$ oder $= (1, 0)$; wir setzen also als Gesamtwellenfunktion die Slater-Determinante

$$\psi^{\mathrm{SD}}(x_1, x_2) = \frac{1}{\sqrt{2}}\left(\psi_0(x_1)\psi_1(x_2) - \psi_1(x_1)\psi_0(x_2)\right) \tag{31.321}$$

an. Mit der expliziten Gestalt der Hermite-Polynome wird dies zu

$$\psi^{\mathrm{SD}}(x_1, x_2) = \frac{m\omega'}{\sqrt{\pi}\hbar}(x_2 - x_1)\exp\left(-\frac{m\omega'}{2\hbar}(x_1^2 + x_2^2)\right). \tag{31.322}$$

Dafür sind nun die Erwartungswerte des Hamilton-Operators (31.198) zu berechnen.
Nach (31.161) liefern die Einteilchenoperatoren insgesamt das Ergebnis

$$\langle\psi_0|\,\hat{H}_{HO}\,|\psi_0\rangle + \langle\psi_1|\,\hat{H}_{HO}\,|\psi_1\rangle\,, \tag{31.323}$$

wobei wir den Hamilton-Operator eines einzelnen eindimensionalen harmonischen Oszillators mit $\hat{H}_{HO}$ bezeichnen. Beide Erwartungswerte wurden aber bereits in Aufgabe 31.5 berechnet, wobei wir in den Ergebnissen dort ω^2 durch D/m und κ durch $m\omega'/(2\hbar)$ zu ersetzen haben. Es bleibt

$$\langle\psi_0|\,\hat{H}_{HO}\,|\psi_0\rangle + \langle\psi_1|\,\hat{H}_{HO}\,|\psi_1\rangle$$
$$= \left(\frac{D}{8\frac{m\omega'}{2\hbar}} + \frac{\hbar^2\frac{m\omega'}{2\hbar}}{2m}\right) + \left(\frac{3D}{8\frac{m\omega'}{2\hbar}} + \frac{3\hbar^2\frac{m\omega'}{2\hbar}}{2m}\right) \tag{31.324}$$
$$= \frac{\hbar D}{m\omega'} + \hbar\omega'.$$

Variation dieses Ausdrucks würde auf $\omega'^2 = D/m$, also auf $D' = D$, führen – wie zu erwarten.
Nun ist aber auch noch der Erwartungswert des Kopplungsterms zu berechnen. Dieser ergibt sich aus folgendem Integral:

$$\frac{d}{2\pi}\left(\frac{m\omega'}{\hbar}\right)^2\int \mathrm{d}x_1\mathrm{d}x_2\,(x_1 - x_2)^4\exp\left(-\frac{m\omega'}{\hbar}(x_1^2 + x_2^2)\right). \tag{31.325}$$

Zur Auswertung des Integrals benutzen wir wieder Schwerpunkt- und Relativkoordinaten. Mittels der Jacobi-Determinante hat man $\mathrm{d}x_1\mathrm{d}x_2 = \mathrm{d}x\mathrm{d}X$, und es bleibt zu berechnen

$$\frac{d}{2\pi}\left(\frac{m\omega'}{\hbar}\right)^2\int \mathrm{d}x\,x^4\exp\left(-\frac{m\omega'}{2\hbar}x^2\right)$$
$$\int \mathrm{d}X\,\exp\left(-\frac{2m\omega'}{\hbar}X^2\right). \tag{31.326}$$

Dies sind nun Gauß'sche Integrale; ihre Auswertung ergibt:

$$\int \mathrm{d}x\,x^4\exp\left(-\frac{m\omega'}{2\hbar}x^2\right) = \frac{3}{4}\sqrt{\frac{\pi(2\hbar)^5}{(m\omega')^5}},$$
$$\int \mathrm{d}X\,\exp\left(-\frac{2m\omega'}{\hbar}X^2\right) = \sqrt{\frac{\pi\hbar}{2m\omega'}}. \tag{31.327}$$

Damit ist der Erwartungswert des Kopplungsterm schließlich einfach

$$\frac{3d\hbar}{2m\omega'}. \tag{31.328}$$

Mit (31.324) ergibt sich für den Erwartungswert der Energie insgesamt

$$E(\omega') = \frac{\hbar\left(D + \frac{3}{2}d\right)}{m\omega'} + \hbar\omega'. \tag{31.329}$$

Variation dieses Ausdrucks nach ω' liefert

$$\omega' = \sqrt{\frac{D + \frac{3}{2}d}{m}}, \tag{31.330}$$

also $D' = D + 3d/2$, und für die Energie des Grundzustands schließlich die Abschätzung

$$E \leq 2\hbar\sqrt{\frac{D + \frac{3}{2}d}{m}}. \tag{31.331}$$

(c) Für $d = 0$ (verschwindende Kopplung) stimmt das Ergebnis aus Teilaufgabe (b) mit dem exakten Ergebnis (31.317) überein. Für alle $d \neq 0$ ergibt sich hier dagegen ein größeres Ergebnis als bei (31.317), wie man durch Lösen der entsprechenden Wurzelungleichung leicht nachrechnet.
Das Verhältnis der Energie aus Teilaufgabe (b) zur exakten Energie ist

$$\frac{4\sqrt{1 + \frac{3}{2}\frac{d}{D}}}{1 + 3\sqrt{1 + 2\frac{d}{D}}}. \tag{31.332}$$

Dies ist für alle Werte von d/D recht nahe an 1. Für $d/D = 1$ ist die Abschätzung in Teilaufgabe (b) um etwa 2,1 % und selbst für $d/D \to \infty$ nur um etwa 15 % zu groß.

Teil III

Literatur

Banks, T., Bender, C.M., Wu T.T.: Coupled anharmonic oscillators. I. Equal-mass case. Phys. Rev. D **8**, 3346 (1973) und Coupled anharmonic oscillators. II. Unequal-mass case. Phys. Rev. D **8**, 3366 (1973)

Fock, V., Petraschen, M.J.: Phys. Z. Sowjetunion **6**, 368 (1934)

Keller, J.B.: Corrected Bohr-Sommerfeld quantum conditions for nonseparable systems. Ann. Phys. **4**, 180 (1958)

Maslov, V.P.: Théorie des Perturbations et Méthodes Asymptotiques. Dunod, Paris (1972)

Pauli, W.: The connection between spin and statistics. Phys. Rev. **58**, 716–722 (1940)

Sommerfeld, A.: Optics: Lectures on Theoretical Physics. Academic Press, New York (1964)

Szabo, A., Ostlund, N.S.: Modern Quantum Chemistry. Dover Publications, Mineola (1996)

Wilczek, F.: Fractional Statistics and Anyon Superconductivity. World Scientific, Singapur (1990)

Streutheorie

32

Wie gewinnt man aus den Streulösungen den Wirkungsquerschnitt?

Warum muss man die Coulomb-Streuung gesondert behandeln?

Was passiert in der Schattenzone?

Worauf muss man bei der Streuung gleichartiger Teilchen achten?

Teil III

M. Bartelmann et al., *Theoretische Physik*, DOI 10.1007/978-3-642-54618-1_32,

Streuexperimente sind ein wichtiges Werkzeug zur Untersuchung von physikalischen Objekten, z. B. Festkörpern, Molekülen, Atomen, Atomkernen und Elementarteilchen. Man kann die Streuung von Teilchen oder von Strahlung an Objekten benutzen, um die Struktur dieser Objekte zu untersuchen und besser zu verstehen. Die Berechnung und Analyse solcher Streuprozesse ist ein wesentlicher Anwendungsbereich der Elektrodynamik, Quantenmechanik und ihrer Verallgemeinerung, der Quantenfeldtheorie.

Ein klassisches Beispiel ist die Elektronenstreuung an Atomkernen. In diesem Fall ist die elektromagnetische Wechselwirkung zwischen Elektronen und Ladungs- sowie Magnetisierungverteilung des Kerns bekannt, und man erhält Aufschluss über die elektromagnetische Struktur des Kerns. Andererseits können Streuprozesse auch verwendet werden, um etwas über die zugrunde liegende Wechselwirkung zu lernen. Ein Beispiel ist die Nukleon-Nukleon-Streuung, aus der man viel über die Kernkräfte erfahren kann.

Bei Streuprozessen geht man von der Vorstellung aus, dass ein Prozess in der fernen Vergangenheit und in der fernen Zukunft „frei" abläuft. Ein Streuproblem wird als gelöst betrachtet, wenn man zu jedem freien Zustand in der Vergangenheit den zugehörigen freien Zustand in der Zukunft angeben kann. Diese Abbildung wird vom Streuoperator vermittelt. Dabei unterscheidet man zwischen elastischen und inelastischen Streuprozessen. Bei einer *elastischen Streuung* bleiben die inneren Zustände der gestreuten Teilchen unverändert, und die Summe der kinetischen Energien nach dem Stoß ist gleich groß wie vor dem Stoß. Werden dagegen die inneren Zustände eines oder mehrerer der beteiligten Teilchen geändert, so spricht man von *inelastischer Streuung*. Hier geht ein Teil der kinetischen Energie der einlaufenden Teilchen teilweise in Anregungsenergien der auslaufenden Teilchen über oder wird zur Umwandlung oder Erzeugung von Teilchen eingesetzt.

Des Weiteren unterscheidet man zwischen *kohärenter* und *inkohärenter* Streuung. Bei der kohärenten Streuung gibt es eine feste Phasenbeziehung zwischen der einlaufenden und der gestreuten Welle, im Fall von inkohärenter Streuung nicht. Werden kohärente Strahlen kohärent gestreut, können die gestreuten Strahlen miteinander interferieren. Dies nutzt man insbesondere bei der Röntgenbeugung aus.

Die Erhaltung von Gesamtenergie und Gesamtimpuls bei einem Streuprozess verknüpft Energien und Impulse der einlaufenden mit denjenigen der auslaufenden Teilchen. Die entsprechenden Konsequenzen für elastische Stöße und Streuprozesse in der nichtrelativistischen klassischen Mechanik wurden in Abschn. 3.4 behandelt. Dort wurde auch die Rutherford-Streuung besprochen. Wir werden sehen, dass der Wirkungsquerschnitt für Rutherford-Streuung in der klassischen Mechanik und Quantenmechanik gleich ist.

32.1 Potenzialstreuung

Wir wiederholen zuerst die wesentlichen Schritte, die zum wichtigen Wirkungsquerschnitt führen.

Frage 1

Schauen Sie sich dazu Abschn. 3.4 erneut an.

Ein Target bestehe aus einer großen Zahl N von atomaren oder subatomaren Streuzentren. Darauf treffe ein (praktisch) monoenergetischer Teilchenstrahl mit Teilchenstromdichte j (Zahl der einfallenden Teilchen pro Zeit- und Flächeneinheit senkrecht zur Ausbreitungsrichtung). Die Wechselwirkung der einlaufenden Teilchen untereinander sei vernachlässigbar, sodass diese unabhängig voneinander am Target streuen. Mit Detektoren messe man die Zahl dN_S der pro Zeiteinheit in den Raumwinkel $d\Omega$ in Richtung des Einheitsvektors $\boldsymbol{e}$ gestreuten Teilchen. Diese ist proportional zur Teilchenstromdichte:

$$dN_S = j\,\Sigma(\boldsymbol{e})\,d\Omega\,. \tag{32.1}$$

Der Abstand der Teilchen im Target sei derart groß, dass man die Kohärenz der an ihnen gestreuten Wellen vernachlässigen kann. Jedes Streuzentrum wirkt dann so, als ob es allein wäre. Außerdem muss man das Target genügend dünn halten, damit keine Mehrfachstreuung auftritt. Dann ist dN_S proportional zur Anzahl Targetteilchen:

$$dN_S = jN\frac{d\sigma}{d\Omega}d\Omega\,. \tag{32.2}$$

Die Größe $d\sigma/d\Omega$ hat die Dimension einer Fläche und heißt *differenzieller Wirkungs- oder Streuquerschnitt* des Streuprozesses. Entsprechend ist der *totale Wirkungs- oder Streuquerschnitt* gegeben durch Integration über alle Richtungen $\boldsymbol{e}$, d. h. über die Einheitsphäre S^2:

$$\sigma_{\text{tot}} = \int\limits_{S^2} \frac{d\sigma}{d\Omega}d\Omega\,. \tag{32.3}$$

Im vorliegenden Kapitel betrachten wir den einfachen Fall der Streuung eines Teilchens an einem festen Potenzial und führen dabei die wichtige Streuamplitude und den Formfaktor ein. Dies beschreibt auch die Streuung zweier Teilchen, die über ein Potenzial $V(|\boldsymbol{x}_1 - \boldsymbol{x}_2|)$ wechselwirken, in Relativkoordinaten. Als einfache Approximation werden wir die Born'sche Näherung für die Streuamplitude ableiten. Für radialsymmetrische Potenziale kann man die Streuung getrennt in jedem Drehimpulssektor untersuchen. Die entsprechende Untersuchung der Partialwellen werden wir in Abschn. 32.2 vornehmen. Am Schluss des Kapitels werden wir die Eigenheiten bei der Streuung von identischen Teilchen diskutieren. In Abschnitt „So geht's weiter" am Ende des Kapitels behandeln wir die Streuamplitude und den Wirkungsquerschnitt für die Coulomb-Streuung eines Elektrons an einem Atomkern. Dies erweitert die Analyse der gebundenen Zustände von wasserstoffähnlichen Ionen in Kap. 28 auf die ungebundenen Streuzustände.

Die Behandlung von Streuprozessen im Rahmen der nichtrelativistischen Quantenmechanik geht auf die klassische Arbeit von *Max Born* (deutscher Mathematiker und Physiker, 1882–1970) zurück (Born, 1926). Born hat seine bahnbrechende Arbeit auch zur Aufklärung der physikalischen Bedeutung der formalen Gesetze der Quantenmechanik, die kurz zuvor von Heisenberg, Jordan und ihm entwickelt worden waren, geschrieben.

Wir betrachten die Streuung von Teilchen an einem kurzreichweitigen Potenzial, das schneller als $1/r$ im Unendlichen abfällt. Das Coulomb-Potenzial ist nicht kurzreichweitig und wird separat behandelt. Wir nehmen an, die streuenden Teilchen seien zu frühen Zeiten weit weg vom streuenden Objekt, im Folgenden als Target bezeichnet, wo keine Kraft auf sie einwirkt. Weit weg vom Target sind die Teilchen somit quasi frei und werden durch ein Wellenpaket

$$\psi(t_0, \boldsymbol{x}) = \int \frac{\mathrm{d}^3 k}{(2\pi)^3}\, a(\boldsymbol{k})\, \mathrm{e}^{\mathrm{i}\boldsymbol{k}\cdot\boldsymbol{x}} \qquad (32.4)$$

beschrieben. Das Wellenpaket sei um $\boldsymbol{k}_0$ konzentriert, d. h., $a(\boldsymbol{k})$ sei nur für Wellenzahlvektoren nahe bei $\boldsymbol{k}_0$ oder Impulse nahe $\boldsymbol{p}_0 = \hbar\boldsymbol{k}_0$ ungleich null. Wir müssen herausfinden, wie die Wellenfunktion zu späteren Zeiten aussieht, nachdem die Teilchen am Target streuten.

Die Lippmann-Schwinger-Gleichung

Ähnlich wie bei der Untersuchung der Reflexion und Transmission von Wellenpaketen an eindimensionalen Potenzialbarrieren in Abschn. 26.1 beginnen wir auch hier mit den exakten Eigenzuständen $\psi_{\boldsymbol{k}}(\boldsymbol{x})$ der zeitunabhängigen Schrödinger-Gleichung

$$\left(\Delta + k^2\right)\psi_{\boldsymbol{k}}(\boldsymbol{x}) = U(\boldsymbol{x})\psi_{\boldsymbol{k}}(\boldsymbol{x})\,, \quad k^2 = \frac{2mE_k}{\hbar^2}\,, \qquad (32.5)$$

worin das reskalierte Potenzial

$$U(\boldsymbol{x}) = \frac{2m}{\hbar^2}V(\boldsymbol{x}) \qquad (32.6)$$

auftritt. Wir entwickeln einen beliebigen Anfangszustand $\psi(t_0)$ nach diesen Eigenzuständen

$$\psi(t_0, \boldsymbol{x}) = \int \frac{\mathrm{d}^3 k}{(2\pi)^3} b(\boldsymbol{k})\psi_{\boldsymbol{k}}(\boldsymbol{x})\,. \qquad (32.7)$$

Weit weg vom Streuzentrum tragen die gebundenen Zustände mit negativen Energien in dieser Spektralzerlegung nicht bei, da sie quadratintegrabel sind und deshalb für große $|\boldsymbol{x}|$ abfallen. Die Wellenfunktion zu späteren Zeiten ist dann

$$\psi(t, \boldsymbol{x}) = \int \frac{\mathrm{d}^3 k}{(2\pi)^3}\, b(\boldsymbol{k})\, \psi_{\boldsymbol{k}}(\boldsymbol{x})\, \mathrm{e}^{-\mathrm{i}E_k(t-t_0)/\hbar}\,. \qquad (32.8)$$

Sie beschreibt gleichermaßen die auf das Target einfallenden als auch die gestreuten Teilchen.

Eine Lösung $\psi_{\boldsymbol{k}}$ der stationären Schrödinger-Gleichung (32.5) kann immer als Lösung einer Integralgleichung dargestellt werden. Um dies einzusehen, führen wir die Green'sche Funktion für auslaufende Wellen ein:

$$\left(\Delta + k^2\right) G(\boldsymbol{x}) = \delta^3(\boldsymbol{x})\,, \quad G(\boldsymbol{x}) = -\frac{1}{4\pi}\frac{\mathrm{e}^{\mathrm{i}k|\boldsymbol{x}|}}{|\boldsymbol{x}|}\,. \qquad (32.9)$$

In Aufgabe 16.4 wurde gezeigt, dass $G(\boldsymbol{x})$ eine Green'sche Funktion zur Helmholtz-Gleichung darstellt. Sie tritt auf bei der Diskussion der Dipolstrahlung in Abschn. 19.3.

Lippmann-Schwinger-Integralgleichung

Eine Lösung der stationären Schrödinger-Gleichung ist eine Lösung der *Lippmann-Schwinger-Gleichung*,

$$\psi_{\boldsymbol{k}}(\boldsymbol{x}) = \psi_0(\boldsymbol{x}) + \int \mathrm{d}^3 y\, G(\boldsymbol{x}-\boldsymbol{y})U(\boldsymbol{y})\psi_{\boldsymbol{k}}(\boldsymbol{y})\,, \qquad (32.10)$$

und umgekehrt. Hier ist ψ_0 eine beliebige Lösung der kräftefreien Schrödinger-Gleichung.

Frage 2

Prüfen Sie nach, dass eine Lösung der Lippmann-Schwinger-Integralgleichung die Schrödinger-Gleichung erfüllt.

Wir untersuchen nun das asymptotische Verhalten von $\psi_{\boldsymbol{k}}$ weit weg vom Streuzentrum. Da nach Voraussetzung das Potenzial $V(\boldsymbol{x})$ bzw. $U(\boldsymbol{x})$ in der Umgebung von $\boldsymbol{x} = 0$ lokalisiert ist, tragen nur $\boldsymbol{y}$ in der Nähe des Streuzentrums zum Integral bei und wir dürfen $r' = |\boldsymbol{y}| \ll r$ annehmen. Mit der Näherungsformel

$$k\,|\boldsymbol{x}-\boldsymbol{y}| \approx kr - k\frac{\boldsymbol{x}\cdot\boldsymbol{y}}{r} = kr - \boldsymbol{k}'\cdot\boldsymbol{y}\,, \quad \boldsymbol{k}' = k\frac{\boldsymbol{x}}{r} \qquad (32.11)$$

können wir die Green'sche Funktion wie in Abschn. 19.3 nähern,

$$G(\boldsymbol{x}-\boldsymbol{y}) \approx -\frac{\mathrm{e}^{\mathrm{i}kr-\mathrm{i}k\boldsymbol{x}\cdot\boldsymbol{y}/r}}{4\pi r} = -\frac{\mathrm{e}^{\mathrm{i}kr}}{4\pi r}\,\mathrm{e}^{-\mathrm{i}\boldsymbol{k}'\cdot\boldsymbol{y}}\,, \qquad (32.12)$$

und erhalten weit weg vom Streuzentrum die einfache Integraldarstellung

$$\psi_{\boldsymbol{k}}(\boldsymbol{x}) \overset{r\to\infty}{\longrightarrow} \psi_0(\boldsymbol{x}) - \frac{\mathrm{e}^{\mathrm{i}kr}}{4\pi r}\int \mathrm{d}^3 y\, \mathrm{e}^{-\mathrm{i}\boldsymbol{k}'\boldsymbol{y}}\, U(\boldsymbol{y})\psi_{\boldsymbol{k}}(\boldsymbol{y})\,. \qquad (32.13)$$

Wählen wir für die kräftefreie Lösung ψ_0 eine einlaufende ebene Welle, dann hat die Lösung der Lippmann-Schwinger-Gleichung für große r die asymptotische Form

$$\psi_{\boldsymbol{k}}(\boldsymbol{x}) = \mathrm{e}^{\mathrm{i}\boldsymbol{k}\cdot\boldsymbol{x}} + \psi_{\mathrm{s}}(\boldsymbol{x}) \to \mathrm{e}^{\mathrm{i}\boldsymbol{k}\cdot\boldsymbol{x}} + f(\boldsymbol{k}', \boldsymbol{k})\,\frac{\mathrm{e}^{\mathrm{i}kr}}{r}\,. \qquad (32.14)$$

Die Richtungsabhängigkeit der gestreuten Welle ψ_{s}, dabei handelt es sich um eine auslaufende Kugelwelle, rührt von der Richtungsabhängigkeit des Vektors $\boldsymbol{k}'$ (Abb. 32.1).

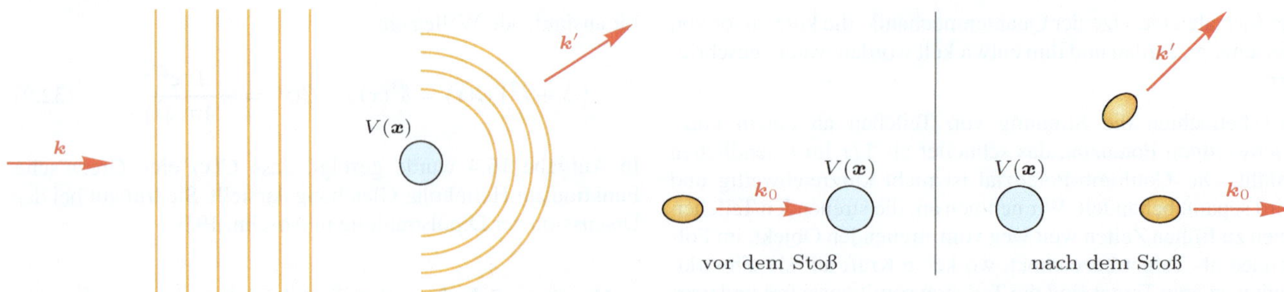

Abb. 32.1 Eine einlaufende ebene Welle wird am Potenzial gestreut. Die gestreute Welle ist eine auslaufende Kugelwelle, deren Amplitude abhängig von $\boldsymbol{k}'$, also letztlich von den Streuwinkeln, variiert

Abb. 32.2 Ein Teil des einlaufenden Wellenpakets wird am Potenzial gestreut

Streuamplitude

Die Lösung der Schrödinger-Gleichung mit einer einlaufenden ebenen Welle hat weit weg vom Streuzentrum die asymptotische Form (32.14), worin die *Streuamplitude*

$$f(\boldsymbol{k}',\boldsymbol{k}) = -\frac{m}{2\pi\hbar^2}\int \mathrm{e}^{-\mathrm{i}\boldsymbol{k}'\cdot\boldsymbol{y}}V(\boldsymbol{y})\psi_{\boldsymbol{k}}(\boldsymbol{y})\,\mathrm{d}^3y \qquad (32.15)$$

auftritt.

Multipliziert man die Lösung (32.14) mit $\mathrm{e}^{-\mathrm{i}E_k t/\hbar}$, dann sieht man, dass der zweite Term eine auslaufende Welle mit demselben Betrag des Wellenzahlvektors wie die einlaufende ebene Welle beschreibt. Wie erwartet bleibt somit bei Potenzialstreuung die Energie erhalten.

Als Nächstes zeigen wir, dass die Koeffizienten $a(\boldsymbol{k})$ in (32.4) und die Koeffizienten $b(\boldsymbol{k})$ in (32.7) übereinstimmen. Dazu ersetzen wir in der Entwicklung (32.4) für das Wellenpaket die ebenen Wellen $\exp(\mathrm{i}\boldsymbol{k}\cdot\boldsymbol{x}) = \psi_0(\boldsymbol{x})$ mithilfe der Lippmann-Schwinger-Gleichung (32.10), wobei dort für ψ_0 nun eine ebene Welle eingesetzt wird, durch die exakten Eigenzustände $\psi_{\boldsymbol{k}}(\boldsymbol{x})$ der stationären Schrödinger-Gleichung:

$$\begin{aligned}\psi(t_0,\boldsymbol{x}) &= \int \frac{\mathrm{d}^3k}{(2\pi)^3}a(\boldsymbol{k})\,\mathrm{e}^{\mathrm{i}\boldsymbol{k}\cdot\boldsymbol{x}} \qquad (32.16)\\ &= \int \frac{\mathrm{d}^3k}{(2\pi)^3}a(\boldsymbol{k})\psi_{\boldsymbol{k}}(\boldsymbol{x})\\ &\quad + \frac{1}{4\pi}\int \frac{\mathrm{d}^3k}{(2\pi)^3}a(\boldsymbol{k})\int \mathrm{d}^3y\,\frac{\mathrm{e}^{\mathrm{i}k|\boldsymbol{x}-\boldsymbol{y}|}}{|\boldsymbol{x}-\boldsymbol{y}|}U(\boldsymbol{y})\psi_{\boldsymbol{k}}(\boldsymbol{y})\,.\end{aligned}$$

Wir werden nun sehen, dass der Beitrag in der letzten Zeile verschwindet. Da nach Voraussetzung die Koeffizientenfunktion $a(\boldsymbol{k})$ bei $\boldsymbol{k}_0$ konzentriert ist, kann man die Lösung $\psi_{\boldsymbol{k}}$ unter dem letzten Integral durch $\psi_{\boldsymbol{k}_0}(\boldsymbol{x})$ nähern. In derselben Näherung dürfen wir auch den Exponenten unter dem Integral durch $\mathrm{i}\boldsymbol{k}\cdot\hat{\boldsymbol{k}}_0|\boldsymbol{x}-\boldsymbol{y}|$ ersetzen, sodass das entsprechende k-Integral proportional zu

$$\int \frac{\mathrm{d}^3k}{(2\pi)^3}\,a(\boldsymbol{k})\,\mathrm{e}^{\mathrm{i}\boldsymbol{k}\cdot\hat{\boldsymbol{k}}_0|\boldsymbol{x}-\boldsymbol{y}|} = \psi\left(t_0,\hat{\boldsymbol{k}}_0|\boldsymbol{x}-\boldsymbol{y}|\right) \qquad (32.17)$$

wird. Aber $\hat{\boldsymbol{k}}_0|\boldsymbol{x}-\boldsymbol{y}|$ und der Träger des Wellenpakets $\psi(t_0,\boldsymbol{x})$ liegen auf gegenüberliegenden Seiten des Streuzentrums.

Frage 3

Überzeugen Sie sich von der Richtigkeit dieser Aussage.

Somit verschwindet das Integral (32.17) und damit auch die letzte Zeile in (32.16), wenn der Zeitpunkt t_0 nur genügend früh vor dem Zeitpunkt der Streuung gewählt wird. Entsprechend vereinfacht sich (32.16) zu

$$\psi(t_0,\boldsymbol{x}) = \int \frac{\mathrm{d}^3k}{(2\pi)^3}a(\boldsymbol{k})\psi_{\boldsymbol{k}}(\boldsymbol{x})\,. \qquad (32.18)$$

Der Vergleich mit (32.7) verrät, dass die Entwicklungskoeffizienten für das anfängliche Wellenpaket unabhängig davon sind, ob wir das Paket nach ebenen Wellen oder nach exakten Eigenzuständen entwickeln, d. h., es gilt $a(\boldsymbol{k}) = b(\boldsymbol{k})$.

Weit weg vom Streuzentrum, wo die asymptotische Form (32.14) gültig ist, hat die zeitabhängige Lösung (32.8) somit die Form

$$\begin{aligned}\psi(t,\boldsymbol{x}) &\approx \int \frac{\mathrm{d}^3k}{(2\pi)^3}a(\boldsymbol{k})\left(\mathrm{e}^{\mathrm{i}\boldsymbol{k}\cdot\boldsymbol{x}} + \frac{f(\boldsymbol{k}',\boldsymbol{k})}{r}\,\mathrm{e}^{\mathrm{i}kr}\right)\mathrm{e}^{-\mathrm{i}E_k(t-t_0)/\hbar}\\ &= \psi_0(t,\boldsymbol{x}) + \frac{f(\boldsymbol{k}',\boldsymbol{k}_0)}{r}\psi_0(t,r\hat{\boldsymbol{k}}_0), \quad \boldsymbol{k}' = k\,\frac{\boldsymbol{x}}{r}. \qquad (32.19)\end{aligned}$$

In dieser Form hat die Lösung eine sehr anschauliche Deutung: $\psi_0(t,r\hat{\boldsymbol{k}}_0)$ wäre der Wert des in Richtung $\hat{\boldsymbol{k}}_0$ einlaufenden Wellenpakets zu einem Zeitpunkt t nach der Streuung am Ort $r\hat{\boldsymbol{k}}_0$ in Vorwärtsrichtung. Tatsächlich wird das Wellenpakt von der Vorwärtsrichtung in Richtung $\boldsymbol{k}'$ abgelenkt (Abb. 32.2). Dieser Anteil ist mit der Streuamplitude multipliziert, welche also gerade die Wahrscheinlichkeitsamplitude dafür sein muss, dass der Weg des Teilchens in Richtung $\boldsymbol{k}'$ abgelenkt wurde.

Wirkungsquerschnitt

Nun wollen wir noch die Streuamplitude mit dem Wirkungsquerschnitt in Verbindung bringen. Dazu bestimmen wir die Teilchenstromdichten

$$\boldsymbol{j} = \frac{\hbar}{2m\mathrm{i}}\left(\psi^*\nabla\psi - \psi\nabla\psi^*\right) \qquad (32.20)$$

der ein- und auslaufenden Welle. Für die einlaufende ebene Welle ist sie $\hbar\boldsymbol{k}/m$, und für die Streuwelle ψ_s ist sie proportional zum Quadrat der Streuamplitude:

$$\boldsymbol{j}_s \approx \frac{\hbar}{2m\mathrm{i}}\frac{\boldsymbol{x}}{r}\left(\psi_s^*\partial_r\psi_s - \psi_s\partial_r\psi_s^*\right) = \frac{\hbar}{m}\boldsymbol{k}'\frac{|f(\boldsymbol{k},\boldsymbol{k}')|^2}{r^2}. \qquad (32.21)$$

Wir benutzten hier die Definition von $\boldsymbol{k}'$ und die Energieerhaltung $E_k = E_{k'}$ bei elastischer Streuung.

Frage 4

Überprüfen Sie den Ausdruck für die Stromdichte der gestreuten Welle. Warum darf man bei der Berechnung von $\boldsymbol{j}_s$ die Ortsabhängigkeit von $\boldsymbol{k}' = k\boldsymbol{x}/r$ in $f(\boldsymbol{k},\boldsymbol{k}')$ vernachlässigen?

Für genügend lokalisierte Wellenpakete interferieren die Pakete ψ_0 und ψ_s nicht, und der differenzielle Wirkungsquerschnitt

$$\frac{\mathrm{d}\sigma}{\mathrm{d}\Omega} = \frac{\text{Strom der Streuwelle in } \mathrm{d}\Omega_{r\to\infty}}{\text{einfallende Stromdichte}}, \qquad (32.22)$$

worin für den gestreuten Anteil die zugehörige Teilchenstromdichte j_s verwendet werden muss, ist gleich dem Quadrat der Streuamplitude.

Wirkungsquerschnitt und Streuamplitude

Bei Potenzialstreuung ist der differenzielle Wirkungsquerschnitt gleich dem Betragsquadrat der Streuamplitude:

$$\frac{\mathrm{d}\sigma}{\mathrm{d}\Omega} = \left|f(\boldsymbol{k},\boldsymbol{k}')\right|^2. \qquad (32.23)$$

Achtung Hinter dem Streuobjekt können die einlaufende und gestreute Welle interferieren. Dabei entsteht ein Schatten, den wir bei der Diskussion des optischen Theorems in Abschn. 32.2 näher untersuchen werden. ◂

Born'sche Reihe und erste Born'sche Näherung

Die Born'sche Reihe für die Streulösungen und Streuamplitude sind formale Reihenentwicklungen in Potenzen des Potenzials. Ausgangspunkt ist die Lippmann-Schwinger-Gleichung. Diese lässt sich iterativ lösen, indem man auf der rechten Seite der Integralgleichung $\psi_{\boldsymbol{k}}(\boldsymbol{x})$ durch die bis dahin gewonnenene approximative Lösung ersetzt und als Startwert der Iteration die ebene Welle $\psi_0(\boldsymbol{x}) = \mathrm{e}^{\mathrm{i}\boldsymbol{k}\cdot\boldsymbol{x}}$ wählt. Die *erste Born'sche Näherung* für die Streulösung ist dann einfach

$$\psi_{\boldsymbol{k}}^{(1)}(\boldsymbol{x}) = \psi_0(\boldsymbol{x}) + \int \mathrm{d}^3y\, G(\boldsymbol{x}-\boldsymbol{y})U(\boldsymbol{y})\psi_0(\boldsymbol{y}), \qquad (32.24)$$

und die *zweite Born'sche Näherung* lautet

$$\begin{aligned}\psi_{\boldsymbol{k}}^{(2)}(\boldsymbol{x}) = \psi_0(\boldsymbol{x}) &+ \int \mathrm{d}^3y\, G(\boldsymbol{x}-\boldsymbol{y})U(\boldsymbol{y})\psi_0(\boldsymbol{y}) \qquad (32.25)\\ &+ \int \mathrm{d}^3y\, G(\boldsymbol{x}-\boldsymbol{y})U(\boldsymbol{y}) \int \mathrm{d}^3z\, G(\boldsymbol{y}-\boldsymbol{z})U(\boldsymbol{z})\psi_0(\boldsymbol{z}).\end{aligned}$$

Für genügend schwach anziehende oder abstoßende Potenziale ist die erste Born'sche Näherung eine brauchbare Approximation. Für schwache Potenziale kann man sogar zeigen, dass die Born'sche Reihe absolut konvergiert (siehe Kasten „Vertiefung: Konvergenz der Born'schen Reihe"). Mit zunehmender Energie der einlaufenden Teilchen wird die Näherung ebenfalls genauer, da mit wachsendem k die Green'sche Funktion G in (32.9) schneller oszilliert und somit die Ortsintegrationen in den Termen höherer Ordnung unterdrückt sind.

Weit weg vom Streuzentrum gilt (32.12), und deshalb erhalten wir in der ersten Born'schen Näherung das Resultat (32.15) für die Streuamplitude, allerdings mit $\psi_{\boldsymbol{k}}$ unter dem Integral ersetzt durch die ebene Welle ψ_0.

Streuamplitude in Born'scher Näherung

In der ersten Born'schen Näherung findet man für die Streuamplitude die einfache Formel

$$f_{\mathrm{Born}}(\boldsymbol{k},\boldsymbol{k}') = -\frac{m}{2\pi\hbar^2}\int \mathrm{d}^3x\, \mathrm{e}^{\mathrm{i}\boldsymbol{q}\cdot\boldsymbol{x}}V(\boldsymbol{x}), \qquad (32.26)$$

wobei $\hbar\boldsymbol{q}$ mit $\boldsymbol{q} = \boldsymbol{k} - \boldsymbol{k}'$ der *Impulsübertrag* ist.

In dieser Näherung ist die Streuamplitude also proportional zur Fourier-Transformierten des Potenzials.

Besonders einfach sind die Verhältnisse für kugelsymmetrische Potenziale (siehe auch Aufgabe 13.1). Mit $\boldsymbol{q}\cdot\boldsymbol{x} = qr\cos\alpha$ findet man

$$f_{\mathrm{Born}}(k,\vartheta) = -\frac{m}{\hbar^2}\int_0^\infty \mathrm{d}r\, r^2 \int_0^\pi \mathrm{d}\alpha\, \sin\alpha\, \mathrm{e}^{\mathrm{i}qr\cos\alpha}V(r). \qquad (32.27)$$

Der hier als Argument auftretende *Streuwinkel* ϑ ist der Winkel zwischen den Wellenzahlvektoren $\boldsymbol{k}$ und $\boldsymbol{k}'$ der einlaufenden und auslaufenden Teilchen. Mit der Substitution $\cos\alpha = z$ kann man die Winkelintegration leicht ausführen und erhält

$$f_{\mathrm{Born}}(k,\vartheta) = -\frac{2m}{\hbar^2}\frac{1}{q}\int_0^\infty \mathrm{d}r\, rV(r)\,\sin(qr). \qquad (32.28)$$

Teil III

Der Streuwinkel ϑ kann aus den Beträgen der Wellenzahlvektoren $\boldsymbol{k}$ und $\boldsymbol{q}$ wie folgt bestimmt werden: Quadriert man $\boldsymbol{q} = \boldsymbol{k} - \boldsymbol{k}'$ und benutzt dabei, dass bei elastischen Prozessen $k' = k$ ist, dann findet man folgende Relation zwischen den Beträgen der Wellenzahlvektoren:

$$q^2 = k^2 + k'^2 - 2kk' \cos\vartheta = 2k^2(1 - \cos\vartheta)\,. \tag{32.29}$$

Die Auflösung nach q führt auf die Relation

$$q = 2k \sin\frac{\vartheta}{2}\,. \tag{32.30}$$

Diese Winkelabhängigkeit von q wird z. B. in (32.28) gebraucht.

Streuung am Yukawa-Potenzial

Ein für die Kernphysik wichtiges Beispiel ist das Yukawa-Potenzial, benannt nach dem japanischen Physiker *Hideki Yukawa* (1907–1981, Nobelpreis 1949 für seine Vorhersage der Mesonen):

$$V(r) = g\frac{\mathrm{e}^{-\mu r}}{r}\,, \quad \mu = \frac{1}{r_0}\,. \tag{32.31}$$

Es beschreibt die starke Wechselwirkung zwischen Nukleonen und kommt durch den Austausch von Pionen zustande. Die Compton-Wellenlänge r_0 der ausgetauschten Pionen ist gleich der Reichweite des Potenzials. Pionen haben eine Masse von etwa $\hbar/r_0 c \approx 140$ MeV und eine Compton-Wellenlänge von wenigen Fermi (10^{-15} m).

Das Integral in (32.28) wird in Aufgabe 32.2 bestimmt. Man erhält

$$-\frac{2m}{\hbar^2}\frac{g}{q}\int_0^\infty \mathrm{d}r\, \mathrm{e}^{-\mu r}\sin(qr) = -\frac{2m}{\hbar^2}\frac{g}{\mu^2 + q^2}\,, \tag{32.32}$$

und entsprechend ist die Streuamplitude in der ersten Born'schen Näherung

$$f_{\mathrm{Born}}(k, \vartheta) = -\frac{2mg}{\hbar^2}\frac{1}{4k^2\sin^2(\vartheta/2) + \mu^2}\,. \tag{32.33}$$

In derselben Näherung ist dann der differenzielle Wirkungsquerschnitt

$$\left(\frac{\mathrm{d}\sigma}{\mathrm{d}\Omega}\right)_{\mathrm{Born}} = \left(\frac{mg}{2\hbar^2 k^2}\right)^2 \left(\frac{1}{\sin^2(\vartheta/2) + (\mu/2k)^2}\right)^2\,. \tag{32.34}$$

Im gedachten Grenzfall $\mu = 0$ geht das Yukawa-Potenzial in das bekannte Coulomb-Potenzial über. Setzt man noch $g = e^2$ und $\hbar^2 k^2 = 2mE$, dann erhält man die nach *Ernest Rutherford* (1871–1937) benannte Formel für die Streuung von geladenen Teilchen am Coulomb-Potenzial:

$$\left(\frac{\mathrm{d}\sigma}{\mathrm{d}\Omega}\right)_{\mathrm{Rutherford}} = \left(\frac{e^2}{4E}\right)^2 \frac{1}{\sin^4(\vartheta/2)}\,. \tag{32.35}$$

Genau dasselbe Resultat erhielten wir bereits in der klassischen Mechanik (Abschn. 3.4). Später werden wir sehen, dass für $\mu = 0$ die Born'sche Näherung (32.35) auch mit dem exakten Wirkungsquerschnitt für Coulomb-Streuung übereinstimmt. Das überraschende Ergebnis, dass die Born'sche Näherung bereits das exakte Resultat für die Streuung am Coulomb-Potenzial liefert und zudem mit dem klassischen Resultat übereinstimmt, ist eine Eigenheit des Coulomb-Potenzials. ◄

Elastische Streuung von Elektronen an Atomen

Wir betrachten die Streuung von Elektronen an einem neutralen Atom. Mit zunehmender Elektronenenergie wird die Born'sche Näherung besser, und gleichzeitig können Austauscheffekte zwischen den gestreuten Elektronen und Atomelektronen vernachlässigt werden. Wir werden deshalb, ähnlich wie bei der im Kasten „Anwendung: Die Thomas-Fermi-Näherung" in Abschn. 31.3 vorgestellten Thomas-Fermi-Näherung, die Atomelektronen durch ein mittleres effektives Potenzial, hervorgerufen durch eine mittlere Teilchendichte $\rho(\boldsymbol{x})$, beschreiben.

Der Kern am Ursprung und die Verteilung der Atomelektronen erzeugen nach den Gesetzen der Elektrostatik ein skalares Potenzial φ gemäß

$$\Delta\varphi = 4\pi e\,(Z\delta(\boldsymbol{x}) - \rho(\boldsymbol{x}))\,. \tag{32.36}$$

Die mit q^2 multiplizierte Fourier-Transformierte des Potenzials $V(\boldsymbol{x}) = -e\varphi(\boldsymbol{x})$ kann mithilfe einer partiellen Integration bestimmt werden:

$$\begin{aligned} q^2\tilde{V}(q) &= -e\int \mathrm{d}^3x\, q^2 \mathrm{e}^{-\mathrm{i}\boldsymbol{q}\cdot\boldsymbol{x}}\varphi(\boldsymbol{x}) \\ &= e\int \mathrm{d}^3x\, \Delta\left(\mathrm{e}^{-\mathrm{i}\boldsymbol{q}\cdot\boldsymbol{x}}\right)\varphi(\boldsymbol{x}) = e\int \mathrm{d}^3x\, \mathrm{e}^{-\mathrm{i}\boldsymbol{q}\cdot\boldsymbol{x}}\Delta\varphi(\boldsymbol{x}) \\ &= 4\pi e^2 \int \mathrm{d}^3x\, \mathrm{e}^{-\mathrm{i}\boldsymbol{q}\cdot\boldsymbol{x}}\,(Z\delta(\boldsymbol{x}) - \rho(\boldsymbol{x})) \\ &= 4\pi e^2\,(Z - F(\boldsymbol{q}))\,. \end{aligned} \tag{32.37}$$

Die Oberflächenbeiträge bei der partiellen Integration in der zweiten Zeile verschwinden, weil weit weg vom Kern das Potenzial φ gegen null strebt. Hier tritt nun der *Formfaktor* der elektronischen Teilchendichte auf:

$$F(\boldsymbol{q}) = \int \mathrm{d}^3x\, \mathrm{e}^{-\mathrm{i}\boldsymbol{q}\cdot\boldsymbol{x}}\rho(\boldsymbol{x})\,. \tag{32.38}$$

Offensichtlich ist $eF(0)$ die Ladung aller Elektronen.

Für eine kugelsymmetrische Ladungsverteilung können wir über die Winkel integrieren und erhalten die einfachere Beziehung

$$F(q) = \frac{4\pi}{q}\int_0^\infty \mathrm{d}r\, r\rho(r)\sin(qr)\,. \tag{32.39}$$

Vertiefung: Konvergenz der Born'schen Reihe

Zur Diskussion der Born'schen Reihe definieren wir den linearen Operator $\widehat{GU}$ im Ortsraum gemäß

$$\widehat{GU} : \psi(\boldsymbol{x}) \mapsto \int \mathrm{d}^3y\, G(\boldsymbol{x}-\boldsymbol{y})U(\boldsymbol{y})\psi(\boldsymbol{y}) .$$

Er tritt in der Lippmann-Schwinger-Gleichung auf:

$$\psi_{\boldsymbol{k}} = \psi_0 + \widehat{GU}\psi_{\boldsymbol{k}} .$$

Diese kann als Funktionalgleichung in einem vollständigen normierten Raum (einem sogenannten Banach-Raum $\mathcal{B}$) aufgefasst werden. Wir wählen den Raum der stetigen und beschränkten Funktionen mit Supremumnorm

$$\|\psi\|_\infty = \sup_{x\in\mathbb{R}^3} |\psi(\boldsymbol{x})| .$$

Diesen Raum bezeichnet man mit $\mathcal{B} = L_\infty(\mathbb{R}^3)$.

Achtung Je nach Form des Potenzials könnten hier andere Funktionenräume geeigneter sein. ◀

Ist nun die Operatornorm $\|\widehat{GU}\|_\infty$ kleiner als 1 (man spricht dann von einer kontrahierenden Abbildung), dann konvergiert die Von-Neumann-Reihe

$$\hat{I} + \widehat{GU} + \widehat{GU}^2 + \dots = \frac{1}{1-\widehat{GU}}$$

absolut, und somit hat die Born'sche Reihe

$$\psi_{\boldsymbol{k}} = \psi_0 + \widehat{GU}\psi_0 + \widehat{GU}^2\psi_0 + \dots$$

die eindeutige Lösung

$$\psi_{\boldsymbol{k}} = \frac{1}{1-\widehat{GU}}\psi_0 .$$

Die Operatornorm im Banach-Raum ist genauso wie in einem Hilbert-Raum erklärt (siehe Abschn. 23.2),

$$\|\hat{A}\|_\infty = \sup_{0\neq\psi\in\mathcal{B}} \frac{\|\hat{A}\psi\|_\infty}{\|\psi\|_\infty} = \sup_{0\neq\psi\in\mathcal{B}} \frac{\sup_{\boldsymbol{x}} |(\hat{A}\psi)(\boldsymbol{x})|}{\sup_{\boldsymbol{x}} |\psi(\boldsymbol{x})|} ,$$

sodass die folgende Abschätzung gilt:

$$\|\hat{A}\psi\|_\infty \leq \|\hat{A}\|_\infty \|\psi\|_\infty .$$

Die Eindeutigkeit der Lösung für $\|\widehat{GU}\| < 1$ folgt nun aus der einfachen Abschätzung

$$\begin{aligned}\|\psi_1 - \psi_2\|_\infty &= \|\widehat{GU}(\psi_1 - \psi_2)\|_\infty \\ &\leq \|\widehat{GU}\|_\infty \|\psi_1 - \psi_2\|_\infty < \|\psi_1 - \psi_2\|_\infty\end{aligned}$$

für zwei Lösungen, woraus sofort $\psi_1 = \psi_2$ folgt. Im ersten Schritt der Abschätzung wurde die Lippmann-Schwinger-Gleichung benutzt.

Wir wollen jetzt noch untersuchen, für welche Potenziale die Operatornorm von $\widehat{GU}$ kleiner 1 ist. Wegen

$$|(\widehat{GU}\psi)(\boldsymbol{x})| \leq \frac{1}{4\pi}\int \mathrm{d}^3y \frac{|U(\boldsymbol{y})|}{|\boldsymbol{x}-\boldsymbol{y}|}\|\psi\|_\infty$$

genügt es, eine obere Schranke für das Integral auf der rechten Seite zu finden. Dazu legen wir eine Kugel mit Radius $r > 0$ um den Aufpunkt $\boldsymbol{x}$ und trennen die Beiträge von außerhalb und innerhalb der Kugel zum Integral. Für den Beitrag von außerhalb der Kugel gilt die Abschätzung

$$\frac{1}{4\pi}\int\limits_{|\boldsymbol{x}-\boldsymbol{y}|\geq r} \mathrm{d}^3y \frac{|U(\boldsymbol{y})|}{|\boldsymbol{x}-\boldsymbol{y}|} \leq \frac{1}{4\pi r}\int \mathrm{d}^3y\, |U(\boldsymbol{y})| =: \frac{1}{4\pi r}\|U\|_1 .$$

Den Beitrag von innerhalb der Kugel schätzen wir mit der Schwartz'schen Ungleichung im Hilbert-Raum $L_2(\mathbb{R}^3)$ ab:

$$\frac{1}{4\pi}\int\limits_{|\boldsymbol{x}-\boldsymbol{y}|< r} \mathrm{d}^3y \frac{|U(\boldsymbol{y})|}{|\boldsymbol{x}-\boldsymbol{y}|} \leq \frac{\|U\|}{4\pi}\left(\int\limits_{|\boldsymbol{x}-\boldsymbol{y}|<r} \frac{\mathrm{d}^3y}{|\boldsymbol{x}-\boldsymbol{y}|^2}\right)^{1/2} .$$

Verschiebt man die Integrationsvariable $\boldsymbol{y}$, dann sieht man sofort, dass das letzte Integral gleich $4\pi r$ ist. Zusammengefasst bedeutet dies, dass der Operator $\widehat{GU}$ eine endliche Norm hat, wenn die Integrale in

$$\begin{aligned}\|\widehat{GU}\|_\infty &\leq \frac{1}{4\pi r}\int \mathrm{d}^3x\, |U(\boldsymbol{x})| \\ &\quad + \left(\frac{r}{4\pi}\right)^{1/2}\left(\int \mathrm{d}^3x\, |U(\boldsymbol{x})|^2\right)^{1/2} \\ &\equiv \frac{1}{4\pi r}\|U\|_1 + \left(\frac{r}{4\pi}\right)^{1/2}\|U\|\end{aligned}$$

endlich sind. Diese Ungleichung gilt für jeden Radius r der beliebig wählbaren Kugel um $\boldsymbol{x}$. Die rechte Seite der Ungleichung ist minimal für $\sqrt{\pi}\, r_{\min}^{3/2} = \|U\|_1/\|U\|$, und für dieses r erhält man die optimale Ungleichung

$$\|\widehat{GU}\|_\infty \leq \frac{3}{4}\pi^{-2/3}\|U\|_1^{1/3}\|U\|^{2/3} .$$

Frage 5

Überlegen Sie sich, dass für das Yukawa-Potenzial (32.31) die Neumann'sche Reihe für $\|\widehat{GU}\|_\infty = 3mg/(\mu\hbar^2) < 1$ absolut konvergiert. Somit wird mit abnehmender Kopplung g und Reichweite des Potenzials die Born'sche Näherung genauer.

Der Formfaktor erscheint nun im Ausdruck für die Streuamplitude in erster Born'scher Näherung (32.26):

$$f_{\text{Born}}(\boldsymbol{k}', \boldsymbol{k}) = -2m \left(\frac{e}{\hbar q}\right)^2 (Z - F(q)) . \tag{32.40}$$

Mit der Beziehung (32.30) gewinnt man nun durch Quadrieren den differenziellen Wirkungsquerschnitt.

Wirkungsquerschnitt für elastische Streuung

Der differenzielle Wirkungsquerschnitt in der Born'schen Näherung für die elastische Streuung von Elektronen an Atomen mit kugelsymmetrischen Ladungsverteilungen ist

$$\left(\frac{\mathrm{d}\sigma}{\mathrm{d}\Omega}\right)_{\text{Born}} = \left(\frac{e^2}{4E}\right)^2 \frac{(Z - F(q))^2}{\sin^4(\vartheta/2)} , \quad \boldsymbol{q} = \boldsymbol{k}' - \boldsymbol{k} . \tag{32.41}$$

Die mittlere Ladungsdichte der Atomelektronen in (32.38) hat eine Ausdehnung von etwa einem Bohr'schen Radius a_B. Ist der Impulsübertrag $\hbar q$ beim Streuprozess sehr viel größer als $\hbar/a_\text{B}$, dann oszilliert die Exponentialfunktion im Integral (32.38) sehr oft im Integrationsgebiet, und als Folge wird $F(q) \ll Z$ gelten. Ein großer Impulsübertrag bedeutet aber wegen

$$\sin\frac{\vartheta}{2} = \frac{q}{2k} \gg \frac{1}{2ka_\text{B}} \tag{32.42}$$

auch Streuung mit großem Streuwinkel. Für Weitwinkelstreuung von Elektronen am Atomkern erhält man also in guter Näherung die Rutherford-Formel:

$$\left(\frac{\mathrm{d}\sigma}{\mathrm{d}\Omega}\right)_{\text{Rutherford}} = \left(\frac{Ze^2}{4E}\right)^2 \frac{1}{\sin^4(\vartheta/2)} . \tag{32.43}$$

Für die Coulomb-Streuung ist diese Formel sogar exakt. Im anderen Grenzfall mit kleinem Impulsübertrag $qa_\text{B} \leq 1$ kann das Atom durch die streuenden Elektronen nicht mehr aufgelöst werden, und deshalb wird die Abschirmung des Kerns durch die Elektronen wichtig.

32.2 Partialwellenanalyse

Ist das Potenzial radialsymmetrisch, dann ist der Drehimpuls eine Erhaltungsgröße. Entwickelt man eine Wellenfunktion nach den Eigenfunktionen des Drehimpulses, den Kugelflächenfunktionen – man spricht von der Partialwellenentwicklung oder -analyse –, so ist diese Entwicklung mit der Zeitentwicklung verträglich; die Quantenzahlen ℓ und m ändern sich während der Zeitentwicklung nicht.

Entwicklung der einlaufenden ebenen Welle

Wir entwickeln zunächst die einfallende ebene Welle in Kugelflächenfunktionen. Legen wir die z-Achse entlang $\boldsymbol{k}$, hängt $\boldsymbol{k} \cdot \boldsymbol{x} = kr \cos\vartheta$ nicht mehr vom Azimutwinkel φ ab, und in der Entwicklung von $\mathrm{e}^{\mathrm{i}\boldsymbol{k}\cdot\boldsymbol{x}}$ tragen nur Kugelflächenfunktionen mit $m = 0$ bei. Diese sind proportional zu den in Abschn. 13.3 und 27.6 eingeführten Legendre-Polynomen:

$$P_\ell(\cos\vartheta) = \sqrt{\frac{4\pi}{2\ell + 1}} Y_{\ell 0}(\vartheta) . \tag{32.44}$$

Die Kugelflächenfunktionen bilden ein orthonormiertes System auf der Einheitssphäre, und daraus folgt mit $u = \cos\vartheta$ sofort die Orthogonalität der Legendre-Polynome:

$$\int_{-1}^{1} \mathrm{d}u \, P_\ell(u) P_{\ell'}(u) = \frac{2}{2\ell + 1} \delta_{\ell\ell'} . \tag{32.45}$$

Dies wird in Aufgabe 32.3 explizit bewiesen. Die radialen Wellenfunktionen in der Entwicklung

$$\mathrm{e}^{\mathrm{i}\boldsymbol{k}\cdot\boldsymbol{x}} = \sum_{\ell=0}^{\infty} \mathrm{i}^\ell (2\ell + 1) R_{k\ell}^{(0)}(r) P_\ell(\cos\vartheta) \tag{32.46}$$

lösen die freie radiale Schrödinger-Gleichung mit Bahndrehimpuls ℓ. Die regulären Lösungen sind die sphärischen Bessel-Funktionen $j_\ell(kr)$ (siehe den „Mathematischen Hintergrund" 16.1 und Abschn. 28.2), und somit ist $R_{k\ell}^{(0)}(r) = a_\ell j_\ell(kr)$. Bei der Behandlung der Legendre-Polynome in Aufgabe 32.3 werden auch die unbekannten Koeffizienten a_ℓ bestimmt; man findet die Werte $a_\ell = 1$.

Partialwellenentwicklung der ebenen Welle

Eine in z-Richtung propagierende ebene Welle hat die Partialwellenentwicklung

$$\mathrm{e}^{\mathrm{i}\boldsymbol{k}\cdot\boldsymbol{x}} = \sum_{\ell=0}^{\infty} \mathrm{i}^\ell (2\ell + 1) j_\ell(kr) P_\ell(\cos\vartheta) . \tag{32.47}$$

Zur Analyse der Lösungen weit weg vom Streuzentrum führen wir die sphärischen *Hankel-Funktionen* als Linearkombination der sphärischen Bessel-Funktionen erster und zweiter Art ein:

$$h_\ell(x) = j_\ell(x) + \mathrm{i}y_\ell(x) , \quad h_\ell^*(x) = j_\ell(x) - \mathrm{i}y_\ell(x) . \tag{32.48}$$

Die asymptotische Form der sphärischen Bessel-Funktionen für große Argumente in (28.46) übersetzt sich in folgende einfache asymptotische Form der Hankel-Funktionen:

$$h_\ell(x) \to \frac{\mathrm{e}^{\mathrm{i}x}}{\mathrm{i}x} \mathrm{e}^{-\mathrm{i}\pi\ell/2} \quad \text{für} \quad x \to \infty . \tag{32.49}$$

Die $h_\ell(kr)$ beschreiben auslaufende und die $h^*_\ell(kr)$ einlaufende Kugelwellen. Die ebene Welle ist somit eine Superposition von ein- und auslaufenden Kugelwellen, die mit demselben Gewicht beitragen:

$$e^{i\boldsymbol{k}\cdot\boldsymbol{x}} = \frac{1}{2}\sum_{\ell=0}^{\infty} i^\ell (2\ell+1)\left(h_\ell(kr) + h^*_\ell(kr)\right) P_\ell(\cos\vartheta)\,. \tag{32.50}$$

Anstelle der zwei unabhängigen Lösungen $h_\ell(kr)$ und $h^*_\ell(kr)$ können auch $h_\ell(kr)$ und $h_\ell(-kr) = (-1)^\ell h^*_\ell(kr)$ benutzt werden.

Achtung Diese Lösung der freien Schrödinger-Gleichung ist nur deshalb regulär am Ursprung, weil die spezielle Linearkombination $h_\ell + h^*_\ell$ proportional zur regulären Bessel-Funktion erster Art j_ℓ auftritt. Wäre für nur ein ℓ die relative Amplitude der ein- und auslaufenden Kugelwelle ungleich eins, dann wäre die Lösung am Ursprung singulär. ◀

Die hier auftretenden sphärischen Hankel-Funktionen können mithilfe der Formel

$$h_\ell(x) = -i(-x)^\ell \left(\frac{1}{x}\frac{d}{dx}\right)^\ell \left(\frac{e^{ix}}{x}\right) \tag{32.51}$$

leicht erzeugt werden.

Frage 6

Überzeugen Sie sich davon, dass diese Beziehung eine Folge der Formeln von Rayleigh (28.44) für j_ℓ und y_ℓ sind.

Entwicklung der exakten Lösungen

Für jedes kugelsymmetrische Potenzial $V(r)$ kann eine Lösung der Schrödinger-Gleichung bekanntlich nach Drehimpulseigenzuständen entwickelt werden. Für eine axialsymmetrische Lösung lautet diese Entwicklung

$$\psi_{\boldsymbol{k}}(\boldsymbol{x}) = \sum_{\ell=0}^{\infty} i^\ell (2\ell+1) R_{k\ell}(r) P_\ell(\cos\vartheta)\,. \tag{32.52}$$

Die Funktion $R_{k\ell}$ erfüllt die radiale Schrödinger-Gleichung zum Drehimpuls ℓ,

$$\left(-\frac{d^2}{dr^2} - \frac{2}{r}\frac{d}{dr} + \frac{\ell(\ell+1)}{r^2} + U\right) R_{k\ell} = k^2 R_{k\ell}\,, \tag{32.53}$$

wobei, genauso wie in Abschn. 32.1, das reskalierte Potenzial $U = 2mV/\hbar^2$ auftritt.

Fällt im Unendlichen das Potenzial schneller als $1/r^2$ ab, dürfen wir es weit weg vom Streuzentrum in der radialen Schrödinger-Gleichung vernachlässigen. Dann erhalten wir die Bessel-Gleichung, sodass für $kr \to \infty$

$$R_{k\ell}(r) \to \frac{1}{2}\left(h^*_\ell(kr) + S_\ell(E) h_\ell(kr)\right) \tag{32.54}$$

gilt. Wir haben hier berücksichtigt, dass ein kugelsymmetrisches Potenzial nur die auslaufende Kugelwelle $h_\ell(kr)$ beeinflussen kann. Ohne Potenzial gibt es keine Streuung, und

$$R^{(0)}_{k\ell} = j_\ell(kr) = \frac{1}{2}\left(h^*_\ell(kr) + h_\ell(kr)\right)\,, \tag{32.55}$$

sodass alle *Partialwellenamplituden* S_ℓ gleich eins sind. Es geht nun im Folgenden darum, diese Amplituden für ein nicht verschwindendes Potenzial zu bestimmen.

Bei elastischer Potenzialstreuung gehen keine Teilchen verloren – die zum Ursprung hin fließende Wahrscheinlichkeit ist gleich der vom Ursprung weg fließenden Wahrscheinlichkeit. Somit muss der gesamte Fluss der Wahrscheinlichkeit durch eine Kugeloberfläche mit Radius r,

$$I(r) = r^2 \int d\Omega\, j_r(\boldsymbol{x}) = \frac{\hbar}{m}\int d\Omega\, r^2\, \mathrm{Im}\left(\psi^*_{\boldsymbol{k}} \frac{\partial \psi_{\boldsymbol{k}}}{\partial r}\right)\,, \tag{32.56}$$

verschwinden. Mit den Orthogonalitätsrelationen (32.45) für die Legendre-Polynome kann man die für die Lösung (32.52) auftretenden Integrale über die Kugeloberfläche ausführen und erhält die Reihendarstellung $I(r) = \sum_\ell I_\ell(r)$ mit

$$I_\ell(r) = \frac{4\pi r^2 \hbar}{m}(2\ell+1)\,\mathrm{Im}\left(R^*_{k\ell}\frac{dR_{k\ell}}{dr}\right)\,. \tag{32.57}$$

Frage 7

Warum impliziert die Drehimpulserhaltung, dass nicht nur $I(r)$, sondern jeder Summand $I_\ell(r)$ verschwinden muss?

Da der Wahrscheinlichkeitsfluss $I_\ell(r)$ in einem Drehimpulssektor gar nicht vom Radius abhängt, dürfen wir ihn weit weg vom Streuzentrum berechnen, wo die radialen Wellenfunktionen $R_{k\ell}$ die Form (32.54) annehmen. Mit dem Verhalten der sphärischen Hankel-Funktionen für große Argumente in (32.49) lautet dann die Wahrscheinlichkeitserhaltung

$$0 = I_\ell(r) = \frac{\pi\hbar}{mk}(2\ell+1)\left(|S_\ell(E)|^2 - 1\right)\,. \tag{32.58}$$

Dies bedeutet aber, dass die Partialwellenamplituden unimodulare komplexe Zahlen sind:

$$S_\ell(E) = e^{2i\delta_\ell(E)}\,, \quad \delta_\ell(E) \in \mathbb{R}\,. \tag{32.59}$$

Der Faktor 2 im Exponent ist reine Konvention, deren Sinn bald klar wird. Die energieabhängigen Phasen δ_ℓ sind die wichtigen *Streuphasen*. Sie charakterisieren die Phasenverschiebung der auslaufenden Kugelwellen gegenüber den auslaufenden Kugelwellen der kräftefreien Schrödinger-Gleichung.

Streuamplitude

Für ein kugelsymmetrisches Potenzial kann die Streuamplitude nun leicht mit den Streuphasen in Verbindung gebracht werden. Dazu zerlegen wir die radiale Lösung $R_{k\ell}$ für große kr in (32.54) gemäß

$$R_{k\ell} \sim R_{k\ell}^{(0)} + \frac{1}{2}\left(\mathrm{e}^{2\mathrm{i}\delta_\ell} - 1\right) h_\ell(kr)\,, \tag{32.60}$$

sodass die gestreute Welle in der asymptotischen Entwicklung

$$\psi_{\boldsymbol{k}}(\boldsymbol{x}) \sim \mathrm{e}^{\mathrm{i}\boldsymbol{k}\cdot\boldsymbol{x}} + \psi_\mathrm{s}(\boldsymbol{x}) \tag{32.61}$$

folgende Reihendarstellung hat:

$$\psi_\mathrm{s}(\boldsymbol{x}) = \frac{1}{2}\sum_{\ell=0}^{\infty} \mathrm{i}^\ell(2\ell+1)\left(\mathrm{e}^{2\mathrm{i}\delta_\ell} - 1\right) h_\ell(kr) P_\ell(\cos\vartheta)\,. \tag{32.62}$$

Setzen wir hier wieder die asymptotische Form (32.49) für die sphärischen Hankel-Funktionen ein, erhalten wir

$$\psi_\mathrm{s}(\boldsymbol{x}) = \frac{\mathrm{e}^{\mathrm{i}kr}}{2\mathrm{i}kr}\sum_\ell (2\ell+1)\left(\mathrm{e}^{2\mathrm{i}\delta_\ell} - 1\right) P_\ell(\cos\vartheta)\,. \tag{32.63}$$

Der Vergleich mit der asymptotischen Form in (32.14) führt nun unmittelbar auf den Zusammenhang zwischen Streuphasen und Streuamplitude in einem kugelsymmetrischen Potenzial.

Streuamplitude und Streuphasen

Die Streuamplitude hat die Reihendarstellung

$$f(\vartheta, k) = \sum_\ell f_\ell(\vartheta, k) \quad \text{mit}$$
$$f_\ell(\vartheta, k) = \mathrm{e}^{\mathrm{i}\delta_\ell} \sin\delta_\ell \cdot \frac{2\ell+1}{k} P_\ell(\cos\vartheta)\,, \tag{32.64}$$

worin die Streuphasen $\delta_\ell(E)$ durch das Verhalten der radialen Lösungen für $kr \to \infty$ bestimmt sind:

$$\begin{aligned} R_{k\ell}(r) &\to \mathrm{e}^{\mathrm{i}\delta_\ell} \cos\delta_\ell \left[j_\ell(kr) - \tan\delta_\ell\, y_\ell(kr)\right] \\ &\to \mathrm{e}^{\mathrm{i}\delta_\ell} \frac{1}{kr} \sin\left(kr + \delta_\ell - \frac{\ell\pi}{2}\right)\,. \end{aligned} \tag{32.65}$$

Die letzte Charakterisierung der Streuamplituden folgt aus der asymptotischen Form der sphärischen Hankel-Funktionen.

Wir sehen, dass sich mit zunehmender Streuphase die Knoten $r_n = r_{0,n} - \delta_\ell/k$ der asymptotischen Lösung (32.65), worin $r_{0,n}$ die Knoten der kräftefreien Lösung sind, stetig zum Ursprung hin verschieben. Für ein attraktives Potenzial oszilliert die Wellenfunktion schneller als für ein repulsives Potenzial, und deshalb gehört $\delta_\ell > 0$ zu anziehenden und $\delta_\ell < 0$ zu abstoßenden Potenzialen. Ein attraktives Potenzial zieht die Welle näher ans Streuzentrum heran, und ein repulsives Potenzial drückt sie vom Streuzentrum weg. Diese Eigenschaft der asymptotischen Lösung ist in Abb. 32.3 gezeigt.

a

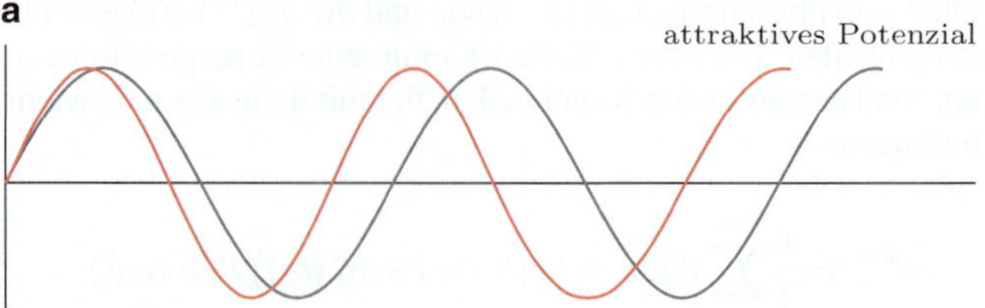

b

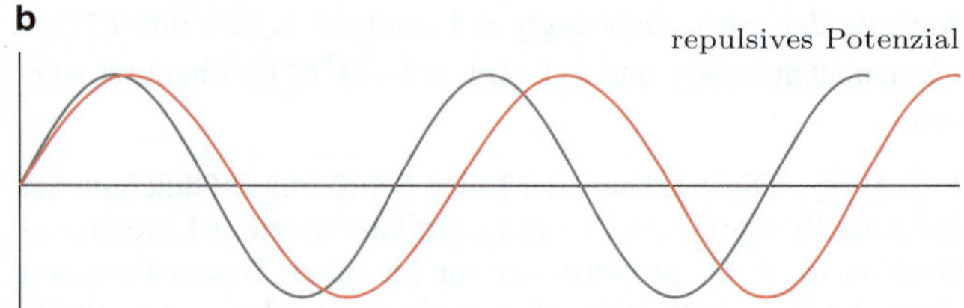

Abb. 32.3 **a** Für ein attraktives Potenzial ist $\delta_\ell > 0$, und die Streuwelle (*rot*) wird gegenüber der Lösung der freien Schrödinger-Gleichung (*grau*) zurückgehalten. **b** Für ein repulsives Potenzial ist $\delta_\ell < 0$, und die Welle wird vom Streuzentrum weggedrückt

Frage 8

Warum oszilliert die Wellenfunktion schneller, wenn das Potenzial attraktiver und damit negativer wird?

Totaler Wirkungsquerschnitt

Der totale Wirkungsquerschnitt ist das Integral des differenziellen Wirkungsquerschnitts über alle Richtungen:

$$\sigma_\mathrm{tot} = \int_{S^2} \mathrm{d}\Omega\, \frac{\mathrm{d}\sigma}{\mathrm{d}\Omega} = 2\pi \int_0^\pi \mathrm{d}\vartheta\, \sin\vartheta\, |f(\vartheta, k)|^2\,. \tag{32.66}$$

Er ist ein Maß für die Wahrscheinlichkeit, dass eine Wechselwirkung zwischen dem einlaufenden Projektilteilchen und dem streuenden Targetteilchen stattfindet.

Frage 9

Schauen Sie sich die Definition und Diskussion des Wirkungsquerschnitts in Abschn. 3.4 erneut an.

Setzt man für die Streuamplitude die Reihendarstellung (32.64) ein und benutzt bei der Integration über ϑ die Orthogonalitätsrelationen für die Legendre-Polynome (32.45), so erhält man

$$\sigma_{\text{tot}} = \sum_{\ell=0}^{\infty} \sigma_\ell \quad \text{mit} \quad \sigma_\ell = \frac{4\pi}{k^2}(2\ell+1)\sin^2\delta_\ell\,. \tag{32.67}$$

Die σ_ℓ sind die partiellen Wirkungsquerschnitte für die Streuung der Teilchen mit Drehimpuls ℓ. Im totalen Wirkungsquerschnitt gibt es keine Interferenz zwischen Partialwellen, d. h. Beiträgen von verschiedenen Drehimpulsen. Allerdings interferieren die Partialwellen im Ausdruck für den differenziellen Wirkungsquerschnitt $|f(\vartheta,k)|^2$.

Streuung an harten Kugeln

Die elastische Streuung an einer für die Teilchen undurchdringlichen Kugel soll hier näher untersucht werden. Die Kugel wird durch ein Potenzial modelliert, das außerhalb der Kugel verschwindet und innerhalb unendlich groß ist. Im Außenraum erfüllt eine Wellenfunktion somit die freie Schrödinger-Gleichung, und am Kugelrand muss sie aus Stetigkeitsgründen verschwinden. Deshalb ist die radiale Wellenfunktion mit Drehimpuls ℓ außerhalb der Kugel eine Linearkombination der sphärischen Hankel-Funktionen,

$$R_{k\ell}(r) = \frac{1}{2}\left(h_\ell^*(kr) + e^{2i\delta_\ell(k)}h_\ell(kr)\right), \tag{32.68}$$

die für $r = a$ verschwindet. Diese Randbedingung impliziert

$$e^{2i\delta_\ell(k)} = -\frac{h_\ell^*(ka)}{h_\ell(ka)} = -\frac{j_\ell(ka) - iy_\ell(ka)}{j_\ell(ka) + iy_\ell(ka)}\,. \tag{32.69}$$

Mithilfe der Beziehung

$$i\tan\delta_\ell = \frac{e^{i\delta_\ell} - e^{-i\delta_\ell}}{e^{i\delta_\ell} + e^{-i\delta_\ell}} = \frac{e^{2i\delta_\ell} - 1}{e^{2i\delta_\ell} + 1} \tag{32.70}$$

führt dies sofort auf

$$\tan\delta_\ell = \frac{j_\ell(ka)}{y_\ell(ka)}\,. \tag{32.71}$$

Da das Potenzial die einlaufenden Teilchen abstößt, sind die Phasenverschiebungen alle negativ. In den partiellen Wirkungsquerschnitten (32.67) benötigen wir

$$\sin^2\delta_\ell = \frac{\tan^2\delta_\ell}{1+\tan^2\delta_\ell} = \frac{j_\ell^2(ka)}{j_\ell^2(ka) + y_\ell^2(ka)}\,. \tag{32.72}$$

Dies führt schließlich auf

$$\sigma_\ell = 4\pi a^2 \frac{2\ell+1}{(ka)^2}\frac{j_\ell^2(ka)}{j_\ell^2(ka) + y_\ell^2(ka)}\,. \tag{32.73}$$

Für *niedrige Energien* mit $ka \ll 1$ sind die Wellenlängen viel größer als die harte Kugel. Verwendet man die Näherungen der sphärischen Bessel-Funktionen (28.45) und des Tangens für kleine Argumente, dann findet man

$$\delta_\ell(k) \to -\frac{(ka)^{2\ell+1}}{(2\ell+1)!!\,(2\ell-1)!!} \quad \text{für } ka \to 0 \tag{32.74}$$

sowie

$$\sigma_\ell \to \frac{4\pi a^2}{2\ell+1}\left(\frac{(ka)^\ell}{(2\ell-1)!!}\right)^4 \quad \text{für} \quad ka \to 0\,. \tag{32.75}$$

Offensichtlich sind für niedrige Energien die Phasenverschiebungen und partiellen Wirkungsquerschnitte für $\ell > 0$ stark unterdrückt, und es genügt, die s-Wellen-Streuung zu berücksichtigen. In der Tat dominiert für alle kurzreichweitigen Potenziale bei niedrigen Energien, wenn die Wellenlänge viel größer als die Reichweite des Potenzials ist, die s-Wellen-Streuung. Im Sektor mit $\ell = 0$ ist

$$\tan\delta_0 = -\tan(ka) \quad \text{bzw.} \quad \delta_0 = -ka\,, \tag{32.76}$$

und die radiale Wellenfunktion hat die einfache Form

$$R_{k0}(r) = \frac{e^{-ika}}{kr}\sin(kr - ka)\,. \tag{32.77}$$

Die harte Kugel drückt die Wellenfunktion um die Distanz a vom Streuzentrum weg. Für niedrige Energien gilt auch wegen (32.73)

$$\sigma_{\text{tot}} \approx \sigma_0 \approx 4\pi a^2 \frac{1}{(ka)^2}\frac{1}{1+1/(ka)^2} \approx 4\pi a^2\,. \tag{32.78}$$

Dies ist das Vierfache des klassischen geometrischen Wirkungsquerschnitts. Aber für große Wellenlängen erwarten wir auch kein klassisches Verhalten.

Nun betrachten wir den partiellen Wirkungsquerschnitt σ_ℓ in (32.75) als Funktion von ka. Für $ka < \ell$ ist σ_ℓ sehr nahe bei null, wächst dann aber bei $ka \approx \ell$ sehr schnell an. Für größere ka gelten die Näherungen (28.46), und σ_ℓ beschreibt eine mit $1/(ka)^2$ gedämpfte Schwingung. Deshalb tragen für große ka in (32.67) alle Partialwellen mit Drehimpulsen $\ell < ka$ merklich zum Wirkungsquerschnitt bei. Wenn derart viele Bahndrehimpulse beitragen, dann darf man $\sin^2\delta_\ell$ durch seinen Mittelwert $1/2$ ersetzen und findet

$$\sigma_{\text{tot}} = \sum_{\ell=0}^{ka} \frac{2\pi}{k^2}(2\ell+1) \approx 2\pi a^2\,. \tag{32.79}$$

Der Streuquerschnitt ist im Hochenergielimes doppelt so groß wie der klassische geometrische Streuquerschnitt –

Teil III

und dies, obwohl im Grenzfall großer Energien die Quantenmechanik in die klassische Mechanik übergehen sollte.

Lösen Sie dieses scheinbare Paradox.

Klassisches Verhalten erwarten wir nur, wenn sich die äußeren Bedingungen auf der Skala der De-Broglie-Wellenlänge langsam ändern. Trifft das für eine harte Kugel zu? ◄

Optisches Theorem

Zwischen dem totalen Streuquerschnitt und dem Imaginärteil der Streuamplitude in Vorwärtsrichtung gibt es einen höchst interessanten Zusammenhang. Wegen (32.64) gilt nämlich

$$\mathrm{Im} f_\ell(\vartheta, k) = \frac{2\ell + 1}{k} P_\ell(\cos\vartheta) \sin^2 \delta_\ell \,, \qquad (32.80)$$

und da $P_\ell(1) = 1$ ist (Aufgabe 32.3), führt ein Vergleich mit (32.67) auf das optische Theorem.

Optisches Theorem

Der totale Wirkungsquerschnitt ist proportional zum Imaginärteil der Streuamplitude in Vorwärtsrichtung:

$$\sigma_{\mathrm{tot}} = \frac{4\pi}{k} \mathrm{Im} f(0, k) \,. \qquad (32.81)$$

Der Begriff „optisches Theorem" kommt aus der klassischen Optik und war in diesem anderen physikalischen Kontext vor Entwicklung der Quantenmechanik bekannt. Das Theorem ist eine Konsequenz der Wahrscheinlichkeitserhaltung: Der Imaginärteil von $f(0, k)$ entspricht der Reduktion der Wahrscheinlichkeit, dass das Teilchen ungestreut geradeaus weiterfliegt. Dies ist jedoch gerade der totale Wirkungsquerschnitt. In anderen Worten: Der gesamte Streuquerschnitt nimmt einen Teil des Teilchenflusses aus dem einfallenden Strahl weg. Diese Wegnahme ist das Ergebnis von destruktiver Interferenz zwischen der einfallenden und der elastisch in Vorwärtsrichtung gestreuten Welle. Dies erklärt, warum die Streuamplitude in Vorwärtsrichtung nur linear in das optische Theorem eingeht. Das Theorem ist wesentlich allgemeiner gültig, als man aufgrund der hier im Rahmen der elastischen Potenzialtheorie gegebenen Begründung erwarten würde. So behält es seine Gültigkeit auch bei inelastischen Streuprozessen.

Man spricht in diesem Zusammenhang von der *Schattenzone*, in der eine destruktive Interferenz zwischen einfallender und gestreuter Welle stattfindet. Wir betrachten nun diese Zone hinter dem Streuer etwas näher und untersuchen dazu die verschiedenen Beiträge zur radialen Stromdichte

$$j_{\mathrm{r}}(t, \boldsymbol{x}) = \frac{\hbar}{m} \mathrm{Im} \left(\psi^*(t, \boldsymbol{x}) \frac{\partial \psi(t, \boldsymbol{x})}{\partial r} \right) \qquad (32.82)$$

für die Wellenfunktion (32.19), bestehend aus einfallender und gestreuter Welle. Da die Amplitude $a(\boldsymbol{k})$ in der Nähe von $\boldsymbol{k}_0$ lokalisiert ist, dürfen die Ableitungen der beiden in (32.19) auftretenden Beiträge wie folgt genähert werden:

$$\begin{aligned} \frac{\partial \psi_0(t, \boldsymbol{x})}{\partial r} &\approx \mathrm{i}\boldsymbol{k}_0 \cdot \boldsymbol{e}_r \, \psi_0(t, \boldsymbol{x}) \,, \\ \frac{\partial \psi_0(t, r\hat{\boldsymbol{k}}_0)}{\partial r} &\approx \mathrm{i}k_0 \, \psi_0(t, r\hat{\boldsymbol{k}}_0) \,. \end{aligned} \qquad (32.83)$$

Hier wurden Terme vernachlässigt, die weit weg vom Streuzentrum schneller als $1/r$ abfallen. Somit ist

$$\frac{\partial \psi(t, \boldsymbol{x})}{\partial r} \approx \mathrm{i}k_0 \left(\hat{\boldsymbol{k}}_0 \cdot \boldsymbol{e}_r \, \psi_0(t, \boldsymbol{x}) + \frac{f(\boldsymbol{k}', \boldsymbol{k}_0)}{r} \psi_0(t, r\hat{\boldsymbol{k}}_0) \right) . \qquad (32.84)$$

Eingesetzt in (32.82) erhält man nun drei Beiträge zur radialen Wahrscheinlichkeitsstromdichte:

$$j_{\mathrm{r}} = j_{\mathrm{r},0} + j_{\mathrm{r,gestreut}} + j_{\mathrm{r,interferenz}} \,, \qquad (32.85)$$

wobei $j_{\mathrm{r},0}$ die Stromdichte des einlaufenden Wellenpakets $\psi_0(t, \boldsymbol{x})$ ist und $j_{\mathrm{r,gestreut}}$ die früher berechnete und zu $|f|^2$ proportionale Stromdichte der gestreuten Welle. Der dritte Term

$$j_{\mathrm{r,int}} = \frac{\hbar k_0}{mr} \mathrm{Im} \left(\mathrm{i} f(\boldsymbol{k}', \boldsymbol{k}_0) \psi_0^*(t, \boldsymbol{x}) \psi_0(t, \hat{\boldsymbol{k}}_0 r)(1 + \hat{\boldsymbol{k}}_0 \cdot \boldsymbol{e}_r) \right) \qquad (32.86)$$

rührt von der Interferenz zwischen einlaufender und gestreuter Welle her.

Frage 10

Man überprüfe, dass der Interferenzterm in (32.82) diese Form hat.

Man beachte, dass $\psi_0(t, \hat{\boldsymbol{k}}_0 r)$ nur ungleich null ist, *nachdem* das Teilchen das Streuzentrum erreicht hat. Nach dem Streuprozess ist das Wellenpaket $\psi_0(t, \boldsymbol{x})$ aber im Wesentlichen nur hinter dem Target in Vorwärtsrichtung ungleich null, und dies gilt dann auch für den Faktor $\psi_0^*(t, \boldsymbol{x}) \psi_0(t, \hat{\boldsymbol{k}}_0 r)$ im Interferenzstrom. Der Interferenzterm führt zum erwähnten Schatten des Targets. In Aufgabe 32.7 wird gezeigt, dass

$$\begin{aligned} r^2 \int \mathrm{d}\Omega \, j_{\mathrm{r,int}}(t, \boldsymbol{x}) &\approx -\frac{4\pi\hbar}{m} \mathrm{Im} f(\boldsymbol{k}_0, \boldsymbol{k}_0) |\psi_0(t, \hat{\boldsymbol{k}}_0 r)|^2 \\ &= -\frac{4\pi}{k_0} j_{\mathrm{r},0} \, \mathrm{Im} f(\boldsymbol{k}_0, \boldsymbol{k}_0) \end{aligned} \qquad (32.87)$$

gilt. In Übereinstimmung mit dem optischen Theorem führt der Interferenzstrom zu einer Reduktion des Stromes hinter dem Target, die durch den Imaginärteil der Streuamplitude in Vorwärtsrichtung gegeben ist.

Levinson-Theorem

Es existiert ein interessanter Zusammenhang zwischen der Änderung der Streuphasen zwischen den Werten $k = 0$ und $k = \infty$ einerseits und der Anzahl gebundener Zustände eines drehinvarianten Systems andererseits. Die entsprechende Aussage ist Inhalt des *Levinson-Theorems*.

Ausgangspunkt der Überlegungen ist folgende Darstellung der am Ursprung regulären Lösung ϕ_ℓ der radialen Schrödinger-Gleichung

$$\phi_\ell(k,r) = \frac{1}{2}\Big(\mathcal{J}_\ell(-k)f_\ell(k,r) + \mathcal{J}_\ell(k)f_\ell(-k,r)\Big)\,. \tag{32.88}$$

Hierin ist $f_\ell(k,r)$ diejenige Lösung, die weit weg vom Streuzentrum, d. h. für $kr \to \infty$, gegen die in (32.48) eingeführte Lösung $h_\ell^*(kr)$ der freien Schrödinger-Gleichung strebt und eine einlaufende Kugelwelle beschreibt. Daher gilt im asymptotischen Gebiet

$$\phi_\ell(k,r) \to \frac{1}{2}\left(\mathcal{J}_\ell(-k)h_\ell^*(kr) + \mathcal{J}_\ell(k)h_\ell(kr)\right)\,. \tag{32.89}$$

Wie im Kasten „Vertiefung: Analyzitätseigenschaften der Streulösungen für komplexe k und ℓ" näher erläutert wird, sind die Entwicklungskoeffizienten $\mathcal{J}_\ell(k)$ – sie heißen *Jost-Funktionen* – analytische Funktionen in der Halbebene $\mathrm{Im}\,(k) < 0$. Hat nun $\mathcal{J}_\ell(k)$ eine Nullstelle k_* mit negativem Imaginärteil, dann fällt die Lösung im asymptotischen Gebiet exponentiell ab:

$$\phi_\ell(k_*,r) \to \frac{1}{2}\mathcal{J}_\ell(-k_*)h_\ell^*(k_*r) \propto \mathrm{e}^{-\mathrm{i}k_*r}\,. \tag{32.90}$$

Da aber ϕ_ℓ auch am Ursprung regulär ist, erhält man eine quadratintegrable Lösung, d. h. einen gebundenen Zustand. Jede Nullstelle von $\mathcal{J}_\ell(k)$ in der Halbebene $\mathrm{Im}\,(k) < 0$ gehört somit zu der Energie eines Bindungszustands mit Drehimpuls ℓ. Wir wollen vorerst annehmen, dass $\mathcal{J}_\ell(0) \neq 0$ ist.

Das Verhältnis $\mathcal{J}_\ell(k)/\mathcal{J}_\ell(-k)$ ist offensichtlich gleich der Amplitude S_ℓ in (32.54), sodass

$$S_\ell(k) \equiv \mathrm{e}^{2\mathrm{i}\delta_\ell(k)} = \frac{\mathcal{J}_\ell(k)}{\mathcal{J}_\ell(-k)}\,. \tag{32.91}$$

Deshalb ergibt sich für die Differenz der Streuphase bei $k = \infty$ und $k = 0$ die Integraldarstellung

$$2\mathrm{i}\left(\delta_\ell(\infty) - \delta_\ell(0)\right) = 2\mathrm{i}\int_0^\infty \mathrm{d}k\frac{\mathrm{d}\delta_\ell(k)}{\mathrm{d}k} = \int_{-\infty}^{\infty} \mathrm{d}k\frac{\mathcal{J}'_\ell(k)}{\mathcal{J}_\ell(k)}\,. \tag{32.92}$$

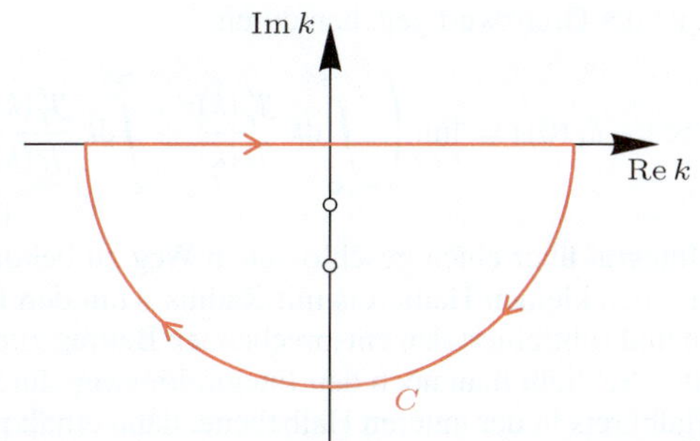

Abb. 32.4 Das Integral (32.92) längs der reellen k–Achse kann durch das Schleifenintegral längs C ersetzt werden. Eingezeichnet sind die auf der negativen Imaginärachse liegenden Nullstellen der Jost-Funktion $\mathcal{J}_\ell(k)$. Mithilfe des Residuensatzes gewinnt man das Theorem von Levinson

Frage 11

Warum erstreckt sich das letzte Integral über die gesamte reelle Achse?

Für kurzreichweitige Potenziale strebt $\mathcal{J}_\ell(k)$ für große $|k|$ genügend schnell gegen den konstanten Wert 1, sodass man das Integral über die reelle k-Achse unbeschadet durch das Integral längs der Schleife C in Abb. 32.4 ersetzen kann.

In der unteren k-Halbebene ist die Jost-Funktion aber analytisch, und mithilfe des Residuensatzes erhält man

$$2\mathrm{i}\left(\delta_\ell(\infty) - \delta_\ell(0)\right) = -2\pi\mathrm{i}N(J)\,, \tag{32.93}$$

worin $N(J)$ die Anzahl Nullstellen der Jost-Funktion $\mathcal{J}_\ell(k)$ in der Halbebene $\mathrm{Im}\,(k) < 0$ ist. Aber zu jeder Nullstelle der Jost-Funktion in dieser Halbebene gehört ein gebundener Zustand. Tatsächlich liegen diese Nullstellen sogar auf der negativen imaginären k-Achse (siehe auch Kasten „Vertiefung: Analyzitätseigenschaften der Streulösungen für komplexe k und ℓ").

Levinson-Theorem

Die Differenz der Streuphasen bei $k = 0$ und $k = \infty$ ist proportional zu der Anzahl m_ℓ der gebundenen Zustände im Drehimpulssektor ℓ:

$$\delta_\ell(0) - \delta_\ell(\infty) = \pi\, m_\ell\,. \tag{32.94}$$

Wir haben $\mathcal{J}_\ell(0) \neq 0$ angenommen. Tatsächlich wird für $\mathcal{J}_\ell(0) = 0$ das Theorem im Sektor $\ell = 0$ leicht modifiziert, weil im ersten Integral in (32.92) der Pol bei $k = 0$ sorgfältig behandelt werden muss. Zuerst ersetzt man die untere Integrationsgrenze durch $\epsilon > 0$ und lässt dann ϵ gegen null streben. Da man das zweite Integral in (32.92) durch Zusammenfügen von einem Integral über positive und einem über negative k bekom-

Teil III

men hat, ist der Grenzwert gegeben durch

$$2\mathrm{i}\,(\delta_\ell(\infty) - \delta_\ell(0)) = \lim_{\epsilon\downarrow 0}\left(\int_{-\infty}^{-\epsilon} \mathrm{d}k\,\frac{\mathcal{J}'_\ell(k)}{\mathcal{J}_\ell(k)} + \int_{\epsilon}^{\infty} \mathrm{d}k\,\frac{\mathcal{J}'_\ell(k)}{\mathcal{J}_\ell(k)}\right). \tag{32.95}$$

Um ein Integral über einen geschlossenen Weg zu bekommen, fügt man einen kleinen Halbkreis mit Radius ϵ um den Pol bei $k = 0$ ein und subtrahiert den entsprechenden Beitrag zum Integral wieder. Schließt man noch den Integrationsweg durch eine großen Halbkreis in der unteren Halbebene, dann erhält man

$$\delta_0(0) - \delta_0(\infty) = \pi\left(m_0 + \frac{1}{2}\right). \tag{32.96}$$

Eine ausführliche Begründung, warum nur im Sektor $\ell = 0$ ohne Drehimpulsbarriere eine Modifikation nötig ist, findet man z. B. bei Mott und Massey (1965).

Verschwindet $\mathcal{J}_0(0)$, so existiert ein *halbgebundener Zustand* mit Bahndrehimpuls $\ell = 0$ und Impuls null. Dies ist ein Zustand mit einer beschränkten Wellenfunktion, die aber nicht genügend schnell abfällt, um quadratintegrabel zu sein. Im nun folgenden Beispiel und in Aufgabe 32.5 begegnen uns halbgebundene Zustände im sphärischen Topfpotenzial für diskrete Werte der Topftiefe. Wir werden auch explizit sehen, dass für diese Werte der Topftiefe das einfache Levinson-Theorem (32.93) modifiziert wird.

Streuung am Potenzialtopf

Bei geringen Energien erfolgt die Streuung bevorzugt im s-Wellen-Kanal, d. h., wir konzentrieren uns vorerst auf die Schrödinger-Gleichung für $\ell = 0$. Für den Potenzialtopf

$$V(x) = \begin{cases} -V_0 & \text{für } r < a \\ 0 & \text{für } r \geq a \end{cases} \tag{32.97}$$

lautet die am Ursprung reguläre s-Wellen-Lösung $u_k(r) = rR_{k0}(r)$ der radialen Schrödinger-Gleichung

$$u_k(r) = \begin{cases} A\sin(qr) & \text{für } r < a \\ \sin(kr + \delta_0) & \text{für } r \geq a \end{cases} \tag{32.98}$$

mit den Größen

$$k^2 = \frac{2m}{\hbar^2}E\,, \quad q^2 = k^2 + k_0^2\,, \quad k_0^2 = \frac{2m}{\hbar^2}V_0\,. \tag{32.99}$$

Die Normierung wurde so gewählt, dass außerhalb des Topfes die Amplitude des Sinus gleich 1 ist. Die Anschlussbedingungen am Topfrand lauten

$$\begin{aligned} A\sin(qa) &= \sin(ka + \delta_0)\,, \\ Aq\cos(qa) &= k\cos(ka + \delta_0)\,. \end{aligned} \tag{32.100}$$

Dividiert man die erste durch die zweite Gleichung, dann gewinnt man eine transzendente Bestimmungsgleichung für die Phasenverschiebung

$$\delta_0(k) = \arctan\left(\frac{k}{q}\tan qa\right) - ka \tag{32.101}$$

mit $q = q(k)$ aus (32.99). In Aufgabe 32.5 werden sogar die Streuphasen für alle ℓ bestimmt, mit dem Resultat

$$\tan\delta_\ell(k) = \frac{qj_{\ell-1}(qa)j_\ell(ka) - kj_\ell(qa)j_{\ell-1}(ka)}{qj_{\ell-1}(qa)y_\ell(ka) - kj_\ell(qa)y_{\ell-1}(ka)}\,. \tag{32.102}$$

In derselben Aufgabe wird auch gezeigt, dass im s-Wellen-Sektor für $k_0a = \pi/2, 3\pi/2, 5\pi/2\ldots$ jeweils ein halb-gebundener Zustand auftritt. Für $k_0a < \pi/2$ verschwinden die Streuphasen wenn ak_0 gegen null strebt. Ist k_0a nur ganz wenig kleiner als $\pi/2$, dann biegt sich der Graph von $\delta_0(ak)$ erst ganz nahe bei $ak = 0$ nach null. Erhöht man k_0a weiter, wird daraus ein gebundener Zustand.

Die Mehrdeutigkeit der inversen Tangensfunktion kann man durch die Forderung loswerden, dass die Phasenverschiebung stetig von k abhängt und für große Geschwindigkeiten, d. h. für große k, verschwindet.

Die Normierung $\delta_\ell(\infty) = 0$ ist nur möglich, wenn $\mathrm{e}^{2\mathrm{i}\delta_\ell(k)}$ für große Energien gegen 1 strebt. Warum ist dies der Fall?

Die Abbildungen 32.5 bis 32.7 zeigen die Abhängigkeit einiger Streuphasen von der dimensionslosen Wellenzahl ka. Wegen der Normierung $\delta_\ell(\infty) = 0$ ist, bis auf Ausnahmefälle, $\delta_\ell(0)/\pi$ gleich der Anzahl gebundener Zustände. Für die Werte $k_0a = \pi/2, 3\pi/2, \ldots$ ist die Anzahl gebundener Zustände allerdings gleich $\delta_0(0)/\pi - 1/2$.

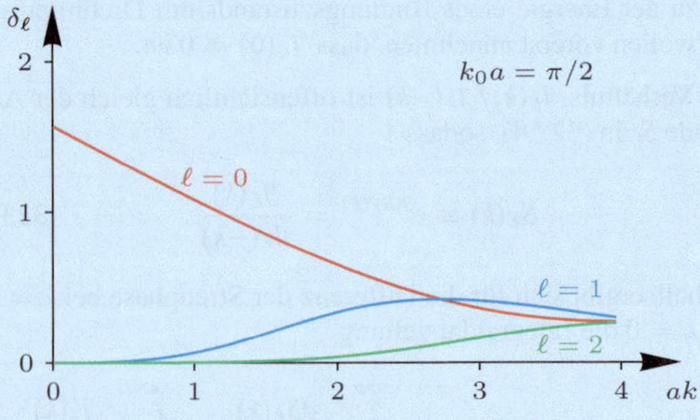

Abb. 32.5 Änderung der Streuphasen für $\ell \leq 2$ für $k_0a = \pi/2$

Vertiefung: Analyzitätseigenschaften der Streulösungen für komplexe k und ℓ

Wir betrachten hier zwei Klassen von Lösungen der radialen Schrödinger-Gleichung (32.53), die durch ihr Verhalten nahe bzw. weit weg vom Streuzentrum charakterisiert sind. Ohne Potenzial sind dies die sphärischen Bessel-Funktionen $j_\ell(kr)$ und die sphärischen Hankel-Funktionen $h_\ell^*(kr)$. Die im vorliegenden Kasten zusammengefassten Ergebnisse werden z. B. in Newton (1965) bewiesen, sollten aber auch ohne Beweise verständlich und hilfreich sein.

Am Ursprung reguläre Lösungen

In Aufgabe 32.4 wird gezeigt, dass eine Lösung ϕ_ℓ der Integralgleichung

$$\phi_\ell(k,r) = j_\ell(kr) + \int_0^r \mathrm{d}r'\, r'^2 G_\ell(k,r,r') U(r') \phi_\ell(k,r')$$

die radiale Schrödinger-Gleichung (32.53) im Drehimpulssektor ℓ löst. Hier bezeichnet G_ℓ die Green'sche Funktion der freien radialen Schrödinger-Gleichung. Für $r > r'$ hat sie die Form

$$G_\ell(k,r,r') = kj_\ell(kr)y_\ell(kr') - ky_\ell(kr)j_\ell(kr') \,.$$

Ohne Potenzial ist die Lösung $\phi_\ell(k,r) = j_\ell(kr)$ der Integralgleichung regulär am Ursprung.

Die Gleichung lässt sich iterativ lösen, indem man auf der rechten Seite für ϕ_ℓ die bis dahin gewonnenene Lösung einsetzt und als Startwert die Bessel-Funktion j_ℓ wählt. Dies führt auf

$$\phi_\ell(k,r) = \sum_{n=0}^{\infty} \phi_\ell^{(n)}(k,r) \,, \quad \text{mit} \quad \phi_\ell^{(0)}(k,r) = j_\ell(kr) \,,$$

$$\phi_\ell^{(n)}(k,r) = \int_0^r \mathrm{d}r' r'^2 G_\ell(k,r,r') U(r') \, \phi_\ell^{(n-1)}(k,r') \,.$$

Man kann zeigen, dass für $\int_0^r \mathrm{d}r'\, r' |U(r')| < \infty$ die Reihe konvergiert und eine am Ursprung reguläre Lösung definiert:

$$\phi_\ell(k,r) \to j_\ell(kr) \propto (kr)^\ell \quad \text{für} \quad kr \to 0 \,.$$

Durch Abschätzungen an G_ℓ kann man beweisen, dass diese Lösung analytisch in der ganzen komplexen k-Ebene und in der komplexen ℓ-Halbebene $\mathrm{Re}\,(\ell) > -1/2$ ist. Je regulärer das Potenzial am Ursprung ist, desto größer ist der Analyzitätsbereich in der komplexen Drehimpulsebene. Gilt z. B. $|V(r)| < Cr^{-2+\epsilon}$ für ein positives ϵ, dann ist $\phi_\ell(k,r)$ analytisch in der Halbebene $\mathrm{Re}\,(\ell) > -\frac{1}{2}(1+\epsilon)$.

Einlaufende Kugelwellenlösungen

Ähnlich wird nun bewiesen, dass eine Lösung der Integralgleichung

$$f_\ell(k,r) = h_\ell^*(kr) - \int_r^\infty \mathrm{d}r' r'^2 G_\ell(k,r,r') U(r') f_\ell(k,r')$$

die radiale Schrödinger-Gleichung löst. Das Potenzial muss im Unendlichen genügend schnell abfallen, damit die sukzessive Approximation konvergiert und eine analytische Lösung definiert. Ist z. B. $\int_r^\infty \mathrm{d}r'\, r'^2 |U(r')| < \infty$, dann ist die Funktion $\mathrm{e}^{-\mathrm{i}\pi\ell} f_\ell(k,r)$ analytisch in der ganzen komplexen ℓ-Ebene und außerdem analytisch in der komplexen k-Halbebene $\mathrm{Im}\,(k) > 0$ ist. Für $kr \to \infty$ gilt

$$f_\ell(k,r) \to h_\ell^*(kr) \propto \mathrm{e}^{-\mathrm{i}kr} \,.$$

Je schneller das Potenzial für große r abfällt, desto größer ist das Analyzitätsgebiet in der k-Ebene. Ist z. B. $|V(r)| < \mathrm{const} \cdot \mathrm{e}^{-mr}$ für ein positives m, dann ist $f_\ell(k,r)$ analytisch in der Halbebene $\mathrm{Im}\,(k) > -m/2$.

Die Lösungen $f_\ell(k,r)$ und $f_\ell(-k,r)$ sind linear unabhängig, und wir können die im Ursprung regulären Lösungen als Linearkombination derselben schreiben:

$$\phi_\ell(k,r) = \frac{1}{2}\Big(\mathcal{J}_\ell(-k) f_\ell(k,r) + \mathcal{J}_\ell(k) f_\ell(-k,r)\Big) \,.$$

Die Funktionen $\mathcal{J}_\ell(k)$ sind die *Jost-Funktionen* (benannt nach dem Schweizer Physiker *Res Jost*, 1918–1990). Aus den Eigenschaften der am Ursprung regulären Lösungen und der einlaufenden Kugelwellenlösungen folgt, dass $\mathcal{J}_\ell(k)$ analytisch in k ist, und zwar in der komplexen Halbebene $\mathrm{Im}\,(k) < 0$ oder sogar in der Halbebene $\mathrm{Im}\,(k) < m/2$ für ein exponentiell abfallendes Potenzial. Da $f_\ell(k,r)$ eine einlaufende und $f_\ell(-k,r)$ eine auslaufende Kugelwelle beschreiben, gilt offensichtlich die Beziehung (32.91).

Die $\mathcal{J}_\ell(k)$ können einfache Nullstellen auf der negativen imaginären k-Achse besitzen. Diese gehören zu *Bindungszuständen*. Sie können auch einfache oder doppelte Nullstellen mit positivem Imaginärteil haben, die dann symmetrisch zur imaginären k-Achse liegen müssen. Diese gehören zu *Resonanzen*. Daneben kann bei $k = 0$ die Funktion $\mathcal{J}_0(k)$ noch eine einfache und $\mathcal{J}_{\ell>0}(k)$ eine doppelte Nullstelle besitzen.

Literatur

- Newton, R.G.: Scattering Theory of Waves and Particles. McGraw-Hill (1966)

Teil III

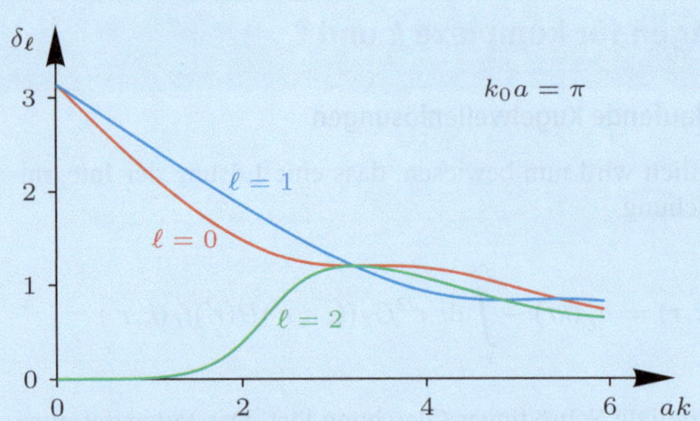

Abb. 32.6 Änderung der Streuphasen für $\ell \leq 2$ für $k_0a = \pi$

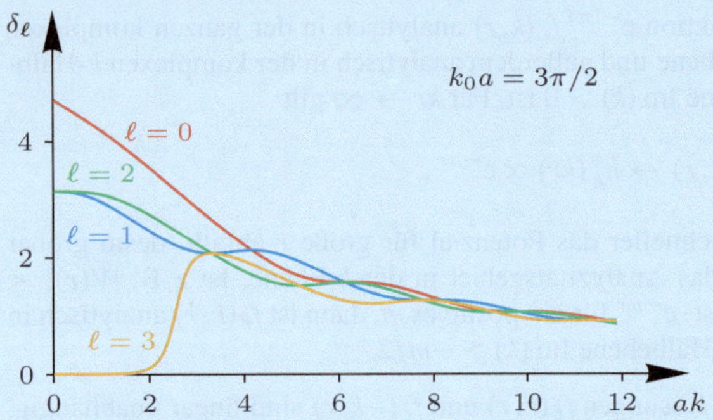

Abb. 32.7 Änderung der Streuphasen in den Drehimpulssektoren $\ell = 0, 1, 2, 3$ für $k_0a = 3\pi/2$

Für $k_0a = \pi/2$ in Abb. 32.5 erscheint der erste halbgebundene Zustand mit Energie $E = 0$. Für $k_0a = \pi$ in Abb. 32.6 existieren zwei gebundene Zustände, einer im s-Wellen- und einer im p-Wellen-Kanal. Für $k_0a = 3\pi/2$ in Abb. 32.7 erscheint der zweite halbgebundene Zustand im s-Wellen-Kanal. Für diesen Wert existiert jeweils ein gebundener Zustand mit Drehimpuls $\ell = 0, 1$ und 2.

Benutzen wir in (32.102) die asymptotischen Entwicklungen der sphärischen Bessel-Funktionen für kleine Argumente, dann erhalten wir für niedrige Energien, d. h. für kleine ka, folgende Abhängigkeit für die Streuung am Topfpotenzial:

$$\tan\delta_\ell \propto (ka)^{2\ell+1} . \qquad (32.103)$$

Überzeugen Sie sich von der Korrektheit dieser asymptotischen Formel.

Die rasche Abnahme von $\tan\delta_\ell(k)$ für kleine ka in (32.103) mit zunehmendem Drehimpuls ist eine Folge der Zentrifugalbarriere, die dafür sorgt, dass Wellen mit Energien weit unterhalb der Barriere den Einfluss des Potenzials nicht spüren.

Das Verhalten ist somit nicht auf den Topf beschränkt, es trifft auch für alle regulären und genügend schnell abfallenden Potenziale zu. Auch bei der Streuung an harten Kugeln ergab sich diese k-Abhängigkeit für niedrige Energien (siehe (32.74)). Im allgemeinen Fall steht a für die Reichweite des Potenzials.

Für gewisse Werte k_{res} von k und den zugehörigen Energien E_{res} verschwindet der Nenner von $\tan\delta_\ell(k)$ in (32.102). Bei diesen Energien geht die Streuphase δ_ℓ durch $(n + 1/2)\pi$, und der Streuquerschnitt für die Partialwelle nimmt den größtmöglichen Wert

$$\sigma_\ell(k) = \frac{4\pi}{k^2}(2\ell + 1)\sin^2\delta_\ell(k) \qquad (32.104)$$

an. Falls nun $\tan\delta_\ell(k)$ für $k \uparrow k_{\text{res}}$ relativ rasch nach ∞ und für $k \downarrow k_{\text{res}}$ nach $-\infty$ strebt und entsprechend der Faktor

$$\sin^2\delta_\ell(k) = \frac{\tan^2\delta_\ell}{1 + \tan^2\delta_\ell} \qquad (32.105)$$

des partiellen Streuquerschnitts ein ausgeprägtes Maximum bei k_{res} hat, spricht man von *Resonanzstreuung*. Resonanzen werden in Abschn. 32.3 weiter untersucht. ◀

Wir haben gesehen, wie die Bindungsenergien und Streuphasen δ_ℓ aus dem Potenzial $V(r)$ bestimmt werden können. Ähnlich wichtig ist das sogenannte *Umkehrproblem der Streutheorie*, nämlich die möglichst genaue Rekonstruktion des Potenzials aus den Streudaten und Bindungsenergien. Das Umkehrproblem wurde Anfang der 1950er Jahre im Rahmen der inversen Streutheorie gelöst.

32.3 Resonanzen

Bei einer Resonanzenergie ist der Wirkungsquerschnitt für Partialwellenstreuung maximal. Wie wir gerade im Beispiel gesehen haben, divergiert $\tan\delta_\ell$ in der Nähe einer Resonanz. Aufgrund der Eigenschaften von $e^{2i\delta_\ell(k)}$ in der komplexen k-Ebene erwarten wir Pole erster Ordnung bei den Resonanzenergien und wählen entsprechend folgende Parametrisierung:

$$\tan\delta_\ell \approx \frac{\Gamma_\ell/2}{E_{\text{res}} - E} , \qquad (32.106)$$

wobei der Faktor $1/2$ im Zähler eingefügt wurde, damit Γ_ℓ die Breite der Resonanz ist. Dies wird in der nun folgenden Diskussion klar werden. Gemäß (32.103) und den daran anschließenden Bemerkungen erwarten wir für niedrige Energien ein Verhalten $\Gamma_\ell \approx \gamma(ka)^{2\ell+1}$ mit einer dimensionslosen Konstanten γ der Größenordnung eins.

Teil III

Frage 12

Vergleichen Sie das Verhalten in Resonanznähe mit dem Verhalten der Transmissionsamplitude bei Resonanzstreuung in einer Dimension in Abschn. 26.2.

In Resonanznähe gilt

$$e^{i\delta_\ell}\sin\delta_\ell = \frac{\tan\delta_\ell}{1-i\tan\delta_\ell} \approx \frac{\Gamma_\ell/2}{E_{res}-E-i\,\Gamma_\ell/2}\,, \qquad (32.107)$$

und die partielle Streuamplitude in (32.64) hat somit einen Pol in der Nähe der Resonanzenergie:

$$f_\ell(\vartheta,k) \approx \frac{\Gamma_\ell/2}{E_{res}-E-i\,\Gamma_\ell/2}\cdot\frac{2\ell+1}{k}P_\ell(\cos\vartheta)\,. \qquad (32.108)$$

Der Pol liegt bei $E = E_{res} - i\Gamma_\ell/2$. Während die Energien der Bindungszustände auf der negativen reellen Achse liegen, sind die Energien von schmalen Resonanzen mit $\Gamma_\ell \ll E_{res}$ nahe der positiven reellen Achse und haben einen negativen Imaginärteil.

Frage 13

Eine Resonanz ist ein instabiler Zustand mit komplexer Energie $E = E_{res} - i\Gamma/2$. Zeigen Sie, dass die Wahrscheinlichkeitsdichte $|\psi|^2$ für eine „ebene Welle" die mittlere Lebensdauer $\Gamma/\hbar$ hat. Warum darf Γ nicht negativ sein?

Im Kasten „Vertiefung: Analyzitätseigenschaften der Streulösungen für komplexe k und ℓ" wird $e^{2i\delta_\ell}$ als Quotient der Jost-Funktion bei k und bei $-k$ dargestellt:

$$e^{2i\delta_\ell(k)} = \frac{\mathcal{J}_\ell(k)}{\mathcal{J}_\ell(-k)}\,. \qquad (32.109)$$

Die Beziehung (32.106) ist leicht nach $\exp(2i\delta_\ell)$ auflösbar und führt auf

$$e^{2i\delta_\ell(k)} = \frac{\mathcal{J}_\ell(k)}{\mathcal{J}_\ell(-k)} \approx \frac{E-E_{res}-i\,\Gamma_\ell/2}{E-E_{res}+i\,\Gamma_\ell/2}\,. \qquad (32.110)$$

Die Jost-Funktion J_ℓ verschwindet somit für $E = E_{res} + i\Gamma_\ell/2$. Für schmale Resonanzen sind die zugehörigen Nullstellen also etwas oberhalb der positiven reellen Achse in der komplexen Energieebene. Wegen $k \propto E^{1/2}$ liegen dann die entsprechenden k auch etwas oberhalb der positiven reellen Achse in der komplexen k-Ebene. Ohne Beweis notieren wir noch, dass mit k auch $-k^*$ Nullstelle von $\mathcal{J}_\ell(k)$ ist. Damit erhält man die in Abb. 32.8 skizzierte Lage der Nullstellen von $\mathcal{J}_\ell(k)$ in der k-Ebene.

Breit-Wigner-Formel

Mithilfe der Beziehung (32.105) findet man für den partiellen Streuquerschnitt σ_ℓ in (32.67) als Funktion der Energie in Resonanznähe eine einfache *Lorentz-Kurve*.

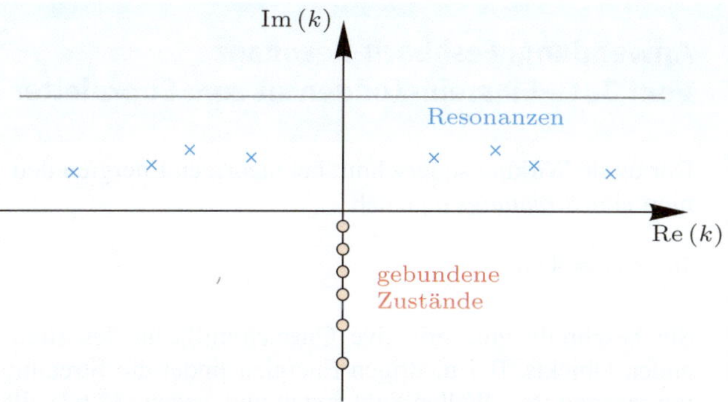

Abb. 32.8 Die Nullstellen der Jost-Funktion $\mathcal{J}_\ell(k)$ auf der negativen imaginären Achse der komplexen k-Ebene gehören zu den gebundenen Zuständen, diejenigen oberhalb der reellen Achse zu den Resonanzen

Breit-Wigner-Formel

In Resonanznähe hat der Partialwellen-Streuquerschnitt die sogenannte *Breit-Wigner-Form*:

$$\sigma_\ell \approx \frac{4\pi}{k^2}(2\ell+1)\frac{\Gamma_\ell^2/2}{(E-E_{res})^2+\Gamma_\ell^2/4}\,. \qquad (32.111)$$

Dies beschreibt eine Lorentz-Kurve mit Maximum bei der Resonanzenergie E_{res} und mit Breite Γ_ℓ.

Die Streuphasen und Streuquerschnitte können oft nur über eine numerische Integration der radialen Schrödinger-Gleichung gewonnen werden. Lediglich für ausgewählte Potenziale ist eine Integration durch bekannte Funktionen noch möglich. Ein lehrreiches Beispiel ist das kurzreichweitige und anziehende Exponentialpotenzial, das in Aufgabe 32.6 im Detail behandelt wird.

32.4 Elastische Streuung identischer Teilchen

Wir haben in Abschn. 31.1 bereits besprochen, dass ein System aus identischen Bosonen durch symmetrische und ein System aus identischen Fermionen durch antisymmetrische Wellenfunktionen beschrieben wird. Dies muss bei der Streuung gleichartiger Teilchen berücksichtigt werden und gibt Anlass zu Austauscheffekten. Dass der Wirkungsquerschnitt bei elastischer Coulomb-Streuung von zwei identischen Teilchen von derjenigen für gewöhnlich Rutherford-Streuung abweicht, wurde schon früh von dem englischen Physiker *Nevill Francis Mott* (1905–1996, Nobelpreis 1977 für seine grundlegenden Beiträge zur Aufklärung der Elektronenstruktur) erkannt (Mott 1930).

Anwendung: Feshbach-Resonanz
Vom Bose-Einstein-Kondensat zum Supraleiter

Der totale Wirkungsquerschnitt bei niedrigen Energien definiert eine *Streulänge* a gemäß

$$\lim_{k\to 0}\sigma_{\text{tot}} = 4\pi a^2 .$$

Sie beschreibt eine effektive Querschnittfläche des streuenden Objekts. Bei niedrigen Energien findet die Streuung vorwiegend im s-Wellen-Sektor statt und wegen (32.67) gilt

$$a = -\lim_{k\to 0}\frac{\sin\delta_0(k)}{k} .$$

Diese kann beide Vorzeichen annehmen. Da δ_0 positiv für anziehende und negativ für abstoßende Wechselwirkungen ist, ist die Streulänge negativ für anziehende und positiv für abstoßende Wechselwirkungen. Eine Feshbach-Resonanz in der Atomphysik tritt dann auf, wenn ein resonanter Molekülzustand zweier Atome in einem Streupotenzial existiert, dessen Energie nahe der gesamten Energie der einlaufenden Atome liegt. Ist diese Energie genügend klein, findet die resonante Streuung fast nur im s-Wellen-Kanal statt.

Ist nun die kinetische Energie der einlaufenden Teilchen nahe der Resonanzenergie, so können diese eine gewisse Zeit den resonanten Zustand einnehmen. Auf Resonanz ist $\delta_0(0)$ kein Vielfaches von π und die Streulänge divergiert. Nahe der Resonanz variieren die Streuphase und zugehörige Streulänge beträchtlich. Dies ist in Abb. 32.9 skizziert.

Feshbach-Resonanzen können künstlich herbeigeführt werden, z. B. durch Änderung eines äußeren Magnetfeldes in der *magnetischen Feshbach-Resonanz* oder durch Einstrahlung eines Laserlichtes bei der *optischen Feshbach-Resonanz*.

Ein einfaches Modell mit Feshbach-Resonanz hat zwei durch einen inneren Freiheitsgrad charakterisierte Kanäle und einen Hamilton-Operator der Form

$$\hat{H}_{\ell=0} = -\frac{\hbar^2}{2m}\left(\frac{\mathrm{d}^2}{\mathrm{d}r^2}+\frac{2}{r}\frac{\mathrm{d}}{\mathrm{d}r}\right)\boldsymbol{I} + \begin{pmatrix} V_o(r) & W(r)\\ W(r) & V_g(r)\end{pmatrix} ,$$

worin r den Atomabstand bezeichnet. Die Indizes o und g bezeichnen die beiden Kanäle – den offenen und den geschlossenen Kanal. Ohne Wechselwirkung W zwischen den Kanälen existiere ein gebundener Zustand im geschlossenen Kanal mit einer (kleinen) positiven Energie $E_g > 0$. Bei der magnetischen Feshbach-Resonanz sind die beiden Kanäle durch die relative Spinorientierung der beiden Atome charakterisiert. Dies ist in Abb. 32.9 gezeigt. Ist nun die Energiesumme der im offenen Kanal einlaufenden Atome gleich E_g, so können die Atome ein Molekül bilden. Durch Einstellung des Magnetfeldes kann man also gezielt Moleküle erzeugen. Auf diese Weise gelang es erstmalig, Moleküle von ultrakalten fermionischen Atomen herzustellen. Da diese Moleküle Bosonen darstellen, konnte man sie in Form eines *Bose-Einstein-Kondensats* kondensieren.

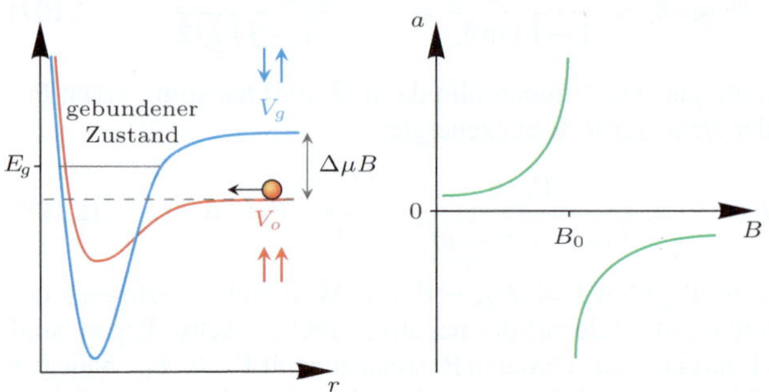

Abb. 32.9 Realisierung einer (magnetischen) Feshbach-Resonanz durch Alkaliatome. Im offenen Kanal ist der Gesamtspin gleich eins und im geschlossenen Kanal gleich null. Das Magnetfeld kontrolliert die Energien der einlaufenden Atome relativ zur Energie des Molekülzustands im geschlossenen Kanal

Liegt nun der Molekülzustand energetisch etwas niedriger als die Energiesumme der einlaufenden fermionischen Atome – dies kann durch Änderung der Magnetfeldes erreicht werden –, dann ist die Wechselwirkung zwischen den Atomen anziehend. Dies erfüllt eine der wesentlichen Voraussetzungen der von *John Bardeen*, *Leon N. Cooper* und *John R. Schrieffer* entwickelten BCS-Theorie (der Name der Theorie leitet sich aus den Nachnamen ihrer Begründer ab), einer Vielteilchentheorie zur Erklärung der Supraleitung in Metallen. Tatsächlich konnte man aus ultrakalten Atomen einen BCS-Zustand erzeugen, der dem Grundzustand eines Supraleiters gleicht. Durch Änderung der Wechselwirkung zwischen den Atomen kann man nun von einem Gas von sich gegenseitig abstoßenden zu einem Gas von sich anziehenden Atomen gelangen und dadurch einen Übergang von einem Bose-Einstein-Kondensat zu einem Supraleiter induzieren.

Literatur

- Andrews, M., Inouye, S., Ketterle, W., Miesner, H., Stamper-Kurn, D., Stenger, J.: Strongly enhanced inelastic collisions in a Bose-Einstein condensate near Feshbach resonances. Phys. Rev. Lett. **82**, 12 (1998)
- Duine, R.A., Stoff, H.T.C.: Atom-molecule coherence in Bose gases. Phys. Rep. **396**, 115 (2004)
- Feshbach, H.: Unified theory of nuclear reactions. Ann. Phys. **5**, 357 (1958)
- Pethick, C.J., Smith, H.: Bose-Einstein Condensation in Dilute Gases. Cambridge University Press (2002)

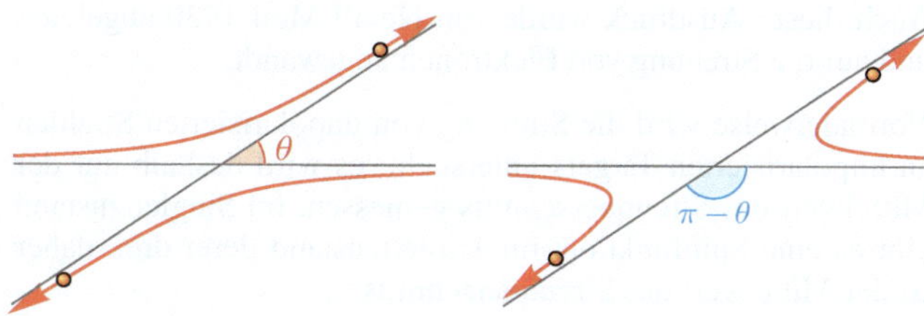

Abb. 32.10 Zwei nicht unterscheidbare Streuprozesse von identischen Teilchen

Achtung Der Begriff „Mott-Streuung" wird nicht einheitlich gebraucht. Meistens meint man damit die elastische Streuung eines Spin-1/2-Teilchens, z. B. eines Elektrons, an einer statischen, punktförmigen Ladung ohne Spin. Man gebraucht den Begriff aber auch für die Streuung von identischen Teilchen mit oder ohne Spin. ◂

Im Schwerpunktsystem zweier Teilchen wird die Relativbewegung durch den die Ortsvektoren $\boldsymbol{x}_1$ und $\boldsymbol{x}_2$ der beiden Teilchen verbindenden Differenzvektor $\boldsymbol{x} = \boldsymbol{x}_2 - \boldsymbol{x}_1$ beschrieben. Nur für *verschiedene Teilchen* ist dann die Wellenfunktion des Systems für große r gegeben durch

$$\psi(\boldsymbol{x}) = \mathrm{e}^{\mathrm{i}\boldsymbol{k}\boldsymbol{x}} + \frac{f(\boldsymbol{k}', \boldsymbol{k})}{r}\,\mathrm{e}^{\mathrm{i}kr}\,, \tag{32.112}$$

da ein Austausch der Teilchen durch $\boldsymbol{x} \to -\boldsymbol{x}$ beschrieben wird.

Identische Teilchen ohne Spin

Für *identische Bosonen*, z. B. zwei α-Teilchen, ist die Wellenfunktion zu symmetrisieren. Bei der Vertauschung der beiden Teilchen geht $\boldsymbol{x}$ in $-\boldsymbol{x}$ oder $(r, \boldsymbol{k}')$ in $(r, -\boldsymbol{k}')$ über. Die symmetrisierte Wellenfunktion ist also

$$\psi_{\mathrm{s}}(\boldsymbol{x}) = \frac{1}{\sqrt{2}}\left(\mathrm{e}^{\mathrm{i}\boldsymbol{k}\boldsymbol{x}} + \mathrm{e}^{-\mathrm{i}\boldsymbol{k}\boldsymbol{x}} + \left[f(\boldsymbol{k}', \boldsymbol{k}) + f(-\boldsymbol{k}', \boldsymbol{k})\right]\frac{\mathrm{e}^{\mathrm{i}kr}}{r}\right). \tag{32.113}$$

Die beiden ersten Summanden beschreiben die anfängliche Bewegung der Teilchen im Schwerpunktsystem: Das eine bewegt sich in die positive $\boldsymbol{k}$-Richtung, das andere in die dazu entgegengesetzte Richtung.

Der zweite Summand beschreibt die gestreuten Wellen. Wir können nicht unterscheiden, ob das erste Teilchen nach $\boldsymbol{k}'$ und das zweite nach $-\boldsymbol{k}'$ gestreut wurde oder umgekehrt. Zwei nicht unterscheidbare Prozesse sind in Abb. 32.10 gezeigt.

Offensichtlich ist der differenzielle Streuquerschnitt für elastische Streuung von identischen spinlosen Teilchen gleich

$$\frac{\mathrm{d}\sigma}{\mathrm{d}\Omega} = \left|f(\boldsymbol{k}', \boldsymbol{k}) + f(-\boldsymbol{k}', \boldsymbol{k})\right|^2. \tag{32.114}$$

Da wir zuerst die Amplituden addieren und danach das Quadrat bilden, entsteht ein Interferenzterm $\propto$ Re $\left[f(\boldsymbol{k}', \boldsymbol{k}) f(-\boldsymbol{k}', \boldsymbol{k})\right]$. Dieser sogenannte *Austauschterm* rührt von der Korrelation zwischen den Teilchen infolge der Symmetrie des Zustands her.

Als Anwendung betrachten wir die Streuung zweier α-Teilchen. Aus der Coulomb-Streuamplitude für unterscheidbare Teilchen (siehe (32.143))

$$f(\vartheta) = \frac{\gamma}{2k}\frac{\Gamma(1+\mathrm{i}\gamma)}{\Gamma(1-\mathrm{i}\gamma)}\frac{\exp(-2\mathrm{i}\gamma \ln \sin \vartheta/2)}{\sin^2 \vartheta/2} \tag{32.115}$$

berechnet sich der differenzielle Streuquerschnitt für spinlose α-Teilchen gemäß

$$\begin{aligned}\frac{\mathrm{d}\sigma}{\mathrm{d}\Omega} &= |f(\vartheta)|^2 + |f(\pi - \vartheta)|^2 \\ &\quad + f(\vartheta) f^*(\pi - \vartheta) + f^*(\vartheta) f(\pi - \vartheta)\,.\end{aligned} \tag{32.116}$$

Für identische Teilchen der Masse m ist die reduzierte Masse $\mu = m/2$ und entsprechend

$$\gamma = \frac{m}{2k}\frac{q_1 q_2}{\hbar^2}\,. \tag{32.117}$$

Setzen wir nun die Streuamplitude (32.115) ein, dann finden wir nach einer kurzen Rechnung den Streuquerschnitt.

Streuquerschnitt für identische spinlose Teilchen

Der differenzielle Streuquerschnitt für Coulomb-Streuung von identischen Teilchen ohne Spin ist

$$\begin{aligned}\frac{\mathrm{d}\sigma}{\mathrm{d}\Omega} = \frac{\gamma^2}{4k^2}\Bigg(&\frac{1}{\sin^4 \vartheta/2} + \frac{1}{\cos^4 \vartheta/2} \\ &+ 2\frac{\cos(\gamma \ln \tan^2 \vartheta/2)}{\sin^2 \vartheta/2 \cos^2 \vartheta/2}\Bigg)\,.\end{aligned} \tag{32.118}$$

Dieser Ausdruck wurde 1930 von Nevill Mott abgeleitet und auf die Streuung von α-Teilchen angewandt.

Frage 14

Überprüfen Sie diesen Ausdruck für den Streuquerschnitt.

Typisch quantenmechanisch im Ausdruck für den Mott'schen Streuquerschnitt ist der Interferenzterm in der zweiten Zeile von (32.118). Dieser ist für $\vartheta = \pi/2$ am größten (dies entspricht einem Winkel von $\pi/4$ im Laborsystem). Bei diesem Winkel bewirkt der Austauschterm eine Verdoppelung des differenziellen Wirkungsquerschnitts, verglichen mit dem Querschnitt für unterscheidbare Teilchen ohne Spin.

Schon bald nach der Arbeit von Mott wurde der Interferenzterm bei der Streuung von α-Teilchen an Heliumgas nachgewiesen und damit zugleich die Bose-Statistik der α-Teilchen und ihre

Wellennatur bestätigt. Der Austauscheffekt ist rein quantenmechanischer Natur. Im klassischen Limes $\hbar \to 0$ strebt

$$\gamma = \frac{Z_1 Z_2 e^2}{\hbar v} \tag{32.119}$$

gegen unendlich, und der Austauschterm oszilliert sehr schnell. Über einen kleinen Raumwinkel gemittelt leistet er im klassischen Limes somit keinen Beitrag zur Streuung. Auch für kleine Relativgeschwindigkeiten ist γ groß, und der Austauschterm trägt nach Mittlung über einen gewissen Winkelbereich nicht mehr bei.

Identische Teilchen mit Spin 1/2

Im allgemeinen Fall ist beim Stoß von Teilchen nur der Gesamtdrehimpuls erhalten. Vernachlässigt man aber die Spinterme (und insbesondere die Spin-Bahn-Wechselwirkung), dann sind der gesamte Bahndrehimpuls und der gesamte Spin einzeln erhalten. In dieser Näherung kann die vollständige Wellenfunktion eines Systems aus zwei identischen Teilchen als Produkt der Orts- und Spinfunktion geschrieben werden (Abschn. 31.1):

$$\psi = \phi(\boldsymbol{x}_1, \boldsymbol{x}_2)\chi(m_1, m_2)\,. \tag{32.120}$$

Für Spin-1/2-Teilchen ist der Gesamtspin entweder 0 oder 1. Die Wellenfunktion des Singlettzustands mit Gesamtspin 0 ist antisymmetrisch im Spinraum und somit symmetrisch im Ortsraum (mehr dazu finden Sie in Abschn. 27.7), sodass

$$\frac{\mathrm{d}\sigma_\mathrm{s}}{\mathrm{d}\Omega} = \left|f(\boldsymbol{k}', \boldsymbol{k}) + f(-\boldsymbol{k}', \boldsymbol{k})\right|^2 \quad \text{(Singlett)}\,. \tag{32.121}$$

Bei der Coulomb-Streuung von Protonen mit entgegengesetztem Spin stimmt somit der Wirkungsquerschnitt mit demjenigen für identische spinlose Teilchen überein.

Die Wellenfunktion des Triplettzustands mit Gesamtspin 1 ist dagegen symmetrisch im Spinraum und somit antisymmetrisch im Ortsraum, sodass

$$\frac{\mathrm{d}\sigma_\mathrm{t}}{\mathrm{d}\Omega} = \left|f(\boldsymbol{k}', \boldsymbol{k}) - f(-\boldsymbol{k}', \boldsymbol{k})\right|^2 \quad \text{(Triplett)}\,. \tag{32.122}$$

Wirkungsquerschnitt im Triplettkanal

Im Triplettzustand mit Gesamtspin 1 ist der differenzielle Wirkungsquerschnitt für Coulomb-Streuung

$$\frac{\mathrm{d}\sigma_\mathrm{t}}{\mathrm{d}\Omega} = \frac{\gamma^2}{4k^2}\left(\frac{1}{\sin^4\vartheta/2} + \frac{1}{\cos^4\vartheta/2} - 2\frac{\cos(\gamma \ln\tan^2\vartheta/2)}{\sin^2\vartheta/2\,\cos^2\vartheta/2}\right). \tag{32.123}$$

Dieser Streuquerschnitt verschwindet für $\vartheta = \pi/2$.

Auch dieser Ausdruck wurde von Nevill Mott 1930 abgeleitet und auf die Streuung von Elektronen angewandt.

Normalerweise wird die Streuung von unpolarisierten Strahlen an unpolarisierten Targets untersucht; es wird deshalb nur der Mittelwert des Streuquerschnitts gemessen. Im Singlettzustand gibt es eine Spinfunktion, im Triplettzustand derer drei, daher ist der Mittelwert des Streuquerschnitts

$$\begin{aligned}\frac{\mathrm{d}\sigma}{\mathrm{d}\Omega} &= \frac{1}{4}\frac{\mathrm{d}\sigma_\mathrm{s}}{\mathrm{d}\Omega} + \frac{3}{4}\frac{\mathrm{d}\sigma_\mathrm{t}}{\mathrm{d}\Omega} \\ &= \frac{\gamma^2}{4k^2}\left(\frac{1}{\sin^4\vartheta/2} + \frac{1}{\cos^4\vartheta/2} - \frac{\cos(\gamma \ln\tan^2\vartheta/2)}{\sin^2\vartheta/2\,\cos^2\vartheta/2}\right).\end{aligned} \tag{32.124}$$

Der darin noch auftretende Austauschterm halbiert den Streuquerschnitt bei $\vartheta = \pi/2$.

Während für identische Bosonen die Streuintensität für $\vartheta = \pi/2$ durch das Interferenzglied gegenüber dem klassischen Wert auf das Doppelte erhöht wird, wird sie für identische Fermionen auf die Hälfte heruntergesetzt.

Schon 1931 hat der deutsche Physiker *Christian Gerthsen* (1894–1956) bei der Streuung von Protonen an Wasserstoff den Interferenzterm in (32.124) sehr genau bestätigt (Gerthsen 1931). Auch die Streuung von Elektronen mit 20 eV an Wasserstoff durch *Evan James Williams* (1903–1945) ergab eine gute Übereinstimmung der experimentellen Ergebnisse mit der Theorie (Williams 1930).

Im Praktikum für fortgeschrittene Physikstudenten findet man heute oft Versuche zur Coulomb-Streuung von unterscheidbaren und identischen Teilchen. Bevorzugt wird dabei die Streuung von ^{12}C- und ^{13}C-Teilchen an einem ^{12}C- bzw. ^{13}C-Target untersucht. Dabei werden die Formeln (32.118) bzw. (32.123) glänzend bestätigt (z. B. Plattner & Sick 1981).

Teil III

32.1 Mathematischer Hintergrund: Gammafunktion

Für positive reelle Zahlen x ist die Gammafunktion durch

$$\Gamma(x) := \int_0^\infty t^{x-1} e^{-t} dt \tag{1}$$

definiert. Die Gammafunktion kann analytisch auf die komplexe Zahlenebene fortgesetzt werden. Dort hat sie einfache Polstellen bei null und den negativen ganzen Zahlen (Abb. 32.11), d. h., ihre Fortsetzung ist auf $\mathbb{C}$ *meromorph*.

Für $x = 1$ sieht man sofort $\Gamma(1) = 1$. Partielle Integration ergibt dann die Funktionalgleichung

$$\Gamma(x+1) = \int_0^\infty t^x e^{-t} dt = -\int_0^\infty t^x \frac{de^{-t}}{dt} dt = \int_0^\infty \frac{dt^x}{dt} e^{-t} dt$$
$$= x\Gamma(x)\,. \tag{2}$$

In diesem Sinn kann die Gammafunktion als kontinuierliche Verallgemeinerung der Fakultät angesehen werden, denn aus der vorangehenden Funktionalgleichung zusammen mit $\Gamma(1) = 1$ folgt für ganzzahlige $n \in \mathbb{N}$, dass

$$\Gamma(n+1) = n! \tag{3}$$

ist.

Für $x = 1/2$ führt die Substitution $y = \sqrt{t}$ in (1) sofort auf eines der Gauß'schen Integrale aus dem „Mathematischen Hintergrund" 36.1, das

$$\Gamma\left(\frac{1}{2}\right) = \sqrt{\pi} \tag{4}$$

ergibt. Davon und von der Rekursionsformel (3) ausgehend ist dann mittels vollständiger Induktion leicht zu zeigen, dass für alle halbzahligen Argumente

$$\Gamma\left(n+\frac{1}{2}\right) = \frac{(2n)!}{n!4^n}\sqrt{\pi} \tag{5}$$

mit $n \in \mathbb{N}_0$ ist.

Umgekehrt reichen die beiden Angaben $\Gamma(1)$ und $\Gamma(x+1) = x\Gamma(x)$ noch nicht aus, um die Gammafunktion vollständig zu charakterisieren. Der *Satz von Bohr-Mollerup* besagt, dass die Gammafunktion auf $\mathbb{R}^+$ eindeutig durch (1) bestimmt ist, sobald man zusätzlich fordert, dass $\ln \Gamma(x)$ konvex sein soll.

Die Gammafunktion erfüllt für $x \in \mathbb{R}^+$ die bemerkenswerte Gleichung

$$\Gamma(x) = \sqrt{\frac{2\pi}{x}} \left(\frac{x}{e}\right)^x e^{\mu(x)}\,, \tag{6}$$

wobei die Funktion $\mu(x)$ für $x \in \mathbb{R}^+$ durch $0 < \mu(x) < (12x)^{-1}$ begrenzt ist. Für $x \gg 1$ wird $\mu(x)$ daher beliebig klein, und die Gammafunktion erfüllt näherungsweise

$$\Gamma(x) \approx \sqrt{\frac{2\pi}{x}} \left(\frac{x}{e}\right)^x\,. \tag{7}$$

Daraus folgt insbesondere eine wichtige Näherungsformel für den natürlichen Logarithmus der Fakultät:

$$\begin{aligned} \ln n! &= \ln(n\Gamma(n)) = \ln n + \ln \Gamma(n) \\ &\approx n(\ln n - 1) + \frac{1}{2}\ln n + \frac{1}{2}\ln 2\pi \\ &\approx n \ln n - n\,, \end{aligned} \tag{8}$$

wobei im letzten Schritt Terme weggelassen wurden, die nicht von der Größenordnung n sind. Die letzte Gleichung ist die *Stirling'sche Formel*.

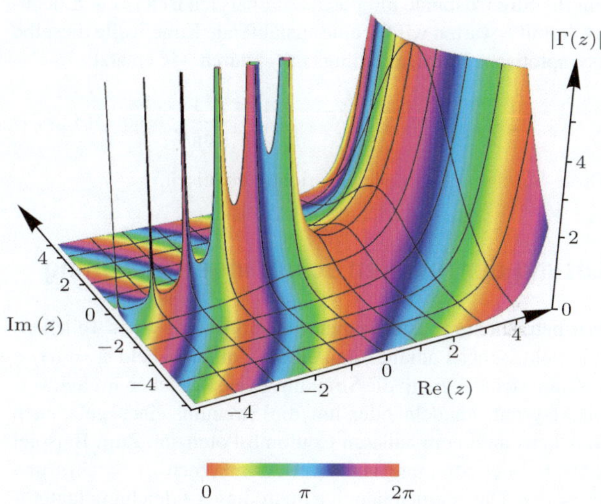

Abb. 32.11 Die Gammafunktion in der komplexen Ebene. Sie hat einfache Pole an den Stellen $z = 0, -1, -2, \ldots$

Weiterführende Literatur

- Freitag, E., Busam, R.: Funktionentheorie 1, (Kapitel IV.1, Die Gammafunktion). Springer (2006)
- Havil, J.: Gamma: Eulers Konstante, Primzahlstrände und die Riemannsche Vermutung. SpringerSpektrum (2013)

Teil III

So geht's weiter

Die Coulomb-Streuung

Das Coulomb-Potenzial fällt im Unendlichen nur langsam ab; deshalb nimmt die Coulomb-Streuung eine Sonderrolle ein. Ganz egal wie weit zwei Teilchen voneinander entfernt sind, sie spüren immer die gegenseitige Coulomb-Kraft. Durch diese langreichweitige Wechselwirkung wird das asymptotische Verhalten der Streuwelle $\psi_{\boldsymbol{k}}(\boldsymbol{x})$ modifiziert. Deshalb ist auch die Born'sche Näherung, die von einer ebenen Welle ausgeht, hier nicht anwendbar.

Diese Probleme kann man wegen des asymptotischen Verhaltens der radialen Wellenfunktionen im Coulomb-Feld in (28.71),

$$R_{n\ell}(r) \propto r^{n-1}\mathrm{e}^{-\kappa r}, \quad \kappa = \frac{1}{na_\mathrm{B}}, \tag{32.125}$$

bereits vermuten. Ersetzt man in $(\kappa r)^n = \mathrm{e}^{n\ln(\kappa r)}$ die Hauptquantenzahl durch $n = 1/(a_\mathrm{B}\kappa)$, dann schreibt sich das asymptotische Verhalten wie folgt:

$$R_{n\ell}(r) \propto \frac{1}{r}\,\mathrm{e}^{-\kappa r + \ln(\kappa r)/(a_\mathrm{B}\kappa)}. \tag{32.126}$$

Für die Streuzustände mit positiven Energien ist $\kappa^2 \propto -E$ negativ. Somit erwarten wir für eine auslaufende Kugelwelle dieselbe asymptotische Form, allerdings mit κ durch $-\mathrm{i}k$ ersetzt:

$$R_{k\ell}(r) \propto \frac{1}{r}\,\mathrm{e}^{\mathrm{i}kr - \mathrm{i}\gamma\ln(kr)}, \quad \gamma = -\frac{1}{a_\mathrm{B}k}. \tag{32.127}$$

Diese Vermutung wird sich als richtig erweisen.

Das Problem der Streuung eines Teilchens im kugelsymmetrischen Feld besitzt Axialsymmetrie um die Achse definiert durch das einfallende Teilchen. Für eine in Richtung der z-Achse einlaufende ebene Welle hängt die Wellenfunktion somit nur von r und z ab. Wir setzen die Lösung in der Form

$$\psi(\boldsymbol{x}) = \mathrm{e}^{\mathrm{i}kz}g(\xi), \quad r = |\boldsymbol{x}|, \quad \xi = \mathrm{i}k(r-z) \tag{32.131}$$

an. Diese Faktorisierung der Wellenfunktion ist durch die Separation der Variablen in parabolischen Koordinaten begründet. Genauer diskutiert wird dies z. B. in Landau und Lifschitz (1990). Für diese Klasse von Funktionen gilt

$$\begin{aligned} \Delta\psi &= \left(\Delta\mathrm{e}^{\mathrm{i}kz}\right)g + 2\left(\nabla\mathrm{e}^{\mathrm{i}kz}\right)\cdot(\nabla g) + \mathrm{e}^{\mathrm{i}kz}\Delta g \\ &= \left(-k^2 g + 2\mathrm{i}k\partial_z g + \Delta g\right)\mathrm{e}^{\mathrm{i}kz}, \end{aligned} \tag{32.132}$$

worin nur die Komponente $\partial_z g$ von ∇g beiträgt, da $\nabla(\mathrm{e}^{\mathrm{i}kz}) \propto \boldsymbol{e}_z$ ist. Mithilfe der einfachen Identitäten

$$\begin{aligned} \partial_z g &= \mathrm{i}k\left(\frac{z}{r}-1\right)g', \\ \Delta g &= 2k^2\left(\frac{z}{r}-1\right)g'' + \frac{2\mathrm{i}k}{r}g' \end{aligned} \tag{32.133}$$

gewinnt man schließlich für $g(\xi)$ eine in der Literatur bekannte Differenzialgleichung:

$$\left(\xi\frac{\mathrm{d}^2}{\mathrm{d}\xi^2} + (1-\xi)\frac{\mathrm{d}}{\mathrm{d}\xi} + \mathrm{i}\gamma\right)g(\xi) = 0. \tag{32.134}$$

Die Funktion g im Ansatz (32.131) erfüllt die konfluente hypergeometrische Differenzialgleichung

$$\xi\frac{\mathrm{d}^2 g}{\mathrm{d}\xi^2} + (b-\xi)\frac{\mathrm{d}g}{\mathrm{d}\xi} - ag = 0, \tag{32.135}$$

mit den Parametern $a = -\mathrm{i}\gamma$ und $b = 1$.

Die Eigenschaften und Lösungen der hypergeometrischen Differenzialgleichung werden in Lehrbüchern besprochen (z. B. Buchholz 1953). Die reguläre Lösung ist die konfluente hypergeometrische Reihe $F(a,b,z)$, auch Kummer'sche Funktion genannt, mit dem asymptotischen Verhalten für $|\arg(\xi)| \le \pi/2$:

$$\begin{aligned} F(a,b,\xi) = {} & \frac{\Gamma(b)}{\Gamma(b-a)}(-\xi)^{-a}\left(1 - \frac{a(1+a-b)}{\xi} + O(1/\xi^2)\right) \\ & + \frac{\Gamma(b)}{\Gamma(a)}\,\mathrm{e}^{\xi}\,\xi^{a-b}\,(1 + O(1/\xi)). \end{aligned} \tag{32.136}$$

Lösung der radialen Schrödinger-Gleichung

Wir betrachten etwas allgemeiner die Streuung eines Teilchens mit elektrischer Ladung q_1 an einem Coulomb-Feld $\phi = q_2/r$. Es kann sich dabei um die Streuung zweier Teilchen im Schwerpunktsystem handeln oder um die Streuung eines geladenen Teilchens an einem äußeren Coulomb-Potenzial. Zum Beispiel wäre bei der Streuung von zwei Atomkernen $q_1 = Z_1 e$ und $q_2 = Z_2 e$. Die zeitunabhängige Schrödinger-Gleichung lautet

$$\left(-\Delta + \frac{2m}{\hbar^2}\frac{q_1 q_2}{r} - \frac{2mE}{\hbar^2}\right)\psi = 0. \tag{32.128}$$

Setzt man wieder $2mE = (\hbar k)^2$ und führt den dimensionslosen Parameter

$$\gamma = \frac{mq_1q_2}{\hbar^2 k} \tag{32.129}$$

ein, dann vereinfacht sich die Schrödinger-Gleichung zu

$$\left(\Delta + k^2 - \frac{2\gamma k}{r}\right)\psi = 0. \tag{32.130}$$

Teil III

Die Lösung von (32.134) ist somit

$$g(\xi) = C \cdot F(-\mathrm{i}\gamma, 1, \xi) \qquad (32.137)$$

mit einem Normierungsfaktor C. Sie hat die asymptotische Form

$$g(\xi) \to C \frac{(-\xi)^{\mathrm{i}\gamma}}{\Gamma(1+\mathrm{i}\gamma)} \left(1 + \frac{\gamma^2}{\xi}\right) + C \frac{\xi^{-\mathrm{i}\gamma} \mathrm{e}^{\xi}}{\xi\, \Gamma(-\mathrm{i}\gamma)} . \qquad (32.138)$$

Mit der Identität $\Gamma(1+z) = z\,\Gamma(z)$ kann man nun $\Gamma(-\mathrm{i}\gamma)$ im letzten Nenner durch $\mathrm{i}\Gamma(1-\mathrm{i}\gamma)/\gamma$ ersetzen. Bemüht man außerdem

$$(-\xi)^{\mathrm{i}\gamma} = \left(\mathrm{e}^{\ln[k(r-z)] - \mathrm{i}\pi/2}\right)^{\mathrm{i}\gamma} = \mathrm{e}^{\pi\gamma/2 + \mathrm{i}\gamma \ln[k(r-z)]} , \qquad (32.139)$$

und entsprechend für $\xi^{-\mathrm{i}\gamma}$, dann folgt für große $r - z$

$$g(\xi) \sim C\mathrm{e}^{\pi\gamma/2} \left[\frac{\mathrm{e}^{\mathrm{i}\gamma \ln[k(r-z)]}}{\Gamma(1+\mathrm{i}\gamma)} \left(1 + \frac{\gamma^2}{\xi}\right) - \frac{\gamma \mathrm{e}^{\xi - \mathrm{i}\gamma \ln[k(r-z)]}}{k(r-z)\Gamma(1-\mathrm{i}\gamma)} \right] . \qquad (32.140)$$

Setzt man diese Darstellung in (32.131) ein und benutzt noch

$$k(r-z) = kr(1-\cos\vartheta) = 2kr\left(\sin\frac{\vartheta}{2}\right)^2 , \qquad (32.141)$$

dann gewinnt man die *asymptotische Form* der Lösung. Weit weg vom Zentrum hat eine Streulösung die Form

$$\psi(r,\vartheta) \sim \frac{C\mathrm{e}^{\pi\gamma/2}}{\Gamma(1+\mathrm{i}\gamma)} \left[\left(1 + \frac{\gamma^2}{2\mathrm{i}kr \sin^2(\vartheta/2)}\right) \mathrm{e}^{\mathrm{i}kz} \mathrm{e}^{\mathrm{i}\gamma \ln k(r-z)} + f(\vartheta) \frac{\mathrm{e}^{\mathrm{i}kr}}{r} \mathrm{e}^{-\mathrm{i}\gamma \ln(2kr)} \right] . \qquad (32.142)$$

Die winkelabhängige Koeffizientenfunktion

$$f(\vartheta) = \frac{\gamma}{2k} \frac{\Gamma(1+\mathrm{i}\gamma)}{\Gamma(1-\mathrm{i}\gamma)} \left(\sin\frac{\vartheta}{2}\right)^{-2-2\mathrm{i}\gamma} \qquad (32.143)$$

darin spielt dieselbe Rolle wie die Streuamplitude bei Streuung an kurzreichweitigen Potenzialen.
Der erste Term in der asymptotischen Form (32.142) beschreibt eine in z-Richtung einlaufende Welle, die für die langreichweitige Coulomb-Wechselwirkung mit dem ortsabhängigen Faktor

$$\left(1 + \frac{\gamma^2}{2\mathrm{i}kr \sin^2(\vartheta/2)}\right) \mathrm{e}^{\mathrm{i}\gamma \ln k(r-z)} \qquad (32.144)$$

versehen ist. Die Wahrscheinlichkeitsstromdichte der einlaufenden Welle ist weit weg vom Streuzentrum gleich

$$j_z = C^2 \frac{\hbar k}{m} \left| \frac{\mathrm{e}^{\pi\gamma/2}}{\Gamma(1+\mathrm{i}\gamma)} \right|^2 . \qquad (32.145)$$

Der zweite Term in (32.142) beschreibt dagegen eine auslaufende Kugelwelle, die durch eine schwach ortsabhängige Phasenverschiebung modifiziert wird. Für große r ist der zugehörige Wahrscheinlichkeitsfluss in den Raumwinkel $\mathrm{d}\Omega$ gleich

$$j_r r^2 \mathrm{d}\Omega = C^2 \frac{\hbar k}{m} \left| \frac{\mathrm{e}^{\pi\gamma/2}}{\Gamma(1+\mathrm{i}\gamma)} \right|^2 |f(\vartheta)|^2 \mathrm{d}\Omega . \qquad (32.146)$$

Deshalb ist der Wirkungsquerschnitt wieder durch das Betragsquadrat der Funktion f gegeben:

$$\frac{\mathrm{d}\sigma}{\mathrm{d}\Omega} = \frac{j_r r^2}{j_z} = |f(\vartheta)|^2 . \qquad (32.147)$$

Wegen der Identität $\Gamma(\bar{z}) = \bar{\Gamma}(z)$ ist das Verhältnis der beiden Gammafunktionen in (32.143) eine unimodulare komplexe Zahl die zum Wirkungsquerschnitt nicht beiträgt:

$$\left(\frac{\mathrm{d}\sigma}{\mathrm{d}\Omega}\right) = \frac{\gamma^2}{4k^2 \sin^4(\vartheta/2)} = \left(\frac{mq_1q_2}{2\hbar^2k^2}\right)^2 \frac{1}{\sin^4(\vartheta/2)} . \qquad (32.148)$$

Ersetzen wir hierin noch die Wellengröße $\hbar k$ durch die Teilchengröße $mv = \sqrt{2mE}$, erhalten wir für die Streuung von zwei geladenen Punktteilchen

$$\left(\frac{\mathrm{d}\sigma}{\mathrm{d}\Omega}\right) = \left(\frac{q_1q_2}{4E}\right)^2 \frac{1}{\sin^4(\vartheta/2)} . \qquad (32.149)$$

Dieser exakte Ausdruck für den Wirkungsquerschnitt stimmt einerseits mit dem klassischen Ausdruck in Abschn. 3.4 überein und andererseits mit der Born'schen Näherung für Weitwinkelstreuung von Elektronen an Atomen.

Achtung Die Übereinstimmung der Ausdrücke für die Wirkungsquerschnitte in der klassischen Physik, der Born'schen Näherung und der exakten Lösung, ist eine Besonderheit des Coulomb-Feldes. ◀

Der exakte Streuquerschnitt für Coulomb-Streuung divergiert in die Vorwärtsrichtung $\vartheta = 0$. Der Grund dafür ist wieder die lange Reichweite des Coulomb-Potenzials, da auch einlaufende Teilchen mit beliebig großem Stoßparameter noch gestreut werden. Aber in einem tatsächlichen Streuexperiment wird die Ladung des streuenden Teilchens durch andere Ladungen abgeschirmt, und einlaufende Teilchen mit großen Stoßparametern sehen ein abgeschirmtes Coulomb-Potenzial. Bei der Streuung an neutralen Atomen ist deshalb der differenzielle Wirkungsquerschnitt auch in Vorwärtsrichtung endlich.

Analytische Eigenschaften der Streuamplitude

Wir wenden uns nun den Polen und Nullstellen der Coulomb-Streuamplitude (32.143) in der komplexen Energieebene zu. Dazu erinnern wir daran, dass die meromorphe Gammafunktion die Rekursionsrelation $\Gamma(z+1) = z\,\Gamma(z)$ erfüllt (siehe den „Mathematischen Hintergrund" 32.1), woraus sich für jedes $r \in \mathbb{N}_0$ die Relation

$$\Gamma(z) = \frac{\Gamma(z+r+1)}{z(z+1)\cdots(z+r)} \quad \text{mit} \quad \Gamma(1) = 1 \tag{32.150}$$

ergibt. Die Γ-Funktion hat somit einfache Pole an den Stellen $(-z) \in \mathbb{N}_0$, und die entsprechenden Residuen sind

$$\lim_{z \to -r} (z+r)\Gamma(z) = \frac{(-1)^r}{r!}, \quad r \in \mathbb{N}_0 . \tag{32.151}$$

Sie hat keine Nullstellen in der komplexen z-Ebene. Die Streuamplitude (32.143) hat *einfache Pole* für

$$\gamma = \frac{mq_1q_2}{\hbar^2 k} = \mathrm{i}n, \quad n \in \mathbb{N}, \tag{32.152}$$

und *einfache Nullstellen* bei

$$\gamma = \frac{mq_1q_2}{\hbar^2 k} = -\mathrm{i}n, \quad n \in \mathbb{N}. \tag{32.153}$$

Die zugehörigen Energien sind negativ und quantisiert:

$$E_n = \frac{\hbar^2 k^2}{2m} = -\frac{m}{2}\left(\frac{q_1q_2}{\hbar n}\right)^2 . \tag{32.154}$$

Für ein wasserstoffähnliches Ion mit $q_1 = -e$ und $q_2 = Ze$ sind dies die bekannten Energien der Bindungszustände:

$$E_n = -\frac{Z^2}{2}mc^2\left(\frac{\alpha}{n}\right)^2, \quad \alpha = \frac{e^2}{\hbar c}. \tag{32.155}$$

Für das attraktive Coulomb-Potenzial ist das Produkt der Ladungen in (32.152) negativ, und somit liegen die Nullstellen auf der negativen imaginären Achse in der komplexen k-Ebene. Für diese Werte ist die „einlaufende Kugelwelle" $\propto \exp(\mathrm{i}kr)$ in der Lösung (32.143) normierbar. Gleichzeitig verschwindet der auslaufende Anteil. Somit ist die gesamte Lösung normierbar.

Achtung Für eine abstoßende Coulomb-Kraft mit $q_1q_2 > 0$ liegen die Nullstellen der Streuamplitude auf der positiven imaginären Achse in der komplexen k-Ebene. Die entsprechenden Lösungen sind dann nicht mehr normierbar. ◀

Die Eigenschaft, dass die Nullstellen der Streuamplitude auf der negativen imaginären k-Achse zu Bindungszuständen gehören, ist auch für allgemeinere Potenziale in drei Dimensionen gültig (für eine Diskussion siehe Landau und Lifschitz 1990).

Literatur

- Landau, L.D., Lifschitz, E.M.: Lehrbuch der Theoretischen Physik III. Quantenmechanik, 8. Aufl., Akademie Verlag (1990)

Teil III

Aufgaben

Gelegentlich enthalten die Aufgaben mehr Angaben, als für die Lösung erforderlich sind. Bei einigen anderen dagegen werden Daten aus dem Allgemeinwissen, aus anderen Quellen oder sinnvolle Schätzungen benötigt.

- • leichte Aufgaben mit wenigen Rechenschritten
- •• mittelschwere Aufgaben, die etwas Denkarbeit und unter Umständen die Kombination verschiedener Konzepte erfordern
- ••• anspruchsvolle Aufgaben, die fortgeschrittene Konzepte (unter Umständen auch aus späteren Kapiteln) oder eigene mathematische Modellbildung benötigen

32.1 •• Streuwinkel im Labor- und Schwerpunktsystem Ein Massenpunkt m_1 stoße im Laborsystem mit einem ruhenden Massenpunkt m_2 elastisch zusammen.

(a) Man gebe die Ablenkwinkel für beide Teilchen aufgrund von Energie- und Impulserhaltung im Laborsystem und im Schwerpunktsystem an und stelle zwischen beiden Systemen die Beziehung her.
(b) Wie vereinfachen sich die Ausdrücke für gleiche Massen? Zeigen Sie insbesondere, dass für gleiche Massen die Geschwindigkeiten nach dem Stoß im Laborsystem immer senkrecht aufeinander stehen.
(c) Bei inelastischer Streuung ist q in der Energiebilanzgleichung

$$\frac{m_1}{2}v_1^2 + \frac{m_2}{2}v_2^2 = \frac{m_1}{2}v_1'^2 + \frac{m_2}{2}v_2'^2 + \frac{m_1\Delta}{2} \qquad (32.156)$$

ungleich null. Wie lautet nun die Transformation zwischen den Streuwinkeln in den beiden Systemen?

Lösungshinweis: Die Bahnen der beteiligten Teilchen liegen in einer festen Ebene. Sie dürfen die Rechnung also in der x–y-Ebene vornehmen. Ohne Beschränkung der Allgemeinheit kann man auch annehmen, dass sich Teilchen 1 anfangs entlang der x-Achse bewegt. Das Resultat hängt nicht von den einzelnen Massen, sondern nur vom Verhältnis $\zeta = m_2/m_1$ ab.

32.2 • Born'sche Näherung für Streuung am Yukawa-Potenzial

(a) Berechnen Sie das Integral in (32.32) und bestätigen Sie somit den Ausdruck auf der rechten Seite.
(b) Berechnen Sie den totalen Streuquerschnitt in der ersten Born'schen Näherung für die Streuung an einem Yukawa-Potenzial. Drücken Sie Ihre Lösung als Funktion von E aus.

32.3 •• Legendre-Polynome Eine in Richtung der z-Achse einlaufende ebene Welle kann nach Legendre-Polynomen entwickelt werden:

$$e^{ikr\cos\vartheta} = \sum_\ell i^\ell (2\ell+1)\, a_\ell j_\ell(kr) P_\ell(\cos\vartheta)\,. \qquad (32.157)$$

Diese reellen Polynome sind proportional zu den Kugelflächenfunktionen mit $m = 0$:

$$P_\ell(\cos\vartheta) = \sqrt{\frac{4\pi}{2\ell+1}}\, Y_{\ell,0}(\vartheta)\,. \qquad (32.158)$$

(a) Berechnen Sie mithilfe der erzeugenden Relation (27.134) die Werte $P_\ell(1)$.
(b) Beweisen Sie die Orthogonalitätsrelationen

$$\int_{-1}^{1} du\, P_\ell(u) P_{\ell'}(u) = \frac{2}{2\ell+1}\delta_{\ell\ell'}\,. \qquad (32.159)$$

Hier sollte man sich die Orthonormalität der Kugelflächenfunktionen zunutze machen.
(c) Bestimmen Sie die Koeffizienten a_ℓ in der Entwicklung (32.157).

Lösungshinweis: In Teilaufgabe (c) kann man (32.157) mithilfe der Orthogonalitätsrelationen auf den Sektor mit festem Drehimpuls projizieren. Als Zwischenresultat sollten Sie

$$2i^\ell a_\ell j_\ell(x) = \int_{-1}^{1} du\, e^{ixu} P_\ell(u) \qquad (32.160)$$

erhalten. Nun können Sie beide Seiten für kleine x vergleichen. Links benutzen Sie die Entwicklung der sphärischen Bessel-Funktionen für kleine Argumente. Rechts werden Sie auf das Integral

$$\int_0^\pi d\vartheta\, \sin^{2\ell+1}\vartheta \qquad (32.161)$$

geführt, das bereits früher in (27.130) auftrat.

32.4 •• Integralgleichung für radiale Wellenfunktionen Überlegen Sie sich, dass eine Lösung der Integralgleichung

$$\phi_\ell(k,r) = j_\ell(kr) + \int_0^r dr' r'^2 G_\ell(k,r,r') U(r') \phi_\ell(k,r') \qquad (32.162)$$

mit der Green'schen Funktion

$$G_\ell(k,r,r') = kj_\ell(kr)y_\ell(kr') - ky_\ell(kr)j_\ell(kr')\,, \quad r' < r \tag{32.163}$$

die radiale Schrödinger-Gleichung (32.53) erfüllt.

Lösungshinweis: Sie werden bei der Lösung der Aufgabe wahrscheinlich auf die Wronski-Determinante von $j_\ell(x)$ und $y_\ell(x)$ stoßen. Wronski-Determinanten werden im „Mathematischen Hintergrund" 6.1 und in Abschn. 19.4 besprochen.

32.5 •• Streuung am sphärischen Topf Wir betrachten in dieser Aufgabe die Streuung von Teilchen am sphärischen Topfpotenzial

$$V(r) = \begin{cases} -V_0 & \text{für } r \leq a \\ 0 & \text{für } r > a \end{cases} \tag{32.164}$$

mit $V_0 > 0$.

(a) Bestimmen Sie die Streulösungen. Die Anschlussbedingungen am Topfrand brauchen nicht explizit gelöst werden.
(b) Zeigen Sie, dass die Streuphase im Sektor mit Drehimpuls ℓ durch

$$\tan\delta_\ell = \frac{qj_{\ell-1}(qa)j_\ell(ka) - kj_\ell(qa)j_{\ell-1}(ka)}{qj_{\ell-1}(qa)y_\ell(ka) - kj_\ell(qa)y_{\ell-1}(ka)} \tag{32.165}$$

gegeben ist.
(c) Leiten Sie daraus (32.101) her.
(d) Finden Sie die Energien der gebundenen Zustände im Sektor mit $\ell = 0$ in impliziter Form und vergleichen Sie mit den Resultaten für den eindimensionalen Topf in Abschn. 26.2.
(e) Wann existieren für $E = 0$ halbgebundene Zustände, deren Wellenfunktionen überall beschränkt sind?

Lösungshinweis: In Teilaufgabe (b) werden Sie die Beziehung

$$f_\ell'(x) = f_{\ell-1}(x) - \frac{\ell+1}{x}f_\ell(x) \tag{32.166}$$

für die sphärischen Bessel-Funktionen j_ℓ und y_ℓ benötigen. Bei der Lösung von Teilaufgabe (c) brauchen Sie die sphärischen Bessel-Funktionen mit Index 0 und -1:

$$\begin{aligned} j_0(x) &= y_{-1}(x) = \frac{\sin x}{x}\,, \\ j_{-1}(x) &= -y_0(x) = \frac{\cos x}{x}\,. \end{aligned} \tag{32.167}$$

Diese und weitere ihrer Eigenschaften finden Sie z. B. in Abramowitz und Stegun 1964. Die Lösung von Teilaufgabe (e) wird bei der Diskussion des Levinson-Theorems benötigt.

32.6 ••• Exponentielles Potenzial Als lehrreiches und analytisch lösbares Problem untersuchen wir in dieser Aufgabe das Verhalten von Teilchen im kurzreichweitigen und anziehenden Exponentialpotenzial

$$V(r) = -V_0\,\mathrm{e}^{-2r/a}\,, \quad V_0 \equiv \frac{\hbar^2 k_0^2}{2m} > 0\,. \tag{32.168}$$

(a) Bestimmen Sie die bei $r = 0$ reguläre Lösung.
(b) Bestimmen Sie die Energien der gebundenen Zustände im Sektor $\ell = 0$.
(c) Warum gibt der Wert der Bessel-Funktion J_0 an der Stelle $k_0 a$ Auskunft über die Anzahl gebundener Zustände? Welche Bedingungen müssen a und V_0 erfüllen, damit mindestens ein Bindungszustand existiert?
(d) Bestimmen Sie die Phasenverschiebung δ_0 und zeigen Sie, dass die Nullstellen der Funktion $\mathrm{e}^{2\mathrm{i}\delta_0(k)}$ in der komplexen k-Ebene auf der negativen imaginären Achse zu den Energien der Bindungszustände gehören.

Lösungshinweis: Es lohnt sich, die Abkürzungen

$$k_0^2 = \frac{2mV_0}{\hbar^2}\,, \quad \gamma = k_0 a \tag{32.169}$$

einzuführen. Nach der Variablensubstitution $z = \gamma\exp(-r/a)$ werden Sie der Bessel'schen Differenzialgleichung

$$z^2 f''(z) + zf'(z) + (z^2 - \nu^2)f(z) = 0\,, \quad \nu \in \mathbb{C} \tag{32.170}$$

begegnen, die bereits in Abschn. 19.4 auftrat. Deren Lösungen sind die Bessel-Funktionen $J_{\pm\nu}(z)$. Die Eigenschaften der Bessel-Funktionen und deren Verhalten für kleine und große Argumente finden Sie z. B. in Abramowitz und Stegun (1964).

32.7 ••• Optisches Theorem und Interferenzstrom Zeigen Sie (32.87), indem Sie bei der Berechnung des Flusses des Interferenzstromes (32.86) verwenden, dass dieser in Vorwärtsrichtung konzentriert ist und dass daher nur $\int \mathrm{d}\Omega\, \psi_0^*(t,\boldsymbol{x})$ auszuwerten ist. Rechnen Sie dafür nach, dass

$$\int \mathrm{d}\Omega\, \psi_0(t,\boldsymbol{x}) \approx \frac{2\pi}{\mathrm{i}k_0 r}\left[\psi_0(t, r\hat{\boldsymbol{k}}_0) - \psi_0(t, -r\hat{\boldsymbol{k}}_0)\right] \tag{32.171}$$

gilt, wenn $\psi_0(t,\boldsymbol{x})$ durch (32.19) gegeben ist.

32.8 • $\pi^+\pi^-$-Streuung Ein Zweiteilchensystem bestehend aus einem negativ geladenen Pion und seinem Antiteilchen, dem positiv geladenen Pion, habe einen festen Bahndrehimpuls ℓ. Was muss für den Drehimpuls gelten, damit die Streuung

$$\pi^- + \pi^+ \to \pi^0 + \pi^0 \tag{32.172}$$

stattfinden kann?

Lösungshinweis: Die drei Pionen haben Spin 0 und sind instabil unter der schwachen und elektromagnetischen Wechselwirkung. Letztere Eigenschaft wollen wir hier vernachlässigen. Was wissen Sie über die Wellenfunktion der beiden auslaufenden identischen Teilchen im Schwerpunktsystem?

Teil III

Lösungen zu den Aufgaben

32.1 Die Umrechnung in Teilaufgabe (a) findet sich im Wesentlichen bereits in Abschn. 3.4 und soll hier als Wiederholung dienen.

32.2 (b) Totaler Wirkungsquerschnitt

$$\sigma_{\text{tot}} = 16\pi \left(\frac{mg}{\hbar^2}\right)^2 \frac{1}{\mu^2(\mu^2 + 8mE/\hbar^2)} .$$

Ausführliche Lösungen zu den Aufgaben

32.1

(a) Es sei $v_0 \boldsymbol{e}_x$ die Geschwindigkeit des ersten Teilchens vor dem Stoß. Das zweite Teilchen sei anfänglich in Ruhe. Nach dem Stoß bilden die Geschwindigkeiten $\boldsymbol{v}_1$ und $\boldsymbol{v}_2$ die Winkel ϑ_1 und ϑ_2 mit der Geschwindigkeit des einlaufenden Teilchens. Die Streuwinkel liegen im Intervall $[0, \pi]$. Der Impulssatz lautet

$$\begin{aligned} m_1 v_0 &= m_1 v_1 \cos\vartheta_1 + m_2 v_2 \cos\vartheta_2 \,, \\ 0 &= m_1 v_1 \sin\vartheta_1 - m_2 v_2 \sin\vartheta_2 \,. \end{aligned} \tag{32.173}$$

In einem Koordinatensystem, das sich mit der Geschwindigkeit $u\boldsymbol{e}_x$ relativ zum Laborsystem bewegt, lautet die Impulserhaltung

$$\begin{aligned} m_1(v_0 - u) - m_2 u &= m_1 v_1' \cos\vartheta_1' + m_2 v_2' \cos\vartheta_2' \,, \\ 0 &= m_1 v_1' \sin\vartheta_1' - m_2 v_2' \sin\vartheta_2' \,, \end{aligned} \tag{32.174}$$

wobei v_i' und ϑ_i' die Geschwindigkeiten und Streuwinkel nach dem Stoß im bewegten System bezeichnen.
Insbesondere im Schwerpunktsystem muss der Gesamtimpuls $m_1(v_0 - u) - m_2 u$ vor dem Stoß verschwinden, sodass

$$u = \frac{v_0}{1+\zeta} \quad \text{mit} \quad \zeta = \frac{m_2}{m_1} \,. \tag{32.175}$$

Aus den Quotienten der resultierenden Beziehungen

$$\begin{aligned} m_1 v_1' \cos\vartheta_1' &= -m_2 v_2' \cos\vartheta_2' \,, \\ m_1 v_1' \sin\vartheta_1' &= m_2 v_2' \sin\vartheta_2' \end{aligned} \tag{32.176}$$

gewinnt man zuerst $\tan\vartheta_1' = -\tan\vartheta_2'$ bzw. $\vartheta_2' = \pi - \vartheta_1'$. Setzt man dies in (32.176) ein, so folgt die Beziehung

$$v_1' = \zeta v_2' \,. \tag{32.177}$$

Für eine beliebige Geschwindigkeit $\boldsymbol{v}$ im Laborsystem und $\boldsymbol{v}'$ im Schwerpunktsystem gilt die Umrechnungsformel $\boldsymbol{v} = \boldsymbol{v}' + u\boldsymbol{e}_x$ oder in Komponenten

$$\begin{aligned} v \cos\vartheta &= v' \cos\vartheta' + u \,, \\ v \sin\vartheta &= v' \sin\vartheta' \,. \end{aligned} \tag{32.178}$$

Daraus folgt für die Umrechnung von allgemeinen Ablenkwinkeln

$$\tan\vartheta = \frac{\sin\vartheta'}{\cos\vartheta' + u/v'} \,. \tag{32.179}$$

Um die Umrechnung der Streuwinkel zu beenden, benötigen wir noch die Geschwindigkeiten v_1' und v_2' im Schwerpunktsystem nach dem Stoß. Hierzu benutzen wir den Energiesatz im Schwerpunktsystem:

$$m_1(v_0 - u)^2 + m_2 u^2 = m_1 v_1'^2 + m_2 v_2'^2 \,. \tag{32.180}$$

Mit u aus (32.175) und v_1' aus (32.177) ergibt sich

$$v_2' = u \,, \quad \text{und damit} \quad v_1' = \zeta u \,. \tag{32.181}$$

Mit (32.179) findet man nun die Transformationen

$$\begin{aligned} \tan\vartheta_1 &= \frac{\sin\vartheta_1'}{\cos\vartheta_1' + m_1/m_2} \,, \\ \tan\vartheta_2 &= \frac{\sin\vartheta_2'}{\cos\vartheta_2' + 1} \,. \end{aligned} \tag{32.182}$$

Die erste Beziehung wurde schon früher in (3.110) abgeleitet.

(b) Mit der trigonometrischen Beziehung

$$\tan\frac{\vartheta'}{2} = \frac{\sin\vartheta'}{1 + \cos\vartheta'} \tag{32.183}$$

schreiben sich diese Beziehungen (32.182) für gleiche Massen wie folgt:

$$\tan\vartheta_1 = \tan\frac{\vartheta_1'}{2} \quad \text{und} \quad \tan\vartheta_2 = \tan\frac{\vartheta_2'}{2} \,. \tag{32.184}$$

Im Laborsystem treten also nur Streuwinkel zwischen 0 und $\pi/2$ auf. Im Schwerpunktsystem bewegen sich die beiden Massen nach dem Stoß in entgegengesetzte Richtungen, $\vartheta_1' + \vartheta_2' = \pi$, und es gilt dann

$$\vartheta_1 + \vartheta_2 = \frac{\pi}{2} \quad \text{für} \quad m_1 = m_2 \,. \tag{32.185}$$

Die Geschwindigkeitsvektoren von Teilchen gleicher Massen stehen im Laborsystem nach dem Stoß senkrecht aufeinander.

(c) Bei inelastischer Streuung lautet der Energiesatz

$$(v_0 - u)^2 + \zeta u^2 = v_1'^2 + \zeta v_2'^2 + \Delta \,. \tag{32.186}$$

Der Impulssatz gilt in der alten Form, und deshalb dürfen wir wieder (32.175) und (32.177) verwenden, um nach v_2' aufzulösen. Es folgen dann die modifizierten Transformationsformeln

$$\begin{aligned} \tan\vartheta_1 &= \frac{\sin\vartheta_1'}{\cos\vartheta_1' + m_1/(m_2 a)} \,, \\ \tan\vartheta_2 &= \frac{\sin\vartheta_2'}{\cos\vartheta_2' + 1/a} \,, \end{aligned} \tag{32.187}$$

mit dem Parameter

$$a = \sqrt{1 - \frac{\Delta}{v_0^2} \frac{1+\zeta}{\zeta}} \,. \tag{32.188}$$

Im elastischen Grenzfall ist $a = 1$.

32.2

(a) Wir schreiben die Sinusfunktion im Integranden in (32.32) als Summe von zwei Exponentialfunktionen und erhalten

$$\int_0^\infty \mathrm{d}r\, \mathrm{e}^{-\mu r}\sin(qr) = \frac{1}{2\mathrm{i}}\int_0^\infty \mathrm{d}r\left(\mathrm{e}^{-\mu r+\mathrm{i}qr} - \mathrm{e}^{-\mu r-\mathrm{i}qr}\right)$$
$$= \frac{\mathrm{i}}{2}\left(\frac{\mathrm{e}^{-\mu r+\mathrm{i}qr}}{\mu - \mathrm{i}q} - \frac{\mathrm{e}^{-\mu r-\mathrm{i}qr}}{\mu + \mathrm{i}q}\right)$$
$$= \frac{1}{2\mathrm{i}}\left(\frac{1}{\mu - \mathrm{i}q} - \frac{1}{\mu + \mathrm{i}q}\right)$$
$$= \frac{q}{\mu^2 + q^2}\,. \tag{32.189}$$

Dies beweist das Ergebnis (32.32).

(b) Mit $2\sin^2\vartheta = 1 - \cos\vartheta$ schreibt sich der differenzielle Wirkungsquerschnitt (32.34) gemäß

$$\left(\frac{\mathrm{d}\sigma}{\mathrm{d}\Omega}\right)_{\text{Born}} = \left(\frac{2mg}{\hbar^2}\right)^2\left(\frac{1}{2k^2(1-\cos\vartheta)+\mu^2}\right)^2. \tag{32.190}$$

Im Ausdruck für den totalen Wirkungsquerschnitt in der ersten Born'schen Näherung

$$\sigma_{\text{tot}} = \int \mathrm{d}\Omega\,\frac{\mathrm{d}\sigma}{\mathrm{d}\Omega} = \int \mathrm{d}\varphi\mathrm{d}\vartheta\,\sin\vartheta\,\frac{\mathrm{d}\sigma}{\mathrm{d}\Omega} \tag{32.191}$$

ergibt das φ-Integral nur einen Faktor 2π. Wir setzen $\cos\vartheta = x$ und erhalten

$$\sigma_{\text{tot}} = 8\pi\left(\frac{mg}{\hbar^2}\right)^2\int_{-1}^{1}\frac{\mathrm{d}x}{(2k^2+\mu^2-2k^2x)^2}\,. \tag{32.192}$$

Mithilfe des Integrals

$$\int_{-1}^{1}\frac{\mathrm{d}x}{(ax+b)^2} = \frac{2}{b^2-a^2} \tag{32.193}$$

erhalten wir dann den totalen Wirkungsquerschnitt

$$\begin{aligned}\sigma_{\text{tot}} &= 16\pi\left(\frac{mg}{\hbar^2}\right)^2\frac{1}{\mu^2(\mu^2+4k^2)}\\ &= 16\pi\left(\frac{mg}{\hbar^2}\right)^2\frac{1}{\mu^2(\mu^2+8mE/\hbar^2)}\,.\end{aligned} \tag{32.194}$$

Dieser divergiert für $\mu \to 0$, d. h. für das Coulomb-Potenzial.

32.3

(a) Aus der Beziehung (27.134) folgt sofort, dass die P_ℓ nur über $\cos\vartheta$ von ϑ abhängen. Die mehrfache Ableitung nach u ist

$$\begin{aligned}\frac{\mathrm{d}^\ell}{\mathrm{d}u^\ell}(u^2-1)^\ell &= \frac{\mathrm{d}^{\ell-1}}{\mathrm{d}u^{\ell-1}}\left(2\ell u(u^2-1)^{\ell-1}\right)\\ &= 2^\ell\ell!\,u^\ell + \ldots\,,\end{aligned} \tag{32.195}$$

wobei die Punkte für all jene Terme stehen, die mindestens eine Potenz von u^2-1 enthalten und somit bei $u = 1$ verschwinden. Es folgt nun sofort die Normierung $P_\ell(1) = 1$.

(b) Die Kugelflächenfunktionen sind orthonormiert. Für die Legendre-Polynome folgt daraus

$$\begin{aligned}\delta_{\ell\ell'} &= \int_0^{2\pi}\mathrm{d}\varphi\int_0^{\pi}\mathrm{d}\vartheta\,\sin\vartheta\,Y_{\ell 0}^*(\vartheta)Y_{\ell' 0}(\vartheta)\\ &= 2\pi\int_{-1}^{1}\mathrm{d}(\cos\vartheta)\,Y_{\ell 0}(\vartheta)Y_{\ell' 0}^*(\vartheta) \qquad (32.196)\\ &= \frac{2\ell+1}{2}\int_{-1}^{1}\mathrm{d}u\,P_\ell(u)P_{\ell'}(u)\,,\end{aligned}$$

und dies sind die Orthogonalitätsrelationen (32.159).

(c) Um die Koeffizienten in (32.157) zu finden, multiplizieren wir die Gleichung mit $P_{\ell'}(u)$ und integrieren über $u = \cos\vartheta$. Benennen wir danach ℓ' in ℓ um und setzen $kr = x$, dann erhalten wir die Beziehung (32.160). Wir erinnern uns an die Entwicklung

$$j_\ell(x) \sim \frac{x^\ell}{(2\ell+1)!!} \tag{32.197}$$

für kleine x. Ein Vergleich der beiden Terme von der Ordnung $O(x^\ell)$ in (32.160) führt auf

$$\frac{a_\ell}{(2\ell+1)!!} = \frac{1}{2}\int_{-1}^{1}\mathrm{d}u\,\frac{u^\ell}{\ell!}P_\ell(u)\,. \tag{32.198}$$

Hier setzen wir für P_ℓ die Darstellung (27.134) ein. Unter dem entstehenden Integral

$$\frac{a_\ell}{(2\ell+1)!!} = \frac{1}{2}\frac{1}{2^\ell(\ell!)^2}\int_{-1}^{1}\mathrm{d}u\,u^\ell\frac{\mathrm{d}^\ell}{\mathrm{d}u^\ell}\left(u^2-1\right)^\ell$$

integrieren wir ℓ-mal partiell. Dabei entstehen keine Randterme, da (u^2-1) bei $u = \pm 1$ verschwindet. Deshalb ist

$$\frac{a_\ell}{(2\ell+1)!!} = \frac{1}{2}\frac{(-1)^\ell}{2^\ell\ell!}\int_{-1}^{1}\mathrm{d}u\,\left(u^2-1\right)^\ell\,. \tag{32.199}$$

Setzt man im letzten Integral $u = \cos\vartheta$, dann erhält man bis auf einen Faktor $(-1)^\ell$ das im Hinweis angegebene Integral, sodass

$$\frac{a_\ell}{(2\ell+1)!!} = \frac{1}{(2\ell+1)(2\ell-1)!!}\,. \tag{32.200}$$

Damit ergeben sich die Koeffizienten

$$a_\ell = 1\,. \tag{32.201}$$

32.4 Die Ableitung der Green'schen Funktion an der Stelle $r = r'$ ist

$$\frac{\mathrm{d}}{\mathrm{d}r} G_\ell(k, r, r')\big|_{r'=r} = k^2 \left(j'_\ell(x) y_\ell(x) - j_\ell(x) y'_\ell(x)\right)_{x=kr} . \tag{32.202}$$

Sie ist proportional zur konstanten Wronski-Determinante der beiden unabhängigen Lösungen $j_\ell(x)$ und $y_\ell(x)$ der Bessel'schen Differenzialgleichung:

$$W(j_\ell, y_\ell) = x^2 \left(j_\ell(x) y'_\ell(x) - j'_\ell(x) y_\ell(x)\right) = 1 . \tag{32.203}$$

Den expliziten Wert der Wronski-Determinante gewinnt man leicht aus dem asymptotischen Verhalten der sphärischen Bessel-Funktionen für kleine Argumente. Somit gilt

$$G_\ell(k, r, r) = 0 \quad \text{und} \quad \frac{\mathrm{d}}{\mathrm{d}r} G_\ell(k, r, r')|_{r'=r} = -\frac{1}{r^2} . \tag{32.204}$$

Es sei nun

$$p(r) = \int_0^r \mathrm{d}r' r'^2 G_\ell(k, r, r') q(r') . \tag{32.205}$$

Mithilfe von (32.204) findet man für die erste und zweite Ableitung dieser Funktion

$$\begin{aligned} \frac{\mathrm{d}}{\mathrm{d}r} p(r) &= \int_0^r \mathrm{d}r' r'^2 \frac{\mathrm{d}}{\mathrm{d}r} G_\ell(k, r, r') q(r') , \\ \frac{\mathrm{d}^2}{\mathrm{d}r^2} p(r) &= -q(r) + \int_0^r \mathrm{d}r' r'^2 \frac{\mathrm{d}^2}{\mathrm{d}r^2} G_\ell(k, r, r') q(r') . \end{aligned} \tag{32.206}$$

Wirkt man mit dem radialen Schrödinger-Operator im Drehimpulssektor ℓ

$$\hat{H}_\ell = \hat{H}_\ell^0 + U , \quad \hat{H}_\ell^0 = -\frac{\mathrm{d}^2}{\mathrm{d}r^2} - \frac{2}{r}\frac{\mathrm{d}}{\mathrm{d}r} + \frac{\ell(\ell+1)}{r^2} \tag{32.207}$$

auf beide Seiten von (32.162) und berücksichtigt, dass j_ℓ und G_ℓ Lösungen der freien radialen Schrödinger-Gleichung sind, so findet man

$$\begin{aligned} \hat{H}_\ell \phi_\ell(k, r) &= (k^2 + U) j_\ell - U\phi_\ell \\ &\quad + (k^2 + U) \int_0^r G_\ell(k, r, r') U(r') \phi_\ell(r') r'^2 \\ &= (k^2 + U) j_\ell - U\phi_\ell + (k^2 + U)(\phi_\ell - j_\ell) \\ &= k^2 \phi_\ell(k, r) . \end{aligned} \tag{32.208}$$

Dies bedeutet, dass ϕ_ℓ die radiale Schrödinger-Gleichung löst. Ähnlich könnte man zeigen, dass

$$f_\ell(k, r) = h_\ell^*(kr) - \int_r^\infty \mathrm{d}r' r'^2 G_\ell(k, r, r') U(r') f_\ell(k, r') \tag{32.209}$$

ebenfalls die radiale Schrödinger-Gleichung löst.

32.5

(a) Die radiale Schrödinger-Gleichung im Sektor ℓ lautet

$$\frac{\mathrm{d}^2 R_{k\ell}}{\mathrm{d}r^2} + \frac{2}{r}\frac{\mathrm{d}R_{k\ell}}{\mathrm{d}r} + \frac{\ell(\ell+1)}{r^2} R_{k\ell} + (k^2 - U) R_{k\ell} = 0 \tag{32.210}$$

mit $k^2 = 2mE/\hbar^2$ und

$$U(r) = \begin{cases} -U_0 = -2mV_0/\hbar^2 & \text{für } r \le a \\ 0 & \text{für } r > a . \end{cases} \tag{32.211}$$

Im Topf und außerhalb des Topfes ist das Potenzial konstant, und $R_{k\ell}$ ist eine Linearkombination von sphärischen Bessel-Funktionen. Die am Ursprung reguläre Lösung lautet innerhalb des Topfes

$$R_{k\ell}(r) = A j_\ell(qr) , \quad q = \sqrt{k^2 + U_0} . \tag{32.212}$$

Nach (32.65) ist außerhalb des Topfes

$$R_{k\ell}(r) = j_\ell(kr) - \tan\delta_\ell \, y_\ell(kr) , \tag{32.213}$$

wobei durch den irrelevanten Faktor $\mathrm{e}^{\mathrm{i}\delta_\ell} \cos\delta_\ell$ in (32.65) dividiert wurde. Dafür erscheint innerhalb des Topfes die k-abhängige Konstante A. Die Stetigkeit und stetige Differenzierbarkeit am Topfrand bedeuten

$$\begin{aligned} A j_\ell(qa) &= j_\ell(ka) - \tan\delta_\ell \, y_\ell(ka) , \\ A q j'_\ell(qa) &= k j'_\ell(ka) - k \tan\delta_\ell \, y'_\ell(ka) . \end{aligned} \tag{32.214}$$

(b) Im Quotienten der beiden Gleichungen fällt die Normierungskonstante A heraus und man kann nach $\tan\delta_\ell$ auflösen:

$$\tan\delta_\ell = \frac{q j'_\ell(qa) j_\ell(ka) - k j_\ell(qa) j'_\ell(ka)}{q j'_\ell(qa) y_\ell(ka) - k j_\ell(qa) y'_\ell(ka)} . \tag{32.215}$$

Benutzen wir noch die Beziehung (32.166), um die abgeleiteten sphärischen Bessel-Funktionen zu eliminieren, dann erhalten wir das Ergebnis (32.165).

(c) Die für $\ell = 0$ auftretenden Bessel-Funktionen mit Index 0 und -1 wurden im Hinweis angegeben. Damit erhält man im s-Wellen-Kanal die Phasenverschiebung

$$\delta_0 = \arctan\left(\frac{\frac{k}{q}\tan(qa) - \tan(ka)}{1 + \frac{k}{q}\tan(qa)\tan(ka)}\right) . \tag{32.216}$$

Mithilfe von

$$\arctan x - \arctan y = \arctan\frac{x - y}{1 + xy} \tag{32.217}$$

findet man schlussendlich

$$\delta_0 = \arctan\left(\frac{k}{q}\tan(qa)\right) - ka . \tag{32.218}$$

(d) Die Energien E der gebundenen Zustände liegen im Intervall zwischen $-V_0$ und 0. Mit den Abkürzungen

$$\kappa^2 = -\frac{2mE}{\hbar^2} \geq 0 \quad \text{und} \quad q^2 = U_0 - \kappa^2 \geq 0 \qquad (32.219)$$

hat die radiale Schrödinger-Gleichung im Sektor $\ell = 0$ für $u_k(r) = rR_{k0}(r)$ eine einfache Form:

$$\begin{aligned} u_k'' + q^2 u_k &= 0, \quad r \leq a\,, \\ u_k'' - \kappa^2 u_k &= 0, \quad r > a\,. \end{aligned} \qquad (32.220)$$

Die am Ursprung reguläre und für große r normierbare Lösung ist

$$u_k(r) = \begin{cases} A\sin(qr) & \text{für } r \leq a \\ B\mathrm{e}^{-\kappa r} & \text{für } r > 0\,. \end{cases} \qquad (32.221)$$

Die Anschlussbedingungen sind

$$A\sin(qa) = B\mathrm{e}^{-\kappa a}\,, \quad A\cos(qa) = -\frac{\kappa}{q}B\mathrm{e}^{-\kappa a}\,. \quad (32.222)$$

Dividieren wir die zweite Gleichung durch die erste, dann folgt eine transzendente Bestimmungsgleichung für aq:

$$\cot(qa) = -\frac{\sqrt{(ak_0)^2 - (aq)^2}}{aq}\,, \quad k_0^2 = U_0\,. \qquad (32.223)$$

Dies ist aber gerade identisch zu (26.57) für die Energien der ungeraden Zustände im eindimensionalen Topf. Somit ist die Anzahl gebundener Zustände gleich der größten natürlichen Zahl n mit $n < k_0 a/\pi + 1/2$.

(e) Für $E = 0$ verschwindet κ, und die Anschlussbedingungen lauten

$$A\sin(k_0 a) = B \quad \text{und} \quad Ak_0\cos(k_0 a) = 0\,. \qquad (32.224)$$

Dies impliziert $k_0 a = (n + 1/2)\pi$ und $A = (-1)^n B$ für ein $n \in \mathbb{N}_0$. Halbgebundene Zustände existieren also nur für quantisierte Werte von $k_0 a$, und ihre Wellenfunktionen sind konstant außerhalb des Topfes. Innerhalb des Topfes ist

$$R_{00}(r) = \frac{A}{r}\sin\left(\pi\left(n + \tfrac{1}{2}\right)\frac{r}{a}\right)\,, \quad n = 0, 1, 2, \ldots \qquad (32.225)$$

32.6

(a) Die radiale Schrödingergleichung für $u_k(r) = rR_{k0}(r)$ lautet

$$\frac{\mathrm{d}^2}{\mathrm{d}r^2}u_k(r) + \left(k^2 + k_0^2\mathrm{e}^{-2r/a}\right)u_k(r) = 0\,, \qquad (32.226)$$

wobei k_0 in (32.169) definiert wurde. Führen wir die neue unabhängige Variable $z = k_0 a\mathrm{e}^{-r/a}$ ein, dann erhalten wir die Bessel'sche Differenzialgleichung für $\tilde{u}_k(z) = u_k(r)$:

$$z^2\tilde{u}_k''(z) + z\tilde{u}_k'(z) + \left((ka)^2 + z^2\right)\tilde{u}_k(z) = 0\,. \qquad (32.227)$$

Deren Lösungen sind die linear unabhängigen Bessel-Funktionen $J_{\mathrm{i}ka}(z)$ und $J_{-\mathrm{i}ka}(z)$. Eine am Ursprung reguläre Lösung ist eine Linearkombination dieser Lösungen, die bei $r = 0$, d. h. bei $z = k_0 a = \gamma$, verschwindet. Somit haben die regulären Lösungen bis auf einen irrelevanten Normierungsfaktor die Form

$$\tilde{u}_k(z) = J_{-\mathrm{i}ka}(\gamma)J_{\mathrm{i}ka}(z) - J_{\mathrm{i}ka}(\gamma)J_{-\mathrm{i}ka}(z)\,. \qquad (32.228)$$

(b) Für große r strebt z gegen null und

$$J_{\pm\mathrm{i}ka}(z) \to \left(\frac{z}{2}\right)^{\pm\mathrm{i}ka}\frac{1}{\Gamma(1 \pm \mathrm{i}ka)}\,. \qquad (32.229)$$

Daraus folgt die Form der Lösung (32.228) weit weg vom Streuzentrum:

$$\begin{aligned} u_k(r) \sim\ & J_{-\mathrm{i}ka}(\gamma)\frac{\mathrm{e}^{\mathrm{i}ka\log(\gamma/2)}}{\Gamma(1 + \mathrm{i}ka)}\mathrm{e}^{-\mathrm{i}kr} \\ & - J_{\mathrm{i}ka}(\gamma)\frac{\mathrm{e}^{-\mathrm{i}ka\log(\gamma/2)}}{\Gamma(1 - \mathrm{i}ka)}\mathrm{e}^{\mathrm{i}kr}\,. \end{aligned} \qquad (32.230)$$

Ein Bindungszustand gehört zu einem imaginären k mit negativem Imaginärteil. Wir setzen $k = -\mathrm{i}\kappa$ mit $\kappa > 0$. Für ein positives κ muss der Koeffizient von $\mathrm{e}^{\mathrm{i}kr}$ verschwinden, damit die Lösung für große Radien abfällt. Dies bedeutet, dass entweder $J_{\kappa a}(\gamma)$ verschwindet oder aber $1/\Gamma(1 - \kappa a)$. Die Gammafunktion hat auf der reellen Achse Pole an den Stellen $0, -1, -2, \ldots$ (siehe den „Mathematischen Hintergrund" 32.1). Deshalb führt die zweite Bedingung auf

$$\kappa_n a = n \quad \text{mit} \quad n \in \mathbb{N}\,. \qquad (32.231)$$

Aber für $\kappa a \in \mathbb{Z}$ ist die Ordnung der Bessel-Funktionen $J_{\kappa a}$ ganzzahlig, und in diesem Fall sind die beiden Lösungen in (32.228) wegen $J_n(z) = (-1)^n J_{-n}(z)$ linear abhängig. Daraus folgt sofort, dass die Wellenfunktion $\tilde{u}_k$ identisch null ist.

Also liefern nur die diskreten Lösungen κ_n der transzendenten Gleichung

$$J_{\kappa a}(k_0 a) = 0 \qquad (32.232)$$

für κ normierbare Lösungen mit Bindungsenergien

$$E_n = -\frac{\hbar^2}{2m}\kappa_n^2\,. \qquad (32.233)$$

Im Gegensatz zur Herleitung bleibt das Ergebnis auch für ganzzahlige $\kappa_n a \equiv n$ gültig, obwohl dann die Linearkombination in (32.228) verschwindet. In diesem Fall sind die Lösungen eine Linearkombination von J_n und Y_n.

(c) Für genügend große x sind die Funktionen $x \mapsto J_x(\gamma)$ für alle $\gamma > 0$ positiv. Für Parameterwerte $\gamma < \gamma_1 \approx 2{,}4048$ sind die Funktionen überall positiv und haben keine Nullstelle, und somit hat (32.232) keine Lösung für

$$k_0 a = \sqrt{2mV_0}\,\frac{a}{\hbar} < 2{,}4048\,. \qquad (32.234)$$

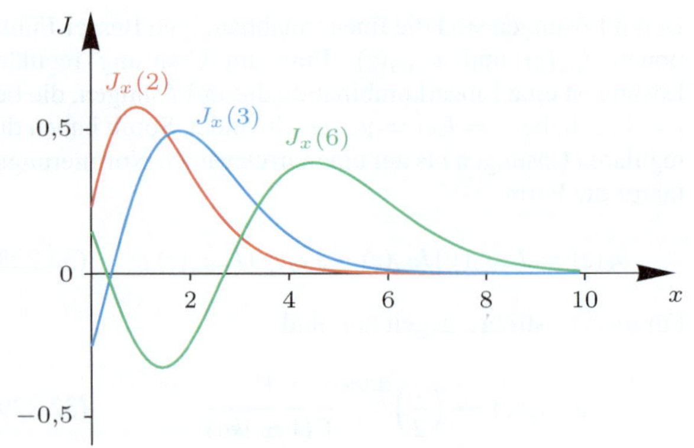

Abb. 32.12 Die Bindungsenergien im Sektor $\ell = 0$ sind bestimmt durch die Nullstellen von $J_{\kappa a}(k_0 a)$ als Funktion der Ordnung κa der Bessel-Funktionen

Zum Beispiel hat die Funktion $J_x(2)$ in Abb. 32.12 keine Nullstelle. Für $\gamma \in (\gamma_1, \gamma_2)$ ist nun $J_0(\gamma)$ negativ, und die entsprechenden Funktionen $x \mapsto J_x(\gamma)$ haben einen Knoten, da sie für große x ja positive Werte annehmen. Die Funktion $J_x(3)$ in Abb. 32.12 gehört zu dieser Klasse von Funktionen. In einem folgenden Intervall (γ_2, γ_3) ist nun $J_0(\gamma)$ wieder positiv. Deshalb sind für diese γ-Werte die Funktionen $J_x(\gamma)$ positiv für kleine x, negativ für mittlere x und wieder positiv für große x und haben zwei Knoten. Die Funktion $J_x(6)$ in Abb. 32.12 ist ein Beispiel.

Bezeichnen $2{,}4048 \approx \gamma_1 < \gamma_2 < \ldots$ die Nullstellen von $J_0(\gamma)$, dann gibt es also für $k_0 a \in [\gamma_n, \gamma_{n+1})$ genau n Lösungen $\kappa a = \nu_1, \nu_2, \ldots, \nu_n$ von (32.232) und somit n Bindungszustände im s-Wellen-Kanal. Nimmt die Stärke des anziehenden Potenzials zu, so wächst die Anzahl der Bindungszustände.

(d) Um die Phasenverschiebung zu extrahieren, vergleichen wir die asymptotische Form (32.230) mit der allgemeinen asymptotischen Entwicklung in (32.65):

$$u_k(r) \to A\left(\mathrm{e}^{-\mathrm{i}kr-\mathrm{i}\delta_0} - \mathrm{e}^{\mathrm{i}kr+\mathrm{i}\delta_0}\right) \propto \sin(kr+\delta_0)\,. \quad (32.235)$$

Daraus können wir sofort die Phasenverschiebung ablesen:

$$\mathrm{e}^{2\mathrm{i}\delta_0(k)} = \frac{J_{\mathrm{i}ka}(\gamma)}{J_{-\mathrm{i}ka}(\gamma)}\frac{\Gamma(1+\mathrm{i}ka)}{\Gamma(1-\mathrm{i}ka)}\,\mathrm{e}^{-2\mathrm{i}ka\log(\gamma/2)}\,. \quad (32.236)$$

Für die Suche von Nullstellen dieses Ausdrucks auf der negativen imaginären Achse setzen wir $k = -\mathrm{i}\kappa$ mit einem positiven κ. Dann ist

$$\mathrm{e}^{2\mathrm{i}\delta_0(-\mathrm{i}\kappa)} = \frac{J_{\kappa a}(\gamma)}{J_{-\kappa a}(\gamma)}\frac{\Gamma(1+\kappa a)}{\Gamma(1-\kappa a)}\,\mathrm{e}^{-2\kappa a\log(\gamma/2)}\,. \quad (32.237)$$

Die rechte Seite ist null, wenn $J_{\kappa a}(\gamma)$ verschwindet oder $\Gamma(1-\kappa a)$ unendlich ist. Dies sind genau die oben diskutierten Bedingungen für die Existenz von Bindungszuständen.

32.7 In Vorwärtsrichtung ist $(1 + \hat{\boldsymbol{k}}_0 \cdot \boldsymbol{e}_r) \approx 2$ und $f(\boldsymbol{k}', \boldsymbol{k}_0) \approx f(\boldsymbol{k}_0, \boldsymbol{k}_0)$. Damit ist

$$\begin{aligned} r^2 \int \mathrm{d}\Omega\, j_{\mathrm{r,int}}(t,\boldsymbol{x}) & \quad (32.238)\\ \approx \frac{2\hbar k_0}{mr}\,\mathrm{Im}\left(\mathrm{i}f(\boldsymbol{k}_0,\boldsymbol{k}_0)\psi_0(t,\hat{\boldsymbol{k}}_0 r)\int r^2\mathrm{d}\Omega\,\psi_0^*(t,\boldsymbol{x})\right). \end{aligned}$$

Im verbleibenden Integral über die Wellenfunktion

$$\psi_0(t,\boldsymbol{x}) = \int \frac{\mathrm{d}^3k}{(2\pi)^3} a(\boldsymbol{k})\mathrm{e}^{\mathrm{i}\boldsymbol{k}\cdot\boldsymbol{x}}\mathrm{e}^{-\mathrm{i}E_k(t-t_0)/\hbar} \quad (32.239)$$

ergibt sich mit einem Polarwinkel ϑ bezüglich der Richtung $\boldsymbol{k}$

$$\begin{aligned} \int \mathrm{d}\Omega\,\mathrm{e}^{\mathrm{i}\boldsymbol{k}\cdot\boldsymbol{x}} &= 2\pi\int_{-1}^{1}\mathrm{d}(\cos\vartheta)\,\mathrm{e}^{\mathrm{i}kr\cos\vartheta} \\ &= \frac{2\pi}{\mathrm{i}kr}\left(\mathrm{e}^{\mathrm{i}kr} - \mathrm{e}^{-\mathrm{i}kr}\right). \end{aligned} \quad (32.240)$$

Da $a(\boldsymbol{k})$ um $\boldsymbol{k}_0$ konzentriert ist, kann dies durch

$$\frac{2\pi}{\mathrm{i}k_0 r}\left(\mathrm{e}^{\mathrm{i}\boldsymbol{k}\cdot(r\hat{\boldsymbol{k}}_0)} - \mathrm{e}^{-\mathrm{i}\boldsymbol{k}\cdot(r\hat{\boldsymbol{k}}_0)}\right)$$

genähert werden, woraus (32.171) folgt, dessen komplex Konjugiertes in (32.238) einzusetzen ist. Da $\psi_0(t, r\hat{\boldsymbol{k}}_0)$ nur nach und $\psi_0(t, -r\hat{\boldsymbol{k}}_0)$ nur vor der Streuung ungleich null ist, bleibt nach erfolgter Streuung nur ein Beitrag proportional zu $|\psi_0(t, \hat{\boldsymbol{k}}_0 r)|^2$ in

$$\begin{aligned} r^2 \int \mathrm{d}\Omega\, j_{\mathrm{r,int}}(t,\boldsymbol{x}) &\approx -\frac{4\pi\hbar}{m}\,\mathrm{Im}f(\boldsymbol{k}_0,\boldsymbol{k}_0)\left|\psi_0(t,\hat{\boldsymbol{k}}_0 r)\right|^2 \\ &= -\frac{4\pi}{k_0}j_{\mathrm{r},0}\,\mathrm{Im}f(\boldsymbol{k}_0,\boldsymbol{k}_0)\,. \end{aligned} \quad (32.241)$$

32.8 Die Auswahlregel kommt zustande, weil die beiden Pionen im Endzustand identische Teilchen sind. Als spinlose Teilchen sind Pionen Bosonen, und somit muss ihre Wellenfunktion eine symmetrische Funktion in den Koordinaten der beiden Pionen sein:

$$\psi(\boldsymbol{x}_1,\boldsymbol{x}_2) = \psi(\boldsymbol{x}_2,\boldsymbol{x}_1)\,. \quad (32.242)$$

Im Schwerpunktsystem bedeutet dies

$$\psi(\boldsymbol{x}) = \psi(-\boldsymbol{x})\,, \quad \boldsymbol{x} = \boldsymbol{x}_2 - \boldsymbol{x}_1\,. \quad (32.243)$$

Also ist die Wellenfunktion spiegelsymmetrisch und trägt eine gerade Parität. Wegen $\hat{P}\psi = (-1)^\ell\psi$ ist dann der Bahndrehimpuls der Relativbewegung gerade. Da der gesamte Drehimpuls eine Erhaltungsgröße ist, muss auch der gesamte Bahndrehimpuls des Anfangszustands gerade sein.

Literatur

Abramowitz, M., Stegun, I.A.: Handbook of Mathematical Functions. National Bureau of Standards, Washington, D.C. (1964)

Born, M.: Quantenmechanik der Stoßvorgänge. Z. Phys. **38**, 803 (1926)

Buchholz, H.: Die Konfluente Hypergeometrische Funktionen: Mit Besonderer Berücksichtigung ihrer Anwendung. Springer, Berlin (1953)

Gerthsen, C.: Streuungsmessungen von H-Strahlen in Wasserstoff. Ann. Phys. **9**, 769 (1931)

Massey, H.S.W., Mott, M.F.: The Theory of Atomic Collisions. Dritte Ausgabe. Clarendon, Oxford (1965)

Mott, N.F.: The collision between two electrons. Proc. R. Soc. Lond. **126**, 259 (1930)

Plattner, G.R., Sick, I.: Coherence, interference and the Pauli principle: Coulomb scattering of carbon from carbon. Eur. J. Phys. **2**, 109 (1981)

Williams, E.J.: Passage of slow β-particles through matter-production of branches. Proc. R. Soc. Lond. **128**, 459 (1930)

Weiterführende Literatur

Baym, G.: Lectures on Quantum Mechanics. Westview Press, New York (1990)

Goldberger, M., Watson, K.M.: Collision Theory. Wiley, New York (1964)

Thermodynamik und statistische Physik

Teil IV

Inhaltsverzeichnis

33 Phänomenologische Begründung der Thermodynamik

Wie verhalten sich physikalische Systeme aus sehr vielen Teilchen?

Wie können Temperatur und Wärme physikalisch beschrieben werden?

Wie arbeiten Wärmekraftmaschinen?

Welche physikalischen Vorgänge können spontan ablaufen, welche nicht?

M. Bartelmann et al., *Theoretische Physik*, DOI 10.1007/978-3-642-54618-1_33,

Dieses Kapitel führt die wesentlichen Konzepte der Thermodynamik und ihre Axiome auf eine Weise ein, die keinen Bezug zur mikroskopischen Natur der Materie nimmt. Es folgt damit zum einen der historischen Entwicklung, welche die Thermodynamik ausgehend von den Begriffen „warm" und „kalt" über das Bedürfnis, Wärmekraftmaschinen zu verstehen, bis hin zur Formulierung ihrer sogenannten Hauptsätze genommen hat. Zum anderen zeigt es, wie und warum die Thermodynamik axiomatisch aufgebaut werden kann, ohne eine präzise Vorstellung vom Aufbau der Materie zu haben.

Zentral in diesem Kapitel sind die drei Hauptsätze, die aus historisch-konventionellen Gründen mit null beginnend nummeriert werden und die als Axiome der Thermodynamik gelten können. Der nullte Hauptsatz definiert den physikalischen Temperaturbegriff, der erste Hauptsatz legt fest, wie verschiedene Formen von Energie ineinander umgewandelt werden können, und der zweite Hauptsatz klärt anhand des Begriffs der Entropie, welche dieser Umwandlungen überhaupt physikalisch möglich sind.

Zur Formulierung der Hauptsätze werden weitere Begriffe benötigt, die im Lauf des Kapitels eingeführt werden. Besonders wichtig sind die Begriffe der Zustands- und Prozessgrößen. Neben der Formulierung der Hauptsätze ist es das wesentliche Anliegen dieses Kapitels zu begründen, warum die Thermodynamik als allgemeine Theorie von den Energieumwandlungen makroskopischer Systeme so fundamental ist, dass sie die Revolutionen der Relativitätstheorien und der Quantentheorie weitgehend unverändert überstehen konnte, gerade weil sie von jeder detaillierten mikroskopischen Information absieht.

Oft wird in diesem und in den folgenden Kapiteln allgemein und abstrakt von „physikalischen Systemen" die Rede sein. Unter einem „System" verstehen wir hier einen wohldefinierten Ausschnitt der Welt, der durch einen geschlossenen Rand von seiner Umgebung abgegrenzt werden kann, aber nicht notwendigerweise davon isoliert ist. Wir unterscheiden mikroskopische und makroskopische Systeme nach der Anzahl ihrer Freiheitsgrade. Bei welcher Anzahl von Freiheitsgraden ein System als makroskopisch gelten kann, wird später durch den Begriff der Stoffmenge und durch die Avogadro-Zahl einen präzisen Sinn bekommen.

Die Hauptsätze der Thermodynamik werden in diesem Kapitel vor allem anhand der idealen Gasgesetze und verschiedener Kreisprozesse erläutert und vertieft. Das Kapitel schließt mit einer Diskussion der Entropiezunahme bei irreversiblen Prozessen, insbesondere bei Wärmeleitung und Mischungsvorgängen, anhand derer das Konzept des reversiblen Ersatzprozesses eingeführt wird.

Die fünf Kapitel von Teil IV über Thermodynamik und statistische Physik bilden fünf Durchgänge durch ähnliche Themen. Jeder Durchgang vertieft die vorige Diskussion und fügt neue Konzepte hinzu. Auf Kap. 33, in dem die Thermodynamik phänomenologisch eingeführt wird, folgt ihre statistische Begründung (Kap. 34). Insbesondere die Entropie wird dann auf eine Abzählung möglicher Zustände zurückgeführt. In Kap. 35 werden die bis dahin entwickelten Konzepte erweitert und auf eine Reihe verschiedener Systeme angewandt, die von idealen zu realen Gasen und Phasenübergängen reichen. In Kap. 36 wird der Begriff der Ensembles geschärft und mit dem Konzept der Zustandssummen versehen, von denen gezeigt wird, dass in ihnen alle Information thermodynamischer Systeme im Gleichgewicht enthalten ist. Das abschließende Kap. 37 stellt schließlich dar, wie die bis dahin eingeführten Konzepte auf quantenphysikalische Systeme erweitert werden können.

33.1 Entwicklung der Thermodynamik

Warm und kalt

Die physikalische Wärmelehre hat sich mit der Industrialisierung wesentlich aus dem Bedürfnis heraus entwickelt, die Funktion und das Verhalten von Wärmekraftmaschinen zu verstehen. Wärmekraftmaschinen sind periodisch arbeitende Maschinen, die in jedem Zyklus eine gewisse Wärmemenge aufnehmen, eine geringere Wärmemenge abgeben und dabei Arbeit verrichten. Abbildung 33.1 zeigt als Beispiel eine Niederdruckdampfmaschine. Gerade zu Beginn des Maschinenzeitalters haben Ingenieure erheblich dazu beigetragen, die wesentlichen Konzepte der Wärmelehre zu klären und ihre Begriffe zu schärfen. Das Verständnis der grundlegenden thermodynamischen Größen *Temperatur* und *Wärme* ging mit dem technischen Fortschritt Hand in Hand.

Entscheidende Schritte auf dem Weg zu einer Physik der Wärme waren die Entwicklung von Methoden zur Messung der Temperatur, die Entdeckung der Gasgesetze, die Vorstellung von Wärme als einer Größe mit Substanzcharakter und die Erforschung des Zusammenhangs zwischen Wärme und Arbeit.

Die Schärfung der Begriffe „warm" und „kalt" zu einer Temperaturskala wurde von der Entwicklung erster sogenannter *Thermoskope* und *Thermometer* begleitet, die zunächst dem bloßen Nachweis einer Erwärmung dienten, aber zunehmend genaue Messungen erlaubten.

Bereits im ägyptischen Alexandria hatte man die Tatsache gekannt und genutzt, dass sich Luft bei Wärmezufuhr ausdehnt. Der wesentliche Fortschritt bei der Messung von Temperaturen wurde durch den Übergang zum geschlossenen Flüssigkeitsthermometer möglich. Er wurde wohl zunächst bei den Untersuchungen in der florentinischen Akademie vollzogen und wird *Ferdinand II.*, Herzog von Toskana, zugeschrieben. Abgeschlossen hat ihn später um 1700 der Danziger Physiker *Daniel Fahrenheit* (1686–1736).

Fahrenheits Temperaturskala

Um negative Temperaturen möglichst zu vermeiden, legte Fahrenheit den Nullpunkt seiner Temperaturskala auf die niedrigste Temperatur fest, die er im strengen Winter 1708/09 in Danzig feststellen konnte: Sie lag bei

Abb. 33.1 Stehende Einzylinderdampfmaschine der Silbermine „Alte Elisabeth" in Freiberg (Sachsen). Die Maschine wurde 1848 nach dem Watt'schen Patent gebaut und hatte eine Leistung von 12 PS

$-17{,}8\,°\mathrm{C}$. Den Gefrierpunkt des Wassers legte er bei $32\,°\mathrm{F}$ fest. Für die Umrechung von Celsius- in Fahrenheit-Grade ergibt sich daraus die Formel

$$(\text{Fahrenheit}) = \frac{32}{17{,}8}(\text{Celsius}) + 32 \approx \frac{9}{5}(\text{Celsius}) + 32\,.$$

◄

Ausdehnungsgesetze von Gasen

Für das Studium der Ausdehnungsgesetze von Gasen wurde es wichtig, mit Luftpumpen den Gasdruck innerhalb weiter Grenzen ändern zu können. Den Zusammenhang zwischen dem Druck P eines Gases und seinem Volumen V untersuchte der irische Naturforscher *Robert Boyle* (1627–1692) um die Jahre 1660/1661. *Richard Townley* (1629–1707) wiederholte Boyles Versuche und erkannte das Gesetz, das wir heute in der Form $PV = \text{const}$ schreiben. Boyle veröffentlichte es im Jahre 1669 als *Townley'sches Gesetz*, und der französische Physiker *Edme Mariotte* (vermutlich 1620–1684) gab es 1676 ebenfalls an.

Die einfachen Volumenverhältnisse, in denen Gase zu Verbindungen zusammentreten, wurden im Jahre 1805 von dem eminenten deutschen Naturforscher *Alexander von Humboldt* (1769–1859) und dem französischen Physiker und Chemiker *Joseph Gay-Lussac* (1778–1850) anhand der Elektrolyse von Wasser in Sauerstoff und Wasserstoff ermittelt. In allgemeiner Form wurden sie 1808 von Gay-Lussac und dem englischen Naturforscher und Lehrer *John Dalton* (1766–1844) ausgesprochen.

Das Gesetz über die Abhängigkeit von Volumen und Druck eines Gases von seiner Temperatur wurde 1833 ebenfalls von Gay-Lussac entdeckt. Er fand, dass Druck und Volumen genügend verdünnter Gase bei sonst gleichbleibenden Bedingungen linear mit der Temperatur zunehmen, unabhängig davon, welche Gase er betrachtete. Ein wesentlicher Aspekt des gleichartigen Verhaltens vieler verschiedener Gase war aber schon in dem Gesetz der einfachen ganzzahligen Volumenverhältnisse bei Verbindungen von Gasen erkannt worden, also ebenfalls schon 1808. Der italienische Naturwissenschaftler *Amedeo Avogadro* (1776–1856) deutete es 1811, indem er postulierte, dass bei gegebenem Druck und gegebener Temperatur in einem bestimmten Volumen eines Gases jeweils dieselbe Anzahl von Molekülen enthalten ist.

Wärmestoff und Wärmekapazität

Lange herrschte die Meinung vor, *Wärme* sei eine Substanz (*Caloricum* genannt), die von einem Körper auf einen anderen übergehen könne und dabei der Menge nach unverändert bleibe. Von einer Substanz ähnlich elementaren Charakters, dem sogenannten *Phlogiston*, wurde angenommen, dass es Körpern durch Erwärmung zugeführt werde und bei Verbrennung entweiche. Diese Meinung hat ihren Ursprung in der Erfahrung, dass Stoffe verschiedene *Wärmekapazitäten* haben: Ihre Temperatur erhöht sich bei der Zufuhr gleicher Wärmemengen um verschiedene Beträge.

Kalorimeter wurden schon ab der Mitte des 18. Jahrhunderts benutzt. Bereits 1760 wurden die Schmelzwärme des Eises und die Verdampfungswärme des Wassers von dem Chemiker *Joseph Black* (1728–1799) recht genau kalorimetrisch gemessen. Black war der Lehrer von *James Watt* (1736–1819). Ihm verdanken wir viele quantitative Begriffe der physikalischen Wärmelehre, wie z. B. Wärmemenge, spezifische Wärme, latente Wärme sowie Schmelz- und Siedetemperatur. Insbesondere erkannte Black, dass sich beim Erwärmen von Eis die Temperatur so lange nicht ändert, bis das Eis vollständig geschmolzen ist. Er schloss daraus, dass Temperatur und Wärme im Sinn einer Intensität und einer Quantität unterschieden werden müssen.

Kalorimeter

Kalorimeter vergleichen die aufgenommene Wärme mit bekannten Wärmemengen. Beispielsweise dient im Eiskalorimeter die Schmelzwärme von Wassereis als Vergleichsgröße. Anhand der Wärmemenge, die notwendig ist, um die Temperatur einer bestimmten Menge Wassers um einen bestimmten Betrag zu erhöhen, wurde die

Kalorie (cal) als Einheit der Wärmemengen festgelegt. Sie wurde schließlich 1948 offiziell abgeschafft, lange nachdem man erkannt hatte, dass Wärme eine Form der Energie ist und daher in Joule gemessen werden kann. Dennoch wird sie heute noch an vielen Stellen verwendet. ◂

Mit seinen Untersuchungen widerlegte Black die zu seiner Zeit verbreitete Meinung, dass die spezifische Wärme für Körper mit gleichem Volumen proportional zu ihrer Masse und somit Dichte sein sollte. Black meinte allerdings, dass seine Messungen im Widerspruch zu einer Theorie der Wärme stünden, die Wärme durch Bewegung zu erklären suchte. Tatsächlich lieferte die kinetische Theorie erst 100 Jahre später mithilfe des Gleichverteilungssatzes (Abschn. 36.2) eine Antwort auf diese zunächst offengebliebene Frage, wie die Wärmekapazität von Gasen mit der kinetischen Theorie der Wärme in Einklang zu bringen wäre.

Die Vorstellung, Wärme sei eine unzerstörbare Substanz, die zwischen Körpern fließen könne, herrschte bis ins 19. Jahrhundert vor.

Wärme und Arbeit

Der uns heute wohlbekannte Zusammenhang zwischen Wärme und Arbeit wurde nur langsam aufgedeckt. Ausgehend von der Dampfkugel des griechischen Mathematikers und Ingenieurs *Heron*, der vermutlich im 1. Jahrhundert in Alexandria lebte, führte der Weg über die atmosphärische Maschine des deutschen Juristen, Physikers und Erfinders *Otto von Guericke* (1602–1686) und die Pulvermaschine des niederländischen Astronomen, Mathematikers und Physikers *Christiaan Huygens* (1629–1695) zur Dampfmaschine.

Der als Offizier, Politiker, Physiker und Erfinder tätige Amerikaner *Benjamin Thompson* (Graf von *Rumford*, 1753–1814) stellte um 1800 fest, dass ein Pferd in einer Stunde ungefähr 450 Kilokalorien (kcal) Wärme erzeugen kann. Offenbar hat Thompson seinem Pferd weniger zugemutet als der schottische Erfinder *James Watt* (1736–1819), der seinem Pferd eine größere Stärke zumaß: Mit einer Pferdestärke ($1\,\mathrm{PS} = 735{,}5\,\mathrm{W}$) kommt man in der Stunde auf 630 kcal. Thompson hatte sich zunächst die schwierige Aufgabe gestellt, das Gewicht der Wärmesubstanz zu bestimmen. In seiner Darlegung findet sich bereits der vorsichtige Hinweis, dass sich sein negatives Resultat leicht verstehen ließe, wenn die Wärme nicht als Substanz, sondern als Folge innerer Bewegungen angesehen würde.

Der wundeste Punkt der Substanztheorie der Wärme war jedoch ihr Unvermögen, auf einfache Weise die Wärmeerzeugung durch Reibung zu erklären. Eine Erklärung ging davon aus, dass ein Körper bei Reibung seine Wärmekapazität verringert. Mit einer Untersuchung der beim Ausbohren von Kanonenrohren auftretenden Wärmeerscheinungen versuchte Thompson, der Wärmestofftheorie den Todesstoß zu versetzen. Aber obwohl Thompsons experimentelle Ergebnisse durchaus auf Anerkennung stießen, wurden sie noch zu Anfang des 19. Jahrhunderts auf der Grundlage der Vorstellung von einer Wärmesubstanz zu deuten versucht.

Die theoretischen Grundlagen der Thermodynamik wurden schließlich in nur drei Jahrzehnten zwischen 1822 und 1851 gelegt. Diese Entwicklung begann mit dem französischen Mathematiker und Physiker *Jean Baptiste Joseph Fourier* (1768–1830), der 1822 in seinem Buch *Analytische Theorie der Wärme* die Wärmeleitung mathematisch behandelte (Fourier 1955). Ziel seiner Untersuchungen war es, die an verschiedenen Punkten eines Körpers von Thermometern angezeigten Temperaturen und deren zeitliche Änderung zu berechnen. Um die dabei auftretenden Gleichungen zu lösen, schuf er die Fourier-Transformation (Abschn. 13.1).

Fouriers Untersuchungen kommt für den Fortschritt sowohl der Mathematik als auch der Physik eine grundlegende Bedeutung zu. In Einklang mit der vorherrschenden Meinung vertrat jedoch auch er die Ansicht, dass Wärme ein unveränderlicher Stoff sei. Dieser *Wärmestoff* sollte eine gewichtslose oder zumindest sehr leichte, unsichtbare und unzerstörbare Substanz sein – ein wahrhaftig sehr eigenartiger Stoff, der an den Äther erinnert, der als Trägersubstanz elektromagnetischer Wellen angenommen wurde. Würde der Wärmestoff einem Körper zugefügt, dann erhöhte sich seine Temperatur und sein Zustand änderte sich. Neben diese Ansicht trat allmählich eine andere Vorstellung, der zufolge die Temperatur eines Körpers ein Ausdruck der Bewegung seiner kleinsten Bestandteile ist.

Wärme und Arbeit in Kreisprozessen

Der entscheidende Fortschritt gelang dem französischen Ingenieur und Physiker *Nicolas Léonard Sadi Carnot* (1796–1832; Abb. 33.2) mit seiner nur 45-seitigen Abhandlung *Betrachtungen über die bewegende Kraft des Feuers und die zur Entwickelung dieser Kraft geeigneten Maschinen* von 1824 (Carnot 1995). Außer dieser Arbeit hat Carnot nichts veröffentlicht. Acht Jahre nach der Veröffentlichung seines Büchleins erkrankte er an Scharlach und starb während einer Cholera-Epidemie in Paris im Alter von nur 36 Jahren.

Carnot zufolge wird Arbeit verrichtet, wenn der hypothetische Wärmestoff von höherer zu tieferer Temperatur herabsinkt. Im Idealfall ist die dergestalt vom Wärmestoff gelieferte Arbeit proportional zur Temperaturdifferenz geteilt durch die Endtemperatur. Carnots These von der Unzerstörbarkeit der Wärme, in welcher Gestalt auch immer diese auftreten möge, ist zwar nicht korrekt, doch seine weiteren Aussagen sind richtig und weisen bereits den Weg zum zweiten Hauptsatz der Thermodynamik. In Carnots Nachlass findet sich auch die These bekräftigt, dass

Teil IV

Abb. 33.2 Nicolas Léonard Sadi Carnot (1796–1832)

die Temperatur eines Körpers ein Ausdruck innerer Bewegungsenergie sei. Ohne Begründung gibt er dort auch an, dass die Wärmemenge einer Kilokalorie gleichwertig zu einer Arbeit von 3628,5 J sei, und schlägt vor, wie diese Gleichwertigkeit zu messen wäre.

Carnots Arbeit wurde 1834 von dem französischen Physiker und Ingenieur *Benoît Paul Émile Clapeyron* (1799–1864) aufgenommen. Clapeyron brachte Carnots Aussagen in eine mathematische Form, und zwar schon in diejenige, in der heute noch der *Carnot'sche Kreisprozess* in der Physik beschrieben wird. Der Carnot'sche Kreisprozess ist befreit vom Wärmestoff und dessen Unzerstörbarkeit. An die Stelle des Wärmestoffs trat die Energie. Jedem Körper, beispielsweise einem Dampf oder einem Gas, wird unter definierten Bedingungen eine ganz bestimmte *innere Energie* zugeschrieben. Diese wird somit als eine eindeutige Eigenschaft des Zustands eines Körpers angesehen. Sie kann sich infolge einer Erwärmung oder Abkühlung des Körpers ändern oder indem an dem Körper Arbeit verrichtet wird.

Energieumwandlungen und der erste Hauptsatz

Diese Überlegungen nahmen vorweg, was heute im ersten Hauptsatz der Thermodynamik formuliert wird. Dieser Hauptsatz kann als eine Definition der Wärme angesehen werden. Er setzt die *Änderung* der inneren Energie eines Körpers und die vom oder am Körper verrichtete *Arbeit* einer *Wärmeänderung* gleich. Damit wurde das entscheidende Problem der Wärmestofftheorie aufgegeben, das in der Annahme bestanden hatte, man könne die Menge an Wärmestoff angeben, die in einem Körper enthalten sei. Indem der erste Hauptsatz ausdrücklich nur *übertragene* Wärmemengen angibt und sie durch verrichtete Arbeit und *Änderungen* der inneren Energie quantifiziert, verzichtet er auf absolute Angaben einer Wärmemenge, die dem Körper innewohnen könnte. Insbesondere erlaubt er damit auch, dass die insgesamt aufgenommene oder abgegebene Wärmemenge beim Übergang von einem Zustand eines Körpers in einen anderen davon abhängen kann, *wie* der eine in den anderen Zustand übergeht.

Die Unterscheidung von Wärme und Arbeit werden wir in Abschn. 34.1 und 36.2 genauer betrachten, wenn wir die thermodynamischen Größen physikalischer Systeme mit der Physik ihrer mikroskopischen Freiheitsgrade in Beziehung setzen.

Innere Energie

An die Stelle des Wärmestoffs trat um die Mitte des 19. Jahrhunderts die innere Energie. Sie wird als eine Größe aufgefasst, die den thermischen Zustand eines Körpers kennzeichnet. Die innere Energie kann durch zu- oder abgeführte Wärme verändert werden oder dadurch, dass Arbeit am oder vom Körper verrichtet wird.

Dieser entscheidende konzeptionelle Schritt führte zu einem der drei Axiome, die der heutigen Thermodynamik zugrunde liegen. Als kennzeichnend für den thermischen Zustand eines Körpers wurde nun nicht mehr sein Gehalt an einem schwer fasslichen Wärmestoff angesehen, sondern seine innere Energie, die später als Ausdruck des Bewegungszustands seiner mikroskopischen Bestandteile gedeutet wurde. Die innere Energie wird als eine Größe angesehen, die durch den makroskopisch charakterisierbaren Zustand eines Körpers eindeutig vorgegeben ist. Wenn ein Körper von einem Zustand in einen anderen übergeht, kann seine innere Energie zu Beginn und am Ende dieses Vorgangs lediglich von diesen Zuständen abhängen, nicht aber davon, auf welche Weise der Körper aus dem einem in den anderen Zustand überführt wurde.

Im Gegensatz dazu erweist sich die Wärmemenge als *abhängig vom Weg*, auf dem der Übergang in einen betrachteten Zustand erfolgt. Damit wird es ebenso unmöglich, sinnvoll davon zu sprechen, der Körper enthalte eine bestimmte Menge Wärme, wie es unsinnig wäre zu sagen, im Körper stecke eine bestimmte Arbeit. Wärme und Arbeit sind demnach keine Eigenschaften eines thermischen Zustands mehr. Stattdessen charakterisieren sie eine Form des *Energieaustauschs* zwischen zwei Körpern. Damit werden Kreisprozesse gedanklich erst möglich, in denen sich ein Körper auf einem Weg von seinem Ausgangszustand

Abb. 33.3 Rudolf Clausius (1822–1888), © akg-images/bildwissedition

entfernt und auf einem anderen dorthin zurückkehrt. Die vom Körper aufgenommene oder abgegebene Wärme und die von oder an ihm verrichtete Arbeit werden sich in der Regel auf beiden Wegen unterscheiden. Damit wird einsehbar, wie in periodisch ablaufenden Prozessen Wärme in mechanische Arbeit umgewandelt werden kann, wie also Wärmekraftmaschinen physikalisch gedeutet und verstanden werden können.

In den folgenden Jahrzehnten setzte sich die Erkenntnis durch, dass übertragene Wärmemengen und verrichtete Arbeit Formen von Energie seien. Die Äquivalenz von chemischer Energie, Wärme und Arbeit waren dem Koblenzer Naturwissenschaftler *Friedrich Mohr* (1806–1879) schon seit 1837 und dem Chemiker *Justus von Liebig* (1803–1873) seit 1842 bekannt. Die Folgerungen des deutschen Physikers *Rudolf Clausius* (1822–1888; Abb. 33.3) über die spezifischen Wärmen oder den Temperaturverlauf des Druckes gesättigten Dampfes stellten wichtige Schritte bei der Entwicklung der Thermodynamik dar.

Entropie und der zweite Hauptsatz

Clausius musste bei seinen Untersuchungen feststellen, dass der erste Hauptsatz zur Erklärung der thermodynamischen Erscheinungen nicht ausreicht und dass noch ein weiteres Axiom formuliert werden muss. Zwar erklärt der erste Hauptsatz, wie die Änderung der Wärme mit der Änderung der inneren Energie sowie mit der Arbeit in Beziehung steht, wenn ein Körper von einem Zustand in einen anderen übergeht. Er erklärt aber nicht, welche von allen denkbaren Zustandsänderungen überhaupt möglich sind.

Dementsprechend diente Clausius die Tatsache als Ausgangspunkt seiner Überlegungen, dass Wärme nicht von sich aus von einem kälteren zu einem wärmeren Körper übergeht. Zunächst stellte er fest, dass sich in einem auf umkehrbare, aber sonst beliebige Weise durchlaufenen Kreisprozess alle Wärmeänderungen *geteilt durch die Temperatur*, bei der sie stattfinden, zu null summieren. Diese Größe, deren Änderung als eine auf die Temperatur bezogene Wärmeänderung darstellbar ist, muss daher eine Zustandsgröße des Körpers sein, denn sie kann nicht davon abhängen, wie der Körper in seinen jeweiligen Zustand gelangt ist. Für diese neue Zustandsgröße führte Clausius ab 1865 den neu geschaffenen Begriff der *Entropie* ein. Sie ist von großem praktischem Nutzen, weil sie bestimmt, welche Zustandsänderungen überhaupt möglich sind. Daher begegnet man ihr heute auch im Alltag der Ingenieure.

Entropie

Die Entropie bestimmt, welche von allen denkbaren Zustandsänderungen makroskopischer Systeme überhaupt möglich sind.

Wir werden in Abschn. 34.3 sehen, dass die Entropie auf die Anzahl der Möglichkeiten zurückgeführt werden kann, durch die ein makroskopisches System mikroskopisch realisiert werden kann.

Kinetische Theorie: Innere Energie als Bewegung

Nach der Entdeckung des Erhaltungssatzes der Energie, den wir heute als ersten Hauptsatz der Thermodynamik bezeichnen, rückte die kinetische Theorie der Materie in den Vordergrund. Ihr Durchbruch begann mit den Arbeiten des britischen Physikers *James Joule* (1818–1889), des deutschen Physikers und Chemikers *August Karl Krönig* (1822–1879) und insbesondere des bereits genannten Rudolf Clausius. Neben seinen bahnbrechenden Arbeiten zur makroskopischen Thermodynamik, der er den Entropiebegriff schenkte, legte Clausius auch den Grundstein für die mikroskopische Theorie der Wärme. In seiner 1857 in den *Annalen der Physik* erschienenen Arbeit *Über die Art der Bewegung, welche wir Wärme nennen* (Clausius 1857) leitete er ab, wie der Gasdruck von der mittleren kinetischen Energie

$$\langle E_{\text{kin}} \rangle = \frac{m}{2} \langle v^2 \rangle \tag{33.1}$$

der Translationsbewegung der Moleküle abhängt. Die Energie, die in möglichen Schwingungen und Rotationen der Moleküle enthalten sein kann, erschien in diesem Zusammenhang noch nicht.

Clausius führte auch den Begriff der mittleren freien Weglänge für Moleküle in Gasen ein.

Abb. 33.4 James Clerk Maxwell (1831–1879), © nickolae – Fotolia.com

Statistische Begründung der Thermodynamik

Der schottische Physiker *James Clerk Maxwell* (1831–1879; Abb. 33.4) untersuchte, wie sich eine große Zahl von Teilchen verhält, die nach den Gesetzen der klassischen Mechanik wie Kugeln aneinanderstoßen. In seiner Arbeit *On the dynamical theory of gases. – Part I. On the motions and collisions of perfectly elastic spheres* (Maxwell 1860) gab er die Ableitung der nach ihm benannten Verteilungsfunktion der Teilchengeschwindigkeiten an. Auch das bekannte Äquipartitions- oder Gleichverteilungsgesetz, nach dem auf jeden Freiheitsgrad der Gaspartikel im Mittel die gleiche Energie entfällt, wurde von Maxwell aufgestellt.

Der nächste wesentliche Schritt auf dem Weg zur mikroskopischen Begründung der Thermodynamik war die statistische Auffassung der Entropie durch den österreichischen Physiker und Philosophen *Ludwig Boltzmann* (1844–1906; Abb. 33.5), dargelegt in seiner Arbeit *Über die mechanische Bedeutung des zweiten Hauptsatzes der Wärmetheorie* (Boltzmann 1866). Diese entstand aus dem Bedürfnis, auch den zweiten Hauptsatz der Thermodynamik mithilfe der kinetischen Theorie deuten zu können. Es zeigte sich bald, dass ausschließlich mechanische Prinzipien zur Deutung des zweiten Hauptsatzes nicht ausreichen, insbesonders bei irreversiblen Prozessen. In seiner Arbeit *Über die Beziehung zwischen dem zweiten Hauptsatze der mechanischen Wärmetheorie und der Wahrscheinlichkeitsrechnung etc.* (Boltzmann 1877) gelang Boltzmann eine statistische Deutung der Entropie. Seiner fundamentalen Erkenntnis zufolge ist die Entropie eines Gases von Partikeln in einem bestimmten makroskopischen Zustand proportional zum Logarithmus der Anzahl der Mikrozustände, in denen die Teilchen den gegebenen Makrozustand verwirklichen können. Die universelle Boltzmann-Konstante

Abb. 33.5 Ludwig Boltzmann (1844–1906), © akg/Science Photo Library

$$k_\mathrm{B} \approx 1{,}3806 \cdot 10^{-23}\,\mathrm{J\,K^{-1}} \tag{33.2}$$

tritt dabei als Proportionalitätskonstante auf.

Die statistische Behandlung von thermodynamischen Vorgängen im Rahmen der klassischen Physik erreichte zu Beginn des 20. Jahrhunderts ihren Höhepunkt mit den Untersuchungen des amerikanischen Physikers *Josiah Willard Gibbs* (1839–1903). Im Zentrum seiner Überlegungen stand die Verteilungsfunktion im Phasenraum eines mechanischen Systems mit einer sehr großen Anzahl von Freiheitsgraden. Verschiedenen Verteilungsfunktionen entsprechen dabei verschiedene physikalische Situationen. Die wichtigste Rolle spielte dabei das sogenannte *Gibbs'sche kanonische Ensemble*, für das sich die Verteilungsfunktion im Phasenraum als proportional zum sogenannten Boltzmann-Faktor

$$\mathrm{e}^{-H/k_\mathrm{B}T} \tag{33.3}$$

erweist, in dem die Hamilton-Funktion H mit der thermischen Energie $k_\mathrm{B}T$ verglichen wird, die der absoluten Temperatur T entspricht. Eine solche Verteilung beschreibt das Verhalten eines physikalischen Systems im thermischen Gleichgewicht mit seiner Umgebung.

Abb. 33.6 Josiah Willard Gibbs (1839–1903), © akg/Science Photo Library

Mikroskopische Begründung der Thermodynamik

Die kinetische Theorie der Wärme ermöglichte eine mikroskopische Begründung der thermodynamischen Gesetze.

Wie sich später herausstellte, genügen die Erscheinungen der Mikrophysik nicht den Gleichungen der klassischen Mechanik, sondern den Gesetzen der Quantenmechanik. Die Herleitung streng gültiger Gesetze der makroskopischen Physik aus Wahrscheinlichkeitsaussagen über Elementarereignisse der Mikrophysik gelang nicht nur aus der klassischen Mechanik heraus, sondern auch ausgehend von der Quantenmechanik.

Gleichartige Teilchen sind in der Quantenmechanik nicht unterscheidbar (Abschn. 31.1). Dies hat insbesondere für Fermionen, z. B. Elektronen oder Protonen, weitreichende Folgen: Aufgrund des Pauli-Prinzips können zwei identische Fermionen nicht im gleichen Mikrozustand sein. Auch für identische Bosonen, z. B. Photonen, sind nicht alle denkbaren Mikrozustände erlaubt. Diese Einschränkungen beeinflussen die Abzählung von Elementarereignissen und damit die Gesetze der makroskopischen Physik. Identische Fermionen folgen der *Fermi-Dirac-Verteilung*, während identische Bosonen der *Bose-Einstein-Verteilung* folgen. Obwohl aufgrund dieser Erkenntnisse die Abzählverfahren angepasst werden mussten, die auf Fermionen bzw. Bosonen angewendet werden müssen, blieben die Grundlagen der Thermodynamik auch für Quantensysteme gültig.

Wie wir im abschließenden Kap. 37 von Teil IV sehen werden, kann der Übergang von der klassischen zur quantalen Beschreibung mikroskopischer Vorgänge in der Thermodynamik dadurch bewerkstelligt werden, dass der Phasenraum der klassischen Mechanik durch einen geeigneten quantenmechanischen Zustandsraum und dass Wahrscheinlichkeitsverteilungen durch Dichteoperatoren ersetzt werden. Davon abgesehen, bleiben die fundamentalen Konzepte der Thermodynamik und sogar ihre formalen Gleichungen unverändert.

33.2 Was ist Thermodynamik?

Verzicht auf mikroskopische Information

Wir werden in diesem Buch nacheinander zwei Wege zur Thermodynamik beschreiten. Zunächst werden wir die Thermodynamik makroskopisch und phänomenologisch einführen, d. h., wir lernen in diesem Kapitel die Thermodynamik als denjenigen Teil der Physik kennen, der sich mit den Umwandlungen der Energie in solchen physikalischen Systemen befasst, die aus sehr vielen Einzelteilen zusammengesetzt sind.

Dieser erste Teil dient zum einen dazu, die Grundlagen der Thermodynamik aus fundamentalen Beobachtungen heraus zu entwickeln und ihre Begriffe zu klären. Zum Zweiten hat er die Aufgabe anzudeuten, wie weit thermodynamische Begriffe bei der Beschreibung physikalischer Phänomene tragen können, ohne dass darauf zurückgegriffen werden müsste, wie ihre Konzepte in der Statistik des Verhaltens von vielen Teilchen begründet liegen. Zum Dritten schließlich soll dieser erste Teil bereits eine Vorstellung davon erwecken, dass und warum die Thermodynamik als der vielleicht universellste durch Erfahrung gesicherte Teil der Physik angesehen werden kann. Die Hauptsätze der Thermodynamik überspannen die gesamte Physik, gerade weil sie auf eine Begründung durch spezielle Modellvorstellungen verzichten.

Die Thermodynamik handelt von den Möglichkeiten, Energie umzuwandeln. Dabei geht es nicht um den Energieaustausch zwischen Systemen, die aus nur wenigen Komponenten zusammengesetzt sind, denn der kann durch die Quantenmechanik, die klassische Mechanik oder andere Theorien der Physik präzise beschrieben werden. Vielmehr geht es in der Thermodynamik darum, solche Gesetze zu finden, nach denen Energieumwandlungen in physikalischen Systemen verlaufen, die aus sehr vielen Komponenten bestehen, möglichst weitgehend unabhängig davon, wie diese physikalischen Systeme aufgebaut und zusammengesetzt sein mögen.

Wie ist so etwas überhaupt möglich? Wie könnten wir hoffen, die Umwandlung verschiedener Energieformen davon zu abstrahieren, wie und zwischen welchen Arten physikalischer

Systeme sie umgewandelt werden? Wie könnten wir hoffen, allgemeine Gesetze zur Beschreibung von Energieumwandlungen aufzustellen, ohne Bezug darauf nehmen zu müssen, wie die Energie im Einzelnen aufgenommen, abgegeben und transportiert werden mag?

Es ist die bestaunenswerte, fundamentale Erkenntnis der phänomenologischen Thermodynamik, dass dies durchaus möglich ist. Energieumwandlungen physikalischer Systeme lassen sich tatsächlich durch eine kleine Menge grundlegender Aussagen so weitgehend beschreiben, dass präzise Vorhersagen über das zu erwartende Verhalten einer Vielzahl konkreter Systeme getroffen werden können.

Darauf beruhen zugleich die Stärke und die Schwierigkeit der Thermodynamik: In ihrer phänomenologischen Form wurde sie aus dem Bemühen heraus entwickelt, die Funktionsweise der Dampfmaschinen zu verstehen und in physikalische Begriffe zu fassen. In dieser Form stammt sie aus dem 18. und 19. Jahrhundert, wie wir einleitend beschrieben haben. Dennoch hat sie die Revolutionen der Physik unbeschadet und in ihren Grundlagen unverändert überstanden, die im 20. Jahrhundert überall sonst in der Physik kaum einen Stein auf dem anderen gelassen haben. Die spezielle Relativitätstheorie ebenso wie die Quantenmechanik haben die Konzepte der Thermodynamik nicht in ihrem Kern berührt. Stattdessen haben sich Konzepte, die letztlich aus der Thermodynamik stammen, sehr fruchtbar auf weit entfernte Gebiete der Physik ausgewirkt. Ein bezwingendes Beispiel dafür ist die Hawking-Strahlung Schwarzer Löcher. In diesem Sinne darf die Thermodynamik als die universellste, robusteste Theorie der Physik gelten.

Diese weitreichende Wirkung kann die Thermodynamik gerade deswegen entfalten, *weil* sie sich nicht um die konkreten physikalischen Vorgänge kümmert, die zum Energieaustausch zwischen elementaren Bestandteilen physikalischer Systeme führen und gehören. Thermodynamik beschreibt physikalische Systeme nicht auf der mikroskopischen Ebene einzelner oder weniger Freiheitsgrade.

Gültigkeitsbereich der Thermodynamik

Die Thermodynamik beschreibt den Energieaustausch zwischen physikalischen Systemen mit vielen Freiheitsgraden und ihrer Umgebung. Sie sieht dabei bewusst von den mikroskopischen Vorgängen der Energieübertragung ab.

Zum Beispiel wird durch die Hamilton'schen Gleichungen der klassischen Mechanik beschrieben, wie die als harte, strukturlose Kugeln aufgefassten Teilchen eines idealen Gases aneinanderstoßen und dabei Impuls aufeinander übertragen (Abschn. 7.1). Die Thermodynamik interessiert sich nicht für die Details dieser mechanischen Abläufe. Wie Atome oder andere Quantensysteme aufgrund ihrer Wechselwirkung mit elektromagnetischen Feldern Energie aufnehmen und abgeben, wie dadurch quantenmechanische Zustände an- oder abgeregt werden, geht die Thermodynamik nichts an (siehe hierzu Kap. 29).

Die Thermodynamik nimmt lediglich an, dass es solche Gesetze gibt, die den Zuständen der kleinsten Bestandteile physikalischer Systeme eine Energie zuzuordnen erlauben.

Makroskopische Systeme, Stoffmenge

Die Thermodynamik kann deswegen von der mikroskopischen Physik absehen, die sich zwischen den elementaren Bestandteilen physikalischer Systeme abspielt, weil sie sich mit den Eigenschaften solcher Systeme befasst, die aus sehr vielen elementaren Bestandteilen zusammengesetzt sind. Wie wir sehen werden, bedingt diese sehr große Zahl mikroskopischer Bestandteile, dass Fluktuationen um Mittelwerte vernachlässigbar klein werden. Die Thermodynamik ist in diesem Sinne eine Theorie makroskopischer Systeme. Die Begriffe mikro- und makroskopisch sind in diesem Zusammenhang absichtlich lose bestimmt. Sie bedeuten in unserem Sprachgebrauch, dass mikroskopische Systeme aus höchstens wenigen Teilchen bestehen und wenige Freiheitsgrade haben, während makroskopische Systeme sehr viele Teilchen enthalten und sehr viele Freiheitsgrade haben. Was „wenig" oder „viel" in diesem Zusammenhang bedeuten, wird anhand der Avogadro-Zahl ersichtlich. Sie quantifiziert den Begriff der Stoffmenge n.

Mit der Stoffmenge ist die Anzahl der Teilchen oder „Moleküle" eines Stoffs gemeint, die in einem betrachteten physikalischen System enthalten sind. Die Stoffmenge wurde 1971 als physikalische Grundgröße eingeführt und bekam die Einheit „Mol" (mol) zugeordnet.

Avogadrozahl und Stoffmenge

Die Stoffmenge bezeichnet die Anzahl der Moleküle oder Teilchen eines physikalischen Systems. Sie wird in Mol angegeben. Ein Mol eines Stoffes enthält ebenso viele Teilchen, wie Atome in 12 g des Kohlenstoffisotops ^{12}C enthalten sind.

Dies entspricht gerade der Avogadro-Zahl mit dem ungeheuer großen Wert

$$N_A = 6{,}02214129\,(27) \cdot 10^{23}\,\frac{\text{Teilchen}}{\text{mol}}\,. \tag{33.4}$$

Entsprechend beträgt die Stoffmenge eines Systems aus N Teilchen

$$n = \frac{N}{N_A}\,. \tag{33.5}$$

Die Avogadro-Zahl wird besonders in der älteren Literatur gelegentlich auch als Loschmidt-Zahl bezeichnet.

Teilchenzahlen von der Größenordnung der Avogadro-Zahl kennzeichnen demnach die Stoffmengen makroskopischer Systeme. Solche Systeme, die etwa 1 mol Teilchen umfassen, kommen auf Massen von einigen bis zu einigen Hundert Gramm.

Makroskopische Stoffmengen

Wie viele Teilchen enthält 1 m^3 Luft, und welcher Stoffmenge entspricht das?

Unter Normalbedingungen hat Luft eine Dichte von $1{,}293\,\mathrm{kg\,m^{-3}}$. In ausreichender Näherung besteht ihr Volumen zu 78 % aus Stickstoff, zu 21 % aus Sauerstoff und zu 1 % aus Argon. Die Massen eines Stickstoffmoleküls N_2, eines Sauerstoffmoleküls O_2 und eines Argonatoms Ar betragen $m_{N_2} = 28\,\mathrm{u}$, $m_{O_2} = 32\,\mathrm{u}$ und $m_{Ar} = 40\,\mathrm{u}$ in der atomaren Masseneinheit $1\,\mathrm{u} = 1{,}6605 \cdot 10^{-24}\,\mathrm{g}$. Die mittlere Masse eines „Luftteilchens" ist daher $\bar{m} = (0{,}78 \cdot 28 + 0{,}21 \cdot 32 + 0{,}01 \cdot 40)\,\mathrm{u} = 28{,}96\,\mathrm{u} = 4{,}81 \cdot 10^{-23}\,\mathrm{g}$. 1 m^3 Luft muss sich daher aus $1{,}293 \cdot 10^3/4{,}81 \cdot 10^{-23} = 2{,}69 \cdot 10^{25}$ Teilchen zusammensetzen, das sind $n = 44{,}7\,\mathrm{mol}$. ◄

Wie diese Teilchen im Einzelnen, also auf mikroskopischer Ebene, miteinander wechselwirken, kümmert die Thermodynamik nicht. Sie abstrahiert gerade davon, *wie* Energie zwischen den mikroskopischen Freiheitsgraden ausgetauscht wird. Sie nimmt lediglich an, *dass* zwischen ihnen Energie ausgetauscht werden kann. Durch die extrem große Zahl von Freiheitsgraden in makroskopischen Systemen spielen Fluktuationen im Energieaustausch kaum mehr eine Rolle. Zwar tragen sehr viele Teilchen dazu bei, aber alle aufgrund derselben mikroskopischen physikalischen Gesetze. Dadurch kommt ein makroskopischer Energieaustausch zustande, der von seiner mikrophysikalischen Realisierung nichts mehr weiß.

Über das Verhalten einzelner mikroskopischer Freiheitsgrade macht die phänomenologische Thermodynamik daher ganz bewusst keine Aussagen. Zu keinem Zeitpunkt können wir den Ort, die Größe oder die Geschwindigkeit eines individuellen Gasteilchens angeben, das Teil eines makroskopischen Systems ist. An die Stelle einer physikalischen Beschreibung aller Freiheitsgrade anhand mikroskopischer Zustandsgrößen tritt in der Thermodynamik die Beschreibung großer Gesamtheiten von Molekülen durch makroskopische Zustandsgrößen.

Während die mikroskopischen Zustandsgrößen klassischer oder quantaler Vielteilchensysteme durch die Menge der Orte und Impulse oder durch den (reinen oder gemischten) Zustandsvektor aller Teilchen gegeben wären, kennzeichnen makroskopische Zustandsgrößen messbare Eigenschaften des *Gesamtsystems*.

Makroskopische Zustandsgrößen

Die Thermodynamik verzichtet bewusst darauf, alle mikroskopischen Bestandteile eines makroskopischen Systems durch die Angabe ihrer Zustandsgrößen exakt zu beschreiben. Stattdessen beschränkt sie sich darauf, makroskopische Systeme durch Zustandsgrößen zu beschreiben, die makroskopisch als Eigenschaften großer Gesamtheiten vieler Teilchen mit vielen Freiheitsgraden messbar sind.

Beispiele für makroskopische Zustandsgrößen sind der Druck, die Temperatur, das Volumen oder die Teilchenzahl eines makroskopischen Systems. Da es sich dabei um makroskopisch definierte Größen handelt, lassen sich Druck oder Temperatur für ein einzelnes Molekül gar nicht angeben, ebenso wenig wie mögliche andere makroskopische Zustandsgrößen.

Axiome der Thermodynamik

Die Thermodynamik kann demzufolge als die physikalische Theorie von den Gesetzmäßigkeiten der makroskopischen Energieumwandlungen aufgefasst werden. Sie kommt mit drei Axiomen aus, die als die Hauptsätze der Thermodynamik bezeichnet werden. Das erste Axiom definiert den Begriff der Temperatur. Es wird oft als nullter Hauptsatz bezeichnet. Das zweite Axiom, erster Hauptsatz genannt, bestimmt den Zusammenhang zwischen den Änderungen verschiedener Formen der Energie eines physikalischen Systems. Das dritte Axiom, der zweite Hauptsatz, legt fest, welche Arten der Energieumwandlung physikalischer Systeme zulässig sind.

Axiome oder Hauptsätze der Thermodynamik

Die Thermodynamik baut auf drei Axiomen auf, Hauptsätze genannt. Sie definieren den Begriff der Temperatur, die Umwandlung verschiedener Energieformen ineinander und die physikalisch erlaubten Energieumwandlungen.

Am Ende dieses Abschnitts sei noch eine etwas weiter gehende Bemerkung erlaubt. In der Thermodynamik erweist sich wie fast überall in der theoretischen Physik, dass es entscheidend für ihren Erfolg ist, dass physikalische Systeme hierarchisch gegliedert werden können. Skalen können so eingeführt werden, dass verschiedene Eigenschaften physikalischer Systeme klar voneinander getrennt werden können.

Mikro- und Makrophysik sind nicht nur durch Faktoren zwei oder drei in den relevanten Größen voneinander verschieden, sondern durch Faktoren, deren Größenordnung im Bereich der Thermodynamik durch die Avogadro-Zahl gekennzeichnet werden. Im Bereich der Quantenmechanik legt das Planck'sche Wirkungsquantum h eine Skala fest, die in makroskopischen Systemen ebenfalls um viele Größenordnungen überschritten wird.

Die Existenz absoluter Skalen, die damit zusammenhängende Isolierbarkeit physikalischer Systeme und die wiederum dadurch begründete Möglichkeit, auf einer Ebene einer Skalenhierarchie von den jeweils anderen Ebenen zu abstrahieren, sind

Vertiefung: Messung und Einheiten des Druckes

Da der Druck als diejenige Kraft messbar ist, die ein Körper einer Volumenänderung pro Fläche entgegensetzt, ist die SI-Einheit des Druckes ein Newton pro Quadratmeter, abgekürzt Pascal mit dem Einheitenzeichen Pa:

$$1\,\mathrm{Pa} = 1\,\frac{\mathrm{N}}{\mathrm{m}^2} = 1\,\frac{\mathrm{kg}}{\mathrm{m\,s}^2}\,.$$

Die Einheit Pascal ist nach dem eminenten französischen Mathematiker, Physiker und Philosophen *Blaise Pascal* (1623–1662) benannt. Ein Druck von 1 Pa ist gegenüber alltäglichen Drücken recht klein. Deshalb wird oft das Bar (bar, vom griechischen *barýs* = schwer) als Einheit verwendet,

$$1\,\mathrm{bar} = 10^5\,\mathrm{Pa} = 10^5\,\frac{\mathrm{N}}{\mathrm{m}^2} = 10\,\frac{\mathrm{N}}{\mathrm{cm}^2}\,,$$

das mit einem Vorfaktor 10^6 aus dem cgs-System abgeleitet ist ($1\,\mathrm{bar} = 1\,\mathrm{Mdyn\,cm}^{-2}$). In technischen Anwendungen wird zudem häufig die Einheit Atmosphäre (at) verwendet, die durch die Gewichtskraft einer Masse von 1 kg definiert ist, die auf einer Fläche von $1\,\mathrm{cm}^2$ lastet. Aus dieser Definition ergibt sich die Umrechnung zwischen den Einheiten Atmosphäre, Bar und Pascal:

$$1\,\mathrm{at} = 9{,}81\,\frac{\mathrm{N}}{\mathrm{kg}} \cdot 1\,\frac{\mathrm{kg}}{\mathrm{cm}^2} = 9{,}81\,\frac{\mathrm{N}}{\mathrm{cm}^2}$$
$$= 0{,}981\,\mathrm{bar} = 9{,}81 \cdot 10^4\,\mathrm{Pa}\,.$$

Die Physikalische Atmosphäre (atm) dagegen ist als derjenige Druck definiert, den eine Quecksilbersäule von 760 mm Höhe bei einer Temperatur von 0 °C auf dem Erdboden ausübt. Mithilfe der Dichte des Quecksilbers von $\rho_{\mathrm{Hg}} = 13{,}59\,\mathrm{g\,cm}^{-3}$ bei dieser Temperatur ergibt sich

$$1\,\mathrm{atm} = 760\,\mathrm{mm} \cdot 9{,}81\,\frac{\mathrm{N}}{\mathrm{kg}} \cdot 13{,}59\,\frac{\mathrm{g}}{\mathrm{cm}^3}$$
$$= 10{,}13\,\frac{\mathrm{N}}{\mathrm{cm}^2} = 1{,}013\,\mathrm{bar}\,.$$

Dieser Wert definiert den Normaldruck der Erdatmosphäre am Erdboden. Der Druck einer 1 mm hohen Quecksilbersäule wird nach dem italienischen Physiker und Mathematiker *Evangelista Torricelli* (1608–1647) auch als Torricelli (Torr) bezeichnet.

entscheidende Vorbedingungen dafür, dass wir überhaupt theoretische Physik betreiben können.

Skalenhierarchie

Beispiele für solche Skalenhierarchien lassen sich überall in der Physik in großer Zahl finden. Kontinuierliche Medien wie etwa Flüssigkeiten sind ein Beispiel für eine räumliche Skalenhierarchie. Als Flüssigkeiten oder Fluide werden solche physikalische Systeme bezeichnet, in denen die mittlere freie Weglänge der mikroskopischen Teilchen sehr klein gegenüber der Skala ist, auf der räumliche Veränderungen des Fluids betrachtet werden, die wiederum sehr klein gegenüber den Abmessungen des Gesamtsystems ist. ◄

33.3 Temperatur, Zustandsgrößen und Zustandsänderungen

Temperatur

Was bedeutet es, wenn wir sagen, „draußen ist es kalt“? Was bedeutet es, wenn wir sagen, „der Tee ist warm“? Wir bezeichnen damit Situationen, in denen uns unser körperliches Empfinden anzeigt, dass physikalische Systeme in unserer Umgebung, seien es unsere Umwelt oder ein Tee, einen fühlbaren Unterschied zu unserem Körper aufweisen. Diesen Unterschied bezeichnen wir mit „wärmer“ oder „kälter“. Die damit benannte Qualität physikalischer Systeme nennen wir „ihre Temperatur“. Unser Empfinden erlaubt nur eine grobe Bestimmung der Temperatur: „wärmer“, „kälter“ und „ungefähr gleich warm“, vielleicht noch ergänzt durch Steigerungen wie „heiß“ oder „eiskalt“.

Alltägliche Erfahrung zeigt weiterhin, dass sich die Temperaturen wärmerer Körper und kälterer Körper aneinander angleichen, wenn sie in Kontakt miteinander gebracht werden. Der heiße Tee kühlt sich ab, bis er ungefähr gleich warm wie seine Umgebung ist. Die Milch aus dem Kühlschrank erwärmt sich, wenn sie dem Kühlschrank entnommen wird. Nach einer gewissen Zeit, die vom jeweils betrachteten physikalischen System abhängt, kann unser Empfinden keinen Temperaturunterschied zwischen dem Tee und der Umgebung bzw. zwischen der Milch und ihrer Umgebung mehr feststellen.

Erfahrungen dieser Art werden im physikalischen Begriff der Temperatur genauer gefasst. Wenn zwei physikalische Systeme verschiedener Temperatur miteinander in Kontakt gebracht werden, gleichen sich ihre Temperaturen einander an. Thermisches Gleichgewicht und damit ein Ende der Angleichung tritt dann ein, wenn die Temperaturen gleich sind. Diese Aussage wird als nullter Hauptsatz zum ersten Axiom der Thermodynamik.

Nullter Hauptsatz der Thermodynamik

Makroskopischen physikalischen Systemen wird eine Temperatur zugeordnet. Als thermisches Gleichgewicht zwischen zwei Systemen wird der Zustand der beiden Systeme bezeichnet, in dem sich ihre Temperaturen aneinander angeglichen haben.

Mathematisch betrachtet, errichtet der Begriff der Temperatur eine Äquivalenzrelation auf der Menge aller makroskopischen physikalischen Systeme. Es gibt Systeme mit niedrigeren und höheren Temperaturen. Solche Systeme, deren Temperaturen gleich sind, befinden sich zueinander im thermischen Gleichgewicht.

Physikalischen Begriffen müssen Messvorschriften zugeordnet werden, um sie präzise zu definieren und quantifizierbar werden zu lassen. Die Definition der Temperatur, die der nullte Hauptsatz gibt, nimmt eine solche Messvorschrift für die Temperatur bereits vorweg.

Temperaturen werden durch Thermometer gemessen. Als Thermometer eignet sich jedes physikalische System, das seine Temperatur in eine andere, leicht messbare physikalische Größe übersetzt. Das kann die Volumenausdehnung dieses Systems sein, die einfach an einem Längenmaßstab abgelesen werden kann. Es kann der elektrische Widerstand sein, der bei Metallen mit der Temperatur zu-, bei Halbleitern mit der Temperatur abnimmt. Sobald sich thermisches Gleichgewicht zwischen dem Thermometer und dem System eingestellt hat, mit dem es in Kontakt gebracht wurde, muss das Thermometer die Temperatur dieses Systems angenommen haben. Aufgrund seiner Konstruktion bildet es diese Temperatur auf eine andere, z. B. geometrische oder elektrische Eigenschaft ab, die geeigneten Messmethoden zugänglich ist.

Wir werden in Abschn. 33.5 sehen, dass es in der Physik eine absolute Temperaturskala gibt, deren Grade in Kelvin (K) angegeben werden.

Temperaturmessung

Vielleicht erscheint dieses Beispiel trivial, aber es ist doch nützlich, sich die empirische Bedeutung des Temperaturbegriffs zu verdeutlichen. Definitionsgemäß tritt thermisches Gleichgewicht zwischen zwei Systemen dann ein, wenn die Temperaturen der beiden Systeme gleich sind. Exakt diese Definition legen wir jeder Temperaturmessung zugrunde: Wenn wir wissen wollen, wie warm oder kalt es heute draußen ist, bringen wir ein System, eben ein Thermometer, in thermischen Kontakt mit einem anderen System, nämlich in diesem Fall mit der Luft vor dem Haus. Sobald sich der Thermometerstand nicht mehr ändert, hat sich thermisches Gleichgewicht eingestellt. Die Temperatur des Thermometers ist dann definitionsgemäß gleich der Temperatur der Außenluft. Die thermische Ausdehnung der Thermometerflüssigkeit, die etwa durch ein Röhrchen auf eine Dimension reduziert wird, übersetzt die Temperatur in eine Länge, die nun leicht geometrisch ablesbar ist. ◄

Zustandsgrößen und Prozessgrößen

Anhand der Temperatur können wir nun den Begriff der Zustandsgröße präzisieren. Dazu betrachten wir eine sehr kleine, als differenziell gedachte Änderung $\mathrm{d}T$ der Temperatur, die sich aus differenziellen Änderungen zweier unabhängiger Variabler x und y ergeben möge. Diese beiden Variablen sollen makroskopisch messbare Eigenschaften des Systems sein, wie z. B. Druck und Volumen.

Die Änderung der Temperatur aufgrund der Änderungen $\mathrm{d}x$ und $\mathrm{d}y$ in den beiden Variablen x und y beträgt

$$\mathrm{d}T = X\mathrm{d}x + Y\mathrm{d}y\,, \tag{33.6}$$

wobei X und Y die partiellen Ableitungen

$$X = \frac{\partial T}{\partial x} \quad \text{und} \quad Y = \frac{\partial T}{\partial y} \tag{33.7}$$

sind. Die zweiten Ableitungen sind (unter genügend allgemeinen Bedingungen, um die wir uns hier nicht kümmern wollen) vertauschbar:

$$\frac{\partial X}{\partial y} = \frac{\partial^2 T}{\partial x \partial y} = \frac{\partial^2 T}{\partial y \partial x} = \frac{\partial Y}{\partial x}\,. \tag{33.8}$$

Dieser Zusammenhang zwischen den partiellen Ableitungen von X und Y ist notwendig und hinreichend dafür, dass $\mathrm{d}T = X\mathrm{d}x + Y\mathrm{d}y$ ein *vollständiges Differenzial* ist. Dies ist äquivalent zur Wegunabhängigkeit von Linienintegralen in der x-y-Ebene,

$$\int_{Z_0}^{Z} (X\mathrm{d}x + Y\mathrm{d}y) = \int_{Z_0}^{Z} \mathrm{d}T = T(Z) - T(Z_0)\,, \tag{33.9}$$

die von einem Anfangspunkt oder -zustand Z_0 zu einem Endzustand Z in der x-y-Ebene führen. Daraus folgt sofort, dass für jeden geschlossenen Weg in der x-y-Ebene, d. h. für jeden beliebigen Kreisprozess, das geschlossene Wegintegral verschwindet:

$$\oint (X\mathrm{d}x + Y\mathrm{d}y) = 0\,. \tag{33.10}$$

Frage 1

Vergegenwärtigen Sie sich nochmals, vielleicht anhand der Diskussion in Abschn. 1.6, welcher Zusammenhang zwischen der Wegunabhängigkeit des Integrals über eine Funktion und der Rotation dieser Funktion besteht.

Aufgrund von Beziehungen wie (33.10) definiert ein vollständiges Differenzial eine Zustandsgröße des Systems: Solche Größen hängen nur noch von dem (makroskopischen) Zustand des Systems ab, aber nicht davon, wie das System in diesen Zustand gelangt ist. Bei festgehaltenem Ausgangszustand Z_0 und (willkürlicher) Festlegung seiner Temperatur $T(Z_0)$ hat jeder thermodynamische Zustand Z eine wohlbestimmte Temperatur $T(Z)$. Mehr über vollständige und unvollständige Differenziale wird im Kasten „Vertiefung: Vollständige und unvollständige Differenziale" besprochen.

Man unterscheidet zwischen *extensiven* und *intensiven* Zustandsgrößen. Eine Zustandsgröße heißt *extensiv*, wenn sie der Stoffmenge des betrachteten Systems proportional ist, und *intensiv*, wenn sie von ihr unabhängig ist. Es ist eine wichtige empirische Tatsache, dass die thermodynamischen Größen in guter Näherung entweder extensiv oder intensiv sind. So sind Volumen, innere Energie und Entropie extensiv, während Druck und Temperatur intensiv sind.

Zustandsgrößen

Zustandsgrößen kennzeichnen den Zustand makroskopischer physikalischer Systeme auf eine Weise, die unabhängig davon ist, wie das System in seinen Zustand gelangt ist. Mathematisch entsprechen Zustandsgrößen Funktionen der makroskopischen Freiheitsgrade, von denen vollständige Differenziale gebildet werden können, weil sie nicht von dem Weg abhängen dürfen, über den ein System in seinen Zustand gelangt ist.

Intensive Zustandsgrößen hängen nicht von der Stoffmenge des Systems ab, während extensive Zustandsgrößen proportional zur Stoffmenge sind.

Vielleicht ist hier ein Vergleich mit konservativen Kräften in der klassischen Mechanik angebracht. Für konservative Kräfte existiert ein Potenzial, dessen (positiver oder negativer) Gradient die Kraft ist. Die Arbeit, die verrichtet werden muss, wenn ein Körper in einem konservativen Kraftfeld bewegt wird, ist unabhängig vom konkreten Weg, den der Körper nimmt.

Bei der Wahl derjenigen Zustandsgrößen, mit denen wir ein physikalisches System beschreiben wollen, besteht eine gewisse Freiheit. Wir nennen einen kleinstmöglichen Satz von Zustandsgrößen, der zur kompletten Beschreibung der thermodynamischen Zustände eines Systems notwendig ist, *vollständig*. Die Zustandsgrößen eines vollständigen Satzes sind unabhängig, während alle weiteren Zustandsgrößen abhängig sind. Die abhängigen Größen sind dann Funktionen der unabhängigen Größen. Die Anzahl der unabhängigen Zustandsgrößen ist gleich der Anzahl *makroskopischer Freiheitsgrade* des thermodynamischen Systems. Die unabhängigen Zustandsgrößen sind Koordinaten des *Zustandsraumes*.

Zustandsgrößen eines idealen Gases

Ideale Gase sind beispielsweise vollständig durch ihre Temperatur T, ihren Druck P, ihr Volumen V und ihre Teilchenzahl N gekennzeichnet. Diese Größen sind aber nicht alle unabhängig, weil der Druck eines idealen Gases durch die Kombination von Teilchenzahl, Volumen und Temperatur bestimmt ist. Deswegen können beispielsweise die Temperatur, das Volumen und die Teilchenzahl als ein vollständiger Satz unabhängiger Zustandsgrößen gewählt werden. ◀

Im Unterschied zu einer infinitesimalen Temperaturänderung definieren eine infinitesimale Wärmezufuhr oder eine infinitesimale abgegebene Arbeit keine vollständigen Differenziale, da die Wärmezufuhr oder die abgegebene Arbeit nicht zu verschwinden brauchen, wenn das System in einem Kreisprozess auf einem geschlossenen Weg durch den Zustandsraum geführt wird. Die am Körper verrichtete Arbeit verändert die potenzielle Energie des Körpers, die ihrerseits nicht vom Weg abhängt und daher einer Zustandsgröße vergleichbar ist. Die verrichtete Arbeit wird in der Regel davon abhängen, auf welchem Weg sie eine Zustandsänderung herbeiführt. Im Unterschied zu den Zustandsgrößen nennt man Wärme und Arbeit *Prozessgrößen* und bezeichnet sie in der Literatur oft mit δQ und δW. Alternativ werden auch die Schreibweisen $đQ$ oder $\mathrm{d}'Q$ statt δQ verwendet.

Prozessgrößen

Im Unterschied zu den Zustandsgrößen kennzeichnen Prozessgrößen nicht den Zustand eines makroskopischen physikalischen Systems, sondern den Weg, auf dem das System in seinen Zustand gelangt ist. Aus mathematischer Sicht haben Prozessgrößen keine vollständigen Differenziale.

Homogene Flüssigkeiten, Gase oder Dämpfe sind die einfachsten thermodynamischen Systeme. Deren thermodynamische Zustände sind durch die mechanischen Zustandsgrößen Druck P und Volumen V sowie durch die thermische Zustandsgröße T und die Teilchenzahl N charakterisiert. Der Druck ist im Allgemeinen eine Funktion von T, V und N, womit die Zahl der unabhängigen Variablen des Systems von vier auf drei reduziert wird. Die funktionale Abhängigkeit

$$f(P, T, V, N) = 0\,, \tag{33.11}$$

Teil IV

Vertiefung: Vollständige und unvollständige Differenziale

Eine Funktion $F(x,y)$, die hier der Einfachheit halber nur von zwei Veränderlichen abhängen soll, hat das vollständige Differenzial

$$\mathrm{d}F = \frac{\partial F(x,y)}{\partial x}\mathrm{d}x + \frac{\partial F(x,y)}{\partial y}\mathrm{d}y =: A(x,y)\mathrm{d}x + B(x,y)\mathrm{d}y\,,$$

wobei wir die beiden Funktionen $A(x,y)$ und $B(x,y)$ zur Abkürzung der partiellen Ableitungen eingeführt haben.

Nehmen wir umgekehrt zwei beliebige Funktionen $C(x,y)$ und $D(x,y)$, dann ist die Größe

$$\delta G(x,y) := C(x,y)\mathrm{d}x + D(x,y)\mathrm{d}y$$

im Allgemeinen *nicht* das vollständige Differenzial einer Funktion $G(x,y)$. Die beiden Koeffizientenfunktionen C und D können dann nicht als partielle Ableitungen *einer* Funktion $G(x,y)$ nach den beiden Variablen x und y dargestellt werden.

Eine notwendige und hinreichende Bedingung dafür, dass es eine Funktion G gibt, deren Ableitungen die Koeffizientenfunktionen C und D sind, lässt sich leicht finden. Nehmen wir zunächst an, es gäbe eine solche Funktion, dann wären die Funktionen C und D die Komponentenfunktionen des Gradienten von G:

$$\begin{pmatrix} C(x,y) \\ D(x,y) \end{pmatrix} = \nabla G(x,y)\,.$$

Da die Rotation eines Gradienten identisch verschwindet, folgt daraus die notwendige Bedingung

$$\frac{\partial C(x,y)}{\partial y} = \frac{\partial D(x,y)}{\partial x}$$

dafür, dass $\delta G = \mathrm{d}G$ ein vollständiges Differenzial ist. Wenn die Funktionen auf einem einfach zusammenhängenden Gebiet definiert sind, zeigt der Stokes'sche Satz, dass diese Bedingung auch hinreichend ist. Ein Differenzial ist demnach dann vollständig, wenn die Rotation des Vektorfeldes verschwindet, dessen Komponenten die Koeffizientenfunktionen des Differenzials sind. Angelehnt an die Bezeichnungsweise von Differenzialformen werden vollständige Differenziale auch *exakt* genannt.

Als Beispiel setzen wir

$$C(x,y) = a\,, \quad D(x,y) = b\frac{x}{y}$$

mit beliebigen Konstanten a und b. Da

$$0 = \frac{\partial C(x,y)}{\partial y} \neq \frac{\partial D(x,y)}{\partial x} = \frac{b}{y}$$

ist, kann $\delta G = C\mathrm{d}x + D\mathrm{d}y$ kein vollständiges Differenzial sein. Für infinitesimale $\mathrm{d}x$ und $\mathrm{d}y$ ist die Größe δG zwar infinitesimal klein, kann aber nicht als infinitesimale Differenz zwischen infinitesimal benachbarten Werten einer Funktion G aufgefasst werden. Daher heißt sie *unvollständiges Differenzial.*

Eine Funktion $\alpha(x,y)$ heißt *integrierender Faktor*, wenn $\alpha(x,y)\,[C(x,y)\mathrm{d}x + D(x,y)\mathrm{d}y]$ ein vollständiges Differenzial ist. Nach dem oben Gesagten ist dies genau dann der Fall, wenn die Rotation des Vektors mit den Komponenten αC und αD verschwindet, woraus die Bedingung

$$\frac{C}{\alpha}\frac{\partial\alpha}{\partial y} - \frac{D}{\alpha}\frac{\partial\alpha}{\partial x} = \frac{\partial D(x,y)}{\partial x} - \frac{\partial C(x,y)}{\partial y}$$

an α folgt.

Frage 2

Leiten Sie diese Bedingung selbst her. Finden Sie einen integrierenden Faktor so, dass $\delta G(x,y)$ aus dem vorigen Beispiel ein vollständiges Differenzial wird.

In zwei Dimensionen besitzt jedes Differenzial $\omega = X\mathrm{d}x + Y\mathrm{d}y$ mit beliebigen Koeffizientenfunktionen $X(x,y)$ und $Y(x,y)$ einen integrierenden Faktor α. Dies ist leicht einzusehen, weil die dafür notwendige und hinreichende Bedingung $\nabla\times(\alpha\omega) = 0$ in zwei Dimensionen genau eine Gleichung, in mehr als zwei Dimensionen aber mehr Gleichungen für den integrierenden Faktor liefert. In drei oder mehr Dimensionen ist der integrierende Faktor daher überbestimmt und existiert nicht mehr notwendigerweise. Ein Beispiel dafür finden Sie in Aufgabe 33.9.

Selbst wenn δG unvollständig ist, kann das Integral

$$\int_1^2 \delta G$$

von einem Anfangszustand (x_1, y_1) zu einem Endzustand (x_2, y_2) dennoch als Summe über infinitesimale Größen verstanden und berechnet werden, nur wird es in der Regel davon abhängen, wie wir vom Anfangs- zum Endzustand gelangen. Im Gegensatz dazu wird ein Integral über ein vollständiges Differenzial $\mathrm{d}F$ nicht vom Weg abhängen, weil

$$\int_1^2 \mathrm{d}F = F(x_2, y_2) - F(x_1, y_1)$$

nur vom Anfangs- und Endpunkt abhängen kann. Dadurch wird der Zusammenhang zwischen vollständigen Differenzialen und Funktionen hergestellt, die als Gradient eines Potenzials dargestellt werden können, wie wir sie im Zusammenhang mit konservativen Kraftfeldern in Abschn. 1.6 besprochen hatten.

Teil IV

33.1 Mathematischer Hintergrund: Homogene Funktionen

Funktionen $f : \mathbb{R}^n \supseteq U \to \mathbb{R}$, für die

$$f(\lambda \boldsymbol{x}) = \lambda^k f(\boldsymbol{x})$$

mit $\lambda \in \mathbb{R}$ gilt, heißen *homogen vom Grad k in* $\boldsymbol{x}$. Die vorangegangene Definition extensiver und intensiver Zustandsgrößen lässt sich mathematisch dadurch ausdrücken, dass extensive Zustandsgrößen homogene Funktionen vom Grad 1 in der Stoffmenge sind, während intensive Zustandsgrößen homogene Funktionen vom Grad 0 sind. Auf die Bedeutung homogener Funktionen insbesondere in der klassischen Mechanik und der Quantenmechanik wurde schon in Abschn. 3.7 und 30.2 hingewiesen.

Für homogene Funktionen vom Grad k gilt der Euler'sche Satz für homogene Funktionen,

$$\boldsymbol{x} \cdot \nabla f(\boldsymbol{x}) = k f(\boldsymbol{x}) ,$$

wobei $\nabla f(\boldsymbol{x})$ der Gradient von $f(\boldsymbol{x})$ nach dem Argument $\boldsymbol{x}$ ist. Dieser Satz ist leicht einzusehen, indem man die vorangegangene Gleichung nach λ ableitet,

$$\boldsymbol{x} \cdot \nabla f(\lambda \boldsymbol{x}) = k \lambda^{k-1} f(\lambda \boldsymbol{x}) ,$$

und dann $\lambda = 1$ setzt. Eingeschränkt auf Funktionen einer Variablen bedeutet der Euler'sche Satz insbesondere, dass für die Ableitung jeder Potenzfunktion $f(x) = x^p$ gilt:

$$f'(x) = p \frac{f(x)}{x} .$$

Wir werden später sehen, dass die Entropie S eine extensive Zustandsgröße ist, die als Funktion der inneren Energie U, des Volumens V und der Teilchenzahl N geschrieben werden kann. Also gilt für die Entropie

$$S(\lambda U, \lambda V, \lambda N) = \lambda S(U, V, N) ,$$

und ihre Ableitungen nach U, V und N müssen aufgrund des Euler'schen Satzes durch

$$U \frac{\partial S}{\partial U} + V \frac{\partial S}{\partial V} + N \frac{\partial S}{\partial N} = S$$

mit der Entropie selbst verbunden sein.

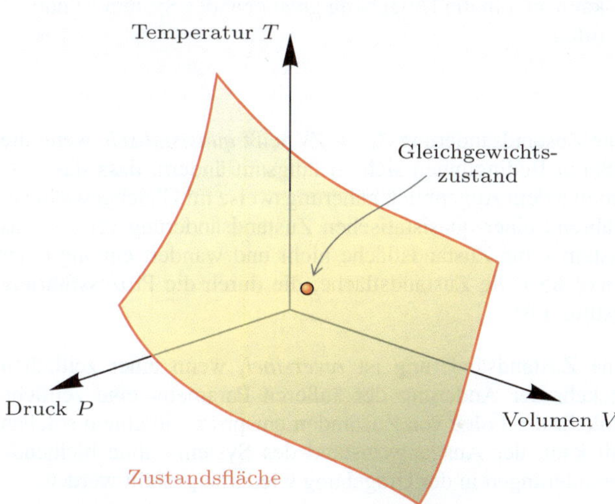

Abb. 33.7 Zustandsfläche in einem Zustandsraum, der hier durch Druck, Volumen und Temperatur aufgespannt wird. Die Zustandsfläche wird durch die Zustandsgleichung $f(P, V, T) = 0$ festgelegt

die den Zusammenhang zwischen Druck, Volumen, Temperatur und Teilchenzahl bestimmt, wird als *(thermische) Zustandsgleichung* bezeichnet.

Die Funktion f in (33.11) spezifiziert das betrachtete System. Stellt man den Zustand eines solchen Systems bei festgehaltener Teilchenzahl N durch einen Punkt in dem dreidimensionalen Zustandsraum dar, der durch die Größen P, V und T aufgespannt wird, dann definiert die Zustandsgleichung eine Fläche in diesem Raum. Eine solche *Zustandsfläche* ist in Abb. 33.7 schematisch dargestellt. Jeder Punkt dieser Fläche stellt einen Gleichgewichtszustand des Systems dar. Gleichgewichtszustände sind solche, die sich zeitlich nicht oder nur so langsam ändern, dass ihre Änderung in der betrachteten Situation unerheblich ist. In der Thermodynamik versteht man unter einem Zustand, wenn es nicht ausdrücklich anders angegeben ist, immer einen Gleichgewichtszustand.

Zustandsänderungen

Einen Übergang von einem thermodynamischen Zustand in einen anderen bezeichnet man als *thermodynamische Zustandsänderung*. Wenn der Ausgangszustand Z_1 ein Gleichgewichtszustand ist, kann eine Zustandsänderung nur durch eine Änderung der äußeren Bedingungen hervorgerufen werden, denen das System unterworfen ist.

Die Änderung jedes Gleichgewichtszustands eines thermodynamischen Systems kommt durch Wechselwirkungen mit der *Umgebung* des Systems zustande. Beispielsweise kann die Umgebung an einem thermodynamischen System Arbeit verrichten, oder das System selbst kann umgekehrt an der Umgebung Arbeit verrichten. Zwischen einem System und seiner Umgebung kann ein Wärme- oder sogar ein Stoffaustausch stattfinden.

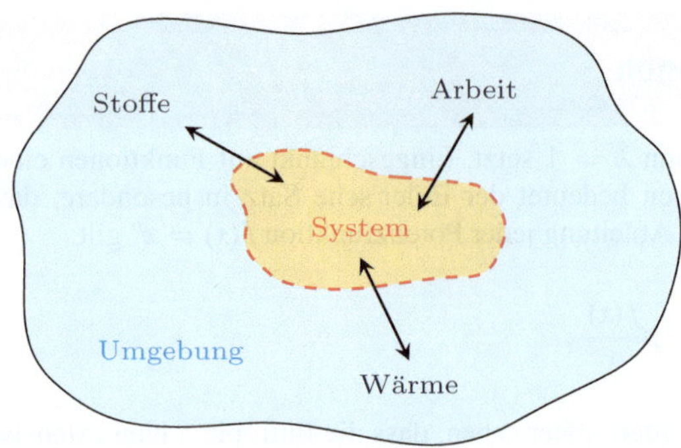

Abb. 33.8 Ein makroskopisches physikalisches System kann auf verschiedene Weisen mit seiner Umgebung in Kontakt treten

Eine sehr große Umgebung im thermischen Gleichgewicht, deren Temperatur sich bei Entnahme einer endlichen Wärmemenge praktisch nicht ändert, nennt man *Wärmebad*, *Wärmereservoir* oder einfach *Reservoir*. Die erwähnten Austauschprozesse zwischen System und Umgebung werden in Abb. 33.8 schematisch gezeigt.

Wärmereservoire

Das Konzept eines Wärmereservoirs verweist auf den Begriff der Skalenhierarchie, von dem in Abschn. 33.2 die Rede war. Natürlich existiert kein unendlich großes Wärmereservoir, aus dem sich ein kleineres thermodynamisches System unbegrenzt bedienen kann. Entscheidend für die Argumentation ist aber nur, dass das Wärmereservoir sehr viel mehr innere Energie enthält als das betrachtete thermodynamische System. Für eine Flasche Bier, die gekühlt werden soll, kann ein Teich in bester Näherung als Wärmereservoir gelten. ◀

Offene, geschlossene und abgeschlossene Systeme

Ein System heißt

- *offen*, wenn alle gezeigten Austauschprozesse erlaubt sind;
- *geschlossen*, wenn es keinen Stoffaustausch gibt;
- *anergisch*, wenn es keinen Arbeitsaustausch gibt;
- *(adiabatisch) isoliert*, wenn kein Wärmeaustausch möglich ist;
- *thermisch isoliert*, wenn weder Arbeits- noch Wärmeaustausch möglich sind;
- *abgeschlossen*, wenn weder Energie- noch Stoffaustausch möglich sind.

Das Adjektiv „adiabatisch" leitet sich von den griechischen Worten *a* für „nicht" und *diabaínein* für „hindurchgehen" ab.

Abgeschlossene Systeme gibt es in der Realität nicht, da sie eine unendlich gute Isolierung hinsichtlich aller möglichen Austauschvorgänge mit der Umgebung voraussetzen. Hierzu gehört auch eine perfekte Wärmeisolierung des Systems. Ein näherungweise abgeschlossenes System stellt z. B. eine Thermoskanne dar. *Geschlossene Systeme* können Energie, z. B. in Form von Wärme und Arbeit, über die Systemgrenze austauschen. Die Systemgrenze ist allerdings für Stoffaustausch undurchlässig. Bei *offenen Systemen* können sowohl Teilchen als auch Energie über die Systemgrenze treten. Ein Beispiel eines offenen Systems ist eine Gasflasche mit geöffnetem Ventil oder eine Tasse Kaffee.

Sprudelflasche

Eine Sprudelflasche befinde sich mit geschlossenem Verschluss im Kühlschrank. Die Flasche und ihr Verschluss definieren ein gegenüber dem Kühlschrank geschlossenes System, weil sie den Austausch von Sprudel mit der Umgebung verhindern. Wärmeaustausch ist aber möglich; dazu wurde die Flasche ja in den Kühlschrank gestellt. Wird die Sprudelflasche aus dem Kühlschrank genommen und auf den Küchentisch gestellt, beginnt Wärme aus der Küche in die Flasche zu fließen. Wird zusätzlich der Verschluss geöffnet, verrichtet das freigesetzte Kohlendioxid Arbeit an der Umgebungsluft. Sprudelwasser kann jetzt in die Umgebung gelangen; das System ist nun offen. ◀

Eine Zustandsänderung $Z_1 \rightarrow Z_2$ heißt *quasistatisch*, wenn die äußeren Bedingungen sich so langsam ändern, dass das System in jedem Augenblick näherungsweise im Gleichgewicht ist. Während einer quasistatischen Zustandsänderung verlässt das System seine Zustandsfläche nicht und wandert entlang einer Kurve über die Zustandsfläche, die durch die Prozessführung bestimmt ist.

Eine Zustandsänderung ist *reversibel*, wenn einer zeitlichen Umkehr der Änderung der äußeren Parameter eine zeitliche Umkehr der Folge von Zuständen entspricht. In einem solchen Fall kann der Ausgangszustand des Systems ohne bleibende Veränderungen in der Umgebung wiederhergestellt werden.

Quasistatische Zustandsänderungen

Quasistatische Zustandsänderungen sind ein weiteres Beispiel für eine Skalenhierarchie, wie sie in Abschn. 33.2 erwähnt wurde. Gelegentlich werden quasistatische Zustandsänderungen als „unendlich langsam" beschrieben, was dann leicht den Eindruck erweckt, solche Zustandsänderungen seien von vornherein völlig unrealistisch. Gemeint ist damit aber, dass die Zustandsgrößen

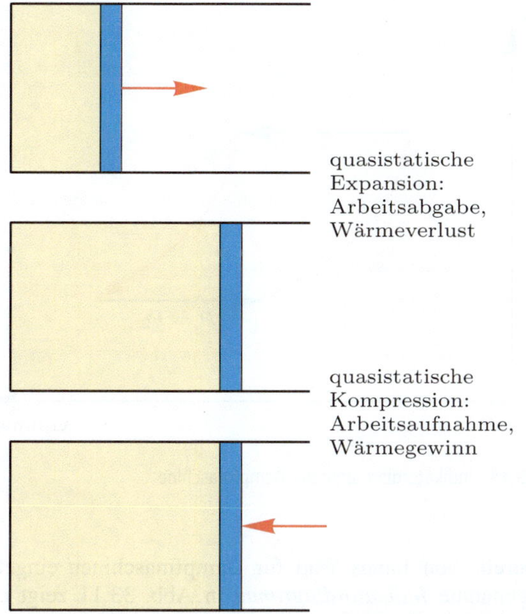

Abb. 33.9 Beispiele für reversible Zustandsänderungen eines Gases, entweder durch quasistatische Expansion (*oben*) oder quasistatische Kompression (*unten*)

des Systems während des Prozesses wesentlich langsamer geändert werden, als diejenigen Prozesse ablaufen, durch welche die Freiheitsgrade des Systems wechselwirken und ein neues Gleichgewicht herstellen können. Ob eine Zustandsänderung als langsam oder schnell angesehen werden kann, ist daher immer eine Frage nach dem Verhältnis zwischen den Zeitskalen der daran beteiligten Prozesse. ◀

Jeder reversible Prozess ist quasistatisch, aber nicht jeder quasistatische Prozess ist reversibel. Ein Prozess $Z_1 \to Z_2$ heißt dagegen *irreversibel*, wenn bei der umgekehrten Prozessführung $Z_2 \to Z_1$ in der Umgebung Veränderungen zurückbleiben. Bei einem solchen Kreisprozess ändert sich dann die Umgebung des thermodynamischen Systems. Alle wirklichen, in der Natur realisierten Prozesse laufen mehr oder weniger irreversibel ab. Bei der reversiblen Gasexpansion in Abb. 33.9 expandiert das Gas sehr langsam und verrichtet dabei Arbeit. Beim Umkehrprozess wird diese Arbeit eingesetzt, um das Gas quasistatisch in seinen Ausgangszustand zu verdichten. Abbildung 33.10 zeigt dagegen eine irreversible Gasexpansion. Nach dem Herausziehen der Trennwand strömt ein Teil des Gases von der linken in die rechte Hälfte des Behälters. Dabei wird keine Arbeit an der Umgebung verrichtet. Um das Gas danach wieder in die linke Seite zu verdichten, muss die Umgebung Arbeit am Gas verrichten.

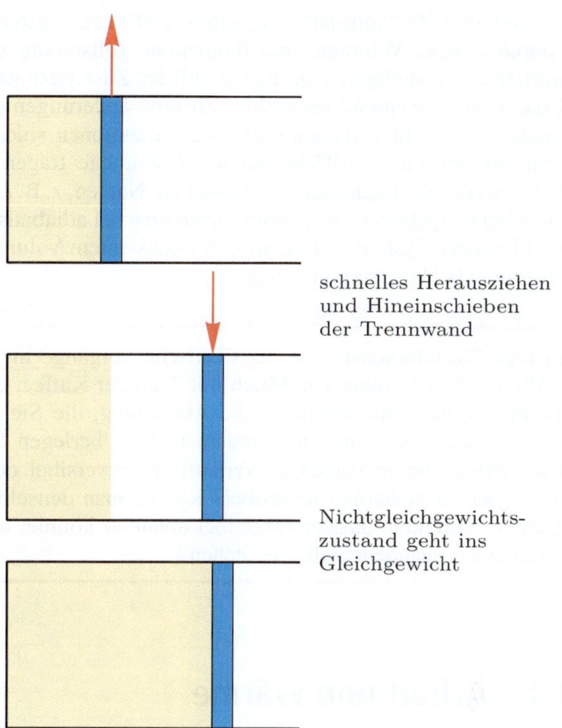

Abb. 33.10 Beispiel für eine irreversible Zustandsänderung. In einem Kolben wird schnell eine Trennwand verschoben. Das Gas dehnt sich plötzlich aus und geht dann in einen neuen Gleichgewichtszustand über

Zustandsänderungen

Eine Zustandsänderung eines Systems heißt quasistatisch, wenn sie so langsam verläuft, dass das System während der gesamten Zustandsänderung näherungsweise im Gleichgewicht bleibt. Reversibel sind solche Prozesse, die das System auch in umgekehrter Richtung durchlaufen kann, wenn die äußeren Parameter so verändert werden, dass sie am Ende des umgekehrten Verlaufs auch wieder ihre ursprünglichen Werte annehmen. Reversible Prozesse sind quasistatisch, quasistatische Prozesse aber nicht unbedingt reversibel.

Zustandsänderungen eines Luftballons

Ein Beispiel für eine Zustandsänderung, die zwar quasistatisch, aber irreversibel verläuft, ist das sehr langsame Entweichen der Luft aus einem Ballon mit einer leicht porösen Hülle. Während die Luft langsam ausströmt, manchmal über Tage, bleibt dem Ballon stets ausreichend Zeit, sich kontinuierlich auf ein verändertes mechanisches Gleichgewicht einzustellen. ◀

Eine reversible Zustandsänderung eines einfachen Systems, das durch Druck, Volumen und Temperatur vollständig gekennzeichnet ist, definiert eine Kurve auf der Zustandsfläche, weil das System während reversibler Zustandsänderungen die Zustandsfläche nicht verlassen darf. Die Projektionen solcher Kurven aus der Zustandsfläche auf die P-V-Ebene tragen je nach der Art der Zustandsänderung besondere Namen, z. B. *Isothermen* bei festgehalter Temperatur, *Adiabaten* bei adiabatisch abgeschlossenen Systemen, *Isochoren* bei konstantem Volumen und *Isobaren* bei konstantem Druck.

Frage 3

Betrachten Sie möglichst viele physikalische Vorgänge in Ihrem Alltag: die Mischung von Milch mit Tee oder Kaffee, das Aufpumpen eines Fahrradreifens, die Abkühlung, die Sie im Schwimmbad erleben und viele andere mehr. Überlegen Sie sich bei jedem dieser Vorgänge: Verläuft er irreversibel oder in ausreichender Näherung reversibel? Könnte man denselben Vorgang so gestalten, dass er reversibel ablaufen könnte, und wie könnte das gegebenenfalls geschehen?

33.4 Arbeit und Wärme

Arbeit

Betrachten wir nun eine Substanz, die wir im allgemeinen Sinn als Fluidum bezeichnen, womit sowohl eine Flüssigkeit als auch ein Gas gemeint sein kann. Sie befinde sich in einem zylindrischen Gefäß mit einem beweglichen Kolben der Querschnittsfläche A. Aufgrund ihres Druckes P übt die Flüssigkeit die Kraft PA auf den Kolben aus. Wird der Kolben um den infinitesimalen Weg $\mathrm{d}h$ verschoben, verrichtet die Flüssigkeit die infinitesimale Arbeit

$$\delta W = PA\mathrm{d}h = P\mathrm{d}V\,. \tag{33.12}$$

Diese Gleichung gilt nicht nur für die hier gewählte zylindrische Begrenzung des Volumens. Für beliebig geformte Volumina und für beliebige Formänderungen der Begrenzungsfläche muss man nur alle gegebenenfalls infinitesimal kleinen Volumenänderungen längs der Oberfläche aufsummieren. Für negatives $\mathrm{d}V$, also bei einer Kompression, wird gegen den Druck Arbeit an der Flüssigkeit verrichtet, sodass δW negativ wird. Die infinitesimale Arbeit δW kann wie die Wärme kein vollständiges Differenzial sein, weil sie im Allgemeinen davon abhängt, entlang welchen Weges im Zustandsraum die Arbeit am System verrichtet wird.

Beispielsweise werden in der Regel verschiedene Arbeitsbeträge notwendig sein, um ein Gas im einen Fall zunächst ohne Wärmeaustausch zu komprimieren und danach wieder auf die Ausgangstemperatur abzukühlen oder im anderen Fall bei konstanter Temperatur um denselben Faktor zu komprimieren.

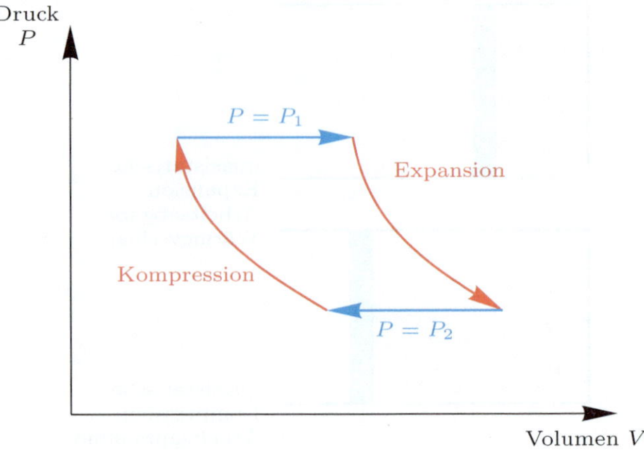

Abb. 33.11 Indikatordiagramm der Dampfmaschine

Das bereits von James Watt für Dampfmaschinen eingeführte, sogenannte *Indikatordiagramm* in Abb. 33.11 zeigt einen Kreisprozess im P-V-Diagramm. Längs der oberen Isobaren mit dem Druck P_1 ist der Dampfzylinder an einen Hochdruckkessel angeschlossen, längs der unteren mit dem niedrigeren Druck $P_2 < P_1$ an einen Niederdruckkessel. Der absteigende bzw. aufsteigende Kurvenast bedeutet Expansion bzw. Kompression. Der Flächeninhalt misst den Betrag des geschlossenen Integrals

$$\oint P\,\mathrm{d}V = \oint \delta W\,, \tag{33.13}$$

der ja gerade deswegen nicht verschwinden muss, weil δW kein vollständiges Differenzial ist.

Wärme und Wärmekapazitäten

Da die Dampfmaschine nach einem Umlauf wieder im Ausgangspunkt des Indikatordiagramms ankommen und daher unverändert aus dem Umlauf hervorgehen muss, kann sie diesen Arbeitsbetrag nur auf Kosten der zugeführten Wärme verrichten, sodass bei einem geschlossenen Umlauf

$$\oint \delta Q = \oint \delta W \tag{33.14}$$

gelten muss. Um Wärme zu quantifizieren, wurde eine eigene Einheit eingeführt, die Kalorie.

Kalorie

Die Wärmemenge, die 1 g Wasser bei Atmosphärendruck von 14,5 auf 15,5 °C erwärmt, heißt eine *Kalorie*.

Teil IV

Die Wärme, die ein Körper pro Kilogramm seiner Masse bei einer Temperaturänderung ΔT aufnehmen oder abgeben kann, heißt *spezifische Wärme* oder *spezifische Wärmekapazität* und wird mit c bezeichnet.

Wenn die Wärme bei *konstantem Volumen* zugeführt wird, bewirkt sie eine Temperatur- und Druckerhöhung der Flüssigkeit, ohne dass durch den Körper eine Druck-Volumen-Arbeit PdV verrichtet werden könnte. Wird die Wärme dagegen bei *konstantem Druck* zugeführt, wird sie zum Teil dafür eingesetzt, die Flüssigkeit gegen die Umgebung expandieren zu lassen. Deshalb wird sich die Temperatur bei gegebener Wärmezufuhr bei konstantem Druck weniger verändern als bei konstantem Volumen.

Daher müssen die spezifischen Wärmekapazitäten c_V bei konstantem Volumen und $c_P > c_V$ bei konstantem Druck unterschieden werden. Für Gase ist der Unterschied zwischen den beiden spezifischen Wärmekapazitäten wesentlich.

Für eine Flüssigkeit oder ein Gas der Masse m gelten demnach die Gleichungen

$$\Delta Q_V = m\,c_V \Delta T \quad \text{oder} \quad \Delta Q_P = m\,c_P \Delta T \tag{33.15}$$

für die bei konstantem Volumen bzw. konstantem Druck aufgenommenen Wärmemengen. Daraus und aus der oben gegebenen Definition der Kalorie folgt beispielsweise für Wasser bei 15 °C mit $\Delta T = 1\,\mathrm{K}$ die spezifische Wärme bei konstantem (Atmosphären-)Druck (siehe hierzu (33.24)):

$$c_P = 1\,\frac{\mathrm{kcal}}{\mathrm{K\,kg}} = 426{,}9\,\frac{\mathrm{kpm}}{\mathrm{K\,kg}} = 4185\,\frac{\mathrm{J}}{\mathrm{K\,kg}}\,. \tag{33.16}$$

Die Wahl einer geeigneten Temperaturskala wird in Abschn. 33.5 nachgeholt.

Anstelle der spezifischen Wärmekapazitäten pro Masse benutzt man häufig auch die Wärmekapazitäten pro Stoffmenge, die sogenannten *Molwärmen* oder *molaren Wärmen*, c_V^{mol} und c_P^{mol}. Eine Stoffmenge n einer Flüssigkeit oder eines Gases nimmt bei einer Temperaturänderung ΔT die Wärmemengen

$$\Delta Q_V = n\,c_V^{\mathrm{mol}}\,\Delta T \quad \text{oder} \quad \Delta Q_P = n\,c_P^{\mathrm{mol}}\,\Delta T \tag{33.17}$$

auf oder gibt diese ab, je nachdem, ob dabei das Volumen oder der Druck konstant gehalten wird.

Wärmekapazität

Die Wärmemenge, die ein Körper pro Masse oder pro Stoffmenge bei einer Temperaturänderung ΔT aufnehmen oder abgeben kann, ist seine spezifische Wärmekapazität c oder seine molare Wärmekapazität c^{mol}. Wärmekapazitäten bei konstantem Druck sind größer als bei konstantem Volumen,

$$c_P > c_V\,, \tag{33.18}$$

weil bei konstantem Druck ein Teil der aufgenommenen Wärme als Druck-Volumen-Arbeit gegen die Umgebung verrichtet werden muss.

Die Wärmekapazität ist ein Beispiel für eine sogenannte Antwort- oder *Responsefunktion* eines thermodynamischen Systems, die anzeigt, wie das System auf eine Änderung äußerer Zustandsparameter reagiert. Weitere Beispiele für Responsefunktionen werden in Abschn. 35.1 besprochen, darunter der Ausdehnungskoeffizient und die Kompressibilität.

Mischungstemperatur

Damit können wir sofort angeben, welche Temperatur sich einstellen wird, wenn zwei gemeinsam isolierte Systeme in thermischen Kontakt gebracht werden. Wenn keinerlei mechanische Arbeit ausgeübt wird, muss $\Delta Q_1 = -\Delta Q_2$ gelten, woraus

$$\Delta Q_1 + \Delta Q_2 = 0 = m_1 \int_{T_1}^{T} c_{V_1}(T')\mathrm{d}T' + m_2 \int_{T_2}^{T} c_{V_2}(T')\mathrm{d}T' \tag{33.19}$$

folgt, wenn c_V die spezifische Wärme pro Masse bei konstantem Volumen ist. Wenn zudem noch c_V von der Temperatur zumindest in genügender Näherung unabhängig ist, erhalten wir daraus

$$m_1 c_{V_1}(T - T_1) + m_2 c_{V_2}(T - T_2) = 0\,. \tag{33.20}$$

Dies liefert die Mischungstemperatur

$$T = \frac{m_1 c_{V_1} T_1 + m_2 c_{V_2} T_2}{m_1 c_{V_1} + m_2 c_{V_2}}\,, \tag{33.21}$$

die bei gleichen Wärmekapazitäten allein durch das Massenverhältnis bestimmt wird:

$$T = \frac{m_1 T_1 + m_2 T_2}{m_1 + m_2}\,. \tag{33.22}$$

◂

Molare Wärmekapazitäten für einige Gase bei 20 °C sind in Tab. 33.1 angegeben. Beachten Sie, dass diese Wärmekapazitäten für ein-, zwei- und mehratomige Moleküle jeweils etwa gleich groß sind.

Bei allen Reibungsvorgängen wird Arbeit in Wärme oder innere Energie umgewandelt. Dies wurde schon früh von *James Prescott Joule* (1818–1889) und *Julius Robert Mayer* (1814–1878) erkannt. Dabei erweist sich die aufgewendete Arbeit als proportional zur erzeugten Wärme,

$$\delta W = \zeta \delta Q\,, \tag{33.23}$$

Tab. 33.1 Molare Wärmekapazitäten einiger Gase bei 20 °C

Stoff	molare Masse $[\mathrm{g\,mol^{-1}}]$	c_P^{mol} $[\mathrm{J\,mol^{-1}\,K^{-1}}]$	c_V^{mol} $[\mathrm{J\,mol^{-1}\,K^{-1}}]$
He	4,003	20,94	12,85
Ar	39,94	20,89	12,69
H_2	2,02	28,83	20,45
Luft	29	29,14	20,78
CH_4	16,04	35,59	27,21
CO_2	44,01	36,84	28,48

mit einem von den Versuchsbedingungen unabhängigen Proportionalitätsfaktor

$$\zeta = 426{,}9\,\frac{\mathrm{kpm}}{\mathrm{kcal}} = 4{,}185\,\frac{\mathrm{J}}{\mathrm{cal}}\,. \tag{33.24}$$

Wärme wird dadurch auch anhand ihrer Einheit als Energieform identifiziert, die in Joule angegeben wird.

33.5 Die idealen Gasgesetze

Experimentell wurde schon früh in der Geschichte der Thermodynamik gefunden, dass sich alle untersuchten Gase sehr ähnlich verhalten, sofern sie nur hinreichend verdünnt sind. Diese interessante und wichtige Feststellung wird im Konzept des *idealen Gases* zum Prinzip erhoben: Als ideal wird hier zunächst ein Gas angesehen, dessen thermodynamische Eigenschaften nicht oder nur vernachlässigbar wenig von seiner Zusammensetzung abhängen. Wir werden in Abschn. 35.3 eine genaue mikroskopische Begründung für diese Idealisierung angeben. Ein reales Gas kommt dem Verhalten des idealen Gases umso näher, je schwerer es bei Normaldruck zu verflüssigen ist, je tiefer also sein Siedepunkt ist.

Sieht man im Sinne dieser Idealisierung von der Zusammensetzung des Gases ab, bleiben als makroskopische Zustandsgrößen eines idealen Gases nur der Druck P, das Volumen V, die Temperatur T und die Zahl N der Moleküle verfügbar. Gesetzmäßige Zusammenhänge zwischen diesen Zustandsgrößen wurden schon früh entdeckt und untersucht.

Die Gesetze von Boyle-Mariotte und Gay-Lussac

Die Zustandsgleichung des idealen Gases ist bei konstanter Temperatur T und Teilchenzahl N durch das *Boyle-Mariotte'sche Gesetz* gegeben:

$$PV = \mathrm{const}\,. \tag{33.25}$$

Führen wir statt des Volumens V die Dichte ρ ein, gilt ebenso gut

$$\frac{P}{\rho} = \mathrm{const}\,, \tag{33.26}$$

wiederum bei konstanter Temperatur.

Während das Gesetz von Boyle-Mariotte feststellt, dass der Druck eines Gases bei konstanter Temperatur indirekt proportional zu seinem Volumen ist, fasst das *Gesetz von Gay-Lussac* die beiden experimentellen Befunde zusammen, dass sowohl der Druck bei konstantem Volumen als auch das Volumen bei konstantem Druck jeweils linear von der Temperatur abhängen:

$$\frac{P}{T} = \mathrm{const}\,, \quad \frac{V}{T} = \mathrm{const}\,. \tag{33.27}$$

Zudem stellt sich heraus, dass Druck oder Volumen bei sonst gleichen Bedingungen proportional zur Stoffmenge n sind.

Gesetze von Boyle-Mariotte und von Gay-Lussac

Das Gesetz von Boyle-Mariotte besagt, dass das Produkt aus Druck und Volumen eines idealen Gases bei konstanter Temperatur konstant ist:

$$PV = \mathrm{const} \quad \text{bei } T = \mathrm{const}\,. \tag{33.28}$$

Das Gesetz von Gay-Lussac stellt fest, dass Druck bzw. Volumen eines idealen Gases proportional zur Temperatur sind, wenn das Volumen bzw. der Druck konstant gehalten werden:

$$\begin{aligned} P &\propto T \quad \text{bei } V = \mathrm{const}\,, \\ V &\propto T \quad \text{bei } P = \mathrm{const}\,. \end{aligned} \tag{33.29}$$

Achtung Bei der Formulierung des Gesetzes von Gay-Lussac mag man sich die Frage stellen, wie es experimentell überhaupt aufgestellt werden kann, ohne in Zirkelschlüsse zu geraten. Gasthermometer scheiden offensichtlich zur Temperaturmessung aus, weil das Verhalten von Gasen unter Temperaturänderungen ja gerade der Gegenstand der Untersuchung ist. Bei anderen Thermometern muss man zumindest sicher sein, dass sie linear auf Temperaturänderungen reagieren. Veröffentlichungen von Joseph Gay-Lussac legen die Vermutung nahe, dass er bereits Quecksilberthermometer verwendet und deren Linearität im verwendeten Temperaturbereich sorgfältig abgewogen hat. ◄

Fasst man diese experimentellen Befunde in einer Gleichung zusammen, lautet sie

$$PV = nR\,(T - T_0)\,, \tag{33.30}$$

worin die *allgemeine Gaskonstante* R als Proportionalitätsfaktor auftritt und der Nullpunkt T_0 der Temperaturskala noch möglichst geschickt gewählt werden muss.

Achtung Beachten Sie, dass die Gaskonstante R letztlich die Steigung der Temperaturskala bestimmt und deswegen von der Wahl der Temperaturskala abhängen muss. ◄

Die ursprüngliche Temperaturskala des schwedischen Mathematikers und Geodäten *Anders Celsius* (1701–1744) verwendete als Fixpunkte die Temperaturen des Gefrier- und des Siedepunktes von Wasser bei Normaldruck, d. h. bei einem Luftdruck von 1 atm = 1,013 bar. Der Bereich zwischen diesen Fixpunkten, gemessen mit einem Quecksilberthermometer, wird in 100 „Grad" genannte gleich lange Abschnitte eingeteilt, was auch zu der historischen Bezeichnung des „hundertteiligen Thermometers" geführt hat. Bei Normaldruck liegt der Gefrierpunkt des Wassers bei 0 °C, sein Siedepunkt bei 100 °C. (Kurioserweise hatte Celsius zunächst den Gefrierpunkt des Wassers bei 100°C und den Siedepunkt bei 0°C festgelegt, was später sinnvollerweise vertauscht wurde.)

Die absolute Temperaturskala

Experimente mit vielen verschiedenen hinreichend verdünnten Gasen zeigen, dass im Grenzfall eines idealen Gases das Verhältnis

$$\frac{(PV)_{100\,°\mathrm{C}}}{(PV)_{0\,°\mathrm{C}}} = 1{,}3661 \tag{33.31}$$

beträgt. Mithilfe dieses Messwertes folgt aus dem experimentellen Befund (33.30)

$$1{,}3661 = \frac{100\,°\mathrm{C} - T_0}{0\,°\mathrm{C} - T_0}, \tag{33.32}$$

woraus

$$T_0 = -\left(\frac{100}{0{,}3661}\right)°\mathrm{C} = -273{,}15\,°\mathrm{C} \tag{33.33}$$

folgt. Verschieben wir die Temperaturskala so, dass ihr Nullpunkt bei der Temperatur $T_0 = -273{,}15\,°\mathrm{C}$ liegt, behalten aber die Celsius'sche Teilung in 100 °C zwischen dem Gefrier- und dem Siedepunkt des Wassers bei, erhalten wir die Temperatur in Kelvin:

$$T[\mathrm{K}] = T[°\mathrm{C}] + 273{,}15\,. \tag{33.34}$$

Verwenden wir diese absolute Temperaturskala in (33.30), vereinfacht sich das experimentell gefundene Gesetz (33.30) zur Zustandsgleichung eines idealen Gases.

Zustandsgleichung eines idealen Gases

Die Zustandsgleichung eines idealen Gases lautet

$$PV = nRT\,, \tag{33.35}$$

wenn die Temperatur in Kelvin angegeben wird. Darin tritt die allgemeine Gaskonstante R als Proportionalitätsfaktor auf. Bei $T = 0\,\mathrm{K}$ verschwindet formal das Produkt PV aus Druck und Volumen. Das ist eine unrealistische Folge der Annahme, dass das Gas ideal sei. Jedes reale Gas verflüssigt sich bei einer geringen, aber endlichen Temperatur.

Die Zustandsgleichung für ideale Gase (33.35) enthält die Stoffmenge n der im Volumen V enthaltenen Mole.

International wurde 1967 die Größe

$$T = 273{,}16\,\mathrm{K} \tag{33.36}$$

als *Tripelpunkt des Wassers* fixiert. Das ist derjenige Punkt im Zustandsraum, bei dem Wasser zugleich in festem, flüssigem und gasförmigem Aggregatzustand vorliegt.

Absolute Temperatur

Es gibt eine absolute Temperaturskala. Ihr Nullpunkt bei −273,15 °C kann dadurch definiert werden, dass dort der Druck eines idealen Gases verschwindet. Absolute Temperaturen werden in Kelvin (K) angegeben. Die Temperaturskala wird dadurch festgelegt, dass dem Tripelpunkt des Wassers die Temperatur 273,16 K = 0,01°C zugewiesen wird.

Um Temperaturen zu unterscheiden, die auf verschiedenen Skalen gemessen werden, unterscheiden wir von jetzt an, wo es nötig wird, die absolute Temperatur T von der Temperatur ϑ, die in Grad Celsius gemessen wird.

Gaskonstante und Boltzmann-Konstante

Bei einer Temperatur von $\vartheta = 0\,°\mathrm{C}$ und Normaldruck von 1 atm = 1,013 bar nimmt ein Mol eines idealen Gases – d. h. einer Gasmenge, deren Masse der Molekülmasse in Gramm entspricht – ein Volumen von 22,4141 l ein. Aus diesen empirischen Zahlenwerten erhalten wir die universelle Gaskonstante

$$R = \frac{1{,}013\,\mathrm{bar} \cdot 22{,}4141\,\mathrm{dm}^3\,\mathrm{mol}^{-1}}{273{,}15\,\mathrm{K}} = 8{,}3145\,\frac{\mathrm{J}}{\mathrm{mol\,K}} \tag{33.37}$$

oder, ausgedrückt in Kalorien:

$$R = 1{,}986\,\frac{\mathrm{cal}}{\mathrm{mol\,K}}\,. \tag{33.38}$$

Ideale Gasgleichung mit Teilchenzahl

Setzen wir anstelle der Stoffmenge n das Verhältnis $n = N/N_A$ ein und definieren die Konstante $k_B = R/N_A$, so erhalten wir für die Zustandsgleichung idealer Gase die weitere Fassung

$$PV = Nk_BT\,. \tag{33.39}$$

Teil IV

Die hier neu eingeführte Konstante

$$k_\mathrm{B} = \frac{R}{N_\mathrm{A}} = 1{,}3806488\,(13) \cdot 10^{-23}\,\mathrm{J\,K^{-1}} \tag{33.40}$$

ist die universelle *Boltzmann-Konstante*, die schon in der Einführung unter (33.2) erwähnt wurde. Sie stellt den Zusammenhang zwischen der Temperatur- und der Energieskala her.

Achtung Die Boltzmann-Konstante ist insofern eine unnötige Naturkonstante, als sie lediglich zwischen den willkürlich gewählten Einheiten der absoluten Temperatur und der Energie umzurechnen ermöglicht. Umgekehrt könnte man den Wert der Boltzmann-Konstante exakt festlegen und damit das Kelvin neu definieren. So schlägt das Consultative Committee for Units (CCU) des Bureau International des Poids et Mesures im Entwurf einer Broschüre zur Neudefinition der SI-Einheiten vor, die Boltzmann-Konstante auf exakt $1{,}38065 \cdot 10^{-23}\,\mathrm{J\,K^{-1}}$ festzusetzen und damit zugleich das Kelvin neu zu bestimmen. ◀

Häufig ist es nützlich, die Boltzmann-Konstante nicht in $\mathrm{J\,K^{-1}}$, sondern in $\mathrm{eV\,K^{-1}}$ anzugeben. Dann beträgt sie

$$k_\mathrm{B} = 8{,}6173 \cdot 10^{-5}\,\mathrm{eV\,K^{-1}}\,. \tag{33.41}$$

Frage 4

Welcher Temperatur entspricht die Ionisationsenergie eines Wasserstoffatoms von 13,6 eV?

33.6 Der erste Hauptsatz

Nachdem die Stofftheorie der Wärme als unhaltbar erkannt worden war, trat an die Stelle des Wärmestoffs oder Caloricums die *innere Energie*, die sich infolge von Wärme- und Arbeitsaustausch mit der Umgebung ändern kann.

Arbeit, Wärme und innere Energie

Bei einer beliebigen thermodynamischen Zustandsänderung seien δQ die vom System aufgenommene Wärme und δW die vom System verrichtete Arbeit. Der erste Hauptsatz der Thermodynamik stellt nun axiomatisch eine Beziehung zwischen diesen Größen und der inneren Energie her.

Erster Hauptsatz der Thermodynamik

Jedem thermodynamischen System wird die innere Energie U als eine Zustandsgröße zugeordnet. Die innere Energie wächst mit der zugeführten Wärme und nimmt um die vom System an seiner Umwelt verrichtete Arbeit ab. Für ein geschlossenes System beträgt die infinitesimale Änderung der inneren Energie

$$\mathrm{d}U = \delta Q - \delta W\,, \tag{33.42}$$

wenn es die infinitesimale Wärme δQ aufnimmt und die infinitesimale Arbeit δW an der Umgebung verrichtet. Die innere Energie ist nur bis auf eine additive Konstante bestimmt.

Im Gegensatz zu den Prozessgrößen Wärme und Arbeit ist die innere Energie eine Zustandsgröße und hat daher ein vollständiges Differenzial $\mathrm{d}U$. Für jeden Kreisprozess gilt daher

$$\oint \mathrm{d}U = 0\,. \tag{33.43}$$

Für ein *abgeschlossenes System*, das an seiner Umwelt keine Arbeit verrichten kann und das auch mit ihr keine Wärme austauscht, gilt wegen $\delta W = 0$ und $\delta Q = 0$ sogar $\mathrm{d}U = 0$. Unter dieser Voraussetzung ist also die innere Energie U konstant; sie ist dann eine Erhaltungsgröße. Das gilt natürlich auch, wenn innerhalb eines abgeschlossenen Systems irreversible Prozesse stattfinden sollten, die das System aus einem Nichtgleichgewichts- in einen Gleichgewichtszustand überführen.

Bei der Zustandsänderung eines *adiabatischen Systems*, das zwar Arbeit an der Umgebung verrichten kann, aber keine Wärme mit ihr austauscht, hat auch die Arbeit ein vollständiges Differenzial, weil dann wegen $\delta Q = 0$ aufgrund des ersten Hauptsatzes $\mathrm{d}U = -\delta W$ gelten muss. In guter Näherung verläuft ein Prozess dann adiabatisch, wenn er sehr viel schneller abläuft, als ein Wärmeaustausch mit der Umwelt erfolgen kann. Ein Beispiel für adiabatisch verlaufende Schwingungen sind die Schallwellen, die im Kasten „Vertiefung: Schallwellen und Schallgeschwindigkeit“ in Abschn. 35.3 näher besprochen werden.

Eine andere, aber vergleichbare Vereinfachung ergibt sich für *anergische Systeme*, die keine Arbeit an ihrer Umgebung verrichten, aber mit ihr Wärme austauschen können. Dann ist $\delta W = 0$, daher $\mathrm{d}U = \delta Q$, sodass in einem solchen Fall auch das Differenzial der Wärme vollständig ist.

Für den allgemeinen Fall eines *geschlossenen Systems* betrachten wir noch einen beliebig verlaufenden Kreisprozess. Da sich die innere Energie als Zustandsgröße nach jedem vollständigen Umlauf eines Kreisprozesses nicht geändert haben darf, ausgedrückt durch (33.43), muss in einem Kreisprozess die dem System insgesamt zugeführte Wärme gleich der dabei vom System verrichteten Arbeit sein:

$$\oint \delta Q = \oint \delta W\,. \tag{33.44}$$

Dies präzisiert die Aussage, die wir noch ohne die Kenntnis der inneren Energie unter (33.14) getroffen hatten: Aus einem

Teil IV

Kreisprozess geht ein System unverändert hervor, d. h., seine innere Energie muss am Ende des Kreisprozesses auf ihren Anfangswert zurückkehren. Über die Einzelbeträge von Wärme und Arbeit während des Kreisprozesses sagt diese Gleichheit jedoch nichts aus.

Eine andere häufig benutzte Formulierung des ersten Hauptsatzes ist: *Es lässt sich kein Perpetuum mobile erster Art konstruieren.* Ein Perpetuum mobile erster Art ist eine gedachte, periodisch arbeitende Maschine, die während eines Umlaufs Energie abgibt und an seinem Ende wieder in ihren Ausgangszustand zurückkehrt. Diese Version des ersten Hauptsatzes folgt einfach aus (33.43), denn ein Umlauf entspricht einem Kreisprozess, und Energie kann dabei weder entstehen noch vernichtet werden.

Innere Energie und Wärmekapazitäten eines idealen Gases

Wir untersuchen nun die innere Energie am Beispiel eines idealen Gases. Als unabhängige Zustandgrößen wählen wir bei festgehaltener Teilchenzahl N das Volumen V und die Temperatur T, sodass das vollständige Differenzial $\mathrm{d}U$ in der Form

$$\mathrm{d}U = \left(\frac{\partial U}{\partial V}\right)_{\mathrm{T}} \mathrm{d}V + \left(\frac{\partial U}{\partial T}\right)_V \mathrm{d}T \qquad (33.45)$$

geschrieben werden kann. Die eingeklammerten partiellen Ableitungen mit Subskript bedeuten, dass während der Ableitungen diejenige Größe konstant gehalten werden soll, die im Subskript steht. Diese zunächst vielleicht etwas eigenartig wirkende Notation wird in Abschn. 35.1 genauer erläutert.

Mit dem idealen Gas im Volumen V werde nun der Gay-Lussac-Versuch durchgeführt: Wie in Abb. 33.12 gezeigt, wird das Gas in einem *adiabatisch isolierten* System nach dem schnellen Herausziehen einer Trennwand von V auf $V + \Delta V$ expandiert. Vom System wird weder Arbeit verrichtet, noch wird ihm Wärme zugeführt, sodass

$$\Delta U = 0 \qquad (33.46)$$

gelten muss. Nach dieser irreversiblen Expansion wird $\Delta T = 0$ *gemessen*, d. h. sie verläuft zumindest im Rahmen der Messgenauigkeit isotherm! Dies gilt für beliebige Volumenänderungen ΔV. Aufgrund dieses empirischen Befunds impliziert (33.45), dass für ein ideales Gas die partielle Ableitung der inneren Energie nach dem Volumen bei konstanter Temperatur verschwinden muss, sodass die innere Energie eines idealen Gases nur von seiner Temperatur abhängen kann:

$$U = U(T) + U_0 \,. \qquad (33.47)$$

Wir berufen uns hier allein auf die gegebene empirische Begründung, bleiben die theoretische Begründung von (33.47) schuldig und reichen sie später in Abschn. 35.3 nach.

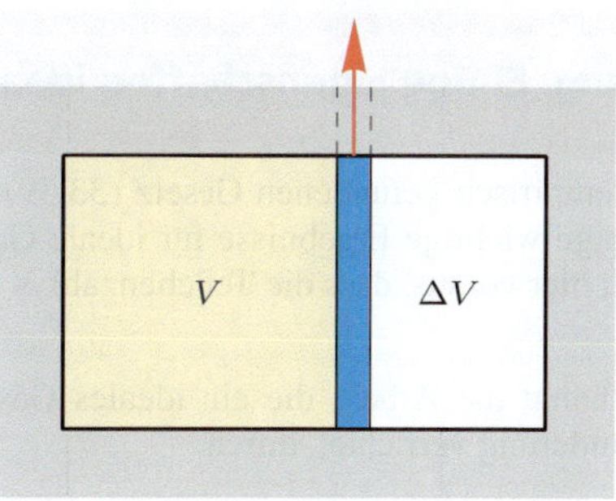

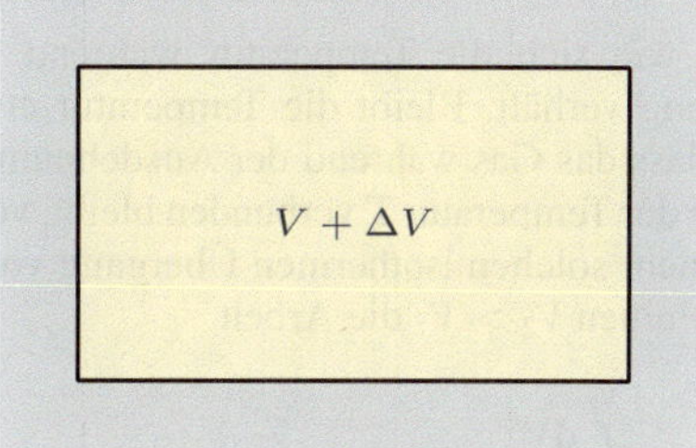

Abb. 33.12 Der Versuch von Gay-Lussac

Innere Energie eines idealen Gases

Bei fester Teilchenzahl hängt die innere Energie eines idealen Gases allein von seiner Temperatur, aber nicht von seinem Volumen ab.

Mithilfe des Resultats (33.47) wenden wir uns der Beziehung zwischen den Molwärmen c_P^{mol} bei konstantem Druck und c_V^{mol} bei konstantem Volumen zu. Dazu betrachten wir zwei Zustandsänderungen: Die eine soll bei *konstantem* V stattfinden, also das System aus dem Zustand (V, T) in den infinitesimal benachbarten Zustand $(V, T + \mathrm{d}T)$ überführen. Dabei ändert sich wegen des konstant gehaltenen Volumens die innere Energie um den Betrag

$$\mathrm{d}U = \delta Q|_{V=\mathrm{const}} = n c_V^{\mathrm{mol}} \mathrm{d}T \,. \qquad (33.48)$$

Die andere Änderung soll bei *konstantem* Druck P stattfinden und den Zustand (V, T) in den Zustand $(V + \mathrm{d}V, T + \mathrm{d}T)$ überführen. Dabei muss sich die innere Energie um den Betrag

$$\mathrm{d}U = \delta Q|_{P=\mathrm{const}} - P\mathrm{d}V = n c_P^{\mathrm{mol}} \mathrm{d}T - P\mathrm{d}V \qquad (33.49)$$

ändern. Nun verwenden wir das ideale Gasgesetz (33.39), um die Volumenänderung $\mathrm{d}V$ bei konstantem Druck mit der Temperaturänderung $\mathrm{d}T$ in Beziehung zu setzen:

$$P\mathrm{d}V = nR\mathrm{d}T \,. \qquad (33.50)$$

Damit ergibt sich aus (33.49)

$$\mathrm{d}U = n\left(c_P^{\mathrm{mol}} - R\right)\mathrm{d}T \qquad (33.51)$$

Vertiefung: Einige Eigenschaften idealer Gase

Aus dem empirisch gefundenen Gesetz (33.39) können wir bereits einige wichtige Ergebnisse für ideale Gase ableiten. Wir setzen hier voraus, dass die Teilchenzahl N festgehalten bleibt.

Zunächst hängt die Arbeit, die ein ideales Gas durch eine Volumenänderung verrichtet, durch

$$\Delta W = \int P(V)\mathrm{d}V = Nk_\mathrm{B} \int \frac{T(V)\mathrm{d}V}{V}$$

davon ab, wie sich die Temperatur während einer Volumenänderung verhält. Bleibt die Temperatur etwa dadurch konstant, dass das Gas während der Ausdehnung mit einem Wärmebad der Temperatur T verbunden bleibt, verrichtet das Gas bei einem solchen isothermen Übergang vom Volumen V_1 zum Volumen $V_2 > V_1$ die Arbeit

$$\Delta W = Nk_\mathrm{B}T \int_{V_1}^{V_2} \frac{\mathrm{d}V}{V} = Nk_\mathrm{B}T \ln \frac{V_2}{V_1}\,.$$

Dehnt sich das Gas aber isobar gegen einen konstanten äußeren Druck aus, muss es die Arbeit

$$\Delta W = P \int_{V_1}^{V_2} \mathrm{d}V = P(V_2 - V_1)$$

verrichten.

Betrachten wir eine kleine Volumenänderung $\mathrm{d}V$, für die ein ideales Gas die Arbeit $\delta W = P\mathrm{d}V$ aufbringen muss. Bei konstantem äußeren Druck muss aufgrund der Zustandsgleichung (33.39)

$$0 = \mathrm{d}P = Nk_\mathrm{B}\left(\frac{\mathrm{d}T}{V} - \frac{T\mathrm{d}V}{V^2}\right) = \frac{Nk_\mathrm{B}T}{V}\left(\frac{\mathrm{d}T}{T} - \frac{\mathrm{d}V}{V}\right)$$

gelten, also muss die relative Temperatur- gerade gleich der relativen Volumenänderung sein:

$$\frac{\mathrm{d}T}{T} = \frac{\mathrm{d}V}{V}\,.$$

Da die innere Energie eines idealen Gases nur von der Temperatur abhängt, muss sie bei einer *isothermen Expansion* konstant bleiben. Nach dem ersten Hauptsatz muss dann die vom System aufgenommene Wärme restlos als Arbeit abgegeben werden:

$$\delta Q = \delta W\,.$$

Die Arbeit ΔW aufgrund einer isothermen Volumenänderung lässt sich aber leicht berechnen, wie wir bereits zu Beginn dieses Kastens gesehen hatten. Damit es isotherm vom Volumen V_1 auf das Volumen V_2 expandieren kann, muss einem idealen Gas also die Wärmemenge

$$\delta Q = Nk_\mathrm{B}T \ln \frac{V_2}{V_1}$$

zugeführt werden.

bei konstantem Druck. Bei beiden Prozessen seien T und $\mathrm{d}T$ gleich. Da die innere Energie eines idealen Gases nur von der Temperatur abhängt, muss dann auch die Änderung $\mathrm{d}U$ der inneren Energie in beiden Fällen gleich sein. Daher folgt aus (33.48) und (33.49)

$$c_P^\mathrm{mol} - c_V^\mathrm{mol} = R \qquad (33.52)$$

für die Differenz der molaren Wärmekapazitäten idealen Gases. Die experimentellen Werte in Tab. 33.2 liegen in der Tat nicht weit weg vom Wert $R = 8{,}3145\,\mathrm{J\,mol^{-1}\,K^{-1}}$ der universellen Gaskonstante.

Wärmekapazitäten des idealen Gases

Die Differenz der molaren Wärmekapazitäten c_P^mol und c_V^mol eines idealen Gases ist gleich der idealen Gaskonstanten R.

Tab. 33.2 Differenz zwischen den molaren Wärmekapazitäten c_P^mol und c_V^mol einiger realer Gase. Im Grenzfall eines idealen Gases beträgt die Differenz $R = 8{,}3145\,\mathrm{J\,mol^{-1}\,K^{-1}}$

Stoff	$c_P^\mathrm{mol} - c_V^\mathrm{mol}$ in $\mathrm{J\,mol^{-1}\,K^{-1}}$
He	8,09
Ar	8,25
H_2	8,38
Luft	8,36
CH_4	8,38
CO_2	8,35

Eine detaillierte Behandlung der Wärmekapazitäten, anderer Responsefunktionen und der Zusammenhänge zwischen ihnen folgt in Abschn. 35.1. Die dort abgeleiteten, allgemeinen Ergebnisse werden in Abschn. 35.3 auf das ideale Gas angewandt. Dadurch wird die hier bestimmte Differenz der Wärmekapazitäten eines idealen Gases in einen größeren Zusammenhang gestellt.

Adiabatische Prozesse

Wir betrachten zunächst reversible Prozesse, also solche, die durch eine umkehrbare Folge von Gleichgewichtszuständen verlaufen. Bei ihnen wird die Arbeitsfähigkeit des Systems voll ausgenutzt und keine Energie verschwendet. Bei einem adiabatischen Prozess wird Wärme weder zu- noch abgeführt, $\delta Q = 0$, sodass $\mathrm{d}U = -\delta W$ gilt. Für ein ideales Gas mit $\mathrm{d}U = nc_V^{\text{mol}}\mathrm{d}T$ gilt dann

$$nc_V^{\text{mol}}\mathrm{d}T = -P\mathrm{d}V\,. \quad (33.53)$$

Da zudem für ein ideales Gas aufgrund seiner Zustandsgleichung $nR\mathrm{d}T = P\mathrm{d}V + V\mathrm{d}P$ gilt, können wir die Temperaturänderung $\mathrm{d}T$ in (33.53) eliminieren und zu der Beziehung

$$(c_V^{\text{mol}} + R)P\mathrm{d}V + c_V^{\text{mol}}\,V\mathrm{d}P = 0 \quad (33.54)$$

gelangen. Mittels der bekannten Differenz (33.52) der beiden Wärmekapazitäten folgt

$$\frac{\mathrm{d}P}{P} + \gamma\,\frac{\mathrm{d}V}{V} = 0 \quad \text{mit} \quad \gamma = \frac{c_P^{\text{mol}}}{c_V^{\text{mol}}}\,. \quad (33.55)$$

Da die innere Energie eines idealen Gases nur von der Temperatur abhängt, können auch die beiden molaren Wärmekapazitäten $c_V^{\text{mol}} = n^{-1}\mathrm{d}U/\mathrm{d}T$ und $c_P^{\text{mol}} = c_V^{\text{mol}} + R$ nur von der Temperatur abhängen. Der *Adiabatenindex* γ könnte demnach auch für ein ideales Gas noch von der Temperatur abhängen. Wir gehen hier etwas über die Näherung des idealen Gases hinaus, indem wir das auch Isotropenexponent genannte γ als numerische Konstante ansehen.

Als Beispiel zeigt Abb. 33.13 den Adiabatenindex trockener Luft als Funktion der Temperatur. Der Adiabatenindex hängt im betrachteten Temperaturintervall nur schwach von der Temperatur ab und liegt nahe bei 1,4. In Abschn. 35.3 werden wir γ mit der Anzahl der Freiheitsgrade der Gasmoleküle in Verbindung bringen.

Für einen konstanten Adiabatenindex ist (33.55) integrabel und liefert die *Poisson'sche Gleichung des adiabatischen Zustands*

$$PV^{\gamma} = \text{const}\,. \quad (33.56)$$

Ersetzen wir den Druck bzw. das Volumen mithilfe der Zustandsgleichung des idealen Gases, so ergeben sich sofort die Beziehungen

$$TV^{\gamma-1} = \text{const} \quad \text{und} \quad TP^{(1-\gamma)/\gamma} = \text{const}\,. \quad (33.57)$$

Während die Isothermen in der P-V-Ebene nach dem Boyle-Mariotte'schen Gesetz $PV = \text{const}$ als gleichseitige Hyperbeln verlaufen, sind die Adiabaten nach der Poisson'schen Gleichung $pV^{\gamma} = \text{const}$ steiler nach unten geneigt, wie in Abb. 33.14 schematisch dargestellt wird.

Wegen

$$\left.\frac{\mathrm{d}P}{\mathrm{d}V}\right|_{\text{isotherm}} = -\frac{P}{V} \quad \text{und} \quad \left.\frac{\mathrm{d}P}{\mathrm{d}V}\right|_{\text{adiatatisch}} = -\gamma\frac{P}{V} \quad (33.58)$$

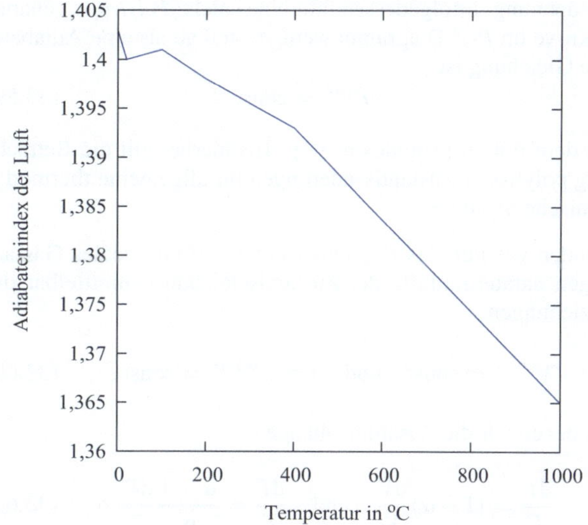

Abb. 33.13 Abhängigkeit des Adiabatenindex trockener Luft von der Temperatur

ist auf einer Adiabaten die differenzielle Druckänderung γ-mal so groß wie auf einer Isothermen. Sehr rasch verlaufende Ausdehnungs- und Verdichtungsvorgänge sind in guter Näherung adiabatisch, da für einen Wärmeaustausch nicht genügend Zeit bleibt. Beachten Sie hierzu auch den Kasten „Vertiefung: Schallwellen und Schallgeschwindigkeit" in Abschn. 35.4.

Reicht die Wärmeisolation nicht aus, um den Wärmeaustausch während einer Zustandsänderung vollständig zu verhindern, dann wird die Zustandsänderung nicht adiabatisch, sondern nur *polytrop* verlaufen. Bei einer polytropen Ausdehnung sinkt der Druck bei einer Volumenzunahme und der damit einhergehenden Abkühlung. Wegen der unvollständigen thermischen Isolation ist die Abkühlung aber geringer als bei adiabatischer

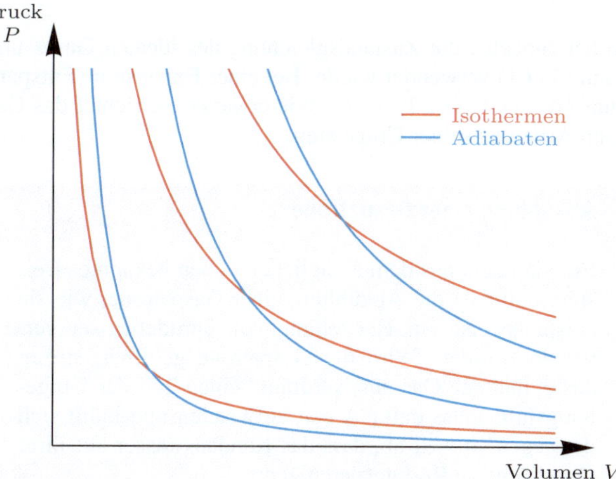

Abb. 33.14 Isothermen und Adiabaten für ein ideales Gas

Ausdehnung. Infolgedessen fällt eine solche *Polytrope* genannte Kurve im P-V-Diagramm weniger steil ab als eine Adiabate. Ihre Gleichung ist

$$PV^{\alpha} = \text{const} \tag{33.59}$$

mit dem Polytropenindex $\alpha \leq \gamma$. Bis hierher gilt die Betrachtung polytroper Zustandsänderungen für allgemeine thermodynamische Systeme.

Wenden wir nun das Ergebnis (33.59) auf ein ideales Gas an, folgen daraus mithilfe der Zustandsgleichung unmittelbar die Beziehungen

$$TV^{\alpha-1} = \text{const} \quad \text{und} \quad TP^{(1-\alpha)/\alpha} = \text{const}\,, \tag{33.60}$$

aus denen wir die Zusammenhänge

$$\frac{\mathrm{d}T}{T} = (1-\alpha)\frac{\mathrm{d}V}{V} \quad \text{und} \quad \frac{\mathrm{d}T}{T} = \frac{\alpha-1}{\alpha}\frac{\mathrm{d}P}{P} \tag{33.61}$$

zwischen den relativen Änderungen der Temperatur, des Volumens und des Druckes bei polytropen Zustandsänderungen schließen können.

Frage 5

Vergewissern Sie sich, dass für ein ideales Gas (33.60) aus (33.59) folgt und dass sich daraus (33.61) ergibt.

Bei einer *adiabatischen* oder einer allgemeineren *polytropen* Expansion wird das Reservoir der inneren Energie des idealen Gases in Anspruch genommen. Zur Berechnung der dabei verrichteten Arbeit schreiben wir

$$\begin{aligned}\Delta W &= \int_{V_1}^{V_2} P\,\mathrm{d}V = nR\int_{V_1}^{V_2} \frac{T}{V}\,\mathrm{d}V = -\frac{nR}{\alpha-1}\int_{T_1}^{T_2}\mathrm{d}T \\ &= -\frac{nR}{\alpha-1}(T_2-T_1)\,,\end{aligned} \tag{33.62}$$

wobei zunächst die Zustandsgleichung des idealen Gases und dann (33.61) verwendet wurde. Bei einer Expansion (Entspannung) des Gases ist $T_2 < T_1$. Wie erwartet, verrichtet das Gas dann Arbeit an seiner Umgebung.

Abkühlung einer Gaspatrone

Ein vielleicht aus dem alltäglichen Leben bekanntes Beispiel dafür ist die Abkühlung einer Gaspatrone, wie sie beispielsweise zur Herstellung von Sprudelwasser verwendet werden. Wird die Gaspatrone geöffnet, strömt das enthaltene Gas aus, verdrängt einen Teil der Umgebungsluft, muss dafür Arbeit aufwenden und kühlt sich deswegen so weit ab, dass das Kondenswasser auf ihrer Oberfläche zu Reif gefrieren kann. ◄

Die Enthalpie als Zustandsgröße

Oft ist es in der Thermodynamik nützlich, Zustandsgrößen so zu wählen, dass sie der Situation bestmöglich angepasst sind, die gerade beschrieben werden soll. In Abschn. 35.1 werden wir ausführlich die sogenannten thermodynamischen Potenziale besprechen und dabei zeigen, wie solche Zustandsgrößen systematisch konstruiert werden können. Im Rahmen der phänomenologischen Thermodynamik, die wir in diesem Kapitel behandeln, stellen wir neben der inneren Energie nur die für die Technik wichtige Zustandsgröße *Enthalpie* H vor, die durch die Summe

$$H = U + PV \tag{33.63}$$

definiert ist. Der Begriff leitet sich ab von den altgriechischen Wörtern *en* für „in" und *thalpéin* für „erwärmen", „erhitzen"; das Formelzeichen H spielt auf die englische Bezeichnung *heat content* an.

Mithilfe des vollständigen Differenzials $\mathrm{d}U = \delta Q - P\mathrm{d}V$ der inneren Energie, das uns der erste Hauptsatz vorgibt, folgt für die infinitesimale Änderung der Enthalpie

$$\mathrm{d}H = \delta Q + V\mathrm{d}P\,. \tag{33.64}$$

Bei konstantem Druck, $\mathrm{d}P = 0$, ist demnach $\mathrm{d}H$ die dem System von außen zugeführte Wärme, $\mathrm{d}H = \delta Q$ bei $P = \text{const}$. Daraus folgt für die molare Wärmekapazität c_P^{mol} bei konstantem Druck

$$c_P^{\text{mol}} = \frac{1}{n}\left(\frac{\partial H}{\partial T}\right)_P\,, \tag{33.65}$$

während für die molare Wärmekapazität c_V^{mol} bei konstantem Volumen

$$c_V^{\text{mol}} = \frac{1}{n}\left(\frac{\partial U}{\partial T}\right)_V \tag{33.66}$$

gilt.

Um die Bedeutung der Enthalpie in der Technik aufzuklären, stellen wir zunächst fest, dass alle Wärmekraftmaschinen nur in periodischer Folge mithilfe eines strömenden Arbeitsmediums Arbeit verrichten können. Ein Schwungrad sorgt bei solchen Maschinen durch seine Trägheit für einen gleichmäßigen, periodischen Arbeitsablauf. Zur Beschreibung solcher Situationen hat man den Begriff der *technischen Arbeit* geschaffen, der anhand von Abb. 33.15 erläutert werden soll.

Im ersten Zeitabschnitt einer Arbeitsperiode strömt ein Arbeitsmedium mit konstantem Druck P_1 in den Zylinder ein. Es muss sich dadurch Platz schaffen, dass es den Kolben bis zur Stellung 1 verschiebt, wodurch das Volumen V_1 entsteht. Dabei verrichtet das Medium über den Kolben die Verdrängungsarbeit P_1V_1. Im zweiten Zeitabschnitt der Arbeitsperiode wird das Zuflussventil geschlossen. Das Arbeitsmedium dehnt sich weiter aus und verschiebt den Kolben bis zur Stellung 2 mit Volumen V_2. Dabei sinkt der Druck des Arbeitsmediums von P_1 auf P_2. Die über den Kolben verrichtete Verdrängungsarbeit

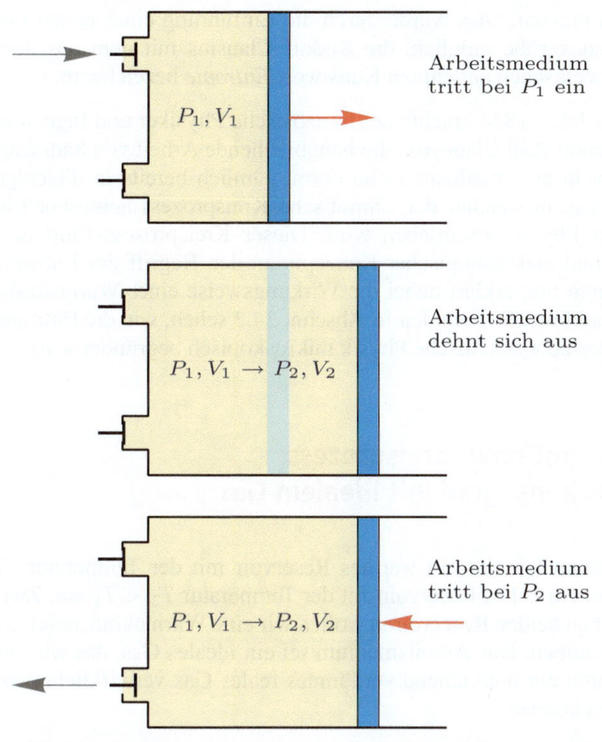

Abb. 33.15 Ein strömendes Arbeitsmedium verrichtet Arbeit. Die Bilder zeigen den Zylinder einer Maschine mit einem Zu- und Abflussventil und einem Kolben

ist $\int_1^2 P\mathrm{d}V$. Im dritten Zeitabschnitt wird das Ausflussventil geöffnet. Das Arbeitsmedium wird vom Kolben bei konstantem Druck P_2 hinausgeschoben. Dabei wird ihm vom Kolben die Verdrängungsarbeit P_2V_2 zurückgegeben.

Insgesamt ist die vom Arbeitsmedium am Kolben verrichtete technisch nutzbare Arbeit, oder kurz *technische Arbeit*, durch

$$\Delta W_{\mathrm{tech}} = P_1V_1 + \int_1^2 P\mathrm{d}V - P_2V_2 \qquad (33.67)$$

gegeben. Sie unterscheidet sich von der Arbeit ΔW durch diejenigen Arbeitsbeträge, die an oder von der Maschine verrichtet werden müssen, um sie in einen definierten Ausgangs- und Endzustand zu versetzen.

Die Beiträge in (33.67) lassen sich auf folgende Weise umformen:

$$\begin{aligned}\Delta W_{\mathrm{tech}} &= P_1V_1 - P_2V_2 + \int_1^2 \mathrm{d}(PV) - \int_1^2 V\mathrm{d}P \\ &= \int_2^1 V\mathrm{d}P > 0\,,\end{aligned} \qquad (33.68)$$

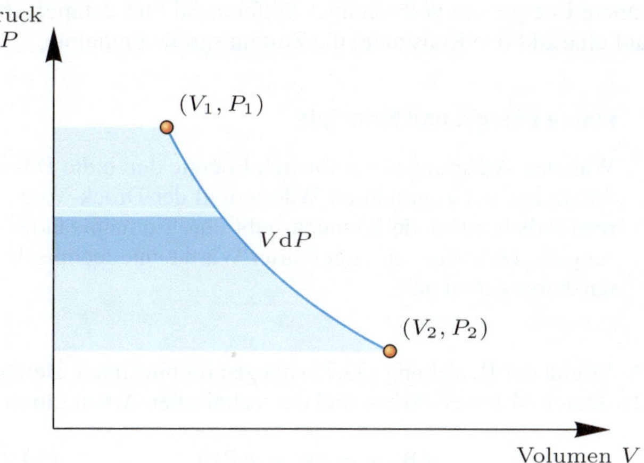

Abb. 33.16 Das P-V-Diagramm zur Definition der technischen Arbeit

da der dritte Term auf der rechten Seite der oberen Gleichung die ersten beiden weghebt. Die technische Arbeit entspricht also der gesamten blau markierten Fläche im P-V-Diagramm in Abb. 33.16. Im Allgemeinen kann man demnach zwei Situationen unterscheiden:

(a) Ein eingesperrtes Arbeitsmedium dehnt sich von V_1 auf V_2 aus und verrichtet dabei die Druck-Volumen-Arbeit

$$\Delta W = \int_1^2 P\mathrm{d}V\,. \qquad (33.69)$$

(b) Ein Arbeitsmedium durchströmt eine beliebige Maschine, vergrößert dabei sein Volumen von V_1 auf V_2 und vermindert dabei den Druck von P_1 auf P_2. Dabei führt es nach außen die technische Arbeit

$$\Delta W_{\mathrm{tech}} = -\int_1^2 V\mathrm{d}P \qquad (33.70)$$

ab.

Zwischen den Beträgen der technischen Arbeit und der Druck-Volumen-Arbeit besteht also der Zusammenhang

$$\Delta W_{\mathrm{tech}} = \int_1^2 [P\mathrm{d}V - \mathrm{d}(PV)] = \Delta W + P_1V_1 - P_2V_2\,. \qquad (33.71)$$

Führen wir die differenzielle technische Arbeit δW_{tech} ein, können wir die infinitesimale Änderung der Enthalpie (33.64) auch als

$$\mathrm{d}H = \delta Q - \delta W_{\mathrm{tech}} \qquad (33.72)$$

schreiben. Ebenso wie δW ist auch $\delta W_{\mathrm{tech}} = -V\mathrm{d}P$ kein vollständiges Differenzial. Dennoch ist $\mathrm{d}H = \delta Q - \delta W_{\mathrm{tech}}$ wie die innere Energie ein vollständiges Differenzial und definiert (bis auf eine additive Konstante) die Zustandsgröße Enthalpie.

Innere Energie und Enthalpie

Während Änderungen der inneren Energie durch die Differenz aus der zugeführten Wärme und der Druck-Volumen-Arbeit zustande kommen, gibt eine Enthalpieänderung die Differenz aus zugeführter Wärme und technisch nutzbarer Arbeit an.

Aufgrund der Beziehung (33.72) hängen infinitesimale Beträge der Druck-Volumen-Arbeit und der technischen Arbeit durch

$$\delta W_{\text{tech}} = \delta W - \mathrm{d}(PV) \qquad (33.73)$$

zusammen. Wir werden in Abschn. 35.1 sehen, dass dies typisch für Größen ist, die sich durch sogenannte Legendre-Transformationen auseinander ergeben.

33.7 Der zweite Hauptsatz (1. Teil)

Der erste Hauptsatz formuliert, *wie* verschiedene Formen der Energie ineinander umgewandelt werden können. Er beschreibt, wie die innere Energie eines physikalischen Systems entweder durch Wärmezu- oder -abfuhr verändert werden kann oder durch Arbeit, die durch das System an der Umwelt oder am System durch die Umwelt verrichtet wird. Aber er beschreibt nicht, *welche* Zustandsänderungen thermodynamischer Systeme überhaupt möglich sind.

Wir haben oben zwischen reversiblen und irreversiblen Vorgängen unterschieden und dabei reversible Vorgänge als solche gekennzeichnet, die langsam genug ablaufen, dass sie als eine Folge von Gleichgewichtszuständen beschrieben werden können. Natürliche Vorgänge sind nie völlig reversibel, können einem reversiblen Ablauf aber unter Umständen beliebig nahekommen.

Natürliche, fast reversible Vorgänge

Ein Beispiel für einen natürlichen, fast reversiblen Vorgang ist ein Luftballon, der sich in der Sonne ausdehnt und im Schatten wieder zusammenzieht. Während der Erwärmung passt sich sein Volumen so an, dass der Druck in seinem Inneren dem Außendruck gleich wird. Diese Zustandsänderung verläuft in sehr guter Näherung umgekehrt ab, während sich der Ballon wieder abkühlt. ◀

Reversible Vorgänge stellen idealisierte Grenzfälle von realistischen Prozessen dar. Schon früh während der Entwicklung der Thermodynamik wurde daher die Notwendigkeit erkannt, das Ausmaß der Irreversibilität bei physikalischen Vorgängen zu messen. Dies wurde durch die Einführung einer neuen Zustandsgröße möglich, die Rudolf Clausius mit dem aus dem griechischen entlehnten Kunstwort *Entropie* bezeichnete.

Im Jahre 1834 brachte der französische Physiker und Ingenieur Benoît Paul Clapeyron die bahnbrechende Arbeit von Sadi Carnot in eine mathematische Form, nämlich bereits in diejenige Form, in welcher der Carnot'sche Kreisprozess heute noch in der Physik beschrieben wird. Dieser Kreisprozess führt aufgrund makroskopischer Konzepte an den Begriff der Entropie heran und erklärt dabei die Wirkungsweise einer Wärmekraftmaschine. Wir werden in Abschn. 34.3 sehen, wie die Entropie durch die statistische Physik mikroskopisch begründet wird.

Carnot'scher Kreisprozess: Wirkungsgrad mit idealem Gas

Stellen wir uns ein warmes Reservoir mit der Temperatur T_1 und ein kaltes Reservoir mit der Temperatur $T_2 < T_1$ vor. Zwischen beiden Reservoiren wollen wir eine Wärmekraftmaschine betreiben. Das Arbeitsmedium sei ein ideales Gas, das wir uns durch ein hinreichend verdünntes reales Gas verwirklicht denken können.

In Abschn. 35.6 werden wir Kreisprozesse noch einmal auf eine abstraktere Weise behandeln und dabei sehen, dass wir uns von der Beschränkung auf ein konkretes Arbeitsmedium vollkommen lösen können. In einem Carnot-Prozess wechseln sich nun die folgenden vier Teilprozesse periodisch ab, die im P-V-Diagramm in Abb. 33.17 dargestellt sind.

(a) Das Gas steht in Kontakt mit dem warmen Reservoir und *expandiert isotherm* bei der Temperatur T_1 von einem Volumen V_1 zu einem Volumen $V_2 > V_1$. Die Zustandsänderung des Gases wird durch die Zustandsgleichung

$$PV = nRT = \text{const} \qquad (33.74)$$

des idealen Gases beschrieben und im P-V-Diagramm durch ein Hyperbelstück dargestellt. Bei dieser isothermen Expansion verrichtet das Gas die Arbeit ΔW_{12}, die noch bestimmt werden muss.

(b) Im zweiten Teilprozess isolieren wir das Gas von dem warmen Reservoir und von seiner Umgebung. Bei abnehmendem Druck dehnt es sich adiabatisch weiter aus. Wie wir in Abschn. 33.6 gesehen hatten, verläuft eine Adiabate im P-V-Diagramm steiler als eine Isotherme. Sie wird durch (33.56) beschrieben,

$$PV^{\gamma} = \text{const}\,, \qquad (33.75)$$

worin der Adiabatenindex $\gamma > 1$ auftritt. Bei dieser *adiabatischen Expansion* verringert sich die Temperatur wegen der an der Umgebung verrichteten Arbeit. Wir führen die Expansion bis zu demjenigen Volumen V_3 durch, bei dem

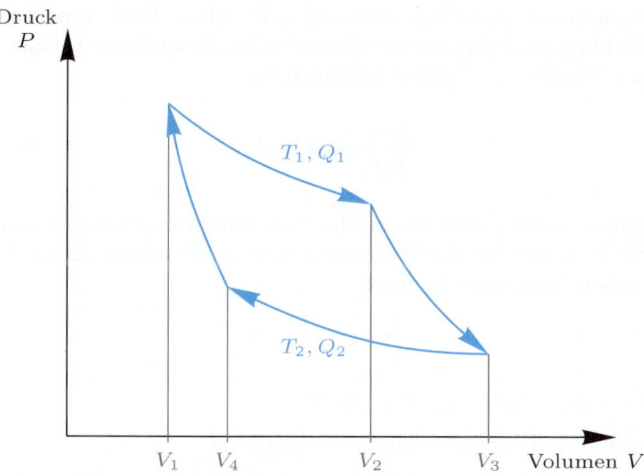

Abb. 33.17 Der Carnot'sche Kreisprozess beginnt gewöhnlich in diesem Druck-Volumen-Diagramm an der linken oberen Ecke

die Temperatur des Arbeitsstoffs auf die Temperatur T_2 des kalten Wärmereservoirs abgesunken ist. Das Gas verrichtet dabei die Arbeit ΔW_{23}.

(c) Im nächsten Teilprozess führen wir eine *isotherme Kompression* des Gases bei der Temperatur T_2 durch, indem wir das Gas in Kontakt mit dem kalten Reservoir halten. Wir komprimieren das Gas bis zu dem Volumen V_4, das auf der Adiabate des Ausgangszustands liegen soll. Dafür muss von außen die Arbeit ΔW_{34} aufgewendet werden.

(d) Im letzten Schritt isolieren wir das Gas erneut *adiabatisch* und *komprimieren* es unter Einsatz der Arbeit ΔW_{41} längs der Adiabate bis zum Anfangszustand mit dem Volumen V_1 und der Temperatur T_1.

Frage 6

Im Verlauf dieses Carnot'schen Kreisprozesses wird insgesamt Arbeit an die Umgebung abgegeben. Überzeugen Sie sich, dass diese Arbeit der von der Prozesskurve eingeschlossenen Fläche im P-V-Diagramm in Abb. 33.17 entspricht.

Die abgegebene Arbeit ist die Differenz aus derjenigen Arbeit, die bei den Expansionen bei hohen Drücken in den Teilschritten 1 und 2 gewonnen wird, und derjenigen Arbeit, die bei seiner Kompression bei niedrigen Drücken in den Teilschritten 3 und 4 aufgewendet werden muss. Bei einem Umlauf des Kreisprozesses erhält das Gas aus dem warmen Reservoir eine bestimmte Wärmemenge ΔQ_1 bei der Temperatur T_1 und gibt an das kalte Reservoir die geringere Wärmemenge ΔQ_2 bei der Temperatur T_2 ab.

Nach dem ersten Hauptsatz gilt für jeden vollständigen Umlauf des Kreisprozesses

$$\Delta W = \Delta Q_1 - \Delta Q_2 \quad \text{bzw.} \quad \Delta Q_1 = \Delta Q_2 + \Delta W > \Delta W, \tag{33.76}$$

da sich bei einer ganzen Zahl vollständiger Umläufe die innere Energie nicht ändern kann. Die Arbeit ΔW ist die Summe aller Arbeitsbeträge, die während eines Umlaufs der Maschine auftreten. Nur die *Differenz* $\Delta Q_1 - \Delta Q_2$ der Wärmemengen kann in Arbeit umgewandelt werden.

Wirkungsgrad des Carnot'schen Kreisprozesses

Der *Wirkungsgrad* η_c des (reversibel durchgeführten) Carnot'schen Kreisprozesses, d. h. das Verhältnis aus der insgesamt gewonnenen Arbeit und der dafür insgesamt aufgewendeten Wärme, muss daher durch

$$\eta_c = \frac{\Delta W}{\Delta Q_1} = 1 - \frac{\Delta Q_2}{\Delta Q_1} \tag{33.77}$$

gegeben sein.

Carnot'scher Kreisprozess: Allgemeingültigkeit des Wirkungsgrades

Carnot betrachtete eine Maschine $\mathcal{M}$, welche die vier genannten Teilprozesse reversibel und damit beliebig langsam und ohne Reibungsverluste durchläuft, sodass sich das Arbeitsmedium zu jeder Zeit im thermischen Gleichgewicht befindet. Diese Maschine kann die Folge von Gleichgewichtszuständen auch in umgekehrter Richtung durchlaufen, wobei sie dann nicht als *Wärmekraftmaschine*, sondern als *Kältemaschine* arbeitet: Die Arbeit ΔW muss dann zugeführt werden, um das Arbeitsmedium vom tieferen Temperaturniveau des kühlen Reservoirs auf ein höheres Temperaturniveau zu bringen.

Wir folgen Carnots Argumentation weiter, um zu zeigen, dass der Wirkungsgrad einer solchen Maschine vom Arbeitsmedium *unabhängig* sein muss. Dazu betrachten wir zwei reversible Maschinen $\mathcal{M}$ und $\mathcal{M}'$, die mit verschiedenen Arbeitsmedien, aber zwischen denselben Wärmereservoiren mit den Temperaturen T_1 und T_2 und mit der gleichen Ausbeute an Arbeit ΔW funktionieren. Die bei $\mathcal{M}'$ zu- bzw. abgeführten Wärmemengen seien $\Delta Q_2'$ und $\Delta Q_1'$. Nehmen wir zunächst an, die beiden Wirkungsgrade seien verschieden, was wir ohne Beschränkung der Allgemeinheit durch

$$\eta_c' < \eta_c \tag{33.78}$$

ausdrücken können.

Dann koppeln wir die beiden Maschinen so, dass $\mathcal{M}'$ als Kältemaschine von $\mathcal{M}$ als Kraftmaschine angetrieben wird, wie in Abb. 33.18 skizziert. Aus der Voraussetzung (33.78) und der Definition des Wirkungsgrades (33.77) müssen wir

$$\frac{W}{\Delta Q_1'} < \frac{W}{\Delta Q_1} \quad \text{und somit} \quad \Delta Q_1' > \Delta Q_1 \tag{33.79}$$

schließen.

Teil IV

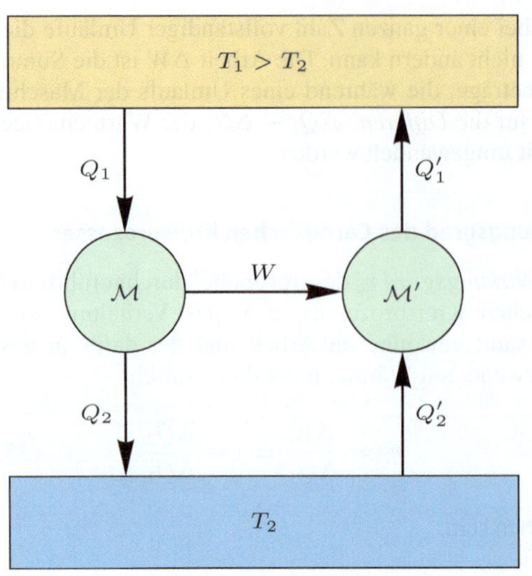

Abb. 33.18 Eine Wärmekraftmaschine $\mathcal{M}$ wird mit einer Kältemaschine $\mathcal{M}'$ gekoppelt

Dem heißeren Reservoir muss also in diesem Fall durch die Kältemaschine $\mathcal{M}'$ mehr Wärme zugeführt werden, als ihm die Kraftmaschine $\mathcal{M}$ zuvor entzogen hat. Durch die Kopplung der Maschinen muss demnach insgesamt die Wärme $\Delta Q'_1 - \Delta Q_1$ aus dem kälteren Reservoir entnommen und dem wärmeren Reservoir zugeführt werden. Der Gesamteffekt der beiden gekoppelten Maschinen wäre also, dass die Wärmemenge $\Delta Q'_1 - \Delta Q_1$ vom tieferen Temperaturniveau T_2 zum höheren Temperaturniveau T_1 übergeben würde, ohne dass im Ganzen Arbeit verrichtet wurde und ohne dass eine andere Änderung in $\mathcal{M}$ oder $\mathcal{M}'$ zurückgeblieben ist.

Dieses Ergebnis widerspricht der Erfahrung, die durch das *Clausius'sche Postulat* ausgedrückt wird.

Clausius'sches Postulat

Wärme kann nicht von selbst von einem niederen zu einem höheren Temperaturniveau übergehen.

Der Widerspruch zwischen dem aus der Erfahrung abgeleiteten Clausius'schen Postulat und dem Ergebnis unserer Überlegungen zu den gekoppelten Maschinen wird behoben, indem wir die Voraussetzung verschiedener Wirkungsgrade aufgeben: Beide Wirkungsgrade müssen demnach gleich groß sein,

$$\eta'_c = \eta_c \,, \qquad (33.80)$$

damit die Kopplung zwischen einer idealen Wärmekraft- und einer idealen Kältemaschine nicht in Konflikt mit der Erfahrung gerät.

Demzufolge müssen *alle* reversiblen Maschinen, die nur bei zwei Temperaturen T_1 und T_2 Wärme mit der Umgebung austauschen, denselben Wirkungsgrad haben. Dann kann der Wirkungsgrad aber nur von diesen beiden Temperaturen abhängen. Wegen (33.77) muss entsprechend

$$\frac{\Delta Q_1}{\Delta Q_2} = f(T_1, T_2) \qquad (33.81)$$

gelten, wobei f eine universelle, vom Arbeitsmedium und von der Konstruktion der Wärmemaschine unabhängige, dimensionslose Funktion sein muss.

Carnot'scher Kreisprozess: Wärme und absolute Temperatur

Diese Funktion $f(T_1, T_2)$ lässt sich nun weiter spezifizieren. Dazu führen wir neben den beiden Temperaturniveaus T_1 und $T_2 < T_1$ ein weiteres Wärmereservoir mit einer beliebig gedachten Referenztemperatur T_0 ein, die nicht notwendig zwischen den beiden Temperaturen T_1 und T_2 liegen muss. Diese Temperatur T_0 kann z. B. als Bezugspunkt einer Temperaturskala angesehen werden. Ohne vorerst genauer festlegen zu müssen, was $1°$ genau sei, können wir z. B. sagen, dass $T_0 = 1°$ sein möge.

Die beiden Temperaturniveaus T_1 und T_2 werden nun durch die beiden reversiblen Carnot-Maschinen $\mathcal{M}_1$ und $\mathcal{M}_2$ mit dem Referenzniveau T_0 verbunden. Die Maschine $\mathcal{M}_1$ werde als Wärmekraftmaschine betrieben, die Maschine $\mathcal{M}_2$ als Kältemaschine. Dabei sei die Maschine $\mathcal{M}_2$ so konstruiert, dass sie aus dem Referenzreservoir bei T_0 gerade dieselbe Wärmemenge ΔQ_0 aufnimmt, welche die Maschine $\mathcal{M}_1$ dorthin abgibt.

Da beide Maschinen als ideale Carnot-Maschinen reversibel arbeiten, entsprechen sie gekoppelt einer einfachen Carnot-Maschine $\mathcal{M}$, die direkt zwischen den beiden Niveaus T_1 und T_2 als Wärmekraftmaschine betrieben wird. Daher tritt das Referenzreservoir bei der Wärmebilanz nicht in Erscheinung: Die einfache Maschine $\mathcal{M}$ zwischen den Niveaus T_1 und T_2 arbeitet mit denselben Wärmemengen wie die zusammengesetzte Maschine, die aus den beiden Maschinen $\mathcal{M}_1$ und $\mathcal{M}_2$ besteht, die zwischen den Niveaus T_1 und T_0 bzw. T_0 und T_2 arbeiten. Neben (33.81) gelten dann die Gleichungen

$$\frac{\Delta Q_1}{\Delta Q_0} = f(T_1, T_0) \quad \text{und} \quad \frac{\Delta Q_0}{\Delta Q_2} = f(T_0, T_2)\,. \qquad (33.82)$$

Durch Multiplikation dieser beiden Gleichungen und Vergleich mit (33.81) entsteht

$$f(T_1, T_2) = f(T_1, T_0) f(T_0, T_2)\,. \qquad (33.83)$$

Setzt man hier $T_1 = T_2$ und berücksichtigt, dass dann $\Delta Q_1 = \Delta Q_2$ sein muss, weil auf derselben Isotherme expandiert und komprimiert wird, muss die linke Seite $f(T_1, T_1) = 1$ sein. Die

Teil IV

Vertauschung der Argumente in f muss also gemäß (33.83) zum Kehrwert führen:

$$f(T_0, T_1) = \frac{1}{f(T_1, T_0)} . \tag{33.84}$$

Wenden wir diese Einsicht auf (33.83) an, folgt

$$f(T_1, T_2) = \frac{f(T_1, T_0)}{f(T_2, T_0)} . \tag{33.85}$$

Da die Zwischentemperatur T_0 beliebig gewählt wurde und als Bezugspunkt einer Temperaturskala dienen kann, kürzen wir $f(T, T_0) = \bar{f}(T)$ ab. Zusammen mit (33.84) können wir dann das Verhältnis der Wärmemengen (33.82) in der Form

$$\frac{\Delta Q_1}{\Delta Q_2} = \frac{\bar{f}(T_1)}{\bar{f}(T_2)} \tag{33.86}$$

schreiben. Die Funktion $\bar{f}(T)$ muss zudem streng monoton wachsen, damit die aufgenommenen oder abgegebenen Wärmen mit der Temperatur anwachsen.

Es liegt nun nahe, diese streng monotone Funktion der Temperatur, $\bar{f}(T)$, der Einfachheit halber als den Zahlenwert einer neuen Temperaturskala zu verwenden und sie, versehen mit einer geeigneten Einheit, mit der Temperatur selbst zu identifizieren. Als Einheit liegt die Referenztemperatur T_0 nahe. Wir definieren dementsprechend $T = \bar{f}(T)T_0$ als die neue, absolute Temperaturskala, die uns die Diskussion von Kreisprozessen nahelegt. Aufgrund von (33.86) würde dann die Wärmemenge, die ein physikalisches System aus einem Reservoir der Temperatur T entnehmen oder daran abgeben kann, proportional zur Temperatur selbst werden:

$$\frac{\Delta Q_1}{\Delta Q_2} = \frac{T_1}{T_2} . \tag{33.87}$$

Für ein ideales Gas stellt es sich als durchaus sinnvoll heraus, die Funktion $\bar{f}(T)T_0$ mit der Temperatur T zu identifizieren. Wir haben in Abschn. 33.6 gesehen, dass die Arbeit, die unter isothermen, adiabatischen oder polytropen Bedingungen von oder an einem idealen Gas verrichtet wird, proportional zur absoluten Temperatur ist. Unter isothermen Bedingungen, unter denen sich die innere Energie des idealen Gases nicht verändert, muss dann aufgrund des ersten Hauptsatzes auch die Wärme proportional zur Temperatur sein.

Unter allgemeinen Zustandsänderungen müsste dann auch die innere Energie proportional zur Temperatur sein. Für das ideale Gas würde dies wegen (33.48) und (33.51) bedeuten, dass seine Wärmekapazitäten bei konstantem Volumen ebenso wie bei konstantem Druck unabhängig von der Temperatur sein müssten. Wir werden später eine überzeugende theoretische Begründung dafür finden.

Aufgrund dieser Überlegungen identifizieren wir abschließend die Funktion $\bar{f}(T)T_0$ mit einer neuen Temperaturskala T und erwarten aufgrund der Verhältnisse beim idealen Gas, dass diese Temperatur mit der absoluten Temperatur gleichgesetzt werden kann, die bereits in Abschn. 33.5 eingeführt wurde.

Wirkungsgrad des Carnot'schen Kreisprozesses

Aus (33.77) schließen wir auf die Gleichung

$$\eta_c = 1 - \frac{T_2}{T_1} \tag{33.88}$$

für den Wirkungsgrad der Carnot-Maschine.

Er kann nur dann gleich eins werden, wenn das kalte Reservoir die Temperatur $T_2 = 0\,\mathrm{K}$ oder $\vartheta_2 = -273{,}15\,°\mathrm{C}$ hat. Bringen wir (33.87) in die Form $\Delta Q_1/T_1 = \Delta Q_2/T_2$, sehen wir, dass bei einem Carnot'schen Kreisprozess gleich große Beträge der Größe $\Delta Q/T$ aufgenommen und freigesetzt werden. Darauf kommen wir in Abschn. 33.7 zurück.

Wirkungsgrad einer Dampfmaschine

Der Wirkungsgrad η_c ist der maximale mögliche theoretische Wirkungsgrad. Er kann nur dann erreicht werden, wenn alle möglichen Teilprozesse reversibel ablaufen. In der Praxis ist der Wirkungsgrad η stets (viel) kleiner als η_c. Als Beispiel betrachten wir eine Dampfmaschine, deren heißes Reservoir $100\,°\mathrm{C}$ und deren kaltes Reservoir $20\,°\mathrm{C}$ hat. Ihr Wirkungsgrad kann maximal $\eta_c = 1 - 293/373 = 0{,}214$ sein. Eine Verbesserung ist durch eine Druckerhöhung im heißen Behälter möglich, weil dann die Siedetemperatur des Wassers höher liegt. Bei einem Druck von 10 bar beträgt sie etwa $T_{\mathrm{Siede}} = 180\,°\mathrm{C}$. Bei dieser Temperatur des heißen Reservoirs steigt der Wirkungsgrad auf $\eta_c = 0{,}35$. Moderne Verbrennungsmotoren erreichen Wirkungsgrade zwischen 0,35 und 0,5. ◄

Kreisprozesse mit idealem Gas: Absolute Temperaturskala und Entropie

Wir betrachten nun den Carnot'schen Kreisprozess im Detail am konkreten Beispiel eines idealen Gases.

Carnot'scher Kreisprozess mit idealem Gas

Da die innere Energie eines idealen Gases nur von der Temperatur abhängt, ist sie während eines isothermen Prozesses konstant. Wie wir zum Abschluss des Kastens „Vertiefung: Einige Eigenschaften idealer Gase" in Abschn. 33.6 gezeigt haben, wird dann die Wärmemenge

$$\Delta Q = \Delta W = \int_{V_1}^{V_2} P \mathrm{d}V = nRT \ln \frac{V_2}{V_1} \tag{33.89}$$

aufgenommen.

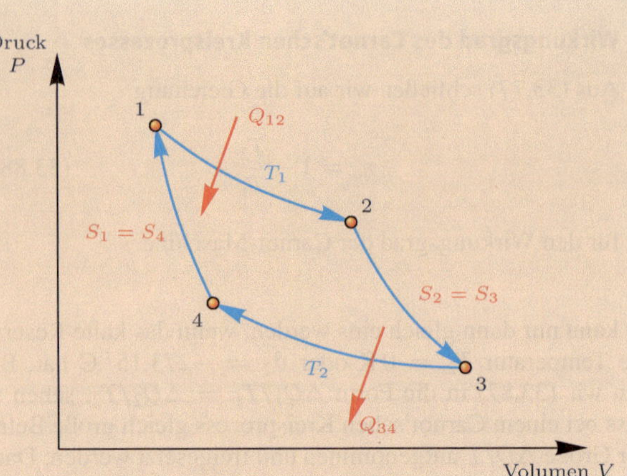

Abb. 33.19 Der Carnot'sche Kreisprozess im Detail. Die *beiden roten Pfeile* sollen andeuten, dass im oberen Teil Wärme in die Maschine fließt, im unteren wieder heraus. Die von den Kurvenstücken umschlossene Fläche ist ein Maß für die verrichtete Arbeit

Für den in Abb. 33.19 gezeigten Kreisprozess betragen demnach die zu- und abgeführten Wärmen

$$\Delta Q_{12} = nRT_1 \ln \frac{V_2}{V_1} \quad \text{und} \quad \Delta Q_{34} = nRT_2 \ln \frac{V_3}{V_4} \,. \tag{33.90}$$

Da die Zustandspaare 2 und 3 mit den Volumina V_2 und V_3 bzw. 4 und 1 mit den Volumina V_4 und V_1 jeweils auf Adiabaten liegen, gilt zudem aufgrund von (33.57)

$$T_1 V_1^{\gamma-1} = T_2 V_4^{\gamma-1} \quad \text{und} \quad T_1 V_2^{\gamma-1} = T_2 V_3^{\gamma-1} \,. \tag{33.91}$$

Daraus ergeben sich die Verhältnisse

$$\frac{V_2}{V_1} = \frac{V_3}{V_4} \tag{33.92}$$

der Volumina. Setzen wir diese Volumenverhältnisse in die beiden Gleichungen (33.90) ein und dividieren die erste durch die zweite Gleichung, kürzen sich die Logarithmen heraus, sodass wir

$$\frac{\Delta Q_{12}}{\Delta Q_{34}} = \frac{T_1}{T_2} \tag{33.93}$$

erhalten. Dies entspricht gerade der Beziehung (33.87) zwischen den aufgenommenen und abgegebenen Wärmen und den Temperaturen, bei denen sie aufgenommen oder abgegeben werden. Dieses Ergebnis bekräftigt nochmals, dass die Definition der absoluten Temperatur, die wir aus dem Carnot'schen Kreisprozess abgeleitet haben, mit derjenigen übereinstimmt, die wir aus den gemessenen Eigenschaften des idealen Gases abgeleitet hatten. ◄

Nun gehen wir zu einer allgemeineren reversiblen Zustandsänderung des idealen Gases über. Der erste Hauptsatz und die Zustandsgleichung führen auf

$$\delta Q_{\text{rev}} = \mathrm{d}U + P\mathrm{d}V = nc_V^{\text{mol}}\mathrm{d}T + nRT\frac{\mathrm{d}V}{V} \,. \tag{33.94}$$

Da wir bereits festgestellt haben, dass die innere Energie des idealen Gases nicht vom Volumen abhängt, aber proportional zur Temperatur ist, können wir die Wärmekapazität c_V^{mol} bei konstantem Volumen als unabhängig sowohl von der Temperatur als auch vom Volumen ansehen. Indem wir (33.94) durch die Temperatur T dividieren, erhalten wir

$$\frac{\delta Q_{\text{rev}}}{T} = X(T)\mathrm{d}T + Y(V)\mathrm{d}V \,. \tag{33.95}$$

Im Gegensatz zu δQ_{rev} ist dies ein vollständiges Differenzial, da X unabhängig von V und Y unabhängig von T sind. Wie jedes vollständige Differenzial definiert $\delta Q_{\text{rev}}/T$ eine Zustandsgröße, die wir durch Integration des Differenzials von einem Ausgangszustand Z_0 zu einem Endzustand Z gewinnen:

$$S(Z) - S(Z_0) = \int_{Z_0}^{Z} \frac{\delta Q_{\text{rev}}}{T} \equiv \int_{Z_0}^{Z} \mathrm{d}S \,. \tag{33.96}$$

Wenn der Prozess reversibel geführt wird, ist das Wegintegral davon unabhängig, auf welchem Weg wir vom Anfangs- zum Endzustand gelangen. Bis auf eine Integrationskonstante kann S demnach nur von den unabhängigen Zustandsgrößen abhängen, die den Zustand Z definieren. Die neue Zustandsgröße S, die hier anhand der Eigenschaften eines idealen Gases definiert wurde, bezeichnen wir mit Rudolf Clausius als *Entropie*. Dieses ans Griechische angelehnte Kunstwort bedeutet „Verwandelbarkeit", „Umlauf" oder „Wendung".

Entropie eines idealen Gases

Insbesondere für ein ideales Gas mit festgehaltener Teilchenzahl N besteht aufgrund von (33.94) der Zusammenhang

$$S(T,V) = nc_V^{\text{mol}} \ln \frac{T}{T_0} + nR \ln \frac{V}{V_0} + S_0 \tag{33.97}$$

zwischen den unabhängigen Zustandsgrößen (T, V) und der Entropie S, wobei $S_0 = S(T_0, V_0)$ abgekürzt wurde.

Im Allgemeinen, namentlich wenn das Arbeitsmedium kein ideales Gas ist, muss bei der Integration von (33.96) in Betracht gezogen werden, dass die Wärmekapazität c_V^{mol} von der Temperatur abhängen kann.

Bei adiabatischen und reversiblen Zustandsänderungen bleibt die Entropie konstant, denn dafür gilt gerade $\delta Q_{\text{rev}} = 0$. In solchen Fällen muss eine mögliche Temperaturänderung gerade durch eine entsprechende Volumenänderung kompensiert werden. Für ein ideales Gas ergibt (33.97) dann

$$c_V^{\text{mol}} \ln \frac{T}{T_0} = -R \ln \frac{V}{V_0}\,. \tag{33.98}$$

Wenn sich ein ideales Gas adiabatisch ausdehnen soll, muss es sich daher entsprechend abkühlen. Bei konstantem Volumen oder bei konstanter Temperatur steigt die Entropie logarithmisch mit der Temperatur oder dem Volumen an.

Frage 7

Rechnen Sie explizit nach, dass bei einer adiabatischen Expansion eines idealen Gases, für die wir $TV^{\gamma-1} = \text{const}$ gezeigt haben, die Entropie unverändert bleibt.

Achtung Wir betonen nochmals, dass wir bei der Herleitung von (33.97) vorausgesetzt haben, dass die Wärmekapazität bei konstantem Volumen temperaturunabhängig sei. In den meisten nichtidealen Systemen verringert sich die Wärmekapazität eines Körpers bei Erniedrigung der Temperatur, was sich besonders bei tiefen Temperaturen bemerkbar macht. Eine genauere Theorie der Wärmekapazitäten bei tiefen Temperaturen muss Quanteneffekte berücksichtigen, die in Abschn. 37.7 besprochen werden. ◀

Spezielle reversible Kreisprozesse

Bei Kreisprozessen kann das Arbeitsmedium entweder in einem geschlossenem System zirkulieren (geschlossener Kreisprozess) oder ein offenes System durchströmen. Bei einem offenen Prozess wird das Arbeitsmedium nach einem oder mehreren Teilprozessen ausgestoßen. Dieses „Ausstoßen" können wir als Wärmeabgabe an die Umgebung betrachten, die dann die Rolle eines Wärmereservoirs übernimmt. Für den kontinuierlichen Betrieb muss im Kreisprozess genauso viel Stoff aufgenommen werden wie abgegeben wurde.

Im P-V-Diagramm rechts- oder im Uhrzeigersinn laufende Prozesse beschreiben *Wärmekraftmaschinen*, während links- oder gegen den Uhrzeigersinn laufende Prozesse *Kältemaschinen* oder *Wärmepumpen* beschreiben. Bei einer Wärmepumpe wird unter Arbeitszufuhr Wärme von einem niedrigeren zu einem höheren Temperaturniveau gepumpt. Die auf dem hohen Temperaturniveau anfallende Wärme kann z. B. zum Heizen genutzt werden (Wärmepumpenheizung). Bei der Kältemaschine wird die Abkühlung des Kältemittels benutzt, um ein anderes Fluid abzukühlen. Für den Wärmekraftprozess ist die abgegebene Arbeit der Nutzen und die zugeführte Wärme der Aufwand. Für eine Kältemaschine ist die zugeführte Arbeit der Aufwand und die dem kalten Reservoir entzogene Wärme der Nutzen. Bei der Wärmepumpe ist die dem wärmeren Reservoir zugeführte Wärme der Nutzen.

Bei der nun folgenden Diskussion verschiedener spezieller Realisierungen von Kreisprozessen nehmen wir ein ideales Gas als Arbeitsmedium an.

Den **Carnot'schen Kreisprozess** haben wir wegen seiner historischen und konzeptionellen Bedeutung bereits im Detail besprochen, sodass wir hier nur noch einmal seine wichtigsten Eigenschaften zusammenfassen. Der Carnot'sche Kreisprozess ist als theoretischer Vergleichsprozess von großer Bedeutung und gibt Aufschluss über die Güte anderer Prozesse, die bei denselben Temperaturen der jeweiligen heißen und kalten Wärmereservoire ablaufen. In seinen vier Teilschritten, die im P-V-Diagramm in Abb. 33.19 dargestellt wurden, treten die folgenden Arbeitsbeträge auf:

- $1 \to 2$: isotherme Expansion, $\Delta W_{12} = \Delta Q_{12} = nRT_1 \ln V_2/V_1$,
- $2 \to 3$: adiabatische Expansion, $\Delta W_{23} = -nc_V^{\text{mol}}(T_2 - T_1)$,
- $3 \to 4$: isotherme Kompression, $\Delta W_{34} = \Delta Q_{34} = nRT_2 \ln V_4/V_3$,
- $4 \to 1$: adiabatische Kompression, $\Delta W_{41} = -nc_V^{\text{mol}}(T_1 - T_2)$.

Wir hatten unter (33.91) und (33.92) gesehen, dass aus dem Adiabatengesetz $PV^{\gamma} = \text{const}$ die Beziehung $V_4/V_3 = V_1/V_2$ zwischen den Volumina folgt, sodass die vom Medium verrichtete Arbeit gleich

$$\begin{aligned}\Delta W &= \Delta W_{12} + \Delta W_{23} + \Delta W_{34} + \Delta W_{41} \\ &= nR(T_1 - T_2) \ln \frac{V_2}{V_1}\end{aligned} \tag{33.99}$$

ist. Daraus ergibt sich direkt der schon aus (33.88) bekannte Wirkungsgrad:

$$\eta_{\text{c}} = \frac{\Delta W}{\Delta Q_{12}} = 1 - \frac{T_2}{T_1}\,. \tag{33.100}$$

Der hier beschriebene rechtslaufende Prozess beschreibt eine ideale Wärmekraftmaschine, während der linkslaufende Prozess eine ideale Wärmepumpe bzw. eine ideale Kältemaschine darstellt. Für die Kältemaschine ist die Leistungszahl durch

$$\varepsilon_{\text{K}} = \frac{\Delta Q_{43}}{\Delta W} = \frac{T_2}{T_1 - T_2} \tag{33.101}$$

definiert, wobei für den linkslaufenden Prozess $\Delta Q_{43} = -\Delta Q_{34}$ ist und ΔW das Vorzeichen umkehrt. Für die Wärmepumpe ist

$$\varepsilon_{\text{W}} = \frac{\Delta Q_{21}}{\Delta W} = \frac{T_1}{T_1 - T_2}\,. \tag{33.102}$$

Joule'scher oder Brayton'scher Kreisprozess Der Joule'sche oder Brayton'sche Kreisprozess (benannt nach dem amerikanischen Maschinenbauingenieur *George Brayton*, 1830–1892;

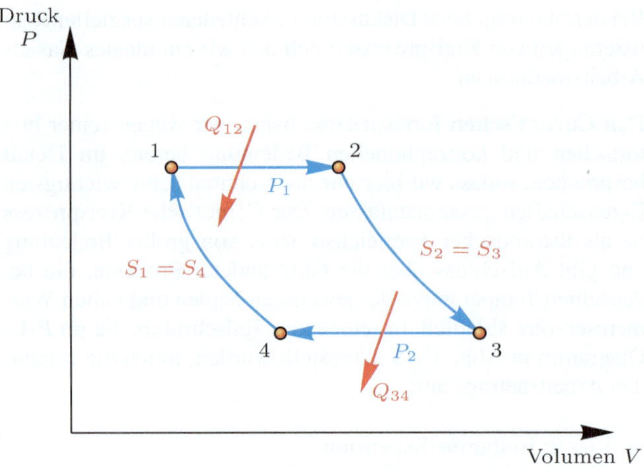

Abb. 33.20 Joule'scher Kreisprozess, zusammengesetzt aus zwei adiabatischen und zwei isobaren Vorgängen

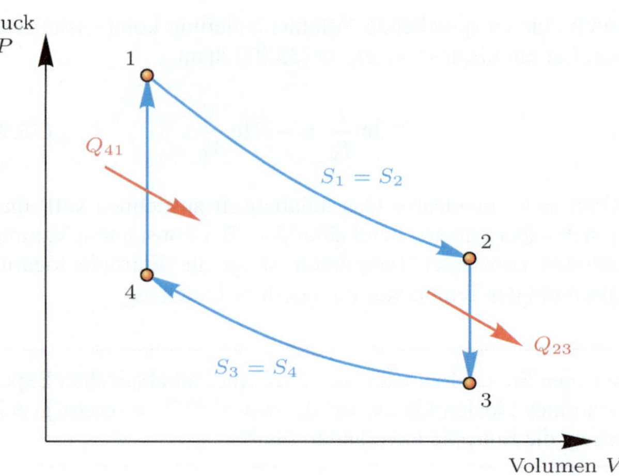

Abb. 33.22 Otto-Kreisprozess. Hier werden die beiden isothermen Vorgänge des Stirling-Prozesses durch zwei isentrope Vorgänge ersetzt

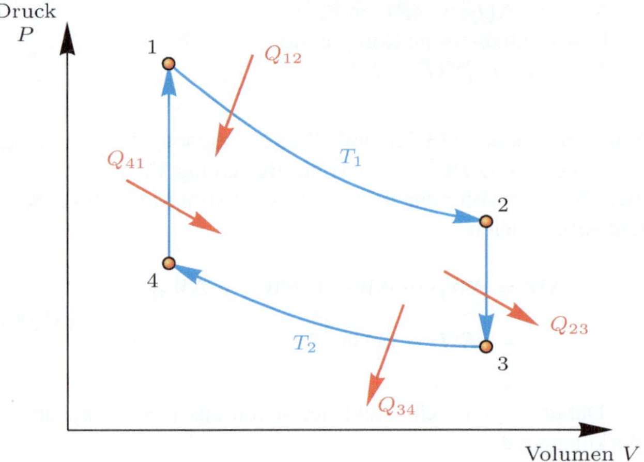

Abb. 33.21 Stirling'scher Kreisprozess. Zwei isochore und zwei isotherme Vorgänge wechseln sich ab

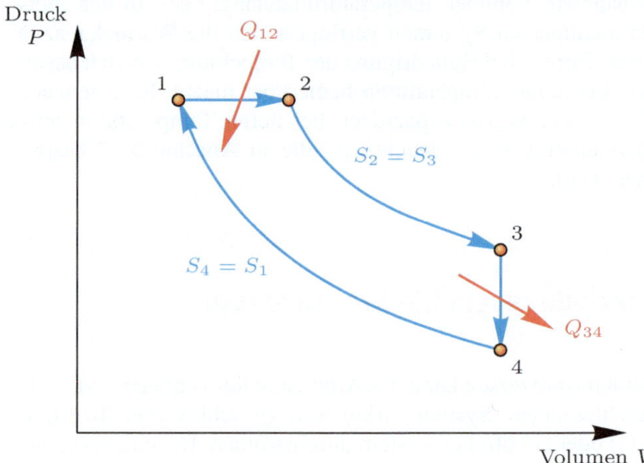

Abb. 33.23 Diesel-Kreisprozess. Zwei isentrope Vorgänge werden durch einen isobaren und einen isochoren Vorgang miteinander verbunden

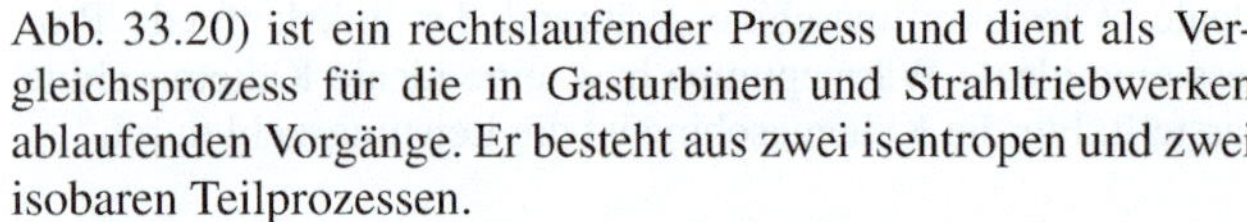

Abb. 33.20) ist ein rechtslaufender Prozess und dient als Vergleichsprozess für die in Gasturbinen und Strahltriebwerken ablaufenden Vorgänge. Er besteht aus zwei isentropen und zwei isobaren Teilprozessen.

Der Begriff der Isentrope, den wir hier anstelle der Adiabate verwenden, muss noch präzisiert werden. Im Fall reversibel verlaufender Prozesse sind adiabatisch und isentrop tatsächlich synonym zu gebrauchen. Bei irreversiblen Prozessen gilt dies jedoch nicht mehr, sodass dann zwischen adiabatisch im Sinn von „ohne Wärmeaustausch" und isentrop im Sinn von „bei unveränderter Entropie" unterschieden werden muss.

Stirling'scher Kreisprozess Der Stirling'sche Kreisprozess (P-V-Diagramm in Abb. 33.21) beschreibt einen Heißgasmotor, bei dem ein Gas innerhalb eines Zylinders einen Kreisprozess durchläuft. Der schottische Pastor und Ingenieur *Robert Stirling* (1790–1878) meldete 1816 ein Patent für einen Heißluftmotor an, lange vor der Erfindung des Otto- oder des Dieselmotors. Der Prozess besteht aus zwei Isothermen und zwei Isochoren. Das Eröffnungsbild dieses Kapitels zeigt einen solchen Stirling-Motor.

Otto'scher Kreisprozess Beim Otto'schen Kreisprozess (benannt nach dem Kaufmann und autodidaktischen Erfinder *Nicolaus August Otto*, 1832–1891) läuft der in Abb. 33.22 dargestellte Verbrennungsvorgang so schnell ab, dass die gesamte Wärmezufuhr als isochor beschrieben wird. Er ist daher der Vergleichsprozess für Verbrennungsmotoren. Das Ausstoßen der Abgase wird als isochore Wärmeabgabe idealisiert. Der Prozess besteht aus zwei Isentropen und zwei Isochoren.

Diesel'scher Kreisprozess Beim Diesel'schen Kreisprozess (Gleichraumverbrennung; benannt nach dem Ingenieur *Rudolf*

Teil IV

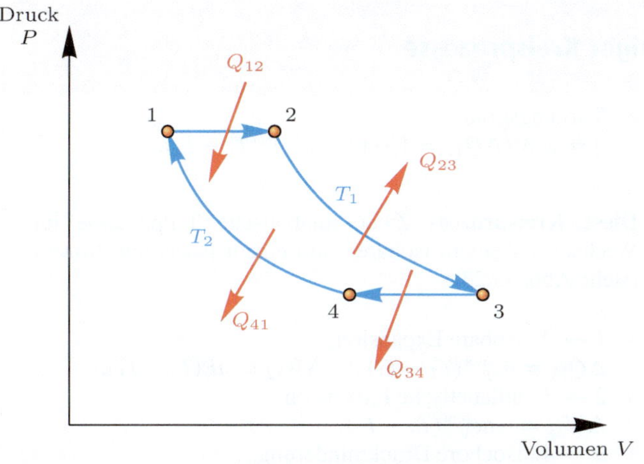

Abb. 33.24 Ericsson-Kreisprozess. Zwei isobare verbinden zwei isothermen Vorgänge

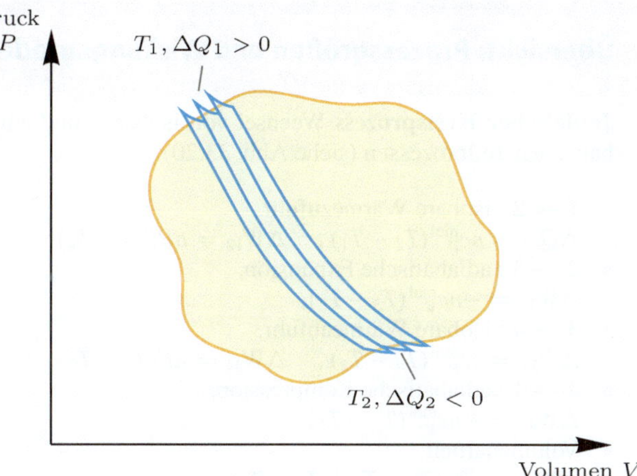

Abb. 33.25 Ein P-V-Diagramm eines beliebigen, reversiblen Kreisprozesses, der in infinitesimal viele Carnot-Prozesse von der Art des hier gezeigten zerlegt wird

Diesel, 1858–1913; Abb. 33.23) wird der Brennstoff nach der adiabatisch-reversiblen Verdichtung eingespritzt und dabei eine Gleichdruckverbrennung erreicht. Die Wärmezufuhr erfolgt also isobar. Nach der adiabatisch-reversiblen und daher isentropen Entspannung wird der Ausstoß der Gase als isochore Wärmeabgabe behandelt.

Ericsson'scher Kreisprozess Der Ericsson'sche Kreisprozess (entworfen von dem schwedischen Ingenieur und Erfinder *Johan Ericsson*, 1803–1889; Abb. 33.24) wurde ursprünglich für Heißluftmotoren vorgeschlagen und dient auch als Vergleichsprozess für Gasturbinenanlagen mit regenerativem Wärmeaustausch. Beim Ericsson'schen Kreisprozess führen die Abgase der Turbine mittels eines Wärmeüberträgers dem einströmenden, verdichteten Arbeitsmedium isobar Wärme zu.

Weitere Kreisprozesse Neben den soeben vorgestellten Prozessen gibt es z. B. den *Seilinger-Kreisprozess*. Er ist der Vergleichsprozess für Verbrennungsmotoren, da er die realen Vorgänge sehr gut annähert. Er beschreibt dabei den Otto- und Diesel-Prozess als Grenzfälle. Des Weiteren ist es unter Umständen angebracht (z. B. wenn das Arbeitsmedium die Phasen wechselt), das Arbeitsmedium als realen Stoff, also mit einer nichtidealen Zustandsgleichung, zu beschreiben. Näheres dazu findet man in einschlägigen Werken über technische Thermodynamik (z. B. Baehr & Kabelac 2006; Cerbe & Wilhelms 2005; Herwig & Kautz 2007).

Beliebige reversible Kreisprozesse

Wir betrachten nun einen beliebigen, aber nach wie vor reversiblen Kreisprozess und stellen diesen in der P-V-Ebene durch eine beliebige geschlossene Kurve dar, wie sie in Abb. 33.25 gezeigt wird. Wir zerlegen dergestalt den Kreisprozess in beliebig viele, beliebig schmale Carnot'sche Kreisprozesse, dass die stetige Kurve des vollständigen, reversiblen Kreisprozesses in eine Folge von beliebig kleinen Zacken mit abwechselnd isothermen und adiabatischen Seiten übergeht.

Wir lösen uns zudem vom idealen Gas als Arbeitsstoff und betrachten ein sehr kleines Carnot-Diagramm mit endlicher Temperaturdifferenz $\Delta T = T_1 - T_2$, aber mit infinitesimal kleinen zu- und abgeführten Wärmen δQ_1 und δQ_2, für die aufgrund unseres vorherigen Befunds (33.87)

$$\frac{\delta Q_1}{T_1} = \frac{\delta Q_2}{T_2} \tag{33.103}$$

gelten möge.

Wir nähern die Integration von $\Delta Q_{\text{rev}}/T$ entlang der geschlossenen Kurve durch die Summe der Beiträge der sehr vielen schmalen Carnot-Prozesse an. Dies führt auf

$$\oint \frac{\delta Q_{\text{rev}}}{T} = 0 \tag{33.104}$$

für jeden Kreisprozess oder für jeden geschlossenen Weg im P-V-Diagramm. (33.104) ist notwendig und hinreichend dafür, dass

$$\mathrm{d}S = \frac{\delta Q_{\text{rev}}}{T} \tag{33.105}$$

ein vollständiges Differenzial ist, sofern die Wärmemenge wie durch δQ_{rev} angegeben in reversibler Weise zugeführt oder entnommen wird.

Entropiebilanz bei reversiblen Kreisprozessen

Für einen reversibel geführten Kreisprozess ist also die Summe aus aufgenommener und abgegebener Entropie

Teil IV

Übersicht: Prozessgrößen und Wirkungsgrade einiger Kreisprozesse

Joule'scher Kreisprozess Wechsel von isobaren und adiabatischen Teilprozessen (siehe Abb. 33.20):

- $1 \to 2$: isobare Wärmezufuhr,
  $\Delta Q_{12} = nc_P^{\text{mol}}(T_2 - T_1)\,, \quad \Delta W_{12} = nR(T_2 - T_1)$,
- $2 \to 3$: adiabatische Expansion,
  $\Delta W_{23} = -nc_V^{\text{mol}}(T_3 - T_2)$,
- $3 \to 4$: isobare Wärmeabfuhr,
  $\Delta Q_{34} = nc_P^{\text{mol}}(T_4 - T_3)\,, \quad \Delta W_{34} = nR(T_4 - T_3)$,
- $4 \to 1$: adiabatische Kompression,
  $\Delta W_{41} = -nc_V^{\text{mol}}(T_1 - T_4)$,
- Volumenarbeit:
  $\Delta W = nc_P^{\text{mol}}(T_1 - T_2 + T_3 - T_4)$,
- Wirkungsgrad:
  $\eta = \Delta W/\Delta Q_{12} = 1 - (T_3 - T_4)/(T_2 - T_1)$.

Stirling'scher Kreisprozess Wechsel von isothermen und isochoren Teilprozessen (siehe Abb. 33.21):

- $1 \to 2$: isotherme Expansion,
  $\Delta W_{12} = \Delta Q_{12} = nRT_1 \ln V_2/V_1$,
- $2 \to 3$: isochore Abkühlung,
  $\Delta Q_{23} = nc_V^{\text{mol}}(T_2 - T_1)$,
- $3 \to 4$: isotherme Kompression,
  $\Delta W_{34} = \Delta Q_{34} = nRT_2 \ln V_4/V_3 = nRT_2 \ln V_1/V_2$,
- $4 \to 1$: isochore Erwärmung,
  $\Delta Q_{41} = nc_V^{\text{mol}}(T_1 - T_2)$,
- Volumenarbeit:
  $\Delta W = nR(T_1 - T_2)\ln(V_2/V_1)$,
- Wirkungsgrad:
  $\eta = \Delta W/\Delta Q_{12} = 1 - T_2/T_1$.

Otto-Kreisprozess Wechsel von adiabatischen und isochoren Teilprozessen (siehe Abb. 33.22):

- $1 \to 2$: adiabatische Expansion,
  $\Delta W_{12} = -nc_V^{\text{mol}}(T_2 - T_1)$,
- $2 \to 3$: isochore Druckminderung,
  $\Delta Q_{23} = nc_V^{\text{mol}}(T_3 - T_2)$,
- $3 \to 4$: adiabatische Kompression,
  $\Delta W_{34} = -nc_V^{\text{mol}}(T_4 - T_3)$,
- $4 \to 1$: isochore Druckerhöhung,
  $\Delta Q_{41} = nc_V^{\text{mol}}(T_1 - T_4)$,
- Volumenarbeit:
  $\Delta W = nc_V^{\text{mol}}(T_1 - T_2 + T_3 - T_4)$,
- Wirkungsgrad:
  $\eta = \Delta W/\Delta Q_{41} = 1 - (T_2 - T_3)/(T_1 - T_4)$.

Diesel-Kreisprozess Zwei adiabatische Teilprozesse im Wechsel mit einem isobaren und einem isochoren Prozess (siehe Abb. 33.23):

- $1 \to 2$: isobare Expansion,
  $\Delta Q_{12} = nc_P^{\text{mol}}(T_2 - T_1)\,, \quad \Delta W_{12} = nR(T_2 - T_1)$,
- $2 \to 3$: adiabatische Expansion,
  $\Delta W_{23} = -nc_V^{\text{mol}}(T_3 - T_2)$,
- $3 \to 4$: isochore Druckminderung,
  $\Delta Q_{34} = nc_V^{\text{mol}}(T_4 - T_3)$,
- $4 \to 1$: adiabatische Kompression,
  $\Delta W_{41} = -nc_V^{\text{mol}}(T_1 - T_4)$,
- Volumenarbeit:
  $\Delta W = nc_P^{\text{mol}}(T_2 - T_1) + nc_V^{\text{mol}}(T_4 - T_3)$,
- Wirkungsgrad:
  $\eta = \Delta W/\Delta Q_{12} = 1 - (T_3 - T_4)/[\gamma(T_2 - T_1)]$.

Ericsson-Kreisprozess Wechsel von isothermen und isobaren Teilprozessen (siehe Abb. 33.24):

- $1 \to 2$: isobare Expansion,
  $\Delta Q_{12} = nc_P^{\text{mol}}(T_1 - T_2)\,, \quad \Delta W_{12} = nR(T_1 - T_2)$,
- $2 \to 3$: isotherme Expansion,
  $\Delta W_{23} = \Delta Q_{23} = nRT_1 \ln V_3/V_2 = nRT_1 \ln P_1/P_2$,
- $3 \to 4$: isobare Kompression,
  $\Delta Q_{34} = nc_P^{\text{mol}}(T_2 - T_1)\,, \quad \Delta W_{34} = nR(T_2 - T_1)$,
- $4 \to 1$: isotherme Kompression,
  $\Delta W_{41} = \Delta Q_{41} = nRT_2 \ln V_1/V_4 = nRT_2 \ln P_2/P_1$,
- Volumenarbeit:
  $\Delta W = nR(T_1 - T_2)\ln(P_1/P_2)$,
- Wirkungsgrad:
  $\eta = \Delta W/\Delta Q_{23} = 1 - T_2/T_1$.

Frage 8

Verwenden Sie die für isotherme bzw. adiabatische Zustandsänderungen gültigen Beziehungen $PV = \text{const}$ und $TV^{\gamma-1} = \text{const}$, um die Beziehung $T_3/T_2 = T_4/T_1$ herzuleiten. Vereinfachen Sie damit die Wirkungsgrade des Joule'schen und des Otto-Kreisprozesses.

immer gleich null:

$$\oint \mathrm{d}S = 0\,. \tag{33.106}$$

Der Faktor $1/T$ in $\mathrm{d}S = \delta Q_{\text{rev}}/T$ erweist sich damit für beliebige Arbeitsmedien als ein sogenannter *integrierender Faktor*. Im Kasten „Vertiefung: Vollständige und unvollständige Differenziale" in Abschn. 33.3 wird die Existenz eines integrierenden Faktors etwas näher beleuchtet und eine Bestimmungsgleichung für ihn angegeben. Für $\omega = \delta Q_{\text{rev}}$ ist der integrierende Faktor gerade die inverse ideale Gastemperatur.

Die Zustandsgröße S, die Entropie, gibt Auskunft über die maximal aus einem System gewinnbare mechanische Arbeit: Gemäß $\delta Q_2 = T_2 \delta S$ ist die wieder an das kältere Reservoir abzugebende Wärme umso kleiner, je kleiner δS ist.

Arbeit und Entropie

Bei festgehaltener aufgenommener Wärmemenge ΔQ_1 ist daher der Anteil von ΔQ_1, der in Arbeit umgewandelt werden kann, umso größer, je kleiner der Betrag $|\Delta S|$ der Entropie ist, der während eines Umlaufs zunächst von der Wärmekraftmaschine aufgenommen und dann wieder abgegeben wird.

Da die Entropie als Zustandsgröße unabhängig von dem Weg sein muss, über den ein System in einen Zustand gelangt ist, muss es erlaubt sein, Entropieunterschiede entlang beliebiger reversibler Zustandsänderungen zu berechnen.

Entropieunterschied

Man berechnet den Unterschied der Entropien zweier beliebiger Zustände Z_1 und Z_2 durch

$$S(Z_2) - S(Z_1) = \int_{Z_1}^{Z_2} \frac{\delta Q_{\text{rev}}}{T} \,. \qquad (33.107)$$

Die auszuführende Integration hat im Allgemeinen nichts damit zu tun, wie das System in Wirklichkeit von Z_1 nach Z_2 gelangt. Die wirklichen Prozesse sind immer mehr oder weniger irreversibel. Unsere Vorschrift (33.107) setzt dagegen einen hinzugedachten und beliebigen Ersatzprozess voraus, der auf reversible Weise von Z_1 nach Z_2 gelangt. Wie dieser Ersatzprozess ausgeführt wird, muss gleichgültig sein, da $\mathrm{d}S$ ein vollständiges Differenzial ist. Die Entropiedifferenz kann nicht von dem Weg abhängen, der von Z_1 nach Z_2 führt! Entropieänderungen können daher unabhängig vom wahren Prozessverlauf anhand geschickt gewählter reversibler Ersatzprozesse bestimmt werden.

Achtung Für ein abgeschlossenes System ist die innere Energie konstant, sodass $\delta W = \delta Q$ gilt. Falls keine Wärme zu- oder abgeführt wird, braucht die Entropie aber trotz $\delta Q = 0$ nicht konstant zu sein, da irreversible Wechselwirkungen zwischen Teilen des Systems möglich sind. ◀

So nimmt beim Versuch von Gay-Lussac, der in Abb. 33.12 dargestellt ist, die Entropie eines idealen Gases zu, obwohl das System weder Arbeit noch Wärme mit der Umgebung austauscht. Da die Überströmung von V_1 nach $V_2 > V_1$ adiabatisch geschieht, ist $\delta Q = 0$, sodass für den wirklichen Verlauf

$$\int_{Z_1}^{Z_2} \frac{\delta Q}{T} = 0 \qquad (33.108)$$

gelten muss – unabhängig davon, wie der Integrand während des schnellen, turbulenten Übergangs variiert! Führen wir dagegen einen *reversiblen Ersatzprozess* längs einer Isotherme, denn Anfangs- und Endzustände haben beim Überströmen dieselbe Temperatur, dann nimmt gemäß (33.97) die Entropie proportional zum Logarithmus der relativen Volumenvergrößerung beim Überströmen zu:

$$\Delta S = nR \ln \frac{V_2}{V_1} \,. \qquad (33.109)$$

Entropie in abgeschlossenen Systemen

Die Entropie eines abgeschlossenen Systems ist nur für *reversibel geführte Prozesse* konstant.

Besteht ein *inhomogenes System* aus mehreren homogenen Teilsystemen, dann ist für jedes Teilsystem

$$\mathrm{d}S_i = \frac{\delta Q_{\text{rev},i}}{T_i} \qquad (33.110)$$

ein vollständiges Differenzial, wenn T_i die absolute Temperatur des i-ten Teilsystems und $\delta Q_{\text{rev},i}$ die Wärme ist, die das i-te Teilsystem mit der Umgebung oder den anderen Teilsystemen auf reversible Weise austauscht. Die Summe der Differenziale

$$\mathrm{d}S = \sum_i \mathrm{d}S_i = \sum_i \frac{\delta Q_{\text{rev},i}}{T_i} \qquad (33.111)$$

ist ebenfalls wieder ein vollständiges Differenzial.

Frage 9

Warum brauchen die Wärmeübergänge zwischen den homogenen Teilsystemen des Systems nicht berücksichtigt zu werden? Argumentieren Sie zunächst selbst und lesen Sie dann den folgenden Absatz.

Hier ist es wichtig einzusehen, dass die Wärmeübergänge *zwischen* den homogenen Teilsystemen des Systems nicht berücksichtigt werden müssen. Da diese Übergänge reversibel sein sollen, müssen sie zwischen Teilsystemen gleicher Temperatur stattfinden, denn jede Wärmeleitung wäre irreversibel. Dies wird in Abschn. 33.8 näher besprochen. Findet aber ein reversibler Wärmeaustausch zwischen den Teilsystemen i und j statt, dann trägt dieser bis auf ein Vorzeichen auf gleiche Weise zu $\Delta Q_{\text{rev},i}$ und $\Delta Q_{\text{rev},j}$ in (33.111) bei. Da $T_i = T_j$ gelten muss, kompensieren sich die Terme in der Summe (33.111). Somit brauchen wir in $\delta Q_{\text{rev},i}$ nur die dem i-ten Teilsystem von der Umgebung zugeführte Wärme zu berücksichtigen.

Haben alle Teilsysteme die gleiche Temperatur, dann vereinfacht sich (33.111) wieder zu

$$dS = \frac{1}{T} \sum_i \delta Q_{\text{rev},i} = \frac{\delta Q_{\text{rev}}}{T} . \tag{33.112}$$

Eine wichtige Eigenschaft der Entropie ist offensichtlich: Die Entropie eines homogenen, im thermischen Gleichgewicht befindlichen Systems wächst mit seiner Stoffmenge, denn die Wärmemenge ΔQ, die beim Übergang des Systems von einem beliebigen Ausgangszustand in den betrachteten Zustand in jedem Teilprozess verbraucht wird, ist proportional zu seiner Stoffmenge. Deshalb ist die Entropie eines Systems gleich der Summe der Entropien der Teilsysteme.

Extensivität

Die Entropie ist eine extensive Zustandsgröße. Wie im „Mathematischen Hintergrund 33.1: Homogene Funktionen" erläutert wird, ist sie deswegen eine homogene Funktion vom Grad 1 in der Stoffmenge.

Bevor wir zur Diskussion irreversibler Prozesse übergehen, fassen wir hier das wichtigste Ergebnis dieses Abschnitts zusammen.

Der zweite Hauptsatz für reversible Prozesse

Für reversibel geführte Prozesse ist das Differenzial

$$dS = \frac{\delta Q_{\text{rev}}}{T} \tag{33.113}$$

vollständig. Es definiert eine Zustandsgröße S, die Entropie. Bei einem vollständigen Umlauf eines reversibel geführten Kreisprozesses ändert sich die Entropie nicht:

$$\oint dS = \oint \frac{\delta Q_{\text{rev}}}{T} = 0 . \tag{33.114}$$

33.8 Der zweite Hauptsatz (2. Teil)

Wir kommen nun zu einer weiteren zentralen und entscheidend wichtigen Funktion der Entropie. Zwar lässt sich die Entropie wie die Energie nicht vernichten. Im Gegensatz zur Energie können wir aber Entropie durch irreversible Prozesse *erzeugen*. Die Zunahme der Entropie für abgeschlossene Systeme ist der Gegenstand des zweiten Teiles des zweiten Hauptsatzes, den wir nun diskutieren. Die bei irreversiblen Prozessen erzeugte Entropie ist ein Maß für die Dissipation der Energie, d. h. für deren Umwandlung in innere, thermische Energie.

Irreversible Prozesse

Wir nehmen jetzt an, dass die *Kraftmaschine* $\mathcal{M}$ in Abb. 33.18 nicht umkehrbar, also *irreversibel* arbeite. Dann können wir wieder wie vorher beweisen, dass $\eta > \eta'$ unmöglich ist, weil dann wieder Wärme vom kälteren ins wärmere Reservoir transportiert werden könnte. Da der Prozess nun jedoch nicht mehr umkehrbar ist, sind die Wirkungsgrade aber auch nicht mehr gleich. Stattdessen gilt

$$\eta < \eta' . \tag{33.115}$$

Der reversible Carnot'sche Kreisprozess hat einen größeren Wirkungsgrad als irgendein zwischen gleichen Temperaturen bei gleicher Leistung arbeitender irreversibler Carnot-Prozess. Letzterer verlangt mehr Wärme bei gleicher Arbeitsleistung, $\Delta Q_1 > \Delta Q_1'$. Wir folgern aus

$$\frac{T_2}{T_1} = \frac{\Delta Q_2'}{\Delta Q_1'} = 1 - \eta' < 1 - \eta = \frac{\Delta Q_2}{\Delta Q_1} \tag{33.116}$$

die Ungleichung $\Delta Q_1/T_1 < \Delta Q_2/T_2$, wobei ΔQ_1 die vom heißen Reservoir der Temperatur T_1 aufgenommene Wärme und ΔQ_2 die an das kalte Reservoir der Temperatur T_2 abgeführte Wärme ist, wie sie in Abb. 33.18 skizziert sind. Für ein sehr schmales Diagramm eines Carnot-Prozesses erhalten wir deshalb

$$\frac{\delta Q_1}{T_1} < \frac{\delta Q_2}{T_2} . \tag{33.117}$$

Auf dieselbe Weise wie bei der Diskussion der reversibel arbeitenden Kraftmaschine ergibt sich für einen teilweise irreversiblen Kreisprozess, wenn wir die abgegebene Wärmen δQ_2 negativ rechnen:

$$\oint \frac{\delta Q}{T} < 0 . \tag{33.118}$$

Wir zerlegen den Kreisprozess in zwei Abschnitte $Z_0 \to Z$ und $Z \to Z_0$ und nehmen an, dass der zweite Abschnitt reversibel geführt wird. Dann ergibt sich

$$0 > \int_{Z_0}^{Z} \frac{\delta Q}{T} + \int_{Z}^{Z_0} \frac{\delta Q_{\text{rev}}}{T} = \int_{Z_0}^{Z} \frac{\delta Q}{T} + S(Z_0) - S(Z) \tag{33.119}$$

oder

$$S(Z) - S(Z_0) > \int_{Z_0}^{Z} \frac{\delta Q}{T} . \tag{33.120}$$

Diese Ungleichung gilt nun auch für ein beliebig zusammengesetztes System. Bei irreversiblen Prozessen $Z_1 \to Z_2$ in adiabatisch abgeschlossenen Systemen verschwindet das Integral, und entsprechend wächst die Entropie an:

$$S(Z) > S(Z_0) . \tag{33.121}$$

Teil IV

Entropie bei irreversiblen Prozessen

Läuft in einem abgeschlossenen System ein Prozess adiabatisch ab, d. h. ohne Wärmeaustausch mit der Umgebung, so erhöht sich im irreversiblen Fall die Entropie und bleibt im reversiblen Fall erhalten.

Immer dann, wenn Energie dissipiert wird, wird zugleich Entropie erzeugt. Die Begründung dafür haben wir in Abschn. 33.7 gefunden: Je mehr Entropie bei einem Kreisprozess transportiert wird, umso geringer wird der Betrag der Arbeit, die durch die entsprechende Maschine verrichtet werden kann. Da alle Prozesse, die in der Natur von selbst ablaufen, mit Energiedissipation einhergehen, folgt daraus, dass die *Entropie die Richtung angibt*, in der Prozesse ablaufen, wenn wir ein System sich selbst überlassen.

Angelehnt daran hat der Mathematiker und theoretische Physiker *Arnold Sommerfeld* (1868–1951) die Natur mit einer Firma verglichen: Dem ersten Hauptsatz kommt dabei die Bedeutung der Buchhaltungsabteilung zu, während der zweite Hauptsatz den Vorstand bildet.

Entropiezunahme bei Wärmeleitung

Betrachten wir nun ein *abgeschlossenes System*, das aus zwei zunächst getrennten Behältern mit den Volumina V_1 und V_2 besteht. Beide Behälter mögen homogene Stoffe im thermischen Gleichgewicht bei den Temperaturen T_1 und $T_2 > T_1$ enthalten. Wir bringen nun die Behälter in thermischen Kontakt miteinander. Aufgrund der Wärmeleitung vom heißen zum kalten Behälter gehen die beiden Stoffmengen ohne Änderung ihres Volumens in einen neuen Gleichgewichtszustand über.

Zur Berechnung der Entropieänderung wird der tatsächliche, irreversibel verlaufende Vorgang in dem abgeschlossenen System, bei dem ja weder Wärme noch Arbeit mit der Umgebung ausgetauscht werden, durch einen reversiblen Prozess im geschlossenen System ersetzt.

Dies ist ein Beispiel dafür, wie die Entropieänderung als Änderung einer Zustandsgröße anhand eines reversiblen Ersatzprozesses berechnet werden kann. Nur der Anfangs- und der Endzustand eines Systems sind für die Entropieänderung maßgeblich, aber nicht, wie das System vom Anfangs- in den Endzustand gelangt.

Wir bezeichnen den Wert der Entropie des Gesamtsystems zu Beginn des Wärmeübergangs mit S_i und den Wert am Ende des Prozesses mit S_f. Nach dem Clausius'schen Postulat, das die Alltagserfahrung zum Prinzip erhebt, wird die Wärme vom wärmeren Reservoir auf das kältere übergehen, also von T_2 auf T_1.

Frage 10

Wie wäre ein reversibler Übergang der Wärme realisierbar? Überlegen Sie zunächst selbst und lesen Sie dann den folgenden Absatz.

Reversibel ist dies nur möglich, wenn der heiße Behälter durch thermischen Kontakt mit einer Folge von Wärmereservoiren mit abnehmender Temperatur und der kalte Behälter umgekehrt durch eine Folge von Wärmereservoiren mit steigender Temperatur thermisch aneinander angeglichen werden, bis sie beide die Mischungstemperatur erreichen.

Betrachten wir den ersten Schritt dieser Folge. Der heiße Behälter mit der Ausgangstemperatur T_2 wird mit einem Wärmereservoir der Temperatur $T_2 - \mathrm{d}T$, der kalte Behälter mit der Ausgangstemperatur T_1 dagegen mit einem Wärmereservoir der Temperatur $T_1 + \mathrm{d}T$ in Kontakt gebracht. Der Temperaturunterschied $\mathrm{d}T$ muss so klein gewählt werden, dass der Vorgang als reversibel betrachtet werden kann.

Dabei soll der heißere Stoff die Wärme δQ_rev abgeben und der kältere Stoff die Wärme δQ_rev aufnehmen. Dies entspricht einem reversiblen Übergang der Wärme δQ_rev vom heißeren zum kälteren Stoff. Damit haben wir den Beginn des irreversiblen Prozesses eines direkten Wärmeausgleichs durch den ersten Schritt eines reversiblen Prozesses ersetzt. Die Entropieänderung bei diesem Schritt ist jetzt berechenbar:

$$\begin{aligned} \mathrm{d}S = \mathrm{d}S_1 + \mathrm{d}S_2 &= \frac{\delta Q_\mathrm{rev}}{T_1} - \frac{\delta Q_\mathrm{rev}}{T_2} \\ &= \frac{\delta Q_\mathrm{rev}}{T_1 T_2}(T_2 - T_1) > 0\,. \end{aligned} \tag{33.122}$$

Enthalten beide Behälter *ideale Gase*, dann können wir $S_\mathrm{f} - S_\mathrm{i}$ explizit berechnen. Da sich die innere Energie des Gesamtsystems bei der Wärmeleitung nicht ändert, stellt sich eine Endtemperatur ein, die sich aus den anteiligen Stoffmengen n_1 und n_2 in den beiden Behältern anhand von

$$T_\mathrm{f} = \frac{n_1}{n}T_1 + \frac{n_2}{n}T_2\,, \quad n = n_1 + n_2 \tag{33.123}$$

berechnen lässt. Der Einfachheit halber nehmen wir in (33.123) an, dass die Wärmekapazitäten der beteiligten Gase gleich seien, und beziehen uns auf die Gleichung für die Mischungstemperatur, die im Beispielkasten „Mischungstemperatur" in Abschn. 33.4 hergeleitet wurde. Wegen (33.97) gilt dann

$$\begin{aligned} S_\mathrm{f} - S_\mathrm{i} &= \int_\mathrm{i}^\mathrm{f} \mathrm{d}S_1 + \int_\mathrm{i}^\mathrm{f} \mathrm{d}S_2 \\ &= n_1 c_V^\mathrm{mol} \ln\frac{T_\mathrm{f}}{T_1} + n_2 c_V^\mathrm{mol} \ln\frac{T_\mathrm{f}}{T_2}\,. \end{aligned} \tag{33.124}$$

Der natürliche Logarithmus ist eine konkave Funktion, was abschließend in diesem Abschnitt noch vertieft wird. Damit ist Folgendes gemeint: Konkav heißen Funktionen $f : \mathbb{R} \supseteq I \to \mathbb{R}$, deren Graphen in jedem Intervall $[x_1, x_2] \subset \mathbb{R}$ nicht unter der geraden Verbindung von $(x_1, f(x_1))$ und $(x_2, f(x_2))$ liegen,

$$f(tx_1 + (1-t)x_2) \geq tf(x_1) + (1-t)f(x_2)\,, \qquad (33.125)$$

wobei der Parameter t zwischen x_1 und x_2 interpoliert, $0 \leq t \leq 1$. Wenn eine Funktion f auf dem Intervall $I \subseteq \mathbb{R}$ zweimal differenzierbar ist, so ist sie dort genau dann konkav, wenn $f'' \leq 0$ ist. Da die zweite Ableitung des natürlichen Logarithmus $\ln x = -x^{-2}$ für alle $x \in \mathbb{R}^+$ negativ ist, ist er sogar strikt konkav. Dann gilt statt des $\geq$-Zeichens ein $>$-Zeichen in (33.125), sodass für alle $x, y > 0$ und alle $t \in (0, 1)$

$$\ln(tX + (1-t)Y) \geq t \ln X + (1-t) \ln Y \qquad (33.126)$$

gilt. Das Gleichheitszeichen in (33.125) gilt dann nur für $t = 0$ oder $t = 1$.

Teilen wir die linke Gleichung in (33.123) zunächst durch T_1, setzen $X = 1$, $Y = T_2/T_1$ sowie $t = n_1/n$ und entsprechend $1-t = n_2/n$, wiederholen diese Schritte nach Vertauschung von 1 und 2 und wenden jeweils (33.126) an, ergeben sich sofort die Ungleichungen

$$\ln \frac{T_\mathrm{f}}{T_1} \geq \frac{n_2}{n} \ln \frac{T_2}{T_1} \quad \text{und} \quad \ln \frac{T_\mathrm{f}}{T_2} \geq \frac{n_1}{n} \ln \frac{T_1}{T_2}\,, \qquad (33.127)$$

wobei das Gleichheitszeichen links bei $n_1 = 0$ und rechts bei $n_2 = 0$ gilt. Eingesetzt in (33.124) folgt dann wiederum $S_\mathrm{f} \geq S_\mathrm{i}$. Die beiden Entropien sind nur dann gleich groß, falls $T_1 = T_2$ ist.

Mischung von Gasen

Schließlich kommen wir noch zur Mischung von Gasen. Gegeben seien Stoffmengen n_1 eines Gases im Volumen V_1 und n_2 eines anderen Gases im Volumen V_2, beide mit demselben Druck P und derselben Temperatur T. Im Ausgangszustand sollen die Gase durch eine Wand getrennt sein. Dann entfernen wir die Trennwand, sodass jedem der beiden Gase das Volumen $V_1 + V_2$ zur Verfügung steht. Der reversible Ersatzprozess läuft nach *Max Planck* (1858–1947) wie folgt ab:

Die beiden Gase mögen der Einfachheit halber jeweils das gleiche Volumen V einnehmen. Die in Abb. 33.26 gezeichneten Zylinder lassen sich ineinander verschieben. Die gestrichelt gezeichneten Böden jedes der beiden Zylinder seien durchlässig für die Gasart im jeweils anderen Zylinder, sodass Mischung nur im hellgrün unterlegten Volumen eintritt. Durch Auseinanderziehen der Zylinder kann wieder vollständige Entmischung erreicht werden, und dies zeigt, dass der Ersatzprozess für die Mischung reversibel ist. Am Ende des Vorgangs nimmt das

Abb. 33.26 Zur Mischung von Gasen

Stoffgemisch gerade das Volumen V ein, das jedes Gas einzeln zu Beginn ausfüllte. Da bei dem Mischvorgang selbst keine Wärme mit der Umgebung ausgetauscht wird, ändert sich die Entropie dabei nicht.

Anders als beim Planck'schen Ersatzprozess ändert sich beim tatsächlichen Mischvorgang das Volumen des Gesamtsystems, und damit ist eine Entropieänderung verbunden. Für ideale Gase muss man die Entropiezunahme bei einer Mischung daher berechnen, indem man diese in zwei Schritte zerlegt. Zuerst wird das Gas 1 vom Volumen V_1 reversibel und isotherm auf das Volumen $V_1 + V_2$ gebracht und analog das Gas 2 von V_2 auf $V_1 + V_2$. Die gesamte dabei auftretende Entropieänderung ist positiv:

$$\begin{aligned} S_\mathrm{f} - S_\mathrm{i} &= \Delta S_1 + \Delta S_2 \\ &= n_1 R \ln \frac{V_1 + V_2}{V_1} + n_2 R \ln \frac{V_1 + V_2}{V_2} > 0\,. \end{aligned} \qquad (33.128)$$

Danach nimmt man eine reversible Mischung auf die Planck'sche Art vor, wobei das Endvolumen wie im irreversiblen Fall $V_1 + V_2$ ist. Hier tritt keine Entropieänderung auf. Setzen wir wie oben angekündigt voraus, dass die Temperatur und der Druck beider Gase rechts und links der Trennwand gleich sind, so ergibt sich die Vereinfachung

$$S_\mathrm{f} - S_\mathrm{i} = R \left(n_1 \ln \frac{n_1 + n_2}{n_1} + n_2 \ln \frac{n_1 + n_2}{n_2} \right). \qquad (33.129)$$

Mischt man nun zwei gleiche Gase, dann erhält man das sogenannte *Gibbs'sche Paradoxon*, benannt nach seinem Entdecker *Josiah Willard Gibbs* (1839–1903): Entfernt man die Trennwand zwischen zwei *gleichen* Gasen, so ist makroskopisch nichts geschehen, also müsste $\Delta S = 0$ gelten. Jedoch ergibt sich nach (33.129) eine positive Mischentropie. Das Gibbs'sche Paradoxon wird uns in Abschn. 35.3 noch einmal begegnen.

Diese Entropiezunahme ist nach der klassischen Vorstellung auch korrekt. Jedem Atom würde eine Nummer verliehen, und man könnte sich vorstellen, Atome mit gerader und ungerader Nummer zu mischen. Nach den heutigen quantenphysikalischen Vorstellungen sind Atome bzw. Moleküle, die aus den gleichen Elementarteilchen bestehen, allerdings ununterscheidbar, da sie quantenmechanisch durch dieselben Wellenfunktionen beschrieben werden, weshalb auch keine Entropiezunahme bei Mischung gleicher Stoffe beobachtet werden kann. Aus diesem Grund tritt das Paradoxon in der modernen (quantentheoretischen) Physik nicht mehr auf. In der Quantenstatistik gibt es

z. B. keinen stetigen Übergang zwischen zwei Gasen, von denen das eine aus der Stoffmenge $n_1 + n_2$ Helium und das andere zu den Stoffmengen n_1 aus Helium und n_2 aus Wasserstoff besteht.

Abschließend fügen wir noch einige allgemeinere Bemerkungen an. Wir haben gesehen, dass bei irreversiblen Prozessen die Gesamtentropie eines Systems immer zunimmt. Das heißt, es gilt für jeden irreversiblen Prozess

$$S > \int_0^T \frac{\delta Q}{T} . \tag{33.130}$$

Zum Beispiel kann der Temperaturausgleich zwischen zwei Körpern reversibel (wie im Carnot'schen Kreisprozess) oder irreversibel erfolgen. Im letzteren Fall ist der Entropiezuwachs größer. Bis zu welchem Wert kann aber nun die Entropie anwachsen, bevor ihre Zunahme zum Stillstand kommt? Die Entropie wächst jeweils bis zu ihrem Maximalwert, der dem Gleichgewichtszustand des Systems entspricht. Früher oder später kommen alle veränderlichen Systeme ins Gleichgewicht – in den Zustand maximaler Entropie. *William Thomson* (1824–1907), der 1. Baron Kelvin, schloss daraus, dass „der Welt der Wärmetod droht" – womit nicht ein Zustand maximaler Temperatur gemeint ist.

Das wesentliche Ergebnis der bisherigen Diskussion in diesem Abschnitt können wir nun zusammenfassen.

Der zweite Hauptsatz für irreversible Prozesse

Bei irreversibel verlaufenden Prozessen nimmt die Entropie zu. Da die Entropie als Zustandsgröße nicht davon abhängt, wie ein System von einem Gleichgewichtszustand in einen anderen gelangt, kann die Entropiezunahme anhand eines reversiblen Ersatzprozesses berechnet werden.

Konkavität der Entropie

Wir haben in (33.97) gesehen, dass die Entropie eines idealen Gases vom Logarithmus der Temperatur und des Volumens abhängt. Da der Logarithmus eine konkave Funktion ist, wie weiter oben in diesem Abschnitt gezeigt wurde, ist die Entropie eines idealen Gases zumindest konkav bezüglich der Temperatur und des Volumens.

Aus dem bisher Gesagten folgt aber allgemeiner, dass die Entropie immer eine konkave Funktion bezüglich der Zustandsgrößen sein muss, die als ihre Argumente auftreten. Davon wollen wir uns noch überzeugen.

Seien zwei Teilsysteme aus derselben Substanz gegeben, die durch ihre inneren Energien $U_{1,2}$, Volumina $V_{1,2}$ und Teilchenzahlen $N_{1,2}$ gekennzeichnet sind. Wir fassen (U, V, N) der Einfachheit halber zu einer abstrakten Zustandsgröße X zusammen,

$$X_1 = (U_1, V_1, N_1) , \quad X_2 = (U_2, V_2, N_2) , \tag{33.131}$$

und bezeichnen die Entropien der beiden Teilsysteme mit $S_1 = S(X_1)$ und $S_2 = S(X_2)$.

Bringen wir beide Teilsysteme in Kontakt, stellt sich ein neues Gleichgewicht ein. Das Gesamtsystem trennen wir adiabatisch so in Teilsysteme auf, dass deren Teilchenzahlen wieder durch N_1 und N_2 gegeben sind. Ihre Entropien seien S'_1 und S'_2, ihre Gesamtentropie sei $S = S'_1 + S'_2$. Diese beiden Teilsysteme bringen wir mittels eines adiabatischen Prozesses wieder in ihre Anfangszustände zurück. Dann gilt aufgrund des zweiten Hauptsatzes

$$S(X_1) + S(X_2) \le S'_1 + S'_2 = S(X_1 + X_2) . \tag{33.132}$$

Als extensive Zustandsgröße ist die Entropie zudem homogen vom Grad 1, weshalb aus (33.132) direkt

$$S\left(\frac{X_1 + X_2}{2}\right) \ge \frac{1}{2}\left[S(X_1) + S(X_2)\right] \tag{33.133}$$

folgt. Sei nun $t = j/2^n$ mit $j = 0, 1, \ldots, 2^n$. Für $n = 0$ und $n = 1$ belegen die bisherigen Ergebnisse bereits, dass

$$S\left(tX_1 + (1-t)X_2\right) \ge tS(X_1) + (1-t)S(X_2) \tag{33.134}$$

gilt. Wenn nun (33.134) für ein beliebiges n und alle $j = 0, 1, \ldots 2^n$ vorausgesetzt werden kann, überzeugt man sich leicht davon, dass (33.134) dann auch für $n + 1$ und $j = 0, 1, \ldots 2^{n+1}$ gilt. Aufgrund vollständiger Induktion gilt (33.134) folglich für alle n. Da S in den Zustandsgrößen stetig sein muss, ergibt sich daraus die Gültigkeit von (33.134) für alle $t \in [0, 1]$. Also ist die Entropie eine konkave Funktion.

Vertiefung: Zur Bestimmung der absoluten Entropie

Bei der Temperatur T gilt aufgrund der Definition der Entropie

$$\Delta S = \int_0^T \frac{\delta Q_{\text{rev}}}{T'} = S_T - S_0 .$$

Nun gibt es in der Thermodynamik noch einen dritten Hauptsatz, auch als *Nernst'sches Theorem* bezeichnet, auf den wir in Abschn. 34.3 zurückkommen werden. Nach diesem Satz verschwindet die Entropie am absoluten Nullpunkt, $S_0 = 0$. Aufgrund dessen können wir den Entropieunterschied ΔS relativ zum absoluten Nullpunkt mit der Entropie S und ebenso mit S_T identifizieren und

$$S = \int_0^T \frac{\delta Q_{\text{rev}}}{T'}$$

schreiben. Findet die Erwärmung von $T = 0$ nach T bei konstantem Druck statt, dann ist

$$S = n \int_0^T c_p^{\text{mol}}(T') \frac{\mathrm{d}T'}{T'} .$$

Auf dem Weg vom absoluten Nullpunkt bis zur Temperatur T geschieht jedoch einiges mit einem Stoff, und dabei ändert sich seine Wärmekapazität. Sehen wir uns dies für Tetrachlorkohlenstoff CCl_4 näher an. Er liegt bei einer angenommenen Zimmertemperatur von 298,1 K als eine Flüssigkeit vor, die gerade zu verdampfen beginnt.

Bei tiefen Temperaturen sind die Wärmekapazitäten reiner kristalliner Stoffe proportional zur dritten Potenz der Temperatur,

$$c_p^{\text{mol}} = b\,T^3 \quad \text{für} \quad T \lesssim T_0 = 10\,\text{K} ,$$

wie in Abschn. 37.7 gezeigt wird. Die Proportionalitätskonstante hat für CCl_4 den Wert $3{,}14 \cdot 10^{-3}\,\text{J}\,\text{mol}^{-1}\,\text{K}^4$. Bei $T_f = 225{,}4\,\text{K}$ ändert sich der Aufbau des Kristallgitters des bei diesen Temperaturen gefrorenen Stoffes; es erfolgt ein Übergang von einer festen Phase in eine andere. Dafür wird eine Wärmemenge von $\Delta Q_f = 4524\,\text{J}\,\text{mol}^{-1}$ verbraucht. Bei $T_s = 250{,}2\,\text{K}$ schmilzt der Kristall. Die Schmelzwärme, die für die Umwandlung des Kristalls in eine Flüssigkeit benötigt wird, beträgt $\Delta Q_s = 2416\,\text{J}\,\text{mol}^{-1}$. Für die Verdampfung bei $T_d = 298{,}1\text{K}$ werden $\Delta Q_d = 32.407\,\text{J}\,\text{mol}^{-1}$ aufgebraucht. Daraus ergibt sich für die Entropie (in $\text{J}\,\text{mol}^{-1}\,\text{K}^{-1}$)

$$S_{T_d} = b \int_0^{T_0} T^2\,\mathrm{d}T + \int_{T_0}^{T_f} c_p^{\text{mol}} \frac{\mathrm{d}T}{T} + \frac{\Delta Q_f}{T_f} + \int_{T_f}^{T_s} c_p^{\text{mol}} \frac{\mathrm{d}T}{T} + \frac{\Delta Q_s}{T_s} + \int_{T_s}^{T_d} c_p^{\text{mol}} \frac{\mathrm{d}T}{T} + \frac{\Delta Q_d}{T_d} .$$

Bei $T_d = 298{,}1\,\text{K}$ hat CCl_4 einen Dampfdruck von 14.819 Pa. Um den Dampf auf den Normaldruck von 101.325 Pa zu bringen, muss man ihn komprimieren. Dabei verringert sich die Entropie um

$$\Delta S = R \ln \frac{V_{101.325}}{V_{14.819}} .$$

Die Integranden c_p^{mol}/T sind entsprechend den experimentellen Werten von c_p^{mol} Funktionen der Temperatur. Die Integrationen werden numerisch ausgeführt. Die einzelnen Entropieanteile pro Mol und ihre Summe sind in der folgenden Tabelle zusammengestellt.

Insgesamt treten drei Phasenübergänge auf, nämlich bei der Umordnung des Kristallgitters, beim Schmelzen und beim Verdampfen. In allen drei Fällen musste Wärme zugeführt werden. Solche Wärmebeträge, die während Phasenübergängen auftreten können (nicht müssen!), heißen latente Wärmen. Beachten Sie, dass die latenten Wärmen bei den Phasenübergängen wesentlich zur Gesamtbilanz beitragen.

Entropiebeitrag	$\text{J}\,\text{mol}^{-1}\,\text{K}^{-1}$
$S_{T_0} = b \int_0^{T_0} T^2\,\mathrm{d}T$	1,05
$S_{T_f} - S_{T_0}$ (numerisch)	151,89
ΔS_f (Phasenübergang)	20,05
$S_{T_s} - S_{T_f}$ (numerisch)	12,89
ΔS_s (Schmelzen)	9,67
$S_{T_d} - S_{T_s}$ (numerisch)	22,81
ΔS_d (Verdampfung)	108,57
ΔS (Kompression)	−15,4
Entropie insgesamt	311,22

Ähnlich verfährt man mit anderen Stoffen. Die *Entropien* einiger Feststoffe, Flüssigkeiten und Gase bei 298 K sind in der nächsten Tabelle zusammengestellt.

Aggregatzustand	Stoff	Entropie
		$\text{J}\,\text{mol}^{-1}\,\text{K}^{-1}$
Feststoffe	Graphit, C	5,7
	Diamant, C	2,4
	Iod, I_2	116,1
Flüssigkeiten	Benzol, C_6H_6	173,3
	Wasser, H_2O	69,9
	Quecksilber, Hg	76,0
Gase	Methan, CH_4	186,1
	Kohlendioxid, CO_2	213,6
	Wasserstoff, H_2	130,6
	Helium, He	126,0

Wie wir sehen werden, lässt sich die Entropie eines Körpers auch theoretisch berechnen. In der Luft unseres Zimmers, in einem Stück Kreide – in jedem Körper steckt eine bestimmte Entropie.

Aufgaben

Gelegentlich enthalten die Aufgaben mehr Angaben, als für die Lösung erforderlich sind. Bei einigen anderen dagegen werden Daten aus dem Allgemeinwissen, aus anderen Quellen oder sinnvolle Schätzungen benötigt.

- • leichte Aufgaben mit wenigen Rechenschritten
- •• mittelschwere Aufgaben, die etwas Denkarbeit und unter Umständen die Kombination verschiedener Konzepte erfordern
- ••• anspruchsvolle Aufgaben, die fortgeschrittene Konzepte (unter Umständen auch aus späteren Kapiteln) oder eigene mathematische Modellbildung benötigen

33.1 • Adiabaten bei vorgegebener innerer Energie Die innere Energie eines Systems sei durch $U = aP^2V$ mit einer positiven Konstanten a gegeben. Finden Sie die Adiabaten dieses Systems in der P-V-Ebene.

33.2 • Gleichgewicht unter verschiedenen Bedingungen Ein Hohlzylinder sei durch einen Kolben in zwei Kammern geteilt. Die Wände des Hohlzylinders seien vollkommen isolierend. Im Ausgangszustand sei der Kolben zunächst unbeweglich arretiert und ebenfalls vollkommen isolierend. Die Kammern 1 und 2 haben anfänglich die Volumina V_1 und V_2 und enthalten N_1 bzw. N_2 Moleküle desselben idealen Gases (z. B. Helium). Im Ausgangszustand seien die Drücke in den Kammern 1 und 2 gleich P_1 und P_2.

(a) Welcher neue Gleichgewichtszustand stellt sich ein, wenn der Kolben wärmedurchlässig (diathermisch) wird?
(b) Welcher neue Gleichgewichtszustand stellt sich an Stelle des Zustands aus Teilaufgabe a ein, wenn sich der diathermische Kolben auch noch frei bewegen kann?
(c) Ändert sich der Gleichgewichtszustand aus Teilaufgabe (b), wenn der diathermische, bewegliche Kolben für die Gasmoleküle durchlässig wird?

33.3 •• Mechani sche Arbeit durch Rühren Ein Gas befinde sich in einem Kolben mit dem Volumen V unter einem Druck P. Für adiabatische Zustandsänderungen gilt die Beziehung

$$PV^{5/3} = \text{const}\,. \tag{33.135}$$

In den Kolben ist ein Propeller eingebaut. Lässt man den Propeller mit der Umlauffrequenz $f = 240$ Umdrehungen pro Sekunde rotieren, so ist aufgrund der Viskosität des Gases ein Drehmoment von $M = 10^4$ dyn cm erforderlich. Zugleich misst man bei konstantem Volumen und thermischer Isolierung des Gases eine Druckerhöhung von

$$\frac{\mathrm{d}P}{\mathrm{d}t} = \frac{2}{3}\frac{Mf}{V}\frac{\text{dyn}}{\text{cm}^2\text{s}}\,. \tag{33.136}$$

(Das Drehmoment M, multipliziert mit der Umlauffrequenz f, ergibt die Leistung, die am Propeller erbracht werden muss. Geteilt durch das Volumen entsteht eine Energiedichte, die dem Gas pro Zeiteinheit zugeführt wird. Dies entspricht einer Druckerhöhung pro Zeiteinheit.)

Mithilfe eines isochoren Prozesses eines derartigen Typs bestimme man die innere Energie $U = U(P, V)$ für einen beliebigen Gleichgewichtszustand mit dem Volumen V und dem Druck P relativ zu einem willkürlich gewählten Referenzzustand (P_0, V_0). Wählen Sie U_0 als innere Energie des Referenzzustands.

33.4 ••• Zustandsänderung eines Paramagneten Eine Stoffmenge n einer paramagnetischen Substanz genüge der thermischen Zustandsgleichung

$$\boldsymbol{M} = \frac{na}{T}\boldsymbol{B}_0\,, \tag{33.137}$$

wobei $\boldsymbol{M}$ die Magnetisierung in Reaktion auf das äußere magnetische Feld $\boldsymbol{B}_0$ und $a > 0$ eine positive Konstante seien. Die innere Energie U der Substanz sei eine reine Funktion der Temperatur, $U = U(T)$. Für tiefe Temperaturen gelte

$$U(T) = nbT^4\,, \tag{33.138}$$

wobei wieder $b > 0$ eine positive Konstante sei.

(a) Geben Sie die Form der Isothermen im $|\boldsymbol{B}_0|-|\boldsymbol{M}|$-Diagramm an.
(b) Bestimmen Sie die molaren Wärmekapazitäten
(1) bei konstantem äußerem Feld $\boldsymbol{B}_0$ und
(2) bei konstanter Magnetisierung $\boldsymbol{M}$.
Begründen Sie den Unterschied, falls Sie einen finden.

Teil IV

(c) Magnetisieren Sie die Substanz bei der Temperatur T_0 isotherm von M_1 nach $M_2 > M_1$ und entmagnetisieren Sie dann die Substanz adiabatisch von M_2 zurück nach M_1. Welche Temperatur stellt sich am Ende ein? Welche Arbeitsbeträge und welche Wärmemengen werden auf den beiden Wegen mit der Umgebung ausgetauscht?

33.5 •• Kreisprozesse als Wärmepumpen

(a) Betrachten Sie eine Carnot- und eine Stirling-Maschine als Wärmepumpen und berechnen Sie explizit deren Leistungszahlen.
(b) Bestimmen Sie explizit die technische Arbeit, die beide Wärmepumpen verrichten.

Lösungshinweis: Begründen Sie zunächst, warum die Leistungszahl einer Wärmepumpe durch (33.102) plausibel definiert ist. Bestimmen Sie dann alle anfallenden Wärmemengen und Arbeitsbeträge. Gehen Sie davon aus, dass das Arbeitsmedium als ideales Gas beschrieben werden kann.

33.6 • Entropie eines geheizten Zimmers Stellen Sie sich ein gewöhnliches Zimmer vor, in dem die Raumluft durch ein ideales Gas beschrieben werden kann. Wenn das Zimmer geheizt wird, nehmen dann die innere Energie und die Entropie der Raumluft zu, ab, oder bleiben sie gleich?

Lösungshinweis: Überlegen Sie zunächst, welche Zustandsgrößen der Raumluft im Zimmer konstant bleiben, während es geheizt wird.

33.7 • Entropieänderung bei einem irreversiblen Prozess In einem Behälter mit wärmeundurchlässigen Wänden und dem Gesamtvolumen V_1 ist durch einen Schieber ein Teilvolumen $V_0 < V_1$ abgetrennt, in dem sich ein Mol eines idealen, einatomigen Gases der Temperatur T_0 befindet. Die Zustandsgleichung lautet $PV = RT$, wobei wie üblich P der Druck und R die Gaskonstante sind. Von der inneren Energie U werden wir in Abschn. 35.3 sehen, dass sie mit der Temperatur durch $U = 3RT/2$ zusammenhängt. Der Schieber wird kräftefrei herausgezogen, und das Gas expandiert auf das Volumen V_1. Nachdem sich ein neues Gleichgewicht eingestellt hat, wird das Gas mit dem Kolben quasistatisch auf das ursprüngliche Volumen V_0 komprimiert.

(a) Wie groß ist die Entropieänderung bei diesem Prozess?
(b) Berechnen Sie die Endtemperatur T_f des Gases und die Kompressionsarbeit W, ausgedrückt durch (U_0, V_0, T_0).

33.8 ••• Entropie von Gasmischungen

(a) In einem Gefäß mit dem Volumen V befinde sich ein Gemisch aus zwei Isotopen eines idealen Gases mit den Teilchenzahlen N_1 und N_2 im thermischen Gleichgewicht mit einem Wärmebad der Temperatur T. Berechnen Sie die Entropie $S = S(U, V, N, N_1, N_2)$ des Gemischs, wobei $N = N_1 + N_2$ und U die gesamte innere Energie seien.
(b) Ein adiabatisch isolierter Behälter sei durch einen wärmeundurchlässigen, kräftefrei beweglichen Schieber in zwei gleich große Kammern geteilt. Nach dem Herausziehen des Schiebers sind die Kammern durch eine starke, wärmedurchlässige Membran getrennt, die nur für das Isotop 1 durchlässig ist.
Wir bezeichnen mit hochgestellten, eingeklammerten Indizes die Kammer, mit tiefgestellten Indizes die Teilchensorte; $N_1^{(2)}$ ist also beispielsweise die Anzahl der Teilchen der Sorte 1 in der Kammer 2.
Berechnen Sie die Teilchenzahlen $N_1^{(1)}$ und $N_1^{(2)}$ des Isotops 1 in den beiden Kammern, ferner die Temperatur T und die Drücke $P^{(1)}$ und $P^{(2)}$ in den beiden Kammern im endgültigen Gleichgewichtszustand. Der Ausgangszustand sei durch $N_1^{(1)} = 0{,}5\,N_A$, $N_2^{(1)} = 0{,}75\,N_A$, $V^{(1)} = 5\,\mathrm{dm}^3 = V^{(2)}$, $T^{(1)} = 300\,\mathrm{K}$, $N_1^{(2)} = N_A$, $N_2^{(2)} = 0{,}5\,N_A$ und $T^{(2)} = 250\,\mathrm{K}$ gegeben.

Lösungshinweis: Die Entropie eines idealen Gases ist

$$S(U,V,N) = \frac{N}{N_0} S(U_0, V_0, N_0) + k_B N \ln\left[\frac{V}{V_0}\left(\frac{U}{U_0}\right)^{3/2}\left(\frac{N_0}{N}\right)^{5/2}\right]. \tag{33.139}$$

Verwenden Sie an geeigneter Stelle, dass sich die Teilchenzahlen in den beiden Kammern so einstellen müssen, dass die Entropie unter den gegebenen Voraussetzungen maximiert wird. Bedenken Sie dabei, dass auch die Gesamtzahl N der Teilchen von der Anzahl N_1 abhängt.

33.9 •• Vollständige und unvollständige Differenziale

(a) Stellen Sie fest, ob die Differenziale
(1)
$$\frac{x\mathrm{d}y - y\mathrm{d}x}{x^2 + y^2}, \quad (x,y) \in \mathbb{R}^2 \setminus (0,0) \tag{33.140}$$
(2)
$$(y - x^2)\mathrm{d}x + (x + y^2)\mathrm{d}y, \quad (x,y) \in \mathbb{R}^2 \tag{33.141}$$
(3)
$$(2y^2 - 3x)\mathrm{d}x - 4xy\mathrm{d}y, \quad (x,y) \in \mathbb{R}^2 \tag{33.142}$$
vollständig oder geschlossen sind. Der Begriff des geschlossenen Differenzials wird in den Hinweisen zur Aufgabe näher erläutert.
(b) Integrieren Sie die vollständigen Differenziale aus Teilaufgabe (a).
(c) Wie lautet das Differenzial aus Teilaufgabe (a1) in Polarkoordinaten?
(d) Berechnen Sie die Kurvenintegrale über das Differenzial aus Teilaufgabe (a1) längs folgender Wege:
(1) entlang eines Kreises um den Mittelpunkt $(0, 0)$ mit dem Radius a;

Teil IV

(2) entlang einer Kurve, welche die Punkte A-B-C-D-A abwechselnd durch gerade radiale Linien oder Kreisbögen verbindet, wobei $A = (r_1, 0)$, $B = (r_2, 0)$, $C = (r_2 \cos\varphi, r_2 \sin\varphi)$ und $D = (r_1 \sin\varphi, r_1 \cos\varphi)$ mit $r_2 > r_1$ seien.

Lösungshinweis: In einer Bezeichnungsweise, die aus der Theorie der Differenzialformen entlehnt ist, wird ein Differenzial als geschlossen bezeichnet, wenn die Rotation seiner Koeffizientenfunktionen überall auf dem Definitionsbereich des Differenzials existiert und verschwindet. Sei beispielsweise

$$\omega_x(x,y)\mathrm{d}x + \omega_y(x,y)\mathrm{d}y \tag{33.143}$$

ein Differenzial in zwei Dimensionen. Dann ist die Rotation der Koeffizientenfunktionen durch

$$\frac{\partial\omega_y(x,y)}{\partial x} - \frac{\partial\omega_x(x,y)}{\partial y} \tag{33.144}$$

bestimmt. Um zu sehen, ob ein zweidimensionales Differenzial geschlossen ist, gilt es also zu prüfen, ob dieser Ausdruck verschwindet.

Wir erinnern daran, dass ein Differenzial ω genau dann vollständig (oder exakt) ist, wenn es eine Funktion α gibt, deren Differenzial ω ist, $\omega = \mathrm{d}\alpha$. Jedes vollständige Differenzial muss auch geschlossen sein. Umgekehrt kann ein Differenzial, das nicht geschlossen ist, auch nicht vollständig sein.

33.10 •• Bestimmung eines integrierenden Faktors
Zeigen Sie, dass das Differenzial

$$\omega = x_1\mathrm{d}x_2 + \mathrm{d}x_3 \tag{33.145}$$

keinen integrierenden Faktor besitzt.

Lösungshinweis: Ein Differenzial ω hat einen integrierenden Faktor f genau dann, wenn $\mathrm{d}(f\omega) = 0$ ist. Dafür muss die Rotation der Koeffizientenfunktionen des Differenzials $f\omega$ verschwinden, woraus sich notwendige und hinreichende Bedingungen dafür ergeben, dass ω einen integrierenden Faktor hat.

Lösungen zu den Aufgaben

33.4

(a) Die Isothermen im $|\boldsymbol{B}_0| - |\boldsymbol{M}|$-Diagramm sind Ursprungsgeraden mit der Steigung naT^{-1}.

(b) Die Wärmekapazitäten sind

(1)

$$c_{B_0} = 4bT^3 + \frac{aV}{T^2}\boldsymbol{B}_0^2 \tag{33.146}$$

bei konstantem äußeren Magnetfeld $\boldsymbol{B}_0$ und

(2)

$$c_M = 4bT^3 \tag{33.147}$$

bei konstanter Magnetisierung.

33.5 Die Formel

$$\varepsilon_W = \frac{T_1}{T_1 - T_2} \tag{33.148}$$

erweist sich im Fall der Carnot-Maschine als richtig, während sie bei der Stirling-Maschine größer ist. Die gesamte technische Arbeit pro Umlauf ist in diesen Fällen gerade die negative Arbeit.

Ausführliche Lösungen zu den Aufgaben

33.1 Die Adiabaten sind durch $\delta Q = 0$ gekennzeichnet, aufgrund des ersten Hauptsatzes also durch $dU = -\delta W$. Mit dem angegebenen Ausdruck für U erhalten wir daraus zunächst

$$a\left(2PV\mathrm{d}P + P^2\mathrm{d}V\right) = -P\mathrm{d}V\,. \tag{33.149}$$

Trennung der Variablen P und V ergibt

$$\frac{2a\mathrm{d}P}{1+aP} = -\frac{\mathrm{d}V}{V}\,, \tag{33.150}$$

woraus durch Integration

$$2\ln(1+aP) = -\ln V + \text{const} \tag{33.151}$$

oder

$$(1+aP)^2 = \frac{V_0}{V} \quad\Leftrightarrow\quad P = \frac{1}{a}\left(\sqrt{\frac{V_0}{V}} - 1\right) \tag{33.152}$$

folgt. Der zweite Ausdruck ist die gewünschte Form der Adiabaten im P-V-Diagramm.

33.2

(a) Wenn der Kolben diathermisch wird, gleichen sich die Temperaturen der beiden Kammern einander an, aber nicht die Drücke. Da die Teilvolumina V_1 und V_2 ebenso wie die Teilchenzahlen N_1 und N_2 unverändert bleiben müssen, muss nach dem Temperaturausgleich

$$\frac{P_1'V_1}{N_1} = \frac{P_2'V_2}{N_2} \quad\Rightarrow\quad \frac{P_1'}{P_2'} = \frac{V_2N_1}{V_1N_2} \tag{33.153}$$

gelten. In beiden Teilvolumina stellt sich die Temperatur auf den Wert

$$T_1' = \frac{P_1'V_1}{N_1k_\mathrm{B}} = \frac{P_2'V_2}{N_2k_\mathrm{B}} = T_2' \tag{33.154}$$

ein.

(b) Wenn sich nun der Kolben zusätzlich noch frei bewegen kann, gleichen sich auch die Drücke einander an. Die Teilvolumina müssen sich entsprechend einstellen, woraus

$$1 = \frac{V_2''N_1}{V_1''N_2} \quad\Rightarrow\quad \frac{V_1''}{V_2''} = \frac{N_1}{N_2} \tag{33.155}$$

folgt.

(c) Wenn zusätzlich Teilchenaustausch zugelassen wird, ändert sich der Gleichgewichtszustand nicht mehr, weil beide Teilvolumina dieselbe Teilchensorte enthalten.

33.3 Wir geben eine Lösung dieser Aufgabe in zwei Schritten an, die beide adiabatisch verlaufen sollen. Zunächst entfernen wir uns bei ausgeschaltetem Propeller mittels reiner Druck-Volumen-Arbeit vom Ausgangszustand $Z_0 = (P_0, V_0)$ zu einem Zustand $Z' = (P', V)$, der bereits das Volumen des Endzustands haben soll. Vom Zustand Z' aus begeben wir uns dann mittels eines isochoren Prozesses weiter zum Endzustand $Z = (P, V)$, wozu der Propeller in Betrieb genommen wird.

Da der Übergang von (P_0, V_0) nach (P', V) adiabatisch war, ist $\delta Q = 0$, daher $dU = -\delta W = -PdV$. Daraus und mithilfe der angebeben adiabatischen Beziehung zwischen Druck und Volumen erhalten wir sofort für den ersten Schritt

$$\begin{aligned} U &= U_0 - P_0\int_{V_0}^{V}\left(\frac{V_0}{\bar V}\right)^{5/3}\mathrm{d}\bar V \\ &= U_0 + \frac{3}{2}P_0V_0\left(\frac{V_0}{\bar V}\right)^{2/3}\Bigg|_{V_0}^{V} \\ &= U_0 + \frac{3}{2}P_0V_0\left[\left(\frac{V_0}{V}\right)^{2/3} - 1\right]. \end{aligned} \tag{33.156}$$

Während der isochoren Zustandsänderung ist $dV = 0$, sodass Arbeit allein dadurch verrichtet wird, dass der Propeller im Medium rührt. Die dabei *am Medium* verrichtete und daher negativ zu zählende Arbeit erhalten wir zunächst als Produkt aus der Kraft F und der Weglänge ds,

$$\mathrm{d}W = -F\mathrm{d}s = -Fr\mathrm{d}\varphi = -M\mathrm{d}\varphi\,, \tag{33.157}$$

indem wir das Drehmoment $M = Fr$ identifizieren. Die Arbeit ergibt sich daher aus

$$\mathrm{d}W = -M\frac{\mathrm{d}\varphi}{\mathrm{d}t}\mathrm{d}t = -Mf\mathrm{d}t\,. \tag{33.158}$$

Mithilfe dieser Rührarbeit soll der Druck von P' auf P erhöht werden. Da die isochore Druckerhöhung pro Zeiteinheit gemessen wurde, können wir daraus bestimmen, wie lang der Propeller dazu rühren muss, denn dazu muss

$$P - P' = \int\frac{\mathrm{d}P}{\mathrm{d}t}\mathrm{d}t = \frac{2}{3}\frac{Mf}{V}\Delta t \tag{33.159}$$

gelten. Daraus erhalten wir zunächst das Zeitintervall

$$\Delta t = \frac{3}{2}\frac{V}{Mf}(P - P')\,. \tag{33.160}$$

Während dieses Zeitintervalls wird *vom Medium* insgesamt die Arbeit

$$W = -Mf\Delta t = -\frac{3}{2}V(P - P') \tag{33.161}$$

verrichtet.

Teil IV

Aufgrund des adiabatischen Zusammenhangs zwischen Druck und Volumen können wir noch den Druck P' durch das Volumen ausdrücken:

$$P' = \left(\frac{V_0}{V}\right)^{5/3} P_0 \,. \tag{33.162}$$

Insgesamt folgt so aus beiden Schritten der einfache Ausdruck

$$\begin{aligned} U &= U_0 + \frac{3}{2}P_0V_0\left[\left(\frac{V_0}{V}\right)^{2/3} - 1\right] + \frac{3}{2}V\left[P - \left(\frac{V_0}{V}\right)^{5/3} P_0\right] \\ &= U_0 + \frac{3}{2}\left(PV - P_0V_0\right) \end{aligned} \tag{33.163}$$

für die innere Energie.

33.4

(a) Die Isothermen sind einfach zu finden: Ist $T = \text{const}$, sind $|\boldsymbol{M}|$ und $|\boldsymbol{B}_0|$ direkt zueinander proportional, d. h., die Isothermen sind Ursprungsgeraden im $|\boldsymbol{B}_0| - |\boldsymbol{M}|$-Diagramm mit der Steigung naT^{-1}.

(b) Die molaren Wärmekapazitäten bei konstanter Zustandsgröße X sind durch

$$c_X^{\text{mol}} = \frac{1}{n}\left(\frac{\delta Q}{\mathrm{d}T}\right)_{X=\text{const}} \tag{33.164}$$

definiert.

(1) Von dem äußeren Magnetfeld $\boldsymbol{B}_0$ wird für eine Änderung $\mathrm{d}\boldsymbol{M}$ der Magnetisierung die Arbeit

$$\delta W = -V\boldsymbol{B}_0\mathrm{d}\boldsymbol{M} \tag{33.165}$$

verrichtet, wobei sich die Änderung der Magnetisierung $\mathrm{d}\boldsymbol{M}$ auf

$$\mathrm{d}\boldsymbol{M} = -\frac{na}{T^2}\boldsymbol{B}_0\mathrm{d}T \tag{33.166}$$

reduziert, denn $\mathrm{d}\boldsymbol{B}_0 = 0$ (siehe hierzu die Diskussion in Kap. 15). Da δW als Arbeit *am* System eingeführt wurde, müssen wir $-\delta W$ als Arbeit *des Systems* in den ersten Hauptsatz einsetzen. Aus dem ersten Hauptsatz folgt dann

$$\delta Q = \mathrm{d}U + \delta W = 4nbT^3\mathrm{d}T + \frac{naV}{T^2}\boldsymbol{B}_0^2\mathrm{d}T \,, \tag{33.167}$$

woraus sofort die molare Wärmekapazität bei konstantem äußeren Magnetfeld

$$c_{\boldsymbol{B}_0}^{\text{mol}} = 4bT^3 + \frac{aV}{T^2}\boldsymbol{B}_0^2 \tag{33.168}$$

abgelesen werden kann.

(2) Bei konstanter Magnetisierung wird keine Arbeit verrichtet. Dann ist aufgrund des ersten Hauptsatzes

$$\delta Q = \mathrm{d}U = 4nbT^3\mathrm{d}T \tag{33.169}$$

und daher

$$c_{\boldsymbol{M}}^{\text{mol}} = 4bT^3 \,. \tag{33.170}$$

Der Unterschied rührt daher, dass im Fall eines konstanten äußeren Magnetfeldes die Magnetisierung durch eine Temperaturänderung verändert wird, sodass dem System für eine gegebene Temperaturänderung eine größere Wärmemenge zugeführt werden muss.

(c) Bei einer isothermen Magnetisierung ändert sich die innere Energie nicht, da sie allein von der Temperatur abhängt, $\mathrm{d}T = 0 = \mathrm{d}U$. Aus dem ersten Hauptsatz folgt dann

$$\delta Q = \delta W = -V\boldsymbol{B}_0\mathrm{d}\boldsymbol{M} = -\frac{VT_0}{na}\boldsymbol{M}\cdot\mathrm{d}\boldsymbol{M} \,. \tag{33.171}$$

Integration ergibt

$$\Delta Q_{12} = \Delta W_{12} = -\frac{VT_0}{2na}\left(\boldsymbol{M}_2^2 - \boldsymbol{M}_1^2\right) < 0 \,. \tag{33.172}$$

Bei der adiabatischen Entmagnetisierung ist definitionsgemäß $\delta Q = 0$, daher $\mathrm{d}U = -\delta W$ oder

$$4nbT^3\mathrm{d}T = \frac{VT}{na}\boldsymbol{M}\cdot\mathrm{d}\boldsymbol{M} \,. \tag{33.173}$$

Daraus folgt für den Temperaturverlauf während der Entmagnetisierung

$$T^2\mathrm{d}T = \frac{V}{4n^2ab}\boldsymbol{M}\cdot\mathrm{d}\boldsymbol{M} \tag{33.174}$$

und durch Integration für die Endtemperatur

$$T_{\text{end}} = \left[T_0^3 + \frac{3VT}{8n^2ab}\left(\boldsymbol{M}_1^2 - \boldsymbol{M}_2^2\right)\right]^{1/3} \,. \tag{33.175}$$

Dabei fällt keine Wärme an. Vom System wird dabei die Arbeit

$$\Delta W_{21} = -\Delta U_{21} = -nb\left(T_{\text{end}}^4 - T_0^4\right) \tag{33.176}$$

verrichtet.

33.5

(a) Beachten Sie zunächst, dass beide Prozesse linksläufig betrieben werden müssen, damit sie als Wärmepumpen funktionieren. Wir beginnen jeweils bei Schritt 4 und durchlaufen die Kreisprozesse in der Folge $4 \to 3 \to 2 \to 1 \to 4$. Der Gewinn, den man aus dem Betrieb der Wärmepumpe ziehen möchte, ist die an das warme Reservoir übergebene Wärmemenge Q_{21} (weitere Wärmebeträge können zwar auftreten, heben sich aber hier heraus). Dafür muss die Arbeit aufgewendet werden, die insgesamt in allen Schritten der Kreisprozesse anfällt. Zwar kehren sich die Vorzeichen der Arbeitsbeträge gegenüber dem Betrieb des Kreisprozesses als Wärmekraftmaschine um, aber dies geschieht auch bei der Wärmemenge $\Delta Q_{21} = -\Delta Q_{12}$, die jetzt abgegeben statt aufgenommen wird. Wir können also im Fall des Carnot-Prozesses

$$\varepsilon_W = \frac{\Delta Q_{12}}{\Delta W} = \frac{\Delta W_{12}}{\Delta W_{12} + \Delta W_{34}} \qquad (33.177)$$

schreiben, denn die Arbeitsbeträge ΔW_{23} und ΔW_{41} heben sich heraus. Daraus folgt zunächst

$$\varepsilon_W = \frac{T_1 \ln V_2/V_1}{T_1 \ln V_2/V_1 + T_2 \ln V_4/V_3} \,. \qquad (33.178)$$

Berücksichtigt man, dass die Volumina wegen der adiabatischen Zustandsänderungen $3 \to 4$ und $4 \to 1$ durch

$$\frac{V_3}{V_2} = \frac{V_4}{V_1} \quad \Rightarrow \quad \frac{V_3}{V_4} = \frac{V_2}{V_1} \qquad (33.179)$$

verbunden sein müssen, folgt sofort

$$\varepsilon_W = \frac{T_1}{T_1 - T_2} \,. \qquad (33.180)$$

Beim Stirling-Prozess treten die zusätzlichen Wärmebeträge ΔQ_{14} und ΔQ_{32} auf, von denen ΔQ_{14} ebenfalls an das warme Reservoir übergeben wird. Insgesamt wird demnach die Wärmemenge

$$\Delta Q = \Delta Q_{14} + \Delta Q_{21} = nc_V^{\mathrm{mol}}(T_1 - T_2) + nRT_1 \ln \frac{V_2}{V_1} \qquad (33.181)$$

an das warme Reservoir übertragen. Die gesamte Arbeit, die während eines Umlaufs aufgewendet werden muss, besteht aus den zwei Beiträgen ΔW_{43} und ΔW_{21} und beträgt insgesamt

$$\Delta W = \Delta W_{43} + \Delta W_{21} = nR(T_1 - T_2) \ln \frac{V_2}{V_1} \,. \qquad (33.182)$$

Die Leistungszahl ist also

$$\varepsilon_W = \frac{T_1}{T_1 - T_2} + \frac{c_V^{\mathrm{mol}}}{R \ln(V_2/V_1)} \,, \qquad (33.183)$$

größer als die Leistungszahl der als Wärmepumpe eingesetzten Carnot-Maschine.

(b) Die technische Arbeit, die bei einer Zustandsänderung $1 \to 2$ verrichtet werden muss, ist durch

$$\begin{aligned} \Delta W_{\mathrm{tech},12} &= \int_1^2 V\mathrm{d}P = \int_1^2 \mathrm{d}(PV) - \int_1^2 P\mathrm{d}V \\ &= (PV)_2 - (PV)_1 - \Delta W_{12} \\ &= nR(T_2 - T_1) - \Delta W_{12} \end{aligned} \qquad (33.184)$$

gegeben und mit der Arbeit verbunden. Bei einem *isothermen* Prozess bleibt das Produkt aus Druck und Volumen unverändert, sodass einfach

$$\Delta W_{\mathrm{tech},12} = -\Delta W_{12} \qquad (33.185)$$

gilt. Bei einem *isochoren* Prozess ist dagegen $\Delta W_{12} = 0$, weshalb

$$\Delta W_{\mathrm{tech},12} = nR(T_2 - T_1) \qquad (33.186)$$

ist. Bei einem *adiabatischen* Prozess ist

$$\Delta W_{12} = \int_1^2 P\mathrm{d}V = -\Delta U_{12} = -nc_V^{\mathrm{mol}}(T_2 - T_1) \,, \qquad (33.187)$$

die gesamte technische Arbeit demnach

$$\begin{aligned} \Delta W_{\mathrm{tech},12} &= nR(T_2 - T_1) + nc_V^{\mathrm{mol}}(T_2 - T_1) \\ &= nc_P^{\mathrm{mol}}(T_2 - T_1) \,. \end{aligned} \qquad (33.188)$$

Aus diesen Ergebnissen folgt für den Carnot-Prozess, der bekanntlich aus zwei isothermen und zwei adiabatischen Zustandsänderungen zusammengesetzt ist:

$$\begin{aligned} \Delta W_{\mathrm{tech}} &= -\Delta W + nc_P^{\mathrm{mol}}(T_2 - T_1) + nc_P^{\mathrm{mol}}(T_1 - T_2) \\ &= -\Delta W \,. \end{aligned} \qquad (33.189)$$

Für den Stirling-Prozess lautet die Rechnung

$$\begin{aligned} \Delta W_{\mathrm{tech}} &= -\Delta W_{12} - \Delta W_{34} + nR(T_2 - T_1) + nR(T_1 - T_2) \\ &= -\Delta W_{12} - \Delta W_{34} \end{aligned} \qquad (33.190)$$

und führt damit zu demselben Ergebnis.

33.6 Ein gewöhnliches Zimmer hat ein konstantes Volumen. Die Raumluft steht zudem in Verbindung mit der Außenluft, sodass sich auch ihr Druck nicht ändern wird. Wenn daher P und V beide konstant sind, muss eine Temperaturerhöhung aufgrund der Zustandsgleichung des idealen Gases bedeuten, dass die Stoffmenge der Raumluft in demselben Maß abnimmt, wie die (absolute) Temperatur im Zimmer zunimmt.

Da die innere Energie eines idealen Gases sowohl zur Temperatur als auch zur Stoffmenge proportional ist, die Stoffmenge bei der Heizung aber in demselben Maß abnehmen muss, in dem die Temperatur zunimmt, muss die innere Energie dabei *konstant* bleiben.

Die Entropie dagegen ist als extensive Größe zwar zur Stoffmenge proportional, aber sie steigt lediglich logarithmisch mit der Temperatur an. Da die Entropie konkav in der Temperatur ist, überwiegt die Abnahme aufgrund der verringerten Stoffmenge die Zunahme aufgrund der erhöhten Temperatur: Die Entropie der Raumluft nimmt daher durch die Heizung *ab*.

33.7

(a) Die Entropieänderung ergibt sich allein aus der Vergrößerung des Volumens, da das Gas mit der Umgebung keine Wärme oder Arbeit austauschen kann. Daher ist

$$\Delta S = R \ln \frac{V_1}{V_0} \,. \qquad (33.191)$$

Die Temperatur kann sich dabei nicht ändern, da die innere Energie unverändert bleibt.

(b) Für die quasistatische (und zudem adiabatische) Kompression gilt aufgrund des ersten Hauptsatzes

$$\mathrm{d}U = -P\mathrm{d}V \quad \Rightarrow \quad \frac{3R}{2}\mathrm{d}T = -\frac{RT}{V}\mathrm{d}V\,. \tag{33.192}$$

Variablentrennung und Integration ergibt sofort

$$\left(\frac{T_\mathrm{f}}{T_0}\right)^{3/2} = \frac{V_1}{V_0} \quad \Rightarrow \quad T_\mathrm{f} = T_0\left(\frac{V_1}{V_0}\right)^{2/3}. \tag{33.193}$$

Die Kompressionsarbeit ist gleich der Änderung der inneren Energie, daher

$$\begin{aligned} W = U_\mathrm{f} - U_0 &= \frac{3R}{2}(T_\mathrm{f} - T_0) \\ &= \frac{3R}{2}T_0\left(\frac{V_1}{V_0}\right)^{2/3} - U_0 = U_0\left[\left(\frac{V_1}{V_0}\right)^{2/3} - 1\right]. \end{aligned} \tag{33.194}$$

33.8

(a) Nach Vorgabe ist die Entropie des i-ten Gases durch

$$\begin{aligned} S_i(U_i, V, N_i) &= \frac{N_i}{N_0}S(U_0, V_0, N_0) \\ &+ k_\mathrm{B}N_i \ln\left[\frac{V}{V_0}\left(\frac{U_i}{U_0}\right)^{3/2}\left(\frac{N_0}{N_i}\right)^{5/2}\right] \end{aligned} \tag{33.195}$$

gegeben. Die Gesamtentropie S ist die Summe der beiden Entropien S_1 und S_2, die aber hier noch nicht durch die gesamte innere Energie $U = U_1 + U_2$ ausgedrückt sind, sondern durch U_1 und U_2 getrennt. Die inneren Energien U_1 und U_2 folgen daraus, dass die innere Energie eine extensive Größe ist, sodass im vorliegenden Fall

$$U_i = \frac{N_i}{N}U \tag{33.196}$$

gelten muss. Die Gesamtentropie des Gemischs aus beiden Isotopen ist daher

$$\begin{aligned} &S(U, V, N, N_1, N_2) \\ &= \frac{N}{N_0}S(U_0, V_0, N_0) \\ &+ k_\mathrm{B}N_1 \ln\left[\frac{V}{V_0}\left(\frac{N_1}{N}\frac{U}{U_0}\right)^{3/2}\left(\frac{N_0}{N_1}\right)^{5/2}\right] \\ &+ k_\mathrm{B}N_2 \ln\left[\frac{V}{V_0}\left(\frac{N_2}{N}\frac{U}{U_0}\right)^{3/2}\left(\frac{N_0}{N_2}\right)^{5/2}\right]. \end{aligned} \tag{33.197}$$

Eine längere, aber nicht schwierige Umformung führt schließlich auf die Form

$$\begin{aligned} S(U, V, N, N_1, N_2) &= \frac{N}{N_0}S(U_0, V_0, N_0) \\ &+ Nk_\mathrm{B} \ln\left[\frac{V}{V_0}\left(\frac{U}{U_0}\right)^{3/2}\right] \\ &- k_\mathrm{B}\sum_{i=1}^{2} N_i \ln\frac{N_i}{N} - \frac{5}{2}k_\mathrm{B}N \ln\frac{N}{N_0} \end{aligned} \tag{33.198}$$

des Ergebnisses.

(b) Wir bezeichnen Größen im Anfangszustand mit einem Querstrich; $\bar{T}^{(1)}$ ist also die Anfangstemperatur in Kammer 1. Zunächst stellen wir fest, dass sich die Temperaturen der beiden Kammern im Gleichgewichtszustand angeglichen haben müssen, da die Trennwand diathermisch wird und daher einen Temperaturausgleich zulässt. Weiterhin wird die gesamte innere Energie erhalten bleiben, da das Gesamtsystem aus beiden Kammern adiabatisch isoliert ist und beim Übergang ins Gleichgewicht keine Arbeit verrichtet wird. Daraus erhalten wir zunächst die Temperatur T im Gleichgewicht,

$$T = \frac{\bar{T}^{(1)}\bar{N}^{(1)} + \bar{T}^{(2)}\bar{N}^{(2)}}{\bar{N}^{(1)} + \bar{N}^{(2)}}\,, \tag{33.199}$$

da die Wärmekapazitäten der beiden Gasisotope als gleich vorausgesetzt werden können.

Als Nächstes bestimmen wir die Teilchenzahlen $N_i^{(k)}$ im Gleichgewicht. Da die Membran nur für die Teilchen der Sorte 1 durchlässig wird, müssen die Teilchenzahlen der Sorte 2 unverändert bleiben:

$$N_2^{(1)} = \bar{N}_2^{(1)}\,, \quad N_2^{(2)} = \bar{N}_2^{(2)}\,. \tag{33.200}$$

Die Teilchenzahlen der Sorte 1 in beiden Kammern folgt aus der Forderung, dass die Gesamtentropie gegenüber Veränderungen der Teilchenzahlen $N_1^{(1)}$ und $N_1^{(2)}$ maximiert werden muss. Da die gesamte Anzahl der Teilchen der Sorte 1 unverändert bleiben muss, gilt

$$N_1^{(1)} + N_1^{(2)} = \bar{N}_1^{(1)} + \bar{N}_1^{(2)} = \bar{N}_1\,. \tag{33.201}$$

Es genügt also, die Gesamtentropie nach einer der beiden Teilchenzahlen $N_1^{(k)}$ abzuleiten, z. B. nach $N_1^{(1)}$. Aus

$$\frac{\partial\left(S^{(1)} + S^{(2)}\right)}{\partial N_1^{(1)}} = 0 \tag{33.202}$$

folgt damit sofort

$$\frac{\partial S^{(1)}}{\partial N_1^{(1)}} = \frac{\partial S^{(2)}}{\partial N_1^{(2)}} \tag{33.203}$$

als Gleichgewichtsbedingung, wobei für jede der beiden Entropien $S^{(k)}$ der Ausdruck eingesetzt werden muss, den wir in Teilaufgabe (a) abgeleitet hatten. Eine etwas langwierige, aber nicht schwierige Rechnung führt zunächst auf

$$\left(N_1^{(2)}\right)^{5/2}\left(\frac{U^{(1)}}{N^{(1)}}\right)^{3/2} = \left(N_1^{(1)}\right)^{5/2}\left(\frac{U^{(2)}}{N^{(2)}}\right)^{3/2} . \tag{33.204}$$

Die Verhältnisse U/N auf beiden Seiten der Gleichung führen auf dieselbe Konstante, weil die innere Energie eine extensive Größe ist. Daher fallen die Verhältnisse U/N auf beiden Seiten der letzten Gleichung heraus, und wir erhalten als einfache Gleichgewichtsbedingung

$$N_1^{(1)} = N_1^{(2)} . \tag{33.205}$$

Damit können wir schließlich noch die Drücke in beiden Kammern berechnen, denn nach der idealen Gasgleichung ist

$$P^{(k)} = \frac{N^{(k)}}{V^{(k)}}k_\mathrm{B}T = \frac{N_1^{(k)} + \bar{N}_2^{(k)}}{V^{(k)}}k_\mathrm{B}T . \tag{33.206}$$

Mit den angegebenen Zahlen kommen wir schließlich auf die Gleichgewichtstemperatur

$$T = \frac{1{,}25 \cdot 300 + 1{,}5 \cdot 250}{2{,}75}\,\mathrm{K} = 272{,}73\,\mathrm{K} , \tag{33.207}$$

die Teilchenzahlen

$$N_1^{(1)} = 0{,}75\,N_\mathrm{A} = N_1^{(2)} \tag{33.208}$$

und die Drücke

$$\begin{aligned} P^{(1)} &= R\,\frac{1{,}5\,\mathrm{mol}\cdot 272{,}73\,\mathrm{K}}{5{,}0\cdot 10^{-3}\,\mathrm{m}^3} = 6{,}8\cdot 10^5\,\frac{\mathrm{N}}{\mathrm{m}^2} , \\ P^{(2)} &= R\,\frac{1{,}25\,\mathrm{mol}\cdot 272{,}73\,\mathrm{K}}{5{,}0\cdot 10^{-3}\,\mathrm{m}^3} = 5{,}7\cdot 10^5\,\frac{\mathrm{N}}{\mathrm{m}^2} . \end{aligned} \tag{33.209}$$

33.9

(a) Dem Hinweis folgend prüfen wir zunächst, ob die beiden gegebenen Differenzialformen geschlossen sind:

(1)

$$\begin{aligned} \frac{\partial}{\partial x}\frac{x}{x^2+y^2} &= \frac{1}{x^2+y^2} - \frac{2x^2}{(x^2+y^2)^2} , \\ \frac{\partial}{\partial y}\frac{-y}{x^2+y^2} &= \frac{2y^2}{(x^2+y^2)^2} - \frac{1}{x^2+y^2} . \end{aligned} \tag{33.210}$$

Da die Differenz dieser beiden Ausdrücke verschwindet, ist das Differenzial geschlossen.

(2)

$$\frac{\partial}{\partial x}(x+y^2) = 1 , \quad \frac{\partial}{\partial y}(y-x^2) = 1 , \tag{33.211}$$

sodass auch dieses Differenzial geschlossen ist.

(3)

$$\frac{\partial}{\partial x}(-4xy) = -4y , \quad \frac{\partial}{\partial y}(2y^2-3x) = 4y , \tag{33.212}$$

wodurch sich dieses Differenzial als nicht geschlossen erweist.

Nun prüfen wir, welche der geschlossenen Differenziale vollständig sind; das dritte kommt von vornherein nicht mehr in Betracht. Für das erste und das zweite suchen wir Funktionen $\alpha(x, y)$ in zwei Dimensionen so, dass die gegebenen Differenziale identisch zu

$$\mathrm{d}\alpha = \frac{\partial\alpha}{\partial x}\mathrm{d}x + \frac{\partial\alpha}{\partial y}\mathrm{d}y \tag{33.213}$$

sind. Für das Differenzial aus Teilaufgabe (a1) lässt sich zwar lokal eine Funktion angeben, deren Differenzial Teilaufgabe (a1) ergibt, nämlich $\arctan\frac{y}{x}$, aber die ist am Ursprung nicht definiert. Das Differenzial ist daher zwar geschlossen, aber nicht vollständig. Dagegen gilt für das Differenzial aus Teilaufgabe (a2)

$$(y-x^2)\mathrm{d}x + (x+y^2)\mathrm{d}y = \mathrm{d}\left(\frac{y^3}{3} + xy - \frac{x^3}{3}\right) , \tag{33.214}$$

wodurch es sich als exakt herausstellt.

(b) Das Integral des einzigen exakten Differenzials aus Teilaufgabe (a), des Differenzials aus Teilaufgabe (a2), ist leicht ausgeführt:

$$\int\left[(y-x^2)\mathrm{d}x + (x+y^2)\mathrm{d}y\right] = xy - \frac{x^3}{3} + \frac{y^3}{3} + \mathrm{const} , \tag{33.215}$$

da $\int x\mathrm{d}y = \int y\mathrm{d}x$ ist.

(c) Mit $x = r\cos\varphi$ und $y = r\sin\varphi$ ist natürlich $x^2 + y^2 = r^2$ und

$$\begin{aligned} x\mathrm{d}y &= r\cos\varphi\,(\sin\varphi\mathrm{d}r + r\cos\varphi\mathrm{d}\varphi) \quad \text{und} \\ y\mathrm{d}x &= r\sin\varphi\,(\cos\varphi\mathrm{d}r - r\sin\varphi\mathrm{d}\varphi) . \end{aligned} \tag{33.216}$$

Die Differenz dieser beiden Gleichungen ergibt

$$x\mathrm{d}y - y\mathrm{d}x = r^2\left(\sin^2\varphi + \cos^2\varphi\right)\mathrm{d}\varphi = r^2\mathrm{d}\varphi , \tag{33.217}$$

sodass das Differenzial aus Teilaufgabe (a1) schlicht gleich $\mathrm{d}\varphi$ ist.

(d) (1) Mit dem vorigen Ergebnis ist das Integral über den Kreis besonders leicht auszuführen:

$$\int_\mathrm{Kreis}\frac{x\mathrm{d}y - y\mathrm{d}x}{x^2+y^2} = \int_0^{2\pi}\mathrm{d}\varphi = 2\pi . \tag{33.218}$$

(2) Da das Differenzial aus Teilaufgabe (a1) gleich $\mathrm{d}\varphi$ ist, tragen die radial verlaufenden Kurvenanteile *A-B* und *C-D* nicht zu seinem Integral bei. Die verbleibenden Stücke *B-C* und *D-A* sind Kreisbögen um den Ursprung mit jeweils demselben Öffnungswinkel, aber entgegengesetzter Orientierung. Daher muss in diesem Fall das Kurvenintegral verschwinden.

33.10 Im gegebenen Fall kann f von den drei Variablen (x_1, x_2, x_3) abhängen. Wir müssen prüfen, ob die Rotation von

$$f(x_1, x_2, x_3) \begin{pmatrix} 0 \\ x_1 \\ 1 \end{pmatrix} \tag{33.219}$$

verschwindet. Daraus ergeben sich für die Funktion f unmittelbar die Bedingungen

$$x_1 \frac{\partial f}{\partial x_1} = f\,, \quad \frac{\partial f}{\partial x_2} - x_1 \frac{\partial f}{\partial x_3} = 0\,, \quad \frac{\partial f}{\partial x_1} = 0\,, \tag{33.220}$$

von denen sich die erste und die dritte offenbar gegenseitig ausschließen. Daher kann ω keinen integrierenden Faktor haben.

Literatur

Baehr, H.D., Kabelac, S.: Thermodynamik, Grundlagen und technische Anwendungen. Springer, Berlin, Heidelberg (2006)

Boltzmann, L.: Über die Mechanische Bedeutung des Zweiten Hauptsatzes der Wärmetheorie. Sitzungsberichte der kaiserlichen Akademie der Wissenschaften LIII, 195–220 (1866)

Boltzmann, L: Über die Beziehung zwischen dem zweiten Hauptsatze der mechanischen Wärmetheorie und der Wahrscheinlichkeitsrechnung, respective den Sätzen über das Wärmegleichgewicht. Sitzungsberichte der kaiserlichen Akademie der Wissenschaften LXXVI, 373–435 (1877)

Carnot, S.: Betrachtungen über die bewegende Kraft des Feuers und die zur Entwickelung dieser Kraft geeigneten Maschinen. Ed. Wilhelm Ostwald. Harri Deutsch, Thun (1995)

Cerbe, G., Wilhelms, G.: Technische Thermodynamik. Theoretische Grundlagen und praktische Anwendungen. Hanser Fachbuchverlag, München (2005)

Clausius, R.: Über die Art der Bewegung, welche wir Wärme nennen. Ann. Phys. **176**, 353–380 (1857)

Fourier, J.B.J.: The analytical theory of heat. Ed. A. Freeman. Dover, New York (1955)

Herwig, D., Kautz, C.H.: Technische Thermodynamik. Pearson Studium, München (2007)

Maxwell, J. C.: On the dynamical theory of gases. – Part I. On the motions and collisions of perfectly elastic spheres. Philos. Mag. **19**, 19–32 (1860)

34 Statistische Begründung der Thermodynamik

Wie kann das Verhalten makroskopischer Systeme aus der Mikrophysik heraus begründet werden?

Was unterscheidet Arbeit und Wärme?

Was ist Entropie?

Welche Wahrscheinlichkeitsverteilungen sind für die Thermodynamik besonders wichtig?

Teil IV

M. Bartelmann et al., *Theoretische Physik*, DOI 10.1007/978-3-642-54618-1_34, © Springer-Verlag Berlin Heidelberg 2015

Wir beginnen nun gewissermaßen von Neuem. In Kap. 33 haben wir uns auf die phänomenologische Thermodynamik beschränkt, die bewusst auf jede Kenntnis der sehr vielen mikroskopischen Zustände verzichtet, aus denen ein makroskopischer Zustand zusammengesetzt sein mag. Dieser Zugang kam historisch zuerst, weil er beschritten werden konnte, lange bevor sich Klarheit über den mikroskopischen Aufbau der Materie abzuzeichnen begann. Wir haben auch gesehen, dass sich die phänomenologische Thermodynamik auf drei Axiomen aufbauen lässt, die den Begriff der Temperatur einführen, makroskopische Energieumwandlungen zueinander in Beziehung setzen und festlegen, welche Arten der Energieumwandlungen möglich sind. Die durchaus erstaunliche Grundlage dieses Zugangs ist die empirisch bestätigte Hypothese, dass es für die Energieumwandlungen eines makroskopischen physikalischen Systems unerheblich ist, auf welche Weise seine sehr vielen Freiheitsgrade miteinander Energie austauschen.

In dem vorliegenden Kapitel beginnen wir stattdessen mit der mikroskopischen Beschreibung physikalischer Zustände. Dies wird es uns erlauben, die Thermodynamik auf eine statistische Grundlage zu stellen, die eine mikroskopische Deutung makroskopischer Zustandsgrößen erlauben und insbesondere dem zweiten Hauptsatz der Thermodynamik eine tiefere, statistische Begründung unterlegen wird. Auch die Bedeutung der absoluten Temperatur wird weiter vertieft. Wir werden in Abschn. 37.1 sehen, dass es für diesen statistischen Zugang zur Thermodynamik weitgehend unerheblich ist, ob wir von einer klassischen oder einer quantenmechanischen Zustandsbeschreibung ausgehen.

34.1 Das Grundpostulat der statistischen Physik

Mikroskopischer Zustandsraum

Die klassische Mechanik legt Zustände fest, indem sie ihnen Punkte im Phasenraum zuweist. In der analytischen Mechanik (Abschn. 7.1) wurde gezeigt, dass der Phasenraum durch die verallgemeinerten Koordinaten q_i und die dazu kanonisch konjugierten Impulse p_i aufgespannt wird, wobei der Index i alle Freiheitsgrade des Systems abzählt. Wir bezeichnen den Phasenraum mit Γ. Wenn ein Zustand $(q,p) \in \Gamma$ zu einem beliebigen Zeitpunkt bekannt ist, bestimmen die Hamilton'schen Gleichungen seine Zeitentwicklung eindeutig für alle späteren Zeiten.

Die vollständige Beschreibung physikalischer Systeme mithilfe der Methoden der klassischen Mechanik stößt bei solchen Systemen an ihre Grenzen, die aus sehr vielen Teilen zusammengesetzt sind und die deswegen eine große Zahl $\mathcal{F}$ von Freiheitsgraden haben. Die Lösung der mechanischen Gleichungen, z. B. in Gestalt der Hamilton'schen Bewegungsgleichungen, wird dann schnell sehr kompliziert. Wenn man sie gelöst hätte, wären die verallgemeinerten Koordinaten $q_i(t)$ und

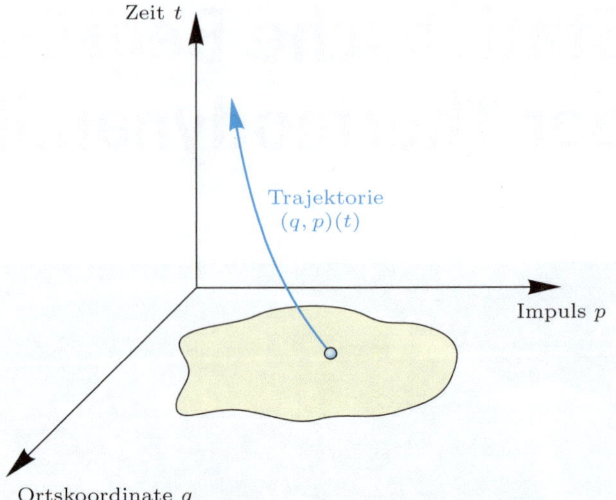

Abb. 34.1 Klassische Mikrozustände sind zu jedem beliebigen Zeitpunkt durch die Phasenraumkoordinaten $(q,p)(t)$ festgelegt. Die Folge von Mikrozuständen, die ein System als Funktion der Zeit durchläuft, bestimmen seine Trajektorie im Phasenraum

die dazu kanonisch konjugierten Impulse $p_i(t)$ für alle Freiheitsgrade $1 \leq i \leq \mathcal{F}$ zu jedem Zeitpunkt t bekannt, wenn sie zu einem Zeitpunkt bekannt waren.

Die verallgemeinerten Koordinaten und Impulse eines Systems mit $\mathcal{F}$ Freiheitsgraden spannen den $2\mathcal{F}$-dimensionalen Phasenraum auf, dessen Punkte durch Angabe der $2\mathcal{F}$ Zahlen $(q_1,\ldots,q_\mathcal{F},p_1,\ldots,p_\mathcal{F})$ eindeutig gekennzeichnet sind. Ein physikalisches System, dessen Freiheitsgrade durch die klassische Mechanik beschrieben werden, ist dann vollständig bekannt, wenn diese $2\mathcal{F}$ Zahlen zu jedem beliebigen Zeitpunkt t bekannt sind. Dafür reicht es aufgrund der Bewegungsgleichungen aus, wenn sie zu *einem* Zeitpunkt bekannt sind. Sie beschreiben dann die Trajektorie des Systems in einem möglicherweise äußerst hochdimensionalen Phasenraum (Abb. 34.1).

Mikrozustand eines klassischen Systems

Zu jedem Zeitpunkt t bestimmt das Tupel $(q_1(t),\ q_2(t),\ \ldots,\ q_\mathcal{F}(t),\ p_1(t),\ p_2(t),\ \ldots,\ p_\mathcal{F}(t))$ aus $2\mathcal{F}$ Zahlen den Mikrozustand eines klassischen Systems. Ist der Mikrozustand zu einem Zeitpunkt t gegeben, steht er aufgrund der Bewegungsgleichungen auch zu jedem anderen Zeitpunkt fest. Wir fassen die Paare aus einer verallgemeinerten Ortskoordinate und ihrem konjugierten Impuls auch durch $x_i = (q_i,p_i)$ zusammen. Die Paare x_i, $1 \leq i \leq \mathcal{F}$, sind Elemente des Phasenraumes

$$\Gamma = \left\{(x_1,\ldots,x_\mathcal{F})\middle|\, x_i = (q_i,p_i)\right\} . \tag{34.1}$$

Je größer die Anzahl $\mathcal{F}$ der Freiheitsgrade wird, umso weniger ist man in der Regel daran interessiert, die genaue Lage

Vertiefung: Phasenraumfluss und Liouville'scher Satz

Zu einem bestimmten Anfangszeitpunkt $t = 0$ seien die Phasenraumkoordinaten $x_i(0) = y_i$ aller $\mathcal{F}$ Freiheitsgrade eines physikalischen Systems bekannt. Wie sie sich in der Zeit weiter entwickeln, wird durch diese Anfangskoordinaten und die Lösungen ihrer Bewegungsgleichungen bestimmt. Wir betrachten zu einem beliebigen Anfangszeitpunkt eine Teilmenge $S \subset \Gamma$ des Phasenraumes und denken uns jeden Punkt $\boldsymbol{y} \in S$ dieser Teilmenge als Ausgangspunkt einer Trajektorie:

$$\boldsymbol{x}(t) = \Phi_t(\boldsymbol{y}) .$$

Angewandt auf alle Trajektorien, die von S ausgehen, definiert die Funktion Φ_t den Fluss der Teilmenge S des Phasenraumes.

Dieser *Phasenraumfluss* Φ_t bildet das anfänglich (bei $t = 0$) von der Teilmenge S im Phasenraum eingenommene Volumen auf das Volumen ab, das zu einem späteren Zeitpunkt $t > 0$ eingenommen wird. Für Hamilton'sche Systeme ergibt sich der Phasenraumfluss durch Integration der Hamilton'schen Gleichungen, die sich mithilfe der schiefsymmetrischen Matrix

$$\boldsymbol{J} = \begin{pmatrix} 0 & \boldsymbol{I}_{\mathcal{F}} \\ -\boldsymbol{I}_{\mathcal{F}} & 0 \end{pmatrix}$$

kompakt in der Form

$$\dot{x} = \boldsymbol{J}\partial_x H$$

schreiben lassen. Darin bedeutet $H(x)$ die Hamilton-Funktion, die auf dem Phasenraum Γ definiert ist und nach allen Phasenraumkoordinaten $x = (q, p)$ abgeleitet wird, und $\boldsymbol{I}_{\mathcal{F}}$ ist die $\mathcal{F}$-dimensionale Einheitsmatrix.

Die Matrix $\boldsymbol{J}$ hat insbesondere die Eigenschaften $\boldsymbol{J}^2 = -\boldsymbol{I}_{2\mathcal{F}}$ und $\boldsymbol{J}^\top \boldsymbol{J} = \boldsymbol{I}_{2\mathcal{F}}$. Sie verleiht dem Phasenraum eine *symplektische* Struktur, die wir im „Mathematischen Hintergrund" 34.1 erklären.

Wegen $\boldsymbol{J}^2 = -\boldsymbol{I}_{2\mathcal{F}}$ kann die Hamilton'sche Gleichung in

$$-\partial_t \left(J_{ij}x_j\right) = \partial_i H(x)$$

umgeformt werden, wobei wir sie in Komponenten aufgelöst haben und $\partial_i = \partial/\partial x_i$ abkürzen. Wir leiten nun die obige Gleichung nach den Anfangskoordinaten y_k ab und erhalten

$$-\partial_t \left(J_{ij}(Dx)_{jk}\right) = \left(D^2H\right)_{ij}(Dx)_{jk} ,$$

wobei wir die Abkürzungen

$$(Dx)_{jk} = \frac{\partial x_j}{\partial y_k} \quad \text{und} \quad \left(D^2H\right)_{ij} = \frac{\partial^2 H}{\partial x_i \partial x_j}$$

eingeführt haben. In der kompakteren Matrixform lautet die vorletzte Gleichung

$$-\partial_t \left(\boldsymbol{J}(Dx)\right) = \left(D^2H\right)(Dx) .$$

Wir transponieren sie, multiplizieren die Ausgangsgleichung mit $(Dx)^\top$ von links und die transponierte Gleichung mit (Dx) von rechts, verwenden $\boldsymbol{J}^\top = -\boldsymbol{J}$, subtrahieren die beiden Gleichungen und erhalten

$$\partial_t \left((Dx)^\top \boldsymbol{J}(Dx)\right) = 0 ,$$

denn die Matrix der zweiten Ableitungen von H ist symmetrisch, $(D^2H)^\top = (D^2H)$. Die Matrix $(Dx)^\top \boldsymbol{J}(Dx)$ ist daher zeitlich konstant. Da die Teilchenkoordinaten zum Anfangszeitpunkt alle gleich ihren Anfangswerten sein müssen, ist anfänglich $(Dx) = \boldsymbol{I}_{2\mathcal{F}}$, sodass

$$(Dx)^\top \boldsymbol{J}(Dx) = \boldsymbol{J}$$

gelten muss. Da diese Gleichung für jede Trajektorie gilt, die aufgrund der Hamilton'schen Bewegungsgleichungen aus der Teilmenge $S \subset \Gamma$ hervorgeht, muss sie auch für den gesamten Phasenraumfluss von S gelten:

$$(D\Phi_t(S))^\top \boldsymbol{J}\,(D\Phi_t(S)) = \boldsymbol{J} .$$

Bilden wir die Determinante auf beiden Seiten, folgt sofort das wichtige Ergebnis

$$\det(D\Phi_t(S)) = 1 .$$

Nun ist aber $(D\Phi_t)$ die Jacobi-Matrix des Phasenraumflusses Φ_t, der zu Beginn dieses Kastens definiert wurde. Dies beweist den Liouville'schen Satz: *Der Phasenraumfluss erhält das Phasenraumvolumen.*

Achtung Beachten Sie, dass für die Herleitung des Liouville'schen Satzes lediglich zwei Voraussetzungen wesentlich waren: zum einen, dass die Hamilton'schen Gleichungen den Phasenraum mit einer symplektischen Struktur versehen; zum anderen, dass die Matrix der zweiten Ableitungen der Hamilton-Funktion nach den Phasenraumkoordinaten symmetrisch ist. ◀

34.1 Mathematischer Hintergrund: Symplektische Struktur

Wir erklären hier den Begriff der symplektischen Struktur zweimal, zunächst für den einfacheren Fall einer symplektischen Struktur auf einem Vektorraum, dann für den Fall einer Mannigfaltigkeit.

Sei zunächst V ein Vektorraum über einem Körper K. Symplektisch heißt dieser Vektorraum, wenn auf ihm eine nicht ausgeartete, alternierende, bilineare Abbildung definiert ist, d. h. eine bilineare Abbildung

$$\langle\cdot,\cdot\rangle : V \times V \to K\,, \quad (v, w) \mapsto \langle v, w\rangle$$

mit den zusätzlichen Eigenschaften, dass für jedes $0 \neq v \in V$ ein $0 \neq w \in V$ existiert, für das $\langle v, w\rangle \neq 0$ gilt, und dass für alle $v \in V$ gilt $\langle v, v\rangle = 0$. Aus den Eigenschaften, bilinear und alternierend zu sein, folgt zudem, dass eine symplektische Abbildung antisymmetrisch sein muss:

$$\begin{aligned}\langle v + w, v + w\rangle = 0 &= \langle v, v\rangle + \langle v, w\rangle + \langle w, v\rangle + \langle w, w\rangle \\ &= \langle v, w\rangle + \langle w, v\rangle\,.\end{aligned}$$

Im allgemeineren Fall einer symplektischen Mannigfaltigkeit M wird eine symplektische Struktur durch eine globale, glatte, geschlossene, punktweise nicht ausgeartete 2-Form ω definiert. (Differenzialformen werden im „Mathematischen Hintergrund" 34.2 eingeführt.) Global heißt, dass die 2-Form in jedem Punkt der Mannigfaltigkeit definiert ist; geschlossen bedeutet, dass die äußere Ableitung der Differenzialform verschwindet, $\mathrm{d}\omega = 0$. Führt man lokal in einem Punkt $p \in M$ der Mannigfaltigkeit den Tangentialraum T_pM sowie seinen Dualraum T_p^*M mit der Koordinatenbasis $\{\mathrm{d}x^i\}$ ein, ist die symplektische Form

$$\omega = \omega_{ij}\,\mathrm{d}x^i \wedge \mathrm{d}x^j$$

deswegen, weil sie punktweise nicht ausgeartet ist, auch invertierbar. Ihre Inverse ω^{ij} definiert dann durch

$$\{f, g\} = \omega^{ij}\partial_i f\,\partial_j g$$

eine Verallgemeinerung der Poisson-Klammer auf Mannigfaltigkeiten (Abschn. 7.1).

Die schiefsymmetrische Matrix $\boldsymbol{J}$, die im Kasten „Vertiefung: Phasenraumfluss und Liouville'scher Satz" definiert wird, stellt nun gerade eine solche symplektische Struktur dar. Wenn der Phasenraum ein linearer Vektorraum ist, stellt sie auf dem Phasenraum selbst, anderenfalls auf dem Tangentialraum dazu durch

$$\langle v, w\rangle = v^T\boldsymbol{J}w$$

eine symplektische Bilinearform dar.

Teil IV

aller Freiheitsgrade des Systems im Phasenraum zu kennen. Es erfordert enormen Aufwand, diesen genauen Mikrozustand zu bestimmen, und dieser enthält in der Regel sehr viel mehr Information als nötig oder gewünscht. Betrachten wir z. B. noch einmal den Kubikmeter Luft, dessen Teilchenzahl unter Normalbedingungen wir in Abschn. 33.2 zu

$$N = \frac{10^3}{22{,}4}\,\mathrm{mol} = \frac{6{,}022 \cdot 10^{26}}{22{,}4} = 2{,}69 \cdot 10^{25} \tag{34.2}$$

bestimmt haben. Wenn wir die „Luftmoleküle" als Punktteilchen auffassen, hat jedes von ihnen drei Freiheitsgrade, also ist $\mathcal{F} = 8{,}07 \cdot 10^{25}$. Zweifellos sind nicht der genaue Ort und der genaue Impuls aller dieser Luftmoleküle zu jedem beliebigen Zeitpunkt irgendwie physikalisch relevant.

Mikrozustand makroskopischer Systeme

Der genaue mechanische Mikrozustand eines makroskopischen Systems, der durch die Angabe aller seiner Phasenraumkoordinaten gekennzeichnet ist, ist in den allermeisten Fällen für unser physikalisches Verständnis von Systemen mit sehr vielen Freiheitsgraden unwichtig.

Statt an diesem präzisen Mikrozustand zu jedem Zeitpunkt sind wir in der Thermodynamik am *Makrozustand* des Systems interessiert, also an den messbaren, physikalischen Eigenschaften des *Gesamtsystems*. Allein der Mikrozustand wird aber durch seinen Anfangswert und die mechanischen Gleichungen bestimmt. Unabhängig davon, ob das System mithilfe der klassischen Mechanik oder der Quantenmechanik beschrieben wird, werden die Bewegungsgleichungen aller seiner mikroskopischen Komponenten oder seiner Freiheitsgrade durch die Hamilton-Funktion oder den Hamilton-Operator bestimmt.

Die Lösungen der Bewegungsgleichungen und damit die Entwicklung der Mikrozustände hängen von wenigen äußeren Parametern ab, die in die Hamilton-Funktion der klassischen Mechanik oder in den Hamilton-Operator der Quantenmechanik des Systems eingehen. Der Übersichtlichkeit halber bezeichnen wir die Menge derartiger äußerer Parameter durch ein einziges Symbol a, das gegebenenfalls ein Tupel aus allen Parametern bezeichnen soll, die für das betrachtete Problem relevant sind.

34.2 Mathematischer Hintergrund: Differenzialformen Ein Ausblick in die Differenzialgeometrie

Der Inhalt dieses Kastens ist für fortgeschrittene Leser gedacht. Er ist für das Verständnis des Buches unerheblich, aber vielleicht als Ausblick und Anregung willkommen. Er gibt einen Einblick in das Kalkül mit Differenzialformen, die auf den französischen Mathematiker *Élie Joseph Cartan* (1869–1951) zurückgehen und eine koordinatenunabhängige Integration auf Mannigfaltigkeiten erlauben.

Eine glatte Kurve $\gamma(t)$ im $\mathbb{R}^n$ ordnet jedem Wert eines reellen Parameters $t \in [a, b]$ einen Punkt im $\mathbb{R}^n$ zu:

$$\gamma : [a, b] \to \mathbb{R}^n\,, \quad t \mapsto \gamma(t) = (x_1(t), \ldots, x_n(t))\ .$$

Die Komponenten des Tangentialvektors an die Kurve sind die Ableitungen der Koordinaten $\dot{x}_i(t)$ der Kurve nach t. Sei nun auf $\mathbb{R}^n$ eine glatte Funktion f definiert, $f : \mathbb{R}^n \to \mathbb{R}$. Die Ableitung der Funktion in Richtung der Kurve beträgt

$$(\dot{\gamma} \cdot \nabla f) = \dot{x}_i \frac{\partial f}{\partial x_i} = (v_i \partial_i) f = \mathfrak{v} f\ .$$

Das Objekt $\mathfrak{v} = v_i \partial_i$ mit den Komponenten $v_i = \dot{x}_i$ heißt *Tangentialvektor* an die Kurve. Aufgrund seiner Definition hat er die Eigenschaften einer Ableitung.

Diese Konstruktion lässt sich auf Mannigfaltigkeiten erweitern. Die Menge der Tangentialvektoren an alle glatten Kurven durch einen beliebigen Punkt p einer Mannigfaltigkeit spannt den *Tangentialraum* T_pM an die Mannigfaltigkeit in p auf. Die partiellen Ableitungen ∂_i bilden die Koordinatenbasis des Tangentialraumes.

Dualvektoren sind allgemein als lineare Abbildungen aus einem Vektorraum in seinen Zahlenkörper definiert. Der zum Tangentialraum T_pM duale Vektorraum wird mit T_pM^* bezeichnet. Die Dualvektoren

$$\omega : T_pM \to \mathbb{R}\,, \quad \mathfrak{v} \mapsto \omega(\mathfrak{v})$$

heißen auch *1-Formen* oder *Pfaff'sche* Formen.

Glatte Funktionen auf einer Mannigfaltigkeit erlauben die Definition einer speziellen Klasse von Dualvektoren,

$$\mathrm{d}f : T_pM \to \mathbb{R}\,, \quad \mathfrak{v} \mapsto \mathrm{d}f(\mathfrak{v}) = \mathfrak{v} f\,,$$

sodass $\mathrm{d}f(\mathfrak{v})$ die schon bekannte Ableitung von f in Richtung $\mathfrak{v}$ ist. Die Differenziale $\mathrm{d}x_i$ bilden offenbar eine zur Koordinatenbasis ∂_i orthogonale Basis des Dualraumes, denn

$$\mathrm{d}x_i(\partial_j) = \partial_j x_i = \delta_{ij}\ .$$

1-Formen können durch diese Dualbasis aufgespannt werden, $\omega = \omega_i \mathrm{d}x_i$. Angewandt auf Tangentialvektoren $\mathfrak{v} = v_j \partial_j$ ergeben sie aufgrund der Linearität

$$\omega(\mathfrak{v}) = (\omega_i \mathrm{d}x_i)(v_j \partial_j) = (\omega_i v_j)\, \mathrm{d}x_i(\partial_j) = \omega_i v_i\ .$$

1-Formen heißen *exakt*, wenn sie das Differenzial einer Funktion sind, $\omega = \mathrm{d}f$. Ist $\gamma(t)$, $t \in [a, b]$ wiederum eine glatte Kurve, bezeichnet

$$\int_a^b \omega(\dot{\gamma})\mathrm{d}t = \int_\gamma \omega$$

das Wegintegral über die 1-Form ω längs γ.

Das antisymmetrische *Dachprodukt* definiert eine Multiplikation, die zwei 1-Formen $\omega, \eta \in T_pM^*$ die antisymmetrische Bilinearform oder *2-Form*

$$\omega \wedge \eta = \omega \otimes \eta - \eta \otimes \omega$$

zuordnet. Die Koordinatenbasis $\mathrm{d}x_i$ des Dualraumes definiert mittels des Dachprodukts die Basis

$$\mathrm{d}x_i \wedge \mathrm{d}x_j = \mathrm{d}x_i \otimes \mathrm{d}x_j - \mathrm{d}x_j \otimes \mathrm{d}x_i$$

der 2-Formen. Entsprechend kann eine 2-Form α durch

$$\alpha = \alpha_{ij}\, \mathrm{d}x_i \wedge \mathrm{d}x_j = \left(\alpha_{ij} - \alpha_{ji}\right) \mathrm{d}x_i \otimes \mathrm{d}x_j$$

dargestellt werden. Angewandt auf zwei Vektoren $\mathfrak{v}, \mathfrak{w} \in T_pM$ erzeugt sie das Ergebnis

$$\begin{aligned}\alpha(\mathfrak{v}, \mathfrak{w}) &= \alpha_{ij} \left(\mathrm{d}x_i \wedge \mathrm{d}x_j\right) \left(v_k \partial_k,\, w_l \partial_l\right)\\ &= \alpha_{ij} \left(v_i w_j - v_j w_i\right) = \left(\alpha_{ij} - \alpha_{ji}\right) v_i w_j\ .\end{aligned}$$

Ist ω eine 1-Form, wird durch die *äußere Ableitung*

$$\begin{aligned}\mathrm{d}\omega = \mathrm{d}\left(\omega_j\, \mathrm{d}x_j\right) &= \mathrm{d}\omega_j \wedge \mathrm{d}x_j = \partial_i \omega_j\, \mathrm{d}x_i \wedge \mathrm{d}x_j\\ &= \left(\partial_i \omega_j - \partial_j \omega_i\right) \mathrm{d}x_i \otimes \mathrm{d}x_j\end{aligned}$$

eine 2-Form definiert. Ist $\mathrm{d}\omega = 0$ für eine 1-Form ω, heißt ω *geschlossen*. Ist ω exakt, $\omega = \mathrm{d}f$, verschwindet ihre äußere Ableitung identisch, $\mathrm{d}\omega = \mathrm{d}(\mathrm{d}f) = 0$. Eine exakte 1-Form ist also auch geschlossen.

Eine Funktion g heißt *integrierender Faktor* einer 1-Form ω, wenn $g\omega$ exakt ist. Dann existiert eine Funktion f mit $g\omega = \mathrm{d}f$, woraus die Bestimmungsgleichung

$$\begin{aligned}\mathrm{d}\,(\mathrm{d}f) = 0 &= \mathrm{d}g \wedge \omega + g\mathrm{d}\omega\\ &= \left(\partial_i g \omega_j + g \partial_i \omega_j\right) \mathrm{d}x_i \wedge \mathrm{d}x_j\end{aligned}$$

für g folgt.

Äußere Parameter der Hamilton-Funktion

Solche äußeren Parameter können etwa das Volumen V sein, durch das ein System begrenzt wird, aber auch ein von außen angelegtes Magnetfeld $\boldsymbol{B}$. Später in diesem Abschnitt und in Abschn. 36.6 werden wir beispielsweise Systeme aus Teilchen behandeln, deren Hamilton-Funktion einen Wechselwirkungsterm der Form $-\boldsymbol{m}\cdot\boldsymbol{B}$ zwischen dem magnetischen Moment $\boldsymbol{m}$ der Teilchen und einem äußeren Magnetfeld enthält. ◀

Um den Makrozustand physikalisch auszudrücken, wählen wir zunächst eine Zustandsbeschreibung, die keine genaue Kenntnis aller Phasenraumkoordinaten mehr voraussetzt. Dazu denken wir uns zunächst den $2\mathcal{F}$-dimensionalen Phasenraum in Zellen gleicher Größe h_0 gegliedert, die durch

$$\Delta q_i \Delta p_i = h_0 \tag{34.3}$$

bestimmt ist, wobei h_0 in der klassischen Mechanik beliebig klein gewählt werden kann (Abb. 34.2). Eine so definierte Zelle des $2\mathcal{F}$-dimensionalen Phasenraumes hat das Volumen $h_0^{\mathcal{F}}$. Indem wir h_0 geeignet einstellen, können wir wählen, wie genau wir den präzisen Zustand des Systems in die Betrachtung einbeziehen wollen. Die Zellen lassen sich abzählen, sodass jeder Zelle eine Zahl n zugeordnet werden kann. Der Zustand des Systems kann nun durch die Angabe der Zelle n gekennzeichnet werden, in der es sich gerade befindet.

Abzählung von Mikrozuständen

Jede dieser Phasenraumzellen kennzeichnet nach wie vor einen *Mikrozustand* des Systems, aber mit einem verringerten Auflösungsvermögen, das durch die Wahl der Größe h_0 eingestellt werden kann. Mikrozustände können nun abgezählt werden.

Es lohnt sich, an dieser Stelle einen Moment lang etwas abzuschweifen. Es ist im Rückblick erstaunlich, dass bei der Entwicklung eines statistischen Zugangs zur Thermodynamik aus der klassischen Mechanik heraus die Quantenmechanik an vielen Stellen gewissermaßen schon durchschimmert. Wir haben gerade durch (34.3) eine Unterteilung des Phasenraumes eines makroskopischen physikalischen Systems in Zellen eingeführt, denen eine zunächst beliebige Größe $h_0^{\mathcal{F}}$ zugewiesen wurde. In der klassischen Mechanik mag diese Unterteilung noch künstlich erscheinen. In der Quantenmechanik bekommt die Größe dieser Zellen aber einen absoluten Sinn, denn h_0 entspricht dann dem Planck'schen Wirkungsquantum h, und sie erfährt eine tiefere Begründung durch die Heisenberg'sche Unschärferelation.

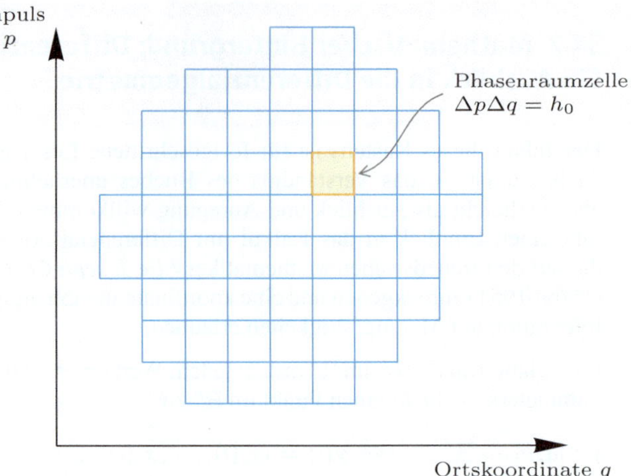

Abb. 34.2 Der Phasenraum wird in Zellen unterteilt, deren Größe h_0 in der klassischen Physik beliebig ist. Der Übersicht halber ist hier der Fall $f = 1$ dargestellt

Einteilchenzustände, Besetzungszahlen

Manchmal ist es sinnvoll, anstelle des mikroskopischen, in abzählbare Zellen unterteilten Zustandsraumes Γ zunächst einen Einteilchen-Zustandsraum μ einzuführen, der eine andere Struktur hat. Für ein makroskopisches System in d Raumdimensionen spannen wir diesen Einteilchen-Zustandsraum μ durch die jeweils d Koordinaten q_i und die dazu konjugierten Impulse p_i eines einzelnen Teilchens auf. Statt der $2\mathcal{F}$ Dimensionen des mikroskopischen Zustandsraumes hat der Einteilchen-Zustandsraum nur noch $2d$ Dimensionen. Dieser $2d$-dimensionale Zustandsraum wird nun ebenso wie vorhin der mikroskopische Zustandsraum in diskrete Zellen unterteilt, deren Dimension $(\text{Impuls}\cdot\text{Ort})^d = (\text{Energie}\cdot\text{Zeit})^d$ ist.

In diesem neuen, diskretisierten Einteilchen-Zustandsraum können wir immer noch zu jedem Zeitpunkt den Zustand jedes einzelnen mikroskopischen Teilchens angeben, indem wir die Zellen des Zustandsraumes nummerieren und angeben, in der Zelle welcher Nummer sich das Teilchen befindet. Diese Zuordnung können wir beginnend mit dem ersten Teilchen für alle Teilchen wiederholen, bis die Zellennummern aller N Teilchen bekannt sind.

Am Ende dieser Zuordnung ist immer noch ein beliebig großer Teil der mikroskopischen Information über das makroskopische System bekannt, denn wir wissen von jedem Teilchen, in welcher Zelle im Einteilchen-Zustandsraum μ es sich gerade aufhält. Indem wir die Größe h_0 der Phasenraumzellen beliebig klein wählen, behalten wir beliebig viel von der vollständigen mikroskopischen Information zurück.

Schließlich können wir die Information gezielt aufgeben, *welches* Teilchen sich gerade in welcher Zelle des Einteilchen-

Zustandsraumes aufhält. Stattdessen gehen wir durch alle Phasenraumzellen und fragen nur noch, *wie viele* Teilchen sich dort gerade aufhalten, ohne nach ihrer mikroskopischen Identität zu fragen.

Besetzungszahldarstellung

Auf diese Weise können wir zu einer Beschreibung des Mikrozustands übergehen, die nur noch auszusagen erlaubt, mit wie vielen Teilchen jede Zelle des $2d$-dimensionalen Einteilchen-Zustandsraumes μ gerade besetzt ist.

Diese Beschreibung kann mit der *Besetzungszahldarstellung* in der Quantenmechanik verglichen werden. Wie in Abschn. 37.2 beschrieben wird, kann der Zustandsraum eines quantenmechanischen Systems aus beliebig vielen Teilchen durch die direkte Summe über alle N-Teilchen-Zustandsräume konstruiert werden. Der so konstruierte Zustandsraum wird dort als *Fock-Raum* bezeichnet.

Aufenthaltswahrscheinlichkeiten im Zustandsraum

Bisher haben wir lediglich den mikroskopischen Zustandsraum eines makroskopischen Systems analysiert, ihn in abzählbare Zellen zunächst beliebiger Größe unterteilt und Mikrozustände durch die Angabe derjenigen Zelle im Zustandsraum charakterisiert, in dem das System sich befindet. Beliebig wenig Information wurde dadurch aufgegeben.

Der entscheidende Schritt besteht nun darin, nicht mehr nach dem Mikrozustand des makroskopischen Systems zu fragen, sondern nur noch danach, welche Zellen des mikroskopischen Zustandsraumes mit bestimmten makroskopischen Zustandsparametern $\{y_i\}$ verträglich sind. Solche Zustandsparameter könnten beispielsweise die Gesamtenergie, die Temperatur, der Druck oder das Volumen sein. Werden sie auf bestimmte Werte eingestellt, wird das System auf eine Teilmenge des mikroskopischen Zustandsraumes eingeschränkt, die wir als den Zustandsraum bezeichnen, der dem System *zugänglich* ist. Dieser zugängliche Zustandsraum umfasst eine bestimmte abzählbare Menge von Phasenraumzellen. Wir nummerieren die Zellen mit einem Index n und fragen danach, mit welcher *Wahrscheinlichkeit* sich das System in einer bestimmten Zelle n des Zustandsraumes befindet, der ihm dann zugänglich bleibt, wenn die makroskopischen Zustandsparameter $\{y_i\}$ auf bestimmte Weise eingestellt werden.

Das makroskopische System soll demnach durch eine noch unbestimmte Menge makroskopisch messbarer, möglichst unabhängiger Zustandsgrößen $\{y_i\}$ beschrieben werden. In der Regel werden sich die Teilchen des Systems bei fest eingestellten Werten dieser Zustandsgrößen $\{y_i\}$ auf eine große Anzahl verschiedener Phasenraumzellen verteilen können. Das bedeutet, dass in der Regel viele verschiedene Mikrozustände mit dem durch die Zustandsgrößen $\{y_i\}$ vorgegebenen Makrozustand vereinbar sein werden. Wir nennen sie die dem System unter den gegebenen Bedingungen *zugänglichen* Mikrozustände.

Nun stellen wir uns vor, das physikalische System bei gleichbleibenden makroskopischen Zustandsgrößen $\{y_i\}$ viele verschiedene Male zu realisieren. Dadurch entsteht ein *Ensemble* (gedachter) physikalischer Systeme, die alle makroskopisch in dem Sinne gleichartig sind, dass sie durch Messung ihrer Zustandsgrößen $\{y_i\}$ nicht voneinander unterschieden werden können.

Einteilchen- und N-Teilchen-Zustandsräume

Betrachten wir als ein einfaches Beispiel einen Kasten mit dem endlichen Volumen V, der mit N Teilchen eines Gases angefüllt sei, die nicht miteinander wechselwirken und deren Gesamtenergie U ebenfalls vorgegeben sei.

Die makroskopischen Zustandsgrößen $\{y_i\}$ können dann z. B. durch die innere Energie U, das Volumen V und die Teilchenzahl N dargestellt werden.

Durch diese Zustandsgrößen wird ein Unterraum des Einteilchen-Zustandsraumes μ abgesteckt, der jedem einzelnen Teilchen zugänglich ist. Die Impulse $\boldsymbol{p}_i$ aller Teilchen können beliebig orientiert sein, aber ihre Beträge sind dadurch beschränkt, dass die Summe ihrer kinetischen Energien gerade die gesamte innere Energie U ergeben. Der Einteilchen-Zustandsraum μ ist daher das sechsdimensionale Produkt aus dem räumlichen Volumen V und demjenigen Unterraum des Impulsraumes, der jedem Teilchen unter der Vorgabe der Gesamtenergie zur Verfügung steht.

Dieser Einteilchen-Zustandsraum wird in Zellen des vorerst beliebigen Volumens h_0^3 unterteilt. Jedes Teilchen wird im Einteilchen-Zustandsraum durch einen Punkt dargestellt, das Gesamtsystem also durch N Punkte.

Da wir von den Teilchen angenommen haben, dass sie eine vernachlässigbare Ausdehnung haben und nicht miteinander wechselwirken, steht jedem von ihnen derselbe Einteilchen-Zustandsraum zu. Deswegen ist der N-Teilchen-Zustandsraum Γ das N-fache direkte Produkt des Einteilchen-Zustandsraumes μ. Er besteht aus Zellen des Volumens h_0^{3N}. Jedes so beschriebene, durch seine makroskopischen Zustandsgrößen bestimmte System wird zu jedem beliebigen Zeitpunkt eine dieser Zellen besetzen. Im N-Teilchen-Zustandsraum Γ wird das gesamte System aus N Teilchen durch einen einzelnen Punkt oder die Phasenraumzelle dargestellt, in der es sich gerade befindet.

Teil IV

Eine beliebige (gedachte) Menge solcher makroskopisch gleichartiger Systeme aus N Teilchen bildet ein *Ensemble*. Die Systeme eines Ensembles werden die Zellen des ihnen zugänglichen Zustandsraumes mit einer Wahrscheinlichkeit besetzen, die noch zu bestimmen bleibt. ◄

Kehren wir zurück zum N-Teilchen-Zustandsraum. Dort wird jedes System eines Ensembles zu einem bestimmten Zeitpunkt einen der ihm zugänglichen Mikrozustände einnehmen, aber wir wissen nicht, welchen. Den N-Teilchen-Zustandsraum denken wir uns wieder in Zellen eingeteilt, die dort das Volumen $h_0^{\mathcal{F}}$ haben. Ohne weitere Kenntnis des Mikrozustands können wir bestenfalls angeben, mit welcher *Wahrscheinlichkeit* p_n das System den Mikrozustand mit der Nummer n einnehmen wird. Das bedeutet, dass wir erwarten, in einem Ensemble aus $\mathcal{N}$ makroskopisch gleichartigen Systemen die mittlere Anzahl

$$\bar{\mathcal{N}}_n = p_n \mathcal{N} \tag{34.4}$$

von Systemen im Mikrozustand n zu finden.

Wir können über diese Wahrscheinlichkeiten p_n a priori nichts aussagen, weil wir keinerlei detaillierten Kenntnisse über die einzelnen Teilchen und ihre Bewegung mehr zur Verfügung haben. Wir können aber hoffen, zu allgemeingültigen Aussagen zu gelangen, wenn wir uns auf solche Systeme beschränken, für die wir annehmen können, dass sich die Wahrscheinlichkeiten p_n zeitlich nicht mehr ändern. Von solchen Systemen sagen wir, sie seien im *Gleichgewicht*. Das bedeutet, dass sich das Ensemble aus vielen gedachten, makroskopisch gleichartigen Systemen in dem Sinne nicht mehr zeitlich ändern wird, dass trotz der erwarteten Bewegung der Teilchen die Wahrscheinlichkeiten unverändert bleiben, mit denen die Systeme des Ensembles die ihnen zugänglichen Phasenraumzellen besetzen.

Für abgeschlossene Systeme im Gleichgewicht, deren gesamte innere Energie U konstant bleibt, führen wir nun axiomatisch das plausible Grundpostulat der statistischen Physik ein.

Grundpostulat der statistischen Physik

Abgeschlossene Systeme im Gleichgewicht halten sich mit gleicher Wahrscheinlichkeit in jedem der ihnen zugänglichen Mikrozustände auf.

Wir führen dieses Grundpostulat axiomatisch in die statistische Formulierung der Thermodynamik ein und verzichten auf eine nähere Begründung. Vielfältige Versuche wurden unternommen, tiefere Erklärungen zu finden, aber keiner davon führt bisher tatsächlich auf ein grundlegenderes physikalisches Prinzip zurück.

Da die Energie in abgeschlossenen Systemen konstant bleibt, kennzeichnen wir abgeschlossene Systeme durch ihre innere Energie U und bezeichnen die Anzahl der ihnen zugänglichen Mikrozustände mit

$$\Omega(U) := \text{Anzahl zugänglicher Zustände bei Energie } U\,. \tag{34.5}$$

Diese Anzahl ist proportional zum Phasenraumvolumen des Systems. Sie kann formal durch das Phasenraumintegral

$$\begin{aligned}\Omega(U) &= \frac{1}{h_0^{\mathcal{F}}} \int \delta_{\mathrm{D}}\left[H(x) - U\right] \prod_{i=1}^{\mathcal{F}} \mathrm{d}q_i \mathrm{d}p_i \\ &= \int \delta_{\mathrm{D}}\left[H(x) - U\right] \mathrm{d}\Gamma(x)\end{aligned} \tag{34.6}$$

dargestellt werden, in dem die δ-Distribution sicherstellt, dass die Hamilton-Funktion $H(x)$ am Phasenraumpunkt $x = (q, p)$ den vorgegebenen Wert U annimmt. Den Vorfaktor $h_0^{-\mathcal{F}}$, der das Phasenraumvolumen in eine dimensionslose Anzahl übersetzt, absorbieren wir in das Integralmaß $\mathrm{d}\Gamma(x)$:

$$\mathrm{d}\Gamma(x) = \frac{1}{h_0^{\mathcal{F}}} \prod_{i=1}^{\mathcal{F}} \mathrm{d}q_i \mathrm{d}p_i\,. \tag{34.7}$$

Achtung Um zu vermeiden, dass die Dirac'sche δ-Distribution mit den infinitesimal kleinen Größen verwechselt wird, die in der Thermodynamik häufig vorkommen, schreiben wir sie hier mit dem Subskript „D". ◄

Da wir den Phasenraum in Zellen endlicher Größe eingeteilt haben, wird die Energie nicht *genau* einen beliebigen Wert U annehmen können. Deswegen ist mit Aussagen wie der obigen immer gemeint, dass die Energie zwischen U und $U + \delta U$ liegen soll, wobei $\delta U \ll U$ vorausgesetzt wird. Die Energie des Systems liegt dann in einer sogenannten *Energieschale* der sehr kleinen Dicke δU, wie sie in Abb. 34.3 dargestellt wird. Die δ-Distribution in (34.6) wird dann durch eine charakteristische Funktion $\chi_{\delta U}$ ersetzt, die auf der Energieschale gleich eins ist und überall sonst verschwindet.

Aus dieser Aussage können wir bereits schließen, welchen *mittleren Wert* eine bestimmte makroskopische Zustandsgröße y_j des Systems einnehmen wird. Seien $\{w_{j,k}\}$ alle möglichen Werte, welche diese Zustandsgröße in dem betrachteten abgeschlossenen System annehmen kann. Der Einfachheit halber stellen wir uns vor, dass diese Werte durch einen diskreten Index k abzählbar seien, aber die Diskussion kann ohne große Mühe auf kontinuierliche Wertemengen erweitert werden.

Frage 1

Mit welcher *Wahrscheinlichkeit* wird ein *bestimmter* Wert $w_{j,k}$ angenommen?

Um diese Frage zu beantworten, betrachten wir den mikroskopischen Zustandsraum, der dem System zugänglich ist, und darin speziell den Bereich, in dem die Zustandsgröße y_j diesen Wert

Teil IV

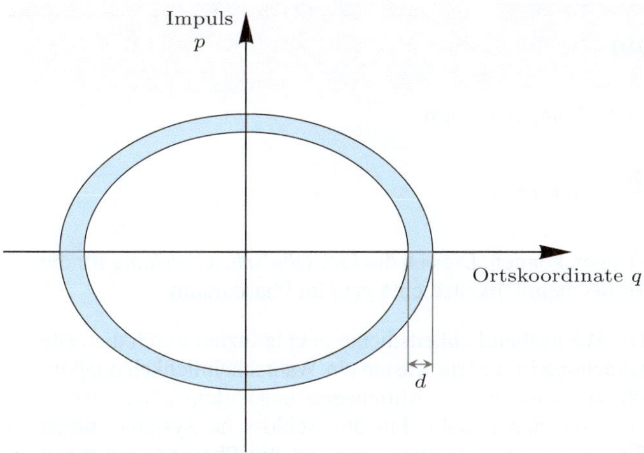

Abb. 34.3 Ein harmonischer Oszillator mit vorgegebener Energie beschreibt eine Ellipse im Phasenraum. Ein Ensemble von Oszillatoren mit ähnlicher Energie füllt im Phasenraum einen elliptischen Ring endlicher Breite

$w_{j,k}$ annimmt. Die Anzahl der Zustände in diesem Bereich bezeichnen wir mit $\Omega(U; w_{j,k})$. Dann ist aufgrund des statistischen Grundpostulats die Wahrscheinlichkeit dafür, dass der Wert $w_{j,k}$ angenommen wird, gleich dem Verhältnis

$$p(w_{j,k}) = \frac{\Omega(U; w_{j,k})}{\Omega(U)}, \tag{34.8}$$

weil dem statistischen Grundpostulat zufolge jeder zugängliche Mikrozustand mit gleicher Wahrscheinlichkeit angenommen werden muss. Demnach ist der Mittelwert der Zustandsgröße y_j gegeben durch

$$\bar{w}_j = \sum_k w_{j,k} p(w_{j,k}) = \frac{\sum_k w_{j,k} \Omega(U; w_{j,k})}{\Omega(U)}. \tag{34.9}$$

Anzahl zugänglicher Mikrozustände

Wie groß die Anzahl der zugänglichen Mikrozustände eines makroskopischen Systems aus sehr vielen Teilchen sein kann, zeigt die folgende Betrachtung am Beispiel eines idealen Gases.

Wir haben in Abschn. 33.6 eine empirische Definition eines idealen Gases anhand der idealen Gasgleichung und der Beobachtung gegeben, dass die innere Energie eines idealen Gases nur von seiner Temperatur abhängen kann. Im Zusammenhang mit der statistischen Beschreibung nennen wir nun ein Gas ideal, dessen Teilchen nur durch direkte Stöße miteinander wechselwirken können, also nicht durch langreichweitige Kräfte aufeinander wirken, die ferner keine innere Struktur haben und deren Ausdehnung vernachlässigbar klein ist. Wir werden in Abschn. 35.3 sehen, dass in dieser Aussage auch die makroskopischen Eigenschaften eines idealen Gases begründet liegen, sodass beide Definitionen miteinander verträglich sind.

Jedes Teilchen eines idealen Gases hat dann nur die drei Freiheitsgrade der Translation. Die gesamte innere Energie aller Teilchen ist durch deren gesamte kinetische Energie E_{kin} gegeben,

$$U = E_{\text{kin}} + E_{\text{pot}} = E_{\text{kin}} = \sum_{i=1}^{N} \frac{\boldsymbol{p}_i^2}{2m}, \tag{34.10}$$

denn die potenzielle Energie E_{pot} verschwindet, weil die Teilchen nach Voraussetzung keine Kräfte aufeinander ausüben, solange sie nicht direkt aneinanderstoßen.

Achtung Die präzise Charakterisierung eines idealen Gases ist etwas trickreich. Von den Teilchen eines idealen Gases wird angenommen, dass sie keine Ausdehnung haben. Wie sollen sie dann direkt stoßen? In (34.10) tritt zudem gar kein Stoßterm auf. Was geschieht hier wirklich? Stöße mit der Wand sind notwendig, um das Gas einzuschließen. Gegenseitige Stöße sind nötig, um überhaupt ins Gleichgewicht zu kommen. Danach sind die Stöße der Teilchen aneinander aber völlig überflüssig. ◀

Die Anzahl der Mikrozustände, die dem System bei vorgegebener Energie U zugänglich sind, ist gleich dem zugänglichen Volumen im Phasenraum, geteilt durch die Zellengröße $h_0^{\mathcal{F}}$. Entsprechend der Definition (34.7) können wir dies durch

$$\Omega(U) = \int_\Gamma \chi_{\delta U}\,(H(x) - U)\,\mathrm{d}\Gamma(x) \tag{34.11}$$

ausdrücken, wobei $\chi_{\delta U}\,(H(x) - U)$ die charakteristische Funktion der Energieschale im Phasenraum ist, in der die Gesamtenergie (34.10) zwischen U und $U + \delta U$ liegt. Innerhalb dieser Energieschale ist die charakteristische Funktion $\chi_{\delta U}(H - U) = 1$, außerhalb verschwindet sie. Wie genau die charakteristische Funktion von den Phasenraumkoordinaten abhängt, braucht uns hier nicht zu interessieren.

Das Integral über die verallgemeinerten Koordinaten ist einfach auszuführen. Da die Teilchen nur durch direkte Stöße aufeinander einwirken, spüren sie kein ortsabhängiges Potenzial. Ihre Hamilton-Funktion kann daher nicht von den Ortskoordinaten abhängen. Für jedes einzelne Gasteilchen muss deshalb

$$\int \mathrm{d}q_1 \mathrm{d}q_2 \mathrm{d}q_3 = V \tag{34.12}$$

gelten, wenn wir seine drei Freiheitsgrade der Einfachheit halber mit 1, 2 und 3 nummerieren. Insgesamt ergibt das Integral über alle $\mathrm{d}q_i$ also V^N, wenn N die Teilchenzahl ist.

Um das Integral über die Impulse abzuschätzen, betrachten wir zunächst die Anzahl Φ der Zustände mit einer Energie $\leq U$. Dann ist

$$\Omega(U) = \Phi(U + \delta U) - \Phi(U) = \frac{\partial \Phi(U)}{\partial U}\delta U. \tag{34.13}$$

Wegen (34.10) definiert eine bestimmte innere Energie U eine Kugelschale im $\mathcal{F}$-dimensionalen Impulsraum, deren Radius

Teil IV

Vertiefung: Wahrscheinlichkeitsmaß im Phasenraum

Das Ergebnis (34.9) legt die folgende Verallgemeinerung nahe. Wir betrachten eine beliebige Größe A, die an einem makroskopischen System gemessen werden soll. Welchen Wert dieser Größe werden wir bei einer Messung erwarten können?

Dazu denken wir uns die Messung an jedem System aus einem großen Ensemble gleichartiger Systeme wiederholt und erwarten, dass die Gesamtheit dieser Messungen den Mittelwert

$$\langle A \rangle = \int\limits_{\Gamma} A(x)\rho(x)\mathrm{d}\Gamma(x)$$

für die Größe A ergibt. Darin ist $A(x)$ der Wert, den die Größe A annimmt, wenn sich das System im Punkt x des Phasenraumes befindet. Die Funktion $\rho(x)$ ist eine Wahrscheinlichkeitsdichte auf dem Phasenraum. Wie in Abschn. 36.1 genauer ausgeführt wird, bedeutet das, dass $\rho(x)\mathrm{d}\Gamma(x)$ die Wahrscheinlichkeit angibt, in dem gedachten großen Ensemble gleichartiger makroskopischer Systeme ein System in einer infinitesimalen Umgebung $\mathrm{d}\Gamma(x)$ des Punktes x zu finden.

Zu einem beliebig herausgegriffenen Zeitpunkt t werden die Systeme unseres Ensembles ein bestimmtes Volumen im Phasenraum füllen. Der Liouville'sche Satz besagt, dass sich dieses Phasenraumvolumen nicht ändern wird, da der Phasenraumfluss Φ_t das Phasenraumvolumen erhält (siehe hierzu den Kasten „Vertiefung: Phasenraumfluss und Liouville'scher Satz"). Das bedeutet insbesondere, dass das Phasenraumintegral über die Wahrscheinlichkeitsdichte $\rho(x)$ konstant sein muss:

$$\int\limits_{\Gamma} \rho \circ \Phi_t \mathrm{d}\Gamma(x) = \int\limits_{\Gamma} \rho \mathrm{d}\Gamma(x)\,.$$

Die totale zeitliche Ableitung von $\rho \circ \Phi_t$ muss demnach verschwinden, woraus wir zunächst wegen $\dot{x} = \partial\Phi_t/\partial t$

$$\frac{\partial\rho}{\partial t} + \dot{x}\frac{\partial\rho}{\partial x} = 0$$

schließen können. Aufgrund der Hamilton'schen Gleichungen gilt weiter

$$\dot{x} = \boldsymbol{J}\frac{\partial H}{\partial x}\,,$$

sodass wir die vorletzte Gleichung mithilfe der Poisson-Klammer

$$\{H, \rho\} = \frac{\partial H}{\partial q}\frac{\partial\rho}{\partial p} - \frac{\partial H}{\partial p}\frac{\partial\rho}{\partial q} = -\left(\boldsymbol{J}\frac{\partial H}{\partial x}\right)\frac{\partial\rho}{\partial x}$$

in die kompakte Form

$$\frac{\partial\rho}{\partial t} = \{H, \rho\}$$

bringen können. Dies ist die *Liouville'sche Gleichung* für die Wahrscheinlichkeitsdichte $\rho(x)$ im Phasenraum.

Die Wahrscheinlichkeitsdichte $\rho(x)$ induziert durch die erste Gleichung in diesem Kasten ein Wahrscheinlichkeitsmaß im Phasenraum, das die Mittelwerte makroskopischer Größen zu berechnen erlaubt. Für abgeschlossene Systeme, deren Energie konstant bleiben muss, ist das Phasenraumintegral im Wahrscheinlichkeitsmaß wie in (34.6) auf denjenigen Unterraum des Phasenraumes beschränkt, wo $H(x) = U$ gilt. Dieser Unterraum wird auch Energieschale oder Energiefläche genannt. Er hat eine sehr kleine, aber endliche Dicke δU in der Energie.

Im Gleichgewicht muss aber jeder Punkt x auf der Energiefläche mit gleicher Wahrscheinlichkeit angenommen werden, wie es das statistische Grundpostulat verlangt. Die Wahrscheinlichkeitsdichte muss demnach auf der Energiefläche konstant sein, $\rho(x) = \rho_0$, außerhalb aber verschwinden. Zudem muss sie die Normierungsbedingung

$$\int \delta_{\mathrm{D}}\left[H(x) - U\right]\rho_0 \mathrm{d}\Gamma(x) = 1$$

erfüllen, die wegen (34.6)

$$\rho_0 = \Omega^{-1}(U)$$

bedeutet. Der Mittelwert der Größe A in einem abgeschlossenen System ist damit durch

$$\langle A \rangle = \int\limits_{\Gamma} A(x)\mathrm{d}\mu(x)$$

gegeben, wobei

$$\mathrm{d}\mu(x) = \frac{1}{\Omega(U)}\delta_{\mathrm{D}}\left[H(x) - U\right]\mathrm{d}\Gamma(x)$$

das Wahrscheinlichkeitsmaß auf dem Phasenraum für abgeschlossene Systeme angibt.

Wir werden in Abschn. 36.2 und 36.3 sehen, welche verschiedenen Verteilungsfunktionen $\rho(x)$ unter bestimmten physikalischen Bedingungen auftreten.

durch den maximalen Impuls

$$p_{\max} = \left(\sum_{i=1}^{N} \boldsymbol{p}_i^2\right)^{1/2} = \sqrt{2mU} \qquad (34.14)$$

gegeben ist. Beachten Sie, dass $\mathcal{F} = 3N$ ist, sodass die beiden Größen $\mathcal{F}$ und N nicht unabhängig auftreten.

Das gesamte Volumen dieser Kugel wird zu $p_{\max}^{\mathcal{F}}$ proportional sein, ebenso wie das Volumen einer Kugel in drei Dimensionen zur dritten Potenz des Radius proportional ist. Die Proportionalitätskonstante mag von der Größenordnung eins sein, ist aber für unsere Betrachtung unerheblich. Wie sie berechnet werden kann, wird im „Mathematischen Hintergrund" 34.3 erläutert. Also haben wir

$$\Phi(U) \propto V^N p_{\max}^{\mathcal{F}} = V^N (2mU)^{\mathcal{F}/2} \qquad (34.15)$$

und, wegen (34.13),

$$\Omega(U) \propto V^N \frac{\mathcal{F}}{2} 2m\,(2mU)^{\mathcal{F}/2-1}\,\delta U \propto \mathcal{F} U^{\mathcal{F}/2-1} \delta U\,. \qquad (34.16)$$

Phasenraumvolumen

Wir ziehen daraus drei wesentliche Schlüsse. Erstens wird das Phasenraumvolumen $\Omega(U)$ proportional zu δU sein, solange $\delta U \ll U$ ist. Zweitens ist $\Omega(U)$ proportional zur Anzahl der Freiheitsgrade $\mathcal{F} = Nf$ aller Teilchen, was eine riesige Zahl sein wird. Drittens nimmt $\Omega(U)$ wie $U^{\mathcal{F}/2-1} \approx U^{\mathcal{F}/2}$ zu, hängt also für eine makroskopische Anzahl $\mathcal{F}$ von Freiheitsgraden extrem steil von der inneren Energie U ab.

Auf diese Eigenschaften des Phasenraumvolumens $\Omega(U)$ werden wir später zurückkommen.

Frage 2

Wie würde die Anzahl zugänglicher Mikrozustände von der inneren Energie abhängen, wenn die kinetische Energie linear vom Impuls abhängen würde? Kennen Sie ein Beispiel für eine solche Energie-Impuls-Abhängigkeit?

Übergang ins Gleichgewicht

Betrachten wir ein abgeschlossenes, makroskopisches System, das sich anfänglich im Gleichgewicht befindet. Nach dem statistischen Grundpostulat müssen wir dann davon ausgehen, dass es sich mit gleicher Wahrscheinlichkeit $p_n = p = \text{const}$ in jedem der ihm zugänglichen Mikrozustände im Phasenraumvolumen aufhalten kann. In einem Ensemble aus einer großen Zahl $\mathcal{N}$ gleichartiger Systeme können wir davon ausgehen, eine solche

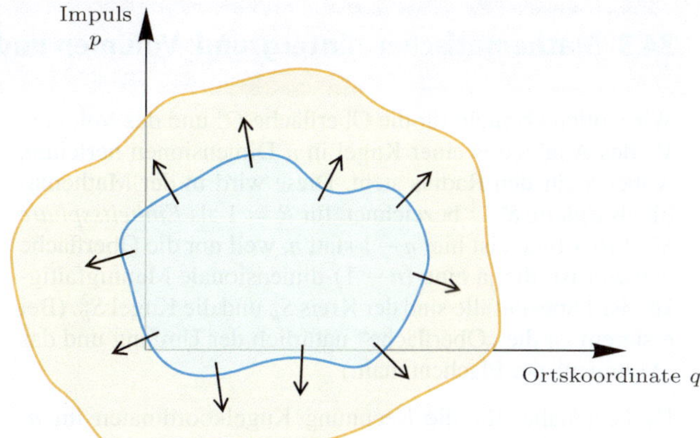

Abb. 34.4 Erweitert sich das Phasenraumvolumen, das einem abgeschlossenen System zugänglich ist, wird es aus dem Gleichgewicht gebracht. Mikroskopische Wechselwirkungen müssen dafür sorgen, dass sich wieder eine Gleichverteilung über alle jetzt zugänglichen Zustände einstellt

Anzahl von Systemen in jedem einzelnen dieser Mikrozustände zu finden, deren Mittelwert durch (34.4) gegeben ist.

Welche Zustände dem System im mikroskopischen Zustandsraum zugänglich sind, wird durch die makroskopischen Zustandsgrößen $\{y_j\}$ vorgegeben. Da das System abgeschlossen ist, wird seine innere Energie U konstant sein. Ändern wir eine der verbleibenden makroskopischen Zustandsgrößen so, dass sich der dem System zugängliche Bereich im Phasenraum ändert, wird das System in der Regel aus seinem Gleichgewicht gebracht.

Expansion ins Vakuum

Instruktiv ist das Beispiel eines thermisch abgeschlossenen Volumens V, das durch eine gleichfalls thermisch isolierende Trennwand in zwei Teilvolumina $V_1 < V$ und $V_2 = V - V_1$ unterteilt wird. Anfänglich sei nur das Volumen V_1 mit Gas gefüllt, während in V_2 Vakuum herrschen soll.

Wird nun die Trennwand abrupt entfernt, ändert sich eine der makroskopischen Zustandsgrößen des Gases: Sein zugängliches Volumen wächst instantan oder jedenfalls sehr schnell von V_1 auf V an. Dadurch findet sich das Gas plötzlich weit ab vom Gleichgewicht wieder: Nun ist ihm das gesamte Volumen V zugänglich, aber nur der Teil V_1 ist tatsächlich besetzt. Vermittelt durch die zufällige Bewegung der Teilchen wird sich ein neues Gleichgewicht einstellen, das dann erreicht wird, wenn die mittlere Teilchendichte überall in V gleich groß ist.

Wir haben in Abschn. 33.6 phänomenologisch begründet, dass die innere Energie der Teilchen eines idealen Gases nicht vom Volumen abhängt, das diese Teilchen anfüllen, und werden dies in Abschn. 35.3 mikroskopisch

34.3 Mathematischer Hintergrund: Volumen und Oberfläche der n-Sphäre

Wir wollen Formeln für die Oberfläche O_r^n und das Volumen V_r^n des Analogons einer Kugel in n Dimensionen herleiten, wobei R für den Radius steht. Diese wird in der Mathematik als *Sphäre* S_R^{n-1} bezeichnet, für $R = 1$ als *Einheitssphäre* S^{n-1} (der Index ist hier $n-1$ statt n, weil nur die Oberfläche gemeint ist, die ja eine $(n-1)$-dimensionale Mannigfaltigkeit ist.) Spezialfälle sind der Kreis S_R^1 und die Kugel S_R^2. (Bei ersterem ist die „Oberfläche" natürlich der Umfang und das „Volumen" der Flächeninhalt.)

Es liegt nahe, für die Rechnung Kugelkoordinaten im n-dimensionalen Raum zu verwenden. Das Volumenelement kann als

$$\mathrm{d}^n x = r^{n-1} \mathrm{d}r \, \mathrm{d}\Omega_n \tag{1}$$

geschrieben werden, wobei $\mathrm{d}\Omega_n$ das infinitesimale Raumwinkelelement im n-dimensionalen Raum bezeichnet.

Wir betrachten nun speziell die Funktion $f(r) = \mathrm{e}^{-r^2}$, die nur vom Radius $r = \sqrt{\sum_{i=1}^n x_i^2}$ abhängt. Für deren Integral über den gesamten Raum ergibt sich einerseits

$$\int \mathrm{e}^{-r^2} \, \mathrm{d}^n x = \Omega_n \int_0^\infty \mathrm{e}^{-r^2} r^{n-1} \, \mathrm{d}r =: \Omega_n I_n \,, \tag{2}$$

wobei Ω_n den gesamten Raumwinkel im n-dimensionalen Raum bezeichnet, also den Oberflächeninhalt der Einheitssphäre S^{n-1}, und das Integral mit I_n abgekürzt wurde.

Andererseits kann das linke Integral in (2) auch in kartesischen Koordinaten ausgewertet werden:

$$\int \mathrm{e}^{-r^2} d^n x = \left(\int_{-\infty}^{\infty} \mathrm{e}^{-x^2} \, \mathrm{d}x \right)^n = \sqrt{\pi}^n \,. \tag{3}$$

Durch Vergleich der beiden Ergebnisse (2) und (3) erhalten wir also

$$\Omega_n = \frac{\sqrt{\pi}^n}{I_n} . \tag{4}$$

Da die Oberfläche eine $(n-1)$-dimensionale Mannigfaltigkeit ist, muss der Oberflächeninhalt einer allgemeinen S_R^{n-1}-Sphäre um den Faktor R^{n-1} größer sein als der Oberflächeninhalt der Einheitssphäre S^{n-1}. Das Volumen erhält man dagegen, indem man die Funktion $f \equiv 1$ bis zum Radius R integriert. Mit dem Ergebnis (4) folgt also leicht

$$O_n = \Omega_n R^{n-1} \quad \text{und} \quad V_n = \frac{\Omega_n R^n}{n} \,. \tag{5}$$

Es bleibt das Integral I_n zu berechnen, das in (2) definiert wurde. Die Substitution $t = r^2$ führt auf

$$I_n = \frac{1}{2} \int_0^\infty t^{n/2-1} \mathrm{e}^{-t} \, \mathrm{d}t \,. \tag{6}$$

Ein Vergleich mit der Definition (1) im „Mathematischen Hintergrund" 32.1 zeigt, dass I_n die Hälfte der Gammafunktion $\Gamma(n/2)$ und damit

$$\Omega_n = \frac{2\sqrt{\pi}^n}{\Gamma\left(\frac{n}{2}\right)} \tag{7}$$

ist. Für gerades n ist $n/2 \in \mathbb{N}$, wofür die Gammafunktion der Fakultät entspricht:

$$I_n = \frac{1}{2} \left(\frac{n}{2} - 1 \right)! \quad \text{(für gerade } n) \,. \tag{8}$$

Für ungerade n ist das Argument der Gammafunktion halbzahlig, wofür wir

$$I_n = \frac{(n-1)!}{2^n \left(\frac{n-1}{2}\right)!} \sqrt{\pi} \quad \text{(für ungerade } n) \tag{9}$$

erhalten (siehe hierzu wieder den „Mathematischen Hintergrund" 32.1).

Wir finden daher

$$\Omega_n = \begin{cases} \dfrac{2\sqrt{\pi}^n}{\left(\frac{n}{2} - 1\right)!} & \text{(für gerade } n) \\[2ex] \dfrac{2^n \sqrt{\pi}^{n-1}}{(n-1)!} \left(\dfrac{n-1}{2} \right)! & \text{(für ungerade } n) \end{cases} , \tag{10}$$

und die Oberflächen bzw. Volumina folgen aus (5). Wie man leicht nachprüft, ergeben sich für $n = 2$ bzw. $n = 3$ die bekannten Ergebnisse für Kreis und Kugel. Diese und einige weitere Ergebnisse stellt die folgende Tabelle zusammen.

n	Ω_n	V_n
2	2π	πR^2
3	4π	$\frac{4\pi}{3} R^3$
4	$2\pi^2$	$\frac{\pi^2}{2} R^4$
5	$\frac{8\pi^2}{3}$	$\frac{8\pi^2}{15} R^5$

n	Ω_n	V_n
6	π^3	$\frac{\pi^3}{6} R^6$
7	$\frac{16\pi^3}{15}$	$\frac{16\pi^3}{105} R^7$
8	$\frac{\pi^4}{3}$	$\frac{\pi^4}{24} R^8$
9	$\frac{32\pi^4}{105}$	$\frac{32\pi^4}{945} R^9$

begründen. Aufgrund dessen faktorisiert der $2d$-dimensionale Einteilchen-Zustandsraum μ in einen räumlichen Anteil und einen Impulsanteil, wie wir schon oben in einem Beispiel gesehen haben.

Da die gesamte innere Energie des Gases bei dem hier betrachteten Vorgang konstant bleiben muss, geht das räumliche Volumen des Einteilchen-Zustandsraumes von V_1 auf V über, wodurch sich die Dichte und der Druck des idealen Gases um das V_1/V-fache verringern. ◄

Wenn sich der mikroskopische Zustandsraum vergrößert, der dem System zugänglich ist, werden dem System nach der Änderung einer makroskopischen Zustandsgröße weitere Mikrozustände im mikroskopischen Zustandsraum eröffnet, die unmittelbar nach der Änderung noch von keinem System aus dem Ensemble besetzt sein können. Um wieder ins Gleichgewicht zu kommen, müssen Wechselwirkungen zwischen den Komponenten (den Teilchen oder allgemein den Freiheitsgraden) des Systems dafür sorgen, dass auch bislang unbesetzte Mikrozustände erreicht werden. Das wird so lange dauern, bis jeder der nunmehr zugänglichen Mikrozustände mit gleicher Wahrscheinlichkeit besetzt sein kann, d. h. bis in einem großen Ensemble gleichartiger Systeme jeder zugängliche Mikrozustand durch eine im Mittel gleiche Anzahl von Systemen aus diesem Ensemble besetzt ist. Wie lange dieser Vorgang dauert, hängt natürlich von der Stärke der Wechselwirkung zwischen den Komponenten des Systems ab.

Wenn sich der zugängliche Bereich im mikroskopischen Zustandsraum durch die Änderung einer makroskopischen Zustandsgröße verkleinert, setzt ein analoger Prozess ein. Dadurch, dass bisher zugängliche Mikrozustände ausgeschlossen werden, muss die Wahrscheinlichkeit dafür auf null sinken, dass sich das System dort aufhält. Dementsprechend größer muss die Wahrscheinlichkeit an den weiterhin zugänglichen Stellen des mikroskopischen Zustandsraumes werden. Wiederum müssen die Wechselwirkungen zwischen den Komponenten des Systems für diese Entwicklung ins Gleichgewicht sorgen.

Störung des Gleichgewichts und Übergang in ein neues

Wird eine makroskopische Zustandsgröße eines abgeschlossenen Systems verändert, verändert sich in der Regel auch der mikroskopische Zustandsraum, der dem System zugänglich ist. Unmittelbar nach der Änderung kann sich das System nicht im Gleichgewicht befinden, weil es sich nicht mit gleicher Wahrscheinlichkeit in jedem zugänglichen Mikrozustand befinden kann: Ein Teil der nunmehr zugänglichen Mikrozustände wurden ihm gerade erst eröffnet oder genommen.

Wechselwirkungen zwischen den Komponenten (Teilchen) des Systems und deren thermische Bewegung werden dafür sorgen, dass sich ein neues Gleichgewicht einstellt. Wie schnell das geschehen kann, hängt von der Stärke der Wechselwirkung zwischen den Systemkomponenten und von der Geschwindigkeit ihrer thermischen Bewegung ab.

Die Tasse auf dem Eröffnungsbild dieses Kapitels, in der sich Milch langsam mit Tee mischt, liefert ein gutes Beispiel dafür, wie sich verschiedene Gleichgewichte auf verschiedenen Zeitskalen einstellen. Die Milch mischt sich mit dem Tee, bis das Mischungsverhältnis überall in der Tasse gleich geworden ist. Deutlich langsamer als dieser Mischungsvorgang ist die allmähliche Abkühlung des Tees bzw. der Mischung aus Milch und Tee, bis sich thermisches Gleichgewicht zwischen dem Getränk und der umgebenden Raumluft einstellt.

Mechanische Arbeit und Wärme, erster Hauptsatz

Die innere Energie eines makroskopischen Systems wird durch alle externen Parameter a beeinflusst, die in der Hamilton-Funktion auftauchen, welche die Dynamik jedes einzelnen seiner mikroskopischen Freiheitsgrade beschreibt. Die Energie E_n des Mikrozustands mit dem Index n, gegeben durch die Hamilton-Funktion dieses Mikrozustands, wird daher von diesen externen Parametern abhängen:

$$E_n = H_n(a) . \qquad (34.17)$$

Achtung Beachten Sie der Klarheit halber den konzeptionellen Unterschied zwischen den hier eingeführten äußeren Parametern a und den vorher verwendeten makroskopischen Zustandsparametern $\{y_i\}$. ◄

Die Parameter a stellen solche Größen dar, die in die Hamilton-Funktion oder den Hamilton-Operator eingehen und die auf diese Weise die Bewegungsgleichungen der mikroskopischen Freiheitsgrade beeinflussen. Die Menge der makroskopischen Zustandsparameter können wir mit den makroskopischen Zustandsgrößen identifizieren, von denen in Kap. 33 über phänomenologische Thermodynamik die Rede war. Sie sind nicht notwendigerweise von außen einstellbare Parameter, und sie gehen über die Definition der Parameter a insbesondere dadurch hinaus, dass sie das Gesamtsystem als makroskopisches Gebilde auf eine Weise beschreiben, die kollektive Eigenschaften erfasst.

Die Parameter a können die Schwerebeschleunigung, äußere elektrische oder magnetische Felder usw. vertreten, aber auch das Volumen oder den Druck, denn die Eigenzustände quantenmechanischer Teilchen können davon abhängen. Sie haben gelegentlich eine endliche Schnittmenge mit den Zustandsparametern $\{y_i\}$, aber keine dieser Mengen ist eine Teilmenge der anderen.

Kollektive Größen

Beispielsweise wird die Temperatur T nicht in die Hamilton-Funktion eingehen, weil sie als kollektive Größe die Bewegung eines einzelnen Teilchens nicht beeinflussen kann. Dennoch wird T für weitaus die meisten makroskopischen Systeme eine wichtige Zustandsgröße sein. Gleiches gilt für den Druck P, denn auch er kommt erst als kollektive Eigenschaft eines Systems aus vielen Komponenten zustande.

Im Beispielkasten „Druck und mechanische Arbeit" wird weiter unten gezeigt werden, dass die Hamilton-Funktion der Teilchen eines idealen Gases vom Volumen V abhängt, in dem sich die Teilchen befinden. Zudem wird V eine wichtige makroskopische Zustandsgröße des Gesamtsystems sein. Das Volumen ist in diesem Fall ein Beispiel dafür, dass kollektive Größen ebenso als Parameter in die Hamilton-Funktion eingehen können. ◄

Wir können makroskopische Zustandsänderungen, in deren Verlauf die äußeren Parameter a der Hamilton-Funktion oder des Hamilton-Operators nicht verändert werden, von solchen unterscheiden, in denen sie sich ändern. Dies wird uns gleich auf eine neue Art der Unterscheidung von Wärme und mechanischer Arbeit führen.

Parameter der Hamilton-Funktion

Die Teilchen eines idealen Gases seien in ein festes Volumen V eingeschlossen, das sich in einem äußeren Gravitationspotenzial befindet. Wenn die Abmessungen des Volumens klein gegenüber der Längenskala sind, auf der sich das Gravitationspotenzial nennenswert ändert, kann eine konstante Schwerebeschleunigung g vorausgesetzt werden.

Die Hamilton-Funktion jedes einzelnen Gasteilchens mit der Masse m lautet dann

$$H(p, q; g) = \frac{p^2}{2m} + mgz\,, \tag{34.18}$$

wenn die z-Achse entgegen der Gravitationsbeschleunigung („nach oben") orientiert wird.

Wenn die Gasteilchen zudem ein magnetisches Moment $\boldsymbol{m}$ bekommen, das sich in einem äußeren Magnetfeld $\boldsymbol{B}$ ausrichten kann, wird ihre Hamilton-Funktion zu

$$H(p, q; g, \boldsymbol{B}) = \frac{p^2}{2m} + mgz - \boldsymbol{m} \cdot \boldsymbol{B} \tag{34.19}$$

erweitert, wie wir bereits oben angekündigt haben. Wir greifen solche Systeme in Abschn. 36.6 wieder auf. Die Schwerebeschleunigung g und das Magnetfeld $\boldsymbol{B}$ stellen dann relevante äußere Parameter des Systems dar, die stellvertretend und summarisch durch a bezeichnet werden. ◄

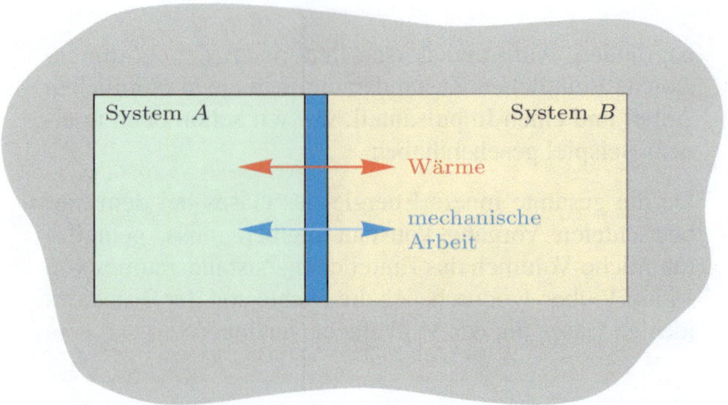

Abb. 34.5 Zwei gemeinsam abgeschlossene Systeme A und B, zwischen denen Energie durch mechanische Arbeit oder Wärme ausgetauscht werden kann

Um zu klären, wie die Wechselwirkung zwischen Systemen beschrieben werden kann, stellen wir uns zwei Systeme A und B vor, die *gemeinsam* gegenüber ihrer Umwelt abgeschlossen sind, *zwischen* denen aber Energie ausgetauscht werden kann. Die äußeren Parameter bleiben zunächst unverändert. Die Gesamtenergie der beiden Systeme muss wegen der gemeinsamen Isolierung erhalten bleiben, aber die Systeme können ihre inneren Energien U_A und U_B durch Wechselwirkung mit dem jeweils anderen System ändern. Also gilt für kleine Änderungen der inneren Energien der beiden Systeme

$$\Delta U_A = -\Delta U_B\,, \quad \Delta U_A + \Delta U_B = 0\,. \tag{34.20}$$

Umgekehrt können wir uns den direkten Energieaustausch zwischen den beiden Systemen unterbunden denken, aber statt seiner zulassen, dass die beiden Systeme mechanisch miteinander wechselwirken. Als Beispiel dafür kann ein Gasvolumen dienen, das durch eine bewegliche Wand in zwei Teilvolumina A und B unterteilt wird (Abb. 34.5). Indem das Gas in einem Teilvolumen die Wand zum anderen hin verschiebt, verrichtet es mechanische Arbeit am System im anderen Teilvolumen.

Unter diesen Umständen ändert sich für beide Teilsysteme zumindest einer, vielleicht auch mehrere der äußeren Parameter, die wir wieder summarisch mit a bezeichnen wollen. Aufgrund dessen ändern sich die inneren Energien der Teilsysteme um die Beträge $\Delta_a U_A$ bzw. $\Delta_a U_B$. Für jedes der beiden Teilsysteme wird diese rein mechanische Energieänderung mit der mechanischen Arbeit $\Delta W'$ identifiziert, die *an* diesem Teilsystem verrichtet wurde, bzw. mit der mechanischen Arbeit $\Delta W = -\Delta W'$, die *von* diesem Teilsystem verrichtet wurde. Also gilt

$$\Delta_a U = -\Delta W\,, \quad \Delta_a U + \Delta W = 0\,, \tag{34.21}$$

wobei wir hier in der Notation nicht mehr zwischen den beiden Teilsystemen unterscheiden.

Im Allgemeinen wird sich die innere Energie jedes der beiden Teilsysteme sowohl durch direkten Energieaustausch mit dem anderen System als auch durch mechanische Arbeit verändern können. Für jedes der beiden Teilsysteme gilt dann

$$\Delta U = \Delta_a U + \Delta Q\,, \qquad (34.22)$$

wenn wir mit ΔQ denjenigen Anteil des Energieaustauschs bezeichnen, der ohne Veränderung der äußeren Parameter a vom jeweils anderen Teilsystem kommt bzw. an das jeweils andere Teilsystem abgegeben wird.

Erster Hauptsatz der Thermodynamik

Mit (34.21) gilt also

$$\Delta U = \Delta Q - \Delta W\,. \qquad (34.23)$$

Diese Gleichung, die den ersten Hauptsatz aus Abschn. 33.6 wiederholt, definiert die *Wärmemenge* ΔQ als diejenige Änderung der inneren Energie eines Systems, die nicht aufgrund mechanischer Arbeit aufgenommen oder abgegeben wird. Arbeit wird dadurch von Wärme unterschieden, dass sie mit kontinuierlichen Veränderungen derjenigen äußeren Parameter einhergeht, von denen die Hamilton-Funktion der mikroskopischen Freiheitsgrade abhängt. Wärme dagegen verändert die innere Energie, ohne die Parameter der Hamilton-Funktion neu einzustellen.

Entsprechend der Definition (34.21) und übereinstimmend mit der Definition, die in der phänomenologischen Thermodynamik gegeben wurde, ist ΔW die *vom* System verrichtete mechanische Arbeit.

Wenn wir zu infinitesimal kleinen Änderungen $\mathrm{d}U$ der inneren Energie übergehen, müssen wir wieder bedenken, dass zwar die innere Energie eines Systems eine kontinuierliche, dem System eigene Größe ist, sodass beliebig kleine Differenzen zwischen der inneren Energie vor und nach einer Änderung sinnvoll definiert sind. Dies trifft aber auf die Wärmemenge und die mechanische Arbeit nicht zu, weil sie nicht als kleine Differenzen zwischen zwei *verschiedenen*, dem System innewohnenden „Mengen" aufgefasst werden können, sondern lediglich als kleine Beträge, die dem System zu- oder aus dem System abgeführt werden. Um dies zu kennzeichnen, schreiben wir wieder

$$\mathrm{d}U = \delta Q - \delta W \qquad (34.24)$$

mit der schon in Abschn. 33.3 eingeführten und benutzten Bezeichnung $\delta(Q, W)$ statt $\mathrm{d}(Q, W)$.

Natürlich wiederholt das zunächst nur, was bereits während der phänomenologischen Einführung der Thermodynamik in Abschn. 33.3 über vollständige und unvollständige Differenziale bzw. über Zustands- und Prozessgrößen gesagt worden war. Die statistische Begründung der Thermodynamik führt aber die innere Energie auf diejenige Energie zurück, die den Teilchen oder allgemeiner den mikroskopischen Freiheitsgraden eines makroskopischen Systems aufgrund ihrer Bewegung und ihrer mikroskopischen Wechselwirkungen innewohnt. Dadurch wird eine tiefere Begründung möglich, welcher Unterschied zwischen Zustands- und Prozessgrößen besteht.

Zustands- und Prozessgrößen

Die makroskopischen *Zustandsgrößen* fassen innere, durch die mikroskopische Physik der Freiheitsgrade eines Systems gegebene Eigenschaften zusammen. Im Gegensatz dazu stellen *Prozessgrößen* dar, wie sich diese inneren Eigenschaften durch äußere Einflüsse ändern lassen. Zustandsgrößen hängen nicht von dem Prozess ab, durch den ein System in seinen Zustand gelangt ist, und kennzeichnen daher das System und seinen Zustand selbst. Prozessgrößen kennzeichnen dagegen den Übergang eines Systems von einem Zustand in einen anderen und hängen in der Regel davon ab, durch welchen Prozess dieser Übergang bewerkstelligt wird.

Als Prozessgrößen sind die kleinen Wärme- und Arbeitsmengen δQ und δW im Allgemeinen als unvollständige Differenziale zu verstehen: Sie sind zwar infinitesimal kleine Größen, aber in der Regel nicht als Ableitungen zweier Funktionen Q und W darstellbar. Die zwischen zwei Systemen ausgetauschte Wärme δQ bzw. die von einem System an einem anderen verrichtete mechanische Arbeit δW sind klarerweise nur während des jeweiligen Vorgangs definiert, aber nicht etwa als Unterschied zwischen zwei „Wärmemengen" Q_2 und Q_1 oder zwei „Arbeitsmengen" W_2 und W_1, die den wechselwirkenden Systemen vor bzw. nach dem jeweiligen Prozess zugeschrieben werden könnten.

Wir betonen an dieser Stelle noch einmal, dass die während eines endlichen Prozesses ausgetauschte Wärmemenge oder die gesamte dabei verrichtete mechanische Arbeit

$$Q_{12} = \int_1^2 \delta Q \quad \text{oder} \quad W_{12} = \int_1^2 \delta W \qquad (34.25)$$

gewöhnlich davon abhängen werden, entlang welchen Weges der Prozess von einem Zustand 1 zu einem anderen Zustand 2 geführt wird. Wenn allerdings während des Prozesses die äußeren Parameter a der Hamilton-Funktion konstant gehalten werden, sodass $\delta W = 0$ und $\delta Q = \mathrm{d}U$ gilt, muss Q_{12} von der Prozessführung unabhängig werden, weil $\mathrm{d}U$ ein vollständiges Differenzial ist. Entsprechendes gilt für W_{12}, wenn das betrachtete Gesamtsystem während der Prozessführung abgeschlossen bleibt, sodass $\delta Q = 0$ und daher $\delta W = \mathrm{d}U$ gelten.

Quasistatische Zustandsänderungen

Wenn sich die äußeren Parameter a ändern, die in die Hamilton-Funktion der mikroskopischen Freiheitsgrade eines makroskopischen Systems eingehen, werden sich in der Regel die Energien E_n der durch den Index n abgezählten Mikrozustände ändern. Wie genau das geschieht, wird gewöhnlich davon abhängen, wie schnell die Änderung der äußeren Parameter vonstatten geht. Wenn sie so langsam abläuft, dass das System nach jedem infinitesimal kleinen Schritt Gelegenheit hat, sein Gleichgewicht wieder zu finden, dann können wir während der gesamten Zustandsänderung annehmen, dass das System eine Folge von Gleichgewichtszuständen durchläuft. Wir haben solche Zustandsänderungen in Abschn. 33.3 bereits ein erstes Mal besprochen.

Zunächst bewirkt eine infinitesimale Änderung der äußeren Parameter a der Hamilton-Funktion $H(x)$ eine Änderung

$$\mathrm{d}H(x) = \frac{\partial H(x)}{\partial a}\mathrm{d}a \tag{34.26}$$

in der Hamilton-Funktion am Punkt x im Phasenraum, worin gegebenenfalls über alle relevanten Parameter zu summieren ist. Das System reagiert auf diese Änderung $\mathrm{d}H(x)$ aufgrund der Änderung $\mathrm{d}a$ der äußeren Parameter, indem es die Arbeit

$$\delta W(x) = \mathrm{d}H(x) = -\frac{\partial H(x)}{\partial a}\mathrm{d}a =: X(x)\mathrm{d}a \tag{34.27}$$

verrichtet, wobei wir die Größe $X(x)$ als sogenannte *verallgemeinerte Kraft*

$$X(x) := -\frac{\partial H(x)}{\partial a} \tag{34.28}$$

am Ort x im Phasenraum eingeführt haben.

Nun betrachten wir wieder ein Ensemble vieler gleichartiger abgeschlossener Systeme, deren äußere Zustandsparameter sich in derselben Weise ändern. Nach dem statistischen Grundpostulat gleicher A-priori-Wahrscheinlichkeiten aller Mikrozustände im Gleichgewicht eines abgeschlossenen Systems kommen in diesem Ensemble alle Mikrozustände mit gleicher Wahrscheinlichkeit vor, die überhaupt mit den makroskopischen Zustandsgrößen und den Parametern a verträglich sind. Dann erhalten wir die mittlere vom System verrichtete Arbeit als Produkt aus der mittleren verallgemeinerten Kraft X und der Änderung $\mathrm{d}a$ der äußeren Parameter,

$$\delta W = X\mathrm{d}a\,, \tag{34.29}$$

wobei die mittlere verallgemeinerte Kraft X durch eine Mittelung über alle zugänglichen Mikrozustände gegeben ist:

$$\begin{aligned} X &:= -\left\langle \frac{\partial H(x)}{\partial a} \right\rangle = -\int_\Gamma \frac{\partial H(x)}{\partial a} \delta_\mathrm{D}\left[H(x) - U\right] \mathrm{d}\Gamma(x) \\ &= -\int_\Gamma \frac{\partial H(x)}{\partial a} \mathrm{d}\mu(x)\,. \end{aligned} \tag{34.30}$$

Das Wahrscheinlichkeitsmaß $\mathrm{d}\mu(x)$ im Phasenraum wurde im Kasten „Vertiefung: Wahrscheinlichkeitsmaß im Phasenraum" in Abschn. 34.1 definiert.

Die vom oder am System verrichtete Arbeit lässt sich daher immer durch das Produkt aus einer verallgemeinerten Kraft X und einer Änderung $\mathrm{d}a$ eines äußeren Parameters der Hamilton-Funktion darstellen. Die verallgemeinerte Kraft ist durch ihre Definition (34.30) dem äußeren Parameter a konjugiert, auf dessen Veränderung das System mittels der verallgemeinerten Kraft reagiert.

Druck und mechanische Arbeit

Betrachten wir als ein instruktives Beispiel den Druck P eines Systems. Er ist die verallgemeinerte Kraft, die ein System einer Verkleinerung seines Volumens V entgegenstellt. Das Volumen nimmt in diesem Beispiel die Rolle des äußeren Parameters der Hamilton-Funktion ein. Wie hängt aber die Hamilton-Funktion vom Volumen ab?

Für klassische Teilchen eines idealen Gases in einem Kasten ist dieser Zusammenhang vielleicht nicht offensichtlich, weil die Hamilton-Funktion freier Teilchen das Volumen gar nicht zu enthalten scheint. Es tritt aber dadurch auf, dass die Teilchen durch ein Potenzial daran gehindert werden müssen, den Kasten zu verlassen. Dieses Potenzial ist innerhalb des Kastens konstant und springt an den Wänden des Kastens auf unendlich.

Wie sich daraus der Druck eines idealen Gases ergibt, wird am einfachsten in einer quantenmechanischen Betrachtung sichtbar. Der Einfachheit halber wollen wir annehmen, dass der Kasten ein Würfel mit der Kantenlänge L sei, sodass sein Volumen $V = L^3$ ist. Ein einatomiges Teilchen in einem solchen Kasten hat die Energieeigenwerte

$$E_n = \frac{\hbar^2 k_n^2}{2m}\,, \tag{34.31}$$

wobei die Wellenvektoren $\boldsymbol{k}_n$ aufgrund der Randbedingungen an den Kastenwänden die Bedingung

$$\boldsymbol{k}_n = \frac{\pi}{L}\boldsymbol{n}\,, \quad \boldsymbol{n} \in \mathbb{N}_0^3 \tag{34.32}$$

erfüllen müssen. Vergleichen Sie dazu die Diskussion in Abschn. 26.1 und die Aufgaben dazu. Verändern wir das Volumen, ändern sich die Energieeigenwerte um

$$\begin{aligned} \frac{\partial E_n}{\partial V} &= \frac{\partial E_n}{\partial \boldsymbol{k}_n}\frac{\partial \boldsymbol{k}_n}{\partial L}\frac{\partial L}{\partial V} = \left(\frac{\hbar^2 \boldsymbol{k}_n}{m}\right)\cdot\left(-\frac{\boldsymbol{k}_n}{L}\right)\left(\frac{L}{3V}\right) \\ &= -\frac{2E_n}{3V}\,. \end{aligned} \tag{34.33}$$

Integrieren wir diesen Ausdruck über alle verfügbaren Zustände und summieren über alle Teilchen, folgt

$$X = P = \frac{2}{3}\frac{U}{V}\,. \tag{34.34}$$

◄

Chemische Arbeit und chemisches Potenzial

Oft wird sich die innere Energie eines Systems ändern, wenn Teilchen hinzugefügt oder aus ihm entfernt werden. Diese Änderung wird durch die sogenannte chemische Arbeit beschrieben,

$$-\,\mathrm{d}U = \delta W_{\text{chem}} = \mu \delta N\,, \qquad (34.35)$$

wobei δN die Änderung der Teilchenzahl im System ist. Die hierbei auftretende verallgemeinerte Kraft μ heißt chemisches Potenzial (Abb. 34.6).

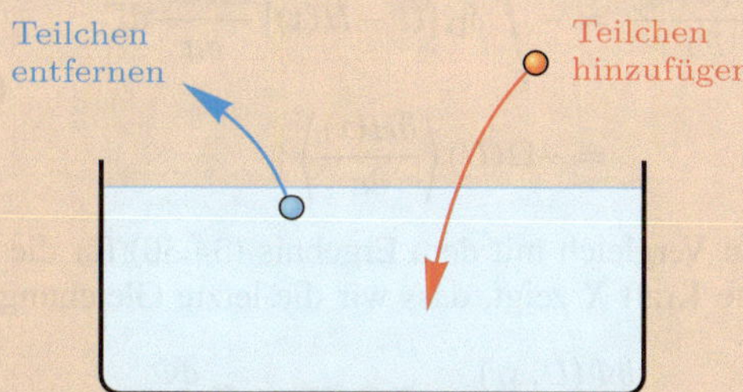

Abb. 34.6 Das chemische Potenzial gibt an, welche Arbeit aufgewendet werden muss, um einem System ein Teilchen hinzuzufügen oder ein Teilchen daraus zu entfernen

Besteht das System aus mehreren, insgesamt s Teilchensorten, deren Anzahlen sich alle ändern, ist die chemische Arbeit die Summe

$$\delta W_{\text{chem}} = \sum_{i=1}^{s} \mu_i \delta N_i\,. \qquad (34.36)$$

◂

Frage 3

Welche verallgemeinerte Kraft könnte zu einem Magnetfeld als äußerem Parameter gehören? (*Hinweis*: Vergleichen Sie die Definition (34.28) der verallgemeinerten Kraft mit den Aussagen über magnetische Wechselwirkung im Beispielkasten „Äußere Parameter der Hamilton-Funktion" in diesem Abschnitt.)

Reversible und irreversible Zustandsänderungen beim Wegfall äußerer Zwangsbedingungen

Wir haben bereits besprochen, wie makroskopische Systeme durch Wechselwirkungen zwischen ihren mikroskopischen Freiheitsgraden aus einem Nichtgleichgewichts- in einen Gleichgewichtszustand übergehen können. Für abgeschlossene Systeme haben wir das Grundpostulat der statistischen Physik formuliert, dem zufolge jeder der dem System überhaupt zugänglichen Mikrozustände mit gleicher Wahrscheinlichkeit angenommen werden kann, wenn das System sich im Gleichgewicht befindet. Umgekehrt ist es nicht im Gleichgewicht, wenn es sich mit verschiedener Wahrscheinlichkeit in verschiedenen Teilen des ihm zugänglichen Bereichs des mikroskopischen Zustandsraumes aufhält.

Betrachten wir ein abgeschlossenes System, das bestimmten Zwängen unterliegt. Diese Zwänge werden dadurch dargestellt, dass einige oder alle makroskopischen Zustandsgrößen auf bestimmte Werte eingestellt und dort festgehalten werden.

Wegfall eines mechanischen Zwanges

Als Beispiel kann wieder das thermisch abgeschlossene Volumen V dienen, das durch eine gleichfalls thermisch isolierende, bewegliche, aber vorerst arretierte Wand in zwei Teilvolumina $V_1 < V$ und $V_2 = V - V_1$ unterteilt ist. Zur Abwechslung seien beide Teilvolumina gasgefüllt und jeweils separat im thermischen Gleichgewicht.

Nun werde die Arretierung der Wand so gelöst, dass sie sich wie ein Kolben hin und her bewegen kann, aber die thermische Isolierung bleibe bestehen. Unmittelbar nachdem die Arretierung gelöst wurde, wird das Gesamtsystem in der Regel nicht mehr im Gleichgewicht sein, weil sich der ihm zugängliche Bereich des mikroskopischen Zustandsraumes vergrößert hat: Dadurch, dass die Wand nun verschoben werden kann, kann das System Mikrozustände einnehmen, die ihm vorher unzugänglich waren. Erst nach einiger Zeit wird es wieder einen makroskopischen Gleichgewichtszustand erreichen, in dem nun die Trennwand wieder in Ruhe, aber in einer veränderten Lage sein wird. ◂

Äußere Zwangsbedingungen an das System, die in der Thermodynamik und in der statistischen Physik üblicherweise als *Hemmungen* bezeichnet werden, können allgemein dadurch formuliert werden, dass eine oder mehrere der makroskopischen Zustandsgrößen y_i auf bestimmte Werte festgelegt werden. Der Wegfall einer Hemmung bedeutet eine Änderung dieser makroskopischen Zustandsgrößen. Wie im obigen Beispiel vergrößert sich dadurch in der Regel die Anzahl der zugänglichen Mikrozustände, $\Omega_{\text{final}} > \Omega_{\text{initial}}$, weil das System nach dem Wegfall von Hemmungen typischerweise weniger eingeschränkt ist als vorher, sicher aber nicht eingeschränkter.

Auch solche äußeren Zustandsänderungen sind denkbar, durch die sich die Anzahl zugänglicher Mikrozustände nicht ändert, obwohl Hemmungen wegfallen.

Unverändertes Phasenraumvolumen

Betrachten wir als Beispiel wieder das abgeschlossene Gesamtvolumen von vorhin, das aber nun zuerst vollständig mit Gas gefüllt und ins Gleichgewicht gebracht wird, bevor die isolierende Wand eingeschoben wird. Das System als Ganzes wird nun nicht mehr verändert, wenn wir die Wand wieder entfernen. In diesem Fall wird trotz des Wegfalls der Hemmung die Anzahl zugänglicher Zustände unverändert bleiben, $\Omega_{\text{final}} = \Omega_{\text{initial}}$. ◀

Wir folgern daraus, dass die Anzahl der einem abgeschlossenen System zugänglichen Mikrozustände nicht abnehmen kann, wenn es von einem Gleichgewichtszustand in einen anderen übergeht, nachdem vorherige Hemmungen wegfallen:

$$\Omega_{\text{final}} \geq \Omega_{\text{initial}} \,. \tag{34.37}$$

Die beiden diskutierten Beispiele unterscheiden sich grundlegend: Im ersten Fall konnten sich die beiden gasgefüllten Teilvolumina ändern, nachdem ein äußerer Zwang aufgehoben wurde, der in der Arretierung der Trennwand bestanden hatte. Dieses System wird nicht spontan in seinen Ausgangszustand zurückkehren können, denn dazu müsste es sich spontan aus solchen Zuständen seines mikroskopischen Zustandsraumes zurückziehen, die ihm überhaupt erst dadurch zugänglich wurden, dass die Trennwand beweglich wurde.

Im zweiten Fall dagegen hängt der Zustand des Gesamtsystems gar nicht davon ab, ob die Wand eingesetzt ist oder nicht. Wenn sie entfernt und dann wieder eingeschoben wird, kehrt das System in seinen Ausgangszustand zurück. Der erste Vorgang ist demnach irreversibel, der zweite reversibel. Zusammen mit dem Befund (34.37) können wir diese Feststellung präzisieren.

Reversible und irreversible Zustandsänderungen

Beim Wegfall äußerer Hemmungen eines abgeschlossenen Systems bleibt die Anzahl zugänglicher Mikrozustände gleich, oder sie nimmt zu. Die dadurch eingeleitete Zustandsänderung des Systems ist reversibel, wenn sich die Anzahl der ihm zugänglichen Mikrozustände nicht verändert, und irreversibel, wenn sie zunimmt.

Wir können diese Präzisierung noch etwas weiter treiben. Betrachten wir das Phasenraumvolumen $\Phi(U, x_i)$, das durch diejenigen Zustände x im Phasenraum definiert ist, deren Energie höchstens gleich U ist, $H(x) \leq U$, und deren Hamilton-Funktion von den äußeren Parametern a abhängt. Ändern sich die innere Energie und diese Parameter um die Beträge $\mathrm{d}U$ und $\mathrm{d}a$, ändert sich Φ um den Betrag

$$\mathrm{d}\Phi = \frac{\partial \Phi}{\partial U}\mathrm{d}U + \frac{\partial \Phi}{\partial a}\mathrm{d}a \,, \tag{34.38}$$

wobei gegebenenfalls über alle relevanten äußeren Parameter a zu summieren ist. Wir haben bereits in (34.13) gesehen, dass die Ableitung

$$\frac{\partial \Phi}{\partial U} = \Omega(U) \tag{34.39}$$

gerade gleich dem Phasenraumvolumen auf der Energieschale U ist. Mithilfe der Stufenfunktion $\Theta\,[U - H(x)]$ können wir

$$\Phi(U, a) = \int_\Gamma \Theta\,[U - H(x)]\,\mathrm{d}\Gamma \tag{34.40}$$

schreiben, sodass die Ableitung nach a

$$\begin{aligned} \frac{\partial \Phi(U, x_k)}{\partial a} &= -\int_\Gamma \delta_{\mathrm{D}}\,[U - H(x)]\,\frac{\partial H(x)}{\partial a}\mathrm{d}\Gamma \\ &= -\Omega(U)\left\langle \frac{\partial H(x)}{\partial a} \right\rangle \end{aligned} \tag{34.41}$$

ergibt. Ein Vergleich mit dem Ergebnis (34.30) für die verallgemeinerte Kraft X zeigt, dass wir die letzte Gleichung in der Form

$$\frac{\partial \Phi(U, x_k)}{\partial a} = X\,\Omega(U) = X\,\frac{\partial \Phi}{\partial U} \tag{34.42}$$

schreiben können, wobei im letzten Schritt noch (34.39) verwendet wurde.

Nun haben wir Wärme als diejenige Prozessgröße definiert, durch die sich die innere Energie *ohne* Änderung der äußeren Parameter a ändert. Umgekehrt sind adiabatische Prozesse solche, von denen jene Prozesse *ausgeschlossen* sind, die ohne Änderung der äußeren Parameter a ablaufen. Für adiabatische Prozesse muss daher

$$\mathrm{d}U = \left\langle \frac{\partial H(a)}{\partial a} \right\rangle \mathrm{d}a = -X\delta a \tag{34.43}$$

gelten. Setzen wir nun (34.43) zusammen mit (34.42) in (34.38) ein, folgt

$$\mathrm{d}\Phi = 0 \tag{34.44}$$

bei adiabatischen Prozessen.

Diese Betrachtung setzt allerdings voraus, dass die Ableitungen $\partial\Phi/\partial U$ und $\partial\Phi/\partial a$ überhaupt existieren, die wir in (34.38) verwendet haben. Bei irreversiblen Prozessen ist dies nicht mehr der Fall, wie das Beispiel des Gases zeigt, das sich nach Entfernung einer Trennwand vom Teilvolumen V_1 auf das Volumen $V > V_1$ ausdehnt. Dabei nimmt das integrierte Phasenraumvolumen Φ sprunghaft zu, d. h. auf eine nicht differenzierbare Weise.

Phasenraumvolumen bei reversiblen und irreversiblen, adiabatischen Prozessen

Wir schließen aus dieser Überlegung, dass bei adiabatisch-*reversiblen* Prozessen das Phasenraumvolumen konstant bleibt, während es bei adiabatisch-*irreversiblen* Prozessen anwächst.

Zustandsgrößen im Gleichgewicht

Nehmen wir an, die Zustandsgrößen y_i seien zunächst auf Werte w_i eingestellt, $y_i = w_i$, und das abgeschlossene System befinde sich im Gleichgewicht. Nun werde einer der Zustandsgrößen, sagen wir y_k, erlaubt, sich innerhalb bestimmter Grenzen frei zu verändern. Dadurch wird das System in einen neuen Gleichgewichtszustand übergehen, in dem in der Regel $\Omega_{\text{final}} > \Omega_{\text{initial}}$, sicher aber $\Omega_{\text{final}} \geq \Omega_{\text{initial}}$ sein wird, da Hemmungen wegfallen. Die Wahrscheinlichkeit, für die Zustandsgröße y_k ihren vorigen Wert w_k zu messen, ist nach dem Wegfall der Hemmung proportional zur Anzahl der zugänglichen Mikrozustände, in denen y_k den Wert w_k annehmen kann,

$$p(w_k) \propto \Omega(y_k = w_k)\,, \tag{34.45}$$

weil im Gleichgewicht eines abgeschlossenen Systems alle zugänglichen Mikrozustände mit gleicher Wahrscheinlichkeit eingenommen werden können.

In einem großen Ensemble gleichartiger, abgeschlossener Systeme wird daher mit größter Wahrscheinlichkeit derjenige Wert der Zustandsgröße y_k gemessen, der mit der größten Zahl zugänglicher Mikrozustände verträglich ist und der daher am häufigsten realisiert wird. Wir können also aus dem statistischen Grundpostulat folgern, dass sich die Zustandsgrößen eines abgeschlossenen Systems dahin entwickeln werden, dass die Anzahl der dadurch zugelassenen, zugänglichen Mikrozustände maximal wird. Aus dem statistischen Grundpostulat folgt also direkt ein Extremalprinzip.

Extremalprinzip

Im Gleichgewicht eines abgeschlossenen, makroskopischen Systems werden sich diejenigen Werte der makroskopischen Zustandsgrößen einstellen, mit denen die größtmögliche Anzahl zugänglicher Mikrozustände verträglich ist.

34.2 Statistische Definition der absoluten Temperatur

Die absolute Temperatur

Stellen wir uns nun wieder zwei makroskopische Systeme vor, die *gemeinsam* gegenüber ihrer Umwelt abgeschlossen sind und keine mechanische Arbeit aneinander verrichten, aber miteinander in thermischen Kontakt gebracht werden (Abb. 34.7). Wenn sie nicht schon im thermischen Gleichgewicht waren, werden sie sich dorthin entwickeln. Die Gesamtenergie $U = U_1 + U_2$ bleibt dabei wegen der Isolierung konstant, aber die beiden Anteile U_1 und $U_2 = U - U_1$ der inneren Energie, die auf jedes

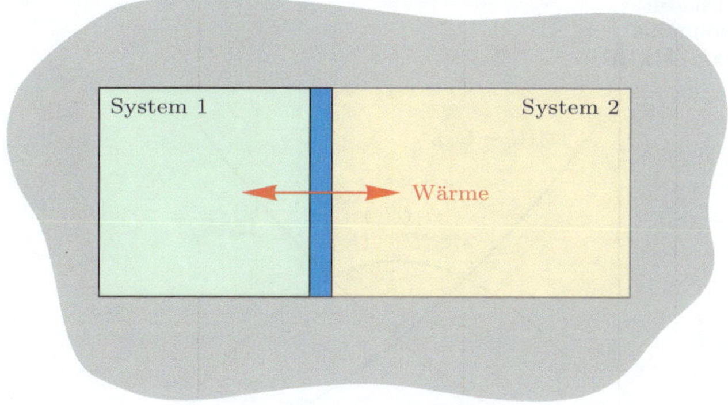

Abb. 34.7 Zwei gemeinsam abgeschlossene Systeme werden thermisch miteinander verbunden und gehen daraufhin in thermisches Gleichgewicht über

der beiden Systeme entfallen, können sich ändern, bis das thermische Gleichgewicht zwischen den beiden Systemen erreicht ist. Da die Gesamtenergie U erhalten bleiben muss, kann jedes der beiden Systeme seine Energie nur gegengleich zum jeweils anderen System ändern.

Wiederholen wir an diesem Beispiel die obige, abstraktere Diskussion. Zunächst seien beide Systeme auch voneinander thermisch abgeschlossen, aber jeweils im Gleichgewicht. Indem wir sie in thermischen Kontakt bringen, erlauben wir jedem der beiden Systeme, seine Energie zu ändern, wobei die beiden Systeme aber gemeinsam garantieren müssen, dass die Gesamtenergie konstant bleibt. Aus der Sicht eines der beteiligten Systeme, das wir das System 1 nennen, ist zunächst die Zustandsgröße U_1 konstant. Durch den thermischen Kontakt wird diese Hemmung entfernt, sodass U_1 nunmehr variieren darf. Nach einer gewissen Zeit wird ein neuer Gleichgewichtszustand erreicht werden. Er wird dadurch gekennzeichnet sein, dass U_1 einen Wert annimmt, der die Anzahl der zugänglichen Zustände maximiert.

Da wir keine weiteren äußeren Parameter in die Betrachtung einbeziehen, können wir die Anzahl zugänglicher Mikrozustände allein als Funktion der Energie U_1 auffassen, $\Omega = \Omega(U_1)$. Wir müssen allerdings berücksichtigen, dass wir die Anzahl der Zustände abzählen müssen, die *beiden* Systemen zugänglich sind, weil beide Systeme gemeinsam abgeschlossen sind. Für jeden Zustand, den das erste System unter der Vorgabe der Energie U_1 einnehmen kann, kann das zweite System alle diejenigen Zustände einnehmen, die mit $U_2 = U - U_1$ verträglich sind. Also muss

$$\Omega(U) = \Omega_1(U_1)\Omega_2(U - U_1) \tag{34.46}$$

sein. Wegen (34.45) bedeutet das nichts anderes, als dass die Wahrscheinlichkeit, das Gesamtsystem in einem Zustand zu finden, in dem sich die Gesamtenergie U in die Teile U_1 und $U-U_1$ aufteilt, gleich dem Produkt der Wahrscheinlichkeiten ist, dass das eine Teilsystem die Energie U_1 und das andere die Energie $U - U_1$ hat.

Teil IV

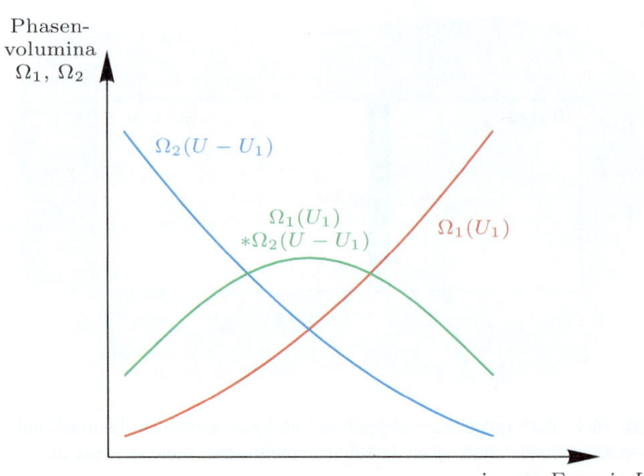

Abb. 34.8 Zwischen zwei gemeinsam abgeschlossenen Systemen stellt sich Gleichgewicht so ein, dass das Produkt der Phasenraumvolumina maximal wird

Die Aufteilung der Energie im thermischen Gleichgewicht geschieht also so, dass das Produkt (34.46) bezüglich U_1 maximiert wird (Abb. 34.8). Wir haben aber bereits gesehen, dass $\Omega(U)$ *extrem* steil mit U zunehmen und proportional zur sehr großen Anzahl der Freiheitsgrade sein muss. Demnach wird das Produkt (34.46) nahe seines Maximums eine sehr große Zahl sein. Schon deswegen empfiehlt es sich, statt des Phasenraumvolumens Ω dessen natürlichen Logarithmus zu verwenden. Zudem würde man gern anstelle des Produkts der beiden Phasenraumvolumina in (34.46) eine additive Größe einführen, was ebenfalls durch den Logarithmus gewährleistet wird. Wir ersetzen also (34.46) durch

$$\ln \Omega(U) = \ln \Omega_1(U_1) + \ln \Omega_2(U - U_1) . \tag{34.47}$$

Da der Logarithmus streng monoton wächst, wird Ω dort maximal sein, wo auch $\ln \Omega$ maximal ist. Wir bestimmen also U_1 so, dass gilt:

$$\begin{aligned} 0 &= \frac{\partial \ln \Omega}{\partial U_1} \\ &= \left.\frac{\partial \ln \Omega_1(U')}{\partial U'}\right|_{U'=U_1} - \left.\frac{\partial \ln \Omega_2(U')}{\partial U'}\right|_{U'=U-U_1} . \end{aligned} \tag{34.48}$$

Weiterhin wird, wenn U_1 zunimmt, der erste Faktor in (34.46) sehr schnell zu-, der zweite aber sehr schnell abnehmen. Deswegen müssen die beiden Faktoren ein äußerst scharfes Maximum definieren.

Bedingung für thermisches Gleichgewicht

Führen wir die Bezeichnung

$$\beta(U) := \left.\frac{\partial \ln \Omega(U')}{\partial U'}\right|_{U'=U} \tag{34.49}$$

ein, nimmt die Bedingung (34.48) für thermisches Gleichgewicht folgende Form an:

$$\beta_1(U_1) = \beta_2(U - U_1) . \tag{34.50}$$

Wegen (34.16) gilt im Fall eines idealen Gases

$$\beta = \frac{\partial \ln \Omega}{\partial U} \approx \frac{f}{2}\frac{\partial \ln U}{\partial U} = \frac{f}{2U} , \tag{34.51}$$

sodass $\beta(U)$ wie $1/U$ abnimmt, wenn U zunimmt.

Phänomenologisch wurde die Temperatur T gerade dazu eingeführt, um den Zustand thermischen Gleichgewichts zwischen zwei Systemen zu kennzeichnen. Demnach sind zwei Systeme genau dann im thermischen Gleichgewicht, wenn ihre Temperaturen übereinstimmen.

Wie wir bereits während der phänomenologischen Begründung der Thermodynamik gesehen haben, stiftet thermisches Gleichgewicht eine Äquivalenzrelation auf der Menge der makroskopischen Zustände physikalischer Systeme. Mathematisch gesprochen, teilen Äquivalenzrelationen Mengen auf eine Weise in Äquivalenzklassen ein, die durch drei Eigenschaften gekennzeichnet ist:

(a) Jedes Element der Menge ist mit sich selbst äquivalent (Reflexivität).
(b) Wenn ein Element A zu einem Element B äquivalent ist, dann ist auch B zu A äquivalent (Symmetrie).
(c) Wenn das Element A zu dem Element B äquivalent ist, ebenso B zu einem dritten Element C, dann ist auch A zu C äquivalent (Transitivität).

Frage 4

Machen Sie sich klar, dass jede Temperaturmessung und jeder Temperaturvergleich gerade die mathematischen Eigenschaften einer Äquivalenzrelation ausnützt.

Diese phänomenologisch eingeführte Äquivalenzrelation muss gerade durch die Bedingung (34.50) reproduziert werden. Dem Ergebnis (34.51) zufolge ist die Größe β zumindest für das ideale Gas proportional zu U^{-1}. Die Temperatur sollte aber mit zunehmender innerer Energie zunehmen, sodass wir sinnvollerweise β proportional zum Kehrwert der Temperatur annehmen, $\beta \propto T^{-1}$.

Achtung Streng genommen können wir hier nur schließen, dass β eine monoton fallende Funktion der Temperatur sein muss. Im Zug der statistischen Interpretation der Entropie in Abschn. 34.3 wird deutlich, dass β proportional zum Kehrwert der Temperatur gewählt werden muss, um die phänomenologische mit der statistischen Definition der Entropie in Einklang zu bringen. ◀

Da Ω mit U in der Regel sehr steil zunimmt, ist β normalerweise positiv, und damit ist es auch die Temperatur, $T \geq 0$. Negative absolute Temperaturen können offenbar nur dann auftreten, wenn aufgrund spezieller äußerer Umstände die Anzahl zugänglicher Zustände mit der Energie abnimmt. Solche Situationen sind möglich und vielleicht sogar weniger außergewöhnlich, als man glauben möchte. Darüber geben zwei Beispiele Auskunft.

Negative absolute Temperaturen

Gleichung (34.49) zeigt, dass negative absolute Temperaturen durchaus sinnvoll auftreten können, wenn einem System bei wachsender Energie eine *abnehmende* Zahl von Zuständen im Phasenraum zur Verfügung stehen. Dies erfordert insbesondere, dass das Energiespektrum eines Systems einen endlichen oberen Grenzwert hat.

Ein inzwischen alltägliches Beispiel für eine solche Situation ist ein Laser, dessen Medium gerade dadurch gekennzeichnet ist, dass Zustände höherer Energie häufiger als solche niedrigerer Energie besetzt sind. Bei einer solchen *Besetzungszahlinversion* nimmt die Anzahl zugänglicher Zustände immer weiter ab, je mehr Atome oder Moleküle des Lasers sich im Zustand höherer Energie befinden.

Ein weiteres Beispiel ist ein System aus Magnetnadeln, die paarweise durch ihre magnetischen Momente so miteinander wechselwirken, dass die Wechselwirkungsenergie dann am größten ist, wenn beide Nadeln in dieselbe Richtung zeigen. Die größtmögliche Energie wird dann erreicht, wenn die Magnetnadeln alle parallel ausgerichtet sind, wofür dem System genau ein Zustand zur Verfügung steht.

Da Systeme mit $T < 0$ wegen der Besetzungszahlinversion *mehr* innere Energie enthalten als solche mit $T > 0$, sind sie in diesem Sinn *heißer* als Systeme mit $T > 0$. Bringt man ein System mit $T < 0$ mit einem System mit $T > 0$ in Kontakt, fließt daher Wärme vom System mit negativer zum System mit positiver Temperatur. In solchen Systemen, in denen negative absolute Temperaturen auftreten können, nimmt die Temperatur mit der inneren Energie zunächst zu, springt von $+\infty$ auf $-\infty$ und steigt dann weiter gegen $-0\,\mathrm{K}$ an.

Eine eingehendere Diskussion negativer absoluter Temperaturen finden Sie z. B. bei Kittel und Krömer (1984). ◀

Da es, zumindest im Prinzip, möglich ist, die Anzahl der Zustände abzuzählen, die einem abgeschlossenen System bei vorgegebener Energie zugänglich sind, kann $\Omega(U)$ bestimmt werden, und damit auch β.

Offenbar muss β die Dimension einer reziproken Energie haben. Deswegen führt man die Proportionalitätskonstante k_B mit der Dimension Energie pro Temperatur ein,

$$k_B \approx 1{,}3807 \cdot 10^{-23}\,\frac{\mathrm{J}}{\mathrm{K}}, \tag{34.52}$$

die wir bereits in Abschn. 33.5 unter dem Namen Boltzmann-Konstante kennengelernt haben. Dadurch ergibt sich der Zusammenhang

$$\beta = \frac{1}{k_B T} \tag{34.53}$$

zwischen dem Parameter β und der absoluten Temperatur T. Obwohl sie eine reziproke thermische Energie bezeichnet, wird die Größe β oft auch reziproke Temperatur genannt.

Frage 5

Wir haben in Abschn. 33.5 gesehen, dass die Existenz einer absoluten Temperaturskala bereits aus der idealen Gasgleichung folgt. Kombinieren Sie das Endergebnis aus dem Beispielkasten „Druck und mechanische Arbeit" in Abschn. 34.1 mit (34.51), um sich zu überzeugen, dass die hier statistisch abgeleitete absolute Temperaturskala mit der empirisch definierten übereinstimmt.

Absolute Temperaturskala

Daher legt die Definition (34.49) bzw. die Beziehung (34.53) eine *absolute Temperaturskala* fest, die in Kelvin (K) gemessen wird. Der Kehrwert der absoluten Temperatur kennzeichnet die Ableitung von $\ln\Omega$ nach der inneren Energie:

$$\frac{1}{k_B T} = \frac{\partial \ln\Omega}{\partial U}\,. \tag{34.54}$$

Die absolute Temperatur gibt demnach an, wie sehr sich das Phasenraumvolumen eines Systems mit seiner inneren Energie ändert. Je höher die Temperatur ist, umso weniger nimmt die Anzahl der zugänglichen Mikrozustände mit der Energie zu (Kittel & Krömer 1984).

Physikalische Eigenschaften im thermischen Gleichgewicht

Wir untersuchen nun, welche physikalischen Eigenschaften im Gleichgewicht aus der statistisch begründeten Bedingung folgen, dass Gleichgewicht zwischen zwei Systemen dann erreicht wird, wenn das gemeinsame Phasenraumvolumen der beiden Systeme maximal wird. Aus (34.49) und (34.51) folgt am Beispiel eines idealen Gases

$$\beta \approx \frac{\mathcal{F}}{2U}, \quad \frac{k_B T}{2} \approx \frac{U}{\mathcal{F}}\,. \tag{34.55}$$

Das bedeutet, dass die Energie *pro Freiheitsgrad* im Gleichgewicht von der Größenordnung $k_\mathrm{B}T/2$ sein wird. Eine genauere Aussage darüber wird der Gleichverteilungssatz erlauben, den wir in Abschn. 36.2 herleiten werden.

Bringen wir zwei Systeme mit leicht verschiedenen Temperaturen in Kontakt, nimmt Ω einerseits insgesamt nicht ab. Wenn die beiden Systeme vorher die Energien $U_{1,\mathrm{initial}}$ und $U - U_{1,\mathrm{initial}}$ haben und nachher die Energien $U_{1,\mathrm{final}}$ und $U - U_{1,\mathrm{final}}$ annehmen, gilt andererseits

$$\begin{aligned}
&\ln \Omega_\mathrm{final} - \ln \Omega_\mathrm{initial} \\
&\quad = (\ln \Omega_{1,\mathrm{final}} + \ln \Omega_{2,\mathrm{final}}) \\
&\qquad - (\ln \Omega_{1,\mathrm{initial}} + \ln \Omega_{2,\mathrm{initial}}) \\
&\quad = \left.\frac{\partial \ln \Omega_1(U')}{\partial U'}\right|_{U'=U_{1,\mathrm{initial}}} (U_{1,\mathrm{final}} - U_{1,\mathrm{initial}}) \\
&\qquad + \left.\frac{\partial \ln \Omega_2(U')}{\partial U'}\right|_{U'=U-U_{1,\mathrm{initial}}} (U_{1,\mathrm{initial}} - U_{1,\mathrm{final}}) \\
&\quad = (\beta_1 - \beta_2)\delta Q \geq 0\,,
\end{aligned} \tag{34.56}$$

wenn $\delta Q = U_{1,\mathrm{final}} - U_{1,\mathrm{initial}}$ eine kleine Wärmemenge bezeichnet, die in das System 1 fließt. Demzufolge kann das System 1 Wärme aufnehmen, $\delta Q > 0$, wenn $\beta_1 > \beta_2$ oder $T_1 < T_2$ ist. Wärme fließt demnach vom wärmeren zum kälteren System, wodurch die Konsistenz der absoluten Temperaturdefinition (34.49) mit der Definition bekräftigt wird, die in der phänomenologischen Thermodynamik eingeführt worden war.

Gleichung (34.48) folgend haben wir oben argumentiert, dass das Maximum im Produkt (34.46) der Zustandszahlen extrem scharf sein müsse. Da die Energie U_1 eines Systems im thermischen Kontakt mit einem anderen nach der Einstellung thermischen Gleichgewichts durch die Lage des Maximums von Ω bestimmt wird, interessiert uns, wie genau die innere Energie durch dieses Maximum festgelegt wird, d. h. wie scharf dieses Maximum von Ω bestimmt sein wird. Dazu führen wir zunächst folgende Abkürzungen ein: Sei $\tilde{U}$ die Lage des Maximums,

$$\Delta U := U_1 - \tilde{U} \tag{34.57}$$

die Abweichung der Energie U_1 von der Lage des Maximums und

$$\lambda := -\frac{\partial^2 \ln \Omega}{\partial U^2} \tag{34.58}$$

die negative zweite Ableitung von $\ln \Omega$ nach U. Dann entwickeln wir $\ln \Omega$ um das Maximum in eine Taylor-Reihe bis zur zweiten Ordnung in ΔU und verwenden dabei

$$\ln \Omega(U) \approx \ln \Omega(\tilde{U}) + \beta \Delta U - \frac{\lambda}{2}\Delta U^2 \tag{34.59}$$

für jeden der beiden Faktoren in (34.46). Diese Entwicklung ist sinnvoll, weil das Maximum in $\ln \Omega$ sehr scharf ist und daher höchstens kleine Abweichungen von U um seinen Gleichgewichtswert auftreten werden. Damit erhalten wir

$$\begin{aligned}
&\ln\left[\Omega_1(U_1)\Omega_2(U - U_1)\right] \\
&\quad \approx \ln\left[\Omega_1(\tilde{U})\Omega_2(U - \tilde{U})\right] \\
&\qquad + (\beta_1 - \beta_2)\Delta U - \frac{\Delta U^2}{2}(\lambda_1 + \lambda_2)\,.
\end{aligned} \tag{34.60}$$

Im Gleichgewicht ist $\beta_1 = \beta_2$, weshalb dann der lineare Term verschwindet. Setzen wir $\lambda := \lambda_1 + \lambda_2$, folgt

$$\ln \Omega(U_1) \approx \ln \Omega(\tilde{U}) - \frac{\lambda}{2}\Delta U^2 \tag{34.61}$$

oder

$$\Omega(U_1) \approx \Omega(\tilde{U}) \exp\left[-\frac{\lambda}{2}(U_1 - \tilde{U})^2\right]. \tag{34.62}$$

Wir sehen daran zweierlei. Erstens nimmt $\Omega(U_1)$ in der Nähe des Maximums bei $U_1 = \tilde{U}$ die Form einer Gauß-Verteilung an. Die mittlere Energie $\bar{U}_1$ wird im Gleichgewicht also genau gleich $\tilde{U}$ sein. Zweitens hat diese Gauß-Funktion die Breite

$$\sigma = \frac{1}{\sqrt{\lambda}} = \left(\frac{\partial^2 \ln \Omega(U)}{\partial U^2}\right)^{-1/2}, \tag{34.63}$$

die wir mithilfe von (34.16) bzw. (34.55) abschätzen können:

$$\lambda = -\frac{\partial \beta}{\partial U} \approx \frac{f}{U^2}\,, \quad \sigma \approx \frac{U}{\sqrt{f}}\,. \tag{34.64}$$

Die relative Abweichung der mittleren Energie $\bar{U}_1$ vom Maximum $\tilde{U}$ ist demnach

$$\frac{|\bar{U}_1 - \tilde{U}|}{\tilde{U}} \approx \frac{\sigma}{\tilde{U}} \approx \frac{1}{\sqrt{f}}\,, \tag{34.65}$$

was wegen der großen Anzahl der Freiheitsgrade eine extrem kleine Zahl ist.

Fluktuationen der inneren Energie im Gleichgewicht

Im thermischen Gleichgewicht wird ein makroskopisches System daher mit fantastischer Genauigkeit die Energie einnehmen, die der Lage des Maximums von Ω entspricht. Im thermodynamischen Limes einer unendlichen Anzahl von Freiheitsgraden verschwinden Fluktuationen der Energie um diesen Mittelwert völlig.

Eine weitere Schlussfolgerung können wir aus (34.59) ziehen. Diese Gleichung beschreibt nur dann ein Maximum, wenn $\lambda > 0$ ist. Das bedeutet, dass

$$-\frac{\partial \beta}{\partial U} > 0 \quad \text{oder} \quad \frac{1}{k_\mathrm{B}T^2}\frac{\partial T}{\partial U} > 0\,. \tag{34.66}$$

Die Temperatur eines Systems im Gleichgewicht muss daher mit seiner inneren Energie zunehmen. Gleichgewichtsbedingungen und ihre Stabilität werden in Abschn. 35.2 und 35.7 näher betrachtet.

Teil IV

34.3 Statistische Definition der Entropie

Definition

Wir haben in Abschn. 34.2 gesehen, dass das Phasenraumvolumen Ω, das die Anzahl der zugänglichen Mikrozustände eines Systems quantifiziert, die folgenden Eigenschaften hat: Es bleibt bei adiabatisch-reversiblen Zustandsänderungen gleich und nimmt bei adiabatisch-irreversiblen oder nichtadiabatischen Vorgängen zu. Das erinnert an die Entropie, die wir in der phänomenologischen Thermodynamik eingeführt haben. Ein wesentlicher Unterschied ist allerdings, dass das Phasenraumvolumen Ω zweier miteinander in Kontakt stehender Systeme multiplikativ ist, wie beispielsweise (34.46) zeigt: Die Anzahl der Mikrozustände, die zwei verbundenen Systemen zugänglich sind, ergibt sich daraus, dass die Anzahlen der zugänglichen Mikrozustände der beiden einzelnen Systeme miteinander multipliziert werden. Als extensive Größe ist die phänomenologische Entropie jedoch additiv.

Aufgrund dieser Ergebnisse identifizieren wir nun versuchsweise eine statistisch definierte *Entropie* $\tilde{S}$ mit dem Logarithmus des Phasenraumvolumens Ω. Präziser setzen wir die Entropie proportional zu $\ln\Omega$ an und wählen die schon bekannte Boltzmann-Konstante als Proportionalitätsfaktor,

$$\tilde{S} := k_\mathrm{B} \ln \Omega\,, \tag{34.67}$$

um der Entropie $\tilde{S}$ die Dimension Energie/Temperatur mit der Einheit $\mathrm{J\,K^{-1}}$ zu geben, die sie aufgrund ihrer phänomenologischen Definition braucht.

Achtung Beachten Sie, dass hinter dieser vorläufigen Identifikation zwei Annahmen stecken. Die eine besagt, dass die Entropie dem Logarithmus des Phasenraumvolumens proportional sei, die andere besagt, dass der Proportionalitätsfaktor gerade gleich der Boltzmann-Konstante sei. Beide Annahmen müssen wir prüfen. ◀

Demnach gibt diese statistisch definierte Entropie $\tilde{S}$ an, wieviele Zustände einem abgeschlossenen System unter den gegebenen Bedingungen zugänglich sind. Sie als ein „Maß für die Unordnung" zu bezeichnen, ist zumindest irreführend. Als ein Maß für die Anzahl zugänglicher Mikrozustände bei vorgegebenem Makrozustand könnte man sie mit größerem Recht als ein Maß für die „Gestaltenfülle" eines Systems ansehen, also für die verschiedenen Realisierungen, die einem System unter gleichen äußeren Bedingungen zur Verfügung stehen.

Gemäß der Zuordnung (34.67) erhalten wir aus der Beziehung (34.49) für die reziproke thermische Energie β zunächst den Zusammenhang

$$\frac{1}{T} = \frac{\partial \tilde{S}}{\partial U} \tag{34.68}$$

zwischen der statistisch definierten Entropie $\tilde{S}$ und der absoluten Temperatur T eines abgeschlossenen Systems: Je geringer die Temperatur ist, umso steiler nimmt die Entropie mit der inneren Energie zu. Aus diesem Ergebnis wird auch ersichtlich, dass die Boltzmann-Konstante als Proportionalitätskonstante zwischen $\tilde{S}$ und $\ln\Omega$ auftreten muss, damit die absolute Temperatur auch in der statistischen Interpretation der Entropie ihre Bedeutung behält.

Wie wir in (34.37) gesehen haben, nimmt die Anzahl der zugänglichen Mikrozustände zumindest nicht ab, wenn ein abgeschlossenes System durch den Wegfall von Hemmungen von einem früheren in ein neues Gleichgewicht übergeht. Verläuft dieser Vorgang reversibel, bleibt diese Anzahl gleich, anderenfalls nimmt sie zu. Dasselbe folgt nun aufgrund unserer Identifikation (34.67) für die Entropie,

$$\Delta\tilde{S} \geq 0\,. \tag{34.69}$$

Wechselwirkung ohne Arbeit

Die Entropie eines abgeschlossenen Systems wird von seiner Energie und den äußeren Parametern a abhängen, die in die Hamilton-Funktion des Systems eingehen. Wenn allein Wärme ausgetauscht wird, bleibt a unverändert, keine Arbeit wird verrichtet, $\delta W = 0$, und nach dem ersten Hauptsatz ist $\mathrm{d}U = \delta Q$. Wegen (34.68) ist dann bei einer solchen Zustandsänderung

$$\mathrm{d}\tilde{S} = \frac{\partial \tilde{S}}{\partial U}\mathrm{d}U = \frac{\mathrm{d}U}{T} = \frac{\delta Q}{T}\,. \tag{34.70}$$

Dies stimmt mit dem Zusammenhang überein, den wir zwischen der phänomenologisch definierten Entropie S, der Wärme und der Temperatur im Fall reversibler Zustandsänderungen gefunden haben: Die infinitesimalen Änderungen auch der statistisch definierten Entropie $\tilde{S}$ eines abgeschlossenen Systems erweist sich in diesem Fall als die ihm zugeführte Wärmemenge pro Temperatur. Je heißer das System schon war, desto weniger wird seine Entropie erhöht, wenn ihm weitere Wärme zugeführt wird.

Eine ähnliche Beziehung erhalten wir, wenn wir zwei Systeme im thermischen Gleichgewicht betrachten, von denen das eine sehr viel „größer" als das andere ist. Bezeichnen wir das größere System mit dem Index 1, ist damit gemeint, dass das System 2 sehr viel weniger innere Energie enthält als das System 1,

$$\frac{U_2}{U_1} \ll 1\,, \tag{34.71}$$

wenn beide Systeme miteinander im thermischen Gleichgewicht stehen. Wenn dem so ist, wird sich die Temperatur T des großen Systems kaum merklich ändern, wenn das kleine mit ihm in thermischen Kontakt gebracht wird, sodass

$$\left|\frac{\partial\beta(U_1)}{\partial U_1}\delta Q\right| \ll \beta(U_1) \tag{34.72}$$

Teil IV

gilt, wenn zwischen den beiden Systemen die Wärmemenge δQ ausgetauscht wird: Weil das System 2 so viel kleiner als das System 1 ist, muss jede Wärmemenge, die es aufnehmen oder abgegeben kann, klein gegenüber der inneren Energie sein, die das System 1 enthält. Wie wir schon im Zusammenhang der phänomenologischen Thermodynamik besprochen haben, wird das große System 1 dann als *Wärmereservoir* oder *Wärmebad* bezeichnet.

Die Anzahl der dem Wärmereservoir zugänglichen Mikrozustände verändert sich dann durch die ausgetauschte Wärmemenge δQ nur wenig, sodass wir die Taylor-Entwicklung

$$\begin{aligned}\ln \Omega_1(U_1 + \delta Q) &\approx \ln \Omega_1(U_1) + \frac{\partial \ln \Omega_1(U_1)}{\partial U_1}\delta Q + O(\delta Q^2) \\ &\approx \ln \Omega_1(U_1) + \beta \delta Q \end{aligned} \tag{34.73}$$

bis zur ersten Ordnung in δQ verwenden können. Multiplizieren wir mit k_{B}, erhalten wir die Entropieänderung

$$\begin{aligned}\mathrm{d}\tilde{S} &= k_{\mathrm{B}}\left[\ln \Omega_1(U_1 + \delta Q) - \ln \Omega_1(U_1)\right] \\ &= \frac{\delta Q}{T}\,. \end{aligned} \tag{34.74}$$

Die Entropie des Wärmereservoirs ändert sich im Kontakt mit einem sehr viel kleineren System um die ausgetauschte Wärmemenge, geteilt durch die Temperatur des Reservoirs. Dieser Befund stimmt mit demjenigen überein, der sich schon in Abschn. 33.7 aus der phänomenologischen Definition der Entropie ergeben hat, und unterstützt dadurch die Identifikation von $\tilde{S}$ mit der Entropie S.

Allgemeine Wechselwirkung

Was geschieht nun bei einer Wechselwirkung zwischen Systemen, bei denen nicht nur Energie ausgetauscht wird, sondern bei der sich auch die äußeren Parameter a ändern können, die in die Hamilton-Funktion eingehen, sodass während der Wechselwirkung auch mechanische Arbeit verrichtet wird? Beschränken wir uns der Einfachheit halber wieder formal auf einen einzigen äußeren Parameter a. Sollten mehrere Parameter involviert sein, muss über alle diese Parameter summiert werden, aber unsere Überlegung ändert sich qualitativ nicht. Wie wir in Abschn. 34.1 besprochen und in (34.29) gezeigt haben, reagiert das System auf eine Änderung dieser Parameter a der Hamilton-Funktion, indem es die Arbeit

$$\delta W = X\mathrm{d}a\,, \quad X = -\int_\Gamma \frac{\partial H(x)}{\partial a}\mathrm{d}\mu(x) \tag{34.75}$$

verrichtet oder diese Arbeit durch die Umgebung an sich selbst verrichten lässt. Die Größe X haben wir als die verallgemeinerte Kraft eingeführt, die dem Parameter a konjugiert ist, und in (34.30) definiert.

Durch die Änderung der Hamilton-Funktion wird sich die Energie der Mikrozustände des betrachteten Systems ändern. Einige Zustände werden in die Energieschale zwischen U und $U + \delta U$ eintreten und einige aus ihr austreten, wenn sich der Parameter a ändert. Da die Anzahl der Zustände pro Energieeinheit gleich $\Omega(U)/\delta U$ ist, treten durch die Energieverschiebung am inneren Rand der Energieschale

$$\begin{aligned}\mathrm{d}\Omega_+(U) &= -\frac{\Omega(U)}{\delta U}X(U)\mathrm{d}a \\ &= \frac{(\Omega X)(U)}{\delta U}\mathrm{d}a \end{aligned} \tag{34.76}$$

Mikrozustände in die Energieschale ein, während an ihrem äußeren Rand

$$\begin{aligned}\mathrm{d}\Omega_-(U) &= -\frac{\Omega(U+\delta U)}{\delta U}X(U+\delta U)\mathrm{d}a \\ &= \frac{(\Omega X)(U+\delta U)}{\delta U}\mathrm{d}a \end{aligned} \tag{34.77}$$

Mikrozustände aus ihr austreten. Diese Redeweise setzt voraus, dass die verallgemeinerte Kraft $X(U)$ bei der Energie U negativ ist. Wenn stattdessen $X(U)$ positiv wäre, träten die Zustände am inneren Rand der Energieschale aus und an ihrem äußeren Rand ein, aber dadurch würde sich diese Betrachtung qualitativ nicht ändern.

Die Anzahl zugänglicher Mikrozustände in der Energieschale zwischen U und $U + \delta U$ ändert sich demzufolge insgesamt um

$$\begin{aligned}\mathrm{d}\Omega(U) &= \mathrm{d}\Omega_+(U) - \mathrm{d}\Omega_-(U) \\ &= \frac{(\Omega X)(U+\delta U) - (\Omega X)(U)}{\delta U}\mathrm{d}a \\ &= \frac{\partial(\Omega X)(U)}{\partial U}\mathrm{d}a\,, \end{aligned} \tag{34.78}$$

woraus wir

$$\frac{\partial \Omega}{\partial a} = \frac{\partial(\Omega X)}{\partial U} = X\frac{\partial \Omega}{\partial U} + \Omega\frac{\partial X}{\partial U} \tag{34.79}$$

schließen können: Das Phasenraumvolumen Ω reagiert auf eine Änderung der äußeren Parameter a der Hamilton-Funktion einerseits durch die Verschiebung des Phasenraumvolumens mit der Energie, andererseits dadurch, dass sich die gemittelte verallgemeinerte Kraft X ebenfalls mit der Energie ändern kann.

Schon in (34.16) haben wir abgeschätzt, dass $\Omega \propto U^{\mathcal{F}/2}$ ist. Während also der erste Term auf der rechten Seite von (34.79) proportional zur Anzahl $\mathcal{F}$ der Freiheitsgrade und damit sehr groß ist, ist der zweite Term dagegen vernachlässigbar klein. Also können wir in bester Näherung

$$\frac{\partial \Omega}{\partial a} = X\frac{\partial \Omega}{\partial U} \tag{34.80}$$

setzen: Die Änderung des Phasenraumvolumens mit den äußeren Parametern a ist proportional zur Änderung des Phasenraumvolumens mit der Energie, wobei die mittlere verallgemeinerte Kraft X als Proportionalitätsfaktor auftritt. Teilen wir auf beiden Seiten durch $\Omega(U)$ und verwenden (34.49), folgt schließlich

$$\frac{\partial \ln \Omega}{\partial a} = \beta X\,, \tag{34.81}$$

wobei wieder die inverse Temperatur β auftritt.

Bei einer Wechselwirkung zwischen zwei gemeinsam abgeschlossenen Systemen, die nicht nur Wärme austauschen, sondern auch mechanische Arbeit aneinander verrichten können, ist das vollständige Differenzial von $\ln \Omega$ durch

$$\mathrm{d}\ln \Omega = \frac{\partial \ln \Omega}{\partial U}\mathrm{d}U + \frac{\partial \ln \Omega}{\partial a}\mathrm{d}a \tag{34.82}$$

bestimmt. Wenn die Wechselwirkung quasistatisch erfolgt, sodass die verallgemeinerte Kraft X überhaupt definiert ist, und wenn die Wechselwirkung ferner zwei Gleichgewichtszustände miteinander verbindet, folgt daraus mit (34.81)

$$\mathrm{d}\ln \Omega = \beta(\mathrm{d}U + X\mathrm{d}a) = \frac{1}{k_\mathrm{B}T}(\mathrm{d}U + X\mathrm{d}a)\,. \tag{34.83}$$

Nach Multiplikation mit $k_\mathrm{B}T$ erhalten wir schließlich

$$T\mathrm{d}\tilde{S} = \mathrm{d}U + \delta W = \delta Q\,, \tag{34.84}$$

wobei wir den Zusammenhang (34.29) zwischen der Arbeit und der verallgemeinerten Kraft und zudem den ersten Hauptsatz verwendet haben. Die Beziehung (34.70) bleibt also auch dann gültig, wenn durch die Wechselwirkung zweier Systeme nicht nur Wärme ausgetauscht, sondern auch auf quasistatische Weise mechanische Arbeit verrichtet wird. Wir gelangen so zu einem bemerkenswerten Ergebnis.

Statistische Interpretation der Entropie

Die phänomenologische Definition der Entropie ist verträglich damit, die Entropie als logarithmisches Maß für das Phasenraumvolumen eines abgeschlossenen Systems aufzufassen und

$$S = k_\mathrm{B} \ln \Omega \tag{34.85}$$

zu setzen. Dadurch wird der phänomenologisch eingeführten Entropie eine tiefer reichende, statistische Bedeutung unterlegt: Die Entropie erweist sich als ein Maß für die Anzahl der Mikrozustände, die einem abgeschlossenen System bei gegebener Energie und gleichbleibenden makroskopischen Zustandsgrößen zugänglich sind. Durch den Logarithmus wird die Entropie additiv und konkav.

Achtung Von nun an geben wir demgemäß die Unterscheidung zwischen der phänomenologisch eingeführten Entropie S und der statistisch definierten Entropie $\tilde{S}$ auf, identifizieren beide Größen miteinander und benennen sie beide mit demselben Symbol S. ◀

Wir erinnern hier noch einmal an einige wichtige Aussagen über verschiedene Prozessverläufe und die Entropie, die uns bereits in Abschn. 33.3, 33.7 und 33.8 begegnet sind:

- Ein reversibler Prozess ist quasistatisch, aber nicht jeder quasistatische Prozess ist reversibel.
- Bei adiabatischen und reversiblen Prozessen in einem abgeschlossenen System bleibt die Entropie konstant.
- Bei adiabatischen und irreversiblen Prozessen nimmt die Entropie eines abgeschlossenen Systems zu.

Diese Aussagen stimmen mit den Schlussfolgerungen überein, die wir in Abschn. 34.1 über das Phasenraumvolumen Ω gezogen haben und bekräftigen die statistische Deutung der Entropie.

Statistische Deutung des zweiten Hauptsatzes

Nach der statistischen Interpretation der Entropie besagt der zweite Hauptsatz der Thermodynamik, dass physikalische Systeme sich spontan so entwickeln, dass das ihnen zugängliche Phasenraumvolumen nicht abnimmt.

Zwei Anwendungen der statistischen Interpretation der Entropie auf konkrete physikalische Systeme, werden in den zwei Kästen „Anwendung: Heliumdiffusion" und „Anwendung: Fermi-Druck" besprochen. Beachten Sie insbesondere, dass wir in diesen beiden Beispielen lediglich die Abzählung von Zuständen im Phasenraum und das Grundpostulat der statistischen Physik verwenden und trotzdem zu weitreichenden physikalischen Schlüssen gelangen!

Eindeutigkeit der Entropie

Wir haben gesehen, dass die Entropie ein logarithmisches Maß für das Phasenraumvolumen bzw. für die Anzahl der Mikrozustände ist, die ein abgeschlossenes System bei gegebenen makroskopischen Zustandsgrößen einnehmen kann. In wie viele Zustände das Phasenraumvolumen des Systems gegliedert werden kann, hängt aber von unserer vorerst willkürlichen Wahl der Konstanten h_0 in (34.3) ab, denn

$$\Omega = \frac{1}{h_0^\mathcal{F}} \int \prod_{i=1}^{\mathcal{F}} \mathrm{d}q_i \mathrm{d}p_i =: \frac{\Gamma}{h_0^\mathcal{F}} \tag{34.86}$$

hängt offensichtlich von h_0 ab. Die Größe Γ sei hier das gesamte zugängliche, noch dimensionsbehaftete Phasenraumvolumen. Die Entropie ist wegen der willkürlichen Wahl von h_0 nur bis auf eine additive Konstante festgelegt. Seien z. B. h_0 und h'_0 zwei verschiedene willkürliche Größen der elementaren Phasenraumzellen, unterscheiden sich die damit bestimmten Entropien um

$$\Delta S = k_\mathrm{B}\left(\ln \frac{\Gamma}{h_0^\mathcal{F}} - \ln \frac{\Gamma}{h_0'^\mathcal{F}}\right) = k_\mathrm{B}\mathcal{F} \ln \frac{h'_0}{h_0}\,. \tag{34.87}$$

Vertiefung: Der Maxwell'sche Dämon

Der Maxwell'sche Dämon wurde von James Clerk Maxwell um 1871 erdacht, um eine mögliche theoretische Verletzung des zweiten Hauptsatzes aufzuzeigen. Dieser Dämon ist ein hypothetisches Wesen, das in der Lage ist, die Geschwindigkeit einzelner Moleküle zu erfassen. In seinem Gedankenexperiment geht Maxwell von zwei mit demselben Gas gefüllten Behältern aus, die durch eine reibungsfrei verschließbare Klappe miteinander verbunden sind und die zu Beginn die gleiche Temperatur haben (Abb. 34.9). Durch gezieltes Öffnen und Schließen der Klappe kann nun der Dämon mithilfe seiner Fähigkeit, die Geschwindigkeit der Moleküle zu erfassen, alle schnellen Moleküle in den einen und alle langsamen Moleküle in den anderen Behälter durchlassen. Mit der Zeit würde sich die mittlere Geschwindigkeit und damit die Temperatur in dem einen Behälter erhöhen und in dem anderen Behälter erniedrigen, ohne dass dabei eine Arbeit verrichtet worden wäre. Dies stünde im Widerspruch zum zweiten Hauptsatz der Thermodynamik, und man hätte ein Perpetuum mobile zweiter Art gefunden.

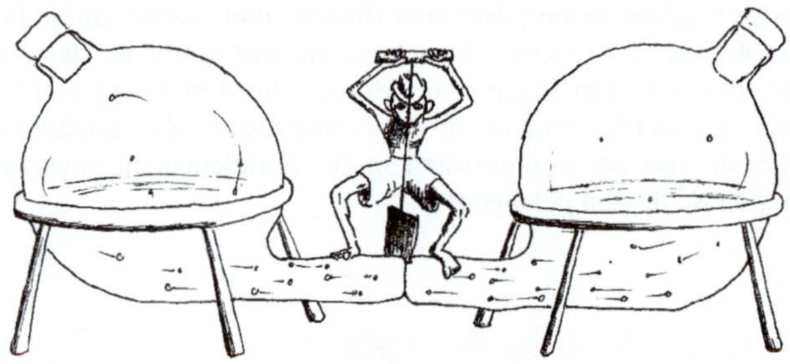

Abb. 34.9 Der Maxwell'sche Dämon bei der Arbeit

Maxwell hatte damit ein tiefer greifendes Problem der Thermodynamik aufgeworfen, als man bis dahin erkannt hatte. Mit der Dynamik der Moleküle und mithilfe der Statistik ließ sich zwar erklären, warum thermodynamische Prozesse spontan in ihrer natürlichen Richtung ablaufen. Warum es aber nicht möglich sein sollte, solch einen Prozess mit geschicktem Einsatz technischer Mittel auch in umgekehrter Richtung zu erzwingen, war damit nicht zu erklären. Der zweite Hauptsatz, der nur ein Erfahrungssatz ist, verlangt aber genau diese Irreversibilität.

Seit der Vorstellung des Maxwell'schen Dämons gab es viele Lösungsverschläge, die zeigen sollten, dass keine Verletzung des zweiten Hauptsatzes der Thermodynamik vorliegt. *William Thomson*, auf den die Bezeichnung „Maxwell's demon" zurückgeht, erkannte, dass die vom Dämon vorgenommene „Sortierung" problematisch ist. Später beschäftigten sich eminente Physiker wie *Max Planck* (1858–1947), *Leo Szilard* (1898–1964), *Charles H. Bennett* (*1943), *Roger Penrose* (*1931) und *Richard Feynman* (1918–1988) mit dem Dämon. Neuere Erklärungen machen dabei von der informationstheoretischen Bedeutung der Entropie Gebrauch.

Die heute anerkannte Austreibung des Dämons geht auf Charles H. Bennett zurück. Er argumentierte, dass selbst bei reversibler Messung der Molekülgeschwindigkeiten (lange war nicht klar, ob eine solche Messung möglich sei) der Dämon kontinuierlich ein Molekül nach dem anderen messen muss. Er muss nach jeder Messung das Ergebnis wieder vergessen (löschen), bevor er die nächste Molekülgeschwindigkeit messen kann, denn anderenfalls würde er jedes endliche Speicherreservoir irgendwann ausschöpfen. Dieser Löschprozess ist nach Bennett irreversibel, denn es geht Information verloren, und daher produziert er mehr Entropie, als durch die Molekülselektion an Entropieerniedrigung erreicht werden kann (Bennett 1988; Szilard 1929).

Dies gilt jedoch nur in der klassischen Mechanik, die einen kontinuierlichen Phasenraum zur Verfügung hat. In der Quantenmechanik hat sich demgegenüber herausgestellt, dass es eine natürliche Wahl für h_0 gibt, nämlich das Planck'sche Wirkungsquantum h. Erst dadurch verliert die Entropie ihre Mehrdeutigkeit. Da in der Thermodynamik praktisch nie absolute Entropien auftreten, sondern nur Entropieunterschiede, spielt diese Mehrdeutigkeit allerdings so gut wie keine Rolle.

Nimmt die innere Energie eines Systems immer weiter ab, wird sich das ihm zugängliche Phasenraumvolumen Ω drastisch verringern. Wenn seine innere Energie gegen null geht, $U \to 0$, werden nur einer oder wenige Zustände übrig bleiben, in denen sich das System aufhalten kann, sodass $\ln \Omega$ ebenfalls gegen null schrumpfen muss. Da die Entropie in der klassischen Physik nur bis auf eine Konstante bestimmt ist, wird sie im Allgemeinen nicht gegen null, sondern gegen eine willkürliche Konstante gehen. Die Konstante kann aber gerade so gewählt werden, dass $S \to 0$ geht, wenn auch die innere Energie verschwindet, $U \to 0$. Zugleich werden wir aufgrund von (34.55) erwarten, dass dann auch die Temperatur gegen null geht, $T \to 0$. Dies führt uns auf den dritten Hauptsatz der Thermodynamik, den wir bereits in Abschn. 33.8 kurz gestreift haben.

Dritter Hauptsatz

Wenn die innere Energie eines Systems gegen null oder ihren kleinstmöglichen Wert geht, wird die Entropie des Systems verschwinden, weil sich das System dann nur noch in seinem Grundzustand aufhalten kann. Zugleich wird auch die Temperatur gegen null gehen:

$$S \to 0 \quad \text{für} \quad T \to 0\,. \tag{34.88}$$

Teil IV

Anwendung: Heliumdiffusion

Wenden wir die neu gewonnene Einsicht in die statistische Deutung der Entropie auf folgendes Beispiel an: Gegeben sei ein Glasballon mit dem Volumen V_1, der anfänglich mit Argon gefüllt sei. Das umgebende Volumen V_2 sei anfänglich mit Helium gefüllt. Beide Volumina $V_1 + V_2 = V$ seien gemeinsam nach außen abgeschlossen, aber miteinander im thermischen Gleichgewicht bei der Temperatur T (Abb. 34.10). Anfänglich herrsche Druckgleichgewicht zwischen den beiden, $P_{1,\text{initial}} = P_{2,\text{initial}}$. Das Glas sei so beschaffen, dass es Helium durchlässt, Argon aber nicht. Beide Gase können als ideale Gase angesehen werden. Was passiert?

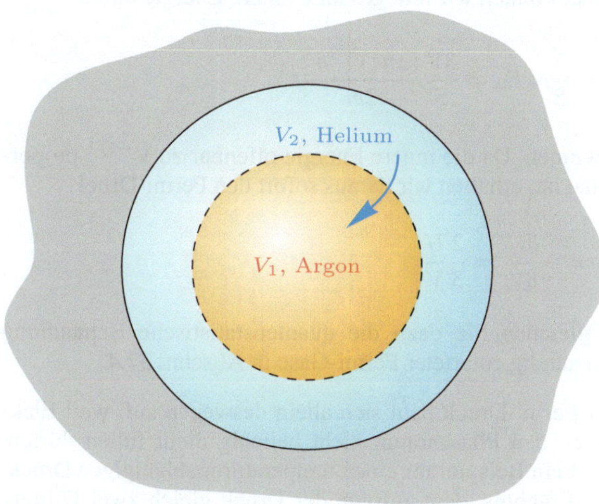

Abb. 34.10 Zur Ausgangssituation: Ein Argonballon mit dem Volumen V_1 ist in einen Heliumballon eingeschlossen. Die beiden Ballone stehen miteinander im thermischen Gleichgewicht, sind aber gemeinsam nach außen abgeschlossen

Da das Helium in den inneren Ballon eindringen kann, erfordert schon allein das statistische Grundpostulat, dass es sich gleichmäßig im gesamten Volumen V ausbreiten wird. Die Verteilung des Argons bleibt dagegen unverändert. Wenn $N_{\text{He,Ar}}$ die Gesamtzahlen der Helium- bzw. Argonatome sind, dringen

$$N_{\text{He},1} = \frac{V_1}{V} N_{\text{He}}$$

Heliumatome in V_1 ein. Da die Temperatur gleich bleibt, weil wir von idealen Gasen ausgehen, müssen wir nur die Abhängigkeit der Entropie vom Volumen und damit die innere Energie betrachten.

Aufgrund der Abzählung (34.16) ist

$$\Omega \propto V^N, \quad S \propto N \ln V .$$

Da sich die Temperatur nicht ändert, ist $\mathrm{d}U = 0$, also $T\mathrm{d}S = \delta W = P\mathrm{d}V$. Daraus erhalten wir für den Druck die Proportionalität

$$P = T\frac{\partial S}{\partial V} \propto \frac{N}{V} .$$

Vor der Heliumdiffusion ist wegen

$$P_{1,\text{initial}} = P_{2,\text{initial}} \quad \Rightarrow \quad \frac{N_{\text{He}}}{V_2} = \frac{N_{\text{Ar}}}{V_1} .$$

Nachher muss der Druck im Volumen V_1 wegen der zusätzlichen Teilchen auf

$$P_{1,\text{final}} \propto \frac{N_{\text{He},1} + N_{\text{Ar}}}{V_1} = \frac{N_{\text{He}}}{V} + \frac{N_{\text{Ar}}}{V_1} = \frac{N_{\text{He}}}{V_2}\frac{V_2}{V} + \frac{N_{\text{He}}}{V_2}$$
$$\propto P_{1,\text{initial}}\left(1 + \frac{V_2}{V}\right)$$

ansteigen, während der Druck in V_2 auf

$$P_{2,\text{final}} \propto \frac{N_{\text{He},2}}{V_2} = \frac{N_{\text{He}} - N_{\text{He},1}}{V_2} \propto P_{1,\text{initial}}\left(1 - \frac{V_1}{V_2}\right)$$

abfällt. Wenn $V_1 \ll V_2$ ist, steigt der Druck in V_1 gerade auf den doppelten Ausgangsdruck an.

Diese Aussage wird gelegentlich als dritter Hauptsatz der Thermodynamik oder auch als Nernst'sches Theorem bezeichnet.

Wie wir schon in der phänomenologischen Thermodynamik gesehen haben, liegt der Nullpunkt der absoluten Temperaturskala bei $\vartheta_0 = -273{,}15\,^\circ\mathrm{C}$.

34.4 Grundlagen der Wahrscheinlichkeitsrechnung

Wir haben bereits mehrfach auf intuitive Weise von Begriffen wie „Wahrscheinlichkeit", „Wahrscheinlichkeitsverteilung" und ähnlichen Gebrauch gemacht, ohne sie näher zu begründen. Bevor wir nun auf der Basis der statistisch begründeten Ther-

Anwendung: Fermi-Druck

Fermionen sind Teilchen, von denen höchstens zwei dieselbe Phasenraumzelle besetzen dürfen (Abschn. 31.1). Dazu gehören beispielsweise Elektronen. Wenn in einem festen Volumen V eine große Anzahl N_e an Elektronen untergebracht werden sollen, geht das nur, wenn der Phasenraum bis zu einem genügend hohen Impuls p_F, genannt Fermi-Impuls (nach *Enrico Fermi*, 1901–1954) erweitert wird, sodass alle diese Fermionen im Phasenraumvolumen Platz finden. Selbst bei $T = 0$ müssen Elektronen daher einen endlichen Druck haben, wenn sie in einem Volumen V eingesperrt sind. Wie groß ist dieser Druck?

Da hier ein Druck trotz verschwindender Temperatur auftritt, bezeichnet man ein solches Fermionengas als (vollständig) entartet. Teilweise Entartung tritt auch bei endlichen Temperaturen auf, die wir aber erst in Abschn. 37.4 behandeln.

Die Anzahl der Phasenraumzellen, die *einem* Elektron mit Impuls $p \leq p_F$ zur Verfügung stehen, ist

$$\Omega = \frac{V}{h_0^3} 4\pi \int_0^{p_F} p^2 \mathrm{d}p = \frac{4\pi}{3h_0^3} V p_F^3 \,.$$

Das ist das Volumen im Ortsraum V, multipliziert mit dem Volumen im Impulsraum, geteilt durch die Größe h_0^3 der Phasenraumzellen. Für Quantensysteme ist $h_0 = h = 2\pi\hbar$, das Planck'sche Wirkungsquantum.

Diese Anzahl der Phasenraumzellen muss für N_e Elektronen reichen. Dabei müssen wir berücksichtigen, dass sich Elektronen auch durch ihren Spin unterscheiden können. Jeder durch alle seine anderen Quantenzahlen festgelegte Elektronenzustand darf deswegen durch *zwei* Elektronen besetzt werden. Das Phasenraumvolumen Ω schafft daher Platz für $N_e = 2\Omega$ Elektronen. Wir ersetzen außerdem den Fermi-Impuls p_F aufgrund der nichtrelativistischen Energie-Impuls-Beziehung durch die Fermi-Energie

$$E_F = \frac{p_F^2}{2m}$$

und erhalten aus der Anzahl der erforderlichen Phasenraumzellen

$$N_e = \frac{8\pi}{3h^3} V (2mE_F)^{3/2} \,.$$

Die Fermi-Energie ist also durch

$$E_F = \frac{1}{2m} \left(\frac{3h^3 N_e}{8\pi V} \right)^{2/3} = \frac{(3\pi^2)^{2/3}\hbar^2}{2m} n_e^{2/3}$$

gegeben, wobei $n_e = N_e/V$ die Anzahldichte der Elektronen ist. Bei $T = 0$ verteilen sich die N_e Elektronen gleichmäßig über alle Energien $0 \leq E \leq E_F$ und haben daher eine mittlere Energie von

$$\langle E \rangle = \frac{1}{2m} \langle p^2 \rangle = \frac{1}{2m} \int_0^{p_F} p^4 \mathrm{d}p \left(\int_0^{p_F} p^2 \mathrm{d}p \right)^{-1} = \frac{3}{5} E_F$$

(zur Mittelwertbildung siehe Kasten „Vertiefung: Wahrscheinlichkeitsmaß im Phasenraum" in Abschn. 34.1.)

Daher können wir ihre gesamte innere Energie durch

$$U = \frac{3}{5} N_e E_F = \frac{3V}{5} \frac{(3\pi^2)^{2/3}\hbar^2}{2m} n_e^{5/3}$$

gewinnen. Da die innere Energie offenbar zu $V^{-2/3}$ proportional ist, erhalten wir daraus sofort den Fermi-Druck

$$P_F = -\frac{\partial U}{\partial V} = \frac{2}{3} \frac{U}{V} \,.$$

Vergleichen Sie dazu die quantenstatistische Behandlung vollständig entarteter Fermi-Gase in Abschn. 37.4.

Der Fermi-Druck baut sich allein deswegen auf, weil Elektronen den Phasenraum nicht beliebig dicht füllen dürfen. Er ist ein Beispiel für einen temperaturunabhängigen Druck. Das Ergebnis, dem zufolge der Druck gleich zwei Dritteln der Energiedichte beträgt, gilt wesentlich allgemeiner für alle nichtrelativistischen Quantengase. Dies geht bereits aus dem Beispielkasten „Druck und mechanische Arbeit" in Abschn. 34.1 hervor und wird in Abschn. 37.3 nochmals auf der Basis der Quantenstatistik gezeigt.

Diese Ergebnisse sind in mehrfacher Hinsicht bemerkenswert. Zum einen haben wir lediglich Zustände im Phasenraum abgezählt und allein daraus sowohl die Fermi-Energie als auch den Fermi-Druck bekommen. Zum Zweiten sind die einzigen Hinweise auf die Quantentheorie, die wir hier verwendet haben, dass die klassisch willkürliche Konstante h_0 durch das Planck'sche Wirkungsquantum h ersetzt werden muss und dass Elektronenzustände mit höchstens einem Elektron besetzt werden dürfen. Die wesentliche Aussage aber, dass wir profunde thermodynamische Aussagen allein aus der Abzählung von Zuständen im Zustandsraum gewinnen können, haben wir völlig unverändert aus der klassischen Mechanik auf dieses quantale, ideale Elektronengas übertragen.

modynamik fortfahren, wird es höchste Zeit, einige Begriffe aus der Wahrscheinlichkeitstheorie sorgfältiger einzuführen und zu beleuchten.

Grundbegriffe

Zu diesem Zweck ist es nützlich, mit den Grundbegriffen der Wahrscheinlichkeitsrechnung und ihrer Anwendung auf physikalische Systeme zu beginnen, weil bei der weiteren Diskussion der Thermodynamik viel davon die Rede sein wird, mit welcher *Wahrscheinlichkeit* ein physikalisches System sich auf bestimmte Weise verhalten wird und mit welcher Wahrscheinlichkeitsverteilung sich die Systeme eines Ensembles im zugänglichen Zustandsraum verteilen werden.

Von Wahrscheinlichkeiten bestimmter (physikalischer) Ereignisse zu reden, hat offenbar nur dann einen Sinn, wenn man sich vorstellt, dass eine vorgegebene, feste Ausgangssituation immer wieder hergestellt wird, aus der heraus sich eine Menge von Ergebnissen $\{A_i \,|\, 1 \leq i \leq n\}$ ergeben kann, wobei man nicht exakt vorhersagen kann, welches der Ergebnisse eintreten wird. Wenn die Ausgangssituation, beispielsweise eine bestimmte experimentelle Konfiguration, $\mathcal{N}$ mal hergestellt wird und die Ereignisse A_i jeweils n_i mal eintreten, bezeichnet man die Zahlen

$$\frac{n_i}{\mathcal{N}} \tag{34.89}$$

als die *relativen Häufigkeiten* der Ereignisse A_i.

Ein naheliegendes Beispiel ist das $\mathcal{N}$-malige Werfen eines Würfels. Die Menge der Ereignisse sind die Zahlen 1 bis 6, die der Würfel zeigen kann. Wird der Wurf oft wiederholt, stellen die relativen Häufigkeiten der gewürfelten Zahlen ein Maß dafür dar, wie „gut" der Würfel ist. Seine „Güte" wird dadurch bestimmt, dass man die relativen Häufigkeiten damit vergleicht, welche Werte man dafür erwartet.

Wahrscheinlichkeit und relative Häufigkeit

Der *Erwartungswert der relativen Häufigkeit* eines Zufallsereignisses A_i heißt seine *Wahrscheinlichkeit* p_i.

Im Fall des Würfels ist natürlich $p_i = 1/6$ für alle $1 \leq i \leq 6$. Irgendwelche Abweichungen der relativen Häufigkeiten von diesem Wert werden als Hinweis auf eine mangelhafte Qualität des Würfels interpretiert.

Da die Summe aller Häufigkeiten n_i die gesamte Anzahl der Ereignisse $\mathcal{N}$ ergeben muss, gilt die Normierungsbedingung

$$\sum_{i=1}^{\mathcal{N}} \frac{n_i}{\mathcal{N}} = 1\,, \quad \sum_{i=1}^{\mathcal{N}} p_i = 1\,. \tag{34.90}$$

Die für Rechnungen mit Wahrscheinlichkeiten grundlegenden Axiome von Kolmogorow und der Satz von Bayes über bedingte Wahrscheinlichkeiten sind im „Mathematischen Hintergrund" 34.4 zusammengestellt.

Wenn bereits bekannt ist, dass das Ereignis A_i eingetreten ist, ändert sich in der Regel die Wahrscheinlichkeit dafür, dass nunmehr ein anderes Ereignis A_j eintritt. Diese Wahrscheinlichkeit heißt bedingt und wird durch $p(A_j|A_i)$ („Wahrscheinlichkeit für A_j gegeben A_i") notiert.

Zwei Ereignisse A_i und A_j heißen unabhängig, wenn

$$p(A_j|A_i) = p(A_j) \tag{34.91}$$

ist. In diesem Falle folgt aus dem Bayes'schen Satz die Multiplikationsregel

$$p(A_i \cap A_j) = p(A_i)p(A_j) \tag{34.92}$$

für die Wahrscheinlichkeiten unabhängiger Ereignisse.

Russisches Roulette

Beim Russischen Roulette wird eine der sechs Kammern eines Trommelrevolvers geladen, während die anderen leer bleiben. Der Spieler dreht die Trommel zufällig und drückt ab. Die Wahrscheinlichkeit, einen Schuss abzugeben, ist $p = 1/6$. Da jeder neue Versuch vom vorherigen unabhängig ist, ist die Wahrscheinlichkeit, auch nach dem N-ten Versuch noch keinen Schuss abgegeben zu haben, gleich $(1-p)^N = (5/6)^N$. Die Wahrscheinlichkeit, den Schuss genau beim N-ten Versuch abzugeben, ist $(1-p)^{N-1}p = (5/6)^{N-1} \cdot (1/6)$; bei $N = 10$ ist das 3,2 %. ◄

Umkehr bedingter Wahrscheinlichkeiten

Häufig wird der Bayes'sche Satz verwendet, um bedingte Wahrscheinlichkeiten umzukehren (siehe Kasten „Anwendung: Auswahl unter Bedingungen"). Seien A und B zwei Ereignisse, dann ist

$$p(B|A)p(A) = p(B \cap A) = p(A \cap B) = p(A|B)p(B)\,. \tag{34.93}$$

Ein recht illustratives Beispiel ergibt sich, wenn für A das Ereignis „Eine gegebene Person ist eine Frau" und für B das Ereignis „Eine gegebene Person ist schwanger" eingesetzt wird. In genügender Näherung ist $p(A) = 1/2$. Da nur Frauen schwanger sein können, muss $p(A|B) = 1$ sein. Die bedingte Wahrscheinlichkeit, eine gegebene *Frau* schwanger anzutreffen, ist daher

$$p(B|A) = 2p(B) \tag{34.94}$$

und damit (natürlich!) doppelt so hoch wie die, eine schwangere *Person* anzutreffen. ◄

34.4 Mathematischer Hintergrund: Kolmogorows Axiome und der Bayes'sche Satz

Der Wahrscheinlichkeitsrechnung liegen die Axiome von Kolmogorow (benannt nach dem russischen Mathematiker *Andrei Kolmogorow*, 1903–1987) zugrunde. Sie lauten:

(a) Jedem zufälligen Ereignis A_i wird eine reelle Zahl $0 \leq p_i := p(A_i) \leq 1$ zugeordnet, die Wahrscheinlichkeit von A_i.

(b) Die Wahrscheinlichkeit eines sicheren Ereignisses ist $p = 1$.

(c) Sind $A_1, A_2, \ldots, A_n$ paarweise unvereinbare Ereignisse, $A_i \cap A_j = \emptyset$ für $i \neq j$, dann gilt

$$p\left(\bigcup_{i=1}^{n} A_i\right) = \sum_{i=1}^{n} p_i\,,$$

d. h., die Wahrscheinlichkeit, dass *irgendeines* der Ereignisse A_i eintritt, ist die Summe ihrer Einzelwahrscheinlichkeiten. Insbesondere ist die Wahrscheinlichkeit, dass ein bestimmtes Ereignis A_i *nicht* eintritt,

$$p(\bar{A}_i) = p(A_i) + p(\bar{A}_i) - p(A_i) = 1 - p(A_i)\,,$$

wenn $\bar{A}_i$ das Ereignis kennzeichnet, dass A_i *nicht* eintritt.

Die bedingte Wahrscheinlichkeit ist durch den unmittelbar einleuchtenden *Bayes'schen Satz*

$$p(A_i \cap A_j) = p(A_j|A_i)p(A_i)$$

mit den unbedingten Wahrscheinlichkeiten $p(A_i)$ und $p(A_i \cap A_j)$ verbunden.

Anwendung: Auswahl unter Bedingungen

Varianten des folgenden Problems wurden unter vielen verschiedenen Namen bekannt (Ziegenproblem, Dreitürenproblem oder Monty-Hall-Problem sind vielleicht die bekanntesten davon): Eine Mitstudentin fordert Sie auf, eines von drei verschlossenen Kästchen A, B und C zu wählen, aber nicht zu öffnen. In einem sei ein Diamant, in den anderen beiden sei Kohle. Sie wählen A. Daraufhin öffnet Ihre Mitstudentin B, worin sich Kohle befindet, und fragt Sie, ob Sie Ihre Wahl ändern möchten. Lohnt sich das?

Diese Frage lässt sich durch mehrfache Anwendung des Bayes'schen Satzes beantworten.

Seien $D_{A,B,C}$ die Ereignisse „Diamant in A, B oder C" und $M_{A,B,C}$ die Ereignisse „Mitstudentin öffnet A, B oder C". Um sich (begründet) zu entscheiden, brauchen Sie die bedingte Wahrscheinlichkeit $p(D_C|M_B)$, also die Wahrscheinlichkeit, den Diamanten in C zu finden, nachdem Ihre Mitstudentin Ihnen B gezeigt hat.

Nach dem Bayes'schen Satz aus dem „Mathematischen Hintergrund" 34.4 ist

$$\begin{aligned} p(D_C|M_B)p(M_B) &= p(D_C \cap M_B) = p(M_B \cap D_C) \\ &= p(M_B|D_C)p(D_C)\,. \end{aligned}$$

Die Wahrscheinlichkeit, dass Ihnen Ihre Mitstudentin B zeigt, ist dadurch bedingt, wo der Diamant tatsächlich ist:

$$\begin{aligned} p(M_B) &= p(M_B|D_A)p(D_A) \\ &\quad + p(M_B|D_B)p(D_B) + p(M_B|D_C)p(D_C)\,. \end{aligned}$$

Aus den beiden letzten Gleichungen folgt

$$p(D_C|M_B) = \frac{p(M_B|D_C)p(D_C)}{p(M_B|D_A)p(D_A) + p(M_B|D_B)p(D_B) + p(M_B|D_C)p(D_C)}\,.$$

Alle Wahrscheinlichkeiten auf der rechten Seite dieser Gleichung sind bekannt. Zunächst ist $p(D_A) = p(D_B) = p(D_C) = 1/3$, da Sie ohne weitere Vorkenntnisse davon ausgehen müssen, dass der Diamant mit gleicher Wahrscheinlichkeit in jedem der drei Kästchen sein könnte.

Da Sie A gewählt haben, muss $p(M_B|D_C) = 1$ sein, denn wenn der Diamant in C ist, kann Ihre Mitstudentin Ihnen nur B zeigen. Dagegen ist $p(M_B|D_A) = 1/2$, weil Ihre Mitstudentin Ihnen B oder C zeigen kann, wenn der Diamant in A ist. Schließlich muss $p(M_B|D_B) = 0$ sein, weil Ihre Mitstudentin Ihnen nicht B zeigen kann, wenn der Diamant in B ist. Daher ist

$$p(D_C|M_B) = \frac{1/3}{1/2 \cdot 1/3 + 0 \cdot 1/3 + 1 \cdot 1/3} = \frac{2}{3}\,.$$

Es lohnt sich also durchaus, zu C zu wechseln, denn $p(D_A) = 1/3$: Ihre Chance, den Diamanten zu bekommen, verdoppelt sich, wenn Sie Ihre Wahl ändern!

Teil IV

Mittelwert und Streuung, Gesetz der großen Zahlen und zentraler Grenzwertsatz

Wenn eine Größe die n diskreten Werte u_i annehmen kann, die mit den Wahrscheinlichkeiten p_i auftreten, dann ist der Mittelwert von u durch

$$\bar{u} = \sum_{i=1}^{n} u_i p_i \tag{34.95}$$

gegeben. Dies gilt natürlich ebenso für jede Funktion $f(u)$ von u, sodass

$$\langle f(u) \rangle = \sum_{i=1}^{n} f(u_i) p_i \tag{34.96}$$

der Mittelwert von $f(u)$ ist. Daraus können wir gleich zwei wichtige Ergebnisse folgern, nämlich erstens die *Linearität der Mittelwertbildung*, ausgedrückt durch

$$\begin{aligned} \langle \lambda_1 f(u) + \lambda_2 g(u) \rangle &= \sum_{i=1}^{n} [\lambda_1 f(u_i) + \lambda_2 g(u_i)]\, p_i \\ &= \lambda_1 \langle f(u) \rangle + \lambda_2 \langle g(u) \rangle\,. \end{aligned} \tag{34.97}$$

Zweitens verschwindet der Mittelwert der *Abweichung* vom Mittelwert natürlich:

$$\langle u - \langle u \rangle \rangle = \sum_{i=1}^{n} (u_i - \langle u \rangle)\, p_i = \langle u \rangle - \langle u \rangle = 0\,. \tag{34.98}$$

Eine sehr wichtige Information über Wahrscheinlichkeitsverteilungen ist, wie sehr die Werte u_i um ihren Mittelwert streuen. Dies wird durch die *Streuung* oder *Varianz*

$$\mathrm{Var}(u) = \left\langle (u - \langle u \rangle)^2 \right\rangle = \sum_{i=1}^{n} (u_i - \langle u \rangle)^2\, p_i \geq 0 \tag{34.99}$$

angegeben. Offenbar gilt aufgrund der Definition der sogenannte *Verschiebungssatz*

$$\left\langle (u - \langle u \rangle)^2 \right\rangle = \left\langle u^2 \right\rangle - 2\langle u \rangle^2 + \langle u \rangle^2 = \left\langle u^2 \right\rangle - \langle u \rangle^2\,, \tag{34.100}$$

und wegen (34.99) muss

$$\left\langle u^2 \right\rangle \geq \langle u \rangle^2 \tag{34.101}$$

sein. Die Wurzel aus der Streuung heißt *Standardabweichung*:

$$\sigma = \left\langle (u - \langle u \rangle)^2 \right\rangle^{1/2}\,. \tag{34.102}$$

Bis hierher haben wir Wahrscheinlichkeiten p_i für diskrete Ergebnisse u_i angenommen. Oft sind die möglichen Ergebnisse eines Zufallsereignisses kontinuierlich, oder sie liegen so dicht, dass sie in bester Näherung als kontinuierlich beschrieben werden können. Die Summen über die möglichen Ergebnisse gehen dann in Integrale über, und die Wahrscheinlichkeiten p_i werden durch eine kontinuierliche Funktion $p(u)$ beschrieben, die *Wahrscheinlichkeitsdichte*. Ein Beispiel dafür ist uns bereits im Kasten „Vertiefung: Wahrscheinlichkeitsmaß im Phasenraum" in Abschn. 34.1 begegnet. Mittelwert und Streuung werden dann ganz analog zu (34.95) und (34.100) berechnet durch

$$\langle u \rangle = \int p(u) u \mathrm{d}u\,, \quad \mathrm{Var}(u) = \int p(u) u^2 \mathrm{d}u - \langle u \rangle^2\,. \tag{34.103}$$

Über das Verhalten des Mittelwertes von Zufallsgrößen und ihrer Streuung geben das Gesetz der großen Zahlen und der zentrale Grenzwertsatz Auskunft.

Gesetz der großen Zahlen

Das Gesetz der großen Zahlen besagt, dass der Mittelwert einer großen Zahl n unabhängiger Messungen x_i derselben Größe fast sicher gegen den Erwartungswert $\langle x \rangle$ dieser Größe konvergiert,

$$\lim_{n\to\infty} \frac{1}{n} \sum_{i=1}^{n} x_i = \langle x \rangle\,, \tag{34.104}$$

falls dieser Erwartungswert überhaupt existiert.

Das Gesetz der großen Zahlen begründet, dass wir uns durch wiederholte Messung physikalischer Größen überhaupt einem Wert nähern können, den wir dieser Größe selbst zuschreiben können.

Zentraler Grenzwertsatz

Der zentrale Grenzwertsatz besagt, dass für eine große Zahl n unabhängiger Messungen x_i derselben Größe die zentrierte, normierte Zufallsgröße

$$y_n = \frac{1}{\sigma\sqrt{n}} \sum_{i=1}^{n} (x_i - \langle x \rangle) \tag{34.105}$$

einer Gauß-Verteilung mit Standardabweichung eins folgt, wenn der Mittelwert $\langle x \rangle$ und die Standardabweichung σ der Größe existieren.

Der zentrale Grenzwertsatz bedeutet insbesondere, dass die Streuung von Messungen um den Mittelwert mit zunehmender Anzahl n von Messungen wie $n^{-1/2}$ abnimmt.

Frage 6

Begründen Sie anhand des zentralen Grenzwertsatzes die Division durch $\sqrt{12}$, die in Abb. 34.11 erwähnt wird.

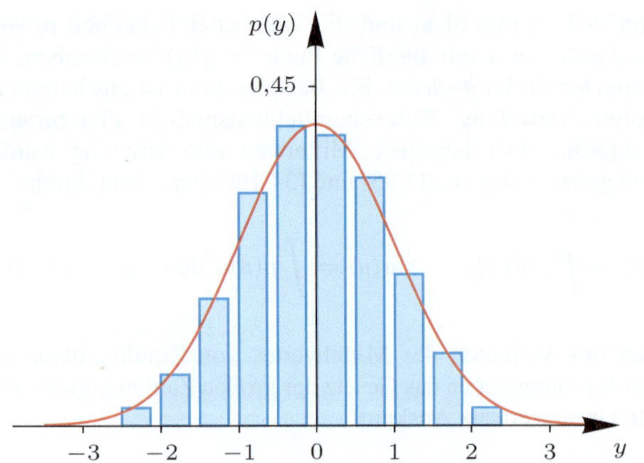

Abb. 34.11 Zur Veranschaulichung des zentralen Grenzwertsatzes. Jeweils 20 Zufallszahlen wurden aus der Verteilung $p(x) = 3x^2/2$ mit $-1 \leq x \leq 1$ gezogen, addiert und durch $\sqrt{12}$ geteilt. Das Histogramm zeigt die Verteilung von 200 so gewonnenen Zufallszahlen; die *rote Kurve* ist eine Gauß-Verteilung mit Mittelwert 0 und Standardabweichung 1

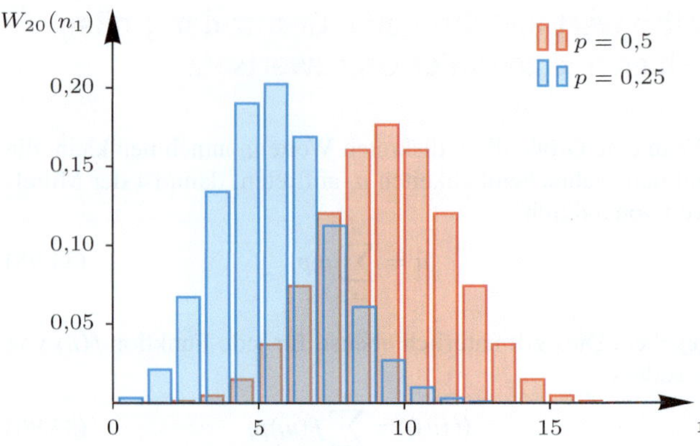

Abb. 34.12 Binomialverteilungen für $N = 20$ und $p = 0{,}5$ bzw. $p = 0{,}25$

Zufallsbewegung

Betrachten wir in einer Dimension die Bewegung eines Teilchens, das in regelmäßigen Zeitabständen gleich lange Schritte einer beliebig gewählten Einheitslänge nach rechts oder links ausführen kann, wobei beide Richtungen zunächst gleich wahrscheinlich seien. Wenn viele Teilchen von demselben Punkt aus auf diese Zufallsreise geschickt werden und nach einer festen Zeit untersucht wird, wie sich die Menge aller dieser Teilchen räumlich verteilt – welche Verteilung wird sich einstellen?

Zu jedem Zeitpunkt kann das Teilchen zwischen rechts und links wählen. Es gibt also zwei mögliche Ereignisse: „Schritt nach rechts" oder „Schritt nach links". Wenn „Schritt nach rechts" nun etwas allgemeiner die Wahrscheinlichkeit p bekommt, muss „Schritt nach links" die Wahrscheinlichkeit $1 - p$ bekommen. Bezeichnet m den nach rechts gemessenen Abstand des Teilchens vom Ausgangspunkt, dann ist offenbar

$$m = n_1 - n_2\,, \tag{34.106}$$

wenn n_1 und n_2 die Anzahlen der Schritte nach rechts und links sind. Insgesamt muss natürlich

$$n_1 + n_2 = N \tag{34.107}$$

sein, wenn insgesamt N Schritte ausgeführt wurden. Die Kombination der beiden Gleichungen (34.106) und (34.107) ergibt

$$m = 2n_1 - N\,. \tag{34.108}$$

Die Wahrscheinlichkeit, in einer *bestimmten* Reihenfolge n_1 Schritte nach rechts und n_2 Schritte nach links zu gehen, ist

$$p^{n_1}(1-p)^{n_2}\,. \tag{34.109}$$

Da die Schritte aber in *beliebiger* Reihenfolge ausgeführt werden können, gibt es dafür

$$\frac{N!}{n_1!n_2!} = \frac{N!}{n_1(N-n_1)!} \tag{34.110}$$

Möglichkeiten, weil zunächst die N Schritte auf $N!$ Weisen permutiert werden können, ebenso aber auch die Schritte nach rechts und links.

Zufallsbewegung und Binomialverteilung

Die Wahrscheinlichkeit, dass das Teilchen nach N Schritten insgesamt n_1 Schritte nach rechts und $n_2 = N - n_1$ Schritte nach links gegangen ist, muss also

$$\begin{aligned} W_N(n_1) &= \frac{N!}{n_1(N-n_1)!}p^{n_1}(1-p)^{N-n_1} \\ &=: \binom{N}{n_1} p^{n_1}(1-p)^{N-n_1} \end{aligned} \tag{34.111}$$

sein. Diese Verteilung der Anzahl n_1 heißt *Binomialverteilung*, weil sie an die allgemeine binomische Formel

$$(p+q)^N = \sum_{i=0}^{N} \binom{N}{i} p^i q^{N-i} \tag{34.112}$$

erinnert (Abb. 34.12). Die Größen

$$\binom{N}{n_1} \quad \text{und} \quad \binom{N}{i} \tag{34.113}$$

heißen *Binomialkoeffizienten* und werden „n_1 aus N" oder „i aus N" gesprochen.

Teil IV

Wie wir oben gesehen haben, steht m fest, wenn n_1 gegeben ist. Also folgt aus (34.111) sofort die Wahrscheinlichkeitsverteilung dafür, dass das Teilchen sich nach N Schritten im Abstand m vom Ausgangspunkt befindet:

$$\begin{aligned} P_N(m) &= W_N(n_1) = W_N\left(\frac{N+m}{2}\right) \\ &= \binom{N}{(N+m)/2} p^{(N+m)/2}(1-p)^{(N-m)/2} . \end{aligned} \tag{34.114}$$

Für $p = 1/2$ nimmt sie folgende symmetrische Form an:

$$P_N(m) = \binom{N}{(N+m)/2}\left(\frac{1}{2}\right)^N . \tag{34.115}$$

Für die Binomialverteilung (34.114) erhalten wir Mittelwerte durch einen häufig sehr nützlichen Trick. Der Abstand m vom Ursprung kann alle ganzzahligen Werte zwischen $-N \le m \le N$ annehmen. Damit ist der Mittelwert durch

$$\begin{aligned} \langle m\rangle &= \sum_{m=-N}^{N} m P_N(m) \\ &= \sum_{m=-N}^{N} m \binom{N}{(N+m)/2} p^{(N+m)/2}(1-p)^{(N-m)/2} \end{aligned} \tag{34.116}$$

bestimmt. Um dies zu berechnen, gehen wir zurück zu

$$W_N(n_1) = \binom{N}{n_1} p^{n_1} q^{N-n_1} , \tag{34.117}$$

worin wir für den Verlauf dieser Rechnung p und q als unabhängig ansehen. Die binomische Formel (34.112) verlangt einerseits

$$\sum_{n_1=0}^{N} W_N(n_1) = (p+q)^N . \tag{34.118}$$

Andererseits folgt aus (34.117)

$$p\frac{\partial}{\partial p} W_N(n_1) = n_1 W_N(n_1) \tag{34.119}$$

und daher

$$\begin{aligned} \sum_{n_1=0}^{N} n_1 W_N(n_1) &= p\frac{\partial}{\partial p}\sum_{n_1=0}^{N} W_N(n_1) = p\frac{\partial}{\partial p}(p+q)^N \\ &= Np(p+q)^{N-1} . \end{aligned} \tag{34.120}$$

Setzen wir nun wieder $p = 1-q$ ein, folgt

$$\langle n_1\rangle = Np = \frac{N}{2} \tag{34.121}$$

für $p = 1/2$ und damit aus (34.108)

$$\langle m\rangle = 2\langle n_1\rangle - N = 0 . \tag{34.122}$$

Natürlich muss das so sein, weil der mittlere Ort des Teilchens der Ursprung bleiben muss, wenn es sich mit gleicher Wahrscheinlichkeit nach rechts oder links bewegen kann.

Die Streuung von m kann mit demselben Trick berechnet werden. Zunächst ist

$$\begin{aligned} \left\langle (m-\bar{m})^2\right\rangle &= \left\langle m^2\right\rangle = \left\langle (2n_1-N)^2\right\rangle = 4\left\langle n_1^2\right\rangle - 4\langle n_1\rangle N + N^2 \\ &= 4\left\langle n_1^2\right\rangle - N^2 . \end{aligned} \tag{34.123}$$

Dann verwenden wir (34.119) ein zweites Mal,

$$\left(p\frac{\partial}{\partial p}\right)^2 W_N(n_1) = n_1^2 W_N(n_1) , \tag{34.124}$$

summieren über alle n_1 und bekommen

$$\begin{aligned} \sum_{n_1=0}^{N} n_1^2 W_N(n_1) &= \left(p\frac{\partial}{\partial p}\right)^2 (p+q)^N = (Np)^2 + Np - Np^2 \\ &= \langle n_1\rangle^2 + Np(1-p) , \end{aligned} \tag{34.125}$$

wobei am Schluss wieder $p + q = 1$ verwendet wurde. Nach (34.100) ist die Streuung von n_1

$$\left\langle (n_1-\bar{n}_1)^2\right\rangle = \left\langle n_1^2\right\rangle - \langle n_1\rangle^2 = Np(1-p) = \frac{N}{4} , \tag{34.126}$$

wenn $p = 1/2$ ist. Außerdem erhalten wir aus (34.123) mit (34.121) und (34.125)

$$\left\langle m^2\right\rangle = 4\left[\langle n_1\rangle^2 + Np(1-p)\right] - N^2 = N \tag{34.127}$$

für die Streuung der Abstandsverteilung.

Standardabweichung der Zufallsbewegung

Die Standardabweichung der symmetrischen Zufallsbewegung vom Ursprung wächst demnach wie die Wurzel der Anzahl der Schritte an:

$$\left\langle m^2\right\rangle^{1/2} = \sqrt{N} . \tag{34.128}$$

Dies ist charakteristisch für Diffusionsprozesse: Erfordern die Schritte im Mittel alle dieselbe Zeit, ist die Anzahl der Schritte zur Zeit proportional, $N \propto t$. Dann ist die Diffusionslänge proportional zur Wurzel aus der Diffusionszeit.

Grenzfall großer Zahlen

Mit dem Ausdruck für $W_N(n_1)$ aus (34.111) erhalten wir

$$\begin{aligned} \ln W_N(n_1) &= \ln N! - \ln n_1! - \ln(N-n_1)! \\ &\quad + n_1 \ln p + (N-n_1)\ln(1-p) . \end{aligned} \tag{34.129}$$

Für große n können wir $\ln n!$ ebenfalls als kontinuierlich ansehen und die Ableitung durch

$$\frac{\mathrm{d}\ln n!}{\mathrm{d}n} \approx \frac{\ln(n+1)! - \ln n!}{1} = \ln\frac{(n+1)!}{n!} = \ln(n+1) \approx \ln n \tag{34.130}$$

nähern. Damit und unter der Voraussetzung, dass sowohl N als auch $N - n_1$ große Zahlen sind, wird die Ableitung von $\ln W_N(n_1)$

$$\frac{\partial \ln W_N(n_1)}{\partial n_1} = -\ln n_1 + \ln(N-n_1) + \ln p - \ln(1-p) = \ln\left[\frac{N-n_1}{n_1}\frac{p}{1-p}\right]. \tag{34.131}$$

Sie verschwindet, wenn

$$(N-n_1)p = n_1(1-p) \quad \Rightarrow \quad n_1 = Np = \langle n_1\rangle \tag{34.132}$$

ist, d. h., das Maximum der Verteilung liegt tatsächlich beim Mittelwert $\langle n_1\rangle$.

Die Streuung (34.126) von n_1 nimmt linear mit N zu, ebenso wie der Mittelwert $\langle n_1\rangle = N/2$. Ein Maß für die typische Abweichung von n_1 vom Mittelwert $\langle n_1\rangle$ ist die Standardabweichung, die bereits aus (34.102) bekannt ist und im Fall von n_1

$$\sigma_{n_1} = \frac{\sqrt{N}}{2} \tag{34.133}$$

beträgt. Relativ zum Mittelwert nimmt die Standardabweichung also wie

$$\frac{\sigma_{n_1}}{\langle n_1\rangle} = \frac{1}{\sqrt{N}} \tag{34.134}$$

ab. Das Maximum der Verteilung $W_N(n_1)$ wird demzufolge immer schärfer, je größer N wird.

Im Grenzfall sehr großer N können wir die Zahlen n_1 als kontinuierlich auffassen. Dann kann $W_N(n_1)$ nach n_1 abgeleitet werden, und wir können $W_N(n_1)$ in eine Taylor-Reihe um $\langle n_1\rangle$ entwickeln. Zweckmäßiger ist es jedoch, stattdessen $\ln W_N(n_1)$ zu entwickeln, weil dann die Rechnung erheblich einfacher wird. Also betrachten wir die Taylor-Reihe

$$\ln W_N(n_1) = \ln W_N(\langle n_1\rangle) + \left.\frac{\partial \ln W_N(n_1)}{\partial n_1}\right|_{\langle n_1\rangle}(n_1 - \langle n_1\rangle) + \frac{1}{2}\left.\frac{\partial^2 \ln W_N(n_1)}{\partial n_1^2}\right|_{\langle n_1\rangle}(n_1-\langle n_1\rangle)^2 + \ldots \tag{34.135}$$

und brechen nach der zweiten Ordnung ab, weil die erwarteten relativen Abweichungen vom Mittelwert mit wachsendem

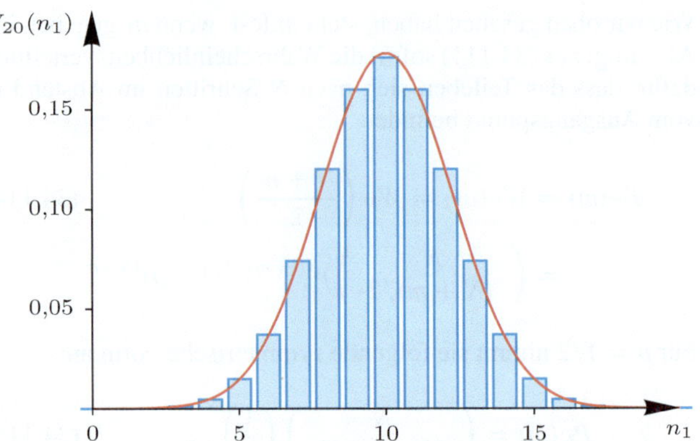

Abb. 34.13 Im Grenzfall großer Zahlen N geht die Binomial- in eine Gauß-Verteilung mit dem Mittelwert $\langle n_1\rangle = pN$ und der Standardabweichung $\sigma_{n_1} = \langle n_1\rangle\sqrt{p^{-1}-1}/\sqrt{N} = \sqrt{N}\sqrt{p(1-p)}$ über (siehe (34.137))

N immer kleiner werden. Da wir um das Maximum entwickeln, verschwindet die erste Ableitung, sodass wir

$$\ln W_N(n_1) \approx \ln W_N(\langle n_1\rangle) + \frac{1}{2}\left.\frac{\partial^2 \ln W_N(n_1)}{\partial n_1^2}\right|_{\langle n_1\rangle}(n_1-\langle n_1\rangle)^2 \tag{34.136}$$

nähern können.

Die negative zweite Ableitung ergibt bei $n_1 = \langle n_1\rangle = Np$

$$-\left.\frac{\partial^2 \ln W_N(n_1)}{\partial n_1^2}\right|_{\langle n_1\rangle} = \frac{1}{\langle n_1\rangle} + \frac{1}{N-\langle n_1\rangle} = \frac{N}{\langle n_1\rangle(N-\langle n_1\rangle)} = \frac{1}{Np(1-p)} = \sigma_{n_1}^{-2} = \frac{N}{\langle n_1\rangle^2(p^{-1}-1)}. \tag{34.137}$$

Sie ist offenbar positiv und bestätigt dadurch, dass das Extremum bei $n_1 = \langle n_1\rangle$ tatsächlich ein Maximum ist.

Indem wir (34.137) mit (34.136) verbinden, sehen wir, dass die Verteilung $W_N(n_1)$ bei sehr großen N in

$$W(n_1) = W_0 \exp\left[-\frac{(n_1-\langle n_1\rangle)^2}{2\sigma_{n_1}^2}\right] \tag{34.138}$$

übergeht (Abb. 34.13). Die Amplitude W_0 muss so gewählt werden, dass die Summe aller Wahrscheinlichkeiten eins ergibt. Für kontinuierliche n_1 bedeutet das

$$1 = \int_{-\infty}^{\infty} W(n_1)\mathrm{d}n_1 = W_0 \int_{-\infty}^{\infty} \exp\left(-\frac{x^2}{2\sigma_{n_1}^2}\right)\mathrm{d}x = W_0\sqrt{2\pi\sigma_{n_1}^2}\,, \tag{34.139}$$

sodass die normierte Verteilung lautet:

$$W(n_1) = \frac{1}{\sqrt{2\pi\sigma_{n_1}^2}} \exp\left(-\frac{(n_1 - \langle n_1 \rangle)^2}{2\sigma_{n_1}^2}\right). \quad (34.140)$$

Gauß'sche Normalverteilung

Das ist die *Gauß'sche Normalverteilung*, die allgemein in der Form

$$G(x; \mu, \sigma) = \frac{1}{\sqrt{2\pi\sigma^2}} \exp\left(-\frac{(x-\mu)^2}{2\sigma^2}\right) \quad (34.141)$$

geschrieben werden kann, wenn sie den Mittelwert μ und die Standardabweichung σ hat. Sie besagt, dass die Wahrscheinlichkeit, eine normalverteilte Größe im kleinen Intervall zwischen x und $x + \mathrm{d}x$ zu finden, gerade gleich

$$\mathrm{d}P(x) = G(x; \mu, \sigma)\mathrm{d}x \quad (34.142)$$

ist.

Die Maxwell-Verteilung

Wir fragen nun danach, wie die Geschwindigkeiten der Teilchen eines Gases verteilt sein mögen, d. h., wir suchen eine Verteilungsfunktion $f(v_x, v_y, v_z)$ im Geschwindigkeitsraum so, dass die Größe

$$f(v_x, v_y, v_z)\mathrm{d}v_x\mathrm{d}v_y\mathrm{d}v_z \quad (34.143)$$

die Wahrscheinlichkeit angibt, ein Teilchen mit einer Geschwindigkeit in dem kleinen Volumen zwischen (v_x, v_y, v_z) und $(v_x + \mathrm{d}v_x, v_y + \mathrm{d}v_y, v_z + \mathrm{d}v_z)$ im Geschwindigkeitsraum zu finden.

Von Maxwell selbst stammt folgende elegante Überlegung: In einem Gas im thermodynamischen Gleichgewicht wird die Geschwindigkeitsverteilung nicht mehr von der Richtung der Bewegung abhängen, weil alle Richtungen gleich wahrscheinlich auftreten werden. Also kann die Verteilung nur vom Betrag von $\boldsymbol{v}$ oder, äquivalent dazu, nur von $\boldsymbol{v}^2$ abhängen. Weiterhin müssen die Wahrscheinlichkeiten für die drei Geschwindigkeitskomponenten voneinander unabhängig sein, weil keine Bewegungsrichtung bevorzugt ist. Also muss die Verteilung in den drei Raumrichtungen separieren, und sie muss in jeder Raumrichtung durch dieselbe Funktion beschrieben werden, was zunächst

$$f(\boldsymbol{v}^2) = f(v_x^2 + v_y^2 + v_z^2) = f(v_x^2)f(v_y^2)f(v_z^2) \quad (34.144)$$

ergibt. Das *Produkt* der Verteilungsfunktionen der Geschwindigkeitsquadrate in allen Koordinatenrichtungen muss also gleich der Verteilungsfunktion der *Summe* der Geschwindigkeitsquadrate sein.

Die einzige Funktion f, welche dieser Forderung genügt, ist die Exponentialfunktion. Wir müssen also

$$f(\boldsymbol{v}^2) = C\exp(a\boldsymbol{v}^2) \quad (34.145)$$

fordern. Die Größen C und a dürfen nicht von der Geschwindigkeit abhängen, sind aber sonst vorerst beliebig.

Damit die Verteilung (34.145) überhaupt normiert werden kann, muss $a < 0$ sein. Damit nimmt die Verteilung die Form einer Gauß-Verteilung im Geschwindigkeitsraum mit Mittelwert $\langle v_x \rangle = \langle v_y \rangle = \langle v_z \rangle = 0$ und der Standardabweichung

$$\sigma_v = \frac{1}{\sqrt{2a}} \quad (34.146)$$

an. Die Normierung ergibt sich dann direkt aus (34.141),

$$C = \frac{1}{(2\pi\sigma_v^2)^{3/2}}, \quad (34.147)$$

worin der Exponent $3/2$ auftritt, weil ja in jeder Raumrichtung normiert werden muss. Integrale über Gauß-Funktionen werden im „Mathematischen Hintergrund" 36.1 im Detail behandelt.

Nun bleibt nur noch die Bedeutung von a zu bestimmen. Offenbar muss die Streuung jeder Geschwindigkeitskomponente um ihren Mittelwert gleich σ_v sein. Also müssen wir für jede Geschwindigkeitskomponente v_i

$$\langle v_i^2 \rangle = \sigma_v^2 \quad (34.148)$$

fordern. Die mittleren Geschwindigkeitsquadrate hängen natürlich mit der mittleren Energie ε der Gasteilchen zusammen. In der Bewegung in jede Raumrichtung muss im Mittel dieselbe Energie stecken, weil die Raumrichtungen nicht voneinander verschieden sind. Deswegen muss

$$\varepsilon = \frac{m}{2}\left(\langle v_x^2 \rangle + \langle v_y^2 \rangle + \langle v_z^2 \rangle\right) = \frac{3m}{2}\sigma_v^2 \quad (34.149)$$

gelten. Die Streuung der Geschwindigkeit muss demnach proportional zur mittleren Energie eines Gasteilchens sein. In (35.35) werden wir sehen, dass die innere Energie eines einatomigen idealen Gases aus N Teilchen

$$U = \frac{3}{2}Nk_\mathrm{B}T \quad (34.150)$$

beträgt, weshalb

$$\varepsilon = \frac{3}{2}k_\mathrm{B}T \quad \Rightarrow \quad \sigma_v^2 = \frac{k_\mathrm{B}T}{m} \quad (34.151)$$

sein muss.

Frage 7

Verwenden Sie das Endergebnis aus dem Beispielkasten „Druck und mechanische Arbeit" in Abschn. 34.1 und die Zustandsgleichung des idealen Gases, um den Ausdruck (34.150) zu begründen.

Teil IV

Maxwell'sche Geschwindigkeitsverteilung

Wir erhalten damit die *Maxwell'sche Geschwindigkeitsverteilung*

$$f(\boldsymbol{v}^2) = \left(\frac{m}{2\pi k_B T}\right)^{3/2} \exp\left(-\frac{m\boldsymbol{v}^2}{2k_B T}\right) \tag{34.152}$$

für ein Gas im thermischen Gleichgewicht mit der Temperatur T und der Teilchenmasse m.

Achtung So elegant Maxwells Herleitung dieser Geschwindigkeitsverteilung war, gilt sie doch nur für nichtrelativistische Teilchen. Der Grund ist, dass bei relativistischen Teilchen eine Bewegung in einer Richtung aufgrund der geschwindigkeitsabhängigen Trägheit auch die Bewegung in jeder anderen Richtung beeinflusst. Zudem ist die Geschwindigkeit natürlich durch die Lichtgeschwindigkeit nach oben beschränkt. ◀

Thermische Geschwindigkeiten

Die Maxwell'sche Verteilung der drei Geschwindigkeitskomponenten lässt sich leicht in eine Verteilung für den *Betrag* der Geschwindigkeit transformieren. Die Wahrscheinlichkeit

$$\mathrm{d}P(\boldsymbol{v}^2) = f(\boldsymbol{v}^2)\mathrm{d}v_x\mathrm{d}v_y\mathrm{d}v_z \tag{34.153}$$

muss unverändert bleiben, wenn wir Kugelkoordinaten im Geschwindigkeitsraum einführen,

$$\mathrm{d}P(\boldsymbol{v}^2) = f(\boldsymbol{v}^2)v^2\mathrm{d}v \sin\theta\mathrm{d}\theta\mathrm{d}\phi\,, \tag{34.154}$$

wobei natürlich die Jacobi-Determinante der Transformation berücksichtigt werden muss. Weil wir nur am Betrag der Geschwindigkeit interessiert sind, können wir sofort über die beiden Winkel θ und ϕ integrieren und erhalten als Verteilung des Geschwindigkeitsbetrags

$$f(v) = 4\pi v^2 f(\boldsymbol{v}^2) = 4\pi\left(\frac{m}{2\pi k_B T}\right)^{3/2} v^2 \exp\left(-\frac{mv^2}{2k_B T}\right). \tag{34.155}$$

Der *mittlere Geschwindigkeitsbetrag* $\langle v\rangle$ ist

$$\langle v\rangle = \int_0^\infty f(v)v\mathrm{d}v = 4\pi\left(\frac{m}{2\pi k_B T}\right)^{3/2}\int_0^\infty v^3\exp\left(-\frac{mv^2}{2k_B T}\right)\mathrm{d}v = \sqrt{\frac{8}{\pi}\frac{k_B T}{m}}\,. \tag{34.156}$$

Die *wahrscheinlichste Geschwindigkeit* v_0 ist dagegen durch die Lage des Maximums von $v^2\exp[-mv^2/(2k_B T)]$ bestimmt. Aus

$$0 = \frac{\mathrm{d}}{\mathrm{d}v}v^2\mathrm{e}^{-mv^2/2k_B T} = 2v\mathrm{e}^{-mv^2/2k_B T} - \frac{mv^3}{k_B T}\mathrm{e}^{-mv^2/2k_B T} \tag{34.157}$$

folgt

$$v_0 = \sqrt{\frac{2k_B T}{m}}\,. \tag{34.158}$$

Die mittlere thermische Geschwindigkeit ist also um den Faktor $(4/\pi)^{1/2} \approx 1{,}13$ *größer* als die wahrscheinlichste Geschwindigkeit. Dies liegt daran, dass die exponentielle Verteilung zu beliebig hohen Geschwindigkeiten reicht, aber auf $v \geq 0$ beschränkt ist und deswegen nicht symmetrisch sein kann.

Frage 8

Was ist die mittlere thermische Geschwindigkeit eines „Luftmoleküls" bei Zimmertemperatur?

Aufgaben

Gelegentlich enthalten die Aufgaben mehr Angaben, als für die Lösung erforderlich sind. Bei einigen anderen dagegen werden Daten aus dem Allgemeinwissen, aus anderen Quellen oder sinnvolle Schätzungen benötigt.

- • leichte Aufgaben mit wenigen Rechenschritten
- •• mittelschwere Aufgaben, die etwas Denkarbeit und unter Umständen die Kombination verschiedener Konzepte erfordern
- ••• anspruchsvolle Aufgaben, die fortgeschrittene Konzepte (unter Umständen auch aus späteren Kapiteln) oder eigene mathematische Modellbildung benötigen

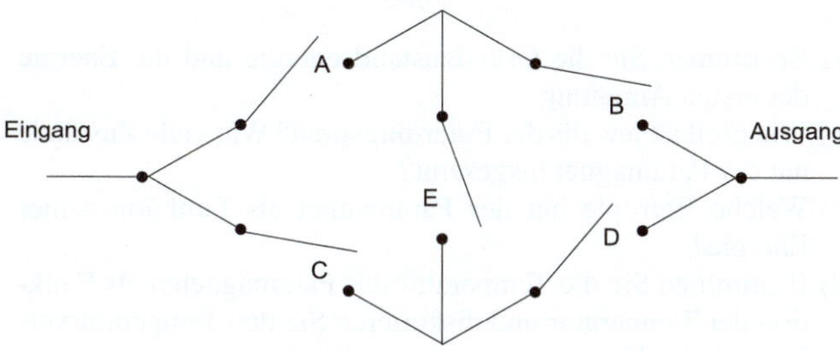

Abb. 34.14 Netzwerk aus fünf unabhängigen Schaltern, die mit einer Wahrscheinlichkeit p geschlossen sind

34.1 • Abwechslung beim Würfelspiel Bestimmen Sie, auf wie viele Weisen man bei fünf Würfen eines echten Würfels die Gesamtaugenzahl acht erhalten kann.

34.2 •• Absorptionswahrscheinlichkeit eines Teilchens Ein Absorber für Teilchen sei aus parallelen Schichten der Dicke Δx aufgebaut. In jeder Schicht ist die Wahrscheinlichkeit für die Absorption eines Teilchens, das die Schicht durchläuft, durch $\rho\Delta x$ gegeben. Dabei ist $\rho > 0$ konstant im Ort. Die Teilchen fallen parallel zur Plattennormale auf den Absorber.

(a) Bestimmen Sie die Wahrscheinlichkeit dafür, dass ein Teilchen in die n-te Schicht des Absorbers eindringt.

(b) Wie groß ist die Wahrscheinlichkeit, dass das Teilchen gerade in der n-ten Schicht absorbiert wird?

(c) Bestimmen Sie aus Teilaufgabe (a) die Wahrscheinlichkeit für die Eindringtiefe x, indem Sie den Limes $\Delta x \to 0$ betrachten.

34.3 •• Durchlasswahrscheinlichkeit eines Netzwerks aus Schaltern In dem Netzwerk in Abb. 34.14 arbeiten alle Schalter unabhängig. Jeder Schalter schließt mit der Wahrscheinlichkeit p und bleibt mit der Wahrscheinlichkeit $1-p$ offen.

(a) Bestimmen Sie die Wahrscheinlichkeit dafür, dass ein am Eingang ankommendes Signal am Ausgang empfangen wird.

(b) Ermitteln Sie die bedingte Wahrscheinlichkeit für das Ereignis „am Ausgang wird ein Signal empfangen" unter der Bedingung, dass Schalter E offen ist.

34.4 •• Transformation von Wahrscheinlichkeitsverteilungen Die mehrdimensionale oder multivariate Verteilung der Zufallsvariablen $A = (A_1, \ldots, A_N)$ mit den Werten $x = (x_1, \ldots, x_N)$ sei $W(x_1, \ldots, x_N) = W(x)$.

(a) Zeigen Sie, dass die multivariate Verteilung der Zufallsvariablen

$$B = (B_1, \ldots, B_M) = \Phi(A) \tag{34.159}$$

mit $B_i = \Phi_i(A_1, \ldots, A_N)$, $1 \le i \le M \le N$ und den Werten $y = (y_1, \ldots, y_M)$ durch

$$\begin{aligned} P(y) &= \langle \delta_\mathrm{D}\left[y - \Phi(A)\right] \rangle \\ &= \int \cdots \int \prod_{i=1}^{M} \delta_\mathrm{D}\left[y_i - \Phi_i(A)\right] W(x) \mathrm{d}x_1 \ldots \mathrm{d}x_N \end{aligned} \tag{34.160}$$

gegeben ist. Gleichung (34.159) sei für $M = N$ eindeutig umkehrbar, d. h. $A = \Phi^{-1}(B)$. Weshalb ist die Aussage $P(y) = W\left[\Phi^{-1}(y)\right]$ falsch?

(b) Ein Teilchenstrahl fällt parallel zur x-Achse in der x-y-Ebene auf eine feste Kreisscheibe mit dem Radius R, an der die Teilchen elastisch gestreut werden. Der Stoßparameter b sei über das Intervall $[-R, R]$ gleichverteilt. Bestimmen Sie die normierte Verteilung $P(\varphi)$ für den Streuwinkel φ.

Lösungshinweis: Zu Teilaufgabe (a): Zeigen Sie mithilfe der angegebenen Verteilung $P(y)$, dass die Verteilungen $W(x)$ und $P(y)$ denselben Mittelwert einer beliebigen Funktionen ergeben, die einmal als Funktion von x und einmal als Funktion von $y = \Phi(x)$ dargestellt wird. Zu Teilaufgabe (b): Finden Sie zunächst die Wahrscheinlichkeitsverteilung $W(b)$ und einen Zusammenhang zwischen φ und b.

34.5 •• Verteilung von Molekülen über Teilvolumina In einem Behälter mit dem Volumen V_0 befinden sich N_0 Moleküle. Für jedes Molekül sind die Wahrscheinlichkeiten, dass es sich in irgendeinem Teilraum des Behälters mit festem Volumen aufhält, jeweils gleich groß.

(a) Bestimmen Sie für ein Teilvolumen V die Wahrscheinlichkeit $W(N, V)$ dafür, dass sich N Moleküle in ihm befinden.
(b) Wie groß ist die mittlere Anzahl $\langle N \rangle_V$ von Molekülen in V?
(c) Berechnen Sie das mittlere Schwankungsquadrat (d. h. die Varianz)

$$\left\langle (N - \langle N \rangle_V)^2 \right\rangle_V . \tag{34.161}$$

Wie groß ist die relative Abweichung

$$\frac{\left\langle (N - \langle N \rangle_V)^2 \right\rangle_V^{1/2}}{\langle N \rangle_V} ? \tag{34.162}$$

(d) Ermitteln Sie die Größen aus Teilaufgabe (c) für

$$V = V_0 , \quad V = \frac{V_0}{2} , \quad V = 10^{-6} \, V_0 \tag{34.163}$$

und $N_0 = 6 \cdot 10^{23}$.

Lösungshinweis: Die Identität (34.119) mag bei der Lösung sehr gelegen kommen.

34.6 •• Energieverteilung in einem Spinsystem An jedem von vier diskreten Punkten $i = 1, 2, 3, 4$ sei eine zweiwertige Spinvariable $s_i \in \{-1, 1\}$ erklärt. Jeder Konfiguration (s_1, s_2, s_3, s_4) werde durch die Funktion

$$H(s_1, s_2, s_3, s_4) = J\,(s_1 s_2 + s_1 s_3 + s_1 s_4 + s_2 s_3 + s_2 s_4 + s_3 s_4) + B_0 \sum_{i=1}^{4} s_i \tag{34.164}$$

mit $J, B_0 > 0$ eine Energie zugeordnet.

(a) Welche Dimension hat der Konfigurationsraum?
(b) Welche Eigenwerte hat H? Bestimmen Sie unter der Voraussetzung, dass alle Konfigurationen gleich wahrscheinlich sind, für welche Energien E die Wahrscheinlichkeit $P(E) \neq 0$ ist. Geben Sie die Energien und die zugehörigen Wahrscheinlichkeiten explizit an.

Lösungshinweis: Bei Teilaufgabe (b) kann es hilfreich sein, die Anzahl der positiven oder negativen Spins als Variable einzuführen.

34.7 •• Entartung in einem Spinsystem Gegeben seien N zweiwertige Spinvariable $s_i \in \{-1, 1\}$, $1 \leq i \leq N$. Jeder Konfiguration $(s_1, \ldots, s_N)$ werde durch die Funktion

$$H(s_1, \ldots, s_N) = JM^2 , \quad M = \sum_{i=1}^{N} s_i , \quad J \in \mathbb{R} \tag{34.165}$$

eine Energie zugeordnet.

(a) Geben Sie die Dimension des Konfigurationsraumes an.
(b) Finden Sie die möglichen Eigenwerte von H.
(c) Bestimmen Sie den Entartungsgrad der Eigenwerte von H in Abhängigkeit von N und den Eigenwerten von M.

Lösungshinweis: Bei Teilaufgabe (b) und (c) mag die Unterscheidung gerader und ungerader N notwendig werden.

34.8 •• Entropie eines Paramagneten Ein idealer Paramagnet besteht aus sehr vielen magnetischen Momenten $m_i = \pm\mu$, $1 \leq i \leq N$ mit $N \gg 1$, und befindet sich in einem Magnetfeld $B > 0$. Die Hamilton-Funktion sei

$$H = -B \sum_{i=1}^{N} m_i . \tag{34.166}$$

(a) Bestimmen Sie die Grundzustandsenergie und die Energie der ersten Anregung.
(b) Wie groß ist jeweils der Entartungsgrad? Wie viele Zustände hat der Paramagnet insgesamt?
(c) Welche Entropie hat der Paramagnet als Funktion seiner Energie?
(d) Bestimmen Sie die Temperatur des Paramagneten als Funktion der Temperatur und diskutieren Sie den Temperaturverlauf mit der Energie.

Lösungshinweis: Verwenden Sie, falls Sie die Ableitung von $\ln n!$ nach n brauchen, den Ausdruck

$$\frac{\mathrm{d} \ln n!}{\mathrm{d}n} = \ln(n + 1) . \tag{34.167}$$

34.9 • Eigenschaften der Maxwell-Verteilung Die Maxwell'sche Geschwindigkeitsverteilung

$$f(\boldsymbol{v}) = \left(\frac{m}{2\pi k_\mathrm{B} T}\right)^{3/2} \exp\left(-\frac{m\boldsymbol{v}^2}{2k_\mathrm{B} T}\right) \tag{34.168}$$

bezeichnet in einem idealen, einatomigen klassischen Gas der Temperatur T die Wahrscheinlichkeitsdichte für die Geschwindigkeit

$$\boldsymbol{v} = (v_x, v_y, v_z) \tag{34.169}$$

eines Teilchens. Leiten Sie daraus die Wahrscheinlichkeitsdichten $\tilde{f}(v_x)$ und $\hat{f}(\varepsilon)$ für die v_x-Komponente der Geschwindigkeit bzw. die dimensionslose kinetische Energie

$$\varepsilon = \frac{m\boldsymbol{v}^2}{2k_\mathrm{B} T} \tag{34.170}$$

eines Teilchens ab.

Lösungshinweis: Die Integrale im „Mathematischen Hintergrund" 36.1 kommen hier sehr gelegen.

34.10 •• Asymmetrischer Irrflug Ein Teilchen unternimmt einen diskreten, eindimensionalen Irrflug, dessen Sprünge unkorreliert sind. Die Sprünge um jeweils einen Gitterabstand a nach rechts sind doppelt so wahrscheinlich wie die Sprünge nach links.

Teil IV

(a) Mit welcher Wahrscheinlichkeit landet das Teilchen nach N Sprüngen wieder am Startpunkt $x = 0$, wenn N gerade oder N ungerade ist?
(b) Berechnen Sie für das Teilchen den Mittelwert $\langle x_N \rangle$, das mittlere Quadrat $\langle x_N^2 \rangle$ des Abstands x_N vom Startpunkt nach N Sprüngen und die Standardabweichung von x_N.

Lösungshinweis: Üben Sie auch hier möglichst selbstständig die Berechnung des Mittelwertes und der Standardabweichung der Binomialverteilung ein, die in Abschn. 34.4 dargestellt wurde.

34.11 ••• Phasenraumverteilung eines rotierenden Systems Eine kreisrunde, starre Scheibe kann um eine raumfeste Achse reibungsfrei rotieren, die senkrecht durch ihren Mittelpunkt verläuft. Am Rand der Scheibe befindet sich eine Marke, welche die Messung des Drehwinkels bezüglich einer raumfesten Marke ermöglicht. Die Variablen des Systems sind der Drehwinkel $\varphi \in \mathbb{R}$ und der dazu konjugierte kanonische Impuls p_φ. Die Hamilton-Funktion ist

$$H = \frac{p_\varphi^2}{2I}, \tag{34.171}$$

wobei I das Trägheitsmoment der Scheibe bezüglich der Drehachse ist.

(a) Stellen Sie bei diesem System die Liouville'sche Gleichung für die Phasenraumdichte $\rho(p_\varphi, \varphi, t)$ auf.
(b) Finden Sie durch Fourier-Transformation in φ und t einen Satz von Basislösungen der Liouville'schen Gleichung.
(c) Leiten Sie mithilfe der Lösungen aus Teilaufgabe (b) aus der Anfangsverteilung

$$\rho(p_\varphi, \varphi, t = 0) = \begin{cases} \frac{1}{2\Delta L}\delta_\mathrm{D}(\varphi) & \text{für} \quad p_\varphi \in [L_0 - \Delta L, L_0 + \Delta L] \\ 0 & \text{sonst} \end{cases} \tag{34.172}$$

die Phasenraumdichte $\rho(p_\varphi, \varphi, t)$ ab. Interpretieren Sie das Ergebnis.
(d) Bestimmen Sie mit $\rho(p_\varphi, \varphi, t)$ aus Teilaufgabe (c) den Mittelwert φ und die Standardabweichung

$$\left\langle (\varphi - \langle\varphi\rangle)^2 \right\rangle^{1/2}. \tag{34.173}$$

Wie verhält sich insbesondere die Standardabweichung mit der Zeit?

Teil IV

Lösungen zu den Aufgaben

34.1 Es gibt 35 verschiedene Möglichkeiten.

34.2 Das Ergebnis zu Teilaufgabe (c) ist $p_x = \mathrm{e}^{-\rho x}$.

34.5 Als Lösung von Teilaufgabe (a) sollten Sie eine Binomialverteilung finden. Üben Sie möglichst selbstständig die Berechnung des Mittelwertes und der Standardabweichung der Binomialverteilung ein, die in Abschn. 34.4 dargestellt wurde.

34.9 Die gesuchte Verteilung $\hat{f}(\varepsilon)$ ist

$$\hat{f}(\varepsilon) = \frac{2}{\sqrt{\pi}} \sqrt{\varepsilon} \mathrm{e}^{-\varepsilon} . \tag{34.174}$$

Ausführliche Lösungen zu den Aufgaben

34.1 Nur die folgenden Kombinationen sind möglich:

(a) 1×4 und 4×1,

$$\frac{5!}{4!} = 5 \text{ Möglichkeiten}, \tag{34.175}$$

(b) 1×3, 1×2 und 3×1,

$$\frac{5!}{3!} = 20 \text{ Möglichkeiten}, \tag{34.176}$$

(c) 3×2 und 2×1,

$$\frac{5!}{3!2!} = 10 \text{ Möglichkeiten}. \tag{34.177}$$

Insgesamt kann die Gesamtaugenzahl acht also auf 35 verschiedene Weisen erzielt werden. Die Anzahlen ergeben sich daraus, dass weder die Reihenfolge der Würfe noch die Reihenfolge der günstige Ergebnisse festgelegt sind und deswegen beliebig vertauscht werden können (siehe hierzu (34.110)).

34.2

(a) Die Wahrscheinlichkeit, dass ein Teilchen in die n-te Schicht des Absorbers eindringt, ist gleich der Wahrscheinlichkeit, dass das Teilchen die vorangehenden $n-1$ Schichten durchdringt, dort also nicht absorbiert wird. Diese Wahrscheinlichkeit ist gegeben durch

$$p_n = (1 - \rho\Delta x)^{n-1} . \tag{34.178}$$

(b) Um in der n-ten Schicht absorbiert werden zu können, muss das Teilchen zunächst in die n-te Schicht kommen. Die Wahrscheinlichkeit, in der n-ten Schicht absorbiert zu werden, ist also das Produkt der Wahrscheinlichkeiten, in die n-te Schicht zu gelangen und dort absorbiert zu werden, folglich

$$p = p_n\rho\Delta x = (1 - \rho\Delta x)^{n-1}\rho\Delta x . \tag{34.179}$$

(c) Im Grenzfall sehr dünner Schichten ist die Eindringtiefe nach $n-1$ durchlaufenen Schichten gegeben durch

$$x = (n-1)\Delta x . \tag{34.180}$$

Die Wahrscheinlichkeit, dass das Teilchen die Eindringtiefe x erreicht, ist also im Grenzfall $n \to \infty$ gegeben durch

$$p_x = \lim_{n\to\infty} p_n = \lim_{n\to\infty}\left(1 - \frac{\rho x}{n-1}\right)^{n-1} = \mathrm{e}^{-\rho x} . \tag{34.181}$$

34.3

(a) Am Ausgang wird dann ein Signal ankommen, wenn eine der folgenden Konfigurationen mit den gegebenen Wahrscheinlichkeiten eintritt:

Konfiguration	Wahrscheinlichkeit
nur A und B geschlossen	$p^2(1-p)^3$
nur C und D geschlossen	$p^2(1-p)^3$
nur A, E und D geschlossen	$p^3(1-p)^2$
nur C, E und B geschlossen	$p^3(1-p)^2$
nur A, E und B geschlossen	$p^3(1-p)^2$
nur C, E und D geschlossen	$p^3(1-p)^2$
nur A, C und B geschlossen	$p^3(1-p)^2$
nur A, C und D geschlossen	$p^3(1-p)^2$
nur B, D und A geschlossen	$p^3(1-p)^2$
nur B, D und C geschlossen	$p^3(1-p)^2$
ein beliebiger Schalter offen	$5p^4(1-p)$
alle Schalter geschlossen	p^5

Die Wahrscheinlichkeit $\bar{p}$, dass auf irgendeinem dieser Wege ein Signal am Ausgang ankommt, ist die Summe dieser Einzelwahrscheinlichkeiten:

$$\bar{p} = p^5 + 5p^4(1-p) + 8p^3(1-p)^2 + 2p^2(1-p)^3 . \tag{34.182}$$

(b) Die gesuchte, bedingte Wahrscheinlichkeit ergibt sich aus der allgemeinen Aussage

$$P(A \cap B) = P(B|A)P(A) , \tag{34.183}$$

aus der in unserem Fall folgt:

$$\begin{aligned} &P(\text{Signal am Ausgang}|E \text{ offen}) \\ &= \frac{P(\text{Signal am Ausgang und } E \text{ offen})}{P(E \text{ offen})} \\ &= \frac{p^4(1-p) + 4p^3(1-p)^2 + 2p^2(1-p)^3}{1-p} \\ &= p^4 + 4p^3(1-p) + 2p^2(1-p)^2 . \end{aligned} \tag{34.184}$$

34.4

(a) Sei F eine beliebige Funktion der Zufallsvariablen B. Wir müssen zeigen, dass für jede Funktion F der Mittelwert

$$\langle F\rangle = \int F(y_1, \ldots, y_M)P(y)\mathrm{d}y_1 \cdots \mathrm{d}y_M \tag{34.185}$$

auch durch

$$\langle F\rangle = \int \tilde{F}(x_1, \ldots, x_N)W(x)\mathrm{d}x_1 \cdots \mathrm{d}x_N \tag{34.186}$$

Teil IV

berechnet werden kann, wenn $\tilde{F}(x) = F[\Phi(x)]$ ist. Mit der angegebenen multivariaten Verteilung $P(y)$ folgt aus dem ersten Ausdruck in verkürzter Schreibweise

$$\begin{aligned}\langle F\rangle &= \int F(y)\left\{\int \delta_D\left[y-\Phi(x)\right] W(x)\mathrm{d}x\right\}\mathrm{d}y \\ &= \int\left\{\int \delta_D\left[y-\Phi(x)\right] F(y)\mathrm{d}y\right\} W(x)\mathrm{d}x \\ &= \int F\left[\Phi(x)\right] W(x)\mathrm{d}x = \int \tilde{F}(x)W(x)\mathrm{d}x ,\end{aligned} \tag{34.187}$$

was zu zeigen war. Der Ausdruck $P(y) = W\left[\Phi^{-1}(y)\right]$ für $M = N$ wäre falsch, da er nicht mehr normiert ist, denn

$$\begin{aligned}\int W(x)\mathrm{d}x = 1 &= \int W\left[\Phi^{-1}(y)\right]\left|D\Phi^{-1}\right|\mathrm{d}y \\ &= \int P(y)\left|D\Phi^{-1}\right|\mathrm{d}y \neq \int P(y)\mathrm{d}y ,\end{aligned} \tag{34.188}$$

da die Jacobi-Determinante der Abbildung $\Phi^{-1}(y)$ in diesem Integral auftritt.

(b) Wegen der Gleichverteilung des Stoßparameters b in $[-R, R]$ ist

$$W(b) = \frac{1}{2R} . \tag{34.189}$$

Trifft ein Teilchen unter dem Stoßparameter b auf die Kreisscheibe, gilt

$$b = R\sin\alpha \tag{34.190}$$

für den Winkel α, den die Linie vom Mittelpunkt der Kreisscheibe zum Auftreffpunkt mit der Richtung einschließt, aus der das Teilchen kam. Wegen des Reflexionsgesetzes ist der Streuwinkel ferner durch

$$\varphi = \pi - 2\alpha \tag{34.191}$$

gegeben; also besteht der Zusammenhang

$$b = R\sin\frac{\pi-\varphi}{2} = R\cos\frac{\varphi}{2} \tag{34.192}$$

zwischen dem Stoßparameter b und dem Streuwinkel φ. Gemäß Teilaufgabe (a) ist die Wahrscheinlichkeit $P(\varphi)$ für den Streuwinkel durch

$$P(\varphi) = \int \delta_D\left[\varphi - \varphi(b)\right]\frac{1}{2R}\,\mathrm{d}b \tag{34.193}$$

bestimmt. Aufgrund der Rechenregeln für die Deltadistribution gilt

$$\delta_D\left[\varphi - \varphi(b)\right] = \left|\frac{\mathrm{d}b}{\mathrm{d}\varphi}\right|\delta_D\left[b - b(\varphi)\right] , \tag{34.194}$$

wobei die Ableitung an der Nullstelle des Arguments der Deltadistribution zu nehmen ist. Daraus folgt

$$P(\varphi) = \frac{1}{2R}\left|-\frac{R}{2}\sin\frac{\varphi}{2}\right| = \frac{1}{4}\left|\sin\frac{\varphi}{2}\right| . \tag{34.195}$$

Die Streuwinkel φ liegen in $[-\pi, \pi]$. Das Integral über $P(\varphi)$ über alle Streuwinkel ist daher

$$\begin{aligned}\int P(\varphi)\mathrm{d}\varphi &= \frac{1}{4}\int_{-\pi}^{\pi}\left|\sin\frac{\varphi}{2}\right|\mathrm{d}\varphi \\ &= \frac{1}{2}\int_{-\pi/2}^{\pi/2}\left|\sin x\right|\mathrm{d}x = \int_0^{\pi/2}\sin x\mathrm{d}x = 1 ,\end{aligned} \tag{34.196}$$

womit die Normierung ausdrücklich bestätigt wäre.

34.5

(a) Wegen der Gleichverteilung der Teilchen im Volumen ist die Wahrscheinlichkeit, *ein* Teilchen im Teilvolumen V zu finden, gleich

$$p_1 = \frac{V}{V_0} . \tag{34.197}$$

Die Wahrscheinlichkeit, N Teilchen dort zu finden, ist demgemäß

$$\begin{aligned}W(N,V) &= \binom{N_0}{N} p_1^N (1-p_1)^{N_0-N} \\ &= \binom{N_0}{N}\left(\frac{V}{V_0}\right)^N\left(\frac{V_0-V}{V_0}\right)^{N_0-N} .\end{aligned} \tag{34.198}$$

(b) Ausgehend von dem Hinweis und unter Verwendung des binomischen Satzes stellen wir zunächst fest, dass

$$\sum_{n=0}^N \binom{N}{n} na^n b^{N-n} = \left(a\frac{\partial}{\partial a}\right)(a+b)^N = Na(a+b)^{N-1} \tag{34.199}$$

ist. Wenden wir dieses Ergebnis auf $W(N, V)$ aus Teilaufgabe (a) an, erhalten wir sofort

$$\langle N\rangle_V = \sum_{N=0}^{N_0} NW(N,V) = N_0 p_1 = \frac{N_0 V}{V_0} . \tag{34.200}$$

(c) Zweifache Anwendung des Hinweises ergibt zunächst

$$\begin{aligned}\sum_{n=0}^N \binom{N}{n} n^2 a^n b^{N-n} &= \left(a\frac{\partial}{\partial a}\right)^2 (a+b)^N \\ &= \left(a\frac{\partial}{\partial a}\right)\left[Na(a+b)^{N-1}\right] \\ &= \left[Na(a+b)^{N-1} + N(N-1)a^2(a+b)^{N-2}\right]\end{aligned} \tag{34.201}$$

und daher

$$\langle N^2\rangle_V = \sum_{N=0}^{N_0} N^2 W(N,V) = N_0 p_1 + N_0(N_0-1)p_1^2 , \tag{34.202}$$

woraus die Schwankung

$$\langle (N - \langle N \rangle_V)^2 \rangle_V = \langle N^2 \rangle_V - \langle N \rangle_V^2 = N_0 p_1 (1 - p_1) \tag{34.203}$$

$$= \frac{N_0 V}{V_0} \left(\frac{V_0 - V}{V_0} \right)$$

folgt. Die relative Abweichung ist

$$\frac{\left\langle (N - \langle N \rangle_V)^2 \right\rangle_V^{1/2}}{\langle N \rangle_V} = \frac{\sigma}{\langle N \rangle_V} = \frac{\sqrt{N_0 p_1 (1 - p_1)}}{N_0 p_1} \tag{34.204}$$

$$= \frac{\sqrt{1 - p_1}}{\sqrt{N_0 p_1}} = \sqrt{\frac{V_0 - V}{N_0 V}} .$$

(d) Für $V = V_0$ sind

$$\langle N \rangle_V = N_0 , \quad \langle (N - \langle N \rangle_V)^2 \rangle_V = 0 , \quad \frac{\sigma}{\langle N \rangle_V} = 0 , \tag{34.205}$$

für $V = V_0/2$ sind

$$\langle N \rangle_V = \frac{N_0}{2} , \quad \langle (N - \langle N \rangle_V)^2 \rangle_V = \frac{N_0}{4} , \tag{34.206}$$

$$\frac{\sigma}{\langle N \rangle_V} = \frac{1}{\sqrt{N_0}} \approx 1{,}3 \cdot 10^{-12} , \tag{34.207}$$

und für $V = 10^{-6} V_0$ sind

$$\langle N \rangle_V = 10^{-6} N_0 \approx \langle (N - \langle N \rangle_V)^2 \rangle_V , \tag{34.208}$$

$$\frac{\sigma}{\langle N \rangle_V} \approx \frac{10^3}{\sqrt{N_0}} \approx 1{,}3 \cdot 10^{-9} . \tag{34.209}$$

34.6

(a) Die Dimension des Konfigurationsraumes ist $2^4 = 16$, da es so viele verschiedene Möglichkeiten gibt, die Spinvariablen einzustellen und zu kombinieren.

(b) Sei N_- die Anzahl der Spinvariablen mit dem Wert -1. Dann treten in Abhängigkeit von N_- die folgenden Eigenwerte von H auf mit den gegebenen Entartungsgraden und Wahrscheinlichkeiten auf:

N_-	H	Entartungsgrad	Wahrscheinlichkeit
0	$6J + 4B_0$	1	1/16
1	$2B_0$	4	1/4
2	$-2J$	6	3/8
3	$-2B_0$	4	1/4
4	$6J - 4B_0$	1	1/16

Die Entartungsgrade ergeben sich aus den Binomialkoeffizienten

$$\binom{4}{N_-} , \tag{34.210}$$

die Wahrscheinlichkeiten sind ein Sechzehntel davon.

34.7

(a) Die Dimension des Konfigurationsraumes ist 2^N.

(b) Ist N gerade, gilt $M \in \{-N, -N+2, \ldots, -2, 0, 2, \ldots, N-2, N\}$ und

$$H = 0, 4J, 16J, \ldots, N^2 J . \tag{34.211}$$

Ist N ungerade, gilt $M \in \{-N, -N+2, \ldots, -1, 1, \ldots, N-2, N\}$ und

$$H = J, 9J, \ldots, N^2 J . \tag{34.212}$$

(c) Ähnlich wie in Aufgabe 34.6 bezeichnen wir mit N_- die Anzahl negativer Spinvariablen und erhalten in Abhängigkeit davon die folgende Tabelle:

N_-	M	H	Möglichkeiten
0	N	$N^2 J$	1
1	$N-2$	$(N-2)^2 J$	N
2	$N-4$	$(N-4)^2 J$	$N(N-1)/2$
		…	
n	$N-2n$	$(N-2n)^2 J$	$\binom{N}{n}$

Dabei ist $n \le N/2$ bei geradem N und $n \le (N-1)/2$ bei ungeradem N, denn die restliche Hälfte der Tabelle würde mit der angegebenen Hälfte übereinstimmen, außer dass N_- durch $N - N_-$ zu ersetzen wäre. Wegen dieser Spiegelsymmetrie der Tabelle ist der Entartungsgrad der Eigenwerte von H gleich $2\binom{N}{n}$ für $H = (N-2n)^2 J$, ausgenommen für $n = N/2$ bei geradem N, denn dann ist $H = 0$ mit einem Entartungsgrad von $\binom{N}{N/2}$.

34.8

(a) Die Grundzustandsenergie E_0, also die niedrigste Energie, wird erreicht, wenn alle magnetischen Momente positiv sind, $m_i = \mu \ \forall \ i$. Dann ist $E_0 = -BN\mu$. Die erste Anregung entsteht dadurch, dass ein magnetisches Moment umklappt, also sein Vorzeichen ändert. Dadurch verringert sich die Summe über die magnetischen Momente um zwei, weshalb $E_1 = -B(N-2)\mu$ ist.

(b) Da der Grundzustand auf nur eine Weise eingenommen werden kann, ist sein Entartungsgrad gleich eins. Der erste Anregungszustand kann auf

$$\binom{N}{1} = N \tag{34.213}$$

Weisen realisiert werden, sodass sein Entartungsgrad gleich N ist. Die Gesamtzahl $\mathcal{N}$ der Zustände, die der Paramagnet einnehmen kann, ist die Summe über alle Entartungsgrade:

$$\mathcal{N} = \sum_{n=0}^{N} \binom{N}{n} = 2^N . \tag{34.214}$$

(c) Bei vorgegebener Energie E_n ergibt sich die Anzahl n negativer magnetischer Momente aus

$$E_n = -B(N-2n)\mu \quad \Rightarrow \quad n = \frac{1}{2}\left(\frac{E_n}{B\mu} + N \right) . \tag{34.215}$$

Zustände mit der Energie E_n können daher auf

$$\Omega = \binom{N}{\frac{1}{2}\left(\frac{E_n}{B\mu}+N\right)} \tag{34.216}$$

Weisen realisiert werden. Ihre Entropie ist

$$\begin{aligned} S &= k_\mathrm{B} \ln \binom{N}{\frac{1}{2}\left(\frac{E_n}{B\mu}+N\right)} \\ &= k_\mathrm{B} \ln \frac{N!}{\frac{1}{2}\left(\frac{E_n}{B\mu}+N\right)!\frac{1}{2}\left(N-\frac{E_n}{B\mu}\right)!}\,. \end{aligned} \tag{34.217}$$

(d) Die Temperatur ergibt sich aus der Entropie durch Ableitung nach der Energie:

$$\begin{aligned} \frac{1}{k_\mathrm{B}T} &= \frac{\partial \ln\Omega}{\partial E_n} \\ &= -\frac{\partial}{\partial E_n}\left\{\ln \frac{1}{2}\left(\frac{E_n}{B\mu}+N\right)! \right. \\ &\qquad \left. + \ln\left[N-\frac{1}{2}\left(\frac{E_n}{B\mu}+N\right)\right]!\right\} \\ &= \frac{1}{2B\mu}\left\{\ln\left[1+\frac{1}{2}\left(N-\frac{E_n}{B\mu}\right)\right]\right. \\ &\qquad \left. -\ln\left[1+\frac{1}{2}\left(N+\frac{E_n}{B\mu}\right)\right]\right\} \\ &= \frac{1}{2B\mu}\ln\frac{1+\frac{1}{2}\left(N-\frac{E_n}{B\mu}\right)}{1+\frac{1}{2}\left(N+\frac{E_n}{B\mu}\right)} = \frac{1}{2B\mu}\ln\frac{1+N-n}{1+n}\,. \end{aligned} \tag{34.218}$$

Da wir N durch die Grundzustandsenergie gemäß $N = -E_0/(B\mu)$ ausdrücken können, folgt für die Temperatur schließlich

$$\begin{aligned} \frac{1}{k_\mathrm{B}T} &= \frac{1}{2B\mu}\left\{\ln\left[1-\frac{E_n+E_0}{2B\mu}\right]-\ln\left[1+\frac{E_n-E_0}{2B\mu}\right]\right\} \\ &= \frac{1}{2B\mu}\ln\frac{2B\mu-E_n-E_0}{2B\mu+E_n-E_0}\,. \end{aligned} \tag{34.219}$$

Für $E_n = E_0$ ist die Temperatur positiv,

$$\frac{1}{k_\mathrm{B}T} = \frac{1}{2B\mu}\ln\left[1-\frac{E_0}{B\mu}\right] = \frac{\ln(1+N)}{2B\mu}\,, \tag{34.220}$$

während sie am anderen Ende des Spektrums, bei $E_n = -E_0$, entsprechend *negativ* ist:

$$\frac{1}{k_\mathrm{B}T} = -\frac{\ln(1+N)}{2B\mu}\,. \tag{34.221}$$

Für $E_n = 0$ wird $(k_\mathrm{B}T)^{-1} = 0$ und daher die Temperatur unendlich!

34.9 Die Wahrscheinlichkeit, ein Teilchen im Geschwindigkeitsraum innerhalb von $[v_x, v_x+\mathrm{d}v_x]$, $[v_y, v_y+\mathrm{d}v_y]$ und $[v_z, v_z+\mathrm{d}v_z]$ zu finden, ist

$$\mathrm{d}^3P = f(\boldsymbol{v})\mathrm{d}v_x\mathrm{d}v_y\mathrm{d}v_z\,. \tag{34.222}$$

Durch Integration über v_y und v_z ergibt sich

$$\mathrm{d}P = \left(\frac{m}{2\pi k_\mathrm{B}T}\right)^{1/2}\exp\left(-\frac{mv_x^2}{2k_\mathrm{B}T}\right)\mathrm{d}v_x\,, \tag{34.223}$$

woraus die gesuchte Wahrscheinlichkeitsdichte

$$\tilde{f}(v_x) = \left(\frac{m}{2\pi k_\mathrm{B}T}\right)^{1/2}\exp\left(-\frac{mv_x^2}{2k_\mathrm{B}T}\right) \tag{34.224}$$

folgt.

Da $\mathrm{d}v_x\mathrm{d}v_y\mathrm{d}v_z = 4\pi v^2\mathrm{d}v$ ist, können wir die Wahrscheinlichkeit, ein Teilchen mit einem Geschwindigkeitsbetrag innerhalb von $[v, v+\mathrm{d}v]$ zu finden, durch

$$\mathrm{d}P = 4\pi f(\boldsymbol{v})v^2\mathrm{d}v \tag{34.225}$$

ausdrücken. Wegen

$$\mathrm{d}P = 4\pi f(\boldsymbol{v})v^2\left|\frac{\mathrm{d}v}{\mathrm{d}\varepsilon}\right|\mathrm{d}\varepsilon \tag{34.226}$$

gilt ferner

$$\hat{f}(\varepsilon) = 4\pi f(\boldsymbol{v})v^2\left|\frac{\mathrm{d}v}{\mathrm{d}\varepsilon}\right|\,, \tag{34.227}$$

wobei jeweils v^2 durch ε auszudrücken ist. Mit

$$\left|\frac{\mathrm{d}v}{\mathrm{d}\varepsilon}\right| = \frac{\mathrm{d}}{\mathrm{d}\varepsilon}\sqrt{\frac{2k_\mathrm{B}T\varepsilon}{m}} = \frac{1}{2}\sqrt{\frac{2k_\mathrm{B}T}{m\varepsilon}} \tag{34.228}$$

erhalten wir

$$\hat{f}(\varepsilon) = \frac{2}{\sqrt{\pi}}\sqrt{\varepsilon}\mathrm{e}^{-\varepsilon}\,. \tag{34.229}$$

34.10

(a) Sei p die Wahrscheinlichkeit für einen Sprung nach rechts, dann muss

$$p = 2(1-p) \quad\Rightarrow\quad p = \frac{2}{3} \tag{34.230}$$

sein. Die Wahrscheinlichkeit für n Sprünge nach rechts ist

$$\begin{aligned} W(n,N) &= \binom{N}{n}p^n(1-p)^{N-n} \\ &= \binom{N}{n}\left(\frac{2}{3}\right)^n\left(\frac{1}{3}\right)^{N-n} \\ &= \binom{N}{n}\frac{2^n}{3^N}\,. \end{aligned} \tag{34.231}$$

Hat das Teilchen keinen Sprung nach rechts unternommen, gingen alle Sprünge nach links zum Punkt $x = -Na$. Bei n Sprüngen nach rechts erreicht das Teilchen also den Ort

$$x = -Na + 2na = (2n-N)a\,. \tag{34.232}$$

Teil IV

Da $x = 0$ sein soll, muss $n = N/2$ sein. Dies ist offenbar nur dann durch eine natürliche Zahl n von Sprüngen zu erreichen, wenn N gerade ist. Daher ist die Wahrscheinlichkeit für $x = 0$ bei geradem N gleich

$$W\left(\frac{N}{2}, N\right) = \binom{N}{N/2}\left(\frac{\sqrt{2}}{3}\right)^N , \tag{34.233}$$

während sie bei ungeradem N verschwindet.

(b) Wieder können wir gewinnbringend die Identität

$$\begin{aligned}\sum_{n=0}^{N}\binom{N}{n}n^k p^n q^{N-n} &= \left(p\frac{\partial}{\partial p}\right)^k \sum_{n=0}^{N}\binom{N}{n}p^n q^{N-n} \\ &= \left(p\frac{\partial}{\partial p}\right)^k (p+q)^N\end{aligned} \tag{34.234}$$

einsetzen. Für den Mittelwert $\langle x\rangle$ benötigen wir wegen

$$\langle x\rangle = (2\langle n\rangle - N)a \tag{34.235}$$

den Mittelwert

$$\langle n\rangle = \left(p\frac{\partial}{\partial p}\right)(p+q)^N = pN(p+q)^{N-1} = Np = \frac{2N}{3}, \tag{34.236}$$

wobei wir natürlich $p + q = 1$ verwendet haben. Er ergibt

$$\langle x\rangle = \frac{aN}{3}. \tag{34.237}$$

Der Mittelwert

$$\begin{aligned}\langle n^2\rangle &= \left(p\frac{\partial}{\partial p}\right)^2 (p+q)^N \\ &= \left(p\frac{\partial}{\partial p}\right)\left[Np(p+q)^{N-1}\right] \\ &= Np\left[(p+q)^{N-1} + (N-1)p(p+q)^{N-2}\right] \\ &= Np\left[1 + (N-1)p\right]\end{aligned} \tag{34.238}$$

führt auf

$$\langle x^2\rangle = a^2\langle(2n-N)^2\rangle = a^2\left(4\langle n^2\rangle - 4N\langle n\rangle + N^2\right), \tag{34.239}$$

woraus mit den vorigen Ergebnissen

$$\begin{aligned}\langle x^2\rangle &= a^2\left\{4Np\left[1 + (N-1)p\right] - 4N^2p + N^2\right\} \\ &= a^2\left[4Np(1-p) - 4N^2p(1-p) + N^2\right] \\ &= a^2N\left(\frac{N+8}{9}\right)\end{aligned} \tag{34.240}$$

folgt. Die Standardabweichung nach N Sprüngen ist also

$$\left(\langle x^2\rangle - \langle x\rangle^2\right)^{1/2} = \frac{a}{3}\sqrt{8N}. \tag{34.241}$$

34.11

(a) Da φ die einzige verallgemeinerte Koordinate dieses Problems ist, sind (φ, p_φ) die relevanten Phasenraumkoordinaten. Damit lautet die Liouville'sche Gleichung

$$\frac{\partial\rho}{\partial t} = \{H, \rho\} = \frac{\partial H}{\partial p_\varphi}\frac{\partial\rho}{\partial\varphi} - \frac{\partial H}{\partial\varphi}\frac{\partial\rho}{\partial p_\varphi} = \frac{p_\varphi}{I}\frac{\partial\rho}{\partial\varphi}. \tag{34.242}$$

(b) Fourier-Transformation ersetzt die Differenzialoperatoren durch algebraische Operatoren,

$$\frac{\partial}{\partial t} \to \mathrm{i}\omega\,, \quad \frac{\partial}{\partial\varphi} \to -\mathrm{i}k_\varphi\,, \tag{34.243}$$

wonach die Liouville'sche Gleichung

$$\omega\tilde{\rho} = -k_\varphi\frac{p_\varphi}{I}\tilde{\rho} \tag{34.244}$$

lautet. Für die Kreisfrequenz ω und die Wellenzahl k_φ muss daher die Dispersionsrelation

$$\omega = -k_\varphi\frac{p_\varphi}{I} \tag{34.245}$$

gelten. Darüber hinaus ist die Fourier-Transformierte $\tilde{\rho}$ der Phasenraumdichte nicht festgelegt. Wegen der Linearität der Liouville-Gleichung ist die lineare Überlagerung von Lösungen dieser Gleichung wieder eine Lösung. Basislösungen der Liouville-Gleichung ergeben sich deswegen daraus, jeder Fourier-Mode eine bestimmte Amplitude zu geben, $\tilde{\rho} = \mathrm{const} = A$, deren Fourier-Rücktransformation

$$\begin{aligned}\rho &= A\int\frac{\mathrm{d}k_\varphi}{2\pi}\mathrm{e}^{\mathrm{i}(\omega t - k_\varphi\varphi)} \\ &= A\int\frac{\mathrm{d}k_\varphi}{2\pi}\exp\left[-\mathrm{i}k_\varphi\left(\frac{p_\varphi t}{I} + \varphi\right)\right] \\ &= A\delta_\mathrm{D}\left(\frac{p_\varphi t}{I} + \varphi\right)\end{aligned} \tag{34.246}$$

zu finden und Lösungen mit geeigneten Amplituden A linear zu überlagern.

(c) Aus der Aufgabenstellung ergibt sich sofort, dass die Amplitude A der Lösung aus Teilaufgabe (b) wie

$$A = \begin{cases}\dfrac{1}{2\Delta L} & \text{für} \quad p_\varphi \in [L_0 - \Delta L, L_0 + \Delta L] \\ 0 & \text{sonst}\end{cases} \tag{34.247}$$

gewählt werden muss. Die Phasenraumdichte ist daher

$$\rho = \frac{1}{2\Delta L}\delta_\mathrm{D}\left(\frac{p_\varphi t}{I} + \varphi\right) \tag{34.248}$$

für $p_\varphi \in [L_0 - \Delta L, L_0 + \Delta L]$ und verschwindet überall sonst.

In der φ-p_φ-Ebene beschreibt diese Phasenraumdichte eine gerade Linie, die sich in p_φ von $L_0 - \Delta L$ bis $L_0 + \Delta L$ erstreckt. Bei $t = 0$ steht sie senkrecht und fällt mit der p_φ-Achse zusammen, neigt sich aber mit fortschreitender Zeit t immer weiter der φ-Achse zu.

(d) Der Mittelwert von φ^n ist

$$\begin{aligned}\langle\varphi^n\rangle &= \frac{1}{2\Delta L}\int\limits_{L_0-\Delta L}^{L_0+\Delta L}\int\limits_{-\infty}^{\infty}\delta_{\mathrm{D}}\left(\frac{p_\varphi t}{I}+\varphi\right)\varphi^n\,\mathrm{d}\varphi\mathrm{d}p_\varphi \\ &= \frac{1}{2\Delta L}\int\limits_{L_0-\Delta L}^{L_0+\Delta L}\left(-\frac{p_\varphi t}{I}\right)^n\mathrm{d}p_\varphi \\ &= \frac{1}{2\Delta L}\left(-\frac{t}{I}\right)^n\frac{1}{n+1} \\ &\quad\cdot\left[(L_0+\Delta L)^{n+1}-(L_0-\Delta L)^{n+1}\right],\end{aligned} \tag{34.249}$$

woraus

$$\langle\varphi\rangle = \frac{-L_0 t}{I} \quad\text{und}\quad \langle\varphi^2\rangle = \frac{t^2}{3I^2}\left(3L_0^2+\Delta L^2\right) \tag{34.250}$$

folgen. Die Standardabweichung von φ ist schließlich

$$\left(\langle\varphi^2\rangle-\langle\varphi\rangle^2\right)^{1/2} = \frac{\Delta L\,t}{\sqrt{3}I}. \tag{34.251}$$

Sie nimmt linear mit der Zeit proportional zur Breite der Anfangsverteilung des Drehimpulses p_φ zu.

Teil IV

Literatur

Bennett, C.H.: Maxwells Dämon. Spektrum der Wissenschaft (Januar 1988)

Kittel, C., Krömer, H.: Physik der Wärme. Anhang E. Oldenbourg, München (1984)

Szilard, L.: Über die Entropieverminderung in einem thermodynamischen System bei Eingriffen intelligenter Wesen. Z. Phys. **53**, 840 (1929)

Einfache thermodynamische Anwendungen 35

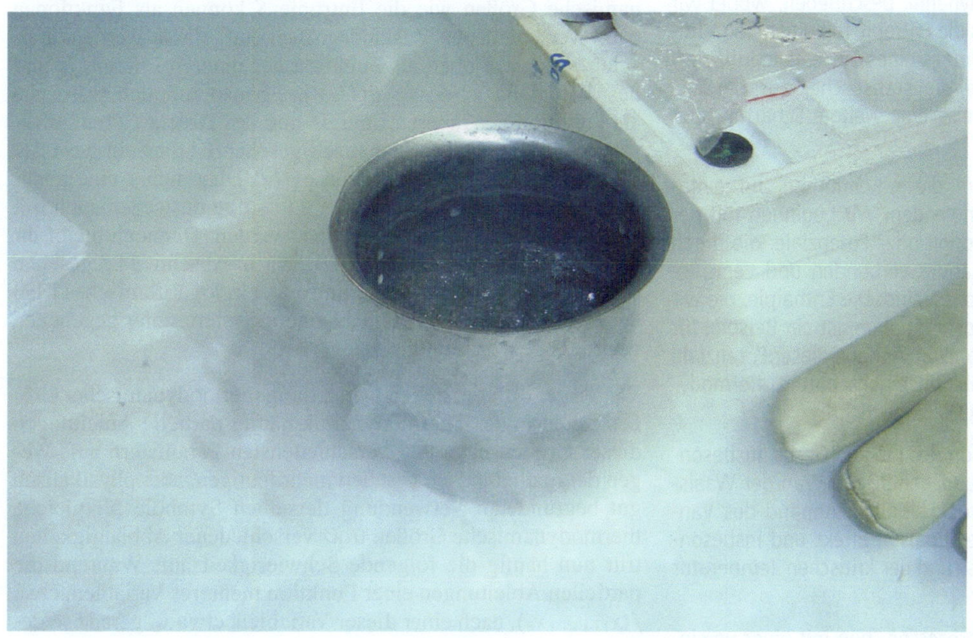

Wie stellt sich ein thermodynamisches System im Gleichgewicht ein?

Wann sind Gleichgewichte stabil?

Wie verhalten sich ideale und reale Gase?

Wie wandeln sich Phasen ineinander um?

M. Bartelmann et al., *Theoretische Physik*, DOI 10.1007/978-3-642-54618-1_35, © Springer-Verlag Berlin Heidelberg 2015

In Kap. 33 wurde die Thermodynamik zunächst phänomenologisch begründet, d. h. aufgrund solcher Beobachtungen, die mit den Erfahrungen von Temperatur und Wärme verbunden sind. Wir haben dabei die Temperatur als Zustandsgröße eingeführt, den ersten Hauptsatz formuliert und haben nachvollzogen, wie man ausgehend von der grundlegenden Erfahrung irreversibler Vorgänge zur Entropie und zum zweiten Hauptsatz gelangt ist.

In Kap. 34 haben wir ausgehend von der Mikrophysik die statistische Begründung der Thermodynamik beschrieben, wobei wir hauptsächlich gesehen haben, dass die Entropie mit einem logarithmischen Maß des Phasenraumvolumens eines Systems identifiziert werden kann. Zudem ermöglichte die statistische, aus der Mikrophysik abgeleitete Vorgehensweise eine weitere Schärfung der Begriffe „Wärme" und „Arbeit".

In diesem Kapitel wollen wir nun diese Kenntnisse auf einfache thermodynamische Systeme anwenden. Wir beginnen mit der Vielfalt thermodynamischer Funktionen oder Potenziale, die durch Legendre-Transformationen miteinander verbunden und verschiedenen äußeren Bedingungen angepasst sind. Die Enthalpie, die wir bereits in Abschn. 33.6 kurz besprochen haben, ist ein Beispiel für ein solches thermodynamisches Potenzial. Anhand dieser Potenziale besprechen wir Extremal- und Stabilitätseigenschaften thermodynamischer Systeme im thermischen Gleichgewicht.

Wir vertiefen dann unsere Diskussion des idealen Gases, insbesondere seiner Responsefunktionen, und gehen zum Van-der-Waals-Gas als Beispiel eines nichtidealen Gases über. Anhand des Van-der-Waals-Gases werden der Joule-Thomson-Effekt und insbesondere die Phänomene der Inversions- und der kritischen Temperatur besprochen.

Wir widmen uns erneut den Kreisprozessen, nun mit einer vereinheitlichenden Betrachtung, und wenden die Idee der Kreisprozesse auf ein scheinbar fremdes Thema an, nämlich die Herleitung der Dampfdruckkurve nach dem Clausius-Clapeyron'schen Gesetz.

Wir kommen schließlich auf Phasengleichgewichte und Phasenübergänge zu sprechen und betrachten wiederum anhand des Van-der-Waals-Gases einen Phasenübergang erster Art im Detail.

35.1 Thermodynamische Funktionen

Ableitungen unter verschiedenen Bedingungen

Wir werden nun die bisher gewonnenen Aussagen über thermodynamische Systeme im Gleichgewicht auf konkrete Beispiele anwenden. Allen diesen Betrachtungen wird naturgemäß vor allem der erste Hauptsatz der Thermodynamik

$$\delta Q = T\mathrm{d}S = \mathrm{d}U + \delta W \tag{35.1}$$

zugrunde liegen, den wir in Kap. 33 zunächst phänomenologisch eingeführt und in Kap. 34 statistisch tiefer begründet haben. Die mechanische Arbeit δW kann sehr verschiedene Formen annehmen, wird aber in unseren ersten Anwendungen in der Regel durch Änderung des Volumens verrichtet werden, wobei $\delta W = P\mathrm{d}V$ gelten wird. Wenn keine weiteren äußeren Parameter auftreten, ist die Entropie eine Funktion allein der inneren Energie und des Volumens, $S = S(U, V)$. Wenn sich die Teilchenzahl N ändern könnte, käme das chemische Potenzial μ als weiterer Parameter hinzu. Dies wird in Abschn. 35.7 näher ausgeführt.

Wir beginnen mit einer Bemerkung zur Notation. Thermodynamische Größen wie die Entropie S können als Funktionen ganz verschiedener Zustandsgrößen aufgefasst werden, beispielsweise wie oben als Funktion der inneren Energie U und des Volumens V, $S = S(U, V)$. Ebenso möglich wäre, sie als Funktion der inneren Energie und des Druckes P aufzufassen, $S = S(U, P)$. Mathematisch gesehen ist dies ein gewisser Missbrauch der Notation, denn $S(U, V)$ hat sicher eine andere funktionale Form als $S(U, P)$ und sollte deswegen auch mit einem anderen Symbol bezeichnet werden. Dennoch bleibt ihr physikalischer Sinn derselbe: Wie wir in Abschn. 34.3 gesehen und begründet haben, ist die Entropie ein logarithmisches Maß des Phasenraumvolumens, das einem System unter gegebenen Bedingungen zugänglich ist.

Wegen der differenziellen Darstellung thermodynamischer Größen treten in der Thermodynamik häufig partielle Ableitungen dieser Größen nach den verschiedensten Parametern auf. Wegen der mathematisch gesehen mehrdeutigen, aber physikalisch gut begründeten Verwendung derselben Symbole für gleiche thermodynamische Größen trotz verschiedener Abhängigkeiten tritt nun häufig die folgende Schwierigkeit auf: Während die partiellen Ableitungen einer Funktion mehrerer Variablen, etwa $f(x_1, \ldots, x_n)$, nach einer dieser Variablen, etwa x_i, gerade so definiert sind, dass dabei alle anderen Variablen konstant gehalten werden, ist bei partiellen Ableitungen thermodynamischer Größen nach einem ihrer Parameter nicht mehr von vornherein klar, welche anderen Parameter dabei konstant gehalten werden, weil dieselbe thermodynamische Größe als Funktion verschiedener Kombinationen von Parametern angegeben werden kann. Zum Beispiel wird in der Regel die partielle Ableitung der Entropie $S(U, V)$ nach der inneren Energie U ein anderes Ergebnis liefern, als wenn die Entropie $S(U, P)$ nach der inneren Energie abgeleitet würde (Abb. 35.1): Im ersten Fall wäre das Volumen bei der Ableitung konstant zu halten, im zweiten Fall der Druck.

Etwas allgemeiner betrachtet, spannt eine vollständige Menge äußerer, makroskopischer Zustandsgrößen einen Raum auf, den Zustandsraum. Als Zustandsgrößen können in einfachen Fällen U und V gewählt werden, ebenso gut kämen auch U und P infrage; weitere Zustandsgrößen treten je nach dem vorgegebenen physikalischen Problem regelmäßig auf. Eine thermodynamische Funktion $\mathcal{F}(U, V)$ definiert eine Zustandsfläche über dem hier als zweidimensional angenommenen Zustandsraum. Im Gleichgewicht wird sie sich über jedem Punkt (U, V) auf einen bestimmten Wert einstellen, sofern der makroskopische Zustand (U, V) überhaupt mit dem System verträglich ist. Auf dieser Zustandsfläche $\mathcal{F}(U, V)$ wird sich das System bei einer Änderung der Zustandsgrößen U und V bewegen, sofern es dabei im Gleichgewicht bleibt. Ein konstanter Druck P definiert mittels

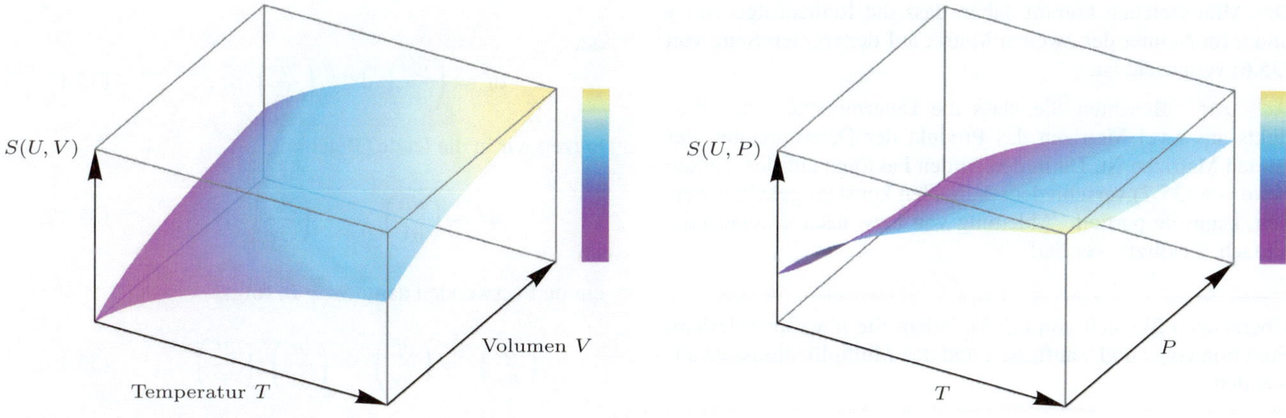

Abb. 35.1 Die Entropie eines idealen Gases, dargestellt *links* als Funktion der Temperatur T und des Volumens V, *rechts* als Funktion der Temperatur T und des Druckes P. Hier und in den ähnlichen Abb. 35.3, 35.4 und 35.5 ist die Farbskala beliebig gewählt und soll lediglich die Höhe der Fläche über der Grundebene andeuten

der Zustandsgleichung des Systems eine Kurve in der U-V-Ebene, deren Projektion auf die Zustandsfläche angibt, wohin sich das System im Gleichgewicht bewegen wird, wenn U und V so verändert werden, dass P konstant bleibt. Die partielle Ableitung der thermodynamischen Funktion $\mathcal{F}$ nach der inneren Energie U bei konstantem Druck gibt an, wie stark sich $\mathcal{F}$ längs der genannten projizierten Kurve ändert, was in der Regel davon abweichen wird, wie stark sich $\mathcal{F}$ bei festgehaltenem Volumen V ändern wird.

Achtung Man behilft sich in der Thermodynamik damit, dass man die mathematische Mehrdeutigkeit in Kauf nimmt, um den physikalischen Sinn der Bezeichnungen thermodynamischer Größen beizubehalten, stattdessen aber ausdrücklich angibt, welche äußeren Parameter bei partiellen Ableitungen konstant gehalten werden sollen. Zu diesem Zweck klammert man die partiellen Ableitungen ein und notiert die konstant zu haltenden Größen als Subskripte. ◀

Im obigen Beispiel der Entropie S, die entweder als $S(U, V)$ oder $S(U, P)$ betrachtet wird, würden die partiellen Ableitungen nach der inneren Energie U explizit wie folgt geschrieben:

$$\left(\frac{\partial S}{\partial U}\right)_V \quad \text{oder} \quad \left(\frac{\partial S}{\partial U}\right)_P . \tag{35.2}$$

Die Darstellung thermodynamischer Funktionen durch verschiedene Koordinaten ruft ein wichtiges Hilfsmittel auf den Plan, nämlich den Multiplikationssatz für Jacobi- oder Funktionalmatrizen. Zunächst erinnern wir an die Definition der Jacobi-Matrix und eine bequeme Schreibweise. Sei $\boldsymbol{f} : \mathbb{R}^n \to \mathbb{R}^m$ eine differenzierbare Funktion mit m Komponenten, dann ist

$$\boldsymbol{Df} = \left(\frac{\partial f_i}{\partial x_j}\right) = \frac{\partial(f_1, \ldots, f_m)}{\partial(x_1, \ldots, x_n)} \tag{35.3}$$

die $m \times n$-Matrix aller partiellen Ableitungen dieser Funktion nach allen ihren Argumenten. Wenn $\boldsymbol{f}$ total differenzierbar ist, gilt

$$\mathrm{d}\boldsymbol{f} = \boldsymbol{Df}\,\mathrm{d}\boldsymbol{x}, \tag{35.4}$$

d. h., die Funktion $\boldsymbol{f}$ kann dann mithilfe der Jacobi-Matrix lokal linear genähert werden. Für Verkettungen $\boldsymbol{f} \circ \boldsymbol{g}$: $\mathbb{R}^p \to \mathbb{R}^m$ der Funktion $\boldsymbol{f}$ mit Funktionen $\boldsymbol{g} : \mathbb{R}^p \to \mathbb{R}^n$ gilt aufgrund der Kettenregel der Multiplikationssatz $\boldsymbol{D}(\boldsymbol{f} \circ \boldsymbol{g}) = \boldsymbol{Df} \circ \boldsymbol{Dg}$.

Daraus folgen nun insbesondere zwei für unsere Zwecke nützliche Aussagen. Dazu betrachten wir allgemein Koordinaten (x, y) und transformieren sie auf Koordinaten (x, u), wobei $u = u(x, y)$ als Funktion von (x, y) dargestellt wird. Zudem soll $u(x, y)$ umkehrbar sein, sodass $x = x(y, u)$ existiert und eindeutig ist. Wir möchten nun wissen, wie sich x in Abhängigkeit von y ändert, wenn u *unverändert* bleiben soll. In diese Situation geraten wir in der Thermodynamik häufig.

Zunächst stellen wir fest, dass sich die Ableitung der einfachen Koordinatenfunktion x nach y bei *festgehaltenem* u als Determinante einer Jacobi-Matrix schreiben lässt, denn dann ist

$$\det \frac{\partial(x, u)}{\partial(y, u)} = \begin{vmatrix} \frac{\partial x}{\partial y} & \frac{\partial x}{\partial u} \\ \frac{\partial u}{\partial y} & \frac{\partial u}{\partial u} \end{vmatrix} = \begin{vmatrix} \frac{\partial x}{\partial y} & \frac{\partial x}{\partial u} \\ 0 & 1 \end{vmatrix} = \left(\frac{\partial x}{\partial y}\right)_u . \tag{35.5}$$

Nun können wir den Multiplikationssatz für die Umformung

$$\frac{\partial(x, u)}{\partial(y, u)} = \frac{\partial(x, u)}{\partial(x, y)} \cdot \frac{\partial(x, y)}{\partial(y, u)} \tag{35.6}$$

zum Einsatz bringen, wobei wir die eindeutige Umkehrbarkeit von $u(x, y)$ verwendet haben. Durch Bildung der Determinante auf beiden Seiten dieser Gleichung folgt nun

$$\left(\frac{\partial x}{\partial y}\right)_u = -\left(\frac{\partial u}{\partial y}\right)_x \left(\frac{\partial x}{\partial u}\right)_y . \tag{35.7}$$

Teil IV

Das Minuszeichen kommt daher, dass die Reihenfolge von y und u im Nenner der zweiten Matrix auf der rechten Seite von (35.6) vertauscht ist.

Achtung Beachten Sie, dass die Determinante eines Produkts aus zwei Matrizen das Produkt der Determinanten der beiden Matrizen ist. Da in den beiden Faktoren auf der rechten Seite von (35.7) verschiedene Variablen konstant gehalten werden, kann die partielle Ableitung von bzw. nach u keinesfalls einfach „gekürzt" werden! ◀

Frage 1

Überzeugen Sie sich von (35.6), indem Sie u als invertierbare Funktion von x und y auffassen und den Multiplikationssatz anwenden.

Ableitung bei festgehaltenem Radius

Als ein einfaches Beispiel wählen wir kartesische Koordinaten (x, y) und fragen, wie sich x mit y ändert, wenn der Radius $r(x, y) = (x^2 + y^2)^{1/2}$ festgehalten bleibt. Mit der Umkehrung $x = (r^2 - y^2)^{1/2}$ für $r > y$ und $x > 0$ folgt aus (35.7)

$$\left(\frac{\partial x}{\partial y}\right)_r = -\left(\frac{\partial r}{\partial y}\right)_x \left(\frac{\partial x}{\partial r}\right)_y = -\frac{y}{r}\frac{r}{x} = -\frac{y}{x}. \quad (35.8)$$

Ohne die Bedingung, dass r konstant bleiben soll, würde die Ableitung von x nach y natürlich verschwinden. Das gerade gefundene Ergebnis können wir bestätigen, indem wir fordern, dass das Differenzial

$$\mathrm{d}r = \frac{x\mathrm{d}x}{r} + \frac{y\mathrm{d}y}{r} \quad (35.9)$$

verschwinden soll, was sofort zum vorhergehenden Ergebnis führt. ◀

Ableitungen unter verschiedenen Bedingungen

Betrachten wir weiterhin als ein allgemeineres Beispiel für den Multiplikationssatz eine Funktion $f(x, y)$ über einem zweidimensionalen Raum, der durch die Koordinaten x und y, aber auch durch die Koordinaten x und $z = z(x, y)$ aufgespannt werden soll. In welcher Beziehung stehen die partiellen Ableitungen von $f(x, y)$ nach x bei konstantem y bzw. bei konstantem z zueinander? Um diese Frage zu beantworten, gehen wir wieder auf zwei verschiedene Weisen vor und zeigen, dass sie zu demselben Ergebnis führen.

Das vollständige Differenzial $\mathrm{d}f$ lässt sich sowohl durch $\mathrm{d}x$ und $\mathrm{d}y$ als auch durch $\mathrm{d}x$ und $\mathrm{d}z$ ausdrücken:

$$\mathrm{d}f = \left(\frac{\partial f}{\partial x}\right)_y \mathrm{d}x + \left(\frac{\partial f}{\partial y}\right)_x \mathrm{d}y \quad (35.10)$$

oder

$$\mathrm{d}f = \left(\frac{\partial f}{\partial x}\right)_z \mathrm{d}x + \left(\frac{\partial f}{\partial z}\right)_x \mathrm{d}z\,. \quad (35.11)$$

Setzen wir in die letzte Gleichung

$$\mathrm{d}z = \left(\frac{\partial z}{\partial x}\right)_y \mathrm{d}x + \left(\frac{\partial z}{\partial y}\right)_x \mathrm{d}y \quad (35.12)$$

ein und verwenden dann $\mathrm{d}y = 0$, folgt

$$\left(\frac{\partial f}{\partial x}\right)_y = \left(\frac{\partial f}{\partial x}\right)_z + \left(\frac{\partial z}{\partial x}\right)_y \left(\frac{\partial f}{\partial z}\right)_x . \quad (35.13)$$

Nun führen wir dieselbe Rechnung mithilfe des Multiplikationssatzes für Jacobi-Matrizen durch. Wir beginnen mit

$$\begin{aligned}\left(\frac{\partial f}{\partial x}\right)_y &= \det\frac{\partial(f, y)}{\partial(x, y)} = \det\frac{\partial(f, y)}{\partial(x, z)}\det\frac{\partial(x, z)}{\partial(x, y)}\\ &= \left[\left(\frac{\partial f}{\partial x}\right)_z\left(\frac{\partial y}{\partial z}\right)_x - \left(\frac{\partial f}{\partial z}\right)_x\left(\frac{\partial y}{\partial x}\right)_z\right]\left(\frac{\partial z}{\partial y}\right)_x\\ &= \left(\frac{\partial f}{\partial x}\right)_z - \left(\frac{\partial f}{\partial z}\right)_x\left(\frac{\partial y}{\partial x}\right)_z\left(\frac{\partial z}{\partial y}\right)_x . \end{aligned} \quad (35.14)$$

Von diesem Ergebnis kommen wir zu der vorangehenden Gleichung zurück, wie es sein muss, denn durch

$$\begin{aligned}\left(\frac{\partial z}{\partial x}\right)_y &= \det\frac{\partial(z, y)}{\partial(x, y)} = \det\frac{\partial(z, y)}{\partial(x, z)}\det\frac{\partial(x, z)}{\partial(x, y)}\\ &= -\left(\frac{\partial y}{\partial x}\right)_z\left(\frac{\partial z}{\partial y}\right)_x\end{aligned} \quad (35.15)$$

können wir das Produkt aus partiellen Ableitungen auf der rechten Seite der vorletzten Gleichung ersetzen, sodass sich wieder der vorhergehende Zusammenhang zwischen den Ableitungen von f nach x bei konstantem y oder z ergibt. ◀

Die innere Energie

Wir haben bei der Behandlung des idealen Gases mehrmals davon Gebrauch gemacht, dass seine innere Energie U nur eine Funktion der Temperatur und nicht des Volumens ist, $U = U(T)$, wie wir in Abschn. 33.6 festgestellt und in Abschn. 35.3 näher begründet haben. Wenn wir diese Idealisierung aufgeben und allgemeinere Systeme betrachten, müssen wir neue Beziehungen zwischen thermodynamischen Größen finden und benutzen.

Betrachten wir erneut ein System im Gleichgewicht, dessen alleiniger äußerer Parameter wiederum das Volumen sei. Die einzige verallgemeinerte Kraft ist demnach der Druck. Für quasistatische Prozesse gilt dann der erste Hauptsatz in der Form

$$\delta Q = T\mathrm{d}S = \mathrm{d}U + P\mathrm{d}V \quad \Rightarrow \quad \mathrm{d}U = T\mathrm{d}S - P\mathrm{d}V\,. \tag{35.16}$$

Die letzte Gleichung legt es nahe, die Energie U als Funktion der Entropie S und des Volumens V aufzufassen, sodass ihr vollständiges Differenzial

$$\mathrm{d}U = \left(\frac{\partial U}{\partial S}\right)_V \mathrm{d}S + \left(\frac{\partial U}{\partial V}\right)_S \mathrm{d}V \tag{35.17}$$

lautet. Identifizieren wir die beiden Darstellungen (35.16) und (35.17) von $\mathrm{d}U$, erhalten wir

$$\left(\frac{\partial U}{\partial S}\right)_V = T\,, \quad \left(\frac{\partial U}{\partial V}\right)_S = -P\,. \tag{35.18}$$

Diese Beziehungen gelten, weil $\mathrm{d}U$ ein vollständiges Differenzial ist, sodass die verschiedenen partiellen Ableitungen von U in dem Sinne nicht unabhängig voneinander sein können, als ihre Rotation verschwinden muss (siehe Kasten „Vertiefung: Vollständige und unvollständige Differenziale" in Abschn. 33.3). Aus demselben Grund können wir einen Schritt weiter gehen und gemischte zweite Ableitungen von U miteinander identifizieren, z. B.

$$\frac{\partial^2 U}{\partial V \partial S} = \frac{\partial^2 U}{\partial S \partial V}\,. \tag{35.19}$$

Das bedeutet zunächst, dass

$$\left(\frac{\partial}{\partial V}\right)_S \left(\frac{\partial U}{\partial S}\right)_V = \left(\frac{\partial}{\partial S}\right)_V \left(\frac{\partial U}{\partial V}\right)_S \tag{35.20}$$

gelten muss, wobei wir wieder die bei den partiellen Ableitungen jeweils konstant zu haltenden Größen explizit angegeben haben. Mit den Identifikationen (35.18) erhalten wir daraus

$$\left(\frac{\partial T}{\partial V}\right)_S = -\left(\frac{\partial P}{\partial S}\right)_V\,. \tag{35.21}$$

Diese interessante Beziehung mag zunächst recht unanschaulich erscheinen: Die Änderung der Temperatur mit dem Volumen bei konstanter Entropie ist die negative Änderung des Druckes mit der Entropie bei konstantem Volumen. Solche Beziehungen werden uns dennoch gleich sehr nützlich werden.

Legendre-Transformationen

Oft kann der Druck wesentlich besser experimentell kontrolliert werden als das Volumen. Experimente in offenen Behältern laufen beispielsweise bei konstantem äußeren Druck ab. Um solche Fälle zu beschreiben, lohnt es sich, die Eigenschaften des betrachteten physikalischen Systems nicht als Funktionen der Entropie und des Volumens, sondern der Entropie und des Druckes zu beschreiben, also die Variablentransformation $(S, V) \to (S, P)$ durchzuführen.

Da der Druck als die zum Volumen gehörende verallgemeinerte Kraft gerade die (negative) Ableitung der inneren Energie nach dem Volumen ist (35.18), handelt es sich bei der Transformation von V nach P um ein Beispiel einer allgemeinen Klasse von Transformationen, bei der eine Funktion $f(x)$ in eine Funktion $g(u)$ überführt werden soll, wobei die neue Variable u gerade durch die Ableitung

$$u = \frac{\mathrm{d}f(x)}{\mathrm{d}x} \tag{35.22}$$

bestimmt ist. Die Funktion $f(x)$ wird dadurch zunächst durch ihre Ableitung u an jedem Punkt charakterisiert.

Das vollständige Differenzial von $f(x)$ ist $\mathrm{d}f = u\mathrm{d}x$. Wenn das vollständige Differenzial der noch unbestimmten Funktion $g(u)$ durch

$$\mathrm{d}g(u) = \frac{\mathrm{d}g(u)}{\mathrm{d}u}\mathrm{d}u = \pm x\,\mathrm{d}u \tag{35.23}$$

festgelegt wird, gilt

$$\mathrm{d}g = \pm x\,\mathrm{d}u = \pm\left[(x\mathrm{d}u + u\mathrm{d}x) - u\mathrm{d}x\right] = \pm\left[\mathrm{d}(ux) - \mathrm{d}f\right]\,, \tag{35.24}$$

woraus durch Integration bis auf eine Konstante

$$g = \pm(ux - f) \quad \text{bzw.} \quad g(u) = \pm\left[ux(u) - f(x(u))\right] \tag{35.25}$$

folgt. Die Funktion $g(u)$ heißt *Legendre-Transformierte* der Funktion $f(x)$. Das Vorzeichen ist zunächst willkürlich und kann an die jeweilige physikalische Situation angepasst werden. Wir wählen im Folgenden das negative Vorzeichen, sodass f und g dasselbe Vorzeichen haben.

Mit dieser Wahl und aufgrund (35.25) ist die Legendre-Transformierte gerade so bestimmt, dass an jeder Stelle x

$$u = \frac{f(x) - g(u)}{x} \tag{35.26}$$

gilt. Das bedeutet, dass die Legendre-Transformierte $g(u)$ gerade der Achsenabschnitt f_0 der Tangente an $f(x)$ an der Stelle x ist, denn dieser Achsenabschnitt ist bestimmt durch

$$u = \frac{\mathrm{d}f(x)}{\mathrm{d}x} = \frac{\Delta f(x)}{\Delta x} = \frac{f(x) - f_0}{x}\,. \tag{35.27}$$

Legendre-Transformation

Gegeben sei eine Funktion $f(x)$. Um den Wert

$$g(u) = f(x(u)) - ux(u) \tag{35.28}$$

ihrer Legendre-Transformierten an der Stelle u auf geometrische Weise zu erhalten, konstruiert man die Berührtangente an den Graphen von f mit der Steigung u. Der Schnittpunkt dieser Berührtangente mit der Ordinate ist dann gleich dem Wert $g(u)$ für die gewählte Steigung u. Die Legendre-Transformation ist eine sogenannte Berührungstransformation (Abb. 35.2).

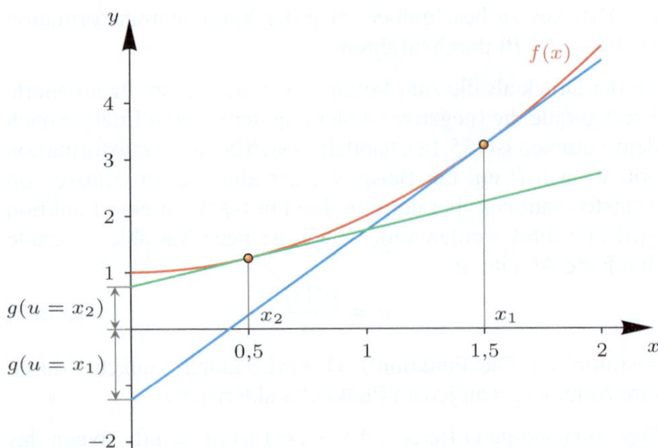

Abb. 35.2 Veranschaulichung der Legendre-Transformation. Die Legendre-Transformierte $g(u)$ der Funktion $f(x) = x^2 + 1$ an der Stelle u wird bestimmt, indem man diejenige Berührtangente an den Graphen von f bestimmt, deren Steigung u ist. Die Legendre-Transformierte $g(u) = f[x(u)] - ux(u)$ ist dann gleich dem Achsenabschnitt der Berührtangente auf der Ordinate

Legendre-Transformation

Sei beispielsweise $f(x) = x^2 + 1$, dann ist $u(x) = 2x$ oder $x(u) = u/2$. Aus (35.25) folgt die Legendre-Transformierte

$$g(u) = f\left(\frac{u}{2}\right) - \frac{u^2}{2} = 1 - \frac{u^2}{4}\,. \tag{35.29}$$

Wenn u nicht monoton ist, ist $x(u)$ nicht eindeutig bestimmt. Die Funktion $f(x)$ ist dann nicht konvex oder konkav. Deshalb wird die Legendre-Transformation allgemein durch

$$g(u) = \inf_x \{f(x) - ux\} \tag{35.30}$$

definiert, wobei der funktionale Zusammenhang $x = x(u)$ erst bestimmt werden muss, indem man das Infimum aufsucht. Sei etwa $f(x) = x^3/6 - x^2/2$, dann ist $u(x) = x^2/2 - x$, und $x(u) = 1 \pm \sqrt{1 + 2u}$ wird zweideutig. Die Legendre-Transformierte von $f(x)$ ist dann durch die kleinere der beiden Lösungen $x(u)$ definiert.

Die Transformation (35.30) wird auch *Legendre-Fenchel-Transformation* genannt. Im Unterschied zur Legendre-Transformation ist sie im Allgemeinen nicht ihr eigenes Inverses. Die Legendre-Fenchel-Transformation geht dann und nur dann in die Legendre-Transformation über, wenn $f(x)$ differenzierbar sowie strikt konvex oder konkav ist. ◀

Legendre-Transformationen waren uns schon bei der Hamilton-Formulierung der klassischen Mechanik in Abschn. 7.1 begegnet und wurden dort auch im „Mathematischen Hintergrund" 7.1 erläutert. Dort wollten wir die Darstellung eines mechanischen Zustands durch Ort und Geschwindigkeit durch eine Darstellung ersetzen, in der Ort und kanonisch-konjugierter Impuls vorkamen, $(q, \dot{q}) \to (q, p)$, wobei der kanonisch-konjugierte Impuls $p = \partial L/\partial\dot{q}$ gerade die Ableitung der Lagrange-Funktion nach der Geschwindigkeit war, also nach der zu ersetzenden Variablen. Die Hamilton-Funktion war dann

$$H(q, p) = \dot{q}p - L(q, \dot{q})\,, \tag{35.31}$$

was bis auf ein unerhebliches Vorzeichen von der Form (35.25) ist.

Die Enthalpie

Wir verwenden nun eine solche Legendre-Transformation, um anstelle der inneren Energie $U(S, V)$ die neue Funktion $H(S, P)$ einzuführen, worin $P = -(\partial U/\partial V)_S$ ist. Diese Funktion haben wir bereits in Abschn. 33.6 unter dem Namen „Enthalpie" kennengelernt.

Enthalpie

Die entsprechende Legendre-Transformation lautet

$$H(S, P) = U(S, V) + PV\,. \tag{35.32}$$

Die Funktion H heißt *Enthalpie* des Systems (Abb. 35.3). Das in (35.25) zunächst noch willkürliche Vorzeichen wird hier natürlich so gewählt, dass die Enthalpie positiv ist.

Mithilfe des ersten Hauptsatzes stellt sich das vollständige Differenzial der Enthalpie als

$$\begin{aligned} \mathrm{d}H(S, P) &= \mathrm{d}(PV) + \mathrm{d}U = V\mathrm{d}P + P\mathrm{d}V + T\mathrm{d}S - P\mathrm{d}V \\ &= T\mathrm{d}S + V\mathrm{d}P \end{aligned} \tag{35.33}$$

heraus, woraus zunächst

$$\left(\frac{\partial H}{\partial S}\right)_P = T \quad \text{und} \quad \left(\frac{\partial H}{\partial P}\right)_S = V \tag{35.34}$$

folgen. Wie die Ableitung der inneren Energie U nach der Entropie S ist auch die Ableitung der Enthalpie H nach der Entropie gerade die absolute Temperatur. Da wir jetzt aber den Druck anstelle des Volumens kontrollieren wollen, wird das Volumen zur unbekannten Zustandsgröße, die durch die Ableitung nach dem Druck zu bestimmen ist.

Abermals ist $\mathrm{d}H$ schon aufgrund der Definition der Enthalpie ein vollständiges Differenzial, sodass wiederum Beziehungen

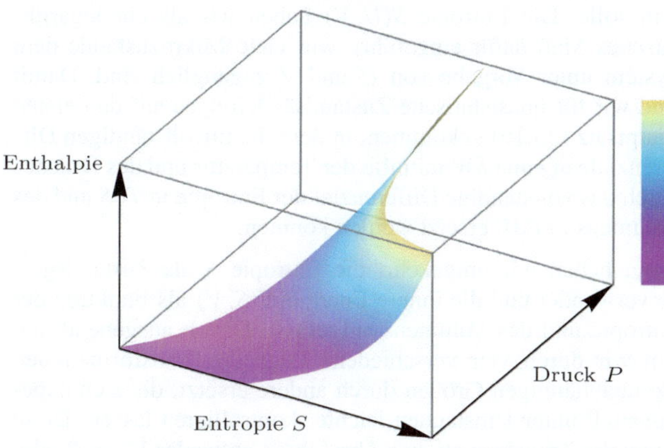

Abb. 35.3 Die Enthalpie $H(S, P)$ eines idealen Gases, dargestellt als Funktion der Entropie und des Druckes. Die Einheiten auf den drei Achsen sind beliebig gewählt

zwischen den partiellen Ableitungen der Enthalpie gelten müssen. Wieder identifizieren wir die zweiten Ableitungen nach den beiden unabhängigen Variablen S und P,

$$\frac{\partial^2 H}{\partial S \partial P} = \frac{\partial^2 H}{\partial P \partial S}, \tag{35.35}$$

erhalten daraus

$$\left(\frac{\partial}{\partial S}\right)_P \left(\frac{\partial H}{\partial P}\right)_S = \left(\frac{\partial}{\partial P}\right)_S \left(\frac{\partial H}{\partial S}\right)_P \tag{35.36}$$

und verwenden die Ergebnisse (35.34), um

$$\left(\frac{\partial V}{\partial S}\right)_P = \left(\frac{\partial T}{\partial P}\right)_S \tag{35.37}$$

zu finden. Auch diese zunächst rein formale Beziehung wird uns im weiteren Verlauf noch vielfach nützlich werden.

Die freie Energie

Eigentlich ist die Entropie S eine Größe, die sich experimentell kaum kontrollieren lässt. Viel einfacher lässt sich in den meisten Fällen die Temperatur einstellen, indem das betrachtete System thermisch an ein Wärmereservoir gekoppelt wird. Deswegen liegt eine Transformation nahe, die $(S, V) \to (T, V)$ zu ersetzen erlaubt. Das ist offenbar wieder eine Legendre-Transformation, weil wir S durch $T = (\partial U / \partial S)_V$ ersetzt haben wollen.

Freie Energie

Wir führen eine neue Funktion $F(T, V)$ ein, indem wir

$$F(T, V) = U(S, V) - TS \tag{35.38}$$

definieren. Diese Funktion heißt (Helmholtz'sche) *freie Energie* (Abb. 35.4). „Frei" ist diese Energie insoweit, als sie sich bei vorgegebener Temperatur entsprechend den Gleichgewichtsbedingungen selbst einstellt.

Das Vorzeichen der Legendre-Transformation wurde wieder so gewählt, dass die freie Energie dasselbe Vorzeichen bekommt wie die innere Energie.

Abb. 35.4 Die freie Energie $F(T, V)$ eines idealen Gases, dargestellt als Funktion der Temperatur und des Volumens. Die Einheiten sind beliebig gewählt

Das vollständige Differenzial der freien Energie ist

$$\begin{aligned} dF(T, V) &= dU - d(TS) = TdS - PdV - SdT - TdS \\ &= -PdV - SdT, \end{aligned} \tag{35.39}$$

woraus wir wie vorher die Beziehungen

$$\left(\frac{\partial F}{\partial V}\right)_T = -P, \quad \left(\frac{\partial F}{\partial T}\right)_V = -S \tag{35.40}$$

erhalten. Die Gleichsetzung der gemischten zweiten Ableitungen ergibt in diesem Fall

$$\frac{\partial^2 F}{\partial T \partial V} = \frac{\partial^2 F}{\partial V \partial T}, \tag{35.41}$$

sodass wir mit (35.40)

$$\left(\frac{\partial P}{\partial T}\right)_V = \left(\frac{\partial S}{\partial V}\right)_T \tag{35.42}$$

schließen können.

Die freie Enthalpie

Schließlich bleibt noch eine weitere geläufige Legendre-Transformation, die häufig dann sinnvoll ist, wenn Temperatur und

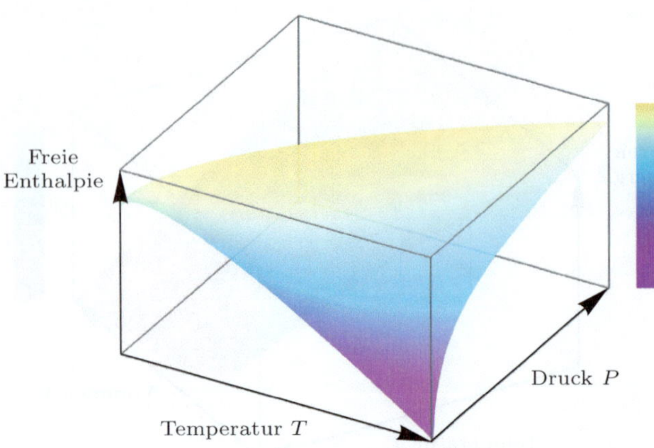

Abb. 35.5 Die freie Enthalpie $G(T, P)$ eines idealen Gases, dargestellt als Funktion der Temperatur und des Druckes. Die Einheiten sind beliebig gewählt

Druck statt Temperatur und Volumen experimentell kontrolliert werden können. Dementsprechend wünschen wir uns eine Transformation $(T, V) \to (T, P)$, die wieder eine Legendre-Transformation ist, weil $P = -(\partial F/\partial V)_T$ ist.

Freie Enthalpie

Wir definieren eine neue Funktion $G(T, P)$, die (Gibbs'sche) *freie Enthalpie* (Abb. 35.5), durch

$$G(T, P) = F(T, V) + PV = U(S, V) - TS + PV\,. \quad (35.43)$$

Das vollständige Differenzial der freien Enthalpie ist offenbar

$$\begin{aligned} \mathrm{d}G(T, P) &= \mathrm{d}F + V\mathrm{d}P + P\mathrm{d}V \\ &= -P\mathrm{d}V - S\,\mathrm{d}T + V\,\mathrm{d}P + P\,\mathrm{d}V \\ &= V\mathrm{d}P - S\mathrm{d}T\,. \end{aligned} \quad (35.44)$$

Die nun schon gewohnte Prozedur, die auf der Gleichsetzung der gemischten zweiten Ableitungen beruht, führt mit

$$\left(\frac{\partial G}{\partial T}\right)_P = -S\,, \quad \left(\frac{\partial G}{\partial P}\right)_T = V \quad (35.45)$$

auf die weitere Relation

$$\left(\frac{\partial S}{\partial P}\right)_T = -\left(\frac{\partial V}{\partial T}\right)_P\,. \quad (35.46)$$

Zusammenfassung; Maxwell-Relationen

Fassen wir zusammen: Anfänglich haben wir physikalische Systeme durch ihre innere Energie U gekennzeichnet und eingeschränkt, dass das Volumen V der alleinige äußere Parameter sein solle. Die Entropie $S(U, V)$ haben wir als ein logarithmisches Maß dafür eingeführt, wie viele Mikrozustände dem System unter Vorgabe von U und V zugänglich sind. Damit sind wir für quasistatische Zustandsänderungen auf den ersten Hauptsatz (35.16) gekommen, in dem die unvollständigen Differenziale δQ und δW mithilfe der Temperatur und des Druckes durch das vollständige Differenzial der Entropie in $T\mathrm{d}S$ und des Volumens in $P\mathrm{d}V$ ersetzt werden konnten.

Dann haben wir umgekehrt die Entropie S als Zustandsgröße verwendet und die innere Energie $U(S, V)$ als Funktion der Entropie und des Volumens aufgefasst. Davon ausgehend, haben wir durch vier verschiedene Legendre-Transformationen die unabhängigen Größen durch andere ersetzt, die sich experimentell unter Umständen leichter kontrollieren lassen. Diese Legendre-Transformationen überführen entweder $V \to P$ oder $S \to T$ oder beide. Dadurch entstehen anstelle der inneren Energie U neue thermodynamische Funktionen, die natürlich alle die Dimension einer Energie haben. Sie werden auch thermodynamische Potenziale genannt. Thermodynamische Funktionen, in denen die Temperatur statt der Entropie unabhängig ist, heißen „frei"; thermodynamische Funktionen, in denen der Druck anstelle des Volumens unabhängig ist, heißen „Enthalpie" statt „Energie".

Thermodynamische Funktionen

Durch verschiedene geeignete Legendre-Transformationen haben wir die folgenden thermodynamischen Funktionen bekommen:

innere Energie	$U(S, V)$
freie Energie	$F(T, V) = U(S, V) - TS$
Enthalpie	$H(S, P) = U(S, V) + PV$
freie Enthalpie	$G(T, P) = F(T, V) + PV$
	$= U(S, V) - TS + PV$

Ihre vollständigen Differenziale waren:

$$\begin{aligned} \mathrm{d}U(S, V) &= T\mathrm{d}S - P\mathrm{d}V \\ \mathrm{d}F(T, V) &= -S\mathrm{d}T - P\mathrm{d}V \\ \mathrm{d}H(S, P) &= T\mathrm{d}S + V\mathrm{d}P \\ \mathrm{d}G(T, P) &= -S\mathrm{d}T + V\mathrm{d}P \end{aligned} \quad (35.47)$$

Aus der Voraussetzung, dass alle diese Differenziale vollständig sein müssen, haben wir schließlich noch die *Maxwell-Relationen* abgeleitet.

Maxwell-Relationen

$$\left(\frac{\partial T}{\partial V}\right)_S = -\left(\frac{\partial P}{\partial S}\right)_V \quad (35.48)$$

$$\left(\frac{\partial S}{\partial V}\right)_T = \left(\frac{\partial P}{\partial T}\right)_V \qquad (35.49)$$

$$\left(\frac{\partial T}{\partial P}\right)_S = \left(\frac{\partial V}{\partial S}\right)_P \qquad (35.50)$$

$$\left(\frac{\partial S}{\partial P}\right)_T = -\left(\frac{\partial V}{\partial T}\right)_P \qquad (35.51)$$

Diese Relationen haben sich letztendlich daraus ergeben, dass die Entropie eine Funktion ist, die den Zustand eines Systems kennzeichnet und deren Differenzial deshalb vollständig sein muss. Sie sind in vielen Rechnungen sehr nützlich, wenn es darum geht, unbekannte oder experimentell kaum bestimmbare Ableitungen durch andere, anschaulichere oder besser messbare zu ersetzen.

Messung thermodynamischer Funktionen

Eine interessante Frage ist nun, unter welchen Voraussetzungen die thermodynamischen Funktionen durch Messung bestimmt werden können. Zunächst überzeugen wir uns davon, dass es auf jeden Fall ausreicht, wenn die thermische und die kalorische Zustandsgleichung,

$$P = P(T,V) \quad \text{und} \quad U = U(T,V)\,, \qquad (35.52)$$

als Funktionen der Temperatur und des Volumens bekannt sind. Die kalorische Zustandsgleichung gibt anstelle des Druckes die innere Energie als Funktion der Temperatur und des Volumens an.

Das natürliche thermodynamische Potenzial zu den Variablen T und V ist die freie Energie,

$$F(T,V) = U(T,V) - TS(T,V)\,, \qquad (35.53)$$

zu deren Bestimmung wir die Entropie ebenfalls als Funktion von T und V benötigen. Dazu schreiben wir den ersten Hauptsatz,

$$T\mathrm{d}S = \mathrm{d}U + P\mathrm{d}V\,, \qquad (35.54)$$

zunächst so um, dass die Variablen T und V explizit auftreten,

$$\begin{aligned} &T\left[\left(\frac{\partial S}{\partial T}\right)_V \mathrm{d}T + \left(\frac{\partial S}{\partial V}\right)_T \mathrm{d}V\right] \\ &= \left(\frac{\partial U}{\partial T}\right)_V \mathrm{d}T + \left(\frac{\partial U}{\partial V}\right)_T \mathrm{d}V + P\mathrm{d}V\,, \end{aligned} \qquad (35.55)$$

und schließen daraus die beiden Beziehungen

$$\begin{aligned} T\left(\frac{\partial S}{\partial T}\right)_V &= \left(\frac{\partial U}{\partial T}\right)_V\,, \\ T\left(\frac{\partial S}{\partial V}\right)_T &= \left(\frac{\partial U}{\partial V}\right)_T + P\,. \end{aligned} \qquad (35.56)$$

Bestimmung thermodynamischer Funktionen aus der thermischen und der kalorischen Zustandsgleichung

Sind also sowohl U als auch P jeweils als Funktionen von T und V gemessen worden, sind durch (35.56) auch die Ableitungen der Entropie nach T und V bekannt. Bis auf eine unerhebliche Konstante kann S dann aus seinen partiellen Ableitungen und damit anhand von (35.53) auch die freie Energie bestimmt werden.

Etwas weniger starke Voraussetzungen reichen aber bereits aus, um die thermodynamischen Funktionen zu bestimmen. Wenn wir nur die Wärmekapazität C_V bei konstantem Volumen kennen,

$$C_V = T\left(\frac{\partial S}{\partial T}\right)_V = \left(\frac{\partial U}{\partial T}\right)_V\,, \qquad (35.57)$$

ist die Ableitung der inneren Energie nach der Temperatur bei konstantem Volumen bereits bekannt. Aus (35.56) gewinnen wir die zweite benötigte Ableitung,

$$\left(\frac{\partial U}{\partial V}\right)_T = T\left(\frac{\partial S}{\partial V}\right)_T - P = T\left(\frac{\partial P}{\partial T}\right)_V - P\,, \qquad (35.58)$$

wobei die Maxwell-Relation (35.49) eingesetzt wurde. Nun ist die rechte Seite von (35.58) allein durch die thermische Zustandsgleichung bestimmt. Damit kann die innere Energie U angegeben werden, die ja für die Berechnung der freien Energie F benötigt wird.

Bestimmung thermodynamischer Funktionen aus der thermischen Zustandsgleichung und C_V

Demnach können wir aus der Wärmekapazität C_V bei konstantem Volumen und der thermischen Zustandsgleichung $P = P(T,V)$ die innere Energie bis auf eine abermals unerhebliche Konstante bekommen und damit wie oben die Entropie und die freie Energie bestimmen.

Konkret erhalten wir für die innere Energie

$$\begin{aligned} U &= U(T_0,V_0) + \int_{T_0}^{T} \left(\frac{\partial U}{\partial T'}\right)_V \mathrm{d}T' + \int_{V_0}^{V} \left(\frac{\partial U}{\partial V'}\right)_T \mathrm{d}V' \\ &= U(T_0,V_0) + \int_{T_0}^{T} C_V \mathrm{d}T' + \int_{V_0}^{V} \left[T\left(\frac{\partial P}{\partial T}\right)_{V'} - P\right]\mathrm{d}V' \end{aligned} \qquad (35.59)$$

Teil IV

und für die Entropie mithilfe derselben Maxwell-Relation (35.49)

$$\begin{aligned} S &= S(T_0, V_0) + \int_{T_0}^{T} \left(\frac{\partial S}{\partial T'}\right)_V \mathrm{d}T' + \int_{V_0}^{V} \left(\frac{\partial S}{\partial V'}\right)_T \mathrm{d}V' \\ &= S(T_0, V_0) + \int_{T_0}^{T} \frac{C_V}{T'} \mathrm{d}T' + \int_{V_0}^{V} \left(\frac{\partial P}{\partial T}\right)_{V'} \mathrm{d}V' . \end{aligned} \tag{35.60}$$

Mit der Wärmekapazität C_V bei konstantem Volumen können wir ferner wie folgt verfahren: Aufgrund ihrer Definition ist

$$\left(\frac{\partial C_V}{\partial V}\right)_T = \left(\frac{\partial}{\partial V}\right)_T \left[T\left(\frac{\partial S}{\partial T}\right)_V\right] = T\frac{\partial^2 S}{\partial V \partial T} . \tag{35.61}$$

Hier kehren wir die Reihenfolge der partiellen Ableitungen um und finden, wiederum unter Einsatz der Maxwell-Relation (35.49)

$$T\frac{\partial^2 S}{\partial T \partial V} = T\left(\frac{\partial}{\partial T}\right)_V \left(\frac{\partial S}{\partial V}\right)_T = T\left(\frac{\partial}{\partial T}\right)_V \left(\frac{\partial P}{\partial T}\right)_V . \tag{35.62}$$

Volumenabhängigkeit der Wärmekapazität

Die Kombination von (35.62) mit (35.61) ermöglicht es, auch die Ableitung der Wärmekapazität nach dem Volumen bei konstanter Temperatur durch die Zustandsgleichung auszudrücken, denn

$$\left(\frac{\partial C_V}{\partial V}\right)_T = T\left(\frac{\partial^2 P}{\partial T^2}\right)_V . \tag{35.63}$$

Dieses Ergebnis lässt die bemerkenswerte Schlussfolgerung zu, dass *jedes* System, dessen Druck bei konstantem Volumen nur linear von der Temperatur abhängt, eine Wärmekapazität hat, die nicht vom Volumen abhängt.

Mit (35.63) können wir die Wärmekapazität bei konstantem Volumen, die wir aus der zweiten Ableitung der Zustandsgleichung erhalten haben, nach dem Volumen integrieren, denn für jede festgehaltene Temperatur T gilt

$$C_V(T, V) = C_V(T, V_0) + T\int_{V_0}^{V} \left(\frac{\partial^2 P}{\partial T^2}\right)_{V'} \mathrm{d}V' . \tag{35.64}$$

Responsefunktionen, allgemeine Ergebnisse

Die Reaktionen thermodynamischer Systeme auf Änderungen makroskopischer äußerer Parameter werden allgemein als *Responsefunktionen* bezeichnet. Beispiele dafür haben wir in der phänomenologischen Thermodynamik in Gestalt der *Wärmekapazitäten* kennengelernt: Sie geben an, welche Wärme einem System bei Temperaturänderungen unter bestimmten Bedingungen zu- oder daraus abfließt bzw. wie sich die Entropie eines thermodynamischen Systems unter Temperaturänderungen verändert:

$$C_V = T\left(\frac{\partial S}{\partial T}\right)_V , \quad C_P = T\left(\frac{\partial S}{\partial T}\right)_P . \tag{35.65}$$

Etwas allgemeiner können wir Wärmekapazitäten in der Form

$$C_x = \left(\frac{\delta Q_{\mathrm{rev}}}{\mathrm{d}T}\right)_x \tag{35.66}$$

schreiben. Dabei tritt irgendein noch festzulegender äußerer Zustandsparameter x auf, der während der Wärmeaufnahme konstant gehalten wird. In den obigen Beispielen steht x für das Volumen oder den Druck, je nachdem, ob das Gas sein Volumen oder seinen Druck beibehalten muss, während ihm auf reversible Weise die Wärmemenge δQ_{rev} zugeführt wird, aber x könnte z. B. auch ein konstantes äußeres Magnetfeld sein.

Um die Abhängigkeit der Wärmekapazität von der Stoffmenge oder von der Masse der beteiligten Stoffe loszuwerden, führen wir wieder wie in Abschn. 33.1 *spezifische Wärmekapazitäten* c_x ein, indem wir C_x durch die Masse m teilen. Die molare Wärme oder Molwärme c_x^{mol} ist die Wärmekapazität pro Stoffmenge n. Das Ergebnis ist

$$c_x = \frac{C_x}{m} \quad \text{oder} \quad c_x^{\mathrm{mol}} = \frac{C_x}{n} \tag{35.67}$$

mit den Einheiten $\mathrm{J\,K^{-1}\,g^{-1}}$ im ersten und $\mathrm{J\,K^{-1}\,mol^{-1}}$ im zweiten Fall. Wir unterscheiden hier nicht mehr anhand der Notation, ob sich die spezifische Wärme auf die Stoffmenge oder die Masse bezieht, sondern verlassen uns jeweils auf den Kontext, in dem die spezifische Wärme auftritt.

Weitere wichtige Responsefunktionen sind der isobare *Ausdehnungskoeffizient* α, der isochore *Spannungkoeffizient* β, die *isotherme Kompressibilität* κ_T und die *adiabatische Kompressibilität* κ_S, die durch

$$\begin{aligned} \alpha &= \frac{1}{V}\left(\frac{\partial V}{\partial T}\right)_P , \quad & \beta &= \frac{1}{P}\left(\frac{\partial P}{\partial T}\right)_V , \\ \kappa_T &= -\frac{1}{V}\left(\frac{\partial V}{\partial P}\right)_T , \quad & \kappa_S &= -\frac{1}{V}\left(\frac{\partial V}{\partial P}\right)_S \end{aligned} \tag{35.68}$$

definiert sind. Die Vorfaktoren V^{-1} bei α, κ_T und κ_S sowie P^{-1} bei β legen diese Koeffizienten bequemerweise als relative Änderungen fest. Die negativen Vorzeichen bei κ_T und κ_S sind konventionell so festgelegt, dass beide Kompressibilitäten im Regelfall positiv definiert sind.

Aufgrund der Maxwell-Relationen sind diese Responsefunktionen nicht voneinander unabhängig, sondern durch interessante

Beziehungen miteinander verbunden. Wir beginnen mit der adiabatischen Kompressibilität und machen sowohl vom Multiplikationssatz für Jacobi-Matrizen als auch insbesondere von der Maxwell-Relation (35.51) regen Gebrauch. Durch eine Reihe von Umformungen erhalten wir

$$\begin{aligned} -V\kappa_S &= \left(\frac{\partial V}{\partial P}\right)_S = \det\frac{\partial(V,S)}{\partial(P,S)} = \det\frac{\partial(V,S)}{\partial(P,T)}\det\frac{\partial(P,T)}{\partial(P,S)} \\ &= \left[\left(\frac{\partial V}{\partial P}\right)_T\left(\frac{\partial S}{\partial T}\right)_P - \left(\frac{\partial V}{\partial T}\right)_P\left(\frac{\partial S}{\partial P}\right)_T\right]\left(\frac{\partial T}{\partial S}\right)_P \\ &= -V\kappa_T + \frac{(V\alpha)^2 T}{C_P}\,. \end{aligned} \tag{35.69}$$

Im letzten Schritt kam die Maxwell-Relation (35.51) zum Einsatz, um die Ableitung der Entropie nach dem Druck durch die negative Ableitung des Volumens nach der Temperatur und diese dann durch den isobaren Ausdehnungskoeffizienten zu ersetzen. Zudem haben wir verwendet, dass

$$\left(\frac{\partial S}{\partial T}\right)_P\left(\frac{\partial T}{\partial S}\right)_P = 1 \tag{35.70}$$

gilt, da in beiden Faktoren dieselbe Variable als konstant angenommen wird.

Für die Wärmekapazitäten finden wir ganz entsprechend

$$\begin{aligned} \frac{C_V}{T} &= \left(\frac{\partial S}{\partial T}\right)_V = \det\frac{\partial(S,V)}{\partial(T,V)} = \det\frac{\partial(S,V)}{\partial(T,P)}\det\frac{\partial(T,P)}{\partial(T,V)} \\ &= \left[\left(\frac{\partial S}{\partial T}\right)_P\left(\frac{\partial V}{\partial P}\right)_T - \left(\frac{\partial S}{\partial P}\right)_T\left(\frac{\partial V}{\partial T}\right)_P\right]\left(\frac{\partial P}{\partial V}\right)_T \\ &= \frac{C_P}{T} - \frac{V\alpha^2}{\kappa_T}\,. \end{aligned} \tag{35.71}$$

Wiederum haben wir die Maxwell-Relation (35.51) verwendet und

$$\left(\frac{\partial V}{\partial P}\right)_T\left(\frac{\partial P}{\partial V}\right)_T = 1 \tag{35.72}$$

ersetzt.

Schließlich betrachten wir noch den Ausdehnungskoeffizienten selbst,

$$\begin{aligned} V\alpha &= \left(\frac{\partial V}{\partial T}\right)_P = \det\frac{\partial(V,P)}{\partial(T,P)} = \det\frac{\partial(V,P)}{\partial(T,V)}\det\frac{\partial(T,V)}{\partial(T,P)} \\ &= -\left(\frac{\partial P}{\partial T}\right)_V\left(\frac{\partial V}{\partial P}\right)_T = PV\beta\kappa_T\,, \end{aligned} \tag{35.73}$$

und gelangen somit zu dem Ergebnis

$$\alpha = P\beta\kappa_T\,. \tag{35.74}$$

Allgemeine Beziehungen zwischen Responsefunktionen

Zusammenfassend erhalten wir völlig unabhängig vom speziellen thermodynamischen System allein aufgrund der Maxwell-Relationen die Beziehungen

$$\begin{aligned} \alpha &= P\beta\kappa_T\,, \\ \kappa_T &= \kappa_S + \frac{VT\alpha^2}{C_P}\,, \\ C_P &= C_V + \frac{VT\alpha^2}{\kappa_T} = C_V + PVT\alpha\beta \end{aligned} \tag{35.75}$$

zwischen den Responsefunktionen, wobei im letzten Schritt die erste Gleichung (35.75) verwendet wurde.

Achtung Insbesondere gelten (35.75) allgemein und für jeden Aggregatzustand! ◀

Frage 2

Vollziehen Sie die Herleitungen von (35.75) im Detail nach.

In Abschn. 35.3 werden wir die Gleichungen in (35.75) auf ein ideales Gas anwenden.

35.2 Extremaleigenschaften, Gleichgewicht und Stabilität

Thermisches und mechanisches Gleichgewicht

Nach diesen formalen Vorbemerkungen setzen wir mit allgemeinen Überlegungen zum thermischen und mechanischen Gleichgewicht zwischen zwei thermodynamischen Systemen fort. Betrachten wir zwei gemeinsam isolierte Systeme, die untereinander Wärme austauschen und mechanische Arbeit aneinander verrichten können, indem sie ihre Volumina gegeneinander ändern. Der einzige äußere Zustandsparameter ist demnach das Volumen V, und wir können die gesamte Entropie der beiden Systeme in der Form

$$S(U,V) = S_1(U_1,V_1) + S_2(U-U_1, V-V_1) \tag{35.76}$$

schreiben. Im Beispielkasten „Druck und mechanische Arbeit" in Abschn. 34.1 haben wir gesehen, dass die zum Volumen V gehörende verallgemeinerte Kraft der Druck P ist. Mechanisches Gleichgewicht zwischen den beiden Teilvolumina V_1 und V_2 wird für solche Volumina V_1 und V_2 eintreten, für die $S(U,V)$

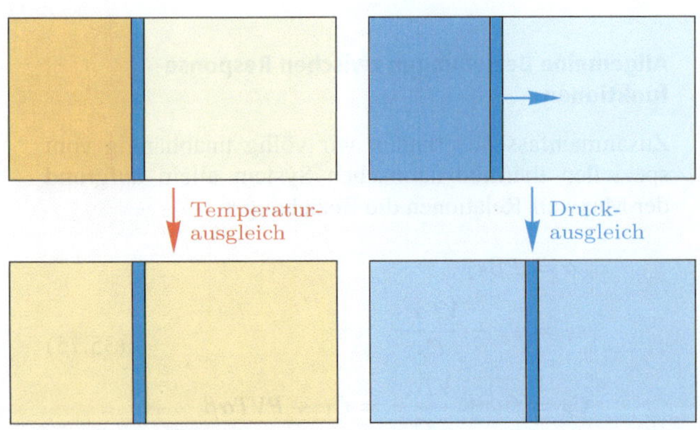

Abb. 35.6 Thermisches Gleichgewicht zwischen zwei Systemen tritt dann ein, wenn sich die Temperaturen angeglichen haben. Im mechanischen Gleichgewicht sind die Drücke in den beiden Teilsystemen gleich

maximal wird. Dort verschwindet $\mathrm{d}S$, woraus die Bedingung

$$\begin{aligned} \mathrm{d}S &= \frac{\partial S_1}{\partial U_1}\mathrm{d}U_1 + \frac{\partial S_2}{\partial U_2}\mathrm{d}U_2 + \frac{\partial S_1}{\partial V_1}\mathrm{d}V_1 + \frac{\partial S_2}{\partial V_2}\mathrm{d}V_2 \\ &= \left(\frac{1}{T_1} - \frac{1}{T_2}\right)\mathrm{d}U_1 + \left(\frac{P_1}{T_1} - \frac{P_2}{T_2}\right)\mathrm{d}V_1 = 0 \end{aligned} \tag{35.77}$$

folgt, weil die Ableitung der Entropie nach dem Volumen bei konstanter Energie wegen (34.83) durch

$$\delta Q = T\mathrm{d}S = \delta W = P\mathrm{d}V \quad \Rightarrow \quad \left(\frac{\partial S}{\partial V}\right)_U = \frac{P}{T} \tag{35.78}$$

gegeben ist. Die Energieänderung $\mathrm{d}U_1$ und die Volumenänderung $\mathrm{d}V_1$ müssen infinitesimal klein sein, sind aber sonst beliebig. Daher müssen ihre beiden Vorfaktoren in (35.77) separat verschwinden, um $\mathrm{d}S = 0$ zu garantieren, weshalb die beiden Bedingungen

$$\frac{1}{T_1} - \frac{1}{T_2} = 0 \quad \text{und} \quad \frac{P_1}{T_1} - \frac{P_2}{T_2} = 0 \tag{35.79}$$

gelten müssen. Außer den Temperaturen gleichen sich also die Drücke in den beiden Systemen aneinander an (Abb. 35.6).

Mechanisches und thermisches Gleichgewicht

Im thermischen Gleichgewicht zwischen zwei Systemen sind die Temperaturen gleich. Besteht zusätzlich mechanisches Gleichgewicht, so sind auch die Drücke in beiden Systemen gleich.

Extremaleigenschaften im Gleichgewicht

In Abschn. 34.1 haben wir besprochen, dass das einem isolierten System zugängliche Phasenraumvolumen Ω nicht abnehmen kann, wenn äußere Einschränkungen wegfallen. Wenn eine Zwangsbedingung vorher darin bestand, dass ein äußerer Parameter a auf Werte zwischen A und $A + \mathrm{d}A$ eingeschränkt war, kann a nach dem Wegfall der Zwangsbedingung in einem weiteren Bereich variieren. Die Wahrscheinlichkeit, in einem Ensemble gleichartiger Systeme den Wert A zu messen, wird proportional zur Anzahl der Zustände im Phasenraum sein, die mit A verträglich sind:

$$p(A) \propto \Omega(A)\,. \tag{35.80}$$

Im Gleichgewicht wird mit größter Wahrscheinlichkeit derjenige Wert von A gemessen werden, der $\Omega(A)$ maximiert. Da die Entropie in (34.67) als logarithmisches Maß für die Anzahl der zugänglichen Zustände im Phasenraum eingeführt worden war, ist

$$p(A) \propto \exp\left(\frac{S(A)}{k_\mathrm{B}}\right). \tag{35.81}$$

Maximierung der Entropie

Im Gleichgewicht bei vorgegebenen äußeren Parametern a wird sich ein isoliertes System so einstellen, dass die Wahrscheinlichkeit seines Zustands und damit wegen (35.81) auch die Entropie maximal wird. Dann muss

$$\mathrm{d}S = 0 \quad \text{und} \quad \frac{\partial^2 S}{\partial a^2} \le 0 \tag{35.82}$$

für alle äußeren Parameter gelten, die mit dem Symbol a bezeichnet werden.

Beachten Sie, dass diese Aussage im Licht der Wahrscheinlichkeitsinterpretation der Entropie beinahe eine Trivialität darstellt: Das System wird innerhalb seiner Möglichkeiten seine äußeren Parameter im Gleichgewicht so einstellen, dass sie ihm einen möglichst großen Bereich im Phasenraum erlauben.

Anders ausgedrückt, werden an dem System mit größter Wahrscheinlichkeit diejenigen Werte seiner äußeren Parameter gemessen, die mit dem größten Teil des zugänglichen Phasenraumvolumens verträglich sind, denn deren Wahrscheinlichkeit wird möglichst groß.

Das könnte man mit der Formulierung „wahrscheinlich geschieht immer das Wahrscheinlichste" zusammenfassen. Dennoch beruht diese fundamentale Aussage auf einem Postulat und einer bemerkenswerten Tatsache, nämlich dem nicht tiefer begründeten Postulat gleicher A-priori-Wahrscheinlichkeiten und der Tatsache, dass die Entropie als logarithmisches Maß des Phasenraumvolumens eine Zustandsfunktion physikalischer Systeme darstellt. Die Maximierung der Entropie im Gleichgewicht isolierter Systeme ist deswegen sowohl eine Aussage über Aufenthaltswahrscheinlichkeiten im Zustandsraum als auch über die äußeren physikalischen Parameter dieser Systeme.

Die Energie isolierter Systeme ist konstant. Darüber hinaus wird keine Arbeit am oder vom System verrichtet. Dann sind die innere Energie U und das Volumen V vorgegeben, und der Gleichgewichtszustand ist durch (35.82) gekennzeichnet, $dS = 0$. Bringen wir das System stattdessen in thermischen Kontakt mit einem Wärmereservoir der Temperatur T und warten, bis sich ein neues Gleichgewicht eingestellt hat, müssen wir das Reservoir in die Entropieüberlegung einbeziehen. Sei S die Entropie des gesamten Systems, dabei S_1 die des Reservoirs und S_2 die des Systems, dann gilt

$$0 = dS = \frac{\delta Q_1}{T} + dS_2 = -\frac{1}{T}(dU_2 - TdS_2) , \qquad (35.83)$$

weil durch die Wärmemenge δQ_1 aus dem Reservoir allein die innere Energie U_2 des Systems verändert wird, solange das Volumen des Systems 2 unverändert bleibt. Da die Temperatur im thermischen Gleichgewicht mit dem Wärmereservoir konstant ist, kann das Ergebnis (35.83) in der Form

$$\frac{d(U_2 - TS_2)}{T} = \frac{dF_2}{T} = 0 \qquad (35.84)$$

geschrieben werden.

Im Gleichgewicht mit einem Wärmereservoir wird also nicht die Entropie des Systems, sondern die *freie Energie* (35.38) extremal. Die Herleitung zeigt, dass dies eine Konsequenz der maximalen Entropie des Gesamtsystems aus Reservoir und betrachtetem System ist. Die Extremaleigenschaft der Entropie bei konstantem U und V vererbt sich daher auf eine Extremaleigenschaft der freien Energie bei konstantem T und V. Allerdings hat das Minuszeichen in (35.84) zur Folge, dass *maximale* Entropie *minimale* freie Energie bedeutet.

Minimierung der freien Energie

Bei vorgegebener Temperatur und festem Volumen stellt sich ein System so ein, dass seine freie Energie $F(T, V)$ minimal wird.

Ebenso gut können wir statt des Volumens V den Druck P vorgeben. Dann würden wir die gedachte Kombination aus einem Wärmereservoir und einem daran angekoppelten System gemeinsam wärmeisolieren, aber dem System erlauben, sein Volumen zu ändern. Dann muss das System aus dem Reservoir so viel Wärme entnehmen, dass es nicht nur seine innere Energie, sondern auch sein Volumen geeignet einstellen kann. Das Wärmereservoir muss dann auch für die Arbeit aufkommen, die das System gegebenenfalls verrichten muss. Nach dem ersten Hauptsatz muss dann

$$-\delta Q_1 = dU_2 + P_2 dV_2 \qquad (35.85)$$

sein, woraus sich die Änderung der gesamten Entropie zu

$$0 = dS = -\frac{1}{T}(dU_2 + P_2 dV_2 - TdS_2) = -\frac{dG_2}{T} \qquad (35.86)$$

bestimmen lässt, worin wir die freie Enthalpie G aus (35.43) identifiziert haben. Wiederum wird die freie Enthalpie minimal, wenn die Entropie maximal wird.

Minimierung der freien Enthalpie

Bei festem Druck und vorgegebener Temperatur stellt sich das Gleichgewicht eines Systems demnach so ein, dass die freie Enthalpie $G(T, P)$ minimal wird.

Natürlich ist auch das „nur" eine vererbte Konsequenz der Extremaleigenschaft der Entropie, die direkt aus der statistischen Interpretation der Entropie und aus dem statistischen Grundpostulat folgt. Die hier zusammengestellten Extremaleigenschaften der freien Energie oder der Enthalpie bestimmen die äußeren Parameter des Systems im thermischen Gleichgewicht.

Stabilitätsbedingungen

Aufgrund der oben abgeleiteten Extremaleigenschaften kommen wir zu dem Schluss, dass ein thermodynamisches System im Gleichgewicht in ein Extremum desjenigen thermodynamischen Potenzials strebt, das auf natürliche Weise zu den Variablen gehört, die während des Strebens ins Gleichgewicht kontrolliert werden. Diese Kontrolle kann darin bestehen, dass beispielsweise die Temperatur durch Kopplung an ein Wärmereservoir oder der Druck durch mechanisches Gleichgewicht mit der Umgebung konstant gehalten werden. Ein abgeschlossenes System wird in einen Gleichgewichtszustand streben, in dem die Entropie maximal wird. Ein geschlossenes System, das im thermischen Kontakt mit einem Wärmebad steht, wird im Gleichgewicht nach einem Zustand streben, in dem die freie Energie minimiert wird. Ein stabiles Gleichgewicht liegt dann vor, wenn das System auf kleine Störungen so reagiert, dass es in den Gleichgewichtszustand zurückkehrt.

Betrachten wir für ein abgeschlossenes System die innere Energie U als Funktion ihrer natürlichen Variablen S und V. Im Gleichgewicht wird $dU = 0$ sein. Zudem muss für ein Minimum der inneren Energie die Matrix

$$\boldsymbol{D}^2 U = \begin{pmatrix} \left(\frac{\partial^2 U}{\partial S^2}\right)_V & \left(\frac{\partial}{\partial V}\right)_S \left(\frac{\partial U}{\partial S}\right)_V \\ \left(\frac{\partial}{\partial S}\right)_V \left(\frac{\partial U}{\partial V}\right)_S & \left(\frac{\partial^2 U}{\partial V^2}\right)_S \end{pmatrix} \qquad (35.87)$$

positiv definit sein. Dies ist genau dann der Fall, wenn alle ihre *Hauptminoren* positiv sind.

Als *Minor* wurde im „Mathematischen Hintergrund" 2.3 die Determinante $\det \boldsymbol{A}_{ij}$ derjenigen Untermatrix $\boldsymbol{A}_{ij}$ bezeichnet, die durch Streichung der i-ten Zeile und der j-ten Spalte aus einer quadratischen $n \times n$-Matrix $\boldsymbol{A}$ hervorgeht. Die Streichung der i-

ten Zeile und der j-ten Spalte kann bis zu $(n-1)$-mal wiederholt werden. Ein Minor, der nach k Streichungen von Zeilen und Spalten entstanden ist, heißt $(n-k)$-ter Ordnung. Bei Hauptminoren ist $i = j$, d.h., sie entstehen durch Streichung *derselben* Zeile und Spalte.

Daraus leiten wir die beiden Bedingungen

$$\left(\frac{\partial^2 U}{\partial S^2}\right)_V > 0 \quad \text{und} \quad \det(\boldsymbol{D}^2 U) > 0 \tag{35.88}$$

für thermodynamische Stabilität ab.

Aufgrund von (35.18) ist die Ableitung der inneren Energie nach der Entropie bei konstantem Volumen gleich der absoluten Temperatur, während die Ableitung der inneren Energie nach dem Volumen bei konstanter Entropie gerade den negativen Druck ergibt. Die erste der beiden Bedingungen bedeutet demnach

$$0 < \left(\frac{\partial T}{\partial S}\right)_V = \frac{T}{C_V}\,, \tag{35.89}$$

woraus bei positiver absoluter Temperatur folgt, dass auch die spezifische Wärmekapazität bei konstantem Volumen positiv sein muss.

Die zweite Bedingung (35.88) wandeln wir wieder mithilfe des Multiplikationssatzes für Jacobi-Matrizen um. Wir schreiben zunächst die Determinante um:

$$\begin{aligned}\det(\boldsymbol{D}^2 U) &= \left(\frac{\partial T}{\partial S}\right)_V \left(\frac{\partial(-P)}{\partial V}\right)_S - \left(\frac{\partial T}{\partial V}\right)_S \left(\frac{\partial(-P)}{\partial S}\right)_V \\ &= \det\frac{\partial(T,-P)}{\partial(S,V)}\,.\end{aligned} \tag{35.90}$$

Nun wenden wir den Multiplikationssatz an:

$$\begin{aligned}\det\frac{\partial(T,-P)}{\partial(S,V)} &= \det\frac{\partial(T,-P)}{\partial(T,V)}\det\frac{\partial(T,V)}{\partial(S,V)} \\ &= -\left(\frac{\partial P}{\partial V}\right)_T \left(\frac{\partial T}{\partial S}\right)_V = \frac{T}{\kappa_T C_V V}\,.\end{aligned} \tag{35.91}$$

Daraus und aus der ersten Stabilitätsbedingung $C_V > 0$ schließen wir, dass auch die isotherme Kompressibilität κ_T positiv sein muss.

Wir kommen so zu dem Ergebnis, dass ein Gleichgewichtszustand eines abgeschlossenen Systems dann und nur dann gegenüber kleinen Störungen stabil ist, wenn sowohl die Wärmekapazität bei konstantem Volumen als auch die isotherme Kompressibilität positiv sind, $C_V > 0$ und $\kappa_T > 0$. Wegen der Beziehung zwischen den Wärmekapazitäten C_P und C_V aus (35.75) muss dann auch die Differenz der Wärmekapazitäten bei konstantem Druck und bei konstantem Volumen positiv sein, $C_P - C_V > 0$. Indem wir den Multiplikationssatz in (35.91) auf etwas andere Weise verwenden,

$$\begin{aligned}\det\frac{\partial(T,-P)}{\partial(S,V)} &= \det\frac{\partial(T,-P)}{\partial(S,P)}\det\frac{\partial(S,P)}{\partial(S,V)} \\ &= -\left(\frac{\partial T}{\partial S}\right)_P \left(\frac{\partial P}{\partial V}\right)_S = \frac{T}{\kappa_S C_P V}\,,\end{aligned} \tag{35.92}$$

erhalten wir schließlich noch, dass auch die adiabatische Kompressibilität positiv sein muss, $\kappa_S > 0$.

Frage 3

Leiten Sie das letzte Ergebnis, $\kappa_S > 0$, direkt aus der Stabilitätsbedingung her:

$$\left(\frac{\partial^2 U}{\partial V^2}\right)_S > 0\,.$$

Stabilität von Gleichgewichtszuständen

Gleichgewichtszustände eines abgeschlossenen Systems sind dann und nur dann gegenüber kleinen Störungen stabil, wenn die Wärmekapazitäten bei konstantem Volumen und bei konstantem Druck positiv sind, ebenso wie die isotherme und die adiabatische Kompressibilität:

$$C_P - C_V > 0\,, \quad C_V > 0\,, \quad \kappa_T > 0\,, \quad \kappa_S > 0\,. \tag{35.93}$$

35.3 Das ideale Gas

Wir kommen nun zum idealen Gas zurück, betrachten es aber jetzt auf der Grundlage der statistischen Deutung der Entropie und der allgemeinen Ergebnisse, die wir in Abschn. 34.3 abgeleitet haben. Es wird sich zeigen, dass wir eine mikroskopische Begründung für die Beobachtung geben können, dass alle hinreichend verdünnten Gase derselben Zustandsgleichung folgen und dass wir aufgrund der statistischen Deutung der Entropie die thermodynamischen Potenziale und die Responsefunktionen des idealen Gases absolut angeben können.

Zustandsgleichung und innere Energie

In Abschn. 33.5 haben wir jedes Gas als ideal bezeichnet, das der Zustandsgleichung

$$PV = nRT \quad \text{oder} \quad PV = Nk_\mathrm{B}T \tag{35.94}$$

genügt. Allein aus den Hauptsätzen und den Maxwell-Relationen haben wir geschlossen, dass die Ableitung der inneren Energie nach dem Volumen bei konstanter Temperatur durch

$$\left(\frac{\partial U}{\partial V}\right)_T = T\left(\frac{\partial P}{\partial T}\right)_V - P \tag{35.95}$$

gegeben ist. Da der empirisch bestimmte Druck des idealen Gases bei konstantem Volumen linear von der Temperatur abhängt, folgt daraus unmittelbar, dass die innere Energie U bei konstanter Temperatur nicht vom Volumen abhängen kann, denn dann ist

$$\left(\frac{\partial U}{\partial V}\right)_T = T\frac{P}{T} - P = 0\,. \tag{35.96}$$

Dieser Sachverhalt, auf den wir hier direkt aus einem empirischen Befund schließen, legt eine andere Deutung eines idealen Gases nahe. Wenn die innere Energie nicht vom Volumen abhängt, ist es offenbar unwichtig, wie nahe sich die Teilchen eines idealen Gases kommen. Das kann nur dann der Fall sein, wenn die Teilchen allein durch direkte Stöße miteinander wechselwirken und relativ zueinander keine potenzielle Energie haben.

Achtung Schlagen Sie zur genaueren Charakterisierung noch einmal den Achtung-Satz in Abschn. 34.1 unter „Anzahl zugänglicher Mikrozustände" nach. ◀

Wir gehen nun also von der Annahme aus, dass zwischen den Teilchen eines idealen Gases keine Fernkräfte wirken, sodass jedem von ihnen näherungsweise das gesamte Volumen V zur Verfügung steht, in dem sich das Gas aufhalten kann, ohne dass es von den anderen Gasteilchen beeinflusst würde. Dann ist die Anzahl der Mikrozustände im Phasenraum, die den N Gasteilchen zugänglich sind, durch

$$\Omega = \frac{V^N\omega(U)}{h_0^{3N}} \tag{35.97}$$

gegeben, wobei $\omega(U)$ eine Funktion ist, die allein von der kinetischen Energie der Gasteilchen abhängen kann, weil keine potenzielle Energie zwischen den Gasteilchen zur inneren Energie beitragen kann. In der klassischen Physik bleibt die Konstante h_0 willkürlich, was jedoch für unsere weiteren Überlegungen höchstens eine untergeordnete Rolle spielt. Aufgrund der statistischen Interpretation der Entropie bekommen wir aus dem Phasenraumvolumen (35.97) sofort den absoluten Ausdruck

$$S = k_\mathrm{B}\ln\Omega = k_\mathrm{B}N\ln V + k_\mathrm{B}\ln\omega(U) - 3Nk_\mathrm{B}\ln h_0 \tag{35.98}$$

für die Entropie, woraus wir anhand von (34.81) durch Ableitung nach dem Volumen direkt die Zustandsgleichung

$$\frac{P}{T} = \frac{\partial S}{\partial V} = \frac{k_\mathrm{B}N}{V} \quad\Rightarrow\quad PV = Nk_\mathrm{B}T \tag{35.99}$$

gewinnen. Dieses empirisch längst bekannte Resultat ist insofern höchst bemerkenswert, als wir hier aufgrund fundamentaler statistischer Überlegungen auf kürzestem Weg direkt aus der alleinigen Annahme herleiten konnten, dass die Teilchen eines idealen Gases nicht miteinander wechselwirken. In Abschn. 36.2 wird diese Aussage anhand der Zustandssumme eines idealen Gases weiter präzisiert.

Diese letzte Aussage muss noch etwas genauer beleuchtet werden. Wenn Teilchen nicht miteinander wechselwirken, können sie auch nie in ein thermisches Gleichgewicht miteinander gelangen, weil sie keine Energie untereinander austauschen können. Der Ausdruck (35.97) für das Phasenraumvolumen des idealen Gases sagt aber bereits aus, worum es dabei eigentlich geht: Die Teilchen haben keine potenzielle Energie relativ zueinander. Sie können daher nur durch direkte Stöße miteinander wechselwirken, aber diese Stöße sind unerlässlich dafür, dass sich überhaupt thermisches Gleichgewicht einstellen kann.

Charakterisierung eines idealen Gases

Mit dieser Präzisierung halten wir als erstes Ergebnis fest: Die Zustandsgleichung des idealen Gases folgt aus den Annahmen, dass die Teilchen eines solchen Gases nur ein vernachlässigbares Eigenvolumen haben und nur durch direkte Stöße miteinander wechselwirken, aber keine potenzielle Energie relativ zueinander haben.

Die Temperatur, nach (34.68) durch

$$\frac{1}{T} = \left(\frac{\partial S}{\partial U}\right)_V = \frac{k_\mathrm{B}}{\omega(U)}\frac{\partial\omega(U)}{\partial U} \tag{35.100}$$

bestimmt, hängt nur von der Energie, aber nicht vom Volumen ab. Dies bestätigt unseren früheren Befund, dem zufolge die innere Energie eines idealen Gases eine Funktion allein der Temperatur sein muss, $U = U(T)$.

Bis hierher sind wir argumentativ im Kreis gegangen und haben dabei bestätigt gefunden, dass die Zustandsgleichung des idealen Gases einerseits empirisch dann gefunden wird, wenn reale Gase ausreichend verdünnt sind, und andererseits theoretisch durch die Annahme begründbar ist, dass es keine potenzielle Energie der Gasteilchen relativ zueinander gibt. Natürlich handelt es sich dabei um eine Näherung, die bedeutet, dass der Abstand der Gasteilchen zueinander groß gegenüber der Reichweite derjenigen Kräfte ist, die zwischen den Gasteilchen wirken.

Responsefunktionen

Fahren wir fort, indem wir die Responsefunktionen des idealen Gases bestimmen. Wir beginnen mit dem Wärmeausdehnungskoeffizienten. Aufgrund der Zustandsgleichung (35.94) ist $V\mathrm{d}P + P\mathrm{d}V = nR\mathrm{d}T$. Bei konstantem Druck, $\mathrm{d}P = 0$, muss daher $P\mathrm{d}V = nR\mathrm{d}T$ gelten, woraus für den isobaren Wärmeausdehnungskoeffizienten

$$\alpha = \frac{1}{V}\left(\frac{\partial V}{\partial T}\right)_P = \frac{nR}{PV} = \frac{1}{T} \tag{35.101}$$

folgt. Für den Spannungskoeffizienten β brauchen wir die Ableitung des Druckes nach der Temperatur bei konstantem Volumen. Bei $\mathrm{d}V = 0$ muss $V\mathrm{d}P = nR\mathrm{d}T$ sind, woraus sofort

$$\beta = \frac{1}{P}\left(\frac{\partial P}{\partial T}\right)_V = \frac{nR}{PV} = \frac{1}{T} \tag{35.102}$$

folgt. Ausdehnungs- und Spannungskoeffizient sind also beim idealen Gas gleich.

Ähnlich einfach bekommen wir die isotherme Kompressibilität, denn bei $\mathrm{d}T = 0$ ist $V\mathrm{d}P + P\mathrm{d}V = 0$, daher $\mathrm{d}V/\mathrm{d}P = -V/P$, und

$$\kappa_T = -\frac{1}{V}\left(\frac{\partial V}{\partial P}\right)_T = \frac{1}{P}\,. \qquad (35.103)$$

Offenbar erfüllen α, β und κ_T die allgemeine Beziehung, die wir unter (35.75) zusammengefasst haben, denn

$$\alpha = \frac{1}{T} = \frac{P}{PT} = P\beta\kappa_T\,. \qquad (35.104)$$

Die adiabatische Kompressibilität κ_S können wir erst dann bestimmen, wenn wir die Wärmekapazität C_P bei konstantem Druck kennen.

Von der spezifischen Wärme eines idealen Gases bei konstantem Druck wissen wir bereits aus der phänomenologischen Thermodynamik, dass sie größer als die spezifische Wärme bei konstantem Volumen sein muss, weil das Gas bei konstantem Druck mechanische Arbeit verrichten kann, indem es sein Volumen vergrößert. Diese Arbeit muss der zugeführten Wärme entnommen werden, sodass für eine vorgegebene Temperaturerhöhung eine größere Wärmemenge aufgenommen werden muss. Für die Differenz zwischen den beiden molaren Wärmekapazitäten eines idealen Gases erhalten wir sofort

$$C_P - C_V = PVT\alpha\beta = \frac{PV}{T} = nR\,, \qquad (35.105)$$

was uns bereits in Abschn. 33.6 begegnet ist.

Der Ausdehnungskoeffizient eines idealen Gases ebenso wie sein Spannungskoeffizient gleichen demnach der reziproken Temperatur. Bei 0 °C betragen sie

$$\alpha = \beta = \frac{1}{273{,}15\,\mathrm{K}} = 0{,}00366\,\mathrm{K}^{-1}\,. \qquad (35.106)$$

In physikalisch-chemischen Tabellen findet man bei $P \approx 1$ at und Temperaturen von 0–100 °C für einige typische Gase, die erst bei sehr niedrigen Temperaturen kondensieren, die Werte wie in der folgenden Tabelle. Die Ausdehnungskoeffizienten sind innerhalb der Versuchsgrenzen nahezu gleich.

Stoff	α
Wasserstoff	0,0036613
Kohlenmonoxyd	0,0036688
atmosphärische Luft	0,0036706
Kohlendioxid	0,0037099
Cyan	0,0038767

Für ein reales Gas muss die Zustandsgleichung des idealen Gases (35.94) zu einer thermischen Zustandsgleichung eines Systems verallgemeinert werden, das sowohl gasförmig als auch verflüssigt sein kann. Deshalb sind für leichter kondensierbare Gase die Ausdehnungskoeffizienten merklich verschieden vom Wert $\alpha = 0{,}00366\,\mathrm{K}^{-1}$ für ideale Gase. Die Abweichung ist im Allgemeinen umso größer, je leichter kondensierbar das Gas ist.

Spezifische Wärmen des idealen Gases

Wir haben auf empirischer Grundlage gefunden und anhand unserer allgemeinen Betrachtung der Responsefunktionen bestätigt, dass die molaren Wärmen c_V^{mol} und c_P^{mol} durch

$$c_P^{\mathrm{mol}} = c_V^{\mathrm{mol}} + R \qquad (35.107)$$

verbunden sind, wobei R die allgemeine Gaskonstante ist.

Um weiter über dieses Resultat hinauszukommen, müssen wir für eine der beiden Wärmekapazitäten C_V oder C_P einen absoluten Wert ausrechnen. Dies ist nun möglich, indem wir zur mikroskopischen Betrachtungsweise übergehen. Wir kehren zur Anzahl zugänglicher Mikrozustände eines idealen Gases zurück, für die wir (34.16) den Ausdruck

$$\Omega = B\,V^N\,U^{\mathcal{F}/2-1} \approx B\,V^N\,U^{\mathcal{F}/2} \qquad (35.108)$$

gefunden haben, worin $\mathcal{F}$ die Gesamtzahl aller mikroskopischen Freiheitsgrade war. Die noch unbekannte Konstante B tritt hier auf, weil wir den genauen numerischen Vorfaktor des Beitrags der inneren Energie nicht berechnen wollten und ihn auch nach wie vor nicht brauchen. Die Entropie ist durch den Logarithmus des Phasenraumvolumens Ω bestimmt:

$$S = k_\mathrm{B}\ln B + k_\mathrm{B}N\ln V + \frac{\mathcal{F}k_\mathrm{B}}{2}\ln U\,, \qquad (35.109)$$

woraus wir für die absolute Temperatur den Ausdruck

$$\frac{1}{T} = \left(\frac{\partial S}{\partial U}\right)_V = \frac{\mathcal{F}k_\mathrm{B}}{2U} = \frac{fNk_\mathrm{B}}{2U} \qquad (35.110)$$

erhalten. Natürlich tritt in diesem Zusammenhang zwischen der Temperatur und der inneren Energie das Volumen nicht mehr auf, weil wir weiterhin von einem idealen Gas ausgehen, dessen Teilchen relativ zueinander keine potenzielle Energie haben.

Innere Energie eines idealen Gases

Ausgehend von (35.110) schließen wir sofort auf die innere Energie

$$U = \frac{f}{2}Nk_\mathrm{B}T \qquad (35.111)$$

eines idealen Gases. Wir sehen, dass sie zur Anzahl f der Freiheitsgrade eines einzelnen Gasteilchens proportional ist. Wieder haben wir allein aus der Abzählung von Mikrozuständen im Phasenraum eine weitreichende Aussage gewonnen.

Aus diesem Ergebnis können wir sofort eine der gesuchten Wärmekapazitäten gewinnen, nämlich zunächst diejenige bei konstantem Volumen, aus der dann diejenige bei konstantem Druck unmittelbar folgt.

Molare Wärmekapazitäten bei konstantem Volumen und bei konstantem Druck

Aufgrund des ersten Hauptsatzes ist bei $dV = 0$

$$c_V^{\text{mol}} = \frac{1}{n}\left(\frac{\partial U}{\partial T}\right)_V = \frac{f}{2}\frac{Nk_B}{n} = \frac{fR}{2}, \qquad (35.112)$$

und damit haben wir aus (35.107) auch sofort die molare Wärmekapazität bei konstantem Druck:

$$c_P^{\text{mol}} = \frac{f+2}{2}R. \qquad (35.113)$$

Wärmekapazitäten eines idealen Gases

Um ein Mol eines idealen, einatomigen Gases um ein Grad zu erwärmen, dessen Teilchen lediglich die drei Translationsfreiheitsgrade haben, sind bei konstantem Volumen 12,47 J und bei konstantem Druck 20,79 J erforderlich. ◀

Damit können wir auch die einzige noch verbliebene Responsefunktion angeben, die uns noch fehlt, nämlich die adiabatische Kompressibilität. Aus der allgemeingültigen Differenz zwischen der isothermen und der adiabatischen Kompressibilität aus (35.75) erhalten wir

$$\kappa_S = \kappa_T - \frac{VT\alpha^2}{C_P} = \frac{1}{P} - \frac{2V}{(f+2)nRT} = \frac{f}{(f+2)P}. \quad (35.114)$$

Wenn das ideale Gas aus strukturlosen Teilchen besteht, die außer den drei Freiheitsgraden der Translation keine weiteren Freiheitsgrade haben, ist $f = 3$. Die Situation ändert sich, wenn die Gasteilchen innere Freiheitsgrade haben, die angeregt werden können. Betrachten wir z. B. ein ideales Gas, dessen Teilchen zweiatomige Moleküle sind. Zu den drei Freiheitsgraden der Translation kommen dann noch zwei Freiheitsgrade der Rotation dazu. Es sind nicht drei Freiheitsgrade der Rotation, weil die Drehung um die Verbindungsachse der Atome keine Energie aufnimmt, solange die Atome punktförmig bleiben. Da jedes Teilchen dann fünf Freiheitsgrade hat, ist $\mathcal{F} = 5N$. Weiterhin sind Schwingungen der beiden Atome gegeneinander möglich, durch die zwei weitere Freiheitsgrade dazukommen, sodass $\mathcal{F} = 7N$ wird. Damit erhöhen sich die spezifischen Wärmen bei konstantem Volumen bzw. bei konstantem Druck auf

$$c_V = \frac{7}{2}R, \quad c_P = c_V + R = \frac{9}{2}R. \qquad (35.115)$$

Achtung Es ist nicht ganz einfach einzusehen, warum Schwingungen hier mit zwei Freiheitsgraden berücksichtigt werden müssen. Das liegt letztlich daran, dass die mittlere kinetische Energie eines harmonischen Oszillators ebenso groß ist wie seine mittlere potenzielle Energie. Beide Beiträge müssen hier berücksichtigt werden. Eine ausführlichere Diskussion finden Sie in Abschn. 36.2, insbesondere im Zusammenhang mit dem Gleichverteilungssatz. ◀

Die Anzahl der effektiven Freiheitsgrade wird außerdem davon abhängen, ob die Rotations- und die Vibrationsfreiheitsgrade überhaupt angeregt werden können. Wegen der Quantisierung sowohl der Rotations- als auch der Vibrationsenergie mag das bei niedriger Temperatur nicht der Fall sein, sodass c_V von $3R/2$ über $5R/2$ zu $7R/2$ zunimmt, wenn zunächst die Rotations- und dann die Vibrationsfreiheitsgrade zu den Translationsfreiheitsgraden dazukommen.

Mittlere Energie einzelner Gasteilchen

Mithilfe des Ausdrucks (35.111) für die innere Energie eines idealen Gases können wir abschätzen, welche Energie U_1 ein einzelnes Gasteilchen im Mittel haben wird. Für $N = 1$ und $f = 3$ ergibt (35.111)

$$U_1 = \frac{3k_BT}{2} = 2{,}07 \cdot 10^{-23}\,\text{J} \cdot \left(\frac{T}{\text{K}}\right). \qquad (35.116)$$

Für ein einzelnes Teilchen ist das Joule eine unpassende Einheit. Mithilfe der Umrechnung

$$1\,\text{eV} = 1{,}6022 \cdot 10^{-19}\,\text{J} \qquad (35.117)$$

rechnen wir das Ergebnis besser in Elektronenvolt um:

$$U_1 = 1{,}29 \cdot 10^{-4}\,\text{eV} \cdot \left(\frac{T}{\text{K}}\right). \qquad (35.118)$$

Bei Temperaturen um 300 K haben ideale, strukturlose Gasteilchen daher mittlere Energien von etwa 40 meV. ◀

Frage 4

Nehmen Sie an, es gäbe auch bei Raumtemperatur atomares Wasserstoffgas. Erwarten Sie aufgrund der vorangegangenen Abschätzung der mittleren Energie eines Gasteilchens, dass bei Raumtemperatur innere Freiheitsgrade der Wasserstoffatome angeregt werden können, d. h. dass Elektronen auf angeregte Zustände der Atome gehoben werden können? Schätzen Sie umgekehrt die Temperatur ab, die dafür erforderlich wäre. (*Hinweis*: Die Energieskala für innere Anregungen des Wasserstoffatoms ist das Rydberg, 1 Ry ≈ 13,61 eV.)

Frage 5

Mit welcher mittleren Geschwindigkeit bewegen sich Gasteilchen in Luft bei Raumtemperatur?

Aus den beiden spezifischen Wärmen c_P und c_V des idealen Gases erhalten wir den aus Abschn. 33.6 und (33.55) bekannten

Adiabatenindex

$$\gamma = \frac{c_P}{c_V} = \frac{f+2}{f}\,, \tag{35.119}$$

sodass bei einer adiabatischen Expansion die Beziehungen

$$P \propto V^{-(f+2)/f} \quad \text{oder} \quad PV^{(f+2)/f} = \text{const} \tag{35.120}$$

sowie

$$TV^{2/f} = \text{const} \tag{35.121}$$

gelten müssen. Bei einem idealen Gas aus strukturlosen Teilchen erfordert eine Verdoppelung der Temperatur demnach eine adiabatische Kompression um einen Faktor $2^{-3/2} \approx 0{,}35$.

Wenn sich die Gasteilchen mit relativistischen Geschwindigkeiten bewegen, sodass ihre kinetische Energie ihrer Ruheenergie vergleichbar wird, ändert sich der Zusammenhang zwischen Impuls und kinetischer Energie. Statt

$$E_{\text{kin}} = \frac{\boldsymbol{p}^2}{2m} \tag{35.122}$$

gilt dann für extrem relativistische Teilchen wie z. B. Photonen

$$E_{\text{kin}} = cp\,. \tag{35.123}$$

Dadurch ändert sich die Beziehung (35.108) zwischen dem Phasenraumvolumen Ω und der kinetischen Energie, den wir zur Berechnung der Anzahl zugänglicher Mikrozustände verwendet haben. Weil die Energie jetzt linear vom Impuls abhängt und nicht mehr quadratisch, gilt anstelle von (35.108)

$$\Omega \sim BV^N U^{\mathcal{F}} \quad \text{statt} \quad \Omega \sim BV^N U^{\mathcal{F}/2}\,, \tag{35.124}$$

da bei der Umrechnung des Impulses in die Energie keine Wurzel mehr gezogen werden muss. Die Entropie wird dadurch zu

$$S = k_B \ln B + k_B N \ln V + k_B \mathcal{F} \ln U\,, \tag{35.125}$$

woraus

$$\frac{1}{T} = \frac{k_B \mathcal{F}}{U} = \frac{fNk_B}{U} \quad \text{und} \quad U = fNk_B T \tag{35.126}$$

folgen.

Ultrarelativistisches ideales Gas

Daraus erhalten wir die spezifischen Wärmen bei konstantem Volumen bzw. bei konstantem Druck sowie den Adiabatenindex

$$c_V = 3R\,, \quad c_P = 4R\,, \quad \gamma = \frac{4}{3} \tag{35.127}$$

für ein ultrarelativistisches Gas.

Adiabatische Ausdehnung eines Gasgemischs

Dehnt sich ein Gemisch aus einem einatomigen, nichtrelativistischen idealen Gas und Photonen adiabatisch aus, fällt nach (35.121) die Temperatur T_g des nichtrelativistischen Gases schneller als die Temperatur T_γ der Photonen ab, denn

$$T_g \propto V^{-2/3}\,, \quad T_\gamma \propto V^{-1/3}\,. \tag{35.128}$$

Wenn keine Wechselwirkung zwischen den Photonen und den Gasteilchen für thermisches Gleichgewicht zwischen beiden sorgt, wird es daher sinnlos, von einer einzigen Temperatur des Gemischs zu sprechen. ◀

Entropie

Auf ähnliche Weise erhalten wir einen Ausdruck für die Entropie eines idealen Gases. Natürlich werden wir sie nur bis auf eine additive Konstante bestimmen können, weil eine absolute Bestimmung in der klassischen Mechanik gar nicht möglich ist. Wir greifen dazu auf den allgemeinen Ausdruck (35.60) zurück

Wir beziehen uns auf $n_0 = 1$ mol eines idealen Gases mit einer Temperatur T_0 und einem Volumen V_0. Ein Gas mit derselben Temperatur T_0 und einer Stoffmenge n hat das Volumen $(n/n_0)V_0$, weil das Volumen eine extensive Größe ist. Nun gehen wir zunächst bei konstanter Temperatur zum Volumen V und anschließend bei konstantem Volumen zur Temperatur T über. Beide Prozesse müssen wir quasistatisch führen, damit (35.60) für die Entropie ihre Gültigkeit behält. Da die Entropieänderung vom Weg unabhängig ist, erhalten wir damit nicht nur *einen*, sondern *den* Ausdruck für die Entropieänderung beim Übergang vom Zustand $(T_0, (n/n_0)V_0)$ zum Zustand (T, V). Wir bekommen

$$\begin{aligned} \Delta S &= nc_V \int\limits_{T_0}^{T} \frac{\mathrm{d}T'}{T'} + nR \int\limits_{(n/n_0)V_0}^{V} \frac{\mathrm{d}V'}{V'} \\ &= nc_V \ln\frac{T}{T_0} + nR \ln\frac{V}{(n/n_0)V_0} \\ &= nc_V \ln\frac{T}{T_0} + nR\ln\frac{V}{V_0} - nR\ln\frac{n}{n_0}\,. \end{aligned} \tag{35.129}$$

Indem wir die Stoffmenge n durch die Teilchenzahl $N = nN_A$ ersetzen und $R = k_B N_A$ verwenden, erhalten wir den alternativen Ausdruck

$$\Delta S = \frac{3Nk_B}{2}\ln\frac{T}{T_0} + Nk_B\ln\frac{V}{V_0} - Nk_B\ln\frac{N}{N_0}\,. \tag{35.130}$$

Vertiefung: Das Stefan-Boltzmann'sche Gesetz

Eine sehr schöne Anwendung von (35.127) auf die Elektrodynamik liefert ein wichtiges und häufig gebrauchtes Ergebnis. Der Druck, der durch ein elektromagnetisches Feld der inneren Energiedichte u ausgeübt wird, ist

$$P = \frac{u}{3} \quad \Rightarrow \quad U = uV = 3PV\,.$$

Davon kann man sich allein mit thermodynamischen Argumenten wie folgt überzeugen: Ein elektromagnetisches Feld kann als Photonengas aufgefasst werden, also als ideales Gas ultrarelativistischer Teilchen. Wegen des dann linearen Zusammenhangs $E = cp$ zwischen Energie und Impuls gilt (35.124). Bei konstanter Entropie ist

$$\begin{aligned} \mathrm{d}S = 0 = \mathrm{d}\ln\Omega &= N\mathrm{d}\ln V + \mathcal{F}\mathrm{d}\ln U \\ &= N\frac{\mathrm{d}V}{V} + \mathcal{F}\frac{\mathrm{d}U}{U}\,, \end{aligned}$$

woraus gleich aufgrund von (35.18)

$$\left(\frac{\partial U}{\partial V}\right)_S = -P = -\frac{N}{\mathcal{F}}\frac{U}{V} \quad \Rightarrow \quad P = \frac{u}{3}$$

folgt, denn $\mathcal{F} = 3N$ und die Energiedichte ist $u = U/V$.

Zu demselben Ergebnis gelangt man anhand des Energie-Impuls-Tensors $T_{\mu\nu}$ elektromagnetischer Strahlung, indem man die Energiedichte in T_{00} mit der Spur $\mathrm{Sp}\,(T_{ij})$ mit $1 \le i,j \le 3$ vergleicht.

Frage 6

Vergleichen Sie dazu die Ausführungen über den elektromagnetischen Energie-Impuls-Tensor in Abschn. 18.4.

Setzen wir das Ergebnis $U = 3PV$ in (35.58) ein, können wir

$$3P = T\left(\frac{\partial P}{\partial T}\right)_V - P \quad \Rightarrow \quad T\left(\frac{\partial P}{\partial T}\right)_V = 4P$$

schließen. Variablentrennung und Integration nach T führen auf

$$P \propto T^4\,, \quad u \propto T^4\,,$$

d. h., Druck und Energiedichte eines elektromagnetischen Feldes im thermodynamischen Gleichgewicht mit einem umgebenden System sind proportional zur vierten Potenz der Temperatur. Das ist das *Stefan-Boltzmann'sche Gesetz* (benannt nach dem österreichischen Physiker und Philosophen *Ludwig Boltzmann*, 1844–1906, und dem österreichischen Mathematiker und Physiker *Josef Stefan*, 1835–1893).

So einfach das Ergebnis (35.130) hergeleitet wurde, so problematisch ist es wegen des Terms, der proportional zu $N \ln N$ ist. Denken wir uns ein Gasvolumen mit N Teilchen gefüllt und betrachten die Beiträge zur Entropie getrennt, die von jeweils einer Hälfte der Teilchen beigesteuert werden. Natürlich erwarten wir, dass die gesamte Entropie gleich der Summe der Entropien der beiden Hälften, also das Doppelte der Entropie einer Hälfte, ist. (35.130) besagt aber für eine Hälfte

$$\Delta S_{1/2} = \frac{1}{2}\left(\frac{3Nk_\mathrm{B}}{2}\ln\frac{T}{T_0} + Nk_\mathrm{B}\ln\frac{V}{V_0}\right) - \frac{N}{2}k_\mathrm{B}\ln\frac{N}{2}\,. \tag{35.131}$$

Das Doppelte davon ist offenbar

$$2\Delta S_{1/2} = \Delta S + Nk_\mathrm{B}\ln N - Nk_\mathrm{B}\ln\frac{N}{2} = \Delta S + Nk_\mathrm{B}\ln 2 \tag{35.132}$$

und *nicht* ΔS! Sollte die Entropie von N Teilchen davon abhängen, wie sie bei der Berechnung willkürlich aufgeteilt werden? Dieses ganz und gar unerwünschte Ergebnis ist das *Gibbs'sche Paradoxon*, auf das wir bereits in Abschn. 33.8 im Zusammenhang mit der Mischung von Gasen gestoßen sind und das uns in Abschn. 36.5 noch kurz beschäftigen wird.

35.4 Das Van-der-Waals-Gas

Zustandsgleichung

Die Zustandsgleichung des idealen Gases muss auf zwei Weisen modifiziert werden, wenn das eigene, endliche Volumen der Gasteilchen und eine mögliche Wechselwirkung zwischen ihnen berücksichtigt werden sollen.

Van-der-Waals-Gasgleichung

Die Van-der-Waals-Gasgleichung (Abb. 35.7), die experimentell gefunden wurde und theoretisch gut begründet werden kann, lautet

$$\left(P + \frac{an^2}{V^2}\right)(V - nb) = nRT\,. \tag{35.133}$$

Darin haben P, V und T die übliche Bedeutung, und n bezeichnet die Stoffmenge.

Vertiefung: Schallwellen und Schallgeschwindigkeit
Eine Anwendung adiabatischer Kompression und Expansion

Die periodische Kompression und Expansion in *Schallwellen* ist schnell genug, um sie als adiabatische Zustandsänderungen anzusehen. Deshalb kann man γ mit hoher Genauigkeit aus der Schallgeschwindigkeit ermitteln. Zur Behandlung von Schallwellen beginnen wir mit den hydrodynamischen Gleichungen, die in Abschn. 8.6 eingeführt wurden. Kombinieren wir die dort angegebene Euler-Gleichung (8.173) mit der Kontinuitätsgleichung (8.164) und vernachlässigen äußere Kräfte, können wir diese beiden Gleichungen in der Form

$$\frac{\partial\rho}{\partial t} + \nabla\cdot(\rho\boldsymbol{u}) = 0\,,$$
$$\rho\left[\frac{\partial\boldsymbol{u}}{\partial t} + (\boldsymbol{u}\cdot\nabla)\,\boldsymbol{u}\right] = -\nabla P$$

schreiben. Ferner setzen wir voraus, dass wir eine Lösung $(\rho_0, \boldsymbol{u}_0)$ dieser Gleichungen bereits kennen. Wir bezeichnen sie als eine ungestörte „Hintergrundlösung", die nun durch kleine Schwankungen $(\delta\rho, \delta\boldsymbol{u})$ gestört wird. Der Einfachheit halber nehmen wir weiter an, dass die Hintergrundlösung genügend glatt und höchstens langsam veränderlich ist, sodass wir räumliche und zeitliche Ableitungen von $(\rho_0, \boldsymbol{u}_0)$ vernachlässigen können. Schließlich transformieren wir noch durch eine geeignete Galilei-Transformation in das Ruhesystem der Hintergrundlösung, sodass $\boldsymbol{u}_0 = 0$ wird. Wir befinden uns nun in einem Koordinatensystem, das sich mit der Hintergrundlösung fortbewegt.

Vom Druck nehmen wir an, dass er als eine Funktion allein der Dichte dargestellt werden kann, $P = P(\rho)$, wie das bei adiabatischen oder den allgemeineren polytropen Zustandsänderungen der Fall ist, die in Abschn. 33.6 eingeführt wurden. Dichteschwankungen $\delta\rho$ ziehen daher Druckschwankungen

$$\delta P = \left(\frac{\mathrm{d}P}{\mathrm{d}\rho}\right)_{\mathrm{ad}} \delta\rho$$

nach sich. Das Subskript „ad" deutet an, dass die Ableitung des Druckes nach der Dichte entsprechend unserer obigen Überlegung unter adiabatischen Bedingungen zu nehmen ist.

Setzen wir diesen Ansatz in die hydrodynamischen Gleichungen ein, berücksichtigen ferner, dass $(\rho_0, \boldsymbol{u}_0)$ nach Voraussetzung bereits Lösungen der hydrodynamischen Gleichungen sind, und behalten nur Terme übrig, die von erster Ordnung in den Störungen sind, erhalten wir zunächst

$$\frac{\partial\delta\rho}{\partial t} + \rho_0\nabla\cdot\delta\boldsymbol{u} = 0\,,$$
$$\rho_0\frac{\partial\delta\boldsymbol{u}}{\partial t} = -\nabla\delta P = -\left(\frac{\mathrm{d}P}{\mathrm{d}\rho}\right)_{\mathrm{ad}}\nabla\delta\rho\,.$$

Nun leiten wir die erste dieser Gleichungen nach t ab, bilden die Divergenz der zweiten dieser Gleichungen und eliminieren die Zeitableitung von $\nabla\cdot\delta\boldsymbol{u}$ zwischen den beiden entstehenden Gleichungen. Das Ergebnis ist die einzelne Gleichung zweiter Ordnung

$$\frac{\partial^2\delta\rho}{\partial t^2} - \left(\frac{\mathrm{d}P}{\mathrm{d}\rho}\right)_{\mathrm{ad}}\nabla^2\delta\rho = 0$$

für die Dichteschwankungen $\delta\rho$.

Dies ist wieder eine Wellengleichung, wie sie bereits in Abschn. 8.1 und 16.1 aufgetreten ist. Hier tritt aber nun die adiabatische Ableitung des Druckes nach der Dichte anstelle des Geschwindigkeitsquadrats in diesen bereits bekannten Wellengleichungen auf. Wir identifizieren daher diese Ableitung mit dem Quadrat der *Schallgeschwindigkeit* c_s:

$$c_\mathrm{s}^2 = \left(\frac{\mathrm{d}P}{\mathrm{d}\rho}\right)_{\mathrm{ad}}\,.$$

Da für eine adiabatische Dichteänderung $P = \mathrm{const}\cdot\rho^\gamma$ gilt (33.56), erhalten wir für die Schallgeschwindigkeit in einem idealen Gas

$$c_\mathrm{s}^2 = \gamma\,\frac{P}{\rho} = \gamma\,\frac{RT}{m_\mathrm{mol}}\,.$$

Die adiabatische Schallgeschwindigkeit ist um den Faktor γ größer als die isotherme Ableitung des Druckes nach der Temperatur, für die wir aus der Zustandsgleichung des idealen Gases sofort

$$\left(\frac{\mathrm{d}P}{\mathrm{d}\rho}\right)_{\mathrm{iso}} = \frac{RT}{m_\mathrm{mol}} = \frac{c_\mathrm{s}^2}{\gamma}$$

bekommen.

Der Adiabatenindex γ hängt auch für die meisten realen Gase innerhalb weiter Temperaturbereiche nicht vom Druck ab, und die molare Masse m_mol ist eine materialspezifische Konstante. Deshalb hängt die Schallgeschwindigkeit in idealen Gasen nur von der Wurzel der (absoluten) Temperatur ab. Für Luft erhält man mit $m_\mathrm{mol} = 0{,}02896\,\mathrm{kg\,mol^{-1}}$ und $\gamma = 1{,}402$ die Schallgeschwindigkeit

$$c_\mathrm{s,Luft} \approx 20{,}063\,\frac{\mathrm{m}}{\mathrm{s}}\sqrt{\frac{T}{\mathrm{K}}}\,.$$

Geht man dazu über, die Temperatur ϑ in Grad Celsius anzugeben, ergibt sich weiter

$$c_\mathrm{s,Luft} \approx 331{,}5\,\frac{\mathrm{m}}{\mathrm{s}}\sqrt{1 + \frac{\vartheta}{273{,}15\,^\circ\mathrm{C}}}\,.$$

Mit dieser Gleichung erhält man bei $20\,^\circ\mathrm{C}$ (Raumtemperatur) den bis zur letzten Stelle korrekten Wert $343{,}4\,\mathrm{m\,s^{-1}}$.

Teil IV

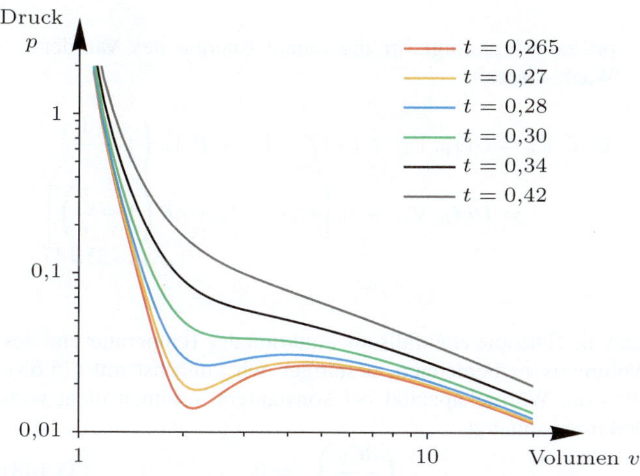

Abb. 35.7 Darstellung der Zustandsgleichung des Van-der-Waals-Gases. Der Druck ist für verschiedene Temperaturen als Funktion des Volumens aufgetragen

Für seine „Arbeit über die Zustandsgleichung von Gasen und Flüssigkeiten" wurde *Johannes Diderik van der Waals* (1837–1923) der Nobelpreis für Physik des Jahres 1910 verliehen.

Die Konstante a beschreibt, um wie viel der Druck aufgrund der Wechselwirkung zwischen den Gasteilchen erhöht wird, und die Konstante b quantifiziert das Volumen der Gasteilchen. Für $a = 0 = b$ fällt diese Gleichung auf die ideale Gasgleichung zurück.

Entsprechend ihrer Bedeutung werden die Konstanten a und b auch als *Binnendruck* und *Eigenvolumen* bezeichnet. Offenbar haben a und b die Dimensionen

$$[a] = \frac{[\text{Druck}][\text{Volumen}]^2}{[\text{Stoffmenge}]^2}, \quad [b] = \frac{[\text{Volumen}]}{[\text{Stoffmenge}]}. \tag{35.134}$$

Sie hängen vom jeweils untersuchten realen Gas ab. Es liegt nahe, das Volumen $V_0 = nb$ der Gasteilchen als Bezugsgröße für das Volumen zu wählen und das dimensionslose Volumen

$$v = \frac{V}{V_0} = \frac{V}{nb} \tag{35.135}$$

zu verwenden. Ebenso legen es die Dimensionen von a und b nahe, durch $P_0 = a/b^2$ eine Bezugsgröße für den Druck einzuführen und den Druck durch die dimensionslose Größe

$$p = \frac{P}{P_0} = \frac{b^2 P}{a} \tag{35.136}$$

auszudrücken. Führt man schließlich noch anhand von

$$nRT_0 = P_0 V_0 = \frac{an}{b} \tag{35.137}$$

eine Temperaturskala T_0 ein und mit ihrer Hilfe die dimensionslose Temperatur

$$t = \frac{T}{T_0} = \frac{bRT}{a}, \tag{35.138}$$

nimmt die Van-der-Waals-Zustandsgleichung (35.133) die einfache dimensionslose Form

$$\left(p + \frac{1}{v^2}\right)(v - 1) = t \tag{35.139}$$

an. Die Bezugsgrößen V_0, P_0 und T_0 müssen für reale Gase durch Messung bestimmt werden. In dieser Form ist die Zustandsgleichung besonders einfach zu handhaben.

Bezugsgrößen für Van-der-Waals-Gase

Oft ist es für die Untersuchung Van-der-Waals'scher Gase zweckmäßig, durch

$$V_0 = nb, \quad P_0 = \frac{a}{b^2} \quad \text{und} \quad T_0 = \frac{a}{bR} \tag{35.140}$$

Bezugsgrößen für das Volumen, den Druck und die Temperatur einzuführen und damit zu dimensionslosen Größen

$$v = \frac{V}{V_0}, \quad p = \frac{P}{P_0} \quad \text{und} \quad t = \frac{T}{T_0} \tag{35.141}$$

überzugehen. Durch diese Größen ausgedrückt, lautet die Van-der-Waals-Zustandsgleichung

$$\left(p + \frac{1}{v^2}\right)(v - 1) = t \tag{35.142}$$

oder, aufgelöst nach p:

$$p = \frac{t}{v - 1} - \frac{1}{v^2}. \tag{35.143}$$

Van-der-Waals-Konstanten, Bezugsdrücke P_0 und Bezugstemperaturen T_0 einiger realer Gase sind in Tab. 35.1 zusammengestellt.

Ihrer Bedeutung entsprechend variiert die Konstante b nur wenig und kann gut über die Größe der Atome oder Moleküle abgeschätzt werden. Die Konstante a dagegen hängt von der Wechselwirkung zwischen den Gasteilchen ab, variiert stark und ist schwieriger abzuschätzen. Im Rahmen der Virialentwicklung der statistischen Physik können beide Konstanten genähert berechnet werden, indem man die Zustandsgleichung in Potenzen der Teilchendichte entwickelt und den Koeffizienten des quadratischen Terms aus dem Wechselwirkungspotenzial zwischen Teilchenpaaren bestimmt (z. B. Schwabl 2006).

Innere Energie und Entropie

Wir berechnen zunächst die innere Energie des Van-der-Waals-Gases, die wir als Funktion von T und V bestimmen wollen,

Tab. 35.1 Van-der-Waals-Konstanten a und b sowie Drücke $P_0 = ab^{-2}$ und Temperaturen $T_0 = a(bR)^{-1}$ einiger realer Gase

Gas	$a\left[\left(\frac{\text{kbar cm}^6}{\text{mol}^2}\right)\right]$	$b\left[\left(\frac{\text{cm}^3}{\text{mol}}\right)\right]$	P_0 [kbar]	T_0 [K]
Helium	34,5	23,70	0,06	17,51
Neon	213,0	17,10	0,73	149,81
Argon	1363,0	32,20	1,31	509,10
Wasserstoff	247,0	15,50	1,03	191,66
Stickstoff	1408,0	39,10	0,92	433,10
Sauerstoff	1378,0	31,80	1,36	521,18
Luft	1358,0	36,40	1,02	448,71
Kohlendioxid	3637,0	42,70	1,99	1024,43
Wasserdampf	5573,0	31,00	5,80	2162,19
Chlorgas	6574,0	56,20	2,08	1406,89
Ammoniak	4224,0	37,10	3,07	1369,35
Methan	2250,0	42,80	1,23	632,27

$U = U(T, V)$. Wir verwenden dazu das in Abschn. 35.1 besprochene Verfahren. Wegen (35.58) brauchen wir zunächst die Ableitung des Druckes nach der Temperatur bei konstantem Volumen:

$$\left(\frac{\partial P}{\partial T}\right)_V = \frac{P_0}{T_0}\left(\frac{\partial}{\partial t}\right)_v \left(\frac{t}{v-1} - \frac{1}{v^2}\right) = \frac{P_0}{T_0}\frac{1}{v-1}\,. \tag{35.144}$$

Damit erhalten wir aus (35.58) die Ableitung der inneren Energie nach dem Volumen:

$$\left(\frac{\partial U}{\partial V}\right)_T = P_0\left[\frac{t}{v-1} - \left(\frac{t}{v-1} - \frac{1}{v^2}\right)\right] = \frac{P_0}{v^2}\,. \tag{35.145}$$

Die innere Energie hängt jetzt vom Volumen ab, weil in der Wechselwirkung der Gasteilchen eine potenzielle Energie steckt. Bei sehr kleinen Abständen bewirkt das Pauli-Verbot, dass sich die Teilchen abstoßen müssen, während sie sich bei größeren Abständen in der Regel durch gegenseitige Polarisation ihrer Elektronenhüllen anziehen. Dann wird die potenzielle Energie zunehmen, wenn sich die Gasteilchen voneinander entfernen.

Die innere Energie ist aufgrund von (35.59) durch

$$U(T, V) = U(T_0, V_0) + T_0 \int_1^t C_V(t')\mathrm{d}t' + P_0 V_0 \int_1^v \frac{\mathrm{d}v'}{v'^2} \tag{35.146}$$

gegeben, wobei wir von der Referenztemperatur T_0 und dem Referenzvolumen V_0 ausgehen.

Innere Energie des Van-der-Waals-Gases

Wenn die Wärmekapazität C_V bei konstantem Volumen nicht von der Temperatur abhängt, was experimentell zu prüfen wäre, folgt für die innere Energie des Van-der-Waals-Gases:

$$\begin{aligned} U(T, V) &= U(T_0, V_0) + C_V(T - T_0) + P_0 V_0\left(1 - \frac{1}{v}\right) \\ &= U(T_0, V_0) + T_0\left[C_V(t-1) + nR\left(1 - \frac{1}{v}\right)\right]. \end{aligned} \tag{35.147}$$

Um die Entropie ebenfalls als Funktion der Temperatur und des Volumens zu berechnen, bestätigen wir zunächst mit (35.63), dass die Wärmekapazität bei konstantem Volumen nicht vom Volumen abhängt:

$$\left(\frac{\partial C_V}{\partial V}\right)_T = 0\,, \tag{35.148}$$

weil der Druck (35.143) nur linear von der Temperatur abhängt. Also ist C_V höchstens eine Funktion der Temperatur, wenn überhaupt, $C_V = C_V(T)$. Gehen wir damit nach (35.60), erhalten wir die Entropie

$$S(T, V) = S(T_0, V_0) + \int_1^t \frac{C_V \mathrm{d}t'}{t'} + nR\int_1^v \frac{\mathrm{d}v'}{v'-1}\,. \tag{35.149}$$

Entropie des Van-der-Waals-Gases

Wenn C_V wiederum nicht von T abhängt, folgt für die Entropie des Van-der-Waals-Gases:

$$S(T, V) = S(T_0, V_0) + C_V \ln t + nR\ln(v - 1)\,. \tag{35.150}$$

Die Eigenschaften eines Van-der-Waals-Gases werden in den folgenden Abschnitten vertieft. Zunächst diskutieren wir den Joule-Thomson-Effekt, dann in Abschn. 35.7 die Verflüssigung eines Van-der-Waals-Gases als Beispiel eines Phasenübergangs erster Art.

35.5 Der Joule-Thomson-Effekt

Temperatur und Enthalpie

Stellen wir uns vor, ein wärmeisolierter Zylinder sei in zwei Teile unterteilt. Der linke Teil mit dem Volumen V_1 enthalte Gas mit einer Temperatur T_1, der rechte Teil mit dem Volumen V_2 sei vorerst leer. Nun werde in der Trennwand ein enges Ventil geöffnet, wodurch das Gas langsam in die rechte Hälfte strömen kann. Ändert sich seine Temperatur?

Da der Zylinder wärmeisoliert ist, wird keine Wärme aufgenommen oder abgegeben, sodass $\delta Q = 0$ ist. Es wird auch

Teil IV

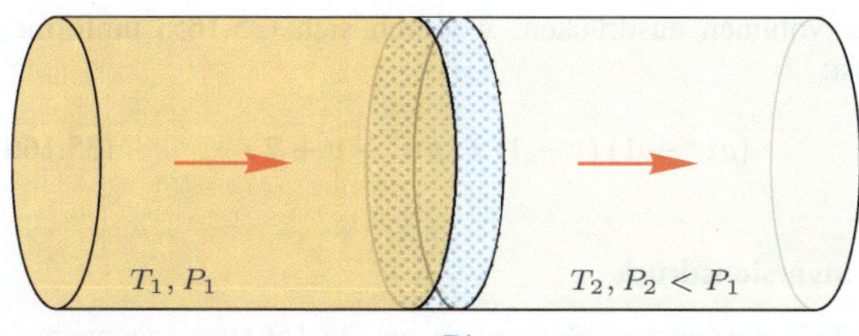

Abb. 35.8 Joule-Thomson-Effekt. Ein Gas strömt durch eine poröse Platte, die den Druck reduziert

keine mechanische Arbeit verrichtet, $\delta W = 0$, weil die Wände des Zylinders und die Trennwand unverändert bleiben und aus dem vorerst leeren Teil des Volumens kein Gas verdrängt werden muss. Nach dem ersten Hauptsatz muss dann auch die innere Energie erhalten bleiben, $dU = 0$. Die innere Energie zu Beginn des Vorgangs muss also gleich der am Ende des Vorgangs sein:

$$U(T_1, V_1) = U(T_2, V_2) \,. \tag{35.151}$$

Wenn die innere Energie wie beim idealen Gas nur von der Temperatur, aber nicht vom Volumen abhängt, $U = U(T)$, kann sich also die Temperatur nicht ändern, $T_1 = T_2$.

Anders wird es bei einem Van-der-Waals-Gas, denn dafür haben wir die innere Energie (35.147) hergeleitet, die auch vom Volumen abhängt. Entsprechend erhalten wir für ein Van-der-Waals-Gas, falls C_V nicht von T abhängt:

$$C_V t_1 - \frac{nR}{v_1} = C_V t_2 - \frac{nR}{v_2} \,. \tag{35.152}$$

Temperaturänderung beim Ausströmen eines Van-der-Waals-Gases

Strömt ein Van-der-Waals-Gas in ein Vakuum, ändert sich seine Temperatur um

$$T_1 - T_2 = T_0(t_1 - t_2) = \frac{nR}{C_V}\left(\frac{1}{v_1} - \frac{1}{v_2}\right) , \tag{35.153}$$

während sich das pro Zeiteinheit einströmende Gasvolumen v_1 auf das in derselben Zeiteinheit wegströmende Volumen v_2 ausdehnt.

Die langreichweitigen Wechselwirkungen der Teilchen eines Van-der-Waals-Gases untereinander sorgen für eine Abkühlung, wenn sich das Gas frei ausdehnt.

Betrachten wir nun weiter ein wärmeisoliertes Rohr, durch das aber nun in einem kontinuierlichen Strom ein Gas von links nach rechts strömt. Das Rohr wird senkrecht zu seiner Achse durch eine poröse Platte unterbrochen, durch die das Gas zwar strömen kann, die aber dafür sorgt, dass der Gasdruck von links nach rechts abfällt (Abb. 35.8). Wenn wir die Bereiche links und rechts der Platte mit den Indizes 1 und 2 kennzeichnen, ist $P_1 > P_2$. Wie verändert sich die Temperatur des Gases, wenn es durch diese Vorrichtung strömt?

Wieder ist $\delta Q = 0$, weil keine Wärme mit der Umgebung ausgetauscht wird. Die Rohrwand und die Platte verändern sich auch nicht, aber das Gas muss dennoch Arbeit verrichten. Um das Gasvolumen V_1 links der Platte durch die Platte zu schieben, muss der Druck P_1 die Arbeit $W_1 = P_1 V_1$ aufbringen. Rechts der Platte muss das Volumen V_2 gegen den Druck P_2 verschoben werden, sodass $W_2 = P_2 V_2$ ist und insgesamt die Arbeit $\Delta W = W_1 - W_2$ aufgewendet wird. Wegen $\delta Q = 0$ ist dann

$$\Delta U + \Delta W = U(T_1, V_1) - U(T_2, V_2) + P_1 V_1 - P_2 V_2 = 0 \tag{35.154}$$

oder, indem wir uns an die Definition der Enthalpie in (35.32) erinnern:

$$H(T, V) = \text{const} \,. \tag{35.155}$$

Joule-Thomson-Prozess

Bei diesem sogenannten *Joule-Thomson-Prozess* bleibt die *Enthalpie* des Gases erhalten. Demnach muss mit (35.33) gelten:

$$dH = T dS + V dP = 0 \,. \tag{35.156}$$

Die Entropie schreiben wir diesmal zweckdienlich als Funktion der Temperatur und des Druckes, $S = S(T, P)$, sodass wir

$$dS = \left(\frac{\partial S}{\partial T}\right)_P dT + \left(\frac{\partial S}{\partial P}\right)_T dP \tag{35.157}$$

in (35.156) einsetzen können, woraus

$$0 = T\left(\frac{\partial S}{\partial T}\right)_P dT + \left[T\left(\frac{\partial S}{\partial P}\right)_T + V\right] dP \tag{35.158}$$

folgt. Im ersten Term identifizieren wir die Wärmekapazität bei konstantem Druck, C_P. Im zweiten Term verwenden wir die Maxwell-Relation

$$\left(\frac{\partial S}{\partial P}\right)_T = -\left(\frac{\partial V}{\partial T}\right)_P = -V\alpha \,, \tag{35.159}$$

worin der isobare Ausdehnungskoeffizient aus (35.68) wieder auftritt. Damit wird aus (35.158)

$$C_P dT + (V - TV\alpha) dP = 0 \tag{35.160}$$

oder, indem wir dT und dP zu einer Ableitung zusammenfassen:

$$\left(\frac{\partial T}{\partial P}\right)_H =: \mu = \frac{V}{C_P}(\alpha T - 1) \,. \tag{35.161}$$

Die hier definierte Größe μ ist der *Joule-Thomson-Koeffizient.*

Joule-Thomson-Koeffizient

Der Joule-Thomson-Koeffizient μ entscheidet darüber, ob sich das Gas abkühlt oder erwärmt, während es durch die poröse Platte strömt, denn beides ist bei diesem Vorgang möglich! Ist nämlich $\mu > 0$, nimmt bei konstanter Enthalpie die Temperatur ab, wenn der Druck abfällt, sodass der Joule-Thomson-Prozess zu einer Abkühlung führt. Ist umgekehrt $\mu < 0$, erwärmt sich das Gas im Joule-Thomson-Prozess.

Frage 7

Welchen Joule-Thomson-Koeffizienten haben ideale Gase?

Joule-Thomson-Effekt im Van-der-Waals-Gas

Sehen wir uns den Joule-Thomson-Effekt eines realen Gases anhand eines Van-der-Waals-Gases näher an. Seine Zustandsgleichung war durch (35.133) gegeben, die wir durch die Bezugsgrößen V_0, P_0 und T_0 aus (35.140) in die dimensionslose Form (35.139) gebracht haben.

Frage 8

Vergewissern Sie sich anhand von Abschn. 35.4, dass Ihnen die Definitionen der Bezugsgrößen V_0, P_0 und T_0 für Van-der-Waals-Gase geläufig sind, die in (35.140) zusammengefasst wurden.

Differenzieren wir die Gleichung in ihrer dimensionslosen Form bei konstantem Druck nach der Temperatur t, erhalten wir

$$-\frac{2}{v^3}\left(\frac{\partial v}{\partial t}\right)_p (v-1) + \left(p + \frac{1}{v^2}\right)\left(\frac{\partial v}{\partial t}\right)_p = 1\,, \tag{35.162}$$

woraus sofort

$$\left(\frac{\partial v}{\partial t}\right)_p = \frac{v^3}{pv^3 - v + 2} \tag{35.163}$$

folgt. Der isobare Ausdehnungskoeffizient α ist definitionsgemäß

$$\alpha = \frac{1}{T_0 v}\left(\frac{\partial v}{\partial t}\right)_p . \tag{35.164}$$

Gleichung (35.161) zeigt, dass der Joule-Thomson-Koeffizient verschwindet, wenn $\alpha T = \alpha T_0 t = 1$ wird. Aufgrund des Ergebnisses (35.163) und des Zusammenhangs (35.164) tritt dies ein, wenn

$$\frac{tv^2}{pv^3 - v + 2} \stackrel{!}{=} 1 \tag{35.165}$$

ist. Die Temperaur t können wir mithilfe der Van-der-Waals'schen Zustandsgleichung (35.142) durch den Druck und das Volumen ausdrücken, wodurch sich (35.165) umformen lässt:

$$\left(pv^2 + 1\right)(v-1) = pv^3 - v + 2\,. \tag{35.166}$$

Inversionsdruck

Aufgelöst nach p erhalten wir aus (35.166) den sogenannten *Inversionsdruck*

$$p_{\text{inv}} = \frac{2}{v} - \frac{3}{v^2}\,. \tag{35.167}$$

Dieser Zusammenhang kennzeichnet diejenige Kurve im p-v-Diagramm, die den Bereich mit $\mu > 0$ von dem mit $\mu < 0$ trennt. Sie heißt *Inversionskurve* des Gases. Unter ihr ist $\mu > 0$, d. h., das Gas kühlt sich ab, wenn $p < p_{\text{inv}}$ ist.

Um besser zu verstehen, was diese Bedingung bedeutet, leiten wir die Van-der-Waals-Gleichung (35.143) bei konstanter Temperatur nach dem Volumen v ab und erhalten

$$\left(\frac{\partial p}{\partial v}\right)_t = \frac{2}{v^3} - \frac{t}{(v-1)^2}\,. \tag{35.168}$$

Diese Gleichung beschreibt die (inverse) Kompressibilität entlang der Isothermen eines Van-der-Waals-Gases. Die Isothermen im p-v-Diagramm sind bereits durch (35.142) bestimmt: Für jede Temperatur beschreibt diese Gleichung eine Kurve $p(v)$.

Setzen wir die Ableitung von p nach v bei konstanter Temperatur gleich null, erhalten wir diejenigen Punkte längs dieser Isothermen, bei denen der Druck als Funktion des Volumens extremal wird. Sie liegen bei

$$\frac{2}{v^3} = \frac{t}{(v-1)^2} \quad \text{oder} \quad \frac{(1-v)^2}{v^3} = \frac{t}{2}\,. \tag{35.169}$$

Die Funktion $(1-v)^2/v^3$ selbst hat ein Maximum bei $v = 3$, wo sie die Höhe $4/27$ erreicht.

Frage 9

Überzeugen Sie sich davon, dass die Funktion $(1-v)^2 v^{-3}$ tatsächlich bei $v = 3$ ein Maximum mit der angegebenen Höhe durchläuft.

Die höchste Temperatur, bei der (35.169) erfüllt sein kann, ist also durch

$$t_{\text{krit}} = \frac{8}{27} \tag{35.170}$$

gegeben. Sie heißt *kritische Temperatur*. Die durch sie definierte *kritische Isotherme* hat im p-v-Diagramm bei $v_{\text{krit}} = 3$ und $p_{\text{krit}} = 1/27$ einen Sattelpunkt. In Abb. 35.7 ist die kritische

Isotherme durch die grüne Kurve dargestellt. Diese Größen heißen „kritisch", weil sie den Übergang zwischen der gasförmigen und der flüssigen Phase kennzeichnen. Darauf werden wir in Abschn. 35.7 zurückkommen.

Frage 10

Überzeugen Sie sich davon, dass der kritische Druck tatsächlich $p_{\text{krit}} = 1/27$ ist.

Nun kehren wir zu der Bedingung (35.167) zurück, die den Inversionsdruck definiert. Wenn das Gasvolumen sehr viel größer als das Volumen der Gasteilchen ist, $v \gg 1$, wird der zweite Term $3v^{-2}$ vernachlässigbar klein. Dann ist der Inversionsdruck $p_{\text{inv}} \approx 2/v$ oder $p_{\text{inv}} \approx 54 p_{\text{krit}}/v$, und die Zustandsgleichung (35.139) liefert in derselben Näherung die Inversionstemperatur

$$t_{\text{inv}} \approx p_{\text{inv}} v = 2 = \frac{27}{4} t_{\text{krit}} = 6{,}75 t_{\text{krit}} \,. \tag{35.171}$$

Inversionstemperatur verdünnter Van-der-Waals-Gase

Unterhalb der 6,75-fachen kritischen Temperatur wird daher der Joule-Thomson-Koeffizient für ein verdünntes Van-der-Waals-Gas positiv, sodass der Joule-Thomson-Effekt zu einer Abkühlung des Van-der-Waals-Gases führt, während er bei höheren Temperaturen eine Erwärmung bewirkt.

Joule-Thomson-Effekt in realen Gasen

Die Temperaturskalen T_0 für einige reale Gase können aus Tab. 35.1 abgelesen werden. Für Heliumgas ist beispielsweise $T_0 = 17{,}51\,\text{K}$ angegeben. Seine kritische Temperatur liegt daher bei $T_{\text{krit}} = 17{,}51\,\text{K} \cdot \frac{8}{27} = 5{,}19\,\text{K}$. Heliumgas, das bereits kühler als die Inversionstemperatur von $T_{\text{inv}} = 2T_0 = 35\,\text{K}$ ist, kann durch den Joule-Thomson-Effekt weiter gekühlt werden. Er ist einer der wesentlichen Kühlmechanismen bei der Gasverflüssigung. Für Luft liegt die Inversionstemperatur recht hoch, nämlich bei $T_{\text{inv}} = 2T_0 = 897{,}42\,\text{K}$, für Wasserstoff bei $T_{\text{inv}} = 383{,}32\,\text{K}$. Das Eröffnungsbild dieses Kapitels zeigt einen Becher mit verflüssigtem Stickstoff. ◀

35.6 Allgemeine Kreisprozesse und der Carnot'sche Wirkungsgrad

Allgemeine Kreisprozesse

Kreisprozesse und Wärmekraftmaschinen haben wir in Kap. 33 schon im Detail besprochen, insbesondere in Abschn. 33.7, weil dazu keinerlei Kenntnis mikroskopischer Vorgänge notwendig war. Wir kommen hier noch einmal in einer allgemeineren Betrachtung auf ideale Kreisprozesse zurück und wenden dann das Prinzip der Kreisprozesse auf ein vielleicht überraschendes Beispiel an, aus dem sich die Clausius-Clapeyron'sche Gleichung für den Dampfdruck einer Flüssigkeit ergibt.

Stellen wir uns also ein Wärmereservoir mit der Temperatur T_1 vor, aus dem wir im Rahmen unseres Gedankenexperiments wie immer unbegrenzt Wärme entnehmen können, ohne seine Temperatur nennenswert zu verringern. Aus diesem Reservoir möchten wir eine Wärmemenge $|Q|$ beziehen, um sie auf irgendeine, für unsere momentane Überlegung ganz unerhebliche Weise in mechanische Arbeit W umzuwandeln. Die gesamte Vorrichtung, also das Wärmereservoir einschließlich der Maschine, die wir zur Umwandlung von Wärme in Arbeit brauchen, sei abgeschlossen. Die Maschine möge reversibel arbeiten, sodass wir den Zusammenhang $T\mathrm{d}S = \delta Q$ zwischen Entropieänderungen und Wärmemengen verwenden können. Schließlich soll die Maschine zyklisch so arbeiten, dass sie nach einem vollständigen Umlauf wieder in ihren Ausgangszustand zurückkehrt. Für unsere Diskussion ist dabei wesentlich, dass insbesondere auch die Entropie der Maschine nach jedem vollständigen Zyklus wieder ihren Anfangswert erreicht.

Dadurch, dass das Wärmereservoir auf reversible Weise die Wärmemenge $Q_1 = -|Q|$ verliert, sinkt seine Entropie um den Betrag

$$\Delta S_1 = \frac{Q_1}{T_1} = -\frac{|Q|}{T_1} \,, \tag{35.172}$$

wie wir in (34.74) hergeleitet haben. Wenn wir die Wärmemenge $|Q|$ vollständig in Arbeit W umsetzen wollten, müssten wir dafür die Entropie unseres abgeschlossenen Gesamtsystems verringern. Das ist unmöglich, weil die Entropie eines abgeschlossenen Systems nicht abnehmen kann. Dieses Ergebnis kommt nun natürlich nicht mehr überraschend, sondern bekräftigt noch einmal, was uns schon seit der phänomenologischen Thermodynamik geläufig ist.

Unmöglichkeit einer vollständigen Umwandlung von Wärme in Arbeit

Der zweite Hauptsatz bestätigt uns sofort, dass die *vollständige* Umwandlung von Wärme in mechanische Arbeit ausgeschlossen ist.

Um dennoch Wärme in Arbeit umzuwandeln, muss die Entropie, die wir dem Wärmereservoir bei der Temperatur T_1 entziehen, durch eine Entropieerhöhung an anderer Stelle zumindest kompensiert werden, sodass die gesamte Entropieänderung nach jedem vollständigen Umlauf verschwinden kann.

Das können wir nur durch ein zweites Wärmereservoir erreichen, das auf der niedrigeren Temperatur $T_2 < T_1$ gehalten wird. Dann kann nämlich eine kleinere Wärmemenge eine gleiche oder größere Entropieänderung bewirken, sodass die gesamte Entropieänderung

$$\Delta S = \Delta S_2 + \Delta S_1 = \frac{Q_2}{T_2} - \frac{|Q_1|}{T_1} \tag{35.173}$$

verschwinden oder sogar positiv sein kann, wie es der zweite Hauptsatz verlangt.

Unter dieser Voraussetzung bleibt Spielraum für uns, mechanische Arbeit abzuzweigen und trotzdem den zweiten Hauptsatz zu erfüllen. Dazu stellen wir uns eine zyklisch arbeitende Maschine vor, die Wärme aus dem wärmeren Reservoir entnimmt, sie zur Verrichtung mechanischer Arbeit benutzt und dem kälteren Reservoir Wärme zuführt und daraufhin wieder in den Ausgangspunkt zurückkehrt. Nach einem vollständigen Zyklus wird die Maschine aufgrund unserer Voraussetzungen unverändert sein, damit sie nicht während des Prozesses Schaden nimmt. Sie wird insbesondere selbst keine Energie aufnehmen oder abgeben, damit sie im Laufe des Betriebs weder überhitzt noch erstarrt. Wir müssen also verlangen, dass die Wärmemengen und die mechanische Arbeit zusammengenommen die Energieerhaltung erfüllen:

$$|Q_1| = -Q_1 = Q_2 + W\,. \tag{35.174}$$

Wie viel mechanische Arbeit W wir dabei maximal gewinnen können, schreibt uns nun der zweite Hauptsatz vor. Für beliebige reversible Kreisprozesse haben wir in Abschn. 33.7 gezeigt, dass die Entropie in ihrem Verlauf konstant bleibt. Allgemeiner gesprochen, darf die Entropie insgesamt nicht abnehmen, sodass

$$\Delta S = \frac{Q_2}{T_2} - \frac{|Q_1|}{T_1} = \frac{|Q_1| - W}{T_2} - \frac{|Q_1|}{T_1} \geq 0 \tag{35.175}$$

gelten muss. Das Ungleichheitszeichen gilt, wenn der Prozess irreversibel verläuft. Daraus erhalten wir sofort

$$W \leq |Q_1| \left(1 - \frac{T_2}{T_1}\right)\,. \tag{35.176}$$

Allgemeingültigkeit des Carnot'schen Wirkungsgrades

Das bedeutet, dass der *maximale* Wirkungsgrad nicht nur einer bestimmten, sondern *jeder beliebigen* Wärmekraftmaschine, die zwischen zwei Wärmereservoiren mit den Temperaturen T_1 und $T_2 < T_1$ arbeitet, bestimmt ist durch

$$\eta = \frac{W}{|Q_1|} = 1 - \frac{T_2}{T_1}\,. \tag{35.177}$$

Das ist der uns schon bekannte *Carnot'sche Wirkungsgrad*. Gemäß seiner Herleitung gilt er für reversible Prozesse, denn nur für diese gilt der Zusammenhang (34.74) zwischen Entropie und Wärmemenge.

Achtung Beachten Sie, dass wir ausschließlich den ersten und den zweiten Hauptsatz verwendet haben, um den Carnot'schen Wirkungsgrad zu bekommen. Er setzt damit die obere Grenze für den Wirkungsgrad *aller möglichen* quasistatischen Kreisprozesse, nicht nur für den Carnot'schen Kreisprozess. ◀

Diese Überlegung und ihre Allgemeinheit verweisen noch einmal klar auf die Grundannahmen der Thermodynamik: Der erste Hauptsatz besagt, wie sich Energiemengen bei Energieumwandlungen verhalten. Der zweite Hauptsatz legt fest, welche Energieumwandlungen überhaupt zugelassen sind. Aufgrund der ganz allgemeinen Betrachtung zu Kreisprozessen, die wir gerade durchgeführt haben, wird klar, dass es für den Wirkungsgrad ideal verlaufender Kreisprozesse ganz unerheblich ist, wie die Maschine funktioniert, welche Schritte während eines Zyklus durchlaufen werden und in welche Art von Arbeit ein Teil der aufgenommenen Wärme umgewandelt wird.

Dies eröffnet eine vielleicht ganz ungeahnte Anwendungsvielfalt für (reelle und gedachte) Kreisprozesse, deren idealer Wirkungsgrad dann sofort bekannt ist und für weitere Schlussfolgerungen verwendet werden kann. Eine Anwendung auf den Übergang von einer flüssigen in die Gasphase werden wir nun gleich besprechen und dadurch die Dampfdruckkurve von Clausius und Clapeyron gewinnen.

Die Clausius-Clapeyron'sche Gleichung

Dass die Methode der Kreisprozesse nicht nur auf die Behandlung von Wärmekraftmaschinen anwendbar ist, zeigt das folgende instruktive Beispiel. Wir setzen uns das Ziel zu bestimmen, wie sich der Dampfdruck einer Flüssigkeit mit der Temperatur ändert. Zu diesem Zweck konstruieren wir gedanklich einen Kreisprozess, der durch kleine Veränderungen des Druckes oberhalb einer Flüssigkeit dazu geeignet ist, die Flüssigkeit zyklisch zu verdampfen und wieder zu kondensieren. Aus der obigen Betrachtung wissen wir, dass der Wirkungsgrad dieses Kreisprozesses idealerweise der Carnot'sche Kreisprozess sein wird. Aus dieser Kenntnis werden wir auf den Verlauf der sogenannten *Dampfdruckkurve* schließen können.

Dazu betrachten wir einen Behälter, der durch einen reibungsfrei gleitenden, schweren Deckel nach oben abgeschlossen ist (Abb. 35.9). Im Behälter befinde sich eine Flüssigkeit, von der an ihrer Oberfläche gerade so viel verdampft, dass der Dampfdruck gleich dem Druck ist, den der Deckel ausübt. Nun stellen wir uns diesen Behälter im Kontakt mit einem Wärmereservoir der Temperatur T vor, wobei zunächst der Deckel mit der Oberfläche der Flüssigkeit abschließen möge. Das Volumen der Flüssigkeit sei V_1.

Nun denken wir uns das Gewicht des Deckels minimal verringert, etwa indem wir ein infinitesimal kleines Gewicht entfernen, das vorher auf dem Deckel gestanden haben mag. Der Deckel wird daraufhin sehr langsam steigen. Diese Expansion verläuft isobar, weil sich in ihrem Verlauf der Druck nicht ändert, unter dem das Volumen steht. Das Gesamtsystem nimmt während der Expansion eine Wärmemenge $|Q|$ aus dem Wärmereservoir auf, die sogenannte *Verdampfungswärme*, die oft

Teil IV

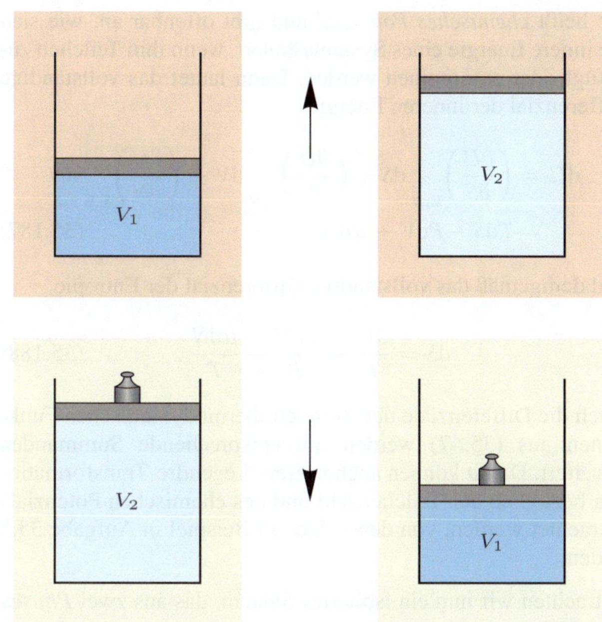

Abb. 35.9 Schematische Darstellung des Kreisprozesses, aus dem die Gleichung von Clausius und Clapeyron folgt

auch mit Λ bezeichnet wird. Dieser Vorgang wird beendet, sobald die gesamte Flüssigkeit verdampft und das Volumen auf V_2 angestiegen ist. Insgesamt wird dem Wärmereservoir dergestalt die Verdampfungswärme der gesamten Flüssigkeitsmenge entzogen.

In diesem Moment isolieren wir den Behälter thermisch. Das Volumen wird adiabatisch etwas weiter expandiert, wobei die Temperatur um den kleinen Betrag $\mathrm{d}T$ sinkt. Sobald dies geschehen ist, wird der Behälter in ein Wärmebad der Temperatur $T-\mathrm{d}T$ verbracht. Durch die Verringerung der Temperatur sinkt auch der Druck um einen kleinen Betrag $\mathrm{d}P$. Zwar bewirkt die Temperaturänderung um $\mathrm{d}T$ auch eine Volumenänderung $\mathrm{d}V$, die zusammen mit der Druckänderung $\mathrm{d}P$ zur mechanischen Arbeit $\mathrm{d}P\mathrm{d}V$ führt. Da aber die Temperaturänderung $\mathrm{d}T$ als beliebig klein angenommen werden kann, kann diese Arbeit als vernachlässigbar klein angesehen werden.

Bei der neu eingestellten und durch das kühlere Wärmereservoir stabilisierten Temperatur $T-\mathrm{d}T$ lassen wir nun den Dampf wieder konsensieren. Das kann geschehen, indem wir wieder das sehr kleine Gewicht auf den Deckel aufsetzen. Dadurch erhöht sich der Druck minimal, und das Volumen wird isobar abnehmen, bis aller Dampf kondensiert ist. Am Ende bringen wir den Behälter wieder aus dem kühleren zurück in das wärmere Reservoir, um den Kreisprozess zu schließen. Dabei muss zwar wieder mechanische Arbeit aufgewendet werden, die aber erneut vernachlässigt werden kann.

Insgesamt wird also nur während der beiden isobaren Vorgänge Arbeit verrichtet, während derer die Flüssigkeit erst verdampft und dann wieder kondensiert wird. Diese mechanische Arbeit ist

$$W = P(V_2-V_1)+(P-\mathrm{d}P)(V_1-V_2) = (V_2-V_1)\mathrm{d}P\,. \quad (35.178)$$

Sie muss im Idealfall mit der aufgenommenen Wärmemenge $|Q|$ auf eine Weise zusammenhängen, die dem Carnot'schen Wirkungsgrad entspricht. Aus

$$\eta = \frac{W}{|Q|} = 1 - \frac{T-\mathrm{d}T}{T} = \frac{\mathrm{d}T}{T} \quad (35.179)$$

können wir sofort schließen, dass zwischen der Druckänderung $\mathrm{d}P$ und der Temperaturänderung $\mathrm{d}T$ die Beziehung

$$W = (V_2-V_1)\mathrm{d}P = |Q|\frac{\mathrm{d}T}{T} \quad (35.180)$$

bestehen muss.

Clausius-Clapeyron'sche Gleichung

Daraus folgt, dass der Dampfdruck mit der Temperatur wie

$$\frac{\mathrm{d}P}{\mathrm{d}T} = \frac{|Q|}{(V_2-V_1)T} \quad (35.181)$$

variiert. Dies ist die *Clausius-Clapeyron'sche Gleichung*. Sie stellt fest, in welchem Verhältnis die Änderungen $\mathrm{d}T$ und $\mathrm{d}P$ des Druckes und der Temperatur zueinander stehen, wenn bei der Temperatur T die Verdampfungswärme $|Q|$ aufgenommen wird und das Volumen der Flüssigkeit V_1 auf das Volumen des Dampfes V_2 ansteigt.

Da in der Regel das Dampfvolumen sehr viel größer als das Flüssigkeitsvolumen ist, $V_1 \ll V_2 =: V$, können wir

$$\frac{\mathrm{d}P}{\mathrm{d}T} = \frac{|Q|}{VT} \quad (35.182)$$

nähern. Wenn der Dampf zudem noch als ideales Gas genähert werden kann, können wir $V = nRT/P$ einsetzen. Lösen wir dann

$$\delta P \approx \frac{\mathrm{d}P}{\mathrm{d}T}\delta T \quad (35.183)$$

nach δT auf, erhalten wir ein interessantes Ergebnis.

Siedepunktserhöhung bei höherem Druck

Eine kleine Druckerhöhung δP sorgt daher für eine Siedepunktserhöhung um

$$\delta T = \frac{nRT^2}{|Q|}\frac{\delta P}{P} = \frac{T}{q}\,\delta P\,, \quad (35.184)$$

wobei $q := |Q|/V$ die spezifische Verdampfungswärme pro Dampfvolumen ist.

Siedepunkt von Wasser

Um 1 g Wasser bei Normaldruck ($P = 1013\,\text{mbar} = 10{,}13\,\text{N}\,\text{cm}^{-2}$) und bei einer Temperatur von 100 °C zu verdampfen, sind $|Q| = 2088\,\text{J}$ erforderlich. Aufgrund des Molekulargewichts von 18 atomaren Masseneinheiten sind in 1 g Wasser $n = 1/18 \approx 0{,}06\,\text{mol}$ oder $N = 3{,}35 \cdot 10^{22}$ Teilchen enthalten. Der Dampf nimmt deswegen das vergleichsweise riesige Volumen $V = (22{,}4/18)\,\text{l} \approx 1244\,\text{cm}^3$ ein, während das Volumen des flüssigen Wassers lediglich $1\,\text{cm}^3$ beträgt. Die spezifische Verdampfungswärme ist demnach $q = 1{,}68\,\text{J}\,\text{cm}^{-3}$. Der Siedepunkt von $T = 373\,\text{K}$ verschiebt sich mit dem Druck daher um

$$\delta T = \frac{373\,\text{K}\,\text{cm}^3}{1{,}68\,\text{J}} \frac{0{,}01\,\text{N}}{\text{cm}^2} \frac{\delta P}{\text{mbar}} = 0{,}022\,\text{K}\,\frac{\delta P}{\text{mbar}}\,. \tag{35.185}$$

Eine Druckänderung um 45 mbar bewirkt z. B. eine Siedepunktsänderung um etwa 1 °C.

Die Siedepunktserhöhung unter erhöhtem Druck macht man sich beispielsweise im Dampfdrucktopf zunutze, der bereits 1679 von dem französischen Physiker und Mathematiker *Denis Papin* (1647–1712) erfunden wurde. In modernen Dampfdrucktöpfen herrscht ein Überdruck von etwa 0,8 bar, wodurch die Siedetemperatur des Wassers auf knapp 120° C ansteigt.

Umgekehrt siedet Wasser bei dem geringeren Luftdruck in größeren Höhen bereits bei niedrigerer Temperatur. In 2000 m Höhe ist der Normaldruck bereits auf ≈ 790 mbar gesunken, $\delta P \approx -223\,\text{mbar}$ unter dem Normaldruck auf Meereshöhe. Nach unserem obigen Ergebnis siedet Wasser dort bereits bei ≈ 95° C. ◀

35.7 Chemisches Potenzial und Phasenübergänge

Definition, Phasengleichgewicht

Erlauben wir außer Veränderungen des Volumens bzw. des Druckes oder der Temperatur bzw. der inneren Energie auch Änderungen der Teilchenzahl N, kommt diese als weiterer äußerer Parameter dazu. Dann ist beispielsweise im einfachen Fall die innere Energie eine Funktion der Entropie, des Volumens und der Teilchenzahl, $U = U(S, V, N)$, und es tritt eine weitere verallgemeinerte Kraft im Sinn der Definition (34.28) auf:

$$\mu := \left(\frac{\partial U}{\partial N}\right)_{T,S}\,. \tag{35.186}$$

Sie heißt *chemisches Potenzial* und gibt offenbar an, wie sich die innere Energie eines Systems ändert, wenn ihm Teilchen zugefügt oder entnommen werden. Dann lautet das vollständige Differenzial der inneren Energie

$$\begin{aligned} \mathrm{d}U &= \left(\frac{\partial U}{\partial S}\right)_{V,N} \mathrm{d}S + \left(\frac{\partial U}{\partial V}\right)_{S,N} \mathrm{d}V + \left(\frac{\partial U}{\partial N}\right)_{S,V} \mathrm{d}N \\ &= T\mathrm{d}S - P\mathrm{d}V + \mu\mathrm{d}N \end{aligned} \tag{35.187}$$

und demgemäß das vollständige Differenzial der Entropie

$$\mathrm{d}S = \frac{\mathrm{d}U}{T} + \frac{P\mathrm{d}V}{T} - \frac{\mu\mathrm{d}N}{T}\,. \tag{35.188}$$

Auch die Differenziale der weiteren thermodynamischen Funktionen aus (35.47) werden um entsprechende Summanden erweitert. Damit können auch weitere Legendre-Transformationen bezüglich der Teilchenzahl und des chemischen Potenzials betrachtet werden, von denen Sie ein Beispiel in Aufgabe 35.5 finden.

Betrachten wir nun ein isoliertes System, das aus zwei *Phasen* besteht.

Phasen

Als Phase wird ein chemisch *und* physikalisch homogener Bereich bezeichnet, also beispielsweise ein Eiswürfel im Wasserglas: Wasser und Eis sind zwar chemisch homogen, physikalisch homogen sind aber nur der Eiswürfel und das flüssige Wasser für sich genommen.

Beide Phasen seien durch ihre inneren Energien, Volumina und Teilchenzahlen (U_1, V_1, N_1) und (U_2, V_2, N_2) gekennzeichnet. Da die Gesamtgrößen (U, V, N) konstant gehalten werden, sind die Energien, Volumina und Teilchenzahlen der beiden Phasen nicht unabhängig voneinander:

$$U_2 = U - U_1\,, \quad V_2 = V - V_1\,, \quad N_2 = N - N_1\,. \tag{35.189}$$

Da das Gesamtsystem aus den beiden Phasen als abgeschlossen angesehen wird, stellt sich das Gleichgewicht zwischen den beiden Phasen dann ein, wenn die Gesamtentropie ein Maximum erreicht:

$$\begin{aligned} 0 = \mathrm{d}S &= \mathrm{d}S_1 + \mathrm{d}S_2 \\ &= \left(\frac{\partial S_1}{\partial U_1} - \frac{\partial S_2}{\partial U_1}\right)\mathrm{d}U_1 + \left(\frac{\partial S_1}{\partial V_1} - \frac{\partial S_2}{\partial V_1}\right)\mathrm{d}V_1 \\ &\quad + \left(\frac{\partial S_1}{\partial N_1} - \frac{\partial S_2}{\partial N_1}\right)\mathrm{d}N_1\,. \end{aligned} \tag{35.190}$$

Da die Änderungen $\mathrm{d}U_1$, $\mathrm{d}V_1$ und $\mathrm{d}N_1$ der inneren Energie, des Volumens und der Teilchenzahl im Teilsystem 1 willkürlich sind, bedeutet dies, dass die Gleichgewichtsbedingungen

$$T_1 = T_2\,, \quad P_1 = P_2\,, \quad \mu_1 = \mu_2 \tag{35.191}$$

lauten müssen. Die ersten beiden sind uns natürlich schon als Bedingungen für thermisches und mechanisches Gleichgewicht bekannt, die dritte ist neu und beschreibt das sogenannte *Phasengleichgewicht*.

Frage 11

Überprüfen Sie die Bedingungen in (35.191), insbesondere die dritte.

Phasengleichgewicht

Gleichgewicht zwischen zwei Phasen in einem abgeschlossenen System herrscht dann, wenn die chemischen Potenziale der beteiligten Phasen gleich sind.

Die Gibbs'sche Phasenregel

In einem System, das aus mehreren *Komponenten* und Phasen besteht, setzt sich die Energie aus den Energien aller Bestandteile zusammen.

Komponenten

Komponenten sind die verschiedenen chemischen Stoffe, aus denen eine Phase zusammengesetzt ist.

Ein Beispiel für ein System aus zwei Komponenten und zwei Phasen ist ein flüssiges Alkohol-Wasser-Gemisch in einem nicht ganz gefüllten, möglicherweise offenen Glas. An seiner Oberfläche verdampft das Flüssigkeitsgemisch. Daher gibt es zwei Phasen, die Flüssigkeit und den Dampf. Beide Phasen enthalten zudem zwei Komponenten, nämlich den Alkohol und das Wasser.

In diesem Abschnitt bezeichnen wir Größen, die für die Komponente i in der Phase j charakteristisch sind, mit einem Index j und einem hochgestellten (i). Beispielsweise sei $\mu_j^{(i)}$ das chemische Potenzial der Komponente i in der Phase j. Wenn es nur eine Komponente gibt, entfällt die hochgestellte (1).

Für das vollständige Differenzial der inneren Energie gilt dann

$$dU = TdS - PdV + \sum_{i,j} \mu_j^{(i)} dN_j^{(i)} . \qquad (35.192)$$

Die Bedingung für das Phasengleichgewicht muss separat für alle Komponenten in allen Phasen gelten, d. h., für alle chemischen Potenziale (i) muss für alle Phasen j und k

$$\mu_j^{(i)} = \mu_k^{(i)} \qquad (35.193)$$

gelten. Befinden sich mehr als zwei Phasen gleichzeitig im Gleichgewicht miteinander, müssen alle Phasen paarweise im Gleichgewicht miteinander sein, sodass sich (35.193) zu

$$\mu_1^{(i)} = \mu_2^{(i)} = \ldots = \mu_{nP}^{(i)} \qquad (35.194)$$

erweitert, wenn n_P die Anzahl der gleichzeitig existierenden Phasen ist.

Da dies für jede Komponente i gelten muss, entsteht daraus ein System aus $(n_P - 1)n_K$ Gleichungen:

$$\begin{aligned} &\mu_1^{(1)} = \mu_2^{(1)} = \ldots = \mu_{nP}^{(1)} , \\ &\mu_1^{(2)} = \mu_2^{(2)} = \ldots = \mu_{nP}^{(2)} , \\ &\vdots \\ &\mu_1^{(n_K)} = \mu_2^{(n_K)} = \ldots = \mu_{nP}^{(n_K)} , \end{aligned} \qquad (35.195)$$

wobei n_K die Anzahl der Komponenten des Systems ist.

Die beteiligten Variablen sind Druck und Temperatur sowie die Teilchenzahlen $N_1, \ldots, N_{n_K}$ aller beteiligten Komponenten. Von diesen n_K Teilchenzahlen sind aber nur $(n_K - 1)$ unabhängig, wenn die Gesamtzahl N der Teilchen aller Komponenten festgehalten wird.

Gibbs'sche Phasenregel

Um diese insgesamt $2 + n_P(n_K - 1)$ Zustandsvariablen zu bestimmen, stehen uns die $(n_P - 1)n_K$ Gleichungen in (35.195) zur Verfügung, sodass

$$n_F = 2+n_P(n_K-1)-(n_P-1)n_K = 2-n_P+n_K \qquad (35.196)$$

Freiheitsgrade unbestimmt bleiben. Das ist die *Gibbs'sche Phasenregel*.

Anwendung der Gibbs'schen Phasenregel

Was sie bedeutet, sehen wir uns am Beispiel eines Systems an, das nur aus Wasser besteht. Dann ist $n_K = 1$, aber Wasser kann in drei Phasen vorliegen: fest, flüssig oder gasförmig. Wenn gleichzeitig zwei Phasen auftreten sollen, $n_P = 2$, bleibt ein Freiheitsgrad übrig, $n_F = 1$. Das Gleichgewicht zwischen den beiden Phasen legt also Druck und Temperatur nicht eindeutig fest, sondern nur z. B. den Druck als Funktion der Temperatur, bei denen beide Phasen im Gleichgewicht koexistieren können. Die Dampfdruckkurve des Wassers ist dafür ein Beispiel. Sollen die drei Phasen gleichzeitig im Gleichgewicht stehen, ist die Freiheit aufgebraucht, $n_F = 0$. Dann sind Druck und Temperatur eindeutig bestimmt, sodass Koexistenz der drei Phasen nur an einem Punkt im Zustandsraum möglich ist, dem Tripelpunkt, dem wir schon bei der Definition der absoluten Temperatur begegnet sind. ◀

Gibbs-Duhem-Beziehung

Wir werden in diesem Abschnitt wieder von den Eigenschaften homogener Funktionen Gebrauch machen, insbesondere homogener Funktionen vom Grad 1: Deswegen verweisen wir zu Beginn noch einmal auf den „Mathematischen Hintergrund“ 33.1, in dem solche Funktionen besprochen wurden. In unserem Zusammenhang ist es von besonderer Bedeutung, dass die thermodynamischen Funktionen aufgrund ihrer Bedeutung als extensive Größen homogen vom Grad 1 in den extensiven, makroskopischen Zustandsgrößen sein müssen, denn wenn ein System beispielsweise halbiert wird, müssen sich auch seine Entropie, seine innere Energie usw. halbieren:

$$U(\lambda S, \lambda V, \lambda N^{(i)}) = \lambda U(S, V, N^{(i)}) \qquad (35.197)$$

(siehe hierzu die Diskussion in Abschn. 33.3). Damit gilt aber auch der Euler'sche Satz über homogene Funktionen,

$$\boldsymbol{x} \cdot \nabla f(\boldsymbol{x}) = kf(\boldsymbol{x}) \,, \qquad (35.198)$$

der im Falle der inneren Energie

$$\begin{aligned} U(S, V, N^{(i)}) = S \left(\frac{\partial U}{\partial S}\right)_{V,N^{(i)}} &+ V \left(\frac{\partial U}{\partial V}\right)_{S,N^{(i)}} \\ &+ \sum_i N^{(i)} \left(\frac{\partial U}{\partial N^{(i)}}\right)_{S,V} \end{aligned} \qquad (35.199)$$

besagt, denn für extensive Zustandsgrößen ist $k = 1$.

Gibbs-Duhem-Beziehung

Ersetzen wir in dieser Gleichung die Ableitungen durch die entsprechenden thermodynamischen Größen, die sie darstellen, folgt die mächtige *Gibbs-Duhem-Beziehung*,

$$TS - PV + \sum_i \mu^{(i)} N^{(i)} = U \quad \text{oder} \quad G = \sum_i \mu^{(i)} N^{(i)} \,, \qquad (35.200)$$

wenn wir die freie Enthalpie gemäß (35.43) durch $G = U + PV - TS$ einführen. Diese Beziehung ist nach dem US-amerikanischen Physiker *Josiah Willard Gibbs* (1839–1903) und dem französischen Physiker *Pierre Maurice Marie Duhem* (1861–1916) benannt. Besteht das System aus nur einer Komponente, ist

$$G = \mu N \quad \text{oder} \quad \mu = \frac{G}{N} \,. \qquad (35.201)$$

Daraus können wir sofort ein bereits bekanntes, aber auf ganz anderem Weg gewonnenes Resultat gewinnen. Ein Gleichgewicht zwischen zwei Phasen 1 und 2 in einem System mit nur einer Komponente setzt

$$\mu_1 = \mu_2 \quad \text{bzw.} \quad \mathrm{d}\mu_1 = \mathrm{d}\mu_2 \qquad (35.202)$$

voraus. Aus der Gibbs-Duhem-Beziehung schließen wir, dass

$$\mathrm{d}\mu_i = \frac{\mathrm{d}G_i - \mu_i \mathrm{d}N_i}{N_i} = \frac{V_i \mathrm{d}P - S_i \mathrm{d}T}{N_i} = v_i \mathrm{d}P - s_i \mathrm{d}T \qquad (35.203)$$

ist, worin s und v die spezifische Entropie und das spezifische Volumen *pro Teilchen* sind. Daraus folgt

$$v_1 \mathrm{d}P - s_1 \mathrm{d}T = v_2 \mathrm{d}P - s_2 \mathrm{d}T \,. \qquad (35.204)$$

Lösen wir diese Gleichung nach $\mathrm{d}T/\mathrm{d}P$ auf, bekommen wir

$$\frac{\mathrm{d}P}{\mathrm{d}T} = \frac{s_1 - s_2}{v_1 - v_2} \,. \qquad (35.205)$$

Das ist eine Form der Clausius-Clapeyron-Gleichung (35.181), weil sich der Entropieunterschied zwischen den beiden Phasen bei vollständiger Verdampfung gerade durch die Verdampfungswärme pro Teilchen ausdrücken lässt, $s_1 - s_2 = |Q|/(NT)$, mit $N = N_1 + N_2$.

Reaktionsgleichgewichte

Chemische Reaktionsgleichungen wie z. B. die der Verbrennung von Wasserstoff zu Wasser,

$$2H_2 + O_2 \to 2H_2O \,, \qquad (35.206)$$

lassen sich in die Gestalt

$$\sum_j n_j A_j = 0 \qquad (35.207)$$

bringen. Der Konvention zuliebe schreiben wir die chemische Reaktionsgleichung (35.206) mit einem Pfeil, die physikalische Reaktionsgleichung aber mit einem Gleichheitszeichen. Die A_j in (35.207) stehen für die Arten der beteiligten Atome oder Moleküle, und die n_j sind die sogenannten stöchiometrischen Koeffizienten der Reaktionspartner. Die *Stöchiometrie* behandelt die Anzahlverhältnisse der Reaktanten in chemischen Reaktionen und beruht auf den Gesetzen der konstanten und der multiplen Proportionen sowie der Massenerhaltung. Reaktionsprodukte, also Atome oder Moleküle auf der rechten Seite der Reaktionsgleichung, werden mit negativen Koeffizienten n_j gekennzeichnet. Diese Koeffizienten n_j werden auch stöchiometrische Zahlen oder stöchiometrische Verhältnisse genannt. Im Beispiel der Wasserstoffverbrennung wären demnach $n_{H_2} = 2$, $n_{O_2} = 1$ und $n_{H_2O} = -2$.

Die Änderungen in den Teilchenzahlen der Reaktionspartner müssen wegen ihrer ganzzahligen Verhältnisse proportional zu den stöchiometrischen Koeffizienten n_j sein,

$$\mathrm{d}N_j = \lambda n_j \,, \qquad (35.208)$$

damit das chemische Gleichgewicht gemäß der Reaktionsgleichung (35.207) erhalten bleibt.

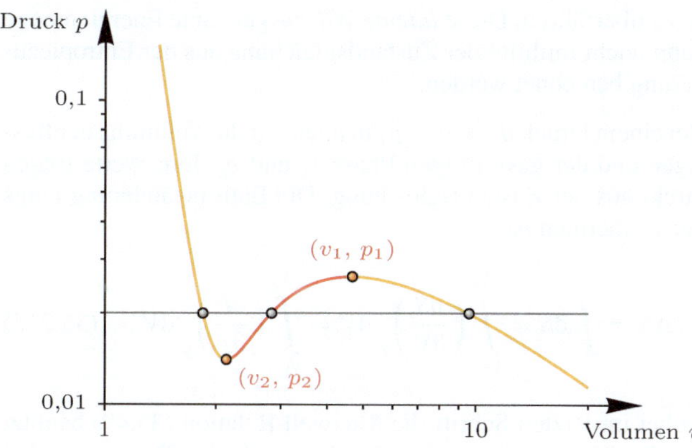

Abb. 35.10 Isotherme eines Van-der-Waals-Gases unterhalb der kritischen Temperatur

Chemisches Gleichgewicht

Die Gleichgewichtsbedingung $\mathrm{d}G = 0$, die wir in Abschn. 35.2 bei gegebenem Druck und gegebener Temperatur erhalten haben, kann für ein chemisches Reaktionsgleichgewicht durch

$$\mathrm{d}G = \sum_j \frac{\partial G}{\partial N_j}\mathrm{d}N_j = \sum_j \mu_j \mathrm{d}N_j = 0 \qquad (35.209)$$

oder, mit (35.208), durch

$$\sum_j \mu_j n_j = 0 \qquad (35.210)$$

dargestellt werden. Dies ist die allgemeine Bedingung für chemisches Gleichgewicht.

Phasenübergang im Van-der-Waals-Gas

Betrachten wir nun einen Phasenübergang erster Ordnung im Detail am Beispiel eines Van-der-Waals-Gases.

Die Isothermen eines Van-der-Waals-Gases entwickeln im P-V-Diagramm ein Maximum und ein Minimum, wenn die Temperatur unterhalb der kritischen Temperatur liegt, $T < T_\mathrm{krit} = \frac{8}{27}T_0$ bzw. $t < \frac{8}{27}$, die wir in (35.170) hergeleitet haben (Abb. 35.10). Wir verwenden hier wieder die dimensionslosen Größen $p := P/P_0$ und $v := V/V_0$ sowie die Zustandsgleichung in der Form (35.139). Der Kürze halber bezeichnen wir das Maximum der Isotherme als Punkt 1 mit den Koordinaten (p_1, v_1) und das Minimum als Punkt 2 mit den Koordinaten (p_2, v_2). Wenn der Druck zwischen p_1 und p_2 eingestellt wird, $p_2 < p < p_1$, gibt es offenbar drei Volumina, bei denen dieser Druck erreicht wird. Was genau geschieht hier?

Bewegen wir uns entlang der Isothermen von großen Volumina kommend auf Punkt 1 zu. Das Volumen nimmt ab, der Druck nimmt langsam zu, bis das Maximum erreicht ist. Danach nimmt der Druck mit abnehmendem Volumen *ab*, wodurch eine der Stabilitätsbedingungen in (35.93) verletzt wird. Der Zweig der Isothermen zwischen (p_2, v_2) und (p_1, v_1) entspricht also offenbar keiner physikalisch stabilen Situation. Der Druck, das Volumen und die Temperatur werden zwar auch dort durch die Zustandsgleichung beschrieben, aber das System findet auf diesem Zweig keinen Gleichgewichtszustand. Erst wenn das Volumen unter v_2 gesunken ist, steigt der Druck mit abnehmendem Volumen weiter an. Nur die beiden abfallenden Zweige der Isothermen beschreiben also physikalisch stabile Verhältnisse. Sie gehören zu zwei *Phasen* des Van-der-Waals-Gases.

Bei hohem Druck, $p > p_1$, existiert nur die Phase mit kleinem Volumen. Hier fällt der Druck mit wachsendem Volumen rasch ab, d. h., die isotherme Kompressibilität (35.68) ist gering. Das ist charakteristisch für eine flüssige Phase, die sich einer Kompression kräftig widersetzt. Bei niedrigem Druck, $p < p_2$, existiert nur die Phase mit großem Volumen. Dort fällt die Isotherme flach ab, was eine hohe Kompressibilität kennzeichnet. Das entspricht einer Gasphase. Bei Drücken $p_2 < p < p_1$ existieren beide Phasen nebeneinander. Welche davon wird jeweils im Gleichgewicht mit dem Druck p angenommen?

Bei vorgegebenem Druck wird das Gleichgewicht dadurch bestimmt, dass die freie Enthalpie minimal werden muss. Also untersuchen wir

$$G(T,P) = \int \mathrm{d}G = \int (-S\mathrm{d}T + V\mathrm{d}P)\,, \qquad (35.211)$$

berücksichtigen dabei, dass längs einer Isotherme $\mathrm{d}T = 0$ sein muss, und integrieren von einem beliebigen, bei großem Volumen liegenden Punkt $(\bar{V}, \bar{P})$ entlang der Isotherme zu kleinerem Volumen V hin, wo der Druck $P(V,T)$ angenommen wird.

Ebenso wie vorher für das Volumen und den Druck führen wir eine entsprechende Bezugsgröße G_0 für die Enthalpie ein und verwenden dann einen dimensionslosen Ausdruck g für die Enthalpie:

$$G_0 = V_0 P_0 = nb \cdot \frac{a}{b^2} = \frac{na}{b}\,, \quad g = \frac{G}{G_0}\,. \qquad (35.212)$$

Ausgedrückt durch diese dimensionslosen Größen lautet (35.211) dann

$$\begin{aligned} g(t,p) &= \int_{\bar{p}}^{p} v(p')\mathrm{d}p' = \int_{\bar{v}}^{v} v' \left(\frac{\partial p}{\partial v'}\right)_t \mathrm{d}v' \\ &= p(v')v'\Big|_{\bar{v}}^{v} - \int_{\bar{v}}^{v} p(v')\mathrm{d}v'\,, \end{aligned} \qquad (35.213)$$

Teil IV

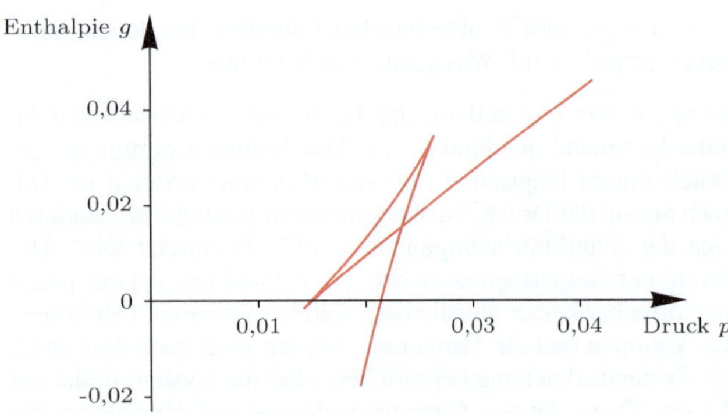

Abb. 35.11 Enthalpie eines Van-der-Waals-Gases unterhalb der kritischen Temperatur, dargestellt in Abhängigkeit vom Druck. Da der gezeigte Ausschnitt der p-g-Ebene sehr klein ist, erscheinen alle drei Kurvenstücke annähernd gerade

wobei partiell integriert wurde, um die bekannte Zustandsgleichung $p(v)$ statt ihrer Umkehrfunktion $v(p)$ verwenden zu können. Mit der Zustandsgleichung (35.139) kann dieses Integral sofort ausgeführt werden. Es ergibt

$$g(t,p) = pv(p) - \bar{p}\bar{v} - t \ln \frac{v(p)-1}{\bar{v}-1} - \left(\frac{1}{v(p)} - \frac{1}{\bar{v}} \right) . \quad (35.214)$$

Dargestellt als Funktion des *Druckes* zeigt die Enthalpie ein auf den ersten Blick eigenartiges Verhalten. Ausgehend von niedrigem Druck und niedriger Enthalpie steigt sie steil an, bis das Maximum der Isotherme erreicht wird. Danach fällt sie flacher wieder ab, bis das Minimum der Isotherme erreicht wird, um anschließend abermals flacher wieder anzusteigen. Der rückläufige Teil der Kurve (in Abb. 35.11 die obere Kante des Dreiecks, das die drei roten Kurvenabschnitte miteinander bilden) entspricht der instabilen Situation, in welcher der Druck mit abnehmendem Volumen abnimmt. Der steile ansteigende Ast stellt demnach die Gasphase dar, während der flache die flüssige Phase vertritt. Die beiden schneiden sich in einem Kreuzungspunkt (etwa bei $p \approx 0{,}024$). Bei kleineren Drücken hat die Gasphase die kleinere Enthalpie, bei größeren die flüssige Phase.

Der Kreuzungspunkt markiert also denjenigen Druck, bei dem die flüssige in die gasförmige Phase übergeht oder umgekehrt, also entweder den Verdampfungs- oder den Kondensationsdruck bei der vorgegebenen Temperatur der Isotherme.

Der Phasenübergang von der flüssigen in die gasförmige Phase erfordert Energie. Bei gleichbleibender Temperatur und konstantem Druck muss dem verflüssigten Van-der-Waals-Gas die Verdampfungswärme zugeführt werden, um es in die Gasphase zu überführen. Diese *latente Wärme* genannte Energiemenge kann leicht mithilfe der Zustandsgleichung aus der Entropieänderung berechnet werden.

Bei einem Druck $p_2 < p < p_1$ nennen wir die Volumina der flüssigen und der gasförmigen Phase v_f und v_g. Ihre Werte folgen direkt aus der Zustandsgleichung. Die Entropieänderung längs der Isothermen ist

$$\Delta S = \int \mathrm{d}S = \int_{V_f}^{V_g} \left(\frac{\partial S}{\partial V} \right)_T \mathrm{d}V = \int_{V_f}^{V_g} \left(\frac{\partial P}{\partial T} \right)_V \mathrm{d}V , \quad (35.215)$$

wobei im letzten Schritt die Maxwell-Relation (35.49) benutzt wurde. Die Ableitung des Druckes nach der Temperatur bei konstantem Volumen in dimensionsloser Form ist aufgrund der Zustandsgleichung (35.139) einfach

$$\left(\frac{\partial p}{\partial t} \right)_v = \frac{1}{v-1} , \quad (35.216)$$

sodass die Entropieänderung während des Phasenübergangs

$$\Delta S = \frac{P_0 V_0}{T_0} \ln \frac{v_f - 1}{v_g - 1} = nR \ln \frac{v_f - 1}{v_g - 1} \quad (35.217)$$

wird. Die latente Wärme ist dann einfach gegeben durch

$$\Delta Q = T \Delta S = nRT \ln \frac{v_f - 1}{v_g - 1} . \quad (35.218)$$

Nach dem österreichischen Physiker *Paul Ehrenfest* (1880–1933) werden Phasenübergänge gewöhnlich dadurch klassifiziert, dass man die Gibbs'sche freie Enthalpie G des betrachteten Systems untersucht und fragt, ob G und seine Ableitungen stetig sind. Sind G und seine sämtlichen Ableitungen bis zur $(n-1)$-ten Ordnung stetig, tritt aber eine unstetige Ableitung n-ter Ordnung auf, spricht man von einem Phasenübergang n-ter Ordnung. Falls das Volumen anstelle des Druckes festgehalten wird, tritt in dieser Klassifikation die freie Energie F an die Stelle der freien Enthalpie.

Bei Phasenübergängen, während derer eine latente Wärme auftritt, können die Wärmekapazitäten nicht stetig differenzierbar sein: Während solcher Phasenübergänge wird die zugeführte Wärme für den Phasenübergang selbst aufgewendet, ohne dass sich dabei die Temperatur ändern würde. Nach der Ehrenfest'schen Klassifikation sind solche Phasenübergänge von erster Ordnung. Phasenübergänge nullter Ordnung, bei denen die Enthalpie selbst unstetig ist, können in der Theorie der Suprafluidität und der Supraleitung auftreten.

Aufgaben

Gelegentlich enthalten die Aufgaben mehr Angaben, als für die Lösung erforderlich sind. Bei einigen anderen dagegen werden Daten aus dem Allgemeinwissen, aus anderen Quellen oder sinnvolle Schätzungen benötigt.

- • leichte Aufgaben mit wenigen Rechenschritten
- •• mittelschwere Aufgaben, die etwas Denkarbeit und unter Umständen die Kombination verschiedener Konzepte erfordern
- ••• anspruchsvolle Aufgaben, die fortgeschrittene Konzepte (unter Umständen auch aus späteren Kapiteln) oder eigene mathematische Modellbildung benötigen

35.1 ••• Thermodynamik eines Gummibandes Ein Gummiband besitze für Temperaturen $T_\mathrm{a} \le T \le T_\mathrm{e}$ im ungespannten Zustand die Länge L_0. Für den Betrag der Kraft F, die bei einer von L_0 abweichenden Länge $L > L_0$ auftritt, wurde im gegebenen Temperaturintervall die thermische Zustandsgleichung

$$F = bT\left(\frac{L}{L_0} - \frac{L_0^2}{L^2}\right), \quad b = \text{const}, \quad b > 0 \qquad (35.219)$$

experimentell bestimmt. Die Wärmekapazität des Gummibandes bei konstanter Länge,

$$C_L := T\left(\frac{\partial S}{\partial T}\right)_L, \qquad (35.220)$$

ist für $L = L_0$ im angegebenen Temperaturintervall temperaturunabhängig, $C_L = C_{L,0}$.

(a) Bestimmen Sie die innere Energie U und die Entropie S des Gummibandes als Funktionen von T und L in Bezug auf den Punkt (T_0, L_0) im Zustandsraum des Gummibandes, mit $T \in [T_\mathrm{a}, T_\mathrm{e}]$.
(b) Welche Arbeit wird bei isotherm-quasistatischer Dehnung des Gummibandes von der Länge L_0 auf die Länge $L_1 > L_0$ am Gummiband verrichtet? Die Temperatur sei dabei T_0.
(c) Welche Entropieänderung erfährt das Gummiband bei diesem Prozess? Wie ändert sich die Entropie des Wärmereservoirs, das für die konstante Temperatur T_0 sorgt?
(d) Gehen Sie von dem Zustand (T_0, L_1) unter Ausschluss jeden Wärmeaustauschs mit der Umgebung in den ungespannten Zustand über, indem Sie das gespannte Band einfach loslassen. Welche Entropieänderungen erfahren Band und Umgebung? Ist dieser Prozess reversibel? Welche Temperatur hat das Gummiband im ungespannten Zustand?

Lösungshinweis: Zeigen Sie zunächst mithilfe des ersten Hauptsatzes, dass die innere Energie nur von der Temperatur T abhängt, aber nicht von der Länge L. Orientieren Sie sich an der vergleichbaren Rechnung für ein ideales Gas.

35.2 •• Entropieänderung einer Menge gekoppelter Systeme Gegeben seien k Systeme mit den Anfangstemperaturen $T_j > 0$, $1 \le j \le k$. Die Systeme können nur untereinander Wärme austauschen, d. h., das zusammengesetzte System ist abgeschlossen. Die Temperatur im Endzustand sei T_f. Für den Gesamtwärmeumsatz gilt daher

$$\Delta Q = \sum_{j=1}^{k} \Delta Q_j = \sum_{j=1}^{k} \int_{T_j}^{T_\mathrm{f}} C_V^{(j)}(T)\mathrm{d}T = 0, \qquad (35.221)$$

wobei $\Delta Q_j \gtrless 0$ die dem j-ten System beim Temperaturausgleich zugeführte Wärme bezeichnet. Zeigen Sie, dass für die Entropieänderung gilt:

$$\Delta S = S_\mathrm{f} - \sum_{j=1}^{k} \Delta S_j \ge 0. \qquad (35.222)$$

Lösungshinweis: Beachten Sie, dass $T_j \gtrless T_\mathrm{f}$ möglich ist. Schätzen Sie die auftretenden Integrale mithilfe von T_f ab.

35.3 •• Thermodynamik elektromagnetischer Strahlung In einem Hohlraum mit dem Volumen V befinde sich elektromagnetische Strahlung, die als ein Gas aus Photonen aufgefasst werden kann. Im thermischen Gleichgewicht der Hohlraumstrahlung bei der Temperatur T gilt:

$$U(T) = u(T)V \quad \text{und} \quad P = \frac{u}{3}, \qquad (35.223)$$

wobei U die innere Energie, u die innere Energiedichte und P der Druck sind.

(a) Berechnen Sie aus dem ersten Hauptsatz in der sogenannten Gibbs'schen Grundform

$$T\mathrm{d}S = \mathrm{d}U + P\mathrm{d}V \qquad (35.224)$$

und der Maxwell-Relation

$$\left(\frac{\partial S}{\partial V}\right)_T = \left(\frac{\partial P}{\partial T}\right)_V \qquad (35.225)$$

die Energiedichte $u(T)$ mit $u(T = 1\,\mathrm{K}) =: \sigma$.
(b) Ermitteln Sie die Entropie $S = S[T(U,V), V]$ der Strahlung. Wie ist die Integrationskonstante für die Entropie nach dem dritten Hauptsatz zu wählen?

(c) Gegeben seien zwei Hohlräume (1) und (2) mit den Volumina V_1 und V_2. Die Wände seien ideal spiegelnd und starr, d. h., sie nehmen keine Energie auf und sind wärmeundurchlässig. Im Hohlraum (2) befinde sich zunächst keine Strahlung, der Hohlraum (1) dagegen sei mit Strahlung der Temperatur T_1 erfüllt. Dann lässt man durch Öffnen eines Durchlasses in der Trennwand Strahlung aus dem Hohlraum (1) in den Hohlraum (2) übertreten. Berechnen Sie die Endtemperatur T_f. Ist der Prozess reversibel oder irreversibel?

(d) Leiten Sie die in Teilaufgabe (a) angegebene Relation

$$\left(\frac{\partial S}{\partial V}\right)_T = \left(\frac{\partial P}{\partial T}\right)_V \tag{35.226}$$

aus der Gibbs'schen Grundform ab.

35.4 •• Mögliche und erlaubte Zustandsänderungen Ein System besteht aus drei Wärmereservoiren mit den Temperaturen $T_1 > T_2 > T_3$. Jeweils zwei davon werden durch reversibel arbeitende Wärmekraftmaschinen verbunden. Die in der einen Maschine gewonnene Arbeit wird der anderen Maschine zugeführt. Mit den Reservoiren werden dabei die Wärmemengen Q_1, Q_2 und Q_3 ausgetauscht, wobei alle Q_i positiv und negativ sein können. Welche Vorzeichenkombinationen der Q_i sind mit den Hauptsätzen verträglich?

35.5 • Thermodynamik eines magnetisierten Systems Gegeben sei die innere Energie $U = U(S, V, M, N)$ eines Systems mit der Magnetisierung M und dem Magnetfeld

$$B = \left(\frac{\partial U}{\partial M}\right)_{S,V,N} . \tag{35.227}$$

(a) Frischen Sie Ihr Wissen über die partiellen Ableitungen von U auf: Welchen physikalischen Größen entsprechen die partiellen Ableitungen

$$\left(\frac{\partial U}{\partial S}\right)_{V,M,N}, \quad \left(\frac{\partial U}{\partial V}\right)_{S,M,N}, \quad \left(\frac{\partial U}{\partial N}\right)_{S,V,M} ? \tag{35.228}$$

(b) Bestimmen Sie durch eine geeignete Legendre-Transformation aus U das thermodynamische Potenzial $J(T, P, M, \mu)$ und das zugehörige Differenzial $\mathrm{d}J$. Weshalb ist $J(T, P, M, \mu) = BM$?

(c) Zeigen Sie, dass die Maxwell-Relation

$$\left(\frac{\partial N}{\partial M}\right)_{T,P,\mu} = -\left(\frac{\partial B}{\partial \mu}\right)_{T,P,M} \tag{35.229}$$

gilt.

Lösungshinweis: Oft werden $\boldsymbol{H}$ und $\boldsymbol{M}$ statt $\boldsymbol{B}$ und $\boldsymbol{M}$ als zueinander konjugierte Felder angenommen. Wir fassen $\boldsymbol{B}$ als ein von außen angelegtes Magnetfeld auf und verwenden deswegen $\boldsymbol{B}$.

Lösungen zu den Aufgaben

35.1 Zu Teilaufgabe (a): Innere Energie U und Entropie S lauten

$$\begin{aligned} U &= U_0 + C_{L,0}(T - T_0)\,, \\ S &= S_0 + C_{L,0} \ln \frac{T}{T_0} + b\left(\frac{3L_0}{2} - \frac{L^2}{2L_0} - \frac{L_0^2}{L}\right). \end{aligned} \qquad (35.230)$$

Ausführliche Lösungen zu den Aufgaben

35.1

(a) Entropie S und innere Energie U sind beide als Funktionen von T und L gesucht. Der erste Hauptsatz besagt

$$\delta Q = \mathrm{d}U + \delta W\,, \tag{35.231}$$

woraus im Fall des Gummibandes

$$\begin{aligned} T&\left[\left(\frac{\partial S}{\partial L}\right)_T \mathrm{d}L + \left(\frac{\partial S}{\partial T}\right)_L \mathrm{d}T\right] \\ &= \left(\frac{\partial U}{\partial L}\right)_T \mathrm{d}L + \left(\frac{\partial U}{\partial T}\right)_L \mathrm{d}T - F\mathrm{d}L \end{aligned} \tag{35.232}$$

folgt. Daraus erhalten wir zunächst die beiden Beziehungen

$$\begin{aligned} \left(\frac{\partial S}{\partial L}\right)_T &= \frac{1}{T}\left(\frac{\partial U}{\partial L}\right)_T - \frac{F}{T}\,, \\ \left(\frac{\partial S}{\partial T}\right)_L &= \frac{1}{T}\left(\frac{\partial U}{\partial T}\right)_L\,. \end{aligned} \tag{35.233}$$

Ableitung der ersten nach T unter Benutzung der zweiten ergibt

$$\frac{\partial}{\partial T}\left[\frac{1}{T}\left(\frac{\partial U}{\partial L}\right)_T\right] - \frac{\partial}{\partial T}\left(\frac{F}{T}\right) = \frac{1}{T}\frac{\partial^2 U}{\partial L \partial T}\,. \tag{35.234}$$

Da F proportional zur Temperatur gemessen wurde, verschwindet die Ableitung von F/T nach T. Damit wird aus (35.234)

$$-\frac{1}{T^2}\left(\frac{\partial U}{\partial L}\right)_T = 0\,, \tag{35.235}$$

was zeigt, dass die innere Energie nur von der Temperatur, aber nicht von der Länge abhängen kann, $U = U(T)$. Sie ergibt sich dann aus der Wärmekapazität bei konstanter Länge,

$$U = U_0 + C_{L,0}(T - T_0)\,, \tag{35.236}$$

ebenso wie die Entropieabhängigkeit von der Temperatur bei konstanter Länge:

$$\left(\frac{\partial S}{\partial T}\right)_{L_0} = \frac{C_{L,0}}{T} \quad\Rightarrow\quad \Delta S_{L_0} = C_{L,0}\ln\frac{T}{T_0}\,. \tag{35.237}$$

Da die innere Energie nicht von L abhängt, ist

$$\left(\frac{\partial S}{\partial L}\right)_T = -\frac{F}{T} = -b\left(\frac{L}{L_0} - \frac{L_0^2}{L^2}\right)\,, \tag{35.238}$$

woraus

$$\begin{aligned} \Delta S_T &= -b\left[\frac{1}{2}\left(\frac{L^2}{L_0} - L_0\right) + \left(\frac{L_0^2}{L} - L_0\right)\right] \\ &= b\left(\frac{3L_0}{2} - \frac{L^2}{2L_0} - \frac{L_0^2}{L}\right) \end{aligned} \tag{35.239}$$

folgt. Insgesamt lauten demnach die innere Energie und die Entropie

$$\begin{aligned} U &= U_0 + C_{L,0}(T - T_0)\,, \\ S &= S_0 + C_{L,0}\ln\frac{T}{T_0} + b\left(\frac{3L_0}{2} - \frac{L^2}{2L_0} - \frac{L_0^2}{L}\right)\,. \end{aligned} \tag{35.240}$$

(b) Bei einer isotherm-quasistatischen Dehnung bei der Temperatur T_0 muss *am* Gummiband Arbeit verrichtet werden. Aufgrund unserer Konvention für das Vorzeichen der Arbeit ist die *am* Gummiband verrichtete Arbeit die negative *vom* Gummiband verrichtete Arbeit, die

$$\begin{aligned} \Delta W &= -bT_0\int_{L_0}^{L_1}\left(\frac{L}{L_0} - \frac{L_0^2}{L^2}\right)\mathrm{d}L \\ &= -bT_0\left(\frac{3L_0}{2} - \frac{L_1^2}{2L_0} - \frac{L_0^2}{L_1}\right) \end{aligned} \tag{35.241}$$

beträgt.

(c) Da die Temperatur bei dieser Dehnung konstant gleich T_0 ist, kann sich die innere Energie in diesem Fall nicht ändern, denn sie hängt nur von der Temperatur ab, aber nicht von der Länge. Mit $\mathrm{d}U = 0$ folgt aus dem ersten Hauptsatz $\delta Q = \Delta W$. Daher ändert sich die Entropie um

$$\Delta S = \frac{\Delta W}{T_0} < 0\,, \tag{35.242}$$

d. h., bei der isothermen Dehnung nimmt die Entropie *ab*! Die Entropie des Wärmereservoirs, das für die konstante Temperatur T_0 sorgt, muss im gleichen Maß zunehmen.

(d) Mit der Umgebung wird keine Wärme ausgetauscht, am Gummiband wird auch keine Arbeit verrichtet. Daher kann sich seine innere Energie nicht ändern, und damit auch seine Temperatur nicht: Am Ende hat das Gummiband dieselbe Temperatur T_0 wie am Anfang. Die Entropieänderung ergibt sich dann schlicht zu

$$\Delta S = -b\left(\frac{3L_0}{2} - \frac{L_1^2}{2L_0} - \frac{L_0^2}{L_1}\right)\,. \tag{35.243}$$

Der Prozess ist zwar nicht reversibel, aber die Entropieänderung als Änderung einer Zustandsgröße kann entlang eines reversiblen Vergleichsprozesses berechnet werden.

Teil IV

35.2 Die gesamte Entropieänderung ist

$$\Delta S = \sum_{j=1}^{k} \int_{T_j}^{T_\mathrm{f}} \frac{C_V^{(j)}(T)}{T} \mathrm{d}T\,. \tag{35.244}$$

Diese Summe teilen wir auf in eine Summe über $(l-1)$ Systeme, die sich erwärmen ($T_j < T_\mathrm{f}$), und solche, die sich abkühlen:

$$\Delta S = \underbrace{\sum_{j=1}^{l-1} \int_{T_j}^{T_\mathrm{f}} \frac{C_V^{(j)}(T)}{T} \mathrm{d}T}_{(*)} - \underbrace{\sum_{j=l}^{k} \int_{T_\mathrm{f}}^{T_j} \frac{C_V^{(j)}(T)}{T} \mathrm{d}T}_{(**)}\,. \tag{35.245}$$

Diese beiden Terme lassen sich wie folgt abschätzen:

$$\begin{aligned} (*) &\geq \frac{1}{T_\mathrm{f}} \sum_{j=1}^{l-1} \int_{T_j}^{T_\mathrm{f}} C_V^{(j)}(T) \mathrm{d}T\,, \\ (**) &\leq \frac{1}{T_\mathrm{f}} \sum_{j=l}^{k} \int_{T_\mathrm{f}}^{T_j} C_V^{(j)}(T) \mathrm{d}T\,. \end{aligned} \tag{35.246}$$

Durch Subtraktion folgt sofort

$$\begin{aligned} \Delta S = (*) - (**) &\geq \frac{1}{T_\mathrm{f}} \sum_{j=1}^{k} \int_{T_j}^{T_\mathrm{f}} C_V^{(j)}(T) \mathrm{d}T \\ &= \frac{\Delta Q}{T_\mathrm{f}} = 0\,, \end{aligned} \tag{35.247}$$

was zu zeigen war.

35.3

(a) Mithilfe der Vorgaben kann die Gibbs'sche Grundform in

$$\begin{aligned} \mathrm{d}S &= \frac{1}{T}\left(\frac{\partial U}{\partial T}\right)_V \mathrm{d}T + \frac{1}{T}\left(\frac{\partial U}{\partial V}\right)_T \mathrm{d}V + \frac{P}{T}\mathrm{d}V \\ &= \frac{V}{T}\left(\frac{\partial u}{\partial T}\right)_V \mathrm{d}T + \frac{u}{T}\mathrm{d}V + \frac{u}{3T}\mathrm{d}V \end{aligned} \tag{35.248}$$

umgeschrieben werden. Für die Ableitungen der Entropie gilt also

$$\left(\frac{\partial S}{\partial T}\right)_V = \frac{V}{T}\left(\frac{\partial u}{\partial T}\right)_V, \quad \left(\frac{\partial S}{\partial V}\right)_T = \frac{u}{T} + \frac{u}{3T} = \frac{4u}{3T}\,. \tag{35.249}$$

Mittels der angegebenen Maxwell-Relation folgt aus der zweiten Gleichung

$$\left(\frac{\partial S}{\partial V}\right)_T = \left(\frac{\partial P}{\partial T}\right)_V = \frac{1}{3}\left(\frac{\partial u}{\partial T}\right)_V = \frac{4u}{3T} \tag{35.250}$$

und daraus durch Integration

$$\ln u = 4 \ln T + \mathrm{const}\,. \tag{35.251}$$

Die Konstante ist so zu wählen, dass $u(T = 1\,\mathrm{K}) = \sigma$ wird, was schließlich auf

$$u = \sigma T^4 \tag{35.252}$$

führt.

(b) Für die Entropie $S[T(U,V), V]$ erhalten wir zunächst aus der Gibbs'schen Grundform

$$\begin{aligned} \left(\frac{\partial S}{\partial T}\right)_V &= \frac{V}{T}\left(\frac{\partial u}{\partial T}\right)_V = 4\sigma V T^2\,, \\ \left(\frac{\partial S}{\partial V}\right)_T &= \frac{4\sigma T^3}{3}\,, \end{aligned} \tag{35.253}$$

daraus dann

$$S = S_0 + \frac{4\sigma V T^3}{3}\,, \tag{35.254}$$

und da die Entropie bei $T = 0$ verschwinden muss, muss ferner $S_0 = 0$ gesetzt werden:

$$S = \frac{4}{3}\sigma V T^3\,. \tag{35.255}$$

(c) Unter den vorgegebenen Bedingungen bleibt die gesamte innere Energie unverändert,

$$\sigma V_1 T^4 = U = U_1 + U_2 = \sigma\,(V_1 + V_2)\,T_\mathrm{f}^4\,, \tag{35.256}$$

woraus sich die Endtemperatur

$$T_\mathrm{f} = \left(\frac{V_1}{V_1 + V_2}\right)^{1/4} T \tag{35.257}$$

ergibt. Der Prozess ist irreversibel, weil sich die Strahlung nicht spontan in den Hohlraum 1 zurückziehen wird, nachdem sie beide Hohlräume angefüllt hat. Die Entropie nimmt dabei zu um den Betrag

$$\begin{aligned} \Delta S &= \frac{4}{3}\sigma \left[(V_1 + V_2)\left(\frac{V_1}{V_1 + V_2}\right)^{3/4} - V_1\right] T^3 \\ &= S\left[\left(\frac{V_1 + V_2}{V_1}\right)^{1/4} - 1\right]. \end{aligned} \tag{35.258}$$

(d) Die angegebene Maxwell-Relation erhalten wir schließlich wie folgt: Wir schreiben die Gibbs'sche Grundform aus,

$$\begin{aligned} &T\left[\left(\frac{\partial S}{\partial T}\right)_V \mathrm{d}T + \left(\frac{\partial S}{\partial V}\right)_T \mathrm{d}V\right] \\ &\quad = \left(\frac{\partial U}{\partial T}\right)_V \mathrm{d}T + \left(\frac{\partial U}{\partial V}\right)_T \mathrm{d}V + P\mathrm{d}V\,, \end{aligned} \tag{35.259}$$

und erhalten daraus

$$T\left(\frac{\partial S}{\partial T}\right)_V = \left(\frac{\partial U}{\partial T}\right)_V , \quad T\left(\frac{\partial S}{\partial V}\right)_T = \left(\frac{\partial U}{\partial V}\right)_T + P . \tag{35.260}$$

Die erste Gleichung leiten wir nach V, die zweite nach T ab und eliminieren die gemischte zweite Ableitung der inneren Energie U zwischen den beiden dadurch entstehenden Gleichungen. Dies ergibt

$$T\frac{\partial^2 S}{\partial V \partial T} = \left(\frac{\partial S}{\partial V}\right)_T + T\frac{\partial^2 S}{\partial T \partial V} - \left(\frac{\partial P}{\partial T}\right)_V , \tag{35.261}$$

woraus die angegebene Maxwell-Relation bereits ablesbar ist.

35.4 Seien ΔW_j, $j = 1, 2$, die Wärmemengen, die von den beiden Maschinen an ihrer Umgebung verrichtet werden. Der erste Hauptsatz verlangt

$$\sum_{i=1}^{3} \Delta Q_i = \sum_{j=1}^{2} \Delta W_j . \tag{35.262}$$

Da nach Vorgabe $\Delta W_1 = -\Delta W_2$ sein muss, erfordert der erste Hauptsatz

$$\sum_{i=1}^{3} \Delta Q_i = 0 . \tag{35.263}$$

Da die Maschinen reversibel arbeiten sollen, muss für die gesamte Entropieänderung der Wärmereservoire und der Maschinen

$$\Delta S = \sum_{i=1}^{3} \Delta S_i + \underbrace{\sum_{j=1}^{2} \Delta S_j}_{=0} = 0 \tag{35.264}$$

gelten, woraus

$$\sum_{i=1}^{3} \frac{\Delta Q_i}{T_i} = 0 \tag{35.265}$$

folgt. Zwischen den beiden Forderungen der Hauptsätze eliminieren wir ΔQ_3,

$$\Delta Q_3 = -\Delta Q_1 - \Delta Q_2 , \quad \frac{\Delta Q_1}{T_1} + \frac{\Delta Q_2}{T_2} - \frac{\Delta Q_1 + \Delta Q_2}{T_3} = 0 , \tag{35.266}$$

und erhalten daraus

$$\left(\frac{1}{T_1} - \frac{1}{T_3}\right)\Delta Q_1 + \left(\frac{1}{T_2} - \frac{1}{T_3}\right)\Delta Q_2 = 0 . \tag{35.267}$$

Aufgrund der Vorgabe an die Ordnung der Temperaturen sind die beiden Koeffizienten der Wärmemengen ΔQ_1 und ΔQ_2 negativ. Die letzte Gleichung erfordert demnach

$$\operatorname{sgn} \Delta Q_1 = -\operatorname{sgn} \Delta Q_2 . \tag{35.268}$$

Völlig analog können wir zunächst ΔQ_2 eliminieren und aus dem Ergebnis

$$\left(\frac{1}{T_1} - \frac{1}{T_3}\right)\Delta Q_1 + \left(\frac{1}{T_3} - \frac{1}{T_2}\right)\Delta Q_3 = 0 \tag{35.269}$$

schließen, dass

$$\operatorname{sgn} \Delta Q_1 = \operatorname{sgn} \Delta Q_3 \tag{35.270}$$

gelten muss. Daher sind insgesamt folgende Vorzeichenkombinationen mit den beiden Hauptsätzen verträglich:

$\operatorname{sgn} \Delta Q_1$	$\operatorname{sgn} \Delta Q_2$	$\operatorname{sgn} \Delta Q_3$
+	−	+
−	+	−

35.5

(a) Die gegebenen partiellen Ableitungen entsprechen den folgenden physikalischen Größen:

$$\left(\frac{\partial U}{\partial S}\right)_{V,M,N} = T , \quad \left(\frac{\partial U}{\partial V}\right)_{S,M,N} = -P , \quad \left(\frac{\partial U}{\partial N}\right)_{S,V,M} = \mu , \tag{35.271}$$

also der absoluten Temperatur, dem negativen Druck und dem chemischen Potenzial.

(b) Das großkanonische Potenzial J, das in Abschn. 36.3 eingeführt wird, soll von (T, P, M, μ) abhängen, während die innere Energie U von (S, V, M, N) abhängt. Dementsprechend erfordert der Übergang von U nach J die Legendre-Transformationen $S \to T$, $V \to P$ und $N \to \mu$, wobei die Vorzeichen jeweils durch die partiellen Ableitungen von U vorgegeben sind:

$$J = U - TS + PV - \mu N . \tag{35.272}$$

Das Differenzial $\mathrm{d}J$ ist

$$\begin{aligned} \mathrm{d}J &= \mathrm{d}U - S\mathrm{d}T - T\mathrm{d}S + P\mathrm{d}V + V\mathrm{d}P - \mu\mathrm{d}N - N\mathrm{d}\mu \\ &= (T\mathrm{d}S - P\mathrm{d}V + B\mathrm{d}M + \mu\mathrm{d}N) \\ &\quad - S\mathrm{d}T - T\mathrm{d}S + P\mathrm{d}V + V\mathrm{d}P - \mu\mathrm{d}N - N\mathrm{d}\mu \\ &= -S\mathrm{d}T + V\mathrm{d}P - N\mathrm{d}\mu + B\mathrm{d}M . \end{aligned} \tag{35.273}$$

Nach dem Euler'schen Satz über homogene Funktionen muss für die innere Energie

$$\begin{aligned} U = S\left(\frac{\partial U}{\partial S}\right)_{V,M,N} + V\left(\frac{\partial U}{\partial V}\right)_{S,M,N} \\ + M\left(\frac{\partial U}{\partial M}\right)_{S,V,N} + N\left(\frac{\partial U}{\partial N}\right)_{S,V,M} \end{aligned} \tag{35.274}$$

Teil IV

gelten, da U homogen vom Grad 1 in den extensiven Größen (S, V, M, N) ist. Mit den Ergebnissen aus Teilaufgabe (a) und der Vorgabe folgt

$$U = TS - VP + BM + N\mu\,, \tag{35.275}$$

und demnach ist

$$J = U - TS + PV - \mu N = BM\,. \tag{35.276}$$

(c) Aus dem Differenzial $\mathrm{d}J$ erhalten wir zunächst

$$\left(\frac{\partial J}{\partial M}\right)_{T,P,\mu} = B\,, \quad \left(\frac{\partial J}{\partial \mu}\right)_{T,P,M} = -N\,. \tag{35.277}$$

Ableitung der ersten Gleichung nach μ, der zweiten nach M und Eliminierung der gemischten zweiten Ableitung

$$\frac{\partial^2 J}{\partial \mu \partial M} \tag{35.278}$$

liefert sofort das gewünschte Ergebnis:

$$\begin{aligned}\left(\frac{\partial B}{\partial \mu}\right)_{T,P,M} &= \frac{\partial}{\partial \mu}\left(\frac{\partial J}{\partial M}\right)_{T,P,\mu} \\ &= \frac{\partial}{\partial M}\left(\frac{\partial J}{\partial \mu}\right)_{T,P,M} \\ &= -\left(\frac{\partial N}{\partial M}\right)_{T,P,\mu}\,.\end{aligned} \tag{35.279}$$

Teil IV

Literatur

Schwabl, F.: Statistische Mechanik. Springer, Berlin, Heidelberg (2006)

36 Ensembles und Zustandssummen

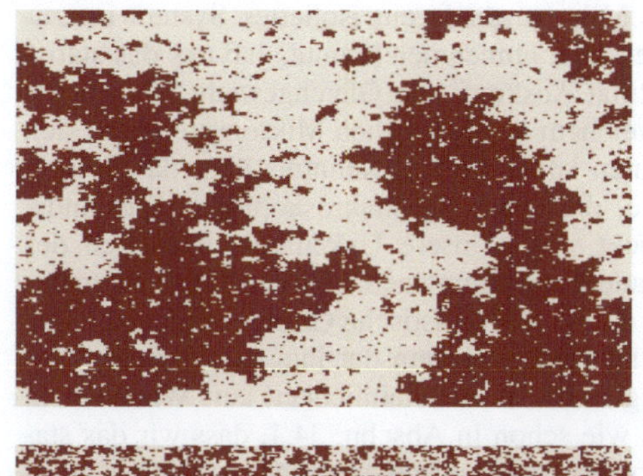

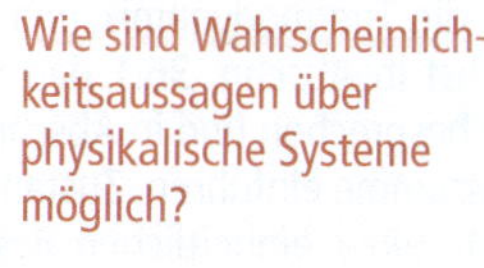

Wie sind Wahrscheinlichkeitsaussagen über physikalische Systeme möglich?

Welchen statistischen Gesetzen folgt eine große Menge gleichartiger Systeme?

Wie können solche Systeme einheitlich beschrieben werden?

Wie wird diese einheitliche Beschreibung auf konkrete Systeme angewandt?

Wie können chemische Reaktionen thermodynamisch beschrieben werden?

Teil IV

M. Bartelmann et al., *Theoretische Physik*, DOI 10.1007/978-3-642-54618-1_36,

Teil IV, der sich mit Thermodynamik befasst, gleicht viel mehr einer Wendeltreppe als einem geradlinigen Fortschreiten. Die Axiome der Thermodynamik wurden bereits in Kap. 33 eingeführt und als Abstraktionen physikalischer Erfahrung begründet. Weitere Axiome sind seitdem nicht dazugekommen, stattdessen haben wir sie vertieft: In Kap. 34 durch die statistische Begründung der Entropie und in Kap. 35 durch Anwendungen auf einfache Systeme.

Wir beginnen nun mit einem weiteren, vertiefenden Durchgang durch die Thermodynamik und die statistische Physik, in dem wir zunächst in Abschn. 36.1 den Begriff des Ensembles noch einmal näher besprechen und in Abschn. 36.2 und 36.3 den Begriff der Zustandssumme einführen. Zustandssummen können als die zentralen Objekte einer einheitlichen Beschreibung der statistischen Physik angesehen werden, die bis in die statistische Quantenfeldheorie hinein Anwendung finden. Insbesondere ergeben sich Mittelwerte und Korrelationen beliebiger thermodynamischer Größen durch geeignete Ableitungen von Zustandssummen. Dieser methodische Schritt ist das zentrale Anliegen dieses Kapitels.

Ausgehend von der üblichen Unterscheidung zwischen mikrokanonischen, kanonischen und großkanonischen Ensembles besprechen wir die dazugehörigen Zustandssummen ebenso wie die thermodynamischen Potenziale, die ihnen zugeordnet sind. Anschließend bestimmen wir in drei Abschnitten, die verschiedenen Anwendungen gewidmet sind, die Zustandssummen für verschiedene physikalische Systeme, nämlich für das ideale Gas im Schwerefeld in Abschn. 36.4, für chemisch reagierende ideale Gasgemische in Abschn. 36.5 und in Abschn. 36.6 für einfache Modelle magnetischer Systeme.

Das wesentliche Ziel dieses Kapitels ist es zu zeigen, wie sich verschiedenste thermodynamische Systeme anhand von Zustandssummen auf einheitliche Weise beschreiben lassen und wie alle Arten thermodynamischer Größen aus Zustandssummen gewonnen werden können.

36.1 Ensembles

Zum Begriff des Ensembles

Den Begriff des Ensembles haben wir bereits in Abschn. 34.1 eher nebenher eingeführt. Hier wollen wir diesen Begriff noch einmal präzise definieren und erweitern.

Die Thermodynamik ist gerade deswegen so allgemeingültig und bei der Beschreibung verschiedenster physikalischer Systeme so erfolgreich, weil sie von der mikroskopischen Information über die sehr vielen Freiheitsgrade makroskopischer Systeme absieht und stattdessen nur noch voraussetzt, dass es zwischen diesen Freiheitsgraden Möglichkeiten des Energieaustauschs gibt. Wie sich ein physikalisches System aus sehr vielen Freiheitsgraden, dessen makroskopische Zustandsgrößen auf bestimmte Weise vorgegeben sind, mikroskopisch genau einstellt, interessiert die Thermodynamik nicht.

Während der Begründung der statistischen Beschreibung der Thermodynamik haben wir gesehen, dass sich die Entropie eines physikalischen Systems auf ein logarithmisches Maß seines Phasenraumvolumens zurückführen lässt. Unter vorgegebenen makroskopischen Zustandsgrößen ist dem System ein bestimmter Bereich des Phasenraumes zugänglich, der in der Regel sehr viele mögliche Mikrozustände enthält, die alle mit den makroskopischen Zustandsgrößen verträglich sind.

Darüber, welche Mikrozustände ein isoliertes System im zugänglichen Phasenraum einnehmen könnte, gab uns das statistische Grundpostulat Auskunft: Im Gleichgewicht können wir nicht sagen, in welchem der möglichen Mikrozustände es sich aufhält. Wir können keine weitere Kenntnis über das System behaupten als die, die durch die makroskopischen Zustandsgrößen ausgedrückt wird. Unsere Unkenntnis bezüglich des vom System gerade eingenommenen Mikrozustands ist maximal. Gerade dies drückt das statistische Grundpostulat aus: Das isolierte System hält sich in jedem der ihm zugänglichen Mikrozustände mit gleicher Wahrscheinlichkeit auf. Wir betonen hier noch einmal wie schon in Abschn. 34.1, dass wir das statistische Grundpostulat axiomatisch annehmen müssen, weil es bisher keine tiefere Begründung gefunden hat.

Welchen Sinn hat es, bei einem einzelnen System von einer Wahrscheinlichkeit zu sprechen? Verschiedene Deutungen sind möglich. Wir können uns z. B. vorstellen, dass das System im Gleichgewicht verbleibt, dabei aber in zeitlicher Folge verschiedene Mikrozustände durchläuft. Da sich die äußeren, makroskopischen Bedingungen nicht ändern, wird auch der Bereich im Phasenraum derselbe bleiben, der dem System zugänglich ist. Von keinem der Mikrozustände, die er umfasst, können wir sagen, dass er durch das System bevorzugt angenommen werde. Würden wir im Laufe der Zeit bei gleichbleibenden makroskopischen Bedingungen viele Male den Mikrozustand des Systems bestimmen (vorausgesetzt, wir wüssten, wie das geht), müssten wir aufgrund des statistischen Grundpostulats erwarten, dass jeder der möglichen Mikrozustände mit gleicher Häufigkeit auftreten würde. Diese Häufigkeit relativ zur Gesamtzahl der Messungen können wir nach dem Gesetz der großen Zahlen als Näherung der Wahrscheinlichkeit auffassen, mit der sich das System in einem der zugänglichen Mikrozustände aufhält.

Eine weitere mögliche Deutung des Wahrscheinlichkeitsbegriffs in diesem Zusammenhang sieht davon ab, dasselbe System über sehr lange Zeiten zu verfolgen, sondern geht stattdessen davon aus, dass sehr viele makroskopisch gleichartige Systeme präpariert werden. Makroskopisch gleichartig bedeutet, dass alle diese Systeme dieselben makroskopischen Zustandsgrößen aufweisen. Jedem dieser so präparierten Systeme ist also derselbe Bereich des Phasenraumes zugänglich. Aufgrund des statistischen Grundpostulats müssen wir erwarten, dass sich diese vielen gedachten Systeme gleichmäßig über alle möglichen Mikrozustände verteilen werden. Würden wir wiederum zu einem bestimmten Zeitpunkt auf beliebige Weise einige solcher Systeme herausgreifen und ihren Mikrozustand messen, würde sich die relative Häufigkeit, mit der wir einen bestimmten

Mikrozustand feststellen würden, der Wahrscheinlichkeit annähern, die wir dem statistischen Grundpostulat zufolge erwarten müssen.

In welchem Zusammenhang stehen diese beiden Betrachtungsweisen zueinander, denen zufolge entweder ein System im Gleichgewicht über lange Zeiten verfolgt wird oder eine große Menge makroskopisch gleichartig präparierter Systeme zu derselben Zeit? Dies ist der Gegenstand der *Ergodenhypothese* (siehe Kasten „Vertiefung: Ergodenhypothese und Ergodentheorem").

Eine solche große Menge gedachter thermodynamischer Systeme, denen dieselben makroskopischen Zustandsgrößen vorgeschrieben wurden, wird ein *Ensemble* oder eine *Gesamtheit* genannt. Im oben diskutierten Sinn treffen wir Wahrscheinlichkeitsaussagen über Ensembles und meinen damit die Grenzwerte relativer Häufigkeiten, mit denen an diesen Ensembles bestimmte Messergebnisse gefunden würden.

Übliche Ensembles

Je nach den makroskopischen Zustandsgrößen, die jeweils vorgeschrieben werden, werden üblicherweise drei Arten von Ensembles in der Thermodynamik bzw. in der statistischen Physik unterschieden:

(a) Das *mikrokanonische Ensemble* besteht aus abgeschlossenen Systemen, denen also sowohl die Gesamtenergie E als auch die Teilchenzahl N fest vorgegeben wird. Die Systeme eines mikrokanonischen Ensembles sind also sowohl thermisch als auch bezüglich jedes Materieaustauschs gegenüber ihrer Umwelt isoliert (Abb. 36.1).
(b) Das *kanonische Ensemble* besteht aus Systemen, die keine Materie mit ihrer Umgebung austauschen können, die aber nicht mehr thermisch isoliert sind, sondern durch ein Wärmebad auf einer vorgegebenen Temperatur gehalten werden. Wie wir feststellen werden, ist dann nicht mehr ihre Gesamtenergie konstant, sondern nur noch ihre mittlere Gesamtenergie, die wir als innere Energie U bezeichnen.
(c) Das *großkanonische Ensemble* schließlich besteht aus Systemen, deren Temperatur durch Kopplung an ein Wärmebad vorgegeben wird und die zudem Teilchen mit ihrer Umgebung austauschen können. Damit handelt es sich um offene Systeme, denen durch ihre Umgebung neben einer mittleren inneren Energie auch eine mittlere Teilchenzahl vorgegeben wird.

Das mikrokanonische Ensemble

Wir hatten es in Kap. 34 meistens mit mikrokanonischen Ensembles zu tun, ohne diese genau definiert zu haben. Das

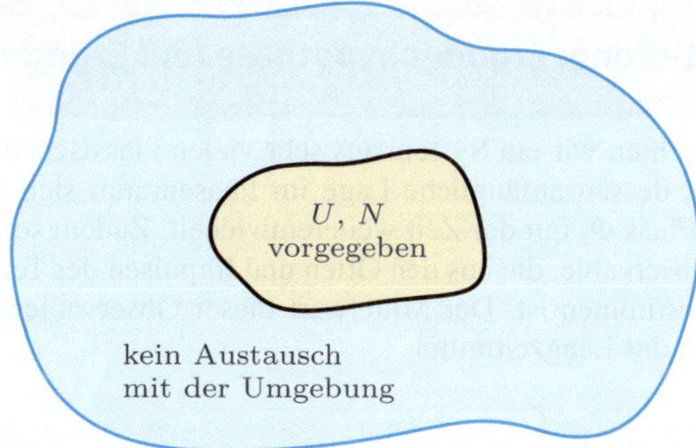

Abb. 36.1 Die Systeme eines mikrokanonischen Ensembles sind sowohl bezüglich Energie- als auch bezüglich Teilchenaustauschs gegenüber ihrer Umgebung abgeschlossen

statistische Grundpostulat besagt, dass sich die Systeme eines mikrokanonischen Ensembles mit gleicher Wahrscheinlichkeit in allen ihnen zugänglichen Mikrozuständen aufhalten. Wenn wir diese möglichen Mikrozustände mit einem Index i nummerieren und sie durch ihre Energie E_i kennzeichnen, bedeutet das für die Wahrscheinlichkeit p_i, ein System im Mikrozustand i zu finden:

$$p_i = \begin{cases} C = \text{const}, & \text{wenn } E_i = E \text{ ist} \\ 0 & \text{anderenfalls.} \end{cases} \tag{36.1}$$

Die Konstante C lässt sich leicht bestimmen: Die Summe der Wahrscheinlichkeiten über alle verfügbaren Mikrozustände muss normiert sein, also eins ergeben. Die Anzahl Ω der zugänglichen Mikrozustände wird gerade durch das Phasenraumvolumen ausgedrückt. Also muss für alle zugänglichen Mikrozustände i

$$p_i = C = \frac{1}{\Omega} \tag{36.2}$$

sein.

Das kanonische Ensemble und die Boltzmann-Verteilung

Nun gehen wir zum kanonischen Ensemble über, indem wir es als Teil eines mikrokanonischen Ensembles auffassen. Betrachten wir zu diesem Zweck ein isoliertes Gesamtsystem der vorgegebenen Gesamtenergie E, das aus einem vergleichsweise sehr großen Teilsystem S_1 mit der Energie E_1 und einem sehr viel kleineren Teilsystem S_2 mit der inneren Energie $E_2 = E - E_1$ besteht, das mit S_1 im thermischen Gleichgewicht steht. Teilchenaustausch zwischen den Systemen S_1 und S_2 sei unterbunden.

Stellen wir uns eine große Menge makroskopisch gleichartig präparierter Gesamtsysteme vor, handelt es sich dabei offenbar um ein mikrokanonisches Ensemble. Alle kleinen Teilsys-

Vertiefung: Ergodenhypothese und Ergodentheorem

Betrachten wir ein System aus sehr vielen klassischen Teilchen, dessen anfängliche Lage im Phasenraum sich durch den Fluss Φ_t mit der Zeit weiterentwickelt. Zudem sei A eine Observable, die aus den Orten und Impulsen der Teilchen zu bestimmen ist. Der Mittelwert dieser Observablen A ist durch das Langzeitmittel

$$\bar{A} = \lim_{T\to\infty} \frac{1}{T} \int_0^T A \circ \Phi_t \, \mathrm{d}t$$

gegeben: Der anfängliche Zustand der Teilchen wird durch den Phasenraumfluss Φ_t bis zur Zeit t transportiert. Aus diesem momentanen Zustand wird die Observable A bestimmt. Dies wird für alle Zeiten aus einem beliebig langen Zeitraum T wiederholt, über den abschließend gemittelt wird.

Da solche Mittelwerte strikt kaum zu beobachten oder zu berechnen sind, werden sie durch das sogenannte *Scharmittel* oder *Ensemblemittel*

$$\langle A \rangle = \int_\Gamma A\rho \, \mathrm{d}\Gamma$$

ersetzt: Der Mittelwert der Observablen A wird durch ein Phasenraumintegral über die Observable selbst und eine Verteilungsfunktion ρ dargestellt. Dieser Ersetzung liegt die Vorstellung zugrunde, dass die Statistik über das Langzeitverhalten eines physikalischen Systems äquivalent zur Statistik über viele makroskopisch gleichartige Realisierungen desselben Systems sei. Das Langzeitmittel wird der Mittelung über alle Systeme eines Ensembles gleichgesetzt.

Es ist eine sehr schwierige und im Allgemeinen unbeantwortete Frage, für welche Observablen welcher Arten von Systemen und welche Verteilungen ρ diese Gleichsetzung tatsächlich möglich ist. *Birkhoffs Ergodensatz* (benannt nach dem US-amerikanischen Mathematiker *George David Birkhoff*, 1884–1944) setzt voraus, dass das System durch einen Phasenraumfluss Φ_t transformiert wird, der das Phasenraumvolumen erhält (Birkhoff 1931).

Frage 1

Schlagen Sie noch einmal den Kasten „Vertiefung: Phasenraumfluss und Liouville'scher Satz" in Abschn. 34.1 nach, in dem gezeigt wird, dass der Phasenraumfluss das Phasenraumvolumen für solche Systeme immer erhält, deren Dynamik durch die Hamilton'schen Gleichungen beschrieben werden kann.

Unter dieser Voraussetzung besagt der Ergodensatz, dass für jede auf einer Energieschale integrable Funktion A punktweise fast überall das Langzeitmittel $\bar{A}$ existiert, das darüber hinaus ebenfalls auf einer Energieschale integrabel und fast überall unter dem Phasenraumfluss Φ_t invariant ist. Dieses Zeitmittel stimmt auf der Energieschale mit dem Scharmittel überein:

$$\int_\Gamma \bar{A}\delta_\mathrm{D}\left[H(x) - E\right] \mathrm{d}\Gamma = \int_\Gamma \langle A \rangle \delta_\mathrm{D}\left[H(x) - E\right] \mathrm{d}\Gamma \,.$$

Umgekehrt heißt ein Phasenraumfluss Φ_t *ergodisch*, wenn Langzeitmittel und Scharmittel fast überall übereinstimmen. Insbesondere bedeutet dies, dass das System im Lauf einer endlichen zeitlichen Entwicklung jedem Punkt im Zustandsraum beliebig nahe kommt.

Die *Ergodenhypothese* besagt, dass alle realistischen makroskopischen Systeme ergodisch seien, aber Ergodizität konnte bisher nur für sehr wenige idealisierte Systeme gezeigt werden.

Der gemeinsame Wortstamm der hier verwendeten Begriffe leitet sich von den griechischen Worten *érgon* für „Werk" und *ódos* für „Weg" ab. Eine ausführliche Behandlung dieses Themas finden Sie z. B. in Sethna (2006).

teme S_2 dieses Ensembles zusammengenommen bilden aber ein kanonisches Ensemble, denn sie sind zwar gegen Teilchenaustausch abgeschlossen, thermisch aber an die jeweiligen großen Teilsysteme S_1 gekoppelt, die ihre Temperatur festlegen (Abb. 36.2).

Wie groß ist die Wahrscheinlichkeit p_i, in einem solchen kanonischen Ensemble das System S_2 im Zustand i mit der Energie E_i zu finden?

Da das Gesamtsystem Teil eines mikrokanonischen Ensembles ist, können wir darauf das statistische Grundpostulat anwenden. Ihm zufolge ist diese Wahrscheinlichkeit p_i proportional zur Anzahl der Mikrozustände, die das Gesamtsystem unter der Vorgabe einnehmen kann, dass der Anteil $E - E_i$ der Gesamtenergie auf das System S_1 und der Rest E_i auf das System S_2 entfällt. Da das System S_2 gerade in dem einen festen Zustand i sein soll, muss die Anzahl dieser Mikrozustände gerade diejenige sein, die das System S_1 annehmen kann. Demnach ist die gesuchte Wahrscheinlichkeit

$$p_i = C\,\Omega_1(E - E_i)\,, \tag{36.3}$$

wobei sich die in diesem Zusammenhang vorerst unerhebliche Konstante C durch Normierung ergäbe. Der Index an Ω zeigt an, dass damit das Phasenraumvolumen bezeichnet wird, das dem Teilsystem S_1 zugänglich ist.

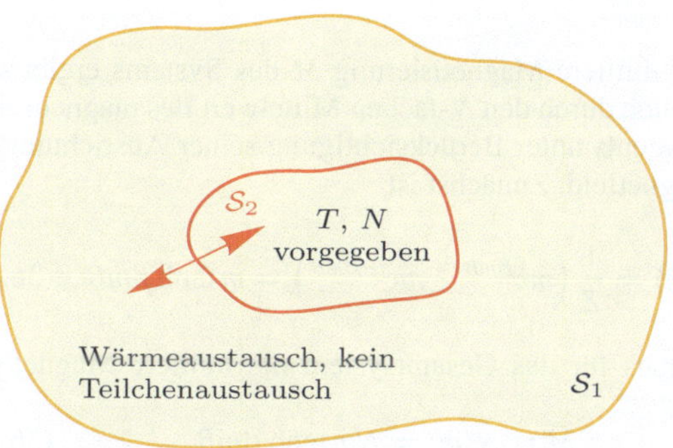

Abb. 36.2 Die Systeme eines kanonischen Ensembles können Energie mit einem umgebenden Wärmereservoir austauschen, sind aber bezüglich Teilchenaustauschs abgeschlossen

Nach Voraussetzung muss $E_i \ll E$ sein, weil das Teilsystem S_1 als sehr viel größer als das Teilsystem S_2 angenommen wurde. Daher liegt es nahe, $\ln \Omega_1(E - E_i)$ wieder um die vorgegebene Gesamtenergie E zu entwickeln:

$$\begin{aligned} &\ln \Omega_1(E - E_i) \\ &= \ln \Omega_1(E) - \left.\frac{\partial \ln \Omega_1(E_1)}{\partial E_1}\right|_{E_1=E} E_i + O\left(\frac{E_i^2}{E^2}\right) . \end{aligned} \tag{36.4}$$

Die Schreibweise der ersten Ableitung deutet an, dass das Phasenraumvolumen Ω_1 nach der Energie E_1 des Teilsystems S_1 abgeleitet werden muss, deren Wert dann auf $E_1 = E$ festgesetzt wird.

Verwenden wir hier die Definition (34.49) der reziproken Temperatur $\beta = (k_B T)^{-1}$, folgt zunächst aus (36.4)

$$\ln \Omega_1(E - E_i) = \ln \Omega_1(E) - \beta E_i \tag{36.5}$$

in erster und ausreichender Taylor-Näherung. Daraus ergibt sich

$$\Omega_1(E - E_i) = \Omega_1(E)\, e^{-\beta E_i} \tag{36.6}$$

für das Phasenraumvolumen und

$$p_i \propto e^{-\beta E_i} = e^{-E_i/k_B T} \tag{36.7}$$

für die gesuchte Wahrscheinlichkeit, wobei T die Temperatur des Wärmereservoirs (und damit auch des Systems S_2) ist.

Boltzmann-Verteilung

Die Proportionalitätskonstante folgt wie erwähnt aus der Bedingung, dass die Summe aller Wahrscheinlichkeiten auf eins normiert sein muss:

$$p_i = Z_c^{-1}\, e^{-E_i/k_B T} , \quad Z_c := \sum_i e^{-E_i/k_B T} . \tag{36.8}$$

Dieses sehr allgemeingültige Ergebnis ist die *Boltzmann-Verteilung*.

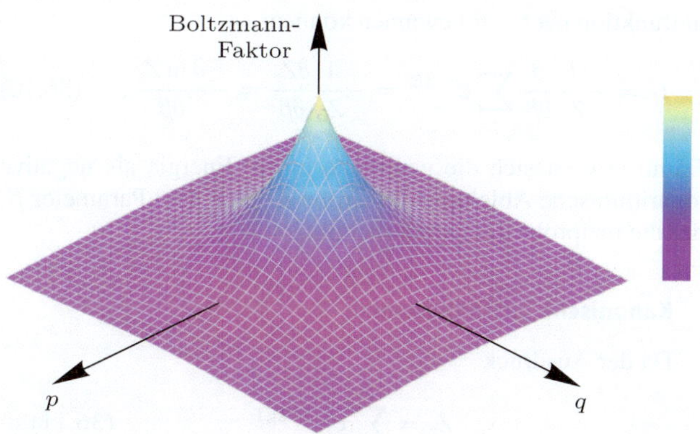

Abb. 36.3 Der exponentiell abfallende Boltzmann-Faktor ist eine statistische Gewichtsfunktion auf dem Zustandsraum kanonischer Systeme. Während die zugänglichen Zustände eines mikrokanonischen Ensembles wegen des statistischen Grundpostulats alle als gleich wahrscheinlich angesehen werden, werden die zugänglichen Zustände eines kanonischen Ensembles mit höherer Energie exponentiell unwahrscheinlicher besetzt. Dieser Darstellung, deren Farbskala beliebig ist, liegt die Energie eines harmonischen Oszillators zugrunde, die quadratisch von den Orts- und Impulskoordinaten abhängt

Sie zeigt, dass die Besetzung der Mikrozustände eines Systems, das sich im thermischen Gleichgewicht mit einem Wärmebad der Temperatur T befindet, exponentiell von dem Verhältnis der Zustandsenergie E_i zur thermischen Energie $k_B T$ abhängt. Die Boltzmann-Verteilung ist die Wahrscheinlichkeitsverteilung, mit der ein kanonisches Ensemble die ihm zugänglichen Mikrozustände besetzt (Abb. 36.3).

36.2 Die kanonische Zustandssumme

Eigenschaften und Zusammenhang mit thermodynamischen Funktionen

Betrachten wir weiter ein kanonisches Ensemble und darin insbesondere die gemittelte innere Energie U. Aufgrund der Konstruktion des kanonischen Ensembles ist diese über das Ensemble gemittelte innere Energie zugleich der Erwartungswert der inneren Energie eines einzelnen Systems aus dem kanonischen Ensemble. Von der Boltzmann-Verteilung ausgehend finden wir sofort

$$U = \frac{1}{Z_c} \sum_i E_i e^{-\beta E_i} , \tag{36.9}$$

wobei wiederum an die Definition $\beta = (k_B T)^{-1}$ erinnert sei. Dieses Ergebnis lässt sich auf eine einfachere Weise ausdrücken, da wir den Vorfaktor E_i durch Ableitung der Exponentialfunktion nach $-\beta$ gewinnen können:

$$U = -\frac{1}{Z_c}\frac{\partial}{\partial\beta}\sum_i e^{-\beta E_i} = -\frac{1}{Z_c}\frac{\partial Z_c}{\partial\beta} = -\frac{\partial \ln Z_c}{\partial\beta}. \quad (36.10)$$

Damit erweist sich die gemittelte innere Energie als negative logarithmische Ableitung der Größe Z_c nach dem Parameter β, der die reziproke Temperatur angibt.

Kanonische Zustandssumme

Da der Ausdruck

$$Z_c = \sum_i e^{-E_i/k_B T} \quad (36.11)$$

durch Summation über die Boltzmann-Faktoren aller möglichen, zugänglichen Mikrozustände gewonnen wird, wird er als Zustandssumme des kanonischen Systems oder als *kanonische Zustandssumme* bezeichnet. Wir werden sehen, dass alle thermodynamischen Gleichgewichtseigenschaften eines Systems aus seiner Zustandssumme bestimmt werden können. Die Zustandssumme kann daher als fundamentale Größe beim Aufbau der Thermodynamik verstanden werden.

Bevor wir mit der Behandlung der kanonischen Zustandssumme fortfahren, behandeln wir ein erstes instruktives Beispiel (siehe hierzu „Dia- und Paramagnetismus" in Abschn. 29.2).

Einfaches Modell eines Paramagneten

Betrachten wir ein System aus N gleichartigen Atomen, von denen jedes den Spin $1/2$ und das magnetische Moment m haben möge. Ein äußeres Magnetfeld $\boldsymbol{B}$ gibt eine Richtung vor, bezüglich derer sich der Spin jedes Atoms parallel oder antiparallel ausrichten kann. Wenn wir die mögliche Wechselwirkung zwischen den Atomen vernachlässigen, kann jedes Atom zwei Zustände einnehmen, deren Energien relativ zu einer hier unerheblichen Grundzustandsenergie durch $E_\pm = \mp m B$ gegeben sind. Die kanonische Zustandssumme eines einzelnen Atoms, auch Einteilchen-Zustandssumme genannt, ist demnach

$$Z_c = e^{\beta m B} + e^{-\beta m B} = 2\cosh\beta m B, \quad (36.12)$$

wobei der hyperbolische Kosinus auftritt. Dieses eine Atom trägt die mittlere Energie

$$\langle E\rangle = -\frac{\partial \ln Z_c}{\partial\beta} = -mB\tanh\beta m B \quad (36.13)$$

zur inneren Energie des Gesamtsystems bei. Da alle Atome als gleichartig betrachtet werden, ist die gesamte gemittelte innere Energie

$$U = -mBN\tanh\beta m B. \quad (36.14)$$

Die mittlere Magnetisierung M des Systems ergibt sich ähnlich durch den N-fachen Mittelwert des magnetischen Moments unter Berücksichtigung seiner Ausrichtung im Magnetfeld. Zunächst ist

$$\langle m\rangle = \frac{1}{Z}\left(m e^{\beta m B} - m e^{-\beta m B}\right) = m\tanh\beta m B, \quad (36.15)$$

woraus für das Gesamtsystem die mittlere Magnetisierung

$$M = N\langle m\rangle = Nm\tanh\beta m B \quad (36.16)$$

folgt (Abb. 36.4). Im Grenzfall sehr kleiner oder sehr großer Argumente ist

$$\tanh x \approx \begin{cases} x & (x \ll 1) \\ 1 & (x \gg 1) \end{cases}. \quad (36.17)$$

Für kleine Temperaturen $k_B T \ll mB$ geht die Magnetisierung daher gegen $M \to Nm$, während sie sich für hohe Temperaturen $k_B T \gg mB$ wie

$$M = N\frac{m^2 B}{k_B T} \quad (36.18)$$

verhält. Dieses Verhalten, $M \propto T^{-1}$, ist das Curie'sche Gesetz.

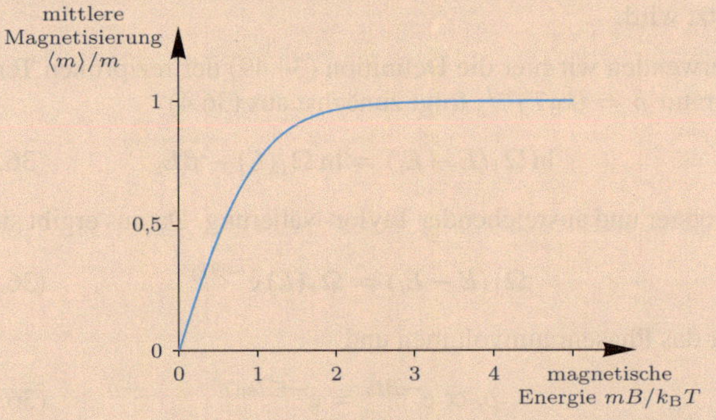

Abb. 36.4 Mittlere Magnetisierung $\langle m\rangle/m$ in Einheiten des magnetischen Moments m als Funktion des Verhältnisses $\beta m B$ zwischen der magnetischen und der thermischen Energie

◄

Frage 2

Leiten Sie die Grenzfälle her, die oben für den hyperbolischen Tangens angegeben wurden.

Die kanonische Zustandssumme kann auch zur Berechnung weiterer Mittelwerte herangezogen werden. In (34.30) haben wir mittlere verallgemeinerte Kräfte X als Mittelwerte von Ableitungen der Energie nach solchen äußeren Parametern a

eingeführt, von denen die Hamilton-Funktion der mikroskopischen Freiheitsgrade abhängt. Infinitesimale Beträge δW der Arbeit, die das System an seiner Umgebung verrichtet, ergeben sich dann durch

$$\delta W = X\,\mathrm{d}a = -\left\langle \frac{\partial E_i}{\partial a} \right\rangle \mathrm{d}a\,. \tag{36.19}$$

Mithilfe der Boltzmann-Verteilung können wir den Mittelwert in (36.19) ausführen:

$$\left\langle \frac{\partial E_i}{\partial a} \right\rangle = \frac{1}{Z_c} \sum_i \frac{\partial E_i}{\partial a} \mathrm{e}^{-\beta E_i}\,. \tag{36.20}$$

Um die Ableitung nach a zu berechnen, können wir die Identität

$$\frac{\partial}{\partial a}\left(\mathrm{e}^{-\beta E_i}\right) = -\beta \frac{\partial E_i}{\partial a} \mathrm{e}^{-\beta E_i} \tag{36.21}$$

verwenden, um (36.19) in die Form

$$\delta W = \frac{1}{\beta Z_c} \frac{\partial}{\partial a} \sum_i \mathrm{e}^{-\beta E_i}\,\mathrm{d}a = k_\mathrm{B} T \frac{\partial \ln Z_c}{\partial a}\mathrm{d}a \tag{36.22}$$

zu bringen.

Beispielsweise ist der Druck P die verallgemeinerte Kraft, die zu einer Volumenänderung $\mathrm{d}V$ konjugiert ist. Aus dem Ergebnis (36.22) folgt nun, dass sich der Druck aus der Ableitung der Zustandssumme nach dem Volumen ergeben muss:

$$P = k_\mathrm{B} T \frac{\partial \ln Z_c}{\partial V}\,. \tag{36.23}$$

Frage 3

Betrachten Sie analog zum Druck die Magnetisierung als verallgemeinerte Kraft und überlegen Sie sich deren Zusammenhang mit der kanonischen Zustandssumme.

Bevor wir von dem Zusammenhang (36.23) in konkreten Beispielen Gebrauch machen, stellen wir einen weiteren Zusammenhang zur Thermodynamik her.

Dazu fassen wir die Zustandssumme als Funktion der Temperatur, ausgedrückt durch β, und eines äußeren Parameters a auf, der stellvertretend für mehrere äußere Parameter der Hamilton-Funktion stehen kann. Das Differenzial des Logarithmus der Zustandssumme ist dann

$$\mathrm{d}\ln Z_c = \frac{\partial \ln Z_c}{\partial \beta}\mathrm{d}\beta + \frac{\partial \ln Z_c}{\partial a}\mathrm{d}a\,. \tag{36.24}$$

Setzen wir hier die Ergebnisse (36.10) und (36.22) ein, folgt

$$\mathrm{d}\ln Z_c = -U\mathrm{d}\beta + \beta\delta W = -\mathrm{d}(U\beta) + \beta\mathrm{d}U + \beta\delta W \tag{36.25}$$

und daraus

$$\mathrm{d}(\ln Z_c + \beta U) = \frac{1}{k_\mathrm{B} T}(\mathrm{d}U + \delta W) = \frac{\delta Q}{k_\mathrm{B} T}\,, \tag{36.26}$$

wobei im letzten Schritt der erste Hauptsatz verwendet wurde. Wegen $\delta Q = T\mathrm{d}S$ für reversible Vorgänge ergibt die letzte Gleichung, integral formuliert:

$$S = k_\mathrm{B}(\ln Z_c + \beta U) + C \tag{36.27}$$

mit einer additiven Konstanten C oder, nach Multiplikation mit der Temperatur T:

$$-k_\mathrm{B} T \ln Z_c = U - TS\,. \tag{36.28}$$

Die Differenz $U - TS$ haben wir als Legendre-Transformierte der inneren Energie kennengelernt und als Helmholtz'sche freie Energie F bezeichnet.

Kanonische Zustandssumme und freie Energie

Der Logarithmus der kanonischen Zustandssumme erweist sich damit als proportional zur Helmholtz'schen freien Energie:

$$F = -k_\mathrm{B} T \ln Z_c\,. \tag{36.29}$$

Dies ist völlig analog zu dem Zusammenhang

$$S = k_\mathrm{B} \ln \Omega\,, \tag{36.30}$$

den Boltzmann zwischen der Entropie und dem Phasenraumvolumen hergestellt hatte. Das Phasenraumvolumen Ω wird analog zur kanonischen Zustandssumme Z_c auch als *mikrokanonische Zustandssumme* bezeichnet.

Fluktuationen

Mithilfe der kanonischen Zustandssumme lässt sich die wichtige Frage leicht beantworten, wie stark die Energie eines kanonischen Ensembles im Gleichgewicht um ihren Mittelwert U fluktuiert. Diese Fluktuation ist durch die Varianz

$$\delta E^2 = \left\langle (E-U)^2 \right\rangle = \left\langle E^2 \right\rangle - U^2 \tag{36.31}$$

gegeben. Der Mittelwert der quadrierten Energie ist

$$\begin{aligned} \left\langle E^2 \right\rangle &= \frac{1}{Z_c}\sum_i E_i^2 \mathrm{e}^{-\beta E_i} = \frac{1}{Z_c}\frac{\partial^2 Z_c}{\partial \beta^2} \\ &= \frac{\partial}{\partial \beta}\left(\frac{1}{Z_c}\frac{\partial Z_c}{\partial \beta}\right) + \frac{1}{Z_c^2}\left(\frac{\partial Z_c}{\partial \beta}\right)^2 \\ &= -\frac{\partial U}{\partial \beta} + U^2\,, \end{aligned} \tag{36.32}$$

wobei wir im Übergang von der zweiten auf die dritte Zeile die Beziehung (36.10) verwendet haben. Mit (36.31) folgt daraus das sehr allgemeine Ergebnis

$$\delta E^2 = -\frac{\partial U}{\partial \beta} = -\frac{\mathrm{d}T}{\mathrm{d}\beta}\frac{\partial U}{\partial T} = k_\mathrm{B} T^2 C_V \tag{36.33}$$

Vertiefung: Gibbs'sches Variationsprinzip

Das Gibbs'sche Variationsprinzip besagt, dass die Entropie (36.43) durch die mikrokanonische Verteilung $\rho_{mc} = \Omega^{-1}$ maximiert wird, wenn die Energie festgehalten wird, und durch die kanonische Verteilung $\rho_c = Z_c^{-1} e^{-\beta H}$, falls die Energie *im Mittel* feststeht. Um das zu zeigen, verwenden wir die allgemeingültige Aussage

$$f\,(\ln f - \ln g) \geq f - g \quad \text{für} \quad f, g \geq 0\,,$$

wobei Gleichheit genau dann eintritt, wenn $f = g$ ist. Diese Ungleichung folgt daraus, dass der Logarithmus konkav ist.

Frage 4

Überzeugen Sie sich von dieser Ungleichung, indem Sie die Ableitung der beiden Seiten nach f vergleichen und benutzen, dass für $f = g$ die Ungleichung zu einer Gleichung wird.

Sei zunächst die Energie E fest vorgegeben. Dann muss für jede beliebige Phasenraumverteilung ρ die Normierungsbedingung $\int \rho\, d\Gamma_E = 1$ gelten, wobei sich das Integral nur über denjenigen Teil des Phasenraumes erstreckt, in dem die Energiebedingung $H(x) = E$ erfüllt ist. Dann folgt

$$\begin{aligned} S(\rho_{mc}) - S(\rho) &= k_B \int \left(\rho \ln \rho - \Omega^{-1} \ln \Omega^{-1}\right) d\Gamma_E \\ &= k_B \int \left(\rho \ln \rho - \rho \ln \Omega^{-1}\right) d\Gamma_E \\ &= k_B \int \rho \left(\ln \rho - \ln \Omega^{-1}\right) d\Gamma_E \\ &\geq k_B \int \left(\rho - \Omega^{-1}\right) d\Gamma_E = 0\,, \end{aligned}$$

denn sowohl ρ als auch Ω^{-1} sind normiert. Nur für $\rho = \rho_{mc} = \Omega^{-1}$ gilt das Gleichheitszeichen, und dann verschwindet die Entropiedifferenz ganz. Beim Übergang von der ersten auf die zweite Zeile haben wir verwendet, dass

$$\begin{aligned} \int \Omega^{-1} \ln \Omega^{-1} d\Gamma_E = \ln \Omega^{-1} &= \ln \Omega^{-1} \int \rho\, d\Gamma_E \\ &= \int \rho \ln \Omega^{-1} d\Gamma_E \end{aligned}$$

gilt, da Ω konstant ist und alle Verteilungen ρ normiert sein müssen.

Für die kanonische Verteilung muss außer der Normierungsbedingung $\int \rho\, d\Gamma = 1$ gewährleistet sein, dass die mittlere Energie U für jede Verteilung ρ denselben Wert annimmt, woraus

$$U = \int H \rho_c d\Gamma = \int H \rho\, d\Gamma$$

folgt. Da aber aufgrund der Definition der kanonischen Verteilung

$$H = -\frac{1}{\beta} \ln\left(\rho_c Z_c\right)$$

ist, folgt aus der Nebenbedingung

$$\int \rho_c \ln \rho_c d\Gamma = \int \rho \ln \rho_c d\Gamma\,.$$

Nun können wir wie oben schließen:

$$\begin{aligned} S(\rho_c) - S(\rho) &= k_B \int \left(\rho \ln \rho - \rho_c \ln \rho_c\right) d\Gamma \\ &= k_B \int \rho \left(\ln \rho - \ln \rho_c\right) d\Gamma \\ &\geq k_B \int \left(\rho - \rho_c\right) d\Gamma = 0\,, \end{aligned}$$

denn wieder sind sowohl ρ als auch ρ_{mc} normiert. Gleichheit tritt abermals nur dann ein, wenn $\rho = \rho_c$ ist.

Auf völlig analoge Weise kann das Gibbs'sche Variationsprinzip auch auf die großkanonische Verteilung erweitert werden.

---

für die Fluktuationen. Falls die Wärmekapazität bei konstantem Volumen nicht von der Temperatur abhängt, ist $U = C_V T$. Dann sind die relativen Fluktuationen $\delta E/U$ durch

$$\frac{\delta E}{U} = \frac{T\sqrt{k_B C_V}}{C_V T} = \sqrt{\frac{k_B}{C_V}} \tag{36.34}$$

gegeben. Für ein ideales Gas, dessen Moleküle f Freiheitsgrade haben, ist zudem $C_V = fNk_B/2$, sodass für ein solches System gilt:

$$\frac{\delta E}{U} = \sqrt{\frac{2}{fN}} \tag{36.35}$$

Für Systeme aus vielen Teilchen ist dies eine sehr kleine Zahl: Für eine Stoffmenge von einem Mol, $N = N_A$, betragen die relativen Fluktuationen der inneren Energie $\delta E/U \approx 10^{-12}$. Im thermodynamischen Limes $N \to \infty$ verschwinden die Fluktuationen ganz.

Entropie und Besetzungswahrscheinlichkeit

Wie wir in (36.9) gesehen haben, kann die innere Energie in einem kanonischen Ensemble durch

$$U = \sum_i p_i E_i \quad \text{mit} \quad p_i = \frac{\mathrm{e}^{-\beta E_i}}{Z_\mathrm{c}} \tag{36.36}$$

geschrieben werden, wobei die p_i die Boltzmann'schen Wahrscheinlichkeiten sind, in dem betrachteten System die Energie E_i zu finden. Das Differenzial der inneren Energie ist demnach

$$\mathrm{d}U = \sum_i (E_i \mathrm{d}p_i + p_i \mathrm{d}E_i) \ . \tag{36.37}$$

Aus (36.22) folgern wir

$$\begin{aligned} \delta W &= \frac{1}{\beta Z_\mathrm{c}} \frac{\partial}{\partial a} \sum_i \mathrm{e}^{-\beta E_i} \mathrm{d}a = -\frac{1}{Z_\mathrm{c}} \sum_i \left(\frac{\partial E_i}{\partial a} \mathrm{d}a\right) \mathrm{e}^{-\beta E_i} \\ &= -\sum_i p_i \mathrm{d}E_i \ . \end{aligned} \tag{36.38}$$

Verwenden wir dieses Ergebnis zusammen mit (36.37) und verbinden es mit dem ersten Hauptsatz, folgt

$$\delta Q = \sum_i E_i \mathrm{d}p_i \ . \tag{36.39}$$

Arbeit und Wärme

Die Zwischenergebnisse (36.38) und (36.39) sind für die Deutung der Begriffe „Arbeit" und „Wärme" höchst interessant. Im Einklang mit unserer Diskussion in Abschn. 34.1 zeigen sie erneut, dass Arbeit diejenige Form der Energieänderung ist, die durch Änderung der Zustandsenergien E_i selbst zustande kommt, während die Besetzungswahrscheinlichkeiten p_i unverändert bleiben. Umgekehrt sind Energieänderungen aufgrund von Wärmezu- oder -abfluss dadurch bedingt, dass bei unveränderten Zustandsenergien die Besetzungswahrscheinlichkeiten verändert werden.

Nun verwenden wir den Ausdruck (36.27) für die Entropie, setzen dort (36.36) ein:

$$S = k_\mathrm{B} \left(\ln Z_\mathrm{c} + \beta \sum_i p_i E_i\right) , \tag{36.40}$$

und verwenden

$$E_i = -\frac{1}{\beta} \ln(p_i Z_\mathrm{c}) , \tag{36.41}$$

was direkt aus der Boltzmann'schen Wahrscheinlichkeitsverteilung (36.8) folgt. Daraus ergibt sich

$$S = k_\mathrm{B} \left(\ln Z_\mathrm{c} - \sum_i p_i \ln(p_i Z_\mathrm{c})\right) . \tag{36.42}$$

Entropie als Maß für Wahrscheinlichkeitsverteilungen

Da die Summe über alle Wahrscheinlichkeiten p_i eins ergeben muss, hebt sich der Logarithmus der Zustandssumme aus (36.42) heraus, und es bleibt der Ausdruck

$$S = -k_\mathrm{B} \sum_i p_i \ln p_i \tag{36.43}$$

für die Entropie. Im Fall kontinuierlicher Wahrscheinlichkeitsverteilungen ρ wird die Summe durch ein Integral über $\rho \ln \rho$ ersetzt.

In dieser Form wird die Entropie auch häufig außerhalb der Thermodynamik und der statistischen Physik verwendet, wenn ganz allgemeine Wahrscheinlichkeitsverteilungen bewertet werden sollen. Der Ausdruck (36.43), der zuerst 1929 von *Leo Szilard* (ungarisch-deutsch-amerikanischer Physiker und Molekularbiologe, 1898–1964) im Zusammenhang mit der Austreibung des Maxwell'schen Dämons aufgestellt wurde, ist eng mit der sogenannten Shannon-Entropie verwandt, die in der Informationstheorie als Maß für den Informationsgehalt von Wahrscheinlichkeitsverteilungen verwendet wird.

Kontinuierliche Zustände

Der Einfachheit halber haben wir die kanonische Zustandssumme hergeleitet, indem wir diskrete Mikrozustände nummeriert haben, die dem System zugänglich waren. Ebenso gut können wir über den zugänglichen Bereich des Phasenraumes integrieren, wie wir das bereits in (34.11) zur Bestimmung der Anzahl zugänglicher Mikrozustände Ω getan haben:

$$\Omega(U) = \int_\Gamma \chi_{\delta E} \left(H(x) - E\right) \mathrm{d}\Gamma \ . \tag{36.44}$$

Dabei war $\chi_{\delta E}(E)$ die charakteristische Funktion der Energieschale, die dort gleich eins ist, wo $E \le H(x) \le E + \delta E$ erfüllt ist, und überall sonst verschwindet. Den Systemen eines kanonischen Ensembles wird die Energie nicht mehr fest vorgegeben, sodass die charakteristische Funktion entfällt. Stattdessen tritt der Boltzmann-Faktor auf, der die Mikrozustände im Phasenraum gewichtet. Die kanonische Zustandssumme entspricht dann dem Integral

$$Z_\mathrm{c} = \int \exp\left(-\beta H(x)\right) \mathrm{d}\Gamma \ . \tag{36.45}$$

Beachten Sie, dass im Integralmaß $\mathrm{d}\Gamma$, definiert in (34.7), durch das hier noch beliebige Volumen $h_0^{\mathcal{F}}$ einer Zelle im $2\mathcal{F}$-dimensionalen Phasenraum geteilt wird. Die Funktion $H(x)$ ist wieder die Hamilton-Funktion des Systems, die im Allgemeinen von allen Phasenraumkoordinaten x abhängt.

36.1 Mathematischer Hintergrund: Gauß'sche Integrale

Wegen der zentralen Rolle kanonischer Zustandssummen und ihrer Ableitungen treten Integrale der Form

$$\int_0^\infty x^n \mathrm{e}^{-ax^2}\mathrm{d}x \tag{1}$$

in der Thermodynamik und in der statistischen Physik so häufig auf, dass eine Übersicht über ihre Berechnung angebracht ist.

Für $n = 0$ ist dieses Integral durch den Übergang in zwei Dimensionen leicht zu lösen, was bereits im Kasten „Vertiefung: Das uneigentliche Integral über die Gauß'sche Glockenkurve" in Abschn. 13.1 gezeigt wurde:

$$\begin{aligned}\int_0^\infty \mathrm{e}^{-ax^2}\mathrm{d}x &= \frac{1}{2}\int_{-\infty}^{\infty} \mathrm{e}^{-ax^2}\mathrm{d}x = \frac{1}{2\sqrt{a}}\int_{-\infty}^{\infty} \mathrm{e}^{-z^2}\mathrm{d}z \\ &= \frac{1}{2}\sqrt{\frac{\pi}{a}}\,.\end{aligned} \tag{2}$$

Dabei haben wir $ax^2 = z^2$ substitutiert.

Für $n = 1$ reicht die Substitution $z = ax^2$ zur Lösung aus:

$$\int x\mathrm{e}^{-ax^2}\mathrm{d}x = \frac{1}{2a}\int \mathrm{e}^{-z}\mathrm{d}z = -\frac{1}{2a}\mathrm{e}^{-ax^2}\,. \tag{3}$$

Für Exponenten $n > 1$ integrieren wir partiell,

$$\begin{aligned}\int_0^\infty x^n \mathrm{e}^{-ax^2}\mathrm{d}x &= \int_0^\infty x^{n-1}\left(x\mathrm{e}^{-ax^2}\right)\mathrm{d}x \\ &= -\frac{x^{n-1}}{2a}\mathrm{e}^{-ax^2}\bigg|_0^\infty + \frac{n-1}{2a}\int_0^\infty x^{n-2}\mathrm{e}^{-ax^2}\mathrm{d}x \\ &= \frac{n-1}{2a}\int_0^\infty x^{n-2}\mathrm{e}^{-ax^2}\mathrm{d}x\,,\end{aligned} \tag{4}$$

denn der Randterm verschwindet für $n > 1$. Aus den bisherigen Ergebnissen lassen sich nun beliebige weitere Gauß'sche Integrale konstruieren. Bis $n = 4$ lauten sie

$$\begin{aligned}\int_0^\infty x^2 \mathrm{e}^{-ax^2}\mathrm{d}x &= \frac{1}{4a}\sqrt{\frac{\pi}{a}}\,, \\ \int_0^\infty x^3 \mathrm{e}^{-ax^2}\mathrm{d}x &= \frac{1}{2a^2}\,, \\ \int_0^\infty x^4 \mathrm{e}^{-ax^2}\mathrm{d}x &= \frac{3}{8a^2}\sqrt{\frac{\pi}{a}}\,.\end{aligned} \tag{5}$$

Für physikalische Argumente ist es oft wichtig, dass die Gauß'schen Integrale mit Exponent n proportional zu $a^{-(n+1)/2}$ sind.

Teil IV

Ein einfaches, aber wichtiges Beispiel für die kontinuierliche Boltzmann-Verteilung ist die Maxwell'sche Geschwindigkeitsverteilung. Ausgedrückt durch die Geschwindigkeit ist die Hamilton-Funktion eines freien Gasteilchens

$$H(x) = \frac{\boldsymbol{p}^2}{2m} = \frac{m\boldsymbol{v}^2}{2}\,. \tag{36.46}$$

Da hier keine potenzielle Energie auftritt, die verschiedene Teilchen aneinanderkoppeln könnte, zerfällt die Zustandssumme in lauter gleiche Einteilchen-Beiträge, in denen jeweils über den Boltzmann-Faktor eines einzelnen Teilchens summiert wird. Dies wird im Beispielkasten „Zustandssumme eines idealen Gases" wieder aufgegriffen. Daher ergibt die Boltzmann-Verteilung mit der Hamilton-Funktion eines einzelnen freien Gasteilchens direkt die Geschwindigkeitsverteilung

$$p(v)\mathrm{d}v \propto 4\pi\boldsymbol{v}^2 \exp\left(-\frac{m\boldsymbol{v}^2}{2k_\mathrm{B}T}\right)\mathrm{d}v\,, \tag{36.47}$$

wobei der Faktor $4\pi v^2\mathrm{d}v$ das isotrope Volumenelement in Kugelkoordinaten ist und v für den Betrag des Geschwindigkeitsvektors $\boldsymbol{v}$ steht. Normierung mithilfe eines der Gauß'schen Integrale aus dem „Mathematischen Hintergrund" 36.1 ergibt

$$p(v)\mathrm{d}v = 4\pi\left(\frac{m}{2\pi k_\mathrm{B}T}\right)^{3/2}\boldsymbol{v}^2\exp\left(-\frac{m\boldsymbol{v}^2}{2k_\mathrm{B}T}\right)\mathrm{d}v\,, \tag{36.48}$$

was wir in (34.152) auf einem ganz anderen Weg gefunden haben. Wir werden es gleich als unmittelbare Folge des Gleichverteilungssatzes erkennen, dass das mittlere Geschwindigkeitsquadrat der Gasteilchen durch

$$\langle\boldsymbol{v}^2\rangle = \frac{3k_\mathrm{B}T}{m} \tag{36.49}$$

gegeben sein muss. Damit lässt sich die Maxwell'sche Geschwindigkeitsverteilung in die etwas einfachere Form

$$p(v)\mathrm{d}v = 6\sqrt{\frac{3}{2\pi}}\frac{\boldsymbol{v}^2}{\langle\boldsymbol{v}^2\rangle^{3/2}}\exp\left(-\frac{3}{2}\frac{\boldsymbol{v}^2}{\langle\boldsymbol{v}^2\rangle}\right)\mathrm{d}v \tag{36.50}$$

bringen, die nur noch das Verhältnis der Geschwindigkeit zum mittleren Geschwindigkeitsbetrag $\langle\boldsymbol{v}^2\rangle^{1/2}$ enthält (Abb. 36.5).

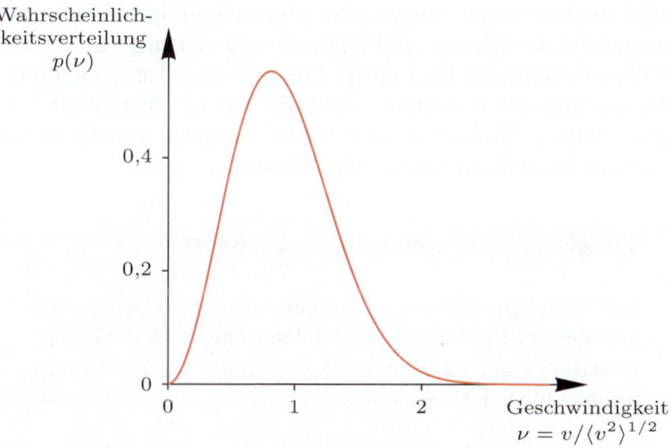

Abb. 36.5 Die Maxwell'sche Geschwindigkeitsverteilung, dargestellt als Funktion des dimensionslosen Geschwindigkeitsverhältnisses $\nu := v/\langle \boldsymbol{v}^2\rangle^{1/2}$

Zustandssumme eines idealen Gases

Betrachten wir abermals ein einatomiges ideales Gas aus N Teilchen, die sich im Volumen V aufhalten. Es ist gerade dadurch gekennzeichnet, dass seine Teilchen nur durch direkte Stöße wechselwirken (schlagen Sie dazu noch einmal den Achtung-Kasten in Abschn. 34.1 nach). Insbesondere tritt deswegen keine potenzielle Energie auf, welche die Teilchen relativ zueinander haben könnten. Die Hamilton-Funktion ist deswegen schlicht durch die Summe der kinetischen Energien aller Teilchen bzw. aller Freiheitsgrade gegeben:

$$H(x) = \sum_{i=1}^{N} \frac{\boldsymbol{p}_i^2}{2m}\,, \tag{36.51}$$

wenn alle Teilchen dieselbe Masse m haben. Im Boltzmann-Faktor tritt daher eine Summe auf, zu der jedes Teilchen denselben Beitrag liefert, der von allen anderen Teilchen unabhängig ist:

$$\mathrm{e}^{-\beta H(x)} = \exp\left(-\beta \sum_{i=1}^{N} \frac{\boldsymbol{p}_i^2}{2m}\right) = \prod_{i=1}^{N} \exp\left(-\frac{\beta \boldsymbol{p}_i^2}{2m}\right). \tag{36.52}$$

Die Volumenintegration, die Bestandteil des Phasenraumintegrals (36.45) ist, ergibt für jeden Freiheitsgrad das Volumen V, da die Hamilton-Funktion nicht von den Ortskoordinaten abhängt.

Da der Integrand gemäß (36.52) faktorisiert und jedes Teilchen denselben Beitrag liefert, können wir fortfahren, indem wir schreiben:

$$Z_\mathrm{c} = \left[\frac{V}{h_0^3} \int \exp\left(-\frac{\beta \boldsymbol{p}^2}{2m}\right) \mathrm{d}^3p\right]^N. \tag{36.53}$$

Das verbleibende Impulsintegral lässt sich am besten berechnen, indem man ausnutzt, dass es in drei gleiche, unabhängige Integrale über die Impulskomponenten faktorsiert:

$$\begin{aligned}\int \exp\left(-\frac{\beta \boldsymbol{p}^2}{2m}\right) \mathrm{d}^3p &= \left[\int_{-\infty}^{\infty} \exp\left(-\frac{\beta p_x^2}{2m}\right) \mathrm{d}p_x\right]^3 \\ &= \left(\frac{2\pi m}{\beta}\right)^{3/2} = (2\pi m k_\mathrm{B} T)^{3/2}\,,\end{aligned} \tag{36.54}$$

wobei wir auf eines der Gauß'schen Integrale aus dem „Mathematischen Hintergrund" 36.1 zurückgegriffen haben. Die kanonische Zustandssumme des idealen Gases ist daher

$$Z_\mathrm{c} = \left[\frac{V}{h_0^3} (2\pi m k_\mathrm{B} T)^{3/2}\right]^N. \tag{36.55}$$

Leiten wir ihren natürlichen Logarithmus nach dem Volumen ab und multiplizieren mit $k_\mathrm{B}T$, erhalten wir gemäß (36.23) den Druck

$$P = k_\mathrm{B} T \frac{\partial}{\partial V} (N \ln V + \mathrm{const}) = \frac{N k_\mathrm{B} T}{V} \tag{36.56}$$

und damit die Zustandsgleichung des idealen Gases. ◀

Frage 5

Welcher Ausdruck für die innere Energie folgt aus der genannten kanonischen Zustandssumme des idealen Gases (siehe hierzu 36.10)?

Der Gleichverteilungssatz

Betrachten wir nun allgemein ein System mit f Freiheitsgraden, von denen wir den Freiheitsgrad i willkürlich herausgreifen. Ohne erhebliche Einschränkung der Allgemeinheit nehmen wir an, dass wir die Hamilton-Funktion des Gesamtsystems in der Weise

$$H(x) = \epsilon_i(p_i) + H'(q_1, \ldots, q_f, p_1, \ldots p_{i-1}, p_{i+1}, \ldots, p_f) \tag{36.57}$$

schreiben können. Das bedeutet, dass wir lediglich annehmen, dass wir aus der gesamten Hamilton-Funktion $H(x)$ aller Freiheitsgrade die kinetische Energie ϵ_i des Freiheitsgrades i abspalten können. Die mittlere kinetische Energie dieses Freiheitsgrades ist dann

$$\begin{aligned}\langle\epsilon_i\rangle &= \frac{1}{Z}\int \epsilon_i \exp\left(-\beta\epsilon_i - \beta H'\right) \mathrm{d}\Gamma \\ &= \frac{\int \epsilon_i \exp\left(-\beta\epsilon_i - \beta H'\right) \mathrm{d}\Gamma}{\int \exp\left(-\beta\epsilon_i - \beta H'\right) \mathrm{d}\Gamma} .\end{aligned} \tag{36.58}$$

Bezeichnen wir mit $\mathrm{d}\Gamma'$ das gesamte infinitesimale Phasenraumelement mit Ausnahme von $\mathrm{d}p_i$, so ist $\mathrm{d}\Gamma = \mathrm{d}p_i \mathrm{d}\Gamma'$, und wir können

$$\langle\epsilon_i\rangle = \frac{\int \epsilon_i \mathrm{e}^{-\beta\epsilon_i} \mathrm{d}p_i}{\int \mathrm{e}^{-\beta\epsilon_i} \mathrm{d}p_i} \tag{36.59}$$

schreiben, da sich die Integrale über $\mathrm{d}\Gamma'$ aus dem Zähler und dem Nenner wegheben. Nehmen wir nun zusätzlich an, dass die kinetische Energie ϵ_i quadratisch in p_i sei:

$$\epsilon_i = a_i p_i^2 , \tag{36.60}$$

dann können die verbleibenden Integrale in (36.59) leicht ausgeführt werden. Dann ist der Zähler

$$a_i \int_{-\infty}^{\infty} p_i^2 \mathrm{e}^{-\beta a_i p_i^2} \mathrm{d}p_i = \frac{1}{2}\sqrt{\frac{\pi}{a_i \beta^3}} , \tag{36.61}$$

während der Nenner

$$\int_{-\infty}^{\infty} \mathrm{e}^{-\beta a_i p_i^2} \mathrm{d}p_i = \sqrt{\frac{\pi}{a_i \beta}} \tag{36.62}$$

beträgt.

Gleichverteilungssatz

Unter den sehr allgemeinen beiden Annahmen, dass die kinetische Energie jedes Freiheitsgrades aus der Hamilton-Funktion abgespalten werden kann und quadratisch im jeweiligen Impuls ist, haben wir daher das einfache und weitreichende Ergebnis erhalten, dass die mittlere kinetische Energie des beliebig herausgegriffenen Freiheitsgrades i, und damit jedes Freiheitsgrades, einfach durch

$$\langle\epsilon_i\rangle = \frac{1}{2\beta} = \frac{k_\mathrm{B} T}{2} \tag{36.63}$$

gegeben ist. Dies ist der *Gleichverteilungssatz*.

Achtung Die p_i in der Herleitung des Gleichverteilungssatzes sind die verallgemeinerten Impulse der Freiheitsgrade. Insbesondere kann es sich dabei neben den üblichen linearen Impulsen auch um Drehimpulse handeln, weshalb der Gleichverteilungssatz z. B. auch für Rotationsfreiheitsgrade gilt, in deren kinetische Energie der jeweilige Drehimpuls quadratisch eingeht. ◀

Insbesondere wegen seiner sehr allgemeingültigen Voraussetzungen ist der Gleichverteilungssatz sehr mächtig. Er erlaubt Schlussfolgerungen über innere Energien und damit auch über Wärmekapazitäten in thermodynamischen Systemen ohne lange Rechnung. Wir betrachten hier zwei Beispiele, von denen das erste ein bekanntes Ergebnis reproduziert.

Energie eines einatomigen idealen Gases

Die Teilchen eines einatomigen idealen Gases haben nur die drei Freiheitsgrade der Translation. Dem Gleichverteilungssatz zufolge muss die innere Energie eines solchen idealen Gases daher

$$U = \frac{3}{2} N k_\mathrm{B} T \tag{36.64}$$

sein. Entsprechend ist seine Wärmekapazität bei konstantem Volumen

$$C_V = \frac{3}{2} N k_\mathrm{B} . \tag{36.65}$$

Aus der mittleren Energie eines Teilchens folgt das mittlere Geschwindigkeitsquadrat

$$\left\langle v^2 \right\rangle = \frac{3}{2} k_\mathrm{B} T \cdot \frac{2}{m} = \frac{3 k_\mathrm{B} T}{m} , \tag{36.66}$$

wenn m die Masse eines Gasteilchens ist. ◀

Das zweite Beispiel soll insbesondere dazu dienen, die Aussage des Gleichverteilungssatzes zu schärfen und darauf hinzuweisen, dass bei seiner Anwendung Sorgfalt geboten ist. Vergegenwärtigen wir uns zur Vorbereitung noch einmal, was der Gleichverteilungssatz aufgrund seiner Herleitung genau aussagen kann: Er gibt an, dass die mittlere kinetische Energie pro Freiheitsgrad gerade gleich $k_\mathrm{B}T/2$ ist. Streng genommen muss auch diese Aussage noch dahingehend präzisiert werden, dass jeder Freiheitsgrad, dessen Beitrag zur kinetischen Energie quadratisch im Impuls ist, im Mittel die Energie $k_\mathrm{B}T/2$ bekommt.

Nun könnte man versucht sein, daraus zu schließen, dass die mittlere innere Energie eines kanonischen Ensembles aus N Teilchen immer gleich $(Nf/2)k_\mathrm{B}T$ sein könnte, aber dies ist keineswegs der Fall: Die innere Energie schließt auch die potenzielle Energie der Teilchen ein, über die der Gleichverteilungssatz keine Aussage trifft. Betrachten wir als Beispiel dazu ein kanonisches System, das aus N harmonisch gebundenen Teilchen bestehen soll. Es kann als einfaches Modell eines Festkörpers dienen.

Innere Energie eines Festkörpers

Nehmen wir an, die Teilchen eines Festkörpers seien harmonisch gebunden, sodass die Hamilton-Funktion eines

Teilchens

$$H = \frac{p^2}{2m} + \frac{m}{2}\omega_0^2 q^2 \tag{36.67}$$

ist. Jedes Teilchen hat in jeder Raumrichtung einen Freiheitsgrad der Translation. Die mittlere kinetische Energie jedes Teilchens ist daher dem Gleichverteilungssatz zufolge gleich $(3/2)k_BT$, sodass die gesamte mittlere kinetische Energie der Teilchen des Festkörpers gleich

$$\langle E_{\text{kin}} \rangle = \frac{3N}{2} k_B T \tag{36.68}$$

ist. Das ist jedoch noch nicht die mittlere innere Energie, weil die Beiträge der mittleren potenziellen Energie noch fehlen! Wie groß diese sind, teilt uns das Virialtheorem mit (Abschn. 3.7). Es besagt, dass die mittleren kinetischen und potenziellen Energien eines Testteilchens in einem Kraftfeld in dem Zusammenhang

$$\langle E_{\text{kin}} \rangle = \frac{a}{b} \langle E_{\text{pot}} \rangle \tag{36.69}$$

zueinander stehen, wenn die kinetische Energie eine homogene Funktion vom Grad b im Impuls und die potenzielle Energie eine homogene Funktion vom Grad a im Ort ist. (*Zur Erinnerung*: Homogene Funktionen werden im „Mathematischen Hintergrund" 33.1 besprochen.)

Insbesondere ist die kinetische Energie üblicherweise eine homogene Funktion vom Grad 2 im Impuls, in welchem Fall also $b = 2$ ist. Das harmonische Potenzial ist quadratisch im Ort oder homogen vom Grad 2, sodass in diesem Fall auch $a = 2$ gilt. Für harmonische Oszillatoren sind also die mittleren kinetischen und potenziellen Energien gerade gleich.

Die gesamte innere Energie unseres Festkörpermodells ist daher gerade doppelt so groß wie die mittlere kinetische Energie aller seiner Teilchen:

$$U = 3Nk_BT\,. \tag{36.70}$$

Dazu gehört die Wärmekapazität bei konstantem Volumen

$$C_V = 3Nk_B \tag{36.71}$$

bzw. die molare Wärmekapazität

$$c_V^{\text{mol}} = 3R \approx 24{,}94\,\frac{\text{J}}{\text{mol K}}\,. \tag{36.72}$$

Wir werden in Abschn. 37.7 sehen, dass diese Betrachtung Quanteneffekte außer acht lässt und daher nur bei genügend hohen Temperaturen gilt. Dennoch folgen die Wärmekapazitäten vieler Festkörper bei ausreichend hohen Temperaturen dieser Erwartung gut, die als das *Dulong-Petit'sche Gesetz* bezeichnet wird (benannt nach den beiden französischen Physikern *Pierre Louis Dulong*, 1785–1838, und *Alexis Thérèse Petit*, 1791–1820).

Beispielsweise haben Aluminium und Kupfer bei 20° C jeweils molare Wärmekapazitäten von $\approx 24\,\text{J}\,\text{mol}^{-1}\,\text{K}^{-1}$.

Da beim harmonischen Oszillator auch die potenzielle Energie quadratisch in den Ortskoordinaten ist, lässt sich das Argument auch auf die potenzielle Energie anwenden, das oben zur Herleitung des Gleichverteilungssatzes verwendet wurde. Eine entsprechende alternative Herleitung führt zu demselben Ergebnis für die innere Energie und die Wärmekapazität. ◄

Frage 6

Die Annahme, dass die kinetische Energie quadratisch im Impuls ist, scheint sehr allgemeingültig zu sein. Kennen Sie Ausnahmen?

36.3 Großkanonische Zustandssumme und großkanonisches Potenzial

Erweiterung durch Teilchenaustausch

Ähnlich wie beim Übergang vom mikrokanonischen zum kanonischen Ensemble lassen wir nun eine weitere Einschränkung wegfallen, nämlich die, dass die betrachteten Systeme gegen Teilchenaustausch mit ihrer Umgebung isoliert seien. Wiederum stellen wir uns vor, dass die betrachteten Systeme als kleine Teilsysteme großer Gesamtsysteme realisiert sind, die nach außen abgeschlossen sind. Demnach können wir für die Gesamtsysteme das statistische Grundpostulat voraussetzen.

Jedes Gesamtsystem wird wieder in zwei Teilsysteme S_1 und S_2 unterteilt, von denen S_2 wesentlich kleiner als S_1 sei. Zwischen den beiden Teilsystemen wird nun sowohl Energie- als auch Teilchenaustausch zugelassen. Die Menge aller so realisierten Teilsysteme S_2 wird als ein großkanonisches Ensemble bezeichnet. Uns interessiert wieder die Wahrscheinlichkeit p_i, ein System eines solchen großkanonischen Ensembles in einem Mikrozustand i anzutreffen, der durch die Energie E_i und die Teilchenzahl N_i gekennzeichnet ist. Wir führen eine ganz ähnliche Betrachtung durch wie bei der Bestimmung der kanonischen Verteilung, zerlegen sie aber nun in zwei Schritte: Zunächst werden dem System S_2 aus dem Reservoir N Teilchen zugeordnet, mit denen dann der Mikrozustand i mit der Energie $E_i(N)$ realisiert wird. Diese gedachte Zweiteilung erlaubt es uns, die Wahrscheinlichkeit p_i durch die bedingte Wahrscheinlichkeit

$$p_i = p(E_i|N)p(N) \tag{36.73}$$

auszudrücken: Die gesuchte Wahrscheinlichkeit p_i ist gleich der bedingten Wahrscheinlichkeit $p(E_i|N)$, das Teilsystem S_2 mit einer beliebigen, aber festen Teilchenzahl N bei der Energie E_i vorzufinden, multipliziert mit der Wahrscheinlichkeit, dass dem System S_2 vom viel größeren Teilsystem S_1 überhaupt N Teilchen überlassen wurden.

Sei U die Gesamtenergie der beiden gemeinsam abgeschlossenen Systeme S_1 und S_2 und ferner N_{ges} ihre gesamte, als sehr groß angenommene Teilchenzahl. Werden von diesen N_{ges} Teilchen $N \ll N_{\text{ges}}$ Teilchen dem Teilsystem S_2 zugeordnet, nimmt dieses mit der uns bereits bekannten Wahrscheinlichkeit

$$p(E_i|N) \propto \mathrm{e}^{-\beta E_i(N)} \tag{36.74}$$

den Mikrozustand i mit der Energie $E_i(N)$ ein. Die Frage bleibt, mit welcher Wahrscheinlichkeit $p(N)$ dem Teilsystem S_2 überhaupt N Teilchen überlassen werden.

Um diese zu bestimmen, kehren wir wieder zum statistischen Grundpostulat zurück, das für das abgeschlossene Gesamtsystem gelten muss. Da mit der Teilchenzahl N und der Annahme, dass das Teilsystem S_2 alle diese Teilchen im Mikrozustand i unterbringt, der Zustand des Teilsystems S_2 festgelegt ist, muss die gesuchte Wahrscheinlichkeit wiederum proportional zum Phasenraumvolumen sein, das dem Teilsystem S_1 zur Verfügung steht, wenn ihm $N_{\text{ges}} - N$ Teilchen entnommen werden:

$$p(N) \propto \Omega_1(N_{\text{ges}} - N)\,, \tag{36.75}$$

wobei wir die für uns zunächst unerhebliche Normierung ebenso wie in (36.74) auf später verschieben. Wir entwickeln den Logarithmus des Phasenraumvolumens Ω_1 wieder in eine Taylor-Reihe, diesmal in der Teilchenzahl N, und brechen nach der ersten Ordnung ab:

$$\ln\Omega_1(N_{\text{ges}} - N) \approx \ln\Omega_1(N_{\text{ges}}) - \left.\frac{\partial \ln\Omega_1(N_1)}{\partial N_1}\right|_{N_1=N_{\text{ges}}} N\,. \tag{36.76}$$

Die partielle Ableitung nach der Teilchenzahl muss bei der gesamten Teilchenzahl N_{ges} ausgewertet werden, sodass sie als Konstante des Gesamtsystems betrachtet werden kann. Die Ableitung von $\ln\Omega_1$ nach der Teilchenzahl bezeichnen wir vorläufig als λ. Terme höherer als erster Ordnung brauchen nicht in (36.76) aufgenommen zu werden, weil sie vernachlässigbar klein sind.

Großkanonische Verteilung

Die gesuchte Wahrscheinlichkeit $p(N)$ ergibt sich damit zu

$$p(N) \propto \mathrm{e}^{-\lambda N}\,, \tag{36.77}$$

sodass zusammen mit (36.74) und (36.73)

$$p_i = Z_{\text{gc}}^{-1}\mathrm{e}^{-\lambda N}\mathrm{e}^{-\beta E_i(N)}\,, \quad Z_{\text{gc}} := \sum_N \mathrm{e}^{-\lambda N}\sum_i \mathrm{e}^{-\beta E_i(N)} \tag{36.78}$$

folgt. Diese Verteilung heißt *großkanonische Verteilung*; Z_{gc} ist die *großkanonische Zustandssumme*.

Die mittlere Teilchenzahl, die sich in einem großkanonischen Ensemble einstellt, ist

$$\langle N\rangle = \frac{1}{Z_{\text{gc}}}\sum_N N\mathrm{e}^{-\lambda N}\sum_i \mathrm{e}^{-\beta E_i} = -\frac{\partial \ln Z_{\text{gc}}}{\partial\lambda}\,. \tag{36.79}$$

Um die Bedeutung des Parameters λ zu klären, fassen wir $\ln Z_{\text{gc}}$ als Funktion der Parameter β, λ und möglicher äußerer Parameter a auf, von denen die Hamilton-Funktion des Systems abhängen mag. Das Differenzial von $\ln Z_{\text{gc}}$ ist dann

$$\begin{aligned} \mathrm{d}\ln Z_{\text{gc}} &= \frac{\partial \ln Z_{\text{gc}}}{\partial\beta}\mathrm{d}\beta + \frac{\partial \ln Z_{\text{gc}}}{\partial a}\mathrm{d}a + \frac{\partial \ln Z_{\text{gc}}}{\partial\lambda}\mathrm{d}\lambda \\ &= -U\mathrm{d}\beta - N\mathrm{d}\lambda + \beta\delta W\,, \end{aligned} \tag{36.80}$$

wobei im letzten Schritt die früher gewonnenen Aussagen (36.9), (36.22) und (36.79) verwendet wurden. Wir ergänzen die ersten beiden Terme auf der rechten Seite zu vollständigen Differenzialen und erhalten

$$\mathrm{d}\left(\ln Z_{\text{gc}} + \beta U + \lambda N\right) = \beta\left(\mathrm{d}U + \delta W\right) + \lambda\mathrm{d}N\,. \tag{36.81}$$

Identifizieren wir hier im Einklang mit (35.187) $\lambda = -\beta\mu$, steht aufgrund von (35.188) auf der rechten Seite dieser Gleichung

$$\beta\left(\mathrm{d}U + \delta W\right) + \lambda\mathrm{d}N = \beta\left(\mathrm{d}U + \delta W - \mu\mathrm{d}N\right) = \frac{\mathrm{d}S}{k_{\text{B}}}\,. \tag{36.82}$$

Damit können wir (36.81) integrieren und bekommen nach Multiplikation mit T und etwas Umordnung

$$-k_{\text{B}}T\ln Z_{\text{gc}} = U - TS - \mu N = J\,. \tag{36.83}$$

Die hier neu auftretende Zustandsgröße J wird als *großkanonisches Potenzial* bezeichnet. Häufig wird es auch mit anderen Symbolen bezeichnet, z. B. K, Ω oder Ω_{G}.

Aufgrund der Gibbs-Duhem-Beziehung (35.200) ist

$$U - TS - \mu N = -PV\,, \tag{36.84}$$

sodass das großkanonische Potenzial mit dem negativen Produkt aus Druck und Volumen übereinstimmt:

$$J = -PV\,. \tag{36.85}$$

Damit haben wir für das großkanonische Ensemble die folgenden wichtigen Aussagen gewonnen:

Teil IV

Großkanonische Zustandssumme und großkanonisches Potenzial

Die großkanonische Verteilung ist durch

$$p_i = \frac{1}{Z_{gc}} e^{\beta\mu N} e^{-\beta E_i(N)} \tag{36.86}$$

gegeben, worin das chemische Potenzial μ auftritt. Die großkanonische Zustandssumme

$$Z_{gc} = \sum_N e^{\beta\mu N} \sum_i e^{-\beta E_i(N)} \tag{36.87}$$

ist durch

$$J = -PV = -k_B T \ln Z_{gc} \tag{36.88}$$

mit dem großkanonischen Potenzial J verbunden. Die mittlere Teilchenzahl ergibt sich durch die Ableitung

$$N = \frac{1}{\beta} \frac{\partial \ln Z_{gc}}{\partial \mu} \tag{36.89}$$

aus dem Logarithmus der großkanonischen Zustandssumme.

Transformationen zwischen den Zustandssummen

Wir sind während der Diskussion der Zustandssummen darauf gestoßen, dass ihre Logarithmen bestimmte thermodynamische Zustandsfunktionen ergeben, die auch thermodynamische Potenziale genannt werden: Der mikrokanonischen Zustandssumme ist die Entropie S zugeordnet, der kanonischen Zustandssumme die Helmholtz'sche freie Energie F und der großkanonischen Zustandssumme das großkanonische Potenzial J. Die entsprechenden thermodynamischen Potenziale gehen durch Legendre-Transformation ineinander über:

$$\begin{aligned} F(T,V,N) &= U(S,V,N) - TS\,, \\ J(T,V,\mu) &= U(S,V,N) - TS - \mu N\,. \end{aligned} \tag{36.90}$$

In diesem Kapitel haben wir gesehen, dass diese beiden Potenziale als Logarithmen entsprechender Zustandssummen geschrieben werden können:

$$F = -k_B T \ln Z_c \quad \text{und} \quad J = -k_B T \ln Z_{gc}\,. \tag{36.91}$$

Wie der Ausdruck (36.87) bereits zeigt, ergibt sich die großkanonische Zustandssumme durch die Transformation

$$Z_{gc} = \sum_N e^{\beta\mu N} Z_c(N) \tag{36.92}$$

aus der kanonischen Zustandssumme $Z_c(N)$ bei festgelegter Teilchenzahl. Bezeichnen wir in dem Ausdruck (34.85) das Phasenraumvolumen Ω als mikrokanonische Zustandssumme Z_{mc}, können wir ferner feststellen, dass daraus die kanonische Zustandssumme auf ganz ähnliche Weise zu gewinnen ist:

$$Z_c = \sum_i e^{-\beta E_i} Z_{mc}(E_i)\,, \tag{36.93}$$

da die mikrokanonische Zustandssumme lediglich die Anzahl der Mikrozustände feststellt, die mit der vorgegebenen Energie E_i verträglich sind. Die mikrokanonische Zustandssumme zählt also lediglich ab, wie viele Mikrozustände bei vorgegebener Energie E_i zugänglich sind, sodass die Summe in (36.93) nur noch über *verschiedene* Energien E_i ausgeführt werden muss und nicht mehr über *alle* wie in (36.11).

Transformationen der Art (36.92) und (36.93) heißen Laplace-Transformationen. Auf der Ebene der Zustandssummen entsprechen sie den Legendre-Transformationen der thermodynamischen Potenziale. Laplace-Transformationen entsprechen Fourier-Transformationen mit imaginärer Frequenz.

Äquivalenz der Ensembles

Diese Überlegung zeigt, dass die verschiedenen Ensembles in diesem Sinn äquivalent sind, und zwar sowohl hinsichtlich der statistischen Betrachtungsweise anhand der Zustandssummen als auch hinsichtlich der thermodynamischen Betrachtungsweise anhand der thermodynamischen Potenziale.

Nur die Zwangsbedingungen der betrachteten Prozesse ändern sich: Während bei der mikrokanonischen Betrachtungsweise die Energie und die Teilchenzahl festgehalten wurde, werden diese Bedingungen beim Übergang zur kanonischen und weiter zur großkanonischen Betrachtungsweise schrittweise gelockert, indem zunächst nur die Energie, dann auch die Teilchenzahl freigegeben und lediglich durch ein angekoppeltes Reservoir im Mittel kontrolliert werden.

Dabei darf ein wesentlicher Aspekt aber nicht übersehen werden: Im kanonischen bzw. im großkanonischen Ensemble gibt das Reservoir die mittlere innere Energie bzw. zusätzlich noch die mittlere Teilchenzahl vor, während im mikrokanonischen Ensemble beide Größen fixiert sind. Wenn nur die mittleren Größen U und N vorgegeben sind, werden die wahren Größen um diese Mittelwerte fluktuieren. Nun haben wir aber in (36.35) anhand eines einfachen Beispiels gesehen, dass die Fluktuationen bei großer Teilchenzahl sehr klein werden und im Grenzfall unendlicher Teilchenzahl verschwinden. Nur deswegen können wir erwarten, dass die Ensembles trotz der Fluktuationen tatsächlich äquivalent sind.

Übersicht

Bevor wir nun dazu übergehen, Zustandssummen für konkrete physikalische Systeme zu berechnen und Schlüsse daraus zu ziehen, kommt vielleicht eine Zusammenfassung der bisherigen Diskussion gelegen.

Der Zustandsraum der klassischen Physik ist der Phasenraum $\Gamma(x)$. Ensembles, seien sie mikrokanonisch, kanonisch oder großkanonisch, sind durch Verteilungsfunktionen $\rho(x)$ charakterisiert, die auf dem Phasenraum oder Unterräumen bzw. Untermannigfaltigkeiten davon definiert sind.

Als *reine Zustände* werden in der klassischen Physik einzelne Punkte x im Phasenraum bezeichnet. Die Verteilungsfunktion $\rho(x)$ ist eine Wahrscheinlichkeitsdichte auf dem Phasenraum. Die Größe $\rho(x)\mathrm{d}\Gamma(x)$ gibt an, mit welcher Wahrscheinlichkeit ein reiner Zustand x im Phasenraum durch ein System eines Ensembles besetzt ist. Sie wird als *gemischter Zustand* bezeichnet. Das Integral über gemischte Zustände ergibt die Zustandssumme

$$Z = \int \rho(x)\mathrm{d}\Gamma(x)\,. \tag{36.94}$$

Die Entropie eines Zustands ist durch

$$S = -k_\mathrm{B} \int \rho(x) \ln \rho(x)\, \mathrm{d}\Gamma(x) \tag{36.95}$$

bestimmt. Die Verteilungsfunktionen für die verschiedenen besprochenen Ensembles sind

$$\begin{aligned} \rho_\mathrm{mc}(x) &= \Omega^{-1} \chi_{\delta U}\left(H(x) - U\right)\,, \\ \rho_\mathrm{c}(x) &= Z_\mathrm{c}^{-1} \exp\left(-\beta H(x)\right) \quad \text{und} \\ \rho_\mathrm{gc}(x) &= Z_\mathrm{gc}^{-1} \sum_{N=0}^{\infty} \exp\left(-\beta(H(x) - \mu N)\right)\,. \end{aligned} \tag{36.96}$$

Beobachtbare Größen werden durch Funktionen $A(x)$ auf dem Phasenraum dargestellt. Ihre Mittelwerte sind durch

$$\langle A \rangle = \int A(x)\rho(x)\, \mathrm{d}\Gamma(x) \tag{36.97}$$

gegeben. Entsprechend dieser Gleichung kann man gemischte Zustände als lineare Abbildungen aus dem Raum der Observablen in die reellen Zahlen auffassen. Während diese lineare Abbildung in der klassischen Physik durch das Phasenraumintegral (36.97) dargestellt wird, wird es in der Quantenstatistik durch eine geeignete Spur ersetzt.

36.4 Ideales Gas im Schwerefeld

Kanonische Zustandssumme

Ein instruktives erstes Beispiel ist ein ideales Gas aus N Teilchen, das sich in einem konstanten Schwerefeld befindet. Wir gehen dabei vereinfachend davon aus, dass das Gas überall im betrachteten Volumen dieselbe Temperatur hat. Die Hamilton-Funktion eines einzelnen Gasteilchens ist

$$H = \frac{\boldsymbol{p}^2}{2m} + mgz\,, \tag{36.98}$$

wenn die z-Koordinatenachse gegen die Richtung der Schwerkraft zeigt. Da das Gas als ideal angenommen wird, entfällt die mögliche Wechselwirkungsenergie zwischen seinen Teilchen. Die kanonische Zustandssumme faktorisiert deswegen in N Einteilchen-Beiträge:

$$Z_\mathrm{c} = Z_1^N\,, \tag{36.99}$$

wobei Z_1 die Einteilchen-Zustandssumme

$$\begin{aligned} Z_1 &= \frac{1}{h_0^3} \int_\Gamma \mathrm{e}^{-\beta H} \mathrm{d}^3x\, \mathrm{d}^3p \\ &= \frac{4\pi}{h_0^3} \int_V \mathrm{d}^3x \int_0^\infty p^2 \mathrm{e}^{-\beta(p^2/2m + mgz)}\, \mathrm{d}p \end{aligned} \tag{36.100}$$

ist. Zwar tritt nun eine potenzielle Energie in der Hamilton-Funktion auf, aber diese koppelt nach wie vor die Teilchen nicht aneinander.

Achtung Streng genommen ist die Zustandssumme in (36.99) noch nicht vollständig. Um das Gibbs'sche Paradoxon zu vermeiden, müsste sie durch $N!$ dividiert werden. Dieser Faktor tritt auf, weil es keine Rolle spielen darf, in welcher Reihenfolge die Teilchen abgezählt werden. Eine genauere Begründung findet er erst in der Quantenstatistik durch die prinzipielle Ununterscheidbarkeit quantenmechanischer Teilchen. Da er für unsere gegenwärtige Diskussion unerheblich ist, lassen wir ihn fort. ◀

Das Impulsintegral ist wie im Beispielkasten „Zustandssumme eines idealen Gases" in Abschn. 36.2 schnell ausgeführt und ergibt

$$Z_1 = \frac{1}{h_0^3} \int_V \mathrm{e}^{-\beta mgz} \left(\frac{2\pi m}{\beta}\right)^{3/2} \mathrm{d}^3x\,. \tag{36.101}$$

Für das Volumenintegral nehmen wir an, dass das Gas in der x-y-Ebene auf eine Grundfläche A beschränkt ist und in z-Richtung durch die Höhe h. Willkürlich und ohne Beschränkung der Allgemeinheit setzen wir den Nullpunkt der potenziellen Energie am Boden des Volumens auf null, sodass wir über $0 \le z \le h$ integrieren. Wegen unserer Annahme einer räumlich konstanten Temperatur hängt β von keiner der Ortskoordinaten ab, sodass wir nach der Integration über z

$$Z_1 = \frac{1}{h_0^3}\left(\frac{2\pi m}{\beta}\right)^{3/2}\frac{A}{\beta mg}\left(1-\mathrm{e}^{-\beta mgh}\right) \tag{36.102}$$

finden. Der Logarithmus der vollständigen kanonischen Zustandssumme ist

$$\begin{aligned}\ln Z_c &= N\ln Z_1\\ &= N\left(-\frac{5}{2}\ln\beta + \ln\left(1-\mathrm{e}^{-\beta mgh}\right)\right) + \text{const}\,,\end{aligned} \tag{36.103}$$

wobei wir alle Terme in einer irrelevanten Konstante bündeln, die nicht von β oder h abhängen.

Frage 7

Wie würde sich die Zustandssumme ändern, wenn der Nullpunkt der potenziellen Energie nicht am Boden des Gasvolumens gesetzt würde, sondern bei einer beliebigen Höhe z_0?

Innere Energie, Wärmekapazitäten und Druck

Die innere Energie ist nach (36.10) die negative Ableitung von $\ln Z$ nach β:

$$\begin{aligned}U &= \frac{5N}{2\beta} - Nmgh\frac{\mathrm{e}^{-\beta mgh}}{1-\mathrm{e}^{-\beta mgh}}\\ &= Nk_\mathrm{B}T\left[\frac{5}{2} - \frac{q}{\mathrm{e}^q - 1}\right],\end{aligned} \tag{36.104}$$

wobei wir das Verhältnis $q = \beta mgh$ zwischen der potenziellen Energie im Schwerefeld am oberen Ende des Gasvolumens und der thermischen Energie $k_\mathrm{B}T = \beta^{-1}$ eingeführt haben. Die Grenzfälle $q \ll 1$ und $q \gg 1$ sind instruktiv. Wenden wir die Näherung $\mathrm{e}^{-q} \approx 1 - q$ für $q \ll 1$ an, finden wir

$$\frac{q\mathrm{e}^{-q}}{1-\mathrm{e}^{-q}} \approx \begin{cases} 1 & \text{für} \quad q \ll 1\\ 0 & \text{für} \quad q \gg 1\end{cases} \tag{36.105}$$

in führender Ordnung. Die innere Energie hat somit die Grenzfälle

$$U \approx \begin{cases}\frac{3}{2}Nk_\mathrm{B}T & \text{für} \quad mgh \ll k_\mathrm{B}T\\ \frac{5}{2}Nk_\mathrm{B}T & \text{für} \quad mgh \gg k_\mathrm{B}T\end{cases}. \tag{36.106}$$

Frage 8

Warum treten in den beiden hier behandelten Grenzfällen dominierender thermischer oder potenzieller Energie die Vorfaktoren 3/2 und 5/2 auf? (*Hinweis*: Überlegen Sie, was der Gleichverteilungssatz in dieser Situation verlangt.)

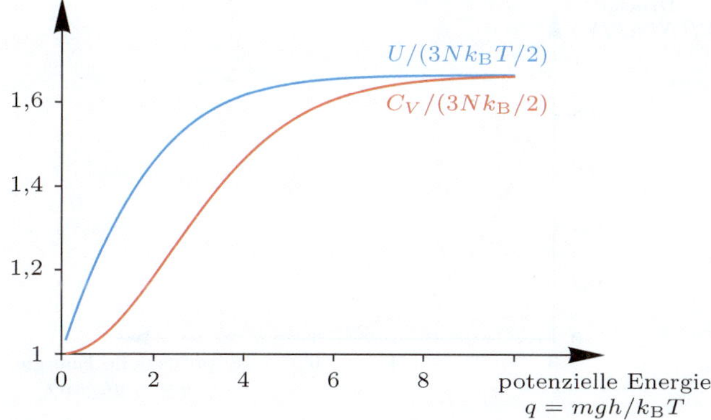

Abb. 36.6 Die innere Energie U eines idealen Gases im Schwerefeld und seine spezifische Wärmekapazität C_V bei konstantem Volumen sind relativ zu ihren Werten außerhalb des Schwerefeldes als Funktionen der dimensionslosen potenziellen Energie $q = \beta mgh$ am oberen Ende des Gasvolumens dargestellt

Natürlich steht auch dieses Ergebnis nicht im Widerspruch zum Gleichverteilungssatz. Die mittlere kinetische Energie pro Freiheitsgrad muss auch für das ideale Gas im Schwerefeld gleich $k_\mathrm{B}T/2$ betragen, aber die innere Energie enthält nun auch Beiträge aus der potenziellen Energie der Teilchen (Abb. 36.6).

Die spezifische Wärmekapazität bei konstantem Volumen ist ebenfalls leicht zu bestimmen. Sie ergibt sich durch eine weitere Ableitung der inneren Energie nach der Temperatur. Eine kurze Rechnung führt auf

$$C_V = Nk_\mathrm{B}\left[\frac{5}{2} - \frac{q^2}{(\mathrm{e}^q - 1)^2}\right]. \tag{36.107}$$

Achtung Beachten Sie, dass dieses Ergebnis keinen Aufschluss darüber gibt, wie sich die spezifische Wärmekapazität bei konstantem Volumen entlang der z-Achse ändert, da wir längs z vom Boden zum Deckel des Gasvolumens integriert haben. Es besagt lediglich, wie sich die innere Energie im gesamten Gasvolumen ändert, wenn sich die Temperatur ändert, und wie diese Änderung von der Höhe des Gasvolumens abhängt. ◂

Die spezifische Wärmekapazität steigt monoton und gleichmäßig von $(3/2)Nk_\mathrm{B}$ auf $(5/2)Nk_\mathrm{B}$ an, während q ansteigt. Wachsendes q bedeutet, dass die potenzielle Energie relativ zur thermischen Energie immer wichtiger wird. Bei großem q ist die zugeführte Wärme nicht nur dazu erforderlich, die kinetische Energie der Gasteilchen zu erhöhen, sondern auch ihre potenzielle Energie.

Berechnen wir schließlich noch den Druck, der sich wegen

$$P = k_\mathrm{B}T\frac{\partial \ln Z_c}{\partial V} \tag{36.108}$$

sofort aus der Zustandssumme berechnen lässt. Bei festgehaltener Grundfläche A hängt das Gasvolumen allein von der Höhe

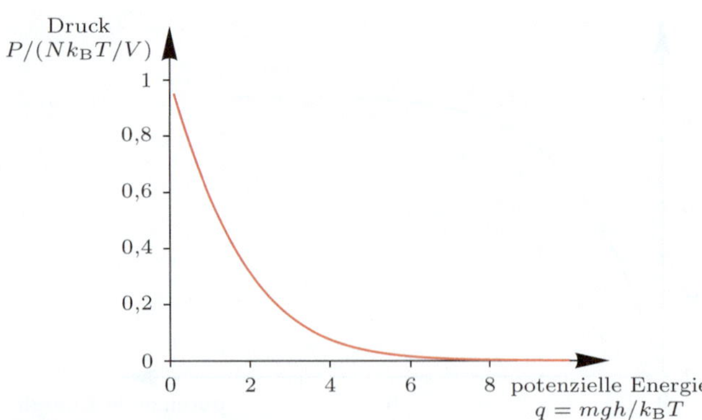

Abb. 36.7 Der Druck P eines idealen Gases im Schwerefeld als Funktionen der dimensionslosen potenziellen Energie $q = \beta mgh$

ab, sodass wir

$$P = k_B T \frac{dh}{dV} \frac{\partial \ln Z_c}{\partial h} = \frac{Nk_B T}{V} \frac{q}{e^q - 1} \tag{36.109}$$

erhalten. Für $q \ll 1$ wird daraus wieder die Zustandsgleichung des idealen Gases, während der Druck für $q \gg 1$ gegen null fällt (Abb. 36.7). Dann ist die potenzielle Energie zu groß im Vergleich zur thermischen Energie, als dass die Teilchen noch einen nennenswerten Druck ausüben könnten.

Achtung Wiederum teilt uns das Ergebnis (36.109) nicht mit, wie sich der Druck innerhalb des Gasvolumens mit z ändert, sondern nur, welche Arbeit am Gasvolumen verrichtet werden muss, wenn der Deckel längs der z-Achse verschoben werden soll. ◀

Frage 9

Wie würden Sie die mittlere Höhe der Teilchen im Gravitationsfeld als Funktion der Temperatur oder der thermischen Energie und deren Varianz bestimmen?

36.5 Chemische Reaktionen idealer Gasgemische

Wir hatten bereits in Kap. 35 gesehen, dass chemische Reaktionen durch Gleichungen der Form

$$\sum_j n_j A_j = 0 \tag{36.110}$$

geschrieben werden können (35.207). Dabei läuft der Index j über alle Reaktionspartner, n_j sind die beteiligten stöchiometrischen Koeffizienten, und A_j sind die Atom- oder Molekülsorten, die an der Reaktion beteiligt sind. Wie üblich werden die Koeffizienten der Ausgangsstoffe in (36.110) positiv angegeben, die der Produkte negativ. Zudem haben wir unter (35.210) als allgemeine Bedingung für chemisches Gleichgewicht festgestellt, dass die stöchiometrischen Koeffizienten und die chemischen Potenziale durch

$$\sum_j \mu_j n_j = 0 \tag{36.111}$$

verbunden sind. Wir betrachten nun die Bedingungen an das Gleichgewicht chemischer Reaktionen etwas genauer am Beispiel idealer Gase. Bei vorgegebener Temperatur T und festem Volumen V mögen r Arten von idealen Gasen miteinander reagieren, deren Teilchenzahlen N_j seien, mit $1 \le j \le r$. Unter diesen Voraussetzungen wird die Lage des Reaktionsgleichgewichts durch die Bedingung bestimmt, dass die freie Energie $F(T, V, N_1, \ldots, N_r)$ ein Minimum einnehmen muss.

Wir beginnen damit, die kanonische Zustandssumme für alle N beteiligten Teilchen aufzustellen. Zunächst führen wir einen Index k ein, um alle beteiligten Moleküle abzuzählen. Das k-te Molekül möge Zustände s_k einnehmen können, deren Energie durch $\epsilon_k(s_k)$ gegeben sei. Da es sich nach Voraussetzung bei allen beteiligten Reaktionspartnern um ideale Gase handelt, setzt sich die Gesamtenergie aller Moleküle nur aus den Beiträgen der einzelnen Moleküle zusammen, enthält aber keine potenziellen Energien. Wenn wir ferner voraussetzen, dass auch keine äußeren Potenziale berücksichtigt werden müssen, ist die Hamilton-Funktion

$$H = \sum_k \epsilon_k(s_k)\,, \tag{36.112}$$

sodass wir für die kanonische Zustandssumme zunächst

$$Z_c' = \sum_{s_1, s_2, \ldots} \exp\left\{-\beta\left[\epsilon_1(s_1) + \epsilon_2(s_2) + \ldots\right]\right\} \tag{36.113}$$

schreiben können. Mit dieser Schreibweise ist gemeint, dass für *jedes* Molekül k über *alle* seine möglichen Zustände s_k summiert werden muss. Mit dem Strich an Z_c ist angedeutet, dass es sich dabei noch nicht um die endgültige Form der kanonischen Zustandssumme handelt. Dies wird im Anschluss an (36.116) erklärt.

Achtung Offenbar faktorisiert die Exponentialfunktion in der Zustandssumme, was natürlich eine unmittelbare Folge davon ist, dass wir von idealen Gasen ausgehen, denn unter dieser Annahme koppeln die einzelnen Gasmoleküle nicht aneinander und sind daher unabhängig. ◀

Die Zustandssumme Z' ist also ein Produkt von so vielen Faktoren, wie es Gasmoleküle gibt, insgesamt N, von denen jeder eine Summe über alle möglichen Zustände ist, die das jeweilige Gasmolekül einnehmen kann:

$$Z_c' = \left(\sum_{s_1} \exp\left[-\beta\epsilon_1(s_1)\right]\right)\left(\sum_{s_2} \exp\left[-\beta\epsilon_2(s_2)\right]\right) \cdot \ldots \tag{36.114}$$

Die Faktoren in diesem Produkt, die jeweils zu einer Molekülsorte j gehören, müssen alle übereinstimmen. Wir bezeichnen sie mit

$$\zeta_j = \sum_{s_j} \exp\left[-\beta\epsilon_j(s_j)\right] , \qquad (36.115)$$

wobei nun s_j alle möglichen Zustände bezeichnet, die den Molekülen der Sorte j zugänglich sind. Da es von jeder Molekülsorte N_j Moleküle gibt, reduziert sich die Zustandssumme auf

$$Z_c' = \prod_{j=1}^{r} \zeta_j^{N_j} , \qquad (36.116)$$

womit noch einmal daran erinnert sei, dass r die Anzahl der *Molekülsorten* bezeichnet.

Abschließend müssen wir noch dem Gibbs-Paradoxon Rechnung tragen. Während die Moleküle verschiedener Sorten unterschieden werden können, ist dies für die Moleküle einer Sorte nicht möglich. Wir müssen also für jede Molekülsorte j berücksichtigen, dass ihre Moleküle auf $N_j!$ ununterscheidbare Weisen permutiert werden können.

Kanonische Zustandssumme und freie Energie eines Gemischs idealer Gase

Beziehen wir dies mit ein, erhalten wir für die kanonische Zustandssumme eines Gemischs aus r verschiedenen idealen Gasen mit jeweils N_j Molekülen

$$Z_c = \prod_{j=1}^{r} \frac{\zeta_j^{N_j}}{N_j!} . \qquad (36.117)$$

Die freie Energie wird damit zu einer Summe über die freien Energien der einzelnen Molekülsorten:

$$F = \sum_{j=1}^{r} F_j = -k_B T \sum_{j=1}^{r} \left(N_j \ln \zeta_j - \ln N_j!\right) . \qquad (36.118)$$

Da die Zustandssumme faktorisiert, muss auch die innere Energie des Gasgemischs die Summe der inneren Energien der r Gassorten sein. Nach (36.118) ist die freie Energie ebenfalls additiv, und damit muss auch die Entropie additiv sein. Insbesondere ist dann aber auch der Druck eine Summe aus r Partialdrücken P_j.

Aus den Beiträgen F_j zur freien Energie bekommen wir die chemischen Potenziale μ_j für alle Molekülsorten j.

Den Logarithmus der Fakultät können wir durch die *Stirling'sche Formel*

$$\ln N! \approx N \ln N - N \qquad (36.119)$$

nähern (Abb. 36.8). Die Stirling'sche Formel wurde im „Mathematischen Hintergrund" 32.1 hergeleitet. Setzen wir diese

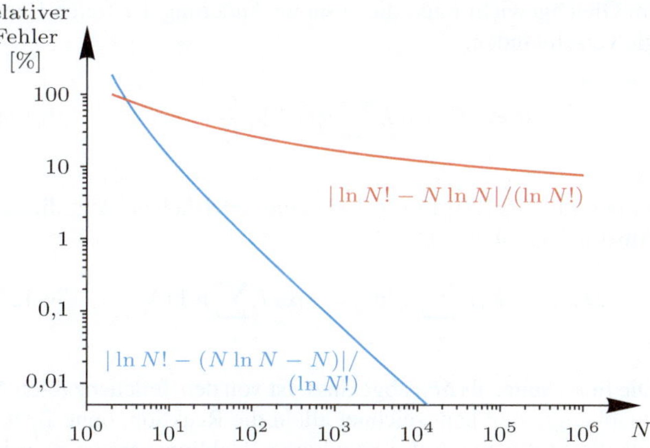

Abb. 36.8 Die relative Genauigkeit zweier Versionen der Stirling'schen Formel ist als Funktion von N angegeben. Die Näherung $\ln N! \approx N \ln N - N$ wird bei ausreichend großem N schnell extrem genau

Näherung in (36.118) ein, folgt

$$\begin{aligned}\mu_j &= \left(\frac{\partial F_j}{\partial N_j}\right)_{T,V,N} \\ &= -k_B T \left(\frac{\partial}{\partial N_j}\right)_{T,V,N} \left(N_j \ln \zeta_j - N_j \ln N_j + N_j\right) \qquad (36.120) \\ &= -k_B T \left(\ln \zeta_j - \ln N_j\right) = -k_B T \ln \frac{\zeta_j}{N_j} .\end{aligned}$$

Zu berücksichtigen ist dabei allerdings, dass die Gesamtzahl N aller Moleküle konstant gehalten werden muss, sodass nur $r-1$ von den r Teilchenzahlen N_j unabhängig sind.

Bei festgehaltener Temperatur T und festem Volumen V ist eine Änderung der freien Energie allein durch eine Änderung der Teilchenzahlen bedingt:

$$\delta F = \sum_j \left(\frac{\partial F}{\partial N_j}\right)_{T,V,N} \delta N_j . \qquad (36.121)$$

Die Stoffmengen der Reaktionspartner erfüllen die Reaktionsgleichung, wenn die Änderungen ihrer Teilchenzahlen aufgrund der Reaktion proportional zu ihren stöchiometrischen Koeffizienten sind:

$$\delta N_j = \lambda n_j , \qquad (36.122)$$

wobei die Konstante λ für unsere Betrachtung unerheblich ist. Aus (36.121) und (36.122) erhalten wir zunächst

$$\delta F = \lambda \sum_j n_j \left(\frac{\partial F}{\partial N_j}\right)_{T,V,N} . \qquad (36.123)$$

Teil IV

Im Gleichgewicht muss die gesamte Änderung der freien Energie verschwinden:

$$0 = \delta F = -\lambda \sum_j n_j k_B T \ln \frac{\zeta_j}{N_j}, \qquad (36.124)$$

wobei wir (36.120) in (36.123) eingesetzt haben. Aus diesem Ausdruck erhalten wir

$$\delta F_0 := -k_B T \sum_j n_j \ln \zeta_j = -k_B T \sum_j n_j \ln N_j. \qquad (36.125)$$

Die linke Seite, als δF_0 abgekürzt, ist von den Teilchenzahlen N_j unabhängig und kennzeichnet allein die Reaktion, ohne Bezug auf die Stoffmengen der beteiligten Reaktionspartner zu nehmen.

Massenwirkungsgesetz

Eine kurze Umformung von (36.125) ergibt nun das sogenannte Massenwirkungsgesetz:

$$\prod_{j=1}^{r} N_j^{n_j} = \exp\left(-\frac{\delta F_0}{k_B T}\right) = \prod_{j=1}^{r} \zeta_j^{n_j}, \qquad (36.126)$$

wobei die n_j die stöchiometrischen Koeffizienten sind. Wir erläutern dieses Gesetz am besten anhand des folgenden Beispiels.

Die Saha-Gleichung

Die obigen Betrachtungen zu chemischen Reaktionen idealer Gase lassen sich weiter verallgemeinern, was wir hier am Beispiel der Wasserstoffrekombination illustrieren wollen. Gegeben sei also die Reaktionsgleichung

$$e^- + p^+ \longleftrightarrow H, \qquad (36.127)$$

die zwar keine chemische Reaktion im eigentlichen Sinne beschreibt, aber dennoch ein Reaktionsgleichgewicht, dessen Lage wir mithilfe der freien Energie bestimmen können. Insbesondere interessiert uns, auf welcher Seite der Gleichung das Reaktionsgleichgewicht in Abhängigkeit von der Temperatur und vom Volumen zu liegen kommt.

Zunächst sind die stöchiometrischen Koeffizienten

$$n_e = 1, \quad n_p = 1, \quad n_H = -1, \qquad (36.128)$$

sodass die chemischen Potenziale aufgrund von (36.111) durch

$$\mu_e + \mu_p - \mu_H = 0 \qquad (36.129)$$

verbunden sind. Das Massenwirkungsgesetz (36.126) besagt sofort

$$\frac{N_e N_p}{N_H} = \frac{\zeta_e \zeta_p}{\zeta_H}. \qquad (36.130)$$

Weiterhin unterliegen die Teilchenzahlen N_e, N_p und N_H den beiden Bedingungen

$$N_e = N_p \quad \text{und} \quad N_p + N_H =: N = \text{const}, \qquad (36.131)$$

da die Mischung aus Elektronen, Protonen und Wasserstoff nach außen hin elektrisch neutral sein soll und die Gesamtzahl der Protonen konstant sein muss, ob sie nun frei oder als Wasserstoffkerne auftreten. Daher können wir die Teilchenzahlen in der freien Energie allein durch die Anzahl N_e der freien Elektronen ausdrücken. Führen wir zusätzlich den Anteil freier Elektronen durch $x = N_e/N$ ein, nimmt das Massenwirkungsgesetz die Form

$$\frac{Nx^2}{1-x} = \frac{\zeta_e \zeta_p}{\zeta_H} \qquad (36.132)$$

an. Nun müssen die Einteilchen-Zustandssummen ζ_j berechnet werden.

An dieser Stelle müssen wir berücksichtigen, dass aufgrund der Bindungsenergie des Elektrons im Wasserstoffatom ein Massendefekt auftritt. Die Masse des Wasserstoffatoms ist um die Bindungsenergie geteilt durch c^2 geringer als die Summen der Massen des Elektrons und des Proton. Deswegen erweist es sich als zweckmäßig, die Ruheenergie $m_j c^2$ in die Berechnung mit einzubeziehen und in niedrigster nichtrelativistischer Näherung

$$\zeta_j = \int_\Gamma d\Gamma \exp\left[-\beta\left(m_j c^2 + \frac{p^2}{2m_j}\right)\right] \qquad (36.133)$$

zu schreiben. Das Phasenraumintegral ergibt, ganz analog zur Berechnung der Zustandssumme des idealen Gases in Abschn. 36.2:

$$\zeta_j = \frac{V}{h^3} e^{-\beta m_j c^2} \left(2\pi m_j k_B T\right)^{3/2}, \qquad (36.134)$$

wobei wir hier die bisher beliebige Konstante h_0 durch das Planck'sche Wirkungsquantum h ersetzt haben. Damit wird das Massenwirkungsgesetz zu

$$\frac{Nx^2}{1-x} = \frac{V}{h^3}\left(2\pi k_B T \frac{m_e m_p}{m_H}\right)^{3/2} e^{-\beta\chi}, \qquad (36.135)$$

wenn wir zudem die Differenz der Ruheenergien durch die Ionisationsenergie $\chi = 1\,\text{Ry} = 13{,}6\,\text{eV}$ des Wasserstoffs ausdrücken:

$$(m_e + m_p - m_H)\, c^2 = \chi. \qquad (36.136)$$

Teil IV

Außerhalb der Exponentialfunktion können wir die Massen des Protons und des Wasserstoffatoms in ausreichender Näherung gleichsetzen und erhalten schließlich die *Saha-Gleichung*

$$\frac{x^2}{1-x} = \frac{1}{\nu}\left(\frac{2\pi m_e k_B T}{h^2}\right)^{3/2} e^{-\beta\chi}, \qquad (36.137)$$

benannt nach dem indischen Physiker *Meghnad Saha* (1893–1956). In unserer Anwendung gibt sie den Ionisationsgrad x eines Wasserstoffplasmas als Funktion der Temperatur T und der Gesamtdichte $\nu = N/V$ der gebundenen und freien Protonen an. Die letzte Gleichung ist leicht nach x aufzulösen und gibt dann den Anteil freier Elektronen an der Gesamtzahl der Elektronen, also den Ionisationsgrad, als Funktion der Teilchendichte und der thermischen Energie $k_B T$ an (Abb. 36.9).

Die Saha-Gleichung tritt beispielsweise in der Astrophysik häufig auf, wenn die Ionisationsgrade verschiedener Gaskomponenten im thermischen Gleichgewicht berechnet werden müssen. Sie erlaubt es auch in sehr guter Näherung zu berechnen, wann das Wasserstoffplasma im Universum aufgrund der kosmischen Abkühlung zu Wasserstoffgas rekombinierte.

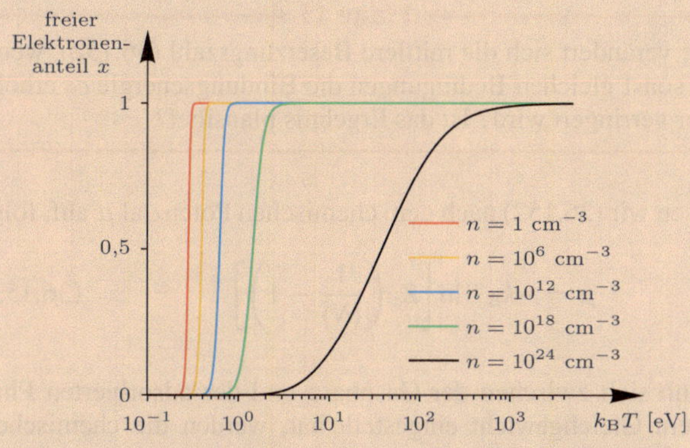

Abb. 36.9 Ionisationsgrad von Wasserstoffplasmen verschiedener Dichte als Funktion der thermischen Energie in Elektronenvolt. Bei geringer Dichte liegt die Ionisationstemperaur erheblich niedriger als die Bindungsenergie $\chi = 13{,}6\,\text{eV}$ des Wasserstoffatoms; bei hoher Dichte kann sie wesentlich darüber liegen

Frage 10

Überprüfen Sie, ob die rechte Seite der Saha-Gleichung dimensionslos ist, wie sie es sein muss.

Die thermische Wellenlänge

An diese Diskussion der Saha-Gleichung schließen wir noch eine Bemerkung zur sogenannten thermischen Wellenlänge an. In den Größen ζ_j, die im Massenwirkungsgesetz stehen und während der Herleitung der Saha-Gleichung bestimmt wurden, trat der Faktor

$$\frac{1}{h}\int_{-\infty}^{\infty} e^{-\beta p^2/2m}\,dp = \frac{\sqrt{2\pi m k_B T}}{h} \qquad (36.138)$$

auf, den es sich näher zu betrachten lohnt. Aufgrund des Gleichverteilungssatzes ist das mittlere thermische Impulsquadrat eines Gasteilchens gerade durch

$$\frac{3}{2}k_B T = \langle E_{\text{kin}}\rangle = \frac{1}{2m}\langle p^2\rangle \qquad (36.139)$$

gegeben, sodass wir den Ausdruck

$$p_{\text{th}} = \langle p^2\rangle^{1/2} = \sqrt{3mk_B T} \qquad (36.140)$$

als mittleren thermischen Impuls bezeichnen können. Damit können wir den Ausdruck (36.138) in die Form

$$\sqrt{\frac{2\pi}{3}}\frac{p_{\text{th}}}{h} \qquad (36.141)$$

bringen.

Thermische Wellenlänge

Dieses Ergebnis legt es nahe, analog zur De-Broglie-Wellenlänge h/p der Quantenmechanik die *thermische Wellenlänge*

$$\lambda_T = \frac{h}{\sqrt{2\pi m k_B T}} = \sqrt{\frac{3}{2\pi}}\frac{h}{p_{\text{th}}} \qquad (36.142)$$

einzuführen.

Durch sie ausgedrückt, lautet die Saha-Gleichung schlicht

$$\frac{x^2}{1-x} = \frac{e^{-\beta\chi}}{n\lambda_{T,e}^3}, \qquad (36.143)$$

wobei

$$\lambda_{T,e} = \frac{h}{\sqrt{2\pi m_e k_B T}} \qquad (36.144)$$

die thermische Wellenlänge des Elektrons ist.

Teil IV

In eine sehr anschauliche Form schrumpft auch die Zustandssumme eines idealen Gases, die wir in Abschn. 36.2 hergeleitet haben. Wenn wir $h_0 = h$ identifizieren, lautet sie

$$Z_c = \left(\frac{V}{\lambda_T^3}\right)^N . \tag{36.145}$$

Drücken wir zudem die thermische Energie $k_B T$ durch

$$\tau = \frac{k_B T}{mc^2} \tag{36.146}$$

in Einheiten der Ruhemasse der betrachteten Teilchen aus, nimmt die thermische Wellenlänge die Form

$$\lambda_T = \frac{h}{mc} \frac{1}{\sqrt{2\pi\tau}} = \frac{\lambda_C}{\sqrt{2\pi\tau}} \tag{36.147}$$

an, wodurch die Compton-Wellenlänge λ_C auftritt. Bei $T = 300\,\mathrm{K}$, also etwa bei Raumtemperatur, ist die thermische Energie $k_B T \approx 25{,}85\,\mathrm{meV}$. Für eine atomare Masseneinheit, $1\,\mathrm{u} = 1{,}6605 \cdot 10^{-24}\,\mathrm{g} = 931{,}49\,\mathrm{MeV}/c^2$, beträgt die Compton-Wellenlänge $\lambda_C = 1{,}33 \cdot 10^{-13}\,\mathrm{cm}$. Damit lässt sich die thermische Wellenlänge nach

$$\lambda_T = 1{,}01 \cdot 10^{-8}\,\mathrm{cm} \left(\frac{m}{\mathrm{u}}\right)^{-1/2} \left(\frac{T}{300\,\mathrm{K}}\right)^{-1/2} \tag{36.148}$$

abschätzen.

Wenn das Volumen $v = V/N$, das einem einzelnen Teilchen im Mittel zur Verfügung steht, in die Größenordnung λ_T^3 gerät, werden quantenmechanische Teilcheneigenschaften wichtig. Wir werden dies am Beispiel eines Bose-Einstein-Gases in Abschn. 37.5 genauer beleuchten.

Adsorptionsgleichgewicht

Um die Rolle des chemischen Potenzials bei Phasenübergängen noch etwas genauer zu beleuchten, betrachten wir die folgende Situation: Ein Behälter des Volumens V, der durch ein Wärmereservoir auf konstanter Temperatur T gehalten wird, sei mit einem idealen Gas gefüllt. Der Boden des Behälters bestehe aus einem Material, das die Gasmoleküle adsorbieren kann. Das Material des Bodens enthält also Adsorptionszentren, mit denen die Gasmoleküle gebundene Zustände eingehen können. Der Einfachheit halber nehmen wir an, dass es für die Gasmoleküle an jedem Adsorptionszentrum zwei gebundene Zustände mit den Bindungsenergien

$$\epsilon_1 = -\epsilon_0 , \quad \epsilon_2 = -\frac{\epsilon_0}{2} \tag{36.149}$$

gebe, wobei $\epsilon_0 > 0$ ein positiver Energiewert ist. An jedem Adsorptionszentrum soll sich höchstens ein Gasmolekül anlagern können. Wenn wir weiter annehmen, dass die Adsorptionszentren sich gegenseitig nicht beeinflussen und deswegen als unabhängig voneinander angesehen werden können, reicht es aus, das Adsorptionsgleichgewicht an einem einzelnen Adsorptionszentrum zu untersuchen.

Die kanonische Zustandssumme eines Adsorptionszentrums ist

$$Z_c = e^{-\beta\epsilon_1} + e^{-\beta\epsilon_2} = e^{\beta\epsilon_0/2}\left(1 + e^{\beta\epsilon_0/2}\right) , \tag{36.150}$$

und damit ergibt sich die großkanonische Zustandssumme eines Adsorptionszentrums zu

$$Z_{gc} = \sum_{N=0}^{1} e^{\beta\mu N} Z_c^N = 1 + e^{\beta\mu} Z_c . \tag{36.151}$$

Die Summe erstreckt sich nur über zwei mögliche Werte, weil an einem Adsorptionszentrum höchstens ein Gasmolekül adsobiert sein kann. Die Ableitung dieser großkanonischen Zustandssumme nach dem chemischen Potenzial ergibt die mittlere Anzahl der Gasmoleküle, die an einem Adsorptionszentrum angelagert werden:

$$\langle N \rangle = \frac{1}{\beta}\frac{\partial \ln Z_{gc}}{\partial \mu} = \frac{1}{\beta Z_{gc}}\frac{\partial Z_{gc}}{\partial \mu} = \frac{e^{\beta\mu} Z_c}{1 + e^{\beta\mu} Z_c} . \tag{36.152}$$

Frage 11

Wie verändert sich die mittlere Besetzungszahl (36.152), wenn bei sonst gleichen Bedingungen die Bindungsenergie ϵ_0 erhöht oder verringert wird? Ist das Ergebnis plausibel?

Lösen wir (36.152) nach dem chemischen Potenzial μ auf, folgt

$$\mu = -k_B T \ln\left[Z_c\left(\frac{1}{\langle N \rangle} - 1\right)\right] . \tag{36.153}$$

Wenn sich zwischen der Gasphase und der adsorbierten Phase ein Gleichgewicht eingestellt hat, werden die chemischen Potenziale der beiden Phasen gleich sein. Um die Lage dieses Gleichgewichts in Abhängigkeit von der Temperatur und vom Volumen zu finden, brauchen wir also noch das chemische Potenzial der Moleküle in der Gasphase. Wir erhalten es aus der Beziehung (36.120) zusammen mit dem Ergebnis (36.134) für die Einteilchen-Zustandssumme ζ aus dem Beispielkasten „Die Saha-Gleichung“:

$$\mu = -k_B T \ln\left(\frac{1}{n\lambda_T^3}\right) , \tag{36.154}$$

wobei wieder die thermische Wellenlänge λ_T auftritt und n die Anzahldichte der Gasmoleküle ist. Anders als in (36.134) tritt hier die Ruheenergie der Teilchen nicht auf, weil sie unverändert bleibt. An diesem Beispiel wird deutlich, dass sich nur der Nullpunkt des chemischen Potenzials verschiebt, wenn die Ruheenergie der Teilchen berücksichtigt wird.

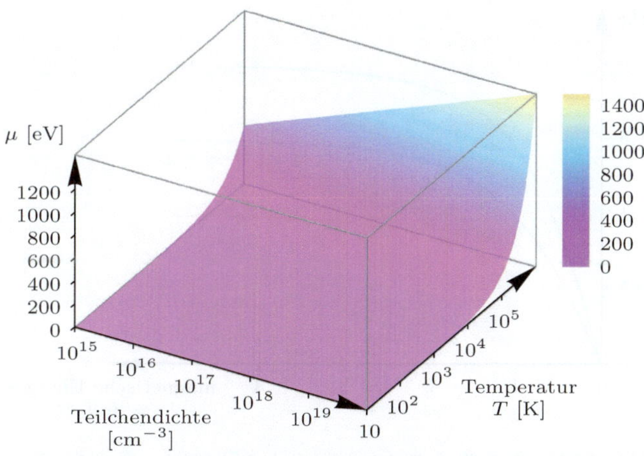

Abb. 36.10 Chemisches Potenzial in Elektronenvolt eines idealen Gases mit dem Molekulargewicht von Luft, $\approx 29\,\mathrm{u}$, als Funktion der Teilchendichte und der Temperatur. Unter Normalbedingungen wäre Luft in der vorderen unteren Ecke des gezeigten Quaders angesiedelt, bei einer Teilchendichte von $n \approx 2{,}7 \cdot 10^{19}\,\mathrm{cm}^{-3}$ und einer Temperatur von $T \approx 273\,\mathrm{K}$

Mithilfe der Zustandsgleichung des idealen Gases drücken wir die Anzahldichte n durch den Druck P und die Temperatur T aus:

$$n = \frac{P}{k_B T}, \tag{36.155}$$

und erhalten (Abb. 36.10)

$$\mu = -k_B T \ln\left(\frac{k_B T}{P\lambda_T^3}\right). \tag{36.156}$$

Setzen wir nun die beiden chemischen Potenziale (36.153) und (36.156) gleich, erhalten wir die mittlere Besetzungszahl der Adsorptionszentren als Funktion des Druckes und der Temperatur des umgebenden Gases:

$$\langle N \rangle = \frac{1}{1 + \dfrac{k_B T}{Z_c P \lambda_T^3}}. \tag{36.157}$$

Bei konstanter Temperatur ist

$$\alpha := \frac{Z_c \lambda_T^3}{k_B T} \tag{36.158}$$

eine Konstante mit der Dimension eines reziproken Druckes, die gelegentlich als *Langmuir-Konstante* bezeichnet wird (nach dem amerikanischen Chemiker und Physiker *Irving Langmuir*, 1881–1957). Ihr Wert hängt mittels (36.150) von der kanonischen Zustandssumme Z_c eines Adsorptionszentrums ab und damit von den Bindungsenergien der Zustände, die ein adsorbiertes Molekül mit einem Adsorptionszentrum eingehen kann.

Mittlere Besetzungszahl bei Adsorption

Die mittlere Besetzungszahl eines Adsorptionszentrums ist durch (36.156) bestimmt, die bei konstanter Temperatur in die einfache Form

$$\langle N \rangle = \frac{\alpha P}{1 + \alpha P} \tag{36.159}$$

gebracht werden kann. Dieser Zusammenhang stellt die *Langmuir-Isotherme* des Adsorptionsgleichgewichts dar.

Wenn der Druck sehr groß wird, $\alpha P \gg 1$, geht die Besetzungszahl jedes Adsorptionszentrums gegen eins. Für kleine Drücke, $\alpha P \ll 1$, verläuft die mittlere Besetzungszahl wie

$$\langle N \rangle \approx \alpha P (1 - \alpha P), \tag{36.160}$$

in niedrigster Ordnung also linear mit dem Druck.

36.6 Einfache Modelle für magnetische Systeme

Magnetisierung eines Paramagneten

Kommen wir noch einmal etwas detaillierter auf die mittlere Magnetisierung eines Paramagneten in einem äußeren Magnetfeld $\boldsymbol{B}$ zurück, das wir der Einfachheit halber und ohne Beschränkung der Allgemeinheit entlang der z-Achse unseres Koordinatensystems ausgerichtet annehmen. Der Paramagnet bestehe aus Atomen oder Molekülen, die magnetische Momente tragen. In einem Vorgriff auf Kap. 37 über Quantenstatistik werden wir diese magnetischen Momente nun quantenmechanisch beschreiben. Wir führen dazu einen Operator $\hat{\boldsymbol{\mu}}$ ein, den wir proportional zum Drehimpulsoperator $\hat{\boldsymbol{J}}$ der Atome oder Moleküle schreiben. Da der Drehimpulsoperator in der Quantenmechanik dimensionsbehaftet eingeführt wurde, schreiben wir einen dimensionslosen Drehimpulsoperator als $\hat{\boldsymbol{J}}/\hbar$. Dann gilt für den Operator der magnetischen Momente

$$\hat{\boldsymbol{\mu}} = \frac{g\mu_0}{\hbar}\hat{\boldsymbol{J}}, \tag{36.161}$$

worin der dimensionslose *gyromagnetische Faktor*, auch g-Faktor oder Landé'scher Faktor genannt, den Betrag des magnetischen Moments in Einheiten des Bohr'schen Magnetons

$$\mu_0 = \frac{e\hbar}{2mc} \tag{36.162}$$

angibt. Vergleichen Sie dazu auch die Diskussion magnetischer Momente im Magnetfeld in Kap. 29, in dem das Bohr'sche Magneton in (29.48) und der gyromagnetische Faktor in (29.56) eingeführt wurden.

Die Wechselwirkungsenergie jedes einzelnen magnetischen Moments mit dem äußeren Magnetfeld wird durch den Hamilton-Operator

$$\hat{H} = -\boldsymbol{B} \cdot \hat{\boldsymbol{\mu}} \qquad (36.163)$$

beschrieben. Seine möglichen Eigenwerte sind

$$E_m = -g\mu_0 Bm\,, \qquad (36.164)$$

wobei $-J \le m \le J$ die magnetische Quantenzahl ist, d. h. die Drehimpulsquantenzahl in der z-Richtung, die durch die Ausrichtung des Magnetfeldes natürlicherweise vorgegeben ist. Die Einteilchen-Zustandssumme ist nun offenbar

$$Z_1 = \sum_{m=-J}^{J} \mathrm{e}^{\beta g\mu_0 Bm} =: \sum_{m=-J}^{J} \mathrm{e}^{qm}\,, \qquad (36.165)$$

worin das dimensionslose Verhältnis

$$q = \beta g\mu_0 B \qquad (36.166)$$

zwischen der magnetischen und der thermischen Energie eingeführt wurde.

Die Summe in (36.165) lässt sich durch zwei geometrische Reihen ausdrücken und aufsummieren:

$$\begin{aligned}\sum_{m=-J}^{J} \mathrm{e}^{qm} &= \mathrm{e}^{-qJ}\sum_{j=0}^{2J}\mathrm{e}^{qj} = \mathrm{e}^{-qJ}\left(\sum_{j=0}^{\infty}\mathrm{e}^{qj} - \sum_{j=2J+1}^{\infty}\mathrm{e}^{qj}\right)\\ &= \frac{\mathrm{e}^{-qJ}}{1-\mathrm{e}^{q}} - \mathrm{e}^{-q[J-(2J+1)]}\sum_{j=0}^{\infty}\mathrm{e}^{qj} \qquad (36.167)\\ &= \frac{\mathrm{e}^{-qJ}-\mathrm{e}^{q(J+1)}}{1-\mathrm{e}^{q}} = \frac{\mathrm{e}^{q(J+1/2)}-\mathrm{e}^{-q(J+1/2)}}{\mathrm{e}^{q/2}-\mathrm{e}^{-q/2}}\,,\end{aligned}$$

wobei sich der letzte Schritt durch Erweiterung des Bruches mit $-\mathrm{e}^{-q/2}$ ergibt. In dieser symmetrischen Form lässt sich die Einteilchen-Zustandssumme bequem durch den hyperbolischen Sinus ausdrücken:

$$Z_1 = \frac{\sinh\left[q(J+1/2)\right]}{\sinh(q/2)}\,. \qquad (36.168)$$

Die mittlere z-Komponente des magnetischen Moments eines Atoms oder Moleküls, auch als seine Magnetisierung M bezeichnet, ist bestimmt durch die Ableitung

$$\langle \mu_z \rangle = M = \frac{1}{\beta}\frac{\partial \ln Z_1}{\partial B}\,. \qquad (36.169)$$

Frage 12

Vergewissern Sie sich, dass der Ausdruck auf der rechten Seite dieser Gleichung tatsächlich den Mittelwert von μ_z ergibt, wie behauptet.

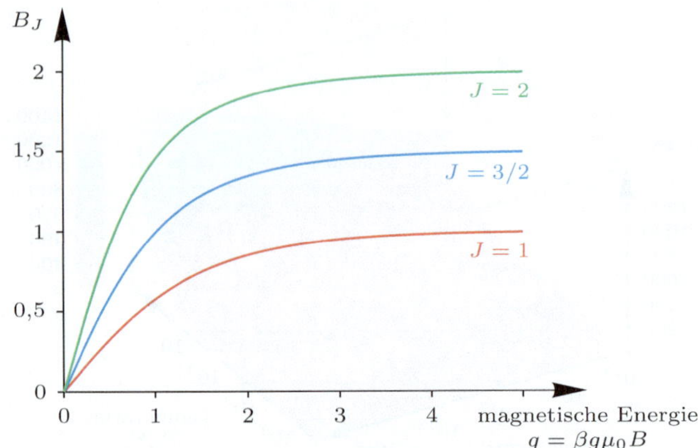

Abb. 36.11 Die Brillouin-Funktion $B_J(q)$ als Funktion der dimensionslosen magnetischen Energie $q = \beta g\mu_0 B$ für drei verschiedene Werte von J

Diese Ableitung ergibt

$$M = g\mu_0 B_J(q)\,, \qquad (36.170)$$

wobei der Ausdruck

$$B_J(q) = \left(J+\frac{1}{2}\right)\coth\left[q\left(J+\frac{1}{2}\right)\right] - \frac{1}{2}\coth\frac{q}{2} \qquad (36.171)$$

die sogenannte *Brillouin-Funktion* ist (benannt nach französisch-amerikanischen Physiker *Léon Nicolas Brillouin*, 1889–1969; Abb. 36.11). Da wir keine Wechselwirkung zwischen den Elementarmagneten des Paramagneten angenommen haben, faktorisiert die Zustandssumme wie die des idealen Gases:

$$Z_c = Z_1^N\,. \qquad (36.172)$$

Wie in (36.99) lassen wir hier einen Faktor $N!$ weg, durch den Z_c wegen der Ununterscheidbarkeit der Elementarmagnete noch zu dividieren wäre. Er ist für unsere Diskussion unerheblich.

Oft werden anstelle der Funktion $B_J(q)$ aus (36.171) auch die Funktionen

$$\bar{B}_J(q) = \frac{1}{J}B_J(q) \quad \text{oder} \quad \tilde{B}_J(x) = \frac{1}{J}B_J\left(\frac{q}{J}\right) \qquad (36.173)$$

als Brillouin-Funktion bezeichnet.

Wegen der Faktorisierung (36.172) muss die Magnetisierung des gesamten Paramagneten schlicht der N-fache Wert von M aus (36.170) sein. Die magnetische Suszeptibilität χ_m, definiert als Proportionalitätsfaktor zwischen der Magnetisierung M und dem Magnetfeld B durch $M = \chi_\mathrm{m} B$, ist dann

$$\chi_\mathrm{m} = g\mu_0\frac{B_J(q)}{B} = \beta g^2\mu_0^2\frac{B_J(q)}{q}\,. \qquad (36.174)$$

Nun sind wiederum die beiden Grenzfälle interessant, in denen die magnetische Energie sehr klein oder sehr groß gegenüber der thermischen Energie ist.

Teil IV

Achtung In Abschn. 15.2 wurde die magnetische Suszeptibilität als Proportionalitätsfaktor zwischen $\boldsymbol{M}$ und $\boldsymbol{H}$ statt zwischen $\boldsymbol{M}$ und $\boldsymbol{B}$ eingeführt. Da wir hier ein von außen angelegtes Magnetfeld meinen, beziehen wir $\chi_{\rm m}$ auf $\boldsymbol{B}$. ◂

Für $x \ll 1$ ergeben separate Taylor-Entwicklungen des Zählers und des Nenners in $\coth x$ bis zur dritten Ordnung in x

$$\begin{aligned}\coth x &= \frac{\cosh x}{\sinh x} \approx \frac{\left(1+x+\frac{x^2}{2}+\frac{x^3}{6}\right)+\left(1-x+\frac{x^2}{2}-\frac{x^3}{6}\right)}{\left(1+x+\frac{x^2}{2}+\frac{x^3}{6}\right)-\left(1-x+\frac{x^2}{2}-\frac{x^3}{6}\right)} \\ &= \frac{2\left(1+\frac{x^2}{2}\right)}{2x\left(1+\frac{x^2}{6}\right)} \approx \frac{1}{x}\left(1+\frac{x^2}{2}-\frac{x^2}{6}\right) = \frac{1}{x}+\frac{x}{3}.\end{aligned} \tag{36.175}$$

Angewandt auf (36.171) zeigt dieses Ergebnis, dass die Brillouin-Funktion dann durch

$$B_J(q) \approx \frac{q}{3}J(J+1) \tag{36.176}$$

angenähert werden kann. Die Suszeptibilität verläuft also wie

$$\chi_{\rm m} \approx \frac{g^2\mu_0^2}{3k_{\rm B}T}J(J+1)\,, \tag{36.177}$$

wenn die thermische Energie sehr hoch gegenüber der magnetischen Energie ist. Die Kopplung der Elementarmagnete an das äußere Magnetfeld ist dann so schwach, dass die Ausrichtung der Elementarmagnete im Magnetfeld durch die thermische Bewegung weitgehend verhindert wird.

Frage 13

Vergewissern Sie sich, dass die Näherung (36.176) korrekt ist.

Im Grenzfall $x \gg 1$ gilt stattdessen

$$\frac{\cosh x}{\sinh x} = \frac{{\rm e}^x+{\rm e}^{-x}}{{\rm e}^x-{\rm e}^{-x}} \approx \frac{{\rm e}^x}{{\rm e}^x} = 1\,. \tag{36.178}$$

Für die Brillouin-Funktion bedeutet das

$$B_J(x) \approx J + \frac{1}{2} - \frac{1}{2} = J\,, \tag{36.179}$$

sodass die Magnetisierung pro Atom oder Molekül gegen den maximalen Wert

$$M = g\mu_0 J \tag{36.180}$$

geht, der vom Magnetfeld ebenso unabhängig ist wie von der Temperatur.

Das eindimensionale Ising-Modell

Betrachten wir nun ein eindimensionales System aus N miteinander wechselwirkenden Spins $\sigma_i = \pm 1$, die wir uns im Kreis so angeordnet denken, dass das N-te Teilchen Nachbar des ersten ist. Damit werden mögliche Komplikationen aufgrund von Randeffekten vermieden. Ein solches System wird auch eindimensionale Spinkette oder eindimensionales Ising-Modell genannt (nach dem deutschen Mathematiker und Physiker *Ernst Ising*, 1900–1998). Sein Zustand wird durch die Menge aller Spineinstellungen $\{\sigma_i\}$ gekennzeichnet.

Mithilfe zweier Konstanten J und b stellen wir die Hamilton-Funktion

$$H_N(\{\sigma_i\}) = -J\sum_{k=1}^{N}\sigma_k\sigma_{k+1} - b\sum_{k=1}^{N}\sigma_k \tag{36.181}$$

auf, in der $\sigma_{N+1} = \sigma_1$ identifiziert wird. Dabei beschreibt J die Stärke der Wechselwirkung benachbarter Spins, während b angibt, wie die Spins an ein äußeres Magnetfeld koppeln.

Die kanonische Zustandssumme ist

$$Z_N = \sum_{\{\sigma_i\}}\exp\left[\beta\left(J\sum_{k=1}^{N}\sigma_k\sigma_{k+1} + b\sum_{k=1}^{N}\sigma_k\right)\right], \tag{36.182}$$

wobei über die Menge aller Spinkonfigurationen $\{\sigma_i\}$ summiert werden muss. Der Exponentialfaktor zerfällt in N gleichartige Faktoren, in denen jeweils zwei benachbarte Spins auftreten. Wir greifen davon den ersten Summanden heraus:

$$\exp\left[\beta\left(J\sigma_1\sigma_2 + \frac{b}{2}(\sigma_1+\sigma_2)\right)\right], \tag{36.183}$$

und fassen ihn als Element $T_{\sigma_1\sigma_2}$ der reellen, symmetrischen, 2×2-Matrix

$$\boldsymbol{T} = \begin{pmatrix} {\rm e}^{\beta(J+b)} & {\rm e}^{-\beta J} \\ {\rm e}^{-\beta J} & {\rm e}^{\beta(J-b)} \end{pmatrix} \tag{36.184}$$

auf, die *Transfermatrix* genannt wird. Mithilfe von $\boldsymbol{T}$ können wir die Zustandssumme in die Form

$$Z_N = \sum_{\sigma_1=\pm1}\sum_{\sigma_2=\pm1}\cdots\sum_{\sigma_N=\pm1} T_{\sigma_1\sigma_2}T_{\sigma_2\sigma_3}\cdots T_{\sigma_N\sigma_{N+1}} \tag{36.185}$$

bringen. Durch die Summen über alle Spinkonfigurationen wird die Zustandssumme zum N-fachen Produkt der Transfermatrix, von dem anschließend die Spur gebildet wird, weil die Indizes σ_{N+1} und σ_1 miteinander identifiziert werden.

Damit vereinfacht sich die Zustandssumme zu

$$Z_N = {\rm Sp}\,\boldsymbol{T}^N\,. \tag{36.186}$$

Die Spur ist invariant gegenüber orthogonalen Transformationen. Daher können wir die Matrix $\boldsymbol{T}$ diagonalisieren, $\boldsymbol{T} = {\rm diag}(\tau_+, \tau_-)$, sie zur N-ten Potenz erheben und dann die Spur bilden:

$$Z_N = \tau_+^N + \tau_-^N\,. \tag{36.187}$$

Teil IV

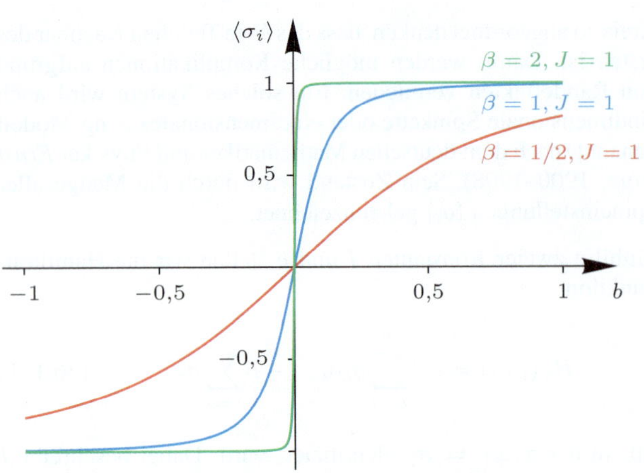

Abb. 36.12 Der mittlere Spin pro Freiheitsgrad im Ising-Modell ist hier als Funktion des äußeren Magnetfeldes b für verschiedene Temperaturen gezeigt. Mit zunehmender Temperatur, also abnehmendem β, wird die Kurve flacher

Da die Matrix $\boldsymbol{T}$ reell und symmetrisch ist, sind ihre Eigenwerte $\tau_\pm$ reell.

Frage 14

Zeigen Sie, dass die Eigenwerte der Matrix $\boldsymbol{T}$

$$\tau_\pm = \frac{1}{2}\left[\operatorname{Sp}\boldsymbol{T} \pm \sqrt{(\operatorname{Sp}\boldsymbol{T})^2 - 4\det\boldsymbol{T}}\right]. \qquad (36.188)$$

lauten.

Eine kurze Rechnung ergibt

$$\tau_\pm = \mathrm{e}^{\beta J}\left[\cosh\beta b \pm \sqrt{\sinh^2\beta b + \mathrm{e}^{-4\beta J}}\right]. \qquad (36.189)$$

Um den thermodynamischen Grenzwert für beliebig große N durchzuführen, bringen wir die Zustandssumme in die Form

$$Z_N = \tau_+^N\left[1 + \left(\frac{\tau_-}{\tau_+}\right)^N\right]. \qquad (36.190)$$

Wegen $0 < \tau_- < \tau_+$ strebt die Zustandssumme im Grenzfall beliebig hoher N gegen τ_+^N, woraus folgt

$$\ln Z_N \to N\ln\tau_+ . \qquad (36.191)$$

Mittlerer Spin im eindimensionalen Ising-Modell

Im thermodynamischen Limes ist daher die freie Energie pro Spin

$$f = \frac{F}{N} = -k_\mathrm{B}T\ln\tau_+ \qquad (36.192)$$
$$= -J - k_\mathrm{B}T\ln\left[\cosh\beta b + \sqrt{\sinh^2\beta b + \mathrm{e}^{-4\beta J}}\right],$$

woraus durch Ableitung nach b der mittlere Spin pro Freiheitsgrad folgt:

$$\langle\sigma_i\rangle = -\frac{\partial f}{\partial b} = \frac{\sinh\beta b}{\sqrt{\sinh^2\beta b + \mathrm{e}^{-4\beta J}}}. \qquad (36.193)$$

Diese Funktion ist in Abb. 36.12 dargestellt. Bei verschwindendem äußeren Magnetfeld b verschwindet auch der mittlere Spin $\langle\sigma_i\rangle$.

Frage 15

Warum ergibt die Ableitung der freien Energie f pro Freiheitsgrad nach dem äußeren Magnetfeld b den mittleren Spin pro Freiheitsgrad?

Zum Abschluss dieses Abschnitts über das eindimensionale Ising-Modell sollte noch erwähnt werden, dass Ernst Ising die Behandlung der eindimensionalen Spinkette von dem deutschen Physiker *Wilhelm Lenz* (1888–1957) als Doktorarbeitsthema übertragen bekam. Als Ising 1924 promoviert wurde, kam er zu dem Schluss, dass dieses Modell wohl keine weitere Beachtung verdiene, weil es den erhofften ferromagnetischen Phasenübergang nicht zeigt. Wegen seiner jüdischen Abstammung emigrierte Ising 1939 nach Luxemburg, wo er nach dem deutschen Einmarsch 1940 Zwangsarbeit verrichten musste. Erst nachdem er 1947 in die USA ausgewandert war, erfuhr er, dass es dem norwegischen Physiker und Chemiker *Lars Onsager* (1903–1976) 1944 gelungen war, das Modell analytisch zu lösen, das heute als zweidimensionales Ising-Modell bezeichnet wird. Da es einen ferromagnetischen Phasenübergang zeigt, wurde es zu einem der wichtigsten Modellsysteme der statistischen Physik.

Im folgenden Abschnitt „So geht's weiter" besprechen wir das Curie-Weiss-Modell, das ebenfalls einen Phasenübergang zeigt, aber einfacher als das zweidimensionale Ising-Modell ist.

So geht's weiter

Das Curie-Weiss-Modell

Mit einer augenscheinlich kleinen Änderung an der Hamilton-Funktion wird aus dem Ising- das Curie-Weiss-Modell:

$$H_N(\{\sigma\}) = -\frac{J}{2N}\sum_{i,j=1}^{N}\sigma_i\sigma_j - b\sum_{i=1}^{N}\sigma_i\,. \tag{36.194}$$

Der wesentliche Unterschied ist, dass nun alle Spins miteinander wechselwirken, nicht nur die direkt benachbarten. Dieser Übergang tritt bei der sogenannten Molekularfeldnäherung des Ising-Modells auf, bei der mikroskopische Spins zu mittleren Spins zusammengefasst werden. Dies wird zu erheblichen Änderungen im Verhalten des Systems führen, die es sich sehr zu betrachten lohnt. Diese Wechselwirkung aller Spins miteinander erfordert die Division durch die Anzahl der Spins N, um sicherzustellen, dass der thermodynamische Grenzwert existiert.
Die kanonische Zustandssumme

$$Z_N = \sum_{\{\sigma\}}\exp\left[\beta\left(\frac{J}{2N}\sum_{i,j=1}^{N}\sigma_i\sigma_j + b\sum_{i=1}^{N}\sigma_i\right)\right] \tag{36.195}$$

lässt sich unter Einsatz der folgenden Gauß'schen Identität

$$\int_{-\infty}^{\infty} \mathrm{e}^{-A\mu^2+By\mu}\,\mathrm{d}\mu = \sqrt{\frac{\pi}{A}}\exp\left(\frac{B^2}{4A}y^2\right) \tag{36.196}$$

mithilfe einer eigens zu diesem Zweck eingeführten Hilfsgröße μ faktorisieren. Wir identifizieren zu diesem Zweck

$$y = \sum_{i=1}^{N}\sigma_i\,,\quad B = \beta J\,,\quad \frac{B^2}{4A} = \frac{\beta J}{2N} \quad\Rightarrow\quad A = \frac{N\beta J}{2} \tag{36.197}$$

und erhalten zunächst, indem wir (36.196) „rückwärts" lesen:

$$\begin{aligned}\exp&\left[\frac{\beta J}{2N}\left(\sum_{i=1}^{N}\sigma_i\right)^2\right]\\ &= \sqrt{\frac{N\beta J}{2\pi}}\int_{-\infty}^{\infty}\exp\left(-\frac{N\beta J}{2}\mu^2 + \beta J\mu\sum_{i=1}^{N}\sigma_i\right)\mathrm{d}\mu\,.\end{aligned} \tag{36.198}$$

Die Zustandssumme (36.195) nimmt damit die Form

$$\begin{aligned}Z_N = &\sqrt{\frac{N\beta J}{2\pi}}\\ &\cdot\int_{-\infty}^{\infty}\exp\left(-\frac{N\beta J}{2}\mu^2\right)\sum_{\{\sigma\}}\exp\left(\beta(J\mu+b)\sum_{i=1}^{N}\sigma_i\right)\mathrm{d}\mu\end{aligned} \tag{36.199}$$

an, in der die Spins entkoppelt sind. Die Exponentialfunktion über die Spinsumme zerfällt deswegen in gleichartige Faktoren, die jeweils über $\sigma = \pm 1$ summiert werden müssen. Das ergibt

$$\begin{aligned}&\sum_{\{\sigma\}}\exp\left(\beta(J\mu+b)\sum_{i=1}^{N}\sigma_i\right)\\ &\quad= \{2\cosh[\beta(J\mu+b)]\}^N\\ &\quad= \exp\{N\ln(2\cosh[\beta(J\mu+b)])\}\,.\end{aligned} \tag{36.200}$$

Die Zustandssumme lautet damit

$$Z_N = \sqrt{\frac{N\beta J}{2\pi}}\int_{-\infty}^{\infty}\mathrm{e}^{-\beta N L(\mu,b)}\mathrm{d}\mu\,, \tag{36.201}$$

wobei im Exponenten die *Landau-Funktion* auftritt (Abb. 36.13):

$$L(\mu,b) = \frac{J}{2}\mu^2 - \frac{1}{\beta}\ln(2\cosh[\beta(J\mu+b)])\,. \tag{36.202}$$

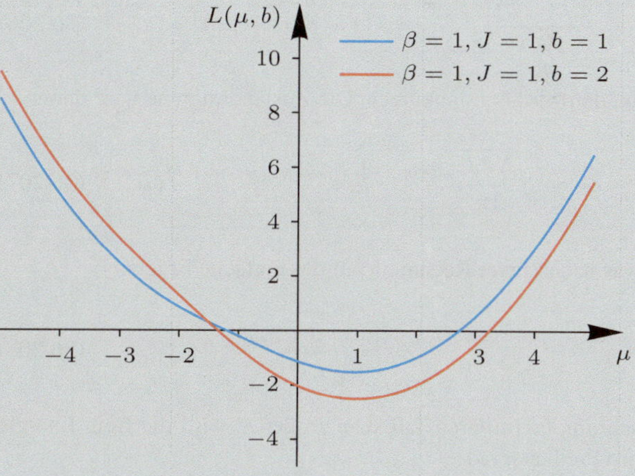

Abb. 36.13 Die Landau-Funktion (36.202) dargestellt als Funktion von μ für $\beta = 1 = J$ und für $b = 1, 2$

Nun bleibt das Integral über die Hilfsgröße μ zu lösen, das noch in der Zustandssumme übrig geblieben ist. Wegen des Faktors N vor der Landau-Funktion im Argument der Exponentialfunktion wird das Argument sehr groß. Nur in der unmittelbaren Nähe des Minimums μ_0 der Landaufunktion bezüglich μ wird der Integrand daher überhaupt nennenswert beitragen können. Deshalb ist es angemessen, das Argument der Exponentialfunktion um μ_0 herum in eine Taylor-Reihe zu entwickeln und nur die niedrigsten Ordnungen beizubehalten:

$$L(\mu, b) \approx L(\mu_0, b) + \frac{1}{2} \left.\frac{\partial^2 L(\mu, b)}{\partial \mu^2}\right|_{\mu=\mu_0} (\mu - \mu_0)^2 . \quad (36.203)$$

Diese Vorgehensweise wird *Sattelpunktentwicklung* genannt. Nach Voraussetzung ist μ_0 ein Minimum der Landau-Funktion, sodass dort deren erste Ableitung nach μ verschwindet.
Die ersten beiden Ableitungen der Landau-Funktion nach μ sind

$$\begin{aligned} \frac{\partial L}{\partial \mu} &= J\mu - J \tanh\left[\beta(J\mu + b)\right] , \\ \frac{\partial^2 L}{\partial \mu^2} &= J\left[1 - \frac{\beta J}{\cosh^2\left[\beta(J\mu + b)\right]}\right] \\ &= J\left\{1 - \beta J\left[1 - \tanh^2\left(\beta(J\mu + b)\right)\right]\right\} , \end{aligned} \quad (36.204)$$

wobei im letzten Schritt $\cosh^{-2} x = 1 - \tanh^2 x$ verwendet wurde. Aus der Bedingung, dass die erste Ableitung der Landau-Funktion nach μ verschwinden möge, folgt die implizite Gleichung

$$\mu_0 = \tanh\left[\beta(J\mu_0 + b)\right] \quad (36.205)$$

für die Lage μ_0 eines Extremums von $L(\mu, b)$. An solchen Stellen μ_0 nimmt die zweite Ableitung den Wert

$$\left.\frac{\partial^2 L(\mu, b)}{\partial \mu^2}\right|_{\mu=\mu_0} = J\left[1 - \beta J(1 - \mu_0^2)\right] =: L_2 \quad (36.206)$$

an, den wir als L_2 abkürzen. Die Zustandssumme wird dann

$$Z_N = \sqrt{\frac{N\beta J}{2\pi}} e^{-\beta N L_0} \int_{-\infty}^{\infty} e^{-\beta N L_2 (\mu - \mu_0)^2/2} d\mu , \quad (36.207)$$

was nach kurzer Rechnung auf das einfache Ergebnis

$$Z_N = \sqrt{\frac{J}{L_2}} e^{-\beta N L_0} \quad (36.208)$$

schrumpft. Im Grenzfall sehr großer N wird die freie Energie pro Freiheitsgrad

$$f = \lim_{N\to\infty} \frac{-k_B T \ln Z_N}{N} = L_0 = L(\mu_0, b) , \quad (36.209)$$

wobei μ_0 durch (36.205) gegeben ist.

Mittlerer Spin pro Freiheitsgrad im Curie-Weiss-Modell
Wiederum ist der mittlere Spin pro Freiheitsgrad gleich der negativen Ableitung der freien Energie pro Freiheitsgrad nach b:

$$\begin{aligned} m(\beta, b) &= -\frac{\partial f}{\partial b} = -\left.\frac{\partial L}{\partial b}\right|_{\mu=\mu_0} = \tanh\left[\beta(J\mu_0 + b)\right] \\ &= \mu_0 . \end{aligned} \quad (36.210)$$

Die Ableitung des mittleren Spins pro Freiheitsgrad nach b ist die Suszeptibilität

$$\chi_m = \frac{\partial m}{\partial b} = \frac{\partial \mu_0}{\partial b} . \quad (36.211)$$

Durch Ableitung von (36.205) nach b folgt

$$\chi_m = \frac{\beta(1 - m^2)}{1 - (1 - m^2)\beta J} \quad (36.212)$$

Frage 16

Überzeugen Sie sich, dass die Suszeptibilität tatsächlich durch (36.212) gegeben ist. Beachten Sie dabei, dass Sie μ_0 auf *beiden* Seiten der letzten Gleichung (36.210) nach b ableiten müssen.

Betrachten wir nun etwas genauer den Grenzfall eines kleinen äußeren Magnetfeldes, $b \to 0^+$. Dann ist μ_0 durch

$$\mu_0 \approx \tanh(\beta J \mu_0) \quad (36.213)$$

gegeben. Da die Steigung mit μ_0 bei $\mu_0 = 0$ auf der rechten Seite gleich βJ, auf der linken aber gleich eins ist, gibt es bei hohen Temperaturen $k_B T > J$ nur die Lösung $\mu_0 = 0$. Für $k_B T > J$ und $\mu_0 = 0 = m$ ist die Suszeptibilität

$$\chi_m = \frac{\beta}{1 - \beta J} . \quad (36.214)$$

Sie divergiert, wenn $k_B T = J$ wird. Die Temperatur $T_c = J/k_B$ heißt kritische Temperatur oder *Curie-Temperatur*.
Wenn dagegen $k_B T < J$ ist, also $T < T_c$, hat (36.213) drei Lösungen, davon eine bei $\mu_0 = 0$. Die zweite Ableitung der Landau-Funktion nach μ aus (36.206) zeigt, dass nur die beiden Lösungen mit $\mu_0^2 > 0$ Minima der freien Energie sind. Nahe, aber unterhalb der Curie-Temperatur, $T \lesssim T_c$, kann (36.213) näherungsweise gelöst werden. Mit $\tanh x \approx x - x^3/3$ finden wir zunächst

$$\mu_0 \approx \mu_0 \frac{T_c}{T} - \frac{\mu_0^3}{3}\left(\frac{T}{T_c}\right)^3 \quad (36.215)$$

Teil IV

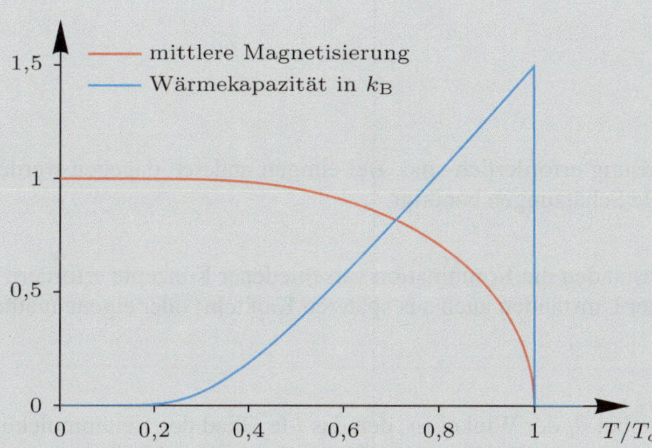

Abb. 36.14 Mittlere Magnetisierung pro Spin und Wärmekapazität im Curie-Weiss-Modell bei verschwindendem Magnetfeld als Funktion der Temperatur

und daraus, für $\mu_0 \neq 0$:

$$\mu_0^2 = m^2 \approx 3\left(\frac{T}{T_c}\right)^2\left(1 - \frac{T}{T_c}\right). \tag{36.216}$$

Entsprechend kann die Suszeptibilität χ_m genähert werden durch

$$\chi_m \approx \frac{\beta_c}{2}\left(1 - \frac{T}{T_c}\right)^{-1}. \tag{36.217}$$

Gleichung (36.213) zeigt, dass die mittlere Magnetisierung pro Spin im Grenzfall $T \to 0$ gegen eins geht, denn $\tanh(x) \to 1$ für $x \to \infty$.

Suszeptibilität und Magnetisierung

Die Magnetisierungskurve (Abb. 36.14) fällt bei $T \to T_c^-$ senkrecht auf null ab. Mit seiner unterhalb der Curie-Temperatur spontan auftretenden Magnetisierung stellt das Curie-Weiss-Modell ein Beispiel für den Phasenübergang von einer para- in eine ferromagnetische Phase dar.

Nähert sich die Temperatur ihrem kritischen Wert $T_c = J/k_B$, divergiert die Suszeptibilität im Curie-Weiss-Modell. Kleine Änderungen des äußeren Magnetfeldes bewirken dann sprunghafte Änderungen der Magnetisierung.

Frage 17

Überprüfen Sie die beiden Gleichungen (36.216) und (36.217).

Die Wärmekapazität ergibt sich aus der freien Energie (36.209) durch zweifache Ableitung nach der Temperatur. Bei $b = 0$ ist die Landau-Funktion (36.202) bei μ_0 durch

$$L(\mu_0, b = 0) = \begin{cases} -k_B T \ln 2 & \text{für } T > T_c \\ \frac{J}{2}\mu_0^2 - k_B T \ln\left[2\cosh(\beta J \mu_0)\right] & \text{für } T \le T_c \end{cases} \tag{36.218}$$

gegeben. Aus der zweiten Ableitung dieser Funktion nach der Temperatur folgt für die Wärmekapazität pro Teilchen

$$C = -T\frac{\partial^2 f}{\partial T^2} = \begin{cases} 0 & \text{für} \quad T > T_c \\ -\frac{J}{2}\frac{\partial \mu_0^2}{\partial T} & \text{für} \quad T \le T_c \end{cases}. \tag{36.219}$$

Frage 18

Rechnen Sie das Ergebnis (36.219) nach.

Aus der Näherung (36.216) für Temperaturen nahe bei, aber unterhalb von T_c erhalten wir

$$\left.\frac{\partial \mu_0^2}{\partial T}\right|_{T=T_c} = -\frac{3}{T_c} \tag{36.220}$$

und daraus die Wärmekapazität $C = \frac{3}{2}k_B$ bei $T \to T_c^-$.

Wärmekapazität

Die Wärmekapazität pro Teilchen springt also bei der Curie-Temperatur um den Wert $\frac{3}{2}k_B$ pro Spin.

Die Wärmekapazität pro Teilchen als Funktion der Temperatur ist ebenfalls in Abb. 36.14 dargestellt. Ihre Unstetigkeit weist den ferromagnetischen Phasenübergang bei der Curie-Temperatur nach der Ehrenfest-Klassifikation (Abschn. 35.7) als Phasenübergang erster Ordnung aus.

Unterhalb der Curie-Temperatur bilden sich in der ferromagnetischen Phase Bereiche aus, in denen sich die Spins spontan ausrichten. Diese Bereiche sind die *Weiss'schen Bezirke* (Kap. 15).

Aufgaben

Gelegentlich enthalten die Aufgaben mehr Angaben, als für die Lösung erforderlich sind. Bei einigen anderen dagegen werden Daten aus dem Allgemeinwissen, aus anderen Quellen oder sinnvolle Schätzungen benötigt.

- • leichte Aufgaben mit wenigen Rechenschritten
- •• mittelschwere Aufgaben, die etwas Denkarbeit und unter Umständen die Kombination verschiedener Konzepte erfordern
- ••• anspruchsvolle Aufgaben, die fortgeschrittene Konzepte (unter Umständen auch aus späteren Kapiteln) oder eigene mathematische Modellbildung benötigen

36.1 • Freie Energie und Entropie eines Systems aus freien klassischen Teilchen

(a) Bestimmen Sie für ein System aus N freien klassischen Teilchen im Volumen V die Helmholtz'sche freie Energie $F(T, V, N)$.
(b) Berechnen Sie den Mittelwert des Quadrats der Geschwindigkeit v eines Teilchens und die mittlere quadratische Schwankung der Geschwindigkeit.
(c) Vergleichen Sie die „kanonische" Entropie

$$S_\mathrm{k} = -\left(\frac{\partial F}{\partial T}\right)_{V,N} \qquad (36.221)$$

mit der mikrokanonischen Entropie $S_\mathrm{mk} = k_\mathrm{B} \ln \Omega$ und diskutieren Sie den Unterschied zwischen S_k und S_mk, falls Sie einen finden.

36.2 •• Entropie und Zustandsgleichung eines linearen, eindimensionalen Systems N klassische harte Kugeln mit dem Durchmesser d können sich längs einer Strecke der Länge L bewegen. Da sich die Teilchen nicht durchdringen, sind sie angeordnet. Das Wechselwirkungspotenzial zweier benachbarter Teilchen mit den Indizes i und j lautet

$$\Phi\left(x_i - x_j\right) = \begin{cases} \infty & \left|x_i - x_j\right| \le d \\ 0 & \text{sonst}\,. \end{cases} \qquad (36.222)$$

Bestimmen Sie die Entropie und die Zustandsgleichung dieses Systems. Wie lautet die Zustandsgleichung im thermodynamischen Limes $N, L \to \infty$ bei $N/L = \text{const}$?

36.3 •• Thermodynamik eines Kettenmoleküls Ein Kettenmolekül besteht aus N gleichen Gliedern der Länge a. Die Glieder sind untereinander so verbunden, dass sich jedes Glied unabhängig von den anderen Gliedern um den Verknüpfungspunkt räumlich frei, d. h. um den Raumwinkel 4π, drehen kann. Das eine Ende des Kettenmoleküls ist im Punkt 0 drehbar befestigt, am anderen Ende greift die Zugkraft K an. Sei L der End-zu-End-Abstand des Kettenmoleküls, dann ist die zur Zugkraft K gehörige potenzielle Energie des Kettenmoleküls

$$\Phi(\vartheta_1, \ldots, \vartheta_N) = -KL(\vartheta_1, \ldots, \vartheta_N)\,, \qquad (36.223)$$

wobei ϑ_i der Winkel ist, den das i-te Glied des Kettenmoleküls mit einer willkürlich eingeführten Achse einschließt.

(a) Bestimmen Sie die kanonische Zustandssumme des Kettenmoleküls, wenn allein die potenzielle Energie Φ in der Hamilton-Funktion berücksichtigt wird.
(b) Welche mittlere Länge $\langle L \rangle$ stellt sich ein? Diskutieren Sie das Ergebnis für $k_\mathrm{B}T \ll Ka$ und $k_\mathrm{B}T \gg Ka$.

Lösungshinweis: Vernachlässigen Sie die kinetische Energie der Glieder des Kettenmoleküls.

36.4 •• Dichteverteilung in einem rotierenden Gas Ein ideales einatomiges klassisches Gas der Temperatur T befinde sich in einem Hohlzylinder mit starren Wänden. Der Hohlzylinder rotiere mit konstanter Winkelgeschwindigkeit ω um die Zylinderachse.

(a) Zeigen Sie, dass das chemische Potenzial eines idealen einatomigen Gases als Funktion der Teilchendichte n und der Temperatur T durch

$$\mu(T, n) = bT - k_\mathrm{B}T \ln\left[\left(\frac{T}{T_0}\right)^{3/2} \frac{n_0}{n}\right] \qquad (36.224)$$

ausgedrückt werden kann, worin μ_0, T_0 und n_0 geeignet gewählte Konstanten sind.
(b) Bestimmen Sie im stationären Zustand die Dichte n des Gases als Funktion des Abstands r von der Zylinderachse aus der thermodynamischen Gleichgewichtsbedingung.

Diese Aufgabe zielt darauf ab zu zeigen, dass sich in einem äußeren Potenzial ein Gleichgewichtszustand derart einstellt, dass nicht das chemische Potenzial allein, sondern die Summe aus chemischem und äußeren Potenzial maßgeblich ist. Aufgrund der Zylindersymmetrie des hier vorgegebenen Problems denkt man sich das Gasvolumen in Zylinderschalen zerlegt. Jede dieser Zylinderschalen muss mit ihren Nachbarn in einem chemischen Gleichgewicht stehen, das durch das Gesamtpotenzial aus chemischem und äußerem Potenzial bestimmt wird.

Lösungshinweis: Auf ein Gasteilchen wirkt im rotierenden Zylinder die Zentrifugalkraft

$$\boldsymbol{F} = m\omega^2 r \boldsymbol{e}_r\,, \tag{36.225}$$

wobei $\boldsymbol{e}_r$ der Einheitsvektor in radialer Richtung ist.

36.5 ••• Konzentrationsverhältnisse bei einer chemischen Reaktion Bestimmen Sie bei der Dissoziationsreaktion von molekularem und atomarem Wasserstoff,

$$H_2 \rightleftharpoons 2\,H\,, \tag{36.226}$$

im thermodynamischen Gleichgewicht das Verhältnis

$$\frac{c_H^2}{c_{H_2}} \tag{36.227}$$

der Konzentrationen c_H bzw. c_{H_2} des atomaren bzw. molekularen Wasserstoffs als Funktion der Temperatur T und des Druckes P (Massenwirkungsgesetz). Der Temperatur- und Druckbereich sei so gewählt, dass beide Gase als ideal betrachtet werden können. Die molaren Wärmekapazitäten bei konstantem Volumen sind

$$C_V(H_2) = \frac{5}{2}R \quad \text{für } H_2 \quad \text{und} \quad C_V(H) = \frac{3}{2}R \quad \text{für } H\,. \tag{36.228}$$

Lösungshinweis: Zeigen Sie zunächst, ausgehend von

$$F = -k_B T\,(N \ln\zeta - \ln N!) \quad \text{und} \quad \zeta = \sum_s \exp[-\beta\varepsilon(s)]\,, \tag{36.229}$$

dass ζ für ein ideales Gas durch

$$\ln\zeta = \ln\zeta_0 + \frac{C_P}{R}\ln\frac{T}{T_0} - \ln\frac{P}{P_0} \tag{36.230}$$

gegeben sein muss, wobei ζ_0 eine von T und P unabhängige Konstante ist. Verwenden Sie das Massenwirkungsgesetz.

36.6 ••• Magnetostriktion: Volumenänderung eines Ferromagneten Die differenzielle Fundamentalrelation eines Ferromagneten habe die Form

$$\mathrm{d}U = T\mathrm{d}S - P\mathrm{d}V + B\mathrm{d}M \tag{36.231}$$

bei konstanter Teilchenzahl N. Die magnetische Suszeptibilität

$$\chi_m = \left(\frac{\partial M}{\partial B}\right)_{T,P} \tag{36.232}$$

sei durch den Zusammenhang

$$\chi_m(T,P) = A\,[T - \Theta(P)]^{-1}\,, \quad \Theta(P) = \Theta_0(1 + \alpha P) \tag{36.233}$$

gegeben, wobei A, α und Θ_0 geeignete positive Konstanten sind. Berechnen Sie die Volumenänderung des Ferromagneten nach quasistatischem Einschalten eines Magnetfeldes, $B = 0$ zu $B = B_0 > 0$, bei konstantem Druck und konstanter Temperatur $T > \Theta(P)$.

Lösungshinweis: Transformieren Sie auf ein geeignetes Potenzial und benutzen Sie dann eine geeignete Maxwell-Relation. Verwenden Sie ferner den linearen Zusammenhang $M = \chi_m B$.

Lösungen zu den Aufgaben

36.5 Das gefragte Konzentrationsverhältnis ist

$$\frac{c_{\mathrm{H}}^2}{c_{\mathrm{H}_2}} = \frac{\zeta_{\mathrm{H},0}^2}{\zeta_{\mathrm{H}_2,0}} \left(\frac{T}{T_0}\right)^{3/2} \frac{P_0}{P} . \tag{36.234}$$

Ausführliche Lösungen zu den Aufgaben

36.1

(a) Die Helmholtz'sche freie Energie F ist durch die kanonische Zustandssumme Z_k über

$$F = -k_B T \ln Z_k \tag{36.235}$$

bestimmt, die für N freie Teilchen durch den Einteilchenbeitrag Z_1 gegeben ist:

$$Z_k = \frac{Z_1^N}{N!} . \tag{36.236}$$

(Die Division durch $N!$ könnten wir auch wieder weglassen, weil sie hier unerheblich ist.) Wir benötigen also zunächst die Einteilchen-Zustandssumme

$$\begin{aligned} Z_1 &= \int \exp\left(-\frac{p^2}{2mk_B T}\right) d\Gamma \\ &= \frac{4\pi V}{(2\pi\hbar)^3} \int_0^\infty \exp\left(-\frac{p^2}{2mk_B T}\right) p^2 dp \\ &= V\left(\frac{2\pi m k_B T}{h^2}\right)^{3/2} , \end{aligned} \tag{36.237}$$

aus der die freie Energie

$$F = -k_B T \ln\left[\frac{V^N}{N!}\left(\frac{2\pi m k_B T}{h^2}\right)^{3N/2}\right] \tag{36.238}$$

folgt.

(b) Der Mittelwert des Quadrats der Geschwindigkeit ist leicht zu finden, denn

$$\langle v^2 \rangle = \frac{1}{m^2}\langle p^2 \rangle = \frac{2}{Nm}\langle H \rangle = \frac{2U}{Nm} . \tag{36.239}$$

Die innere Energie ist

$$U = -\frac{\partial \ln Z_k}{\partial \beta} = \frac{1}{Z_k} \cdot \frac{3N}{2}\frac{Z_k}{\beta} = \frac{3N}{2\beta} , \tag{36.240}$$

woraus unmittelbar

$$\langle v^2 \rangle = \frac{3}{m\beta} = \frac{3k_B T}{m} \tag{36.241}$$

folgt. Die mittlere Geschwindigkeit eines Teilchens ist

$$\begin{aligned} \langle v \rangle &= \frac{1}{m}\langle p \rangle = \frac{1}{mZ_1}\int \exp\left(-\frac{p^2}{2mk_B T}\right) p d\Gamma \\ &= \frac{1}{mZ_1}\frac{4\pi V}{h^3}\int_0^\infty p^3 \exp\left(-\frac{p^2}{2mk_B T}\right) dp \\ &= \frac{2}{m\pi}(2\pi m k_B T)^{1/2} = \sqrt{\frac{8}{\pi}}\sqrt{\frac{k_B T}{m}} , \end{aligned} \tag{36.242}$$

woraus sich zusammen mit dem Mittelwert des Geschwindigkeitsquadrats die mittlere quadratische Schwankung

$$\langle v^2 \rangle - \langle v \rangle^2 = \frac{k_B T}{m}\left(3 - \frac{8}{\pi}\right) \tag{36.243}$$

ergibt.

(c) Die „kanonische" Entropie ist

$$S_k = -\left(\frac{\partial F}{\partial T}\right)_{V,N} = k_B \ln Z_k + \frac{3N}{2}k_B . \tag{36.244}$$

Der zweite Term auf der rechten Seite ist die Ableitung der inneren Energie U nach der Temperatur:

$$\frac{3N}{2}k_B = \left(\frac{\partial U}{\partial T}\right)_{V,N} = \frac{U}{T} , \tag{36.245}$$

wodurch wir auf die Legendre-Transformation von der inneren Energie zur freien Energie zurückgeführt werden:

$$k_B T \ln Z_k = -F = TS_k - U , \tag{36.246}$$

in der nun die kanonische Entropie den Platz der mikrokanonischen Entropie einnimmt. Die kanonische Entropie kann daher mit der mikrokanonischen Entropie identifiziert werden, ist aber nun nicht mehr allein ein logarithmisches Maß für die kanonische Zustandssumme.

36.2 Wir beginnen wie üblich damit, die kanonische Zustandssumme aufzustellen:

$$Z_k = \int \exp\left[-\beta \sum_{i=1}^N \left(\frac{p_i^2}{2m} + V_i\right)\right] d\Gamma . \tag{36.247}$$

Darin stellt V_i die potenzielle Energie des i-ten Teilchens relativ zu allen anderen Teilchen dar. Das Integral über den Konfigurationsraum ist

$$\int \exp\left(-\beta \sum_{i=1}^N V_i\right) dx_1 \cdots dx_N = \frac{1}{N!}(L - Nd)^N . \tag{36.248}$$

Formal ist dieses Integral schwierig zu berechnen. Am einfachsten sieht man das Ergebnis vielleich auf folgende Weise: Jedem Teilchen steht das „Volumen" $L - Nd$ zu, innerhalb dessen es sich frei bewegen darf. Wären alle Teilchen unabhängig, wäre das Integral über die Ortskoordinaten einfach gleich $(L - Nd)^N$. Da die Teilchen aber angeordnet sein (und bleiben) sollen, muss noch durch die Anzahl $N!$ möglicher Permutationen geteilt werden.

Das Integral über den Impulsraum faktorisiert. Ein Einteilchenfaktor ergibt

$$\frac{1}{h}\int_{-\infty}^{\infty}\exp\left(-\beta\frac{p^2}{2m}\right)\mathrm{d}p=\left(\frac{2\pi mk_\mathrm{B}T}{h^2}\right)^{1/2}. \tag{36.249}$$

Die kanonische N-Teilchen-Zustandssumme ist demnach

$$Z_\mathrm{k}=\frac{(L-Nd)^N}{N!}\left(\frac{2\pi mk_\mathrm{B}T}{h^2}\right)^{N/2}. \tag{36.250}$$

Die innere Energie des Systems ist

$$U=-\frac{\partial\ln Z_\mathrm{k}}{\partial\beta}=\frac{N}{2\beta}=\frac{N}{2}k_\mathrm{B}T. \tag{36.251}$$

Seine Helmholtz'sche freie Energie ist

$$\begin{aligned}F&=U-TS=-k_\mathrm{B}T\ln Z_k\\&=-k_\mathrm{B}T\left[N\ln(L-Nd)+\frac{N}{2}\ln\left(\frac{2\pi mk_\mathrm{B}T}{h^2}\right)-\ln N!\right],\end{aligned} \tag{36.252}$$

woraus die Entropie durch die Ableitung nach der Temperatur folgt:

$$\begin{aligned}S&=-\left(\frac{\partial F}{\partial T}\right)_{V,N}\\&=\frac{N}{2}k_\mathrm{B}\left(1+\frac{2\pi mk_\mathrm{B}T}{h^2}\right)+Nk_\mathrm{B}\ln(L-Nd)-\ln N!.\end{aligned} \tag{36.253}$$

Die Zustandsgleichung ergibt sich aus

$$P=-\left(\frac{\partial F}{\partial L}\right)_{T,N}=\frac{Nk_\mathrm{B}T}{L-Nd}. \tag{36.254}$$

Im thermodynamischen Limes wird die Zustandsgleichung zu

$$P=\frac{nk_\mathrm{B}T}{1-nd}, \tag{36.255}$$

wobei die eindimensionale Teilchendichte $n=N/L$ definiert wurde.

36.3

(a) Nach Vorgabe hängt die Hamilton-Funktion allein von der Funktion Φ ab, die proportional zur Gesamtlänge $L(\vartheta_1,\ldots,\vartheta_N)$ des Kettenmoleküls ist:

$$L(\vartheta_1,\ldots,\vartheta_N)=a\sum_{i=1}^{N}\cos\vartheta_i. \tag{36.256}$$

Die kanonische Zustandssumme erhalten wir demgemäß aus

$$\begin{aligned}Z_\mathrm{k}&=\int_0^{2\pi}\int_0^{\pi}\exp\left(\beta Ka\sum_{i=1}^{N}\cos\vartheta_i\right)\prod_{i=1}^{N}\mathrm{d}\varphi\sin\vartheta_i\mathrm{d}\vartheta_i\\&=(2\pi)^N\int_{-1}^{1}\exp\left(\beta Ka\sum_{i=1}^{N}\mu_i\right)\mathrm{d}\mu_i\\&=(2\pi)^N\left[\frac{1}{\beta Ka}\exp(\beta Ka\mu)|_{-1}^{1}\right]^N\\&=\left(\frac{4\pi}{\beta Ka}\sinh(\beta Ka)\right)^N.\end{aligned} \tag{36.257}$$

(b) Die mittlere Länge ergibt sich aus

$$\begin{aligned}\langle L\rangle&=\frac{1}{\beta}\left(\frac{\partial\ln Z_\mathrm{k}}{\partial K}\right)_{T,N}\\&=\frac{N}{\beta}\frac{\partial}{\partial K}\ln\left(\frac{4\pi}{\beta Ka}\sinh(\beta Ka)\right)\\&=\frac{N}{\beta}\left(\beta a\coth(\beta Ka)-\frac{1}{K}\right)\\&=Na\left(\coth(\beta Ka)-\frac{1}{\beta Ka}\right).\end{aligned} \tag{36.258}$$

Für $T\to 0$ geht $\beta\to\infty$. Der zweite Ausdruck in Klammern verschwindet, der erste geht gegen eins, und das Kettenmolekül erweist sich als maximal gestreckt, $L\to Na$. Für $k_\mathrm{B}T\gg Ka$ ist $\beta Ka\ll 1$. Aufgrund der Näherung (36.175) können wir für $x\ll 1$ in führender Ordnung $\coth x\approx 1/x$ setzen, weshalb dann der gesamte Klammerausdruck gegen null geht. Dies zeigt an, dass das Kettenmolekül bei hoher Temperatur vollkommen verknäuelt, $L\to 0$.

36.4

(a) Ausgehend von (36.120) und der Einteilchen-Zustandssumme

$$\zeta=\frac{V}{h^3}\left(2\pi m_jk_\mathrm{B}T\right)^{3/2} \tag{36.259}$$

ist der Ausdruck

$$\mu=-k_\mathrm{B}T\ln\left[\frac{V}{h^3N}\left(2\pi mk_\mathrm{B}T\right)^{3/2}\right] \tag{36.260}$$

für das chemische Potenzial leicht zu finden. Um auf die angegebene Form zu kommen, reicht es, die Teilchendichte $n=N/V$ und die Temperatur jeweils auf feste, aber beliebige Referenzgrößen n_0 und T_0 zu beziehen und die übrigen Konstanten auf der rechten Seite von (36.260) zu einer Konstanten zusammenzufassen:

$$\begin{aligned}\mu &= -k_{\rm B}T\ln\left[\frac{1}{h^3 n}\left(2\pi m k_{\rm B}T\right)^{3/2}\right]\\ &= -k_{\rm B}T\ln\left[\frac{1}{h^3 n_0}\left(2\pi m k_{\rm B}T_0\right)^{3/2}\frac{n_0}{n}\left(\frac{T}{T_0}\right)^{3/2}\right]\\ &= bT - k_{\rm B}T\ln\left[\left(\frac{T}{T_0}\right)^{3/2}\frac{n_0}{n}\right];\\ b &:= -k_{\rm B}\ln\left[\frac{1}{h^3 n_0}\left(2\pi m k_{\rm B}T_0\right)^{3/2}\right].\end{aligned} \tag{36.261}$$

(b) Entsprechend der Erläuterung ist die relevante Gleichgewichtsbedingung, dass die Summe aus chemischem Potenzial μ und der potenziellen Energie aufgrund der Zentrifugalkraft konstant, also unabhängig vom Radius r, sein muss. Dies liegt daran, dass im Gleichgewicht keine Energie aufgewendet werden muss, um ein Teilchen von einem Radius zu einem anderen zu verschieben. Die Energie, die mit einer reinen Änderung der Teilchenzahl verbunden ist, muss daher gerade durch die potenzielle Energie kompensiert werden. Also muss

$$\mu(r) + m\phi(r) = \text{const} = C \tag{36.262}$$

gelten, wenn $\phi(r)$ das Zentrifugalpotenzial ist. Mit dem gegebenen Ausdruck für die Zentrifugalkraft ist

$$\phi(r) = -\int \omega^2 r\mathrm{d}r = -\frac{\omega^2}{2}r^2. \tag{36.263}$$

Folglich gilt im thermodynamischen Gleichgewicht

$$bT - RT\ln\left[\left(\frac{T}{T_0}\right)^{3/2}\frac{n_0}{n}\right] = \frac{m}{2}\omega^2 r^2 + C. \tag{36.264}$$

Diesen Ausdruck gilt es nun nach der Dichte aufzulösen. Wir erhalten als Zwischenergebnis

$$\ln\frac{n}{n_0} = \frac{\frac{m}{2}\omega^2 r^2 + C - bT}{RT} + \ln\left(\frac{T}{T_0}\right)^{3/2} \tag{36.265}$$

und daraus den radialen Dichteverlauf

$$n(r) = n_0\left(\frac{T}{T_0}\right)^{3/2}\exp\left(\frac{bT - C}{RT}\right)\exp\left(\frac{m\omega^2 r^2}{2RT}\right). \tag{36.266}$$

Die Dichte nimmt demnach steil nach außen zu, wobei das Dichteprofil bei steigender Temperatur flacher wird. Die verbleibende, bisher unbestimmte Konstante C in diesem Ergebnis wird dadurch festgelegt, dass die Dichte bei $r = 0$ frei gewählt werden kann.

36.5 Das Massenwirkungsgesetz besagt, dass die Anzahlen der Wasserstoffmoleküle bzw. -atome durch

$$\frac{N_{\rm H}^2}{N_{\rm H_2}} = \frac{\zeta_{\rm H}^2}{\zeta_{\rm H_2}} \tag{36.267}$$

gegeben sind. Sobald ζ für die beiden Teilchensorten gefunden ist, ist die Aufgabe gelöst.

Aufgrund der Definition von ζ wissen wir zunächst, dass

$$\begin{aligned}\left(\frac{\partial\ln\zeta}{\partial T}\right)_{V,N} &= -\frac{\beta}{T}\left(\frac{\partial\ln\zeta}{\partial\beta}\right)_{V,N}\\ &= \frac{1}{k_{\rm B}T^2}\zeta^{-1}\sum_s \varepsilon(s)\exp[-\beta\varepsilon(s)]\\ &= \frac{1}{k_{\rm B}T^2}\frac{U}{N} = \frac{c_V}{k_{\rm B}T} = \frac{C_V}{RT}\end{aligned} \tag{36.268}$$

gelten muss. Weiterhin folgt aus

$$P = -\left(\frac{\partial F}{\partial V}\right)_{T,N} = k_{\rm B}TN\left(\frac{\partial\ln\zeta}{\partial V}\right)_{T,N} = PV\left(\frac{\partial\ln\zeta}{\partial V}\right)_{T,N}, \tag{36.269}$$

dass für ein ideales Gas

$$\left(\frac{\partial\ln\zeta}{\partial V}\right)_{T,N} = \frac{1}{V} \tag{36.270}$$

ist. Aus beiden Ableitungen zusammen folgt, dass $\ln\zeta$ die Form

$$\ln\zeta = \ln\zeta_0 + \ln\frac{V}{V_0} + \frac{C_V}{R}\ln\frac{T}{T_0} \tag{36.271}$$

haben muss. Verwenden wir schließlich noch

$$\frac{V}{V_0} = \frac{TP_0}{T_0 P}, \tag{36.272}$$

ebenfalls aufgrund der idealen Gasgleichung, erhalten wir

$$\zeta = \zeta_0\left(\frac{T}{T_0}\right)^{C_P/R}\frac{P_0}{P}, \tag{36.273}$$

wie im Hinweis angegeben, denn $C_P = C_V + R$. Nun folgt sofort

$$\begin{aligned}\frac{c_{\rm H}^2}{c_{\rm H_2}} = \frac{N_{\rm H}^2}{N_{\rm H_2}} &= \frac{\zeta_{\rm H,0}^2}{\zeta_{\rm H_2,0}}\left(\frac{T}{T_0}\right)^{2C_P({\rm H})/R - C_P({\rm H_2})/R}\frac{P_0}{P}\\ &= \frac{\zeta_{\rm H,0}^2}{\zeta_{\rm H_2,0}}\left(\frac{T}{T_0}\right)^{2C_V({\rm H})/R - C_V({\rm H_2})/R + 1}\frac{P_0}{P}\\ &= \frac{\zeta_{\rm H,0}^2}{\zeta_{\rm H_2,0}}\left(\frac{T}{T_0}\right)^{3/2}\frac{P_0}{P}.\end{aligned} \tag{36.274}$$

Mit steigender Temperatur dissoziiert der molekulare Wasserstoff, mit steigendem Druck rekombiniert er.

36.6 Wir benötigen die Volumenänderung mit dem Magnetfeld bei konstantem Druck P und konstanter Temperatur T:

$$\left(\frac{\partial V}{\partial B}\right)_{T,P}. \tag{36.275}$$

Da Druck und Temperatur konstant gehalten werden sollen, bietet sich die freie Enthalpie G als geeignetes thermodynamisches

Potenzial an. Wir wollen sie als Funktion von (T, P, B) auffassen, während die innere Energie U durch (36.231) als Funktion von (S, V, M) vorgegeben ist. Wir müssen daher neben den Legendre-Transformationen $S \to T$ und $V \to P$ noch eine weitere Legendre-Transformation $M \to B$ durchführen. Die Differenzialform von G ist dann

$$\begin{aligned} \mathrm{d}G &= \mathrm{d}U - \mathrm{d}(TS) + \mathrm{d}(PV) - \mathrm{d}(BM) \\ &= V\mathrm{d}P - S\mathrm{d}T - M\mathrm{d}B\,. \end{aligned} \tag{36.276}$$

Sie besagt insbesondere, dass das Volumen V und die Magnetisierung M durch

$$\left(\frac{\partial G}{\partial P}\right)_{T,B} = V\,, \quad \left(\frac{\partial G}{\partial B}\right)_{T,P} = -M \tag{36.277}$$

gegeben sein müssen. Leiten wir die erste Gleichung bei konstantem (T, P) nach B ab, die zweite dagegen bei konstantem (T, B) nach P und identifizieren die gemischten zweiten Ableitungen, erhalten wir die Maxwell-Relation

$$\left(\frac{\partial V}{\partial B}\right)_{T,P} = -\left(\frac{\partial M}{\partial P}\right)_{T,B}\,. \tag{36.278}$$

Links steht bereits die gewünschte Ableitung, der sogenannte *Magnetostriktionskoeffizient*. Rechts setzen wir $M = \chi_\mathrm{m} B$ ein und bekommen

$$\left(\frac{\partial V}{\partial B}\right)_{T,P} = -B\left(\frac{\partial \chi_\mathrm{m}}{\partial P}\right)_{T,B}\,. \tag{36.279}$$

Nun brauchen wir noch die Ableitung der Suszeptibilität nach dem Druck,

$$\left(\frac{\partial \chi_\mathrm{m}}{\partial P}\right)_{T,B} = \frac{A\alpha\Theta_0}{[T - \Theta(P)]^2}\,, \tag{36.280}$$

und erhalten für die gesuchte differenzielle Volumenänderung mit dem Magnetfeld

$$\left(\frac{\partial V}{\partial B}\right)_{T,P} = -\frac{AB\alpha\Theta_0}{[T - \Theta(P)]^2}\,. \tag{36.281}$$

Wird das Magnetfeld bei konstantem Druck und konstanter Temperatur quasistatisch eingeschaltet, nimmt das Volumen des Ferromagneten um

$$\Delta V = -\int_0^{B_0} \left(\frac{\partial V}{\partial B}\right)_{T,P} \mathrm{d}B = -\frac{AB_0^2\alpha\Theta_0}{2[T - \Theta(P)]^2} \tag{36.282}$$

ab. Dieses Phänomen, *Magnetostriktion* genannt, kommt durch die Ausrichtung der magnetischen Momente im äußeren Magnetfeld B zustande.

Literatur

Birkhoff, G.D.: Proof of the Ergodic Theorem. Proceedings of the National Academy of Sciences of the USA, Band 17, Ausgabe 12, S. 656ff (1931)

Sethna, J.P.: Statistical Mechanics: Entropy, Order Parameters, and Complexity. Oxford University Press, Oxford (2006)

37 Quantenstatistik

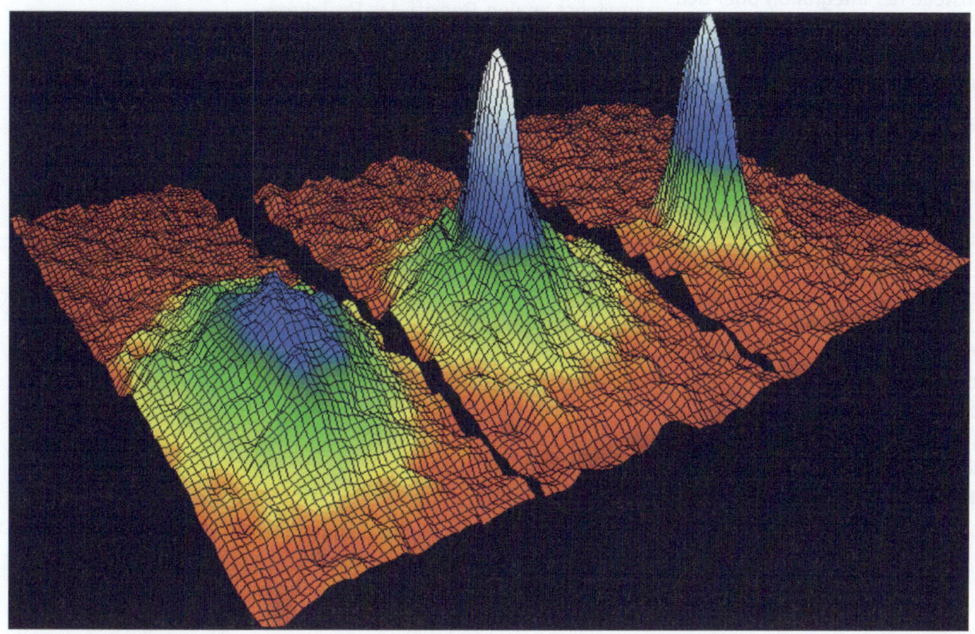

Wie lassen sich die bisher entwickelten Konzepte aus der klassischen Physik in die Quantenphysik übertragen?

Wie verhalten sich ideale Quantengase?

Welche Merkmale kennzeichnen Bose- und Fermigase?

Welche Unterschiede zu klassischen idealen Gasen treten auf?

Welche Wärmekapazität haben Festkörper bei niedrigen Temperaturen?

M. Bartelmann et al., *Theoretische Physik*, DOI 10.1007/978-3-642-54618-1_37, © Springer-Verlag Berlin Heidelberg 2015

In diesem Kapitel erweitern wir die bisherigen Überlegungen auf quantale Systeme. In Abschn. 37.1 und 37.2 zeigen wir, dass die grundlegenden Konzepte der bisher anhand klassischer Systeme entwickelten Thermodynamik und der statistischen Physik direkt auf quantale Systeme übertragbar sind, wenn folgende Ersetzungen vorgenommen werden: An die Stelle des klassischen Zustandsraumes, des Phasenraumes, tritt der Hilbert-Raum bzw. der daraus konstruierte Fock-Raum; an die Stelle der Phasenraumdichten treten geeignete Dichteoperatoren; und anstelle der Integration über den Phasenraum treten Spurbildungen. Danach können Zustandssummen ganz analog zum klassischen Fall aufgestellt werden, woraus wie dort die thermodynamischen Potenziale folgen.

Mithilfe der so gewonnenen Erweiterung der statistischen Physik auf quantale Systeme diskutieren wir zunächst die Unterschiede zwischen fermionischen und bosonischen idealen Quantengasen. Wir leiten in Abschn. 37.3 allgemeine Eigenschaften für ideale, nichtrelativistische Quantengase her und betrachten dann in Abschn. 37.4 und 37.5 vor allem zwei Phänomene separat, die einerseits für fermionische, andererseits für bosonische Gase kennzeichnend sind, nämlich die Entartung und die Bose-Einstein-Kondensation. Relativistische Quantengase werden in Abschn. 37.6 anhand der beiden Grenzfälle vollständig entarteter Fermi-Gase und ultrarelativistischer Bose-Gase besprochen. Abschließend behandeln wir in Abschn. 37.7 die Debye-Theorie der Wärmekapazitäten fester Körper und zeigen, dass das klassische Dulong-Petit-Gesetz aus Abschn. 36.2 nur im Grenzfall ausreichend hoher Temperaturen gilt.

37.1 Grundlagen der Quantenstatistik

Der Dichteoperator

Bevor wir nun die bisher entwickelte statistische Physik auf ein quantenmechanisches Fundament übertragen, lohnt es sich, ihre Grundlagen noch einmal Revue passieren zu lassen. Wir haben gesehen, dass die dort eingeführten drei Ensembles jeweils durch eine Phasenraumdichte $\rho(x)$ gekennzeichnet sind, deren Phasenraumintegral die jeweilige Zustandssumme ergibt. Der Logarithmus der Zustandssumme ergibt ein thermodynamisches Potenzial, dessen Extremum die Lage des Gleichgewichts angibt.

In der Quantenmechanik müssen wir den Phasenraum Γ als Zustandsraum durch einen Hilbert-Raum $\mathcal{H}$ ersetzen, da die Zustände eines quantenmechanischen Systems wegen der Unschärferelation zwischen Ort und Impuls nicht mehr durch Phasenraumkoordinaten $x = (q, p)$ angegeben werden können. Dennoch können wir die statistische Physik durch nur wenige Änderungen quantenmechanisch erweitern. Um diese Änderungen zu beschreiben, nehmen wir der Einfachheit der Darstellung halber an, dass die Zustände des betrachteten Systems diskret seien. Kontinuierliche Zustände können anhand der Spektraldarstellung von Operatoren (Abschn. 23.3) auf ganz analoge Weise behandelt werden.

Zunächst muss die Phasenraumdichte $\rho(x)$ durch einen *statistischen Operator* oder *Dichteoperator* $\hat{\rho}$ ersetzt werden, wie er in Abschn. 24.4 bereit angekündigt wurde. Angewandt auf einen beliebigen Zustand muss der Dichteoperator die Wahrscheinlichkeit angeben, mit der dieser Zustand eingenommen wird. Um einen solchen Dichteoperator zu definieren, erinnern wir zunächst an den Begriff des Projektors.

Ein Projektor $\hat{P}_k$ ist ein Operator, der einen Zustandsvektor in einen Unterraum $\mathcal{M}_k \subset \mathcal{H}$ des Hilbert-Raumes projiziert:

$$\hat{P}_k : \mathcal{H} \to \mathcal{M}_k \,. \tag{37.1}$$

Ist $\mathcal{M}_k$ n-dimensional, wird $\hat{P}_k$ als n-dimensionaler Projektor bezeichnet. Für irgend zwei disjunkte Unterräume $\mathcal{M}_j$ und $\mathcal{M}_k$ gilt offenbar

$$\hat{P}_j \hat{P}_k = \delta_{jk} \hat{P}_k \,. \tag{37.2}$$

Ist die Vereinigung aller disjunkten Unterräume $\mathcal{M}_j$ der Hilbert-Raum selbst, müssen alle Projektoren zusammen den Einheitsoperator ergeben:

$$\sum_k \hat{P}_k = \boldsymbol{I} \,, \tag{37.3}$$

damit Vollständigkeit gewährleistet ist.

Ein *Dichteoperator* $\hat{\rho}$ ist nun allgemein ein Operator, der angibt, mit welcher Wahrscheinlichkeit p_k sich ein quantenmechanisches System in einem Zustand befindet, der im Unterraum $\mathcal{M}_k$ des Hilbert-Raumes $\mathcal{H}$ liegt:

$$\hat{\rho} = \sum_k p_k \hat{P}_k \,, \quad p_k \geq 0 \,, \quad \sum_k p_k = 1 \,. \tag{37.4}$$

Sei nun $\hat{A}$ ein beliebiger selbstadjungierter Operator und $\{|k\rangle\}$ eine vollständige Orthonormalbasis dieses Operators. Dann werden durch

$$\hat{P}_k = |k\rangle \langle k| \tag{37.5}$$

eindimensionale Projektoren definiert, die einen beliebigen Zustand $|\psi\rangle$ auf den k-ten Basiszustand projizieren, d. h. in denjenigen Unterraum des Hilbert-Raumes, der durch $|k\rangle$ aufgespannt wird.

Dichteoperator

Ausgehend von einer vollständigen Orthonormalbasis $\{|k\rangle\}$ eines selbstadjungierten Operators kann durch

$$\hat{\rho} = \sum_k p_k |k\rangle \langle k| \tag{37.6}$$

ein Dichteoperator konstruiert werden, in dem die p_k die Wahrscheinlichkeit angeben, den Zustand $|k\rangle$ besetzt zu finden.

In diesem Zusammenhang ist es wichtig, zwischen zwei Arten von Wahrscheinlichkeiten zu unterscheiden, die hier aufeinandertreffen. Dies ist zum einen die inhärente quantenmechanische Wahrscheinlichkeit, mit der Messungen an quantenmechanischen Systemen bestimmte Werte für Observable ergeben. Zum anderen ist es die Wahrscheinlichkeit, deren Ursache in unserer im Prinzip erreichbaren, aber unvollständigen Kenntnis des Zustands eines Ensembles liegt. Die inhärente quantenmechanische Wahrscheinlichkeit ergibt sich aus der Projektion eines reinen Zustandsvektors auf die Eigenvektoren desjenigen Operators, der die gemessene Größe darstellt. Die statistische Wahrscheinlichkeit ergibt sich daraus, dass von einem Gemisch bzw. von einem System eines Ensembles nicht sicher bekannt ist, in welchem seiner möglichen Zustände es sich befindet.

Mittelwerte und Spurbildung

In der klassischen statistischen Mechanik ist der Mittelwert einer Größe A durch ein Phasenraumintegral über die Zustandsdichte $\rho(x)$ gegeben:

$$\langle A \rangle = \int_\Gamma \rho(x) A(x) \mathrm{d}\Gamma(x) \tag{37.7}$$

(siehe hierzu „Übersicht" am Ende von Abschn. 36.3 und den Kasten „Vertiefung: Wahrscheinlichkeitsmaß im Phasenraum" in Abschn. 34.1). Dort wurde auch der Begriff des klassischen gemischten Zustands eingeführt und erklärt, dass ein solcher Zustand wie in (37.7) als lineare Abbildung aus dem Raum der Observablen in die reellen Zahlen verstanden werden kann.

Ensemblemittelwerte in der Quantenstatistik

In der Quantenmechanik steht uns kein Phasenraumintegral mehr zur Verfügung. Es wird durch die Spurbildung ersetzt: Der Mittelwert eines Operators $\hat{A}$ wird bestimmt durch

$$\langle A \rangle = \mathrm{Sp}(\hat{\rho}\hat{A}) \,. \tag{37.8}$$

Zur Erinnerung: Die Spur ist die Summe der Diagonalelemente derjenigen Matrix, die den Operator $\hat{A}$ bezüglich irgendeiner vollständigen Orthonormalbasis darstellt, insbesondere bezüglich seiner Eigenbasis, die wir oben bereits mit $\{|k\rangle\}$ bezeichnet haben. Demnach ist

$$\mathrm{Sp}\hat{A} = \sum_k \langle k| \hat{A} |k\rangle \,. \tag{37.9}$$

Verwenden wir die eindimensionalen Projektoren $\hat{P}_k = |k\rangle\langle k|$, ergibt die Operation (37.8) den anschaulichen Wert

$$\begin{aligned} \langle A \rangle &= \sum_j \langle j| \left(\sum_k p_k |k\rangle \langle k| \right) \hat{A} |j\rangle \\ &= \sum_j \langle j| \left(\sum_k p_k |k\rangle \langle k| \right) a_j |j\rangle \\ &= \sum_j a_j \langle j| \left(\sum_k p_k |k\rangle \right) \delta_{jk} = \sum_j a_j p_j \,. \end{aligned} \tag{37.10}$$

Der Mittelwert von $\hat{A}$ erweist sich als der Mittelwert über die Eigenwerte a_j des Operators $\hat{A}$ bezüglich seiner Eigenbasis $\{|k\rangle\}$, gewichtet mit den Wahrscheinlichkeiten p_j, mit denen die Eigenzustände $|j\rangle$ angenommen werden.

Wir erinnern noch an zwei wichtige Eigenschaften der Spur, die für die folgenden Rechnungen nützlich sind. Zum einen darf unter der Spur zyklisch vertauscht werden:

$$\mathrm{Sp}(\hat{A}\hat{B}\hat{C}) = \mathrm{Sp}(\hat{B}\hat{C}\hat{A}) = \mathrm{Sp}(\hat{C}\hat{A}\hat{B}) \,, \tag{37.11}$$

zum anderen ist die Spur linear:

$$\mathrm{Sp}(\lambda\hat{A} + \mu\hat{B}) = \lambda\, \mathrm{Sp}\hat{A} + \mu\, \mathrm{Sp}\hat{B} \,. \tag{37.12}$$

Diese Eigenschaften benutzen wir gleich, um die Von-Neumann-Gleichung herzuleiten, die für die Zeitentwicklung des Dichteoperators gilt und in der Quantenstatistik an die Stelle der Liouville-Gleichung aus der klassischen statistischen Physik tritt.

Frage 1

Sehen Sie sich dazu nochmals den Kasten „Vertiefung: Wahrscheinlichkeitsmaß im Phasenraum" in Abschn. 34.1 an.

Zuvor allerdings noch ein Wort zur Bezeichnungsweise. Der Dichteoperator kennzeichnet den Zustand eines Systems, von dem nur angegeben werden kann, dass es sich mit einer bestimmten Wahrscheinlichkeit p_k im reinen Zustand $|k\rangle$ befindet. Wenn nicht alle Wahrscheinlichkeiten p_k bis auf eine verschwinden, heißt $\hat{\rho}$ daher auch gemischter Zustand. Solche Zustände wurden bereits in Abschn. 24.4 besprochen und in Abschn. 36.3 auf klassische Systeme übertragen.

Die Von-Neumann-Gleichung

Zustände können im Schrödinger- oder im Heisenberg-Bild beschrieben werden. Wie in Abschn. 25.3 ausführlich beschrieben wurde, sind im Schrödinger-Bild die Zustände zeitabhängig, aber die Operatoren nicht, während im Heisenberg-Bild die Operatoren zeitabhängig sind, aber die Zustände nicht. Zwischen einem Operator $\hat{A}_\mathrm{S}$ im Schrödinger-Bild und demselben Operator $\hat{A}_\mathrm{H}(t)$ im Heisenberg-Bild transformiert der unitäre Zeitentwicklungsoperator $\hat{U}(t)$:

$$\hat{A}_\mathrm{H}(t) = \hat{U}^{-1}(t)\hat{A}_\mathrm{S}\hat{U}(t) \,, \quad \hat{U}(t) = \exp\left(-\frac{\mathrm{i}}{\hbar}\hat{H}t\right) \,, \tag{37.13}$$

Teil IV

worin der Hamilton-Operator $\hat{H}$ auftritt. Mittelwerte von $\hat{A}$, die mithilfe des Dichteoperators $\hat{\rho}$ gebildet werden, dürfen nicht davon abhängen, welches Bild zur Beschreibung der Operatoren und Zustände verwendet wurde. Aus

$$\begin{aligned}\langle A\rangle(t) &= \mathrm{Sp}\left(\hat{\rho}_{\mathrm{H}}\hat{A}_{\mathrm{H}}(t)\right) = \mathrm{Sp}\left(\hat{\rho}_{\mathrm{H}}\hat{U}^{-1}(t)\hat{A}_{\mathrm{S}}\hat{U}(t)\right) \\ &= \mathrm{Sp}\left(\hat{A}_{\mathrm{S}}\hat{U}(t)\hat{\rho}_{\mathrm{H}}\hat{U}^{-1}(t)\right) = \mathrm{Sp}\left(\hat{A}_{\mathrm{S}}\hat{\rho}_{\mathrm{S}}\right)\end{aligned} \tag{37.14}$$

folgt, dass der Dichteoperator im Heisenberg-Bild $\hat{\rho}_{\mathrm{H}}$ mit demjenigen im Schrödinger-Bild $\hat{\rho}_{\mathrm{S}}$ verbunden sein muss durch

$$\hat{\rho}_{\mathrm{S}}(t) = \hat{U}(t)\hat{\rho}_{\mathrm{H}}\hat{U}^{-1}(t)\,. \tag{37.15}$$

Von-Neumann-Gleichung

Daraus folgt sofort die Bewegungsgleichung des Dichteoperators im Schrödinger-Bild, bzw. die Bewegungsgleichung eines gemischten Zustands:

$$\partial_t\hat{\rho}_{\mathrm{S}}(t) = -\frac{\mathrm{i}}{\hbar}\left[\hat{H},\hat{\rho}_{\mathrm{S}}(t)\right]. \tag{37.16}$$

Dies ist die Von-Neumann-Gleichung, die in der Quantenstatistik an die Stelle der Liouville-Gleichung tritt und angibt, wie sich die Phasenraumdichte eines klassischen Systems mit der Zeit entwickelt. Sie wurde bereits in Abschn. 25.4 eingeführt.

37.2 Besetzungszahldarstellung

Abzählung von Zuständen

Um eine quantenmechanische Entsprechung des mikrokanonischen Ensembles beschreiben zu können, brauchen wir ein Maß auf dem Zustandsraum, das uns Zustände abzuzählen erlaubt. Wir zielen damit auf eine quantenmechanische Entsprechung der statistischen Definition (34.85) der Entropie. Mit den diskreten Zuständen, die wir der Einfachheit halber angenommen haben, lässt sich dies auf die folgende Weise bewerkstelligen.

Sei $\hat{H}$ der Hamilton-Operator, ferner $\{|k\rangle\}$ eine vollständige, orthonormale Eigenbasis von $\hat{H}$ mit den Energieeigenwerten E_k. Nun führen wir ganz analog zur klassischen statistischen Mechanik als Maß auf dem Zustandsraum den Operator

$$\hat{\delta}_{\delta E}(H-E) = \sum_{\{k|E_k\in[E,E+\delta E]\}}\hat{P}_k \tag{37.17}$$

ein. Dieser Operator besteht also aus der Summe aller derjenigen Projektoren $\hat{P}_k$, die in Unterräume des Hilbert-Raumes projizieren, in denen die Energieeigenwerte in einem Intervall der Breite δE oberhalb der Energie E liegen. Ersetzen wir die Anzahl der zugänglichen Mikrozustände $\Omega(E)$ aus der klassischen statistischen Mechanik durch die Spur

$$\Omega(E) = \mathrm{Sp}\left[\hat{\delta}_{\delta E}(H-E)\right], \tag{37.18}$$

können wir auf formal völlig gleichartige Weise die Quantenstatistik des mikrokanonischen Ensembles behandeln. Die Spurbildung ergibt

$$\begin{aligned}\Omega(E) &= \sum_j \langle j|\left(\sum_{\{k|E_k\in[E,E+\delta E]\}}\hat{P}_k\right)|j\rangle \\ &= \sum_{\{k|E_k\in[E,E+\delta E]\}}\dim\hat{P}_k\,,\end{aligned} \tag{37.19}$$

wobei die Dimension $\dim\hat{P}_k$ des Projektors $\hat{P}_k$ deswegen auftritt, weil der Energieeigenzustand mit dem Eigenwert E_k entartet sein kann.

Ebenso können wir mithilfe des Dichteoperators $\hat{\rho}$ das kanonische Ensemble in eine quantenmechanische Beschreibungsweise überführen. Wir brauchen dafür nur die klassische kanonische Verteilung aus (36.11):

$$\rho_{\mathrm{c}} = Z_{\mathrm{c}}^{-1}\mathrm{e}^{-\beta H(x)}\,,\quad Z_{\mathrm{c}} = \int_\Gamma \mathrm{e}^{-\beta H(x)}\mathrm{d}\Gamma(x)\,, \tag{37.20}$$

durch den kanonischen Dichteoperator

$$\hat{\rho}_{\mathrm{c}} = Z_{\mathrm{c}}^{-1}\mathrm{e}^{-\beta\hat{H}}\,,\quad Z_{\mathrm{c}} = \mathrm{Sp}\left(\mathrm{e}^{-\beta\hat{H}}\right) \tag{37.21}$$

zu ersetzen, wobei jetzt der Hamilton-Operator $\hat{H}$ auf dem Hilbert-Raum $\mathcal{H}$ an die Stelle der Hamilton-Funktion $H(x)$ auf dem Phasenraum Γ tritt.

Der Teilchenzahloperator

Das großkanonische Ensemble braucht einen weiteren vorbereitenden Schritt, weil wir noch klären müssen, welchen Zustandsraum wir für ein Ensemble mit einer unbestimmten Teilchenzahl N verwenden und wie wir Teilchenzahlen bestimmen können. Sei zunächst $\mathcal{H}_N$ der Hilbert-Raum eines N-Teilchen-Systems. Dann definieren wir als Zustandsraum für ein großkanonisches Ensemble den *Fock-Raum*

$$\mathcal{F} = \bigoplus_{N=0}^{\infty}\mathcal{H}_N \tag{37.22}$$

als direkte Summe aller möglichen N-Teilchen-Hilbert-Räume. In Abschn. 34.1 haben wir den Fock-Raum bereits kurz gestreift. Wir werden gleich sehen, wie eine Orthonormalbasis im Fock-Raum konstruiert werden kann.

Wie bei der algebraischen Behandlung des harmonischen Oszillators, die in Abschn. 26.3 ausführlich besprochen wurde, führen wir nun Leiteroperatoren $\hat{a}$ und $\hat{a}^\dagger$ auf dem Fock-Raum ein. Sie werden so definiert, dass sie mit dem sogenannten Teilchenzahloperator $\hat{N} = \hat{a}^\dagger\hat{a}$ die Vertauschungsrelationen

$$[\hat{N}, \hat{a}] = -\hat{a}\,, \quad [\hat{N}, \hat{a}^\dagger] = \hat{a}^\dagger \tag{37.23}$$

erfüllen. Der Operator $\hat{N}$ selbst ist offenbar hermitesch, denn $\hat{N}^\dagger = (\hat{a}^\dagger\hat{a})^\dagger = \hat{a}^\dagger\hat{a}$. Er hat daher reelle Eigenwerte, die zudem positiv definit sind, denn

$$\langle\psi|\,\hat{N}\,|\psi\rangle = \|\hat{a}\,|\psi\rangle\|^2 \geq 0\,. \tag{37.24}$$

Sein kleinster Eigenwert ist daher die Null. Bezeichnen wir seine Eigenwerte mit dem Index n und seine Eigenzustände als $|n\rangle$, dann folgt aus den Vertauschungsrelationen (37.23)

$$\begin{aligned}
[\hat{N}, \hat{a}]\,|n\rangle &= (\hat{N} - n)\hat{a}\,|n\rangle = -\hat{a}\,|n\rangle \\
\Rightarrow \quad \hat{N}\,\hat{a}\,|n\rangle &= (n-1)\hat{a}\,|n\rangle\,, \\
[\hat{N}, \hat{a}^\dagger]\,|n\rangle &= (\hat{N} - n)\hat{a}^\dagger\,|n\rangle = \hat{a}^\dagger\,|n\rangle \\
\Rightarrow \quad \hat{N}\,\hat{a}^\dagger\,|n\rangle &= (n+1)\hat{a}^\dagger\,|n\rangle\,.
\end{aligned} \tag{37.25}$$

Wie beabsichtigt, sind also die Eigenwerte des Teilchenzahloperators die natürlichen Zahlen einschließlich der Null, und ausgehend von einem Eigenzustand des Teilchenzahloperators ergeben die Leiteroperatoren jeweils wieder einen Eigenzustand des Teilchenzahloperators, aber mit einem Teilchen mehr oder weniger. Dementsprechend wird $\hat{a}^\dagger$ auch als Erzeugungs- und $\hat{a}$ als Vernichtungsoperator bezeichnet.

Dieselbe Konstruktion ist möglich, indem man Erzeugungs- und Vernichtungsoperatoren $\hat{a}_k^\dagger$ und $\hat{a}_k$ einführt, die allein auf den k-ten Zustandsvektor aus einer vollständigen Basis $\{|k\rangle\}$ wirken. Dann gibt der Operator $\hat{N}_k = \hat{a}_k^\dagger\hat{a}_k$ an, mit wie vielen Teilchen dieser k-te Basiszustand besetzt ist. Um sowohl die Besetzungszahl n_k als auch den Basisvektor anzugeben, notieren wir ihn als $|n_k\rangle$ und schreiben

$$\hat{N}_k\,|n_k\rangle = \left(\hat{a}_k^\dagger\hat{a}_k\right)|n_k\rangle = n_k\,|n_k\rangle\,. \tag{37.26}$$

Ohne die definierenden Vertauschungsrelationen in (37.23) zu verletzen, können die Erzeugungs- und Vernichtungsoperatoren entweder die Vertauschungsrelationen

$$[\hat{a}_k, \hat{a}_k^\dagger] = 1\,, \quad [\hat{a}_k, \hat{a}_k] = 0 = [\hat{a}_k^\dagger, \hat{a}_k^\dagger] \tag{37.27}$$

oder die Antivertauschungsrelationen

$$\{\hat{a}_k, \hat{a}_k^\dagger\} = 1\,, \quad \{\hat{a}_k, \hat{a}_k\} = 0 = \{\hat{a}_k^\dagger, \hat{a}_k^\dagger\} \tag{37.28}$$

erfüllen.

Frage 2

Vergewissern Sie sich, dass die Vertauschungsrelationen (37.23) tatsächlich zugleich mit den Vertauschungs- oder Antivertauschungsrelationen in (37.27) und in (37.28) erfüllt werden können.

Wenn die Vertauschungsrelationen in (37.27) erfüllt sind, gilt offenbar

$$\left\|\hat{a}^\dagger\,|n\rangle\right\|^2 = \langle n|\,\hat{a}\hat{a}^\dagger\,|n\rangle = \langle n|\,(1+\hat{N})\,|n\rangle = n+1\,, \tag{37.29}$$

woraus die Gleichung

$$\hat{a}^\dagger\,|n\rangle = \sqrt{n+1}\,|n+1\rangle \tag{37.30}$$

für den Erzeugungsoperator folgt. Ganz analog folgt aus der entsprechenden Gleichung für den Vernichtungsoperator

$$\|\hat{a}\,|n\rangle\|^2 = \langle n|\,\hat{a}^\dagger\hat{a}\,|n\rangle = \langle n|\,\hat{N}\,|n\rangle = n \tag{37.31}$$

die Gleichung

$$\hat{a}\,|n\rangle = \sqrt{n}\,|n-1\rangle\,. \tag{37.32}$$

Wenn dagegen die Antivertauschungsrelationen in (37.28) erfüllt sind, gilt insbesondere

$$\begin{aligned}
\hat{N}^2\,|n\rangle &= \left(\hat{a}^\dagger\hat{a}\right)\left(\hat{a}^\dagger\hat{a}\right)|n\rangle = \hat{a}^\dagger\left(\hat{a}\hat{a}^\dagger\right)\hat{a}\,|n\rangle \\
&= \hat{a}^\dagger\left(1 - \hat{a}^\dagger\hat{a}\right)\hat{a}\,|n\rangle = \hat{a}^\dagger\hat{a}\,|n\rangle = \hat{N}\,|n\rangle\,,
\end{aligned} \tag{37.33}$$

denn $\hat{a}^2 = 0 = (\hat{a}^\dagger)^2$. Für die Eigenwerte n des Teilchenzahloperators $\hat{N}$ kommen daher nur die Werte 0 und 1 infrage. Die Eigenwertgleichungen der Erzeugungs- und Vernichtungsoperatoren ergeben sich aus den Überlegungen

$$\begin{aligned}
\left\|\hat{a}^\dagger\,|n\rangle\right\|^2 &= \langle n|\left(1 - \hat{a}^\dagger\hat{a}\right)|n\rangle = 1-n\,, \\
\|\hat{a}\,|n\rangle\|^2 &= \langle n|\,\hat{a}^\dagger\hat{a}\,|n\rangle = n\,,
\end{aligned} \tag{37.34}$$

die auf

$$\hat{a}^\dagger\,|n\rangle = \sqrt{1-n}\,|n+1\rangle\,, \quad \hat{a}\,|n\rangle = \sqrt{n}\,|n-1\rangle \tag{37.35}$$

führen. Es können also nur die beiden Zustände $|0\rangle$ und $|1\rangle$ mit

$$\begin{aligned}
\hat{a}^\dagger\,|0\rangle = |1\rangle\,, \quad \hat{a}^\dagger\,|1\rangle = 0\,, \\
\hat{a}\,|0\rangle = 0\,, \quad \hat{a}\,|1\rangle = |0\rangle
\end{aligned} \tag{37.36}$$

besetzt werden. Wenn die Erzeugungs- und Vernichtungsoperatoren die Antivertauschungsrelationen in (37.28) erfüllen, kann also jeder Einteilchenzustand nur mit höchstens einem Teilchen besetzt sein. Entsprechend heißen Operatoren mit den Vertauschungsrelationen in (37.27) bosonisch, solche mit den

Antivertauschungsrelationen in (37.28) fermionisch. Die fundamentalen Eigenschaften von Fermionen und Bosonen wurden in Abschn. 31.1 eingeführt.

Der Teilchenzahloperator $\hat{N}$ erlaubt es uns jetzt, auch die großkanonische Zustandssumme von der klassischen in die Quantenmechanik zu übertragen. Der großkanonische Dichteoperator und die großkanonische Zustandssumme lauten

$$\hat{\rho}_{\mathrm{gc}} = Z_{\mathrm{gc}}^{-1} \mathrm{e}^{-\beta(\hat{H}-\mu\hat{N})}\,, \quad Z_{\mathrm{gc}} = \mathrm{Sp}\left(\mathrm{e}^{-\beta(\hat{H}-\mu\hat{N})}\right)\,. \tag{37.37}$$

Mithilfe der Erzeugungs- und Vernichtungsoperatoren $\hat{a}^\dagger$ und $\hat{a}$ lassen sich nun für Bosonen und Fermionen gleichermaßen die orthonormalen Basisvektoren

$$|n_1, n_2, \ldots, n_s\rangle = \prod_{k=1}^{s} \frac{(\hat{a}_k^\dagger)^{n_k}}{\sqrt{n_k!}} |0\rangle \tag{37.38}$$

für den Fock-Raum $\mathcal{F}$ konstruieren, wobei $|0\rangle$ das Fock-Vakuum ist. Der Normierungsfaktor folgt direkt aus (37.30), wenn man den Erzeugungsoperator $\hat{a}_k^\dagger$ n_k-fach auf den Vakuumzustand $|0\rangle$ anwendet, bzw. aus (37.35) und (37.36), wobei nur eine einfache Anwendung möglich ist.

Im Fock-Vakuum ist keiner der Einteilchenzustände besetzt. Aufgrund dieser Konstruktion wird jeder Einteilchenzustand k durch den Erzeugungsoperator $\hat{a}_k^\dagger$ mit n_k Teilchen besetzt. Dem obigen Ergebnis zufolge sind für bosonische Fock-Zustände alle Besetzungszahlen $n_k \geq 0$ erlaubt, während bei fermionischen Fock-Zuständen nur $n_k = 0$ oder 1 sein darf.

Der gesamte Teilchenzahloperator ist

$$\hat{N} = \sum_k \hat{N}_k\,, \quad \hat{N}_k = \hat{a}_k^\dagger \hat{a}_k\,. \tag{37.39}$$

Angewandt auf den Fock-Zustand (37.38) ergibt $\hat{N}_k$

$$\hat{N}_k |n_1, n_2, \ldots, n_s\rangle = n_k |n_1, n_2, \ldots, n_s\rangle\,. \tag{37.40}$$

Frage 3

Rechnen Sie (37.40) nach, d. h. zeigen Sie explizit, dass die Fock-Zustände (37.37) Eigenzustände der Teilchenzahloperatoren $\hat{N}_k$ mit den Eigenwerten n_k sind. Verwenden Sie dabei, dass die Antikommutatoren $\left\{\hat{a}_k, \hat{a}_l^\dagger\right\}$ für $k \neq l$ verschwinden.

37.3 Ideale Quantengase

Großkanonische Zustandssumme

Setzen wir nun anstelle der oben beliebig eingeführten Orthonormalbasis $\{|k\rangle\}$ speziell das Orthonormalsystem des Einteilchen-Hamilton-Operators $\hat{H}_1$ mit den Energieeigenwerten ϵ_k ein,

$$\hat{H}_1 |k\rangle = \epsilon_k |k\rangle\,, \tag{37.41}$$

lautet der gesamte Hamilton-Operator für ein ideales Gas

$$\hat{H} = \sum_k \epsilon_k \hat{N}_k = \sum_k \epsilon_k \hat{a}_k^\dagger \hat{a}_k\,, \tag{37.42}$$

weil wir auch in der Quantenstatistik ein solches Gas ideal nennen, dessen Teilchen keine potenzielle Energie relativ zueinander haben. Angewandt auf den Fock-Zustand (37.37) ergibt er

$$\begin{aligned} \hat{H} |n_1, n_2, \ldots, n_s\rangle &= \left(\sum_k \epsilon_k \hat{N}_k\right) |n_1, n_2, \ldots, n_s\rangle \\ &= \sum_k \epsilon_k n_k |n_1, n_2, \ldots, n_s\rangle\,, \end{aligned} \tag{37.43}$$

d. h., die Gesamtheit der Fock-Zustände (37.38), aufgebaut auf der Orthonormalbasis des Einteilchen-Hamilton-Operators, bildet eine Orthonormalbasis für den gesamten Hamilton-Operator $\hat{H}$ des idealen Quantengases mit den Eigenwerten $\sum_k \epsilon_k n_k$.

Die großkanonischen Zustandssummen für bosonische und fermionische Quantengase lassen sich nun in wenigen Schritten bestimmen. Wir haben zunächst

$$\begin{aligned} Z_{\mathrm{gc}} &= \mathrm{Sp}\left(\mathrm{e}^{-\beta \sum_k (\epsilon_k - \mu)\hat{N}_k}\right) \\ &= \sum_{\{n\}} \langle n_1, n_2, \ldots| \,\mathrm{e}^{-\beta \sum_k (\epsilon_k - \mu)\hat{N}_k}\, |n_1, n_2, \ldots\rangle \\ &= \sum_{\{n\}} \mathrm{e}^{-\beta \sum_k (\epsilon_k - \mu) n_k} = \sum_{\{n\}} \prod_k \mathrm{e}^{-\beta(\epsilon_k - \mu) n_k}\,, \end{aligned} \tag{37.44}$$

wobei die Schreibweise einer Summe über $\{n\}$ bedeuten soll, dass über die Menge aller möglichen Besetzungszahlen $\{n_1, \ldots, n_s\}$ summiert werden muss. Entsprechend teilt sich diese Summe in s unabhängige Summen auf, die separat über alle n_k laufen. Wir fahren mit der Rechnung fort und finden

$$\begin{aligned} Z_{\mathrm{gc}} &= \sum_{n_1} \cdots \sum_{n_s} \prod_k \mathrm{e}^{-\beta(\epsilon_k - \mu) n_k} \\ &= \sum_{n_1} \mathrm{e}^{-\beta(\epsilon_1 - \mu) n_1} \cdots \sum_{n_s} \mathrm{e}^{-\beta(\epsilon_s - \mu) n_s} \\ &= \prod_k \sum_{n_k} \mathrm{e}^{-\beta(\epsilon_k - \mu) n_k}\,. \end{aligned} \tag{37.45}$$

Für Bosonen muss nun über alle $n_k = 0, 1, \ldots, \infty$ summiert werden, was eine geometrische Reihe ergibt. Die großkanonische Zustandssumme für ein ideales Bose-Einstein-Gas ist deswegen

$$Z_{\mathrm{gc}}^{\mathrm{BE}} = \prod_k \left(1 - \mathrm{e}^{-\beta(\epsilon_k - \mu)}\right)^{-1}\,. \tag{37.46}$$

Für Fermionen darf jedes n_k nur die Werte 0 und 1 annehmen. Die großkanonische Zustandssumme für ein ideales Fermi-Dirac-Gas ist daher

$$Z_{\mathrm{gc}}^{\mathrm{FD}} = \prod_k \left(1 + \mathrm{e}^{-\beta(\epsilon_k - \mu)}\right)\,. \tag{37.47}$$

Wie in der klassischen statistischen Physik ist das großkanonische Potenzial J durch den Logarithmus der großkanonischen Zustandssumme bestimmt:

$$J = -k_B T \ln Z_{gc} \,. \tag{37.48}$$

Großkanonisches Potenzial für ideale Quantengase

Das großkanonische Potenzial für ideale Quantengase beider Sorten ist damit

$$J = \pm k_B T \sum_k \ln\left(1 \mp e^{-\beta(\epsilon_k - \mu)}\right) \,, \tag{37.49}$$

wobei jeweils das obere Vorzeichen für Bose-Einstein-, das untere für Fermi-Dirac-Gase gilt.

Alle Eigenschaften idealer Quantengase ergeben sich nun direkt daraus, und zwar für relativistische und nichtrelativistische Quantengase gleichermaßen. Der Unterschied zwischen beiden besteht nur in der Form von ϵ_k.

Mittlere Besetzungszahl und Fluktuationen

Da die Spur über den großkanonischen Dichteoperator $\hat{\rho}_{gc}$ aufgrund der Definition der großkanonischen Zustandssumme eins ergeben muss,

$$\begin{aligned} \mathrm{Sp}\,\hat{\rho}_{gc} = 1 &= \mathrm{Sp}\left(Z_{gc}^{-1} e^{-\beta(\epsilon_k - \mu)\hat{N}_k}\right) \\ &= \mathrm{Sp}\left(e^{\beta J} e^{-\beta(\epsilon_k-\mu)\hat{N}_k}\right) \,, \end{aligned} \tag{37.50}$$

muss die Ableitung der Spur nach jedem Energieeigenwert ϵ_l verschwinden:

$$\frac{\partial \mathrm{Sp}\,\hat{\rho}_{gc}}{\partial \epsilon_l} = 0 = \beta\,\mathrm{Sp}\left[\hat{\rho}_{gc}\left(\frac{\partial J}{\partial \epsilon_l} - \hat{N}_l\right)\right] \,. \tag{37.51}$$

Frage 4

Vollziehen Sie nach, dass die Ableitung der Spur in (37.51) tatsächlich verschwindet. Überzeugen Sie sich davon, dass die Spur und die Ableitung vertauschbar sind, und verwenden Sie, dass die Spur des Dichteoperators eins ergibt.

Mittlere Besetzungszahl

Die mittlere Besetzungszahl des k-ten Zustands ist daher gleich

$$\langle n_k \rangle = \frac{\partial J}{\partial \epsilon_k} = \frac{1}{e^{\beta(\epsilon_k - \mu)} \mp 1} \,, \tag{37.52}$$

wobei wiederum das obere Vorzeichen für Bose-Einstein-Gase, das untere für Fermi-Dirac-Gase gilt.

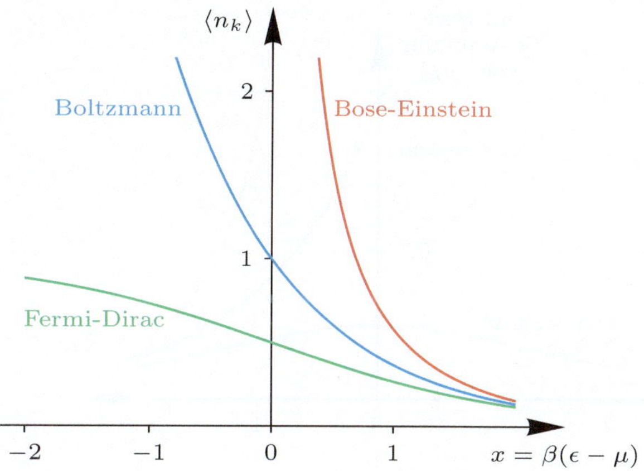

Abb. 37.1 Die mittleren Besetzungszahlen für ideale Bose-Einstein-, Fermi-Dirac- und klassische Gase als Funktion der Variablen $x = \beta(\epsilon - \mu)$. Während sich die Kurven für $x \gg 1$ annähern (also für kleine Temperaturen oder hohe Energiezustände), weichen sie für kleine und negative x erheblich voneinander ab

Die mittleren Besetzungszahlen sind zusammen mit dem klassischen Ergebnis, dem Boltzmann-Faktor, als Funktion von $x = \beta(\epsilon - \mu)$ in Abb. 37.1 dargestellt. Der Einfachheit halber lassen wir an der Abkürzung x den Index k weg, weil er für die Bedeutung von x unerheblich ist.

Für kleine x sind die Abweichungen zwischen den Kurven erheblich, während sich die Kurven für $x \gg 1$ dem klassischen Exponentialfaktor e^{-x} annähern, der sich aus dem Boltzmann-Faktor $e^{-\beta\epsilon}$ und dem Beitrag $e^{\beta\mu}$ des chemischen Potenzials zusammensetzt. Da die mittlere Besetzungszahl positiv semidefinit sein muss, ist für Bosonen nur $x > 0$ erlaubt. In diesem Fall muss daher, wenn $\epsilon < 0$ ist, auch $\mu < 0$ sein. Dies muss für alle ϵ_k gelten, woraus $\mu < \epsilon_k$ folgt.

Eine weitere Ableitung der Spur $\mathrm{Sp}\,\hat{\rho}_{gc}$ nach dem Energieeigenwert ϵ_j ergibt

$$\begin{aligned} 0 &= \frac{\partial^2 \mathrm{Sp}\,\hat{\rho}_{gc}}{\partial \epsilon_i \partial \epsilon_j} \\ &= \beta\,\mathrm{Sp}\left\{\hat{\rho}_{gc}\left[\beta\left(\frac{\partial J}{\partial \epsilon_i} - \hat{N}_i\right)\left(\frac{\partial J}{\partial \epsilon_j} - \hat{N}_j\right) + \frac{\partial^2 J}{\partial \epsilon_i \partial \epsilon_j}\right]\right\} \,, \end{aligned} \tag{37.53}$$

woraus mit (37.52) folgt, dass die Schwankungen in der Teilchenzahl in den einzelnen Basiszuständen durch

$$\begin{aligned} -\frac{1}{\beta}\frac{\partial^2 J}{\partial \epsilon_i \partial \epsilon_j} &= \left\langle \left(n_i - \langle n_i \rangle\right)\left(n_j - \langle n_j \rangle\right) \right\rangle \\ &= \delta_{ij} \frac{e^{\beta(\epsilon_j - \mu)}}{\left[e^{\beta(\epsilon_j - \mu)} \mp 1\right]^2} = \delta_{ij} \langle n_j \rangle^2 \left(\frac{1}{\langle n_j \rangle} \pm 1\right) \\ &= \delta_{ij} \langle n_j \rangle \left(1 \pm \langle n_j \rangle\right) \end{aligned} \tag{37.54}$$

gegeben sind. Für $i = j$ liefert dieser Ausdruck die mittlere quadratische Abweichung der Teilchenzahl im Zustand $i = j$ von ihrem Mittelwert.

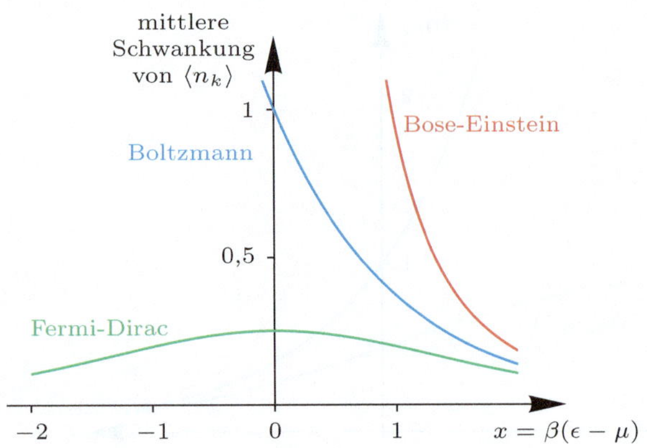

Abb. 37.2 Schwankungen der mittleren Besetzungszahl für Bosonen und Fermionen als Funktion von $x = \beta(\epsilon - \mu)$

Für $i \neq j$ ergibt das Kronecker-Symbol $\delta_{ij} = 0$. Das bedeutet, dass das Produkt der Schwankungen der Teilchenzahlen in verschiedenen Zuständen i und j im Mittel gerade verschwindet: Negative und positive Schwankungen beider Teilchenzahlen um ihre Mittelwerte sind dann unabhängig voneinander oder *unkorreliert*. Natürlich war im Fall eines idealen Gases auch nichts anderes zu erwarten.

Diese Schwankungen der mittleren Besetzungszahl sind in Abb. 37.2 wiederum als Funktionen von $x = \beta(\epsilon - \mu)$ gezeigt. Während sie für Fermionen klein bleiben und symmetrisch zu $x = 0$ sind, wachsen sie für Bosonen ins Unendliche, wenn $x \to 0$ geht.

Teil IV

Teilchen im Kasten, thermodynamischer Limes

Wir beschränken uns von nun an zunächst auf nichtrelativistische Teilchen und kommen erst in Abschn. 37.6 auf relativistische Teilchen zurück.

Betrachten wir zunächst Teilchen, die auf ein kubisches Volumen mit der Kantenlänge L eingeschränkt sind. Ihre Energieeigenwerte sind diskret,

$$\epsilon_n = \frac{\hbar^2 \boldsymbol{k}^2}{2m}\,, \quad \boldsymbol{k} = \frac{\pi}{L}\boldsymbol{n}\,, \tag{37.55}$$

wobei die Vektoren $\boldsymbol{n} = (n_1, n_2, n_3) \in \mathbb{N}_0^3$ die drei Energiequantenzahlen entsprechend den drei Raumrichtungen zusammenfassen.

Frage 5

Leiten Sie die Energieeigenwerte (37.55) her.

Die thermodynamischen Größen eines derart eingesperrten idealen Quantengases ergeben sich dann durch Summation über alle $\boldsymbol{n}$. Zum Beispiel sind die mittlere Teilchenzahl und die innere Energie gegeben durch

$$\langle N \rangle = \sum_{\boldsymbol{n} \in \mathbb{N}_0^3} \langle n_{\boldsymbol{n}} \rangle = \sum_{\boldsymbol{n} \in \mathbb{N}_0^3} \frac{1}{\exp\left[\beta\left(\epsilon_{\boldsymbol{n}} - \mu\right)\right] \mp 1} \tag{37.56}$$

und

$$U = \sum_{\boldsymbol{n} \in \mathbb{N}_0^3} \epsilon_{\boldsymbol{n}} \langle n_{\boldsymbol{n}} \rangle = \sum_{\boldsymbol{n} \in \mathbb{N}_0^3} \frac{\epsilon_{\boldsymbol{n}}}{\exp\left[\beta\left(\epsilon_{\boldsymbol{n}} - \mu\right)\right] \mp 1}\,. \tag{37.57}$$

Der Druck ist gleich der negativen Ableitung des großkanonischen Potenzials nach V. Da die Energieeigenwerte proportional zu L^{-2} sind, hängen sie von V ab:

$$\epsilon_{\boldsymbol{n}} \propto V^{-2/3}\,. \tag{37.58}$$

Wegen dieser Proportionalität gilt

$$\frac{\partial \epsilon_{\boldsymbol{n}}}{\partial V} = -\frac{2}{3}\frac{\epsilon_{\boldsymbol{n}}}{V}\,. \tag{37.59}$$

Druck und Energiedichte

Für den Druck finden wir damit

$$P = -\frac{\partial J}{\partial V} = -\sum_{\boldsymbol{n} \in \mathbb{N}_0^3} \frac{\partial J}{\partial \epsilon_{\boldsymbol{n}}} \frac{\partial \epsilon_{\boldsymbol{n}}}{\partial V} = \frac{2U}{3V}\,, \tag{37.60}$$

wobei wieder (37.52) zum Einsatz kam. Unabhängig von der Teilchensorte stellt sich der Druck eines nichtrelativistischen idealen Quantengases wie beim klassischen idealen Gas als zwei Drittel der inneren Energiedichte heraus.

Es lohnt sich nun, zum thermodynamischen Limes überzugehen und beliebig große Teilchenzahlen anzunehmen. Da wir weiterhin ein ideales Gas betrachten wollen, bedeutet das, dass auch das Volumen anwachsen muss. Bei festgehaltener mittlerer Teilchendichte muss die Kantenlänge L des Volumens über alle Grenzen wachsen, $L \to \infty$. Die diskreten Wellenzahlen k_i liegen dann beliebig dicht, sodass wir die Summe über alle Wellenzahlen durch ein Integral ersetzen können:

$$\sum_{\boldsymbol{n} \in \mathbb{N}_0^3} \to \frac{L^3}{\pi^3} \int_{\mathbb{R}_+^3} \mathrm{d}^3 k = \frac{V}{(2\pi)^3} \int_{\mathbb{R}^3} \mathrm{d}^3 k = \frac{V}{2\pi^2} \int_0^\infty k^2 \mathrm{d}k\,, \tag{37.61}$$

wobei im zweiten Schritt zu beachten ist, dass die vorige Integration über $\mathbb{R}_+^3$ durch ein Achtel einer Integration über $\mathbb{R}^3$ ersetzt werden konnte, weil die Integranden nur vom Betrag von $\boldsymbol{k}$ abhängen werden.

Da die Divergenz der mittleren Besetzungszahl für Bosonen bei $\beta(\epsilon - \mu) \to 0^+$ mit Vorsicht zu behandeln ist, untersuchen wir zunächst nur Fermionen.

37.4 Ideale Fermi-Gase

Vorbemerkung

In unserer Diskussion der idealen Quantengase haben wir bisher noch nicht berücksichtigt, dass die betrachteten Teilchen aufgrund eines Spins weitere Freiheitsgrade haben können (wie im Fall von Bosonen) oder müssen (wie im Fall von Fermionen). Die bis hierher abgeleiteten Ausdrücke (37.49) und für das großkanonische Potenzial J und demzufolge auch (37.52) gelten pro Spinfreiheitsgrad und müssen daher, wenn sie auf Teilchen mit Spin s angewandt werden sollen, mit der Anzahl $(2s + 1)$ möglicher Spinorientierungen multipliziert werden. Wir schreiben diesen Faktor in der nun folgenden Beschreibung nichtrelativistischer, idealer Quantengase ausdrücklich dazu.

Thermodynamische Funktionen

Mit der Ersetzungsvorschrift (37.61) erhalten wir für die mittlere fermionische Teilchendichte

$$n = \frac{\langle N\rangle}{V} = \frac{2s+1}{2\pi^2}\int_0^\infty \frac{k^2\mathrm{d}k}{\exp\left[\beta\left(\frac{\hbar^2k^2}{2m}-\mu\right)\right]+1}\,. \tag{37.62}$$

Wir substituieren hier

$$x := \frac{\beta\hbar^2k^2}{2m} \tag{37.63}$$

und führen die sogenannte *Fugazität*

$$z = \mathrm{e}^{\beta\mu} \tag{37.64}$$

ein. Der Begriff leitet sich vom lateinischen Verb *fugare* für „fliehen" ab. Bei steigender Fugazität wächst die Teilchendichte und damit die Tendenz eines Moleküls, ein System zu verlassen.

Wir identifizieren ferner die thermische Wellenlänge λ_T, die uns seit (36.142) bekannt ist, um die Wellenzahl k ausgehend von (37.63) in der Form

$$k = \frac{\sqrt{2mk_\mathrm{B}T}}{\hbar}\sqrt{x} = \sqrt{4\pi x}\frac{\sqrt{2\pi mk_\mathrm{B}T}}{h} = \sqrt{4\pi x}\lambda_\mathrm{T}^{-1} \tag{37.65}$$

zu schreiben. Diese Schritte erlauben es, die Teilchendichte durch

$$n = (2s+1)\frac{2}{\sqrt{\pi}}\lambda_\mathrm{T}^{-3}\int_0^\infty \frac{\sqrt{x}\,\mathrm{d}x}{z^{-1}\mathrm{e}^x \mp 1} \tag{37.66}$$

auszudrücken.

Nun definieren wir noch die *Fermi-Integrale* durch

$$f_\lambda(z) := \frac{1}{\Gamma(\lambda)}\int_0^\infty \frac{x^{\lambda-1}\mathrm{d}x}{z^{-1}\mathrm{e}^x+1}\,. \tag{37.67}$$

Wie im „Mathematischen Hintergrund" 32.1 gezeigt wurde, ist die Gammafunktion für halbzahlige Argumente zudem durch

$$\Gamma\left(n+\frac{1}{2}\right) = \frac{(2n)!}{n!4^n}\sqrt{\pi} \tag{37.68}$$

gegeben, sodass der Vorfaktor $2/\sqrt{\pi}$ in (37.66) durch

$$\frac{2}{\sqrt{\pi}} = \frac{1}{\Gamma(3/2)} \tag{37.69}$$

dargestellt werden kann. Die häufig auftretenden Fermi-Integrale $f_{3/2}(z)$ und $f_{5/2}(z)$ sind in Abb. 37.3 dargestellt.

Fermionische Teilchenzahldichte

Nach diesen Vorbereitungen erhalten wir aus (37.62) die mittlere Teilchenzahldichte

$$n = (2s+1)\frac{f_{3/2}(z)}{\lambda_\mathrm{T}^3}\,. \tag{37.70}$$

Energiedichte und Druck eines idealen Fermi-Gases

Die mittlere Dichte der inneren Energie ist entsprechend

$$\begin{aligned}\frac{U}{V} := u &= (2s+1)\frac{k_\mathrm{B}T}{\lambda_\mathrm{T}^3}\frac{2}{\sqrt{\pi}}\int_0^\infty \frac{x^{3/2}\mathrm{d}x}{z^{-1}\mathrm{e}^x+1} \\ &= (2s+1)\frac{3}{2}\frac{k_\mathrm{B}T}{\lambda_\mathrm{T}^3}f_{5/2}(z)\,,\end{aligned} \tag{37.71}$$

woraus für den Druck sofort

$$P = (2s+1)\frac{k_\mathrm{B}T}{\lambda_\mathrm{T}^3}f_{5/2}(z) \tag{37.72}$$

folgt, denn für ihn haben wir in (37.60) schon gefunden, dass er zwei Drittel der inneren Energiedichte betragen muss.

Die Entropiedichte ist ebenfalls leicht zu bestimmen, denn das großkanonische Potenzial ist gerade

$$J = -PV = U - TS - \mu N\,, \tag{37.73}$$

woraus sich sofort die Entropiedichte

$$\begin{aligned}s = \frac{S}{V} &= \frac{1}{T}(u + P - \mu n) = \frac{1}{T}\left(\frac{5}{3}u - \mu n\right) \\ &= (2s+1)\frac{k_\mathrm{B}}{\lambda_\mathrm{T}^3}\left(\frac{5}{2}f_{5/2}(z) - \beta\mu f_{3/2}(z)\right)\end{aligned} \tag{37.74}$$

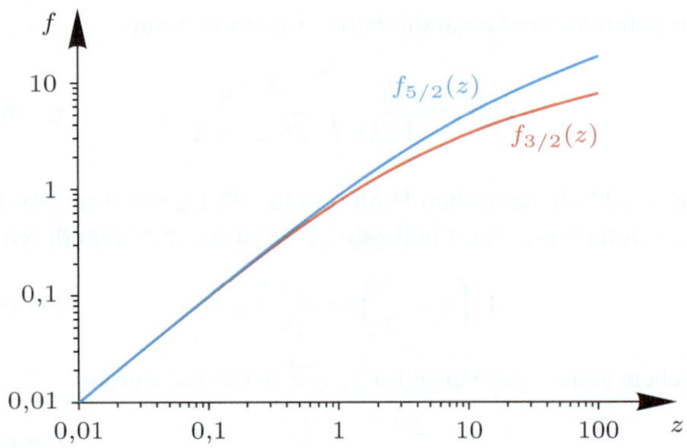

Abb. 37.3 Die Fermi-Funktionen $f_{3/2}(z)$ und $f_{5/2}(z)$

ergibt.

Über die Fermi-Funktionen $f_{3/2}(z)$ und $f_{5/2}(z)$ hängen die thermodynamischen Größen von der Fugazität z ab, die nur in Grenzfällen analytisch eliminiert werden kann. Je nachdem, ob z klein oder groß ist, wird das Fermi-Gas als *schwach* oder als *stark entartet* bezeichnet. Die Grenzfälle sehr schwacher und sehr starker Entartung, $z \ll 1$ und $z \gg 1$, untersuchen wir in den Kästen „Vertiefung: Schwach entartete Fermi-Gase" und „Vertiefung: Stark entartete Fermi-Gase" näher, betrachten aber eigens den Grenzfall vollständiger Entartung.

Fermi-Gase bei vollständiger Entartung

Von vollständiger Entartung spricht man bei $T = 0$. In diesem Fall bezeichnet man das chemische Potenzial als Fermi-Energie $\epsilon_F = \mu$ und definiert eine zugehörige Wellenzahl k_F durch

$$\frac{\hbar^2 k_F^2}{2m} = \epsilon_F \,. \tag{37.75}$$

Die Teilchendichte und die innere Energiedichte sind im vollständig entarteten Fall am einfachsten zu berechnen, wenn man berücksichtigt, dass die mittlere Besetzungszahl dann in eine Stufenfunktion der Energie ϵ bzw. der Wellenzahl k übergeht:

$$\langle n_\epsilon \rangle = (2s+1)\theta(\epsilon_F - \epsilon) = (2s+1)\theta\,(k_F - k)\;. \tag{37.76}$$

Diese Stufenfunktion stellt die sogenannte *Fermi-Kante* dar.

Frage 6

Bestätigen Sie das Ergebnis (37.76), indem Sie in (37.52) den Grenzübergang $T \to 0$ durchführen.

Aufgrund von (37.62) ist die mittlere Teilchendichte dann durch

$$n_F = \frac{2s+1}{6\pi^2}\, k_F^3 \tag{37.77}$$

bestimmt. Die Dichte der inneren Energie und der Druck bei vollständiger Entartung sind gegeben durch

$$\begin{aligned} u_F &= \frac{2s+1}{2\pi^2}\frac{\hbar^2}{2m}\int_0^\infty k^4\theta\,(k_F - k)\,\mathrm{d}k = \frac{2s+1}{20\pi^2}\frac{\hbar^2 k_F^5}{m} \\ &= \frac{3}{5} n_F \epsilon_F \end{aligned} \tag{37.78}$$

und

$$P_F = \frac{2}{3} u_F = \frac{2}{5} n_F \epsilon_F \,. \tag{37.79}$$

Fermi-Druck

Der Fermi-Druck P_F und die mittlere innere Energiedichte bei vollständiger Entartung lassen sich durch die Teilchendichte wie folgt ausdrücken:

$$P_F = \left(\frac{6\pi^2}{2s+1}\right)^{2/3} \frac{\hbar^2}{5m} n_F^{5/3}\,, \quad u_F = \frac{3}{2} P_F \,. \tag{37.80}$$

Frage 7

Vergleichen Sie damit die Herleitung des Fermi-Druckes, die wir allein aufgrund der Abzählung zugänglicher Zustände in Abschn. 34.3 erhalten haben.

Entartung setzt dann ein, wenn die thermische Energie pro Fermion wesentlich kleiner als die Fermi-Energie wird, $k_B T \ll \epsilon_F$. Setzen wir (37.77) in (37.75) ein, lautet die Fermi-Energie

$$\epsilon_F = \frac{\hbar^2}{2m}\left(\frac{6\pi^2}{2s+1} n_F\right)^{2/3}, \tag{37.81}$$

woraus die Bedingung

$$T \ll \frac{\hbar^2}{2mk_B}\left(\frac{6\pi^2}{2s+1} n_F\right)^{2/3} \tag{37.82}$$

für die Entartung folgt. Bei vorgegebener Teilchendichte setzt sie also bei umso niedrigeren Temperaturen ein, je masserei-

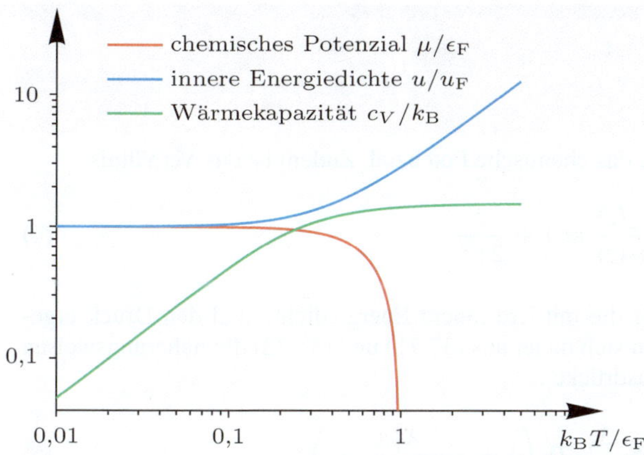

Abb. 37.4 Chemisches Potenzial, innere Energiedichte und spezifische Wärmekapazität als Funktionen der thermischen Energie k_BT in Einheiten der Fermi-Energie ϵ_F

cher die Teilchen sind. In einem Wasserstoffplasma entarten beispielsweise die Elektronen bei einer um das etwa 1800-fache höheren Temperatur als die Protonen.

Der Fermi-Druck P_F kommt allein dadurch zustande, dass Fermionen in einem Ensemble selbst bei $T = 0$ eine endliche kinetische Energie annehmen müssen, um dem Pauli-Prinzip zu genügen, das ihnen die Besetzung eines Zustands mit mehr als einem Teilchen verbietet.

Wie die Näherungsrechnung im Kasten „Vertiefung: Stark entartete Fermi-Gase" zeigt, weichen der Druck ebenso wie die innere Energiedichte eines idealen Fermi-Gases bei kleinen Temperaturen $k_BT \ll \epsilon_F$ nur in quadratischer Ordnung in k_BT/ϵ_F von ihren Werten (37.80) bei vollständiger Entartung ab.

Es ist eine wichtige Eigenschaft des Druckes von Fermi-Gasen, dass er bei niedrigen Temperaturen nur noch von der Dichte, aber kaum von der Temperatur abhängt. Wegen der quadratischen Abhängigkeit der inneren Energiedichte von der Temperatur steigt die Wärmekapazität pro Volumen

$$c_V = \left(\frac{\partial u}{\partial T}\right)_V \tag{37.83}$$

eines stark entarteten Fermi-Gases linear mit der Temperatur an und fällt bei $T = 0$ auf null ab. Diese und weitere Überlegungen zu schwach oder stark entarteten Fermi-Gasen finden Sie in den beiden Kästen „Vertiefung: Schwach entartete Fermi-Gase" und „Vertiefung: Stark entartete Fermi-Gase". Abbildung 37.4 zeigt die innere Energiedichte, das chemische Potenzial und die Wärmekapazität pro Teilchen eines stark entarteten Fermi-Gases als Funktionen der thermischen Energie in Einheiten der Fermi-Energie.

37.5 Ideale Bose-Gase

Teilchendichte und thermodynamische Funktionen

Zur Behandlung idealer Bose-Gase kehren wir zu den diskreten Summen (37.56) und (37.57) zurück, weil wir folgendem Umstand Rechnung tragen müssen: Wenn die Grundzustandsenergie $\epsilon_0 = 0$ ist und die Fugazität $z = e^{\beta\mu} = 1$ wird, verschwindet der Nenner im Summenterm für $\boldsymbol{n} = 0$, und der entsprechende Beitrag kann divergieren. Deshalb ist es angeraten, den Beitrag des Grundzustands eigens auszurechnen und nur über die angeregten Zustände zu integrieren. Die mittlere Teilchenzahl beträgt dann

$$\langle N\rangle = \frac{2s+1}{z^{-1}-1} + \frac{2s+1}{2\pi^2} V \int_0^\infty \frac{k^2\mathrm{d}k}{z^{-1}\exp\left(\frac{\beta\hbar^2k^2}{2m}\right)-1} \,. \tag{37.84}$$

Das Integral konvergiert problemlos, weil sich der Integrand für kleine k und $z = 1$ wie

$$\frac{k^2}{\exp\left(\frac{\beta\hbar^2k^2}{2m}\right)-1} \approx \frac{k^2}{\left(1+\frac{\beta\hbar^2k^2}{2m}\right)-1} = \frac{2m}{\beta\hbar^2} \tag{37.85}$$

verhält. Durch die abermals naheliegende Substitution (37.63) kann das Integral durch

$$\frac{1}{2\pi^2}\int_0^\infty \frac{k^2\mathrm{d}k}{z^{-1}\exp\left(\frac{\beta\hbar^2k^2}{2m}\right)-1} = \frac{1}{\lambda_T^3\Gamma\left(\frac{3}{2}\right)}\int_0^\infty \frac{x^{1/2}\mathrm{d}x}{z^{-1}e^x-1} \tag{37.86}$$

umgeformt werden.

Achtung Beachten Sie, dass wir den Beitrag des Grundzustands in (37.84) abgespalten haben, um ihn eigens zu betrachten, aber nicht, um ihn zu unterdrücken. Das verbleibende Integral kann dennoch von null ab ausgeführt werden, weil der Integrand für $k \to 0$ verschwindet. ◀

Bose-Einstein-Integrale der Art

$$g_\lambda(z) = \frac{1}{\Gamma(\lambda)}\int_0^\infty \frac{x^{\lambda-1}\mathrm{d}x}{z^{-1}e^x-1} \,, \tag{37.87}$$

von denen dasjenige mit $\lambda = 3/2$ in (37.86) vorkommt, lassen sich am besten berechnen, indem man den Integranden in eine geometrische Reihe aufspaltet. Sei $q = ze^{-x}$, dann ist

$$\frac{1}{z^{-1}e^x-1} = \frac{q}{1-q} = q\sum_{j=0}^\infty q^j = \sum_{j=1}^\infty q^j = \sum_{j=1}^\infty z^j e^{-jx} \,. \tag{37.88}$$

Teil IV

Vertiefung: Schwach entartete Fermi-Gase Analytische Näherungen

Für schwach entartete Fermi-Gase ist $z \ll 1$. Dort können wir die ersten Glieder der Taylor-Entwicklung

$$f_\lambda(z) \approx z - \frac{z^2}{2^\lambda} \tag{1}$$

verwenden. Umgekehrt, d. h. aufgelöst nach z, lautet diese Entwicklung

$$z \approx f_\lambda + \frac{f_\lambda^2}{2^\lambda} \,. \tag{2}$$

Frage 8

Bestätigen Sie diese Umkehrung der obigen Taylor-Entwicklung für $f_\lambda(z)$.

Werten wir die letzte Gleichung für $\lambda = 3/2$ aus und ersetzen $f_{3/2} = (2s+1)^{-1}\lambda_T^3 n$, wie es dem allgemeinen Ergebnis (37.70) entspricht, gewinnen wir zunächst die Näherung

$$\mu = \frac{\ln z}{\beta} \approx k_B T \ln\left[\frac{\lambda_T^3 n}{2s+1} + \frac{1}{2^{3/2}}\left(\frac{\lambda_T^3 n}{2s+1}\right)^2\right] \tag{3}$$

für das chemische Potenzial. Zudem ist das Verhältnis

$$\frac{f_{5/2}(z)}{f_{3/2}(z)} \approx 1 + \frac{z}{2^{5/2}} \,. \tag{4}$$

Für die mittlere innere Energiedichte und den Druck ergeben sich daher aus (37.71) und (37.72) die näherungsweisen Ausdrücke

$$u \approx \frac{3}{2} k_B T n \left(1 + \frac{\lambda_T^3 n}{2^{5/2}(2s+1)}\right) \tag{5}$$
$$P = k_B T n \left(1 + \frac{\lambda_T^3 n}{2^{5/2}(2s+1)}\right),$$

wobei in der Klammer die Näherung niedrigster Ordnung

$$z \approx f_{3/2}(z) = \frac{\lambda_T^3 n}{2s+1} \tag{6}$$

eingesetzt wurde. Im Grenzfall geringer Teilchendichten nähern sich diese Ausdrücke den Ergebnissen für das klassische ideale Gas an, wie es sein muss.

Mit diesem Ergebnis erhalten wir aus (37.87)

$$g_\lambda(z) = \frac{1}{\Gamma(\lambda)} \sum_{j=1}^{\infty} z^j \int_0^\infty x^{\lambda-1} e^{-jx} dx = \sum_{j=1}^{\infty} \frac{z^j}{j^\lambda} \,. \tag{37.89}$$

Für $z = 1$ ist dies gerade die *Riemann'sche Zetafunktion*:

$$g_\lambda(1) = \zeta(\lambda) \,. \tag{37.90}$$

Zwei dieser Funktionen sind in Abb. 37.5 dargestellt. Einige häufig benötigte Werte der Riemann'schen Zetafunktion sind im „Mathematischen Hintergrund“ 37.1 angegeben.

Die mittlere bosonische Teilchendichte ist demnach aufgrund von (37.84)

$$n = \frac{2s+1}{V}\frac{z}{1-z} + (2s+1)\frac{g_{3/2}(z)}{\lambda_T^3} \,, \tag{37.91}$$

wobei es im Folgenden wichtig sein wird, dass der erste Summand auf der rechten Seite durch diejenigen Teilchen beigetragen wird, die sich im Grundzustand befinden, während der zweite Summand alle Teilchen in den angeregten Zuständen umfasst.

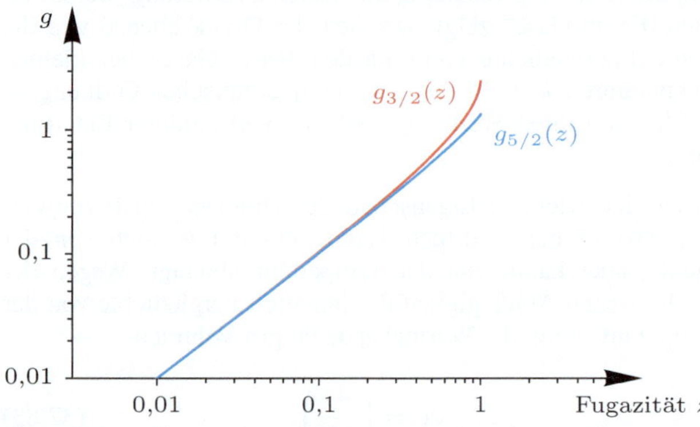

Abb. 37.5 Die häufig vorkommenden Bose-Einstein-Integrale $g_{3/2}(z)$ und $g_{5/2}(z)$ sind hier für $z < 1$ dargestellt

Innere Energiedichte und Druck eines idealen Bose-Gases

Für die innere Energiedichte sowie für den Druck erhalten wir, ganz analog zu (37.71) und (37.72):

$$u = (2s+1)\frac{3}{2}\frac{k_B T}{\lambda_T^3} g_{5/2}(z) \,, \quad P = (2s+1)\frac{k_B T}{\lambda_T^3} g_{5/2}(z) \,. \tag{37.92}$$

Teil IV

Vertiefung: Stark entartete Fermi-Gase Analytische Näherungen

Im Grenzfall starker Entartung, $z \gg 1$, können wir die Entwicklungen

$$f_{3/2}(z) \approx \frac{4}{3\sqrt{\pi}}(\ln z)^{3/2}\left[1+\frac{\pi^2}{8(\ln z)^2}+\ldots\right], \quad (1)$$
$$f_{5/2}(z) \approx \frac{8}{15\sqrt{\pi}}(\ln z)^{5/2}\left[1+\frac{5\pi^2}{8(\ln z)^2}+\ldots\right]$$

dieser beiden Fermi-Integrale einsetzen, die wir hier ohne Herleitung angeben. Sie sind das Ergebnis einer sogenannten *Sommerfeld-Entwicklung*. Entscheidend für die folgenden Überlegungen ist, dass die Abweichungen beider Entwicklungen in (1) vom Verhalten der dominanten Ordnung quadratisch in $(\ln z)^{-1}$ sind.

Wir gehen von dem Ergebnis (37.70) für die fermionische Teilchendichte aus und bemerken zunächst, dass der Grenzfall $T \to 0$ existiert. Da die thermische Wellenlänge (36.142) wie $(k_\mathrm{B}T)^{-1/2}$ mit der Temperatur skaliert, der Vorfaktor $(\ln z)^{3/2} = (\beta\mu)^{3/2}$ aus (1) aber wie $\beta^{3/2} = (k_\mathrm{B}T)^{-3/2}$, kürzt sich die Temperaturabhängigkeit für $T \to 0$ aus $f_{3/2}(z)\lambda_\mathrm{T}^{-3}$ vollständig heraus.

Im Grenzfall $T \to 0$ muss die Teilchendichte ferner den Wert n_F aus (37.77) ergeben, und das chemische Potenzial μ muss gegen die Fermi-Energie ϵ_F gehen. Wir können daher mit (1) schreiben:

$$n = (2s+1)\frac{f_{3/2}(z)}{\lambda_\mathrm{T}^3} \approx n_\mathrm{F}\left(\frac{\mu}{\epsilon_\mathrm{F}}\right)^{3/2}\left[1+\frac{\pi^2}{8\mu^2}(k_\mathrm{B}T)^2\right]. \quad (2)$$

Lösen wir nach dem chemischen Potenzial μ auf, folgt

$$\mu \approx \epsilon_\mathrm{F}\left(\frac{n}{n_\mathrm{F}}\right)^{2/3}\left[1-\frac{\pi^2}{12\mu^2}(k_\mathrm{B}T)^2\right]. \quad (3)$$

Wir können eine Lösung niedrigster Ordnung angeben, indem wir auf der rechten Seite die Teilchendichte n und das chemische Potenzial μ durch ihre Werte n_F und ϵ_F bei vollständiger Entartung einsetzen. Damit erhalten wir

$$\mu \approx \epsilon_\mathrm{F}\left[1-\frac{\pi^2}{12\epsilon_\mathrm{F}^2}(k_\mathrm{B}T)^2\right]. \quad (4)$$

Für die innere Energiedichte gehen wir ähnlich vor. Wir beginnen mit dem Ergebnis (37.71):

$$u = (2s+1)\frac{3}{2}k_\mathrm{B}T\frac{f_{5/2}(z)}{\lambda_\mathrm{T}^3}. \quad (5)$$

Auch hier zeigt (1), dass der Grenzfall $T \to 0$ existiert, denn zusammen mit dem Vorfaktor $k_\mathrm{B}T$ kürzt die Temperaturabhängigkeit der thermischen Wellenlänge diejenige des Faktors $(\ln z)^{5/2} = (\beta\mu)^{5/2}$ gerade heraus. Wir können daher

$$u \approx u_\mathrm{F}\left(\frac{\mu}{\epsilon_\mathrm{F}}\right)^{5/2}\left[1+\frac{5\pi^2}{8\mu^2}(k_\mathrm{B}T)^2\right] \quad (6)$$

schreiben. Setzen wir die Näherung (4) für das chemische Potenzial ein, folgt

$$u \approx u_\mathrm{F}\left[1+\frac{5\pi^2}{12(\beta\epsilon_\mathrm{F})^2}\right] \quad (7)$$

für die innere Energiedichte. Wie immer beträgt der Druck zwei Drittel davon, also

$$P \approx P_\mathrm{F}\left[1+\frac{5\pi^2}{12(\beta\epsilon_\mathrm{F})^2}\right]. \quad (8)$$

Die Wärmekapazität pro Volumen ist

$$c_V = \left(\frac{\partial u}{\partial T}\right)_V = \frac{5\pi^2}{6}\frac{u_\mathrm{F}}{\epsilon_\mathrm{F}}\left(\frac{k_\mathrm{B}T}{\epsilon_\mathrm{F}}\right)k_\mathrm{B} = \frac{\pi^2}{2}n_\mathrm{F}k_\mathrm{B}\left(\frac{k_\mathrm{B}T}{\epsilon_\mathrm{F}}\right), \quad (9)$$

wobei wir im letzten Schritt (37.78) verwendet haben. Die Wärmekapazität steigt demnach bei starker Entartung linear mit der Temperatur von null aus an.

Beide Größen sind hier noch als Funktionen der Fugazität z angegeben, die noch anhand von (37.91) aus der Teilchendichte n und der Temperatur T zu bestimmen bleibt. Im Gegensatz zur Dichte tragen die abseparierten Grundzustände zur inneren Energiedichte und zum Druck nicht bei.

Der Einfachheit halber führen wir nun die Diskussion für Teilchen ohne Spin weiter, setzen also $s = 0$, weil der Spin für die folgenden Überlegungen unerheblich ist.

37.1 Mathematischer Hintergrund: Riemann'sche Zetafunktion
Einige Eigenschaften

Die Riemann'sche Zetafunktion ist für $z \in \mathbb{C}$ mit $\operatorname{Re} z > 1$ durch die unendliche Dirichlet'sche Reihe

$$\zeta(z) = \sum_{n=1}^{\infty} \frac{1}{z^n}$$

definiert und kann auf $\mathbb{C} \setminus \{1\}$ analytisch fortgesetzt werden. Obwohl wir sie hier nur am Rande streifen, möchten wir erwähnen, dass sie eine besonders wichtige Rolle in der Zahlentheorie spielt, weil ihre Nullstellen in der komplexen Zahlenebene eng mit der Theorie der Primzahlen in Verbindung stehen. Darauf bezieht sich die *Riemann'sche Vermutung*, die ein bedeutendes ungelöstes Problem der Mathematik darstellt (Behrends et al. 2008).

Außer bei $z = 1$ ist $\zeta(z)$ auf ganz $\mathbb{C}$ holomorph und hat bei $z = 1$ einen Pol erster Ordnung mit dem Residuum eins:

$$\lim_{z \to 1} (z-1)\zeta(z) = 1 \,.$$

Für jede natürliche Zahl $n \in \mathbb{N}$ ist $\zeta(2n) \propto \pi^{2n}$, wobei der Proportionalitätsfaktor eine rationale Zahl ist. Dieses Ergebnis konnte Leonhard Euler bereits 1735 herleiten, was seinen Ruhm mitbegründete.

Insbesondere sind

$$\zeta(2) = \frac{\pi^2}{6} \,, \quad \zeta(4) = \frac{\pi^4}{90} \,, \quad \zeta(6) = \frac{\pi^6}{945} \,.$$

Über die Werte der Zetafunktion bei ungeraden natürlichen Zahlen ist nur wenig bekannt, ebenso bei halbzahligen Argumenten. Einige Werte sind

$$\zeta(3/2) \approx 2{,}6124 \,, \quad \zeta(5/2) \approx 1{,}3415 \,,$$
$$\zeta(3) \approx 1{,}2021 \,, \quad \zeta(5) \approx 1{,}0369 \,.$$

Zwischen der Riemann'schen Zetafunktion und der Gammafunktion besteht für $\operatorname{Re} z > 1$ die in unserem Zusammenhang wichtige Beziehung

$$\zeta(z) = \frac{1}{\Gamma(z)} \int_0^\infty \frac{t^{z-1}\mathrm{d}t}{\mathrm{e}^t - 1} \,,$$

die sich mithilfe der geometrischen Reihe leicht beweisen lässt:

$$\begin{aligned} \int_0^\infty \frac{t^{z-1}\mathrm{d}t}{\mathrm{e}^t - 1} &= \int_0^\infty \frac{t^{z-1}\mathrm{e}^{-t}\mathrm{d}t}{1 - \mathrm{e}^{-t}} = \int_0^\infty t^{z-1}\mathrm{e}^{-t} \sum_{n=0}^\infty \mathrm{e}^{-nt}\mathrm{d}t \\ &= \sum_{n=1}^\infty \int_0^\infty t^{z-1}\mathrm{e}^{-nt}\mathrm{d}t \\ &= \sum_{n=1}^\infty \frac{1}{n^z} \int_0^\infty (nt)^{z-1}\mathrm{e}^{-nt}\mathrm{d}(nt) = \zeta(z)\Gamma(z) \,. \end{aligned}$$

Diese knappe Zusammenstellung wird der reichen Mathematik der Zetafunktion in keiner Weise gerecht, mag aber einen ersten Einblick geben (zur Vertiefung vgl. z. B. Neukirch 2006; du Sautoy 2004).

Bose-Einstein-Kondensation

Gleichung (37.91) für die mittlere bosonische Teilchendichte lohnt eine ausführliche Betrachtung. Bei vorgegebener Dichte n und Temperatur T kann sie numerisch nach der Fugazität z aufgelöst werden. Dazu multiplizieren wir die Gleichung zunächst mit dem thermischen Volumen λ_T^3 und führen zur Veranschaulichung durch $v := n^{-1}$ das Volumen pro Teilchen ein, das der reziproken Teilchendichte entspricht. Das liefert uns die dimensionslose Gleichung

$$\frac{\lambda_\mathrm{T}^3}{v} = \frac{\lambda_\mathrm{T}^3}{V} \frac{z}{1-z} + g_{3/2}(z) \,. \tag{37.93}$$

Im Grenzfall $(\lambda_\mathrm{T}^3/V) \to 0$, wie er für ein ideales Gas angemessen ist, wird der erste Term nur dann wesentlich beitragen, wenn $z \to 1$ geht, was bei endlicher Temperatur nur für $\mu \to 0$ möglich ist.

Zur numerischen Lösung von (37.93) nimmt man ein endliches, aber sehr großes Volumen V an und sucht bei vorgegebener Teilchendichte und Temperatur nach demjenigen Wert von z, der (37.93) erfüllt. Abbildung 37.6 stellt das Ergebnis als Funktion von $v\lambda_\mathrm{T}^{-3}$ dar. Sie zeigt, dass die Fugazität in der Tat gegen eins geht, wenn das Volumen pro Teilchen v wesentlich kleiner als das thermische Volumen λ_T^3 wird.

Kritisches Volumen des idealen Bose-Einstein-Gases

Der in Abb. 37.6 gezeigte Verlauf der Fugazität legt die Definition eines *kritischen Volumens* pro Teilchen durch

$$v_\mathrm{c} = \frac{\lambda_\mathrm{T}^3}{g_{3/2}(1)} = \frac{\lambda_\mathrm{T}^3}{\zeta(3/2)} \tag{37.94}$$

nahe, unterhalb dessen die Fugazität gleich eins und daher das chemische Potenzial gleich null wird.

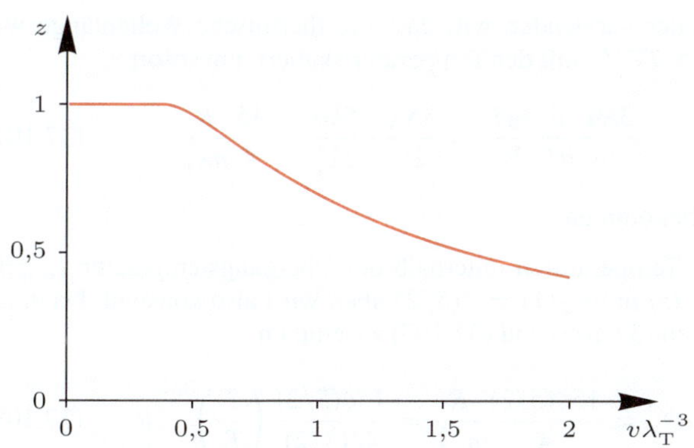

Abb. 37.6 Fugazität z im Grenzfall großen Volumens, $V \gg \lambda_T^3$, für ein ideales Bose-Einstein-Gas. Die Fugazität ist als Funktion des Verhältnisses $v\lambda_T^{-3}$ aus dem Volumen pro Teilchen v und dem thermischen Volumen λ_T^3 dargestellt

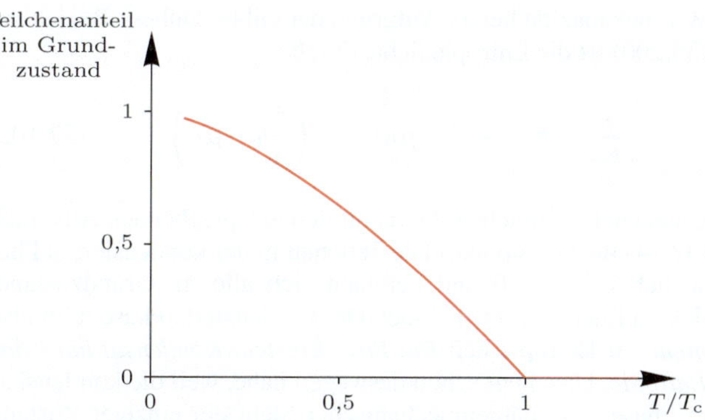

Abb. 37.7 Der Anteil der Teilchen im Grundzustand eines idealen Bose-Gases ist gegenüber der Temperatur T in Einheiten der Übergangstemperatur T_c aufgetragen. Bei $T < T_c$ tritt die Bose-Einstein-Kondensation ein: Für $T \to 0$ sammelt sich ein wachsender Teil der Teilchen im Grundzustand an

Bei Volumina pro Teilchen $v < v_c$ lassen sich die innere Energiedichte und der Druck demnach ausdrücken durch

$$u = \frac{3}{2} \frac{k_B T}{v_c} \frac{\zeta(5/2)}{\zeta(3/2)}, \quad P = \frac{k_B T}{v_c} \frac{\zeta(5/2)}{\zeta(3/2)}. \tag{37.95}$$

Wie bereits erwähnt, stellt der erste Term auf der rechten Seite von (37.91) die Dichte derjenigen Teilchen dar, die sich im Grundzustand befinden, während der zweite Term die Teilchendichte in angeregten Zuständen bezeichnet. Für $z \to 1$ wächst der Anteil der Teilchen im Grundzustand an. Um dies näher zu untersuchen, führen wir zur beliebigen Teilchendichte n die *Übergangstemperatur* T_c durch die Bedingung

$$n\lambda_T^3(T_c) = g_{3/2}(1) = \zeta(3/2) \tag{37.96}$$

ein. Aus der Definition der thermischen Wellenlänge (36.142) erhalten wir sofort

$$T_c = \frac{h^2}{2\pi m k_B} \left(\frac{n}{\zeta(3/2)}\right)^{2/3}. \tag{37.97}$$

Da die thermische Wellenlänge λ_T wie $T^{-1/2}$ mit der Temperatur skaliert, können wir (37.91) mithilfe der Übergangstemperatur zunächst in die Form

$$n = \frac{1}{V} \frac{z}{1-z} + \left(\frac{T}{T_c}\right)^{3/2} \frac{g_{3/2}(z)}{\lambda_T^3(T_c)} \tag{37.98}$$

bringen. Ferner ersetzen wir die thermische Wellenlänge $\lambda_T(T_c)$ bei der Übergangstemperatur mittels (37.96) durch die Teilchendichte n und erhalten

$$n = \frac{1}{V} \frac{z}{1-z} + n \left(\frac{T}{T_c}\right)^{3/2} \frac{g_{3/2}(z)}{g_{3/2}(1)}. \tag{37.99}$$

Im thermodynamischen Limes wird das Volumen beliebig groß, $V \to \infty$. Dann kann der erste Term auf der rechten Seite von (37.99) nur beitragen, wenn die Fugazität $z \to 1$ geht. Der Grenzwert

$$n_0 := \lim_{V \to \infty} \frac{1}{V} \frac{z}{1-z} \tag{37.100}$$

gibt demnach die Anzahldichte derjenigen Teilchen an, die sich im thermodynamischen Limes im Grundzustand befinden. Der Anteil der Teilchen im Grundzustand an der Gesamtmenge der Teilchen ist dann durch

$$\lim_{z \to 1} \frac{n_0}{n} = 1 - \left(\frac{T}{T_c}\right)^{3/2} \tag{37.101}$$

gegeben. Dieses Ergebnis ist in Abb. 37.7 dargestellt.

Bose-Einstein-Kondensation

Das Ergebnis (37.101) und Abb. 37.7 illustrieren das Phänomen der Bose-Einstein-Kondensation: Bei fallender Temperatur ist der Anteil der Teilchen im Grundzustand zunächst beliebig klein, bis die Übergangstemperatur T_c erreicht und unterschritten wird. Nimmt die Temperatur weiter ab, steigt der Anteil der Teilchen im Grundzustand steil an und geht für $T \to 0$ gegen eins. Alle Teilchen halten sich dann im Grundzustand auf.

Unterhalb der Übergangstemperatur findet ein Phasenübergang statt, währenddessen die kondensierte und die gasförmige Phase koexistieren, bis die Temperatur auf null gefallen ist.

Das Eröffnungsbild dieses Kapitels stellt in drei aufeinanderfolgenden Schritten die Ausbildung einer Bose-Einstein-Kondensation dar. Dargestellt ist die Dichte eines Bose-Gases, die mit fortschreitender Kondensation ein immer ausgeprägteres Maximum ausbildet.

Um den Zustand eines Bose-Einstein-Kondensats näher zu kennzeichnen, ziehen wir noch die Entropie und die molare

Wärmekapazität heran. Aufgrund der Gibbs-Duhem-Beziehung (35.200) ist die Entropiedichte durch

$$\frac{s}{k_\mathrm{B}} = \beta\,(u + P - \mu n) = \beta\left(\frac{5}{3}u - \mu n\right) \tag{37.102}$$

gegeben. (Vergleichen Sie damit den entsprechenden Ausdruck (37.74) für Fermionen.) Die Teilchen in der kondensierten Phase haben $\mu = 0$ und befinden sich alle im Grundzustand, dessen Energie verschwindet. Die kondensierte Phase trägt also *nicht* zur Entropie bei: *Ein Bose-Einstein-Kondensat hat keine Entropie*. Dies liegt schon deswegen nahe, weil die kondensierte Phase aus quantenmechanischer Sicht ein einziger Zustand ist, denn die Teilchen sind ununterscheidbar. Der statistischen Deutung der Entropie entsprechend hat ein einziger Zustand die Entropie null.

Die Entropie eines idealen Bose-Gases wird daher allein durch die Teilchen in der gasförmigen Phase beigetragen. Nach (37.91) ist die Teilchendichte in der *gasförmigen* Phase gerade gleich

$$n = \frac{g_{3/2}(z)}{\lambda_\mathrm{T}^3}\,, \tag{37.103}$$

während die innere Energiedichte aus (37.92) übernommen werden kann. Bei der Übergangstemperatur T_c ist demnach die Entropiedichte gemäß

$$\frac{s}{k_\mathrm{B}} = \frac{5}{2}\frac{g_{5/2}(1)}{\lambda_\mathrm{T}^3(T_\mathrm{c})} = \frac{5}{2}\frac{g_{5/2}(1)}{g_{3/2}(1)}\,n = \frac{5\zeta(5/2)}{2\zeta(3/2)}\,n \tag{37.104}$$

durch die Teilchendichte bestimmt.

Latente Wärme beim Bose-Einstein-Phasenübergang

Pro Teilchen muss daher beim Übergang aus der kondensierten in die gasförmige Phase die latente Wärme

$$q = T_\mathrm{c}\frac{s}{n} = \frac{5\zeta(5/2)}{2\zeta(3/2)}\,k_\mathrm{B}T_\mathrm{c} \tag{37.105}$$

zugeführt werden. Dieser endliche Betrag kennzeichnet die Bose-Einstein-Kondensation als einen Phasenübergang erster Ordnung (siehe hierzu die Klassifikation der Phasenübergänge nach Ehrenfest in Abschn. 35.7).

Molare Wärmekapazität

Schließlich ist noch die molare Wärmekapazität eines idealen Bose-Einstein-Gases interessant. Wir erhalten sie aus

$$c_V^\mathrm{mol} = N_\mathrm{A}\frac{V}{N}\left(\frac{\partial u}{\partial T}\right)_V = \frac{3N_\mathrm{A}}{2n}\frac{\partial}{\partial T}\left(\frac{k_\mathrm{B}T}{\lambda_\mathrm{T}^3}g_{5/2}(z)\right). \tag{37.106}$$

Wieder verwenden wir, dass die thermische Wellenlänge wie $\lambda_\mathrm{T} \propto T^{-1/2}$ mit der Temperatur skaliert, um sofort

$$\frac{3N_\mathrm{A}}{2n}\frac{\partial}{\partial T}\frac{k_\mathrm{B}T}{\lambda_\mathrm{T}^3} = \frac{3N_\mathrm{A}}{2n}\cdot\frac{5k_\mathrm{B}}{2\lambda_\mathrm{T}^3} = \frac{15}{4}\frac{R}{n\lambda_\mathrm{T}^3} \tag{37.107}$$

zu bekommen.

Bei Temperaturen unterhalb der Übergangstemperatur T_c geht $g_{5/2}(z)$ in $g_{5/2}(1) = \zeta(5/2)$ über, wird also konstant. Dann ergeben (37.106) und (37.107) zusammen

$$c_V^\mathrm{mol} = \frac{15\zeta(5/2)}{4}\frac{R}{n\lambda_\mathrm{T}^3} = \frac{15\zeta(5/2)}{4\zeta(3/2)}\left(\frac{T}{T_\mathrm{c}}\right)^{3/2}R\,, \tag{37.108}$$

wobei im letzten Schritt die Definition der Übergangstemperatur zum Einsatz kam, um

$$n\lambda_\mathrm{T}^3 = n\lambda_\mathrm{T}^3(T_\mathrm{c})\left(\frac{\lambda_\mathrm{T}(T)}{\lambda_\mathrm{T}(T_\mathrm{c})}\right)^3 = \zeta(3/2)\left(\frac{T_\mathrm{c}}{T}\right)^{3/2} \tag{37.109}$$

zu schreiben.

Bei Temperaturen oberhalb der Übergangstemperatur muss berücksichtigt werden, dass auch die Fugazität bei gegebener Teilchendichte von der Temperatur abhängt, sobald sie kleiner wird als eins. Dann sind die Teilchendichte und die Fugazität aufgrund von (37.91) durch

$$n\lambda_\mathrm{T}^3 = g_{3/2}(z) \tag{37.110}$$

miteinander verbunden. Die Ableitung von (37.110) nach T ergibt

$$-\frac{3n}{2}\frac{\lambda_\mathrm{T}^3}{T} = g_{3/2}'(z)\frac{\mathrm{d}z}{\mathrm{d}T}\,, \tag{37.111}$$

woraus die Ableitung der Fugazität nach der Temperatur

$$\frac{\mathrm{d}z}{\mathrm{d}T} = -\frac{3}{2T}\frac{g_{3/2}(z)}{g_{3/2}'(z)} = -\frac{3z}{2T}\frac{g_{3/2}(z)}{g_{1/2}(z)} \tag{37.112}$$

folgt. Im letzten Schritt haben wir die Beziehung

$$z\frac{\mathrm{d}g_\lambda(z)}{\mathrm{d}z} = g_{\lambda-1}(z) \tag{37.113}$$

verwendet.

Frage 9

Überzeugen Sie sich, am besten mithilfe partieller Integration, dass die Bose-Einstein-Integrale (37.87) die Gleichung (37.113) tatsächlich erfüllen.

Mit diesem Ergebnis und mit der Zwischenrechnung (37.107) folgt aus (37.106) nach kurzer Rechnung

$$c_V^\mathrm{mol} = \frac{15}{4}R\left(\frac{g_{5/2}(z)}{g_{3/2}(z)} - \frac{3}{5}\frac{g_{3/2}(z)}{g_{1/2}(z)}\right), \tag{37.114}$$

wobei (37.110) berücksichtigt wurde.

Teil IV

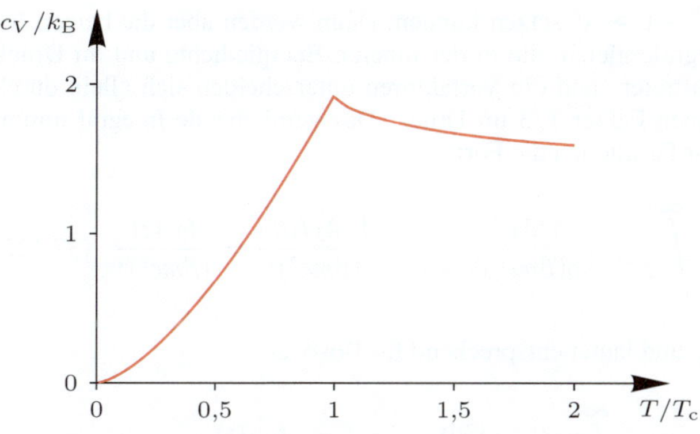

Abb. 37.8 Molare Wärmekapazität c_V^{mol}/R eines idealen Bose-Einstein-Gases in der Nähe der Übergangstemperatur. Für hohe Temperaturen, $T \gg T_c$, fällt c_V^{mol} auf den klassischen Wert $c_V^{\text{mol}} = 3R/2$ ab

Wärmekapazität eines idealen Bose-Einstein-Gases

Insgesamt kommen wir damit für die molare Wärmekapazität eines idealen Bose-Einstein-Gases auf die Ausdrücke

$$\frac{c_V^{\text{mol}}}{R} = \begin{cases} \dfrac{15\zeta(5/2)}{4\zeta(3/2)}\left(\dfrac{T}{T_c}\right)^{3/2} & \text{für} \quad T \le T_c \\ \dfrac{15}{4}\left(\dfrac{g_{5/2}(z)}{g_{3/2}(z)} - \dfrac{3}{5}\dfrac{g_{3/2}(z)}{g_{1/2}(z)}\right) & \text{für} \quad T > T_c \end{cases} . \tag{37.115}$$

Diese molare Wärmekapazität ist bei der Übergangstemperatur stetig (aber nicht glatt), weil $g_{1/2}(z)$ für $z \to 1^+$ divergiert (aber nicht stetig differenzierbar ist). Sie ist in Abb. 37.8 gezeigt.

Historische Anmerkung

Bevor wir zu relativistischen Quantengasen übergehen, beschließen wir diesen Abschnitt mit einer historischen Anmerkung.

Einstein sagte das heute als Bose-Einstein-Kondensation bezeichnete Phänomen 1924 in einer Abhandlung vorher, die 1925 veröffentlicht wurde (Einstein 1925). Darin schreibt er zunächst über Bose-Gase, dass „bei gegebener Molekülzahl n und gegebener Temperatur T das Volumen nicht beliebig klein gemacht werden" könne. Er fragt dann, was geschehe, wenn die Dichte der Substanz beispielsweise durch isotherme Kompression weiter erhöht werde, und fährt fort: „Ich behaupte, dass in diesem Falle eine mit der Gesamtdichte stets wachsende Zahl von Molekülen in den 1. Quantenzustand [...] übergeht, während die übrigen Moleküle sich gemäß dem Parameter-Wert $\lambda = 1$ verteilen." Sein λ ist unsere Fugazität z.

Es dauerte 70 Jahre, bis eindeutige Bose-Einstein-Kondensate im Juni 1995 von Eric A. Cornell und Carl E. Wieman am Joint Institute for Laboratory Astrophysics (JILA) und im September 1995 von Wolfgang Ketterle, Kendall Davis und Marc-Oliver Mewes am Massachusetts Institute of Technology (MIT) hergestellt werden konnten. „For the achievement of Bose-Einstein condensation in dilute gases of alkali atoms, and for early fundamental studies of the properties of the condensates", wie die offizielle Begründung lautete, wurden Cornell, Wieman und Ketterle 2001 mit dem Physik-Nobelpreis ausgezeichnet. Die Vorhersage der Bose-Einstein-Kondensation gilt als die letzte große wissenschaftliche Entdeckung Einsteins. Das Phänomen der Suprafluidität, bei dem eine Flüssigkeit jede innere Reibung verliert, ist eng mit der Bose-Einstein-Kondensation verwandt.

37.6 Relativistische ideale Quantengase

Innere Energie, Druck und Teilchendichte

Bei den bisherigen Überlegungen haben wir angenommen, dass wir es mit nichtrelativistischen Quantengasen zu tun haben. Im Fall relativistischer Quantengase muss zunächst die Energie-Impuls-Beziehung ersetzt werden, die sich insbesondere in (37.55) ausdrückt und in den folgenden Gleichungen verwendet wurde. Im relativistischen Fall müssen wir

$$\epsilon_n = \sqrt{c^2\hbar^2k^2 + m^2c^4} \tag{37.116}$$

verwenden, wobei aber der in (37.55) aufgestellte Zusammenhang zwischen $\boldsymbol{k}$ und der Kantenlänge L des Volumens bestehen bleibt, in das die betrachteten Teilchen eingeschlossen sind. Die relativistische Energie-Impuls-Beziehung (37.116) wurde in Abschn. 10.2 gezeigt.

Formal bleiben die Ausdrücke für die großkanonische Zustandssumme, das großkanonische Potenzial und die innere Energie dieselben wie für nichtrelativistische Quantengase. Wieder lassen wir zunächst die Spinentartung unberücksichtigt.

Wegen der veränderten Energie-Impuls-Beziehung ändern sich allerdings die Ergebnisse. Eine längere, aber nicht schwierige Rechnung liefert ausgehend von (37.57) den Ausdruck

$$u = \frac{(mc^2)^4}{2\pi^2(\hbar c)^3} \int_1^\infty \frac{x^2\sqrt{x^2-1}\,\mathrm{d}x}{z^{-1}\exp(\beta mc^2 x) \mp 1} \tag{37.117}$$

für die innere Energiedichte. Dabei ist x die dimensionslose Energie

$$x = \frac{\epsilon_n}{mc^2} . \tag{37.118}$$

Frage 10

Rechnen Sie das Ergebnis (37.117) selbst nach.

Wie vorher ist $z = \exp(\beta\mu)$ die Fugazität. Auch im Zusammenhang zwischen dem Druck und der inneren Energie tritt eine wichtige Änderung auf. Sie kommt daher, dass wir in (37.58) und (37.59) verwendet haben, dass die Energie im nichtrelativistischen Fall quadratisch im Impuls und damit in der Wellenzahl k ist. Für relativistische Energien ist die Ableitung der Energie (37.116) nach dem Volumen

$$\frac{\partial\epsilon_n}{\partial V} = \frac{c^2\hbar^2 k}{\epsilon_n}\frac{\partial k}{\partial V} = -\frac{1}{3}\frac{c^2\hbar^2k^2}{V\epsilon_n}\,, \tag{37.119}$$

wobei der Faktor $-1/3$ daher kommt, dass die Wellenzahl mit der Kantenlänge L des Volumens wie $k \propto L^{-1} = V^{-1/3}$ skaliert. Damit erhalten wir aus (37.60) den Druck

$$P = \frac{(mc^2)^4}{6\pi^2(\hbar c)^3}\int\limits_1^\infty \frac{(x^2-1)^{3/2}\mathrm{d}x}{z^{-1}\exp(\beta mc^2x)\mp 1}\,. \tag{37.120}$$

Frage 11

Welche Beziehung zwischen dem Druck und der inneren Energiedichte ergäbe sich für ein (klassisches oder quantales) ideales Gas in d Dimensionen, bei dem die kinetische Energie der Teilchen eine homogene Funktion vom Grad l im Impuls ist?

Die Teilchendichte ergibt sich schließlich noch auf demselben Weg aus (37.52) zu

$$n = \frac{1}{2\pi^2}\left(\frac{mc^2}{\hbar c}\right)^3\int\limits_1^\infty \frac{x\sqrt{x^2-1}\mathrm{d}x}{z^{-1}\exp(\beta mc^2x)\mp 1}\,. \tag{37.121}$$

Für beliebige Temperaturen und chemische Potenziale müssen diese Ausdrücke numerisch ausgewertet werden. Handhabbar und interessant sind insbesondere zwei Fälle: ultrarelativistische Quantengase, bei denen die Ruhemasse der Teilchen vernachlässigbar klein ist, und vollständig entartete Fermi-Gase, deren Temperatur gegenüber der Fermi-Energie vernachlässigbar ist.

Ultrarelativistische Quantengase

Ultrarelativistisch ist ein Gas, wenn seine thermische Energie die Ruhemasse seiner Teilchen erheblich übersteigt, $k_\mathrm{B}T = \beta^{-1} \gg mc^2$. Die Integrandenfunktionen in (37.117) und (37.120) haben für hohe thermische Energien $\beta^{-1} \gg mc^2$ jeweils ein ausgeprägtes Maximum bei x-Werten von der Größenordnung $(\beta mc^2)^{-1} \gg 1$. Deshalb tragen kleine x-Werte fast nichts zum Integral bei, sodass wir $x \gg 1$ nähern und $x^2 - 1 \approx x^2$ setzen können. Dann werden aber die beiden Integrale gleich, die in der inneren Energiedichte und im Druck auftreten, und die Vorfaktoren unterscheiden sich allein durch einen Faktor $1/3$ im Druck. Das verbleibende Integral nimmt für Fermionen die Form

$$\int\limits_0^\infty \frac{x^3\mathrm{d}x}{z^{-1}\exp(\beta mc^2x)+1} = \frac{\Gamma(4)f_4(z)}{(\beta mc^2)^4} = \frac{6f_4(z)}{(\beta mc^2)^4} \tag{37.122}$$

an und lautet entsprechend für Bosonen

$$\int\limits_0^\infty \frac{x^3\mathrm{d}x}{z^{-1}\exp(\beta mc^2x)-1} = \frac{6g_4(z)}{(\beta mc^2)^4}\,, \tag{37.123}$$

wobei die Fermi- und Bose-Integrale (37.67) und (37.87) zum Einsatz kamen. Damit lassen sich nun einfache Ausdrücke für die innere Energiedichte und den Druck angeben.

Innere Energiedichte und Druck ultrarelativistischer Quantengase

Für ultrarelativistische Quantengase gilt demnach der Zusammenhang

$$P = \frac{u}{3} \tag{37.124}$$

zwischen Druck und innerer Energiedichte, unabhängig davon, ob es sich um Bosonen oder Fermionen handelt. Zur inneren Energiedichte trägt jeder Spinfreiheitsgrad den Betrag

$$u = \frac{3}{\pi^2}\frac{(k_\mathrm{B}T)^4}{(\hbar c)^3}\begin{cases} f_4(z) & \text{für Fermionen} \\ g_4(z) & \text{für Bosonen}\end{cases} \tag{37.125}$$

bei.

Für eine adiabatische Zustandsänderung gilt allgemein aufgrund des ersten Hauptsatzes

$$0 = \mathrm{d}(uV) + P\mathrm{d}V = V\mathrm{d}u + (u+P)\mathrm{d}V\,. \tag{37.126}$$

Setzen wir hier das Ergebnis $u = 3P$ aus (37.124) für ein ultrarelativistisches Quantengas ein, erhalten wir

$$3V\mathrm{d}P + 4P\mathrm{d}V = 0\,, \tag{37.127}$$

woraus folgt, dass ein ultrarelativistisches Quantengas einen Adiabatenindex von $\gamma = 4/3$ hat.

Frage 12

Vergleichen Sie damit die alternative Herleitung des Adiabatenindex eines ultrarelativistischen idealen Gases, die zu (35.127) geführt hat.

Vielleicht ist es nützlich, sich nochmals zu verdeutlichen, woher die wesentlichen Unterschiede zwischen ultrarelativistischen und nichtrelativistischen Quantengasen kommen. Die halbzahligen Bose-Einstein-Integrale müssen im ultrarelativistischen Fall ganzzahligen weichen, weil die Beziehung zwischen Energie und Impuls für ultrarelativistische Teilchen linear ist, für klassische nichtrelativistische Teilchen aber quadratisch war.

In (37.60) haben wir zudem hergeleitet, dass der Druck eines nichtrelativistischen idealen Quantengases gleich zwei Dritteln der Energiedichte sein muss. Entscheidend eingegangen war dabei, dass die Energie eines Quantenzustands in diesem Fall wie $V^{-2/3}$ vom Volumen abhängen muss. Wie ein Rückblick auf (37.55) zeigt, kam der Exponent $-2/3$ dadurch zustande, dass die Energie eines nichtrelativistischen Teilchens quadratisch von seiner Wellenzahl k abhängt, diese aber vom Volumen wie $V^{-1/3}$.

Diese Überlegung zeigt, dass die Energie bei einer linearen Energie-Impuls-Beziehung, wie sie für ultrarelativistische Teilchen gilt, nicht mehr wie $V^{-2/3}$ vom Volumen abhängt, sondern wie $V^{-1/3}$.

Frage 13

Wie würden sich Druck und Energiedichte für ein ideales, nicht- oder ultrarelativistisches Quantengas in d Raumdimensionen verhalten?

Teilchendichte ultrarelativistischer Quantengase

Aus dem Ausdruck (37.121) für die Teilchendichte erhalten wir in ultrarelativistischer Näherung

$$n = \frac{1}{\pi^2}\left(\frac{k_{\mathrm{B}}T}{\hbar c}\right)^3 \begin{cases} f_3(z) & \text{für Fermionen} \\ g_3(z) & \text{für Bosonen} \end{cases}, \qquad (37.128)$$

wiederum pro Spinfreiheitsgrad.

Vollständig entartete Fermi-Gase

Im Fall vollständig entarteter Fermi-Gase wird der Nenner in den Integralen der Ergebnisse (37.117) für die innere Energiedichte, (37.120) für den Druck und (37.121) für die Teilchendichte zu einer Stufenfunktion:

$$\frac{1}{z^{-1}\exp(\beta mc^2 x) + 1} \to \theta(\epsilon_{\mathrm{F}} - \epsilon)\,, \qquad (37.129)$$

wo wieder die Fermi-Energie $\epsilon_{\mathrm{F}} = \mu$ auftritt. Dies vereinfacht die Integrale erheblich. Wir erhalten für Gase aus Fermionen mit Spin s

$$\begin{aligned} u &= \frac{2s+1}{2\pi^2}\frac{(mc^2)^4}{(\hbar c)^3}F_u(x_{\mathrm{F}})\,, \\ P &= \frac{2s+1}{6\pi^2}\frac{(mc^2)^4}{(\hbar c)^3}F_P(x_{\mathrm{F}})\,, \\ n &= \frac{2s+1}{2\pi^2}\frac{(mc^2)^3}{(\hbar c)^3}F_n(x_{\mathrm{F}})\,, \end{aligned} \qquad (37.130)$$

wobei wir $x_{\mathrm{F}} = \epsilon_{\mathrm{F}}/(mc^2)$ eingeführt und

$$\begin{aligned} F_u(x) &= \int_1^x y^2\sqrt{y^2-1}\,\mathrm{d}y \\ &= \frac{1}{8}\left[x\sqrt{x^2-1}(2x^2-1) - \ln\left(x+\sqrt{x^2-1}\right)\right], \\ F_P(x) &= \int_1^x \left(y^2-1\right)^{3/2}\mathrm{d}y \\ &= \frac{1}{8}\left[x\sqrt{x^2-1}(2x^2-5) + 3\ln\left(x+\sqrt{x^2-1}\right)\right], \\ F_n(x) &= \int_1^x y\sqrt{y^2-1}\,\mathrm{d}y = \frac{1}{3}\left(x^2-1\right)^{3/2} \end{aligned} \qquad (37.131)$$

abgekürzt haben.

Betrachten wir darüber hinaus den ultrarelativistischen Grenzfall, können wir $x_{\mathrm{F}} \gg 1$ setzen und nähern:

$$F_u(x_{\mathrm{F}}) \approx \frac{x_{\mathrm{F}}^4}{4} \approx F_P(x_{\mathrm{F}})\,, \quad F_n(x_{\mathrm{F}}) \approx \frac{x_{\mathrm{F}}^3}{3}\,. \qquad (37.132)$$

Für die Fermi-Energie $\epsilon_{\mathrm{F}} = mc^2 x_{\mathrm{F}}$ folgt zunächst aus der Näherung für $F_n(x_{\mathrm{F}})$ verbunden mit (37.130)

$$\epsilon_{\mathrm{F}} \approx \hbar c\left(\frac{6\pi^2 n}{2s+1}\right)^{1/3}. \qquad (37.133)$$

Frage 14

Rechnen Sie direkt nach, dass die Integrale in (37.131) im ultrarelativistischen Grenzfall (37.132) ergeben.

Druck, innere Energiedichte und Teilchenzahl ultrarelativistischer, vollständig entarteter Fermi-Gase

Die innere Energiedichte, der Druck und die Teilchendichte sind durch

$$u = \frac{2s+1}{8\pi^2}\frac{\epsilon_{\mathrm{F}}^4}{(\hbar c)^3}\,, \quad P = \frac{u}{3}\,, \quad n = \frac{2s+1}{6\pi^2}\frac{\epsilon_{\mathrm{F}}^3}{(\hbar c)^3} \qquad (37.134)$$

Teil IV

gegeben. Ersetzt man hier die Fermi-Energie anhand von (37.133) durch die Anzahldichte aus, ergibt sich der Zusammenhang

$$u = \frac{3}{4}(2s+1)(6\pi^2)^{1/3}\hbar c\left(\frac{n}{2s+1}\right)^{4/3} \qquad (37.135)$$

zwischen der inneren Energiedichte und der Teilchendichte.

Das Planck'sche Strahlungsgesetz

Wir wenden nun unsere allgemeinen Resultate auf ein weiteres wichtiges Beispiel der Quantenstatistik an, nämlich auf Photonen. Da Photonen im thermischen Gleichgewicht mit Materie beliebig emittiert und absorbiert werden können, muss ihr chemisches Potenzial verschwinden, $\mu = 0$. Aufgrund der elektromagnetischen Dispersionsrelation ist ihre Energie durch

$$\epsilon_k = \hbar\omega = \hbar ck \qquad (37.136)$$

gegeben, was natürlich auch der relativistischen Energie-Impuls-Beziehung (37.116) für ruhemasselose Teilchen entspricht. Aus unserem allgemeinen Ergebnis (37.125) für ultrarelativistische Bosonen erhalten wir sofort

$$u = 2\cdot\frac{3\zeta(4)}{\pi^2}\frac{(k_BT)^4}{(\hbar c)^3} = 2\cdot\frac{\pi^2}{30}\frac{(k_BT)^4}{(\hbar c)^3}, \qquad (37.137)$$

wobei wir nach (37.90) $g_4(1) = \zeta(4)$ eingesetzt und ferner $\zeta(4) = \pi^4/90$ aus dem „Mathematischen Hintergrund 37.1: Riemann'sche Zetafunktion" übernommen haben. Zudem wurde durch einen Faktor zwei berücksichtigt, dass Photonen zwei Polarisationsrichtungen haben. Wie für alle ultrarelativistischen Quantengase ist der Druck gleich einem Drittel dieser Energiedichte.

Teil IV

Aus (37.128) erhalten wir sofort die folgenden weiteren Eigenschaften: Die Teilchendichte ist

$$n = \frac{2\zeta(3)}{\pi^2}\left(\frac{k_BT}{\hbar c}\right)^3, \qquad (37.138)$$

sodass zwischen der mittleren Teilchendichte und der mittleren Energiedichte der einfache Zusammenhang

$$u = \frac{3\zeta(4)}{\zeta(3)}nk_BT \approx 2{,}7011\,nk_BT \qquad (37.139)$$

besteht. Für die Entropiedichte folgt direkt aus (37.102) mit $\mu = 0$ und $P = u/3$

$$\begin{aligned} s &= \frac{4}{3T}u = \frac{4\pi^2}{45}k_B\left(\frac{k_BT}{\hbar c}\right)^3 \\ &= \frac{4\zeta(4)}{\zeta(3)}nk_B \approx 3{,}6014\,nk_B\,. \end{aligned} \qquad (37.140)$$

Da die innere Energiedichte schlicht proportional zu T^4 verläuft, ist die molare Wärmekapazität bei konstantem Volumen proportional zu T^3. Für das nichtrelativistische, ideale Bose-Gas haben wir in (37.115) bei $\mu = 0$ (unterhalb der Übergangstemperatur) eine molare Wärmekapazität gefunden, die proportional zu $T^{3/2}$ ansteigt. Wieder ist die quadratische bzw. lineare Energie-Impuls-Beziehung im nichtrelativistischen bzw. im ultrarelativistischen Fall die Ursache dieses Unterschieds in der Temperaturabhängigkeit der Wärmekapazitäten im nicht- und im ultrarelativistischen Grenzfall.

Um nun noch die Energieverteilung der Photonen bzw. das Spektrum der Planck'schen Strahlung zu erhalten, kehren wir zu (37.52) zurück und finden zunächst die mittlere Besetzungszahl

$$\langle n_k\rangle = \frac{1}{e^{\beta\hbar ck}-1}. \qquad (37.141)$$

Die Moden mit der Wellenzahl k tragen daher die mittlere Energie

$$\langle\epsilon\rangle = \frac{\hbar ck}{e^{\beta\hbar ck}-1} \qquad (37.142)$$

zum Photonengas bei. Gemäß (37.61) gibt es im Volumen V

$$2\frac{V}{2\pi^2}k^2\mathrm{d}k \qquad (37.143)$$

Moden pro Wellenzahlintervall dk, wobei der Faktor zwei wiederum die beiden Polarisationsrichtungen der Photonen berücksichtigt. Moden mit Wellenzahlen zwischen k und $k + \mathrm{d}k$ tragen also zur inneren Energiedichte den Betrag

$$\mathrm{d}u_k = 2\frac{k^2\mathrm{d}k}{2\pi^2}\frac{\hbar ck}{e^{\beta\hbar ck}-1} = \frac{1}{\pi^2}\frac{\hbar ck^3\mathrm{d}k}{e^{\beta\hbar ck}-1} \qquad (37.144)$$

bei.

Planck'sches Strahlungsgesetz

Drücken wir die Wellenzahl k anhand der Dispersionsrelation (37.136) durch die Kreisfrequenz ω aus, erhalten wir aus (37.144) das Planck'sche Strahlungsgesetz für die differenzielle Energiedichte in einem elektromagnetischen Feld bei der Kreisfrequenz ω:

$$\frac{\mathrm{d}u_\omega}{\mathrm{d}\omega} = \frac{\hbar}{\pi^2c^3}\frac{\omega^3}{e^{\beta\hbar\omega}-1}. \qquad (37.145)$$

Elektromagnetische Strahlung, deren differenzielle Energiedichte dem Planck'schen Strahlungsgesetz folgt, wird auch als *Schwarzkörperstrahlung* oder *Hohlraumstrahlung* bezeichnet, weil sich das Planck'sche Strahlungsgesetz auch dann ergibt, wenn Strahlung sich in einem völlig frequenzunabhängigen thermischen Gleichgewicht mit einem Körper befindet.

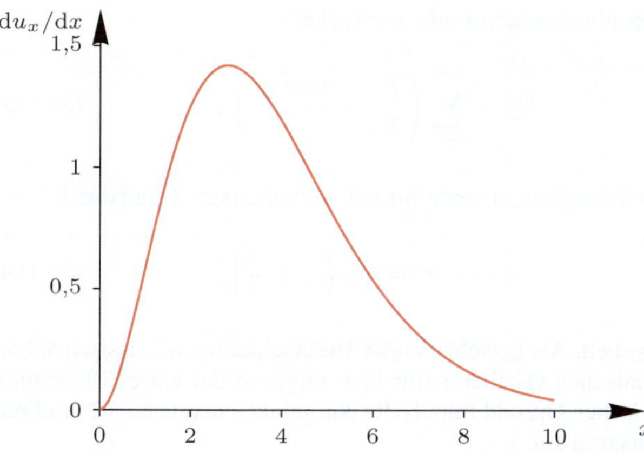

Abb. 37.9 Dargestellt ist die Funktion $x^3(e^x - 1)^{-1}$, die zeigt, auf welche Weise Moden welcher dimensionslosen Frequenz $x = \beta\hbar\omega$ zur inneren Energiedichte beitragen

Oft wird das Planck'sche Strahlungsgesetz nicht in Form einer differenziellen Energiedichte geschrieben, sondern in Form einer *spezifischen Intensität*, womit die Energiestromdichte pro Frequenzintervall und Raumwinkel gemeint ist. Die Energiestromdichte des elektromagnetischen Feldes wird klassisch durch den Poynting-Vektor ausgedrückt. Wenn wir die Energiedichte im freien elektromagnetischen Feld mit u bezeichnen, hat der Poynting-Vektor gemäß (16.108) den Betrag

$$S = |\boldsymbol{S}| = \frac{c}{8\pi}\left(\boldsymbol{E}^2 + \boldsymbol{B}^2\right) = cu\,. \tag{37.146}$$

Das Planck'sche Strahlungsgesetz (37.145) zieht also die spezifische Intensität

$$\frac{1}{4\pi}\frac{dS}{d\omega} = B_\omega(T) = \frac{\hbar}{4\pi^3 c^2}\frac{\omega^3}{e^{\beta\hbar\omega} - 1} \tag{37.147}$$

eines elektromagnetischen Strahlungsfeldes im thermischen Gleichgewicht nach sich. Wie es sein muss, hat sie die Dimension einer Energie pro Fläche, Zeit, Raumwinkel und Kreisfrequenz.

Führt man die naheliegende dimensionslose Größe

$$x = \beta\hbar\omega = \beta\hbar ck \tag{37.148}$$

ein, nimmt das Planck'sche Strahlungsgesetz (37.145) die Form

$$du_x = \frac{\hbar}{\pi^2 c^3}\left(\frac{k_B T}{\hbar}\right)^4 \frac{x^3 dx}{e^x - 1} = \frac{(k_B T)^4}{\pi^2 (\hbar c)^3}\frac{x^3 dx}{e^x - 1} \tag{37.149}$$

an. Der Verlauf der Funktion $x^3(e^x - 1)^{-1}$, die hier auftritt, ist in Abb. 37.9 gezeigt. Eine Integration über alle x unter Verwendung von (37.88), (37.89) und (37.90) führt zu unserem früheren Ergebnis (37.137) für die Energiedichte zurück.

Das Wien'sche Verschiebungsgesetz

Eine kurze Rechnung zeigt, dass das Maximum der Funktion $x^3(e^x - 1)^{-1}$ bei demjenigen x_{max} liegt, das die Gleichung

$$e^{x_{max}}\left(1 - \frac{x_{max}}{3}\right) = 1 \tag{37.150}$$

erfüllt. Numerisch findet man

$$x_{max} \approx 2{,}8214\,. \tag{37.151}$$

Mit (37.148) und $\omega = 2\pi\nu$ folgt daraus

$$x_{max} = \beta\hbar\omega_{max} = \frac{h\nu_{max}}{k_B T} \approx 2{,}8214\,. \tag{37.152}$$

Wien'sches Verschiebungsgesetz in Frequenzdarstellung

Damit erhalten wir das *Wien'sche Verschiebungsgesetz*: Die Frequenz maximaler Energiedichte im Planck'schen Strahlungsgesetz ist direkt proportional zur Temperatur:

$$\nu_{max} \approx 2{,}8214\frac{k_B T}{h} \approx 5{,}8788 \cdot 10^{10}\,\text{Hz}\,\frac{T}{\text{K}}\,. \tag{37.153}$$

Achtung Das Wien'sche Verschiebungsgesetz in der Frequenzdarstellung (37.153) kann *nicht* einfach in die Wellenlängendarstellung umgerechnet werden, indem man $\lambda_{max} = c/\nu_{max}$ setzt. Es ging ja aus einer Ableitung nach der dimensionslosen Frequenz x hervor. Um das Wien'sche Verschiebungsgesetz durch eine Wellenlänge auszudrücken, muss die Funktion $x^3(e^x - 1)^{-1}$ bereits nach einer Wellenlänge abgeleitet werden. ◀

Frage 15

Zeigen Sie, beispielsweise indem Sie die dimensionslose Wellenlänge $y = 1/x$ einführen, dass die Wellenlänge maximaler Energiedichte im Planck'schen Strahlungsgesetz durch die Lösung x_{max} der Gleichung

$$e^{x_{max}}\left(1 - \frac{x_{max}}{5}\right) = 1 \tag{37.154}$$

statt durch (37.150) gegeben ist. Die numerische Lösung ist $x_{max} \approx 4{,}9651$. Leiten Sie daraus die folgende Form des Wien'schen Verschiebungsgesetzes ab.

Wien'sches Verschiebungsgesetz in Wellenlängendarstellung

Ausgedrückt durch die Wellenlänge λ_{max} maximaler Energiedichte im Planck'schen Strahlungsgesetz lautet das Wien'sche Verschiebungsgesetz

$$\lambda_{\max} T = \frac{1}{4{,}9651} \frac{hc}{k_B} \approx 0{,}2898\,\mathrm{cm\,K}\,. \qquad (37.155)$$

37.7 Wärmekapazität fester Körper

Zustandssumme harmonischer Oszillatoren

Wir betrachten nun ein kanonisches Ensemble aus N harmonischen Oszillatoren. Für jeden einzelnen von ihnen, bezeichnet mit dem Index i, lautet der Hamilton-Operator

$$\hat{H}_i = \frac{\hat{\boldsymbol{p}}_i^2}{2m} + \frac{m\omega^2 \hat{\boldsymbol{q}}_i^2}{2}\,, \qquad (37.156)$$

wobei die $\hat{\boldsymbol{p}}_i$ und $\hat{\boldsymbol{q}}_i$ wie üblich als Impuls- und Ortsoperatoren aufzufassen sind. Der Einfachheit halber nehmen wir an, dass die Kreisfrequenz ω und die Masse m für alle Oszillatoren des Ensembles gleich sind.

Der Sinn dieser Betrachtung ist, dass wir ein elementares Modell für die Moleküle eines Festkörpers vor allem auf seine Wärmekapazität hin untersuchen wollen. Diese Moleküle sind im Festkörper gebunden. Sie halten sich in den lokalen Minima eines Wechselwirkungspotenzials auf, um die herum sie kleine Schwingungen ausführen können. Wenn die Amplituden der Schwingungen klein gegenüber dem Teilchenabstand sind, können wir Minima in zweiter Ordnung einer Taylor-Entwicklung durch quadratische Formen beschreiben. Sei $\boldsymbol{x}_0$ der Ort eines solchen lokalen Minimums und V die potenzielle Energie, können wir

$$V - V_0 \approx \delta\boldsymbol{x}^T \left(\left. \frac{\partial^2 V}{\partial x_i \partial x_j} \right|_{\boldsymbol{x}_0} \right) \delta\boldsymbol{x} \qquad (37.157)$$

nähern, wobei $\delta\boldsymbol{x}$ die Auslenkung relativ zum Minimum ist (siehe hierzu die Begründung und Behandlung kleiner Schwingungen in Abschn. 6.1).

Die Matrix der zweiten Ableitungen in der quadratischen Form (37.157) ist reell und symmetrisch. Ferner ist sie positiv definit, da sie in einem lokalen Minimum berechnet wird. Sie hat daher drei reelle, positive Eigenwerte. Wir nehmen an, dass sie durch eine geeignete Hauptachsentransformation bereits in Diagonalform gebracht wurde, sodass die drei Freiheitsgrade der Schwingungen jedes einzelnen Oszillators entkoppelt sind.

Die N Oszillatoren unseres Ensembles haben insgesamt $3N$ Freiheitsgrade. Nach der Diagonalisierung können wir den Hamilton-Operator des gesamten Ensembles durch die Summe über alle Freiheitsgrade ausdrücken:

$$\hat{H}_N = \sum_{j=1}^{3N} \left(\frac{\hat{p}_j^2}{2m} + \frac{m\omega_j^2 \hat{q}_j^2}{2} \right). \qquad (37.158)$$

Die Energieeigenwerte für jeden Freiheitsgrad sind durch

$$\epsilon_j = \hbar\omega_j \left(n_j + \frac{1}{2} \right) \qquad (37.159)$$

gegeben. Als entscheidender Unterschied zum klassischen harmonischen Oszillator tritt hier aufgrund der Unschärferelation zwischen Ort und Impuls die Nullpunktsenergie $\hbar\omega_j/2$ pro Freiheitsgrad auf.

Zu jedem einzelnen der $3N$ Freiheitsgrade gehört die Einteilchen-Zustandssumme

$$\begin{aligned} Z_j &= \sum_{n_j=0}^{\infty} \exp\left[-\beta\hbar\omega_j \left(n_j + \frac{1}{2} \right) \right] = \mathrm{e}^{-\beta\hbar\omega_j/2} \sum_{n_j=0}^{\infty} \mathrm{e}^{-\beta\hbar\omega_j n_j} \\ &= \frac{\mathrm{e}^{-\beta\hbar\omega_j/2}}{1 - \mathrm{e}^{-\beta\hbar\omega_j}}\,, \end{aligned} \qquad (37.160)$$

sodass die kanonische Zustandssumme der $3N$ Freiheitsgrade das Produkt

$$Z_{3N} = \prod_{j=1}^{3N} \frac{\mathrm{e}^{-\beta\hbar\omega_j/2}}{1 - \mathrm{e}^{-\beta\hbar\omega_j}} \qquad (37.161)$$

ist.

Frage 17

Überzeugen Sie sich, dass die kanonische Zustandssumme tatsächlich als das Produkt (37.161) geschrieben werden kann.

Die innere Energie des Ensembles erhalten wir nun aus

$$\begin{aligned} U &= -\frac{\partial \ln Z}{\partial\beta} = \frac{\partial}{\partial\beta} \sum_{j=0}^{3N} \left[\frac{\beta\hbar\omega_j}{2} + \ln\left(1 - \mathrm{e}^{-\beta\hbar\omega_j}\right) \right] \\ &= \sum_{j=0}^{3N} \left(\frac{\hbar\omega_j}{2} + \frac{\hbar\omega_j}{\mathrm{e}^{\beta\hbar\omega_j} - 1} \right). \end{aligned} \qquad (37.162)$$

Dispersionsrelation und Debye-Wellenzahl

Um die verbleibende Summe im thermodynamischen Limes auszuführen, brauchen wir eine Dispersionsrelation, die es uns erlaubt, die Frequenzen ω mit Wellenzahlen k in Verbindung zu bringen. Wir nehmen an, dass die Gitterschwingungen durch eine kontinuierliche, kleine elastische Deformation des Festkörpers beschrieben werden können, wie sie in Abschn. 8.5 besprochen wurden. Die Auslenkung $\boldsymbol{u}(t, \boldsymbol{x})$ als Funktion der

Vertiefung: Der kosmische Mikrowellenhintergrund Eine beinahe perfekte Planck'sche Strahlungsquelle

Wir kommen hier auf die kosmische Hintergrundstrahlung zurück, die bereits im Kasten „Anwendung: Kosmische Hintergrundstrahlung" in Abschn. 21.2 eingeführt wurde. Insbesondere wurde dort erwähnt, dass wir von elektromagnetischer Strahlung kosmischen Ursprungs umgeben sind, deren Intensität (nach den nötigen Korrekturen aufgrund der Bewegung der Erde) beinahe vollständig isotrop erscheint. Wie in Abb. 21.4 gezeigt wurde, hat diese Strahlung ein beinahe perfektes Planck-Spektrum mit einer Temperatur von $(2{,}7255 \pm 0{,}0006)\,\mathrm{K}$.

Die gemessene Temperatur entspricht einer thermischen Energie von $k_\mathrm{B}T = 3{,}762 \cdot 10^{-23}\,\mathrm{J} = 0{,}235\,\mathrm{meV}$. Aus dieser Temperatur und den in diesem Abschnitt abgeleiteten Ergebnissen für ein ideales Photonengas ergeben sich die folgenden Eigenschaften des kosmischen Mikrowellenhintergrunds:

$$n = 410{,}4\,\mathrm{cm}^{-3}\,,$$
$$u = 4{,}17 \cdot 10^{-20}\,\mathrm{J\,cm}^{-3} = 0{,}26\,\mathrm{eV\,cm}^{-3}\,,$$
$$s = 2{,}04 \cdot 10^{-20}\,\mathrm{J\,cm}^{-3}\,\mathrm{K}^{-1} = 0{,}13\,\mathrm{eV\,cm}^{-3}\,\mathrm{K}^{-1}\,.$$

Die eigenartige Einheit $\mathrm{MJy\,sr}^{-1}$ oder „Megajansky pro Steradian", in der das Spektrum des kosmischen Mikrowellenhintergrunds in Abb. 21.4 angegeben ist, ist in der Radioastronomie als Einheit der spezifischen Intensität gebräuchlich. Die spezifische Intensität gibt an, wie viel Strahlungsenergie pro Zeit- und Frequenzintervall durch eine Einheitsfläche in einen Einheitsraumwinkel fließt. Sie hat daher die Dimension Energie pro Zeit, Fläche, Raumwinkel und Frequenz oder $\mathrm{J\,(s\,cm^2\,sr\,Hz)}^{-1}$. Angepasst an astronomische Größenordnungen ist

$$1\,\mathrm{Jy} = 10^{-30}\,\frac{\mathrm{J}}{\mathrm{s\,cm^2\,Hz}}\,.$$

Benannt ist diese Einheit nach dem US-amerikanischen Radioingenieur und Physiker *Karl Guthe Jansky* (1905–1950).

Das Wien'sche Verschiebungsgesetz besagt in seiner Frequenzdarstellung (37.153) bzw. in seiner Wellenlängendarstellung (37.155), dass das Intensitätsmaximum der kosmischen Hintergrundstrahlung bei einer Frequenz von $\nu_\mathrm{max} = 160{,}22\,\mathrm{GHz}$ bzw. bei einer Wellenlänge von $\lambda_\mathrm{max} = 1{,}0633\,\mathrm{mm}$ liegt.

Im Maximum seines Spektrums erreicht der kosmische Mikrowellenhintergrund eine Intensität von $383{,}5\,\mathrm{MJy\,sr}^{-1} = 3{,}83 \cdot 10^{-22}\,\mathrm{J\,(s\,cm^2\,Hz\,sr)}^{-1}$. Da die Frequenz von $160{,}22\,\mathrm{GHz}$ einer Photonenenergie von $1{,}0616 \cdot 10^{-22}\,\mathrm{J} = 0{,}6626\,\mathrm{meV}$ entspricht, strömen durch jeden Quadratzentimeter Fläche im heutigen Universum pro Sekunde etwa 45 Photonen des kosmischen Mikrowellenhintergrunds in einem Frequenzband von 1 Hz Breite um die Frequenz des Intensitätsmaximums. Damit ist die kosmische Hintergrundstrahlung eine der intensivsten Strahlungsquellen in der Astronomie.

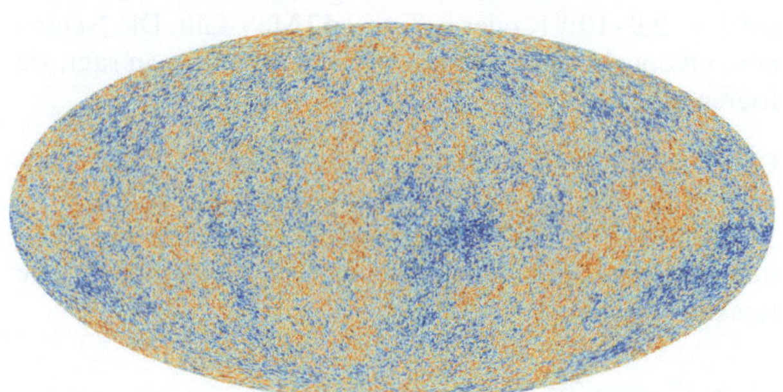

Abb. 37.10 Himmelskarte der Temperaturschwankungen in der kosmischen Hintergrundstrahlung, die vom europäischen Satelliten Planck gemessen wurden. Die Farbe codiert die Abweichung der Temperatur vom Mittelwert von $(2{,}7255 \pm 0{,}0006)\,\mathrm{K}$. Die relative Amplitude der Temperaturschwankungen beträgt etwa 10^{-5} (© ESA and the Planck Collaboration)

Die vor allem von den Satelliten Cobe, WMAP und Planck (siehe Abb. 21.5) beobachteten winzigen Temperaturschwankungen in der kosmischen Hintergrundstrahlung (Abb. 37.10) sind für die Kosmologie von entscheidender Bedeutung, weil sie über wesentliche globale Eigenschaften des Universums Auskunft geben. Dazu gehören die Dichten gewöhnlicher Materie, dunkler Materie, die räumliche Krümmung des Universums und einige mehr. Die genaue Vermessung der Temperatur der kosmischen Hintergrundstrahlung hat dadurch wesentlich dazu beigetragen, das Standardmodell der Kosmologie zu begründen.

Zeit t und des Ortes $\boldsymbol{x}$ im Festkörper kann dann durch die Gleichung

$$\rho\frac{\partial^2 \boldsymbol{u}}{\partial t^2} - \mu\nabla^2\boldsymbol{u} = 0 \tag{37.163}$$

beschrieben werden, in der die kontinuierliche Massendichte ρ des Festkörpers und sein Elastizitätsmodul μ auftreten. Führen wir die Schallgeschwindigkeit elastischer Deformationen

$$c_\mathrm{s} = \sqrt{\frac{\mu}{\rho}} \tag{37.164}$$

ein, wird (37.163) zu der Wellengleichung

$$\Box\boldsymbol{u} = 0\,, \tag{37.165}$$

Vertiefung: Der kosmische Neutrinohintergrund
Das etwas kühlere Relikt des Urknalls

Obwohl er wohl niemals wird beobachtet werden können, ist auch der kosmische Neutrinohintergrund von einem theoretischen Standpunkt aus interessant. Im sehr frühen Universum befinden sich auch die drei Neutrinospezies und die dazugehörigen Antineutrinos vor allem durch Reaktionen der Art

$$\nu + \bar{\nu} \longleftrightarrow e^+ + e^-$$

im thermischen Gleichgewicht mit dem kosmischen Plasma. Der Wirkungsquerschnitt für diese Reaktion hängt quadratisch von der Energie der beteiligten Teilchen und daher von der Temperatur ab. Wegen der schwachen Wechselwirkung zwischen dem Neutrino und seinem Antiteilchen kommt diese Reaktion bereits dann zum Erliegen, wenn die Temperatur auf $T \approx 2{,}9 \cdot 10^{10}\,\mathrm{K}$ oder $k_B T \approx 2{,}52\,\mathrm{MeV}$ fällt. Die Neutrinos entkoppeln dann vom kosmischen Plasma; man sagt, sie frieren aus.

Etwas später, wenn die thermische Energie auf die doppelte Ruheenergie des Elektrons gefallen ist, bei $k_B T \approx 2 \cdot 0{,}511\,\mathrm{MeV} \approx 1{,}022\,\mathrm{MeV}$, wird die Produktion von Elektron-Positron-Paaren durch Photonen stark unterdrückt. Die Reaktion

$$e^+ + e^- \longleftrightarrow 2\gamma$$

läuft dann im Wesentlichen nach rechts ab, während die Rückreaktion nicht mehr effizient möglich ist. Die damit einsetzende Elektron-Positron-Paarvernichtung heizt zwar den Mikrowellenhintergrund auf, aber nicht mehr die Neutrinos, die ja bereits entkoppelt sind. Der kosmische Mikrowellenhintergrund ist deswegen etwas wärmer als der kosmische Neutrinohintergrund.

Das Verhältnis der Temperaturen T_ν und T_γ des Neutrino- und des Mikrowellenhintergrunds lässt sich leicht bestimmen. Die Elektron-Positron-Paarvernichtung verläuft reversibel und adiabatisch und daher isentrop. Die Entropiedichte des anfänglichen Gemischs aus Photonen und dem Elektron-Positron-Plasma vor seiner Annihilation muss daher gleich der Entropiedichte der Photonen sein, die nach der Annihilation allein übrig bleiben:

$$(s_{e^+} + s_{e^-} + s_\gamma)_{\text{vorher}} = (s_\gamma)_{\text{nachher}}\,, \tag{1}$$

wobei sich „vorher" und „nachher" auf die Annihilation beziehen. Wir beschreiben die Elektronen und die Positronen der Einfachheit halber zum Zeitpunkt der Annihilation als ultrarelativistische Quantengase. Ferner nehmen wir an, dass sie sehr schwach entartet sind, und vernachlässigen daher ihr chemisches Potenzial, $\mu \approx 0$. Aus (37.73), (37.124) und (37.125) erhalten wir dann sofort

$$s = \frac{u+P}{T} = \frac{4}{3}\frac{u}{T} = \frac{4k_B}{\pi^2}\left(\frac{k_B T}{\hbar c}\right)^3 \begin{cases} f_4(1) & \text{für Elektronen und Positronen} \\ g_4(1) & \text{für Photonen} \end{cases}$$

für die Entropiedichte, und die Entropiebilanz (1) reduziert sich auf

$$T^3_{\text{vorher}}\,[2f_4(1) + g_4(1)] = T^3_{\text{nachher}} g_4(1)\,. \tag{2}$$

Wir müssen nun das Fermi-Integral

$$f_4(1) = \frac{1}{\Gamma(4)} \int_0^\infty \frac{x^3\,\mathrm{d}x}{e^x + 1}$$

auswerten. Es lässt sich mittels der Identität

$$\frac{1}{e^x - 1} - \frac{1}{e^x + 1} = \frac{2}{e^{2x} - 1}$$

auf zwei Bose-Einstein-Integrale zurückführen:

$$f_4(1) = g_4(1) - \frac{1}{8} g_4(1) = \frac{7}{8} g_4(1)\,, \tag{3}$$

wodurch sich (2) vereinfacht zu:

$$T^3_{\text{vorher}}\left(2 \cdot \frac{7}{8} + 1\right) = T^3_{\text{nachher}}\,.$$

Frage 16

Rechnen Sie das Ergebnis (3) nach.

Das Verhältnis der Temperaturen nach und vor der Annihilation ist also

$$\frac{T_{\text{nachher}}}{T_{\text{vorher}}} = \left(\frac{11}{4}\right)^{1/3} \approx 1{,}40\,.$$

Die Elektron-Positron-Annihilation erhöht demnach die Temperatur des kosmischen Mikrowellenhintergrunds um 40 %. Da die heutige Temperatur des kosmischen Mikrowellenhintergrunds $T_\gamma \approx 2{,}73\,\mathrm{K}$ ist, hat der Neutrinohintergrund heute eine Temperatur von $T_\nu \approx 1{,}95\,\mathrm{K}$ oder eine thermische Energie von $k_B T_\nu = 0{,}17\,\mathrm{meV}$ (für weiterführende Darstellungen vgl. z. B. Liddle 2009 oder Weinberg 1997).

Teil IV

in deren D'Alembert-Operator die charakteristische Geschwindigkeit durch c_s vertreten wird. Die Lösungen der Wellengleichung können durch ebene Wellen

$$\boldsymbol{u} = \boldsymbol{u}_0 e^{i(\boldsymbol{k}\cdot\boldsymbol{x}-\omega t)} \tag{37.166}$$

dargestellt werden, deren Kreisfrequenz ω und Wellenzahl k der Dispersionsrelation

$$\omega = c_s k \tag{37.167}$$

genügen müssen.

Die $3N$ Freiheitsgrade unseres kanonischen Ensembles können höchstens $3N$ Schwingungsmoden ausführen. Daher muss es eine größte Wellenzahl k_D geben, die durch die Bedingung

$$3N = \frac{V}{2\pi^2}\int_0^{k_D} k^2 dk = \frac{V}{2\pi^2}\frac{k_D^3}{3} \tag{37.168}$$

festgelegt ist.

Debye-Wellenzahl

Für diese sogenannte *Debye-Wellenzahl* erhalten wir also

$$k_D = \left(\frac{18\pi^2 N}{V}\right)^{1/3} . \tag{37.169}$$

Sie ist nach dem niederländischen Physiker *Peter Debye* (1884–1966) benannt, dessen Name ferner mit dem Debye-Radius in der Plasmaphysik, der Debye-Hückel-Theorie ionischer Wechselwirkungen und dem Debye-Scherrer-Verfahren der Röntgenstrukturanalyse verbunden ist. Debye wurde 1936 mit dem Nobelpreis für Chemie ausgezeichnet.

Innere Energie und molare Wärmekapazität

Mit diesem Ergebnis versehen, können wir nun den thermodynamischen Limes der inneren Energie (37.162) durch das Integral

$$U = \frac{V}{2\pi^2}\int_0^{k_D} k^2\left[\frac{\hbar c_s k}{2} + \frac{\hbar c_s k}{e^{\beta\hbar c_s k}-1}\right] dk \tag{37.170}$$

darstellen. Der erste Term im Integranden ist einfach auszuführen. Im zweiten Term setzen wir wie üblich

$$x = \beta\hbar c_s k \tag{37.171}$$

und erhalten

$$\int_0^{k_D} k^2\left[\frac{\hbar c_s k}{e^{\beta\hbar c_s k}-1}\right] dk = \frac{1}{\beta(\beta\hbar c_s)^3}\int_0^{x_D}\frac{x^3 dx}{e^x-1} \tag{37.172}$$

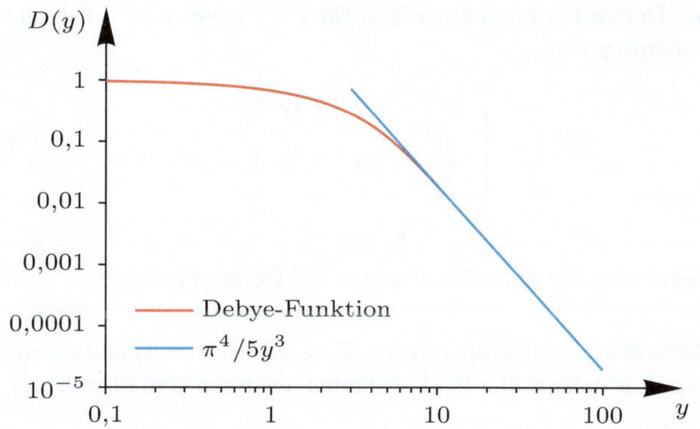

Abb. 37.11 Die Debye-Funktion $D(y)$ beginnt bei $y \gtrsim 0$ bei eins und fällt für $y \gg 1$ proportional zu y^{-3} ab

mit $x_D = \beta\hbar c_s k_D$. Die Funktion

$$D(y) = \frac{3}{y^3}\int_0^y \frac{x^3 dx}{e^x-1} \tag{37.173}$$

wird als *Debye-Funktion* bezeichnet. Sie ist in Abb. 37.11 dargestellt.

Führen wir sie in (37.172) ein, folgt

$$\int_0^{k_D} k^2\left[\frac{\hbar c_s k}{e^{\beta\hbar c_s k}-1}\right] dk = \frac{k_D^3}{3\beta} D(x_D) . \tag{37.174}$$

Zusammen mit dem ersten Term erhalten wir damit aus (37.170) die innere Energie

$$U = 9N\left[\frac{\hbar c_s k_D}{8} + \frac{k_B T}{3} D(x_D)\right] , \tag{37.175}$$

worin die Debye-Wellenzahl (37.169) eingesetzt wurde.

Innere Energie eines Festkörpers

Zur weiteren Vereinfachung führen wir die Debye-Temperatur

$$T_D = \frac{\hbar c_s k_D}{k_B} = T x_D \tag{37.176}$$

ein und drücken damit die innere Energie durch

$$U = U_0 + 3Nk_B T D\left(\frac{T_D}{T}\right) , \quad U_0 = \frac{9N}{8} k_B T_D \tag{37.177}$$

aus. Der Beitrag U_0 stammt allein aus der Nullpunktsenergie der harmonischen Oszillatoren und ist rein quantenmechanischen Ursprungs.

Die Debye-Funktion $D(y)$ lässt für $y \ll 1$ und $y \gg 1$ folgende Näherungen zu:

$$D(y) \approx \begin{cases} 1 & \text{für} \quad y \ll 1 \\ \dfrac{\pi^4}{5y^3} & \text{für} \quad y \gg 1 \end{cases} . \tag{37.178}$$

Frage 18

Begründen Sie diese Näherungen der Debye-Funktion.

Bei sehr kleinen Temperaturen, $T \ll T_D$, ist $y \gg 1$, und die molare Wärmekapazität bei konstanten Volumen verhält sich wie

$$c_V^{\text{mol}} \approx \frac{12\pi^4}{5} \left(\frac{T}{T_D}\right)^3 R . \tag{37.179}$$

Erst bei hohen Temperaturen, $T \gg T_D$ oder $y \ll 1$, folgt die molare Wärmekapazität dem Dulong-Petit'schen Gesetz,

$$c_V^{\text{mol}} \approx 3R , \tag{37.180}$$

das wir schon in Abschn. 36.2 aus dem Gleichverteilungssatz geschlossen haben. Nur bei Temperaturen ausreichend oberhalb der Debye-Temperatur stellt ein klassisches Ensemble aus harmonischen Oszillatoren eine gute Näherung für den Festkörper dar. Bei kleinen Temperaturen tragen die Gitterschwingungen des Festkörpers mehr als die inneren Schwingungen der Moleküle zur molaren Wärmekapazität bei. Diese Gitterschwingungen, auch *Phononen* genannt, verhalten sich einem bosonischen Quantengas sehr ähnlich (siehe hierzu auch Abschn. 26.4).

Die Ableitung der Debye-Funktion (37.173) lässt sich ohne Weiteres berechnen:

$$D'(y) = \frac{3}{e^y - 1} - \frac{3}{y} D(y) . \tag{37.181}$$

Frage 19

Rechnen Sie diese Ableitung nach.

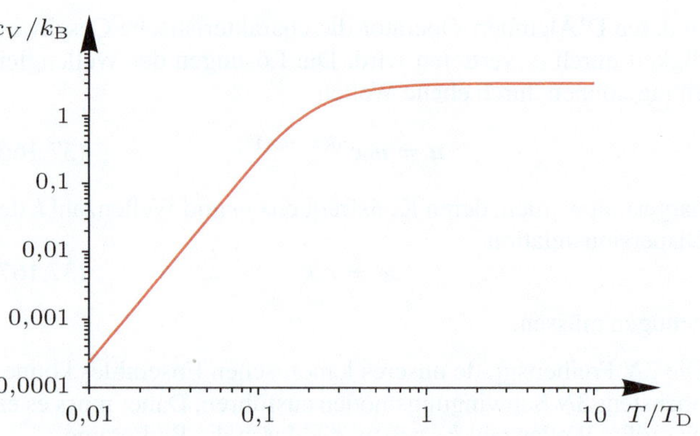

Abb. 37.12 Molare Wärmekapazität eines Festkörpers nach dem Debye-Modell. Bei Temperaturen unterhalb der Debye-Temperatur T_D steigt die Wärmekapazität c_V^{mol} wie bei einem idealen Bose-Gas proportional zu T^3 an. Bei Temperaturen oberhalb von T_D flacht sie auf den Wert $c_V^{\text{mol}} = 3R$ ab, den sie nach dem Dulong-Petit'schen Gesetz annehmen muss

Molare Wärmekapazität im Debye-Modell

Damit können wir die molare Wärmekapazität c_V^{mol} im Debye-Modell bei beliebigen Temperaturen wie

$$\frac{c_V^{\text{mol}}}{R} = 3 \left[4D\left(\frac{T_D}{T}\right) - \frac{T_D}{T} \frac{3}{\exp(T_D/T) - 1} \right] \tag{37.182}$$

schreiben.

Dieses Ergebnis, dargestellt in Abb. 37.12, bestätigt die vorher betrachteten Grenzfälle: Bei niedrigen Temperaturen, $T \ll T_D$, steigt die molare Wärmekapazität zunächst proportional zu T^3 an und flacht bei Temperaturen oberhalb der Debye-Temperatur auf den konstanten Wert $c_V^{\text{mol}} = 3R$ ab, wie das Dulong-Petit'sche Gesetz es verlangt.

So geht's weiter

Weiße Zwerge

Die Tatsache, dass Druck und Energiedichte eines ultrarelativistischen Quantengases durch (37.124) miteinander verbunden sind, führt zu einer für die Astrophysik der Sterne bemerkenswerten Konsequenz. Wenn ein nicht sehr massereicher Stern seinen nuklearen Brennstoffvorrat verbraucht hat, kann er in seinem Inneren keine Energie mehr erzeugen. Sein zentraler Druck nimmt daraufhin ab, dementsprechend auch sein Druckgradient, der ihn gegen seine Eigengravitation stabilisieren muss. Deshalb zieht sich der Stern so lange zusammen, bis die Elektronen in seinem Kern entarten und der Stern dank ihres Entartungsdruckes ein neues Gleichgewicht einnehmen kann. Ein solches Endstadium der Sternentwicklung wird *Weißer Zwerg* genannt (Abb. 37.13). Wie wir in (37.82) gesehen haben, entarten die Atomkerne wegen ihrer weit größeren Masse erst bei erheblich niedrigerer Temperatur als die Elektronen und tragen deswegen zum Entartungsdruck nicht bei.

Zur Vereinfachung gehen wir von Anfang an davon aus, dass die Elektronen nicht nur vollständig entartet, sondern auch ultrarelativistisch sein müssen, was wir anhand unserer Ergebnisse am Ende werden überprüfen müssen.

Abb. 37.13 Weiße Zwerge im Kugelsternhaufen NGC 6397, die je nach ihrem geschätzten Alter durch rote Kreise (zwischen 1,4 und 3,5 Milliarden Jahre) und blaue Quadrate (weniger als 800 Millionen Jahre) markiert sind. © NASA, ESA, and H. Richer (University of British Columbia)

Für eine kugelsymmetrische Gasverteilung der Dichte $\rho(r)$ mit dem Druck $P(r)$ im hydrostatischen Gleichgewicht mit seinem eigenen Gravitationsfeld gilt zudem die *hydrostatische Gleichung*

$$\frac{1}{\rho}\frac{\mathrm{d}P}{\mathrm{d}r} = -\frac{GM(r)}{r^2} = -\frac{4\pi G}{r^2}\int_0^r \bar{r}^2\rho(\bar{r})\mathrm{d}\bar{r}\,. \tag{37.183}$$

Sie folgt im statischen Fall aus der Euler'schen Gleichung (8.173) für ideale Flüssigkeiten, wenn für die äußere Kraftdichte f diejenige des Gravitationsfeldes $-\rho\nabla\Phi$ eingesetzt und Kugelsymmetrie angenommen wird.

Eine weitere Ableitung nach r bringt (37.183) in die Form

$$\frac{1}{r^2}\frac{\mathrm{d}}{\mathrm{d}r}\left(\frac{r^2}{\rho}\frac{\mathrm{d}P}{\mathrm{d}r}\right) = -4\pi G\rho\,. \tag{37.184}$$

Nun nehmen wir an, dass der Druck und die Dichte durch die Polytropengleichung

$$P = P_0\left(\frac{\rho}{\rho_0}\right)^\alpha \tag{37.185}$$

miteinander verbunden sind, die wir bereits in (33.59) eingeführt haben. Dabei fassen wir ρ_0 und P_0 als die Dichte und den Druck im Zentrum des Sterns auf. Verwenden wir dann anstelle des Polytropenindex α den *Polytropenexponenten*

$$n = \frac{1}{\alpha - 1}\,, \tag{37.186}$$

ersetzen die Dichte durch die dimensionslose Funktion θ gemäß

$$\frac{\rho}{\rho_0} = \theta^n \tag{37.187}$$

und führen ferner anhand der Längenskala

$$r_0 = \left[\frac{(1+n)P_0}{4\pi G\rho_0^2}\right]^{1/2} \tag{37.188}$$

den dimensionslosen Radius $x = r/r_0$ ein, dann können wir (37.184) in die Gestalt der *Lane-Emden-Gleichung*

$$\frac{1}{x^2}\frac{\mathrm{d}}{\mathrm{d}x}\left(x^2\frac{\mathrm{d}\theta}{\mathrm{d}x}\right) + \theta^n = 0 \tag{37.189}$$

bringen (benannt nach dem amerikanischen Astrophysiker *Jonathan Homer Lane*, 1819–1880, und dem schweizer Physiker, Astrophysiker und Meteorologen *Robert Emden*, 1862–1940).

Frage 20

Vollziehen Sie die einzelnen Schritte nach, die zur Lane-Emden-Gleichung (37.189) führen.

Wenn wir diese Gleichung für $\alpha = 4/3$ oder $n = 3$ numerisch mit den Anfangsbedingungen $\theta = 1$ und $\theta' = 0$ bei $x = 0$ integrieren, erhalten wir $x_*^2\theta'(x_*) \approx -2{,}02$ am Rand des Sterns, der durch $\theta(x_*) = 0$ definiert ist und bei $x_* = 6{,}90$ erreicht wird. Daraus können wir auf die Gesamtmasse des Sterns schließen, denn aufgrund der Lane-Emden-Gleichung und der Definition (37.187) ist

$$\begin{aligned} M &= 4\pi r_0^3\rho_0 \int_0^{x_*} x^2\theta^n \mathrm{d}x = -4\pi r_0^3\rho_0 \int_0^{x_*} \frac{\mathrm{d}}{\mathrm{d}x}\left(x^2\frac{\mathrm{d}\theta}{\mathrm{d}x}\right)\mathrm{d}x \\ &= 4\pi r_0^3\rho_0 \left|x_*^2\theta'(x_*)\right| \approx 8{,}08\pi r_0^3\rho_0 \\ &= 8{,}08\pi\left[\frac{(1+n)P_0}{4\pi G\rho_0^{4/3}}\right]^{3/2} . \end{aligned} \tag{37.190}$$

Schließlich setzen wir für P_0 und ρ_0 noch den Fermi-Druck und die Dichte eines vollständig entarteten, ultrarelativistischen Elektronengases ein. Dann ist zunächst der Fermi-Druck aufgrund von (37.134) durch

$$P_0 = P_F = \frac{u_F}{3} = \frac{c\hbar}{12\pi^2}k_F^4 \tag{37.191}$$

gegeben, wobei abermals ein Faktor zwei der Spinentartung des Elektrons Rechnung trägt und $\epsilon_F = c\hbar k_F$ verwendet wurde. Ebenso ergibt sich die Teilchendichte zu

$$n_F = \frac{k_F^3}{3\pi^2}, \tag{37.192}$$

woraus wir die Massendichte

$$\rho_F = \bar{m}_e n_F = \frac{\bar{m}_e k_F^3}{3\pi^2} \tag{37.193}$$

erhalten. Darin tritt die mittlere Masse $\bar{m}_e$ pro Elektron auf, die wir durch das mittlere „Molekulargewicht" μ_e des Elektrons ausdrücken. Es ist durch

$$\rho = n_e m_p \mu_e \tag{37.194}$$

definiert und gibt die Masse in atomaren Masseneinheiten an, die im Mittel auf jedes Elektron entfällt, sodass $\bar{m}_e = m_p\mu_e$ ist. In dieser Gleichung ist n_e die Teilchendichte der Elektronen, während $m_p = 1{,}6726 \cdot 10^{-24}$ g die Masse des Protons angibt. Bezeichnen wir die mittlere Dichte der Atome mit n_A, deren Masse m_A mithilfe der Massenzahl A durch $m_A = Am_p$ und führen die Ladungszahl Z ein, gilt außerdem

$$\rho = n_A A m_p + n_A Z m_e \approx n_A A m_p . \tag{37.195}$$

Ein Vergleich von (37.194) und (37.195) ergibt

$$\mu_e = \frac{A}{Z}, \tag{37.196}$$

da die Teilchendichten der Elektronen und der Atome durch $n_e = Zn_A$ verbunden sind.

Entscheidend ist nun, dass das Verhältnis aus $P_0 = P_F$ und $\rho_0^{4/3} = \rho_F^{4/3}$, das in der Massenformel (37.190) vorkommt, von der Fermi-Wellenzahl unabhängig wird, denn die Masse M hängt dann nur noch von Konstanten ab, aber nicht mehr vom konkreten Stern. Indem wir den Fermidruck (37.191), die Fermidichte (37.193) und $\bar{m}_e = m_p\mu_e$ in (37.190) einsetzen und geeignet kürzen, finden wir

$$M = 3{,}1\,\frac{m_{Pl}^3}{\mu_e^2 m_p^2}, \tag{37.197}$$

worin die *Planck-Masse*

$$m_{Pl} = \sqrt{\frac{\hbar c}{G}} = 2{,}1765 \cdot 10^{-5}\,\mathrm{g} \tag{37.198}$$

erscheint. Setzen wir die Zahlenwerte für die Planck-Masse und die Protonenmasse in (37.197) ein, erhalten wir die *Chandrasekhar-Masse*

$$\begin{aligned} M &= \frac{5{,}71\,M_\odot}{\mu_e^2}, \\ M_\odot &= \text{eine Sonnenmasse} = 1{,}989 \cdot 10^{33}\,\mathrm{g}, \end{aligned} \tag{37.199}$$

die der indisch-US-amerikanische Astrophysiker *Subrahmanyan Chandrasekhar* (1910–1995) als 19-Jähriger fand. Wenn im Kern des Weißen Zwergs Eisen dominiert, genauer $^{56}_{26}$Fe, ist $\mu_e \approx 2{,}15$, und die Chandrasekhar-Masse nähert sich der Sonnenmasse, $M \approx 1{,}24\,M_\odot$.

Ganz analog erhalten wir aus (37.188) die Längenskala

$$r_0 = \sqrt{\frac{3\pi}{4}}\,\frac{m_{Pl}}{\mu_e m_p}\,\frac{1}{k_F} \tag{37.200}$$

und mit $x_* = 6{,}90$ den Sternradius

$$R_* = \frac{10{,}6}{k_F}\,\frac{m_{Pl}}{\mu_e m_p}. \tag{37.201}$$

Aus Beobachtungen schließt man auf Radien Weißer Zwerge, die etwa ein Hunderstel des Sonnenradius betragen, oder $\sim 7 \cdot 10^8$ cm. Mithilfe dieses Befunds können wir aus (37.201) schließen, dass die Fermi-Energie eines Elektrons im Inneren eines Weißen Zwergs

$$\epsilon_F = c\hbar k_F = 10{,}6\,\frac{\hbar c}{R_*}\,\frac{m_{Pl}}{\mu_e m_p} \approx 6{,}2 \cdot 10^{-6}\,\frac{\mathrm{erg}}{\mu_e} \approx 3{,}9\,\frac{\mathrm{MeV}}{\mu_e} \tag{37.202}$$

beträgt und damit erheblich über der Ruheenergie eines Elektrons liegt. Unsere Annahme relativistischer Elektronen erscheint dadurch nachträglich gerechtfertigt.

Aufgaben

Gelegentlich enthalten die Aufgaben mehr Angaben, als für die Lösung erforderlich sind. Bei einigen anderen dagegen werden Daten aus dem Allgemeinwissen, aus anderen Quellen oder sinnvolle Schätzungen benötigt.

- • leichte Aufgaben mit wenigen Rechenschritten
- •• mittelschwere Aufgaben, die etwas Denkarbeit und unter Umständen die Kombination verschiedener Konzepte erfordern
- ••• anspruchsvolle Aufgaben, die fortgeschrittene Konzepte (unter Umständen auch aus späteren Kapiteln) oder eigene mathematische Modellbildung benötigen

37.1 •• Wahrscheinlichkeit von Zuständen Ein abgeschlossenes quantales System $\bar{S}$ sei aus den beiden Teilsystemen S und $\mathcal{U}$ zusammengesetzt, die untereinander nur Energie austauschen können. $\bar{S}$ werde durch die mikrokanonische Verteilung beschrieben. $\Omega_{\bar{S}}(\bar{E}, \Delta)$ sei die Zahl der Mikrozustände von $\bar{S}$ mit Energien im Intervall $[\bar{E}, \bar{E}+\Delta]$. $\Omega_{\mathcal{U}}(E_{\mathcal{U}}, \Delta)$ sei die Zahl der Mikrozustände von $\mathcal{U}$ im Energieintervall $[E_{\mathcal{U}}, E_{\mathcal{U}}+\Delta]$. $p(E_n)$ sei die Wahrscheinlichkeit dafür, das quantale System S im Mikrozustand $|n\rangle$ mit der Energie E_n zu finden.

(a) Drücken Sie $p(E_n)$ durch $\Omega_{\bar{S}}$ und $\Omega_{\mathcal{U}}$ aus.
(b) Bestimmen Sie $p(E_n)$ für $E_n \ll \bar{E}$, indem Sie $\ln p(E_n)$ bis zur ersten Ordnung in E_n entwickeln. Verwenden Sie dabei die Abkürzung

$$\beta = \left(\frac{\partial \ln \Omega_{\mathcal{U}}}{\partial E}\right)_{\bar{E}} . \tag{37.203}$$

Diskutieren Sie die physikalische Bedeutung von β.
(c) Ist das in Teilaufgabe b berechnete $p(E_n)$ auch dann physikalisch sinnvoll, wenn S nur ein einzelnes Atom oder Molekül umfasst?
(d) S sei nun ein Makrosystem. Geben Sie mithilfe des Ergebnisses aus Teilaufgabe a den allgemeinen Ausdruck für die Wahrscheinlichkeit $w(E)$ dafür an, das System S im Energieintervall $[E, E+\delta E]$ zu finden. Diskutieren Sie den Verlauf von $w(E)$.

37.2 • Gleichverteilungssatz für klassische und quantale Systeme Die Wechselwirkung von N gleichartigen klassischen Teilchen der Masse m sei durch das Potenzial $V(\boldsymbol{q}_1, \ldots, \boldsymbol{q}_N)$ gegeben. Das System befinde sich in einem Wärmebad der Temperatur T. Berechnen Sie die mittlere kinetische Energie pro Teilchen ε als Funktion der Temperatur T. Gilt diese Herleitung auch für nichtrelativistische, quantale Teilchen?

37.3 •• Rotation und Vibration in Gasmolekülen Die kanonische Zustandssumme eines idealen Gases aus N zweiatomigen Molekülen ist näherungsweise ein Produkt

$$Z_\text{k} = \frac{1}{N!}\left[z_\text{trans} z_\text{rot} z_\text{vib}\right]^N , \tag{37.204}$$

wobei z_rot bzw. z_vib die Beiträge der Rotations- bzw. der Schwingungsfreiheitsgrade eines Moleküls bezeichnen.

(a) Bestimmen Sie z_rot und z_vib mit

$$E_j^\text{rot} = \frac{\hbar^2}{2I} j(j+1) , \quad E_n^\text{vib} = \hbar\omega\left(n + \frac{1}{2}\right) , \tag{37.205}$$

wobei $j \in \mathbb{N}_0$ und $n \in \mathbb{N}_0$ die Drehimpuls- und Schwingungsquantenzahlen sind. Ferner bezeichnen I das Trägheitsmoment und ω die Kreisfrequenz der Schwingungen eines Moleküls.
(b) Die Energieskalen der Rotations- und der Schwingungszustände werden durch die charakteristischen Temperaturen

$$\Theta_\text{rot} = \frac{\hbar^2}{2Ik_\text{B}} \quad \text{und} \quad \Theta_\text{vib} = \frac{\hbar\omega}{k_\text{B}} \tag{37.206}$$

gekennzeichnet. Bestimmen Sie für $T \gg \Theta_\text{rot}$ die Beiträge der Molekülrotationen und -schwingungen zur freien Energie $f(T)$, Entropie $s(T)$ und spezifischen Wärme

$$c_V(T) = \left(\frac{\partial u}{\partial T}\right)_V \tag{37.207}$$

pro Molekül. Skizzieren Sie $c_V^\text{vib}(T)$.

Lösungshinweis: Achten Sie bei der Berechnung von z_rot auf die Entartung der Rotationsniveaus und ersetzen Sie für $T \gg \Theta_\text{rot}$ die Summe durch ein Integral. Mit welcher Begründung ist dies möglich?

37.4 •• Defekte in Festkörpern Gewisse Einzeldefekte in Festkörpern können durch ein Zweiniveausystem mit den Energien $E_0 = 0$ und E_1 beschrieben werden. Die Energie E_1 sei eine Funktion der Defektdichte n_0,

$$E_1 = a n_0^\gamma , \tag{37.208}$$

mit positiven Konstanten a und γ. Bestimmen Sie für ein System aus N_0 Defekten in einem Volumen V, das sich in einem Wärmebad der Temperatur T befindet, die freie Energie und den Druck.

37.5 ••• Abdampfung von Metallelektronen Ein Metall erfülle den Halbraum $z \leq 0$. Die (unabhängigen) Metallelektronen befinden sich näherungsweise in einem Potenzialtopf, der um Φ_0 tiefer liegt als der Außenraum bei $z > 0$. Bei $T > 0$ werden Elektronen thermisch angeregt, aus dem Metall in den Halbraum $z > 0$ auszutreten und dort eine Dampfphase zu bilden, die im Gleichgewicht mit den Metallelektronen ist.

(a) Bestimmen Sie die Dampfdichte und den Dampfdruck der Elektronen für

$$k_B T \ll \mu \quad \text{und} \quad k_B T \ll \Phi\,, \tag{37.209}$$

wobei $\mu + \Phi = \Phi_0$ ist.

(b) Berechnen Sie die Elektronenstromdichte aus dem Metall bei der Temperatur wie in Teilaufgabe (a).

Lösungshinweis: Im Gleichgewicht zwischen Metall und Dampf ist die Austrittsstromdichte gleich der Zahl der Elektronen, die pro Zeit- und Flächeneinheit aus der Dampfphase auf die Metalloberfläche auftreffen. Reflexion werde vernachlässigt.

37.6 • Statistik mit Bosonen und klassischen Teilchen Gegeben seien drei nichtentartete Einteilchenzustände mit den Einteilchenenergien ε_1, ε_2 und ε_3.

(a) Mit welcher Wahrscheinlichkeit findet man dann bei einem Zweibosonensystem, das sich im thermischen Gleichgewicht mit einem Wärmebad der Temperatur T befindet, mindestens ein Teilchen im Einteilchenzustand mit der Energie ε_1?

(b) Geben Sie mit kurzer Begründung die Entropie eines Zweiteilchensystems mit der scharfen Energie $E = \varepsilon_1 + \varepsilon_2$ für folgende Fälle an:
(1) Die Teilchen sind Bosonen.
(2) Die Teilchen sind unterscheidbar.

Lösungshinweis: Überlegen Sie zunächst, wie sich die Teilchen auf die Zustände verteilen können.

37.7 •• Druck eines Quantengases Ein System quantaler Teilchen sei in einem kubischen Gefäß mit dem Volumen V eingeschlossen. Die Energie jedes Teilchens sei eine homogene Funktion vom Grad n des Impulses, mit $n \in \mathbb{N}$.

(a) Bestimmen Sie bei fester mittlerer Teilchenzahl $\langle N \rangle$ die Beziehung zwischen dem Druck P, dem Volumen V und der mittleren Energie U.

(b) Was ändert sich, wenn sich das System in d statt in drei Dimensionen befindet?

37.8 •• Korrelation in einem Atomgitter N Atome seien zufällig und unabhängig über ein Gitter $\{R_i | i = 1, \ldots, N_G\}$ mit $N \leq N_G$ verteilt. Die Atomkonfigurationen werden durch Besetzungszahlen $\{\tau_i = 0, 1 | i = 1, \ldots, N_G\}$ beschrieben, daher $\tau_i^2 = \tau_i$. Die Wahrscheinlichkeit für eine Konfiguration lautet

$$\begin{aligned} W(\tau_1, \ldots, \tau_{N_G}) &= \prod_{i=1}^{N_G} w(\tau_i)\,, \\ w(\tau_i) &= c\tau_i + (1-c)(1-\tau_i)\,. \end{aligned} \tag{37.210}$$

(a) Ist W normiert? Berechnen Sie $\langle \tau_j \rangle$ für einen beliebigen Gitterplatz R_j. Welche physikalische Bedeutung hat demnach die Konstante c?

(b) Berechnen Sie die Korrelationsfunktion

$$\Gamma_{jk} = \langle \tau_j \tau_k \rangle - \langle \tau_j \rangle \langle \tau_k \rangle \tag{37.211}$$

für $j = k$ und für $j \neq k$.

(c) Die mittlere diffuse Intensität von Röntgenstrahlen, die an den Atomen gestreut werden, ist durch

$$I_D = \langle |A|^2 \rangle - |\langle A \rangle|^2 \tag{37.212}$$

mit der Streuamplitude

$$A = F \sum_i \tau_i \exp(\mathrm{i} Q R_i) \tag{37.213}$$

gegeben, wobei $F = \text{const}$ die atomare Streuamplitude und Q die Wellenzahl des gestreuten Photons ist. Berechnen Sie I_D mit Γ_{jk} aus Teilaufgabe (b).

37.9 • Entropie eines Fermionen- und eines Bosonensystems Gegeben seien unabhängige Teilchen mit den Einteilchenenergien ε_1 und ε_2. Beide Einteilchenenergien seien zweifach entartet, d. h., es gibt vier Einteilchenzustände.

(a) Bestimmen Sie die kanonische Zustandssumme für ein Zweiteilchensystem bestehend aus Fermionen oder Bosonen.

(b) Wie groß ist die Entropie des Zweiteilchensystems für die Energie $U = 2\varepsilon_1$ im Fall von Fermionen oder Bosonen?

37.10 •• Zweidimensionales Spingas Gegeben sei ein zweidimensionales Gas freier Spin-1/2-Teilchen mit periodischen Randbedingungen auf einer $L \times L$-Periodizitätsfläche. Die Einteilchenenergien seien

$$\varepsilon(\boldsymbol{p}, s) = \frac{p^2}{2m}\,, \quad \boldsymbol{p} = p_x \boldsymbol{e}_x + p_y \boldsymbol{e}_y\,, \quad s = \pm\frac{1}{2}\,. \tag{37.214}$$

(a) Geben Sie die mittlere Besetzungszahl $\langle n(\boldsymbol{p}, s) \rangle$ in der großkanonischen Gesamtheit an.

(b) Leiten Sie mit den mittleren Besetzungszahlen die Bestimmungsgleichung für das chemische Potenzial μ bei vorgegebener Teilchenflächendichte $\nu = \langle n \rangle L^{-2}$ ab. Bestimmen Sie daraus μ explizit als Funktion von T und ν.

Lösungshinweis: Die auftretenden Integrale lassen sich explizit ausrechnen.

Lösungen zu den Aufgaben

37.5 Dampfdichte $\langle n\rangle$ und Dampfdruck P sind

$$\langle n\rangle = \frac{2}{\lambda_\mathrm{T}^3}\mathrm{e}^{-\beta(\Phi_0-\mu)} \quad \text{und} \quad P = \langle n\rangle k_\mathrm{B}T \qquad (37.215)$$

mit der thermischen Wellenlänge λ_T; die Elektronenstromdichte ist

$$j = -e\frac{k_\mathrm{B}T}{h\lambda_\mathrm{T}^2}\,\mathrm{e}^{-\beta(\Phi_0-\mu)}\,. \qquad (37.216)$$

37.8 Das Ergebnis zu Teilaufgabe (b) ist die Korrelationsfunktion

$$\Gamma_{jk} = \delta_{jk}c(1-c)\,. \qquad (37.217)$$

Ausführliche Lösungen zu den Aufgaben

37.1

(a) Allgemein ist die gesuchte Wahrscheinlichkeit für ein bestimmtes Ereignis A durch das Verhältnis der Anzahl der dem Ereignis *günstigen* und der Anzahl der insgesamt *möglichen* Ergebnisse gegeben. Angewandt auf den hier betrachteten Fall steht A für das Ereignis „das Teilsystem S hat die Energie E_n". Die restliche Energie $\bar{E} - E_n$ des Gesamtsystems $\bar{S}$ muss dann dem Teilsystem $\mathcal{U}$ auf eine beliebige Weise zugeordnet werden. Die Anzahl der dem Ereignis *günstigen* Zustände ist also $\Omega_{\mathcal{U}}(\bar{E} - E_n, \Delta)$. Möglich sind aber insgesamt $\Omega_{\bar{S}}(\bar{E}, \Delta)$. Unter der Voraussetzung des statistischen Grundpostulats ist die gesuchte Wahrscheinlichkeit demnach

$$p(E_n) = \frac{\Omega_{\mathcal{U}}(\bar{E} - E_n, \Delta)}{\Omega_{\bar{S}}(\bar{E}, \Delta)}. \tag{37.218}$$

(b) Wir entwickeln den Logarithmus der Wahrscheinlichkeit $p(E_n)$ in der als klein angenommenen Energie $E_n \ll \bar{E}$:

$$\begin{aligned} \ln p(E_n) &= \ln \Omega_{\mathcal{U}}(\bar{E} - E_n, \Delta) - \ln \Omega_{\bar{S}}(\bar{E}, \Delta) \\ &\approx \ln \Omega_{\mathcal{U}}(\bar{E}, \Delta) - \ln \Omega_{\bar{S}}(\bar{E}, \Delta) \\ &\quad + \frac{\partial}{\partial E} \ln \Omega_{\mathcal{U}}(E, \Delta)\bigg|_{E=\bar{E}} (-E_n) \\ &= \ln \frac{\Omega_{\mathcal{U}}(\bar{E}, \Delta)}{\Omega_{\bar{S}}(\bar{E}, \Delta)} - \beta E_n. \end{aligned} \tag{37.219}$$

Die Wahrscheinlichkeit $p(E_n)$ für $E_n \ll \bar{E}$ ist also in bester Näherung

$$p(E_n) \approx \frac{\Omega_{\mathcal{U}}(\bar{E}, \Delta)}{\Omega_{\bar{S}}(\bar{E}, \Delta)} \exp(-\beta E_n). \tag{37.220}$$

Die hier definierte Größe β entspricht der üblichen reziproken thermischen Energie:

$$\beta = \left(\frac{\partial \ln \Omega_{\mathcal{U}}}{\partial E}\right)_{\bar{E}} = \frac{1}{k_B T}. \tag{37.221}$$

(c) Die in Teilaufgabe (b) bestimmte Wahrscheinlichkeit $p(E_n)$ gilt tatsächlich auch dann, wenn es sich bei S um ein einzelnes Atom oder Molekül handeln sollte, weil bei der bisherigen Überlegung nur angenommen werden musste, dass die Systeme $\mathcal{U}$ und $\bar{S}$ makroskopisch sind.

(d) Wir bezeichnen die Anzahl der Zustände des Systems S mit Energien im Intervall $[0, E]$ mit $\Phi_S(E)$. Die Anzahl der Zustände dieses Systems im Energieintervall $[E, E + \delta E]$ ist dann

$$\begin{aligned} \Omega_S(E, \delta E) &= \Phi_S(E + \delta E) - \Phi_S(E) \\ &\approx \frac{\partial}{\partial E} \Phi_S(E) \delta E. \end{aligned} \tag{37.222}$$

Damit erhalten wir für $\delta E < \Delta$

$$\begin{aligned} w(E)\delta E &= \sum_{\{n\}} P(E_n) \\ &= \frac{\Omega_{\mathcal{U}}(\bar{E} - E, \Delta)}{\Omega_{\bar{S}}(\bar{E}, \Delta)} \Omega_S(E, \delta E) \\ &= \frac{\Omega_{\mathcal{U}}(\bar{E} - E, \Delta)}{\Omega_{\bar{S}}(\bar{E}, \Delta)} \frac{\partial}{\partial E} \Phi_S(E) \delta E, \end{aligned} \tag{37.223}$$

wobei auf der rechten Seite der ersten Zeile über alle Zustände n zu summieren ist, deren Energie E_n im Intervall $[E, E + \delta E]$ liegt. In der zweiten Zeile wird davon Gebrauch gemacht, dass es nun nicht mehr nur eine Möglichkeit gibt, im System S einen Zustand mit der gewünschten Energie zu realisieren, sondern eine Zahl, die durch $\Omega_S(E, \delta E)$ quantifiziert wird. Während die Ableitung von Φ in der letzten Zeile mit E steil ansteigt, fällt $\Omega_{\mathcal{U}}(\bar{E} - E, \Delta)$ steil ab. Zusammen bilden beide Faktoren ein scharfes Maximum.

37.2 Ohne Beschränkung der Allgemeinheit geben wir dem einen Teilchen, dessen mittlere kinetische Energie gesucht ist, den Index 1. Seine mittlere kinetische Energie folgt aus

$$\begin{aligned} \langle \varepsilon \rangle = \frac{\langle \boldsymbol{p}_1^2 \rangle}{2m} &= \frac{1}{2mh^{3N} N!\, Z_k} \\ &\cdot \iint \boldsymbol{p}_1^2 \exp\left[-\beta \left(\sum_{i=1}^{N} \frac{\boldsymbol{p}_i^2}{2m} + V(\boldsymbol{q}_1, \ldots, \boldsymbol{q}_N)\right)\right] \\ &\cdot \prod_{i=1}^{N} \mathrm{d}\boldsymbol{q}_i \mathrm{d}\boldsymbol{p}_i, \end{aligned} \tag{37.224}$$

worin die kanonische Zustandssumme durch

$$\begin{aligned} Z_k &= \frac{1}{h^{3N} N!} \\ &\cdot \iint \exp\left[-\beta \left(\sum_{i=1}^{N} \frac{\boldsymbol{p}_i^2}{2m} + V(\boldsymbol{q}_1, \ldots, \boldsymbol{q}_N)\right)\right] \prod_{i=1}^{N} \mathrm{d}\boldsymbol{q}_i \mathrm{d}\boldsymbol{p}_i \end{aligned} \tag{37.225}$$

gegeben ist. Für die Teilchen $2 \ldots N$ enthalten die Integrale in den letzten beiden Gleichungen dieselben Faktoren, die sich demnach herauskürzen. Insbesondere faktorisiert das Integral über die potenzielle Energie, das sich separat ausführen und kürzen lässt. Übrig bleibt daher nur

$$\begin{aligned} \langle \varepsilon \rangle &= \frac{1}{2m} \left[\int \exp\left(-\beta \frac{\boldsymbol{p}_1^2}{2m}\right) \mathrm{d}\boldsymbol{p}_1\right]^{-1} \int \boldsymbol{p}_1^2 \exp\left(-\beta \frac{\boldsymbol{p}_1^2}{2m}\right) \mathrm{d}\boldsymbol{p}_1 \\ &= \frac{3}{2\beta} = \frac{3}{2} k_B T. \end{aligned} \tag{37.226}$$

Dieses Ergebnis reproduziert den Gleichverteilungssatz, gilt aber nicht quantal, weil die Reihenfolge der Orts- und Impulsintegrationen beliebig vertauscht wurde, was quantal nicht erlaubt ist. Die operatorwertige Exponentialfunktion

$$\exp\left(\hat{A}+\hat{B}\right)=\exp\left(\hat{A}\right)\exp\left(\hat{B}\right) \tag{37.227}$$

faktorisiert nur dann, wenn die Operatoren $\hat{A}$ und $\hat{B}$ vertauschen (siehe hierzu die Baker-Campbell-Hausdorff-Formel aus Aufgabe 25.6).

37.3

(a) Die Zustandssumme der Rotationszustände ist

$$\begin{aligned} z_{\text{rot}} &= \sum_{j=0}^{\infty}(2j+1)\exp\left[-\frac{\beta\hbar^2}{2I}j(j+1)\right] \\ &\approx \int_0^{\infty}(2j+1)\exp\left[-\frac{\beta\hbar^2}{2I}j(j+1)\right]\mathrm{d}j \\ &= \int_0^{\infty}\exp\left(-\frac{\beta\hbar^2}{2I}x\right)\mathrm{d}x \\ &= \frac{2I}{\beta\hbar^2}=\frac{2Ik_{\text{B}}T}{\hbar^2}=\frac{T}{\Theta_{\text{rot}}}, \end{aligned} \tag{37.228}$$

wobei wir die Substitution $j(j+1)\to x$ vorgenommen und die Rotationstemperatur

$$\Theta_{\text{rot}}=\frac{\hbar^2}{2Ik_{\text{B}}} \tag{37.229}$$

identifiziert haben. Die Summe in ein Integral umzuwandeln, ist dann zulässig, wenn die Rotationszustände sehr dicht liegen. Für sehr hohe Temperaturen, $T\gg\Theta_{\text{rot}}$, ist dies auch der Fall.

Für die Zustandssumme der Vibrationszustände gilt

$$\begin{aligned} z_{\text{vib}} &= \sum_{n=0}^{\infty}\exp\left[-\beta\hbar\omega\left(n+\frac{1}{2}\right)\right] \\ &= \exp\left(-\frac{\beta\hbar\omega}{2}\right)\frac{1}{1-\exp(-\beta\hbar\omega)} \\ &= \frac{1}{\exp(\beta\hbar\omega/2)-\exp(-\beta\hbar\omega/2)} \\ &= \frac{1}{2}\left(\sinh\frac{\beta\hbar\omega}{2}\right)^{-1}=\frac{1}{2}\left(\sinh\frac{\Theta_{\text{vib}}}{2T}\right)^{-1}, \end{aligned} \tag{37.230}$$

wobei wir in der Summe über alle Vibrationszustände eine geometrische Reihe identifiziert haben.

(b) (1) Der Beitrag der Rotationszustände zur freien Energie beträgt

$$f^{\text{rot}}=-k_{\text{B}}T\ln\frac{T}{\Theta_{\text{rot}}} \tag{37.231}$$

pro Molekül, die Entropie ist

$$s^{\text{rot}}=-\left(\frac{\partial f^{\text{rot}}}{\partial T}\right)_{V,N}=k_{\text{B}}\left(1+\ln\frac{T}{\Theta_{\text{rot}}}\right), \tag{37.232}$$

die innere Energie ist

$$u^{\text{rot}}=f^{\text{rot}}+Ts^{\text{rot}}=k_{\text{B}}T, \tag{37.233}$$

sodass die Wärmekapazität bei konstantem Volumen

$$c_V^{\text{rot}}=\left(\frac{\partial u^{\text{rot}}}{\partial T}\right)_V=k_{\text{B}} \tag{37.234}$$

beträgt.

(2) Mit der Definition

$$\tau:=\frac{\Theta_{\text{vib}}}{2T} \tag{37.235}$$

erhalten wir für die Vibrationszustände völlig analog die Ergebnisse (Abb. 37.14)

$$\begin{aligned} f^{\text{vib}} &= k_{\text{B}}T\ln(2\sinh\tau), \\ s^{\text{vib}} &= k_{\text{B}}\left[\tau\coth\tau-\ln(2\sinh\tau)\right], \\ c_V^{\text{vib}} &= k_{\text{B}}\frac{\tau^2}{\sinh^2\tau}. \end{aligned} \tag{37.236}$$

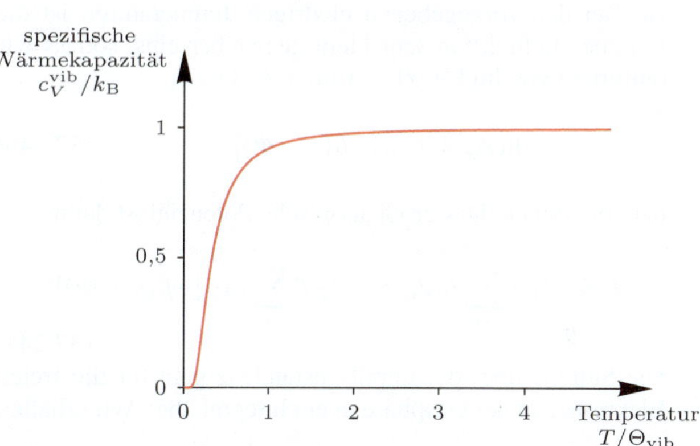

Abb. 37.14 Die spezifische Wärmekapazität $c_V^{\text{vib}}/k_{\text{B}}$ ist als Funktion der Temperatur dargestellt

37.4 Die kanonische Zustandssumme eines Defekts ist

$$Z_1=1+\exp\left[-\beta a\left(\frac{N_0}{V}\right)^{\gamma}\right], \tag{37.237}$$

für N_0 lokalisierbare und daher unterscheidbare Defekte ist sie

$$Z_{\text{k}}=Z_1^{N_0}, \tag{37.238}$$

woraus die freie Energie

$$F=-k_{\text{B}}TN_0\ln\left\{1+\exp\left[-\beta a\left(\frac{N_0}{V}\right)^{\gamma}\right]\right\} \tag{37.239}$$

folgt. Der Druck ist die negative Ableitung der freien Energie nach dem Volumen:

$$P = -\left(\frac{\partial F}{\partial V}\right)_{T,N} = \frac{a\gamma\left(\frac{N_0}{V}\right)^{\gamma+1}}{\exp\left[\beta a\left(\frac{N_0}{V}\right)^{\gamma}\right]+1}. \qquad (37.240)$$

37.5 Bei der Lösung dieser Aufgabe müssen wir zwei Gegebenheiten besonders beachten: Zum einen handelt es sich um Elektronen, sodass das Pauli-Prinzip erfüllt werden muss. Zum anderen kennen wir die Anzahl der Elektronen nicht, weder im Metall noch im Dampf, sodass ein großkanonisches Ensemble zweckmäßig ist.

(a) Der Hamilton-Operator für Elektronen in der Gasphase ist

$$\hat{H} = \varepsilon + \Phi_0 \qquad (37.241)$$

mit der üblichen kinetischen Energie ε. Abgesehen von der Spinentartung kann jeder Impulszustand α nur mit einem oder keinem Elektron besetzt sein, sodass die Einteilchen-Zustandssumme für den Impulszustand α gleich

$$Z_\alpha = 1 + \exp\left[-\beta(\varepsilon + \Phi_0 - \mu)\right] \qquad (37.242)$$

ist. Bei den vorgegebenen niedrigen Temperaturen ist die Exponentialfunktion sehr klein gegenüber eins, sodass wir (aufgrund von $\ln(1+x) \approx x$ für $x \ll 1$)

$$\ln Z_\alpha \approx \exp\left[-\beta(\varepsilon + \Phi)\right] \qquad (37.243)$$

nähern können. Das großkanonische Potenzial ist dann

$$J = -k_\mathrm{B}T\sum_\alpha \ln Z_\alpha \approx -k_\mathrm{B}T\sum_\alpha \exp\left[-\beta(\varepsilon+\Phi)\right]. \qquad (37.244)$$

Die Summe über die Impulszustände α geht für die freien Elektronen in der Gasphase in ein Integral über. Wir erhalten

$$\begin{aligned} J &= -k_\mathrm{B}T\frac{2V}{h^3}4\pi\mathrm{e}^{-\beta\Phi}\int_0^\infty p^2\exp\left(-\beta\frac{p^2}{2m}\right)\mathrm{d}p \\ &= -2k_\mathrm{B}T\frac{V}{\lambda_\mathrm{T}^3}\,\mathrm{e}^{-\beta(\Phi_0-\mu)}, \end{aligned} \qquad (37.245)$$

wobei der Faktor zwei nun der Spinentartung Rechnung trägt. Im letzten Schritt haben wir die thermische Wellenlänge λ_T identifiziert.
Die Dampfdichte ist durch die mittlere Teilchenzahl gegeben, die wir durch Ableitung des großkanonischen Potenzials nach dem chemischen Potenzial erhalten,

$$\langle n\rangle = \frac{\langle N\rangle}{V} = -\frac{1}{V}\left(\frac{\partial J}{\partial\mu}\right)_{T,P} = \frac{2}{\lambda_\mathrm{T}^3}\mathrm{e}^{-\beta\Phi}, \qquad (37.246)$$

während der Druck aufgrund der Gibbs-Duhem-Beziehung gerade gegeben ist durch

$$\begin{aligned} P &= -\frac{J}{V} = \frac{2}{\lambda_\mathrm{T}^3}k_\mathrm{B}T\,\mathrm{e}^{-\beta\Phi} \\ &= \langle n\rangle k_\mathrm{B}T = \frac{\langle N\rangle}{V}k_\mathrm{B}T. \end{aligned} \qquad (37.247)$$

(b) Um die Elektronenstromdichte zu berechnen, brauchen wir die Anzahl der Elektronen, deren Impulskomponente positiv ist. Wir führen sphärische Polarkoordinaten so ein, dass die Polachse senkrecht von der Metalloberfläche zu positiven z zeigt, sodass die Impulskomponente in z-Richtung durch $p\cos\vartheta$ gegeben ist. Die Elektronenstromdichte erhalten wir aus der mittleren Elektronendichte $\langle n\rangle$, indem wir sie mit der mittleren positiven Geschwindigkeit v_z multiplizieren. Diese erhalten wir aus

$$\begin{aligned} \langle v_z\rangle_{\theta(z)} &= \frac{\langle p_z\rangle_{\theta(z)}}{2m} \\ &= \frac{1}{2m}\left[4\pi\int_0^\infty \exp\left(-\beta\frac{p^2}{2m}\right)p^2\mathrm{d}p\right]^{-1} \\ &\quad\cdot\int_0^{2\pi}\mathrm{d}\varphi\int_0^{\pi/2}\sin\vartheta\,\mathrm{d}\vartheta\int_0^\infty\mathrm{d}p\,\exp\left(-\beta\frac{p^2}{2m}\right)p^3\cos\vartheta \\ &= \frac{1}{2m}\left[4\int_0^\infty\exp\left(-\beta\frac{p^2}{2m}\right)p^2\mathrm{d}p\right]^{-1} \\ &\quad\cdot\int_0^\infty\exp\left(-\beta\frac{p^2}{2m}\right)p^3\mathrm{d}p \\ &= \frac{(2\pi mk_\mathrm{B}T)^{1/2}}{4\pi m} = \frac{h}{4\pi m\lambda_\mathrm{T}} = \frac{\lambda_\mathrm{T}k_\mathrm{B}T}{2h}. \end{aligned} \qquad (37.248)$$

Das Produkt aus dieser mittleren Geschwindigkeit, der mittleren Elektronendichte und der Ladng $(-e)$ ergibt die Stromdichte

$$j = -e\langle v_z\rangle\langle n\rangle = -e\frac{k_\mathrm{B}T}{h\lambda_\mathrm{T}^2}\,\mathrm{e}^{-\beta(\Phi_0-\mu)} \qquad (37.249)$$

der Elektronen. Dieses Ergebnis heißt *Richardson-Dushman-Gleichung*.

37.6

(a) Wir haben zwei Bosonen vorliegen, $N = 2$, die sich in folgenden Konfigurationen auf die drei Zustände verteilen können:

$$\begin{aligned} &\{2,0,0\}, \quad \{0,2,0\}, \quad \{0,0,2\}, \\ &\{1,1,0\}, \quad \{1,0,1\}, \quad \{0,1,1\}. \end{aligned} \qquad (37.250)$$

Die zugehörige kanonische Zustandssumme ist

$$Z_k = e^{-2\beta\varepsilon_1} + e^{-2\beta\varepsilon_2} + e^{-2\beta\varepsilon_3} + e^{-\beta(\varepsilon_1+\varepsilon_2)} + e^{-\beta(\varepsilon_1+\varepsilon_3)} + e^{-\beta(\varepsilon_2+\varepsilon_3)} . \tag{37.251}$$

Im Zustand 1 hält sich in den folgenden Konfigurationen (mindestens) ein Teilchen auf:

$$\{2,0,0\} , \quad \{1,1,0\} , \quad \{1,0,1\} . \tag{37.252}$$

Daraus und aus der Zustandssumme erhalten wir die Wahrscheinlichkeit

$$P_1 = \frac{1}{Z_k}\left(e^{-2\beta\varepsilon_1} + e^{-\beta(\varepsilon_1+\varepsilon_2)} + e^{-\beta(\varepsilon_1+\varepsilon_3)}\right) \tag{37.253}$$

dafür, dass der Zustand 1 mindestens einfach besetzt ist.

(b) Unter der Bedingung, dass die Energie $E = \varepsilon_1 + \varepsilon_2$ ist, steht einem Zweibosonensystem genau eine Konfiguration zur Verfügung, nämlich $\{1,1,0\}$. Die (mikrokanonische) Entropie ist also gleich null, da sie den Logarithmus der Anzahl zugänglicher Konfigurationen misst. Wenn die Teilchen, nennen wir sie A und B, unterscheidbar sind, gibt es zwei Konfigurationen, $\{A,B,0\}$ und $\{B,A,0\}$, weshalb dann die Entropie gleich $k_B \ln 2$ ist.

37.7

(a) Bei fester *mittlerer* Teilchenzahl $\langle N\rangle$ benötigen wir das großkanonische Potenzial des N-Teilchen-Systems, sodass wir mit der großkanonischen Zustandssumme

$$Z_{gk} = \sum_{N=0}^{\infty}\sum_{\{N_\alpha\}} \exp\left[-\beta\sum_\alpha (\varepsilon(\boldsymbol{p}_\alpha) - \mu)N_\alpha\right] \tag{37.254}$$

beginnen. Die Summation über $\{N_\alpha\}$ bedeutet, dass die Summe aller N_α gerade N ergeben muss. Den Druck erhalten wir zunächst aus der negativen Ableitung des großkanonischen Potenzials nach dem Volumen:

$$\begin{aligned} P &= -\left(\frac{\partial J}{\partial V}\right)_{T,\mu} = k_B T\left(\frac{\partial \ln Z_{gk}}{\partial V}\right)_{T,\mu} \\ &= \frac{k_B T}{Z_{gk}}\frac{\partial}{\partial V}\sum_{N=0}^{\infty}\sum_{\{N_\alpha\}} \exp\left[-\beta\sum_\alpha (\varepsilon(\boldsymbol{p}_\alpha) - \mu)N_\alpha\right] . \end{aligned} \tag{37.255}$$

In der Doppelsumme hängt allein der Impuls $\boldsymbol{p}_\alpha$ vom Volumen ab, denn er ist homogen vom Grad $-1/3$ im Volumen. Die Ableitung der Energie $\varepsilon(\boldsymbol{p}_\alpha)$ nach dem Volumen ergibt daher

$$\frac{\partial\varepsilon(\boldsymbol{p}_\alpha)}{\partial V} = \frac{\partial p_\alpha}{\partial V}\frac{\partial\varepsilon(\boldsymbol{p}_\alpha)}{\partial p_\alpha} = -\frac{1}{3}\frac{p_\alpha}{V}n\frac{\varepsilon(\boldsymbol{p}_\alpha)}{p_\alpha} = -\frac{n}{3}\frac{\varepsilon(\boldsymbol{p}_\alpha)}{V} , \tag{37.256}$$

wobei wir zweimal den Euler'schen Satz über homogene Funktionen verwendet haben (siehe den „Mathematischen Hintergrund“ 33.1). Mit diesem Ergebnis folgt

$$\begin{aligned} P &= \frac{n}{3VZ_{gk}}\sum_{N=0}^{\infty}\sum_{\{N_\alpha\}} \varepsilon(\boldsymbol{p}_\alpha)\exp\left[-\beta\sum_\alpha (\varepsilon(\boldsymbol{p}_\alpha) - \mu)N_\alpha\right] \\ &= \frac{nU}{3V} . \end{aligned} \tag{37.257}$$

Der Druck erweist sich als proportional zur inneren Energiedichte, wobei das Verhältnis $n/3$ als Proportionalitätsfaktor auftritt.

(b) In d statt drei Dimensionen ist der Impuls homogen vom Grad $-1/d$ im Volumen, woraus

$$P = \frac{nU}{dV} \tag{37.258}$$

resultiert.

37.8

(a) Zunächst müssen wir prüfen, ob die Summe über die Wahrscheinlichkeiten aller möglichen Konfigurationen eins ergibt:

$$\begin{aligned} 1 &\stackrel{?}{=} \sum_{\tau_1=0,1}\ldots\sum_{\tau_{N_G}=0,1} W(\tau_1,\ldots,\tau_{N_G}) \\ &= \sum_{\tau_1=0,1}\ldots\sum_{\tau_{N_G}=0,1}\prod_{i=1}^{N_G}[c\tau_i + (1-c)(1-\tau_i)] \\ &= \prod_{i=1}^{N_G}[c + (1-c)] = [c + (1-c)]^{N_G} = 1 . \end{aligned} \tag{37.259}$$

Die gegebenen Wahrscheinlichkeiten sind also tatsächlich normiert. Wählen wir ohne Beschränkung der Allgemeinheit den Gitterplatz $j = 1$, dann erhalten wir

$$\begin{aligned} \langle\tau_1\rangle &= \sum_{\tau_1=0,1}\ldots\sum_{\tau_{N_G}=0,1}\tau_1 w(\tau_1)\prod_{i=2}^{N_G} w(\tau_i) \\ &= w(1)\,[c + (1-c)]^{N_G-1} = c , \end{aligned} \tag{37.260}$$

d. h., die Konstante c gibt die mittlere Besetzungszahl eines einzelnen Gitterplatzes an.

(b) Für alle Gitterplätze j, k ist $\langle\tau_j\rangle = c = \langle\tau_k\rangle$, sodass

$$\langle\tau_j\rangle\langle\tau_k\rangle = c^2 \tag{37.261}$$

ist. Für $j = k$ ist der Mittelwert $\langle\tau_j\tau_k\rangle = \langle\tau_j^2\rangle = \langle\tau_j\rangle = c$. Neu zu berechnen bleibt also nur der Mittelwert für $j \neq k$. Wählen wir ohne Beschränkung der Allgemeinheit $j = 1$ und $k = 2$, dann folgt

$$\begin{aligned} \langle\tau_1\tau_2\rangle &= \sum_{\tau_1=0,1}\ldots\sum_{\tau_{N_G}=0,1}\tau_1 w(\tau_1)\tau_2 w(\tau_2)\prod_{i=3}^{N_G} w(\tau_i) \\ &= c^2 . \end{aligned} \tag{37.262}$$

Teil IV

Für $j \neq k$ ist $\Gamma_{jk} = 0$, verschiedene Gitterplätze sind also nicht korreliert. Für $j = k$ ist $\Gamma_{jk} = c - c^2 = c(1 - c)$, insgesamt also

$$\Gamma_{jk} = \delta_{jk} c(1 - c)\,. \tag{37.263}$$

(c) Die gesuchte Intensität ergibt sich direkt aus den bisherigen Ergebnissen:

$$\begin{aligned} I_D &= \langle |A^2| \rangle - |\langle A \rangle|^2 \\ &= |F|^2 \sum_j \sum_k \left[\langle \tau_j \tau_k \rangle - \langle \tau_j \rangle \langle \tau_k \rangle \right] \mathrm{e}^{\mathrm{i}Q(R_j - R_k)} \\ &= |F|^2 c(1-c) \sum_j \sum_k \delta_{jk} \mathrm{e}^{\mathrm{i}Q(R_j - R_k)} \\ &= |F|^2 c(1-c) N_\mathrm{G}\,. \end{aligned} \tag{37.264}$$

37.9

(a) Wir nummerieren die Einteilchenzustände mit $\alpha = 1, 2, 3, 4$ und ordnen ihnen für $\alpha = 1, 2$ die Energie ε_1, für $\alpha = 3, 4$ die Energie ε_2 zu. Jeder Einteilchenzustand kann von höchstens einem Fermion besetzt sein, sodass die kanonische Zustandssumme für Fermionen

$$Z_\mathrm{k}^{(\mathrm{F})} = \mathrm{e}^{-2\beta\varepsilon_1} + \mathrm{e}^{-2\beta\varepsilon_2} + 4\mathrm{e}^{-\beta(\varepsilon_1 + \varepsilon_2)} \tag{37.265}$$

beträgt. Bosonen können die Einteilchenzustände in beliebigen Anzahlen besetzen, sodass deren kanonische Zustandssumme

$$Z_\mathrm{k}^{(\mathrm{B})} = 3\mathrm{e}^{-2\beta\varepsilon_1} + 3\mathrm{e}^{-2\beta\varepsilon_2} + 4\mathrm{e}^{-\beta(\varepsilon_1 + \varepsilon_2)} \tag{37.266}$$

ist.

(b) Ein fermionisches Zweiteilchensystem kann die Energie $2\varepsilon_1$ nur in einer Konfiguration erreichen, sodass seine Entropie gleich null ist. Ein bosonisches Zweiteilchensystem hingegen hat für die Energie $2\varepsilon_1$ drei Möglichkeiten, weshalb seine Entropie $k_\mathrm{B} \ln 3$ ist.

37.10

(a) Die mittlere Besetzungszahl in der großkanonischen Gesamtheit ist

$$\langle n(\boldsymbol{p}, s) \rangle = \frac{1}{\mathrm{e}^{\beta(\varepsilon - \mu)} + 1} \tag{37.267}$$

für Fermionen, also

$$\langle n(\boldsymbol{p}, s) \rangle = \left\{ 1 + \exp\left[\beta \left(\frac{\boldsymbol{p}^2}{2m} - \mu \right) \right] \right\}^{-1}\,. \tag{37.268}$$

(b) Die mittlere Teilchenzahl ist

$$\langle n \rangle = 2(2\pi) \frac{L^2}{h^2} \int_0^\infty \frac{p\mathrm{d}p}{\exp\left[\beta(\frac{p^2}{2m} - \mu) \right] + 1} \tag{37.269}$$

in ebenen Polarkoordinaten, wobei der Vorfaktor 2 die Spinentartung ausdrückt. Zur Berechnung des Integrals substituieren wir kurzerhand

$$\beta \left(\frac{p^2}{2m} - \mu \right) = x\,, \quad p\mathrm{d}p = \frac{m\mathrm{d}x}{\beta} \tag{37.270}$$

und fahren fort:

$$\begin{aligned} \langle n \rangle &= 4\pi \frac{mL^2}{\beta h^2} \int_{-\beta\mu}^\infty \frac{\mathrm{d}x}{\mathrm{e}^x + 1} \\ &= 4\pi \frac{mL^2}{\beta h^2} \int_{-\beta\mu}^\infty \frac{\mathrm{e}^{-x}\mathrm{d}x}{1 + \mathrm{e}^{-x}} \\ &= -4\pi \frac{mL^2}{\beta h^2} \ln\left(1 + \mathrm{e}^{-x}\right)\Big|_{-\beta\mu}^\infty \\ &= 4\pi \frac{mL^2}{\beta h^2} \ln\left(1 + \mathrm{e}^{\beta\mu}\right)\,. \end{aligned} \tag{37.271}$$

Bei vorgegebener Flächendichte der Teilchen, $\nu = \langle n \rangle L^{-2}$, können wir die letzte Gleichung nach Division durch L^2 nach μ auflösen und bekommen

$$\mu = k_\mathrm{B} T \ln\left[\exp\left(\frac{h^2 \nu}{4\pi m k_\mathrm{B} T} \right) - 1 \right] \tag{37.272}$$

für das chemische Potenzial der Spin-1/2-Teilchen.

Literatur

Behrends, E., Gritzmann, P., Ziegler, G.M. (Hrsg.): π und Co. Kaleidoskop der Mathematik (Kapitel „Die Riemann'sche Vermutung"). Springer, Berlin, Heidelberg (2008)

Einstein, A.: Quantentheorie des einatomigen idealen Gases. Zweite Abhandlung. Sitzungsberichte der preußischen Akademie der Wissenschaften 1925 (I), Sitzung der physikalisch-mathematischen Klasse vom 8. Januar

Liddle, A.R.: Einführung in die moderne Kosmologie. Wiley-VCH, Weinheim (2009)

Neukirch, J.: Algebraische Zahlentheorie (Kapitel VII, Zetafunktionen und L-Reihen). Springer, Berlin, Heidelberg (2006)

du Sautoy, M.: Die Musik der Primzahlen. Beck, München (2004)

Weinberg, S.: Die ersten drei Minuten – Der Ursprung des Universums. Piper, München, Zürich (1997)

Literatur

Behrends, E., Gritzmann, P., Ziegler, G.M. (Hrsg.): π und Co. Kaleidoskop der Mathematik (Kapitel „Die Riemann'sche Vermutung"). Springer, Berlin Heidelberg (2008)

Einstein, A.: Quantentheorie des einatomigen idealen Gases. Zweite Abhandlung. Sitzungsberichte der preußischen Akademie der Wissenschaften 1925 (I), Sitzung der physikalisch-mathematischen Klasse vom 8. Januar

Liddle, A.R.: Einführung in die moderne Kosmologie. Wiley-VCH, Weinheim (2009)

Neukirch, J.: Algebraische Zahlentheorie (Kapitel VII, Zetafunktionen und L-Reihen). Springer, Berlin Heidelberg (2006)

du Sautoy, M.: Die Musik der Primzahlen. Beck, München (2004)

Weinberg, S.: Die ersten drei Minuten – Der Ursprung des Universums. Piper, München, Zürich (1997)

Abbildungsnachweis

Alle Grafiken, die hier nicht genannt sind, wurden von Kristin Riebe erstellt.

Teil I

Eröffnungbild: © picture alliance/akg-images

Kapitel 1

Eröffnungsbild: © NASA **1.7:** © NASA

Kapitel 2

Eröffnungsbild: © NASA **2.7:** © NASA **2.10:** © NASA **2.11:** © Ciudad de las Artes y las Ciencias. Generalitat Valenciana

Kapitel 3

Eröffnungsbild: © NASA **3.1:** © NASA

Kapitel 4

Eröffnungsbild: © Markus Bautsch

Kapitel 6

Eröffnungsbild: © Kristin Riebe **6.6:** © Sheevar, SA 3.0

Kapitel 7

Eröffnungsbild: © akg/Science Photo Library **7.5:** © PAR, SA 3.0

Kapitel 8

Eröffnungsbild: © Kristin Riebe **8.25:** © NASA/GSFC/Bob Cahalan **8.26:** © Madlen Ziegler **8.28:** © G. J. Bulte

Kapitel 9

Eröffnungsbild: © CERN 2005 **9.1:** mit freundlicher Genehmigung der Russischen Akademie der Wissenschaften **9.3:** A. A. Michelson, E. Morley (1887), American Journal of Science, Volume 34, Issue 203, pp. 333–345 (public domain, en.wikisource.org) **9.10:** © BELLE, belle.kek.jp **9.23:** © NASA/MSFC

Kapitel 10

Eröffnungsbild: © CERN 2012, designed by Idea2Dezign™ **10.4:** © NNSA **10.5:** © Kamioka Observatory, ICRR (Institute for Cosmic Ray Research), The University of Tokyo **10.6:** Max-Planck-Institut für Physik – MAGIC, © R. Wagner **10.7:** © CERN **10.8:** © CERN 2005, Fabienne Marcastel

Teil II

Eröffnungbild: © Stan Zurek, http://www.encyclopedia-magnetica.com (License CC-BY-3.0)

Kapitel 11

Eröffnungsbild: © Jim Barton **11.1:** © nickolae – Fotolia.com **11.2:** © nickolae – Fotolia.com **11.8:** © nickolae – Fotolia.com **11.11:** © Berndt Meyer, commons.wikimedia.org **11.17:** public domain

Kapitel 12

Eröffnungsbild: U.S. Air Force/ © Edward Aspera Jr. **12.3:** mit freundlicher Genehmigung der University of Leicester, Biotechnical Services

Kapitel 13

Eröffnungsbild: © Kristin Riebe

Kapitel 14

Eröffnungsbild: © Anton Rebhan

Kapitel 15

Eröffnungsbild: © Antonio Saba **15.6:** Wikimedia, © Henry Mühlpfordt **15.15:** © 2010 The Regents of the University of California, Lawrence Berkeley National Laboratory **15.16:** © BEBC (Big European Bubble Chamber), CERN **15.18:** © EFDA, www.efda.org **15.20:** NASA, Solar Dynamics Observatory **15.22:** © NASA, Van Allen Probes, Goddard Space Flight Center

Kapitel 16

Eröffnungsbild: © E. Kolmhofer, H. Raab/Johannes-Kepler-Observatory, Linz, Austria **16.5:** © Buntbarsch – Fotolia.com **16.6:** © JAXA

Kapitel 17

Eröffnungsbild: © PJL, BY 2.5 **17.2:** © NASA/CXC, D. Berry 2009 **17.14:** © Tom Murphy VII, SA 3.0

Kapitel 18

Eröffnungsbild: © Delorian 64/Wordpress

Kapitel 19

Eröffnungsbild: © Entwurf: Lorli und Ernst Jünger, München, Archiv für Philatelie der Museumsstiftung Post und Telekommunikation **19.5:** © Herbert Weidner **19.6:** © KATHREIN-Werke KG, Rosenheim **19.9:** © Rschiedon, SA 3.0 **19.11:** © CERN 2008, Maximilien Brice **19.12:** © NASA/ESA, J. Hester und A. Loll, Arizona State University, 2005

Teil III

Eröffnungbild: © Bernd Thaller, Universität Graz

Kapitel 20

Eröffnungbild: Hamilton: © akg/Science Photo Library, Lagrange: © Georgios Kollidas - Fotolia.com, Noether: Lex. d. bed. Naturwissenschaftler

Kapitel 21

Eröffnungbild: Bohr: © IAM/akg-images, Planck: © akg-images, Einstein: © akg-images **21.5:** © NASA **21.6:** © akg-images **21.9:** Aus G. Möllenstedt, H. Düker (1956) Beobachtungen und Messungen an Biprisma-Interferenzen mit Elektronenwellen. Zeitschrift für Physik 145, Issue 3, pp. 377–397. Mit freundlicher Genehmigung von Springer Science+Business Media **21.10:** Reprinted courtesy of the Central Research Laboratory, Hitachi, Ltd., Japan. Demonstration of single-electron buildup of an interference pattern, A. Tonomura, J. Endo, T. Matsuda, T. Kawasaki, H. Ezawa (1989) American Journal of Physics, Volume 57, Issue 2, pp. 117–120 **21.13:** © akg-images **21.14:** © IAM/akg-images **21.17:** © akg/Science Photo Library

Kapitel 22

Eröffnungsbild: Mit freundlicher Genehmigung des Instituts für Experimentalphysik, Universität Innsbruck **22.1:** © akg/Science Photo Library

Kapitel 23

Eröffnungbild: © Kristin Riebe **23.5:** © akg/Science Photo Library

Kapitel 24

Eröffnungbild: © Kristin Riebe

Kapitel 25

Eröffnungsbild: Mit freundlicher Genehmigung des Instituts für Angewandte Physik, Universität Jena **25.4:** © akg/Science Photo Library

Kapitel 26

Eröffnungbild: © Kristin Riebe

Kapitel 27

Eröffnungsbild: © Claudio Rocchini, BY 2.5

Kapitel 28

Eröffnungbild: © Kristin Riebe

Kapitel 29

Eröffnungbild: © Wordpress

Kapitel 30

Eröffnungbild: © Wikipedia, SA 3.0

Kapitel 31

Eröffnungbild: © Kristin Riebe

Kapitel 32

Eröffnungsbild: © CERN 2013, Michael Hoch CMS Collection

Teil IV

Kapitel 33

Eröffnungsbild: Copyright unbekannt, Wikimedia Commons, SA 3.0 **33.1:** Copyright unbekannt, Wikimedia Commons, SA 3.0 **33.2:** © akg-images **33.3:** © akg-images/bildwissedition **33.4:** © nickolae – Fotolia.com **33.5:** © akg/Science Photo Library **33.6:** © akg/Science Photo Library

Kapitel 34

Eröffnungsbild: © Xavier Snelgrove **34.9:** Genehmigte Reproduktion aus Darling, L.; Hulburt, E.O. (1955) On Maxwell's Demon, American Journal of Physics, Volume 23, p. 470. © American Association of Physics Teachers 1955

Kapitel 35

Eröffnungsbild: © David Monniaux, Wikimedia Commons, SA 3.0

Kapitel 36

Eröffnungsbild: © Björn Malte Schäfer, Heidelberg

Kapitel 37

Eröffnungbild: © National Institute of Standards and Technology NIST/JILA/CU-Boulder 95PHY001 **37.10:** © ESA and the Planck Collaboration **37.13:** © NASA, ESA, and H. Richer (University of British Columbia)

Sachverzeichnis

F

Komplexe Zahlen

Polardarstellung komplexer Zahlen:

$$z = x + \mathrm{i}\, y = |z|\, \mathrm{e}^{\mathrm{i}\varphi}, \quad |z| = \sqrt{x^2 + y^2}, \quad \tan\varphi = \frac{y}{x}$$

Euler'sche Formel:

$$\mathrm{e}^{\mathrm{i}\varphi} = \cos\varphi + \mathrm{i}\,\sin\varphi$$

Vektorrechnung

Dreidimensional

$$\boldsymbol{a}\cdot(\boldsymbol{b}\times\boldsymbol{c}) = \boldsymbol{b}\cdot(\boldsymbol{c}\times\boldsymbol{a}) = \boldsymbol{c}\cdot(\boldsymbol{a}\times\boldsymbol{b})$$
$$\boldsymbol{a}\times(\boldsymbol{b}\times\boldsymbol{c}) = (\boldsymbol{a}\cdot\boldsymbol{c})\,\boldsymbol{b} - (\boldsymbol{a}\cdot\boldsymbol{b})\,\boldsymbol{c}$$
$$(\boldsymbol{a}\times\boldsymbol{b})\cdot(\boldsymbol{c}\times\boldsymbol{d}) = (\boldsymbol{a}\cdot\boldsymbol{c})\,(\boldsymbol{b}\cdot\boldsymbol{d}) - (\boldsymbol{a}\cdot\boldsymbol{d})\,(\boldsymbol{b}\cdot\boldsymbol{c})$$
$$(\boldsymbol{a}\times\boldsymbol{b})^2 = a^2\, b^2 - (\boldsymbol{a}\cdot\boldsymbol{b})^2$$

Kronecker-Symbol:

$$\delta_{ij} = \begin{cases} 1 & \text{wenn } i = j \\ 0 & \text{wenn } i \neq j \end{cases}$$

Levi-Civita-Symbol:

$$\varepsilon_{ijk} = \begin{cases} +1 & \text{wenn } ijk \text{ gerade Permutation von 123} \\ -1 & \text{wenn } ijk \text{ ungerade Permutation von 123} \\ 0 & \text{sonst} \end{cases}$$

$$\varepsilon_{ijk}\varepsilon_{lmk} = \delta_{il}\delta_{jm} - \delta_{im}\delta_{jl}, \qquad \varepsilon_{ijk}\varepsilon_{ljk} = 2\delta_{il}$$

Einstein'sche Summenkonvention (kartesische Koordinaten):

$$\boldsymbol{a}\cdot\boldsymbol{b} = a_i\, b_i \equiv \sum_{i=1}^{3} a_i\, b_i, \qquad (\boldsymbol{a}\times\boldsymbol{b})_i = \varepsilon_{ijk}\, a_j\, b_k$$

Ableitungen von skalaren Feldern $\phi(\boldsymbol{r})$, Vektorfeldern $\boldsymbol{X}(\boldsymbol{r})$:

Gradient: $\mathbf{grad}\,\phi = \nabla\phi$ bzw. $(\nabla\phi)_i = \partial_i\,\phi$

Divergenz: $\mathrm{div}\,\boldsymbol{X} = \nabla\cdot\boldsymbol{X} = \partial_i X_i$

Rotation: $\mathbf{rot}\,\boldsymbol{X} = \nabla\times\boldsymbol{X}$ bzw. $(\mathbf{rot}\,\boldsymbol{X})_i = \varepsilon_{ijk}\,\partial_j X_k$

Zweite Ableitungen:

$$\mathrm{div}\,\mathbf{grad}\,\phi = \nabla\cdot\nabla\phi = \Delta\phi$$
$$\mathbf{grad}\,\mathrm{div}\,\boldsymbol{X} = \nabla(\nabla\cdot\boldsymbol{X})$$
$$\mathrm{div}\,\mathbf{rot}\,\boldsymbol{X} = \nabla\cdot(\nabla\times\boldsymbol{X}) = 0$$
$$\mathbf{rot}\,\mathbf{grad}\,\phi = \nabla\times(\nabla\phi) = \mathbf{0}$$
$$\mathbf{rot}\,\mathbf{rot}\,\boldsymbol{X} = \nabla\times(\nabla\times\boldsymbol{X}) = \nabla(\nabla\cdot\boldsymbol{X}) - \Delta\boldsymbol{X}$$

Vierdimensional

Kronecker-Symbol:

$$\delta^{\mu}_{\nu} = \begin{cases} 1 & \text{wenn } \mu = \nu \\ 0 & \text{wenn } \mu \neq \nu \end{cases}$$

Minkowski-Metrik:

$$(\eta_{\mu\nu}) = (\eta^{\mu\nu}) = \begin{pmatrix} 1 & 0 & 0 & 0 \\ 0 & -1 & 0 & 0 \\ 0 & 0 & -1 & 0 \\ 0 & 0 & 0 & -1 \end{pmatrix}, \qquad \eta^{\mu\lambda}\eta_{\lambda\nu} = \delta^{\mu}_{\nu}$$

Lorentz-invariantes Skalarprodukt (mit Summenkonvention):

$$a_\mu b^\mu = \eta_{\mu\nu} a^\nu b^\mu = a_0 b^0 + a_i b^i = a^0 b^0 - a^i b^i$$

Viererortsvektor:

$$(x^\mu) = \begin{pmatrix} x^0 \\ x^1 \\ x^2 \\ x^3 \end{pmatrix} \equiv \begin{pmatrix} ct \\ x \\ y \\ z \end{pmatrix}, \qquad \mu \in \{0, 1, 2, 3\}$$

Vierergradient:

$$\partial_\mu \equiv \frac{\partial}{\partial x^\mu}, \quad (\partial_\mu) = \begin{pmatrix} \frac{1}{c}\partial_t \\ \nabla \end{pmatrix}, \quad (\partial^\mu) = (\eta^{\mu\nu}\partial_\nu) = \begin{pmatrix} \frac{1}{c}\partial_t \\ -\nabla \end{pmatrix}$$

Wellen-, d'Alembert- oder Quabla-Operator:

$$\partial_\mu\partial^\mu \equiv \partial^2 \equiv \Box = \frac{1}{c^2}\partial_t^2 - \nabla^2 \equiv \frac{1}{c^2}\partial_t^2 - \Delta$$

Vierdimensionales Levi-Civita-Symbol:

$$\varepsilon^{\mu\nu\sigma\tau} := \begin{cases} +1 & \text{wenn } \mu\nu\sigma\tau \text{ gerade Permutation von 0123} \\ -1 & \text{wenn } \mu\nu\sigma\tau \text{ ungerade Permutation von 0123} \\ 0 & \text{sonst.} \end{cases}$$

$$\varepsilon^{0123} = +1, \quad \varepsilon_{0123} = \eta_{00}\eta_{11}\eta_{22}\eta_{33}\varepsilon^{0123} = -1$$

Integralsätze

Linienintegral:

$$\int_{\boldsymbol{x}_a}^{\boldsymbol{x}_b} \nabla\phi\cdot\mathbf{d}\boldsymbol{r} = \phi(\boldsymbol{x}_b) - \phi(\boldsymbol{x}_a)$$
$$\int_{\boldsymbol{x}_a}^{\boldsymbol{x}_b} \mathrm{d}x_i\,\partial_i\,(\ldots) = (\ldots)\big|_{\boldsymbol{x}_b} - (\ldots)\big|_{\boldsymbol{x}_a}$$

Satz von Stokes:

$$\int_F \mathbf{d}\boldsymbol{f}\cdot\mathbf{rot}\,\boldsymbol{X} = \oint_{\partial F} \mathbf{d}\boldsymbol{r}\cdot\boldsymbol{X}$$
$$\int_F \mathrm{d}f_i\,\varepsilon_{ijk}\,\partial_j\,(\ldots) = \oint_{\partial F} \mathrm{d}x_k\,(\ldots)$$

Satz von Gauß:

$$\int_V \mathrm{d}V\,\mathrm{div}\,\boldsymbol{X} = \oint_{\partial V} \mathbf{d}\boldsymbol{f}\cdot\boldsymbol{X}$$
$$\int_V \mathrm{d}V\,\partial_i\,(\ldots) = \oint_{\partial V} \mathrm{d}f_i\,(\ldots)$$

Green'sche Integralsätze:

$$\int_V \mathrm{d}V\ [(\nabla\phi)\cdot(\nabla\chi)+\phi\ \Delta\chi] = \oint_{\partial V} \mathbf{d}\boldsymbol{f}\cdot\phi\ \nabla\chi$$

$$\int_V \mathrm{d}V\ (\phi\ \Delta\chi - \chi\ \Delta\phi) = \oint_{\partial V} \mathbf{d}\boldsymbol{f}\cdot(\phi\ \nabla\chi - \chi\ \nabla\phi)$$

Zylinderkoordinaten

$$x_1 \equiv x = \varrho\cos\varphi \qquad \hat{\boldsymbol{e}}_\varrho = \cos\varphi\,\hat{\boldsymbol{e}}_1 + \sin\varphi\,\hat{\boldsymbol{e}}_2$$

$$x_2 \equiv y = \varrho\sin\varphi \qquad \hat{\boldsymbol{e}}_\varphi = \cos\varphi\,\hat{\boldsymbol{e}}_2 - \sin\varphi\,\hat{\boldsymbol{e}}_1$$

$$x_3 \equiv z \qquad \hat{\boldsymbol{e}}_z = \hat{\boldsymbol{e}}_3$$

$$\mathrm{d}V = \mathrm{d}^3x = \varrho\,\mathrm{d}\varrho\,\mathrm{d}\varphi\,\mathrm{d}z$$

$$\nabla f = \hat{\boldsymbol{e}}_\varrho\frac{\partial f}{\partial\varrho} + \hat{\boldsymbol{e}}_\varphi\frac{1}{\varrho}\frac{\partial f}{\partial\varphi} + \hat{\boldsymbol{e}}_z\frac{\partial f}{\partial z}$$

$$\Delta f = \underbrace{\frac{1}{\varrho}\frac{\partial}{\partial\varrho}\left(\varrho\frac{\partial f}{\partial\varrho}\right)}_{\frac{\partial^2 f}{\partial\varrho^2}+\frac{1}{\varrho}\frac{\partial f}{\partial\varrho}} + \frac{1}{\varrho^2}\frac{\partial^2 f}{\partial\varphi^2} + \frac{\partial^2 f}{\partial z^2}$$

Kugelkoordinaten (sphärische Polarkoordinaten)

$$x_1 \equiv x = r\sin\vartheta\cos\varphi$$

$$x_2 \equiv y = r\sin\vartheta\sin\varphi$$

$$x_3 \equiv z = r\cos\vartheta$$

$$\mathrm{d}V = \mathrm{d}^3x = r^2\,\mathrm{d}r\,\mathrm{d}\Omega = r^2\,\mathrm{d}r\,\sin\vartheta\,\mathrm{d}\vartheta\,\mathrm{d}\varphi$$

$$\hat{\boldsymbol{e}}_r = \sin\vartheta\cos\varphi\,\hat{\boldsymbol{e}}_1 + \sin\vartheta\sin\varphi\,\hat{\boldsymbol{e}}_2 + \cos\vartheta\,\hat{\boldsymbol{e}}_3$$

$$\hat{\boldsymbol{e}}_\vartheta = \cos\vartheta\cos\varphi\,\hat{\boldsymbol{e}}_1 + \cos\vartheta\sin\varphi\,\hat{\boldsymbol{e}}_2 - \sin\vartheta\,\hat{\boldsymbol{e}}_3$$

$$\hat{\boldsymbol{e}}_\varphi = \cos\varphi\,\hat{\boldsymbol{e}}_2 - \sin\varphi\,\hat{\boldsymbol{e}}_1$$

$$\nabla f = \hat{\boldsymbol{e}}_r\frac{\partial f}{\partial r} + \hat{\boldsymbol{e}}_\vartheta\frac{1}{r}\frac{\partial f}{\partial\vartheta} + \hat{\boldsymbol{e}}_\varphi\frac{1}{r\sin\vartheta}\frac{\partial f}{\partial\varphi}$$

$$\Delta f = \left(\Delta_r + \frac{1}{r^2}\Delta_\Omega\right)f$$

$$\Delta_r := \frac{1}{r^2}\frac{\partial}{\partial r}r^2\frac{\partial}{\partial r} \equiv \frac{1}{r}\frac{\partial^2}{\partial r^2}r \equiv \frac{\partial^2}{\partial r^2} + \frac{2}{r}\frac{\partial}{\partial r}$$

$$\Delta_\Omega := \frac{1}{\sin\vartheta}\frac{\partial}{\partial\vartheta}\sin\vartheta\frac{\partial}{\partial\vartheta} + \frac{1}{\sin^2\vartheta}\frac{\partial^2}{\partial\varphi^2}$$

Kugelflächenfunktionen

$$\Delta_\Omega Y_{\ell m}(\vartheta,\varphi) = -\ell(\ell+1)Y_{\ell m}(\vartheta,\varphi), \quad \ell\in\mathbb{N}_0, \quad m=-\ell,\dots,\ell$$

$$Y_{\ell m}(\vartheta,\varphi) = \sqrt{\frac{2\ell+1}{4\pi}\frac{(\ell-m)!}{(\ell+m)!}}P_\ell^m(\cos\vartheta)\mathrm{e}^{\mathrm{i}m\varphi}$$

$$P_\ell^m(u) = \frac{(-1)^{\ell+m}}{2^\ell\ell!}\left(1-u^2\right)^{m/2}\frac{\mathrm{d}^{\ell+m}}{\mathrm{d}u^{\ell+m}}\left(1-u^2\right)^\ell, \quad P_\ell \equiv P_\ell^0$$

$Y_{\ell m}(\vartheta,\varphi)$	$\ell=0$	$\ell=1$	$\ell=2$
$m=0$	$\sqrt{\frac{1}{4\pi}}$	$\sqrt{\frac{3}{4\pi}}\cos\vartheta$	$\sqrt{\frac{5}{16\pi}}(3\cos^2\vartheta-1)$
$m=1$		$-\sqrt{\frac{3}{8\pi}}\sin\vartheta\,\mathrm{e}^{\mathrm{i}\varphi}$	$-\sqrt{\frac{15}{8\pi}}\sin\vartheta\cos\vartheta\,\mathrm{e}^{\mathrm{i}\varphi}$
$m=2$			$\sqrt{\frac{15}{32\pi}}\sin^2\vartheta\,\mathrm{e}^{2\mathrm{i}\varphi}$

$$Y_{\ell,-m} = (-1)^m Y_{\ell m}^*, \qquad \int\mathrm{d}\Omega\,Y_{\ell m}^*(\vartheta,\varphi)Y_{\ell' m'}(\vartheta,\varphi) = \delta_{\ell\ell'}\delta_{mm'}$$

$$\frac{1}{|\boldsymbol{r}-\boldsymbol{r}'|} = \sum_{\ell=0}^\infty\sum_{m=-\ell}^{\ell}\frac{4\pi}{2\ell+1}\frac{r_<^\ell}{r_>^{\ell+1}}Y_{\ell m}(\vartheta,\varphi)Y_{\ell m}^*(\vartheta',\varphi')$$

$$= \sum_{\ell=0}^\infty\frac{r_<^\ell}{r_>^{\ell+1}}P_\ell(\cos\alpha), \quad \cos\alpha \equiv \frac{\boldsymbol{r}\cdot\boldsymbol{r}'}{r\,r'},$$

$$r_< = \min(r,r'), \quad r_> = \max(r,r')$$

Fourier-Transformation

$$f(t,\boldsymbol{x}) = \int_{-\infty}^{\infty}\frac{\mathrm{d}\omega}{\sqrt{2\pi}}\int\frac{\mathrm{d}^3k}{(2\pi)^{3/2}}\tilde{f}(\omega,\boldsymbol{k})\,\mathrm{e}^{\mathrm{i}(\boldsymbol{k}\cdot\boldsymbol{x}-\omega t)}$$

$$\tilde{f}(\omega,\boldsymbol{k}) = \int_{-\infty}^{\infty}\frac{\mathrm{d}t}{\sqrt{2\pi}}\int\frac{\mathrm{d}^3x}{(2\pi)^{3/2}}f(t,\boldsymbol{x})\,\mathrm{e}^{-\mathrm{i}(\boldsymbol{k}\cdot\boldsymbol{x}-\omega t)}$$

Entwicklung nach einem vollständigen orthonormalen Funktionensystem f_j

$$f(x) = \sum_j a_j f_j(x), \quad a_j = \langle f_j, f\rangle, \quad \langle f,g\rangle = \int_I f^*(x)\,g(x)\,\mathrm{d}x$$

$$\langle f_j, f_k\rangle = \delta_{jk}, \quad \sum_j f_j^*(x')f_j(x) = \delta(x'-x)$$

Funktionentheorie

Cauchy-Riemann'sche Differenzialgleichungen:

$$f(z) = u(x+\mathrm{i}y) + \mathrm{i}v(x+\mathrm{i}y): \quad u_x = v_y, \quad u_y = -v_x$$

Residuensatz:

$$\oint f(z)\,\mathrm{d}z = 2\pi\mathrm{i}\sum_{j=1}^n \mathrm{Res}_{z_j}f(z)$$

Residuum bei einer einfachen Polstelle:

$$\mathrm{Res}_{z_0}f(z) = \lim_{z\to z_0}(z-z_0)f(z)$$

Mechanik

Lagrange-Gleichungen erster Art:

$$m_i \ddot{\boldsymbol{x}}_i = \boldsymbol{F}_i + \sum_{a=1}^{r} \lambda_a \nabla_i f_a, \quad f_a(t, \boldsymbol{x}_1, \ldots, \boldsymbol{x}_N) = 0$$

Lagrange-Gleichungen zweiter Art:

$$\frac{\mathrm{d}}{\mathrm{d}t}\frac{\partial T}{\partial \dot{q}_j} - \frac{\partial T}{\partial q_j} = Q_j, \quad \frac{\mathrm{d}}{\mathrm{d}t}\frac{\partial L}{\partial \dot{q}_j} - \frac{\partial L}{\partial q_j} = 0, \quad L = T - V$$

Hamilton'sche kanonische Gleichungen:

$$\frac{\partial H}{\partial p_i} = \dot{q}_i, \quad \frac{\partial H}{\partial q_i} = -\dot{p}_i, \quad H = \sum_i \dot{q}_i \frac{\partial L}{\partial \dot{q}_i} - L$$

Poisson-Klammern:

$$\{F, G\} = \sum_i \left(\frac{\partial F}{\partial q_i}\frac{\partial G}{\partial p_i} - \frac{\partial F}{\partial p_i}\frac{\partial G}{\partial q_i} \right)$$

Elektrodynamik

Maxwell-Gleichungen (Gauß'sches System):

$$\begin{aligned} \operatorname{div} \boldsymbol{D} &= 4\pi\rho_f, \qquad \boldsymbol{D} \equiv \boldsymbol{E} + 4\pi \boldsymbol{P} \\ \operatorname{div} \boldsymbol{B} &= 0 \\ \mathbf{rot}\, \boldsymbol{E} &= -\frac{1}{c}\frac{\partial}{\partial t}\boldsymbol{B} \\ \mathbf{rot}\, \boldsymbol{H} &= \frac{4\pi}{c}\boldsymbol{j}_f + \frac{1}{c}\frac{\partial}{\partial t}\boldsymbol{D}, \quad \boldsymbol{H} \equiv \boldsymbol{B} - 4\pi \boldsymbol{M} \end{aligned}$$

Potenziale:

$$\boldsymbol{E} = -\nabla\phi - \frac{1}{c}\frac{\partial}{\partial t}\boldsymbol{A}, \qquad \boldsymbol{B} = \nabla \times \boldsymbol{A}$$

Lineare Medien:

$$\begin{aligned} \boldsymbol{P} &= \chi_e \boldsymbol{E}, \quad \boldsymbol{D} = (1 + 4\pi\,\chi_e)\boldsymbol{E} \equiv \epsilon \boldsymbol{E}, \\ \boldsymbol{M} &= \chi_m \boldsymbol{H}, \quad \boldsymbol{B} = (1 + 4\pi\chi_m)\boldsymbol{H} \equiv \mu \boldsymbol{H} \end{aligned}$$

Vakuum: $\boldsymbol{D} \to \boldsymbol{E}, \boldsymbol{H} \to \boldsymbol{B}, \rho_f \to \rho, \boldsymbol{j}_f \to \boldsymbol{j}$

Maxwell-Gleichungen (SI-System):

$$\begin{aligned} \operatorname{div} \boldsymbol{D}^{[\mathrm{SI}]} &= \rho_f^{[\mathrm{SI}]}, \qquad \boldsymbol{D}^{[\mathrm{SI}]} \equiv \epsilon_0 \boldsymbol{E}^{[\mathrm{SI}]} + \boldsymbol{P}^{[\mathrm{SI}]} \\ \operatorname{div} \boldsymbol{B}^{[\mathrm{SI}]} &= 0 \\ \mathbf{rot}\, \boldsymbol{E}^{[\mathrm{SI}]} &= -\frac{\partial}{\partial t}\boldsymbol{B}^{[\mathrm{SI}]} \\ \mathbf{rot}\, \boldsymbol{H}^{[\mathrm{SI}]} &= \boldsymbol{j}_f^{[\mathrm{SI}]} + \frac{\partial}{\partial t}\boldsymbol{D}^{[\mathrm{SI}]}, \qquad \boldsymbol{H}^{[\mathrm{SI}]} \equiv \frac{1}{\mu_0}\boldsymbol{B}^{[\mathrm{SI}]} - \boldsymbol{M}^{[\mathrm{SI}]} \\ \mu_0 &= 4\pi \cdot 10^{-7}\mathrm{N/A^2}, \quad \epsilon_0 \equiv \frac{1}{c^2\mu_0} \end{aligned}$$

Potenziale:

$$\boldsymbol{E}^{[\mathrm{SI}]} = -\nabla\phi^{[\mathrm{SI}]} - \frac{\partial}{\partial t}\boldsymbol{A}^{[\mathrm{SI}]}, \qquad \boldsymbol{B}^{[\mathrm{SI}]} = \nabla \times \boldsymbol{A}^{[\mathrm{SI}]}$$

Lineare Medien:

$$\begin{aligned} \boldsymbol{P}^{[\mathrm{SI}]} &= \chi_e^{[\mathrm{SI}]}\,\epsilon_0 \boldsymbol{E}^{[\mathrm{SI}]}, \quad \boldsymbol{D}^{[\mathrm{SI}]} = (1 + \chi_e^{[\mathrm{SI}]})\epsilon_0 \boldsymbol{E}^{[\mathrm{SI}]} \equiv \epsilon^{[\mathrm{SI}]}\boldsymbol{E}^{[\mathrm{SI}]}, \\ \boldsymbol{M}^{[\mathrm{SI}]} &= \chi_m^{[\mathrm{SI}]}\boldsymbol{H}^{[\mathrm{SI}]}, \quad \boldsymbol{B}^{[\mathrm{SI}]} = (1 + \chi_m^{[\mathrm{SI}]})\mu_0 \boldsymbol{H}^{[\mathrm{SI}]} \equiv \mu^{[\mathrm{SI}]}\boldsymbol{H}^{[\mathrm{SI}]} \end{aligned}$$

Umrechnung Gauß'sches und SI-System:

$$\begin{aligned} \boldsymbol{E} &= \sqrt{4\pi\epsilon_0}\,\boldsymbol{E}^{[\mathrm{SI}]}, \quad \boldsymbol{B} = \sqrt{\frac{4\pi}{\mu_0}}\,\boldsymbol{B}^{[\mathrm{SI}]}, \\ \phi &= \sqrt{4\pi\epsilon_0}\,\phi^{[\mathrm{SI}]}, \quad \boldsymbol{A} = \sqrt{\frac{4\pi}{\mu_0}}\,\boldsymbol{A}^{[\mathrm{SI}]}, \\ \rho &= \frac{1}{\sqrt{4\pi\epsilon_0}}\,\rho^{[\mathrm{SI}]}, \quad \boldsymbol{j} = \frac{1}{\sqrt{4\pi\epsilon_0}}\boldsymbol{j}^{[\mathrm{SI}]} \end{aligned}$$

Kontinuitätsgleichung:

$$\nabla \cdot \boldsymbol{j} + \frac{\partial}{\partial t}\rho = 0$$

Lorentz-Kraft auf Punktladung $q = q^{[\mathrm{SI}]}/\sqrt{4\pi\epsilon_0}$:

$$\boldsymbol{F} = q\left(\boldsymbol{E} + \frac{1}{c}\boldsymbol{v} \times \boldsymbol{B}\right) = q^{[\mathrm{SI}]}\left(\boldsymbol{E}^{[\mathrm{SI}]} + \boldsymbol{v} \times \boldsymbol{B}^{[\mathrm{SI}]}\right)$$

Quantenmechanik

Korrespondenzregeln im Ortsraum:

$$\boldsymbol{x} \mapsto \hat{\boldsymbol{x}} = \boldsymbol{x}\cdot, \quad \boldsymbol{p} \mapsto \hat{\boldsymbol{p}} = \frac{\hbar}{\mathrm{i}}\nabla_x$$

Zeitabhängige Schrödinger-Gleichung:

$$\mathrm{i}\hbar\frac{\mathrm{d}}{\mathrm{d}t}\,|\psi(t)\rangle = \hat{H}\,|\psi(t)\rangle$$

Formale Lösung für konservative Systeme:

$$|\psi(t)\rangle = \hat{U}(t)\,|\psi(0)\rangle, \quad \hat{U}(t) = \mathrm{e}^{-\mathrm{i}t\hat{H}/\hbar}$$

Stationäre Schrödinger-Gleichung für konservative Systeme:

$$\hat{H}\,|\psi\rangle = E\,|\psi\rangle, \quad |\psi(t)\rangle = \mathrm{e}^{-\mathrm{i}Et/\hbar}\,|\psi\rangle$$

Hamilton-Operator im Ortsraum für Teilchen ohne Spin:

$$\hat{H} = \frac{1}{2m}\left(\hat{\boldsymbol{p}} - \frac{q}{c}\boldsymbol{A}(t, \hat{\boldsymbol{x}})\right)^2 + V(\hat{\boldsymbol{x}})$$

Entwicklung nach Eigenvektoren einer Observablen:

$$\hat{A}\,|a_n\rangle = a_n\,|a_n\rangle, \quad \langle a_m|\,a_n\rangle = \delta_{mn} \Rightarrow |\psi\rangle = \sum_n \langle a_n|\,\psi\rangle\,|a_n\rangle$$

Erwartungswert einer Observablen in einem Zustand:

$$\langle\hat{A}\rangle_\psi = \langle\psi|\,\hat{A}\,|\psi\rangle\,, \quad \langle\psi|\,\psi\rangle = 1$$

Unbestimmtheitsrelation für zwei Observablen:

$$\left\langle(\Delta\hat{A})^2\right\rangle_\psi\left\langle(\Delta\hat{B})^2\right\rangle_\psi \geq -\frac{1}{4}\left\langle[\hat{A},\hat{B}]\right\rangle_\psi^2, \quad \Delta\hat{A} = \hat{A} - \langle\hat{A}\rangle_\psi$$

Übergang vom Schrödinger- zum Heisenberg-Bild:

$$|\psi_\mathrm{H}\rangle = \hat{U}^{-1}(t)\,|\psi(t)\rangle\,, \quad \hat{A}_\mathrm{H}(t) = \hat{U}^{-1}(t)\hat{A}\hat{U}(t)$$

Heisenberg-Gleichung für Observablen:

$$\mathrm{i}\hbar\frac{\mathrm{d}\hat{A}_\mathrm{H}}{\mathrm{d}t} = \left[\hat{A}_\mathrm{H}, \hat{H}_\mathrm{H}\right]$$

Harmonischer Oszillator:

$$\hat{H} = \hbar\omega\left(\hat{a}^\dagger\hat{a} + 1/2\right), \quad \left[\hat{a}, \hat{a}^\dagger\right] = 1, \quad E_n = \hbar\omega(n + 1/2)$$

Hermitesche Drehimpulsoperatoren:

$$\left[\hat{J}_i, \hat{J}_j\right] = \mathrm{i}\hbar\varepsilon_{ijk}\hat{J}_k, \quad \left[\hat{\boldsymbol{J}}^2, \hat{J}_i\right] = 0$$

Eigenzustände des Drehimpulses:

$$\hat{\boldsymbol{J}}^2\,|jm\rangle = \hbar^2 j(j+1)\,|jm\rangle\,, \quad \hat{J}_3\,|jm\rangle = \hbar m\,|jm\rangle$$

Energien des Wasserstoffatoms:

$$E_n = -\frac{Z^2}{n^2}\mathrm{Ry}, \quad \mathrm{Ry} = \frac{m_\mathrm{e}c^2}{2}\alpha^2 \approx 13{,}606\,\mathrm{eV}$$

Änderung der Energie und des Zustandsvektors in erster Ordnung Störungstheorie:

$$E^{(1)} = \langle\psi_n^{(0)}|\,\hat{H}^{(1)}\,|\psi_n^{(0)}\rangle\,,$$
$$|\psi_n^{(1)}\rangle = \sum_{k\neq n}\frac{\langle\psi_k^{(0)}|\,\hat{H}^{(1)}\,|\psi_n^{(0)}\rangle}{E_n^{(0)} - E_k^{(0)}}\,|\psi_k^{(0)}\rangle$$

Thermodynamik

Einige wichtige thermodynamische Potenziale:

$U(S,V)$	innere Energie
$F(T,V) = U(S,V) - TS$	freie Energie
$H(S,P) = U(S,V) + PV$	Enthalpie
$G(T,P) = F(T,V) + PV$ $= U(S,V) - TS + PV$	freie Enthalpie

Vollständige Differenziale davon:

$$\begin{aligned}\mathrm{d}U(S,V) &= T\,\mathrm{d}S - P\,\mathrm{d}V\\ \mathrm{d}F(T,V) &= -S\,\mathrm{d}T - P\,\mathrm{d}V\\ \mathrm{d}H(S,P) &= T\,\mathrm{d}S + V\,\mathrm{d}P\\ \mathrm{d}G(T,P) &= -S\,\mathrm{d}T + V\,\mathrm{d}P\end{aligned}$$

Daraus abgeleitete Maxwell-Relationen:

$$\begin{aligned}\left(\frac{\partial T}{\partial V}\right)_S &= -\left(\frac{\partial P}{\partial S}\right)_V\\ \left(\frac{\partial S}{\partial V}\right)_T &= \left(\frac{\partial P}{\partial T}\right)_V\\ \left(\frac{\partial T}{\partial P}\right)_S &= \left(\frac{\partial V}{\partial S}\right)_P\\ \left(\frac{\partial S}{\partial P}\right)_T &= -\left(\frac{\partial V}{\partial T}\right)_P\end{aligned}$$

Großkanonische Zustandssummen für Maxwell-Boltzmann-, Fermi-Dirac- und Bose-Einstein-Systeme:

$$\begin{aligned}Z_\mathrm{gc}^\mathrm{MB} &= \sum_{N=0}^\infty\int\mathrm{d}\Gamma(x)\,\mathrm{e}^{-\beta(H(x)-\mu N)}\\ Z_\mathrm{gc}^\mathrm{FD} &= \prod_k\left(1 + \mathrm{e}^{-\beta(\epsilon_k-\mu)}\right)\\ Z_\mathrm{gc}^\mathrm{BE} &= \prod_k\left(1 - \mathrm{e}^{-\beta(\epsilon_k-\mu)}\right)^{-1}\end{aligned}$$

Großkanonische Verteilungsfunktionen dieser Systeme:

$$\begin{aligned}\rho_\mathrm{gc}^\mathrm{MB} &= \left(Z_\mathrm{gc}^\mathrm{MB}\right)^{-1}\sum_{N=0}^\infty\mathrm{e}^{-\beta(H(x)-\mu N)}\\ \left\langle n_k^\mathrm{FD}\right\rangle &= \frac{1}{\mathrm{e}^{\beta(\epsilon_k-\mu)} + 1}\\ \left\langle n_k^\mathrm{BE}\right\rangle &= \frac{1}{\mathrm{e}^{\beta(\epsilon_k-\mu)} - 1}\end{aligned}$$

Beziehungen zwischen Zustandssummen und thermodynamischen Potenzialen:

$$\begin{aligned}S &= k_\mathrm{B}\ln\Omega\\ F &= -k_\mathrm{B}T\ln Z_\mathrm{c}\\ J &= -PV = -k_\mathrm{B}T\ln Z_\mathrm{gc}\end{aligned}$$

Gibbs-Duhem-Beziehung:

$$U - TS + PV = G = \sum_i\mu^{(i)}N^{(i)}$$

<u>GPSR Compliance</u>

The European Union's (EU) General Product Safety Regulation (GPSR) is a set of rules that requires consumer products to be safe and our obligations to ensure this.

If you have any concerns about our products, you can contact us on ProductSafety@springernature.com

In case Publisher is established outside the EU, the EU authorized representative is:

Springer Nature Customer Service Center GmbH
Europaplatz 3
69115 Heidelberg, Germany

Batch number: 10469342

Printed by Printforce, the Netherlands